Brock의 미생물학

Brock Biology of MICROORGANISMS

제15판

대표역자 **오계헌**
순천향대학교 생명시스템학과

Michael T. Madigan
Southern Illinois University Carbondale

Kelly S. Bender
Southern Illinois University Carbondale

Daniel H. Buckley
Cornell University

W. Matt hew Sattley
Indiana Wesleyan University

Davi d A. Stahl
University of Washington Seattle

이 도서의 국립중앙도서관 출판예정도서목록(CIP)은 서지정보유통지원시스템 홈페이지(http://seoji.nl.go.kr)와 국가자료공동목록시스템(http://www.nl.go.kr/kolisnet)에서 이용하실 수 있습니다.
(CIP제어번호: CIP2020006298).

BROCK의
미생물학 15판

2 쇄 인 쇄: 2021년 9월 23일
2 쇄 발 행: 2021년 9월 30일

저 자: Madigan • Bender • Buckley • Sattley • Stahl
역 자: 오계헌 · 강형일 · 강호영 · 김건수 · 김영호 · 김용휘 · 김정완 · 김종설
박우준 · 박중찬 · 박진숙 · 송홍규 · 이병욱 · 정용태 · 차창준
발 행 인: 문정구
발 행 처: (주)바이오사이언스출판
본 사: 10860 경기도 파주시 탄현면 국화향길 10-56, 1동
서울 사무소: 06569 서울특별시 서초구 도구로 115, 1층(방배동)
전 화: (02)581-4057~8 팩스: (02)581-4059
이 메 일: inquiry@biosciencepub.com
홈 페 이 지: http://www.biobooks.co.kr
I S B N: 978-89-6824-098-0 (93470)
등 록 번 호: 제22-3079호
값 46,000원

저자에 대하여

Michael T. Madigan은 Steve Point 소재 Wisconsin State University에서 생물학으로 학사학위를 받았으며(1971) University of Wisconsin-Madison 세균학과의 Thomas Brock 연구실에서 석사(1974)와 박사(1976) 학위를 받았다. 곧이어 Indiana University의 미생물학과에서 박사후 과정을 이수하였으며 Southern Illinois University가 있는 Carbondale 시로 이사하여 그곳에서 미생물학 교수로 기초 미생물학과 세균에 대하여 강의하였다. 1988년에는 이과대학(College of Science)에서 훌륭한 강사로, 그리고 1993년에는 훌륭한 연구자로 선정되었다. 2001년에는 대학에서 수여하는 탁월한 학술상(The University's Outstanding Scholar Award)을 받았다. 2003년에 미국미생물학회에서 학부생에 대한 탁월한 강의로 Carski 상을 받았으며, American Academy of Microbiology의 특별회원이다. 그의 연구에서는 극한 환경에서 서식하는 세균들을 집중적으로 다루고 있으며 지난 20년 동안 남극미생물에 대하여 연구하였다. 그는 광영양 세균에 대한 주요 논문의 공동편집을 하였으며, 논문 *Archives of Microbiology*의 주편집인으로 10년간 봉사하였다. 그는 현재 *Environmental Microbiology*와 *Antonie van Leeuwenhoek* 저널의 편집자로서 봉사하고 있다. 나무심기, 수영, 독서, 애견 및 애마 관리 등은 그의 또 다른 관심 사항이다. 그는 아내 Nancy, 3마리의 개 (Peanut, Kato, Nut, Merry), 그리고 3마리의 말(Eddie, Gwen, Georgies)과 함께 호수주변의 조용한 곳에서 살고 있다.

Kelly S. Bender는 Southeast Missouri State University (1999)에서 생물학으로 학사를 받았으며, Carbondale 소재 Southern Illinois University에서 분자생물학, 생물학, 미생물학, 생화학으로 박사(2002)를 받았다. 그녀의 학위 연구는 과염소산염(perchlorate)-환원 세균의 유전학에 중점을 두었다. Kelly는 박사후 과정으로 University of Missouri–Columbia의 Judy Wall의 연구실에서 황산염 환원세균의 유전적 조절에 대하여 연구하였다. 또한 Sweden의 Uppsala University에서 transatlantic biotechnology fellowship을 마쳤다. 2006년에 Kelly는 모교인 Southern Illinois University-Carbondale로 돌아왔으며 미생물학과의 조교수로 부임한 후, 2012년에 부교수로 승진되었다. 그녀는 황산염 환원세균의 조절과 산성광산폐수에 의해 영향을 받은 지역의 미생물 군집 역학 등을 포함하는 다양한 주제를 연구하고 있다. 또한 일반미생물과 미생물다양성 과목을 가르치며 많은 연방정부의 연구비 평가 패널로 봉사하고 있으며, 미국미생물학회에서 회원으로 활동하고 있다.

Daniel H. Buckley는 Cornell University의 Crop and Soil Science 학과에 부교수로 근무하고 있다. 그는 University of Rochester에서 미생물학으로 학사를 받았으며(1994) Michigan State University에서 미생물학으로 박사를 받았다(2000). 그는 대학원에서 토양미생물 개체군의 생태학에 중점을 둔 연구를 하였으며 Center for Microbial Ecology에 소속된 Thomas M. Schmidt의 연구실에서 일하였다. 박사후 연구를 통해 해양 미생물 매트(mat)와 스트로마톨라이트(stromatolite)에서 미생물 다양성과 생지화학간의 연계를 조사하였으며, University of Connecticut의 Pieter T. Visscher 연구실에서 일하였다. 그는 2003년에 Cornell University 교수진에 합류하였다. 그는 미생물 다양성의 원인과 결과에서 집중된 토양에서 미생물 개체군의 생태학과 진화를 연구하고 있으며 미생물학, 미생물 다양성, 미생물 유전체의 기초 및 응용 과목을 강의하였다. 그는 연구와 교육을 integrate하는데 있어 탁월함을 인정받아 2005년에 National Science Foundation Faculty Early Career Development (CAREER) award를 수상하였다. 그는 Cornell University에서 Graduate Field of Soil and Crop Science의 책임자와 Massachusetts 주의 Woods에서 Marine Biological Laboratory Diversity Summer Course의 부책임자로서 봉사하였다. 그는 현재 *Applied and Environmental Microbiology*와 *Environmental Microbiology*의 편집부에서 봉사하고 있다. Dan은 New York 주의 Ithaca에서 아내 Merry와 두 아들 Finn과 Colin과 함께 살고 있다.

W. Matthew Sattley는 Blackburn 대학 (Illinois 주)에서 1988년에 생물학으로 학사학위, Southern Illinois University carbondale에서 분자생물학, 미생물학, 생화학으로 박사학위(2006)를 받았다. 대학원에서의 주된 연구는 남극의 영구히 얼음으로 덮인 호수에서 황 순환과 기타 생지화학적 과정에 관한 미생물학이었다. 그는 Saint Louis에 있는 Washington University에서 박사 후 과정 중에 Robert Blankenship 실험실에서 무산소 광합성 세균의 생리와 유전체에 대하여 공부하였다. 그 후 그는 MidAmerica Nazarene University (Kansas 주)의 생물학과 교수로 부임하여 학부생 연구 지도 및 미생물학, 환경과학, 세포생물학 등을 가르쳤다. 2010년에는 Indiana Wesleyan University의 Division of Natural Sciences로 자리를 옮겨서 생물학 교수와 Hodson Summer Research Institute의 관리자가 되었다. (Natural Sciences에서 학부생을 위한 교수진 주도의 하계 연구 프로그램). 그의 연구 그룹은 극한 환경에서 서식하는 세균의 생태, 다양성, 유전체를 연구하고 있다. 미국미생물학회 (인디애나 지부 포함)와 Indiana Academy of Science의 회원이며, 현재 학부미생물학 연구 저널인 *Fine Focus*의 전문평론가로서 봉사하고 있다. Indiana 주 Marion에서 아내 Ann, 두 아들 Josiah와 Samuel이 함께 살고 있다. 교육과 연구를 제외하고 드럼 치기, 독서, 오토바이 타기, 아이들과 야구와 자동차에 대한 이야기를 나누기를 즐긴다.

David A. Stahl은 Seattle 소재 University of Washington에서 학사학위를 받고 Urbana-Champaign의 University of Illinois에서 미생물학과에서 Carl Woese와 미생물의 계통과 진화를 연구하여 대학원 공부를 끝냈다. 박사후 연구원으로서 후속 연구는 Norman Pace와 함께하였으며 그 후 Colorado 주의 National Jewish 병원에서 자연 미생물 개체군의 연구에서 16S rRNA-기반 염기서열 분석의 초기 응용프로그램 개발에 관여하였다. 1984년에 Dave는 수의학, 미생물학, 토목공학에서 임용을 받아 University of Illinois의 교수진에 합류하였다. 1994년에 Northwestern University의 토목공학과로 옮겼으며 2000년에 University of Washington의 토목 및 환경공학, 미생물학과의 교수로 옮겼다. 미생물진화, 생태학, 분류학에서 그의 연구가 알려져 있으며 1999 Bergey Award와 응용 및 환경미생물학 분야에서 2006 ASM Procter & Gamble Award를 수상하였다. 또한 American Academy of Microbiology와 National Academy of Engineering의 회원이다. 그의 주된 연구 관심사는 질소와 황의 생지화학과 관련 영양소 순환을 유지하는 미생물 개체군 등이다. 그의 실험실은 최초로 질소순환에서 이 과정의 주요 매개체가 되는 것으로 알려진 암모니아 산화 고균(*Archaea*)을 배양하였다. 환경미생물학에서 몇 가지 강의를 하였으며, 저널 *Environmental Microbiology*의 창립 편집자 가운데 한 명이며 많은 자문위원회에서 봉사하였다. 실험실 밖에서 하이킹, 자전거타기, 가족과 함께하기, 우량 공상과학도서 읽기, 그리고 아내 Lin과 함께 Bainbridge Island에서 오래된 농가를 수리하면서 살고 있다.

봉헌

Michael T. Madigan

미생물학 교재로부터 어떤 영감을 얻어 그들의 삶의 방향을
이끌어간 학생들에게 이 책을 바친다.

Kelly S. Blender

5학년 이후에 학교에 다니지 못했다는 것이 삶에서 가장
커다란 후회였다던 할머니 Alberta를 추모하며 이 책을 바친다.

Daniel H. Buckley

아주 작은 것들에 대해서도 나에게 기쁨과 놀라움을
알려주었던 어머니 Judy를 추모하며 이 책을 바친다.

W. Matthew Sattley

끝없는 지지와 이해를 해주었던 멋진 아내 Ann에게
이 책을 바친다.

David A. Stahl

이 책을 아내 Lin에게 바친다. 당신은 내 사랑, 당신은
내가 올바른 균형감으로 소중한 것들을 잘 간직하도록
도와준 사람이다.

서론

Brock Biology of Microorganisms (*BBOM*)의 새 개정판의 출간을 기쁘게 생각한다. 15판은 과거 명성을 그대로 이어 나아가면서 최신 미생물학에 맞게 개정되었다. 3세대에 걸쳐 개정된 *BBOM*은 정확성, 권위, 일관성, 최신의 설명 등으로 인해 현대 미생물학의 원리를 배우고 가르치는 학생과 교육자에게 필독서가 되어왔다. 학생들과 강의자들은 15판에서 적어도 다음의 4가지 주요한 방법으로부터 혜택을 누리게 될 것이다: (1) 기본 개념을 설명하기 위하여 최첨단 연구의 사용; (2) 진화, 다양성, 면역계, 전염병을 포함하여 분자 및 진화미생물학의 완벽한 통합; (3) 시각적으로 멋진 그림과 환상적인 사진들; (4) 이 책 자체에 제공되는 여러 학습도구.

기존 저자인 Madigan, Bender, Buckley, Stahl은 15판에서 새로운 공동저자로서 Matt Sattley와 함께 집필하게 되어 기쁘다. Matt는 Indiana Wesleyan University의 교수로 일반 미생물학과 보건전문 미생물학을 강의하고 있으며 이 책의 면역학과 관련 분야를 재구성하고 새롭게 하는 큰일을 수행하였다. 각 주요 분야의 전문가를 고용하고 있는 매우 강력한 저자 팀과 함께, BBOM 15판이 오늘날 미생물학에서 이용할 수 있는 최상의 학습자료라고 진심으로 느낀다.

15판에서 새로운 것은 무엇인가?

미국미생물학회 학부교육회의(ASM Conference Undergraduate Education, ASMCUE)에 의해 윤곽이 그려진 바와 같이, 15판에서는 미생물학의 6가지 주요 주제에 대하여 학생들을 지도한다: 진화, 세포 구조와 기능, 미생물 경로, 정보 흐름과 유전학, 미생물 시스템, 미생물의 영향. 이번 개정판에서는 90여 장 이상 새로운 컬러사진과 더불어 개선된 삽화 등을 통해 미생물학을 시각화하여 보여준다. 각 장의 도입부에 소개된 33개의 "현재의 미생물학" 과 사진은 미생물학 문헌에 발표된 최근의 발견 중 각 장의 주제에 부합하는 내용을 엄선해 소개한다. 몇 개의 새로운 "미생물 세계 탐구(Explore the Microbial World)" 부분도 이 판에서 새로 도입되었으며, 각 장은 학생들에게 미생물학에서 흥미진진한 특별한 주제에 대한 느낌을 주고 그들의 과학적 호기심을 북돋우도록 만들어졌다.

유전체, 그리고 그로부터 파생된 여러 가지 "omics"의 모든 것은 *BBOM* 15판의 각 장의 내용을 뒷받침하여, omics 혁명이 생물학, 특히 미생물학의 모든 것을 어떻게 변화시키는지를 반영한다. 오늘날 역동적인 미생물학 분야의 원리는 기본적으로 분자생물학의 이해를 필요로 한다. 따라서 우리들은 이런 과학의 토대와 과학 그 자체를 제공하는 방향에서 *BBOM* 15판을 집필하였다. 그 결과는 미생물학을 진정으로 강력하고 현대적인 학문으로 다루고 현재 미생물 시스템생물학, 합성생물학, 인간 마이크로바이옴(human microbiome), 미생물 생장과 관련한 분자생물학에 공헌하는 흥미진진한 새로운 장들을 포함하게 되었다.

개정판의 가장 두드러진 부분:

1장

이 책은 역사적인 이야기에서 미생물학의 기초 개념을 엮어서 개정되고 재구성된 장으로 시작된다. 미생물학의 기초적인 측면은 이제 미생물 세계에 대한 우리의 지식을 확장시킨 주요 발견의 맥락에서 제시된다.

두드러진 부분: 역사적인 맥락에서 현미경 원리의 소개; 분자생물학의 새로운 절과 생명의 실재를 이해하는데 있어 미생물의 중요성; Carl Woese의 기여와 보편적 생명수를 개발하기 위한 rRNA 염기서열의 이용; 바이러스 세계의 소개; 다양한 공간 규모에서 미생물의 다양성을 탐구하는 훌륭하게 요약된 삽화.

2장

미생물 세포의 구조와 기능은 미생물학의 중심 기둥이며, 이 새롭게 재작업되고 간소화된 장에서는 비교 세포구조에 대한 세심한 소개와 강의자에게 효과적인 강의실에서의 발표에 필요한 모든 도구를 제공한다. 영양소 수송시스템의 범위는 그 적절한 맥락에서 이 주제를 보다 잘 제시하기 위하여 3장으로 옮겨졌다.

두드러진 부분: "작은 세포"라는 제목의 새로운 미생물 세계의 탐구; 고균의 독특한 부착 구조; 아키엘라(archaella)가 새롭게 포함.

3장

미생물이 에너지를 전환하는 방법을 이해하는 데 필요한 미생물 대사의 필수 기능들은 입문 학생들을 위한 대사의 다양성을 적절한 수준에서 논리적 순서로 제시되어 있다. 여기에 위치한 막수송에 대한 자료와 함께 영양소의 흡수는 어떤 대사과정의 초기 단계로서 강조되었다.

두드러진 부분: 세포의 거대분자 구성에 대한 새로운 범위; 에너지 전환의 더욱 완벽한 그림과 자유에너지 변화의 중요성; 양성자

동력의 논의 이전에 구연산회로 포함.

4장

4장은 오늘날 미생물학의 거의 모든 측면을 지원하고 이해하는 데 필요한 분자생물학에 대한 간소화된 시각적 측면을 제공하기 위하여 재구성되었다.

두드러진 부분: 세균과 고균에서 결합된 전사와 번역이 새롭게 포함되었음; 조효소를 포함하는 효소의 조립 대한 자료; 그람-음성 세균에서 I~VI형이 보다 견실하게 포함됨; 전체적으로 업데이트된 삽화.

5장

단원 2는 생장에 관한 것이고, 5장에서 미생물의 생장과 배양이라는 필수 원리를 제시하는 것으로부터 시작한다. 미생물 생장 조절의 적용범위는 미생물 생장이 어떻게 건강과 심미적 이유로 억제될 수 있는지에 대한 실질적인 견해와 더불어 이 장의 균형을 이룬다.

두드러진 부분: 출아세포분열과 생물막에 대한 새로운 자료; 재작업된 키모스타트의 포함으로 연속배양과 기본 생장 원리와의 연관성을 더욱 잘 설명됨; 환경이 생장에 어떻게 영향을 미치는지에 대한 새로운 내용이 이 책의 뒷부분에 있는 미생물 생태학 및 환경미생물학 부분에 광범위하게 새롭게 포함.

6장

미생물 조절에 대한 이 장은 고전적인 형태의 조절에 대한 광범위한 범위를 포함되어 있지만, 세포분화와 생물막 형성의 조절을 7장으로 이동시킴으로써 간소화되었다. 이것은 고균의 항-시그마 인자에 의한 조절과 같은 대사 조절에서 최신의 새로운 영역에서 적용범위를 향상시켰다.

두드러진 부분: 광범위 인산염 레귤론(global phosphate regulon)이 새롭게 포함됨; 고균에서 이중 작용을 하는 transcriptional regulator와 stringent 반응 효과가 *Escherichia coli*, *Caulobacter crescentus*, *Mycobacterium tuberculosis*와 같은 다양한 세균의 생태에 어떻게 영향을 미치는 지가 새롭게 포함됨; 전체적으로 업데이트된 삽화.

7장

미생물 생장의 분자생물학에 초점을 맞춘 이 새로운 장에서는 세포분열로 이어지는 추이를 보여주고, 항생제가 목표로 하는 분자적 과정을 조사한다. 이전에 책에 여기저기 흩어져 있었던 펩티도글리칸 합성, 다양한 세균에서 발생 단계, 생물막 형성 등의 범위는 공통적인 기본 주제를 통일되게 하기 위하여 여기에 통합되었다.

두드러진 부분: 초해상도 현미경의 강력한 도구에 대한 소개는 이러한 해결의 돌파구가 미생물 생장에서 분자적 추이에 대한 우리의 견해를 어떻게 재구성했는지에 대한 몇 가지 훌륭한 예를 포함한다; 생물막 형성에 대한 범위의 확대; 병원미생물학에서 증가하는 문제인 세균 지속성에 대한 새로운 적용; 전체적으로 업데이트된 삽화.

8장

기초 바이러스학 장은 미생물 생장 단원에 포함되어 있으며, 현재 10장에서 다루고 있는 바이러스 세계의 광범위한 다양성으로 이러한 중요한 원칙들은 가리지 않고 바이러스의 구조, 복제, 생활 방식에 대한 소개를 제공한다.

두드러진 부분: 세균생장과 바이러스 복제 사이의 유사성에 대한 토론; 어떻게 숙주 세포 생장이 바이러스 감염에 의해 영향을 받는지에 대하여 폭넓게 포함됨; 고해상도의 바이러스 이미지; 전체적으로 업데이트된 삽화.

9장

미생물 시스템생물학에 대한이 혁명적인 장은 오늘날의 미생물학에 대한 미생물 유전체 서열과 기능적 "오믹스(omics)" 분야의 중요성을 강조함으로서 유전체와 유전학에 대한 단위를 시작한다. 이 장에는 또한 시스템생물학이 환경에 대한 생물체의 반응을 모델링하는데 어떻게 사용될 수 있는지에 대한 예를 포함하고 있다.

두드러진 부분: 기능적 및 대사적 예측이 유전체 분석으로부터 수집되는 방법; RNA-Seq와 대사체학적 분석을 폭넓게 포함함; 모든 일반적인 "오믹스(omics)"와 서로 어떻게 관련되는지 대한 내용의 포함; 중요한 병원체 *Mycobacterium tuberculosis*의 시스템생물학과 인간의 건강과 관련된 다른 시스템생물학이 새롭게 포함됨; 전체적으로 업데이트되고 멋진 새로운 삽화와 사진.

10장

"바이러스의 유전체, 다양성 및 생태학"이라는 제목의 10장에는 이전에 8장에 있었던 바이러스 생태학 및 다양성에 대한 내용이 포함되어 있다. 바이러스의 다양한 유전체와 복제 체계는 바이러스의 다양성 및 생태 활동을 다루는 토대를 형성한다.

두드러진 부분: 세균과 고균의 바이러스 "면역체계"—CRISPR; 거대 바이러스와 바이러스 전화; 인체 바이러스 군집(human virome); 유익한 프리온; 바이러스 숙주 선호도; 전체적으로 업데이트된 새로운 삽화.

11장

"세균과 고균 유전학"의 11장은 원핵세포에서 돌연변이와 유전자 전달의 필수 개념에 초점을 맞추기 위해 간소화되었다. 새로운 고해상도의 이미지는 유전자 전달 과정을 설명하기 위하여 포함되었다.

두드러진 부분: 트랜스포존 돌연변이생성의 유용성에 대하여 새롭게 포함됨; 수용능의 개념을 설명하는 멋진 사진들; "유전자전달

매체"로서 결손 박테리오파아지가 새롭게 포함됨; 전체적으로 업데이트된 삽화.

12장

"생명공학과 합성생물학"이라는 주제의 고도로 재편성된 이 장에서는 생명공학의 필수 도구들을 다루고 유전적으로 조작된 미생물에 의해 생산된 상업적 산물에 대한 토론한다. 새로운 범위에서는 합성 생물학 및 CRISPR 유전체 편집의 놀라운 발전을 제시한다.

두드러진 부분: 생물연료를 생산하기 위해 조작된 미생물; 합성 경로와 합성 세포가 폭넓게 포함되었다; 유전적으로 조작된 생물체의 생물학적 봉쇄가 새롭게 포함되었다; 전체적으로 업데이트된 삽화.

13장

13장에서는 어떻게 핵산 염기서열이 미생물 세계의 진정한 다양성을 밝혀냈는지를 밝혀줌으로써 진화와 다양성에 관한 단원의 단계를 설정한다. 이 장은 또한 생명과 미생물 분류학의 기원과 다양화를 강조하기 위하여 개정 및 재구성되었다.

두드러진 부분: 개정된 내용을 미생물 계통분류학과 함께 확고한 맥락으로 배치하였다; 생명수와 분자서열이 어떻게 3가지 도메인에 대한 우리의 이해의 기초를 형성하는지에 대한 것; 계통수 제작과 그러한 계통수가 미생물 진화에 대하여 우리에게 말할 수 있는 것들에 대한 개정된 내용.

14장

미생물 대사에 대한 우리의 논의는 미생물 대사의 모듈성을 강조하고, 새로 발견된 미생물 대사의 적용 범위를 포함하도록 개정 및 재구성되었다.

두드러진 부분: 광독립영양과 질소고정에 대한 동화과정에 대한 새로운 절; 전자공여체, 전자수용체, 또는 C1 대사에 의한 호흡과정의 그룹 짓기; 산소성 광합성, 황 무기화학영양, 아세트산생성에서 전자흐름을 묘사하는 새로운 삽화; 에너지 보존에서 플라빈-기반의 전자 분기의 역할; 혐기적 메탄 산화에서 호기성 메탄영양과 종간전자전달의 흥미진진한 발견.

15장과 16장

세균의 기능적 계통 발생학적 다양성을 다루는 이 장들은 강사들에게 그들의 과목 요구에 가장 적합한 방식으로 이 주제를 제시할 수 있는 자유를 제공하는 세균의 다양성에 대한 고도의 조직화된 견해를 제공하기 위해 이 장에서 업데이트되고 간소화되었다.

두드러진 부분: 물질대사, 독특한 형태, 그리고 다른 특별한 특성에 의해 편성된 기능적 다양성은 기능적 다양성이 종종 계통발생학적 다양성과 종종 어떻게 관련이 없는지를 보여줌; 세균의 주요 속 주변에 편성된 계통발생학적 다양성은 계통발생학적 다양성이 대사의 특성과 종종 어떻게 관련이 없는지를 보여줌.

17장

"고균의 다양성"이란 제목의 17장은 고균이 자연에서 널리 퍼져 있으며 극단적인 환경에만 국한되지 않는다는 사실을 포함하여 최근의 고균 다양성 발견에 대한 새로운 보도를 포함하도록 업데이트 되었다.

두드러진 부분: 이 그룹의 광범위한 다양성 특성을 포함하는 메탄생성 고균의 최신정보가 포함됨; 진화적 기원과 고균 도메인에서 메탄생성균의 분포에 대하여 새롭게 포함됨; 고균과 생명의 상한 온도에 대한 최신 이야기.

18장

미생물 진핵생물의 적용범위는 진핵생물의 계통발생에 대한 우리의 이해에 중요하게 새로운 진보를 포함하도록 개정되었다.

두드러진 부분: 진핵생물의 새로운 계통수; 전체적으로 업데이트된 용어; "SAR" 계통; 매우 다른 진균 군으로서 *Microsporidia*를 포함하는 진균의 다양성에 대한 새로운 이해.

19장

이 장에서는 생태학과 환경미생물에 대한 새로운 단원을 시작한다. 미생물 생태학자의 현대적 도구들은 그것들이 과학을 마무르는 어떻게 도움이 되었는지에 대한 예들과 함께 기술된다.

두드러진 부분: 오믹스(omics) 혁명과 그것이 미생물 생태학에서 복합적 문제를 해결하는데 이용되고 있다는 것에 대하여 완벽하게 포함되었다; 비파괴 분자 및 동위원소 분석하기 위하여 라만 미세분광법(Raman micospectroscopy)과 단세포의 사용; 높은 생산 배양법과 새로운 미생물을 실험실 배양으로 도입하는 데 사용될 수 있는 방법.

20장

토양과 담수 및 해양시스템을 포함하는 주요 미생물 생태계의 특성 및 미생물 다양성은 흥미롭고 새로운 방식으로 비교되고 대조된다.

두드러진 부분: 심해 퇴적물에 대한 새로운 환경 조사 자료는 수천 미터 해저에서 살아가는 새로운 고균과 세균을 보여준다; 육상 및 해양의 미생물과 기후변화 간의 연관성이 폭넓게 포함.

21장

자연의 주요 영양 순환과 이를 촉매하는 미생물에 대한 광범위한 적용 범위는 그 순환을 개별 개체 또는 상호 연관된 대사 루프(loop)로 가르칠 수 있는 방식으로 제시된다.

두드러진 부분: 사람이 어떻게 질소와 탄소 순환에 영향을 미치는지에 대하여 새롭게 포함되었다; 먼 거리에서 전자를 운반할 수

있는 “미생물 발전(microbial wires)”의 개념을 포함하여 철과 망간 순환에서 고체 금속산화물의 미생물 호흡; 미생물이 수서 생물의 수은 오염에 기여하는 방법.

22장

“건조 환경”에 대한 새롭게 개정된 장에서는 인간이 건물의 건축, 지지 기반, 거주지 변형을 통한 새로운 미생물 서식지가 만들어지는 방법을 보여준다.

두드러진 부분: 폐수처리, 미생물 제련과 광산배수, 금속의 부식, 암석과 콘크리트의 분해에 대한 미생물의 효과가 포함된다; 음용수에서 가장 우려되는 병원체와 그들을 제거하는 방법; 우리 가정과 직장 환경에 서식하는 주요 미생물.

23장

비인간 미생물 공생에 관한 이 장에서는 식물이나 동물과 공생 또는 긴밀한 관계를 가지에 살아가는 주요 미생물 파트너를 기술한다.

두드러진 부분: 식물과 동물의 공생에 대한 지식을 사용하여 미생물 중심의 곤충 해충 방제의 개발; 식물에 주요 영양소를 제공하기 위해 어떤 특정 세균과 진균이 사용하는 일반적인 공생 기작의 제시.

24장

인간 마이크로바이옴(microbiome)에 대하여 전적으로 다룬 새로운 장은 인체에 서식하는 미생물과 건강과 질병과의 관계에 대한 우리의 이해가 극적으로 발전한 데에 대한 소개를 통해서 미생물과 인간 간의 상호작용과 면역 체계에 관한 단원을 시작한다.

두드러진 부분: 인체 내외에서 “어디에 (그리고 어떻게) 사는 누구”에 대한 광범위한 범위를 포함한다; 우리의 친밀한 미생물 파트너에 대한 새로운 이해가 새로운 미생물-기반 질병 치료법을 개발하는 데 사용된 방법; 새로운 분자적 기법을 사용한 우리 피부 미생물총(microbiota)에 대한 생체지리지도의 작성; 장내 미생물(gut microbe)이 우리의 건강과 행동에 미칠 수 있는 영향; “장–뇌 축(The Gut–Brain Axis)”이라는 제목의 새로운 미생물세계의 탐구.

25장

대대적으로 재작업되고 시각적으로 매력적인 이 장은 미생물 감염과 병원성에 대해서만 전적으로 전념한다. 첫 번째 부분의 주요 주제는 미생물의 출현, 집락형성, 침투, 병원성, 그리고 독성과 약독화를 포함한다. 두 번째 부분에서는 병원성 세균에 의해 생산되는 파괴효소와 독소에 초점을 맞춘다. 미생물과 숙주 인자는 각각 건강 또는 질병에 대한 균형을 어떻게 전환시킬 수 있는지에 대해 비교된다.

두드러진 부분: 8개의 컬러사진은 숙주–미생물의 관계를 보다 잘 집중토록 한다; 충치의 새로운 범위는 이전에 숨겨진 질병의 다양성을 드러내는 멋진 형광현미경사진에 의해 뒷받침된다; 미생물 감염과 손상된 숙주의 범위가 증가되었다.

26장

면역반응의 범위는 면역 기작에 대한 새로운 부분을 제공하기 위하여 완전히 재구성되었다. 내재면역과 획득면역의 개념은 이제 더 교육적인 형식을 제공하고 학생의 경험을 향상시키는 별도의 장으로 구성된다 (26장과 27장). 새로운 구성은 28장에 제시된 임상미생물학과 면역학에서 업데이트된 주제에 대하여 자연스런 진행을 제공한다.

두드러진 부분: 광범위하게 개정되고 재구성된 내용과 생생하고 새로운 그림은 내재면역 반응에서 염증, 열, 인터페론의 역할에 대하여 명쾌하게 설명한다; 보체계의 더욱 강하고 선명한 포함은 내재면역에서 중요한 역할을 명확히 하는 데 도움이 된다.

27장

적응면역반응의 기본 개념은 이제 전용 장으로 재구성되어 철저하게 수정되고 보다 간소화된 형식으로 제시된다.

두드러진 부분: 아름답게 향상된 삽화와 새로운 사진은 클론선택과 B 세포와 T 세포의 제거, 항체구조, 항원결합과 제시를 포함하는 중요한 개념들을 학생들에게 보다 분명한 방향성 제시.

28장

간결하고 명확한 새로운 내용은 자동화된 배양시스템, 항체 침전, 단일항체의 생산뿐만 아니라 항미생물 약제의 재구성된 치료를 포함한다, 20개의 새로운 컬러사진에 의해 재생되고 완전히 새롭게 만들어진 삽화는 복합적 주제를 명쾌하게 설명하고 시각적 경험을 향상시킨다.

두드러진 부분: 임상미생물학 실험실이 실제로 기능하는 방법; MRSA에 대한 흥미진진하고 새로운 미생물 세계 탐험은 *Staphylococcus aureus*에서 항생제에 대한 저항성이 어떻게 치료할 수 없는 세균성 병원균의 높은 전 지구적 발생을 초래했는지 설명한다.

29장

역학에 대하여 상당히 많은 재작업이 진행되고 간단한 토론은 역학의 일상 언어를 시각적으로 제시와 함께 전염병에 대한 단원이 시작되며, 그 후 장 전체에 걸쳐 용어를 밀접하게 통합한다. 몇 개의 표가 제시되고 시각적 매력이 더 커진 반면에 질병 확산과 통제의 본질적인 개념은 이 장의 주요 주제로 남아 있다.

두드러진 부분: HIV/AIDS, 콜레라, 독감 등의 출현성 전염병과 현재의 범세계적 전염병에 대하여 최신 내용이 포함됨; 질병의 발생을 추적하고 공중보건을 유지하는 역학자의 중요한 역할.

30장

이것은 전파양식에 의한 미생물 질병에 대한 4개 장 가운데 첫 번째 장이다; 이 접근은 병인학에서 차이가 있음에도 불구하고 이들 질병의 공통 생태학을 강조한다. 사람에서 사람으로 전염되는 일반적이고 출현성 및 재출현성의 세균성 및 바이러스성 질병은 매우 시각적인 이 장의 초점이다.

두드러진 부분: 몇 장의 새로운 사진들이 이미 광범위하고 시작적인 전염병과 관련하여 특별히 추가되었다; 에볼라가 새로이 포함되어 이 병원균이 매우 위험한 이유와 의료종사자들이 감염을 예방하기 위해 취해야 하는 특별한 예방책에 대하여 설명한다; 심각한 영향을 미치는 광범위한 질병인 간염에 대하여 새롭게 포함.

31장

벡터에 의해 전파되는 미생물 질병은 점점 더 전 세계적으로 공통이 되어 가고 있는데, 이에 대하여 시각적으로 매력적인 장에서 상세히 다루어진다. 광견병과 한타바이러스 증후군과 같은 사망률이 높은 질병으로부터, 라임병과 웨스트나일병과 같은 발병빈도가 높고 사망률이 낮으나 현저한 부작용이 없는 질병은 하나의 범위에서 통합된다.

두드러진 부분: 지카병과 치쿤구니아병, 그리고 댕기열과 황열병과의 상호관계에 대하여 새롭게 포함되었다; 새로운 컬러사진이 제공된 라임병, 웨스트나일, *Coxiella* (Q 열병)에 대한 최신정보 포함.

32장

식품유래- 및 수인성 질병은 선진국에서도 여전히 흔하다. 이 장에서는 이러한 주제를 통합하여 각 매개물에서 볼 수 있는 주요 병원균을 구분하여 “일반적인 출처”의 전파 양식을 강조한다.

두드러진 부분: 식품감염과 식중독 간의 보다 명확한 구별; 세포내 병원성 세균인 *Listeria*에 의해 일어나는 잠재적으로 치명적인 식품감염이 새롭게 포함.

33장

진균, 기생충, 병원성 기생충과 같은 진핵미생물에 의해 일어나는 주요 전염병은 하나의 매우 시각적인 장으로 구성된다. 전염병의 생태계에 영향을 미치는 기후온난화와 함께 많은 열대성 또는 아열대성 국가들에서만 발견되는 이들 질병은 지금 북쪽으로 서서히 이동 중이다.

두드러진 부분: 주요 진핵병원체의 다른 전파경로 (식품, 물, 벡터)에 대한 새로운 강조; 일반적인 사상충증(filariases)으로서 사상충증(river blind)과 선모충병(trichinosis)이 새롭게 포함.

감사의 글

교재는 종합적인 실체이며 방대한 도서팀(book team)의 공헌으로부터 제작 생산될 수 있다. 그 팀은 저자들 이외에도 Pearson 내외의 많은 사람들로 구성된다. 수석 코스웨어 포트폴리오 관리자인 Kelsey Churchman (Pearson)은 *Brock Biology of Microorganisms* 15판을 위한 길을 닦았으며. 시의 적절하게 멋진 개정판을 만들기 위해 저자들이 필요로 하는 자료들을 제공하였다. 저자들은 *BBOM*을 최고의 교재로 만들기 위해 공헌하고 처음부터 끝까지 15판을 총괄해 준 Kelsey에게 감사한다.

Michele Mangelli (Mangelli Productions)는 이 교재를 쓰고 검토하는 일뿐만 아니라 생산 공정을 감독하였다. Michele은 최종 성과를 얻기 위하여 몇 가지 역할을 수행하였다. 그녀는 원고준비 및 검토를 감독하였고, 제작팀을 구성 및 관리하였다. 이런 점에서 Michele의 추진력 있는 노력의 결과에 힘입어 임무에 맞게, 예산범위 내에서, 예정대로, 전체 도서팀이 유지되었으며, 그녀의 도움을 주고, 우호적이며, 잘 돌보아주는 전형적인 방식을 통해서 완성되었다. 표지와 내부 디자인은 Gary Hespenheide (Hespendeide Design)에 의해 제작되었다. Gary의 예술적 마법은 *BBOM* 15판의 대단한 본문과 표지 디자인에서 확실하게 볼 수 있다; 그의 재능은 이 책을 이용하고 찾기 쉽게, 그리고 읽기에 흥미진진하고 재미있도록 만들었다. Imagineering Art (Toronto)의 삽화팀은 저자들이 본문과 삽화를 연결하는데 도움을 주는 탁월한 직무를 수행하였으며, 삽화 프리젠테이션, 일관성과 스타일을 위하여 많은 도움이 되는 제안과 선택사항을 제공하였다. BBOM 15판에 대한 지칠 줄 모르는 일에 대한 노력에 대하여 Michele, Gary, 그리고 Imagineering에게 감사한다.

Karen Gulliver, Jean Lake, Kim Brucker, Kristin Piljay, Betsy Dietrich, Martha Ghent, Susan Wang, Ann Paterson, Christa Pelaez, Kelly Galli를 포함하는 많은 사람들이 이 책의 생산, 편집, 또는 마케팅에 관련된 팀의 일부였다. Karen은 훌륭하고 매우 능력있는 제작편집자였다; 그녀는 일이 원활하게 진행되도록 하였으며 저자들의 많은 질문들을 잘 소화하였다. Jean은 삽화코디네이터로서 삽화를 찾아내고 선별하였으며, 삽화 스튜디오, 삽화비평가(art reviewers), 저자들과 업무연락을 담당하여, 품질 관리와 적절한 일정을 조율하였다. Kim은 삽화 현상에서 그림들을 선택하기 위하여 저자들이 삽화의 지면배정 가능성을 시각화하는데 도움을 주고 일부 아주 거친 삽화들, "엉망인 것들"을 환상적인 삽화로 둔갑시키는 뛰어난 일을 수행하였다. Betsy와 Martha는 Jean과 Karen이 함께 일하면서 삽화 프로그램과 내용에서 큰 실수와 과실이 없도록 하였다. Kristin은 저자들이 *BBOM*을 우아하게 장식하도록 일부 찾기 어려운 전문 사진들을 찾아낸 사진연구가다. Susan과 Ann은 최종 원고 단계에서 정확도 검토자로서 전념하였으며, 매우 도움이 되는 수많은 논평을 작성하였다. Lauren은 *BBOM* 15판의 마케팅팀을 당당해지도록 해주었으며, Kelsey와 함께, 이 서문에 우선하는 인상적인 중요 부분들을 작성하였다. 저자들은 오늘 여러분 앞에 있는 이 책에 열정을 쏟아부은 Karen, Jean, Kim, Kristin, Betsy, Martha, Susan, Christa, Kelly에게 감사를 표한다.

우리의 훌륭한 원고 정리 편집자이면서 도서팀(book team)의 중요한 위치에 있었던 Anita Hueftle에게 특별한 감사를 돌리고 싶다. Anita는 단지 정통한 문장가만이 아니며; 이 책에서 언급한 모든 곳과 이 책에서 언급했던 방법을 유지할 수 있는 그녀의 놀라운 재능은 *BBOM* 15판을 마무르는 과정 중에 매우 인상적으로 보게 되었다. 간단히 말해서, Anita는 15판의 내용을 정확하고 깔끔하게, 그리고 읽기 쉽고, 일관성 있도록 크게 개선시켰다. Anita에게 진심으로 감사드린다; 당신은 저자진이 바라던 최상의 원고정리 편집자였다.

우리는 이 교재에 포함된 미생물숙달하기 프로그램을 만든 최고 수준의 교육자들에게도 감사드린다; Ann Paterson, Narveen Jandu, Jennifer Hatchel, Emily Boms, Barbara May, Ronald Porter, Eileen Gregory, Erin McClelland, Candice Damiani, Susan Gibson, Ines Rauschenbach, Lee Kurtz, Vicky McKinley, Clifton Franklund, Benjamin Rohe, Ben Rowley, Helen Water 등이 여기에 포함된다.

또한 마지막으로 말하지만 결코 무시하지 못할 사항으로서, 미생물학 서적들 가운데 철저히 원고를 검토하고 그 분야의 전문가들로부터 새로운 사진들을 기증받지 않고 출판된 책은 없다. 그러므로 우리는 일반적이고 기술적으로 원고를 검토해주거나 새로운 사진들을 제공해준 많은 사람들의 친절한 도움에 깊은 감사를 드린다. 이 책의 모든 사진 제공자들은 찾아보기 앞에 작성된 사진 또는 제공자들과 함께 볼 수 있다. 검토자들과 사진 제공자들의 이름은 아래와 같다:

Jônatas Abrahão, *Universidade Federal de Minas Gerais (Brazil)*
Sue Kats Amburn, *(Rogers State University)*
James Archer, *Centers for Diseases Control and Prevention*
Mark Asnicar, *Indiana Wesleyan University*
Hubert Bahl, *Universität Rostock (Germany)*
Jenn Baker, *Indiana Wesleyan University*
Jill Banfield, *University of California, Berkeley*
Jeremy Barr, *San Diego State University*
J. Thomas Beatty, *University of British Columbia (Canada)*
R. Howard Berg, *Danforth Plant Science Center, St. Louis*
James Berger, *Johns Hopkins School of Medicine*
RobertBlandenship, *Washington University in St. Loius*
Melanie Blokesch, *Swiss Federal Institute of Technology Lausanne (Switzerland)*
Antje Boetius, *Max Planck Institute for Marine Microbiology (Germany)*
E.C. Boogerd, *Vrije University (The Netherlands)*

Emily Booms, *(Northeastern Illinois University)*
Thimothy Booth, *Public Health Agency of Canada*
Gary Borisy, *The Forsyth Institute*
Amina Bouslimani, *University of California, San Diego*
Laurie Bradley, *(Hudson Valley CC)*
Samir Brahmachari, *Institute of Genomics and Integrative Biology (India)*
Yve Brun, *Indiana University*
Linda Bruslind, *(Oregon State University)*
Heiki Bucking, *South Dakota State University*
Gustavo Caetano-Anolles, *University of Illinois*
Elisabeth Carniel, *Institute Pasteur (France)*
Luis R. Comolli, *Lawrence Berkeley National Laboratory*
Wei Dai, *Baylor College of Medicine*
Hogler Daims, *University of Vienna (Austria)*
Christina Davis, *Davis Photography, Logan, Ohio*
Thomas Deerinck, *National Center for Microscopy and Imaging Research, University of California, San Diego*
Cees Dekker, *Delft University of Technology (The Netherlands)*
Pieter Dorrestein, *University of California, San Diego*
Paul Dunlap, *University of Michigan*
Michelle Dunstone, *Monash University (Australia)*
Harald Engelhardt, *Max Planck Institute of Biochemistry (Germany)*
Thijs Ettema, *Upsala University (Sweden)*
Babu Fathepure, *(Oklahoma State University)*
Jingyl Fei, *University of Illinois*
Derek J. Fisher, *Southern Illinois University*
Patrick Forterre, *Institute Pasteur (France)*
Patricia Foster, *Indiana University*
Melitta Franceschini, *South Tyrol Museum of Archaeology (Italy)*
James Frederickson, *Pacific Northwest National Laboratory*
Jed Fuhrman, *University of Southern California*
Eric Gillock, *(Fort Hays State University)*
Heidi Goodrich-Blair, *University of Wisconsin*
James Golden, *University of California, San Diego*
Cynthia Goldsmith, *Centers for Diseases Control, Atlanta*
Eric Grafman, *Centers for Diseases Control Public Health Image Library*
Peter Graumann, *Universität Marburg (Germany)*
Claudia Gravekamp, *Albert Einstein College of Medicine*
A.D. Grossman, *Massachusetts Institute of Technology*
Ricardo Guerrero, *University of Barcelona (Spain)*
Maria J. Harrison, Cornell *University*
Stephan Harrison, *Harvard Medical School*
Ryan Hartmaier, *University of Pittsburg*
Zhili He, *University of Oklahoma*
Monique Heijmans, *Wageningen University (The Netherlands)*
Bart Hoogenboom, *London Centre for Nanotechnology (England)*
Matthias Horn, *University of Vienna (Austria)*
M.D. Shakhawat Hossain, *University of Missouri*
Ji-Fan Hu, *Stanford University*
Jenni Hultman, *University of Helsinki (Finland)*
Rustem Ismagilov, *California Institute Technology*
Chriatian Jogler, *Leibniz-Institut DSMZ (Germany)*
Robert Kelly, *North Carolina State University*
Takehito Kenzaka, *Osaka Ohtani University (Japan)*
Jan-Ulrich Kreft, *University of Birmingham (England)*
Misha Kudrya shev, *University of Basel (Switzerland)*
Alberto Lerner, *CHROMagar (France)*
Jennifer Li-Pook-Than, *Stanford University*
Jun Liu, *University of Texas Health Science Center*
Martin Loose, *Institute of Science and Technology (Austria)*
Brigit Luef, *Norwegian University of Science and Technology (Norway)*
Marina Lusic, *University of Hospital Heidelberg (Germany)*
Liang Ma, *California Institute of Technology*
Terry Machen, *University of California, Berkeley*
Sergei Markov, *Austin Peay State University*
Stephen Mayfield, *University of California, San Diego*
John McCutcheon, *University of Montana*
Michael Minnick, *(University of Montana)*
William E. Moerner, *Stanford University*
Robert Moir, Massachusetts *General Hospital and Harvard Medical School*
Christine Moissl-Eichinger, *Medical School of Graz (Austria)*
Nancy Moran, *University of Texas*
Katsuhiko Murakami, *The Pensylvania State University*
Dieter Oesterhelt, *Max Planck Institute of Biochemistry (Germany)*
George O'TToole, *Dartmouth Stanford University*
Joshua Quick, *University of Birmingham (England)*
Nicolas Pinel, *Universidad de Antioquia (Colombia)*
Rodridgo Reyes-Lamothe, *McGill University (Canada)*
Charisse Sallade, *Indiana Wesleyan University*
Berhard Schink, *University of Konstanz (Germany)*
Christa Schleper, *University of Vienna (Austria)*
Matthew Schrenk, *Michigan State University*
Hubert Schriebl, *Schriebl Photography, Londonderry, Vermont*
Howard Shuman, *University of Chicago*
Gary Siuzdak, *Scripps Center for Metabolomics*
Justin L. Sonnenburg, Stanford *University School of Medicine*
Rochelle Soo, *University of Queensland (Australia)*
John Stark, *Utah State University*
Andrzej Stasiak, *University of Lausanne (Switzerland)*
S. Patricia Stock, *University of Arizona*
Maria Suarez Diez, *Wageningen University (The Nethelands)*
Lei Sun, Purdue *University*
Andreas Teske, *University of North Carolina*
Tammy Tobin, *(Susquehanna University)*
Stephan Uphoff, *Oxford University (England)*
Joyce Van Eck, *Cornell University*
Gunter Wegener, *Max Planck Institute of Marine Microbiology (Germany)*
Jessica Mark Welch, *Marine Biological Laboratory, Woods Hole*
Mari Winkler, *University of Washington*
Cynthia Whitchurch, *University of Technology Sydney (Australia)*
Conrad Woldringh, *University of Amsterdam (The Netherlands)*

Steven Yannone, *Cinder Biological*
Shige Yoshimura, *Kyoto University*
Feng Zhang, *Massachusetts Institute of Technology*
Joseph Zhou, *University of Oklahoma*
Steve Zinder, *Cornell University*

출판팀이 아무리 많은 노력을 하였더라도 출판물이 완벽하게 만들어지기란 힘든 일이다. 우리는 독자들이 *BBOM* 15판에서 잘못된 것을 찾아내기가 쉽지 않을 것이라고 생각하지만, 이 책에서 발견될 수 있는 과실이나 누락, 그 어떠한 실수들은 모두 저자들의 책임이다. 지난 판들에서 독자들은 오류를 발견하면 친절하게도 우리에게 연락을 주었으며, 그를 토대로 후속 인쇄를 통해서 잘못을 수정할 수 있었다. 독자들은 이 책에서 있을 수 있는 어떤 실수, 우려, 또는 충고 등을 직접 우리 저자들에게 자유롭게 연락해 주기 바란다. 우리는 이 교재를 사용하는 사람들로부터 무언가에 대하여 듣는 것을 항상 기쁘게 생각한다; 당신의 조언은 이 책을 더욱 좋게 만드는 데 도움이 된다.

Michael T. Madigan (madigan@siu.edu)
Kelly S. Bender (bender@siu.edu)
Daniel H. Buckley (dbuckley@cornell.edu)
W. Matthew Sattley (matthew.sattley@inwes.edu)
David A. Stahl (dastahl@uw.edu)

Global Edition에 대한 감사의 글

Pearson은 Global Edition에 기여한 데에 대하여 다음의 사람들에게 감사의 말을 전하고 싶다.

기여자

Aurélien Carlier, *Universiteit Gent (Belgium)*

HE Jianzhong, *National University of Singapore (Singapore)*

Joy Pang, *Singapore Institute of Technology (Singapore)*

Wei-Qin Zhuang, *University of Auckland (New Zealand)*

서평가

Qaiser I Sheikh, *University of Sheffield (England)*

Quek Choon LAU, *Ngee Ann Polytechnic (Singapore)*

Aurélien Carlier, Universiteit Gent (Belgium)

학부생 미생물학을 위한 ASM이 추천하는 교과 과정 지침

미국미생물학회(ASM)는 강의실과 실험실을 넘어서 지속적인 중요성을 가지는 기술과 개념을 중시하는 학부 미생물학을 위한 개념 기반을 둔 교과 과정을 지지한다. ASM [미생물학 교육의 이해를 위한 교과과정 지침(*Curriculum Guidelines for Understanding Microbiology Education*)에서]에서는 24가지 중요 개념, 4가지 과학적 사고 능력, 그리고 7가지 중요한 기술에 대한 깊은 이해를 추천하고 있다. 이들 지침은 학생에 근거한 수업으로 적극적인 학습을 권장하는 미국과학진흥협회와 Howard Hughes 의학연구소(American Association for the Advancement of Science and the Howard Hughes Medical Institute)의 과학적 소양 보고서와 추천에 따른다. 이 책을 읽어나가면서 미생물학의 원리, 문제해결, 실험실 기법 등을 익힐 때 이들 지침에 대하여 생각해보라.

ASM 지침의 개념과 성명

진화: 1장, 9~14장, 21장, 28장, 29장

- 세포, 소기관 (예, 미토콘드리아와 엽록체), 모든 주요 대사경로는 초기 원핵생물로부터 진화하였다.
- 엄청난 미소환경의 변화와 함께 돌연변이와 수평적 유전자 전이는 미생물의 엄청난 다양성으로 선택되었다.
- 환경에 대한 인간의 영향은 미생물의 진화에 영향을 준다 (예, 출현성 질병과 항생제 내성의 선별)
- 종의 전통적 개념은 무성생식과 수평적 유전자 전이가 자주 발생하기 때문에 미생물에 손쉽게 적용할 수 없다.
- 생명체의 진화적 지연은 계통수에서 가장 잘 반영되었다.

세포 구조와 기능: 1장, 2장, 8장, 10장, 14장

- 미생물의 구조와 기능은 (광시야, 위상차, 형광, 전자)현미경의 사용으로 드러났다.
- 세균은 항생물질, 면역, 파아지 감염의 표적이 될 수 있는 독특한 구조를 가진다.
- 세균(*Bacteria*)과 고균(*Archaea*)은 임계 능력을 부여하는 특수 구조 (예, 편모, 내생포자, 선모)를 가진다.
- 미세한 진핵생물 (예, 진균류, 원생동물, 조류)은 세균과 일부분 동일한 과정을 수행하는 데 반하여, 여러 가지 세포적 특성은 기본적으로 다르다.
- 바이러스의 복제주기 (용균과 용원)는 바이러스에 따라 다르며 그들의 독특한 구조에 의해 결정된다.

대사 경로: 1장, 3장, 5장, 7장, 12장, 14장

- 세균과 고균은 광범위하고, 종종 독특한 대사의 다양성을 보여준다 (예, 질소고정, 메탄생산, 무산소성 광합성).
- 미생물과 환경 간의 상호작용은 대사능에 의해 결정된다 (예, 균체밀도감지, 산소 소비, 질소전환).
- 주어진 환경에서 어떤 미생물의 생존과 생장은 대사 특성에 의존된다.
- 미생물의 생장은 물리적, 화학적, 기계적, 또는 생물학적 수단에 의해 조절될 수 있다.

정보 흐름과 유전학: 1장, 4장, 6~9장, 11장

- 유전적 변이는 미생물 기능에 영향을 미칠 수 있다 (예, 생물막 형성, 병원성, 약제내성).
- 센트럴 도그마(central dogma)가 모든 세포에 공통임에도 불구하고, 복제, 전사, 번역의 과정은 세균, 고균, 진핵생물에서 다르다.
- 유전자 발현의 조절은 외적 및 내적 분자적 신호에 의해 영향을 받는다.
- 바이러스 유전물질과 단백질의 합성은 숙주세포에 의존된다.
- 세포 유전체는 세포 기능을 변화시키기 위해 조작될 수 있다.

미생물 시스템: 1장, 9장, 14~18장, 23~33장

- 미생물은 어디에나 존재하며 다양하고 역동적인 생태계에서 살아간다.
- 자연에서 많은 세균들은 생물막 군집에서 살아간다.
- 미생물과 그들의 환경은 서로 간에 상호작용하고 조절한다.
- 세포성 및 바이러스성 미생물은 유익한, 중립적인, 또는 해로운 방법에서 인간과 인간 이외의 숙주 모두와 상호작용할 수 있다.

미생물의 영향: 1장, 5장, 7장, 12장, 19~22장

- 미생물은 우리가 그것을 알고 생명을 유지하는 과정처럼 생명에 필수적이다. (예, 생지화학적 순환과 식물 및/또는 동물 미생물총)
- 미생물은 우리에게 생명단계에 대한 기본적인 지식을 주는 본질적인 모델을 제공한다.
- 사람들은 미생물과 산물들을 이용한다.
- 미생물의 진정한 다양성은 거의 알려지지 않았기 때문에 그 효과와 잠재적인 이점은 충분히 조사되지 않았다.

역자 서문

미생물학은 기초 학문이면서 응용 및 실용 학문으로 우리 생활과 밀접한 관계를 유지하면서 발전하는 학문이다. "Brock의 미생물학 15판" (원서명: *Brock Biology of Microbiology*, 15th edition)은 전 세계적으로 대학에서 미생물 교재로서 가장 널리 채택되고 있으며, 빠르게 발전하는 새로운 미생물학을 소개하기 위하여 3년마다 개정을 거듭하면서 가장 보편적인 미생물학 교재로서 확실한 위치를 차지하고 있다.

이번 "Brock의 미생물학 15판"은 미생물학의 기초, 생장과 조절, 유전체학과 유전학, 진화와 다양성, 생태학과 환경, 미생물-인간의 상호작용 및 면역계, 전염병과 전파 등의 7가지 주요 주제를 대상으로 최신의 내용으로 보강 및 개정되었다. 나아가 15판에서는 미국미생물학회(American Society for Microbiology)에서 미생물학의 기술과 개념을 중요시하는데 기반을 둔 교과 내용으로서, 진화, 세포 구조와 기능, 대사 경로, 정보 흐름과 유전학, 미생물 시스템, 미생물의 영향 등의 과정이 두루 포함되어 있다. 15판에서는 미생물학의 이해를 증진시킬 목적으로 기존의 일반적인 내용들의 상당부분을 통합 및 재배치하고 주요 주제에 대한 최신의 내용들로 크게 업데이트시켰다. 특히 합성생물학, 유전체학, 생태 및 환경관련 미생물학에 대한 새로운 내용을 추가한 것은 두드러진다. 분자생물학의 비약적인 발달과 더불어 "omics"에 대한 내용도 많이 강조되었는데, 이는 유전체와 관련하여 파생된 여러 가지 "omics" 측면에서 생명체를 소개하는 것으로서, 이에 따라 본 "Brock의 미생물학 15판"에서도 omics 혁명이 생물학의 모든 것을 어떻게 변화시키는지를 구체적으로 반영하고 있다. 생태학과 환경미생물학 분야에서는 생태계에서 미생물이 차지하고 있는 중요성과 이용가능성, 그리고 환경유전체와 연관된 분야에 대하여 중점을 두어 설명하고 있다. 또한 사람들의 왕래 및 여러 가지 교류가 빈번해짐에 따라 세계도처에서 존재하는 크게 알려지지 않았던 전염병과 병원균들도 재조명되었다.

본 "Brock의 미생물학 15판"은 생명과학, 생명공학, 의학, 약학, 생물화공, 농학, 축산학, 식품공학, 환경공학, 토목공학, 원예학, 농화학, 낙농학, 수산학, 전자공학 등 각기 다른 학문을 탐구하는 전공자들이 단기간에 미생물학적 관점에서 알아두어야 할 중요한 내용을 포함하고 있어 효율적인 미생물학의 이해에 크게 도움이 될 것으로 확신한다.

끝으로 본 "Brock의 미생물학 15판"을 발간하는데 많은 도움을 주신 ㈜바이오사이언스출판의 문정구 대표님, 그리고 편집부 직원 여러분에게 진심으로 감사드린다.

2020. 2

대표역자 오계헌

역자진

대표역자

오계헌 (吳溪憲) (현) 순천향대학교 생명시스템학과
Ohio State University 미생물학 (Ph.D)

강형일 (康亨一) (현) 순천대학교 환경교육과
Korea University 미생물학 (Ph.D)

강호영 (姜鎬瑛) (현) 부산대학교 미생물학과
East Carolina University 미생물학 (Ph.D)

김건수 (金健洙) (현) 서강대학교 생명과학과
University of Illinois at Urbana-Champaign 미생물학 (Ph.D)

김영호 (金英浩) (현) 경북대학교 생명공학부
Kyungbuk National University 농화학 (Ph.D)

김용휘 (金容輝) (현) 세종대학교 식품생명공학과
University of Illinois at Urbana-Champaign 식품공학 (Ph.D)

김정완 (金貞宛) (현) 인천대학교 생명공학부
University of Illinois at Chicago 생물학 (Ph.D)

김종설 (金鍾設) (현) 울산대학교 생명과학부
State University of New York at Albany 환경보건학 (Ph.D)

박우준 (朴遇俊) (현) 고려대학교 환경생태공학부
Cornell University 미생물학 (Ph.D)

박중찬 (朴重燦) (현) 한국외국어대학교 생명공학과
Brown University, 생물의학 (Ph.D)

박진숙 (朴眞淑) (현) 한남대학교 생명시스템과학과
University of Tokyo 농예화학 (Ph.D)

송홍규 (宋弘珪) (현) 강원대학교 생명과학과
Rutgers University 미생물학 (Ph.D)

이병욱 (李柄旭) (현) 고신대학교 의생명과학과
University of Georgia 미생물학 (Ph.D)

정용태 (鄭鏞台) (현) 단국대학교 미생물학과
Korea University 미생물학 (Ph.D)

차창준 (車昌俊) (현) 중앙대학교 시스템생명공학과
Cambridge University, 생명공학연구소 (Ph.D)

차례 개요

차례

14 미생물 대사의 다양성 392

15 미생물의 기능적 다양성 451

16 세균의 다양성 494

단원 5 미생물 생태학과 환경미생물학

단원 7 감염성 질병과 그들의 전파

29 역학 866

30 사람에서 사람으로 전파되는 세균 및 바이러스성 질병 887

31 동물 매개체와 토양유래 세균 및 바이러스성 질병 919

32 수인성 및 식품유래 세균과 바이러스 질병 937

미생물 세계

1

현재의 미생물학

미생물, 우리의 영원동반자

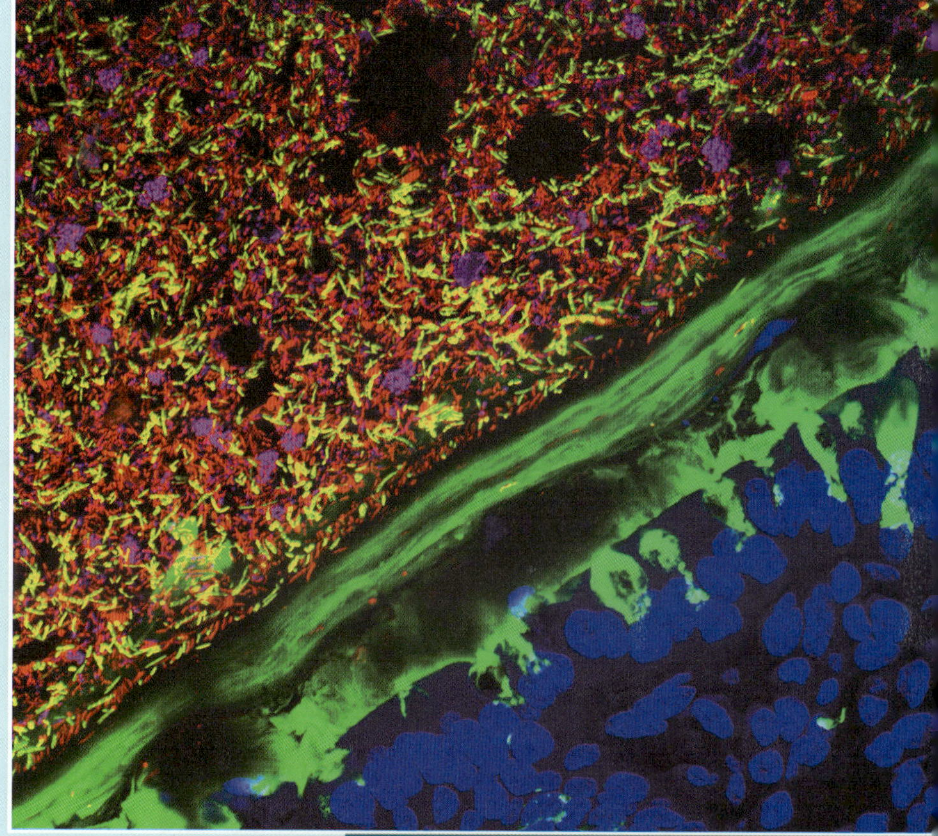

미생물은 어디에나 존재하며, 작지만 그들의 활동은 우리 생물권의 모든 것에 대하여 엄청난 영향을 미친다. 미생물학에 대해 더 많이 알게 되면, 우리는 세상과의 일상적인 상호작용이 미생물의 삶에 영향을 받는다는 사실을 깨닫게 될 것이다. 실제로, 수백조의 세균이 당신의 체내에서 작용하고 있으며, 이제 당신의 마지막 식사를 소화한다. 당신의 체내 및 체외에 존재하는 전체 미생물 세포들—당신의 마이크로바이옴(microbiome)—은 당신의 몸의 특정 부위에서 잘 자라기 위해 각기 최적으로 적응된 수천 종들이 존재한다. 당신의 장내 마이크로바이옴(gut microbiome)이 가지는 유전자는 음식을 소화하고 건강에 중요한 비타민을 합성하는 데 도움이 되는 효소를 암호화한다. 당신의 마이크로바이옴의 조성은 당신의 음식, 유전자, 건강, 섭취하는 약에 대하여 변화한다. 우리의 마이크로바이옴은 건강과 행복에 절대적으로 필수적이지만, 우리는 우리의 장내 마이크로바이옴에 의존하는 다양한 방법을 이해하기 시작하였다.

미생물 세계에 대한 우리의 지식은 기술 발전에 크게 의존하고 있다. 최근의 현미경 기술의 진보는 장의 내벽과 밀접한 관련이 있는 미생물을 볼 수 있도록 해 주었다 (사진 참조). 레이저 주사 공초점 현미경으로 생성된 이미지는 쥐의 대장 단면을 나타내며 장내에 서식하는 밀도가 높고 복잡한 미생물 군집을 보여준다. 세균이 없는 상태에서 자란 후에 인간의 장내 마이크로바이옴으로 접종될 수 있는 쥐는 마이크로바이옴의 기능을 탐구하는 모델 시스템으로 사용된다. 형광 염색은 장 상피의 점액층 (녹색)과 숙주 세포 핵 (푸른색)을 확인한다. *Firmicutes* 문(phylum)의 세균들은 노란색으로 염색되고, *Bacteroidaceae*과(family)의 세균들은 붉은색으로 염색된다; 음식의 변화는 점액층의 두께와 상피와의 미생물 상호작용의 가능성을 변화시킨다. 이러한 상호작용은 장 기능을 변화시키고 염증을 일으킬 수 있다.

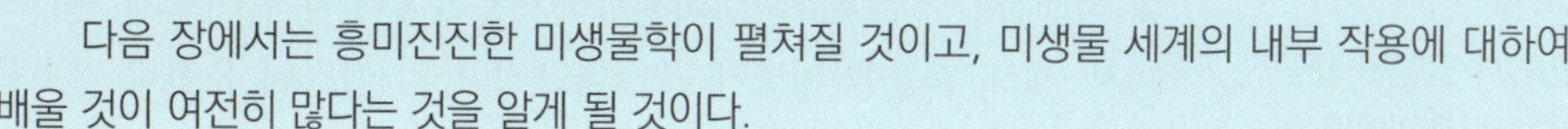

다음 장에서는 흥미진진한 미생물학이 펼쳐질 것이고, 미생물 세계의 내부 작용에 대하여 배울 것이 여전히 많다는 것을 알게 될 것이다.

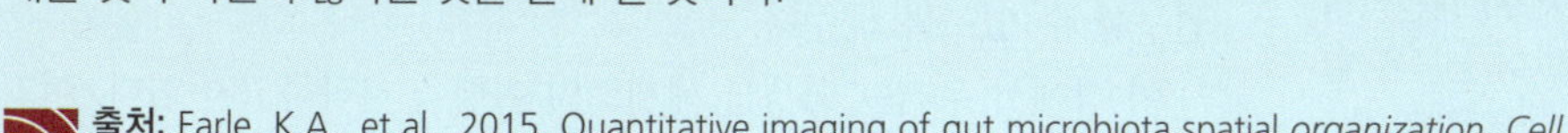

출처: Earle, K.A., et al., 2015. Quantitative imaging of gut microbiota spatial *organization. Cell Host & Microbe 18*: 478–488.

I • 미생물 세계에 대한 탐구

1.1 미생물, 지구의 작은 타이탄

미생물(microorganisms)은 너무 작아서 인간의 눈에 보이지 않는 생명체이다. 이 현미경적 생물체는 형태와 기능이 다양하며 생명을 지원하는 지구상의 모든 환경에 서식한다. 많은 미생물들은 미분화된 단일 세포성 생물체지만, 일부는 복잡한 구조를 형성할 수 있으며, 일부는 다세포성이다. 미생물은 일반적으로 복잡한 **미생물 군집(microbial community)**에 서식하며 (**그림 1.1**), 그들의 활동은 서로 간에 환경 및 다른 유기체와의 상호 작용에 의해 조절된다. 미생물학은 미생물이 누구인지, 어떻게 작동하는지, 그리고 그들이 무엇을 하는지에 관한 것이다.

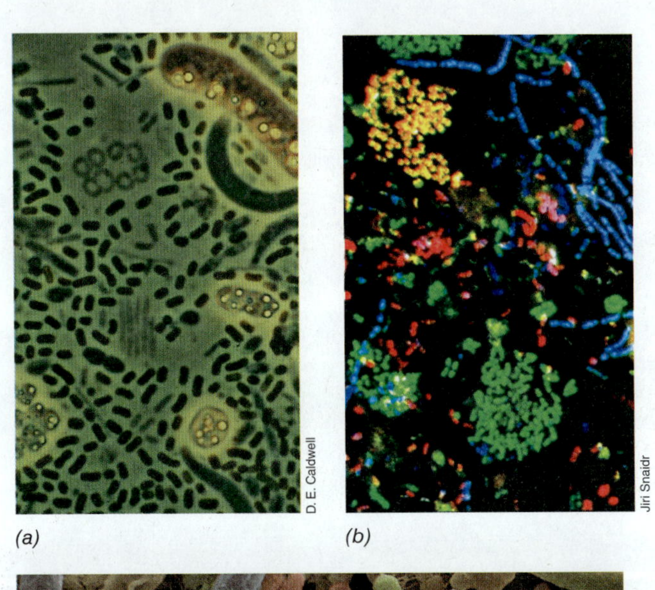

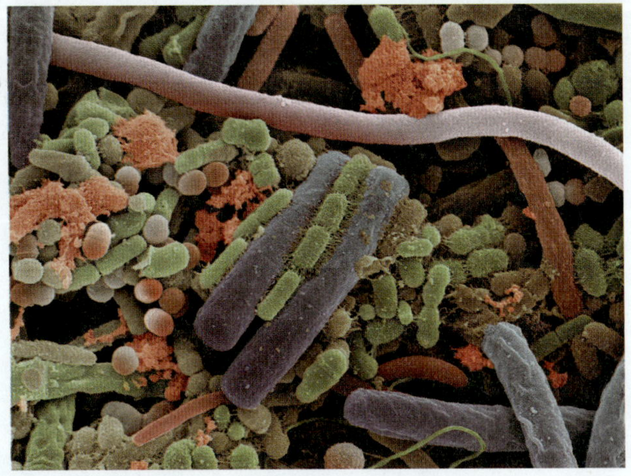

그림 1.1 미생물 군집. *(a)* 작은 미시간 호(湖)의 깊은 곳에서 발달된 세균 군집으로 여러 가지 녹색 및 자색 (황 과립을 가진 커다란 세포) 광영양성 세균의 세포를 보여준다. *(b)* 하수슬러지 샘플에서 세균군집. 이 샘플은 일련의 염료에 의해 염색되었으며, 각 염료는 특별한 세균의 그룹을 염색하였다. 출처: *Journal of Bacteriology 178:* 3496–3500, 그림 2*b*. © 1996 American Society for Microbiology. *(c)* 인간의 혀에서 긁어낸 미생물 군집의 주사전자현미경 사진.

미생물은 식물과 동물이 출현하기 수십억 년 전에 육지와 바다에서 가득 차 있었으며, 다양성은 엄청났다. 미생물은 지구상의 생물량(biomass)에서 중요한 부분을 차지하며, 그들의 활동은 생명을 유지하는 데 필수적이다. 실제로, 우리가 호흡하는 바로 그 산소(O_2)는 미생물 활동의 결과이다. 식물과 동물은 미생물의 세계에 잠겨 있으며, 그들의 진화와 생존은 미생물 활동, 미생물 합성, 질병을 일으키는 병원균 등에 의해 크게 영향을 받는다. 미생물은 인간의 생명의 구조에 엮여져 있을 뿐만 아니라, 감염성 질병을 형성하고, 우리가 먹는 음식, 심지어 우리가 자동차에 넣은 연료까지도 엮여져 있다. 미생물학은 지구상에서 지배적인 형태의 생물체에 대한 연구이며, 미생물이 우리 행성과 그것을 우리가 고향이라고 부르는 모든 생물에 미치는 영향에 대하여 연구하는 학문이다.

미생물학자들은 미생물을 연구하기 위해 많은 도구들을 가지고 있다. 미생물학은 현미경으로부터 태어났으며, 현미경은 미생물학의 기본이다. 미생물학자들은 미생물을 시각화하는 일련의 방법을 개발하였으며, 이들 현미경 기술은 미생물학에서 필수적이다. 미생물 배양은 또한 미생물학의 기본이다. 미생물 **배양(culture)**은 영양 배지 내에서 또는 영양 배지 상에서 자란 세포의 집합체이다. **배양액(medium)** (복수, media)은 미생물이 자라는 데 필요한 모든 영양소를 포함하는 액체 또는 고체 영양소의 혼합물이다. 미생물학에서 우리는 세포분열의 결과로 세포 수의 증가를 나타내기 위해 **생장(growth)**이라는 단어를 사용한다. 고체 영양 배지에 있는 단일 미생물 세포는 눈에 보이는 하나의 **집락(colony)**을 형성하기 위하여 수백만 개의 세포로 생장하고 분열할 수 있다 (**그림 1.2**). 눈으로 볼 수 있는 집락의 형성은 미생물을 더 쉽게 볼 수 있도록 생장시킨다. 질병의 미생물학적 기반과 미생물의 생화학적 다양성에 대한 이해는 실험실에서 미생물을 생장시키는 능력에 의존해 왔다.

통제된 조건 하에서 미생물을 빠르게 생장시키는 능력은 생명의 근본적인 과정을 입증하는 실험에 매우 유용하다. 생명의 분자적 및 생화학적 기초에 대한 대부분의 발견은 미생물을 사용하여 이루어졌다. 분자와 그 상호 작용에 대한 연구는 미생물 세포의 작용을 정의하는 데 필수적이며, 분자생물학과 생화학 도구들은 미생물학의 기초이다. 분자 생물학은 또한 실험실에서 배양할 필요도 없이 미생물을 연구할 수 있는 다양한 도구들을 제공했다. 이러한 분자적 도구들은 미생물 생태학과 다양성에 대한 우리의 지식을 크게 확장시켰다. 마지막으로, 유전체학과 분자유전학의 도구들은 현대 미생물학의 초석이며, 미생물학자들이 유전자가 어떻게 진화하는지, 세포 활동을 어떻게 조절하는지 등의 생명의 유전적 기초를 연구할 수 있도록 해준다.

이 장에서 우리는 미생물 세계로의 여행을 시작하고자 한다. 여기서 우리는 미생물이 무엇인지, 그들이 하는 일들, 그리고 어떻게 연구할 수 있는지를 발견하기 시작하게 될 것이다. 우리는 또한 과학적 발견의 과정으로서, 역사적 맥락에서 미생물학을 배치할 것이다.

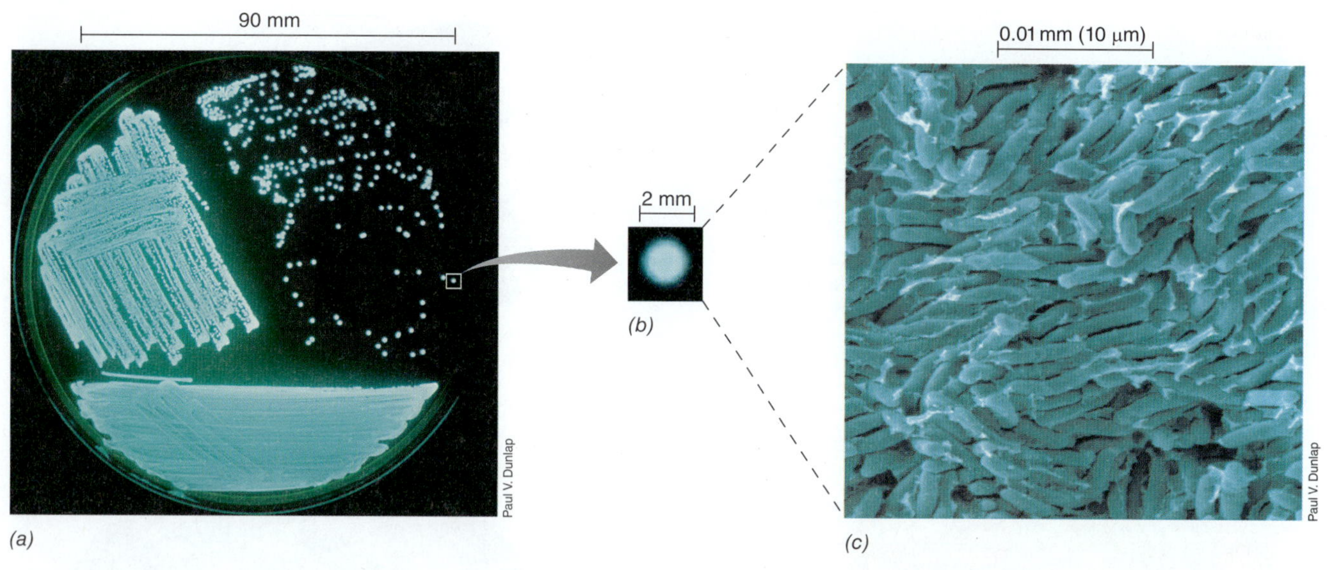

그림 1.2 미생물 세포. *(a)* 실험실에서 페트리 배지에서 자란 세균인 *Photobacterium*의 생물발광 (빛을 내는) 집락. *(b)* 하나의 집락에는 1천만(10^7)개 이상의 세포를 포함할 수 있다. *(c) Photobacterium* 세포의 주사전자현미경 사진.

미니퀴즈

- 어떤 면에서 미생물이 인간에게 중요한가?
- 왜 미생물 세포는 생명의 기초를 이해하는 데 유용한가?
- 미생물 집락은 무엇이며, 어떻게 형성되는가?

1.2 미생물 세포의 구조와 활성

미생물 세포는 그들이 살고 있는 환경과 다른 세포들과 상호작용을 하는 살아 있는 구획된 부분이다. 2장에서는 세포의 구조에 대해서 자세히 알아보고 특별한 기능을 가지는 구조와 연관지어 알아본다. 여기서는 미생물 구조와 활성의 단편을 제시하고자 한다. 많은 측면에서 세포와 유사함에도 불구하고, 바이러스는 미생물의 특별한 범주라는 것을 제외하고는 세포가 아니기 때문에 이 토론에서 바이러스를 의도적으로 배제한다. 1.14절과 8장 및 10장에서 바이러스의 구조, 다양성, 활성에 대하여 논의하게 될 것이다.

미생물 구조의 요소들

모든 세포들은 상당한 공통점을 지니며 다수의 동일한 구성성분들을 함유하고 있다 (**그림 1.3**). 모든 세포들은 세포 외부로부터 세포 내부, 즉 **세포질(cytoplasm)**을 분리시켜 주는 **세포막(cytoplasmic membrane)**이라 불리는 장벽을 가지고 있다. 세포질은 단백질, 핵산 및 다당류와 같은 거대분자들, 작은 유기분자들(주로 거대분자들의 전구체들), 다양한 무기 이온들, 그리고 세포내 단백질 합성 구조물인 **리보솜(ribosomes)**이 녹아 있는 **거대분자(macromolecules)**의 액상 혼합물이다. **세포벽(cell wall)**은 세포에게 구조적 강도를 부여한다. 세포벽은 비교적 투과성이 있으며 세포막의 바깥쪽에 위치하는데, 세포막보다는 훨씬 더 강한 층이다. 식물세포들과 대부분의 미생물들은 세포벽을 가지지만, 이에 반해 동물세포들은 세포벽을 가지지 않는다.

세포들의 내부구조에 대한 조사결과, **원핵세포(prokaryotic cell)**와 **진핵세포(eukaryotic cell)**의 두 가지 유형이 밝혀졌다 (그림 1.3). 진핵세포는 계통발생학적 도메인인 진핵생물에서 발견된다. 이 그룹은 식물과 동물뿐만 아니라, 조류, 원생동물, 그리고 진균류와 같은 다양한 미생물 진핵생물이 포함된다. 진핵세포는 **소기관(organelles)**이라고 하는 막으로 둘러싸인 세포구조의 구분을 포함한다 (그림 1.3*b*). 진핵세포는 가장 두드러진 것으로 DNA를 포함하는 핵뿐만 아니라, 에너지를 세포에 공급하는 특별한 소기관들인 미토콘드리아와 엽록체, 그리고 다양한 다른 소기관들을 포함한다.

원핵세포는 세균과 고균 도메인(domain)에서 발견된다. 원핵세포는 몇 가지 내부 구조물을 가지고 있지 않는데, 핵을 가지고 있지 않으며 일반적으로 소기관도 없다 (그림 1.3*a*). 원핵세포의 구조는 진핵세포의 진화 이전에 진화되었다 (1.3절). 고균과 세균은 모두 원핵세포에 포함되어 있지만, 이 그룹은 크게 다양해졌으며, 실제로 나중에 고균이 진핵세포와 많은 분자적 및 유전적 특성을 공유한다는 것을 알게 될 것이다.

유전자, 유전체, 핵, 그리고 핵양체

세포막과 리보솜 이외에도 모든 세포는 DNA **유전체(genome)**를 가지고 있다. 유전체는 세포 내에 존재하는 전체 유전자들을 말한다. 하나의 유전자는 하나의 단백질 또는 RNA 분자를 암호화하는 하나의 DNA 단편이다. 유전체는 생명체의 살아 있는 청사진이다; 세포의 특성, 활성, 생존은 유전체의 지배를 받는다.

원핵세포와 진핵세포의 유전체들은 서로 다른 방식으로 구성되어 있다. 진핵세포의 DNA는 막으로 둘러 쌓인 **핵(nucleus)** 안에서 선형 분자로 존재한다. 반면에 세균과 고균의 유전체는 폐쇄된 환상의 유전체이다 (일부 원핵생물은 선형 염색체를 가짐). 염색체는 서로 응집하여 **핵양체(nucleoid)**라고 불리는 전자현미경으로

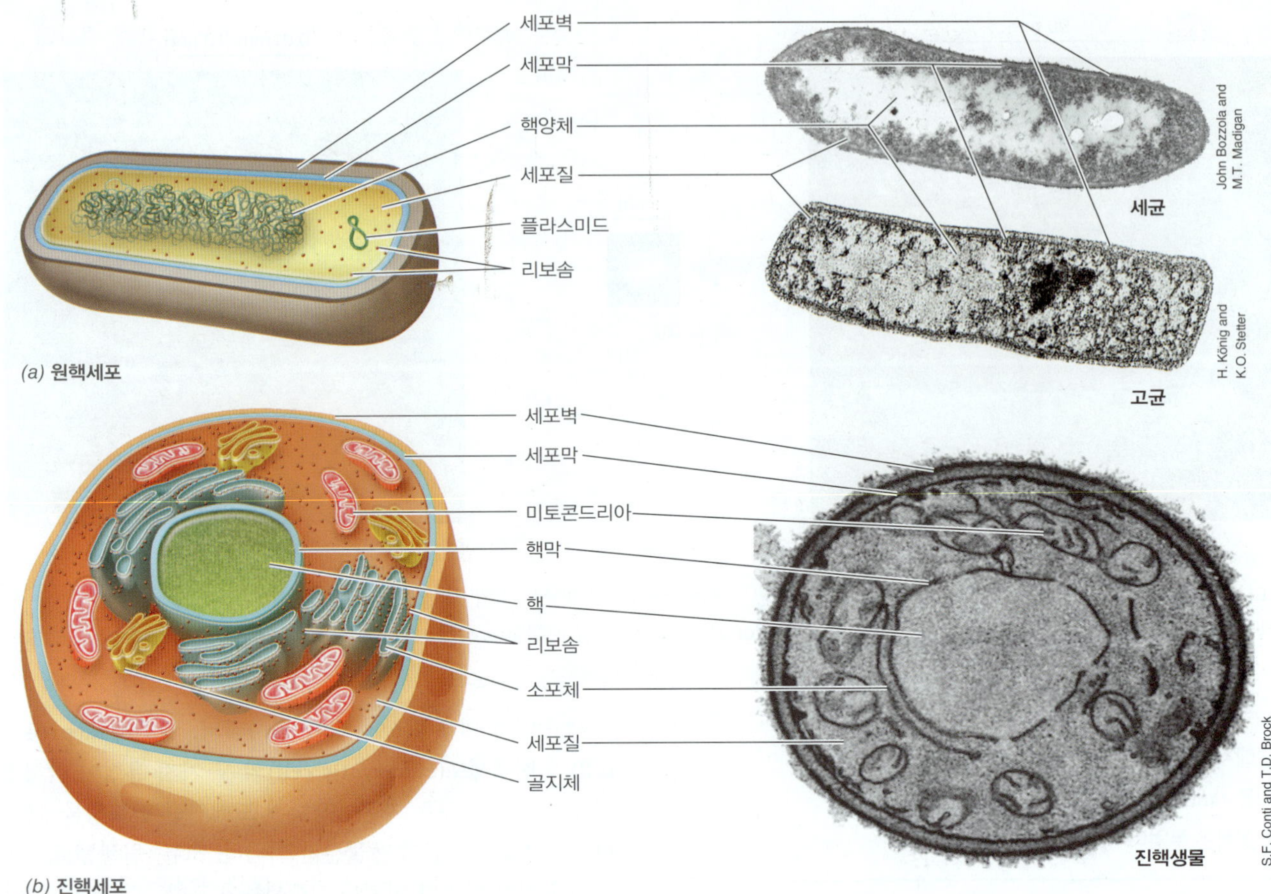

그림 1.3 미생물 세포의 구조. *(a)* (왼쪽) 원핵세포의 모식도. (오른쪽) *Heliobacterium modesticaldum* (세균, 세포의 직경은 약 1 μm임)과 *Thermoproteus neutrophilus* (고균, 세포는 직경이 약 0.5 μm임)의 전자현미경 사진. *(b)* (왼쪽) 진핵세포의 모식도. (오른쪽) *Saccharomyces cerevisiae* (진핵생물, 세포의 직경은 약 8 μm임)

볼 수 있는 덩어리를 형성한다 (그림 1.3*a*). 대부분의 원핵생물들은 한 개의 염색체만을 지니고 있으나, 많은 원핵생물들은 염색체와 구별되는 **플라스미드(plasmids)**라고 불리는 조그만 원형의 DNA를 하나 또는 그 이상 함유하기도 한다. 플라스미드는 일반적으로 모든 생장조건 하에서 필요한 필수유전자들 보다는 (독특한 대사, 또는 항생제 내성 등) 세포의 특별한 성질을 나타내는 유전자들을 포함한다. 세균과 고균의 유전체는 일반적으로 작고 조밀하며, 대부분 50만에서 1,000만 개의 염기쌍을 암호화하는 500~10,000개의 유전자를 포함한다. 진핵세포는 전형적으로 원핵세포에 비하여 더욱 크고 덜 조밀한 유전체를 가진다. 예를 들어, 인간 세포는 약 20,000~25,000개의 유전자를 암호화하는 약 30억 개의 염기쌍을 포함한다.

미생물 세포의 활성

미생물 세포가 가지는 활성은 무엇인가? 자연에서 미생물 세포는 일반적으로 미생물 군집(microbial community)이라고 하는 집단에서 산다는 것을 알게 될 것이다 (그림 1.1). **그림 1.4**는 미생물 군집에서 진행되는 몇 가지 세포 활성을 요약한 것이다. 모든 세포는 어떤 형태로든 **물질대사(metabolism)**를 수행한다. 즉, 세포는 환경으로부터 영양소를 흡수하고 새로운 세포물질로 변형시키고 부산물을 생성한다. 이들 전환과정에서 에너지는 새로운 구조를 합성하기 위해 세포에 의해 사용될 수 있는 형태로 보존된다. 새로운 구조의 생산은 세포분열을 통하여 두 개의 세포를 형성하게 된다. 미생물 생장은 연속적인 세포분열에 기인한다.

물질대사와 생장이 진행되는 동안, 유전자는 세포 과정을 조절하는 단백질을 형성하도록 해독된다. 촉매 활성을 갖는 단백질인 **효소(enzymes)**는 모든 세포 성분의 생합성에 필요한 에너지와 전구물질을 공급하는 반응의 수행을 필요로 한다. 효소와 기타 단백질들은 전사 및 번역의 순차적 과정에서 유전자 발현(*gene expression*) 중에 합성된다. **전사(transcription)**는 DNA에 대한 정보가 RNA 분자로 복사되는 과정이며, **번역(translation)**은 RNA 분자에 대한 정보가 단백질을 합성하기 위해 리보솜에 의해 사용되는 과정이다 (4장). 미생물 세포에서 유전자 발현 및 효소 활성은 세포가 최적으로 주변으로 향하도록 조정되고 고도로 조절된다. 궁극적으로 미생물 생장은 **DNA 복제 과정(DNA replication)**을 통해 유전체(genome)의 복제를 필요로 하고 세포분열을 필요로 한다. 모든 세포들은 전사, 번역, DNA 복제 과정을 수행한다.

미생물은 지역 환경의 변화를 감지하고 대응하는 능력을 가지

모든 세포의 특성:

물질대사

세포는 영양분을 흡수하고, 전환시켜 노폐물을 방출한다.

1. **유전적** (복제, 전사, 번역)
2. **촉매적** (에너지, 생합성)

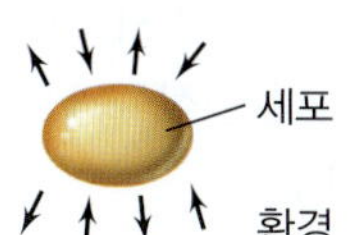

생장

환경으로부터 온 화학물질은 새로운 세포를 형성하기 위해 새로운 세포 물질로 전환된다.

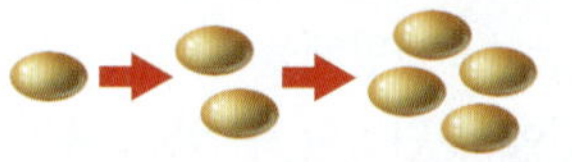

진화

세포들은 진화하여 새로운 특성을 나타낸다. 계통수는 진화적 상호관계를 보여준다.

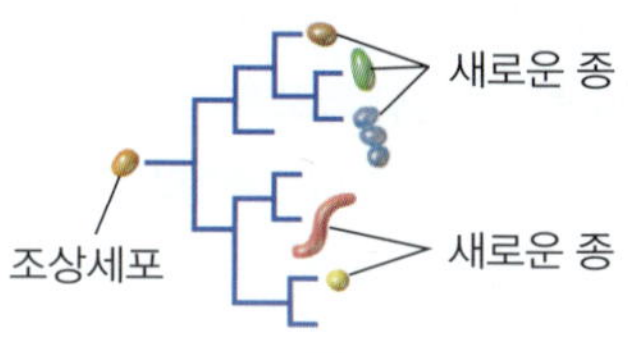

일부 세포의 특성:

분화

일부 세포는 포자와 같은 새로운 세포 구조물을 생성할 수 있다.

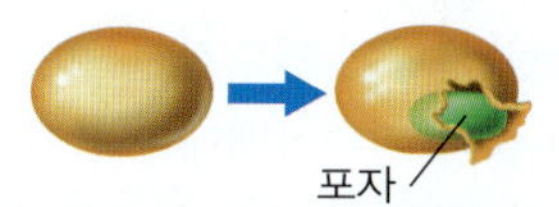

상호연락

세포들은 화학전달물질에 의해 서로 상호작용한다.

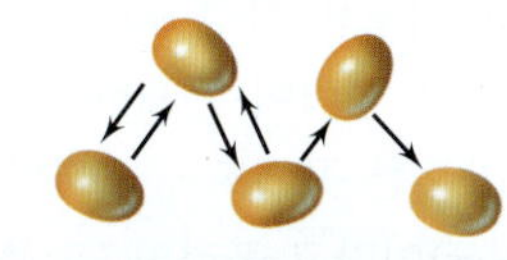

유전자 교환

세포들은 몇 가지 기작에 의해 유전자를 교환할 수 있다.

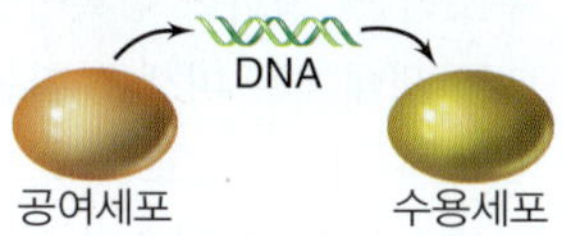

운동성

일부 세포는 자기 추진을 할 수 있다.

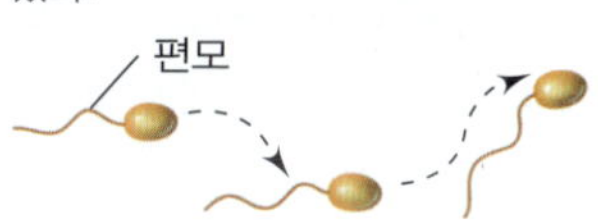

그림 1.4 세포 생물의 특성. 미생물 군집에서 진행 중인 세포의 주요 활성이 설명되어 있다.

고 있다. 많은 미생물 세포들은 일반적으로 자기 추진에 의해 **운동(motility)**을 할 수 있다 (그림 1.4). 운동성은 환경 조건에 따라 세포가 이동할 수 있게 한다. 일부 미생물 세포들은 **분화(differentiation)**를 거쳐 생장, 분산 또는 생존을 위해 특별하게 변형된 세포를 형성할 수 있다. 세포는 동일하거나 다른 종의 다른 세포에 의해 생성된 것을 포함하여 환경에서 화학적 신호에 반응하며, 이러한 신호들은 종종 새로운 세포 활동을 유발한다. 이같이 미생물 세포들은 **세포 내 상호연락(intracellular communication)**을 나타낸다; 그들은 이웃을 "인식(aware)"하고, 그에 따라 적절히 반응할 수 있다. 또한 많은 원핵세포들은 **수평적 유전자 전이(horizontal gene transfer)**의 과정을 통해서 동일한 종 또는 다른 종의 인접한 세포와 유전자를 교환할 수 있다.

진화(evolution, 그림 1.4)는 시간이 지남에 따라 세포들의 유전자가 순서대로 변화할 때 발생하며, 변형으로 하강하게(descent) 된다. 미생물의 진화는 식물과 동물의 진화와 비교하여 매우 빠르다. 예를 들어, 인간과 수의학에서 항생제의 무차별 사용은 병원성 세균에서 항생제 내성의 확산을 위해 분비된다. 미생물 진화의 빠른 속도는 부분적으로는 미생물이 매우 빠르게 생장하고 수평적 유전자 전이 과정을 통해 새로운 유전자를 획득할 수 있는 능력에 기인할 수 있다.

그림 1.4에서 표현된 모든 과정이 모든 세포에서 일어나는 것은 아니다. 그러나 물질대사, 생장, 진화는 보편적인 것으로서 이 책 전체에서 강조되는 주요 영역이 될 것이다.

미니퀴즈

- 모든 유형의 세포에 보편적인 구조는 무엇인가?
- 모든 유형의 세포에 보편적인 과정은 무엇인가?
- 원핵세포와 진핵세포를 구별하기 위해 사용될 수 있는 구조는?

1.3 미생물과 생물권

미생물은 지구상에서 가장 오래된 형태의 생명체이며, 생물권을 유지하는 중요한 기능을 수행하도록 진화해왔다. 이 절에서는 미생물이 지구를 어떻게 변화시켰는지, 그리고 어떻게 계속 변화시키는지에 대하여 배우게 될 것이다.

지구상에서 생명의 간략한 역사

지구는 46억 년 되었으며, 과학자들은 38억에서 43억 년 사이에 지구상에 최초의 미생물 세포가 발생한 증거를 제시하고 있다 (**그림 1.5**). 지구가 존재한 첫 20억 년 동안에 대기는 무산소 상태 (O_2 존재하지 않았음)였으며, 질소(N_2), 이산화탄소(CO_2), 그리고 약간의 다른 기체들이 존재하였다. 혐기성 대사 (O_2를 필요로 하지 않는 물질대사)가 가능한 미생물만이 이러한 조건에서 생존할 수 있었다.

태양 광선으로부터 에너지를 수확하는 생명체인 광합성 미생물의 진화는 지구 형성의 10억 년 내에 일어났다 (그림 1.5*a*). 최초의 광합성 생물은 자색세균(purple bacteria)이나 무산소 생성 (산소를 생성하지 않는) 광합성 생물 (**그림 1.6**)과 같은 비교적 간단한 세포였으며, 이들과 가까운 것들은 현재도 무산소 상태의 서식지에 퍼져 있다. 남세균 (산소발생 광합성 생물) (그림 1.6*f*)은 거의 10억 년 후에 무산소 발생 광합성 생물로부터 진화하였으며 (그림 1.5*a*) 대기에 오랫동안 느린 산소발생 과정을 시작하였다. 이들 초기 광영양체들 오늘날 지구상에서 여전히 발견되는 미생물 매트(*microbial mats*)라고 불리는 구조에서 살았다 (그림 1.6*a*~*c*). 대기의 산소가 증가됨으로써 다세포 생명체로 드디어 진화되고 복잡하게 되었으며 오늘날 우리가 알고 있는 식물과 동물로서 정점에 도달하게 되었다. 그러나 식물과 동물은 불과 약 5억 년 동안 존재하였다. 지구상에서 생명의 시간표 (그림 1.5*a*)는 생명 역사의 80%가 전적으로 미생물이었으며, 따라서 많은 방법에서 지구는 미생물 행성으로 간주될 수 있다.

진화적 사건이 밝혀짐에 따라, 세 개의 주요 계통의 미생물 세포인 세균(*Bacteria*), 고균(*Archaea*), 그리고 진핵생물(*Eukarya*)로

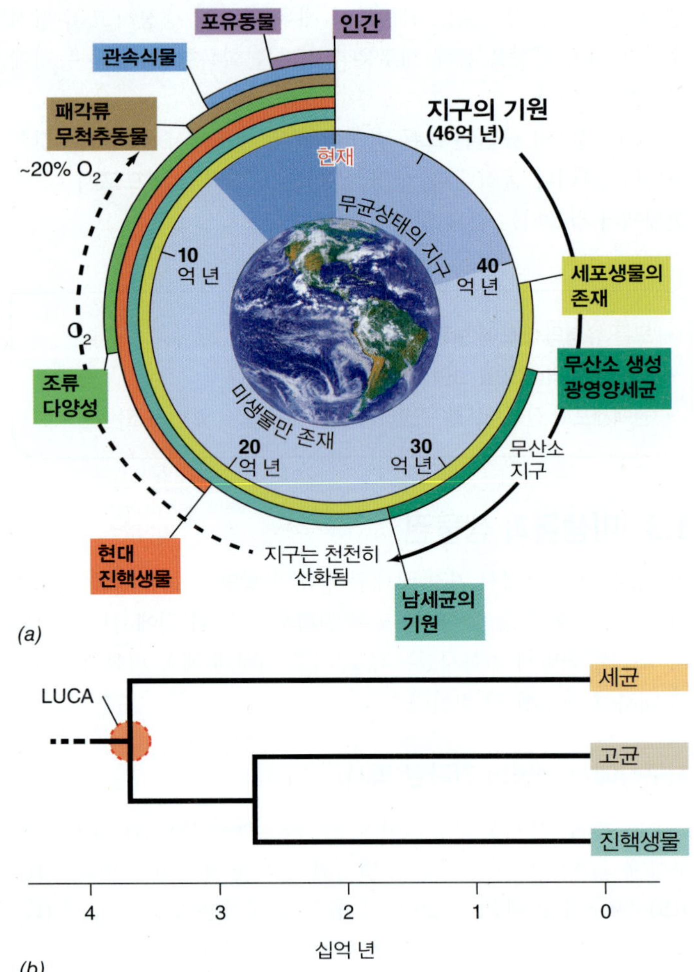

그림 1.5 시간과 세포 도메인의 기원에 따른 지구상의 생명체 요약. *(a)* 초기에 세포 생물은 약 38억 년 전에 지구에 존재했다. 남세균이 약 30억 년 전에 지구에 느린 산소 방출을 시작하였지만, 대기에 현재 수준의 산소는 5~8억 년 전까지는 성취되지 않았다. *(b)* 세포 생물의 세 도메인은 세균(*Bacteria*), 고균(*Archaea*), 진핵생물(*Eukarya*)이다. 고균과 진핵생물은 화석 기록에 나타나기 오래전에 분화되었다. LUCA, 마지막 공통조상.

식별되었다 (그림 1.5*b*); 이들 주요 세포 계통은 **도메인(domain)**이라고 하며, 알려진 모든 세포 생물은 이 영역들 중 하나에 속한다. 모든 세포 생명체들은 또한 어떤 특성과 유전자를 공유한다. 예를 들어, 대략 60개의 유전자가 모든 영역의 세포에 보편적으로 존재한다. 이들 유전자를 조사한 결과 세 영역 모두는 공통조상(the *last universal common ancestor*, LUCA)이라는 공통의 세포로부터 유래되었을 것으로 여겨진다 (그림 1.5*b*). 이 엄청난 기간 동안, 이들 세 영역에서 유래하는 미생물들은 지구상의 모든 적절한 환경을 채우기 위해 진화하였다.

생물권에서 미생물 풍부도와 활성

미생물은 지구상에 존재하면서 생명을 지탱할 것이다. 미생물은 세계의 생물량의 주요 부분을 구성하며, 생명에 필수적인 영양소의 주요 저장소이다. 지구상에는 2×10^{30}개의 미생물 세포가 있다고 추정된다. 이 숫자를 상황에 맞게 넣기 위해서, 모든 광대한 범위의 우주는 단지 7×10^{22}개의 별을 포함하는 것으로 추정된다. 모든 미생물 세포에 존재하는 탄소의 총량은 지구의 생물량에서 상당 부분을 차지한다 (**그림 1.7**). 더욱이 미생물 세포 내의 질소와 인의 총량(생명에 필수적인 영양소)은 모든 식물세포와 동물세포를 합친 것의 거의 4배에 이른다. 미생물은 또한 생물권 (약 31%)에서 전체 DNA의 주요 부분을 차지하며, 유전적 다양성은 식물과 동물의 유전적 다양성을 훨씬 능가한다 (그림 1.36 참조).

미생물은 화산 온천, 빙하 및 얼음으로 덮인 지역, 높은 염분의 환경, 극도의 산성 또는 알칼리성 서식지, 바다 깊숙한 곳 또는 매우 높은 압력이 존재하는 지구 깊은 곳과 같은 다른 형태의 생명에 가혹한 곳에도 풍부하다. 이러한 미생물은 **극한생물(extremophiles)**이라고 불리며, 그 특성은 우리가 알고 있는 생명에 대한 물리화학적 한계를 말한다 (**표 1.1**). 우리는 이 생명체들 중 많은 부분을 나중에 다시 살펴보고, 극한의 조건에서 번성할 수 있는 특별한 구조적 및 생화학적 특성을 발견하게 될 것이다.

모든 생태계는 미생물 활동에 크게 영향을 받는다. 미생물의 대사 활동은 화학적으로 그리고 물리적으로 그들이 살고 있는 서식지를 변화시킬 수 있으며 이러한 변화는 다른 생명체에 영향을 줄 수 있다. 예를 들어, 서식지에 추가된 과도한 영양소는 호기성 (O_2-소비) 미생물이 빠르게 생장하여 산소를 섭취함으로써 서식지를 무산소 상태로 만들 수 있다. 많은 인간 활동은 연안 해양으로 영양분을 방출하여, 과도한 미생물 생장을 자극하여 이 물에서 엄청난 무산소 지대를 유발할 수 있다. "죽은 지역(dead zones)"은 대부분의 수생 동물은 산소가 필요하고 사용할 수 없는 경우에 죽기 때문에 전 세계의 연안 해양에서 어류와 조개류의 엄청난 사망률을 초래한다. 미생물과 미생물학을 이해해야만 인간 활동이 우리를 지탱하는 생물권에 미치는 영향을 예측하고 최소화할 수 있다.

다양한 서식지가 미생물에 의해 크게 영향을 받지만, 그들의 기여는 크기가 작기 때문에 간과되는 경우가 많다. 예를 들어, 인체에는 모든 인간 세포에 대해 1~10개의 미생물 세포와 모든 인간 유전자에 대해 200개 이상의 미생물 유전자가 있다. 이 미생물들은 인간의 건강에 필수적인 영양과 다른 이점을 제공한다. 이후의 장에서는 미생물이 동물, 식물, 그리고 전 지구 생태계에 영향을 미치는 방식들을 고려하게 될 것이다. 이것은 **미생물 생태학(microbial ecology)**이며, 아마도 오늘날 미생물학의 가장 흥미진진한 하위 학문분야이다. 우리는 미생물이 기후 변화, 농업 생산성, 에너지 정책 등을 포함하는 인간에게 세계적인 중요성을 가지는 수많은 문제에 있어서 중요하다는 것을 알게 될 것이다.

미니퀴즈

- 지구의 나이는 얼마나 되며, 세포는 언제 지구에 처음 나타났는가?
- 생명의 3가지 도메인의 이름을 써라.
- 남세균(cyanobacteria)이 지구에서 생명의 진화에 중요한 이유는 무엇인가?

그림 1.6 광영양성 미생물. 가장 초기의 광영양체는 미생물 매트에서 살았다. *(a)* 미국 Massachusetts 주에 있는 염습지인 Great Sippewissett Marsh에서의 광합성 미생물 매트, *(b)* 매트는 퇴적토 표면에 형성되는 응집성 구조로 발달된다. *(c)* 매트를 통과하는 슬라이스는 광색소의 존재로 인해 형성되는 색소층(colored layer)을 보여준다. 남세균은 표면의 가장 가까운 곳에 녹색층을 형성하며, 자색황세균은 그 아래 보라색과 노란색 층을 형성하며, 녹색황세균은 맨 밑바닥에 녹색층을 형성한다. 칼의 눈금은 cm이다. *(d)* 자색황세균, *(e)* 녹색황세균, *(f)* 명시야 현미경에 의해 형상화된 남세균. 자색 및 녹색 황세균은 산소성 광영양체가 진화되기 전에 지구상에서 오랫동안 존재하였던 비산소성 광영양체이다 (그림 1.5*a* 참조).

1.4 인간 사회에 대한 미생물의 영향

미생물학자들은 미생물이 어떻게 활동하는지를 알아내는데 큰 발전을 이루어왔으며, 그러한 지식의 활용으로 미생물의 이로운 효과를 증진시키고 해로운 효과를 감소시켰다. 따라서 미생물학은 인류 건강과 번영을 크게 증진시켰다. 질병의 원인 물질로서 미생물을 이해한 것 외에, 미생물학은 식품과 농업에서 미생물의 역할을 알아냄은 물론, 인간에게 가치 있는 생산물 제조, 에너지 생산 그리고 환경 정화를 목적으로 미생물 활성을 이용하는데 있어 엄청난 진전을 이루었다.

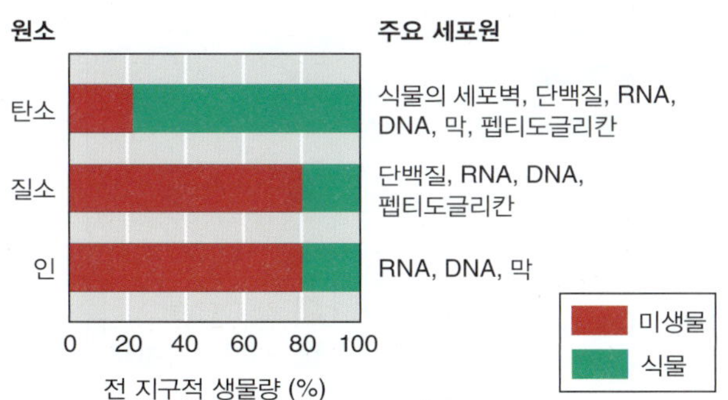

그림 1.7 미생물 세포가 전 지구 생물량에 미치는 영향. 미생물은 지구상의 모든 생물체의 생물량에서 탄소(C)의 상당 부분과 질소(N)와 인(P)의 대부분을 차지한다. C, N, P는 살아 있는 생물체에 의해 가장 많은 양이 요구되는 거대 영양소이다. 동물의 생물량은 전 지구적 생물량에서 미미한 부분을 차지하며 여기에 표시되지 않았다.

질병원으로서 미생물

그림 1.8에 요약된 통계는 지난 100년 동안 감염성 질병을 정복하는데 있어서 미생물학자들과 임상 의사들의 성공을 보여준다. 20세기 초의 주요 사망원인은 세균성 및 바이러스성 **병원체(pathogen)**에 의해 유발되는 전염성 질병이었다. 그 당시 어린이와 노인들은 특히 많은 종류의 미생물 질병에 의해 희생되었다. 그러나 오늘날 선진국의 경우에 감염성 질병은 그리 치명적이지 않다. 전염병(infectious disease)의 통제는 질병 전반에 대한 폭넓게 이해, 개선된 위생과 공중 의료 행위, 적극적인 예방접종 홍보, 그리고 항생제와 같은 항미생물 제제(antimicrobial agent)의 폭넓은 사용에 의해서 가능해졌다. 이 장의 후반에서 설명하겠지만, 과학으로서 미생물학의 발달은 감염성 질병에 대한 연구에 그 중요한 뿌리를 두고 있다.

병원체와 전염병이 인류에 대하여 심각한 위협이 되고 있는 것은 사실이지만, 이들 유해한 생물체와 싸우는 것은 미생물학의 주요 초점으로 남아 있으며, 대다수의 미생물은 사람에게 해롭지 않다. 사실 대부분의 미생물은 고등생명체에 전혀 해를 주지 않고, 대

표 1.1 극한생물들의 종류 및 예[a]

극한	명칭	속/종	도메인	서식지	최저	최적	최고
온도							
높은	초고온균	*Methanopyrus kandleri*	고균	바다속 열수공	90°C	106°C	122°C[b]
낮은	저온균	*Psychromonas ingrahamii*	세균	바다빙산	−12°C[c]	5°C	10°C
pH							
낮은	호산균	*Picrophilus oshimae*	고균	산성온천	−0.06	0.7[d]	4
높은	호알칼리균	*Natronobacterium gregoryi*	고균	소다호수	8.5	10[e]	12
압력	호압균	*Moritella yayanosii*	세균	심해침적물	500기압	700기압[f]	>1000기압
염(NaCl)	호염균	*Halobacterium salinarum*	고균	염전	15%	25%	32% (포화)

[a]열거된 생물체는 열거된 극한 조건의 실험실 배양에서 자라는 현재 "기록보유 생물"임.
[b]새로 분리된 고균은 122°C까지 확실히 자랄 수 있음.
[c]영구동토층에 서식하는 세균인 *Planococcus halocryophilus*는 −15°C에서 자랄 수 있으며 −25°C에서 대사할 수 있음. 그러나 이 생물체는 25°C에서 최적으로, 그리고 37°C에서도 자랄 수 있으므로 진정한 저온균은 아님.
[d]*P. oshimae*는 또한 60°C에서 최적으로 자라는 고온균임.
[e]*N. gregoryi*는 또한 20% NaCl에서 최적으로 자라는 극호염성균임.
[f]*M. yayanosii*는 또한 4°C 정도에서 최적으로 자라는 저온균임.

신에 인류의 복지와 지구의 기능에 오히려 매우 유익하여 어떤 경우에는 필수적이기까지 하다. 이들 미생물과 미생물의 활성의 이러한 측면을 살펴보자.

미생물, 농업, 그리고 사람의 영양소

농업은 미생물에 의한 영양분의 순환으로부터 혜택을 받고 있다. 예를 들어, 콩과식물은 콩, 완두콩, 렌틸(lentil) 등과 같은 주요 작물 종을 포함하는 다양한 식물 과(科)이다. 콩과식물은 그 뿌리에 혹(*nodules*)이라 불리는 구조를 형성하는 특정 세균과 밀접하게 관계를 맺으며 살고 있다. 뿌리혹에서, 이들 세균은 대기 중의 질소(N_2)를 질소고정(*nitrogen fixation*) 과정을 통해서 암모니아(NH_3)로 전환한다. NH_3는 비료의 주요 영양소로서 사용되며 식물생장에서 질소원으로 사용된다 (**그림 1.9**). 이런 식으로 세균은 콩과식물이 자신의 비료를 만들도록 하여 그에 따라 농민들이 산업적으로 생산된 비료를 적용할 필요성을 감소시킨다. 세균은 토양 비옥도의 기초를 형성하는 영양소를 전환시키고 재순환하는 질소순환과 황순환 같은 영양소 순환을 조절한다 (그림 1.9).

소나 양과 같은 반추동물의 반추위(*rumen*)에 서식하는 미생물 또한 농업에서 상당히 중요하다. 반추위는 거대 미생물 집단들이 식물 세포벽의 주성분인 다당류 섬유질을 소화하고 발효시키는 미

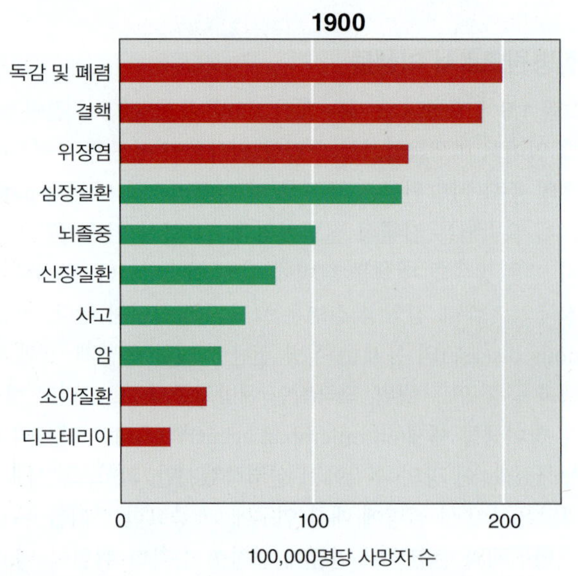

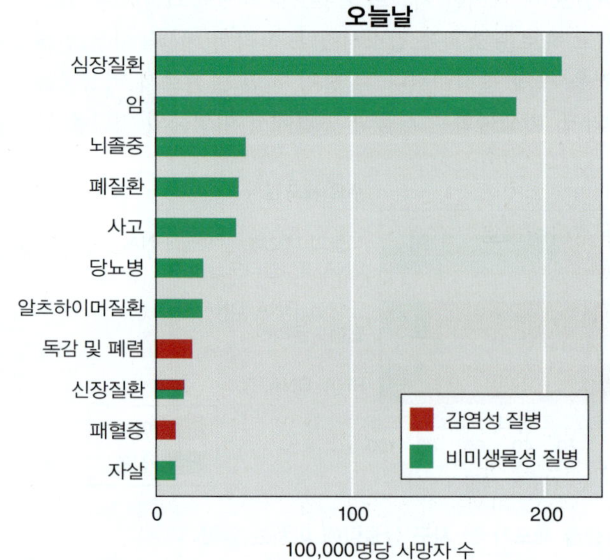

그림 1.8 미국의 대표적인 사망원인에 대한 사망률: 1900년과 현재. 전염성 질병이 1900년에는 주요 사망원인이었지만, 오늘날에는 별로 심각한 원인이 아니다. 신장 질병은 미생물 감염 또는 체 조직 원천 (당뇨병, 암, 독성, 대사성 질환 등)으로 인해 나타날 수 있다. 미국 국가보건통계청(National Center for Health Statistics)과 질병통제예방센터(CDC) 자료.

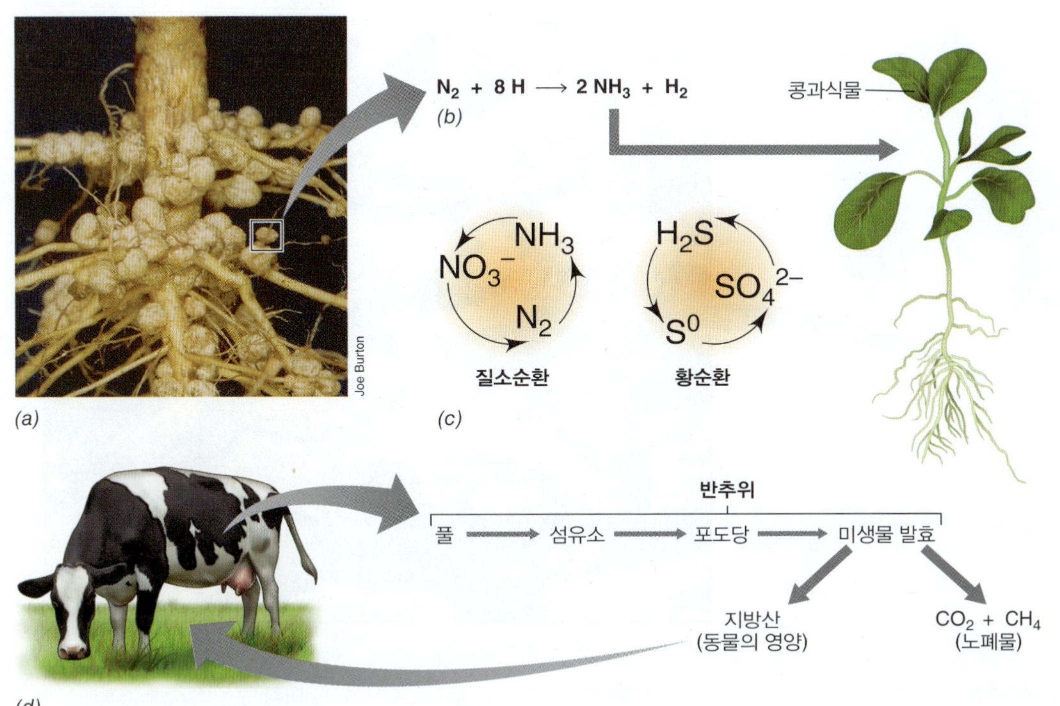

그림 1.9 현대 농업에 미치는 미생물의 영향. *(a, b)* 이 콩과식물에서 뿌리 혹은 식물에 의해 사용될 분자 질소(N_2)를 고정하는 세균을 포함한다. *(c)* 자연에서 질소와 황순환, 중요한 영양 순환. *(d)* 반추동물. 소의 위에 있는 미생물은 식물로부터 온 셀룰로오스를 동물에 의해 사용될 수 있는 지방산으로 전환한다. CO_2와 CH_4와 같은 별로 원치 않는 다른 산물들은 지구온난화의 원인이 되는 주요 기체이다.

생물 생태계이다 (그림 1.9*d*). 이러한 미생물 없이, 반추동물은 목초 또는 건초와 같이 (특별한 영양분이 없는) 섬유질이 풍부한 음식만으로는 살아갈 수 없다. 사슴, 들소, 낙타, 기린, 그리고 염소와 같은 많은 가축 및 초식성 야생 동물들은 모두 반추위 동물들이다.

인간의 위장관(GI tract)에는 반추위가 없으나, (식품 에너지의 10~30%를 차지할 수 있는) 복합 탄수화물은 **장내 마이크로바이옴(gut microbiome)**에 의해 소화된다. 대장 (**그림 1.10**)은 소화관의 위와 소장에 연결되며, 대장 내용물의 그램당 약 10^{11}개의 미생물 세포를 포함한다. 미생물의 세포 수는 강한 산성 (pH 2)의 위에서 적으나 (약 그램당 10^4개), 소장의 말단 부근에서는 그램당 약 10^8개로 증가하며, 대장에서 최대 개수에 도달한다 (pH 7) (그림 1.10). 대장에는 다양한 미생물 종이 포함되어 있어 복합 탄수화물(complex carbohydrates)의 소화를 돕고 숙주의 영양소에 필수적인 비타민과 다른 영양소를 합성한다. 장내 마이크로바이옴은 출생에서부터 발달되지만 인간 숙주에서 시간이 지남에 따라 변화될 수 있다. 장내 마이크로바이옴의 구성은 GI 기능과 인간 건강에 주요 효과를 가진다.

미생물과 식품

미생물은 우리가 먹는 음식과 밀접한 관련이 있다. 식품에서 미생물의 생장은 식품의 부패와 식품유래 질병을 유발할 수 있다. 우리가 음식을 수확하고 저장하고, 요리하는 방식, 심지어 우리가 사용하는 향신료조차도 미생물의 생장을 최소화하고 유해한 생물체를 제거하기 위해 근본적으로 미생물의 영향을 받아왔다. 미생물 식품 안전 및 식품 부패 예방은 매년 식품 산업의 주요 초점이며 경제적 손실의 주요 원인이다.

일부 미생물은 식품유래 질병과 음식 부패를 일으킬 수 있지만, 식품에서 모든 미생물이 해로운 것은 아니다. 실제로, 유익한 미생물은 식품 안전을 개선하고 음식을 보존하기 위해 수천 년 동안 사용되어 왔다 (**그림 1.11**). 예를 들어, 치즈, 요구르트, 버터밀크는 모두 유제품의 미생물 발효에 의해 생산되어 유통 기한을 개선하고 식품유래 병원균의 생장을 방지하는 산을 생산한다. 그러한 미생물 발효는 사우어크라우트, 김치, 피클, 일부 소시지를 포함하는 다양한 식품을 생산하는 데 사용된다. 초콜릿과 커피의 생산조차도 미생물 발효에 의존한다. 더욱이 구운 제품과 알코올 음료는 반죽과 알코올을 주요 구성 요소로 높이기 위해 이산화탄소(CO_2)를 생성하는 효모의 발효 활동에 의존한다 (그림 1.11). 발효 제품은 식품의 맛과 풍미에 영향을 미치며 해로운 생물체의 생장뿐만 아니라 부패를 예방할 수 있다.

미생물과 산업

미생물은 모든 종류의 인간 산업에서 중요한 역할을 한다. 미생물은 인간이 만든 구조를 포함하여 액상의 물(liquid water)을 포함하는 거의 모든 서식지에서 자랄 수 있다. 예를 들어, 미생물은 종종 물에 잠긴 표면에서 자라서, 생물막(*biofilm*)을 형성한다. 파이프와 배수구에서 자란 생물막은 공장 설정과 파이프라인, 하수도 및 심지어 물 분배 시스템에서도 오염과 막힘을 일으킬 수 있다. 더욱이 선박의 선체에서 자라는 생물막은 속도와 효율성을 현저하게 감소시킬 수 있다. 생물막은 오일과 연료를 저장하는 탱크에서도 자랄 수 있으므로 이러한 제품의 부패를 초래할 수 있다. 우리는 이식된 의료 기기에 형성되는 생물막 (그림 5.4*a*)이 치료하기가 매우 어려운 손상을 일으킬 수 있다는 것을 알게 될 것이다.

미생물은 상업적으로 가치있는 생산품을 생산하는 데 이용될 수도 있다. 산업미생물학(*industrial microbiology*)에서 자연에서 발견되는 미생물은 항생제, 효소, 그리고 다양한 화학물질 등의 비교적 상품가치가 낮은 생산품을 생산하기 위해 대규모로 배양된다. 대조적으로, 생명공학(*biotechnology*)은 유전적으로 조작된 미생물을 사용하여 인슐린 또는 인간 단백질 같은 높은 상업적 가치가 있는

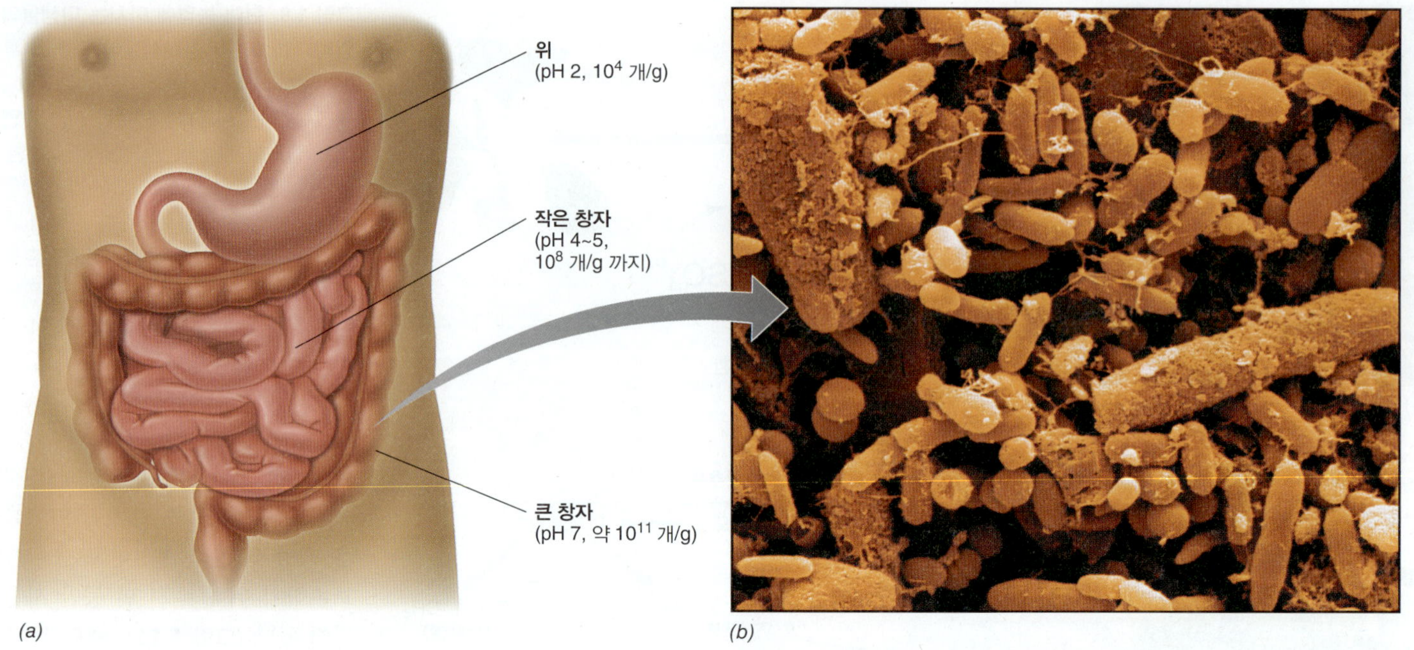

그림 1.10 인간의 위장관. *(a)* 주요 기관을 보여주는 인간의 위장관 모식도. *(b)* 인간의 대장에서 미생물 세포의 주사전자현미경 사진. 대장의 세포 수는 그램당 10^{11}개 이상에 미칠 수 있다. 세포 수(*numbers*)뿐만 아니라 대장 내에서 미생물의 다양성(*diversity*)도 매우 높다.

산물을 소규모로 생산하는 데 이용된다.

미생물은 생물연료(*biofuels*)를 생산에도 사용될 수 있다. 예들 들어, 천연가스 [메탄(methane), CH_4]는 메탄생성세균(*methanogens*)이라고 하는 고균 그룹에 의한 혐기성 대사의 산물이다. 사탕수수, 옥수수, 또는 빠르게 성장하는 풀과 같은 공급재료로부터 얻어진 포도당의 미생물 발효에 의해 생산된 에틸 알코올 (에탄올)은 주요 자동차 연료 또는 연료보충제이다 (**그림 1.12**). 미생물은 가정 쓰레기, 동물의 배설물, 그리고 섬유질과 같은 폐기물들을 미생물의 활성에 의해 메탄이나 에탄올로 전환시킬 수 있다.

미생물은 또한 폐기물을 청소하는 데 사용된다. 폐수 처리는 위생과 인체 건강에 필수적이다. 폐수 처리는 미생물에 의존하여 인간 폐기물로 오염된 물을 처리하여 재사용하거나 안전하게 환경으로 되돌릴 수 있다. 콜레라와 장티푸스와 같은 수인성 질병은 적절한 폐수 처리가 없는 상태에서 증식할 수 있다. 미생물은 또한 미생물의 생물정화(*microbial bioremediation*)라고 불리는 과정에 의해 산업적 오염을 정화하는 데 사용될 수 있다. 생물정화에서 미생물은 유출된 기름, 용매, 농약, 그리고 기타 환경적으로 독성을 가진 오염물질을 이용하는 데 사용된다. 생물정화는 특정 미생물을 오염된 환경에 도입하는 방법 또는 오염물질을 분해하는 토착 미생물을 활성화하기 위해 영양분을 투여하는 방법에 의해 정화 절차를 촉진시킨다. 두 가지 방식 모두 그 목적은 오염물질의 대사과정을 촉진하는 데 있다.

이들 예에서 보여주는 바와 같이, 인간에 대한 미생물의 영향은 크고, 그들의 활성은 지구에서 기능을 유지하는 데 필수적이다. 또는 저명한 프랑스 화학자이자 초기 미생물학자인 Louis Pasteur는 다음과 같이 이야기하였다: "자연에서 대단히 작은 것의 역할은 무한히 크다." 현미경은 Pasteur와 같은 미생물학자들이 미생물의 세계를 바라볼 수 있는 필수 통로를 제공한다. 그러므로 우리는 현미경에 대한 개요와 더불어 미생물 세계에 대한 공부를 계속하고자 한다.

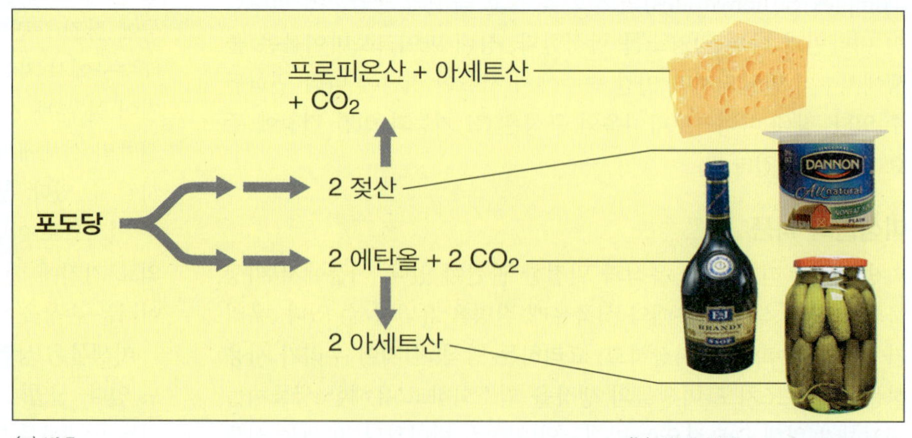

그림 1.11 발효식품. *(a)* 다양한 발효식품에서 주요 발효경로. 식품을 보존하고 특징적인 향을 내는 발효산물 (에탄올, 또는 젖산, 프로피온산, 또는 아세트산)을 나타낸다. *(b)* 각각에 대한 특징적인 발효산물을 보여주는 몇 가지 발효식품의 사진.

그림 1.12 생물연료로서 에탄올. *(a)* 생물연료인 에탄올 생산을 위해 공급 원료로 사용된 주요 농작물. 위: 섬유소 공급원인 건초용 풀. 아래: 옥수수 전분 공급원인 옥수수. 섬유소와 전분은 포도당으로 이루어져 있으며, 효모에 의해서 에탄올로 발효된다. *(b)* 미국의 에탄올 발전소. 발효에 의해 생산된 에탄올은 증류되어 탱크에 저장된다.

미니퀴즈

- 어떻게 미생물이 인간이나 소와 같은 동물의 영양에 기여하는가?
- 식품 및 농업에서 미생물이 중요한 몇 가지 방식을 들어 보라.
- 폐수처리(wastewater treatment)란 무엇이며, 그것이 왜 중요한가?

II • 현미경과 미생물학의 기원

역사적으로 볼 때, 미생물학은 미생물을 연구할 수 있는 새로운 장비가 개발되고 기존의 장비가 개선됨에 따라 크게 발전하였다. 현미경은 미생물학자에게 미생물을 연구할 수 있는 가장 오래되고 기본적인 장비이다. 실제로 미생물학은 현미경이 발견되기 이전에는 존재하지 않았다. 다양한 종류의 현미경이 이용가능하게 되고 있으며, 일부는 성능이 매우 뛰어나다. 이 교재를 통해서 다양한 기법들을 사용하는 현미경을 통해서 미생물의 이미지를 보게 될 것이다. 따라서 현미경의 발명 초기부터 시작하여 어떻게 미생물 세포를 시각화하는 데 사용될 수 있게 되었는지를 탐구해 보자.

1.5 광학현미경과 미생물의 발견

너무 작아서 육안으로는 볼 수 없었던 생물체의 존재 여부는 수세기동안 의문시되었으나, 이들의 발견은 현미경의 발명과 함께 이루어졌다. 영국의 수학자이자 자연사학자인 Robert Hooke (1635~1703)는 또한 뛰어난 현미경 사용자였다. Hooke는 최초로 현미경 관찰에 대해 관한 책인 *Micrographia* (1665)에 다른 것들과 함께 곰팡이의 자실체 구조를 그렸다 (**그림 1.13**). 이것이 미생물에 대한 최초의 설명이었다.

가장 작은 미생물 세포인 세균을 관찰한 최초의 사람은 네덜란드의 포목 상인이자 아마추어 미생물학자인 Antoni van Leewenhoek (1632~1723)였다. Van Leewenhoek는 한 개의 렌즈로 된 매우 단순한 현미경을 제작하여 다양한 자연의 물질에서 미생물을 관찰하였다 (**그림 1.14**). 그가 세균을 발견한 시점은 1676년이었는데, 이때 그는 후추를 물에 우려내는 연구를 하여, 그의 관찰한 내용을 기록하여 명성있는 런던의 왕립학회에 일련의 편지로 보고하였으며, 1684년에 영어판으로 출간되었다. Van Leeuwenhoek의 그림들 가운데, 그가 "미소동물(wee animalcules)"이라고 말한 몇몇 그림이 그림 1.14*b*에 있으며 그러한 현미경을 통해 찍은 사진이 그림 1.14*c*에 있다.

Van Leewenkoek의 현미경은 광학현미경(*light* microscope)이었으며, 그의 작품에는 이미지를 적어도 266배 정도 확대할 수 있는 단일 렌즈를 사용하였다. **배율(magnification)**은 이미지를 확대하는 미생물의 능력을 말한다. 모든 현미경은 배율을 제공하는 렌즈를 사용한다. 그러나 배율이 작은 크기의 물체를 관찰하기에 어려움을 주는 제한적 요소는 아니다. 매우 작은 크기의 물체를 볼

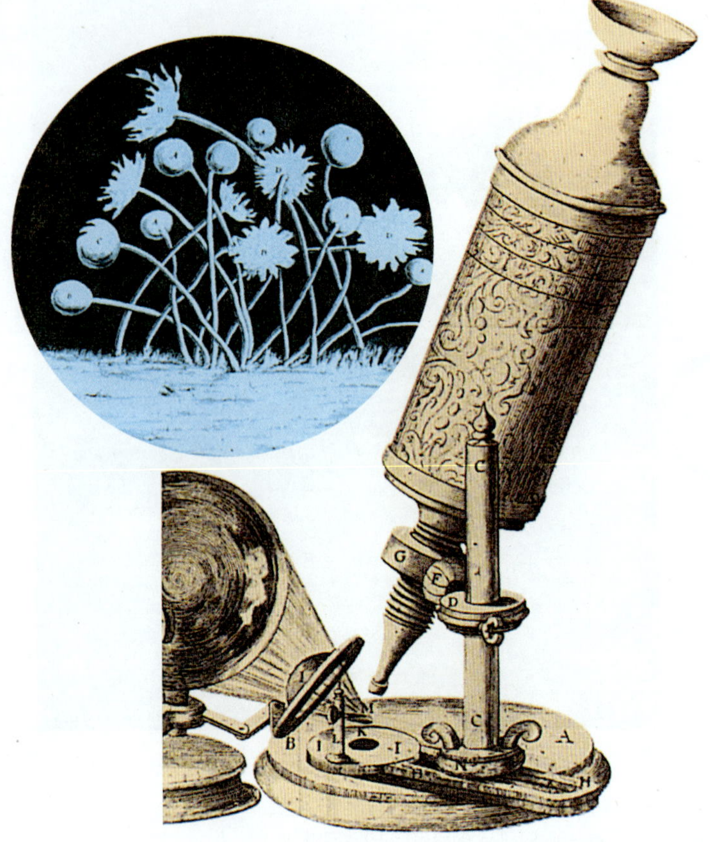

그림 1.13 Robert Hooke와 초기 현미경. Robert Hooke가 사용한 1664년의 현미경 그림. 렌즈는 끝의 움직일 수 있는 (G)에 맞추고, 하나의 렌즈 (I)를 통해 표본의 발광초점을 맞춘다. 삽입그림: Hooke의 가죽 표면에 자라고 있는 푸른곰팡이 그림; 둥근 구조에는 곰팡이의 포자가 들어 있다.

수 있는 능력을 지배하는 것은 해상력이다. **해상력(resolution)**은 두 개의 인접한 물체를 분명하게 구별할 수 있는 능력을 의미한다. 광학현미경의 한계 해상력은 약 0.2 μm이다 (μm는 10^{-6} m로서 micrometer의 약어임). 이것은 두 물체가 0.2 μm보다 가까운 거리에 있을 경우 명확하게 구분할 수 없다는 것을 의미한다.

현미경은 Van Leewenkoek의 시대부터 상당히 개선되어왔다. 명시야(*bright-field*), 위상차(*phase-contrast*), 차등 간섭 대비(*differential interference contrast*), 암시야(*dark-field*)와 형광(*fluorescent*) 현미경 등을 포함하는 다양한 형태의 광학현미경이 사용가능하게 되었다. 현대 복합 광학현미경은 광원에서 나오는 빛은 콘덴서에 의해 시료에 초점을 맞추며 (**그림 1.15**), 이 빛은 시료를 통해 투과되고 렌즈에 의해 수집된다. 최근의 복합 광학현미경은 두 종류의 렌즈인 대물렌즈(*objective*)와 대안렌즈(*ocular*)로 구성되어 있으며, 이미지를 확대하기 위해 조합된 기능을 한다. 미생물학에서 사용되는 현미경은 10~30배의 대안렌즈와 10~100배의 대물렌즈를 장착하고 있다 (그림 1.15*b*). 복합 광학현미경의 총 배율은 대물렌즈와 대안렌즈의 배율을 곱한 값이다 (그림 1.15*b*). 1,000배에서 0.2 μm의 지름을 갖는 물체를 해상하는 데 필요하며, 이는 대부분의 광학현미경에서 해상력의 한계이다 (1,000배 이상의 배율로 증가되면 광학현미경의 해상력은 거의 향상되지 않음).

광학현미경의 해상력 한계는 사용하는 빛의 파장과 대물렌즈의 빛을 집광하는 능력인 개구수(*numerical aperture*)로 알려진 성질의 기능에 있다. 렌즈의 배율과 개구수 사이에는 상관관계가 존재하는데, 즉 렌즈의 배율이 높을수록 보통 개구수도 높다. 렌즈에 의해 해상이 가능한 최소 물체의 지름은 0.5λ/개구수가 되는데, λ는 사용되는 빛의 파장을 의미한다. 매우 높은 개구수를 갖는 대물렌즈 (예, 100배 대물렌즈)를 가진 광학 등급의 오일이 현미경 슬라이드와 시료 사이에 위치한다. 100배의 대물렌즈나 개구수가 높은 일부 대물렌즈를 사용할 경우는 표본과 대물렌즈 사이에 고품질의 광학 오일을 사용하여야 한다. 오일이 사용되는 렌즈를 유침(*oil-immersion*)렌즈라 한다. 유침용 오일은 렌즈의 집광 능력, 즉 렌즈로 수집되어 볼 수 있는 빛의 양을 증가시킨다.

광학현미경에서 시료는 시료와 그 주변 환경에 사이에 존재하는 **대비차(contrast)**이 때문에 볼 수 있다. 명시야 현미경에서 대비는 세포가 주변 환경과 다르게 빛을 흡수하거나 분산할 때 일어난다. 세균세포는 일반적으로 주위 환경과의 대비차가 부족해 명시야 현미경으로는 관찰하기가 어렵다. 즉, 광학적 특성이 주변 매체와 유사하여 명시야 현미경으로 보기 어렵다. 색소를

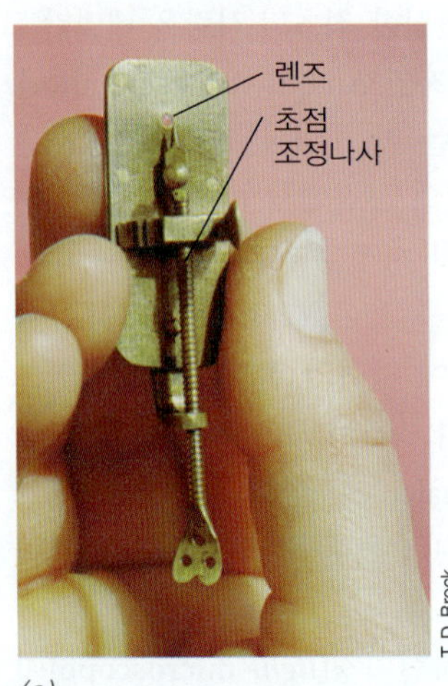

(*a*)

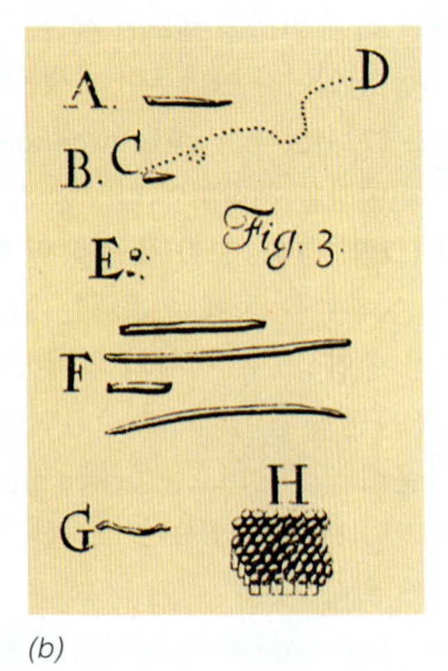

(*b*)

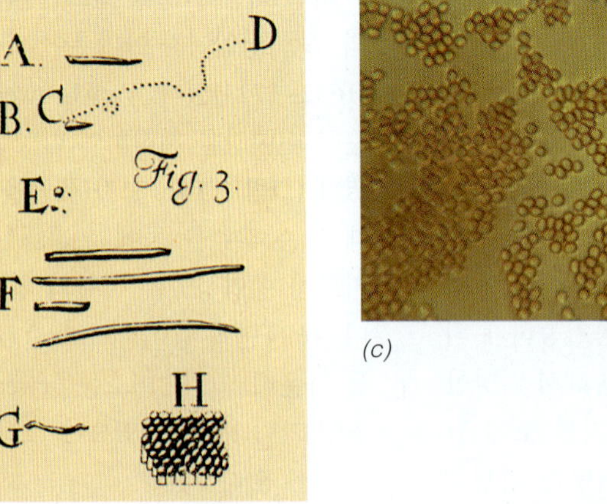

(*c*)

그림 1.14 van Leeuwenhoek 현미경. *(a)* van Leeuwenhoek 현미경 복제품의 사진. 렌즈는 조절이 가능한 초점 나사 끝의 근접한 곳에 위치한 놋쇠 접시 위에 놓여 있다. *(b)* Antoni van Leeuwenhoek의 세균 그림으로 1684년에 발간되었다. 대강 그린 이 그림에서조차도 우리는 흔한 여러 세균의 형태적 형태를 볼 수 있다. A, C, F, G는 간상형; E는 구형; H는 구균 집단. *(c)* van Leeuwenhoek 현미경에 의해 관찰된 인간 혈액 표본의 현미경 사진. 적혈구는 선명하게 관찰된다.

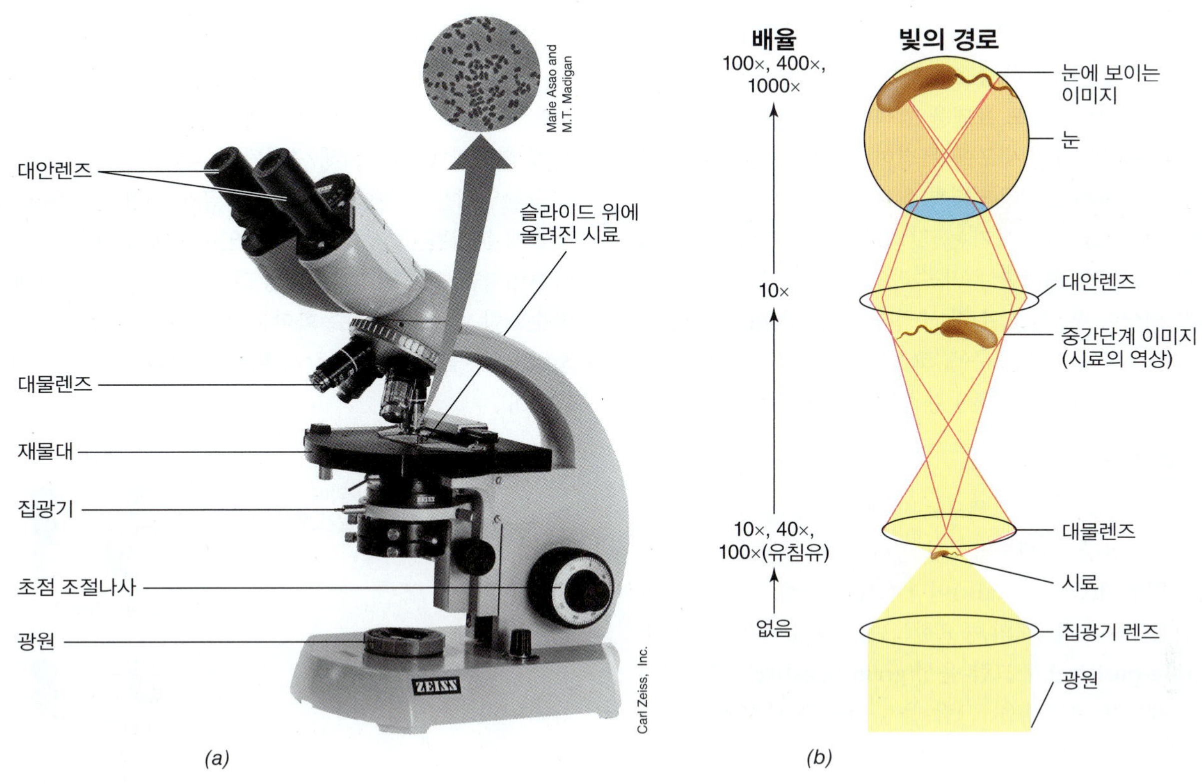

그림 1.15 현미경. *(a)* 복합 광학현미경 (삽입된 사진은 염색이 되지 않은 세포를 위상차 광학현미경으로 찍은 사진임). *(b)* 복합 광학현미경의 빛 통과 경로. 그림 1.19는 명시야 현미경과 위상차 현미경의 시각화된 세포를 비교하였다.

함유하는 미생물체는 예외인데 이는 그 미생물의 색상이 대비차를 증가시켜 명시야 광학에 의해 세포 관찰을 용이하기 때문이다 (**그림 1.16**). 색소가 결핍된 세포에서 대비차를 증진시키는 몇 가지 방법들이 있으며, 우리는 다음 절에서 이 방법들에 대하여 기술하고자 한다.

미니퀴즈

- 배율(magnification)과 해상력(resolution)을 정의하라.
- 명시야 광학현미경의 해상력의 한계는 무엇인가? 그 한계의 정의는?

1.6 광학현미경의 명암 대비 향상

명암 대비(contrast)는 광학현미경에서 그들 주변으로부터 미생물을 식별하는 데 중요하다. 세포는 명암 대비를 증진시키기 위해서 염색될 수 있으며 염색은 명시야 현미경으로 세균을 시각화하는데 흔히 사용된다. 염색에 더하여 광학현미경의 위상차, 차등 간섭 대비(differential interference contrast), 암시야, 형광 등과 같은 그 외의 다른 방법들은 명암 대비를 향상시키기 위하여 개발되어왔다.

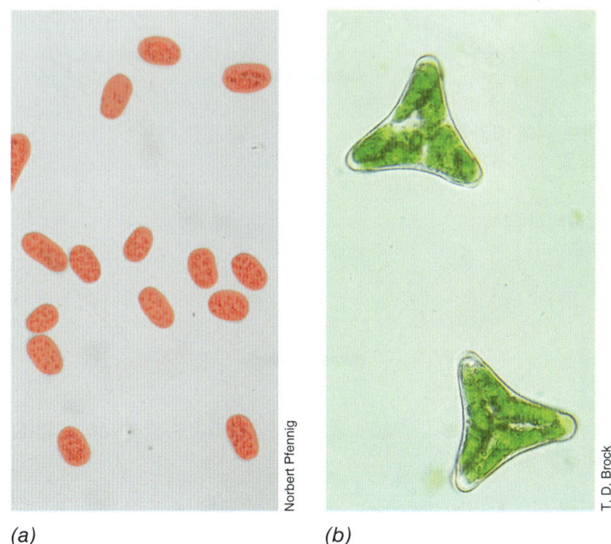

그림 1.16 색소를 가지고 있는 미생물의 명시야 현미경 사진. *(a)* 자색 광영양성 세균 (세균). 세균 세포는 약 5 μm이다. *(b)* 녹조류 (진핵생물). 녹색 구조는 엽록체이다. 조류 세포는 약 15 μm이다. 자색세균은 무산소성 광영양체인 반면에, 조류는 산소성 광영양체이다. 두 그룹은 광합성 색소를 가지지만, 산소성 광영양체만이 산소를 생성한다 (1.3절과 그림 1.5*a*).

염색: 광학현미경의 명암 대비 증강

염료를 세포 염색에 사용할 수 있어 세포의 대비를 증가시켜, 명시야 현미경으로 세포를 더욱 쉽게 관찰할 수 있도록 해 준다. 염료는 유기화합물로서 개별 염료의 분류에 따라 특정 세포물질에 대한 친화력을 가지고 있다. 미생물학에서 사용되는 다수의 염료는 양전하를 띠는 염료들로서, 이 때문에 염기성 염료(*basic dyes*)라고 부른다. 예를 들어, 메틸렌 블루, 크리스털 바이올렛, 사프라닌 등이 염기성 염료이다. 염기성 염료는 핵산이나 산성 다당류처럼 음전하를 띠는 세포 성분과 강하게 결합한다. 세포 표면이 음전하를 띠기 때문에 이들 염료는 세포 표면을 염색한다. 이러한 특성은 염기성 염료를 대부분의 세균 세포에 특별히 염색하지 않는 일반목적의 염색약으로 유용하게 사용되도록 한다.

단순염색은 세포를 건조시키는 것으로부터 시작한다 (**그림 1.17**). 세포액을 고정한 깨끗한 유리 슬라이드를 희석된 염기성 염료로 1~2분간 염색한 후, 물로 수회 세척하여 블럿(blot) 건조시킨다. 세포의 크기가 매우 작기 때문에, 고정되고 염색된 세균과 고균 시료는 일반적으로 고배율 (유침용) 렌즈를 이용하여 관찰한다.

분별염색: 그람염색

서로 다른 종류의 세포를 다른 색으로 염색하는 것을 분별(*differential*)염색이라고 한다. 미생물학에서 널리 이용되고 있는 중요한 분별염색은 **그람염색(Gram stain)**이다 (**그림 1.18**). 그람염색 반응에 따라, 진정세균은 두 개의 중요한 그룹으로 분류될 수 있다: **그람-양성(gram-positive)**과 **그람-음성(gram-negative)**. 그람염색 후 그람-양성 세균은 보라색을, 그람-음성 세균은 분홍색을 띤다 (그림 1.18*b*). 그람염색의 염색 차이는 그람-양성 세균과 그람-음성 세균의 세포벽 구조가 다르기 때문이다 (2.4절). 보라색을 내는 크리스털 바이올렛과 같은 염기성 염료로 염색한 후, 에탄올 처리로 그람-음성 세균은 탈색되지만, 그람-양성 세균은 탈색되지 않는다. 마지막으로, 빨간색의 사프라닌과 같은 다른 색 염료로 대비 염색을 한다. 그 결과, 그람-양성과 그람-음성 세포는 색깔의 차이 때문에 현미경 관찰에 의해 구별될 수 있다 (그림 1.18*b*).

그람염색은 미생물학에서 가장 흔히 사용되는 염색법이며, 흔히 새롭게 분리된 미생물을 특성 확인하는데 우선적으로 사용된다. 형광현미경을 사용할 수 있다면, 그람염색 절차를 1단계의 과정으로 단순화할 수 있다; 특수 화학물질로 처리하였을 때, 그람-양성 세포와 그람-음성 세포가 각각 다른 색깔의 형광을 띠게 된다 (그림 1.18*c*).

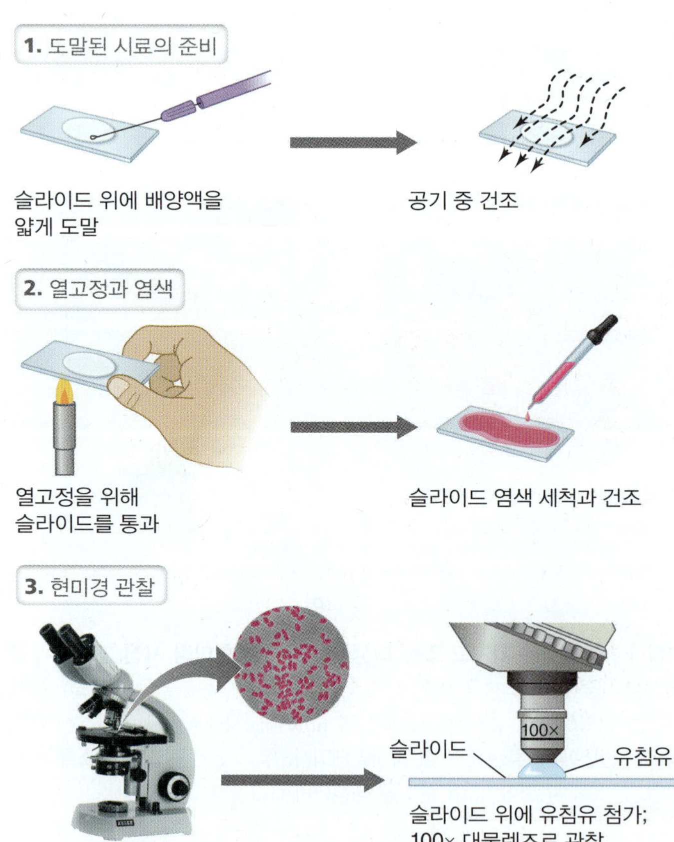

그림 1.17 현미경 관찰을 위한 세포 염색. 염색은 세포와 주변 환경의 명암대비를 향상시킨다. 3단계 중앙; 삽입된 사진은 염색한 그림 1.15에서 보여준 것과 같은 세포.

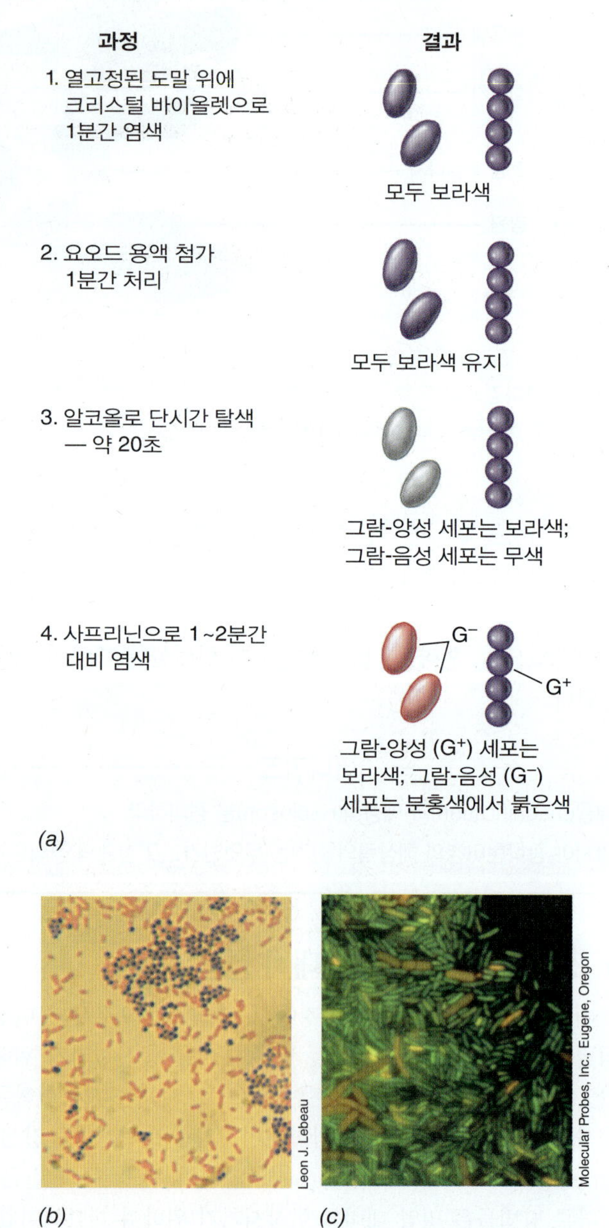

그림 1.18 그람염색. *(a)* 염색과정. *(b)* 그람-양성 (보라색)과 그람-음성 (분홍색) 세균의 현미경 관찰. 보여준 미생물은 각각 *Staphylococcus aureus*와 *Escherichia coli*이다. *(c) Pseudomonas aeruginosa* (그람-음성, 녹색)과 *Bacillus cereus* (그람-양성, 오렌지색) 세포가 단순 1단계 형광 염색되었다. 단순 염색을 통해 그람-음성 세포로부터 그람-양성 세포를 구분할 수 있다.

위상차 및 암시야 현미경

광학현미경을 사용할 때, 염색이 많이 이용되지만, 염색은 세포를 죽이고 세포의 형태를 변형시킬 수 있다. 두 가지 유형의 광학현미경이 염색하지 않은 (그래서 살아 있는) 세포의 명암대비를 향상시킬 수 있다. 위상차 현미경과 암시야 현미경이다 (**그림 1.19**). 특히 위상차 현미경을 살아 있는 미생물 시료를 관찰하기 위해 교육 및 연구 목적에 널리 사용한다.

위상차 현미경(phase-contrast microscopy)은 주변 환경과 비교하여 세포의 굴절지수(refractive index, 물질을 통과함에 따라 빛의 속도가 줄어드는 지수)가 다르다는 점에 기반을 두고 있다. 그러므로 세포를 통과하는 빛은 주변 액체를 통과하는 빛과 위상이 다르게 된다. 이러한 작은 차이는 위상차 현미경의 대물렌즈 내에 장착되어 있는 위상 링(*phase ring*)에 의해 증폭되는데, 밝은 배경에 어두운 이미지가 형성하게 된다 (그림 1.19*b*; 그림 1.15*a* 삽입도 참조). 한 개의 위상 판으로 이뤄진 링은 명암대비가 큰 이미지를 만들어 내도록 미세한 위상 차이를 증폭한다.

암시야 현미경(dark-field microscope)은 빛이 측면에서만 표본에 도달한다. 렌즈에 도달하는 유일한 빛은 표본에 의해 산란된 빛으로 표본은 어두운 배경에서 밝은 상으로 나타난다 (그림 1.19*c*). 암시야 현미경의 해상력은 광학현미경에 비교하여 높은 편이며, 명시야 현미경이나 위상차 현미경에 의해서는 해상될 수 없는 시료도 암시야 현미경으로 해상될 수 있다. 뭉쳐 있는 편모 (유영 이동에 관여하는 구조)가 흔히 해상될 수 있어, 암시야 현미경은 미생물의 이동성을 관찰하는 데 특히 유용하다.

형광현미경

형광현미경(fluorescence microscope)은 형광을 나타내는 표본을 시각화한다. 형광현미경에서 세포는 단일 색상의 빛을 방출함으로써 형광을 띠게 한다. 필터는 형광만 보일 수 있도록 사용되므로, 세포들은 검은색 배경에서 빛나는 것처럼 보인다 (**그림 1.20**).

세포는 엽록체 혹은 기타 자가 형광물질(autofluorescence, 그림 1.20*b*, *d*)과 같은 천연 형광물질을 함유하고 있거나 형광염료로 염색된 경우에 형광을 나타낸다 (그림 1.20*e*). DAPI (4′,6-*di*amidino-2-phenyl*i*ndole)가 가장 많이 사용되는 형광 염료이다. DAPI는 세포 DNA와 결합하여 밝은 청색으로 세포를 염색한다 (그림 1.20*e*). DAPI는 토양, 물, 식품 또는 임상시료와 같은 자연적인 서식환경에서 세포를 형상화하는 데 사용될 수 있다. 따라서 DAPI를 이용하는 형광현미경은 임상진단 미생물학 분야뿐만 아니라 자연환경 혹은 현탁액 속의 세균을 확인하기 위해 미생물 생태학 분야에 널리 이용되고 있다 (그림 1.20*e*).

미니퀴즈

- 전형적인 그람염색이 종료된 후, 그람-음성 세균은 무슨 색인가?
- 염색과 비교하여 위상차 현미경이 가지고 있는 주요 장점은 무엇인가?
- 세포가 형광을 발할 수 있게 하는 방법은?

1.7 세포의 3차원 영상

지금까지 2차원 영상을 구현하는 현미경에 대해 알아보았다. 이러한 한계를 어떻게 극복할까? 이번 단원에서 주사전자현미경이 이러한 문제를 해결하는 방법을 제시하겠지만, 특정 형태의 광학현미경이 이미지의 3차원 영상을 개선할 수 있다는 것을 알 수 있다.

차등 간접 대비 현미경

차등 간섭 대비 현미경(differential interference contrast microscopy, DIC)은 집광기 내의 편광기(polarizer)를 이용해 편광 (한 각도로 빛)을 발생시키는 광학현미경의 한 형태이다. 편광은 두 개의 상이한 광선을 만들어 낼 수 있는 프리즘을 통과한다. 이들 광선은 시료를 통과한 후 대물렌즈에 진입하며 이곳에서 한 개의 광선으로 결합된다. 시료를 통과하는 두 개의 광선은 굴절지수에 약간의 차이가 있어, 통과한 광선은 완전히 동일한 위상에 있지 못하며, 이 광학효과는 3차원 시각을 제공하여 세포구조의 작은 차이를 확대하는 효과가 있다.

DIC 현미경을 사용 시에 진핵세포 내의 핵 (**그림 1.21**) 또는 내생포자, 액포, 세균 세포의 함유물과 같은 세포구조는 광학현미경의 좀더 3차원의 형태로 보인다. DIC 현미경은 염색을 하지 않으면 광학현미경으로 볼 수 없는 세포 내부 구조를 관찰할 수 있어 일반적으로 염색하지 않은 세포 관찰에 사용된다 (그림 1.19*a*를 그

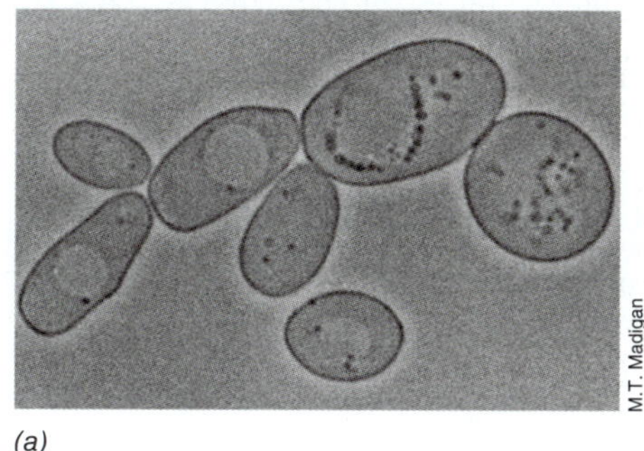

(*a*)

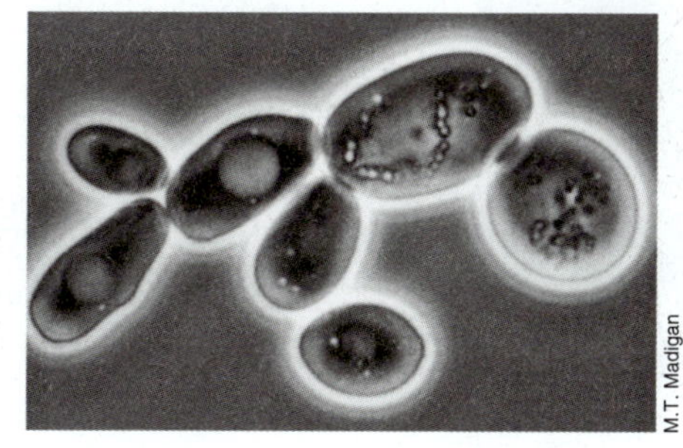

(*b*)

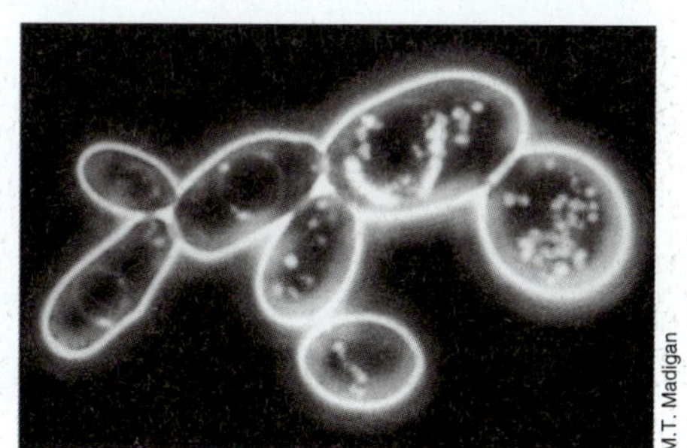

(*c*)

그림 1.19 다른 종류의 현미경으로 영상화된 세포. 동일한 효모 *Saccharomyces cerevisiae* 세포를 *(a)* 명시야 현미경, *(b)* 위상차 현미경과 *(c)* 암시야 현미경으로 영상화하였다. 세포의 평균 너비는 8~10 μm이다.

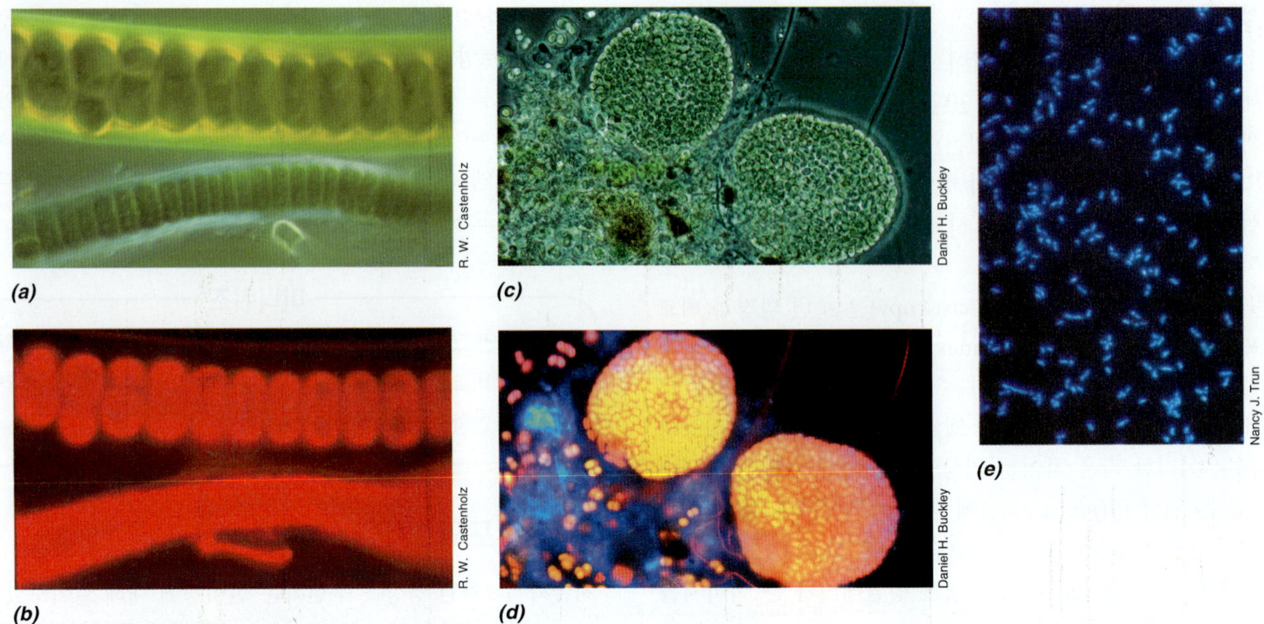

그림 1.20 형광현미경. *(a, b, c, d)* 남세균(cyanobacteria). 동일한 세포를 위상차 현미경 *(a, c)* 과 형광현미경 *(b, d)*으로 관찰한 것이다. 세포는 엽록체 *a*와 다른 색소를 가지고 있어 형광을 보여준다. *b*의 사진은 엽록소 *a*의 형광에 특별한 필터를 사용하여 만들어진 것이며, *d*의 사진은 남세균에서 자연적으로 발견되는 다양한 색소로부터 형광을 보여주는 허용된 필터를 사용하여 만들어진다. *(e)* DNA와 결합하는 형광색소 DAPI로 염색하여 형광을 발하는 *Escherichia coli* 세포의 형광현미경 사진.

림 1.21과 비교).

공초점 주사 레이저 현미경

공초점 주사 레이저 현미경(confocal scanning laser microscope, CSLM)은 레이저와 형광현미경이 조합되어 컴퓨터로 조절되는 현미경이다. 레이저가 밝은 3차원 형상을 만들고 시료의 다양한 위상에 따라 초점을 맞춰 볼 수 있도록 해준다 (**그림 1.22**). 레이저 광선을 매번 시료의 한 위상의 수평면만을 완전하게 초점을 맞출 수 있도록 정확하게 조절한다. 세포는 형광 현미경에서와 마찬가지로 레이저 형광에 의해 부딪혀서 이미지를 생성한다 (1.6절).

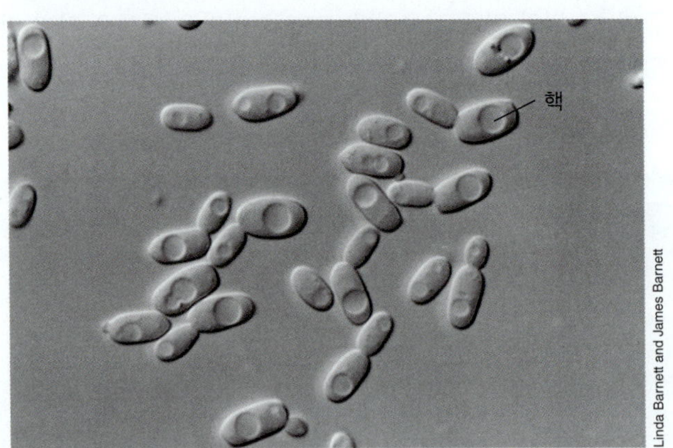

그림 1.21 차등 간섭 대비 현미경. 이 현미경으로 3차원 효과를 보여준 효모 *Saccharomyces cerevisiae* 세포. 효모 세포는 8 μm 너비이다. 뚜렷하게 보이는 핵을 주목하고 그림 1.19*a*의 광학현미경으로 관찰한 효모 세포와 비교하라.

CSLM 시료의 세포는 구분이 쉽도록 형광염료로 염색할 수도 있다 (그림 1.22*a*). 그 후 레이저는 시료의 층을 위아래로 스캔하여 각 층의 이미지를 생성한다. 컴퓨터는 그 사진들을 조립하여 많은 층들을 단일 고해상도, 3차원의 이미지로 구성한다. 이같이 세균의 생물막과 같은 상대적으로 두꺼운 시료를 기존의 광학현미경과 같이 생물막의 표면에 있는 세포들을 관찰하게 해줄 뿐만 아니라 여러 층에 존재하는 세포들도 레이저 빔의 초점면을 조절하여 관찰할 수 있다. CSLM은 특히 두꺼운 시료를 조사해야 할 때 사용될 수 있다.

미니퀴즈

- 진핵세포의 어떠한 구조가 명시야 현미경보다는 DIC로 더 쉽게 관찰되는가? (**힌트**: 그림 1.19*a*와 1.21을 비교하라.)
- 왜 CSLM은 명시야 현미경과 달리 두툼한 시료의 여러 층 구조를 보여줄 수 있나?

1.8 세포구조의 규명: 전자현미경

전자현미경(electron microscope)은 세포나 세포 구조물을 관찰하기 위해 가시광선 (광자) 대신에 전자를 사용한다. 전자현미경에서는 전자석이 렌즈의 기능을 하며, 전체 시스템은 진공에서 작동한다 (**그림 1.23**). 전자현미경은 전자영상(*electron micrograph*)이라 불리는 사진을 촬영하기 위해 사진기가 장착되어 있다. 두 종류의 전자현미경이 일반적으로 사용 된다: 투과 및 주사전자 현미경.

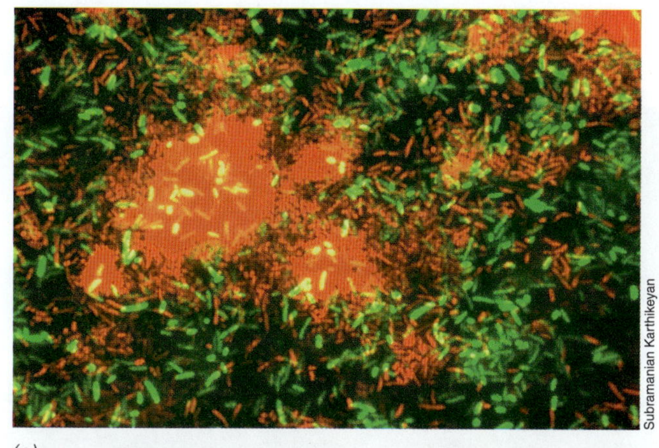

(a)

(b)

그림 1.22 공초점 주사 레이저 현미경. *(a)* 미생물 생물막 군집의 공초점 영상. 실험을 위해 주입된 녹색 간균 형태의 세포는 *Pseudomonas aeruginosa*. 다른 색의 세포는 생물막 깊이에 따라 존재하고 있다. *(b)* 소다 호(湖)에서 자라는 필라멘트형 남세균의 공초점 영상. 세포의 너비는 약 5 μm이다.

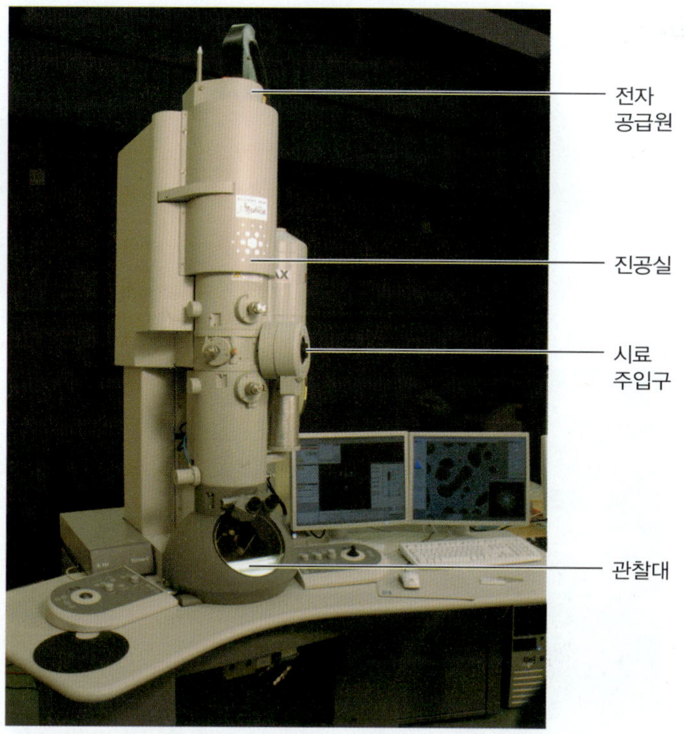

그림 1.23 전자현미경. 이 장비는 투과전자현미경과 주사전자현미경의 기능을 가지고 있다.

투과전자현미경

투과전자현미경(*transmission electron microscope*, TEM)은 세포와 세포 구조를 매우 높은 배율과 해상력으로 관찰하는 데 이용된다. TEM의 해상력은 광학현미경의 해상력보다 훨씬 커서 분자 수준도 관찰이 가능하다 (**그림 1.24**). 그 이유는 전자의 파장이 가시광선의 파장보다 훨씬 더 짧고, 우리가 배웠듯이 파장이 해상력에 영향을 미치기 때문이다 (1.5절). 예를 들어, 광학현미경의 해상력은 약 0.2 *micrometer* (10^{-9} m)이며, TEM의 해상력은 1,000배 정도 향상된 약 0.2 *nanometer*이다. 이러한 높은 해상도로 단백질이나 핵산 등의 개별적인 분자도 전자현미경에서는 관찰이 가능하다 (그림 1.24*b*).

가시광선과 달리 전자는 투과성이 약하다; 단일 세포조차도 전자가 투과하기에 너무 두껍다. 이에 따라 세포의 내부구조를 관찰하기 어려워, 세포의 얇은 박절편(*thin sections*)이 필요하고, 박절편은 안정화되어야 하고, 영상화를 위하여 다양한 화학물질을 이용하여 염색이 되어야 한다. 예를 들어, 한 개의 세균 세포는 아주 얇은 박편 (20~60 nm)으로 잘라 TEM으로 개별적으로 관찰한다 (그림 1.24*a*). 충분한 대비차를 얻기 위해, 시료를 오스믹산(osmic acid), 또는 과망간산염(permanganate), 우라늄(uranium), 란타니움(lanthanium)이나 납의 염(lead salt) 등의 염료로 처리한다. 이러한 물질은 원자량이 큰 원자들로 구성되어 있어, 전자를 산란시키는 능력이 뛰어나 대비를 향상시킨다. 단순히 생물체의 외부(*external*) 구조를 관찰할 경우에는 얇은 박절편은 필요하지 않다. 음성 염색(*negative staining*)을 이용하여 TEM으로 온전한 세포 또는 세포 구성성분을 직접 관찰할 수도 있다 (그림 1.24*b*).

주사전자현미경

최적의 세포의 3차원 영상을 위하여, 주사전자현미경(*scanning electron microscope*, SEM)을 사용한다. 주사전자현미경을 사용할 때는 시료를 금과 같은 중금속의 얇은 막으로 코팅한다. 그 후, 전자빔이 시료를 앞뒤로 스캔한다. 금속 코팅에서 산란된 전자를 모아 영상을 만들어 내기 위해 수상기 화면에 투사한다 (그림 1.24*c*). SEM을 사용할 경우, 상대적으로 큰 시료도 관찰할 수 있으며, 피사계심도(depth of field, 고도의 초점을 유지하고 있는 영상의 높낮이)가 매우 뛰어나다. SEM은 최소 15×로부터 100,000×의 넓은 범위의 배율을 가지고 있을 수 있으나, 보통 물체의 표면만 영상화가 가능하다.

TEM 또는 SEM의 전자현미경 영상은 본래 흑백 영상이다. 이 영상도 얻을 수 있는 최대한의 과학적인 정보를 가지고 있지만, 보통 컴퓨터로 조작하여 전자현미경 영상을 컬러화한다. 그러나 이러한 인위적 컬러는 현미경 영상의 해상력을 향상시키지는 않는다.

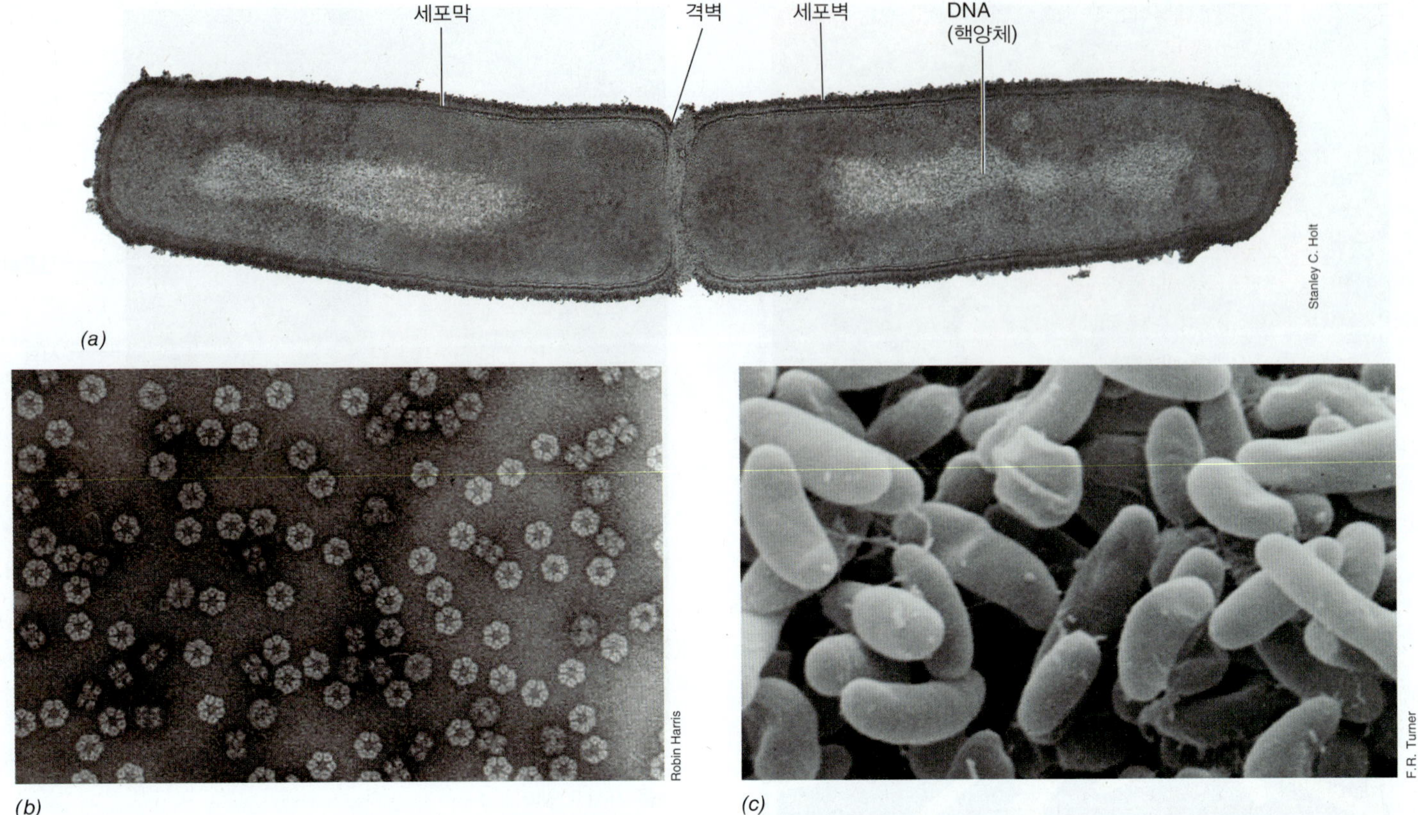

그림 1.24 전자현미경 사진. *(a)* 투과전자현미경으로 촬영한 분열 중인 세균 세포의 박절편 영상. 세포는 약 0.8 μm 너비이다. *(b)* 음성 염색된 헤모글로빈 분자의 TEM 영상. 개별 육각형 분자는 지름이 약 25 nm이며 두 개의 도넛형 링으로 구성되어 총 15 nm의 너비를 가지고 있다. *(c)* 주사전자현미경의 세균 영상. 개별 세포의 너비는 약 0.75 μm이다.

단지 대중 매체를 통한 일반의 관심을 끌기 위한 영상의 예술적인 가치를 높이는 기본적인 가치가 있다. 전자현미경 영상 안에 있는 최대한의 과학적인 내용과 세부적인 것은 현미경을 찍을 때 얻어지는 것으로, 이 책에서 인위적인 컬러가 들어간 전자현미경 영상은 간혹 사용함으로써, 본래의 과학적인 내용에 충실한 현미경 영상을 보여줄 것이다.

미니퀴즈

- 전자현미경 영상이란? 전자현미경 영상이 광학현미경 영상보다 해상도가 높은 이유는?
- 세포 군집을 관찰하기 위해서는 어떤 종류의 전자현미경이 사용되는가? 세포의 내부 구조를 관찰하는데 어떤 종류의 전자현미경이 사용되는가?

III • 미생물 배양은 미생물학의 지평을 넓혀준다

현미경에 의해 미생물이 움직인다는 것을 발견한 후, 미생물학에서 주요 발견은 미생물 배양에서 발전에 의해 촉진되었다. 중요한 진보에는 무균 (즉, 생물체가 없는) 영양액과 용액의 준비 및 유지를 허용하는 관행의 모음인 **무균기법(aseptic technique)**의 발전을 포함하였다 (그림 5.12). 무균 기법은 세균의 순수 배양의 분리와 유지에 필수적이다. **순수배양(pure cultures)**은 한 가지 유형의 미생물의 세포를 포함하고 미생물 연구에 큰 가치를 가지는 배양액이다. 마지막으로, 특별한 대사 특성을 갖는 미생물의 특질로부터 분리를 허용하는 기술인 **농화배양기법(enrichment culture techniques)**은 다양한 미생물의 발견을 촉진한다.

미생물 배양의 발전은 전염병 퇴치, 미생물 다양성 발견, 모든 살아 있는 세포의 근본적인 특성을 발견하기 위한 모델 시스템으로서 미생물 사용에 대한 직접적인 원인이 된다. 미생물학 배양의 주요한 발전은 19세기에 이루어졌으며, 이는 미생물학자들이 그 시대의 두 가지 중요한 의문에 답하려고 시도하면서 일어났다: (1) 자연발생이 일어나는가? (2) 전염병의 본질은 무엇인가? 이들의 발생에 관한 질문에 대한 해답은 초창기 미생물학 분야에서 두 명의 거인의 연구로부터 생겨났다: 프랑스의 화학자인 Louis Pasteur와 독일의 의사인 Robert Koch. Pasteur의 업적부터 알아보자.

1.9 Pasteur와 자연발생설

Pasteur는 화학자로서 교육을 받았으며, 전적인 화학 반응으로 생각되는 많은 것들이 미생물에 의해 촉매되었다는 것을 처음으로 생각하였던 과학자들 가운데 한 사람이다. Pastuer는 결정 형성의 화학을 연구하고 결정 구조를 조사하기 위하여 현미경을 사용하였다. 그의 화학과 현미경에 대한 훈련은 그가 미생물학을 보다 발전시키기 위한 기초적인 발견을 진지하게 준비하게된 계기가 되었다.

발효의 미생물학적 기초

Pasteur는 그의 연구 초기에 알코올 생산 과정에서 형성된 결정체를 연구하였다. 포도주에 형성된 타르타르산염(tartrate) 결정의 신중한 현미경 관찰을 통해서, 그는 거울상 구조를 가진 두 가지 유형의 결정을 관찰하였다 (**그림 1.25**). 그는 손으로 이들을 분리하고 각 유형의 결정이 다른 방향으로 편광 광선이 굽게 한다는 것을 관찰하였다. 이런 식으로 그는 화학적으로 동일한 물질이 광학 이성질체(*optical isomers*)를 가질 수 있다는 것을 발견하였는데, 이 광학 이성질체는 그 특성에 영향을 줄 수 있는 다른 분자 구조를 가지고 있다. Pasteur는 미생물이 광학 이성질체를 구별할 수 있다는 것을 발견하기 위해 계속 실험하였다. 예를 들어, 곰팡이 *Aspergillus*의 배양 (그림 1.25*a*)은 오직 D-tartrate만을 대사하지만 광학 이성질체인 L-tartrate는 대사하지 못하였다. 살아 있는 유기체가 광학 이성질체를 구별할 수 있다는 사실은 Pasteur가 자연에서 순전히 화학적이라고 생각되는 많은 반응이 실제로 특정 미생물에 의해 촉매되었다고 의심하게 만들었다.

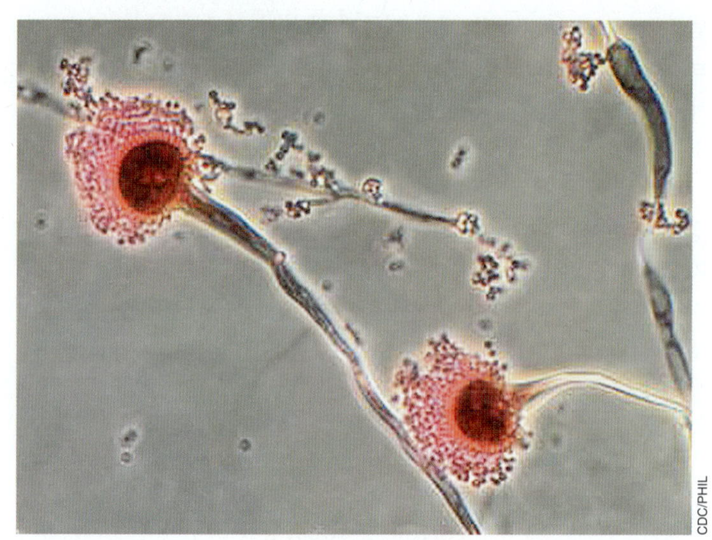

(a)

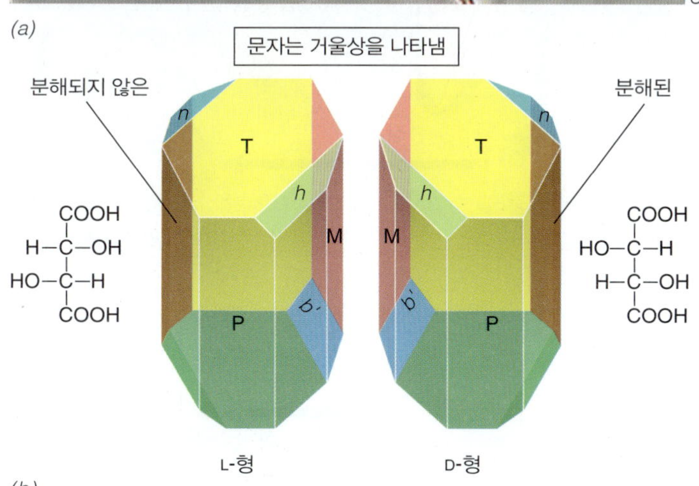

(b)

그림 1.25 Louis Pasteur와 광학이성질체. *(a)* 곰팡이 *Aspergillus* 세포의 광학현미경 사진. *(b)* Pasteur가 그린 주석산 결정의 그림. 왼손 방향 결정체는 빛이 왼쪽으로 굴절되고, 오른손 방향 결정체는 빛이 오른쪽으로 굴절된다. 두 결정체는 이성질체의 특징인 서로 거울상인 것에 주목하라. Pasteur는 D-형 주석산만이 *Aspergillus*에 의해 대사된다는 것을 발견하였다.

화학 교수로 재직하는 동안, Pasteur는 사탕무 주스에서 산업적으로 알코올을 생산하였던 지역 사업가와 만났다. 그 사업가는 많은 통에서 알코올 대신에 신 우유 냄새가 나는 제품이 생산되었기 때문에 손실을 입고 있었는데, Pasteur는 그것이 젖산(lactic acid)이라는 것을 밝혔다. 19세기 중반에 알코올 생산은 전적으로 화학적 과정으로 생각되었다. Pasteur는 현미경으로 배양액을 연구하였으나, 결정 대신에 그는 세포를 관찰하였다. Pasteur는 알코올을 생산하는 통에는 효모로 가득 차 있었지만 신맛이 나는 통에는 막대모양의 세균으로 가득하다는 것을 알아냈다. 그는 이들이 알코올이나 젖산을 생산하는 살아 있는 생물체라고 가정하였다.

Pasteur는 자신의 가설을 증명하기 위해 이들 생물체를 생장시킬 필요가 있었다. 그는 효모가 자라야 하는 데 필요한 모든 영양소를 포함할 것이라고 추론되는 효모 세포의 추출물을 준비하였다. 그 후 도자기 필터를 사용하여 이 효모추출물 영양배지에서 모든 세포를 제거하여 무균 상태로 만들었다. 그는 살아 있는 효모추출물을 이 멸균된 효모추출물 배지에 다시 도입하면 생장을 관찰하고 알코올 생산을 보여줄 수 있었지만, 대신에 작은 막대형 생물체를 도입하면 젖산이 형성된다는 것을 관찰하였다. 이러한 배양물의 가열은 생장과 알코올 또는 젖산의 생산을 제거하였다. 이러한 방식으로 그는 발효가 미생물에 의해서 수행되고 다른 미생물은 다른 발효 반응을 수행한다는 것을 증명하였다.

Pasteur는 발효에 관한 연구에서 다른 생물체가 종종 효모추출물 배지에서 자랄 것이라고 관찰하였다. 그는 이들 생물체가 대기 중에서 도입되고 있다고 추론하였다. Pasteur의 발효에 관한 연구는 자연발생설에 대한 일련의 고전적인 발효를 수행할 준비를 해왔으며, 그의 이름과 영원히 연결되어 있으며, 현대 과학으로서 미생물학을 확립하는 데 도움이 되는 실험이었다.

자연발생설

자연발생설(spontaneous generation)의 개념은 수천 년 동안 존재하였으며 그 기본 교리는 쉽게 파악될 수 있다. 음식이나 다른 부패하기 쉬운 물질이 얼마 동안 유지되면 부패가 심해졌다. 현미경으로 관찰하면 부패한 물질은 미생물로 가득 차 있다. 이들 생물체는 어디서 생긴 것일까? Pasteur 이전에는 생명이 무생물에서 자연적으로 생겨났다는 일반적인 믿음, 즉 자연발생설(*spontaneous generation*)에 의해 발생한다고 알고 있었다.

Pasteur는 자연발생설에 대한 강력한 반대자였다. 그는 부패된 물질에 존재하는 미생물이 처음에는 부패하고 있는 물질에 존재하였던 공기 또는 세포에서 들어간 세포의 자손이라고 예측하였다.

Pasteur는 음식이 그것을 오염시키는 모든 생물체를 파괴하는 방법으로 처리된다면, 즉 그것이 멸균상태이고 다른 오염을 방지할 수 있다면 부패하지 않을 것이라고 추론하였다.

Pasteur는 오염 미생물을 제거하기 위해 가열하는 방법을 이용하였으며, 밀봉한 영양액을 충분히 끓이면 부패가 일어나지 않는다는 사실을 알아냈다. 자연발생설 지지자들은 자연발생을 위해서는 "신선한 공기(fresh air)"가 필요하다며 이런 실험들을 비판하였다. 마개를 닫은 플라스크의 내부 공기는 열에 의해 영향을 받기 때문에 자연발생을 못하게 된다고 주장하였다. 1864년 Pasteur는 *Pasteur* 플라스크(*Pasteur flask*)라고 하는 백조의 목 모양의 플라스크를 만들어 이러한 반론을 간단하고 명료하게 물리쳤다 (**그림 1.26**). 그러한 플라스크에서의 영양액을 가열하여 끓여서 멸균하였다. 그러나 플라스크를 냉각시킨 후 공기는 다시 출입할 수 있도록 하였지만, 플라스크의 목 부분을 구부려 (백조의 목 디자인) 입자성 물질, 세균 및 그 외 미생물들이 플라스크 속으로 들어오는 것을 막아버렸다. 미생물 생장은 플라스크의 목을 통해서 입자성 물질이 플라스크의 액체로 들어가야만 관찰되었으며 (그림 1.26*c*), 이로써 자연발생설에 관한 논쟁을 영원히 잠재웠다.

자연발생설에 대한 Pasteur의 연구는 살균의 중요성을 보여주었으며, 미생물학, 의학 및 산업 분야에서 표준화되고, 널리 보급된 효과적인 살균법의 개발을 이끌었다. 예를 들어, 영국의 의사인 Joseph Lister (1827~1912)는 Pasteur의 발견에서 외과적인 감염이 미생물에 의한 것이라고 추론하였다. 그는 미생물을 죽이고 외과 환자의 미생물 감염을 방지하기 위해 고안된 다양한 기술을 실행하였다. Lister는 수술을 위한 무균 기법 (1867)의 도입으로 인정받았으며, 그의 방법은 전 세계적으로 채택되었다; 이 방법은 외과 환자의 생존율을 크게 향상시켰다. 식품산업 분야에서도 우유와 많은 다른 식품의 보존을 위해, 현재 저온살균법(*pasteurization*)이라고 불리는 열처리하는 그의 원리가 신속히 채택됨으로써 Pasteur가 이룩한 업적의 덕을 크게 보게 되었다.

Pasteur의 다른 업적

Pasteur는 미생물학과 의학 분야에서 많은 업적들을 남겼다. 가장 중요한 업적들에는 탄저병, 닭콜레라, 광견병 등의 백신 개발이 포함된다. Pasteur의 광견병에 대한 연구는 그의 가장 유명한 성공으로서, 1885년 7월에 광견병 백신을 광견병에 걸린 개에 물린 Joseph Meister라는 이름의 프랑스 소년에게 처음으로 접종하면서 절정에 달하였다. 그 시대에는 광견병에 걸린 동물에게 물리는 것은 사형선고와 같았다. Meister와 바로 뒤에 어린 양치기 소년이었던 Jean-Baptiste Jupille에게 접종된 백신이 성공했다는 뉴스는 빠르게 알려졌다 (**그림 1.27*a***). 1년이 지나지 않아, 광견병에 걸린 개에게 물린 수천 명의 사람들이 Pasteur의 광견병 백신으로 치료받기 위하여 파리로 찾아갔다.

광견병 연구에 관한 Pasteur의 명성은 전설이 되었으며 프랑스 정부는 1888년 파리에 Pasteur 연구소를 세웠다 (그림 1.27*b*). 원래 Pasteur 연구소는 원래 광견병 및 다른 전염병 치료를 위한 임상센터로 설립되었지만 오늘날에는 항혈청(antiserum) 및 백신 생산에 초점을 맞춰 연구하는 주요한 의생명 연구센터이다. 이와 같은 의

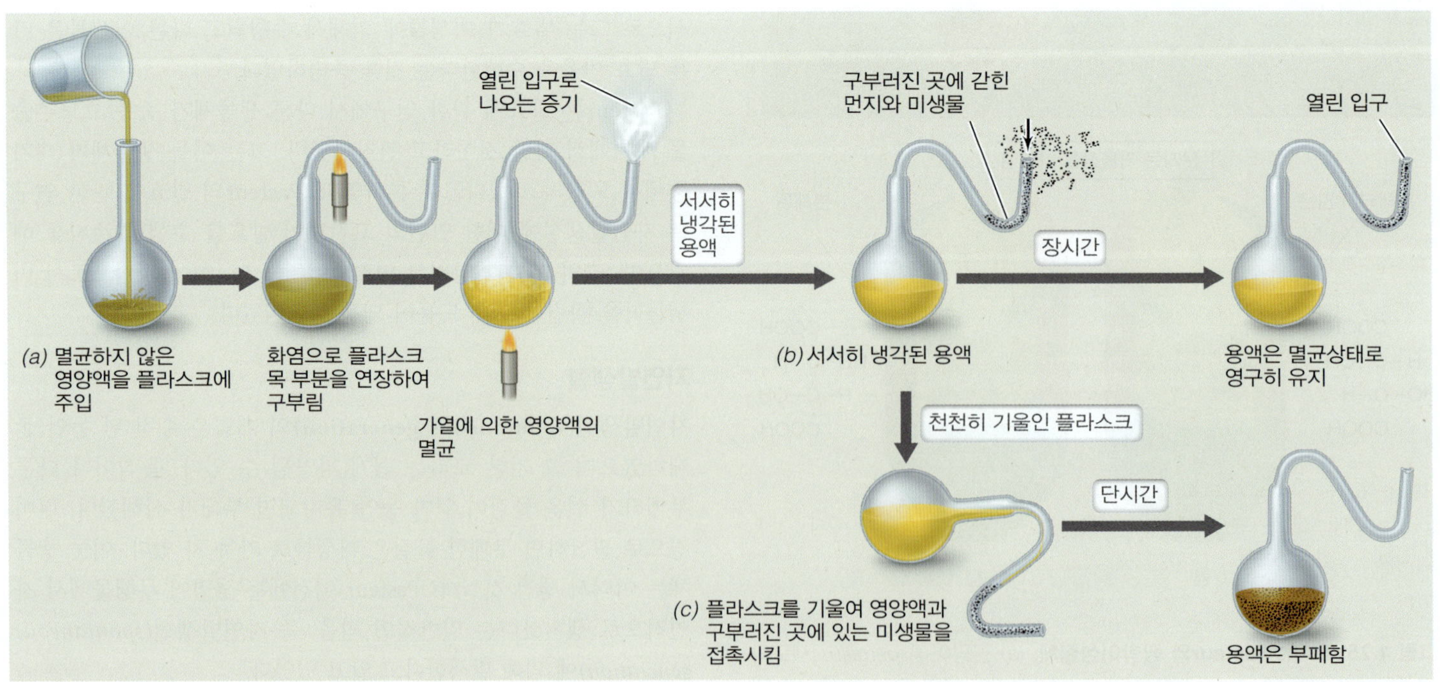

그림 1.26 자연발생설의 패배: Pasteur의 백조의 목-모양 플라스크 실험. (*c*)에서 먼지와 함께 미생물이 들어가기 때문에, 액체는 부패된다. 플라스크의 굽은 곳은 공기의 유입을 허용하였으나 (Pasteur의 봉인된 플라스크의 핵심 근거) 미생물이 들어오는 것은 막았다.

(a)

(b)

그림 1.27 Louis Pasteur와 미생물학에서 그의 공헌에 대한 상징. *(a)* 프랑스의 5프랑(franc)짜리 지폐. 이 지폐에는 Pasteur와 그의 업적의 많은 상징들이 그려져 있다. 양치기 소년인 Jean-Baptiste Jupille가 어린이들을 공격한 공수병에 걸린 개를 죽이는 것이 그려져 있다. Pasteur의 광견병 백신이 Jupille의 생명을 구하였다. 프랑스에서 프랑(franc)은 유로(euro) 전에 쓰였던 화폐이다. *(b)* 프랑스 파리의 Pasteur 연구소. 프랑스 정부가 Pasteur를 위해서 세운 이 구조물은 그의 실험에 사용했던 원래의 백조목 플라스크들의 일부가 전시되어 있는 박물관과 지하실이 포함된 교회이다.

학과 수의학 분야에서의 획기적인 발전은 그 자체로도 중요한 의의를 가지고 있을 뿐만 아니라 그 시대의 두 번째 거장인 Robert Koch에 의해서 거의 동시에 발전하기 시작한 원리인 질병에 대한 배종설(germ theory of disease)의 원리를 확고히 해주는 데에도 역할을 하였다.

미니퀴즈

- 멸균상태(sterile)를 정의하라. Pasteur가 해결책을 무균으로 만드는 데 사용했던 2가지 방법은 무엇인가?
- 어떻게 백조의 목을 가진 플라스크를 이용한 Pasteur의 실험으로 자연발생설을 잠재울 수 있었는가?
- 자연발생설에 대한 논쟁을 종식시킨 것 외에 Pasteur는 어떤 업적으로 유명한가?

1.10 Koch, 전염성 질병 및 순수배양

미생물이 질병을 일으킬 수 있다는 증거는 미생물학의 발전을 크게 촉진시켰다. 실제로 이미 16세기에도 병에 걸린 사람의 무엇인가가 건강한 사람에게 옮겨져 건강한 사람이 그 병에 걸린다고 생각하였다. 미생물이 발견되면서 미생물이 전염병의 원인일 것이라는 생각이 어느 정도 널리 받아들여졌으나, 회의론이 우세하였으며(skepticism prevailed) 확실한 증거가 부족하였다. 1847년 초에 헝가리의 의사인 Ignaz Semmelweis는 감염을 예방하기 위한 방법으로 손세척을 포함한 위생적인 방법을 홍보하였다. 그의 방법은 많은 생명을 구하는 데 인정을 받았으나 이 방법은 연구하는 이유를 입증하지 못했으며 그의 조언은 대부분의 의료계에서 경멸을 받았다. Pasteur와 Lister의 연구는 미생물이 전염병의 원인이라는 것을 강력한 증거를 통해 입증하였으나, 독일의 의사인 Robert Koch (1843~1910) (**그림 1.28**)의 연구를 통해서 전염병의 배종설(germ theory)은 직접적인 실험적 증거를 뒷받침하였다.

질병에 대한 배종설과 Koch의 가설

초기 연구에서 Koch는 소의 질병인 탄저병(anthrax)을 연구하였는데, 이 병은 때때로 사람에서도 발병하였다. 탄저병은 *Bacillus anthrax*라는 내생포자 형성세균에 의해 유발되는 질병이다. Koch는 질병으로 죽은 동물의 피에는 항상 세균이 있다는 것을 섬세한 현미경 관찰과 특별한 염색법으로 입증하였다. 그러나 Koch는 세균과 질병의 단순한 연계로는 인과관계에 대한 실체가 아니라는 것을 생각해 내었으며, 그는 탄저병과 실험동물을 사용하여 실험적으로 인과관계(*cause and effect*)에 대한 연구 기회를 잡았다. 그의 결과들은 이후에 연구되는 전염성 질병들의 표준이 되었다.

Koch는 쥐를 실험동물로 이용하였다. 모든 적절한 대조구(control)를 이용하여, Koch는 병에 걸린 쥐의 피를 소량 건강한 쥐에 주사하면 주사된 쥐에 탄저병이 생긴다는 것을 입증하였다. 그는 두 번째 쥐에서 채취된 피를 다른 쥐에게 주사하였고, 같은 특징적인 질병증세가 나타남을 확인할 수 있었다. 그러나 Koch는 이러한

그림 1.28 Robert Koch. 독일의 의사이자 미생물학자인 Koch는 의학 미생물학의 창시자로서 그의 유명한 가설로 업적을 인정받고 있다.

실험을 더욱 발전시켰다. 그는 탄저병 세균이 숙주의 외부(*outside the host*) 영양액에서도 배양될 수 있다는 것을 알게 되었고, 심지어 세균을 여러 번 계대배양한 후에 동물에 재접종하여도 세균이 질병을 유발한다는 것을 알게 되었다.

이들 실험과 결핵의 원인체에 대한 창의적인 연구에서 수행된 다른 관련된 실험들을 근거로, Koch는 전염병이 인과관계가 분명하게 연결되어 있다는, 오늘날에 **Koch의 가설(Koch's postulates)**로 불리는 엄격한 기준을 확립하였다. **그림 1.29**에 요약된 Koch의 가설은 병원균에 노출된 적이 없는 동물로 의심스러운 원인체의 도입과 병든 동물이나 죽은 동물로부터 병원균의 회수에 따른 잠재적인 전염성 원인의 실험실 배양(*laboratory culture*)의 중요성을 강조하였다. 이 가설을 지침으로 하여 Koch와 그의 학생들 및 이후의 연구자들은 사람과 동물에게 있어 여러 가지 중요한 질병의 원인을 규명하였다. 이러한 발견은 많은 전염병의 예방과 치료를 위한 성공적인 처방법의 발전으로 이어졌으며, 그 결과 임상의학과 인류 건강 및 복지의 과학적 기반을 크게 향상시켰다 (그림 1.8).

Koch와 순수배양, 미생물 분류학

Koch의 가설의 2번째는 의심이 가는 병원체가 실험실 배양에서 다른 미생물들로부터 분리되어야 한다는 것을 설명하고 있다 (그림 1.29); 미생물학에서 이러한 배양을 순수(*pure*)하다고 이야기한다. 이러한 중요한 목적을 성취하기 위하여 Koch와 그의 동료들은 순수배양(pure culture)으로 세균을 얻어서 생장시키는 간단하지만 독창적인 몇 가지 방법들을 개발하였으며, 많은 이들 방법은 오늘날 여전히 사용되고 있다.

Koch는 순수배양을 얻기 위하여 감자 슬라이스와 같은 자연 그대로의 물질을 사용하기 시작하였으나, 영양소 용액을 젤라틴으로 굳히는 더욱 안정적이고 재현가능한 생장 배지를 개발하였으며, 그 후 훌륭한 특성을 가진 조류에서 유래하는 다당류인 한천을 이용하게 되었다. 그의 동료인 Walther Hesse와 함께, Koch는 공기를 고체표면에서 배양하였을 때, 집락(colony)이라고 하는 세균 세포의 덩어리가 생겨났으며, 각 집락은 특징적인 모양과 색깔을 가진다는 것을 관찰하였다 (**그림 1.30**). 그는 각 집락이 한 개의 세균

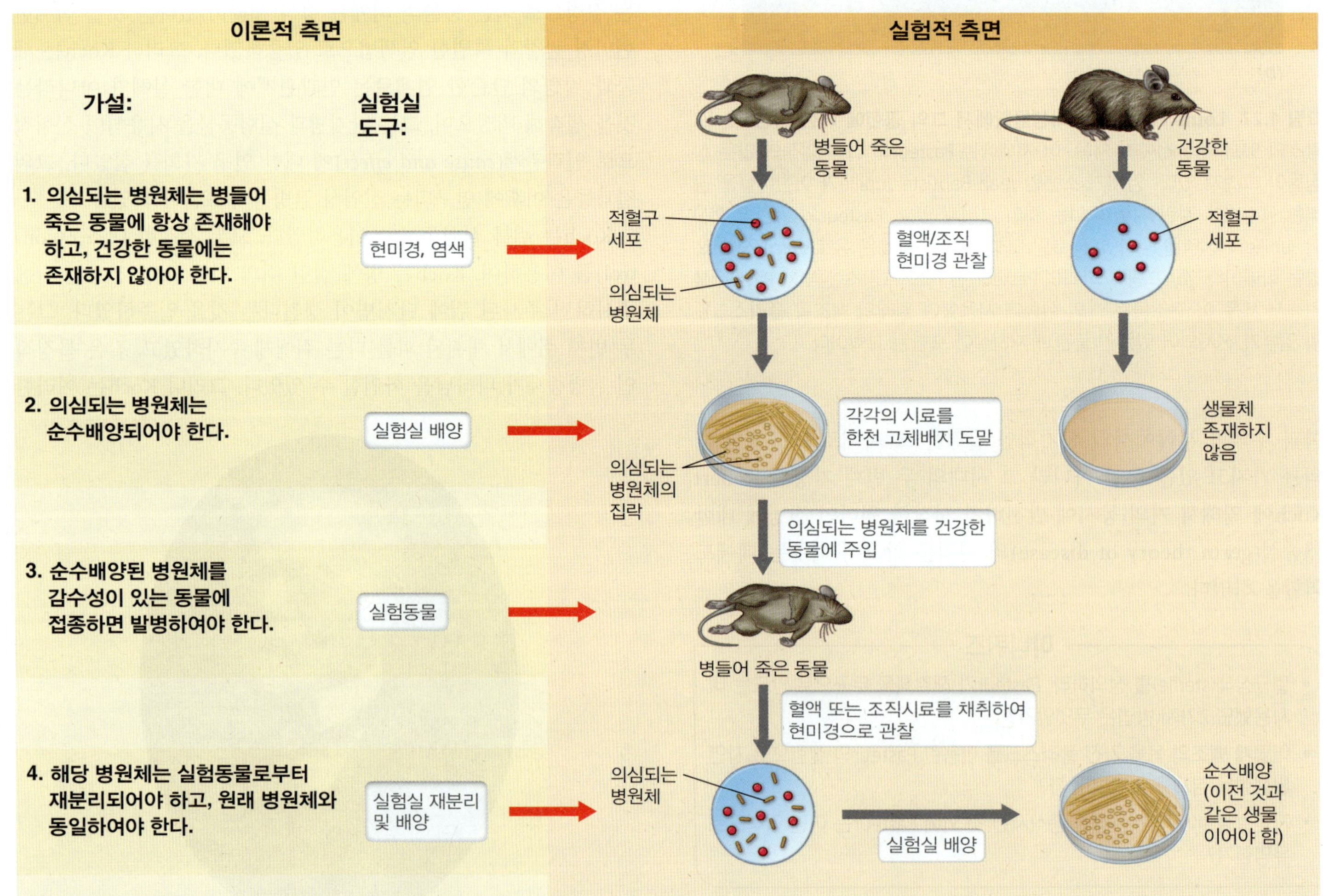

그림 1.29 특정 미생물에 의해 특정 질병이 유발된다는 것을 증명하기 위한 Koch의 가설. 의심되는 병원균의 순수배양을 분리한 후, 배양된 생물체는 질병을 유발하여야 하고, 질병에 걸린 동물로부터 검출되어야 한다. 병원균이 생장하는 데 필수적인 정확한 조건을 설정해야 하며, 그렇지 않으면 간과될 것이다.

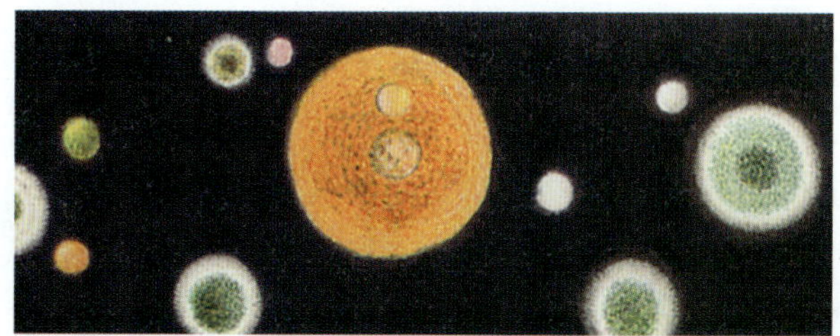

그림 1.30 Walter Hesse에 의해 한천에서 형성된 집락들의 채색 사진. 이 집락들에는 1882년 Hesse가 독일의 베를린에서 공기의 미생물 내용물에 대한 연구를 하는 동안 얻어진 곰팡이와 세균이 포함된다. 출처: 1884년 Hesse, W. "Ueber quantative Bestimmung der in der Luft enthaltenen Mikroorganismen." *Mittheilungen aus dem Kaiserlichen Gesundheitsamte. 2*: 182–207.

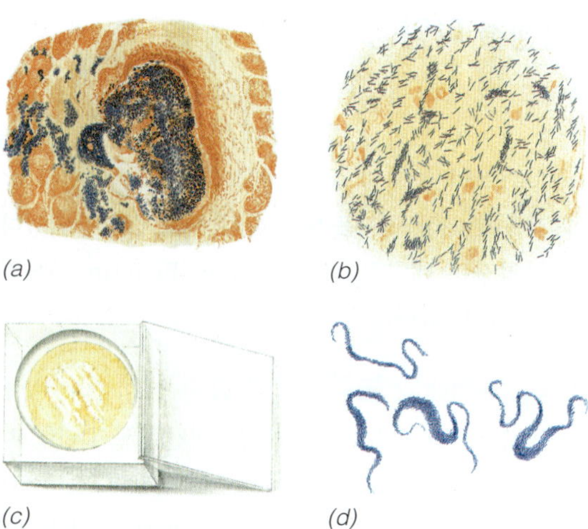

그림 1.31 Robert Koch에 의한 *Mycobacterium tuberculosis* 그림. *(a) M. tuberculosis* 세포 (파란색)를 보여주는 감염된 폐 조직의 단면도. *(b)* 결핵 환자의 가래 시료에 있는 *M. tuberculosis* 세포. *(b)* 결핵 환자의 가래 침에 존재하는 *M. tuberculosis* 세포. *(c, d)* 순수배양된 *M. tuberculosis. (c)* 오염을 방지하기 위한 (뚜껑이 열린) 유리상자 내에 응고된 혈청의 평판에서 *M. tuberculosis*의 생장. *(d) c*의 평판배지에서 *M. tuberculosis*의 세포를 채집하여 현미경으로 관찰; 세포는 긴 "끈모양(cordlike)"으로 보인다. 원본 그림은 Koch, R. 1884 "Die Aetiologie der Tuberkulose." *Mitteilungen aus kaiserlichen Gesundheitsamte* 2:1–88.

세포로부터 생겨나서 세포덩어리가 된다는 것을 추론하였다 (그림 1.2 참조). Koch는 각 집락이 동일한 세포의 개체군, 즉 순수배양(*pure culture*)을 가진다는 것을 생각하였으며, Koch는 신속하게 고체배지에서 순수배양을 얻기 위한 방법을 제공한다는 것을 알게 되었다. Koch의 다른 동료인 Richard Petri는 1887년에 투명한 양면의 "페트리접시(Petri dish)"를 개발하였으며, 이것은 신속히 순수배양을 얻기 위한 표준 도구가 되었다.

Koch는 순수배양기법이 미생물을 분류하기 위한 것이라는 의미를 명확하게 알고 있었다. 그는 색깔과 크기가 다른 집락들 (그림 1.30)이 그 조상의 형질을 유지하였고, 일반적으로 다른 집락의 세포들이 크기와 모양, 종종 영양 요구에서도 차이가 있다는 것을 관찰하였다. Koch는 이들의 차이점이 분류학자들이 식물과 동물종과 같이 거대 생물체의 분류에서 확립하였던 기준과 유사하다는 것을 알게 되었으며, 다른 형태의 세균이 "종(species), 변종(variety), 형태(form), 또는 다른 적절한 명칭"으로 고려되어야 한다는 것을 제시하였다. Koch의 시대에 생물학이 분류에 기반을 둔 것처럼 이러한 통찰력 있는 생각은 새로운 생명과학으로서 미생물학을 빠르게 수용하는 데 중요하였다.

Koch와 결핵

Robert Koch의 가장 위대한 업적은 결핵 원인균의 발견이다. Koch가 결핵에 관한 연구를 시작한 시기 (1881)에 인류 사망원인의 1/7은 결핵이었다 (그림 1.8). 결핵이 전염병이라는 설득력 있는 증거가 있었지만, 병든 조직 또는 배양액에서 의심스러운 원인 생물체는 확인되지 않았다. 탄저병 연구의 성공에 뒤이어 Koch는 결핵의 원인을 증명하고자 하였고, 이러한 목적을 위해 그가 앞서 탄저병을 연구할 때에 심혈을 기울여 개발한 모든 방법을 동원하였다: 현미경, 조직염색법, 순수배양법, 그리고 동물 모델 체계 (그림 1.29).

결핵을 일으키는 세균인 *Mycobacterium tuberculosis*는 *M. tuberculosis* 세포가 세포벽에 많은 양의 왁스와 유사한 지질을 포함하기 때문에 염색하기 매우 어렵다. 그럼에도 불구하고 Koch는 폐 조직 시료에서 *M. tuberculosis* 세포를 위한 염색방법을 고안하였다. 이 방법을 사용하여 그는 건강한 조직에는 없으나 결핵조직에 존재하는 *M. tuberculosis*의 청색의 간상형 세포를 관찰하였다 (**그림 1.31**). *M. tuberculosis*의 배양을 얻는 일은 쉽지 않지만, 결국 Koch는 혈청을 포함하는 고형의 영양배지에서 이들 생물체의 집락을 얻는 데 성공하였다. 최상의 조건하에서 *M. tuberculosis*는 배양에서 천천히 자라지만, Koch의 끈기와 인내는 결국 인간과 동물로부터 이 생물체의 순수배양을 얻는 것으로 이어졌다.

이후부터 그가 분리한 미생물이 결핵의 원인이라는 증거를 얻기 위해서 Koch의 가설을 적용하는 것은 비교적 쉬웠다 (그림 1.29). 기니피그(Guinea pig)는 *M. tuberculosis*에 쉽게 감염되며, 결국에는 전신이 결핵에 걸려 죽는다. Koch는 병든 기니피그의 폐 속에 많은 *M. tuberculosis*가 있다는 것과 이러한 동물로부터 배양한 순수배양이 감염되지 않은 동물에 질병을 전달한다는 것을 증명하였다. 따라서 Koch는 자신의 가설 4가지 기준을 성공적으로 입증하였으며 결핵의 원인을 규명하였다. Koch는 1882년에 결핵의 원인에 대한 발견을 발표하였으며, 이러한 성과로 그는 1905년에 노벨생리의학상을 수상하였다. Koch는 *Vibrio cholerae*의 발견과 *M. tuberculosis*에 노출을 진단하는 방법 (투베르쿨린 피부 시험) 개발 등 의학 분야에서 많은 업적을 남기게 되었다.

미니퀴즈

- 어떻게 Koch의 가설이 어떤 질병의 원인과 결과가 확실하게 다름을 보여주는가?
- 고체배지는 미생물을 분리하는 데 어떤 장점이 있는가?
- 순수배양이란 무엇인가?

1.11 미생물 다양성의 발견

미생물학이 20세기로 이동됨에 따라 초기에 기본 원리, 방법 그리고 의학적 측면에 초점을 맞추었던 미생물학은 토양과 물에 존재하는 미생물의 다양성 및 이런 서식지에 있는 미생물이 수행하는 대사 과정들에 대한 연구들을 포함하여 크게 확장되었다. 이 시대의 주요 기여자는 네덜란드의 Martinus Beijerinck와 러시아의 Sergei Winogradsky였다.

Martinus Beijerinck와 농화배양 기법

Martinus Beijerinck (1851~1931)은 네덜란드 Delft Polytech School의 교수였으며, 원래 식물학 교육을 받았으며, 식물에 존재하는 미생물 연구로 경력을 시작하였다. Beijerinck가 미생물학 분야에 기여한 가장 큰 업적은 농화배양 기법(*enrichment culture technique*)을 명료하게 공식화한 것이다.

Pasteur와 Koch의 배지는 영양분이 풍부했으며, 그 배지들이 많은 생물체의 생장을 지원하는 동안 특별한 형태의 생물체를 선별하지는 못했다. 농화배양에서 미생물은 특별한 대사군의 생물체가 매우 좋아하는 선택배지와 배양조건을 사용하여 분리된다. 예를 들어, Beijerinck는 rhizobia를 분리하기 위하여 화학적으로 정확한 한정배지를 고안하였으며 콩과식물의 뿌리혹의 형성에 관여한다는 것을 입증하였다 (그림 1.9).

Beijerinck는 농화배양 기법을 이용하여 황산환원 세균, 황산화 세균, 젖산균, 녹조류, 다양한 호기성 미생물 등을 포함하여 많은 종류의 토양 및 해양 미생물을 최초로 순수 분리하였다. 이밖에도 Beijerinck는 그의 담배 "모자이크병(mosaic disease)" 연구에서 선택적 막투과법을 이용하여 이 질병의 전염원 (바이러스)이 세균보다 작으며, 어떻게 해서 전염원이 숙주 식물의 세포에 들어간다는 사실을 밝혀냈다. 이처럼 통찰력 있는 연구를 통해서 Beijerinck는 최초로 바이러스뿐만 아니라 바이러스학의 기본 개념을 기술하였으며, 이는 8장과 10장에서 자세히 토론하게 될 것이다.

Sergei Winogradsky, 화학무기영양, 그리고 질소고정

Beijerinck와 마찬가지로 Sergei Winogradsky (1856~1953)는 토양과 물에 있는 세균의 다양성에 대하여 관심을 가지고 있었고, 여러 중요한 세균을 자연 시료로부터 분리하는 데 상당히 성공적이었다. Winogradsky는 특히 질산화세균(nitrifying bacteria)과 자색세균(purple bacteria) 같은 질소 및 황 화합물의 순환 (**그림 1.32**)에 관여하는 세균에 관심이 많았다. 그는 해양퇴적물에서 흔히 관찰되는 커다란 세균인 *Beggiatoa*를 연구하였다. 그는 이들 세균이 자연에서 특정 화학적 전환을 촉매함을 보여주었으며 무기(*inorganic*) 화합물의 산화를 통하여 에너지를 생산하는 **화학무기영양(chemolithotrophy)**의 중요한 개념을 제안하였다. Winogradsky는 더 나아가 그가 무기영양체(*lithotrophs*) [사실상, "돌 먹는 생물(stone eaters)"을 의미함]라 부르는 이들 미생물이 자연에 널리 분포함을 보여주었다. 이같이 Winogradsky는 화학무기영양세균이 광합성 생명체와 마찬가지로 CO_2로부터 탄소를 얻는다는 것을 보여주었다.

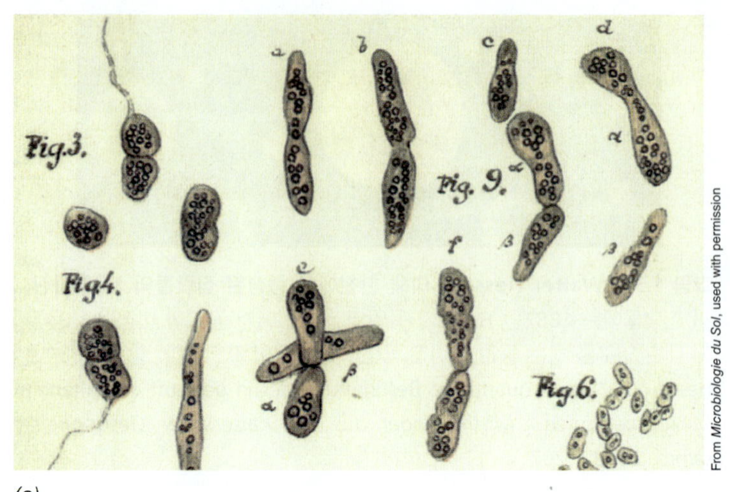

(a)

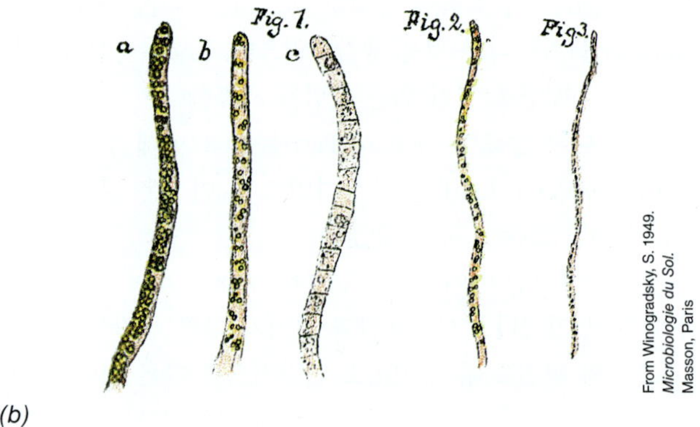

(b)

그림 1.32 황세균. 원본 그림은 1880년대 후반기에 Sergei Winogradsky에 의해 만들어졌으며, 그 후 그의 아내 Hèléne에 의해 손으로 채색되었다. *(a)* 자색 황 광영양 세균. 그림 3과 그림 4는 *C. okenii*와 같은 *Chromatium* 세포를 보여준다 (그림 1.1*a*와 그림 *1.6d* 및 *1.16a*에 있는 *C. okenii*의 사진과 비교하라). *(b)* 황 화학 무기영양세균, *Beggiatoa* (그림 15.27*a*와 비교하라).

Winogradsky는 다양한 대사 형태의 세균들을 분리하였다. 산소가 결핍된 농화배지를 사용하여 혐기성 질소고정 세균인 *Clostridium pasteurianum*을 분리하여 질소고정 과정을 처음으로 입증하였다. Beijerinck는 그때부터 유사한 기법을 사용하여 호기성 질소고정 세균인 *Azotobacter*를 처음으로 분리하였다 (**그림 1.33**). Winogradsky는 또한 암모늄염(ammonium salt)이 포함된 농화배양을 사용하여 질산화세균을 처음으로 분리하였다.

미니퀴즈

- "농화배양(enrichment culture)"은 무엇을 의미하는가?
- "화학무기영양(chemolithotrophy)"은 무엇을 의미하는가? 어떠한 면에서 화학무기영양세균은 식물과 유사한가?

(a)

Lesley Robertson and the Kluyver Laboratory Museum, Delft University of Technology

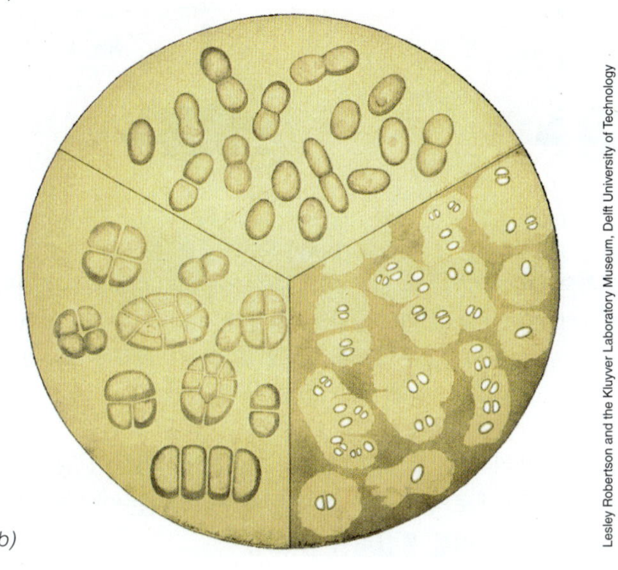

(b)

Lesley Robertson and the Kluyver Laboratory Museum, Delft University of Technology

그림 1.33 Martinus Beijerinck와 *Azotobacter*. *(a)* M. Beijerinck의 실험실 노트의 한 쪽의 일부분은 1900년 12월 31일로 기록되어 있으며, 호기성 질소고정세균인 *Azotobacter chroococcum*을 관찰한 것이 기술되어 있다 (붉은색의 원으로 표시된 이름). Beijerinck가 처음으로 이 이름을 사용한 것이 이 페이지에 나타나 있으며 오늘날에도 인지된다. 그림 15.32*a*에서 보여주는 *Azotobacter* 세포의 사진과 Beijerinck가 그린 *A. chroococcum*을 비교하라. *(b) Azotobacter chroococcum*의 세포를 보여주는 M. Beijerinck의 누이인 Henriëtte Beijerinck에 의해 그려진 그림. Beijerinck는 그의 강의에서 설명하기 위하여 그 그림을 사용하였다.

IV • 분자생물학과 생명의 실제와 다양성

19세기 말에 세균의 농화, 분리, 전파를 위한 무균 기법과 방법의 개발은 미생물학적 발견의 속도에서 폭발적인 성장을 가져왔다. 또한 미생물학자들은 세균을 빠르게 생장시키고 통제된 실험실 조건에서 생명의 근본적인 본질을 탐구할 수 있는 훌륭한 모델 시스템으로 만들었다는 것을 깨달았다.

1.12 생명의 분자적 기초

20세기의 세균 배양에 대한 실험은 분자생물학, 분자유전학, 생화학의 기초를 설명하는 데 중요하였다. 미생물학자들은 미생물이 엄청나게 다양하지만, 모든 세포들는 비슷한 원리로 작동한다는 것을 깨닫게 되었다.

생화학의 통합

Albert Jan Kluyver (1888~1956)는 당시 Delft Institute of Technology라고 불렸던 곳에서 Beijerinck의 후계자였다. Kluyver는 미생물 다양성을 통해 엄청난 것을 인식했으며, 미생물은 동일한 생화학적 경로를 많이 사용하였으며 대사 과정은 유사한 열역학적 제약에 직면했다. Kluyver는 모든 세포의 통일된 특징을 확인하기 위해 비교 생화학 연구를 장려하였다. 그는 "코끼리에서 부틸산 세균에 이르기까지—그것은 모두 동일하다!" 이것은 나중에 Jacques Monod (1910~1976)에 의해 "*E. coli*에 진실인 것은 코끼리에게도 진실이다"라는 표현으로 재구성되었으며, 이 진술은 모든 생물을 지배하는 기본 원리를 이해하기 위하여 세균과 협력하는 것이 중요하다는 것을 선언하였다.

대사 모델시스템으로 미생물을 사용하면 어떤 거대분자와 생화학 반응이 보편적이며, 한 세포에서의 기능을 이해하는 것은 모든 세포에서의 기능을 이해하는 것이라는 발견이 있었다. 이러한 발견은 미생물 진화를 이해하는데 핵심적인 중요성을 지녔으며, 유전의 분자적 기초로서 DNA의 발견만큼 중요한 것은 없었는데, 이 발견은 80년도 되지 않은 것이다.

생명의 암호 해독

20세기 초에는 어떤 분자가 유전적 정보를 부모에게서 자손으로 전달된다는 것이 분명하였지만, 유전의 분자적 기초는 여전히 수수께끼로 남아 있었다. 대부분의 미생물학자들은 단백질이 이 유전정보를 가지고 있다고 생각했다. DNA가 발견되었지만 단지 구조적인 분자로 생각되었고, 세포 기능을 암호화하기에는 너무 단순하였다. 유전의 분자적 기초에 대한 추구는 Frederick Griffith (1879~1941)의 실험으로 본격적으로 시작되었다.

Griffith는 인간과 쥐 모두에서 세균 폐렴의 원인이 되는 *Streptococcus pneumoniae*의 독성 균주로 연구하였다. 이 균주 S는 세포가 매끄러운 집락을 형성하고 감염된 쥐를 죽일 수 있는 능력을 부여하는 다당류 외피 (즉, 캡슐, 2.7절)를 생산하였다 (**그림 1.34*a***). 관련 균주인 R은 이 다당류가 부족하여 질병을 일으키지 않는 "거친(rough)" 집락을 생산하였다. 그러나 Griffith는 균주 R이 균주 S의 죽은 세포와 혼합되었을 때 S형으로 전환되어 매끄러운 집락을 형성하여 질병을 일으킬 수 있음을 관찰하였다 (그림 1.34*a*). 그는 유전 정보를 포함하는 일부 분자들이 이 과정에서 균주 R에서 균주 S로 전달된 것이 틀림없다고 추론하였으며, 이 실험은 세균에서 유전적 전달을 연구할 수 있음을 보여주었다.

그 후 Rockefeller 대학교의 세 명의 과학자에 의해 이름 붙여진 Avery-MacLeod-McCarty 실험 (1944)에서는 이 "전환 원리(transforming principle)"가 DNA라는 것을 보여주었다. 그들은 단백질을 파괴하고 오로지 DNA만 남긴 화학물질과 효소로 균주 S의 죽은 세포 잔여물을 처리하였다. 그 후 그들은 균주 S의 순수한

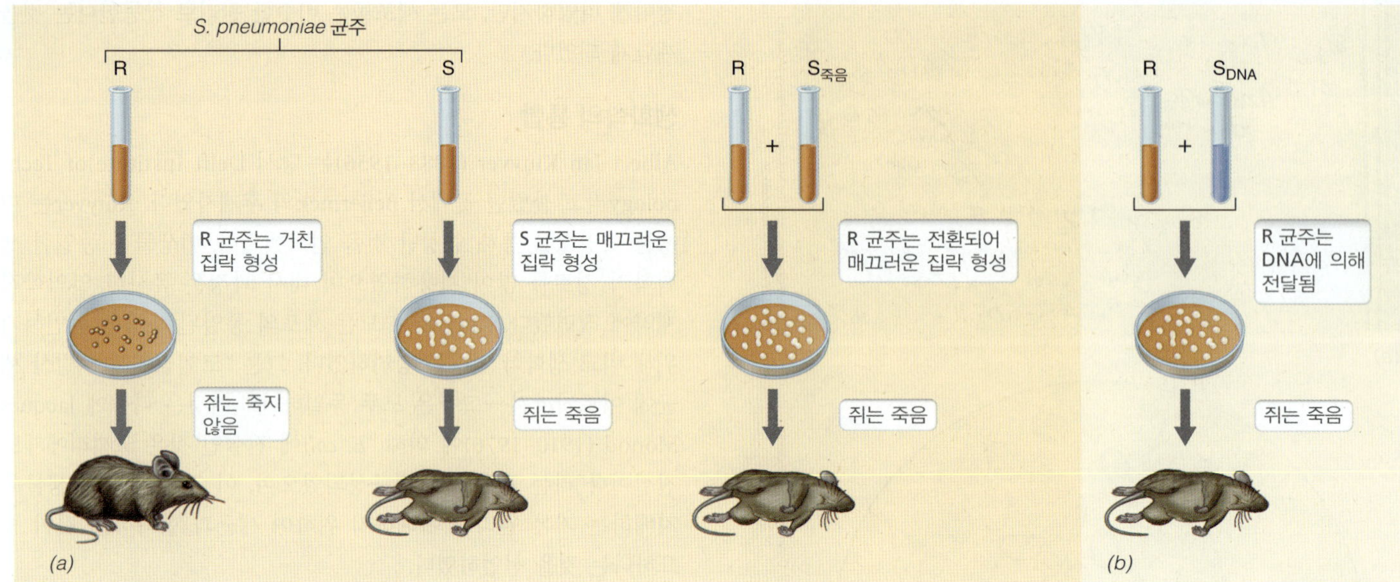

그림 1.34 DNA가 유전의 분자적 기초라는 초기 증거. *(a)* Griffith의 실험은 세균이 유전정보를 전달할 수 있다는 것을 보여주었다. *Streptococcus pneumoniae* 균주 R은 거친 집락을 만들고 쥐를 죽이지 않지만, 균주 S는 매끄러운 집락을 만들고 쥐를 죽인다. 열처리하여 죽인 S 균주의 세포는 질병을 일으키지 않지만, 이들 죽은 세포가 균주 R의 세포와 혼합되면, 균주 R은 S형으로 "전환(transformed)"되어 매끄러운 집락을 만들고 쥐를 죽이기 시작한다. *(b)* Avery-MaLeod-McCarty 실험은 DNA가 유전정보를 포함한다는 것을 보여주었다. 균주 S로부터 분리된 DNA는 균주 R을 질병을 유발하도록 전환시킬 수 있지만, DNA 자체는 질병을 일으키지 않는다. 분해된 DNA는 균주 R을 전환시키는 능력이 부족하다.

DNA를 가지고 Griffith의 실험을 반복하고 이 DNA가 전환을 일으키는데 충분하여, 균주 R 세포가 S-형 세포와 독성이 되는 것을 보여주었다 (그림 1.34*b*). 또한 균주 S의 DNA가 분해되면 전환이 실패한다는 것을 보여주었다. 이들 실험은 DNA가 세포의 유전물질임을 증명하였다.

DNA가 유전의 기초라는 발견은 이 분자가 어떻게 유전정보를 저장하는지를 이해하기 위해 열심히 노력하였다. DNA의 구조는 궁극적으로 동료인 Rosalind Franklin (1920~1958)이 찍은 DNA의 X-선 회절 이미지를 사용하여, James D. Watson (1928~)과 Francis Crick (1916~2004)에 의해 해결되었다. 그들은 DNA가 4개의 질소성 염기를 포함하는 이중 나선으로 구성되어 있다는 것을 밝혀냈다: 구아닌, 시토신, 아데닌, 티민 (4.1절). 추후 연구에서는 유전자 암호가 DNA에서 읽고 단백질 알파벳으로 번역되는 방법을 밝혀내었는데 이러한 원칙들은 4장에서 다루게 된다. 그러나 다시 한 번, 생명의 암호를 해독하기 위한 이 연구는 미생물 모델 시스템, 이 경우에 세균인 *Escherichia coli* (일반적으로 *E. coli* 라고 함)에 의해 가능하게 되었다.

유전정보가 생물학적 분자 서열로 암호화된다는 사실이 밝혀진 지 얼마되지 않아서, Emile Zuckerkandl (1922~2013)과 Linus Pauling (1901~1994)은 분자 서열이 진화적 관계를 재구성하는 데 사용될 수 있다고 제안하였다. 그들은 Darwin이 설명한 것처럼, 진화가 자손의 변화를 필요로 하며 이러한 변이는 분자 서열의 변화에 의해 야기되어야 한다는 것을 인식하였다. 그들은 이러한 서열 차이가 시간이 지남에 따라 시계와 같은 방식으로 무작위로 일어난다고 예측하였다. 이것은 생물체의 진화론적 역사가 DNA와 같은 분자의 서열에 새겨져 있다는 결론을 이끌어 낸다. Carl Woese는 모든 세포의 진화적 역사를 재구성하려는 야심찬 목표를 추구하기 위해 이러한 통찰력을 잡았다.

미니퀴즈

- DNA는 Griffith가 설명하였던 전환 원리였다는 것을 증명한 실험을 설명하라.
- 미생물 세포는 왜 기초 과학을 위한 유용한 도구인가?

1.13 Woese와 생명수

분자 서열이 진화 역사의 기록으로 기능한다는 것을 발견할 때까지 미생물의 진화적 기원은 수수께끼로 남아 있었다. 이 절에서 우리는 모든 세포에서 발견되는 **리보솜 RNA (rRNA)** 유전자의 서열이 미생물 진화에 대한 이해를 어떻게 근본적으로 변화시켰는지 그리고 이 서열에 의해 최초의 보편적 생명수(universal tree of life)를 어떻게 구축할 수 있었는지에 대하여 배울 것이다.

분자서열데이터는 미생물 계통학에 혁명을 일으켰다

1859년 Charles Darwin의 종의 기원(*Origin of Species*)이 출판된 이후 백 년 이상 진화의 역사에 대한 연구는 주로 화석을 조사하는 고생물학적 방법과 살아 있는 생물의 형질을 비교하는 비교생물학을 통하여 이루어져 왔다. 이러한 접근 방식은 식물과 동물의 진화를 이해하는 데 많은 진전을 이루었지만 미생물의 진화를 설명하는 데에는 무력하였다. 미생물 거의 대부분은 화석을 남기지 않으며 그들의 형태 및 생리학적 형질들은 진화의 역사에 대해 거의 단서를 제공하지 않는다. 또한 미생물은 식물 및 동물과는 어떤 형태학적 특성도 공유하지 않는다. 따라서 미생물을 포함하여 확정적인 진화의 틀을 만드는 것은 불가능하였다.

살아 있는 모든 세포의 공통의 진화 역사를 묘사하려는 첫 번째 시도는 1866년에 Ernst Haeckel에 의해 출판되었다 (**그림 1.35*a***). Haeckel은 모네라(*Monera*)라 불리는 단세포 생물이 다른 형태의 생물들의 조상이라고 옳게 제안하였지만, 그는 모식도에 식물, 동물, 그리고 원생생물을 포함시켰으나, 미생물 간의 진화적 유연관계의 분석은 시도하지 않았다. Robert Whittaker가 5계 분류 체계(그림 1.35*b*)를 제안한 1967년까지 적어도 이 상황은 거의 변하지 않았다. Whittaker의 방식은 곰팡이를 별개의 계통으로 구별하였으나 여전히 대부분의 미생물 간의 진화적 유연관계를 해결하기에는 거의 불가능하였다. 따라서 미생물 계통학은 Haeckel 이후 거의 진전이 없었다.

DNA의 구조가 발견된 이후 모든 것이 변화되었으며 진화의 역사가 DNA 서열에 기록된다는 것을 인식하게 되었다. University of Illinois (미국)의 교수였던 Carl Woese는 1970년대, 리보솜 RNA (rRNA) 분자의 서열과 이를 암호화하는 유전자는 생물체 간의 진화적 유연관계를 추론하는 데 사용될 수 있다는 것을 알게 되었다. 리보솜 RNA는 번역 과정에서 새로운 단백질을 합성하는 구조인 리보솜의 구성요소이다 (1.2절). Woese는 rRNA의 유전자가 계통 분석을 위한 뛰어난 후보임을 인식하였는데 이유는 이들이 (1) 모든 생물에 보편적으로 분포되어 있으며, (2) 기능적으로 일정하고, (3) 충분히 보존되어 있으며 (다시 말해서 천천히 변화하며), 그리고 (4) 적절한 길이를 가지므로, 진화적 유연관계에 대한 깊이 있는 통찰을 제공할 수 있기 때문이다.

Woese는 많은 미생물로부터 리보솜 RNA 분자의 서열을 비교하였다. 그가 조사한 미생물들 중에는 메탄생성세균도 있었다. 놀랍게도 그는 메탄생성세균으로부터의 rRNA 서열이 그 당시에 인정된 두 도메인인 세균과 진핵생물의 서열과 다르다는 것을 발견하였다. 그는 이 새로운 그룹의 원핵생물을 고균(*Archaea*, 원래는 *Archaebacteria*)이라 명명하고 세균과 진핵생물에 이어 제3의 생물 도메인(domain)으로 설정하였다 (**그림 1.36*b***). 더 중요한 것은 Woese는 SSU rRNA 유전자 서열의 분석을 모든 세포 간의 진화적

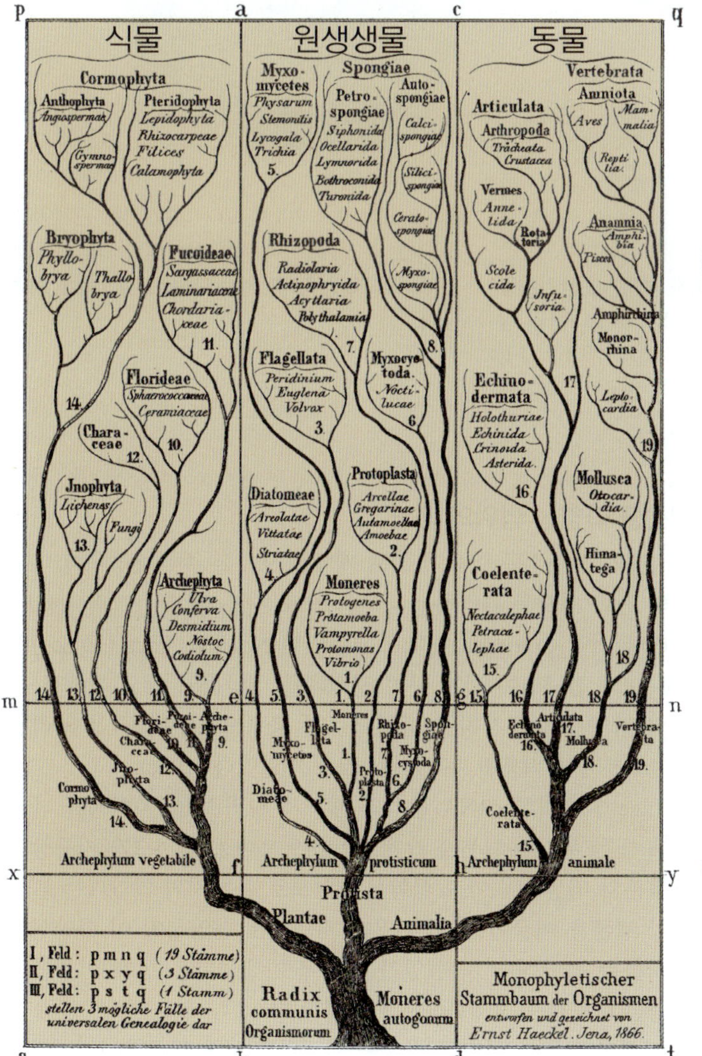

(a) **Haeckel의 생명수**

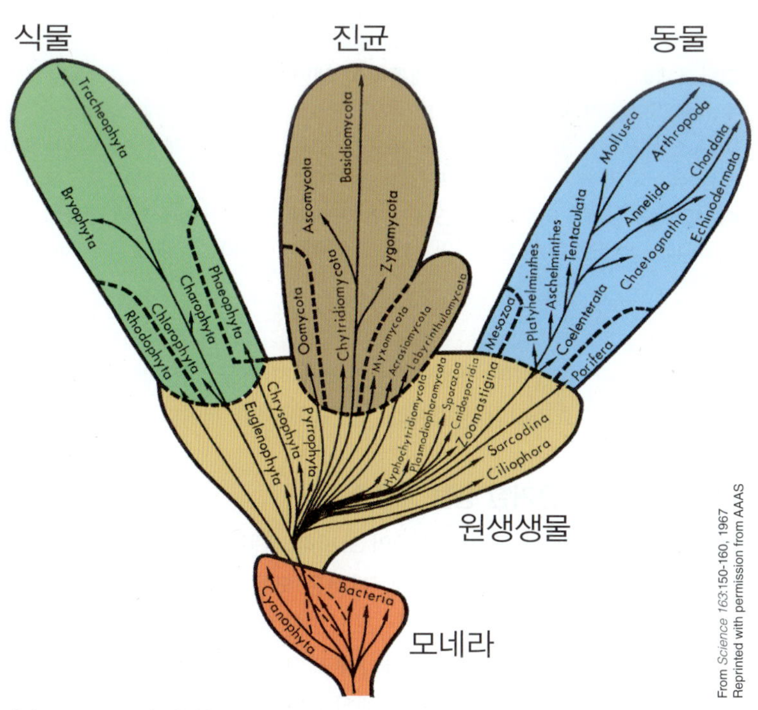

(b) **Whittaker의 생명수**

그림 1.35 보편적 생명수를 그리려는 초기의 노력. *(a)* Ernst Haeckel에 의해 1866년에 *Generelle Morphologie der Organismen*에 발표된 생명수. *(b)* Robert H. Whittakerrk에 의해 1969년에 발표된 생명수. "Monera"와 "Moneres"라는 용어는 원핵세포를 지칭하기 위해 사용된 구식 용어이다. 이러한 개념적 계통수를 그림 1.36*b*에 있는 SSU rRNA 유전자로부터 만들어진 생명수와 비교하라.

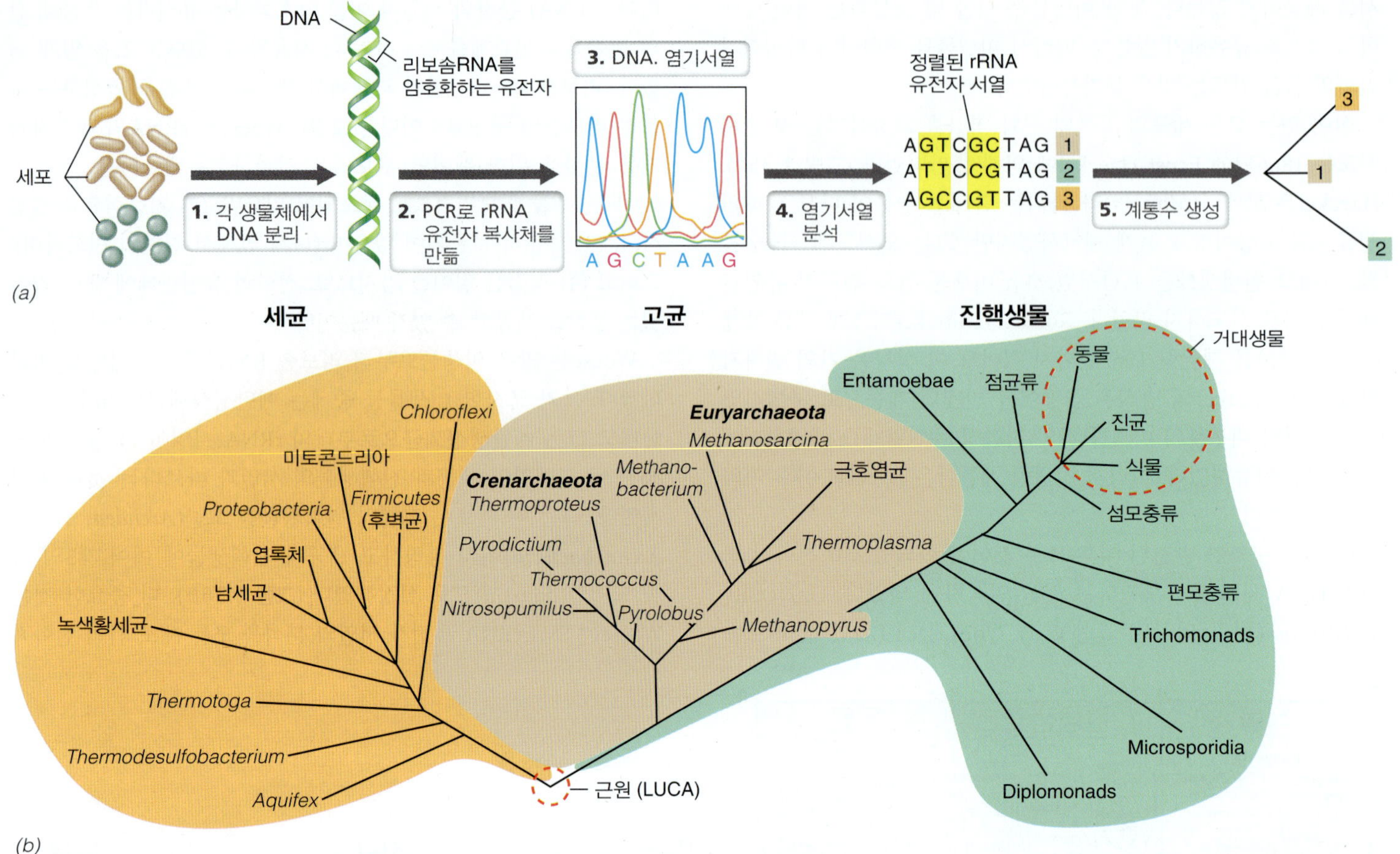

그림 1.36 진화적 상관관계와 계통학적 생명수. *(a)* 리보솜 RNA 유전자 계통 발생의 기술. 1. DNA는 세포에서 추출된다. 2. rRNA를 암호화하는 유전자의 복사는 중합효소연쇄반응 (PCR; 12.1절)에 의해 이루어진다. 3,4. 유전자는 서열화되고, 서열은 다른 생물체의 서열과 정렬된다. 컴퓨터 알고리즘은 각 염기에서 쌍으로 비교하고 계통수(phylogenetic tree)를 생성한다. 5. 진화적 관계를 보여준다. 보여준 예에서, 염기서열 차이는 노란색으로 강조되어 표시되며 다음과 같다: 생물체 1 대 생물체 2, 3곳 차이; 1 대 3, 2곳 차이; 2 대 3, 4곳 차이. 이같이 생물체 1과 3은 2와 3 또는 1과 2에서 보다 더 가까운 관계이다. *(b)* 생물의 계통수. 이 계통수는 생물체의 세 도메인과 각 도메인의 몇 가지 대표적인 그룹을 보여준다.

유연관계를 규명하는 데 사용할 수 있으며, 미생물의 진화적 분류를 위한 최초의 효과적인 방법이라는 것을 제시한 것이다.

rRNA 유전자에 근거한 생물 계통수

rRNA 유전자 서열에 근거한 생물의 보편적 계통수 (그림 1.36*b*)는 지구상의 모든 생물의 가계도이다. 이것은 모든 세포의 진화 역사인 **계통학(phylogeny)**을 묘사하는 모식도인 **계통수(phylogenetic tree)**이며 뚜렷하게 3 도메인을 나타내고 있다. 전체 계통수의 뿌리는 지구상에 현존하는 모든 생명체가 하나의 공통조상, 즉 최종 보편적 공통조상, LUCA (그림 1.5*b*와 1.36*b*)를 가졌던 시점을 나타낸다. 모든 세포의 마지막 보편적 공통조상으로부터 진화는 세균과 고균을 형성하기 위해 두 경로를 따라 진행되었다 (그림 1.5*b*와 1.36*b*). 세포성 생물의 3가지 도메인은 진화론적으로 별개이면서도 여전히 공통의 세포생물의 조상으로부터 분기되어 나왔음을 나타내는 특징을 공유한다.

미생물 다양성 범위의 공개

Woese가 생명수를 만들기 위해 개발한 도구는 순수배양에서 미생물의 진화 역사를 결정하는 데 처음으로 사용되었다 (그림 1.36*b*). 그러나 미국 Colorade 대학교 교수였던 Norman Pace (1942~)는 Woese의 접근법이 먼저 구성 생명체를 배양하지 않고 미생물 군집의 다양성을 조사하는 방법으로서 환경으로부터 직접 분리된 rRNA 분자에 적용될 수 있다는 것을 깨달았다 (19장).

Pace가 개척한 rRNA 분석의 배양-독립적 방법은 미생물 다양성에 대한 우리의 그림을 크게 개선하였으며 (**그림 1.37**) 지구상의 대부분의 미생물이 아직 실험실 배양으로 옮겨지지 않았다는 놀랄만한 결론을 이끌어 냈다! 더우기 자연에서 다양성이 이 다양성을 탐지하는 능력에 뒤처져 있기 때문에 미생물학은 현재 미생물의 진정한 다양성을 구체화하는 위치에 있다.

미래의 연구를 이끄는 미생물 세계의 진화론적 틀을 통해 배양을 획득하고 다양성을 평가하는 보다 강력한 방법을 고안하는 데

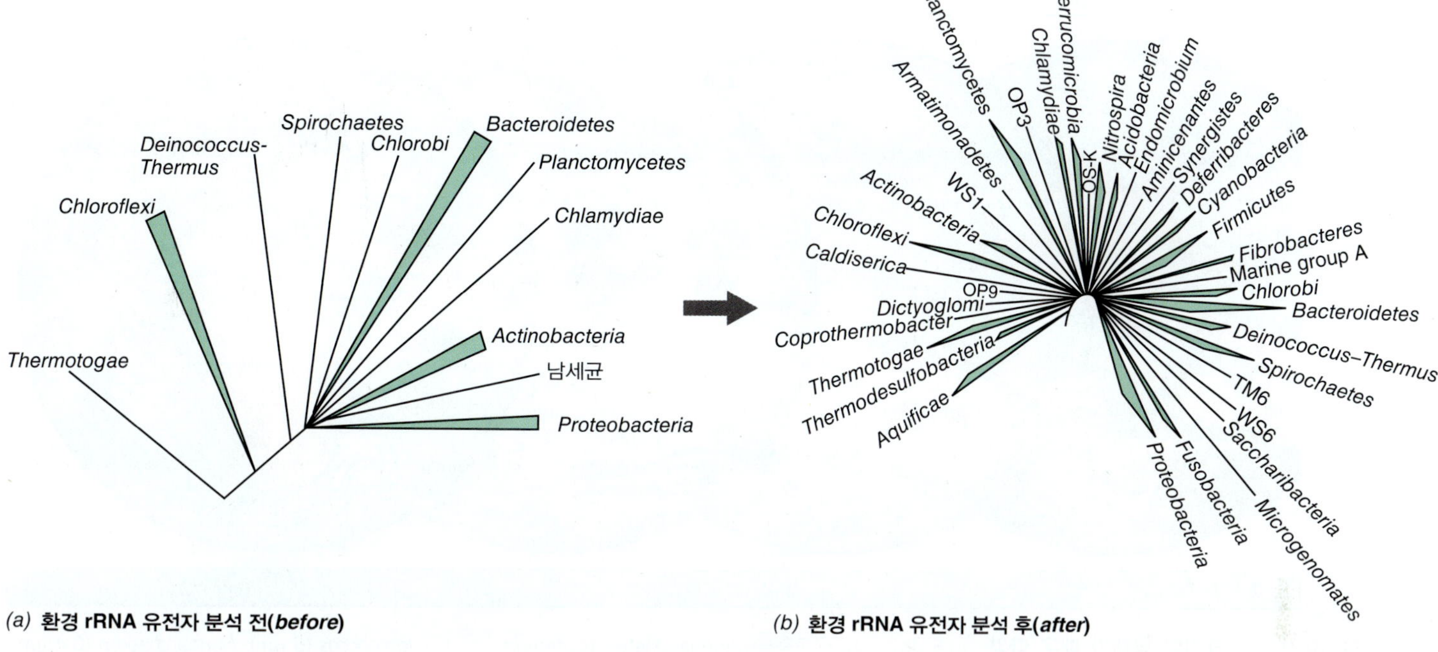

그림 1.37 환경 rRNA 유전자 분석은 세균의 새로운 문(plyla)의 발견으로 이어진다. *(a)* 1987년 Carl Woese는 배양된 종의 rRNA 유전자 분석에서 11가지의 세균을 묘사하였다(describe). *(b)* 1998년까지 Norman Pace가 설명한 환경 샘플의 rRNA 유전자 분석은 36가지의 세균 문에 대한 증거를 밝혀냈다. 오늘날 80가지가 넘는 세균 문에 대한 증거가 있다.

있어서 미생물 다양성의 진보가 빠르게 일어나고 있다. 이전에 숨겨진 생명의 3개의 진화 도메인 개념을 공개하는 것 외에도 Carl Woese와 그의 동료들의 공헌은 미생물학자들이 식물과 동물의 다양성에 대한 이해와 유사한 수준에서 미생물 다양성의 범위를 이해하는 데 필요한 도구를 미생물학자들에게 제공하였다.

미니퀴즈

- 세 가지 영역의 생명의 개념을 뒷받침하는 증거는 무엇인가?
- 계통수(phylogenetic tree)란 무엇인가?
- rRNA 유전자가 계통분류학적 분석에 적합한 세 가지 이유를 열거하라.

1.14 미생물에 대한 소개

모든 세포는 유전자 청사진이 DNA로 암호화되어 있으며 (1.12절), 진화는 시간이 지남에 따라 청사진이 변하는 과정이라는 사실에 의해 통합된다 (1.13절). 우리는 이제 이러한 근본적인 통합 원리에서 미생물 자체로 옮겨서 진화가 만들어낸 미생물의 다양성을 엿보게 된다.

미생물은 크기, 모양, 구조에서 매우 다양하다. 이 장에서 우리가 집중하고 있는 많은 것들은 세포 형태의 생명체에 관한 것이었지만, 모든 미생물이 세포를 형성하는 것은 아니다. 이 절에서는 세균, 고균, 진핵생물, 바이러스 등에 대하여 배우게 될 것이다—알려진 모든 미생물들은 네 가지 그룹으로 분류될 수 있다.

세균

세균(*Bacteria*)은 원핵세포 구조를 가지고 있다 (그림 1.3*a*). 세균은 종종 길이가 1 μm에서 10 μm 사이의 미분화된 단일 세포로 생각된다. 이 설명에 맞는 세균들이 일반적이지만, 세균은 외관과 기능이 매우 다양하다. 가장 작은 세균은 지름이 0.15 μm~0.2 μm 정도이며, 가장 큰 세균은 700 μm 정도 될 수 있다 (**그림 1.38**)! 일부 세균들은 여러(multiple) 세포 형태로 분화될 수 있으며 다른 세균들은 다세포성이다 (예, *Magnetoglobus*, 그림 1.38).

세균들 가운데 30가지 정도는 주요 계통발생 계통(phylogenetic lineage)이 기술되었으며, 일부 주요한 계통은 그림 1.36과 1.37에서 보여준다. 이 문(phyla)들 중의 일부는 기술된 수천 종을 포함하고, 다른 종(species)들은 단지 몇 종만을 포함한다. 배양 중인 세균의 90% 이상이 4개의 문(phyla) 가운데 한 가지에 속한다: *Actinobacteria, Firmicutes, Proteobacteria, Bacteroidetes*. rRNA 유전자 서열과 환경 시료의 전체 유전체 서열을 분석한 결과는 적어도 80가지의 세균 문이 존재할 가능성이 있다는 것이 밝혀졌다.

일부 세균 문에는 독특한 표현형 특성이 특징이지만, 대부분의 세균 문에는 종의 폭넓은 다양성이 포함되어 있으며 엄청난 생리적 다양성을 보여준다. *Proteobacteria*는 호흡 (산소의 유무), 다양한 유형의 발효, 다양한 형태의 광영양, H_2, 황 또는 질소 화합물, 또는 심지어 금속을 사용하는 화학무기영양 대사를 포함한 다양한 생리학적 특성을 가진 생물체를 포함하기 때문에 이 개념을 잘 설명하고 있다 (14장과 15장에서 기술됨). *Proteobacteria* 종은 또한

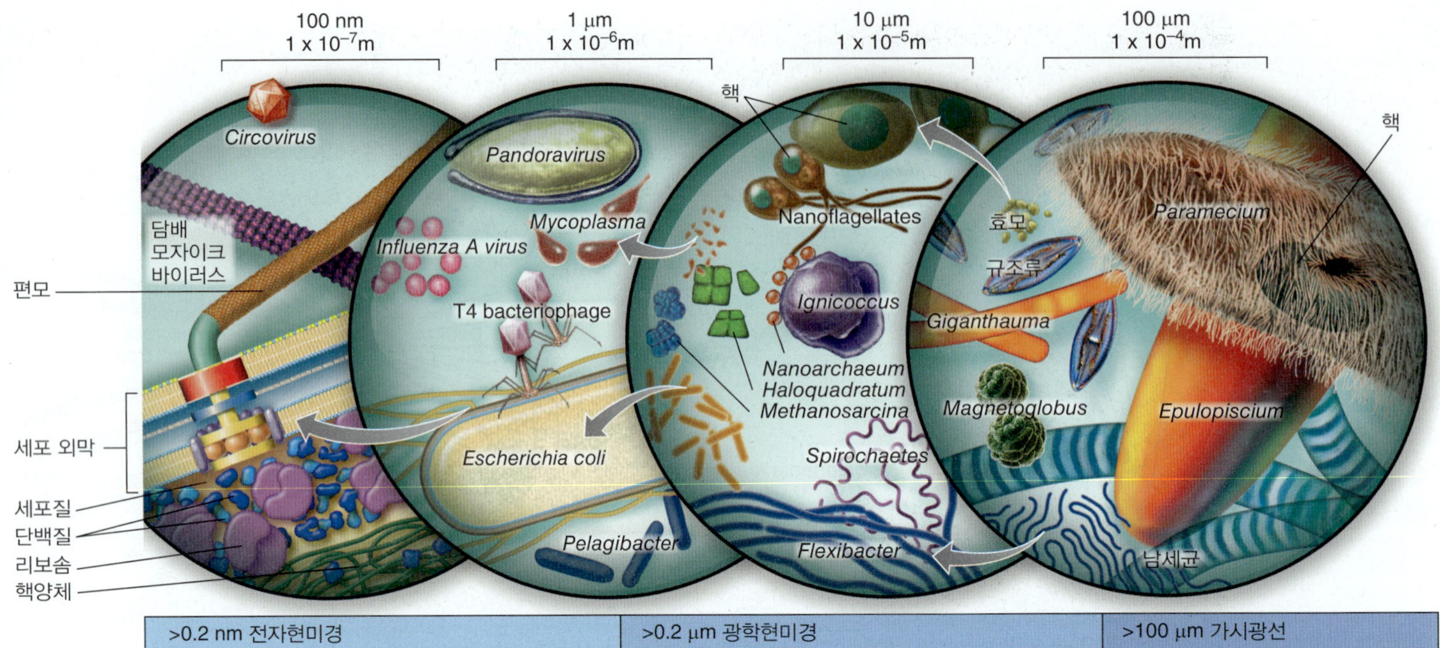

그림 1.38 미생물은 크기와 형태가 매우 다양하다. 가장 작은 알려진 미생물은 circovirus (20 nm)이며, 여기에 표시된 가장 큰 세균은 길이가 35,000배인 세균 *Epulopiscium* (700 μm)이다! 어떤 원생동물은 *Epulopiscium* (>2 mm 길이) 보다 더 클 수 있으며, 육안(unaided eye)으로 볼 수 있다. 이 그림에는 다음을 포함한다: 진핵생물: *Paramecium* (300 um × 85 μm), 규조류 (*Navicula*, 50 μm × 12 μm), 효모 (*Saccharomyces*, 5 μm), 나노편모충류(nanoflagellates) (*Cafeteria*, 2 μm); 세균: *Epulopiscium* (700 μm × 80 μm), 남세균 (*Oscillatoria*, 10-μm-다세포성 필라멘트의 직경), *Magnetoglobus* (다세포성 집합체, 20 μm 직경), *Spirochaetes* (2~10 μm × 0.25 μm), *Flexibacter* (5~100 μm × 0.5 μm 필라멘트), *Escherichia coli* (2 μm × 0.5 μm), *Pelagibacter* (0.4 μm × 0.15 μm), *Mycoplasma* (0.2 μm); 고균: *Giganthauma* (10-μm-직경 다세포성 필라멘트), *Ignicoccus* (6 μm), *Nanoarchaeum* (0.4 μm), *Haloquadratum* (2 μm), *Methanosarcina* (주머니의 세포당 2 μm); 바이러스: *Pandoravirus* (1 μm × 0.4 μm), T4 bacteriophage (200 nm × 90 nm), Influenza A형 바이러스 (100 nm), 담배모자이크 바이러스 (300 nm × 20 nm), *Circovirus* (20 nm).

다양한 생태적 전략을 가지고 있으며 지구상에서 가장 뜨겁고 염분이 많은 환경을 제외한 모든 곳에서 발견될 수 있다. 식물과 동물의 대부분의 문이 지난 6억 년 이내에 시작되었지만 (그림 1.5*a*), 세균 문은 수십억 년이 되었으며 이 시간은 광범위한 실험과 다양화를 허용했다는 것을 기억하는 것이 중요하다. 세균의 다양성은 15장과 16장에서 자세히 논의된다.

고균

세균과 마찬가지로, 고균도 원핵세포 구조를 가지고 있다 (그림 1.3*a*). 고균(*Archaea*)은 생리학에서 매우 다양하지만, 배양된 분리체는 세균보다 형태학적 다양성이 적으며 대부분의 고균은 길이가 1 μm~10 μm인 미분화된 세포로 존재한다. 고균은 잘 설명된 다섯 개의 문으로 이루어져 있다: *Euryarchaeota*, *Crenarchaeota*, *Thaumarchaeota*, *Nanoarchaeota*, *Korarchaeota*. 세균에 근거하여 말하자면, 고균의 많은 계통은 환경에서 회수된 rRNA 유전자 또는 유전체 서열에서만 알려져 있다. 이러한 환경 DNA 서열 분석은 12가지 이상의 고균이 존재한다는 것을 나타낸다.

고균은 역사적으로 극한 환경과 연관되어 있다. 최초의 분리체는 뜨겁고, 염분이 많거나, 또는 산성인 지역에서 유래하였다. 그러나 모든 고균이 생물은 아니다. 고균은 실제로 화산 시스템과 관련된 것과 같은 생명을 지원하는 가장 극한 환경에서 흔히 볼 수 있으며, 고균 종은 생명의 화학적 및 물리적 한계를 정의하는 많은 기록을 가지고 있다 (표 1.1). 그러나 이것들 외에도 고균은 자연에서 널리 발견된다. 예를 들어, 메탄생성세균은 습지와 동물의 내장 (인간 포함)에서 흔히 볼 수 있다. 메탄생성 고균은 메탄을 생성하며 대기의 온실 가스 조성에 큰 영향을 미친다. 또한 *Thaumarchaeota* 종은 전 세계적으로 토양과 해양을 서식하며 전 지구적 질소순환에 중요하게 기여한다 (17장).

고균은 또한 이 도메인에 식물이나 동물의 알려진 병원균이나 기생충이 없다는 점에서 주목할 만하다. 고균의 가장 기술된 종은 *Nanoarchaeota*, *Korarchaeota*, *Thaumarchaeota*의 *Crenarchaeota*와 *Euryarchaeota* 속에 속한다. 우리는 17장에서 고균에 대하여 자세히 논의하고자 한다.

진핵생물

식물, 동물, 진균류는 진핵생물에서 가장 잘 특성화된 그룹이다. 이 그룹은 약 6억 년 전에 시작된 캄브리아기 폭발(Cambrian explosion)이라고 불리는 진화론적 방사의 폭발로 시작된 세균과 고균과 관련하여 상대적으로 젊다. 다양한 조류와 원생동물을 포함하는 진핵미생물은 식물, 동물, 진균류의 기원 훨씬 전인 2백만 년 전에 처음 등장했을 것이다 (그림 1.5). 진핵생물(*Eukarya*)의 주요 혈통은 전통적으로 문(phyla) 대신 계(kingdoms)라고 불린다. 진핵생물에는 적어도 6개의 계가 있으며, 이 다양한 영역에는 식물과 동물뿐만 아니라 미생물이 포함되어 있다.

진핵미생물은 크기, 모양, 생리학에서 크게 다르다 (그림 1.38). 가장 작은 것들 중에는 길이가 2 μm만큼 작을 수 있는 미생물 포식자인 나노편모충류(nanoflagellates)가 있다. 또한 직경이 0.8 μm인 종을 포함하는 녹조류 속인 *Ostreococcus*는 많은 세균들보다 작다. 커다란 단일세포 생물체는 진핵생물이며 미생물은 거의 없다. Xenophyophores는 오로지 심해에서만 사는 아메바와 같은 단세포 생물이다. Mariana 해구의 탐사는 길이가 10 cm까지 되는 xenophyophores을 밝혀냈다. 또한 단일 세포질 구획으로 구성된 변형체성 점균류는 직경이 최대 30 cm가 될 수 있다. 진핵미생물은 다양한 광영양체, 미생물 포식자, 공생자, 기생충과는 다른 생리학적 유형을 포함한다. 18장에서 우리는 진핵미생물에 대하여 자세히 살펴보고자 한다.

바이러스

바이러스는 생명수에서 발견되지 않는다. 실제로 바이러스는 진정으로 살아 있지 않다고 주장할 수 있다. 바이러스는 숙주 세포의 세포질 내에서만 복제할 수 있는 절대 기생체이다. 바이러스는 세포가 아니며, 모든 형태의 세포성 생명체에서 발견되는 세포막, 세포질, 리보솜이 없다. 바이러스는 에너지를 보존할 수 없으며 대사 과정을 수행하지 않는다; 대신에 감염된 세포의 대사 시스템을 사용하여 더 많은 바이러스를 생산하기 위한 용기로 전환시킨다. 이중 가닥 DNA로 구성된 유전체를 가진 세포와는 달리, 바이러스는 이중 또는 단일 가닥일 수 있는 DNA 또는 RNA로 구성된 유전체를 가지고 있다. 바이러스의 유전체는 종종 매우 작으며, 가장 작은 유전자는 3개의 유전자만을 가지고 있다. 대부분의 바이러스 유전체의 크기가 작다는 것은 모든 바이러스 또는 모든 바이러스와 모든 세포 간에 유전자가 보존되지 않는다는 것을 의미한다; 따라서 바이러스를 생명수(tree of life)에 넣거나 모든 바이러스를 포함하는 보편적인 바이러스의 계통수(phylogenetic tree)를 만드는 것은 불가능할 수 있다.

바이러스는 감염되는 만큼 다양하며, 바이러스는 생명의 세 영역 모두에서 세포를 감염시키는 것으로 알려져 있다. 바이러스는 종종 구조, 유전체 구성, 숙주 특이성에 기초하여 분류된다. 세균을 감염시키는 바이러스를 박테리오파아지(*bacteriophage*) [또는 파아지(*phage*)]라고 한다. 박테리오파아지는 바이러스 생물학의 여러 측면을 탐구하기 위한 모델 시스템으로 사용되어왔다. 대부분의 바이러스는 세균 세포보다 훨씬 작지만 (그림 1.38), *Pandoraviruses*와 같은 매우 큰 바이러스도 있는데, 이 바이러스는 길이가 1마이크로미터 이상이며, 많은 세균보다 큰 2,500개의 유전자를 가지고 있다! 우리는 8장과 10장에서 바이러스에 대하여 더 많이 배우게 될 것이다.

미니퀴즈

- 바이러스는 세균, 고균, 진핵생물과 어떻게 다른가?
- 가장 잘 특성화된 종(species)을 포함하고 있는 4가지 세균 문(phyla)은 무엇인가?
- 고균의 어떤 문(phylum)이 토양과 바다에서 전 세계적으로 흔한가?

단원 정리

I • 미생물 세계에 대한 탐구

1.1 미생물은 다른 생명체와 지구의 복지와 기능에 필수적인 단세포성 현미경적 생물이다. 현미경, 미생물 배양, 분자생물학, 유전체학의 도구는 현대 미생물학의 초석이다.

Q 세균의 집락이란 무엇이며 어떻게 생성되는가?

1.2 원핵세포와 진핵세포는 세포의 구조가 다르며 생물체의 특성은 유전자—전체 유전체에 의해 정의된다. 모든 세포는 세포막, 세포질, 리보솜, 이중 가닥의 DNA 유전체를 가지고 있다. 모든 세포는 물질대사, 생장, 진화를 포함하는 활동을 수행한다.

Q 원핵세포와 진핵세포를 구별하는 세포 구조는 무엇인가? 세포벽과 세포막 간의 차이점은 무엇인가? 어떤 종류의 생물체에서 이런 구조를 발견할 수 있을 것으로 기대할 수 있는가?

1.3 다양한 미생물 개체군이 고등생물이 출현하기 전 수십억 년 동안 지구상에 널리 퍼졌으며 특히 남세균은 대기를 산화시켰다는 점에서 중요하다. 세균(*Bacteria*), 고균(*Archaea*), 진핵생물(*Eukarya*)은 주요한 세포 계통도(phylogenetic lineage) [도메인(domain)]이다.

Q 지구는 어떻게 여러 면에서 미생물 행성으로 간주될 수 있는가? 지구 역사에서 어떤 사건이 궁극적으로 다세포 생물체의 진화로 이어지는가?

1.4 비록 훨씬 많은 미생물이 해롭기보다는 이롭거나 (필수적이기도) 하지만, 미생물은 인간에게 이로울 수도 해로울 수도 있다. 농업, 식품, 에너지, 환경 등에서 많은 주요한 방법으로 미생물에 의해 영향을 받는다.

Q 장내 마이크로바이옴(gut microbiome)은 복잡한 탄수화물을 소화하고, 비타민 및 기타 영양소를 합성하여 인간에게 직접적으로 유익하다. 미생물은 인간에게 어떤 다른 방법으로 이득을 주는가?

II • 현미경과 미생물학의 기원

1.5 현미경은 미생물 연구에 필수적이다. 가장 보편적인 명시야 현미

경은 이미지를 확대하고 해상하기 위해 여러 개의 렌즈를 사용한다. 광학현미경의 해상도 한계는 약 0.2 μm이다.

Q 배율과 해상도의 차이점은 무엇인가? 다른 것 없이도 증가할 수 있는가?

1.6 명시야 현미경의 고유의 한계는 세포와 주변 환경의 명암차가 크지 않다는 것이다. 이러한 문제는 염색 또는 위상차 현미경과 같은 다른 형태의 현미경을 사용함으로 극복될 수 있다.

Q 광학현미경에서 염색의 기능은 무엇인가? 명시야 현미경보다 위상차 현미경의 이점은 무엇인가?

1.7 차별 간섭 대비(DIC) 현미경과 공초점 주사 현미경은 3차원 이미지와 두께가 있는 시료의 이미지를 개선할 수 있다.

Q 공초점 주사 현미경은 형광현미경과 어떻게 다른가? 어떤 면에서 그것들이 비슷할까? 간섭 대비 현미경은 명시야 현미경과 비교하여 어떻게 다른가?

1.8 전자현미경은 광학현미경보다 매우 뛰어난 해상력을 가지고 있어, 해상력의 한계는 약 2 nm이다. 두 종류의 전자현미경은 기본적으로 세포의 내부 구조를 관찰하는 데 사용하는 투과전자현미경과 시료의 표면을 관찰할 수 있는 주사전자현미경이다.

Q 전자현미경은 왜 광학현미경보다 더 높은 해상도 또는 더 큰 해상력을 갖는가?

III • 미생물 배양은 미생물학의 지평을 넓혀준다

1.9 Louis Pasteur는 생물이 무생물로부터 자연적으로 발생하지 않는다는 것을 보여주는 독창적인 실험을 고안하였다. Pasteur는 멸균법을 비롯한 미생물학에 중심적인 많은 개념과 기술을 개발하였으며 인간과 다른 동물들을 위해 중요한 많은 백신들을 개발하였다.

Q 자연발생에 관한 연구에서 Pasteur 플라스크의 원리를 설명하라. 이 실험의 결과가 자연발생설 이론과 일치하지 않았던 이유는?

1.10 Robert Koch는 전염성 질병을 연구하는 실험설정에 있어 토대가 되는 기준인 Koch의 가설을 개발하였다. Koch는 또한 순수배양에서 미생물을 분리하고 유지하기 위한 확실하고 재현 가능한 방법을 최초로 개발하였다.

Q Koch의 가설이란 무엇이며 미생물학의 발달에 어떻게 영향을 미쳤는가? Koch의 가설이 오늘날에도 여전히 관련된 이유는?

1.11 Martinus Beijerinck와 Sergei Winogradsky는 영양소 순환과 특정 물질의 생분해와 같은 중요한 자연적 과정을 수행하는 미생물을 위하여 토양과 물을 조사하였다. 그들의 연구는 농화배양기법과 화학무기영양성과 질소 고정의 개념으로부터 유래하였다.

Q Martinus Beijerinck와 Sergei Winogradsky의 주요 미생물학적 관심은 무엇인가? 이들 두 사람이 질소 고정을 발견했다고 말할 수 있다. 설명하라.

IV • 분자생물학과 생명의 실제와 다양성

1.12 모든 세포는 어떤 특성을 공유하며, 미생물은 생명을 정의하는 기본 프로세스를 탐구하기 위해 모델 시스템으로 사용된다. 유전의 분자적 기초로서 DNA의 발견과 그 구조와 기능의 발견은 분자유전학, 미생물 계통발생, 유전체학의 진보를 위한 길을 열었다.

Q 유전의 기초에 있는 분자로 DNA를 증명한 실험을 설명하라.

1.13 Carl Woese는 리보솜 RNA (rRNA) 서열이 미생물의 진화적 역사를 결정하는 데 사용될 수 있음을 발견하였으며, 그렇게 함으로써 계통수를 도표화하고 고균 도메인을 발견하였다. 환경으로부터 rRNA 서열을 분석한 결과는 미생물 다양성이 탁월하며 대부분의 미생물이 아직 배양되지 않았다는 것을 보여준다.

Q 어떤 통찰이 생명수를 재건하게 만들었는가? 고균 또는 진핵생물의 어떤 도메인이 세균과 더 밀접하게 관련이 있는가?

1.14 미생물의 가장 큰 다양성은 세균에서 발견되는 반면에, 많은 호극성생물은 고균에서 발견된다. 진핵미생물은 크기가 엄청 다양할 수 있으며, 일부 종은 세균보다 작다. 바이러스는 무세포성이며, 이 때문에 생명수에 위치시킬 수 없다.

Q 바이러스, 세균, 고균, 진핵생물을 식별하기 위해 어떤 특징 (또는 특징이 없는 것)이 사용될 수 있는가?

응용 문제

1. 자연발생설에 대한 Pasteur의 실험은 미생물학에서 커다란 의미를 갖는다. 몇 가지 예만 들어 보면, 미생물 계통분류법, 생명 기원에 대한 개념 확립, 그리고 식품 보존법 등이 있다. 그의 실험이 이들 주제에 대하여 각각 어떠한 영향을 끼쳤는지 간략하게 설명하라.

2. Robert Koch가 결핵질환과 세균인 *Mycoacterium tuberculosis*의 연관성을 입증할 수 있었던 여러 가지 증거들을 나열하고 설명하라. 만약 그가 세균과 관련된 질병의 연구 목적으로 개발한 도구들이 없었다면 결핵 연구에 있어서 그가 제시한 증거들이 취약할 수밖에 없는 이유를 설명하라.

3. 어떤 일로 모든 미생물이 지구상에서 갑자기 사라져버렸다고 상상해 보라. 이 장에서 배운 것들로부터, 왜 동물들이 결국에는 지구상에서 사라져버릴 것인가? 왜 식물은 사라지는가? 반대로 모든 고등한 생물이 사라진다면, 그림 1.5*a*의 어떤 관점이 비슷한 운명이 미생물에게는 일어나지 않을 것이라는 것을 말하고 있는가?

용어 해설

Aseptic technique (무균기법) 멸균된 배지 및 기구를 다루는 과정 중 개체나 미생물 배양의 오염을 막는 조작

Cell wall (세포벽) 세포막 밖에 존재하는 견고한 층; 세포의 구조적 강도를 제공하고 삼투 분해(osmotic lysis)를 막음

Chemolithotrophy (화학무기영양) 무기 화합물이 에너지를 생성하는데 이용되는 대사의 한 형태

Colony (집락) 단세포가 고형배지에서 생장하여 육안으로 볼 수 있는 집단

Contrast (대비차) 주변과 세포 또는 구조를 해상하는 능력

Culture (배양) 생물체나 생물체의 일부를 인공적 배양액에서 생육시키는 일

Cytoplasm (원형질) 세포막에 둘러싸인 세포의 액체부분

Cytoplasmic membrane (세포막) 환경으로부터 세포 내부(세포질)와 구분되는 반투과성 장벽

Differentiation (분화) 포자와 같은 새로운 구조를 형성하기 위한 세포 성분의 변형과정

Domain (도메인) 세포의 3가지 중요 계통의 한 가지: 세균(*Bacteria*), 고균(*Archaea*), 진핵생물(*Eukarya*)

DNA replication (DNA 복제) DNA의 정보에 의해 새로운 DNA 가닥이 복사되는 과정

Enrichment culture technique (농화배양 기법) 특정한 배양 배지와 배양 조건을 이용하여 자연으로부터 특정한 미생물을 분리하는 방법

Enzyme (효소) 화학반응을 증진시킬 수 있는 기능을 갖는 단백질성 (어떤 경우는 RNA) 촉매

Eukaryote (진핵생물) 막에 둘러싸인 핵과 다양한 막성 소기관을 가지는 세포; 진핵생물 (*Eukarya*)

Evolution (진화) 새로운 형 또는 종을 가져오는 변형과 함께 이루어지는 유전

Extremophiles (호극성 생물) 극도로 뜨겁거나 차가운 환경, 또는 산성, 알칼리성, 극도의 염분이 많은 환경 등과 같은 고등한 생명체가 살기 어려운 환경에 서식하는 미생물들

Genome (유전체) 한 생명체의 유전자 전체

Gram-negative (그람-음성) 원핵세포의 한 종류로서 세포벽이 상대적으로 적은 양의 펩티도글리칸을 갖는 대신 지질다당질, 지질단백질, 및 다른 복잡한 고분자물질로 구성된 외막을 가짐

Gram-positive (그람-양성) 원핵세포의 한 종류로서 세포벽이 주로 펩티도글리칸으로 구성되어 있으며 그람 염색 시 보라색으로 염색

Gram stain (그람염색) 세포의 구조적 계통학적 구성에 따라 세포가 분홍색 (그람-음성) 또는 보라색 (그람-양성)으로 염색되는 차별적 염색 기술

Growth (생장) 미생물학에서 세포 수의 증가를 나타내는 용어

Gut microbiome (장내 마이크로바이옴) 동물의 위장관에 존재하는 미생물 군집

Horizontal gene transfer (수평적 유전자 전이) 생식과 분리되지 않은 과정을 통해 세포들 간의 유전자 전달

Intercellular communication (세포 간 상호 연락) 화학적 신호를 이용한 세포들 간의 상호작용

Koch's Postulates (Koch의 가설) 주어진 미생물이 주어진 질병을 일으킨다는 것을 입증하는 정해진 기준

Macromolecules (거대분자) 단백질, 핵산, 다당류, 지질이 포함되는 단량체의 중합체

Magnification (배율) 이미지의 광학적 확대

Medium (media, 배지) 미생물학에서 미생물 생장에 사용되는 액체 또는 고체의 영양소 혼합액

Metabolism (물질대사) 세포 내에서 일어나는 모든 생화학 반응

Microbial community (미생물 군집) 한 서식지에서 공존하면서 상호작용하는 둘 이상의 세포 개체군

Microbial ecology (미생물 생태학) 자연 환경에 존재하는 미생물의 연구

Microorganism (미생물) 단세포 또는 세포 덩어리로 구성되는 현미경적 생물체이며 바이러스도 포함됨

Motility (운동) 어떤 형태의 자기 추진력에 의한 세포의 움직임

Nucleoid (핵양체) 원핵세포의 염색체로 구성된 DNA의 집합체

Nucleus (핵) 세포의 DNA 유전체를 포함하는 진핵세포의 막에 둘러싸인 구조

Organelles (소기관) 진핵세포에서 발견되는 미토콘드리아와 같은 이중막으로 둘러싸인 구조물

Pathogen (병원체) 질병을 일으키는 미생물

Phylogenetic tree (계통수) 생물체의 진화사를 설명하는 도표; 마디와 가지로 구성됨

Plasmid (플라스미드) 세포의 생장에 필수적이지 않은 염색체 이외의 유전적 요소

Prokaryotic (원핵성) 막으로 둘러싸인 핵과 다른 소기관이 없음; 세균(*Bacteria*)과 고균(*Archaea*)의 세포

Pure culture (순수배양) 한 종류의 미생물만을 함유한 배양

Resolution (해상도) 미생물학에서 현미경을 사용하여 두 개의 물체를 명확하고 분리된 것으로 구분할 수 있는 능력.

Ribosomal RNA (rRNA) (리보솜 RNA) 리보솜에서 발견되는 RNA의 형태

Spontaneous generation (자연발생설) 살아 있는 생물체가 무생물로부터 기원한다는 가설

Sterile (멸균된) 살아 있는 생명체 및 바이러스가 없는

Transcription (전사) 이중 가닥의 DNA 분자에서 두 가닥 가운데 한 가닥과 상보적인 RNA 분자를 합성하는 것

Translation (번역) 주형으로서 mRNA 내에 있는 유전정보를 이용하여 단백질 합성하는 것

2 미생물 세포 구조 및 기능

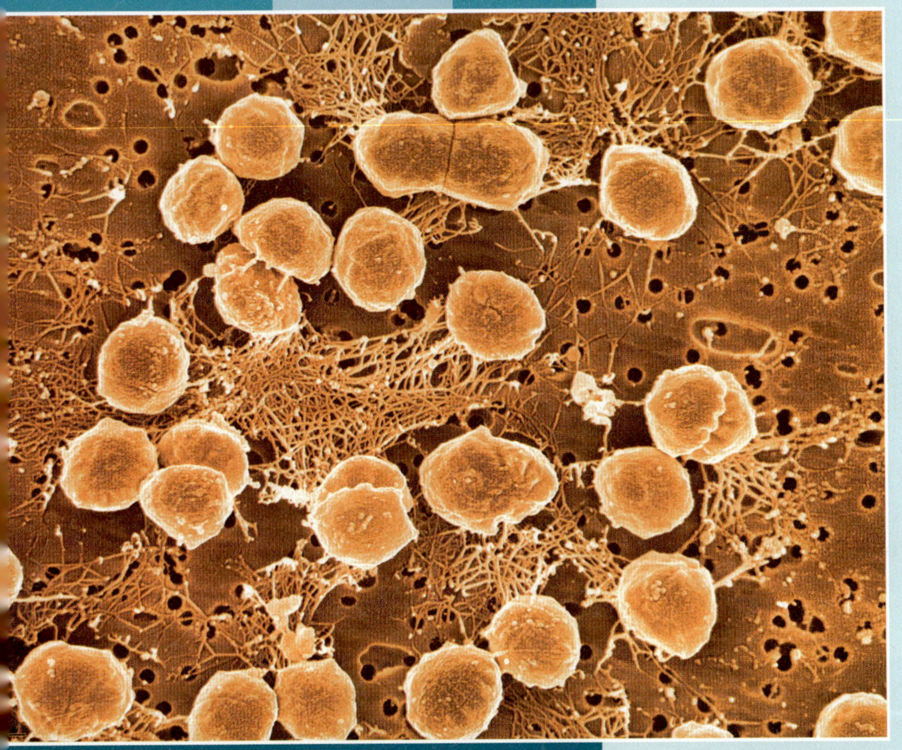

현재의 미생물학

아키엘럼 (Archaellum, 고균의 운동기관): 고균의 운동성

운동성은 새로운 서식지와 그곳에 있는 자원을 이용할 수 있기 때문에 미생물에게 중요하다. 운동성은 *Escherichia coli*에서 50년 이상 연구되어 왔으며, *E. coli*와 함께 과학자들은 세균의 편모가 프로펠러처럼 회전하고 ATP가 아니라 양성자 동력에 의해 동력을 얻는다는 사실을 처음 발견하였다. 다른 운동성 세균에 대한 후속 연구에 따르면, 편모의 구조와 기능은 오랫동안 지속적으로 유지되었다.

고균이 처음 발견되었을 때, 고균 *Methanocaldococcus* (사진 참조)와 같은 일부 종은 운동성을 가지고 있을 뿐만 아니라 편모도 회전에 의해 작동한다는 것이 확인되었다. 따라서 고균의 편모가 세균의 편모와 구조적으로 관련이 있다고 가정하는 것은 자연스러운 일이었다. 그러나 과학자들이 고균 편모를 분리하면서 그들은 놀라움을 금치 못하였다.

연구에 따르면, 편모와 달리 아키엘라(*archaella*)로 불리는 고균 편모는 더 가늘며 하나의 주요 단백질이 아니라 여러 단백질로 구성되어 있다. 예를 들어, 편모 필라멘트 (실제 회전 구조)는 편모단백질(*flagellin*)이라고 불리는 단일형의 단백질로 구성되어 있지만, 고균 필라멘트는 편모 단백질과 구조적으로 관련이 없는 적어도 세 개의 단백질로 구성되었다. 편모와 아키엘럼의 모터 단백질과 모터의 전반적인 구조는 확연한 차이를 보여주고 있다.

이러한 명백한 차이점에도 불구하고, 운동성이 있는 고균 유전체 연구는 놀랍게도 아키엘럼이 세균의 IV형 선모와 구조적으로 동일하다는 것을 보여주고 있다. 세균에서 IV형 선모는 회전하지 않고 "휘둘림 운동(twitching motility)"을 촉진하며, 병원성 (질병 유발) 세균이 숙주 조직에 부착하는 데 중요하다. 그러나 편모와는 달리 세균의 IV형 선모는 ATP에 의해 구동되고, ATP는 또한 고균 회전을 유도한다.

따라서 아키엘럼은 "회전 IV형 선모(rotating type IV pilus)"이며, 진화가 단일 구조를 변형시켜 다양한 기능을 수행할 수 있는 좋은 예이다. 이러한 발견은 또한 과학자들이 계통 발생학적으로 다른 종을 조사하기 시작할 때 확고하게 확립된 인식 (세균 편모의 구조와 기능 등)이 거꾸로 뒤집힐 수 있음을 보여준다.

출처: Albers, S-V., and K.F. Jarrell. 2015. The archaellum: How *Archaea swim*. *Front. Microbiol*. 6: doi: 10.3389/fmicb.2015.00023.

I • 세균과 고균 세포

첫 장에서, 우리는 개괄적으로 미생물 세계를 묘사하였다. 우리는 과학에 대해 새롭게 이해하기 위해 필수적인 미생물학의 몇 가지 주요 측면을 대략적으로 설명하였다. 2장에서 우리는 세포 구조와 기능에 중점을 두고 미생물에 대해 자세하게 설명하려고 한다.

미생물의 현미경 검사는 즉시 모양과 크기를 보여준다. 다양한 세포 형태가 미생물의 세계에 퍼져 있으며, 미생물 세포는 매우 미세하지만 원핵생물과 진핵생물 모두 다양한 크기가 있다 것을 보여준다. 세포 모양은 다른 미생물 세포를 구별하는 데 유용할 수 있으며 종종 생태학적으로 중요하다. 더욱이, 대부분의 미생물 세포에서 작은 크기는 그들의 생태계에 지대한 영향을 미치고, 그들의 생물학적으로 다양한 현상들과 깊이 연관되어 있다. 먼저 세포의 모양에 대해 알아본 후 세포의 크기에 대해 알아보자.

2.1 세포 형태

미생물학에서 **형태학(morphology)**이란 용어는 세포 모양을 의미한다. 세균(*Bacteria*)과 고균(*Archaea*)에서 몇 가지 세포 형태가 발견되며, 가장 흔한 형태는 미생물학자의 필수 단어로 일부 용어로 설명된다.

원핵세포의 주요 형태

원핵세포의 일반적인 형태가 **그림 2.1**에 나와 있다. 구형 또는 구형 형태의 세포를 구균(*coccus*, 복수형, *cocci*)이라고 한다. 원통 모양의 세포는 막대균(*rod*) 또는 간균(*bacillus*)이라고 한다. 일부 세포는 구부러져 있거나 느슨한 나선 모양을 나타내며 나선형(*spirilla*)이라고 불린다. 일부 세균과 고균은 세포분열 이후 그룹 또는 클러스터로 함께 남아 있으며, 배열은 종종 특징적이다. 예를 들어, 일부 구균은 긴 사슬 (예, 세균 *Streptococcus*)을 형성하고, 다른 일부는 3차원 입방체(*Sarcina*)에서 형성하고, 나머지는 포도 모양과 같은 클러스터 형태(*Staphylococcus*)를 생성한다.

일부 형태학적 그룹은 개별 세포의 특이한 형태로 즉시 인식된다. 예를 들어, 촘촘하게 감긴 세균인 나선균(spirochetes); 긴 튜브 또는 줄기(appendaged forms)로 세포의 돌출부를 형성하는 세균; 길고 얇은 세포 또는 세포 사슬을 형성하는 필라멘트형 세균이 있다 (그림 2.1).

여기에 설명된 세포 형태는 대표적이지만, 모두가 그런 것은 아니다. 이러한 세포 형태에 대한 많은 변형이 알려져 있다. 예를 들어, 굵은 막대, 가는 막대, 짧은 막대 및 긴 막대가 있을 수 있다. 막대는 단순히 세포 모양으로—대략 원통 모양—한쪽이 다른 쪽보다 길이가 더 길다. 나중에 볼 수 있지만, 정사각형 세균과 별 모양의 세균도 있다! 따라서 세포 형태는 연속체를 형성하며, 간균과 구균과 같은 일부 모양은 매우 일반적이지만, 나선형, 출아 및 필라멘트 모양과 같은 모양은 흔하지 않다.

세포 형태와 생물학

세포 형태는 쉽게 결정되지만, 이를 통해 세포의 다른 특성에 대한 예측이 어렵다. 예를 들어, 현미경으로 볼 때 많은 막대 모양의 고균은 막대 모양의 세균과 구별할 수 없지만, 서로 다른 계통 발생 영역 (1.13절)에 속한다. 간혹 예외는 있지만 원핵세포의 형태를 아는 것만으로 생리학, 생태학, 계통 발생, 병원성 (질병 유발) 잠재력을 포함하여 사실상 원핵세포의 다른 주요 특성을 예측하는 것은 불가능하다. 그럼에도 불구하고, 세포 형태학은 세균 또는 고균의 특정 종을 기술할 때 사용되고 있는 중요한 특징이다.

특정 종의 세포가 왜 자기 종만의 형태를 가지고 있을까? 우리는 세포 모양이 어떻게(*how*) 조절되는지에 대해 꽤 많이 알고 있지만, 특정한 세포가 왜(*why*) 특정한 형태를 가지고 있는지는 거

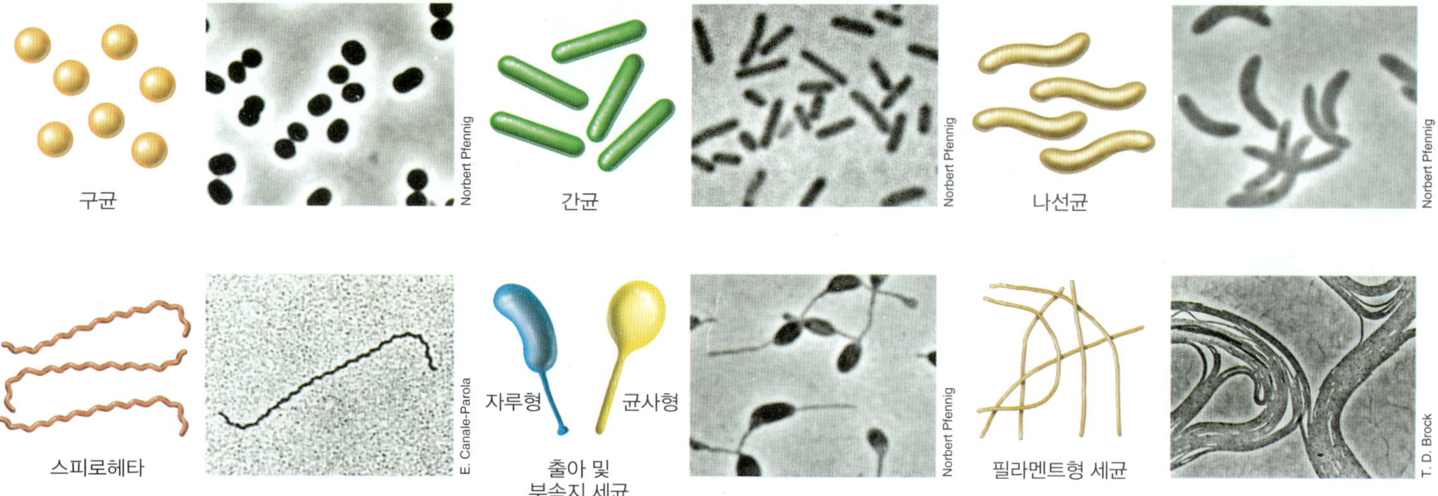

그림 2.1 세포 형태. 도식화와 함께 형태를 보여주는 세포의 위상차 현미경 사진을 배치하였다. 구균 (현미경 사진에서 세포 지름, 1.5 μm); 간균 (1 μm); 나선형 (1 μm); 스피로헤타 (0.25 μm); 돌출형 (1.2 μm); 필라멘트형 (0.8 μm)이다. 모든 현미경 사진은 세균류이다. 모든 형태가 고균에서 알려져 있는 것은 아니지만 구균, 간균 및 나선균 형태가 일반적이다.

의 알지 못한다. 주어진 미생물의 형태는 의심의 여지없이 그 서식지에서 경쟁적인 성공을 위한 적합성을 극대화하는 진화를 이룬 선택적인 힘의 결과이다. 몇 가지 예는 영양소 제한 환경 (작은 세포 및 표면 대 체적이 큰 다른 것들)에서 생존을 위한 영양소 섭취를 최대화하기 위해 최적의 세포 형태를 진화시키는 것을 포함할 수 있다. 점성이 높은 환경에서 수영 운동성을 이용하기 위한 형태로 진화시키거나 (나선 또는 나선형 모양의 세포), 표면을 따라 미끄럼 운동성을 촉진시키는 형태로 진화시키는 것이다 (필라멘트성 세균) (그림 2.1).

미니퀴즈

- 구균과 간균은 형태상 어떻게 다른가?
- 현미경을 사용하면 나선균과 구균을 구별할 수 있나? 병원균과 비병원균은?

2.2 작은 생물의 세계

세균과 고균은 작게는 직경이 약 0.2 마이크로미터(μm)로부터 지름이 700 μm의 세포크기를 가지고 있다 (**표 2.1**). 배양된 대다수의 구균 종은 폭이 0.5~4 μm이고 길이가 15 μm 미만이다. *Epulopiscium fishelsoni*와 같이 길이가 600 μm (0.6 mm)를 넘는 매우 큰 세균이 알려져 있다 (**그림 2.2*a***, 그림 1.38). 이 세균은 계통발생학적으로 내생포자 형성 *Clostridium*과 연관되어 있고, 검은쥐치(surgeonfish) 내장에서 서식하며 여러 개의 유전체 복사본을 가지고 있다. *Epulopiscium* 세포의 부피가 너무 커서 (표 2.1), 유전체의 단일 복사본이 전사 및 번역 요구를 지원하기에 충분하지 않기 때문에 분명히 많은 사본이 필요한 것으로 여겨진다.

가장 크다고 알려진 세균의 세포인 황-산화성의 화학무기영양생물인 *Thiomargarita* (그림 2.2*b*)는 직경이 약 750 μm로 *Epulopiscium*의 세포보다 훨씬 크다. 이러한 세포는 육안으로 볼 수 있다. 황세균의 경우 황 함유물을 저장하기 위하여 큰 세포 크기가 진화했을 수도 있지만 (에너지원으로 사용됨), 세포가 커진 이유에 대해서는 잘 연구되지 않았다. *Epulopiscium*이나 *Thiomargarita*와 비교될 수 있는 세포 크기를 가지고 있는 고균 종은 없지만, 이는 단순히 아직까지 발견되지 않았기 때문일 것이다.

원핵세포의 세포 크기의 상한선 한계는 영양소를 운반할 수 있는 능력이 세포가 클수록 줄어든다는 가정을 근거로 하고 있다 (표면 대 부피 비율이 매우 작음; 다음 절 참조). 세포의 물질대사 속도는 크기의 제곱에 반비례하기 때문에, 매우 큰 세포의 경우, 영양 섭취는 결국 세포가 더 이상 작은 세포와 경쟁할 수 없을 정도로 물질대사를 제한하게 된다.

매우 큰 세포는 원핵생물에서 드문 경우이다. *Thiomargarita* 또는 *Epulopiscium* (그림 2.2)과는 대조적으로 *Escherichia coli*와 같은 간균 형태의 평균 세포 크기는 약 1~2 μm이다; 이 정도의 크기가 원핵생물 세계의 전형적인 세포이다. 대조적으로, 아주 작은 진핵미생물 세포 (직경 약 6 μm 이하의 세포)는 흔하지 않지만, 진핵세포의 직경은 작게는 2에서 600 μm보다 클 수 있다. 진핵미생물의 세계는 18장에서 다룬다.

표면적 대 부피비율, 세포의 생장 속도와 진화

세포는 작을수록 이점이 있다. 작은 세포는 큰 세포보다 세포 부피에 비해 더 많은 표면적을 가지므로 표면 대 부피 비율(*surface-to-volume ratio*)이 더 크다. 구형 세포를 통해 설명하면 이해할 수 있다. 구균의 부피는 반지름의 세제곱 ($V = \frac{4}{3}\pi r^3$)의 함수이며 표면적은 반지름의 제곱 ($S = 4\pi r^2$)의 함수이다. 그러므로 구균의 S/V 비율은 $3/r$이다 (**그림 2.3**). 세포 크기가 커질수록 S/V 비율이 감

표 2.1 크기가 큰 것부터 작은 것까지 세균의 세포 크기와 부피

미생물	특성	형태	크기[a](μm)	세포 부피(μm³)	*E. coli* 비교 대비 부피
Thiomargarita namibiensis	황 화학무기영양체	체인형태의 구형	750	200,000,000	100,000,000×
Epulopiscium fishelsoni[a]	화학유기영양체	끝이 가는 간균	80 × 600	3,000,000	1,500,000×
Beggiatoa 종[a]	황 화학무기영양체	필라멘트형	50 × 160	1,000,000	500,000×
Achromatium oxaliferum	황 화학무기영양체	구형	35 × 95	80,000	40,000×
Lyngbya majuscule	남세균	필라멘트형	8 × 80	40,000	20,000×
Thiovulum majus	황 화학무기영양체	구형	18	3,000	1,500×
Staphylothermus marinus[a]	초고온생물	불규칙적 집합체인 구형	15	1,800	900×
Magnetobacterium bavaricum	주자기성 세균	간균	2 × 10	30	15×
Escherichia coli	화학유기영양체	간균	1 × 2	2	1×
Pelagibacter ubique[a]	해양 화학유기영양체	간균	0.2 × 0.5	0.014	0.007×
초소형 세균	배양불가 세균, 지하수에서 분리	다양함	<0.2	0.009	0.0045×
Mycoplasma pneumonias	병원성 세균	다양한 형태를 가짐[b]	0.2	0.005	0.0025×

[a]하나의 숫자가 표시된 경우, 구형 세포의 직경. 표시된 값은 개별 종에서 관찰된 가장 큰 세포 크기. 예를 들어, *T. namibiensis*의 평균 세포 직경은 약 200 μm에 불과하나, 때로는 750 μm의 거대 세포가 관찰됨. 마찬가지로 *S. marinus*의 평균 세포 직경은 약 1 μm이다. *Beggiatoa* 종은 명확하지 않고 *E. fishelsoni*, *M. bavaricum* 및 *P. ubique*는 분류학적으로 공식 인정된 명칭이 아님.
[b]*Mycoplasma*는 세포벽이 결여된 세균으로 다양한 형태를 취할 수 있음 [다형성(pleomorphic)은 "많은 모양"을 의미].
출처: Data obtained from Schulz, H.N., and B.B. Jørgensen. 2001. *Annu. Rev. Microbiol. 55:* 105–137, and Luef, B., et al. 2015. *Nature Communications.* doi:10.1038/ncomms7372.

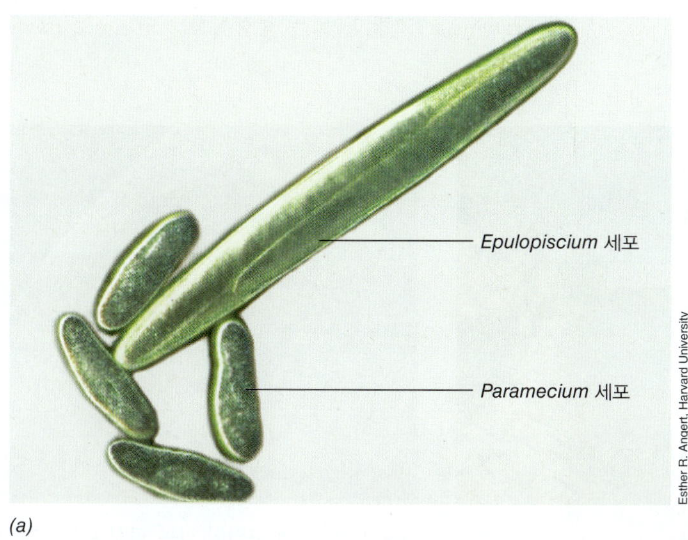

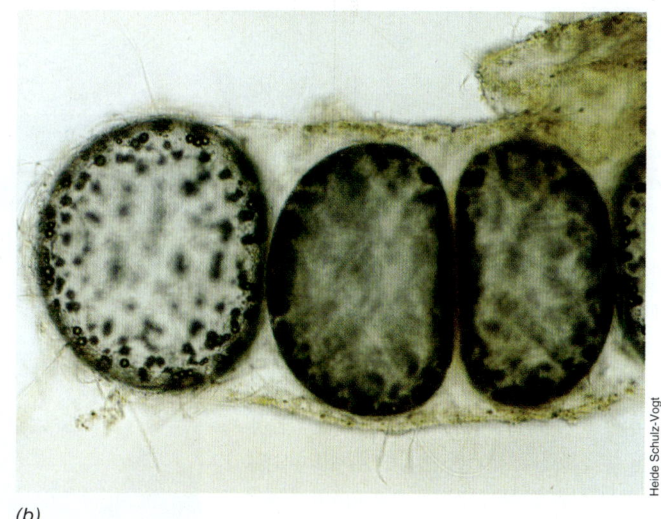

그림 2.2 크기가 매우 큰 2종류의 세균. *(a) Epulopiscium fishelsoni*. 막대 모양의 세포는 길이가 약 600 μm (0.6 mm)이고 폭이 75 μm이며, 원생동물 *Paramecium* (미생물 진핵생물) 4개의 세포 길이는 약 150 μm이다. *(b) Thiomargarita namibiensis*, 큰 황화학무기영양체이며, 현재 모든 원핵세포 중에서 가장 큰 것으로 알려져 있다. 세포 두께는 400에서 750 μm까지 다양하다.

소한다. 표 2.1에 열거된 크기가 다른 세포의 S/V 비율을 참고하여 설명하였다. *Pelagibacter ubique*, 22; *Escherichia coli*, 4.5; *E. fishelsoni* (그림 2.2*a*), 0.05이다. 이들은 구균이 아닌 모든 간균이지만, 막대 모양의 세포가 완전한 실린더 형태라고 가정할 때, 구균에 적용되는 동일한 *S/V* 원리를 적용할 수 있다; 즉 주어진 길이의 간균의 경우 반경이 작은 세포는 반경이 큰 세포보다 *S/V*가 크다.

세포의 *S/V* 비율은 생장 속도 및 진화를 포함하여 많은 특성에 영향을 미친다. 세포의 생장 속도는 부분적으로 영양분과 폐기물을 환경과 교환할 수 있는 속도에 달려 있기 때문에 큰 세포와 비교하여 작은 세포의 *S/V* 비율이 높을수록 세포 부피당 영양분과 폐기물 교환 속도가 빨라진다. 결과적으로 독립적으로 살고 있는 작은

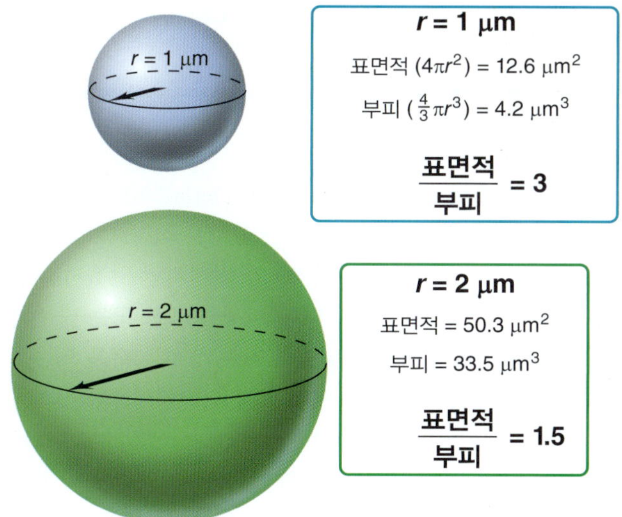

그림 2.3 세포의 표면적과 부피 간의 관계. 세포의 크기가 증가함에 따라서 표면적/부피(*S/V*)의 비율은 작아진다.

세포는 독립적으로 살고 있는 큰 세포보다 빠르게 생장하는 경향이 있으며, 주어진 양의 자원 (생장을 지원할 수 있는 영양소)으로 인해 큰 세포보다 더 많은 작은 세포의 개체군에 공급된다. 이것은 지속적으로 세포의 진화에 영향을 줄 수 있다.

세포가 분열할 때마다 염색체가 복제된다. DNA가 복제되면 간혹 돌연변이(*mutations*)라 불리는 오류가 발생한다. 돌연변이 비율은 크거나 작은 모든 세포에서 대략 동일하기 때문에 염색체 복제가 많을수록 세포 집단의 돌연변이가 많다. 돌연변이는 진화의 "원재료(raw material)"이다. 돌연변이가 많을수록 진화 가능성이 커진다. 따라서 원핵세포는 매우 작고 유전적으로 일배체 형이기 때문에 (돌연변이를 즉각적으로 표현할 수 있는 각 유전자의 사본이 하나뿐임), 원핵세포는 더 큰 세포보다 빨리 자라고 더 빠르게 진화할 수 있다.

진핵세포는 전형적으로 크기 때문에, 진핵미생물의 *S/V* 비율이 더 낮을 뿐만 아니라, 진핵세포는 이배체 특성 (세포는 각 유전자당 두 개의 복사본을 가짐)을 가지고 있어 한 유전자의 돌연변이는 일어나지 않은 두 번째 유전자 사본에 의하여 나타나지 않는다. 원핵세포와 진핵세포의 크기와 유전학상의 이러한 근본적인 차이점은 세균과 고균의 종들이 변화하는 환경조건에 빠르게 적응하고 진핵세포보다 새로운 서식지에 쉽게 적응하는지를 이해하는 데 도움이 된다. 앞으로 세균과 고균 세포와 물질대사의 커다란 다양성(14~17장), 원핵생물 진화의 신속성 (13장)과, 자연계에서 미생물 활동에 따른 생태적 파급 효과 (19~23장)를 설명할 때 이러한 개념이 명확해진다.

세포 크기의 최소 한계

앞에서 설명하였듯이, 작아질수록 미생물은 자연계에서 더욱더 큰 선택적 이점을 가질 수 있으며, 결과적으로 극히 작은 세균 세포만

작은 세포

바이러스는 아주 작은 미생물이며 직경이 20 nm에서 750 nm 정도로 작다. 대부분의 바이러스만큼 작은 세포는 존재하지 않지만 최근에 발견된 초소형 세균 세포[1, 2]는 미생물학자들이 예측했던 최소 세포 크기의 한계를 더욱 낮게 줄였다.

미생물학자들은 Colorado 주 (미국)의 지하수층 (**그림 1**)에서 땅 깊은 지하표면을 통해 이동하는 지하수를 채수하여 직경이 0.2 μm에 불과한 막 필터를 통과시켰다. 필터를 통과한 액체를 미생물학적 분석 실험을 실시하였다. 0.2 μm의 기공을 가진 필터는 용액으로부터 균체를 제거하여 "멸균 용액(sterile solutions)"을 만들기 위해 수십 년간 사용되었으나, 놀랍게도 원핵세포가 지하수 여과수에 존재하였다. 여과수에 다양한 세균이 존재하여, 지하수에는 미생물학자들이 "초미세세균(ultramicrobacteria)"이라고 부르는 아주 작은 세포[1]의 미생물 집락이 실제로 서식하고 있다는 것을 보여주었다.

매우 낮은 온도에서 고정 (세포의 형태를 변화시킬 수 있는 화학적 처리)하지 않고 표본을 관찰할 수 있는 초저온 전자현미경 관찰을 통해 지하수 초미세 세균이 주로 직경 0.2 μm (**그림 2**)의 타원형 세포로 구성되었다는 것을 보여주었다. 이 세포의 부피는 세균 *Escherichia coli* (표 2.1 참조)의 세포 크기의 약 1/100로 약 150여 개의 작은 세포가 하나의 *E. coli* 세포에 들어갈 수 있는 정도였다! 각각의 작은 세포는 약 50개의 리보솜이 있었으며, 이는 천천히 생장하는 (100분 분열 주기) *E. coli* 세포에 존재하는 숫자에 약 1/100에 해당한다. 아주 작은 크기의 지하수 초미세 세균은 엄청난 표면 대 부피 비율을 가지고 있어, 이러한 장점은 영양이 부족한 서식지에서 자원을 추출하는 데 유리하다는 가설을 세울 수 있다.

그림 1 Colorado 주 Rifle 근처의 콜로라도강과 나란히 흐르는 무산소 지하수층에서의 시료 채취.

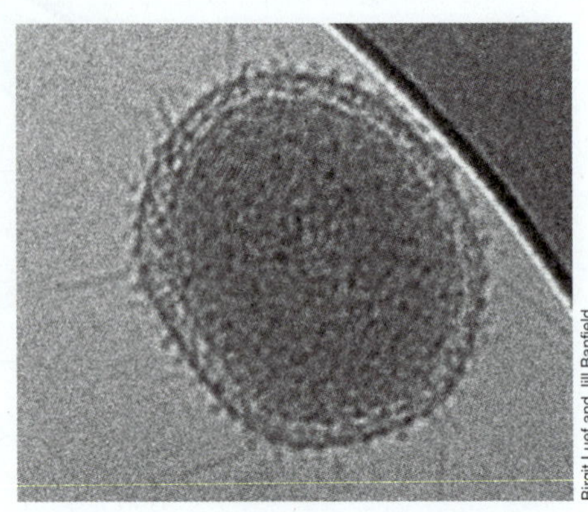

그림 2 0.2 μm 구멍이 있는 필터를 통과한 무산소 지하수의 작은 세균. 세포의 지름은 0.2 μm가 되지 않음.

작은 지하수 세균(groundwater bacteria)이 실험실에서 아직 배양되지 않았다는 사실에도 불구하고, 크기가 1 Mb 미만인 작은 유전체를 분리하여 분석되었기 때문에 많은 것들이 이미 알려져 있다.[2] 계통 발생학적 관점에서, 다양한 환경의 환경 분석으로 알려진 세균의 주요 문(phyla)과 전혀 관련되지 않을 뿐만 아니라 실험실 배양이 어려운 다른 종이 확인되었다. 추가적인 분석에 따르면 미생물에 널리 분포되어 있는 몇 가지 핵심 대사 경로에 대한 효소 유전정보를 가지고 있는 유전자는 지하수 초미세 세균의 유전체에서 발견되지 않았다. 이것은 작은 세포가 대사적으로 미니멀리즘적인 생활방식과 미생물 집락에 함께 존재하는 다른 종과 필수 영양소를 서로 공유하는 생존 전략을 가지고 있다고 추측된다.

우리는 아직 미생물 세포가 얼마나 작을 수 있는지 정확히 알지 못하지만 미생물학자들은 콜로라도 지하수 연구와 같은 환경 분석에서 점차적으로 알아가고 있다. 이 연구에서 초미세 세균을 산출한 동일한 표본으로부터 초미세 고균도 검출되었고, 작고 매우 제한적인 유전체를 가지고 있는 것으로 확인되었다.[2] 분명히 자연계에 매우 작고 다양한 원핵세포가 존재하고 있으며, 이러한 작은 세포에 대한 지속적인 연구를 통해 세포 크기의 최소 한계와 생명체의 최소 유전체 크기에 대한 더 정확한 크기를 알아낼 수 있을 것이다.

[1] Luef, B., et al. 2015. *Nature Communications*. doi:10.1038/ ncomms7372.
[2] Castelle, C.J., et al. 2015. *Current Biology*. *25:* 1–12.

존재할 것이라고 추정된다. 그러나 이와 달리 세포 크기의 최소 한계가 있으며, 그 한계를 가질 필요성이 있다.

자생 세포의 필수적인 구성요소—단백질, 핵산, 리보솜 등—를 수용하는 데 필요한 부피를 계산하면 직경 0.15~0.2 μm의 세포가 아마도 최소 한계 또는 매우 근접하다. 많은 작은 원핵세포가 알려져 있으며 여러 종류의 미생물이 실험실에서 배양되었다. 예를 들어, 바닷물은 밀리리터당 10^5~10^6개의 원핵세포를 가지고 있으며, 직경이 0.2~0.4 μm 정도의 매우 작은 세포들이다. 또한 지구의 깊은 지표에서 세균과 고균의 개체군이 발견되었으며, 직경이 약 0.2 μm이다 [미생물 세계 탐구, "작은 세포(tiny cells)" 참조]. 포괄적으로 이 세포들이 전형적인 세균 세포보다 상당히 작다는 것을 의미하기 위하여 "초미세세균(ultramicrobacteria)"이라고 불려왔다. 앞으로 설명하겠지만 많은 병원성 세균도 매우 작다.

흥미롭게도 초미세세균의 유전정보가 밝혀지면 알겠지만, 이들 유전체는 매우 최적화되어 있고 다른 미생물 세포 또는 숙주 생물(예, 식물 및 동물)에 의해 제공되어야 하는 생성물 혹은 또는 기능에 관여된 많은 유전자가 없다. 이러한 작은 원핵세포의 진화적 성공은 최소한의 생화학반응과 하나 이상의 다른 생명체와의 절대적인 연관성에 달려 있다. 특정 경우에는 이러한 연관성이 매우 구체적이고 밀접하게 연관되어 있어 작은 세포 (경우에 따라 두 번째 유기체)는 공생적인 파트너 없이 생존할 수 없다. 이 책의 여러 장에서 크든 작든 세균과 고균에 대하여 설명하고 있으며, 특별히

9장은 유전체와 미생물 세포의 시스템 생물학 관련 내용에 초점을 맞추고 있다.

미니퀴즈

- 세포가 작아짐에 따라 세포의 어떠한 물리적 특성이 증가하는가?
- 세균과 고균의 작은 크기와 반수체 상태가 어떻게 진화를 촉진시킬 수 있는가?
- 세포가 작아질 수 있는 최대 한계는? 그 이유는?

II • 세포막과 세포벽

지금부터 가장 중요한 2개의 세포 구성요소인 세포막(*cytoplasmic membrane*)과 세포벽(*cell wall*)의 구조와 기능에 대해 설명한다. 세포막은 많은 역할을 하지만, 그 중에서도 용해되어 있는 물질을 세포로 들여오거나 내보내는 "문지기(gatekeeper)"로서 주요 역할을 한다. 이와 달리, 세포벽은 삼투압으로 인해 파열되는 것을 막기 위해 세포에 구조적 강도를 부여한다.

2.3 세포막

세포막(cytoplasmic membrane)은 거대 분자와 세포 내부의 작은 분자의 혼합물인 세포질(*cytoplasm*)을 둘러싸고 있어 주변 환경과 분리한다. 세포막은 물리적으로 다소 약하지만, 주요 세포 기능을 위한 이상적인 구조이다: 선택적 투과성. 세포가 자라기 위해서는 영양물이 안쪽으로 운반되어야 하며 외부로 노폐물을 배출해야 한다. 이러한 두 기능은 모두 세포막을 가로질러 일어난다. 세포막에 위치한 다양한 단백질이 이러한 반응을 촉진하고, 많은 다른 막 단백질이 에너지 대사에서 중요한 역할을 한다.

세균의 세포막

모든 세포의 세포막은 내장 단백질을 함유한 인지질 이중층이다. 인지질은 소수성(water-repelling) 성분과 친수성(water attracting) 성분으로 구성된다 (**그림 2.4**). 세균과 진핵세포에서 소수성 성분은 지방산으로 구성되고 인산염에 결합된 인산염과 몇 가지 다른 작용기 (예, 당, 에탄올 아민 또는 콜린) 중 하나를 포함하는 글리세롤 분자의 친수성 성분으로 구성된다. 지방산은 서로를 향해 안쪽을 향하여 소수성 영역을 형성하는 반면, 친수성 부분은 환경 또는 세포질에 노출되어 있다 (그림 2.4*b*). 즉, 세포막의 외부(*outer*) 표면은 환경과 상호작용하고 내부(*inner*) 표면은 세포질 환경과 상호 작용을 한다. 각 인지질의 "얇은 층(leaf)"이 막 구조 단위의 절반을 형성하기 때문에, 이러한 유형의 막 구조는 지질 이중막(*lipid bilayer*) 또는 단위막(*unit membrane*)으로 불린다 (그림 2.5 참조).

세포막은 단지 8~10 nanometer지만 투과전자현미경으로 쉽게 확인할 수 있다 (그림 2.4*c*). 또한 물리적으로 약하지만, 일부 세균의 막은 호파노이드(*hopanoids*)라고 불리는 스테롤과 유사한 분자에 의해 강화되었다. 스테롤(sterols)은 진핵세포의 막을 강화시키는 견고한 평면구조의 분자이며 (2.14절), 대부분 세포벽을 가지고

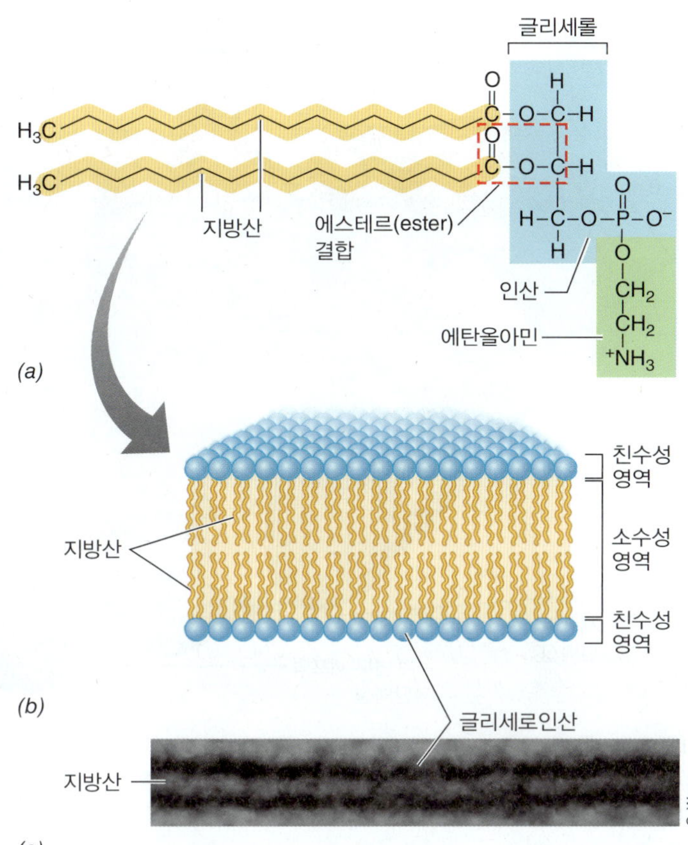

그림 2.4 인지질 이중막. *(a)* 인지질 포스파티딜 에탄올아민(phosphatidylethanolamine)의 구조. 곁사슬은 지방산이며 에스테르 결합 (세균과 진핵세포의 지질에는 있지만, 고균은 아님)은 빨간 점선으로 표시하였다. *(b)* 이중층 막의 일반적인 구조; 파란 구형은 인산염 또는 다른 친수성기를 갖는 글리세롤을 나타낸다. *(c)* 막의 투과전자현미경 사진. 밝은 내부 도메인(domain)은 *b*에 표시된 모델 막의 소수성 영역.

있지 않다.

다양한 단백질이 세포막에 부착되거나 세포막 안에 내재되어 있다: 막 단백질은 전형적으로 막을 관통하는 소수성 표면과 환경 또는 세포질과 접촉하는 친수성 표면을 가지고 있다 (**그림 2.5**). 많은 세포막 단백질은 세포막에 견고하게 삽입되어 있으며, 이를 내재(*integral*) 세포막 단백질이라고 한다. 다른 단백질은 한쪽이 막에 고정되어 세포 안쪽 혹은 세포 밖으로 돌출되어 있다. 주변부(*peripheral*) 세포막 단백질이라고 하는 또 다른 단백질은 세포막에 삽입되어 있지는 않으나 세포막 표면과 결합되어 있다. 일부 주변부 세포막 단백질은 세포막에 단백질을 고정시키는 지방 꼬리 부분을 가지고 있는 지질단백질(lipoprotein)이다 (그림 2.5). 주변부 세포막 단백질은 보통 내재 세포막 단백질과 함께 에너지 대사와 물질의 수송과 같은 세포의 중요한 과정에 관여한다.

고균의 세포막

고균의 세포막은 세균과 진핵생물과 구조적으로 유사하지만 화학적 특성은 다소 다르다. 지방산(*fatty acids*)과 글리세롤이 에스테르

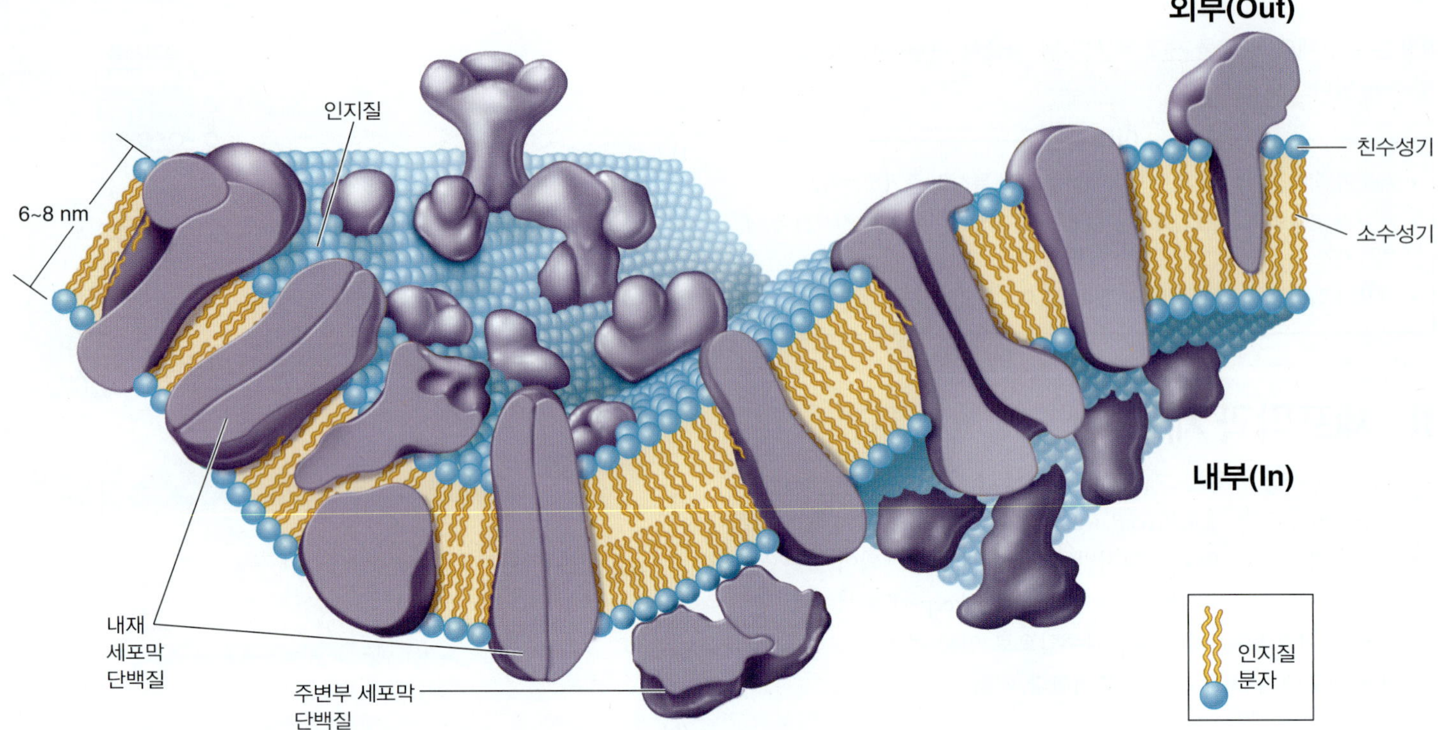

그림 2.5 세포막의 구조. 내부 표면 (**In**)은 세포질과 접하고 있으며, 외부 표면 (**Out**)은 환경을 향한다. 인지질은 삽입되어 있거나 세포막 표면에 부착된 단백질과 함께 세포막 층을 구성한다. 화학적인 차이점이 있기는 하지만, 그림에서 보여주는 세포막의 전체적인 구조는 진핵생물과 원핵생물에서 서로 유사하다.

결합(ester linkages bond)을 하고 있는 세균(*Bacteria*)과 진핵생물(*Eukarya*)과는 다르게 (그림 2.4), 고균(*Archaea*)의 지질은 글리세롤과 소수성 곁사슬이 에테르(*ether*) 결합을 하고 있다 (**그림 2.6**). 그러므로 소수성 곁사슬이 지방산과 같은 역할을 하지만, 고균의 지질에는 지방산이 결여되어 있다. 고균의 지질은 여러 개의 5개 탄소를 가지고 있는 탄화수소인 이소프렌(*isoprene*) 단위로 구성되어 있다 (그림 2.4와 2.6 비교).

고균의 세포막은 20개의 탄소 곁사슬 [20개 탄소 단위는 5개의 이소프렌 단위를 가지고 있는 피타닐(*phytanyl*)이라고 함]을 가진 글리세롤 디에테르(glycerol diether), 혹은 40개의 탄소 곁사슬 [비피타닐(*biphytanyl*)이라고 함]을 가진 디글리세롤 테트라에테르(diglycerol tetraether)로 구성되어 있다 (그림 2.6). 테트라에테르 지질(tetraether lipid)은 각각의 글리세롤 분자로부터 안쪽으로 향하고 있는 피타닐 곁사슬의 끝부분이 공유결합으로 연결되어 있다. 이러한 구조는 지방 이중막 (그림 2.6*d*) 대신 지질 단일막(*lipid monolayer*) (그림 2.6*e*)을 구성한다.

일부 고균 지질은 소수성 곁가지에 고리 구조를 가지고 있다. 예를 들어, 주요 고균에 속하는 *Thaumearchaeota* 속 *crenarchaeol* 종은 4개의 5-탄소 고리(cyclopentyl)와 하나의 6-탄소 고리를 가지고 있다 (그림 2.6*c*). 탄화수소 곁가지의 고리는 지방의 화학적 특성에 영향을 미쳐, 전체적인 세포막 기능에 영향을 미친다. 다른 유기체와 마찬가지로 고균의 극성 머리 부분은 당, 에탄올아민 또는 다양한 다른 분자일 수 있다. 많은 세균의 세포막에 존재하는 호파노이드는 고균의 세포막에서 발견되지 않았다.

고균과 다른 계통의 세포 세포막의 화학적 차이에도 불구하고, 고균 세포막의 근본적인 구조—내부 및 외부의 친수성 표면과 소수성 내부—는 세균과 진핵생물의 세포막과 같다. 진화과정을 통해 세포막의 주요기능—투과성—을 위한 최선의 해결책으로 이 디자인을 선택하였으며, 이와 관련하여 설명하고자 한다.

세포막의 기능

세포막은 적어도 세 가지 주요 기능이 있다 (**그림 2.7**). 첫째, 세포의 투과성 장벽으로 세포 내외로의 용질 확산을 방지한다. 둘째, 세포막은 주요 세포 기능을 관여하는 여러 단백질을 고정시킨다. 셋째, 세균과 고균의 세포막은 에너지 보존과 소비에 중요한 역할을 한다.

세포막은 대부분의 물질, 특히 극성 또는 전하를 띤 분자의 확산을 막는 장벽이다. 세포막은 불투과성이기 때문에 세포 안으로 들어가거나 빠져나오는 대부분의 물질은 수송 단백질(*transport proteins*)에 의해 양방향으로 수송된다. 이런 단백질은 단순한 운반 단백질이 아니라 확산만으로는 불가능한 과정으로 농도구배를 넘어 용질을 축적하는 기능을 한다 (**그림 2.8**). 에너지가 필요한 수송은 세포질이 생화학 반응을 효율적으로 수행하는 데 필요한 충분한 양의 영양소를 확보하도록 한다.

수송 단백질은 전형적으로 높은 감도와 높은 특이성을 가지고 있다. 자연계에서 빈번하게 일어나는 매우 낮은 농도의 영양물의

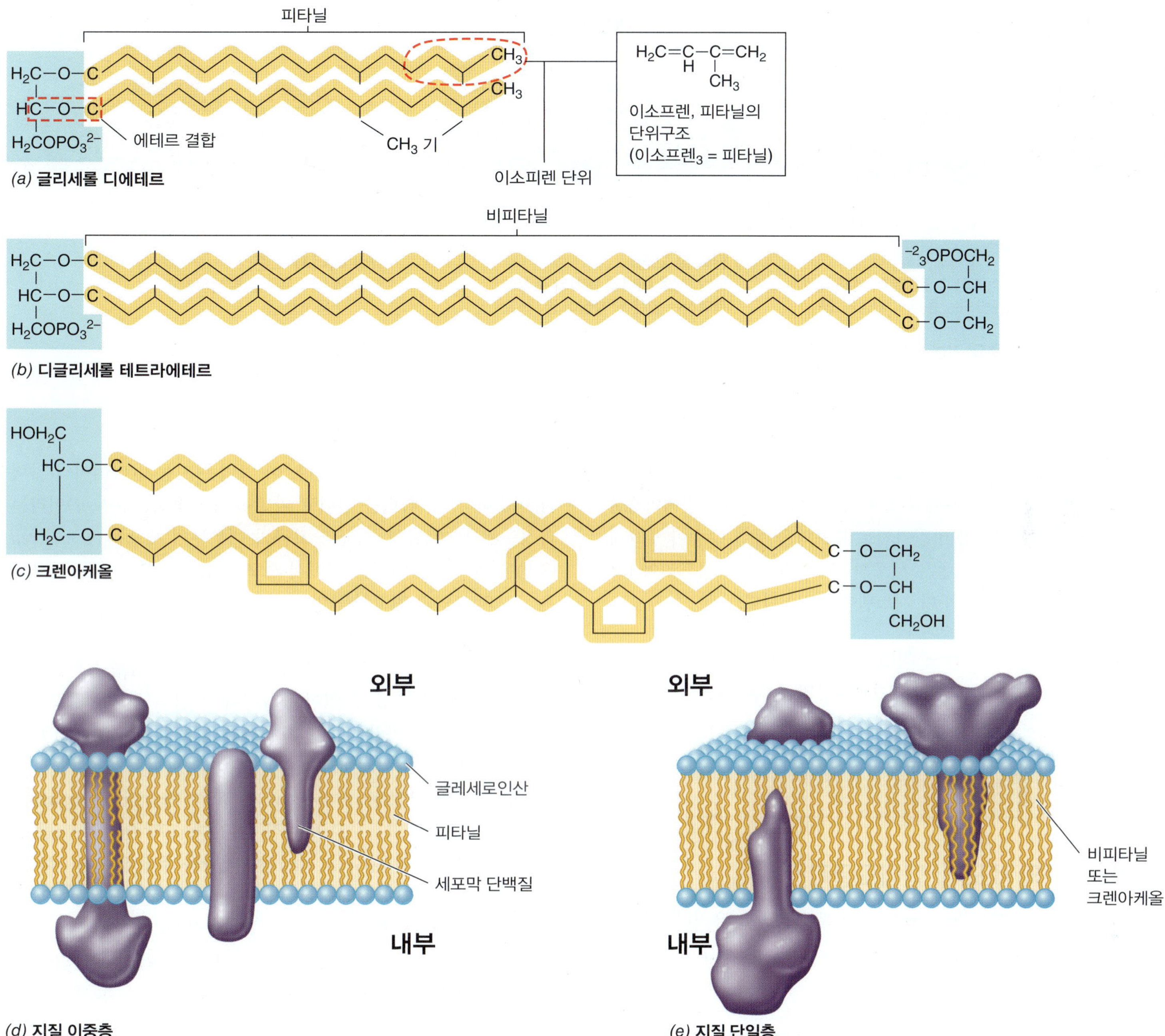

그림 2.6 고균의 주요 지질과 고균 세포막의 구조. *(a, b)* 두 경우 지질의 탄화수소는 에테르 결합에 의하여 글리세롤에 결합되어 있음을 유의하라. *a*에서 탄화수소는 피타닐 (C_{20})이고 *b*에서는 비피타닐 (C_{40})이다. *(c) Thaumarchaeota*의 주요 지질은 5- 그리고 6-탄소 고리를 가지고 있는 *crenarchaeol*이다. *(d, e)* 고균의 세포막 구조는 이중층 혹은 단일층 구조일 수도 있다 (또는 두 개가 섞인).

경우, 용질의 농도가 수송 단백질을 포화시킬 만큼 충분히 높으면, 흡수율은 최대치에 이룰 수 있다 (그림 2.8). 높은 외부 농도의 일부 영양소는 낮은 친화성 수송체에 의해 수송되고, 낮은 농도로 존재하는 영양분은 다른 전형적으로 더 높은 친화성 수송체에 의해 수송된다 (그림 2.8). 또한 많은 수송 단백질은 단 한 종류의 분자만을 수송하는 반면, 다른 수송 단백질은 상이한 당류 또는 상이한 아미노산과 같은 관련 분자를 수송한다. 이러한 효율성은 각기 다른 당 또는 아미노산에 대한 별도의 수송 단백질의 필요성을 줄여준다. 3.2절에서 우리는 수송 기작에 중점을 두어 중요한 영양소 이동 문제를 다시 고찰한다.

투과성과 수송 기능 외에도 세균과 고균의 세포막은 에너지 보존과 소비의 주요 부위이다. 3장에서 양성자(H^+)가 막 표면을 가로질러 히드록실이온(OH^-)으로부터 분리될 때, 세포막이 어떻게 활성화될 수 있는지를 설명한다 (그림 2.7*c*). 이러한 전하 분리는 충전된 배터리에 있는 잠재적인 에너지와 유사하게 양성자 원동력(*proton motive force*)이라고 불리는 막의 에너지 상태를 만들어낸

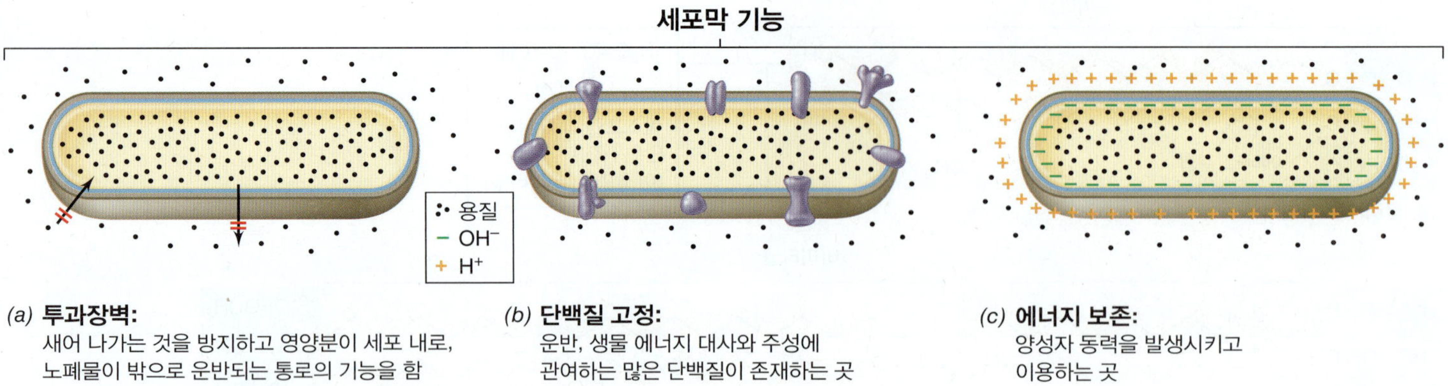

세포막 기능

• 용질
− OH⁻
+ H⁺

(*a*) **투과장벽:**
새어 나가는 것을 방지하고 영양분이 세포 내로, 노폐물이 밖으로 운반되는 통로의 기능을 함

(*b*) **단백질 고정:**
운반, 생물 에너지 대사와 주성에 관여하는 많은 단백질이 존재하는 곳

(*c*) **에너지 보존:**
양성자 동력을 발생시키고 이용하는 곳

그림 2.7 세포막의 주요 기능. 물리적으로 약하지만 세포막은 적어도 세 가지 중요한 세포 기능을 가진다: 누출 방지, 단백질 고정 및 에너지 보존.

다. 양성자 원동력은 수송, 세포 이동 및 ATP의 생합성과 같은 몇 가지 에너지 필요한 반응에 사용되어 소진될 수 있다. 진핵미생물 세포에서도 원핵세포와 마찬가지로 세포막을 통한 수송이 필요하지만, 세포의 에너지 보존은 세포의 주요 기관, 미토콘드리아 (호흡) 및 엽록체 (광합성)의 막 시스템에서 일어난다.

미니퀴즈

- 지질 이중층의 기본 구조를 그리고 친수성 및 소수성 부분을 표시하라. 왜 세포질은 좋은 투과성 장벽인가?
- 세균과 고균의 막 지질은 어떻게 유사하고 어떻게 다른가?
- 세포막의 주요 기능을 설명하라.

2.4 세균의 세포벽: 펩티도글리칸

원핵세포의 세포질은 높은 농도의 용해된 용질을 유지하고 있어, 전형적인 세포에서는 상당한 삼투압(osmotic pressure)—약 2기압 (203 kPa)—을 만들어 낸다. 이 압력은 자동차 타이어의 압력과 비슷하다. 이 압력을 견디고 파열—세포 용균(*cell lysis*)이라는 과정—을 막기 위해, 세균과 고균의 대부분의 세포는 세포벽(*cell wall*)을 가지고 있다. 삼투압에서 세포를 보호할 뿐 아니라, 세포벽은 세포의 모양과 견고성을 만들어준다.

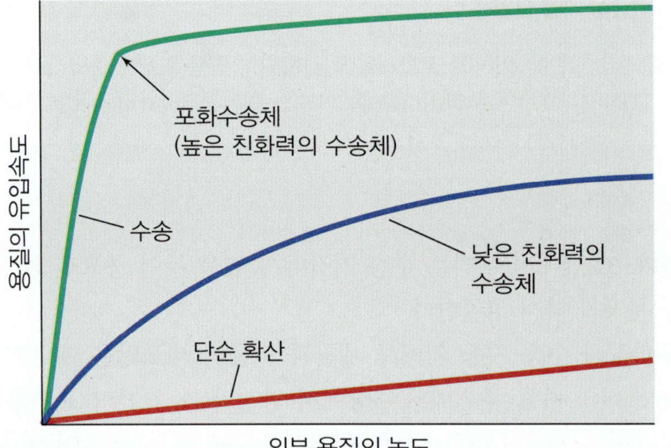

그림 2.8 세포막 기능 중 수송체계의 중요성. 수송에서, 흡수율은 상대적으로 낮은 외부 농도에서 포화 상태를 나타낸다. 높은 친화성 및 낮은 친화성 수송시스템이 모두 표시되어 있다.

세포벽의 구조와 기능에 대한 지식은 단지 원핵세포의 작동 기작을 이해할 뿐만 아니라, 특정 항생제가 세포벽 합성을 억제하기 때문에 세포가 용균될 수 있어 중요하다. 사람의 세포는 세포벽을 가지고 있지 않아 이러한 항생제가 세균 감염을 치료하는 데 확실히 도움이 된다.

세균은 그람-양성(*gram-positive*)과 그람-음성(*gram-negative*)이라고 불리는 두 그룹으로 나눠질 수 있다. 그람-양성과 그람-음성의 구별은 그람염색(Gram stain)에 기반을 두고 있으며 (1.6절), 세포벽 구조의 차이가 그람염색 반응에 가장 중요한 역할을 한다. 전자현미경상에서 보았듯이, 그람-양성과 그람-음성 세포 표면은 **그림 2.9**에서 보여준 것처럼 다르다. 그람-음성 세균의 세포벽 또는 흔히 알려진 세포 외피(*cell envelope*)는 최소 두 개의 층으로 구성되어 있고, 그람-양성의 세포벽은 전형적으로 매우 두꺼우며 거의 모두 한 종류의 분자로 구성되어 있다.

이 절에서는 그람-양성 및 그람-음성 세균의 세포벽에서 발견되는 핵심 분자에 초점을 두고 있다. 2.5절에서 그람-음성 세균에 존재하는 몇 가지 추가적인 세포벽 구성요소를 설명하고 2.6절에서는 고균의 세포벽에 대해 알아본다.

펩티도글리칸의 구조

세균의 세포벽은 세포벽의 강도를 주는 **펩티도글리칸(peptidoglycan)**이라고 불리는 견고한 다당층을 가지고 있다. 펩티도글리칸은 세균의 세포벽에서 볼 수 있으나, 고균과 진핵세포의 세포벽에는 존재하지 않는다. 펩티도글리칸은 두 종류의 당 유도체인 *N*-아세틸글루코사민(*N-acetylglucosamine*) 및 *N*-아세틸뮤람산(*N-acetylmuramic acid*)과 L-알라닌, D-알라닌, D-글루탐산과 리신(lysine) 혹은 디아

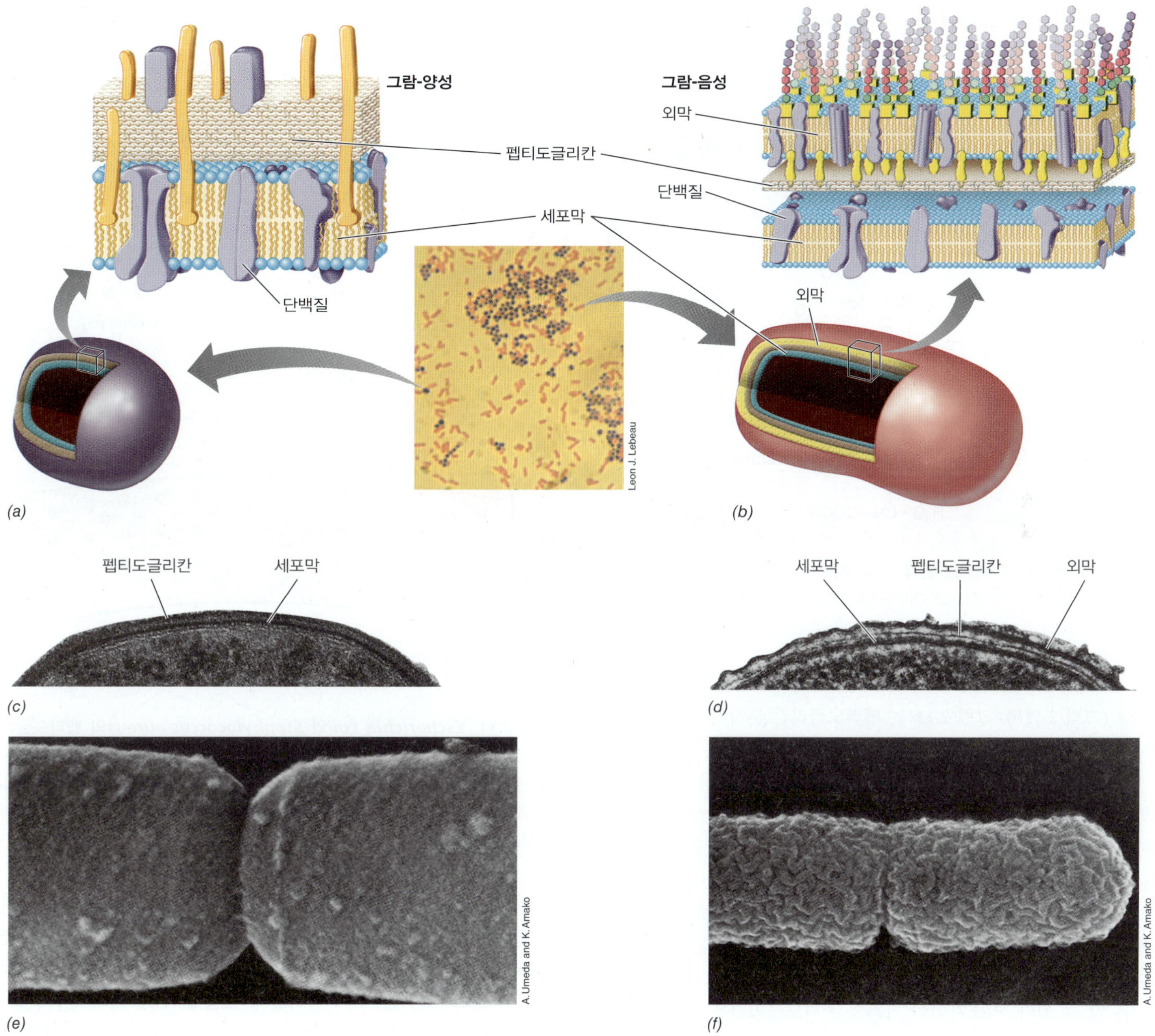

그림 2.9 세균의 세포벽. *(a, b)* 그람-양성 및 그람-음성 세포벽의 도식적인 모습. 중앙의 그람염색 사진은 *Staphylococcus aureus* (보라색, 그람-양성)와 *Escherichia coli* (핑크색, 그람-음성) 세포이다. *(c, d)* 그람-양성 세균과 그람-음성 세균의 세포벽을 보여주는 투과전자현미경 사진. *(e, f)* 그람-양성 및 그람-음성 세균의 투과전자현미경 사진. 세포 표면 질감의 차이에 주목하라. 투과전자현미경 사진에서 각 세포의 직경은 약 1 μm이다.

미노피멜산(diaminopimelic acid, DAP)을 포함한 몇 개의 아미노산으로 구성되어 있다. 이러한 구성성분들은 글리칸 테트라펩티드(*glycan tetrapeptide*)라고 불리는 반복 구조를 형성하도록 연결되어 있으며 (**그림 2.10**), 이 기본 단위의 긴 사슬은 펩티도글리칸을 형성한다.

펩티도글리칸의 긴 사슬 구조는 세포 주위를 둘러싸는 판을 형성하기 위하여 하나씩 연속적으로 생합성되어, 개별 사슬은 아미노산의 교차결합(cross-link)에 의하여 서로 연결된다: 이 연결이 X 및 Y 방향으로 견고한 구조를 만든다 (**그림 2.11**). 그람-음성 세균의 경우, 교차결합은 하나의 글리칸 사슬의 DAP 아미노기와 다음 글리칸 사슬의 말단 아미노산인 D-알라닌의 카르복실기 사이의 펩티드 결합을 통해 이뤄진다 (그림 2.11*a*). 그람-양성 세균의 경우, 교차결합은 보통 짧은 펩티드 "가교(peptide interbridge)"의 형태로 이루어지는데, 가교를 형성하는 아미노산의 종류와 수는 미생물에 따라 다르다. 세포벽 구조가 잘 연구된 그람-양성 세균인 *Staphylococcus aureus*의 경우, 가교는 5개의 글리신으로 구성되어

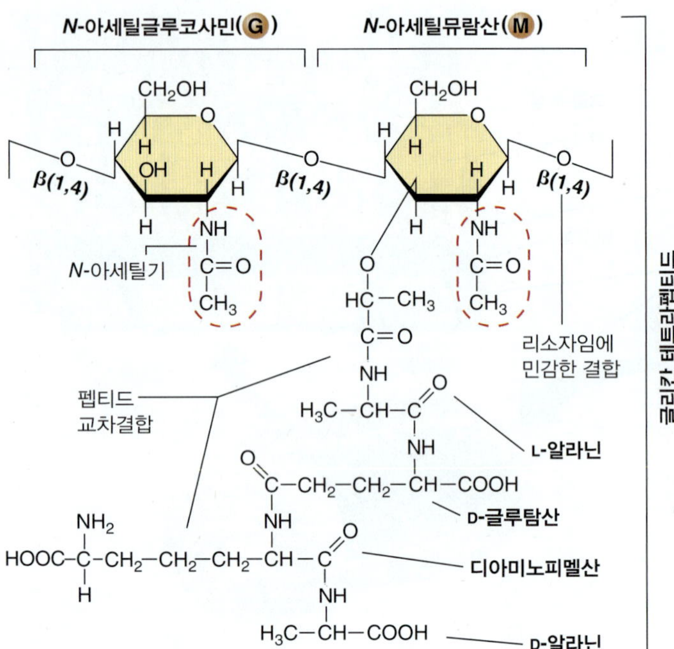

그림 2.10 펩티도글리칸 내 반복 단위 구조인 글리칸 테트라펩티드의 구조. 보여주는 구조는 대장균과 대부분의 그람-음성 세균에 존재하는 구조이다. 일부 세균에서는 다른 아미노산이 가교제로 존재한다.

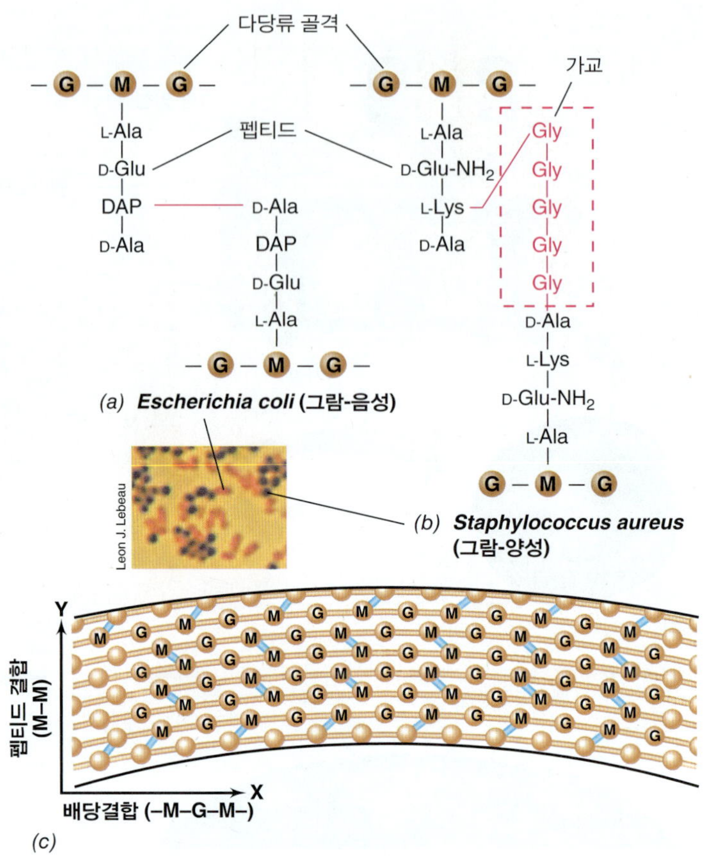

그림 2.11 *Escherichia coli*와 *Staphylococcus aureus*의 펩티도글리칸. *(a) E. coli*와 다른 그람-음성 세균에는 가교(interbridge)가 없다. *(b) S. aureus*(그람-양성)의 글리신 가교. *(c)* 펩티도글리칸의 전체적인 구조. G, *N*-아세틸글루코사민; M, *N*-아세틸뮤람산. 배당결합(glycosidic bond)은 X 방향을 강화시키고, 펩티드 결합은 Y 방향을 강화시킴에 주목하라.

있다 (그림 2.11*b*). 그림 2.11*c*는 펩티도글리칸 분자의 전체 구조를 보여주고 있다.

펩티도글리칸은 *N*-아세틸글루코사민과 *N*-아세틸뮤람산 사이의 배당결합을 끊어 줄 수 있는 리소자임(*lysozyme*)에 의하여 분해될 수 있다 (그림 2.11). 그 결과 세포벽은 약화되어 물이 세포로 들어가고 세포 용해가 일어난다. 리소자임은 동물의 눈물, 타액, 기타 채내 분비물에서 발견되며 미생물 감염에 대한 주요 방어 체계이다. 7장에서 펩티도글리칸 생합성에 대해 살펴볼 때, 항생제 페니실린이 리소자임과는 다른 방식으로 펩티도글리칸을 공격한다는 것을 알 수 있다. 리소자임이 기존의 펩티도글리칸을 파괴하는 반면, 페니실린은 펩티도글리칸의 생합성을 막음으로써, 강도를 줄여 세포 용균을 유도하게 된다.

펩티도글리칸의 특이한 특성은 2개의 D 광학이성질체(*stereoisomer*)의 아미노산, D-알라닌과 D-글루탐산의 존재이다. 앞으로 설명하겠지만, 테이코산에는 D-아미노산도 함유하고 있다. 반면에 단백질은 항상 L-아미노산으로 구성되어 있다. 펩티드 교차결합과 가교가 다양한 100여 종 이상의 화학적 구조가 다른 펩티도글리칸이 알려져 있다. 반면에 모든 펩티도글리칸의 글리칸 부분은 동일하다; 반복적으로 β-1,4 결합으로 연결되어 있는 *N*-아세틸글루코사민과 *N*-아세틸뮤람산만이 알려져 있다 (그림 2.10과 2.11).

그람-양성 세포의 세포벽 개요

그람-양성 세균 세포벽의 90%까지는 펩티도글리칸으로 구성되어 있다. 일부 세균은 펩티도글리칸의 단일층을 가지고 있지만, 대부분의 그람-양성 세균은 중첩된 여러 겹의 펩티도글리칸 층을 가지고 있다 (그림 2.11*c*). 펩티도글리칸은 약 50 nm 폭의 "케이블(cable)"로 세포에 의해 합성되며, 각각의 케이블은 여러 개의 교차결합된 글리칸 가닥으로 구성되었다 (**그림 2.12*a***). 펩티도글리칸이 합성되면서, 케이블은 강한 세포벽 구조를 형성하기 위해 상호 교차결합을 한다.

펩티도글리칸과 더불어 많은 그람-양성 세균은 세포벽에 박혀 있는 **테이코산(teichoic acids)**이라고 불리는 산성 분자를 가지고 있다. 테이코산은 포도당 또는 D-알라닌 (또는 둘 다)의 분자가 결합되어 있는 글리세롤 인산염(glycerol phosphate) 또는 리비톨 인산염(rivitol phosphate) (혹은 같이)으로 구성되어 있다. 개별 알코올 분자는 인산염 그룹을 통해 연결되어 긴 가닥을 형성하고 이들은 펩티도글리칸에 공유결합한다 (그림 2.12*b*). 또한 테이코산은 세포 내로 수송되기 전에 Ca^{2+}와 Mg^{2+}와 같은 2가 금속과 결합하는 기능을 가지고 있다. 특정 테이코산은 펩티드글리칸 대신에 세포지질에 결합되어 있으며, 리포테이코산(*lipoteichoic acid*)이라고 불린다. 그림 2.12*c*는 그람-양성 세균의 세포벽 구조를 요약해서 보여주고 있으며, 테이코산과 리포테이코산이 전체 세포벽 구조에

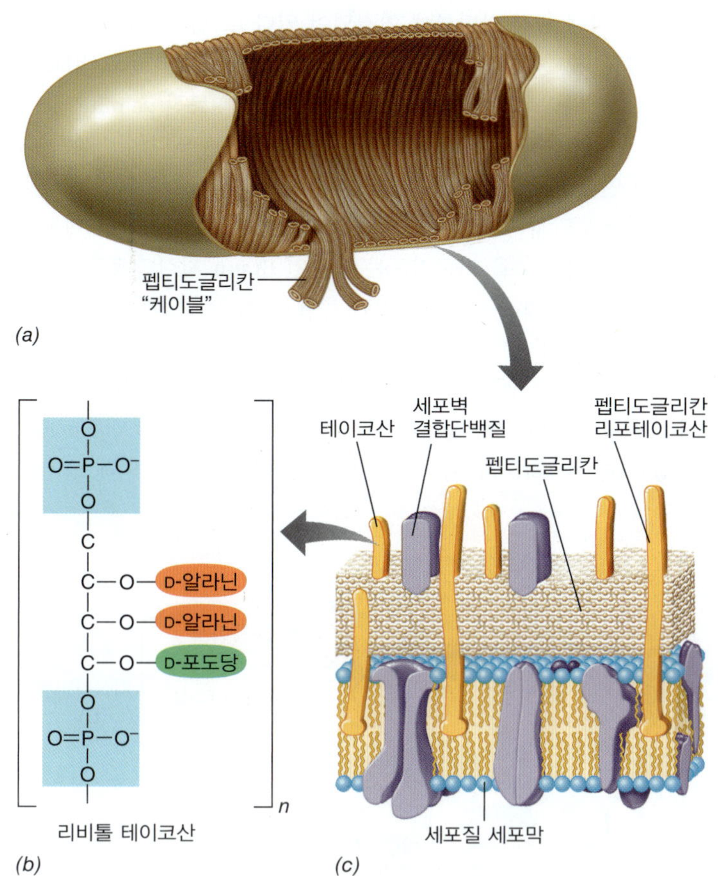

그림 2.12 그람-양성 세균의 세포벽 구조. *(a)* 펩티도글리칸 "케이블(cables)"의 내부구조를 보여주는 모식도. *(b)* 리비톨 테이코산의 구조. 테이코산은 그림에 보인 리비톨 단위가 반복되는 중합체이다. *(c)* 그람-양성 세균 세포벽의 요약도.

어떻게 배열되어 있는지를 보여주고 있다.

극소수의 세균과 고균에는 세포벽이 없다. 사람과 동물에게 감염성 질병을 일으키는 마이코플라즈마(mycoplasma)와 원래 세포벽이 없는 고균(*Archaea*)인 *Thermoplasma*가 이에 속한다. 세포벽이 없는 원핵생물은 견고한 세포막을 가지고 있으며, 화학분석을 통해 확인된다. 예를 들어, 대부분의 마이코플라즈마는 세포막에 스테롤을 가지고 있다: 스테롤이 진핵생물 세포막에 견고성을 주는 것과 같이 세포막의 강도 및 견고성을 주는 기능을 한다 (2.14절). *Thermoplasma* 세포막은 비슷한 강화 기능을 가지고 있는 리포글리칸(*lipoglycan*)을 함유하고 있다.

미니퀴즈

- 세균 세포가 세포벽을 필요로 하는 이유는? 모든 세균은 세포벽을 가지고 있는가?
- 펩티도글리칸이 견고한 분자인 이유는?
- 리소자임(lysozyme) 효소와 항생제 페니실린의 공통점은 무엇인가?

2.5 LPS: 외막

그람-음성 세균에는 전체 세포벽이 적은 양의 펩티도글리칸으로 구성되어 있으며, 대부분의 세포벽은 **외막(outer membrane)**으로 구성되어 있다. 이 층은 두 번째의 지질 이중층이지만, 세포막처럼 인지질과 단백질만으로 구성된 것은 아니다 (그림 2.4와 2.5). 대신에 그람-음성 세포의 외막은 다당류를 함께 함유하고 있으며, 지질과 다당류는 서로 결합하여 복합체를 형성한다. 이 때문에 외막은 보통 **지질다당층(lipopolysaccharide layer)** 또는 간단히 **LPS**라고 한다.

외막은 그람-음성 세포 (펩티도글리칸은 주요 보강제로 남아 있음)에 중간 정도의 구조적 강도를 주지만, 유화성 항생제와 세포막을 침투할 수 있는 유해물질과 같은 많은 화학물질에 대한 효과적인 장벽으로 작용한다. 실제로, 그람-양성 병원균에 임상적으로 유용한 많은 항생제는 외막 때문에 그람-음성 병원체에 대해 활성을 가지지 못한다.

LPS의 구조 및 활성

여러 세균의 LPS의 구조가 잘 알려져 있으며 많은 변형이 존재한다. **그림 2.13**에서 보듯이, LPS의 다당류 부분은 중심 다당류(*core polysaccharide*)와 O-특이적 다당류(*O-specific polysaccharide*)의 두 성분으로 구성되어 있다. LPS에 대한 연구가 많이 되어 있는 *Salmonella* 종의 경우, 중심 다당류는 ketodeoxyoctonate (KDO),

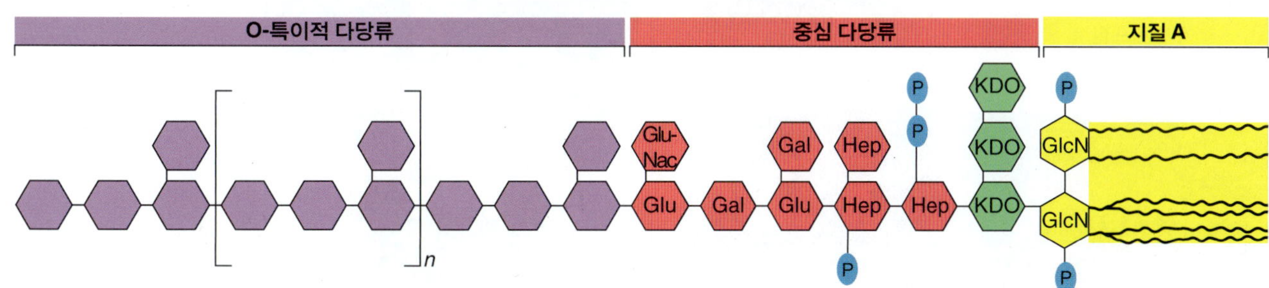

그림 2.13 세균의 지질다당층 구조. 지질 A와 다당 구성 성분의 화학구조는 그람-음성 세균의 종에 따라 다르나, 주요 요소 (지질 A-KDO-중심-O-특이적 부분)는 전형적으로 동일하다. O-특이적 다당류는 같은 종 안에서도 매우 다양하다. KDO, ketodeoxyoctonate; Hep, heptose; Glu, 포도당; Gal, 갈락토오스; GluNac, *N*-아세틸글루코사민; GlcN, 글루코사민; P, 인산염(phosphate). 글루코사민과 지질 A 지방산은 아민 결사슬로 연결되어 있다. LPS의 지질 A 부분은 동물에게 독성을 나타낼 수 있으며, 내독소 복합체를 구성한다 (25.7절 및 그림 25.18). 이 그림을 그림 2.14와 비교하고 다른 색으로 표시된 LPS의 구성요소를 주목하라.

다양한 7탄당(heptose), 포도당, 갈락토오스와 *N*-아세틸글루코사민으로 구성되어 있다. O-특이적 다당류는 중심에 연결되어 있으며, 일반적으로 갈락토오스(galactose), 포도당(glucose), 람노오스(rhamnose)와 만노오스(mannose)와 함께 한 개 이상의 아베큐오스(abequose), 콜리토오스(colitose), 파라토오스(paratose), 티벨로오스(tyvelose)와 같은 이탄당을 함유하고 있다. 이러한 당은 4 또는 5개의 당 배열 형태로 연속적으로 연결되어 있으며 흔히 분기되어 있다. 당 배열이 반복될 때 긴 O-특이적 다당류가 형성된다.

LPS층과 전반적인 그람-음성 세포벽과의 관계는 **그림 2.14**에 도식화되었다. 지질 *A*(*lipid A*)라고 불리는 LPS의 지질 부분은 전형적인 글리세롤 지방 (그림 2.4*a* 참조)이 아니다; 지방산이 글루코사민인산으로 구성된 이당류의 아민기에 결합되어 있다. 이당류는 KDO에 의해 중심 다당류에 연결되어 있다 (그림 2.13). 지질 A에 흔히 발견되는 지방산은 카프로산(caproic acid, C_6), 라우르산(lauric acid, C_{12}), 미리스트산(myristic acid, C_{14}), 팔미트산(palmitic acid, C_{16})와 스테아르산(stearic acid, C_{18})이다. LPS는 외막의 바깥쪽 대부분의 인지질을 대체하고 있으며, 외막은 실질적으로 지질 이중층이지만 세포막과는 전혀 다르다. 바깥쪽 막은 LPS 층과 펩티도글리칸 층 사이의 틈을 가로지르는 분자인 Braun 지질단백질(*Braun lipoprotein*)에 의해 펩티도글리칸 층에 고정되어 있다 (다음 절의 주변세포질에서 설명되어 있음) (그림 2.14*a*).

LPS의 중요한 생물학적 중요성은 동물에 대한 독성이다. 사람에게 병원성인 흔한 그람-음성 세균으로는 많은 균 중에서 *Salmonella*, *Shigella*와 *Escherichia* 종이 있는데, 이러한 병원균에 의해 생기는

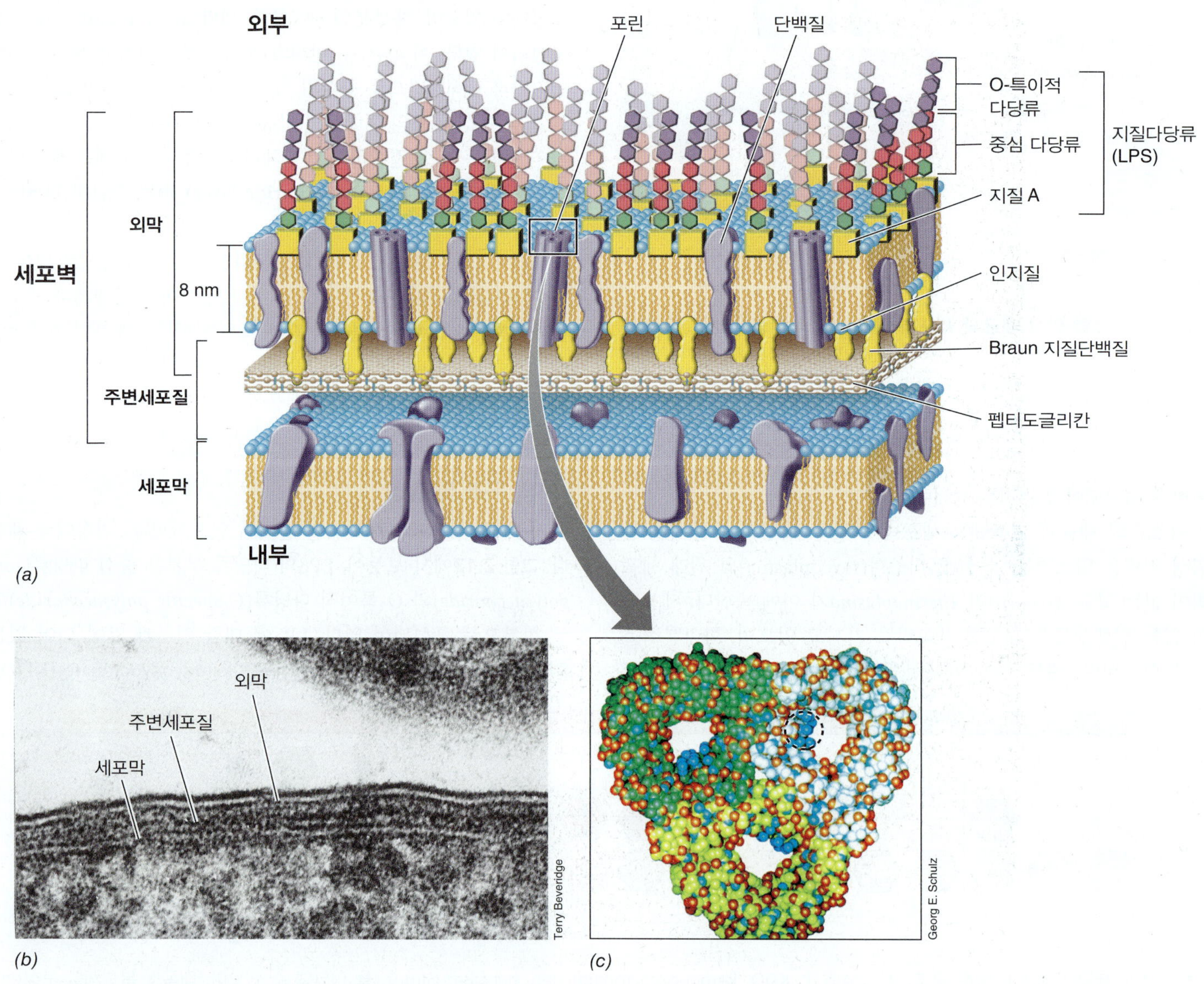

그림 2.14 그람-양성 세균의 세포벽. *(a)* 지질다당류, 지질 A, 인지질, 포린과 지질 단백질의 배열. LPS의 자세한 구조는 그림 2.13을 참고하라. *(b)* 전자현미경 상의 *Escherichia coli*의 세포막과 세포벽 포린 단백질의 분자구조. *(c)* 각 포린 분자를 만드는 단백질에 하나씩과 포린 단백질 사이에 작은 하나의 중앙 통로를 포함해 4개의 통로가 있다는 것에 주목하라. 모형은 막의 수직으로 도식화하였다.

장 질환 증세는 외막의 독성에 기인한다. 독성은 LPS 층과 연관되어 있으며, 특히 지질 A와 연관되어 있다. 내독소(*endotoxin*)는 LPS의 독성 성분을 지칭하다. 일부 내독소는 사람에게 가스, 설사와 구토를 포함한 심각한 증상을 일으키며, 오염된 음식에 의해 전파되는 *Salmonella*와 장병원성 *E. coli*에 의해 생성되는 내독소가 가장 대표적인 예이다. 주요 그람-음성 장내 병원균은 32장에서 설명하고 내독소는 25.7절에서 설명한다.

주변세포질 및 포린

외막은 단백질과 매우 큰 분자들을 투과시키지 못한다. 사실, 외막의 중요 기능 중 하나는 세포막 밖에서 활성을 가지고 있는 단백질이 세포 밖으로 빠져나가는 것을 방지하는 것이다. 이러한 단백질들은 **주변세포질(periplasm)**이라고 불리는 영역에 존재한다. 세포막의 외층과 외막의 내층 사이의 공간은 약 15 nm 두께를 가지고 있다 (그림 2.14*a*, *b*).

주변세포질에는 여러 종류의 단백질이 있을 수 있다. 여기에는 영양물질의 초기 분해 기능을 가진 가수분해효소(hydrolytic enzymes); 기질 수송과정을 시작하는 결합단백질 (3.2절); 주화성 반응에 관여하는 화학수용체(chemoreceptor); 세포막을 통해 밖으로 이동되는 전구물질을 이용하여 외부구조물 (예, 펩티도글리칸 및 외막)을 만들어내는 단백질 (2.13절). 대부분의 단백질은 세포막의 단백질 수송체계에 의해 주변세포질로 이동 한다 (4.12 및 4.13절).

그람-음성 세균의 외막은 포린(*porins*)이라고 하는 단백질이 용질의 출입을 위한 통로 역할을 하기 때문에, 작은 분자 (소수성 분자라도)를 상대적으로 투과시킬 수 있다 (그림 2.14*a*, *c*). 특이적 및 비특이적 부류를 포함한 여러 종류의 포린이 알려져 있다. 비특이적 포린은 모든 종류의 작은 물질이 통과할 수 있도록 물로 채워진 통로를 만든다. 반면에 특이적 포린은 특정 혹은 구조적으로 연관된 물질들과 결합할 수 있는 결합부위를 가지고 있다. 포린은 3개의 동일한 소단위(subunit)로 이루어진 막관통(transmembrane)단백질이다. 개별 포린의 원통에 통로가 있을 뿐만 아니라, 작은 분자들이 쉽게 통과할 수 있는 직경 1 nm 작은 통로를 외막에 형성할 수 있도록 포린의 원통이 함께 모여 있다 (그림 2.14*c*).

고균에는 세균의 주요한 분자인 펩티도글리칸 분자가 없다. 그럼에도 불구하고 고균 세포는 세균 세포와 동일한 삼투압 스트레스에 직면하기 때문에 이러한 스트레스를 세포벽으로 견뎌야 한다. 고균의 세포벽에 대해 설명하고 이러한 잘 발달된 미생물의 세포벽의 화학구조는 흔히 세균의 화학구조일 것이라고 예상되지만, 화학적으로 독특한 방식으로 구조적 강도를 부여한다는 것을 알 수 있다.

미니퀴즈

- 그람-음성 세균의 외막에 있는 주요 화학 구성성분을 기술하라.
- 포린의 기능은 무엇이며, 그람-음성 세포벽 어디에 위치하고 있는가?
- 그람-음성 세포의 내독소 특성을 가지고 있는 구성성분은?

2.6 고균의 세포벽

고균에서는 다당류, 단백질 또는 당 단백질 또는 이들 거대 분자의 일부가 포함된 다양한 세포벽 구조가 발견된다.

슈도뮤레인과 다른 종류의 다당류 세포벽

일부 메탄생성 고균 (메탄생성균)의 세포벽은 펩티도글리칸과 매우 유사한 다당류인 슈도뮤레인 [*pseudomurein*, "뮤레인(murein)"은 라틴어 "벽(wall)"에서 유래하였고, 예전에는 펩티도글리칸을 뜻하기도 하였음]을 함유하고 있다 (**그림 2.15**). 슈도뮤레인의 골격은 *N*-아세틸글루코사민 (펩티도글리칸에 있는)과 *N*-아세틸로사미누론산(*N*-acetylosaminuronic acid)의 반복구조로 되어 있다; *N*-아세틸로사미누론산은 펩티도글리칸의 *N*-아세틸뮤람산을 대체하고 있다 (2.4절). 또한 슈도뮤레인는 β-1,4 대신 β-1,3 배당결합을 가지고 있으며 모든 아미노산은 L 광학이성질체이라는 면에서 펩티도글리칸과 다르다 (그림 2.15).

여러 면에서 두 구조기 유사하기 때문에 펩티도글리칸과 슈도뮤레인은 두 물질이 두 세균과 고균이 분리된 후 유사하게 진화되었거나, 아마도 세균과 고균의 같은 원종(common ancestor)의 세포벽에 존재했던 공통 다당류로부터 진화된 것으로 여겨진다. 그러나 구조적으로 매우 유사하지만 슈도뮤레인은 펩티도글리칸을 분해하는 리소자임과 페니실린에 저항성을 가지고 있다 (2.4절).

일부 고균의 세포벽은 슈도뮤레인 대신에 다른 다당류를 함유하고 있다. 예를 들어, *Methanosarcina*는 포도당, 글루쿠론산, 갈락토사민 우론산과 아세트산의 중합체로 구성된 두꺼운 다당류 세포벽을 가지고 있다. *Methanosarcina*와 연관된 *Halococcus* 같은 극호염성(salt-loving) 고균은 유사한 세포벽을 가지고 있으며, 또한 많은 황산기를 가지고 있다. 황산기(SO_4^{2-})는 *Halococcus* 생태계—

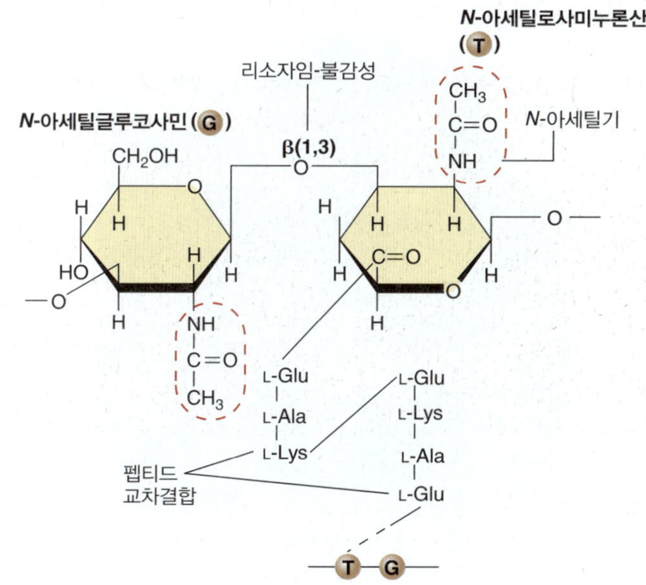

그림 2.15 슈도뮤레인. 슈도뮤레인(pseudomurein)의 구조, *Methanobacterium* 종의 세포벽 중합체. 슈도뮤레인과 펩티도글리칸의 유사점과 차이점을 주목하라 (그림 2.10과 2.11).

염전, 바다와 염수호—의 고농도 Na^{+}과 결합한다. 황산-소디움 복합체는 매우 강한 이온성 환경에서 *Halococcus*의 세포벽 안정화에 도움을 준다.

S-층

고균 세포벽의 가장 보편적인 형태는 유사결정체표층(paracrystalline surface layer) 또는 단순히 **S-층(S-layer)**이라고 불린다. S-층은 단백질 또는 당단백질의 연결 구조로 구성되어 있다 (**그림 2.16**), S-층의 유사결정체의 구조는 S-층을 구성하고 있는 단백질 또는 당단백질의 소단위 수와 구조에 따라 육각형, 사각형, 또는 삼합체의 다양한 입체구조로 형성되어 있다. S-층은 대표적인 대부분의 고균류에서 발견되고 있으며, 또한 일부 세균에서도 발견된다 (그림 2.16).

예를 들어, 메탄생성균인 *Methanococcus jannaschii*와 같은 일부 고균의 세포벽은 단지 하나의 S-층으로 구성되어 있다. 그러므로 S-층은 그 자체로 삼투적 용균을 견딜 만큼 매우 견고하다. 그러나 많은 미생물에서 S-층은 보통 다른 세포벽의 구성 성분인 다당류와 함께 존재한다. S-층이 다른 세포벽의 구성 성분과 함께 존재할 때, S-층은 항상 외부환경과 직접적으로 접촉하는 가장 바깥쪽(*outermost*)에 위치하게 된다.

삼투적 용해로부터 보호하는 기능과 함께, S-층은 의심의 여지 없이 다른 기능을 가지고 있다. 예를 들어, 세포와 환경과의 경계로서 S-층은 큰 분자와 구조물 (바이러스와 같은)을 걸러내고 작은 분자만을 통과시키는 선택적인 체(sieve)의 기능을 가지고 있는 듯하다 (바이러스 혹인 분해효소 등). 또한 S-층은 그람-음성 세균에서 외막 (2.5절)이 주변세포질 단백질을 잡아주어 분리되지 않도록 하는 것과 같이 세포막 밖에서 기능을 하는 단백질을 세포 표면에 가까이 붙잡아 두는 기능을 한다.

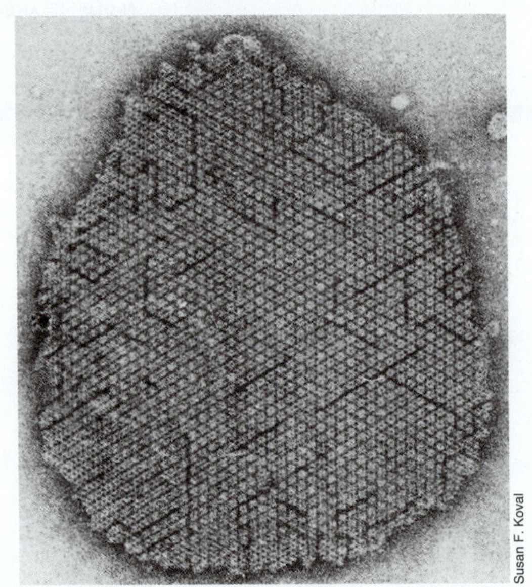

그림 2.16 S-층. 파라크리스탈(paracrystaline) 구조를 보여주는 S-층의 투과전자현미경 사진. 이 그림은 *Aquaspirillum* (세균)의 S-층을 보여주고 있다; 이 S-층은 고균의 S-층의 일반적인 6각 대칭구조를 보여준다.

미니퀴즈

- 슈도뮤레인이 펩티도글리칸과 어떻게 유사한가? 두 분자가 어떻게 다른가?
- S-층의 구조는 어떻게 되며 그 기능은 무엇이 있는가?

III • 세포 표면 구조물과 함유물

세균과 고균 세포는 세포막과 세포벽 외에도 환경과 접촉하는 다른 층이나 구조를 가지고 있으며 종종 하나 이상의 세포 함유물을 가지고 있다. 이 절에서 이러한 구조물에 대해 설명한다.

2.7 세포 표면 구조물

많은 원핵 미생물들은 세포 표면에 다당류 또는 단백질로 구성되어 있는 점질성 또는 점액성 물질을 분비한다. 이러한 물질은 세포의 뚜렷한 구조적 견고성에 관여하지 않아 세포벽의 일부로 여겨지지 않는다. 이러한 층을 묘사하기 위해 "캡슐(capsule)"과 "점질층(slime layer)"이라는 용어가 사용된다.

캡슐과 점질층

캡슐과 점질층은 흔히 서로 같은 의미로 사용되지만, 두 용어는 같은 것을 의미하지는 않는다. 층이 작은 입자가 들어갈 수 없도록 단단한 매트릭스로 구성되어 있고 밀착되어 있을 경우 이를 **캡슐(capsule)**이라고 한다. 캡슐이 아니라 배경을 인디안 잉크로 세포를 처리하면 캡슐은 광학 현미경으로 쉽게 볼 수 있으며 전자 현미경으로도 볼 수 있다 (**그림 2.17*b*~*d***). 반대로, 층이 더 쉽게 변형되고 느슨하게 밀착되었다면 입자를 막아내기 어려워 현미경으로 관찰하기 어렵다. 이러한 형태를 점질층(*slime layer*)이라고 부르고, 유산균인 *Leuconostoc*과 같이 점액 형성 종의 집락에서 쉽게 알 수 있다 (그림 2.17*a*).

세포 표면 구조는 여러 기능을 가지고 있다. 표면 다당류는 미생물이 고체 표면에 부착하는 데 도움을 준다. 뒤에 설명하겠지만, 병원성 미생물은 먼저 숙주 조직 표면 성분에 특이적으로 결합함으로써 특이적 경로를 통해 몸속으로 들어오게 된다; 이러한 결합은 흔히 세포 표면의 다당류에 의해 이루어진다. 기회가 될 때마다, 모든 부류의 세균은 일반적으로 고체 표면에 부착하는데, 흔히 생물막(*biofilm*)이라고 불리는 구성된 두꺼운 세포층을 형성한다. 세포외(extracellular) 다당류가 이러한 생물막을 만들고 유지하는 데 중요한 역할을 한다.

부착과 더불어 세포 표면층은 다른 기능을 가지고 있다. 여기에는 독성 유발인자 (세균 병원체의 병원성에 기여하는 분자) 및 탈수를 방지한다. 예를 들어, 탄저병과 세균성 호흡기 질환 원인균인 *Bacillus anthracis*와 *Streptococcus pneumoniae*는 단백질 (*B. anthracis*) 또는 다당류 (*S. pneumoniae*)의 두꺼운 캡슐을 가지고 있다. 캡슐로 쌓인 이러한 세균은 캡슐로 인하여 면역세포가 병원균을 외부 물질로 인식하여 제거하지 못하게 함으로써 숙주의 면

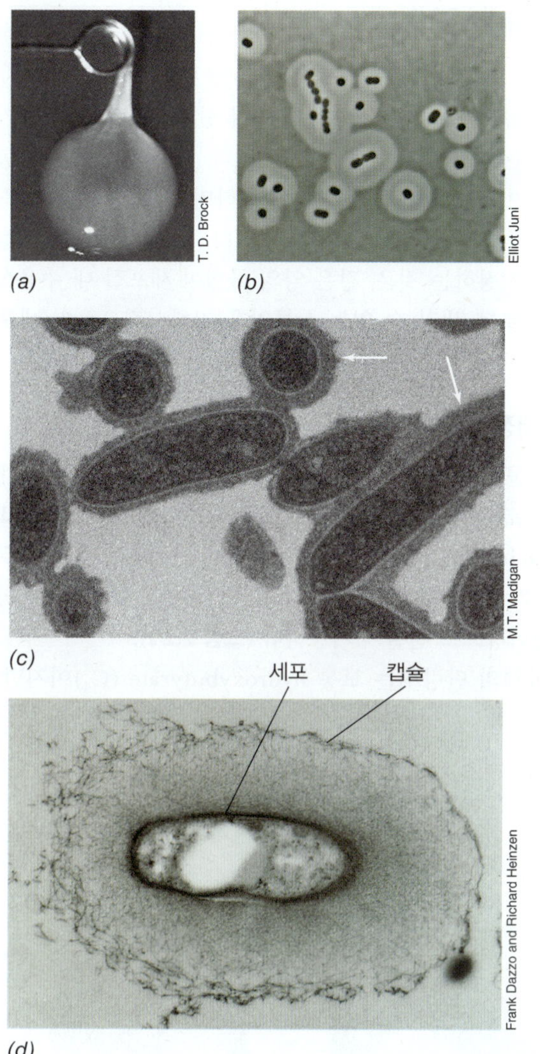

그림 2.17 세균의 캡슐과 점질층 형성. *(a)* 세균 *Leuconostoc mesenteroides* (접종 루프에 의해 들어 올려진)의 점성 집락은 세포에 의해 형성된 두꺼운 덱스트린 (포도당 중합체) 점액층을 함유한다. *(b)* 인디아 잉크로 음성 염색하여 위상차 현미경으로 관찰한 *Acinetobacter* 종의 캡슐. 인디아 잉크는 캡슐에 침투해 들어가지 못하기 때문에 캡슐은 세포를 감싸고 있는 밝은 부위로 보인다. *(c)* 뚜렷하게 캡슐 (화살표)을 가지고 있는 *Rhodobacter capsulatustrifolii* 세포 박절편의 투과전자현미경 사진; 세포의 너비는 약 0.9 μm이다. *(d)* 캡슐을 보여주기 위해 루테니움 레드(ruthenium red)로 염색한 *Rhizobium trifolii* 세포 박절편의 투과전자현미경 사진. 세포의 너비는 약 0.7 μm이다.

역체계에 의해 제거되지 않는다. 질병과 관련된 기능을 할 뿐 아니라, 모든 세포 표면층은 물과 결합하여 아마도 건조기에 탈수 현상으로부터 세포를 보호하게 된다.

핌브리아, 선모와 하미

핌브리아(fimbriae)와 선모(pili)는 세포 표면에 돌출된 필라멘트 단백질로 많은 기능을 가질 수 있는 얇은 (직경 2~10 nm) 섬유질 구조다. 핌브리아 (**그림 2.18**)는 병원성 미생물의 경우에는 동물 조직을 포함하여 미생물이 표면에 부착할 수 있도록 하거나, 균막

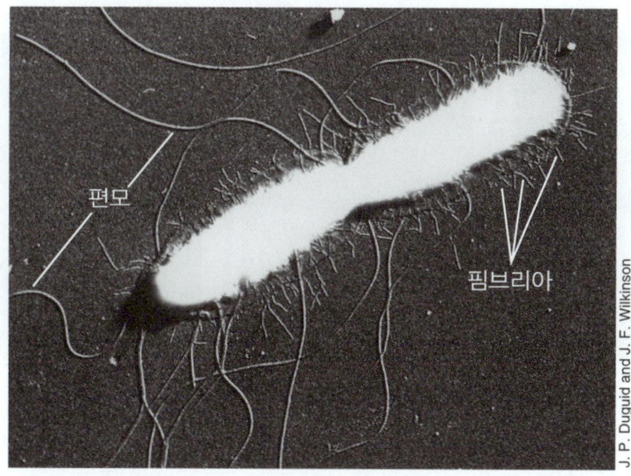

그림 2.18 핌브리아. 편모와 핌브리아를 보여주는 분열 중인 *Salmonella enterica (typhi)* 세포의 전자현미경 사진. 세포의 너비는 약 0.9 μm이다.

(pellicle, 액체 표면에 얇은 세균의 막) 또는 고체 표면에 생물막을 형성할 수 있게 한다. **선모(pili)**는 핌브리아와 비슷하지만, 일반적으로 길며 세포 표면에 한 개 혹은 몇 개만이 있다. 모든 그람-음성 세균은 한 종류 또는 여러 종류의 선모를 가지고 있으며, 많은 그람-양성 세균도 이러한 구조를 가지고 있다. 선모는 특정 바이러스의 수용체가 될 수도 있어, 바이러스 입자로 덮여 있을 경우 전자현미경상에서 가장 쉽게 관찰될 수 있다 (**그림 2.19**).

많은 종류의 선모가 알려져 있으며 구조와 기능에 의하여 구분된다. 선모의 두 가지 매우 중요한 기능은 접합(*conjugation*) [접합 선모(conjugative pili) 혹은 성 선모(sex pili)]이라고 불리는 과정 중 세포 간 유전물질의 교환을 용이하게 하고 병원균이 특정 숙주 조직에 부착하여 침입하는 데 관여하는 것이다 [IV형 선모(pili) 및 기타 선모]. IV형 선모(*type IV pili*)라고 불리는 중요한 종류의 선모는 세포 부착에 관여할 뿐만 아니라 휘둘림 운동(*twitching motility*)이라고 불리는 흔하지 않은 세포 운동성에 관여한다. IV형 선모는 휘둘림 운동을 가지고 있는 간균의 양 끝에 붙어 있다. 휘둘림 운동은 단단한 표면을 따라 움직이는 활주 운동의 하나이다 (2.12절). 휘둘림 운동은 단단한 표면을 따라 ATP에 의해 공급된 에너지로 선모를 늘렸다 당기며 세포를 끌어가는 것이다. 특정한 *Pseudomonas*와 *Moraxella*가 휘둘림 운동을 가지고 있는 것으로 잘 알려져 있다.

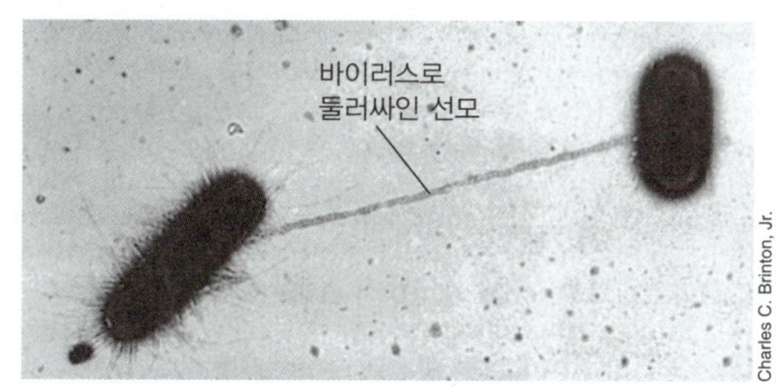

그림 2.19 선모. 다른 세포와 접합 (유전자 교환의 한 형태, 11장)을 하는 *Escherichia coli* 세포의 선모에 바이러스가 붙어 있기 때문에 해상력이 높아졌다. 세포의 너비는 약 0.8 μm이다.

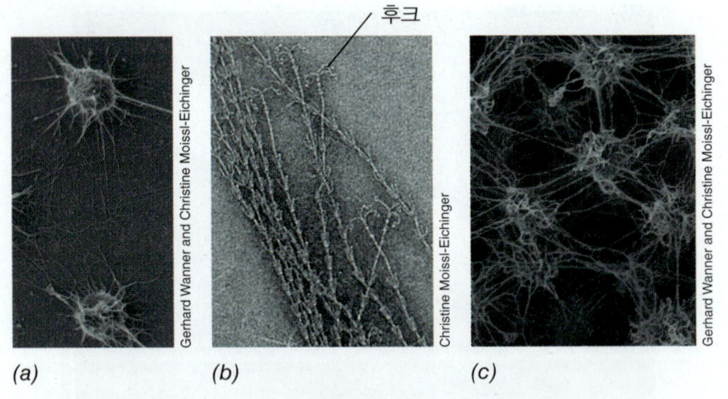

그림 2.20 SM1 고균의 독특한 결착 구조 하미. *(a)* SM1 고균의 세포는 하미(hami)라고 불리는 선모와 유사한 표면 구조를 보여준다. *(b)* 고립 된 hami의 투과전자현미경 사진. 하미 "갈고리 모양의 후크(grappling hook)" [현미경 사진에서 "후크(hook)"라고 표시됨]는 직경이 약 60 nm이다. *(c)* SM1 세포의 생물막은 개별 세포를 연결하는 하미 네트워크를 보여준다.

IV형 선모는 그람-음성 세균인 *Vibrio cholera* (콜레라)와 *Neisseria gonorrhoeae* (임질) 및 그람-양성 세균 *Streptococcus pyogenes* (연쇄상 구균 인두염과 성홍열)를 포함한 특정 병원균의 집락형성에 중요한 요소로 여겨지고 있다. 이러한 병원균의 휘둘림 운동은 감염을 일으키기 위해 부착할 수 있는 특정한 위치를 찾아가는 데 도움을 주는 것으로 여겨진다. IV형 선모는 특정 미생물에 있어, 접합 및 형질도입과 함께 원핵생물의 수평적 유전물질 이동의 세 가지 방법으로 알려진 형질전환 과정을 이용하여 유전물질의 이동을 매개하는 것으로 여겨진다 (11장). IV형 pili는 고균에서도 널리 퍼져 있으며, 생물막을 형성하도록 표면 접착 및 세포막 응집 작용을 하는 기능을 가지고 있다.

고균의 특이한 SM1 그룹은 작은 움푹 들어간 고리 모양 (**그림 2.20*a*, *b***)의 하무스 [*hamus*; 복수 하미(hami)]라고 불리는 독특한 부착 구조를 가지고 있다. SM1 그룹은 지구의 깊은 지하 표면에 있는 무산소 지하수에 서식하고, 하미는 표면에 세포를 부착시켜 네트워크된 생물막을 형성하는 기능을 한다 (그림 2.20*c*). SM1 고균에 의해 형성된 생물막은 이 미생물이 깊은 지하 서식지에 있는 부족한 영양분을 보다 효율적으로 잡아낼 수 있는 생태 전략일 가능성이 크다. SM1 그룹의 세포는 앞에서 설명한 지하수 초미세 세균 세포처럼 작지는 않지만 [미생물 세계 탐구, "작은 세포(tiny cell)" 참조], 직경이 1 μm 미만이며 유사한 영양소 제한 서식지에 살고 있다. 따라서 하미는 아마도 세포가 지하수에서 씻겨 나가는 것을 막는 데 중요한 역할을 할 것으로 여겨진다.

미니퀴즈

- 세균 세포가 캡슐을 가지고 있다면 세포벽이 없어도 되는가? 그 이유는 무엇인가?
- 구조적 및 기능적으로 핌브리아는 선모와 어떻게 다른가?
- IV형 선모는 질병유발기작을 어떻게 촉진할 수 있는가? 하미란 무엇인가?

2.8 세포 함유물

원핵세포는 흔히 한 종류 또는 여러 종류의 함유물을 가지고 있다. 세포 함유물은 에너지를 보관하거나 탄소 저장소로서의 기능을 하거나 또는 특별한 기능을 가지고 있다. 세포 함유물은 보통 광학현미경을 이용하여 직접 관찰이 가능하며, 세포 내에서 세포 함유물이 분리되도록 얇은 막으로 쌓여 있다. 탄소나 다른 물질을 불용성 형태로 저장하는 것은, 같은 양의 물질이 세포질 내 수용성 형태로 있을 경우에 생길 수 있는 삼투압을 저하시킴으로써 세포에 도움이 된다.

탄소 저장 중합체

원핵생물에 있어서 가장 일반적인 세포 함유물 중의 하나는 β-hydroxybutyric acid를 단위로 형성된 지질인 **poly-β-hydroxybutyric acid (PHB)**이다. PHB 단량체는 에스테르 결합으로 연결되어 PHB 중합체가 모여 미소체를 형성한다; 이 구조는 광학 혹은 전자현미경으로 관찰이 가능하다 (**그림 2.21**).

중합체의 단량체는 보통 hydroxybutyrate (C_4)이지만, 짧게는

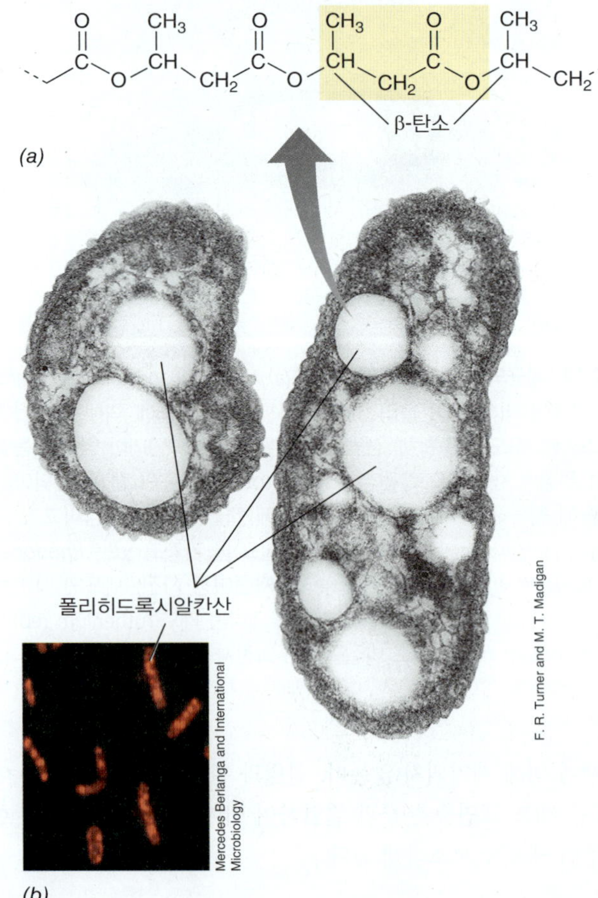

그림 2.21 Poly-β-hydroxybutyrates (PHAs). *(a)* 일반적인 PHA인 poly-β-hydroxyalkanoic acid의 구조. 단량체 단위는 색깔로 표시하였다. 다른 PHA는 β-탄소에 $-CH_3$기 대신에 긴 사슬 탄화수소로 이뤄졌다. *(b)* PHB 미소체를 함유한 세균 박절편 전자현미경 사진. 컬러사진: PHA를 함유한 세균의 나일레드(Nile red)로 염색한 세포.

C_3로부터 길게는 C_{18}로 다양한 길이를 가질 수 있다. 그러므로 이러한 종류의 탄소와 에너지를 저장하는 중합체를 지칭하는데 포괄적으로 poly-β-hydroxyalkanoate (PHA)라는 용어가 사용된다. PHA는 탄소원이 과량 존재할 때 합성되며, 상황에 따라 탄소 또는 에너지원으로 분해된다. 많은 세균과 고염성 고균 종들이 PHA를 합성한다.

또 다른 저장물질은 포도당 중합체인 글리코겐(*glycogen*)이며, PHA와 같이 탄소와 에너지 저장고로서, 탄소가 과량일 때 만들어진다. 글리코겐은 식물의 주요 저장물질인 전분과 유사하지만, 포도당 단위 결합 형태가 전분과 약간 다르다.

다중인산염, 황과 탄산 미네랄

많은 원핵 및 진핵미생물들은 무기인산(PO_4^{3-})을 다중인산염(*polyphosphate*)의 미소체 형태로 축적한다 (**그림 2.22*a***). 이러한 미소체는 인산이 과량으로 존재할 때 생성되며 핵산과 인지질 생합성을 위한 인산원으로 사용된다. 일부 미생물에서는 분해되어 바로 고에너지 화합물인 ATP를 생산하는 데 이용될 수 있다.

많은 그람-음성 세균과 고균은 황화수소(H_2S)와 같은 환원된 황화합물을 산화시킬 수 있다; 이러한 미생물을 위대한 미생물학자인 Sergei Winogradsky에 의해 발견된 "황세균(sulfur bacteria)"이다 (1.11절). 황산화 반응은 에너지 대사 반응 (화학무기영양체) 또는 CO_2 고정 (독립영양체)과 연계되어 있다. 어느 경우든, 황화물이 산화되어 원소상의 황(S^0)은 현미경으로 관찰이 쉬운 미소체로 축적될 수 있다 (그림 2.22*b*). 환원된 황이 있는 한, 전환된 황은 황의 저장원으로 계속 남아 있다. 그러나 환원된 황의 공급이 제한되면 미소체의 황이 황산염(sulfate, SO_4^{2-})으로 산화되며, 미소체는 이 반응과 함께 서서히 소멸된다. 흥미롭게도, 황 미소체가 세포질에 있는 것처럼 보이지만, 실질적으로 주변세포질에 존재한다 (2.5절). H_2S가 S^0로 산화됨과 함께 주변세포질이 바깥쪽으로 확장되며 미소체 형성을 도와준 후, 주변세포질은 S^0가 SO_4^{2-}로 산화됨과 동시에 안으로 수축된다 (14.9절).

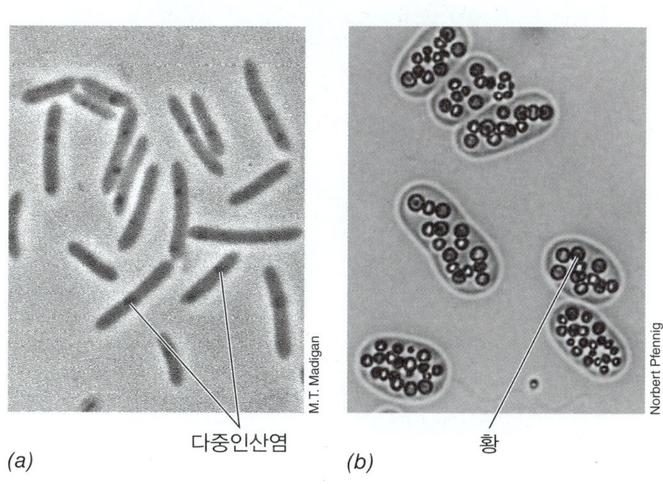

그림 2.22 다중인산염과 황 저장물질. *(a)* 다중인산염(polyphosphate)을 어두운 미소체로 보여주는 *Heliobacterium modesticaldum* 세포의 위상차 현미경 사진; 세포의 너비는 약 1 μm이다. *(b)* 자색 황세균 *Isochromatium buderi* 세포의 명시야 현미경 사진. 주변세포질 함유물은 황화수소(H_2S)의 산화로 형성된 황 미소체이다. 세포의 폭은 약 4 μm이다.

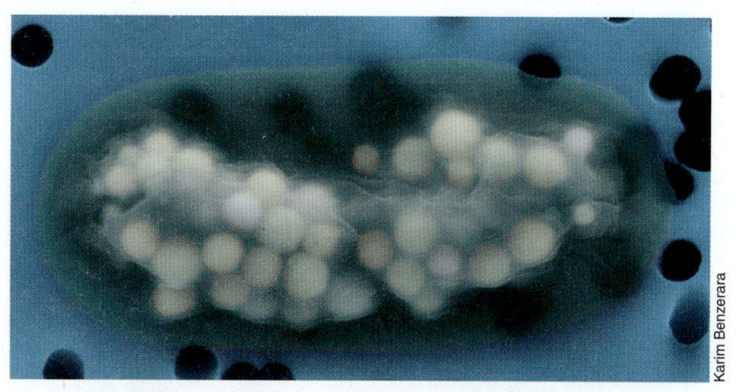

그림 2.23 남세균에 의해 생체 광물 형성 과정. 미네랄 벤토나이트[$(Ba,Sr)_6(Ca,Mn)_6Mg(CO_3)_{13}$]의 미소체를 가지고 있는 남세균 *Gleomargarita*의 전자현미경 사진. 세포의 너비는 약 2 μm이다.

필라멘트 남세균은 세포의 외부 표면에 탄산 미네랄을 생성하는 것으로 오래전부터 알려져 있다. 그러나 일부 남세균은 세포 함유물로 세포 내 탄산 미네랄을 생성한다. 예를 들어, 단일 세포의 남세균인 *Gleomargarita*는 바리움(barium), 스트론티움(strontium)과 마그네슘의 탄산 미네랄인 벤스토나이트(benstonite)를 세포 내 미소체를 생성한다 (**그림 2.23**). 미네랄을 생성하는 미생물의 작용을 생체 광물 형성 작용(*biomineralization*)이라고 부른다. 이와 달리 (혹은 이에 더불어) 미네랄은 자가 영양 생장을 지원하기 위해 탄산염 (CO_2의 공급원)을 격리시키는 방법일 수 있다. 염기성 깊은 호수 생태계에서 세포가 부유할 수 있도록 유지하는 역할을 하는 것 같지만, 이러한 남세균이 특별한 벤스토나이트를 생성하는 이유는 정확히 알려지지 않았다. 여러 다른 미네랄의 생체 광물 형성 작용은 다양한 세균과 *Gleomargarita* 경우에 의해 촉진되지만, 마그네토솜 (다음에 설명함)의 경우에만 세포 함유물을 만들어내는 과정이 알려졌다.

자기 저장 함유물: 마그네토솜

일부 세균은 **마그네토솜(magnetosomes)**을 가지고 있어 자기장 내 극성에 따라 세포 자체를 배열할 수 있다. 이러한 구조물은 자기장 철이 산화된 자철광—[$Fe(II)Fe(III)_2O_4$] 또는 그레이가이트(greigite)—[$Fe(II)Fe(III)_2S_4$]의 생체 광물 형성과정으로 생성된 입자이다 (**그림 2.24**). 마그네토솜은 세포의 자기쌍극자로 자기장에 따라 세포를 배열할 수 있도록 한다. 마그네토솜은 세포 내 자기장을 만들어 자기장 내에서 세포를 배열할 수 있도록 한다. 이러한 현상은 세포가 지구의 자기장선에 따라 세포를 이동하는 과정인 주자기성(*magnetotaxis*)을 가지도록 한다. 마그네토솜은 낮은 산소(O_2)농도에 가장 잘 자라거나 혐기성인 여러 수생 생물에서 발견되었다. 마그네토솜의 기능 중 하나는 기본적으로 수생 세포를 아래쪽 (지구의 자기장 방향)인 O_2 농도가 낮은 침전물 쪽으로 유도한다는 가설이 제시되었다.

마그네토솜의 생성은 마그네토솜 특히 단백질이 세포막에 삽입

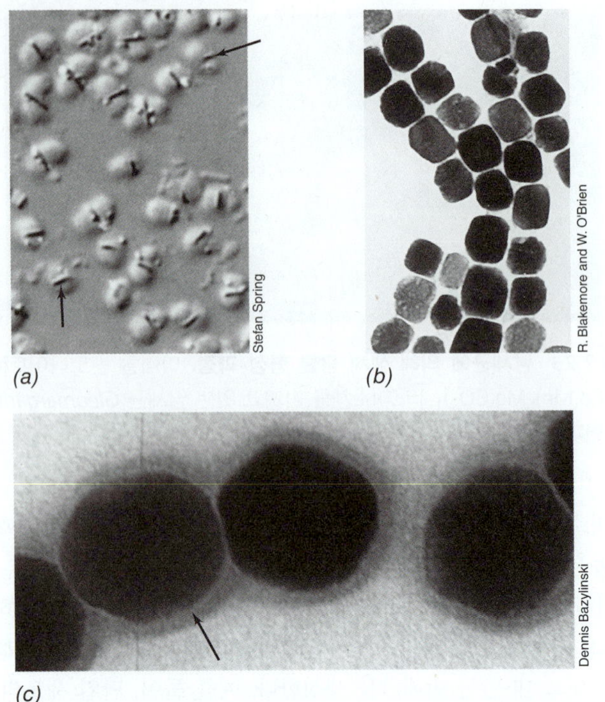

그림 2.24 주자기성 세균과 마그네토솜. *(a)* 구균 주자기성 세균의 간섭 대비 현미경 사진. 마그네토솜 (화살표)의 사슬에 주목하라. 세포의 너비는 약 2.2 μm이다. *(b)* 주자기성 세균인 *Magnetospirillum magnetotacticum*에서 분리된 마그네토솜. 각 입자의 길이는 약 50 nm이다. *(c)* 주자기성 구균에서 분리된 마그네토솜의 투과전자현미경 사진. 화살표는 마그네토솜을 둘러싸고 있는 막을 표시하고 있다. 마그네토솜 하나의 너비는 약 90 nm이다.

하고 세포막이 함몰되어 함유물을 형성하는 과정으로 시작된다. 이 함유물은 철—기본적으로 Fe(II)의 산화 형태의 철—로 채워지고, 자기장을 형성하기 위해 필요한 Fe(III)을 생성하기 위한 철 산화 효소를 포함한 마그네토솜 특히 단백질 활성에 의하여 생체 광물 형성 과정이 진행된다. 마그네토솜의 형태는 다양하고 종 특이적으로 보인다; 몇 가지 형태가 가능하지만 사각형, 직사각형 또는 스파이크(spike) 모양의 마그네토솜이 가장 일반적이다.

미니퀴즈

- 어떠한 생장조건에서 PHA 또는 글리코겐이 생성되는가?
- 그람-양성 세균은 그람-음성 황-산화 화학무기영양체(sulfur-oxidizing chemolithotrophs)와 달리 황을 저장할 수 없는 이유는 무엇인가?
- 마그네토솜과 *Gleomargarita*의 세포 함유물이 어떻게 비슷하며 다른가?

2.9 가스 소포

일부 세균과 고균은 호수 또는 바닷물에 떠다니며 사는 의미를 가지고 있는 부유성 생물(*planktonic*)이다. 대부분의 부유성 생물은 조류의 변화에 따라 위아래로 움직이지만 일부는 세포에게 부력을 주어 세포 자체가 물질대사에 적합한 수심에 위치할 수 있도록 하는 구조물인 **가스 소포(gas vesicle)**를 가지고 있어 떠다닐 수 있다.

가스 소포를 가진 세균의 가장 놀랄만한 실례는 호수 또는 다른 수생 생태계에서의 수화(*bloom*)라고 불리는 대단위 세포집락을 형성하는 남세균이다 (**그림 2.25a**). 남세균은 호기성 광합성 세균이다 (14.4절). 가스 소포를 가지고 있는 세포는 호수의 표면에 떠오르고 바람에 의해 밀집된 집합체를 형성한다. 기본적으로 대부분의 수생 세균과 고균은 가스 소포를 가지고 있으나 진핵생물은 가스 소포가 가지고 있지 않다.

가스 소포의 구조

가스 소포는 단백질로 만들어진 방추형 모양의 구조이다; 속은 비어 있으나 견고하고 길이와 지름은 다양하다 (그림 2.25*b*, *c* 및 그림 2.26*a* 참조). 미생물의 종류에 따라 가스 소포의 길이는 300~1,000 nm, 폭은 45~120 nm가 되지만, 각 미생물 내의 소포의 크기는 대체로 일정하다. 가스 소포는 세포당 수개에서 수백 개에 이르고 용질과 물은 투과할 수 없는 반면에, 가스는 투과할 수 있다.

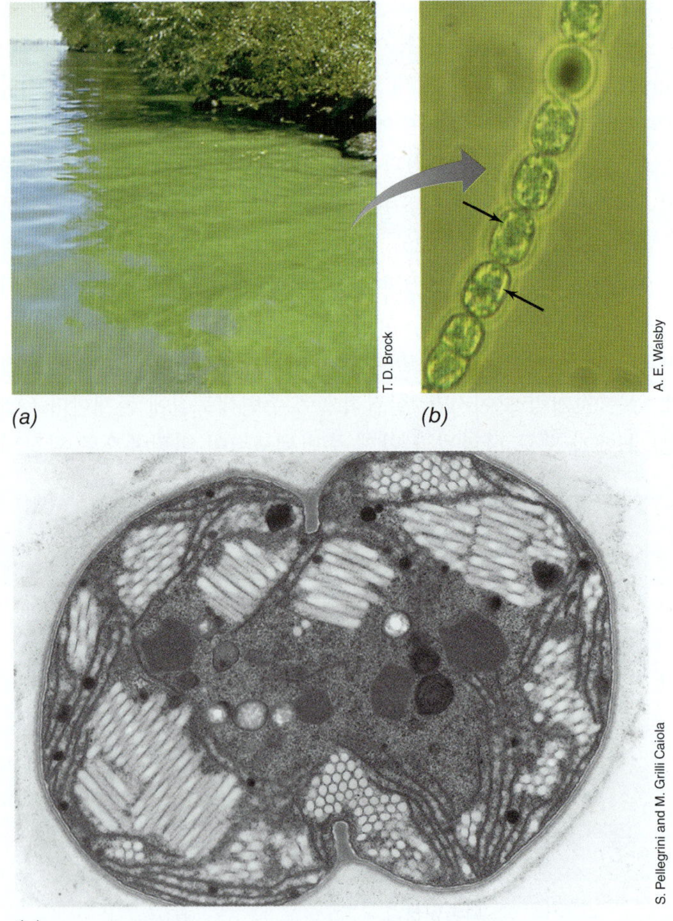

그림 2.25 부력을 가지고 있는 남세균과 가스 소포. *(a)* 민물 호수에서 가스 소포를 가진 남조류 집합체의 부양. *(b)* *Anabaena*의 위상차 현미경 사진. 가스 소포의 클러스터는 위상차에서 밝은 가스 소포체를 형성 (화살표). *(c)* *Microcystis*의 투과전자현미경 사진. 가스 소포는 번들로 배열되며, 여기서는 종단면 및 횡단면 모두 볼 수 있다. 두 세포의 폭은 약 5 μm이다.

세포 내 가스 소포의 존재는 가스 소포(gas vaculoles)라 불리는 가스 소포의 결집체가 불규칙한 밝은 함유물 형태로 보여 광학현미경 (그림 2.25*b*)으로 또는 세포의 얇은 박편을 전자현미경으로 확인할 수 있다 (그림 2.25*c*).

가스 소포는 두 개의 다른 단백질로 구성되었다 (**그림 2.26*b***). *GvpA*라고 불리는 주요 단백질은 자체로 방수 소포 외피를 만들며, 작고, 소수성이며 매우 견고한 단백질로 여러 개가 평행으로 소포의 "이랑(rib)" 형태로 배열되어 있다. 견고성은 외부로부터 가해지는 압력을 견디어야 하는 구조에 중요한 요소이다. *GvpC*라 불리는 작은 양의 단백질은 교차결합을 이용하여 가스 소포를 강화하는 기능을 가지고 있어, 여러 개의 GvpA 분자를 잡아줄 수 있는 각도로 이랑에 결합되어 있다 (그림 2.26*b*).

가스 소포 안의 가스 성분과 압력은 미생물이 살아가는 곳과 동일하다. 가스가 충전된 가스 소포는 정상 세포의 1/10 정도의 밀도를 가지고 있기 때문에, 충전된 가스 소포는 세포의 전체 밀도를 줄여줘 부력을 향상시킨다. 소포가 가스가 빠지면 부력을 잃게 된다. 가스 소포가 세포를 광합성하기 위한 최적의 조건 (예, 광도)이 미칠 수 있는 수심으로 수직으로 이동시켜, 세균의 위치를 조절할 수 있기 때문에 특히 광합성 세균 (14장)에게는 도움이 된다.

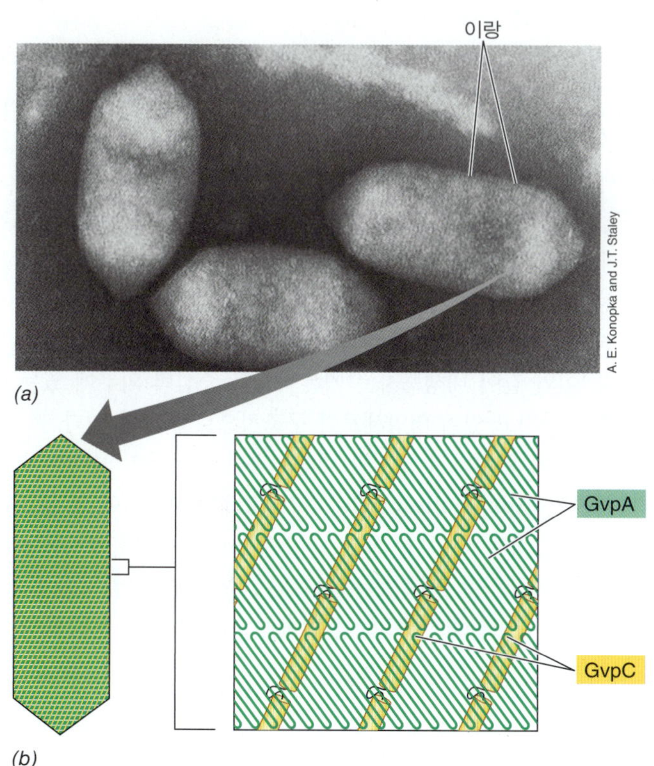

그림 2.26 가스 소포의 구조. *(a) Ancyclobacer aquaticus*에서 분리하여 음성염색을 한 가스 소포의 투과전자현미경 사진. 하나의 가스 소포의 너비는 약 100 nm이다. *(b)* 가스 소포를 구성하는 두 단백질 GvpA와 GvpC가 상호 작용을 통해 방수가 되지만, 가스 투과 구조를 만드는 모형. 단단한 β-병풍(β-sheet)의 GvpA는 이랑 구조를 형성하며, α-나선구조(α-helix)의 GvpC는 교차연결을 형성한다 (β-sheet와 α-helix의 구조는 그림 4.30*b*, *c* 참조).

미니퀴즈

- 가스 소포에 무슨 가스가 존재하는가? 부력을 조절하는 것이 광합성 세포에 어떻게 도움이 되는가?
- 가스 소포를 형성하고 있는 두 단백질인 GvpA와 GvpC는 방수 구조를 형성하기 위하여 어떻게 배열되어 있는가?

2.10 내생포자

일부 세균은 내생포자 형성 [*endosporulation*, 혹은 짧게 포자형성(*sporulation*)]이라 불리는 과정 중 **내생포자(endospore)** (**그림 2.27**)라는 구조물을 생성한다. 내생포자 [접두어 *endo*는 "내부(within)"를 의미함]는 고도로 분화된 세포로서 열, 강한 화학물질과 방사선에 강한 저항성을 가지고 있다. 내생포자는 생존 구조의 기능을 가지고 있으며, 세포가 높은 온도, 건조 혹은 영양분 고갈 상태의 어려운 상황을 극복할 수 있도록 해준다. 그러므로 내생포자는 세균의 생주기(life cycle)에서 휴지기로 볼 수 있다; 영양세포(vegetative cell) → 내생포자(endospore) → 영양세포(vegetative cell). 내생포자는 또한 바람, 물, 동물의 장 등을 통해 쉽게 확산되며, 따라서 내생포자 생성 세균은 자연에 널리 분포되어 있다.

*Bacillus*와 *Clostridium*은 토양에서 가장 잘 연구된 내생포자 형성 세균이다. 일부 내생포자 생성 세균은 사람 및 다른 동물의 심각한 병원균이며, 내생포자 단계는 숙주 외부에서 혹은 숙주의 상태가 질병을 유발시킬 수 있는 조건이 될 때까지 생존할 수 있는 효과적인 방법이다. 보툴리누스 중독, 파상풍 및 여러 가지 식품유래 세균 감염은 내생포자 생성 세균의 종에 의해 유발된다.

내생포자 형성과 발아

내생포자가 생성되는 동안 영양세포는 비생장, 내열성이며 빛을 굴절시킬 수 있는 구조로 바뀐다 (**그림 2.28**). 세포는 활발하게 자라는 동안에는 포자를 형성하지 않으나, 필수적인 영양분이 고갈되어 생장이 멈출 경우에만 포자를 형성한다. 이와 같이 전형적인 내생포자 형성균인 *Bacillus*는 탄소 혹은 질소와 같은 주요 영양분이 부족하게 될 때, 영양 생장을 중지하고 포자형성을 시작한다 (7.6절).

내생포자는 수년 동안 휴지기로 남아 있을 수 있지만, 내생포자는 상대적으로 빠르게 영양세포로 전환될 수 있다. 이 과정은 3단

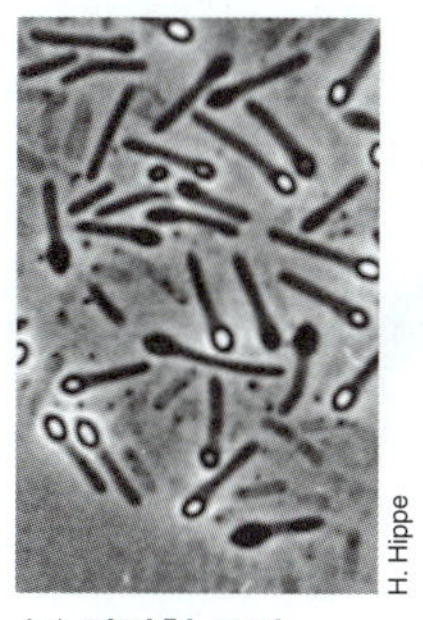

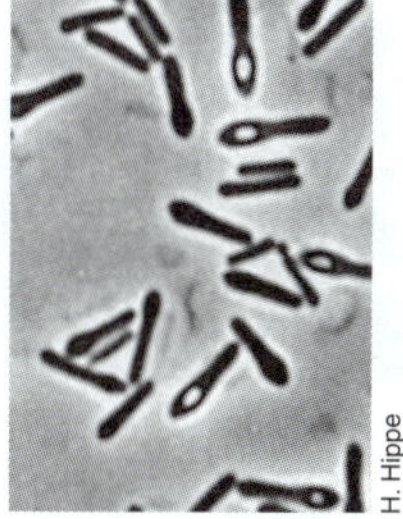

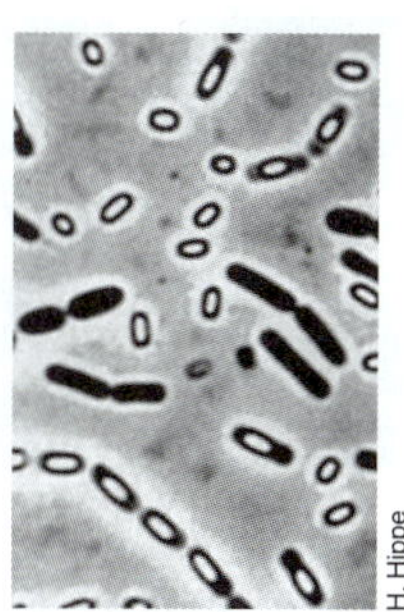

(a) **말단형 포자** *(b)* **준말단형 포자** *(c)* **중심형 포자**

그림 2.27 세균의 내생포자. 다양한 종류의 세균 내부포자의 세포 내 위치가 다른 위상차 현미경 사진. 내생포자는 위상차 현미경으로 밝게 나타난다.

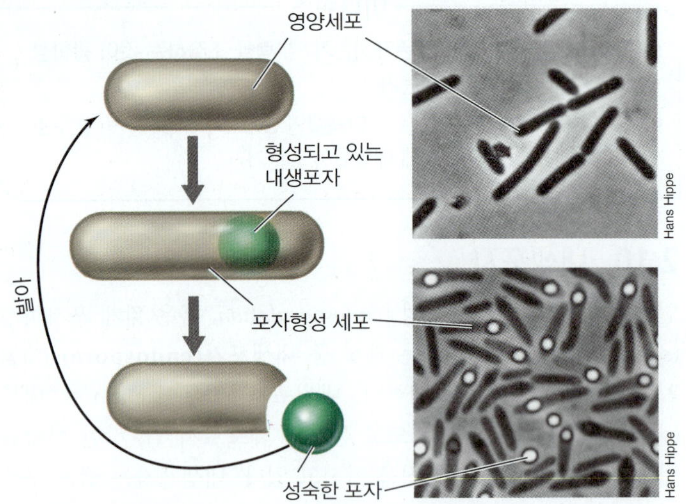

그림 2.28 내생포자 형성 세균의 생활사. *Clostridium pascui* 세포의 위상차 현미경 사진. 세포의 너비는 약 0.8 μm이다.

계로 이루어졌다: 활성화(*activation*), 발아(*germination*)와 생장(*outgrowth*) (**그림 2.29**). 새롭게 형성된 포자를 죽일 수 있는 온도보다는 낮지만 높은 온도에서 수 분간 가열함으로 활성화가 진행된다. 활성화된 포자는 특정 아미노산과 같은 특정한 영양분이 공급될 때 발아 상태로 전환된다. 발아는 빠르게 진행되며 (수분 내), 내생포자의 굴절도를 잃게 되며 (그림 2.29*b*), 내열성과 화학물질에 대한 내성을 잃게 된다. 마지막 단계인 생육단계 (그림 2.29*c, d*)에서는 수분 흡수와 새로운 RNA, 단백질과 DNA 합성에 따라 눈에 띄게 팽창하게 된다. 파열된 내생포자로부터 영양세포가 출현하고 다시 생장하기 시작하며, 세포는 다시 환경조건의 변화에 따라 포자형성을 시작하기 전 까지는 영양생장을 계속하게 된다.

내생포자의 구조 및 특징

내생포자는 강한 굴절력을 가진 구조로 광학현미경으로 관찰할 수 있다 (그림 2.27 및 2.29*a*). 내생포자는 대부분의 염료를 투과시키지 않기 때문에, 메틸렌 블루와 같은 염기성 염료로 염색된 세포 내에서 염색되지 않는 부분으로 관찰된다. 내생포자를 염색하기 위해서는 특별한 염색과 방법을 사용하여야 한다. 전형적인 내생포자 염색 방법은 말라카이트 그린(malachite green)으로 염색하여 증기

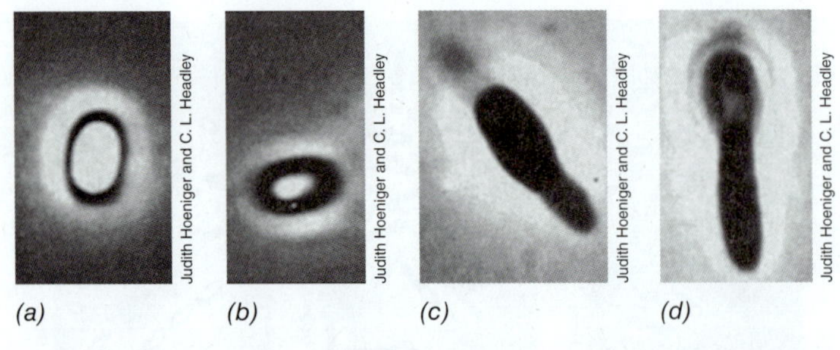

그림 2.29 *Bacillus* 내생포자의 발아. 내생포자가 영양세포로의 전환. 현미경 사진은 높은 굴절성의 내생포자 *(a)*로부터 시작해 순차적인 과정을 보여주고 있다. *(b)* 활성화; 굴절률이 사라지고 있다. *(c, d)* 생육: 새로운 영양세포가 생성되고 있다.

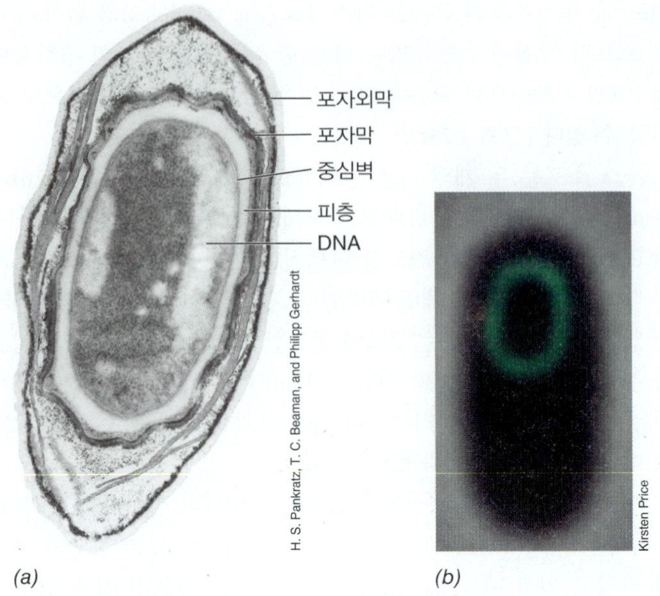

그림 2.30 세균 내생포자 구조. *(a) Bacillus megaterium*의 내생포자 전부를 절단한 얇은 절편의 투과전자현미경 사진. *(b)* 포자를 생성하고 있는 *Bacillus subtilis*의 형광현미경 사진. 초록색 부분은 포자각의 포자형성 단백질을 특이적으로 염색하는 염료이다.

로 포자 내로 흡착시킨다.

전자현미경으로 관찰한 내생포자의 구조는 영양세포의 구조와는 상당히 다르다 (**그림 2.30**). 내생포자는 영양세포에는 없는 많은 층을 가지고 있다. 가장 바깥층은 포자외막(*exosporium*)이며 얇은 단백질로 둘러싸여 있다. 그 안쪽에 포자 특이성 단백질 층으로 구성된 여려 겹의 포자각(*spore coat*)이 있다 (그림 2.30*b*). 포자각 아래는 피층(*cortex*)이며, 느슨하게 교차결합된 펩티도글리칸으로 구성되었고, 피층 안에는 중심(*core*)으로, 중심벽(core wall), 세포막, 세포질, 핵 부위, 리보솜과 다른 중요한 세포 물질을 함유하고 있다. 이와 같이 내생포자는 기본적으로 중심벽 외부에 있는 여러 구조를 가지고 있어 영양세포와 구조적으로 차이가 있다.

영양세포에 존재하지 않지만 내생포자만의 독특한 물질의 하나는 **디피콜린산(depicolinic acid)** (**그림 2.31*a***)이며, 이 물질은 포자 중심에 축적되어 있다. 또한 포자에는 많은 양의 칼슘(Ca^{2+})을 함유하고 있으며, 대부분 디피콜린산과 결합되어 있다 (그림 2.31*b*). 칼슘-디피콜린산(DPA) 복합체는 내생포자 건조 중량의 약

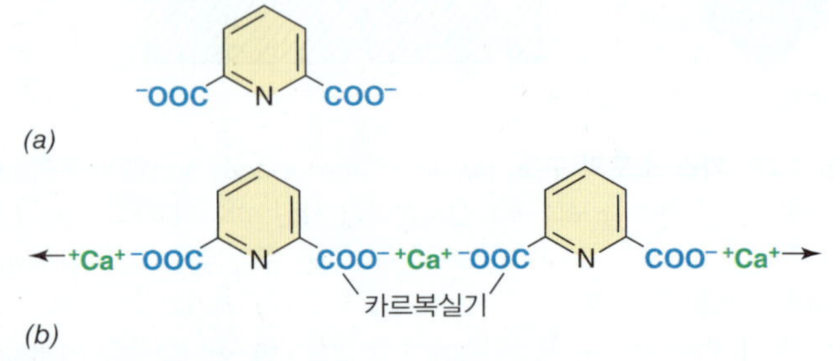

그림 2.31 디피콜린산(dipicolinic acid, DPA). *(a)* DPA의 구조. *(b)* Ca^{2+}가 DPA 분자를 교차 연결해 복합체를 형성하는 방법.

10%에 이르며, 내생포자 내 자유수(free water)와 결합하는 기능을 가지고 있어 생성되는 내생포자의 건조에 도움을 준다. 또한 DPA 복합체는 DNA 염기 내로 끼어들어, 열변성(heat denaturation)으로부터 DNA를 안정화시키는 데 도움을 준다.

내생포자의 중심은 내생포자를 만들어내는 영양세포의 세포질과 뚜렷하게 다르다. 내생포자의 중심은 영양세포가 가지고 있는 물의 1/4보다 적은 양의 물을 함유하고 있어, 중심 세포질은 젤 정도의 점도를 가지고 있다. 중심의 건조 상태는 포자 내 큰 분자물질의 내열성을 증가시킨다. 미생물의 멸균 기준 온도 (121°C가 멸균온도임. 5.15절)인 121°C에서 대부분의 내생포자는 비활성화되지만 일부 세균의 내생포자는 150°C 정도의 높은 열에서도 생존한다. 또한 건조 상태는 내생포자가 과산화수소(H_2O_2)와 같은 독성 화학물질에 대한 내성을 가지게 하며, 포자중심 내 효소는 불활성화된다. 내생포자의 낮은 수분함량과 더불어, 중심의 pH는 영양세포의 세포질 pH보다 약 1 정도가 낮다.

내생포자의 중심은 작은 산용해성 단백질(*small acid-soluble proteins*, SASPs)을 다량 함유하고 있다. 이 단백질은 포자 생성 시에만 만들어지고, 최소한 두 가지의 기능을 가지고 있다. SASPs는 중심에 있는 DNA와 강하게 결합하고 있으며 자외선, 건조, 건식 열로부터 생길 수 있는 DNA 손상을 막아준다. SASPs가 DNA의 분자구조를 평상시의 "B" 형태에서 보다 압축된 "A" 형태로 바꿀 때, 자외선에 대한 내성을 가지게 된다. A 형태의 DNA는 돌연변이 (11.4절)를 일으키는 자외선에 의한 피리미딘 이량체(pyrimidine dimer) 형성이 억제되며, 건식 열에 의한 변성 효과에도 내성을 가지게 된다. 이와 더불어 SASPs는 내생포자가 발아한 후, 영양세포 생장을 위한 탄소 및 에너지원의 역할을 한다.

표 2.2 내생포자와 영양세포의 차이

특징	영양세포	내생포자
현미경 외관	굴절력 없음	굴절력 있음
칼슘 함량	낮은	높음
디피콜린산	없음	있음
효소 활성	높음	낮음
호흡률	높음	낮음 또는 없음
고분자 합성	있음	없음
내열성	낮음	높음
방사선 저항성	낮음	높음
화학물질의 저항성	낮음	높음
리소자임	민감성	저항성
수분함량	높음, 80~90%	낮음, 중심 10~25%
작은 산 용해성 포자 단백질	없음	있음

내생포자 형성 주기

포자형성(sporulation)은 세포분화(cellular differentiation)의 한 과정으로 (그림 1.4), 영양생장에서 포자형성으로 변경되는 동안 세포 내 유전자에 의해 생기는 많은 변화가 일어난다 (**표 2.2**). *Bacillus* 세포의 포자형성 과정 중 일어나는 구조적인 변화를 **그림 2.32**에서 보여주고 있다. 포자형성 과정은 몇 단계로 구분될 수

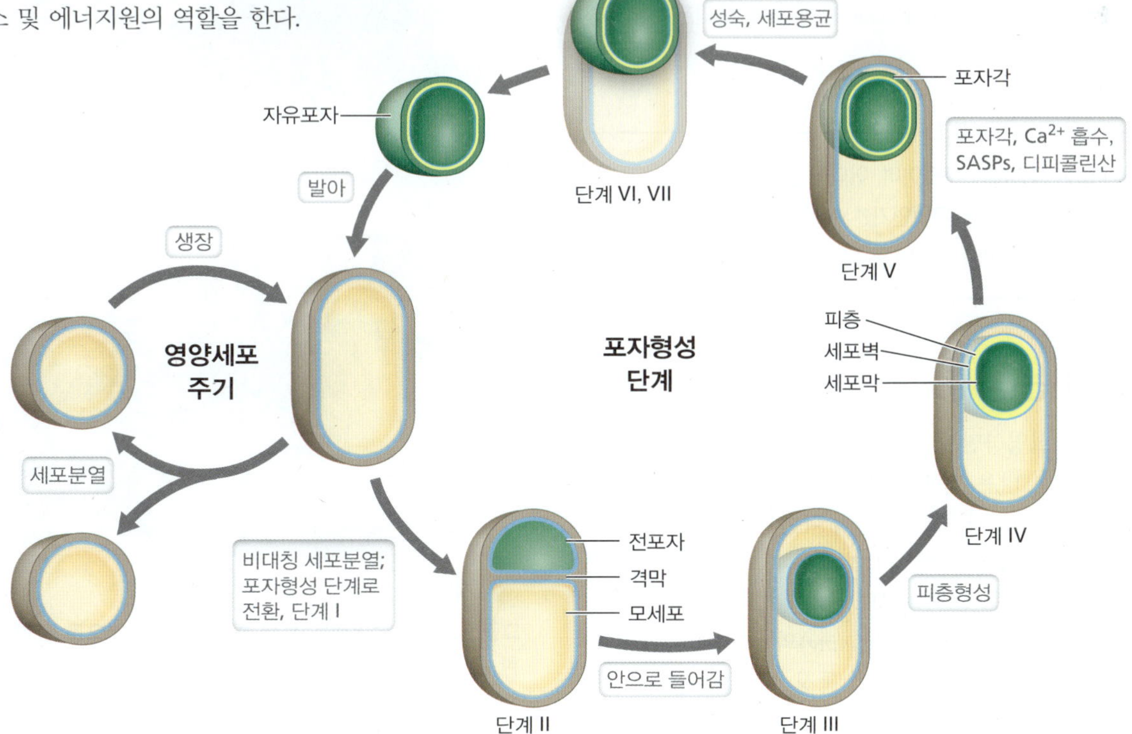

그림 2.32 내생포자 형성 단계. 포자형성 연구의 모델 미생물인 *Bacillus subtilis*의 포자형성은 유전적인 연구와 현미경을 이용한 관찰을 통해 각 단계가 결정되었다. SASPs, 작은 산-용해성 단백질.

있다. 자세하게 연구가 된 *Bacillus subtilis*의 경우, 전체 포자형성 과정은 8시간 정도 소요되며, 비대칭 세포분열로 시작된다 (그림 2.32). *Bacillus* 돌연변이 연구결과에 의하면 개별 유전자가 각 단계의 포자형성 과정을 억제하는 200개 이상의 포자 특이 유전자가 있다는 것이 확인되었다.

포자형성은 분화 단백질의 합성이 필요하다. 이 과정은 내생포자 특이 유전자군의 순차적인 활성화로 이뤄지며, 많은 영양세포의 기능이 중지된다. 내생포자 특이 유전자군로부터 합성된 단백질은 수분 함량이 높고 대사작용을 하는 영양세포를 상대적으로 건조시키며 대사작용이 더디어지지만 내성이 높은 내생포자로 전환되는 일련의 과정을 촉진한다 (표 2.2). 7.6절에서 내생포자 형성 과정에서 일어나는 일부 분자학적 변화에 대해 설명을 할 것이다.

내생포자 형성의 다양성과 계통적 측면

포자형성은 일부 종에서만 자세히 연구되었지만, 대략 20여 종의 세균이 내생포자를 생성한다. 이와 관계없이, DPA 복합체의 생성과 내생포자 특이 SASPs 생성과 같이 여기에 묘사된 대부분의 주요 현상은 공통적이다. 계통적인 측면에서 내생포자 형성 능력은 그람-양성 세균의 특정한 계통에 제한된다. 그럼에도 불구하고 내생포자 형성 세균의 생리학적인 특성은 상당히 다양하며, 혐기성균, 호기성균, 광합성체, 화학무기영양체 등을 포함한다. 이러한 생리학적인 다양성에 비추어 볼 때, 내생포자 형성의 실질적 유도인자는 미생물의 종에 따라 다르며, *Bacillus* 종에서 내생포자 형성의 주요 유도인자는 단순한 영양분 결핍 이외에도 다른 요소가 포함될 수도 있다. 고균은 내생포자를 생성하지 않는데, 내생포자 형성 능력은 약 35억 년 전 주요 세균과 고균의 계통이 분리된 이후 진화된 것으로 추정된다.

미니퀴즈

- 디피콜린산과 DPA 복합체는 무엇이며, 어디에 존재하는가?
- SASPs는 무엇이며, 그 기능은 무엇인가?
- 내생포자가 발아할 때 무엇이 형성되는가?

IV • 세포의 운동성

세포의 운동성을 설명하면서 원핵생물의 구조와 기능에 내용을 마무리하려 한다. 많은 미생물 세포는 자체적인 힘으로 이동할 수 있다. 운동성은 세포가 주변 환경의 다른 곳으로 갈 수 있도록 하며, 자연계에서 이동성은 세포에 새로운 기회와 자원을 제공하며, 생존과 도태의 차이를 의미하기도 한다.

이 절에서 유영(*swimming*)과 활주(*gliding*)의 두 가지 주요한 세포의 이동에 관하여 설명한다. 다음으로 특정 자극 [주성(*taxes*)으로 불리는 현상]에 따라 이동성을 가진 세포가 어떻게 가까워지거나 멀어질 수 있는지와 이와 같은 단순한 행동적인 반응의 사례를 설명한다.

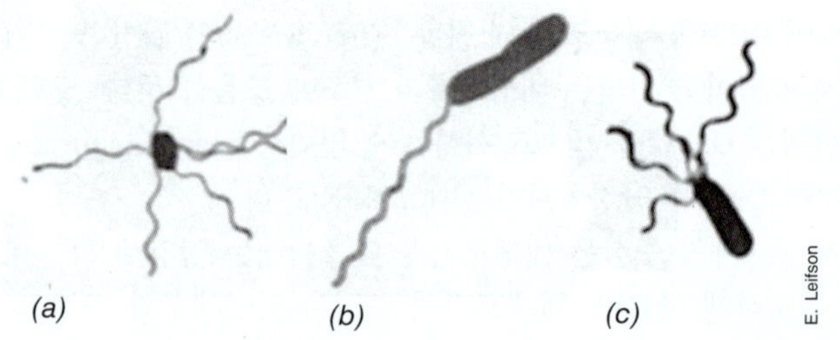

그림 2.33 세균의 편모. Einar Leifson가 찍은 다양한 편모 배열을 가지고 있는 세균의 광학현미경 사진. Leifson 편모 염색용 염료로 염색한 세포. *(a)* 주모성(peritrichous). *(b)* 극모성(polar). *(c)* 속모성(lophotrichous).

2.11 편모, 아키엘라, 유영성

많은 원핵생물은 유영에 의한 운동성을 가지고 있으며, 이러한 기능은 전형적으로 **편모(flagellum**, 복수형은 flagella)라 불리는 구조에 의한 것이다 (**그림 2.33**): **아키엘럼(archaellum)**이라고 불리는 구조가 많은 고균에 존재한다. 편모와 아키엘라(archaella)는 액상에서 세포를 밀고 당기는 기능을 하는 회전기계이다.

편모와 편모의 운동성

세균의 편모는 한쪽은 고정되지 않은 채 세포에 부착된 길고 가는 (약 15~20 nm, 종에 따라 차이가 남) 부속지(appendage)이다. 편모는 염색이 가능하고 광학현미경 (그림 2.33) 또는 전자현미경 (**그림 2.34**)으로 관찰될 수 있다.

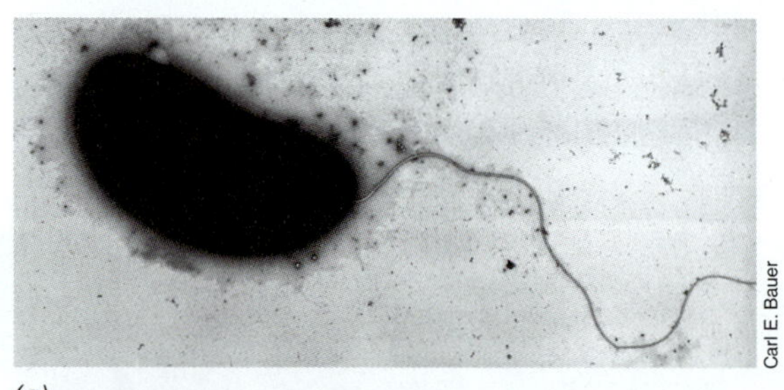

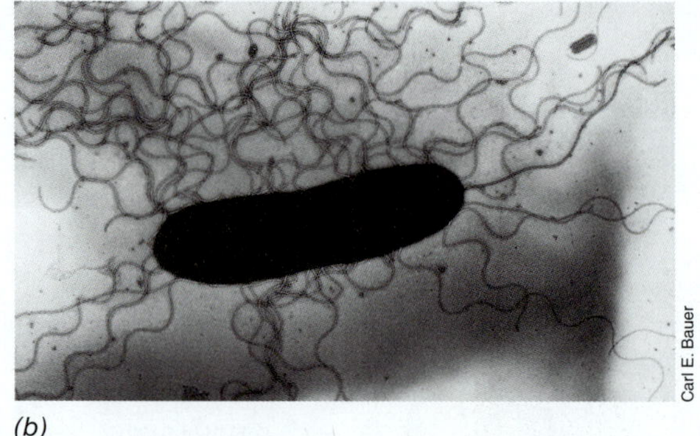

그림 2.34 음성염색을 통해 투과전자현미경으로 관찰된 세균의 편모. *(a)* 한 개의 극성 편모. *(b)* 주모성 편모. 두 사진 모두 광합성 세균인 *Rhodospirillum centenum*으로, 너비가 약 1.5 μm이다. *R. centenum*의 세포는 일반적으로 극성 편모를 가지고 있지만, 특정 생장 조건하에서는 주모성 편모를 가지고 있다. 빛 (주광성)의 강도가 높은 곳으로 움직이는 *R. centenum*의 집락에 대한 사진은 그림 2.44*b*를 참고하라.

편모는 세포의 여러 위치에 부착될 수 있다. **극성 편모발생(polar flagellation)**의 경우, 편모는 세포의 한쪽 또는 양쪽 끝에 부착되어 있다 (그림 2.33*b*). 간혹 편모 다발 (*turf*라고 불림)이 세포의 한쪽 끝에 나와 있을 수도 있는데, 속모성 편모(*lophotrichous*)라고 불리는 극성 편모 형태의 한 종류이다 (그림 2.33*c*). 편모 다발은 염색되지 않은 세포에서 암시야 또는 위상차 현미경으로 관찰할 수 있다 (**그림 2.35**). 편모 다발이 세포의 양쪽 끝에 나와 있을 경우 이러한 편모 형태를 양극성 편모(*amphitrichous*)라고 한다. **주모성 편모형태(peritrichous flagellation)** (그림 2.33*a*와 2.34*b*)에서는 편모가 세포 표면 주위에 삽입되어 있다.

편모는 일정한 속도로 회전하지는 않지만 양성자 동력의 강도에 따라 회전 속도를 높이거나 낮춘다. 편모는 초당 최대 1,000회 회전할 수 있어 최대 60 세포길이/초의 수영 속도를 낼 정도로 회전한다. 가장 빠른 육지 동물인 치타는 약 25 몸체크기/초로 이동할 수 있다. 따라서 60 세포길이/초에서 수영하는 세균은 크기로 비례하여 실제로 가장 빠른 동물보다 2배 이상 빠르게 움직인다!

극성 및 속모성으로 편모가 있는 미생물의 유영 움직임 주모성 편모를 가지고 있는 미생물과 다르며, 현미경으로 구별할 수 있다 (**그림 2.36**). 주모성 편모를 가지고 있는 미생물은 일반적으로 직선으로 천천히 이동한다. 대조적으로 극성의 편모가 있는 미생물은 더 빠르게 움직이며 종종 주위를 맴돌고 겉으로 보기에는 장소에 따라 돌진하는 것처럼 보인다. 편모의 역전회전을 포함한 극성 및 주모성 미생물의 편모 움직임의 차이를 그림 2.36에 예시되어 있다.

편모의 구조 및 활성

편모는 직선이 아닌 나선구조이다. 필라멘트라고 불리는 편모의 주요 부위는 플라젤린(*flagellin*)이라고 하는 단백질 소단위로 구성되

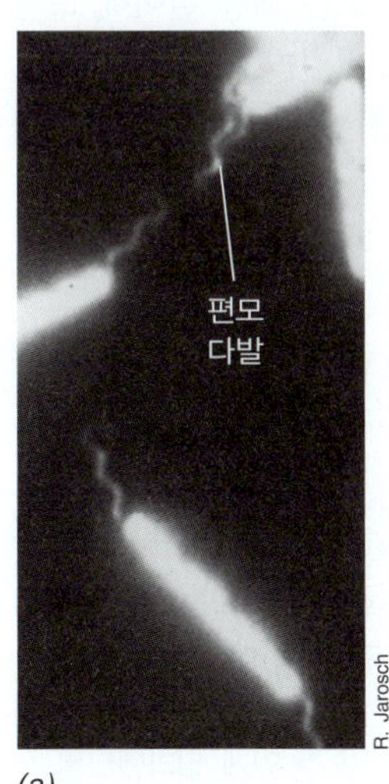

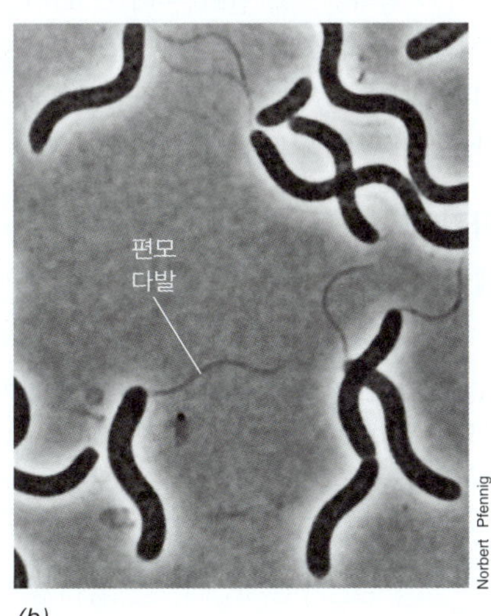

(*a*) (*b*)

그림 2.35 살아 있는 세포에서 관찰된 진정세포의 편모. (*a*) 양극 (양모성 편모)에 편모 다발을 갖는 한 그룹의 대형 간균의 암시야 현미경 사진. 세포의 너비는 약 2 μm이다. (*b*) 한 개의 극에 존재하는 속모성 편모를 가진 커다란 광영양성 자색 세균인 *Rhodospirillum photometricum*의 위상차 현미경 사진. 세포의 크기는 약 4 × 25 μm이다.

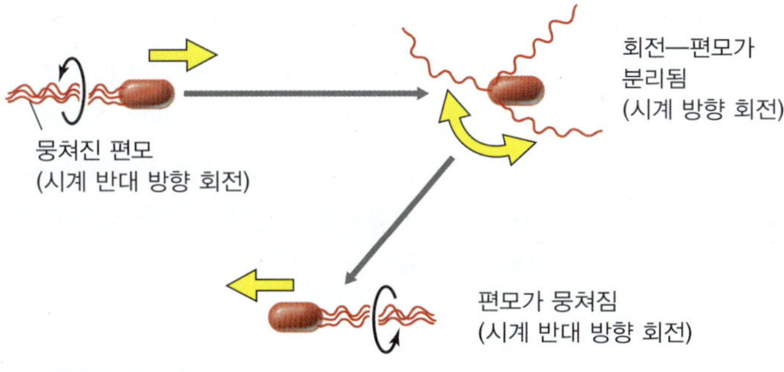

(*a*) **주모성**

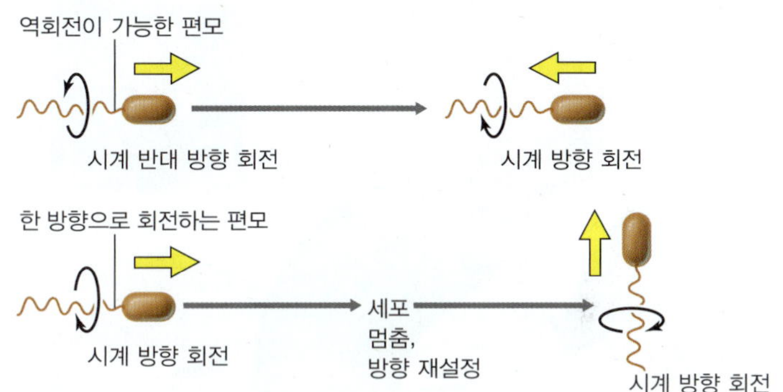

(*b*) **극성**

그림 2.36 주모성과 극성 편모를 가지고 있는 원핵세포의 운동성. (*a*) 주모성: 전진은 모든 편모가 시계 반대 방향(counterclockwise, CCW)으로 회전하여 추진된다. 시계 방향(clockwise, CW)회전은 세포가 방향 전환을 하며 새로운 방향을 향해 나가게 한다. (*b*) 극모성: 편모의 회전 방향을 바꿈으로써 세포가 방향을 바꾸거나 (세포를 미는 대신 끌어들임), 한 방향으로만 회전하는 편모의 경우, 간헐적으로 회전을 멈춤으로써 진행 방향을 바꾸게 되고, 편모를 시계 방향으로 회전시킴으로써 앞으로 나아가게 된다. 노란색 화살표는 세포가 진행하는 방향을 나타낸다.

어 있다. 플라젤린의 아미노산 배열이 세균에서는 높은 유사성을 가지고 있다는 것은 편모의 운동성은 오래전에 분화되고 이 생물계에서 뿌리가 깊다는 것을 보여주고 있다. 필라멘트와 더불어 편모는 다른 구성 성분을 가지고 있다. 고리(*hook*)라고 불리는 필라멘트 기저에 넓은 부분은 단일 단백질로 구성되어 있고 필라멘트를 기저부의 편모의 모터에 연결되어 있다 (**그림 2.37**).

편모 모터(motor)는 여러 단백질로 구성된 역회전 모터이며 세포막과 세포벽에 의해 고정되어 있다. 모터는 여러 개의 원형 고리를 통과하는 하나의 중심축으로 이루어졌다. 그람-음성 세균의 경우에 L링(*L ring*)이라 불리는 외부 원형 고리는 외막에 고정되어 있다 (2.5절). P링(*P ring*)이라 불리는 두 번째 원형 고리는 세포벽의 펩티도글리칸 층에 고정되어 있다. MS와 C링(*MS* 및 *C ring*)이라 불리는 세 번째 원형 고리 구조는 각각 세포막과 세포질에 고정되어 있다 (그림 2.37*a*). 외막이 없는 그람-양성 세균에는 내부 원형 고리 구조만 있다. 내부 원형 고리 주위를 둘러싸고 세포막에 고정되어 있는 것은 일련의 Mot 단백질(*Mot protein*)이라 불리는 단백질이다. Fli 단백질(*Fli protein*) (그림 2.37*a*)이라고 불리는 마지막 세트의 단백질이 있으며, 모터의 스위치 역할을 하며 세포 내

신호에 따라 편모의 회전 방향을 바꿔준다.

편모 회전 모터는 두 개의 주요 구성부위를 가지고 있다; 회전자(*rotor*)와 고정자(*stator*). 편모 모터의 경우, 회전자는 중심축과 L, P, C와 MS링으로 구성되었다. 이 구조물은 함께 **기저체(basal body)**를 구성한다 (그림 2.37). 고정자는 기저체 주위를 감싸고 회전력을 만들어 내는 Mot 단백질로 구성되었다. 편모의 회전은 양성자 원동력 (2.3절)을 이용하여 작동하며, 일종의 "양성자 터빈(proton turbine)" 과정에 의해 편모에 회전이 전달되는 것으로 생각된다. Mot 복합체를 통해 세포막을 통과하는 양성자 동력이 편모를 회전시키며. 편모 회전당 약 1,200개의 양성자가 이동한다 (그림 2.37*b*). 양성자가 Mot 단백질 내부 통로를 통해 이동함으로써 정전기적인 힘에 의해 회전자 단백질이 나선형으로 전하를 가지게 한다. 양성자가 Mot 단백질 통로를 통과함에 따라 양전하와 음전하 간에 이끌림 현상에 의해 전체 기저체가 회전하게 된다. 편모의 회전 속도는 양성자 동력의 강도에 따라 Mot 단백질을 통한 흐르는 양성자의 이동 속도에 따라 결정된다.

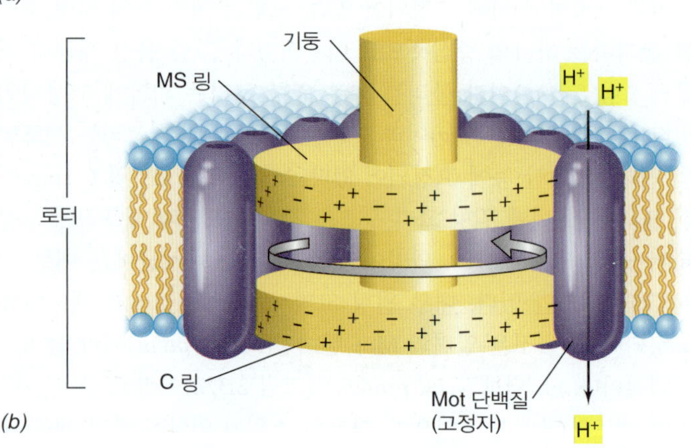

그림 2.37 그람-음성 세균의 편모 구조 및 기능. *(a)* 구조. L 링은 LPS에 고정되어 있고, P 링은 펩티도글리칸에 고정되어 있다. MS 링은 세포막에 고정되어 있고, C 링은 세포질에 고정되어 있다. 축과 필라멘트에는 플라젤린 단백질들이 편모 합성 장소로 이동할 수 있는 좁은 통로가 있다. Mot 단백질은 편모의 모터로서 기능을 하며, 특히 Fli 단백질은 모터의 스위치 역할을 한다. 편모의 모터는 세포가 배지 내를 움직일 수 있게 필라멘트를 회전시킨다. 삽입사진: 왼쪽 상단, 극성 편모 다발을 가지고 있는 보라색 유황 세균 *Chromatium*의 줄기가 들어 있는 오른쪽 상단, 다양한 링을 가진 *Sallmonella enterica*의 편모 기저체의 투과전자현미경 사진. *(b)* 기능. "양성자 터빈(proton turbine)" 모델이 편모의 회전을 설명하고 있다. Mot 단백질을 통과하는 양성자가 C 링과 MS 링에 존재하는 전하에 힘을 가해 회전자를 회전시킨다.

편모 생합성

세균의 운동성 기관에 여러 유전자가 관여하고 있다. 가장 연구가 많이 된 *Escherichia coli*와 *Salmonrlla*의 경우, 50개 이상의 유전자가 직간접으로 운동성에 관여한다. 이 유전자들은 편모의 구조 단백질, 모터 장치뿐만 아니라 편모 단백질을 세포막을 통과시켜 세포 밖으로 이동시키는 단백질, 새로운 편모 합성과 관련된 많은 생화학적 반응을 조절하는 단백질을 만들어 내는 정보를 가지고 있다.

동물의 털과 달리, 편모의 필라멘트는 기저부에서가 아니라 끝부분에서 자란다. MS 링이 생합성된 후 세포막으로 삽입된다. 그 후 필라멘트가 합성되기 전에 다른 고정 단백질이 고리와 함께 생합성 된다 (**그림 2.38**). 세포질에서 합성된 플라젤린 분자는 필라멘트 내의 3 nm 크기의 통로를 지나 이동하여 완전한 편모를 형성하도록 끝부분에서 추가된다. 자라나는 편모의 끝에는 "덮개(cap)" 단백질이 있다. 덮개 단백질은 플라젤린 분자가 통로를 따라 이동하며 편모 끝부분에 새로운 편모 필라멘트를 만들기 위해 정확하게 배열하도록 도움을 준다 (그림 2.38). 약 20,000개의 플라젤린 분자가 필라멘트를 만드는 데 필요하다. 편모는 최종 길이에 도달할 때까지 빠르게 혹은 천천히 지속적으로 자란다. 잘려진 편모도 계속해서 회전하며 새로운 플라젤린 분자가 필라멘트 통로를 통해 잘려나간 부위를 채워 보수될 수 있다.

아키엘라

세균과 마찬가지로 편모와 유사한 아키엘럼을 이용한 유영 운동

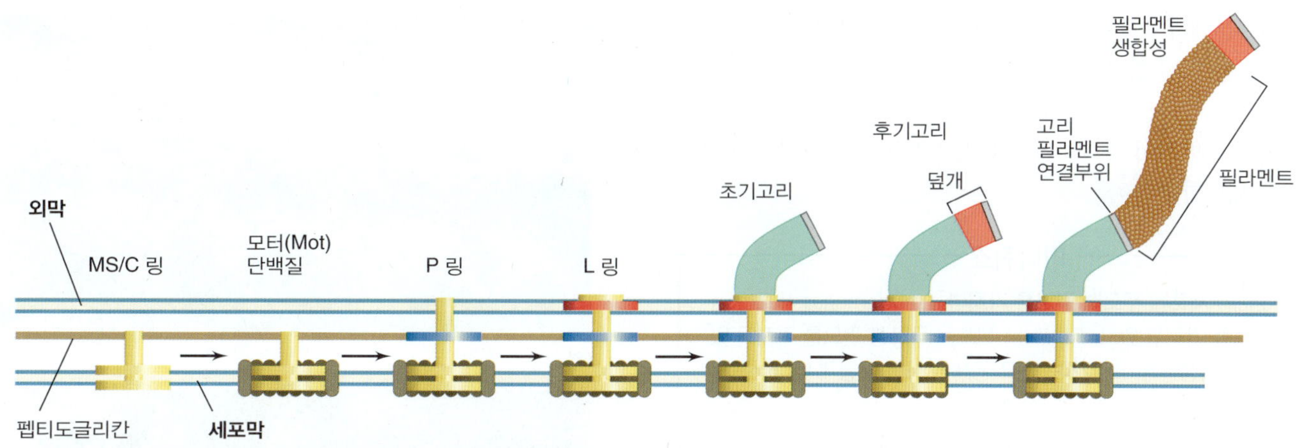

그림 2.38 편모의 생합성. 합성은 세포막에서 MS와 C 링의 조립과 함께 시작된다. 다른 링들과 고리, 그리고 덮개가 순차적으로 조립된다. 이때, 플라젤린 단백질이 필라멘트를 형성하기 위해 고리를 통과하여 제대로 생장할 수 있도록 덮개 단백질에 의해 적절한 장소로 이동한다.

성은 고균에 광범위하게 퍼져 있다 (34쪽도 참조). 이 구조는 편모의 절반 정도의 직경으로 너비는 약 10~13 nm 측정되며 (**그림 2.39*a***), 편모와 같이 회전에 의해 세포를 이동시킨다. 그러나 한 종류의 단백질로 구성되어 있는 세균과 달리, 고균에는 여러 종류의 플라멘트 단백질이 존재하며, 이러한 단백질을 구성하는 유전자의 염기서열은 세균의 플라젤린 유전자 정보의 염기서열과 뚜렷하게 다르다. 고균 종에 따라, 7~12 유전자가 아키엘럼 구성하는 주요 단백질을 암호화한다. 아키엘럼은 극호염성 고균 *Halobacterium*, 열과 산을 좋아하는 고균 *Sulfolobus*, 메탄을 생성하는 고균 *Methanocaldococcus*에서 특히 잘 연구되어 있다.

유영하는 *Halobacterium* 세포 관련 연구 결과에 의하면, *Escherichia coli* 세포의 약 1/10의 속도로 유영하는 것으로 알려졌다. 세균의 편모와 비교하여 작은 직경의 아키엘럼으로 인해 궁극적으로 이 구조의 회전력을 약화시킨다. 그러나 이 가설은 일부 고균이 믿을 수 없을 정도로 빠르게 수영한다는 사실이 발견 이후에 의문이 제기되었다. 예를 들어, *Methanocaldococcus* (그림 2.39*c*)의 세포는 *Halobacterium*의 세포보다 거의 50배 빠르고 *Escherichia coli* (세균)의 세포보다 10배 빠르다. 사실 *Methanocaldococcus*는 초당 500개 세포길이 만큼 유영하여 지구상에서 가장 빠른 생명체가 되었다. 그러므로 다른 고균종의 아키엘럼의 전체 회전력 또는 회전 속도는 분명히 상당히 다를 수 있다.

아키엘럼의 전반적인 구조는 IV형 선모와 닮았으며 (그림 2.39*b*), 아키엘럼은 구조상으로 이러한 부속지와 관련이 있는 것이 확실하다 (2.7절). 실제로, 아키엘럼은 시계 방향 및 반시계 방향 회전이 가능한 회전형 IV형 선모로 간주될 수 있다. 더욱이 양성자 동력을 사용하는 (그림 2.37*b*) 편모와 달리, 아키엘럼의 회전은

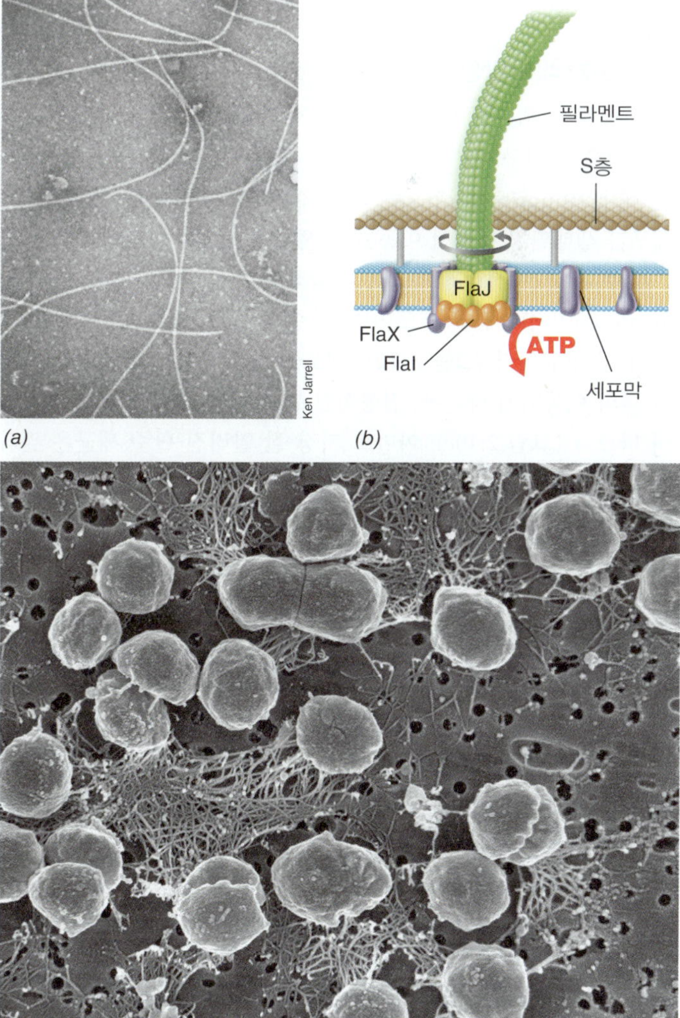

그림 2.39 아키엘라. *(a)* 메탄생성균 *Methanococcus maripaludis*의 세포로부터 분리된 아키엘라의 투과전자현미경 사진. 단일 아키엘럼 너비는 약 12 nm이다. *(b)* 고균 세포벽과 세포막에 내장된 아키엘럼의 모식도. ATP (양성자 동력이 아님, 그림 2.37*b* 참조)가 아키엘라의 회전을 유도한다. *(c)* 풍부한 아키엘라를 가지고 있는 *Methanocaldococcus jannaschii* 세포의 주사 전자현미경 사진.

ATP를 가수분해하여 작동한다. 따라서 편모와 아키엘럼은 세포 추진을 유도하는 회전 필라멘트로서 기능적으로 유사하지만, 편모 모터는 근본적으로 다른 방식으로 구동된다. 이것은 약 35억 년 전에 세균과 고균 도메인이 갈라지면서 유영 운동성이 다르게 진화되었다는 것을 의미한다.

미니퀴즈

- *Salmonella* 세포는 주모성 편모를 가지며, *Pseudomonas* 세포는 극모성 편모를 가지고 있고, *Spirillum* 세포는 극모성 편모를 가지고 있다. 각각의 미생물을 그려가며, 편모 염색을 하면 어떻게 나타나는지를 그려라.
- 편모와 아키엘라 구조, 기능과 에너지원을 비교하라.

2.12 활주 운동

일부 세균은 운동성을 가지고 있지만 편모를 가지고 있지 않다. 비유영성(nonswiming)이지만 운동성을 보이는 대부분의 세균은 활주(*gliding*)로 이동한다. 세포가 멈추고 다시 다른 방향으로 이동하는 편모 운동성과 달리 활주 운동은 낮고 부드러운 형태의 운동성이며, 전형적으로 세포의 긴 축을 따라 이동한다.

활주 운동의 다양성

활주 운동은 세균에 널리 분포되었지만, 극히 일부의 세균에서만 집중적으로 연구되었다. 활주 운동 자체—일부 활주 세균에서—는 최대 10 μm/sec로 편모에 의한 추진력보다는 늦은 속도이지만, 세포가 생태환경 내에서 이동할 수 있는 수단이 된다.

활주 세균은 전형적으로 형태학적인 면에서 필라멘트형(filamentous)이거나 간균 세포이며, 활주 과정은 세포가 고체 표면과 붙어 있어야 한다 (**그림 2.40**). 세포들이 집락 중심에서 활주하면서 나와 이동하기 때문에, 전형적인 활주 세균의 집락 모양은 확연히 다르다 (그림 2.40*c*). 아마도 가장 잘 알려진 활주 세균은 필라멘트형 남세균 (그림 2.40*a, b*)과 *Myxococcus*와 다른 myxobacteria, *Cytophaga*와 *Flavobacterium* 종과 같은 일부 그람-음성 세균이다 (그림 2.40*c, d*). 활주 운동하는 고균은 알려지지 않았다.

활주 운동 기작

여러 기작이 활주 운동에 관여하고 있다. 남세균은 기공을 통해 세포 외부표면에 다당체의 점질성 물질을 분비하여 활주한다. 점질성 물질은 세포와 세포가 이동할 단단한 표면을 서로 접촉하게 한다. 분비되면서 점질성 물질이 표면에 접착되면, 세포를 끌어당기게 된다. 비광합성 활주 세균인 *Cytophaga*도 긴 축을 따라 회전하면서 점질성 물질을 분비하여 활주한다.

"휘둘림 운동(twitching motility)" 세포도 IV형 선모 (2.7절)의 반복적인 확장과 수축으로 세포를 표면 위에서 이동시키는 기작을 이용하는 활주 운동의 한 형태를 보여준다. 활주 myxobacterium인 *Myxococceus xanthus*는 두 가지 형태의 활주 운동을 가지고 있다. 한 방법은 IV형 선모에 의한 것이며, 다른 하나는 IV형 선모 혹은 점질성 물질의 분비와는 전혀 다른 방법이다. 이러한 *M. xanthus*의 운동성 방법은 접착 단백질 복합체를 막대모양의 세포 한 끝에서 만들어서 세포가 앞으로 활주하며 한 지점에 고정시킨다. 접착 복합체는 세포의 이동 방향과 반대로 이동하는 것을 의미하며, 일종의 세포질 이동 엔진을 이용하는 것으로 추정된다.

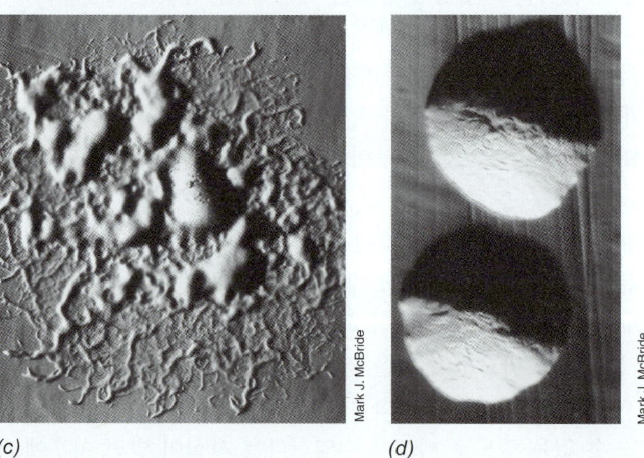

그림 2.40 활주 세균. *(a, b)* 거대한 필라멘트형 남세균 *Oscillatoria*는 약 35 μm 너비의 세포를 가지고 있다. *(b) Oscillatoria*의 필라멘트가 한천 배지 상에서 활주 운동. *(c)* 집락 중심으로부터 바깥쪽으로 활주 운동하는 세균 *Flavobacterium johnsoniae* (집락의 너비는 2.7 mm임). *(d)* 활주 운동 능력을 상실한 *F. johnsoniae* 변이형 균주는 활주 운동을 하지 않는 세균의 전형적인 집락 형태를 보임 (집락의 직경은 0.7~1 mm임). 그림 2.42 참조.

다른 활주 세균에서는 활주 기작이 점질성 물질 분비 혹은 휘둘림 운동이 아니다. 예를 들어, *Flavobacterium johnsoiae* 속 (그림

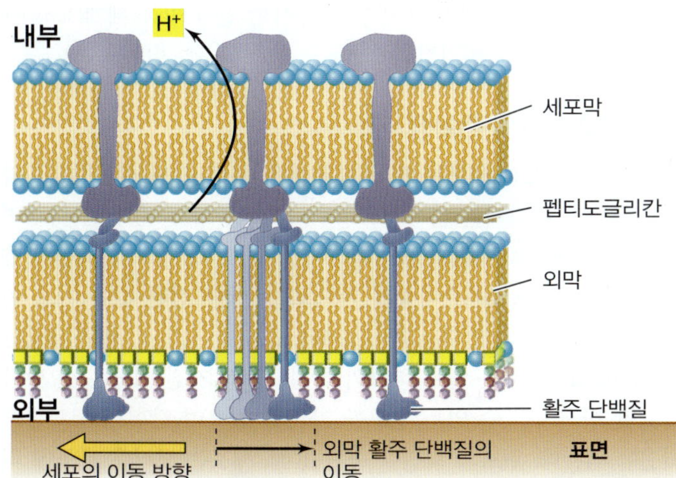

그림 2.41 *Flavorbacterium johnsoniae*의 활주 운동. 이동궤도 (노란색)가 세포질 단백질을 외막 활주 단백질에 연결시키는 펩티도글리칸에 존재하며, 외막 활주 단백질이 고체표면을 따라 활주하도록 한다. 외막 단백질과 세포의 진행 방향이 서로 반대 방향으로 이동한다.

2.40*c*와 **그림 2.41**)의 경우에 점질성 물질이 분비되지 않으며 세포가 IV형 선모를 가지고 있지 않다. 반면에 이러한 활주 기작을 대신에 *Flavobacterium* 세포 표면에 존재하는 단백질의 이동이 활주 기작을 만들어낸다. 세포막과 외막에 고정된 이동성 특정 단백질이 톱니바퀴와 같은 기작을 통해 *Flavobacterium*의 세포를 앞으로 이동하게 하는 것 같다 (그림 2.41). 세포막의 활주 관련 단백질의 이동은 양성자 동력에 의해 추진되고, 이 동력은 외막의 연관된 활주 단백질에도 전달된다. 외막의 단백질이 고체 표면에서 반대 방향으로 이동함으로써 세포를 앞으로 끌어당긴다 (그림 2.41).

다른 종류의 운동성과 마찬가지로, 활주 운동도 생태적으로 매우 중요한 의미를 갖는다. 활주 운동은 세포로 하여금 새로운 자원을 찾아 이동하고, 다른 세포들과 상호작용을 하도록 한다. 예를 들어, *Myxoloclus xanthus*와 같은 myxobacteria는 매우 공유적이고, 협동적인 생활 형태를 가지고 있으며, 활주 운동은 세포의 생주기에 필요한 세포 간 밀접한 관계에 중요한 역할을 한다 (15.17절).

미니퀴즈

- 활주 운동과 유영성에서 기작과 요구 조건의 차이점은?
- 필라멘트형 남세균과 *Flavobacterium*의 활주 운동 기작을 비교 설명하라.

2.13 주화성 및 기타 주성

세균과 고균의 세포는 흔히 자연에서 물리적이거나 화학적 인자의 농도구배에 직면하게 되어, 이를 향해 가거나 멀어지려는 수단을 진화시켜왔다. 이와 같이 방향성을 가진 이동을 주성(*taxis*, 복수 taxes)이라고 한다. 화학물질에 반응하는 **주화성(chemotaxis)**과 빛에 반응하는 **주광성(phototaxis)**이 잘 연구된 주성이다. 세포가 다양한 자극으로 향하거나 멀리 이동하는 능력은 이렇게 지시된 움직임이 자원에 대한 접근을 향상시키거나 세포를 손상 혹은 죽일 수 있는 유해한 물질을 피할 수 있게 한다는 점에서 생태학적으로 중요하다.

주화성은 유영 세균에서 잘 연구되었으며, 주변 환경의 화학적 상태 정보가 편모에 어떻게 전달되는지 유전자 수준까지 알려져 있다. 따라서 이 절에서는 유영 세균에 한정해 설명하려고 한다. 그러나 일부 활주 운동을 하는 세균도 주화성이며, 필라멘트형 남세균 (그림 2.40*a*, *b*)도 주광성 반응을 가지고 있다. 이와 더불어 많은 유영성 고균도 주화성이며, 세균의 주화성을 조절하는 많은 단백질도 역시 고균에도 존재한다. 이 절에서 일반적인 미생물 주화성에 대해 논의한다. 6.7절에서 세균과 고균에의 주성 통제를 위한 일반적인 모델로 *Escherichia coli*의 주화성의 분자학적 기작을 설명한다.

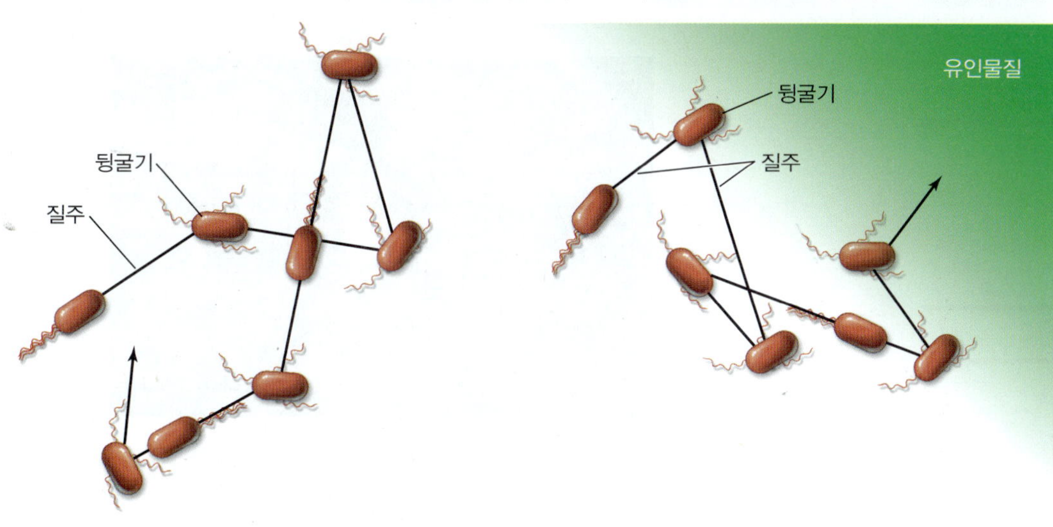

그림 2.42 주모성 편모 세균의 주화성. *(a)* 화학적인 유인물질이 없을 때, 세포는 무작위적으로 유영하면서 방향을 전환시킨다. *(b)* 유인물이 존재할 때, 유영은 편향되어 세포가 유인물질의 구배로 이동한다. 유인물질의 농도구배는 초록색으로 그려져 있으며, 색이 가장 진한 곳이 가장 높다.

주모성 편모 세균의 주화성

주화성에 대한 대부분의 연구는 주모성 세균인 *E. coli*를 이용하여 수행되어 왔다. 주화성이 *E. coli*의 행동에 영향을 주는지 이해하기 위해서는 세포가 속해 있는 환경 내에서 세포가 화학적 농도구배에 대응하는 상황을 고려해야 한다 (**그림 2.42**). 농도구배가 없을 경우, 질주(*run*)를 포함하여 자유롭게 세포가 앞으로 부드럽게 유영하고, 세포가 멈추며 가볍게 흔드는 방향 전환(*tumble*)과 같은 임의적인 형태로 이동한다.

질주 중 앞으로 이동하는 동안, 편모 모터는 반시계 방향으로 회전한다. 편모 모터가 시계 방향으로 회전하면, 편모 다발이 풀리면서, 전진 이동이 중지되며 세포는 방향을 전환한다 (그림 2.42).

방향 전환 후 질주 방향은 무작위적이다. 그러므로 질주와 방향 전환의 수단을 이용하여 세포는 환경 내에서 무작위로 움직이지만 특정한 곳으로 이동하는 것이 아니다. 그러나 만약 화학적 유인물질(attractant)의 농도구배가 있을 경우, 무작위적 이동은 점차 한쪽으로 치우치게 된다. 생물체가 유인물질의 농도가 높은 쪽으로 이동하는 것을 감지한다며, 질주는 길어지고 방향 전환은 줄어들게 된다. 이러한 행동반응의 결과로 미생물은 유인물질의 농도구배가 높은 쪽으로 이동한다 (그림 2.42*b*). 만약 생물체가 기피물질(repellent)을 감지할 경우, 같은 기작이 적용되지만, 기피물질의 농도가 감소 (유인물질의 농도의 증가 대신에)가 질주를 유도하게 된다.

어떻게 화학물질의 농도구배를 감지하는가? 원핵세포는 하나의 세포 길이 정도의 농도구배를 감지하기에는 너무 작다. 대신에 움직이는 동안 세포는 주기적으로 화학물질을 추출하여 앞서 감지한 농도를 비교하여 주변 환경을 감지한다. 그러므로 세균 세포는 유영 중 공간적(*spatial*)이 아닌 시간적(*temporal*) 화학물질의 농도 차이에 반응한다. 감지된 정보는 관련 단백질의 정교한 조절작용에 전달되어 궁극적으로 편모 모터의 회전 방향에 영향을 준다. 유인물질과 기피물질은 화학수용체(*chemoreceptor*)라 불리는 여러 개의 막단백질에 의해 감지된다. 이 단백질은 화학물질과 결합하여, 편모의 감각 전달과정을 유도한다 (⇄ 6.7절). 이와 같이 주화성은 동물의 신경계 감각 반응과 유사한 감각 반응 체계(*sensory response system*)로 여겨질 수 있다.

극성 편모 세균의 주화성

극성 편모를 가진 세포는 *E. coli*와 같은 주성편모를 가진 세포와 유사하지만, 똑같지는 않다. *Pseudomonas* 종과 같은 많은 극성편모를 가진 세균들은 편모를 역회전시킬 수 있고, 편모의 회전 방향을 쉽게 바꿀 수 있다. 이렇게 함으로써, 방향 전환 없이 바로 이동 방향을 바꿀 수 있다 (그림 2.36*b*). 그러나 광합성 자색 세균인 *Rhodobacter*와 같은 일부 하나의 극성편모를 가진 세균은 한 방향으로만 회전시킬 수 있는 편모를 가지고 있으며 간헐적으로 편모 회전을 멈춘다. 편모의 회전이 중지될 때, 세포는 브라운 운동에 의해 방향이 바뀌게 된다 (그림 2.36*b*). 편모가 다시 회전함에 따라 세포는 새로운 방향으로 이동하게 된다.

무작위적 행위처럼 보이지만, *Rhodobacter* 세포는 특정 유기물질에 강한 주화성을 가지고 있으며, 또한 산소와 빛에 대한 주성을 보여준다. *Rhodobacter*는 *E. coli*와 같이 편모의 회전 방향과 방향 전환을 할 수 없어도, 높은 농도의 유인물질을 감지하는 동안 지속적으로 질주한다는 점에서 유사점을 가지고 있다. 세포가 낮은 농도의 유인물질을 감지하면 이동을 멈춘다. 이렇게 시작과 정지를 함으로써, 세포는 궁극적으로 유인물질이 많은 방향을 찾고 화학수용체가 포화되거나 유인물질의 양이 줄어드는 것을 감지하기 전까지 계속 질주를 한다.

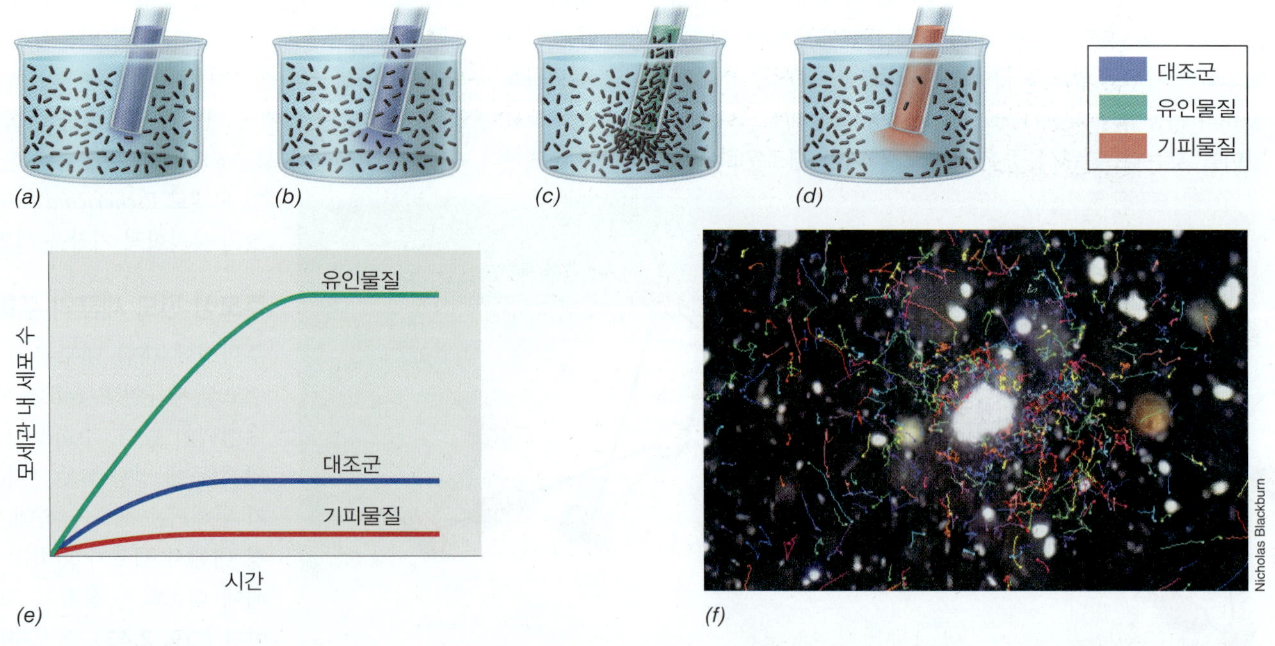

그림 2.43 모세관을 이용한 주화성의 측정. *(a)* 세균 현탁액에 모세관을 삽입함. 모세관이 삽입됨에 따라 농도구배가 형성되기 시작한다. *(b)* 대조군의 모세관은 유인물질 혹은 기피물질이 아닌 소금용액이다. 모세관의 세포 농도는 외부와 같아진다. *(c)* 유인물질을 함유하는 모세관에 세균의 축적. *(d)* 기피물질에 의한 세균의 반발. *(e)* 다양한 화학물질을 함유하는 모세관에서 시간의 경과에 따른 세포 수를 보여주는 그래프. *(f)* 바닷물에서 조류 (중앙의 큰 흰색 점) 주위를 맴도는 운동성 세균의 이동경로를 현미경에 부착된 비디오 캠코더를 이용하여 촬영한 사진. 세균이 산소를 방출하는 조류 세포 중심으로 산소 주성에 의해 어떻게 이동하는지 주목하라. 조류의 직경은 약 60 μm이다. 화학주성에 참여하는 단백질과 화학주성이 조절되는 기작은 6.7절에서 자세히 설명한다.

주화성의 측정

세균의 주화성은 유인물질이 들어 있지 않은 운동성 세균의 현탁액에 유인물질을 함유한 작은 유리 모세관을 침지함으로써 손쉽게 보여줄 수 있으며 정량화할 수 있다. 모세관 끝에서 멀어질수록 유인물질의 농도가 점차 감소하여 모세관의 끝에서부터 주위 배지로 농도구배가 형성된다 (**그림 2.43**). 유인물질이 있게 되면 열려 있는 모세관 끝으로 모이면서, 주화성 세균들이 그 방향으로 이동하여 함께 모이게 된다 (그림 2.43*c*). 물론 무작위적 이동으로 인해, 배지와 동일한 조성을 가진 용액 (대조 용액, 그림 2.43*b*)이 들어 있어도 일부 주화성 세균이 모세관 안으로 들어가게 된다. 그러나 만약 유인물질이 있게 되면, 모세관 안쪽의 세균의 숫자가 바깥쪽 세균의 수보다 훨씬 높게 된다. 일정시간이 지난 후 모세관을 제거한 후 세포의 숫자를 세고 대조군과 비교할 경우 유인물질이 있는 것을 쉽게 확인할 수 있다 (그림 2.43*e*).

침지된 모세관에 기피물질이 있으면, 반대 현상이 일어난다; 세포가 기피물질의 높은 농도구배를 감지하면, 해당 화학수용체는 편모의 회전 방향에 영향을 미쳐 세포가 점차적으로 기피물질로부터 멀어지도록 한다. 이 경우, 모세관 내 세포 숫자는 대조 용액과 비교하여 적을 것이다 (그림 2.43*d*). 이러한 간단한 모세관 방법을 이용하여, 화학물질이 특정 세균에게 유인물질 혹은 기피물질인지를 평가할 수 있다.

주화성은 또한 현미경으로도 관찰이 가능하다. 시간에 따라 세균 세포의 위치를 추적하고 개별 세포의 이동경로를 보여줄 수 있는 비디오카메라를 이용하여 세포의 주화성 이동을 관찰할 수 있다 (그림 2.43*f*). 이 방법은 자연환경에서 여러 미생물이 혼합되어 있을 때 주화성을 연구하는 데 사용되었다. 자연에서는 주요한 세균의 주화성 화학물질은 큰 미생물 또는 살아 있거나 죽은 미생물에서 나오는 영양분이다. 예를 들어, 조류(algae)는 세균이 조류 세포 쪽으로 주화성 이동을 유발할 수 있는 유기물질과 산소 (O_2, 광합성으로부터)를 생성한다 (그림 2.43*f*).

주광성 및 기타 주성

많은 광합성 미생물은 빛을 향해 이동하는데, 이를 주광성(*phototaxis*)이라 한다. 주광성은 광합성 미생물이 광합성을 위하여 빛을 효과적으로 받을 수 있는 곳으로 스스로 이동시킬 수 있도록 한다. 이 현상은 이동성 자색 광합성 세균이 있는 현미경 슬라이드에 빛의 스펙트럼을 조사하여 관찰할 수 있다. 슬라이드 상에서 세균이 광합성 색소가 흡수하는 파장 쪽으로 모여 든다 (**그림 2.44a**). 이러한 색소에는 특히 세균 엽록소와 카로티노이드가 포함된다 (14장).

광합성 세균에서는 두 종류의 빛에 의한 주성이 확인되었다. 암중 주광성(*scotophobotaxis*)이라고 불리는 것은 현미경으로만 관찰이 가능하며, 광합성 세균이 현미경의 광 조사 시야 밖의 어두운 곳으로 유영할 때 일어난다. 어둠 속으로 이동하면 광합성과 그에 따라 세포의 에너지 상태에 부정적인 영향을 미쳐, 세포가 방향 전환을 하도록 신호를 주게 되어 방향을 바꾸고 다시 질주하여 빛이 있는 곳으로 재진입한다. 아마도 암중 주광성은 광합성 자색 세균이 빛이 있는 곳으로 이동할 때 어두운 서식지로 들어가는 것을 방지하고, 세균의 경쟁력을 향상시킨다.

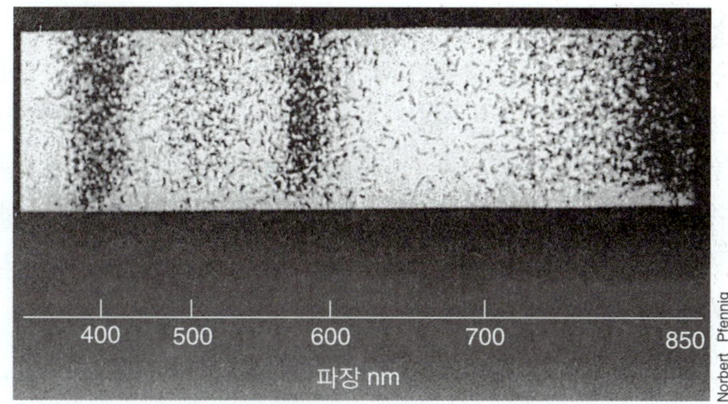

(a)

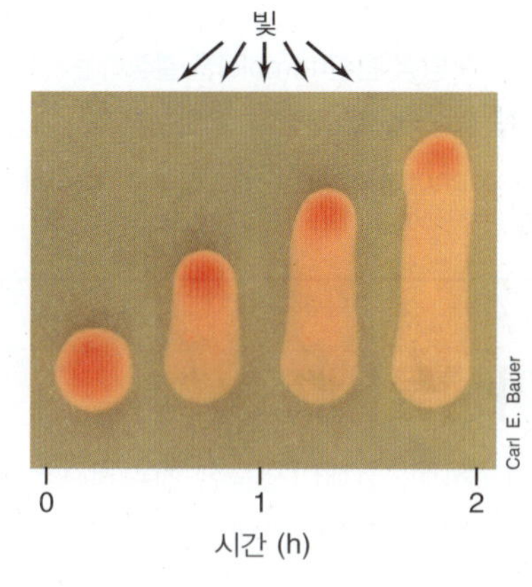

(b)

그림 2.44 광합성 세균의 주광성. *(a)* 색소가 흡수할 수 있는 빛의 파장에서 광합성 자색 세균인 *Thiospirillum jenense*이 암주 주광성(scotophobic) 형태로 모임. 현미경 슬라이드 상에서 빛의 스펙트럼에 따라 고농도의 세균 현탁액을 보여줌; 일정시간 경과 후, 세균이 선택적으로 축적되었을 때 찍은 사진. 세균이 축적된 파장은 광합성 색소인 세균엽록소(bacteriochlorophyll)가 흡수하는 파장이다 (그림 14.2*b*와 비교). *(b)* 자색 광합성 세균인 *Rhodospirillum centenum*의 모든 집락의 주광성. 강력한 주광성 세포는 광원이 있는 위쪽을 향하여 일제히 이동한다. 그림 2.34의 *R. centenum* 세포 편모의 전자현미경 사진을 참조하라.

주광성은 빛의 강도 차이에 따라 낮은 곳에서 높은 곳으로 이동하는 것으로 암중 주광성과는 다르다. 주광성은 단지 화학물질 대신 빛이 유인물질인 것을 제외하고는 주화성과 동일하다. 높은 이동성을 가진 광합성 자색 세균 *Rhodosporoillum centenum* (그림 2.34)과 같은 일부 세균은 전체 세포의 집락(*entire colonies*)이 주광성을 보이며 빛을 향해 일제히 이동한다 (그림 2.44*b*).

주화성을 제어하는 조절계의 여러 구성요소 또한 주광성을 조절한다. 화학수용체와 같은 기능을 가지며 화학물질 대신 빛의 강도 차이를 감지하는 광수용체(*photoreceptor*)는 주광성 반응의 초기 감지기이다. 그 후 광수용체는 주화성에서 편모의 회전을 조절하는 같은 세포질 단백질과 상호작용하며, 세포가 빛의 강도가 높은 쪽으로 유영을 하면 지속적으로 질주를 하도록 한다. 6.7절에서 이러한 단백질의 활성에 대해 구체적으로 설명한다.

산소에 접근하거나 멀어지는 이동 [주기성(*aerotaxis*) 참조, 그림 2.43*f*], 또는 높은 이온 강도에 접근하거나 멀어지는 이동 [삼투주성(*osmotaxis*)]과 같은 세균의 또 다른 주성이 다양한 유영 원핵생물에서 알려져 있다. 또한 일부 활주 남세균에서 특이한 주성인 주수성 (*hydrotaxis*, 물을 향하는 움직임)이 알려져 있다. 주수성은 활주 남세균이 사막과 같은 건조한 환경에서 수분이 많은 쪽으로 활주 이동하도록 한다.

미니퀴즈

- 주화성(chemotaxis)을 정의하라. 주화성과 주기성(aerotaxis)은 어떻게 다른가?
- 무엇이 질주(run)와 방향 전환(tumble)을 결정하는가?
- 주화성은 어떻게 정량적으로 측정할 수 있는가?
- 암중 주광성(scotophototaxis)은 주광성(phototaxis)과 어떻게 다른가?

V • 진핵미생물 세포

원핵세포와 비교하여, 진핵미생물은 전형적으로 구조적으로 더 복잡하고 세포가 더 크다. 진핵생물학 연구의 일반적인 모델인 진핵미생물의 구조적/기능적 논점을 고려함으로써 미생물 구조와 기능에 대한 설명을 끝내려고 한다. 진핵미생물은 곰팡이, 조류, 원생동물 및 다른 원생생물을 포함한다. 진핵미생물의 다양성은 18장에서 다룬다.

2.14 핵과 세포분열

진핵생물 세포는 그들이 포함하고 있는 기관의 내용물 면에서 매우 다양하지만 핵을 싸고 있는 단위막(unit membrane)은 보편적으로 존재하며, 진핵세포의 특징(hallmark)이라고 할 수 있다. 미토콘드리아는 진핵세포에서 거의 보편적인 반면, 색소 엽록체는 광합성 세포에서만 발견된다. 다른 구조로는 골지복합체, 리소솜, 소포체, 미세소관과 미세섬유가 있다 (**그림 2.45**). 일부 진핵미생물은 운동성을 부여하는 구조인 편모 또는 섬모 구조를 가지고, 균류 및 조류와 같은 많은 생명체에서는 세포벽이 존재한다.

진핵세포의 막은 스테롤(*sterols*)을 가지고 있다. 소수의 원핵세포를 제외한 세포에는 존재하지 않는 이 분자는 원핵생물이나 동물세포와 같은 세포벽이 없는 진핵생물에서는 매우 중요한 구조적 강도를 진핵세포에 부여한다.

핵

핵(nucleus)에는 진핵세포의 염색체가 들어 있다. 핵 안에 있는 DNA는 **히스톤** (**histones**; 양전하를 가지고 있는)이라고 불리는 단

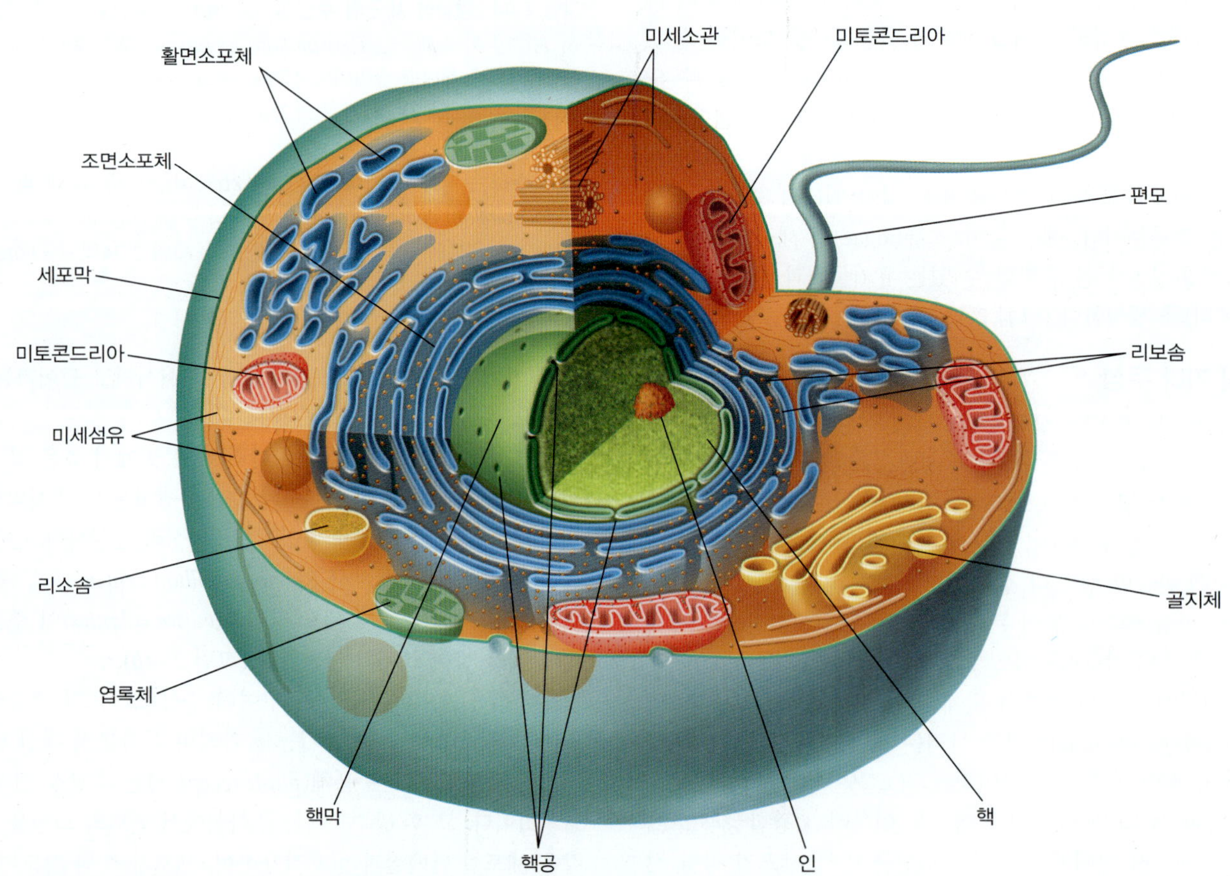

그림 2.45 진핵미생물의 일반적 단면도. 모든 진핵세포가 핵을 가지고 있지만, 그림에 그려져 있는 모든 소기관과 구조 모두 진핵미생물에 존재하지는 않는다. 곰팡이, 조류, 식물과 일부 원생동물에서 발견되는 세포벽은 그림에 나타나있지 않다.

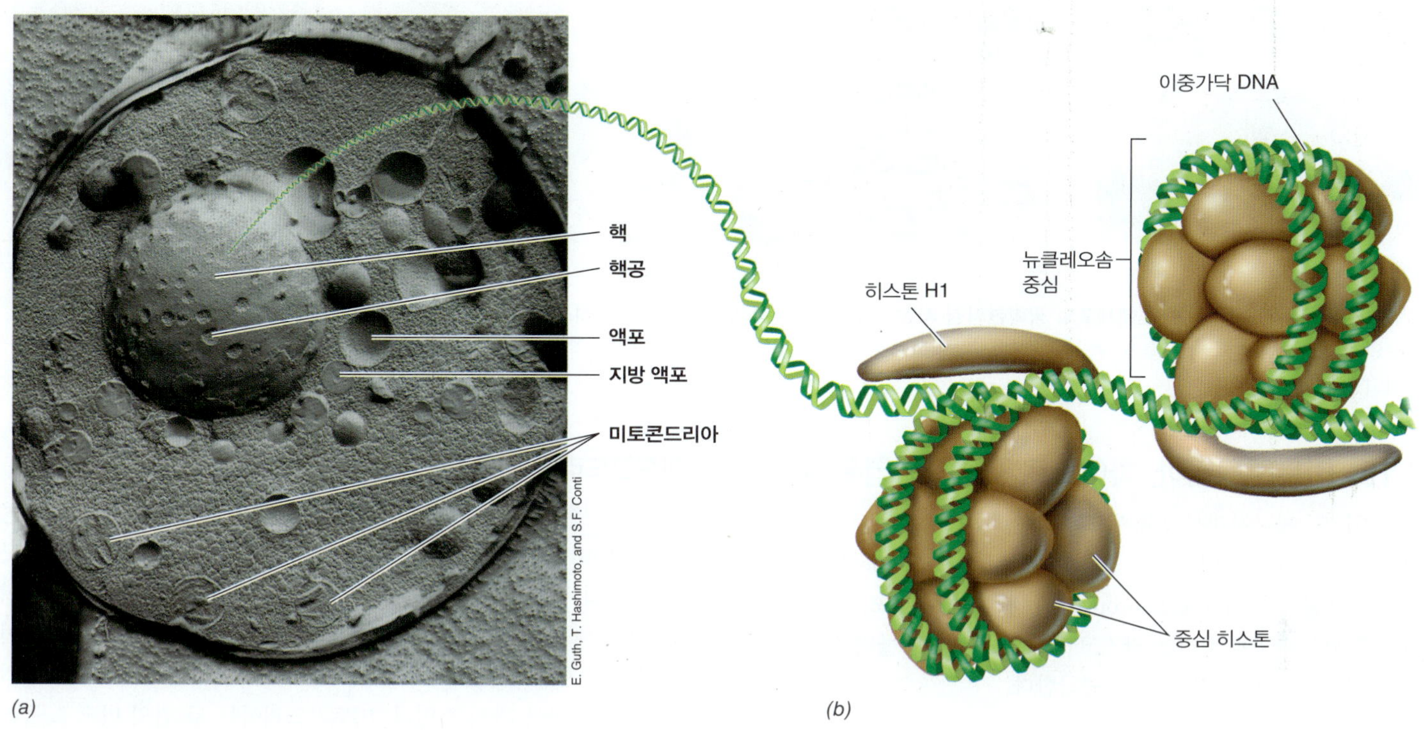

그림 2.46 진핵생물의 핵과 DNA 구성. *(a)* 핵 표면을 보이도록 처리된 효모 세포의 전자현미경 사진. 세포의 너비는 8 μm이다. *(b)* 뉴클레오솜을 형성하기 위해 히스톤을 감싸고 있는 DNA의 구성. 유사분열 과정 중 뉴클레오솜은 DNA 가닥이 줄에 구슬처럼 만들어져 염색체를 구성하도록 모여 있다 (그림 2.47 참조).

백질을 감싸고 있으며, 음전하의 DNA를 단단히 포장하여 뉴클레오솜(nucleosomes)을 형성하고 (**그림 2.46**), 이를 기본으로 하여 염색체를 형성된다. 핵은 한 쌍의 막으로 둘러싸여 있으며, 각각의 고유 기능을 가지고 있으며, 공간으로 구분된다. 내막은 단순한 주머니인 반면, 외막은 많은 위치에서 소포체와 연결되어 있다. 내부와 외부 핵막은 각각 핵질(nucleoplasm)과 세포질(cytoplasm)과 상호작용하도록 분화되어 있다. 핵막에는 내막과 내막이 접합된 곳에 있은 구멍으로 만들어진 세공(pore) (그림 2.45와 2.46*a*)을 가지고 있다. 세공은 수송단백질이 다른 단백질과 핵산을 핵 안팎으로 들여오고 내보낼 수 있도록 하며, 핵 수송(*nuclear transport*)이라고 한다.

핵 안에 리보솜 RNA (rRNA)의 합성 장소인 구상 소체(*nucleolus*)가 있다 (그림 2.45). 구상 소체에는 RNA가 많이 있으며, 세포질에서 합성된 리보솜 단백질이 구상 소체로 수송되어 rRNA와 결합하여 진핵세포 리보솜의 작고 큰 소단위(subunit)를 형성한다. 이후, 세포질로 이동하여 완전한 리보솜을 만들고 단백질 합성 기능을 수행하게 된다.

세포분열

진핵세포는 염색체가 복제되고, 핵이 형태를 잃어버리고, 엽록체가 두 세트로 분리되며, 핵이 차세대 세포에서 재형성되는 과정을 거쳐 분열한다 (**그림 2.47**). 원핵세포는 유전 상태가 반수체 형이며 많은 진핵미생물은 반수체(*haploid*)와 배수체(*diploid*) 두 가지 유전상태 중 하나로 존재할 수 있다. 배수체 세포는 각 염색체의 두 복사본을 가지고 있으며, 반수체는 하나 복사본을 가지고 있다. 예를 들어, 맥주 효모 *Saccharomyces cerevisiae*는 배수체 (32개 염색체)로 존재할 뿐만 아니라, 반수체 (16개 염색체)로 존재할 수 있다. 그러나 유전 상태와 관계없이 세포분열 중 먼저 염색체의 숫자는 배가된 후, 차세대 세포가 정확하게 염색체를 가질 수 있도록 염색체가 절반으로 줄어든다. 이를 진핵세포에 있는 **유사분열(mitosis)** 과정이라고 한다. 유사분열 중 염색체는 압축되고, 분열하여 두 세트로 나눠져 하나씩 차세대 세포로 분리된다 (그림 2.47).

유사분열과 반대로, **감수분열(meiosis)**은 배수체가 반수체 상태로 바뀌는 과정이다. 감수분열은 두 번의 세포분열로 구성되어 있다. 첫 번째 감수분열에서는 동일한 염색체가 분열된 세포로 분리되어, 배수체에서 반수체의 유전 상태로 전환한다. 두 번째 감수분열은 기본적으로 유사분열과 같으며, 두 개의 차세대 세포가 생식세포(*gametes*)라고 불리는 모두 4개의 반수체 세포로 분열한다. 고등생물에서는 난자와 정자가 이러한 세포다; 진핵미생물에는 포자 또는 연관된 생식 구조가 이러한 세포이다.

미니퀴즈

- DNA가 어떻게 진핵생물의 염색체로 배열되었나?
- 히스톤(histone)은 무엇이며 기능은 무엇인가?
- 유사분열과 감수분열의 주요 차이점은?

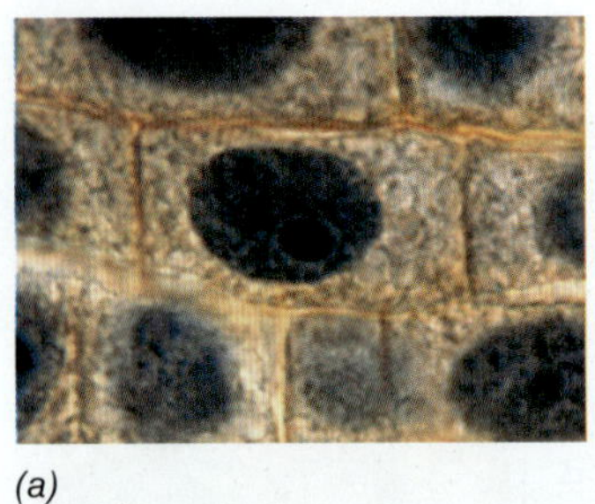
(a)

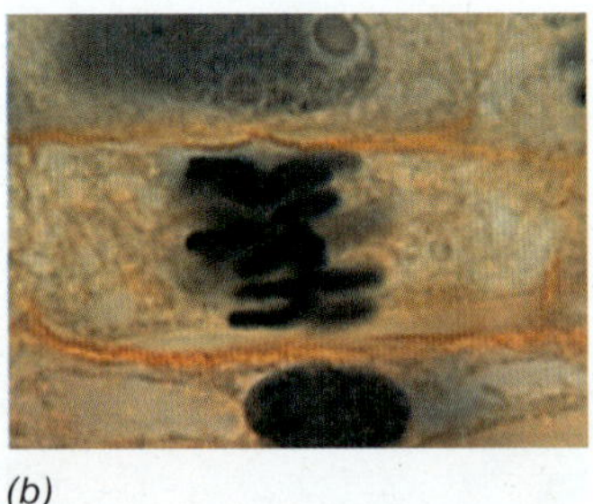
(b)

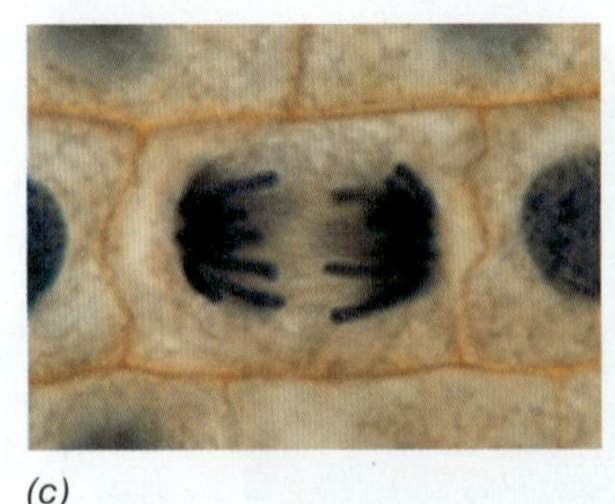
(c)

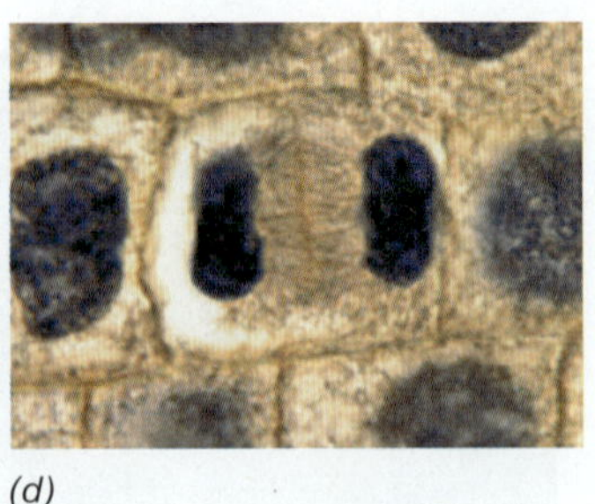
(d)

그림 2.47 유사분열을 하는 진핵세포의 광학현미경 사진. *(a)* 간기, 뚜렷한 염색체가 보이지 않는다. *(b)* 중기, 동일한 염색체가 세포의 중앙에 정렬한다. *(c)* 후기, 동일한 염색체가 양쪽으로 끌려가며 분리된다. *(d)* 말기, 염색체가 새로 생성한 차세대 세포로 분리되었다.

2.15 미토콘드리아, 하이드로게노솜과 엽록체

진핵생물의 에너지대사 작용에 특화되어 있는 소기관은 미토콘드리아(mitochondria)와 하이드로게노솜(hydrogenosome)이며, 광합성 진핵생물에는 엽록체(chloroplast)이다. 이러한 세포소기관은 진화론적으로 세균에 뿌리를 가지고 있으며 유기화합물의 산화 또는 빛으로부터 진핵세포에 ATP를 공급한다.

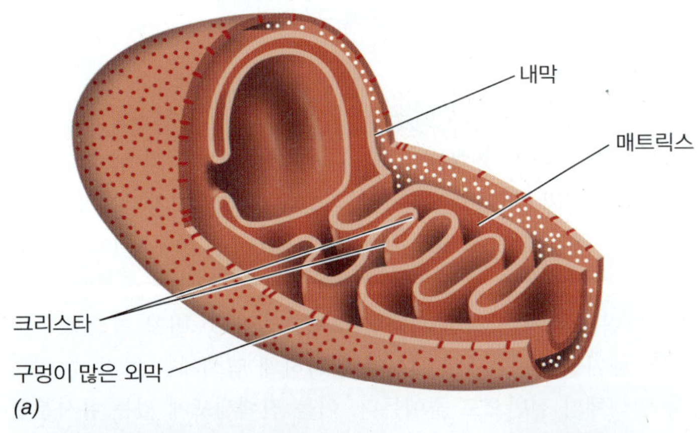

(a)

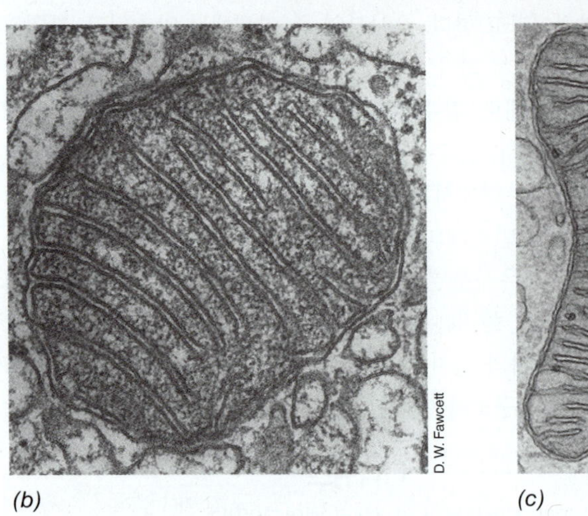

(b)

D. W. Fawcett
(c)

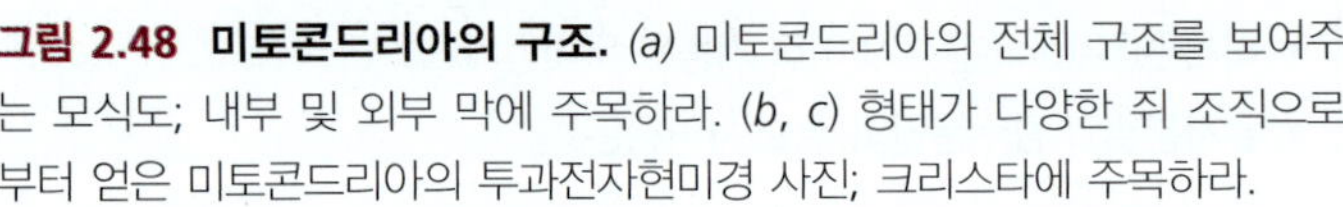
그림 2.48 미토콘드리아의 구조. *(a)* 미토콘드리아의 전체 구조를 보여주는 모식도; 내부 및 외부 막에 주목하라. *(b, c)* 형태가 다양한 쥐 조직으로부터 얻은 미토콘드리아의 투과전자현미경 사진; 크리스타에 주목하라.

미토콘드리아

호기성 진핵세포에서 호흡은 미토콘드리아에서 일어난다. **미토콘드리아(mitochondria)**는 세균의 크기를 가지고 있으며 다양한 모양을 가질 수 있다 (**그림 2.48**). 세포당 미토콘드리아의 숫자는 어느 정도 세포의 종류와 크기에 달려 있다. 동물 세포는 1,000개 이상의 미토콘드리아를 가지고 있지만, 효모 세포는 매우 적은 수의 미토콘드리아를 가지고 있다. 미토콘드리아는 두 겹의 막으로 둘러싸여 있다. 핵막과 같이, 외부 미토콘드리아 막은 상대적으로 투과성을 가지며 작은 분자가 통과할 수 있는 세공을 가지고 있다. 내부 막은 투과성이 적고 구조는 세균의 세포막과 매우 유사하다.

미토콘드리아는 또한 **크리스타(cristae)**라고 불리는 일련의 포개진 내막을 가지고 있다. 이 막은 내막의 함입에 의해 형성된 것으로 호흡과 ATP 생산에 관여하는 효소를 가지고 있다. 또한 크리스타는 ATP와 같은 중요한 분자가 미토콘드리아의 가장 안쪽의 구성요소인 매트릭스(*matrix*) 안팎으로 이동하는 것을 조절하는 수송 단백질을 가지고 있다 (그림 2.48*a*). 매트릭스는 유기화학물의 산화를 담당하는 수많은 효소, 특히 유기화학물을 CO_2로 연소시키는 주회로인 구연산 회로의 효소를 함유하고 있다 (3.9절).

하이드로게노솜

일부 진핵미생물은 산소에 의해 죽어, 많은 세균과 고균과 같이 혐기성 상태에서 살아간다. 이런 미생물은 미토콘드리아가 없고 일부는 **하이드로게노솜(hydrogenosome)**이라고 불리는 구조를 가지고 있다 (**그림 2.49**). 미토콘드리아와 비슷한 크기이지만, 하이드로게노솜에는 구연산 회로의 효소들과 크리스타를 가지고 있지 않다. 하이드로게노솜을 가지고 있는 진핵미생물은 단지 발효 대사만을 한다. 예로는 인간 기생성 편모충인 *Trichomonas* (18.3절과 33.4절)과 반추동물 (23.13절)의 반추위에서 살아가거나 산소가 결핍된 진흙과 퇴적물에 서식하는 다양한 원생동물이 있다.

하이드로게노솜에서 일어나는 주요 생화학 반응은 피루브산염을 H_2, CO_2와 아세트산염(acetate)으로 산화하는 것이다 (그림 2.49*b*). 일부 혐기성 진핵생물은 세포질에 H_2를 사용하는 메탄생성균(*methanogens*)을 가지고 있다. 이런 고균은 하이드로게노솜에서 생성된 H_2와 CO_2를 사용하여 메탄(CH_4)을 생성한다. 하이드

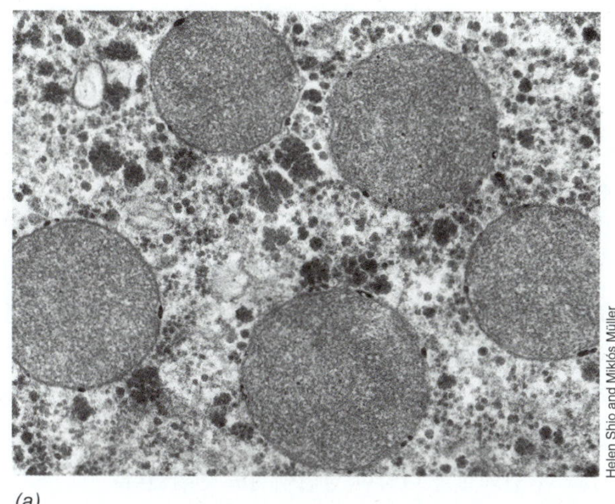

(a)

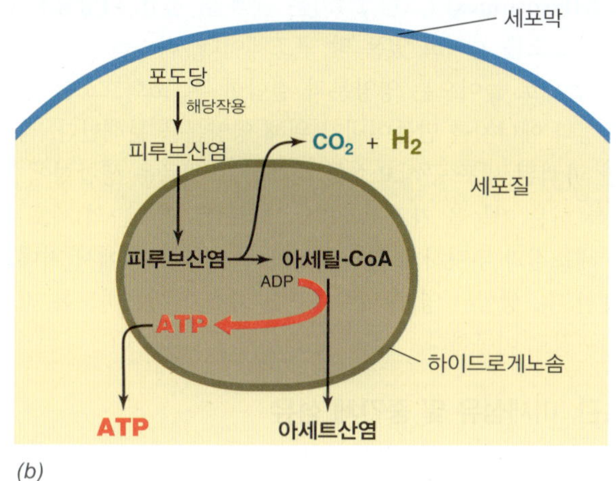

(b)

그림 2.49 하이드로게노솜. *(a)* 다섯 개의 하이드로게노솜을 보여주고 있는 혐기성 원생동물 *Trichomonas vaginals* 세포 단면의 전자현미경 사진. 그림 2.48에 있는 미토콘드리아의 내부 구조와 비교하라. *(b)* 하이드로게노솜의 생화학. 하이드로게노솜이 피루브산염을 들여와 H_2, CO_2,아세트산염과 ATP를 생성한다.

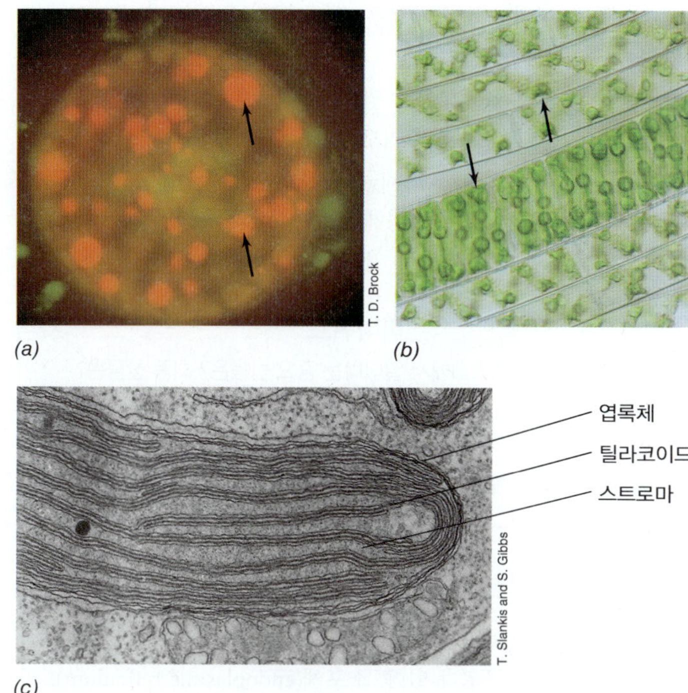

그림 2.50 규조류와 녹조류 세포의 엽록체. *(a)* 형광으로 염색된 엽록소를 보여주는 규조류의 형광현미경 사진; 화살표, 엽록체. 세포의 너비는 약 40 μm이다. *(b)* 특징적으로 나선모양의 엽록체 (화살표)를 보여주고 있는 필라멘트성 녹조류 *Spirogyra*의 위상차 현미경 사진. 세포의 너비는 약 20 μm이다. *(c)* 규조류의 엽록체를 보여주고 있는 투과전자현미경 사진; 틸라코이드를 주목하라.

로게노솜은 염기성이며 호흡을 할 수 없기 때문에 미토콘드리아와 달리 피루브산염 산화반응으로 생성된 아세트산염을 산화시킬 수 없다. 따라서 아세트산염은 하이드로게노솜으로부터 숙주 세포의 세포질로 분비된다 (그림 2.49*b*).

엽록체

엽록체(chloroplasts)는 광합성을 하는 조류와 같은 진핵미생물이 엽록소를 가지고 있는 소기관이며 광합성을 하는 기능을 가지고 있다. 엽록체는 상대적으로 커서 광학현미경으로 관찰이 가능하며 (**그림 2.50**) 세포당 숫자는 종에 따라 다르다.

미토콘드리아와 마찬가지로 엽록체도 투과성이 있는 외막과 이보다는 투과성이 낮은 내막을 가지고 있다. 내막은 미토콘드리아의 매트릭스와 유사한 **스트로마(stroma)**를 감싸고 있다 (그림 2.50*c*). 스트로마는 대부분 광합성체들이 CO_2를 유기화합물로 전환시키는 일련의 생합성반응인 캘빈 회로(Calvin cycle)에 가장 중요한 효소인 *ribulose bisphosphate carboxylase* (RubisCO)라는 효소가 다량 함유하고 있다 (14.5절). 엽록체의 외막의 투과성은 광합성 중 생성된 포도당과 ATP를 생합성에 이용할 수 있도록 세포질로 확산되도록 한다.

엽록체에서 광합성의 명반응에 필요한 엽록소와 다른 모든 구성 성분은 **틸라코이드(thylakoids)**라고 불리는 일련의 납작한 막 원반에 위치한다 (그림 2.50*c*). 세포막과 같이 틸라코이드 막은 매우 비투과성이며 주요 기능은 ATP를 합성하도록 빛에 의한 양성자 동력 (그림 2.7*c*)을 만들어 내는 것이다.

세포소기관과 내부공생

상대적인 독립성, 크기와 외형적으로 세균과의 유사성을 기반으로, 과거 100여 년 동안 미토콘드리아와 엽록체는 각각 호흡과 광합성을 하는 세균에서 유래했다는 가설이 확립되었었다. 비광합성 진핵생물 숙주와 함께 함으로써, 공생하는 세균의 세포는 숙주 안에서 안정적이며 지속적인 생장 환경을 갖게 되고 진핵생물은 새로운 에너지 대사 형태를 가지게 된다. 점차적으로 본래 독립생활을 하는 공생균은 진핵세포의 한 부분이 되었다. 미토콘드리아, 하이드로게노솜과 엽록체의 조상으로서 공생 세균에 대한 개념은 진핵세포 기원 (13.4절과 18.1절)의 **내부공생 가설(endosymbiotic hypothesis)** ("endo"은 "안"을 의미함)이라고 불리며 생물학에서 잘 받아들여지고 있다.

여러 증거가 내부공생 가설을 증명하고 있다. 특히 미토콘드리아, 하이드로게노솜과 엽록체는 자체 유전체와 리보솜을 가지고 있다는 것이다. 유전체는 세균의 염색체 (9.3절)와 같이 원형 형태로 배열되어 있고, 소기관의 리보솜 RNA을 코딩 (그림 1.36)하는 유전자 서열은 명확하게 세균에 기원한다는 것을 보여주고 있다. 그러므로 진핵세포는 생명체의 두 영역의 유전자를 가지고 있는 유전학적 공생체이다: 숙주 세포 (진핵생물)와 공생균 (세균).

미니퀴즈

- 미토콘드리아와 엽록체에서 일어나는 중요 반응은? 최종 산물은?
- 미토콘드리아와 하이드로게노솜의 피루브산염 대사작용을 상호 비교하라.
- 내부공생 이론은 무엇이며, 이를 증명할 수 있는 증거는 무엇인가?

2.16 기타 진핵세포의 구조

핵, 미토콘드리아 (또는 하이드로게노솜)와 광합성 세포의 엽록체와 함께, 다른 세포질 구조가 있다. 소포체(endoplasmic reticulum), 골지체(Golgi complex), 리소솜(lysosome), 다양한 관구조체(tubular structure)와 운동과 관련 있는 구조가 여기에 포함된다. 그러나 미토콘드리아와 엽록체와 달리, 이러한 구조체는 DNA를 가지고 있지 않으며, 내부공생 기원이 아니다. 일부 진핵미생물은 세포벽을 가지고 있으며 원핵생물처럼 세포의 모양을 만들고 삼투압 용해로부터 세포를 보호하는 기능을 가지고 있다. 정확한 구조는 미생물에 따라 다르지만, 일반적으로 다양한 다당류와 단백질이 발견된다.

소포체, 골지체와 리소솜

소포체(endoplasmic reticulum, ER)는 핵막과 연결되어 이루어진 막 망상조직이다. 두 종류의 소포체가 존재한다: 리보솜이 붙어 있는 조면(*rough*) 소포체와 리보솜이 붙어 있지 않은 활면(*smooth*)

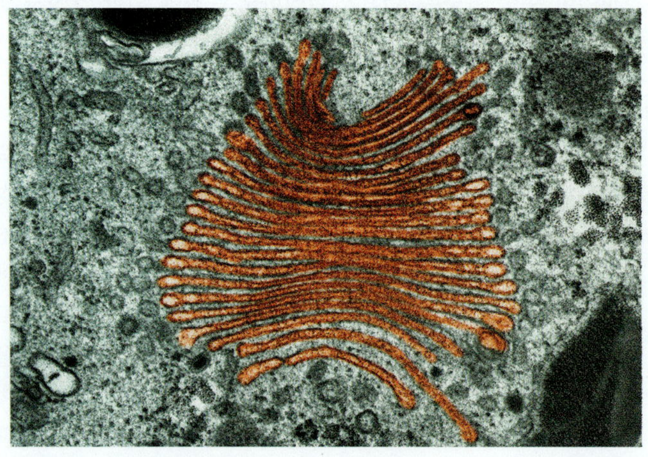

그림 2.51 골지체. 골지체를 보여주는 진핵세포 한 부분의 투과전자현미경 사진 (금색으로 보임). 골지체의 막이 여러 겹으로 접혀져 있는 것을 주목하라 (전체 막의 지름은 약 0.5~1.0 μm임).

소포체 (그림 2.45). 활면소포체는 지질 합성과 여러 종류의 탄수화물 대사에 부분적으로 관여한다. 조면소포체는 리보솜의 활동을 통하여 당단백질의 주요 생산자이고, 세포분열 전에 다양한 세포막 체계를 만들어내기 위해 세포 전체로 수송할 새로운 막 물질을 생성한다.

골지체(Golgi complex)는 기존의 골지복합체로부터 만들어지며 ER과 협력적으로 기능을 가지는 시스터나(*cisternae*)라는 막의 층상 구조이다 (**그림 2.51**). 골지복합체에서는 ER에서 만들어진 산물들이 화학적으로 변형되고, 분비될 것과 세포 내에서 다른 막 구조에서 역할을 할 것을 분류된다. 많은 화학적 변형은 글리코실화 반응(glycosylation) (당 잔기 추가)으로 세포 내 특정한 위치로 이동할 수 있도록 단백질을 다양한 당단백질로 변환한다.

리소솜(lysosomes) (그림 2.45)은 단백질, 지방, 다당류을 분해하는 소화효소를 가지고 있는 막 구조체이다. 리소솜은 액포 상태로 세포 안으로 들어오는 영양분과 결합한 후, 소화효소를 분비하여 생합성과 에너지를 만들어내기 위해 영양분을 분해한다. 리소솜은 또한 파괴된 세포 구성요소를 분해하고 새로운 생합성에 재사용하도록 하는 기능을 가지고 있다. 그러므로 리소솜의 세포 분해 활성을 세포질과 뚜렷하게 분리되어야 한다. 리보솜에서 거대분자를 분해한 후, 생성된 영양분은 세포질 효소가 사용하도록 리소솜에서 세포질로 이동한다.

미세소관, 미세섬유 및 중간체 섬유

구조 강화물로 건물을 지지하는 것과 같이, 큰 크기의 진핵세포와 이동할 수 있는 능력을 위해 구조 강화물이 필요하다. 내부 강화 체계는 미세소관(*microtubules*), 미세섬유(*microfilaments*)와 중간체 섬유(*intermediate filaments*)로 구성되었다; 이 구조체가 함께 **세포골격(cell cytoskeleton)**을 형성한다 (그림 2.45).

미세소관(microtubules)은 속이 빈 중심(core)과 단백질 α-튜불린(*α-tubulin*)과 β-튜불린(*β-tubulin*)로 구성되어 지름이 약 25 nm인 관이다. 미세소관은 세포의 모양과 섬모와 편모 (**그림 2.52*a***)에 의한 세포 운동성, 세포 유사분열 중 염색체의 이동 (그림 2.47과 2.52*b*)과 소기관의 세포 내 이동을 포함한 많은 기능을 가지고 있다. **미세섬유(microfilaments)** (그림 2.52*c*)는 지름이 7 nm 정도로 작고, 중합체이며 액틴(actin)이라는 단백질 두 가닥으로 서로 꼬여 있다. 미세섬유는 세포 형태를 유지 또는 변경, 아메바(amoeboid) 운동을 이용하여 세포를 이동하는 이동성과 세포분열에 관여하는 기능을 가지고 있다. **중간체 섬유(intermediate filaments)**는 지름 8~12 nm의 섬유 구조를 만들어내고 세포의 모양을 유지하고 소기관을 세포 내 고정하는 기능을 가지고 있는 섬유형 케라틴(fibrous keratin) 단백질이다.

편모와 섬모

편모와 섬모는 여러 진핵미생물에 존재하며 운동성에 관여하는 기관으로 세포가 유영방식으로 움직일 수 있게 한다. 운동성 미생물이 서식지를 이동하고 새로운 자원을 이용하도록 하는 능력으로서

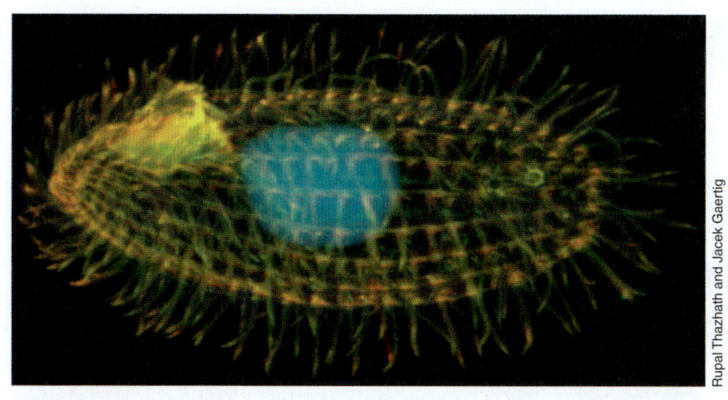

(a)

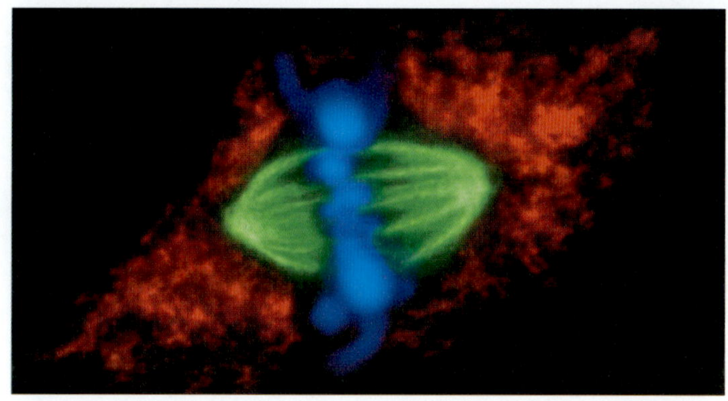

(b)

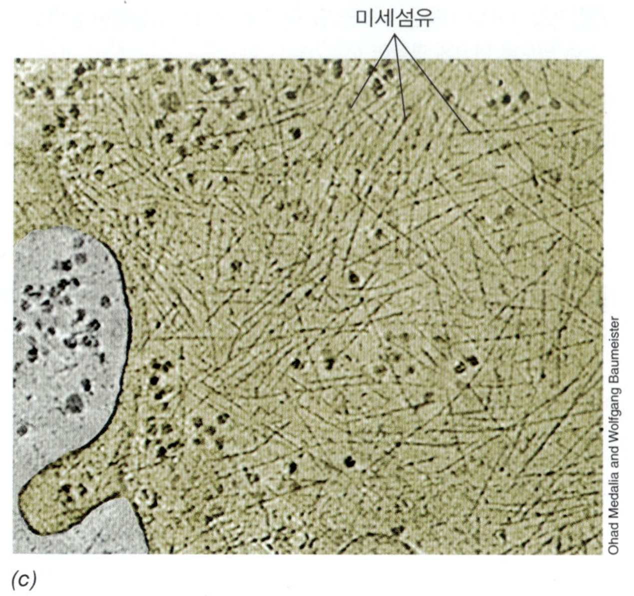

(c)

그림 2.52 튜불린과 미세섬유. *(a)* 항튜불린 항체 (적색/녹색)와 DNA (청색, 핵)를 염색하는 DAPI로 염색된 *Tetrahymena* 세포의 형광현미경 사진. 세포의 너비는 약 10 μm이다. *(b)* 유사분열의 중기 (염색체에서 세포질 단백질 염색부분)에 염색체 (파란색)를 분리하는 튜불린 (녹색)의 역할을 보여주는 동물세포. *(c)* 미세소관과 함께 세포골격의 기능을 가지고 있는 액틴 미세섬유의 네트워크를 보여주고 있는 점질성 곰팡이 *Dictyostelium discoideum*의 전자현미경 사진. 미세섬유의 지름은 약 7 nm이다. *D. discoideum*은 수십 년 동안 진핵세포 발달과 세포 간 협력을 보여주는 실험 모델 시스템으로 사용되어 왔다 (그림 18.17과 18.18).

운동성은 생존을 위해 중요한 의미를 가지고 있다. 섬모(*cilia*)는 환경 내에서 세포를 추진하기 위한—일반적으로 상당히 빠르게—동시에 치고 나가는 짧은 편모이다. 반면에 편모(*flagella*)는 휘둘림을 통해 세포를 추진—전형적으로 섬모에 비해 느리게—하는 하나 또는 그룹의 기다란 부속지이다 (**그림 2.53*a***). 진핵세포의 편모는 세균의 편모와 구조적인 큰 차이가 있고 세균의 편모처럼 회전하지 않는다 (2.11절).

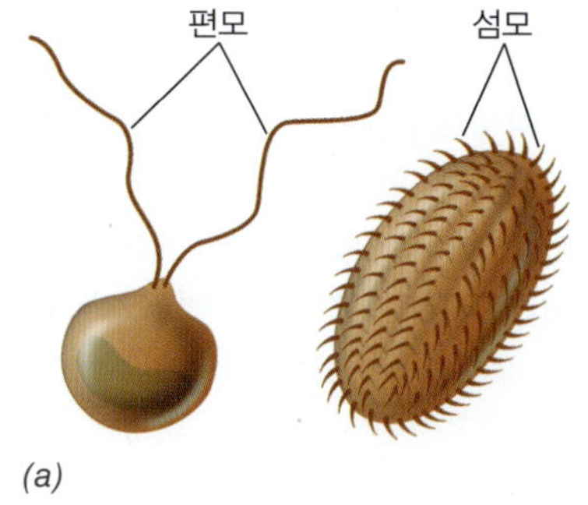

(a)

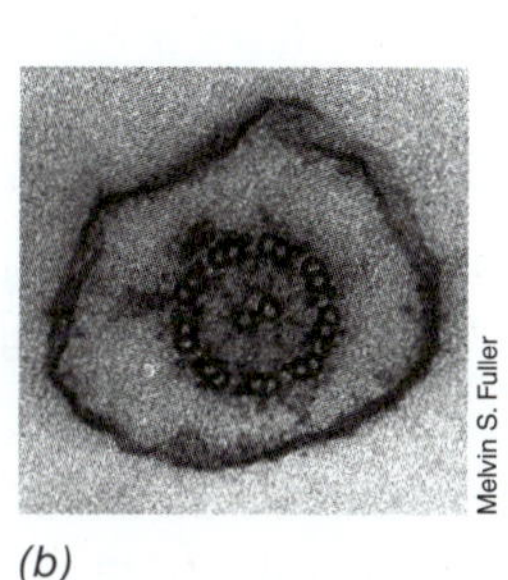

(b)

그림 2.53 진핵세포의 운동 소기관: 편모와 섬모. *(a)* 편모는 하나 또는 여러 개의 필라멘트로 구성될 수 있다. 섬모는 구조적으로 편모와 유사하나 길이가 훨씬 짧다. 진핵세포의 편모는 휘둘림 같은 운동으로 움직인다. *(b)* 중앙에 있는 한 쌍의 미세소관과 그 주변을 둘러싸고 있는 아홉 쌍의 미세소관을 보여주고 있는 곰팡이 *Blastocladiella* 단면.

절단면상으로 선모와 편모는 유사하다. 모두 중앙 한 쌍의 미세소관을 싸고 있는 9쌍의 미세소관 다발을 가지고 있다 (그림 2.53*b*). 디네인(*dynein*)이라고 불리는 단백질이 미세소관에 부착되어 있으며 이동을 위해 ATP를 사용한다. 편모와 섬모의 움직임은 같다. 두 경우 모두 세포의 기저에서 가까워지거나 멀어지는 방향으로 미세소관이 서로 협동하여 미끌어지면서 이동하게 된다. 이러한 운동성은 편모 혹은 섬모의 휘둘림 운동(whiplike motion)이 최종적으로 세포를 추진하는 결과를 초래한다.

미니퀴즈

- 리소솜의 활성이 세포질로부터 적절하게 분리되어 있어야 하는 이유는?
- 세포의 세포 골격이 어떻게 연결되었나?
- 기능적인 측면에서 진핵과 원핵세포의 편모가 어떻게 다른가?

단원 정리

I • 세균과 고균 세포

2.1 원핵세포는 매우 다양한 모양을 가지고 있다; 간균, 구균, 그리고 나선형은 일반적인 세포의 형태이다. 형태는 미생물 세포의 특성을 결정하는 요소는 아니며 생물체가 특정 생태계에 최대한 적응하기 위하여 진화를 통해 선택되어 유전적으로 유래되는 특성이다.

Q 원핵세포의 주요 세포 형태는 무엇인가? 열거한 각각의 세포 형태를 그려라.

2.2 세균과 고균의 세포는 일부 매우 큰 세균도 알려져 있지만 일반적으로 진핵생물보다 크기가 작다. 원핵생물의 전형적인 작은 크기는 생리, 생장률, 생태 및 진화에 영향을 미친다. 구균세포 직경의 최소 한계는 약 0.15~0.2 μm 정도로 여겨진다.

Q 세균은 얼마나 커질 수 있나? 얼마나 작을 수 있나? 최대 한계보다 최소 한계를 정확하게 알 수 있는 이유는? 막대 모양의 세균 *Escherichia coli*의 외형 크기는?

II • 세포막과 세포벽

2.3 세포막은 지질과 단백질로 구성된 선택적 투과 장벽으로 친수성 외부와 소수성 내부의 특징을 갖는 이중층 구조로 되어 있다. 지방산이 글리세롤에 에스테르 결합을 하고 있는 세균과 진핵생물과는 달리 고균은 에테르 결합된 지질을 함유하며, 일부 고균은 이중막 구조 대신에 단일막을 가지고 있다. 세포막의 주요기능은 투과성, 수송, 그리고 에너지의 보존이다. 농도구배를 역행하여 영양분을 축적하기 위해서는 특이성과 포화 효과로 수송 수단이 필요하다.

Q 원핵세포의 세포막이 세포의 모양과 지지대를 제공하는가? 세균과 고균 막의 주요 구조적 차이를 설명하라.

2.4 펩티도글리칸은 다당류로 세균에만 존재하며 *N*-아세틸글루코사민과 *N*-아세틸뮤람산이 교대로 반복되는 단위로 구성되었고, *N*-아세틸뮤람산은 테트라펩티드의 교차결합에 의해 서로 연결되어 있다. 효소 리소자임과 항생제 페니실린은 펩티도글리칸을 목표로 하여 세포 용균을 일으킨다.

Q 펩티도글리칸이라 불리는 진정세균 세포의 세포벽은 왜 단단한 층인가? 펩티도글리칸 구조에 의해 세포벽을 단단하게 하는 구조적 이유는 무엇인가?

2.5 그람-음성 세균은 LPS, 단백질과 리포단백질로 구성된 외막을 가지고 있다. 포린은 외막을 통과할 수 있도록 투과성을 제공한다. 외막과 세포막 사이의 공간을 주변세포질이라 하며, 물질 수송, 화학물질 감지와 함께 다른 중요한 세포 기능에 관여하는 다양한 단백질을 함유하고 있다.

Q 외막은 세포막보다 선택성이 적은가? 혹은 낮은가? 주변질을 설명하고 기능을 열거하라.

2.6 고균의 세포벽은 여러 가지 형태로 단백질 또는 당단백질로 구성된 슈도뮤레인, 다양한 종류의 다당류와 S-층의 형태를 가지고 있다. 세균과 마찬가지로 고균의 세포벽은 삼투적 용균으로부터 세포를 보호한다.

Q 고균의 세포는 효소 리소자임 또는 항생제 페니실린에 의해 용해되는가? 그 이유는 무엇인가?

III • 세포 표면 구조물과 함유물

2.7 많은 원핵세포는 캡슐, 점질층, 선모 또는 핌브리아를 가지고 있다. 이러한 세포 구조물은 부착, 유전물질의 교환과 휘둘림 운동을 포함한 여러 기능을 가지고 있다. 특정 고균 세포 표면에 있는 하미는 작은 갈고리 형태 고리로서 세포를 표면에 혹은 다른 세포를 서로 부착하는 기능을 가지고 있다.

Q 원핵생물에서 세포벽 밖에 있는 다당류 층의 기능은 무엇인가?

2.8 원핵세포는 황, 다중 인산과 탄소중합체 또는 생광물작용을 통하여 자기체를 구성하는 다양한 미네랄을 함유하고 있는 세포 함유물을 가질 수 있다. 이러한 물질들은 저장물질 혹은 주자기성에 관여한다.

Q poly-β-hydroxyalkanoates (PHAs)의 역할은 무엇인가?

2.9 가스 소포는 가스로 채워진 구조물로 특정 세균과 고균의 세포에 부력을 만들어 준다. 가스 소포는 가스는 통과시키지만 방수 구조를 가질 수 있도록 배열된 두 종류의 단백질로 구성되어 있다.

Q 가스 소포의 기능은 무엇인가? 이 구조는 가스를 밀봉된 상태로 유지할 수 있도록 어떻게 만들어 졌는가?

2.10 내생포자는 특정 그람-양성 세균에 의해 만들어진 내성이 높고 분화된 구조이다. 내생포자는 고도로 건조된 상태이며, 영양세포가 가지고 있지 않은 칼슘 디피콜린산과 작은 산용해성 단백질을 가지고 있다. 포자는 휴면상태로 무기한 생존할 수 있지만 적합한 조건이 주어질 경우 빠르게 발아할 수 있다.

Q 내생포자는 동일한 세균 세포라고 할 수 있는가? 세포 내에서의 위치에 따른 내생포자의 종류는? 내생포자 구조를 설명하라.

IV • 세포의 운동성

2.11 원핵세포에서 유영 운동성은 편모 (세균) 또는 아키엘라 (고균)에 의존한다. 원핵생물에서 이러한 구조는 여러 단백질로 이루어진 복잡한 구조물이며, 대부분의 단백질은 세포막과 세포벽에 고정되어 있으며 회전 기능을 가지고 있다. 편모와 아키엘라는 구조적으로 다르며 회전에 어떻게 에너지를 사용하느냐는 점에서 다르다.

Q 세균의 편모의 구조와 기능을 기술하라. 편모의 에너지원은 무엇인가? 세균의 편모는 아키엘라에 비해 크기와 조성, 그리고 에너지원에서 어떻게 다른가?

2.12 활주 운동을 통해 이동하는 세균은 편모를 회전을 사용하지 않지만 다당류 분비, 휘둘림 또는 활공 단백질의 회전 등 여러 기작을 이용하여 단단한 표면을 따라 이동한다.

Q *Flavobacterium*의 운동기작 및 에너지 요구는 *Escherichia coli*의 운동성을 비교하라.

2.13 운동성 세균은 질주 거리와 방향 전환 횟수를 조절하여 주위 환경의 화학적 물리적 농도구배에 반응한다. 방향 전환은 편모의 회전 방향에 의해 조절되며, 편모는 감각 및 반응 단백질의 네트워크에 의해 조절된다.

Q 운동성이 있는 세균이 어떻게 유인물질이 있는 방향을 감지하고 이를 향해 움직일 수 있는지 짧게 설명하라. 그림 2.43을 설명한 실험에서 대조군이 무엇이며 왜 그것이 필수적인가?

V • 진핵미생물 세포

2.14 진핵미생물은 공통적으로 가지고 있는 핵을 포함한 다양한 소기관을 가지고 있다; 미토콘드리아 (또는 하이드로게노솜)와 엽록체. 핵은 히스톤 단백질을 감고 있는 세포 DNA를 가지고 있다. 진핵미생물은 유사 분열과정을 거쳐 분열을 하고 반수체/배수체의 생주기를 가지고 있다면 감수분열을 한다.

Q 진핵세포와 원핵세포를 뚜렷하게 구별하는 특징을 세 가지 이상 나열하라. 히스톤은 무엇이며 어떠한 기능을 하는가?

2.15 미토콘드리아와 하이드로게노솜은 에너지를 만들어 내는 진핵 세포의 소기관이다; 미토콘드리아는 호기성 호흡을 하고 하이드로게노솜은 발효를 한다. 엽록체는 진핵세포에서 광합성에 의해 ATP를 만들어내고 CO_2를 고정하는 장소이다. 이 소기관은 한때는 독립생활을 하던 세균으로 진핵세포 내 영구적으로 정착하였다 (내부공생).

Q 미토콘드리아와 하이드로게노솜은 어떻게 구조적으로 유사한가? 어떻게 다른가? 대사적으로 어떻게 다른가? 엽록체에서 일어나는 주요 생리학적 과정은 무엇인가? 진핵세포의 주요 소기관이 한때는 세균이었다는 것을 증명하는 증거는 무엇인가?

2.16 소포체는 리보솜이 부착되거나 (조면 소포체) 리보솜이 부착되지 않은 (활면 소포체) 진핵생물의 막 구조이다. 편모와 섬모는 운동 수단으로 회전 대신에 휘둘림 기작으로 이동하게 한다. 리소솜은 거대 분자를 분해하도록 특화되었다. 미세소관, 미세섬유와 중간체 섬유는 세포 내부 세포 골격을 만드는 기능을 한다.

Q 소포체, 골지체와 리소솜 주요 기능을 설명하라. 진핵세포의 세포 골격을 형성하는 것은 무엇인가?

응용 문제

1. 15 μm의 직경과 2 μm의 직경을 가지고 있는 구균의 표면적 대 부피 비율(surface-to-volume ratio)을 구하라. 표면적 대 부피 비율의 차이가 세포 기능 측면에 어떠한 결과를 초래하는가?
2. 그람-음성 세균 한 종과 고균 한 종의 두 종류의 배양체가 주어졌다고 가정하자. 계통 분류학적 분석을 제외하고, 어느 것인지 파악할 수 있는 방법에 대해 최소한 4가지를 기술하라.
3. *Escherichia coli* (1 × 2 μm) 세포가 최고속도 (60개 세포 길이/초)로 유영할 때, 화학적 유인물질을 함유하는 3 cm 길이의 모세관의 끝까지 이동하는 데 걸리는 시간을 계산하라.

용어 해설

Archeallum (아키엘럼) 회전하고 유영 운동성을 담당하는 많은 고균에 존재하는 길고 가는 세포질 부속지

Basal body (기저체) 세균 편모의 "모터(motor)" 부분으로 세포막과 세포벽에 고정되어 있음

Capsule (캡슐) 다당류 혹은 단백질로 구성된 가장 바깥층으로 보통 점액성 물질로 일부 세균에 존재함

Chemotaxis (주화성) 특정 화학물질이 있는 방향으로 가까이 가거나 (양성 주화성), 또는 이로부터 멀어지려는 (음성 주화성) 방향성이 있는 운동

Chloroplast (엽록체) 광합성 진핵생물의 광합성 소기관

Cristae (크리스타) 미토콘드리아의 내부 막

Cytoplasmic membrane (세포막) 세포의 투과성 장벽으로, 주변 환경으로 부터 세포질을 격리시킴

Cytoskeleton (세포 골격) 전형적으로 진핵세포의 세포 골격, 미세소관, 미세섬유와 중간체 섬유가 세포 모양을 만듦

Dipicolinic acid (디피콜린산) 내생포자 구조의 열 저항성에 관련된 내생포자 특유의 물질

Endospore (내생포자) 높은 열 저항성과 두꺼운 벽을 가지고 있으며 특정 그람-양성 세균에 의해 생성되는 분화된 구조

Endosymbiotic hypothesis (내부공생 가설) 미토콘드리아와 엽록체가 세균에서 유래하였다는 가설

Flagellum (편모) 회전하며 (세균 에서) 또는 휘둘림 움직임을 가지고 유영 운동성에 관련된 길고 가느다란 세포 부속지

Gas vesicles (가스 소포) 단백질로 쌓여 있어 세포에 부력을 줄 수 있는 기체로 채워진 세포질 내 구조물

Histones (히스톤) 진핵생물의 핵 안에서 DNA를 밀착하여 감고 있는 높은 염기성 단백질

Hydrogenosome (하이드로게노솜) 피루브산염을 H_2, CO_2와 아세트산으로 산화하고 이를 ATP 합성과 연계하는 일부 진핵미생물에 있는 내부공생으로 형성된 소기관

Intermediate filament (중간체 섬유) 진핵세포에서 두꺼운 섬유형태로 단단히 꼬여있으며 새포 모양과 특정 소기관의 위치를 고정하는 기능을 가지고 있는 섬유형 케라틴 단백질의 필라멘트형 중합체

Lipopolysaccharide (LPS) (지질다당체) 그람-음성 세균의 외막의 주요 부분을 형성하며, 다당류와 단백질을 가지고 있는 지방 복합체

Lysosome (리소솜) 단백질, 지방과 다당류를 분해하는 소화 효소를 가지고 있는 소기관

Magnetosome (마그네토솜) 주자기성 세균의 세포질 내, 비단위막으로 쌓여있는 자철광

(Fe_3O_4) 입자 구조

Meiosis (감수분열) 배수체의 염색체를 반수체로 나누는 핵의 분열

Microfilament (미세섬유) 진핵세포 모양을 유지하는데 도움을 주는 액틴 단백질로 구성된 필라멘트형 중합체

Microtubule (미세소관) 진핵세포 모양과 운동성의 기능을 가지고 있으며 α-튜불린과 β-튜불린으로 구성된 필라멘트형 중합체

Mitochondrion (미토콘드리아) 진핵생물의 호흡 소기관

Mitosis (유사분열) 세포분열 중 염색체가 복제되고 두 개의 차세대 세포로 나뉘는 진핵세포의 핵의 분열

Morphology (형태) 세포의 모양—간균, 구균, 나선균 등

Nucleus (핵) 진핵세포의 염색체를 함유하고 있는 소기관.

Outer Membrane (외막) 그람-음성 세균의 펩티도글리칸 층 바깥에 위치하는 인지질과 다당류를 함유하는 단위막

Peptidoglycan (펩티도글리칸) *N*-아세틸글루코사민과 *N*-아세틸뮤람산이 교대로 배열되고 옆에 있은 층과 짧은 펩티드 결합에 의해 연결된 다당류

Periplasm (주변세포질) 그람-음성 세균의 세포막 바깥 면과 지질 다당층의 젤과 같은 영역

Peritrichous flagellation (주모성 편모) 편모가 세포 표면의 여러 곳에 위치

Phototaxis (주광성) 빛을 향한 세포의 움직임

Pili (선모) 세포 표면에서 신장된 필라멘트 구조로, 형태에 따라 세포의 부착, 유전자 교환 혹은 휘둘림 운동에 관여함

Polar flagellation (극성 편모발생) 세포의 한 쪽 또는 양쪽 극에 편모를 가지고 있음

Poly-β-hydroxybutyrate (PHB) (폴리베타하이드록시부틸산염) β-hydroxybutyrate (PHB) 또는 다른 β-alkanoic acid (PHA) 또는 β-alkanoates이 섞여 있는 혼합체의 중합체로 구성되어 있는 원핵세포의 일반적인 저장물질

S-layer (S-층) 일부 세균과 고균에 존재하는 단백질 또는 당 단백질로 구성된 가장 바깥쪽의 세포의 표면층

Stroma (스트로마) 내막으로 둘러싸인 엽록체의 주름

Teichoic acid (테이코산) 일부 그람-양성 세균의 세포벽에서 발견되는 인산화된 알코올 중합체

Thylakoid (틸라코이드) 엽록체에서 광합성 엽록소를 가지고 있는 막 층

미생물 대사

3

현재의 미생물학

당과 단것: 고균(*Archaea*) 자신의 길을 가다

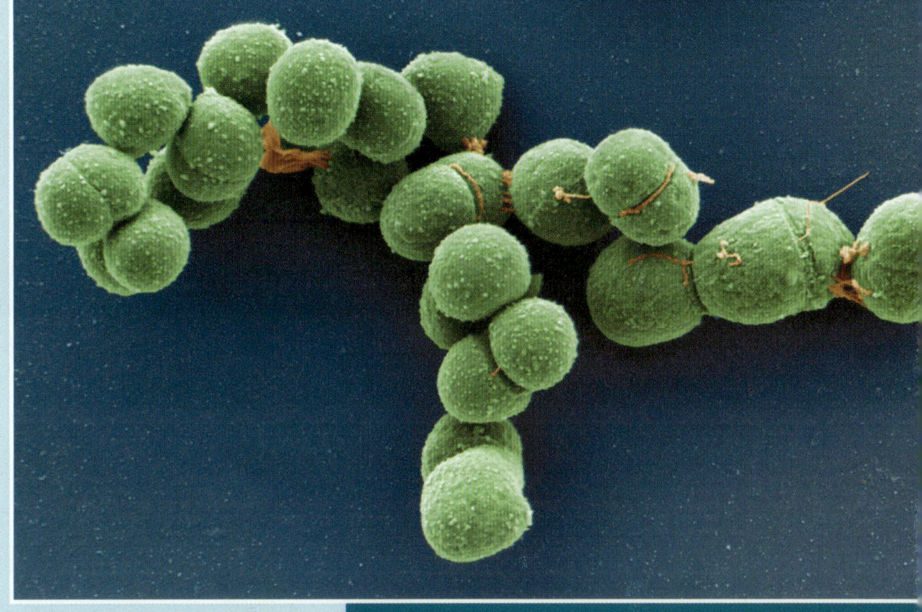

1977년 Carl Woese와 George Fox가 생명체를 세 개의 도메인(domain)—세균(*Bacteria*), 고균(*Archaea*), 진핵생물(*Eukarya*)—으로 나눌 것을 제안한 이래로 고균에 대한 새로운 발견은 그들 고유의 생물학을 강조해 왔다. 독특한 지질을 가지고 있고 펩티도글리칸이 없으며 진핵생물과 유사한 특성을 갖는 것이 고균을 다른 도메인과 구별되게 하는 근본적 특징들이다. 그러나 최근의 연구에서는 고균의 "기본적 생화학(housekeeping biochemistry)"이 다른 도메인의 그것과는 다름을 보여주었으며, 그 좋은 예가 당 대사이다.

고균의 당 대사에 대한 연구는 대부분이 초고온에서 생장하는 *Crenarchaeota* 문과 많은 경우 *Halococcus* (사진 참조) 세포처럼 초고염분 농도에서 생장하는 *Euryarchaeota* 문의 종들에 집중되어 왔다. 이 두 문의 몇몇 종들은 탄소 및 에너지원으로 포도당과 그 밖의 다른 당들을 사용할 수 있다. 그러나 당이 사용되든 아니든 모든 고균은 세포벽과 같은 세포구조의 골격과 핵산과 같은 거대분자를 만들기 때문에 당을 대사할 수 있어야 한다.

생화학적 연구로 해당과정과 같이 가장 근본적인 탄수화물 대사의 일부가 고균에는 없으며 대신 이러한 주 대사경로의 변형된 변이들이 존재한다는 것이 밝혀졌다. 또 다른 중요한 당 대사 회로인 오탄당 인산 회로는 일부 고균 종에는 없으며, 다른 종에서는 세균과 진핵생물의 전통적 회로와는 다른 불완전한 형태로 존재한다. 몇몇 새로운 효소가 이러한 독특한 고균의 회로를 작동하도록 진화되었으며, 그 촉매 활성도 색다른 방식으로 조절된다.

고균이 이러한 근본적 대사전환을 위해 독특한 경로를 진화시켰다는 발견은 유전자 서열에 기초하여 처음으로 제안된 이 도메인이 정말로 계통유전학적으로 독특한 존재임을 나타낸다. 이제 왜 고균의 생화학 회로가 다른 두 도메인 세포의 회로와는 그렇게 다른가 하는 질문이 생긴다. 가장 재미있는 이야기가 앞에 나오니 주목하자.

출처: Bräsen, C., D. Esser, B. Rauch, and B. Slebers. 2014. Carbohydrate metabolism in *Archaea*: Current insights into unusual enzymes and pathways and their regulation. *Microbiol. Mol. Biol. Rev. 78*: 89–175.

I • 미생물 영양소와 영양분 흡수

대사는 세포가 다양한 대사산물들을 분해하거나 생합성하는 일련의 생화학적 반응들이다. 생장을 위해서 세포는 환경으로부터 영양분을 안으로 들여와 전구물질 분자로 변형시켜서 새로운 세포를 만드는 데 사용하여야 한다. 이 장에서는 다음 세 분야에 초점을 맞추어 이러한 과정의 일부를 살펴보고자 한다: (1) 생명체의 기본적 영양소 정의하기 (2) 중요한 대사회로와 대체 대사 생활방식 탐구하기 (3) 거대분자의 구성성분 생합성하기. 여기서 개발된 원리의 일부는 정보의 핵산과 단백질 같은 거대분자들이 어떻게 생합성되는지와 미생물 세계의 엄청난 대사적 다양성이 펼쳐질 14장에서 사용될 것이다.

3.1 미생물 먹이기: 세포 영양

미생물마다 대사능력이 다르기 때문에 영양소 요구 또한 다르다. 그러나 모든 미생물은 핵심적인 영양소들을 요구한다. 대량영양소(*macronutrient*)라 불리는 일부 영양소는 많은 양을 필요로 하며, 그에 반해 미량영양소(*micronutrient*)라 불리는 다른 영양소는 극소량으로 요구된다.

세포의 화학적 구성

단지 몇 가지되지 않는 화학 원소만이 생명체에 두드러진다: 수소(H), 산소(O), 탄소(C), 질소(N), 인(P), 황(S) 및 셀레늄(Se). 탄소가 가장 많은 양으로 요구되고 (세포 건조중량의 50%), 산소와 수소가 그 다음이며 (합쳐서 건조중량의 25%), 질소가 그 다음이다(13%). 인, 황, 칼륨, 마그네슘은 요구되긴 하지만 합쳐서 세포 건조중량의 5% 미만이다. 이들 이외에 최소 50개의 다른 원소들이 하나 또는 그 이상의 미생물에 의해 요구되거나, 요구되지 않더라도 어떤 방식으로든 대사된다 (**그림 3.1**).

미생물 세포 (*Escherichia coli* 세포 하나의 무게는 불과 10^{-12} g임)의 습윤 중량(wet weight)의 75%는 물이며 나머지는 주로 거대분자들이다—단백질, 핵산, 지질, 다당류(그림 3.1*b*). 이들 거대분자의 구성 성분은 각각 아미노산, 뉴클레오티드, 지방산 및 당이다. 단백질은 세포의 거대분자 조성 중에서 가장 많으며, 단백질의 다양성은 다른 모든 거대분자를 모두 합한 것보다 더 크다 (그림 3.1*c*). 흥미롭게도 DNA가 세포에 중요하지만 (세포 유전체), 세포 건조중량에서 매우 적은 비율만을 차지한다; RNA가 훨씬 더 많이 존재한다 (그림 3.1*c*).

탄소, 질소 및 기타 대량영양소

모든 세포는 많은 양의 탄소와 질소를 필요로 하고 대부분의 원핵생물은 탄소의 공급원으로 유기 화합물을 필요로 한다. 세포는 중합 물질을 분해하거나 또는 단량체 성분 (아미노산, 지방산, 유기산, 당, 질소 염기, 방향족 및 기타 유기 화합물)을 직접 흡수하여 유기 탄소를 얻는다. 일부 미생물은 독립영양체(autotroph)이어서 이산화탄소(CO_2)로부터 자신의 유기화합물을 합성할 수 있다. 자연 상태에서 이용가능한 대량의 질소는 암모니아(NH_3), 질산염(NO_3^-) 또는 질소(N_2)이다. 실질적으로 모든 원핵생물은 질소원으로 NH_3을 이용할 수가 있고 많은 경우 NO_3^-도 이용할 수 있다: 일부 미생물은 아미노산과 같은 유기 질소원을 이용할 수 있으며; 몇몇은 질소 기체(N_2)를 이용할 수 있다 (질소-고정 세균).

C와 N (그리고 H_2O로부터 O와 H) 외에, 많은 다른 대량영양소가 세포에 필요하지만, 대개 소량으로 요구된다 (그림 3.1). 인(phosphorus)은 핵산과 인지질을 위해 요구되며, 보통 인산(PO_4^{2-})으로 세포에 공급된다. 황(sulfur)은 아미노산인 시스테인과 메티오닌에 존재하고, 티아민(thiamine), 비오틴(biotin), 리포산(lipoic acid)을 포함하여 여러 종류의 비타민에도 존재하며, 보통은 황산염(sulfate, SO_4^{2-}), 황화수소(H_2S), 또는 유기 황 화합물

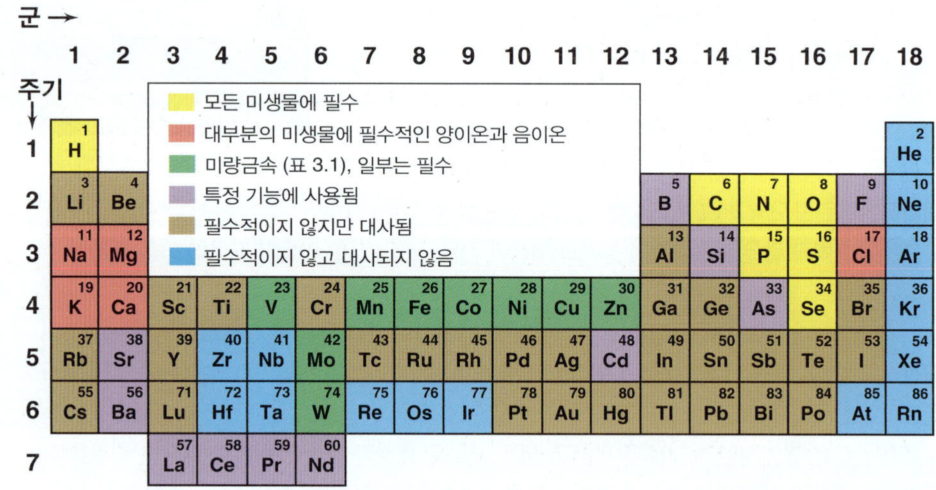

정보를 제공하는 거대분자들의 원소 조성

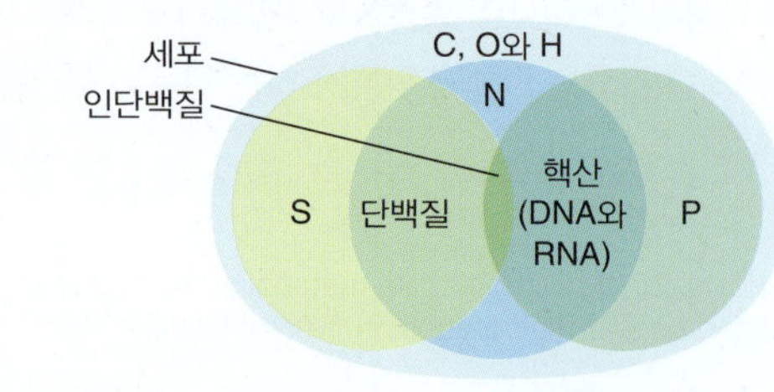

세포의 거대분자 조성

거대분자	건조중량 백분율
단백질	55
지질	9.1
다당류	5.0
지질다당류	3.4
DNA	3.1
RNA	20.5

(c)

그림 3.1 세균 세포의 원소 및 거대분자 조성. *(a)* 원소의 미생물 주기율표. 주기 7에 보이는 원소들을 제외하고는 주기 7의 다른 원소들과 주기 7을 넘는 원소들은 대사되지 않는다고 알려져 있다. *(b)* 정보 거대분자들의 원소 조성. *(c)* 세균 세포 내의 거대분자들의 상대적인 존재량. 데이터 출처는 *Escherichia coli*와 *Salmonella typhimurium*: *Cellular and Molecular Biology*, ASM, Washington, DC (1996).

로 세포에 공급된다. 칼륨(K)은 몇몇 효소들의 활성을 위해 필요한 반면에, 마그네슘(Mg)은 리보솜, 세포막, 핵산 등을 안정화시키며 또한 여러 효소의 활성을 위해서도 필요하다. 칼슘(Ca)과 나트륨(Na)은 대부분의 해양미생물에 NaCl이 필수적인 것처럼 일부 생명체에서만 필수 영양소이다.

미량영양소: 미량 금속과 생장인자

미생물은 대량영양소에 비해 매우 적은 양으로 몇 가지 금속(*metals*)을 요구한다 (그림 3.1); 이들 중 가장 주된 것은 세포 호흡에서 중요한 역할을 하는 철(Fe)이다. 철 외에도 많은 다른 금속들이 요구되거나 그렇지 않으면 미생물에 의해 대사가 된다 (그림 3.1*a*). 이러한 금속들을 포괄하여 미량 금속(*trace metals*)이라고 부르며, 대개 어떤 효소의 보조인자(cofactor)로 세포 내에서 작용한다 (3.5절). **표 3.1**은 주요 미량 금속과 기타 미량영양소, 그리고 이들이 들어 있는 효소 또는 다른 분자의 예를 보여준다.

생장인자(*growth factors*)는 유기 (금속이 아니라) 미량영양소라는 점에서 미량 금속과 다르다 (표 3.1). 보편적인 생장인자는 비타민을 포함하지만, 아미노산, 퓨린, 피리미딘 그리고 여러 다른 유기 분자들이 어느 미생물의 생장인자가 될 수 있다. 비타민은 가장 흔히 요구되는 생장인자이며 일부 공통 생장인자는 표 3.1에서 보여준다. 대부분의 비타민들은 효소의 보조인자로서 기능을 한다 (3.5절). 미생물마다 요구되는 비타민은 하나도 없는 것부터 여러 개까지 다양하다. *Streptococcus*, *Lactobacillus*, *Leuconostoc* 속(genera)의 젖산균은 유제품과 동물의 장과 같이 영양분이 풍부한 서식지에서 서식한다 (16.6절, 24.2절); 이러한 세균들은 인간보다도 훨씬 더 광범위하게 비타민을 요구하는 것으로 잘 알려져 있다!

세포가 자라서 분열을 하려면 환경으로부터 대량영양소와 미량영양소를 흡수해야만 한다. 그러나 이 과정은 생각만큼 쉽지 않다. 주된 이유는 세포막의 비투과성과 세포질 내의 영양소의 농도가 환경에서의 농도보다 훨씬 더 높다는 사실 때문이다. 이제 이러한 상황을 검토하고 세포가 이러한 근본적 문제들을 어떻게 극복하는지 알아보자.

미니퀴즈

- 세포의 건조 중량의 상당량을 구성하는 4가지 화학원소는 무엇인가?
- 세포의 질소의 대부분을 포함하는 두 종류의 거대분자는 무엇인가?
- "미량금속(trace metals)"과 "생장인자(growth factors)"를 구분해 보라. 이들은 세포에 의해 어떻게 사용되는가?

3.2 세포로 영양소 전달하기

2장에서 우리는 세포막의 구조가 어떻게 효과적으로 누출을 막아 주는지 배웠다; 용질이 살아 있는 세포의 안이나 밖으로 새지 않는

표 3.1 미생물이 필요로 하는 미량영양소[a]

I. 미량원소		II. 생장인자	
원소	기능	생장인자	기능
붕소(B)	세균에서 균체밀도감시(quarum sensing)를 위한 자가유도원(autoinducer); 일부 폴리케티드(polyketide) 항생제에서도 발견됨	PABA (*p*-aminobenzoic acid)	엽산의 전구체
코발트(Co)	비타민 B_{12}; transcarboxylase (프로피온산 세균에서만)	엽산(folic acid)	1-탄소 대사; 메틸전달체
구리(Cu)	호흡에서 시토크롬 *c* oxidase; 광합성에서 plastocyanin, 일부 superoxide dismutase	비오틴(biotin)	지방산 생합성; 일부 CO_2 고정 반응
철(Fe)[b]	시토크롬; catalase; peroxidase; 철-황 단백질; oxygenase; 모든 nitrogenase	B_{12} [코발라민(cobalamin)]	1-탄소 대사; 데옥시리보오스 합성
망간(Mn)	여러 효소의 활성제; 특정 superoxide dismutase와 호기적 광영양체에서 물분해효소의 성분 (제2 광계)	B_1 [티아민(thiamine)]	탈탄산화 반응
몰리브덴(Mo)	플라빈을 포함하는 특정 효소; 일부 nitrogenase, nitrate reductase, sulfite oxidase, DMSO-TMAO reductase; 일부 formate dehydrogenase	B_6 [피리독살(pyridoxal)]	아미노산/케토산 전환
니켈(Ni)	대부분의 hydrogenase; 메탄생성균의 조효소 F_{430}; carbon monoxide dehydrogenase; urease	니코틴산 [니아신(niacin)]	NAD^+의 전구체
셀레늄(Se)	formate dehydrogenase; 일부 hydogenase; 아미노산 selenocysteine	리보플라빈(riboflavin)	FMN, FAD의 전구체
텅스텐(W)	일부 formate dehydrogenase; 초고온성 미생물의 oxotransferase	판토텐산(pantothenic acid)	조효소 A의 전구체
바나듐(V)	vanadium nitrogenase; bromoperoxidase	리포산(lipoic acid)	피루브산염과 α-ketoglutarate의 탈탄산화
아연(Zn)	carbonic anhydrase; 핵산 중합효소; 많은 DNA 결합 단백질	비타민 K(vitamin K)	전자전달
		조효소 M과 B	메탄생성[c]
		F_{420}과 F_{430}	메탄생성[c]

[a]모든 미량원소나 생장인자가 모든 생명체에 요구되는 것은 아님. 많은 생장인자가 생합성되며 환경으로부터 요구되지 않음.
[b]철은 대체로 표기된 다른 미량금속들보다 다량으로 요구됨.
[c]메탄생성균 (고균)에 의한 메탄(CH_4)의 생성.

다. 그러나 대사를 활성화시키고 생장을 돕기 위해서는 세포는 다소 지속적으로 영양분을 흡수하고 폐기물을 배출하는 것이 필요하다. 이를 위해서 세포막 내에 여러 개의 전달 체계가 존재한다. 우리는 여기서 가장 보편적인 전달체계를 세균과 고균에 널리 퍼져 있는 잘 연구된 전달체에 초점을 맞추어 생각해보자.

능동수송 및 수송체

능동수송(*Active transport*)은 농도구배에 대하여 용질을 축적하는 과정으로 원핵세포에서는 세 가지 능동수송의 기본적 기작이 발견된다. **단순수송(simple transport)**은 세포막 관통 수송단백질로 만 구성되고, **작용기 전달수송(group translocation)**은 수송 과정에 일련의 단백질을 사용하며, **ABC 수송체계(ABC transport system)**는 세 가지 구성요소로 되어 있다; 기질 결합 단백질(substrate-binding protein), 세포막 관통 수송체(transmembrane transporter) 및 ATP 가수분해 단백질(ATP-hydrolyzing protein). 이러한 수송체계의 각각은 양성자 동력(proton motive force), ATP, 또는 일부 다른 고에너지 화합물로부터 나오는 에너지에 의해 작동된다 (**그림 3.2**).

실제로 모든 수송체계의 막 관통 성분은 막을 통하여 앞뒤로 흔들리면서 채널을 형성하는 12개의 도메인(domain)을 갖는 폴리펩티드로 구성되어 있으며 (그림 3.3 참조), 실제로 이 채널을 통하여 용질이 세포 내로 수송된다. 수송은 막관통 단백질이 특정 용질과 결합할 때 일어나는 구조적 변화와 연관되어 있다. 문이 열리는 것과 같이 구조적 변화를 통해 용질이 세포 안으로 들어온다.

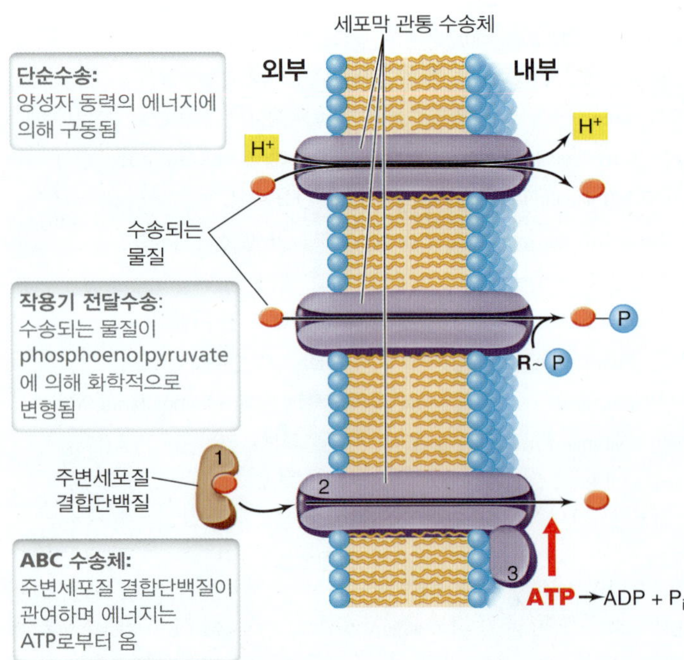

그림 3.2 세 가지 종류의 수송체계. 단순수송과 ABC 체계 수송은 화학적인 변형이 없이 물질을 수송하며, 작용기 전달체계는 수송된 물질의 화학구조에 변화 (이 경우 인산화)를 일으키는 것에 주목하라. ABC 체계의 세 개의 단백질은 1, 2, 3으로 표시되어 있다.

단순 수송체와 작용기 전달수송

단순 수송체 반응은 양성자동력에 내재하는 에너지에 의해 유도된다 (2.3절 및 3.11절). 주요 수송반응은 공동수송(*symport*) 반응 (용질과 양성자가 한 방향으로 같이 수송됨)이나 역수송(*antiport*) 반응 (용질과 양성자가 반대 방향으로 수송됨)에 의해 촉매된다 (**그림 3.3**). 단순 수송체의 전통적인 한 예는 *Escherichia coli*에서 잘 연구된 공동수송체(symporter)인 *lac* 투과효소(*lac permease*)의 방식에 의해서 이당류인 젖당(lactose)을 수송하는 것이다. 젖당 분자가 세포 안으로 들어가면서, 양성자가 같이 들어옴으로써 양성자 동력 에너지가 약간 감소하게 된다 (그림 3.3). 그 결과로 농도구배(concentration gradient)에 역행하여 세포질 내에 에너지에 의해 유도되는 젖당 축적이 이루어진다. 인산, 황산 및 다른 여러 유기화합물을 포함하는 많은 다른 용질들은 각각의 단순 수송체의 활성에 의해 들어간다.

작용기 전달수송(group translocation)은 단순 수송체와 두 가지 면에서 다르다: (1) 수송되는 물질이 수송과정 중 화학적으로 변형되고(*chemically modified*), (2) 양성자 동력 에너지가 아닌 고에너지 유기화합물이 수송과정을 작동시킨다. 가장 잘 연구된 작용기 전달수송체계는 *E. coli*에서 포도당, 만노오스(mannose)와 과당을 수송한다. 이러한 화합물들은 수송 중에 인산전달효소계(*phosphotransferase system*)에 의해 인산화된다. 인산전달효소계는 주어진 당을 수송하는데 함께 작동하는 일련의 단백질군(family)으로 구성되어 있다. 당이 수송되기 전, 당이 세포질로 들어가면서 효소(enzyme) II_c가 당을 인산화할 때까지, 인산전달효소계의 단백질들은 순차적으로 인산화되었다가 탈인산화되는 과정을 거친다 (**그림 3.4**). HPr (효소 I)을 인산화시키는 효소인 *HPr*이라고 불리는 단백질과 효소 II_a는 모두 세포질 단백질이다. 반면에 효소 II_b는 표면 막(peripheral membrane) 단백질이고, 효소 II_c는 막관통(trans-

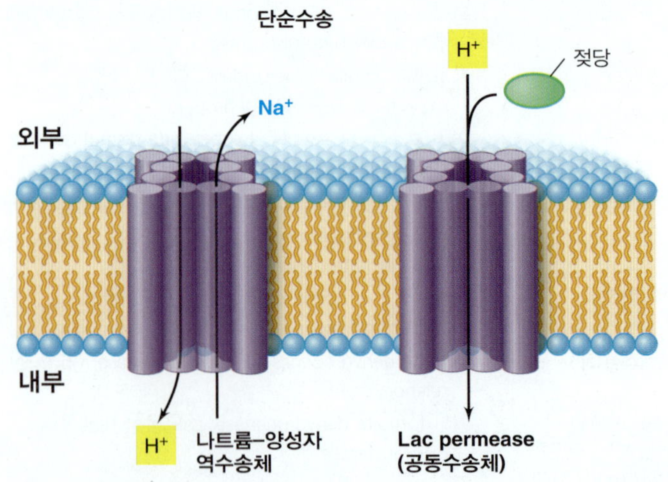

그림 3.3 막관통(membrane-spanning) 수송체의 구조와 공동수송(symport) 및 역수송(antiport) 과정. 막관통 수송체는 12개의 α-나선구조 (각각 원통으로 보임)를 형성하는 폴리펩티드로 구성되어 있는데, 나선구조들이 모여 막을 통하는 채널을 형성한다. 수송이 양성자동력의 분산에 어떻게 연결되는지에 주목하라.

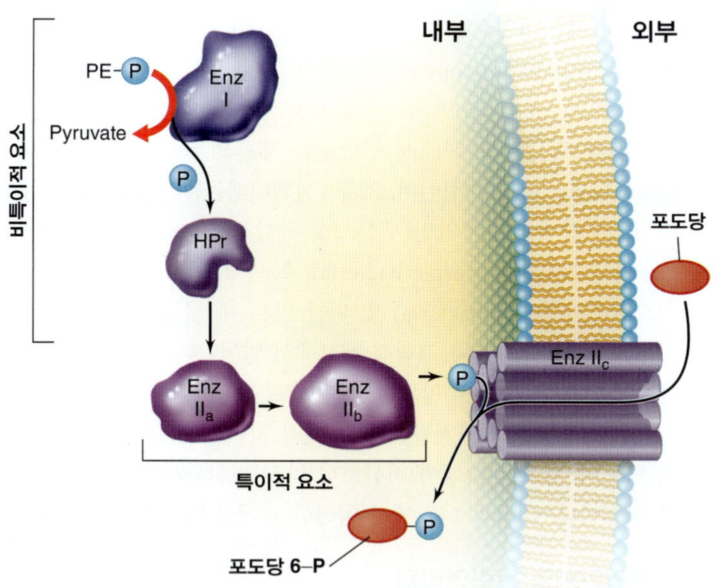

그림 3.4 ***Escherichia coli*의 인산전달효소계의 작용기작.** 포도당 수송을 위해 인산전달효소계는 다섯 개의 단백질로 구성되어 있다: 효소(Enz) I, 효소 II_a, 효소 II_b, 효소 II_c와 HPr. 포스포에놀피루브산염(PE-P)에서 효소 II_c로 순차적 인산이 전달되며, 효소 II_c가 실제로 당을 수송하고 인산화시킨다. 단백질 HPr과 효소 I은 특이성이 없어서 모든 종류의 당 수송에 관여한다. 반면, 효소 II의 세 개의 구성요소는 특정 당에 대하여 특이성을 갖는다.

membrane) 단백질이다.

HPr과 효소 I은 인산전달효소계의 비특이적 구성 성분으로, 여러 가지 당을 수송하는데 관여한다. 반면에 독특한 효소 II 단백질들이 존재하며, 각각 다른 당을 수송한다 (그림 2.22). 인산전달효소 계를 작동시키는 에너지는 해당과정의 고에너지 중간산물인 포스포에놀피루브산염(phosphoenolpyruvate)으로부터 나온다 (3.7절 및 3.8절).

주변세포질 결합 단백질과 ABC 체계

우리는 2장에서 그람-음성 세균은 세포막과 그람-음성 세균의 세포벽의 일부인 외막(*outer membrane*) 사이에 주변세포질(*periplasm*)이라고 불리는 영역을 가지고 있다고 배웠다 (2.5절). 주변세포질에는 수송을 포함하여 다른 기능을 수행하는 단백질들이 있다; 수송은 주변세포질 결합 단백질(*periplasmic-binding protein*)의 활성에 의해 촉매된다. 막관통 및 ATP 가수분해 구성요소와 함께 주변세포질 결합단백질을 이용하는 수송체계를 ABC 수송체계(ABC transport systems)라 부르는데, "ABC"는 ATP에 결합하는 단백질의 구조적 특징인 ATP 결합 카세트(*ATP-binding cassette*)를 의미한다 (**그림 3.5**). 다양한 세균(*Bacteria*)에서 200종류 이상의 ABC 수송체계가 확인된 바 있으며, 이들은 다양한 종류의 유기 및 무기화합물의 수송을 촉매한다.

주변세포질 결합 단백질 특유의 특성은 매우 높은 기질 친화력이다. 이 단백질은 기질의 농도가 극히 낮은 경우에도 특정 기질과 결합할 수 있다; 예를 들어, 1 mM (10^{-6} M). 특정 기질이 결합하면 주변세포질 결합 단백질은 막관통 구성요소와 상호작용하여

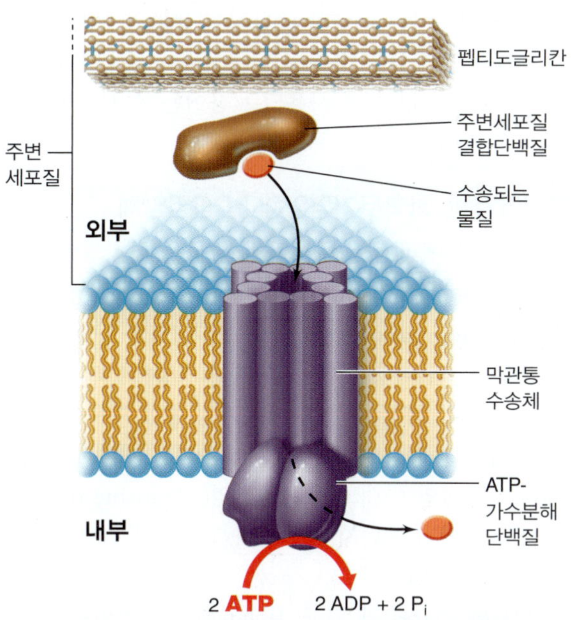

그림 3.5 ABC 수송체의 작용기작. 주변세포질 결합 단백질은 기질에 대한 높은 친화력을 보이고, 막관통 단백질이 수송 통로를 형성하며, 세포질 ATP-가수분해 단백질은 수송을 위한 에너지를 공급한다.

ATP 에너지를 이용하여 기질을 세포 안으로 수송한다 (그림 3.2 및 3.5).

그람-양성 세균과 고균은 주변세포질이 없지만, 이들도 ABC 체계를 가지고 있다. 그람-양성 세균에서는 기질-결합 단백질 (주변세포질 결합단백질과 동일한 기능)이 세포막 외부 표면에 붙어 있다. 이 단백질이 기질과 결합하면 막관통 구성요소와 상호작용하여 ATP에 의해 작동되는 기질의 수송을 촉매한다. ABC 체계는 다양한 고균에도 존재하며, 주로 당 수송에 이용된다.

미니퀴즈

- 단순 수송체, 인산전달효소계와 ABC 수송체를 (1) 에너지원, (2) 수송 중 기질의 화학적 변화, (3) 필요한 단백질의 수에 대한 관점에서 비교하라.
- 영양분이 부족한 환경에서 살아가는 생명체에 최적화된 ABC 수송체계의 주요 특성은 무엇인가?

II • 에너지론, 효소 및 산화환원

미생물이 필요한 모든 영양소를 가지고 있고 그것들을 세포로 수송하였다면 다음은 생장을 위해 에너지-생성 반응에서 방출된 에너지의 일부를 보존해야만 한다. 여기서는 에너지 보존을 위한 다른 선택지에 대해 논의할 것이며, 생물에너지론의 이해를 돕기 위하여 화학과 물리의 기본적 법칙을 사용할 것이다.

3.3 미생물의 에너지 종류

에너지-생성 반응은 **이화작용(catabolism)**이라 불리는 대사 작용

의 일부이다. 여기서는 다양한 종류의 미생물의 이화적 에너지에 대하여 논의하고, 그들의 유사성과 차이점에 주목한다. 미생물의 에너지 종류를 설명하는 데 사용되는 용어는 중요하며, 이 책에서 여러 번 나올 것이다.

화학유기영양체, 화학무기영양체 및 광영양체

화학물질로부터 에너지를 보존하는 생물을 화학영양체(*chemotrophs*)라고 하며, 유기(*organic*)화합물을 이용하는 생물을 **화학유기영양체(chemoorganotrophs)**라고 한다 (**그림 3.6**). 실험실에서 배양하는 대부분의 미생물들은 화학유기영양체이다. 다양한 종류의 유기 화합물이 화학유기영양대사과정 중에 이화(catabolized)될 수 있으며, 그들의 산화과정 중에 배출되는 에너지의 일부는 세포의 에너지 통화인 아데노신 삼인산염(adenosine triphosphate, ATP)이나 관련된 고에너지 화합물의 고에너지 결합 내에 보존된다 (3.7절 및 그림 3.13 참조).

많은 세균(*Bacteria*)과 고균(*Archaea*)은 무기화합물의 산화로부터 에너지를 얻을 수 있다. 이러한 형태의 대사를 화학무기영양(*chemolithotrophy*)이라고 부르며, 화학무기영양 반응을 수행하는 생명체들은 **화학무기영양체(chemolithotrophs)**라고 부른다 (그림 3.6). 예를 들어, 수소 기체(H_2), 황화수소(H_2S), 암모니아(NH_3), 그리고 제1철 이온(Fe^{2+}) 등의 몇몇 무기화합물들은 산화될 수 있다. 대체로, 관련된 화학무기영양체 집합은 관련된 무기화합물의 집합을 특이적으로 산화한다. 그래서 "황" 세균, "철" 세균, "질산화(nitrifying)" 세균 등이 있다.

광영양체(phototrophs)는 빛에너지를 ATP로 전환하는 엽록체(chlorophyll)와 그 밖의 색소들을 갖고 있으며, 화학영양체와는 달리 에너지원으로 화합물을 필요로 하지 않는다. 두 가지 형태의 광영양(phototrophy)이 세균에서 알려져 있다. 산소성 광합성(*oxygenic photosynthesis*)이라고 불리는 한 가지 형태에서는 산소(O_2)가 생성된다. 산소성 광합성은 세균의 주요 계통인 남세균(cyanobacteria)의 특성이며, 조류 (진핵미생물)에 의해서도 수행된다. 다른 형태의 광영양인 무산소성 광합성(*anoxygenic photosynthesis*)은 자색세균(purple bacteria), 녹색세균(green bacteria), 헬리오박테리아(heliobacteria) 및 다른 많은 세균들을 포함하는 적어도 6가지 세균의 계통유전학적 계보에서 일어난다. 무산소성 광합성에서는 O_2가 생성되지 않는다. 그럼에도 불구하고 산소성 광합성과 비산소성 광합성의 기저를 이루는 기작 사이에 대단히 유사한 점들이 있으며, 산소성 과정이 비산소성 과정으로부터 진화되었다는 점은 확실하다. 13장과 14장에서 이러한 관계를 탐구하도록 한다.

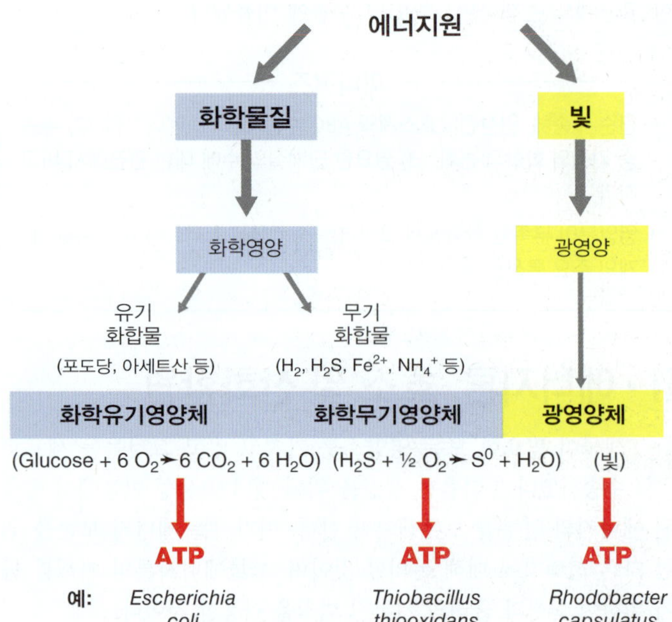

그림 3.6 미생물에 의해 에너지를 보존하기 위한 대사적 선택. 대부분의 생명체는 한 가지 선택만을 사용하지만 일부는 두 가지를 사용하며, 몇몇 드문 종들은 에너지 보존의 세 가지 모두를 사용한다.

종속영양체와 독립영양체

미생물이 화학물질로부터 또는 빛으로부터 에너지를 어떻게 보존하는가와 관계없이 모든 세포는 새로운 세포물질을 만들기 위해 하나 또는 다른 형태로 많은 양의 탄소를 필요로 한다 (3.1절). 생명체가 **종속영양체(heterotrophs)**이면 그 세포의 탄소는 하나 또는 다른 유기화합물로부터 얻는다. 반면에 **독립영양생체(autotrophs)**는 이산화탄소(CO_2)를 탄소원으로 이용한다. 화학유기영양체 (그림 3.6)는 의미상 종속영양체이기도 하다. 이에 반해, 대부분의 화학무기영양체와 광영양체 (그림 3.6)는 독립영양체이다. 독립영양체는 무기 탄소(CO_2)로부터 새로운 유기물질을 합성하기 때문에 1차 생산자(*primary producers*)로도 불린다. 지구상의 사실상 모든 유기물질은 1차 생산자, 특히 광영양체에 의해 생산되었다. **캘빈 회로(Calvin cycle)**는 광영양생물이 CO_2를 세포 물질로 집어넣는 주요 생화학적 경로이다. 14장에서 그 밖의 많은 경로들이 특히 원핵 독립영양체에 존재함을 보게 될 것이다.

미니퀴즈

- 화학유기영양체는 화학무기영양체와 어떻게 다른가? 화학영양체는 광영양체와 어떻게 다른가?
- 독립영양체는 종속영양체와 어떻게 다른가?

3.4 생물에너지론의 원리

우리는 에너지 보존의 관점에서 미생물이 갖는 선택지들에 대해 정리해 보았다: 화학유기영양, 화학무기영양, 광영양. 그러나 그러한 과정으로부터 나오는 에너지가 세포에 의해 어떻게 보존되는가? 여기서 모델시스템으로서 화학유기영양 대사를 이용하여 이러한 이슈를 생각해 보자.

에너지(*energy*)란 일을 할 수 있는 능력으로 정의된다. 미생물학에서 에너지 전환은 열에너지의 단위인 킬로주울(kilojoules, kJ)로 측정된다. 세포에서 모든 화학반응은 에너지 변화(*change*)를 동반한다. 반응이 일어나면서 에너지가 요구되거나(*required*) 또는 방출된다(*released*). 반응이 에너지를 방출하는지 에너지를 요구하는지 알기 위해서는 먼저 기초적 생물에너지 원리를 이해하는 것이 필요하다.

기본 에너지론

미생물학에서는 일을 하는 데 이용될 수 있는 에너지인 **자유에너지(free energy)** (줄여서 G)에 관심을 가진다. 반응에서 일어나는 자유에너지 변화를 $\Delta G^{0\prime}$라고 표기한다. 반응 중에 방출되는 자유에너지는 ATP와 몇 가지 고에너지 물질의 형태로 세포에 보존될 수 있다. 반응 중에 자유에너지의 변화는 $\Delta G^{0\prime}$로 표현되는데, 기호 Δ는 "변화(change in)"를 나타낸다. $\Delta G^{0\prime}$에서 "0"과 "프라임(prime)"은 pH 7, 25°C, 1기압 및 모든 반응물과 생성물이 몰(molar) 농도인 표준상태(*standard conditions*)에서의 자유에너지 값을 나타낸다.

다음 반응을 생각해보자:

$$A + B \rightarrow C + D$$

만약 이 반응의 $\Delta G^{0\prime}$가 연산부호로 음수(*negative*)이면 자유에너지가 방출(release)되면서 반응이 진행되고, 이러한 반응을 **에너지 방출반응(exergonic)**이라고 한다. 그러나 $\Delta G^{0\prime}$가 양수(*positive*)이면 반응이 진행되기 위해서 에너지를 요구하며, 그러한 반응은 **에너지 흡수반응(endergonic)**이다. 따라서 에너지 방출반응은 자유에너지를 방출하는 반면에 에너지 흡수반응은 자유에너지를 필요로 한다. 이러한 본질을 가지고, $\Delta G^{0\prime}$를 어떻게 계산할까?

형성 자유에너지와 자유에너지 변화 ($\Delta G^{0\prime}$) 계산하기

반응의 자유에너지 양을 계산하려면 첫째로 반응물과 생성물에 존재하는 자유에너지를 알 필요가 있다. 구성원소로부터 주어진 분자가 형성되는 동안에 방출되거나 요구되는 에너지를 형성 자유에너지(*free energy of formation*, G_f^0)라고 한다. **표 3.2**는 몇 가지 보편적인 물질의 G_f^0 목록을 나타낸다. 관례상 원소적, 전기적으로 중성상태 (예, C, H_2, N_2)에서 원소의 형성 자유에너지는 0이다. 그러나 화합물의 형성 자유에너지는 0이 아니다. 만약 원소로부터 화합물이 형성될 때 에너지 방출반응이 일어나면 (자유에너지가 방출), 그 화합물의 G_f^0는 음수가 된다. 만약 반응이 에너지 흡수반응이면 (자유에너지 필요) 그 화합물의 G_f^0는 양수이다.

대부분 화합물의 G_f^0는 음수(negative)이다. 이러한 사실은 화합물들이 원소로부터 자연발생적으로 (즉, 에너지가 방출됨) 형성되는 경향이 있다는 것을 의미한다. 그러나 아산화질소(nitrous oxide) (N_2O) (표 3.2)의 양수 G_f^0는 이 화합물이 자연발생적으로 형성되지 않는다는 것을 의미한다. 대신에, 시간이 흐름에 따라서 자연발생적으로 질소와 산소로 분해된다. 표 3.2에 나타낸 화합물들은 물리화학 참고자료에서 얻을 수 있는 형성 자유에너지의 일부분에 불과하다.

형성 자유에너지를 이용하여 반응의 $\Delta G^{0\prime}$를 계산할 수 있다. A + B → C + D의 반응에서 $\Delta G^{0\prime}$은 생성물 (C + D)의 형성 자유에너지의 합(sum)에서 반응물 (A + B)의 형성 자유에너지의 합을 빼면 된다. 즉:

$$\Delta G^{0\prime} = G_f^0[C + D] - G_f^0[A + B]$$

얻어진 $\Delta G^{0\prime}$ 값은 그 반응이 에너지 방출반응인지 (그리하여 세포의 가능한 에너지원이 될 수 있는지) 또는 에너지 흡수반응인지 (그리하여 에너지 투입이 필요한지)를 알려준다. "생성물 빼기 반응물(products minus reactants)"은 화학반응 동안에 자유에너지의 변화를 어떻게 계산하지 알려주는 간단한 방법이다.

자유에너지 계산이 이루어지기 전에 먼저 반응의 균형을 맞추는

표 3.2 일부 보편적 물질의 형성 자유에너지 (G_f^0, kJ/mol)[a]

당	유기산 및 지방산	아미노산 및 알코올	기체 및 무기화합물
Fructose (−951.4)	Acetate (−369.4)	Alanine (−371.5)	O_2, N_2, H_2, S^0, Fe^0 (0)
Glucose (−917.2)	Benzoate (−245.6)	Aspartate (−700.4)	CH_4 (−50.8)
Lactose (−1515.2)	Butyrate (−352.6)	*n*-Butanol (−171.8)	CO_2 (−394.4); CO (−137.4)
Ribose (−369.4)	Caproate (−335.9)	Ethanol (−181.7)	H_2O (−237.2); H^+ (−39.8); OH^- (−198.7)
Sucrose (−757.3)	Citrate (−1168.3)	Glutamate (−699.6)	N_2O (+104.2); NO (+86.6)
	Formate (−351.1)	Glutamine (−529.7)	NO_2^- (−37.2);
	Fumarate (−604.2)	Glycerol (−488.5)	NO_3^- (−111.3)
	Glyoxylate (−468.6)	Mannitol (−942.6)	NH_3 (−26.57); NH_4^+ (−79.4)
	Ketoglutarate (−797.5)	Methanol (−175.4)	H_2S (−27.87);
	Lactate (−517.8)	*n*-Propanol (−175.8)	HS^- (+12.1)
	Malate (−845.1)		SO_4^{2-} (−744.6); $S_2O_3^{2-}$ (−513.4)
	Propionate (−361.1)		Fe^{2+} (−78.8); Fe^{3+} (−4.6); FeS (−100.4)
	Pyruvate (−474.6)		
	Succinate (−690.2)		
	Valerate (−344.3)		

[a]형성 자유에너지 값은 다음 출처에서 가져왔음. Speight, J. 2005. *Lange's Handbook of Chemistry*, 16th edition, and Thauer, R.K., K. Jungermann, and H. Decker. 1977. Energy conservation in anaerobic chemotrophic bacteria. *Bacteriol. Rev. 41*: 100–180.

것이 필요하다. 즉, (1) 각각의 종류의 원자 및 이온 전하의 총 수는 반응의 양쪽에서 동일해야 하며, (2) 한 물질로부터 제거된 모든 전자들이 다른 물질에 전달되도록 산화-환원 상태가 균형을 이루어야 한다. 반응이 균형이 맞춰지면 그 $\Delta G^{0\prime}$을 계산할 수 있으며, 그로부터 세포를 위한 에너지 보존의 방법으로서 반응의 잠재력을 평가할 수 있다.

$\Delta G^{0\prime}$ 대 ΔG

종종 $\Delta G^{0\prime}$의 계산은 실제 자유에너지 변화를 매우 정확하게 추정한다고 하더라도, 일부 경우에는 그렇지 않다. 14장에서 다시 생물에너지론의 주제를 다룰 때, 미생물의 자연환경에서의 반응물과 생성물의 실제 농도는 $\Delta G^{0\prime}$의 계산에 사용되는 수준인 경우가 거의 없으며, 생물에너지 계산의 결과를 종종 심각하게 바꿀 수 있다는 것을 보게 될 것이다. 이러한 관점에서, 생물에너지 계산에 가장 관련이 있는 것은 $\Delta G^{0\prime}$이 아니고, 생물체가 생장하는 실제 조건 하에서 일어나는 자유에너지 변화인 ΔG이다. ΔG에 대한 공식은 생물체의 서식지에서 반응물과 생성물의 실제적인 농도를 고려하며, 다음과 같이 표현된다:

$$\Delta G = \Delta G^{0\prime} + RT \ln K_{eq}$$

여기서 R과 T는 물리상수이고 K_{eq}는 반응의 평형상수이다. $aA + bB \rightarrow cC + dD$의 반응에서 $K_{eq} = [C]^c[D]^d/[A]^a[B]^b$, 여기서 A와 B는 반응물, C와 D는 생성물이며, a, b, c, d는 각 분자의 수이다; 괄호는 농도를 나타낸다.

$\Delta G^{0\prime}$이 아니라 ΔG가 생물에너지 과정의 더 정확한 추정치인 이유는 한 미생물이 수행하는 반응의 생성물은 대개 다른 미생물들의 활동에 의해 소비되기 때문이다. 대부분의 경우에 이것은 $\Delta G^{0\prime}$에 심각하게 영향을 주지 않는다. 그러나 일부 경우에는 반응물의 소비가 매우 활발하여 K_{eq}값을 1 이하로 떨어뜨릴 수 있다; 그러한 숫자의 로그값은 연산부호로 음수가 된다. 그리하여 ΔG를 계산할 때, 표준조건 하에서 에너지 흡수반응은 미생물 서식지에 존재하는 실제 상황 하에서는 에너지 방출반응이 될 수 있다. 14장에서 이러한 예들을 살펴볼 것이다. 특히 영양공생적(syntrophic) 대사의 생성물인 H_2가 다른 미생물에 의해 0에 근접하는 수준으로 소비되는 반응이다.

$\Delta G^{0\prime}$과 ΔG는 항상 같진 않지만, 미생물 에너지론의 이해의 관점에서 미생물 체계에서의 에너지 흐름을 이해하는데 우리가 다루어야 하는 것은 $\Delta G^{0\prime}$ 표현이다. 명심해야 할 주요 관점은 에너지 방출반응만이 세포에 의해 보존될 수 있는 에너지를 생성하며, 이것이 앞으로 몇몇 절에서의 초점이 될 것이다.

미니퀴즈

- 자유에너지란 무엇인가?
- 원소로부터의 포도당 형성은 에너지를 방출하는가, 요구하는가?
- 표 3.2를 이용하여 $CH_4 + ½O_2 \rightarrow CH_3OH$ 반응의 $\Delta G^{0\prime}$을 계산하라.

3.5 촉매작용과 효소

자유에너지 계산은 주어진 반응에서 에너지가 방출 또는 요구되는지만을 나타낸다; 반응속도(*rate*)에 대해 아무것도 얘기해 주지 않는다. 반응의 속도가 매우 느리다면 세포에는 아무런 가치가 없다. 예를 들어, 산소(O_2)와 수소(H_2)로부터 물이 형성되는 반응을 생각해보자. 이 반응의 에너지론은 꽤 알맞다: $H_2 + ½O_2 \rightarrow H_2O$ $\Delta G^{0\prime} = -237$ kJ. 그러나 O_2와 H_2를 섞어 봉인된 병에 넣고 수년 동안 관찰하더라도 물의 형성은 일어나지 않을 것이다. O_2와 H_2가 결합하여 물을 형성하기 위해서는 두 기체가 반응성을 띠는 것이 필요하기 때문이다. 이를 위해서는 이 결합이 끊어지고 에너지가 필요하다. 이 에너지를 **활성화 에너지(activation energy)**라고 한다.

활성화 에너지는 화학반응이 시작되기 위해서 필요한 최소한의 에너지로 볼 수 있다. 에너지 방출반응에서의 상황은 **그림 3.7**에서 보인다. 비록 활성 에너지 장벽은 촉매(*catalyst*—반응을 촉진시키지만 소비가 되지 않는)가 없이는 실제로 넘을 수 없지만, 적절한 촉매가 존재할 때에는 이 장벽이 줄어들어 반응이 일어나게 된다.

효소

촉매는 반응의 활성화 에너지를 낮추어 작동하며 (그림 3.7), 그렇게 함으로써 반응 속도를 증가시킨다. 촉매는 반응 에너지나 평형에 영향을 미치지 않지만, 촉매는 오직 반응이 진행되는 속도(*rate*)에만 영향을 미친다. 대부분의 세포 반응은 촉매작용이 없이는 의미있는 속도로 진행되지 않는다.

세포의 주요 촉매는 **효소(enzymes)**이며, 이는 촉매하는 반응에 매우 특이적인 단백질 (또는 몇몇 경우에는 RNA)이다. 이러한 특이성은 효소의 정교한 3차구조가 작용한다. 효소의 촉매반응에서 효소는 기질(*substrate*)이라고 하는 반응물과 결합하여 효소-기질 복합체(*enzyme-substrate complex*)를 형성한다. 반응이 이루어진 후에는 생성물(*product*)이 방출되고 효소는 원래 상태로 돌아가 새

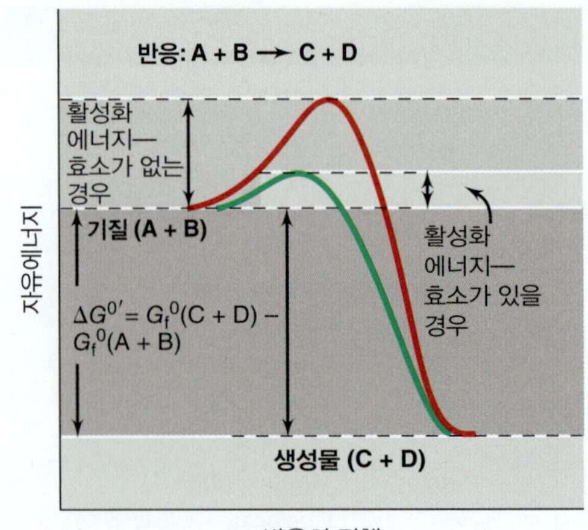

그림 3.7 활성화 에너지와 촉매작용. 에너지를 발생하는 화학반응조차도 활성화되지 않으면 자연발생적으로 진행이 되지 않는다. 반응물질이 활성화되면 반응이 자연발생적으로 진행된다. 효소와 같은 촉매가 요구되는 활성화에너지를 낮춘다.

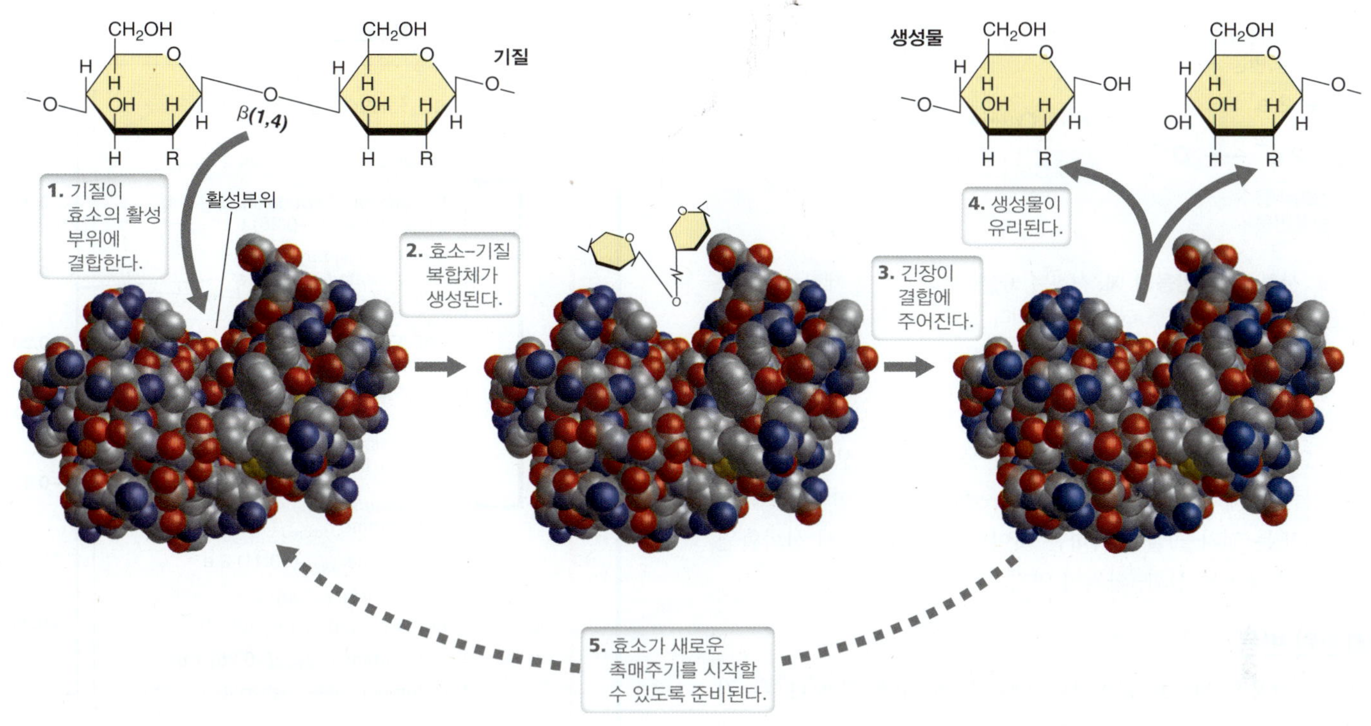

그림 3.8 효소의 촉매작용 주기. 여기에 나타낸 효소 리소자임(lysozyme)은 펩티도글리칸 다당류 골격 내의 β-1,4-당 결합(β-1,4-glycosidic bond)을 쪼개는 것을 촉매한다. 효소의 활성부위에 기질이 결합된 후, 결합에 긴장이 주어지며, 이것은 쪼개지기에 알맞게된다. 리소자임의 공간충전모델로서 Richard Feldmann에 의해 제공됨.

로운 반응을 촉매할 수 있도록 준비된다 (**그림 3.8**). 효소는 일반적으로 기질보다 훨씬 더 크고, 기질이 결합하는 효소 부위를 효소의 활성부위(*active site*)라 한다; 기질이 결합하여 생산물이 방출되는 전체 효소반응은 천분의 1초밖에 걸리지 않는다.

많은 효소들은 촉매 작용에 관여하지만 그들 자신이 기질은 아닌 비단백질성 저분자물질을 함유한다. 이러한 저분자물질을 효소와의 연관되는 방식에 따라 보결분자단(*prosthetic group*)과 조효소(*coenzyme*)의 두 종류로 분류한다. 보결분자단은 일반적으로 공유결합에 의하여 영구적으로 효소에 강하게 결합되어 있다. 시토크롬 *c* (3.10절)와 같은 시토크롬에 존재하는 헴(heme)기가 보결분자단의 예이다. 반면, 몇몇 예를 제외하고는 **조효소(coenzymes)**는 효소에 느슨하게 때로는 일시적으로 효소에 결합되어 있다; 따라서 하나의 조효소 분자가 많은 다른 효소들과 연관되어 있다. 대부분의 조효소는 비타민의 유도체이다 (표 3.1).

효소 촉매작용

효소는 반응을 촉매하기 위해 기질과 결합하여 기질이 효소의 활성부위에 적절하게 위치하도록 하여야 한다. 효소-기질 복합체(enzyme-substrate complex) (그림 3.8)는 반응기를 배열하고 특정한 결합 상에 압력을 가한다. 이것은 반응이 진행되는데 요구되는 활성화 에너지를 감소시킨다 (그림 3.7). 이것은 세균 세포벽 중합체인 펩티도글리칸(peptidoglycan)의 다당류 골격을 기질로 하는 효소인 리소자임(lysozyme)에 대하여 그림 3.7에서 보여준다 (2.4절).

그림 3.7에서 묘사된 반응은 에너지 방출반응이다. 반면에, 일부 효소는 에너지 흡수반응을 촉매하는데, 에너지가 낮은 기질을 고에너지 생성물로 전환시킨다. 이러한 경우에는 활성화 에너지 장벽 (그림 3.7)을 극복해야 할 뿐만 아니라 기질의 에너지 수준을 생성물의 수준까지 높이기 위해서 충분한 자유에너지가 공급되어야만 한다. 이것은 ATP의 가수분해나 양성자 동력의 소멸과 같이 에너지-요구 반응(energy-requiring reaction)과 에너지-생성 반응(energy-yielding reaction)이 짝을 이루어(*coupling*) 수행되어 (3.11절), 전체반응은 음수(negative)이거나 0에 가까운 자유에너지 변화로 진행된다.

이론상 모든 효소는 활성에 있어서 가역적이다. 그러나 매우 에너지방출적이거나 또는 매우 에너지흡수적인 반응을 촉매하는 효소는 일반적으로 한 방향으로만 작용한다. 특히 에너지 방출반응이나 에너지 흡수반응이 역으로 갈 필요가 있다면, 대개 다른 효소가 역반응을 촉매한다.

미니퀴즈

- 촉매의 기능은 무엇인가? 효소는 무엇으로 만들어지는가?
- 효소의 어디에 기질이 결합하는가?
- 활성화 에너지는 무엇인가?

3.6 전자공여체와 전자수용체

세포는 에너지 방출반응을 ATP와 같은 고에너지 화합물의 생합성과 결합시킴으로써 반응에서 방출되는 에너지를 보존한다. ATP를

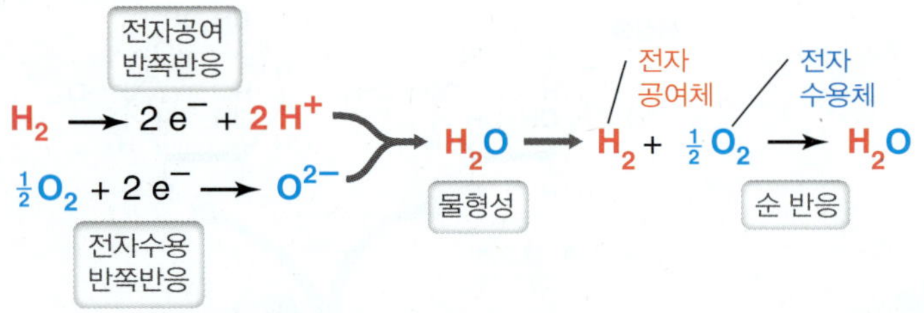

전자공여 반쪽반응

$H_2 \rightarrow 2e^- + 2H^+$

$\frac{1}{2}O_2 + 2e^- \rightarrow O^{2-}$

전자수용 반쪽반응

$\rightarrow H_2O$ (물형성) $\rightarrow H_2 + \frac{1}{2}O_2 \rightarrow H_2O$ (순 반응)

전자공여체 / 전자수용체

그림 3.9 산화-환원 반응의 예. 산화는 물질로부터 전자를 제거하는 반응이며, 환원은 물질에 전자를 더하는 반응이다.

생성하기 위한 충분한 에너지를 방출하는 반응은 산화-환원의 생화학이 요구된다. 산화(*oxidation*)는 한 물질로부터 전자 하나 (또는 전자들)를 제거하는 것이며, 환원(*reduction*)은 한 물질에 전자 하나 (또는 전자들)를 첨가하는 것이다. 미생물학에서 산화환원(*redox*)이란 용어는 산화-환원의 약자로서 사용된다.

산화환원 반응

산화환원 반응은 쌍으로 일어난다. 예를 들어, 수소 기체(H_2)는 전자와 양성자를 방출하고 산화된다 (**그림 3.9**). 그러나 전자는 용액에서는 따로 존재할 수 없다; 원자나 분자의 일부가 되어야 한다. 따라서 H_2의 산화는 단지 반쪽반응(*half reaction*)이며, 이 용어는 전체적인 반응을 완성하는데 제2의 반쪽반응이 필요하다는 것을 의미한다. 제2의 반쪽반응은 환원반응이며, 여기서는 또 다른 물질이 환원되어 쌍으로 산화환원 반응을 이루게 된다 (그림 3.9).

이러한 형태의 산화환원 반응에서, H_2의 산화는 제2의 반응에서 O_2를 포함하는 많은 다른 물질의 환원과 연계된다. 환원 반쪽반응은 H_2의 산화와 짝을 이루어 전반적인 균형된 순(net) 반응을 만든다 (그림 3.8). 이러한 종류의 반응에서, 산화되는(*oxidized*) 물질을 (이 경우에 H_2) **전자공여체(electron donor)**라고 하며, 환원되는(*reduced*) 물질을 (이 경우에 O_2) **전자수용체(electron acceptor)**라고 한다 (그림 3.9). 전자공여체는 일반적으로 에너지 원료(energy source)로 불리기도 한다. 다양한 유기 및 무기 화합물을 포함하여 많은 종류의 전자공여체가 자연계에 존재한다. O_2 이외에 NO_3^-와 SO_4^{2-} 같은 많은 질소 및 황 산화물, 많은 유기 화합물을 포함하여 많은 전자수용체 역시 존재한다 (그림 14.25). 이 책을 통한 여정을 계속하면서 전자공여체와 전자수용체의 개념은 미생물 생리학, 다양성, 생태학을 이해하는 데 매우 중요하며, 세포 에너지 대사의 모든 측면의 기저가 됨을 알게 될 것이다.

환원전위 및 산화환원 쌍

많은 물질들은 산화환원 반응에서 쌍을 이루는 물질에 따라 전자공여체가 될 수도 있고 또는 전자수용체가 될 수도 있다. 그림 3.9에서 2 H^+/H_2 또는 $½O_2/H_2O$와 같은 반쪽반응의 화살표 양쪽 구성요소들을 산화환원 쌍(*redox couple*)이라 부른다. 전통적으로 산화환원 쌍을 표시할 때 쌍의 산화된(*oxidized*) 형태는 항상 왼쪽에 쓰고 (사선 표시 전) 사선표시 뒤에 환원된(*reduced*) 형태가 뒤에 온다.

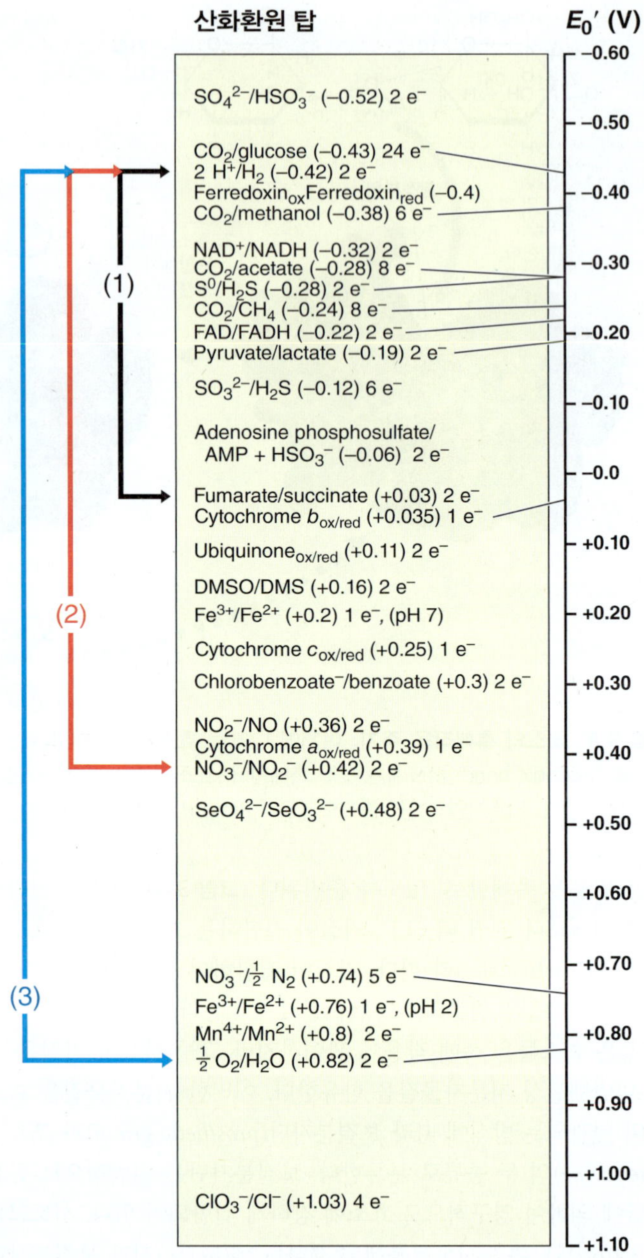

(1) H_2 + fumarate → succinate $\Delta G^{0\prime} = -86$ kJ

(2) $H_2 + NO_3^-$ → $NO_2^- + H_2O$ $\Delta G^{0\prime} = -163$ kJ

(3) $H_2 + \frac{1}{2}O_2$ → H_2O $\Delta G^{0\prime} = -237$ kJ

그림 3.10 산화환원 탑. 산화-환원쌍은 맨 위의 가장 강력한 공여체로부터 맨 아래의 가장 강력한 수용체로 배열되어 있다. 전자공여체와 전자수용체 간의 환원전위의 차가 클수록 더 많은 자유에너지가 방출된다. H_2가 세 개의 다른 전자수용체인 푸마르산 (1), 질산 (2), 산소 (3)와 반응할 때 에너지 생산량의 차이를 주목하라. 산화환원탑은 그림 14.25의 혐기성 호흡과 관련하여 배치되었다.

물질들은 전자를 주거나 또는 받으려고 하는 경향이 다르다. 이러한 경향은 표준물질인 H_2를 참고로 하여 볼트(V)로 측정된 값인 **환원전위(reduction potential)** (E_0', 표준 상태)로 표현된다

표 3.3 G_f값 또는 전기화학적 전위를 이용한 자유에너지 변화의 계산의 예

아세트산이 완전히 CO_2로 산화되는 반응:[a]

$$CH_3COO^- + H^+ + 2\,O_2 \rightarrow 2\,CO_2 + 2\,H_2O$$

1. G_f값으로부터 계산:

$$\Delta G^{0\prime} = [G_f(\text{산물}) - G_f(\text{반응물})]$$
$$= [G_f\,(2\,CO_2 + 2\,H_2O) - G_f\,(2\,O_2 \rightarrow 2\,CO_2 + 2\,H_2O)]$$
$$= -852\ \text{kJ/반응}$$

2. 네른스트 공식(Nernst equation)으로부터 계산:[b]

$$\Delta G^{0\prime} = -\,nF\Delta E_0{}'$$
$$= [-8(96.5)(1.1)]$$
$$= -849\ \text{kJ/반응}$$

[a]반응은 균형이 잡혀 있으며 8개 전자의 산화반응임 (공식 2에서 n = 8). $G_f{}^0$ 값은 표 3.2에서 가져왔음.
[b]F는 파라데이(Faraday) 상수이며 $\Delta E_0{}'$은 그림 3.10의 $\Delta E_0{}'$ 값으로부터 계산됨.

(그림 3.9). 더욱이 생물학에서 환원전위는 pH 7에서 환원반응(*reductions*)으로 기재된 반쪽 반응으로 나타낸다. 그림 3.9의 예에서, $2H^+/H_2$ 쌍의 $E_0{}'$는 −0.42 V이고 $½O_2/H_2O$ 쌍의 $E_0{}'$는 +0.82 V이다. 이 값들이 O_2는 우수한 전자수용체이고 H_2는 우수한 전자공여체(*electron acceptor*)라는 것을 의미한다는 것을 곧 알게 될 것이다.

두 산화환원 쌍이 반응할 때, $E_0{}'$가 더 음수인(*more electronegative*) 쌍의 환원되는(*reduced*) 물질이 $E_0{}'$가 더 양성인(*more positive*) 쌍의 산화되는(*oxidized*) 기질에 전자를 공여한다. 따라서 2 H^+/H_2 쌍에서는 H_2가 전자를 공여하려는 경향이 2 H^+가 전자를 수용하려는 경향보다 더 크고, $½O_2/H_2O$ 쌍에서는 H_2O가 전자를 공여하려는 경향이 매우 약한 반면에 O_2는 전자를 수용하려는 경향이 매우 크다. H_2와 O_2의 반응에서 H_2는 전자공여체여서 산화되고, O_2는 전자수용체가 되어서 환원된다 (그림 3.9).

모든 반쪽반응은 환원되는 방향으로 쓰지만, 두 산화환원 쌍 사이의 실제 반응에서는 $E_0{}'$가 좀 더 음수인 반쪽반응은 산화되고, 따라서 반대 방향으로 표시된다. 예를 들어 H_2와 O_2 사이의 반응에서, H_2가 산화되고 공식적인 반쪽반응과 반대 방향으로 쓴다 (그림 3.9 및 그림 3.10).

산화환원 탑 및 $\Delta G^{0\prime}$와의 관계

전자전달 반응을 보여주는 편리한 방법은 자연계의 산화환원 쌍에 대하여 가능한 환원전위의 전체 범위를 나타내 주는 수직의 탑을 상상하는 것이다. 가장 음수인 $E_0{}'$를 맨 위에 가장 양수인 $E_0{}'$를 맨 아래에 나타낸 이것이 바로 산화환원 탑(*redox tower*)이다 (**그림 3.10**). 산화환원 탑의 가장 꼭대기에 가까운 전자공여체의 전자가 낙하하면서 다른 수준의 전자수용체에 의하여 "포획(caught)"된다고 상상해보라. 산화환원 쌍의 공여체와 수용체 간의 환원전위의 차이는 $\Delta E_0{}'$로 표현된다.

전자가 수용체에 붙잡히기 전에 더 멀리 떨어질수록 두 산화환원 쌍 사이의 $\Delta E_0{}'$은 더 커지며, 순 반응에서 방출되는 에너지의 양도 더 커진다. 즉, $\Delta E_0{}'$은 $\Delta G^{0\prime}$에 비례한다 (그림 3.10). 이러한 관계는 Nernst 방정식(equation) (자유에너지를 전기화학으로 동일시한 표현)에서 더 정확하게 표현된다. $\Delta G^{0\prime} = -nF\Delta E_0{}'$, n은 전달되는 전자의 수이며, F는 패러데이(Faraday) 상수 (96.5 kJ/V)이다. 주어진 산화환원 반응의 $\Delta G^{0\prime}$을 두 가지 방식으로 계산할 수 있다: 반응의 평형상수 (3.4절)를 알거나 또는 완전한 산화환원 반응을 구성하는 두 개의 반쪽반응의 $E_0{}'$을 알아냄으로써 가능하다. 이것은 아세트산이 CO_2로 산화되는 반응의 한 예에서 보인다 (**표 3.3**).

산화환원 탑의 바닥에 위치하는 산소(O_2)는 자연계에서 중요한 가장 강력한 전자수용체이다. 산화환원 탑의 중간에서는 산화환원 쌍이 누구와 반응하느냐에 따라 전자공여체 혹은 수용체가 될 수 있다. 예를 들어, 2 H^+/H_2 (−0.42 V)은 푸마르산염(fumarate)/숙신산염(succinate) 쌍 (+0.03 V), $NO_3{}^-/NO_2{}^-$ 쌍 (+0.42 V), 또는 $½O_2/H_2O$ (+0.82 V) 쌍과 반응할 수 있으며, 방출되는 자유에너지의 양은 계속 증가되는데 이는 $\Delta G^{0\prime}$이 $\Delta E_0{}'$에 비례하기 때문이다 (그림 3.10).

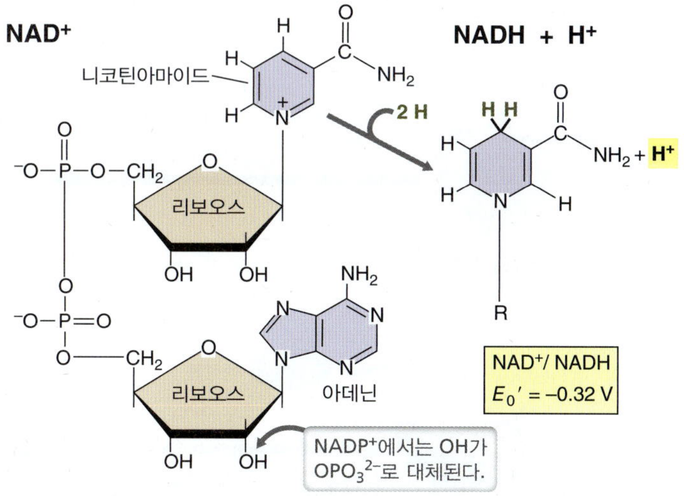

그림 3.11 산화–환원 조효소 니코틴아마이드 아데닌 디뉴클레오티드(nicotinamide adenine dinucleotide) (NAD^+)와 $NADP^+$. NAD^+는 보이는 바와 같이 산화–환원되고 자유롭게 확산된다. "R"은 NAD^+의 아데닌 디뉴클레오티드 부분이다.

전자전달체 및 NAD/NADH 순환

산화환원 반응은 대개 반응을 촉매하는 산화환원 효소와 관련된 조효소(coenzyme)에 의해 촉진된다. 매우 보편적인 산화환원 조효소는 니코틴아마이드 아데닌 디뉴클레오티드(nicotinamide adenine dinucleotide)이다. 짧게 NAD^+라 하며, 환원된 형태는 NADH로 쓴다 (**그림 3.11**). NAD^+/NADH는 전자와 양성자 전달체로서 $2e^-$ 및 $2H^+$를 동시에 수송한다. 전자 탑의 상당히 높은 곳에 위치한 NAD^+/NADH 쌍의 환원 전위는 −0.32 V이다; 즉, NADH는 좋은 전자공여체인 반면, NAD^+는 다소 약한 전자수용체이다 (그림 3.10).

NAD^+/NADH와 같은 조효소는 서로 다른 많은 전자공여체와

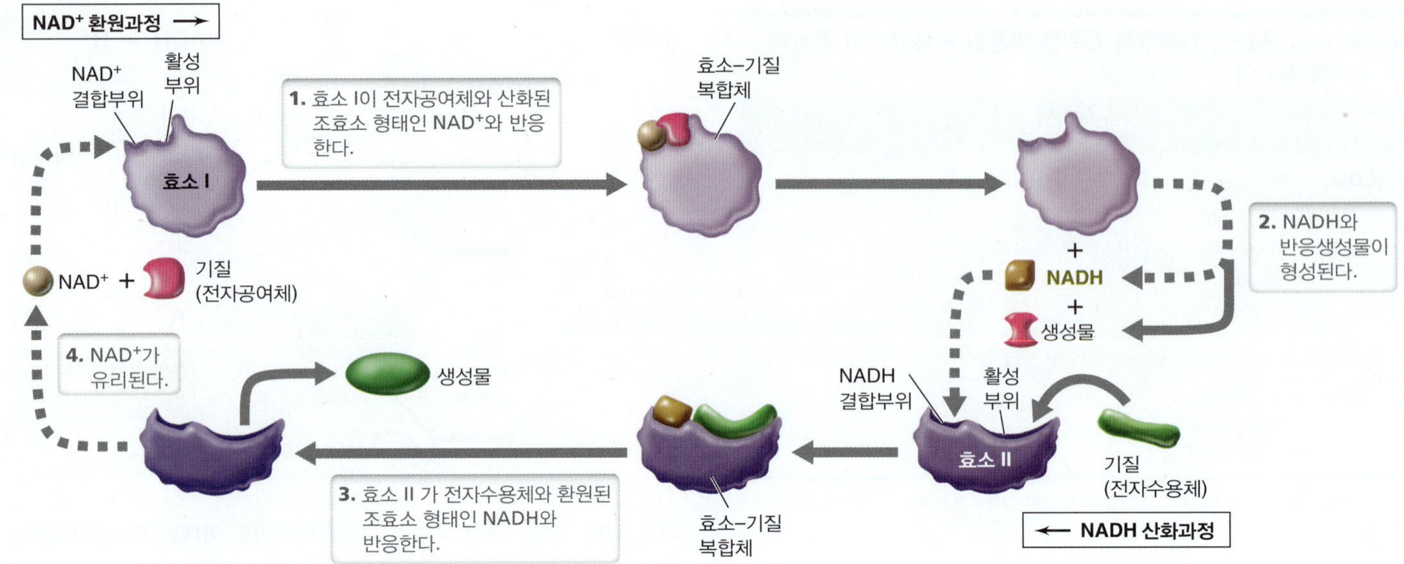

그림 3.12 NAD⁺/NADH 순환. NAD⁺ 또는 NADH를 요구하는 것과 연관된 두 개의 다른 효소들의 산화환원 반응의 모식도 예.

전자수용체가 상호작용하고 조효소가 중간매개체로 작용하여 관련된 다른 효소들을 도와줌으로써 세포 내에서 가능한 산화환원 반응의 다양성을 증가시킨다 (**그림 3.12**). 예를 들어, 효소가 전자공여체를 산화시켜서 나온 전자가 NAD^+를 NADH로 환원시키는데 사용된다. NADH가 전자수용체를 환원시킬 때에는 NADH가 효소로부터 분산되고 다른 효소에 부착하여 NADH를 NAD^+로 다시 산화시킨다 (그림 3.12).

NAD^+/NADH에 의해 매개되어 전자가 왔다 갔다 하는 것은 미생물의 이화작용에서는 보편적인 현상이다. 그러나 NAD^+/NADH 외에도 많은 다른 산화환원 조효소가 전자 왕복반응(shuttle)에 참여한다. 예를 들어, 니코틴아마이드 아데닌 디뉴클레오티드 인산염 (nicotinamide adenine dinucleotide phosphate) ($NADP^+$)은 NAD^+에 인산 분자를 첨가하여 만들어진다. $NADP^+$ (그리고 그 환원된 형태인 NADPH)는 동화작용(anabolic) 산화환원 반응 (세포 전구체의 생합성, 3.14절 및 3.15절)에 참여하는 반면에, NAD^+/NADH는 이화작용(catabolic) 산화환원 반응에 참여한다. 이들의 많은 것들을 3.8~3.12절에서 탐구할 것이다.

미니퀴즈

- $H_2 + ½O_2 \rightarrow H_2O$의 반응에서 무엇이 전자공여체이고 무엇이 전자수용체인가?
- 질산(NO_3^-)이 푸마르산염(fumarate)보다 더 좋은 전자수용체인 이유는 무엇인가?
- NADH가 H_2보다 더 좋은 전자공여체인가? NAD^+가 2 H^+보다 더 좋은 수용체인가? 그림 3.10은 이것을 어떻게 이야기하는가?

3.7 고-에너지 화합물

산화반응에서 방출되는 에너지는 에너지가 요구되는 세포의 기능에 연료를 공급한다. 그러나 결합된 에너지방출 산화환원 반응에서 방출되는 자유에너지는 먼저 세포에 의해 붙잡혀서 보존되어야 한다. 세포 내의 에너지 보존은 고-에너지(*energy-rich*) 인산 또는 황 결합을 포함하는 여러 개의 화합물의 형성으로 이루어진다. 이러한 화합물들의 생합성은 자유-에너지 포획으로 작동되며, 그들의 가수분해는 이러한 에너지를 방출하여 에너지방출 반응을 일으킨다.

그림 3.13에서 보듯이, 인산기는 에스테르(*ester*) 또는 무수(*anhydride*) 결합으로 유기화합물에 결합될 수 있다. 그러나 모든 인산 결합이 고에너지는 아니다. 그림에서 보듯이 Glucose 6-phosphate에서 인산에스테르결합의 가수분해 $\Delta G^{0\prime}$는 −13.8 kJ/mol이다. 대조적으로 phosphoenolpyruvate에서의 인산무수(*anhydride*) 결합의 가수분해 $\Delta G^{0\prime}$은 glucose 6-phosphate의 거의 네 배인 −51.6 kJ/mol이다. 이론적으로 두 화합물 어느 것이나 에너지 대사에서 인산이 가수분해될 수 있지만 세포는 대개 인산가수분해의 $\Delta G^{0\prime}$가 −30 kJ/mol 이상이 되는 화합물들을 세포 내의 에너지 "통화(currencies)"로 사용한다. 따라서 phosphoenolpyruvate는 고에너지 화합물이지만, glucose 6-phosphate는 그렇지 않다.

아데노신 삼인산염

세포에서 가장 중요한 고에너지 인산 화합물은 **아데노신 삼인산염 (adenosine triphosphate, ATP)**이다. ATP는 세 개의 인산기가 연속적으로 결합되어 있는 리보뉴클레오시드 아데노신(ribonucleoside adenosine)으로 구성되어 있다. ATP의 구조로부터 (그림 3.13) 인산결합 (ATP → ADP + P_i와 ADP → AMP + P_i)의 두 개만이 무수인산(phosphoanhydrides)이며 가수분해의 자유에너지가 30 kJ 이상인 것을 알 수 있다. 그와 대조적으로 AMP는 가수분해의 자유에너지가 ADP 또는 ATP의 약 반 정도이기 때문에 에너지가 많지 않다 (그림 3.13).

ATP 가수분해에서 방출되는 에너지가 −32 kJ이라 하더라도, 여

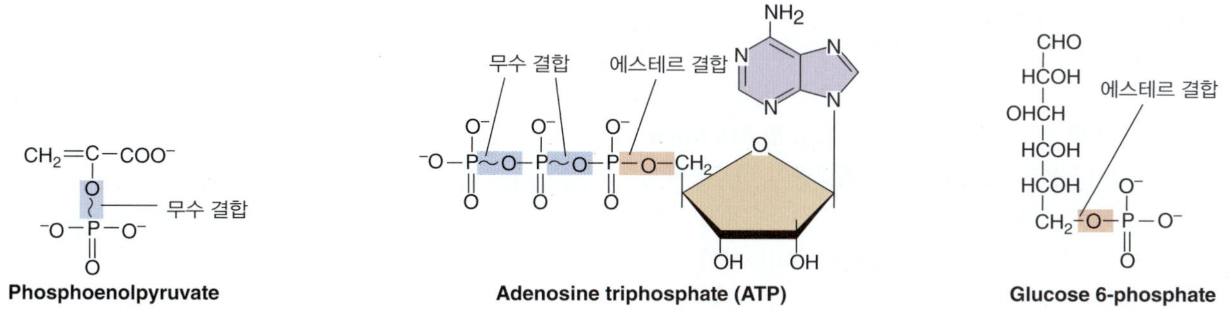

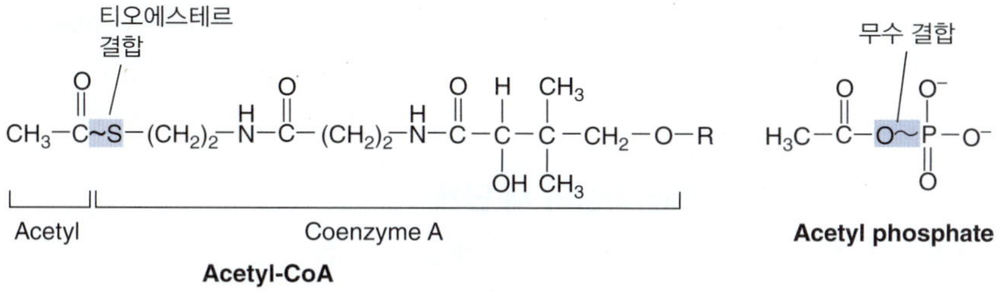

무수 결합 에스테르 결합 에스테르 결합 무수 결합

Phosphoenolpyruvate

Adenosine triphosphate (ATP)

Glucose 6-phosphate

티오에스테르 결합 무수 결합

Acetyl Coenzyme A

Acetyl-CoA

Acetyl phosphate

화합물	$G^{0'}$ kJ/mol
$\Delta G^{0'}$ > 30kJ	
Phosphoenolpyruvate	−51.6
1,3-Bisphosphoglycerate	−52.0
Acetyl phosphate	−44.8
ATP	−31.8
ADP	−31.8
Acetyl-CoA	−35.7
$\Delta G^{0'}$ < 30kJ	
AMP	−14.2
Glucose 6-phosphate	−13.8

그림 3.13 미생물 대사에서 에너지를 보존하는 화합물들의 고에너지 결합. 표를 참고하여 화합물에 강조되어 표시된 인산염 또는 황 결합의 가수분해의 자유에너지의 범위를 주목하라. Acetyl-CoA의 "R" 기(group)는 3′-인산 ADP 기(3′-phospho ADP group)이다.

기서 ATP 합성을 위한 에너지의 요구를 더 정확하게 서술하기 위해서는 주의사항이 언급되어야 한다. 활발히 생장하는 *Escherichia coli* 세포에서 ATP:ADP의 비율은 약 7:1이며, 이것은 ATP 합성을 위한 실제 자유에너지 요구량을 증가시킨다. 따라서 활발히 생장하는 세포에서 ATP 합성을 위한 실제 에너지 소비량 (즉, ΔG, 3.4절)은 −55에서−60 kJ에 가깝다. 그럼에도 불구하고 생물에너지론의 기본원리를 배우고 응용하는 목적에서, 반응은 "표준조건(standard condition)" ($\Delta G^{0\prime}$)에 따르며, 따라서 ATP의 합성이나 (ADP + P_i에서) 가수분해에 (ADP + P_i까지) 필요한 에너지는 32 kJ/mol라고 가정한다.

조효소 A

세포는 인산화된 화합물 외에도 몇몇 고에너지 화합물의 가수분해에서 얻어지는 자유에너지를 이용할 수 있다. 여기에는 특히 조효소 A(*coenzyme A*)의 유도체들이 포함된다 (예, 그림 3.13의 acetyl-CoA). 조효소 A 유도체들은 티오에스테르(*thioester*) 결합을 포함하고 있으며, 이들은 가수분해가 되면 고에너지 인산결합의 합성과 연결되기에 충분한 자유에너지를 생성한다. 예를 들어, 연결된 반응에서:

$$\text{Acetyl-S-CoA} + H_2O + \text{ADP} + P_i \rightarrow \text{acetate}^- + \text{HS-CoA} + \text{ATP} + H^+$$

조효소 A의 가수분해에서 방출되는 에너지는 ATP의 합성에 저장된다. 조효소 A 유도체 (acetyl-CoA는 많은 것들 중 하나임)는 특히 에너지 대사를 발효에 의존하는 혐기성 미생물의 에너지론에 특히 중요하다 (표 3.4 참조). 미생물의 생물에너지론에서 조효소 A 유도체의 중요성에 대해 14장에서 다시 여러 차례 다룰 것이다.

에너지 저장

ATP는 세포에서 역동적인 분자이다; 끊임없이 분해되어 동화반응을 일으키고 이화 산화환원 반응의 대가로 재합성된다. 장기간 에너지 저장을 위해 미생물은 대개 불용성 중합체들을 생산하는데 이들은 나중에 이화작용에 의해 ATP 생산이 가능하다.

장기간 에너지 저장 중합체의 예로 글리코겐(glycogen; polyglucose), poly-β-hydroxybutyrate와 기타 polyhydroxyalkanoates, 황무기영양체(sulfur chemolithotrophs)가 H_2S를 산화시켜서 저장된 황 원소를 들 수 있다. 이 중합체들은 광학 또는 전자현미경으로 볼 수 있는 과립으로 세포 안에 축적된다 (2.8절). 진핵 미생물에서는 전분 (역시 포도당의 중합체)이나 단순 지방이 주 저장물질이다. 이용가능한 에너지원이 없는 경우, 세포는 이러한 중합체들을 분해하여 새로운 세포 물질들을 만들거나 혹은 세포가 비생장 상태에서 자랄 때 세포를 온전하게 유지하는 데 필요한 유지에너지(*maintenance energy*)라 불리는 매우 적은 양의 에너지를 공급할 수가 있다. 이러한 에너지 요구량은 살아 있는 상태로 하나의 세균을 유지하는 데 필요한 근본적인 동력이며, 세포당 약 1~100 zeptowatt (1 zeptowatt는 10^{-21}과 같음)로 생각된다. 이는 하나의 세균 세포를 살아 있는 상태로 유지하는 데 얼마나 적은 에너지가 실제로 필요한지를 나타낸다.

미니퀴즈

- ATP가 ADP + P_i로 전환될 때 또는 AMP가 아데노신(adenosine)과 P_i로 전환될 때 얼마나 많은 자유에너지가 방출되는가?
- 조효소 A는 무엇이며, 왜 중요한가?
- 영양이 풍부한 기간 동안, 세포는 영양부족 기간을 위해 어떻게 준비할 수 있는가?

III • 이화작용: 발효와 호흡

이제 화학유기영양체의 에너지 보존을 야기하는 몇몇 주요 이화작용 경로에 대해 탐구해 보자: 발효와 호흡. **발효(fermentation)**는 혐기성 이화작용의 형태로서 유기화합물이 전자공여체이자 전자수용체가 되며, 산화환원 균형은 외부 전자수용체에 대한 필요 없이 이루어진다. 된다. 반면에 **호흡(respiration)**은 호기성 혹은 혐기성 이화작용의 형태로서 유기 또는 무기 전자공여체가 O_2로 산화되거나 (호기성 호흡에서), 일부 다른 (혐기성 호흡에서) 화합물은 전자수용체로 작용한다. 14장에서 자세히 발효와 호흡의 개념에 대해 다시 알아볼 것이다.

3.8 해당과정과 발효

포도당의 이화작용(catabolism)을 위한 거의 보편적인 경로는 *Embden–Meyerhof–Parnas* 경로이다. **해당과정(glycolysis)**으로 더 잘 알려져 있으며, 포도당이 피루브산염으로 산화되는 일련의 반응들이다. 포도당이 궁극적으로 호흡이 된다면 먼저 해당과정에 의해 이화된 후에 피루브산염(pyruvate)이 구연산 회로에서 CO_2로 더 산화된다 (3.9절). 반면에 포도당이 발효가 된다면 피루브산염은 CO_2로 완전히 산화되지 않지만 대신 해당과정의 산화환원 균형을 맞추기 위해 전자수용체로 사용된다.

해당과정의 일련의 반응들에서 두 개가 산화환원 반응이다. 이러한 반응 동안에 자유에너지가 방출되고 동시에 고에너지 화합물이 생산됨으로써 보존된다 (그림 3.13). ATP는 이러한 고에너지 화합물로부터 **기질수준 인산화(substrate-level phosphorylation)**에 의해 만들어진다. 이 과정에 의해 유기화합물의 고에너지 인산염 결합이 ADP에 직접 전달되어 ATP를 생산한다.

해당과정의 세 단계

해당과정은 세 단계로 나눌 수 있으며, 각 단계는 하나 또는 그 이상의 효소반응으로 되어 있다. 단계 1은 "준비(preparatory)" 반응이다; 이 반응들은 산화환원 반응이 아니며 에너지를 방출하지 않

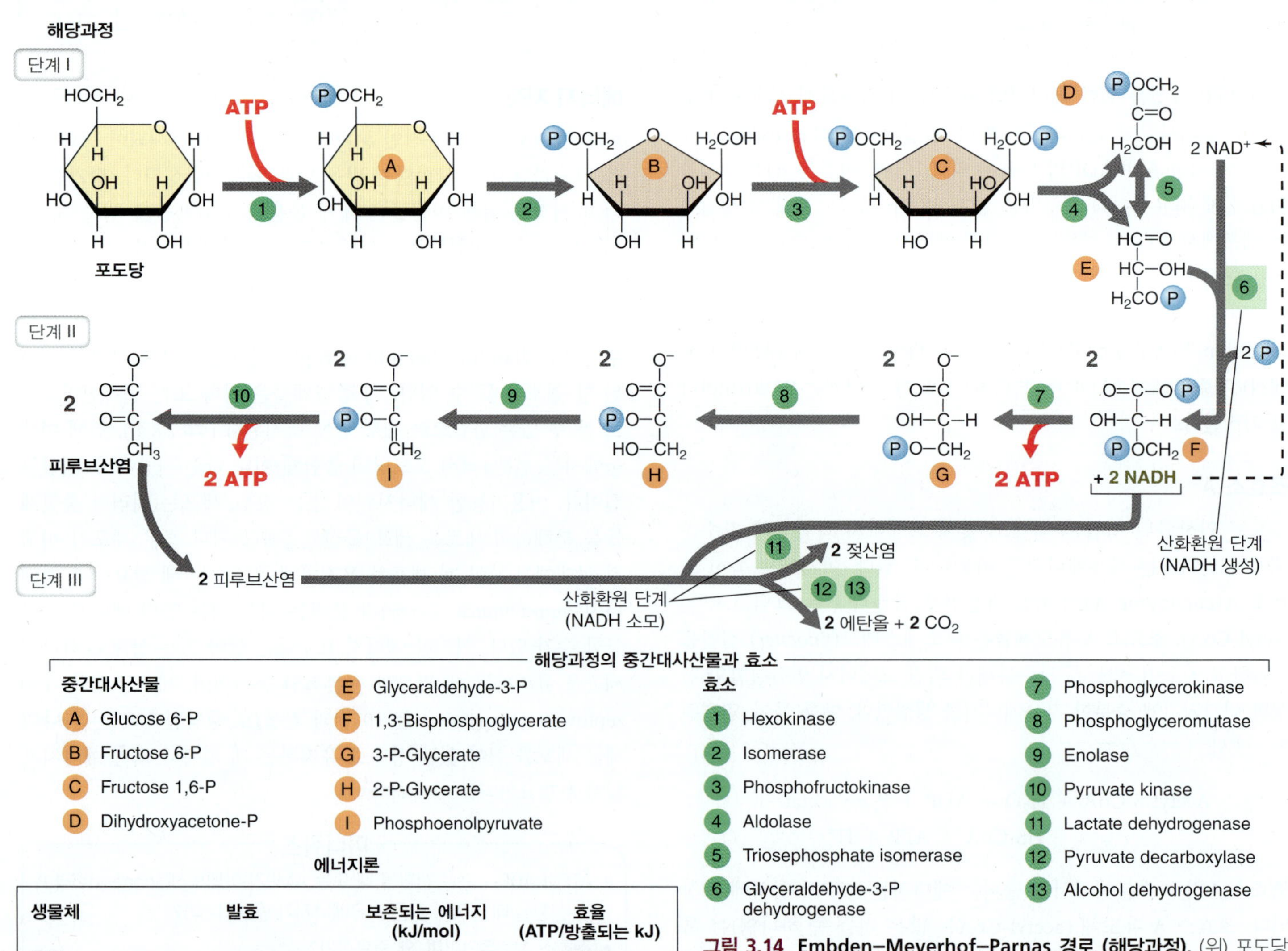

에너지론

생물체	발효	보존되는 에너지 (kJ/mol)	효율 (ATP/방출되는 kJ)
효모	포도당 → 2 에탄올 + 2 CO_2	−239	27%
젖산균	포도당 → 2 젖산	−196	33%

그림 3.14 Embden–Meyerhof–Parnas 경로 (해당과정). (위) 포도당이 피루브산염과 발효 산물로 전환되는 이화작용의 일련의 반응들. 피루브산염은 해당과정의 최종 산물이며, 발효 산물은 이것으로부터 만들어진다. (아래) 효모와 유산균의 중간대사 산물, 효소 및 대조적인 발효 균형.

는 대신, 경로의 주요 중간대사물질을 생산한다. 단계 2에서는 산화환원 반응이 일어나고 에너지가 보존되며 두 분자의 피루브산염이 생성된다. 단계 3에서는 산화환원 균형이 이루어지고 발효 산물이 생성된다 (**그림 3.14**).

해당과정이 시작되기 위해서는 포도당이 인산화되어 glucose-6-phosphate를 생성한다. 후자는 다시 fructose 6-phosphate로 이성질화되고, 두 번째 인산화로 fructose 1,6-bisphosphate가 생산된다. 이 과정들은 ATP를 생산하는게 아니라 소비한다. 알돌라아제(aldolase)라는 효소는 fructose 1,6-bisphosphate를 두 개의 3-탄소 분자인 *glyceraldehyde 3-phosphate*와 그 이성질체인 *dihydroxyacetone phosphate*로 쪼개는데, 이것은 glyceraldehyde 3-phosphate로 전환된다. 이 지점까지는 ATP 소모를 포함해 모든 반응이 산화환원 변화 없이 진행된다 (그림 3.14).

해당과정의 첫 번째 산화환원 반응은 glyceraldehyde 3-phosphate가 1,3-biphosphoglyceric acid로 산화될 때 일어난다. 이 반응에서 (glyceraldehyde 3-phosphate 두 분자의 각각에서 한 번씩 두 번 일어남), 효소 glyceraldehyde 3-phosphate dehydrogenase는 NAD^+를 NADH로 환원한다. 동시에, 각 glyceraldehyde-3-Phosphate 분자는 무기인산 한 분자가 첨가되어 인산화된다. 무기인산이 유기적 형태로 전환되는 이 반응은 에너지 보존을 위한 단계가 된다. 1,3-bisphosphoglyceric acid가 고에너지 화합물이기 때문이다 (그림 3.13). 그 후에 (1) 1,3-bisphosphoglyceric acid의 각 분자가 3-phosphoglyceric acid로 전환될 때와 (2) phosphoenolpyruvate의 각 분자가 피루브산염으로 전환될 때 ATP가 기질-수준 인산화에 의해 합성된다 (그림 3.14). 해당과정의 첫 두 단계 중에 ATP 두 분자가 소비되고, ATP 네 분자가 합성된다. 따라서 해당과정에서 순(*net*) 에너지 생산은 발효되는 포도당 한 분자당 ATP 두 분자이다.

해당과정의 최종 단계는 산화환원의 균형을 맞춘다. 두 개의 1,3-bisphosphoglyceric acid 분자가 형성되는 동안 두 개의 NAD^+가 NADH로 환원되었다는 것을 기억하라 (그림 3.14). 이 NADH는 다음 회차의 해당과정을 위해 다시 산화될 (NAD^+로 되돌아갈) 필요가 있으며, 피루브산염이 NADH를 포함하는 효소에 의해 발효 산물로 환원될 때 이것이 일어난다; 이 반응 동안에 NAD^+가 재생산된다 (그림 3.14). 효모의 발효에서는 피루브산염이 에탄올(에틸알코올)과 이산화탄소(CO_2)로 환원된다. 대조적으로 젖산균은 피루브산염을 젖산염(lactate)으로 환원한다. 피루브산염은 많은 다른 발효 산물로 환원될 수 있으나 (다음 절 참조), 산물 형성을 위한 원리는 각각의 경우에 동일하다: 해당작용이 산화환원 균형을 유지하기 위해서는 NADH가 NAD^+로 다시 산화되어야 한다 (그림 3.14).

발효의 다양성

모든 화합물들이 본질적으로 발효가 가능한 것은 아니지만, 대부분의 이당류(disaccharide)와 비교적 작은 다른 당들은 물론 포도당과 기타 육탄당과 같은 당이 탁월하게 발효될 수 있다. 해당과정을 위해서는 포도당이 필요하기 때문에 포도당 이외의 당들은 이성질화효소(isoemarase)에 의해 포도당으로 먼저 전환되어야만 한다. 셀룰로오스(cellulose)와 전분(starch) 같은 다당류도 이러한 큰 분자들을 공격하여 그것으로부터 당을 생산하는 효소를 생산하는 세균에 의해 발효가 가능하다; 당이 포도당이 아니라면 해당과정에 들어가기 전에 먼저 포도당으로 전환되어야 한다.

다른 유형의 발효는 발효되는 기질이나 또는 생성되는 발효 산물에 따라서 분류된다. **표 3.4**는 생성되는 발효 산물에 기반하여 포도당의 몇몇 주요 발효를 정리한 것이다. 표 3.4에 표시된 모든 생명체들은 (세균 *Zymomonas*는 제외) 해당과정 경로를 이용하여 포도당을 이화시키며(catabolize), 발효의 주된 차이점은 산화환원

표 3.4 보편적인 세균의 발효 및 그것을 수행하는 몇몇 생명체

유형	반응	생명체
알코올 발효	Hexose[a] $\rightarrow$ 2 ethanol + 2 CO_2	효모, *Zymomonas*
동형 젖산발효	Hexose $\rightarrow$ 2 $lactate^-$ + 2 H^+	*Streptococcus*, 일부 *Lactobacillus*
이형 젖산발효	Hexose $\rightarrow$ $lactate^-$ + ethanol + CO_2 + H^+	*Leuconostoc*, 일부 *Lactobacillus*
프로피온산	3 $Lactate^-$ $\rightarrow$ 2 $propionate^-$ + $acetate^-$ + CO_2 + H_2O	*Propionibacterium*, *Clostridium propionicum*
혼합산[b, c]	Hexose $\rightarrow$ ethanol + 2,3-butanediol + $succinate^{2-}$ + $lactate^-$ + $acetate^-$ + $formate^-$ + H_2 + CO_2	*Escherichia*, *Salmonella*, *Shigella*, *Klebsiella*, *Enterobacter*를 포함하는 장내세균
부틸산[c]	Hexose $\rightarrow$ $butyrate^-$ + 2 H_2 + 2 CO_2 + H^+	*Clostridium butyricum*
부탄올[c]	2 Hexose $\rightarrow$ butanol + acetone + 5 CO_2 + 4 H_2	*Clostridium acetobutylicum*
카프론산염/부틸산염	6 Ethanol + 3 $acetate^-$ $\rightarrow$ 3 $butyrate^-$ + $caproate^-$ + 2 H_2 + 4 H_2O + H^+	*Clostridium kluyveri*
아세트산 생성	Fructose $\rightarrow$ 3 $acetate^-$ + 3 H^+	*Clostridium aceticum*

[a]포도당은 해당작용의 출발 기질이다. 그러나 많은 다른 C_6 × 당류 (육탄당)는 포도당으로 전환된 후 발효될 수 있다. *Zymomonas*를 제외하고, 모든 생물체는 포도당을 해당경로에 의해 대사된다.
[b]모든 생명체들이 모든 산물들을 생산하는 것은 아니다. 특히 부탄디올 생산은 특정 장내세균에만 국한된다. 그 반응은 균형이 잡히지 않는다.
[c]다른 산물들로는 아세트산염과 소량의 에탄올 (부탄올 발효에서만)이 포함된다.

균형을 맞추기 위해 피루브산염으로부터 생성되는 발효 산물이다.

해당과정에서 생산되는 두 개의 (순) ATP 외에도 (그림 3.14), 표 3.4에 열거된 몇몇 발효는 기질-수준 인산화에 의해 추가적인 ATP 합성이 일어난다. 발효 산물이 지방산이면 조효소 A의 전구체로부터 지방산이 만들어지기 때문에 이것이 가능하다. Acetyl-CoA와 같은 지방산의 CoA 유도체가 에너지가 높다는 점을 기억하라 (3.7절 및 그림 3.13). 따라서 *Clostridium butyricum*이 부티르산을 생산할 때 최종 반응은 다음과 같다.

$$\text{Butyryl-CoA} + \text{ADP} + P_i \rightarrow \text{butyric acid} + \text{ATP} + \text{CoA}$$

포도당 호흡에서 가능한 것보다는 ATP 생산량이 훨씬 못미치지만 포도당의 발효 중에 CoA 유도체의 생성은 ATP 생산을 증가시킨다 (3.9절).

당 이외의 많은 유기화합물들이 발효가 가능하며, 해당과정 반응이 요구될 수도 있고 그렇지 않을 수도 있다. 예를 들어, 몇몇 내생포자-생성 *Clostridium* 종들은 아미노산을 발효하며, 다른 것들은 핵산 분해산물인 퓨린(purine)과 피리미딘(pyrimidine)을 발효한다. 어떤 발효 혐기성 미생물들은 방향족화합물도 발효한다. 이러한 경우의 대부분은 발효 경로에서 CoA 지방산 유도체의 생성이 에너지 보존의 핵심이다.

일부 발효는 한 가지 작은 집단 (또는 단일 종)의 혐기성 세균에 의해 수행된다. 예를 들어, 에탄올과 아세트산염이 결합된 발효는 자연계에서는 유일하게 세균 *Clostridium kluyveri*에 의해서 수행된다 (표 3.4). *Clostridium kluyveri*와 같은 생물체는 대사 전문가이며, 다른 세균이 혐기적으로 쉽게 이화시키지 못하는 유기화합물을 발효하는 능력을 갖도록 진화하였다. 그럼에도 불구하고 이 발효체들은 자연계의 혐기적 환경에서 죽은 식물, 동물, 죽은 미생물들을 분해하는 역할 때문에 생태적으로 매우 중요하다. 이러한 특이한 발효에 대해서는 14장에서 더 자세히 살펴볼 것이다.

그림 3.15 ***Saccharomyces cerevisiae*의 알코올 발효에서 얻어진 일반 식품 및 음료 생산물.**

발효가 인간에 주는 이점과 발효-호흡 전환

해당과정 동안 당이 소모되어, ATP가 만들어지고 발효 산물이 생성된다 (그림 3.14). 생명체에게 결정적인 생산물은 ATP이며, 발효 산물은 단지 버려야 하는 폐기 산물이다. 그러나 발효 산물은 인간에게는 폐기물이 아니다. 대신 제빵(baking) 및 발효음료 산업의 기반이 되며 (**그림 3.15**), 발효 유제품 (요거트, 사워크림, 버터우유 및 유사 제품), 치즈, 피클, 어떤 소시지 및 생선 제품 내의 젖산 및 기타 산과 같은 많은 다른 발효식품의 주요 구성성분이다. 제빵 및 알코올 산업에서 핵심 촉매인 제빵(baker's) 및 양조(brewer's) 효모 *Saccharomyces cerevisiae*의 대사능력이 중요하다. 그러나 *S. cerevisiae*는 포도당 이화작용의 두 가지 방식을 수행할 수 있다. 논의했던 발효(*fermentation*)와 다음 절에서 다룰 호흡(*respiration*)이다.

발효와 호흡 모두 할 수 있는 세포는 에너지적으로 그들에게 가장 이로운 방식으로 대사를 수행한다. 이러한 관점에서 포도당 한 분자에서 얻을 수 있는 에너지는 발효될 때보다 CO_2로 호흡될 때 훨씬 크다. 그 이유는 CO_2와는 대조적으로 에탄올이나 젖산과 같이 발효자에 의해 버려지는 유기 발효 산물은 아직도 상당한 양의 자유에너지를 포함하고 있기 때문이다. 따라서 O_2가 이용가능할 때 효모 세포는 포도당을 발효하지 않고 호흡을 한다. 그러나 여기서의 핵심은 O_2의 이용가능성이다; 조건이 혐기적일 때에만 효모는 발효를 수행한다. 이러한 사실은 실용적인 의미가 있다. 양조업자와 제빵사는 효모 세포 자체가 아니라 효모 발효 (그림 3.15)의 생산물을 필요로 하기 때문에 효모가 발효적인 생활방식으로 유도되도록 하기 위해 주의를 기울여야 한다. 공기가 있다면 호흡이 일어날 것이며, 왜 그러한지 앞으로 세 절의 과정에 걸쳐서 살펴볼 것이다.

미니퀴즈

- 해당과정의 어느 반응이 산화환원 단계인가?
- 해당과정에서 NAD^+/NADH의 역할을 무엇인가?
- 해당과정 동안 왜 발효 산물이 만들어지는가? 발효 유제품에는 어떤 주요 발효 산물이 존재하는가?

3.9 호흡: 구연산 및 글리옥실산염 회로

발효에 대한 대안으로 포도당은 호흡이 될 수 있다. 호흡과정 중에 포도당은 먼저 해당과정에 의해 이화된다. 그러나 피루브산염이 발효 산물로 환원되어 배출되는 대신 (그림 3.14), 호흡에서는 피루브산염이 유기화합물의 호흡을 위한 주요 경로인 구연산 및 글리옥실산 회로의 활성을 통해 CO_2로 완전히 산화된다.

포도당의 호흡

피루브산염이 CO_2로 산화되는 경로를 **구연산 회로**(**citric acid cycle**, CAC)라고 부른다 (**그림 3.16**). 구연산 회로에서 피루브산염은 먼저 탈탄산화(decarboxylation)되어 CO_2, NADH, 그리고 고에너지 물질인 *acetyl-CoA*를 생산한다 (그림 3.13). Acetyl-CoA의

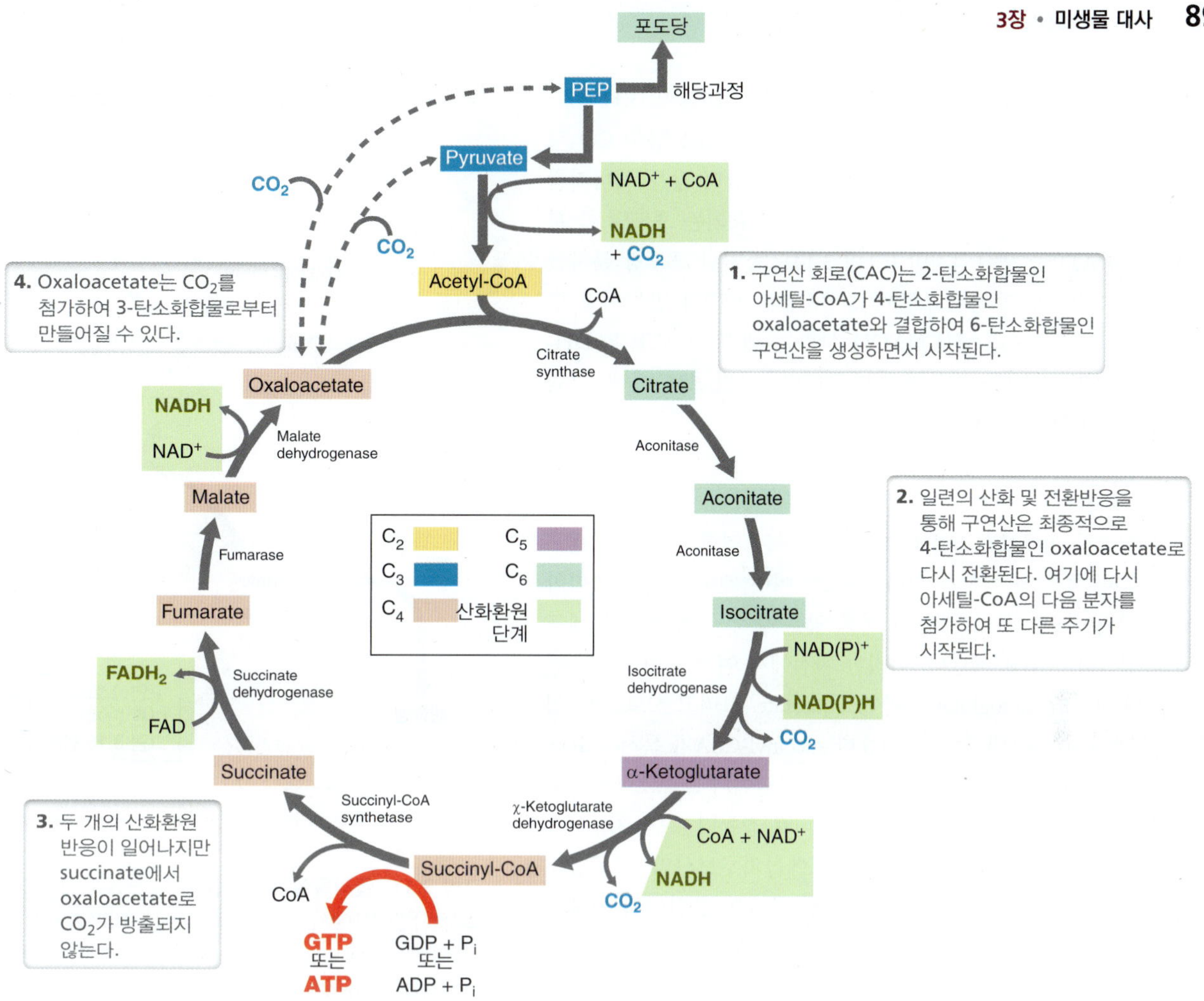

포도당

해당과정

PEP

Pyruvate

NAD^+ + CoA

NADH + CO_2

CO_2

CO_2

Acetyl-CoA

CoA

Citrate synthase

Citrate

Aconitase

Aconitate

Aconitase

Isocitrate

$NAD(P)^+$

NAD(P)H

CO_2

Isocitrate dehydrogenase

α-Ketoglutarate

α-Ketoglutarate dehydrogenase

CoA + NAD^+

NADH

CO_2

Succinyl-CoA

Succinyl-CoA synthetase

CoA

GTP 또는 ATP

GDP + P_i 또는 ADP + P_i

Succinate

Succinate dehydrogenase

$FADH_2$

FAD

Fumarate

Fumarase

Malate

Malate dehydrogenase

NADH

NAD^+

Oxaloacetate

C_2 C_3 C_4 C_5 C_6 산화환원 단계

1. 구연산 회로(CAC)는 2-탄소화합물인 아세틸-CoA가 4-탄소화합물인 oxaloacetate와 결합하여 6-탄소화합물인 구연산을 생성하면서 시작된다.

2. 일련의 산화 및 전환반응을 통해 구연산은 최종적으로 4-탄소화합물인 oxaloacetate로 다시 전환된다. 여기에 다시 아세틸-CoA의 다음 분자를 첨가하여 또 다른 주기가 시작된다.

3. 두 개의 산화환원 반응이 일어나지만 succinate에서 oxaloacetate로 CO_2가 방출되지 않는다.

4. Oxaloacetate는 CO_2를 첨가하여 3-탄소화합물로부터 만들어질 수 있다.

호기적 호흡에 대한 에너지 대조표

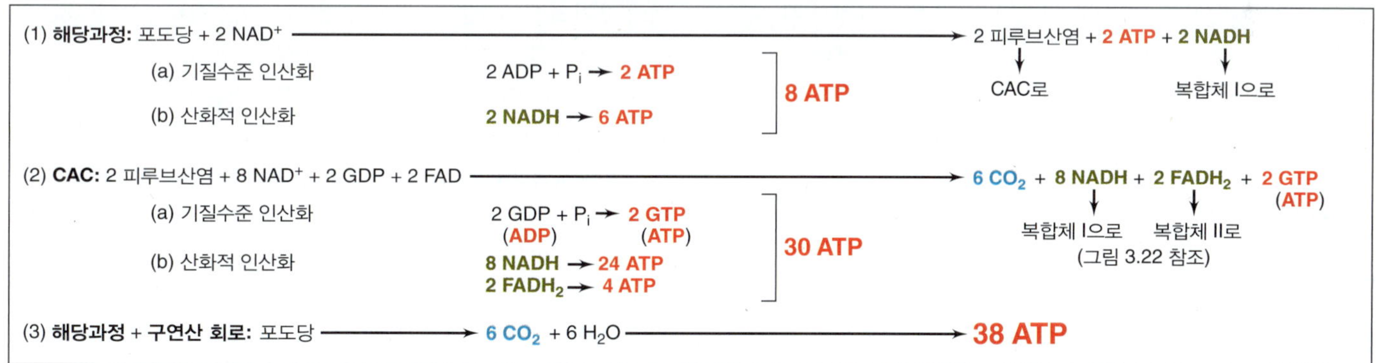

(1) **해당과정:** 포도당 + 2 NAD^+ →			2 피루브산염 + **2 ATP** + **2 NADH** (피루브산염 ↓ CAC로; NADH ↓ 복합체 I으로)
(a) 기질수준 인산화	2 ADP + P_i → **2 ATP**	**8 ATP**	
(b) 산화적 인산화	**2 NADH** → **6 ATP**		
(2) **CAC:** 2 피루브산염 + 8 NAD^+ + 2 GDP + 2 FAD →			**6 CO_2** + **8 NADH** + **2 $FADH_2$** + **2 GTP (ATP)** (NADH ↓ 복합체 I으로; $FADH_2$ ↓ 복합체 II로; (그림 3.22 참조))
(a) 기질수준 인산화	2 GDP + P_i → **2 GTP** (**ADP**) (**ATP**)	**30 ATP**	
(b) 산화적 인산화	**8 NADH** → **24 ATP**; **2 $FADH_2$** → **4 ATP**		
(3) **해당과정 + 구연산 회로:** 포도당 → **6 CO_2** + 6 H_2O →			**38 ATP**

그림 3.16 구연산 회로(citric acid cycle). (위) 구연산 회로(CAC)는 2-탄소화합물인 acetyl-CoA가 4-탄소화합물인 oxaloacetate와 결합하여 6-탄소화합물인 구연산을 만들면서 시작된다. 일련의 산화와 전환 반응을 거쳐서, 구연산은 두 개의 CO_2와 acetyl기 수용분자인 oxaloacetate로 전환된다. (아래) 전자전달계를 위한 연료 (NADH/$FADH_2$)와 구연산 회로에서 생성된 CO_2의 전체적인 균형 표. NADH와 $FADH_2$는 각각 전자전달 복합체 I 및 II 내로 들어간다 (그림 3.22). PEP와 oxaloacetate 사이의 반응 및 피루브산염과 oxaloacetate 사이의 반응은 대개 가역적이다. 이런 반응들은 구연산 회로와 해당과정을 연결시키며, 구연산 회로의 중간대사 산물이 탄소원으로 빼내어질 때 특히 중요하다.

아세틸기는 4-탄소 구연산 회로 중간산물인 oxaloacetate와 결합하여 6-탄소 화합물인 구연산을 만든다. 이 때문에 구연산 회로의 이름이 붙여졌다. 일련의 반응들이 이어져서, 피루브산염 한 분자당 두 개의 추가적인 CO_2 분자, 세 개의 NADH, 한 개의 $FADH_2$가 만들어진다. 궁극적으로 다음 아세틸기 수용체로 oxaloacetate가 재생산되어 회로를 완성하게 된다 (그림 3.16).

구연산 회로를 통해 산화되는 두 개의 피루브산염 (하나의 포도당에서 두 개의 피루브산염이 생산됨, 그림 3.14)에 대해 CO_2 6분자, 8개의 NADH, 두 개의 $FADH_2$가 만들어진다 (그림 3.16). 구연산 회로가 지속되기 위해서는 $FADH_2$가 재산화되어야 한다. NADH와 $FADH_2$ 모두 전자를 소모하여 (O_2의 환원을 통하여) ATP를 생산하는 (양성자동력을 통하여) 일련의 반응들인 전자전달계에서 일어나는 산화환원 반응에서 산화된다 (3.10절 및 3.11절).

구연산 회로와 전자전달계의 연합된 활성으로 포도당이 CO_2로 완전히 산화되어 발효에서 가능한 것보다 훨씬 더 많은 에너지를 생산한다. 알코올발효 또는 젖산발효에서는 발효되는 포도당 한 분자당 2개의 ATP만 생산되지만 (그림 3.14), 동일한 포도당 분자를 CO_2로 호기적으로 호흡함으로써 총 38개의 ATP가 만들어질 수 있다. 이는 호기성 호흡에서 NADH 산화는 세 개의 ATP, $FADH_2$ 산화는 두 개의 ATP를 생산하기 때문이다 (그림 3.16 아래, 그림 3.22에서 NADH 및 $FADH_2$ 산화 참조).

생합성 및 구연산 회로

구연산 회로가 피루브산염을 CO_2로 연소하는 역할 이외에도 세포에서 또 다른 중요한 역할을 한다. 회로는 여러 개의 주요 유기화합물로 구성되어 있는데, 그중에서 적은 양은 생장 중에 새로운 세포물질을 생산하기 위해 빼낸다. 이러한 관점에서 여러 아미노산의 전구체인 (3.14절) α-ketoglutarate와 oxaloacetate, 그리고 시토크롬, 엽록소 및 관련 분자를 만드는 데 필요한 succinyl-CoA가 특히 중요하다. Oxaloacetate가 부족하게 되면 피루브산염이나 포스포에놀피루브산염에 CO_2를 첨가하여 (카르복실화) 바로 잡는다 (그림 3.16).

Oxaloacetate는 필요한 경우에 포스포에놀피루브산염 (포도당의 전구체)으로 전환될 수 있기 때문에 또한 중요한 중간대사 산물이다 (3.13절). 또한 아세트산염은 지방산 생합성을 위한 원료를 제공하기 때문에 중요하다 (3.15절). 그리하여 구연산 회로는 세포에서 두 가지 중요한 역할을 한다: 포도당의 호흡이 에너지 보존 및 핵심 대사산물의 생합성과 결합됨. 이 경로의 어떤 중간대사 산물들은 생합성의 필요에 따라 빼내어지고 (3.13절), 다음 단계에서 포도당으로부터 다시 채워지므로, 해당과정 경로에 대하여 같은 이야기를 할 수 있다.

글리옥실산염 회로

구연산염, 말산염(malate), 푸마르산염(fumarate), 숙신산염(succinate)은 보편적인 천연 산물이다. 에너지대사에서 이러한 C_4 또는 C_6 화합물을 전자공여체로 사용하는 생물체들은 이들의 이화작용을 위해 구연산 회로를 이용한다. 반면에 아세트산과 같은 2-탄소 화합물은 구연산 회로만으로는 산화될 수 없다. 이것은 구연산 회로가 한 번 돌 때마다 oxaloacetate가 재생산될 때에만 회로가 지속될 수 있기 때문이다. Oxaloacetate가 포도당과 아미노산 전구체를 생합성하기 위해 빼내어질 때에는 세포가 포도당이 아닌 기질에서 생장할 때 그래야 하는 것처럼 회로가 작동을 계속하게 위해 필요로 하는 것을 위해 회로가 굶주리게 된다 (그림 3.16). 따라서 아세트산이 전자공여체로 사용될 때에는 **글리옥실산염 회로(glyoxylate cycle)** (C_2 화합물인 글리옥실산이 핵심 중간산물이기 때문에 그렇게 명명된)라 불리는 구연산 회로의 변형이 활성화되어 생합성에 사용되는 oxaloacetate를 다시 채우도록 작동한다 (**그림 3.17**).

글리옥실산염 회로는 여러 개의 구연산 회로의 효소 반응에 두 개의 추가적인 효소를 합하여 구성된다: 이소시트르산염(isocitrate)을 숙신산염과 글리옥실산염으로 쪼개는 *isocitrate lyase*와 글리옥실산염과 acetyl-CoA를 말산염으로 전환시키는 *malate synthase* (그림 3.17). 생성되는 숙신산염은 생합성이 사용될 수 있으며, 글리옥실산염은 acetyl-CoA (C_2)와 결합하여 말산염(C_4)을 생산한다 (그림 3.17).

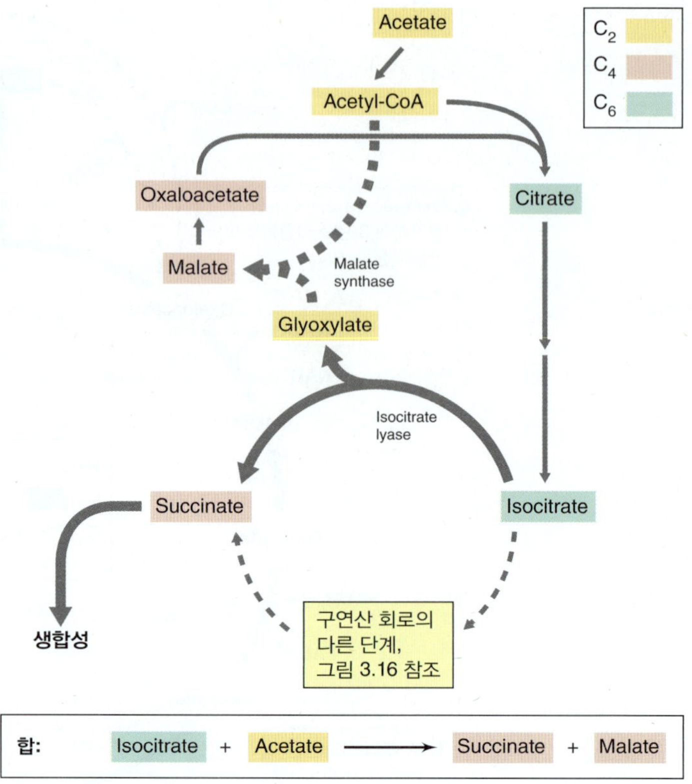

그림 3.17 글리옥실산염 회로. 이 반응들은 세포가 아세트산과 같은 2-탄소 전자공여체에서 생장할 때 구연산 회로와 연계되어 일어난다. 글리옥실산 회로는 oxaloacetate (malate로부터)를 재생산하여 구연산 회로를 위한 공여체를 지속시킨다.

피루브산염 또는 피루브산으로 전환되는 화합물 (예, 젖산염 또는 탄수화물)과 같은 3-탄소 화합물은 구연산 회로만 통해서 이화될 수 없다. 하지만 여기서 글리옥실산염 회로는 불필요하다. 이것은 C_4 구연산염 회로 중간산물의 부족은 피루브산염이나 포스포에놀피루브산염으로부터 oxaloacetate를 합성함으로써 보충되기 때문이다 (그림 3.16). 이것은 *pyruvate carboxylase* 또는 *phosphoenolpyruvate carboxylase* 효소에 의해 촉매되는 카르복실화 반응에 의해 일어난다.

미니퀴즈

- 구연산 회로에서 산화되는 피루브산염 한 분자당 얼마나 많은 CO_2, NADH, $FADH_2$ 분자가 방출되는가?
- 구연산 회로와 해당과정의 공통적인 두 개의 주요 역할은 무엇인가?
- 아세트산염에서 생장을 위해 글리옥실산염 회로가 필요하지만, 숙신산염에서는 그렇지 않은 이유는 무엇인가?

3.10 호흡: 전자전달체

우리는 구연산 회로가 CO_2와 환원된 형태의 두 개의 조효소인 NADH와 $FADH_2$를 어떻게 생산하는지를 보았다 (그림 3.16). 이러한 조효소가 각각 NAD^+와 FAD로 다시 산화되는 것은 전자전달계를 통한 에너지 보존과 연결되어 있다. 다음 절에서 우리는 전자전달 자체를 생각해 본다. 이 절에서는 전자전달과 그것에 참여하는 분자들의 산화환원적 측면에 대해서 생각해봄으로써 기초를 다질 것이다.

NADH 탈수소효소와 플라보단백질

전자전달은 막에서 일어난다; 원핵세포에서 이것은 세포막이나 또는 그로부터 유도되는 다른 내부 막을 의미한다. 여러 유형의 산화-환원 효소가 전자전달에 참여한다. 이들은 NADH 탈수소효소(*NADH dehydrogenase*), 플라보단백질(*flavoprotein*), 철-황 단백질(*iron-sulfur protein*), 그리고 시토크롬(*cytochrome*)을 포함한다. 또한 퀴논(*quinone*)으로 불리는 작은 비단백질 전자전달체도 참여한다. 전달체들은 최초의 NADH dehydrogenase와 마지막 시토크롬까지 환원전위가 더 양수로 증가되는 순서대로 막에 배열되어 있다 (그림 3.22 참조).

NADH 탈수소효소는 NADH에 결합하는 활성부위를 가지고 있다. NADH로부터 2개의 전자와 양자 ($2\ e^- + 2\ H^+$)가 전달계의 다음 전달체인 플라보단백질로 전달된다. 이것은 NAD^+를 생산하고, NAD^+는 탈수소효소로부터 유리되어 이것을 조효소로서 필요로 하는 다른 효소와 반응하게 된다 (그림 3.12). 플라보단백질은 비타민 리보플라빈(riboflavin)의 유도체를 포함하고 있다 (**그림 3.18**). 단백질에 보결 분자단(prosthetic group) (3.5절)으로 결합된 플라빈 부분은 $2\ e^- + 2\ H^+$를 받아 환원되고, $2\ e^-$가 전달계의 다음 전달체에 넘겨질 때 산화된다 (플라보단백질은 $2\ e^- + 2\ H^+$를 받아들이지만 오직 전자만을 준다는 점에 주목하라; 두 양성자의 운명은 차후에 논의할 것이다). 세포에는 두 종류의 플라빈이 존재하는데, 플라빈 모노뉴클레오티드(flavin mononucleotide, FMN; 그림 3.18)와 플라빈 아데닌 디뉴클레오티드(flavin adenine dinucleotide, FAD)이다. 비타민 리보플라빈은 플라보단백질에서 플라빈 분자의 원료이며, 어떤 생명체에서는 생장인자로 요구된다 (표 3.1).

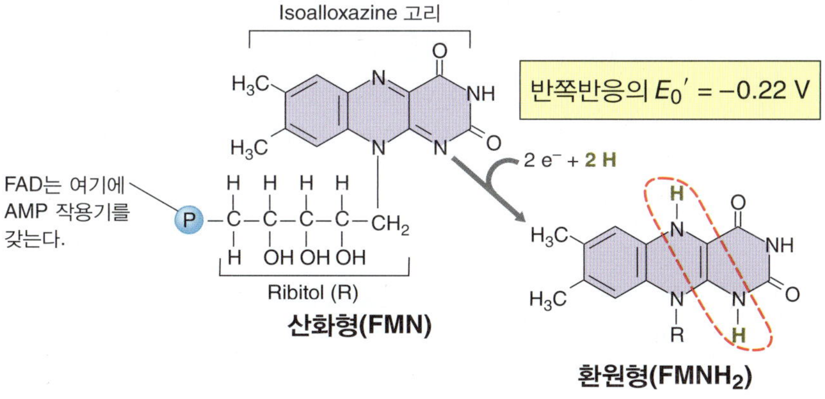

그림 3.18 플라빈 모노뉴클레오티드(flavin mononucleotide, FMN), 수소 원자 운반체. FMN과 연관된 조효소인 flavin adenine dinucleotide (FAD, 보여주지 않음)의 산화-환원 부위 (붉은 점선 원)는 동일하다 (FAD는 보이지 않음). FAD는 FMN 상의 인산기를 통해 결합된 아데노신 일인산염(adenosine monophosphate, AMP) 기를 포함한다.

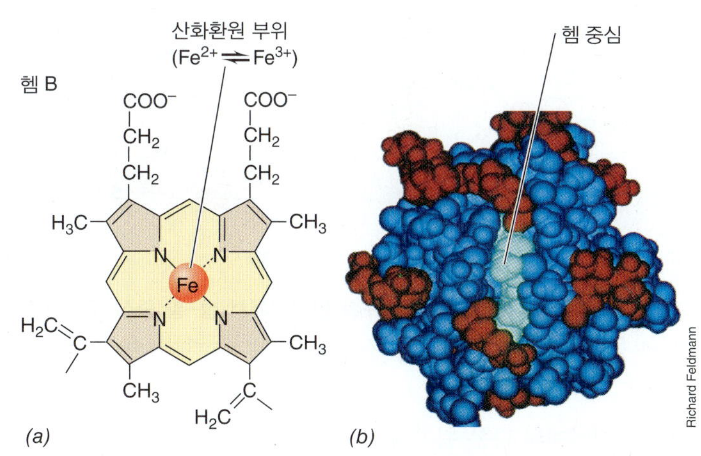

그림 3.19 시토크롬과 그 구조. *(a)* 시토크롬의 철을 함유하는 부분인 헴의 구조, 시토크롬은 전자만을 운반하며, 산화환원 부위는 Fe^{2+}와 Fe^{3+}의 산화상태 사이에서 왔다 갔다 할 수 있는 철 원자이다. *(b)* 시토크롬 *c*의 공간 채우기 모형; 헴 (밝은 푸른색)은 단백질 (어두운 푸른색)의 시스테인 잔기와 이황화결합에 의해서 공유결합으로 연결되어 있다. 시토크롬은 네 개의 피롤 고리로 된 테트라피롤(tetrapyrrole)이다.

시토크롬, 기타 철 단백질 및 퀴논

시토크롬은 헴(heme) 보결분자단을 포함하고 있는 단백질이다 (**그림 3.19**). 시토크롬은 Fe^{2+} 또는 Fe^{3+}으로 존재하는 철이온에 의해 전자 하나를 주거나 받아서 산화 또는 환원된다. 환원전위가 광범위하게 다른 여러 종류의 시토크롬이 알려져 있다 (그림 3.10). 다른 종류의 시토크롬은 시토크롬 *a*, 시토크롬 *b*, 시토크롬 *c* 등과 같이 그들이 가지고 있는 헴의 유형에 따라서 글자로 표시한다. 경우에 따라 시토크롬은 다른 시토크롬이나 철-황 단백질과 결합한 복합체를 형성한다. 중요한 한 예로서 두 개의 다른 *b*형 시토크롬과 한 개의 *c*형 시토크롬을 갖는 시토크롬 bc_1 복합체가 있다. 시토크롬 bc_1 복합체는 에너지 물질대사에서 중요한 역할을 하는데, 다음 절에서 살펴볼 것이다.

철이 헴에 결합된 시토크롬 이외에 비헴성(nonheme) 철을 가진 하나 또는 그 이상의 단백질도 전자전달계의 구성요소이다. 이러한 단백질들은 Fe_2S_2과 Fe_4S_4가 가장 일반적인 철과 황 원자의 클러스터(cluster)들로 만들어진 보결분자단을 가지고 있다 (**그림 3.20**). 낮은 환원전위 (약 −0.4 V) (그림 3.10)를 갖는 비헴성 철-황 단백질인 세균의 페레독신(*ferredoxin*)은 Fe_2S_2 클러스터를 가지고 있다. 철-황 단백질의 환원전위는 존재하는 철-황 클러스터에 따라 그리고 클러스터가 단백질에 어떻게 박혀져 있는지에 따라 −0.2에서 −0.45V까지 다양하다. 따라서 서로 다른 종류의 철-황 단백질

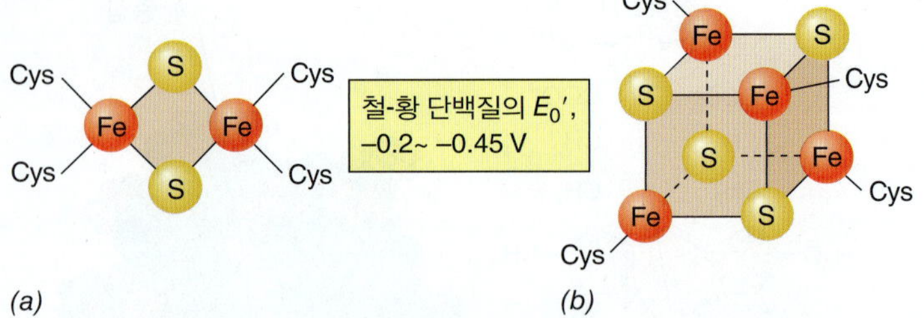

그림 3.20 비헴성(nonheme) 철-황 단백질에서 철-황 중심 구조의 배열. *(a)* Fe_2S_2 중심 *(b)* Fe_4S_4 중심. 시스테인(Cys)은 단백질을 Fe/S 클러스터에 연결시킨다.

이 전자전달계의 다른 위치에서 작용할 수 있다. 시토크롬과 같이, 철-황 단백질은 전자만을 운반한다.

퀴논 (**그림 3.21**)은 단백질 성분이 없는 작은 소수성 산화환원 분자이다. 퀴논은 작고 소수성이기 때문에 막 내에서 자유롭게 이동할 수가 있다. 플라빈과 마찬가지로 (그림 3.18), 퀴논은 2 e^- + 2 H^+를 받지만, 전달계의 다음 전달체에 2 e^-만을 전해준다; 퀴논은 보통 전자전달계의 철-황 단백질 (그림 3.20)과 첫 번째 시토크롬 (그림 3.19)을 연결하도록 작동한다. 여러 유형의 퀴논이 알려져 있으나, 유비퀴논(ubiquinone) (조효소 Q로도 불림)과 메나퀴논(menaquinone)이 가장 보편적인 퀴논이며 세균과 고균에 널리 분포하고 있다.

미니퀴즈

- 막에서 퀴논은 다른 전자전달체와 어떤 주요한 방식으로 구별되는가?
- 이 절에서 설명된 2 e^- + 2 H^+를 받아들이는 전자전달체는 무엇인가? 무엇이 전자만 받아들이는가?

3.11 전자전달 및 양성자 동력

호흡에서 에너지 보존은 막의 에너지화된(energized) 상태와 연관되어 있으며 (그림 2.7), 이러한 에너지화된 상태는 전자전달계의 반응에 의해 형성된다.

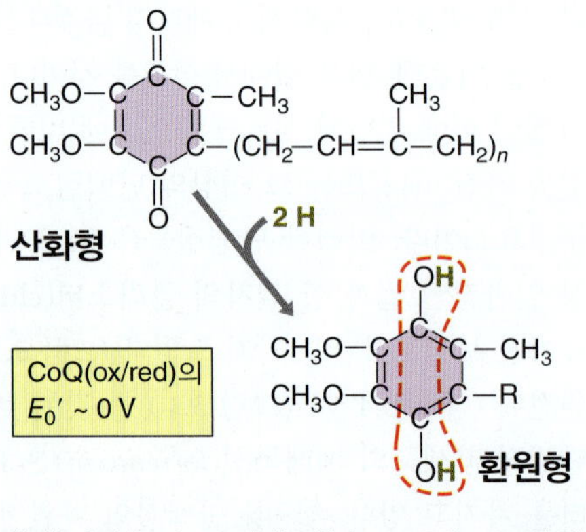

CH_3O, CH_3, $(CH_2-CH=C(CH_3)-CH_2)_n$, 2 H, 산화형, 환원형, OH, R, CoQ(ox/red)의 E_0' ~ 0 V

그림 3.21 유비퀴논(Ubiquinone) (조효소 Q, 또는 CoQ)의 산화 및 환원형의 구조. 곁사슬(isoprenoid)에 있는 5-탄소 단위는 배수로 일어나며, 보통 6~10이다. 산화된 퀴논은 완전하게 환원되기 위해 2 e^-와 2 H^+가 필요하다 (붉은색 점선 원).

전자전달

전자전달이 ATP 합성과 어떻게 연관되는지 이해하기 위해서는 전자전달계가 세포막에 어떻게 체계적으로 조성되어 있는지 이해하는 것이 필요하다. 방금 논의한 전자 수송 전달체들은 (그림 3.11 및 그림 3.18~3.21) 산화환원 반응이 일어날 때 막을 가로질러 양성자가 전자로부터 분리되는 방식으로 막에 배열되어 있다. NADH가 NAD^+로 산화될 때 (NADH 탈수소효소의 활성을 통하여) 두 개의 전자와 두 개의 양성자가 전자전달계로 들어가면서 전자전달 과정이 시작된다. 전자전달계의 구성요소들은 양수 환원전위가 증가하는 순서대로 (그림 3.10) 막에 배열되어 있으며, 전달계의 마지막 전달체가 전자와 양성자를 O_2와 같은 최종 전자수용체에 전해준다.

전자전달 과정 동안에 H^+이온은 막의 외부 표면으로 방출된다. 이러한 양성자는 (1) NADH와 (2) 세포질에서 물이 H^+와 OH^-로 해리되는 두 가지 출처에서 생긴다. H^+가 환경으로 방출되면 세포막 내부에는 OH^-가 축적된다. 그러나 H^+와 OH^-는 분자량이 작음에도 불구하고 전하를 띠고 매우 극성(polar)이기 때문에 막을 통해 확산될 수 없다.

H^+와 OH^-가 분리되는 결과로 인해 막의 안쪽과 바깥쪽 표면의 전하, pH, 전기화학 전위(*electrochemical potential*)의 차이가 발생한다; 이것이 막을 사이에 두고 전기화학 전위(*electrochemical potential*)를 형성한다. 후자를 **양성자 동력(proton motive force, pmf)**이라고 하고, 건전지처럼 막을 에너지화시킨다 (그림 2.7). pmf 내의 전위 에너지의 일부는 그 전하 상태가 소비되어 ATP 생합성을 일으킬 때 보존된다. 또한 pmf의 에너지는 영양분 수송, 편모 회전, 그리고 그 밖의 에너지가 요구되는 반응과 같이 세포에서 다른 형태의 일을 하도록 사용될 수 있다.

그림 3.22는 알려진 많은 다른 전달서열의 하나인 세균 *Paracoccuss*의 전자전달계를 보여준다. 세 가지 특징이 이것과 정말 모든 전자전달계의 특징이다: (1) 전달체들은 양수 E_0'가 더 증가되는 순서대로 배열된다, (2) 전자전달계에 전자만 그리고 전자와 양성자를 함께 전달하는 전달체가 교대로 되어 있다, (3) 순(net) 결과는 최종 전자수용체 (O_2와 같은)가 환원되고 양성자 동력이 생성된다.

양성자 동력의 생성: 복합체 I과 II

이제 전자전달 과정을 더 자세하게 살펴보자. 양성자 동력은 플라빈, 퀴논, 그리고 시토크롬 bc_1 복합체와 최종 단백질인 시토크롬 산화효소의 활성으로부터 형성된다. NADH + H^+가 산화되어 $FADH_2$가 생성된 후에, $FADH_2$가 복합체 I (*complex I*)을 형성하는 비헴성(nonheme) 철(Fe/S) 단백질에 2 e^-를 전달할 때 막의 외부 표면으로 4 H^+가 방출된다 (그림 3.22). 복합체(*complex*)라는 용어는 하나의 단위로 기능을 하는 여러 단백질들이 존재한다는 사실을 의미한다 (*Escherichia coli*에서 복합체 I은 14개의 다른 단백질을 포함함). 전체적인 반응이 NADH는 산화되고 퀴논이 환원되는 반응이기 때문에 복합체 I은 NADH: 퀴논 산화환원효소(*quinone oxidoreductase*)로도 불린다. 유비퀴논이 복합체 I의 Fe/S 단백질에 의해 환원될 때 세포질로부터 두 개의 양성자가 유비퀴

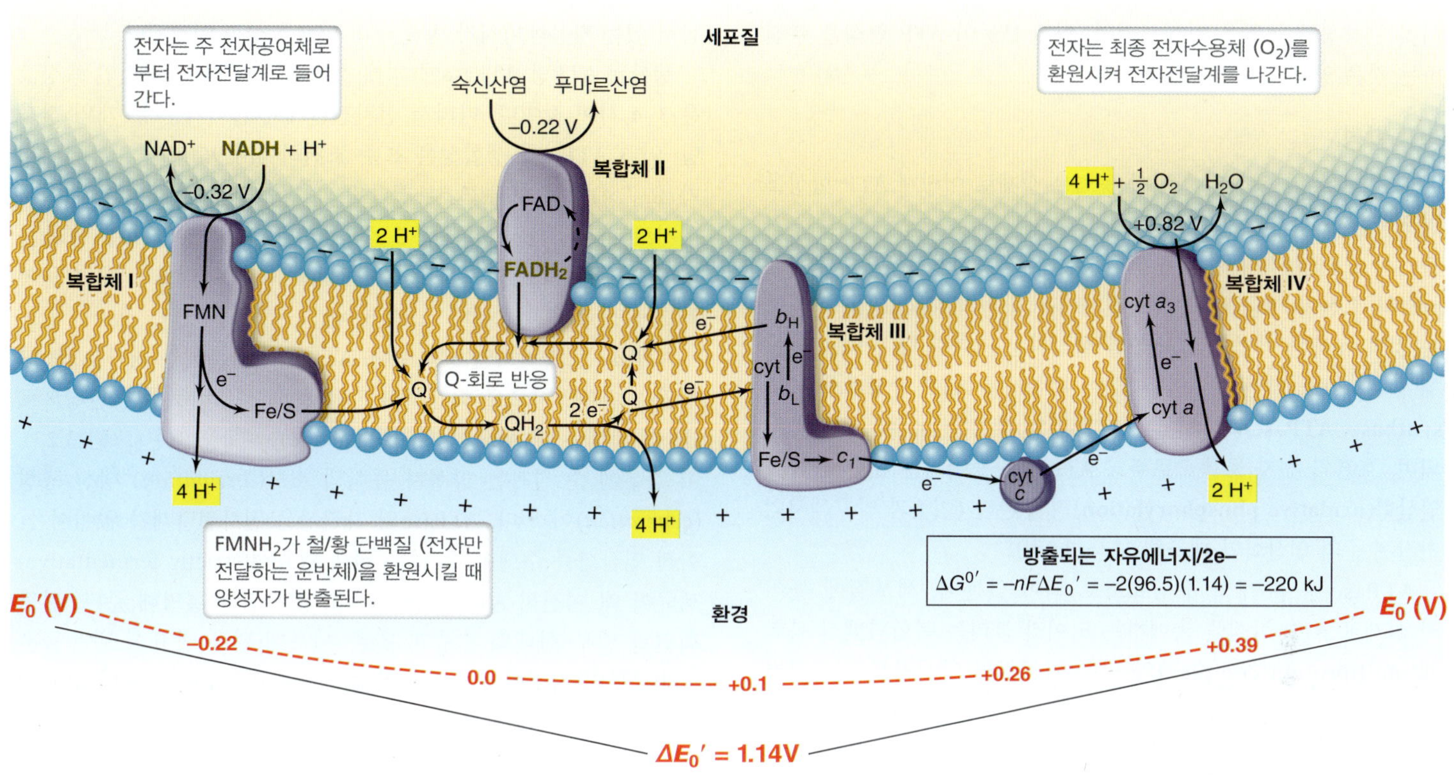

그림 3.22 호기적 호흡에서 양성자 동력의 생성. *Paracoccus denitrificans*의 세포막에서 전자전달체의 배열. 내막 및 외막에 있는 +와 –전하는 각각 H^+와 OH^-를 나타낸다. 약자; FMN: 플라빈 모노뉴클레오티드, FAD: 플라빈 아데닌 디뉴클레오티드, Q:퀴논, Fe/S 철–황단백질, cyt *a*, *b*, *c*, 시토크롬 (b_L과 b_H, 각각 낮고 높은 전위의 *b*형 시토크롬). 퀴논 부위에서 전자의 재순환은 "Q 회로(Q cycle)"의 Q에서 bc_1으로 일어난다. QH_2로부터 나온 전자는 철/황단백질과 *b* 타입 시토크롬 사이의 bc_1 복합체에서 나누어질 수 있다. 시토크롬들을 통과하는 전자는 Q (2에서 1-전자 단계)를 다시 QH_2로 환원시켜서, Q-bc_1 부위에서 배출되는 양성자의 수가 증가한다. Fe/S로 이동하는 전자는 시토크롬 c_1을 환원하고, 그로부터 시토크롬 *c*를 환원한다. Succinate dehydrogenase 복합체인 복합체 II는 복합체 I을 우회하여 NADH보다 더 양수인 $E_0{}'$를 갖는 퀴논 풀에 직접 전자를 제공한다 (그림 3.10의 산화환원 탑 참조).

논에 의해 소모된다 (그림 3.22).

복합체 II (*complex II*)는 복합체 I을 우회하여, FADH로부터 전자를 직접 퀴논에 제공한다. 지방산은 물론 숙신산염(succinate) (구연산 회로의 산물 중 하나, 3.9절)도 산화될 때 전자를 공여하기 때문에 ($FADH_2$를 통하여) 복합체 II는 숙신산염 탈수소화효소 복합체(*succinate dehydrogenase complex*)로도 불린다. 그렇지만 복합체 II는 복합체 I을 우회하기 때문에 (전자가 더 음수 환원전위에서 들어감) 복합체 I에서 들어가는 것보다 복합체 II에서 $FADH_2$로부터 들어가는 2 e^- 당 나오는 양성자의 수가 4개 더 적다 (그림 3.22); 이것은 소모되는 두 개의 전자당 생산되는 ATP를 하나 감소시킨다.

복합체 III과 IV: bc_1과 *a*-형 시토크롬

환원된 유비퀴논(ubiquinol, QH_2)은 전자를 한 번에 하나씩 시토크롬 bc_1 복합체 [복합체 III (*complex III*, 그림 3.22)]로 전달한다. 복합체 III는 다른 $\Delta E_0{}'$를 갖는 두 개의 *b*-타입의 헴 (b_L과 b_H)과 하나의 *c*-타입 헴(c_1), 한 개의 철-황 클러스터를 포함하는 여러 단백질들로 되어 있다. bc_1 복합체는 호흡을 할 수 있는 거의 모든 생명체의 전자전달계에 존재하며, 광영양 생명체에서 광합성 전자의 흐름에도 중요한 역할을 한다 (14.3절 및 14.4절).

시토크롬 bc_1 복합체의 주된 기능은 퀴논으로부터 e^-를 주변세포질(periplasm)에 위치하는 시토크롬 *c*에 전달하는 것이다. 시토크롬 *c*는 높은 산화환원 전위를 갖는 시토크롬 *a*와 a_3에 e^-를 전달하는 주변세포질 전달체(shuttle) 기능을 한다 [복합체 IV (*complex IV*, 그림 3.22)]. 복합체 IV는 최종 산화효소(terminal oxidase) 기능을 하며, 전자전달계의 마지막 단계에서 O_2를 H_2O로 환원시킨다. 또한 복합체 IV는 양성자를 막의 바깥 표면으로 배출하기도 하여 양성자 동력의 강도를 증가시킨다 (그림 3.22).

시토크롬 *c*로 e^-을 전달하는 것 이외에 시토크롬 bc_1 복합체는 평균적으로 두 개의 추가적인 H^+가 Q-bc_1 자리에서 배출되는 방식으로 퀴논과 상호작용도 할 수 있다. 이것은 *Q* 회로(*Q cycle*)라고 하는 시토크롬 bc_1과 Q 사이의 일련의 전자교환에서 일어난다. 시토크롬 bc_1 복합체 내의 퀴논과 *b*-형 시토크롬은 대략 같은 $E_0{}'$ (거의 0 V, 그림 3.10)를 갖고 있기 때문에, 퀴논 분자들은 bc_1 복합체로부터 퀴논으로 다시 공급된 전자를 이용하여 번갈아서 산화되고 환원될 수 있다. 이 기작으로 인해 복합체 I에서 전달계에 들어가는 2개의 전자당 평균적으로 총 4개의 H^+ (2 H^+ 대신)가 Q-bc_1 자리에서 막의 바깥 표면으로 나가는 것이 가능하다 (그림 3.22).

이것은 양성자 동력을 강화시키며, 이제 보듯이 ATP 합성을 추진하는 것은 양성자 동력이다.

ATP 합성

전자전달로부터 생성된 양성자 동력은 실제로 어떻게 ATP 합성을 일으키는가? 흥미롭게도 ATP 합성 기작과 세균 편모의 회전을 일으키는 모터의 기작 사이에 강한 유사점이 존재한다 (2.11절). pmf의 소진이 세균 편모를 회전시키는 회전력(torque)을 적용하는 것과 유사한 방법으로, ATP를 합성하는 커다란 막 단백질 복합체에서 pmf가 회전력을 만든다. 이 복합체를 **ATP 합성효소(ATP synthase, ATPase)**라 부른다. ATPase의 활성은 pmf에 의해 가동되며, 호흡의 전자 흐름으로부터 ATP가 만들어지는 것을 **산화적 인산화(oxidative phosphorylation)**라 부른다 (이것과 발효에서의 기질-수준의 인산화와 대조해 보라; 3.8절).

ATPase는 두 개의 구성요소로 되어 있는데, 세포질에 붙어서 실제로 ATP 합성을 촉매하는 F_1이라 불리는 복합단백질 복합체(multiprotein complex)와 막을 가로질러 양성자를 이동시키는(proton-translocation) F_0라고 불리는 막을 관통하는(membrane-integrated) 복합단백질 복합체이다 (**그림 3.23**). ATPase 단백질의 구조는 생명체의 모든 도메인(domain)에서 상당히 잘 보존되어 있으며, 이는 이러한 에너지보존 기작이 초기에 일어난 진화의 작품이라는 것을 알려준다.

ATPase는 ATP와 ADP + P_i 사이의 가역적 반응을 촉매하며, F_1과 F_o는 실제로 2개의 회전하는 모터이다. F_o를 통해서 세포질 내로 H^+의 이동은 *c* 단백질(*c* protein)의 회전과 연결된다. 이는 $\gamma\varepsilon$ 단위체들의 결합된 회전에 의해 F_1으로 전달되는 회전력(torque)을 발생시킨다 (그림 3.23). 이 회전은 F_1의 β 단위체의 구조적인 변화를 가져와 ADP + P_i를 결합하게 한다. β 단위체가 원래의 구조로 돌아갈 때 ATP가 합성된다; 회전되는 β 단위체에 붙잡혀 있는 자유에너지가 방출되고 ATP 합성과 연결된다.

생산된 ATP당 ATPase에 의해 소모되는 H^+의 정량적인 측정값은 3~4 사이 값이다. 따라서 전자전달계에 들어가는 두 개의 전자당, 약 3 ATP (이 생합성은 표준 조건하에서 96 kJ의 자유에너지가 요구됨)가 전자가 O_2로 전달될 때 방출되는 대략 220 kJ의 에너지로부터 생산된다 (그림 3.22). 이것은 약 44%의 호흡 효율을 내며, 이것은 효모가 포도당을 에탄올과 CO_2로 발효할 때 효율이 약 27%인 것과 비교된다 (그림 3.14).

ATPase는 가역적인 모터이다. ATP의 가수분해는 $\gamma\varepsilon$가 ATP 합성과는 반대방향으로 회전하여 F_0를 통해 세포질로부터 환경으로 H^+를 퍼내는 데 필요한 회전력(torque)을 제공한다 (그림 3.23). 이 경우에 순 결과는 양성자 동력의 소모(*dissipation*) 대신 생성(*generation*)이 된다. ATPase의 가역성은 전자전달계가 없어서 산화적 인산화를 수행할 수 없는 절대 발효성(strictly fermentative) 세균이 왜 여전히 ATPase를 가지고 있는지를 설명해 준다. 편모 회전과 일부 형태의 수송과 같은 세포내 많은 중요한 반응들은 ATP로부터 직접이라기보다 양성자 동력으로부터의 에너지와 연결되어 있다. 따라서 호흡을 할 수 없는 생명체들의 ATPase는 세포 내에서 한 방향으로만 작동하여, 발효에서 기질-수준의 인산화(3.8절)로부터 생성되는 ATP로부터 pmf를 발생시킨다.

미니퀴즈

- 전자전달 반응은 양성자 동력을 어떻게 만들어내는가?
- 그림 3.22에서 보여주는 *Paracoccus*의 전자전달계를 통해 산화되는 NADH 당 얼마나 많은 에너지가 방출되는가? 전자전달계의 어느 위치에서 양성자 동력이 확립되는가?
- 양성자 동력을 ATP과 연결하는 세포 내 구조는 무엇인가? 그것이 어떻게 작동하는가?

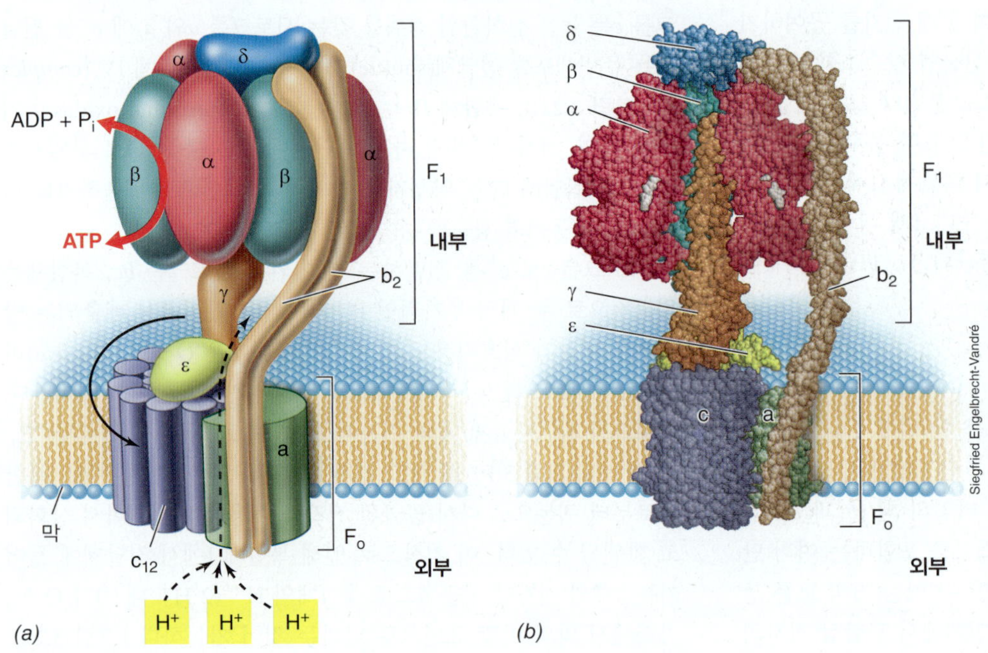

그림 3.23 ***Escherichia coli*에서 ATP 합성효소(ATPase)의 구조와 기능.** *(a)* 도식. F_1은 (고정자(stator)로서 $\alpha_3\beta_3\gamma\varepsilon\delta$ 복합체를 이루는 5종류의 다른 폴리펩티드로 구성되어 있다. F_1은 ADP + P_i와 ATP의 상호 전환을 책임지는 촉매 복합체이다. F_o은 회전자(rotor)로 막에 박혀 있으며 ab_2c_{12} 복합체 내의 3종류의 폴리펩티드로 구성된다. 양성자가 들어가면서, 양성자 동력의 소모가 ATP 합성을 일으킨다 ($3H^+$/ATP). *(b)* 공간 채우기 모형. 색은 *a*의 그림에 있는 것과 일치한다. 양성자가 세포 외부에서 내부로 위치를 이동하여 ATPase에 의한 ATP 합성을 유도하며, 전자전달계 (그림 3.22)에서 양성자가 안에서 밖으로 이동하는 것은 그 체계에서 수행되는 작업을 나타내며 전위 에너지의 원천이 된다. 고균 세포를 포함하는 모든 세포는 ATPase를 갖는다. 또한 일부 세균 및 고균의 ATPase는 양성자(H^+) 구배가 아니라 나트륨(Na^+)과 연결되어 있다.

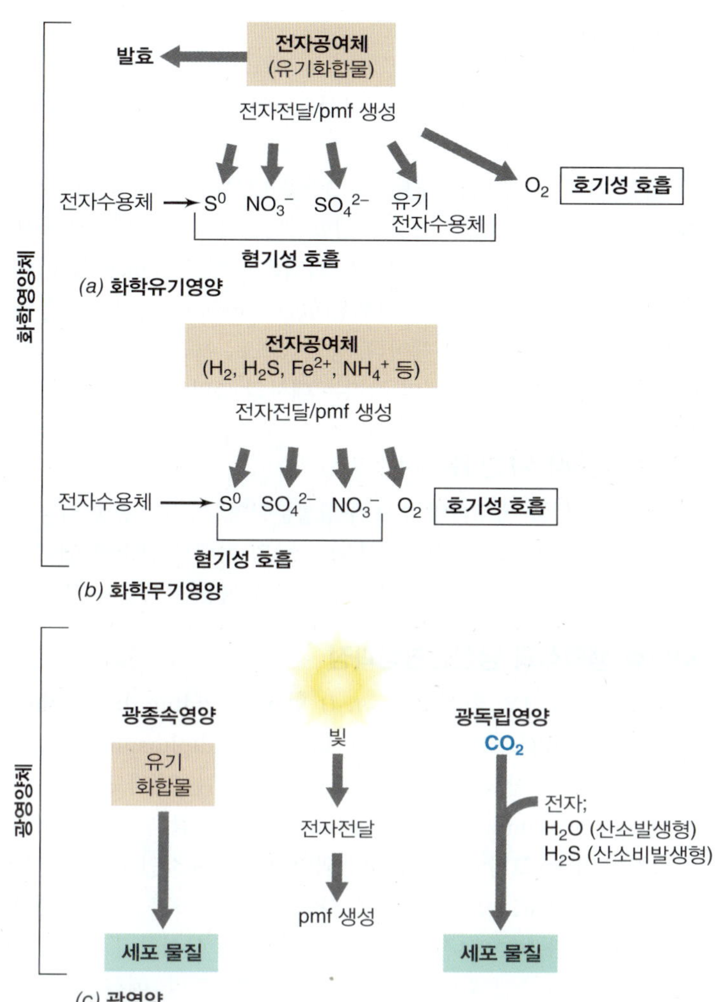

그림 3.24 이화의 다양성. *(a)* 화학유기영양체, *(b)* 화학무기영양체, *(c)* 광영양체. 호흡과 광합성 모두 에너지 보존에 있어서 전자전달에 의해 유도되는 양성자 동력 생성의 중요성을 주목하라.

3.12 에너지 보존을 위한 선택

지금까지 이화작용에 대한 논의는 유기 전자공여체를 이용하는 미생물-화학유기영양체-에 제한되었다. 이제 이화작용의 다양성과 발효 및 호기성 호흡의 일부 대체 방법에 대하여 간략하게 알아볼 것이다. 여기에는 혐기적 호흡(*anaerobic respiration*), 화학무기영양(*chemolithotrophy*), 광영양(*phototrophy*)이 포함된다 (**그림 3.24**). 14장에서 이화작용의 다양성에 대한 이 주제로 돌아와서 여러 측면에서 탐구할 것이다.

혐기성 호흡

혐기적 조건 하에서, O_2 이외의 전자수용체가 다양한 종류의 세균과 고균에서 호흡을 지원하며, 이것을 **혐기성 호흡(anaerobic respiration)**이라 한다. 혐기적 호흡에서 사용되는 일부 전자수용체로는 질산염(NO_3^-, *Esherichia coli*에 의해 아질산염인 NO_2^-로 환원 또는 대부분의 *Pseudomonas* 종에 의해 N_2로 환원됨), ferric 이온 (Fe^{3+}, *Geobacter*와 많은 다른 종에 의해서 Fe^{2+}로 환원됨), 황산염 [SO_4^{2-}, *Desulfovibrio*와 다른 황산염-환원 종(sulfate-reducing species)에 의해서 황화수소(hydrogen sulfide, H_2S)로 환원됨], 이산화탄소 [CO_2, 메탄생성균(methanogen)에 의해서 메탄(CH_4)으로 아세트산생성균(acetogen)에 의해서는 acetate로 환원됨], 그리고 구연산 회로 중간산물인 fumarate (숙신산염으로 환원됨)와 같은 일부 유기화합물도 있다.

산화환원 탑에서 이러한 대체 전자 수용체 쌍의 어느 것도 O_2/H_2O 쌍만큼 E_0'가 양수 값을 가지지 않기 때문에 (그림 3.10), 환원될 때 O_2가 H_2O로 환원될 때에 비해서 더 적은 에너지가 보존된다 (그림 3.10과 표 3.3에서 보여주고 3.6절에서 논의된 바와 같이, $\Delta G^{0}{}'$는 $\Delta E^{0}{}'$에 비례함을 상기하라). 많은 미생물의 서식지에서 O_2가 종종 제한적이거나 또는 완전히 없기 때문에 혐기성 호흡은 에너지 보존의 매우 중요한 방법이 될 수가 있다. 호기성 호흡 (그림 3.22)과 같이 혐기성 호흡은 전자전달이 필요하며, 양성자 동력을 생산하고 ATPase를 이용하여 ATP를 만든다 (14장).

화학무기영양과 광영양

전자공여체로 무기화합물을 사용할 수 있는 생명체를 화학무기영양체(*chemolithotroph*)라고 한다. 보편적인 무기 전자공여체의 예로는 H_2S, H_2, Fe^{2+}, NH_3가 포함된다. 이러한 화합물의 많은 것들이 화학유기영양 생명체의 폐기물이며, 이러한 이유로 화학유기영양체와 화학무기영양체가 자연계에서는 공존하는 것이 보편적이다.

화학무기영양대사는 일반적으로 호기성이며, 무기 전자공여체가 산화되어 그 전자가 전자전달계에 들어가면서 시작된다. 화학유기영양체에 의한 유기 전자공여체의 산화에 대해 이미 다루었듯이 (그림 3.22), 전자의 흐름이 양성자 동력을 생성한다. 따라서 이러한 두 생명체 집단에 의한 호흡은 산화적 인산화의 공통된 주제에 대한 단순한 변형이다. 그러나 화학무기영양체와 화학유기영양체는 세포의 탄소원에 대해 중요한 차이가 있다. 화학유기영양체는 종속영양체(heterotroph)이어서 유기화합물 (포도당, 아세트산염과 같은)을 탄소원으로 이용한다. 이와는 대조적으로 화학무기영양체는 탄소원으로 이산화탄소(CO_2)를 이용하기 때문에 독립영양체(autotrophs)가 된다 (3.3절). 독립영양의 생합성 경로는 14장에서 논의한다.

광영양체(*phototroph*)에 의해 수행되는 광합성 과정에서 빛 에너지는 화학물질을 대신하여 사용되어 전자이동을 일으키고 양성자 동력을 생산한다. 이 과정 중에, ATPase는 산화적 인산화 (3.11절)와 유사한 빛이 매개하는 **광인산화(photophosphorylation)**에 의해 ATP를 생산한다. 대부분의 광영양체는 탄소원으로 CO_2를 동화(assimilate)시키기 때문에 광독립영양체(*photoautotrophs*)라고 한다. 그러나 몇몇 광영양체는 에너지원으로 빛을 사용하면서 탄소원으로 유기화합물을 이용하므로 이들을 광종속영양체(*photoheterotroph*)라고 한다 (그림 3.24). O_2에 대한 중요한 차이에도 불구하고 산소를 발생시키는(oxygenic) 광합성과 발생시키지 않는

(anoxygenic) 광합성 (3.3절)이 빛이 ATP 합성을 일으키는 기작에 있어서 커다란 유사점을 보이는 것은, 산소를 발생시키는 광합성이 30억 년 전에 산소를 발생시키지 않는 더 단순한 체계로부터 진화하였다는 사실의 결과이다 (13장).

PMF와 이화의 다양성

기질-수준의 인산화가 일어나는 발효를 제외하고 (3.8절), 미생물의 에너지 보전의 모든 기작은 양성자 동력과 연결되어 있다 (또는 14장에서 보듯이, 몇몇 생명체들은 양성자 대신 Na^+ 이온의 구배를 이용한다). 전자가 유기물이나 무기화합물에서 왔든지, 또는 빛이 유도하는 과정에 의해 매개되든지 간에, 호흡과 광합성에서 전자전달 반응 및 pmf의 생성의 결과이다. 그리고 pmf는 ATPase에 의해 이용되어 ATP를 만든다 (그림 3.23).

다른 방식으로 얘기하면, 호흡과 혐기성 호흡은 서로 다른 전자수용체(*different electron acceptor*)에 대한 변이의 관점으로 볼 수 있으며, 반면에 화학유기영양과 화학무기영양은 사용하는 서로 다른 전자공여체(*different electron donor*)에 대한 변이로 볼 수 있다. 광영양은 서로 다른 전자공여체(*different electron donor*)를 사용하는 변이이다. 14장에서 살펴보겠지만, 광영양은 전자의 투입과 출력의 관점에서 특별한 경우이지만, 그 과정은 호흡과 강한 유사점을 갖는다. 전자전달과 pmf는 이러한 모든 에너지 생산 기작을 연결시켜 겉보기에 꽤 다른 형태의 에너지 보존을 공통적인 초점으로 만든다.

미니퀴즈

- 전자공여체의 관점에서 화학유기영양체와 화학무기영양체는 어떻게 다른가?
- 독립영양 생물체를 위한 탄소원은 무엇인가?
- 양성자 동력은 대부분의 세균 대사에서 공통된 주제라고 말하는 이유는 무엇인가?

IV • 생합성

네 종류의 세포의 거대분자의 구성요소인 당 (다당류), 아미노산 (단백질), 뉴클레오티드 (핵산), 그리고 지방산 (지질)이 어떻게 생합성되는지에 대한 개요로서 3장을 마무리하고자 하며, 다당류와 지질이 일반적으로 어떻게 생합성되는지에 대해서도 알아볼 것이다. 종합적으로, 이러한 생합성 과정은 동화작용(anabolism)이라 불리는 대사의 부분이다. 정보성(*informational*) 거대분자인 단백질과 핵산은 14장의 주제이다. 종합적으로, 이러한 생합성 과정은 **동화작용(anabolism)**이라 불리는 대사의 측면이다.

3.13 당과 다당류

다당류는 미생물 세포벽의 주요 구성성분이며, 세포는 종종 다당류인 글리코겐(glycogen)이나 전분(starch)의 형태로 탄소와 에너지를 저장한다 (2장). 그러한 거대한 분자들은 어떻게 만들어지는가?

다당류 생합성과 당신생합성과정

다당류는 포도당의 활성(*activated*) 형태인 uridine diphosphoglucose (*UDPG*; 그림 3.25*a*)나 adenosine diphosphoglucose (*ADPG*)로부터 합성된다 (**그림 3.25*a***). UDPG는 펩티도글리칸의 *N*-acetylglucosamine과 *N*-acetylmuramic acid 같은 중요한 구조 다당류나 또는 그람-음성 세포의 외막의 구성요소인 지질다당류(lipopolysaccharide)의 생합성에 사용되는 여러 포도당 유도체들의 전구체이다 (2.4절 및 2.5절). 다당류는 활성화된 포도당을 이미 존재하는 중합체 단편에 추가하여 생합성된다: 예를 들어, 글리코겐은 다음과 같이 합성된다. ADPG + 글리코겐 → ADP 글리코겐-포도당으로 합성된다.

한 세포가 포도당과 같은 6탄당에서 생장할 때, 다당류의 합성을 위해 포도당을 획득하는 것은 명백히 문제가 되지 않는다. 그렇지만 다른 탄소 화합물을 이용하여 생장할 때 포도당은 생합성되

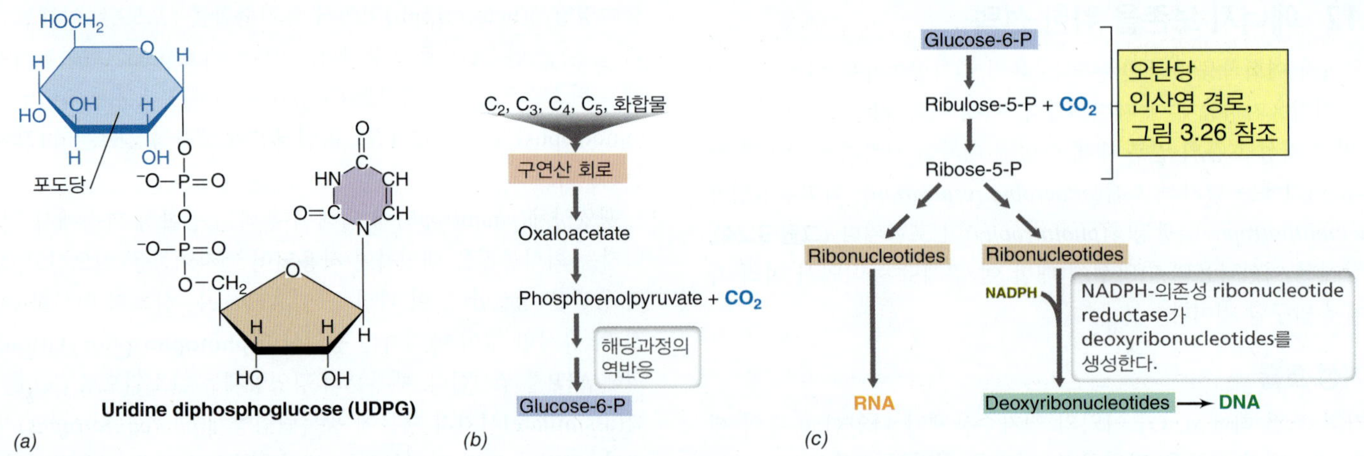

그림 3.25 당 대사. *(a)* 다당류는 UDPG와 같은 활성화된 형태의 육탄당으로부터 합성된다. *(b)* 당신생합성과정(gluconeogenesis). 포도당이 필요할 때, 일반적으로 해당과정의 역순의 단계에 의해서 다른 탄소화합물로부터 합성될 수 있다. *(c)* 핵산 합성을 위한 오탄당은 glucose-6-phosphate과 같은 육탄당의 탈탄산화(decarboxylation)에 의해 만들어진다. DNA의 전구체는 리보뉴클레오티드 환원효소(ribonucleotide reductase)에 의해 RNA의 전구체로부터 만들어지는 것에 주목하라.

어야만 한다. 당신생합성과정(*gluconeogenesis*)이라 불리는 이 과정은 해당과정의 중간산물 중의 하나인 phosphoenolpyruvate를 초기물질로 이용하며, 다시 되돌아가서 해당과정 경로 (그림 3.14)를 통해 포도당을 생성한다. Phosphoenolpyruvate는 구연산 회로의 중간대사 산물인 oxalacetate로부터 합성될 수 있다 (그림 3.16). 당신생합성과정에 대한 전체적 개요는 그림 3.25*b*에 나타나 있다.

오탄당 대사와 오탄당 인산염 경로

오탄당 (5-탄소 당)은 육탄당으로부터 하나의 탄소원자를 보통은 CO_2로 제거되어 만들어진다. 핵산 합성에 필요한 오탄당인 리보오스(ribose) (RNA)와 데옥시리보오스(deoxyribose) (DNA)는 그림 3.25*c*에서처럼 만들어진다. Ribonucleotide reductase 효소는 5-탄소 오탄당 고리의 2번 탄소 위의 수산기(−OH)를 환원시켜 리보오스를 데옥시리보오스로 전환한다. 이 반응은 뉴클레오티드의 합성 전이 아니라 합성 후에 일어난다. 따라서 리보뉴클레오티드(*ribo*nucleotide)가 합성되고 이들 중 일부는 나중에 환원되어 데옥시리보뉴클레오티드(*deoxy*ribonucleotide)로 전환되어 DNA의 전구체로 사용된다.

오탄당 생산의 주요 경로는 **오탄당 인산염 경로(pentose phosphate pathway)**이다 (**그림 3.26**). 이 경로에서 육탄당인 포도당은 CO_2, NADPH, 그리고 주요 중간산물 *ribulose-5-phosphate*로 산화된다; 이로부터 여러 다른 오탄당 유도체들이 만들어질 수 있다. 오탄당이 에너지 본존을 위한 전자공여체로 사용될 때, 오탄당 인산 경로에 직접 공급되어 대개 인산화되어 리보오스 인산염 또는 관련된 화합물을 형성하고, 더 이화된다 (그림 3.26*b*).

오탄당 인산염 경로는 오탄당 대사에서 중요할 뿐 아니라, C_4–C_7 당을 포함하여 세포 내의 많은 다른 중요한 당을 생산하는데도 관여한다. 이러한 당들은 결국 이화작용 또는 생합성을 목적으로 육탄당으로 전환될 수 있다 (그림 3.25 및 3.26). 마지막으로 오탄당 인산염 경로의 중요한 역할은 그것이 많은 생합성에, 특히 데옥시리보뉴클레오티드의 생산 (그림 3.25*c*)과 지방산의 생합성 (그림 3.30 참조)을 위한 환원제로 사용되는 조효소인 NADPH를 생산한다는 점이다. 대부분의 세포들이 NADH를 NADPH로 전환하는 교환 기작을 가지고 있지만, 오탄당 인산염 경로가 NADPH를 직접 합성하는 주요 방법이다.

미니퀴즈

- 세균에서 글리코겐 생합성에 사용되는 활성화된 포도당의 형태는 무엇인가?
- 당신생합성과정이란 무엇인가?
- 오탄당 인산염 경로는 세포에서 어떤 기능을 하는가?

3.14 아미노산과 뉴클레오티드

단백질과 핵산의 단량체는 각각 아미노산과 뉴클레오티드이다. 이들의 생합성은 보통 여러 단계의 생화학 경로이므로 여기서 자세

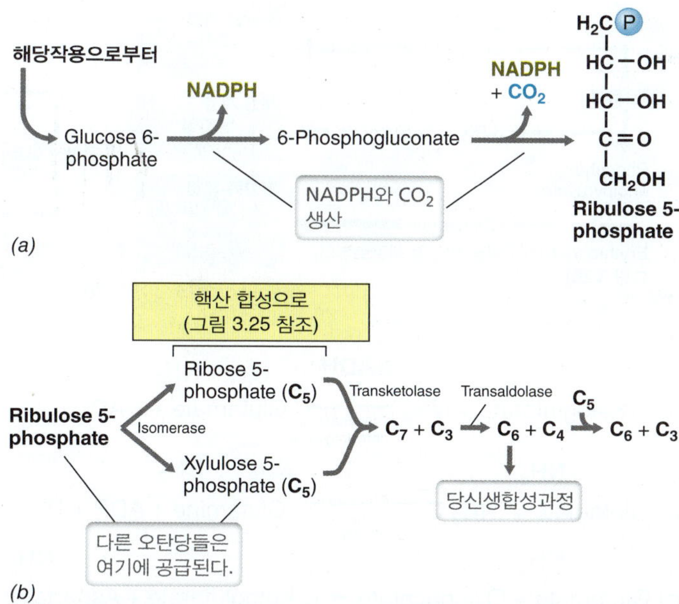

그림 3.26 오탄당 인산염 회로. 이 경로는 생합성을 위해 다른 당으로부터 오탄당을 생산하며, 오탄당을 이화시키는 기능도 한다. *(a)* 주요 중간대사 산물 ribulose-6-phosphate의 생산. *(b)* 그 밖의 오탄당 인산염 회로의 반응들.

히 고려할 필요는 없다. 대신에, 아미노산과 뉴클레오티드의 생합성에 필요한 주요 탄소 골격을 알아보고, 이미 살펴본 경로에서의 기원에 대하여 알아보며, 그것이 만들어지는 기작에 대해 요약하고자 한다.

단백질의 단량체: 아미노산

환경으로부터 일부 또는 모든 종류의 아미노산을 얻을 수 없는 생물체들은 포도당이나 다른 탄소원으로부터 이들을 합성하여야 한다. 아미노산은 여러 생합성 단계들을 공유하는 구조적으로 관련된 계열(*family*)로 분류된다. 아미노산을 위한 탄소 골격은 거의 독점적으로 해당과정 (그림 3.14)이나 구연산 회로 (그림 3.16)의 중간대사 산물로부터 나온 것이다 (**그림 3.27**).

아미노산의 아미노기(−NH_2)는 대개 암모니아(NH_3) 같은 몇몇 무기질소 원으로부터 유도된다. 암모니아는 가장 흔히 효소 *glutamate dehydrogenase*와 *glutamine synthetase*에 각각 아미노산인 글루탐산염(glutamate) 또는 글루타민(glutamine)을 생합성하는 동안에 도입된다 (**그림 3.28**). NH_3가 높은 수준으로 존재하면 glutamate dehydrogenase 또는 다른 아미노산 탈수소효소(dehydrogenase)가 사용된다. 그러나 NH_3가 낮은 수준으로 존재하면 에너지 소비 반응기작 (그림 3.28*b*)과 기질에 높은 친화도를 갖는 glutamine synthetase가 사용된다. 효소 *glutamate dehydrogenase*와 *glutamine synthetase*는 대부분의 세균과 고균에 존재한다.

일단 암모니아가 글루탐산 혹은 글루타민에 도입되면, 이러한 아미노산의 아미노기가 전달되어 다른 질소 화합물이 만들어질 수 있다. 예를 들어, 아미노기전이효소(transaminase) 반응을 통해 글루탐산에서 옥살아세트산염(oxalacetate)으로 아미노기를 이전하여

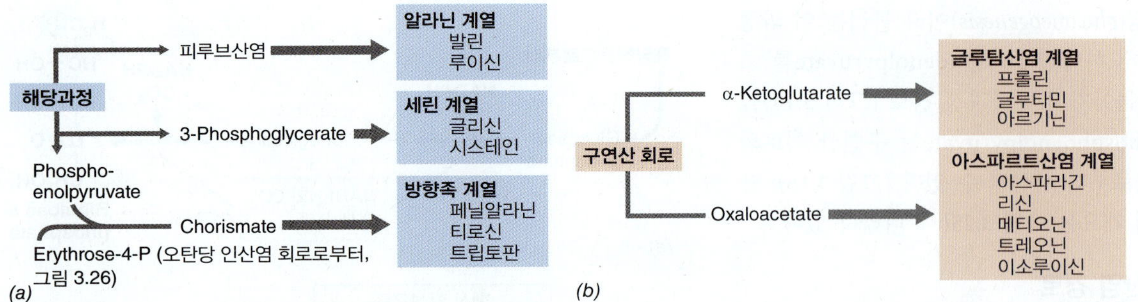

그림 3.27 아미노산 계열. 해당과정 *(a)*과 구연산 회로 *(b)*는 대부분의 아미노산을 위한 탄소 골격을 제공한다. 한 계열의 다양한 아미노산의 합성에는 모체가 되는 아미노산으로 시작하는 많은 단계가 필요하다 (아미노산 계열의 이름은 굵은 글씨로 나타냄).

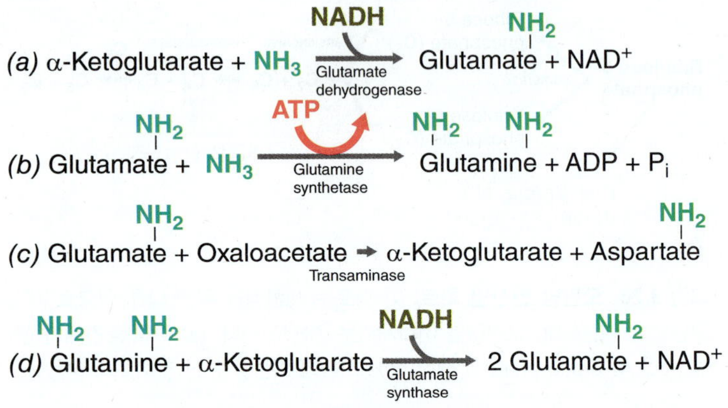

(a) α-Ketoglutarate + NH_3 —(NADH; Glutamate dehydrogenase)→ Glutamate (NH_2) + NAD^+

(b) Glutamate (NH_2) + NH_3 —(ATP; Glutamine synthetase)→ Glutamine (NH_2, NH_2) + ADP + P_i

(c) Glutamate (NH_2) + Oxaloacetate —(Transaminase)→ α-Ketoglutarate + Aspartate (NH_2)

(d) Glutamine (NH_2, NH_2) + α-Ketoglutarate —(NADH; Glutamate synthase)→ 2 Glutamate (NH_2) + NAD^+

그림 3.28 세균에서 암모니아의 도입. 암모니아(NH_3)와 모든 아미노산의 아미노기는 초록색으로 나타난다. 세균에서 암모니아 동화(assimilation)를 위한 두 가지 주요 경로는 효소 *(a)* glutamate dehydrogenase와 *(b)* glutamine synthetase에 의해 촉매된다. *(c)* 아미노기 전달효소(transaminase) 반응은 아미노산의 아미노기를 유기산으로 전달한다. *(d)* Glutamate synthase 효소는 하나의 글루타민과 하나의 α-ketoglutarate로부터 두 개의 글루탐산염을 만든다.

α-케토글루타르산염(α-ketoglutarate)과 아스파르트산염(aspartate)을 생산할 수 있다 (그림 3.28*c*). 다른 방법으로는 글루타민이 α-케토글루타르산염과 반응하여 아미노기전이효소(aminotransferase) 반응에서 두 분자의 글루탐산염이 형성된다(그림 3.28*d*). 이러한 유형의 반응의 최종 결과는 암모니아를 다양한 탄소 골격에 전달하여 이후의 생합성 반응이 일어나게 되어 단백질을 만드는 데 필요한 22개의 모든 아미노산 (그림 4.28)과 그 밖에 다른 질소가 포함된 생물분자를 만드는 것이다.

핵산의 단량체: 뉴클레오티드

퓨린(purine)과 피리미딘(pyrimidine)의 생합성에 관련된 생화학은 꽤 복잡하므로 여기서는 그들의 생합성에 대한 요점만 필요하다. 퓨린은 CO_2까지 포함하는 여러 가지 탄소원과 질소원으로부터 글자 그대로 원자 하나씩 만들어진다 (**그림 3.29**). 퓨린 뉴클레오티드 골격인 이노신산 (inosinic acid; 그림 3.29*b*)은 퓨린 뉴클레오티드인 아데닌(*adenine*)과 구아닌(*guanine*)의 전구체이다. 이들이 (3인산염 형태로) 합성되어 리보오스에 결합하면 DNA (ribonucleotide reductase의 활성 후에, 그림 3.25*c*)나 RNA에 도입될 준비를 갖추게 된다.

퓨린 고리와 마찬가지로 피리미딘 고리도 여러 가지 원료들로 만들어진다 (그림 3.29*c*). 피리미딘 뉴클레오티드 골격인 우리딜산염 (uridylate, 그림 3.29*d*)으로부터 모든 종류의 피리미딘—티민(*thymine*), 시토신(*cytosine*), 우라실(*uracil*)—이 만들어진다. 모든 퓨린 및 피리미딘의 구조는 14장에서 보여준다 (그림 4.1*c*).

미니퀴즈

- 아미노산 계열(family)이란 무엇인가?
- 세포가 NH_3를 아미노산으로 도입하는데 필요한 단계들을 열거하라.
- 어떤 질소 염기들이 퓨린이고, 어떤 것들이 피리미딘인가?

3.15 지방산과 지질

지질은 세포막과 그람-음성 세균의 외막의 주요 구성 성분이다; 지질은 또한 탄소와 에너지의 저장고가 될 수 있다. 지방산은 미생물 지질의 골격이 된다. 그러나 지방산은 그 자체로는 세균(*Bacteria*)과 진핵생물(*Eukaria*)에서만 발견된다. 고균(*Archaea*)은 지질에 지방산을 가지고 있지 않지만, 대신 유사한 구조적 역할을 하는 소수성의 이소프레노이드(isoprenoid) 곁사슬을 가지고 있다. 이러한 모든 개념들은 2장에서 다루어졌다. 여기서는 세균에서의 지방산 생합성에 초점을 맞춘다.

지방산 생합성

지방산은 아실 운반 단백질(*acyl carrier protein*, ACP)이라 불리는 단백질의 활성에 의해 한 번에 두 개의 탄소원자가 합성된다. ACP는 지방산이 만들어질 때 자라나는 지방산에 붙어 있다가 최종 길이의 지방산이 만들어지면 지방산으로부터 유리된다 (**그림 3.30**). 지방산이 한 번에 탄소 두 개씩 만들어지지만, 각 C_2 단위는 C_3 화합물인 말론산염(*malonate*)으로부터 유래되는데, 이는 ACP에 결합하여 malonyl-ACP를 형성한다. 각 말로닐 잔기가 공여될 때마다, 한 분자의 CO_2가 방출된다 (그림 3.30).

세포 지질의 지방산 구성은 종에 따라서도 다양하며, 같은 종이라도 생장 온도에 따라서 차이가 있을 수 있다. 저온에서의 생장은 짧은 사슬 및 불포화지방산 생합성을 촉진하는 반면, 고온에서의 생장은 긴 사슬 및 더 포화지방산의 생합성을 촉진한다. 세균의 지질에서 가장 보편적인 지방산은 사슬길이가 C_{12}–C_{20}인 지방산이다.

짝수의 탄소 수를 가진 포화지방산에 더해서, 지방산은 불포화

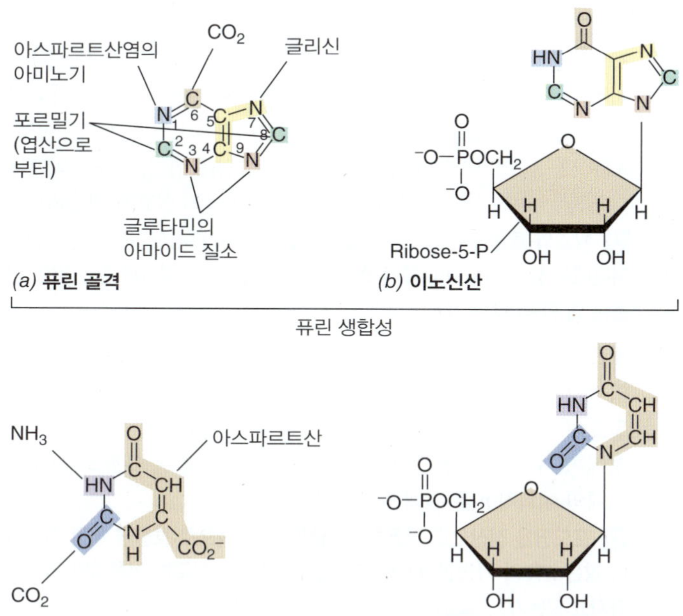

그림 3.29 퓨린과 피리미딘의 생합성. *(a)* 원료로 표시된 퓨린 골격의 구성요소. *(b)* 이노신산(inosinic acid), 모든 퓨린 뉴클레오티드의 전구체. *(c)* 원료로 표시된 피리미딘 골격의 구성요소, 오로틱산(orotic acid). *(d)* 우리딜산(uridylate), 피리미딘 뉴클레오티드의 전구체. 우리딜산은 오로틱산이 탈탄산화되고 리보오스-5-인산염이 첨가되어 만들어진다.

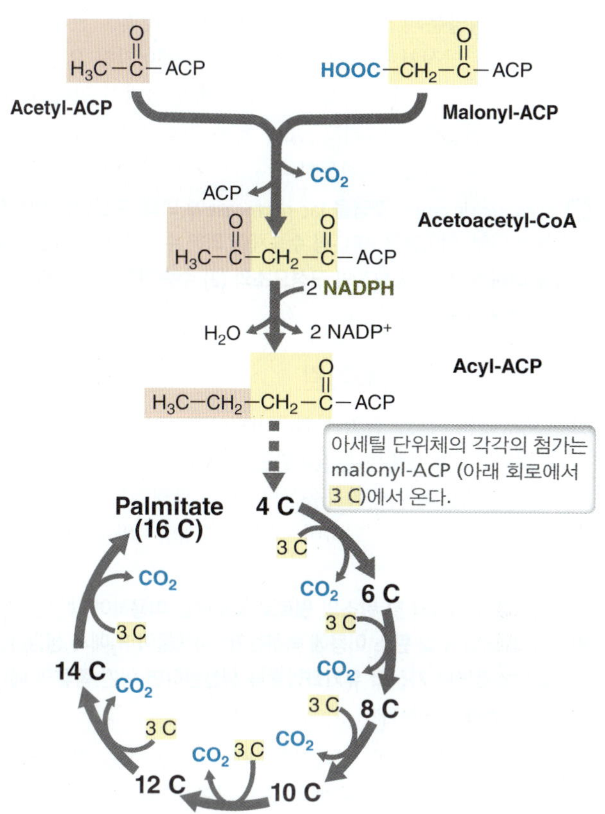

그림 3.30 C_{16} 지방산 팔미트산염(palmitate)의 생합성. Acetyl-ACP와 malonyl-ACP가 결합하여 acetoacetyl-CoA를 형성한다. 아세틸 단위체의 연속적인 첨가는 malonyl-ACP로부터 온다.

되고 결가지를 갖거나(branched) 또는 홀수의 탄소를 가질 수도 있다. 불포화지방산은 지방산 분자의 긴 소수성 부분에 한 개 또는 그 이상의 이중결합을 가지고 있다. 이중결합의 수나 위치는 종마다 또는 집단 특이적이고, 이중결합은 포화지방산의 탈포화(desaturation)에 의해 생긴다. 결가지-사슬 지방산은 결가지 사슬을 가진 초기 분자를 이용하여 합성되고, 홀수의 탄소 수를 가진 지방산(예, C_{13}, C_{15}, C_{17})은 아세틸기 대신에 프로피오닐(propionyl, C_3)기를 포함하는 초기분자를 이용하여 생합성된다.

지질 생합성

세균과 진핵생물 세포의 지질의 조립에서는 지방산이 먼저 글리세롤 분자에 더해진다. 단순한 트리글리세리드(triglycerides)인 지방(fat)에서 세 개의 모든 글리세롤 탄소는 지방산으로 에스테르화된다. 복합 지질(complex lipid)을 만들기 위해서는 글리세롤의 탄소 원자들 중 하나가 인산염, 에탄올아민(ethanolamine), 탄수화물 또는 몇몇 다른 극성물질로 장식된다 (그림 2.14*a*). 고균에서 막지질은 이소프렌(isoprene)으로부터 만들어져서 피타닐(phytanyl, C_{15}) 혹은 바이피타닐(biphytanyl, C_{30}) 곁사슬을 형성하지만, 고균의 막 지질의 글리세롤 골격은 세균과 고균의 지질에 대해 하나의 극성기(polar group) (당, 인산염, 황산염, 또는 극성 유기화합물)를 포함한다. 극성기는 고전적인 막의 구조를 형성하기 때문에 지질에서 중요하다: 친수성 내외부 표면을 가진 소수성 내부 (2.3절, 그림 2.4 및 2.5).

미니퀴즈

- 중간 탄소공여체가 3-탄소 화합물이 반면에, 지방산이 어떻게 한 번에 두 개의 탄소원자로 만들어지는지 설명하라.
- 생명의 세 개의 도메인(domain)에서 지방은 어떠한 차이점이 있는가?

단원 정리

I • 미생물 영양소와 영양분 흡수

3.1 세포는 우선적으로 H, O, C, N, P와 S의 원소로 이루어져 있다. 세포에 의해 다량으로 요구되는 영양분을 대량영양소라 부르며, 반면에 미량 원소나 생장인자와 같이 소량으로 요구되는 영양분을 미량영양소라 한다. 단백질은 세포에서 가장 풍부한 종류의 대량영양소이다.

Q 대량영양소와 미량영양소의 주요 차이점은 무엇인가? 몇몇 대량영양소와 미량영양소를 열거하라.

3.2 세포 내로 영양분의 능동수송은 ATP (또는 몇몇 다른 고에너지 화합물) 또는 양성자 동력에 의해 유도되는 에너지가 요구되는 과정이다. 적어도 세 가지 종류의 수송 체계가 알려져 있다: 단순수송, 작용기 전달수송, 그리고 ABC 체계. 각각은 농도구배에 역행하여 용질을 축적하도록 작동한다.

Q *Escherichia coli*는 젖당을 lac permease에 의해, 포도당은 인산전달 효소계에 의해, 맥아당은 ABC-형 수송체에 의해 수송한다. 이러한 당들의 각각에 대하여 (1) 수송체계의 구성요소와 (2) 수송과정을 일으키는 에너지원에 대해 서술하라.

II • 에너지론, 효소 및 산화환원

3.3 모든 미생물은 화학물질의 산화나 또는 빛으로부터 에너지를 보존한다. 화학유기영양체는 유기화합물을 전자공여체로 사용하고, 화학무기영양체는 무기화합물을 사용한다. 광영양체는 빛에너지를 화학에너지 (ATP)로 전환하며, 산소성 광영양체와 무산소성 영양체를 모두 포함한다.

Q 미생물이 에너지 및 탄소의 원료로 포도당을 이용하여 생장할 때, 어떤 종류의 에너지 및 탄소 이용에 속하는가? 미생물이 H_2에서 생장하면서 이산화탄소로부터 자신의 유기화합물을 생산한다면 어떤 종류의 에너지 및 탄소 이용에 속하는가?

3.4 세포에서의 화학반응은 에너지의 변화가 수반되며, 킬로주울(kJ)로 표현한다. 반응은 자유에너지를 방출하거나 또는 소비한다. $\Delta G^{0\prime}$는 표준조건 하의 반응에서 방출되거나 소비된 에너지의 측정치이며, 생명체가 에너지를 보존하기 위해 어떤 반응이 사용되는지를 밝혀준다.

Q 다음 반응에 대한 $\Delta G^{0\prime}$을 계산하라: 포도당 + 6 O_2 → 6 CO_2 + 6 H_2O. 이 반응은 에너지 방출반응인가 아니면 흡수반응인가? $\Delta G^{0\prime}$, ΔG, ΔG_f^{0}를 구분하라.

3.5 효소는 활성부위에 결합하는 기질을 활성화시킴으로써 생화학적 반응속도를 증가시키는 단백질 촉매이다. 효소는 그것이 촉매하는 반응에서 매우 특이적이며, 이러한 특이성은 단백질을 구성하는 폴리펩티드의 3차원적 구조에 기인한다.

Q 효소가 매우 특이적인 이유는 무엇인가?

3.6 산화–환원 반응은 전자공여체와 전자수용체를 필요로 한다. 전자를 방출하거나 받아들이는 화합물의 경향은 그것의 환원 전위인 $E_0{}^\prime$에 의해 양적으로 표현된다. 세포 내의 산화–환원 반응은 전형적으로 NAD^+/NADH와 같은 전자전달체가 필요하다.

Q 다음은 일련의 짝지어진 전자공여체와 전자수용체이다 (공여체: 수용체로 쓰여짐). 그림 3.10의 데이터를 사용하여 에너지 생산이 가장 높은 것에서 낮은 것의 순서대로 이들을 정렬하라: H_2/Fe^{3+}, NO/Mn^{4+}, H_2S/O_2, methanol/NO_3^- (NO_2^- 생산), H_2/O_2, Fe^{2+}/O_2, NO_2^-/Fe^{3+} (NO_3^- 생산), H_2S/NO_3^-.

3.7 산화–환원 반응에서 방출된 에너지는 고에너지 인산염이나 황결합을 가지고 있는 화합물에 보존된다. 이러한 화합물의 가장 보편적인 형태가 세포에서 주요 에너지 운반체인 ATP이다. 장기간 에너지의 저장은 중합체들의 형성과 연관되며, 이것은 ATP를 생산하기 위해 소비될 수 있다.

Q 아세틸 인산염은 고에너지 화합물인데 포도당 6-인산염은 고에너지 화합물이 아닌 이유는 무엇인가?

III • 이화작용: 발효와 호흡

3.8 포도당을 피루브산염으로 분해하는데 해당과정 경로가 사용되며, 기질-수준의 인산화를 이용하는 발효 혐기성 미생물에 의한 에너지 보존을 위해 광범위하게 분포하는 기작이다. 이 경로는 적은 양의 ATP (2–3/포도당)와 다량의 발효 산물을 방출한다. 포도당외에도 다른 당, 아미노산, 뉴클레오티드, 중합 화합물의 발효가 가능하다.

Q 발효와 호흡에서 ATP는 어떻게 만들어지는가? NADH는 해당과정의 어디에서 생산되며, 어디에서 소비되는가? 에탄올과 젖산과 같은 발효 산물은 왜 만들어지는가?

3.9 호흡은 발효보다 훨씬 더 큰 에너지를 생산한다. 구연산 회로는 O_2와 전자전달계를 위한 전자를 생산하며, 생합성 중간대사 산물의 원료이기도 하다. 해당과정을 사용하며 차이점은 발효 산물의 특성에 있다. 글리옥실산염 회로는 아세트산과 같은 2-탄소 전자공여체의 이화작용을 위해 필요하다.

Q 포도당을 젖산으로 발효하는 대신에 호기적으로 호흡을 하면 얼마나 더 많은 ATP가 가능한가? 왜 그러한가? 구연산 회로는 이화적인 기능만 가지고 있는가?

3.10 전자전달계는 $E_0{}^\prime$값이 증가하는 순서대로 배열된 막과 관련된 산화환원 단백질들로 구성되어 있다. 전자전달계는 최초의 전자공여체로부터 호기성 호흡에서는 O_2가 되는 최종 전자수용체로 전자를 전달하는 협동 방식으로 작동한다.

Q 전자전달계에서 발견되는 주.요 전자전달체는 일부를 들어보라.

3.11 전자전달 동안에 양성자는 막의 바깥쪽으로 분출되어 양성자 동력을 형성한다. 주요 전자전달체는 플라빈, 퀴논, 시토크롬 bc_1 복합체, 기타 시토크롬을 포함한다. 세포는 ATPase의 활성을 통하여 ATP를 만들기 위해 양성자 동력을 사용한다.

Q 전자전달 중에 양성자 동력은 어떻게 만들어지는가? 세포는 양성자 동력으로부터 어떻게 ATP를 생산하는가?

3.12 산소가 없는 조건에서는 여러 최종 전자수용체가 혐기성 호흡에서 O_2를 대체할 수 있다. 화학무기영양체는 무기화합물을 전자공여체로 사용하는 반면에 광영양체는 빛에너지를 이용한다. 양성자 동력은 호흡과 광합성의 모든 경우에서 에너지 보존의 기초가 된다.

Q 호기성 호흡과 혐기성 호흡의 주된 차이점은 무엇인가? 어떤 대사적 선택이 더 많은 에너지를 생산하는가? 그 이유는? 화학무기영양 전자공여체의 예를 들어보라.

IV • 생합성

3.13 다당류는 세포의 중요한 구조적 구성 성분이며, 단량체의 활성화된 형태로부터 생합성된다. 당신생합성과정은 당이 아닌 전구체로부터 포도당을 생산하는 것이다.

Q 당 대사에서 효소 ribonucleotide reductase의 중요성은 무엇인가? "포도당 자체(free)"와 "활성화된(activated) 포도당"의 차이점은 무엇인가?

3.14 아미노산은 암모니아가 글루탐산염, 글루타민, 또는 그 밖의 몇몇 아미노산으로부터 더해지는 탄소 골격으로부터 만들어진다. 뉴클레오티드는 여러 가지 다른 원료로부터 탄소 골격을 이용하여 생합성 된다.

Q NH_3를 세포 내로 도입하는 기능을 하는 두 가지 보편적인 효소의 이

름을 들어보라. 이들의 반응 기작은 어떻게 다른가?

3.15 지방산은 3-탄소 전구체 말로닐-ACP로부터 합성되고, 완전히 생성된 지방산은 글리세롤에 결합하여 지질을 형성한다. 세균과 진핵세포의 지질만이 지방산을 갖는다.

Q 팔미트산 (C_{16} 직쇄 포화지방산)과 같은 지방산이 세포 내에서 합성되는 과정을 설명하라.

응용 문제

1. 그림 3.10의 데이터를 이용하여 다음의 전자 전달체를 가지고 호기적으로 생장하는 생물체의 막에서 전자 전달체의 순서를 예상해 보라: 유비퀴논, 시토크롬 aa_3, 시토크롬 *b*, NADH, 시토크롬 *c*, FAD.

2. 산화환원 탑의 관점에서 다음의 관찰을 설명하라: 포도당을 발효하는 *Escherichia coli* 세포는 NO_3^-가 공급되어 배양될 때 (NO_2^-가 생산됨) 더 빠르게 자라며, 공기가 매우 잘 통하도록 배양할 때는 더욱더 빠르게 생장한다 (NO_2^- 생산이 중단됨).

용어 해설

ABC (ATP-binding cassette) transport system [ABC (ATP-결합 카세트) 수송 체계] 세 개의 단백질로 구성된 막 수송 체계. 그 중 하나는 ATP를 가수분해한다: 이 체계는 특정 영양분을 세포 내로 수송한다.

Activation energy (활성화 에너지) 효소의 기질을 반응상태로 만드는 데 필요한 에너지

Adenosine triphosphate (ATP) (아데노신 삼인산염) 화학적 에너지가 보존되고 세포에서 이용되는 일차적 형태의 뉴클레오티드

Anabolic reaction (Anabolism) (동화작용) 세포 내의 모든 생합성 반응의 총합

Anaerobic respiration (혐기성 호흡) 산소가 없을 때 대체하는 전자수용체가 환원되는 호흡의 형태

ATPase (ATP synthase) (ATP 합성효소) 양성자 동력의 소모와 결합하여 ATP 합성을 촉매하는 세포막에 박힌 복합단백질 효소 복합체

Autotroph (독립영양체) CO_2를 유일한 탄소원으로 이용하여 모든 세포 물질을 생합성할 수 있는 생명체

Calvin cycle (캘빈회로) 대부분의 광영양체와 많은 화학무기영양체가 CO_2를 유기화합물로 전환하는 일련의 생합성 반응

Catabolic reaction (Catabolism) (이화작용) 세포에 의해서 에너지 보존을 (보통 ATP로) 야기하는 생화학적 반응

Chemolithotrophs (화학무기영양체) 에너지 대사에서 전자공여체로 무기화합물로 생장할 수 있는 생명체

Chemoorganotroph (화학유기영양체) 유기화합물을 산화하여 에너지를 얻는 생명체

Citric acid cycle (구연산 회로) 아세트산염을 두 분자의 CO_2로 전환시키는 일련의 순환적 반응

Coenzyme (조효소) 효소의 한 부분으로 반응에 관여하는 약하게 결합되어 있는 작은 비단백질 분자

Electron acceptor (전자수용체) 전자공여체로부터 전자를 받아 그 과정에서 환원되는 물질

Electron donor (전자공여체) 전자를 전자수용체에게 공여하여 그 과정에서 산화되는 물질

Endergonic (흡열반응) 자유에너지를 필요로 하는 반응

Enzyme (효소) 특정 화학반응을 빠르게 (촉매) 할 수 있는 단백질 (몇몇 RNA도 효소임)

Exergonic (발열반응) 자유에너지를 방출하는 반응

Fermentation (발효) 유기물이 전자공여체이자 전자수용체가 되고 ATP가 기질수준 인산화에 의해 생산되는 혐기적 이화작용

Free energy (*G*) (자유에너지) 일을 하는 데 이용될 수 있는 에너지; $G^{0\prime}$는 표준조건 하에서의 자유에너지

Glycolysis (해당과정) 포도당이 피루브산염으로 산화되는 생화학적 경로. 피루브산염은 호흡에서 사용되거나 또는 발효된다; ATP를 생산하며, 발효에서는 다양한 발효산물들을 생산한다 (Embden–Meyerhof–Parnas 경로라고도 불림).

Glyoxylate cycle (글리옥실산염 회로) 아세트산염과 같이 2-탄소 전자공여체로 생장하는 동안에 isocitrate가 쪼개져서 숙신산염과 글리옥실산염을 만드는 구연산 회로의 변형

Group translocation (작용기 전달수송) 일련의 단백질들에 의해서 수송이 되는 과정 동안에 수송되는 물질이 화학적으로 변형되는 에너지에 의존하는 수송 체계

Heterotroph (종속영양체) 탄소원으로 유기화합물을 이용하는 생명체

Oxidative phosphorylation (산화적 인산화) 유기 또는 무기 전자공여체로부터 전자전달을 통해 형성되는 양성자 동력으로부터 ATP를 생산하는 것

Pentose phosphate pathway (오탄당 인산 경로) 오탄당이 이화되어 뉴클레오티드 합성을 위한 전구체를 만들거나 또는 포도당을 합성하는 일련의 반응들

Photophosphorylation (광인산화) 빛이 일으키는 전자전달로부터 형성된 양성자 동력으로부터 ATP를 생산하는 것

Phototrophs (광영양생물) 에너지원으로 빛을 이용하는 생명체

Proton motive force (pmf) (양성자 동력) 세포막을 가로질러서 수산이온으로부터 양성자를 분리하여 막의 전기화학적 전위를 생성하여 유발되는 에너지원

Reduction potential ($E_0{}'$) (환원 전위) 표준조건 하에서 볼트로 측정되는 전자들을 주거나 받으려고 하는 화합물 본연의 경향

Respiration (호흡) O_2 (또는 O_2 대체물)를 최종 전자수용체로 하여 화합물이 산화되는 과정으로, 보통 산화적 인산화에 의한 ATP 생성이 수반된다.

Simple transport system (단순수송 체계) 막관통 단백질로만 되어 있으며, 대개 양성자 동력의 에너지로 유도되는 수송체

Substrate-level phosphorylation (기질수준 인산화) 인산화된 유기화합물에서 고에너지 인산 분자가 ADP로 직접 전달되어 ATP를 생산하는 것

4 분자정보의 흐름 및 단백질 가공

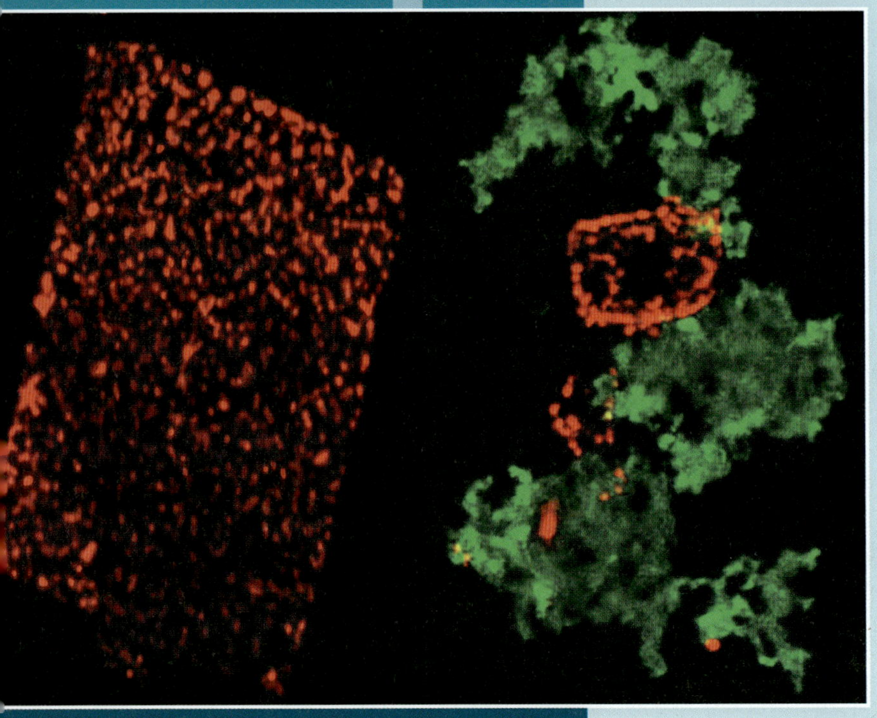

현재의 미생물학

점보 단백질의 합성: 할로뮤신(halomucin)의 분비

각 세포의 유전적 청사진이 모든 생명체에서 관찰되는 독특한 속성 및 생존 기작을 관할하게 된다. 비교적 불활성인 DNA로부터 세포 생존에 중요한 단백질들과 효소들의 합성까지 이어지는 필수적인 생물학 정보의 흐름은 상당한 자원을 요구하기 때문에 고균(*Archaea*) 및 세균(*Bacteria*)에서 매우 긴 폴리펩티드(polypeptide)가 발견되는 것은 놀라운 일이다. 생명체의 3가지 도메인 모두에서 평균적인 단백질 크기는 500개 이하의 아미노산인 반면에, 정사각형 모양의 고균인 *Haloquadratum walsbyi*는 할로뮤신(*halomucin*)이라고 하는 9,159개의 아미노산으로 된 단백질을 암호화하는 것으로 예상되고 있다. 이름에서 알 수 있듯이 할로뮤신은, 눈과 기관지 상피조직을 건조와 스트레스로부터 보호하는 동물의 뮤신(mucin)과 구조적으로 유사성을 공유하고 있다. 할로뮤신은 신호서열을 보유한 것으로 예상되는데 이는 세포 외부로 분비된다는 것을 의미한다. 이 장에서 보겠지만 단백질을 합성하는 것뿐만 아니라 상당한 양의 에너지가 최종 목적지에 도달하는 데 요구된다. *H. walsbyi*가 실제로 이 점보 단백질을 생산하는가? 그렇다면 그러기 위하여 왜 그렇게 많은 자원을 이용하는가?

*H. walsbyi*는 극도로 높은 고농도의 염분 조건에서 자라고 독특한 정사각형이지만, 가느다란 형태 ($5 \times 5 \times 0.1\ \mu m$)를 가지고 있다. 이런 모양은 알려진 세균 중에서 가장 큰 표면 대 부피 비율을 *H. walsbyi* 세포에 제공한다. 할로뮤신의 거대한 특성에도 불구하고 예측되는 단백질이 합성되고, 건조로부터 세포를 보호하기 위해서 신호서열을 이용하여 세포 밖으로 분비될 가능성이 있는가?

과학자들은 최근에 형광 표지 기술을 사용하여 이 질문에 답을 구했다. 왼쪽의 사진은 이 생명체가 생산하는 탄소 저장 중합체(poly-β-hydroxyalkanoates)를 표적으로 붉은 형광색으로 염색된 *H. walsbyi*의 특이한 세포 형태를 보여주고 있다. 오른쪽 사진은 초록색으로 표지되어 분비된 할로뮤신에 둘러싸인 동일한 붉은 세포를 보여준다. 의심할 여지가 없이 이 점보 단백질의 번역과 분비에 세포의 에너지가 고갈되겠지만, 할로뮤신의 생산은 *H. walsbyi*가 수분의 활동이 제한적인 곳에서 생존하기 위해서 세포 표면 주변에 충분한 수분을 유지하는 데 매우 중요한 것으로 보인다.

출처: Zenke, R., S. von Gronau, H. Bolhuis, M. Gruska, F. Pfeiffer, and D. Oesterhelt. 2015. Fluorescence micorscopy visualization of halomucin, a secreted 927 kDa protein surrounding *Haloquadratum walsbyi* cells. *Front. Micorbiol. 6:* 249.

세포는 화학적 기계이자 암호화 장치로 볼 수가 있다. 화학적 기계로서 세포는 영양분을 새로운 세포 물질로 전환한다 (13장). 암호화 장치로서는 유전정보를 보관하고, 가공하고, 사용한다. 이 장에서는 한 생명체의 존재와 미생물학이라는 과학 전체의 근본이 되는 사건인 미생물 활동의 암호화 측면을 강조할 것이다. 여기서 초점은 세균, 특히 분자생물학의 모델 생명체인 *Escherichia coli*에서 일어나는 과정들에 초점이 맞춰질 것이다. 그러나 고균과 간략하지만 진핵세포에 대해서도 또한 고려될 것이다.

I • 분자생물학과 유전요소

재학습 과정으로 분자생물학의 일부 기본적인 원칙을 공부하는 것으로 시작하려고 한다. 단원 I에서 DNA의 구조와 유전정보 흐름의 기본적인 것을 조사하였다면 다양한 종류의 유전적 요소를 공부하는 부분으로 넘어가기 바란다. 단원 I은 원핵세포의 DNA 복제 (단원 II) 및 RNA와 단백질 합성 기작 (단원 III 및 IV)의 자세한 부분을 위한 기반을 깔았다.

4.1 DNA와 유전정보의 흐름

주요한 거대분자들과 분자생물학의 과정에 대한 개요를 **그림 4.1*a***에서 볼 수 있다. 유전정보의 기능적 단위가 **유전자(gene)**이고, 유전자들은 염색체의 일부 혹은 **유전요소(genetic element)**로 알려진 거대분자를 구성한다; 유전요소의 전체가 **유전체(genome)**이다. 유전정보는 핵산(nucleic acid)인 **DNA**와 **RNA**의 뉴클레오티드(nucleotide) 서열 속에 저장되어 있다. DNA는 세포의 유전자 청사진을 운반하는 반면에, 전사로 생산되는 RNA는 이 청사진의 복사본(copy)을 운반한다. 전령 RNA (messenger RNA)라고 하는 RNA의 한 종류가 번역에 의해서 단백질의 정해진 아미노산 서열로 전환되어진다. 종합하여 핵산 및 단백질은 **정보성 거대분자(informational macromolecule)**라고 한다 (그림 4.1*a*).

핵산의 단량체는 **뉴클레오티드(nucleotide)**라고 하며, 따라서 DNA와 RNA는 **폴리뉴클레오티드(polynucleotide)**이다. 뉴클레오티드는 세 가지 요소로 구성되어 있다: 5탄당 (RNA의 경우에 리보오스, DNA의 경우에 데옥시리보오스), 질소염기(nitrogen base)와 인산 분자, PO_4^{3-} (그림 4.1*b*). **뉴클레오시드(nucleoside)**는 5탄당과 질소염기를 보유하지만, 인산기가 없다. 핵산 내의 질소염기는 **피리미딘(pyrimidine)**이거나 **퓨린(purine)**이다. 퓨린인 구아닌(guanine)과 아데닌(adenine) 및 피리미딘인 시토신(cytosine)은 DNA와 RNA 모두에 존재하는 반면에 피리미딘인 티민(thymine)과 우라실(uracil)은 소수의 예외를 제외하고는 각각 DAN와 RNA에만 존재한다 (그림 4.1*c*).

이중 나선의 특성

핵산의 골격은 당과 인산 분자가 반복되는 중합체이고, 뉴클레오티드는 당의 3′-(3프라임) 탄소와 다음에 있는 당의 5′ 사이에 인산을 통하여 **인산디에스테르 결합(phosphodiester bond)**으로 연결되어 있다 (그림 4.1*b* 및 **그림 4.2**). DNA 혹은 RNA 분자의 뉴클레오티드 서열(*sequence*)은 **1차 구조(primary structure)**이며, 유전정

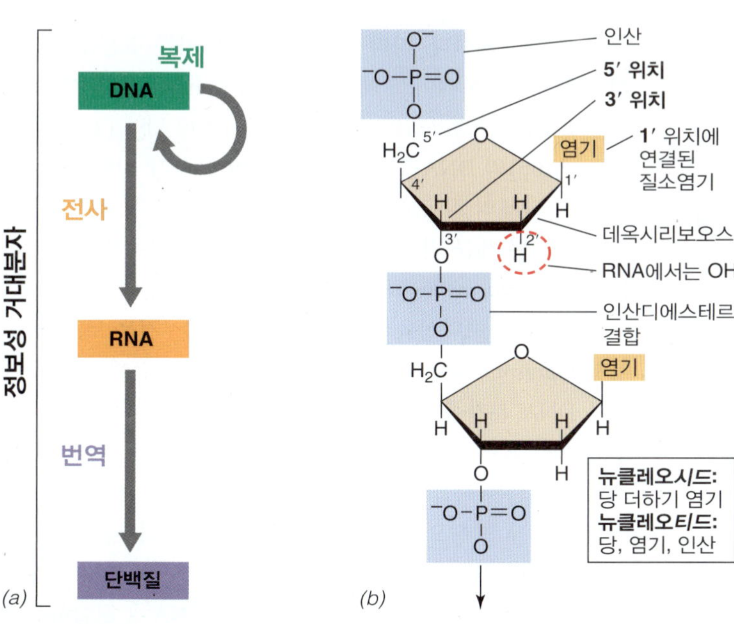

그림 4.1 유전정보의 흐름 및 핵산의 요소들. *(a)* 정보성 거대분자의 종류에 대한 개요. *(b)* DNA 사슬의 일부. 뉴클레오티드의 당에 있는 번호는 질소 염기의 고리 구조가 번호와 구별하기 위하여 프라임(′)을 포함한다. DNA에서는 하나의 수소가 5탄당의 2′-탄소에 존재한다. RNA에서는 그 위치를 OH-기가 차지한다. 뉴클레오티드들은 인산디에스테르 결합으로 연결된다. *(c)* DNA와 RNA의 질소염기 및 수소결합을 통한 시토신(C)과 구아닌(G) 및 티민(T)과 아데닌(A) 사이의 특이적인 쌍형성. RNA에는 티민 대신 우라실(U)이 들어간다. 피리미딘 염기는 N-1을 통하여 당 인산 골격에 결합하고 퓨린 염기는 N-9를 통하여 결합하는데 고리에 번호를 부여하는 시스템에 주목하라. 이중 나선의 큰 홈 (그림 4.3)에서 발견되며 단백질과 상호작용을 하는 원자는 분홍색으로 강조되었다.

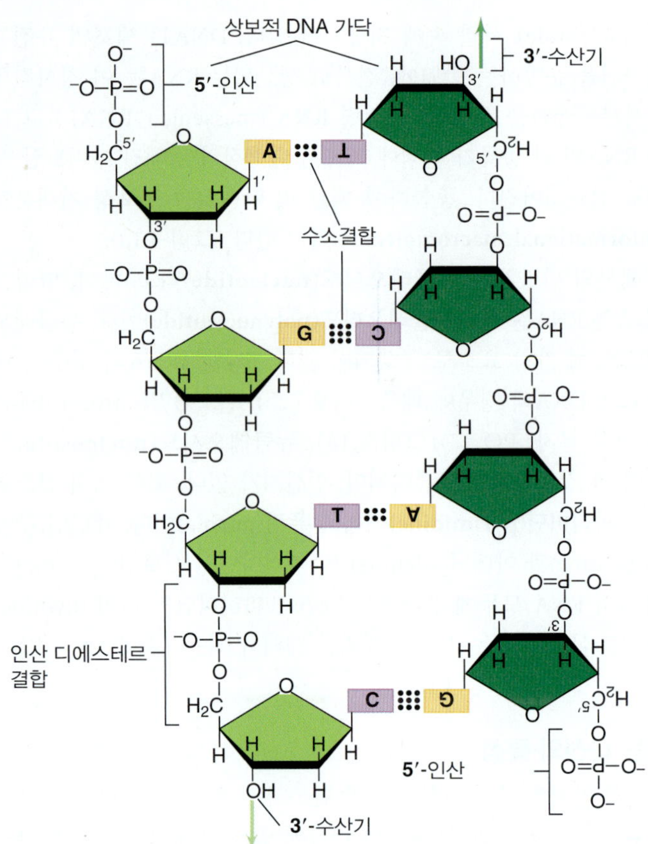

그림 4.2 DNA 구조. 상보적이며 역평행인 DNA의 성질. 한 가닥은 5′-인산기로 끝나는 반면에, 다른 것은 3′-수산기로 끝나는 것에 주목하라. 보라색 염기는 피리미딘인 시토신(C)과 티민(T)을 나타내고, 노란색 염기는 퓨린인 아데닌(A)과 구아닌(G)을 나타낸다.

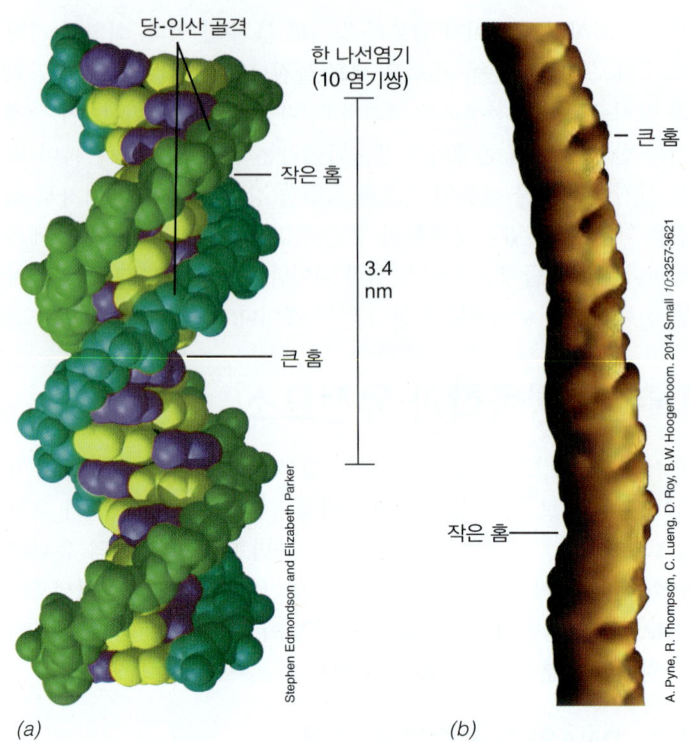

그림 4.3 DNA 이중 나선의 배열. *(a)* 당-인산 골격 중에 하나는 푸른색으로 다른 것은 초록색으로 나타내는 이중 나선의 전체적인 배열을 보여주는 짧은 DNA 조각의 컴퓨터 모형. 피리미딘 염기는 보라색으로, 퓨린은 노란색으로 표시되었다. 큰 홈과 작은 홈의 위치를 주목하라. 나선 1회는 10개의 염기쌍을 보유한다. *(b)* 작은 DNA 조각의 생물분자 구조를 보여주는 원자력 현미경(atomic force microscopy) 사진. 큰 홈과 작은 홈의 위치를 주목하라.

보를 암호화한다. 세포 내에서 DNA는 두 가닥의 염기들 간의 수소결합으로 연결된 이중가닥(*double-stranded*)이다 (그림 4.1*c*). A와 T, G와 C의 특이적인 염기쌍 형성은 DNA의 두 가닥 염기서열이 **상보적(complementary)**인 것을 보장하며, 이 상보성이 분자의 정확한 복제에 필수적이다. DNA 분자의 두 가닥은 또한 **역평행(antiparallel)** 형태로 정렬이 된다; 한 가닥은 5′서 3′ (위에서 아래)으로 진행되어 있는 반면에 상보성 가닥은 5′에서 3′ (아래에서 위)으로 진행된다 (그림 4.2).

DNA의 상보적이고 역평행인 두 가닥은 서로를 감싸서 이중 나선(double helix)을 이룬다 (**그림 4.3**). 나선은 자연적으로 두 가지 구별되는 큰 홈(*major groove*)과 작은 홈(*minor groove*)을 형성한다. DNA와 특이적으로 상호작용을 하는 대부분의 단백질들은 상당한 공간이 존재하는 큰 홈과 결합한다. 이중 나선은 규칙성 분자이기 때문에 큰 홈의 각 염기의 일부 원자들은 언제나 노출되어 있다 (어떤 원자는 작은 홈에 노출). 단백질과 상호작용에 중요한 DNA의 핵심 지역을 그림 4.3에서 볼 수가 있고 단백질과 상호작용을 하는 큰 홈의 원자들은 그림 4.1*c*에 표시되어 있다.

DNA의 크기, 형태 및 초나선

DNA 분자의 크기는 뉴클레오티드 염기 혹은 염기쌍(base pair)의 총 수로서 표시한다. 따라서 1,000개의 염기를 갖는 DNA 이중 나선 분자는 1킬로베이스 페어(kilobase pair, kbp)의 DNA이다. 세균인 *Escherichia coli*의 유전체는 약 4,640 kbp (4.64 megabase pairs, Mbp)의 DNA를 갖는다. 만일 이 분자가 선형으로 확장된다면 세포 자체의 길이보다 수백 배 길어지게 된다. 유전체를 배치하기 위해서는 세균 및 고균 세포들은 DNA를 압축해야만 하는데 이는 초나선(*supercoiling*)의 과정을 거쳐서 수행된다 (**그림 4.4**).

DNA 내로 초나선을 도입하거나 제거하는 것은 토포아이소머라아제(*topoisomerase*)로 알려진 효소에 의해서 수행된다. 초나선 활성은 DNA 분자를 비틀린 상태로 만들고 (**그림 4.5**), DNA에는 양(positive) 혹은 음(negative)의 방법으로 초나선이 형성될 수 있다. 음성 초나선은 축을 중심으로 오른쪽으로 도는(right-handed) 이중 나선을 반대 방향으로 비튼 결과이며 대부분의 세포에서 많이 발견되는 형태이다. *Escherichia coli* 염색체에서는 100여 개의 초나선 영역(domain)이 존재하는데, 각각은 DNA에 결합하는 특이적인 단백질들에 의해서 안정화되어 있다. DNA에 초나선을 삽입하는 것은 ATP로부터 에너지가 필요하지만, 초나선을 푸는 경우에는 필요가 없다. 세균과 대부분의 고균에서 토포아이소머라아제인 **DNA 지라아제(DNA gyrase)**가 이중가닥을 절단하는 것에 의해서 음성 초나선을 DNA에 도입한다 (그림 4.5*b*). 5장 및 17장에서

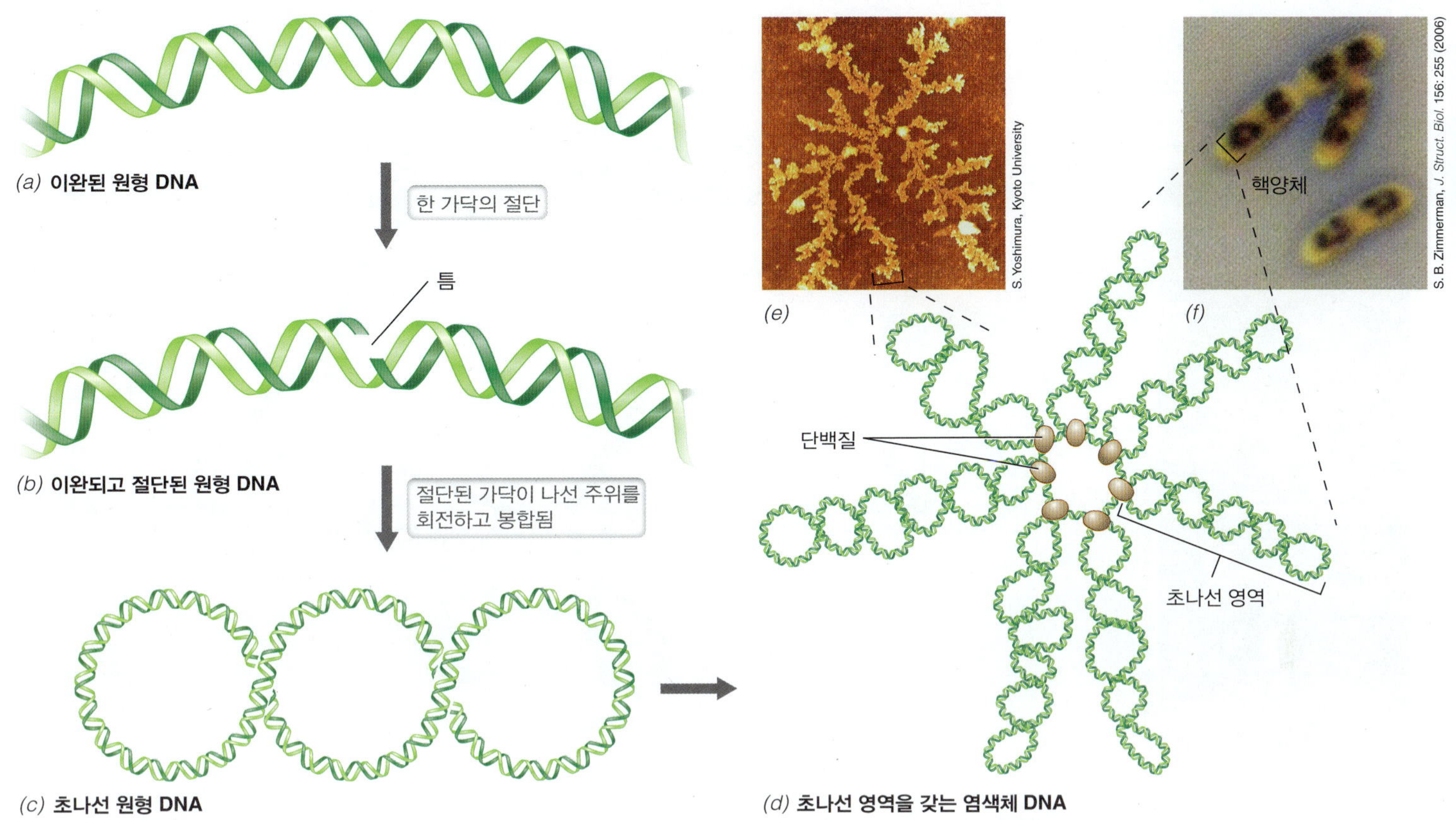

그림 4.4 초나선 DNA. *(a~c)* 이완되고, 절단되고, 초나선인 원형 DNA. 절단점은 한 가닥의 인산디에스테르 결합이 끊어진 것이다. *(d)* 실질적으로, 세균 염색체의 두 가닥 DNA는 하나의 초나선으로 배열된 것이 아니고, 여기에서 보듯이 여러 개의 초나선 영역으로 되어 있다. *(e) E. coli* 핵양체(nucleoid)의 원자력현미경 사진. *(f)* 생장 중인 세포 내에서 *E. coli* 핵양체의 위치를 보여주는 동시 위상차 및 형광 이미지. 세포는 DNA에 특이적인 형광염료를 처리하였고 핵양체를 검은색으로 보이기 위하여 색이 반전되었다.

일부 고균은 매우 높은 온도, 일부에서는 끓는점보다도 높은 온도에서 생존하는 것을 보게 될 것이다. 이런 종들은 음성이 아닌 양성 초나선을 갖는 염색체를 보유하고 있으며 이런 유전체 특성은 DNA 구조를 유지하는 데 도움이 된다. 즉 그런 높은 온도에서 분리되는 것을 막아준다 (17.12절). 초나선은 유전체 DNA가 원형이 아니라 선형인 진핵생물의 특성은 아니다. 그러나 진핵생물의 DNA도 압축되어야만 하는데 이는 DNA가 히스톤(histone) 단백질들의 주위를 촘촘하게 둘러싸는 때에 일어난다.

유전자 및 생물정보 흐름의 단계

유전정보의 흐름은 모든 세포의 근본적인 과정이고 분자생물학의 센트럴 도그마(*central dogma of molecular biology*)이다 (그림 4.1*a* 및 **그림 4.6**). 유전자가 발현될(*expressed*) 때에 DNA 내에 암호화된 유전정보는 리보핵산(ribonucleic acid, RNA)으로 전달된다. 몇 종류의 RNA가 세포 내에 존재하지만, 주요한 3종류의 RNA가 단백질 합성에 참여한다. **전령 RNA (messenger RNA, mRNA)**는 단일가닥 분자로 DNA의 유전정보를 리보솜(ribosome)에 전달한다. **운반 RNA (transfer RNA, tRNA)**는 RNA 뉴클레오티드 서열 내의 유전정보를 단백질 내의 정해진 아미노산 서열로 전환하는 데 도움을 준다. **리보솜 RNA (ribosomal RNA, rRNA)**는 리보솜의 중요한 구조적, 촉매적 구성요소이다. 유전정보의 흐름에 대한 분자적 과정은 3단계로 나누어진다 (그림 4.6):

1. **복제(replication).** 복제되는 동안에 DNA 이중 나선은 복사된다. 복제는 DNA 중합효소(*DNA polymerase*)라는 효소에 의해서 수행된다.
2. **전사(transcription).** DNA에서 RNA로 유전정보가 전달되는 것을 전사라고 한다. 전사는 RNA 중합효소(*RNA polymerase*)라는 효소에 의해서 수행된다.
3. **번역(translation).** DNA에 의해서 mRNA에 전달된 유전정보를 이용하여 폴리펩티드(polypeptide)가 형성되는 과정으로 리보솜에서 일어난다.

많은 다른 RNA 분자들이 긴 DNA의 비교적 짧은 지역으로부터 전사될 수가 있다. 진핵생물에서는 각각의 유전자가 하나의 mRNA로 전사되는 반면에, 세균과 고균에서는 하나의 전령 RNA 분자가 여러 개의 단백질을 암호화할 수 있다. 그러나 유전자의 염기서열과 폴리펩티드의 아미노산 서열 사이에는 일직선상의 대응(linear correspondence)이 존재하며, mRNA 분자상의 3개 염기(*three bases*)의 각 그룹이 하나의 아미노산을 암호화한다 (4.9절).

진핵생물의 센트럴 도그마의 첫 두 단계인 복제와 전사가 세균

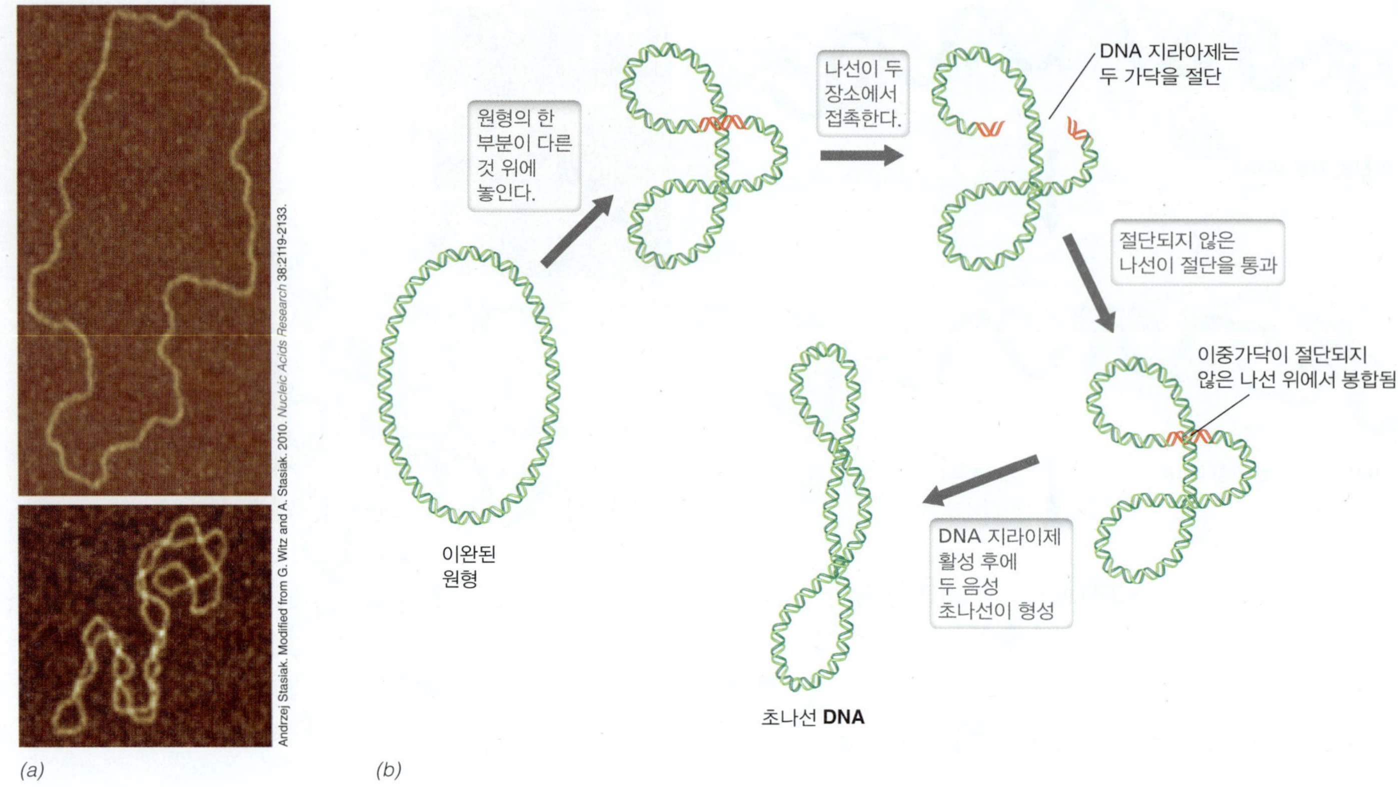

그림 4.5 DNA 지라아제. *(a)* 비틀림에서 이완된 (위) 플라스미드 DNA 및 음성 초나선 플라스미드 DNA의 원자력현미경 사진. *(b)* 두 가닥 절단을 만드는 DNA 지라아제 (토포아이소머라아제 II)의 작용에 의한 원형 DNA 내로 음성 초나선의 도입을 보여주는 도식.

및 고균과는 다르게 핵 안에서 일어난다 (그림 4.1 및 4.6). 리보솜이 핵 안에 존재하지 않기 때문에 다른 RNA뿐만 아니라, mRNA도 번역을 위해서는 핵의 외부로 수송되어야 한다. 반면에 원핵세포는 mRNA가 번역되기 위하여 어떤 소기관으로부터 수송될 필요가 없다. 이런 근본적인 차이 때문에 세균 및 고균의 전사와 번역은 연관된 전사와 번역(*coupled transcription and translation*)으로 알려져 있다 (**그림 4.7**). 이 과정에서 RNA 중합효소가 합성을 끝내기 전에 리보솜은 이 mRNA의 번역을 개시한다. 이는 빠르게 생장하는 세포가 최고의 속도로 단백질을 생산하도록 하며 또한 필요로 하는 새로운 단백질의 발현을 신속하게 함으로써 생장 조건의 변화에 세포가 빠르게 적응할 수 있게 한다.

분자생물학의 센트럴 도그마 (그림 4.1*a* 및 4.6)가 세포 내에서는 불변이지만, 세포가 아닌 일부 바이러스 (1.14절)에서는 흥미로운 방법으로 이 과정을 따르지 않는 것을 차후에 보게 될 것이다 (8장과 10장). 그러나 지금은 원핵세포 내에 존재하는 다른 유전요소들을 고려하도록 하겠다.

미니퀴즈

- 유전체란 무엇이며 무엇으로 구성되어 있는가? 분자생물학의 센트럴 도그마는 무엇인가?
- DNA에 존재하는 상보성 및 역평행이란 용어를 정의하라.
- 왜 초나선은 세균 세포에 필수적인가? 어떤 효소가 이 과정을 촉진하는가?

4.2 유전요소: 염색체와 플라스미드

유전물질 (일부 RNA 바이러스를 제외하면 세포 내 DNA)을 보유하는 구조를 유전요소(*genetic element*)라고 하며, 원핵생물의 주요 유전요소는 **염색체(chromosome)**이다. 그러나 다른 유전요소들이 원핵생물과 진핵생물에서 중요한 유전적 기능을 수행하는데 여기에는 바이러스 유전체(*virus genome*), 플라스미드(*plasmid*), 소기관의 유전체(*organellar genome*) 및 전위요소(*transposable element*)가 속한다 (**표 4.1**). 대부분의 세균 및 고균은 생명체 내에서 발견되는 모든 (대부분) 유전자를 포함하는 하나의 원형 DNA 염색체를 보유한다. 원핵생물에서 하나의 염색체를 갖는 것은 규칙처럼 되어 있지만 예외는 있다. 일부는 두 개 혹은 세 개의 염색체를 보유한다. 반면에 진핵생물 유전체는 선형 DNA를 갖는 두 개 혹은 그 이상의 염색체들로 이루어진다. 바이러스의 유전체는 DNA이거나 RNA일 수가 있으며 단일가닥이거나 이중가닥일 수가 있고 선형이거나 원형일 수도 있다.

플라스미드(plasmid)는 염색체와는 분리되어 복제가 되는 원형이거나 선형인 이중 나선 DNA이고, 전형적으로 염색체보다 훨씬 작다. **전위요소(transposable element)**는 다른 DNA 분자에 삽입되어 있지만 DNA 분자의 한 지점에서 동일 분자나 다른 DNA 분자로 옮길 수 있는 DNA 분자이다. 염색체, 플라스미드, 바이러스 유전체와 다른 어떤 종류의 DNA 분자들이 전위요소의 숙주(host)가 될 수 있다. 전위요소는 원핵생물과 진핵생물 모두에

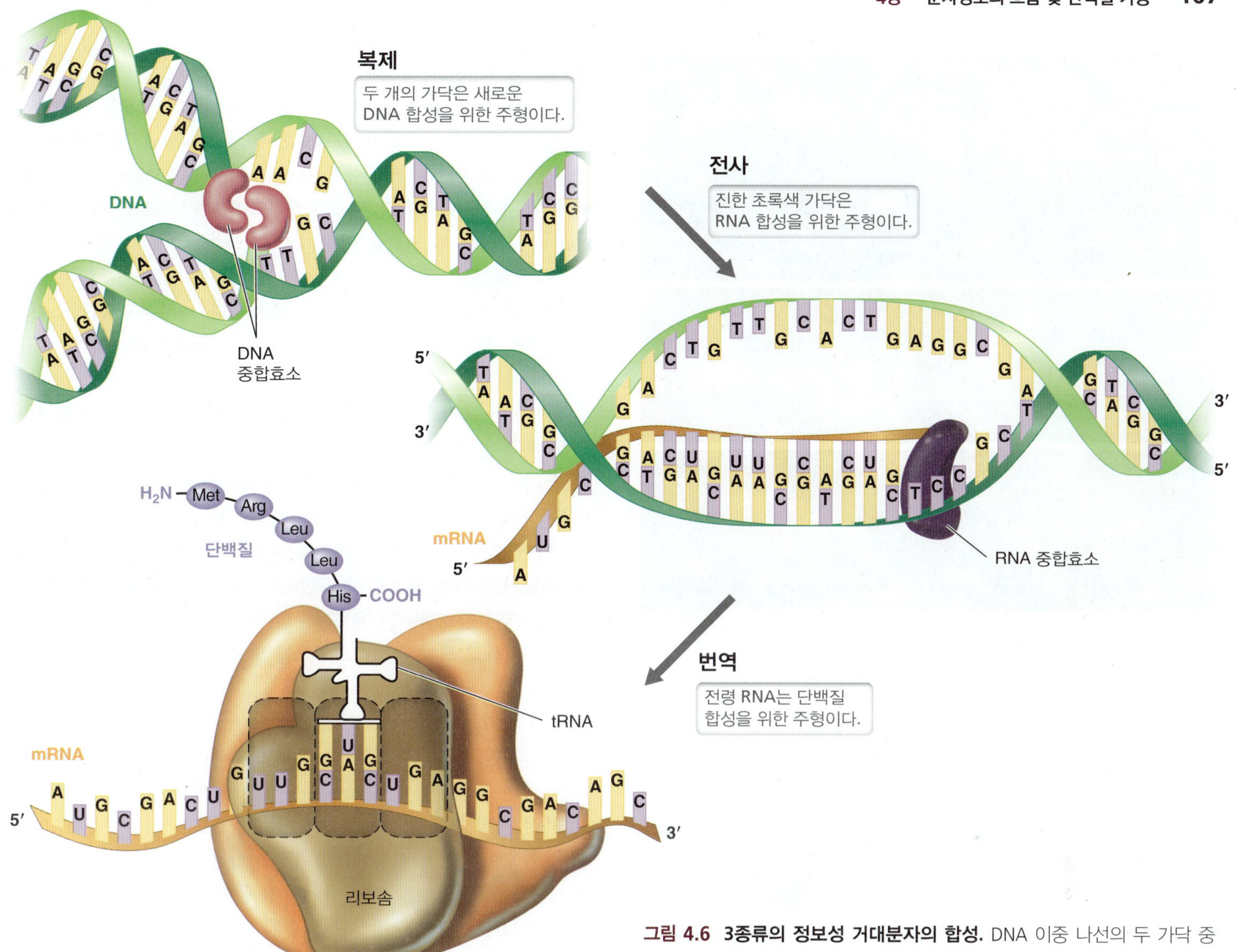

그림 4.6 3종류의 정보성 거대분자의 합성. DNA 이중 나선의 두 가닥 중에서 단지 한 가닥 상의 특정 유전자만이 전사되는 것에 주목하라.

서 발견되며 유전적 변이(genetic variation)에 중요한 역할을 한다 (⇄ 11.11절).

염색체의 유전자 배열 및 오페론

수천 종의 세균 및 고균의 유전체에 대한 염기서열이 완전히 결정되어 있고 그들이 가지고 있는 유전자들의 수와 위치 (유전자 지도)가 밝혀져 있다. 연구에 광범위하게 사용되는 균주인 *Escherichia coil*의 4,639,675-bp 염색체 유전자 지도가 생명체 내의 수천 개의 유전자 중에서 몇 개만 그려져서 **그림 4.8**에 제시되어 있다. *E. coli* 유전체의 분석을 통하여 4,288개의 잠재적인 단백질-암호화(protein-coding) 유전자들이 밝혀졌는데, 이는 *E. coli* 유전체의 약 88%에 해당된다. 유전체의 대략 1% 정도가 tRNA와 rRNA를 암호화하며, 나머지 유전자들은 전사되거나 되지 않는 그러나 번역은 되지 않는 조절 서열이거나 다른 기능을 갖는 조절 서열로 구성되어 있다. 세균 및 고균의 압축된 유전체는 세포 기능을 위해 요구되는 모든 단백질들을 암호화하기에 필요한 것보다 훨씬 더 많은 DNA를 보유하고 있는 진핵생물의 유전체와 대조적이다. 진핵생물의 이 "잉여(extra)" DNA는 암호화 서열들 사이의 DNA (번역 전에 개재서열이 제거됨) 또는 반복적인 서열로서 존재하며, 그 중 일부는 수백 번 또는 수천 번 반복된다 (9장).

*E. coli*에서 동일한 생화학 회로 단계 내에서 기능을 하는 효소들을 암호화하는 유전자들의 지도 작성은 이런 유전자들이 종종 모여 있는 것을 보여주었다. 그림 4.8의 유전자 지도에 일부 그러한 집단(cluster)을 표시하였다 (예, *gal*, *trp* 및 *his* 집단); 이런 그룹 각각을 **오페론(operon)**이라 부른다. 하나의 오페론은 여러 개의 다른 단백질들을 암호화하는 하나의 mRNA 형태로 전사되며 하나의 단위로 조절된다. 이런 것과 다르게 *E. coli*에서 많은 다른 생화학적 회로를 위한 유전자들은 모여 있지 않다. 예를 들어, 맥아당(maltose) 분해 유전자들 (*mal* 유전자들, 그림 4.8)은 염색체 상에 흩어져 있다. 사실 *E. coil* 염색체의 분석은 예상되거나 이미 알려진 전사 단위들 중 70% 이상이 단지 하나의 유전자인 반면에 오페론의 단지 6%만이 네 개 이상의 유전자를 갖는 것을 보여주었다. 따라서 유전자들의 효율적인 배열로 보일 수 있는 오페론은 규칙이 아니라 예외적인 것으로 보인다.

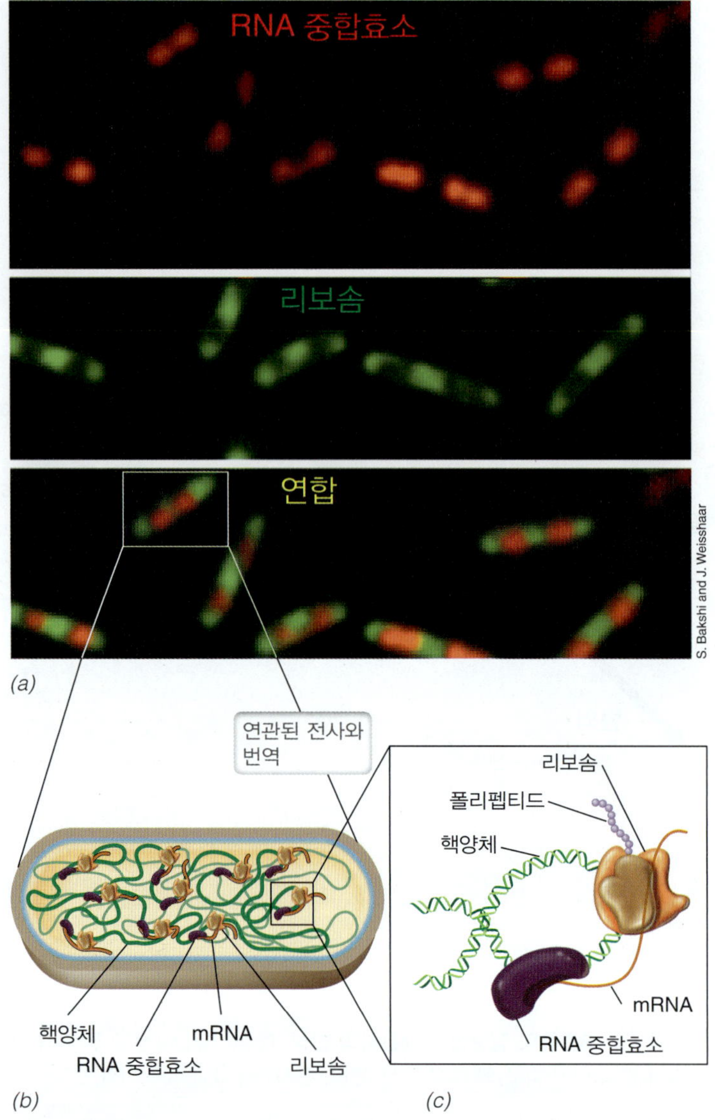

그림 4.7 원핵세포에서 연관된 전사와 번역. *(a)* 활발하게 생장 중인 *Escherichia coli* 세포에서 각각 전사와 번역을 수행 중인 RNA 중합효소와 리보솜의 위치를 보여주는 현광현미경과 단백질 표지(tagging) 사진. 아래의 겹쳐진 영상 사진은 세포 내에서 전사와 번역이 동시에 일어나는 중이라는 것을 보여준다. *(b)* 연관된 전사와 번역이 일어나는 세포 내에서 핵양체, RNA 중합효소, mRNA 및 리보솜의 위치. *(c)* RNA 중합효소에서 합성되는 중인 mRNA를 활발하게 번역 중인 리보솜의 확대 그림.

플라스미드

많은 세균 및 고균들은 염색체에 더해서 플라스미드를 보유한다. 대부분의 플라스미드들은 불필요한데 극소수의 경우를 제외하고는 모든 조건 하에서 생장에 필요한 유전자들을 보유하지 않기 때문이다. 수천 가지의 다른 플라스미드가 알려져 있으며, 실제 *E. coli* 균주들에서만 300종 이상의 다른 플라스미드가 분리되었다. 실질적으로 모든 플라스미드는 이중가닥의 DNA로 이루어져 있으며 독립된 DNA로서 세포질 내에 존재한다. 대부분의 플라스미드는 환형이지만 많은 경우에 선형도 있으며, 대략 1 kbp에서 1 Mbp 이상에 이르기까지 크기가 다양하다.

전형적인 플라스미드는 염색체 크기의 5% 미만이며 (**그림 4.9**) 일부 세균은 여러 개의 다른 플라스미드를 보유한다. 더욱이 다른 플라스미드들은 다른 복제수(*copy number*)로 존재할 수 있다. 예를 들어, 어떤 플라스미드들은 세포당 1~3개 정도만 있는 반면에, 어떤 것들은 100개 이상의 복사판이 존재하기도 한다. 염색체 DNA를 복제하는 효소들이 또한 플라스미드도 복제한다. 플라스미드 상에서 암호화되는 유전자들의 일부는 플라스미드의 복제 개시를 지시하고 복제된 플라스미드를 딸세포 간에 분배하는 기능을 한다.

정의에 따르면 플라스미드는 숙주에 필수적인 기능을 암호화하지는 않지만, 플라스미드는 숙주 세포의 생리 현상에 지대한 영향을 미치는 유전자를 가지고 있을 수 있다; 예를 들어, 플라스미드는 특정 조건 하에서 생존을 보장하는 특별한 대사과정을 위한 효소를 암호화하는 유전자를 보유할 수 있다. 가장 널리 퍼져 있고 잘 연구된 플라스미드 그룹 중에서 R 플라스미드(*R plasmid*)라고 하는 항생제나 다른 생장 저해물질에 대한 저항성을 주는 내성 플라스미드(resistance plasmid)가 있다. 내성 유전자는 항생제를 불활성화하거나 다른 기작으로 세포를 보호하는 단백질들을 암호화하는데 여러 항생제의 내성 유전자들이 단일 R 플라스미드 상에서 암호화될 수 있다. 예를 들어, 플라스미드 R100 (**그림 4.10**)은 독성 중금속인 수은뿐만 아니라 설폰아마이드(sulfonamides), 스트렙토마이신(streptomycin), 스펙티노마이신(spectinomycin), 퓨시딕산(fusidic acid), 클로람페니콜(chloramphenicol) 및 테트라사이클린(tetracycline)에 대한 내성을 암호화한다. 항생제에 내성을 갖는 병

표 4.1 유전요소의 종류

생명체	요소	핵산의 종류	특징
바이러스	바이러스 유전체	단일가닥 혹은 이중가닥의 DNA 혹은 RNA	비교적 짧고 원형 혹은 선형
세균/고균	염색체	이중가닥 DNA	매우 길고, 대개는 원형
진핵생물	염색체	이중가닥 DNA	매우 길고, 선형
미토콘드리아	유전체	이중가닥 DNA	중간 길이, 대개는 원형
모든 생명체	플라스미드[a]	이중가닥 DNA	비교적 짧고 원형 혹은 선형, 염색체 이외
모든 생명체	전위요소	이중가닥 DNA	언제나 다른 DNA 분자 내에 삽입되어 발견

[a]플라스미드는 일반적으로 진핵생물에는 존재하지 않음.

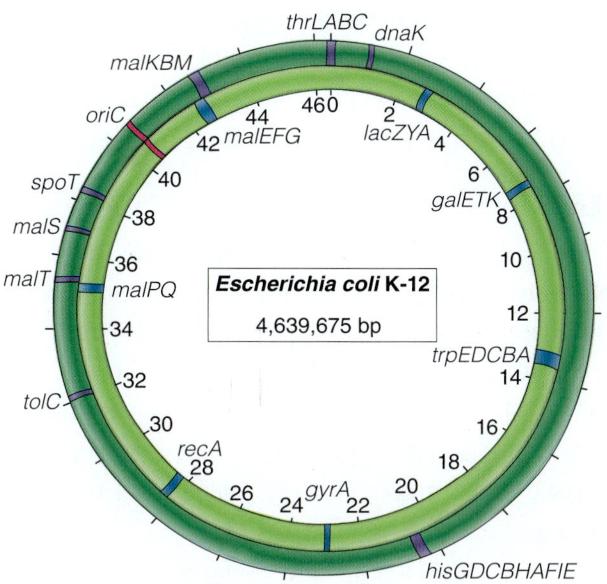

그림 4.8 ***Escherichia coli* K-12 균주 염색체.** 지도의 거리는 DNA 100 킬로베이스(kilobase)로 주어졌다. 염색체는 4,639,675개의 염기쌍과 4,288개의 열린해독틀 (유전자)을 포함한다. DNA 가닥에 따라서 일부 유전자와 오페론들의 위치를 표시하였다. 복제 (그림 4.6 및 4.16과 4.17 참조)는 빨간색으로 표시된 DNA 복제기점, *oriC*로부터 양방향으로 진행한다.

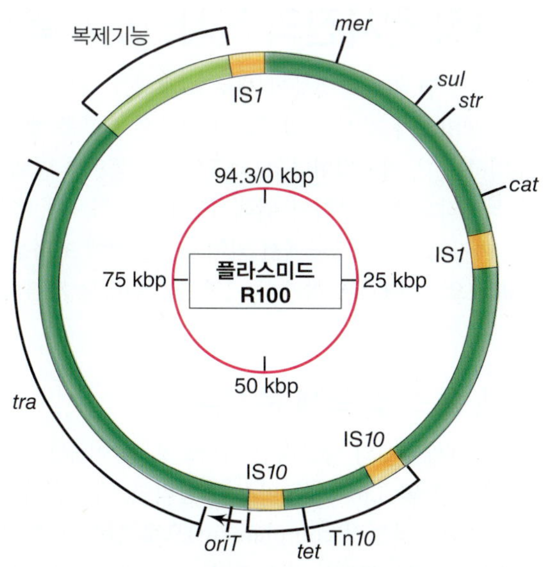

그림 4.10 저항성 플라스미드인 R100의 유전자 지도. 원 내부는 킬로베이스 염기쌍으로 크기를 보여주고 있다. 바깥 원은 주요 항생제 저항성 유전자들과 다른 주요 기능들을 보여준다: *mer*, 수은 이온 저항성; *sul*, 설폰아마이드 저항성; *str*, 스트렙토마이신 저항성; *cat*, 클로람페니콜 저항성; *tet*, 테트라사이클린 저항성; *oriT*, 접합 전달 개시점; *tra*, 전달 기능. 삽입서열(IS)과 트랜스포존 *Tn10*도 보여주고 있다. 플라스미드 복제와 관련이 있는 유전자들은 88에서 92 kbp 지역 내에 존재한다.

원성 세균은 의학적으로 상당히 중요하며, 그 증가되는 발생률은 인간과 동물에서 감염질병의 치료를 위한 항생제 사용의 증가와 관련이 있다 (28장).

병원성 세균은 플라스미드에서 암호화하는 다양한 독성인자(*virulence factor*)들을 발현하는데 이는 감염을 일으키는 데 도움

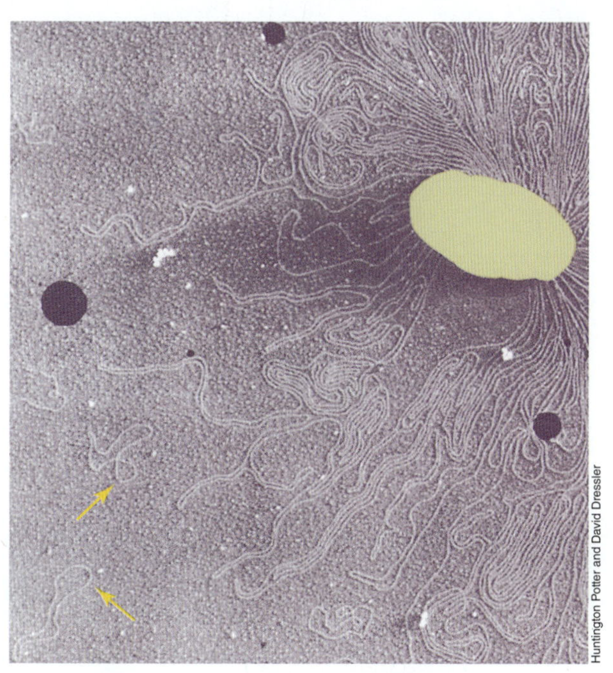

그림 4.9 전자현미경으로 관찰한 세균 염색체와 세균의 플라스미드. 플라스미드 (화살표)는 원형 구조이며 주요 염색체 DNA보다 훨씬 작다. 세포 (커다란 하얀 구조체)가 부드럽게 파괴되어 DNA가 완전하게 남아 있다.

을 준다. 예를 들어, 특정 숙주 조직에 부착하고 집락을 형성하는 병원체의 능력 및 숙주에 해를 입히는 독소, 효소 및 기타 분자들의 생산은 종종 플라스미드에서 암호화된다. 일부 세균들은 가까운 종 혹은 같은 종의 다른 균주들을 저해하거나 죽이는 **박테리오신(bacteriocin)**이라 부르는 단백질을 또한 생산하는데, 이런 박테리오신들과 이들을 생산하는 생명체를 보호하는 단백질을 암호화하는 유전자들은 전형적으로 플라스미드 상에서 발견된다.

어떤 경우에 플라스미드는 세균의 생태학에 근본이 되는 특성들을 암호화한다. 예를 들어, 토양 세균인 *Rhizobium*이 식물의 뿌리에 질소고정 뿌리혹을 형성하는 능력 (23.3절)은 플라스미드에서 암호화된 특정 기능을 필요로 한다. 어떤 플라스미드는 특별한 대사적 특성을 제공한다. 예를 들어, 폴리염화바이페닐(polychlorinated biphenyls, PCBs), 제초제 혹은 다른 살충제 등 같은 탄화수소(hydrocarbon)나 독성 공해물질을 분해하는 능력은 자주 플라스미드에서 암호화된다. 여기에 더해서 플라스미드는 접합(conjugation)이라고 하는 수평적 유전자 전이(horizontal gene transfer) 과정에서 중요한 역할을 하는데 이는 차후에 자세히 다루겠다 (11장).

미니퀴즈

- 염기쌍(base pair)으로 하면 *Escherichia coli*의 유전체는 크기가 얼마나 되는가? 얼마나 많은 유전자를 보유하고 있는가?
- 바이러스와 플라스미드는 무엇인가?
- R 플라스미드는 숙주에 어떤 특성을 제공하는가?

단원 1

II • 유전적 청사진의 복사: DNA 복제

DNA 복제는 단세포 미생물이 새로운 개체를 생산하거나 혹은 다세포 생명체가 자신의 일부로서 새로운 세포를 생산하거나 세포가 분열하는 데 필수적이다. 모세포로부터 동일한 딸세포에 유전정보를 성공적으로 전달하기 위해서는 DNA 복제가 매우 정확해야 한다. 여기서는 원핵생물에서 일어나는 과정에 초점을 맞추는 서곡(prelude)으로서 DNA 복제의 기본적인 원리를 재검토하려고 한다.

4.3 주형, 효소 및 복제 분기점

DNA는 세포 내에 2개의 상보적인 가닥으로 된 이중 나선으로 존재하고 (그림 4.2 및 4.6) 이중 나선이 열리면, 새로운 한 가닥이 각 양친 가닥들에 상보적(complement)으로 합성될 수 있다. **그림 4.11*a***에서 보듯이, 복제는 **반보전적(semiconservative)** 과정이며, 얻어진 두 개의 새로운 나선들이 하나의 새로운 가닥과 하나의 양친 가닥으로 구성되었다는 의미이다. 상보성 딸 가닥을 만드는 데 이용되는 DNA 가닥을 주형 가닥(*template strand*)이라 하고, DNA 복제에서는 각 양친 가닥은 새롭게 합성되는 한 가닥의 주형이 된다 (그림 4.11*a*). DNA 가닥에서 각각의 새로운 뉴클레오티드의 전구물질은 데옥시뉴클레오시드 5′-삼인산염(deoxynucleoside 5′-triphosphate)이다. 이 분자가 삽입되는 동안에 두 개의 말단 인산은 제거되고 남아 있는 인산이 성장 사슬의 데옥시리보오스에 결합된다 (그림 4.11*b*). 새로운 뉴클레오티드의 추가에는 유리 수산기(hydroxy group)가 요구되는데 이는 분자의 3′ 말단에서만 이용가능하다. 이는 DNA 복제는 언제나 5′ 말단에서 3′ 말단으로(*from the 5′ end to the 3′ end*) 진행되며, 새로 도입되는 뉴클레오티드의 5′-인산이 앞서서 추가된 뉴클레오티드의 3′-수산기에 연결되어진다는 중요한 원칙을 만들어낸다 (그림 4.11*b*).

복제효소

데옥시뉴크레오티드의 중합화를 촉매하는 효소를 **DNA 중합효소(DNA polymerase)**라고 부르고 (약자로 DNA Pol), *Escherichia coli*에는 DNA Pol I–V로 불리는 다섯 종류의 다른 효소가 존재한다. DNA Pol I도 일부 적은 역할을 하지만, DNA Pol III가 염색체 DNA 복제에 1차적인 효소이다. 다른 DNA 중합효소들은 손상된 DNA를 수선(repair)하는 기능을 한다 (11.4절). DNA Pol 효소들은 DNA 복제를 위해서 요구되는 수많은 효소들의 일부일 뿐이다 (**표 4.2**).

모든 DNA 중합효소는 5′ → 3′ 방향으로 DNA를 합성하지만, 어느 것도 새로운 사슬을 새롭게(de novo) 시작할 수는 없다; 이런 효소들은 앞서 존재하는 3′-OH기에 뉴클레오티드를 추가할 수 있을 뿐이다. 따라서 새로운 사슬이 시작되기 위해서는 DNA 중합효소가 첫 번째 뉴클레오티드를 연결할 수 있는 핵산 분자인 **프라이머(primer)**가 있어야 하는데 프라이머는 DNA가 아니라 짧은 RNA 조각이다 (**그림 4.12**). 초기에 이중 나선이 열리면, **프리마제(primase)**가 주형 DNA 가닥과 염기쌍을 형성하는 11~12개의 짧은 뉴클레오티드인 상보성 RNA 조각을 합성하여 RNA 프라이머를 만든다. 이 RNA 프라이머의 성장 말단이 DNA 중합효소가 첫 번째 데옥시리보뉴클레오티드를 추가하는 3′-OH기이다. 따라서 계속되

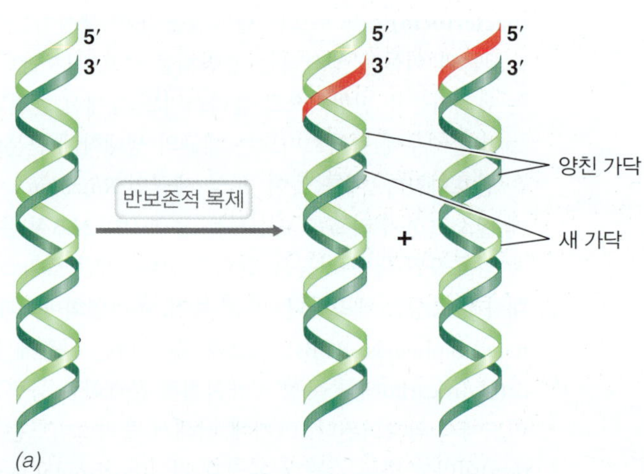

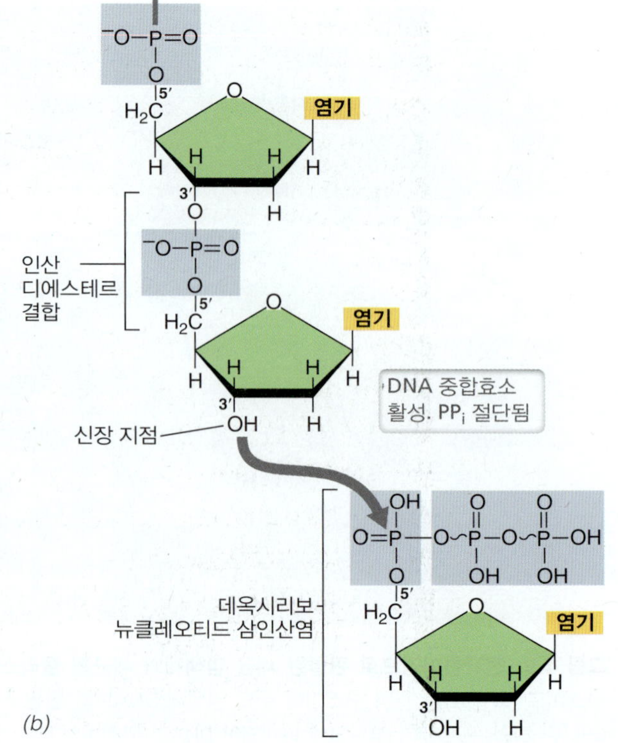

그림 4.11 DNA 복제의 개요. *(a)* DNA 복제는 모든 세포에서 반보전적 과정이다. 새로운 이중 나선은 새로운 한 가닥(윗부분이 붉은색으로 표시)과 원래의 한 가닥을 가지고 있는 것을 주목하라. *(b)* 3′-말단에 데옥시리보뉴클레오티드 삼인산의 추가에 의한 DNA 사슬의 신장. 신장은 5′-인산염에서 3′-수신기 말단으로 진행된다. DNA 중합효소가 반응을 촉매한다. 네 가지 전구물질은 데옥시티미딘 삼인산염(dTTP), 데옥시아데노신 삼인산염(dATP), 데옥시구아노신 삼인산염(dGTP)과 데옥시시티딘 삼인산염(dCTP)이다. 뉴클레오티드 삽입 시에, 삼인산염 중에서 2개의 말단 인산염은 피로인산염(PP_i)으로 분리된다. 따라서 각각의 뉴클레오티드를 추가하는데 2개의 고에너지 인산결합이 소비된다.

표 4.2 세균에서 DNA 복제에 관여하는 주요 효소들

효소	암호화하는 유전자	기능
DNA 지라아제	*gyrAB*	리플리솜에 앞서서 초나선을 대체
분기점 결합단백질	*dnaA*	이중 나선을 열기 위해 복제 분기점에 결합
헬리카제 하적 단백질	*dnaC*	기점에 헬리카제를 하적함
헬리카제	*dnaB*	복제 분기점에 이중 나선을 품
단일가닥 결합단백질	*ssb*	단일가닥을 냉각(annealing)으로부터 방지
프리마제	*dnaG*	DNA의 새 가닥에 프라이머 합성
DNA 중합효소 III		주요 중합효소
이동식 집게 단백질	*dnaN*	Pol III를 DNA에 고정
집게 하적 단백질	*holA-E*	Pol III를 이동식 집게에 하적
이량화 소단위 (Tau)	*dnaX*	선도가닥과 지체가닥을 위한 2개의 중심효소를 함께 고정
중합 소단위	*dnaE*	가닥 신장
교정 소단위	*dnaQ*	교정
DNA 중합효소 I	*polA*	RNA 프라이머를 제거하고 틈을 채움
DNA 리가아제	*ligA, ligB*	DNA의 틈(nick)을 봉합
Tus 단백질	*tus*	종결자에 결합하고 복제 분기점의 진행을 막음
토포아이소머라아제 IV	*parCE*	상호 연결된 이중 고리를 품

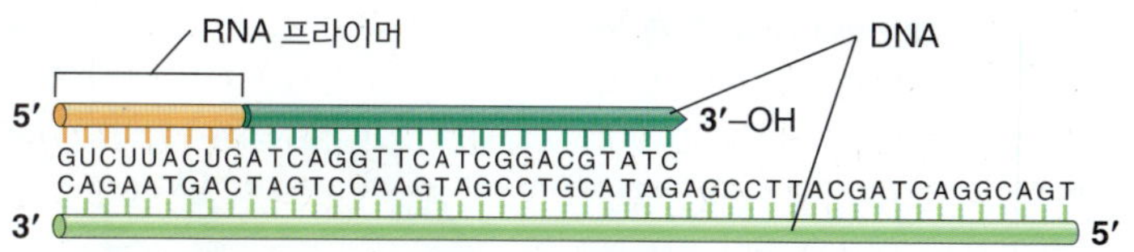

그림 4.12 RNA 프라이머. DNA 합성의 개시에서 형성되는 RNA-DNA 혼성화 구조. 오렌지색은 프라이머를 나타낸다.

는 분자의 신장은 RNA가 아닌 DNA로서 일어나고 (그림 4.12), 프라이머는 결국 제거되고 DNA로 대체된다 (곧 설명할 예정).

DNA 합성의 개시

복제가 시작하기 전에, 이중 나선은 주형 가닥으로 노출되기 위해서 풀려져야만 하는데 이를 **복제 분기점(replication fork)**이라고 한다. **DNA 헬리카제(DNA helicase)** 효소가 ATP로부터의 에너지를 이용하여 DNA 이중 나선을 풀고 짧은 단일가닥 부분을 노출시킨다 (**그림 4.13**). 헬리카제는 나선을 따라서 이동하며 복제중인 분기점에 앞서서 가닥들을 분리한다. 단일 DNA 가닥을 안정화시키고, 이중 나선이 재형성되는 것을 막기 위해서 단일가닥 부분들은 즉시 단일가닥 결합단백질(single-stranded binding protein)로 덮여진다. DNA 복제는 염색체의 한 지점인 복제기점(origin of replication, *oriC*)에서 시작되는데, 이 지점에 DnaA 단백질이 결합하여 이중 나선을 풀어준다 (표 4.2). 이 집합체에 옆에는 헬리카제(DnaB)가 존재하는데, 하적(loader) 단백질(DnaC)의 도움으로 DNA 상에 놓인다 (그림 4.13*b*). 2개의 헬리카제가 각각의 가닥에 놓이며, 서로 반대 방향을 향하게 된다. 마지막으로 2개의 프리마제와 2개의 DNA 중합효소가 헬리카제 뒷부분의 DNA에 놓이고 DNA 복제가 시작된다. 복제가 진행됨에 따라서 복제 분기점은 DNA를 따라서 이동하는 것으로 보인다 (그림 4.13*a*).

선도 및 지체가닥과 복제 과정

그림 4.14는 복제 분기점에서의 DNA 복제를 보여준다. 복제는 언제나 새 뉴클레오티드는 언제나 성장 중인 사슬의 3′-OH에 추가되며 언제나 5′에서 3′의 방향 (5′ → 3′)으로 진행된다는 기억하라. 5′-PO_4^{2-}에서 3′-OH로 신장되는 가닥은 **선도가닥(leading strand)**으로서, 복제 분기점에 새 뉴클레오티드가 추가될 수 있는 유리 3′-OH가 언제나 존재하기 때문에 DNA 합성이 연속적으로(*continuously*) 일어난다. 따라서 선도가닥에는 프라이머가 한 번만

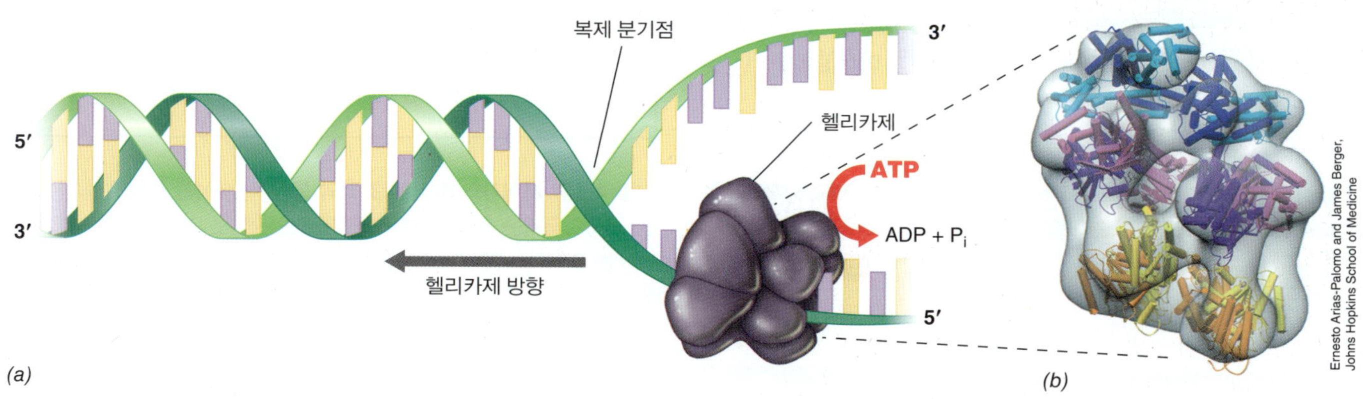

그림 4.13 이중 나선을 풀고 있는 DNA 헬리카제. *(a)* 이 그림에서 헬리카제는 DNA 역평행 가닥을 오른쪽 끝에서부터 변성하거나 벌리기 시작하여 왼쪽으로 이동 중이다. *(b)* 저온전자현미경(cryo-electron micorscopy) 관찰을 기반으로 한 헬리카제 (DnaB, 노란색과 오렌지색)의 3차원 모델,

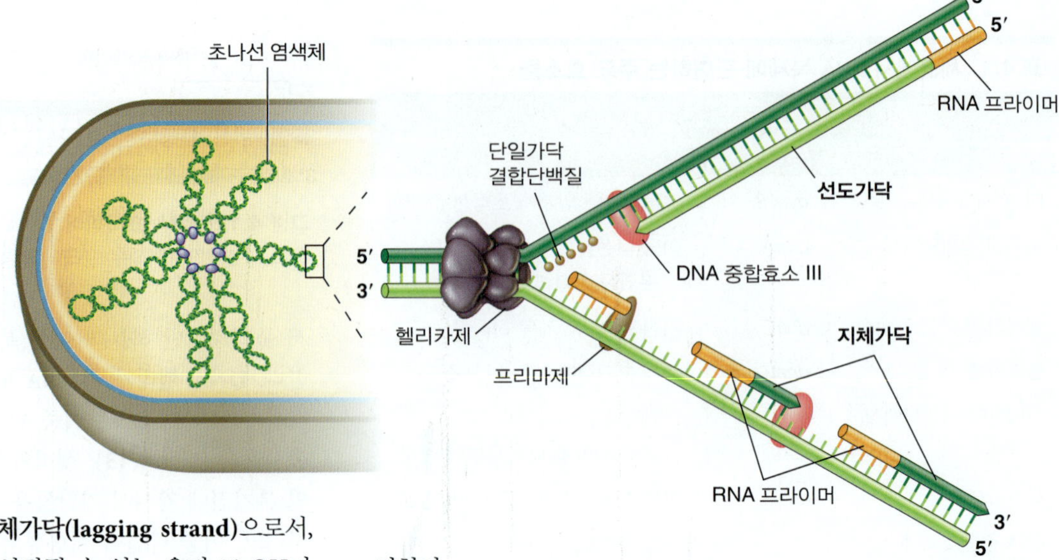

그림 4.14 핵양체의 DNA 복제 분기점에서의 현상. DNA 가닥의 방향성과 역평행성을 주목하라. 프리마제가 RNA 프라이머를 더하는 동안에 헬리카제는 DNA를 푼다. DNA에 초나선을 도입하고 제거하는 과정은 그림 4.5를 보라. 복제된 조각의 봉합을 포함하여 DNA 합성에서 일어나는 더 많은 사건들은 그림 4.15에 보인다.

합성된다. 그러나 반대편 가닥은 **지체가닥(lagging strand)**으로서, 복제 분기점에 새 뉴클레오티드가 연결될 수 있는 유리 3′-OH가 없기 때문에 DNA 합성이 비연속적으로(*discontinuously*) 일어난다; 이 가닥에서는 DNA Pol III를 위한 유리 3′-OH를 제공하기 위해서는 프리마제에 의해서 RNA 프라이머가 여러 차례 합성되어야 한다 (그림 4.14). 결과적으로 지체가닥은 짧은 DNA 조각들로 만들어지며 나중에 DNA의 연속된 가닥을 만들기 위해서 연결된다.

프라이머를 합성한 후에, 프리마제는 DNA Pol III에 의해서 대체된다. 이 효소 복합체 (표 4.2)는 DNA의 단일 주형 가닥을 에워싸고 미끄러지듯 이동하는 "이동식 집게(sliding clamp)"에 의해서 DNA 위에 놓여 있다. 결론적으로 복제 분기점에는 각 가닥에 한 세트씩, 두 개의 중합효소 중심효소와 두 개의 이동식 집게가 존재한다. 지체가닥에 모인 후에, DNA Pol III의 신장 활성은 이전에 합성된 DNA에 도달할 때까지 연속적으로 데옥시리보뉴클레오티드를 추가한다 (**그림 4.15**); 이 지점에서 DNA Pol III의 활동은 정지한다.

DNA 합성을 완료하기 위하여, DNA Pol I은 두 가지 다른 활성을 갖는다. DNA를 합성하는 것 이외에, 앞에 있는 RNA 프라이머를 제거하는 5′ → 3′ 엑소뉴클레아제(exonuclease) 활성을 가지고 있다 (그림 4.15). 프라이머가 제거되고 DNA로 대체되면, DNA Pol I은 떨어져 나온다. 복제 중인 DNA에서 가장 마지막 인산디에스테르 결합은 **DNA 리가아제(DNA ligase)**에 의해서 만들어진다. 이 효소는 이웃한 5′-PO_4^{2-}와 3′-OH를 갖는 DNA 절단점을 봉합할 수 있으며 (DNA Pol III 및 PolI은 수행이 불가능한 일), DNA Pol I과 함께 DNA 수선(repair)에도 참여한다. DNA 리가아제는 또한 분자 클로닝 과정 중에 유전적으로 조작되는 DNA의 봉합에도 중요한 역할을 한다 (12.2절).

지금까지 고균 및 세균에서 공유결합으로 연결된 원형의 전형적인 염색체에서 어떻게 복제 사건이 일어나는가를 보기 위하여 이 생명체들의 상황에서 DNA 합성을 다루었다.

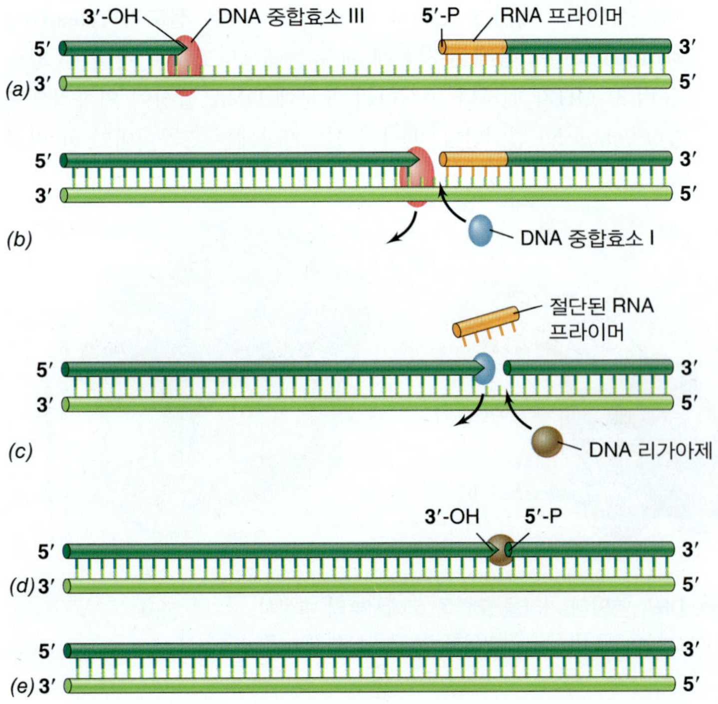

미니퀴즈

- 주형 DNA와 딸세포 DNA 가닥의 차이점은 무엇인가?
- DNA 중합효소가 뉴클레오티드를 추가하는 새로 합성된 DNA 가닥의 말단은 5′인가? 3′인가?
- DNA 복제에서 프라이머는 무엇으로 구성되며, 왜 선도가닥 및 지체가닥이 존재하는가?
- DNA Pol 및 III, DNA 헬리카제 및 DNA 리가아제의 기능은 무엇인가?

그림 4.15 지체가닥에서 두 조각의 봉합. 연속적인 형태로 합성이 일어나는 선도가닥과는 다르게 지체가닥에서는 완전한 DNA 가닥을 형성하기 위해서는 DNA 조각이 재봉합될 필요가 있다. *(a)* DNA 중합효소 III는 지연가닥에 이미 합성되어 있는 RNA 프라이머를 향하여 5′ → 3′ 방향으로 DNA를 합성 중이다. *(b)* 조각에 이르는 동시에 DNA 중합효소 III은 떠나고 DNA 중합효소 I에 의해서 대체된다. *(c)* DNA 중합효소 I은 이전에 합성된 조각의 RNA 프라이머를 제거하면서 DNA 합성을 계속하며 프라이머가 제거된 후에는 DNA 리가아제가 DNA 중합효소 I을 대체한다. *(d)* DNA 리가아제가 두 조각을 함께 봉합한다. *(e)* 최종 산물은 상보적이며 역평행인 이중가닥 DNA.

4.4 양방향 복제, 리플리솜 및 교정

세균 및 고균 염색체가 원형이라는 특성은 유전체 복제 과정을 가속화시킨다. 원형 염색체를 갖는 *Escherichia coli*와 모든 세포에서, DNA 복제는 복제기점으로부터 양방향(*bidirectional*)으로 진행된다. 따라서 각 염색체에는 반대 방향으로 이동 중인 두 개의 복제 분기점이 존재한다. 원형 DNA에서의 양방향 복제는 각 주형 가닥에서 선도가닥과 지체가닥의 합성이 진행됨에 따라서 "theta 구조(theta structure)"라는 특별한 구조의 복제 중인 분자를 형성하게 한다 (**그림 4.16**). 활동적으로 생장하는 *E. coli*에서 DNA Pol III는 초당 약 1000개의 뉴클레오티드를 추가한다; 따라서 전체 염색체의 복제는 약 40분이 걸린다.

리플리솜

그림 4.14는 복제에 참여하는 효소들을 보여주는데, 이런 체계에서는 효소들이 모두 독립적으로 활동하는 것으로 나타나 있다. 그러나 실제 경우에는 그렇지가 않다. 대신에 복제 단백질들은 **리플리솜(replisome)**이라는 거대한 복제 복합체를 형성한다 (**그림 4.17**). DNA의 지체가닥은 고리로 빠져나와서 리플리솜이 두 가닥을 따라서 부드럽게 이동하도록 하고, 문자적으로 표현하면 리플리솜이 진행함 따라서 복합체가 DNA 주형을 끌어당긴다. 리플리솜에 더해서 헬리카제와 프리마제는 리플리솜 내에 소복합체(subcomplex)를 형성하는데 이를 프리모솜(*primosome*)이라 부른다. 이런 단단한 연합이 복제 과정에서 이 두 가지 효소의 연속적인 활성을 촉진시킨다 (그림 4.17). 표 4.2는 세균에서 DNA 복제에 필수적인 단백질들의 기능을 요약한 것이다. 궁극에는 리플리솜의 작업이 끝나는데, 복제 종결점(*terminus of replication*)이라고 불리는 염색체 복제기점의 반대편에 있는 한 지점에서 복제 분기점이 충돌하는 때가 신호가 된다. 복제 종결점 지역에는 복제 분기점의 진행을 차단하는 기능을 갖는 Tus 단백질이 인식하는 *Ter* 부위라고 하는 DNA 서열이 여러 개 존재한다. 환형 염색체의 복제가 완료되면, 두 환형 분자가 함께 연결되어 사슬의 고리들 같이 된다. DNA 복제 후에는 DNA가 분획되어서 각각의 딸세포들이 염색체의 복사체를 하나씩 받게 된다; DNA 분획은 세포분열 과정에서 여러 중요한 일들을 조율하는 단백질인 FtsZ에 의해서 촉진된다 (7장).

DNA 복제의 정확성: 교정

DNA 복제는 매우 낮은 실수율(error rate)을 갖고 수행된다. 그럼에도 불구하고, 실수가 일어났을 때에 이를 탐지하고 교정하기 위한 기작이 존재한다. DNA 복제의 실수는 DNA 서열의 변화인 돌연변이(*mutation*)를 일으킨다. 세포에서 돌연변이율은 삽입되는 염기쌍당 10^{-8}에서 10^{-11}로 놀랍도록 낮다. 이런 정확도는 부분적으로는 DNA 중합효소가 주어진 부위에 정확한 염기를 넣기 위한 두 번의 기회를 갖는 데 기인한다. 첫 번째 기회는 DNA Pol III가 염기쌍 법칙에 따라서 염기를 삽입할 때 일어난다 (그림 4.1*c*). 두 번째 기회는 교정(*proofreading*)이라 부르는 과정이 일어날 때이다 (**그림 4.18**).

복제하는 동안에, 잘못된 염기가 삽입되어 염기쌍에 불일치가 만들어지면 (그림 4.1*c*), DNA Pol I과 Pol III는 모두 잘못 삽입된 뉴클레오티드를 제거하는 3′ → 5′ 엑소뉴클레아제(exonuclease) 활성을 가지고 있다. 잘못된 염기쌍은 이중 나선의 배치에 약간의 비틀림을 일으키기 때문에서 중합효소가 실수를 인지하게 된다. 잘못 결합된 뉴클레오티드를 제거한 후에, 중합효소는 정확한 염기를 삽입할 수 있는 두 번째 기회를 갖는다 (그림 4.18). 매우 낮은 실수율을 갖는 DNA 중합효소가 같은 장소에 두 번씩 잘못된 염기를 삽입하는 경우는 거의 없다. 엑소뉴클레아제 교정은 원핵생물, 진

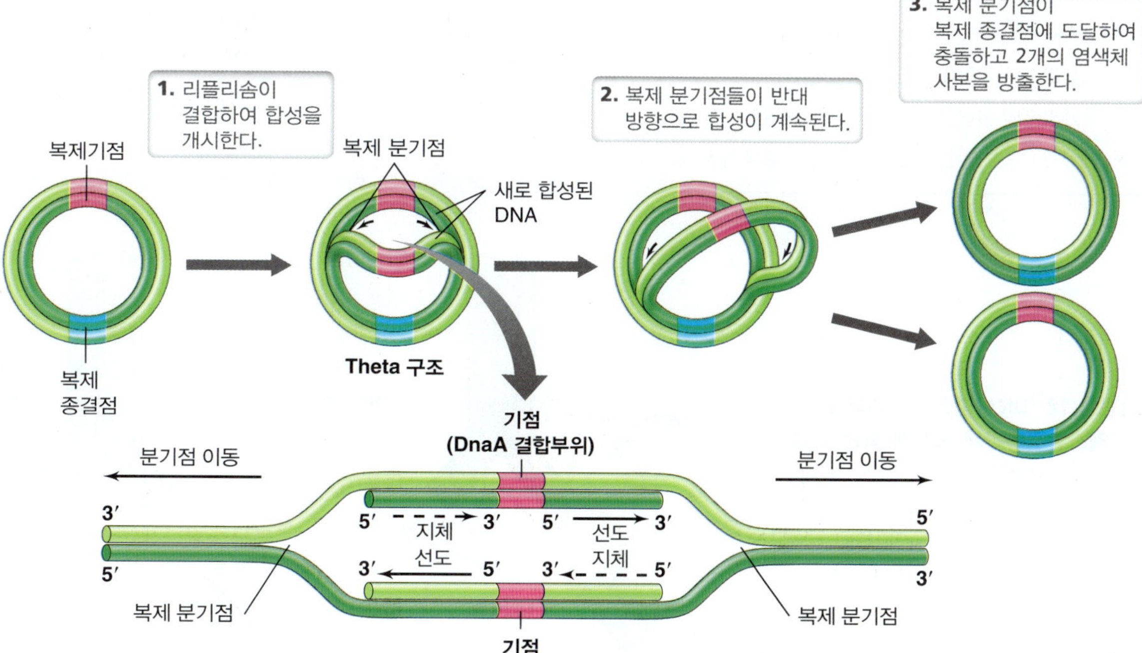

그림 4.16 원형 DNA의 복제: theta 구조. 원형 DNA에서 복제기점으로부터 양 방향 복제는 그리스 문자 theta (θ)를 닮은 중간체를 형성한다. 확대된 것은 염색체 내에서 이중의 복제 분기점을 보여준다. *Escherichia coli*에서 복제기점은 특정한 단백질인 DnaA에 의해서 인식되며 복제의 종결은 Tus 단백질에 의해서 인식된다. DNA 합성이 복제 분기점이 종결점에서 만날 때까지 각각의 새로운 딸가닥 상에서 선도 및 지체 방법으로 일어나는 것을 주목하라. 이 그림을 그림 4.17의 리플리솜 모형과 비교하라.

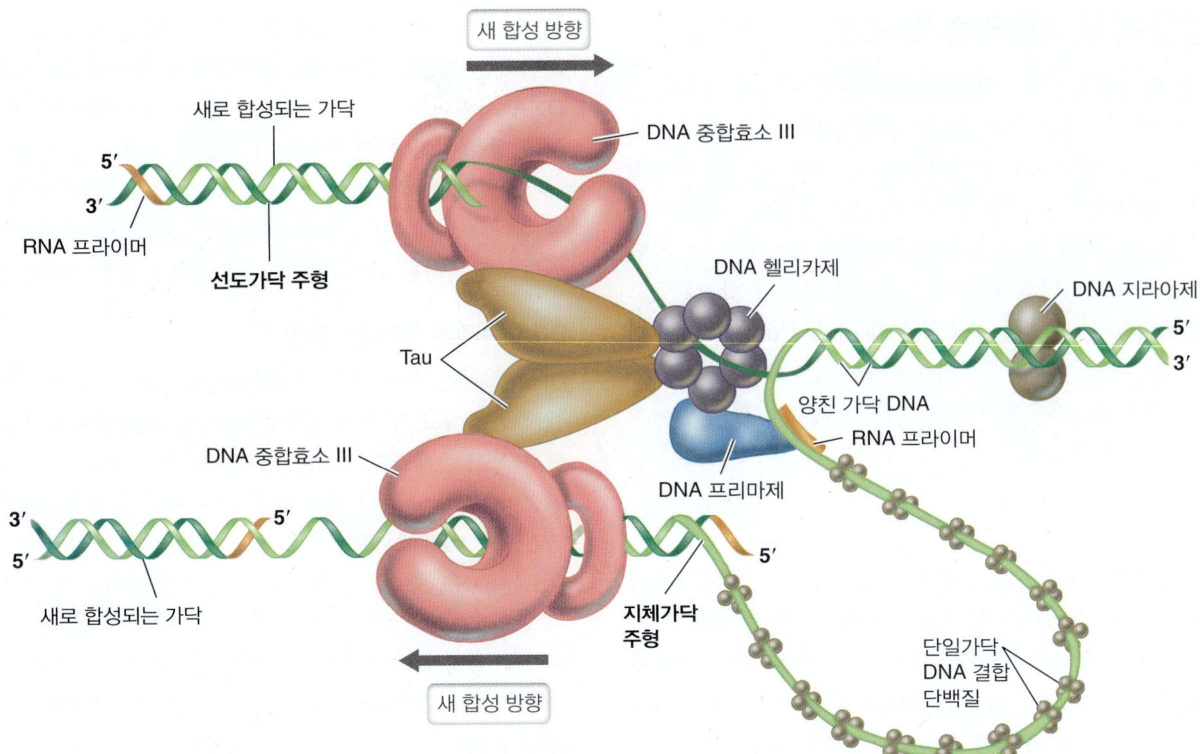

그림 4.17 리플리솜. 리플리솜은 두 개의 DNA 중합효소 III, 헬리카제와 프리마제 (함께 프리모솜을 형성) 및 많은 수의 단일가닥 DNA-결합단백질들로 구성되어 있다. Tau 소단위가 2개의 DNA 중합효소 연합체와 헬리카제를 함께 고정하고 있다. 리플리솜의 바로 위쪽에는 DNA 지라아제가 복제될 DNA의 초나선을 제거한다. 2개의 중합효소가 반대 방향으로 DNA 각각의 가닥을 복제하는 것에 주목하라. 결론적으로 지체가닥이 늘어져 나와서 리플리솜 전체가 염색체를 따라서 같은 방향으로 이동한다.

핵생물, 그리고 바이러스 DNA 복제 체계에서 일어난다.

지금부터는 유전자의 복제에서, 전사된 유전자에 의해서 암호화되는 단백질의 합성을 조사하기 위한 서막(prelude)인 유전자 발현(*gene expression*)으로 이동할 것이다.

미니퀴즈

- 리플리솜은 무엇이며 그 요소들은?
- 리플리솜의 활성은 어떻게 멈춰지는가?
- 어떻게 DNA 복제에서 실수는 매우 낮게 유지되는가?

III • RNA 합성: 전사

DNA를 주형으로 RNA를 합성하는 전사(transcription)는 3가지 종류의 RNA를 생산한다: 전령 RNA (*messenger* RNA, mRNA), 운반 RNA (*transfer* RNA, tRNA), 리보솜 RNA (*ribosomal* RNA, rRNA) (4.1절). 몇 가지 다른 종류의 RNA도 존재하는데 대개는 조절 기능에 참여한다 (6장). RNA는 유전적(genetic) 및 기능적(functional) 분자이다. 유전자 수준에서는 mRNA는 유전체로부터의 유전정보를 암호화하여 리보솜까지 운반한다. 반면에 rRNA는 리보솜 내에서 기능적 역할과 구조적 역할을 모두 하며, tRNA

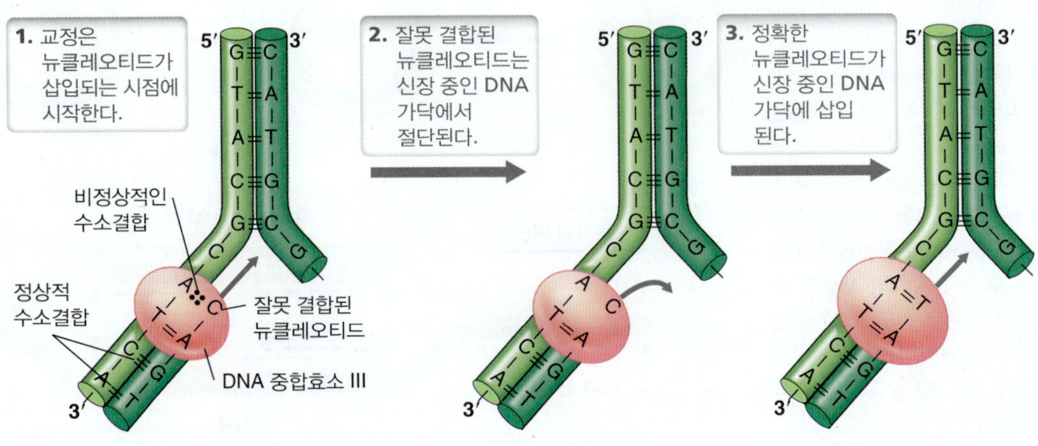

그림 4.18 DNA 중합효소 III의 3′ → 5′ 엑소뉴클라아제 활성에 의한 교정. 말단 염기쌍에서 잘못된 염기쌍 형성은 중합효소가 잠시 정지하게 한다. 이것은 교정 활성의 신호로서 잘못된 뉴클레오티드를 절단하고, 이후에 중합효소 활성에 의해서 올바른 염기를 끼워 넣는다.

는 단백질 합성을 위해서 리보솜에 아미노산을 운반하는 역할을 한다.

RNA와 DNA는 화학적으로 2가지 중요한 차이점이 있다: (1) RNA는 데옥시리보오스(deoxyribose) 대신에 리보오스(ribose)를 갖는다; (2) RNA는 티민(thymin) 대신에 우라실(uracil)을 갖는다. 데옥시리보오스가 리보오스로 바뀐 것은 핵산의 화학에 커다란 영향을 주며 DNA에 영향을 주는 효소들은 일반적으로 RNA에는 효과가 없는데 반대의 경우도 마찬가지이다. 그러나 두 염기들이 모두 아데닌과 동등하게 쌍을 잘 이루기 때문에 티민에서 우라실로 바뀐 것은 염기쌍 형성에 영향을 주지 않는다.

두 가닥의 RNA 유전체를 보유한 일부 바이러스를 제외하고는 (10장), RNA는 단일가닥이다. 그러나 일부 RNA의 1차 구조(primary structure, 뉴클레오티드 서열)는 자신이 접히고 상보적 염기쌍으로 이용될 수 있도록 한다. **2차 구조(secondary structure)**라는 용어는 이런 접힘을 의미하고 세포 내에서 RNA의 기능적인 역할은 2차 구조에 크게 기인한다. 예를 들면, 세균 및 고균에서 전령 RNA는 대부분이 접히지 않으며 리보뉴클레아제(*ribonuclease*)라는 효소들에 의해서 분해되기 전에 몇 분정도 존재한다. 반면에 안정적인 RNA들인 rRNA나 tRNA는 2차 구조가 리보뉴클레아제에 의한 분해를 방지하기 때문에 오랫동안 존재한다. 세균 및 고균 mRNA의 빠른 회전율은 새로운 환경 조건에 빠르게 적응하도록 하고 더 이상 필요가 없는 mRNA의 번역을 정지하도록 한다.

이제부터 세균의 전사에 대해서 시작을 하고 이와는 상반되게 계속되는 절에서는 고균과 진핵생물의 전사 과정들에 대해서 다루겠다.

4.5 세균의 전사

전사(transcription)는 **RNA 중합효소(RNA polymerase)**에 의해서 촉매된다. DNA 중합효소처럼 RNA 중합효소는 인산디에스테르 결합을 형성하는데, 이 경우에는 데옥시리보뉴클레오티드(*deoxyribo*-nucleotide)가 아닌 리보뉴클레오티드(*ribo*nucleotide)이다 (그림 4.1*b*). 중합반응은 들어오는 리보뉴클레오시드 삼인산염(ribonucleoside triphosphate)의 에너지가 충만한 2개의 인산 결합의 가수분해로부터 방출되는 에너지에 의해서 유도된다. RNA 합성 기작은 DNA 합성 기작과 거의 유사하다 (그림 4.11*b*): RNA 사슬이 신장되는 동안에 리보뉴클레오시드 삼인산염이 앞선 뉴클레오티드 리보오스의 3′-OH에 추가된다. 따라서 사슬의 신장은 DNA 합성과 같이 5′에서 3′이고 새로이 합성되는 RNA 가닥은 그것이 전사되어 나오는 DNA 주형(template) 가닥과 역평행이다. 세균의 전사의 요약이 **그림 4.19**에 묘사되어 있다.

RNA 중합효소는 DNA를 주형으로 이용하지만, 두 가닥 중 한 가닥만이 주어진 해당 유전자를 위해서 전사된다. DNA 중합효소와는 다르게 RNA 중합효소는 그 자신이 새로운 RNA 가닥을 시작할 수가 있다; DNA 합성에서와 같은 어떤 프라이머 합성도 필요하지 않다 (그림 4.12). 전사는 전사 종결자(*transcription terminator*)

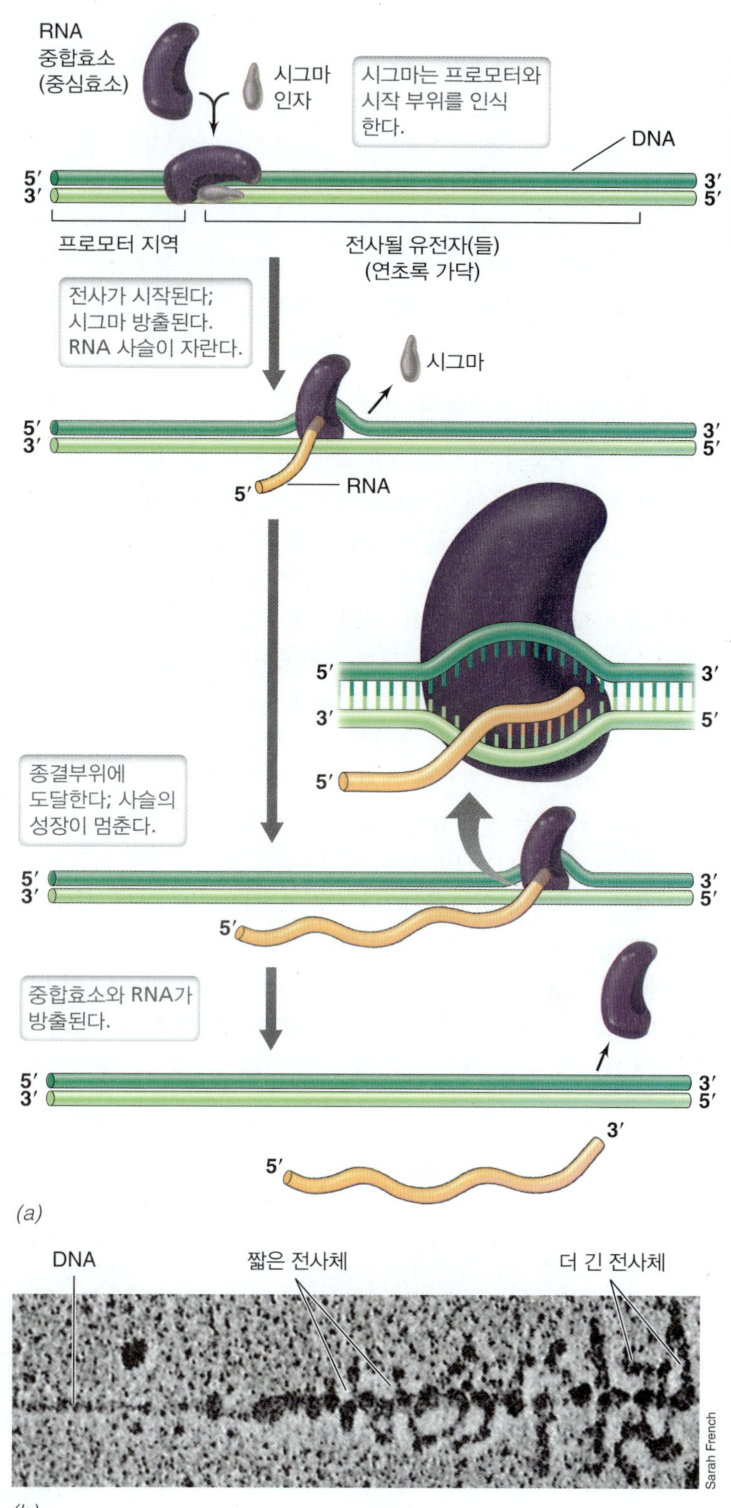

그림 4.19 전사. *(a)* RNA 합성의 단계. 개시 (프로모터)와 종결부위는 DNA의 특정한 뉴클레오티드 서열이다. RNA 중합효소는 DNA 사슬을 따라서 이동하며, 이중 나선을 일시적으로 열어서 DNA 가닥 중의 하나를 전사한다. *(b)* 전자현미경 사진은 *Escherichia coli* 염색체의 한 유전자에서의 전사를 보여준다. 전사는 왼쪽에서 오른쪽으로 진행되는데, 왼쪽의 짧은 전사물이 전사가 진행됨에 따라서 더 길어진다.

라고 하는 특정한 서열에 도달할 때까지 계속되지만 전체 유전체를 복사하는 DNA 복제와는 다르게, 전사는 자주 유전자 한 개 정도로 작은 훨씬 더 짧은 DNA 단위에서 일어난다. 이 체계는 세포가 세포를 위한 단백질들의 필요에 따라서 다른 유전자를 다른 빈도로 전사하도록 한다. 다시 말해서 유전자 발현은 고도로 조절되는(*highly regulated*) 과정이다. 원핵생물에서 전사의 조절은 다른 방식으로 일어날 수가 있지만, 다른 기작들일지라도 공통적인 결과를 나타낸다: 세포의 자원을 보존하고 세포의 적응성을 증진시킨다 (6장).

RNA 중합효소와 프로모터 서열

가장 단순한 구조를 가지며 가장 잘 알려진 세균의 RNA 중합효소는 β, β', α, ω (오메가, omega), σ (시그마, sigma)로 명명된 5개의 다른 소단위를 갖고 있으며, α는 2개의 복사체로 존재한다 (**그림 4.20**). 소단위들은 상호작용을 하여 RNA 중합효소 전효소(*RNA polymerase holoenzyme*)라는 효소를 형성한다. 시그마는 다른 소단위들과는 다르게 단단히 결합되어 있지 않으며 쉽게 분리되어 RNA 중합효소 중심효소(RNA polymerase core enzyme, $\alpha_2\beta\beta'\omega$)를 형성하게 한다. 중심효소는 혼자서 RNA 합성을 수행하고, 시그마는 단지 전사를 개시하기 위한 정확한 DNA 위치를 인식한다. 시그마는 짧은 RNA 조각이 형성되면 RNA 중합효소 전효소로부터 분리된다 (그림 4.19).

전사를 시작하기 위해서, RNA 중합효소는 먼저 DNA 상에서 **프로모터(promoter)**라고 하는 정확한 시작 지점을 인식해야만 한다. 세균에서는 프로모터가 RNA 중합효소의 시그마에 의해서 인식되며, RNA 중합효소가 프로모터에 결합하면 전사가 진행된다 (그림 4.19). 이 과정에서 프로모터 부분의 DNA 이중 나선은 RNA 중합효소에 의해서 열리고, 중합효소가 이동함에 따라서 짧은 부분의 DNA가 풀어져서 주형 DNA를 노출시키다. 어떤 유전자들은 DNA 한 가닥 위에 위치하는 반면에, 다른 유전자들은 DNA의 다른 가닥 위에 위치하기 때문에 프로모터들은 양쪽 가닥 모두에 존재한다; 결과적으로 전사가 두 가닥의 DNA 위에서 반대 방향(*opposite directions*)으로 일어난다.

시그마 인자, 공통서열 및 전사의 종결

프로모터는 특정 DNA 서열이다; **그림 4.21**은 *Escherichia coli*로부터 몇 개의 프로모터 서열을 보여준다. 이 모든 DNA 서열들은 σ^{70} (위 첨자로 표시된 70은 단백질의 크기인 70 kilodalton을 나타냄)이라고 부르는 *E. coli*의 동일한 시그마 인자에 의해서 인식된다. 이 DNA 서열들은 동일하지는 않지만, 시그마는 프로모터 내의 잘 보존된 두 개의 서열을 인식한다. 보존된 서열들은 전사가 시작되는 지점의 상류 부위(upstream), 즉 앞에 있다. 하나는 10 염기 상류 부위에 있는데 −10 지역 혹은 *Pribnow box*이다. 각 프로모터 서열들은 약간씩 다를지라도 많은 −10 지역을 비교하면 공통서열(consensus sequence)인 TATAAT가 얻어진다. 두 번째 보존 지역은 시작점에서 상류 부위 쪽으로 약 35 염기에 있으며 공통서열은 TTGACA이다 (그림 4.21). *E. coli*에서는 프로모터가 공통서열에 유사할수록 RNA 중합효소의 결합에 더욱 효율적이다. 이런 프로모터를 강력 프로모터(*strong promoter*)라 하며 유전공학에 매우 유용하다 (12장)

*E. coli*에서 대부분의 유전자들은 전사를 위하여 σ^{70}을 요구하지만, 몇 가지 대체 시그마 인자들이 존재하여 다른 공통서열을 인식한다 (**표 4.3**). 각각의 대체 시그마 인자는 특별한 상황에서 필요한 유전자 집단에 대하여 구체적이어서, 특정 시그마 인자의 존재 또

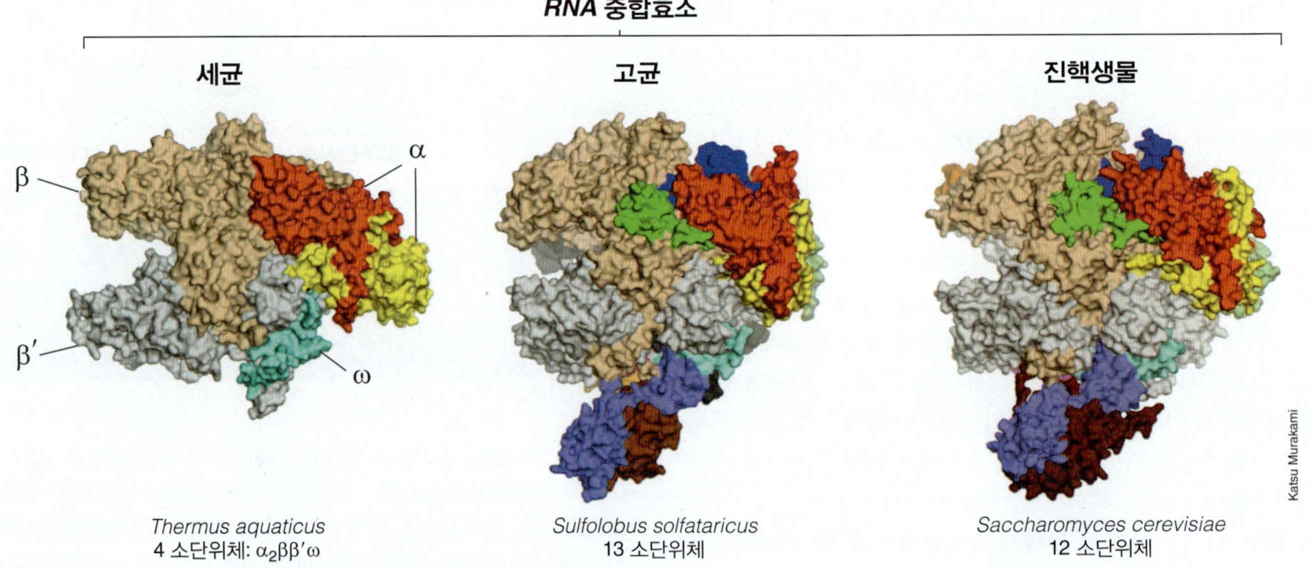

그림 4.20 세 도메인(domain)으로부터 RNA 중합효소들. 세균 (왼쪽, *Thermus aquaticus* 중심효소), 고균 (가운데, *Sulfolobus solfataricus*) 및 진핵생물 (오른쪽, *Saccharomyces cerevisiae* RNA Pol II)의 세포에 존재하는 여러 개의 소단위로 구성된 RNA 중합효소 구조의 표면 묘사. 이종상동성(orthologous) 소단위들은 같은 색으로 묘사되었다. *S. solfataricus*의 RNA 중합효소에만 있는 독특한 소단위는 이 그림에 나타나 있지 않다.

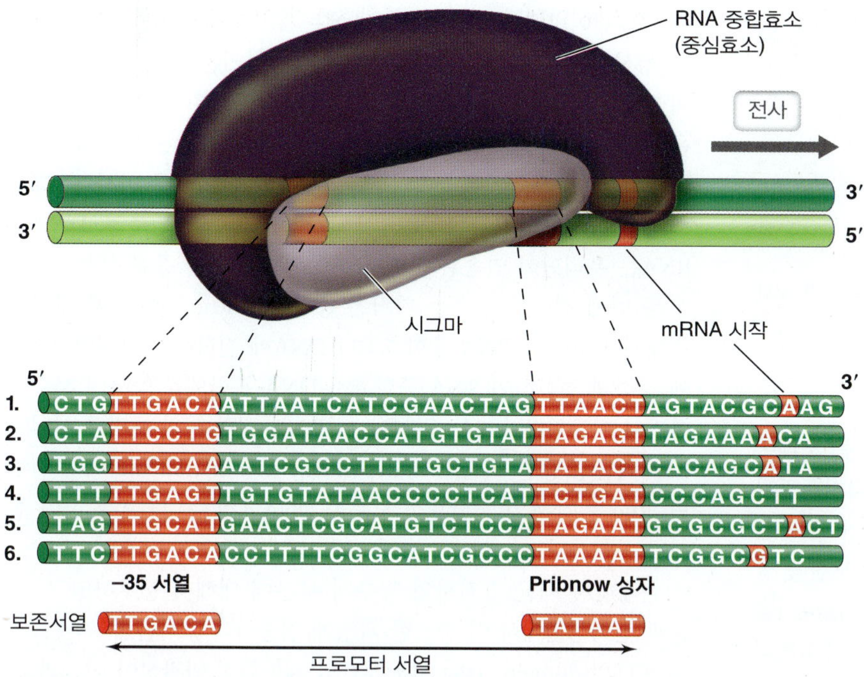

그림 4.21 RNA 중합효소와 세균 프로모터의 상호작용. RNA 중합효소와 DNA 아래에는 세균의 한 종인 *Escherichia coli*에서 확인된 6개의 다른 프로모터 서열이다. −35 서열과 Pribnow 상자 (−10 서열)에 접촉하는 중합효소를 보여주고 있다. 전사는 Pribnow 상자의 아래쪽에 있는 특정한 한 염기에서 시작한다. −35와 Pribnow 상자 부위의 실제 서열 아래에는 여러 프로모터를 비교하여 유출된 공통염기서열(consensus sequence)이다. 시그마 인자는 DNA의 5′ → 3′ (진한 초록색) 가닥 상의 프로모터 서열을 인식하지만, 중합효소는 언제나 5′ → 3′ 방향으로만 작동하기 때문에 3′ → 5′으로 진행되는 밝은 초록색 가닥이 실제로는 전사가 되는 것에 주목하라.

전사 단위 및 폴리시스트론 mRNA

유전정보는 시작되는 지점과 종결되는 지점에 의해서 둘러싸여 있으며 1개의 RNA 분자로 전사되는 DNA 조각인 전사 단위(*transcriptional unit*)로 구성되어 있다. 일부 전사 단위는 하나의 유전자에서 전사된 RNA만을 갖지만 다른 전사 단위는 두 개 이상의 유전자들을 포함하는데 함께 전사되는 유전자(*cotranscribed genes*)라고 한다. 대부분의 유전자는 단백질을 암호화하지만, 다른 것들은 리보솜 RNA나 운반 RNA와 같이 번역되지 않는 RNA를 암호화한다. 예를 들어, 원핵생물은 3가지 크기의 rRNA를 생산한다: 16S rRNA, 23S rRNA와 5S rRNA (S는 입자 크기를 측정하는 *Svedberg unit*을 의미함)이며 이 유전자들은 tRNA를 포함하는 하나의 전사 단위를 형성하며 함께 전사된다 (**그림 4.22**). 이런 전사단위는 연속적으로 각각의 rRNA나 tRNA로 절단해 내는 단백질에 의해서 가공된다.

앞에서 원핵생물의 특정한 대사회로의 여러 효소들을 암호화하는 유전자들에 대해서 고려해보았듯이, 예를 들어, 특정 아미노산의 생합성 유전자들은 종종 오페론(*operon*) 안에 모여 있다 (4.2절). 같은 생화학 회로를 위한 유전자들 혹은 동일한 조건에 필요한 유전자들을 하나의 오페론 내로 모으는 것은 그들의 발현을 통합적인 방법으로 조절하는 부재는 유전자 발현을 조절하는 기작이 된다. 즉, 특정 시그마 인자의 합성 또는 분해 속도를 변경함으로써, 세포는 전체 유전자군의 전사를 조절할 수 있다.

표 4.3 *Escherichia coli*의 시그마 인자들

이름[a]	상류 부위 공통 인식 서열[b]	기능
σ^{70} RpoD	TTGACA	대부분의 유전자, 정상적 생장에서 주요 시그마 인자
σ^{54} RpoN	TTGCACA	질소 동화
σ^{38} RpoS	CCGGCG	정지기에서 주요 시그마 인자, 산화적 및 삼투 스트레스
σ^{32} RpoH	TNTCNCCTTGAA	열 충격 반응
σ^{28} FliA	TAAA	편모 합성에 관련된 유전자들
σ^{24} RpoE	GAACTT	주변세포질의 잘못 접힌 단백질에 반응
σ^{19} FecI	AAGGAAAAT	철 수송 관련된 어떤 유전자

[a]위첨자 숫자는 단백질의 크기를 킬로달톤(kilodalton)으로 표시한 것임. 많은 인자들이 다른 이름도 가지고 있다. 예로 σ^{70}은 또한 σ^{D}로 불림.
[b]N = 어떤 뉴클레오티드

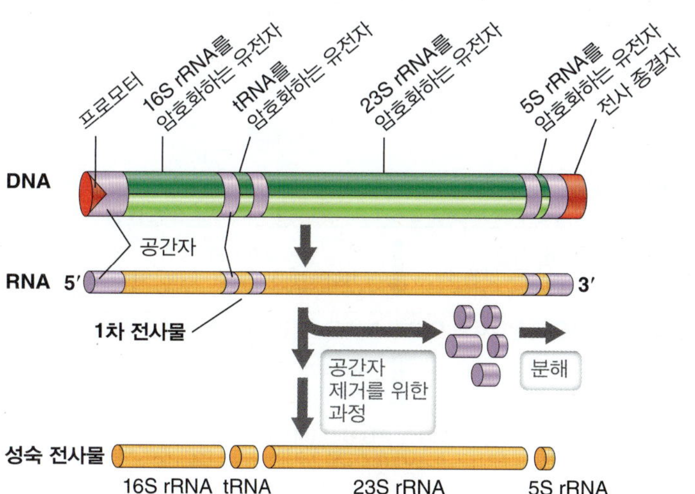

그림 4.22 세균의 리보솜 rRNA 전사 단위와 그에 수반되는 가공. 세균에서 모든 rRNA 전사 단위들은 16S rRNA, 23S rRNA와 5S rRNA의 순서 (대략적인 크기를 나타내었음)로 유전자들을 보유한다. 이 특정한 전사 단위에서 16S와 23S rRNA 유전자 사이의 공간자(spacer)에 tRNA 유전자 하나를 보유하는 것에 주목하라. 다른 전사 단위에서는 이 지역이하나 이상의 tRNA 유전자를 보유할 수 있다. 자주 하나 혹은 그 이상의 tRNA 유전자가 5S rRNA 유전자의 뒤에 따라오고 함께 전사된다. *Escherichia coli*는 7개의 rRNA 전사 단위를 포함하고 있다.

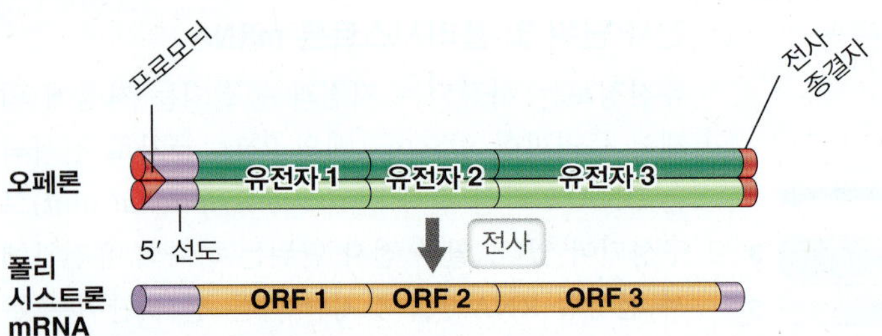

그림 4.23 오페론과 폴리시스트론 mRNA 구조. 하나의 프로모터가 오페론 내의 3개 유전자를 통제하는 것과 폴리시스트론 mRNA 분자가 각 유전자에 해당하는 열린해독틀(ORF)을 갖는 것에 주목하라.

는 것을 가능하게 한다. 전사하는 동안에 RNA 중합효소는 오페론을 통하여 전진하며, 유전자 전체 세트를 포함하는 폴리시스트론 mRNA (*poycistronic mRNA*)라고 하는 하나의 mRNA로 전사한다 (**그림 4.23**). 폴리시스트론 mRNA는 실질적으로 아미노산을 암호화하는 mRNA 부분인 여러 개의 해독틀(*open reading frame*)을 포함한다 (4.9절). 이런 mRNA가 번역이 되면 여러 개의 폴리펩티드가 동일한 리보솜에 의해서 연속적으로 합성된다.

전사의 종결

생장 중인 세균 세포에서는 단지 발현이 필요한 유전자들만 전사된다; 그러므로 정확한 위치에서 전사가 멈추는 것은 매우 중요하다. 전사의 **종결(termination)**은 DNA의 특정한 염기서열에 의해서 관장된다. 세균에서 공통된 종결 신호는 중앙에 비반복적인 절편을 갖는 하나의 역 반복 서열(*inverted repeat*)을 포함하는 GC가 풍부한 서열이다. 이런 DNA 서열이 전사되면 RNA는 가닥 내의 염기쌍을 형성하여 줄기-고리(stem-loop) 구조를 형성할 수 있다 (**그림 4.24**). 이런 줄기-고리 구조에 뒤이어 DNA 주형에 연속된 아데닌이 따라오면, 즉 mRNA에는 우리딘(uridine)이 연속적으로 생산되면, RNA와 DNA를 함께 결합시키는 U:A 염기쌍 구간의 형성이 되기 때문에 강력한 전사 종결자가 된다. 그러나 T:A 쌍은 3개의 수소결합을 형성하는 반면에 U:A 염기쌍은 단지 두 개의 수소결합만을 가지고 있기 때문에 이 구조는 매우 약하다 (그림 4.1*c*). RNA 중합효소는 이 줄기-고리-줄기에서 멈추고, DNA와 RNA는 우리딘이 연속된 곳에서 분리되어 전사를 종결한다.

두 번째 전사를 멈추는 기작은 종결자인 Rho 단백질에 의해서 촉매된다. Rho는 RNA 중합효소나 DNA에 결합하지 않지만, RNA에 강하게 결합하여 RNA 중합효소-DNA 복합체를 향하여 사슬을 따라서 이동한다. RNA 중합효소가 DNA 주형 상의 특정한 서열인 Rho-의존성 종결 지점(Rho-dependent termination site)에서 멈추면, Rho는 RNA와 중합효소 모두를 DNA에서 분리되도록 하여 전사를 종결한다.

현재까지 세균의 전사의 필수적 부분에 대해서 공부하였고, 고균과 진핵생물에서 이 중요한 과정에 집중하려고 하는데, 이것들의 두 도메인(domain) (1.13절)간의 계통학적 연관성이 이들의 전사 기작에서 나타날 것이다.

미니퀴즈

- 어떤 효소가 전사를 촉매하는가? 프로모터란 무엇이며, 세균에서 어떤 단백질이 프로모터를 인식하는가?
- 전령 RNA(mRNA)의 역할은 무엇인가? 다른 2종류의 RNA는 무엇인가?
- 폴리시스트론 mRNA는 동일한 회로의 유전자들이 하나의 그룹으로 전사되도록 하는가?
- 어떤 구조들이 전사의 종료를 유도하는가?

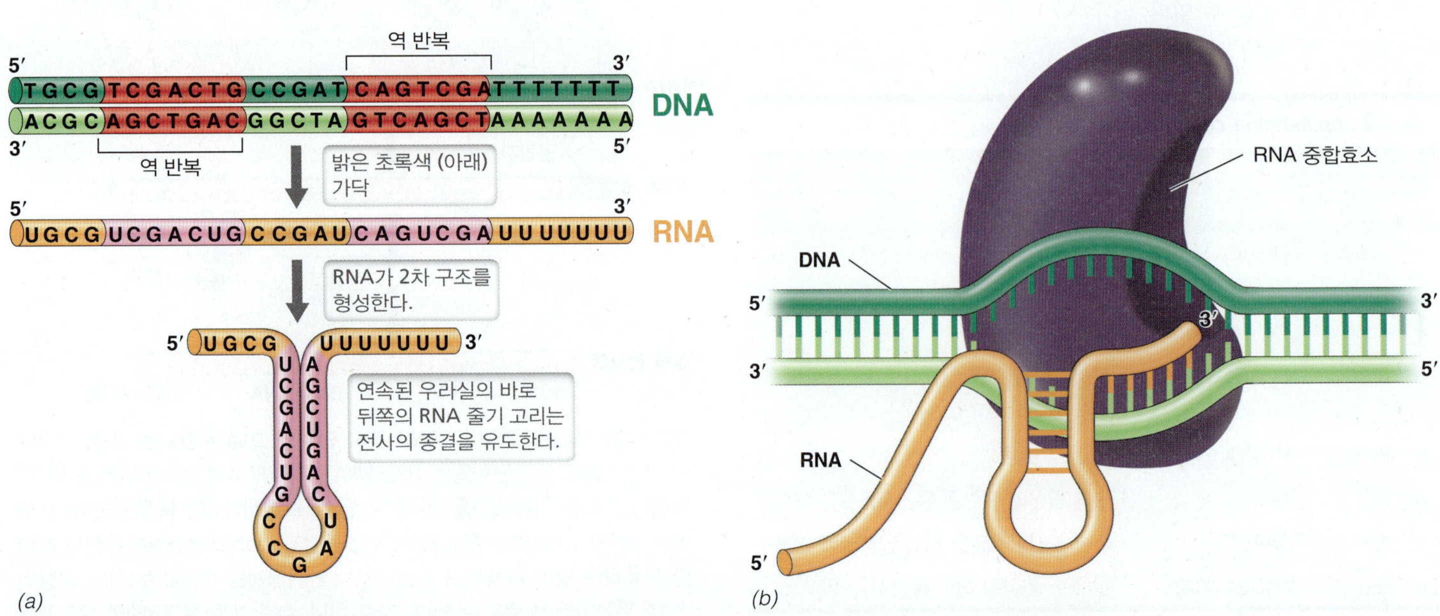

그림 4.24 역 반복과 전사종결. *(a)* 전사되는 DNA 내의 역 반복은 RNA에 줄기-고리 구조를 유도하고, 연속된 우라실이 뒤를 이을 때에 전사를 종결시킨다. *(b)* RNA 중합효소 내의 RNA에서 종결자 줄기-고리의 형성을 나타내는 모형.

4.6 고균 및 진핵생물의 전사

여기서는 세균과는 다른 고균과 진핵생물의 전사 핵심요소들이 논의될 것이다. 고균과 진핵생물의 전체적인 유전정보의 흐름은 세균과 동일하지만, 세부적인 것에서 다르며 진핵세포에서 핵의 존재는 유전정보의 경로를 복잡하게 한다. 고균의 전사와 번역은 세밀한 부분에서 세균보다는 진핵생물에 더 닮아 있다. 그러나 고균은 또한 오페론처럼 세균과 전사의 유사성을 공유하고 있다. 여기서는 RNA 중합효소를 고려하는 것과 함께 중심적인 부분을 논의할 것이다.

고균과 진핵생물의 RNA 중합효소, 프로모터 및 종결자

고균과 진핵생물의 RNA 중합효소들은 유사하고 구조적으로 세균의 것보다 더 복잡하다. 고균은 하나의 RNA 중합효소를 보유하는 반면에 진핵생물은 3가지를 보유한다. 고균 중합효소는 진핵 RNA 중합효소 II와 가장 유사하며 종에 따라 다르지만 11~13개의 소단위로 구성되어 있다. 진핵 RNA 중합효소 II는 12개 이상의 소단위를 갖는다. 이는 세균의 RNA 중합효소의 중심효소(core enzyme)는 단순하게 4개의 소단위를 갖는 것과는 크게 대조적이다 (그림 4.20).

4.5절에서 전사의 전체 과정에서 프로모터와 인식 서열의 중요성에 대해서 배웠다. 고균과 진핵생물의 프로모터에서 가장 중요한 인식 서열은 6-에서 8개- 염기쌍으로 된 하나의 "TATA" 상자(box)로서, 전사 시작 지점에서 18–27 뉴클레오티드 상류(upstream) 쪽에 위치한다 (**그림 4.25**). TATA 상자는 고균과 진핵생물에 존재하는 여러 전사인자들 중 하나인 TATA-결합단백질(*TATA-binding protein*, TBP)에 의해서 인식된다. TATA 상자의 상류는 전사인자 B(transcription factor B, TFB)에 의해서 인식되는 B 인식 요소(*B recognition element*, BRE) 서열이다. 여기에 더해서 전사의 시작 부위에 개시요소(initiator element)가 위치한다. TBP가 TATA 상자에 결합하고 TFB가 BRE에 결합하면, 고균 RNA 중합효소가 결합할 수 있고 전사가 시작된다. 이 과정은 진핵생물의 전사에 더 많은 전사인자가 요구되는 것만을 제외하고 서로 유사하다.

어떤 고균 유전자는 AT가 풍부한 서열이 따라오는 역 반복(inverted repeat)을 갖는데, 이는 많은 세균의 전사 종결자에서 발견되는 것과 유사하지만 (4.5절), 고균의 전사 종결은 세균에 비해서 덜 알려져 있다. 전사 종결자로 생각되는 다른 형태는 역 반복은 없지만 T가 반복되는 부분을 포함한다. 진핵생물에서는 종결 과정이 RNA 중합효소에 의존한다는 것이 다르고 자주 특별한 종결인자 단백질(termination factor protein)을 요구한다. 고균과 진핵생물에서는 Rho와 같은 단백질이 발견되지 않았다 (4.5절).

진핵생물에서의 RNA 가공 및 고균에서의 간섭 서열

세균과 다르게, 진핵생물은 비암호(noncoding) 지역들에 의해서 두 개 이상의 암호(coding) 지역으로 분리되어 있는 유전자들을 많이 보유한다. 암호 서열(coding sequence)은 **엑손(exon)**인 반면에 **인트론(intron)**은 비암호 지역이다. 이런 유전자들부터의 전사물은 번역을 위한 성숙한 RNA (*mature RNA*) 형태로 되기 위하여 **RNA 가공(RNA processing)**으로 알려진 변형이 필요하다. **1차 전사물(primary transcript)**이라는 용어는 원래 전사된 RNA 분자로서 엑손만을 보유한 성숙한 RNA가 아니라 인트론들이 제거되기

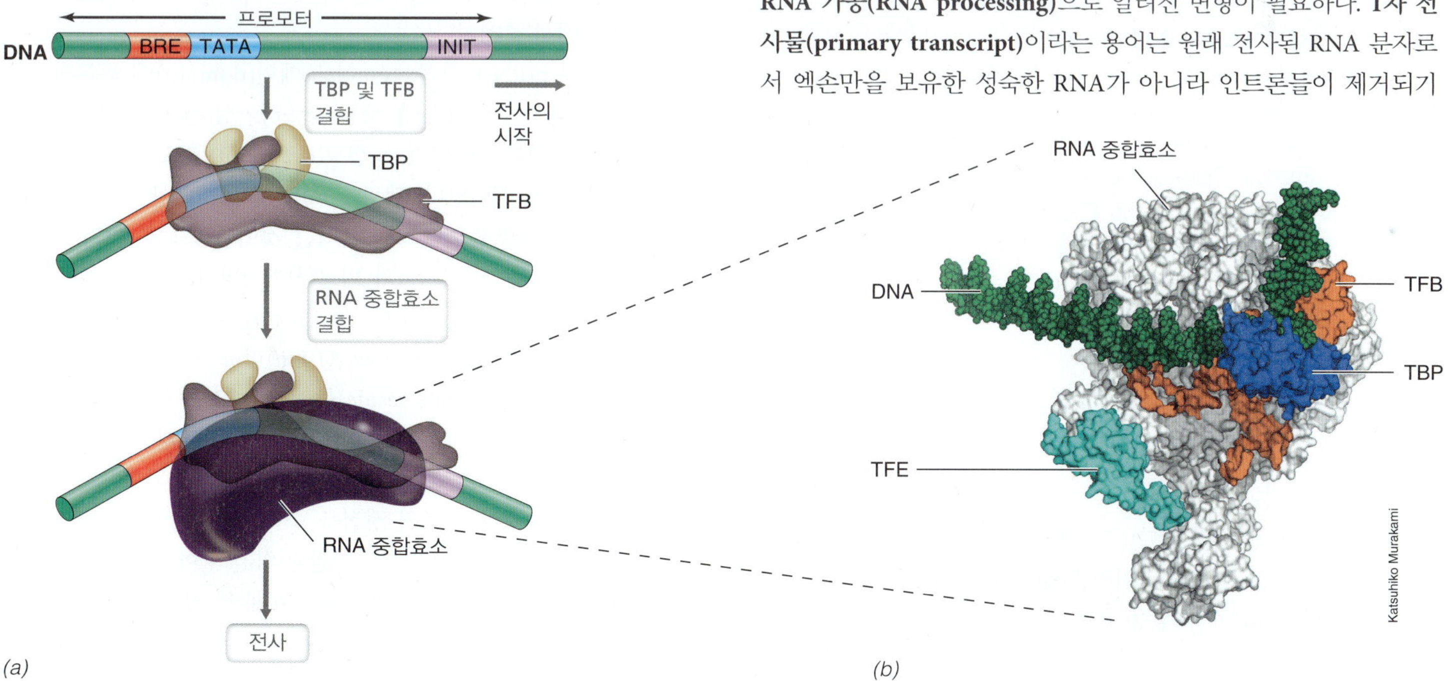

그림 4.25 고균의 프로모터 양식 및 전사. *(a)* 3가지 프로모터 요소가 고균의 프로모터 인식에 중요하다: 개시요소(INIT), TATA 상자, B 인식 요소 (BRE). TATA-결합단백질(TBP)은 TATA 상자에 결합한다; 전사인자 B (TFB)는 BRE와 INIT에 모두 결합한다. TBP와 TFB가 RNA에 위치하면 중합효소가 결합한다. *(b)* 전사인자 E (TFE)를 포함하여 TBP 및 TFB를 갖는 고균 전-개시 복합체(pre-initiation complex)의 표면 묘사. TFE는 고균 전-개시 복합체와 자주 연합을 하는 선택적 전사인자이다.

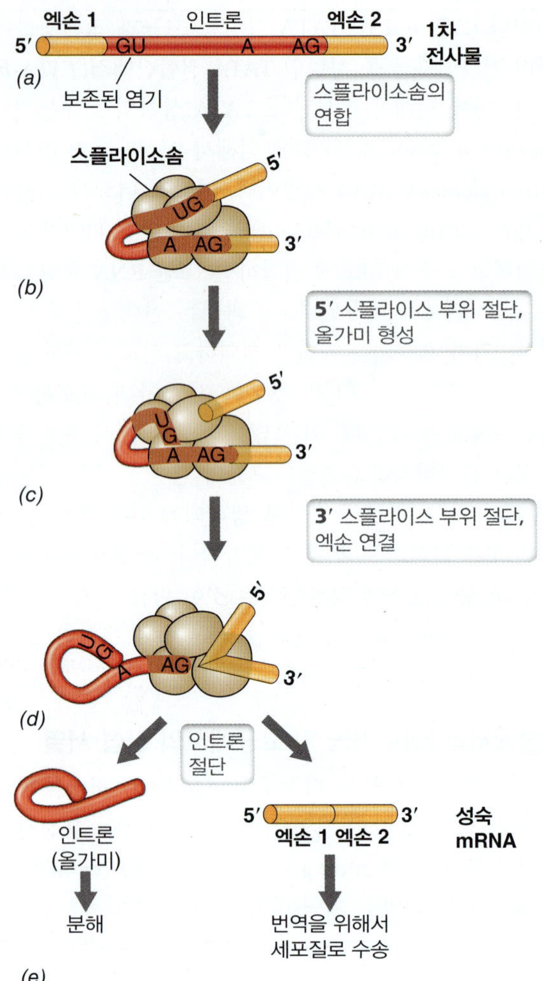

그림 4.26 스플라이소솜의 활성. 진핵생물에서 단백질-암호화 유전자의 1차 전사물에서 인트론의 제거. *(a)* 하나의 인트론을 가진 1차 전사물. GU 서열은 5′ 스플라이스 부위에 AG는 3′ 스플라이스 부위에 보존되어 있다. 또한 분기점(branch point)으로 작용하는 하나의 내부 A가 있다. *(b)* 여러 개의 작은 리보핵단백질(small ribonucleoprotein) 입자들 (옅은 갈색)이 RNA 상에 모여들어 스플라이소솜을 이룬다. 각각의 입자들은 스플라이싱 기작에 참여하는 별개의 작은 RNA 분자를 포함한다. *(c)* 5′ 스플라이스 부위는 분기점의 형성과 동시에 절단된다. *(d)* 3′ 스플라이스 부위는 절단되고 2개의 엑손은 결합된다. 전체적으로 2개의 인산디에스테르 결합이 끊어지고, 다른 2개가 형성되는 것을 주목하라. *(e)* 최종 산물은 연결된 엑손인 mRNA와 방출된 인트론이다.

전의 형태를 의미한다. 인트론이 제거되고 엑손이 연결되는 과정을 스플라이싱(*splicing*)이라 한다 (**그림 4.26**).

RNA 스플라이싱은 **스플라이소솜(spliceosome)**이라고 하는 커다란 거대분자 복합체의 활동에 의해서 핵 안에서 일어난다. 스플라이소솜의 단백질들은 인트론을 절단하고 엑손의 양쪽을 연결하여 성숙한 mRNA 안에 연속된 단백질-암호화 서열을 형성한다 (그림 4.26). 고균에서 단백질을 암호화하는 유전자에 간섭 서열(intervening sequence)이 있는 것은 아주 드물지만, tRNA와 rRNA를 암호화하는 몇 가지 고균 유전자들에는 인트론이 존재하는데, 전사 후에 성숙한 tRNA나 rRNA를 만들기 위해서는 반드시 제거되어야 한다. 이런 인트론들은 진핵생물의 인트론들과 유사하게 "고균 인트론(archaeal intron)"이라고 부른다; 그러나 가공 과정은 스플라이소솜 복합체가 아닌 특이한 리보뉴클라아제(ribonuclease)에 의해서 촉매된다.

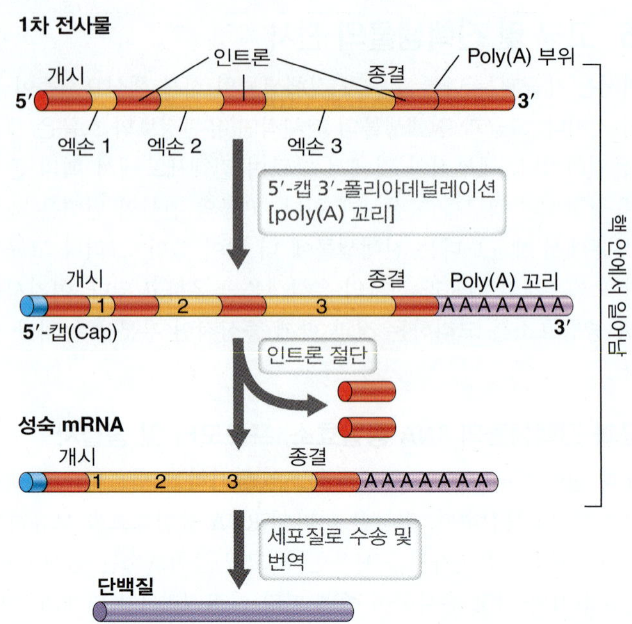

그림 4.27 진핵생물에서 1차 전사물의 성숙된 mRNA로 가공. 가공 단계는 5′ 말단에 캡을 붙이고, 인트론을 제거하고, 전사물의 3′ 말단을 자르고, poly(A) 꼬리를 붙이는 것을 포함한다. 이 모든 단계는 핵 내에서 일어난다. 번역에서 이용되는 시작 코돈과 정지 코돈의 위치가 표시되었다.

진핵생물의 mRNA 가공에는 이 도메인(domain)에 독특한 두 가지 다른 단계가 존재하는데, 모두 스플라이싱 전에 핵 안에서 일어난다 (**그림 4.27**). 첫 단계는 캡핑(*capping*)이라고 하는데 전사가 종료되기 전에 일어난다. 캡핑은 mRNA의 5′-인산기 말단에 메틸화된 구아닌 뉴클레오티드를 붙이는 것이다 (그림 4.27). 캡은 mRNA 분자에 있는 나머지들과 비교하면 역방향으로 붙여지며 번역을 개시하기 위해서 필요하다. 두 번째 단계는 1차 전사물의 3′ 말단을 자르고 poly(A) 꼬리[*poly(A) tail*]라고 부르는 100~200개의 아데닐산 잔기(adenylate reside)를 붙이는 것을 포함한다 (그림 4.27). poly(A) 꼬리는 핵산분해효소의 공격으로부터 mRNA를 안정화시키는데, mRNA가 분해되기 전에 반드시 제거되어야 한다.

지금부터 유전정보 흐름의 정점을 향해 나아가겠다: 단백질 합성. 여기서는 고균과 진핵생물에 연관된 약간의 예외를 빼고는 모든 세포들에서 공통된 많은 부분들을 배우게 될 것이다.

미니퀴즈

- 고균의 프로모터를 구성하는 중요한 요소들은 무엇인가?
- 고균의 RNA 중합효소와 유사한 특별한 진핵 효소는 무엇인가?
- 진핵 RNA의 가공 과정에서 일어나는 단계들은 무엇인가?

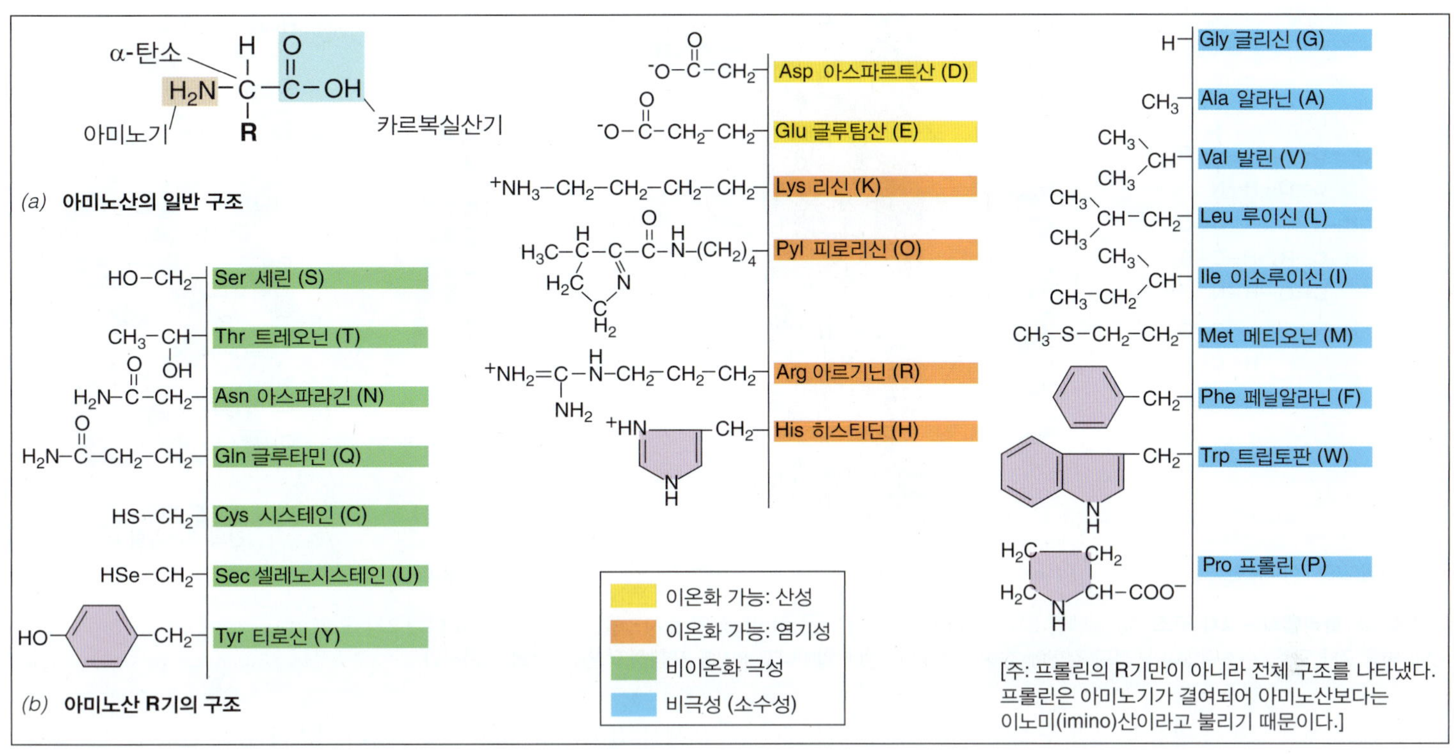

그림 4.28 22가지 유전적으로 암호화되는 아미노산의 구조. *(a)* 일반 구조. *(b)* R기의 구조. 아미노산의 3문자 암호는 이름의 왼쪽에 있고 단문자 암호는 이름 오른쪽의 괄호 안에 있다. 현재까지는 피로리신(pyrrolysine)은 특정한 메탄생성 고균에서만 발견되었다 (17.2절).

IV • 단백질 합성: 번역

전사가 일어나면 mRNA는 단백질로 번역된다. 번역은 많은 단백질들과 mRNA에 더해서 다른 RNA들 및 핵심 세포 구조물인 리보솜을 필요로 한다. 이것들이 어떻게 상호작용을 하여 세포의 단백질 집합체를 생산하는가를 지금부터 고려하려고 하는데, 우선 단백질의 기본적인 특성에 대해서 다시 배워 보기로 하겠다.

4.7 아미노산, 폴리펩티드 및 단백질

단백질(protein)은 세포가 기능에서 중요한 역할을 한다. 단백질의 두 가지 중요한 종류의 단백질은 촉매성 단백질(*catalytic protein*)과 구조 단백질(*structural protein*)이다. 효소(*enzyme*)는 세포에서 일어나는 화학반응을 위한 촉매이다 (3.5절). 구조 단백질은 세포의 주요한 구조의 일부분이다: 막, 벽 및 리보솜 등. 조절 단백질은 다양한 기작에 의해서 DNA 결합 및 전사와 같은 대부분의 세포 과정을 조절한다 (6장). 그러나 모든 단백질들은 어떤 공통적인 기본 특성을 나타낸다.

구성

단백질은 아미노기(amino group, $-NH_2$)와 α-탄소에 연결된 카르복실기(carboxylic acid group, $-COOH$)를 갖는 **아미노산(amino acid)**의 중합체(polymer)이다 (**그림 4.28*a***). 한 아미노산의 카르복실기와 두 번째 아미노산의 아미노기의 질소 사이에 연결된 결합(한 분자의 물이 제거되어 형성됨)을 **펩티드 결합(peptide bond)**이라 한다 (**그림 4.29**). 펩티드 결합에 의해서 연결된 두 아미노산을 디펩티드(*dipeptide*), 세 아미노산은 트리펩티드(*tripeptide*) 등으로 부른다. 많은 아미노산들이 결합하면 **폴리펩티드(polypeptide)**를 형성한다. 단백질들은 하나 혹은 그 이상의 폴리펩티드로 구성된다. 아미노산의 수는 단백질에 따라서 적게는 15개에서 많게는 10,000개까지 매우 다르다 (102쪽 참조).

각각의 아미노산은 아미노산의 화학적 특성을 관장하는 독특한 곁사슬 (R로 요약함)을 갖는다. 곁사슬의 구조는 아미노산인 글리신(glycine)의 하나의 단순한 수소 원자에서부터 페닐알라닌(phenylalanine), 티로신(tyrosine) 및 트립토판(tryptophan) 같

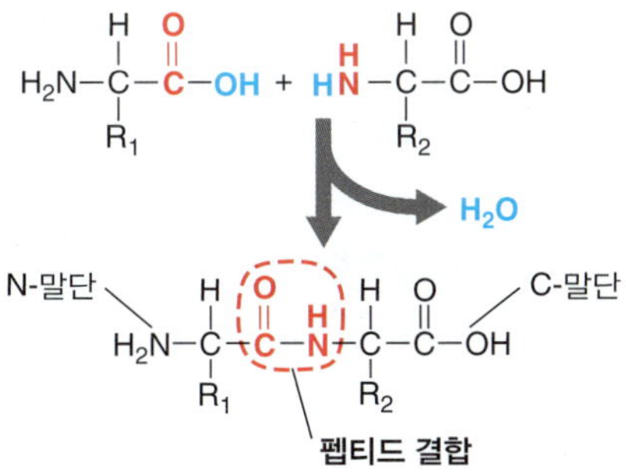

그림 4.29 펩티드 결합 형성. R_1과 R_2는 아미노산의 곁사슬을 의미한다. 펩티드 결합 형성 후, 다음 펩티드 결합의 형성을 위해 C-말단에 유리 OH 기가 존재하는 것을 주목하라.

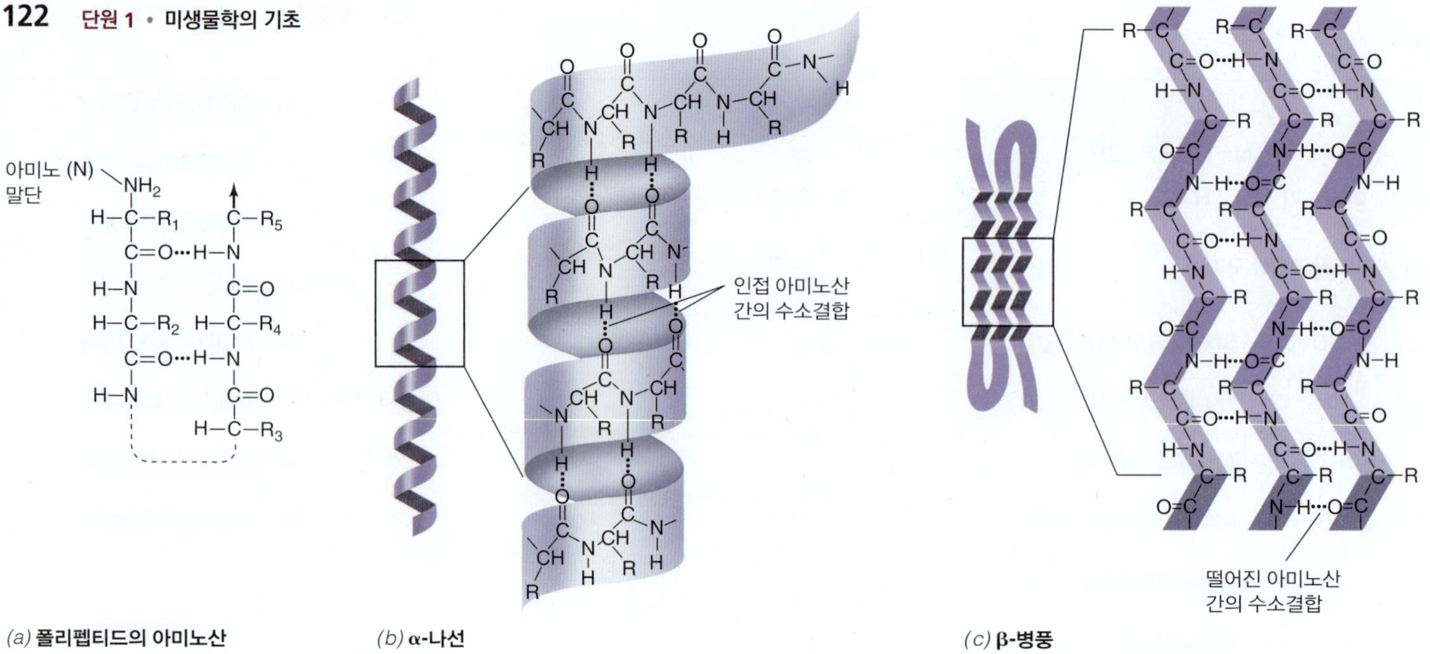

(a) 폴리펩티드의 아미노산 (b) α-나선 (c) β-병풍

그림 4.30 폴리펩티드 2차 구조. *(a)* 단백질 2차 구조 내의 α-나선. R은 아미노산의 곁사슬을 나타낸다. *(b)* α-나선 2차 구조. *(c)* β-병풍 2차 구조. 수소결합이 펩티드 결합에 참여하는 원자 간에 일어나고 R기를 포함하지 않는 것에 주목하라.

은 아미노산에서 보이는 방향족 고리 구조까지 매우 다양하다 (그림 4.28*b*). 유사한 화학적 성질을 보이는 곁사슬을 갖는 아미노산들을 유사한 화학적 특성을 보이고 따라서 아미노산의 "계통군(families)"으로 묶을 수 있다 (그림 4.28*b*). 예를 들어, 아스파르트산(aspartic acid)이나 글루탐산(glutamic acid)처럼 곁사슬이 카르복실기를 포함하면 아미노산에 산성(*acidic*)을 띠게 할 수도 있다. 다른 아미노산들은 추가로 아미노기를 포함하여 양성으로 만들고 염기성을 띠게 한다. 비극성 곁사슬을 갖는 몇 가지 아미노산들은 비극성(*nonpolar*) 아미노산 그룹으로 불린다. 시스테인(cysteine)은 술프히드릴기 (sulfhydryl group, –SH)를 가지고 있다. 술프히드릴기를 사용하여 두 개의 시스테인(cysteine)은 이황화물 결합(disulfide linkage, R–S–S–R)을 형성하여 두 개의 폴리펩티드 사슬을 연결할 수가 있다.

단백질의 다양성 및 구조

화학적으로 구별되는 아미노산의 다양성은 광범위하게 다른 생화학적 특성을 가질 수 있으며 구조적으로 독특한 수많은 단백질들을 생산할 수 있도록 한다. 폴리펩티드가 평균적으로 300개의 아미노산을 갖는다고 가정하면, 이론적으로 22^{300}의 다른 폴리펩티드 서열이 가능하다. 어느 세포도 이렇게 많은 단백질의 근처도 보유하지는 못한다. 한 개의 *Escherichia coli* 세포는 약 2000종류의 다른 단백질을 보유하는데, 정확한 숫자는 주어진 자원 (영양분)과 생장 조건에 따라서 크게 좌우된다.

폴리펩티드 내의 아미노산의 선형 배열을 1차 구조(*primary structure*)라고 한다. 이는 궁극적으로 폴리펩티드 접힘을 결정하는데, 이것이 생물학적 활성을 결정하는 것이다. 단백질의 1차 구조에서 단 1개의 아미노산이 변화해도 활성에 영향을 줄 수가 있다. 폴리펩티드는 한 번 형성이 된 후에 더 안정적인 구조를 형성하기 위해서 접혀진다. 두 펩티드 결합의 산소와 질소 원소 간에 수소결합이 2차 구조(*secondary structure*)인 폴리펩티드가 원통 주위를 감고 있다고 상상을 할 수 있는 α-나선(*α-helix*) 혹은 반복적으로 앞뒤로 접혀진 형태인 β-병풍(*β-sheet*)을 만들어낸다 (**그림 4.30**). 폴리펩티드들은 도메인(*domain*)이라고 불리는 α-나선과 β-병풍 2차 구조 모두를 갖는 구역들을 포함할 수 있다. 분자 내에서 접힘의 종류와 위치는 1차 구조 및 수소결합의 이용 기회에 따라서 결정이 된다.

폴리펩티드 내의 아미노산의 R기(R-group) 간의 상호작용은 두 가지 더 높은 수준의 구조를 발생시킨다. **3차 구조(tertiary structure)**는 소수성 상호작용(hydrophobic interaction)에 크게 의존하며, 수소결합, 이온결합 및 이황화물 결합(disulfide bond)은 공헌은 좀 더 적은데, 전체적으로 폴리펩티드의 3차원 형태를 이루도록 한다 (**그림 4.31**). 많은 단백질이 두 개 이상의 폴리펩티드로 구성

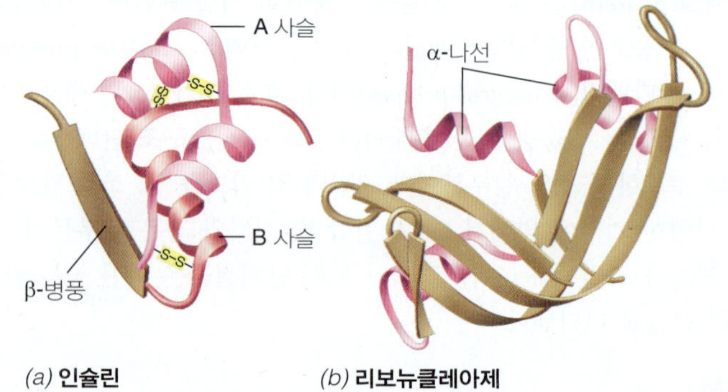

그림 4.31 폴리펩티드 3차 구조. *(a)* 인슐린(insulin), 두 개의 폴리펩티드 사슬을 포함하는 단백질; B 사슬이 α-나선과 β-병풍 2차 구조 모두를 포함하는 것과 이황화물 결합(S–S)이 어떻게 접히는 방식 (3차 구조)을 지시하는데 도움을 주는지 주목하라. *(b)* 리보뉴클레아제, α-나선과 β-병풍 2차 구조의 여러 지역들을 갖는 거대한 단백질.

되며, **4차 구조(quaternary structure)**를 보인다. 이런 단백질에서 4차 구조는 분자 내의 소단위(*subunit*)라고 하는 폴리펩티드의 수와 2차 구조로 표현된다. 4차 구조는 다양한 여러 상호작용들과 또한 이황화물 결합에 의해서 안정화가 될 수가 있다. 만일 두 다른 폴리펩티드에 있는 시스테인들이 결합한다면 이황화물 결합이 두 소단위를 연결시킨다.

만일 단백질이 높은 온도, 극단적인 pH, 단백질의 접힘에 영향을 주는 화학물질에 노출되면 **변성(denaturation)**이 일어날 수 있다. 이런 일이 일어나면 단백질의 생물학적 특성과 함께 2차, 3차 및 4차 구조를 잃어버리게 된다. 그러나 펩티드 결합은 끊어지지 않기 때문에 변성된 폴리펩티드는 1차 구조를 유지한다. 변성 조건의 심각성에 따라서 변성 원인물(denaturant)을 제거한 후에는 폴리펩티드의 올바른 재접힘이 일어날 수도 있을 것이다. 그러나 재접힘이 바르지 않으면 단백질은 효과적인 면에서 "죽은(dead)" 것이 되고 단백질분해효소(protease)에 의해서 분해되어 새로운 단백질 합성을 위한 아미노산들로 방출된다.

미니퀴즈

- 아미노산 알라닌(alanine)과 티로신(tyrosine)을 포함하는 디펩티드(dipeptide)의 구조를 그리고 펩티드 결합을 표시하라.
- 단백질 구조의 다른 등급들을 구분지어라.
- 변성이란 무엇이며 이 과정이 왜 세포에 해로운가?

4.8 운반 RNA

단백질에 대한 기초를 가지고 단백질 합성에 대해서 고려해 보겠다. 그러나 이를 위해서는 운반 RNA (tRNA)의 역할을 먼저 이해해야만 한다. 운반 RNA는 번역 장치에 아미노산을 운반하는 기능을 한다. 정확한 아미노산을 운반하는 것을 보장하기 위하여 각각의 tRNA는 mRNA 상의 코돈 (codon, 한 아미노산을 암호화하는 3개 염기)을 인식하는 특별한 3개의 뉴클레오티드로 서열로 된 3개 염기의 **안티코돈(anticodon)**을 가지고 있다 (4.10절). 동족의(*cognate*) 아미노산이라고 부르는 정확한 아미노산은 **아미노아실 tRNA 합성효소(aminoacyl-tRNA synthetase)**라고 하는 효소에 의해서 특정한 운반 RNA에 결합된다. 각각의 아미노산을 위하여 동족 아미노산과 여기에 일치하는 안티코돈을 갖는 tRNA 모두에 특이적으로 결합하는 독립된 아미노아실 tRNA 합성효소가 존재함으로 각각의 tRNA는 정확한 아미노산을 받도록 보장된다.

tRNA의 일반적 구조

원핵세포에는 약 60여 종의 다른 tRNA가 인간 세포에는 100~110 종의 다른 tRNA가 존재한다. 운반 RNA는 73~93개의 뉴클레오티드로 짧고, 단일가닥 분자로서, 광범위한 2차 구조를 갖는다. 어떤 염기들과 2차 구조들은 모든 tRNA에서 변화가 없는 반면에, 다른 부분들은 변화가 많다. 운반 RNA는 또한 다른 종류의 RNA에서 발견되는 염기에서 변형된 퓨린과 피리미딘 염기들을 보유하고 있으며, 이런 변형은 전사 후에 일어난 것이다. 이런 비정상적인 염기들에는 슈도우리딘(pseudouridine, ψ), 이노신(inosine), 디히드로우리딘(dihydrouridine, D), 리보티민(ribothymine), 메틸구아노신(methyl guanosine), 디메틸구아노신(dimethyl guanosine)과 메틸이노신(methyl inosine)이 포함된다. 성숙되고 활성을 갖는 tRNA는 또한 단일가닥 분자가 그 자신이 접혀질 때에 분자 내에 형성된 염기쌍들에 의한 광범위한 이중가닥 부위가 형성되어 있다 (**그림 4.32**).

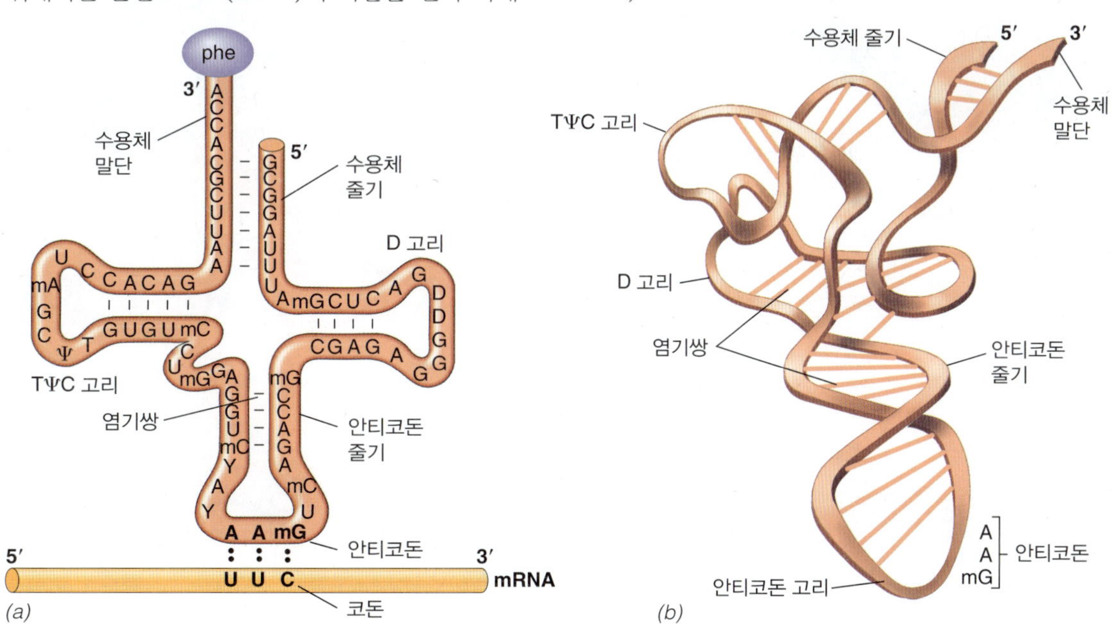

그림 4.32 운반 RNA의 구조. *(a)* 효모 페닐알라닌 tRNA의 전통적인 클로버잎 형태의 구조. 아미노산은 수용체 말단의 마지막 A의 리보오스에 연결이 된다. A, 아데닌; C, 시토신; U, 우라실; G, 구아닌; ψ, 슈도우라실; D, 디히드로우라실; m, 메틸; Y 변형된 퓨린. *(b)* 실질적으로 tRNA는 접힘으로 D 고리와 TψC 고리는 가깝게 존재하고 소수성 상호작용으로 연합되어 있다.

tRNA의 구조는 자주 클로버 잎(cloverleaf) 모양으로 그려진다(그림 4.32*a*). tRNA 2차 구조의 어떤 부분은 그 부분에서 가장 자주 발견되는 염기 (예, TψC와 D 고리들)의 이름을 따라서 혹은 특별한 기능 (안티코돈 고리와 수용체 말단)을 따라서 이름이 지어진다. 그림 4.32*b*에서 볼 수 있는 tRNA의 3차 구조 모델은 어떻게 클로버 잎 모델에서 넓게 분리된 것으로 보이던 염기들이 3차 구조로 보면 실제로는 매우 근접해 있는지 보여준다. 이런 가까운 근접함이 한 고리 내의 염기 중 일부가 다른 고리의 염기와 쌍을 형성할 수 있도록 한다 (그림 4.32*b*).

모든 tRNA에서 3′ 말단 [수용체 말단(acceptor end)]에는 3개의 염기쌍을 이루지 않은 뉴클레오티드가 있다. 이 3개의 뉴클레오티드 서열은 언제나 시토신-시토신-아데닌(*c*ytosine-*c*ytosine-*a*denine, CCA)이며, 이들은 기능을 위해서 절대적으로 필요하다. 그러나 대부분의 생명체에서 이 3개의 뉴클레오티드는 염색체 상의 tRNA 유전자에 의해서 암호화되는 것이 아니고, 대신에 CTP와 ATP를 기질로 이용하는 CCA-첨가 효소(*CCA-adding enzyme*)라는 단백질에 의해서 연속적으로 더해지는 것이다. 이후에는 동족 아미노산이 그와 상응하는 tRNA의 CCA 끝에 있는 말단 아데노신에 공유결합으로 부착된다. 이 위치로부터 아미노산이 리보솜 상에서 신장 중인 폴리펩티드 사슬에 더해지는데, 그 기작은 4.9절에서 논의될 것이다.

tRNA의 인식, 활성 및 부착

아미노아실 tRNA 합성효소에 의한 정확한 tRNA의 인식은 분명하게 번역의 정확성을 위해서 매우 중요하고 tRNA 부위와 합성효소 사이의 특이적인 접촉이 요구된다 (**그림 4.33**). 예상하겠지만, 이 유일한 서열 때문에 합성효소에 의한 tRNA의 안티코돈 인식은 중요하다. 그러나 tRNA 분자의 수용체 줄기(acceptor stem)나 D-고리의 일부를 포함하여 tRNA와 합성효소 간의 다른 접촉 부위들도 또한 중요하다 (그림 4.32*a*).

아미노아실-tRNA 합성효소에 의해 촉매되는 아미노산과 tRNA 사이의 특이적인 반응은 ATP와 반응하여 아미노산이 활성화(*activation*)되며 시작된다:

$$\text{Amino acid} + \text{ATP} \leftrightarrow \text{aminoacyl—AMP} + \text{P—P}$$

형성된 아미노아실-AMP 중간산물은 적당한 tRNA 분자와 충돌할 때까지 tRNA 합성효소에 결합된 상태로 남아 있다. 이후에는 그림 4.33*a*에서 보듯이, 활성화된 아미노산이 tRNA의 CCA에 결합되어 부착된 tRNA(*charged tRNA*)가 된다:

$$\text{Aminoacyl—AMP} + \text{tRNA} \leftrightarrow \text{aminoacyl—tRNA} + \text{AMP}$$

첫 반응에서 생성된 피로인산염(pyrophosphate, PP_i)은 2 분자의 무기인산염(inorganic phosphate)으로 분해된다. 이 반응에서는 ATP가 이용되고 AMP가 만들어지기 때문에, 총 2개의 고에너지 인산결합이 동족의 아미노산과 그 tRNA를 활성화시키는 데 사용된다. 활성화와 부착 후에는 아미노아실-tRNA는 합성효소를 떠난다. 다음 단계에서 실질적으로 폴리펩티드의 합성이 일어나는 리보솜에 의해서 결합된다.

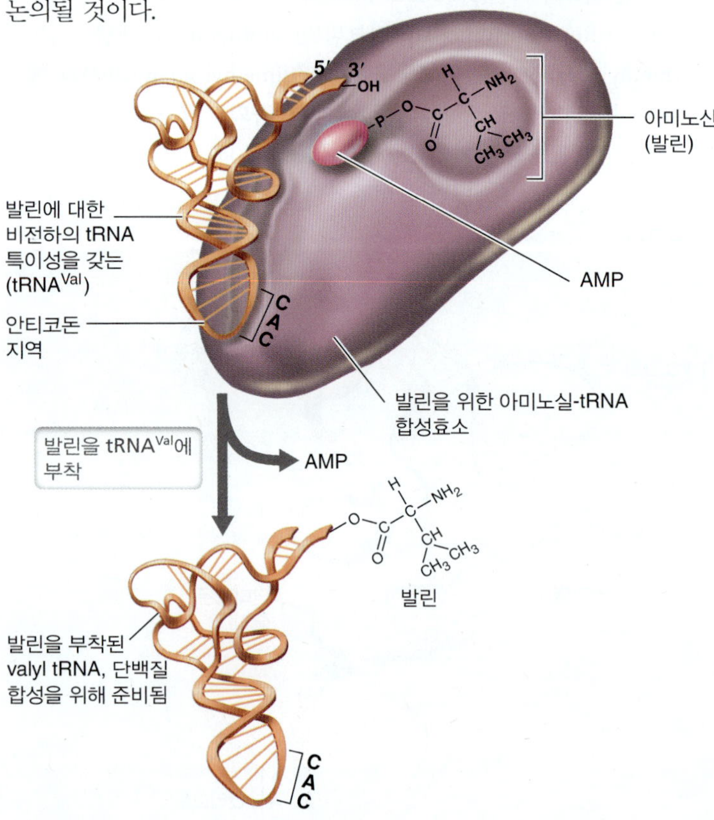

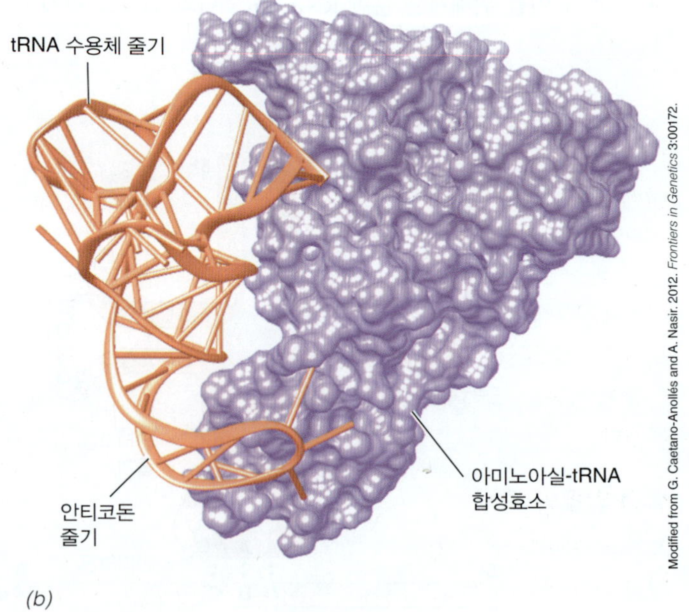

그림 4.33 아미노아실-tRNA 합성효소. *(a)* 아미노아실-tRNA 합성효소의 작용 방법. 특정한 합성효소가 정확한 tRNA를 인식하는 것에는 tRNA D-고리 내의 특정한 핵산 서열과 tRNA의 수용체 줄기와 합성효소의 특정한 아미노산 사이의 접촉이 관여한다. 이 도형에서는 아미노산 발린에 특이적인 발릴-tRNA 합성효소가 발린-AMP의 발린이 tRNA에 전달되는 반응의 마지막 단계를 촉매하는 것을 보여준다. *(b) Thermus themophilus*의 프롤린-tRNA 합성효소와 그 tRNA의 상호작용을 보여주는 컴퓨터 모델.

표 4.4 mRNA의 삼자체 염기서열에 의해서 표현되는 유전 암호

코돈	아미노산	코돈	아미노산	코돈	아미노산	코돈	아미노산
UUU	페닐알라닌	UCU	세린	UAU	티로신	UGU	시스테인
UUC	페닐알라닌	UCC	세린	UAC	티로신	UGC	시스테인
UUA	루이신	UCA	세린	UAA	없음 (정지신호)	UGA	없음 (정지신호)
UUG	루이신	UCG	세린	UAG	없음 (정지신호)	UGG	트립토판
CUU	루이신	CCU	프롤린	CAU	히스티딘	CGU	아르기닌
CUC	루이신	CCC	프롤린	CAC	히스티딘	CGC	아르기닌
CUA	루이신	CCA	프롤린	CAA	글루타민	CGA	아르기닌
CUG	루이신	CCG	프롤린	CAG	글루타민	CGG	아르기닌
AUU	이소루이신	ACU	트레오닌	AAU	아스파라긴	AGU	세린
AUC	이소루이신	ACC	트레오닌	AAC	아스파라긴	AGC	세린
AUA	이소루이신	ACA	트레오닌	AAA	리신	AGA	아르기닌
AUG (시작)[a]	메티오닌	ACG	트레오닌	AAG	리신	AGG	아르기닌
GGU	발린	GCU	알라닌	GAU	아스파르트산	GGU	글리신
GUC	발린	GCC	알라닌	GAC	아스파르트산	GGC	글리신
GUA	발린	GCA	알라닌	GAA	글루탐산	GGA	글리신
GUG	발린	GCG	알라닌	GAG	글루탐산	GGG	글리신

[a]AUG는 세균의 폴리펩티드 사슬의 시작에 *N*-포르밀메티오닌을 암호화함.

미니퀴즈

- tRNA에서 안티코돈의 기능은 무엇인가?
- tRNA에서 수용체 줄기(acceptor stem)의 기능은 무엇인가?
- 부착된 tRNA (charged tRNA)를 형성하기 위해서 요구되는 단계들은 무엇인가?

4.9 번역 및 유전 암호

유전정보 전달의 핵심은 핵산 주형과 폴리펩티드 아미노산 서열 간의 대응성(correspondence)이다. 이 대응성은 **유전 암호(genetic code)**에 기반을 둔다. 3개의 염기로 된 **코돈(codon)**이라는 mRNA 삼자체(triplet)가 각각 특정한 아미노산을 암호화한다 (코돈 그 자체는 생명체의 유전체에 의해서 암호화됨). 64개의 가능한 코돈 (4 염기에서 3개를 선택하는 경우는 4^3)을 **표 4.4**에 나타내었다. 아미노산을 암호화하는 코돈에 더해서 번역의 시작과 정지를 위한 코돈들이 있음을 또한 주목하라. 여기서는 세균의 번역에 초점을 맞추겠다.

유전 암호의 특성

22개의 아미노산이 자연적으로 존재하고 코돈(codon)은 64개가 있기 때문에, 몇 개의 아미노산들은 2개 이상의 코돈에 의해서 암호화될 수가 있다. 이와 같이 "단어 (word, 즉 아미노산)"와 암호 (code, 즉 코돈) 사이에 1 대 1의 대응성이 없는 암호를 중복성 암호(*degenerate code*)라고 한다. 코돈은 tRNA 상에 위치한 안티코돈(*anticodon*)의 상보성 서열과 특정한 염기쌍 형성에 의해서 인식된다 (4.8절). 만일 이런 염기쌍 형성이 언제나 A는 U와 G는 C와 이루어지는 표준 염기쌍이라면, 최소한 하나의 특정한 tRNA가 각 코돈을 인식하기 위해서 필요할 것이다. 일부 경우에 이는 사실이다. 예를 들어, *Escherichia coli*에는 아미노산인 루이신(leucine)의 각 코돈 (표 4.4)에 하나씩, 6개의 다른 tRNA가 존재한다. 반면에 어떤 tRNA는 하나 그 이상의 코돈을 인식할 수 있다. 예를 들어, *E. coli*에는 2개의 리신(lysine) 코돈이 있지만, 단 1개의 리실(lysyl) tRNA가 존재하며 이것의 안티코돈은 AAA나 AAG와 모두 염기쌍을 형성할 수 있다. 이런 경우에는 tRNA 분자가 코돈의 처음 두 위치에서는 표준 염기쌍을 형성하지만, 3번째 위치에서는 불규칙한 염기쌍 형성을 허용한다. 이런 현상을 **동요(wobble)**라고 하며, **그림 4.34**에 그려져 있다.

만일 하나의 아미노산이 다수의 코돈에 의해서 암호화되며 대

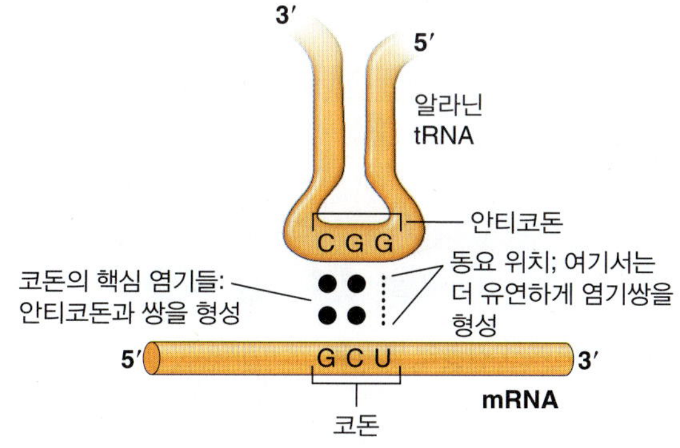

그림 4.34 동요 개념. 코돈의 3번째 염기에서는 앞의 2개보다 염기쌍 형성이 더 유연하다. 여기서는 단지 tRNA의 일부분만을 나타냈다.

부분의 코돈들은 전형적으로 염기서열이 가깝게 연관되어 있으며 대개 단지 3번째 위치만 달라서 (표 4.4) 동요를 허락한다 (그림 4.34). 흥미롭게도 어떤 1개의 아미노산을 위한 여러 개의 코돈들이 같은 빈도로 이용되지 않는데, 이는 생명체에 따라서 다양한 **코돈 편중(codon bias)**을 생기게 한다. 코돈 편중은 다른 tRNA 분자들의 농도의 편향성과 일치한다. 즉 희귀하게 이용되는 코돈에 일치하는 tRNA는 대개 낮은 수준으로 생산이 된다.

정지와 개시 코돈 및 열린해독틀

전령 RNA는 세균에서 *N*-포르밀메티오닌(*N-formylmethionine*)이라는 화학적으로 변형된 메티오닌을 암호화하는 **개시 코돈(start codon, AUG)** (표 4.4)을 시작으로 번역된다. 암호화 지역의 시작(*beginning*)에 있는 AUG는 *N*-포르밀메티오닌을 암호화하지만, 암호화 지역 내에 존재하는 AUG는 메티오닌을 암호화한다. 반대로 고균과 진핵생물은 폴리펩티드의 첫 아미노산에 변형이 되지 않은 메티오닌을 삽입한다.

삼자체 암호를 가지고 정확한 뉴클레오티드에서 번역이 시작되는 것이 중요하다. 그렇지 않으면, mRNA의 전체 해독틀(reading frame)이 이동되고 완전히 다른, 대개는 불활성인 단백질이 만들어질 것이다. 다른 경우에 이동에 의해서 정지 코돈이 (표 4.4) 열린해독틀에 도입되면, 폴리펩티드는 미성숙한 상태로 종결될 것이다. 유전자에 의해서 암호화된 폴리펩티드를 생산하도록 번역될 수 있는 해독틀을 제로 틀(*0 frame*)이라고 부른다; 다른 가능한 해독틀 (+1과 −1)은 동일한 서열의 아미노산을 암호화하지 않는다 (**그림 4.35**). 해독틀의 정확성(fidelity)은 mRNA와 리보솜 내의 rRNA의 상호작용에 의해서 통제가 된다. 세균에서는 리보솜 RNA는 mRNA 상에서 리보솜-결합 서열(*ribosome-binding sequence*, RBS) 혹은 발견자의 이름을 따라서 Shine-Dalgarno 서열(*Shine-Dalgarno sequence*)이라고 불리는 상류 서열의 도움을 받아서 특정한 AUG를 개시 코돈으로 인식한다. 이런 상류 쪽의 정렬이 요구된다는 것이 왜 세균의 일부 mRNA에서 개시 코돈으로 GUG 같은 다른 코돈을 이용할 수 있는지를 설명한다. 그러나 RBS 때문에, 이런 비정상적인 개시 코돈들도 개시 아미노산으로 *N*-포르밀메티오닌을 넣도록 지시한다 (그림 4.36 참조).

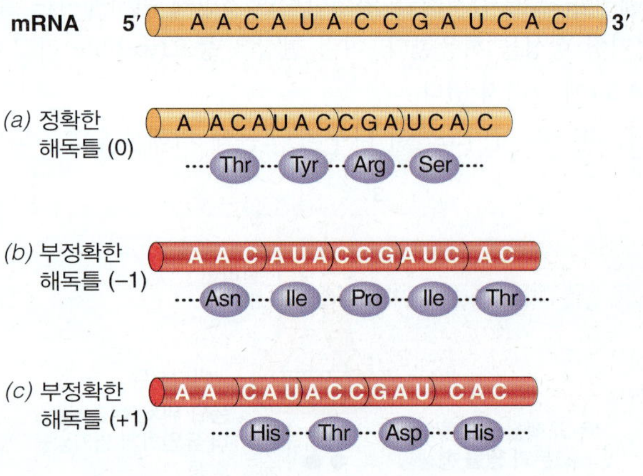

mRNA 5′ A A C A U A C C G A U C A C 3′

(*a*) 정확한 해독틀 (0)
A ACA UAC CGA UCA C
Thr Tyr Arg Ser

(*b*) 부정확한 해독틀 (−1)
A A C AUA CCG AUC AC
Asn Ile Pro Ile Thr

(*c*) 부정확한 해독틀 (+1)
A A CAU ACC GAU CAC
His Thr Asp His

그림 4.35 mRNA에서 가능한 번역틀. 한 mRNA의 내부 서열을 나타냈다. (*a*) 리보솜이 정확한 번역틀에 위치할 경우에 암호화되는 아미노산 ("0" 번역틀로 표시). (*b*) 리보솜이 −1 번역틀에 위치할 경우에 mRNA의 이 부분에 의해서 암호화되는 아미노산. (*c*) 리보솜이 +1 번역틀에 있을 때에 암호화되는 아미노산.

UAA, UAG 및 UGA (표 4.4)는 **정지 코돈(stop codon)**으로 mRNA 상의 단백질을 암호화하는 서열의 번역을 멈추도록 신호를 준다. 정지 코돈은 또한 **비인식 코돈(nonsense codon)**이라고도 하는데, 번역을 종결할 때에 신장 중인 폴리펩티드의 "인식(sense)"을 방해하기 때문이다. 세균과 고균의 몇 드문 경우에서는 비인식 코돈이 비정상적인 아미노산인 셀레노시스테인(selenocysteine)과 피로리신(pyrrolysine)이다 (그림 4.28). 이런 경우가 일어날 때에는 안티코돈이 정지 코돈을 읽는 특별한 tRNA가 이용된다. 이런 비정상적인 경우를 조절하는 것은 현재는-암호화에 이용되는 정지 코돈의 아래 지역(downstream)에 있는 인식 서열이며, 셀레노시스테인과 피로리신을 포함하는 tRNA를 투입하도록 신호를 보낸다. 아주 소수의 미생물들이 아미노산을 암호화하는데 전통적인 정지 코돈을 사용하지만, 이런 경우에는 생명체들이 단순히 번역 정지 부위로서 이런 특정한 정지 코돈들을 제공한다.

만일 mRNA가 번역된다면 **열린해독틀(open reading frame, ORF)**을 포함하고 있기 때문이다: 많은 수의 코돈들이 뒤를 잇는 하나의 개시 코돈 (일반적으로 AUG)과 개시 코돈과 같은 해독틀을 갖는 하나의 정지 코돈. 열린해독틀을 찾기 위하여 DNA 염기서열을 전산적인(computational) 방법들을 이용하여 탐색할 수 있다. 개시 코돈과 정지 코돈을 찾는 것에 더해서, 단백질을 암호화하는 ORF를 확인하기 위하여 프로모터와 리보솜-결합 서열을 찾는 것 또한 전산적인 분석에 포함될 수 있다. 만일 알지 못하는 DNA 조각의 서열이 분석된다면 ORF의 검색이 유전체학(genomics) 분야의 중심이 된다 (9장).

미니퀴즈

- 정지 코돈과 개시 코돈은 무엇인가? 왜 리보솜이 "틀 내에서(in frame)" 읽는 것이 중요한가?
- 코돈 편중이란 무엇인가?.
- 뉴클레오티드 서열이 주어진다면, 어떻게 ORF를 찾을 것인가?

4.10 단백질 합성 기작

단백질 합성은 역동적인 과정이고 3가지의 중요한 단계로 나눌 수 있다: 개시(*initiation*), 신장(*elongation*) 및 종결(*termination*). mRNA, tRNA 및 리보솜에 더해서, 번역에는 수많은 개시, 신장 및 종결 단백질들과 이 과정에 필요한 에너지를 제공하는 고에너지 화학물인 구아노신 삼인산(GTP)이 요구된다.

리보솜 및 번역의 개시

리보솜(ribosome)은 단백질이 합성되는 장소이다. 세포는 수천 개의 리보솜을 보유하는데, 더 빠른 성장률일수록 그 수가 많아

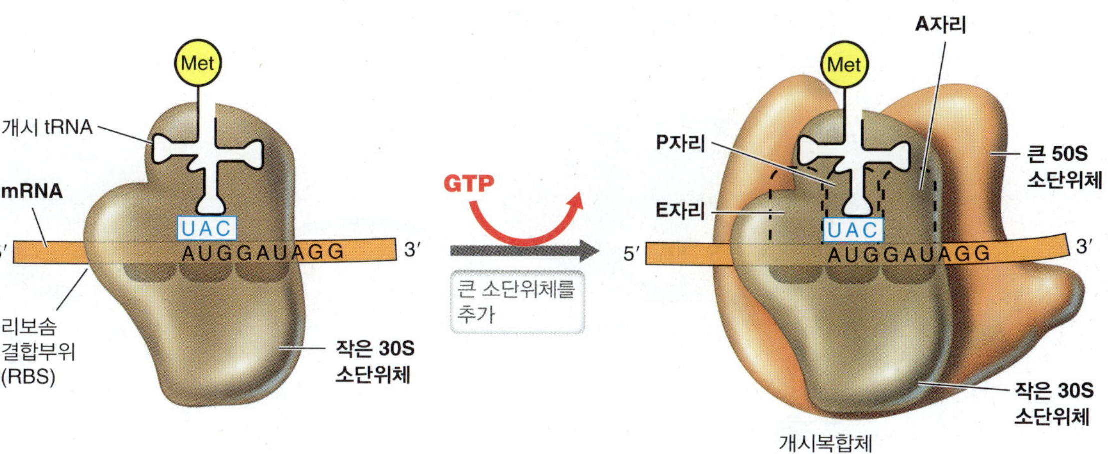

그림 4.36 리보솜과 단백질 합성의 개시. mRNA와 *N*-포르밀 메티오닌 ("Met")을 운반하는 개시 tRNA가 리보솜의 작은 소단위에 먼저 결합한다. 개시 인자 (보이지 않음)는 커다란 리보솜 소단위의 참가를 촉진하기 위해서 GTP를 에너지로 이용한다. 개시 tRNA는 P자리에서 시작한다 (화살표의 오른손 쪽의 구조에 표시되었음).

진다. 각 리보솜은 2개의 소단위(subunit)로 구성되어 있다. 세균 및 고균은 30S와 50S의 리보솜 소단위를 갖는데 합쳐지면 완전한 70S 리보솜을 이룬다. 각 리보솜 소단위는 특이적인 리보솜 RNA와 리보솜 단백질들로 구성되어 있다. 30S 소단위는 16S rRNA와 21개의 단백질을 포함하는 반면에, 50S 소단위는 5S rRNA와 23S rRNA 및 31개의 단백질을 포함한다. 따라서 *Escherichia coli*에는 최소 52개의 구별되는 리보솜 단백질들이 존재하며, 대부분 리보솜당 1개의 복사물로 존재한다. 리보솜은 매우 역동적인 구조로서 각 부분이 결합과 분리를 반복하고, 많은 다른 단백질들과 상호작용한다. 여기에 더해서 번역인자(*translation factor*)로 불리는 여러 개의 세포질에 존재하는 단백질들이 번역에 필수적이고 번역 과정의 다양한 단계들에서 리보솜과 상호작용을 한다.

세균에서 단백질 합성의 개시는 언제나 유리된 30S 소단위에서 시작한다 (**그림 4.36**). 이로부터 개시 복합체(*initiation complex*) 형성에는 30S 리보솜 소단위, mRNA, 개시 tRNA (initiator tRNA)인 포르밀메티오닌-tRNA와 개시 단백질들인 IF1, IF2 및 IF3가 요구된다. 세균에서 포르밀기(formyl group)는 폴리펩티드가 완성된 후에 제거된다. GTP 또한 이 단계에서 필요하다. 다음으로 50S 소단위가 개시 복합체에 더해져서 활성을 갖는 70S 리보솜을 형성한다. mRNA의 개시 코돈 바로 앞이 리보솜-결합 서열 (그림 4.36에서 RBS)을 구성하는 3~9개의 뉴클레오티드 서열이 있다. 이 부위는 mRNA의 5′ 말단 쪽에 있으며 리보솜의 일부인 16S rRNA의 3′ 말단의 염기서열과 상보적이다. 이 2 분자들 간의 염기쌍 형성이 리보솜-mRNA 복합체가 올바른 번역틀을 갖도록 견고하게 붙잡는다. 폴리시스트론(polycistronic) mRNA (4.5절)는 각 암호화 서열의 상류(upstream)에 하나씩 여러 개의 RBS 서열을 보유하고 있다. 이는 리보솜이 RBS에 결합하는 것에 의해서 하나의 전령(message) 내에서 각각의 개시 부위에 위치할 수 있기 때문에 세균의 리보솜이 동일한 mRNA 상에서 여러 개의 유전자를 번역할 수 있도록 한다.

신장, 자리이동 및 종결

번역을 하는 동안에 mRNA는 30S 소단위에 부착되며 리보솜을 통하여 꿰어진다. 리보솜은 tRNA가 반응하는 다른 자리를 가지고 있다. 이런 자리 가운데 2자리는 일차적으로 50S 소단위 상에 위치하는데 수용체(*acceptor*) A자리(*A site*)와 펩티드(*peptide*) P자리(*P site*)라고 한다 (**그림 4.37**). A자리는 아미노산이 부착된 새로운 tRNA가 처음으로 붙는 자리로서 A자리에 tRNA가 하적(loading)이 되는 것은 신장 인자(elongation factor) EF-Tu에 의해서 도움을 받는다. P자리 혹은 펩티드 자리(peptide site)는 신장 중인 펩티드가 앞선 tRNA에 부착되는 자리이다. 펩티드 결합이 형성되는 동안에, 새로운 펩티드 결합이 형성됨에 따라서 성장 중인 폴리펩티드 사슬은 A자리의 tRNA로 옮겨진다. EF-Tu에 더해서 더 많은 GTP뿐만 아니라 신장 인자 EF-Ts가 필요하다 (그림 4.37).

신장 후에는 펩티드를 붙잡고 있는 tRNA가 A자리로부터 P자리로 자리이동(translocation)을 하고, 따라서 아미노산이 부착된 새로운 tRNA를 위해서 A자리를 비워주게 된다; 여기에는 신장인자인 EF-G와 매 번의 이동 과정마다 한 분자의 GTP가 요구된다 (그림 4.37). 각각의 자리이동마다 리보솜은 mRNA를 따라서 3개의 뉴클레오티드 (1개의 코돈) 앞으로 나아가서 A자리에 새 코돈이 노출되도록 한다. 자리이동은 비어 있는 tRNA를 방출(exit) E자리(E site)라 부르는 세 번째 자리로 밀어내는데 tRNA가 리보솜에서 방출되는 곳이 여기이다. 자리이동 단계의 정밀도는 단백질 합성의 정확성을 위해서 매우 중요하다. 즉 리보솜은 매 단계 정확하게(*exactly*) 하나의 코돈을 이동해야만 하는데 그렇지 않으면 자리이동의 정밀성이 제대로 발휘되지 못할 것이다.

여러 개의 리보솜들이 하나의 mRNA 분자를 동시에 번역하여 폴리솜(*polysome*)이라는 복합체를 형성할 수 있다 (**그림 4.38**). 폴리솜 내의 각각의 리보솜은 하나의 완전한 폴리펩티드를 만들기 때문에 폴리솜은 번역의 속도와 효율을 동시에 증가시킨다. 그림 4.38에서 mRNA 분자의 5′ 말단 (시작)에 가장 가까운 폴리솜 내의 리보솜은 단지 몇 개의 코돈만이 읽혔기 때문에 짧은 폴리펩티드가 부착되어 있는 반면에, mRNA의 3′ 말단에 가장 가까운 리보솜은 거의 완성된 폴리펩티드를 가지고 있음을 주목하라.

자리이동은 리보솜이 정지 코돈 (표 4.4)에 이르면 어떤 tRNA도 결합하지 않기 때문에 종결된다. 대신에 방출인자(*release factor*,

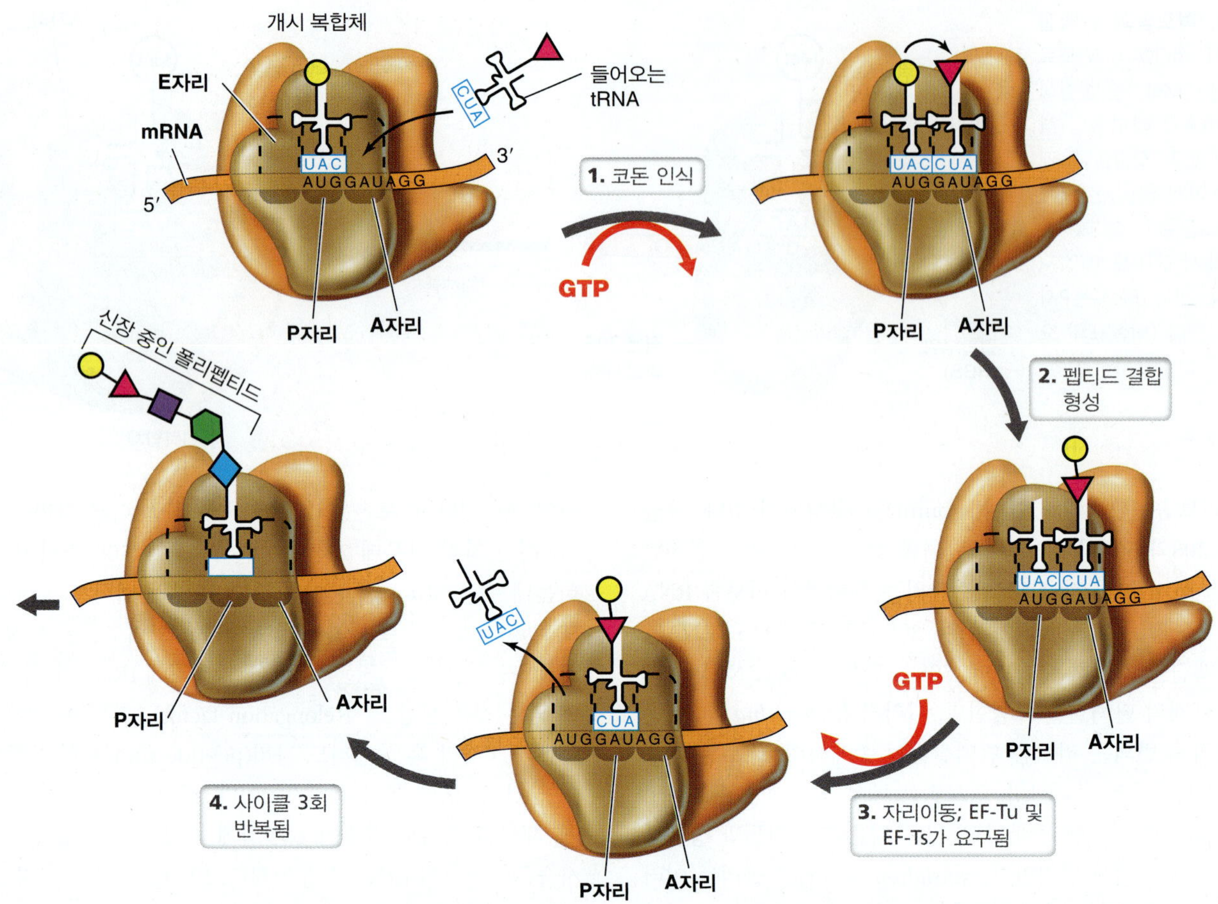

그림 4.37 번역의 신장 회로. 1. 신장인자 (elongation factor, 보이지 않음)는 들어오는 tRNA를 A자리에 잡기 위해서 GTP를 이용한다. 2. 펩티드 결합 형성은 23S rRNA가 촉매한다. 3. 한 코돈에서 다음 것으로 mRNA를 따라서 리보솜이 자리이동을 하는 것은 추가로 GTP의 가수분해가 필요하며 tRNA가 성장 중인 펩티드와 함께 P자리로 이동하는 결과가 된다. 밖으로 나가는 tRNA는 E-자리로부터 방출된다. 4. 다음에 아미노산을 갖는 tRNA가 A자리에 결합하고 회로는 반복된다. mRNA의 코돈으로 표현되는 유전암호는 표 4.4에 있다.

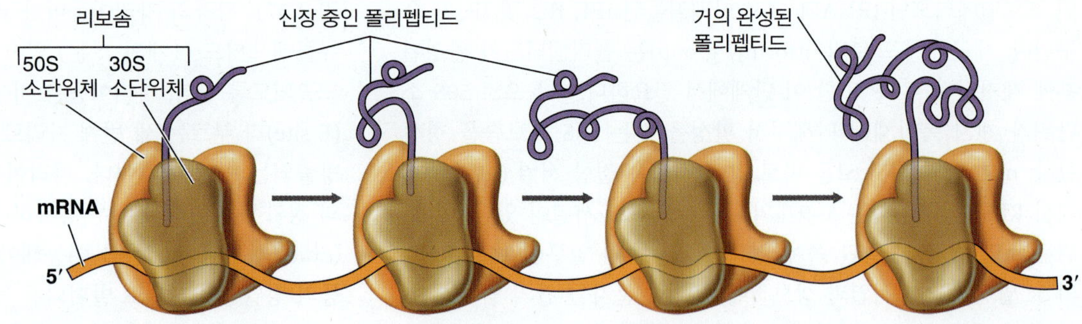

그림 4.38 폴리솜. 단일 전령 RNA 상에서 여러 개의 리보솜에 의한 번역은 폴리솜을 형성한다. 전령의 5′-말단에 가장 가까운 리보솜의 번역 과정이 3′에 가까운 리보솜보다 초기 단계이고, 따라서 최종 폴리펩티드의 일부 짧은 부분만이 만들어진 것에 주목하라.

RF)라는 단백질이 정지 코돈을 인식하고 부착된 폴리펩티드를 최종 tRNA로부터 절단하여, 마지막 산물을 방출한다. 이후에 리보솜 소단위들이 분리되고, 30S와 50S 소단위들은 자유롭게 새로운 개시 복합체 (그림 4.36)를 형성하여, 이 과정을 반복하게 된다.

단백질 합성에서 리보솜 RNA의 역할

리보솜 RNA (ribosomal RNA)는 단백질 합성의 개시부터 종결까지 전체 단계에서 중요한 기능을 한다. 반면에 리보솜에 존재하는 많은 단백질들의 일차적인 역할은 리보솜 RNA 내의 핵심적인 서열들의 위치를 잡아주기 위한 골격을 형성하는 것이다. 세균에서 16S rRNA가 mRNA 상의 리보솜-결합 부위(RBS)와 염기쌍을 형성하여 개시를 촉진하며 리보솜 단백질들과 함께 A자리와 P자리 내에 mRNA의 위치를 잡아 준다. 또한 리보솜 RNA는 리보솜 상의 tRNA를 위치를 잡는 것뿐만 아니라 리보솜 소단위들의 연합에도 중요한 기능을 한다 (그림 4.36 및 4.37). 아미노산이 부착된 tRNA가 코돈-안티코돈 염기쌍 형성에 의해서 정확한 코돈을 인식하지만 (그림 4.34), 이것은 또한 tRNA의 안티코돈 줄기-고리와 16S rRNA 내의 특이적인 서열과의 상호작용에 의해서 리보솜에

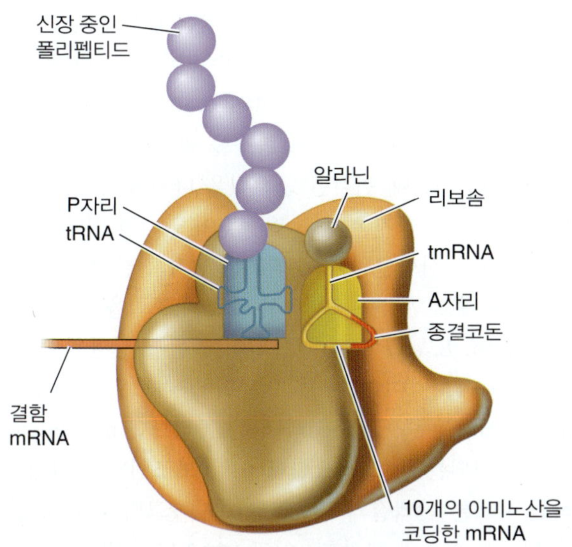

그림 4.39 tmRNA에 의해서 멈춘 리보솜의 분리. 정지 코돈이 없는 결함을 갖는 mRNA는 일부만 합성된 폴리펩티드가 부착된 tRNA (푸른색)가 P자리에 있는 상태에서 리보솜을 멈추게 한다. A 자리에 결합한 tmRNA (노란색)는 번역이 tmRNA가 제공하는 정지 코돈까지 계속되도록 한다.

결합되어 있다. 더욱이 tRNA의 수용체 말단 (그림 4.36 및 4.37)은 23S rRNA 내의 서열과 염기쌍을 형성한다.

mRNA의 배열과 전사물의 자리이동에서의 역할에 더해서, rRNA는 또한 펩티드 결합의 실질적인 형성을 촉매한다. 이 펩티딜 트란스페라아제 반응(peptidyl transferase reaction)은 리보솜의 50S 소단위 상에서 일어나는데, 이는 23S rRNA 단독으로 촉매된다. 이 rRNA는 또한 자리이동에서도 중요한 역할을 하고, 신장인자들과도 상호작용한다. 따라서 리보솜 RNA는 리보솜의 구조적 골격으로 참여하는 것 이외에 번역 과정에서 매우 중요한 촉매 작용을 수행한다.

잡힌 리보솜의 분리

정지 코돈(stop codon)이 결여된 결함이 있는 mRNA는 정확하게 번역될 수가 없다. 이런 결함은 정지 코돈이 제거된 돌연변이, 결함이 있는 mRNA의 합성 혹은 번역되기 전에 mRNA가 부분적으로 분해된 경우에 일어난다. 만일 리보솜이 mRNA의 말단에 도달했는데 정지 코돈이 없다면, 방출인자가 결합할 수 없고, 리보솜은 mRNA로부터 분리될 수 없다; 리보솜이 효과적으로 "잡힌(trapped)" 것이다. 이를 해결하기 위하여 세균 세포는 멈추어 선 리보솜을 풀어주는 *tmRNA*라는 작은 RNA 분자를 생산한다 (**그림 4.39**). 이름에서 "tm"은 tmRNA가 알라닌 아미노산을 운반하는 tRNA와 번역될 수 있는 짧은 RNA 서열을 갖는 mRNA 모두를 모방한다는 사실을 의미한다. tmRNA가 멈춰선 리보솜과 충돌하면, 결함을 갖는 mRNA의 옆에 결합한다. 그리고 단백질 합성이 재개되는데, 먼저 tmRNA에 알라닌을 추가하고 연이어 짧은 tmRNA의 전령을 번역한다. tmRNA는 방출인자가 결합하여 리보솜을 분리하도록 하는 정지 코돈을 보유하고 있다. 이 구조 작업의 결과로 만들어진 단백질은 결함이 있음으로 이후에 분해된다. 이는 tmRNA에 의해서 암호화되어 결함을 갖는 단백질의 말단에 추가된 짧은 아미노산 서열에 의해서 이루어진다; 이 서열은 특정한 단백질분해효소(protease)가 그 단백질을 분해하는 신호가 된다. 따라서 tmRNA의 활동을 통하여 멈춰선 리보솜은 불활성화되는 것이 아니라 다시 단백질 합성에 참여하도록 자유롭게 풀어지게 된다.

미니퀴즈

- 리보솜의 구성요소들은 무엇인가? 단백질 합성 시에 rRNA는 어떤 기능적인 역할을 하는가?
- 완성된 폴리펩티드 사슬은 어떻게 리보솜으로부터 방출되는가?
- tmRNA는 어떻게 멈춰 선 리보솜을 풀어주는가?

V • 단백질 가공, 분비 및 표적화

번역이 유전정보 흐름의 마지막 단계이기는 하지만 (그림 4.1*a* 및 4.6), 일부 단백질은 기능을 갖기 전에 연속적으로 가공(*processing*)이 필요하다. 이런 가공에는 접힘(folding)의 보조, 혹은 일부 효소에서는 보조인자(*cofactor*)나 다른 비단백질성 그룹이 도입되는 것을 포함한다. 또한 주어진 활성을 수행하기 위해서 일부 단백질은 막이나 주변세포질에 도달하거나 혹은 다른 세포의 막을 통하여 표적물에 가야만 한다. 이런 가공 및 표적화를 위한 활동에서 접히고 수송되기 위해서는 번역된 단백질 자체에 내재된 신호뿐만 아니라 자주 다른 보조단백질의 도움이 요구된다. 본 장의 마지막 부분에서는 보조를 받는 단백질 접힘 과정 및 단백질 분비와 표적화의 기작에 대해서 다루도록 하겠다.

4.11 보조를 받는 단백질 접힘 및 샤프론

4.7절에서 어떻게 단백질이 1차, 2차, 3차 및 여러 개의 소단위로 된 단백질인 4차 구조를 포함하여 여러 수준의 구조를 갖는지 보았다. 많은 단백질들은 합성되는 동안에 자발적으로 활성을 보유한 형태를 접힌다 (그림 4.38). 그러나 일부는 그렇지 않으며 활성을 갖는 상태에 이르기 위해서는 도움이 필요하다.

중요한 세균의 샤프론

세균은 거대분자의 접힘 사건들을 촉매하는 **샤프론(chaperone)**이라고 하는 일련의 단백질들을 생산한다. 이 사건들에는 자발적으로 접히지 못하는 단백질의 접힘, 부분적으로 변성된 단백질의 재접힘(refolding), 단백질 복합체의 조립, 단백질의 비정상적인 뭉침(aggregation)을 막는 것, 얽힌 RNA를 푸는 것 및 효소에 보조인자를 삽입시키는 것이 포함된다. 샤프론은 생명체의 모든 도메인(domain)에서 발견되며, 그 서열들은 모든 생명체에서 잘 보존되어 있다.

*Escherichia coli*의 4가지 핵심 샤프론은 DnaK, DnaJ, GroEL 및 GroES 단백질이다. DnaK와 DnaJ는 ATP-의존성 효소로서, 새로이 형성된 폴리펩티드에 결합하여 비정상적인 접힘의 위험성을

증가시킬 수 있는 너무 빠른 접힘을 방지한다 (**그림 4.40*a***). 만일 DnaKJ 복합체가 단백질을 정확하게 접을 수 없다면, 부분적으로 접혀진 단백질은 다중-소단위(multi-subunit) 단백질인 GroEL과 GroES로 보내진다. 단백질은 먼저 단백질을 올바르게 접기 위하여 ATP 가수분해 에너지를 이용하는 커다란 원통 모양의 단백질인 GroEL로 들어간다. GroES는 이 과정을 보조한다 (그림 4.40*a*). 한 개의 *E. coli* 세포 내의 수천 개의 단백질 중에서 약 100개 정도가 접힘을 위해서 GroEL-GroES 복합체의 도움이 필요하며, 이들 중에서 약 12개 정도가 세균의 생존을 위해서 필수적이다.

샤프론의 다른 기능

샤프론은 세포 내에서 부분적으로 변성된 단백질을 다시 접을 수 있다. 이런 단백질 변성은 여러 원인으로 발생하지만, 자주 생명체가 일시적으로 높은 온도를 경험하기 때문에 일어난다. 그러므로 샤프론은 열 충격 단백질(*heat shock protein*)의 한 종류이고, 이들의 합성은 세포가 과도한 열에 의해 스트레스를 받을 때 크게 촉진된다 (6.10절). 열 충격 단백질과는 반대로 세포가 갑작스럽게 매우 낮은 온도로의 이동을 경험하면 저온 충격 단백질(*cold shock protein*)이 생산된다. 저온 (얼지는 않은)은 대부분의 단백질에 영향을 주지 않지만 RNA에 영향을 줄 수 있다. *E. coli*의 중요한 저온 충격 단백질인 CspA는 단백질이 샤프론이 아닌 RNA 샤프론이며 mRNA의 자발적인 2차 구조 형성을 막는다. mRNA에 작용하는 것이 아니라 저온에 민감한 단백질을 다시 접는 것들 포함하여 *E. coli*에서 많은 다른 저온 충격 단백질이 알려져 있다.

일부 샤프론은 산화환원(redox) 혹은 전자 전달 반응을 촉매하는 효소들과 같이 보조인자를 포함하는 효소의 조립을 돕는다 (3.10절). 예를 들어, *E. coli* 막에 결합되어 있는 질산환원효소(nitrate reductase)와 같은 여러 다중-소단위 몰리브도효소(molybdoenzyme)는 접히는 중에 Moco라 하는 몰리브덴(molybdenum) 보조인자가 삽입되는 것이 필요한데 이런 보조인자의 삽입은 효소-특이적인 샤프론 단백질의 도움을 받는다 (그림 4.40*b*). 질산환원효소는 혐기성 호흡의 핵심효소이고 (3.12절 및 14.13절) 3가지의 소단위로 구성된다: NarGHI. 효소가 기능을 가지려면 세포질에 있는 샤프론 단백질인 NarJ가 Moco기를 NarG에 삽입시켜야만 한다. 이 보조인자가 삽입되면 NarG 및 NarH 소단위들이 막에 결합하는 NarI 소단위와 연합하여 질산환원효소 복합체를 형성한 다 (그림 4.40*b*).

미니퀴즈

- 분자 샤프론은 무엇이며 왜 필요한가?
- 어떤 거대분자들이 열 충격 단백질에 의해서 보호받는가?
- 샤프론이 어떻게 *E. coli* 세포가 질산환원효소 만드는 것을 보조하는가?

4.12 단백질 분비: Sec 및 Tat 체계

많은 단백질들이 세포의 세포질에 존재하지만, 영양분을 수송하거나 생물에너지학적(bioenergetic) 사건들을 촉진하기 위해서 일부는 세포막의 외부인 주변세포질 (그람-음성 세균의 경우)로 수송되거나 세포막 혹은 외막(outer membrane)에 삽입되어야만 한다. 독소 혹은 세포 밖의 효소 (세포외효소, exoenzyme)는 환경에서 활

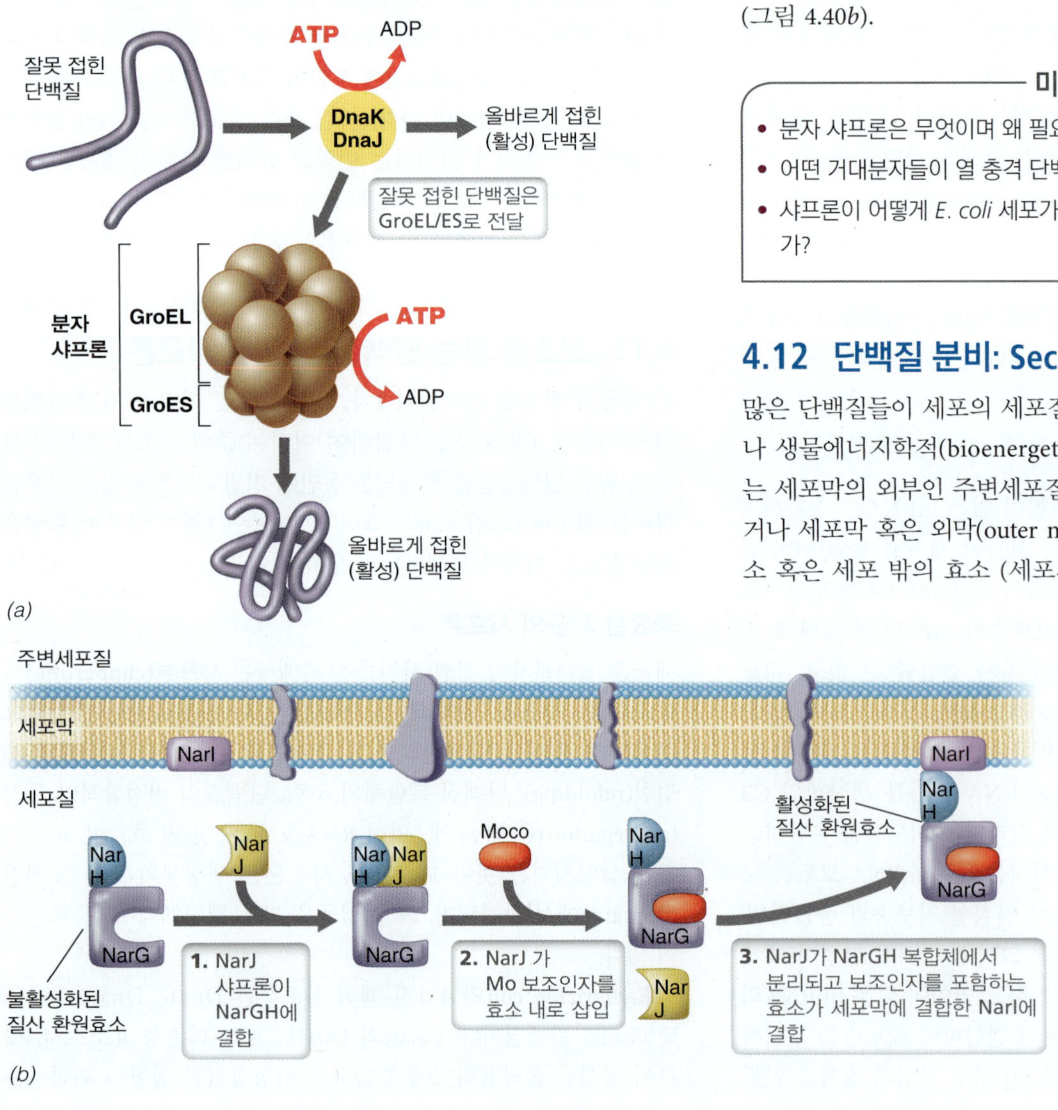

그림 4.40 샤프론 단백질의 활성. *(a)* 잘못 접혀진 단백질은 DnaKJ 복합체 혹은 GroEL-GroES 복합체에 의해서 다시 접혀질 수 있다. 두 경우 모두에서 다시 접히는 에너지는 ATP로부터 제공된다. *(b)* 보조인자의 샤프론-촉진 삽입에 의한 활성형 질산환원효소의 형성. 샤프론 단백질 NarJ는 Moco라 하는 몰리브덴 보조인자를 세포질에 있는 불활성인 NarGH 복합체까지 운반한다. Moco의 삽입 후에 NarJ는 분리되고 복합체는 막의 NarI와 결합하여 활성형 효소가 된다.

성을 갖거나 다른 세포에 침입하기 위해서는 세포로부터 완전하게 분비되어야 한다. 이런 분비되는 단백질들이 기능을 갖기 위해서는 리보솜 상의 합성된 지점에서 벗어나 세포막 안으로 들어가거나 혹은 세포막을 통과해야만 하는데, 세포들은 이런 작업을 완수하기 위한 여러 체계들을 발전시켜왔다.

신호서열

트랜스로카제(*translocase*)라고 하는 단백질들은 특정한 단백질들을 세균 및 고균의 세포막 내로 운반하거나 통과시켜서 수송한다. 예를 들어, Sec 트랜스로카제 체계는 접히지 않는 단백질을 배출하고 관통 막단백질(integral membrane protein)을 세포막에 삽입시킨다. 반면에 Tat 트랜스로카제 체계는 이미 접혀진 단백질을 세포막을 통하여 배출한다. 분비(Sec) 및 Tat 체계는 모두 세균 및 고균에서 보편적으로 존재한다.

세균 및 고균의 세포막 안으로 이동하거나 세포막을 통과해야만 하는 대부분의 단백질들은 단백질 분자의 시작부위 (N-말단, 그림 4.29)에 **신호서열(signal sequence)**로 불리는 15~20개 잔기의 아미노산 서열을 갖도록 합성이 된다. 신호서열은 매우 다양하지만, 전형적으로 시작부위에 양성 전하를 띠는 잔기를, 중앙에는 소수성(hydrophobic) 잔기를, 그 끝에는 더 큰 극성(polar) 부위를 갖는다. 신호서열은 세포의 분비 체계에 특정한 단백질은 분비되어야 한다는 "신호(signals)"를 트랜스로카제 체계에 보내기 때문에 이렇게 불리며, 또한 단백질이 완전히 접히는 것을 방지하도록 돕는데 이 과정이 그것의 분비를 방해할 수도 있기 때문이다. 신호서열은 합성되는 단백질의 앞부분이기 때문에 실질적으로는 단백질이 완전히 합성되기도 전에 수송되는 초기 단계가 진행될 수 있다 (**그림 4.41**).

Sec 및 Tat 트랜스로카제

Sec 체계에서는 세포질로부터 배출되는 접히지 않은 단백질이 SecA 단백질(*SecA protein*) 혹은 신호인식입자(*signal recognition particle, SRP*)에 의해서 인식된다 (그림 4.41). 전형적으로 SecA는 주변세포질로 수송되는 단백질에 결합하는 반면에, SRP는 세포막 안에 삽입되지만 다른 쪽으로는 방출되지는 않는 단백질에 결합한다. SRP는 모든 세포에서 발견지만 세균에서는 하나의 단백질과 암호화되지 않는 작은 RNA 분자 (4.5S RNA)로 구성된다. SecA와 SRP는 모두 단백질을 세포막 분비 복합체(membrane secretion complex)까지 전달하고, 막을 통과하거나 (Sec-매개) 막에 삽입된 (SRP-매개) 후에 신호서열은 단백질분해효소에 의해서 제거되고 단백질은 활성이 있는 형태로 접혀진다. Sec은 ATP 가수분해에 의해서 Tat은 양성자 동력(proton motive force)에 의해서 추진이 된다.

일부 단백질들은 접혀가는 중에 삽입되어야 하는 보조인자를 포함하고 있기 때문에 이동하기 전에 반듯이 접혀야만 한다; 예를 들어, 철-황 단백질들(iron-sulfur proteins), 시토크롬(cytochrome) 및 다른 호흡 관련 효소들 (3.10절). 이런 단백질들은 대개 Tat 트랜스로카제 체계에 의해서 처리가 된다 (예, 그림 4.40*b*에 제시된 질산환원효소). Tat은 "*twin arginine translocase*"의 약어인데, 이는 수송되는 단백질들은 한 쌍의 아르기닌(arginine) 잔기를 갖는 짧은 신호서열을 보유하고 있기 때문이다. 이 신호서열은 TatBC 단백질에 의해서 인식되고 접혀진 단백질은 막에 존재하는 수송체인 TatA에 전달된다. 수송 후에는 단백질분해효소에 의해서 신호서열이 제거된다.

미니퀴즈

- 신호서열이란 무엇이며 무슨 신호를 보내는가?
- 신호 인식 입자는 무엇으로 구성되는가?
- 트랜스로카제 Sec과 Tat은 분비하는 분자가 어떻게 다른가?

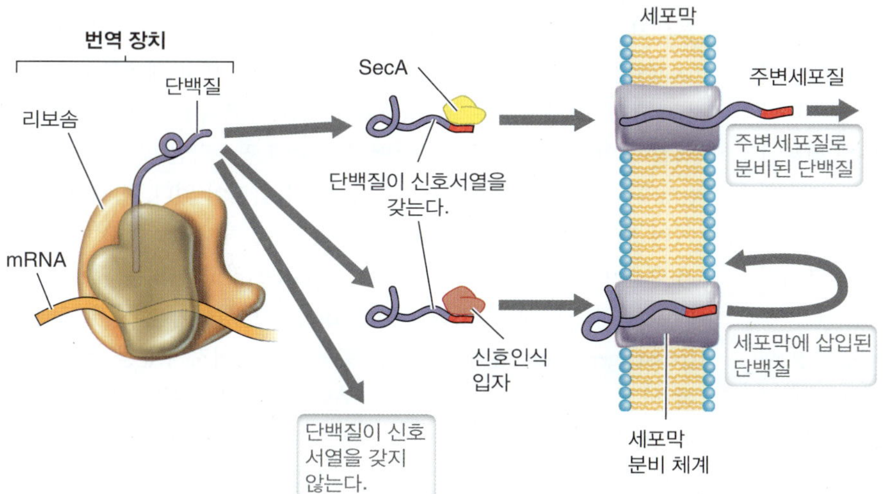

그림 4.41 SecA 분비 체계에 의한 단백질 배출. 신호서열은 SecA 혹은 신호 인식 입자에 의해서 인식되어 막의 분비 체계까지 단백질이 운반된다. 신호 인식 입자는 막에 삽입되는 단백질에 결합하는 반면에, SecA는 세포막을 통과해서 분비되는 단백질에 결합한다.

4.13 단백질 분비: 그람-음성 체계

그람-음성 세균의 외막에 단백질을 삽입하거나 작용자(*effector*)라고 불리는 작은 다른 분자들을 세포의 외부로 분비하기 위하여 제1형에서 6형(type I through VI)으로 알려진 특별한 분비 체계를 이용한다. 그람-양성 세균과 고균은 이것과 유사한 분비 체계를 보유하지만, 이 생명체들에서 이 장치들은 단지 단백질 혹은 작용자 분자를 세포막을 가로질러 수송하면 된다.

제1~6형 분비 체계는 상호공생 작용, 생체막(biofilm) 형성, 항생제 방출 및 숙주 세포 내로 단백질의 전달을 포함하는 여러 가지 세포 활동을 촉진한다. 따라서 이 체계들에 의해서 분비되는 분자들은 세균으로 하여금 환경 및 다른 생명체들과 상호작용을 하도록 한다. 이 각각의 체계들은 아미노

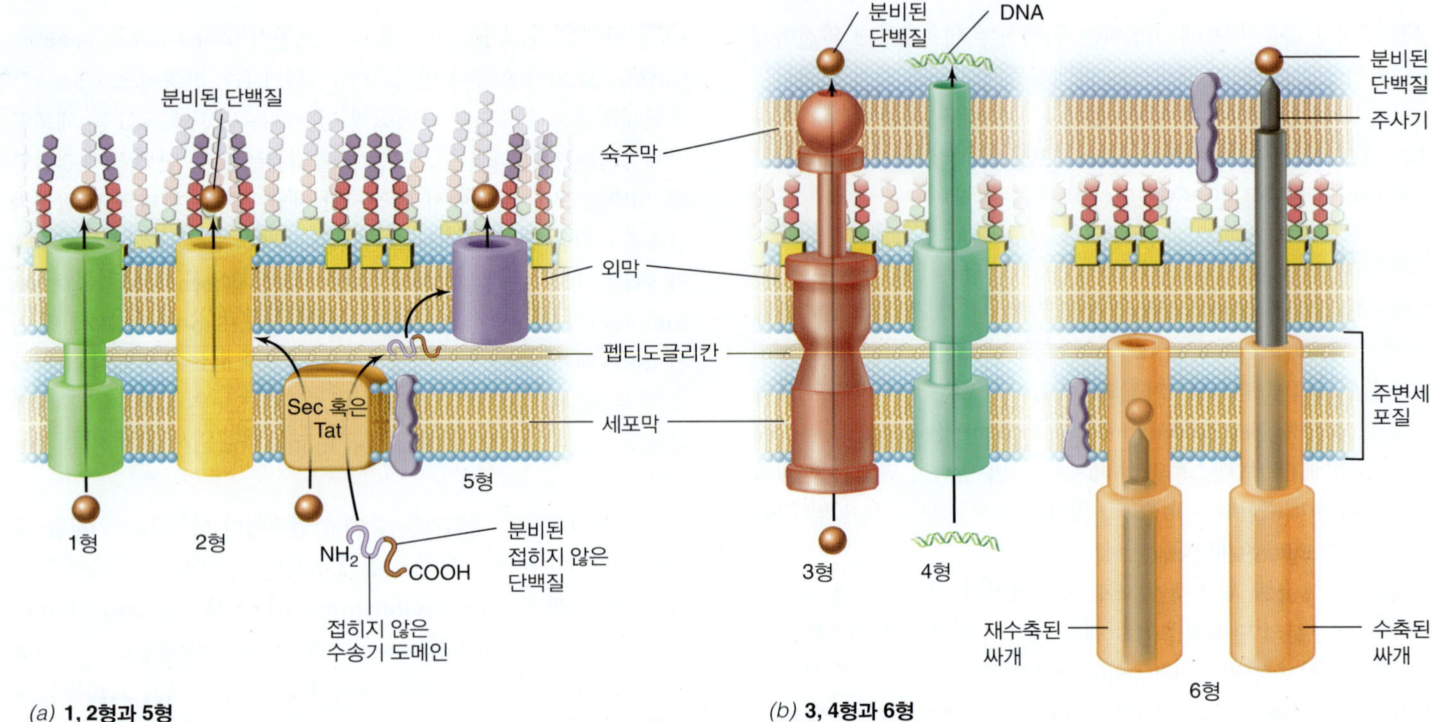

그림 4.42 그람-음성 세균의 분비 체계. *(a)* 세균 세포의 외부에 있는 제1형, 2형 및 5형 분비 단백질. 제1형 체계는 단일 단계로 단백질을 분비한다. 제2형 및 5형은 내막을 통하여 분비될 단백질을 수송하기 위해서는 Sec 및 Tat 체계가 먼저 요구된다. 제5형 분비를 하는 동안에 Sec 체계가 접히지 않은 분비 단백질에 연결된 접히지 않은 수송기(transporter) 도메인을 내막을 통하여 먼저 수송하는 것에 주목하라. 이후에 트랜스로카제가 외막 내에서 접히고 외막을 통하여 접혀진 분비 단백질을 전달한다. *(b)* 세균 세포의 외부 및 숙주 세포 내에 있는 제3형, 4형 및 6형 분비 분자. 제3형 체계는 인젝티솜(injectisome)이란 용어를 사용하는 반면에 제4형은 선모와 유사하며 또한 DNA를 숙주 세포 내로 분비한다. 제6형 체계는 숙주 세포 내로 단백질을 전달하기 위해서 수축하는 싸개(sheath) 혹은 바늘을 세포질 내에 보유하고 있다.

산의 잔기들을 기준으로 특정하게 각각의 기질을 인식하고, 분비되는 분자가 거쳐 지나갈 하나 이상의 막에 걸쳐있는 트랜스로카제 채널(translocase channel)을 형성하는 단백질들의 거대한 복합체로 구성되어 있다 (**그림 4.42**).

제2형 및 5형 분비 체계

분비 체계는 1-단계(*one-step*) 및 2-단계(*two-step*) 형태로 그룹이 지어질 수 있다. 제2형과 5형 체계는 2-단계(two-step) 트랜스로카제인데, 분비되는 단백질이나 트랜스로카제 채널의 일부를 세포질로부터 내막을 통과하여 (그림 4.42*a*) 수송하기 위하여 Sec 혹은 Tat 체계에 의존하기 때문이다 (4.12절). 제2형과 5형 체계는 Sec 혹은 Tat 체계에 의존하기 때문에 세포의 외막을 가로질러 단백질을 분비하기 위하여 ATP나 양성자 동력을 필요로 하지 않는다.

제2형 체계(*type II system*)는 그람-음성 병원성 및 비병원성 세균에서 광범위하게 발견되고 주변세포질로부터 세포 밖 환경으로 단백질을 분비한다. 제2형 체계의 트랜스로카제 장치는 단백질에 의해서 세포막에 닻과 같이 박혀서 주변세포질까지 확장되고 외막 내에까지 존재하는 분비공(secretion pore)을 가지고 있다 (그림 4.42*a*). 제2형 체계가 세포막과 주변세포질의 요소들을 보유하고 있지만, 분비되는 단백질들은 이것들을 통하여 수송되는 것이 아니고, 대신 Sec 혹은 Tat 체계에 의해서 분비공으로 전달된다. 제2형 체계 특이성의 핵심은 제2형 체계에 특이적인 단백질에게만 분비공이 열린다는 것이다. 제2형 체계에 의해서 분비되는 단백질의 예로는 *Vibrio cholerae* (콜레라의 원인인자)가 생산하는 독소 및 *Klebsiella pneumoniae*가 생산하는 세포 외부의 거대 전분 분자를 분해하는 글루카나아제 외효소(glucanase exoenzyme)가 포함된다.

제5형 체계(*type V system*)는 가장 단순한 분비 체계로서 (그림 4.42*a*) 또한 자체수송기(*autotransporter*)라고 부르는데 분비될 단백질이 외막을 가로지르는 단백질 수송에 필수적인 막관통 단백질(transmembrane protein)의 도메인에 융합되어 있다. 접히지 않은 여러 도메인을 갖는 단백질 그 자체가 Sec 체계에 의해서 세포막을 통하여 수송된 후에 수송기(transporter)라고 불리는 막관통 도메인이 외막에 분비공(secretion pore)을 형성하여 패신저 도메인(passenger domain)이라고 하는 단백질의 나머지 부분을 통과하도록 하고 궁극적으로는 세포의 외부로 분비된다 (그림 4.42*a*). 따라서 제5형 체계에 의해서 세포 외부로 이동되는 단백질은 초기에는 접히지 않은 상태로 분비되며, 수송기와 패신저 도메인 모두 정확하게 접히기 위해서는 샤프론 단백질 (4.11절)이 필요하다. ATP의 가수분해 대신에 패신저 도메인의 접힘이 제5형 체계를 추진한다. 제5형 체계에 의해서 분비되는 단백질의 예로는 *E. coli* 및 폐렴의 원인체인 *Hamophilus influenzae*가 숙주 세포에 결합하기 위해 이용하는 부착 단백질들(adhesion proteins)이 있다.

제1형, 3형, 4형 및 6형 분비 체계

트랜스로카제의 두 번째 종류는 한 단계로 외막을 통하여 단백질을 이동시킨다. 제1형, 3형, 4형 및 6형이 1-단계 체계인데, 이것들은 양쪽 막 모두를 통해서 채널을 형성하고 Sec이나 Tat을 필요로 하지 않기 때문이다. 제1형 체계(*type I system*)는 3가지 단백질 요소로 특징이 지어진다: (1) 세포막 수송기 (2) 외막공(outer membrane pore) (3) 막 융합 단백질. 세포막 수송기는 분비될 단백질에 특이적으로 결합하고 세포 외부로 수송을 시작하기 위해서는 ATP가 요구된다 (그림 4.42*a*). 세포막 수송기는 그 기질에 특이적인 반면에 광범위한 크기의 단백질들이 분비될 수가 있다. 제1형 체계는 *E. coli*가 경쟁하는 세균을 죽이기 위해서 생산하는 독소 단백질인 박테리오신(bacteriocin) 및 토양 세균인 *Pseudomonas fluorescens*가 식물 표면에 생체막을 형성하는데 필요한 것과 같은 거대 단백질도 또한 분비한다.

제3형 체계(*type III system*)는 일반적으로 병원 세균에 의해서 사용되는데 단순히 독소 단백질을 세포 밖으로 분비하는 것이 아니고 이 분자들을 진핵 숙주 세포 내로 직접 주입하는 것이다 (그림 4.42*b*). 제3형의 전체 구조는 매우 복잡한데 기질을 인식하고, 자리이동을 위한 장치의 조립을 조율하고, 수송 과정 그 자체를 촉진하기 위하여 100개 이상의 단백질들로 구성된다. 전체 구조는 길이가 30~70 nm로서 그 구조와 기능이 주사기와 유사하기 때문에 "인젝티솜(injectisome)"이라는 용어가 사용되고 있다 (**그림 4.43*a***). 제3형 체계에 의해서 숙주 세포로 주입된 단백질들은 자주 병원체의 감염과 숙주 침투에 도움을 준다. 제3형에 의해서 주입된 단백질들에는 트라코마(trachoma)와 성 매개질병(sexually transmitted disease)의 원인체인 *Chlamydia* 및 음식 매개 및 수인성 병원체인 *Salmonella*의 특정한 작용자(effector) 분자들이 포함된다. 그러나 제3형 체계는 병원체에만 제한되는 것은 아니다. 질소-고정 세균은 공생 관계인 뿌리혹(root nodule)을 형성하기 위해 제3형 분비 장치를 통하여 중요한 분자들을 식물 뿌리에 전달한다 (23.3절).

제4형 체계 (*type IV system*, 그림 4.42*b*)는 가장 보편적으로 수많은 세균 및 고균에 존재한다. 이 체계는 분비되는 단백질뿐만 아니라 다른 세포 내로 분자를 전달하는 데도 이용된다. 이 체계가 독소를 숙주 세포 내로 수송하는데 이용될 수가 있지만, 일차적인 역할은 원핵세포들이 유전자를 교환하는 기작인 접합(conjugation, 11.8절)이라고 알려진 과정을 통하여 DNA를 다른 세포에 전달하는 것이다. 제4형 트랜스로카제는 접합을 하는 동안에 외막을 통하여 다른 세포까지 확장되는 선모(pilus)와 유사하다. 선모의 말단이 숙주 세포의 수용체와 접촉을 하면 DNA는 공여자(donor)의 내막 단백질(inner membrane protein)에 의해서 인식되고 그 후에 ATP-촉진 수송에 의해서 전달된다 (11.8절). 제4형 체계를 이

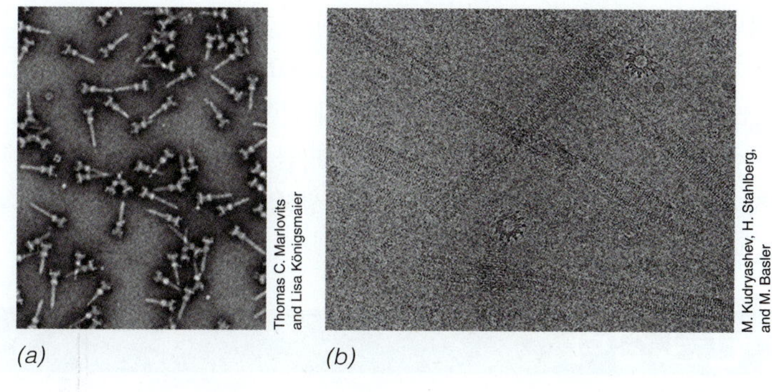

그림 4.43 분비 장치의 전자현미경 사진. *(a) Samonella enterica (typhimurium)*으로부터 분리된 제3형 인젝티솜. *(b) Vibrio cholerae*로부터 분리된 제6형 수축성 싸개.

용하여 세균 세포에서 다른 세균으로만 DNA가 전달되는 것이 아니라, 식물 병원성 세균인 *Agrobacterium*의 DNA는 Ti 플라스미드 상에서 암호화되는 체계를 통하여 숙주 식물 세포에 전달할 수 있다 [근두암종병(crown gall disease), 23.5절].

제6형 체계(*type VI system*)는 그람-음성 세균에 광범위하게 분포하며 제4형 체계처럼 다양한 단백질들을, 제3형 및 제4형 체계와 유사하게 ATP가 요구되는 과정으로 다른 세포의 세포질에 한 단계로 직접 전달할 수가 있다. 그러나 제3형 및 제4형 트랜스로카제 체계의 인젝티솜이나 선모와 같은 구조와 다르게 제6형 트랜스로카제는 세포질에 존재하며 구멍을 형성하는 단백질을 가지고 주사기 모양의 단백질을 형성하는데, 이는 기질 분자가 인식되면 공여 세포의 두 개의 막을 끝까지 통과하여 숙주 세포 내로 직접 수축한다 (그림 4.42*b* 및 4.43*b*). 전체적인 전달은 꼬리가 있는 박테리오파아지 T4가 꼬리의 수축을 이용하여 DNA를 *E. coli* 세포 내로 전달하는 기작과 유사하다 (8.5절). 세균은 제6형 체계를 다른 세균 세포와 경쟁하거나 진핵세포를 공격하는 무기로서 사용한다. *Pseudomonas aeruginosa*에서는 제6형 체계가 경쟁 중인 세균 세포 내로 독소를 주입하는 데 사용된다. 유사하게 *Vibrio cholerae*는 제6형 체계 (그림 4.43*b*)를 이용하여 경쟁하는 세균에 효소를 주입한다; 효소는 세포벽과 막을 분해한다. *V. cholerae*는 또한 콜레라 감염 중에 인간 내장 세포에 독소를 전달하는데 이 체계를 사용한다.

현재까지 단백질 분비는 세균과 고균의 생물학에서 중요한 측면이 있다는 것과 이 세포들이 단백질 분비를 해결하기 위해서 다양한 구조와 독특한 기작을 발전시켰다는 것이 분명해졌다. 그러나 이런 정교한 체계는 단순히 기본적인 과학 이상으로 흥미롭다. 많은 이런 체계가 독성인자를 생산하는 병원성 세균들에게 필수적인 인자이기 때문에 현재 이런 체계들이 백신 개발을 위한 표적이 된다. 여기에서 이유는 아주 단순하다: 이 체계들의 활성이 면역체계에 의해서 차단된다면 병원체는 감염을 일으킬 수가 없을 것이고 병의 원인이 될 수 없다.

지금부터는 초점을 생물학의 센트럴 도그마(central dogma),

단백질 가공 및 단백질의 분비에서 5장의 개념을 다루는 것으로 옮겨서 세포 웰빙(well-being)의 매우 중요한 다른 과정인 생장(growth)을 조사하겠다. 세포 수의 증가 없이는 미생물 집단이 결국에는 사라질 것이다. 분비 과정에서 방금 목격하였듯이 생화학적 통일성 및 다양성 모든 면이 미생물 생장의 과정에서 기저를 이룬다.

미니퀴즈

- 그람-양성 세균과 비교하면 왜 그람-음성 세균은 분비회로를 추가로 갖는 것이 중요한가?
- 제1~6형 분비 체계는 Sec 및 Tat 분비에서 어떻게 다른가?
- 왜 인젝티솜은 그렇게 이름이 지어졌는가?

단원 정리

I • 분자생물학과 유전요소

4.1 핵산의 정보내용은 폴리뉴클레오티드 사슬의 질소 염기서열에 의해서 결정된다. RNA와 DNA 모두 자신들이 암호화하는 단백질과 같이 정보성 거대분자이다. DNA는 상보성이며 역평행인 이중 나선을 형성한다. DNA는 세포 내에 포장되기 전에 초나선을 이룬다. 거대분자 합성의 3가지 핵심 과정은 (1) DNA 복제; (2) RNA를 합성하는 전사; (3) 단백질을 합성하는 번역이다.

Q 분자생물학의 센트럴 도그마를 기술하라. DNA에 대해서 초나선은 무엇이며, 역평행 및 상보성이란 용어는 무슨 의미인가?

4.2 염색체 외에도 다른 유전요소가 세포 내에 존재할 수 있다. 플라스미드는 염색체와 분리되어 존재하는 DNA 분자이며, 어떤 조건 하에서 성장하는데 선별적인 이점을 제공할 수가 있다. 바이러스는 RNA 혹은 DNA 유전체를 가지며, 전위요소는 다른 유전요소의 일부로 존재한다.

Q 염색체와 플라스미드는 어떻게 유사하며 어떻게 다른가? R 플라스미드는 무엇이며, 왜 의학적으로 관심을 갖는가?

II • 유전적 청사진의 복사: DNA 복제

4.3 DNA 나선의 두 가닥 모두가 새로운 두 가닥을 합성하기 위한 주형으로 작용한다 (반보전적 복제). 새 가닥은 데옥시리보뉴클레오티드를 DNA의 3′ 말단에 추가하는 것으로 신장된다. DNA 중합효소는 프리마제 효소에 의해서 RNA로 만들어진 프라이머를 필요로 한며 합성은 복제 분기점에서 시작한다. 이중 나선은 헬리카제에 의해서 풀어지고 단일가닥 결합단백질에 의해서 안정화된다. DNA의 신장은 선도가닥에서는 연속적으로 일어나지만 지체가닥에서는 불연속적으로 일어나서 결과적으로는 모두 조각들이 연결되어야 한다.

Q 반보전적 복제라는 용어는 무슨 의미인가? DNA pol I 및 III, 헬리카제 및 프리마제의 기능은 무엇인가? 선도가닥은 지체가닥과 어떻게 다른가?

4.4 원형 염색체 상의 하나의 기점에서 시작하여, 두 개의 복제 분기점이 DNA를 동시에 양방향으로 합성하여 분기점이 종결 지점에서 만날 때까지 진행한다. 복제 분기점의 단백질들은 리플리솜이라고 알려진 거대한 복합체를 형성한다. 복제 과정에서 일어나는 염기쌍 형성에서의 실수는 대부분 DNA 중합효소의 교정 기능에 의해서 수정된다.

Q 리플리솜은 무엇이며 무엇을 포함하는가? 왜 복제는 선형 DNA보다 도 원형 DNA에서 더 빠르게 일어나는가? 교정이란 무엇이며 왜 중요한가?

III • RNA 합성: 전사

4.5 세균에서 프로모터는 RNA 중합효소의 시그마 소단위(subunit)에 의해서 인식된다. 대체 시그마 인자들은 생장 조건에 반응해서 거대한 유전자 집단의 합동 조절(joint regulation)을 가능하게 한다. RNA 중합효소에 의한 전사는 전사 종결자라는 특정한 지점까지 지속된다. 이런 종결 기능은 RNA 수준에서 작동한다. 세균 및 고균에서 하나의 mRNA 분자는 하나 이상의 폴리펩티드들을 암호화한다. 하나의 프로모터로부터 함께 전사되는 유전자들의 집단을 오페론(operon)이라고 부른다.

Q 세균의 프로모터는 무엇을 하는가? 어떻게 세균의 전사물은 종결이 되는가?

4.6 고균과 진핵생물의 전사 장치와 프로모터 구조는 고균의 요소들이 상대적으로 훨씬 단순하지만, 많은 공통적인 특징을 갖는다. 반면에 진핵생물 1차 전사물의 가공은 독특한 것으로 3단계로 구별되어 이루어진다: 스플라이싱, 캡핑 및 폴리(A) 꼬리 더하기.

Q 고균 RNA 중합효소는 세균과 어떻게 다른가? 두 도메인에서 전사의 개시는 어떻게 다른가? 대부분의 원핵 RNA는 그렇지 않은데, 왜 진핵 mRNA는 가공이 되어야만 하는가?

IV • 단백질 합성: 번역

4.7 폴리펩티드 사슬은 펩티드 결합으로 연결된 많은 아미노산들을 포함한다. 22개의 다른 아미노산들이 유전적으로 암호화된다. 단백질의 1차 구조는 그것의 아미노산 서열이지만, 폴리펩티드의 고차 구조(접힘)가 세포에서의 기능을 결정한다.

Q 폴리펩티드의 2차 구조를 이루는 2가지 형태를 묘사하라. 어떤 단백질들이 4차 구조를 이룰 수가 있는가? 단백질의 어떤 구조가 변성에 의해서 변화되는가?

4.8 리보솜에 의해서 폴리펩티드로 삽입되는 각 아미노산에 대해서 하나 이상의 tRNA가 존재한다. 아미노아실-tRNA 합성효소(aminoacyl-tRNA symthetase)라는 효소가 아미노산을 그것의 동족(cognate) tRNA에 부착시킨다.

Q 왜 전달 RNA가 번역에 중요한가? tRNA 유전자들은 프로모터를 보유하는가? tRNA는 번역되는가? 아미노아실-tRNA 합성효소는 무엇이며, 그 기질은 무엇이고, 무엇을 하는가?

4.9 유전암호는 RNA로 발현되고 하나의 아미노산은 여러 개의 다르지만 연관된 코돈들에 의해서 암호화된다. 정지 (비인식) 코돈에 더해서 번역의 시작을 신호하는 특정한 개시 코돈이 있다.

Q 왜 유전암호는 중복성(degenerate) 암호인가? 동요(wobble)란 무엇이며 유전암호에서 정확도는 어떻게 해결되는가?

4.10 번역은 리보솜에서 일어나며 mRNA와 아미노아실 tRNA가 필요하다. 리보솜에는 3자리를 갖는다: 수용체 자리, 펩티드 자리 및 방출 자리. 번역의 단계마다, 리보솜은 mRNA를 따라서 1개 코돈만큼 전진하고 수용체 자리의 tRNA는 펩티드 자리로 이동한다. 단백질 합성의 종결은 일치되는 tRNA가 없는 정지 코돈에 도달할 때에 일어난다.

Q tRNA는 리보솜 상의 어느 곳에 결합하며 자리이동을 지원하는 에너지원은 무엇인가?

V • 단백질 가공, 분비 및 표적화

4.11 폴리펩티드는 번역 후에는 선형 구조를 유지하지 않으며 기능을 위해서는 올바르게 접힘과 추가적인 가공이 필요하다. 샤프론(chaperons)이라 불리는 단백질이 자발적으로 접힐 수 없는 일부 단백질의 접힘을 도와주며 또한 보조인자의 삽입과 부분적으로 변성된 단백질의 재접힘을 보조한다.

Q 샤프론의 1차 기능은 무엇인가? 세포는 부분적으로 변성된 단백질을 어떻게 재사용을 하는가?

4.12 많은 단백질들이 세포막 안으로 혹은 세포막을 통하여 수송될 필요가 있다. 이런 단백질들은 세포성 트랜스로카제 Sec 및 Tat 체계에 의해서 인식되는 신호서열을 보유한다.

Q Sec 및 Tat 체계의 기능은 무엇이며 왜 필요한가? 이런 체계들은 어떻게 어떤 단백질에 작동을 해야 하는지 아는가?

4.13 단백질들을 외막 안으로 혹은 외막을 통하여, 혹은 다른 세포로 수송하기 위하여 많은 다양한 분비 체계들이 그람-음성 세균에 의해서 이용되는데, 여기에 관련하여 제1~6형 분비 체계가 있다. 제2형과 5형은 2-단계 트란스로카제로 기능을 하는 반면에 제1형, 3형, 4형 및 6형은 1-단계 트랜스로카제이다.

Q 1-단계 및 2-단계 트랜스로카제의 가장 큰 차이점은 무엇인가? 다른 세포로 단백질을 분비하기 위해서는 어떤 것이 사용되는가?

응용 문제

1. 세균인 *Neisseria gonorrhoeae*의 유전체는 2220 킬로베이스 쌍(kilobase pair)을 보유하는 하나의 이중 나선 DNA 분자로 구성되어 있다. 만일 이 DNA 분자의 85%가 단백질을 암호화하는 유전자의 열린해독틀로 구성되어 있고 단백질의 평균 길이가 아미노산 300개라면, *Neisseria*는 단백질을 암호화하는 유전자를 얼마나 많이 가지고 있는가? 나머지 15%의 DNA에는 어떤 종류의 유전정보가 존재하는가?

2. DNA와 RNA 중합효소들의 활성을 비교하고 대조하라. 각각의 기능은 무엇인가? 각각의 기질은 무엇인가? 두 중합효소의 행동에서 가장 중요한 차이점은 무엇인가?

3. (단백질 합성의 관점에서) 만일 정상적인 시작점보다 한 염기 위쪽에서 RNA 중합효소가 전사를 시작하였다면 그 결과는 어떻게 되는가? 그 이유는 무엇인가? 표 4.4를 조사하고, 어떻게 유전암호가 돌연변이의 충격을 최소화하도록 진화하였는지 설명하라.

용어 해설

Amino acid (아미노산) 단백질을 구성하는 22종의 다른 단량체 중 한 가지; 화학적으로는 하나의 아미노기와 알파 탄소에 특징적인 치환기를 보유한 2-탄소 카르복실산

Aminoacyl-tRNA synthetase (아미노아실-tRNA 합성효소) 각 동족(cognate) tRNA에 하나의 아미노산의 결합을 촉매하는 효소

Anticodon (안티코돈) 단백질 합성 시에 코돈과 염기쌍을 이루는 tRNA 내에 있는 3개의 염기서열

Antiparallel (역평행) 이중가닥의 DNA에서 두 가닥이 반대 방향을 향함(한 가닥은 5′ → 3′으로 다른 상보성 가닥은 3′ → 5′)

Bacteriocin (박테리오신) 다른 세균, 가까운 세균을 저해하거나 죽이는 세균이 분비되는 독성 단백질

Chaperone (샤프론) 다른 단백질의 접힘을 돕거나 부분적으로 변형된 상태에서 재접힘을 돕는 단백질

Chromosome (염색체) 유전적 요소. 원핵생물은 대개 원형으로 세포 기능에 필수적인 유전자들을 운반

Codon (코돈) 한 개의 아미노산을 암호화하는 mRNA상의 3개의 염기서열

Codon bias (코돈편중) 동일한 아미노산을 암호화하는 다중 코돈(multiple codons)의 선택적(nonrandom) 사용

Complementary (상보적) 서로 염기쌍을 형성할 수 있는 핵산 서열

Denaturation (변성) 단백질의 올바른 접힘이 상실되어 대개는 단백질의 응고와 생물학적 활성 상실이 일어남

DNA (deoxyribonucleic acid) 유전정보를 보유한 인산디에스테르 결합에 의해서 연결된 데옥시리보뉴클레오티드(deoxyribonucleotide)의 중합체

DNA gyrase (DNA 지라아제) DNA에 음성 초나선을 도입하는 대부분의 원핵생물에서 발견되는 효소

DNA helicase (DNA 헬리카제) ATP를 사용하여 이중 나선 DNA를 풀어주는 효소

DNA ligase (DNA 리가아제) DNA 골격의 틈(nick)을 연결하는 효소

DNA polymerase (DNA 중합효소) 역평행의 DNA 가닥을 주형으로 이용하여 새로운 DNA 가닥을 5′ → 3′ 방향으로 합성하는 효소

Exons (엑손) 나누어진 유전자에서 인트론

(intron)과는 반대로 암호화되는 DNA 서열

Gene (유전자) 단백질 (mRNA를 통해서), tRNA, rRNA, 혹은 다른 비암호화 RNA를 특정하는 DNA 조각

Genetic code (유전 암호) 핵산 서열과 단백질의 아미노산 서열과 관련성

Genetic element (유전요소) 염색체, 플라스미드 혹은 바이러스 유전체와 같이 유전정보를 운반하는 구조

Genome (유전체) 하나의 세포나 바이러스 내에 포함되는 유전자 총량

Informational macromolecule (정보성 거대분자) DNA, RNA 및 단백질을 포함하여 유전정보를 운반하는 거대한 중합 분자

Introns (인트론) 나누어진 유전자 내에서 엑손(exon)과 다르게 비암호화되는 끼인 DNA 서열

Lagging strand (지체가닥) 짧은 조각으로 합성된 DNA의 새 가닥으로 나중에 함께 연결됨

Leading strand (선도가닥) DNA 복제 시에 연속적으로 합성되는 DNA의 새 가닥

Messenger RNA (mRNA) (전령 RNA) 한 개 이상의 폴리펩티드를 암호화하는 유전정보를 포함하는 RNA 분자

Nonsense codon (비인식 코돈) 정지 코돈의 다른 이름

Nucleoside (뉴클레오시드) 질소 염기 (아데닌, 구아닌, 시토신, 티민, 또는 우라실)에 당 (리보오스 혹은 데옥시리보오스)을 더한 것. 그러나 인산은 없음

Nucleotide (뉴클레오티드) 질소 염기 (아데닌, 구아닌, 시토신, 티민, 또는 우라실), 1개 이상의 인산 분자, 그리고 리보오스 (RNA에서) 또는 데옥시리보오스 (DNA에서)와 같은 당을 포함하는 핵산의 단량체

Open reading frame (ORF) (열린해독틀) 폴리펩티드로 번역될 수 있는 DNA 혹은 RNA 서열

Operon (오페론) 하나의 전령 RNA로 함께 전사되는 유전자 집단

Peptide bond (펩티드 결합) 아미노산을 연결하여 폴리펩티드가 되도록 하는 공유결합의 한 형태

Phosphodiester bond (인산디에스테르 결합) 뉴클레오티드를 연결하여 폴리뉴클레오티드가 되도록 하는 공유결합의 한 형태

Plasmid (플라스미드) 염색체 이외의 유전적 요소로 대개는 세포에 필수적이지 않음

Polynucleotide (폴리뉴클레오티드) 인산디에스테르 결합이라고 하는 공유결합에 의해서 연결된 뉴클레오티드들의 중합체

Polypeptide (폴리펩티드) 펩티드 결합에 의해서 연결된 아미노산들의 중합체

Primary structure (1차 구조) 폴리펩티드 혹은 핵산과 같은 거대분자에서 단위체들의 정확한 서열

Primary transcript (1차 전사물) 전사의 직접적인 산물로 가공되지 않은 RNA 분자

Primase (프리마제) DNA 복제에 사용되는 RNA 프라이머를 합성하는 효소

Primer (프라이머) DNA 중합효소가 DNA 복제 시에 첫 번째 데옥시리보뉴클레오티드를 첨가시킬 수 있는 올리고뉴클레오티드

Promoter (프로모터) RNA 중합효소가 결합하여 전사를 개시하는 DNA의 부위

Protein (단백질) 특별한 생물학적 기능을 가지는 분자를 생성하는 폴리펩티드 또는 폴리펩티드 집단

Purine (퓨린) 2개의 융합된 고리를 갖는 핵산의 질소 염기들 중 한 종류; 아데닌과 구아닌

Pyrimidine (피리미딘) 하나의 고리를 갖는 핵산의 질소 염기들 중 한 종류; 시토신, 티민 및 우라실

Quaternary structure (4차 구조) 단백질에서 최종 단백질 분자 내의 각 폴리펩티드의 개수와 구조

Replication (복제) 주형으로서 DNA를 사용하여 DNA를 합성

Replication fork (복제 분기점) DNA 복제가 일어나는 염색체 부위로서 꼬인 것이 풀려서 단일가닥이 된 DNA에 DNA를 복제하는 효소들이 결합하는 곳

Replisome (리플리솜) 2개의 DNA 중합효소 III, DNA 지라제, 헬리카제, 프리마제 및 다수의 단일가닥 결합단백질들로 이루어진 DNA 복제 복합체

Ribosomal RNA (rRNA) (리보솜 RNA) 리보솜에서 발견되는 RNA 형태; 일부 rRNA는 단백질 합성 과정에 활발하게 참여

Ribosome (리보솜) 리보솜 RNA와 단백질로 구성된 세포질 내 입자로서 세포의 단백질을 합성하는 기능을 보유

RNA (ribonucleic acid) 인산디에스테르 결합에 의해서 연결된 리보뉴클레이드의 중합체로 세포 내에서 많은 역할, 특히 단백질 합성에 중요

RNA polymerase (RNA 중합효소) 상보적이며 역평행인 DNA 가닥을 주형으로 이용하여 5′ → 3′ 방향으로 RNA를 합성하는 효소

RNA processing (RNA 가공) 1차 전사물을 성숙한 형태로 전환

Secondary structure (2차 구조) 폴리펩티드 혹은 폴리뉴클레오티드의 최초의 접힌 형태로 대개 수소결합의 기회에 의해 결정됨

Semiconservative replication (반보전적 복제) 새로운 이중 나선이 생산되는 DNA 합성에서 한 가닥은 원래 가닥이고 다른 가닥은 새로이 합성된 가닥으로 복제

Signal sequence (신호서열) 약 20개의 아미노산으로 구성된 특별한 N-말단 서열로 단백질이 세포막 내로 동합되거나 세포막을 통과하여 수송되어야만 한다는 신호임

Spliceosome (스플라이소솜) 1차 RNA 전사물에서 인트론의 제거를 촉매하는 리보핵산단백질(ribonucleoprotein)들의 복합체

Start codon (개시 코돈) 단백질의 시작을 알리는 특별한 코돈으로 대개 AUG임

Stop codon (정지 코돈) 단백질의 끝을 알리는 코돈

Termination (종결) 특정한 부위에서 RNA 분자의 신장이 멈춤

Tertiary structure (3차 구조) 이미 2차 구조를 갖는 폴리펩티드가 최종적으로 접힌 구조

Transcription (전사) DNA 주형을 이용하여 RNA를 합성

Transfer RNA (tRNA) (운반 RNA) 번역 과정에서 이용되는 작은 RNA 분자로 한쪽 끝에는 안티코돈을 가지며 다른 쪽 끝에는 일치되는 아미노산을 연결함

Translation (번역) RNA 내에 있는 유전정보를 주형으로서 이용하여 단백질을 합성

Transposable element (전위요소) 숙주 DNA 분자 내에서 한 곳에서 다른 곳으로 움직일 수 있는 유전인자

Wobble (동요) 코돈과 안티코돈 쌍에서만 허락된 염기쌍이 덜 엄밀한 형태

미생물 생장과 조절

5

현재의 미생물학

미생물 컨소시엄의 분리

자연에서, 어떤 대사과정은 팀을 이루어 협력하는 미생물들에 의해서 수행되며, 이 미생물들의 배열을 컨소시엄(consortium)이라 한다. 그러한 예로 혐기성 해양 퇴적층에서 황 환원 (SO_4^{2-})과 연결된 메탄(CH_4)의 산화를 들 수 있다. 그것의 전체 반응 ($CH_4 + SO_4^{2-} \rightarrow HCO_3^- + HS^- + H_2O$)은 발열반응으로 방출된 적은 양의 에너지는 별개의 두 미생물이 공유한다. 컨소시엄에서 메탄 산화자는 ANME (혐기성 메탄영양 세균인 *a*naerobic *me*thanotroph, 사진에서 청색)라 불리는 고균(*Archaea*)의 한 종이고, 황-환원 파트너는 세균(*Bacteria*) (사진에서 갈색)의 한 종이다. 이 컨소시엄은 주요 메탄 싱크로서 탄소 순환에서 핵심적 역할을 하는 것으로 생각되며, 따라서 이 컨소시엄이 어떻게 일을 하는지에 대한 상세한 그림은 범지구적 탄소 경제, 기후 변화, 그리고 해양 생지화학을 이해하는 데 있어 중요하다.

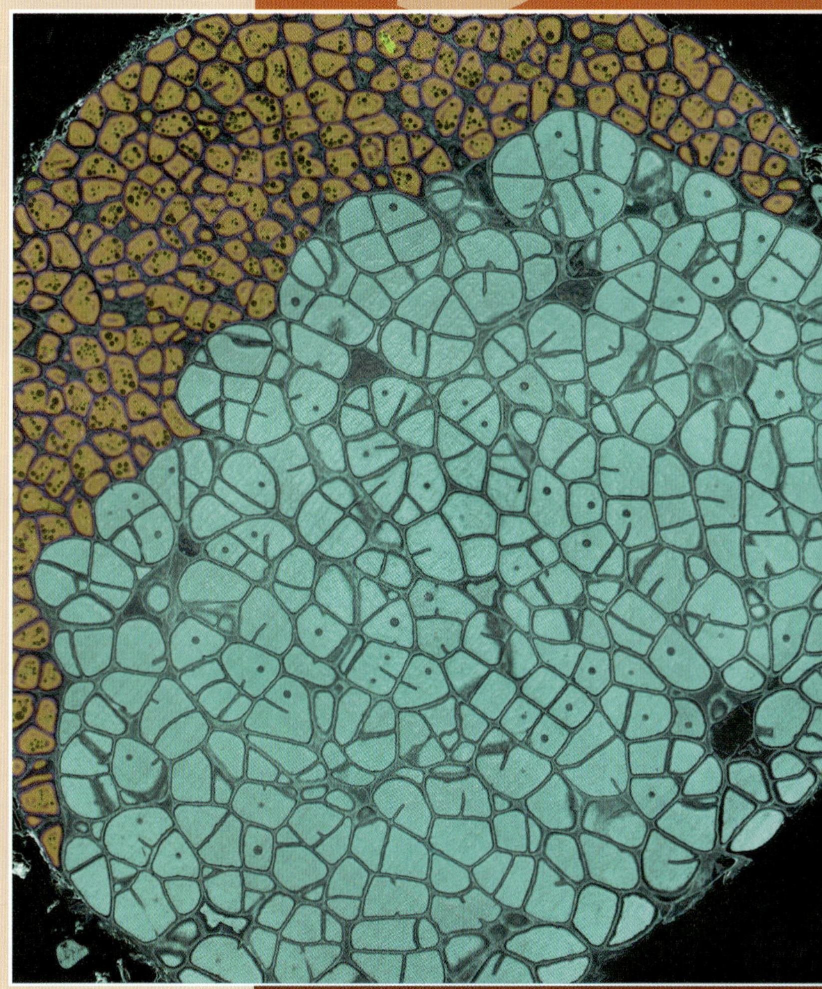

연구자들은 수년간 컨소시엄을 구성하는 균들을 분리하려고 하였지만 메탄 산화는 언제나 두 균을 필요로 함을 알아냈다. 그러나 몇몇 연구자들은 황 환원자를 인공적인 전자 수용체로 대체하는 것이 가능할 수도 있다는 가설을 세우고 이것이 그 컨소시엄의 비밀을 드러내어 메탄영양세균이 순수 배양 상태로 생장할 수 있도록 할 수 있다고 하였다. AQDS라 불리는 전자수용체를 사용하여 과학자들은 그들이 메탄 산화를 유지하는 동안 컨소시엄에서 황 환원을 끊어버릴 수 있다는 것을 발견하였다. 이 과정 동안 메탄영양세균은 메탄으로부터 온 전자들을 황-환원 파트너에게 전달하기보다는 AQDS를 환원하기 위해 그들을 사용하였다. 혐기성 호흡을 지지하는 것으로 알려진 여러 다른 전자 수용체들 또한 메탄 산화를 유지하였고 ANME가 궁극적으로 순수 배양 상태로 획득될 수 있다는 희망을 주었다.

순수 배양 상태로 미생물을 생장시킬 수 있는 능력은 생리학, 생화학, 조절, 그리고 생물학의 여러 다른 특성에 대한 연구를 위한 "금본위(*gold standard*)"이다. ANME–황 환원 컨소시엄의 경우에, 여러 생리들이 한꺼번에 활성을 나타내며, 이러한 많은 반응들을 분석하는 것이 주요한 과학적 도전임을 드러내게 한다. 그러나 만약 더 진행된 연구 결과가 ANME가 컨소시엄으로부터 제거되고 순수 배양 상태로 자랄 수 있다는 것을 보여준다면 컨소시엄의 생물이 그 파트너와 밀착하였을 때 불가능했던 자세한 생물학의 모습들을 연구할 수 있다 (사진).

출처: Scheller, S., H. Yu, G.L. Chadwick, S.E. McGlynn, and V.J. Orphan, 2016. Artificial electron acceptors decouple archaeal methane oxidation from sulfate reduction. *Science 351*: 703–706.

I • 세포분열과 개체군 생장

지난 장들에서 우리는 세포의 구조와 기능 (2장), 그리고 미생물의 영양과 대사의 원리 (3장)에 대하여 공부하였다. 4장에서 우리는 세포의 구조와 대사과정을 암호화하는 중요한 분자과정을 배웠다. 이제 우리는 어떻게 이들 모두가 협조하여 미생물이 생장하는 동안 새로운 세포를 생산하는지를 살펴볼 것이다.

5장에서 우리는 지수 생장, 환경이 생장에 미치는 방법, 미생물의 생장 조절의 원리 등 기본적인 원리를 보임으로써 전체 단위에 대한 기초를 다졌다. 6장에서 미생물 조절에 관한 주요 주제를 알아보고 7장에서 미생물 생장에 대해 다시 살펴보고 분자적 조절적 관점으로부터 그 과정을 재점검해 본다. 우리는 바이러스의 세계와 그들의 복제를 탐구하고 단원을 끝낸다. 비록 세포가 아닌 바이러스가 매우 중요한 미생물이지만 이들의 복제는 미생물 세포의 생장과 비슷하다.

5.1 이분법, 출아법, 그리고 생물막

생장(growth)은 세포분열의 결과로서 미생물 세포의 삶에 있어 궁극적인 과정이다. 미생물학에서 생장은 세포의 수적인 증가(*increase in the number of cells*)로 정의된다. 미생물 세포들은 한정된 수명을 갖고 있어서 종이 유지되는 것은 집단의 계속되는 생장에 의해서만 가능하다. 세포질에 거대분자가 축적됨에 따라 그들 분자들은 조립되어 세포벽, 세포막, 편모, 리보솜, 효소복합체 등등 주요 세포 구조들을 형성하게 되고 궁극적으로는 세포분열 과정을 유도하게 된다. *Escherichia coli*와 같은 막대형 세균의 배양에서 세포들은 원래길이의 약 두 배 정도까지 신장이 일어나고 이때 그 세포를 졸라매어 두 개의 딸세포를 형성하는 구획을 형성한다 (**그림 5.1**). 이러한 과정을 **이분법(binary fission)** ['이분(binary)'은 두 개의 세포가 하나로부터 발생하는 사실을 나타냄]이라고 부른다.

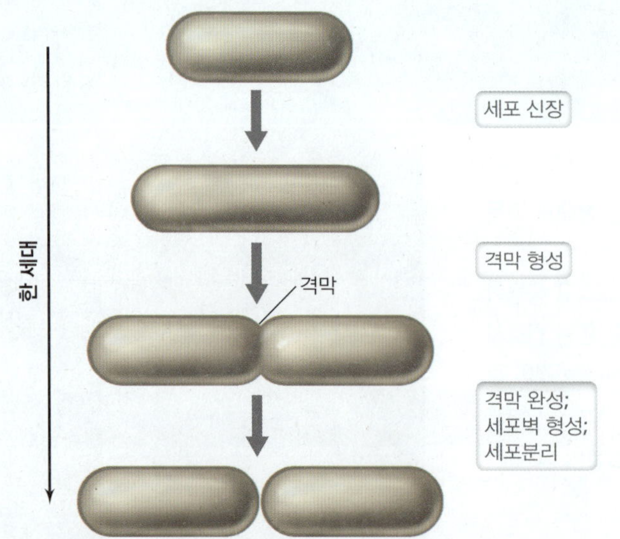

그림 5.1 막대형 원핵생물에서의 이분법. 세포 수는 세대마다 두 배 증가한다.

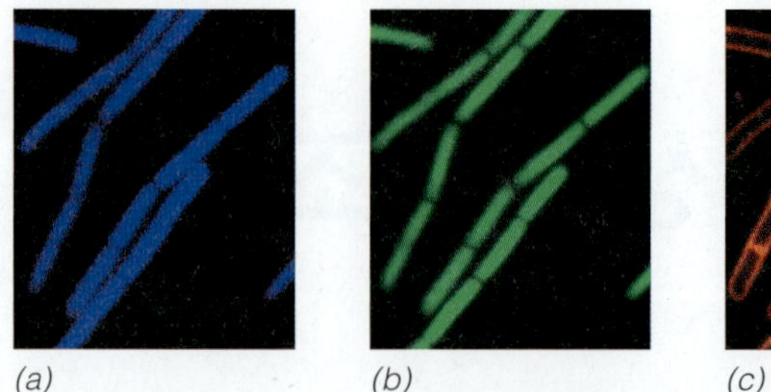

그림 5.2 격막. 세균 *Bacillus subtilis*의 분열 세포 나누는 격막이 연속되는 형광현미경사진에서 선명하게 볼 수 있다. *(a)* DAPI는 전체 세포를 염색한다. *(b)* 녹색 형광 단백질은 전체 세포를 밝게 해준다. *(c)* 오직 세포막만을 염색하는 시약은 격막이 세포막 (그리고 세포벽) 물질을 포함하고 있음을 보여준다.

분열되는 세포 사이에 형성되는 이 구획은 격막(*septum*)이라 불리며 세포막과 세포벽이 바깥쪽에서 안쪽으로 점점 함입된 결과 형성되고; 격막 형성은 두 딸세포가 떨어질 때까지 계속된다. 이러한 일반적인 이분법 패턴들 간에는 약간의 차이가 존재한다. *Bacillus subtilis*와 같은 세균에서는 세포벽의 수축 없이 격막이 형성되는 데 비해 (**그림 5.2**), 출아형 세균인 *Caulobacter* (그림 5.3 참조)에서는 세포벽의 수축이 일어나지만 격막은 형성되지 않는다.

세포세대와 세대시간

한 세포가 결국 두 세포로 나누어질 때 이를 우리는 한 세대(*generation*)가 지났다고 말하며, 이러한 과정에 필요한 시간을 **세대시간(generation time)**이라고 한다 (그림 5.1; 그림 5.6 참조). 한 세대 동안 모든 세포 구성물들은 비례하여 증가한다. 각각의 딸세포들은 독립적인 세포로 존재하기 위해 하나의 염색체와 충분한 수의 리보솜과 모든 다른 거대분자 복합체, 단위체, 그리고 무기이온들을 공급받게 된다. 두 딸세포 사이에 복제된 DNA 분자의 분할은 세포분열 동안 세포막에 붙은 채로 남아 있는 DNA에 의존하며, 가운데 격막이 형성되면서 염색체가 분리되어 각각의 딸세포로 나누어진다 (그림 7.1).

어떤 종의 세균에서 세대시간은 매우 다양하며 영양상태와 유전적 요인, 그리고 온도에 의해 결정된다. 영양상태가 가장 좋은 조건 하에서 *E. coli*의 실험실 배양의 세대시간은 약 20분이다. 몇몇 세균은 이보다 더 빨리 자랄 수도 있으나 많은 세균은 훨씬 천천히 자라며, 수 시간에서 수일의 세대시간을 갖는 경우도 흔하게 나타난다. 자연계에서 미생물 세포들은 아마도 실험실에서 관찰되는 최대 속도보다 훨씬 느리게 일어난다. 이것은 실험실에서 적정 생장에 필요한 조건 및 영양분이 자연 서식지에는 존재할 수 없기 때문이며, 순수 배양과는 달리 자연에 있는 미생물들은 미생물 군집 (그림 1.1)으로 다른 종들과 함께 살아가면서 영양분과 공간을 두고 이웃한 미생물들과 경쟁해야만 한다.

출아세포 분열

대부분의 세균에서 세포분열이 이분법으로 일어나지만 몇몇 세균은 생장과 세포분열이 다른 형태로 일어나기도 한다. 출아세균들은 주된 예이고 불균등한 세포 생장의 결과로 나눠진 세포들이다. 두 개의 동등한 세포를 만드는 이분법과는 달리 (그림 5.1), **출아분열(budding division)**은 모세포가 원래 정체성을 가진 그대로 유지한 채 완전히 하나의 새로운 딸세포를 형성한다 (**그림 5.3**과 7.4절).

출아세균과 이분법으로 분열하는 세균 사이의 근본적인 차이는 이분법에서처럼 세포 전체에 걸쳐 일어나기 (절간 생장)보다는 한 지점으로부터 새로운 세포벽 물질의 형성 (극 생장)이다. 극 생장의 중요한 결과는 내부 막 복합체처럼 큰 세포 구조물이 세포분열 과정 동안 구획지어지지 않으며 발달하는 출아에서 새로이 형성된다. 그러나 이것은 보다 복잡한 내부 구조물이 이분법에 의해 형성되는 세포보다는 출아세포에서 형성될 수 있는 장점을 갖고 있다. 일치하지는 않지만, 많은 출아세균, 특히 광영양이고 화학무기영양 종들은 특정한 대사 전문성을 수행하는 데 필요한 특이 효소를 수용하는 광범위한 내부 막 시스템을 가지고 있다.

어떤 출아세균은 자루나 균사와 같은 세포질의 돌출물을 갖고 있으며, 고전적 예로는 *Caulobacter*와 *Hyphomicrobium* 속이 있다 (그림 5.3). 이들 생물은 세포 돌출물을 형성하여 새로운 세포가 출아한다. 수서세균 *Ancalomicrobium*과 같은 어떤 출아세균은 세포로부터 확장된 팔과 유사한 여러 개의 부속지를 생산한다 (그림 15.57*b*). 이 부속지는 세포의 표면 대 부피의 비율을 증가시키며 (2.2절), 이것은 빈영양 (매우 희석된) 서식지로부터 영양을 획득하는 능력을 증가시킨다. 많은 출아세균은 또한 독특한 생활주기를 갖고 있으며, 우리는 이들 그룹과 함께 전체로서 이 그룹을 15.20절에서 다룬다.

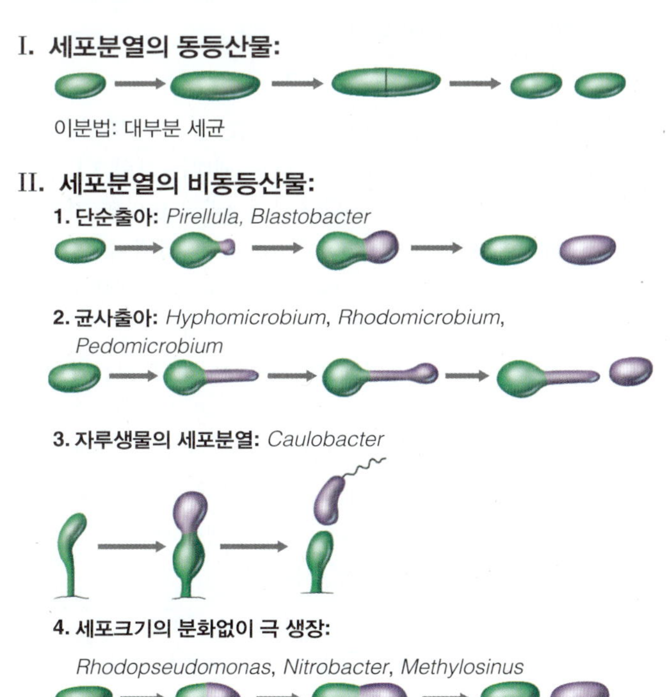

그림 5.3 다른 형태의 세균에서의 세포분열. 평범한 세균 (이분법에 의해 분열하는 세포)과 다양한 출아와 자루세균의 세포분열 사이의 차이를 보여준다.

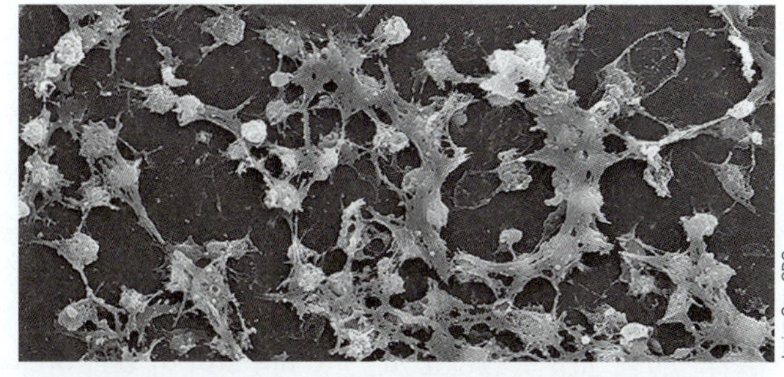

(*a*)

(*b*)

그림 5.4 생물막. (*a*) 유치(留置) 카테더에 형성된 *Staphylococcus aureus* 세포의 생물막의 주사전자현미경 사진. (*b*) 옐로스톤 국립공원의 작은 황 열천에 발달한 자색 광합성 세균 *Thermochromatium tepidum*의 미생물 매트.

생물막

이분법에 의한 분열 (그림 5.1)이든 출아 (그림 5.3)의 어떤 형이든 미생물 세포는 부유액 혹은 부착 표면에서 생장할 수 있다. 부유생장(*planktonic growth*)이라 불리는 정지 생활형은 많은 세균이 자연에서 살아가는 방식으로, 호수의 수주를 서식지로 살아가는 생물들을 예로 들 수 있다. 그러나 많은 다른 미생물들은 고착 생장(*sessile growth*)을 보여주며, 이는 그들이 표면에 부착하여 살아가는 것을 의미한다. 이들 부착 세포가 **생물막(biofilms)**으로 발달할 수 있다 (**그림 5.4**).

생물막은 세균 세포가 있는 부착 다당류 기질이다 (그림 5.4*a*). 생물막은 부유세포의 부착으로 시작하여 여러 단계로 형성된다. 이어서 끈적끈적한 기질의 생산되고 더 큰 생장과 발달이 이루어지고 지속성이 있고 거의 침투할 수 없는 성숙한 생물막을 형성한다. 어떤 생물막들은 개개의 층에 다른 생물들이 존재하는 여러 층의 시트를 형성한다. 이들 생물막을 미생물 매트(*microbial mats*)라 한다; 다양한 광영양성이면서 화학영양 세균으로 구성된 매트는 열천의 유량과 해양의 조간대에서 흔하게 나타난다 (그림 5.4*b*). 생물막은 자연에 있는 세균에 흔한 생장형으로, 강렬하게 섞어 짠 구조적 특성이 해로운 화학물질 (예, 항생제나 다른 독성 물질)이 침투하는 것을 차단하기 때문이다. 생물막은 또한 원생생물에 의한 세균 섭식의 방어막으로 세포들이 잠재적으로 덜 좋아하는 서식지로 씻겨져 나가는 것을 막는다.

세균 생물막은 인간의 건강을 비롯하여 우리 생활의 많은 부분에 영향을 비친다. 예를 들어, 생물막은 인공 심장 밸브와 관절 같은 이식된 의료 장치와 카테터와 같은 장치에 내재되어 있다 (그림 5.4*a*). 더구나 질병 낭포성 섬유증은 지속적인 세균 생물막에 야기되는 증상으로 폐를 채우고 기체 교환을 차단한다. 생물막은 또한 물 분포 시스템의 부착물과 마개 재료에 영향을 미쳐 연료 저장소에서 형성할 수 있으며, 여기서 그들은 황화수소(H_2S)와 같은 신제제(souring agents)를 생산함으로써 연료를 오염시킬 수 있다.

우리는 7.9절, 20.4절, 그리고 20.5절을 비롯하여 이 책의 어디에선가에 보다 자세히 생물막을 설명하였다.

미니퀴즈

- 세대를 정의하라. 세대시간은 무엇을 의미하는가?
- 이분법과 출아세포 분열은 어떻게 다른가?
- 생물막 생장은 부유세포의 생물막 생장과 어떻게 다른가?

5.2 미생물 생장의 양적 특성

세포가 분열하는 동안 한 세포는 두 세포로 된다. 이러한 사건이 일어나는 시간 (세대시간) 동안 총 세포의 수(*number*)와 질량(*mass*)은 두 배로 된다 (그림 5.1). 생장하는 세균 배양에서 세포 수는 빠르게 매우 많아질 것이고, 따라서 우리는 양적 방식으로 이 많은 수들을 다루려고 한다.

생장 자료 그리기

30분의 배가시간을 가진 하나의 세포로 시작하는 생장 실험은 **그림 5.5**에 나타나 있다. 이런 패턴의 개체군들은 증가하고, 한편, 세포의 수가 일정한 기간 동안 계속 두 배씩 증가하는 생장을 **지수 생장(exponential growth)**이라고 한다. 이러한 실험에서 얻은 세포 수는 시간의 함수로서 산술 (직선) 좌표에서 그래프로 나타내면 지속적으로 기울기가 증가하는 곡선을 얻게 된다 (그림 5.5*b*). 반면에 그림 5.5*b*에서처럼 세포의 수는 시간의 함수 [세미로그(*semilogarithmic*) 그래프]로서 로그 눈금 ($\log_{10}$)으로 나타내면 그 점들은 직선상에 떨어지게 된다. 이러한 직선 방정식은 세포가 지수 생장을 하고 개체군은 일정한 기간 동안 두 배씩 증식한다는 사실을 나타낸다.

또한 세미로그 그래프는 **그림 5.6**에서 보이는 것처럼 세대시간을 그래프로부터 직접 추정할 수 있기 때문에 생장 데이터로부터 세대시간을 측정하는 데 편리하다. 예를 들어, Y축에서 세포 배가를 나타내는 곡선상의 두 점이 선택되고 X축을 가로지르는 두 점으로부터 수직선이 그려질 때 X축에서 측정된 시간 간격이 바로 세대시간이 된다 (그림 5.6*b*).

생장의 수학과 생장 표현

지수 생장에서 세포 수의 증가는 숫자 2의 기하학적 진행에 기초하여 단순한 수학으로 표현할 수 있다. 세포 하나가 분열하여 두 개가 될 때 $2^0 \rightarrow 2^1$으로 표시할 수 있다. 두 개의 세포가 네 개로

시간 (h)	총 세포 수	시간 (h)	총 세포 수
0	1	4	256 (2^8)
0.5	2	4.5	512 (2^9)
1	4	5	1,024 (2^{10})
1.5	8	5.5	2,048 (2^{11})
2	16	6	4,096 (2^{12})
2.5	32	.	.
3	64	.	.
3.5	128	10	1,048,576 (2^{20})

(*a*)

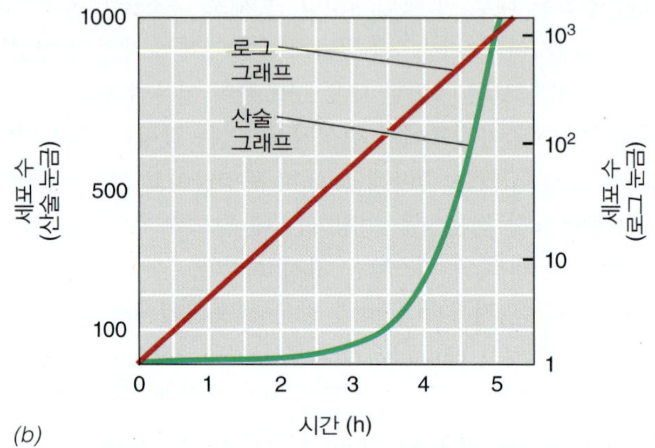

(*b*)

그림 5.5 미생물 배양의 생장률. (*a*) 매 30분간 군집의 크기가 두 배로 되는 데이터. (*b*) 산술 눈금 (왼쪽)과 지수 눈금 (오른쪽)으로 생장 그래프를 그린 결과.

되면 $2^1 \rightarrow 2^2$으로, 그리고 계속해서 그렇게 표시할 수 있다 (그림 5.5*a*). 배양 시 처음 존재하는 세포의 수와 지수 생장의 특정 기간이 지난 후에 존재하는 세포 수의 사이에는 고정된 관계가 존재하며, 그 관계는 다음과 같이 나타낼 수 있다.

$$N = N_0 2^n$$

여기서 N은 최종 세포 수를 나타내고 N_0는 초기 세포 수, 그리고 n은 지수 생장 기간 동안의 세대 수 (단독세대는 그림 5.1에 나옴)를 나타낸다. 지수 생장이 지속된 시간을 t라고 한다면 지수 생장을 하는 개체군에서의 세대시간(g)은 t/n으로 나타낼 수 있다. 지수 생장을 하는 세포 개체군의 초기와 최종 세포 수를 알면 n을 계산할 수 있고, n과 t로부터 세대시간 g를 계산할 수 있다.

방정식 $N = N_0 2^n$은 양면에 대수를 대입하고 계산하여 $n = [3.3 (\log N - \log N_0)]$표현될 수 있다. 이 공식을 사용하여 우리는 세대시간을 측정할 수 있는 값인 N과 N_0 (5.6~5.8절에 세포 수를 측정하는 방법이 나와 있음)로 생성 시간을 계산할 수 있다. 예를 들어, 그림 5.6*b*에 있는 그래프의 실제 생장 데이터 ($N = 10^8$, $N_0 = 5 \times 10^7$, 그리고 $t = 2$)를 이용하면

$$n = 3.3\ [\log(10^8) - \log(5 \times 10^7)]$$
$$= 3.3\ (8 - 7.69) = 3.3\ (0.301) = 1$$

따라서 이 예에서 세대시간 $g = t/n = 2/1 = 2$시간이 되는 것이다. 만약 지수 생장이 두 시간 더 진행된다면 세포 수는 2×10^8이 될 것이다. 다시 두 시간 후에는 세포 수가 4×10^8이 되는 식으로 계속 늘어날 것이다. 그래프 데이터 (그림 5.6*b*)를 검토하여 지수

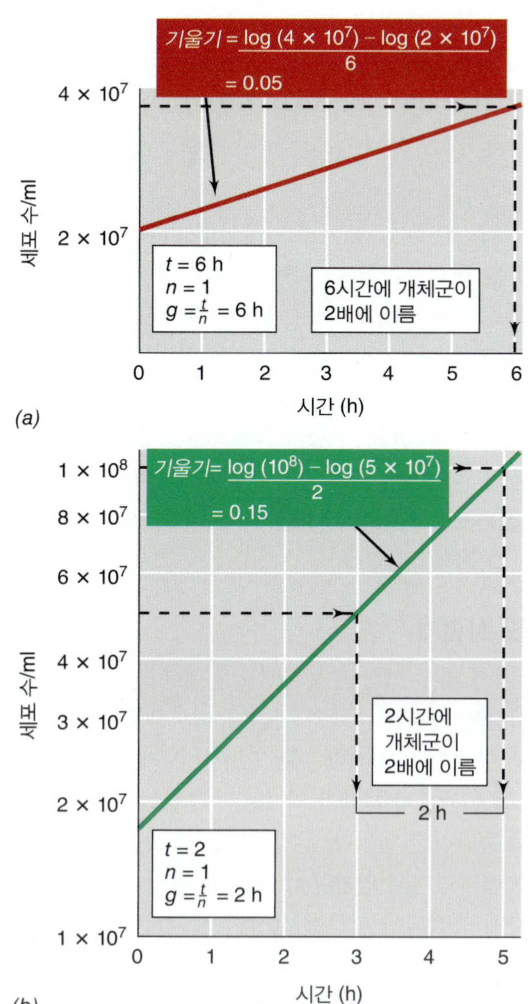

그림 5.6 미생물 생장 매개변수의 계산. *(a)* 6시간 및 *(b)* 2시간의 세대시간으로 지수 생장하는 집단의 세대시간 (*g*)을 측정하는 방법. 각 선의 기울기는 0.301/*g*와 같고, *n*은 시간 *t* 동안 일어난 세대 수이다. 모든 숫자들은 과학적 표시법으로 나타내었다; 즉, 10,000,000은 1×10^7, 60,000,000은 6×10^7 등.

생장을 하는 배양의 세대시간을 결정하는 것 외에, *g*는 지수 생장을 나타내는 세미로그 그래프에서 얻어진 직선방정식의 기울기로부터도 바로 계산할 수 있다. 이 기울기는 $\log(\Delta N)/\Delta t$와 같으며 이것은 0.301 n/t (혹은 $0.301/g$)와 같다. 그러므로 그림 5.6*b*의 예에서 기울기는 0.301/2, 즉 0.15가 된다. 세대시간 *g*는 0.301/기울기와 같으므로 이 방법으로도 2라는 *g*값을 얻을 수 있다.

순간 생장률 항수

다른 표현 방법들 또한 지수 생장을 표시하는 데 유용하며, 이중 으뜸인 것이 순간 생장률(*instantaneous growth rate*)이며, 약자로는 *k*로 나타낸다. 순간 생장률 항수는 개체군이 어느 순간 자라는 비율 (대조적으로, *g*는 세포 개체군이 두 배로 되는 데 필요한 시간)로, *k*는 상호시간 단위 (h^{-1})로 표시된다.

순간 생장률은 주어진 시간에 세포 수(*N*)와 *k*를 곱한 함수, 또는 $dN/dt = kN$이다. 자연로그 ($\log_e$)를 통합하여, 이 식은 $N = N_0e^{kt}$로 다시 나타낼 수 있다. 이 식의 양쪽에 $\log_{10}$을 대입하면 자연로그를 $\log_{10}$으로 전환되며 (따라서 *N*이 시간에 반비례하여 반로그 모눈종이에 그려질 수 있고, 그림 5.5*b*와 그림 5.6), 따라서 식은 $\log N = kt/2.303 + \log N_0$이다. 이 함수의 기울기 ($k/2.303$)는 또한 $0.301/g$와 같고 (그림 5.6), 따라서 식 $k = 0.693/g$으로 *k*는 *g*로 나타낼 수 있다.

*n*과 *t*에 대한 정보를 알면 여러 가지 배양조건에서 자라는 다양한 미생물의 *g*, *k*를 계산할 수 있다. 이러한 정보들은 가끔 새로 분리된 미생물의 배양조건을 최적화하는 데 유용하게 사용되며, 또한 어떤 처리를 하면 세균의 배양이 촉진되는지 혹은 저해되는지를 측정하는 데에도 유용하게 활용된다. 예를 들어, 여기서 토의한 여러 가지 생장 변수들에 대한 어떤 인자의 효과를 대조구와 비교함으로써 생장을 촉진하거나 저해하는 인자를 동정할 수 있다.

지수 생장의 의미

지수 생장 동안 세포 수의 증가는 초기에는 느리지만 시간이 다소 갈수록 점점 빨라진다. 지수 생장의 후반 단계에서, 이러한 진행으로 세포 수의 폭발적인 증가로 이어진다. 예를 들어, 그림 5.5의 실험에서 생장의 처음 30분간의 세포 생산 속도는 30분당 한 개다. 그러나 4시간과 4시간 30분 사이의 세포 생산 속도는 훨씬 더 커져 30분당 256개나 되고, 5시간 30분과 6시간 사이에는 30분당 2048개의 세포가 만들어진다. 이것 때문에 실험실 세균 배양에서 세포 수는 빠르게 많아지고, 보통 최종 개체군은 10^9 세포/ml 보다 크게 된다.

이론적 개념을 떠나 지수 생장은 일상에서 실질적인 의미를 갖고 있다. 우유의 부패와 같이 일상적인 것을 생각해보라. 부패된 우유의 신맛을 내는 데 관여하는 젖산균은 우유를 수집하는 동안 그것을 오염시키며 신선하고 저온 살균된 우유에서 적은 수로 존재한다. 이들 미생물들은 냉장온도 (4°C)에서 느리게 생장하지만 실온에서는 훨씬 빨리 생장한다. 만약 한 병의 신선한 우유가 실온에서 밤새 방치되었다면 젖산균이 만들어지지만 우유의 질에 영향을 미칠 정도로 충분하지는 않다. 그렇지만 만약 일주일 기간 동안 세균 생장이 있고 따라서 훨씬 많은 수의 세포 수를 포함하는 일주일된 우유가 같은 조건 하에서 방치된다면 엄청난 양의 젖산이 만들어지고 부패가 일어난다. 그렇지만 느리게 생장하는 세균의 일주일의 가치 (따라서 훨씬 많은 세포 수)를 포함하는 한 주가 지난 우유가 꼭 같은 조건 하에서 놓이게 되면 엄청난 양의 젖산이 만들어져 부패되는 결과를 가져온다.

미니퀴즈

- 세미로그(*semilogarithmic*) 그래프란 무엇이며, 그것으로부터 어떤 정보를 얻을 수 있는가?
- 만약 8시간 내에 지수 생장을 하는 배양이 5×10^6/ml에서 5×10^8/ml로 증가한다면, *g*, *n*, *k*를 계산하라.
- 독성 기질에 대한 세균의 반응을 실험하는 데 있어 *g*는 왜 유용한 정보가 되는가?

5.3 미생물 생장주기

그림 5.5와 5.6에 있는 데이터는 미생물 개체군의 생장주기 중 일부인 지수 생장(*exponential growth*) 부분만을 나타낸다. 지수 생장은 단지 미생물 생장주기의 일부분이다. 여러 가지 이유로 인해 시험관이나 플라스크 [**회분배양(batch culture)**] 같은 밀폐된 용기에서 자라는 생물은 무한히 지수 생장을 할 수 없다. 대신에 **그림 5.7**에서 보이는 것처럼 전형적인 개체군의 생장곡선(*growth curve*)이 얻어진다. 생장곡선은 유도기, 지수기, 정지기 및 사멸기를 포함하는 전체적인 생장주기를 보여준다.

유도기와 지수기

미생물 배양이 새로운 배지에 접종이 되면 (5.5절 참조) 생장은 대개 유도기(*lag phase*)라고 불리는 시간이 지난 후에야 시작된다. 이 기간은 접종물의 이력, 배지의 특성, 그리고 생장조건 (5.9~5.14절 참조) 등에 따라 길수도 있고 짧을 수도 있다. 만약 지수 생장을 하는 세포를 같은 배양조건 (온도, 산소 공급 등)의 같은 배지에 접종을 하면 유도기가 없이 즉시 지수 생장이 시작된다. 그러나 만약 접종물이 오래된 정지기의 세포로부터 취해졌다면, 동일한 배지에 접종하면 접종된 모든 세포가 살아 있다고 하더라도 대개의 경우 유도기가 나타나는데, 그 이유는 세포들에게 여러 가지 필수 영양분이 결핍되어 그들을 생합성하는 데 시간이 필요하기 때문이다.

영양분이 풍부한 배지에서 자라던 세포를 영양분이 빈약한 배지로 옮겨도 유도기는 관찰된다. 어떤 배양배지에서 생장하기 위해서 세포들은 그 배지에 존재하지 않는 필수 대사물질을 합성하기 위한 모든 조합의 효소들을 반드시 갖고 있어야만 한다. 따라서 배지의 하향 전환에서 필수 대사물질들은 생합성되어야만 하고, 필요한 새로운 효소들을 합성하고 이들 효소들이 작은 풀의 각 대사산물을 생산하는 데 요구되는 시간이 필요하다. 이러한 현상은 유도기에 일어난다.

생장하는 세포군이 규칙적 간격 (5.2절)으로 배가될 때, 그 세포 생장의 지수기(*exponential phase*)에 있는 것이다. 지수단계 세포들은 전형적으로 가장 건강한 상태에 있으며, 따라서 그들의 효소 또는 다른 세포 성분에 대한 연구에 가장 바람직하다. 지수 생장의 속도는 매우 다양하다. 지수 생장 속도는 생물 자신의 유전적인 특성뿐 아니라, 환경 조건 (온도, 배양배지 조성)에 의해 영향을 받는다.

일반적으로 원핵세포는 진핵미생물에 비해 생장 속도가 빠르고 크기가 작은 진핵생물이 큰 것에 비해 더 빨리 자란다. 그러나 모든 생물을 고려하였을 때, 지수 생장기 배가시간은 몇 분에서 며칠 혹은 몇 달까지 매우 다양하다. 영양분이 빈약한 지구의 깊은 곳 같은 매우 스트레스를 받는 조건에서 살아가는 생물들은 수개월 (혹은 수년)마다 분열할 수 있다 (20.7절, 20.13절). 많은 활동으로 생물들의 지수 생장률로 들어가게 되고 얼마나 빨리 생물들이 자랄 수 있는지는 실험실 배양을 하여 이상적인 생장 조건을 알기 전까지는 예측하기 어렵다.

정지기 및 사멸기

회분배양에서 지수 생장은 무한적으로 유지될 수 없다. 만약 20분의 세대시간을 가지는 하나의 세균이 48시간 동안 지수 생장을 한다면 지구 무게의 4000배나 되는 엄청난 무게를 가진 세포 집단이 된다. 한 세균 세포의 무게가 약 10^{-12} 그램이라는 점을 고려할 때, 이는 실로 놀랄만한 일이다. 분명 이러한 일은 불가능하고, 그런 배양에서는 배지의 필수영양분이 고갈이 되거나, 그 생물의 폐기물들이 배지에 축적되기 때문에 생장이 제한된다. 지수 생장이 이러한 이유들 중 하나 (또는 둘) 때문에 멈추었을 때 집단은 정지기(*stationary phase*)로 접어들게 된다 (그림 5.7).

정지기에는 세포수의 증감이 없어서 집단의 생장 속도는 0이 된다. 생장 정지에도 불구하고, 에너지대사 및 생합성 과정 등을 포함하여 많은 세포 기능들이 지속될 수 있지만 전형적으로 아주 감소된 속도로 일어난다. 어떤 세포는 정지기에 분열하기도 하지만 실질적인 세포 수의 증가는 동반되지 않는다. 이는 집단 내의 일부 세포들이 자람과 동시에 다른 세포들이 죽어서 서로 균형을 유지하기 때문이다. 이러한 현상을 비밀생장(cryptic growth)이라고 한다. 그렇지만 조만간 개체군은 생장주기의 사멸기(*death phase*)에 들어갈 것

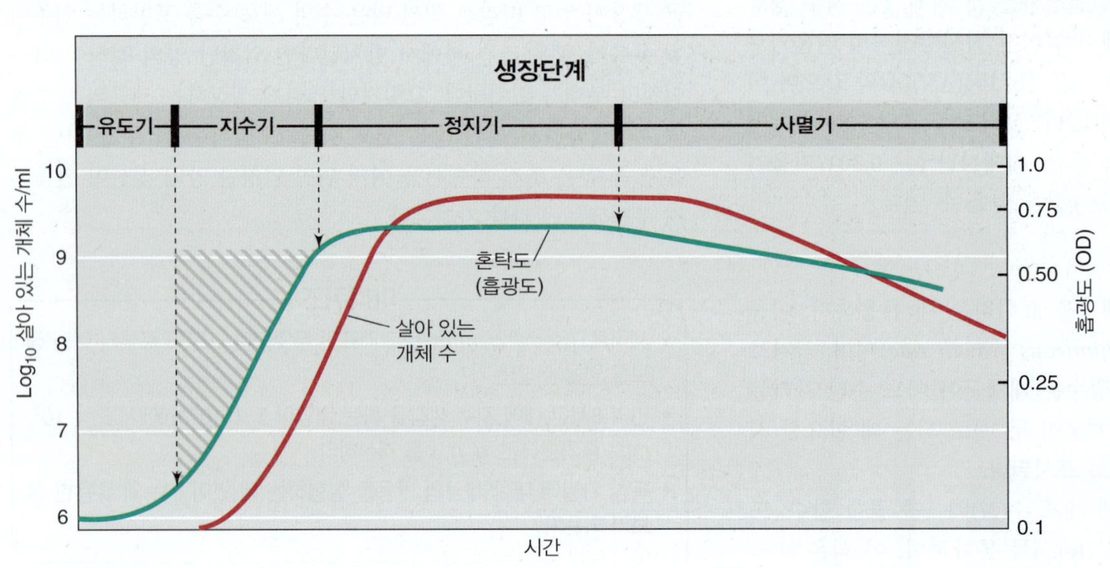

그림 5.7 세균 개체군의 전형적인 생장곡선. 생균계수는 배양액에서 증식할 수 있는 세포들을 측정한다. 흡광도 (혼탁도)는 액체배양에 의해 분산되는 빛의 양을 측정하는 것으로 세포 수에 비례하여 증가한다 (그림 5.16 참조).

이고, 그것은 지수기처럼 지수함수로서 일어난다 (그림 5.7). 그렇지만 전형적으로 세포사멸 속도는 지수 생장 속도보다 느리며 살아 있는 세포들이 수개월에서 수년까지 배양에 남아 있을 수 있다.

그림 5.7에 나타난 세균 생장의 단계들은 개개의 세포가 아닌 세포 개체군(*population*)에서 일어나는 사건들을 반영하는 것이다. 유도기, 지수기, 정지기, 사멸기 등의 용어는 개개의 세포에 대해서는 아무런 의미가 없고 단지 개체군의 관점에서만 의미가 있다. 개개 세포의 생장 (5.1절)은 개체군의 생장을 위해 필수 불가결한 것이다. 그러나 미생물 활성을 측정하기 위해서는 개별 미생물 세포가 아니라 미생물 개체군을 필요로 하기 때문에 미생물 생태학에 있어서 가장 적절한 것은 개체군의 생장이다.

미니퀴즈

- 생장곡선의 어떤 단계에서 세포들은 일정한 시간주기로 분열하는가?
- 어떤 조건에서 유도기가 나타나지 않을까?
- 세포들은 왜 정지기로 들어가는가?

5.4 연속배양

지금까지 우리는 개체군 생장에 대한 논의를 회분배양(*batch cultures*)에만 국한시켰었다. 회분배양 환경은 영양분 소비와 폐기물 생산 때문에 꾸준히 변화한다. 연속배양 장치(*continuous culture device*)에서 이러한 변화를 극복하는 것이 가능하다. 폐쇄계(*closed* system)인 회분배양과는 달리 연속배양은 개방계(*open* system)이다. 연속배양에서 일정한 부피의 신선한 배지가 일정한 속도로 공급되는 반면, 같은 양의 (세포를 포함하는) 사용된 배지도 일정한 속도로 제거된다. 일단 평형상태에 도달하면 키모스타트 부피, 세포 수, 그리고 영양분/폐기물 산물 상태가 일정하게 남게 되고 그 배양은 일정 상태(*steady state*)가 된다.

키모스타트와 평형 상태의 개념

가장 일반적인 형태의 연속배양장치는 **키모스타트(chemostat)**이다. 이것은 생장 속도 (얼마나 빨리 세포가 분열하는지)와 세포밀도 (ml당 얼마나 많은 세포가 얻어지는지)를 모두 동시에 독립적으로 조절할 수 있는 장치이다 (**그림 5.8**). 두 인자가 각각 생장 속도와 세포밀도를 조절한다: (1) 희석률(*duration rate, D*); *F*/*V*로 나타내는데 *F*는 속도 (신선한 배지가 주입되고 사용된 배지가 제거되는 속도)이고 *V*는 배양 부피이다. 그리고 (2) 제한 영양분의 농도(*concentration of a limiting nutrient*)가 탄소원과 질소원과 같은 키모스타트 용기 내로 들어가는 멸균된 배지에 존재한다.

멸균된 배지로 채워진 키모스타트에 접종하면 세포들은 자라기 시작하고 세포 수에 있어 배양액에서 그들이 제거되는 것보다 빠르게 증가한다. 세포 수가 증가함에 따라 배양에서 제한 농도의 양이 감소한다. 생장-제한의 감소는 비생장률을 낮추는 되먹임 회로(feedback loop)로 작용하여 세포가 배양액으로부터 제거됨에 따라 세포 밀도를 감소시키는 결과를 가져온다. 그렇지만 제한 영양이 유출액을 통한 세포의 손실을 보상해주는 비생장률을 유지해줄 정도로 충분한 값까지 감소되었을 때 키모스타트는 세포 밀도와 기질 농도가 시간에 따라 변하지 않는 조건인 평형상태에 이른다.

평형상태에서 배양의 비생장률은 *D*와 같다. 즉, 생장으로 인한 세포 수의 증가율은 희석 (유출)로 인한 세포 수의 감소율과 같다. 따라서 키모스타트 평형상태는 세포가 계속해서 생장하고 제거되는 열동적인 조건이다. 실제로 기질 농도 (**그림 5.9**)에서 이러한 비생장률의 의존성은 되먹임 회로를 유도하여 단지 펌프의 속도를 변화시킴으로써 키모스타트가 자체 조절되도록 해주고 실험자가 배양액의 생장률을 선택할 수 있도록 해준다. 회분배양에서 영양분의 농도는 미생물의 생장률과 생장수율 모두에 영향을 미치지만, 최대 생장률을 나타낼 수 있는 영양분의 양이 과도하게 되었을 때 부가 기질에 의해 세포 생산만이 증가된다 (그림 5.9).

키모스타트 배양액에서 다양한 *D*의 효과는 **그림 5.10**에서 도표로 나타내었다. 보이는 것처럼, 비록 매우 낮고 매우 높은 *D* 모두에서, 활발하게 생장하는 세포를 갖는 평형상태가 깨어지더라도 *D*가 생장률을 조절하는 것을 넘어서

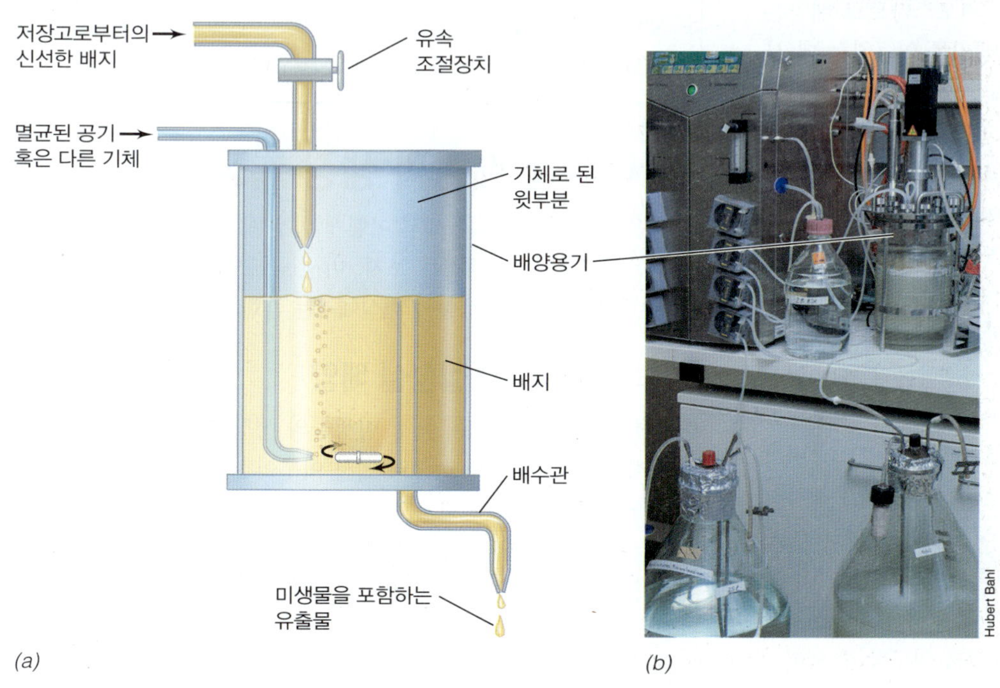

그림 5.8 연속배양장치 (키모스타트). 개체군 밀도는 배양기에서의 제한 영양분의 농도에 의해 조절되며, 생장 속도는 배지의 유입 속도에 의해 조절된다. 제한 영양분의 농도와 배지의 유입 속도는 실험자가 결정할 수 있다. *(a)* 키모스타트 구성 *(b)* 키모스타트 설정 사진.

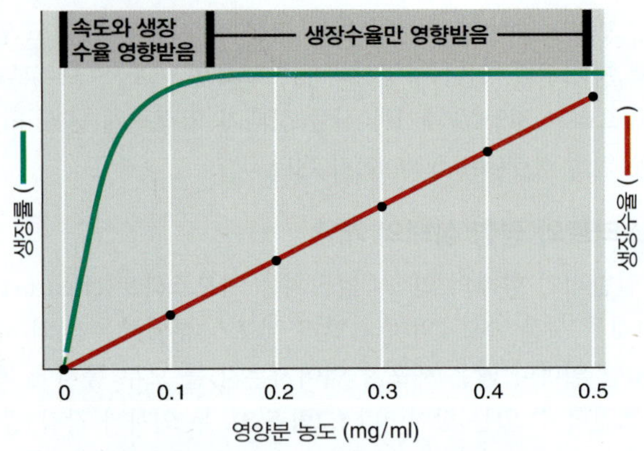

그림 5.9 영양분이 생장에 미치는 영향. 회분배양 (폐쇄계)에서의 영양분의 농도와 생장 속도 (녹색 곡선), 그리고 생장 수율 (붉은 곡선) 사이의 상관관계. 영양분의 농도가 낮을 때에만 생장 속도와 생장 수율이 모두 영향을 받는다.

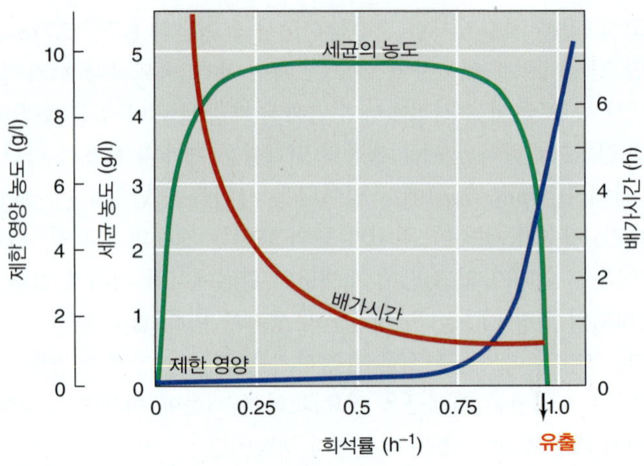

그림 5.10 키모스타트에서의 평형상태 관계. 희석률(*D*)은 유속과 배양 용기의 부피에 의해 결정된다. 높은 *D*에서, 생장은 희석을 일정하게 유지할 수 없으며, 개체들은 씻겨나간다는 점을 주목하라. 또한 개체군의 밀도가 일정하게 유지되고, 생장-제한 영양소의 농도가 정상 상태에서 0에 가깝더라도, 비생장률(specific growth rate) (배가시간에서 본 것처럼)은 넓은 범위에서 다를 수 있다는 점도 주목하라.

는 다소 넓은 제한이 존재한다. 평형상태에서 유입 배지의 영양 농도가 일정한 *D*로 증가한다면 세포 밀도는 증가하지만 생장률은 같은 상태로 남을 것이다. 따라서 키모스타트의 *D*와 생장-제한 영양분의 농도를 다양하게 함으로써, 우리는 특정 생장률로 생장하는 희석된 (예, 10^5 세포/ml), 중간의 (예, 10^7 세포/ml), 그리고 조밀한 (예, 10^9 세포/ml) 세포 개체군을 설정할 수 있다.

키모스타트의 실험적 활용

키모스타트의 실질적인 장점은 미생물 개체군을 오랜 시간 (며칠 혹은 몇 주)동안 지수 생장기로 유지시킬 수 있다는 것이다. 대개 지수기의 세포들이 생리적인 실험을 수행하기 위해서 가장 바람직하다. 그런 세포들은 키모스타트에서 언제든지 이용 가능하며, 용기로부터 반복적으로 시료를 취할 수 있다. 키모스타트로 배양은 준최대 생장률 상태에 있는 세포의 생장과 생리를 연구하는 데 사용되어 왔고, 그러한 연구로부터 미생물 생리에 대한 다양한 이론이 나타났다; 이러한 것에는 세포의 리보솜 내용물이 그들의 비생장률에 비례하여 증가하다는 것과 영양 농도가 비생장률과 세포 수율을 조절한다는 사실 등이 있다 (그림 5.9).

키모스타트는 미생물 생태학과 진화에서도 사용되어 왔다. 예를 들어, 키모스타트는 자연계에는 흔히 나타나는 낮은 기질의 농도를 쉽게 모방할 수 있기 때문에 그 조성이 알려진 혼합된 배양에서 어떤 미생물들이 다양한 비생장률로 최고로 경쟁하는지 또는 언제 특정한 영양분이 제한되는지를 알아보는 것이 가능하다. 이것은 *D* 또는 제한 영양에서 변수들의 기능으로서 미생물 군집에서의 변화를 추적함으로써 수행될 수 있다. 키모스타트에서 배양액을 생장하게 하거나 영양 문제에 직면하게 함으로써 이들 조건이 모든 영양분들이 풍부하게 공급되는 회분배양에서 보다는 새로운 생리적 특성을 보여주는 특정 자연 돌연변이체들이 더 빠르게 선택되는지의 여부를 물어봄으로써 순수 배양 미생물의 진화를 연구할 수 있다.

키모스타트는 농화배양(enrichment)이나 자연으로부터 직접적인 세균의 분리에도 사용되어 왔다. 자연시료로부터 우리는 특정 영양분 농도와 *D* 조건 하에서 안정하게 유지되는 개체군을 선택할 수 있고, 따라서 한 종만 살아남을 때까지 *D*를 천천히 증가시킬 수 있다. 이러한 방법으로 다양한 토양세균의 생장률을 연구하는 미생물학자들은 6분의 배가 시간을 갖는 새로운 세균—가장 빨리 생장하는 세균을 분리하였다.

미니퀴즈

- 키모스타트에서의 미생물은 회분배양에서의 미생물과 어떻게 다른가?
- 키모스타트에서 희석률이 미생물의 최대 생장률보다 더 빠르면 어떤 일이 일어나는가?
- 키모스타트에는 반드시 순수 배양만 사용되어야 하는가?

II • 미생물 배양과 생장 측정

다음 절에서는 실험실에서 어떻게 미생물이 자라고 미생물 생장을 측정하는지 생각해 보자. 미생물 배양과 생장을 측정하는 것은 미생물학자와 미생물 실험실에서는 흔한 일이다.

5.5 생장배지와 실험실 배양

미생물의 실험실 배양은 특정 미생물의 생장을 위해 조성된 영양액인 **배양배지(culture media)**에서 이루어진다. 실험실 배양은 상세한 연구를 위해 필요하기 때문에 실험실 배양이 성공적하기 위해서는 배지의 선택과 준비에 주의해야 한다. 배양배지는 사용 전에 멸균되어야 하며 고압멸균기에서 중간 정도의 열을 가하여 멸균된다. 5.15절에서 배양배지와 실험실 기구들의 멸균방법과 함께 고압멸균기의 작동과 원리에 대하여 알아본다.

배양배지의 분류

미생물학에서 크게 두 가지의 배양배지가 사용된다: 한정(*defined*)

배지와 복합(*complex*)배지. **한정배지(defined media)**는 고순도의 무기화학성분과 유기화학성분을 증류수에 정량을 첨가하여 만든 배지이다. 그러므로 한정배지는 (정량적, 정성적으로) 정확한 조성(*exact composition*)이 알려져 있다. 모든 세포가 새로운 세포의 재료를 만들기 위해 많은 양의 탄소를 필요로 하기 때문에 배양배지에서 가장 중요한 것은 탄소원(carbon source)이다 (3.1절). 특정한 탄소원과 그것의 농도는 배양되는 생명체에 따라 달라진다. **표 5.1**은 4가지 배양배지의 조성을 기록하였다. 예를 들어, *Escherichia coil*를 위해 기재된 것과 같은 일부 한정배지는 한 가지 탄소원만을 포함하고 있기 때문에 "단순(simple)"이라고 한다. 이 배지에서는 *E. coli* 세포가 모든 유기분자들을 포도당으로부터 만든다.

많은 미생물의 생장을 위해서 배지의 정확한 조성을 알 필요는 없다. 이 경우에 복합배지로 충분하며 도리어 이익이 될 수도 있다. **복합배지(complex media)**는 미생물, 동물 또는 식물 생산물인 카제인 (우유 단백질), 쇠고기 (쇠고기 추출물), 콩 [트립틱 콩액(tryptic soy broth)], 효모세포 (효모 추출물) 또는 다소 순수하지 않은 다른 많은 영양 물질들의 분해산물로 이루어진다 (표 5.1). 이러한 분해산물들은 탈수형태의 상품으로 판매되고 있으며, 쉽게 준비될 수가 있다. 그러나 복합배지의 단점은 영양소의 조성이 정확하게 알려져 있지 않다는 것이다. 영양학적으로 요구성이 큰 미생물 (많은 경우 병원균)의 배양에 이용되는 농화배지(*enriched medium*)는 복합배지로 시작하고, 혈장, 혈액 혹은 다른 고영양 물질을 추가 영양소들로 보강한다.

특히 진단 미생물학에서 이용되는 배지들은 종종 선택적(selective) 또는 분별적(differential)으로 만들어진다 (또는 둘 다). 선택배지(*selective medium*)는 몇몇 미생물의 생장을 저해하지만 다른 미생물의 생장을 저해하지 않는 화합물을 포함한다. 예를 들어, 식품매개 질병을 일으키는 *Salmonella*나 *Escherichia coli*와 같은 어떤 병원균의 분리를 위한 선택배지가 이용가능하다. 분별배지(*differential medium*)는 생장과정에서 특별한 대사반응이 일어나는지를 색깔의 변화로 보여주는 대개 염색약을 지표(indicator)로 첨가한 배지이다. 분별배지는 세균을 구분하는 데 매우 유용하여 특히 임상 진단 및 계통 미생물학에서 널리 사용된다. 분별배지와 선택배지는 28장에서 더 논의될 것이다.

영양 요구성과 생합성 능력

표 5.1의 4가지 조리법 중에서 3가지는 한정배지이고 한 가지는 복합배지이다. 복합배지는 준비하기가 가장 쉽고, 표 5.1에서 예로 사용된 *Escherichia coli* 및 *Leuconostoc mesenteroides*의 생장을 지원한다. 반면에 간단한 한정배지는 *E. coli*의 생장을 지원하지만, *L. mesenteroides*는 아니다. 후자의 균주는 한정배지에서 *E. coli*가 필요로 하지 않는 몇 종류의 영양소들이 필요하다. *L. mesenteroides*

표 5.1 단순영양 요구성 미생물을 위한 배양배지의 예[a]

*E. coli*용 한정배지	*L. mesenteriodes*용 한정배지	*E. coli* 또는 *L. mesenteriodes*의 복합배지	*Thiobacillus thioparus*의 한정배지
K_2HPO_4 7 g	K_2HPO_4 0.6 g	포도당 15 g	KH_2PO_4 .0.5 g
KH_2PO_4 2 g	KH_2PO_4 0.6 g	효모추출물 5 g	NH_4Cl_2 0.5 g
$(NH_4)_2SO_4$ 1 g	NH_4Cl_3 3 g	펩톤 5 g	$MgSO_4$ 0.1 g
$MgSO_4$ 0.1 g	$MgSO_4$ 0.1 g	KH_2PO_4 2 g	$CaCl_2$ 0.05 g
$CaCl_2$ 0.02 g	포도당 25 g	증류수 1000 ml	KCl 0.5 g
포도당 4~10 g	아세트산나트륨 20 g	pH 7	$Na_2S_2O_3$ 2 g
미량원소 (Fe, Co, Mn, Zn, Cu, Ni, Mo) 각 2~10 μg	아미노산 (알라닌, 아르기닌, 아스파라긴, 아스파르트산, 시스테인, 글루탐산, 글루타민, 글리신, 히스티딘, 이소루이신, 루이신, 리신, 메티오닌, 페닐알라닌, 프롤린, 세린, 트레오닌, 트립토판, 티로신, 발린) 각 100~200 μg		미량원소 (*E. coli*용 제조법과 동일)
증류수 1000 ml	퓨린과 피리미딘 (아데닌, 구아닌, 우라실, 크산틴) 각 10 mg		증류수 1,000 ml
pH 7	비타민 (비오틴, 엽산, 니코틴산, 피리독신, 리보플라빈, 티아민, 판토텐산, *p*-아미노벤조산) 각 0.01~1 mg		pH 7
(a)	미량원소 각 2~10 μg	(b)	탄소원: 공기 중의 CO_2
	증류수 1000 ml		
	pH 7		

[a]사진들은 상기에 서술된 *(a)* 한정배지와 *(b)* 복합배지 튜브이다. 복합배지의 색깔은 다양한 유기 추출물과 이들의 분해에 의하여 생겨난 것에 주목하라. 사진은 Carbondale 시의 Southern Illinois University에 근무하는 Cheryl L. Broadie와 John Vercillo에 의해 제공되었음.

의 영양요구는 모든 개별 영양성분들을 첨가해주느라 수고스럽지만 매우 보충이 된 한정배지나 (표 5.1) 혹은 준비가 많이 까다롭지 않은 복합배지에 의해서 충족이 된다.

표 5.1에 기재된 4번째 배지는 황 세균인 *Thiobacillus thioparus*의 생장을 지원하지만 이 배지는 다른 세균들의 생장을 지원하지는 못한다. 이것은 *T. thioparus*가 화학무기영양체(chemolithotroph)이자 독립영양체(authotroph) (3.3절)여서 유기탄소를 필요로 하지 않기 때문이다. *T. thioparus*는 모든 탄소를 CO_2로부터 얻으며, 황화합물 티오황산염(thiosulfate, $Na_2S_2O_3$)을 산화시켜 에너지를 얻는다. 따라서 *T. thioparus*는 표에 나열된 모든 생명체 중에서 *E. coli*를 능가하는 가장 강력한 생합성 능력을 가진다.

표 5.1이 주는 교훈은 다른 미생물마다 매우 다른 영양요구성을 가질 수 있다는 것이다. 성공적인 배양을 위해서는 그 미생물의 영양요구성을 이해하고, 적절한 형태와 양으로 필요한 영양분을 공급해 주는 것이 필요하다.

실험실 배양

배양배지가 준비되어 모든 생명체가 없어지도록 멸균하면, 여기에 생명체를 접종하여 생장을 지원하는 생장조건 하에서 배양할 수가 있다. 실험실 상황에서 보통은 순수 배양(pure culture)으로 액체 (표 5.1) 또는 고체 (**그림 5.11**)배지에 접종한다. 액체 배양배지는 대개 1~2%의 한천(*agar*)으로 고형화된다. 고체배지는 세포를 고정하여 집락(*colonies*)이라 불리는 육안으로 보이는 분리된 덩어리로 자라게 한다 (그림 5.11). 미생물 집락은 미생물 종류, 배양 조건, 영양 공급, 생리적인 변수에 따라서 모양과 크기가 다양하다. 어떤 세균은 전체 집락의 색깔을 나타내는 색소를 생성한다 (그림 5.11). 집락은 미생물학자가 배양의 구성과 순도를 추정하도록 해준다. 혼합된 배양 (자연 시료 같은, 그림 5.11*e*) 또는 오염된 순수 배양액으로 접종된 배양접시들은 일반적으로 1개 이상의 집락형태를 포함한다.

멸균 배양배지가 만들어지면 접종(inoculum)할 준비를 마치게 된다. 접종은 배양액과 멸균된 액체와 고체배지를 조작하는 동안에 오염을 방지하는 일련의 단계들, **무균기법(aseptic technique)** (**그림 5.12**)을 필요로 한다. 액체배지의 경우 그 목적은 시험관이나 병의 주위가 공기의 유동 또는 멸균되지 않은 표면으로부터 보호하는 동안 배양액을 옮기는 것이다 (그림 5.12*a*). 한천 페트리 접시의 경우, 목적은 기본적으로 같지만 에어로졸이나 낙하할 수 있는 특정 물질로부터 보호되는 한천의 표면을 유지하는 데 더 큰 중점을 두고 있다 (그림 5.12*b*).

공기 유래 오염물질이 실제로 도처에 존재하기 때문에 순수 배양을 유지하기 위해서는 무균기법의 숙달이 요구된다. 분리된 집락을 따서 그것을 다시 도말하는 것(streaking)이 여러 개의 다른 미생물을 포함하는 액체시료 (그림 5.11*e*)에서 순수 배양을 얻는 주

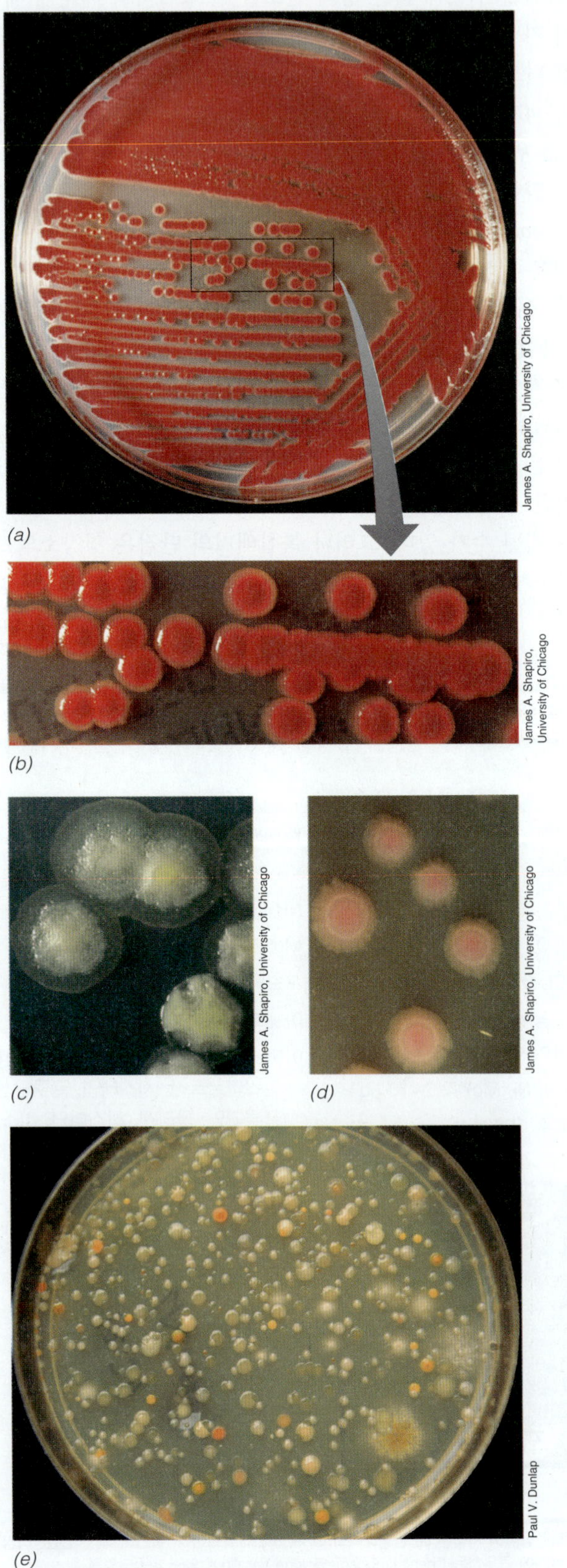

그림 5.11 세균 집락. 집락은 하나 또는 여러 세포가 분열하여 만들어지는 세포 덩어리이며 10억 (10^9)개 이상의 개별세포를 포함한다. *(a)* MacConkey 한천배지에서 자란 *Serratia marcescens*. *(b)* *(a)*의 집락을 자세히 보여준 그림. *(c)* Trypticase-soy 한천배지에서 자란 *Pseudomonas aeruginosa*. *(d)* MacConkey 한천배지에서 자란 *Shigella flexneri*. *(e)* 해수의 희석액을 도말하여 발달한 많은 종류의 다른 집락을 포함하는 한천배지.

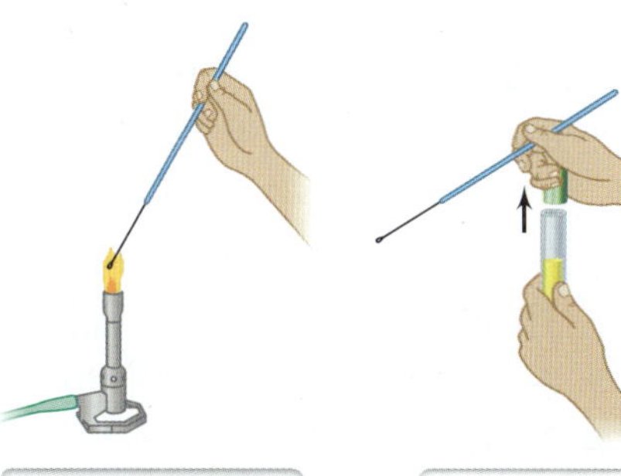

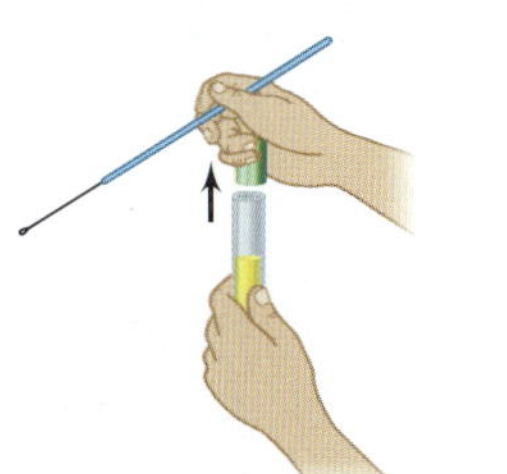

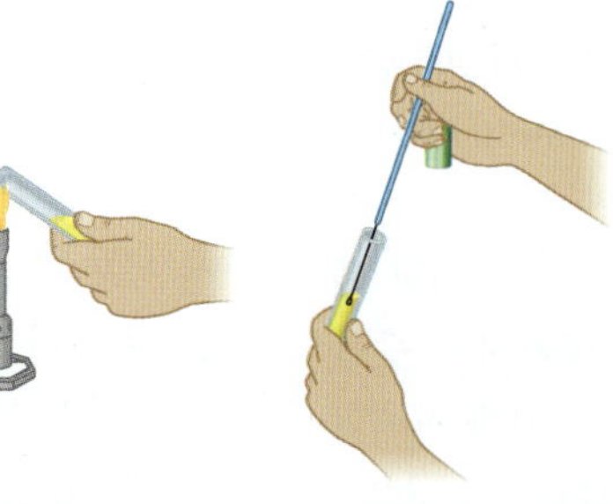

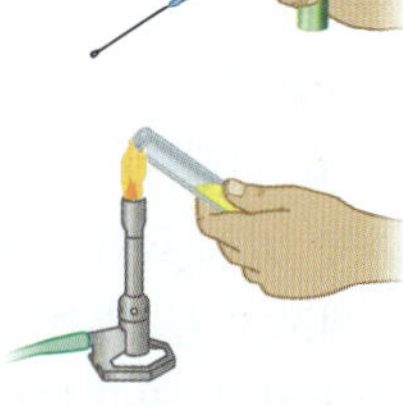

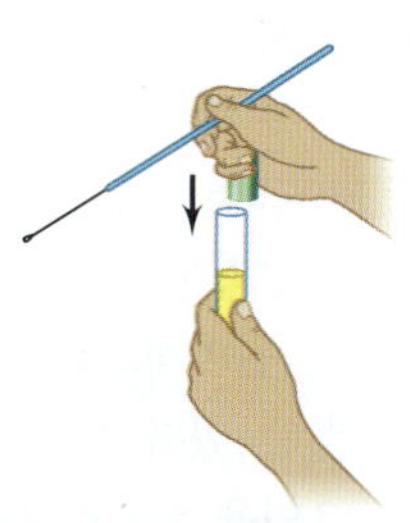

(*a*) **액체 배양 접종**

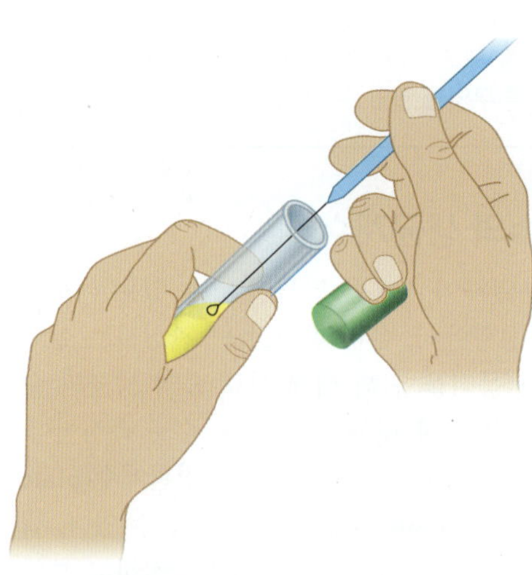

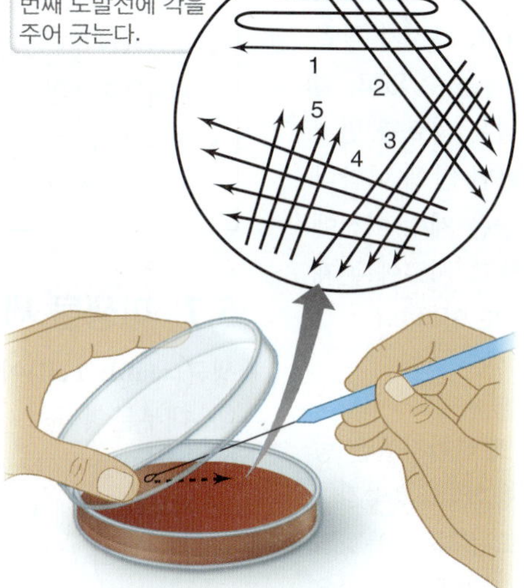

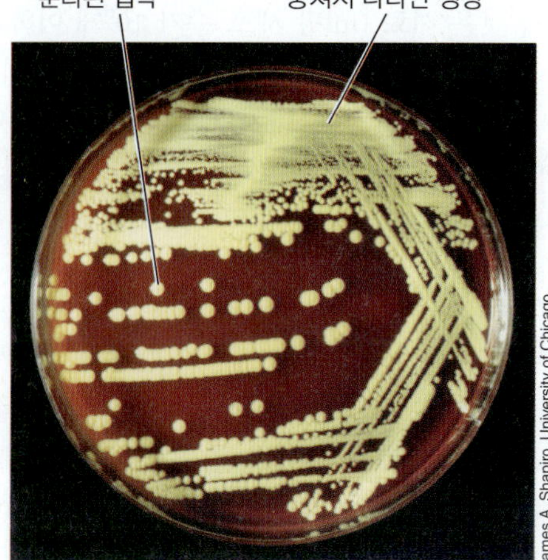

(*b*) **평판 배지도말**

그림 5.12 무균 접종. (*a*) 액체배지: 마지막에 튜브의 마개를 다시 닫은 후에, 접종이는 다시 멸균한다. (*b*) 고체배지: 평판 덮개는 도말조작이 가능하도록 열어놓아야 한다. 획선 평판배지에서, 미생물 세포는 획선 과정에 의하여 분리되고 넓게 분리된 단일 세포들을 생산하고 이들은 생장하고 분열하여 집락을 형성한다.

된 방법이며 미생물 실험실에서 보편적인 과정이다. 순수 배양을 얻는 다른 기술들이 특이한 생장 요구성을 갖는 특정 그룹의 세균에 특화되어 개발되었으며, 19.2절과 19.3절에서 논의될 것이다.

미니퀴즈

- *Leuconostoc mesenteroides*의 배양에서 화학적으로 한정된 배지에서보다 복합배지에서 더 쉬운 이유는 무엇인가?
- 표 5.1에서 나타낸 한정배지와 복합배지 중 어떤 배지에서 *Escherichia coli*가 가장 빠르게 자랄 것인가? 그 이유는? *E. coli*는 *Thiobacillus thioparus*용 배지에서 자라지 못한다. 그 이유는?
- 멸균(sterile)이라는 단어의 뜻이 무엇인가? 실험실에서 순수 배양의 성공을 위해 무균기법이 필요한 이유는 무엇인가?
- 어떻게 많은 세포들은 단일 세균 집락으로 나타날 수 있을까?

5.6 미생물 세포 수의 현미경 계수법

세포 수를 측정하는 것은 미생물 배양 또는 군집의 상태에 대한 양적인 정보를 제공해준다. 미생물 개체군을 계수하는 여러 가지 방법이 개발되었고, 각 방법은 장단점을 갖고 있다. 우리는 배양 또는 자연 시료를 검경으로 진행하는 고전적인 "총 계수법(total count)"으로 시작한다.

총 세포 계수

배양 혹은 자연 시료에서 전체 미생물 수를 계수하는 것은 단지 존재하는 세포들을 관찰하고 미생물 세포 계수기(*microscopic cell count*)에 의해 하나하나 세어봄으로써 이루어질 수 있다. 현미경 계수는 슬라이드 유리 위에 건조된 시료나 액체 속의 세포를 갖고 수행될 수 있다. 건조 시료는 세포와 배경 사이의 대비를 증가시키기 위해 염색을 할 수 있다 (⇄ 1.6절과 19.3절). 액체 시료를 직접 이용할 때는 슬라이드 유리 표면에는 크기가 알려진 정확한 넓이의 사각형 격자무늬로 구성된 계수상자(counting chamber)가 사용된다 (**그림 5.13**). 덮개 유리를 계수상자에 넣으면 격자의 각 사각형은 정확하게 측정된 부피를 갖게 된다. 격자의 단위면적당 세포 수는 현미경으로 계수될 수 있고 작은 상자 부피당 세포 수를 측정할 수 있다. 액체 ml당 세포 수는 계수상자의 부피에 기초한 환산 요인을 적용함으로써 측정될 수 있다 (그림 5.13).

현미경 계수법은 미생물 세포 수 측정에 있어 빠르고 쉬운 방법이다. 그러나 이 방법은 그 유용성이 다소 특정 용도에만 제한되어 쓰이는 단점들이 있다, 예를 들어, 특수 염색법 (19.3절)이 없다면 죽은 세포와 살아 있는 세포를 구별할 수 없고, 복제 계수가 된다 할지라도 정확성을 기대하기는 어렵다. 더군다나, 크기가 작은 세포는 현미경으로 보기 힘들어 잘못된 계수를 가져올 수 있고, 밀도가 낮은 시료 (ml당 세포 수가 10^6개 이하)의 경우 시료를 먼저 농축하여 작은 부피에 현탁하지 않으면 현미경 화면 안에 나타나는 세균은 거의 없다. 마지막으로, 움직이는 세포들은 계수 이전에 죽이거나 (흔히 포름알데히드로) 고정을 해야만 하고, 시료에 존재하는 다른 물질들은 쉽게 미생물 세포과 혼동할 수도 있다.

미생물 생태학에서 현미경 세포 계수법

현미경 계수법의 많은 단점에도 불구하고 미생물 생태학자들은 종종 자연 시료를 가지고 미생물 세포 측정법을 사용한다. 그렇지만 그들은 세포를 볼 수 있도록 염색법, 종종 계통 또는 대사 특성과 같은 세포에 대한 다른 중요한 정보를 주는 매우 강력한 염색법을 사용한다.

일반적으로 사용되는 여러 염색법이 있다. 예를 들어, DAPI라는 염색법 (1.6절 및 그림 1.20*e*)은 DNA와 반응하므로 시료에 존재하는 모든 세포를 염색시킬 수 있다. 반면에 형광염색은 핵산탐침에 염색약을 부착시킴으로써 특정 미생물 또는 연관 미생물 그룹만 매우 선택적으로 염색시킬 수 있다. 그에 반해서 형광염색법은 고도로 특정한 생물 혹은 관련된 생물 그룹용으로 형광 염색을 특정 핵산 탐침에 결합시킴으로써 준비될 수 있다. 예를 들어, 세균종들 혹은 고균 종들만 특이적으로 염색시키는 계통분류학적 염색약이 비특이적 염색약과 함께 사용하면 주어진 시료 내에서 각 영역(domain)의 비율을 측정할 수 있다 (19.4절). 어떤 형광 탐침은 특정 대사과정과 관련되어 있는 유전자들을 표적으로 한다: 만약 한 세포가 이들 탐침들 중 하나에 의해 염색되면 미생물 군집에서 세포의 생태학적 역할을 알 수 있는 중요한 대사적 특성이 유추될 수 있다. 이 모든 경우에, 만약 시료 안의 세포 예로서 해수 시료와 같이 세포가 낮은 수로만 존재한다면, 이 한계는 먼저 여과지로 세포를 농축하고 염색한 후 총수를 측정할 수 있다.

현미경 측정법은 방법이 간단하고 유용한 정보를 제공하기 때문에 자연 미생물 환경의 생태학적 연구에 흔히 사용된다. 우리는 이 주제에 대해 19장에서 좀 더 자세히 다루고자 한다.

미니퀴즈

- 염색하지 않은 시료를 현미경 측정법으로 계수하면 나타날 수 있는 문제점은 무엇인가?
- 현미경 기술을 사용하여 총 세포 수가 10^5/ml인 알파인(alpine) 호수에 고균이 존재한다면 당신을 무엇을 말할 수 있는가?

5.7 미생물 세포 수의 생균계수법

생균(**viable cell**)이란 분열하여 자손을 만들어낼 수 있는 세포인데, 대부분의 균수 측정 상황에서, 우리의 가장 큰 관심사는 살아있는 세포들이다. 이러한 목적을 위해 대개 시료 중의 생균의 수는 적절한 고체배지에서 집락(colony)을 형성하는 수로 측정한다. 이러한 목적 때문에 한천 평판이 필요하기 때문에 **평판계수**(**plate count**)라고 불리는 **생균계수**(**viable count**)를 사용할 수 있다. 생균계수에서 만들어진 전제는 살아 있는 한 세포가 생장하고 분열하여 하나의 집락을 형성할 것이라는 것이다. 따라서 집락의 수가 세포의 수를 반영하는 것이다 (5.5절과 그림 5.11).

생균계수법

평판계수법을 수행하는 데에는 적어도 도말평판법(*spread-plate method*)과 주입평판법(*pour-plate method*) 등 두 가지 방법이 있다 (**그림 5.14**). 도말평판법에서는 적절히 희석된 부피 (대개 0.1 ml 이하)의 배양액을 살균된 유리봉을 이용하여 한천평판배지 표면에 골고루 도말한다. 주입평판법에서는 알고 있는 부피 (대개

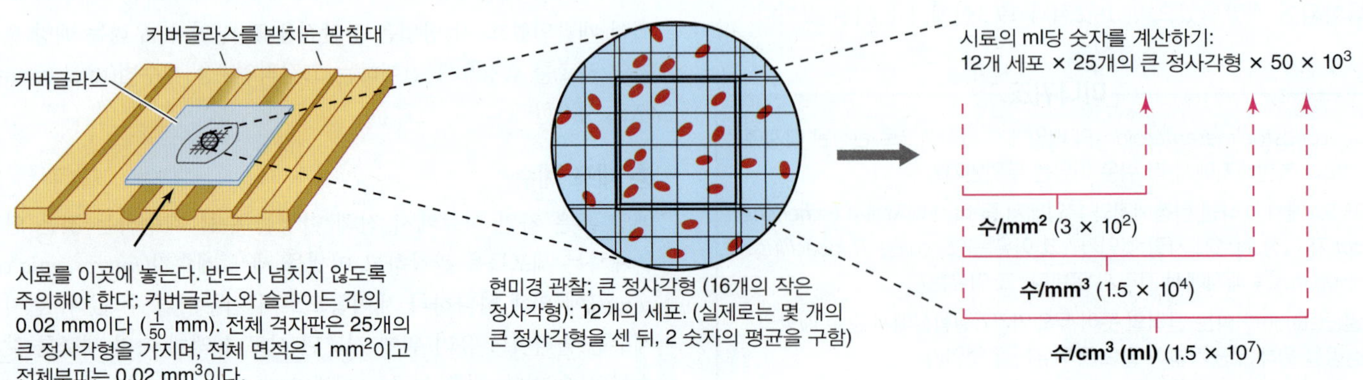

그림 5.13 Petroff–Hausser 계수장치를 이용한 직접적인 현미경 계수법. 염색을 하지 않아도 세포 수를 측정할 수 있도록 대개 위상차현미경이 사용된다.

그림 5.14 생균계수를 위한 두 가지 방법. 주입평판법에서는 집락이 한천의 표면뿐 아니라 한천 내부에서도 만들어진다. 맨 오른쪽에 도말평판법 (위)이나 주입평판법 (아래)으로 접종한 세포로부터 형성된 대장균의 집락을 찍은 사진이다.

0.1~1 ml)의 배양액을 피펫을 이용하여 살균된 페트리 접시에 주입한다. 겔화 온도 (~50°C)보다 높은 열에 녹은 한천배지를 첨가하여 실험대 위에서 부드럽게 흔들어서 잘 혼합한다.

위의 두 가지 평판계수법을 사용할 때 배지에 형성되는 집락의 수가 너무 많지 않게 하는 것이 중요하다. 너무 많은 수의 생균을 접종하면 평판 위에서 몇몇 세포는 집락을 형성하지 못하거나 집락끼리 겹쳐지는 경우가 발생해 측정에 오차가 많이 생길 수 있기 때문이다. 집락의 수가 너무 적으면 생균 측정의 통계학적 유의성이 낮아지기 때문에 적정 수의 집락이 형성될 수 있도록 해야 한다. 대개의 경우 30~300개 정도의 집락이 형성된 평판배양이 통계학적으로 가장 믿을 만하다.

적절한 수의 집락을 얻기 위해서는 계수하려는 시료를 희석하여야 한다. 미리 생균 수를 제대로 파악하기가 쉽지 않기 때문에 대개 한 번 이상 희석할 필요가 있다. 여러 개의 10배 희석된 시료를 일반적으로 사용한다 (**그림 5.15**). 10배로 희석 (10^{-1})하기 위해 0.5 ml의 시료를 4.5 ml의 희석액과 혼합하거나 1.0 ml의 시료를 9.0 ml의 희석액과 혼합한다. 만약 100배의 희석 (10^{-2})이 필요하다면 0.05 ml의 시료를 4.95 ml의 희석액과 혼합하거나 0.1 ml에 9.9 ml의 희석액을 혼합한다. 또는 10배 희석을 두 번 연속적으로 하여 10^{-2}배 희석을 얻을 수도 있다. 밀도가 높은 배양액의 경우 평판도말시 계수할 수 있는 집락이 형성될 수 있도록 바람직한 최종 희석을 얻기 위해선 이와 같은 연속희석법(*serial dilution*)이 필요하다. 그래서 만약 10^{-6}배 희석이 필요하면 10^{-2}배 희석을 연속적으로 3번 반복하거나 10^{-1}배 희석을 6번 반복하면 된다 (그림 5.15).

평판법에서 오차의 원인

생균계수에서 얻어지는 집락의 수는 접종량과 생존력은 물론 배지 성분이나 배양 조건에 따라 좌우된다. 집락의 수는 또한 배양 시간의 길이에 따라 변화할 수 도 있다. 예를 들어, 만약 혼합배양액을 사용하면 평판에 접종된 모든 세포들이 같은 속도로 집락을 형성하지는 않을 것이다; 만약 배양 시간을 짧게 하면 형성될 수 있는 최대한의 집락 수보다는 적은

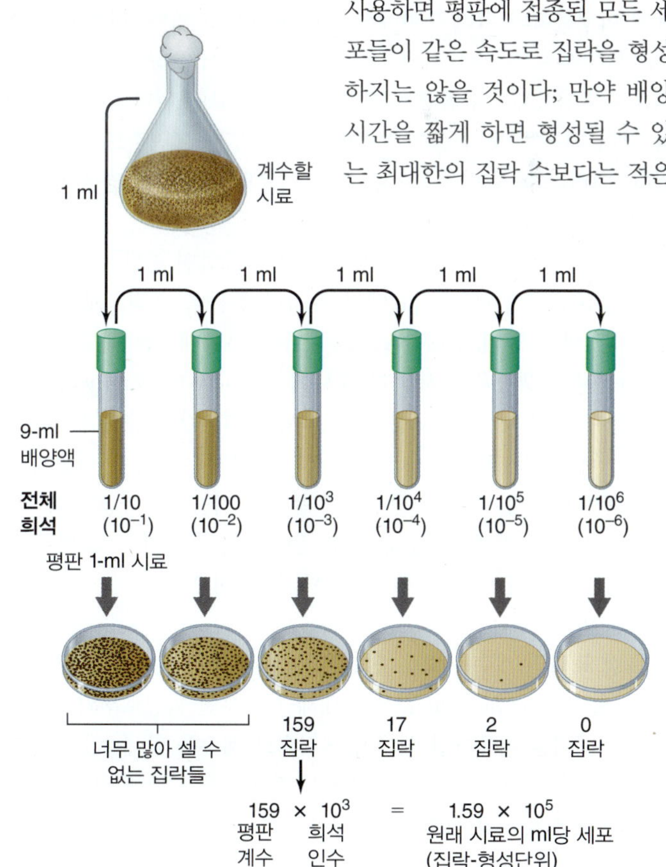

그림 5.15 시료의 연속적인 희석과 주입평판법을 이용한 생균계수 과정. 희석액으로 단순히 물을 사용할 수도 있으나, 식염수나 배양액을 사용하면 더 높은 회수율을 나타낼 수도 있다. 희석배수는 희석의 역수이다.

수의 집락이 형성될 것이다. 또한 집락의 크기 또한 일정하지 않다. 만약 미세한 집락이 형성되면 측정하는 과정에서 빠뜨릴 수도 있다. 순수 배양의 경우는 집락들이 대개 동시에 형성되고 일정한 형태의 집락이 형성되는 것이 일반적이다.

생균계수는 여러 가지 이유들로 인해 오차가 다소 클 수밖에 없다. 피펫의 오차, 시료의 불균질성 (예, 세포 덩어리를 포함하는 시료), 희석시의 불충분한 혼합, 열감수성 (만약 주입평판법이 사용된다면), 그리고 여러 가지 다른 요인들에 의해 오차가 커진다. 따라서 보다 정확한 측정을 위해서는 시료의 준비와 피펫의 사용에 있어서 주의 깊은 실험과 일관성이 요구되며, 핵심 희석액의 복사 평판배지를 준비해야만 한다. 또한 두 개 이상의 세포가 뭉쳐져 있는 경우 그들은 생장하여 하나의 집락만을 형성할 것이다. 그래서 시료가 많은 세포 덩어리를 포함한다면 그 시료의 생균계수가 실제와 다르게 낮게 나타날 수도 있다. 그런 자료로부터 얻어진 데이터는 하나의 집락형성-단위가 하나 이상의 세포를 포함할 수 있기 때문에 종종 생균 세포(viable cell)보다는 집락 형성 단위(*colony-forming unit*)의 수로 표현한다.

평판계수법의 응용

생균계수법과 관련된 여러 어려움에도 불구하고, 이 방법은 특정 시료에 존재하는 생균의 수에 대한 가장 좋은 정보를 제공하기 때문에 미생물학의 여러 분야에서 널리 활용되고 있다. 예를 들어 식품, 낙농, 의료 및 수생미생물학 등의 분야에서 생균계수법이 일상적으로 활용된다. 이 방법은 평판 도말된 시료당 하나의 생균 세포와 같이 적은 수도 검출될 수 있는 정도로 높은 민감도를 가지고 있다. 이러한 특징이 식품이나 다른 시료의 미생물 오염을 민감하게 검출할 수 있도록 한다.

고도로 선택적인 배지와 생장 조건을 활용하면 평판계수법은 많은 미생물을 포함하는 시료에서 특정한 종들을 표적으로 사용될 수 있다. 예를 들어, 10% NaCl을 함유한 복합배지는 대부분의 다른 세균들의 생장을 저해하기 때문에 피부로부터 *Staphylococcus* 종들을 분리할 때 매우 유용하다. 식품산업과 같은 응용 분야에서는 복합배지와 선택배지 (5.5절)에서의 생균계수를 통해 식품에 존재하는 미생물의 정량 및 정성적인 분석이 가능해진다. 즉, 하나의 동일한 시료에 대해 한 배지에서는 총균수를 측정하고 또 다른 배지에서는 병원균과 같은 특정 미생물을 표적으로 하여 사용할 수 있는 것이다.

특정 표적의 계수는 오수나 다른 수질 분석에 흔히 사용된다. 예를 들어, *Escherichia coli* 같은 장내세균은 분변 물질로부터 유래하고 선택배지를 이용하면 쉽게 선택적으로 계수를 할 수 있으며; 예를 들어, 만약 수영장의 물 시료에서 장내세균이 검출된다면 그들의 존재가 사람들의 접촉에 안전하지 않다는 신호가 된다.

평판법의 극한 불합리성

전형적으로 자연 시료를 직접 현미경으로 계수하면 어떤 단일 평판배지에서 자라는 미생물의 수보다 훨씬 많은 결과를 보인다. 따라서 비록 평판계수법이 대단히 민감한 방법임에도 불구하고 이를 이용해 토양이나 해수, 담수 등의 자연 시료에 존재하는 총 미생물의 수를 측정하려고 할 때에는 결과의 신빙성이 떨어지는 경우가 많다. 일부 미생물학자들은 이 현상을 "평판법의 극한 불합리성 (the great plate count anomaly)"이라고 말한다.

왜 평판법에서는 현미경으로 직접 관찰하는 것보다 적은 수의 세포가 보이는가? 한 가지 분명한 요인은 현미경으로는 죽은 세포도 관찰할 수 있으나 생균계수법은 그렇지 않다. 더 중요한 사실은 아주 작은 시료일지라도 그 안에 있는 다양한 미생물들은 실험실 배양에서보다 훨씬 더 다양한 영양요구성 및 생장 조건을 보일 수도 있다는 것이다 (3.1절, 5.5절과 표 5.1). 따라서 특정한 배지 및 생장 조건에서는 군집 내에 존재하는 일부 특정한 종의 미생물만 자라게 할 수 있다. 예를 들어, 만약 군집의 총 생균 수가 그램당 10^9개라고 하고 이 특정한 종의 미생물이 그램당 10^6개라고 한다면 평판법으로는 기껏해야 실제 존재하는 총 생균 수의 극히 일부인 0.1%만을 측정할 수 있게 되는 것이다.

따라서 평판법의 결과는 큰 단점을 갖고 있다. 어떤 시료에 존재하는 특정 세균 종만을 검출하기 위해 선택적인 배지 (5.5절)를 이용한 평판법을 사용한다면, 예를 들어, 하수나 음식에 존재하는 특정 미생물의 분석에서처럼, 표적 미생물의 생리가 알려져 있고 생균 수의 회수가 거의 100%에 이르기 때문에 신뢰성이 높은 결과를 얻을 수 있다. 대조적으로 단일 배지와 특정 생장 조건을 이용하여 같은 시료의 총 세포 수를 하나 또는 여러 배율 순서로 계수한다면 실제 세포 수보다 적은 수가 계수될 것이다. 그러나 자연 시료에서 특정 생물을 감지하고 양을 측정할 수 있는 상당히 다양한 분자 방법이 개발됨에 따라 한 개의 세포 측정 대용물을 사용한 세포 계수는 일반적이다.

미니퀴즈

- 왜 현미경 계수법보다 생균계수법이 더 민감한가?
- 세균 배양액을 어떻게 10^{-7}배로 희석할 것인가?
- "평판법의 극 불합리성(the great plate count anomaly)"을 설명하라.

5.8 미생물 세포 수의 혼탁도 측정법

지수 생장 동안 모든 세포 성분들은 세포 수의 증가에 비례하여 증가한다. 그러한 성분 중의 하나는 세포 양 그 자체이다. 세포는 빛을 산란하기에, 세포 양을 측정하는 빠르고 유용한 방법이 혼탁도 (*turbidity*)이다. 세포는 현탁액을 지나가는 빛을 산란시키기 때문에 세포 현탁액은 뿌옇게 (혼탁하게) 보인다. 세포의 농도가 높을수록 더 많은 빛이 산란되어 현탁액의 혼탁도가 증가한다. 세포 양은 세포 수에 비례하기 때문에 혼탁도 측정은 실험실 배양에서 빠르게 세포 수를 측정하는 데 사용될 수 있다.

흡광도와 세포 수의 관계

혼탁도는 빛을 세포 현탁액에 조사한 후 산란되지 않고 통과하는 빛의 세기를 감지하는 기기인 분광광도계(spectrophotometer)를 사용하여 측정할 수 있다 (**그림 5.16**). 분광광도계는 특정한 파장의 입사광을 발생시키기 위해 프리즘이나 회절격자를 사용한다 (그림 5.16*a*). 세균의 혼탁도를 측정하기 위해 일반적으로 사용되는 파장은 480 nm (파란색), 540 nm (녹색), 그리고 660 nm (붉은색)이다. 민감도는 파장이 짧을수록 좋으나, 농도가 높은 세포 현탁액을 측정할 때에는 긴 파장일수록 더 정확하다.

혼탁도의 단위는 특정 파장에서의 흡광도(*optical density*, *OD*)이다. 예를 들어, 540 nm에서 흡광도 측정치는 OD_{540}으로 표시한다 (그림 5.16). 단세포 생물의 경우 흡광도는 일정 한도 내에서는 세포의 수에 비례한다. 따라서 혼탁도 판독은 총균수 혹은 생균수 계수법 대신에 사용할 수 있다. 그러나 그러기 위해선 (현미경이나 생균계수법을 통한) 세포 수와 혼탁도 사이의 상관관계를 나타내는 표준곡선(standard curve)을 반드시 작성하여야 한다. 이러한 표준곡선에서 볼 수 있듯이, 비례도는 일정한 범위 내에서만 유지된다 (그림 5.16*c*). 높은 세포 농도 하에서는 한 세포에 의해 분광광도계의 광전지로부터 산란된 빛이 다른 세포에 의해 산란되어 원래의 광전지 방향으로 되돌아올 수도 있다. 결과적으로 세포 수와 혼탁도 사이에 1 대 1 관계는 직선으로부터 벗어난다. 그럼에도 불구하고, 표준이 준비되었을 때 세균의 존재량에 대한 혼탁도 측정은 매우 유용하다.

혼탁도 생장 측정법에 대한 이슈

혼탁도 측정법은 빠르고 쉬우며 시료를 파괴하거나 많이 변형시키지도 않고 수행될 수 있다. 이러한 이유로 혼탁도 측정법은 세균, 고균, 많은 진핵미생물의 순수 배양의 생장을 감지하는 데 널리 이용된다. 탁도 분석으로 같은 시료를 반복하여 여러 번 측정할 수도 있으며 (그림 5.16*d*), 측정치는 시간에 대한 세미로그 그래프로 그려진다 (그림 5.16*b*). 이와 같은 그래프로부터 생장 배양의 세대시간과 다른 매개변수들을 쉽게 계산할 수 있다 (5.2절).

단원 2

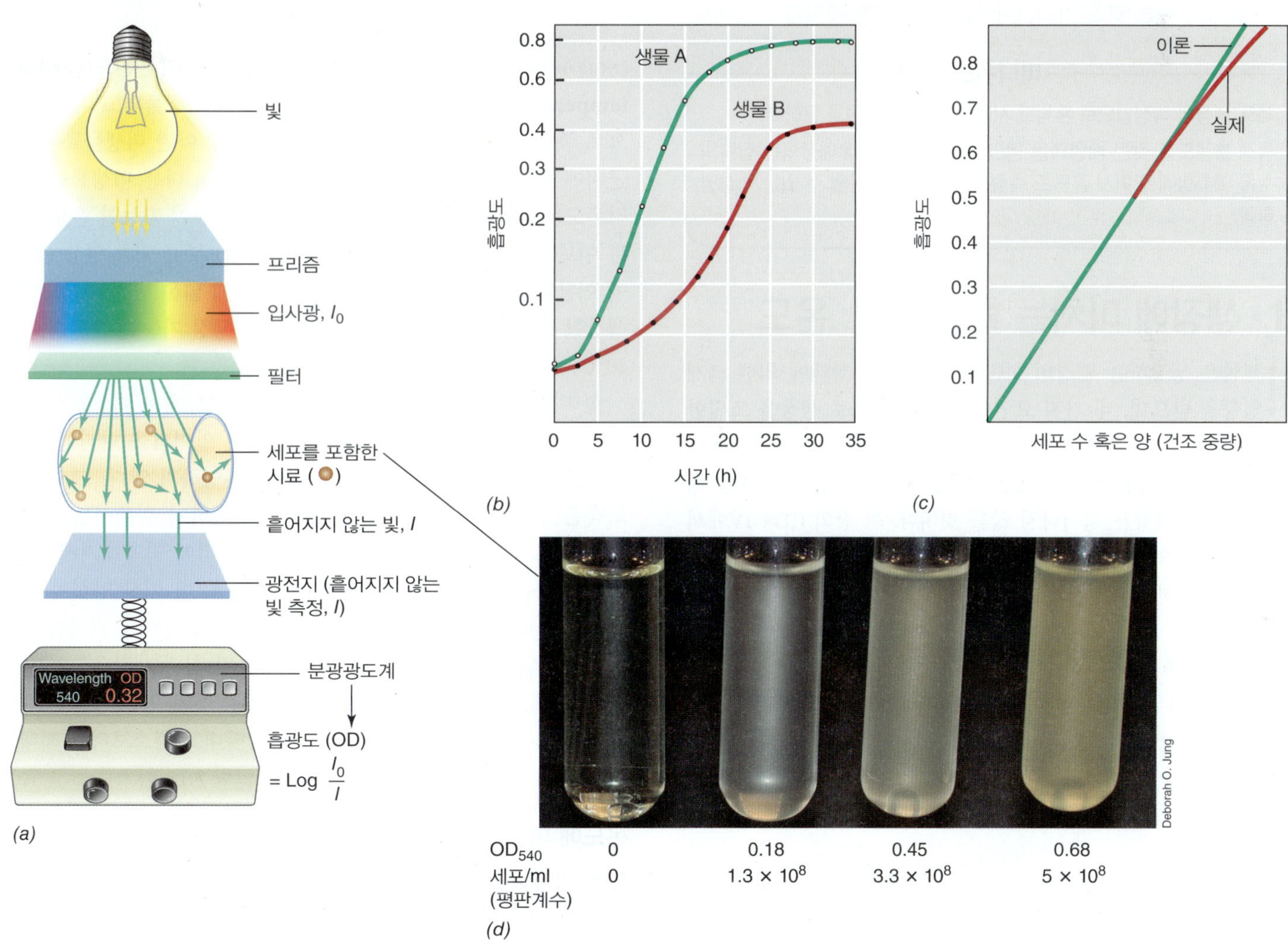

그림 5.16 미생물 생장의 혼탁도 측정. *(a)* 혼탁도는 분광광도계를 사용하여 측정한다. 광전관은 현탁액의 세포들에 의해 산란되지 않은 입사광을 측정하여 흡광도 단위로 나타낸다. *(b)* 생장 속도가 서로 다른 두 미생물의 전형적인 생장곡선. 연습 삼아 $n = 3.3\ (\log N - \log N_0)$의 식을 이용하여 두 배양체의 세대시간($g$)을 계산해보라. 여기서 N과 N_0는 시간 간격 t 동안 얻은 두 흡광도이다. A와 B 중 어느 균주의 생장이 더 빠른가? *(c)* 세포 수 혹은 건조 중량과 혼탁도 값 사이의 관계. 이들의 1:1 상응관계가 높은 혼탁도에서는 잘 지켜지지 않음을 주목하라. *(d)* *Escherichia coli*의 액체배양. 각 배양액의 증가하는 (왼쪽에서 오른쪽으로) 흡광도 (OD_{540})가 생균계수법으로 측정한 실제 세포 수와 마찬가지로 시험관 밑부분에서 보인다.

한편 혼탁도 측정법은 때로는 문제가 되기도 한다. 액체배지에서 많은 미생물들은 균등하게 퍼져서 자라지만, 그렇지 않은 경우도 많다. 어떤 세균은 작거나 큰 덩어리를 형성하는데, 이러한 경우에는 흡광도 측정치가 총 미생물 양의 측정치로 매우 부정확해질 수 있다. 더욱이 여러 세균은, 실제로 자연 상태에서 그런 것처럼, 시험관이나 다른 배양기의 벽면에 생물막을 형성하기도 한다 (5.1절). 따라서 액체배양에서 흡광도 값이 정확하게 세포 양 (따라서 세포 수)을 반영하기 위해서는 덩어리 형성이나 생물막이 최소화되어야 한다. 그것은 배양기를 흔들어 주거나 휘젓는 등 생장과정 동안 세포들이 잘 섞이게 하여 세포의 응집이나 생물막의 형성의 첫 번째 단계인 유영 세포의 부착을 막아주면 이루어질 수도 있다. 어떤 세균은 자연적으로 부유성이며—오랜 기간 동안 액체배지에 부유한 채로 잘 머무르며—그리고 생물막을 형성하지 않는다. 그러나 만약 고체 표면이 이용가능하면, 대부분의 운동성 세균은 결국 계속해서 생물막을 개발할 것이고 운동 세균의 혼탁도에 의해 세포수를 정량하는 것은 어렵거나 불가능하게 될 것이다.

미니퀴즈

- 세포 생장의 측정법으로 혼탁도 사용의 두 가지 장점을 말하라.
- 특정 흡광도를 갖는 배양액을 평판배지에 도말할 때 예상되는 집락의 수를 예측함에 있어서 혼탁도 측정법을 어떻게 이용할 수 있는지 설명하라.

III • 생장에 미치는 환경 효과: 온도

미생물은 생장하는 환경의 화학적 및 물리적 상태에 의해 크게 영향을 받으며, 네 가지 요인이 주요 방식으로 생장을 조절한다: 온도, pH, 수분 가용성, 그리고 산소. 만약 이들 요인들 중 어느 하나가 한 생물이 참아낼 수 있는 한계를 넘어선다면, 이상적인 배양배지에서도 생장은 일어나지 않을 것이다. 이 장의 III과 IV에서 우리는 미생물의 생장과 생존에 영향을 미치는 주요 환경 요인인 온도부터 시작하여 이들 중요한 환경적 요인들을 다루고자 한다.

5.9 온도에 따른 미생물의 분류

너무 차거나 너무 뜨거우면 미생물이 생장할 수 없고 죽을 수도 있다. 생장을 위한 최저온도와 최고온도는 미생물의 종에 따라 상당히 다르며 대개 그 미생물 서식지의 온도 범위 및 평균 온도를 반영하는 경우가 많다.

기본온도

온도는 미생물에 두 가지 반대되는 방식으로 영향을 미친다. 온도가 상승하면 효소의 반응 속도가 증가하고 생장이 빨라진다. 그러나 특정 온도 이상에서는 특정 단백질이 변성되거나 비가역적으로 손상을 입을 수 있다. 모든 미생물에게는 그 이하에서는 생장이 일어나지 않는 최저(*minimum*)온도, 생장이 가장 왕성한 최적(*optimum*)온도 및 그 이상에서는 생장이 일어나지 않는 최고(*maximum*)온도가 있다. 이 세 가지 온도를 **기본온도(cardinal temperature)**라고 하며 (**그림 5.17**), 특정 미생물의 고유한 특징으로 종마다 상당한 차이가 있다. 예를 들어, 어떤 미생물들은 0°C 근처에서 최적의 생장온도를 갖는 있는 반면, 다른 미생물들의 최적온도는 100°C 이상일 수 있다. 미생물 생장이 가능한 온도 범위는 이보다 더 넓어서 영하 15°C의 낮은 온도부터 최소 영상 122°C에 이른다. 그러나 한 종의 미생물이 이렇게 넓은 범위의 온도에서 생장할 수 없으며, 특정한 종의 전형적인 생장 가능한 온도 범위는 40°C 이하이다.

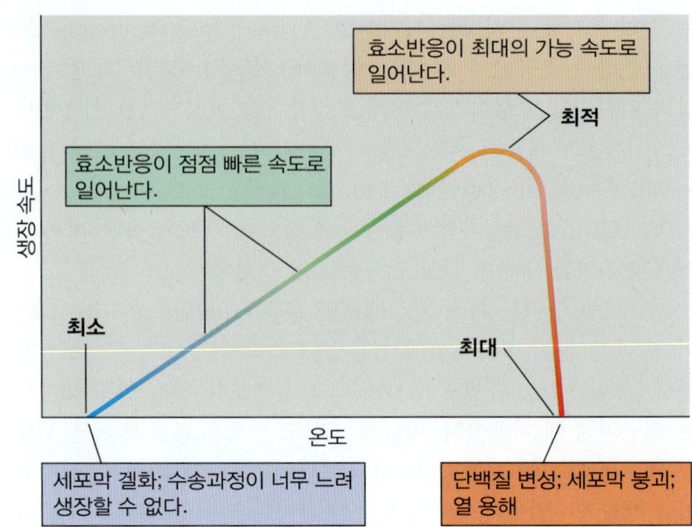

그림 5.17 기본온도: 최저, 최적 및 최고 온도. 실제 값은 미생물에 따라 상당히 다를 수 있다 (그림 5.18 참조).

한 미생물의 최고 생장온도는 그 온도 이상에서 핵심효소와 같은 하나 이상의 필수 세포 성분의 변성이 일어남을 나타낸다. 각 미생물의 최저온도를 결정하는 요인은 분명하지 않다. 그러나 세포막은 수송과 다른 중요한 기능들을 수행하기 위해서는 유동적인 상태로 유지되어야 한다. 즉, 만약 세포막이 딱딱해져서 더 이상 수송하는 데 적절한 기능을 하지 못하고, 더 이상 양성자 동력(proton motive force)을 형성하거나 소비하지 못하는 지점까지 이르면, 그 생명체는 생장할 수 없다. 최소 및 최대 생장온도와는 달리, 최적(*optimum*) 생장온도는 모든 혹은 거의 모든 세포 구성성분들이 그들의 최고의 비율로 기능을 나타내고 최소보다는 최대치에 가깝게 놓여 있는 상태를 반영한다 (그림 5.18 참조).

온도에 따른 생물의 분류

비록 미생물은 최적 생장온도가 낮은 온도에서부터 높은 온도에 이르기까지 넓은 범위에 걸쳐 분명한 경계가 없이 분포되어 있지만, 최적온도에 따라 미생물을 적어도 네 개의 광역 군으로 구분할 수 있다: 낮은 최적온도를 갖는 **저온생물(psychrophile)**, 중온에서 최적의 생장을 보이는 **중온생물(mesophile)**, 높은 최적온도를 보이는 **고온생물(thermophile)**, 그리고 극히 높은 온도에서 잘 자라는 **초고온생물(hyperthermophile)** (**그림 5.18**).

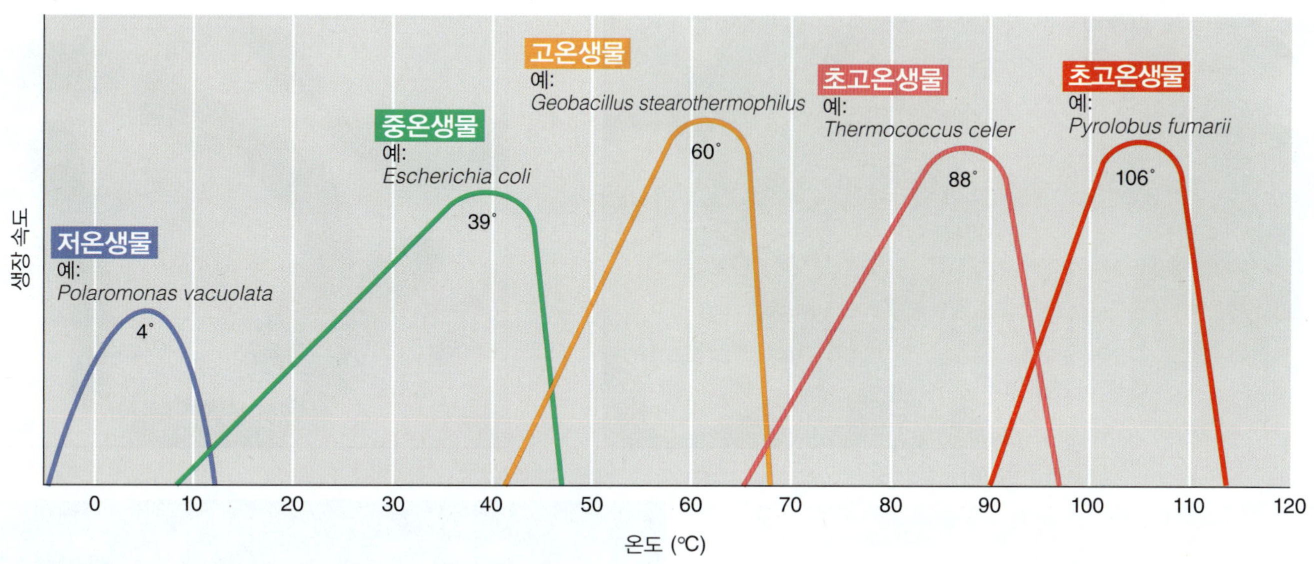

그림 5.18 미생물의 다른 온도 군에 따른 온도와 생장 반응. 각 미생물의 최적온도를 그래프에 나타내었다.

중온생물은 자연계에 널리 존재하며, 가장 흔하게 연구되는 미생물들이다. 이들은 온혈동물과 온대 및 열대의 육지와 수생환경에서 발견된다. 저온생물과 고온생물은 각각 비정상적으로 차갑거나 뜨거운 환경에서 발견된다. 초고온생물은 온천, 간헐온천, 심해열수구 등의 극히 뜨거운 서식처에서 발견된다. *Escherichia coli*는 전형적인 중온균으로 기본온도들이 잘 알려져 있다. 대부분의 *E. coli* 균주들의 최적온도는 39°C이고, 최대온도는 48°C, 그리고 최저온도는 8°C이다. 따라서 *E. coli*가 생장할 수 있는 온도 범위는 약 40°C에 이르며, 이는 원핵생물들의 평균 생장 온도범위에 비해 높은 편에 속한다 (그림 5.18).

저온생물과 고온생물은 각각 몹시 춥고 몹시 더운 환경에서 발견된다. 초고온생물은 온도가 100°C가 되는 온천과 100°C가 넘는 심해 열수공과 같은 극히 뜨거운 서식지에서 발견된다. 이제 매우 낮거나 매우 높은 온도에서 서식하는 흥미로운 미생물들에 대해 생각해보고, 그들이 직면한 몇몇 생리학적 문제들과 극한 조건에서 생존하기 위해 진화시켜온 생화학적 해결책들을 살펴보도록 하자.

미니퀴즈

- 초고온생물(hyperthermophile)과 저온생물(psychrophile)은 어떻게 다른가?
- *E. coli*의 기본온도는 얼마인가? 온도에 따른 분류체계에서 *E. coli*는 어느 군에 속하는가?
- *E. coli*는 최소배지보다 복합배지의 경우 더 높은 온도에서의 생장이 가능하다. 그 이유는?

5.10 저온 미생물

사람들은 일반적으로 온도가 온화한 지구표면에서 살면서 일하기 때문에, 매우 뜨겁거나 차가운 것을 "극한적(extreme)"이라고 생각하는 것이 당연하다. 그러나 많은 미생물의 서식처는 매우 뜨겁거나 매우 차가우며, 그러한 환경에서 살아가는 생물체를 호극성생물(*extremophiles*)이라고 하는데 (1.3절 및 표 1.1). 우리는 이 절과 다음 절에서는 이런 매혹적인 생물체들의 생물학에 대해 다룬다.

저온 환경

지구 표면의 많은 곳이 춥다. 지구 표면의 반 이상을 차지하는 해양은 평균 온도가 5°C이며, 공해깊이별 온도는 1~3°C로 일정하다. 북극과 남극의 광대한 대륙은 항상 얼어 있고 여름의 몇 주일 동안만 녹아 있다 (**그림 5.19**). 빙하를 통하여 혹은 그 아래로 흐르는 액체상의 물이 흐르는 수로망이 미생물로 가득차 있는 빙하가 하는 것처럼 (그림 5.19*e*), 이들 차가운 환경은 다양한 미생물을 부양한다. 심지어 냉동상태의 물질에도 용질의 농도가 높은 곳에는 미세한 양의 액체 상태의 물이 존재하므로 여기에서도 미생물은 매우 느리지만 대사활동을 하고 생장할 수 있다.

차가운 환경을 고려함에 있어서 연중 내내(*constantly*) 추운 환경과 계절적으로(*seasonally*) 추운 환경은 구분할 필요가 있다. 온대 기후의 특징인 후자의 경우에는 여름 온도가 40°C까지 올라갈 수도 있다. 예를 들어, 온대 지방의 호수는 겨울에는 얼음으로 덮일 때도 있으나 물의 온도가 0°C가 되는 기간은 비교적 짧다. 이와 반대로, 남극 호수들은 수 미터 두께의 만년빙으로 덮여 있고 (그림 5.19*d*), 이들 호수 아래 수주들은 연중 0°C 이하를 유지한다. 해양 퇴적물과 빙하들은 빙하 밑의 호수처럼 또한 항상 춥고 이들 모두는 미생물들로 가득 차 있다. 따라서 차가운 환경에 잘 적응한 가장 좋은 미생물의 예는 이들 환경으로부터 나타났다는 것은 놀라운 일이 아니다.

저온성 및 내냉성 미생물

저온생물(*psychrophiles*)은 15°C 이하의 적정 생장온도와 20°C 이하의 최고 생장온도, 그리고 0°C 이하의 최소 생장온도를 갖는 생물이다. 0°C에서 생장이 일어나기는 하나 최적온도가 20~40°C인 미

그림 5.19 남극의 미생물 서식처 및 미생물들. *(a)* 남극대륙의 McMurdo Sound의 얼어 있는 해수의 중심. 중심의 폭은 약 8 cm이다. 색소를 갖는 미생물로 인해 짙은 색을 띠고 있음을 주목하라. *(b) (a)*의 중심으로부터 분리된 광합성 미생물의 위상차현미경 사진. 대부분의 생물체는 규조류나 녹조류 (둘 다 진핵 광합성미생물)이다. *(c)* 얼어 있는 해수에서 살고 생장 최적온도가 4°C이며 가스 소포(gas vesicle)를 가진 세균인 *Polaromonas*의 투과전자현미경 사진. *(d)* 남극의 McMurdo Dry Valleys의 Bonney 호수. 비록 영구히 얼음으로 덮여 있지만 얼음의 아래 수주에는 다양한 종류의 세균, 고균, 진핵미생물이 존재한다. *(e)* 남극의 McMurdo Dry Valleys의 Garwood 빙하. 이 빙하의 모서리 (화살표)는 약 20 m 정도의 높이이다. 빙하와 얼음 밑 호수들은 미생물로 풍부하다.

생물은 **내냉성(psychrotolerant)**이라고 한다. 저온생물은 항상 추운 환경에서 발견되며, 20°C 정도로만 따뜻해져도 죽을 수 있다. 이러한 이유로 인해 실험실에서 저온균을 이용하여 연구를 수행할 때에는 시료채취, 시험실로의 시료운반, 분리 및 다른 실험조작 등 모든 조작에서 온도가 상승하지 않도록 세심한 주의가 요구된다.

저온성 조류와 세균은 종종 극지방 (그림 5.19*a~c*)의 바다 빙하 (계절적으로 얼어 있는 해수) 내 또는 아래에서 밀집하여 생장하고, 만년 설원과 빙하 표면에서 볼 수 있으며, 거기서 그 표면을 특이한 색으로 물들이기도 한다 (**그림 5.20**). 설원에서 가장 흔히 발견되는 조류인 *Chlamydomonas nivalis*가 한 예인데, 그 포자 때문에 설원의 표면이 선명한 붉은색을 띠게 된다 (그림 5.20 삽입도). 이 녹조류는 눈 속에서 녹색의 영양세포로 생장하다가 포자를 형성한다. 눈이 용해, 침식, 그리고 용발 (증발과 승화) 등으로 사라지게 되면 포자가 표면에 농축된다. 설원의 조류와 관련된 종들은 다양한 카로테노이드 색소를 갖고 있어서 이들이 있는 설원은 녹색, 오렌지색, 갈색 및 자주색이 될 수도 있다.

여러 가지 저온 세균들과 저온 고균들이 분리되었는데, 몇몇은 매우 낮은 최적 생장온도를 갖고 있다. 영구 동토층 세균인 *Planococcus halocryophilus*는 −15°C에서 느리게 생장하는데, 이는 지금까지 알려진 세균의 중 가장 낮은 온도이다. 그러나 세균 생장온도의 최저 한계는 이보다 더 낮은 −20°C에 이를 것으로 예상된다. 이와 같은 추운 온도에서도 액체 물주머니는 존재할 수 있고, 연구 결과 냉-활성 세균의 효소들은 그러한 조건 하에서도 기능을 나타낸다는 것을 보여줬다. 그렇게 낮은 온도에서의 생장률은 극히 느리게 일어날 것으로 보이며, 배가시간은 수개월 혹은 수년이 걸릴 것이다. 비록 매우 느린 속도일지라도 그 서식처에서 한 개체가 생장할

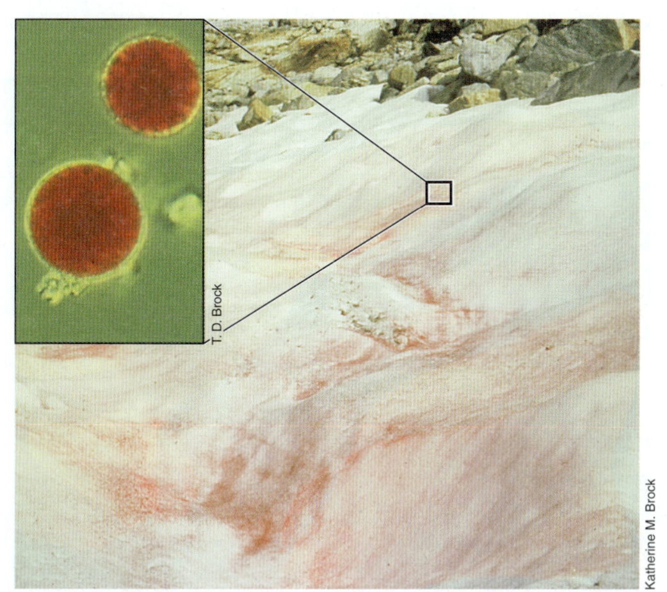

그림 5.20 설원의 조류. 설원의 조류에 의해 붉은색을 띠고 있는 California 주의 시에라 네바다(Sierra Nevada)의 눈 더미. 이와 같은 붉은색 눈은 여름에 세계 각지의 고산지대에서 쉽게 발견할 수 있다. 삽입도: 설원 녹조류 *Chlamydomonas nivalis*의 붉은색 포자의 광현미경사진. 포자는 직경이 약 18 μm이다. 포자는 발아하여 운동성 녹조 세포를 생산한다.

수 있으면 그 개체는 경쟁력을 가져서 개체군을 유지할 수 있다.

내냉성(psychrotolerant) 미생물은 저온생물보다 자연계에서 더 광범위하게 분포하고 있으며, 온대기후의 토양과 물은 물론 표준 냉장온도 (4°C)에서 보관하는 육류, 낙농품, 청량음료, 채소, 그리고 과일 등으로부터 분리될 수 있다. 비록 내냉성 미생물은 0°C에서 생장하지만 속도가 극히 느리며, 시험실 배양에서 눈으로 식별될 정도의 생장을 얻기 위해서는 몇 주일 이상이 소요된다. 대조적으로, 30°C 또는 35°C에서 배양된 같은 생물은 많은 중온생물의 것과 유사한 생장률을 보일 수 있다. 내냉성 미생물에는 다양한 세균, 고균 및 진핵미생물들이 있다.

저온성을 유지시키는 분자적 적응

저온생물들은 저온에서 최적의 기능을 보이는 효소들을 생산하는데, 이러한 효소들은 매우 온화한 온도에서조차 변성되거나 불활성화될 수 있다. 이러한 현상의 분자수준에서의 기작은 완전히 이해되고 있지는 않지만 단백질 구조와 관련되어 있다는 점은 확실하다. 냉-활성 효소들은 저온에서 활성이 없는 효소에 비해 더 많은 양의 α-나선(α-helix) 구조와 더 적은 양의 β-병풍(β-sheet) 구조를 가지고 있다 (⇄ 4.7절). β-병풍 구조는 α-나선 구조에 비해 더 딱딱한 구조를 형성하는 경향이 있기 때문에, 냉-활성을 갖는 효소들에 α-나선 구조가 더 많으면 저온에서 이들 단백질이 그들의 반응을 촉매하는 데 필요한 더 유연한 구조를 가질 수 있다. 냉-활성 효소들은 극성 아미노산이 더 많고 소수성 아미노산이 더 적은 경향이 있으며 (⇄ 아미노산 구조에 대한 그림 4.28), 중온성 효소에 비해 수소결합이나 이온결합 같은 약한 결합이 적다. 총체적으로 이러한 분자적 특성들이 이 효소들로 하여금 저온에서도 유연성을 유지하고 기능을 발휘할 수 있게 도움을 줄 것으로 생각된다.

저온생물의 또 다른 특징은 세포막이 낮은 온도에서 기능을 유지한다는 것이다. 저온생물의 세포막은 불포화지방산과 짧은 길이의 지방산을 많이 함유하고 있는 경향이 있으며, 이것이 그 막을 낮은 온도에서도 반 유동 상태를 유지할 수 있게 함으로써 중요한 수송과 생체에너지 기능을 수행하게 살아간다. 몇몇 저온세균은 다중불포화(*polyunsaturated*) 지방산을 포함하고 있으며, 낮은 온도에서 굳어지는 단일불포화 혹은 포화 지방산들과는 달리, 이들은 낮은 온도에서 유동성인 상태를 유지한다.

저온에 대한 또 다른 분자적 적응에는 "냉-충격(cold-shock)" 단백질과 결빙방지제(cryoprotectants)가 있으며, 이것들은 저온생물에 한정되지 않는다. 냉-충격 단백질은 분자적 샤프론의 한 형태(⇄ 4.11절)로 저온 조건에서 다른 단백질들을 활성 형태로 유지하는 데 도움을 주거나 특정 mRNA에 결합하여 번역을 촉진하는 등의 여러 기능을 가지고 있다. 특히, 후자에는 다른 냉-기능성 단백질을 암호화하는 mRNA를 갖고 있으며, 그들 대부분은 세포가 고온에서 생장할 때에는 생산되지 않는다. 결빙방지제로는 전용 동결방지 단백질과 저온에서 대량 생산되는 글리세롤 및 당류와 같은 특정 용질이 있다; 이들 물질은 세포막을 구멍을 낼 수 있는 얼음 결정(ice crystals)이 형성되는 것을 막는다. 상당히 친수성인 세균들은 종종 충분한 양의 세포외 다당류(exopolysaccharide)를 생산하며, 이들 또한 결빙방지 성질을 갖는 것으로 여겨진다.

비록 어는 온도가 미생물 생장을 막을 수 있지만 그들이 반드시 죽음의 원인이 되지는 않는다. 실제 정반대의 상황이 일어날 수 있고 이것이 미생물 배양 균주 수집에서 세균 세포를 유지하는 데 개발되어 왔다. 세포가 현탁되는 배지 또한 결빙 온도에 대한 감수성에 영향을 미치며, 미생물 배양 수집물 상태로 세균 세포를 보존할 수 있도록 개발되어 왔다. 예를 들어, 결빙방지제로 10% dimethyl sulfoxide (DMSO)이나 글리세롤 등을 포함하는 생장배지에서 현탁되어 있는 세포들과 −80°C (초저온 냉동고) 또는 −196°C (액체질소 온도)에서 얼린 세포들은 수년 동안 생명을 유지한 채 보존될 수 있다.

미니퀴즈

- 내냉성(psychroprotectant) 생물들은 저온생물(psychrophile)들과 어떻게 다른가?
- 저온생물들의 세포막에서는 저온에서 어떤 분자적 적응을 볼 수 있는가? 왜 그러한 적응이 필요한가?

5.11 고온 미생물

미생물들은 태양으로 가열된 흙이나 물웅덩이로부터 끓는 온천에까지 고온 환경에서도 번식하며, 이들 환경에 살아가는 생물들은 전형적으로 주위 온도에 매우 잘 적응되어 있다. 우리는 이들 생물체에 대하여 지금 살펴보고, 몇 개의 뒷장에서 다시 살펴보겠다.

고온 환경

최적온도가 45°C 이상인 미생물을 고온생물(*thermophile*)이라 하고, 최적온도가 80°C 이상인 미생물을 초고온생물(*hyperthermophile*)이라고 한다 (그림 5.18). 한낮에 햇빛을 아주 잘 받는 토양의 온도는 50°C 이상 올라갈 수 있으며, 어떤 토양 표면은 70°C까지도 데워진다. 퇴비단과 시알리지 같은 발효 물질들은 70°C에 다다를 수 있다. 퇴비단과 사일리지 같은 발효 물질들은 또한 고온생물들은 그러한 환경에 풍부하다. 그렇지만 자연에서 가장 극한 고온 환경에는 온천이 있으며, 이들은 매우 다양한 고온생물 및 초고온생물의 서식지이다.

많은 육상 온천은 온도는 끓거나 거기에 가까운 온도를 가지고 있는 반면, 해양의 바닥에 있는 열수분출구(*hydrothermal vents*)라 불리는 온천은 350°C 이상의 온도에 이른다. 온천은 세계 각지에 산재해 있으며 특히 미국 서부, 뉴질랜드, 아이슬란드, 일본, 이탈리아, 인도네시아, 중미 및 중앙아프리카 등지에 집중되어 있다. 세계에서 한 지역에 가장 많은 온천이 집중되어 있는 곳은 미국 Wyoming 주의 옐로스톤 국립공원(Yellowstone National Park)이다. 어떤 온천의 경우는 온도가 많이 변하기도 하지만, 어떤 온천의 경우에는 수년 동안 1~2°C 이하의 변화만 보여 상당히 일정한 온도를 유지하는 것들이 많다. 더욱이 온천에 따라 화학 성분 및 pH가 다르다. 65°C 이상에서는 오로지 원핵생물만 존재하지만 (**표 5.2**), 그 같은 환경에서 세균과 고균들의 다양성은 흔히 높다.

표 5.2 현재까지 알려진 생물이 생장할 수 있는 상한 온도

그룹	상한 온도(°C)
거대 생물	
동물	
어류 및 다른 수생 척추동물	38
곤충류	45~50
갑각류	49~50
식물	
관속식물	45 (한 종은 60)
이끼류	50
미생물	
진핵미생물	
원생동물	56
조류	55~60
균류	60~62
세균과 고균	
세균	
남세균	73
혐기성 광영양체	70~73
화학유기영양체/화학무기영양체	95
고균	
화학유기영양체/화학무기영양체	122

초고온생물과 고온생물

화학유기영양성과 화학무기영양성 종을 포함하는 다양한 초고온생물들은 전형적으로 끓는 온천 (**그림 5.21**)에 존재한다. 이들 미생물의 생장률은 현미경의 슬라이드 글라스를 온천에 담그고 며칠 후에 다시 꺼내서 관찰함으로써 간단하게 연구할 수 있으며 현미경으로 관찰하면 슬라이드 글라스에 부착되어 표면에서 자란 단일 세포로부터 발달한 원핵생물들의 소형집락들을 볼 수 있다 (그림 5.21*b*). 이와 같은 간단한 생태학적 연구 결과 이들 미생물들의 생장률이 온천에서도 상당히 빠르며 배가시간이 짧게는 1시간인 경우도 보고되었다.

다양한 초고온생물들이 배양되었으며, 다양한 모양과 생리적 특징을 갖는 세균과 고균들이 알려져 있다. 몇몇 초고온성 고균은 100°C 이상의 최적온도를 보이는 데 비해 아직까지 95°C 이상에서 생장할 수 있는 세균은 발견되지 않았다. 끓는점 이상의 최적온도를 가진 미생물을 실험실에서 배양하려면 배지를 100°C 이상으로 유지할 수 있는 압력 용기가 필요하다. 최고의 열 저항성 생물은 열수분출구에서 서식하는 것으로 알려져 있으며, 지금까지 최고의 고온생물의 예는 메탄-생성 고균인 *Methoanopyrus*로서 122°C에서 생장할 수 있다 (17.2절).

초고온 미생물과 대조적으로 고온생물들 (최적온도 범위 45~80°C)은 적당히 뜨겁거나 산발적으로 뜨거운 환경에 존재한다. 끓는 물이 열천을 떠나 밖으로 흐름에 따라 점점 식어 온도 구배(thermal gradient)가 형성된다. 이 구배를 따라 다른 온도범위에서

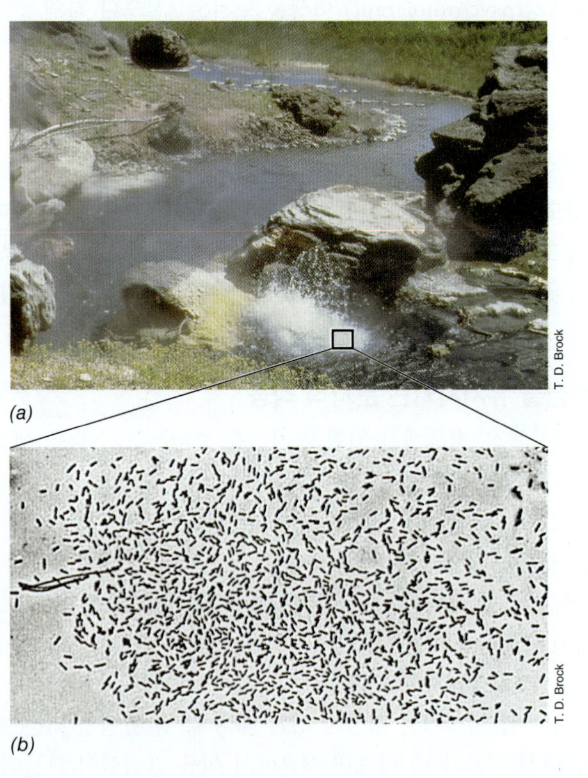

그림 5.21 끓는 물에서 초고온생물의 생장. *(a)* 옐로스톤 국립공원의 작은 끓는 온천인 Boulder 온천. 이 온천은 끓는점보다 1~2°C 높게 과열되어 있다. 온천 주위의 무기질 침착물은 대부분 규소와 황으로 이루어져 있다. *(b)* *(a)*와 같은 온천수에 담가 두었던 현미경 슬라이드 유리에 형성된 고균의 미세 집락을 찍은 현미경 사진.

생장하는 다른 종의 미생물들이 생장한다 (**그림 5.22*a***). 그와 같은 자연적인 온도 구배에 따른 종 분포상을 연구함으로써 각 개체 종이 생장할 수 있는 온도의 상한선을 결정할 수 있다 (표 5.2). 고온성 세균과 고균은 열수 히터와 같은 인공적인 고온 환경에서도 발견된다. 발전소나 다른 인공적인 열원으로부터 뜨거운 물의 방출 또한 고온생물이 번식할 수 있는 장소를 제공한다.

고온에서의 단백질과 막 안정성

어떻게 고온생물과 초고온생물이 높은 온도에서 살아남을 수 있는가? 첫째, 그들의 효소와 단백질들은 중온생물의 것보다 열 안정성이 더 높으며, 실제로 고온에서 최적의(*optimally*) 기능을 발휘한다. 놀랍게도 여러 열-안정성 효소들에 대한 연구 결과 그들 효소는 중온생물의 같은 열-감수성 효소와는 아미노산 서열에서는 거의 차이가 없음이 밝혀졌다. 분명한 것은, 그 효소의 몇몇 부위에서 중요한

(*a*)

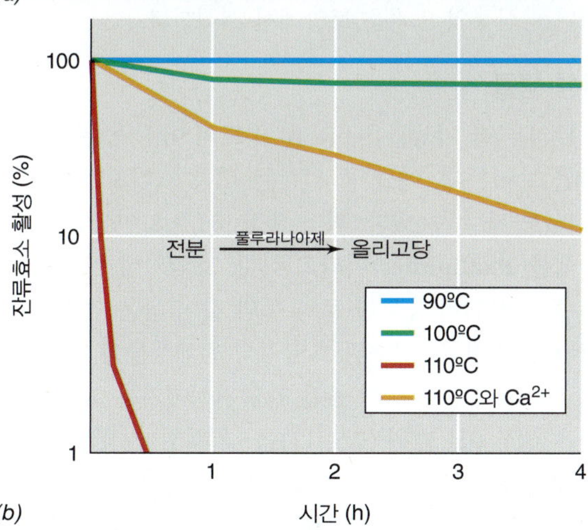

(*b*)

그림 5.22 열천미생물과 열-안정 효소. *(a)* 옐로스톤 국립공원의 끓는 열천으로부터 형성된 온도 구배 상에 광합성 생물체의 상한온도인 70~73°C에서 남세균에 의해 형성된 특징적인 V자 형태 (흰색 점선으로 표시). 이 패턴은 협로의 중안보다는 모서리에서 더 빨리 식기 때문에 발달한다. *(b)* 온천수에서 고온생물이 번식하고 어떤 생물들은 *Pyrococcus* (고균)의 풀루라나아제(pullulanase) 같은 열-안정 효소의 원천으로 사용되어 왔다. 칼슘이온은 끓는점 이상에서 효소를 안정화시킨다.

아미노산 대체가 그 단백질로 하여금 독특하고 열-안정성인 방식으로 감기도록 해준다. 초고온생물 단백질의 열 안정성은 염기성 아미노산과 산성 아미노산 사이의 이온결합 수의 증가에 기인하기도 하고 매우 소수성인 내부에 기인하기도 한다. 이들 아미노산들은 통합되어 풀림에 좀 더 저항성을 갖는 단백질을 만든다. 마지막으로, 소수성 부분은 수용액인 세포질에서 단백질의 풀림에 대한 저항성을 부여한다. 마지막으로 어떤 초호열성생물에서는 2-이노시톨 인산염(di-inositol phosphate), 2-글리세롤 인산염(diglycerol phosphate), 만노실글리세르산염(mannosylglycerate) 등과 같은 용질들이 높은 농도로 생산되며, 그리고 이것들은 단백질들에 열 변성에 대항하여 안정화하는 것을 돕는 것으로 여겨진다.

고온생물과 초고온생물의 효소들은 많은 상업적 용도를 가지고 있다. 그런 효소들은 고온에서 생화학 반응을 촉매할 수 있으며 일반적으로 중온생물의 효소보다 더 안정하여 정제된 효소 표본들의 저장기간을 연장시킨다 (그림 5.22*b*). 이것의 고전적 예로 *T. aquaticus*로부터 분리된 DNA 중합효소—*Taq polymerase*—는 DNA를 증폭하는 기술인 중합효소 연쇄반응(PCR)에서 반복되는 단계들을 자동 조정하는 데 사용되며, 현대 생물학의 주요 도구라 할 수 있다 (⇄ 12.1절). 여러 다른 열-안정 효소들은 특정한 산업적 응용에 상업적으로 이용가능하다 (그림 5.22*b*).

효소 및 다른 세포 거대분자 외에도 고온생물과 초고온생물의 세포막도 열에 대한 안정성이 있어야 한다. 열은 자연적으로 세포막을 구성하는 지질 이중층을 벗겨낸다 (⇄ 2.3절). 고온생물과 대부분의 초고온 세균에서 세포막은 중온생물의 세포막에서 볼 수 있는 것보다 더 긴 사슬과 포화지방산의 양, 그리고 낮은 불포화지방산의 양을 가지고 있다. 포화지방산은 불포화지방산보다 강한 소수성 환경을 형성하며, 긴 사슬 지방산은 짧은 지방산보다 더 높은 용해점을 가지고 있다; 전체적으로 이들 특성은 막 안정성을 증가시킨다.

대부분의 고균은 초고온생물로 막에 지방산을 갖고 있지 않고 대신 글리세롤 인산염(glycerol phosphate)에 에테르 결합으로 연결된 이소프렌(isoprene)이 반복된 형태 (⇄ 그림 2.6)로 구성된 C_{40} 탄화수소를 갖고 있다. 게다가, 많은 고온생물 세포막의 건축은 독특한 꼬임을 갖고 있다: 이 막은 지질 이중층보다는 단일 지질층을 형성한다 (⇄ 그림 2.6*e*). 단일 지질층 구조는 막의 한쪽 면과 다른 쪽 면을 공유결합시키며 이것은 고온성생물의 높은 생장 온도에서 막이 녹는 것을 방지한다. 17장에서는 DNA의 열 안정성 등과 같이 초고온생물이 보이는 열 안정성의 다른 측면들에 대해 생각해 볼 것이다.

미니퀴즈

- 100°C 이상의 최적 생장온도를 가진 종이 속한 계통학적 도메인은 무엇인가? 이들을 배양하는 데에는 어떤 특별한 기술이 필요한가?
- 초고온성 고균의 세포막의 구조는 *Escherichia coli*와 어떻게 다르며, 왜 이러한 구조가 고온에서의 생장에 유용한가?
- *Taq* 중합효소는 무엇이며, 왜 그것이 중요한가?

IV • 생장에 미치는 환경 효과: pH, 삼투성, 산소

우리가 본 것처럼 온도는 미생물의 생장에 중요한 영향을 미친다. 그렇지만 여러 가지 다른 인자들도 영향을 미치며 이러한 인자에는 pH, 삼투압 및 산소가 있다.

5.12 미생물 생장에 미치는 pH 효과

용액의 산성과 염기성은 로그 눈금에 따라 **pH**로 표시되며 중성은 pH 7이다 (**그림 5.23**). pH 값이 7 이하이면 산성이고 7 이상이면 염기성이다. 온도범위 (그림 5.17)와 유사하게, 모든 미생물은 pH 범위를 가지고 있으며 전형적으로 대부분 미생물들의 생장 가능 pH 범위는 2~3단위이다. 또한 각 미생물은 잘 알려진 최적 생장 pH 범위를 갖고 있으며, 그 범위에서 생장이 가장 잘 일어난다. 대부분의 자연 환경의 pH 범위는 3과 9 사이에 있으며, 이 범위에서 최적 생장 pH를 갖는 생물들이 가장 흔하게 나타난다. 특정 pH 범위에서 가장 잘 생장하는 생물을 기술하기 위하여 사용되는 용어는 **표 5.3**에 나타내었다.

호산성 생물

중성 pH 부근 (pH 5.5~7.9)에서 최적으로 자라는 생물을 **호중성 생물(neutrophiles)**이라고 부른다. 예를 들어, *Escherichia coi*는 호중성 생물이다 (표 5.3). 이와 대조적으로 pH 5.5 이하에서 제일 잘 자라는 미생물을 **호산성 생물(acidophiles)**이라고 한다. 호산성 생물에도 몇 개의 그룹이 있으며, 어떤 생물은 중간 산성 pH에서 제일 잘 자라는 반면, 어떤 것들은 매우 낮은 pH에서 잘 자란다. 많

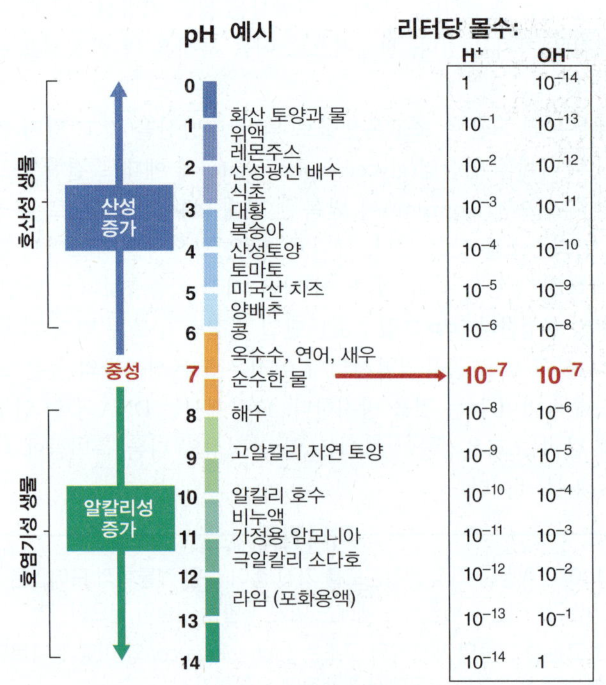

그림 5.23 pH 눈금. 비록 어떤 미생물이 매우 낮거나 높은 pH에서 자랄 수 있다 하더라도 세포 내부의 pH는 거의 중성에 가깝게 유지된다.

표 5.3 미생물과 pH의 관계

생리학적 분류 (최적 범위)	생장을 위한 최적 pH	생물의 예[a]
호중성 생물 (5.5 < pH < 8)	7	*Escherichia coli*
호산성 생물 (pH <5.5)	5	*Rhodopila globiformis*
	3	*Acidithiobacillus ferrooxidans*
	1	*Picrophilus oshimae*
호염기성 생물 (pH ≥ 8)	8	*Chloroflexus aurantiacus*
	9	*Bacillus firmus*
	10	*Natronobacterium gregoryi*

[a]*Picrophilus*와 *Natronobacterium*은 고균이고 나머지는 모두 세균임

은 균류와 세균이 pH 5 부근 및 그 이하에서 잘 자라는 반면, 좀 더 제한된 수의 미생물이 pH 3 이하에서 가장 잘 자란다. 어떤 그룹은 pH 2 이하에서 가장 잘 자라며 pH 1 이하의 최적 pH를 가진 미생물은 극히 드물다. 대부분의 호산성 생물은 pH 7에서는 못 자라며, 상당수의 미생물들은 자신들의 최적 pH보다 두 단위 이상 높은 pH에서는 자라지 못한다.

호산성을 결정하는 중요한 인자는 세포막의 안정성이다. pH가 중성으로 올라가면 강호산성 세균의 세포막은 파괴되고 세포가 용해된다. 이것은 이들 미생물이 단순히 내산성(acid-*tolerant*)이 아니라 고농도의 수소이온이 막의 안정화를 위해서 필요하다는 것을 보여준다. 예를 들어, 알려진 원핵생물 중에서 가장 호산성인 *Picrophilus oshimae*는 고균으로서 pH 0.7과 60°C에서 최적의 생장을 보인다 (이 생물은 고온균이기도 함). pH가 4 이상이 되면 *P. oshimae* 세포들이 자동적으로 용해된다. *P. oshimae*는 화산활동과 관련된 극산성의 뜨거운 토양에서 서식한다.

호염기성 생물

몇몇 종류의 극한 미생물은 pH 10 정도의 아주 높은 pH에서 최적의 생장을 보이는데, 이들 중 일부는 비록 느리지만 그보다 더 높은 pH에서도 자랄 수 있다. 최적 생장 pH가 8 이상인 미생물을 **호염기성 생물(alkaliphiles)**이라고 한다. 호염기성 미생물들은 대개 소다 호수, 탄산염이 풍부한 토양 등과 같이 높은 염기성 서식지에서 발견된다. 가장 잘 연구된 호염기성 원핵생물은 *Bacillus firmus*와 같은 *Bacillus* 종이다. 이 종은 호염기성이기는 하지만 비정상적으로 넓은 생장 pH 범위 (7.5~11)를 갖고 있다. 몇몇 극단적인 호염기성 세균들은 또한 호염성(halophilic, 소금을 좋아함)이며, 이들 대부분은 고균에 속한다 (17.1절). 몇몇 광합성 자색세균(purple bacteria) (15.4와 15.5절)들도 매우 강한 호염기성이다. 몇몇 호염기성 세균은 단백질 분해효소 및 지질 분해효소와 같은 가수분해 세포외효소를 생산하기 때문에 산업적으로 많이 이용된다. 세포외효소들은 세포로부터 방출되는 효소로, 호염기성 생물의 경우, 그들의 세포외효소는 염기성 pH에서 기능을 나타낸다. 이 효소들은 대량 생산되어 세탁물로부터 단백질과 지방 얼룩을 제거

하기 위해 세탁 세제에 첨가된다.

막 생체에너지를 관리하는 것은 호염기성 생물에게 분명한 문제이다. *B. firmus*는 양성자(H^+) 대신 나트륨(Na^+)을 사용하여 수송 반응을 이끌고 편모를 회전한다; 즉, 양성자 동력 대신 나트륨 동력을 사용하는 것이다. 그렇지만 놀랍게도 *B. firmus*는 비록 외부 막 표면이 매우 염기성이지만 양성자 동력을 사용하여 ATP 합성을 유도한다. 비록 수소이온이 어떠한 방식으로 세포막의 바깥 표면에 매우 가까운 곳에 존재하여 우연히 풍부한 수산이온을 만나 물을 형성할 수 없도록 하는 것으로 생각되지만, 이것이 정확히 어떻게 일어나는지는 불분명하다.

세포질 pH와 완충액

한 생물의 생장에 필요한 최적 pH는 세포 외부(*extracellular*) 환경의 pH를 기준으로 한다; 세포 내부(*intracellular*)의 pH는 거대분자 물질들의 안정성과 일치하는 값, 비교적 중성에 가깝게, pH 5에서 pH 9까지 약 4 pH 단위의 범위로 유지되어야 한다. DNA는 산성에 민감하고 RNA는 염기성에 민감하기 때문에 세포는 이들 중요한 거대분자를 안정한 상태로 유지해야만 한다. 그 서식지의 조건에도 불구하고, 극호산성 생물과 극호염기성 생물들은 세포질 pH의 값을 중성에 더 가깝게 유지한다.

회분식 배양에서 미생물 생장 동안 pH의 변화를 막기 위하여 흔히 완충용액(*buffers*)을 생장에 필요한 배지에 첨가해준다. 그러나 어떤 주어진 완충용액은 일반적으로 좁은 pH 범위에서 작용한다. 중성 종의 경우, 인산칼륨(KH_2PO_4)이나 탄산칼슘($NaHCO_3$)이 종종 사용된다. 다양한 유기 완충용액이 호산성 및 호염기성 생물들의 생장에 이용가능하며 세포로부터 추출된 효소를 분석하기 위해 사용된다. 완충용액은 분석하는 동안 최적 pH에서 효소액을 유지시켜주며, 따라서 효소가 촉매적으로 활성을 유지하며 효소반응으로 발생한 양성자들이나 혹은 수산이온들에 의해 영향을 받지 않게 된다.

미니퀴즈

- pH 5인 배지가 pH 9로 조정되었을 때 수소이온 농도는 어떻게 변화하였는가?
- 생장 최적 pH가 매우 높은 생물을 기술할 때 어떤 용어가 쓰이는가? pH가 매우 낮은 경우는?
- pH를 기준으로 *Escherichia coli*는 어떤 부류의 생물인가?

5.13 삼투성과 미생물 생장

물은 생명의 용매이며, 물의 가용성은 미생물의 생장에 영향을 미치는 중요한 인자이다. 물의 가용성은 얼마나 환경이 습하거나 건조한지 뿐만 아니라, 물에 용해된 용질 (염, 당 및 다른 물질)의 농도 함수에 의해서 결정된다. 용질은 물과 결합하여 물을 생물들에게 덜 이용 가능한 상태로 만든다. 따라서 생물들이 고-용질 환경에서 번성하기 위해서는 생리학적 조정이 필요하다. 물의 가용성은 일반적으로 물리학적 용어인 **수분 활성도(water activity, a_w)**로 표시되는데, a_w로 표시되는 수분 활성도는 순수한 물의 증기압에 대해 동일한 온도에서 어떤 물질이나 용액과 평형상태에 있는 공기 중의 증기압의 비율로 표시한다. a_w의 값은 0과 1 사이에 있으며, 몇몇 a_w 값들이 **표 5.4**에 나와 있다.

표 5.4 여러 가지 물질의 수분 활성도

수분 활성도 (a_w)	물질	생물의 예[a]
1.000	순수한 물	*Caulobacter, Spirillum*
0.995	사람의 혈액	*Streptococcus, Escherichia*
0.980	해수	*Pseudomonas, Vibrio*
0.950	빵	대부분의 그람-양성 간균
0.900	단풍시럽, 햄	*Staphylococcus*와 같은 그람-양성 구균
0.850	살라미 소시지	*Saccharomyces rouxii* (효모)
0.800	과일케이크, 잼	*Saccharomyces bailii, Penicillium* (균류)
0.750	염호, 염장 생선	*Halobacterium, Halococcus*
0.700	시리얼, 사탕, 건조 과일	*Xeromyces bisporus* 및 다른 내건성 균류

[a]제시된 수분 활성도로 조정된 배지에서 생장할 수 있는 원핵생물이나 균류의 예.

물은 물의 농도가 높은 (용질의 농도가 낮은) 곳에서 낮은 (용질의 농도가 높은) 곳으로 삼투(osmosis)라는 과정에 의해 확산된다. 대부분의 경우 세포의 세포질은 주위 환경보다 용질의 농도가 높기 때문에 물이 세포 속으로 확산되려는 경향이 있다. 이러한 조건에서 세포는 양성 수분균형(*positive water balance*)에 있다고 말하는데, 그것은 세포의 정상상태이다. 그러나 주위 환경의 용질의 농도가 세포질보다 더 높은 환경에서는 물이 세포 밖으로 빠져나오게 된다. 만약 세포가 이것을 극복할 전략을 갖고 있지 않다면 세포는 탈수되어 더 이상 생장할 수 없다.

호염생물 및 관련 미생물들

자연에서 삼투효과는 염분 농도가 높은 환경에서 상당히 흥미롭다. 바닷물은 3%의 소금(NaCl)과 다른 많은 종류의 무기물질, 그리고 여러 종류의 원소를 함유하고 있다. 바다에 서식하는 미생물은 항상 NaCl을 필요로 하며, 바닷물의 a_w가 0.98에서 최적의 생장을 보인다 (**그림 5.24**). 이러한 미생물을 **호염생물(halophiles)**이라고 한다. 호염생물에 의한 NaCl 요구성은 절대적으로 염화칼륨(KCl), 염화칼슘($CaCl_2$), 또는 염화마그네슘($MgCl_2$)과 같은 다른 염으로 대체될 수 없다.

호염성생물들은 생장을 위해 소금을 일정량 이상 필요로 하고 최적 NaCl은 생물마다 필요한 양은 다르며 서식지에 따라 달라진다. 예를 들어, 해양 미생물은 대개 1~4% NaCl 조건에서, 바닷물보다 소금 함유량이 더 많은 과염화 환경 (해수보다 염도가 높은 환경)에 사는 미생물은 3~12% NaCl 조건에서 가장 잘 자라며, 초

단원 2

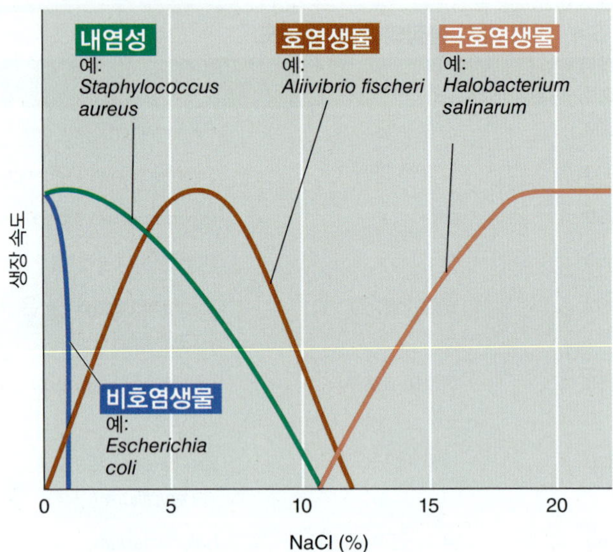

그림 5.24 NaCl 농도가 다양한 염분 내성 또는 요구성을 갖는 미생물의 생장에 미치는 영향. *Aliivibrio fischeri*와 같은 해양 미생물의 최적 NaCl 농도는 약 3%이고, 극호염성균은 미생물의 종류에 따라 15~30%의 최적 NaCl 농도를 가진다.

과염화 환경에 사는 미생물은 이보다 더 높은 NaCl 농도 조건을 필요로 한다. 기수 (담수와 해수의 혼합물)로부터 분리된 생물은 호염성일 수도 아닐 수도 있다.

호염생물과 대조적으로, **내염성(halotolerant)** 미생물은 그들의 환경에서 어느 정도의 용질까지는 견디어 낼 수 있으나 첨가된 용질이 없을 때 최고로 잘 생장한다 (그림 5.24). 매우 높은 염 환경에서 생장할 수 있는 호염생물을 **극호염생물(extreme halophiles)**이라고 한다 (그림 5.24). 이 생물들은 높은 농도의 NaCl을 필요로 하며, 최적의 생장을 위해 대개 15~30%의 소금 농도를 필요로 하고, 종종 이것보다 낮은 농도의 NaCl에서는 전혀 생장할 수 없다. 높은 당 농도에서 살 수 있는 미생물들은 **호삼투생물(osmophiles)**이라고 하며, 용질의 농도가 높아서가 아니라 물이 없어서 매우 건조한 환경에서 생장할 수 있는 생물을 **내건생물(xerophiles)**이라고 한다. 이러한 여러 그룹 미생물들의 예를 **표 5.5**에 나타내었다.

모든 세 개의 생물 도메인의 극호염성 대표로부터 얻은 생장 자료로부터 살아 있는 생물들에게는 흔한 하한 수분 활성도 제한인 것처럼 보이며, 이 제한은 0.61이다. 이 하한 수분 활성도는 세포들이 생화학적 적응으로 극복할 수 없는 0.6 이하의 a_w 값을 가진 삼투 환경에서 물을 얻을 때 물리화학적 제한으로 설정되는 것으로 보인다. 표면에 붙어 있는 물을 측정하는 종합 수분 활성도(*matric water activity*)는 삼투 수분 활성도와 꼭 같은 방법으로 측정되지만, 0.6보다 크게 낮아질 수 있으나 여전히 살아 있는 미생물 군집을 포함한다. 예를 들어 굉장히 메마른 뜨거운 사막 토양은 낮 동안 0.1만큼이나 낮은 종합 수분 활성도 값을 가질 수 있다. 그러나 이들 환경은 밤과 비오는 동안 수분을 흡수하며, 이것이 수분 활성도를 0.6 이상으로 증가시키고 미생물 대사와 생장에 적합한 환경으로 만든다.

삼투화합성 용질

한 생물을 수분 활성도가 높은 배지에서 낮은 배지로 전이하였을 때, 그 미생물은 내부 용질의 농도를 증가시킴으로써 양성 수분 균형을 유지한다. 이것은 환경으로부터 용질을 세포 내로 들이거나, 혹은 세포질 용질을 합성함으로써 가능하다 (표 5.5). 어느 경우이든, 용질들은 세포의 반응을 저해해서는 안 된다. 그러한 화합물을 **삼투화합성 용질(compatible solute)**이라고 한다.

삼투화합성 용질은 대개 당류, 알코올류, 또는 아미노산 유도체 등 수용성인 유기분자들이다 (표 5.5). 글리신 베테인(glycine betaine)은 높은 수용성을 가진 아미노산 글리신의 유도체로 호염 세균에 널리 분포되어 있다. 다른 삼투화합성 용질에는 해양 조류에 의해 생산되는 자당(sucrose)과 트레할로스(trehalose), 디메틸설포니오프로피온산염(dimethylsulfoniopropionate) 같은 당류, 가장 낮은 수활성에서 생장하는 것으로 알려진 호건성 균류에서 흔한 용질인 글리세롤 등이 있다 (표 5.5). 이들 유기용질과는 달리, *Halobacterium*과 같은 극호염성 고균류와 몇몇 극호염성 세균류에서 사용되는 삼투화합성 용질은 KCl이다 (17.1절).

세포 내의 삼투화합성 용질의 농도는 환경에 존재하는 용질의 농도에 따라 변하지만, 외부 용질로 인해 나타난 문제들에 반응하기 위하여 조정이 이루어진다. 그렇지만 특정 종에서 삼투화합성 용질의 최대량은 유전적으로 암호화되는 특성이다. 결과적으로, 다른 생물들은 다른 범위의 수활성에서 번성하도록 진화하였다 (표 5.4와 표 5.5). 사실, 비내염성(*nonhalotolerant*), 내염성(*halotolerant*), 호염성(*halophilic*), 혹은 극호염성(*extremely halophilic*) (그림 5.24)으로 나타낸 생물들은 삼투화합성 용질을 생산하거나 축적하는 각 그룹 생물들의 유전적 능력을 반영해준다.

미니퀴즈

- 순수한 물의 a_w란 무엇인가? 생명에서 a_w의 하한선은?
- 삼투화합성 용질(compatible solute)이란 무엇이며, 언제 그리고 왜 세포에 의해 필요로 하는가? *Halobacterium*의 삼투화합성 용질은 무엇인가?

5.14 산소와 미생물 생장

많은 생물에게 산소(O_2)는 필수적 영양소로; 그들은 산소가 없다면 대사활동을 할 수 없다. 대조적으로 어떤 생물들은 산소 존재시 생장할 수 없으며, 심지어 산소 때문에 죽을 수도 있다. 따라서 우리는 이 장에서 다른 환경적 요인들에 대해 다루었던 것처럼, 미생물의 산소 필요성 또는 산소 내성에 기초하여 몇 그룹의 미생물들에 대해 알아본다.

산소요구도에 따른 미생물의 분류

미생물은 산소와의 관계에 따라 **표 5.6**에 요약한 바와 같이 여러 가지 군으로 나눌 수 있다. **호기성 생물(aerobes)**은 대기의 산소 분압 (공기는 21% 산소를 차지) 하에서 생장할 수 있으며 대사과정에서 산소로 호흡을 한다. 대조적으로, **미호기성 생물(micro-**

표 5.5 미생물의 삼투화합성 용질

생물체	세포질 내 주요 용질	생장[c]을 위한 최소 a_{wc}	
대부분의 비광합성 세균 (*Escherichia*)과 담수 남세균 (*Anabaena*)	아미노산 (주로 글루탐산이나 프롤린[a])/ 설탕, 트레할로스(trehalose)[b]	0.98	Sucrose
해양성 남세균 (*Synechococcus*)	알파-글루코실글리세롤[b]	0.92	
해양성 조류 (*Phaeocystis*)	만니톨, 여러 가지 글루코시드들, 디메틸설프니오프로피온산	0.92	Dimethylsulfoniopropionate
내염성 세균 (*Staphylococcus*)	아미노산	0.90	
염호 남세균 (*Alphanothece*)	글리신 베테인	0.75	Glycine betaine
호염성 비산소 발생 광합성 자색세균 (*Halorhodospira*)	글리신 베테인, 엑토인, 트레할로스[b]	0.75	Ectoine
극호염성 고균 (*Halobacterium*)과 몇몇 세균 (*Salinibacter*)	KCl	0.75	
호염성 녹조류 (*Dunaliella*)	글리세롤	0.75	
내건호염기성 고균 (*Natrinema*)	KCl	0.68	
내건성 및 호삼투성 효모 (*Zygosaccharomyces*)	글리세롤	0.62[d]	Glycerol
내건성 사상균류 (*Xeromyces*)	글리세롤	0.605[d]	

[a]아미노산 구조는 그림 4.28 참조

[b]구조는 제시 안함. 설탕과 유사한 트레할로스는 C_{12} 이당류; 글루코실글리세롤은 C_9 알코올; 만니톨은 C_6 알코올.

[c]약 0.77보다 낮은 삼투 a_w를 얻기 위하여 NaCl 이외의 용질이 필요하다; 예를 들어, 다른 염 ($MgCl_2$, $MgSO_4$ 또는 $CaCl_2$) 또는 글리세롤, 또는 설탕과 같은 비염. 표에 기재된 (내건생물을 제외한) 대부분의 생물들에게 생장을 위한 낮은 a_w는 부가 용질에 의해 다소 하향할 수 있음.

[d]높은 설탕농도의 배지에서 시험한 *Zygosaccharomyces*의 생장. 종합 수분 퍼텐셜을 이용하여 시험한 *Xeromyces* 포자의 발아.

표 5.6 미생물과 산소의 관계

그룹	산소와의 관계	대사형태	예[a]	서식처[b]
호기성				
절대	필요함	호기성 호흡	*Micrococcus luteus* (B)	피부, 먼지
통성	필요치 않으나 산소가 있을 때 더 잘 자람	호기성 호흡, 혐기성 호흡, 발효	*Escherichia coli* (B)	포유류의 대장
미호기성	필요하나 대기압보다 낮은 수준을 요구함	호기성 호흡	*Spirillum volutans* (B)	호수
혐기성				
내기성	필요치 않고 산소가 존재해도 더 잘 자라지 않음	발효	*Streptococcus pyogenes* (B)	호흡기관 상부
절대	유해하거나 치명적임	발효나 혐기성 호흡	*Methanobacterium formicicum* (A)	하수침전물 처리기, 호수퇴적물

[a]괄호 속 문자는 계통분류학적 지위를 나타냄 (B, 세균; A, 고균). 각 종류별로 대표적인 종을 보여주고 있다. 대부분의 진핵생물은 절대호기성이지만, 통성호기성 (예, 효모)과 절대혐기성 (예, 몇몇 원생동물과 균류)도 알려져 있음.

[b]예시된 생물체의 전형적인 서식처

aerophiles)은 산소가 대기 수준보다 낮을 때 [미호기성 조건(microoxic conditions)]에만 산소를 이용하는 일종의 호기생물이다. 이는 호흡 능력의 한계 때문이기도 하고 산소에 대해 민감한 효소와 같은 다른 분자들을 가지고 있기 때문이다. 많은 호기생물은 **통성(facultative)**이어서 적절한 영양분과 배양조건이 주어지면 산소의 부재 시에도 생장이 가능하다.

어떤 생물들은 산소호흡을 할 수 없으며, 이러한 것들을 **혐기성 생물(anaerobes)**이라고 한다. 두 종류의 혐기성 생물이 있다: 혐기성 생물에는 산소를 이용하지는 못하지만 산소에 대해 내성을 가지고 산소가 존재해도 생장이 가능한 **내기혐기성 생물(aerotolerant anaerobes)**과 산소에 의해 저해되거나 사멸하는 **절대혐기성 생물(obligate anaerobes)** (표 5.6). 혐기성 (산소가 없는) 미생물 서식지는 자연에 흔하며 진흙과 퇴적물, 소택지, 습지, 침수 토양, 동물 내장, 오수 슬러지, 지구의 하표면, 그리고 많은 다른 환경을 포함한다. 혐기성 생물의 서식지가 많기 때문에 그들은 자연에서 흔하게 볼 수 있고 종류도 다양한 것이다. 지금까지 알려진 바에 따르면, 절대혐기성은 단지 세 가지 군의 미생물만의 특징이다: 다양한 세균과 고균, 소수의 균류, 그리고 소수의 원생동물.

혐기성 세균 중에서 가장 잘 알려진 것은 그람-양성이며 내생포자를 형성하는 세균의 한 속인 *Clostridium*과 메탄-생산 고균인 메탄생성세균(methanogens)이다. 절대혐기성 생물 사이에서도 산소에 대한 감수성은 매우 다양하다. 예를 들어, 비록 생장을 위해 혐기성 조건을 요구한다 할지라도 많은 clostridia는 미량의 산소 또는 공기에 완전히 노출되어도 견뎌낼 수 있다. 메탄생성세균과 같은 어떤 세균들은 산소노출 시 빠른 속도로 죽게 된다.

호기성 및 혐기성 생물의 배양기법

호기성 생물의 생장에는 많은 산소의 공급이 필요하다. 이것은 생장하는 동안 미생물에 의해 소비되는 산소가 공기로부터의 확산을 통해서는 빠르게 보충될 수 없기 때문이다. 따라서 액체배양에 강제적인 산소 공급이 필요한데, 이는 플라스크나 시험관을 진탕기를 이용하여 강하게 흔들어 주거나 가느다란 유리관이나 다공성 유리판을 통해 살균된 공기를 배지 속으로 불어 넣어 주면 된다.

혐기성 미생물을 배양하려면 산소를 공급하는 것이 아니라 배제시키는 것이 중요한 문제이다. 병이나 시험관에 배지를 완전히 채우고 공기가 통하지 않는 뚜껑을 덮으면 미량의 산소에 대해 너무 민감하지 않은 미생물들에게 적합한 혐기성 배양 조건을 공급할 수 있다. 산소와 작용하여 물로 환원시키는 환원제(*reducing agent*)라고 하는 화학물질을 배지에 첨가할 수도 있다. 환원제라 불리는 화학물질은 산소를 물로 환원함으로써 미량의 산소를 제거하기 위해 그런 용기에 더해질 수 있다. 한 예로 티오글리콜레이트(thioglycolate)가 있는데, 이것이 첨가된 티오글리콜레이트 배양액은 특정 미생물의 산소 요구도를 시험하기 위해 흔히 사용된다 (**그림 5.25**).

티오글리콜레이트 배양액은 소량의 한천을 포함하는 복합배지로

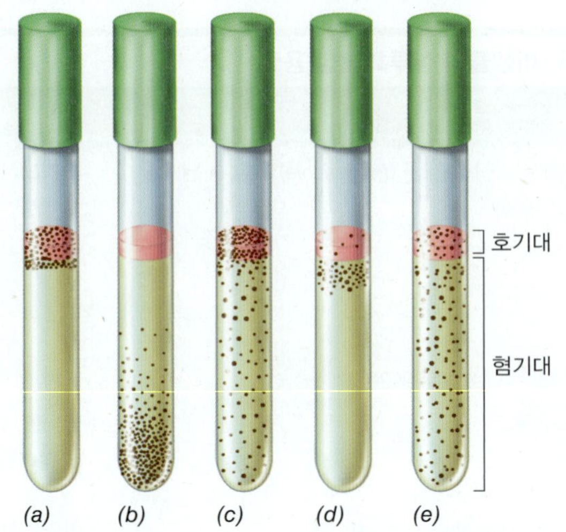

그림 5.25 생장과 산소 농도. 왼쪽부터 오른쪽으로 시험관 내 티오콜레이트(thioglycolate) 배지에서 형성되는 미생물 집락의 위치로 식별할 수 있는 호기성, 혐기성, 통성, 미세호기성, 내기혐기성 생장 (여기서는 검은 점으로 나타냄). 소량의 한천이 액체로부터 방해받는 것을 방지하기 위해되는 것을 방지하기 첨가되었고, 산화되면 붉은색을 띠고 환원되면 무색이 되는 염료인 레사주린(resazurin)을 산화-환원 지시약으로 첨가하였다. *(a)* 산소가 시험관 내부 짧은 거리만 침투할 수 있기 때문에 절대호기성 미생물은 표면 부근에서만 자란다. *(b)* 혐기성 미생물은 산소에 민감하기 때문에 표면으로부터 먼 쪽에서만 생장한다. *(c)* 통성 미생물은 산소의 유무에 상관없이 생장할 수 있기 때문에 시험관 속 어디서나 생장이 가능하다. 그러나 통성 미생물들도 호흡을 하기 때문에 표면 근처에서 더 잘 자란다. *(d)* 미세호기성 미생물은 산소가 가장 풍부한 지역에서 벗어나서 생장한다. *(e)* 내기혐기성은 시험관의 어디에서나 생장한다. 그러나 이들은 발효만을 할 수 있기 때문에 표면 근처에서 더 잘 자라지는 않는다. 자연에는 이들 산소 군에 따른 각 미생물들에게 알맞은 많은 다른 서식지가 존재한다. 더욱이 토양입자와 같은 단일 서식지는 호기성과 혐기성 생물의 생장을 부양할 수 있다 (20.1절과 그림 20.3)

배지를 끈적끈적하게 만들지만, 여전히 유동성을 나타낸다. 티오글리콜레이트가 시험관 속의 산소와 반응한 후에, 산소는 배지가 공기와 접하고 있는 시험관의 가장 위쪽 부분 근처에만 투과할 수 있다. 조건적 혐기성 생물은 시험관 전체에 걸쳐 생장할 수 있지만, 가장 위쪽에서 최고로 잘 생장한다. 미호기성 생물은 바로 위쪽 표층 부분에서가 아니라 표층과 가까운 부근에서 생장한다. 혐기성 생물은 산소가 투과되지 않는 시험관의 바닥 근처에서만 생장을 보인다. 레사주린(*resazurin*)이라고 하는 산화환원지시약은 호기 부위를 알기 위해 티오글리콜레이트 배양액에 첨가되며; 그 염색약은 산화되면 분홍색을 띠고 환원되면 무색이기 때문에 배지에 첨가되면 배지 내에 산소가 침투하는 정도를 눈으로 측정할 수 있다 (그림 5.25).

절대혐기성 미생물을 배양하기 위해 배지의 산소를 완전히 제거하려면 산소가 없는 기체로 채워진 시험관이나 배양접시를 배양하거나 산소 소비 체계가 장착된 것들을 사용하면 가능하다 (**그림 5.26*a***). 혐기성 환경에서 배양하기 위해 무산소 장갑상자(*anoxic glove boxes*)라고 하는 장갑이 달린 특수한 상자를 사용하면 완전한 혐기성 환경에서 개방 배양하면서 연구할 수 있다 (그림 5.26*b*).

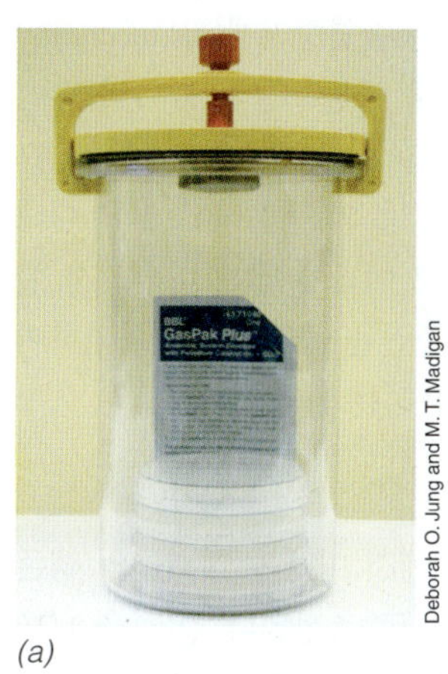

(a)

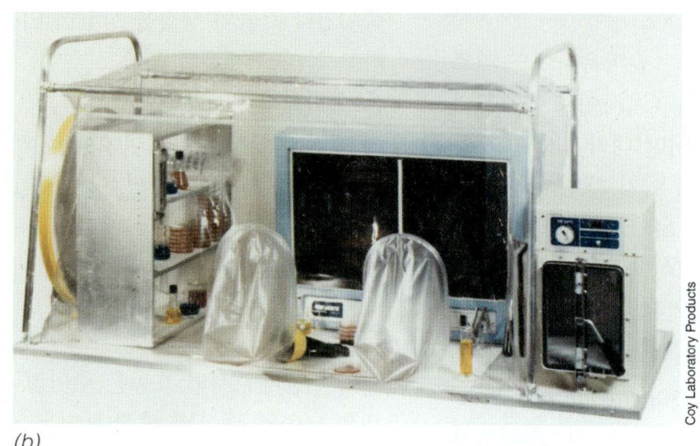

(b)

그림 5.26 혐기성 조건에서의 배양. *(a)* 무산소 용기. 용기 안의 봉투 속에 든 화학물질이 반응하여 H_2와 CO_2를 발생시킨다. 발생된 수소는 팔라듐(palladium) 촉매의 표면에서 산소와 반응하여 물로 변한다. 따라서 내부의 공기는 N_2, H_2 및 CO_2만 남게 된다. *(b)* 무산소 상태에서 미생물을 취급하고 배양하는 데 사용하는 무산소 장갑상자. 공기를 빼내거나 산소가 제거된 공기를 채울 수 있는 오른쪽 편의 공기 잠금장치를 통해 장갑 상자 안팎으로 필요한 실험재료를 넣거나 뺄 수 있다.

산소는 왜 독성을 나타내는가?

절대혐기성 미생물은 왜 산소에 의해 생장이 억제되거나 죽기까지 하는가? 분자상의 산소(O_2)는 독성이 없지만, 산소는 독성이 있는 산소 부산물로 전환될 수 있으며, 이들은 그 산소 부산물을 처리하지 못하는 세포들을 해치거나 죽일 수 있다. 이들 부산물에는 슈퍼옥사이드 음이온(*superoxide anion*, O_2^-), 과산화수소(*hydrogen peroxide*, H_2O_2) 및 수산라디칼(*hydroxyl radical*, OH•) 등이 있다. 이들 모두는 호흡시 산소가 물로 환원될 때의 부산물들이다 (**그림 5.27**). 사실상 모든 세포에서 발견되는 전자전달자들인 플라보단백질(flavoprotein), 퀴논(quinone), 그리고 Fe-S 단백질 (3.10절) 또한 이들 환원 중 일부를 촉매할 수 있다. 따라서 산소를 호흡에 사용할 수 있거나 없거나 상관없이, 산소에 노출된 생물은 산소 독성을 경험하며, 만약 이들이 파괴되지 않는다면, 이들 분자들은 세포에 심한 피해를 일으킬 수 있다. 예를 들어, 슈퍼옥사이드 음이온과 수산화라디칼은 강력한 산화제로 세포에 있는 고분자들과 다른 유기화합물을 산화할 수 있다. H_2O_2와 같은 과산화수소 또한 O_2^- 또는 OH• 만큼이나 세포 성분에 피해를 줄 수 있다.

Superoxide dismutase와 독성 산소를 제거하는 다른 효소들

산소 세계에 살아가기 위한 매우 필수적 조건은 독성 산소 분자들을 일정하게 조절하는 것이다. 미생물들은 식물이나 동물이 하는 것과 같은 방법으로 이 일을 수행한다. 과산화물 음이온(superoxide anion)과 H_2O_2는 가장 풍부한 독성 산소 종(species)으로, 세포들은 이들 화합물을 파괴하는 효소들을 가지고 있다 (**그림 5.28**). 카탈라아제(catalase)와 퍼옥시다아제(peroxidase) 효소들은 과산화수소를 공격하여 각각 물과 산소를 형성한다 (그림 5.28과 **그림 5.29**). 슈퍼옥사이드 음이온은 두 분자의 O_2^-로부터 한 분자의 H_2O_2와 한 분자의 O_2를 형성하는 효소, 슈퍼옥사이드 디스뮤타아제(*superoxide dismutase*)에 의해 파괴된다 (그림 5.28*c*). 따라서 슈퍼옥사이드 디스뮤타아제와 카탈라아제 (또는 퍼옥시다아제)는 연속으로 O_2^-를 해가 없는 산물로 전환하는 작용

반응물	생성물	
$O_2 + e^- \rightarrow$	O_2^-	(과산화물)
$O_2^- + e^- + 2H^+ \rightarrow$	H_2O_2	(과산화수소)
$H_2O_2 + e^- + H^+ \rightarrow$	H_2O + OH•	(수산화 라디칼)
OH• $+ e^- + H^+ \rightarrow$	H_2O	(물)

결과:
$O_2 + 4e^- + 4H^+ \rightarrow 2H_2O$

그림 5.27 단계적 전자 첨가에 의한 O_2의 네-전자의 H_2O로 환원. 물을 제외한 모든 중간 산물들은 반응성이 높고 독성이 강하다; 물은 그렇지 않다.

$$H_2O_2 + H_2O_2 \rightarrow 2H_2O + O_2$$
(a) **카탈라아제**

$$H_2O_2 + \text{NADH} + H^+ \rightarrow 2H_2O + \text{NAD}^+$$
(b) **퍼옥시다아제**

$$O_2^- + O_2^- + 2H^+ \rightarrow H_2O_2 + O_2$$
(c) **Superoxide dismutases**

$$4O_2^- + 4H^+ \rightarrow 2H_2O + 3O_2$$
(d) **Superoxide dismutases/카탈라아제 혼성**

$$O_2^- + 2H^+ + \text{rubredoxin}_{환원형} \rightarrow H_2O_2 + \text{rubredoxin}_{산화형}$$
(e) **Superoxide reductase**

그림 5.28 독성 산소종을 제거하는 효소들. *(a)* 카탈라아제와 *(b)* 퍼옥시다아제는 포르피린을 함유하는 단백질이다. 몇몇 플라보단백질들도 독성 산소종들을 제거하는 활성을 갖고 있다. *(c)* Superoxide dismutases는 구리와 아연, 망간, 또는 철과 같은 금속을 함유하는 단백질이다. *(d)* Superoxide dismutases와 카탈라아제의 연합 반응. *(e)* Superoxide reductase는 단일 전자 환원 반응을 통해 O_2^-를 H_2O_2로 환원시킨다.

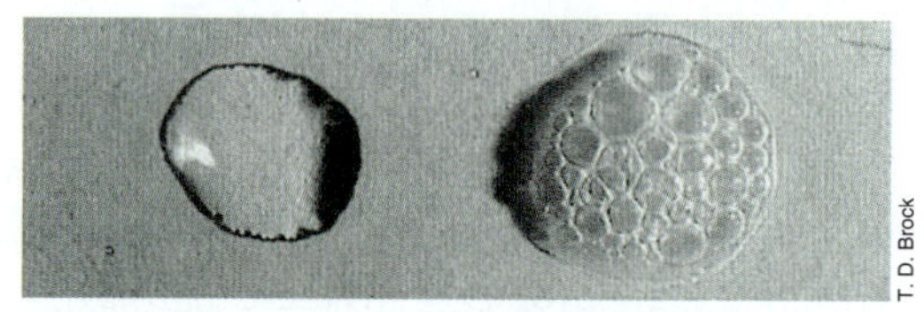

그림 5.29 카탈라아제 존재 여부를 알아보기 위한 미생물 배양 시험 방법. 접종이 한천배지의 세포를 많이 채취하고 슬라이드 유리 위에서 30% 과산화수소수 한 방울과 혼합한다 (오른쪽). 혼합 즉시 거품이 발생하면 카탈라아제가 존재함을 나타낸다. 거품은 $H_2O_2 + H_2O_2 \rightarrow 2H_2O + O_2$ 반응에 의해 만들어지는 O_2이다.

을 한다 (그림 5.28*d*).

호기성과 통성호기성 생물들은 일반적으로 슈퍼옥사이드 디스뮤타아제와 카탈라아제를 모두 갖고 있다. 슈퍼옥사이드 디스뮤타아제는 호기성 생물에게는 필수 효소이다. 어떤 내기 혐기성 생물들은 로 슈퍼옥사이드 디스뮤타아제를 갖고 있지 않으며, O_2^-를 O_2와 H_2O_2로 변환시키는 대신에 비단백성 Mn^{2+} 복합체를 사용한다. 그러한 체계는 슈퍼옥사이드 디스뮤타아제만큼 효율적이지는 않지만, O_2^- 피해로부터 세포를 보호하기에는 충분하다. 어떤 절대 혐기성 고균과 세균에는 슈퍼옥사이드 디스뮤타아제가 존재하지 않으며 대신 슈퍼옥사이드 리덕타아제(*superoxide reductase*)가 O_2^-를 제거하기 위한 역할을 한다. 슈퍼옥사이드 디스뮤타아제와는 달리, 슈퍼옥사이드 리덕타아제는 산소를 생성함이 없이 O_2^-를 H_2O_2와로 환원하여 (그림 5.28*e*) 생물이 산소에 대한 노출을 피할 수 있도록 한다.

미니퀴즈

- 절대호기성 생물과 통성호기성 생물(facultative aerobe)은 어떻게 다른가?
- 환원제는 어떻게 작용하는가? 환원제의 예를 들어보라.
- 어떻게 superoxide dismutase와 superoxide reductase는 세포를 보호하는가?

V • 미생물 생장의 조절

이 장에서 우리는 생장 촉진에 초점을 맞추어 미생물 생장에 대해 다루었다. 우리는 동전의 반대 면에 해당하는 미생물 생장 조절(growth *control*)을 언급함으로써 이 장을 마무리 한다.

미생물 생장조절의 많은 면들이 중요한 실제적 응용성을 갖고 있다. 예를 들어, 우리는 부착 미생물을 제거하기 위하여 신선한 농산물을 세척하며, 씻어서 몸체 표면에서 미생물 생장을 억제한다. 그렇지만 이들 과정의 어느 것도 모든 미생물을 죽이거나 제거하지 못한다. 단지 **멸균(sterilization)**—모든 미생물 (바이러스를 포함하여)의 사멸 또는 제거—만이 죽이거나 제거하는 경우임을 확실히 해준다. 많은 환경에서, 멸균이 요구되는 것은 아니다. 그렇지만 다른 환경에서 멸균이 절대적으로 필수적이다.

5.15 일반 원리 및 열에 의한 생장조절

미생물과 그들의 효과는 많은 경우 단지 세포의 생장을 제한하거나 억제함으로써 조절할 수 있다. 미생물의 생장을 억제하는 방법에는 물체나 표면을 다루기에 안전하게 만들기 위해 처리하는 오염원 제거(*decontamination*)와 모든 미생물을 제거하지는 못할지라도 병원균을 직접적인 목표로 하는 과정인 **감염방지(disinfection)**가 있다. 오염원 제거는 음식조각 (그리고 거기에 부착된 생물)을 제거하기 위해 그들을 사용하기 전 음식도구를 씻어내는 것과 같이 간단한 것일 수도 있는 반면, 감염방지는 실제로 미생물을 죽이거나 그들의 생장을 상당히 억제하는 감염방지제(*disinfectants*)라고 불리는 제제를 필요로 한다. 미생물 생장조절의 물리적 방법은 오염원 제거, 감염방지, 그리고 멸균할 목적으로 산업, 의학, 그리고 집 등에서 사용되며 이 절에서 세 그룹의 물리적 조절에 대해 생각해보고, 다음으로 열, 방사선, 그리고 여과에 대해 다루고자 한다. 이 셋 중에서 열은 어떤 물체 또는 물질을 물리적으로 처리하여 멸균 상태로 만들기 위해 가장 넓게 사용하는 방법이다.

열 멸균

열의 멸균제로서의 효능은 주어진 온도에서 미생물 개체군의 생존율을 1/10로 줄이는 데 소요되는 시간으로 측정된다. 이것을 1/10 감소시간(*decimal reduction time*) 또는 *D*라고 한다. *D*와 온도의 관계는 지수함수를 보인다. 그래서 *D*의 로그값을 온도에 따라 그래프로 나타내면 직선이 된다 (**그림 5.30**). 더군다나 열에 의한 사멸은 1차 지수함수이기 때문에, 온도가 올라갈수록 사멸이 더 빨리 일어난다. 열의 형태 또한 중요한데: 습식 열은 건식 열보다 침투가 빠르고, 주어진 온도에서 생장을 억제하고 건식 열보다 훨씬 빠르게 세포를 죽인다.

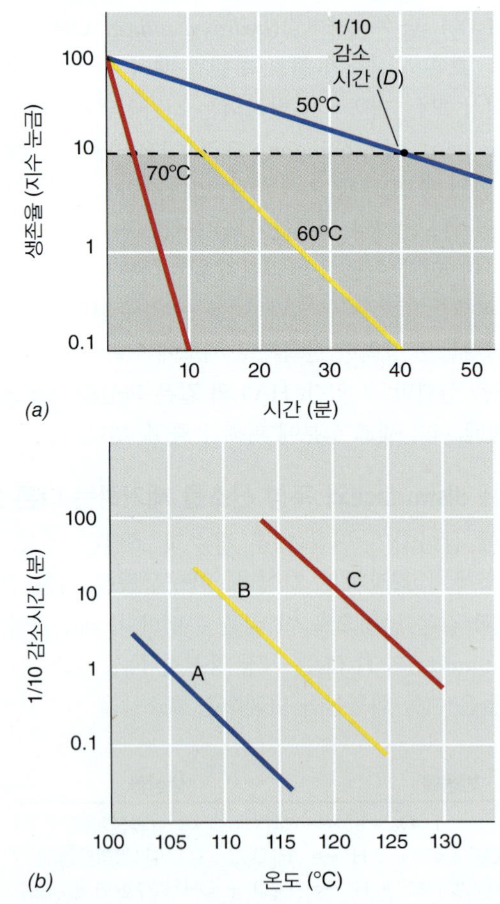

그림 5.30 미생물의 열 멸균에 미치는 온도의 영향. *(a)* 1/10 감소시간 (*D*)는 주어진 온도에서 특정 미생물 개체군에서 (이 경우, 중온생물) 10%만 생존할 때까지 걸리는 시간을 나타낸다. 70°C의 경우 *D*는 3분; 60°C의 경우 *D*는 12분; 50°C의 경우 *D*는 42분이 소요된다. *(b)* 다른 온도군 모델 생물의 값: A, 중온생물; B, 고온생물; C, 초고온생물.

미생물의 열에 대한 민감성을 측정하는 더 쉬운 방법은 주어진 온도에서 모든 세포를 사멸하는 데 소요되는 시간, 즉 열 사멸시간(*thermal death time*)을 측정하는 것이다. 열 사멸시간을 결정하기 위해 세포 현탁액 시료들을 다른 시간 동안 열처리를 하고 배지와 혼합하여 배양한다. 만약 모든 세포가 사멸되었다면, 배양한 시료에서는 어떠한 생장도 관찰되지 않을 것이다. 그렇지만 원 세포 수와 별도로 이루어지는 1/10 감소시간 측정과는 달리 열 사멸시간은 개체군 크기에 크게 영향을 받으며; 작은 개체군을 구성하는 세포보다 큰 개체군 세포의 멸균에 필요한 시간이 더 길다.

열처리된 내생포자 형성 세균의 존재는 1/10 감소시간과 열 사멸시간에 영향을 미칠 수 있다. 같은 생물의 영양세포와 내생포자의 열 내성은 매우 다르다. 성숙한 내생포자는 상당히 탈수되어 있고 칼슘 디피콜린산(Ca^{2+}-dipicolinic acid), 산용해성 포자 단백질(small acid-soluble spore proteins, SASPs)과 같은 특별한 화학물질을 포함하고 있으며, 이들은 포자 구조에 열 내성을 갖도록 해준다 (⇄ 2.10절). 열이 발생하는 배지 또한 영양세포나 내생포자의 사멸에 영향을 미치며 이것은 특히 식품을 통조림화하는 과정과 관련되어 있다. 미생물의 사멸은 산성 pH에서 더 빠르며; 토마토, 야채, 피클 등 산성 식품은 옥수수, 대두 등과 같은 중성 식품보다 멸균하기가 훨씬 쉽다. 고농도의 당, 단백질, 지방 등은 열 침투성을 감소시키며 대개는 미생물의 열에 대한 내성을 증가시키는 반면, 높은 염 농도는 미생물에 따라 열 내성을 증가시키기도 하고 감소시키기도 한다. 건조한 세포와 내생포자는 습한 세포보다 열 내성이 높으며; 따라서, 내생포자와 같은 건조한 시료의 열 멸균은 항상 액체 세균 배양체와 같은 젖은 시료 멸균할 때보다 더 높은 온도와 긴 시간을 필요로 한다.

고압멸균기와 저온살균법

고압멸균기(autoclave)는 미생물을 사멸하기 위해 압력 하에서 증기를 사용하는 밀폐된 열처리 장치이다 (**그림 5.31**). 열에 내성을 갖는 내생포자의 사멸은 1기압에서 물의 끓는점보다 더 높은 온도에서의 열을 필요로 한다. 고압멸균기는 제곱센티미터당 1.1킬로그램(kg/cm^2) (15 lb/in^2)의 압력 하에서의 수증기를 만들어 121°C의 온도를 발생시킨다. 121°C에서 적은 양의 내생포자를 포함한 시료를 멸균하는 데 필요한 시간은 약 15분이다 (그림 5.31*b*). 만약 멸균할 물체의 부피가 크거나 큰 부피의 액체를 멸균할 때는 내부로의 열전달이 늦기 때문에, 전체 열처리 시간은 길어져야 한다. 미생물을 죽이는 것은 고압멸균기 내부의 압력(*pressure*)이 아니라, 고압 하에서 수증기가 발생할 때 얻어지는 높은 온도(*temperature*)라는 사실을 기억하라.

Louis Pasteur (⇄ 1.9절)의 이름을 따라 붙여진 **저온살균법(pasteurization)**은 멸균법과는 다르다. 저온살균법은 고압멸균을 하면 파괴될 수 있는 우유와 기타 액체에 있는 미생물의 총 수를 상당히 줄이기 위해 정밀하게 조절된 열을 사용한다. 음식을 저온살균할 때 적용하는 온도 및 시간 조건에서 모든 알려진 병원성 세균들은 죽게 된다. 그러나 미생물 오염도를 감소시킴으로써 부패 미생물의 생장을 지연시켜서 상하기 쉬운 액상 음식물의 보관 기간을 현저하게 증가시킨다.

우유를 저온살균을 하기 위해서 액체는 관으로 된 열 교환기를 통과시킨다. 열원의 유속, 크기 및 온도를 조심스럽게

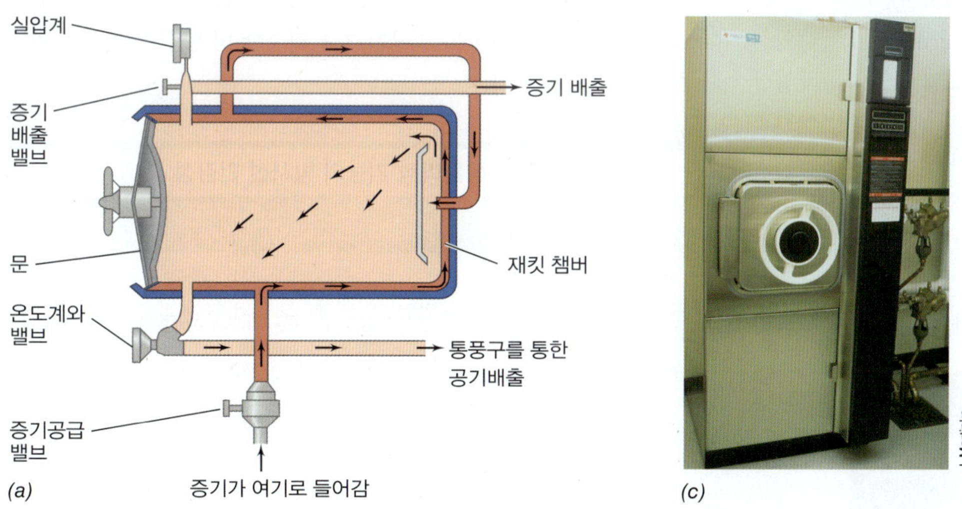

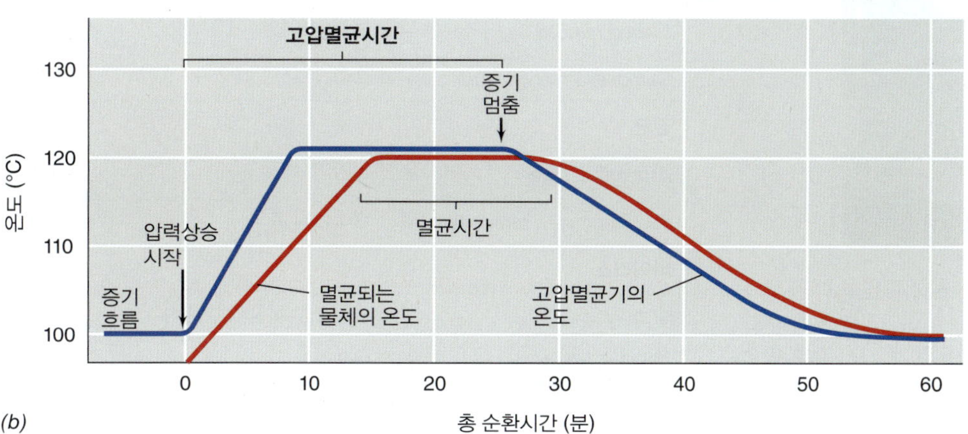

그림 5.31 고압멸균기와 습열 멸균. *(a)* 고압멸균기를 통한 수증기의 흐름. *(b)* 전형적인 고압멸균 주기. 상당히 부피가 큰물질의 시간에 따른 가열 도표를 나타낸다. 물체의 온도 상승과 하강이 고압멸균기보다 더 천천히 일어난다. 물체의 온도가 표적 온도에 도달하여야 하며 멸균을 확실히 하기 위해 고압멸균기에 기록되는 온도와 시간에 상관없이 10~15분간 유지시켜야 한다. *(c)* 현대의 연구용 고압멸균기. 압력 잠금 문과 자동 멸균 조절기가 오른쪽에 설치되어 있다. 증기 주입구와 배출구 장치들이 고압멸균기의 오른쪽에 있다.

조절하여 71°C까지 온도를 올려 15초간 가열한 후 (더 짧은 시간주기의 경우 더 높은 온도에서; 그림 5.30 참조) 급속히 식힌다. 이러한 과정을 급속 저온살균법(*flash pasteurization*)이라고 부른다. 우유의 초고온-순간살균법(*ultrahigh-temperature, UHT*)은 1~2초 동안 135°C에서 열처리를 필요로 하며, 실제로 우유를 멸균하여 오랜 기간 동안 실온에서 부패없이 보관할 수 있다.

미니퀴즈

- 열은 왜 효과적인 멸균제인가?
- 세균의 내생포자로 오염된 물질의 멸균을 확실히 하기 위해서는 어떤 과정이 필요한가?
- 미생물 배지의 멸균과 유제품의 저온살균을 구분하라.

5.16 기타 물리적 조절 방법: 방사선과 여과

열 이외에, 자외선(UV), X-선, 감마선(γ-선) 등도 효과적인 미생물 살균제이다. 그러나 각 형태의 에너지는 제각기 다른 작용 기작과 살균 효과를 갖고 있어서 그들의 활용은 매우 다양하다.

자외선과 이온화 방사선

파장이 220~300 nm 사이의 자외선은 DNA에 의해 흡수되며, 자외선에 노출된 생물의 죽음을 가져올 수 있는 DNA의 돌연변이를 유발시켜 심각한 영향을 야기할 수 있다 (⇄ 11.4절). 자외선은 표면이나 공기를 소독하는 데 유용하며, "살균(germicidal)" 자외선을 갖춘 실험실의 청정공기후드 (클린벤치) (**그림 5.32**)의 작업장 표면의 오염물질을 제거하고 소독하는 데 널리 사용되며, 병원과 식품 준비실에서 순환되는 공기를 소독하는 데도 사용될 수 있다. 그렇지만 자외선은 매우 낮은 침투력을 갖고 있으며 캔 식품 또는 수술 의복 같은 큰 부피의 물체보다는 노출된 표면이나 공기를 소독하는데 사용된다는 한계가 있다.

이온화 방사선(ionization radiation)은 방사선 입자가 충돌하는 분자들로부터 이온이나 다른 활성 분자 종을 생성할 수 있는 충분한 에너지를 가지고 있는 전자기 방사선이다. 방사선의 단위는 뢴트겐(*roentgen*)으로, 멸균과 같이 생물학에 적용할 때 표준은 라드(*rads*) (100 erg/g)나 그래이(*grays*) (1 Gy = 100 rad)로 측정되는 흡수된 방사선 양(*absorbed radiation dose*)이다. 이온화 방사선은 전형적으로 X선 또는 핵분열의 값싼 부산물인 방사선 핵종 ^{60}Co와 ^{137}Cs로부터 발생한다. 이러한 핵종들은 X선 또는 γ선을 생산하는데 둘다 풍부한 에너지를 갖고 있으며 식품과 의료기구와 같은 부피가 큰 물품들에 있는 미생물을 효과적으로 죽일 수 있는 침투력을 가지고 있다.

표 5.7은 선별된 미생물의 수에서 10배 줄이는 데 필요한 조사량을 보여준다. *D*10 값은 열 멸균의 1/10 감소시간과 유사하며, 이온화 방사선의 멸균 곡선도 유사한 양상을 보여준다 (**그림 5.33**; 그림 5.30과 비교). 열처리에서처럼 이온화 방사선으로 내생포자를 죽이는 것은 영양세포를 죽이는 것보다 더 어렵고, 바이러스를 죽이는 것은 세균을 죽이는 것 보다 어렵다 (표 5.7). 게다가, 일반적으로 미생물은 다세포 생물보다 이온화 방사선에 더 내성을 가지고 있다. 예를 들어, 인간에게 방사선 치사량은 짧은 시간주기로 조사한다면 단지 10 Gy에 불과할 정도로 낮다.

미국에서 방사선은 의료품, 플라스틱 실험복, 약품, 그리고 조직 이식용품과 같은 다양한 품목들을 멸균하는 데 사용된다. 어떤 음식과 신선한 농산품, 가금, 육류, 그리고 향신료 등의 식품 또한 보통 방사선으로 조사하여 멸균하거나 최소한 병원성 미생물, 그리고 해충이 없도록 한다.

그림 5.32 청정 공기 후드. 자외선 전등이 있어 사용하지 않을 때 후드가 오염되지 않도록 해준다. 사용할 때에는 공기가 HEPA 여과기를 통해 후드 안으로 들어오게 된다. 후드 안의 여과된 공기는 사용된 후 다시 후드 밖으로 나가기 때문에 후드 내의 오염을 방지해준다. 이 후드는 미생물이나 조직 배양 시, 오염원이 없는 작업 환경을 제공해준다.

표 5.7 미생물 및 생물학적 기능의 방사선 민감성

미생물 형태	특성	*D*10[a] (Gy)
세균		
Clostridium botulinum	그람-양성 혐기성; 내생포자 형성	3,300
Deinococcus radiodurans	그람-음성, 방사선 저항성 구형	2,200
Lactobacillus brevis	그람-양성, 막대형	1,200
Bacillus subtilis	그람-양성 호기성; 내생포자 형성	600
Escherichia coli	그람-음성, 막대형	300
Salmonella typhimurium	그람-음성, 막대형	200
진균		
Aspergillus niger	일반 곰팡이	500
Saccharomyces cerevisiae	빵과 양조장의 효모	500
바이러스		
발과 입	발굽이 갈라진 동물의 병원성	13,000
콕사키(Coxsackie)	인간 병원성	4,500

[a]*D*10은 초기의 개체군이나 활성을 10배 (1지수, 그림 5.33 참조) 감소시키는 데 필요한 방사선의 양. Gy, grays. 1 gray = 100 rads. 사람의 치사조사량은 10 Gy임.

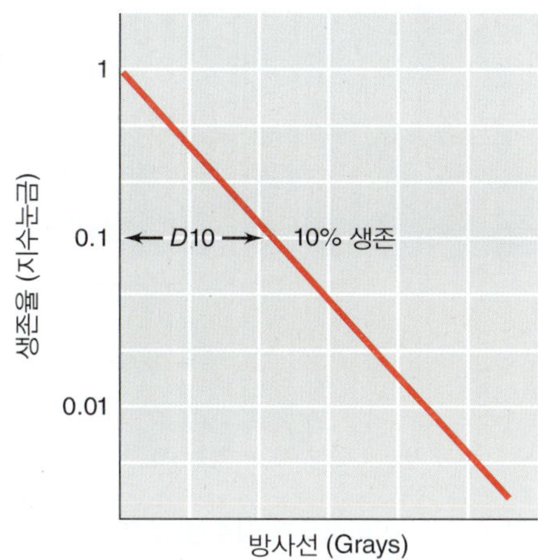

그림 5.33 미생물의 생존율과 방사선 조사량과의 상관관계. *D*10, 즉 1/10 감소조사량은 위의 결과로부터 계산될 수 있다.

여과 멸균

열은 대부분의 액체를 멸균하는 데 아주 효과적이지만, 이온화 방사선으로 처리할 수 없는 열에 민감한 액체들은 전형적으로 여과에 의하여 멸균한다. 멸균하기 위해, 평균 크기가 0.2 μm의 구멍을 가진 여과지가 적당하지만; 그와 같은 작은 구멍도 대부분의 바이러스를 붙잡지는 못할 것이다. 실험실 용액과 같은 적은 양의 여과 멸균을 위해 흔히 사용되는 여과 구멍의 크기는 0.45 μm와 0.2 μm이다.

심층여과(depth filter), 막여과(membrane filter), 그리고 핵공여과(nucleopore filter)와 같은 여러 형태의 여과지가 미생물학에서 흔히 사용되고 있다. 심층여과는 섬유망에 입자가 붙잡히도록 종이 또는 유리 섬유를 여러 층으로 포개어서 만든 섬유지 또는 매트이다 (**그림 5.34*a***). 심층여과는 생물학적 안정성 활용에 중요하다. 예를 들어, 세포배양, 미생물의 배양 및 생장 배지 등을 다루기 위해서는 실험자와 실험 재료 모두의 오염을 최소화해야 한다. 이러한 조작은 공기가 안쪽과 바깥쪽 사이를 고성능 공기입자 여과(*h*igh-*e*fficiency *p*articulate *a*ir filter, *HEPA filter*)라 불리는 심층여과를 통해 통과하는 기류가 있는 생물학적 안정성 무균 상자에서 효율적으로 수행될 수 있다 (그림 5.34*a*). HEPA 여과는 기류로부터 대개 0.3-μm 이상의 입자를 제거하며 99.9% 이상 효과를 나타낸다. 그러나 이것이 멸균을 확실하게 보장하지는 않는다.

막여과(membrane filters)는 미생물학 실험실에서 액체 멸균 목적으로 가장 일반적으로 사용되는 여과 형태이다 (그림 5.34*b*와 **그림 5.35**). 막여과는 셀룰로오스 초산염(cellulose acetate), 셀룰로오스 질산염(cellulose nitrate), 또는 폴리설폰(polysulfone)과 같은 아주 질기고 많은 수의 미세구멍을 갖고 있는 중합체로 구성되어 있다. 생장배지와 같이 비교적 작은 부피의 액체를 멸균하기 위한 멸균 막여과 장치는 흔히 연구실과 임상 실험실에서 사용한다. 여과는 주사기 또는 펌프를 사용하여 액체를 여과장치를 통해 멸균 수집 병으로 통과시킴으로써 이루어진다 (그림 5.35). 또 다른 형태의 막여과는 핵공여과이다 (그림 5.34*c*). 핵공여과(nucleopore filter)는 방사선으로 처리한 후 화학약품으로 식각한 10-μm 두께 합성수지(polycarbonate) 막으로 만든 것으로 매우 고른 구멍을 형성한다 (그림 5.34*c*). 핵공여과는 흔히 주사전자현미경 분석을 위한 표본들을 분리할 때 사용한다. 미생물을 액체나 호수와 같은 자연 시료로부터 제거하고 현미경으로 직접 관찰할 수 있는 여과지에서 농축시킨다 (그림 5.34*d*).

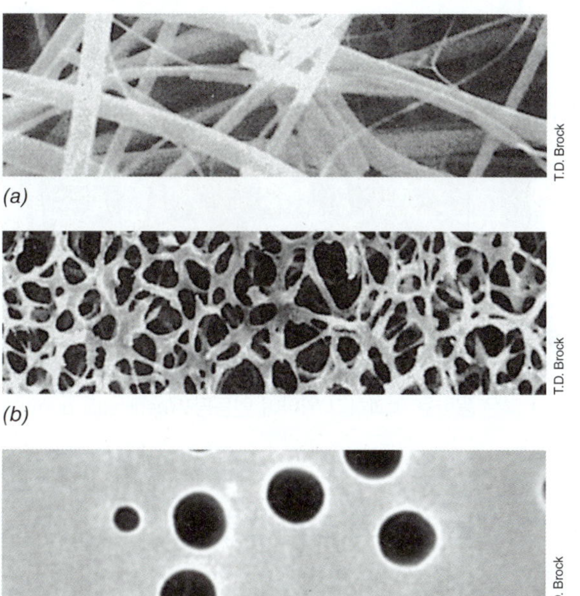

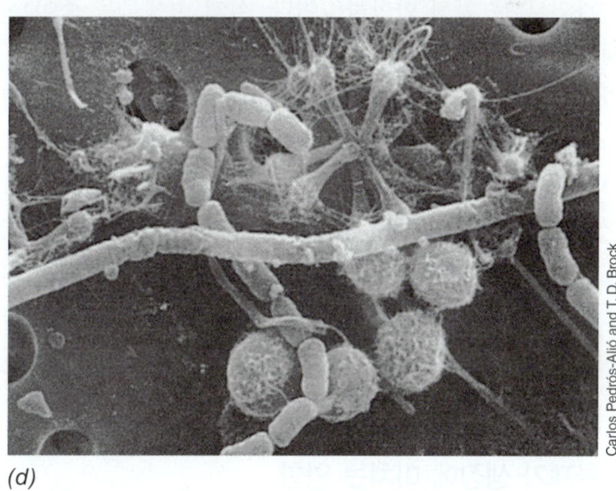

그림 5.34 미생물 여과. 주사전자현미경으로 본 *(a)* 심층여과, *(b)* 전통적인 막여과 및 *(c)* 핵공여과(nucleopore filter)의 구조. *(d)* 0.2 μm 구멍 크기의 핵공 여과지에 잡힌 다양한 수서 미생물의 주사전자현미경 사진.

미니퀴즈

- *D*10을 정의하고 왜 살균 방사선 조사량(표 5.7)이 모든 세균에서 같지 않은지를 설명하라.
- 왜 이온화 방사선이 자외선에 비해 식품을 멸균하는 데 더 효과적인가?
- 미생물 실험실에서 사용되는 멸균 여과의 주요 형태를 구분하라.

그림 5.35 막여과. 사전 멸균되고 조립된 일회용 막여과 장치. 왼쪽: 작은 부피를 위해 설계된 필터시스템으로 주사기로 필터를 통과하게 되어 있음. 오른쪽: 더 많은 용량을 여과하기 위하여 연동펌프(peristaltic pump)를 사용하는 장치.

5.17 미생물 생장의 화학적 조절

화학물질은 미생물 생장을 조절하는데 흔히 사용되며 **항미생물 제제(antimicrobial agent)**는 미생물을 죽이거나 그들의 생장을 저해하는 자연 혹은 합성 화학물질이다. 실제 미생물을 죽이는 물질을 미생물을 죽이는 것을 의미하는 접미어를 가진 -살(*-cidal*) 약제라고 한다. 따라서 **살균(bactericidal)**, 살진균(*fungicidal*), 그리고 살바이러스(*viricidal*) 약제는 각각 세균, 곰팡이, 바이러스를 죽인다. 죽이지 않고 생장을 억제하는 약제를 -정(*-static*) 약제라고 하며, 이것에는 **정균(bacteriostatic)**, 정진균(*fungistatic*), 그리고 정바이러스(*viristatic*) 약제가 있다. 여기에서 우리는 감염방지제로 흔하게 사용하는 화학물질에 초점을 두고 매우 중요한 화학물질 그룹—항생제—의 활성에 대해 나중을 위해 (7.10절, 24.10절, 그리고 28.10~28.12절) 토론하고자 한다.

항미생물제가 생장에 미치는 영향

항미생물제는 생균 및 탁도 생장 분석법을 사용하여 약제가 세균 배양에 미치는 영향을 관찰함으로써 살균제, 정균제 및 용균제로 분류될 수 있다 (**그림 5.36**). 정균제(bacteriostatic agents)는 대개 단백질 합성과 같은 몇몇 중요한 생화학적 반응의 저해제로 비교적 약하게 리보솜에 결합하고; 만약 그 약제가 제거되면 세포는 새장을 재개할 수 있다. 많은 항생제들이 이 그룹에 포함된다. 대조적으로 살균제들은 그들의 세포 표적과 견고하게 결합하여 세포를

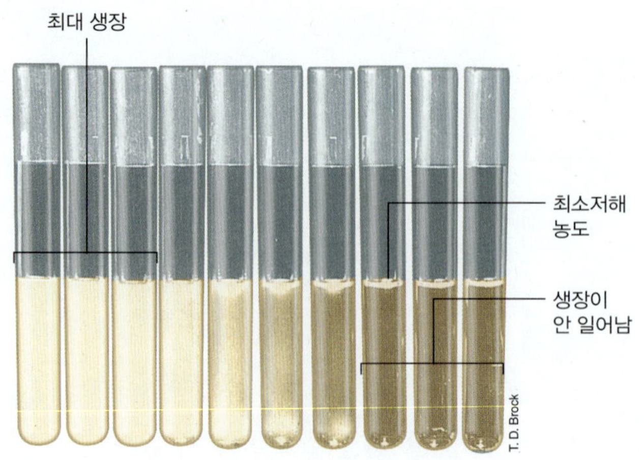

그림 5.37 희석법에 의한 항미생물제 감수성 분석. 이 분석법은 최소저해농도(MIC)를 측정하는 것으로 정의된다. 일련의 농도 증가 항미생물제를 첨가한 배지를 준비한다. 각 시험관에 특정 농도의 시험 미생물을 접종하고 정해진 시간 동안 배양한다. MIC 농도 이하의 항미생물제 농도를 갖는 시험관에서는 혼탁도로 판단되는 생장이 일어난다.

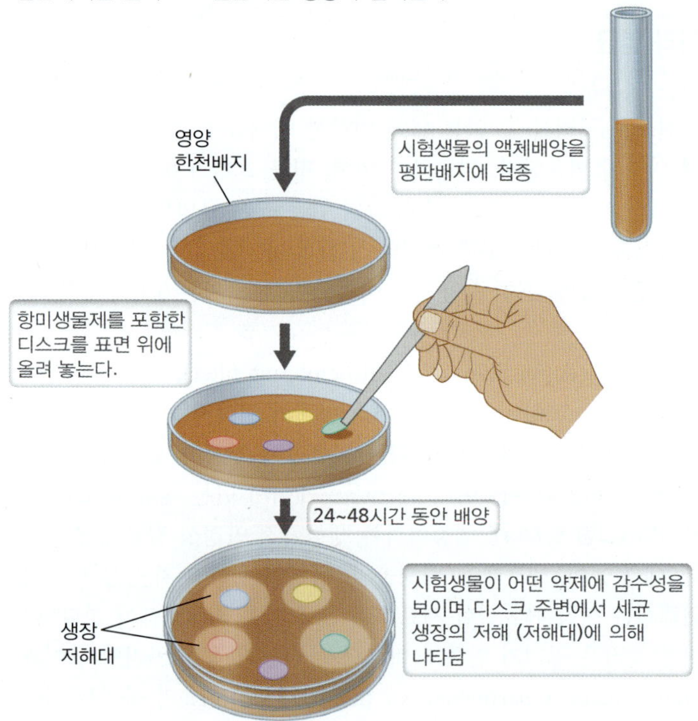

그림 5.38 확산법에 항미생물제 감수성 분석. 항미생물 제제가 원판으로부터 주변으로 확산되어 감수성 미생물의 생장을 억제한다.

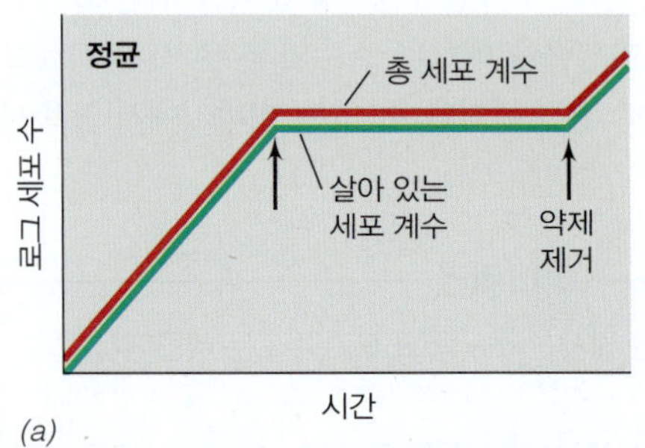

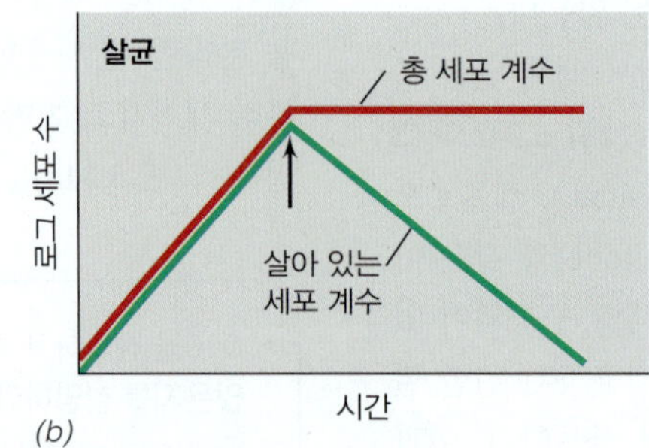

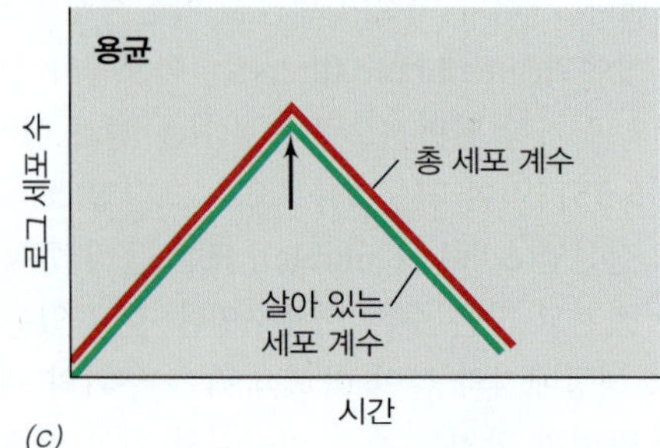

그림 5.36 다른 형태의 항미생물 제제. *(a)* 정균제는 억제하지만 죽이지는 않는다. *(b)* 살균제는 죽인다. *(c)* 용균제는 세포를 용해한다. 화살표로 표시한 시점에 생장 저해 농도의 각 항미생물제를 지수 생장을 하는 배양액에 첨가하였다. 보이는 혼탁도와 생균 수는 각 약제형의 특징을 보여준다.

확실하게 죽인다. 그렇지만 죽은 세포는 파괴되지 않으며 배양액의 혼탁도로 반영되는 총 세포 수는 일정하게 유지된다 (그림 5.36*b*). 포름알데히드는 살균제의 한 예이다. 용균제는 세균을 용해함으로써 세포를 죽이며 그들의 세포 내용물을 방출한다. 용균은 생균 수와 총 세균 수 모두를 감소시킨다 (그림 5.36*c*). 용균제(bacteriolytic agents)의 예로는 세포막을 파괴시키는 세제를 들 수 있다.

항미생물 역가 측정

항미생물 역가는 시험 생물의 생장을 저해하는 데 필요한 약제의 최소량을 결정함으로써 측정되며, 그 값은 **최소저해농도(minimum inhibitory concentration, MIC)**로 일컫는다. 액체배지에서 생장하는 특정 미생물에 대한 특정 약제의 MIC를 측정하기 위해서 (**그림 5.37**), 일련의 시험관을 시험 생물로 접종하고 특정 약제를 더한다. 배양 후, 각 시험관들에서 생장 (탁도)을 기록하며, MIC는 시험한 미생물의 생장을 완전히 억제하는 가장 낮은 농도의 약제이다.

항미생물 역가는 고체배지를 사용해서 분석할 수 있다 (**그림 5.38**). 알려진 양의 항미생물제를 원형여과지에 더하고 그 원형여과지를 고르게 접종한 평판배지의 표면에 배열시킨다. 배양하는 동안 항미생물제는 원형여과지로부터 한천 속으로 확산되어 나가면서 농도구배를 형성하고; 약제가 여과지로부터 멀리 확산되어 갈수록 그 약제의 농도는 낮아진다. 생장 저해 구역(*zone of inhibition*)의 지름은 여과지에 가한 항미생물제의 양과 용해도, 확산계수, 그리고 전반적인 효능에 비례하여 형성된다. 원형여과지 확산 분석법은 임상적으로 분리된 병원성 미생물의 항생제에 대한 감수성을 측정하기 위하여 흔하게 사용된다 (28.4절).

화학적 항미생물제

여러 항미생물제가 무생물 표면과 체 표면에 있는 인간 병원성 미생물을 차단하는 데 사용된다. 이것에는 멸균제(sterilants), 감염방지제(disinfectants), 세정제(sanitizers) 및 소독제(antiseptics)가 있다 (**표 5.8**).

멸균제(sterilizers)는 내생포자를 포함한 모든 미생물을 파괴시

표 5.8 소독제, 멸균제, 감염방지제 및 살균제[a]

약제	작용 기작	용도
소독제		
알코올 (60~85% 에탄올 또는 isopropanol)	지질 용해제 및 단백질 변성제	국부소독제
페놀 함유 화합물 (hexachlorophene, triclosan, chloroxylenol, chlorohexidine)	세포막 붕괴	비누, 로션, 화장품, 신체 탈취제, 국부 감염방지제; 제지, 피혁, 섬유산업
양이온 세제, 특히 4가 암모늄 화합물 (benzalkonium chloride)	세포막의 인지질과 상호작용	비누, 로션, 국부 감염방지제; 금속과 석유산업
과산화수소 (3% 용액)	산화제	국부소독제
요오드 화합물 용액 (Betadine®)	단백질의 요오드화, 비기능화; 산화제	국부소독제
옥테니딘	양이온성 계면활성제, 세포막 붕괴	국부소독제
멸균제, 감염방지제 및 살균제		
알코올 (60~85% 에탄올 또는 isopropanol)	지질 용해 및 단백질 변성	사실상 모든 표면의 일반 감염방지제
양이온 세제 (4가 암모늄 화합물, Lysol®, 많은 관련 감염방지제)	세포막의 인지질과 상호작용	의료용 기구, 식품 및 낙농장비의 감염방지제/소독제
염소가스	산화제	상수 정제/핵 냉각탑의 감염방지제
염소화합물 (chloramines, sodium hypochlorite, sodium chlorite, chlorine dioxide)	산화제	식품/낙농장비 및 상수 정수의 감염방지제/소독제
황산구리	단백질 침전제	수영장에서 살조제(殺藻劑)
에틸렌옥사이드 (가스)	알킬화제	플라스틱 등의 온도에 민감한 물질들의 살균제
포름알데히드	알킬화제	희석액 (3% 용액)은 표면의 감염방지제로, 농축액 (37% 용액)은 멸균제로 사용
글루타르알데히드	알킬화제	2% 용액은 감염방지제 또는 멸균제로 이용
과산화수소	산화제	증기는 멸균제로 사용
요오드 화합물 용액 (Wescodyne®)	단백질의 요오드화; 산화제	일반 감염방지제
OPA (ortho-phalaldehyde)	알킬화제	의료용 기구의 살균에 사용되는 감염방지제
오존	강산화제	음용수의 감염방지제
퍼옥시아세트산(Peroxyacetic acid)	강산화제	감염방지제/멸균제
페놀화합물	단백질 변성제	일반 감염방지제
소나무 기름(Pine-Sol®) (페놀류 및 다른 세제를 포함함)	단백질 변성제	가정 제품 표면에 사용되는 일반 감염방지제

[a]알코올, 과산화수소, iodophor 등은 농도, 노출기간, 전달형태에 따라 소독제, 감염방지제, 살균제일 수 있음.

킨다. 화학멸균제는 열이나 방사선을 사용하기 힘든 상황에서 오염원 제거나 멸균을 위해 이용된다. 예를 들어, 병원이나 실험실에서는 온도계, 렌즈가 달린 기구, 폴리에틸렌 관, 카테터(catheters) 및 호흡보조기와 같은 재사용이 가능한 의료 장비 등 열에 민감한 기구들로부터 오염원을 제거하거나 그들을 멸균할 수 있어야 한다. 에틸렌 옥사이드(ethylene oxide), 포름알데히드(formaldehyde), 또는 퍼옥시아세트산(peroxyacetic acid) 같은 기체를 사용하는 냉 멸균법(*cold sterilization*)은 고압멸균기와 유사한 폐쇄된 장치 내에서 물체를 처리할 목적으로 흔하게 사용되는 방법이다. 액체 멸균제는 나트륨 아염소산염(sodium hypochlorite) 용액이나 아미페놀(amylphenol) 등과 같은 액체 멸균제는 고온이나 기체에 견딜 수 없는 기구들의 멸균을 위해 사용된다.

감염방지제(disinfectants)는 내생포자를 반드시 죽이지는 못하나, 미생물을 죽이는 화학제로 무생물 물질에 사용된다. 예를 들어, 페놀과 양이온성 세제 등이 바닥, 책상, 실험대, 벽 등과 같은 곳의 오염을 제거하기 위해 사용되며 (표 5.8), 병원이나 다른 의료시설에서의 감염 제어에 중요하다. 대조적으로, **세정제(sanitizers)**는 감염방지제보다 약하여 미생물을 제거하지는 못할지라도 미생물의 수를 안전한 수준으로 줄여주는 역할을 한다. 세정제는 음식물을 혼합하고 요리하는 도구, 접시 및 부엌용품 등의 표면을 살균하기 위해 식품산업에서 널리 이용되며, 물이 없을 때 건존 손 세척에도 사용된다. **소독제(antiseptics)**는 종종 **살균제(germicides)**라고도 불리며 미생물의 생장을 억제하거나 죽이는 화학제이지만 살아 있는 조직에 투여해도 될 정도로 독성이 없는 것들을 말한다. 대부분의 약제는 손 세척이나 피부의 상처 소독에 사용 된다 (표 5.8). 일부 소독제들은 효과적인 감염방지제이기도 하다. 예를 들어, 에탄올은 사용되는 에탄올의 농도 및 노출 시간 등에 따라 소독제이면서 감염방지제가 될 수 있다.

여러 가지 인자가 항미생물제의 효과에 영향을 미친다. 예를 들어, 많은 항미생물제들은 유기물에 결합하여 그 효능이 사라지며, 따라서 흘린 음식으로 오염되어 있는 주방의 조리대는 청결한 조리대를 멸균하는 것보다 어렵다. 더욱이, 세균들은 종종 다당류에 속에 파묻힌 미생물 세포층으로 된 생물막(biofilm)을 형성하여 (5.1절), 조직이나 의료 장비의 표면을 덮을 수도 있다. 생물막은 항미생물제의 침투를 더디게 만들거나 완전히 차단하여 그들의 효능을 줄이거나 무력화할 수 있다. 따라서 소독제, 감염방지제, 멸균제 및 다른 항미생물제의 효과는 반드시 실제 사용 조건 하에서 경험적으로 결정되어야 한다. 처리 전후 미생물 생장에 대해 화학제를 실제 시험하고 분석함으로써 사람들은 그 약제가 해야 할 역할처럼 작용하고 있음을 확신할 수 있다.

미니퀴즈

- 항미생물제들 중에서 -정(-static), -살(-cidal) 및 -용(-lytic) 약제의 항미생물 효과를 구분하라.
- 항세균제의 최소저해농도는 어떻게 결정되는지를 설명하라.
- 멸균제, 감염방지제, 살균제 및 소독제를 서로 구분하라. 냉 멸균은 무엇인가?

단원 정리

I • 세포분열과 개체군 생장

5.1 미생물의 생장은 세포 수의 증가로 정의되며, 두 개의 딸세포가 만들어지는 실제적인 분리 과정 이전에 모든 세포 구성 성분이 배가되는 현상의 최종 결과이다. 대부분의 미생물들은 이분법으로 생장하지만 다른 미생물들은 출아법으로 생장한다. 생물막은 부유하는 생활형에 대한 대체 생장 모드이다.

Q 부유 생활형을 넘는 생장 모드로써 생물막의 이점은 무엇인가?

5.2 미생물 군집은 지수 생장을 하며, 시간과 함께 세포 수의 로그값을 그래프화한 세미로그 그래프는 지수 생장을 하는 개체군의 배가시간을 알아낼 수 있다. 다양한 생장 표현을 지수 생장 배양으로부터 얻어진 세포 수로부터 산정할 수 있다. 여기서 주요 표기는 n, 세대 수; t, 시간; g, 세대시간; 그리고 k, 순간 생장률 항수이다. 세대시간 $g = t/n$으로 표시된다.

Q 어떻게 지수 생장 배양의 세대시간 (g)이 결정되는가?

5.3 미생물은 신선한 배양배지에 접종되었을 때 특징적인 생장 패턴을 보인다. 대개 유도기를 거치면서 지수 생장으로 이어진다. 필수 영양분이 고갈되거나 독성 산물이 축적됨에 따라 생장이 멈추고 개체군은 정지기로 접어든다. 배양을 계속하면 세포들은 사멸할 수 있다.

Q 오래된 배양을 신선한 배지에 접종한 세균 개체군의 생장 패턴은 생장의 중-지수기에 있는 배양을 신선한 배지에 접종한 개체군의 생장 패턴과 어떻게 다른가?

5.4 키모스타트는 지수 생장을 하는 세포 군집을 장시간 유지하는 데 사용되는 개방형 시스템이다. 키모스타트에서는 배양액이 신선한 배지로 희석되는 속도가 군집의 배가시간을 조절하게 되며, 세포 밀도 (세포 수/ml)는 신선한 배지에 녹아 있는 생장제한 영양분의 농도에 의해 결정된다.

Q 어떻게 키모스타트는 생장률과 세포밀도를 독립적으로 조절하는가?

II • 미생물 배양과 생장 측정

5.5 배양배지는 미생물이 요구하는 영양분을 공급하며 한정배지와 복합배지로 나눌 수 있다. 선택배지, 분별배지, 농화배지와 같은 기타 배지는 특별한 목적으로 사용된다. 많은 미생물을 액체나 고체 배양배지에서 키울 수 있으며, 무균기법을 적용한다면 순수 배양이 유지될 수 있다.

Q 왜 다음 배지는 화학적으로 한정배지로 여겨지지 않는가: glucose, 5 g; NH_4Cl, 1 g; KH_2PO_4, 1 g; $MgSO_4$, 0.3 g; yeast extract, 5 g; 증류수, 1 L? 무균 기술은 무엇이고 왜 필요한가?

5.6 총 세포 계수는 특수한 계수판을 가진 현미경을 사용하여 이루어질 수 있으며 미생물 서식지나 실험실 배양에서 총 세포 수를 산정하는 데 유영하다. 어떤 염색약은 시료 내 특정 세포 집단을 표적으로 사용될 수 있다.

Q 배양이 수행한 일들을 산정할 때, 총 세포 계수는 어떤 생장기가 적합하고, 배양 또는 시료의 생존력을 아는 것은 어떤 생장기에서 필요한가?

5.7 생균계수법은 각 집락이 단일 세포의 생장과 분열로부터 유래한다는 가정 하에 시료 내에 살아 있는 군집만 측정하는 방법이다. 생장배지와 적용되는 조건, 그리고 시료의 특성에 따라 생균계수법은 매우 정확한 측정법일 수도 있고 혹은 매우 신뢰할 수 없는 방법일 수도 있다.

Q 생균계수법은 총 계수법과 어떻게 다른가?

5.8 혼탁도 측정법은 미생물의 생장을 매우 신속하게 측정할 수 있는 유용한 방법으로 세포가 액체 속에 있는 세포가 빛을 산란시킨다는 사실에 기초한다. 그러나 혼탁도 값을 세포 수와 연관시키려면 서로에 대해 이 두 변수를 그래프화한 표준곡선을 먼저 확립하여야 한다.

Q 어떻게 혼탁도는 세포 수를 측정하는 데 사용될 수 있는가?

III • 생장에 미치는 환경 효과: 온도

5.9 온도는 미생물의 생장을 조절하는 주요 환경요인이다. 한 개체의 기본온도는 그 개체가 자랄 수 있는 최저, 최적, 최고 온도를 나타내는데, 개체마다 많은 차이를 보인다. 미생물은 기본온도에 따라 저온성, 중온성, 고온성, 초고온성으로 분류할 수 있다.

Q 그림 5.17에 있는 그래프를 살펴보라. 왜 한 생물의 최적온도는 일반적으로 그것의 최저온도보다는 최대온도에 더 가까운가?

5.10 15°C 이하에서 최적온도를 가진 생명체들을 저온생물이라 부른다. 이들 중 가장 극한 대표 미생물들은 항상 추운 환경에서만 서식한다. 저온생물들은 차가운 온도에서는 유연한 상태로 남아 기능적인 거대분자들을 합성하지만, 그들은 따뜻한 온도에 특이하게 민감할 수 있다.

Q 저온생물의 단백질과 지질들은 중온성의 것과 어떻게 다른가?

5.11 생장 최적온도가 45와 80°C 사이인 생명체들을 고온생물이라 부르며, 생장 최적온도가 80°C 이상인 것들은 초고온생물이라 부른다. 이 생명체들은 심지어 100°C 이상의 뜨거운 환경에서 서식하기도 한다. 고온생물과 초고온생물들은 열에 안정한 거대분자들을 생산한다.

Q 초고온생물의 중요한 생명공학적 활용에는 어떤 것들이 있을까?

IV • 생장에 미치는 환경 효과: pH, 삼투성, 산소

5.12 환경의 산성 혹은 염기성은 미생물 생장에 많은 영향을 미친다. 어떤 생명체들 (호산성 및 호염기성 생물, 각각)은 낮거나 높은 pH에서 가장 잘 자란다. 그러나 대부분의 생명체들은 pH 5.5와 8 사이에서 가장 잘 자란다. 세포 내부의 pH는 거대분자의 변성을 막기 위해 중성에 가깝게 유지되어야 한다.

Q 환경과 세포질의 pH와 관련하여 호산성 생물과 호염기성 생물은 어떤 방식에서 차이가 있는가? 어떤 점에서 유사한가?

5.13 수생환경의 수분활성도는 녹아 있는 용질 농도의 기능이다. 고용질 환경에서 생존하기 위해 생명체들은 삼투화합성 용질들을 생산하거나 축적하여 세포를 보호한다. 어떤 미생물들은 수분포텐셜이 낮은 곳에서 매우 잘 자라며, 심지어 어떤 것들은 생장을 위해 고농도의 염을 필요로 하기도 한다.

Q 호염생물은 NaCl 농도가 높은 용액에서 생장하는 동안 어떻게 도움이 되는 수분 균형을 유지하는가?

5.14 호기성 생물은 살기 위해 산소를 필요로 한다. 반면 혐기성 생물은 산소를 필요로 하지 않으며 산소에 의해 죽기도 한다. 통성호기성 생물체들은 산소가 있든 없든 간에 살아갈 수 있다. 호기성 혹은 혐기성 미생물을 배양하려면 특별한 기법이 필요하다. 여러 가지 형태의 독성 산소가 세포 내에서 생성될 수 있지만, 효소들이 그들 대부분을 중화시킨다. 특히 과산화수소는 주요한 독성 산소족이다.

Q 산소에 대한 민감성 그리고 산소의 존재 하에서 자랄 수 있는 능력에 의해 내기성과 절대 혐기성을 비교하라. 카탈라아제, 슈퍼옥사이드 디스뮤타아제, 그리고 슈퍼옥사이드 리덕타아제 효소를 그들의 기질 및 생성물과 연관시켜 비교하고 대조하여 보라.

V • 미생물 생장의 조절

5.15 멸균이란 바이러스를 포함하는 모든 생물체를 죽이는 것이다. 열이 가장 널리 이용되는 멸균방법이다. 온도를 이용하여 세균의 내생포자를 비롯해 열에 가장 내성이 강한 생물체를 죽여야 한다. 고압멸균기를 이용하면 고압에서 물이 끓는점보다 더 고온의 증기를 주입시킬 수 있어서 내생포자를 죽일 수 있다. 저온살균법은 액상 음식을 멸균을 하지는 않으나, 미생물의 양을 줄이고 병원균을 죽인다.

Q 고온 사멸 시간과 1/10 감소시간의 용어를 대조하여 보라. 세균 내생포자의 존재는 어떻게 이들 중 하나의 값에 영향을 미치는가? 고압멸균기에서 멸균을 확실히 하기 위해 필요한 시간과 온도는?

5.16 방사선은 효과적으로 미생물의 생장을 억제하거나 죽인다. 자외선은 공기나 물과 같이 빛을 흡수하지 않는 물질이나 표면의 소독에 유용하게 사용된다. 이온화 방사선은 고체나 빛을 흡수하는 물질을 투과하므로 의료나 식품산업에서 멸균과 오염원 제거를 위해 이용되고 있다. 여과기는 공기 및 액체로부터 미생물들을 제거한다. 막과 핵공 여과는 열에 약한 액체의 멸균에 이용되고 현미경에 의해 여과 내용물을 검사하는 데 사용된다.

Q 이온화 방사선의 치사량의 효과를 분자수준에서 기술하라. 어떤 종류의 여과가 열-민감성 액체를 멸균하는 데 사용되는가?

5.17 생물체를 죽이는 화학물질은 살균제로 불리며, 생장을 저해하는 것들은 정균제로 불린다. 항미생물제들은 실험실에서 생장을 저해하는 능력을 결정함으로써 그 효능을 평가한다. 멸균제, 감염방지제 및 살균제는 무생물의 오염방지를 위해 사용되는 화학제이다. 소독제들은 살아 있는 조직에서 미생물의 생장을 줄이기 위해 사용된다.

Q *Escherichia coli*용 살균제인 화학물질의 최소 억제농도(MIC)를 얻기 위한 방법을 기술하라. 감염방지제와 소독제의 작용을 비교하라.

응용 문제

1. 배지에 ml당 5×10^6 개의 *Escherichia coli* 세포를 접종하고 1시간의 유도기 후 5시간 동안 지수 생장을 한 결과 개체군이 ml당 5.4×10^9 개의 세포가 된 생장 실험에서 g와 k를 계산하라.
2. *Escherichia coli*는 40°C에서 생장하지만, *Pyrolobus fumarii*는 생장하지 못할 것이다. 그러나 110°C에서 *P. fumarii*는 생장하지만 *E. coli*는 자라지 못할 것이다. 비허용 온도에서 각 생물의 생장을 저해하기 위해 무엇이 일어나고 (혹은 일어나지 않는가)?
3. *Escherichia coli* (장내에서 발견되는 생물) 세포가 20% NaCl 수용액에 갑자기 놓였을 때 물은 어느 방향 (세포 안쪽 혹은 바깥쪽)으로 흐르겠는가? 만약 그 세포를 증류수에 넣으면 어떻게 되겠는가? 만약 각 세포 현탁액에 생장 영양분을 첨가하면, 위 두 가지 경우 중 어느 것이 생장을 지지하겠는가? 그리고 왜?

용어 해설

Acidophile (호산성 생물) 낮은 pH에서 최적의 생장을 보이는 생물체. 전형적으로 pH 5.5 이하

Aerobe (호기성 생물) 호흡에 산소를 이용할 수 있거나 생장에 산소를 필요로 하는 생물체

Aerotolerant anaerobe (내기혐기성 생물) 산소 호흡을 할 수는 없으나 산소가 존재해도 생장에 영향을 받지 않는 미생물

Alkaliphile (호염기성 생물) 생장 최적 pH가 8 이상인 생물체

Anaerobe (혐기성 생물) 호흡에서 산소를 이용할 수 없고 산소에 의해 생장이 억제되는 생물체

Antimicrobial agent (항미생물제) 미생물의 생장을 억제하거나 미생물을 죽이는 화학물질

Antiseptic (germicide) (소독제) 살아 있는 조직에 투여되어도 독성이 없거나 적은 항미생물제

Aseptic technique (무균기술) 실험실 배양과 배지를 오염으로부터 방지하기 위한 취해진 일련의 단계

Autoclave (고압멸균기) 높은 압력 하에서 열과 수증기로 미생물을 파괴키는 밀폐된 가열 장치

Bacteriocidal agent (살균제) 세균을 죽이는 물질

Bacteriostatic agent (정균제) 세균의 생장을 저해하는 물질

Batch culture (회분배양) 일정한 부피의 폐쇄된 장치에서의 미생물 배양

Binary fission (이분법) 세포가 커진 후 가운데 부분에서 두 개의 작은 세포로 나누어지는 세포분열

Biofilm (생물막) 물질의 표면에 부착된 세균 세포를 포함하는 다당류 막

Budding division (출아세포 분열) 새로운 세포 물질이 세포 전체를 딸 이루어지는 대신 한 지점으로부터 생산되는 세포분열 과정

Cardinal temperatures (기본온도) 주어진 생물체가 생장을 할 수 있는 최저, 최고 및 최적 온도

Chemostat (키모스타트) 생장 속도와 세포 수를 독립적으로 조절할 수 있는 미생물의 연속 배양장치

Compatible solute (삼투화합성 용질) 세포질에 축적되어 물의 활성도를 조절하면서 생화학적인 반응은 억제하지 않는 분자

Complex medium (복합배지) 새로운 정확한 조성이 알려져 있지 않은 고영양 물질의 배양배지

Culture medium (배지) 특정 미생물의 실험실 배양균을 생장시키는 데 필요한 영양액

Defined medium (합성배지) 특정 정확한 조성이 알려져 있는 배양배지

Disinfectant (감염방지제) 무생물에만 사용하는 항미생물제

Disinfection (감염방지) 무생물이나 그 표면으로부터 미생물을 제거하는 것

Exponential growth (지수 생장) 일정한 기간 동안 세포 수가 계속 두 배로 늘어나는 미생물 군집의 생장

Extreme halophile (극호염생물) 생장을 위해 상당히 많은 양의 염—대개 10% 이상이며 어떤 경우는 포화에 가까운 염분도—을 필요로 하는 미생물

Facultative (통성) 산소를 관점으로 생각했을 때, 산소의 존재 여부에 관계없이 자라는 생물체

Generation time (세대시간) 미생물 세포 수가 두 배로 되는 데 요구되는 시간

Germicide (antiseptic) (살균제) 미생물을 죽이거나 생장을 억제하는 화학물질로 살아 있는 조직에 적용될 정도로 충분히 비독성이다.

Growth (생장) 세포 수의 증가

Halophile (호염생물) 생장을 위해 소금을 필요로 하는 미생물

Halotolerant (내염성) 생장을 위해 소금을 필요로 하지는 않지만 소금 (어떤 경우에는 상당한 양의 소금)이 있어도 생장을 할 수 있는 미생물

Hyperthermophile (초고온생물) 80°C 이상의 높은 온도에서 최적 생장을 보이는 원핵생물

Mesophile (중온생물) 20~40°C 사이의 온도에서 최적 생장을 보이는 생물체

Microaerophile (미호기생물) 산소의 분압이 대기 중의 산소분압보다 낮을 때에만 생장을 할 수 있는 호기성 생물체

Minimum inhibitory concentration (MIC) (최소저해농도) 미생물의 생장을 막기 위해 필요한 물질의 최소한의 농도

Neutrophile (호중성 생물) pH 5.5와 8 사이의 중성 pH에서 가장 잘 자라는 생물체

Obligate anaerobe (절대혐기성) 산소가 존재하면 생장할 수 없는 생물체

Osmophile (호삼투성 생물) 고농도의 당 등 높은 용질 농도에서 최적의 생장을 하는 생물체

Pasteurization (저온살균법) 우유나 다른 액체의 총 미생물 수를 줄이기 위해 시행하는 열처리

pH 용액의 수소이온(H^+) 농도의 마이너스 로그

Plate count (평판계수법) 생균 측정법 중의 하나로 평판배지상에 형성되는 집락의 수를 이용하여 세포의 수를 측정하는 방법

Psychrophile (저온생물) 최적 생장온도가 15°C 이하이고 최고 생장온도가 20°C 이하인 생물체

Psychrotolerant (내냉성) 최적 생장온도가 20°C 이상임에도 불구하고 저온에서 생장을 할 수 있는

Sanitizer (세정제) 미생물을 완전히 제거하지는 못하나 그 수를 안전한 수준 이하로 줄여주는 물질

Sterilant (멸균제) 모든 형태의 미생물 세포들을 파괴하는 화학물질

Sterilization (멸균) 생장배지로부터 모든 형태의 생물체와 바이러스까지도 죽이거나 제거하는 것

Thermophile (고온생물) 최적 생장온도가 45°C와 80°C 사이인 생물체

Viable (살아 있는) 증식을 할 수 있는

Viable count (생균측정법) 개체군 내에 살아 있는 세포의 농도 측정

Water activity (수분활성도) 평형상태에 있는 어떤 용액의 증기압과 순수한 물의 증기압의 비

Xenophile (내건생물) 매우 건조한 환경에서 살 수 있거나 최적의 생장을 보이는 생물체

미생물 조절 체계

6

현재의 미생물학

사냥꾼 미생물: *Pseudomonas aeruginosa*는 손상된 조직으로부터 영양분을 감지하고 찾아다닌다

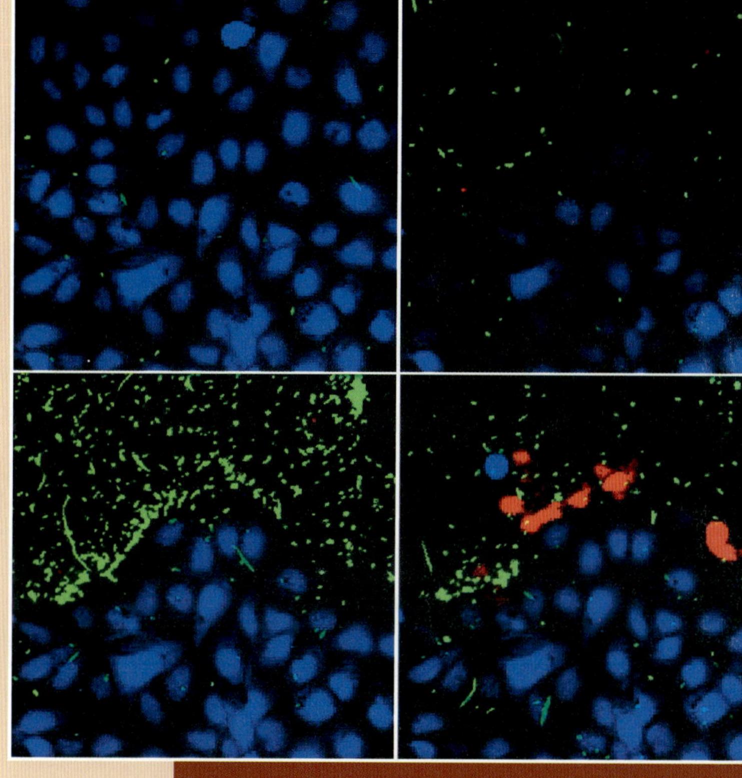

단세포라는 특성에도 불구하고 많은 미생물들은 주변을 감지하고 반응할 수 있다. 운동성 세균은 주화성(chemotaxis)이라고 불리는 과정을 통하여 영양분을 향해서 이동하고 독으로부터 멀어질 수 있다. 세포의 외부에 안테나처럼 확장된 특별한 화학수용체를 사용하여 세균은 당과 아미노산과 같은 유인제(attractant)와 어떤 금속 및 독소와 같은 퇴치제(repellent)를 포함하여 광범위한 신호들을 감지하고 반응할 수 있다. 화학수용체에 감각 분자가 결합하면 세포의 편모 모터에 신호를 보내서 세포가 그 분자를 향하거나 혹은 멀어지도록 조종을 한다.

방향의 내부 신호는 미생물이 식량을 사냥하거나 독소를 피하는 능력을 증진시키는 것뿐만 아니라 일부 병원체의 감염 과정에서 중요한 역할을 한다. 예를 들어, 기회성 인간 병원체 *Pseudomonas aeruginosa*는 주화성에 의해서 25개 이상의 다른 분자들에 반응할 수 있으며 낭포성 섬유증(cystic fibrosis)에서 관찰되는 증상에서의 주요한 인자이다. 낭포성 섬유증 환자들은 폐로부터 점액을 깨끗이 제거할 수 없는데 이 점액이 세균에 영양분을 제공하게 된다. 미생물학자들은 *P. aeruginosa*가 주화성을 이용하여 상처가 난 세포에서 방출된 아미노산을 감지하는 것에 의하여 손상된 폐 조직으로부터 영양분을 찾는 것을 밝혀냈다.

여기의 영상들은 살아 있는 인간 상피세포 (푸른색)와 숙주 세포 손상을 뒤따르는 *P. aeruginosa* 세포 (초록색)의 성공적인 영양분 사냥에 대한 놀라운 시간 경과를 보여준다. 손상 전 (위 왼쪽 사진) 및 상피세포 단층을 긁은 후 2분 (위 오른쪽 사진)에는 아주 소수의 세균만이 존재한다. 그러나 상처 발생 5분 내 (아래 왼쪽 사진)에, *P. aeruginosa* 세포는 손상된 상피세포로 이동하고 세포로부터 방출된 영양분을 먹어치운다. 시간이 지나면 일부 상피세포는 죽고 (붉은색) 사냥꾼 세균들은 살아 있는 세포로부터 더 많은 영양분을 찾아서 이동한다 (아래 오른쪽 사진).

세균 세포의 방향성 이동은 복잡하고 연속된 조절이 필요한 조직화된 과정이라는 것을 고려한다면 이 사건이 30분 내에 일어날 수 있다는 것은 정말로 놀라운 일이다. 그러나 이것이 세균의 조절성 사건이 일어날 수 있는 속도이며, 이 장에서 여러 번 보게 될 것이다.

출처: Schwarzer, C., H. Fischer, and T. E. Machen. 2016. Chemotaxis and binding of *Pseudomonas aeruginosa* to scratch-wounded human cystic fibrosis airway epithelial cells. *PLoS ONE 11(3):* e0150109.

세포 내에서 일어나는 수많은 반응들을 효과적으로 조율하고 이용이 가능한 자원을 최대로 사용하기 위해 세포는 생산하는 단백질 및 다른 거대분자들의 종류, 양 및 활성을 조절해야만 한다. 일부 단백질과 mRNA 분자는 모든 생장 조건에서 세포에 거의 동일한 수위로 필요하기 때문에 이러한 분자의 발현을 구성적(*constitutive*)이라고 한다. 그러나 더 많은 경우에는 어떤 특정 단백질이나 RNA가 어떤 조건에서는 필요하지만, 다른 조건에서는 그렇지가 않다. 예를 들어, 젖당의 사용에 필요한 효소들은 젖당이 존재할 때만 유용하다. 궁극적으로 조절 체계는 생명체의 적합성 및 이용가능한 자원이 허락하는 한 최대로 자손을 생산하기 위한 능력을 증진시키는 것이다. 이 방법으로 조절과 미생물 생장은 밀접하게 연관되는 것이다.

전체적으로 세포들은 단백질을 조절하는데 두 가지 주요한 방법을 사용한다. 하나는 효소 또는 다른 단백질의 양(*amount*)을 조절하는 것이고 두 번째는 수행되는 효소 또는 다른 단백질의 활성(*activity*)을 조절하는 것이다. **그림 6.1**은 세포가 각 배치에서 갖는 조절 기작의 개관을 보여준다. 합성되는 단백질의 양은 만들어지는 mRNA의 양을 다양하게 하는 것에 의해서 전사 단계에서 조절되거나 mRNA를 번역하거나 번역하지 않는 것에 의해서 번역 단계에서 조절될 수가 있다. 총체적으로 이 과정들을 **유전자 발현(gene expression)**이라고 부른다. 단백질 합성이 끝난 후에 번역후 조절 과정(post-translationally regulatory process)이 일부 단백질의 활성을 더 조절할 수가 있다. 이 장에서는 세포가 효소 합성 및 효소 활성 모두를 조절하는 것에 의하여 어떻게 효과적으로 대사를 통제하는지에 대해서 논의하겠다.

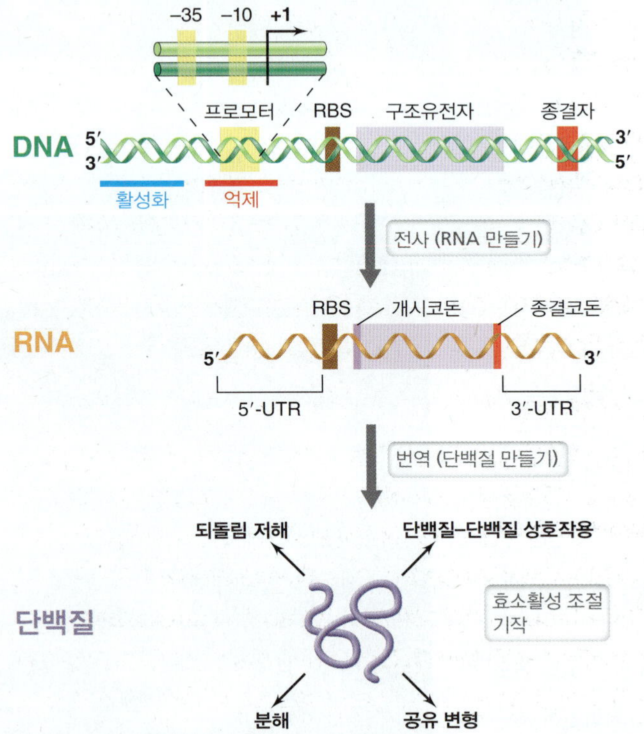

그림 6.1 유전자 발현과 단백질 활성의 조절. DNA에서 전사의 활성과 억제에 관련된 부위는 물론 프로모터와 종결자들이 표시되어 있다. 5′ 비번역 부위(5′-UTR)는 전사의 개시 및 번역의 개시 사이의 짧은 지역으로 리보솜-결합 부위(RBS)를 포함한다. 3′ 비번역 부위 (3′-UTR)는 종결코돈과 전사 종결자 사이의 짧은 지역이다. 이곳들이 자주 번역 조절이 일어나는 장소들이다. 번역후 단백질 활성을 조절하는 기작은 그림의 아래에 나타내었다.

I • DNA-결합 단백질 및 전사 조절

미생물의 여러 가지 조절 기작이 가능하지만 전사(*transcription*)의 수위를 조절하는 것이 세균과 고균(*Archaea*)에서 주요 조절 방법이기 때문에 여기부터 논의를 시작하겠다.

6.1 DNA-결합 단백질

유전자가 전사되기 위해서는 RNA 중합효소(RNA polymerase)가 DNA 상에 있는 특정 프로모터를 인지해야만 하는데 (4.5절), 종종 소형 분자들이 이 과정을 조절하는 데 관여한다. 그러나 그들이 직접적으로 관여하지는 않는다. 대신에, 그들 분자들은 전형적으로 조절 단백질(*regulatory protein*)이라고 하는 어떤 단백질이 DNA의 특정한 자리에 결합하는 데 영향을 미친다. 이 과정을 통하여 전사를 시작하거나 중단함으로써 유전자 발현을 조절한다.

핵산과 단백질의 상호작용

단백질-핵산의 상호작용은 복제, 전사, 번역, 그리고 이들 과정의 조절에 중심적인 역할을 한다. 단백질-핵산의 상호작용은 단백질이 핵산의 어느 곳에나 결합하는지, 또 특정 염기서열에만 결합하는지에 따라 비특이적이거나 특이적일 수 있다. 대부분의 DNA-결합 단백질은 서열-특이적 방법으로 DNA와 상호작용한다. 특이성은 단백질의 특정 아미노산 측쇄와 DNA의 질소 염기와 당-인산 골격에 있는 특정 화학기 사이의 상호작용에 의하여 제공된다. DNA의 큰 홈 (*major groove*, 그림 4.3)은 그 크기 때문에 단백

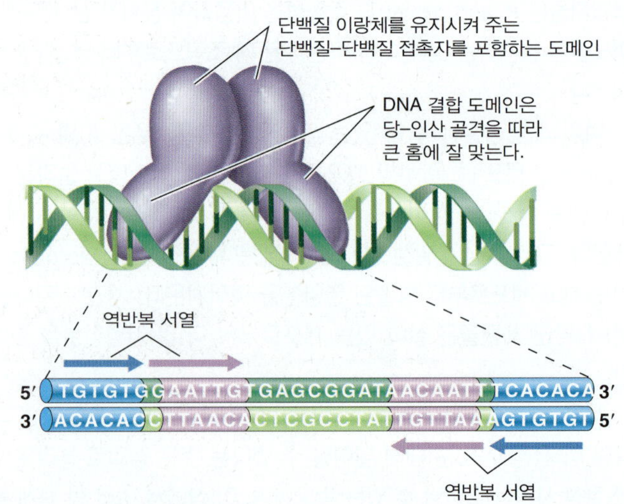

그림 6.2 DNA-결합 단백질. 많은 DNA-결합 단백질들이 DNA상의 두 자리와 특이적으로 결합하는 이량체이다. 단백질과 상호작용하는 특정 DNA의 서열은 역반복구조이다. 락토오스 오페론 (6.2절) 작동유전자의 뉴클레오티드 서열이 나타나 있으며, *lac* 억제자가 DNA와 결합하는 부위인 역반복 서열은 자주색과 파란색 상자로 나타냈다.

질이 결합하는 주요 부위이며 그림 4.1*c*는 단백질과 상호작용하는 것으로 알려진 DNA의 큰 홈 내 염기의 원자들을 나타낸다. 높은 특이성을 얻기 위하여 이 결합 단백질은 동시에 여러 개의 뉴클레오티드와 상호작용하여야 한다.

우리는 이미 역반복 서열(*inverted repeat*)이라는 DNA의 구조에 대해 언급한 바 있다 (그림 4.24). 그러한 역반복 서열은 종종 조절 단백질이 DNA와 특이적으로 결합하는 장소가 된다 (**그림 6.2**). 이러한 상호작용은 DNA의 줄기-고리 구조(stem-loop structure)의 형성을 필요로 하지 않음에 주목하라. DNA-결합 단백질은 자주 두 개의 동일한 폴리펩티드 소단위들로 구성되어 있는 동질 이량체로 각각은 특정 구조와 기능을 갖는 단백질 부위인 **도메인(domains)**으로 다시 나누어진다. 각 소단위는 큰 홈에 있는 DNA 부위와 특이적으로 상호작용하는 하나의 도메인을 갖는다. 단백질 이량체가 역반복 서열과 상호작용할 때 각 소단위는 역반복 부위의 한 곳과 결합한다. 따라서 이량체가 전체로서 DNA 가닥 모두와 결합한다 (그림 6.2).

DNA 결합 단백질의 구조

진핵생물뿐만 아니라 세균과 고균의 DNA 결합 단백질은 DNA에 바르게 결합하는 데 중요한 몇 가지 유형의 단백질 도메인을 갖고 있다. 이중에 가장 일반적인 것은 나선-회전-나선 구조(*helix-turn-helix* structure)이다 (**그림 6.3*a***). 이것은 '회전(turn)'을 형성하는 짧은 서열에 의하여 연결된 α-나선 2차 구조를 갖는 폴리펩티드 사슬의 두 조각으로 구성되어 있다. 첫 번째 나선은 DNA와 특이적으로 반응하는 인식나선(*recognition helix*)이다. 두 번째 나선은 안정화 나선(*stabilizing helix*)으로 첫 번째 나선구조와 소수성으로 상호작용하여 첫 번째 나선구조를 안정화시킨다. 두 개의 나선을 연결하는 회전은 세 개의 아미노산 잔기로 구성되어 있으며, 그 중 첫 번째 것은 대표적으로 글리신(glycine)이다. 서열은 단백질의 인식나선과 DNA 상의 염기쌍의 특정 화학기 사이에 형성되는 수소결합과 반 데르 발스(van der Waals) 결합을 포함하는 비공유 상호작용에 의해 인식된다.

세균에 있는 많은 DNA-결합 단백질은 나선-회전-나선 구조를 하고 있다. 여기에는 *Eschericha coli*의 *lac*나 *trp* 억제자와 같은 많은 억제자 단백질 (6.2절 및 그림 6.3 삽입도 참조) 그리고 박테리오파아지 람다 억제자와 같은 세균성 바이러스의 몇몇 단백질 (그림 6.3*b*)이 포함된다. 실제로 이러한 구조를 가진 250개 이상의 단백질들이 *E. coli*에서 전사를 조절하기 위하여 DNA와 결합한다. 두 가지 다른 유형의 단백질 도메인이 DNA-결합 단백질에서 일반적으로 발견된다. 이중 하나는 진핵생물의 조절 단백질에서 자주 발견되는 아연집게(*zinc finger*)로 그 이름이 의미하듯이 아연이온과 결합한다. DNA-결합 단백질에 공통적으로 발견되는 다른 단백질 도메인은 루이신 지퍼(*leucine zipper*)로 규칙적으로 공간 배치된 루이신 잔기를 가지고 있는데 이는 DNA와 결합하기 위해 정확한 방향으로 두 개의 인식나선을 붙잡는 기능을 갖는다.

일단 단백질이 DNA상의 특정 위치에 결합하면 여러 가지 현상들이 생긴다. 어떤 DNA-결합 단백질들은 전사와 같이 DNA 상에서 특정 반응을 촉매하는 효소이다. 그러나 다른 경우에는 결합 결과는 전사를 중단시키거나 [음성조절(*negative regulation*), 6.2절]

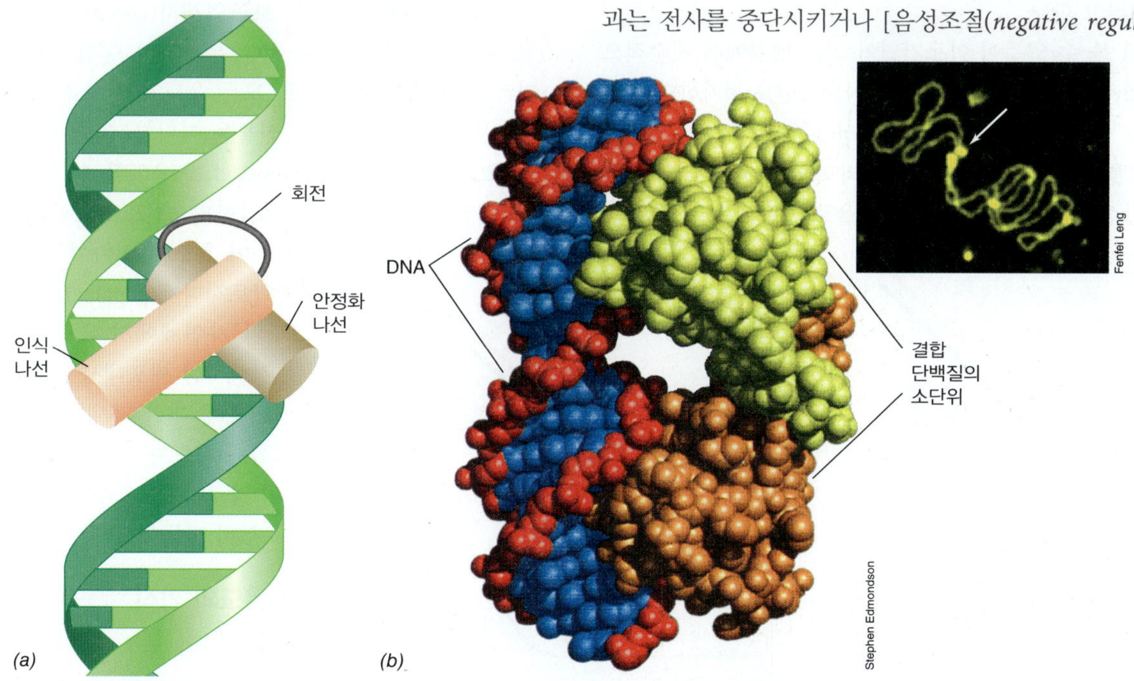

그림 6.3 일부 DNA 결합 단백질의 나선-회전-나선 구조. *(a)* 단일 단백질 소단위 내의 나선-회전-나선 구조의 간단한 모형. *(b)* 작동유전자에 결합한 박테리오파아지 람다 억제자 두 소단위의 컴퓨터 모형. DNA는 붉은색/푸른색이다. 이량체 억제자(dimeric repressor)의 한 소단위는 갈색이며, 다른 하나는 노란색으로 표시하였다. 각 소단위는 나선-회전-나선 구조를 포함한다. 이 이미지를 만들기 위해 사용된 좌표는 Protein Data Base (http://www.rcsb.org)로부터 내려받기(download) 하였다. 삽입물: DNA 분자의 다중 작동자 부위에 결합한 LacI 억제자 단백질 (화살표)의 복사체를 보여주는 원자력 현미경 관찰.

또는 활성화시킬 수 있다 [양성조절(*positive regulation*), 6.3절].

미니퀴즈

- 단백질 도메인(protein domain)은 무엇인가?
- 왜 대부분의 DNA-결합 단백질은 DNA 내에서 어떤 화학 그룹과 특이적인가?

6.2 음성조절: 억제와 유도

전사는 생물정보의 흐름에 있어 첫 번째 단계이다; 이 때문에 이 시점에서 유전자 발현을 조절하는 것은 간단하고 효과적이다. 만일 한 유전자가 다른 것보다 훨씬 높은 빈도로 전사된다면 번역을 위해 사용가능한 mRNA가 훨씬 더 있게 되고 따라서 세포 내에는 훨씬 많은 단백질 산물이 존재할 것이다. 전사 수위에서 유전자 발현을 통제하는 간단한 조절형태인 억제(repression)와 유도(induction)의 과정을 시작하겠다. 여기서는 전사를 막는(*prevent*) 조절인 전사의 **음성조절(negative control)**을 다룬다.

효소 억제와 유도

종종 특정 산물의 합성을 촉매하는 효소들은 그 산물이 배지에 충분히 존재하게 되면 만들어지지 않는다. 예를 들어, *E. coli* 및 많은 다른 세균에서 아미노산인 아르기닌을 합성하는 데 관여하는 효소들은 아르기닌이 배양배지에 존재하지 않을 때만 생성된다; 과량의 아르기닌은 이들 효소의 생성을 억제한다. 이러한 과정을 효소 **억제(repression)**라고 한다.

그림 6.4에서 볼 수 있듯이 아르기닌이 없는 배지에서 지수적으로(exponentially) 생장하고 있는 배양에 아르기닌을 첨가하면 생장은 이전 비율로 계속하지만, 아르기닌 합성을 위한 효소의 생성은 정지된다. 이것을 특이효과(*specific effect*)라고 하며 세포 내의 다른 모든 효소의 합성이 이전과 같이 같은 비율로 계속되는 것에 주목하라. 이것은 한 가지 특정한 억제 사건에 의하여 영향을 받은 효소들은 세포 내에 있는 전체 단백질의 아주 작은 부분만을 차지하기 때문이다. 효소억제는 세균에서 아미노산과 뉴클레오티드 전구물질인 퓨린과 피리미딘의 생산에 필요한 효소들의 합성을 조절하는 수단으로 널리 사용된다. 대부분의 경우에 특정 생합성 경로의 최종산물이 그 경로의 효소들을 억제한다. 이것은 생명체가 불필요한 효소를 합성하는 데 에너지와 영양분을 낭비하지 않도록 보장한다.

효소 **유도(induction)**는 효소 억제와 반대되는 개념이다. 효소 유도에서 효소는 기질(substrate)이 존재(*present*)할 때만 생성된다. 효소 억제는 전형적으로 생합성 (동화) 효소에 영향을 준다. 반면에 효소 유도는 일반적으로 분해 (이화) 효소에 영향을 미친다. 유도를 설명하기 위해서, *E. coli*에 의해 탄소원 및 에너지원으로 젖당(lactose)을 이용하기 위한 효소들은 *lac* 오페론에 의하여 암호화되는 것을 고려하라 (4.2절). **그림 6.5**는 젖당을 포도당과 갈락토오스로 분해하는 효소인 β-galactosidase의 유도를 보여준다. 이 효소는 *E. coli*가 젖당에서 생장하는 데 필요하다. 젖당이 배지에 없으면 이 효소는 생성되지 않지만, 젖당을 배지에 첨가하면 즉시 이 효소의 합성이 시작된다. *lac* 오페론 상의 세 유전자는 β-galactosidase를 포함하여 젖당 첨가와 동시에 유도되는 세 단백질을 암호화한다. 이러한 형태의 조절 기작은 특정 효소가 필요할 때만 합성되도록 보장한다.

유도자와 보조억제자

효소 합성을 유도하는 물질은 유도자(*inducer*)라고 불리며 효소 합성을 억제하는 물질은 보조억제자(*corepressor*)라고 불린다. 이런 물질들은 일반적으로 작은 분자이며, 통합하여 작용자(*effectors*)라고도 한다. 흥미롭게도, 모든 유도자와 보조억제자가 관련 효소의 실제 기질이거나 최종산물은 아니다. 예를 들어, 구조적 유사물은 효소의 기질은 아니지만 효소를 유도할 수 있거나 억제할 수 있다. 예컨데 이소프로필티오갈락티오시드(isopropylthiogalactoside, IPTG)는 이 효소에 의하여 가수분해될 수 없지만 β-갈락토시다제(β-galactosidase)의 유도자이다. 그러나 자연계에서 유도자와 보조억제자는 대개는 정상적인 세포대사 산물이다. *E. coli*에서 젖당의 이용에 대한 자세한 연구는 β-갈락토시다제의 실제 유도자는 젖당이 아니라 젖당의 이성질체인 알로락토오스(allolactose)로 이 물질은 젖당으로부터 만들어진다는 것을 보여준다.

억제와 유도의 기작

어떻게 유도자와 보조억제자가 그런 특이한 방법으로 전사에 영향을 줄 수 있는가? 이들은 특정한 DNA-결합 단백질과 결합하는 것에 의해서 전사에 영향을 주는 간접적인 방식으로 수행한다. 억제할 수 있는 효소의 한 예로, 우리는 아르기닌 오페론을 다룬다 (그림 6.4). **그림 6.6a**는

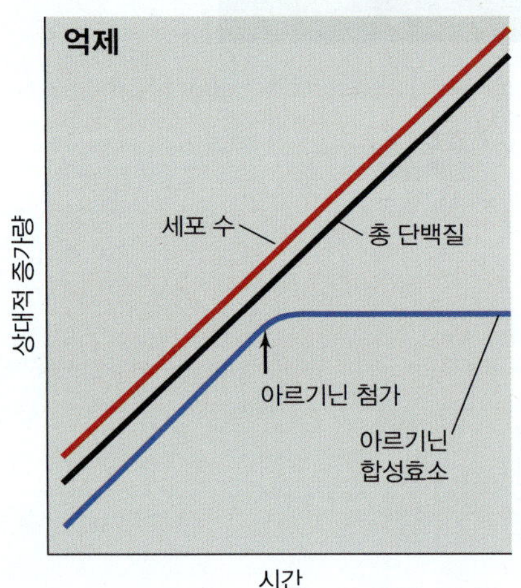

그림 6.4 효소 억제. 생장 배양에서 배지에 아르기닌의 첨가는 아르기닌 합성에 관여하는 효소의 생산을 억제한다. 전체 단백질 합성은 영향을 받지 않는다.

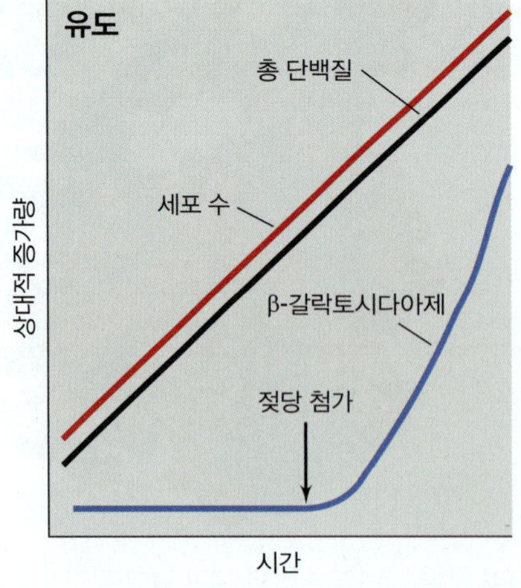

그림 6.5 효소 유도. 세균 생장 배양에서, 배지에 젖당을 첨가하면 효소 β-갈락토시다아제(β-galactosidase)의 합성이 유도된다. 전체 단백질 합성은 영향을 받지 않는다.

세포가 아르기닌을 필요로 할 때 진행되는 아르기닌 유전자의 전사를 보여준다. 그러나 아르기닌이 풍부할 때 아르기닌은 보조억제자로 작용한다. 그림 6.6*b*가 보여주는 것처럼 아르기닌은 세포 내에 존재하는 아르기닌 억제자(*arginine repressor*)라는 특정 **억제자 단백질(repressor protein)**에 결합한다. 억제자 단백질은 **다른자리입체성(allosteric)**이다; 즉 작용자 분자가 결합할 때 그 구조가 변한다 (6.14절).

작용자(effector)와 결합함으로써, 억제 단백질은 활성화되고(*activated*) 이 변형된 억제자 단백질은 작동자(*operator*)라고 하는 유전자 프로모터 부근에 있는 DNA의 특정 부위와 결합할 수 있다. 이런 지역은 **오페론(operon)**이라는 이름이 주어졌는데 이는 연속된 유전자 집단(cluster)의 발현이 하나의 작동자 조절 하에 있게 된다 (4.2절). 한 오페론 내의 유전자들 모두는 하나의 mRNA를 생성하는 단일 단위로 전사된다 (4.2절). 작동자는 mRNA 합성이 시작되는 자리인 프로모터의 하류에 위치해 있다 (그림 6.6). 만약 억제자가 작동자에 결합되어 있으면 RNA 중합효소가 결합할 수도 진행할 수도 없기 때문에 전사는 물리적으로 막히게 된다. 결과적으로 이 유전자들에 의해서 암호화되는 폴리펩티드들은 합성될 수가 없다. 만약 mRNA가 폴리시스트론(polycistron)이면 (4.5절), 이 mRNA에 의해 암호화되는 모든 폴리펩티드는 억제될 것이다.

효소 유도(enzyme induction) 또한 억제자에 의해 조절될 수 있다. 이 경우, 억제자 단백질은 유도자가 없을 경우에 활성화되어(*active*) 전사를 완전히 중단시킨다. 유도자를 넣으면 억제자와 결합하여 그것을 불활성화시키며; 이 과정이 일어날 때 억제는 중단되고 전사는 진행될 수 있다 (**그림 6.7**).

억제자 단백질을 사용하는 모든 조절 체계는 같은 기본 기작을 가지고 있다: 특정 소형 작용 분자의 조절 하에 있는 특정 억제자 단백질의 활성에 의하여 mRNA 합성의 억제(inhibition). 그리고 이미 언급한 바와 같이 억제자의 기능은 전사를 중단하는 것이기 때문에 억제자에 의한 조절을 음성조절(*negative control*)이라고 한다. 알아두어야 할 요점 중의 하나는 유전자는 전등 스위치처럼 완전하게 켜지거나 꺼지지 않는다는 것이다. DNA-결합 단백질은 농도와 친화도에서 다양하며, 따라서 조절은 양적으로 이루어진다. 유전자가 "완전히 억제된 상태(fully repressed)"일 때도 매우 낮은 정도의 기본적 전사가 이루어진다.

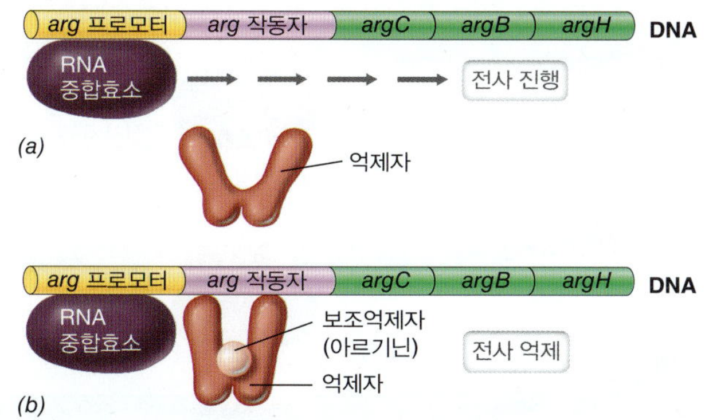

그림 6.6 아르기닌 오페론에서의 효소 억제. *(a)* 억제자는 작동유전자에 결합할 수 없기 때문에 오페론의 전사가 일어난다. *(b)* 보조억제자 (작은 분자)가 억제자와 결합한 후 이 억제자는 작동유전자에 결합하여 전사를 차단한다; mRNA와 이것이 암호화하는 단백질은 만들어지지 않는다. *argCBH* 오페론의 경우, 아미노산 아르기닌이 보조억제자(corepressor)로 아르기닌 억제자(arginine repressor)와 결합한다.

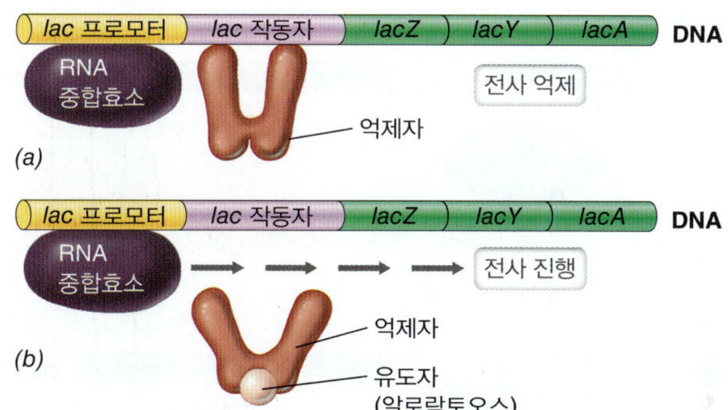

그림 6.7 락토오스 오페론에서의 효소 유도. *(a)* 작동유전자 부위와 결합한 억제자 단백질이 RNA 중합효소의 결합을 차단한다. *(b)* 유도 분자는 억제자와 결합하여 억제자를 불활성화시키고 따라서 억제자는 더 이상 작동유전자에 결합할 수 없다. 이후에 RNA 중합효소가 DNA를 전사하여 이 오페론에 대한 mRNA를 만든다. *lac* 오페론의 경우, 당 알로락토오스(allolactose)가 유도자로 *lac* 억제자와 결합한다.

미니퀴즈

- 음성조절이라고 불리는 이유는 무엇인가?
- 어떻게 억제자는 특정 mRNA 합성을 저해하는가?

6.3 양성조절: 활성화

음성조절은 mRNA 합성을 억제하기 위하여 단백질 (억제자)에 의존한다. 대조적으로 전사의 **양성조절(positive control)**에서 조절 단백질은 활성자(*activator*)로서 RNA 중합효소가 DNA에 결합하는 것을 활성화한다. 양성조절의 예로 *E. coli*에서 볼 수 있는 이당류인 맥아당(maltose) 분해과정을 들 수 있다.

*E. coli*에서 맥아당 이화과정

*E. coli*에서 맥아당의 이화과정 효소들은 배지에 맥아당을 첨가한 후에만 합성된다. 따라서 젖당(lactose) 대신에 맥아당이 유전자 발현을 유도하기 위하여 요구된다는 점을 제외하면 이들 효소의 발현은 그림 6.5에 보여준 β-galactosidase의 양상을 따른다. 그러나 맥아당 분해효소의 합성은 *lac* 오페론에서처럼 음성조절 하에 있는 것이 아니라 양성조절 하에 있다; 전사는 **활성자 단백질(activator protein)**의 DNA 결합을 필요로 한다.

맥아당 활성자 단백질(maltose activator protein)은 먼저 유도자인 맥아당과 결합하지 않고서는 DNA에 결합할 수 없다. 맥아당 활성자 단백질이 DNA에 결합하였을 때에 RNA 중합효소가 전사를 시작하도록 한다 (**그림 6.8**). 억제자 단백질과 마찬가지로 활

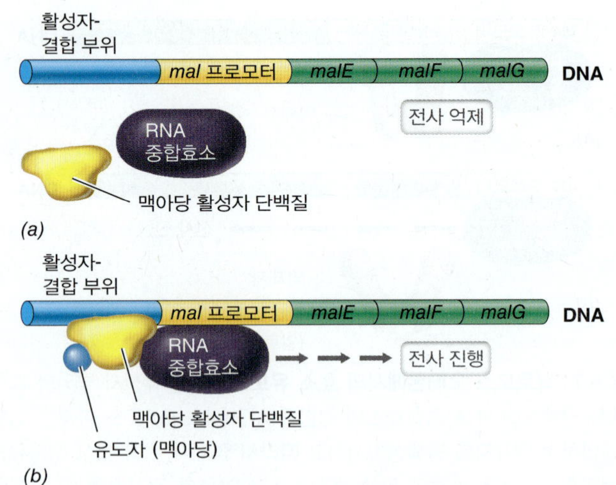

그림 6.8 맥아당 오페론에서 효소 유도의 양성조절. *(a)* 유도자가 없는 경우에는 활성자 단백질이나 RNA 중합효소 어느 것도 DNA에 결합할 수 없다. *(b)* 유도자 분자 (*malEFG* 오페론의 경우에는 맥아당임)는 활성자 단백질 (MalT)과 결합하고, 이어서 활성자-결합 부위에 결합한다. 이는 RNA 중합효소를 프로모터에 결합하도록 하고 전사가 시작된다.

성자 단백질은 특이적으로 DNA상의 어떤 화학 그룹에만 결합한다. 그러나 활성자 단백질이 결합하는 DNA 부위는 작동자라 하지 않고 (그림 6.6 및 그림 6.7), 대신에 활성자-결합 부위(*activator-binding site*)라고 한다 (그림 6.8). 그럼에도 불구하고 이런 활성자-결합 부위에 의해 조절되는 유전자들은 여전히 오페론(*operon*)이라고 부른다.

활성자 단백질의 결합

양성조절이 되는 오페론의 프로모터는 RNA 중합효소와 약하게 결합하고 공통 서열에 잘 일치되지 않는 뉴클레오티드 서열을 갖고 있다 (⇄ 4.5절). 따라서 정확한 시그마(σ) 인자가 있어도 RNA 중합효소는 이들 프로모터들과 결합하는 데 어려움을 겪는다. 활성자 단백질의 역할은 RNA 중합효소가 프로모터를 인식하고 전사를 시작하도록 돕는 것이다. 예를 들어, 활성자 단백질은 DNA를 휘게 하여 DNA 구조상의 변화를 가져오게 할 수 있는데 (**그림 6.9**) 이는 RNA 중합효소가 프로모터 지역의 뉴클레오티드와 필요한 접촉을 만들어서 전사가 시작되도록 허용한다. 대체 방법으로 활성자 단백질은 RNA 중합효소와 직접 상호작용을 할 수도 있다. 이런 작용은 활성자 결합 부위가 프로모터 부위에 인접한 경우나 (**그림 6.10*a***), 프로모터로부터 수백 염기쌍 떨어져 있어 필요한 접촉을 하기 위해서는 DNA 고리화(DNA looping)가 요구되는 상황일 때 일어날 수 있다 (그림 6.10*b*).

E. coli 내의 많은 유전자들은 양성조절 하에 있는 프로모터를 가지고 있으며 음성조절 하에 있는 프로모터를 갖는 유전자도 많다. 여기에 더해서 많은 오페론들은 복합형 조절을 갖는 프로모터를 보유하고 있으며 일부 오페론은 각각 별개의 조절 체계를 갖는 하나 이상의 프로모터를 갖고 있기도 하다. 따라서 위에 요약된 간단한 그림은 모든 오페론에 적용되는 것은 아니다. 복합형 조절의

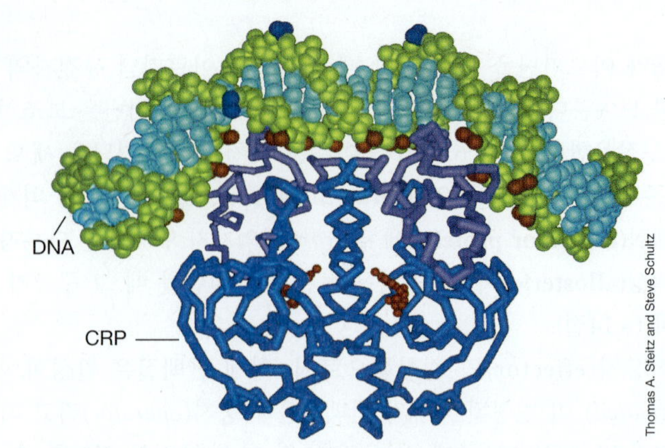

그림 6.9 DNA와 상호작용을 하는 양성조절 단백질의 컴퓨터 모형. 이 모형은 몇 가지 오페론을 조절하는 조절 단백질인 cyclic AMP 수용체 단백질 (CRP)을 보여준다. 이 단백질의 α-탄소골격은 파란색과 보라색으로 그려졌다. 그 단백질은 DNA 이중나선 (녹색 및 파란색 빛)과 결합되어 있다. CRP 단백질이 DNA와의 결합으로 인해 DNA가 휘어지는 것에 주목하라.

특징은 사실상 거의 모든 세균 및 고균의 오페론에서 흔한 것이며 따라서 그들의 전반적인 조절은 여러 상호작용들로 이루어진 하나의 네트워크를 필요로 할 수도 있다.

오페론 대 레귤론

*E. coli*에서 맥아당을 이용하는 데 필요한 유전자들은 여러 개의 오페론으로 염색체상에서 분산되어 있는데, 각각의 오페론은 맥아당 활성자 단백질의 사본이 결합할 수 있는 활성자-결합 부위를 가지고 있다 (**그림 6.11**). 따라서 맥아당 활성자 단백질은 실질적으로는 하나 이상의 오페론의 전사를 조절한다. 하나 이상의 오페론들이 하나의 조절 단백질에 의해 조절될 때, 이들 오페론들을 통틀어 하나의 **레귤론(regulon)**이라고 한다. 따라서 맥아당을 이용하는 데 필요한 효소들은 맥아당 레귤론(maltose regulon)에 의해 암호화된다.

레귤론은 음성조절되는 오페론들에서도 잘 알려져 있다. 예를 들어, 아르니긴 생합성효소 (6.2절)들은 아르기닌 레귤론(arginine

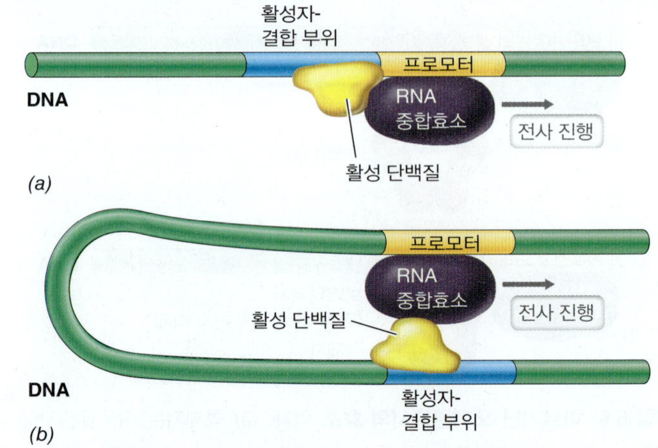

그림 6.10 RNA 중합효소와 상호작용하는 활성자 단백질. *(a)* 활성자-결합 부위가 프로모터에 인접해 있다. *(b)* 활성자-결합 부위가 프로모터로부터 수백 염기쌍이 떨어진 곳에 있다. 이 경우에 DNA는 활성자와 RNA 중합효소가 서로 접촉할 수 있도록 휘어져야만 한다.

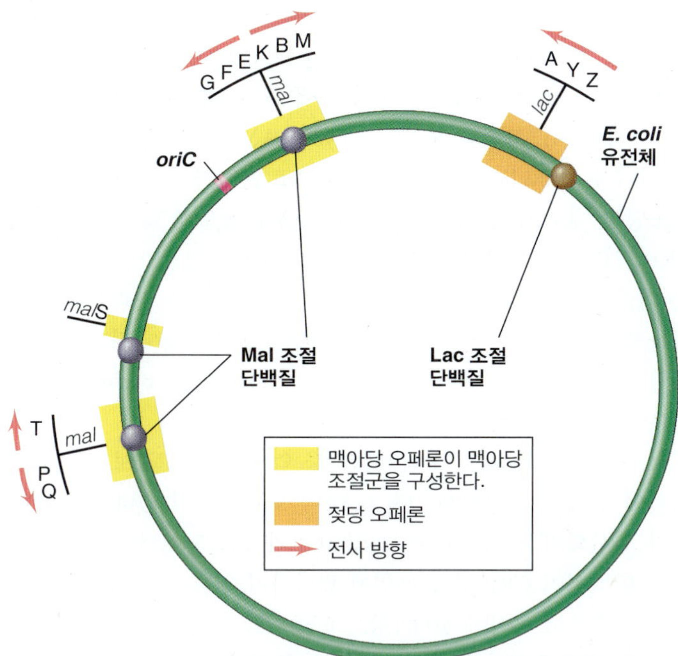

그림 6.11 ***Escherichia coli*의 맥아당 레귤론.** 맥아당 이용에 필요한 유전자들과 오페론 (*mal*)은 *E. coli* 유전체 전체에 걸쳐 퍼져 있으며 같은 맥아당 조절 단백질에 의하여 조절된다. Lac 억제자 단백질은 염색체의 한부위에만 위치해있는 *lac* 오페론에만 결합하는 반면에, Mal 억제 단백질은 여러 개의 오페론 (*mal* 레귤론)에 결합하는 것에 주목하라.

regulon)에 의해 암호화되는데, 이 오페론들은 모두 아르기닌 억제자 단백질에 의해 조절된다 (단지 아르기닌 오페론 중의 하나만이 그림 6.6에 나타나 있음). 레귤론 조절에서 특정 DNA-결합 단백질은 활성자로서 기능을 나타내든 억제자로서 기능을 나타내든 간에 활성자나 억제제가 조절하는 오페론들에서만 결합하며, 다른 오페론들은 영향을 받지 않는다.

미니퀴즈

- 활성자 단백질(activator protein)과 억제자 단백질(repressor protein)의 활성을 비교하고 대조하라.
- 오페론(operon)과 레귤론(regulon)의 차이점을 설명하라.

6.4 광범위 조절과 *lac* 오페론

생물은 환경의 변화에 반응하기 위하여 종종 많은 비관련 유전자들을 동시에 조절할 필요가 있다. 많은 다른 유전자들의 발현을 조절하여 환경신호에 반응하는 조절기작을 광범위 조절계(*global control system*)라고 부른다. 락토오스 오페론(lactose operon)과 맥아당 레귤론은 6.2절과 6.3절에서 언급한 그들 자신의 특정 조절 외에도 광범위 조절에 반응한다. 따라서 *lac* 오페론으로 다시 돌아가 하나 이상의 당이 주어졌을 때 세포가 어떻게 반응하지를 살펴봄으로써 광범위 조절에 대해 먼저 생각해 보겠다.

분해대사물 억제

우리는 세균이 사용가능한 여러 가지 다른 탄소원에 노출되어 있을 수 있을 가능성에 대해 아직 고려해 본 적이 없다. 예를 들어, *E. coli*는 많은 다른 영양분을 이용할 수 있다. 포도당을 비롯한 여러 당이 있을 때 *E. coli* 세포들은 그들을 동시에 이용하는가 아니면 한 번에 하나를 이용하는가? 그 답은 포도당이 항상 먼저 이용된다는 것이다. 포도당이 이용가능하다면 다른 당을 사용하기 위한 효소를 유도하는 것은 낭비인데 이는 *E. coli*가 다른 탄소원에서 보다 포도당에서 더 빠르게 생장하기 때문이다. **분해대사물 억제(catabolite repression)**는 만약 하나 이상의 탄소원이 존재할 경우 이것들의 이용을 조절하는 광범위 조절의 한 기작이다.

E. coli 세포가 포도당을 포함하는 배지에서 생장할 때, 비록 다른 탄소원이 존재한다 할지라도 (젖당이나 맥아당과 같은) 다른 탄소원을 분해하는 데 필요한 효소의 합성은 억제된다. 따라서 좋아하는 탄소원의 존재는 다른 탄소원을 분해하는 경로의 유도를 억제한다. 분해사물 억제는 때때로 "포도당 효과(glucose effect)"라고 불리는데 포도당이 이런 반응의 원인이 되는 첫 번째 물질이었기 때문이다. 그러나 분해대사물 억제가 항상 포도당과 연결되어 있는 것은 아니다; 중요한 점은 선호하는 물질이 다른 이용 가능한 탄소원보다 더 나은 탄소원이며 에너지원이라는 것이다. 따라서 분해대사물 억제는 생물들이 최고의(*best*) 탄소원이나 에너지원을 우선 이용하도록 보장한다.

왜 분해대사물 억제를 광범위(*global*) 조절이라 하는가? 포도당이 최고의 에너지원으로 쓰이는 *E. coli*와 다른 생물에서 분해대사물 억제는 포도당이 존재하는 한 대부분의 다른 분해 오페론의 발현을 억제한다. 젖당, 맥아당, 다른 수많은 당들에 대한 오페론은 물론 *E. coli*에서 가장 흔하게 쓰이는 탄소원 및 에너지원들에 대한 오페론을 포함하여 수십 개의 분해 오페론이 영향을 받는다. 게다가, 편모 합성에 관련된 유전자들도 분해대사물 억제에 의해 조절되는데, 이는 만약 세균이 이용할 수 있는 좋은 탄소원이 있다면, 영양분을 찾아서 주위로 수영할 필요가 없기 때문이다.

분해대사물 억제의 결과는 이원적 생장(*diauxic growth*)이라 불리는 현상인 두 개의 지수적 생장단계를 일어나게 한다. 만약 두 개의 이용할 수 있는 에너지원이 있다면, 세포는 먼저 더 나은 에너지원을 이용한다. 더 나은 에너지원이 고갈되었을 때 생장은 멈추지만 이어서 유도기가 따라오고 다른 에너지원에서 생장이 재개된다. 포도당과 젖당의 혼합물에서 생장하는 *E. coli*를 나타내는 이원적 생장이 **그림 6.12**에 그려져 있다. 세포는 젖당보다는 포도당에서 더 빠르게 생장한다. 포도당과 젖당 모두 *E. coli*에게는 아주 좋은 에너지원이지만 포도당이 더 우수하며 생장이 더 빠르게 이루어진다.

효소 β-galactosidase를 포함하는 *lac* 오페론 단백질들은 젖당을 이용하는 데 필요하며 젖당이 존재할 때 유도된다 (그림 6.5 및 그림 6.7). 그러나 이들 단백질의 합성은 분해대사물 억제에 해당된다. 포도당이 존재하는 한 *lac* 오페론은 발현되지 않고 젖당은 이용되지 않는다. 그러나 포도당이 모두 소모되면 분해대사물 억제는 폐기되고, *lac* 오페론이 발현된다; 잠시 후에 세포는 젖당에서 생장을 시작한다.

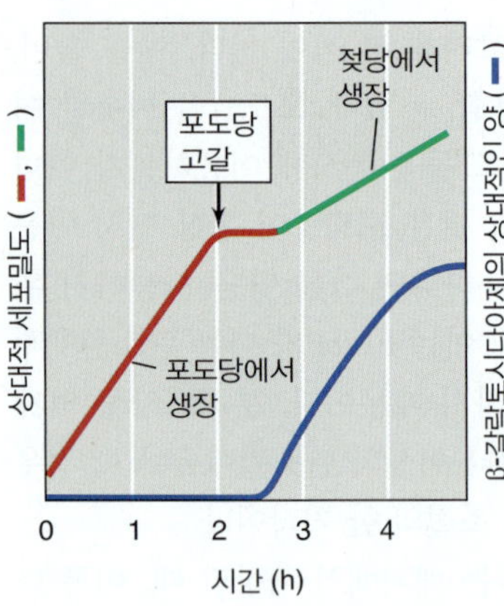

그림 6.12 포도당과 젖당의 혼합물에서 *Escherichia coli*의 이원적 생장. 포도당의 존재는 젖당을 포도당과 갈락토오스로 분해하는 효소인 β-갈락토시다아제(β-galactosidase)의 합성을 억제한다. 포도당이 고갈된 후 β-갈락토시다아제가 합성될 때까지 유도기가 나타난다. 이후에 생장은 젖당으로 재개되는데 녹색 선으로 나타낸 것처럼 속도는 더 늦어진다.

Cyclic AMP와 Cyclic AMP 수용체 단백질

그 명칭에도 불구하고 분해대사물 억제는 활성자 단백질에 의하여 조절되며 실제로 양성조절의 한 형태이다 (6.3절). 활성자 단백질은 cyclic AMP 수용체 단백질(*cyclic AMP receptor protein, CRP*)이라고 불린다. 분해대사물-억제 효소를 암호화하는 유전자는 CRP 단백질이 프러모터 부위의 DNA와 결합할 때만 발현된다. 이는 RNA 중합효소가 프로모터에 결합할 수 있도록 해준다. CRP는 다른자리 입체성 단백질로서, *cyclic adenosine monophosphate* (*cyclic AMP* 혹은 *cAMP*)라고 하는 작은 분자와 먼저 결합해야만 DNA와 결합한다 (**그림 6.13**). 대부분의 DNA-결합 단백질과 마찬가지로 (6.1절), CRP는 이량체로 DNA와 결합한다.

Cyclic AMP는 원핵세포 및 진핵세포 모두의 세포에서 많은 대사 조절 체계에서 중요한 분자이다. 이것은 핵산 전구체로부터 유도되기 때문에 **조절 뉴클레오티드(regulatory nucleotide)**이다. 다른 조절 뉴클레오티드들에는 cyclic guanosine monophosphate (cyclic GMP; 진핵세포에서 가장 중요), cyclic di-GMP (생물막 형성에 중요, 7.9절), 그리고 구아노신 4인산 (guanosine tetraphosphate, ppGpp; stringent 반응에 중요, 6.9절) 등이 있다. Cyclic AMP는 *adenylate cyclase*라는 효소에 의해 ATP로부터 만들어진다 (그림 6.13). 그러나 포도당은 cyclic AMP의 합성을 저해할 뿐만 아니라 이 cyclic AMP를 세포 밖으로 운반하는 것을 촉진한다. 포도당이 세포 내로 들어가면 cyclic AMP 농도가 낮아지게 되고, CRP는 DNA와 결합할 수 없게 되어 RNA 중합효소는 분해대사물 의존적인 오페론의 프로모터에 결합하지 못한다. 따라서 분해대사물 억제는 더 우수한 에너지원 (포도당)의 존재를 나타나는 간접적인 결과이다; 분해대사물 억제의 직접적인 원인은 cyclic AMP의 낮은 농도이다.

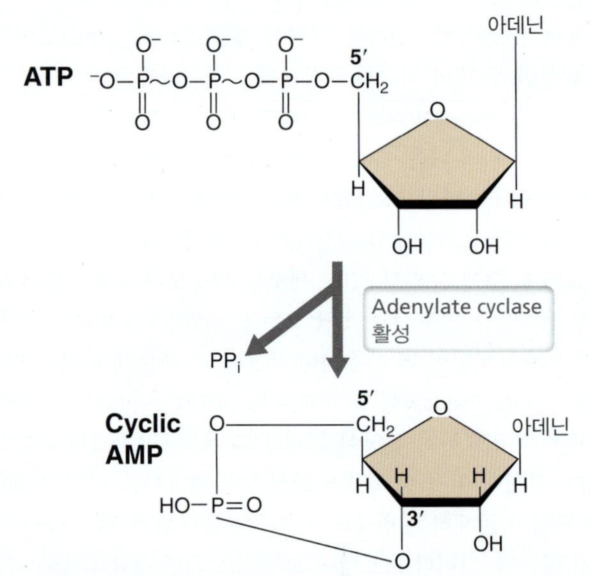

그림 6.13 Cyclic AMP. Cyclic adenosine monophosphate (cyclic AMP)는 효소 adenyl cyclase에 의해 ATP로부터 생성된다.

lac 오페론으로 돌아가 분해대사물 억제를 포함해 보자. *lac* 오페론의 전체 조절영역은 **그림 6.14**에 도식화되어 있다. *lac* 유전자가 전사되기 위해서는 두 개의 요소가 충족되어야만 한다: (1) CRP 단백질이 CRP-결합 부위에 결합하기 위하여 cyclic AMP의 농도가 충분히 높아야 한다 (양성조절), (2) 젖당 억제자 (LacI 단백질)가 작동유전자에 결합하여 전사를 방해하지 못하도록 젖당 또는 다른 적당한 유도자가 존재해야 한다 (음성조절). 이 두 조건이 충족되었을 때 세포에는 포도당이 없고 젖당은 존재한다는 신호를 받게 되고 그때 *lac* 오페론의 전사는 시작된다.

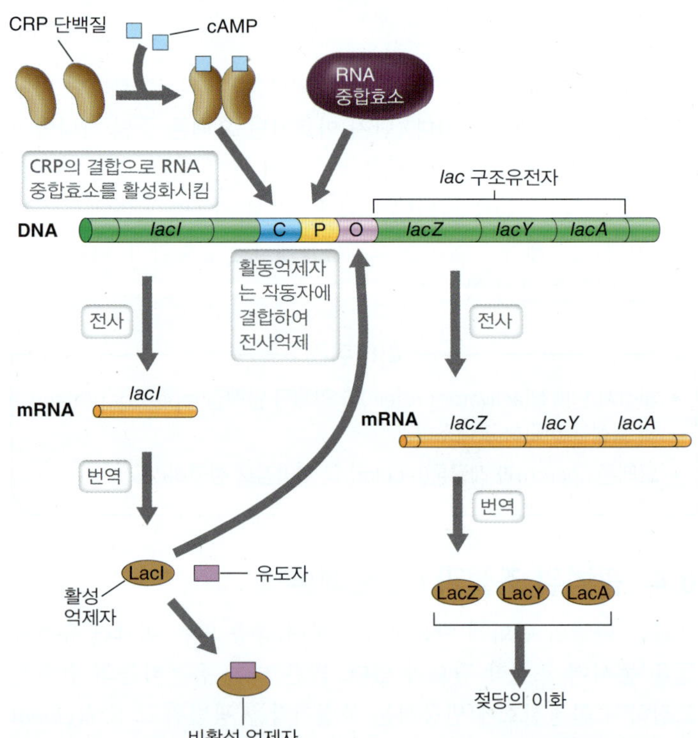

그림 6.14 젖당 오페론의 총합적 조절. *lac* 오페론은 β-galactosidase를 암호화하는 *lacZ*, 젖당 permease를 암호화하는 *lacY*, 젖당 aetylase를 암호화하는 *lacA*로 구성된다. LacI 억제자 단백질은 분리된 유전자인 *lacI*에 의해서 암호화된다. LacI는 유도자가 없으면 작동유전자 (O)에 결합한다. CRP는 cAMP에 의해서 활성화될 때 C 부위에 결합하고 RNA 중합효소가 프로모터 (P)에 결합하도록 유도한다. RNA 중합효소에 의해 *lac* 오페론이 전사되기 위해서는 LacI 억제자가 없어야 하고 (즉, 유도자가 존재해야만 함), cAMP는 양은 높아야만 하고 (포도당의 부재 때문에), CRP가 결합해야 한다

단원 2

미니퀴즈

- 어떻게 분해대사물 억제가 활성자 단백질에 의존하는지를 설명하라.
- cyclic AMP는 포도당 조절에서 어떤 역할을 하는가?
- *lac* 오페론이 어떻게 양성이나 음성적으로 조절되는지에 대하여 설명하라.

6.5 고균의 전사 조절

RNA 중합효소의 활성을 조절하는 두 가지 대체 방법이 있다. 한 전략은 세균에서 흔히 볼 수 있는 것으로 DNA-결합 단백질을 사용하여 RNA 중합효소 활성을 억제하거나 (억제자 단백질) RNA 중합효소 활성을 촉진시킨다 (활성자 단백질). 진핵세포에서 흔하게 사용되는 대체 방법은 RNA 중합효소와 상호작용하는 전사인자(*transcription factors*)로 알려진 수많은 DNA-결합 단백질들과 조율하는 것이다. 고균과 진핵생물의 전사 기작 사이에 전체적으로 큰 유사성에도 불구하고 (4.6절), 놀랍게도 고균에서 전사의 조절은 세균의 것과 더 밀접한 유사성을 보여준다.

고균의 억제자(repressor) 혹은 활성자(activator) 단백질의 특성이 자세하게 밝혀진 것은 것의 없지만 두 가지 형태의 조절 단백질이 존재하는 것은 분명하다. 고균의 억제자 단백질은 RNA 중합효소 자체의 결합을 차단하거나 RNA 중합효소가 고균 프로모터에 결합하는 데 필요한 단백질인 TBP (TATA-binding protein)와 TFB (transcription factor B)의 결합을 차단한다 (4.6절). 적어도 몇몇 고균 활성자 단백질은 TBP를 프로모터에 끌어드려서 전사를 촉진하는 아주 상반된 방식으로 그 기능하기도 한다.

고균의 질소 동화 조절

고균 억제자의 좋은 예는 메탄생성균인 *Methanococcus maripaludis* (17.2절)에서 유래된 NrpR 단백질이다. NrpR은 질소고정이나 아미노산인 글루타민 합성 유전자들과 같이 질소 동화 기능 (**그림 6.15**)을 암호화하는데 관련된 유전자들을 억제한다. *M. maripaludis* 세포 내에 유기질소가 풍부할 때 NrpR은 질소고정 유전자들을 억제한다. 그러나 만약 질소의 수위가 한계에 도달하면, α-케토글루타르산염(α-ketoglutarate)이 다량 축적된다. 이러한 현상은 질소동화 과정에서 시트르산 회로(citric acid cycle)의 중간체인 α-케토글루타르산염이 또한 질소 동화 중에 암모니아의 주요 수용체이기 때문에 나타난다 (3.14절).

α-케토글루타르산염의 양이 증가할 때, 이것은 암모니아가 한계에 달했으며 질소고정 또는 고친화성 질소 동화효소인 글루타민 합성효소(glutamine synthetase)와 같이 암모니아를 획득하기 위해 부가적인 방법이 활성화될 필요가 있는 신호를 준다. α-케토글루타르산염의 양적 증가는 NrpR 단백질과 결합하여 유도자로서 기능을 나타낸다. 이 상태에서 NrpR는 표적유전자의 프로모터 부위에 대한 친화성을 잃고 프로모터로부터 더 이상 전사를 억제하지 못한다. 이런 점에서 NrpR 단백질은 LacI 억제자 및 세균의 유사 기능을 하는 단백질과 비슷하다 (6.2절 및 그림 6.7).

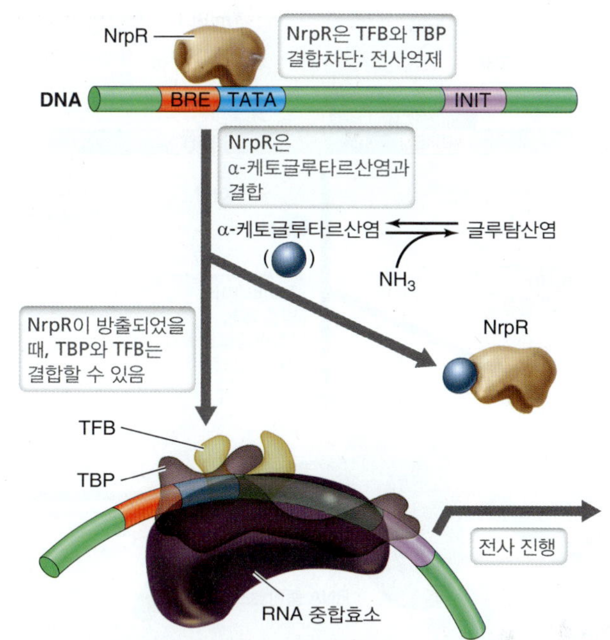

그림 6.15 고균에서 질소대사 유전자의 억제. *Methanococcus maripaludis*의 NrpR 단백질은 억제자로서 작용한다. 그것은 프로모터 인식에 필요한 TFB 및 TBP 단백질이 각각 BRE (B recognition element) 부위와 TATA 박스에 결합하는 것을 차단한다. 만약 암모니아가 부족하면, α-케토글루타르산염(α-ketoglutarate)은 글루탐산염(glutamate)으로 전환되지 않는다. α-케토글루타르산염은 축적되어 NrpR과 결합하게 되어 DNA로부터 NrpR을 방출한다. 여기서 TBP와 TFB는 결합할 수 있게 된다. 이것은 RNA 중합효소가 오페론에 결합하고 전사하도록 한다.

고균의 2-방향 전사 조절자

TrmB 계열과 같은 일부 고균 조절자들은 2중 기능(*dual functionality*)을 가지고 있으며 억제자와 활성자로서 모두 행동한다. 고균에서 전자 조절자의 TrmB 계열은 광범위하게 존재하는데 250개 이상의 단백질이 확인되었다. TrmB 계열의 단백질들은 일차적으로 당의 대사를 조절하는데 억제자, 활성자 혹은 두 가지 모두로 기능할 수가 있다. 다른자리 입체성 조절자(allosteric regulator)의 활성은 DNA 결합 부위에 달려 있다. 포도당 수송체는 가지고 있지 않지만 해당작용(glycosis)은 수행할 수 있는 과호열성생명체(hyperthermophile)인 *Pyrococcus furiosus*에서 TrmBL1은 이 생물에 존재하는 다른 당의 수송 체계를 위한 유전자들의 억제자 및 포도당 합성을 하는 포도당신합성(gluconeogenesis) 유전자들의 활성자로 동시에 기능을 할 수가 있다.

억제자로서 TrmBL1은 말토덱스트린(maltodextrin) 및 맥아당/트레할로스(maltose/trehalose) 흡수 유전자들의 BRE (B recognition element, B 인식 요소)/TATA 결합 부위의 하류(*down stream*)에 있는 DNA 서열에 결합한다 (**그림 6.16*a***). 이 결합은 이 부위에 RNA 중합효소를 끌어오는 것을 차단하여 유전자 발현을 억제한다. 만일 세포 조건이 변화하고 유도자 분자들인 맥아당, 말토트리오스(maltotriose) 혹은 과당(fructose)이 존재하면 이것들이 TrmBL1에 결합하여 다른자리 입체성 변형이 결과로 나타나고 불

단원 2

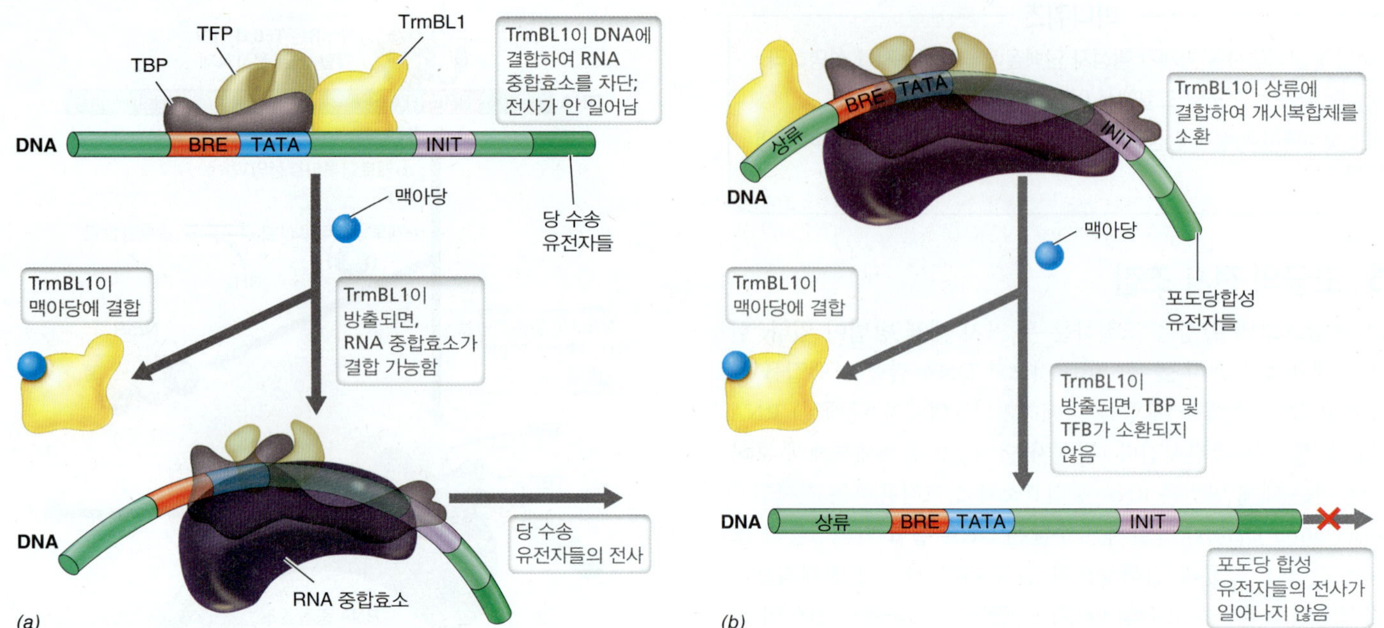

그림 6.16 ***Pyrococcus furious*** **TrmBL1 조절자의 이중 기능.** *Pyrococcus furious*는 최적 생장 온도가 100°C로 *Euryarchaeota*의 초호열성(hyperthermophilic) 종이다 (17.4절). *(a)* TrmBL1 단백질은 당분 흡수 유전자들의 억제자로 행동한다. 이것은 TATA 상자의 아래쪽(downstream) DNA에 결합하여 RNA 중합효소의 결합을 차단한다. TrmBL1에 맥아당 (혹은 다른 유도자)의 결합은 DNA로부터 조절자가 방출되는 결과를 갖는다. 여기서 RNA 중합효소는 당분 흡수 유전자에 결합하여 전사를 할 수 있다. *(b)* TrmBL1 단백질은 포도당 합성 유전자들의 활성자로 행동한다. 이것은 프로모터 지역의 상류(upstream) 서열에 결합하여 RNA 중합효소 복합체를 오도록 한다. 이는 포도당 합성 유전자들이 전사되는 결과가 된다. 맥아당의 존재는 TrmBL1이 DNA로부터 방출되는 결과가 된다. DNA에 결합한 TrmBL1이 없으면 TBP 및 TFB가 소집되지 못하고 포도당 합성 유전자들이 전사되지 않는다.

활성화된 억제자는 더 이상 DNA에 결합할 수가 없다. TrmBL1이 DNA에 붙지 않으면 RNA 중합효소가 프로모터 부위에 결합할 수가 있고 당 수송체 유전자들의 억제가 해소된다 (그림 6.16*a*).

반면에 TrmBL1은 포도당 생합성을 위한 유전자들과 연관되어서는 활성자 단백질로 기능을 할 수가 있는데 떨어진 다른 DNA 서열에 결합한다. 이 조절 부위는 TrmBL1이 억제자로 결합하였던 곳과 다르게 BRE/TATA 결합 부위의 상류(*upstream*)에 위치한다 (그림 6.16*b*). TrmBL1이 이 DNA 서열에 결합하는 것은 고균 전사 개시 복합체 (TBP, TFB 및 RNA 중합효소, 4.6절)를 모집하는 데 도움을 주어 유전자 발현을 활성화한다. 그러나 억제자로서의 역할과 동일한 방식으로 작용자 분자인 맥아당, 말토트리오스 혹은 과당이 존재하면 다른자리 입체성 활성자인 TrmBL1은 DNA에 결합하지 않을 것이다. BRE/TATA 서열의 상류(upstream)에 TrmBL1의 결합이 없고 전사의 활성화가 없이는 포도당 합성을 위해 필요한 유전자들의 전사를 위해서 RNA 중합효소와 다른 필요한 개시인자들이 소집될 수가 없다. 이런 2중 기능 통제의 이유는 에너지 보존과 관련이 있다. 즉, 에너지학의 관점에서 이런 조절의 형태는 해당작용 회로에 이용될 수 있는 다른 당이 세포 내에 존재할 때에 포도당신합성 회로의 발현을 억제한다.

*P. furiosus*의 SurR 단백질은 프로모터 지역 내에서 결합하는 부위의 위치에 따라서 활성자 및 억제자 모두로 기능하는 조절 단백질의 또 다른 예이다. SurR은 황화수소(H_2S)를 생산하는 혐기 호흡의 한 형태인 H_2를 생산하는 발효부터 원소 황(S^0) 환원까지 *P. furiosus*의 대사전이(catabolic shift)를 조절한다 (3.12 및 14.14절). 황(S^0)이 없을 때 SurR은 수소화효소(hydrogenase) 생산에 필요한 유전자들을 활성화하는 조절 부위에 결합하여 *P. furiosus*가 발효에 의해서 생장할 수 있게 한다. 동시에 SurR은 황의 대사에 관련된 단백질을 암호화하는 유전자들의 전사를 억제하는 억제자로서 기능을 나타낸다. 그러나 S^0이 존재하면 SurR은 더 이상 DNA에 결합할 수 없다. 이렇게 DNA에 결합하지 못하는 것은 SurR 단백질에 결합한 작용자(effector)의 결과가 아니라 이 조절 단백질의 DNA-결합 부위 내 시스테인 잔기의 산화로 인해 이 단백질이 DNA로부터 방출되는 데 기인한다. 조절 부위로부터 SurR의 방출은 S^0 대사에 관련된 유전자의 발현을 촉진하며 *P. furiosus*가 발효에 추가로 필요로 하는 수소화효소를 암호화하는 수소화효소 유전자들의 발현을 억제한다.

미니퀴즈

- 고균과 진핵세포에서 전사 조절의 주요 차이점은 무엇인가?
- 고균의 전사 활성자들은 세균의 것들과 기작에서 어떤 차이가 있는가?
- *Pyrococcus furiosus* TrmBL1은 전사 조절에서 어떻게 활성자와 억제자 모두로 활동을 하는지 설명하라.

II • 감지 및 신호전달

원핵세포는 온도, pH, 산소 및 영양분 이용도 등의 변화, 그리고 심지어는 존재하는 다른 세포 수의 변화를 포함한 매우 다양한 환경의 변화에 반응하여 세포대사를 조절한다. 이를 위하여 세포가 환경으로부터 신호를 받아서 조절이 필요한 특정 표적으로 이를 전달하는 기작이 존재한다. 이런 신호들의 일부는 작은 분자들로 세포로 들어가 작용자(effector)로도 기능을 나타낸다. 그러나 많은 경우에 외부 신호가 조절 단백질로 직접 전달되지는 않고, 그 대신에 표면 감지 체계에 의해서 탐지되어 조절 장치의 나머지 부분에 신호로 전달되는데 이 과정을 **신호전달(signal transduction)**이라고 한다.

6.6 두-요소 조절 체계

대부분의 신호전달체계는 두 부분으로 구성되어 있어 **두-요소 조절 체계(two-component regulatory system)**라고 한다. 특징적으로, 이 체계는 대부분 세포막에 위치하는 특정 **감지 키나아제 단백질(sensor kinase protein)**과 세포질에 존재하는 **반응 조절 단백질(response regulator protein)**로 구성된다.

키나아제(kinase)는 화합물을 인산화시키는 효소로서 전형적으로 ATP로부터 유래된 인산을 사용한다. 감지 카나아제는 환경으로부터 온 신호를 인지하고 단백질 상의 특정 히스티딘 잔기에서 그들 자신을 인산화시킨다 [자가인산화(*autophosphorylation*)라고 불리는 과정] (**그림 6.17**). 따라서 감지 키나아제는 히스티딘 키나아제(*histidine kinase*)라고도 불리는 효소 군에 포함된다. 이후에 인산은 감지기로부터 세포 내의 다른 단백질, 즉 반응조절자에 전달된다. 반응조절자는 양성 방식이나 음성조절 방식으로 전사를 조절하는 전형적인 DNA-결합 단백질이다. 그림 6.17에 보인 예에서 조절은 음성적이다; 인산화된 반응조절자는 DNA에 결합하는 억제자로서 기능을 하며 따라서 전사를 억제한다. 탈인산화가 되면 반응조절자는 방출되고 전사가 허용된다.

바르게 작동되는 균형 잡힌 조절 체계를 위해서는 되먹임 고리(*feedback loop*), 즉 조절순환을 완전하게 하여 반응을 종결시키는 방식을 갖고 있어야만 한다. 이는 또 다른 순환을 위해 그 체계를 재구축한다. 이 되먹임 고리는 반응조절자로부터 일정한 비율로 인산기를 제거하는 효소인 탈인산화효소(*phosphatase*)를 이용한다. 일부 경우에는 별도의 단백질을 필요로 하지만 반응조절자는 자주 그 스스로 이 반응을 촉매한다 (그림 6.17). 탈인산화효소 활성은 전형적으로 인산화보다 느리다. 그러나 감소된 감지 키나아제 활성

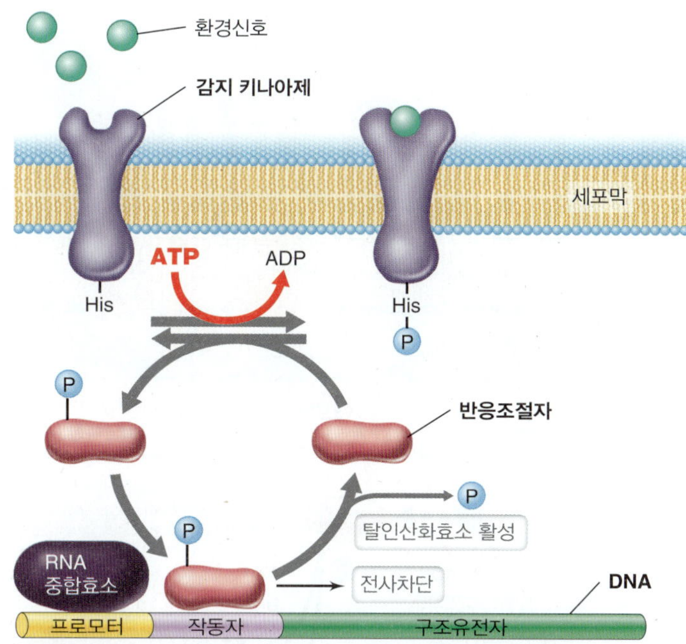

그림 6.17 두-요소 조절 체계에 의한 유전자 발현의 조절. 첫째 요소는 세포막에 위치한 감지 키나아제로서 환경 신호에 대한 반응으로 자신을 인산화한다. 그리고 인산기는 두 번째 요소인 반응조절자에 전달된다. 이 반응조절자의 인산화형은 DNA에 결합한다. 그림에 나타난 체계에서 인산화된 반응조절자는 억제 단백질이다. 반응조절자의 탈인산화효소(phosphatase) 활성은 반응조절자로부터 서서히 인산을 방출하고 이 체계를 재가동한다.

때문에 인산화가 멈추면 탈인산화효소 활성은 결국 반응조절자를 완전히 비인산화된 상태로 돌려놓게 되고 그 체계는 재구축된다.

두-요소 조절 체계의 예

두-요소 체계는 많은 다른 세균들에서 수많은 유전자를 조절한다. 흥미롭게도 두-요소 체계는 고균과 고등생물의 기생생물로 살아가는 세균에서는 아주 드물거나 없다. 두-요소 체계의 몇몇 주요한 예로는 인산 제한, 질소 제한, 그리고 삼투압에 대한 반응하는 것들이 있다.

*E. coli*에서는 거의 50가지의 다른 두-요소 체계가 존재하며 몇몇은 **표 6.1**에 나타나 있다. 한 예로, 환경의 삼투압은 *E. coli* 세포 외막에 있는 단백질인 OmpC 또는 OmpF의 상대적 수위를 조절한다. OmpC와 OmpF는 포린(*porin*)으로 대사물질이 그람-음성

표 6.1 *Escherichia coli*에서 전사를 조절하는 두-요소 체계의 예

체계	환경신호	감지 키나아제	반응조절자	반응조절자의 1차 활성[a]
Arc 체계	산소	ArcB	ArcA	억제자/활성자
질산염과 아질산염 호흡 (Nar)	질산과 아질산	NarX NarQ	NarL NarP	활성자/억제자 활성자/억제자
질소 이용 (Ntr)	유기질소 결핍	NRII (= GlnL)	NRI (= GlnG)	RpoN/σ^{54}를 요구하는 프로모터 활성자
Pho 레귤론	무기인산	PhoR	PhoB	활성자/억제자
포린	조절삼투압	EnvZ	OmpR	활성자/억제자

[a]여러 반응 조절 단백질들이 조절되는 유전자에 따라 활성자나 억제자로 작용한다는 점에 주목하라. 비록 ArcA는 활성자나 억제자로서 기능을 나타낼 수 있지만, 그것이 조절하는 대부분의 오페론에서 억제자로서 역할을 수행함.

단원 2

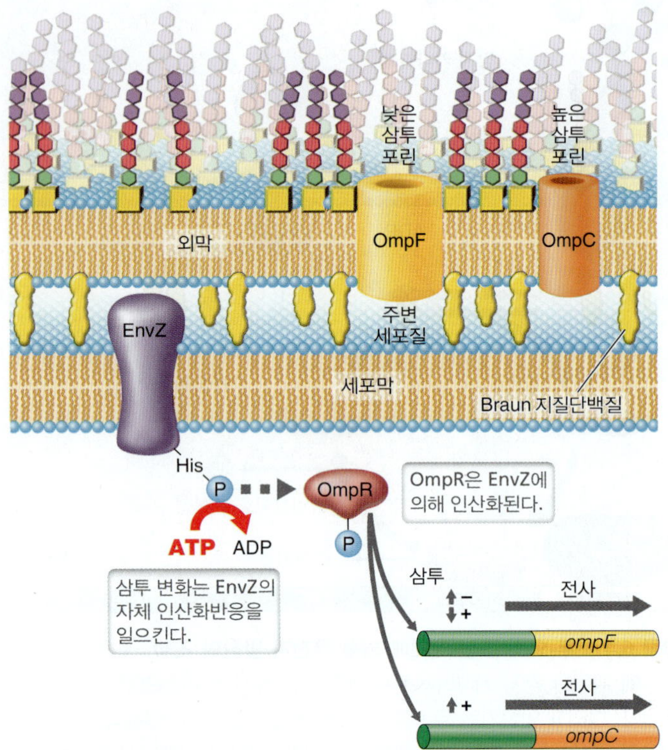

그림 6.18 ***Escherichia coli*에서 외막 단백질의 조절.** 세포막의 히스티딘 EnvZ는 삼투압 변화 조건 하에서 스스로 자체 인산화되며 인산화에 의해 전사 조절자 OmpR을 활성화한다. OmpR-P는 *ompF* 유전자의 상류에 결합하며 낮은 삼투압 하에서 전사를 활성화하지만, 역으로 높은 삼투압 하에서는 *ompF*의 전사를 억제한다. OmpR-P만이 높은 삼투 조건 하에서 *ompC* 유전자의 전사를 활성화한다.

세균의 외막을 통과하도록 해주는 단백질이다 (2.5절). 만약 삼투압이 낮으면 큰 구멍을 갖는 포린 단백질인 OmpF의 합성이 증가된다; 만약 삼투압이 높으면 더 작은 구멍을 갖는 포린 단백질인 OmpC가 대량으로 합성된다.

세포막 내의 감지 히스티딘 키나아제인 EnvZ는 삼투압의 변화를 탐지한다. 어떠한 전이가 일어났을 때 EnvZ는 스스로 자체인산화하고 그 인산기를 이 체계의 반응조절자인 OmpR에 전달한다 (**그림 6.18**). 낮은 삼투압 조건에서 인산화된 OmpR(OmpR-P)는 *ompF* 유전자의 전사를 활성화 한다. 반대로, 삼투압이 높을 때 OmpR-P는 *ompF* 유전자의 전사를 억제하고 대신에 *ompC* 유전자의 전사를 활성화시킨다 (그림 6.18). 또한 *ompF* 유전자의 발현은 부가적인 조절 기작에 의해서 조절된다: 조절 RNA (regulatory RNA), 이것은 6.11절에서 논의된다.

다중 조절자를 가진 두-요소 조절 체계

어떤 신호전달체계는 하나 이상의 조절 요소를 갖고 있으며 그들의 활성은 빠르게 아주 복잡하게 될 수 있다. 예를 들어, 많은 세균에서 질소동화를 조절하는 Ntr 조절 체계(Ntr regulatory system)에서 반응조절자는 *nitorgen regulator I* (*NRI*)이라 불리는 활성자이다. NRI은 대체 시그마 인자, σ^{54} (RpoN)을 사용하는 RNA 중합효소에 의하여 인식된 프로모터로부터 전사를 활성화한다 (4.5절). Ntr 체계에서 감지 키나아제는 *nitorgen regulator II* (*NRII*)라 불리는 단백질로 키나아제와 탈인산화효소의 기능을 모두 갖는다. NRII의 활성은 *PII*라 불리는 또 다른 단백질에 의하여 차례대로 조절되며 그 자신의 활성은 우리딘 단인산기(uridine monophosphate, UMP)의 첨가 또는 제거를 통하여 조절된다 (6.15절). 질소가 고갈된 조건에서, UMP는 PII에 더해지고, 그 결과물인 PII-UMP 복합체는 NRII의 키나아제 활성을 촉진하고 NRI의 인산화를 가져온다. 반대로 PII로부터 UMP의 제거는 NRII의 탈인산화효소 활성을 촉진한다.

Nar 조절시스템(*Nar regulatory system*) (표 6.1)은 다중 조절자를 가진 두-요소 조절 체계의 또 다른 예이다; 이 체계는 혐기적 호흡 동안 대체 전자수용체로 질산(NO_3^-) 또는 아질산(NO_2^-) 또는 둘 모두를 사용할 수 있도록 해주는 일련의 유전자들을 조절한다 (3.12 및 14.13절). Nar 체계는 두 개의 다른 감지 키나아제와 두 개의 다른 반응조절자들을 가지고 있다. 더욱이 이 체계에 의하여 조절되는 모든 유전자들은 그 자신들이 FNR (*f*umarate *n*itrite *r*egulator)이라 불리는 단백질에 의해서 조절된다; FNR은 혐기호흡 기능을 암호화하는 유전자들의 광범위 조절자이다 (표 6.2 참조). 차례대로 이루어지는 방식으로 전개되는 체계의 이런 조절 형태는 세포의 대사과정에 중심이 되는 중요한 체계에서 흔하게 볼 수 있다.

세균에 있는 것과 밀접하게 관련되어 있는 두-요소 체계는 효모인 *Saccharomyces cerevisiae*와 같은 미생물 진핵세포뿐만 아니라 식물에도 존재한다. 그러나 대부분의 진핵세포의 신호전달 경로는 히스티딘 잔기를 인산화시키는 세균의 두-요소 체계와는 관련이 없는 단백질들의 세린, 트레오닌, 티로신 잔기의 인산화에 의존한다 (그림 6.17 및 그림 6.18).

미니퀴즈

- 키나아제(kinase)는 무엇이고 두-요소 조절 체계에서 그들의 역할은 무엇인가?
- 탈인산화효소(phosphatase)는 무엇이고 두 요소 조절 체계에서 그들의 역할은 무엇인가?

6.7 주화성 조절

우리는 이미 세균과 고균의 일부 운동성 세포가 유인제(attractants)를 향하여 움직이거나 기피제(repellants)로부터 멀어지는 것에 의해서 영양분 고갈 및 독소 축적과 같은 도전에 반응하는 주화성(*chemotaxis*)이라는 행태를 보았다 (2.13절). 우리는 원핵생물은 너무 작아서 화학물질의 공간적(spatial) 기울기(gradient)를 감지하지는 못하지만 시간적(temporal) 기울기에 대해 반응할 수 있다는 것에 주목하였다. 즉 그들은 화학물질의 절대(absolute) 농도보다 시간에 따른 화학물질의 농도 변화(*change*)를 감지한다.

유인제나 기피제의 시간적 변화를 감지하는 변형된 두-요소 체계를 사용하고, 편모의 회전운동을 조절하기 위하여 이 정보를 이용하는 세균에서 주화성은 연구가 잘 되었다. 이는 앞 절에서 고려한 것들과는 다른데 편모 단백질을 암호화하는 유전자의 전사를 조절하기 보다는 이미 존재하는 편모 단백질 복합체(flagellum protein complex)의 활성을 조절하기 위하여 두-요소 체계가 사용된다.

신호에 대한 반응

주화성 기작은 다양한 단백질 신호의 단계적 진행(cascade)에 의존한다. 여러 감지 단백질(sensory proteins)이 세포막에 존재하며, 이들은 유인제와 기피제를 감지한다. 이들 감지 단백질은 그 자체가 감지 키나아제가 아니라 세포질 감지 키나아제와 상호작용한다. 이들 감지 단백질은 시간의 흐름에 따라 세포로 하여금 다양한 물질의 농도를 감지할 수 있도록 하는데 메틸-수용 주화성 단백질(*methyl-accepting chemotaxis proteins, MCPs*)이라 불린다. *Escherichia coli*는 다섯 가지의 다른 MCP를 생산하며, 각각은 특정 화합물에 특이적이다. 예를 들어, *E. coli*의 Tar MCP는 유인제인 아스파르트산과 맥아당 및 기피제인 코발트와 니켈을 감지할 수 있다. MCP는 유인제나 기피제에 직접 결합하거나 경우에 따라서 막주변 결합 단백질과 상호작용을 통해 간접적으로 결합한다. 유인제 또는 기피제의 결합은 세포질 단백질과의 상호작용을 일으키며, 결과적으로 편모의 회전운동에 영향을 미친다.

*E. coli*에서 수천 개의 MCP는 자주 모여서 화학수용체(chemoreceptor)를 형성한다. 이 화학수용체는 세포질 단백질 CheA 및 CheW와 접촉한다 (**그림 6.19**). CheA는 주화성을 위한 감지 키나아제이다 (6.6절). MCP가 화학물질에 결합되면 이것은 구조 변화를 일으키고 CheW의 도움으로 CheA의 자가인산화를 유도하여 CheA-P를 형성한다. 유인제는 농도의 증가는 자가인산화율을 감소시키는 반면에 기피제의 증가는 자가인산화율을 증가시킨다. 그런 다음에 CheA-P는 인산을 CheY에 전달한다 (CheY-P를 형성함); 이것은 편모의 회전운동을 조절하는 반응조절자(response regulator)이다 (6.6절). CheA-P는 또한 CheB에 인산을 전달함으로써 뒤에 언급될 적응하는 데 있어 어떤 역할을 하게 된다.

편모 회전운동의 조절

CheY는 편모의 회전운동의 방향을 조절하기 때문에 이 조절 체계에서 중추적인 단백질이다. 만약 편모의 회전운동이 반시계 방향이라면, 세포는 질주(run) 상태의 움직임을 계속할 것이고 (활주 유영하기) 반면에 편모가 시계 방향으로 회전한다면 세포는 뒹굴기(tumble)를 하는 것을 기억하라 (무작위로 움직이기) (2.13절 및 그림 2.36). CheY가 인산화되면 편모 모터와 상호작용하여 편모의 회전운동을 시계 방향의 회전을 유도하는데 이는 뒹굴기의 원인이 된다 (그림 6.19). 만약 인산화가 되지 않으면 CheY는 편모 모터와 결합할 수 없고, 편모는 반시계 방향으로 회전하여 세포가 질주하는 원인이 된다. 또 다른 단백질 CheZ는 CheY를 탈인산화시켜 뒹굴기 대신에 질주(run)하도록 하는 형태로 되돌아가게 한다. 기피제의 양이 늘거나 유인제의 양이 줄어드는 것은 CheY-P의

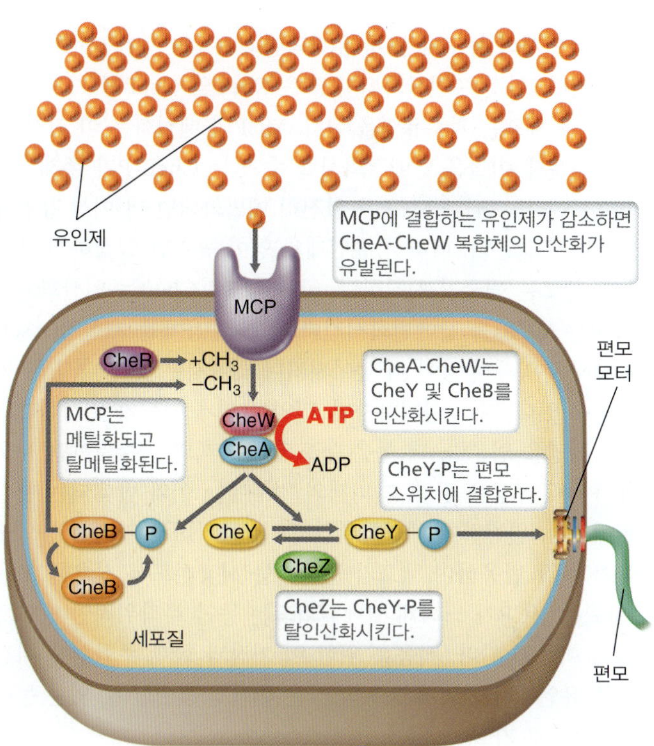

그림 6.19 세균의 주화성에서 MCP, Che 단백질 및 편모 모터 등의 상호작용. 메틸-수용 주화성 단백질(methyl-accepting chemotaxis proetein, MCP)은 감지 키나아제 CheA와 이것의 짝 단백질 CheW와 함께 복합체를 형성한다. 이 조합은 자기인산화를 유발하고 반응조절자인 CheB와 CheY를 인산화할 수 있도록 한다. 인산화된 CheY (CheY-P)는 편모 모터 스위치에 결합한다. Che-Z는 CheY-P로부터 탈인산화를 한다. CheR은 지속적으로 MCP에 메틸기를 추가한다. CheB-P (CheB는 그렇지 못함)는 반대로 메틸기를 제거한다. MCP의 메틸화 정도가 유인제나 기피제에 대한 반응하는 그들의 능력을 조절하고 적응을 유도한다.

수위를 증가하도록 유도함으로 뒹굴기를 하도록 한다. 반면에 세포가 유인제를 향하여 수영을 하면 CheY-P의 수위가 더 감소하여 뒹굴기를 억제하고 질주를 촉진한다.

적응

생물이 자극에 성공적으로 반응하였을 때, 생물은 반응을 중지하고 다음 신호를 기다리기 위하여 감지 체계를 다시 준비해야 한다. 이것은 적응(*adaptation*)으로 알려져 있다. 주화성 체계의 적응 기간 동안, 되먹임-고리(feedback loop)가 이 체계를 다시 준비한다. 이것은 앞서 언급한 반응조절자 CheB에 의존한다.

그들 이름이 의미하는 바와 같이, MCP는 메틸화될 수 있다. MCPs가 완전히 메틸화되었을 때 그들은 더 이상 유인제에 반응하지 않지만, 기피제에 대한 감수성은 더 높아진다. 역으로 MCPs가 탈메틸화가 되면 유인제에 크게 반응하지만 기피제에 대해서는 무감각하게 된다. 따라서 다양한 메틸화 정도는 감지 신호에 적응성을 가능하게 해준다. 이것은 CheR 및 인산화된 CheB (CheB-P) 각각에 의한 MCPs의 메틸화와 탈메틸화에 의해 성취된다 (그림 6.19).

단원 2

만약 유인제의 농도가 높게 유지되면 CheA의 자가인산화 비율은 낮아진다. 이것은 인산화되지 않은 CheY와 CheB를 가져온다. 결과적으로 세포는 활주유영을 한다. MCP의 메틸화는 이 기간 동안 증가하는데 이들을 탈메틸화시킬 수 있는 CheB-P가 존재하지 않기 때문이다. 그러나 MCP가 완전히 메틸화되면 더 이상 유인제와 반응하지 않는다. 따라서 유인제의 양이 높지만 일정하게 유지된다면, 세포는 뒹굴기 시작한다. 궁극적으로 CheB는 인산화되고 CheB-P는 MCPs를 탈메틸화시킨다. 이는 수용체를 재설정(reset)하고 다시 유인제의 양이 더 높아지거나 낮아지는 것에 다시 한 번 반응할 수 있다. 다시 설명하자면, 만약 유인제 농도가 일정하다면 세포는 유영을 멈춘다. 더 높은 농도의 유인제와 마주쳐야만 세포는 계속해서 유영을 한다. 기피제의 경우에는 이와 반대되는 현상이 일어난다. 완전하게 메틸화된 MCP는 증가하는 기피제 농도구배에 가장 잘 반응하며 세포가 뒹굴기를 시작하도록 신호를 보낸다. 세포는 MCP가 느리게 탈메틸화되는 동안 무작위적인 방향으로 멀리 이동해 간다. 적응을 위한 이 기작과 함께 주화성은 시간에 따른 유인제와 기피제 농도의 작은 변화를 감지할 수 있는 능력을 성공적으로 가질 수 있게 한다.

다른 형태의 주성

주화성 이외에, 주광성(*phototaxis*) (빛을 향한 이동)과 주기성(*aerotaxis*) (산소를 향한 이동)과 같은 다른 형태의 주성이 알려져 있다 (2.13절). 흥미롭게도 주화성에서 편모 활동을 통제하는 기능을 갖는 세포질 Che 단백질들이 다른 주성에서도 어떤 역할을 수행한다. 예를 들어, 주광성에서 광 감지 단백질은 주화성의 MCPs를 대치하며, 주기성에서는 산화환원 단백질이 산소의 양을 탐지한다. 이때 이들 감지기는 세포질의 Che 단백질과 상호작용하고 사건들의 연속된 흐름(cascade)을 시작하여 질주 혹은 뒹굴기로 방향을 결정한다. 따라서 여러 가지 다른 종류의 환경 신호들이 같은 편모 통제 체계로 수렴되며 이것이 세포로 하여금 조절 체계를 경제적으로 움직이게 한다.

미니퀴즈

- 주화성을 조절하는데 관련된 1차 반응조절자와 1차 감지 키나아제는 무엇인가?
- 주화성 동안 적응이 중요한 이유는 무엇인가?
- 유인제에 대한 주화성 체계의 반응은 기피제에 대한 반응과 어떻게 다른가?

6.8 균체밀도감지

많은 세균은 같은 종의 다른 세포들의 주변에서 그 존재에 대해 반응하며 어떤 종에서는 그들 자신과 같은 종류의 세포밀도에 의하여 조절되는 조절경로를 갖고 있다. 이러한 형태의 조절을 **균체밀도감지(quorum sensing)** [quorum이란 단어는 "충분한 수(sufficient numbers)"를 의미함]라 한다. 균체밀도감지는 소수의 고균에서도 또한 탐지되었다.

균체밀도감지의 기작

균체밀도감지는 개체군 밀도를 산정하는 조절 기작이다. 많은 세균들은 효과적으로 일하는 데 필요한 세포 밀도를 요구하는 활동을 개시하기 전에 세포 수가 충분히 존재한다는 것을 보장하기 위해 이 접근법을 사용한다. 예를 들어, 독소를 분비하는 병원성 (병을 일으키는) 세균들은 단일 세포로는 영향을 미칠 수 없다; 그런 단일 세포에 의한 독소의 생산은 자원의 낭비일 수 있다. 그러나 충분히 많은 수의 세포 개체군이 존재하면 협동적인 독소의 발현으로 성공적으로 질병을 일으키고 숙주로부터 병원체의 생장을 지원하기 위해 이용될 수 있는 자원을 방출시킬 수가 있다.

균체밀도감지는 그람-음성 세균 중에 광범위하게 존재하지만, 많은 그람-양성 세균에서도 또한 발견이 된다. 균체밀도감지를 이용하는 각 종들은 **자가유도자(autoinducer)**라는 특정 신호분자를 합성한다. 이 분자는 세포의 막(envelope)을 통하여 자유롭게 양방향으로 확산될 수 있다. 이것 때문에 각각 동일한 자가유도자를 만드는 많은 세포들이 근처에 있을 때에만 자가유도자는 세포 내에서 높은 농도에 도달하게 된다. 세포질에서 자가유도자는 특정 전사 활성자 단백질 또는 두-요소 체계의 감지 키나아제에 결합하여 궁극적으로는 특정 유전자의 전사를 촉발시킨다 (**그림 6.20*a***).

여러 개의 다른 자가유도자 군이 존재하지만 처음으로 밝혀진 자가유도자는 아실 호모세린 락톤(*acyl homoserine lactones*, AHLs)이다 (그림 6.20*b*). 다른 길이의 아실기 [acyl group, 카보닐기(carbonyl)와 알킬(alkyl)기를 모두 보유한 기능기)]를 갖는 여러 AHLs이 그람-음성 세균의 여러 종에서 발견된다. 게다가 많은 그람-음성 세균들은 자가유도자 2 [AI-2; 순환적 푸란(furan) 유도체]

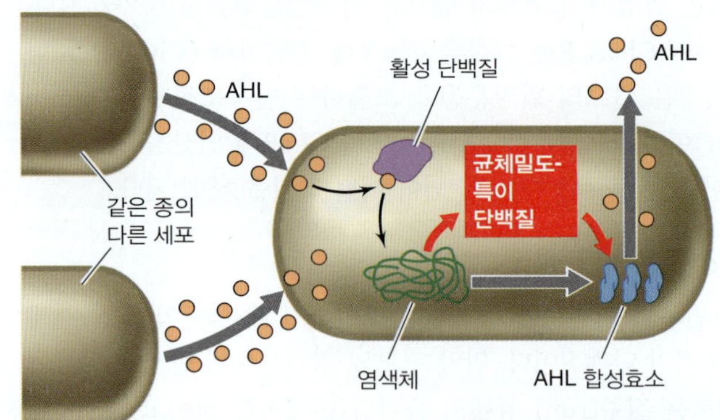

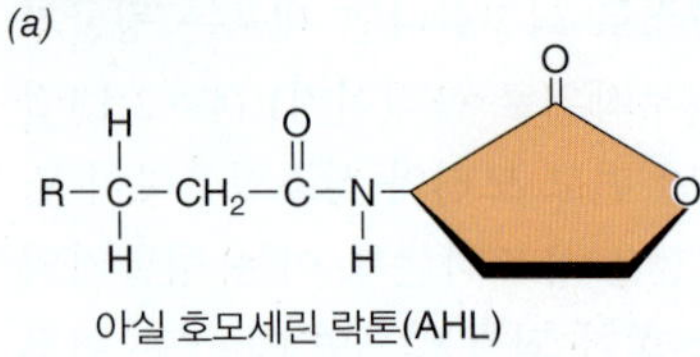

그림 6.20 균체밀도감지. *(a)* 균체밀도감지를 할 수 있는 세포는 아실 호모세린 락톤 합성효소[acyl homoserine lactone (AHL) synthase]를 기본적 수준으로 발현한다. 이 효소는 세포의 특정 AHL을 만든다. 같은 종의 세포 수가 어떤 밀도에 도달하면 AHL의 농도가 상당히 올라가고 활성 단백질과 결합할 수 있고 균체밀도-특이 단백질의 전사를 활성화한다. *(b)* AHL의 일반적 구조. 다른 AHLs은 모 구조(parent structure)의 구조적 변이체들이다. R = 알킬기 (alkyl group, C_1–C_{17}); R기에 인접한 탄소는 종종 케토기(C = O)로 변형된다.

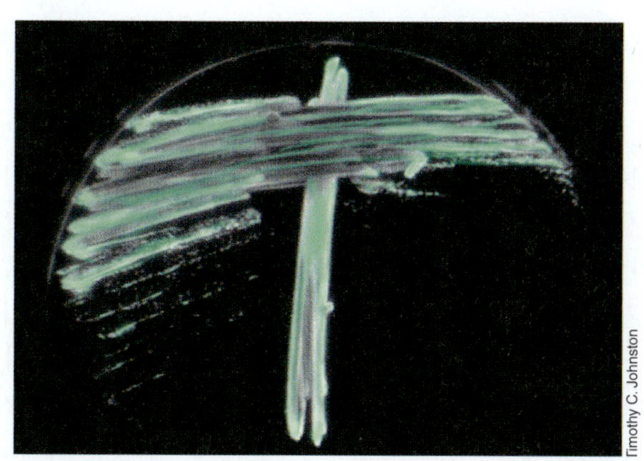

그림 6.21 효소 루시페라제(luciferase)를 생성하는 생체발광 세균. 세균 *Vibrio fischeri*의 세포를 페트리접시에 있는 한천 영양배지에 도말하여 밤새 배양하였다. 이 사진은 단지 세균에 의해서 발생되는 빛을 사용하여 암실에서 촬영되었다.

를 만든다. 이것은 분명히 많은 종의 세균들 사이의 공통적인 자가유도자로서 사용되는 것이다. 그람-양성 세균은 일반적으로 자가유도자로 어떤 짧은 펩티드들을 사용한다.

균체밀도감지는 생체발광 세균에서 발광을 조절하는 기작으로 발견되었다 (15.18절). 해양세균 *Aliivibrio fischeri*를 비롯한 몇몇 세균들이 빛을 낼 수 있다. **그림 6.21**은 *A. fischeri*의 생체발광 집락을 보여준다. 빛은 루시페라아제(*luciferase*)라 불리는 효소에 의해 나타난다. *lux* 오페론들은 생체발광에 필요한 단백질을 암호화한다. 그들은 *LuxR*이라 불리는 활성자 단백질의 조절 하에 있으며 특정 *A. fischeri*의 AHL인 *N*-3-oxohexanoyl homoserine lactone의 농도가 충분히 높을 때 유도된다. 이 AHL은 *luxI* 유전자에 의하여 암호화되는 효소에 의하여 합성된다.

균체밀도감지는 진핵미생물에서도 일어난다. 예를 들어, 효모 *Saccharomyces cerevisiae*에서 특정 방향족 알코올이 자가유도자로 생산되어, 단일세포로서와 신장된 사상체로서의 *S. cerevisiae* 생장 간의 전이를 조절한다. 유사한 전이 현상들은 다른 곰팡이에서도 발견되며, 그 중 몇몇은 인간에게 병을 일으킨다. 한 예로 균체밀도감지가 긴 사슬 알코올인 farnesol에 의하여 조절되는 *Candida*를 들 수 있다. Farnesol에 농도가 이 이형적 균류에서 증가될 때 출아효모로부터 신장 균사체로의 전이는 차단된다.

병원성 인자

병원성 세균의 몇몇 유전자를 비롯한 다양한 유전자가 균체밀도감지에 의하여 조절된다. 예를 들어, 악명 높은 식품매개 병원체인 *E. coli* O157:H7 (32.7절)과 같이 시가독소(Shiga toxin)를 생산하는 *E. coli*는 병원성 유전자들을 유발하는 AI-3이라는 AHL을 생산한다. *E. coli*는 개체군이 장 내에서 증가함에 따라, 세균 세포는 AI-3을 생산하는 반면에, 숙주 장내 세포는 스트레스 호르몬 에피네프린과 노르에피네프린을 생산한다. 이들 세 가지 신호분자들은 *E. coli* 세포막에서 두 개의 별도의 감지 키나아제와 결합하여 두 전사 활성 단백질의 인산화와 활성화를 가져온다 (**그림 6.22*a***). 이 단

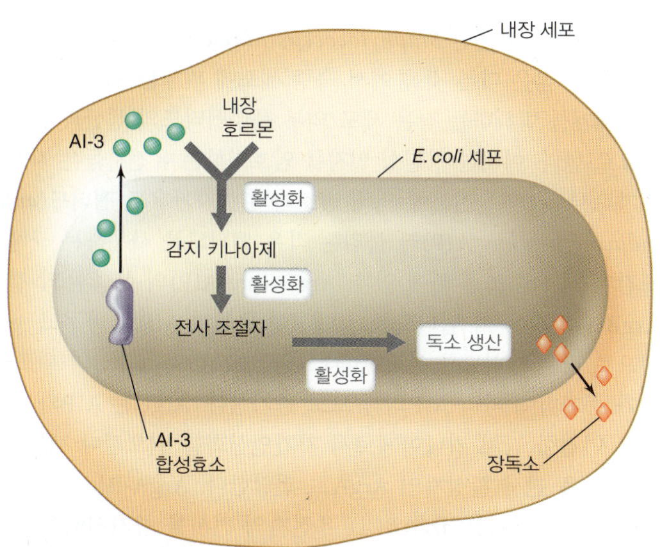

(a) **Shiga 독성을 생산하는 *Escherichia coli* 에서 병원성 인자 생성**

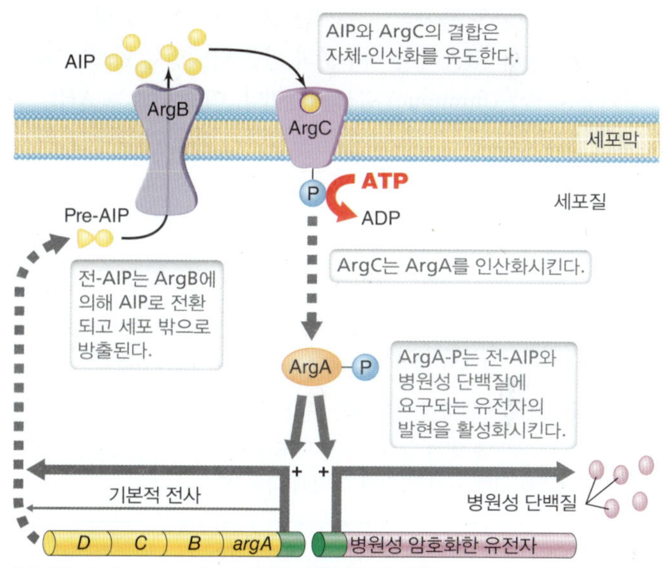

(b) ***Staphylococcus aureus*에서 병원성 인자 생산**

그림 6.22 병원성 인자들의 균체밀도감지 조절. 세균 *Escherichia coli* 및 *Staphylococcus aureus*는 균주에 따라서 무해한 부생세균(saprophyte)이거나 병원성일 수가 있다. 병원체로서는 주요한 병원성 인자들의 생성이 균체감지밀도에 의해서 조절된다. *(a)* 세균 개체군이 증가함에 따라, *Escherichia coli*에 의해 형성된 AI-3, 내장세포에 의해 생산된 에피네프린과 노르에피네프린이 축적되고 감지 키나아제와 결합하여, 병원성 인자 (예, 내독소) 생산에 필요한 단계적 과정을 시작한다. *(b) Staphylococcus*에서 기본 수준의 *argABCD* 오페론의 전사는 전-자체유도 펩티드 (AIP)인 ArgD의 생산을 이끈다. ArgB는 ArgD를 기능을 갖는 AIP로 절단하고 그것을 세포 밖으로 방출한다. 세포 개체군이 증가함에 따라 AIP 농도가 증가하고 ArgC와 결합하여 ArgC의 자체인산화를 유도한다. 이때 ArgC-P는 인산기를 전이하여 전사 활성자 ArgA를 활성화시킨다. ArgA-P는 병원성 단백질의 생산을 유도하는 한 가지 RNA의 전사를 활성화시킬 뿐만 아니라 *argABCD* 오페론의 전사를 증가시킨다.

백질들은 숙주 장내 점막의 병변을 형성하는 단백질을 암호화하는 유전자들은 물론 운동기능과 내독소의 분비를 암호화하는 유전자들의 전사를 활성화시킨다. 이것은 유전자 발현을 조절하기 위하여 세균과 진핵생물 모두의 화학 신호를 감지하는 체계의 드문 예이다.

그람-양성 세균인 *Staphylococcus aureus*의 병원성 생성 (30.9절)은 많은 다른 것 중에서 숙주 세포에 피해를 주거나 숙주의 면역체계를 방해하는 작은 세포 외부 폴리펩티드의 생산과 분비를 필요로 한다. 이러한 병원성 인자를 암호화하는 유전자들은 자가유도자로서 *argD* 유전자에 의해 암호화되는 자가유도 펩티드(*auto-inducing peptide*, AIP)라 불리는 작은 펩티드를 사용하는 균체밀도감지 체계의 조절 하에 있다. ArgD (pre-AIP)의 합성후 막 결합 ArgB 단백질은 이 펩티드를 절단하여 활성형 AIP로 바꾸고 세포 밖으로 작은 펩티드를 분비한다 (그림 6.22*b*). *S. aureus*의 세포 밀도가 증가함에 따라 AIP의 농도도 증가한다. ArgC는 AIP와 결합하는 막결합 감지 키나아제로서 자가인산화를 일으킨다. ArgC-P는 인산을 전사 활성자인 ArgA로 전달한다. ArgA-P는 신호전달 체계를 암호화하는 *argABCD* 유전자의 전사를 증가시킴은 물론 일련의 독성 단백질의 생산을 조절하는 RNA 분자를 증가시킨다.

어떤 진핵생물은 특이적으로 세균 균체밀도감지를 방해하는 분자들을 생산한다. 현재까지 대부분의 이들 단백질은 할로겐 원자를 포함하는 후라논(furanone) 유도체들이다. 이들 요소는 AHL 또는 AI-2를 흉내내고 균체밀도감지에 의지하는 세균의 행태를 파괴한다. 이런 이유로 균체밀도감지 파괴자들은 세균 생물막 (5.1절 및 7.9절)을 분산시켜 독성 유전자의 발현을 차단하는 잠재적 약품으로 제안되고 있다.

미니퀴즈

- 균체밀도감지 체계가 세균 세포에 주는 이점은 무엇인가?
- 자가유도자로서 기능을 나타내는 분자에 필요한 특성은 무엇인가?
- 그람-음성 세균에 의한 균체밀도감지에서 사용된 자가유도자는 그람-양성 세균에 의해 사용된 것과 어떻게 다른가?

6.9 Stringent 반응

원래는 아미노산의 고갈에 대한 반응으로 연구되었지만 **stringent 반응(stringent response)**은 현재 영양분의 고갈, 환경 스트레스와 항생제 노출에서 살아남기 위해 세균에 의해서 이용되는 광범위하게 분포된 조절 체계로 인식되고 있다. Stringent 반응의 유발은 궁극적으로 거대분자의 합성 중지와 스트레스 생존 회로(*stress survival pathway*)의 활성을 유도하여 자연계에서 세포의 경쟁력을 증진시킨다. 회로를 이해하기 위한 대부분의 연구가 *Escherichia coli*에서 수행되었기 때문에 이 생물에 초점을 둘 것이다. 차후에 어떻게 다른 세균에서 환경 스트레스에 대한 반응으로 stringent 반응이 유발되는지로 지식을 확장할 것이다.

Stringent 반응의 기작

자연계에서 미생물을 위한 영양분의 수위는 현저하고 빠르게 변할 수가 있다. 이렇게 변화하는 조건은 실험실에서 쉽게 시뮬레이션이 될 수가 있으며 영양 상태의 "오름(shift-up)"과 "내림(shift-down)"에 뒤이은 유전자 발현의 조절에 대한 많은 연구들이 수행되었다. 여기에는 특별히 아미노산 혹은 에너지의 고갈에 의해 유발되는 조절 현상들이 포함된다.

영양복합배지에서 단일 탄소원을 갖는 최소배지 (표 5.1)로 배양체를 옮기는 것처럼 아미노산의 초과에서 제한으로 줄이는 결과는 거의 즉각적으로 rRNA 및 tRNA 합성이 중지되며 새로운 리보솜이 생산되지 않는 것이다 (**그림 6.23*a***). 단백질과 DNA 합성이 또한 줄어들지만 새로운 아미노산의 생합성은 활성화된다. 이런 변화를 뒤이어서 환경에서 이용이 가능하지 않은 아미노산을 합성하기 위하여 새로운 단백질이 만들어져야만 하는데 이 단백질들은 이미 존재하는 리보솜에 의해서 만들어진다. 한동안 후에 rRNA 합성은 재개되고 그 결과 새 리보솜이 생산되지만 세포의 감소된 생장 속도에 맞도록 새로운 속도로 재개된다 (그림 6.23*a*). 이런 사건의 과정을 *stringent* 반응 (혹은 stringent

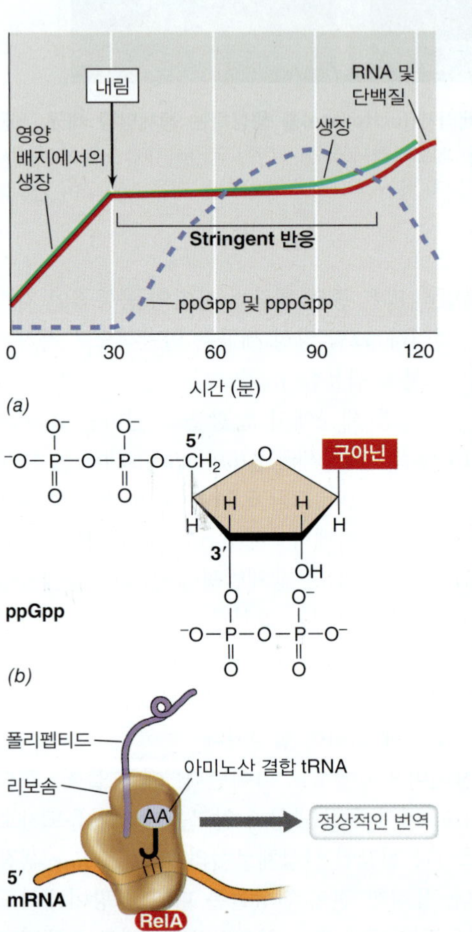

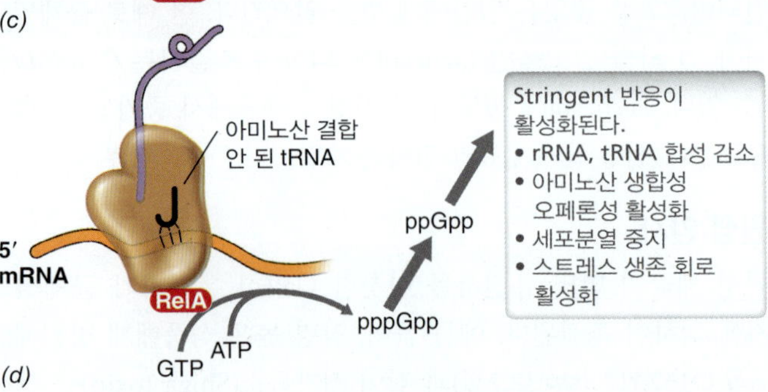

그림 6.23 *Escherichia coil*의 stringent 반응. *(a)* 영양분이 줄어들면 rRNA, tRNA 및 단백질 합성이 일시적으로 중지된다. 이후에 생장이 늦은 속도로 재개된다. *(b)* Stringent 반응의 유발자인 구아노신4인산 (ppGpp)의 구조. *(c)* 아미노산이 결합된 tRNA가 요구되는 정상적인 번역. *(d)* ppGpp의 합성. 세포에 아미노산이 고갈될 때에 아미노산이 결합되지 않은 tRNA가 리보솜에 결합할 수가 있으며 리보솜이 활성을 멈춘다. 이 사건은 pppGpp와 ppGpp의 혼합물을 생산하는 RelA 단백질을 유발한다.

통제)이라고 하며 분해대사물 억제 (catabolic repression, 6.4절)처럼 이것은 또 다른 광범위 조절의 예이다.

Stringent 반응은 두 가지 조절 뉴클레오티드, 구아노신4인산염(*guanosine tetraphosphate*, ppGpp)과 구아노신5인산염(*guanosine pentaphosphate*, pppGpp)의 혼합물에 의해서 유발된다; 이 혼합물은 종종 (p)ppGpp로 쓰여진다 (그림 6.23*b*). *E. coli*에서 알라몬(*alamone*)이라고도 불리는 이 뉴클레오티드들은 스트레스 동안에 혹은 아미노산 초과에서 아미노산 고갈로 줄어드는 동안에 빠르게 축적된다. 알라몬은 인산염(phosphate)의 공여자로 ATP를 사용하여 RelA라고 부르는 특별한 단백질에 의해서 합성된다 (그림 6.23*c*, *d*). RelA는 ATP로부터 2개의 인산기를 GTP 혹은 GDP에 추가하여 각각 pppGpp 혹은 ppGpp를 생산한다. RelA는 리보솜의 50S 소단위와 연합되어 있으며 아미노산이 고갈되는 동안에 리보솜으로부터의 신호에 의해서 활성화된다. 세포의 생장이 아미노산의 부족에 의해서 제한되면 아미노산이 결합되지 않은(*uncharged*) tRNA의 풀(pool)이 아미노산이 결합한(*charged*) tRNA에 비해서 상대적으로 증가한다. 결과적으로 단백질이 합성되는 동안에 아미노산이 결합한 tRNA 대신에 아미노산이 결합되지 않은 tRNA가 리보솜에 삽입된다. 이런 일이 일어나면 리보솜이 멈추고 이는 RelA에 의한 (p)ppGPP 합성을 유도한다 (그림 6.23*d*). 단백질 Gpp는 pppGpp를 ppGpp로 전환함으로 ppGpp가 전체적으로는 주요 생산물이 된다.

알라몬인 ppGpp와 pppGpp는 광범위한 조절 효과를 갖는다. 이것들은 그람-음성 세균에서 RNA 중합효소에 결합하여 rRNA와 tRNA를 위한 유전자 전사의 개시를 막음으로 rRNA와 tRNA 합성을 강하게 저해한다. 그람-양성 세균에서는 동일한 알라몬이 전사를 위한 리보뉴클레오티드의 개시를 간섭하는 것이 밝혀졌다. 그람-음성 및 그람-양성 세균 모두에서 알라몬은 스트레스 반응 회로와 특정한 단백질을 위한 생합성 오페론을 활성화시킨다. *E. coli*에서 stringent 반응은 또한 새로운 DNA 합성과 세포분열을 방해하고 세포 지질과 같은 세포 외막 요소들의 합성을 늦춘다.

RelA에 더해서 SpoT라고 불리는 두 번째 단백질이 stringent 반응의 유발을 돕는다. SpoT는 (p)ppGpp를 만들거나 분해할 수가 있다. 대부분의 조건 하에서는 SpoT는 (p)ppGpp의 분해에 책임이 있다; 그러나 SpoT는 어떤 특정 스트레스에 반응하여 혹은 영양분의 고갈이 탐지되면 (p)ppGpp를 생산할 수 있다. 따라서 stringent 반응은 단백질 합성의 전구물질이 결여되는 것뿐만 아니라 생합성 에너지의 결핍의 결과로 일어난다.

미생물 생태학에서의 stringent 반응

Stringent 반응은 세포의 대사물질 상태의 균형을 잡는 광범위한 기작이기 때문에 세균의 환경 혹은 거주지가 궁극적으로는 반응의 연속성(cascade)을 결정한다. *E. coli* 세포가 대변으로 배설되어 영양분이 풍부한 내장에서 개방된 수분 체계로의 전환을 마주하게 되면, 영양분의 감소는 stringent 반응을 개시하기 위하여 ppGpp 합성을 유발한다 (**그림 6.24*a***).

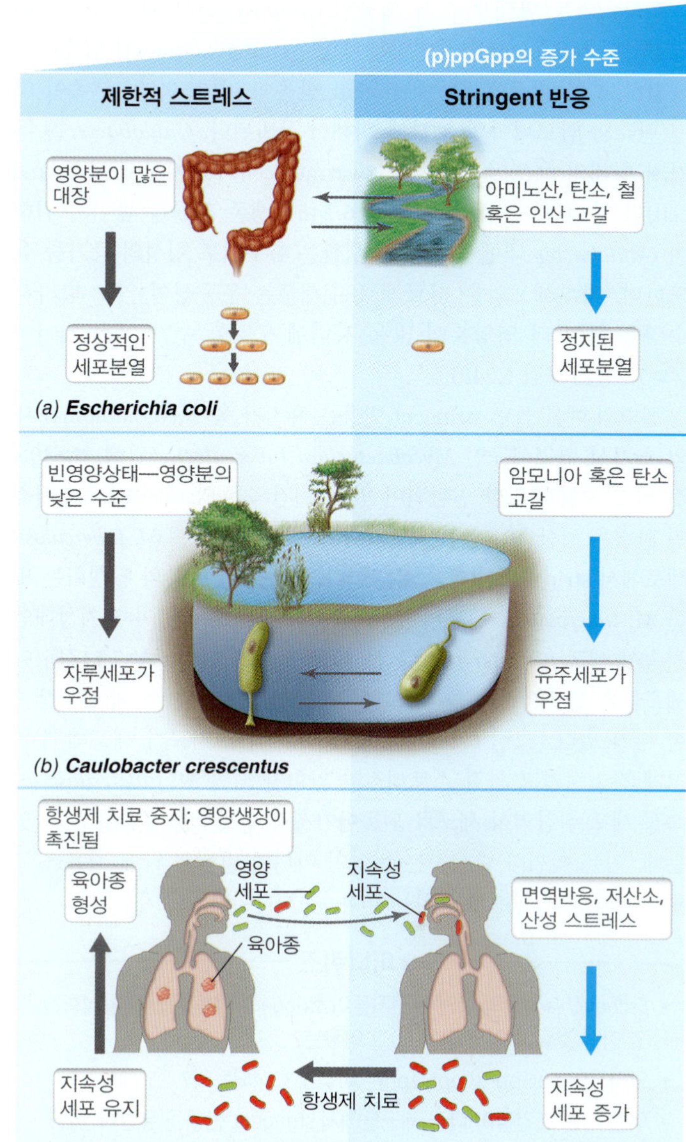

그림 6.24 3종류의 다른 세균들인 *Escherichia coli*, *Caulobacter crecentus* (모두 그람-음성) 및 *Mycobacterium tuberculosis* (그람-양성)에서의 stringent 반응 신호의 환경 조절. *(a) Escherichia coli. E. coli* 세포가 영양분이 많은 내장에서 개방된 수원(water source)으로 이동하게 되면 영양분 부족을 겪게 된다. ppGpp 합성의 증가에 따라서 세포분열은 저해된다. *(b) Caulobacter crecentus. C. crecentus*는 자연적으로 영양분이 제한적인 담수계에 서식한다. 만일 세포가 심각한 영양분 고갈에 직면하면 stringent 반응이 유도되고 ppGpp의 생산이 증가된다. 이 증가는 자루세포에서 더 많은 영양분을 찾아서 수영을 할 수 있는 유주세포로 세포의 형태적 변화를 유도한다. *(c) Mycobacterium tuberculosis. M. tuberculosis*가 숙주 내로 들어가면 면역 반응에 노출된다. 이는 ppGpp 생산을 유도하여 일부 세포를 상대적으로 휴지상태인 지속성 세포로 전환한다. 이 지속성 세포는 항생제에 내성을 가지면 더 민감한 영양세포의 우위에 있을 수가 있으며 육아종을 형성한다. 지속성 세포가 미세입자로 분산되어 스트레스가 완화되면 감염성 영양세포로 되돌아간다. 이동성 유전요소로부터 항생제 내성을 얻는 다른 병원 세균들과는 다르게 *M. tuberculosis* 내에서는 수평적 유전자 전이가 드물다. 이 병원체에서 항생제 내성은 일차적으로 항생제의 표적에 영향을 주는 염색체 돌연변이에 기인한다.

*E. coil*와는 반대로 수서 세균인 *Caulobacter*는 자연적으로 빈영양상태 [oligotrophic, 영양분이 없는(nutrient-poor)] 담수에서 생활하고 이 세균에서는 stringent 반응이 아미노산의 부족이 아닌 탄소와 암모니아의 고갈에 의해서 유발된다. *Caulobacter*는 두 가지 형태의 세포인 유주세포(swarmer cell) 및 자루세포(stalked cell)를 형성할 수가 있다 (그림 6.24*b*). 생존 확률을 높이기 위하여 *Caulobacter* 내에서 ppGpp 생산은 유주세포 형성의 증가를 유도한다. 자루세포와는 다르게 유주세포는 운동성이 있고 따라서 수영을 하여 더 영양분이 많은 자리에 도달할 수가 있을 것이다 (7.7절) (그림 6.24*b*).

질병의 예를 들면 stringent 반응은 휴지기 육아종(granuloma) 내의 호기성 병원세균인 *Mycobacterium tuberculosis* (결핵, 30.4절)의 지속성과 또한 연관되어 있다. 인간 숙주의 폐 속에서 지역적인 환경은 저산소이며 인산이 제한되는데 이 상태는 *M. tuberculosis* 세포에서 stringent 반응을 유발한다. Stringent 반응의 활성화는 또한 *M. tuberculosis* 세포의 부차집단(subpopulation)이 휴지상태인 지속성 세포(*persister cell*)로 전환되도록 유도한다 (7.11절); 이 세포들은 항생제 내성을 갖고 폐에서 형성되는 육아종 내에서 생존할 수가 있다 (그림 6.24*c*). 감염에 대한 약제 치료가 세포의 수를 크게 감소시키고 환경 스트레스가 완화가 되면 *M. tuberculosis* 지속성 세포는 감염성 세포로 되돌아가서 만성결핵을 유발할 수가 있는데, 이는 어쩌다 발생하는 현상이 아니며 결핵의 약제 치료를 그렇게 오랫동안 수행해야 하는 이유 중 하나이다.

미니퀴즈

- *Escherichia coil*의 어떤 유전자들이 stringent 반응 동안에 활성화되고 어떤 것들이 억제되는가? 그 이유는?
- 알라몬인 ppGpp 및 pppGpp는 어떻게 합성되는가?
- 어떤 다른 조건들이 다른 세균들에서 stringent 반응을 유발하는가?

6.10 기타 광범위 조절망

분해대사물 억제 (6.4절)와 균체밀도감지 (6.8절)는 모두 광범위 조절(*global regulatory control*)의 예들이다. *E. coli* (아마도 모든 세균과 고균)에는 여러 개의 다른 광범위 조절 체제가 있으며 일부 주요한 것들을 **표 6.2**에 나타내었다. 광범위 조절 체계는 하나 이상의 레귤론을 조절할 수 있다 (6.3절). 광범위 조절망은 활성자, 억제자, 신호분자, 두-요소 조절 체계, 조절 RNA (6.11절), 그리고 대체 시그마(σ) 인자들 (4.5절)을 포함할 수 있다.

표 6.2 *Escherichia coli*에서 알려진 광범위 조절 체계의 예[a]

체계	신호	조절단백질의 1차 활성	조절되는 유전자 수
호기성 호흡	O_2의 존재	억제자 (ArcA)	>50
혐기성 호흡	O_2의 결핍	활성자 (FNR)	>70
분해대사물 억제	cyclic AMP 농도	활성자 (CRP)	>300
열충격	온도	대체 시그마 인자 (RpoH 및 RpoE)	36
질소 이용	NH_3 제한	활성자(NRI)/대체 시그마 인자 (RpoN)	>12
산화 스트레스	산화 물질	활성자 (OxyR)	>30
SOS 반응	손상된 DNA	억제자 (LexA)	>20
일반 스트레스 반응	스트레스 조건	대체 시그마 인자 (RpoS)	>400

[a]많은 광범위 조절 체계에서 조절은 복합적임. 하나의 조절 단백질이 하나 이상의 역할을 수행할 수 있음. 예를 들어, 호기성 호흡의 조절 단백질은 많은 프로모터에 대한 억제자이지만 다른 것들에 대해서는 활성자인 반면에, 혐기적 호흡과정의 조절 단백질은 많은 프로모터들에 대한 활성자이지만, 다른 것들에 대해서는 억제자임. 또한 조절은 간접적일 수도 있고 하나 이상의 조절 단백질이 요구할 수도 있다. 많은 유전자들이 하나 이상의 광범위 체계에 의해 조절됨.

세균에서 잘 연구된 광범위 반응의 예로는 인산 레귤론 [*phosphate (Pho) regulon*], **열충격 반응(heat shock response)** 및 *RpoS* 레귤론(*RpoS regulon*)이 포함된다. Pho 레귤론은 어떻게 세포가 환경의 인산 농도에 반응하며, 이 반응을 다른 대사 및 합성회로들과 연결하는가를 보여주는 반면에 열충격 반응은 모든 생물의 3개 도메인에 널리 퍼져 있으며 세균에서는 대체 시그마 인자들에 의하여 대부분 조절이 된다. 스트레스에 대한 세균의 일반적인 반응은 대체 시그마 인자인 RpoS가 400개 이상의 다른 유전자들을 조절하는 마스터 통제자(*master controller*)이다.

인산(Pho) 레귤론

인(phosphorus)은 DNA, RNA 및 막 합성에 필수적일 뿐만 아니라 에너지 발생과 세포 신호전달에 또한 매우 중요하다 (3.1절). 자연에서 인은 일반적으로 PO_4^{3-} (무기인산, 약자로는 P_i)의 형태로 존재하고 많은 환경에서 자주 제한되는 영양분(limiting nutrient)이 된다. 따라서 P_i의 제약을 해결하기 위한 Pho 레귤론과 같은 조절 기작이 세균에서 진화해 왔다. 이 레귤론은 두-요소 조절 체계 (6.6절)로 구성되며, 양성조절 기작 (6.3절)을 이용하여 유기인산으로부터 P_i를 얻는 효소, P_i 수송자 및 P_i의 보관을 위한 효소를 암호화하는 유전자들을 조절한다.

*Streptomyces*에서 두-요소 Pho 조절 체계는 막에 결합된 히스티딘 키나아제 감지 단백질인 PhoR 및 세포질 전사 조절자인 PhoP (*E. coli*에서는 PhoB)로 구성된다. 실질적으로 세포 외부의 P_i 수위를 감지하는(*sensing*) 기작은 모르지만 환경에서 낮은 P_i 수위는 PhoR 키나아제 활성을 유발시켜서 인산화된 PhoP (PhoP-P)를 생산하는 것으로 알려져 있다 (**그림 6.25**). 인산화가 되면 PhoP-P는 유전체 전약에 산재되어 있는 Pho 상자(box)라고 불리는 보존된 프로모터 지역에 결합한다. 이 결합은 RNA 중합효소의 "일반적인 세포유지(general housekeeping)" 시그마 소단위가 결합하게 신호를 보내서 P_i 흡수에 필요한 유전자들의 전사를 활성화시키게 한다. P_i가 초과될 때에는 PhoP가 탈인산화되고 이는 Pho 상자로부터 PhoP의 제거를 유도하여 인산 대사 단백질들을 암호화하는 유전자들의 전사를 감소시킨다.

Pho 레귤론은 많은 세균이 P_i의 고갈에 반응하기 위해서 이용하는 기작인데 왜 이 레귤론이 광범위 조절의 한 가지 예로 고려되는가? *Streptomyces*와 많은 다른 세균에서 P_i 흡수와 보관 유전자들의 활성자로서의 역할 이외에 Pho-P는 또한

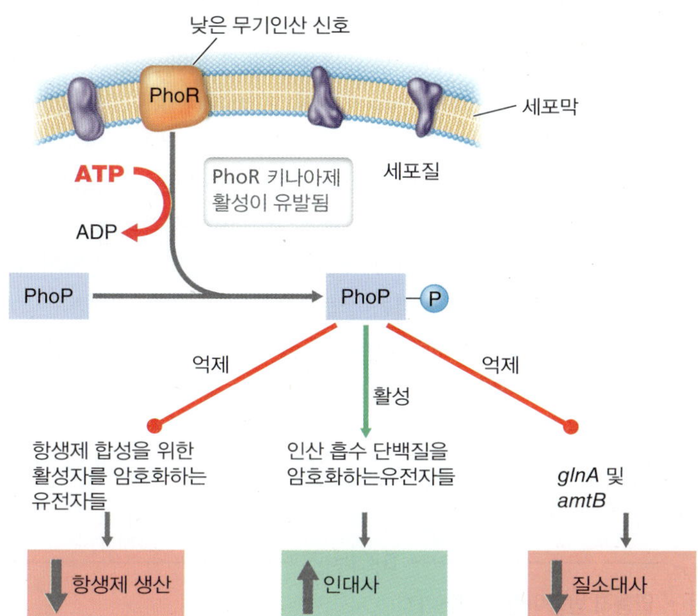

그림 6.25 ***Streptomyces*의 인산(Pho) 레귤론.** *Streptomyces* 속(genus)은 사상형 그람-양성 세균의 종들을 포함하며 많은 종들이 항생제를 생산한다 (16.12절). 만일 무기인산(P_i)의 농도가 낮으면 신호가 키나아제 PhoR에 보내지고 PhoP가 인산화된다. PhoP-P는 프로모터 지역을 인식하여 결합하는데 활성자와 억제자 모두로 활동한다. 이 조절은 인산 흡수 유전자들 활성화하고 항생제 생산의 조절, 글루타민 합성효소 (*glnA*) 및 암모늄 수송 (*amtB*) 유전자들을 억제하는 것에 의해서 항생제를 생산 및 질소 물질대사를 감소시켜서 인의 물질대사를 증가시킨다.

시그마 소단위를 불러들이지 않고도 일부 프로모터에 약하게 결합한다. 이 결합은 RNA 중합효소를 가로막고 따라서 연결된 유전자의 억제를 유도한다. 다소 놀랍게도 Pho-P가 실질적으로 활성화시키는 유전자보다 억제하는 유전자 더 많다. *Streptomyces*에서 P_i의 흡수와 연관되어 있지 않으며 P_i 제한 및 PhoP-P에 의해서 조절되는 유전자들에는 질소대사 [글루타민 합성효소(glutamine synthetase, *glnA*; 암모늄 수송(ammonium transport, *amtB*)] 및 항생제 합성에 필요한 산물을 생산하는 것들이 포함된다 (그림 6.25).

Pho 레귤론은 또한 발병(pathogenesis)의 일부 측면을 조절할 수가 있다. 병원성 세균은 숙주 내에서 감염의 부위에 따라서 P_i-제한되는 환경 및 P_i-풍요로운 환경에 모두 노출된다. 기작은 분명하지 않지만 Pho 레귤론은 생물막(biofilm) 형성 (5.1절 및 7.9절), 항미생물제 저항성 (28.12절), 독소 생산 (25.5절) 및 *Vibrio cholerae*, *Pseudomonas* spp.와 병원성 *E. coli*와 같은 병원체 내에서 산성 저항성을 조절하는 데 연관되어 있는 것으로 보인다. 따라서 Pho 레귤론은 P_i 고갈의 지표가 되며 무수히 많은 세포 기능을 조절하는 관련이 없는 광범위한 유전자들의 조절을 유도한다.

열충격 단백질

대부분 단백질은 비교적 안정하며, 온도가 조금 증가하더라도 안정적이다. 그러나 어떤 단백질은 온도가 올라갔을 때 덜 안정적이고 풀려지려는 경향이 있다 (변성, 4.7절). 부적절하게 접혀진 단백질들은 세포 내 protease 효소에 의해 인지되어 분해된다. 결과적으로, 온도 스트레스는 손상에 대응하도록 돕고 세포를 스트레스로부터 회복하도록 보조하는 **열충격 단백질(heat shock proteins)**이라 불리는 한 세트의 단백질 합성을 유발한다. 열충격 단백질은 열에 의해서 뿐만 아니라 에탄올과 같이 어떤 화학물질의 높은 농도에 노출되는 것 혹은 높은 UV 조사량에 노출되는 것과 같은 세포가 겪을 수 있는 여러 가지 다른 스트레스 요인들에 의하여 유도된다.

대부분의 세균 및 고균에는 세 가지 주요 열충격 단백질 군이 있다: Hsp70, Hsp60, 그리고 Hsp10. 이들 단백질은 이런 이름들로 쓰인 것은 아니었지만 이전에 언급된 바 있다 (4.11절 및 그림 4.40*a*). *E. coli*의 Hsp70 단백질은 DnaK로서 이 단백질은 새로이 합성된 단백질의 엉김을 방지하고 접히지 않은 단백질을 안정화시킨다. *E. coli*에서 Hsp60와 Hsp10 단백질 군의 주요한 대표로서 GroEL과 GroES 단백질을 각각 들 수 있다. 이들은 잘못 접혀진 단백질을 정확하게 다시 접어주는 분자 샤프론(*molecular chaperones*)들이다. 또 다른 열충격 단백질 군으로는 변성되었거나 비가역적으로 엉킨 단백질을 분해하는 여러 가지 단백질분해효소(protease)가 있다.

열충격 반응

*E. coli*와 같은 많은 세균에서 열충격 반응은 대체 시그마 인자 (4.5절)인 RpoH (σ^{32})에 의해 조절된다 (**그림 6.26**). RpoH는 세포질에서 열충격 단백질의 발현을 조절하며, 정상적으로는 합성 1~2분 내에 분해된다. 그러나 세포가 열충격을 받았을 때 RpoH의

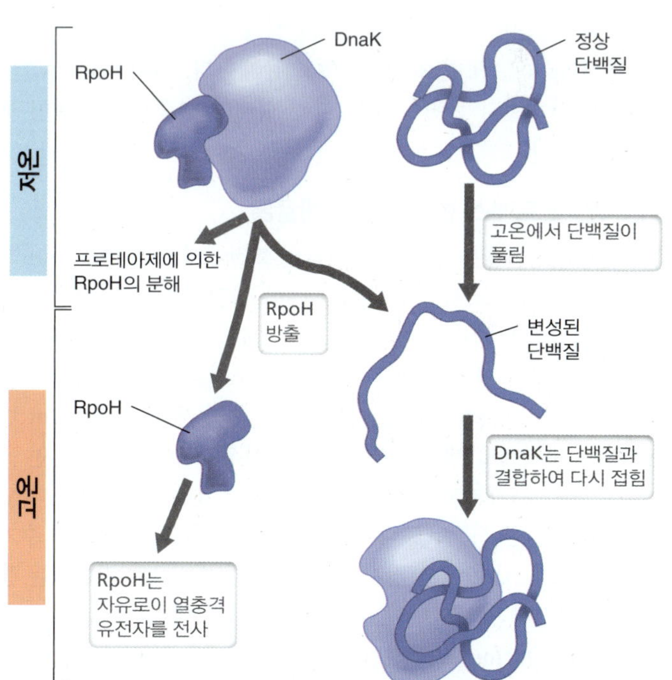

그림 6.26 ***Escherichia coli*에서 열충격의 조절.** RpoH 대체 시그마 인자는 정상 온도에서 프로테아제에 의하여 급격하게 분해된다. 이것은 DnaK 샤프론이 RpoH에 결합함으로써 촉진된다. 고온에서 어떤 단백질들은 변성되며, DnaK는 풀린 폴리펩티드 사슬을 인지하고 결합하여 다시 접어준다. 이는 DnaK로부터 RpoH를 제거해서 분해 속도를 늦춘다. RpoH의 양이 증가하면 열충격 유전자가 전사된다.

분해는 억제되고 따라서 그 양은 증가된다. 결과적으로, RpoH에 의해 인지되는 프로모터를 갖는 오페론들의 전사가 증가된다.

RpoH의 분해 속도는 RpoH를 불활성화시키는 자유 DnaK 단백질의 양에 달려 있다. 스트레스를 받지 않은 세포에서, DnaK의 양은 상대적으로 높고 완전한 RpoH의 양은 결과적으로 낮다. 그러나 만약 열이 단백질을 풀게 되면 DnaK는 우선적으로 풀린 단백질과 결합하며 RpoH를 분해하기 위해서 더 이상 자유롭지 않게 된다. 따라서 변성된 단백질이 많을수록, 자유 DnaK의 양이 더 낮아지고 RpoH의 양은 더 높아지며; 그 결과는 열충격 유전자 발현이다—열충격 반응. 환경의 스트레스가 지나가면, 예로 온도가 내려가면 RpoH는 다시 DnaK에 의해서 불활성화되고 열충격 단백질의 합성은 감소한다.

열충격 단백질은 세포에서 주요한 기능을 수행하기 때문에 세포가 정상 조건에서 생장할 때도 이들 단백질은 낮은 농도로 항상 존재한다. 그러나 스트레스를 받은 세포가 과도한 열, 화학물질, 혹은 물리적 제제에 노출되는 것으로부터 생존하는데 열충격 단백질의 급격한 합성이 얼마나 중요한지를 강조하게 된다. 이런 스트레스들은 다시 접혀야 되거나 (그리고 그 과정에서 재활성화되는) 혹은 새로운 단백질의 합성을 위해 자유 아미노산을 방출할 수 있도록 분해될 필요가 있는 많은 양의 불활성화된 단백질을 발생시킬 수 있다.

고균에도 열충격 반응이 있으며, 매우 높은 온도에서 가장 잘 자라는 종에도 존재한다. 세균의 Hsp70의 유사체가 많은 고균에서 발견되며 구조적으로 그람-양성 세균에서 발견되는 것과 아주 유사하다. Hsp70은 또한 진핵세포에도 존재한다. 이외에도, 세균의 스트레스 단백질과 관련이 없는 다른 형태의 열충격 단백질이 고균에 존재한다.

일반적인 스트레스 반응: RpoS 레귤론

자연에서 미생물들은 영양분이 제한된 조건에서 생존해야 하며 극한의 pH와 산화 스트레스(oxidative stress)와 같은 환경 스트레스에 노출되어야만 한다. 어떻게 세포가 이런 조건을 견디며 적응을 할까? 일부 그람-양성 세포는 이런 거친 조건을 견디기 위하여 포자 형성을 하지만 (⇔ 2.10절), 많은 그람-음성 세균은 stringent 반응(6.9절) 이외에도 세포의 생존회로를 활성화시키는 일반적인 스트레스 반응을 가지고 있다. 이런 회로들은 대체 시그마 인자인 RpoS (σ^S 혹은 σ^{32}, ⇔ 표 4.3)에 의해 조절된다. RpoS는 지수기(exponential phase)에서 정지기(stationary phase)로 전환되는 동안에 매우 높게 발현되는데 또한 정지기 시그마 인자(*stationary phase sigma factor*)로 알려져 있다. RpoS 레귤론은 영양분 제한, DNA 손상에 저항, 생물막 형성 및 삼투압, 산화와 산성 스트레스에 반응하는데 연관된 유전자들을 포함하여 400개 이상의 유전자들로 구성되어 있다. 따라서 RpoS는 환경의 변화를 감지하는 것뿐만 아니라 신호들을 다른 조절자에 전달하기도 한다.

RpoS가 인식하는 *E. coli*의 유전자의 예로는 SOS DNA 수선(repair) 체계 (⇔ 11.4절 및 그림 11.9)의 DNA 중합효소 IV를 암호화하는 *dinB* 및 활성 산소 종류들과 싸우기 위해 필요한 카탈라아제(catalase) 유전자들이 (⇔ 5.14절) 포함된다. RpoS 레귤론의 확장성 때문에 이 대체 시그마 인자는 그 자신이 수많은 전사, 번역 및 번역후 조절기작에 의해서 조절된다. 예를 들어, *rpoS* 유전자의 전사는 알라몬 ppGpp의 존재에 반응하여 증가하며, 따라서 stringent 반응 (6.9절)과 RpoS 레귤론은 직접적으로 연관되어 있다. 또한 *rpoS* mRNA의 번역은 스트레스 조건 동안에 발현되는 소형 RNA의 존재에 의해서 양성적으로 조절된다 (6.11절). 정반대로 RpoS 단백질은 스트레스가 없는 조건에서는 분해에 취약하다. 전체적으로 일반적인 스트레스 반응은 RpoS의 광범위한 조절 특성 및 세포의 생존과 적응을 위해서 수행되어야만 하는 조율된 과정을 강조하고 있다.

미니퀴즈

- 열충격 반응이란 무엇인가?
- 왜 세포는 한 종류 이상의 σ 인자를 보유하는가?
- 어떻게 RpoH의 수위가 열충격 반응을 조절하는가?

III • RNA에 의한 조절

현재까지는 단백질이 신호를 감지하거나 DNA에 결합하는 조절기작에 초점을 맞춰 왔다. 어떤 경우에는 하나의 단백질이 두 가지 모두를 수행한다; 다른 경우에는 다른 단백질들이 이런 두 가지 활성을 수행한다. 그럼에도 불구하고 모든 이런 기작들은 조절 단백질에 의존한다. 그러나 어떤 경우에는 *RNA*가 유전자의 발현을 전사의 수준과 번역의 수준 모두에서 조절할 수가 있다.

단백질로 번역되지 않는 RNA 분자들은 총체적으로 **비암호 RNA (ncRNA)**로 알려져 있다. 이 범주에는 단백질 합성에 관련된 rRNA와 tRNA 분자, 몇몇 형태의 단백질 분비를 촉진하는 신호인식 입자에 존재하는 RNA가 포함된다 (⇔ 4.8, 4.10 및 4.12절). 비암호 RNA에는 RNA 가공(RNA processing), 특히 진핵세포에서 mRNA의 스플라이싱(splicing)에 필요한 소형(small) RNA 분자들이 포함된다. 소형 *RNA* (*small RNA*, sRNA)는 범위가 40~400개의 뉴클레오티드 길이로 유전자 발현을 조절하며 원핵세포와 진핵세포 모두에 널리 분포되어 있다. 예를 들어, *Escherichia coli*에서 수많은 sRNA 분자가 다른 RNA에 결합하거나 어떤 경우에는 다른 작은 분자에 결합하여 환경과 세포 신호에 반응하는 세포 생리학의 다양한 면들을 조절한다; 그 결과는 유전자 발현의 조절이다.

6.11 조절 RNA

소형 RNA (sRNA)는 상보적 서열 부위를 갖고 있는 다른 RNA 분자, 대개는 mRNA와 직접적으로 염기쌍을 형성하여 그 효과를 나타낸다. 이 결합은 리보솜이 이중가닥 RNA를 번역할 수 없기 때문에 즉시 표적 mRNA 번역 비율을 조절한다. 따라서 sRNA는 그것의 상보적인(corresponding) mRNA가 이미 전사되었을 때 단백질 합성을 조절하기 위하여 부가적인 기작을 제공한다.

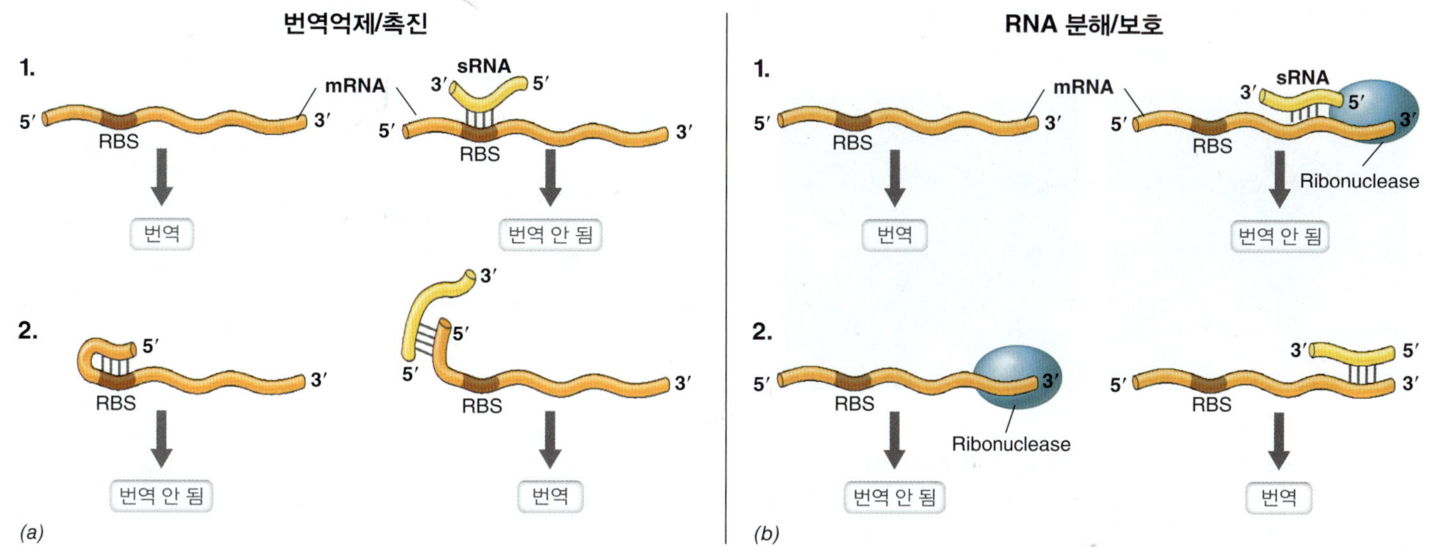

그림 6.27 mRNA의 번역을 조절하는 소형 RNA 기작. *(a)* 리보솜과 mRNA의 결합은 mRNA의 리보솜-결합 부위(RBS)가 단일 가닥이 되는 것을 필요로 한다. RBS에 sRNA가 결합하는 것 (1에서 보이는 것)은 번역을 차단하는 반면에, sRNA와 RBS가 2차 구조를 갖는 mRNA와 결합하는 것 (2에서 보이는 것)은 번역을 촉진할 수 있다. *(b)* Ribonuclease는 RNA를 분해한다. 부분적으로 이중 가닥인 RNA와 결합하는 ribonuclease는 RNA 분해를 가져오는 반면에 (1에서 보임), ribonuclease 결합 부위에 결합하는 sRNA는 (2에 보이는 것처럼) mRNA 분해를 막을 수 있다. 그림 6.30에서 보인 리보스위치에 의한 번역 조절 기작과 여기 그림에서 보여준 소형 RNA들에 의해서 번역이 조절되는 기작들을 비교하라.

sRNA 활성 기작

소형 RNA들은 네 가지 다른 기작에 의하여 그들의 mRNA 표적의 번역을 변형시킨다 (**그림 6.27**). 어떤 sRNA들은 그들의 표적 mRNA와 염기쌍을 이루어 그것의 2차 구조를 변화시킴으로써 사전 접근 가능한 리보솜 결합 부위(RBS) (⇌ 4.9절)를 차단하거나 사전 차단된 RBS를 해제하여 리보솜에 접근할 수 있도록 해준다. 이들 두 과정은 각각 표적 mRNA에 의해 암호화된 단백질의 발현을 감소시키거나 증가시킨다. sRNA 상호작용의 다른 두 가지 기작은 mRNA 안정성에 영향을 미치며; 그 표적에 sRNA의 결합은 세균 리보핵산분해효소(ribonuclease)에 의하여 그 전사체의 분해를 증가 또는 감소시킬 수 있음으로 단백질 발현을 조절한다. mRNA 분해의 증가는 그 mRNA에 의해 암호화된 새로운 단백질 분자의 합성을 차단한다. mRNA의 안정성 증가는 세포에서 더 많은 상보적 단백질 양을 생성하게 한다 (그림 6.27).

소형 RNA 종류

소형 RNA (sRNA)는 균체밀도감지, 생물막 형성 및 안정기의 사건들뿐만 아니라 산화, 철 및 포도당-인산 스트레스를 포함하여 다양한 세포 과정의 중요한 중재자(modulator)이다. sRNA들의 전사는 자주 그것들의 표적유전자를 꺼야 할 필요가 있을 조건에서 증진된다. 예를 들어, *Escherichia coli*의 RyhB RNA는 생장을 위한 철(iron)이 제한될 때에 전사된다. RhyB sRNA는 철의 대사에 필요한 단백질을 암호화하거나 철을 보조인자로 사용하는 여러 개의 구별되는 표적 mRNA에 결합한다. RyhB sRNA의 결합은 mRNA의 RBS를 차단하여 번역을 억제한다 (그림 6.27*a*). 이때 염기쌍을 한 RyhB/mRNA 분자는 리보핵산분해효소(ribonucleases), mRNA 번역이 일어나기 전에 특히 리보핵산분해효소 E에 의하여 분해된다. 이것이 *E. coli*와 관련 세균들이 철의 결핍에 반응하는 기작의 일부분을 형성한다. *E. coli*에서 철 제한에 대한 다른 반응에는 철을 흡수 또는 세포 내 철 저장을 이끄는 세포의 능력을 감소하거나 증가시키는 억제자 단백질과 활성자 단백질 (6.2와 6.3절)에 의한 전사조절이 포함된다.

유사하게 SgrS는 *E. coli*의 sRNA로 포도당 6-인산염(glucose 6-phosphate)의 축적으로 피하기 위하여 포도당–인산 스트레스 동안에 발현된다. 세포 내에서 포도당 6-인산의 높은 농도는 해당회로(glycolytic pathway) (⇌ 3.8절)를 차단하는데 이를 극복하지 못하면 궁극적으로 세포를 죽음으로 유도할 수 있다. SgrS가 발현되면 sRNA 분자가 포도당 수송체(transporter)를 암호화하는 *ptsG* mRNA에 결합한다. 이 결합의 결과로 리보핵산분해효소 E에 의한 *ptsG* mRNA의 분해를 유발하는 이중-가닥 RNA 복합체가 만들어진다 (**그림 6.28**). 이 분해는 번역되는 *ptsG* mRNA의 양을 감소시킴으로 더 낮은 농도의 포도당 수송체 단백질이 만들어진다. 이 결과로 포도당 6-인산의 수준이 낮아지고 이는 해당회로가 활성을 갖도록 허락한다.

RyhB와 SgrS를 포함하여 많은 sRNA들이 유전자 사이의 부위에서 암호화되고 공간적으로 그들의 mRNA 표적으로부터 분리될 수 있기 때문에 이것들을 트랜스-sRNA (*trans-sRNA*)라고 부른다. 그와 같이 이들 sRNA들은 대개 그들의 표적 분자에 제한된 상보성을 가지고 있으며 5개에서 11개의 뉴클레오티드 길이로 염기쌍을 이룰 수 있다. 트랜스-sRNA의 그들 표적과의 결합은 자주 두 RNA 분자의 상호작용을 촉진하기 위하여 모두에 결합하는 Hfq (**그림 6.29**)라 불리는 소형 단백질에 의존한다. Hfq 단백질은 양

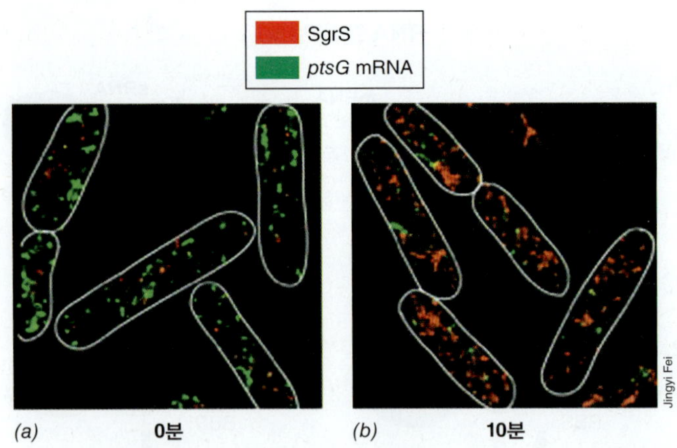

그림 6.28 포도당-인산 스트레스 동안에 SgrS sRNA 및 *ptsG* mRNA 간의 상호작용. *Escherichia coli* 세포 내에서 형광으로 표지된 SgrS sRNA (붉은색) 및 *ptsG* mRNA (초록색)의 3차원 고해상도(super-resolution) 이미지. *(a)* 0 시간 시점에 포도당-인산 스트레스 전에는 *ptsG* mRNA가 SgrS sRNA보다 더 많다. *(b)* 포도당-인산 스트레스 10분 후에는 *ptsG* mRNA의 분해 때문에 SgrS 수준이 더 높아진다.

표면에 RNA-결합 부위가 있는 6합체 환(ring)을 형성한다. Hfq 및 기능적으로 유사 단백질은 그들이 많은 sRNA를 비롯한 소형 RNA 분자를 도와 그들의 정확한 구조를 유지시키기 때문에 RNA 샤프론(*RNA chaperones*)으로 불린다 (그림 6.29).

소형 RNA는 언제나 mRNA에 영향을 미침으로서 작동하지는 않는다. 예를 들어, *Escherichia coli*에서 ColE1 플라스미드의 복제는 플라스미드 상에서 DNA 합성을 프라임(prime)하는 하나의 sRNA와 DNA 합성의 개시를 억제하는 안티센스 파트너에 의해 조절된다. 안티센스 RNA의 수준이 얼마나 자주 복제가 시작되는지를 결정한다. 어떤 sRNA들은 또한 단백질에 결합하여 그들의 활성을 조절한다.

미니퀴즈

- 어떻게 sRNA들은 표적 mRNA들의 번역을 변형시키는가?
- 왜 트랜스-sRNA들은 자주 샤프론 단백질을 필요로 하는가?
- SgrS는 어떻게 *Escherichia coli*가 재앙적인 물질대사의 가능성을 방지하게 하는가?

6.12 리보스위치

RNA는 한때 단백질에만 있는 것으로 생각되었던 많은 역할을 수행할 수 있다. 특히, RNA는 저분자량의 대사체를 포함한 다른 분자들을 특이적으로 인지하여 결합할 수 있다. 그와 같은 결합이 상보적 염기쌍을 필요로 하지 않지만 (이전 절에서 언급된 sRNA의 결합에서처럼) 한 단백질 효소가 그 기질을 활성부위에 인지하는 것만큼이나 RNA가 표적 분자를 인지하는 특정 3차원적 구조 속으로 접히는 결과로부터 나타난다는 것을 강조하는 것은 중요하다. 촉매적 활성을 나타내는 RNA 분자는 리보자임(*ribozyme*)이라고

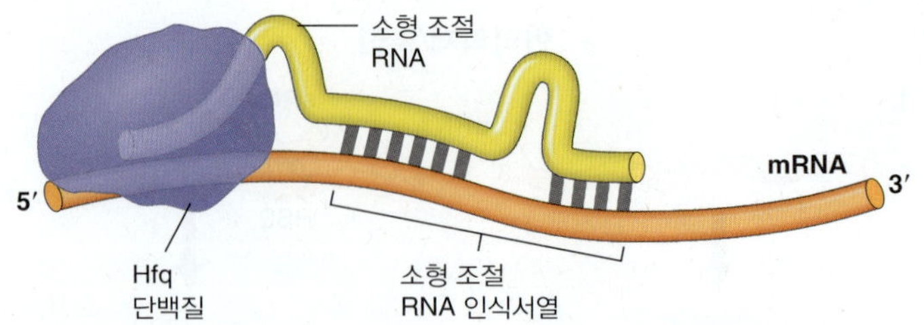

그림 6.29 여러 RNA들을 함께 붙잡는 RNA 샤프론 Hfq. sRNA와 mRNA의 결합은 종종 Hfq 단백질을 필요로 한다. 소형 RNA 분자들은 대개 여러 개의 줄기-고리 구조를 갖는다. 중요한 점 하나는 이 mRNA를 인지하는 상보적 염기서열이 비연속적이라는 점이다.

불린다. 다른 RNA 분자들은 작은 대사체에 결합하거나 유전자 발현을 조절하는 데 있어 억제자 및 활성자와 유사하며; 이들은 **리보스위치(riboswitch)**이다.

리보스위치의 기작

이 장의 앞부분에서 우리는 전사의 음성조절에 의한 유전자 발현의 조절을 다루었다 (6.2절). 이 과정에서, 특정 대사물질은 특정 억제자 단백질과 상호작용하여 그 대사물질의 생합성 경로에 관여하는 효소를 암호화하는 유전자들의 전사를 차단한다. 이것과는 대조적으로, 리보스위치에는 조절 단백질이 없다. 대신에 대사물질은 직접 mRNA에 결합한다. 이 때문에 리보스위치는 일반적으로 mRNA가 이미 합성된 후(*after*) 그들의 조절을 수행한다; 즉 대부분의 리보스위치는 전사(*transcription*)의 조절보다는 mRNA의 번역(*translation*)을 조절한다.

리보스위치 mRNA들은 소형 분자들과 결합하는 특정 3차원 구조로 접힐 수 있는 암호서열의 상류 부위를 갖고 있다. 이들 인지 도메인들은 리보스위치 내의 "스위치(switch)"로서 두 개의 대체 구조, 하나는 소형 분자가 결합되어 있고 다른 하나는 결합되어 있지 않은 구조로 존재한다 (**그림 6.30**). 따라서 리보스위치의 두 형태 사이의 변화는 소형 분자의 존재 유무에 따라 달라지며, 이는 교대로 mRNA의 발현을 조절한다. 리보스위치는 여러 비타민, 소수의 아미노산, 몇몇 질소염기, 그리고 펩티도글리칸 합성 시 전구체의 생합성 경로에 관련된 효소의 합성을 조절하는 것으로 밝혀졌다 (**표 6.3**).

리보스위치에 결합된 대사물질은 전형적으로 그 구성효소(constituent enzymes)가 상보적 리보스위치를 나르는 mRNA에 의하여 암호화되는 생합성 경로의 산물이다. 예를 들어, 티아민 피로인산염(thiamine pyrophosphate)에 결합하는 티아민 리보스위치는 티아민 생합성 경로에 관여하는 효소를 암호화하는 서열의 상류 부위에 위치한다. 티아민 피로인산염의 풀(pool)이 세포에 충분할 때, 대사물질은 그것의 특정 리보스위치 mRNA와 결합한다. 리보스위치의 새로운 2차 구조는 mRNA 상의 리보솜-결합 부위를 막아 mRNA가 리보솜에 결합하는 하는 것을 차단하게 되고; 이것은 번역을 차단한다 (그림 6.30). 만약 티아민 피로인산염의 농도가 충분히 낮게 떨어지면 이 분자는 리보스위치 mRNA로부터 분리될

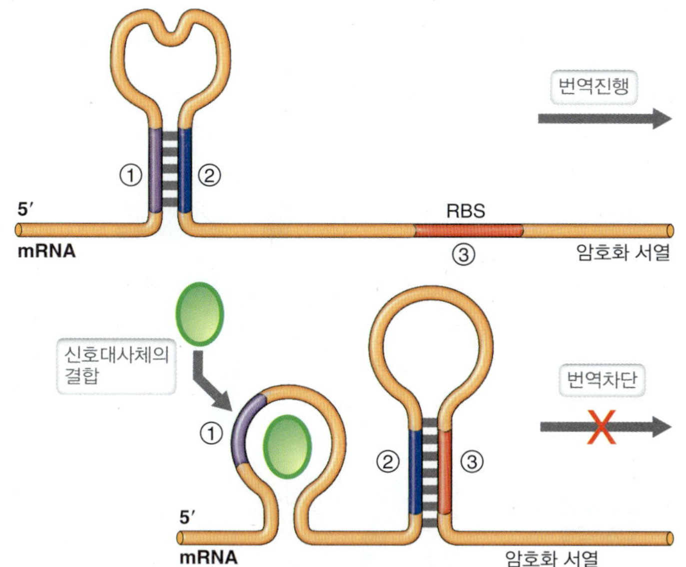

그림 6.30 리보스위치에 의한 조절. 특정 대사물질의 결합은 mRNA의 5′-비번역 부위에 위치하고 있는 리보스위치 도메인의 2차 구조를 변형시켜서 번역을 방해한다. 숫자는 리보스위치가 함께 염기쌍을 형성할 수 있는 지역을 의미한다. RBS, 리보솜-결합 부위.

표 6.3 *Escherichia coli* 생합성 경로의 리보스위치

형태	생합성 경로의 예
비타민	코발라민 (B_{12}), 테트라히드로엽산(tetrahydrofolate), 티아민(thiamine)
아미노산	글루타민, 글리신, 라이신, 메티오닌
핵산의 질소 염기	아데닌, 구아닌 (퓨린 염기)
기타	Flavin monocucleotide (FMN), S-adenosylmethionine (SAM), 글루코사민 6-인산 (펩티도글리칸 전구체), cyclic di-GMP (생물막 신호분자)

수 있다. 이것이 mRNA를 풀어 리보솜 결합 부위를 노출시킴으로써, mRNA가 리보솜과 결합하여 번역될 수 있도록 해준다.

mRNA의 일부분이 됨에도 불구하고 어떤 리보스위치는 전사를 조절한다. 그 기작은 리보스위치의 구조적 변화가 그것을 운반하는 mRNA 합성의 조기 종결을 가져오게 하는 감쇠조절 (6.13절)에서 볼 수 있는 것과 유사하다.

리보스위치와 진화

리보스위치는 얼마나 넓게 퍼져 있으며 어떻게 그들은 진화하였는가? 현재까지 리보스위치는 오직 몇몇 세균과 소수의 식물과 진균류에서만 발견되었다. 그러나 고균의 유전체 분석은 이 도메인에 최소한 잠재적인 어떤 리보스위치들이 존재하는 것을 나타낸다. 일부 과학자들은, 촉매 RNA가 스스로 복제하는 유일한 "생명 형태(life forms)"라는 가설을 설정했을 때, 리보스위치가 세포, DNA, 그리고 단백질이 존재하기에 앞서 아주 오래전(a period eons agon)인 RNA 세계의 잔재일 것으로 믿고 있다. 그런 환경에서 리보스위치는 대사조절의 원시 기작—RNA 생명 형태가 다른 RNA의 합성을 조절할 수 있는 단순한 수단일 수 있다. 단백질이 진화된 것처럼, 리보스위치는 그들의 합성을 위한 첫 번째 조절 기작일 수 있다. 이것이 사실이라면 오늘날 남아 있는 리보스위치는 우리가 이 장에서 살펴본 바와 같이 대사 조절은 거의 독점적으로 조절단백질에 의하여 수행되어 왔다는 사실에서 그런 단순 조절형태의 마지막 흔적일 수 있다.

미니퀴즈

- 리보스위치가 자신을 조절하는 소형 분자와 결합할 때 무슨 일이 일어날까?
- 유전자 발현의 조절에서 억제 단백질과 리보스위치 사이의 주요 차이점은 무엇인가?

6.13 감쇠조절

감쇠조절(attenuation)은 세균 (그리고 아마도 고균에서도) mRNA 합성의 조기 종결에 의해 기능을 나타내는 전사 조절의 한 형태이다. 즉, 감쇠조절에서 조절은 전사 시작 이후지만 전사가 완료되기 전에 수행된다. 결과적으로, 비록 한 오페론으로부터 개시 전사체의 수가 감소되지 않더라도 완료된 전사체의 수는 감소된다.

감쇠조절의 기본적 원리는 선도(*leader*)라고 불리는 mRNA의 첫 번째 부위가 두 개의 대체 2차 구조로 접혀질 수 있다는 것이다. 이런 관점에서 감쇠조절의 기작은 리보스위치의 기작과 유사하다(그림 6.30). 감쇠조절에서 한 mRNA 2차 구조가 계속해서 mRNA의 합성을 가능하게 하는 반면에, 다른 2차 구조는 조기 종결의 원인이 된다. mRNA의 접힘은 생물의 종류에 따라 리보솜에서의 어떤 과정이나 조절 단백질의 활성에 의존한다. 감쇠조절 현상의 가장 좋은 예는 그람-음성 세균에서 어떤 아미노산의 생합이 조절하는 유전자들의 조절이다. 처음 언급된 것은 *Escherichia coli*의 트립토판 오페론(tryptophan operon)으로 여기에서 우리는 그것에 초점을 맞출 것이다. 진핵생물에서는 전사 및 번역의 과정이 공간적으로 분리되기 때문에 감쇠조절은 진핵생물체(*Eukarya*)에는 존재하지 않는다 (4.6절).

트립토판 오페론에서의 감쇠조절

트립토판 오페론은 트립토판 합성경로에 관여하는 다섯 개의 단백질을 암호화하는 구조유전자와 오페론의 시작 부위에 있는 일반적인 프로모터 및 조절 서열을 포함하고 있다 (**그림 6.31**). 많은 오페론들처럼 트립토판 오페론 역시 하나 이상의 조절 종류를 갖고 있다. 전체 트립토판 오페론의 전사는 음성조절 하에 있다 (6.2절). 그러나 음성조절에 필요한 프로모터(promotor)와 작동유전자(operator) 부위 외에도 오페론 내에는 선도 펩티드(*leader peptide*)라는 짧은 폴리펩티드를 합성하는 선도서열(*leader sequence*)을 암호화하는 서열이 있다. 이 선도서열은 그 끝부분에 연속적인 트립

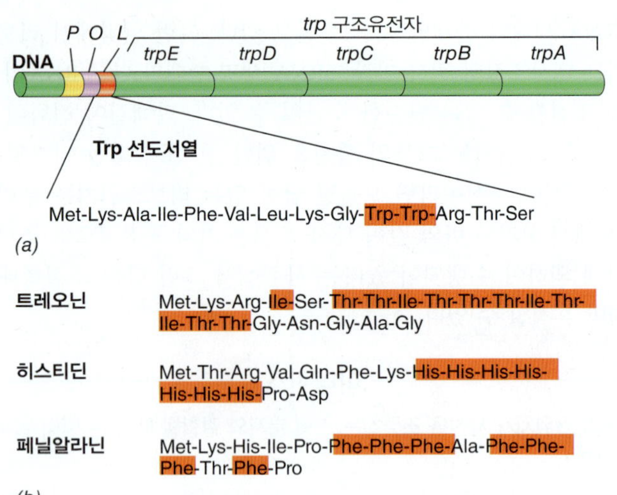

그림 6.31 ***Escherichia coli*에서 감쇠조절과 선도펩티드.** *E. coli*의 트립토판 (*trp*) 오페론의 구조와 트립토판 선도 펩티드 및 기타 선도 펩티드들. *(a)* *trp* 오페론의 배열. 선도서열 (L)은 말단 부근에서 두 개의 트립토판 잔기를 갖는 짧은 펩티드를 암호화함을 주목하라 (Ser 코돈 다음에 종결코돈이 있음). 프로모터는 *P*로 표시되고 작동유전자는 *O*로 표시되었다. *trpE*에서 *trpA*까지 표시된 유전자들은 트립토판 합성에 관련된 효소들을 암호화한다. *(b)* 일부 다른 아미노산 생합성 오페론의 선도 펩티드의 아미노산 서열. 이소루이신은 트레오닌으로부터 만들어지기 때문에 이것은 트레오닌 선도 펩티드의 주요 요소이다.

토판 코돈을 포함하고 있으며 감쇠자(attenuator)로서 역할을 수행한다 (그림 6.31).

트립토판 감쇠자 조절의 기초는 다음과 같다. 만약 트립토판이 세포 내에 풍부하다면 하전 트립토판이 결합된 tRNA (charged tryptophan tRNA)가 풍부해지고 선도 펩티드가 합성될 것이다. 선도 펩티드의 합성은 생합성 효소의 구조유전자를 포함하는 *trp* 오페론의 나머지 부위들의 전사 종결을 가져온다. 한편, 트립토판이 세포 내에 부족하면 트립토판을 많이 포함하는 선도 펩티드는 합성되지 않을 것이다. 만약 트립토판의 결핍에 의해서 선도 펩티드 합성이 억제되면 이 오페론의 나머지 부위가 전사된다.

감쇠조절 기작

어떻게 선도 펩티드의 번역이 하류(downstream)에 있는 트립토판 유전자들의 전사를 조절하는가? 원핵세포에서 전사와 번역은 동시에 일어난다는 것을 고려하라; DNA로부터 mRNA가 방출됨에 따라서 리보솜이 결합하고 번역이 시작된다 (4.1절). 즉 하류에 위치한 DNA 서열의 전사(*transcription*)가 아직 진행되는 동안에도 이미 전사된 서열의 번역(*translation*)이 진행 중에 있다 (**그림 6.32**).

새로이 형성된 mRNA의 일부분이 RNA 중합효소의 작용을 중단시키는 특이한 줄기-고리구조로 접히기 때문에 전사가 감쇠조절된다. mRNA 내의 줄기-고리구조는 가까이 있는 두 부분의 뉴클레오티드가 서로 상보적이어서 염기쌍을 형성할 수 있기 때문에 형성된다. 만약 트립토판이 풍부하면 리보솜은 트립토판이 선도서

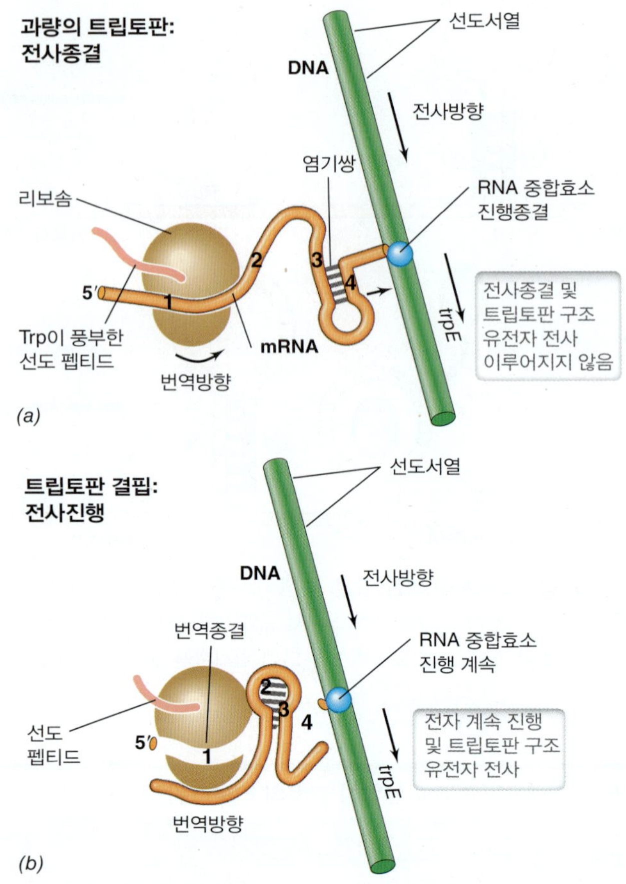

그림 6.32 감쇠조절의 기작. *Escherichia coli*에서 감쇠조절에 의한 트립토판(*trp*)오페론 구조유전자들의 전사조절. 선도 펩티드는 mRNA의 부위 1과 2에 의해 만들어진다. 신장 중인 mRNA 사슬의 두 부위, 즉 3:4 및 2:3으로 보이는 부위는 이중가닥으로 된 고리를 형성할 수 있다. *(a)* 트립토판이 충분히 존재하면 리보솜이 완전한 선도 펩티드를 번역하므로 부위 2는 3과 짝을 이루지 못하고, 부위 3과 4가 쌍을 이루어 고리를 형성하므로 전사가 종결된다. *(b)* 만약 트립토판의 결핍으로 번역이 지연되면 부위 2와 3이 쌍을 이루어 고리를 형성하고, 고리 3과 4는 형성되지 않으므로 전사는 선도서열을 지나 계속 진행된다.

열의 정지 코돈에 도달할 때까지 선도서열을 번역한다. 이때 선도서열의 나머지 부분은 전사 정지부위인 줄기-고리구조를 형성하고, 그 다음에는 실제로 전사를 종결시키는 역할을 하는 우라실이 풍부한 서열이 온다 (그림 6.32*a*).

만약 세포 내의 트립토판 농도가 제한적이면 트립토판 생합성 효소들을 암호화하는 유전자들의 전사는 필요하다. 따라서 선도서열의 전사동안 트립토판이 결합된 tRNA가 부족하기 때문에 리보솜은 트립토판 코돈에서 멈춘다. 이 위치에서 정체된 리보솜의 존재는 줄기-고리구조의 형성을 가능케 하는데 (그림 6.32*b*의 2번과 3번 위치) 이 구조는 종결자 줄기-고리 구조와는 다르다. 이 대체 줄기-고리는 전사 종결 신호는 아니고, 대신에 이 구조는 종결자 줄기-고리 구조 (그림 6.32*a*의 3번과 4번 위치)의 형성을 방지한다. 이것은 RNA 중합효소로 하여금 종결부위를 뒤로 하고 지나갈 수 있도록 하여 트립토판 구조 유전자들의 전사를 시작한다. 따라서 감쇠조절에서 전사 비율은 번역 비율에 의하여 영향을 받는다.

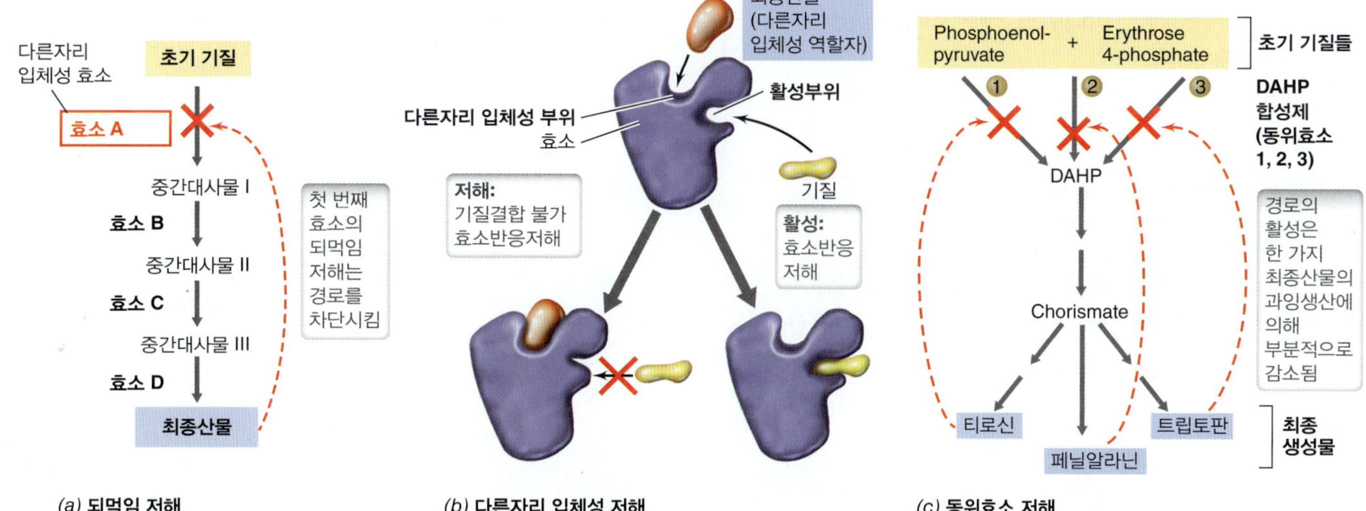

그림 6.33 효소활성의 저해. *(a)* 되먹임 저해에서, 경로의 첫 번째 효소의 활성이 최종산물에 의해 저해되어, 3가지 중간대사물 및 최종산물의 생산이 정지된다. *(b)* 경로의 최종산물에 의한 다른자리 입체성 저해 기작. 최종산물이 다른자리 입체성 부위에 결합하면, 효소의 구조가 변화하여 기질이 활성부위에 결합할 수 없다. 그러나 저해는 가역적으로 최종산물이 제한되면 효소는 다시 활성을 갖는다. *(c)* 동위효소들에 의한 저해. *Escherichia coli*에서 방향족 아미노산을 합성하는 공통 경로에는 DAHP 합성제의 세 가지 동위효소들이 있다. 이 효소들 각각은 특이적으로 방향족 아미노산들 중에 한 가지에 의해 되먹임 저해를 받는다. DAHP 생산을 완전히 중단시키는데 어떻게 세 가지 아미노산의 과잉이 요구되는지에 주목하라. DAHP 부위의 되먹임 저해에 더해서, 각 아미노산의 되먹임이 chorismate 단계에서 물질대사의 진행을 저해한다.

미니퀴즈

- 왜 감쇠조절은 진핵생물에서 일어나지 않는가?
- 어떻게 RNA에서 하나의 줄기-고리의 형성이 다른 것의 형성을 막을 수 있는지를 설명하라.

IV • 효소와 다른 단백질의 조절

우리는 하나는 세포 내에 존재하는 효소 또는 다른 단백질의 양(*amount*) (완전하게 존재하거나 또는 없도록)을 조절하는 몇몇 중요한 기작을 살펴보았다. 여기서는 되먹임 저해와 번역후 조절과 같은 과정을 통해 세포 내에 이미 존재하는 효소의 활성(*activity*)을 세포가 조절하는 것에 대하여 초점을 맞추도록 한다.

6.14 되먹임 저해

효소활성 조절의 중요한 기작은 **되먹임 저해(feedback inhibition)**이다. 이는 전체 생합성 과정의 반응들을 잠정적으로 정지시키는 기작이다. 그 반응은 초과하여 존재하는 경로의 최종산물이 그 경로의 초기 (전형적으로 첫 번째) 효소의 활성을 저해하기 때문에 정지된다. 초기 단계의 저해는 회로 내의 연속된 효소들을 위한 중간산물을 전혀 생산하지 않기 때문에 전체 경로를 효과적으로 정지시킨다 (**그림 6.33*a***). 그러나 되먹임 저해는 가역적인데, 최종산물의 양이 제한되면 회로가 다시 기능을 갖기 때문이다.

경로의 최종산물이 어떻게 아무 관련이 없는 기질을 가진 효소의 활성을 방해하는가? 이것은 저해된 효소가 두 개의 결합부위, 활성부위 (*active site*, 기질이 결합하는 곳, 3.5절)와 회로의 최종산물이 결합하는 다른자리 입체성 부위(*allosteric site*)를 가지고 있기 때문에 일어난다. 최종산물이 과량으로 존재할 때, 최종산물은 다른자리 입체성 부위에 결합하여 기질이 활성부위에 결합할 수 없도록 효소의 구조를 변화시킨다 (그림 6.33*b*). 그러나 세포 내에서 최종산물의 농도가 감소하기 시작하면, 최종산물은 더 이상 다른자리 입체성 부위에 결합하지 못하고, 효소는 촉매 형태로 돌아가서 다시 활성 상태가 된다.

동위효소

되먹임 저해에 의하여 조절되는 몇몇 생합성경로에는 동위효소(*isoenzymes*, "iso"는 같음을 의미)가 이용되기도 한다. 동위효소는 동일한 반응을 촉매하는 서로 다른 효소이지만 다른 조절통제를 받는다. *Escherichia coli*의 티로신, 트립토판, 페닐알라닌과 같은 방향족 아미노산의 합성을 필요로 하는 효소들의 그 예들이다 (그림 6.33*c*).

효소 3-deoxy-D-arabino-heptulosonate 7-phosphate (DAHP) synthase는 회로의 마지막에 가지를 치는 지점을 포함하는 방향족 아미노산 생합성에서 중심적인 역할을 한다 (그림 6.33*c*). *E. coli*에서 세 개의 DAHP synthase 동위효소는 이 경로의 첫 번째 반응을 촉매하는데, 각각은 단지 최종산물 아미노산들 중 다른 하나에 의해서만 독립적으로 조절된다. 그러나 최종산물이 효소활성을 완전하게 저해하는 되먹임 저해의 예와는 달리 (그림 6.33*a*, *b*), DAHP-통제 회로 내의 효소활성은 단계적으로 감소된다; 효소활성은 세 개(*all three*)의 모든 산물이 과하게 존재하는 경우에만 0으로 떨어진다. 이는 하나 혹은 두 개의 아미노산이 전체 회로를 중지시키는 것을 막아줌으로 세포가 3번째 아미노산에 굶주리는 것을 막는다 (그림 6.33*c*).

단원 2

미니퀴즈

- 되먹임 저해란 무엇인가?
- 다른자리 입체성 부위와 활성부위 간의 차이점은 무엇인가?
- 동위효소란 무엇인가?

6.15 번역후 조절

우리는 이미 두-요소 조절 체계와 주화성을 각각 고려할 때 번역후 단백질을 조절하는 매우 일반적인 두 가지 기작인 인산화(*phosphorylation*) 및 메틸화(*methylation*)에 대해 다룬 바 있다 (6.6 및 6.7절). 생합성 효소들은 뉴클레오티드 아데노신 일인산(AMP), 아데노신 이인산(ADP) 및 우리딘 일인산(UMP)과 같은 다른 소형 분자들의 결합에 의해 조절이 될 수가 있다. 이번 장을 통하여 세포가 단백질-단백질 상호작용에 의해서 단백질의 활성을 조절하는 방안들도 또한 만날 것이다. 이와는 반대로 어떤 효소들은 결과적으로 효소활성에 영향을 미치는 소형 분자들을 붙이거나 제거하는 공유적 변형(*covalent modification*)에 의해 조절되는데 여기에서 이 조절 기작을 고려해 보도록 한다.

PII 신호전달 단백질의 조절

PII 단백질은 세균, 고균 및 식물의 색소체(plastid)에서 발견되는 신호전달 단백질 (6.6절)의 광범위한 족(family)이며 다양한 범위의 전사인자들, 효소들 및 막 수송 단백질들을 조절하여 질소대사에서 중요한 역할을 한다. 조절의 연속성(cascade)에서 PII 단백질의 활성은 이것이 공유적으로 변형이 되었느냐 아니냐에 달려 있다. 이 변형은 UMP기를 추가하는 우리딘화(*uridylylation*), AMP를 추가하는 아데닐화(*adenylation*) 혹은 어떤 남세균(*cyanobacteria*)에서의 인산화(*phosphorylation*)까지 광범위하다. 이런 공유적 변형이 단백질의 활성에 영향을 주고 PII 단백질이 충분히 합성된 후에 일어나기 때문에 조절은 번역후(post-translational)로 여겨진다. 여기서는 PII와 글루타민의 존재에 대한 반응으로 우리딜전이효소(uridyltransferase) 활성과 uridyl-제거 활성을 모두 보유한 이중 기능을 갖는 효소인 GlnD에 의한 PII의 우리딘화를 고려하겠다 (**그림 6.34**).

세포가 암모니아(NH_3) 동화작용이 필요한지 결정하는 주된 방법 중 하나는 GlnD 단백질에 의한 글루타민 감지를 통해서이다. 세포의 글루타민 양이 낮으면 이는 NH_3 동화작용이 필요하다는 신호를 보낸다. GlnD는 글루타민 그 자체와 결합하는 것을 통하여 이 신호를 전달한다. GlnD가 글루타민에 결합하지 않으면 효소는 우리딜전이효소 활성을 보유하는데 PII에 UMP기를 첨가하여 번역후 변형을 통하여 PII-UMP를 생산한다.

질소대사에서 PII-UMP의 표적인 한 단백질은 글루타민 합성효소 아데닐전이효소(glutamine synthetase adenyltransferase)이다 (그림 6.34*a*). 우리딘화가 되면 PII-UMP는 글루타민 합성효소 아데닐전이효소를 자극하여 글루타민 합성효소(glutamine synthetase, GS)로부터 아데닐기(adenyl group)를 제거하도록 한다. 질소의 수위는 글루타민 양에 의해서 감지되는데 만일 질소의 세포 내 수위가 높다면 에너지를 보존하기 위해서 암모니아(NH_3) 동화작용 (3.14절)의 핵심효소인 GS는 강하게 조절해야만 한다. 만일 GS가 덜 아데닐화가 됨에 따라서 그 활성은 증가하고 NH_3 동화작용은 증가한다 (그림 6.34*c*). 글루타민의 수위가 충분해지면 세포는 더 이상 NH_3 동화작용이 필요가 없다. 이는 GlnD가 이용 가능한 글루타민에 결합하는 결과를 가져오고 단백질이 우리딜기(uridyl group)를 PII-UMP로부터 제거하도록 촉진한다 (그림 6.34*b*). 변형되지 않은 형태에서 PII는 글루타민 합성효소 아데닐전이효소를 자극하여 GS를 아데닐화하고 GS-AMP를 형성하게 한다. 충분하

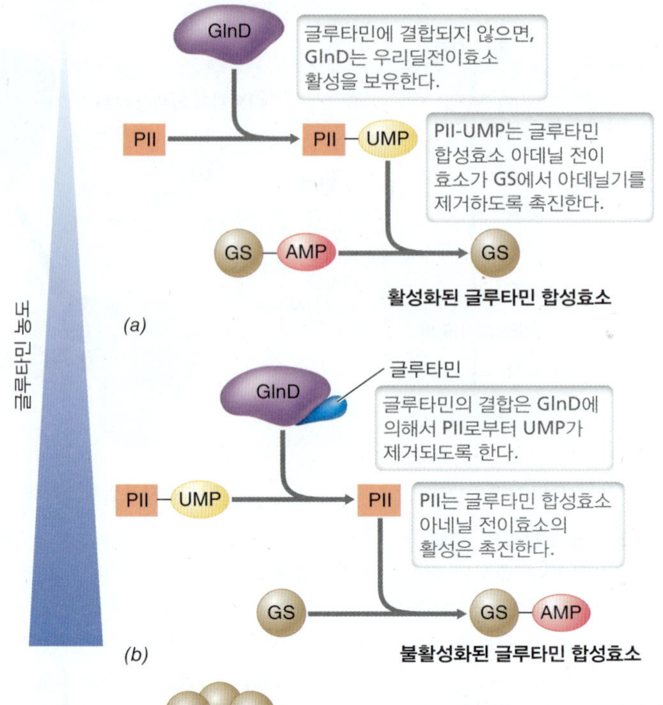

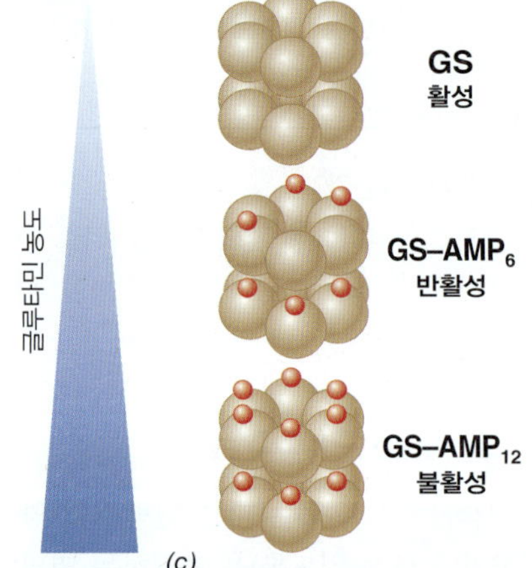

그림 6.34 PII 및 글루타민 합성효소의 번역후 조절. *(a)* PII의 우리딘화 및 글루타민 합성효소(GS)의 활성화. 세포의 낮은 글루타민 양에 반응하여 GlnD의 우리딜전이효소 활성이 자극된다. 이는 PII가 PII-UMP로 되는 결과를 가져오고 글루타민 합성효소 아데닐전이효소가 AMP 제거를 통하여 GS를 활성화하도록 유도한다. *(b)* PII로부터 UMP의 제거 및 GS의 불활성화. 세포 내에 글루타민 양이 높으면 GlnD의 UMP 제거 활성이 활성화된다. 이는 PII-UMP가 PI가 되는 결과를 가져오고 글루타민 합성효소 아데닐전이효소가 아데닐화를 통하여 GS를 불활성화시키도록 유도한다. *(c)* GS 활성의 조절. 아데닐화된 GS 소단위는 촉매적으로 불활성이며, 따라서 글루타민의 양이 줄어들고 더 많은 소단위가 탈아데닐화함에 따라서 전체적인 GS 활성은 점진적으로 증가된다.

게 아데닐화된 GS는 약한 활성을 보유하며 따라서 NH_3 동화작용이 덜 일어난다.

GS 효소를 둘러싼 이러한 정교한 조절이 존재하는 이유는 무엇인가? GS의 활성은 ATP를 필요로 하고, 질소동화작용은 세포에서 주요한 생합성 과정이다. 그러나 세포에서 NH_3가 높은 수위로 있을 때, ATP를 소모하지 않는 효소에 의해서 아미노산으로 동화될 수 있다; 이들 조건하에서, GS는 불활성 상태로 남는다. 그러나 NH_3 수위가 매우 낮을 때에는 GS가 촉매적으로 활성화된다. NH_3가 제한적일 때만 GS를 활성화시키는 것에 의해서 세포는 만일 NH_3가 과량으로 존재할 때에 GS가 활성을 갖는다면 불필요하게 사용될 ATP를 보존하게 된다.

시그마 인자의 불활성화

6.10절에서 열충격 반응에서 정상의 온도 조건이 되면 어떻게 σ 인자 RpoH가 DnaK에 의해서 불활성화되는지 묘사하였다 (그림 6.26). 안티-시그마(*anti-sigma*) 인자로 알려진 단백질들 또한 시그마 인자에 결합하여 변역후 조절의 형태로서 불활성화시킬 수가 있다.

RpoE (σ^{24} 혹은 σ^{E}, 표 4.3)는 많은 세균에서 세포질 외부의 스트레스에 반응하도록 보존된 시그마 인자로서 외막 단백질들의 정확한 접힘, 발현 및 재사용에 필요한 산물들을 암호화하는 유전자들의 프로모터를 인식한다 (2.5절). 이 프로모터들 중에 하나가 *dnaK*이다. 스트레스가 없는 정상적인 상태에서는 막에 결합된 안티-시그마 인자인 RseA가 RpoE가 그 표적 프로모터에 결합하지 못하도록 격리시킨다. 그러나 세포가 고열 혹은 삼투압과 같은 막에 스트레스를 주는 조건과 마주치면 외막 단백질은 변성이 일어나고, 이는 RseA에 특이적인 단백질분해효소를 활성화시킨다. RseA가 분해되면 RpoE는 자유롭게 외막 단백질의 재접힘, 인산 및 지질다당류(lipopolysaccharide)의 생산 등 막의 수리에 필요한 유전자들의 전사를 활성화시킨다 (**그림 6.35**). RpoE의 방출은 또한 DnaK의 수위를 증가시키고 따라서 샤프론 (4.11절)은 외막 단백질의 접힘과 재사용을 보조할 수가 있다.

막이 수리가 되면 RseA는 더 이상 분해를 위한 표적이 아니면 세포막에 재결합된다. 이 형태에서는 RseA가 RpoE에 결합하여 프로모터 지역으로부터 격리시킴으로 안티-시그마 활성을 다시 갖게 된다. 이는 막 스트레스의 반응에 필요한 산물을 위한 유전자들과 *dnaK* 모두의 발현 감소를 유도한다. 또 다른 안티-시그마 인자 상호작용에 의한 조절의 예는 안티-시그마 인자 SpoIIAB가 σ^{F}에 결합해서 그것이 RNA 중합효소와 결합하는 것을 막을 때 *Bacillus*의 포자형성 동안 일어난다; 이 통제 과정은 7.6절 및 그림 7.15에서 다루겠다.

기작에 상관없이, 최종 분석 결과에서 분명한 점은 세포 RNA들과 단백질들의 합성과 활성을 조절하는 것이 (1) 생물학에서 중요하고, (2) 많은 다른 방식으로 가능하며, 그리고 (3) 주요한 유전적 투자라는 점이다. 그러나 그 비용은 세포에게 그만한 가치가 있으며 수십억 년의 진화적 개선에 기반을 둔다. 상당히 경쟁적인 세계의 모든 변화 과정에서, 미생물의 생장과 생존은 자원을 보존하고 그 자손을 최대한 생산하는 능력에 달려 있다.

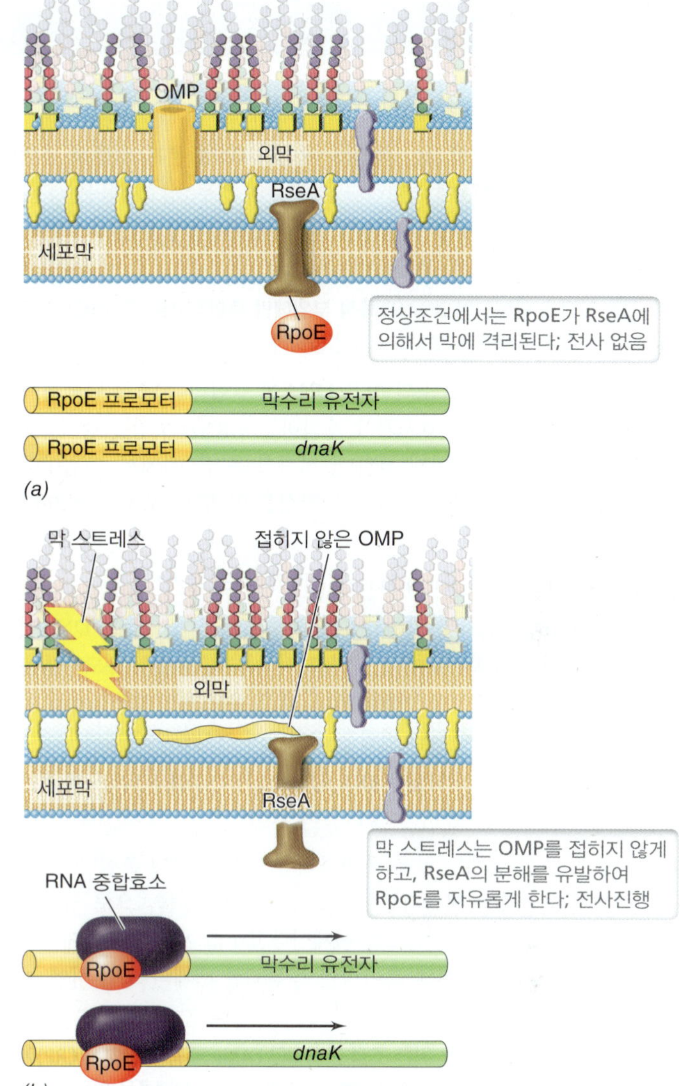

그림 6.35 안티-시그마 인자의 상호작용. *(a)* 안티-시그마 인자 RseA에 의한 RpoE 시그마 인자의 격리. 외막이 스트레스를 받지 않을 때에는 세포막에 결합된 RseA가 RpoE에 결합한다. 이 결합은 시그마 인자가 막의 수리 및 *dnaK* 유전자들의 프로모터에 결합하지 못하도록 막는다. *(b)* ResA의 불활성화와 RpoE 시그마 인자의 방출. 외막이 스트레스에 노출되면 외막 단백질(OMP)은 변성이 된다. 이런 풀어진 OMP들은 ResA 단백질의 분해를 유발한다. ResA가 없으면 RpoE 시그마 인자가 막을 수리하는 데 도움을 주고 단백질을 다시 접어주는 막 스트레스 및 *dnaK* 유전자들의 프로모터에 결합할 수가 있고 전사가 일어난다.

미니퀴즈

- 일반적으로 어떤 종류의 공유적 변형이 단백질의 활성을 바꾸는가?
- 어떻게 GlnD가 세포에 NH_3 동화작용이 필요하다고 신호를 보내는가?
- 안티-시그마 인자의 역할을 설명하라.

단원 정리

I • DNA-결합 단백질 및 전사 조절

6.1 단백질들은 그 단백질이 특정 도메인이 DNA 분자의 특정 부위에 결합할 때 DNA에 결합한다. 대부분의 경우, 상호작용은 서열-특이적이다. DNA에 결합하는 단백질들은 대개 유전자 발현에 영향을 미치는 조절 단백질이다.

Q 어떻게 단백질이 DNA의 특정 부위에만 특이적으로 결합하고 다른 곳에는 붙지 못하도록 보장하는지 설명하라.

6.2 세포에 있는 특정 효소의 양은 DNA에 결합하는 조절 단백질에 의하여 조절되며 그 효소를 암호화하는 mRNA의 양을 증가 (유도)시키거나 감소 (억제)시킨다. 전사의 음성조절에서, 조절단백질들은 억제자라 불리며 mRNA 합성을 억제함으로써 기능을 나타낸다.

Q 세포 내에서 β-galactosidase는 어떻게 유도되는가?

6.3 전사의 양성조절자를 활성자 단백질이라 부른다. 그들은 DNA에 있는 활성자-결합부위에 결합하고 전사를 촉진한다. 유도자들은 활성 단백질의 활성을 변형시킨다. 효소 유도의 양성조절에서 유도자는 활성자 단백질의 결합을 도모하여 전사를 촉진한다.

Q 어떻게 활성자 단백질은 RNA 중합효소가 전사를 시작하도록 돕는가?

6.4 광범위 조절 체계는 많은 유전자의 발현을 동시에 조절한다. 분해대사물 억제는 이용가능한 탄소원을 가장 효율적으로 사용할 수 있도록 하는 광범위 조절 체계이다. *lac* 오페론은 분해대사물 억제는 물론 그 자신의 특이적인 음성조절 체계의 조절 하에 놓여 있다.

Q 분해대사물 억제를 위한 조절 단백질인 cAMP 수용체 단백질(CRP)에 의한 기능하는 기작을 묘사하라. 예로 젖당(lactose) 오페론을 이용하라.

6.5 고균은 전사 수준에서 유전자 발현을 조절하기 위하여 DNA-결합 활성자와 억제자 단백질을 사용하는 데 있어 세균과 유사하다.

Q 전사를 억제하기 위하여 고균의 억제자 단백질이 이용하는 두 가지 기작은 무엇인가?

II • 감지 및 신호전달

6.6 신호전달체계는 환경신호를 세포에 전달한다. 세균 및 고균에서, 신호전달은 전형적으로 막-통합 감지 키나아제와 세포 반응조절자를 포함하는 두-요소 조절 체계에 의하여 수행된다. 반응조절자의 활성은 인산화 상태에 따라 달라진다.

Q 원핵생물의 신호전달체계에서 두-요소로 이름이 주어진 것들은 무엇인가? 각 요소의 기능은 무엇인가?

6.7 주화성 행동은 세포가 환경에 있는 유인제와 기피제에 반응을 하도록 한다. 주화성 조절은 단백질의 합성보다는 그들의 활성에 영향을 미친다. 메틸화에 의한 적응은 그 체계가 계속되는 신호의 존재에 대하여 자체적으로 재가동하도록 해준다.

Q 적응은 편모의 회전이 재설정되도록 통제하는 기작을 허용한다. 어떻게 이렇게 되도록 하는가?

6.8 균체밀도감지는 세포가 그들 자신의 종류의 세포를 위한 환경을 감지하도록 해준다. 균체밀도감지는 자가유도자로 알려진 특정 소형 분자들을 공유하는 것에 달려 있다. 자가유도자의 농도가 충분히 존재할 때 특정 유전자 발현이 촉발된다.

Q 어떻게 균체밀도감지가 세포의 자원을 보존하기 위한 조절 기작으로 인식되는가?

6.9 Stringent 반응은 거대분자 생합성 유전자들의 발현을 줄이고 스트레스 생존 회로를 활성화시켜서 영양분의 제한과 스트레스로부터 생존을 위해 활용된다.

Q Stringent 조건에서 *Escherichia coli*가 (p)ppGpp의 합성을 유도하는 분자적 사건의 순서를 설명하라.

6.10 세포들은 전사 조절자 및 대체 시그마 인자들을 활용함으로써 유전자 세트를 조절한다. 이들은 단지 어떤 프로모터만을 인지하여 어떤 환경조건 하에서 가장 적절한 선택된 유전자 영역의 전사를 허락한다. 세포들은 그 산물이 세포가 스트레스를 극복하도록 도와주는 유전자들의 세트를 발현시켜 과도한 열과 영양분 고갈 모두에 반응한다.

Q *Escherichia coli* 세포가 열 충격을 경험할 때에 생산되는 단백질들을 묘사하라. 이것들은 세포에 어떤 가치가 있는가?

III • RNA에 의한 조절

6.11 세포들은 조절 RNA 분자들을 이용하여 여러 가지 방식으로 유전자를 조절할 수 있다. 한 가지 방식은 mRNA의 번역을 촉진하거나 막기 위하여 sRNA를 이용한 염기쌍 형성을 활용하는 것이다.

Q sRNA에 의한 조절이 일어나는 기작은 무엇인가?

6.12 리보스위치들은 소형 분자를 인지하고 mRNA의 번역과 번역 종결에 영향을 미치기 위하여 그들의 3차원적 구조를 변형하여 반응하는 어떤 mRNA의 5′-말단에 있는 서열이다. 리보스위치들은 대개 아미노산, 퓨린, 그리고 소수의 몇몇 대사물의 생합성 경로를 조절하는 데 사용된다.

Q 리보스위치가 번역을 조절하는 기작은 무엇인가?

6.13 감쇠조절은 전사가 mRNA의 합성이 개시된 후에 조절되는 기작이다. 감쇠조절 기작은 mRNA에 있는 대체 줄기-고리 구조에 의존하는데 리보솜이 계속 읽어 가거나 혹은 멈추는 결과를 가져온다.

Q 트립토판 감쇠자가 어떻게 통제하는지 자세히 기술하라.

IV • 효소와 다른 단백질의 조절

6.14 되먹임 억제에서 생합성 경로의 최종산물의 초과량은 그 경로의 시작에 관여하는 다른자리 입체성 효소를 억제 한다. 효소활성은 또한 동위효소에 의하여 조절될 수 있다.

Q 되먹임 억제가 어떻게 가역적인지 기술하라.

6.15 단백질 활성은 번역후 조절될 수 있다. 가역성의 공유 변형 또는 다른 단백질과의 상호작용이 다른 단백질 활성을 조절할 수 있다.

Q 번역후 변형이 어떻게 효소의 활성을 조절할 수 있는가?

응용 문제

1. 만약 조절 단백질이 결합하는 부위가 제거된다면 음성조절 하에 있는 프로모터로부터의 조절에 무슨 일이 일어나는가? 만약 그 프로모터가 양성조절 하에 있다면 무엇이 일어나는가? 양성조절 하에 있는 *Escherichia coli* 프로모터는 *E. coli*를 위한 프로모터 보존서열과 가깝게 일치하지 않는다. 그 이유는?
2. 이 장에서 언급한 대부분의 조절 체계는 조절 단백질을 활용하고 있다. 그러나 조절 RNA도 중요하다. 어떻게 두 가지 다른 형태의 조절 RNA 중의 하나를 사용하여 *lac* 오페론의 음성조절을 달성할 수가 있는지를 기술하라.
3. 감쇠조절 하에 있는 많은 아미노산 생합성 오페론은 또한 음성조절 하에 놓여 있다. 세균의 주위 환경이 상당히 역동적이라는 것을 고려한다면 두 번째 조절층으로서 감쇠조절을 가짐으로써 얻어지는 이점은 무엇인가?
4. *Escherichia coli*가 포도당보다 숙신산(succinic acid)을 선호하여 사용하도록 만들기 위하여 당신은 어떻게 조절 체계를 디자인할 수 있는가? *E. coli*가 빛이 있는 곳에서는 숙신산을 어두운 곳에서는 포도당을 선호하도록 하기 위하여 당신은 어떻게 그 조절 체계를 변형할 수 있는가?

단원 2

용어 해설

Activator protein (활성 단백질) DNA의 특정부위에 결합하는 조절 단백질로서 전사를 촉진한다; 양성조절에 관여

Allosteric protein (다른자리 입체성 단백질) 기질이 결합하기 위한 활성부위와 한 생합성 경로의 최종산물과 같은 작용자(effector) 분자가 결합하기 위한 다른자리 입체성 부위를 갖고 있는 단백질

Attenuation (감쇠) 전사가 시작된 후에 하지만 완전한 길이의 전령 RNA가 생산되기 전에 전사를 종결하여 유전자 발현을 조절하는 하나의 기작

Autoinducer (자가유도자) 균체밀도감지에 참여하고 있는 소형 신호분자

Catabolite repression (분해대사물 억제) 선호하는 탄소원과 에너지원에 의한 대체 이화 경로의 억제

Cyclic AMP (고리형 AMP) 분해대사물 억제에 관여하고 있는 조절 뉴클레오티드

Domain (도메인) 특정 구조와 기능을 가진 단백질 부위

Feedbak inhibition (되먹임 저해) 다단계 경로에서 과량의 최종산물이 그 경로의 첫 번째 효소의 활성을 억제하는 과정

Gene expression (유전자 발현) 유전자의 전사에 뒤이어 mRNA가 단백질로 되는 결과를 갖는 번역

Heat shock proteins (열충격 단백질) 높은 온도나 어떤 다른 스트레스에 의하여 유도되는 단백질로 특별히 부분적으로 변성된 단백질들을 다시 접거나 그것들을 분해는 것에 의해서 고온으로부터 보호함

Heat shock response (열충격 반응) 유전자 발현의 다른 변화들과 함께 열충격 단백질의 합성을 포함하는 고온에 대한 반응

Induction (유도) (자주 효소를 위한 기질이 존재와 같이) 신호에 반응하는 효소의 생산

Negative control (음성조절) 억제자 단백질이 유전자의 발현을 막는 것으로 유전자 발현을 조절하는 기작

Noncoding RNA (ncRNA) (비암호화 RNA) 단백질로 번역되지 않는 RNA; 예를 들어, 리보솜 RNA, 전달 RNA 및 소형 조절 RNA들이 포함

Operon (오페론) 하나의 RNA로 전사되는 하나 또는 그 이상의 유전자로 단일 조절부위에 의해 통제됨

Positive control (양성조절) 활성자 단백질이 유전자의 발현을 촉진하는 기능을 나타내는 유전자 발현 기작

Quorum sensing (균체밀도감지) 집단의 수준을 모니터링 하고 세포 밀도에 기반하여 유전자 발현을 통제하는 조절 체계

Regulatory nucleotide (조절 뉴클레오티드) RNA 혹은 DNA로 통합되기 보다는 신호로서 기능을 나타내는 뉴클레오티드

Regulon (레귤론) 한 단위로서 조절되는 일련의 오페론

Repression (억제) 신호에 반응하는 효소합성의 차단

Repressor protein (억제 단백질) DNA의 특정부위에 결합하는 조절단백질로 전사를 차단; 음성조절에 관여함

Response regulator protein (반응조절 단백질) 두-요소 조절 체계의 구성체 중의 하나; 감지 키나아제에 의하여 인산화되는 단백질로 자주 DNA에 결합하여 조절자로서 행동함

Riboswitch (리보스위치) 대개는 전령 RNA 분자 내의 RNA 도메인으로 특정한 작은 분자에 결합할 수가 있으며 그 자신의 2차 구조를 변형; 결과적으로 mRNA의 번역을 조절

Sensor kinase protein (감지 키나아제 단백질) 두-요소 조절 체계 구성체 중의 하나; 외부 신호에 반응하여 자신을 인산화한 후에 그 인산기를 반응조절 단백질에 전달하는 단백질

Signal transduction (신호전달) 두-요소 조절 체계 참조

Stringent response (stringent 반응) 영양분이나 환경 스트레스 및 항생제를 탐지하는 조절 기작

Two-component regulatory system (두-요소 조절 체계) 두 단백질로 구성된 조절 체계: 감지 단백질과 반응조절 단백질

7 미생물 생장의 분자생물학

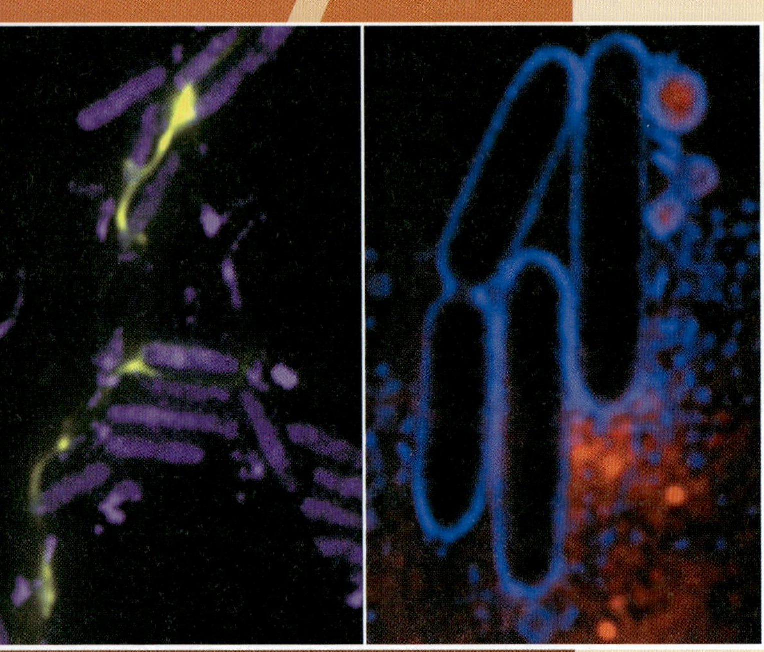

현재의 미생물학

폭발적인 세포 사멸은 생물막 형성을 촉진한다

환경에 직면한 어려움을 이겨내고 영양 순환의 최대 혜택을 누리기 위해서 미생물은 종종 생물막이라 불리는 점액성의 3차원 구조의 군집을 형성한다. 생물막 생활형에 가장 필수적인 것이 부착을 위한 표면이며 특이 부유성 (자유롭게 떠다니는) 존재 대신에 부착생장을 유도하는 표현형의 변화가 있어야만 한다. 이러한 변화는 세포외 중합 물질(EPS)이라 불리는 물질의 방출과 함께 세포와 세포의 군집을 요구한다.

EPS는 다당류, 세포외 DNA, 세포질 단백질로 구성되며 부착세포를 보호하고 함께 붙잡는데 필수적이다. 종종 생물막 생활형으로의 전환은 향상된 폐수처리와 같이 인간에게 혜택의 결과를 가져올 수 있다. 그러나 병원성 미생물에 의한 생물막 형성은 만성적 질환과 더 강한 항생제 내성을 유도할 수 있다. 이것은 특히 가장 잘 연구된 생물막 형성 세균-기회 감염성 병원균 *Pseudomonas aeruginosa*에 적용된다.

항생제 치료에 내성인 생물막을 형성하는 *P. aeruginosa*의 엄청난 능력 때문에 미생물학자들은 생물막 발달 주기에 초점을 맞추어 왔다. 그렇게 함으로써, 그들은 알려지지 않았던 현상-세포의 아개체군(subpopulation)에서의 폭발적 사멸이 생물막 형성을 촉진한다는 사실을 발견하였다. 이러한 폭발적 사멸은 세균 세포벽을 깨뜨릴 수 있는 내부 바이러스에 의해 사용되는 용균 효소에 기인하다. 이 바이러스의 DNA는 *P. aeruginosa* 세포의 유전체에 프로파아지로 정착한다. 왼쪽 그림에서 보듯이 용균 효소의 생산은 세균 세포 (보라색)를 깨뜨리고 개방하여 그들의 DNA (노란색)를 방출한다. 이 DNA는 생물막을 서로 붙잡는 EPS를 형성하는 데 중요하다. 세포 파괴는 DNA 방출을 이끌 뿐만 아니라 (오른쪽 사진, 빨간색) 산산조각이 난 세포막 단편들을 만들어 내고, 이들은 서로 휘어져 단백질과 DNA를 에워싸는 입자를 형성하여 EPS 형성을 돕는다 (오른쪽 사진, 작은 빨간 중심주를 가진 파란색 원).

DNA-파괴 물질 또는 항생제에 노출되었을 때 정상적으로 바이러스의 "활성화(activation)"를 유도하는 동안 바이러스 용균 유전자의 무작위적 발현이 개개 세포의 아개체군에서 일어난다. 소수 세포의 절멸은 궁극적으로 남아 있는 개체군에 혜택을 준다. 이러한 발견은 또한 다음 수수께끼 같은 질문에 대한 잠재적 정답을 제공해준다: 왜 항생제 치료가 종종 생물막 형성을 (약화시키기보다는) 향상시키는가?

출처: Turnbull, L. et al. 2016. Explosive cell lysis as a mechanism for the biogenesis of bacterial membrane vesicles and biofilms. *Nat. Commun. 7*:1120.

이전 장에서 우리는 원핵세포가 어떻게 그들의 염색체(들) (4장)를 복제하고, 생장하고 분열하며 (5장), 유전자 발현을 조절 (6장)하는지에 대하여 논의하였다. 여기서 우리는 미생물 생장주기에서 일어나는 주요 분자적 과정에 집중하고자 한다. 우리는 또한 어떤 모델에서 세균이 세포 분화되는 것을 고찰할 것이며, 생물막 생장과정을 재검토하고, 몇 가지 일반 항생제가 미생물 생장에 어떤 영향을 미치는지와 세균이 어떤 공격에 대응하기 위하여 무슨 무기를 사용하는지 자세히 알아보고자 한다.

I • 세균의 세포분열

대부분의 세포들은 이분법에 의하여 분열되며 (5.1절과 그림 5.1), 이 과정은 정해진 연속 단계로 일어나 각 딸세포는 1개의 유전체 사본을 얻는다. 원핵세포에서 세포분열 과정은 시간적 공간적 조절 요소들을 필요로 하기 때문에 세포분열은 세포주기에 의하여 조절된다 (**그림 7.1**).

시간적으로, 세포 유전체의 두 사본은 세포분열 이전에 존재해야만 한다. 공간적으로, 두 사본은 꼭 같이 분리되어야 하며 격막은 성공적인 세포주기가 일어날 수 있도록 세포의 정확한 위치에서 형성되어야 한다 (그림 7.1). 분열주기 동안, 세포는 삼투압으로부터 터지는 것을 방지하기 위하여 새로운 펩티도글리칸과 세포골격 요소들을 형성하여야 한다. 모든 이러한 모든 과정을 성공적으로 조율하기 위해서는 다양한 연속적 조절들이 작동되어야 한다. 이 장의 첫 부분에서 우리는 두 개의 잘 연구된 그람-음성 세균인 *Escherichia coli*와 *Caulobacter crescentus*에 의해 이루어지는 분자 기작에 초점을 두고 있으며, 세포분열과 세포 형태와 연관된 분자 경로를 밝혀낸 진보된 현미경 기술을 소개한다.

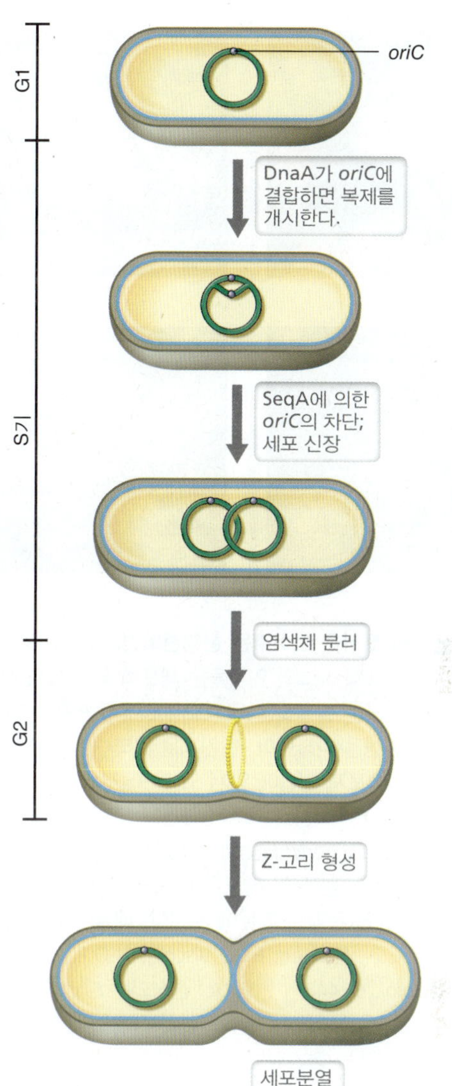

그림 7.1 세균 세포주기의 개요. 진핵세포의 생장 1기 (G1), 합성기 (S), 그리고 생장 2기 (G2)와 유사한 단계가 나타나 있다.

7.1 분자 생장의 시각화

표준 광학현미경이 세포 크기와 형태를 잘 보여주지만 염색체, 단백질, 그리고 막과 같은 고분자 물질을 보기 위해서는 더 강력한 기술이 필요하다. 세포 내의 가장 작은 내용물들을 관찰하기 위해서는 한 세트의 형광 분자를 적용시킨 강력한 새로운 형태의 광학현미경인 **초해상도 현미경(super-resolution microscopy)**이 개발되었다. 초해상도 기술은 살아 있는 세포 내에 있는 10~50 nm와 같은 작은 구조물의 상을 볼 수 있으며 역동적인 세포 행태를 실시간으로 관찰할 수 있도록 해준다.

형광 표지

특정 단백질의 위치를 관찰하고 유전자 발현을 추적하기 위해서는 **보고유전자(reporter genes)**가 오랫동안 사용되어 왔다. 쉽게 파악할 수 있거나 분석할 수 있는 단백질을 암호화하는 보고유전자들은 관심을 갖고 있는 유전자들과 결합된다. 분자 과정을 관찰하기 위하여 **녹색 형광 단백질(green fluorescent protein, GFP)**과 같은 형광 산물을 암호화하는 보고유전자들이 일반적으로 사용된다 (**그림 7.2**). 형광현미경 (1.6절)과 여러 개의 형광 단백질을 사용하여 다른 고분자들의 활성과 위치가 동시에 결정될 수 있다. 그림 7.2*a*는 *Bacillus*에서 내생포자 발달에 중요한 역할을 하는 두 개의 포자-특이적 시그마 단백질 (4.5절)인 σ^F와 σ^E의 세포에서의 위치를 결정하기 위하여 GFP와 다른 단백질의 사용됨을 보여준다 (7.6절).

형광 표지는 세포에서 염색체와 플라스미드 (그림 7.7 참조)와 같은 다른 핵산의 상을 보는데 사용될 수 있다. 사실 개개의 핵산 분자 내에서 다른 위치까지도 살아 있는 세포에서 관찰할 수 있다. DNA 또는 RNA 위치가 직접적으로 GFP와 같은 보고유전자와 결합되어 있지 않지만, 목표 위치 특이적인 핵산-결합 단백질들은 보고유전자에 결합될 수 있다. 필요하다면, 상보적 DNA 또는 RNA 결합부위를 재조합 기술을 사용하여 관심이 있는 핵산부위로 도입할 수 있다 (12장). 그림 7.2*b*는 어떻게 분리된 *Escherichia coli* 염색체의 '팔(arms)'을 특정 DNA 서열을 염색체로 도입하고 상보적인 DNA-결합 단백질들을 다른 형광 보고유전자로 표지하여 살아 있는 세포에서 볼 수 있는지를 보여준다.

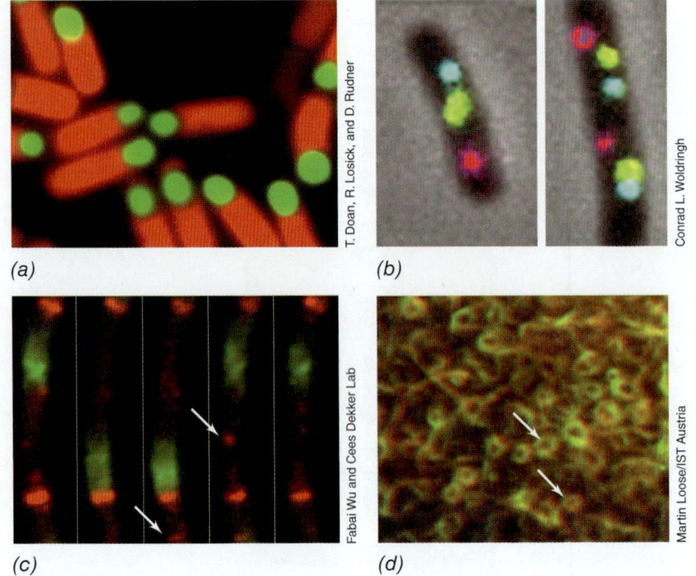

그림 7.2 분자 생장의 특징을 보여주는 형광현미경. *(a) Bacillus*에서 내생포자를 형성하는 동안, 대체 시그마 인자들은 세포의 특정 부위에 위치한다 (7.6절). GFP와 결합한 σ^F는 발달하는 내생포자에서(각 세포의 한쪽 말단에서) 단백질의 발현과 활성을 나타낸다. 빨간색을 나타내는 리포터 단백질과 결합되어 있는 σ^E는 내생포자 형성에 앞서 모세포에서의 단백질 발현과 활성을 나타낸다. 이 부위들은 그림 7.15*b*에 언급된 모델과 일치한다. *(b)* 세포주기가 진행되는 동안 *Escherichia coli* 염색체의 위치와 방향성 (7.2절). 여러 부위들이 *oriC* (녹색), 왼쪽 팔 (빨간색), 오른쪽 팔 (청록색)을 표적으로 하는 표지된 DNA-결합 단백질 때문에 보인다. 배율 막대는 2 μm를 나타낸다. Woldringh, C.L., Hansen, F.G., Vischer, N.O.E., and Atlung, T. 2015. *Front. Microbiol. 6:* 448의 변형. *(c)* 신장되는 *E. coli* 세포에서 FtsZ (빨간색)과 MinD (녹색)을 보여주는 완속 촬영 시리즈. 세포분열은 항생제 처리로 억제되었고 화살표는 불안정한 FtsZ 단백질이 중합되거나 단량체로 분해되는 위치를 가리킨다. Wu, F., Van Rijn, E., Van Schie, B.G.C., Keymer, J.E. and Dekler, C. 2015. *Front. Microbiol. 6:* 607의 변형. *(d)* 막에서 세포분열 단백질 FtsZ (노란색)과 FtsA (갈색)의 상호결합 (7.3절). FtsZ의 소용돌이가 보인다 (화살표).

단백질 표지와 현미경 기술의 발달로 빠르게 접어 공간적 시간적으로 살아 있는 세포에서 단백질의 움직임을 볼 수 있도록 해주는 새로운 형광 변종 현미경들이 개발되었다. 그림 7.2*c*는 살아 있는 세포에서 시간 경과에 따라 MinD와 FtsZ (분열체 단백질, 7.3절 참조)의 시공간적 움직임을 보여준다. 막과 결합된 단백질을 보기 위해 형광으로 표지된 단백질을 도입하기에 앞서 지질이중층을 만들어 현미경 슬라이드에 적용할 수 있다. 이 기술은 세포-분열 단백질인 FtsZ와 FtsA의 상호작용과 FtsZ의 회전 고리를 관찰하는데 사용되었다 (그림 7.2*d*와 7.3절).

초해상도 기술

비록 형광현미경으로 표지된 세포의 내부 구조의 관찰할 수 있지만 해상도는 세포주기 동안 일어나는 분자과정을 관찰하기에는 불충분하다. 대조적으로 초해상도 기술로 살아 있는 세포에서 단일 분자와 같은 작은 원소들을 보고 양을 측정할 수 있다. 초해상도 기술은 탐침을 때리는 빛의 파장에 따라 명에서 암 방사 상태로 전환하는 광활성 탐침을 적용하며; 이것이 오직 한 가지 형광분자(또는 목표물)를 한 번에 들뜬 상태에 있게 한다. 시간이 지남에 따라 각 분자의 위치를 기록함으로써 초해상 이미지가 발생한다 (**그림 7.3*a***).

예를 들어, 초해상도 기술은 각 단백질의 확산과 움직임을 정확하게 위치시킴으로써 자세한 세포 구조를 밝힐 수 있다. 그림 7.3*a*는 살아 있는 *E. coli* 세포에서 각 MukB 분자의 이동을 위치시키는데 초해상 현미경의 한 형태인 광활성화 위치 현미경이 사용됨

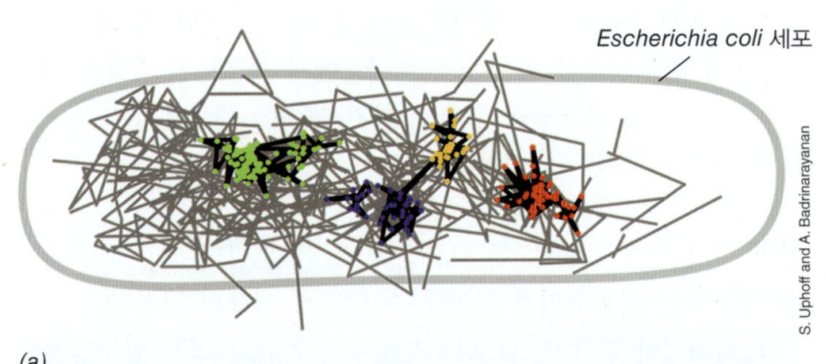

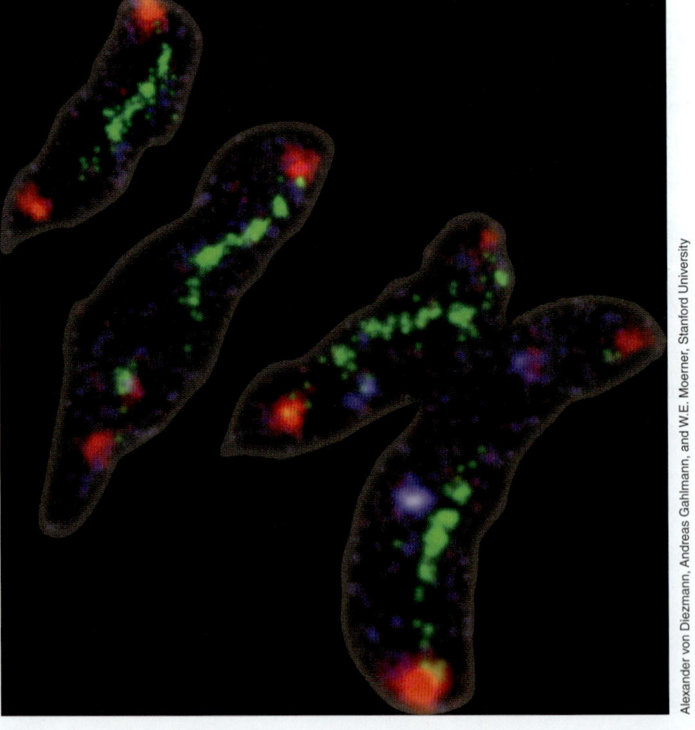

그림 7.3 분자 생장의 특징을 부여주는 초해상 이미지. *(a)* 각 *Escherichia coli* 세포에서 핵양체-결합 단백질 MukB의 움직임을 위치로 표시한 광활성 위치 현미경 사진(PALM). 네 개의 다른 색은 핵양체-결합 MukB 분자들의 그룹을 나타내는 반면, 그들의 운동과 대응하는 길들은 검은 선으로 나타낸다. 회색 선은 자유 MukB의 길을 나타낸다 (7.2절). *(b) Calulobacter* 세포 구조의 3차원의 양적 다색 부회절 상. PopZ는 빨간색 형광 보고 단백질로 표지되고, 반면에 크레센틴은 녹색 형광 단백질로 표지된다 (7.4절).

을 보여준다. MukBEF는 단백질 결합체로 핵양체에 결합하여 복제 후에 딸 염색체의 매듭을 풀어주는 것을 도와주는 세포의 특정 부위를 위치화시킨다 (7.2절). 초해상도 현미경은 시간의 흐름에 따라 세포 복합체로의 구조적 변화를 관찰하는 데 사용될 수 있을 뿐만 아니라, 현미경 사진을 변형하여 3차원(3D) 이미지를 만들 수 있다. 그림 7.3*b*는 출아 세균, *Caulobacter crescentus*에서 3D 부회절 상(3D subdiffraction imaging)이라 불리는 초해상도 방법을 사용하여 다른 단백질 복합체의 배열을 관찰함을 보여준다.

각 단백질에 대하여 시공간적 정보를 제공함으로써, 초해상도 기술은 진핵세포의 구획처럼 원핵세포들이 고도로 역동적인 아세포 조직화가 이루어져 있고 세포가 생장하는 동안 아세포 활동이 분자 수준에서 추적할 수 있음을 증명하는 데 중요하게 사용되어 왔다.

미니퀴즈

- 보고유전자의 유용성은 무엇인가?
- 초해상도 현미경와 형광현미경의 이점은 무엇인가?

7.2 염색체 복제와 분리

세포 생장의 필수적인 것은 유전체의 복제이다. 염색체 복제는 세포분열과 일치되게 엄격하게 조절되어야만 한다. 유전체 복제 후에 그리고 세포분열 이전에 분자 기작은 딸 염색체가 분리되는 것을 확인해야 한다 (그림 7.1).

염색체 복제 개시의 조절

어떻게 세포는 다중 라운드의 복제를 억제하는 동안 세포분열 전에 유전체가 완전히 복제되었다는 것을 확인하는가? 여러 다른 단백질들이 *Escherichia coli*에서 염색체 복제를 개시하고 억제하는 역할을 한다. 여기서 우리는 이러한 점에서 중요한 한 단백질 DnaA에 초점을 두고자 한다.

4.3절에서 다룬 것처럼, *E. coli*에서 DnaA가 염색체의 *oriC* 부위 내의 특정 DNA 서열과 결합하는 것은 DNA를 풀리게 하고 염색체 복제에 필요한 리플리솜(replisome)을 장착하도록 유도한다 (그림 7.1). DnaA는 ATP 분자와 결합하였을 때 가장 활성을 나타내어 DnaA-ATP를 형성한다. 염색체 복제를 엄격하게 조절하기 위하여 복제가 시작되었을 때 여러 개의 조절 기작들이 함께 작동하여 DnaA-ATP를 불활성화시킨다. 이들 기작에는 *oriC* 결합에 대한 경쟁, *dnaA* 발현의 억제, *oriC*로부터 멀리 떨어진 DnaA-ATP의 적정, DnaA-ATP의 불활성화 등이 포함된다.

DNA 복제가 개시되기 전에 염색체 두 가닥은 염색체 내 -GATC- 서열의 아데닌 잔기에 메틸기를 포함한다. 그렇지만 복제가 개시되자마자 모가닥만이 메틸화된 채로 남아 있다. 이것은 반메틸화된 DNA를 형성하게 되고 원점이 결합하는 DnaA-ATP와 SeqA라 불리는 단백질 사이에 경쟁을 촉발한다 (**그림 7.4**). 반메틸화된 *oriC* 서열은 SeqA에 강력하게 결합하고, DnaA-ATP는

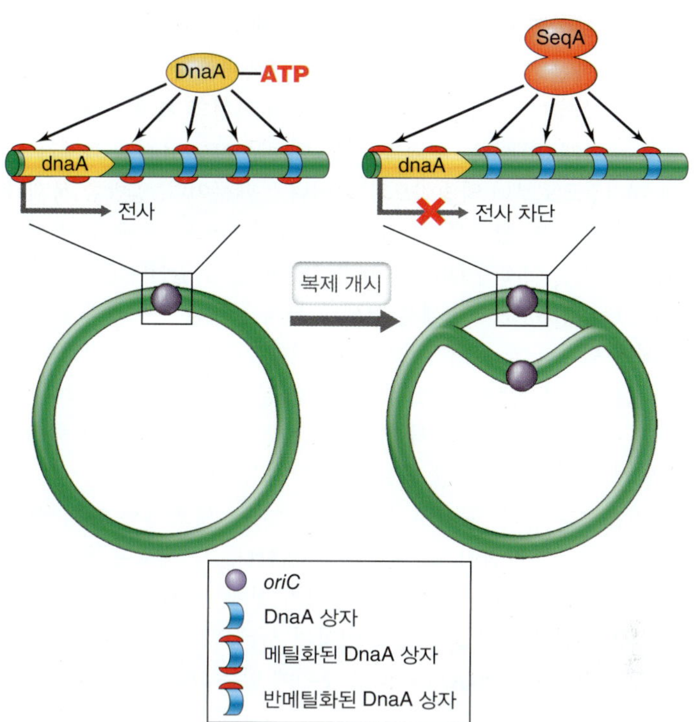

그림 7.4 DnaA와 SeqA 단백질에 의한 *Escherichia coli oriC*의 결합. DnaA-ATP는 완전하게 메틸화된 DnaA 상자에만 결합하는 반면에, SeqA는 반메틸화가 일어난 DNA에 결합한다. *dnaA* 유전자의 상류에 SeqA가 결합하면 전사의 억제를 가져온다.

결합하는 것이 차단되어 염색체 복제를 다시 시작한다 (그림 7.1과 7.4). 복제가 개시되어 10분 후 새로 합성되는 딸 가닥의 GATC 서열은 DNA 아데닌 메틸라아제(adenine methylase)에 의하여 메틸화가 일어난다.

결과적으로 *dnaA* 유전자가 염색체에서 *oriC*로의 접근과 GATC 서열을 갖는 *dnaA* 프로모터 부위 (4.5절)의 접근의 결과, SeqA의 결합은 *dnaA*를의 발현을 억제하는 역할을 한다. 복제가 개시되었을 때 *dnaA*에 대한 프로모터 부위는 빠르게 반메틸화가 이루어지고, SeqA의 결합은 RNA 중합효소가 *dnaA*에 결합하여 전사하는 것을 억제한다 (그림 7.4). 계속해서, *dnaA*의 발현은 프로모터 부위에서 DnaA 상자와 결합하는 상보적인 단백질에 의하여 자동으로 조절된다.

DnaA-ATP가 *oriC*와 결합하는 것을 방해하는 마지막 기작은 DnaA-ATP 대 DnaA-ADP의 비율을 감소시킨다. 어떻게 생장하는 세포에서 ATP가 ADP보다 많을 때 세포는 DnaA-ADP 양을 증가시키는가? 이것은 리플리솜 근처에서 DNA와 결합되어 특이적으로 DnaA-ATP를 목표물로 삼는 ATPase HdaA에 의해 조절된다. 이 효소는 복제 의존적 방식으로 DnaA와 결합되어 있는 ATP의 가수분해를 촉진하며, 따라서 염색체 복제의 개시를 조절하는 마지막 방법으로서 작용한다. 이들 여러 기작의 결과로서 세포 내 DnaA-ATP의 양은 세포주기 동안 변동이 있고 염색체 복제가 필요하고 계속해서 약해질 때 최대 활성량에 도달한다.

빨리 생장하는 세포에서의 유전체 복제

4장에서 배운 것처럼, *Escherichia coli* 염색체의 환형의 특성 (그리고 대부분의 다른 세균과 고균 염색체의 환형의 특성)은 DNA 복제를 빠르게 진행하는 기회를 준다. 이것은 환형 유전체 복제가 복제 개시점으로부터 양방향으로 일어나기 때문이다. 양방향 복제가 일어나는 동안, 합성은 각 기질 가닥에서 선도와 지체 두 방식으로 일어나고, 이것이 DNA 복제가 가능한 빨리 일어나도록 해준다 (그림 4.16). *E. coli*에서 염색체 복제에 대한 연구결과 유전체 복제에 필요한 최소 시간이 약 40분이며 이 값은 세대시간과는 별도라는 사실을 알게 되었고, 이것은 20분으로 줄어들 수 있다. 만약 *E. coli* 세포가 염색체의 복제비율보다 두 배 생장한다면 세포는 어떻게 이 수수께끼 같은 의문점을 풀어내는가?

40분보다 짧은 배가시간으로 생장하는 세포에서 여러 개의 DNA 복제 분기점이 각 세포에 존재한다. 즉 새로운 라운드의 DNA 복제가 마지막 라운드가 끝나기 전에 시작된다 (**그림 7.5**). 그리고 어떤 유전자들은 하나 이상의 사본으로 존재한다. 이것은 새로이 합성되는 DNA의 *oriC*와 부위에 있는 DNA가 메틸화가 되고 난 후 일어날 수 있으며, 이로 인해 SeqA가 DNA로부터 방출되고 DnaA-ATP를 다시 모아 또 다른 라운드의 복제를 다시 시작한다 (그림 7.4). 이것은 복제에 필요한 시간보다 짧은 세대시간 (일정하고 최대 속도로 일어나는 과정)에 각 딸세포는 격막형성 시간에 완전한 유전체를 받는다.

염색체 분리

세포분열 동안 염색체가 세포 양극으로 분리되는 것은 각 딸세포가 유전체의 사본을 확인하는 것뿐만 아니라 격막 형성을 가능하게 하는 데 필요하다 (그림 7.1). 만약 핵양체의 두 사본이 세포의 중앙에 남는다면 핵양체 맞물림 (세포가 핵양체를 횡단하여 분열하는 것을 막는 과정)이 적당한 세포분열을 지연시킬 것이다. 진핵세포에서 유사분열 방추체 (2.14절)는 복제된 염색체를 분리한다. 출아 세균 *Caulobacter*를 비롯한 많은 세균에서 Par (partitioning) 시스템으로 알려진 유사 기작이 생장하는 동안 후손 세포에 염색체와 플라스미드를 꼭 같이 분배하는 데 사용된다 (**그림 7.6**). 이러한 시스템은 *oriC* 근처에 위치한 동원체와 같은 *parS* 서

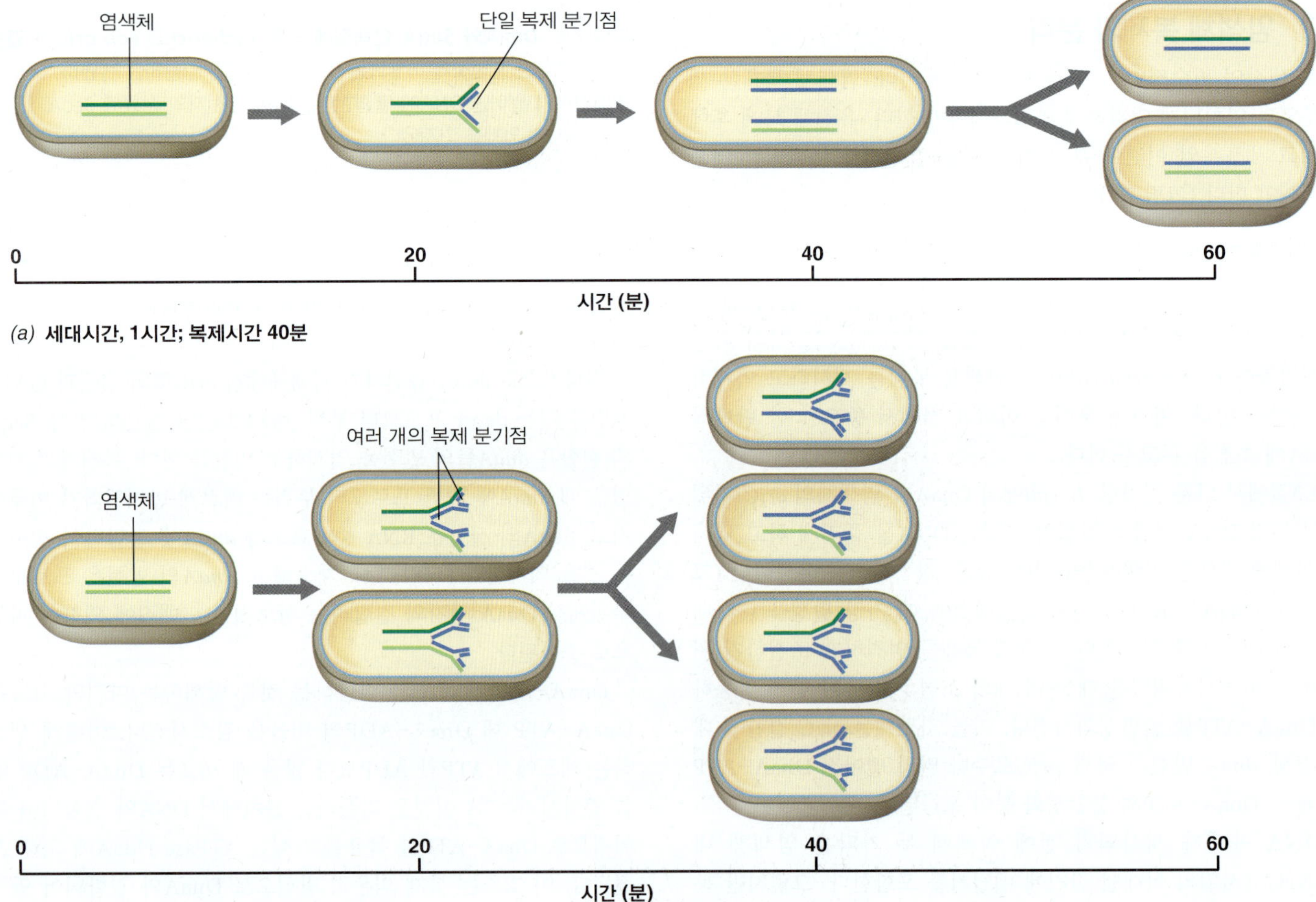

그림 7.5 60분과 20분 세대시간에서 생장하는 *Escherichia coli* 세포에서의 유전체 복제. 20분마다 배가하는 세포에서 각 딸세포는 복제하는 데 40분 걸리는 완전한 유전체 사본을 얻기 위하여 다중의 복제 분기점을 필요로 한다. 60분마다 배가시간인 세포에서 여러 개의 복제 분기점은 불필요하다.

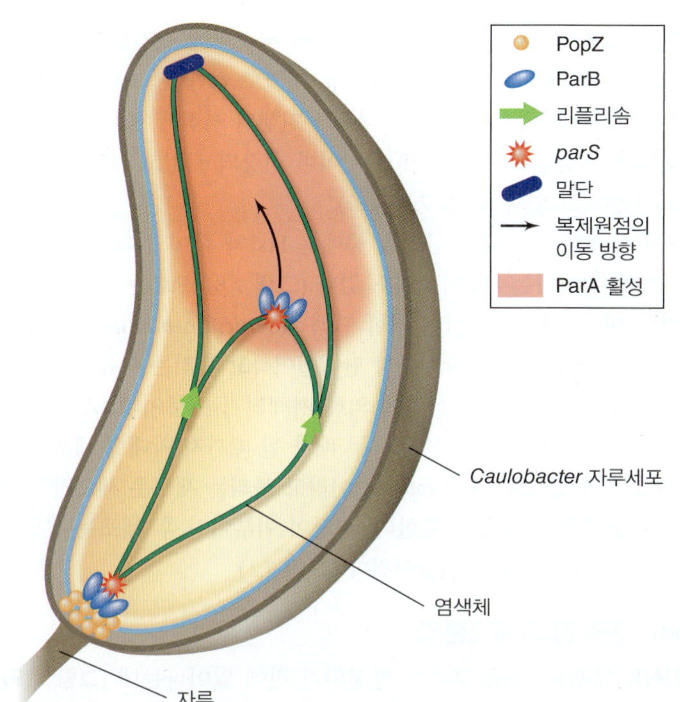

그림 7.6 ***Caulobacter*에서 염색체 구획 나누기.** 복제가 시작된 후에 PopZ는 세포의 오래된 극에 위치한다. 이어서 ParB는 모 염색체에서 *ParS*와 결합하고, 이 복합체는 극에 위치한 PopZ와 결합한다. 복제가 계속됨에 따라 딸 염색체에 있는 *parS* 서열은 ParB와 결합하고 흩어져 있는 ParA 분자에 의해 새로운 세포의 극으로 이동한다.

열, ParA ATPase, ParB 염색체-결합 단백질, 그리고 PopZ 복합체로 구성된다.

진핵세포 유사분열 방추체와는 다르게, Par 시스템은 완전히 복제된 염색체를 분리하지 않는다. 대신에 PopZ 단백질이 세포의 과거 극에 위치하여 *parS* 서열에 결합된 ParB와 상호작용하여 이 위치에 염색체가 정착하는 것을 촉진한다 (그림 7.6). 염색체 복제가 개시되면, 새로이 합성된 *parS* 서열은 또 다른 ParB 분자와 결합하고, 이것은 ParA의 ATPase 활성에 의하여 새로운 세포의 극으로 끌려가게 된다. PopZ는 양친 염색체의 *parS*가 세포의 과거 극에 정착하도록 도움을 줄 뿐만 아니라 ParA를 모아 새로이 합성된 *parS* 서열이 결합된 ParB를 새로운 세포의 극에 전이하는 것을 도와준다 (그림 7.6).

*E. coli*가 Par가 없는 반면, 딸 염색체는 세포분열 이전에 분리되어야 한다. 복제 후 나타난 환형의 염색체들은 사슬의 연결처럼 상호 연결된 채로 남아 있거나 혹은 헝클어져 있다. 이 결합은 topoisomerase (IV) (4.1절)와 MukBEF 단백질로 구성된 염색체 복합체의 구조적 유지에 의하여 깨어진다. 초해상도 이미지는 MukBEF 단백질이 핵양체 내 분리된 장소로들로 이동하며 (그림 7.3*a*) topoisomerase를 모아 세포 분리에 앞서 [변성(decatenation)이라 불리는 과정으로] 복제된 자매 염색체를 분리한다. 실제 분리 과정이 아직 완전히 이해되지 않지만 염색체 "팔(arm)"은 복제하는 동안 다른 것과 분명히 떨어져 남아 있는 것으로 보이며 염색체 좌들은 그들의 복제 순서에 따라 세포 극쪽으로 밀려간다 (그림 7.2*b*). *E. coli*에서 딸 염색체의 분리는 특정 단백질과 독립적인 것으로 보이며 대신에 복제의 물리적 작용과 DNA 축적에 의하여 진행된다.

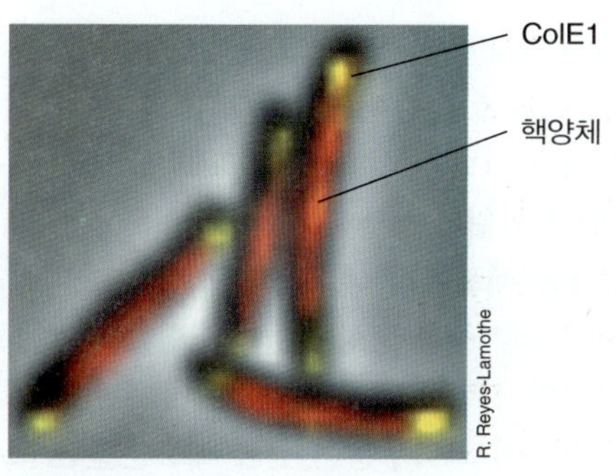

그림 7.7 복제하는 동안 *Escherichia coli*에서 ColE-1 플라스미드의 세포 위치. 플라스미드 (노란색)는 세포의 극에 위치하는 반면에, 뉴클레오티드는 DNA 복제 동안에 세포의 중심에 남아 있다. 분리된 DNA 분자는 형광 표지된 DNA 결합 단백질로 인해 볼 수 있다.

어떻게 염색체 외 요소들이 딸세포 사이에서 분리되는가? 비록 플라스미드든 모든 조건에서 세포 생존에 필수적인 것으로 고려되지 않지만, 그들은 염색체와 같은 세포 장치를 사용하여 복제된다 (**그림 7.7**). 다양한 조절 기작이 비교적 일정한 사본 수가 후손 세포에 전달되는 것을 확인하기 위해 존재한다. 대형 ColE1-형 플라스미드는 핵양체가 존재하는 세포 중앙에서 나타나기보다는 극에서 나타난다 (그림 7.7). 이러한 위치는 세포분열 동안 딸세포로의 충분한 전이가 일어나는 것과 안정한 유전이 여러 세대에 걸쳐 이루어지는지 확인하는 것을 돕는다. 플라스미드를 분리하기 위해 기타 기작에는 *Caulobacter*에서 Par 시스템과 유사한 구배 시스템이 있다.

미니퀴즈

- SeqA는 염색체 복제가 개시되자마자 DnaA-ATP가 *oriC* 부위에 결합하는 것을 어떻게 억제하는가?
- 어떻게 세균 *Escherichia coli*의 최소 세대시간이 그 염색체를 복제하는 데 필요한 시간보다 적을 수 있는가?

7.3 세포분열과 Fts 단백질

세포분열은 각 딸세포가 격막이 두 세포를 봉인하기 전에 유전체의 사본을 가질 수 있도록 공간적으로 시간적으로 조절된다 (그림 5.1). 여기서 우리는 격막 형성의 조절과 세포분열 분위를 인지하고 전체 과정을 조절하는 일련의 중요한 단백질들에 대해 다룬다.

분열체

여러 필수 단백질들이 세균의 세포분열 과정에서 역할을 한다. 총체적으로 이들 단백질을 Fts 단백질(*Fts proteins*)이라고 부르며 핵심 단백질 중의 하나인 **FtsZ**는 이분법에서 중요한 역할을 한다. FtsZ는 진핵세포에서 중요한 세포-분열 단백질인 튜불린과 연관되어 있고 (2.16절), 사실상 전체 고균에서도 발견된다. 다른 Fts

단백질들은 세균에서만 발견되고 고균에서는 발견되지 않는다. 따라서 여기서는 세균에 한정해서 다루고자 한다. 그람-음성 세균인 *Escherichia coli*와 그람-양성 세균인 *Bacillus subtilis*는 세포분열 과정에 대한 연구를 위한 모델세균이다.

Fts 단백질들은 세포에서 상호작용을 통해 분열체(*divisome*)라고 불리는 세포분열기구를 형성한다. 막대형 세포에서 분열체의 형성은 Fts 분자들이 정확하게 세포의 가운데 주위의 고리에 부착함으로써 시작된다; 이 고리부분은 결국 세포분열판으로 바뀌게 된다. *E. coli* 세포에서 약 10,000개의 FtsZ 분자들이 중합체를 형성하여 고리를 형성하고, 그 FtsZ 고리는 *FtsA* 및 *ZipA*를 비롯한 분열체의 다른 구성 단백질들을 끌어 모은다 (**그림 7.8**). ZipA는 FtsZ 단백질을 세포막에 연결시켜 안정화시키는 닻의 기능을 한다. FtsA는 액틴과 관련된 단백질로 진핵세포에서 중요한 세포골격 단백질이며 (2.16절), FtsZ가 고리를 세포막에 연결되는 것을 돕고 다른 분열체 단백질들을 모으는 역할도 하게 된다 (그림 7.2*d*). 분열체는 세포분열 과정이 약 3/4가 진행된 시점에 형성되는데, 이 분열체가 형성되기 전에 세포는 이미 신장되고 있고 DNA의 복제도 진행되고 있다 (그림 7.9 참조).

분열체에 포함되는 단백질 중에는 FtsI와 같이 펩티도글리칸의 합성에 관여하는 Fts 단백질도 있다 (그림 7.8). FtsI는 세포에 존재하는 여러 가지 페니실린-결합 단백질(*penicillin-binding proteins*) 중의 하나이다. 페니실린-결합 단백질이라고 불리는 이유는 이들의 활성이 항생제인 페니실린에 의해 저해되기 때문이다 (7.5절). 분열체는 세포가 원래의 길이의 두 배가 될 때까지 막대형 세포의 중앙에 분열격막(*division septum*)이라고 불리는 새로운 세포막과 세포벽 물질의 합성을 조율한다. 신장이 이루어진 후 세포는 분열하여 두 개의 딸세포가 만들어진다 (그림 7.1).

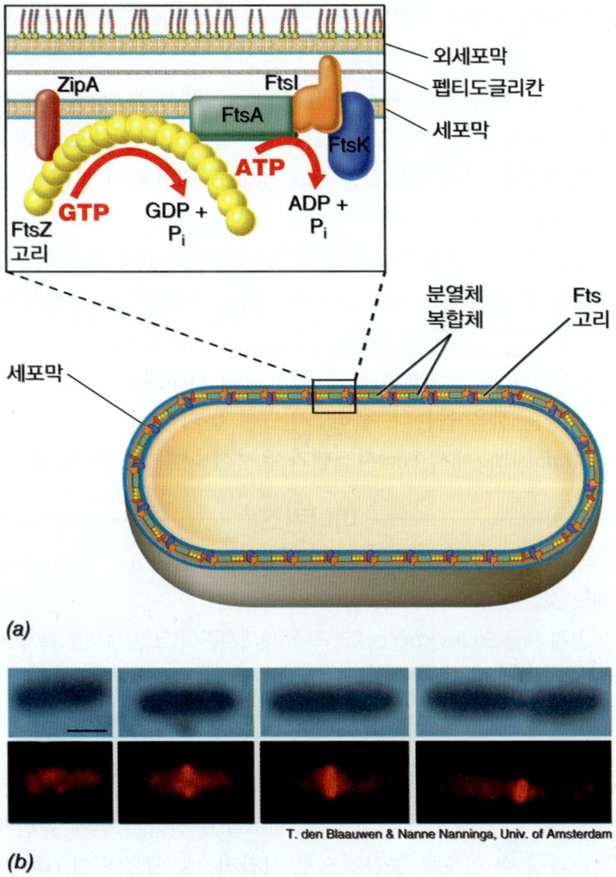

T. den Blaauwen & Nanne Nanninga, Univ. of Amsterdam

그림 7.8 FtsZ 고리와 세포분열. *(a)* 세포분열판 주위에 FtsZ 단백질 고리를 보여주는 막대형 세포의 단면도. 확대사진은 각각의 분열체 단백질들이 어떻게 정렬되어 있는지를 보여주고 있다. ZipA는 FtsZ가 부착할 수 있는 닻의 기능을 하며, FtsI는 펩티도글리칸 합성 단백질이고, FtsK는 염색체의 분리를 도와주며, FtsA는 ATP 가수분해효소이다. *(b) E. coli*의 세포주기 동안 FtsZ 고리의 생성과 소멸. 현미경사진: 위 행, 위상차; 아래 행, FtsZ 염색약으로 염색된 세포. 세포분열 과정: 첫째 열, FtsZ 고리가 아직 형성되지 않았다; 둘째 열, 핵양체가 분리되기 시작하자 FtsZ 고리가 나타나기 시작한다; 셋째 열, 세포의 신장이 일어남에 따라 완전한 FtsZ 고리가 형성된다; 넷째 열, FtsZ 고리의 소멸과 세포분열. 위 행 첫째 열의 기준막대 길이, 1 μm.

Min 단백질과 세포분열

DNA 복제는 FtsZ 고리가 형성되기 전에 일어나는데 (**그림 7.9**), 이는 그 고리가 복제된 두 개의 핵양체 사이의 공간에 형성되기 때문이다; 핵양체는 핵양체 교합으로 알려진 과정에서 분리가 일

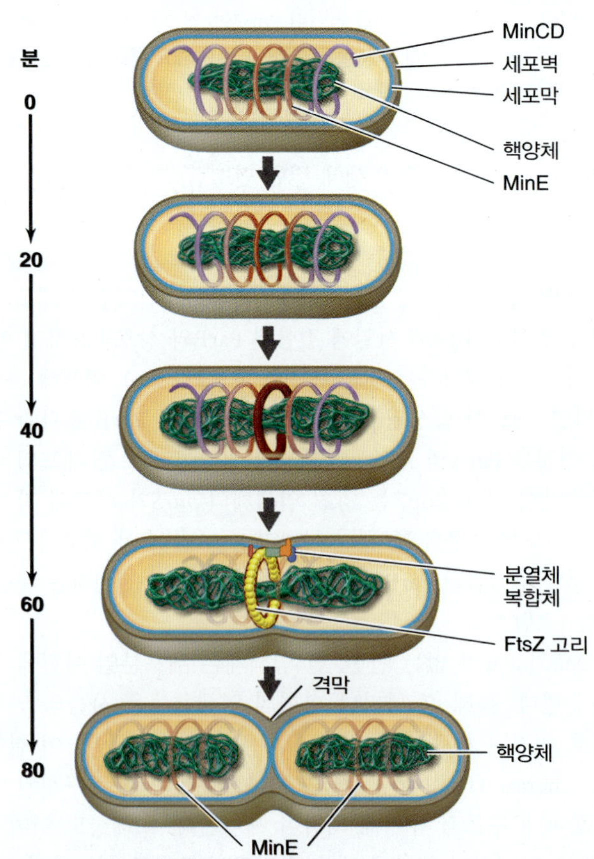

그림 7.9 DNA 복제와 세포분열 과정. MinE 단백질이 세포분열판에서의 FtsZ 고리 및 분열체 복합체의 형성을 유도한다. 그림은 80분의 배가시간 동안 생장하고 있는 *Escherichia coli* 세포를 도식적으로 보여주고 있다. MinC와 MinD는 FtsZ 고리가 형성되는 동안 그림에는 보이지 않지만 세포의 극에 가장 풍부하다.

어나기 전에는 효과적으로 FtsZ 고리의 형성을 방해한다 (7.2절). MinC, MinD와 MinE 단백질은 상호작용하여 FtsZ를 세포의 중간 지점으로 안내하는 것을 돕는다. MinD는 세포막의 내부 표면에서 나선형 구조를 형성하며 또한 MinC를 세포막에 위치시키는 것을 돕는다. MinD 나선은 생장하는 세포의 긴축을 따라 앞뒤로 진동하면서 FtsZ 고리가 형성되는 것을 차단하여 세포분열을 억제한다 (그림 7.9). 그렇지만 동시에 MinE도 세포의 극에서 극으로 왕복하면서 MinC와 MinD를 한쪽으로 치우는 역할을 한다. 따라서 왕복 순환 동안 MinC와 D는 어느 곳보다도 세포의 끝부분에서 더 오랫동안 머무르기 때문에 세포의 중심부에서 평균적으로 이들 단백질의 농도가 가장 낮다. 그 결과 세포의 중심부가 FtsZ 결합에 가장 적당한 부위가 되고 FtsZ 고리는 거기에서 형성된다. 이런 특이한 일련의 과정에서 Min 단백질들은 분열체가 세포의 끝부분이 아니라 가운데 부분에서만 형성될 수 있도록 해준다 (그림 7.9).

세포의 신장이 계속되고 격막의 형성이 시작됨에 따라, 두 개의 복제된 염색체는 서로 떨어져 각각 딸세포로 이동을 하게 된다 (그림 7.9). Fts 단백질의 일종인 *FtsK*와 여러 다른 단백질들이 이 과정을 돕는다. 세포가 함입이 일어남에 따라 FtsZ 고리는 다시 해체되기 시작하고 세포벽 물질들의 내부 쪽으로의 생장을 촉발시켜 격막이 형성될 수 있게 하여 결국 딸세포가 서로 분리될 수 있도록 한다. 또한 FtsZ의 효소 활성은 구아노신 삼인산 (GTP, 고에너지 화합물)을 가수분해하여 자신이 고리를 중합하고 해체하는 데 필요한 에너지를 공급한다 (그림 7.8과 7.9).

세균의 세포분열의 자세한 것에 대한 이해는 그런 지식들이 병원성 세균의 생장에 있어서 특정 단계를 표적으로 하는 신약의 개발을 이끌 수 있기 때문에 응용적인 측면에서도 중요한 실질적 명분이 있다. (세균의 세포벽 합성을 표적으로 하는) 페니실린처럼 특정 Fts 또는 다른 세포분열 단백질들의 작용을 방해하는 약품은 임상의학에 광범위하게 적용될 수 있을 것이다.

미니퀴즈

- 분열체란 무엇인가?
- 어떻게 FtsZ는 막대형-세포의 중간 지점을 찾는가?

7.4 Mre 단백질과 세포 형태학

세균에서 특정 단백질들이 세포분열을 이끌듯이, 어떤 특정 단백질들은 세포의 세포골격을 형성한다. 세포골격은 세포 모양을 결정짓는 토대로, 구, 방사형, 초승달, 그리고 세균 세포의 전형적인 다른 형태들을 만든다 (2.1절). 흥미롭게도, 이들 모양 결정 단백질들은 진핵세포의 주요 세포골격 단백질들과 상당히 유사하다 (2.16절). 진핵생물과 유사하게, 세균들 또한 역동적이고 다면체성의 세포골격을 가지고 있다.

세포 형태와 MreB

세균에서 주요한 세포형태 결정인자는 MreB라는 단백질이다. MreB는 세균뿐만 아니라 몇몇 고균에서도 간단한 세포골격을 형성한다. MreB는 세포막 바로 밑에 위치한 세포내 내부 주위에 나선형의 섬유사를 형성한다 (**그림 7.10**). MreB 세포골격은 특정한 형태로 세포벽의 생장이 일어나도록 조절하는 단백질들을 끌어모아 세포형태를 결정할 것으로 추측된다. 막대 모양의 세균에서 MreB를 암호화하는 유전자의 불활성화는 그 세포가 구형의 모양이 되게 하는 원인이 된다. 더군다나, 원래 대부분의 구형 세균들은 MreB를 암호화하는 유전자를 갖고 있지 않으며, 따라서 MreB를 만들지 않는다. 이 사실은 어떤 세균에서 "미완성(default)" 형태는 대부분 구형일 수 있음을 보여준다. 비구형 세균에서 보이는 MreB

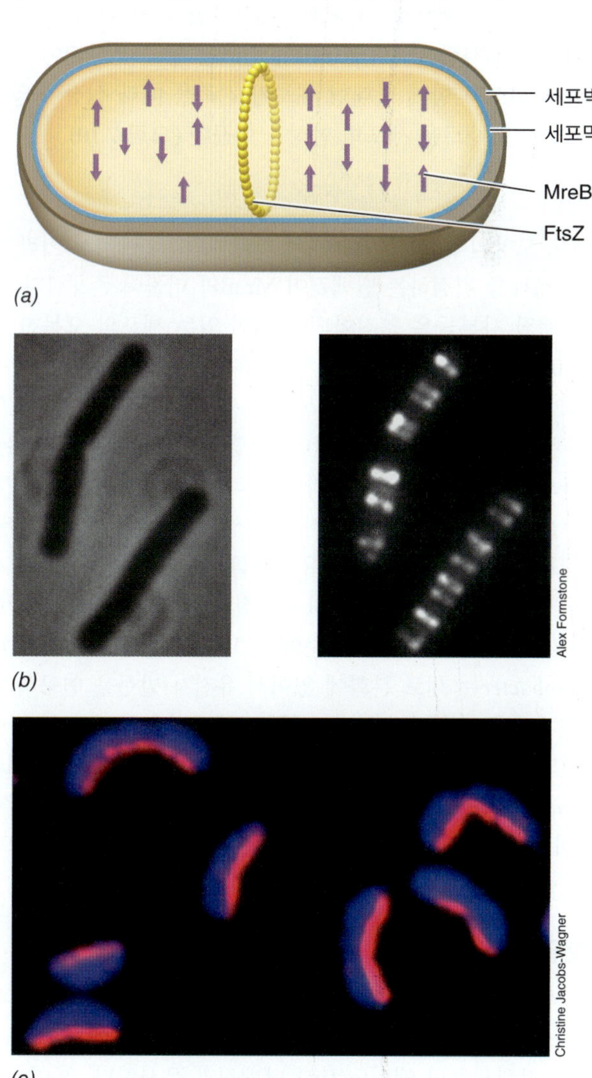

그림 7.10 세포 형태의 결정인자로서의 MreB와 크레센틴. *(a)* 세포골격 단백질인 MreB는 간상형 세포의 장축을 따라 코일처럼 감기는 액틴 유사체로 여러 장소 (붉은 점으로 표시된 원)에서 세포막과 접촉을 한다. 접촉 장소는 새로운 세포벽이 합성되는 곳이다. *(b)* 동일한 *Bacillus subtilis* 세포의 현미경 사진. 왼쪽, 위상차; 오른쪽, 형광. 세포들은 MreB 단백질을 밝은 흰색 형광으로 보이게 하는 물질을 함유하고 있다. *(c)* 굽은 형태를 가진 *Caulobacter crescentus* 세포들. 세포의 움푹한 표면을 따라 존재하는 모양 결정 단백질인 크레센틴을 보이게 하기 위한 염색약 (붉은색)과 DNA와 세포 전체를 염색하기 위한 DAPI (푸른색)로 세포들을 염색하였다.

섬유 배열의 변이는 원핵세포의 일반적인 다른 세포형태들을 결정짓는 데 관여할 것으로 보인다.

MreB는 어떤 방식으로 세포형태를 결정하는가? MreB에 의해 형성되는 나선구조 (그림 7.10*a*)는 정적인 것이 아니라 생장하는 세포의 세포질에서 한쪽에서 다른 쪽으로 수동적으로 이동할 수 있다. MreB의 필라멘트는 막대 모양의 필라멘트가 세포막에 접하는 지점에서 (그림 7.10*a*) 펩티도글리칸의 합성이 일어나도록 위치를 정해준다 (7.5절). 이것은 새로운 세포벽이 구형 세균에서처럼 FtsZ 부위 한 곳에서 바깥쪽으로 만들어지는 것과는 달리 세포를 따라 여러 곳에서 만들어지도록 한다 (그림 7.12 참조). 세포 실린더와 수직적인 트랙으로 이동하여 세포벽을 따라 여러 곳에서 세포벽 합성을 개시함으로써, MreB는 간격을 두고 분산되어 일어나는 세포벽 합성과 함께 막대형 세포가 긴축을 따라 신장이 일어나는 방식으로만 새로운 세포벽 합성을 이끈다 (그림 7.10).

크레센틴

비브리오 모양의 *Caulobacter*에서 크레센틴(*crescentin*)이라고 하는 세포 형태를 결정하는 단백질이 MreB와 더불어 존재한다. 크레센틴 단백질 사본들은 조직화되어 휘어 있는 세포의 오목한 위치에 약 10 nm 폭의 필라멘트를 형성한다 (그림 7.3*b*). 크레센틴 필라멘트의 배열과 위치는 *Caulobacter* 세포의 특징적인 휘어 있는 모양을 부여하는 것으로 생각된다 (그림 7.10*c*). *Caulobacter*는 수서 세균으로 유주자(swarmer)라고 불리는 유영을 하는 세포가 결국 자루를 형성하여 표면에 부착하는 생활사를 갖는다. 부착된 세포는 세포분열을 거쳐 새로운 유주자를 만들게 되고 이들은 새로운 서식처를 찾기 위해 방출된다 (7.7절과 그림 7.16 참조). 이러한 생활사의 단계들은 유전적 수준에서 고도로 조절되고 있기 때문에 *Caulobacter*는 세포 분화에 있어서 유전자 발현을 연구하기 위한 모델체계로 사용되어 왔다. 비록 크레센틴은 *Caulobacter*에서만 발견되고 있지만, 이와 유사한 단백질들이 위궤양을 유발시키는 *Helicobacter pylori*와 같은 다른 곡선형 모양의 세포들에서 발견되었다. 이러한 사실로 미루어 보아 이들 단백질이 곡선형 모양의 세포들의 형성에 필요할 것으로 여겨진다.

세포분열과 세포 형태의 진화

어떻게 세균의 세포형태 및 세포분열 결정인자들이 진핵생물의 그것들과는 비교되는가? 구조적으로 나선형이 아님에도 불구하고 MreB는 진핵생물의 액틴(actin) 단백질과 유사하다. 흥미롭게도 FtsZ는 구조적으로 기능적으로 진핵생물 단백질 튜불린(tubulin)과 관련성이 있다. 액틴은 미세섬유(*microfilaments*)라 불리는 구조를 형성하여 진핵세포 세포골격과 세포질분열 시에 골격으로서의 역할을 하는 데 비해, 튜불린은 미세소관(*microtubules*)을 형성하여 체세포분열을 비롯한 여러 다른 과정에서 중요한 역할을 한다. 또한 *Caulobacter*에 존재하는 모양결정 단백질인 크레센틴은 진핵생물에서 중간섬유(*intermediate filaments*)를 구성하는 케라틴 단백질과 관련이 있다. 중간섬유도 진핵생물의 세포골격의 한 구성요소

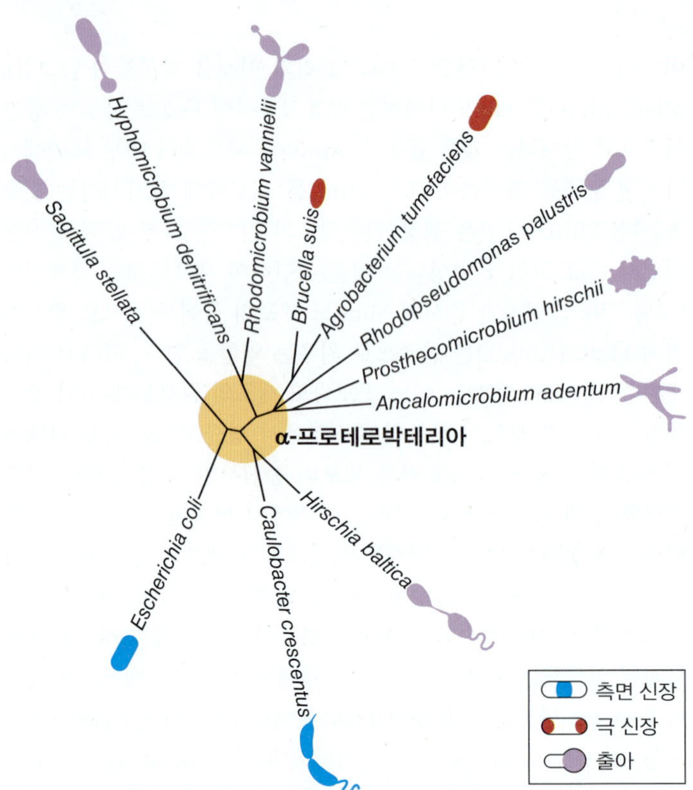

그림 7.11 선택된 다양한 세균의 계통학과 형태학. 계통도는 RNA 중합효소의 소단위 중 하나를 암호화하는 *rpoC*의 염기를 비교하여 만들어졌다. 색으로 나타낸 부분은 지적된 표시된 것과 같이 새로운 펩티도글리칸을 합성하는 지역을 나타낸다. α-프로테오박테리아 내에서도 광범위한 형태적 다양성이 존재함을 주목하라. Randich, A.M., and Brun, Y.V. 2015. *Front. Microbiol. 6:* 580의 변형.

이며 유사 단백질을 암호화하는 유전자들이 몇몇 세균에서 발견되었다. 따라서 진핵생물에서 세포분열과 세포골격을 조절하는 여러 단백질들 (2.16절)은 세균에 그 진화적인 뿌리를 두고 있는 것으로 보인다. 그렇지만 FtsZ를 제외하고 이들 단백질과 유사한 단백질을 암호화하는 유전자들은 대부분의 고균에는 존재하지 않는 것으로 보인다.

우리가 세포의 중심부 (혹은 퍼져서) 펩티도글리칸을 합성하여 생장하는 사상 단백질 MreB와 크레센틴에 초점을 맞추는 동안 다양한 형태들이 세균 세계에서 나타난다. 이러한 것은 상당한 형태적 다양성뿐만 아니라 상당한 대사 다양성을 보여주는 α-프로테오박테리아에 속하는 종들에서 뚜렷하다 (**그림 7.11**). 따라서 프로테오박테리아는 토양과 물 그리고 공생식물과 동물에 이르기까지 자연에서 다양한 생태학적 지위(biological niche)의 주인으로서 역할을 한다.

그림 7.8~7.10에서 보는 것처럼 막대-모양의 세포로서 생장하고 새로운 세포 물질을 생산하는 α-프로테오박테리아 그룹은 또한 극에서 펩티도글리칸을 합성 (극 신장)하여 생장할 수 있는 종들을 포함하고 있는 반면, 다른 그룹들은 출아로 알려진 과정으로 생장한다. 출아는 다양한 세포 형태를 유도하며 (그림 7.11), 세포내 여러 부위에서 펩티도글리칸을 합성하는 데 따른 결과이다. 그렇지만

출아세포에서 펩티도글리칸-합성 장치의 정확한 위치는 아직 발견된 바 없다. 그림 7.11은 나중에 이 책에서 반복해서 많이 보게 될 원리를 보여준다: 세균의 계통학적 위치는 그 형태로 추측할 수는 없고, 그 역이 될 수도 있다.

미니퀴즈

- 어떻게 MreB는 막대-모양의 세균의 형태를 조절하는가?
- 어떤 단백질이 *Caulobacter* 세포 모양을 조절하는 것으로 생각하는가?
- 세균과 진핵세포에 존재하는 세포골격 사이에는 어떤 관계가 존재하는가?

7.5 펩티도글리칸 합성

펩티도글리칸을 포함하는 모든 세균-그리고 사실상 모든 종이 갖고 있는—세포에서 이미 존재하고 있는 펩티도글리칸은 잠정적으로 새로 합성되는 펩티도글리칸이 생장 과정 동안 삽입될 수 있도록 잘라져야만 한다. 구균에서 새로운 세포벽 물질은 FtsZ 고리로부터 바깥쪽으로 자란다 (**그림 7.12**), 대조적으로 막대 모양의 세포에서 살펴본 바와 같이, 새로운 세포벽은 세포의 길이를 따라 여러 곳에서 신장하며 (그림 7.10*a*), 출아법으로 분열하는 막대 모양의 세포들에 위치한다. 그러나 세포의 형태와는 관계없이 생장하는 세균 세포는 새로운 펩티도글리칸을 합성하여 세포막 밖으로 방출해야만 한다. 우리는 이 문제를 여기서 생각해보고자 한다.

새로운 펩티도글리칸의 삽입

펩티도글리칸 층은 고무로 만들어진 얇은 판처럼 압력을 견뎌내는 섬유로 생각할 수 있다. 생장하는 동안 새로운 펩티도글리칸의 합성을 위해서는 이미 존재하는 펩티도글리칸을 적절히 재단하여 제

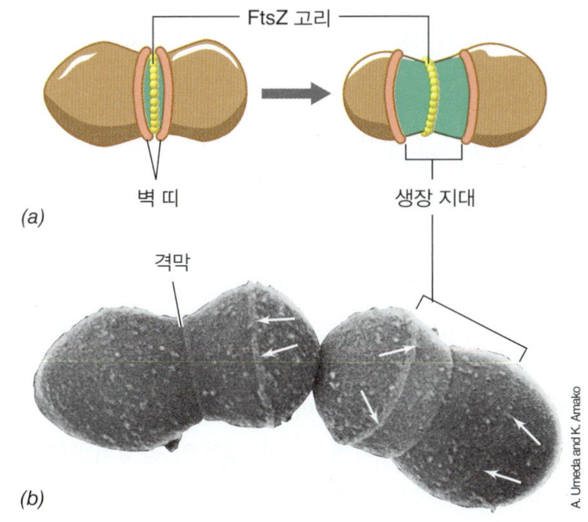

그림 7.12 그람-양성 세균의 세포벽 합성. *(a)* 세포분열 시 세포벽이 합성되는 장소. 구형 세균에서는 새포벽 합성 (초록색으로 표시)은 단 한 군데에서만 일어난다 (그림 7.10a와 비교). *(b) Streptococcus hemolyticus* 세포의 세포벽 띠 (화살표)를 보여주는 주사전자현미경 사진. 세포 직경은 약 1 μm.

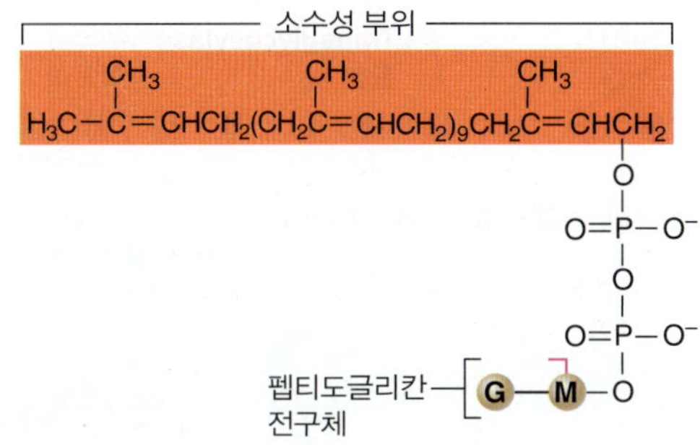

그림 7.13 박토프레놀(undecaprenol diphosphate). 소수성이 매우 높은 이 분자가 세포벽 펩티도글리칸 전구체를 세포막을 통해 수송한다.

거함과 동시에 펩티도글리칸 전구체의 삽입이 필요하다. 박토프레놀(*bactoprenol*)이라고 불리는 지질성의 수송체 분자가 후자 과정에서 중요한 역할을 담당한다. 박토프레놀은 소수성인 탄소가 55개인 알코올 (C_{55})로 *N*-아세틸글루코사민/*N*-아세틸뮤람산/펜타펩티드 펩티도글리칸 전구체와 결합한다 (**그림 7.13**). 박토프레놀은 펩티도글리칸 전구체에 세포막의 내부를 통과할 수 있을 정도의 충분한 소수성을 공급함으로써 세포막을 가로질러 그들 전구체를 수송한다.

세포 외부에서 박토프레놀 복합체는 세포벽 전구체를 세포벽이 새로 합성되고 있는 부분으로 삽입하고 글리코시드 결합의 형성을 촉매하는 글리코시드전달효소(transglycosylases)라 불리는 효소와 상호작용을 하게 된다 (**그림 7.14**). 이에 앞서, 이미 존재하고 있는 펩티도글리칸에서 작은 간극들이 펩티도글리칸 골격에서 *N*-아세틸글루코사민과 *N*-아세틸뮤람산을 연결하는 결합들을 가수분해하는 기능을 나타내는 자가용해소(*autolysin*)라고 하는 효소에 의해 만들어진다. 이어 새로운 세포벽 구성 물질이 간극을 가로질러 더해진다 (그림 7.14*a*). 새로운 펩티도글리칸과 오래된 펩티도글리칸 사이의 접합부위는 그람-양성 세균의 세포표면에 세포벽 띠(*wall band*)로서 관찰되는 능선 모양을 형성한다 (그림 7.12*b*). 펩티도글리칸 합성이 매우 조화로운 과정이 되어야만 하며 펩티도글리칸 전구체들은 자가용해소(autolysin) 활성이 유지되는 동안 쉽게 얻을 수 있어야 한다. 이것은 테트라펩티드(tetrapeptide) 단위체들이 접합부위에서 펩티도글리칸 자체에 손상이 일어나지 않도록 자가용해소가 활성화된 후 바로 기존의 펩티도글리칸과 접합되어야만 하기 때문으로; 손상은 자가용해(*autolysis*)라고 하는 자연적인 세포의 용균을 가져오게 한다.

펩티드전이반응

세포벽 합성의 마지막 단계는 펩티드전이반응(transpeptidation)이다. 펩티드전이반응은 인접한 글리칸(glycan) 사슬에 있는 뮤람산 잔기들 사이에 펩티드 교차-결합을 형성시킨다 (2.4절, 그림 2.10과 2.11). *E. coli*와 같은 그람-음성 세균의 경우 대개 교차결합은 한 펩티드의 디아미노피멜산(diaminopimelic acid, DAP)과 이웃 펩티드의 D-알라닌(D-alanine) 사이에서 일어난다. 비록 펩티도글리칸 전구체의 끝에 두 분자의 D-알라닌 잔기가 있으나, 오직 하

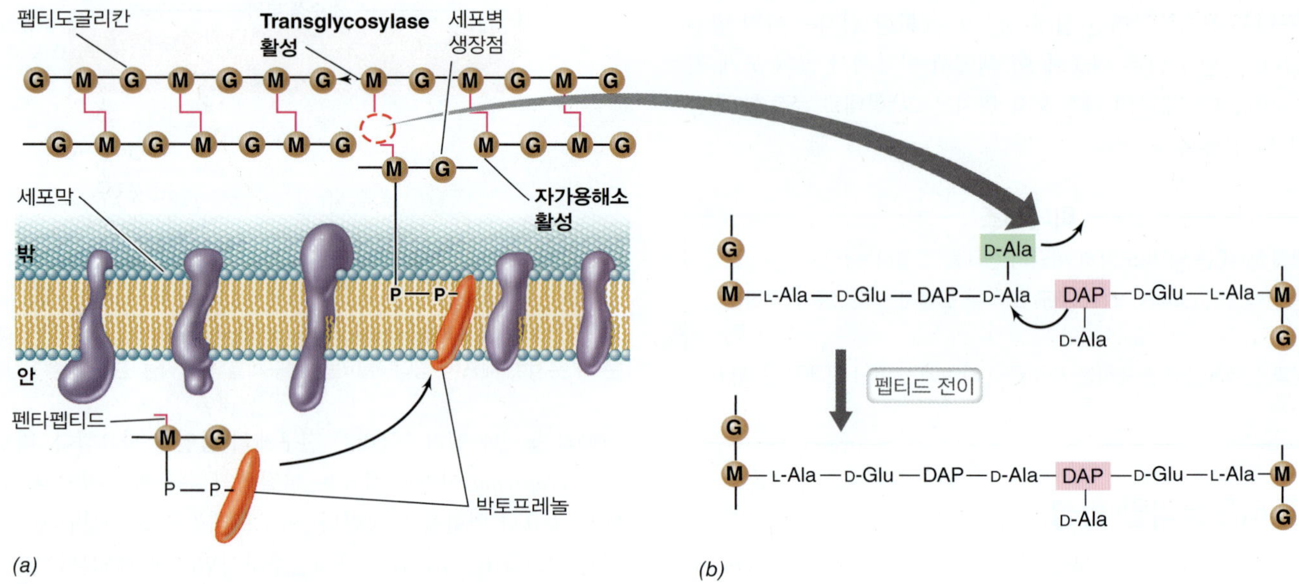

그림 7.14 펩티도글리칸의 합성. *(a)* 펩티도글리칸 전구체를 세포막을 통해 세포벽이 새로 합성되고 있는 장소로 수송. 자가용해소(autolysin)는 기존의 펩티도글리칸의 배당결합을 분해하는 한편, transglycosylase가 기존의 펩티도글리칸과 새로 합성된 펩티도글리칸을 연결시킨다. *(b)* 두 펩티도글리칸 사슬 사이를 마지막으로 연결시켜주는 펩티드전이반응(transpeptidation). 페니실린이 이 반응을 저해한다.

나만이 마지막 분자에 남고, 다른 하나는 펩티드전이반응 과정에서 제거된다 (그림 7.14*b*). 이 반응은 발열반응 (에너지-방출, 3.4절)이며 펩티드전이반응을 앞으로 진행하도록 하는 데 필요한 에너지를 제공한다. *E. coli*에서는 FtsI 단백질 (그림 7.8*a*)은 펩티드전달효소로서 역할을 수행한다.

펩티드전이반응(transpeptidation)은 항생제 페니실린(penicillin)에 의해 저해되기 때문에 의학적으로 주목할 필요가 있다. FtsI을 포함해서 여러 가지 페니실린 결합 단백질들이 세균에서 발견되었다 (그림 7.8*a*). 페니실린이 페니실린 결합 단백질과 결합하면 이 단백질들은 활성을 잃게 된다. 생장하는 세포에서 펩티드전이반응이 없다면 지속되는 자가용해소의 활성 (그림 7.14)은 세포벽을 약화시켜 결국 세포 용균이 일어난다. 진핵세포 (인간과 같이)에서 펩티도글리칸의 부재는 페니실린의 임상적 효과의 토대로—이 항생제는 생장하는 세균만 파괴하며 따라서 활동성 감염 시 종종 빠르게 생장하는 병원성 세균만을 목표물로 한다.

미니퀴즈

- 박토프레놀(bactoprenol)의 기능은 무엇인가?
- 펩티드 전이는 무엇이고 왜 그것이 세포와 임상의학에 중요한가?

II • 모델 세균에서의 생장 조절

다음 절에서는 실험실에서 어떻게 미생물이 자라고 미생물 생장을 측정하는지 생각해 보자.

미생물 배양과 생장을 측정하는 것은 미생물학자와 미생물 실험실에서는 흔한 일이다

생장과 분화는 대부분 다세포 생물들의 특징이다. 대부분의 세균과 고균은 단세포로 자라기 때문에 분화를 거의 볼 수 없다. 그러나 몇몇 주요한 예들이 알려져 있으며, 대표적 사례로 기능이 다르지만 유전적으로 두 개의 동등한 후손을 생산하는 차등 유전자 발현을 들 수 있다. 여기서 우리는 생장과 분화에 대해서 잘 연구된 세 가지 예에 대해 토론한다: 그람-양성 토양세균 *Bacillus*; 그람-음성 수서 세균 *Caulobacter*에서 두 가지—운동과 정지—세포형; 질소고정 남세균 *Anabaena*에서 이형세포의 형성. 우리는 그람-음성이면서 병원성 세균 *Pseudomonas aeruginosa*와 *Vibrio cholerae*에서 이루어지는 생물막 형성에 대해 생각하는 것으로 끝내고자 한다.

7.6 내생포자 형성 조절

많은 미생물들은 영양세포(*vegetative cells*)라 불리는 생장 세포를 포자로 전환하여 악조건에 반응한다 (2.10절). 좋은 조건으로 돌아왔을 때 이 포자는 발아하고 미생물들은 정상 생활사로 돌아간다. 세균 중에서 *Bacillus* 속은 내생포자, 즉 모 세포 내부에 형성된 포자를 형성하는 것으로 잘 알려져 있다. 내생포자 형성 이전에 세포는 비대칭적으로 분열한다. 더 작은 세포가 내생포자로 발달하고 큰 모세포에 의하여 둘러싸여진다. 발달이 완성되었을 때 모세포는 터지고 내생포자는 방출된다.

내생포자 형성: 포자형성 요소

*Bacillus subtilis*에서 내생포자의 형성은 기아, 건조, 혹은 생장-억제 온도와 같은 좋지 않은 외부 조건에 의하여 촉발된다. *Bacillus*

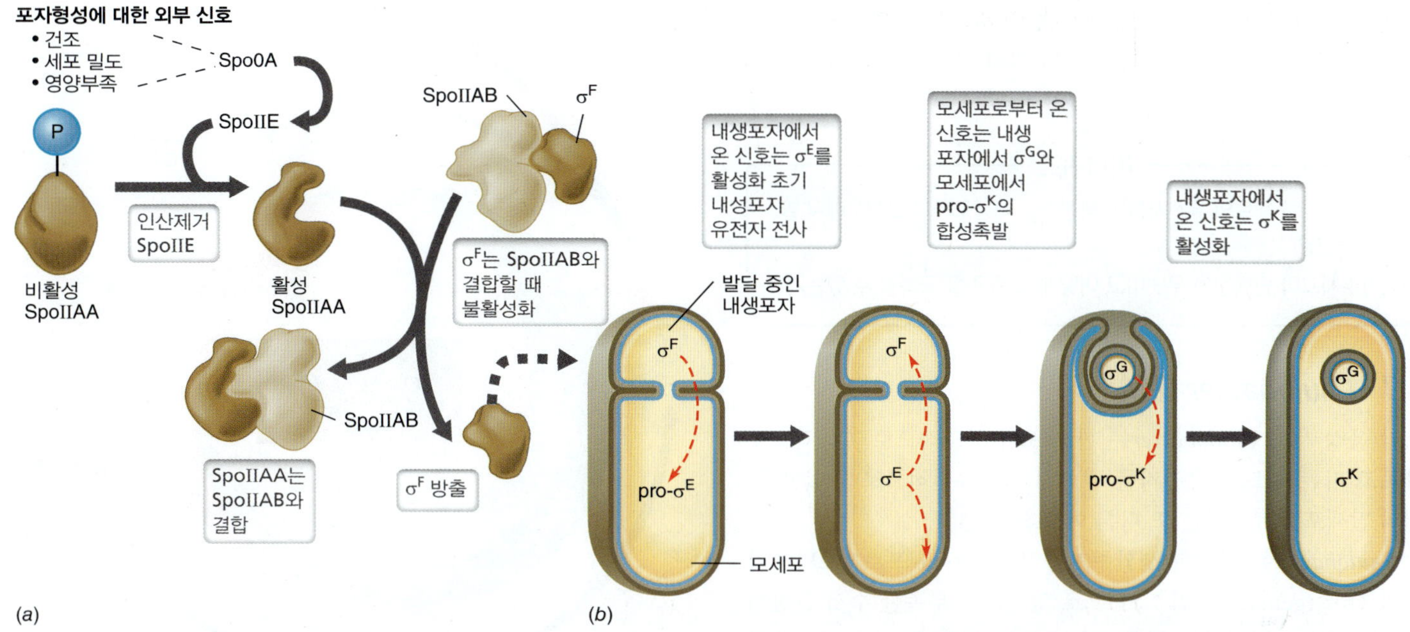

그림 7.15 ***Bacillus*에서 내생포자 형성의 조절.** 외부 신호가 전달되었을 때, 일련의 시그마 인자들이 분화를 조절한다. *(a)* 활성 SpoIIAA는 안티-시그마 인자 SpoIIAB에 결합하여 첫 번째 시그마 인자 σ^F를 방출한다. *(b)* 시그마 인자 σ^F는 시그마 인자들의 캐스케이드를 시작하고, 그들 중 몇몇은 이미 존재하여 활성화될 필요가 있으며, 몇몇은 아직 존재하지 않아 그들 유전자가 발현될 필요가 있다. 이들 시그마 인자들은 내생포자 생장에 필요한 유전자들의 전사를 촉진한다.

subtilis 세포는 5개의 감지 키나아제로 구성된 한 그룹에 의하여 환경을 감지한다. 이들은 그 기작이 두-요소 조절 체계의 것 (6.6절)과 유사한 인산 전이 연계 체계를 통하여 기능을 나타내지만, 훨씬 더 복잡하다 (**그림 7.15**). 다중의 악조건의 전체 결과는 포자형성 인자(*sporulation factors*)라 불리는 여러 단백질의 연속적인 인산화이며, 포자형성 인자 Spo0A와 함께 절정에 이르게 된다. Spo0A가 고도로 인산화되었을 때, 포자형성이 진행된다. Spo0A는 여전 유전자의 발현을 조절한다. 여러 유전자 중 하나의 산물인 SpoIIE는 SpoIIAA로부터 인산을 제거하는 데 관여하며, 그리고 이것은 SpoIIAA로 하여금 안티-시그마 인자를 제거하도록 하며; 이것이 포자형성 과정에서 중요한 단계인 시그마 인자, σ^F를 방출한다.

내생포자 형성: 대체 시그마 단백질

Bacillus subtilis 세포가 포자형성 단계에 있을 때 내생포자의 발달은 네 개의 다른 시그마 인자에 의하여 조절되며, 그 중 두 인자, σ^F와 σ^G는 발달하는 내생포자 [전포자(forespore)라 불림] 자체 내부에서 필요한 유전자를 활성화시키며, 나머지 두 인자, σ^E와 σ^K는 전포자를 둘러싸고 있는 모세포에서 필요한 유전자를 활성화시킨다 (그림 7.15*b*). Spo0A를 통하여 전달되는 포자형성 신호는 전포자에서 σ^F를 활성화한다 (σ^F는 이미 전포자에 존재하지만 시그마 인자와 결합하기 때문에 비활성적임, 그림 7.5*a*). 자유로운 σ^F는 RNA 중합효소와 결합하고 다음 단계의 포자형성에 필요한 산물을 만들어내는 유전자의 전사를 (포자 내에서) 가능케 한다 (그림 7.2*a*와 7.15*b*). 이런 것들에는 시그마 인자 σ^G를 암호화하는 유전자와 모세포 속으로 들어와 σ^E를 활성화하는 단백질을 만드는 유전자가 포함된다.

활성 σ^E는 모세포 내에서 시그마 인자, σ^K를 비롯한 아직 더 많은 유전자의 전사에 필요하다. 시그마 인자 σ^G (전포자 내에서)와 σ^K (모세포 내에서)는 포자형성 과정 후반에도 필요한 유전자의 전사를 위해 필요하다. 결국 많은 포자 외피와 기타 내생포자에 전형적으로 나타나는 독특한 구조 (2.10절과 표 2.2)가 형성되며, 성숙된 포자는 방출된다.

내생포자 형성에 필요한 영양

영양분의 제한은 *Bacillus*에서 포자형성의 주요 촉발자이다 (2.10절). 이런 경우, 세포는 내생포자의 형성을 완성하기 위한 충분한 영양분을 어떻게 획득할까? 내생포자 형성 조절의 매력적인 모습은 또 다른 조절과정으로 포자를 형성하는 세포들은 그들 자신의 종들의 세포를 섭식하는 것이다. Spo0A가 이미 활성화된 *Bacillus* 세포들은 Spo0A 단백질이 아직 활성화되지 않은 세포 근처 세포들을 분해하는 단백질을 분비한다. 이들 분해 단백질은 주변 세포의 포자형성을 지연시키는 두 번째 단백질과 함께 생산된다. 포자형성 중인 세포들은 또한 그들 자신의 독소로부터 그들 자신을 보호하기 위해 반독소 단백질을 만든다. 분해되었을 때 그들 희생된 자매 세포들은 내생포자를 형성하기 위해 영양원으로 사용된다. 특히, 인산과 같은 어떤 주요 영양분의 결핍은 독소 단백질을 암호화는 유전자의 발현량을 증가시킨다.

포자형성에서 우리는 세포분화에 의해 종들이 악조건에 견딜 수 있는 세포를 형성할 수 있는 전략을 이해하게 되었을 뿐만 아니라 또 하나의 전략으로 개체군 내 소수의 종 세포들의 생존이 우선으로 같은 종 내 다른 세포들의 희생에 의해 그것이 촉진되는 것도 알게 되었다.

미니퀴즈

- 어떻게 다른 세트의 유전자들이 생장하는 내생포자와 모세포에서 발현되는가?
- 안티-시그마 단백질은 무엇이고 어떻게 그 효과를 극복할 수 있는가?

7.7 *Caulobacter* 분화

그람-음성 세균 *Caulobacter*는 한 세포가 구조적으로 기능적으로 다르고 다른 세트의 유전자를 발현시키는 유전적으로 동일한 두 개의 딸세포로 분열하는 또 다른 예를 보여준다.

*Caulobacter*는 단순한 생활주기를 경험하는 α-프로테오박테리아의 한 속(genus) (그림 7.11)으로 영양분이 부족한 수서 환경에서 전형적으로 나타나는 세균이다 (15.20절). *Caulobacter* 생활주기에서 자유-유영 [유주자(swarmer)] 세포들은 편모가 없고 말단에 부착기(holdfast)가 있는 자루(stalk)에 의하여 표면에 붙어 있는 세포로 대체된다. 유주자 세포의 역할은 유주자가 분열할 수 없거나 그들의 DNA를 복제할 수 없을 때 절대적으로 분산되는 것이다. 역으로, 자루가 있는 세포의 역할은 엄격하게 생식이다. 분열하기 위하여 유주자 세포들은 우선 자루가 달린 세포로 분화해야 하며, 그리고 유영하기 위하여 자루가 달린 세포들은 먼저 유주자를 생산해야 한다; 이것이 *Caulobacter* 생활주기의 본질이다 (**그림 7.16**) (6.9절과 그림 6.24*b*).

조절 특징

Caulobacter 세포주기는 그 농도가 계속해서 달라지는 세 가지 주요 조절 단백질에 의하여 조절된다. 이들 중 두 개는 전사 조절자인 GcrA와 CtrA이다. 세 번째는 DNA 복제를 개시할 때 정상 역할(7.2절)과 전사 조절자로서 기능을 나타내는 단백질 DnaA이다. 이들 조절자 각각은 세포주기의 특정 단계에서 활성을 나타내며, 각각은 주기의 특정 단계에서 필요한 많은 다른 유전자를 조절한다.

CtrA는 외부 신호에 반응하여 나타나는 유주자 세포의 인산화에 의하여 활성화된다. 인산화된 CtrA-P는 편모의 합성을 암호화하는 유전자와 유주자 세포의 다른 기능에 필요한 유전자를 활성화한다. 역으로 CtrA-P는 GcrA의 합성을 억제하고 복제 원점에 결합하여 방해함으로써 유주자 세포에서 DNA 복제의 시작을 억제하기도 한다 (그림 7.16).

세포주기가 진행됨에 따라 CtrA는 특정 프로테아제에 의하여 분해되며; 결과적으로 DnaA의 양이 증가한다. CtrA-P의 부재는 DnaA가 염색체의 복제 원점에 접근하도록 도와주며, 모든 세균에서처럼, DnaA는 원점에 결합하고 DNA 복제의 시작을 촉발한다 (7.2절). 이외에도, *Caulobacter* DnaA는 염색체 복제에 필요한 여러 가지 다른 유전자를 활성화한다. 이어 DnaA 양은 프로테아제

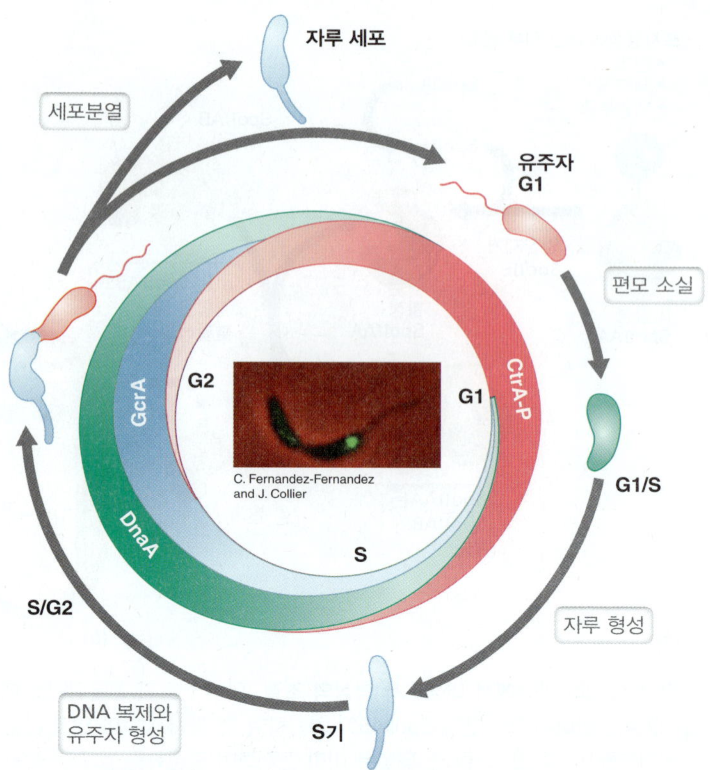

그림 7.16 ***Caulobacter*에서 세포주기 조절.** 세 개의 광역 조절자, CtrA, DnaA, 그리고 GcrA는 그림에서 보는 바와 같이 주기를 통해 양적인 면에서 변동한다. G1 유주자 세포에서, CtrA는 DNA 복제의 시작과 GcrA의 발현을 억제한다. G1/S 전이 시, CtrA는 분해되고 DnaA의 양은 증가한다. DnaA는 복제 기점에 결합하여 복제를 시작한다. GcrA 또한 상승하고 세포분열과 DNA 합성에 필요한 유전자를 활성화시킨다. S/G2 전이 시, CtrA의 양은다시 상승하기 시작하고 GcrA의 발현을 차단한다. GcrA의 양은 자루가 있는 세포에서 천천히 낮아지지만, 유주자에서 급격히 분해된다. CtrA는 자루가 있는 세포에서 분해된다. 삽입물: 리포터로서 녹색 형광 단백질(GFP)과의 융합을 이용하여 (7.1절), DNA 중합효소의 소단위는 DNA 복제가 일어나는 자루가 달린 *Caulobacter* 세포의 말단에 위치한다. 분열하는 *Caulobacter* 쌍의 각 세포의 길이는 약 2 μm이다.

분해로 인해 떨어지고 GcrA의 양은 상승한다. GcrA 조절자는 염색체 복제의 신장 단계, 세포분열, 정체된 딸세포에서 자루의 생장을 촉진한다. 결국, GcrA 양은 떨어지고 CtrA의 양은 (멀리 유영하게 될 딸세포에서) 다시 높게 나타나고 (그림 7.16) 세포주기는 반복된다.

*Caulobacter*와 진핵세포 주기

외부 자극과 영양분, 대사체 양과 같은 내부 요인들 모두 *Caulobacter* 세포주기 과정에서 일어나는 일들을 조화롭게 한다 (6.9절). *Caulobacter* 게놈의 서열이 결정되었고 좋은 유전 체계가 이용 가능하기 때문에, *Caulobacter*의 분화는 다른 생물에서도 세포 발달 과정을 연구하는데 모델 체계로 사용되어 왔다. 이것의 초점은 *Caulobacter*에서 이루어지는 엄격한 세포주기 때문으로, 이것은 많은 점에서 진핵세포의 것과 유사하다. 실제로, 진핵세포 주기를

묘사하는데 사용되는 용어들이 *Caulobacter* 체계에서도 채택되어 왔다.

진핵세포에서 세포분열의 G1기에는 생장과 정상적인 대사과정이 일어나는 반면, G2기 세포들은 이어지는 유사분열을 준비하는데 그것은 M기에 이루어진다. G1과 G2 사이는 S기로 이때 DNA 복제가 일어난다. *Caulobacter* 세포주기에서 당연히 유사분열이 없지만 G1, G2, S기의 유사 과정이 분명이 존재하며 (그림 7.16), 이러한 사실은 이 세균을 고등생물에서 세포분열 과정을 연구하는데 최고의 모델로 만든다.

미니퀴즈

- 왜 DnaA 단백질의 양은 *Caulobacter* 세포주기 동안 조절되는가?
- 언제 조절 단백질인 CtrA와 GcrA는 *Caulobacter* 세포주기에서 주요 역할을 하는가?

7.8 *Anabaena*에서 이형세포 형성

남세균은 호기성 광합성 생물로 그들의 광합성 대사로부터 산소를 생산한다 (14.4절과 15.3절). 그들은 또한 질소고정-질소원으로서 질소(N_2)의 암모니아로의 환원 (14.6절)을 수행할 수 있다. 질소고정은 많은 에너지를 요구하는 과정으로 극히 산소에 민감한 질소화효소(*nitrogenase*)에 촉매된다. 어떻게 같은 세균에서 질소고정과 호기적 광합성이 동시에 일어나는 것이 가능할까? 이 문제를 풀기 위하여 *Anabaena*와 *Nostoc* 속과 같은 몇몇 사상성 남세균은 질소고정에 전적으로 관여하는 **이형세포(heterocysts)**라 불리는 특수화된 세포를 형성하기 위한 생장 과정을 겪는다.

이형세포 형성

이형세포들은 광계 II—호기적 광합성 동안 산소를 생산하는 색소 단백질 복합체—가 결핍되어 있기 때문에 이들은 혐기성 세포이다. 이러한 혐기성 생활형은 질소고정화 효소에게는 호의적인 환경을 제공하게 되어 질소고정을 제공한다. 이형세포는 산소를 생산하는 광영양 영양세포의 분화로부터 나타나며, 전형적으로 사상(filament)을 따라 규칙적인 양상으로 발달한다 (**그림 7.17a**). 이러한 정형화된 패턴으로 인해 필요한 영양분의 교환과 생장이 지속되는 동안 양립할 수 없는 두 개의 대사과정이 분리된다.

이형세포 형성은 외부 조건과 세포내 신호분자를 감지하는 체계망에 의하여 조절되는 많은 수의 형태학적 대사학적 변화를 필요로 한다. 이들 과정에는 세포 속으로 산소가 확산되는 것을 막기 위하여 두꺼운 세포벽의 형성, 광계 II의 불활성화, 질소화효소의 발현, 그리고 사상을 따라 나타나는 이형세포 분화의 정형화된 패턴 등이 있다 (그림 7.17*a*). 영양분은 이형세포와 이웃한 영양세포 사이에 교환될 수 있기 때문에 (그림 7.17*b*), 이웃한 영양세포가 발달과정을 겪는 것을 차단할 수 있도록 다른 조절 단계들이 시작되어야 한다.

단원 2

이형세포 형성의 조절

이형세포의 형성을 유도하는 이들 단계적 과정들이 고정된 질소(질산, 암모니아 등)의 제한에 의하여 개시되고; 그 제한은 영양세포에서 아미노산인 글루탐산의 형성을 위한 수용 분자인 α-케토글루타르산 수위의 상승으로 감지된다 (3.14절). 세포가 고정된 질소를 필요로 할 때 α-케토글루타르산은 축적되고 전사 광범위 조절자인 NtcA를 활성화시킨다. 이때 NtcA는 이형세포 형성을 조절하는 주요 전사 조절자인 HetR을 암호화하는 *hetR* 유전자의 전사를 활성화한다. HetR은 이형세포의 분화, 미량의 산소를 제거하기 위한 시토크롬 *c* 산화효소의 발현, 그리고 질소화효소의 합성을 위한 *nif* 오페론의 발현 등에 필요한 연속적 단계의 유전자들을 활성화시킨다 (그림 7.17*c*).

사상을 따라 위치한 특정 세포들만이 이형세포를 형성하고 일정한 패턴으로 관찰되는 것은 엄격한 조절 하에 놓여 있다 (그림 7.17*a*). *Anabaena* 사상에 있는 세포들 사이의 세포 간 연결은 영

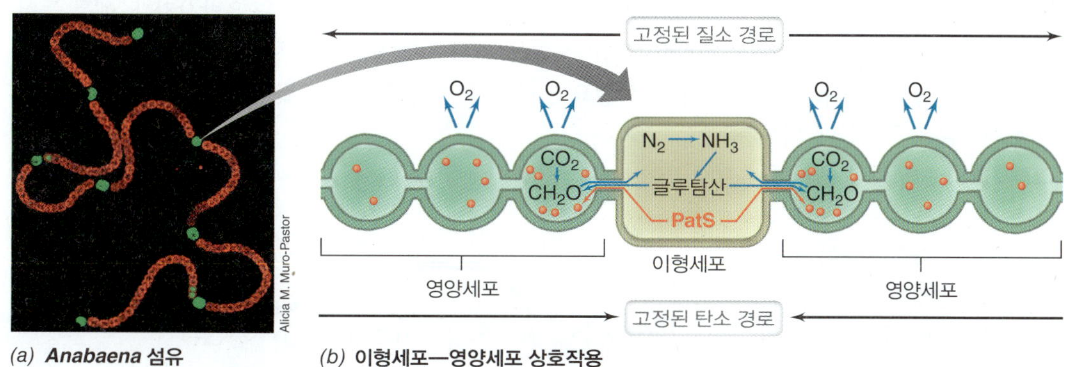

(*a*) ***Anabaena* 섬유** (*b*) **이형세포—영양세포 상호작용**

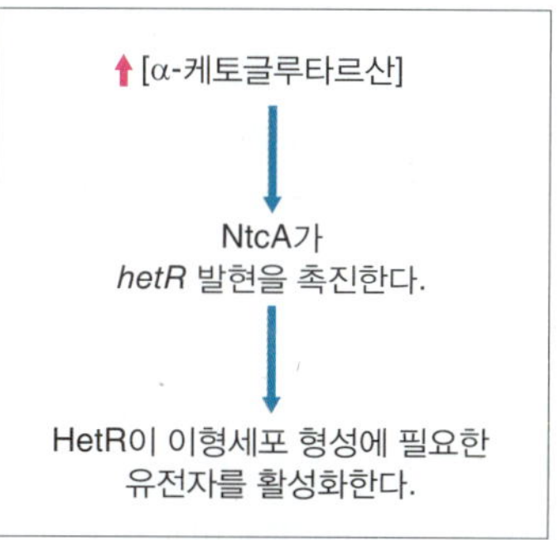

(*c*) **이형세포 형성 촉발**

그림 7.17 이형세포 형성의 조절. (*a*) 이형세포-특이적 유전자들과 결합한 녹색 형광 단백질을 발현하는 *Anabaena* 섬유세포를 보여주는 형광현미경법; 영양세포는 엽록소 *a*가 발광하는 적색이다. (*b*) 이형세포에서의 분자 분산. 영양세포에서 광합성으로부터 고정된 탄소는 이형세포로 전달되는 반면, 이형세포에서 고정된 질소는 영양세포와 공유한다. 이형세포에 의해서 합성되는 단백질 PatS 또한 이웃한 영양세포에 퍼져 있으며, 여기에서 PatS는 이형세포 형성에 필요한 유전자의 발현을 억제한다. (*c*) 이형세포 형성에 필요한 유전자 활성의 연속적인 단계. 이 연속적 단계는 α-케토글루타르산 농도의 증가에 의하여 시작된다.

양세포로 하여금 고정된 탄소를 생산된 암모니아 일부를 교환하는 데 있어 전자공여체 (질소화효소에 의한 질소 환원에 대한)로서 작용하는 이형세포에 전달할 수 있도록 해준다. 그렇지만 세포 연결은 또한 조절분자에 의한 세포내 의사소통을 할 수 있도록 해준다. 이러한 점에서, 분화하는 세포는 사상에서 영양세포를 따라 구배를 형성하는 발달 중에 있는 이형세포로부터 멀리 확산되어 나가는 PatS라 불리는 작은 펩티드를 생산한다 (그림 7.17*b*). PatS는 HetR이 이형세포 형성에 필요한 유전자들을 활성화시키지 못하도록 함으로써 영양세포에서 분화를 억제하는 것으로 여겨진다. 주화성 반응 조절자 CheY (그림 6.19)의 유사한 반응 조절자인 PatA라 불리는 두 번째 조절자 또한 이형세포의 행동 패턴의 발달에 관여한다. PatA는 HetR의 활성을 촉진하고 PatS의 활성을 감소시키며, 또한 세포분열에 관여할 수 있다.

이형세포에서 다른 조절 연결망들이 현재 연구 중에 있으며, 이형세포성 남세균에서 영양세포의 이형세포로의 분화는 원핵생물에 있는 다세포 행동 패턴과 세포내 소통의 독특한 예이다.

미니퀴즈

- 영양세포는 산소를 생산하는 반면에 이형세포는 생산하지 않는다. 왜?
- 이형세포 형성을 조절하는 주요 전사 조절자는 무엇인가?

7.9 생물막 형성

5장에서 우리는 세균 생물막—박혀 있는 세균 세포를 포함하고 있는 부착 다당류 기질—의 그들의 환경적 의학적 의미와 함께 기본적인 특성에 대하여 다루었다. 이 절에서 우리는 생물막 발달을 조절하는 분자 기작에 초점을 맞춘다. 생물막 형성은 다양한 방식으로 조절되는 다양한 과정이다. 여기서 우리는 두 개의 잘 연구된 그람-음성 세균, *Pseudomonas aeruginosa*와 *Vibrio cholerae*에서의 생물막 형성 모델에 초점을 둔다.

생물막 형성 단계

생물막 형성은 네 가지 기본적인 단계를 갖는 발달 주기: (1) 부착, (2) 집락화, (3) 발달, (4) 분산의 한 형태라고 할 수 있다. 표면과 무작위적인 세포의 충돌은 초기 세포의 부착을 설명해준다. 세포 부착은 편모, 선모 혹은 세포표면의 단백질과 같은 구조물에 의하여 촉진된다. 세포의 표면에의 부착 (**그림 7.18**)은 생물막 특이 유전자의 발현에 대한 신호이다. 생물막 특이 유전자에는 세포내 신호분자와 기질(matrix) 형성을 개시하는 세포외 다당류들이 있다. 생물막 형성이 시작되면 이미 부유되어 있는 플랑크톤 세포들은 편모를 잃어버리고 비운동성이 된다. 그렇지만 생물막은 정지되어 있는 실체가 아니며, 세포들은 활발한 분산과정에 의하여 생물막으로부터 방출될 수 있다.

여러 신호들이 부유하면서 생장하는 것으로부터 생물막이라 불리는 반고체성 기질에서 생장하는 것으로의 세균 전이를 안내한다. 많은 세균에서 부유성에서 생물막 생장으로의 실제 전환은 조절 뉴클레오티드 cyclic *di-guanosine monophosphate* (c-di-GMP)의 세포내 축적에 의하여 촉발된다 (**그림 7.19**). 비록 여러 가지 뉴클레오티드들이 모든 생물 도메인에서 중요한 조절 역할을 하지만 (6.4절), c-di-GMP는 오직 세균에만 넓게 분포되어 있다. c-di-GMP의 합성 또는 분해는 환경과 세포 신호에 따라 이루어지며, 그것의 합성은 다양한 생리학적 반응을 유발시킨다. 예를 들어, c-di-GMP는 편모 모터의 활성을 감소시키는 단백질에 결합하여 부착에 필요한 세포 표면 단백질을 조절하며 생물막의 세포외 기

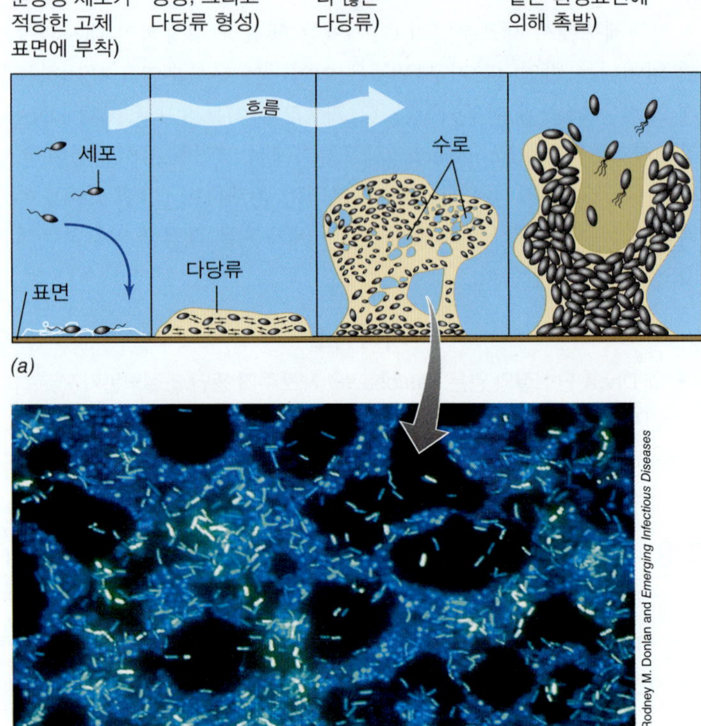

그림 7.18 생물막 형성. *(a)* 생물막은 소수 세포의 부착하여 생장하고 다른 세포들과 소통하면서 시작된다. 기질이 형성되고 생물막이 자람에 따라 더 광범위하고, 결국에는 세포를 방출한다. *(b)* 스테인리스강 파이프에서 발달한 생물막을 DAPI로 염색한 현미경 사진

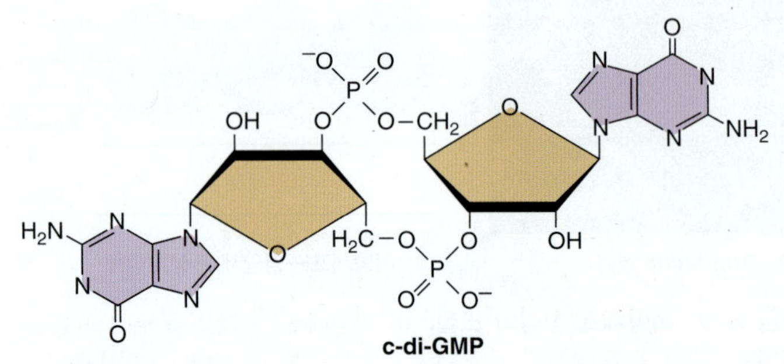

그림 7.19 두 번째 메신저 cyclic di-guanosine monophosphate의 분자 구조. 이것은 특정 생리적 과정을 조절하는 많은 세균들에 의해 세포 내의 신호분자로 사용된다.

질 다당류의 생합성을 조절한다.

*Pseudomonas aeruginosa*와 생물막

*Pseudomonas aeruginosa*는 생물의 병원성을 증가시켜서 항생제의 침투를 막아주는 특정 다당류를 포함하는 질긴 생물막 (**그림 7.20**)을 생성할 수 있다. *P. aeruginosa*는 고전적인 기회주의적 병원체로서 토양에서 1차 저장소로부터 유래되며 혈액, 폐, 요도, 귀, 피부, 그리고 기타 인간의 조직을 감염시킬 수 있다. 다른 유전적 질병인 낭포성 섬유증의 주요 증상은 폐에서 발달하는 *P. aeruginosa*의 두터운 생물막에 기인하며, 이 세균은 병원 감염성 (병원-획득성) 병원체이다.

c-di-GMP에 의해 유발되는 세포내 활동 이외에 균체밀도감지 (quorum sensing) (6.8절)에 의한 세포간 소통이 *P. aeruginosa*의 생물막의 발달과 유지에 중요하다. *Acyl homoserine lactone* (AHL)이 축적됨에 따라, 그들은 그 종의 개체군이 확대되고 있는 이웃한 *P. aeruginosa* 세포에 신호를 보낸다. AHL의 생산은 또한 세포외 다당류와 c-di-GMP 합성을 증가시키는 것들을 포함한 생물막 형성에 필요한 유전자들의 발현을 촉발한다.

증가된 c-di-GMP는 미생물 군집과 항생제 내성 기작의 1차 발판으로서 작용하는 Pel 등을 비롯한 세포외다당류의 생산을 개시한다. 영양이 풍부한 조건에서 시간이 지남에 따라 *P. aeruginosa* 세포들은 높이가 0.1 mm가 넘고 수백만 세포를 포함하는 버섯 형태의 소형 군집으로 발달할 수 있다. 생물막의 마지막 건축가는 영양 요인과 지역의 유동 환경과 같은 신호분자 외에 다양한 요인들에 의하여 결정된다.

생물막을 형성하는 *Pseududomonas fluorescens*에서 c-di-GMP의 증가 또한 생물막 형성을 촉진한다. 그러나 *P. fluorescens*에서 c-di-GMP에 의해 조절되는 생물막 장치는 *P. aeruginosa*와 매우 다르다. *P. fluorescens*에서 c-di-GMP 양의 변화는 분비와 세포를 표면에 부착시키는 것을 돕는 LapA라 불리는 큰 부착 단백질의 세포 표면에서의 위치에 영향을 미친다. 예를 들어, 낮은 세포외 인산에 반응하여 *P. fluorescens* 세포들은 세포 외막에 LapA의 위치를 막기 위하여 낮은 c-di-GMP 양을 유지하여 생물막 형성을 개시하는데 필요한 부착 기작을 무력화 시킨다. 만약 인산의 양이 생물막에서 계속해서 떨어지면, 연관된 c-di-GMP 양의 감소로 LapA 단백질을 분해시키는 단백질 분해효소의 활성을 가져오며; 이것이 이미 부착된 세포를 방출하고 근처에 있는 서식지에서 이용 가능한 영양을 찾기 위하여 그들의 분산을 촉진시킨다.

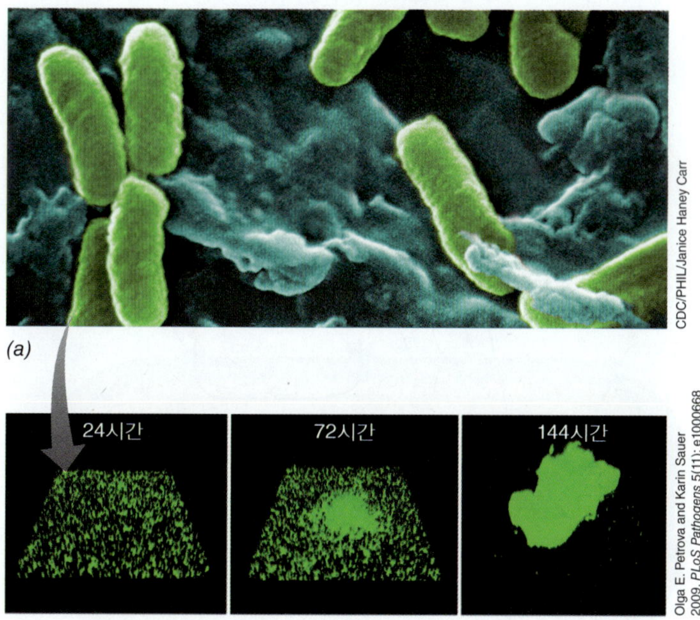

그림 7.20 ***Pseudomonas*에서 생물막 형성.** *(a)* 생물막은 소수 세포의 부착하여 생장하고 다른 세포들과 소통하면서 시작된다. 기질이 형성되고 생물막이 자람에 따라 더 광범위해지고, 결국에는 세포를 방출한다. *(b)* 144-시간 주기 동안 *Pseudomonas aeruginosa*에서 생물막 형성의 과정을 보여주는 공초점 주사 레이저 현미경법. 세포들은 살아 있는 세포를 녹색으로 염색하는 LIVE/DEAD 생존력 염색 시약으로 염색된다. 직사각형 패턴의 각 세포는 넓이가 약 0.2 mm이다. 성숙한 생물막은 넓이가 0.1 mm이고 높이가 60 μm이다. 출처: Petrova, O.E. and K. Sauer. 2009. A novel signaling network essential for regulating *Pseudomonas aeruginosa* biofilm development. *PLos Pathogens 5*(11): e100068.

*Vibrio cholerae*와 생물막

콜레라의 원인균 *Vibrio cholerae* (32.3절) 또한 생물막 형성을 조절하기 위하여 세포 내와 세포간 신호를 사용한다. c-di-GMP에 의한 신호가 생물막 형성에 관여된 유전자들의 발현을 촉진하는 동안, 균체밀도감지는 *P. aeruginosa*에서 이루어지는 것과는 반대 방식으로 작동한다. *Vibrio cholerae*의 세포 밀도가 증가됨에 따라 세포밀도 신호분자의 양 또한 증가한다. 이들 분자의 축적은 조절의 연속적 단계를 촉발시켜 궁극적으로 생물막 형성 유전자의 억제와 편모와 병원성 유전자의 활성을 가져오게 된다. 따라서 *P. aeruginosa*와 대조적으로 *Vibrio cholerae*에서 생물막 형성은 낮은 세포 밀도에 의하여 촉발되고 높은 세포 밀도에 의하여 억제된다.

이러한 현상의 생태학적 중요성은 생물막 형성이 *V. cholerae*가 영양이 빈약한 자연의 해양 환경에서 발견될 때 더 쉽게 일어나, 영양이 풍부한 장내 세포들의 밀접한 구역 내에서 볼 수 있는 것보다 작은 개체군을 유발한다. 생물막 형성은 *V. cholerae* 세포가 영양분에 더 크게 접근하고 흔들림으로부터 보호하기 위하여 플랑크톤, 갑각류, 퇴적물과 같은 해양 표면에 부착할 수 있게 한다. 생물막 형성의 마지막 단계인 분산은 궁극적으로 *V. cholerae*가 새로운 숙주 세포로 전염되는 것을 돕는다.

많은 병원성 세균의 생물막 생활형은 종종 지속성 세포 (7.11절) 또는 항생제 내성 세포 (혹은 모두)의 결과를 가져오게 되며, 생물막 자체가 항미생물 약제의 침투에 대한 방어벽으로 작용하기 때문에 생물막 발달의 분자생물학을 이해하는 것에 큰 의학적 관심이 있다. 우리는 20장에서 생물막의 생태와 생물막 형성의 조절 전략에 대해 계속해서 논의할 것이다.

미니퀴즈

- 생물막 형성의 네 가지 기본 단계는 무엇인가?
- 자가유도자 합성 이외에 어떤 세포내 분자가 많은 세균에서 생물막 형성을 촉진하는가?

III • 항생제와 미생물 생장

이 장 전체에 걸쳐 우리는 어떻게 세포들은 미생물 생장 단계들을 최대한 좋게 만들기 위하여 그들의 분자생물학을 조율하는지에 대해 논하였다. 그러나 이들 동시에 발생하는 과정을 줄이는 기작은 어떤가? 여기서 우리는 어떻게 항생제가 생장 과정과 내성과 지속성을 이끌 수 있는 세균 반응을 목표물로 하는지에 중점을 둔다. 28장에서 우리는 항생제의 임상적 중요성을 초점을 두고 그들의 활성 스펙트럼과 내성의 확산을 고려할 것이다.

7.10 항생제 목표물과 항생제 내성

항생제(antibiotics)는 주로 세균과 곰팡이 등의 미생물에 의해 자연적으로 생산되는 항미생물 제제이다. 이들 제제들은 세균을 죽이거나 세균의 생장을 억제하는 것으로 특징지을 수 있으며, 모두 생장과 생존에 필수적인 분자과정을 목표물로 한다. 이 절에서 우리는 어떻게 항생제가 작동하며 세균이 항생제 효과에 대응하기 위하여 개발한 몇몇 중요한 내성 기작에 대해 생각해본다.

주요 분자과정을 목표물로 하는 항생제

중심 이론 (유전정보의 흐름을 설명; 4장) 내의 모든 단계들은 생장에 필수적이기 때문에 많은 항생제들은 특이적으로 DNA 복제, RNA 합성, 그리고 번역을 촉매하는 효소들을 목표물로 한다 (**그림 7.21*a***). 시프로플록사신(ciprofloxacin)과 같은 퀴놀론은 그람-음성 세균에서 DNA gyrase를 그람-양성 세균에서는 topoisomerase IV를 목표물로 한다. 따라서 퀴놀론은 DNA 풀림과 복제를 방해함으로써 세포 사멸을 이끈다 (➲ 4.1절). 마찬가지로, 전사가 생장 세포에서 억제될 때 mRNA는 만들어질 수 없고 새로운 단백질 합성이 방해를 받는다. 항생제 리팜핀과 악티노마이신은 RNA polymerase 활성부위를 차단 [리팜핀(rifampin)] 또는 DNA의 큰 홈에 결합하여 RNA 신장을 방해함으로써 RNA 합성을 억제한다 (➲ 4.5절).

많은 항생제들은 단백질 합성의 어떤 면을 목표물로 하여 세균 생장을 억제한다 (그림 7.21*a*). 세균의 리보솜은 70S 구조인 반면 진핵세포는 80S임을 기억하라. 항생제 퓨로마이신은 tRNA의 3′ 말단을 흉내내는 부위를 포함하며, 이들 구조적 흉내로 항생제가 70S 리보솜의 A 부위에 결합하게 되고 (➲ 4.10절); 이것은 사슬 종결을 유도하고 단백질 합성을 억제한다. 스트렙토마이신과 같은 아미노글리코시드 항생제는 특이적으로 30S 리보솜의 16S rRNA를 목표물로 하여 리보솜이 mRNA를 오독하는 결과를 가져오고, 따라서 세포에 축적되어 궁극적으로 생장을 억제하는 실수로 가득

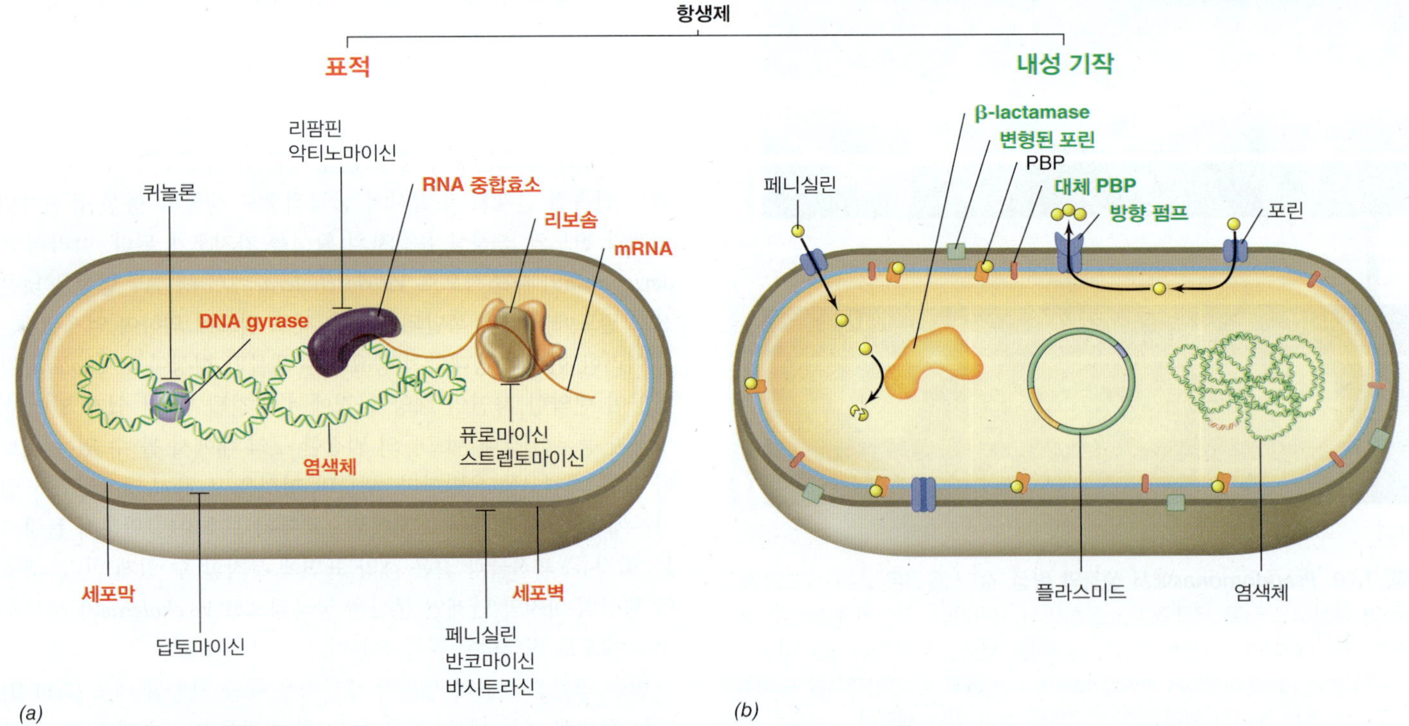

그림 7.21 항생제와 항생제 내성. *(a)* 선택된 항생제들의 생장 목표물. 항생제의 목표물은 빨간색 볼트체로 나타내었다. *(b)* 항생제 내성 기작. 페니실린 (β-락탐)은 변형된 목표물 (변형된 포린), 약제 불활성화(β-lactamase), 방출 펌프, 그리고 대사 우회 (대체 페니실린-결합 단백질)의 기작을 보여준다. 방출 펌프와 β-lactamase 효소를 암호화하는 유전자들은 플라스미드에 있을 수도 있고 염색체에 있을 수도 있는 반면, 대체 페니실린-결합 단백질은 오직 염색체에서만 암호화된다. PBP, 페니실린-결합 단백질. 항생제 내성 기작은 녹색 볼드체로 나타내었다.

한 단백질을 유도한다.

세포막과 세포벽을 목표물로 하는 항생제

기타 흔한 항생제 목표물에는 세포막, 세포벽, 그리고 특정 대사과정이 포함된다 (그림 7.21*a*). 답토마이신(daptomycin)은 *Streptomyces*에 의해 생산되는 지질펩티드로 특이하게 세균 세포막의 포스파티딜글리세롤 잔기에 결합한다 (2.3절); 이것은 구멍을 형성하고 막의 탈분극을 가져와 궁극적으로 세포 사멸에 이른다. 어떤 항생제는 그람-음성 세포 외막을 목표물로 한다. 예를 들어, 폴리믹신(polymyxin)은 순환적 펩티드로 이것의 긴 소수성 꼬리가 특이적으로 LPS층을 목표물로 하여 궁극적으로 막 구조를 파괴함으로써 누출과 사멸을 가져오게 한다.

β-락탐계 페니실린, 세팔로스포린, 그리고 그들의 유도체와 같은 여러 항생제들이 세균의 펩티도글리칸의 합성을 목표물로 한다. 이들 항생제는 펩티드 전이를 촉진하는 단백질 (페니실린-결합 단백질, 7.5절)을 방해하여 생장을 억제한다; 펩티드 전이는 펩티도글리칸의 구조적 강도를 도와주는 뮤람산 잔기들 사이에 횡-결합의 형성이다 (2.4절). 유사하게, 항생제 반코마이신(vancomycin)은 펩티도글리칸 전구체의 펜타펩티드에 결합하여 펩티드전이효소에 의한 펩티드 사이에 다리의 형성을 차단함으로써 그람-양성 세균에서 펩티도글리칸 합성을 억제한다. 화제가 되고 있는 바시트라신(bacitracin)은 펩티도글리칸 전구체 전달 시스템에 결합함으로써 펩티도글리칸 합성을 막아 (박토프레놀, 7.5절) 새로운 펩티도글리칸 전구체가 펩티도글리칸 합성 부위에 다다르는 것을 차단한다. 자가용해소(autolysin)는 기존의 펩티도글리칸에 계속해서 작은 틈을 만들어 (그림 7.14*a*), 그 틈을 메우는 전구체의 길이를 짧아지게 하여 세포벽 합성을 약화시키고 세포 용균을 가져온다.

많은 다른 항생제들과 관련 항미생물 제제들이 알려져 있으며, 그들 중 몇몇은 특정 대사 반응과 같은 세균 생물학의 다른 특성을 목표물로 한다. 그러나 대다수의 임상적으로 유용한 항생제들은 그림 7.21*a*에 나타난 목표물 중의 하나를 공격한다. 우리는 세균이 항생제 내성의 주요 기작을 개발하여 항생제 활성에 대응해 온 방법을 살펴보는 것으로 이 절을 마친다.

항생제 내성: 자연 돌연변이와 항생제 변형

만약 세균이 다른 미생물에 의하여 생산된 항생제의 (또는 만약 그들이 항생제를 생산하는 생물이라면 그들 자신의 항생제로부터) 맹공격에 생존하려면 그들은 한 종류 또는 또 다른 내성 기작을 필요로 한다. 내성 기작은 유전적으로 암호화되며 네 그룹으로 구분한다: (1)항생제 목표물의 변형, (2) 효소 불활성, (3) 세포로부터 방출 펌프를 통한 제거, 그리고 (4) 대사 우회경로 (그림 7.21*b*).

무작위적 염색체 돌연변이들이 항생제 내성을 이끌 수 있다. 예를 들어, 항생제 리팜핀—RNA 중합효소의 활성을 억제—에 내성을 나타내는 *Escherichia coli* 또는 다른 세균의 자연 돌연변이체들은 단지 많은 세포 개체군들을 항생제에 노출시키는 것만으로 획득할 수 있다. 그러한 조건 아래서 리팜핀에 영향을 받지 않는 변형된 RNA 중합효소를 생산하는 자연 돌연변이체들이 강하게 선택을 받는다.

내성 유전자들은 다양한 이동하는 유전적 요소에 존재할 수 있고 (4장), 그러한 유전자들은 같은 종 혹은 다른 종의 세균 사이에서 수평적 유전자 흐름에 의해 쉽게 전파될 수 있다 (11장). 항생제의 목표물에 영향을 미치는 자연발생 돌연변이와는 달리, 많은 이동성의 내성 유전자들, 특히 R 플라스미드의 전달에 의해 나타난 것들은 화학적 변형 또는 실제 분해를 통해 구조를 변형함으로써 항생제를 불활성화시키는 효소를 암호화한다. 예를 들어, β-lactamase가 β-락탐형 항생제에 결합하여 그 분자의 주요 고리 구조를 파괴하고, 아세틸화효소는 아세틸기를 클로람페니콜의 자유 수산기들에 첨가한다; 한번 파괴되거나 화학적으로 변형되었을 때, 항생제는 더 이상 그들의 목표물에 결합할 수 있고 미생물 생장이 계속될 수 있다.

항생제 내성: 방출 펌프와 대사 우회경로

다른 효과적인 내성 전략은 세포 안에 들어간 항생제를 내보내는 것이다. 방출 펌프(*efflux pumps*)는 그람-음성 세균에 산재하고 있으며 세포로부터 항생제를 비롯한 여러 분자를 운반함으로써 작동한다 (그림 7.2*b*). 방출은 항생제의 세포내 농도를 낮추어 세포가 보다 높은 외부 농도에서 생존할 수 있도록 해준다. 많은 방출 펌프는 되는 대로 작용하고 세포로부터 다른 종류의 항생제를 운반함으로써 다약제 내성의 문제를 가져오게 한다. *E. coli*의 AcrAB-TolC 방출 시스템은 그 특성이 가장 잘 밝혀진 것 중의 하나로 리팜피신, 클로람페니콜, 플루오로퀴놀론을 비롯한 여러 항생제를 배출할 수 있다.

생물막에서의 생장 (7.9절)은 항생제 내성을 증가시켜 생물막 형성 세균에 의해 야기되는 감염을 치료하는 데 어렵게 만든다. 비록 생물막의 세포외다당류(exopolysaccjaride) 기질이 항생제의 침투력을 감소시키지만, 방출 펌프 또한 중요한 역할을 한다. 예를 들어, *E. coli*의 AcrAB-TolC 방출 펌프를 암호화하는 유전자들은 세포가 생물막 생장 모드로 들어갈 때 상향조절(upregulation)이 이루어진다. *Pseudomonas aeruginosa*는 고전적인 생물막 형성 균으로 여러 개의 항생제 방출 펌프를 암호화하며 세포가 부착상태에서 자랄 때 더 활성을 나타낸다.

항생제 내성의 마지막 형은 항생제의 목표물이 세포 대사나 생존에 더 이상 필요하지 않을 때 나타날 수 있다. 이것의 고전적 예는 메티실린-내성 *Staphylococcus aureus* (*MRSA*)로 다양한 심각한 생명을 위협하는 감염의 원인 인자이다. 메티실린은 β-락탐 항생제로 다른 페니실린처럼 페니실린-결합 단백질의 활성을 목표물로 한다. 그렇지만 많은 페니실린 유도체와는 달리, 메티실린은 β-lactamase에 의한 파괴에 내성을 나타낸다. 비록 *S. aureus*의 많은 균주가 메티실린에 의해 죽지만 MRSA 균주들은 *Staphylococcus chromosomal cassette for methicillin resistance* (*Sccmec*)라 불리는 20~60 kb의 DNA 염색체 (혹은 유전체) 구역 (9.7절)을 갖고 있으며, *SCCmec*는 메티실린이나 다른 β-락탐에 의해 인식되지 않는 MecA라는 대체 페니실린-결합 단백질 (그림 7.21*b*)을 암호화한다.

흥미롭게도 MRSA 균주들은 메틸리신이나 다른 β-락탐의 존재 하에만 MecA를 합성한다. 이러한 조절은 억제 단백질 MecI와 β-락탐 감지자인 MecRI의 존재 때문이다. β-락탐형 항생제가 없을 시 MecI는 *mecA*의 작동유전자와 결합하여 전사를 억제한다. 만약 세포가 메틸리신이나 다른 β-락탐으로 처리한다면 그것은 MecI 억제 단백질을 분해하는 MecR1 프로테아제를 촉발시킨다. 이것은 메티실린이 존재할 때 *mecA*의 발현을 유도하며, 따라서 대체 페니실린-결합 단백질의 생산은 MRSA 균주가 항생제 존재하에서 펩티도글리칸을 합성하도록 해준다. 염색체 구역은 또한 항생제 에리스로마이신과 스펙티노마이신에 내성을 암호화하는 전위요소(transposable element) (4.2절)를 갖고 있다. 따라서 이 구역은 수평적 전이가 쉽게 일어나 다약제 내성을 부여한다.

미니퀴즈

- 항생제의 두 목표물을 기술하고 왜 이들 약제가 효과적인지 논하라.
- 어떤 항생제는 펩티도글리칸 합성을 목표물로 한다. 펩티도글리칸 합성을 억제하는 항생제의 분자생장 목표물은 무엇인가?
- 왜 방출 펌프는 다약제 내성을 나타낼 수 있는가?

7.11 지속성과 휴면

항생제에 감수성 또는 내성인 것 이외에 제3의 생장 반응—**지속성(persistence)**이 가능하다. 지속성은 항생제 내성 세균의 개체군이 순간적으로 다양한 항생제에 내성을 나타내는 드문 세포를 생산한다 (**그림 7.22*a***). 이들 지속자는 불리는 것과 같이 유전적으로 그들의 항생제-감수성 자매종들과 같고 지속성은 유전되지 않으며 유전적 전달에 의해 부여받지도 않는다. 대신에 지수학적으로 생장하는 배양에서 10^{-6}에서 10^{-4}의 비율로 형성되는 지속자들은 세포가 살아 있지만 자라지는 않는 휴면(*dormancy*)으로부터 유래된다.

항생제들은 활동적인 과정을 목표물로 하기 때문에 휴면은 항생제가 세포를 죽이는 것을 차단한다. 항생제 처리가 중단되었을 때 휴면 세포는 휴면으로부터 나와 생장한다. 지속성은 만성 폐결핵을 가진 사람 (30.4절)의 *Mycobacterium tuberculosis*와 유전적 질병인 낭포성 섬유증으로 고통을 받는 사람에게 있는 *Pseudomonas aeruginosa*의 순환성 감염의 원인으로 여겨진다.

어떻게 세포의 아개체군(subpopulation)은 유전적으로 동일한 딸세포가 움직이지 않을 때 우세하게 되는가? 세포가 지속자가 되어 나중에 그 과정을 역으로 수행할 수 있기 위해서는 세포 생장에 영향을 미치는 협력적 분자과정이 일어나야 한다. 이러한 비특이적 현상에 대한 열쇠는 염색체가 암호화하는 독소-항독소 모듈로, 강제 반응(stringent response) (6.9절)과 표현형적 이종이다.

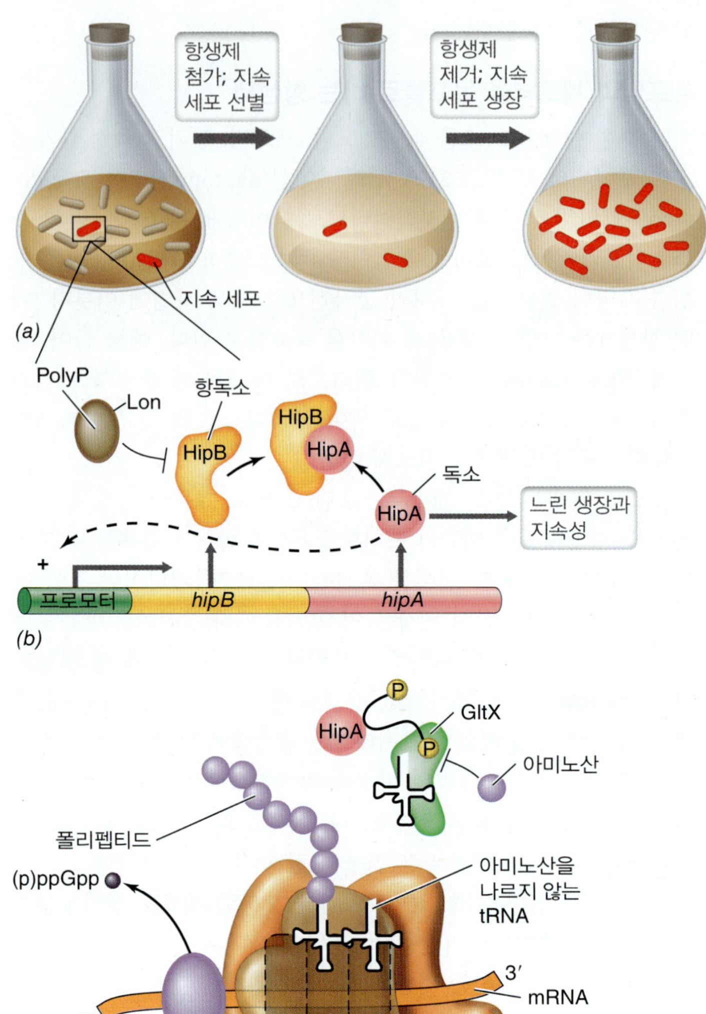

그림 7.22 HipAB 독소-항독소 모듈의 지속성. *(a)* 지속성 세포들의 항생제 선택과 휴면으로부터의 회복. *(b)* HipAB 독소-항독소 모듈. 정상 조건일 때 HipB는 독소 HipA를 격리한다. Lon-PolyP의 존재는 HipB 항독소와 자유 HipA 독소의 불활성화를 유도한다. HipA는 느린 생장과 지속성을 유도하고 hipAB 오페론을 양성조절한다. *(c)* HipA 독소의 기작. HipA는 GltX를 인산화하여 tRNA 합성효소(tRNA synthetase)가 아미노산을 선적하는 것을 방해한다. 이것은 비하전 tRNA가 리보솜의 A 부위로 들어가 RelA를 자극하여 (p)ppGpp를 생산하도록 유도한다.

독소-항독소 모듈

독소-항독소 모듈[toxin-antitoxin (TA) modules]은 두 개의 성분: 세포생장을 억제하는 독소와 독소의 활성에 대응하는 항독소를 암호화하는 유전자 좌(座, loci)이다. TA 모듈은 거의 모든 세균과 많은 고균에서 발견된다. *Escherichi coli*에서 30개, *Mycobacterium tuberculosis*에서 60개가 넘는 TA 시스템의 동정은 TA 모듈이 정상적인 생리 상태에서뿐만 아니라 병원성인 상태에서도 어떤 역할을 하고 있음을 제시해준다. 독성 활성은 스트레스가 많은 조건에서 생장을 확실히 하기 위해 세포 생장을 느리게 함으로써 늘 변화하는 환경에 대한 세포 적응을 촉진하는 것으로 여겨진다.

hipAB 유전자는 *E. coli*에서 지속성을 촉발시키는 TA 모듈을 암호화한다 (그림 7.22*b*). 이 모듈에서 HipA는 번역을 억제하는 독소이고 HipB는 Lon이라 불리는 프로테아제에 감수성을 나타내는 항독소이다. 정상적인 세포 조건 하에서 HipA 독소와 HipB 항독소는 안정한 복합체를 형성하여 HipA가 독성을 내는 것을 차단한다. 그러나 만약 Lon이 그것의 신호분자인 polypohsphate (PolyP)에 의하여 활성화 된다면 HipB 항독소는 분해된다. HipA 독소를 중화시키기 위하여 존재하는 HipB 항독소가 없다면 번역은 억제되고 세포 생장은 정지된다 (그림 7.22*b*).

HipA 독소는 어떻게 번역을 억제하는가? HipA는 키나아제 (인산화 단백질)로 작용하며 글루타밀-tRNA 합성효소 (GltX)를 표적으로 한다. 만약 HipA가 GltX를 인산화하면 GltX는 더 이상 글루타민을 가진 상보적 tRNA를 나를 수 없다. 이것은 아미노산을 나르지 않는 tRNA가 리보솜의 A 부위로 들어가는 결과를 가져와 (⇄ 4.10절), 궁극적으로 리보솜을 정체시키고 RelA를 활성화시키게 된다 (그림 7.22*c*). 정체는 차례대로 번역을 억제하고 따라서 단백질 합성을 차단한다. 자유 HipA는 또한 *hipAB* 오페론 상류에 결합하여 전사를 촉진하고 세포내 HipA 농도를 증가시킨다 (그림 7.22*b*).

휴면 단계

우리가 본 것처럼, 자유 HipA는 리보솜의 정체를 유도한다. 이 정체는 번역을 억제할 뿐만 아니라 RelA와 강제 반응 경로(*stringent response pathway*)를 유도하여 지속성의 발달에 가장 중요한 기준—알라몬(alarmone) (p)ppGpp (guanosine tetraphosphate와 guanosine pentaphosphate)의 생산을 유도한다 (그림 7.22*c*).

강제 반응은 rRNA와 tRNA의 합성을 감소시켜 단백질 합성이 억제된다 (⇄ 6.9절). 이 경로는 또한 DNA 복제와 세포분열을 감소시킨다. 따라서 강제 반응을 촉발시킨 개체군에 있는 세포들은 더 이상 활발하게 자라지 않고 휴면으로 들어간다. 비록 이 연속적 과정이 작은 세포들의 아개체군에서 일어나지만 항생제 처리는 강력하게 다약제 내성 지속자 세포들을 선별하여 풍부하게 만든다. 항생제 노출이 끝났을 때 지속자들은 강제 반응 경로를 나갈 수가 있으며 독소의 효과를 중화하기 위해 항독소 생산을 재개한다. 이런이 발생할 때, 단백질 합성은 정상 수준으로 돌아가고 세포는 생장하게 된다.

왜 이 연속적 과정이 어떠한 종류의 유전적 지시가 없이 세포들의 아개체군(*subpopulation*)에서만 일어날까? HipA-유도 지속성은 무작위적으로 신호분자 PolyP의 양을 더 많이 생산하는 세포에서 일어나며, 이 현상을 표현형 이질성(*phenotypic heterogeneity*)이라 부른다. 집락성 개체군 내의 세포들은 동질성으로 유전자 발현, 대사물질과 단백질 내용물에서 세포와 세포간 차이가 발생한다. 이러한 차이는 DNA와의 무작위적 상호작용을 통하여 mRNA의 부분집합을 생산하는 RNA 중합효소의 결과이거나 세포분열 동안 딸세포 사이에 고분자들의 불균등 분포의 결과일 수 있다. 이러한 세포와 세포의 변화는 많은 결과를 가져올 수 있지만, 임상의학에서 가장 주요한 것은 파괴하기 어려운 병원성 세균의 지속성으로, 이들 세균의 휴면이 거짓으로 치료를 알려, 나중에 꼭 같은 병원성 세균에 의해 재감염이 발생한다.

미니퀴즈

- 지속성은 유전적 특성인가?
- 무엇이 TA 모듈의 독성 성분들이 정상적인 조건에서 세포를 죽이는 것을 막을 수 있는가?
- HipA 독성을 없애는 세포에서는 어떤 일이 일어날까?

단원 정리

I • 세균의 세포분열

7.1 단백질과 핵산 같은 거대분자들은 형광표지와 현미경을 사용하여 살아 있는 세포에서 볼 수 있다. 가장 발달된 형의 현미경인 초해상-현미경은 두 개의 각 분자를 나누어 3D 이미지를 발생시키고 세포 전체에 걸쳐 분자의 이동을 추적할 수 있다.

Q 어떤 형의 탐침이 초해상 현미경에 사용되어야 하는가? 그리고 왜 그런가?

7.2 원핵세포에서 세포분열이 일어나기 전에, 두 개의 완전한 유전체 사본이 존재해야만 한다. 여러 개의 복제 분기점이 세대시간을 감소시키기 위하여 존재할 수 있지만, 그 과정은 조절되어야만 한다. 핵양체 또한 세포의 극에서 분리되어 격막을 형성할 수 있도록 해준다.

Q *Caulobacter*의 딸 염색체를 분리하는 데 있어 PopZ의 역할은 무엇인가?

7.3 세포분열과 염색체 복제는 조화롭게 조절되며, 이 과정에서 Fts 단백질들이 매우 중요한 역할을 한다. MinE의 도움을 받아 FtsZ가 세포분열판을 정하며, 또한 세포분열을 관장하는 단백질 복합체인 분열체의 형성을 돕는다.

Q 세포분열에서 페니실린-결합 단백질인 FtsI의 역할은 무엇인가?

7.4 MreB 단백질은 세포 모양을 결정한다. 막대형 세포에서 MreB는 세포의 장축을 따라 세포벽의 합성을 유도하는 세포골격 코일을 형성한다. Crescentin 단백질은 *Caulobacter*에서 유사한 역할을 수행함으로써 휘어진 세포 모양을 만들어낸다. 진핵생물의 세포 모양 및 세포분열에 관련된 액틴과 튜불린은 원핵생물의 대응물

질을 갖고 있다.

Q 만약 MreB 기능이 파괴된다면 어떻게 막대기-모양의 세균 세포는 형태적으로 달라지는가?

7.5 세균의 생장 동안 새로운 세포벽의 합성은 기존에 존재하던 세포벽에 글리칸 테트라펩티드 단위체들이 삽입됨으로써 일어난다. 박토프레놀은 세포막을 통한 이들 단위체의 수송을 가능케 해준다. 펩티드전이반응은 이웃한 펩티도글리칸 사슬을 뮤람산 잔기에서 연결시켜 세포벽 합성 과정을 완성한다.

Q 새로운 펩티도글리칸 소단위를 자라는 세포벽으로 삽입하기 전에 어떤 단계가 필요한가?

II • 모델 세균의 생장 조절

7.6 악조건 동안 *Bacillus*에서의 포자 형성은 다중의 환경 특성을 감지하는 하나의 복잡한 인산화 연계 체계를 통하여 촉발된다. 이때 포자형성 인자 Spo0A는 여러 대체 시그마 인자의 조절 하에서 단계적 조절 반응을 작동시킨다.

Q *Bacillus*에서 포자 형성의 흔한 촉발자는 무엇인가?

7.7 *Caulobacter*에서의 분화는 유동세포와 표면에 고착된 세포 사이에 교번으로 구성된다. 세 가지 조절 단백질—CtrA, GcrA, 그리고 DnaA—은 세포주기의 세 단계를 연속해서 조절한다. 각 단백질은 차례대로 세포주기에서 특정 시간 때에 필요한 많은 다른 유전자들을 조절한다.

Q *Caulobacter*의 생애주기는 진핵세포 주기와 어떻게 유사한가?

7.8 이형세포 형성은 원시 이형세포에 있는 주요 조절 단백질 HetR의 발현을 필요로 한다. 그렇지만 그 단백질은 영양세포에서 사상을 따라 PatS 펩티드가 확산되면 불활성화되어야만 한다.

Q 이형세포가 형성되는 동안 "정형화(patterning)"는 무엇을 의미하는가?

7.9 생물막이 형성되는 동안, 세포는 편모와 선모 같은 세포 구조물을 사용하여 표면과 접촉할 수 있다. 세포가 표면에 부착되었을 때, 세포내 및 세포간 신호분자들이 세포외 기질을 생산하여 집락화를 유도한다. 생물막은 정적인 실체가 아니며 그들의 발달에서 최종 단계는 세포의 분산과 방출이다.

Q 생물막 형성에서 c-di-GMP의 역할은 무엇인가?

III • 항생제와 미생물 생장

7.10 항생제는 미생물에 의해 생산되는 항미생물 제제로 DNA 복제, 전사, 단백질 합성, 그리고 세포벽 합성과 같은 중요한 과정을 표적물로 한다. 항생제 내성의 특이 기작에는 약제 표적물의 변형, 효소 불활성화, 방출 펌프를 통한 제거, 그리고 대사 우회로 등이 있다. 이들 기작들은 염색체 또는 플라스미드에 의해서 암호화된다.

Q 왜 세균 리보솜을 표적물로 하는 항생제는 사람을 치료하지 못하는가?

7.11 지속성은 휴면 생장 상태로 세포들은 항생제에 감수성을 나타내지 않는다. 이러한 감수성의 결핍은 일시적이며 따라서 항생제 내성으로 생각하지 않는다. 지속성은 독소-항독소 모듈의 결과로 강제반응을 유도한다. 지속성 상태에 있는 세포들은 항생제 노출이 중단되었을 때 생장을 재개할 수 있다.

Q 지속성이 발달되어 있는 동안 강제반응을 유도하는 단계는 무엇인가?

응용 문제

1. 만약 DnaA가 *Escherichia coli*에서 조절되지 않고 여러 번의 복제 세포분열 이전에 완성된다면, 딸세포에는 어떤 결과가 나타날까 그리고 왜? 결과로 나타난 세포는 아직도 반수체일까?
2. 같은 조건에서 다른 표현형을 보이는 세포들이 어떻게 같은 유전자형을 가질 수 있는지를 설명하라. 설명 시 예를 들어라.
3. 어떻게 당신은 β-락탐계열인 메티실린, 스트렙토마이신, 답토마이신, 그리고 트리메토프림에 내성을 갖는 슈퍼버그를 유전적으로 디자인할 수 있는지를 기술하라.

용어 해설

Antibiotic (항생제) 미생물에 의하여 자연적으로 생산되는 항미생물 제제

FtsZ 원핵세포에서 미래 격막 형성 부위에서 원을 만드는 단백질

GFP (녹색 형광 단백질) 억제녹색 형광을 띠는 단백질로 유전적 분석에 널리 사용된다.

Heterocyst (이형세포) 질소고정에 헌신하는 분화된 세포

Persistence (지속성) 유전적으로 동일한 개체군의 소수 멤버가 순간적으로 다약제 항생제에 내성을 갖는 휴면 생장 상태

Reporter gene (보고유전자) 그 산물이 쉽게 분석되거나 감지할 수 있는 유전자

Super-resolution microscopy (초해상 현미경) 10~50 nm의 작은 구조들을 분석하기 위해 특수 형광분자를 사용하는 형태의 광학현미경

Toxin-antitoxin module (독소와 항독소 모듈) 생장을 억제하는 독성물질을 암호화하고 독소의 활동을 중화시키는 항독소를 암호화하는 유전자 좌위

8 바이러스 및 바이러스 복제

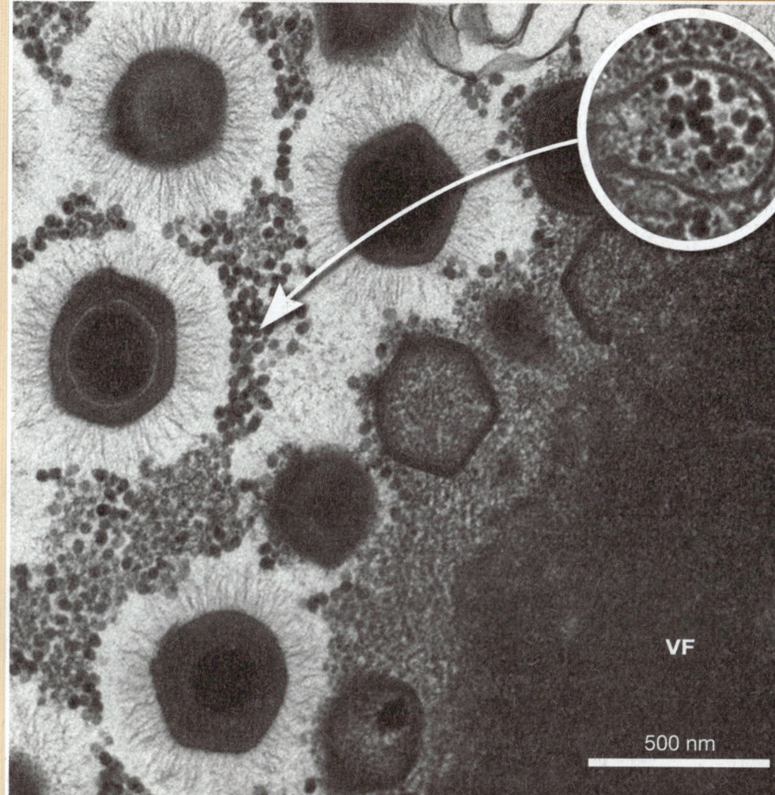

현재의 미생물학

바이러스파아지(Virophage): 다른 바이러스에 기생하는 바이러스

바이러스를 가장 간단히 정의하면 단백질에 둘러싸여져 있는 감염가능 핵산이다. 바이러스는 일반적으로 세균보다 훨씬 작다. 그러나 일부 세균 세포의 크기에 필적하는 거대한 바이러스가 발견되었다. 이 "메가바이러스(megavirus)"는 실제로 광학현미경에서 볼 수 있으며 직경이 0.75 μm에 도달하는 크기 때문에 세포와 바이러스 사이의 경계를 무색케 한다. 메가바이러스는 다양한 수생 환경에 있는 아메바(*Amoeba*)와 같은 원생동물을 감염시킨다.

바이러스 학자들은 메가바이러스에 대해 그들의 크기 이외에 여러 가지 흥미로운 발견을 하였다. 예를 들어, 메가바이러스 복제의 경우 감염된 아메바 세포는 세포질에 바이러스 생산에 필요한 "공장(factories)"을 형성한다. 이러한 공장은 세포의 핵만큼 크기가 크다. 특히 놀라운 발견은 작은 바이러스와 같은 입자가 메가바이러스 주변을 둘러싸고 있다는 것이다. 이 입자의 구조는 캡시드(capsid) 단백질로 둘러싸인 DNA를 포함하는 것이므로 정의상으로는 바이러스이다. 그러나 이 입자의 DNA는 복제에 필요한 단백질을 코딩하지 않는다. 그렇다면 어떻게 이 바이러스 같은 입자가 재생산될까?

비록 이 입자들은 아메바 세포에서 스스로 복제할 수는 없지만, 이들 작은 구조는 숙주의 메가바이러스의 생산 공장을 빼앗아 그들 자신의 이익을 얻는다. 이것은 바이러스 복제효소에 대한 경쟁과 궁극적으로 새로운 숙주 세포를 감염시킬 수 없는 결함이 있는 메가바이러스의 형성으로 이어진다. 메가바이러스에 대한 이러한 기생 활성 때문에, 이 작은 구조들은 세균(*Bacteria*)을 감염시키는 바이러스를 설명하는 박테리오파아지(bacteriophage)라는 용어와 유사하게 바이러스파아지(virophages)라고 불린다. 여기에 있는 투과전자현미경 사진은 Amazon 강에서 분리된 삼바메가바이러스(Samba megavirus)에 의한 활성세포의 감염과 관련된 바이러스파아지 (화살표)가 함께 보인다. 오른쪽 아래의 검은색 부분은 바이러스 공장(VF)이며, 그림 속의 작은 사진은 새로운 아메바 세포를 감염시킬 수 없는 결함 있는 삼바바이러스(Samba virus)의 형성을 보여준다.

바이러스파아지가 아메바 세포에서 어떤 역할을 하는지는 불분명하지만, 바이러스파아지 존재 자체가 메가바이러스에 기생할 수 있는 능력에 달려 있다는 것은 분명하다. 따라서 메가바이러스의 복제를 불활성화하고 죽음으로부터 숙주 세포를 보호하는 능력은 세 가지의 서로 다른 미생물들의 이 아늑한 곳에서 바이러스파아지를 유지하는 선택적 힘일 수 있다.

출처: Campos, R.K., et al. 2014. Samba virus: A novel mimivirus from a giant rain forest the Brazilian Amazon. *Virol. J. 11:* 95.

이 단원 전반에 걸쳐 우리는 세균 및 고균의 생장에 초점을 맞출 것이다. 여기서는 바이러스가 어떻게 생장하는지 더 정확하게는 어떻게 복제하는지, 또한 이 복제가 어떻게 모든 세 가지 생명체 영역의 세포에 영향을 미치는지에 대해 토론한다.

바이러스(virus)는 **숙주 세포(host cell)**라고 부르는 살아 있는 세포 내에서만 증식할 수 있는 유전 요소(genetic element)이다. 생명체로 간주되지 않는 바이러스는 화학에너지, 물질대사 중간체, 그리고 단백질 합성을 숙주 세포에 의존한다. 이런 이유 때문에 바이러스는 절대 세포내기생체(*obligate intracellular parasite*)이다. 그러나 바이러스는 자신만의 유전체(genome)를 지니고 있으며 이 점에서 숙주 세포의 유전체에 독립적이다.

바이러스는 원핵생물과 진핵생물 모두에 감염하며 이 때문에 인간과 그 외 생물들이 겪는 많은 질병의 원인체이다. 바이러스에 관한 학문을 바이러스학(*virology*)이라 하며, 이 장에서는 바이러스학의 기본원리를 다루고자 한다. 10장에서는 바이러스 유전체와 그 다양성에 관해 보다 깊이 살펴볼 것이다.

I • 바이러스의 속성

8.1 바이러스란 무엇인가

비록 바이러스가 세포는 아니지만 복제에 필요한 기능을 코딩하는 핵산 유전체를 갖고 있으며 숙주 세포 사이의 이동을 가능하게 해주는 세포 밖 형태, 즉 **비리온(virion)**으로 존재한다. 이 비리온 자체 (또는 세균의 바이러스인 경우는 그 유전체)가 감염(*infection*)이라는 과정인 생장하는 적절한 숙주 세포에 침투하지 못한다면 바이러스는 복제될 수 없다.

바이러스 구성요소 및 활성

바이러스의 입자구조인 비리온(virion)은 바이러스 유전체를 담고 있는, **캡시드(capsid)**라고 부르는 단백질 껍질로 구성된다. 대부분의 세균바이러스는 캡시드 외에 별도의 층이 없는 나출형(*naked*)인 반면, 다수의 동물바이러스들은 피막(*envelope*)이라는 외부 층을 갖고 있는데 외막은 인지질 이중층 (숙주의 세포막으로부터 유래)과 바이러스 단백질로 구성되어 있다 (**그림 8.1**). 피막형 바이러스의 내부 구조는 핵산과 캡시드 단백질이 어우러져 구성된 **뉴클레오캡시드(nucleocapsid)**이다. 비리온 구조는 바이러스가 세포 밖에 놓일 때 바이러스 유전체를 보호하며 비리온 표면의 단백질들은 특정 숙주 세포에 부착할 때 중요하게 작용한다. 비리온 내부에는 한 가지 이상의 특이적 효소들이 실려 있는 경우도 있으며 나중에 더 논의하겠지만 이 효소들은 감염과 복제 과정에서 나름의 역할을 맡고 있다.

일단 숙주 세포 내부로 들어오면 바이러스 유전체는 서로 상당히 다른 한두 가지 사건들을 지휘한다. 특성에 따라 어떤 바이러스의 복제는 **독성(virulent)** 또는 **세포 용해성(lytic)** 감염을 일으켜 숙주를 파괴하기도 한다. 이런 용해성 (세균에서는 용균성) 감염에서는 바이러스가 자신의 복제와 새로운 비리온의 조립 등을 위해 숙주의 물질대사를 재구성한다. 마지막에는 새로 만들어진 비리온들이 방출되고 이들이 또 다른 새 숙주 세포를 대상으로 복제과정을 되풀이한다. 이와 달리, 어떤 바이러스들은 용원성(*lysogenic*) 감염을 진행하는 경우도 있다; 이런 경우에 숙주 세포는 파괴되는 대신에 바이러스 유전체가 숙주 유전체의 일부분이 되면서 유전적인 변형을 겪게 된다. 이러한 유형의 감염에 대해서는 이 장의 뒷부분에서 자세히 설명한다.

바이러스의 유전체

모든 세포는 이중가닥의 DNA 유전체를 갖고 있다. 이와 달리 바이러스의 유전요소는 DNA 또는 RNA로 되어 있으며, 더 세분하여 핵산이 단일가닥(*single-stranded*)인지 또는 이중가닥(*double-stranded*)인지에 따라 구분된다. 극히 일부의 바이러스들은 유전물질로서 DNA나 RNA를 모두 사용하지만, 이 또한 각자의 생활사에서 어떤 단계인가에 따라 다르다 (**그림 8.2**).

바이러스의 유전체는 원형(circular)이거나 또는 선형(linear)일 수 있으며 단일가닥 바이러스 유전체는 염기의 배열 양식에 따라 양성(*plus sense*)이거나 또는 음성(*minus sense*)으로 표현된다. 양성 배열을 갖는 바이러스 유전체는 번역될 경우 바이러스 단백질을 생성하게 되는 바이러스 mRNA 유전체와 정확히 동일한 염기서열(*exact same base sequence*)을 갖고 있다. 이와 대조적으로 음성 배열을 갖는 바이러스 유전체는 바이러스 mRNA와 상보적 염기배열(*complementary in base sequence*)을 갖고 있다. 바이러스 유전체들마다 이처럼 흥미로운 특성이 있어 각각 특이적인 유전정보의 흐름과 과정이 요구된다. 이 주제는 10장에서 그 과정에 대해 자세히 논의될 것이다.

일반적으로 바이러스 유전체들은 숙주의 유전체보다 크기가 작다. 가장 작은 세균 유전체는 약 139 kbp 정도이며 110여 개의 유전자가 코딩되어 있다. 대부분의 바이러스 유전체는 수 개에서부터 350여 개에 달하는 유전자를 코딩한다. 가장 작은 바이러스 유전체는 동물에 감염하는 일부 소형 RNA 바이러스의 유전체이다. 이 조그마한 바이러스들의 유

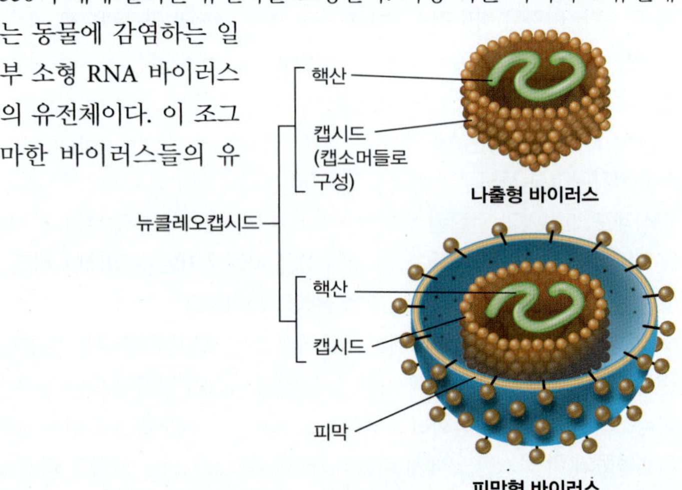

그림 8.1 나출형과 피막형 바이러스 입자의 비교. 피막은 숙주의 세포막에서 유래한 것이다.

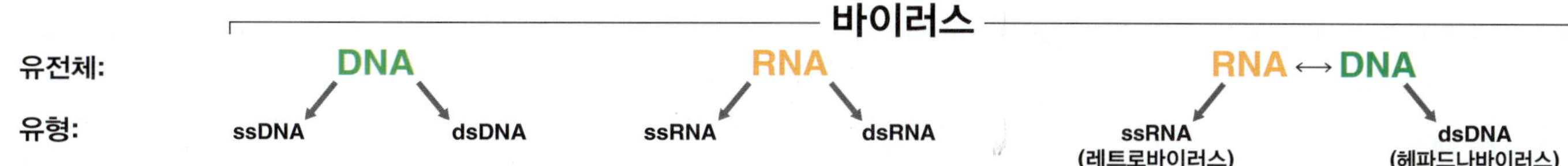

그림 8.2 바이러스의 유전체들. 바이러스의 유전체는 DNA 혹은 RNA 중 하나로 만들어지는데 일부 바이러스들은 복제주기의 특정 단계에 따라 두 가지를 모두 사용하기도 한다. 어떤 유형의 바이러스이든 간에 비리온 안에서 발견되는 핵산은 둘 중 하나이다. 바이러스 유전체는 단일가닥(single-stranded, ss)일 수도 있고 이중가닥(double-stranded, ds)인 경우도 있으며, 원형(circular) 또는 선형(linear)이다.

전체는 불과 2,000개의 뉴클레오티드 이하로서 단지 2개의 유전자만 실려 있다. 일부이지만 매우 큰 바이러스 유전체는 1.25 Mbp 크기의 DNA이며 그중 한 종류가 바닷속의 원생동물(protozoa)에 감염하는 메가바이러스(Megavirus)이다. RNA 바이러스는 일반적으로 가장 작은 유전체를 지니고 있으며 단지 DNA 바이러스 유전체만이 40개 이상의 유전자들을 코딩하고 있다.

유전체 조성에 따른 분류 이외에도 바이러스는 또한 감염숙주에 따라 세균바이러스, 고균 바이러스, 동물바이러스, 식물바이러스, 그리고 원생생물 바이러스 등으로 나뉜다. 세균을 감염하는 바이러스를 **박테리오파아지(bacteriophage)** [또는 간단하게 파아지(*phage*)]라 하며 파아지는 분자생물학과 바이러스 복제 유전학의 모델로서 많은 연구가 이루어져왔다. 이 장에서는 바이러스의 기본원리를 나타내는 그림에서 박테리오파아지의 예를 많이 활용하게 될 것이다. 사실 바이러스학에 관한 대부분의 기본개념은 파아지 연구에서 비롯되었고 이들 개념은 고등생물의 바이러스에 적용되었다. 의학적 중요성 때문에 동물바이러스의 연구가 집중적으로 이루어진 반면에, 식물바이러스는 현대 농업에 매우 중요함에도 불구하고 많이 연구되지 못했다.

미니퀴즈

- 바이러스와 세포는 어떻게 다른가?
- 바이러스는 왜 숙주 세포를 필요로 하는가?
- 세포와 비교하여 바이러스 유전체가 특별난 점들은 무엇인가?

8.2 비리온의 구조

비리온의 크기와 형태는 매우 다양하다. 바이러스는 0.02~0.3 μm (20~300 nm)의 크기로서 원핵세포보다 작다. 가장 큰 바이러스 중 하나인 천연두 바이러스(smallpox virus)는 지름이 200 nm 정도로서 가장 작은 크기의 세균에 해당한다. 소아마비 바이러스(poliovirus)는 가장 작은 바이러스 중 하나로서 지름은 28 nm 정도이며 세포의 단백질 합성기구인 리보솜과 크기가 비슷하다 (4장).

바이러스의 구조

비리온의 구조는 매우 다양하며 크기, 모양 및 화학적 조성 등이 크게 다르다 (10장). 비리온의 핵산은 예외 없이 캡시드(capsid) 라고 하는 단백질 껍질로 둘러싸여 있다 (그림 8.1). 캡시드는 **캡소머(capsomere)**라고 하는 개별 단백질 분자들 여러 개가 정확하면서도 고도로 반복적인 패턴으로 핵산을 감싸며 배열된 구조물이다.

대부분의 바이러스는 유전체의 크기가 작기 때문에 바이러스 단백질의 종류도 제한될 수밖에 없다. 이 점 때문에 어떤 바이러스들은 캡시드에 단 한 종류의 단백질만을 가지고 있다. 그 동안 연구가 잘 되어 있는 담배모자이크바이러스(tobacco mosaic virus, TMV)가 좋은 사례이며 이 바이러스는 담배와 토마토 및 관련 식물에서 질병을 일으킨다. TMV는 단일가닥 RNA 바이러스로서 단순한 캡소머 단백질 2,130개 분자들이 나선형으로 배열된 18 × 300 nm 크기의 입자이다 (**그림 8.3**).

바이러스 단백질이 적절하게 접히고 조립되어 캡소머를 형성하고 나아가 캡시드가 만들어지는 데 필요한 정보는 종종 바이러스 단백질 자체의 아미노산 서열에 내장되어 있다. 이와 같은 조건 하에서 비리온의 조립은 저절로 진행되는 자가 조립(*self-assembly*)이다. 그러나 일부 바이러스들의 단백질과 구조가 제대로 접히고 조립되려면 숙주 세포의 접힘 단백질의 도움을 필요로 한다. 일례로 박테리오파아지 람다의 캡시드 단백질 (8.7절)이 활성화된 입체 형

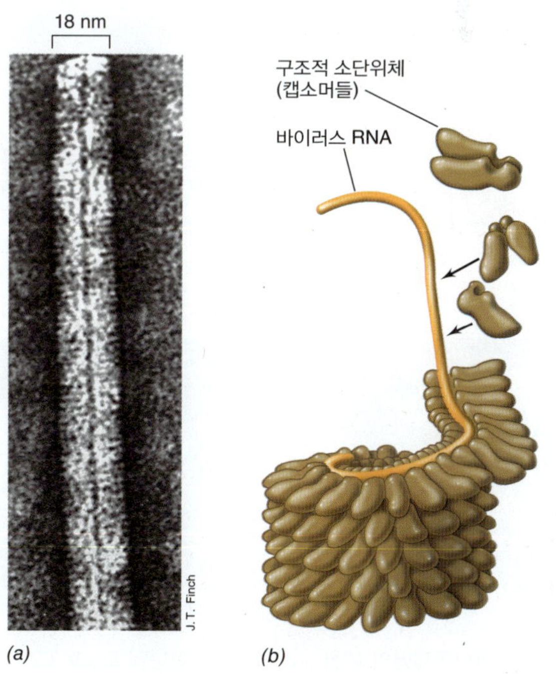

그림 8.3 단순한 바이러스인 담배 모자이크 바이러스에서 볼 수 있는 RNA와 단백질 외투의 배열. *(a)* 담배 모자이크 바이러스 입자의 일부분을 찍은 고해상도의 전자현미경 사진. *(b)* 담배 모자이크 바이러스 비리온 구조의 절개 그림. 나선 형태의 RNA가 단백질 소단위체 (캡소머)들로 둘러싸여 있다. 바이러스 입자의 중심은 비어 있다.

태로 접히려면 *Escherichia coli*의 샤페로닌(chaperonin)인 GroE (4.11절)의 도움이 필요하다.

바이러스의 대칭성

바이러스들은 고도의 대칭성을 띠고 있다. 이 대칭 구조는 축을 중심으로 회전하기 때문에 특정 횟수만큼 회전한 후 동일한 형태가 다시 나타난다. 바이러스에는 두 종류의 대칭이 알려져 있으며 각각은 두 가지의 바이러스 기본 구조인 막대(rod)형 및 구형(spherical) 구조와 대응한다. 막대형 바이러스는 나선형(*helical*) 대칭을, 구형 바이러스는 정이십면체(*icosahedral*) 대칭을 각각 나타낸다. 전형적인 나선형 대칭의 바이러스는 담배 모자이크 바이러스 (TMV)이다 (그림 8.3). 나선형 바이러스의 길이는 핵산의 길이에 의해 결정되지만 너비는 캡소머의 크기와 포장 방법에 따라 정해진다.

정이십면체(icosahedral) 대칭을 갖는 바이러스는 20개의 삼각형 면과 12개의 꼭지점으로 구성되며 전반적으로 구형을 이룬다 (**그림 8.4*a***). 대칭축은 정이십면체를 동일한 모양과 크기를 갖는 5, 3, 혹은 2개의 분절로 나눈다 (그림 8.4*b*). 정이십면체 대칭은 가장 적은 수의 단위 단백질을 이용하여 껍질을 만들어낼 수 있기 때문에 닫힌 구조의 껍질을 구성하는 데 가장 효과적인 배열 방법이다. 가장 간단한 배열 방법은 삼각면(triangular face) 하나당 3개씩 캡소머를 사용하여 총 60개의 캡소머로 비리온 입자 하나를 구성하는 것이다. 그러나 대부분의 바이러스들이 갖는 유전체는 불과 60개의 캡소머만으로 만들어진 껍질의 용량보다 크기 때문에 180, 240, 혹은 360개의 캡소머로 구성되는 바이러스들이 더 일반적이다. 예를 들어, 인간 유두종바이러스(human papilloma virus)의 캡시드 (그림 8.4*c*)는 360개의 캡소머로 구성되는데 캡소머 각 5개씩이 묶인 총 72개의 모둠이 조립된 것이다 (그림 8.4*d*).

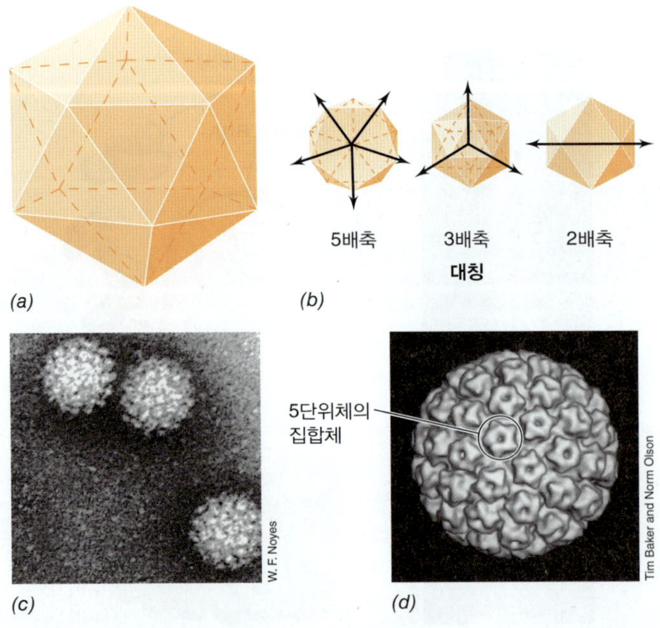

그림 8.4 정이십면체형의 대칭. *(a)* 정이십면체 모델. *(b)* 5-3-2 대칭을 나타내는 정이십면체를 세 방향에서 관찰한 모습. *(c)* 정이십면체형 대칭인 인간 유두종바이러스(human papilloma virus)의 전자현미경 사진. 각 입자의 지름은 약 55 nm이다. *(d)* 3차원으로 재구성한 인간 유두종바이러스의 모식도; 5개 단위체 분자가 72개의 집합체로 배열되어 총 360개의 단위체로 구성된다.

어떤 바이러스들의 구조는 대단히 복잡한데 각각이 나름대로의 모양과 대칭을 나타내는 여러 개의 부분들이 모여 비리온을 구성한다. 모든 바이러스들 중에서 가장 복잡한 형태는 머리-꼬리 융합형 박테리오파아지로서 *Escherichia coli*에 감염하는 파아지 T4를 예로 들 수 있다. T4 바리온은 정이십면체의 머리와 나선형 꼬리로 구성된다 (**그림 8.5**). 여러 가지 면에서 머리와 꼬리를 가지는 박테리오파아지와는 차이가 있지만 진핵생물을 감염하는 일부 거대 바이러스 또한 구조적으로 융합형이다. 미미바이러스(Mimivirus)와 백시니아 바이러스(Vaccinia virus) (그림 8.6*d* 참조)는 좋은 예이며, 10장에서 보다 상세히 설명하겠다.

피막 바이러스

피막형(enveloped) 바이러스란 뉴클레오캡시드를 둘러싼 막 구조물을 가진 바이러스들을 말하며 (**그림 8.6**), 유전체는 RNA이거나 혹은 DNA일 수 있다. 대부분의 피막 바이러스는 (예, 에볼라 바이러스, 그림 8.6*a*, *b*) 바이러스 피막에 존재하는 단백질을 이용하여 세포막이 직접 외부에 노출되어 있는 동물세포에 부착하고 감염한다. 이와 달리 식물이나 세균의 세포는 세포막 바깥쪽이 세포벽에 둘러싸여 있기 때문에 이런 생물들에 감염하는 피막 바이러스는 사례가 드물다. 일반적으로 동물세포에 감염이 일어날 때 비리온은 입자 전체가 세포 내로 진입하는데 비리온이 피막을 갖고 있다면 숙주의 생체막과 융합을 일으킴으로써 이 감염과정을 돕는다. 피막 바이러스는 동물세포에서 방출될 때도 더 수월하다. 숙주 세포를 빠져나올 때 바이러스들은 막 성분을 둘러싸고 나온다. 바이

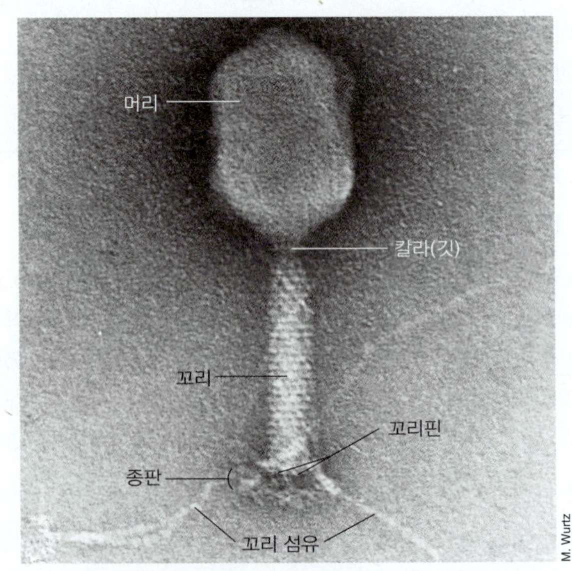

그림 8.5 복합형 박테리오파아지 T4의 구조. *Escherichia coli*에 감염하는 박테리오파아지 T4의 투과전자현미경 사진. 꼬리를 구성하는 요소들이 비리온이 숙주에 부착하는 단계 및 핵산의 주입과정 (그림 8.12 참조)에서 기능을 발휘한다. T4의 머리는 지름이 약 85 nm이다.

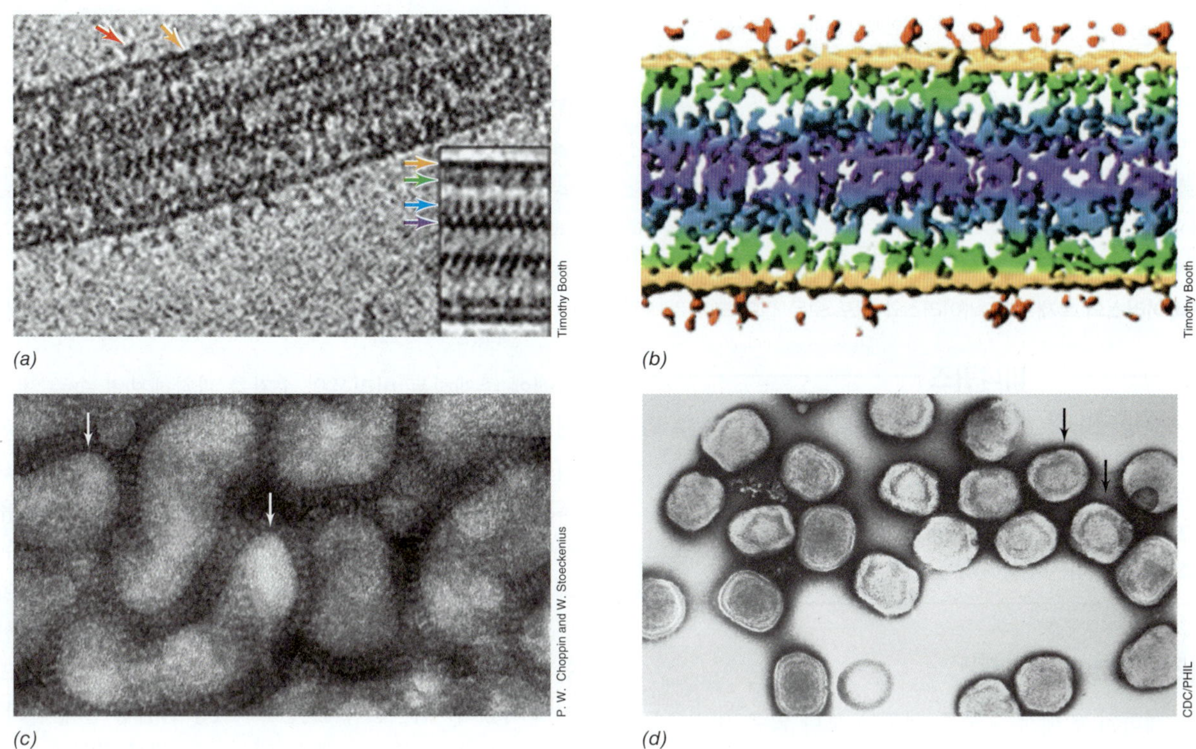

그림 8.6 피막 바이러스. *(a)* 에볼라 비리온의 저온전자현미경 사진. 비리온은 직경 80 nm의 나선형이다. *(b)* 에볼라 단층 촬영의 3차원 표면 표현. 색상 코딩 (*a*의 화살표에도 적용됨)은 다음과 같다 : 빨간색, 피막표면 당단백질; 오렌지색, 지질 피막; 녹색, 막결합 단백질; 푸른색/ 보라색, 뉴클레오캡시드단백질. *(c)* 인플루엔자 바이러스의 전자현미경 사진. 각 입자의 지름은 약 80 nm이며 부정형이다. *(d)* 백시니아 바이러스의 전자현미경 사진. 피막형 정이십면체인 폭스 바이러스에 속하며 너비는 약 350 nm 정도이다. *(c)*와 *(d)* 두 사진에 나타낸 화살표들은 뉴클레오캡시드를 둘러싼 피막을 가리키고 있다. *(a)*와 *(b)* 사진은 변형되었다 (Beniac, D.R., Melito, P.L., deVarennes, S.L., Hiebert, S.L., Rabb, M.J., Lamboo, L.L., Jones, S.M., Booth, T.F. 2012. *PLoS ONE 7*(1) : e29608).

러스 피막은 본질적으로 숙주의 세포막으로 만들어진 것이지만 일부 바이러스 표면 단백질 (그림 8.6*a*, *b*)은 바이러스가 세포를 빠져나오면서 이 막에 매몰되는 것이다.

바이러스의 피막은 비리온이 숙주 세포와 접촉할 수 있는 주요 구성요소로서 감염에 중요한 역할을 맡는다. 따라서 피막 바이러스의 감염과 비리온의 세포내 침투의 특이성은 적어도 부분적으로 피막의 화학적 특성에 따라 조절된다. 이와 같은 바이러스-특이적 피막 단백질들은 감염과정에서 비리온이 숙주 세포에 부착할 때 그리고 바이러스 증식 후 숙주 세포로부터의 방출 단계에 필수적이다.

비리온 내부의 효소

바이러스는 일반적으로 세포 밖에서는 대사 작용을 하지 않으므로 물질대사 측면에서 불활성이라고 말한다. 그럼에도 불구하고 일부 바이러스들의 비리온 안에는 감염과정에 중요한 역할을 담당하는 효소들이 담겨 있다. 그 예로, 어떤 박테리오파아지는 세균의 펩티도글리칸 층에 작은 구멍을 뚫어주는 리소자임(lysozyme) (⇄ 2.4절)과 비슷한 효소를 갖고 있으며 이를 이용해 바이러스의 핵산이 숙주 세포의 세포질 내로 침투할 수 있게 된다. 이 리소자임-유사 효소는 감염 후기에 다량으로 합성되어 세균 세포의 용해를 일으켜 새로운 비리온의 방출을 돕는다. 일단의 동물바이러스들도 숙주 세포로부터 자손 비리온이 방출되도록 돕는 효소들을 담고 있다. 예를 들어, 인플루엔자 바이러스 (그림 8.6*c*)는 뉴라미니다아제(*neuraminidase*)라는 피막 단백질을 갖고 있는데 이 효소는 동물 세포 결합조직의 당단백질과 당지질의 글리코시드 결합을 끊어 비리온이 떨어져 나갈 수 있게 해준다 (⇄ 10.9절).

RNA 바이러스들은 바이러스 RNA의 복제와 바이러스-특이적 mRNA의 합성 기능을 담당하는 자체적인 핵산중합효소 [RNA 복제효소(*RNA replicase*)라고 불리는 RNA 의존 RNA 중합효소]를 지니고 있다. 이런 효소들이 별도로 필요한 이유는 DNA 중합효소가 RNA를 만들 수 없으며 RNA를 주형으로 RNA를 만들어낼 수 있는 효소가 세포 내에는 없기 때문이다. 레트로바이러스는 DNA 중간체를 경유하여 복제를 진행하는 독특한 유형의 RNA 동물바이러스이다. RNA 주형으로부터 DNA를 만들어 내는 과정도 세포에는 없는 기능이기 때문에 레트로바이러스의 비리온에는 역전사효소(*reverse transcriptase*)라는 이름의 RNA-의존성 DNA 중합효소가 실려 있다 (8.8절). 요약하자면 비록 대부분의 바이러스들은 특별한 효소를 입자 내에 갖고 있지는 않지만 효소가 자신의 성공적인 감염과 복제에 절대적으로 필요한 일부 바이러스들은 효소를 지니고 다닌다.

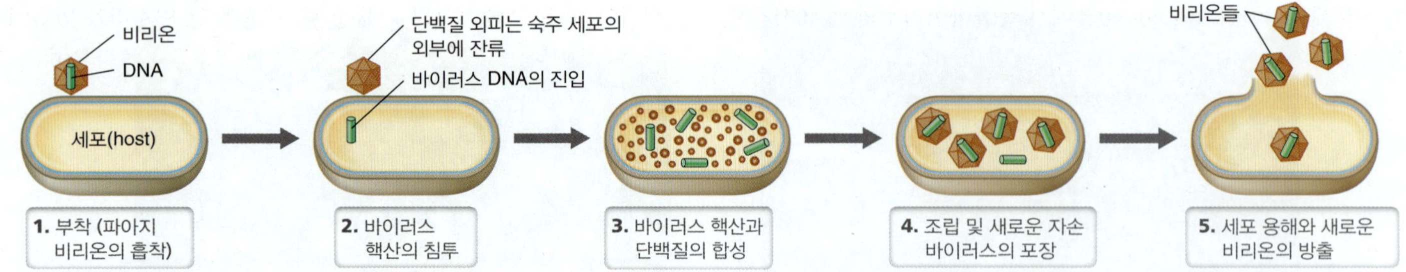

그림 8.7 세균바이러스의 복제주기. 바이러스와 세포 모두 실제 크기로 나타낸 것이 아니다. 방출량은 숙주 세포 하나당 수백 개 이상이 될 수 있다.

미니퀴즈

- 캡시드와 캡소머의 차이를 구분해보자. 구형 바이러스들이 보여주는 공통적인 대칭성은 무엇인가?
- 나출 바이러스와 피막 바이러스의 차이점은 무엇인가?
- RNA 바이러스의 비리온 입자 안에서 발견되는 효소들은 어떤 것들이 있나? 그 효소들이 비리온에 실려 있는 이유는 무엇인가?

8.3 바이러스 복제의 개관

바이러스가 복제하기 위해서는 숙주 세포가 보다 많은 비리온을 만드는 데 필요한 핵심 성분들을 합성하도록 조건을 유도해야만 한다. 이와 같은 생합성 및 에너지 필요성으로 인해 죽은 세포에서는 바이러스가 증식할 수 없다. 감염이 활발하게 진행되는 동안 바이러스의 구성성분들은 새로운 비리온들로 조립되어 세포 밖으로 방출된다. 복제 단계는 대부분의 바이러스에서 유사하지만, 원핵세포의 감염과 진핵세포의 감염 사이의 주요 차이점은 감염의 초기 단계에 있다. 감염과정이 연구된 세균과 고균에서는 바이러스 핵산만이 숙주 세포에 들어간다. 반면에 식물 및 동물 세포에서는 비리온 전부가 침입한다. 이러한 주요한 차이점에도 불구하고 세균 바이러스의 복제과정이 매우 잘 연구되어 있어 여기서는 세균바이러스를 주요 바이러스 복제의 일반적인 모델로 사용하고자 한다.

바이러스의 완전한 복제주기를 수행하는 세포는 바이러스에 대하여 허용성(*permissive*)이라고 한다. 허용성 숙주에서 바이러스 복제주기는 다섯 가지 단계로 구분될 수 있다 (**그림 8.7**):

1. 숙주 세포에 대한 비리온의 부착(*attachment*) 또는 흡착(adsorption).
2. 바이러스 핵산의 숙주 세포 내 침투(*penetration*, entry, injection).
3. 감염초기 바이러스에 의해 재조정된 숙주 세포 기구를 이용한 핵산과 단백질의 합성(*synthesis*).
4. 캡시드의 조립(*assembly*)과 새로운 비리온에 핵산을 담는 포장(*packaging*).
5. 새로운 비리온의 세포 밖 방출(*release*)

이러한 바이러스 복제과정 동안 나타나는 증식반응을 **그림 8.8**에 나타내었다. 이러한 생장반응은 1단계 증식곡선(*one-step growth curve*)의 형태를 보여주는데 시간의 흐름에 따라 세균 배양액에 존재하는 비리온의 숫자를 관찰해보면 숙주 세포가 터져서 새로 만들어진 비리온들이 방출되기 전까지는 증가하는 것으로 보이지 않기 때문이다. 감염 후 초기 몇 분 동안 바이러스는 소위 암흑기(*eclipse*)를 거치게 되는데 암흑기 동안 바이러스 유전체와 단백질은 각각 복제되고 번역될 것이다. 일단 감수성 숙주 세포에 부착되면 비리온은 다른 세포에 감염할 수 없게 되며 곧이어 바이러스의 핵산은 숙주 세포 내로 들어간다 (그림 8.7). 이 시점에서 감염된 세포를 열어볼 경우, 바이러스 핵산은 이미 캡시드에서 분리되어 나왔기 때문에 비리온은 더 이상 감염성 실체가 되지 못한다.

성숙(*maturation*) 단계 (그림 8.8)는 새로 합성된 바이러스 핵산 분자가 캡시드 안에 포장되면서 시작된다. 성숙기 동안, 세포 내에 있는 감염성 비리온의 숫자는 급속도로 증가한다. 그러나 인위적으로 세포를 파괴하여 바이러스를 방출시키지 않는 한 배양액에서는 새로운 비리온이 검출되지 않는다. 새로 합성된 비리온은 아직 세포 밖에 나타나기 전이므로, 암흑기와 성숙기를 묶어 바이러스 감염의 잠복기(*latent period*)라고도 한다 (그림 8.8).

성숙기 말이 되면 성숙한 바이러스 입자가 방출된다. 방출방법은 바이러스에 따라 다르며 세포 용해나 출아 또는 분비(excretion) 등이 있다. 한 세포에서 방출된 비리온의 수, 즉 방출량(*burst size*)은 특정 바이러스와 특정 숙주에 따라 다를 것이며 그 범위도 불과 몇 개부터 수천 개에 이른다. 바이러스의 증식주기에 소요되는 총

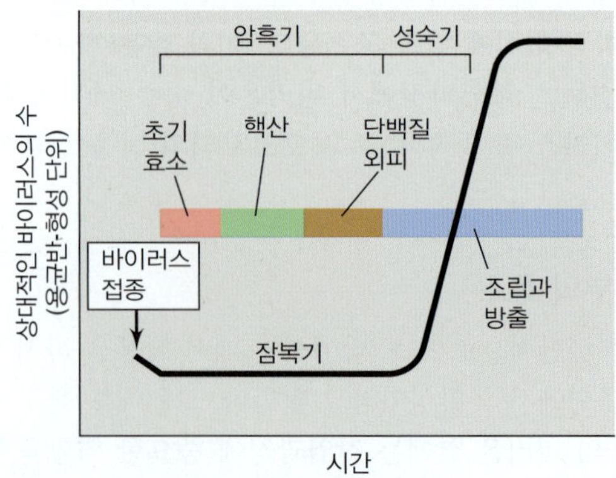

그림 8.8 바이러스 복제의 일단계 증식곡선. 부착 후에는 생장배지에서 감염성 비리온을 검출할 수 없으며 이 시기를 암흑기(eclipse)라고 한다. 암흑기와 초기 성숙기까지 포함하는 잠복기(latent period)에는 바이러스의 핵산이 복제되고 단백질이 합성된다. 성숙기(maturation period) 동안에는 바이러스의 핵산과 단백질이 성숙한 비리온으로 조립되고 이후 방출된다.

시간은 세균바이러스의 20~60분에서 동물바이러스의 8~40시간까지 다양하다.

8.5~8.6절에서는 바이러스 증식주기의 몇 가지 주요 단계를 보다 자세히 살펴보게 될 것이다.

미니퀴즈

- 성숙기 동안 캡시드에 포장(package)되는 것은 무엇인가?
- 방출량(burst size)에 대해 설명하라
- 잠복기(latent period)라고 부르는 이유는 무엇인가?

8.4 바이러스의 배양, 검출, 계수

숙주 세포 안에서 바이러스가 복제할 수 있으려면 세포도 자라야 한다. 세균 숙주의 순수배양은 용액 상태로 키울 수도 있고 한천평판(agar plate) 표면에 "잔디밭(lawn)"처럼 자랄 수도 있는데 이 순수배양에 바이러스 현탁액을 접종한다. 동물바이러스는 조직배양(*tissue culture*)에서 키운다. 이 조직배양은 동물의 한 기관(organ)에서 얻어 멸균된 유리 또는 플라스틱 용기에 적절한 배양용 배지에 키운 세포들을 의미한다 (그림 8.10 참조). 조직배양 배지의 조성은 매우 복잡한 경우가 많은데 혈청을 포함하여 광범위하게 배합된 영양소들과 세균 오염을 예방하는 항생물질 등이 담겨 있다.

바이러스 검출과 계수: 플라크 분석

바이러스 현탁액에 용액의 단위 부피당 들어 있는 감염성 비리온의 수, 즉 **역가(titer)**를 추정하기 위해 바이러스 현탁액을 정량적으로 분석할 수 있다. 이를 위해서 일반적으로 플라크 분석(*plaque assay*)이 사용된다. 편평한 바닥에서 자라고 있는 숙주 세포의 층에 바이러스를 감염시키면 세포의 용균 또는 용해(lysis) 영역이 형성되고 이로 인해 세포로 가득한 층 가운데 텅 빈자리가 만들어진다. 이 빈자리를 용균반 (세균이 숙주인 경우) 또는 **플라크(plaque)**라고 한다 (**그림 8.9**).

박테리오파아지의 경우, 바이러스 입자들과 숙주 세균을 포함한 소량의 한천 용액을 섞은 다음, 한천배지 위에 얇게 덧입혀 키우면 플라크가 형성되는 것을 볼 수 있다 (그림 8.9*a*). 배양시간 동안 세균은 생장하여 육안으로도 볼 수 있는 불투명한 층 (세균이 가득 자란 평판)을 형성한다. 그러나 바이러스의 감염이 성공적으로 시작된 곳에서는 용균이 일어나 플라크를 만들어낸다 (그림 8.9*b*). 이렇게 만들어진 플라크의 수를 세면 원래의 시료 안에 들어 있는 역가를 계산할 수 있다. 역가는 아래에 설명된 대로 접종 효율의 변동성 때문에 절대 바이러스 수보다는 밀리리터당 "플라크 형성 단위(plaque forming units)/ml)"의 수로 표시된다. 동물바이러스를 증식할 때는 세포를 조직배양으로 키워 희석된 바이러스 현탁액을 그 위에 덮는 형식으로 접종한다. 세균의 바이러스와 마찬가지로 조직배양 세포층에 투명한 영역의 플라크가 모습을 드러내며 생성된 플라크의 수를 세어 바이러스 역가의 추정치를 얻을 수 있다 (**그림 8.10**).

바이러스 역가 추정에 있어서의 접종효율

접종효율(*plating efficiency*) 개념은 모든 종류의 바이러스에 있어서 정량적 바이러스 연구에 중요하다. 어떤 바이러스의 경우에도 플라크 형성단위는 전자현미경으로 관찰하여 계수하는 바이러스 개수보다 언제나 적다. 비리온이 숙주 세포에 감염하는 효율은 좀처럼 100%에 이르지 못하며 종종 그보다 훨씬 낮기 때문이다. 감염에 실패하는 비리온은 성숙 과정에서 불완전하게 조립되었거나 또는 결손 유전체(defective genome)가 포함되었기 때문일 수도 있다. 또한 숙주에 부착하거나 적절하게 복제되는데 방해가 되는 돌

1. 고형의 영양한천 평판배지 위에 세포-파아지 혼합액을 붓는다.
혼합용액에는 상층한천, 세균 세포, 희석된 파아지 현탁액이 섞여 있다.
영양한천 평판
2. 혼합액이 굳을 때까지 기다린다.
상층한천과 영양한천의 샌드위치
3. 세균의 생장과 파아지 복제를 위해 배양한다.
파아지 플라크 (용균반)
숙주 세포가 가득 자란 평판
(a)

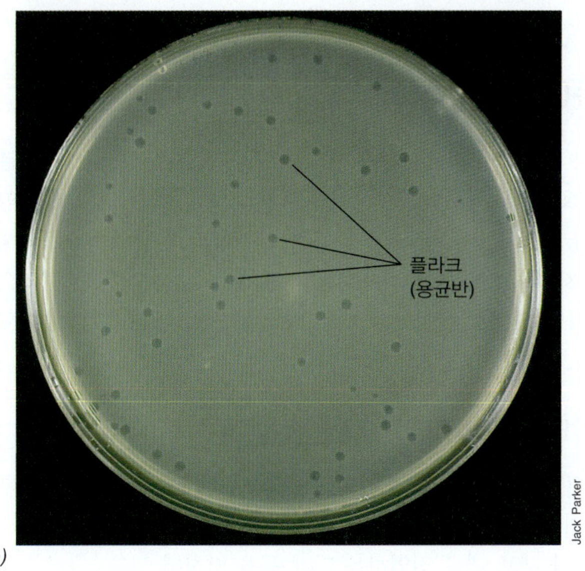

(b)

그림 8.9 플라크 분석법에 의한 세균바이러스의 정량 방법. (*a*) 희석된 비리온 현탁액과 허용성 숙주세균이 섞인 소량의 "상층 한천(top agar)"을 "하층 한천(bottom agar)" 위에 부어 덮는다. 감염된 세포가 용해되면 세균이 가득 자란 평판(lawn)에 플라크 또는 용균반이 형성된다. (*b*) 박테리오파아지 T4에 의해 형성되는 플라크 사진 (지름은 약 1~2 mm).

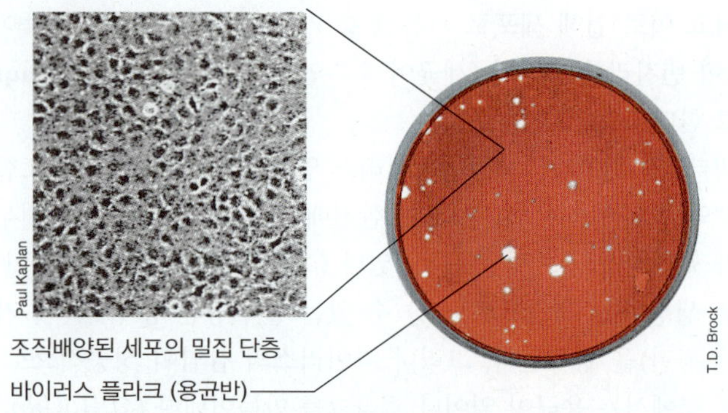

그림 8.10 동물세포 배양 및 바이러스 플라크. 동물세포가 바이러스의 복제를 허용하면 세포가 용해되어 플라크가 형성된다.

연변이 때문일 수도 있다. 접종효율이 낮아진 또 다른 이유로는, 바이러스의 저장 조건이 최적상태가 아닐 수도 있고 일부 비리온들이 연구자의 취급 과정이나 적합하지 않은 저장 조건 하에 손상되었기 때문일 수도 있다.

세균바이러스의 경우, 접종효율은 대개 50% 이상이지만, 동물바이러스의 경우에는 0.1 또는 1% 정도로 매우 낮다. 바이러스를 증식시킬 때는 접종효율에 대하여 알아두는 것이 좋으며 이는 특정한 개수의 플라크를 얻으려면 바이러스 역가를 어느 수준으로 조절해야 하는지를 가늠하게 해준다. 역가가 매우 낮으면 숙주 세포를 감염시키기 전에 바이러스성 현탁액을 원심 분리 또는 여과로 농축해야 할 필요가 있다. 이것은 조직배양 및 유지 비용이 상당할 수 있기 때문에 특히 동물바이러스에 해당된다.

미니퀴즈

- 바이러스 역가란 무엇을 의미하는가?
- 플라크 형성단위란 무엇인가?
- 접종효율이란 무엇을 의미하는가?

II • 바이러스 복제주기

용균성 바이러스 복제에 대하여 이해하고 있는 정보의 대부분은 *Escherichia coli*에 감염하는 박테리오파아지 연구에서 얻은 것이다. DNA 박테리오파아지와 마찬가지로 다수의 RNA 박테리오파아지들도 *E. coli*에서 복제한다 (**표 8.1**). 여기서는 박테리오파아지 T4를 모델로 삼아 바이러스 생활사의 각 단계 (그림 8.7)를 상세하게 고찰해보자.

표 8.1 *Escherichia coli*를 감염시키는 박테리오파아지의 일부 유형

박테리오파아지	비리온 구조	유전체 조성[a]	유전체 구조	유전체 크기[b]
MS2	정이십면체형	ssRNA	선형	3,600
ϕX174	정이십면체형	ssDNA	원형	5,400
M13, f1, fd	필라멘트형	ssDNA	원형	6,400
람다	머리-꼬리형	dsDNA	선형	48,500
T7 및 T3	머리-꼬리형	dsDNA	선형	40,000
T4	머리-꼬리형	dsDNA	선형	169,000
Mu	머리-꼬리형	dsDNA	선형	39,000

[a]ss, 단일가닥; ds, 이중가닥.
[b]ss 유전체는 염기 수, ds 유전체는 염기쌍의 수. 이 표에 나타낸 바이러스 유전체의 크기는 염기서열 결정과 함께 정확히 확인되었음. 그러나 염기의 정확한 서열과 개수는 특정 바이러스주 또는 분리주에 따라 약간씩 다를 수 있음. 따라서 다른 바이러스주들의 염기서열이나 염기 수와는 약간 다를 수도 있음. 따라서 이 표에 나타낸 모든 유전체의 크기는 반올림한 수치임.

8.5 박테리오파아지 T4의 부착과 침투

박테리오파아지 생활사의 초기 단계는 숙주 세포의 표면에 부착하는 것과 이후 숙주 세포의 바깥층을 침투하는 과정, 그리고 바이러스 유전체가 세포 내로 진입하는 단계 등을 말한다.

부착

바이러스의 숙주 특이성에 관한 가장 중요한 요소는 부착(*attachment*)이다. 비리온의 외부 표면에는 세포 표면의 특이적 수용체(*receptor*)와 상호작용하는 한 가지 이상의 단백질이 존재한다. 자신에게 맞는 특이적 수용체가 세포 표면에 없다면 바이러스는 부착할 수 없기 때문에 감염을 할 수 없다. 더욱이 돌연변이 등으로 인해 수용체의 구조가 변화되었다면 숙주는 바이러스 감염에 대한 내성을 가질 수도 있다. 그러므로 특정 바이러스의 숙주범위는 바이러스가 인식하고 부착할 수 있는 적절한 수용체를 갖는지의 여부에 따라 주로 결정된다.

바이러스 수용체는 단백질, 탄수화물, 당단백질, 지질, 지질단백질 등이거나 이와 같은 거대분자들이 형성하는 세포 구조물일 수도 있다 (**그림 8.11**). 이 수용체들은 세포의 정상적 활동에 필요한 기능을 수행하는 것들이다; 예를 들어, 파아지 T1의 수용체는 철-흡수 단백질이며 (그림 8.11) 박테리오파아지 람다의 수용체는 말토오스 흡수대사에서 기능을 수행한다. 그람-음성 세균의 외막(outer membrane)의 지질다당류(lipopolysaccharide, LPS)에 있는 탄수화물 분자들은 박테리오파아지 T4가 인식하는 수용체로 작용하며 이 때문에 T4가 *Escherichia coli*의 LPS에 결합하는 것이다 (그림 8.11). 편모나 선모와 같이 세포 표면에서 뻗어 나온 부속물들도 일반적으로 세균바이러스가 활용하는 수용체이다. 소형 정이십면체 바이러스들이 이와 같은 부속물의 측면에 들러붙는 반면에 나선형 바이러스들은 일반적으로 선모와 같은 부속물의 끄트머리에 붙는다 (그림 8.11). 수용체가 어떤 식으로 사용되건 간에 일단 비리온이 부착하면 바이러스 감염이 시작되는 것이다.

침투

세포에 바이러스가 부착되면 바이러스 혹은 세포의 구조에 변화가 일어나고 이로 인해 침투(penetration) 과정이 일어난다. 박테리오파아지는 세포 바깥에 자신의 캡시드를 버리고 바이러스 유전체만 세포질로 진입한다. 그러나 바이러스 유전체가 숙주 세포에 진입하더라도 그 유전체가 읽힐 수 있을 경우에만 바이러스 복제가 진행

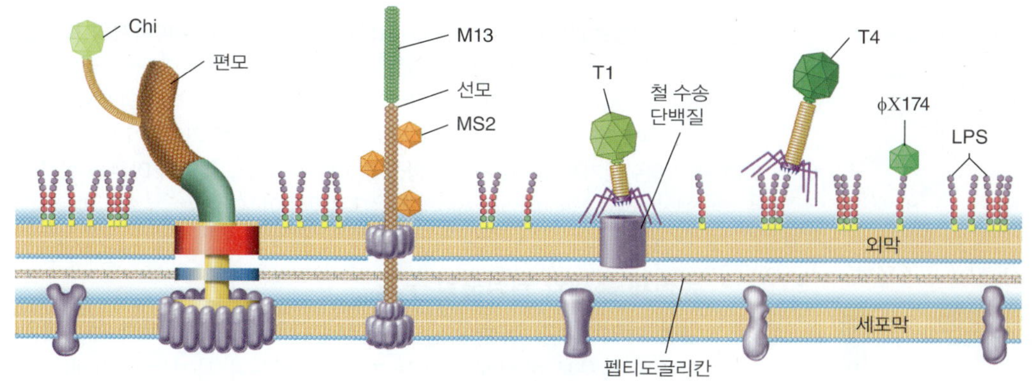

그림 8.11 박테리오파아지의 수용체들. *Escherichia coli*에 감염하는 서로 다른 박테리오파아지들이 이용하는 세포 수용체 자리의 예. MS2를 제외한 모든 파아지는 DNA 파아지이다.

될 수 있다. 결과적으로 RNA 바이러스와 같은 일부 바이러스들의 복제가 이루어지려면 바이러스의 유전체뿐만 아니라 특정한 바이러스 단백질들도 세포 내로 투입되어야 한다 (8.2절).

가장 복잡한 바이러스 침투 기작은 꼬리가 있는 박테리오파아지에서 찾아볼 수 있다. 박테리오파아지 T4는 선형의 이중가닥 DNA 유전체가 접혀 채워져 있는 머리(head)와 길고 꽤 복잡한 꼬리(tail)로 구성되어 있으며 꼬리의 끝에는 일련의 꼬리 섬유, 그리고 세포표면과 접촉하게 되는 꼬리 핀(tail pins)이 부착되어 있다. 파아지 T4의 비리온은 먼저 꼬리 섬유를 이용해 *Escherichia coli* 세포에 부착한다 (**그림 8.12**). 꼬리 섬유의 말단은 LPS를 구성하는 탄수화물과 특이적으로 상호작용하는데, 이어서 이 꼬리섬유를 수축하면 꼬리의 끝에 붙어 있는 일련의 섬세한 꼬리 핀들을 통해 꼬리 본체가 세포벽과 접촉한다. T4 리소자임의 활성이 펩티도글리칸 층에 조그마한 구멍이 뚫어 주면 꼬리의 표층(sheath)이 수축한다. 이렇게 되면 T4의 DNA를 주사기로 찔러 넣는 모습과 흡사하게 꼬리의 관을 통해 *E. coli* 세포의 안으로 진입한다. 이때 T4 캡시드는 세포 밖에 남아 있게 된다 (그림 8.12). 박테리오파아지의 머리에 담겨 있는 DNA는 높은 압력을 받고 있는데다가 세균 세포의 내부도 삼투압을 받고 있기 때문에 파아지의 DNA 진입이 완결되는 시간은 수 분이 걸린다.

일단 박테리오파아지가 그 유전체를 숙주 세포에 주입하면, 생산적인 감염이 절대적으로 보장되는 것은 아니다. 아래에서는 원핵세포가 바이러스 공격으로부터 보호하기 위해 사용하는 몇 가지 기작과 이후에 이러한 과정을 피하기 위한 박테리오파아지의 진화 방안에 대해 알아본다.

제한 및 변형

세균에는 동물에서 볼 수 있는 면역체계는 없지만 (26장, 27장), 세균과 고균도 바이러스의 공격에 대항하기 위한 몇 가지 무기를 가지고 있다. 독소-항독소 (⇄ 7.11절)와 항바이러스기작인 CRISPR (⇄ 10.13절)가 두 가지 기작에 해당한다. 그 외에도 세균과 고균은 외래 DNA의 특정 위치를 인지하여 절단하는 효소인 제한효소(*restriction endonuclease*)를 이용하여 이중가닥의 바이러스 DNA를 파괴할 수 있다 (⇄ 12.2절). 이 공정을 제한(*restriction*)이라고 하며 이는 바이러스 또는 외래 DNA의 침입을 방지하는 일반적인 숙주 방어 기작이다. 그러나 이와 같은 시스템이 효력을 발휘하려면 숙주는 제한효소의 공격으로부터 자신의 DNA를 보호해야만 한다. 일반적으로 숙주는 제한효소가 절단하는 위치에 있는 뉴클레오티드를 메틸화하는 DNA 변형(*modification*)을 일으켜 자신의 유전체를 보호한다.

제한효소들은 이중가닥의 DNA에 특이적이기 때문에 단일가닥 DNA 바이러스나 모든 RNA 바이러스들은 제한효소에 의한 영향을 받지 않는다. 숙주 세포의 제한 시스템이 바이러스에 대응하여 적지 않은 보호 장치를 제공하기는 하지만, 일부 이중가닥 DNA 바이러스들은 자신의 DNA를 변형시켜 제한효소의 공격을 피함으로써 제한효소의 공격을 벗어났다 (**그림 8.13*a***). 그 동안 여러 가지의 방어 기작이 밝혀졌지만 파아지 T4는 바이러스 DNA의 시토신

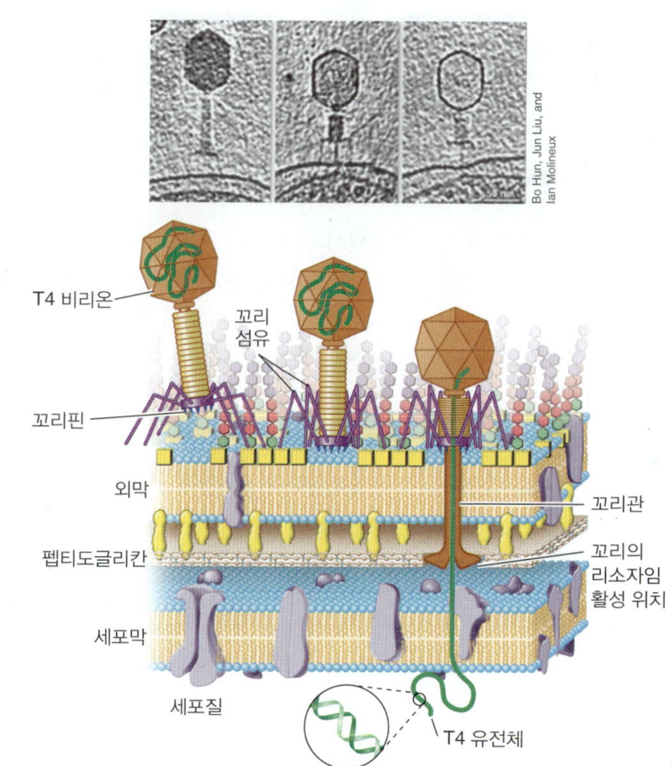

그림 8.12 T4 박테리오파아지의 *Escherichia coli* 세포 부착 및 감염. 세 장의 전자 단층 촬영사진과 그 아래에 있는 그림은 (왼쪽에서 오른쪽으로) T4의 비리온이 기다란 꼬리섬유로 세포 외막의 지질다당류와 상호 반응하는 초기 부착; 꼬리핀(tail pin)에 의한 세포벽과의 접촉; 꼬리 표층(sheath)의 수축과 T4 유전체의 주입을 설명한다. 꼬리관(tail tube)이 세균의 외막을 관통하고 T4의 리소자임(lysozyme)이 펩티도글리칸 층을 분해하여 작은 구멍을 만든다.

시토신　5-히드록시메틸-시토신

포도당화 위치

(*a*) T4 DNA에서 발견되는 독특한 염기

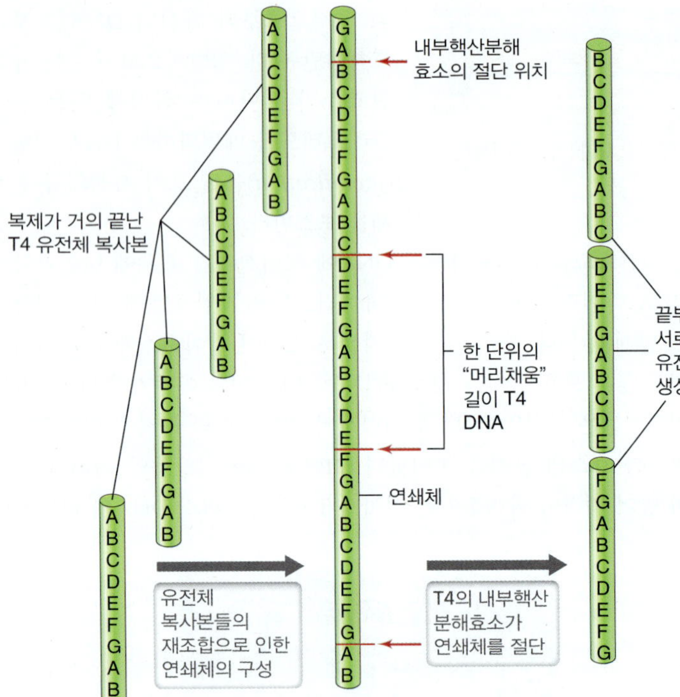

(*b*) 원상순열 특징을 갖는 T4 DNA

그림 8.13 원상순열(circular permutation)과 T4 박테리오파아지의 독특한 DNA. (*a*) 박테리오파아지 T4의 DNA에 존재하는 독특한 5′-히드록시메틸시토신(5′-hydroxymethylcytosine) 염기. 일단 이 염기가 포도당화 되면 T4의 DNA는 제한효소의 공격에 저항성을 갖게 된다. (*b*) 순환 반복서열을 가지는 T4 바이러스 DNA 분자들은 염기서열과 무관하게 항상 일정한 바이러스 길이의 DNA를 잘라내는 내부핵산분해효소(endonuclease)의 작용으로 만들어진다.

(cytosine) 위치를 5′-히드록시메틸시토신(*5′-hydroxymethylcytosine*) 염기로 대체하는 전략을 쓴다. 이 변형된 잔기의 히드록시 그룹은 포도당화, 즉 포도당(glucose) 분자가 첨가되어 있으며 (그림 8.13*a*), DNA에 이런 변형이 일어나면 제한효소의 공격에 내성을 지니게 된다. 이와 같은 바이러스 방어기작 덕분에 T4 유전체의 복사본들은 파아지 복제주기 후반에 일어나는 포장단계까지 손상되지 않고 보존되는 것이며 세포 용해 (다음 절 참조)에 의해 방출되어 감염되지 않은 *E. coli*를 공격한다.

미니퀴즈

- 비리온의 부착은 바이러스-숙주 특이성에 어떻게 기여하는가?
- T4가 자신의 숙주와 상호작용하는데 리소자임-유사 단백질이 필요한 이유는 무엇이며, T4의 어떤 부분이 숙주의 세포질까지 진입하는가?
- *Escherichia coli*는 파아지의 공격으로부터 어떻게 자신을 보호하며, 또 T4는 이와 같은 숙주 방어 무기로부터 어떻게 자신을 보호하는가?

8.6 박테리오파아지 T4의 복제

이전 절에서 소개된 T4 파아지의 부착과 침투에 대해 이미 알고 있는 지식을 바탕으로 T4 유전체의 특이한 특성을 검토하고 T4의 복제주기에서 진행되는 각 단계를 알아보자.

유전체 복제와 원상순열 구조

일단 바이러스가 허용성 숙주 세포에 감염하면 바이러스 유전체의 새로운 복사본 합성에 필요한 가장 이른 초기 사건들이 전개된다. 바이러스 유전체에는 여러 가지 유형이 있기 때문에 (그림 8.2) 바이러스 복제 전략도 다양하게 존재한다 (10.1절). 소형 DNA 바이러스의 바이러스 유전체는 세포의 DNA 중합효소가 복제해준다.

그러나 T4 박테리오파아지처럼 한층 더 복잡한 DNA 바이러스는 자체적인 DNA 중합효소를 코딩한다. 프리마아제(primase)나 헬리카아제(helicase) 등과 같이 DNA 복제 과정에서 활동하는 (4.3절) 다른 단백질들도 T4 유전체에 코딩되어 있다. 실제로 T4는 파아지-특이적 유전체 합성을 촉진하기 위해 자신이 직접 8개의 단백질로 구성된 DNA 복제소체 복합체(replisome complex) (4.4절)를 생산한다.

스스로 복제할 수 있는 기작을 가지고 있는 것 외에도 T4 유전체에는 또 다른 특이한 특징이 있다. T4 바이러스 군집은 유전체의 각 사본에 동일한 유전자 세트가 들어 있지만 다른 순서로 배열된다. 이것을 많은 바이러스 유전체의 특징인 원상순열(*circular permutation*)이라고 부른다. 원상순열 구조의 DNA 분자는 동일한 원형 유전체의 서로 다른 지점을 끊었을 때 유전자들의 배열이 다른 선형 분자로 나타난 것과 같은 구조를 갖는다. 원상순열 구조의 유전체는 또한 말단반복서열(*terminally redundant*)도 가지고 있는데, 이는 원상순열 구조의 분자가 생성되는 기작의 특성으로 인해 DNA 분자의 양 말단에 염기서열의 일부분이 중복되어 있는 모습을 의미한다.

T4의 유전체는 우선 하나의 단위로서 복제를 시작하고, 그 다음 여러 개의 유전체 단위들이 나란히 연결되어 DNA의 **연쇄체(concatemer)** 분자를 형성한다 (그림 8.13*b*). T4 DNA가 캡시드에 포장될 때 이 DNA 연쇄체의 특별히 정해진 위치가 절단되는 것이 아니라 파아지의 머리를 채우기에 충분한 길이의 선형 DNA 분절을 생성하는데 목적을 두기 때문이다. 이를 "머리채우기(*headful packaging*)"라고 하며 이 방법은 박테리오파아지들에서 흔히 볼 수 있는 전략이다. 그러나 T4의 머리에는 유전체 길이 한 단위보다 약간 더 긴 길이가 포장될 수 있어서 머리채우기 기작으로 인해 DNA 분자의 양 말단에는 약 3~6 kbp 정도의 말단반복 서열이 생성되는 것이다 (그림 8.13*b*).

전사와 번역

감염이 일어난 직후, T4의 DNA는 전사되고 번역되는 과정을 거치고 새로운 비리온의 생성도 시작될 것이다. 반시간이 지나기 전에

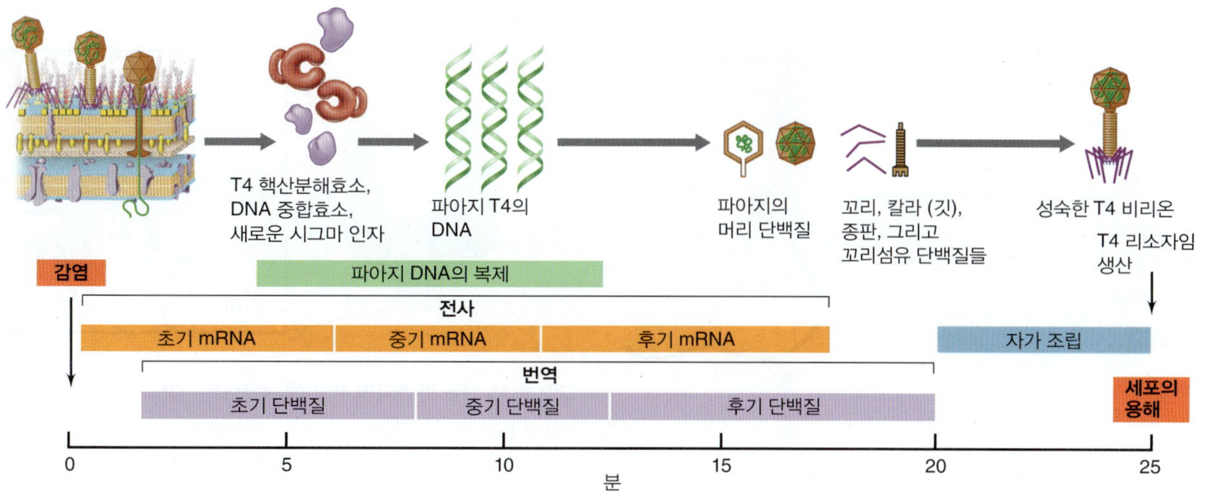

그림 8.14 파아지 T4의 감염경과. DNA가 주입된 후 핵산분해효소(nuclease), T4 DNA 중합효소(DNA polymerase), 새로운 파아지 특이적 시그마 인자, 그리고 그 외의 다양한 DNA 복제 단백질을 암호화하는 초기 및 중기 mRNA가 만들어진다. 후기 mRNA는 비리온의 구조 단백질과 T4 리소자임을 암호화하는데 이 리소자임은 세포를 용해하여 자손 비리온의 방출에 기여한다.

용해된 세포로부터 새로운 비리온들이 쏟아져 나오게 되며 이 과정의 주요 사건들을 **그림 8.14**에 정리하였다.

T4 DNA가 숙주의 세포질에 진입한 후 1분 이내에 숙주의 DNA 및 RNA 합성은 중단되고 파아지 특이적인 유전자들의 전사가 개시된다. 바이러스 mRNA의 번역도 신속하게 시작되어 감염 후 4분 이내에는 파아지 DNA의 복제가 이미 시작될 것이다. T4의 유전체에는 3가지의 주요 단백질 세트인 **초기 단백질(early proteins)**, **중기 단백질(middle proteins)**, **후기 단백질(late proteins)** 이 코딩되어 있는데 이 명칭은 세포 내에서 검출되는 순서에 따라 붙여진 이름이다. 초기 단백질에는 T4에 고유한 염기인 5-히드록시메틸시토신 (그림 8.13*a*)의 포도당화와 합성에 관여하는 효소, T4 복제소체에서 파아지-특이적 유전체의 복사본을 생산하는 효소, 그리고 숙주의 RNA 중합효소를 변형시키는 초기 단백질 등이 포함된다. 이와 달리 중기 단백질과 후기 단백질에는 RNA 중합효소-변형에 관여하는 부차적 단백질과 비리온의 구조 단백질 및 방출에 관여하는 단백질이 포함된다. 특히 이러한 단백질에는 바이러스의 머리 및 꼬리 단백질이나 새로운 비리온이 숙주 세포를 빠져나가는데 필요한 효소 등이 있다 (그림 8.14).

T4 유전체에는 자신의 고유한 RNA 중합효소가 코딩되어 있지 않다; 그 대신 T4-특이적 단백질들이 숙주의 RNA 중합효소를 변형시켜 파아지의 프로모터만 차별적으로 인식하게 만든다 (프로모터란 전사를 개시하기 위해 RNA 중합효소가 결합하는 구조유전자의 상류 지역임을 기억하라, 4.5절). 이런 변형 단백질들은 T4의 초기유전자에 코딩되어 있으며 숙주의 RNA 중합효소에 의해 전사된다. 파아지가 코딩하는 항-시그마 인자(anti-sigma factor)가 (6.15절) 숙주 RNA 중합효소의 시그마 인자에 결합하면 숙주 유전자들의 프로모터를 인식할 수 없게 되면 곧 이어 숙주의 전사가 차단된다. 이 방법은 숙주 RNA 중합효소가 숙주 유전자 대신 T4의 유전자를 전사하는 효과적인 스위치의 역할을 한다. 감염이 진행된 후기에는 다른 종류의 단백질이 생성되어 숙주의 RNA 중합효소가 T4 중기 유전자들의 프로모터를 인지하도록 변형시킨다. 마지막으로 T4의 후기 유전자들의 전사가 시작되는데 이때 숙주의 RNA 중합효소가 이 유전자들의 프로모터에만 결합하도록 해주는 T4-유래의 새로운 시그마 인자가 필요하다. 이 시점부터 바이러스 조립이 시작될 수 있다.

T4 유전체의 포장 및 비리온의 조립과 방출

박테리오파아지 T4의 DNA 유전체는 에너지로 작동하는 포장 모터(packaging motor)에 의해 미리 조립된 캡시드로 밀려들어간다. 이 모터의 구성요소는 바이러스 유전자가 코딩하지만, 이 단백질 요소들을 생산하고 DNA를 밀어 넣는 작업에 필요한 에너지를 공급하기 위해서는 숙주의 물질대사도 필요하다. 포장 과정은 3가지 단계로 나눌 수 있다 (**그림 8.15*a***). 첫째, 프로헤드(*prohead*)의 형태로 조립된 박테리오파아지의 머리가 속이 빈 상태로 만들어진다. 프로헤드는 구조 단백질로 만들어지지만 일시적으로 사용되는 "골격 단백질(scaffolding proteins)"도 포함하고 있다. 둘째, 프로헤드의 입구에 포장 모터가 조립된다 (그림 8.15*b*). 선형의 이중가닥 T4 DNA 유전체 (그림 8.13*b*)가 ATP를 에너지원으로 사용하는 모터의 압력으로 인해 프로헤드 안으로 밀려들어간다. 이때 밀려들어오는 DNA의 압력으로 인해 프로헤드가 약간 확장되며 골격 단백질도 동시에 밖에 버려진다. 셋째, 포장 모터 자체도 결국 버려지고 캡시드 머리 입구도 봉인된다.

머리 내부가 가득 찬 후에는 T4의 꼬리, 꼬리섬유, 그리고 비리온의 다른 구성성분들이 주로 자가 조립의 형태로 더해진다 (그림 8.14 및 8.15). 파아지 유전체에는 가장 마지막 시점에 발현되는 두 가지 효소들을 코딩하고 있는데 이 두 효소가 함께 작용하여 비리온 방출을 방해하는 두 가지 주요 장벽을 깨뜨린다: 숙주의 세포막 및 펩티도글리칸 층. 일단 이 구조물들이 훼손되면 삼투작용에 의해 세포는 파괴되고 새로 생성된 비리온들이 방출된다. 각 복제주기는 약 25분 정도가 소요되며 (그림 8.14), 각 숙주 세포당 100개

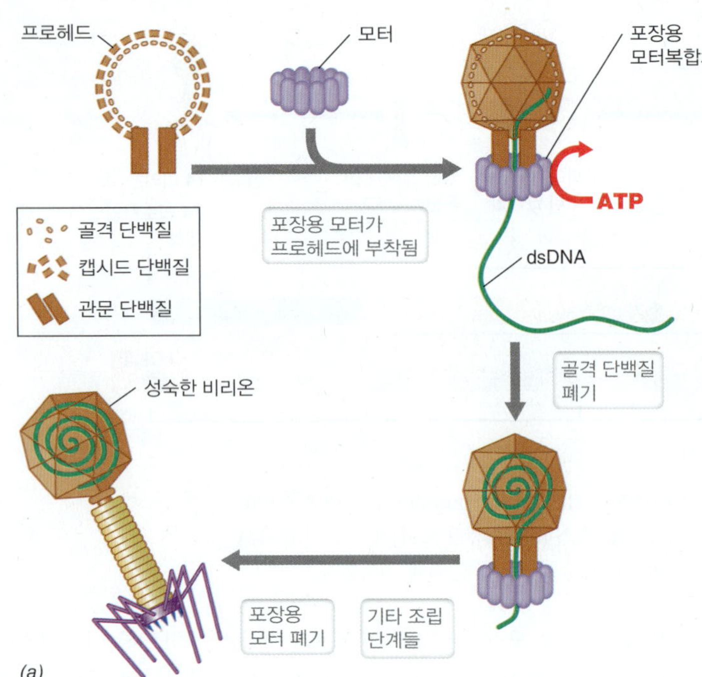

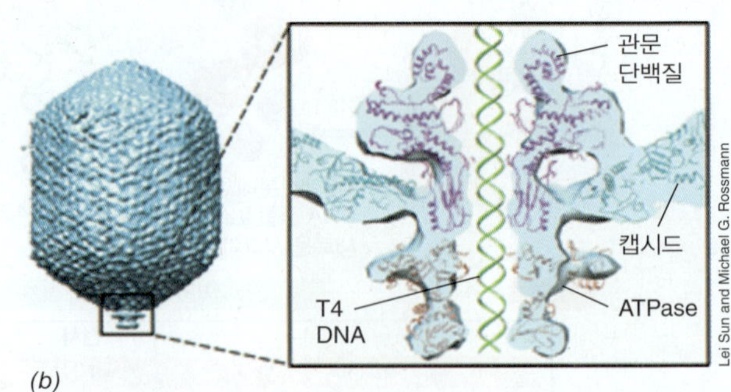

그림 8.15 T4 파아지의 머리에 포장되는 DNA. *(a)* 캡시드와 관문 단백질(poral protein)을 합쳐 프로헤드(prohead)가 조립되며 이 둘은 성숙한 비리온에 그대로 남게 된다. 머리가 DNA (ATP 가수분해에 의해 유도됨)로 채워지면서, 머리는 다소 바깥쪽으로 늘어나며 각진 모양이 된다. DNA가 가득 차면 포장용 모터(packaging motor)는 떨어져 나가고 꼬리의 구성 성분들이 부착된다. *(b)* T4 프로헤드(prohead)와 포장용 모터(packaging motor)의 저온 전자현미경 사진 재구성. 확대한 사진은 모터 및 프로헤드에서 DNA와 부착하는 단백질을 나타낸다.

이상의 자손 비리온들이 방출되어 [방출량(*burst size*), 8.3절] 이웃에 있는 숙주 세포를 감염할 수 있게 되는 것이다.

미니퀴즈

- 연쇄체란 무엇인가?
- T4의 초기 단백질, 중기 단백질, 후기 단백질 중에서 각각 한 가지씩 예를 들어보자.
- T4의 유전체를 파아지 머리에 포장하는데 어떤 인자들이 필요한가?

8.7 잠재성 박테리오파아지 및 용원성

박테리오파아지 T4는 독성 바이러스이며 일단 감염이 시작되면 감염된 숙주는 예외 없이 죽게 된다. 그러나 이중가닥 DNA를 갖는 세균바이러스 중 일부는 독성 주기를 진행할 수 있는 동시에 숙주를 감염하여 장기간 안정된 상호관계를 정립할 수도 있다. 이러한 바이러스를 **잠재성 바이러스(temperate virus)**라고 한다.

잠재성 바이러스는 **용원성(lysogeny)** 상태로 들어갈 수 있다. 이 상태에서는 바이러스 유전자의 대부분이 전사되지 않으며, 그 대신 바이러스 유전체는 숙주의 염색체와 나란히 동시에 복제하여 세포가 분열할 때 바이러스 유전체도 딸세포에 전달된다. 잠재성 바이러스를 보유하고 있는 세포를 **용원(lysogen)**이라고 한다. 용원성의 생장은 그 지역의 환경과 영양 특성에 의해 제어되지만, 용원성 상태는 세균 숙주 세포의 유전적 특성에 새로운 특징을 부여—용원성 변환(*lysogenic conversion*)이라고 함—할 수도 있다. 이 책의 후반부에서는 세균의 독성 (질병을 일으키는 능력)이 적어도 부분적으로 용원성 박테리오파아지와 연관되어 나타나는 병원성 세균의 사례를 보게 될 것이다.

잠재성 박테리오파아지의 복제주기

특성이 잘 밝혀진 잠재성 박테리오파아지의 두 가지 예는 람다와 P1이다. 잠재성 박테리오파아지의 생활사를 **그림 8.16**에 나타냈다. 용원성 상태에 있는 동안 잠재성 바이러스의 유전체는 세균의 염색체에 통합(integration)된 상태이거나 (람다) 혹은 세포질에 플라스미드 상태 (P1)로 있을 수도 있다. 어느 경우이든 간에, **프로파아지(prophage)**라고 부르는 이 바이러스 DNA는 파아지의 독성 경로를 활성화시키는 유전자들이 억제되어 있는 한 숙주 세포와 함께 복제를 이어간다.

이 용원성 상태가 유지되는 원인은 파아지가 코딩하는 억제 단백질(*repressor protein*) 때문이다. 보통은, 낮은 수준의 억제자 유전자 전사 및 번역 활동이 세포 내의 억제 단백질 수준을 낮게 유지한다. 그러나 파아지의 억제자가 불활성화되거나 혹은 억제자의 합성이 어떤 식으로든 차단되면 프로파아지는 용균성 경로로 유도될 수 있다. 만약 세균의 염색체에 바이러스 DNA가 통합된 상태에서 유도가 발생한다면 바이러스 DNA가 잘려 나와 파아지의 유전자들이 전사되어 번역이 진행된다; 그러면 새로운 비리온들이 생성되며 숙주 세포는 용해된다 (그림 8.16). 특히 숙주 세포 DNA의 손상과 같은 다양한 유형의 세포 스트레스 조건들이 프로파아지가 용균경로로 들어가도록 유도할 수 있다. 이 과정과 대비하여 보면, 처음 바이러스 감염이 일어날 때 용원성 혹은 용균성 경로 중 어느 쪽으로 갈지를 "결정(decision)"하는 것은 또 다른 사안이며 이는 박테리오파아지 람다에서 잘 연구가 되어 있다. 이제 이 이야기를 논의해 보자.

박테리오파아지 람다

*Escherichia coli*에 감염하는 박테리오파아지 람다(lambda)는 이중가닥 DNA 바이러스이며 마리와 꼬리를 지니고 있다 (**그림 8.17*a***). 람다 유전체인 선형 DNA의 5′ 양 끝에는 12개 뉴클레오티드 길이

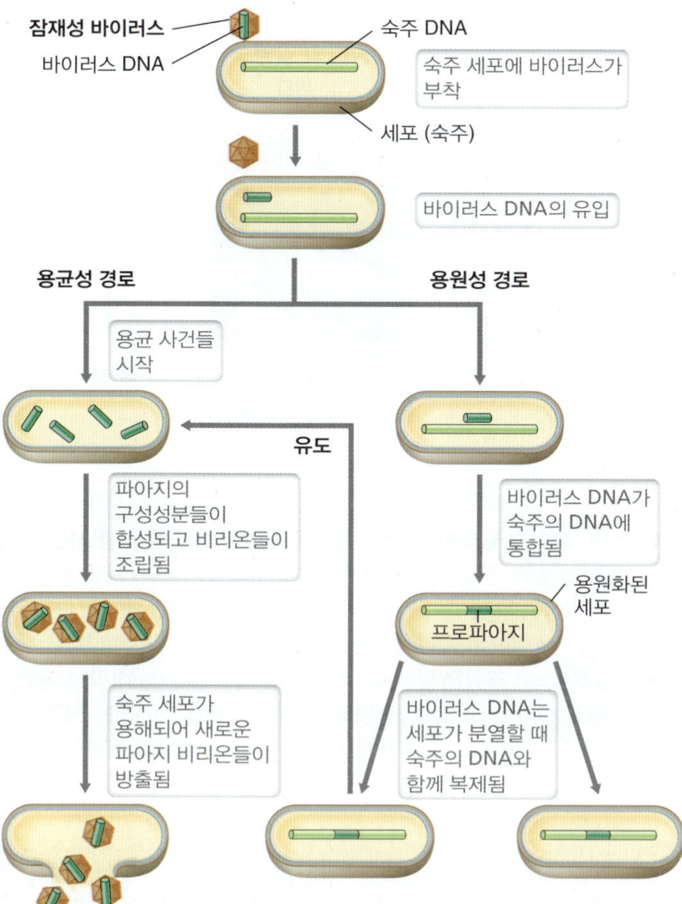

그림 8.16 잠재성 박테리오파아지의 감염 결과. 감염의 두 가지 경로는 바이러스 DNA가 숙주 DNA로 통합되는 용원성 감염 또는 증식하여 성숙한 바이러스를 방출하는 용균성 감염을 나타내었다. 용원화된 세포가 유도되면 성숙한 바이러스를 생산하고 용균을 일으킨다.

의 단일가닥 영역이 존재한다. 이 단일가닥 영역을 "점착성(cohesive)" 말단이라고 하며 양 끝의 염기서열은 서로 상보적이다; 람다 DNA가 세포 내로 진입하면 이 점착성 말단들이 염기쌍을 이루어 *cos* 자리를 형성하고 유전체는 고리 모양이 된다 (그림 8.17*b*).

만약 람다가 용균성 경로로 들어가면, **회전원 복제(rolling circle replication)** 기작에 의해 긴 연쇄체 형태로 선형의 유전체 DNA가 합성된다. 이 과정에서는 원형의 람다 유전체 중 한 가닥이 절단되어 틈이 생기고 이 가닥이 풀려 나가면서 상보가닥을 합성하기 위한 주형의 역할을 맡게 된다 (그림 8.17*c*). 이후 이중가닥 연쇄체는 *cos* 자리에서 잘려 유전체-길이 크기의 분절들이 만들어지고 이 분절들은 람다 파아지의 머리에 포장된다. 여기에 꼬리 부분이 첨가되면 성숙한 람다의 비리온 조립이 완결되고 (그림 8.17*a*) 세포의 용해가 일어나 자손 바리온들이 방출된다. 용균성 파아지로서 작용할 때, 람다는 용해된 세포로부터 유래한 몇몇 유전자들을 새로 만든 비리온에 함께 포장할 수도 있어 또 다른 숙주 세포에 전달해주

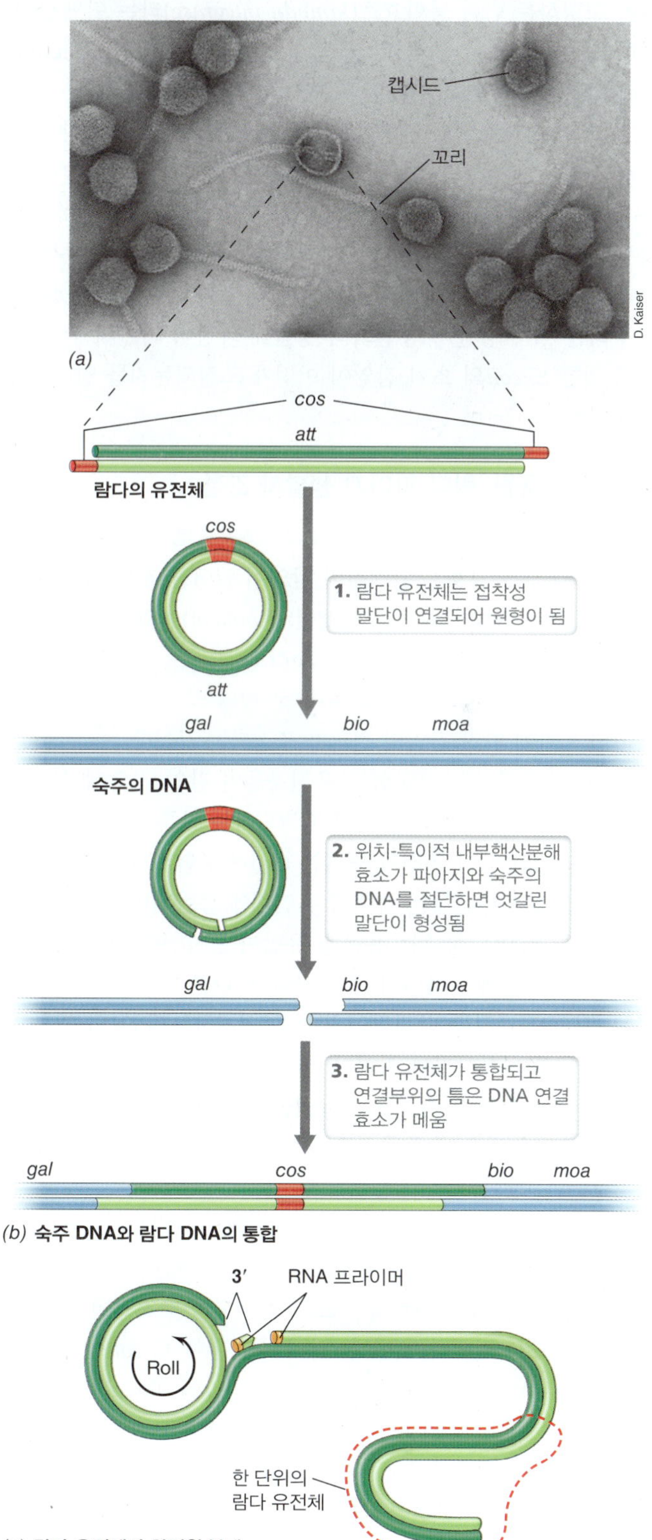

그림 8.17 박테리오파아지 람다: 비리온, 람다 DNA의 통합과 회전원 복제. *(a)* 파아지 람다 비리온의 투과전자현미경 사진. 각 비리온의 머리는 지름이 약 65 nm이며 선형 dsDNA를 포함한다. *(b)* 람다의 DNA의 통합은 항상 숙주와 파아지 유전체의 특정 부착위치 (*att*)에서 일어난다. *att* 근처에 위치한 숙주 유전자들은 다음과 같다: *gal*, 갈락토오스의 이용; *bio*, 비오틴(biotin)의 생합성; *moa*, 몰리브덴(molybdenum) 보조인자의 생합성. 이 과정에는 람다 통합효소(integrase)가 필요하며 상보적인 말단의 특이적 염기쌍 형성을 통해 람다 DNA가 통합된다. *(c)* 회전원 복제에서는 진녹색으로 표시한 가닥이 회전해 풀리면서 한쪽 편 끝부분에서는 중합반응이 진행되는 동시에 상보가닥 합성에 필요한 주형으로도 사용된다.

는 역할을 맡게 된다. 이를 형질도입(*transduction*) 현상이라고 한다. 형질도입은 자연계에서 수평적 유전자 전이(horizontal gene transfer)를 일으키는 중요한 방법인 동시에 세균 유전학에서 사용하는 중요한 도구이기도 하다 (11.7절).

만약 람다가 용균성 경로 대신 용원성 경로를 선택하게 되면 람다의 유전체는 *E. coli*의 염색체에 통합되게 된다. 이 과정에는 파아지가 코딩하는 람다 통합효소(*lambda integrase*)라는 단백질이 필요한데, 이 효소는 파아지와 세균 유전체의 부착자리(attachment site) (그림 8.17*b*의 *att*)를 인식하여 람다 유전체의 통합을 촉진한다. 이처럼 상대적으로 안정한 상태에서 숙주 DNA의 손상과 같은 특정 사건이 발생하면 용균성 주기가 다시금 시작될 수 있다. 그 같은 사태가 촉발된 후에는 람다의 절제 단백질(excision protein)이 숙주의 염색체에 통합되어 있던 람다의 유전체를 잘라내는데 이때 람다 DNA의 전사가 시작되면 용균성 사건들이 전개되는 것이다.

우리는 이제 용균과 용원화의 정반대 과정이 파아지 람다 비리온에 의한 *E. coli*의 초기 감염이 어떻게 조절되는지를 알아보고자 한다.

용균 또는 용원: 람다 파아지 생활사 조절

람다의 감염에서 용균으로 갈지 혹은 용원으로 갈지는 상당 부분 2종류의 핵심적 억제자 단백질이 감염이 일어난 후 얼마만큼 축적되어 있는가에 달려 있다: cI 단백질(*cI protein*)이라고도 부르는 람다 억제자(*lambda repressor*)와 *Cro*라고 부르는 두 번째 억제자가 그 두 가지이다. 감염된 세포 내에 첫 번째 억제자가 얼마나 축적되어 있는가에 따라 감염의 결과가 조절되는 것이다.

만일 cI 단백질을 코딩하는 유전자들이 감염 직후에 신속하게 전사되어 cI이 쌓이게 되면 람다가 코딩하는 다른 모든 유전자들의 전사가 억제되며 이 유전자 중에는 Cro가 포함된다. 이 상황이 벌어지면 람다의 유전체는 숙주의 유전체에 통합되어 프로파아지가 된다 (**그림 8.18**). 숙주는 용균을 유발하는 사건이 발생할 때까지 더 많은 용원을 생산하면서 계속 자란다. 다른 한편으로, Cro 억제자는 cII라고 부르는 단백질의 발현을 억제하는데 cII의 기능은 cI의 합성을 활성화시키는 것이다. 따라서 감염이 일어난 후 cI의 양이 파아지-특이적 유전자들의 발현을 억제할 만큼 충분히 쌓이지 않으면 Cro가 세포 내에 축적될 수 있다; 이렇게 되면 람다는 용균성 경로로 진행한다.

이처럼 상호 대체 가능한 람다의 생활형—용균성 또는 용원성—의 조절은 "유전적 스위치(genetic switch)"에 비유되며, 이 변환에서 한 경로가 다른 경로를 누르고 선택되려면 지정된 일련의 사건들이 반드시 일어나야 한다. 람다 비리온이 *E. coli*에 감염하면 일반적으로 용균주기로 진행되지만, 앞서 말한 바와 같이 만약 cII의 농도가 충분하여 cI의 적정 농도를 보장해준다면 용균성 사건들의 스위치가 꺼질 수도 있다 (그림 8.18). 그럼 어떻게 이런 일이 일어날 수 있을까? 단백질 cII의 축적 수준은 cII를 천천히 분해해 가는 세포의 단백질분해효소의 상대적인 활성에 따라 조절된다. 한편 또 다른 단백질 cIII의 기능은 cII를 안정화시켜 단백질분해효소의 공격을 받지 않도록 방지하는 데 있다. 따라서 이 사건들에는 연쇄적인 조절 현상들이 있음을 알 수 있다: cIII는 cII를 조절하고, cII는 이어서 cI을 조절하는 것이다. 그런데다 여기가 끝이 아니다. 여기서 아직 소개하지 않은 여러 다른 단백질들 또한 람다의 용균성/용원성 "결정(decision)"에 나름의 역할을 수행하고 있다는 점에서 람다 감염이 진행되는 과정은 고도로 복잡한 일련의 사건들이다.

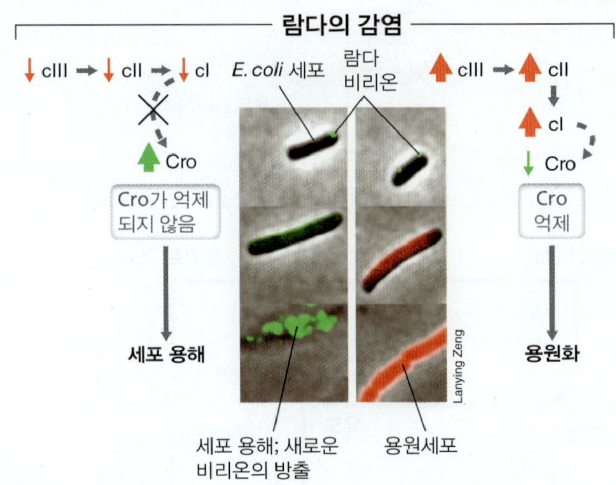

그림 8.18 파아지 람다에서 나타나는 용균성 및 용원성 감염 사건의 조절. 현미경 사진은 람다의 다양한 억제자(repressor)들에 의해 조절되는 용균성 (왼쪽 패널, 녹색) 및 용원성 (오른쪽 패널, 빨간색) 사건에 따른 *Escherichia coli* 세포의 시간에 따른 변화를 보여준다. 사진에 나타난 색깔은 유전공학적으로 조작된 람다 파아지가 용균성 유전자 (녹색) 또는 용원성 유전자 (빨간색) 중 어느 것을 발현하는가에 따라 달리 생산되는 형광 단백질에서 유래한 것이다. *E. coli* 용원세포들이 계속 생장하고 분열하는 반면에, 용해된 세포들은 죽게 된다.

사실 이 조그마한 박테리오파아지는 지금까지 바이러스학에서 알려진 것들 중 가장 복잡한 조절시스템들 중 몇 가지를 자신의 생활사에 적용하고 있다. 용원 과정에서 발현되는 소수의 람다 단백질 중 하나는 스트레스가 많은 조건임에도 용원과정이 휴면 상태로 들어가려고 하는 것을 방지한다 (7.11절). 이 조절 기작은 *Escherichia coli*의 용원성과 비용원성이 혼재하는 상태에서 람다 바이러스의 지속적인 확산에 도움이 된다.

미니퀴즈

- 용원(lysogen)이란 무엇을 말하며, 또한 프로파아지(prophage)란 무엇인가?
- 람다의 DNA 복제는 숙주의 DNA 복제와 어떻게 다른가?
- 람다가 용원성이나 용균성 경로로 진행하게 만드는 것은 무엇인가?

8.8 동물바이러스 개관

바이러스학의 주요 원리—바이러스의 DNA 혹은 RNA 유전체를 담는 캡시드의 존재, 감염 및 숙주 물질대사 과정의 점령, 비리온의

표 8.2 사람의 대표적인 바이러스성 질병

질병	바이러스	유전체 DNA 또는 RNA[a]	크기[b]
구순포진/성기 헤르페스	단순헤르페스	dsDNA	152,000
천연두	두창 바이러스	dsDNA	190,000
폴리오 (소아마비)	폴리오바이러스	ssRNA(+)	7,500
광견병	광견병 바이러스	ssRNA(−)	12,000
인플루엔자 (독감)	인플루엔자 A 바이러스	ssRNA(−)	13,600
홍역	홍역 바이러스	ssRNA(−)	15,900
에볼라출혈열	에볼라 바이러스	ssRNA(−)	19,000
중증급성호흡기 증후군(SARS)	사스바이러스	ssRNA(+)	29,800
소아 설사	로타바이러스	dsRNA	18,600
후천성면역 결핍증(AIDS)	인간면역결핍 바이러스(HIV)	ssRNA/sDNA (레트로바이러스) (+)	9,700

[a]ss, 단일가닥; ds, 이중가닥. +, 양성가닥 바이러스; −, 음성가닥 바이러스 (8.1절).
[b]염기 수 (ss 유전체) 또는 염기쌍의 수(ds 유전체). 이 표에 나타낸 바이러스 유전체의 크기는 염기서열 결정과 함께 정확히 확인되었음. 그러나 염기의 정확한 서열과 개수는 특정 바이러스주 또는 분리주에 따라 약간씩 다를 수 있음. 따라서 다른 바이러스주들의 염기서열이나 염기 수와는 약간 다를 수도 있음. 따라서 이 표에 나타낸 모든 유전체의 크기는 반올림한 수치임.

조립과 세포 밖 방출—들은 숙주의 속성에 관계없이 보편적 특성이다. 세균바이러스와 마찬가지로 동물바이러스도 유전체별로 분류되며 RNA 바이러스가 인간의 중요한 바이러스성 질병 대부분을 차지한다 (**표 8.2**). 그러나 세균바이러스와 동물바이러스 사이에는 두 가지 핵심적인 차이가 있다: (1) 동물바이러스는 비리온 전체(핵산뿐만이 아니라)가 숙주 세포에 진입한다. (2) 진핵세포는 핵을 지니고 있으며 많은 동물바이러스들이 이곳에서 복제한다. 이제 동물바이러스의 특성 중 일부를 살펴보자.

동물세포의 바이러스 감염

많은 동물바이러스가 존재하지만 (10.14절), 상세히 연구된 대부분의 동물바이러스는 세포 배양에서 복제가 가능한 바이러스이다 (8.4절 및 그림 8.10). 감염을 시작하기 위해 동물바이러스도 특정 숙주 세포 수용체에 결합한다. 이러한 바이러스 수용체는 세포-세포 간 접촉 또는 면역계에서 특정 역할을 수행하는 세포 표면 단백질이다. 예를 들어, 폴리오 (소아마비)바이러스와 인간면역결핍바이러스 (AIDS의 원인체)의 수용체들은 정상적으로는 사람의 세포들 사이에서 상호작용에 이용되는 분자들이다. 다세포 생물체의 각기 다른 조직과 장기를 구성하는 세포들은 종종 표면에 서로 다른 단백질 종류를 발현한다. 이로 인해 동물을 감염하는 바이러스들은 대개 특정 조직의 세포에만 감염하는 셈이다. 예로서, 기침과 감기를 유발하는 많은 종류의 바이러스들은 상기도의 세포에만 감염한다.

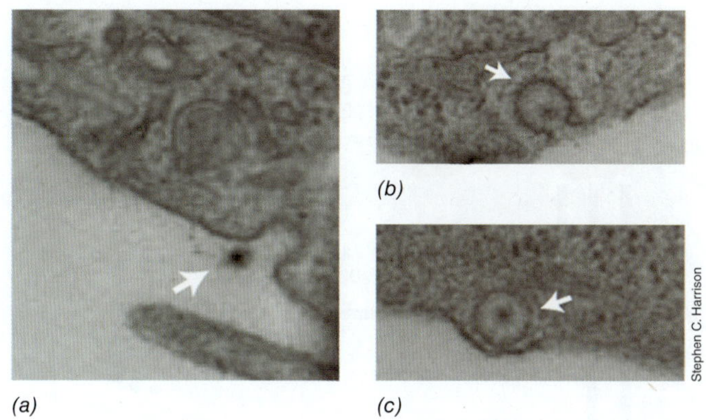

그림 8.19 로타바이러스의 세포 침입. 세포 침입 단계를 보여주는 로타바이러스 비리온의 전자현미경 사진. 화살표는 비리온을 가르킨다. *(a)* 세포 표면에 결합된 비리온. *(b)* 세포막에 의한 비리온의 흡입. *(c)* 비리온의 구획화. 사진 수정 (Abdelhakim, A.H., Salgado, E.N., Fu, X., Pasham, M., Nicastro, D., Kirchhausen, T. 및 Harrison, S.C. 2014. *PLoS Pathogens 10:* e1004355).

동물바이러스가 수용체에 결합되어 숙주 세포로 들어가는 것은 일반적으로 세포질 막과의 융합 또는 세포내 섭취(endocytosis)에 의해 일어난다 (**그림 8.19**). 세포에 들어가면 동물바이러스는 결국 자신의 유전물질을 세포질로 전달하기 위해 자신의 외피를 잃어버리게 된다. 피막을 가진 동물바이러스 중 일부는 숙주의 세포막이 있는 곳에서 탈피(uncoating)하여 세포질 내에 핵산을 방출하나 세포내섭취 작용을 통해 세포로 침입한 나출형과 피막형 동물바이러스는 숙주 세포질에서 탈피한다. 바이러스 유전체가 DNA이면 유전체는 복제를 위해 핵막을 통과하여 핵으로 전달된다. 반대로, 대부분의 RNA 기반 바이러스의 유전체는 뉴클레오캡시드 내의 바이러스 효소에 의해 복제되거나 DNA로 전환된다. 우리는 중요한 의학적 영향을 갖는 매우 특이한 RNA 동물바이러스인 레트로바이러스의 독특한 복제 방식에 초점을 맞출 것이다 (표 8.2).

비리온 조립 및 감염 결과

비리온 조립 및 형태 형성은 뉴클레오캡시드 내의 mRNA가 숙주의 단백질 합성 기구로 번역되면 발생한다. 바이러스 유전체 사본이 외피에 의해 포장된 후 많은 동물바이러스는 피막으로 감싸진다 (그림 8.22 참조). 이것은 비리온이 출아 또는 세포 용해에 의해 동물 세포를 빠져 나가는 경우에 발생한다. 이 과정에서 바이러스는 숙주의 세포질막의 일부를 취하여 바이러스성 피막의 일부로 사용한다.

박테리오파아지 감염은 바이러스에 따라 용균 또는 용원의 두 가지 결과중 하나만이 가능하나 동물바이러스 감염에서는 박테리오파아지 감염과는 다른 결과가 발생할 수 있다. 동물바이러스가 처음 면역 체계를 피한다면 적어도 네 가지 결과가 나타날 수 있다 (**그림 8.20**). 독성감염(*virulent infection*)은 숙주 세포가 용해되는 결과를 가져 온다; 이는 가장 흔한 결과이다. 대조적으로, 잠복감염(*latent infection*)에서는 바이러스 DNA가 숙주의 유전체에 존재하

단원 2

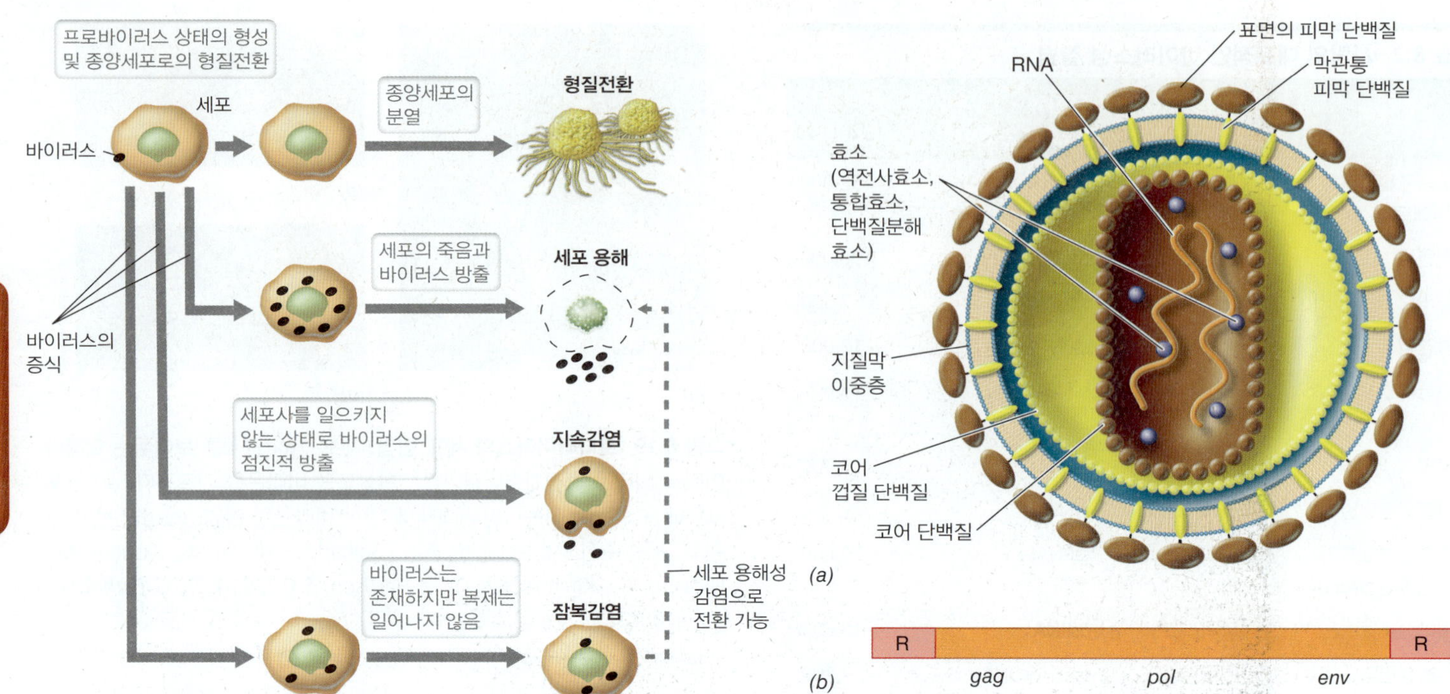

그림 8.20 동물바이러스가 감염할 때 숙주 세포에게 미칠 수 있는 영향. 대부분의 동물바이러스가 세포 용해성이며 극소수만이 세포를 형질전환 시켜 암을 일으키는 것으로 알려져 있다.

그림 8.21 레트로바이러스의 구조와 기능. *(a)* 레트로바이러스의 구조. *(b)* 전형적인 레트로바이러스의 유전체 지도. 유전체 RNA의 각 말단에 순방향 반복서열(R)이 존재한다.

며 비리온은 생성되지 않는다; 이것은 독성 경로를 유발하지 않으면 숙주 세포를 손상시키지 않는다. 일부 피막을 가진 동물바이러스의 경우 출아에 의한 비리온의 방출이 느려질 수 있으며 숙주 세포가 용해되지 않는 (사멸이 일어나지 않음) 대신에 계속 생장하고 더 많은 비리온을 생산한다. 이러한 감염을 지속감염(*persistent infection*)이라고 한다. 마지막으로, 특정 동물바이러스는 정상 세포를 종양 세포로 변형시킬 수 있는데 형질전환(*transformation*)이라고 한다 (그림 8.20).

레트로바이러스와 역전사효소

레트로바이러스(retrovirus)는 RNA 유전체를 갖고 있는 구조적으로 복잡한 동물바이러스이다. 그러나 다른 RNA 바이러스와 달리 유전체는 숙주 세포의 안에서 DNA 중간체를 경유하여 복제한다. 레트로(*retro*)는 "역방향(backward)"이란 뜻이며 이 바이러스의 유전정보가 RNA로부터 DNA로 옮겨진다는 사실에서 레트로바이러스(*retrovirus*)라는 이름이 유래되었다 (DNA에서 RNA로 발생하는 세포의 유전정보 흐름과 대조적임). 이 특이한 과정을 수행하기 위해 레트로바이러스는 **역전사효소(reverse transcriptase)**를 이용한다. 레트로바이러스는 암을 유발하는 것으로 알려진 최초의 바이러스이며 레트로바이러스의 하나인 인간 면역결핍바이러스(human immunodeficiency virus, HIV)는 후천성 면역결핍증후군(AIDS)을 일으킨다.

레트로바이러스는 피막 바이러스이며 비리온 안에는 여러 종류의 효소들을 가지고 있다 (**그림 8.21*a***). 입자 안의 이 효소들은 역전사효소(*reverse transcriptase*), 통합효소(*integrase*) 및 레트로바이러스-특이 단백질분해효소(*protease*) 등이다. 레트로바이러스의 유전체는 특이하게도 2개의 동일한 단일가닥 RNA로 구성되며 두 분자 모두 양성(positive) 배열을 하고 있다 (8.1절). 유전체에는 *gag* (구조 단백질), *pol* (역전사효소와 통합효소), 그리고 *env* (피막 단백질) 등이 코딩되어 있다 (그림 8.21*b*). 레트로바이러스 유전체의 양 끝에는 말단반복서열(terminal repeat)이 존재하며 이들은 복제에서 핵심적인 역할을 담당한다.

레트로바이러스의 복제는 비리온이 숙주 세포에 진입하면서 시작되는데 이곳에서 피막이 제거되고 뉴클레오캡시드 안에서는 역전사가 시작된다 (**그림 8.22**). 단일가닥의 DNA가 먼저 생성되면 역전사효소는 이를 주형으로 삼아 상보가닥을 합성하고 그 결과 이중가닥의 DNA가 최종적으로 완성된다. 이중가닥 DNA는 곧 뉴클레오캡시드에서 방출되어 통합효소 단백질과 함께 숙주의 핵 안으로 진입하며 통합효소는 레트로바이러스의 DNA가 숙주의 유전체에 합병되는 과정을 촉진해준다. 이제 이 레트로바이러스 DNA는 **프로바이러스(provirus)**가 된 것이다. 프로바이러스는 영구적으로 숙주 유전체에 남게 되며 이 프로바이러스 DNA를 숙주의 RNA 중합효소가 전사하면 레트로바이러스 RNA 유전체 복사본과 mRNA 등이 만들어진다. 마지막으로 레트로바이러스 RNA 유전체 복사본 두 분자를 담는 뉴클레오캡시드가 조립되고 숙주의 세포막을 통과해 출아하면서 피막으로 둘러싸이게 된다 (그림 8.22). 이 시점을 지나며 성숙해진 레트로바이러스 비리온은 이웃한 세포들을 자유롭게 감염할 것이다.

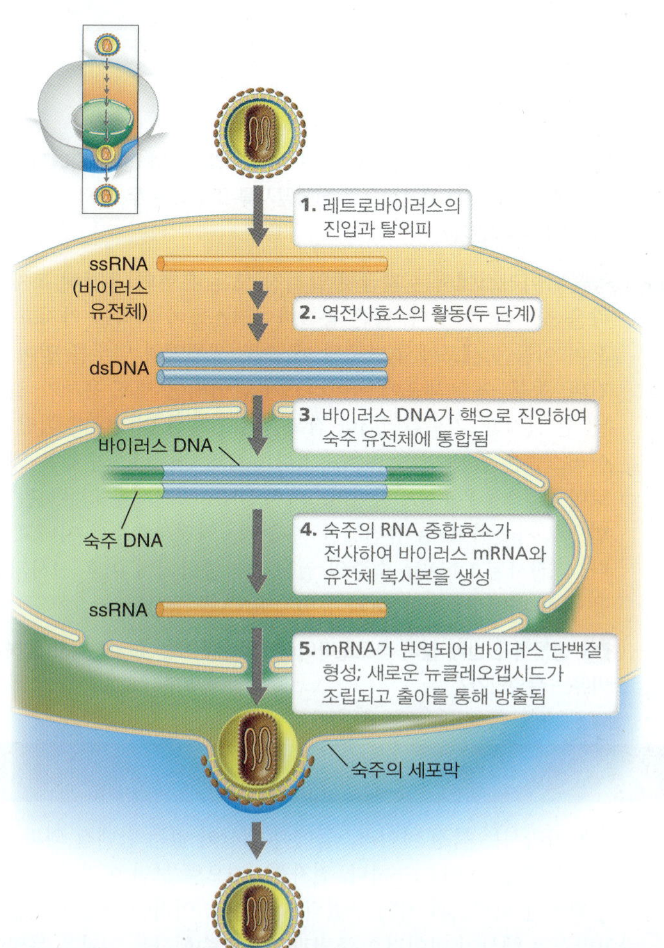

그림 8.22 레트로바이러스의 복제. 비리온에는 두 개의 동일한 RNA 유전체 복사본 (오렌지색)이 담겨 있다. 비리온에 담겨 있는 역전사효소는 바이러스 RNA로부터 단일가닥 DNA를 합성해내고 다시 이중가닥으로 만들어진 DNA는 숙주의 유전체에 통합되어 프로바이러스가 된다. 프로바이러스 유전자들이 전사되어 번역되면 새로운 비리온들이 생성되며 출아하는 방식으로 방출된다.

레트로바이러스와 이 장에서 우리가 언급한 다른 바이러스들의 예와 같이, 바이러스는 정말로 매력적인 미생물이다. 어떤 바이러스의 생장 (복제)은 숙주 세포의 생장과 활동에 완전히 의존한다. 반면에 바이러스는 숙주의 생장, 생존 및 유전적 특성을 조절할 수 없다. 이 중요한 미생물의 엄청난 유전적 다양성을 밝히는 기준으로 바이러스 유전체에 초점을 맞추어 10장에서 다시 바이러스를 언급하려고 한다. 이 장에서는 바이러스의 주목할 만한 특성 중 일부만 다루어졌으며 단지 바이러스학의 표면만 언급했다고 할 수 있다.

단원 2

미니퀴즈

- 동물바이러스와 세균바이러스가 각자의 숙주에 진입할 때 사용되는 방법을 비교해보자.
- 바이러스의 지속감염과 잠복감염 사이의 차이점은 무엇인가?
- 레트로바이러스라는 이름이 붙은 이유는 무엇인가? 이 과정을 수행하는 데 필요한 요소들을 무엇인가?

단원 정리

I • 바이러스의 속성

8.1 바이러스는 절대적 세포내 기생체로서 적합한 숙주 세포 없이는 복제할 수 없다. 비리온이란 바이러스가 세포 밖에 있을 때의 형태로서 단백질 껍질 안에 RNA 또는 DNA 유전체가 들어 있다. 일단 바이러스가 세포 내부에 있으면, 바이러스 핵산 및 가끔 바이러스 효소는 바이러스의 복제를 지원하기 위해 숙주의 물질대사를 재조정한다. 바이러스는 유전체 및 숙주의 유형에 따라 분류된다. 박테리오파아지는 세균의 세포에 감염한다.

Q 박테리오파아지가 숙주 세포 내에서 감염을 유발할 수 있는 두 가지 접근방법을 간략히 설명하라.

8.2 나출형 바이러스의 비리온은 핵산과 단백질만으로 구성되어 있다; 이와 같은 전체적 단위를 뉴클레오캡시드라고 한다. 피막형 바이러스는 뉴클레오캡시드를 둘러싼 하나 이상의 지질단백질 (lipoprotein) 층을 가지고 있다. 뉴클레오캡시드는 대칭 형식으로 배열되어 있으며 정이십면체가 가장 보편적인 형태이다. 바이러스 입자는 대사적으로 불활성이지만 일부 바이러스의 비리온에는 하나 이상의 효소가 실려 있다.

Q 동물바이러스를 둘러싸는 피막은 어디에서 유래되었는가?

8.3 바이러스의 생활주기는 주요 5단계로 나누어진다: 부착 (흡착), 침투 (비리온 전체 혹은 핵산만 주입), 단백질과 핵산의 합성, 조립과 포장, 그리고 비리온 방출.

Q 바이러스의 1주기 증식곡선은 세균의 생장곡선과 왜 모양이 다른가?

8.4 바이러스는 자신에게 적합한 숙주 세포 내에서만 복제할 수 있다. 세균바이러스는 숙주 세포를 키우거나 다루기가 쉬워 모델시스템으로서 유용하다. 많은 동물바이러스들도 배양된 동물세포에서 증식시킬 수 있다. 바이러스는 플라크 분석법으로 정량화 (역가측정)가 가능하다. 플라크는 숙주 세포로 가득 찬 세균 세포의 층 (lawn)에 형성된 투명한 지역이다. 이론적으로 각 플라크는 단 하나의 바이러스 입자의 감염으로 인해 형성되기 때문에 바이러스 플라크는 세균의 콜로니에 비유할 수 있다.

Q 바이러스 복제의 1주기 증식곡선 도표를 그리고, 왜 전형적인 세균의 생장곡선과 다른지를 간략하게 설명하라.

II • 바이러스 복제주기

8.5 숙주 세포에 비리온이 부착하는 것은 고도의 특이적 과정이다. 바이러스의 인식 단백질이 숙주 세포의 특이적 수용체를 인식한다. 때로 비리온 전체가 숙주에 진입하는 반면, 대부분의 박테리오파아지와 같이 어떤 경우에는 바이러스 유전체만 주입된다. 숙주 세포는 바이러스나 기타 외래 DNA를 파괴하기 위해 제한효소들을 장착하고 있다. 그러나 T4 또한 자신의 DNA를 화학적으로 변형시켜 숙주의 공격에 저항력을 갖춘다. 숙주 세포도 자신의 DNA를 변형시켜 자신이 갖고 있는 제한효소 작용으로부터 보호한다.

Q 박테리오파아지 T4 비리온이 *Escherichia coli*에 부착하는 데 필요한 것은 무엇인가?

8.6 박테리오파아지 T4에는 이중가닥 DNA가 포장되어 있는데 이 유전체는 원상순열 및 말단반복서열을 갖는 구조이다. T4는 자신의 DNA 중합효소와 그 외 몇 가지의 복제 단백질들을 코딩한다.

T4의 비리온이 숙주 안으로 침투하면 바이러스의 유전자들이 발현되어 숙주의 합성도구가 바이러스의 핵산과 단백질을 생산하도록 재조정된다. 바이러스의 초기유전자들은 바이러스 유전체 복제 사건을 위한 요소들이 코딩되어 있다; 중기 및 후기 유전자들은 구조 단백질과 캡시드 조립을 위한 단백질을 코딩하고 있다. 일단 T4의 구성요소들이 합성되면 주로 자가 조립을 이용하여 새로운 비리온들이 만들어지고 이후 숙주 세포가 용해되면서 입자들이 방출된다.

Q 박테리오파아지 T4에는 자체 RNA 중합효소가 없다. T4 유전자는 어떻게 발현되거나 mRNA로 전환되는가? 숙주 세포로부터 비리온이 방출되기 전에 숙주의 어떤 장벽이 파괴돼야 하는가?

8.7 일부 박테리오파아지는 잠재성인데 이는 파아지가 용균성 감염을 시작할 수도 있고 숙주의 유전체에 통합되어 프로파아지로 남을 수도 있다는 것을 의미한다. 프로파아지로 남는 용원성 상태에서는 바이러스가 숙주를 파괴하지 않는다. 연구가 잘 되어 있는 *Escherichia coli*의 용원성 바이러스는 파아지 람다이다; 이 파아지는 복잡한 조절시스템을 사용하여 감염 후 용균성 또는 용원성 상태 중 하나의 방향으로 조종한다.

Q 프로파아지를 형성하는 데 어떤 효소가 필요하며, 람다 파아지가 용원성으로 진행될지 용균성으로 진행될지를 조절하는 두 가지 주요 전사 억제자는 무엇인가?

8.8 동물바이러스에서는 지금껏 알려진 모든 유형의 유전체 복제전략을 찾아볼 수 있다. 많은 동물바이러스들이 피막을 가지고 있으며 이들은 세포에서 방출될 때 숙주 생체막의 일부를 얻어 나간다. 동물 숙주 세포에 바이러스가 감염되면 세포 용해가 일어날 수 있지만, 지속감염이나 잠복감염도 흔히 일어나며 어떤 바이러스들은 암을 일으킬 수도 있다. AIDS 바이러스와 같은 레트로바이러스들은 RNA 바이러스이며 DNA 중간체를 경유하는 방법으로 자신의 RNA 유전체를 복제하는 역전사효소를 지니고 있다. 역전사된 DNA는 숙주의 염색체에 통합되며 이후 전사과정을 통해 바이러스 mRNA와 유전체 RNA를 생산한다.

Q 생물학 전반에 걸쳐 레트로바이러스의 유전체는 특별하다고 말하는 이유는 무엇인가?

응용 문제

1. 세균이 가득 자란 평판에 형성된 바이러스의 플라크가 더 크게 자라지 못하는 이유는 무엇인가?
2. T4와 같은 바이러스의 초기 단백질이 코딩된 유전자들의 프로모터는 같은 바이러스의 후기 단백질이 코딩된 유전자들의 프로모터와 서로 다른 염기서열을 갖는다. 이와 같은 특성이 바이러스에게 유익한 이유를 설명하라.
3. 조건에 따라서는 특정 바이러스들에서 핵산이 없는 단백질 외피 (캡시드)만을 얻는 것이 가능하다. 전자현미경으로 보면 이러한 캡시드들은 완전한 비리온과 거의 구별되지 않는다. 이러한 사실에 비추어 바이러스의 핵산이 바이러스 조립과정에서 수행하는 역할은 무엇이라고 생각하는가? 이러한 비리온 입자들이 감염성을 가질 것으로 예상되는가?

용어 해설

Bacteriophage (박테리오파아지) 세균 세포를 감염하는 바이러스

Capsid (캡시드) 바이러스 입자에서 유전체를 감싸고 있는 단백질 껍질

Capsomer (캡소머) 캡시드의 소단위체

Concatemer (연쇄체) 두 개 이상의 선형 핵산 분자들이 공유결합으로 차례차례 연결된 분자

Early protein (초기 단백질) 바이러스 감염 직후 및 바이러스 유전체 복제 이전에 생산되는 단백질

Enveloped (피막형) 비리온이 지질단백질 막으로 둘러싸이는 바이러스 유형

Host cell (숙주 세포) 바이러스가 그 안에서 복제하는 세포

Late Protein (후기 단백질) 바이러스 감염 후반에 생산되는 단백질로서 주로 구조 단백질

Lysogen (용원) 프로파아지를 포함한 세균

Lysogeny (용원성) 바이러스 유전체가 프로파아지로서 숙주의 유전체와 더불어 복제하는 감염상태

Lytic pathway (세포 용해성 또는 용균성 감염 경로) 바이러스의 한 유형을 말하며 바이러스 복제가 일어나 궁극적으로 숙주 세포가 파괴되는 경로

Middle protein (중기 단백질) 바이러스 감염 후 초기 단백질 발현 이후에 합성되는 구조 단백질이거나 효소 단백질

Nucleocapsid (뉴클레오캡시드) 바이러스에서 피막이 포함되지 않은 핵산과 단백질의 복합체

Overlapping genes (중첩유전자) 한 유전자의 일부 또는 전체가 다른 유전자에 매몰되어 있는 두 개 이상의 유전자들

Plaque (용균반, 플라크) 세포가 가득 자란 평판이나 배양용기에서 바이러스 감염으로 인해 감수성 숙주 세포가 용해되었거나 생장억제가 일어난 지역

Prophage (프로파아지) 박테리오파아의 용원성 상태 (프로바이러스 참조)

Provirus (프로바이러스) 잠재성 또는 잠복성 바이러스의 유전체가 숙주 세포의 유전체에 통합되어 있는 상태로서 숙주의 유전체가 복제할 때 더불어 복제된다.

Retrovirus (레트로바이러스) RNA 유전체가 DNA 중간체를 경유하여 복제하는 바이러스

Reverse transcriptase (역전사효소) RNA를 주형으로 사용하여 DNA를 생산할 수 있는 레트로바이러스 효소

Rolling circle replication (회전원 복제) 이중가닥 DNA 중 한 가닥을 절단하여 풀어나가며 주형으로 사용하면서 상보가닥을 합성하는 DNA 복제 기작

Temperate virus (잠재성 바이러스) 숙주 세포 감염 후 굳이 세포사를 일으키지 않으면서 그 유전체는 숙주의 유전체와 함께 복제하는 바이러스로서 세균바이러스에서는 용원성, 동물바이러스에서는 잠복 상태

Titer (역가) 바이러스 현탁액에 들어 있는 감염성 바이러스의 수

Virion (비리온) 감염성 바이러스 입자; 바이러스 유전체가 단백질 (때로는 다른 껍질 층이 더해진) 외피로 둘러싸여 있음

Virulent virus (독성 바이러스) 감염하여 숙주 세포를 죽이거나 용해 또는 용균을 일으키는 바이러스

Virus (바이러스) DNA 또는 RNA를 포함하는 유전 요소로서 캡시드 단백질로 둘러싸여 있으며 숙주 세포 내에서만 복제

미생물 시스템생물학

9

현재의 미생물학

손 안에서 분석되는 DNA 염기서열

DNA 염기분석 기술들이 매우 빠른 속도로 미생물학 분야에 혁명을 일으키고 있다. 차세대 염기서열 분석의 혁신은 비용과 휴대성 문제도 해결해버렸다. 세계 최초의 휴대용 핵산 염기서열 분석기인 미니온(MinION)은 손바닥 크기로 나노포아(nanopore)라고 불리는 조그만 구멍을 갖고 있는 2,000가지의 단백질을 포함한다. 외가닥의 핵산이 나노포어들을 통과할 때 전류의 변화에 따라 각 뉴클레오티드들이 밝혀진다. 이러한 전류의 변화는 연결된 USB를 통해 컴퓨터로 전달되고 미니온도 켜진다. 이 작지만 강력한 기계는 컴퓨터 화면에 현장에서 취한 시료들의 염기서열을 실시간으로 보여줄 수 있다.

미니온의 유용성은 2014년에서 2015년에 걸쳐 서아프리카에서 에볼라 바이러스로 인한 출혈열이 발생되었을 때 확실하게 입증되었다. 과학자들은 대부분의 DNA 염기서열 분석기가 너무나 크고 민감해서 여행에 갖고 갈 수 없었기 때문에 3개의 미니온을 화물에 싣고 기니로 여행을 떠났는데 그것이 큰 업적이 되었다. 기니에서 과학자들은 각 에볼라 바이러스 유전체에 존재하는 독특한 뉴클레오티드 서열을 분석하여 다양한 에볼라 바이러스 균주들의 확산을 파악할 수 있었다. 시료 채취 후 짧게는 48시간 후에, 14명의 환자에게서 채취한 에볼라 바이러스 유전체가 미니온으로 분석되었다. 옆의 사진은 한 연구자가 환자의 시료를 현장의 이동 실험실에 설치된 미니온에 주입하는 장면을 보여주고 있다.

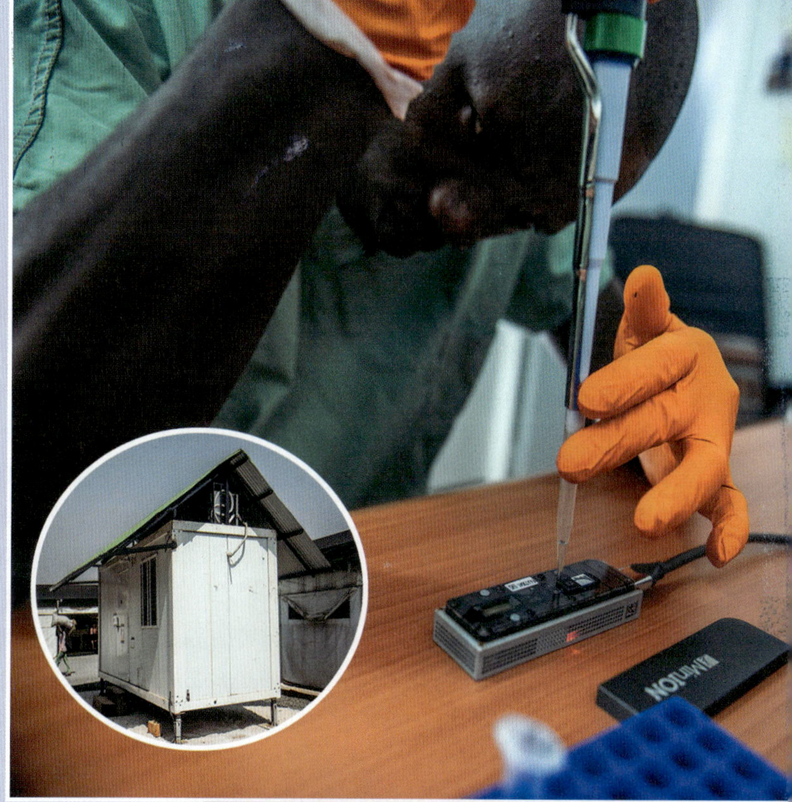

에볼라 유전체는 평균적으로 2주마다 변형되기 때문에 미니온의 놀라운 시료처리 시간 때문에 지리적으로 어떤 바이러스 균주들이 움직이고 있는지 역학자들이 추적할 수 있었다. 이러한 실시간 분석으로 시에라리온과 기니 간의 국경선을 넘어 지속적으로 에볼라를 발생시키고 전파되는 2개의 주요 균주들이 심각하게 에볼라를 일으키고 있음을 파악할 수 있었다. 시료를 채취한 후 멀리 떨어져 있는 실험실에 보내어 몇 주 후에나 결과를 얻을 수 있는 전통적인 염기서열 분석법으로는 이러한 파악이 불가능했을 것이다.

현장의 생물학자들이 미니온의 다양한 사용 가능성에 대해 그림을 그리는 동안, 개발자들은 컴퓨터 대신 스마트폰을 사용하여 미니온을 작동시킬 수 있도록 보완연구를 시도하고 있다. 또한 가까운 미래에 우주에서 사용할 수 있도록 NASA는 미니온을 국제 우주정거장에서 실험할 계획이다. 그리고 미니온의 크기, 상대적으로 저렴한 가격, 손쉬운 사용법 등으로 강의실에서 미니온을 곧 사용하게 될 것으로 믿어 의심치 않는다.

출처: Quick . et al. 2016. Real-time portable genome sequencing for Ebola surveillance. *Nature 530:* 228–232. 사진 출처: ©EMLab/Tommy Trenchard 2016.

전통적으로 미생물을 연구하는 방법은 각 생화학 경로의 분석이나 특정 조건 하에서 분자 수준에서의 반응에 초점이 맞추어져 있었다. 이러한 환원적인 접근법으로도 많은 정보를 얻을 수 있으나, 이러한 접근법은 특정한 유전자 혹은 유전자군 (혹은 유전자 산물들)을 목표로 할 수 있기 때문에 생물체의 역동적인 특성이나 생물학적인 분자들 간의 연계망이 어떻게 그들의 행동을 조절하는지 등을 파악할 수 없다. 반면에 **시스템생물학(system biology)**은 한 생물체가 환경에 반응하도록 포괄적으로 파악할 수 있는 다양한 방법론을 통합하고 있다. 시스템생물학은 생물학적 분자들을 분석하고 정량할 수 있는 "오믹스(*omics*)" 혁명의 힘을 받았다. 컴퓨터로 대용량의 생물학적 정보를 저장하고 분석할 수 있는 능력이 시스템생물학의 핵심이기 때문에 전체적인 생물학적 시스템에 대한 이해는 컴퓨팅 역량, 저장 용량 그리고 검색 역량과 같이 병행하여 발전하고 있다.

I • 유전체학

오믹스와 시스템생물학의 기초는 궁극적으로 세포의 유전체에 의해 조절되는 특성인 핵산과 단백질 서열(*sequences*)이다. **유전체(genome)**는 한 생물체가 갖고 있는 모든 유전정보, 즉 단백질들, RNA들, 그리고 조절에 필요한 염기서열 등을 암호화하는 부분 및 정보가 없는 부분들까지 포함하는 전체를 뜻한다. 한 생물체의 유전체 염기서열은 유전자들을 나타낼 뿐만 아니라 그 생물체가 어떻게 기능하는지도 알 수 있게 하는 실마리가 된다. 새로운 오믹스가 계속 만들어지고 있으나, 이 장에서는 시스템생물학의 주요 오믹스인 유전체학(*genomics*), 전사체학(*transcriptomics*), 단백질체학(*proteomics*), 그리고 대사체학(*metabolomics*)에 대해서 초점을 맞추어 이러한 다양한 퍼즐조각들이 오늘날 어떻게 미생물 시스템생물학으로 통합되고 있는지 설명하고자 한다 (**그림 9.1**).

유전체학(genomics)이라는 용어는 유전체의 지도작성, 염기서열 결정 및 분석, 유전체 비교를 의미한다. 여기서 우리는 어떻게 유전체들이 분석되는지 그리고 이러한 유전체들과 그들의 유전자 목록을 분석하는 데 사용되는 몇 가지 기술들을 돌아보고자 한다.

9.1 유전체학 서론

유전체학의 발전은 분자를 다루는 기술과 컴퓨팅 기술의 개선에 크게 의존한다. DNA 염기분석의 자동화와 DNA에 대한 강력한 컴퓨터 도구 및 단백질 서열분석법 개발로 유전체 분석 비용이 낮아졌고 그 속도가 빨라졌다. 따라서 분석된 유전체 숫자가 급증하고 있는 가운데, 유전체학의 주요 병목현상이 방대한 양의 핵산 염기서열 데이터 처리에서 나타나고 있다.

유전체학: 예전과 지금

첫 번째로 염기서열이 결정된 유전체는 40년 전에 분석된 작은 바이러스의 유전체였고, 첫 번째로 분석된 세균 유전체는 1995년에 발표되었다. 현재, 5,000개 이상의 세균, 고균, 그리고 바이러스들의

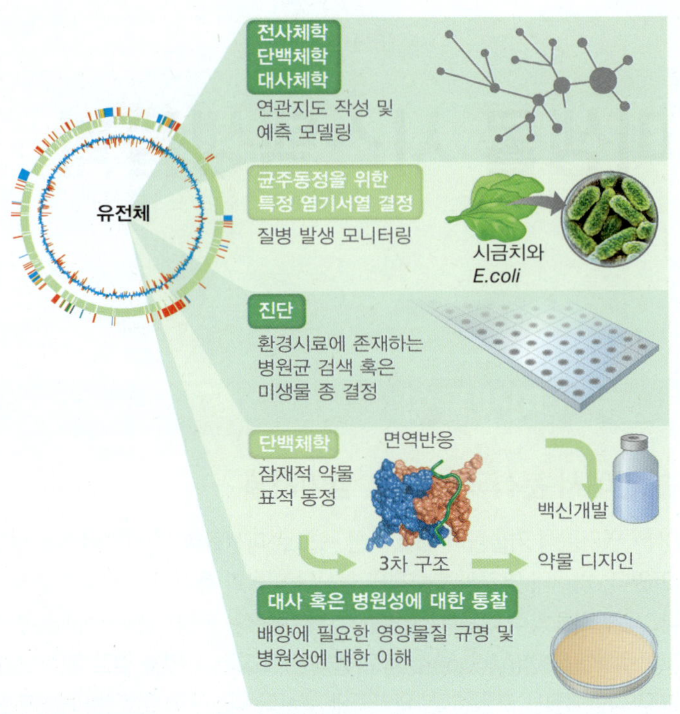

그림 9.1 미생물 유전체 염기서열의 사용. 유전체 염기서열은 미생물들을 이해하고, 연구하고, 조사하는 데 필요한 오믹스 접근법 및 도구 개발을 가능하게 한다. 또한 약제와 백신 디자인을 위한 목표물 발굴도 가능하게 한다.

유전체 및 메타유전체 연구로 얻은 (9.8절) 데이터들이 Genomes Online Database (GOLD; http://gold.jgi.doe.gov 최신 목록 참조) 같은 공용 데이터베이스에 게시되어 있다. 유전체 염기서열을 선진 시스템들과 생태학에 사용하려는 목적으로 미국 에너지부의 연합 유전체 연구소(*Joint Genome Institute*, JGI)는 GOLD를 지원하고 있다. **표 9.1**에 대표적인 세균과 고균들의 유전체들을 정리하였다. 32억 염기쌍 (약 20,000개의 단백질을 지정하는 유전자들, **그림 9.2**)을 갖고 있는 반수체의 인간 유전체를 비롯해 많은 진핵생물들의 유전체들도 분석된 바 있다.

유전체들이 우리에게 무엇을 알려줄 수 있나?

이 장 전체를 통해 우리가 설명하는 것처럼, 현대 미생물학은 유전체 분석에 집중하고 있는데 실제로 유전체 분석을 하지 않는 미생물학 분야는 거의 없다고 할 수 있다. 미생물 유전체 분석을 통해 끓는 물에서도 생장하는 미생물의 열에 안정한 효소를 만드는 유전자들로부터 가장 지독한 병원균의 독성인자들을 지정하는 유전자들에 이르기까지 모든 것을 밝힐 수 있었다. 유전체 염기서열 분석은 또한 유전자 발현 연구하기 위해서 사용되는 마이크로어레이(microarray)를 개발하고 (9.9절), (서로 다른 종, 속, 때로는 계에 속한 미생물들 사이에 일어나는) 수평적 유전자 전이, 질병 진단 및 발생 모니터링 (다양한 병원균들이 갖고 있는 특징적인 유전자들을 기반으로 함), 유전자 가위(CRISPR) (10.13절과 11.12절) 발견, 대사경로들의 이해, 그리고 실험실에서 배양할 수 없었던 미생물들의 생장에 필요한 인자들을 밝히는 도구가 되어왔다.

표 9.1 일부 세균과 고균 종의 유전체들[a]

생물체	생활 상태[b]	크기(염기쌍)	열린 해독틀[c]	특징
세균				
Nasuia deltocephalicola	E	112,091	137	퇴화 수액 섭취 곤충 내생공생체
Tremblaya priceps	E	138,931	121	퇴화 깍지벌레 내생공생체
Hodgkinia cicadicola	E	143,795	169	퇴화 진딧물 내생공생체
Buchnera aphidicola BCc	E	422,434	362	주요 진딧물 내생공생체
Mycoplasma genitalium	P	580,070	470	알려진 것들 중 가장 작은 유전체
Borrelia burgdorferi	P	910,725	853	나선균, 선형염색체, 라임병 유발
Rickettsia prowazekii	P	1,111,523	834	편성 세포 내 기생, 유행성 티프스 유발
Treponema pallidum	P	1,138,006	1,041	나선균, 매독 유발
*Methylophilaceae*과 HTCC2181 균주	FL	1,304,428	1,354	해양 메틸영양세균, 가장 작은 독립생활 유전체
Thermotoga maritima	FL	1,860,725	1,877	초고온성 세균
Deinococcus radiodurans	FL	3,284,156	2,185	방사선에 저항성, 복수 염색체
Bdellovibrio bacteriovorus	FL	3,782,950	3,584	다른 원핵생물의 기생세균
Bacillus subtilis	FL	4,214,810	4,100	그람-양성 세균 유전학적 모델
Mycobacterium tuberculosis	P	4,411,529	3,924	결핵 유발
Escherichia coli K12	FL	4,639,221	4,288	그람-음성 세균 유전학적 모델
Escherichai coli O157:H7	FL	5,594,477	5,361	장내병원성 *E. coli*
Pseudomonas aeruginosa	FL	6,264,403	5,570	대사적 다양성을 보이는 기회성 병원균
Streptomyces coelicolor	FL	8,667,507	7,825	선형 염색체, 항생제 생산
Bradyrhizobium japonicum	FL	9,105,828	8,317	질소고정, 콩과식물에 뿌리혹 형성
Sorangium cellulosum	FL	14,782,125	11,559	다세포 자실체를 형성
고균				
Nanoarchaeum equitans	P	490,885	552	가장 작은 비공생 세포 유전체
Methanocaldococcus jannaschii	FL	1,664,976	1,738	메탄생성세균, 초고온성 세균
Pyrococcus horikoshii	FL	1,738,505	2,061	초고온성 세균
Sulfolobus solfataricus	FL	2,992,245	2,977	초고온성 세균, 황화학무기영양세균
Haloarcula marismortui	FL	4,274,642	4,242	초호염성세균, 박테리오로돕신
Methanosarcina acetivoans	FL	5,751,000	4,252	초산영양 메탄생성세균

[a]원핵세포 유전체에 대한 정보는 http://www.gonomesonline.org에서 찾을 수 있음.
[b]E, 내생공생; P, 기생; FL, 독립생활.
[c]열린해독틀. 단백질들을 암호화하는 유전자들이 포함되었고, 100개 이상의 아미노산들로 된 단백질을 만들 수 있는 열린해독틀도 포함됨. 더 작은 열린해독틀들은 대체로 다른 생물체의 유전자와 유사성이 높거나 그 생물체의 코돈 사용과 비슷하지 않으면 제외됨.

유전체 염기서열을 분석하게 되면서 의학적으로 불분명했거나 불가사의 했던 점들도 밝히게 되었다. 유전체학의 대표적인 우수 사례로 14세기 중반 유럽을 휩쓸었던 흑사병의 원인균을 밝히게 된 것을 들 수 있다 (**그림 9.3*a***). 흑사병이 *Yersinia pestis* (31.7절)라는 세균에 의해 발병되는 림프절형 페스트에 의해 광범위하게 발생된다고 알려져 있었으나, 과학자들은 흑사병으로 죽은 것으로 알려진 사람들 시체의 치아와 뼈에서 DNA 시료를 채취하여 그 유전체를 분석하기 전까지는 이를 확신할 수 없었다. 이 오래된 DNA를 *Y. pestis*의 유전체와 비교하여 참혹했던 중세 질병에 대한 의문이 해결되었다. 흑사병은 실제로 림프절형 페스트였던 것이다.

미생물 유전체학은 미생물 신종을 동정하는 데도 사용된다. 예를 들어, 최근까지 고균에는 3개의 문(phylum), 즉 유리고균(*Euryarchaeota*), 크렌고균(*Crenarchaeota*), 그리고 나노고균(*Nanoarchaeota*)만이 알려져 있었다. 흥미롭게도, 배양된 모든 고균 종들은 편성 혐기상태이거나 매우 뜨겁거나 고염도 혹은 저산도와 같은 극한적 환경이나 서식지로부터 분리되었다. 따라서 많은 미생물학자들은 고균이 주로 극한생물종들(extremophiles)이어서, 해양, 호수, 토양에 감지할 만한 정도로 존재하지 않을 것으로 믿고 있었다. 그러나 환경 시료에 대한 16S rRNA 유전자 염기서열 분석으로 *Crenarchaeota*와 근소하게나마 유사한 고균(*Archaea*)이 해양 혹은 담수 시료에서 발견되었다. 이러한 생물체들은 무엇이며, 어떻게 생존하고 있는가? 그 후에 최초로 암모니아를 산화 (질화)

단원 3

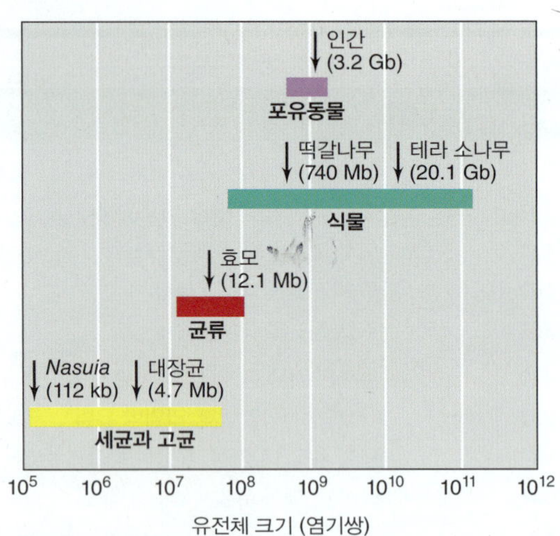

그림 9.2 미생물 세포들과 고등 생물체들의 유전체 크기. 그림 10.1에 있는 바이러스 유전체와 비교하라.

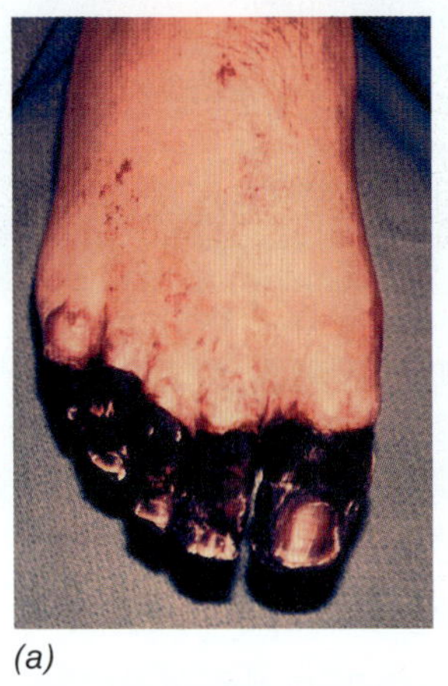
(a)

(b)

그림 9.3 유전체로부터 알 수 있는 것들. *(a)* 유전체학은 흑사병을 둘러싼 오랜 의학적 신비를 풀 수 있게 하였다. (현대 흑사병 희생자의 흑색으로 변한 발가락 피부는 *Yersinia pestis*로 인한 전신감염으로 인한 출혈 때문이다.) *(b)* 유전체 염기서열 결정으로 해양의 암모니아를 산화시키는 고균인 *Nitrosopumilus*를 새로운 고균 문인 *Thaumarchaeota*로 분류하게 되었다.

시키는 고균으로 알려진 *Nitrosopumilus*가 분리되었다 (그림 9.3*b*) (14.11절). 강력한 분석도구인 유전체학을 통해 암모니아를 산화시키는 연관성이 낮은 두 고균의 유전체를 다른 고균들의 유전체와 비교하였다. 이러한 분석 결과 이렇게 암모니아를 산화시키는 고균들은 새로운 문으로 분류될 수 있다는 것을 확실히 보여주었고, 이제 타움고균(*Thaumarchaeota*)으로 불리고 있다 (17.5절).

위의 예는 유전체학이 어떻게 미생물학에 영향을 미칠 수 있는지 맛보는 것에 불과하다. 여러분이 이 책을 읽어나갈 때 다른 관련된 예시들이 자주 나타나게 될 것이다. 여기서 제시하는 주요 내용은 두 가지이다: (1) 우리는 분명히 미생물 유전체학 시대에 살고 있고, (2) 유전체학 혁명은 오랜 문제들을 새로운 방법으로 해결할 수 있는 많은 강력한 도구들을 자아내었다. 실제로 지난 40여 년간, 과학으로서 미생물학은 역사상 그 어느 때보다도 더 빨리 그리고 더 멀리 도약했다.

미니퀴즈

- 인간 유전체에는 단백질을 암호화하는 유전자가 몇 개나 있는가?
- 유전체학을 통해서 미생물학 분야에서 새롭게 발견된 것의 예시를 3가지만 들어라.

9.2 유전체 염기서열 분석과 주석달기

생물학에서 **염기서열 분석(sequencing)**이라는 용어는 중합체에 있는 단위체의 정확한 순서를 결정한다는 것을 뜻한다. DNA (혹은 RNA)의 경우 염기서열은 뉴클레오티드가 연결된 순서를 의미한다. 오늘날 DNA 염기서열 분석은 오믹스 혁명의 핵심을 이루고 이러한 기술은 매우 빠르게 발전하고 있어서 매년 새로운 방법들이 개발되고 있다. 그러나 우리를 오믹스 시대로 끌어넣은 기술적인 혁신에도 불구하고 흥미롭게도 초기에 개발된 염기서열 분석법들이—단순하지만 매우 뛰어난 기초과학으로 태동된—지금도 최신 기법들의 기초가 되고 있다 (다음 절 참조).

염기서열 결정과 조립이 끝나면 다음 단계는 유전체 주석달기(*genome annotation*)인데, 이는 결정된 염기서열 자료를 유전체에 존재하는 유전자들과 기타 다른 기능을 갖는 염기서열들의 목록으로 변환시키는 작업이다. **생물정보학(bioinformatics)**은 컴퓨터를 사용해서 염기서열과 핵산 및 단백질의 구조를 분석하고 저장하는 것을 의미한다. 개선된 염기서열 결정법들로 그 데이터를 적절하게 분석할 수 있는 속도보다도 더 빨리 염기서열들이 결정되고 있다. 따라서 현재로서는 주석달기가 유전체학에서 "장애 요인(bottleneck)"이 되고 있다. 여기서는 유전체 염기서열 결정, 조립, 주석달기에 초점을 맞추고자 한다.

DNA 염기서열 결정

처음으로 가장 널리 사용되었던 DNA 염기서열 분석법은 영국 과학자인 Fred Sanger가 고안하여 노벨상을 수상했던 다이데옥시법(dideoxy method)이었다. Sanger 방법에서 염기서열은 중합효소 연쇄반응(polyermase chain reaction, PCR; 12.1절)과 비슷한 과정을 거쳐 원래 있던 외가닥 DNA의 복제 가닥을 만드는 방식으로 결정된다. Sanger 방법의 숨겨진 비밀은 정상적인 데옥시리보뉴클레오티드(deoxyribonucleotises, dNTPs)와 아데닌, 구아닌, 시토신, 티민에 상응하는 소량의 다이데옥시 뉴클레오티드(*dideoxyribonucleotides*, ddNTPs)를 각각 혼합하여 DNA를 복제하는 것이다 (**그림 9.4*a***). 다이데옥시 유도체는 3′의 수산기가 없기 때문에 이것이 삽입된 후에는 사슬 신장이 더 이상 일어날 수 없게 된다. 다이데옥시 유도체들이 임의로 삽입될 때마다 사슬 종결이 유도되어 다양한 길이의 올리고뉴클레오티드 단편들이 형성된다 (그림 9.4*a*). 원래는 Sanger의 염기서열 결정에 방사선 동위원소 표지물을 사용하였으나, 자동화 기기가 개발되면서 각각의 다른 ddNTP에 대해 각각의 다른 형광물질을 사용하게 되면서 생성된 DNA 산물들은 (크기에 따라 분리되는 컬럼을 통과한 다음) 레이저로 검색할 수 있게 되었다 (그림 9.4*a*).

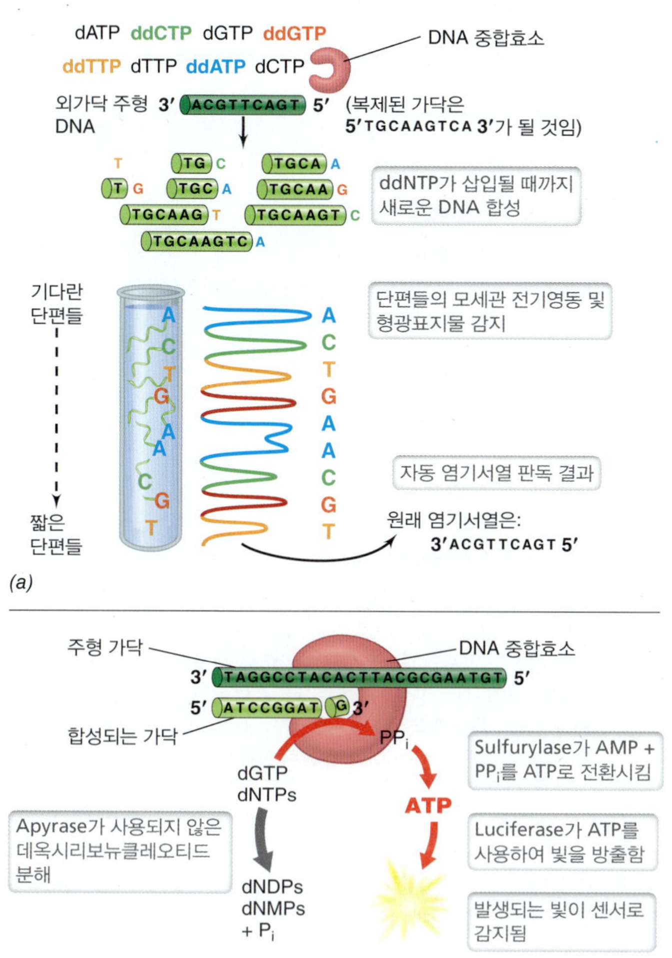

그림 9.4 DNA 염기서열분석법. *(a)* Sanger의 염기서열분석법. 중합효소가 ddNTP를 삽입시키는 곳에서 사슬신장이 종결된다. 마지막 ddNTP의 종류는 모세관 전기영동과 형광 검출로 결정될 수 있다. *(b)* 파이로시퀀싱. 새로운 dNTP들이 신장되고 있는 DNA 가닥에 삽입될 때마다 (빨간색 화살표) 파이로인산(PP_i)이 방출되고 sulfurylase에 의해 AMP로부터 ATP를 만드는 데 사용된다. ATP는 luciferase에 의해 소모되고, 그때 빛을 낸다. 사용되지 않은 dNTP들은 apyrase에 의해 분해된다 (회색 화살표).

원래의 Sanger 방법은 특정 염기서열에 결합할 수 있는 프라이머들을 사용하여 반응마다 약 800개의 뉴클레오티드를 결정할 수 있는 한계가 있었기 때문에, 염색체나 커다란 DNA 분자들은 한 번의 반응으로 분석될 수 없었다. 대신, 커다란 DNA 분자들은 작은 단편들로 분해하고 벡터에 클로닝하여 염기서열을 결정하였다. 그래서 새로운 염기서열 결정법들이 개발되었는데, 가장 최신의 또 가장 효율적인 핵산 염기서열 결정법을 통상적으로 "차세대 염기서열 결정법(next-generation sequencing)"이라고 부른다. 예를 들어, 지금도 널리 쓰이고 있는 파이로시퀀싱(*pyrosequencing*)은 2세대 염기서열 결정법(*second-generation sequencing method*)이라고 부르는데, 빛을 발광시키는 효소인 루시페라제(luciferase)를 도입함으로써, 빛이 순간적으로 발광될 때의 신호를 감지하여 어떤 dNTP들이 삽입되었는지 결정하는 방식으로 개선된 방법이다 (그림 9.4*b*). **표 9.2**는 최신 염기서열 결정법들을 요약하였고, 1메가 염

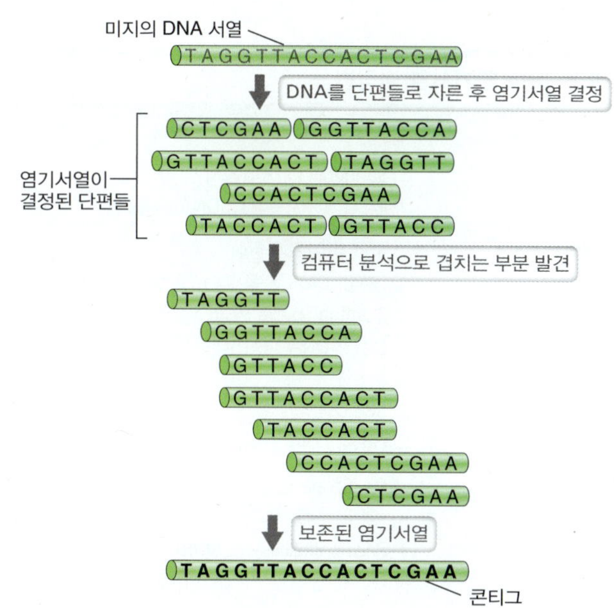

그림 9.5 DNA 염기서열의 컴퓨터 조립. 대부분의 DNA 염기서열 분석은 광대한 분량의 짧은 염기서열 (30~수백 개의 염기)들을 밝혀내는데 이들은 서로 조립되어야 한다. 컴퓨터는 이 짧은 염기서열들의 겹치는 부분들을 찾아낸 다음 하나의 전체적인 염기서열을 이루도록 정리한다.

기쌍(Mbp, 백만 염기쌍)을 결정할 때 드는 비용이 지난 15년간에 걸쳐 어떻게 100,000배 이상 감소되게 되었는지를 설명하고 있다.

유전체 조립과 주석달기

어떤 방법을 사용했던지 염기서열 결정이 완료되면, 모든 염기서열들이 분석되기 전에 정렬되어야 하는데, 이 과정을 조립(*assembly*)이라고 한다. 유전체 조립은 각 단편들을 맞는 순서대로 모아 연결시키고 중복되는 부위들을 없애는 작업을 포함한다. 그렇게 조립된 유전체가 유용하게 되려면, 유전자들과 다른 기능이 있는 부위들을 밝히기 위해 주석(*annotation*)을 달아야 한다. 유전체를 조립하고 주석을 다는 과정은 대부분 컴퓨터 작업으로 진행된다. 유전체를 조립하기 위해, 컴퓨터가 염기서열이 결정된 많은 짧은 DNA 단편들을 검사하고 DNA 염기서열이 겹치는 모든 경우를 찾아내어 그것들의 순서를 결정한다 (**그림 9.5**). 이렇게 겹치는 부분들을 통하여 결정된 염기서열들을 합쳐 콘티그(*contigs*) 혹은 연속적으로 일치하는 염기서열을 만든다. 각각의 콘티그들은 겹치는 부분들끼리 정렬되어 콘티그들과 채워지지 않은 간격들을 포함하는 뼈대를 이루게 되며, 이는 궁극적으로 완전한 유전체를 나타내는 지도를 작성하는 데 사용된다.

유전체 지도로부터 주석다는 과정이 시작된다. 세균(*Bacteria*)과 고균(*Archaea*)의 유전체들은 방해하는 염기서열들 (인트론; 4.6절)이 거의 없기 때문에, 기본적으로 그들의 유전체는 짧은 조절 부위들과 전사 종결자로 분리된 일련의 **열린해독틀(open reading frames, ORFs)**로 구성되어 있다. 기능이 있는 ORF는 실제로 단백질을 암호화하는 것이고 (4.9절), 염기서열을 컴퓨터로 검색하여 찾을 수 있다 (**그림 9.6**). 모든 세포들의 유전자들은 항상 DNA

표 9.2 DNA 염기서열 결정법

세 대	방 법	특 징
제1세대	Sanger의 다이데옥시 방법 (방사능 혹은 형광; DNA 증폭)	판독 길이: 700~900 염기 인간 유전체 프로젝트에 사용
제2세대	454 파이로시퀀싱 (형광; DNA 증폭; 대규모 병렬처리시스템) Illumina/Solexa 방법 (형광; DNA 증폭; 대규모 병렬처리시스템) SOLiD 방법 (형광; DNA 증폭; 대규모 병렬처리시스템)	판독 길이: 400~500 염기 James Watson이 염기서열 결정에 사용 (2007년 완성) 판독 길이: 50~100 염기 자이언트 팬더 유전체 (2009; 베이징 유전체 연구소) 데니소반(Denisovan) 유전체 (2010) 판독 길이:50~100 염기
제3세대	HeliScope 단일 분자 염기서열 분석기 (형광; 단일 분자) Pacific Biosciences SMRT (형광; 단일 분자; zero mode waveguide)	판독 길이: 55 염기까지 화석 DNA 정확도가 크게 개선되었음 판독 길이: 2,500~3,000 염기
제4세대	이온 급류 (전자—pH; DNA 증폭) Oxford 나노포어 (전자—전류; 단일 분자; 실시간)	판독 길이: 100~200 염기 인텔 공동 창업자인 Gordon Moore (Moore법 창시자)의 유전체 분석, 2011 판독 길이: 수천 개의 염기 휴대용 MiniON 장치는 대략 플래쉬 드라이브 크기

중 한 가닥으로부터 전사되지만, 유전자는 실제로 두 가닥 중 하나에 위치하고 있으므로 컴퓨터로 DNA 두 가닥을 모두 검색하는 것이 필요하다.

ORF의 검색과 동정

ORF를 찾는 첫 번째 단계는 염기서열에서 개시코돈(*start* codon)과 종결코돈(*stop* codon)들을 찾는 것이다 (4.9절 및 표 4.4). 그러나 해독틀에 맞는 개시코돈과 종결코돈은 무작위적으로 상당히 자주 나타나기 때문에 다른 실마리가 더 필요하다. 세균에서는 전령 RNA (mRNA) 상의 리보솜 결합부위 (Shine-Dalgano 염기서열) 바로 다음에 있는 개시코돈에서 번역이 시작된다 (4.9절). 그러므로 원핵세포 유전체에서 리보솜 결합부위로서의 가능성이 있는 염기서열과 개시코돈, 종결코돈을 찾으면 그 ORF가 기능이 있는지, 그리고 어떤 개시코돈이 실제로 사용되는지를 결정할 수 있다. 어떤 ORF가 다른 생물체의 유전체에서 밝혀진 ORF의 염기서열과 유사하거나 (단백질을 암호화하는지에 상관없이) 혹은 이것의 일부가 어떤 단백질의 기능성 영역과 비슷하다면, 그 ORF는 기능이 있다고 예측할 수 있다. 이는 다른 종류의 세포에서 같은 기능을 수행하는 단백질들은 서로 상동성이 있기 때문인데, 이들은 진화적인 기원이 같고 전형적으로 염기서열과 구조적 특성에서 유사하다 (9.5절). 컴퓨터로 GenBank (http://www.ncbi.nlm.nih.gov/Genbank/) 같은 대표적인 데이터베이스에서 핵산이나 단백질 서열을 데이터베이스에 저장된 모든 다른 염기서열이나 단백질 서열들과 비교할 수 있는 알고리즘인 *BLAST* (*Basic Local Alignment Search Tool*)를 사용하여 유사성을 검색할 수 있다.

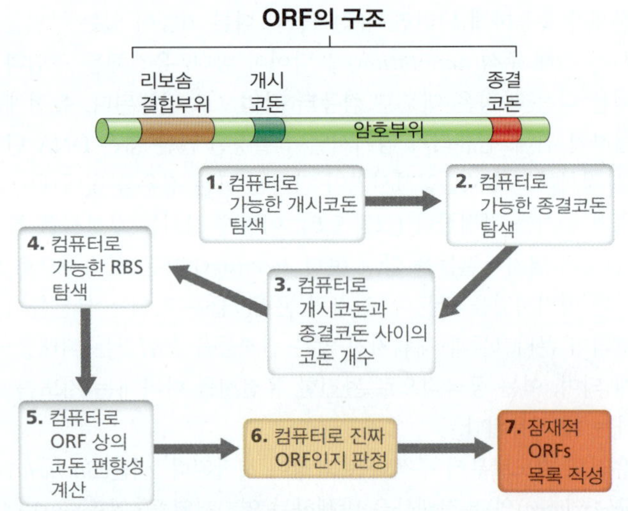

그림 9.6 컴퓨터를 이용한 잠재적 ORF들의 동정. 컴퓨터가 DNA 염기서열을 쭉 훑어서 개시 및 종결 코돈들을 찾아낸다. 그 후 그 두 코돈 사이에 종결되지 않는 각 해독틀에 있는 코돈 숫자를 세고, 너무 짧으면 무시한다. 진짜 열린해독틀일 가능성은 리보솜 결합부위(RBS)가 해독틀 앞쪽에 적절한 거리를 두고 위치하고 있으면 더 커진다. 코돈 편향성을 계산하면 분석되고 있는 그 생물체의 코돈 사용도를 따르고 있는지 알 수 있다.

유전체에 주석을 달 때 다른 문제점들도 고려되어야 한다. 예를 들어, 20가지 아미노산들에 대해서 대부분 2개 이상의 코돈이 존재하고 (표 4.4), 어떤 코돈들은 다른 것들에 비해 더 자주 사용되는데 이러한 성향을 **코돈 편향(codon bias)** (코돈 사용도)이라고 하며 생물들에 따라 매우 다르다. 예를 들어, **표 9.3**에서는 *Escherichia coli*에서 6종의 아르기닌 코돈 사용도가 사람과 초파리에서의 아르기닌 코돈 사용도와 어떻게 다른지를 보여주고 있다. 만약 어떤 ORF의 코돈 사용이 보편적인 코돈 사용과 현저히 다르다면, 그 ORF는 기능이 없거나 기능이 있더라도 수평적 유전자 전이에

표 9.3 코돈 편향의 예

아르기닌 코돈[a]	각 아르기닌 코돈의 사용도 (%)		
	Escherichia coli	초파리	인간
AGA	1	10	22
AGG	1	6	23
CGA	4	8	10
CGC	39	49	22
CGG	4	9	14
CGU	49	18	9

[a]아르기닌은 6개의 코돈을 갖고 있음; 표 4.6 참조.

의해서 획득된 것이라고 할 수 있다 (9.6절).

유전체 분석: 최종 집계

어떤 유전체 염기서열 과제도 유전체를 100% 밝히지는 못한다. 실제로 이것이 유전체 분석에서 흥미 있는 발견 중 하나이다. 많은 미생물 유전자들은 거의 확실하게 기능이 밝혀지지 않은 단백질을 암호화한다. 생물체 간의 차이점이 있기는 하지만, 대부분의 경우 특정 유전체에서 실제로 동정되는 유전자 숫자는 발견된 전체 ORF의 70% 혹은 그 이하이다. 미동정 (또는 미지의) ORF들은 아직 그 기능을 모르지만 세포에서 만들어질 것으로 생각되는 가상 단백질(*hypothetical proteins*)을 암호화한다고 설명할 수 있다. 미동정 ORF들은 적절한 거리를 두고 떨어져 있는 개시코돈과 종결코돈 사이에 존재하는 연속적인 해독틀로 리보솜 결합부위도 갖고 있어서 단백질을 암호화하는 유전자들이 갖추어야 할 요건들을 다 갖고 있다 (그림 9.6). 그러나 기존에 알려진 다른 단백질들과 유사한 아미노산 서열을 충분히 갖고 있지 않기 때문에 쉽게 동정할 수 없다. 일부 유전자 주석달기는 유전자를 특정하지 못하고 어떤 단백질 그룹 혹은 일반적인 기능 ["수송 단백질(transport protein)" 같은]을 지정하는 데 그칠 수 있다. *E. coli*의 많은 미동정된 유전자들 중 대부분은 아직 밝혀지지 않은 조절 과정에 작용하는 단백질을 지정하거나, 특별한 영양 혹은 환경 조건에서만 사용되는 단백질일 것으로 생각된다. 일부는 핵심 효소들을 "대체(backups)"하는 효소일 수 있다.

단백질을 지정하는 유전자들 외에, 어떤 유전자들은 번역되지 않는 RNA 분자를 암호화한다. 그러한 유전자들은 개시코돈이 없고 여러 개의 종결코돈을 갖고 있을 수 있다. 단백질을 지정하지 않는 tRNA와 rRNA 같은 RNA는 특성분석이 잘 되어 있고, 매우 보존성이 높기 때문에 찾기가 쉽다. 그러나 단백질 정보가 없고, 조절자 역할을 하는 많은 RNA 분자들 (6.11절)은 염기서열 상동성은 거의 없고, 3차원적 구조만 보존되어 있다. 따라서 전사체학 특히 RNA-Seq (9.9절)가 이러한 유전자들을 동정하는 방법이 되었다.

이러한 유전체의 핵산 염기서열 결정과 암호화 특성에 대한 일반적인 배경 지식을 갖고 이제 다양한 미생물 그룹들의 유전체 비교로 옮겨 가고자 한다. 비교할 수 있는 수천 개의 유전체 염기서열이 밝혀져 있는 세균과 고균부터 다루기로 한다.

미니퀴즈

- Sanger 염기서열 분석법에서 핵심이 되는 분자는 무엇인가?
- 열린해독틀들은 무엇인가? 가상 단백질은 무엇인가?
- 해독되지 않는 RNA를 지정하는 유전자들을 동정할 때 주요 문제점은 무엇인가?

9.3 세균과 고균의 유전체 크기와 유전자 내용

유전체가 조립되면, 거의 4,000개의 미생물 유전체가 저장된 미생물 온라인 웹사이트 (http://www.microbesonline.org) 같은 데이터베이스를 사용하는 비교 유전체학(*comparative genomics*)으로 생물학적인 비밀들을 탐구할 수 있다. 비교 유전체학을 통해 세균과 고균들의 유전체들은 유전체 크기와 열린해독틀(ORF) 함량 사이에 상당한 상관관계가 있다고 밝혀졌다 (**그림 9.7**). 어떤 생물이든지 관계없이 원핵생물 유전체의 경우 백만 염기쌍(megabase) 마다 약 1,000개의 ORF가 암호화되어 있고, 유전체 크기가 증가함에 따라 이에 비례하여 유전자 숫자가 증가한다. 이는 유전체의 상당 부분이 암호화되어 있지 않은 (인트론, 4.6절) 진핵생물들, 특히 커다란 유전체를 갖고 있는 생물체들과는 뚜렷하게 다른 점이다 (그림 9.2).

세균 유전체들은 곤충과 공생하며 121가지 단백질을 암호화하는 *Tremblaya princeps*부터 토양에 서식하며 거의 100배 이상의 유전자를 갖고 있는 *Sorangium cellulosum*에 이르기까지 크기가 다양하다 (그림 9.2와 표 9.1). 독립생활을 하는데 약 1,300개 유전자가 필요하다고 알려져 왔는데, 최근 해양에서 독립생활을 하는 *Actinobacteria*가 대략 800개 유전자를 갖고 있는 것으로 밝혀져 그 동안의 예측에 의구심이 들게 되었다.

작은 유전체들

가장 작은 세포 유전체는 기생 혹은 공생하는 원핵생물들의 유전체

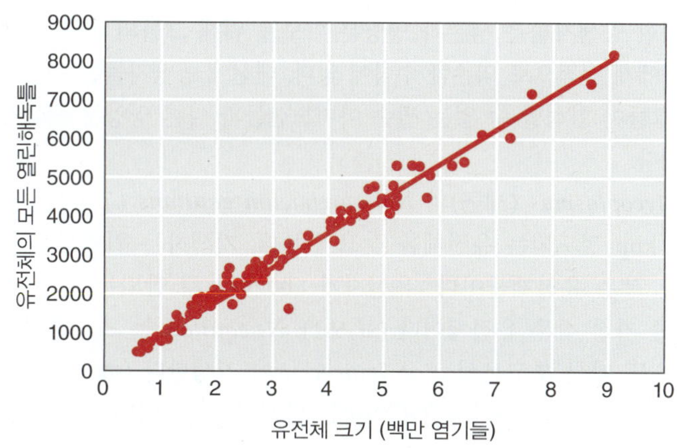

그림 9.7 원핵생물의 유전체 크기와 ORF 함량 간의 상관관계. 이러한 자료는 115개의 세균과 고균 종들을 망라하는 원핵생물의 유전체 완성본을 분석하여 얻었다. 자료인용: *Proc. Natl. Acad. Sci. (USA) 101:* 3160–3165 (2004).

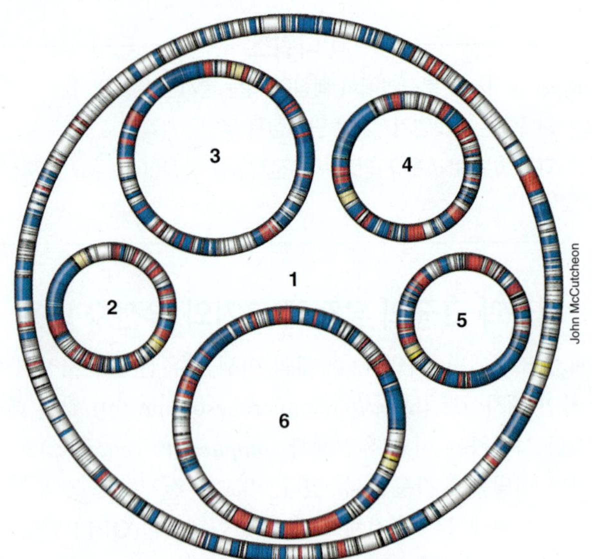

1. ***Mycoplasma genitalium*** (*Mollicutes*) 580.1 kbp GC: 31.7%	4. ***Carsonella*** (*Gammaproteobacteria*) 159.6 kbp GC: 16.6%
2. ***Tremblaya*** (*Betaproteobacteria*) 138.9 kbp GC: 58.8%	5. ***Hodgkinia*** (*Alphaproteobacteria*) 143.7 kbp GC: 58.4%
3. ***Zinderia*** (*Betaproteobacteria*) 208.5 kbp GC: 13.5%	6. ***Sulcia*** (*Bacteroidetes*) 245.5 kbp GC: 22.4%

그림 9.8 공생체의 유전체들. 5개 공생체들의 유전체가 *Mycoplasma* 유전체를 나타내는 원 안에 크기를 감안하여 그려져 있다. 파란색: 유전정보 처리를 지정하는 유전자들; 빨간색: 아미노산과 비타민 생합성을 지정하는 유전자들; 노란색: rRNA 유전자들; 흰색: 기타 유전자들; 간격들은 유전자가 없는 DNA를 나타낸다. Kbp 1,000개의 염기쌍. GC는 구아닌이나 시토신 뉴클레오티드의 백분율을 가리킨다.

인데, 곤충 공생자인 *Tremblaya* (벚나무깍지벌레)와 *Hodgkinia* (매미)의 유전체를 들 수 있다 (약 140 kbp, 표 9.1과 **그림 9.8**). 지금까지 발견된 가장 작은 유전체는 수액을 먹고 사는 곤충의 공생자인 *Nasuia deltocephalicola*로 112 kbp이다. 유전체가 작기 때문에 이러한 공생자들은 생존과 영양분 확보를 위해 그들의 곤충 숙주 세포에게 전적으로 의존할 수밖에 없다. 대신에 공생자들은 곤충에게 그들이 합성할 수 없는 필수 아미노산들과 다른 영양분들을 제공한다.

Mycoplasmas (세균)와 *Nanoarchaeum equitans* (고균)는 약 500 kbp 정도되는 유전체를 갖고 있는데, 기생하는 원핵생물 중 가장 작은 유전체들이다. 유전자가 500개가 채 안되는 기생 세균 중 가장 작은 유전체이다 (표 9.1). *N. equitans*는 초고온성균으로 또 다른 초고온성 고균 *Ignicoccus*에 기생한다 (17.6절). *N. equitans*는 대사과정에 관여하는 단백질들을 지정하는 유전자들을 전혀 갖고 있지 않아 아마도 동화과정이나 이화과정 모두 숙주에 의존하는 것으로 추정된다. *Mycobacterium tuberculosis* 같은 병원균들은 상당히 큰 유전체 (4.4 Mbp)를 갖고 있는데 반해, *Mycoplasma*, *Chlamydia* 및 *Rickettsia* 같은 대부분의 인체 병원균들 유전체는 가장 큰 바이러스 유전체인 *Pandoravirus* (2.5 Mbp, 10.1절) 유전체보다도 작다.

약 500개 유전자를 갖고 있는 *Mycoplasmas*를 시작점으로 몇몇 연구자들은 최소한 250~300개 정도의 유전자가 세포의 생명현상을 유지하는 데 필요한 것으로 추정하였다. 이러한 추정은 부분적으로 서로 다른 작은 유전체들을 비교함으로써 이루어졌다. 이외에 체계적인 돌연변이 연구를 통해 필수적인 유전자들을 확인하였다. 예를 들어, 독립생활을 하며 약 4,000개의 유전자를 갖고 있는 대장균이나 *Bacillus subtilis*를 갖고 실험했을 때에도 대략 300~400개의 유전자들이 생장 조건에 따라 필요한 것으로 나타났다. 그러나 이러한 실험에서는 세균들이 많은 영양분들을 공급받아 생합성에 필요한 유전자가 없이도 살아남을 수 있었다는 것을 염두에 두어야 한다. 동정된 "필수 유전자들(essential genes)"은 다른 세균들도 보편적으로 갖고 있으며, 고균과 진핵생물들 중 약 70%에서도 발견된다.

큰 유전체들

어떤 세균들은 진핵미생물에 견줄 만큼 매우 커다란 유전체를 갖고 있다. 진핵생물들은 암호화되지 않는 DNA 부위를 상당량 갖고 있고 원핵생물들은 그렇지 않기 때문에 일부 원핵세포 유전체들은 DNA를 덜 갖고 있는데도 불구하고 미생물 진핵생물들에 비해 실제로 유전자를 더 갖고 있다. 예를 들어, *Bradyrhizobium japonicum*은 콩과식물의 뿌리에 혹을 형성하는 질소고정균으로 (23.3절), 9.1 Mbp의 DNA와 8,300개의 ORF를 갖고 있는 반면, 진핵미생물인 효모 (*Saccharomyces cerevisiae*)는 12.1 Mbp의 DNA를 갖고 있으나 유전자는 5,800개에 불과하다 (표 9.1과 9.5 참조).

지금까지 알려진 원핵세포 유전체 중 가장 큰 것은 활주세균의 일종인 *Sorangium cellulosum* 유전체이다 (15.17절). 이 세균은 14.8 Mbp 보다 조금 작은 단일 원형 염색체를 갖고 있는데 이는 효모나 원생동물인 *Cryptosporidium*과 *Giardia* 같은 일부 진핵생물들 유전체보다 더 큰 것이다 (표 9.5 참조). *S. cellulosum* 유전체는 유전정보가 없는 부분이 대략적으로 10.5%에 달하고 11,559개의 단백질을 지정하는 유전자들로 구성되어 있는데 이는 대장균 유전체보다 약 3배 정도 더 큰 것이다. 흥미롭게도 *S. cellulosum*는 508가지 단백질 키나아제 (protein kinase; 활성을 조절시키기 위해서 다른 단백질들을 인산화 시키는 효소)를 갖고 있는데 진핵생물들을 비롯한 다른 유전체들보다 3배 이상 더 많은 것이다. 이를 통해, *S. cellulosum* 생활사는 매우 다양하고 생태계에서 생존하기 위해서 매우 조절이 필요하다는 것을 알 수 있다. 세균과는 달리 지금까지 고균들 중에서 발견된 가장 큰 유전체는 약 5 Mbp 정도이다 (표 9.1).

세균 유전체의 유전자 내용

여러 면에서 특정 생물체가 갖고 있는 유전자 전체가 그 생물체의 생물학적 역량을 결정짓는 것이라고 할 수 있다. 역으로, 유전체는 한 생물체의 생활양식에 의해 형성된다. 비교분석은 어떤 생

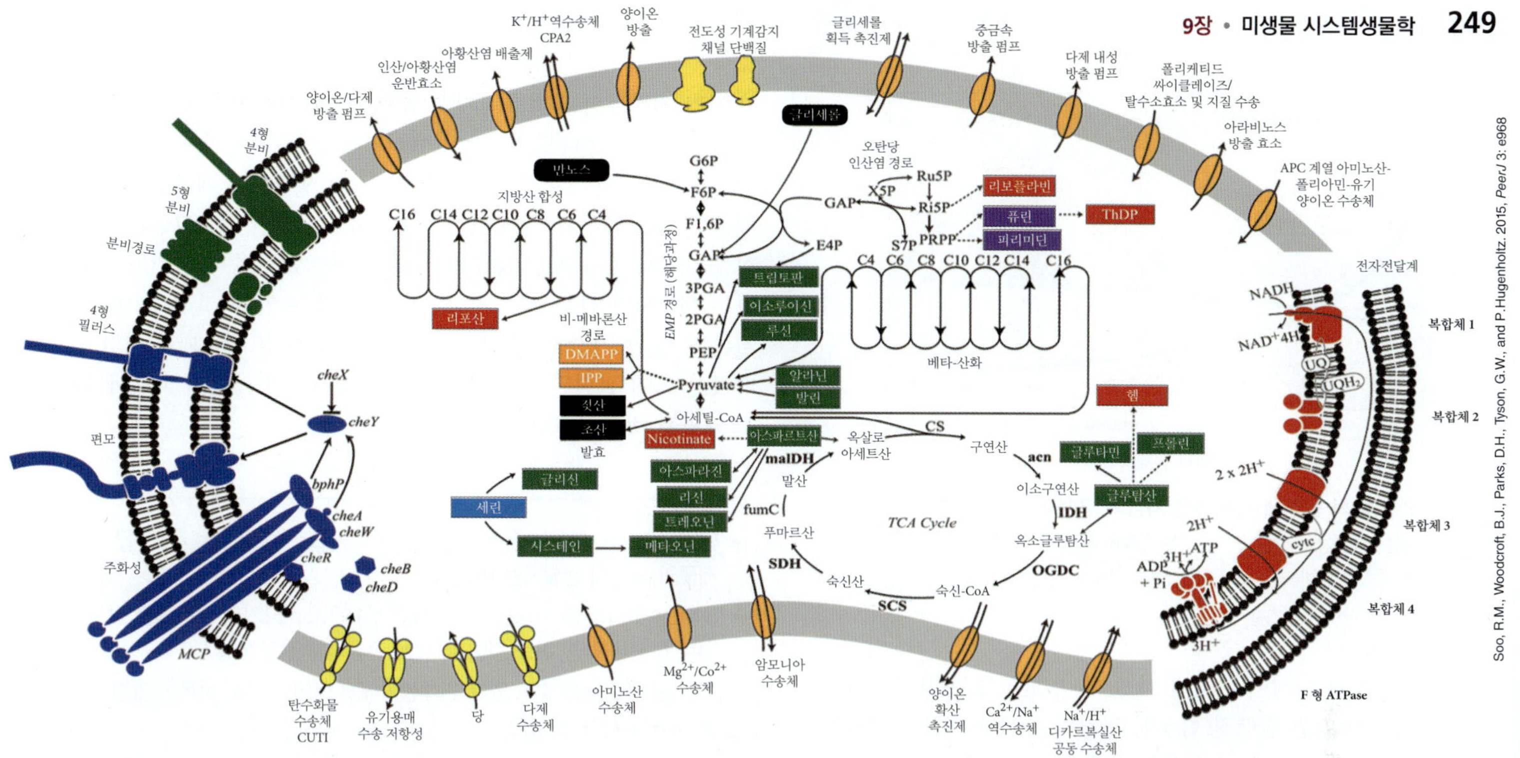

그림 9.9 유전체 주석달기에 근거한 *Vampirovibrio chlorellavorus*의 기능과 대사 예측. 세부사항들은 논의 밖에 있지만, 이 그림은 유전체 염기서열 분석과 주석달기의 힘을 보여준다. 세포막 안쪽으로 다음과 같은 체계들이 강조되어 있다: 분비 (녹색), 주향성과 운동성 (파란색), 전자 전달 (빨간색), ATP-결합 카세트 수송자들 (노란색), 그리고 permease/펌프/수송자 (오렌지색). 까만 타원형들은 해당과정으로 유입되는 기질들을 나타내고, 발효 최종산물들은 까만 직사각형으로 표시했다. 세포 내 화합물들의 색깔은 다음과 같이 해당된다: 녹색 (아미노산), 빨간색 (보조인자와 비타민), 보라색 (뉴클레오티드), 그리고 오렌지색 (비-메발론산 경로 산물). 세린 (파란색으로 강조된) 합성 유전자들은 존재하지 않으므로 세린은 아마도 세포 안으로 수송되는 것임을 주목하라. 이 자료는 Soo, R.M. 2015, *Peer J 3:* e968에서 인용됨.

물체의 생활사 때문에 갖게 된 효소들을 지정하는 유전자를 탐색할 때 매우 유용하고, 어떤 경우에는 이러한 탐색으로 매우 놀라운 결과를 얻게 되기도 한다. 예를 들어, *Vampirovibrio chlorellavorus*는 숙주인 녹조류 *Chlorella*를 표면에 부착되어 궁극적으로는 그 세포 내용물을 다 먹어버리는 방식으로 공격하는 포식자 세균으로 알려져 있다 (따라서 이 생물체의 이름에 있는 헝가리에서 유래한 "vámpír"는 흡혈귀를 의미하고, 라틴어에서 유래한 "vorus"는 "게걸스럽게 먹는 것"을 의미함). *V. chlorellavorus* 분리주들은 성공적으로 활성화되지 않은 채, 36년간 냉동건조 상태로 보존되었던 시료에 존재하고 있었다. 그러나 최신 염기서열 결정법으로 *V. chlorellavorus* 유전체가 밝혀졌을 때 놀랍게도 *V. chlorellavorus*는 광합성 유전자들이 없는데도 불구하고 남조류(*Cyanobacteria*) 문(phylum)에 속하는 것으로 나타났다.

표 9.4 세균 유전체들의 유전자 기능

	유전자 비율		
기능 영역	*Escherichia coli* (4.64 Mbp)[a]	*Haemophilus influenzae* (1.83 Mbp)[a]	*Mycoplasma genitalium* (0.58 Mbp)[a]
대사	21.0	19.0	14.6
구조	5.5	4.7	3.6
수송	10.0	7.0	7.3
조절	8.5	6.6	6.0
번역	4.5	8.0	21.6
전사	1.3	1.5	2.6
복제	2.7	4.9	6.8
기타, 기능 확실	8.5	5.2	5.8
기능 불확실	38.1	43.0	32.0

[a]염색체 크기는 백만 염기쌍; 위의 각 세균들은 단 1개의 원형 염색체를 갖고 있음.

그림 9.9는 과학 학술지에 실린 논문의 그림인데 미생물 유전체의 염기서열이 분석되어야 하는지 그리고 얼마나 많은 정보를 주석으로부터 얻을 수 있는지 자세히 설명하는 것은 이 장의 목적에서 벗어나기에 기본적인 이해를 돕기 위해 여기에 실었다. 이 그림은 *V. chlorellavorus*의 유전체로부터 유추된 대사과정들과 수송체계의 일부를 보여주고 있다. 여기에는 미생물의 생장에 필요한 전자전달계, 발효능, 주화성, 20가지 아미노산 중 15가지 아미노산의 합성 등이 포함되어 있다. 비교유전체학은 *V. chlorellavorus*가 먹이를 공격할 때 접합에 의한 type IV 분비체계 (4.13절)를 이용한다는 것을 보여주었는데, 이는 포식하는 세균에서 처음으로 발견된 것이었다.

여러 세균의 유전자의 기능분석 및 그 활성을 **표 9.4**에 정리하였다. 지금까지 원핵생물 유전자

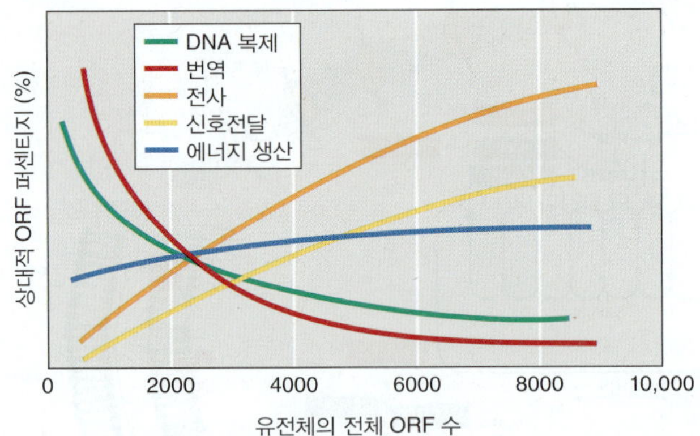

그림 9.10 기능적 범주에 따른 유전자들의 유전체 내 백분율. 작은 유전체를 갖고 있는 생물체에서는 번역 혹은 DNA 복제에 관련된 유전자들의 비율이 큰 반면 큰 유전체를 갖고 있는 생물체에서는 전사 조절에 관련된 유전자들의 비율이 높다.

분포에는 뚜렷한 양상이 관찰된 바 있다. 원핵생물 유전체는 유전체 크기가 작아지면 단백질 합성에 관련된 유전자 비율이 대사관련 유전자들의 비율보다 커지지만, 일반적으로 대사관련 유전자들이 가장 많다 (표 9.4, **그림 9.10**). 많은 유전자들이 없어도 되지만 단백질 합성에 관련된 유전자들은 반드시 있어야 한다. 따라서 유전체 크기가 작아질수록, 번역과정에 관련된 유전자 비율은 더 커지게 된다. 역으로, 더 큰 유전체는 전사조절과 신호전달 유전자들을 더 많이 갖고 있다.

여러 고균들의 유전자 범주도 분석되었다. 평균적으로 고균들은 유전체를 세균보다도 더 많이 에너지와 조효소 생산에 사용하고 있다 (이 결과는 고유한 조효소를 더 많이 생산하는 메탄생성 고균 때문에 다소 왜곡된 것이 사실임; 14.17절). 반면에 고균은 탄수화물 대사나 수송 혹은 세포막 생성 등 세포막 기능에 관련된 유전자는 세균보다 다소 적게 갖고 있는 경향을 보인다. 그러나 이러한 결론은 세균에 비해 고균의 경우 해당 경로가 잘 연구되지 않았고, 따라서 그에 관련된 유전자들이 아직 밝혀지지 않았기 때문에 다소 왜곡된 것일 수도 있다.

미니퀴즈

- 단백질을 암호화하는 유전자를 500개 미만으로 갖고 있는 대표적인 세균과 고균의 생활사는 어떤가?
- 8 Mbp 크기의 DNA 갖고 있는 세균과 10 Mbp 크기의 유전체를 갖고 있는 진핵생물 중 어느 것이 더 많은 유전자를 갖고 있을까?
- 가장 큰 유전체를 갖고 있는 원핵생물에서 어떤 유전자 항목이 가장 큰 비율을 차지하는가?

9.4 소기관과 진핵미생물의 유전체

미토콘드리아와 엽록체는 진핵세포 안에 세균이 공생하여 생성된 소기관들로 (2.15절 및 18.1절), 계통분류학적으로 밀접하게 연관되어 있는 원핵생물들과 기본적인 특성이 많이 비슷하다. 두 소기관 다 근본적 특성이 세균 유전체와 같은 작은 유전체를 갖고 있다. 이 두 기구들의 유전체 둘 다 리보솜, tRNAs 등 단백질 합성에 필요한 기구들에 대한 정보를 갖고 있다. 여러 미생물 진핵생물의 유전체들의 염기서열이 분석되어 있는데 (**표 9.5**) 그들의 크기는 매우 다양하다 (그림 9.2). 자유생활을 하는 섬모충류인 *Paramecium* (40,000개 유전자)과 병원체인 *Trichomonas* (60,000개 유전자)를 포함하는 단세포 원생동물은 사람들보다도 훨씬 더 많은 유전자를 갖고 있다 (표 9.5). 이 절에서는 몇몇 미생물 진핵생물을 선택해서 소기관 유전체와 유전체에 초점을 맞추고자 한다.

표 9.5 진핵생물의 핵 유전체[a]

생물체	특징	개체/세포[b]	유전체 크기 (Mbp)	반수체 염색체 수	열린 해독틀
Bigelowiella natans 핵소체	퇴행 내부공생성 핵	E	0.37	3	331
Encephalitozoon cuniculi	가장 작은 진핵세포 유전체, 인체 병원균	P	2.3	11	1,800
Cryptosporidium parvum	기생성 원생동물	P	9.1	8	3,800
Plasmodium falciparum	악성 말라리아	P	23	14	5,300
Saccharomyces cerevisiae	효모, 모델 진핵생물	FL	13.4	16	5,800
Ostreococcus tauri	해양 녹조류, 가장 작은 독립생활을 하는 진핵생물	FL	12.6	20	8,200
Aspergilus nidulans	사상균	FL	30	8	9,500
Giardia lamblia	편모성 원생동물, 급성 장염 유발	P	12	5	9,700
Drosophila melanogaster	초파리, 유전학 연구 모델	FL	180	4	13,600
Caenorhabditis elegans	환형동물, 동물 발생 연구 모델	FL	97	6	19,100
Mus musculus	쥐, 포유동물 모델	FL	2,500	23	25,000
Homo sapiens	사람	FL	2,850	23	25,000
Arabidopsis thaliana	유전학 연구에 사용되는 모델 식물	FL	125	5	26,000
Paramecium tetraaurelia	섬모성 원생동물	FL	72	>50	40,000
Pinus taeda	미송 소나무	FL	20,000	19	50,000
Trichomonas vaginalis	편모성 원생동물, 인체 병원균	P	160	6	60,000

[a]모든 자료는 위의 생물들이 반수체일 때를 백만 염기쌍으로 나타냄. 대부분의 큰 유전체는 크기와 열린해독틀들은 유전체에 수많은 반복 염기서열 및/혹은 인트론들이 있기 때문에 최선으로 예측된 것임.
[b]E, 내생공생체; P, 기생동물; FL, 독립생활체

엽록체의 유전체

녹색식물 세포들은 광합성을

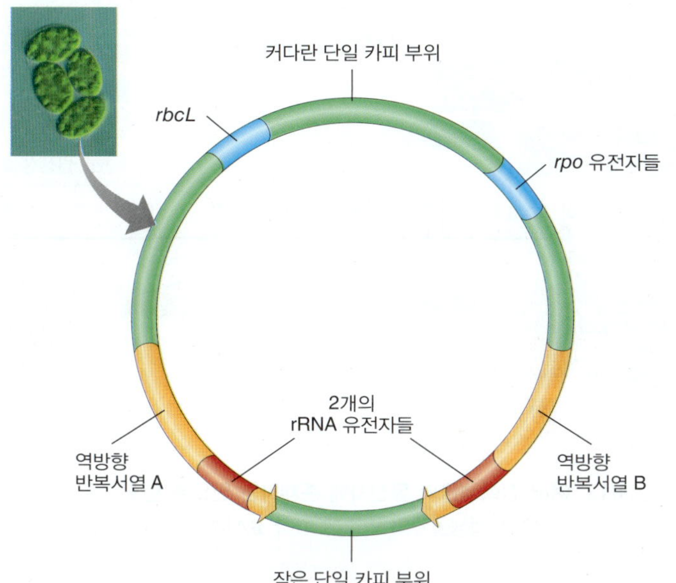

그림 9.11 대표적인 엽록체 유전체. 각 역방향 반복 부위(inverted repeat regions)는 3가지 rRNA (5S, 16S, 그리고 23S) 유전자들을 갖고 있다. RubisCo의 큰 단위체는 *rbcL*에 의해 지정되고 엽록체 RNA 중합효소는 *rpo* 유전자에 의해 지정된다. 삽화: 엽록체가 분명하게 관찰되는 녹조류인 *Makinoella* 세포 4개의 사진.

수행하는 엽록체를 갖고 있다 (14.1절). 알려진 모든 엽록체 유전체들은 원형 DNA 분자들이고, 각 엽록체에는 동일한 유전체가 여러 개 있다. 전형적인 엽록체 유전체는 약 120~160 kbp이고, 각각 3개의 rRNA 유전자가 들어 있는 6~76 kbp 크기의 역방향으로 반복된 염기서열들을 갖고 있다 (**그림 9.11**). 예측할 수 있듯이, 엽록체 유전체는 광합성과 독립영양에 관련된 유전자들을 많이 갖고 있다. 예를 들어, RubisCO 효소는 캘빈회로에서 이산화탄소를 고정하는 핵심단계를 촉매하는 복합효소이다 (14.5절). RubisCO의 가장 큰 단량체를 암호화하는 *rbcL* 유전자는 항상 엽록체 유전체에 있는 반면에 (그림 9.11), 작은 단량체 유전자인 *rbcS*는 식물 세포 핵 안에 위치하며, 그 단백질 산물은 세포질에서 엽록체 안으로 수송되어야 한다.

엽록체 유전체는 엽록체 내에서 사용되는 리보솜을 만드는 rRNA와 번역과정 중에 사용되는 tRNA, 전사와 번역과정에 사용되는 다른 단백질들을 비롯한 여러 단백질들도 암호화한다. 엽록체에서 작용하는 단백질 모두가 엽록체 유전체에 위치하고 있는 것이 아니고 일부는 핵 유전자들에 의해 암호화되기도 한다. 아마도 이러한 유전자들은 광합성 공생체로부터 엽록체로 진화되는 과정 중에 핵으로 옮겨간 듯하다. 엽록체 유전자들은 보통 인트론을 갖고 있는데, 이 인트론들은 주로 자가 스플라이싱이 되는 것들이다 (4.6절).

미토콘드리아 유전체와 단백질체들

미토콘드리아는 호흡과정을 통해 에너지를 생산하는 소기관이고 대부분의 진핵생물에서 발견된다 (2.15절 및 18.1절). 미토콘드리아 유전체는 일차적으로 산화적 인산화 과정에 관련된 단백질들의 유전자와 엽록체에서와 마찬가지로 단백질 합성에 관여하는 단백질, rRNA, tRNA 유전자들을 갖고 있다. 그러나 대부분의 미토콘드리아 유전체들은 엽록체 유전체보다 상당히 작은 수의 단백질들을 암호화하고 있다. 알려진 것들 중 가장 큰 미토콘드리아 유전체는 62개의 단백질을 암호화하는 반면에, 3개를 암호화하는 작은 것도 있다. 인간과 같은 거의 모든 포유동물 미토콘드리아는 22개의 tRNA와 2개의 rRNA외에 13개 단백질만을 암호화한다. **그림 9.12*a***는 16,569 bp의 인간 미토콘드리아 유전체 지도이다. 인간

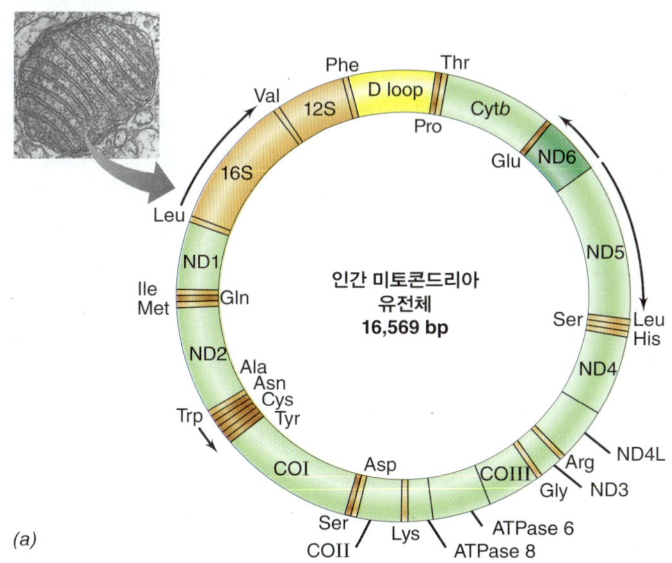

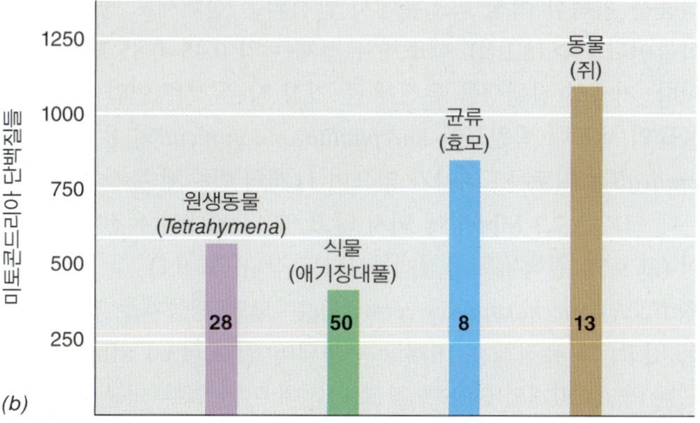

그림 9.12 인간 미토콘드리아 유전체 지도와 미토콘드리아의 단백질체. *(a)* 인간 미토콘드리아 유전체는 rRNA들과 22개의 tRNA 및 여러 단백질들을 암호화한다. 화살표들은 특정 색상으로 나타낸 유전자들이 전사되는 방향을 나타내고, 세 글자로 기재한 아미노산들은 각 tRNA 유전자들을 지정하는 것이다. 13개 단백질 유전자들은 초록색으로 표시하였다. Cyt*b*는 시토크롬 *b*; ND1–6는 NADH 탈수소효소 복합체의 성분; COI–III는 시토크롬 산화효소 복합체의 단위체; ATPase 6와 8는 미토콘드리아 ATPase 복합체의 폴리펩티드를 암호화한다. 2개의 프로모터가 DNA 복제에 관련된 D-고리(D-loop) 부위에 위치하고 있다. 삽화: 미토콘드리아의 투과전자현미경 사진 (D. W. Fawcett 제공) *(b)* 미토콘드리아 단백질체. 각 색상의 바(bar) 안에 표시된 숫자는 모델 진핵생물체의 미토콘드리아 유전체가 암호화하고 있는 단백질들의 수이다.

미토콘드리아 유전체는 원형인 데 비해 다른 생물체에서는 구조가 다를 수 있다. 예를 들어 어떤 미토콘드리아 유전체는 선형인데, 조류, 원생동물, 균류 일부가 그렇다. 마지막으로 많은 균류와 현화식물의 미토콘드리아는 미토콘드리아 유전체 외에도 작은 원형 혹은 선형의 플라스미드를 갖고 있는 경우도 있다 (4.2절).

미토콘드리아는 그것들이 암호화할 수 있는 것보다 더 많은 단백질을 필요로 하며 (특별히, 번역에 필요한 단백질들), 따라서 많은 미토콘드리아 단백질들은 핵 내의 유전자들에 의해 암호화된다. 효모 미토콘드리아의 단백질체 (유전체에 의해서 암호화되는 모든 단백질들, 9.10절)는 800종류 이상의 단백질을 갖고 있다. 그러나 효모 미토콘드리아 유전체는 단지 8개 단백질 (~1%)만을 만들 수 있고, 나머지 단백질들은 핵 유전자들에 의해 만들어진다 (그림 9.12*b*). 그러나 미토콘드리아에서 번역을 수행하거나 에너지를 생산하는 데 필요하지만, 핵 유전자로 만들어지는 단백질들은 진핵생물의 세포질 내 단백질들보다는 세균의 해당 단백질들과 더 유사하다. 이는 미토콘드리아 진화 역사와 엽록체에서와 마찬가지로 유전자들이 기존의 내부공생체에서 숙주 세포의 핵으로 옮겨갔다는 시나리오와도 잘 부합된다고 할 수 있다.

진핵미생물의 유전체와 인트론

인간 세포보다 3배나 더 많은 유전자를 갖고 있는 *Trichomonas*를 제외하고 기생 진핵미생물들은 대체로 4,000~11,000개 사이의 유전자를 포함하는 10~40 Mbp 크기의 유전체를 갖고 있다. 한 예로 아프리카 수면병 원인균인 *Trypanosoma brucei*는 35 Mbp DNA로 된 11개 염색체들과 약 11,000개 유전자들을 갖고 있다. 사람에 감염되는 4종의 *Plasmodium* (말라리아 유발; 33.5절)은 23~27 Mbp 크기의 유전체들을 갖고 있는데 14개 염색체와 5,500개 유전자로 구성되어 있다.

세균에서와 같이, 가장 작은 진핵생물 유전체는 내부공생자의 것이다. 핵소체(*nucleomorph*)로 알려진 것으로, 2차 내부공생으로 광합성능을 획득한 특정 녹조류에서 발견되는 진핵세포 공생생물의 퇴화물이다 (18.1절). 핵소체 유전체는 약 0.45~0.85 Mbp의 크기이다. 기생성 진핵생물 유전체 중 가장 작은 것은 인간이나 다른 동물들의 세포내 병원균인 *Encephalitozoon cuniculi*의 유전체이다. *E. cuniculi*는 미토콘드리아가 없으며 11개의 반수체 유전체를 갖고 있는데 크기는 2.3 Mbp밖에 되지 않고 약 1,800개의 유전자를 갖고 있어 (표 9.5), 원핵세포 유전체들보다도 작다 (표 9.1).

빵효모인 *Saccharomyces cerevisiae*는 모델 생물체로 널리 사용되고 있고, 그 유전체는 16개로 구성되어 있다 (13.4 Mbp DNA). 효모는 약 6,000개의 ORF를 갖고 있는데 이는 일부 세균 유전체보다도 적은 것이다 (표 9.1과 9.5). 이들 중 어느 정도의 유전자들이 절대 필수적인가? 이 질문에 대한 답은 각각의 유전자를 차례로 불활성화 돌연변이(*knockout mutation*) (특정 유전자의 기능을 불활성화 시키는 돌연변이; 12.4절)를 유도하여 설명될 수 있다. 통상적으로 필수 유전자에 그러한 돌연변이가 일어난 반수체 생물은 얻을 수가 없다. 그러나 효모는 반수체뿐만 아니라 배수체 상태로도 생장할 수 있다 (18.9절). 배수체 상태로 그러한 돌연변이를 얻고 반수체 상태에서 생장할 수 있는지를 분석해서 세포의 생존에 필수적인 유전자인지 결정할 수 있다. 이러한 돌연변이 방법으로 놀랍게도 효모의 열린해독틀 중 적어도 900개 (17%)가 필수 유전자인 것으로 밝혀졌다. 이 숫자는 원핵생물이 생존하는데 최소한으로 필요로 한다고 예측된 약 300개 (9.3절)에 비하면 현저하게 더 많다는 것에 주목해야 한다.

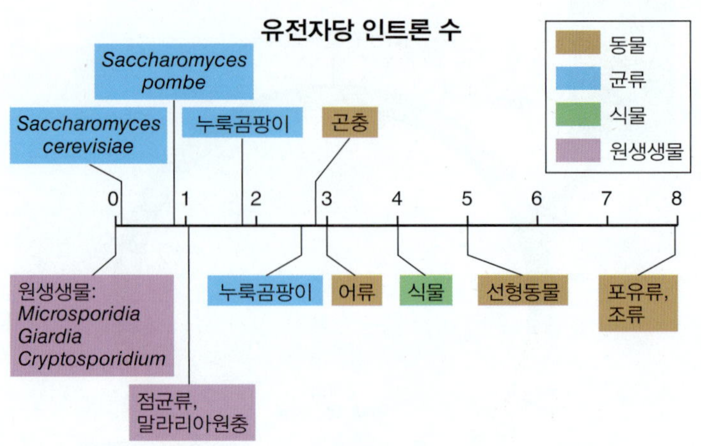

그림 9.13 여러 진핵생물의 유전자에 존재하는 인트론 빈도. 유전자 당 평균 인트론 개수를 진핵생물들의 범주에 따라 표시하였다.

효모는 진핵생물이기 때문에 그 유전체는 인트론들을 갖고 있다 (4.6절). 그러나 단백질을 암호화하는 효모 유전자에는 총 225개의 인트론만 있을 뿐이다. 인트론을 갖고 있는 대부분의 효모 유전자들은 5′ 끝에 한 개의 작은 인트론을 갖고 있다. 이 상태는 더 고등한 진핵생물의 유전체와는 상당히 다른 것이다 (**그림 9.13**). 예를 들어, 예쁜꼬마선충 *Caenorhabiditis elegans*의 경우 유전자들은 평균적으로 5개의 인트론을 갖고 있고, 초파리 *Drosophila* 는 평균 4개의 인트론을 갖고 있다. 인트론들은 식물 유전자들에서도 흔한데, 유전자당 4개 정도를 갖고 있다. 현화식물 중 모델식물인 애기장대풀(*Arabidopsis*)은 유전자마다 평균 5개의 인트론을 갖고 있고, 75% 이상의 유전자에 인트론이 있다. 사람의 경우 거의 모든 단백질을 지정하는 유전자들이 인트론을 갖고 있는데, 한 개의 유전자에 보통 10개 이상의 인트론이 있는 경우도 흔하다. 인간 유전자들의 인트론은 특징적으로 실제로 단백질을 지정하는 엑손들보다 훨씬 더 길다. 실제로 엑손들은 인간 유전체의 약 1%만을 차지하는 반면에, 인트론은 24%에 해당된다. 나머지 DNA 부분은 반복되는 염기서열들, RNA 유전자 및 조절 부위들로 채워져 있다. 물론 나중에 살펴보게 되겠으나, 이러한 DNA의 상당부분이 실제로 기능을 갖고 있다 (9.14절).

미니퀴즈

- 미토콘드리아 단백질들의 유전자들은 어떤 점이 특이한가?
- 엽록체 유전체들은 특징적으로 어떤 것을 암호화하는가?
- 진핵생물인 *Encephalitozoon* 유전체는 어떤 점에서 특이한가?

단원 3

II • 유전체의 진화

유전자들이 어떻게 기능하고 생물체들이 환경과 어떻게 상호작용하는가를 이해하는 것 외에 비교 유전체학은 생물체들 간의 진화적 관계를 조명할 수 있다. 유전체 염기서열로부터 진화적 관계를 재설계하면 원초적인 특징과 파생된 특성들을 구별할 수 있고 rRNA 같은 단일 유전자를 분석해서 제작한 계통수의 모호성을 해결할 수 있다 (13.3절). 유전체학은 원시 생명 형태를 이해하는 데 밀접하게 연관되어 있고 종국적으로 생물학의 모든 기본적인 질문인 '생명이 어떻게 발생되었는가?'를 답하는 데 도움이 될 것이다.

9.5 유전자족, 중복, 결실

원핵생물과 진핵생물의 유전체들은 종종 진화적으로 공통 조상을 갖고 있어서 염기서열이 비슷한 유전자들을 여러 개 갖고 있는데, 이러한 유전자들을 **상동유전자(homologs,** *homologous genes*)라고 한다. 상동유전자 그룹들을 대개 **유전자족(gene families)**이라고 한다. 당연히, 더 커다란 유전체들은 상대적으로 작은 유전체들보다 특정 유전자족 내에 더 많은 유전자들을 포함하고 있는 경향이 있다. 유전자 중복(*gene duplication*)은 유전자족과 유전자족을 포함하고 있는 생물체들의 진화를 이끌어가는 힘이라고 생각된다.

파라로그, 오르토로그, 그리고 유전자 중복

비교 유전체학은 많은 유전자들이 다른 유전자들의 중복에 의해 생겨났다는 것을 밝혔다. 그러한 상동유전자들은 그들의 기원에 따라 더 세분화시킬 수 있다. 어떤 생물체의 진화과정 중 특정 시기에 일어난 유전자 중복에 의해서 상동성이 생긴 유전자들을 **파라로그(paralogs)**라고 한다. 공통 조상에서 파생된 자손이기 때문에 어떤 생물체의 유전자가 다른 생물체의 유전자와 비슷한 경우, 이들을 **오르토로그(orthologs)**라고 한다 (**그림 9.14**). 파라로그 유전자의 예로, 산소가 없는 조직에서 피루브산염을 젖산으로 전환시키면서 NAD$^+$를 순환시키는 효소인 젖산 탈수소효소(lactate dehydrogenease, LDH) 이성체들을 들 수 있다. 동위효소(*isoenzyme*)라고 하는 이들 변종은 구조적으로 다르지만, 서로 매우 비슷하며 동일한 효소반응을 촉매한다. 대조적으로, 젖산균인 *Lactobacillus*의 LDH는 사람의 LDH 이성체들의 오르토로그라고 할 수 있다. 따라서 유전자족들은 파라로그와 오르토로그를 모두 포함한다.

만약 중복된 DNA 조각이 유전자 한개 혹은 유전자 그룹을 포함할 수 있을 정도로 충분히 길다면 중복이 일어난 생물체는 해당 유전자를 여러 개 갖게 된다. 중복이 일어난 다음, 그 중 한 유전자는 세포에서 원래 수행하던 기능을 계속하지만, 다른 중복 유전자는 자유롭게 진화될 수 있다 (**그림 9.15*a***). 이러한 방식으로 진화에 대해 그 유전자 중 하나를 갖고 "실험(experiment)"할 수 있다. 그러한 유전자 중복 사건은 한 유전자의 변화로 연결되어 미생물의 진화를 일으키는 주요 원인이 되는 것으로 사료된다. 유전체 분석을 통해 의심의 여지없이 유전자 중복으로 발생된 단백질을 암호화하는 유전자들의 예를

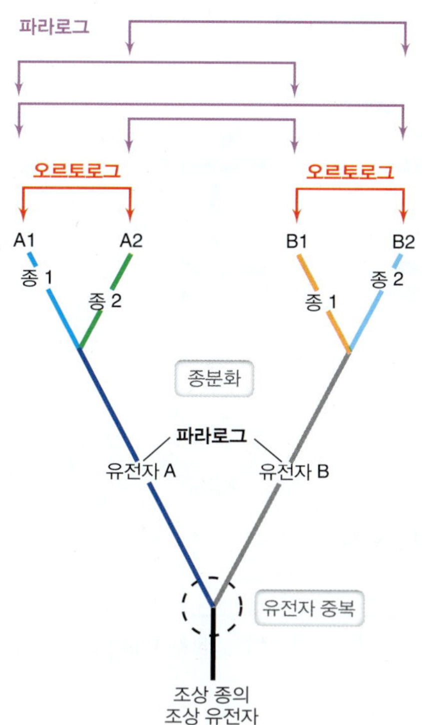

그림 9.14 오르토로그와 파라로그. 이 계통수는 중복된 다음 분화되어 파라로그 유전자 A와 B로 분화된 조상 유전자를 묘사하고 있다. 그 후에, 원시 종들은 A와 B 유전자 (각각 A1과 B1, A1과 B2로 표기)를 둘다 갖고 있는 종1과 2로 더 분화되었다. 그러한 각 유전자 쌍들은 파라로그들이다. 그러나 종1과 2는 분리된 종이기 때문에 A1은 A2의 오르토로그, B1은 B2의 오르토로그이다.

단원 3

많이 발견할 수 있었다. 그림 9.15*b*는 독립영양 대사의 핵심 효소인 RubisCO 효소에 대한 이러한 현상을 보이고 있다 (14.5절). 조상 유전자로부터 다르지만 서로 비슷한 촉매 활성을 갖는 효소들이 파생되었다.

유전체 전체의 중복

유전물질의 중복은 일부 염기들, 1개 내지 그 이상의 유전자, 혹은 전체 유전체를 포함할 수 있다. 예를 들어, 효모인 *Saccharomyces cerevisiae*와 다른 균류의 유전체를 비교해 보면 *Saccharomyces* 조상은 유전체 전체를 중복시켰다는 것을 알 수 있다. 그 다음에 중복된 유전물질의 대부분이 제거되는 상당한 결실이 일어났다. 모델 식물로 쓰이는 애기장대풀의 유전체는 조상 현화식물에서 하나 또는 그 이상의 유전체가 중복된 것으로 분석되었다.

일부 세균 유전체들은 과거에 중복이 일어났다는 증거를 나타낸다. 세균이나 고균의 유전체에서 중복된 유전자 및 유전자족의 분포는 여러 중복이 일어났었다는 것을 나타낸다. 예를 들어, 토양세균인 *Myxococcus*는 9.1 Mbp 크기의 유전체를 갖고 있는데, 이는 비슷한 세균들의 약 2배에 달한다. 그러나 유전체 분석은 원핵생물에서는 전체 유전체가 중복되었기보다는 소규모 중복이 빈번하게 일어났음을 가리켜, 유전체 전체가 중복된 사례는 매우 드물다고 할 수 있다. 반대로 기생균의 경우에는 빈번하게 일어나는 연속적인 결실로 기생 생활에 불필요한 유전자들이 제거되었다. 이러한 과정을 통해 내부공생균 대부분이 매우 작은 유전체를 갖게 되었다. 곤충의 내부공생균들은 이러한 전략을 아주 극한 상태까지 실행한 결과, 모든 세포들의 유전체 중 가장 작은 유전체가 되었다 (9.3절, 표 9.1, 그리고 그림 9.8).

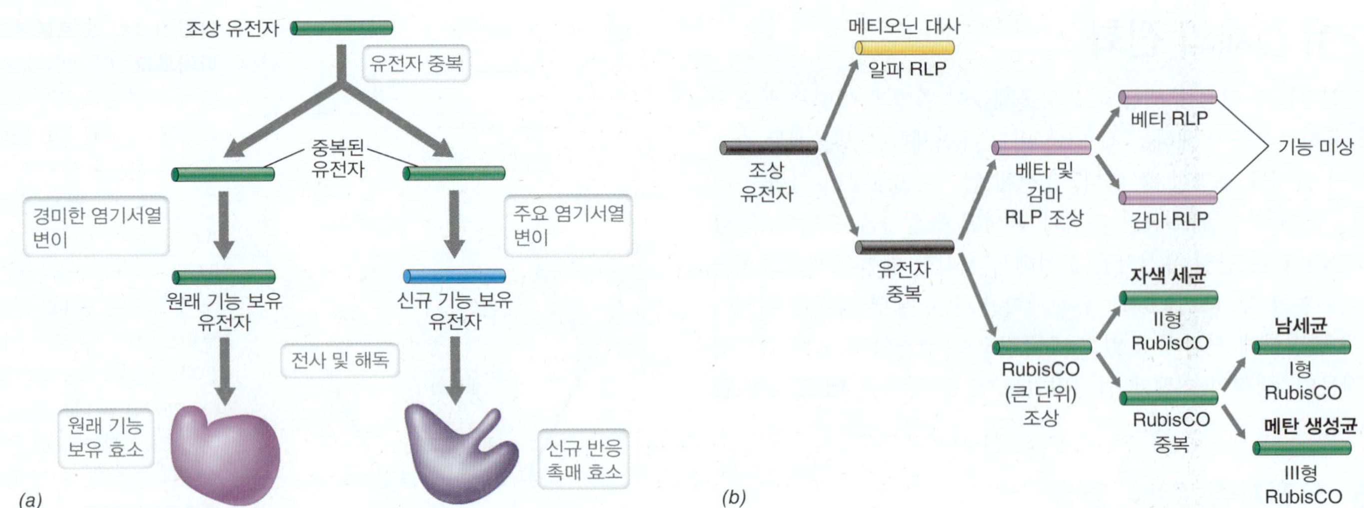

그림 9.15 유전자 중복에 의한 진화. *(a)* 유전자 중복의 원리. 중복이 일어난 후에, "여분의(spare)" 유전자는 새로운 기능을 갖도록 진화할 수 있다. *(b)* RubisCO (*rbcL*) 유전자족. 이 효소의 큰 단위체는 광합성에서 CO_2를 고정하는데 이는 3개의 동일한 기능을 갖고 있는 비슷한 형태 (I, II, 그리고 III)로 나누어졌다 [초록색 바(bar)]. 그러나 RubisCO는 원래 기능이 밝혀지지 않은 조상 유전자 (검은색 바)에서 유래되었는데, 그 유전자는 메티오닌 대사 (노란색 바)와 그 밖에 아직도 기능이 밝혀지지 않은 여러 유전자들 (보라색 바)로 나누어졌다. RLP는 RubisCO 유사 단백질을 나타낸다.

미니퀴즈

- 상동 유전자는 무엇인가?
- 유전자족은 무엇인가?
- 파라로그와 오르토로그 유전자들을 비교하라.

9.6 수평적 유전자 전이와 모빌롬

유전형질들은 한 세대에서 다음 세대로 소위 수직적 과정 (어머니에게서 딸에게로)을 통해 전달된다. 그러나 원핵생물에서는 수직적 전이는 **수평적 유전자 전이(horizontal gene transfer)** [종종 측면 유전자 전이(*lateral gene transfer*)라고도 함]로 보완될 수 있고, 이로 인해 유전체 분석이 복잡하게 될 수 있다. 수평적 유전자 전이는 수직적 과정과는 다른 방식으로 유전자들이 한 세포에서 다른 세포로 전이되는 것을 의미한다 (**그림 9.16**). 원핵세포에서 일어나는 수평적 유전자 전이 기작은 적어도 3가지가 알려져 있는데, 형질전환(*transformation*), 형질도입(*transduction*), 그리고 접합(*conjugation*)이며, 11장에서 자세히 다룬다.

수평적 유전자 전이의 검색

수평적 유전자 전이는 유전자에 주석달기를 마쳤을 때 여러 유전체에서 발견된다 (9.2절). 어떤 단백질들을 암호화하는 유전자가 연관성이 먼 종들에서 발견되는 것은 그 유전자들이 수평적 전이에 의해 파생되었다는 신호이다. 그러나 수평적 유전자 전이의 또 다른 실마리는 나머지 유전체와는 상당히 다른 GC 함량이나 코돈 편향성 (⇄ 4.9절)을 보이는 ORF들이다. 이러한 실마리를 근거로, 많은 수평적 전이 사례들이 다양한 세균과 고균 유전체에서 보고된 바 있다. 한 전형적인 예를 고온균인 *Thermatoga maritima*에서 찾을 수 있는데, 이 세균의 유전체는 고균에서 유래한 것이 분명한

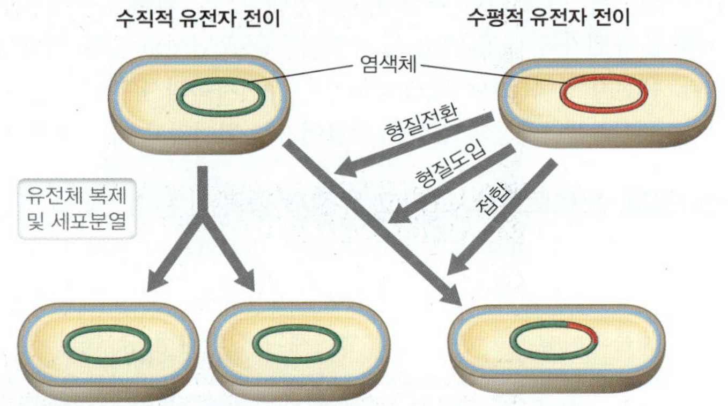

그림 9.16 수직적 대 수평적 유전자 전이. 수직적 유전자 전이는 세포들이 분열할 때 일어난다. 수평적 유전자 전이는 공여체 세포가 유전자를 수용체 세포에 전달할 때 일어난다. 원핵생물에서 수평적 유전자 전이는 형질전환, 형질도입, 그리고 접합 등 3가지 기작 중 하나를 통해 일어난다.

400개 이상의 유전자들 (전체 유전체의 20%에 해당)을 갖고 있는 것으로 나타났다. 이들 중 81개가 확연하게 클러스터를 이루고 있다. 이러한 현상은 이 유전자들이 아마도 *Thermotoga*와 함께 뜨거운 환경에 서식하고 있던 호열성 고균으로부터 수평적 유전자 전이에 의해 획득되었음을 시사한다.

수평적 유전자 전이는 비교 유전체학으로 쉽게 검색되는데, 이러한 전이가 일어나는 생물체들 간의 계통분류학적 차이가 다소 크다고 할 수 있다. 예를 들어, 여러 진핵생물 유전자들이 사람들에게 성병과 트라코마라는 안질을 일으키는 병원균인 *Chlamydia*에서 발견된다. 특히 히스톤 H1 유사 단백질을 지정하는 2개의 유전자가 *Chlamydia trachomatis* 유전체에서 발견되었는데, 이는 진핵세포 혹은 어쩌면 인간 숙주에서 수평적으로 전이되었음을 의미한다. 이러한 현상은 미토콘드리아와 엽록체 조상으로부터 진핵세포 핵

으로 유전자가 전이되었던 (9.4절) 미토콘드리아나 엽록체를 통한 유전자 흐름에 대해 개념적으로 반대라는 것에 주목할 필요가 있다. *Chlamydia*에서 발견된 것과는 대조적으로 상당히 가깝게 연관된 생물체들 사이에서 일어나는 정교한 수평적 유전자 전이는 잘 드러나지 않을 수 있고 따라서 유전체 주석을 다는 동안 놓칠 수 있다.

수평적으로 전이된 유전자들은 대체로 DNA 복제, 전사, 그리고 번역과 같은 핵심 대사과정 외의 기타 대사과정의 기능을 암호화하는데, 이로써 고균과 세균의 대사 관련 유전자들 간의 유사성을 설명할 수 있다. 이외에도, 일부 병원균의 독성 유전자들이 수평적 전이에 의해 파생된 경우를 예로 들 수 있다. 원핵생물들이 자연계에서 활발하게 유전자를 교환하는 것이 명확하고, 이러한 과정이 특정 상황이나 서식지에서 생물체의 유전체를 조율하는 기능을 하는 것 같다. 그럼에도 불구하고, 특정 생물체에서 유전자 분포를 설명하기 위하여 수평적 유전자 전이를 주장할 때 주의해야 할 점이 있다. 분석 대상의 유전자에 대한 상동유전자가 아직 유전체 염기서열이 분석되지 않은 비슷한 생물체에 존재할 수도 있다.

모빌롬

수평적인 유전자 흐름은 유전체에서 움직이는 유전요소들을 통칭하는 **모빌롬(mobilome)**에 의해 일어난다. 모빌롬에는 플라스미드, 프로파아지 (prophage, 유전체에 삽입된 바이러스), 인테그론(integron), 삽입서열 및 트랜스포존(transposon)들이 포함된다 (⇄ 11.11절). 인테그론은 통합효소(integrase)라는 효소의 활성을 통해 유전자 카세트 (재조합 자리를 포함하는 움직이는 DNA)를 획득할 수 있는 유전요소이다. 모든 모빌롬에 속하는 인자들은 종간에 유전자들을 재편성해 유전체 진화에 중요한 역할을 한다.

트랜스포존(*transposons*)은 움직이는 유전요소로, 염색체, 플라스미드, 그리고 바이러스 등 여러 숙주 DNA 분자들 사이를 전이효소(transposase)라는 효소 활성으로 (⇄ 11.11절) 인해 이동할 수 있다 (**그림 9.17**). 이렇게 할 때, 트랜스포존들은 항생제 저항성이나 독소 생산 등의 다양한 특성을 갖는 유전자들을 획득하고 수평적으로 전이시킬 수 있다. 이러한 경향 때문에 트랜스포존들은 강력한 유전체 진화의 원동력이 될 수 있다. 그러나 트랜스포존들은 대규모의 염색체 변이를 초래할 수도 있다 (그림 9.17). 빠른 진화적 변화를 겪고 있는 세균들은 종종 비교적 많은 수의 움직이는 인자들, 특히 삽입서열(*insertion sequences*)을 많이 갖고 있는데, 이들은 전위를 위한 유전자들만 갖고 있는 매우 단순한 인자들이다. 동일한 인자들 사이의 재조합으로 결실(deletion), 역위(inversion), 전좌(translocation) 등의 염색체 재배열이 발생되고, 이로 인하여 자연선택이 작용할 수 있는 유전체 다양성의 원인이 된다. 따라서 스트레스가 많은 생장 조건 하에서 세균에 많이 축적되는 염색체 재배열 부분들은 그 양쪽에 반복서열 혹은 삽입서열들로 둘러싸여 있다.

삽입서열로 인한 염색체 재배열은 일부 세균성 병원균의 병원성을 강화하여 그들이 진화하는 데에 명백하게 기여해 왔다. *Bordetella*, *Yersinia*, 그리고 *Shigella* 속에서 병원성이 더 강한 종들이 더 많은 삽입서열을 갖고 있는 것으로 나타났다. 예를 들어, 개나 다른 가축에서 기관지염과 유사한 기침을 유발하는 *Bordetella bronchiseptica*는 5.3 Mbp의 유전체를 갖고 있으나, 삽입서열은 갖고 있지 않다. 이 균보다 더 병원성을 갖는 백일해 원인균인 *B. pertussis*는 (⇄ 30.3절) 더 작은 유전체 (4.1 Mbp)를 갖고 있음에도 불구하고 260개 이상의 삽입서열을 갖고 있다. 이 유전체들을 비교하면 *B. pertussis* 유전체 크기를 줄이는 데 기여한 결실을 포함한 주요 유전체 재배열에 삽입서열들이 관련되어 있음을 알 수 있다.

모빌롬, 특히 전위요소의 수평적 전이와 프로파아지는 특정 균주에서 염색체섬(*chromosomal islands*)의 존재에 대해서도 책임이 있다. 우리는 이제 이들 섬에서 관심을 돌려 나머지 유전체와의 관계를 조사하고자 한다.

미니퀴즈

- 수평적으로 거의 전이되지 않는 유전자들은 어떤 종류가 있는가? 그 이유는?
- 세균과 고균에서 수평적 유전자 전이가 일어나는 주요 기작들을 설명하라.
- 병원체들의 진화에서 트랜스포존들이 어떻게 특별히 중요한 역할을 하는가?

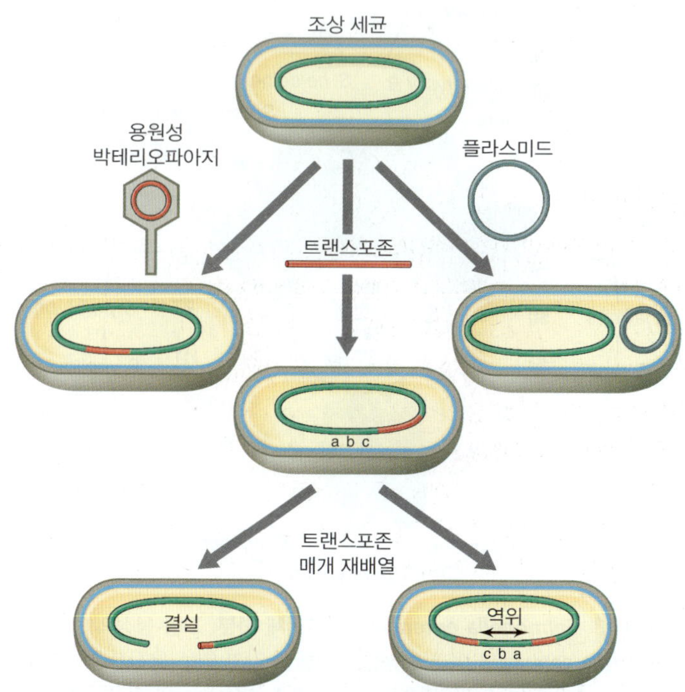

그림 9.17 움직이는 요소들이 유전체 진화를 촉진시킨다. 많은 움직이는 유전적 요소들이 한 생물체에서 다른 생물체로 옮겨 다닐 수 있으며, 따라서 수용체의 유전체에 유전자들을 더한다. 이러한 것들 중 가장 흔한 것들이 플라스미드, 박테리오파아지, 그리고 트랜스포존이다. 트랜스포존에 이웃하는 DNA의 결실과 역위 같은 염색체 재배열은 전위효소(transposase) 활성에 의해 매개된다.

단원 3

9.7 핵심 유전체 대 범유전체

같은 종에 속하는 여러 균주들의 유전체 염기서열을 비교할 때 제기되는 가장 중요한 개념들 중의 하나가 **범유전체(pan genome)**와 **핵심 유전체(core genome)**를 구분하는 것이다. 핵심 유전체는 특정 종에서 모든 균주들이 공통적으로 갖고 있는 부분인 반면에, 범유전체는 핵심 유전체와 그 종의 모든 균주들이 갖고 있지 않으나 하나 혹은 그 이상의 균주들이 갖고 있는 기타 부수적인 유전체를 포함한다. 앞서 본 것처럼, 플라스미드, 바이러스, 혹은 움직이는 요소들과 같은 모든 유전적 요소들의 수평적 유전자 전이가 가능하다. 그 결과, 같은 종의 세균 균주들 사이에도 DNA 양이 다르고 부수적인 기능 (병원성, 공생, 생분해 등)들이 다를 수 있다. 다시 말하면, 핵심 유전체가 전체적으로 어떤 종의 대표적인 유전정보라면, 흔히 움직이는 요소들을 포함하는 범유전체 구성은 그 종의 특정 균주들에게 국한되는 것이다.

특정 종에 속하는 균주들의 유전체가 더 많이 분석됨에 따라 지속적으로 증가하고 있기 때문에 범유전체의 크기를 정확하게 규정하기는 어렵다. 장내세균인 *Escherichia coli*와 *Samonella enterica* 같은 경우, 넓은 범위의 플라스미드들과 트랜스포존들 등을 갖고 있는 각기 다른 많은 균주들이 분리되었다. 따라서 범유전체는 매우 크다. **그림 9.18**은 주요 인체 병원체인 *Salmonella enterica* (살모넬라증) 혈청형 (면역학적 특성들에 따라 특정되는 균주들)의 범유전체를 "화분(flowerpot)" 모식도로 설명하고 있다. 명백히, 모든 균주들이 적어도 2,811개의 유전자를 갖고 있으나, 일부는 수백 개의 유전자를 더 갖고 있다 (그림 9.18).

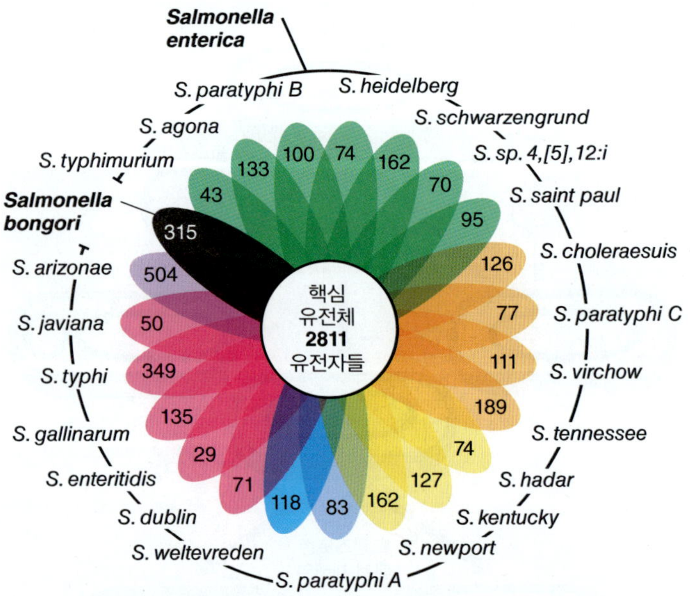

염색체섬

특정 종의 핵심 유전체와 범유전체를 그들과 가까운 종들의 것들과 비교하면, 플라스미드나 삽입된 바이러스들이 아니고 염색체의 일부분인 별도의 유전물질 덩어리가 발견된다. 이들이 소위 **염색체섬(chromosomal islands)** 혹은 유전체섬(*genomic islands*)이라고 하는 단순한 생존이 아니라 특별한 기능을 위한 유전자 군집이다 (**그림 9.19**). 따라서 같은 종의 두 균주들이 유전체 크기가 현저하게 다를 수 있다. 염색체섬은 여러 증거들로 미루어 "외부(foreign)"에서 유래한 것으로 짐작된다. 첫째로, 이러한 여분의 유전자들은 종종 양쪽에 역방향 반복부위가 자리 잡고 있는데, 이로써 그 부위 전체가 근래의 진화 과정 중 특정 시기에 전이에 의해서 염색체로 삽입되었다는 것을 알 수 있다 (9.6절). 둘째, 염색체섬의 염기조성과 코돈 사용은 대체로 나머지 유전체와 상당히 다르다 (표 9.3). 셋째, 염색체섬은 때로 특정 종의 일부 균주에서 발견되나 다른 종에서는 발견되지 않는다.

대부분의 경우 질병과 연관된 기능을 지정하는 유전자들은 유전체섬에 위치하고 있기 때문에 병원균의 염색체섬들은 많은 관심을 받고 있다. 그러나 염색체섬에는 방향족 탄화수소나 해충제 같은 오염물들을 분해하는 유전자들도 있다고 알려져 있다. 이외에도, 식물의 뿌리혹에 존재하는 질소고정 세균인 *Rhizobium*과 공생관계 (23.3절)에 필요한 유전자들도 염색체섬에 있다. 아마도

Salmonella enterica
S. paratyphi B, S. heidelberg, S. schwarzengrund, S. sp. 4,[5],12:i, S. saint paul, S. choleraesuis, S. paratyphi C, S. virchow, S. tennessee, S. hadar, S. kentucky, S. newport, S. paratyphi A, S. weltevreden, S. dublin, S. enteritidis, S. gallinarum, S. typhi, S. javiana, S. arizonae, Salmonella bongori, S. typhimurium, S. agona
핵심 유전체 2811 유전자들
100, 74, 162, 70, 95, 126, 77, 111, 189, 74, 127, 162, 83, 118, 71, 29, 135, 349, 50, 504, 315, 43, 133

그림 9.18 *Salmonella enterica*의 범유전체 화분. 그람-음성의 병원체인 *Salmonella enterica*의 여러 혈청형 균주들이 갖고 있는 유전자족 화분 (화분을 둘러싼 이름들은 면역학적으로 독특한 *S. enterica* 혈청형들임). 이 그림은 각 혈청형에 고유한 각 유전체에서 발견되는 평균 유전자족 수를 보이고 있다. *Salmonella bongori*는 *S. enterica*와는 많이 다른 종이다. 혈청형 4,[5],12.i는 최근에 동정되었고 아직도 명명되지 않았다. 이 결과는 Jacobsen, A., R.S. Hendriksen, F.M. Aaresturp, D.W. Ussery, C. Friis. 2011. *Salmonella enterica* pan-genome. *Microb Ecol 62:* 487–504. 논문에서 인용되었음.

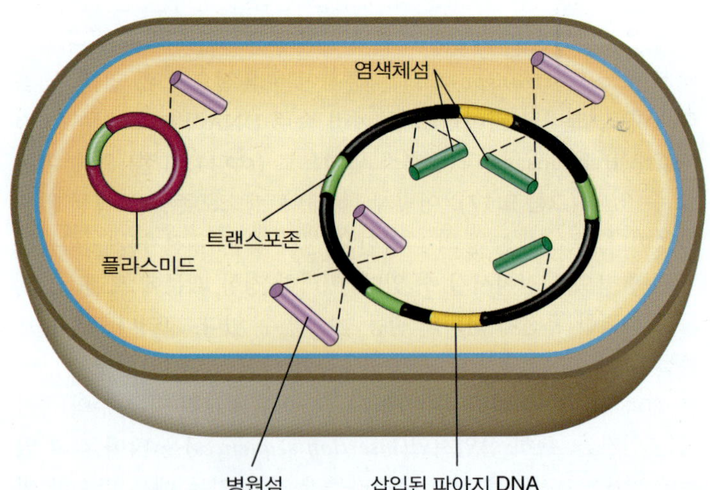

그림 9.19 유전체 삽입의 가능성. 핵심 유전체는 염색체에 검은색 부위로 표시되었고 같은 종에 속하는 모든 균주에 존재한다. 범유전체는 모든 균주에 있는 것이 아니라 하나 혹은 그 이상의 일부 균주들에만 존재하는 요소들을 포함한다. 각각의 색으로 표시된 부채꼴은 한 개의 삽입체를 의미한다. 한 곳에 두 개의 부채꼴이 있는 경우 그 부위에 둘 중에 하나가 삽입되는 것을 뜻한다. 그러나 각 부위에는 한 개의 삽입체만 발견된다. 플라스미드들도 염색체처럼 모든 균주에 공통적으로 존재하지 않는 삽입체를 갖고 있을 수 있다.

가장 독특한 염색체섬은 세균인 *Magnetospirillum*이 갖고 있는 마그네토솜섬(magnetosome islands)일 것이다. 이 DNA 단편은 자기장 내에서 세균이 방향을 결정하게 하고, 그 운동 방향에 영향을 미치는 세포 내 자석입자, 즉 마그네토솜 형성에 필요한 유전자들을 갖고 있다 (2.8절).

일부 염색체섬들은 통합효소(integrase) 유전자를 갖고 있어, 접합 가능한 트랜스포존과 유사한 방법으로 옮겨 다니는 것으로 생각된다 (9.6절). 염색체섬들은 대체로 tRNA 유전자에 삽입되는 경우가 많으나 삽입되면서 그 목표 부위가 중복되기 때문에 삽입과정 중 온전한 tRNA 유전자가 다시 만들어지게 된다. 몇몇 경우, 염색체섬 전체가 서로 유사한 세균들 사이에서 전이된 것이 실험적으로 증명된 바 있다. 이러한 전이는 형질전환, 형질도입, 접합 등(그림 9.17) 수평적 전이 기작 중 한 방법에 의해 일어날 수 있다. 새로운 숙주의 유전체에 삽입된 다음 염색체섬들에는 점차 점돌연변이나 작은 결실 등의 돌연변이가 축적되어 그 결과, 여러 세대를 거치면서 염색체섬들은 움직여 다닐 수 없게 된다.

병원섬과 병원성의 진화

병원균 유전체를 같은 종의 비병원균들의 유전체와 비교하면 질병을 유발시킬 수 있게 하는 독성인자들(*virulence factors*)인 특정한 단백질들, 독소들, 효소들 혹은 질병증상을 유발시키는 분자들이나 구조물들을 지정하는 유전자들이 염색체섬에 존재하고 있는 것을 흔히 발견하게 된다 (25장). 일부 독성 유전자들은 용균성 박테리오파아지나 플라스미드 (8.7절과 11.8절)에 포함되어 있다; 그러나 다른 많은 독성 유전자들은 **병원섬(pathogenicity islands)**이라고 불리는 염색체 부위에 모여 있다.

방광염을 일으키는 대장균 균주의 병원섬이 특별히 잘 연구된 바 있다 (**그림 9.20**). 아주 일부 *E. coli* 균주들이 방광염과 신장염을 일으킬 수 있는데, 이들은 숙주 조직에 결합할 수 있게 하는 부착단백질 혹은 면역 감시체계를 피할 수 있게 하는 캡슐 등의 다양한 독성인자를 지정하는 병원섬을 갖고 있다. *E. coli* K-12 균주(안전한 실험용 균주)와 073 균주들 (비뇨계 병원체)이 4.6 Mbp의 핵심 유전체를 공유하고 있지만, 073 균주가 K-12 균주보다 11% 정도의 DNA를 더 갖고 있으며 이들 대부분이 병원성 생활사와 관련이 있다.

피부염, 종기 및 그와 비슷한 질병을 유발시키는 *Staphylococcus aureus*의 특정 균주에 존재하는 작은 병원섬은 일련의 병원성 인자들을 지정하는 유전자들을 갖고 있는데, 이 섬은 용원성 박테리오파아지를 통해 세포 간에 전이될 수 있다 (11.7절). 이 병원섬은 파아지 유전체보다 작은데 이 병원섬이 염색체에서 빠져나와 복제되면, 병원섬 유전자들은 갖고 있으나 너무 작아서 파아지 유전체를 운반할 수 없는 결함 있는 파아지입자 형성을 유도할 수 있다. 이러한 방법으로 병원섬이 없는 *S. aureus* 균주들이 감염되면 파아지들에 의해 사멸되지 않으면서 병원섬을 획득하여 더욱 강한 병원균이 될 수 있다.

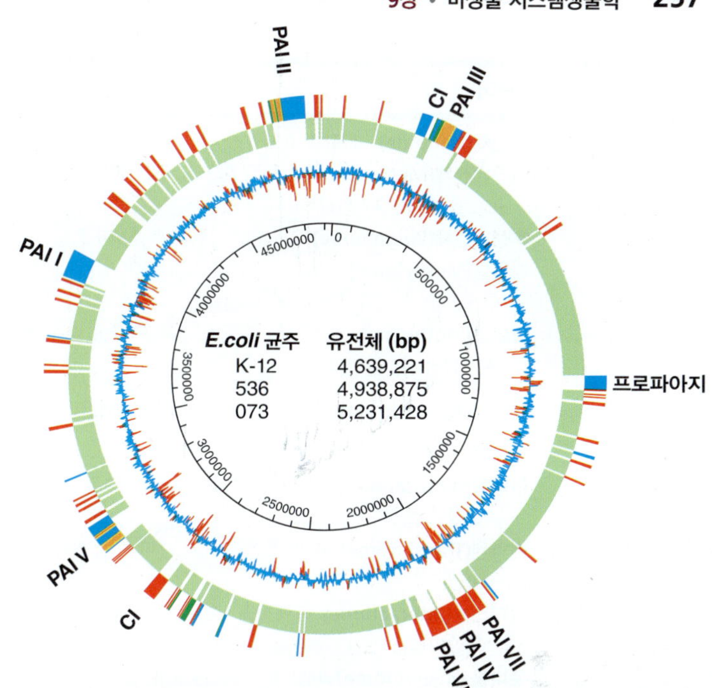

그림 9.20 대장균의 병원성. 요로 병원균인 대장균 536 균주의 유전자 지도를 또 다른 병원성 균주 (073)와 비병원성 균주 (K-12)의 유전자 지도와 비교하였다. 이 병원성 균주들은 병원섬들을 가지고 있기 때문에 이 염색체들은 K-12 염색체보다 더 크다. 안쪽 원은 뉴클레오티드 염기쌍, 톱니 모양의 원은 DNA GC 분포를 나타내고, 유전체 평균에 비해 GC 함량이 현격히 다른 부위는 빨간색으로 표시되었다. 가장 바깥쪽의 원에 3가지 유전체를 비교하였는데, 초록색은 모든 균주에 공통으로 존재하는 유전자들이고, 빨강은 병원성 균주에만 존재하는 유전자들이며, 파란색은 536 균주에만 존재하는 유전자들이고, 주황색은 536 균주에 존재하며 073 균주에서는 다른 위치에 있는 유전자들이다. 아주 작은 삽입체들은 명료성을 위해 생략되었다. PAI는 병원섬, CI는 염색체섬, 프로파아지는 용원파아지 DNA를 뜻한다. 유전체섬들과 편향된 GC 함량 간의 상관관계를 주시하라. 자료는 *Proc. Natl. Acad. Sci (USA) 103:* 12879–12884 (2006)에서 인용되었음.

미니퀴즈

- 핵심 유전체와 범유전체는 어떻게 다른가?
- 염색체섬은 무엇이고 어떻게 외래 유전자인지 밝힐 수 있는가?
- 병원섬은 무엇이고 세균 종들 사이를 어떻게 옮겨 갈 수 있나?

III • 기능성 오믹스

유전체 염기서열에 주석을 다는 노력에도 불구하고, 그 결과는 단지 "각 부분들의 목록(list of parts)"을 작성하는 데 불과하다. 세포가 어떻게 기능하는지를 이해하기 위해서는 어떤 유전자들이 존재하는지 아는 것 이상이 필요하다. 또한 (1) 유전자가 어떻게 발현되고, (2) 그 유전자 산물의 기능이 무엇인지, (3) 생산된 단백질의 기능, 그리고 (4) 생장 중 생성된 대사물질들을 이해해야 한다.

"유전체(genome)"라는 용어와 같은 맥락에서, 어떤 특정 조건하에서 생산되는 RNA, 단백질, 혹은 대사물질 전체를 통틀어 각

표 9.6 오믹스 용어

DNA	**유전체(Genome)** 세포나 바이러스 유전정보 전량 **메타유전체(Metagenome)** 특정 환경에 존재하는 모든 세포들의 유전자 전량 **후성유전체(Epigenome)** 가능한 후생유전적 변이 전량 **메틸롬(Methylome)** DNA 상에 메틸기가 붙어 있는 (후생적이거나 아니거나) 염기 전량 **모빌롬(Mobilome)** 세포 내에 존재하는 옮겨 다닐 수 있는 유전인자들 전체
RNA	**전사체(Transcriptome)** 특정 조건 하에서 생물체들이 만든 전체 RNA
단백질	**단백질체(Proteome)** 유전체에 의해 지정되는 모든 단백질 집합체 **번역체(Translatome)** 특정 조건 하에서 존재하는 전체 단백질 **인터랙톰(Interactome)** 단백질들 (혹은 다른 거대분자들) 간에 일어나는 모든 상호관계 **분비물체(Secretome)** 세포에 의해 분비되는 모든 단백질 집합체
대사물질	**대사체(Metabolome)** 작은 분자들과 대사 중간체들의 전체 집합체 **당질체(Glycome)** 당 및 탄수화물들의 전체 집합체
생물체	**마이크로바이옴(Microbiome)** 어떤 환경에 (고등 생물들과 함께 존재하는 환경 포함) 존재하는 모든 미생물들의 집합체 **바이롬(Virome)** 어떤 환경에 존재하고 있는 모든 바이러스의 집합체 **마이코바이옴(Mycobiome)** 자연 환경에 존재하는 균류의 전체 집합체

각 **전사체(transcriptome)**, **번역체(translatome)**, **대사체(metabolome)**이라고 한다. 각각에 "오믹스(omic)"이라는 접미사를 붙이면 각각에 해당되는 학문분야를 의미하게 된다. **표 9.6**에 오늘날 미생물학에서 사용되는 몇 가지 "omics" 용어들을 정리하였다.

9.8 메타유전체학

미생물 군집에는 배양되거나 동정된 적이 없는 많은 미생물들이 존재한다. **메타유전체학(metagenomics)**은 분리되거나 동정된 적이 없는 생물체들이 포함된 환경시료들에서 추출한 DNA 혹은 RNA 집합체를 분석하는 과학이다 (**그림 9.21**). 한 생물체가 갖고 있는 유전자 전체 목록을 유전체(*genome*)라고 하는 것처럼 어떤 환경에 서식하고 있는 생물체들이 갖고 있는 모든 유전체 목록을 **메타유전체(metagenome)** (표 9.6)라고 한다. DNA 염기서열 결정에 기초한 메타유전체 분석 외에도 RNA나 단백질에 기반한 분석들도 자연의 미생물 군집 내 유전자 발현 양상을 탐구하는 데 사용될 수 있다. 최근의 기술로 이러한 연구들은 개별적 세포들에 대해서도 수행될 수 있다 (9.12절).

메타유전체 연구의 예

여러 환경들에 대해서 대용량의 메타유전체 염기서열 분석연구가 수행된 바 있다. 광산에서 흘러나오는 산성폐수와 같은 극한환경에는 종 다양성이 낮은 경향이 있다. 이러한 환경에서는 군집의 DNA를 분리해서 (그리고 대사물질도 가능, 9.11절) 거의 완전한 한 개체의 유전체로 조립하는 것이 가능하다. 역으로 비옥한 토양이나 수계와 같이 복잡한 환경은 너무 많은 염기서열 결과가 나오기 때문에 성공적으로 유전체를 조립하는 것이 현재로서는 어렵다.

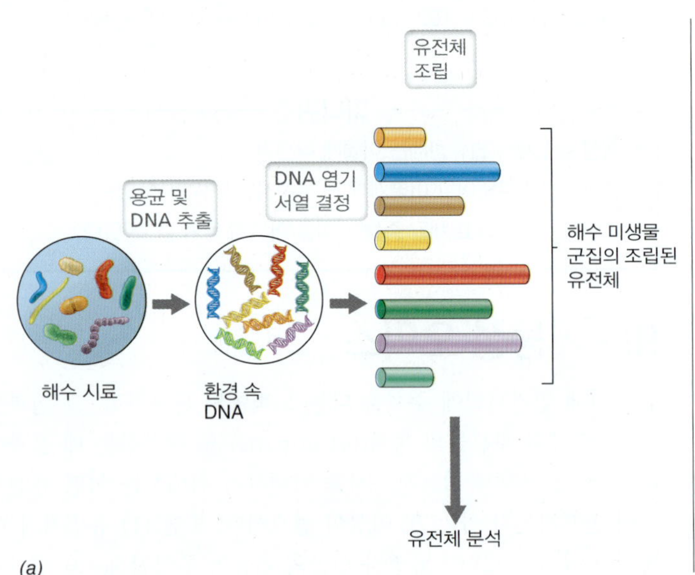

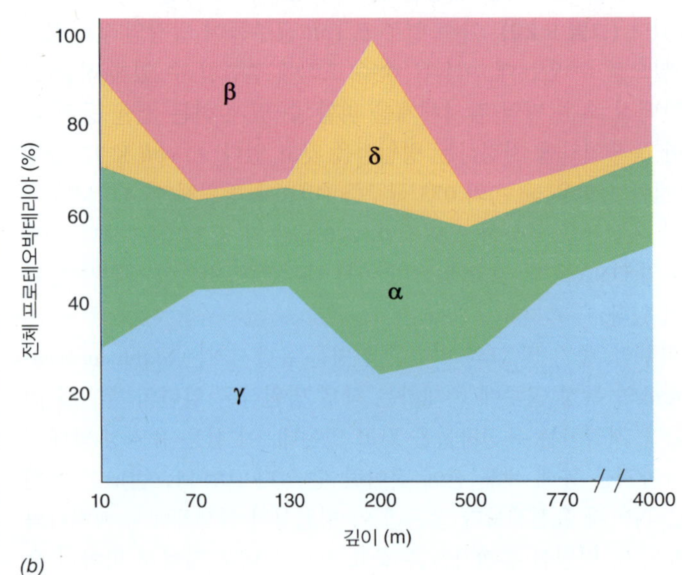

그림 9.21 메타유전체학과 마이크로바이옴. *(a)* 해수 시료에서 DNA를 분리, 염기서열 결정, 그리고 동정하는 과정. *(b)* 해양에 서식하는 프로테오박테리아. 태평양의 깊이에 따라 프로테오박테리아의 주요 아그룹들 (알파, 베타, 감마, 그리고 델타)의 분포를 보이고 있다. 많은 다른 세균들도 존재한다 (결과는 안 보임). 이 결과는 Kembel, S.W., J.A. Eisen, K. S. Pollard, and J.L. Green. 2011. *PLoS One 6:* e23214에서 인용되었음.

그럼에도 불구하고 지금까지 메타유전체 연구에서 도출된 놀라운 발견은 자연 환경에서 발견되는 대부분의 DNA가 세포성 생물의 것이 아니라 바이러스 것이라는 점이다. 이것은 바이러스의 유전체학과 계통분류를 다루는 10장에서 더 설명되어 있다.

완전한 유전체가 조립될 수 없다고 하더라도, 메타유전체 조사로 유용한 정보를 많이 찾아낼 수 있다. 예를 들어, 여러 환경에서 다른 분류 그룹에 속하는 세균들의 존재와 분포도를 분석할 수 있다. 그들은 상대적인 분포량 면에서 환경에 따라 크게 달라지며, 그림 9.21*b*는 태평양 하와이에 가까운 지역에 서식하고 있는 프로테오박테리아(*Proteobacteria*) (그람-음성 세균의 주요 문, 16장)의 주요 아그룹(subgroup)에 대해 보여주고 있다. 빛, 산소, 영양소, 그리고 온도가 바다 깊이에 따라 변하고, 이러한 요인들은 깊이에 따라 어떤 프로테오박테리아 아그룹들이 가장 경쟁력이 있는지와 연계되어 있다 (그림 9.21*b*). 그와 같은 메타유전체 연구로부터 도출된 재미있는 점은 많은 세포성 DNA가 살아 있는 생물체의 것이 아니라는 것이다. 해양에서 DNA의 약 50~60%는 심해 바닥에서 발견되는 세포 외 DNA들이다. 이것들은 해양 위쪽에서 죽은 생물체가 가라앉으면서 방출되어 축적된 DNA일 것이다. 핵산들은 주요 인산 함유물이기 때문에 이러한 DNA가 지구상의 인산 순환에 크게 기여한다.

메타유전체학과 "바이옴(biome)" 연구

인체는 약 10조 개 (10^{13})의 세포들을 갖고 있다고 예측되나, 각 사람들은 이보다 10배가 더 많은 세균들을 갖고 있다. 이러한 원핵생물 집합체를 인간 마이크로바이옴 (*microbiome*, 24장)이라고 한다. 대부분의 이러한 생물체들은 대장에 서식하고 주로 세균의 두 주요 계통분류학적 그룹인 *Bacteriodetes*와 *Firmicutes*에 속한다 (16장). 흥미로운 발견은 장내 마이크로바이옴의 조성이 인간과 실험쥐 모델 모두에서 비만성과 연관이 있다는 것이다. 결과에 따르면 장 내의 *Firmicutes* 비율이 높을수록 (대부분 *Clostridium*과 그 유사 종), 사람이나 쥐가 더 비만해졌다, 이러한 발견을 뒷받침하는 기작은 발효를 할 수 있는 *Firmicutes* 종이 식이 섬유를 숙주가 흡수할 수 있는 지방산으로 더 많이 전환시킨다는 것이다 (24.8절). 이러한 방식으로 비만한 숙주는 같은 양의 음식에서 날씬한 숙주보다 더 많은 유기 탄소를 흡수한다.

인간과 쥐의 장내 마이크로바이옴에 대한 최근 조사로 60종 이상의 균류가 존재하고 있다는 놀라운 사실을 밝혔다 (**그림 9.22**). 이들이 장내 마이코바이옴 (*mycobiome*; "myco"라는 접두사는 균류를 의미함)을 형성한다. 많은 균류들 특히 비병원성 효모들이 피부, 구강, 그리고 실로 인체의 모든 습기 있는 표면에 서식하고 있다. 이들 대부분은 *Saccharomyces*, *Cladosporium*, 그리고 *Candida*에 속하는 많은 종들처럼 흔하고 일반적으로 무해한 효모들이다. 이들 대부분은 장 내에서 발견되는데, 장에는 *Aspergillus*와 *Trichosporon*처럼 심각한 질병 유발의 잠재력이 있는 균류도 있다. 이외에도 장내 균류는 마이크로바이옴의 1% 미만을 차지하고 있으나, 염증성 장 질환과 비만 사례와 같은 경우는 특정 균류 집단과 매우 밀접한 연관성이 있다. 따라서 메타유전체학 인간이나 다른 동물들에서 특정한 미생물 집단과 특정한 질병간의 연관성을 탐구하는데 큰 가능성을 갖고 있다. 더구나 분명한 인과관계가 의심되는 경우에도, 의학적 진단을 내리는 데 있어서 메타유전체학은 임상적인 도구로서의 가능성을 갖고 있다.

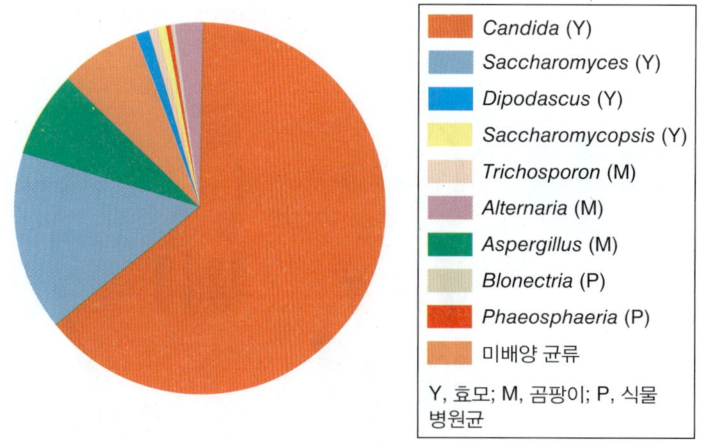

그림 9.22 쥐의 마이크로바이옴. 쥐 장내의 균류 속 분석 결과이다. 파이 도표는 이 중 가장 흔한 균류가 효모임을 나타내고 있다. M, 곰팡이; Y, 효모; P, 식물 병원균. Iliev, I.D., et al. *Science 336:* 1314–1317 (2012) 논문에서 결과를 인용되었음.

미니퀴즈

- 메타유전체란 무엇인가? 마이크로바이옴은 무엇인가?
- 메타유전체는 어떻게 분석되는가?

9.9 유전자칩과 전사체학

유전체 염기서열이 분석되고 나면, 그 염기서열은 특정 미생물 검색, 유사 균주들의 유전체 차이점 결정, DNA 결합 단백질들이 특이적으로 결합하는 염기서열의 동정, 유전자 발현도 (전사) 측정 등에 사용할 수 있는 유전자칩(gene chips) 기구를 제조하는 데 사용할 수 있다. 전사체학(*transcriptomics*)은 전사에 관한 총체적 연구를 이르며 선택된 생장 조건 하에서 생산되는 전체 RNA를 분석하여 수행된다. 기능이 아직 불확실한 유전자들의 경우 그 유전자들이 전사되는 조건을 밝히는 것이 그 기능을 이해하는 실마리가 될 수 있다. 2가지 주요 방법이 전사체학에서 사용된다: 마이크로어레이(*microarrays*)와 *RNA-Seq*.

마이크로어레이와 DNA 유전자칩

마이크로어레이(microarray)는 유전자나 더 흔하게는 유전자의 일부분이 공간적으로 일정한 방식으로 나열되어 고정되어 있는 작은 고형 지지체로 흔히 **유전자칩(gene chip)**이라고 부른다 (**그림 9.23*a***). 마이크로어레이 기법은 칩 상에 부착된 DNA 염기서열에 혼성화되는 DNA나 RNA를 측정한다. DNA가 변성되어 (즉 가닥

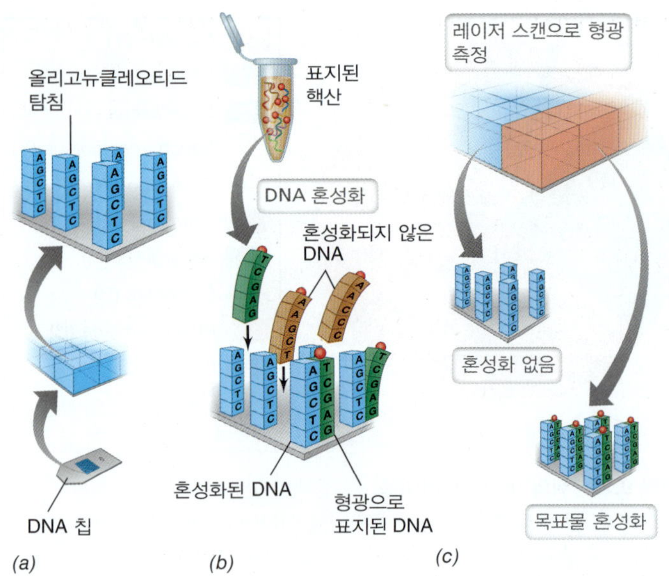

그림 9.23 DNA 칩 디자인과 응용. *(a)* DNA 칩 디자인. 한 생물체의 모든 유전자에 대한 혹은 많은 생물체들을 진단할 수 있는 짧은 외가닥 올리고뉴클레오티드들을 각각 합성하고 마이크로어레이를 만들기 위해 정해진 위치에 고정하였다. *(b)* 마이크로어레이 혼성화. 특정 DNA 혹은 mRNA의 존재 여부를 형광물질로 표지된 시료 (DNA나 cDNA)를 칩 상의 DNA 탐침들과 혼성화시켜 분석한다. 표지된 DNA나 cDNA는 염기서열 상보성이 있다면 칩 상의 탐침들과 결합할 것이다. *(c)* 마이크로어레이 혼성화 분석. 레이저로 스캐닝하여 표지된 핵산이 탐침과 결합된 칩 부위를 밝힌다.

분리가 일어나면) 외가닥 DNA들이 만들어지면 다른 외가닥 DNA 혹은 RNA 분자들과 상보적 혹은 거의 상보적인 염기쌍 형성을 통해 결합함으로써 혼성 이중가닥 분자들이 형성될 수 있다 (그림 9.23*b*, 12.1절). 이러한 과정을 핵산 혼성화(*nucleic acid hybridization*) 혹은 줄여서 **혼성화(hybridization)**라고 하며, DNA 혹은 RNA 단편들을 감지하거나, 특성을 분석하거나, 동정하는 데 널리 사용되고 있다. 어떤 유전자 조각인지 이미 알고 있어서 혼성화에 사용되는 외가닥 핵산 단편들을 **핵산 탐침(nucleic acid probes)** 혹은 간단히 탐침(*probes*)이라고 한다. 이렇게 감지하기 위해서 칩에 가해진 핵산들은 형광염료로 표지되고, 혼성화가 일어난 칩은 어떤 탐침이 DNA와 혼성화되었는지 측정하는 레이저 형광물질 검출기로 스캐닝한다 (그림 9.23*b*, *c*).

칩들은 일반적으로 약 1~2 cm 크기로 쉽게 다룰 수 있는 플라스틱 홀더 안에 삽입되는데 (**그림 9.24*a***), 각 칩은 수천 개의 서로 다른 DNA 단편들을 담을 수 있다. 실제로 마이크로어레이의 신뢰도를 향상시키기 위하여 각 유전자들을 한 번 이상씩 부착시킨다. 완전한 유전체 마이크로어레이들은 한 생물체의 전체 유전체를 대표할 수 있는 DNA 단편들을 다 포함하고 있다. 예를 들어, 완전한 인간 유전체를 포함하고 있는 칩은 (그림 9.24*a*) 47,000개의 인간 전사체를 분석할 수 있고, 추가로 임상 진단에 사용될 수 있는 6,500개의 올리고뉴클레오티드를 수용할 수 있는 공간을 갖고 있다.

유전자칩의 유전자 발현 측정 및 기타 용도

유전자 발현 마이크로어레이에서는 유전체 염기서열을 기반으로 각 유전자에 대한 탐침들이 디자인되고 합성된다. 고체 지지대에 부착되면, DNA 조각들은 특정한 조건 하에서 배양된 세포에서 추출한 표지된 RNA와 혼성화될 수 있고, 스캐닝된 다음 컴퓨터로 분석된다. mRNA 양은 대체로 너무 작아서 직접 사용할 수 없기 때문에, 먼저 mRNA를 상보적인 DNA (*complementary DNA*, cDNA, 12.1절)로 전환시키는 변형된 중합효소연쇄반응법(PCR)을 사용하여 DNA로 전환시켜 증폭한다.

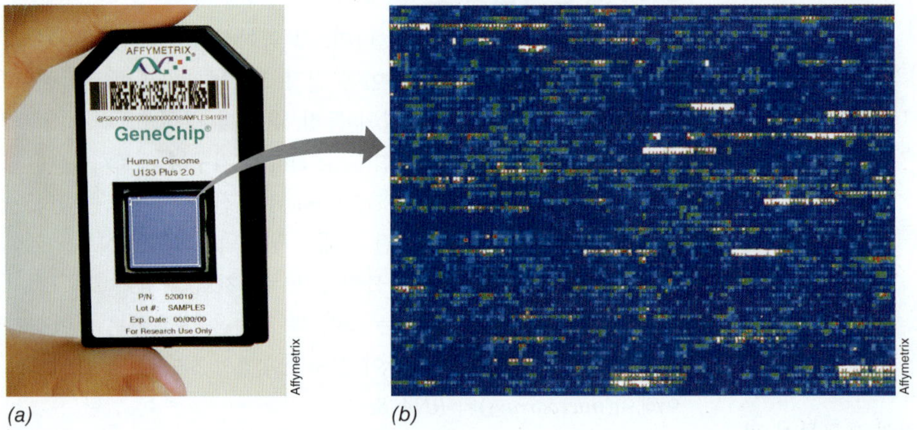

총체적인 유전자 발현을 조사하기 위해서, 시료로부터 추출한 전체 RNA (혹은 cDNA)를 그 전체 유전체에 상응하는 올리고뉴클레오티드의 어레이와 혼성화시킨다. 그림 9.24*b*는 6,000개 이상의 단백질을 지정하는 *Saccharomyces cerevisiae* 유전자들에 대한 탐침을 포함하고 있는 칩의 일부를 보여주고 있다. 효모 cDNA를 칩에 혼성화시킨 다음, 뚜렷한 혼성화 양상이 관찰되고, 형광발색과 그 강도에 따라 어떤 유전자가 얼마나 발현되었는지 알 수 있다 (그림 9.24*b*); 이러한 결과가 특정 조건에서 배양된 효모의 전사체(*transcriptome*)를 파악할 수 있다 (표 9.6). 이러한 방식으로 여러 생장 조건 하에서의 유전자 발현을 측정할 수 있다. 예를 들어, 발효나 호흡법으로 생장 가능한 효모에서 그 생물체가 혐기성 조건에서 호기성 조건으로 옮겨졌을 때 전사체 분석으로 에탄올 (주요 발효 산물) 생산을 조절

Affymetrix

(a) (b)

그림 9.24 유전자 발현 분석을 위한 유전자칩 이용. *(a)* 인간 유전자칩은 47,000개 이상의 유전자 단편을 포함하고 있다. *b*로 확대된 *a* 부분이 실제 마이크로어레이가 있는 곳이다. *(b)* 혼성화된 효모 칩은 빵효모인 *Saccharomyces cerevisiae*의 유전체 중 1/4 정도의 단편들이 혼성화된 것을 보여준다. 각 유전자들은 여러 분자가 있고 특정 생장 조건 하에서 효모에서 분리하여 형광물질로 표지한 cDNA (mRNA로부터 제조)와 혼성화시켰다. 칩의 배경은 파란색으로 보이고 있다. cDNA가 혼성화된 곳들은 그 정도에 따라 점점 밝아져 최대로 혼성화가 일어난 곳은 하얀색으로 보인다. 칩 상의 유전자들의 위치가 알려져 있기 때문에 이 칩을 스캐닝하면 어떤 유전자들이 발현되었는지 알 수 있다.

하는 유전자들은 완전히 억제되고, 반면에 (호기적 생장에 필요한) 구연산 회로의 기능을 지정하는 유전자들은 강하게 활성화됨을 전사체 분석을 통해 확인할 수 있었다. 전체적으로 이러한 대사 전환을 거치면서 700개 이상의 유전자들이 활성화되었고 1,000개 이상의 유전자들이 억제되었다. 이런 방식의 "전환(shift)" 실험에서 기능 미상이었던 몇몇 유전자들의 발현 양상이 밝혀지고, 이러한 발현 양상을 분석함으로써 기능 미상의 단백질들의 세포 내 기능을 밝히는 귀중한 단서를 얻을 수도 있다.

마이크로어레이는 미생물 동정에도 사용될 수 있다. 예를 들어, 위장관 내 병원균인 *Escherichia coli* O157:H7과 같은 특정 병원균에 특이적인 DNA 염기서열을 검색하기 위하여 동정칩[identification (ID) chip]이 식품산업에서 사용되어 왔다. 환경 분야에서는 파일로칩(*PhyloChips*)이라고 하는 마이크로어레이가 미생물 다양성을 평가하는 데 사용되어 왔다. 이 칩은 다양한 세균 종의 계통분류에 널리 사용되는 분자인 16S rRNA 염기서열에 상보적인 올리고뉴클레오티드를 포함하고 있다 (13장). 어떤 환경에서 DNA 혹은 RNA를 추출한 다음, 각 세균 종의 존재 여부를 칩 상에서 혼성화된 상태에 따라 평가할 수 있다 (19.7절). ID칩과 파이로칩들이 매우 특이적으로 제조될 수 있으나, 자연시료에 존재하는 특정한 병원균들이나 계통분류학적 그룹들을 동정할 때 DNA 분리, 염기서열 결정 및 분석 등이 더 저렴하기 때문에 메타유전체학 의 접근법을 더 선호하게 되었다.

RNA-Seq 방법

RNA-Seq 분석은 어떤 세포에서 추출된 모든 RNA 분자를 DNA (cDNA, 12.1절)로 전환시키고 그들의 염기서열을 결정하는 전사체 분석법이다. 비교할 수 있는 유전체 염기서열이 있다면, RNA-Seq로 어떤 유전자들이 전사되었는가 뿐만 아니라 각 RNA 분자들이 얼마나 만들어졌는지도 파악할 수 있다. RNA-Seq는 모든 전사체를 대상으로 하기 때문에, mRNA 발현도 측정, 기다란 번역이 일어나지 않는 부분의 동정, 유전정보가 없는 RNA 발견하는 데 적절하다. RNA-Seq는 대용량 염기서열 분석법 (2세대 혹은 3세대 염기서열 분석법; 9.2절)을 필요로 하며, 세포 안에서 가장 많이 만들어지는 RNA가 리보솜 RNA (rRNA)이기 때문에 다소 복잡해진다. 그럼에도 불구하고 전체 RNA 혼합체에서 rRNA를 제거하거나 mRNA와 초기 전사체를 증폭할 수 있는 방법들이 있다. 이 외에도 최근에 개선된 염기서열 결정법은 rRNA를 제거할 필요 없이 염기서열 결정이 가능하게 하였다.

RNA-Seq는 유전자 발현을 총체적으로 연구하는 방법으로 마이크로어레이 분석법을 대체하고 있다. 전사체 실험에서 얻은 결과들은 열 지도(*heat map*)의 형태로 제시될 수 있는데, 유전자 발현도를 나타내기 위해 여러 색깔을 사용한다. 예를 들어, **그림 9.25*a***에서는 N_2를 질소원으로 사용하는 (질소고정, 14.6절) 남세균으로 이형세포(heterocyst)를 형성하는 *Anabaena*에서 질소가 결핍되었을 때 더 많이 발현되는 유전자군을 동정한다. 유전자군 1-4는 질소결핍 시간이 길어짐에 따라 질소고정과 이형세포를 형성하는 유전자들 (이형세포는 질소고정이 일어나는 곳임)의 발현이 증가했음을 나타낸다 (그림 9.25*a*). RNA-Seq 결과는 염기서열 읽은 것을

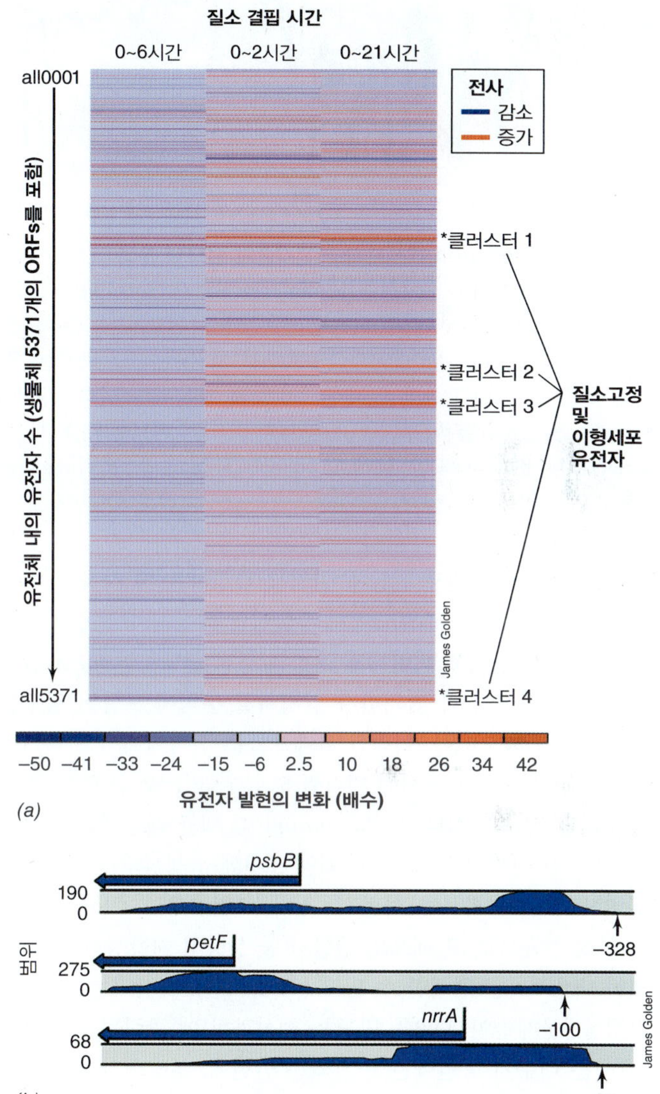

그림 9.25 질소 결핍 시 이형세포를 형성하는 남세균 *Anabaena*의 RNA-Seq 분석. 남세균은 산소를 발생시키는 광합성균이며 (14.4절), 이형세포를 형성할 수 있는 일부 종만 완전 호기성 상태에서 질소를 고정할 수 있다. *(a)* 세포들이 질소를 고정할 수 있도록 6, 12, 21시간 질소를 결핍시킨 후의 유전자 발현 열 지도. 발현이 증가된 유전자들은 빨간색으로, 발현이 감소된 유전자들은 파란색으로 표시되었다. 유전자 클러스터 1-4는 모두 질소고정과 관련된 단백질들을 지정한다. *(b)* RNA-Seq 판독 지도 작성. 화살표들은 주석이 달린 ORF들을 가리키고, 유전자들 아래쪽 그래프들은 염기서열 판독 시 각 염색체 뉴클레오티드 위치에서 몇 번이나 나타났는지를 표시하고 있다. 음수는 각 유전자의 첫 번째 코돈에서 얼마나 상위 쪽에 위치하고 있는지를 의미한다. *psbB*와 petF 유전자들은 광합성의 주요 단백질들을 지정하고, *nrrA*는 이형세포 (질소고정이 일어나는 세포; 14.6절) 형성을 조절하는 단백질을 지정한다. *a*와 *b*는 Flaherty, B.L., F. van Nieuwerburgh, S.R. Head, 그리고 J.W. Golden. 2011. *BMC Genomics 12:* 332의 수정된 자료임.

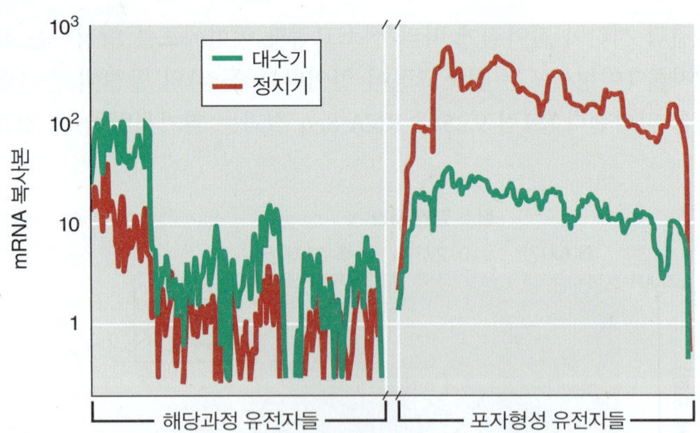

그림 9.26 *Clostridium*의 내생포자 유전자들의 전사체 분석. 4.5시간 (대수기의 세포들) 혹은 14시간 (정체기의 세포들) 배양된 *Clostridium* 종 세균 배양액의 RNA-Seq 분석. 두 유전체 부위들을 보이고 있다: (왼쪽) 약 5.4 kb 길이의 *gap-pgk-tpi* 해당과정 오페론을 둘러싸는 조각과 (오른쪽) 약 1.2 kb 길이의 *cotJC-cotJB* 포자형성 오페론을 둘러싸는 조각들이다. 내생포자 형성은 영양소 부족으로 시작된다 (2.10절). Wang, Y., X. Li, Y. Mao, and H.P. Blaschek. 2011. *BMC Genomics 12:* 479–489에서 인용되었음.

유전체 주석에 대입해서 전산체 위치를 결정하는 데 사용할 수도 있다. 그림 9.25*b*는 *Anabaena*에서 광합성의 핵심 단백질을 지정하는 *psbB*와*petF*, 그리고 이형세포 형성의 조절 단백질인 *nnrA* 열린 해독틀 부위를 따라 각 염기마다 염기서열 분석에 포함된 정도를 보이고 있다 (7.8절). 이러한 그래프들은 전사체에서 번역되지 않으며 유전자 조절에 연관된 기다란 5′ 부위들을 알 수 있게 한다.

대수기와 정체기 상태의 *Clostridium* 종 세균 배양액을 비해서 알 수 있었던 것처럼, 서로 다른 배양 조건에서 생성되는 전사체의 양도 RNA-Seq 결과로 분석할 수 있다 (**그림 9.26**). Clostridia는 그람-양성 간균으로 그 세포의 생활사 중 상당히 저항성이 높은 휴면체인 내생포자를 형성할 수 있다 (2.10절). 예상되는 대로, 해당과정 (생물체들이 ATP를 만드는 핵심과정)에 관련된 유전자들의 전사는 대수기 동안에는 증가되는 반면에, 영양소가 부족해지는 정체기 중에는 내생포자 형성에 관련된 유전자 발현이 증가된다. RNA-Seq는 미생물 군집을 연구할 때도 사용되는데 비교 가능한 유전체 염기서열이 없을 때 상대적인 전사 수준에 대한 정보를 제공할 수 있다. 이런 경우에는 확보한 염기서열들의 데이터베이스에 있는 염기서열들과의 상동성을 분석해서 동정해야 한다.

9.8절에서 설명된 메타유전체학은 환경에서 추출한 DNA 혹은 RNA 유전체를 분석하는 것이다. RNA-Seq를 이용하는 메타유전체 분석법은 실험실에서 배양하기 어렵다고 알려진 바 있는 자연 시료에 존재하는 세균들을 분석하기 위해 개발되었다. 이 분석법에서는 특정 미생물 군집 내에서 어떤 유전자들이 많이 전사되는지를 밝힌다. 그 후, 염기서열 분석을 통해 가장 많은 mRNA들로부터 만들어지는 단백질들을 동정한다. 이렇게 해서 연구자들은 그 효소들이 갖고 있을 만한 활성을 통해 세균들이 어떤 영양소들을 이용하고 있는지 알아낼 수 있다. 그 다음에는 이를 토대로 배양에 사용될 배지들을 고안함으로써, 이전에는 배양할 수 없었던 세균들을 성공적으로 배양할 수 있게 된다.

미니퀴즈

- 특정 조건 하에서 유전체 전체의 발현을 조사하는 것이 왜 중요한가?
- 각각의 효소를 분석해서 밝힐 수 없는 어떤 것을 마이크로어레이를 통해 밝힐 수 있는가?
- RNA-Seq은 어떤 기술의 발전에 의존하는가?

9.10 단백질체학과 인터랙톰

한 생물체의 단백질 구조, 기능, 그리고 조절을 유전체 수준으로 연구하는 것을 **단백질체학(proteomics)**이라고 한다. 세포 내에 존재하는 단백질 양과 종류는 생물체의 환경 혹은 발생주기와 같은 다른 인자들에 의해 항상 변하게 된다. 그 결과 **단백질체(proteome)**라는 용어는 불행히도 모호해지고 있다. 더 넓은 의미에서 단백질체는 한 생물체의 유전체에 의해 지정되는 모든 단백질들을 일컫는다. 그러나 좁은 의미에서는 어떤 특정 시기에 세포에 존재하는 단백질들을 일컫는다. 때로는 번역체(*translatome*)라는 용어가 후자의 경우에 사용되기도 하는데, 곧 특정 조건 하에서 만들어지는 모든 단백질을 의미한다.

단백질체학 방법

최신 단백질체학은 단백질체 특성 규명을 위해 질량 분석기법(*mass spectrometry*)과 비슷한 기법을 사용하는데, 이 방법은 대사물질을 동정할 때도 사용될 수 있다 (9.11절). ^{12}C의 질량은 정확하게 12 분자량 단위(daltons)로 정의된다. 그러나 ^{14}N이나 ^{16}O 같은 다른 원자들의 질량은 정수가 되지 않는다. 질량분석기법은 고도의 질량 결정 기술을 이용하는 데 질량 대 전하 비율이 조금이라도 다른 것을 검색할 수 있어, 어떤 작은 분자라도 분자식을 정확히 결정할 수 있다. 따라서 질량분석기법으로 시료 내의 여러 펩티드들을 동정할 수 있다. 이러한 펩티드들의 아미노산 서열을 가지고 특정 단백질의 존재를 동정하기 위해 유전체의 번역에 대하여 탐색할 수 있다. 민감도를 높이기 위하여 액체 크로마토그래피로 단백질들을 분리하는 기술이 점점 더 많이 사용되고 있다. 고성능 액체 크로마토그래피(HPLC)를 사용할 때, 단백질 시료는 적정한 액체에 용해되고 크기, 전하, 혹은 소수성 등 단백질들의 다양한 화학적 특성에 따라 단백질을 분리할 수 있는 특정한 컬럼에 고압을 걸어 통과시킨다. 컬럼 끝에서 분획들을 모으고, 각 분획에 있는 단백질들은 단백질 분해효소로 분해하여 그 결과 형성된 펩티드들을 질량 분석기법으로 동정한다.

MALDI (*m*atrix-*a*ssisted *l*aser *d*esorption *i*onization)는 질량 분석기법에서 더 발전된 상태의 기법으로 단백질을 분리하거나 분해할 필요가 없다. 대신 시료는 지지체에 고정시킨 다음 레이저로 이온화시키고 증발시킨다 (**그림 9.27**). 발생된 이온들은 전기장에서 검출기를 향하여 관을 따라 가속된다. 각 이온의 비행시간(time of

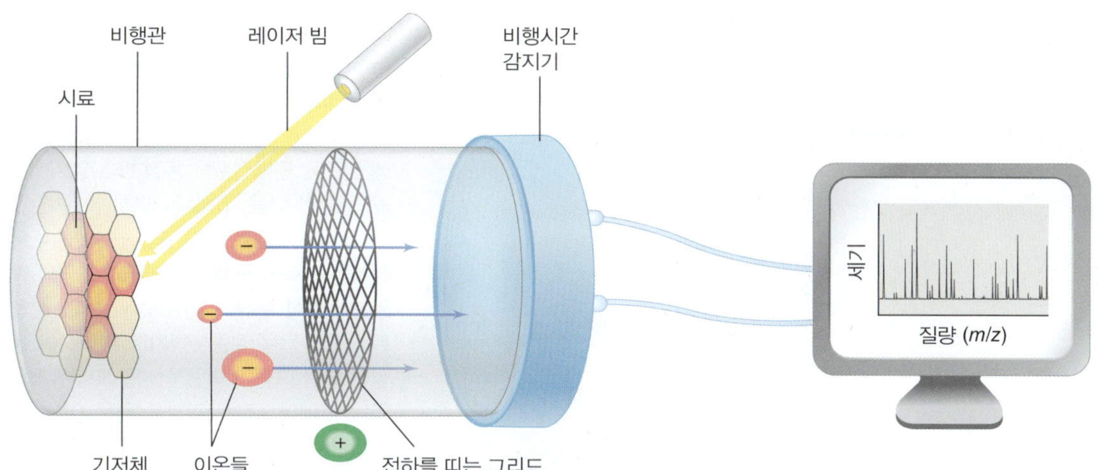

그림 9.27 MALDI-TOF 질량분석법. MALDI 분광법에서 시료들은 레이저에 의해 이온화되고 이온들은 튜브 아래쪽 감지기를 향해 날라 간다. 비행시간(TOF)은 이온의 질량/전하 (*m*/*z*) 비율로 결정된다. 컴퓨터는 감지기에 도달하는 시간인 비행시간에 따라 이온들을 동정한다.

flight, TOF)은 그것의 질량/전하 비율에 따라 다른데, 그 비율이 작을수록 이온은 더 빨리 이동한다. 검출기가 각 이온에 대한 TOF를 측정하고 컴퓨터가 질량을 계산하여 이를 토대로 분자식을 결정한다. 이러한 두 기술을 결합시켜 *MALDI-TOF*라고 알려져 있다.

단백질체학의 이용: 환경 연구의 예

단백질체 분석은 특정 미생물의 순수 배양액을 갖고 수행하는 반면, 환경 시료에 대한 메타단백질체학(*metaproteomics*)은 특별히 한 미생물 군집의 총체적인 대사기능의 잠재성에 대한 통찰력을 갖게 한다. 예를 들어, 영구동토대는 대략 지구 육지의 20%에 달하며 많은 양의 유기 탄소를 격리시키고 있다. 기후의 변화에 따라 지구 온난화 가스인 CO_2와 CH_4가 영구동토대에서 방출될 수 있기 때문에, 기후 예측을 위해 해빙되고 있는 영구동토대에 서식하고 있는 미생물을 동정하고 그들의 대사기능 잠재성을 파악하는 것이 중요하다. 메타유전체학 (9.8절)과 메타단백질체를 결합시켜서 영구동토대에서 녹은 물이 이룬 늪에 존재하는 미생물 군집의 유전자들과 단백질들에 대한 대략적인 상황을 파악할 수 있었다 (**그림 9.28**).

위의 늪에 대한 메타유전체학 분석을 통해 DNA 염기서열들이 전체 혹은 부분 유전체 형태로 조립되고 주석이 달렸다 (그림 9.28*a*). 분석 결과, *Proteobacteria*, *Actinobacteria* 및 *Chloroflexi* 문에 속하는 세균들이 주종을 이루고 있었고, 주종을 이루는 고균은 메탄생성균(*Euryarchaeota*)으로 나타났다. 대량의 염기서열 분석 자료로부터 아직 분리되거나 배양된 적이 없는 세 가지 신규 메탄 생성균 유전체들이 초안의 형태로 조립되었다. 이로써 영구동토대에 추위 속에서도 잘 기능하는 종 (저온균)일 것 같은 독특한 메탄생성균이 서식하고 있다는 것과 따라서 영구동토대가 많이 해빙됨에 따라 메탄생성이 증가할 수 있음을 알 수 있다. 주석이 달린 DNA 염기서열 및 질량분석기법의 산물을 토대로 늪에 있는 미생물들뿐만 아니라 단백질들도 분석되었다 (그림 9.28*b*). 단백질체 분석으로 세포의 기본적인 대사, 수송, 유기 탄소 호흡 등에 관련된 매우 기능적으로 다양한 단백질들이 검출되었다. 메타유전체 결과에 부응하여, 메탄생성에 필요하고 일산화탄소를 산화-환원시킬 뿐만 아니라 메탄을 산화시키는 (메탄영양요구성) C_1 대사과정에 관여하는 여러 단백질들이 늪의 미생물 군집에서 검출되었다.

주요 미생물 군집의 메타유전체와 메타단백질체가 결합된 스냅사진은 복잡한 미생물 군집에서 "누가(who)", "어떻게(how)"라는 질문을 해결하거나, 환경의 변화에 대해 이러한 군집들의 반응을 예측하는 결과를 활용하는 데 있어서 오믹스의 능력을 부각시킨다. 영구동토대 해빙의 경우, 기후 변화가 진행됨에 따라 (유기탄소의 호흡 증가로 인해) 이산화탄소와 (메탄생성균의 활동 증가로 인해) 메탄이 영구동토대로부터 대량으로 방출될 수 있는 가능성이 확실히 분명해졌다.

인터랙톰

유전체나 단백질체라는 용어들과 같은 맥락에서 **인터랙톰(interactome)**은 세포 내 거대분자들 사이에 일어나는 총체적 상관관계를 일컫는다 (**그림 9.29**). 원래 인터랙톰이라는 단어는 대체로 복합체를 구성하는 단백질들 간의 상호관계를 표시하는데 적용되어 왔다. 그러나 단백질과 RNA 간의 인터랙톰과 같이 다른 종류의 분자들 간의 상호관계를 고려하는 것도 역시 가능하다 (그림 9.38의 단백질-RNA 인터랙톰 참조).

인터랙톰 결과들은 대체로 각 교점은 단백질을 나타내고, 그들 간의 관계를 선으로 연결하여 나타내는 네트워크 모식도의 형태로 표현된다. 전체 상호관계를 나타내는 모식도는 매우 복잡해서 (그림 9.35*a* 참조) 세균인 *Campylobacter jejuni*의 운동성 단백질 네트워크와 같이 제한된 인터랙톰들이 더 유용하다 (그림 9.29). 이 그림은 잘 알려진 주화성 시스템 (⇄ 2.13절 및 6.7절)을 이루는 구성 요소들 간의 핵심 상호관계를 이들과 상호작용하는 다른 모든 단백질까지 포함하여 보여주고 있다.

미니퀴즈

- "유전체(genome)"라는 용어는 분명한데 비해 "단백질체(proteome)"라는 용어는 왜 모호한가?
- 단백질체를 분석할 때 가장 많이 사용하는 실험법은 무엇인가?
- 인터랙톰은 무엇인가?

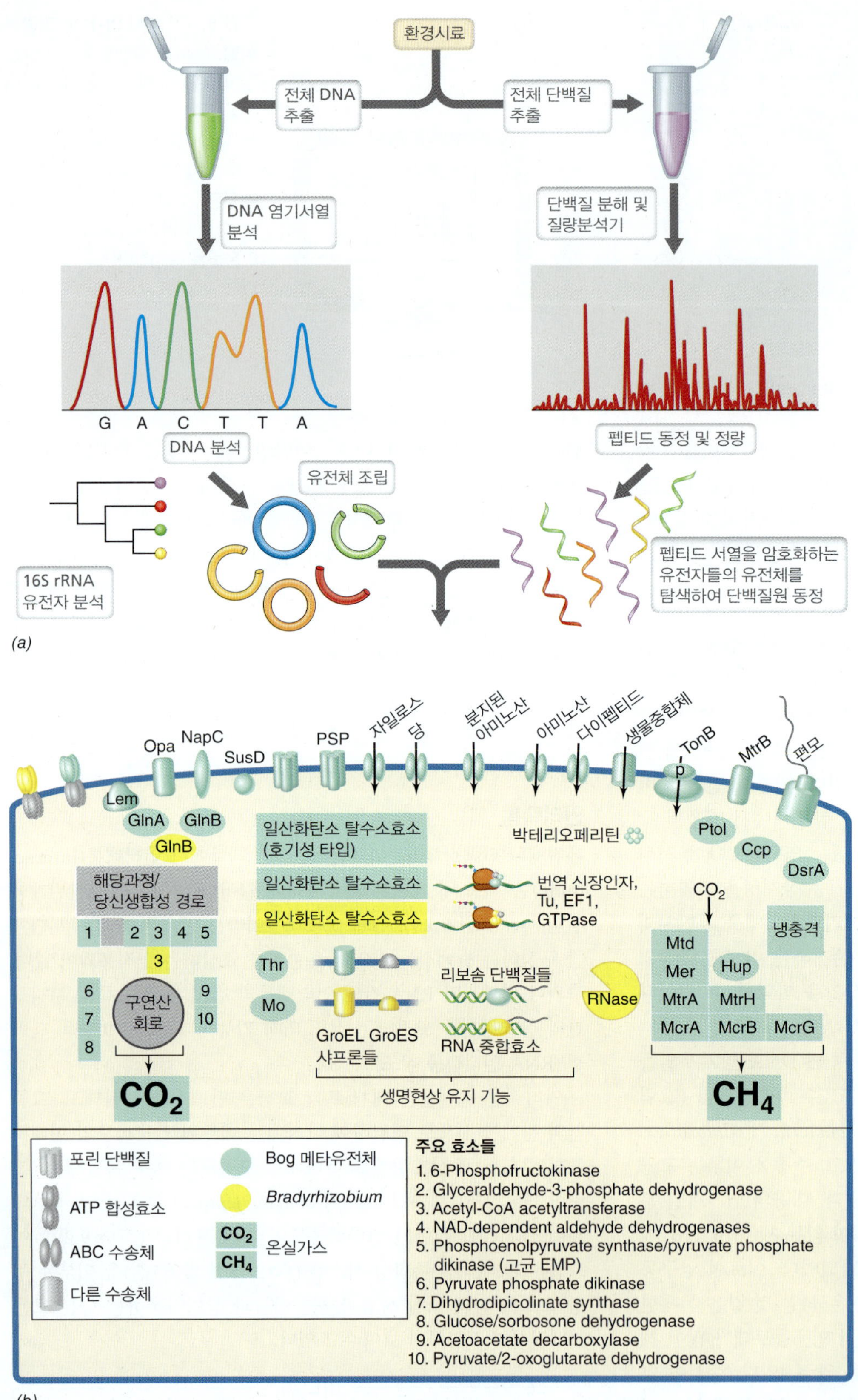

그림 9.28 영구 동토대의 메타-오믹스(meta-omics). *(a)* 환경 시료의 메타유전체 및 메타단백질체 분석. 전체 DNA와 단백질을 시료로부터 추출하여 미생물 및 그에 관련된 단백질들을 동정한다. 염기서열을 결정한 다음, DNA는 부분 혹은 완전한 각 유전체들로 조립된다. 16S rRNA 유전자는 시료에 존재하는 세균과 고균의 계통분류학적 분류도 가능하게 한다. 분해된 단백질들을 질량분석기로 분석하여 동정한 다음 그들이 어떤 미생물에서 유래하였는지 메타유전체 결과를 얻은 DNA 염기서열에 상응하는 부위를 찾아 결정할 수 있다. *(b)* 늪 시료의 메타유전체 및 메타단백질체 분석을 통하여 동정한 단백질 아그룹의 시각화. Ccp: 시토크롬 C 과산화효소, DsrA: 황 환원효소 단위체 A, GlnA/GlnB: 질소 저장, Hup: 이형황화 환원효소, Lem: 펩티도글리칸 연관 지질 단백질, Mtd/MtrA/MtrB/MtrH/McrA/McrB/McrG/Mer/Mo: 메탄 대사, NapC: NapC/NirT 시토크롬 C, Opa: 불투명 단백질, PSP: 인산 선별 포린, Ptol: Tol 생중합체 수송 체계의 주변세포질 성분, Thr: 서모좀(thermosome), SusD: 황산 ABC 수송체계 ATP-결합 단백질, TonB: 주변세포질 단백질. Hultman, J., et al. 2015. *Nature 521*: 208–212에서 인용되었음.

9.11 대사체학

대사체(metabolome)는 어떤 생물체에서 생산되는 모든 대사과정 중간물질(*metabolic intermediates*)들 및 기타 작은 분자들의 일체를 일컫는다. 따라서 대사체는 유전체에 의해서 지정되는 효소반응 과정들을 반영한다. 유전자 발현과 그에 상응하는 단백질의 존재는 특정한 대사과정이 진행되고 있는 것을 의미하고, 대사체 결과는 이러한 잠재적 반응들이 특정 생리 상태에서 실제로 세포 안에서 수행되고 있다는 것을 확인해 준다.

대사체 기술의 발전: NIMS

대사체학은 작은 대사물질들의 무한한 화학적 다양성 때문에 다른 오믹스들에 비해 많이 뒤져 있다. 이런 이유로 체계적인 대사체 탐색은 기술적으로 많은 어려움이 따른다. 초기에는 ^{13}C-포도당으로 표지된 세포 추출물을 핵자기공명(nuclear magnetic resonance, NMR)으로 분석하였다 (^{13}C-포도당은 일반적인 ^{12}C보다 더 무거운 동위원소임). 그러나 이 방법은 민감도에서 제한점이 있고, 또 세포 추출물에 있는

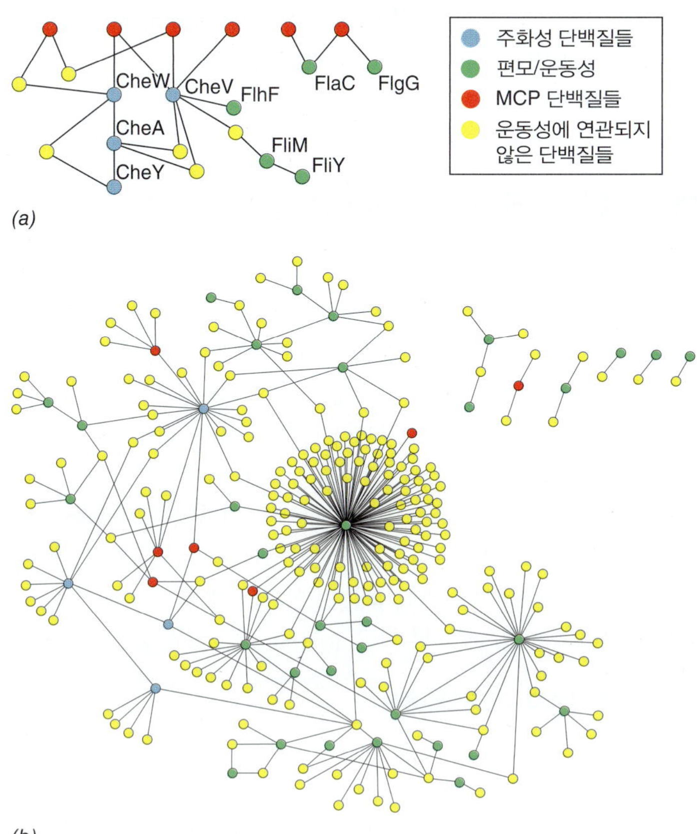

그림 9.29 *Campylobacter jejuni*의 운동성 단백질 인터랙톰. 이 네트워크는 인터랙톰 자료를 제시하는 방법을 보여준다. *(a)* 주화성 신호전달체계에서 잘 알려진 단백질들 (CheW, CheA, 그리고 CheY)과 그들의 파트너들을 부각시킨 네트워크의 일부. MCP, methyl-accepting chemotaxis proteins (6.7절). *(b)* 운동성에 관련된 모든 단백질들 간의 고 신뢰도 상호관계. 하나의 커다란 네트워크 바깥쪽에 있는 6개의 작은 네트워크가 있다.

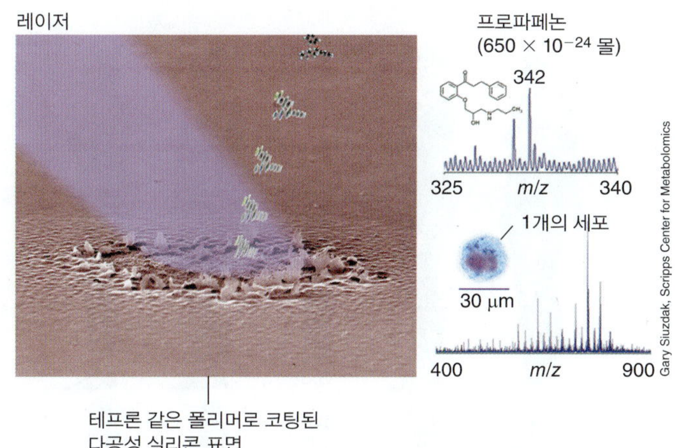

그림 9.30 대사체의 NIMS 동정. 나노구조-개시자 질량분석법(NIMS)에서 한 개의 세포를 실리콘 개시자 표면에 놓고 레이저를 사용하여 증발시킨다. 그 결과 세포 안에서 이온화된 대사체들이 질량분석기로 검출된다. NIMS는 담체가 없기 때문에 민감도와 해상도가 극도로 높다. 이온화된 대사체들은 표면으로부터 떠오르는 것으로 표현되었다.

물질들 중 한꺼번에 동정할 수 있는 숫자가 너무 작아서 추출물 내 모든 물질들을 동정하는 데 있어서 해상도가 너무 낮은 문제점을 갖고 있다.

MALDI-TOF 질량분석법 (9.10절)이 대사물질들을 검출하고 동정하는 데 사용될 수 있으나, 나노구조-개시자 질량분석법(*n*ano-structure-*i*nitiator *m*ass *s*pectrometry, NIMS)이 특별한 준비과정 없이 생물시료들을 직접 분석할 수 있는 더 유용한 기술이다 (**그림 9.30**). 따라서 생체수액, 조직 혹은 개별적인 세포들도 분석될 수 있다. NIMS에서는 MALDI-TOF에서와 같이 레이저로 시료들이 이온화되나, NIMS에서는 표면이 실리콘으로 코팅되어 MALDI-TOF 기저체의 이온화 중 관찰되는 배경 간섭이 없다. 이로 인해 낮은 농도로 존재하는 작은 대사물질들을 정확하게 동정할 수 있고, 조직 영상화 중 공간적인 해상도도 높아진다. 개시자 표면을 보정하면 구조적으로 비슷한 탄수화물이나 스테로이드와 같이 검출하기 어려운 물질들도 인식할 수 있다. 이러한 특성들로 NIMS는 MALDI보다 훨씬 더 민감하며, 이는 심장병 약인 프로파페논 (propafenone) 같은 약물들을 단 한 개의 심장 세포에서 욕토몰 (yoctomole, 10^{-24}) 수준으로도 검출할 수 있다는 것으로 설명된다 (그림 9.30).

대사체학의 이용

대사체 분석은 특히 식물을 연구하는 데 유용한데, 각 식물체들은 대부분의 다른 생물체들보다 더 많은 수천 개의 다른 대사물질을 생산하기 때문이다. 그 이유는 식물들은 소위 향기, 풍미, 알칼로이드, 색소 등 상업적으로 중요한 많은 2차 대사산물들(*secondary metabolites*)을 생산하기 때문이다. 대사체 연구자들은 모델식물인 애기장대풀(*Arabidopsis*)에서 생산되는 수백 가지 대사물질들을 조사하였는데, 이들의 생산량이 온도 변화에 따라서 상당히 변화되는 것을 관찰하여, 향후 기후변화가 식물의 대사를 바꾸는 주요 원인이 될 것임을 알 수 있었다. 대사체학은 생물막 같은 자연 미생물 군집들뿐만 아니라 미생물 배양액에도 적용될 수 있다. 예를 들어 미생물학자들은 미국 노스캐롤라이나의 폐광에서 흘러나오는 극한 산성 (약 pH 0.9)이면서 중금속 함량이 높은 물에서 생장하는 상대적으로 단순한 미생물 생물막에서 3,500종의 다른 대사물질들을 검출한 바 있다. 이 대사물질들 중 상당수가 이러한 극한 환경에서 삼투압 등 다른 생명 스트레스 원인에 대응하는 삼투압 조절물질 및 다른 보호 분자들이었다.

대사체학은 인간의 마이크로바이옴 분석에도 사용될 수 있다 (24장). 예를 들어, 인간 피부 표피는 세포뿐만 아니라, 표피 건강에 기여하는 미생물들로 되어 있다. 그러므로 인간피부 세포들, 관련 미생물들 및 개인위생 산물들에 해당되는 대사물질들이 존재하고 있다. **그림 9.31**은 인체의 3차원적 열 분포도 상에 2명의 실험 대상자들의 피부에 존재하는 대사물질이나 미생물의 다양성 양상을 동시에 표시한 연구결과를 보여주고 있다. 이러한 연구가 목표로 하는 것 중의 하나는 특정 대사물질들의 유무가 특정 미생물 종

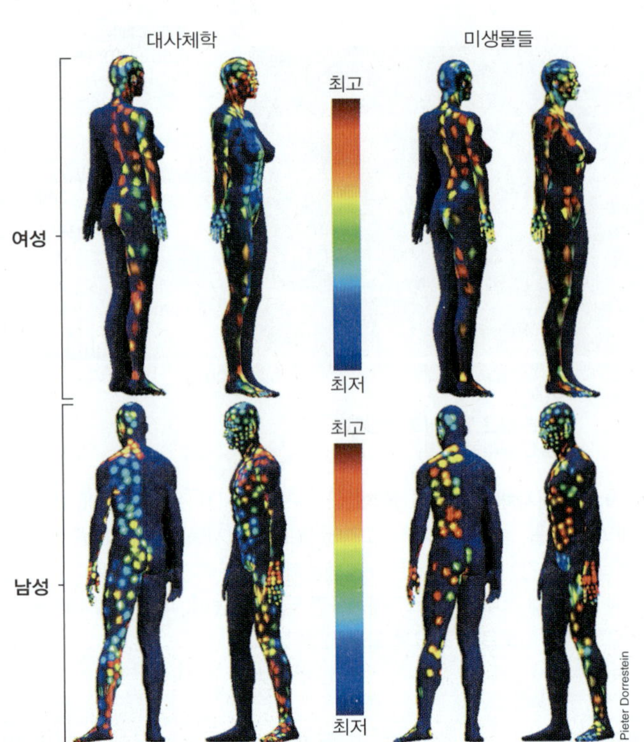

그림 9.31 피부의 대사체 및 메타유전체 지도. 3차원적인 열 지도가 남성과 여성 대상자의 피부 여러 부위에서 검출된 대사체와 미생물들의 다양성을 보여준다. 빨간색은 다양성이 가장 높은 부분을 나타내고, 보라색은 가장 낮은 부분을 나타낸다.

의 유무에 연관성이 있는지 결정하는 것이다. 이러한 인간 피부에 관한 그림은 임상의학자뿐만 아니라 미생물학자들이 피부 마이크로바이옴의 다양성 및 생태에 대해 더 잘 이해할 수 있게 하고 미래에 피부 건강 혹은 질병 진단에 이러한 연구 결과를 사용할 수 있는 길을 열어 준다.

기대한 바와 같이, 피부의 오믹스 연구 (그림 9.31)는 기존의 피부 미생물학 (⇄ 24.5절)에서 연구된 미생물들이 많이 존재하고 있음을 밝혔다. 그러나 오믹스 연구로 다양한 대사물질 혼합체도 발견할 수 있었다. 트리아실글리세라이드와 다이아실글리세라이드 같은 피부 세포들이 흔히 합성하는 화학물질들은 쉽게 검출되었고, 미생물들이 이러한 분자들을 분해하여 생성시키는 다양한 대사물질들도 검출할 수 있었다. 전반적으로, 인체의 특정 부위에서 검출되는 대사물질 다양성의 정도는 미생물 다양성과 상관관계가 없었다. 대신 인간 피부 대사체의 복잡성은 미생물 다양성을 훨씬 초월하며, 이는 각 종들이 여러 가지 특징적인 대사물질을 생산하는 것임을 의미한다. 흥미롭게도, 그리고 다소 놀랍게도 위의 연구 결과는 인간 피부의 대사물질들의 주요 원천은 개인위생 산물들임을 나타냈다.

이 장을 통해서 우리는 다양한 오믹스와 그들의 응용성을 다소 각각의 사안으로 고찰했다. 이제 우리는 생물체 전체를 더 잘 이해하기 위하여 우리의 초점을 복수의 오믹스들을 통합시키는 방향으로 전환하고자 한다.

미니퀴즈

- 대사체를 조사하기 위해서 사용하는 기술들은 무엇인가?
- 2차 대사산물은 무엇인가?

IV • 시스템생물학의 이용

시스템생물학의 기본적 전략은 오믹스 이전 시대에 이루어진 관찰로는 분명하지 않았던 생물체의 행동 혹은 특성을 예측할 수 있는 포괄적인 모델을 구축하는 것이다. 이를 생물체의 창발성(*emergent property*)이라고 할 수 있다. 생물체의 창발성들을 이해하면 어떤 한 가지 오믹스 연구보다 그 생물체의 전반적인 생물현상을 더 깊이 간파할 수 있다. 여기서 목표로 하는 것은 여러 오믹스 결과물들을 통합하여 시스템생물학에서 의미있는 모델을 만드는 것이다 (**그림 9.32**). 우리는 미생물 군집의 개별적 세포들에 대한 생태학적 연구에서 이러한 모든 것이 어떻게 하나로 모아질 수 있는지 살펴보는 것으로 시작하고자 한다.

9.12 단세포 유전체학

메타유전체학 (9.8절)에서 설명한 대로 환경시료의 DNA 전체의 염기서열을 결정하는 것 외에 각 세포들의 유전체들의 염기서열도 결정할 수 있는데, 이를 단세포 유전체학(*single-cell genomics, SCG*)이라고 한다 (**그림 9.33**). 이러한 유전체 분석은 극소량의 DNA를 증폭시킬 수 있기 때문에 가능해졌다. 단세포 유전체학은 자연 미생물 군집에서 미생물들의 대사적 잠재성을 연구하는 데 중요하다. 마이크로바이옴의 메타유전체학 분석으로 어떤 대사경로에 대한 특정 유전자들의 유무를 판단할 수는 있으나, 그 대사경로가 같은 생물체 내에서 일어나는지 분별하기는 어렵다. 유전체 염기서열 결정 외에도, 각 세포들에 대한 전사체와 단백질체 분석도 할 수 있는데, 이로써 미생물 생태계의 한 구성원에 대한 포괄적인 오믹스 연구가 가능해진다.

세포 분리와 시료 준비

세포 분리는 명백하게 단세포 유전체에서 필수적이며, 미세흡

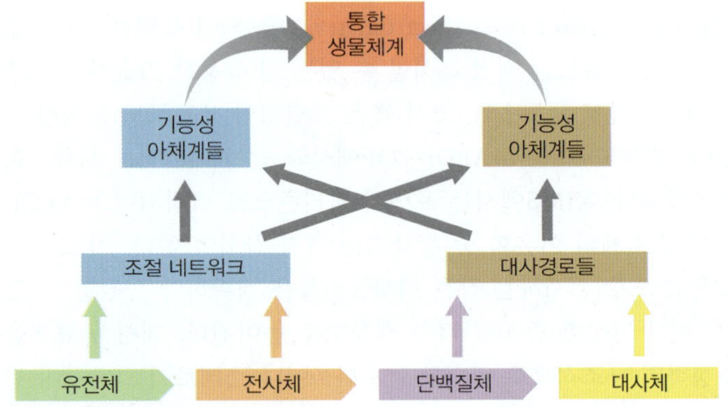

그림 9.32 시스템생물학의 구성. 다양한 "오믹스(omics)" 분석 결과들을 모은 다음, 특정 생물의 전체 생명현상에 대해 더 높은 수준의 관점을 갖도록 통합된다.

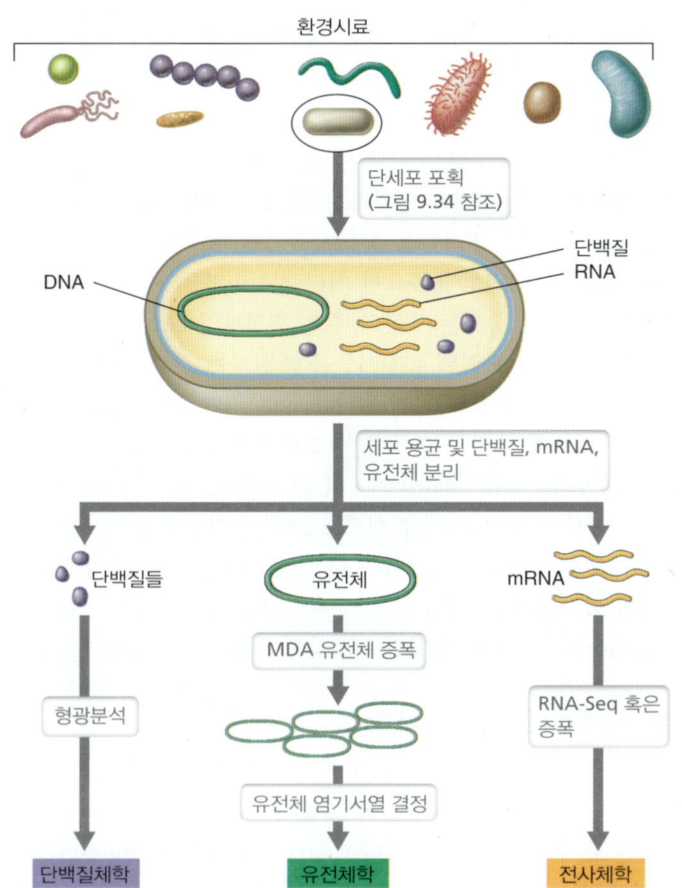

그림 9.33 단세포 유전체학. 환경시료에서 분리된 단세포가 다양한 오믹스 연구 자료가 될 수 있다.

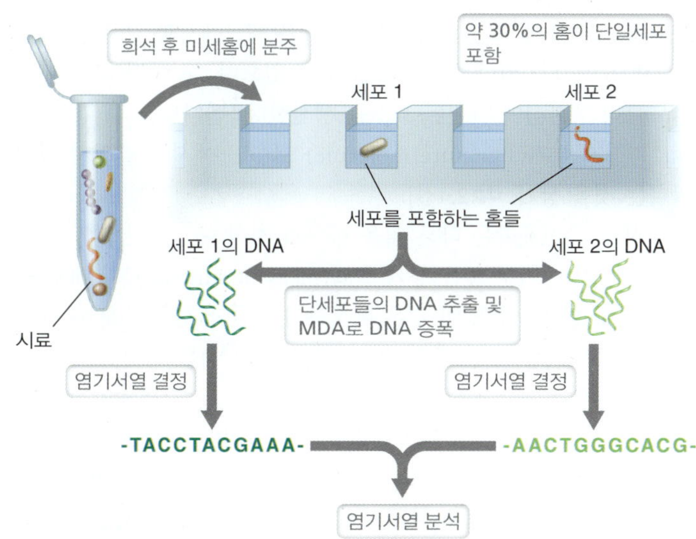

그림 9.34 단세포의 분리와 염기서열 결정. DNA 염기서열 결정을 위해 다중분리증폭하기 전에 희석된 시료의 방울들을 미세유체 홈(microfluidic well)에 넣는다.

(19.3절), 캡슐화, 형광활성 세포 분류(*f*luorescence-*a*ctivated *c*ell *s*orting, FACS) 등 여러 가지 물리적 기술들을 단세포 분류하는 데 사용되어 왔다. 캡슐화에서는 시료를 희석한 다음 멸균된 기름에 가해 미세방울이 형성되게 한다. 이러한 기술로 형성된 방울 중 약 30% 정도가 단세포를 포함하게 된다 (**그림 9.34**). 작은 물방울 캡슐화와 FACS를 결합시키면 광학적으로 단세포를 포함하고 있지 않는 물방울들을 제외하고 단세포를 검출할 수 있게 된다. 이 단세포 분리법은 오믹스 분석을 위해 한 개의 바이러스 입자를 분리하는 경우에도 효과적임이 입증된 바 있다.

단세포의 DNA 염기서열 분석은 다중분리증폭법(*multiple displacement amplification, MDA*) (19.12절 및 그림 19.37)이라고 알려진 변형된 중합효소연쇄반응(polymerase chain reaction; PCR; 12.1절)을 이용한다. 이 기술은 특별한 바이러스 DNA 중합효소를 사용하여 세포 1개가 갖고 있는 10^{-15}그램(femtogram) 정도의 DNA를 염기서열 분석에 필요한 10^{6}그램(microgram)으로 증폭시킨다 (10억 배 증폭). 그러나 MDA의 민감성 때문에 오염이 가장 큰 문제가 된다. DNA 오염은 시료 자체에도 있을 수 있고, 혹은 실험실의 기구나 시약에서 유래하기도 한다. 세포를 분리하고 유전체를 증폭시킬 때 매우 조심하지 않으면 오염된 DNA가 반응산물의 반 이상을 차지하게 될 수도 있어, 유전체를 조립하거나 그 이상으로 유전체 분석을 할 때 큰 문제가 될 수 있다. 세포 유전체 외에 세포의 RNA도 변형된 PCR 기법으로 (9.9절) 증폭한 후에 RNA-Seq으로 분석할 수 있다. 단세포 단백질체 분석은 핵산 연구보다 더 어렵지만, 이를 위해 매우 민감한 형광기법을 사용하는 분석법이 개발되었다 (그림 9.33).

단세포 오믹스의 응용

단세포 오믹스는 세포 군집 기반보다는 한 생물체에 대한 여러 면의 생명현상을 탐구할 수 있는 독특한 기능을 갖고 있다. SCG를 사용하면 어떤 환경에 존재하고 있는 대사관련 유전자들을 밝힐 수 있을 뿐만 아니라 어떤 종에 속한 것인지도 결정할 수 있어서 어떤 생물체들이 어떤 영양분을 분해할 수 있는지 알 수 있게 된다. 예를 들어, 단세포 유전체학은 오염된 환경에서 세균들에 의한 탄화수소가 분해를 분석하는 데 사용되어 전체 과정에서 어떤 생물체들이 무슨 작용을 하는지 더 잘 이해하게 되었다. 비슷하게, 플라스미드들과 바이러스들은 단세포 유전체가 분석되었을 때 그들의 숙주를 파악할 수 있다.

단세포 유전체학은 환경시료의 16S rRNA 유전자 조사를 통해 검출되었으나, 실험실에서 배양된 적이 없는 세균과 고균 후보 문들의 유전체를 탐색하는 데에도 사용되어 왔다. 이러한 배양된 적이 없는 미생물들은 미생물 암흑물질(*microbial dark matter*)이라고 불리고 있다. 9개의 다른 환경에서 유래한 200개 이상의 배양된 적이 없는 고균과 세균 세포들에 대한 암흑물질 연구에 SCG가 적용되었다. 그 결과 다음과 같은 여러 놀라운 사실들이 발견되었다. 즉 어떤 고균 RNA 중합효소의 시그마 인자들이 세균의 시그마 인자들과 비슷하고 (4.5절과 4.6절), 어떤 종결코돈들 (4.9절과 표 4.4)은 실제로 tRNA들과 결합하는 것으로 나타났으며, 어떤 세균 세포들의 유전체들은 기존에 진핵생물에서만 관찰되었던 산화

환원 효소들을 갖고 있었다. 어떤 고균은 세균에서과 같은 긴축 반응 (6.9절)을 위한 유전자들을 갖고 있으며, 또 어떤 고균은 펩티도글리칸 합성에 관련된 효소를 생산한다 [펩티도글리칸은 세균의 "특징적 분자(signature molecule)"로 고균에서는 알려져 있지 않다는 것을 상기; 2.4절].

단세포 유전체학은 다른 일을 하다가 전혀 예상하지 않았던 것을 찾게 되는 "기분 좋은 깜짝 놀람(pleasant surprise)"의 매우 좋은 예라고 할 수 있다. 이 경우 예상하지 않았던 것을 찾게 된 예는 한 가지 목표 (즉, 어떤 세포집단의 유전체 분석)를 위해 고안된 방법들이 전에는 불가능하다고 여겨졌던 방식으로 단세포의 생명현상을 탐구할 수 있도록 정교하게 발전된 것이다. 단세포 유전체학은 모든 배양가능한 세균들과 고균 표준균주들의 유전체 염기서열을 기록, 보존하는 "지구 마이크로바이옴 연구(*Earth Microbiome Project*)"를 지원할 준비가 되어 있다 (http://www.earthmicrobiome.org/). 미생물 암흑물질에 존재하는 세균과 고균 종들에 대해 SCG는 이 종들이 기록에 포함될 수 있게 하며 동시에 이러한 생물들을 실험실에서 배양할 수 있는 중요한 실마리를 제공한다.

미니퀴즈

- 혼합 집단에서 단세포들은 어떻게 분리되는가?
- 미량의 DNA 염기서열을 분서하려면 어떤 일이 선행되어야 하는가?

9.13 통합 *Mycobacterium tuberculosis* 오믹스

*Mycobacterium tuberculosis*는 전 세계 인구의 1/3을 감염시키고, 매년 200만 이상의 사람을 죽게 하는 병원균이다. 다제 내성과 스트레스에 반응 (7.11절)하여 일시적으로 휴면상태로 들어갈 수 있다는 점이 *M. tuberculosis*를 지속시키는 두 가지 특징이다. 따라서 새로운 치료법을 찾아내는 것이 *M. tuberculosis*에 대항하기 위해 결정적으로 필요하다. 이러한 도전을 위해 시스템생물학 접근을 통해 *M. tuberculosis*—세포 내재 병원균—가 숙주 안에서 어떻게 산소결핍 (저산소증, 결핵을 유발시키는 조건)에 적응하는지를 이해하고 치료계획을 위한 잠재적인 약제 표적을 밝히고자 한다.

결핵 유전자 발현과 조절 네트워크

9.9절에서 설명했듯이, 한 생물체의 완전한 발현 양상을 규명하기 위해 RNA-Seq을 사용할 수 있다. 이 중 *RNA-Seq*라고 불리는 변형된 기법을 사용하여 병원균과 그것의 숙주 전사체 양상을 동시에 파악할 수 있다. 이러한 접근법으로 감염 과정 동안 병원균과 숙주의 반응을 포착할 수 있고 이는 특별히 *M. tuberculosis*가 어떻게 숙주의 방어체계를 피하는지를 이해하는 데 도움이 된다. 이 중 RNA-Seq 기법과 600번 이상의 다른 발현 실험으로 얻는 결과들로 유전자 발현 모델들을 만들 수 있었다. 이러한 모델들은 식균세포 내의 *M. tuberculosis*가 숙주의 콜레스테롤을 주요 에너지원으로 사용한다는 것을 밝혔고, 숙주가 생산한 아미노산인 아스파르트산을 *M. tuberculosis*가 질소원으로 사용할 뿐만 아니라 이 병원균을 죽이기 위해 대식세포가 생산한 활성산소 종 (5.14절)들로부터 보호하는 데에도 사용한다는 것도 보였다.

M. tuberculosis 연구는 전사체와 특정 DNA 결합 단백질의 항체를 사용하여 DNA에 결합한 단백질을 확보한 다음 DNA를 제거하여 아미노산 서열을 결정하는 방법인 Chip-Seq를 포함하는 다른 오믹스 연구 결과들을 통합시켰다. Chip-Seq 분석으로 *M. tuberculosis*의 병원성에 중요한 여러 전사인자들과 조절 네트워크가 밝혀졌다. 그 중에는 세균의 주요 조절자인 LexA (11.4절)가 DNA 손상에 관련된 유전자들을 조절하는 것과 DevR 레귤론(regulon)에 속하는 조절자가 *M. tuberculosis*가 휴면상태로 들어가는 것을 조절하는 것이 포함된다 (**그림 9.35**). 추가적으로 잠재적인 약제 표적물들이 1000개 이상의 *M. tuberculosis* 돌연변이 균주 탐색을 통해 밝혀졌다. 이 분석으로 18개의 미동정 유전자들이 *M. tuberculosis*의 생존 반응 (7.11절)에 관련된 것으로 밝혀졌고, 이로써 *M. tuberculosis*의 주요 병원성 유전자들을 밝히는 데 있어서 오믹스와 돌연변이 통합연구의 힘을 증명하게 되었다.

결핵 단백질체학과 대사체학

단백질체학은 *M. tuberculosis*가 저산소 상태에 반응하는 데에 필수적인 단백질들을 규명하는 데 사용되어 왔다. 활성산소 종에 대항하는 슈퍼옥사이드 디스뮤타아제(superoxide dismutase)와 같이 예측되는 단백질들이 검출되었고, 독소-항독소 체계 (7.11절)와 *M. tuberculosis*의 독특한 지질 단백질의 생합성에 관련된 단백질도 검출되었다. *M. tuberculosis*가 에너지 대사를 무기호흡(3.12절)으로 전환함에 따라 질산염과 아질산염 수송자의 생산도 증가되었다. 이외에도 적어도 160개의 미분석된 다른 단백질들이 이 병원균에서 검색되었는데, 이들은 아미노말단에 "Pro-Glu/Pro-Pro-Glu"의 아미노산 서열을 갖고 있었다. 만약에 이 아미노산 서열을 목표로 하는 약제가 개발된다면, 결핵 치료제로 효과적일 수도 있다.

온라인 기금모집과 소셜 미디어도 새로운 결핵 치료제 개발의 공동 목표를 위해 결합한 바 있다. 문제해결을 위한 접속(*Connect to Decode*) 발의 (http://c2d.osdd.net)는 *M. tuberculosis*의 전체 인터랙톰을 결정하여 새로운 결핵 치료제를 찾아내고자 하는 목표를 공유하는 800명 이상의 연구자들로 이루어졌다. 10,000개 이상의 *M. tuberculosis* 연구 결과물을 분석하여 유전체가 지정하는 단백질의 87%에 주석이 달렸다. 이는 최초의 유전체 분석을 통해 52%의 유전자에 주석을 달았던 것에 비해 지대한 개선을 이룬 것이다. 이러한 집단적인 노력으로, 1400개 이상의 단백질들이 2,500개 이상의 기능적 연관성으로 연결된 *M. tuberculosis* 인터랙톰 지도가 완성되었다 (**그림 9.36**). 지금까지 이러한 발의로 17개의 잠재적인 약제 목표물과 그들의 인터랙톰이 밝혀졌다. 이 목표물들은 인간 단백질들이나 인간 구강과 위장관 내 마이크로바이옴의 단백질들과 상동성이 없으므로, 부작용이 최소화된 약제를 개발할 수 있는 가능성이 큰 상태이다.

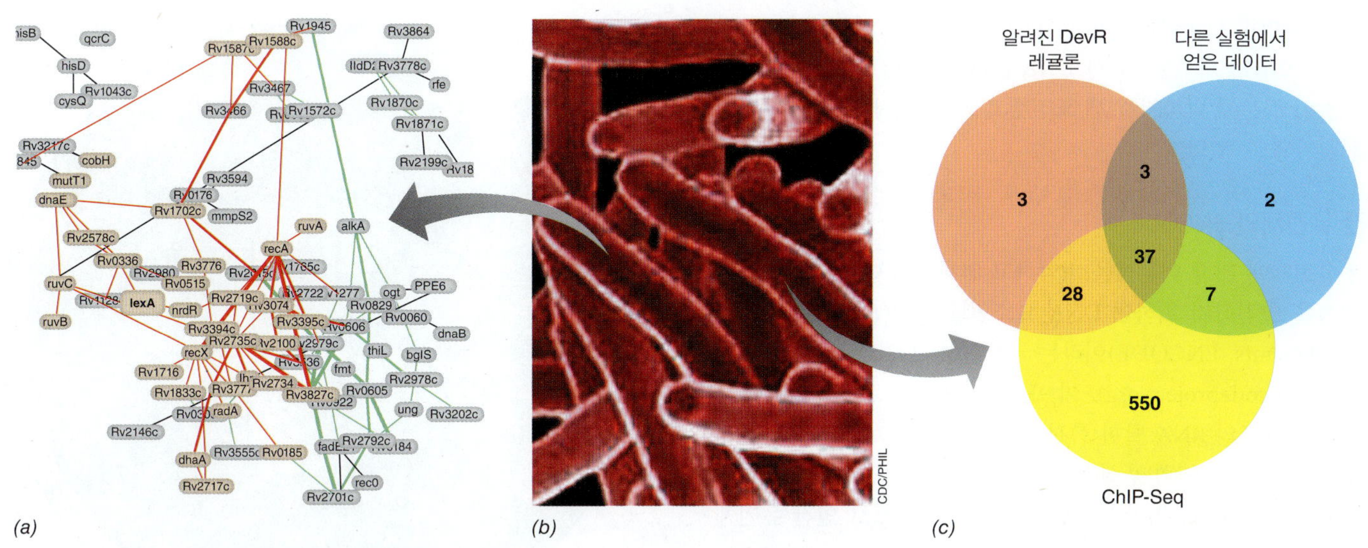

그림 9.35 ***Mycobacterium tuberculosis*의 조절자인 LexA와 DevR로 조절되는 유전자들.** *(a)* 유전자 발현 양상으로 동정된 DNA 복구에 관여하는 일부 유전자 클러스터들의 스냅샷. LexA 레귤론에 속하는 유전자들은 빨간색 선으로, 다른 DNA 복구 유전자들의 연관성은 초록색 선으로 표시되었다. *(b)* 색칠된 *M. tuberculosis*의 주사전자현미경 사진. *(c)* DevR 레귤론에 대한 다양한 연구 결과의 벤 도표. 이 레귤론에 속하는 유전자들을 밝히기 위하여 3가지 방법이 사용되었으며 각 방법에 의해 동정된 유전자들의 숫자가 표시되었다. Chip-Seq 방법으로 총 662개 유전자들이 동정되었는데, 이 중 37개 만이 각 방법에 의해 공통적으로 동정되었다. van Dam, J.C.J., et al. 2014. *BMC Biology Systems 8:* 111에서 인용된 자료임.

아직 결핵 단백질체학은 초창기에 머물러 있으나, 병원성이 강한 결핵균과 약독화된 결핵균의 비교연구를 통해 *M. tuberculosis*의 생명현상에 상당히 중요할 것으로 생각되는 1,000개 이상의 다른 지질—대부분 지질단백질—을 찾아냈다. 따라서 *M. tuberculosis* 지질 대사 단백질체는 잠재적인 결핵 치료제 목표물을 여러 개 갖고 있을 수 있다. 최종적으로 *M. tuberculosis*의 분비물체(*secretome*)를 파악함으로써, 병원성 균주들 특유의 분자 [뉴클레오티드 일종인 1-튜버큘로시닐아데노신(1-tuberculosinyladenosine)과 같은]를 발견했다. 이 변형된 뉴클레오티드는 *M. tuberculosis*로 감염된 사람의 소변에 존재한다. 이러한 발견이 특정 병원균을 특이한 분자—유전자, 단백질, 혹은 대사물질 등으로—와 연결시킬 수 있는 오믹스의 능력을 예증하며, 임상적으로 진단할 때 사용할 수 있는 새로운 질병 마커들을 창출한다. 이외에도 만약 이러한 변형된 뉴클레오티드가 *M. tuberculosis*에게 필수적이라면, 이것의 합성이나 활성을 방해하는 약제들이 항-결핵약으로서의 가능성을 갖게 된다.

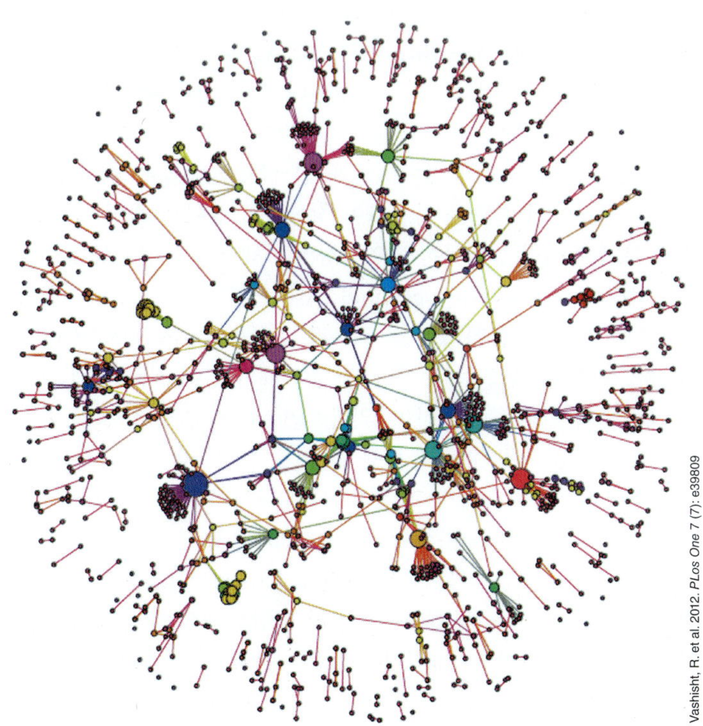

그림 9.36 ***Mycobacterium tuberculosis*의 단백질 인터랙톰.** 각 마디 색깔들은 동일 범주에 속하는 단백질들을 나타내고, 연결선들은 연관성을, 그리고 마디 크기는 상대적인 연관들의 수를 나타낸다. Vashisht, R., et al. 2012. *PLos One 7(7)*: e39809에서 인용되었음.

미니퀴즈

- 이중 RNA-Seq은 전통적인 RNA-Seq과 어떻게 다른가?
- 시스템생물학은 어떻게 결핵을 치료하는 새로운 접근법을 제공했는가?

9.14 시스템생물학과 인간의 건강

2003년에 30억 염기쌍에 달하는 인간 유전체의 염기서열 결정이 국제적인 노력과 거의 30억 달러에 달하는 비용을 들여 완성되어 발표되었다. 원래 과학자들은 인간 유전체에 100,000개 단백질을 지정하는 유전자들이 포함되어 있을 것으로 예측했으나, 지금 우리는 이 숫자가 훨씬 작아 약 20,000개 정도 된다고 알고 있다. 인간 유전체에는 단백질을 지정하는 DNA보다 훨씬 더 많은 DNA가 있어서 이 나머지 DNA들이 어떤 기능이 있는지가 의문이다. 이 많은 양의 DNA가 다 "불필요한 DNA (junk DNA)"인가? 시스템생물학은 이 질문에 답하기 위해 도전했고 그 결과 새롭고 중요한 정보를 찾아낼 수 있었다.

인간 유전체와 ENCODE

인간 유전체에 대한 의문점을 파악하고 인체에서 예측된 유전자들의 기능을 발견하기 위하여 DNA 요소 백과사전(*E*ncyclopedia *o*f *D*NA *E*lements, ENCODE)이라는 국제협력 프로젝트가 시작되었다 (www.encodeproject.org). 이 프로젝트의 목표는 여러 조건 하에서 특정 세포의 RNA 발현 측정 (전사체학), DNA 및 RNA와 결합하는 단백질들 동정, 후성적 상호작용 (염기서열이 아닌 DNA의 변화)을 판정하기 위한 DNA 메틸화 측정 등으로 인간 유전체의 기능성 인자들의 목록을 만드는 것이다. 지금까지 ENCODE는 인간 유전체의 80%가 어떤 세포에서든 기능이 있다는 놀라운 결과를 도출했다. 단백질을 지정하지 않는다면 유전자 활성에 영향을 미치는 단백질과 결합하는 부위이거나, 유전자를 억제시키는 화학적 수식이 일어나는 부위이든지, 혹은 조절에 관여하는 RNA를 지정하는 등의 기능을 갖고 있다. 그러므로 인간 유전체에서 전에는 불필요한 DNA라고 여겨졌던 DNA (ORF가 없는 DNA 부위)가 실제로는 기능을 갖고 있으며 주로 조절 기능을 갖고 있는 것이다. ENCODE 실험들은 특정 유전병과 연관성이 있는 뉴클레오티드 다형성 (사람들 간에 같은 유전자의 염기서열이 조금 다른 것)을 밝히는 방법이 되었다. 따라서 ENCODE로 인간 DNA가 어떻게 작용하는가에 대해 파악된 식견은 이미 진단의학 분야에서 열매를 맺고 있다.

맞춤형 오믹스 프로필과 의료

인간 유전체와 시스템생물학이 어떻게 건강에 적용될 수 있는가? 차세대 염기서열 분석법의 발전과 함께 인간 유전체를 분석하는 데 드는 비용이 1000달러 아래로 떨어지게 되어, 인간 유전체 염기서열 결과를 얻기 위한 맹공이 야기되었다. 여러 대륙으로부터 모은 2500명 이상의 유전체 염기서열을 비교하여 과학자들은 이미 8천 8백만 개 이상의 유전체 변이된 부위를 찾아냈다. 이러한 유전체 변이들은 개별 뉴클레오티드 변이, 삽입과 결실, 그리고 재배열 등을 포함하며, 이들은 아무런 해가 없거나, 유익하거나, 비만, 당뇨병, 심장병 등 비감염성 "생활양식(lifestyle)"에 따른 질병에 영향을 미치거나 혹은 특정 암에 민감성을 부여하는 것으로 밝혀졌다. 유전체 변이가 질병에 영향을 미치는지, 미친다면 어떻게 미치는지를 이해하여, 진단, 치료, 그리고 예방에 사용할 수 있다.

유전체학 시대는 통상적인 종양 유전체 염기서열 분석에도 유익을 끼치고 있다. 이러한 분석 결과는 암 유전체 지도(Cancer Genome Atlas, http://cancergenome.nih.gov/)에 저장되어 있고 각각의 암은 특유의 체세포 (성세포가 아닌) 돌연변이 세트를 갖고 있음을 보여준다. 예를 들어, **그림 9.37**은 전이성 유방암 시료에서

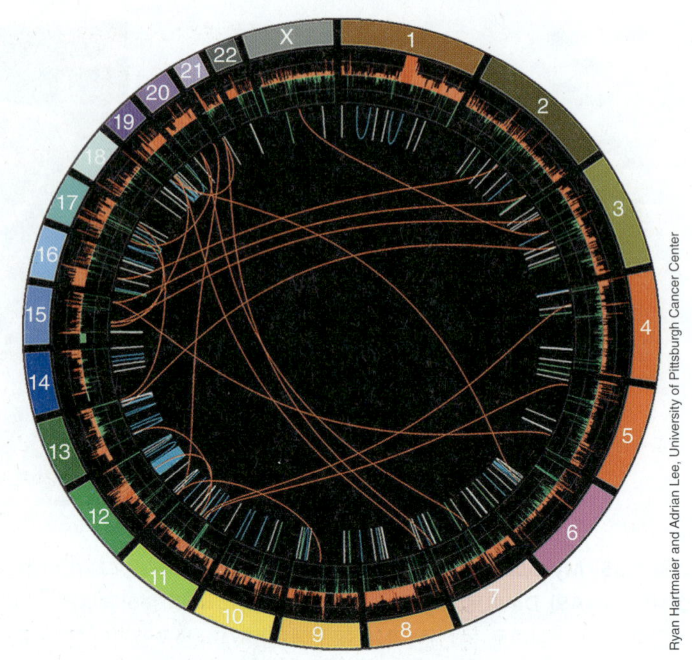

그림 9.37 유방암 종양 유전체. 바깥 쪽 원의 숫자는 개별적인 염색체들을 의미한다. 그 다음 원은 비종양 유전체에 비교했을 때 증가 (빨간색) 혹은 감소 (초록색) DNA 좌위의 개수를 나타낸다. 안 쪽 원은 구조적인 변이를 나타낸다: 빨간색, 전좌; 파란색, 역위; 까만색, 결실; 초록색, 단편적 중복.

유전자 수 변이와 유전체 재배열을 보여주고 있다. 위험 환자의 경우 이러한 결과들과 비교하여 특정 암에 더 민감한지 결정하기 위하여 특정 유전자 부위의 염기서열을 분석 (유전형 분석이라고 함)할 수 있다. 이러한 예로 *BRCA1*과 *BRCA2* 유전자를 지정하는 종양억제자의 유전형 분석을 들 수 있는데, 이 유전자들의 특정 돌연변이들은 유방암 발생 위험도를 증가시킨다고 알려져 있다.

암 진단 외에도 오믹스는 유전체, 전사체, 단백질체, 대사체, 그리고 약물유전체 결과를 사용하여 정상적인 상황과 질병 상황 그리고 그 사이에서 일어나는 면역과정의 스냅사진을 생성시키는 맞춤형 의학(*personalized medicine*) 시대를 열었다. 맞춤형 의학의 첫 단계는 통합 맞춤형 오믹스 프로필(*i*ntegrative *P*ersonal *O*mics *P*rofile, iPOP)을 만드는 것이다. 건강할 때와 병에 걸렸을 때 작성된 프로필의 변화를 추적하여, 의학적인 위험성을 평가하고, 진단하며 환자들을 치료하는 데 도움을 줄 수 있다. 맞춤형 의학의 사용은 한 남성 자원자에게서 2년에 걸쳐 혈액 시료를 20회 취하여 단백질체 및 대사체를 분석함으로써 5,000개의 단백질과 4,000개의 대사체 프로필을 얻는 것으로 설명할 수 있다 (**그림 9.38**). 이 결과는 이 자원자가 관상동맥 질병의 위험성—그 대상자의 병력 및 가계력을 고려할 때 놀랍지도 않은—을 갖고 있음을 제시하였을 뿐만 아니라 2형 당뇨병에 대한 위험성이 매우 높다는 것도 밝혔다. 이는 그 대상자의 전반적인 상태와 가계의 건강력을 고려할 때 놀라운 발견이었는데, 이 예측은 대상자의 바이러스 감염에 대한 면역반응 프로필에 기초를 두고 있다. 이러한 감염이 일어날 때, 인슐린 수용체 결합 단백질과 결합하는 자기항체의 증가와 인슐린

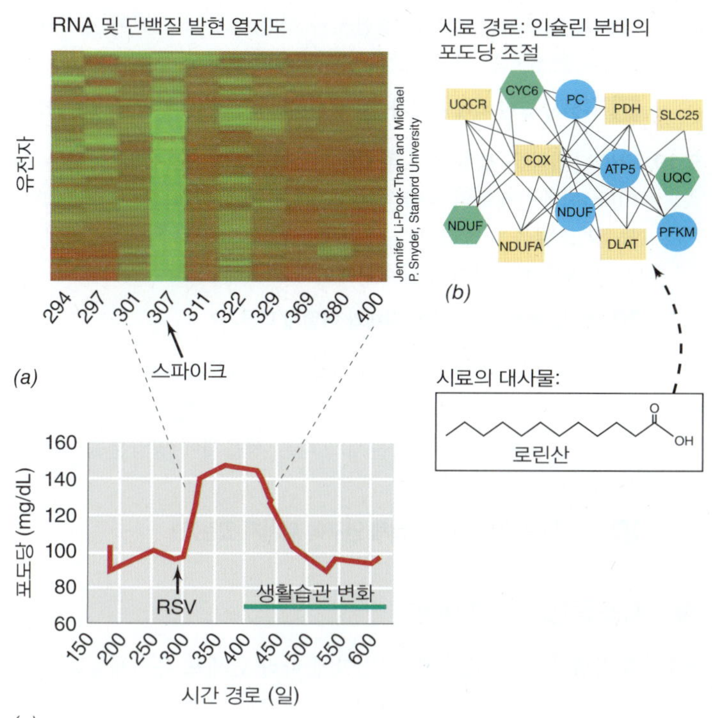

그림 9.38 맞춤형 통합 오믹스 프로필(iPOP). *(a)* RNA와 단백질 발현의 부분적 열지도. 그림으로 표현된 결과는 2년간 수행된 연구 중 294~400일 사이에 얻은 것으로, 307일에 당뇨병과 관련된 RNA와 단백질들이 갑자기 증가되었다. *(b)* 포도당 조절 인터랙톰. RNA들은 파란 원으로, 단백질은 노란색 정사각형, 그리고 RNA와 그에 상응하는 단백질은 초록 육각형으로 표시되었다. 이 인터랙톰의 한 대사체도 보여주고 있다. *(c)* 시간에 따른 연구 중의 혈당 수준. 환자가 생활스타일과 식단을 바꾼 시간뿐만 아니라 호흡기 바이러스(RSV)가 검출된 시간도 표시되었다. *b*와 *c*는 Jennifer Li-Pook-Than and Michael P. Snyder, Stanford University의 연구 결과를 인용하였음.

반응에 관련된 유전자 발현의 변화가 감지되었다. 이렇게 이 대상자의 개인 의료 프로필이 예측한 것처럼 2년간의 연구가 진행되는 동안 당뇨병이 발생되었다 (그림 9.38). 그의 iPOP를 추적함으로써, 당뇨병 발생은 헤모글로빈 A1C와 라우릭산 같은 포도당 대사에 연관된 RNA, 단백질, 그리고 대사물질들의 생산이 증가하는 것으로부터 알 수 있었다 (그림 9.38). 이러한 사례연구는 면역반응과 질병 상태를 파악하는 iPOP의 잠재력을 증명한다. 그러나 iPOP를 임상의학에서 보편적인 방법으로 사용하기 위해서는 오류율, 그렇게 거대한 데이터의 분석과 저장, 복잡한 인자들 (연구 과정 중 다른 질병의 발생과 같은; 그림 9.38)의 평가, 그리고 윤리적인 문제들이 먼저 고려되어야 한다.

일반적으로 생물학뿐만 아니라 미생물학은 유전체학이 떠오름에 따라 계속 변화되어 왔다. 이 장을 통과하는 여정에서 전에는 해결하기 어려웠던 과학적 문제들에 답하기 위해 오믹스가 어떻게 사용될 수 있는지 단지 겉면만 긁은 정도이다. 지금까지 오믹스 분야의 주요 도약은 전형적으로 하나의 기술적 발전에서 비롯되었기 때문에, 더욱 많은 가능성들이 확실히 존재하고 있다. 10장에서는 유전체 관련 주제를 계속 다루겠으나, 초점을 세포에서 지구상에서 가장 많고 유전적으로 다양한 미생물인 바이러스로 맞출 것이다.

미니퀴즈

- ENCODE 프로젝트는 무엇인가?
- 유전적 변이는 무엇인가?

단원 정리

I • 유전체학

9.1 작은 바이러스들의 유전체가 먼저 분석되었으나, 지금은 많은 원핵생물과 진핵생물들의 유전체가 분석되고 있다.

Q 분석된 미생물 유전체에서 발견할 수 있는 것은 무엇인가?

9.2 DNA 염기서열 결정기술이 매우 빠르게 발전하고 있다. 기술의 발달에 따라 DNA 염기서열 결정하는 속도가 매우 빨라졌다. 염기서열 결과를 컴퓨터로 분석하는 것도 유전체학의 중요한 부분이다. 컴퓨터 도구들이 유전체 주석달기뿐만 아니라 염기서열과 생물학의 거대분자들의 구조를 분석하는 데도 사용된다.

Q 유전체 주석달기에서 단백질의 상동성이 어떤 도움이 되는가?

9.3 완독된 세균과 고균 유전체는 0.14~14.7 Mbp 정도의 크기이다. 가장 작은 원핵생물 유전체는 가장 큰 바이러스 유전체보다 더 작다. 반면에, 가장 큰 원핵생물 유전체는 진핵생물들 보다 유전자를 더 많이 갖고 있다. 원핵생물에서 유전자 함량은 대체로 유전체 크기에 비례한다. 많은 유전자들은 다른 생물체에서 발견된 유전자와의 유사성에 의해 동정될 수 있다. 그러나 염기서열이 분석된 유전자들 가운데 상당히 많은 비율의 유전자들은 그 기능이 밝혀지지 않은 상태이다.

Q 미생물 세포가 독립생활을 영위하려면 대략 얼마나 많은 유전자들이 필요한가?

9.4 거의 모든 진핵세포들은 미토콘드리아를 갖고 있고, 식물세포들은 이외에도 엽록체를 갖고 있다. 이 소기관의 유전체들은 핵 안의 유전체들과 무관하게 존재하지만 이 소기관들 자체는 그렇지 않다. 핵 유전체는 이 소기관에 필요한 많은 단백질들의 유전자들을 갖고 있다. 많은 미생물 진핵생물들의 유전체 염기서열이 완독되었는데, 유전자 수는 1,000개 (많은 세균보다 적음)에서 60,000개 (인간의 2배 이상)에 이른다.

Q 엽록체와 미토콘드리아의 유전체 중 어떤 유전체가 더 큰가? 당신의 유전체는 효모의 유전체와 비교할 때 크기와 유전자 수에서 어떠한가?

II • 유전체의 진화

9.5 유전체학은 생물의 진화과정을 연구하는 데 사용될 수 있다. 생물체들은 비슷한 염기서열을 갖고 있는 유전자들, 즉 유전자족을 갖고 있다. 이들이 유전자 중복에 의해 생겼다면 유전자들은 파라로그라고 하고, 종 분화에 의해 생겼다면 오르토로그라고 한다.

Q 유전자 중복이 원핵세포와 진핵세포 유전체들의 진화에 기여했는데, 이때 주요 차이점은 무엇인가?

9.6 생물체들은 그들이 서식하는 환경에 존재하는 다른 생물체들로부터 수평적 유전자 전이를 통해 유전자를 받아들인다. 이러한 전이는 생물 영역 경계를 넘어 일어날 수도 있다. 트랜스포존, 인테그론, 바이러스처럼 움직이는 DNA 요소들은 유전체 진화에 있어서 중요한 인자들이며 종종 항생제에 대한 저항성 혹은 병원성을 갖게 하는 유전자들을 포함하고 있다.

Q 비교 유전체학은 수평적 유전자 전이를 밝히는 데 어떻게 도움이 되는가?

9.7 같은 종에 속하는 여러 균주들의 유전체 염기서열을 비교하면, 보존된 부분 (핵심 유전체)과 그 종의 특정 균주에서만 관찰되는 변이 유전자 단위체들 (범유전체)이 관찰된다. 많은 세균들은 염색체섬이라고 알려진 비교적 큰 외래 삽입 염기서열을 갖고 있다. 이러한 염색체섬은 특화된 대사기능이나 질병유발, 혹은 병원성 인자 등과 같은 유전자들을 포함한다.

Q 염색체섬은 무엇인가? 그들은 왜 외부에서 유래했다고 판단되는가?

III • 기능성 오믹스

9.8 환경에 존재하는 대부분의 미생물들은 배양된 적이 없다. 그럼에도 불구하고 DNA 시료를 분석하여 대부분의 서식지에서 대량의 염기서열 다양성을 확인할 수 있다. 메타유전체학의 개념은 특정 서식지의 모든 생물체들이 갖고 있는 모든 유전체들을 포함한다.

Q 인간 마이크로바이옴과 마이코바이옴은 어떻게 다른가?

9.9 마이크로어레이는 정해진 방식에 따라 고체 지지대에 부착된 유전자 혹은 유전자 단편들로 되어 있다. mRNA, cDNA, 혹은 DNA가 표지된 다음 유전자칩에 혼성화되어 유전자 발현 양상이나 특정 생물체의 존재여부를 결정할 수 있다. RNA-Seq는 cDNA 염기서열 결정과 결합시켜 어떤 생물체의 전체 전사체의 프로필을 밝히는 데 사용될 수 있다.

Q 유전자 발현 외에 유전자칩을 이용하여 어떤 분석을 할 수 있는가?

9.10 단백질체학은 생물체에 존재하는 모든 단백질들을 분석하는 것이다. 단백질체학의 궁극적인 목적은 이러한 단백질들의 구조, 기능 및 조절을 이해하고자 하는 것이다. 인터랙톰은 세포 내의 모든 거대분자들 사이의 상호관계이다.

Q 메타단백질체학은 단백질체와 어떻게 다른가?

9.11 대사체는 생물체가 생산하는 대사 중간물질 전체를 포함한다. 이러한 분석으로 군집 시료 내에서 활성화되어 있는 대사경로들과 잠재적인 교차배양 (한 생물체가 다른 생물체에 영양분을 제공하는 것)을 밝힐 수 있다.

Q 대사체 연구는 왜 단백질체 연구에 뒤처져 있는가?

IV • 시스템생물학의 이용

9.12 분자생물학적 기술들이 발전함에 따라 단세포 유전체들도 염기서열이 결정될 수 있다. 단세포의 발현과 단백질 프로필들도 결정될 수 있다. 이러한 기술들은 아직 배양된 적이 없는 미생물들 연구에 도구가 될 수 있다.

Q 어떻게 단세포 유전체학이 미생물 암흑 물질을 분석하는 데 사용될 수 있는가?

9.13 시스템생물학 접근에서 다수의 오믹스 결과들을 통합시킴으로써, 세포 내 분자들의 활성과 상호관계를 예측하는 모델을 만들 수 있다. 예를 들어, *Mycobacterium tuberculosis* 치료를 위한 잠재적 약제 목표물들이 시스템생물학을 통해 발견되었다.

Q 시스템생물학은 새로운 질병 진단 마커들을 찾는 데 어떻게 사용될 수 있는가?

9.14 시스템생물학은 맞춤의학에 응용될 수 있다. 유전적인 변이를 검색하는 것 외에도 개인의 유전체, 전사체, 단백질체, 그리고 대사체 프로필을 구축하여 질병 위험도를 예측할 수 있다.

Q 현재 적어도 한 종류의 세포에서 인간 유전체 몇 퍼센트가 기능을 갖고 있다고 예측되고 있는가?

응용 문제

1. 유전체 크기와는 별도로, 원핵생물 유전체를 조립하는 것보다 진핵생물 유전체를 완전하게 조립하는 것을 더 어렵게 하는 인자들은 무엇인가?
2. 한 가지 탄소원만이 첨가된 최소배지에서 다양한 아미노산, 염기, 비타민 등의 영양분이 풍부한 배지로 옮겨졌을 때 대장균에서 어떤 단백질들이 억제되는지 결정할 수 있는 방법을 설명하라. 각각의 생장 조건 하에서 어떤 유전자들이 발현되는지 어떻게 연구할 수 있는가?
3. *Escherichia coli*의 RNA 중합효소 중 β 단위체 유전자는 *Bacillus subtilis rpoB* 유전자의 오르토로그이다. 이 두 유전자들의 관계에는 어떤 의미가 있는가? *Bacillus subtilis rpoB* 유전자는 어떤 효소를 지정할 것으로 생각되는가? *E. coli*의 여러 시그마 인자들은 서로 파라로그들이다. 이 유전자들 사이의 관계는 어떻게 설명할 수 있는가?
4. 생물체에서 생산된 새로운 항생제를 발견하기 위하여 어떻게 시스템생물학을 이용할 수 있는지 설명하라.

용어 해설

Bioinformatics (생물정보학) DNA와 단백질 서열을 분석, 저장, 이용하는데 컴퓨터 프로그램을 사용하는 학문

Chromosomal island (염색체섬) 병원성이나 공생과 같은 별도의 특성을 나타나게 하는 외래 유전자군을 갖고 있는 세균 염색체 부위

Codon bias (코돈 편향성) 동일한 아미노산을 지정하는 여러 코돈의 상대적 사용빈도를 뜻하며, 코돈 사용도와 같은 뜻임

Core genome (핵심 유전체) 특정 종 내 모든 균주들이 공유하는 유전체 부위

Gene chip (유전자칩) 정해진 방식에 따라 유전자 혹은 유전자 일부가 일렬로 고정되어 있는 작은 고체 지지물 (마이크로어레이라고도 함)

Gene family (유전자족) 한 생물체에 존재하는 염기서열이 서로 비슷한 유전자들

Genome (유전체) 한 생명체에 존재하는 유전자 전체

Genomics (유전체학) 지도를 작성하고 염기서열을 결정하여 유전체를 분석하는 연구 분야

Homologs (상동유전자) 하나 혹은 그 이상의 유전자들과 진화적 근원이 같은 유전자

Horizontal gene transfer (수평적 유전자 전이) 부모에서 자손에게로의 전이에 반대되는 생물체들 간의 유전정보 전이

Hybridization (혼성화) 이중가닥의 DNA 혹은 DNA-RNA 분자 혼성체를 만들도록 2개의 단일 가닥 핵산분자들 사이의 상보적인 염기쌍을 형성하는 것

Interactome (인터랙톰) 생물 내 전체적인 단백질 혹은 다른 거대분자들 간의 상호작용

Metabolome (대사체) 세포나 생물체 내의 작은 분자와 대사 중간물질의 전체 집합

Metagenome (메타유전체) 특정 환경에 존재하는 모든 세포들의 전체 유전자 집합

Metagenomics (메타유전체학) 환경에서 분리된 적이 없는 생물체들을 포함하는 시료에서 추출된 DNA 혹은 RNA의 유전체 분석; 환경유전체학과 동일함.

Microarray (마이크로어레이) 유전자나 유전자 일부분이 일정 방식에 의해 규칙적으로 고정되어 있는 작은 고체 지지체 (유전자칩이라고도 함)

Mobilome (모빌롬) 유전체 상에 존재하는 움직이는 유전적 인자들

Nucleic acid probe (핵산 탐침) 반응액 내의 핵산과 상보적으로 혼성화시키는 데 사용되는 표지물이 붙어 있는 핵산 가닥

Open reading frame (ORF) (열린해독틀) 폴리펩티드를 만들도록 해독될 수 있는 DNA 혹은 RNA 염기서열

Ortholog (오르토로그) 서로 다른 두 종의 생명체에서 발견되는 비슷한 유전자(들)로서 종분화 과정을 통해 변이가 생김. 파라로그 참조

Pan genome (범유전체) 동일 종 내 다른 균주들에 존재하는 모든 유전자들의 집합

Paralog (파라로그) 한 종의 생명체 내에서 발견되는 비슷한 유전자들로서 그 생명체의 진화과정 중 유전자 중복의 결과로 생성됨

Pathogenicity island (병원섬) 외래 병원성 유전자군을 포함하는 세균의 염색체 부위

Proteome (단백질체) 어떤 특정 시간에 세포, 조직 혹은 생물체 안에 존재하는 모든 단백질 집합

Proteomics (단백질체학) 한 생명체가 만들어 내는 단백질들의 구조와 기능, 그리고 발현 조절 등과 관련하여 유전체 전반에 걸쳐 수행하는 연구

Sequencing (염기서열분석) 일련의 화학반응으로 DNA 혹은 RNA의 뉴클레오티드 순서를 결정하는 것

Systems biology (시스템생물학) 유전체학 및 다른 "오믹스(omics)" 분야에서 확보한 데이터들을 종합하여 생물 시스템의 전체적인 상황을 밝히는 생물학

Transcriptome (전사체) 어떤 특정 조건 하에서 생물체 내에 생산된 전체 RNA 보체

Trnaslatome (해독체) 어떤 특정 조건 하에서 생물체에 의해 생산된 단백질들의 전체 집합

10 바이러스의 유전체, 다양성 및 생태학

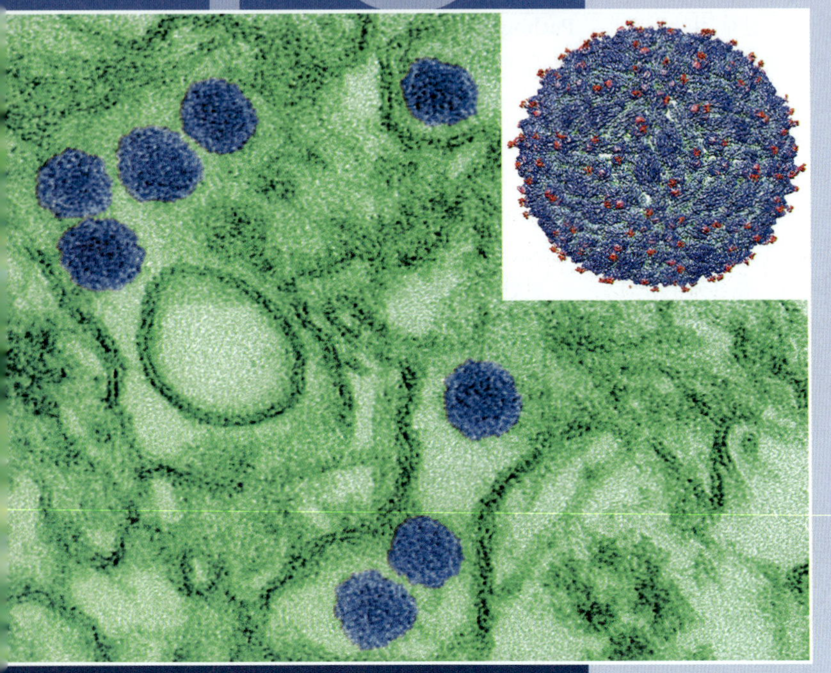

현재의 미생물학

바이러스 위험으로부터 구할 수 있는 바이러스 이미징: 지카바이러스의 구조적 청사진

2016년 이전에는 지카바이러스(Zika)가 상대적으로 유순한 바이러스성 질환으로 알려져 있었다. 대부분의 지카바이러스 감염이 며칠 동안 지속되는 경미한 독감 비슷한 증상을 유발하였기 때문에, 이 바이러스에 대한 연구는 거의 이루어지지 않았다. 그러나 최근 남미, 중미 및 멕시코에서 발병한 임산부의 지카바이러스 감염은 비정상적으로 작은 머리를 가지고 태어난 아기의 심한 뇌기형인 소두증(microcephaly)과 관련이 있다. 성적 접촉(sexual contact)으로도 지카바이러스의 전염이 발생할 수 있다는 예기치 않은 보고와 지카바이러스 발생이 전염병 상태에 이르자 세계 보건기구(WHO)가 지카바이러스 감염을 "국제사회의 공중보건 비상사태"라고 선언하게 되었다.

지카바이러스 전염병 퇴치를 위해 무엇을 할 수 있을까? 지카바이러스는 단일가닥 양성 RNA 유전체를 갖는 피막이 있는 정이십면체(icosahedral) 바이러스이다. 플라비과(*Flaviviridae*) 바이러스 계열인 지카바이러스는 모기에 의해 전염되는 뎅기열, 황열병 및 웨스트 나일 바이러스와 여러 측면에서 유사하다. 그러나 지카바이러스는 중추신경계에 들어갈 수 있다는 것과 잠재적으로 태반을 통과할 수 있는 능력이 있다는 것이 다른 바이러스와 다르며 그런 능력이 선천성 기형을 유발할 수 있을 가능성과 연관되어 있다.

지카바이러스를 더 잘 이해하기 위해 과학자들은 첨단 이미징 기술을 사용하여 바이러스의 구조를 밝혀냈다. 여기에 있는 이미지는 컬러화된 투과전자현미경 사진으로 지카비리온 (파란색, 직경 40 nm) 및 원자 분해능 (삽입 그림)에 가까운 성숙된 지카비리온의 3차원 (3D) 저온 전자현미경의 재구성 사진이다. 3D 분석 결과 지카비리온과 그와 가까운 바이러스 사이에 현저한 차이가 있음이 밝혀졌다. 독특한 탄수화물그룹이 지카바이러스의 정이십면체 캡시드를 구성하는 180개의 단백질과 관련되어 있다. 과학자들은 이 분자가 지카바이러스가 신경세포에 결합하는 능력의 열쇠라고 믿는다. 그렇다면 이러한 구조는 탁월한 항바이러스 표적을 찾을 수 있게 하고 치료용 및 예방용 약물 개발의 기회를 제공한다.

지카바이러스의 신경세포 공격 능력에 관한 질문에 답하는 것 외에도, 이러한 첨단 현미경 기술로 생성된 구조적 청사진은 미래의 백신 개발에 도움이 될 수 있다고 말한다. 바로 이러한 연구가 바이러스 진단과 발견을 위한 지카바이러스 지문 제공의 역할을 해 왔으며 기초 과학이 인간의 건강을 향상시키는 데 어떻게 기여하는지를 보여준다.

출처: Sirohi, D., et al. 2016. The 3.8Å resolution cryo-EM structure of Zika virus. *Science 352*: 467–470.

바이러스는 모든 유기체를 감염시키고 지구상에서 가장 큰 유전적 다양성의 저장소이다. 이 장에서는 유전체와 생태학적 관점에서 바이러스성 다양성을 탐구하고 8장에서 서술한 바이러스학의 기본 개념을 재검토하고 보강할 것이다.

I • 바이러스 유전체와 진화

바이러스는 DNA 또는 RNA 유전체를 가지며 각각은 단일가닥 또는 이중가닥으로 구성된다 (8장). 세포와 비교하면 바이러스 유전체들은 유전정보의 흐름에 있어서 일부 독특한 도전과제들을 생성해낼 수 있다. 특히 바이러스가 감염하는 숙주 세포의 유형에 따르기보다는 유전체 구조에 따라서 바이러스를 묶어나갈 것인데 그 이유는 동일한 유전체 구조를 지닌 바이러스들은 유전정보의 흐름에서 공통적인 문제에 맞닥뜨리기 때문이다. 그런 다음 어떤 바이러스가 각 영역의 생명체를 감염시키는지 고려하고 바이러스가 처음 어떻게 나타났는지 그리고 바이러스가 어떻게 생명체에 자리 잡을 수 있었는지에 대한 몇몇 가설을 제시하고자 한다.

10.1 바이러스 유전체의 크기와 구조

바이러스 유전체들은 가장 작은 것과 가장 큰 것이 차이가 거의 천 배에 달할 정도로 크기가 다양하다. DNA 바이러스는 이러한 연속적 크기변화를 잘 나타내는데 정말 작은 서코바이러스(circovirus)의 유전체는 1.75 kb (*kilobase*)의 단일가닥인 반면에, 최근에 발견된 판도라바이러스(pandoravirus) 유전체는 2.5 mb (*megabase*)에 달하는 이중가닥 DNA 유전체이다 (**그림 10.1**). 판도라바이러스 유전체는 이전에 알려진 가장 큰 바이러스(Mimivirus, 그림 10.5*a* 참조)의 2배 이상이며 여러 종의 세균과 고균의 유전체보다 크다 (표 9.1). 판도라바이러스는 해양 아메바를 감염하며 1 μm × 0.5 μm의 크기는 일부 세균보다 크다 (그림 10.1).

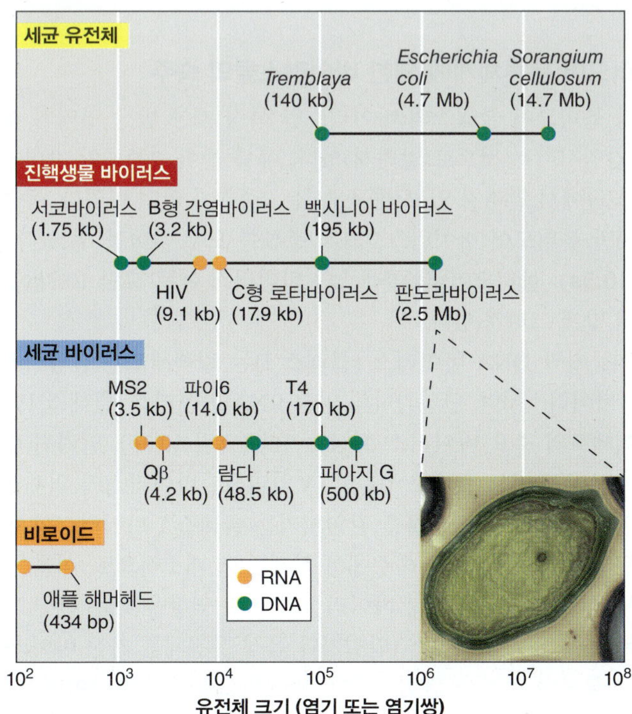

그림 10.1 비교 유전체학. 선택된 비로이드, 바이러스 및 원핵세포의 유전체 크기. 삽입 사진: 판도라바이러스(Pandoravirus)의 현미경 사진, ~1 μm 길이. 이미지 제공: Chantal Abergel, IGS, UMR7256 CNRS-AMU. 박테리오파아지 phi6 및 파아지 G는 각각 *Pseudomonas* 및 *Bacillus* 종을 감염시킨다; 다른 세균 바이러스는 *Escherichia coli*를 감염시킨다.

단일가닥이든 이중가닥이든 대개의 RNA 유전체는 DNA 바이러스보다 크기가 작다. 일부 바이러스성 유전체는 일부 원핵세포의 것보다 크지만 세균과 고균의 유전체는 일반적으로 바이러스의 유전체보다 훨씬 크며 (그림 10.1), 진핵생물의 유전체가 가장 크다. 특정 식물에 질병 (10.15절)을 일으키는 비로이드(viroid)는 감염능력이 있는 노출 RNA이며 모든 미생물 중 가장 작은 유전체를 가지고 있다 (그림 10.1).

바이러스 유전체의 크기가 크든 작든 일단 바이러스가 숙주에 감염하면 바이러스 유전자들이 전사되고 바이러스 유전체의 새로운 복사본이 생성되어야 한다. 감염 후반부에 가서야 바이러스 전사체가 번역되어 바이러스 단백질이 나타나며 바이러스의 조립이 시작된다. 어떤 RNA 바이러스들의 유전체는 곧 mRNA로서 기능한다. 그러나 대부분의 바이러스에서 바이러스 mRNA는 DNA 또는 RNA 유전체를 전사하여 만들어지는데 이와 같은 차이들이 어떻게 발생하는지 살펴보자.

볼티모어 분류체계: DNA 바이러스

지난 1975년 레트로바이러스와 역전사효소를 발견한 공로로 미국인 Howard Temin 및 이탈리아계 미국인 Renato Dulbecco와 함께 노벨 생리학상 또는 의학상을 공동 수상했던 미국 바이러스학자 David Baltimore가 바이러스 분류체계를 개발했다. 이 분류체계는 바이러스 유전체와 여기에서 생성된 mRNA의 상관관계에 기반을 두고 바이러스를 모두 일곱 클래스로 나눈다 (**그림 10.2**). 바이러스학에서의 관례에 따라 바이러스 mRNA는 항상 양성(+)의 배열을 갖는 것으로 간주한다. 따라서 특정 클래스에 속한 바이러스의 분자생물학을 이해하려면 바이러스 유전체의 속성과 이로부터 양성배열의 상보성 mRNA가 생성되는데 어떤 단계들을 거쳐야 하는지 알아야 한다 (그림 10.2).

이중가닥 DNA 바이러스는 볼티모어 클래스 I에 해당한다. 클래스 I 바이러스의 mRNA 생성 기작과 유전체 복제 기작은 숙주 세포가 사용하는 기작과 동일하다. 전형적인 클래스 I 바이러스인 박테리오파아지 T4를 통해 이를 볼 수 있다 (8.6절). 단일가닥 유전체를 갖는 바이러스의 경우 그 가닥이 **양성가닥(positive-strand)** (또는 "plus-stranded") 바이러스이거나 혹은 **음성가닥(negative-strand)** (또는 "minus-stranded") 바이러스이다. 클래스 II 바이러스는 양성 단일가닥 DNA 유전체를 갖고 있다. 그런 유전체가 전사되면 일차적으로 음성(−) 메시지가 만들어진다. 그러므로 클래스 II 바이러스는 mRNA를 생성하기 전에 상보적 DNA 가닥을 만들어 이중가닥 DNA 중간체를 형성하는데, 이를 **복제형(replicative form)**이라고 부른다. 바로 이 복제형이 전사에

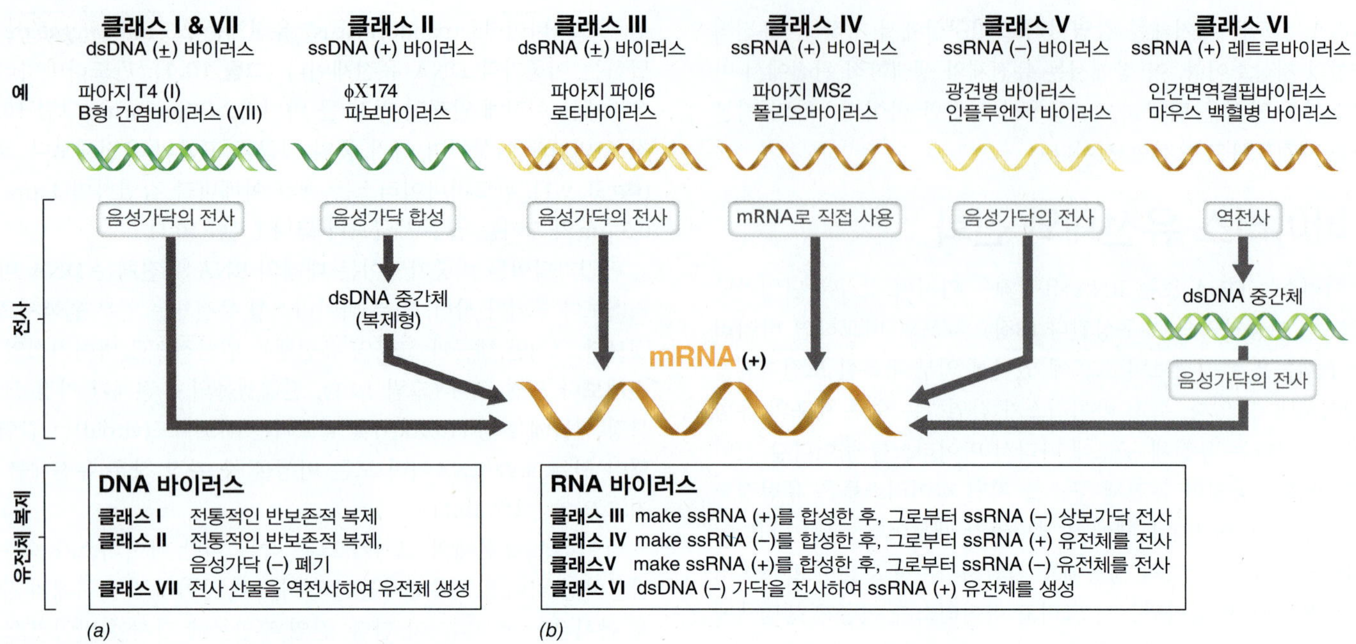

그림 10.2 바이러스 유전체의 볼티모어(Baltimore) 분류. 일곱 클래스의 바이러스 유전체가 알려져 있다. 바이러스 유전체는 *(a)* DNA 또는 *(b)* RNA이며 단일가닥(ss) 또는 이중가닥(ds)이다. 진핵생물을 감염시키는 것으로 알려진 클래스 V 및 VI 바이러스를 제외하고 상단의 예는 세균 바이러스이고 하단의 예는 동물 바이러스이다. 각 바이러스 유전체로부터 mRNA가 생성되는 경로와 유전체 복제에 사용되는 전략을 나타내었다.

이용되며 음성가닥을 제거하고 나면 양성가닥이 유전체가 되므로 복사본의 원천이기도 하다 (그림 10.2). 단 하나의 예외를 제외하면 모든 단일가닥 DNA 바이러스는 양성가닥 바이러스이다.

볼티모어 분류체계: RNA 바이러스

RNA 바이러스의 mRNA 생성과 유전체 복제는 DNA 바이러스의 경우와 확실히 다르다. 세포의 RNA 중합효소는 RNA 주형에서 RNA가 합성되는 것을 촉매하지 못하며 DNA 주형을 필요로 한다. 따라서 RNA 바이러스는 종류에 따라 비리온에 RNA 중합효소를 지니고 다니거나 또는 유전체에 RNA 복제효소라고 부르는 RNA-의존성 RNA 중합효소(*RNA replicase*)를 암호화하고 있어야 한다 (⟷ 8.2절). 양성가닥 RNA 바이러스 (클래스 IV)의 유전체는 곧 mRNA이기도 하다. 그러나 음성가닥 RNA 바이러스 (클래스 V)에서는 RNA 복제효소가 음성가닥 주형으로부터 RNA 양성가닥을 합성해야 하며 이 가닥이 mRNA로 사용된다. 이 양성가닥은 또한 더 많은 음성가닥 유전체를 만드는 데 주형으로 사용된다 (그림 10.2). 클래스 III의 RNA 바이러스도 이와 비슷한 문제점에 봉착하지만, 단지 양성이거나 음성인 한 가닥을 사용하는 대신 이중가닥 (+/−) 주형에서 시작하는 점이 다르다.

레트로바이러스는 양성배열을 갖는 단일가닥 RNA를 유전체로 사용하는 동물바이러스이지만 이중가닥 DNA 중간체를 경유해 복제한다 (클래스 VI). RNA 상에 놓인 정보가 DNA로 복사되는 과정을 **역전사(reverse transcription)**라고 하며 이를 역전사효소(reverse transcripticase)가 촉매한다. 마지막으로 클래스 VII에 속한 바이러스는 지극히 독특한 바이러스들 (예, B형 간염바이러스)로서 이중가닥의 DNA 유전체를 갖고 있으나 RNA 중간체를 경유해 복제한다. 앞으로 보겠지만 이 바이러스들도 역전사효소를 사용한다.

볼티모어 분류체계에 의한 바이러스들의 숙주

특정 볼티모어 클래스의 바이러스만 특정 계통 발생 영역의 세포를 감염시키는 것으로 알려져 있다. 예를 들어, 2종류의 바이러스는 고균에서 알려져 있고 세균에서는 4종류가 알려져 있다. 동물들에서만 볼티모어 바이러스 7가지 종류를 모두 찾아볼 수 있다 (**그림 10.3*a***). 볼티모어 각 클래스의 바이러스 예는 그림 10.3*b*에 크기에 맞게 그려져 있다.

이중가닥 DNA 바이러스 (클래스 I)는 원핵세포를 감염시키는 1차 바이러스이며, 단일가닥의 양성 RNA 바이러스 (클래스 IV)는 진핵세포의 주요 바이러스 포식자이다 (그림 10.3*b*). 알려진 바에 따르면 곰팡이는 클래스 III 및 IV의 RNA 바이러스에 의해서만 감염되는 반면, 진핵생물을 감염시키는 클래스 I 바이러스의 대다수는 식물이 아닌 동물 숙주에서 복제한다. 대조적으로, 식물은 동물보다 많은 클래스 II형 바이러스의 숙주 역할을 하는 반면 거의 모든 클래스 V 바이러스 (단일가닥 음성 유전체를 가진 바이러스)는 식물보다 동물을 감염시킨다. 마지막으로 레트로바이러스 (클래스 VI)는 동물 숙주에서만 알려져 있는 반면 유전체를 복제하기 위해 레트로바이러스처럼 역전사효소에 의존하는 클래스 VII형 바이러스는 동물보다 식물에서 훨씬 더 흔하다 (그림 10.3*a*). 바이러스의 유전체 종류에 따라 특정 숙주 선호도가 나타나는 이유는 분명하지 않지만 세균과 고균이 상대적으로 작은 바이러스 그룹의

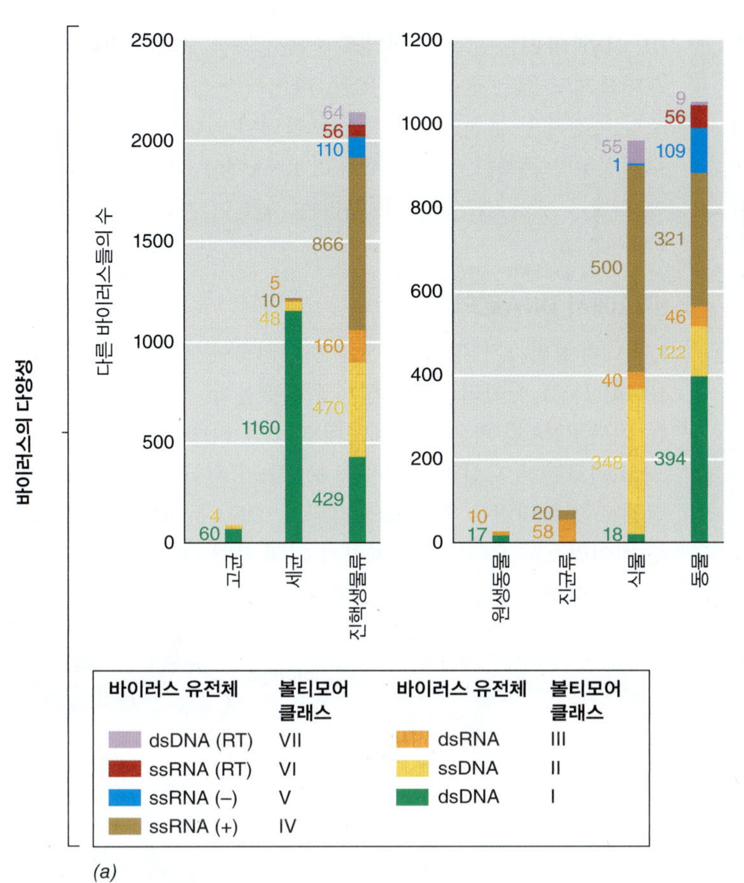

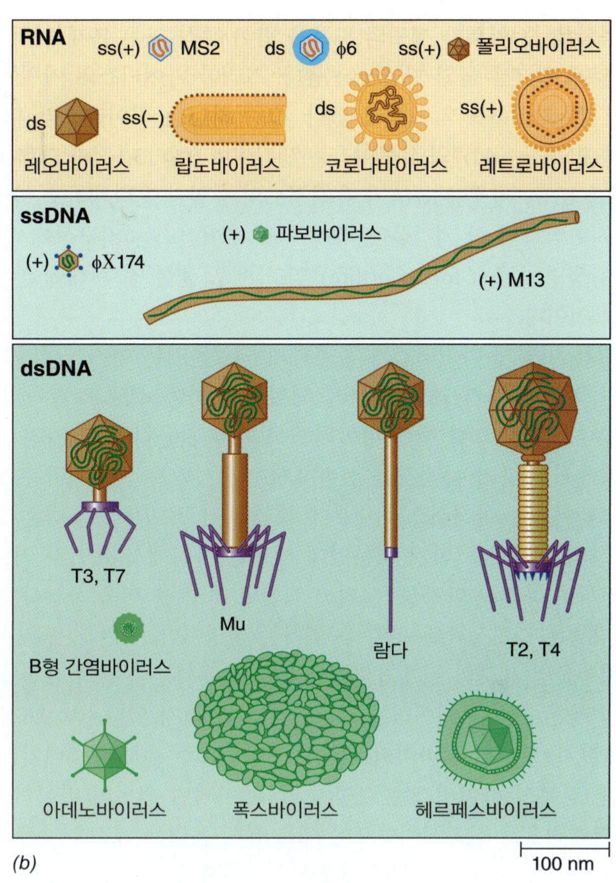

그림 10.3 바이러스 숙주와 바이러스 다양성. *(a)* 세포 영역 (왼쪽 그래프)과 다른 주요 진핵생물 그룹 (오른쪽 그래프)에 의한 바이러스 숙주 선호도. 데이터 채택 (Nasir, A., and G. Caetano-Anollés. 2015. *Sci. Adv. 2015;1:* e1500527). *(b)* 이 장에서 논의된 여러 바이러스의 크기를 비교한 그림.

숙주라는 사실은 일부 바이러스 종들이 좀 더 복잡한 감염 가능한 진핵세포 숙주가 나타나는 시점에 맞추어 진화했을 수도 있음을 시사한다. 그러나 10.2절에서 논의될 전산 분석은 대부분의 바이러스 그룹, 특히 RNA 바이러스가 고대로부터 존재한 것으로 보여 이 가설이 틀린 것으로 보인다.

바이러스의 단백질 합성

일단 바이러스 mRNA가 만들어지면 (그림 10.2) 바이러스 단백질이 합성된다. 모든 바이러스에서 이런 단백질들은 크게 두 가지 범주로 묶을 수 있다: (1) 감염이 시작된 후 곧 합성되는 단백질, 즉 초기 단백질(*early proteins*)과 (2) 감염 후반부에 합성되는 단백질, 즉 후기 단백질(*late proteins*) 그룹이다. 바이러스 단백질의 합성량과 시점은 엄격하게 조절된다. 초기 단백질들은 대개 촉매작용을 수행하는 효소들이며 따라서 상대적으로 소량이 합성된다. 이런 종류에는 핵산 중합효소뿐만 아니라 숙주의 전사나 번역을 차단하는 단백질이 포함된다. 이와 대조적으로 대개의 후기 단백질들은 비리온의 구조성분들과 비리온 조립 시기가 시작될 때까지는 필요치 않은 다른 단백질들이며 이들 모두 매우 많은 양이 만들어진다 (8.6절).

바이러스가 감염될 때 숙주의 조절 기작이 망가지는 이유는 감염세포 안에서 바이러스 핵산과 단백질이 엄청나게 과다생산되기 때문이다. 마침내 바이러스 유전체와 비리온 구조성분이 적정 비율로 생산된 후에는 새로운 비리온이 일반적으로 저절로 조립되고 숙주 세포 밖으로 나가게 되는데 이때 세포를 용해시켜 죽이면서 나가기도 하지만, 출아과정(budding process)을 통해 나가면 세포가 산 채로 유지될 수도 있다.

미니퀴즈

- 양성가닥 RNA 바이러스와 음성가닥 RNA 바이러스의 차이를 설명해보자.
- 단일가닥 RNA 바이러스는 두 가지 클래스로 나뉜다. 이들의 mRNA 생성과정을 비교해보자.
- 레트로바이러스에서 발견되는 유전정보의 흐름은 무엇이 다른가?

10.2 바이러스의 진화

바이러스는 언제 처음 지구상에 나타났으며 세포와는 무슨 관계를 맺고 있을까? 지금껏 알려진 모든 바이러스는 자신의 복제를 위해 숙주 세포를 필요로 하는데, 이 때문에 바이러스는 약 40여 억 년 전 지구상에 최초의 세포가 출현한 이후에 진화되었을 것이라는 자연스런 결론에 이르렀다. 이런 논리를 따른다면 바이러스란 세포

단원 3

구성성분 중 일부가 세포의 도움을 받아 증식 또는 복제하는 능력을 얻게 된 잔류물일 가능성이 높다. 그러나 바이러스의 기원에 대한 다른 가설들도 제시되고 있다. 그중 하나는 바이러스가 "RNA 세계(RNA world)"의 유물이라는 생각이며 (13.1절과 그림 10.4 참조), RNA 세계란 RNA가 유전정보의 유일한 운반체라고 가정하는 진화역사의 한 기간을 말하거나 그 바이러스는 지구상에서 "최초의 생명체(first forms of life)"였고 세포 출현 전 시대에 존재했다는 것이다.

비록 어떻게 바이러스가 출현하게 되었는지는 아직 답할 수 없지만, 바이러스가 왜 출현하게 되었을까 하는 질문도 답하기 쉽지 않다. 제법 그럴 듯한 바이러스 진화의 원동력의 한 가지는 자연계에서 세포가 유전자를 신속하게 이동시키는 기작이라는 것이다. 그 이유는 바이러스가 내부에 핵산을 담고 이를 보호하는 세포외 형태를 갖기도 하기 때문인데 세포들 사이에서 유전자 이동을 촉진하여 유전적 다양성 (그리고 적합도 까지)을 더욱 풍부하게 하는 방법론으로 선택된 것일 수 있다는 설명이다. 이런 기능은 특히 원핵생물의 세포와 관계가 깊고 원핵세포에서는 수평적 유전자 교환이 빠른 진화에 기여하는 주요 인자로 알려져 있다 (9.6절 및 13.3절, 11장). 많은 바이러스들이 자신의 숙주 세포를 죽이기는 하지만, 잠복성 바이러스는 그렇지 않다. 어쩌면 최초의 바이러스들은 본질적으로 잠복성이었으며 세포 용해 능력은 새로운 숙주들에 보다 빠르게 진입하기 위해 나중에 진화되었을 가능성도 있다.

바이러스의 초기 출현을 연구 지원하는 단백질체학

다양한 바이러스의 단백질을 실험적으로 분석한 결과, 바이러스가 처음 어떻게 나타났고 시간이 지남에 따라 어떻게 다양화되었는지에 대해 재조명하게 되었다. 바이러스는 세포가 아니기 때문에 (리보솜을 포함하지 않음) 리보솜 RNA 서열로 만들어진 생명체의 분류에 바이러스를 위치시키는 것은 불가능하였다 (1.13절과 1.36*b*절). 그러나 강력한 전산 분석법은 최근 큰 바이러스 그룹의 단백질체(*proteomes*)와 그 숙주 세포의 단백질체를 비교하기 위해 사용되었다 (단백질체학은 바이러스 또는 세포에 의해 만들어진 단백질 전체를 보완함, 9.10절). 단백질체 서열 데이터와 단백질 폴딩 패턴의 분석으로부터, 바이러스가 지구상에 처음 어떻게 나타났는지 재조명할 수 있었다.

단백질체학은 분절 RNA 유전체를 포함하고 생물의 최근 공통 조상(LUCA)이 나타나기 전에 존재했던 고대(ancestor) 세포로부터 바이러스가 기원했음을 암시한다 (**그림 10.4*a***). 이것은 DNA의 출현 이전의 "RNA 세계(RNA world)" 시대였을 것이다. 이 비로셀(virocells)에서 유전체와 구성요소 크기를 줄이기 위한 강력한 진화론적 압력은 결국 비로셀의 세포 성질을 완전히 제거하여 유전체를 손상으로부터 보호하기 위한 단백질 껍질만 남겼다. 이러한 제거는 또한 바이러스의 특징인 복제 기능을 위한 고균, 세균 또는 진핵세포의 신생 구조물에 대한 엄격한 의존성을 유발했을 것이다. 단백질체 분석은 일반적으로 RNA 바이러스가 DNA 바이러스보다 오래된 것임을 암시한다. 특히 dsRNA 바이러스 (볼티모어 클래스 III, 그림 10.2)는 모든 바이러스 중에서 가장 오래된 바이러스이다. 흥미롭게도 많은 종류의 dsRNA 바이러스 (10.10절)에는 비로셀 조상의 잔재인 분절된 유전체가 포함되어 있다. 레트로바이러스도 오래전부터 존재한 것으로 보이고, RNA에서 DNA 세계로의 전환에 역할을 했을지도 모른다. 우리는 지금 이 가능성을 탐구하고자 한다.

RNA에서 DNA로의 전환

RNA 바이러스가 방금 설명한 시나리오에서 유래했다면 (그림 10.4*a*) *DNA* 바이러스는 어떻게 발생했을까? 일부 RNA 바이러스는 외부 RNA를 파괴하는 세포내 효소인 리보뉴클레아제(ribonucleases)로부터 자신의 유전체를 보호하기 위한 기작으로 DNA 유전체로 진화되었을 것으로 생각된다. DNA는 RNA와 다르고 이들 바이러스는 유전체를 복제하기 위해 자체 DNA 복제 기구를 발전시켜야 했다. 오늘날 레트로바이러스 (볼티

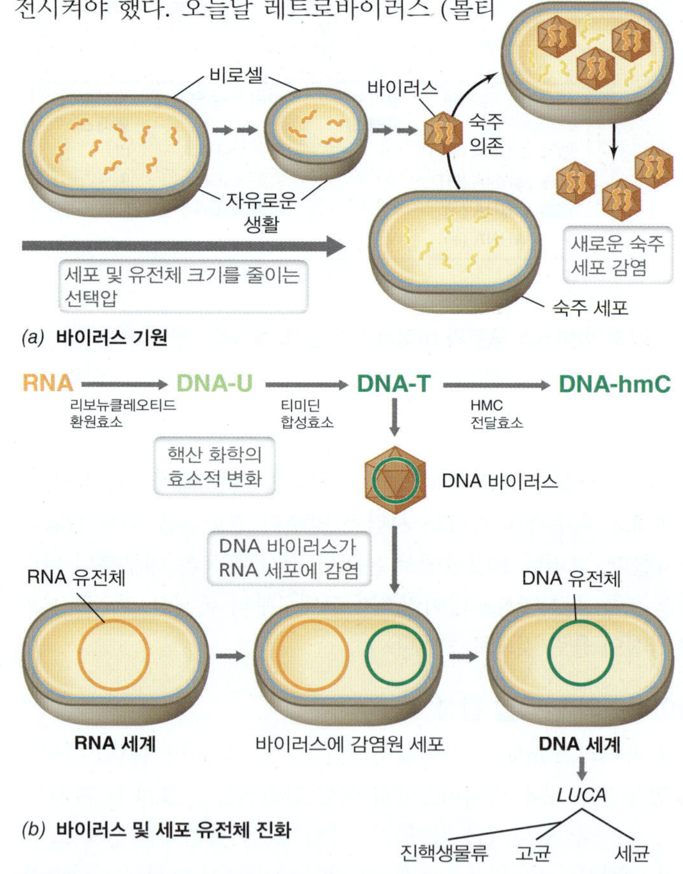

그림 10.4 RNA 세계에서 DNA 세계로 전환에서의 바이러스 기원과 바이러스의 역할. *(a)* 바이러스는 RNA 유전체를 포함한 원시적인 "비로셀(virocells)"에서 유래된 것으로 생각된다. 감소된 세포 크기와 유전체 요구에 대한 선택은 바이러스의 진화를 이끌어 냈다. *(b)* DNA 특이적 효소의 진화는 RNA 바이러스가 DNA 바이러스가 되도록 허용했을 것이다. DNA-U, 우라실을 가진 DNA (우라실은 현재 주로 RNA에서 발견되는 염기임); DNA-T, 티민을 가진 DNA (DNA에서는 발견되었지만 RNA에서는 발견되지 않는 염기); DNA-hmC, 5-하이드록시사이토신을 갖는 DNA; DNA-U와 DNA-hmC는 하나의 바이러스 또는 다른 바이러스에 존재하는 DNA 변종이다. RNA를 가진 세포가 DNA 바이러스에 감염되면 DNA 합성 능력이 세포로 옮겨져 DNA가 세포의 유전체 저장고가 될 수 있다. LUCA, 최근의 보편적인 공통 조상.

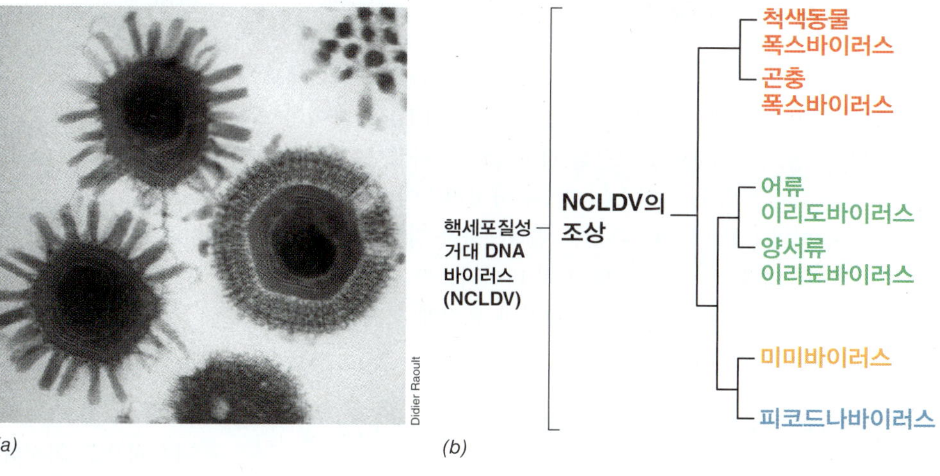

그림 10.5 NCLDV (nucleocytoplasmic large DNA virus)의 계통 발생. *(a)* NCLDV 그룹에 속하는 미미바이러스(Mimivirus)의 투과전자현미경 사진. 비리온의 지름은 약 0.75 μm에 달한다. *(b)* DNA 물질대사에 관여하는 몇 가지 단백질들의 서열 비교에 근거한 주요 NCLDV 그룹의 계통 발생. 대규모 바이러스에 대한 추가 내용은 223쪽 참조.

모어 클래스 VI, 그림 10.2)가 보여주듯이 역전사효소와 같은 효소가 이 RNA 세계에서 DNA 세계로의 전환에 핵심 역할을 담당했다는 추론이 가능하다. 또한 DNA 바이러스가 3개 생물체 영역의 조상을 감염시켰다는 가설을 세웠다. 점차적으로, DNA 바이러스 유전체와의 유전적 교환에 의해 각 세포군은 DNA를 복제하는 데 필요한 기구를 얻었고 결국 유전체를 RNA 기반에서 DNA 기반 화학으로 전환시켰다.

RNA에서 DNA로 전환이 일어난 데에는 논리적인 이유가 있다. DNA는 RNA보다 더 안정한 분자이다. 예를 들어, RNA의 자발적 돌연변이율은 DNA보다 훨씬 높으며 RNA는 자발적 가수분해에 더 민감하다. 이 안정성은 시간이 지남에 따라 유전체 저장소로서 세포에서 DNA가 자연선택되었다. 이 RNA에서 DNA로의 전환이 오늘날 우리가 알고 있는 DNA 세계의 시작이다 (그림 10.4*b*). RNA 유전체가 있는 현존 세포가 없다는 것은 그러한 세포가 DNA 바이러스에 감염된 적이 없다는 것이고, 따라서 DNA 유전체를 진화시키지 않았다는 것이다. 다윈의 선택은 마침내 이 덜 적합한 세포를 멸종시켰을 것이다. 그러나 오늘날 일부 RNA 바이러스가 여전히 존재한다는 사실은 바이러스의 자발적인 돌연변이 비율이 높은 결과 진화하는 숙주 방어에 한 걸음 앞서서 대처하고 적절한 숙주에 빨리 적응할 수 있었기 때문이다.

바이러스의 계통발생학

방금 논의된 새로 개발된 단백질체 분석을 사용하여 리보솜 RNA 염기서열 (⇄ 1.13절)보다는 단백질 서열과 구조적 특징의 조합으로 생명체의 범용 계통 발생수에 바이러스를 위치시킬 수 있었다. 예상대로, 그러한 계통수에서 바이러스는 뿌리에 위치하고 (RNA 바이러스는 DNA 바이러스에 선행) 생명체의 세 영역으로 이어지는 긴 분지를 포함하며 리보솜 RNA 기반 계통수에서 보여주는 것과 같은 방식으로 후반에 분지한다. 단백질체 기반 계통수에서 바이러스의 분기 순서는 다소 불분명하지만, DNA 바이러스가 어떻게 생겨났는지, DNA가 어떻게 세포 유전체에서 RNA를 대체하는지에 대한 가설과 일치하게 DNA 바이러스보다 RNA 바이러스가 더 일찍 존재하였음이 명확하게 나타난다 (그림 10.4).

바이러스의 소수 그룹에서만 계통 발생을 보다 정확하게 추적하는 것이 가능했으며, 이 경우 계통수는 그룹 간에 공통적으로 공유되는 유전자 그룹 또는 단백질 서열에 의해 구성되었다. 하나의 예가 알려진 바이러스 중 가장 큰 미미바이러스와 그 계보의 바이러스들이다 (**그림 10.5**). 미미바이러스의 캡시드는 다층구조의 정이십면체이다. 비리온은 돌기로 둘러싸여 있으며 입자 지름이 약 0.75 μm에 달해 일부 원핵세포보다도 크다 (그림 10.5*a*). 미미바이러스의 유전체는 1.2-Mbp의 이중가닥 DNA이다. 미미바이러스는 원생생물인 *Acanthamoeba*를 감염하며 NCLDV (*nucleocytoplasmic large DNA virus*)라고 부르는 대형 유전체 소유 거대바이러스 그룹에 속한다 (그림 10.5*b*). NCLDV에는 폭스바이러스 (10.6절), 이리도바이러스(iridovirus), 그리고 일부 식물바이러스들을 포함한 몇 가지 과(family)들이 속해 있다. 이 바이러스들은 고도의 상동성을 갖는 단백질들을 공유하는데 이 단백질의 대부분은 DNA 물질대사에 관여한다. 이런 단백질들을 코딩하는 DNA 염기서열을 바탕으로 구축한 이 바이러스들의 계통수를 보면 이들이 하나의 공통 조상으로부터 어떻게 분기되어 왔는지 알 수 있다 (그림 10.5*b*). 따라서 특정 바이러스 그룹의 계통 추적을 약간의 확신을 가지고 추적하는 것이 가능하지만, 그렇게 하기 위해서는 이미 다수의 공통된 특성을 공유하는 것으로 알려진 그룹부터 시작해야 한다.

바이러스 세계에서는 바이러스의 다양성이 엄청나기 때문에 모든 바이러스의 상세한 계통 발생수를 얻는 것은 여전히 어려운 과제이다. 매우 비정상적인 신종 바이러스를 계속해서 분리하면 어려운 작업이 더욱 어려워진다. 예를 들어, 판도라바이러스(Pandoravirus) (그림 10.1)의 유전자 중 약 7%만이 기존 유전체 데이터베이스에 유전자 동족체가 있다. 이것이 의미하는 바는 이 거대한 바이러스 유전체의 90% 이상이 생물학에 새로운 것이라는 점이다. 매혹적인 바이러스 세계에서 새로운 바이러스 발견을 기다리고 있는 놀라운 사례이다.

미니퀴즈

- 바이러스들은 어떻게 세포의 진화를 가속시킬 수 있었을까?
- 바이러스가 어떻게 오늘날 모든 세포에서 발견되는 유전물질을 "발명(invented)"할 수 있었는지 설명하라.
- 리보솜이 부족하면 어떻게 바이러스를 계통수에 위치시킬 수 있는가?

II • DNA 바이러스

비록 DNA 바이러스는 RNA 바이러스 (10.2절)보다 진화적으로 나중에 나타난 것으로 보이지만, 오늘날의 DNA 바이러스는 다양한 생물, 특히 세균과 고균을 감염시킨다. 사실, 원핵세포를 감염시키는 대부분의 바이러스는 DNA 바이러스이며 주로 이중가닥의 변종이다 (그림 10.3). 우리는 진핵생물을 감염시키는 일부 DNA 바이러스와 함께 이들 중 몇 가지 바이러스를 검토하고 다른 유전체 구성의 DNA 바이러스에서 전사와 유전체 복제에 관련된 과정에 초점을 맞출 것이다.

10.3 단일가닥 DNA 박테리오파아지: ϕX174 및 M13

이 절에서는 잘 알려진 단일가닥 DNA 박테리오파아지 두 가지, ϕX174 및 M13에 대하여 논의해보자. 식물과 동물에서도 단일가닥 DNA 바이러스들이 여러 가지 알려져 있다. 이 바이러스들도 세균의 바이러스와 마찬가지로 유전체가 양성(+)배열 (볼티모어 클래스 II, 그림 10.2*a*)을 갖고 있어 여러 부분의 분자적 사건이 비슷하다. 따라서 여기서는 파아지에 초점을 두고 볼 것이다.

박테리오파아지 ϕX174

박테리오파아지 ϕX174는 아주 작은 정이십면체 비리온 내부에 5,386개의 뉴클레오티드로 구성된 원형(circular)의 유전체를 가지며 지름은 약 25 nm 정도이다. 파아지 ϕX174는 단지 몇 개의 유전자들을 갖고 있는데 **중첩유전자(overlapping gene)**의 현상을 나타낸다. 중첩유전자란 DNA 용량이 크지 않아 모든 바이러스-특이 단백질을 암호화할 만큼 충분하지 못해서 유전체의 일부분은 서로 다른 해독틀로 읽어 1회 이상 전사하는 유전자 배열을 의미한다. 예를 들어, ϕX174 유전체의 유전자 B는 유전자 A 내에 위치하고 있으며 유전자 K는 A와 C의 두 유전자 내에 자리 잡고 있다 (**그림 10.6*a***). 유전자 D와 E의 서열이 서로 겹쳐져 유전자 E 전체가 D 유전자 내에 포함되어 있다. 또 유전자 D의 종결코돈은 유전자 J의 개시코돈과 겹쳐 있다 (그림 10.6*a*).

중첩유전자들의 각 유전자 산물들은 하나의 유전자 안에서 또 다른 해독틀(*different reading frame*)의 전사를 시도하여 두 번째의 (구분된) 전사체를 생산하는 방법을 통해 발현된다. 이 중첩유전자들 외에도 숙주의 DNA 합성을 차단하는 ϕX174의 A* 소형 단백질은 유전자 A의 mRNA 내에서 번역(*translation*) (전사가 아님)을 재시작하여 만들어진다. A* 단백질은 A-단백질이 번역되는 동일한 mRNA의 해독틀로부터 번역되고 다른 위치의 개시코돈에서 번역이 시작되기 때문에 A-단백질보다 작은 단백질로 합성된다.

단일가닥의 DNA 유전체가 전사되려면 먼저 DNA의 상보가닥이 합성되어 이중가닥의 복제형이 형성되어야 한다. 이후 복제형 분자는 mRNA나 유전체 복사본의 원천으로 사용될 수 있게 된다. *Escherichia coli* 세포에 ϕX174가 감염하면 단백질 외피에서 바이러스 DNA가 분리되는데 이 유전체는 숙주의 효소에 의해 이중가닥의 복제형(replicative form, RF)으로 전환된다. 이 시점부터 반보존적(semiconservative) 복제에 의하여 여러 개의 복사본이 만들어지고 파아지-특이 전사체들은 복제형의 음성가닥을 전사하여 생성된다 (그림 10.6*b*). 또한 이 복제형은 앞서 소개한 파아지 람다 (8.7절)의 **회전원 복제(rolling circle replication)** 기작을 통해 파아지 유전체의 복사본을 만드는 출발점이기도 하다 (**그림 10.7**).

ϕX174 유전체의 합성과정에서 회전원은 복제형으로부터 양성가닥들이 지속적으로 생성되는 것을 촉진한다. 그러려면 복제형의 양성가닥 한 곳을 잘라 틈(nick)을 만들고 이때 노출되는 DNA 3′ 말단이 프라이머로 활용되어 새로운 DNA 가닥이 합성되는 것이다 (그림 10.7). 양성가닥은 A 단백질이 절단한다 (그림 10.6*a*). 원이 지속적으로 회전하면서 선형의 단일가닥 구조인 ϕX174의 유전체가 합성되는 것이다. 또한 이 회전원 합성은 단지 두 개의 가닥 중 한 가닥 (음성가닥)만이 주형으로 작용한다는 점에서 반보존적 복제 (4.3절)와는 다르다는 것을 알아두자.

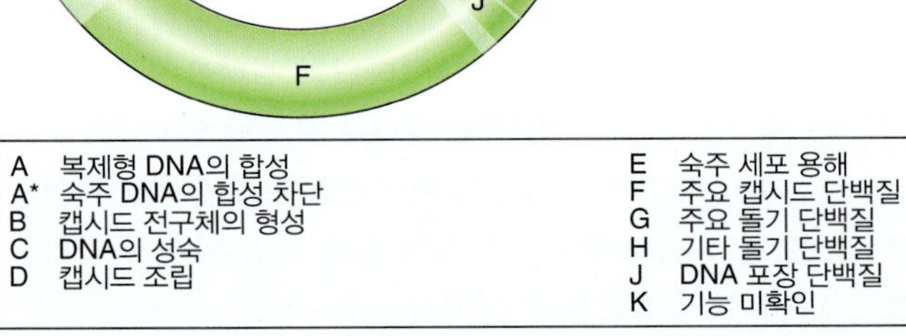

(*a*) GϕX174의 유전체 지도

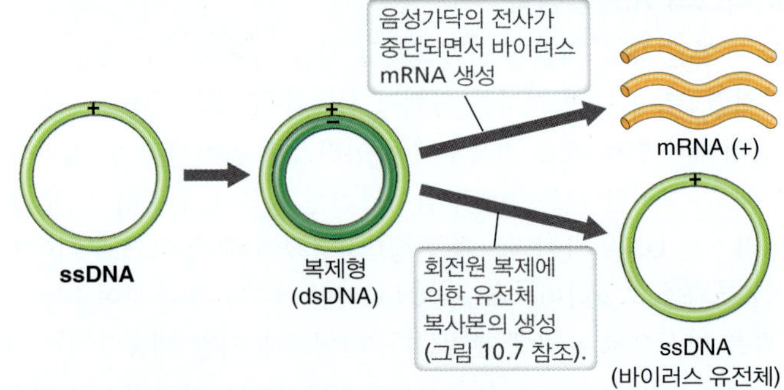

(*b*) ϕX174가 복제하는 동안 일어나는 사건의 흐름

그림 10.6 단일가닥 DNA 파아지인 박테리오파아지 ϕX174. (*a*) 유전체 지도. 유전자 중복부위를 주목하자. 단백질 A*는 유전자 A의 일부분만을 사용하는 번역 재개시 방법으로 형성된 것이다. 박스 안에는 각 유전자가 코딩한 단백질들의 기능을 소개하였다. 염색체의 비표지 부분은 비암호화 DNA 영역이다. (*b*) ϕX174에서의 유전정보 흐름. 자손 단일가닥 DNA는 회전원 복제를 통해 복제형(RF)으로부터 만들어진다 (그림 10.7 참조).

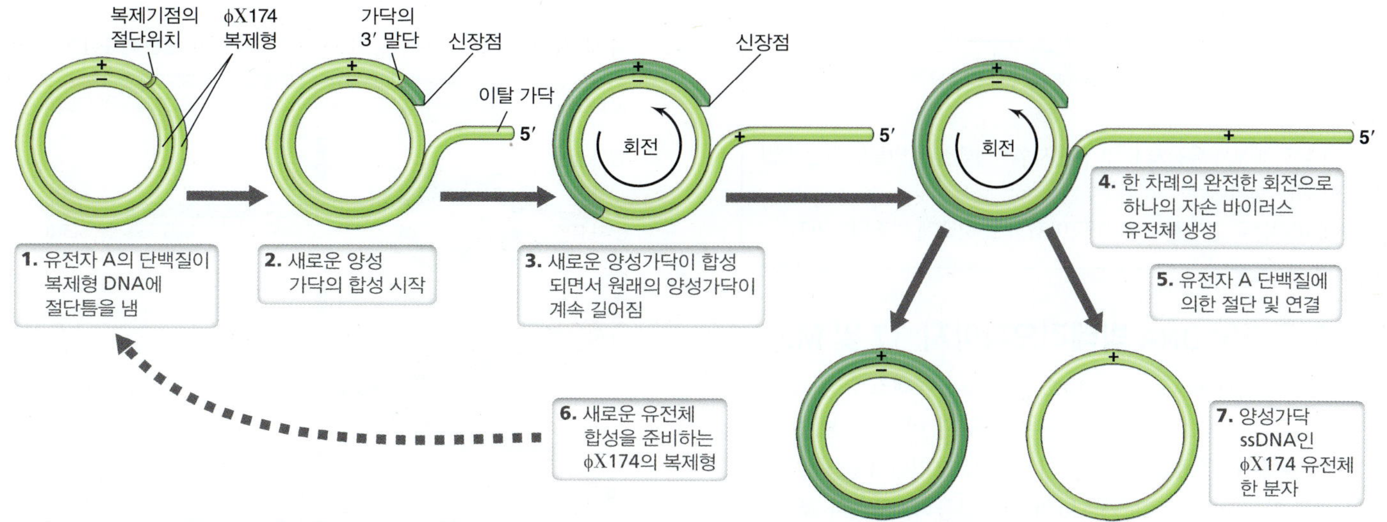

그림 10.7 파아지 ϕX174의 회전원 복제. 복제는 유전자 A 단백질이 양성가닥 DNA를 절단함으로 이중가닥 복제형의 기점에서 시작한다 (DNA의 두 가닥은 간단하게 설명하기 위해 연두색으로 나타나 있음). 하나의 새로운 자손 가닥이 합성된 후 (원의 한 차례 회전), 유전자 A 단백질은 새로운 가닥을 절단하고 두 개의 말단을 연결한다.

신장 중인 DNA 가닥의 길이가 마침내 하나의 단위 (ϕX174는 5,386개 뉴클레오티드)에 이르면 유전자 A 단백질이 적정 위치를 절단하여 새로 합성된 단일가닥의 양끝을 접합하여 원형의 ssDNA를 완성한다. 마지막으로 성숙한 ϕX174의 비리온이 조립되면 곧 이어 숙주 세포가 용해된다. 단백질 E (그림 10.6*a*)는 펩티도글리칸 합성에 관여하는 효소의 활성을 저해함으로써 세포의 용해를 촉진한다 (7.5절). 새로 합성되는 세포벽 성분들이 약해지며 세포는 결국 터지고 파아지의 비리온들이 방출되는 것이다.

박테리오파아지 M13

박테리오파아지 M13은 나선형 대칭의 필라멘트형 파아지로서 그동안 유전공학 분야에서 클로닝 및 DNA 염기서열 결정용 벡터로서 널리 이용되어 왔다. 파아지 M13의 비리온은 길고 가는 모양이며 숙주 세포의 선모(pilus)에 부착한다 (8.5절). M13과 같은 필라멘트형 파아지들은 숙주 세포를 파괴하지 않으면서 입자를 방출하는 유별난 특성이 있다; 감염된 세포는 계속 생장하며 전형적인 용균반(plaques) (8.4절)은 형성하지 않는다. 이 과정을 촉진하기 위해 M13 DNA는 숙주 세포의 세포막을 가로질러 나가는 동안 외피 단백질로 싸이게 된다. 외피를 구성하는 단백질 중 비주류 4종류가 비리온의 끄트머리(tip)를 덮어주고 주요 외피 단백질(P8)은 본체를 덮는다 (**그림 10.8**). 따라서 M13에서는 전형적인 용균성 박테리오파아지와 달리 비리온이 숙주 세포 내에 축적되는 일이 없다.

파아지 M13이 클로닝과 DNA 염기서열 분석에 유용하게 쓰이게 된 것은 이 바이러스가 지닌 몇 가지의 특성에 기인한다. 예를 들어, M13의 DNA 복제에서 나타나는 여러 측면들이 ϕX174의 경우와 비슷하며 유전체가 매우 작아서 염기서열 결정과정을 수월하게 해준다. 둘째, 클로닝에는 이중가닥의 유전체가 필요한데 이는 M13이 복제형 구조를 형성할 때 자연스럽게 만들어진다. 셋째, 감염된 세포를 계속 생장할 수 있도록 유지해준다면 이 세포들이 DNA 클론의 지속적인 공급원이 되는 셈이다. M13의 이러한 기능과 다른 기능은 유전자 공학 기술 분야에서 수년 동안 사용되었지만, 오늘날 M13은 대부분의 유전공학 작업에서 더 편리하고 유용한 다양한 도구로 대체되었다.

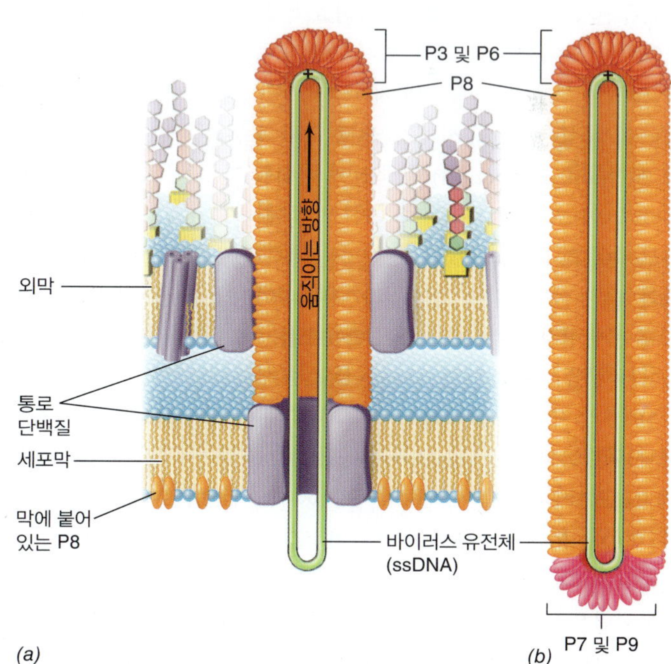

그림 10.8 파아지 M13의 방출. 파아지 M13의 비리온은 감염세포를 용해하지 않고 방출된다. *(a)* 출아. 바이러스가 코딩한 단백질들로 만들어진 통로를 지나 바이러스 DNA가 세포막을 통과한다. 이 과정에서 세포막에 미리 매몰되어 있던 파아지의 단백질 분자들이 파아지 DNA를 감싸게 된다. *(b)* 완성된 비리온. 비리온의 양쪽 끝은 소수의 P3과 P6 (앞쪽 끝) 또는 P7과 P9 (뒤쪽 끝) 등 비주류 외피 단백질로 덮인다. 박테리오파아지 M13은 단일가닥 DNA 파아지이기 때문에 분자생물학적 클로닝 및 DNA 염기서열 분석을 위한 도구로 널리 사용되었다 (9장 및 12장).

단원 3

미니퀴즈

- 파아지-특이 mRNA를 생성하기 위해 ϕX174의 복제형이 형성되어야 하는 이유는?
- ϕX174 유전체에서 유전자 B 및 유전자 A* 단백질이 만들어지는 방법의 차이점을 설명하라.
- M13의 비리온은 감염한 숙주를 죽이지 않고 어떻게 방출되는가?

10.4 이중가닥 DNA 박테리오파아지: T7 및 Mu

이중가닥 DNA (dsDNA) (그림 10.2 볼티모어 클래스 I) 박테리오파아지는 모든 바이러스 중에서 가장 잘 연구된 바이러스이며, 8장에서 T4와 람다 두 종류는 이미 논의하였다. 그러나 T4 및 람다와 다른 특징을 가지고 있는 T7과 Mu의 분자생물학, 유전자 조절 및 유전체학과 관련된 중요성을 고려하여 더 살펴보고자 한다.

박테리오파아지 T7

박테리오파아지 T7 및 이와 가까운 유형인 T3은 *Escherichia coli* 및 이와 관계된 몇몇 *Escherichia coli*에 감염하는 비교적 작은 DNA 바이러스이다. 비리온은 정이십면체의 머리와 아주 짧은 꼬리를 가지고 있으며 T7의 유전체는 약 40 kbp의 선형 dsDNA 분자이다.

T7 비리온이 숙주 세포에 부착할 때 DNA가 주입되는데 이 중 초기유전자들은 숙주의 RNA 중합효소에 의해 신속하게 전사되어 번역이 이루어진다. 이러한 초기 단백질 중 하나는 외래 DNA로부터 세포를 보호하는 숙주의 제한효소 시스템을 저해한다 (8.5절). 이 현상은 T7 유전체가 세포 내로 모두 들어오기 전에 이미 항-제한(anti-restriction) 단백질이 합성될 만큼 매우 신속하게 일어난다. 이 초기 단백질들 중 다른 것들에는 T7 RNA 중합효소, 그리고 숙주의 RNA 중합효소 활성을 저해하는 단백질이 포함된다. 이와 같은 전사전략은 감염기간 내내 파아지의 유전자만을 인식하도록 변형시킨 숙주의 RNA 중합효소를 사용하는 파아지 T4와 다르다는 것을 기억해두자 (8.6절).

T7의 유전체 복제는 유전체 분자 내에 위치한 하나의 복제기점에서 시작하여 양방향(bidirectionally)으로 합성이 진행된다 (**그림 10.9*a***). 파아지 T7은 복합단백질인 자신의 DNA 중합효소를 사용하는데 이 효소는 파아지와 숙주가 각각 한 폴리펩티드 분자씩 코딩하고 있다. 파아지 T4와 마찬가지로 T7 DNA의 양 끝에는 말단반복서열을 갖고 있는데 이 부분이 나중에 연쇄체(*concatemers*)를 형성할 때 사용된다 (그림 10.9*b*). 이 같은 복제와 재조합이 지속되면 꽤 긴 연쇄체가 형성될 수 있으나 결국에는 파아지의 내부핵산분해효소(endonuclease)가 각 연쇄체의 특정 위치를 절단하여 말단반복서열을 지닌 선형 DNA 분자를 형성하며 이를 파아지 머리(head)에 포장한다 (그림 10.9*c*). 그러나 T7의 내부핵산분해효소는 연쇄체의 특정 위치를 자르기 때문에 각 T7 비리온에 담긴 DNA 서열은 동일하다. 이 점이 "머리채우기 기작(headful mechanism)"에 따라 DNA 연쇄체를 잘라서 환상순열을 갖게 되는 파아지 T4

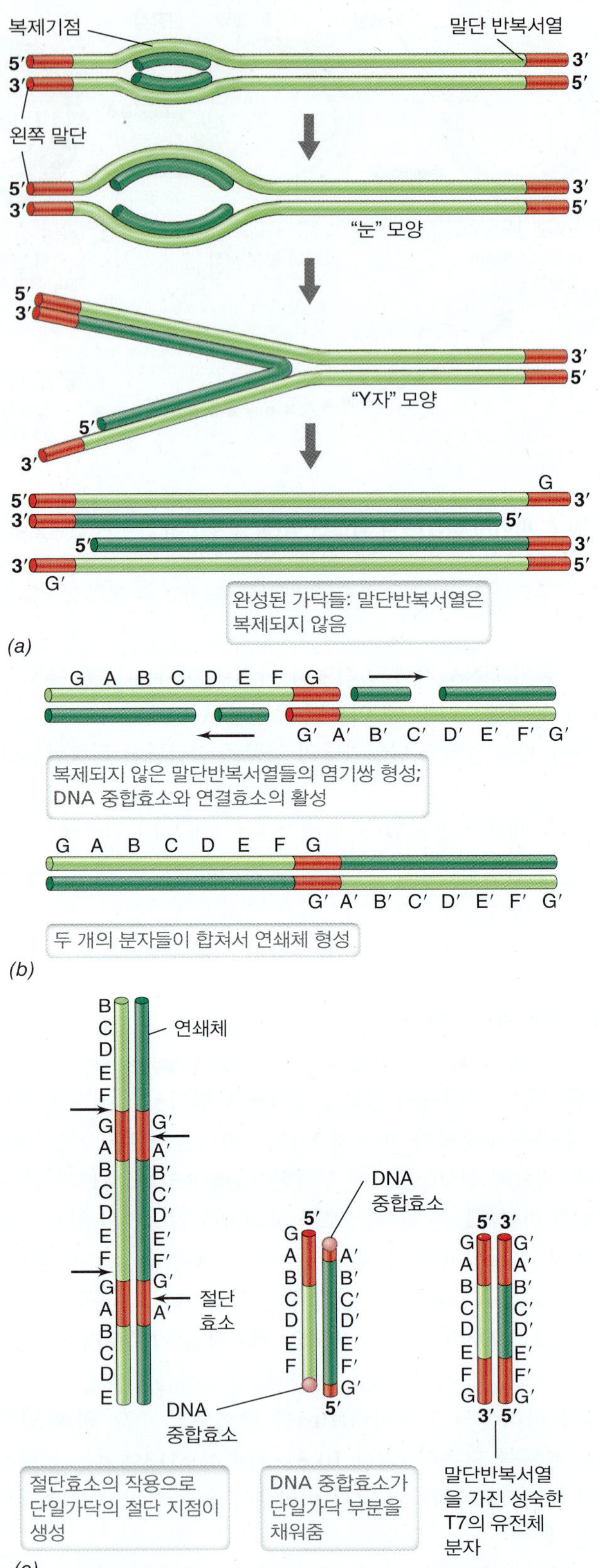

그림 10.9 박테리오파아지 T7의 유전체의 복제. *(a)* 양방향으로 복제하는 선형의 이중가닥 DNA는 "눈(eye)" 및 "Y"자 모양의 중간체를 형성한다 (두 개의 주형가닥은 모두 연녹색으로 새로 합성되는 두 가닥은 진녹색으로 표시). *(b)* 복제되지 않은 말단에서 DNA를 서로 연결하여 형성되는 연쇄체. *(c)* 성숙한 바이러스 DNA 분자의 생산은 내부핵산분해효소(endonuclease)인 절단효소에 의해 T7 연쇄체가 잘려 생성된다.

와 다른 점이다 (8.6절).

박테리오파아지 Mu

박테리오파아지 Mu는 람다 (8.7절)처럼 잠재성이지만 전이(*transposition*)를 통해 복제하는 독특한 성질을 가지고 있다. 전이인자(transposable element)는 하나의 독자적인 유전 단위로서 숙주 유전체 상의 한 장소에서 다른 장소로 이동할 수 있는 능력을 가진 DNA 염기서열이다 (11.11절); **전이효소(transposase)** 라고 부르는 효소가 이 같은 전이를 촉진한다. Mu라고 부르는 이유는 이 파아지가 숙주의 염색체에 통합되면 숙주에 돌연변이(*mu*tation)를 일으키기 때문이다. 이 때문에 Mu는 여러 돌연변이체를 쉽게 만들어 낼 수 있어 세균유전학 분야에서 매우 유용한 파아지이다.

박테리오파아지 Mu는 정이십면체형의 머리와 나선형 꼬리, 그리고 여러 개의 꼬리섬유를 가졌다 (**그림 10.10*a***). Mu의 유전체는 선형의 dsDNA이며 유전자의 대부분은 머리와 꼬리 단백질 및 Mu 전이효소와 같은 복제인자들과 숙주범위(host range)에 관련된 인자들을 암호화하고 있다. 숙주범위는 바이러스가 생성하는 꼬리섬유의 종류에 따라 조절되며 꼬리섬유의 한 유형이 *E. coli*에만 감염을 허용한다면 다른 한 유형은 여러 다른 장내세균에 감염하는 것을 허용하는 식이다.

파아지 Mu는 유전체가 대형 DNA 분자의 한 부분으로서 복제되기 때문에 다른 박테리오파아지들과는 완전히 다른 방식으로 복제한다 (그림 10.10*b*). 그러므로 Mu DNA가 숙주 유전체에 통합(integration)되는 단계는 용균성 및 용원성으로 진행하는 데 필수적인 과정이다. 통합에는 Mu 전이효소의 활성이 요구되며 통합이 일어나는 표적 지점에서는 숙주 DNA의 5 bp 서열에서 중복현상이 일어난다. 이처럼 숙주 DNA 서열의 중복이 일어나는 이유는 Mu DNA가 통합되는 지점에서 엇물리게 절단되기 때문이다. 결과적으로 이렇게 만들어진 단일가닥 부분은 이중가닥으로 바뀌고 이는 Mu 통합과정의 일부이다 (그림 10.10*b*).

초기 감염에서 Mu의 억제단백질이 만들어지지 않으면 Mu가 용균성 증식경로로 진행하지만, 이 억제단백질이 합성되지 않으면 Mu는 용원성을 형성한다. 둘 중 어떤 경우든지 Mu의 DNA는 숙주 유전체의 여러 곳에 걸친 반복적 전이를 통해 복제된다. 만약 용균 회로의 경로가 촉발되면 감염초기에 Mu의 초기유전자만이 전사된다. 이후 Mu의 전사 활성화 단백질이 발현된 다음에는 머리와 꼬리 단백질들이 합성된다. 비리온의 자가 조립에 뒤이어 숙주세포는 용해되고 성숙한 Mu 비리온들이 방출된다. Mu가 용원성 상태에 남으려면 통합된 Mu DNA의 전사를 차단하는 Mu 억제단백질이 충분히 있어야 한다.

미니퀴즈

- 파아지 T4 및 T7 DNA에서 일어나는 전사전략 중 주요 차이점은 무엇인가?
- Mu 유전제의 복제 기작이 유별나게 다른 점은 무엇인가?

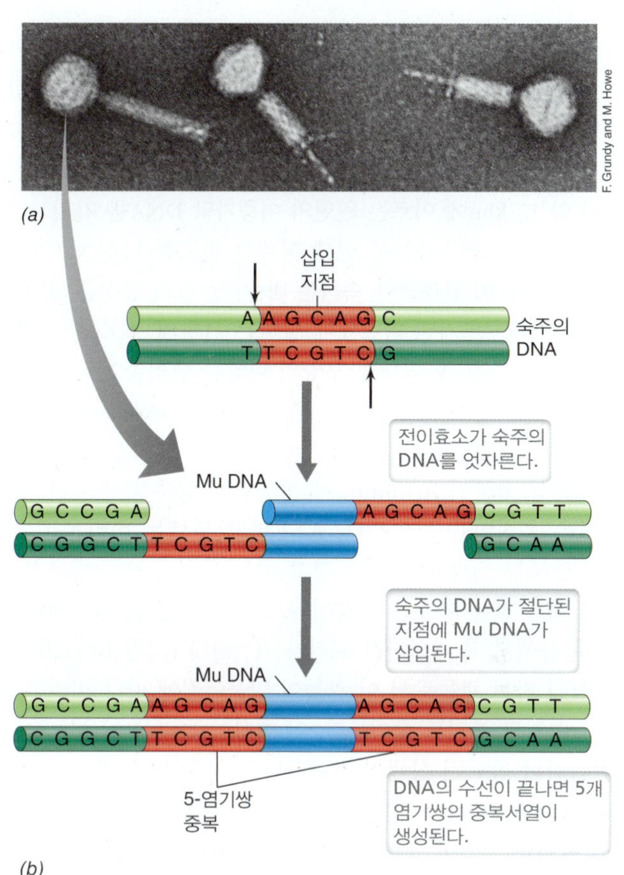

그림 10.10 박테리오파아지 Mu. *(a)* 이중가닥 DNA 파아지 Mu 비리온의 전자현미경 사진. *(b)* 박테리오파아지 Mu가 숙주 DNA에 통합되는 과정인데 삽입 위치에서 숙주 DNA의 염기쌍 5개가 중복되는 것을 보여주고 있다.

10.5 고균 바이러스

많은 박테리오파아지 및 고균 바이러스가 지금까지 분리되고 특성도 분석되었다. 세균의 경우 이들은 DNA와 RNA 파아지를 포함하며 일부는 단일가닥이고 다른 것은 이중가닥의 유전체이다. 그러나 모든 특성화된 고균 바이러스는 DNA 유전체를 가지고 있으며 드문 예외는 이중가닥 원형 DNA 유전체이다 (그림 10.3*a*).

DNA 고균 바이러스

Euryarchaeota 문(phylum) 및 *Crenarchaeota* 문의 대표 종들을 포함한 고균의 여러 종을 숙주로 삼는 여러 종류의 DNA 바이러스가 발견되었다 (17장). 메탄생성 고균과 호염성 고균 등 *Euryarchaeota*의 종에 감염하는 대부분의 고균 바이러스들은 T4와 같이 장내세균을 감염하는 파아지의 특성처럼 "머리와 꼬리(head and tail)"를 가지고 있다. 새로운 고균 바이러스 하나는 호염성 고균을 감염하는데 피막과 단일가닥 DNA 유전체를 모두 갖고 있다는 점에서 독특하다. 대조적으로, 특성이 규명된 그 외의 모든 고균 DNA 바이러스들은 이중가닥이며 전형적인 원형 DNA 유전체를 갖고 있다.

고균의 바이러스 중 가장 특이한 바이러스는 초고온성 고균인 *Crenarchaeota*를 감염하는 종류다. 예를 들어, 황-산화(sulfur-oxidizing) 고균 *Sulfolobus*는 몇 가지 특이한 모양을 가진 바이러스들의 숙주이다. *Sulfolobus* 종을 감염하는 바이러스 중 하나인 SSV (*Sulfolobus*, spindle-shaped virus)는 종종 꽃송이 모양을 형성하는 방추형 비리온을 형성한다 (**그림 10.11*a***). 이런 바이러스들은 전 세계적으로 산성의 온천에 널리 퍼져있다. SSV의 비리온은 길이가 약 15 kbp에 이르는 원형의 이중가닥 DNA를 가지고 있다. *Sulfolobus* 바이러스 중 두 번째 형태는 견고한 나선형 막대이다 (그림 10.11*b*). 이 클래스에 속하는 바이러스들의 별칭은 SIFV라고 하며 SSV 유전 크기의 약 2배에 달하는 선형의 ssDNA 유전체를 갖고 있다. 방추형 및 막대형 모양의 다양한 변형들이 고균 바이러스 분리연구를 통해 발견되었고 몇 종의 *Crenarchaeota*는 사상성 바이러스에도 감염된다.

초고온성 고균인 *Acidianus*에 감염하는 방추형 바이러스는 꽤 흥미로운 움직임을 보여준다. ATV라고 부르는 비리온은 약 68 kbp에 달하는 원형 유전체를 갖고 있는데 처음 숙주에서 방출되는 시기에는 레몬과 같은 모양이다. 그러나 방출된 직후에는 비리온 양쪽 끝에 길고 가느다란 꼬리가 자라난다 (그림 10.11*d*). 이 꼬리는 사실 가는 관들로서 이 관들이 만들어짐에 따라 비리온은 점차 가늘어지고 부피도 줄어든다. 이 현상이 놀라운 이유는 숙주 세포와 완전히 독립된 상태에서 나타나는 첫 번째의 바이러스 발생 (virus development) 사례이기 때문이다. ATV에서 뻗어 나온 꼬리는 이 바이러스가 고온 (85°C)의 산성 (pH 1.5) 환경에서 생존하는데 어떤 식으로든 도움을 줄 것으로 추정된다. 이 유별난 모양의 바이러스는 용균성인데 다른 고균 바이러스에서는 좀처럼 용균성을 찾아보기 힘들다.

방추형의 바이러스들은 *Pyrococcus* 종 (*Euarchaeota*)에도 감염한다. 이 바이러스의 이름은 PAV1 (*Pyrococcus abyssi* virus 1)이며 SSV와 닮았지만 좀 더 크며 매우 짧은 꼬리를 가지고 있다 (그림 10.11*c*). PAV1은 소형의 원형 DNA 유전체를 지니며 숙주 세포를 용해시키지 않고 비리온을 방출한다. 이는 아마도 *Escherichia coli*의 박테리오파아지인 M13과 유사한 출아 기작을 이용하기 때문일 것으로 생각된다 (10.3절). *Pyrococcus*는 생장의 적정온도가 약 100°C에 이르는 초고온성 생물이기 때문에 PAV1 비리온도 열에 대한 안정성이 매우 높다는 것을 알 수 있다. 유전체를 비교해보면, PAV1과 SSV형의 바이러스들이 서로 비슷한 형태임에도 불구하고 염기서열의 상동성은 낮아서 이 두 유형의 비리온들이 공통된 진화적 뿌리를 갖고 있지 않다는 것을 보여준다.

RNA 고균 바이러스

지금까지, 다양한 RNA 바이러스가 세균과 진핵생물을 감염시킨다는 사실에도 불구하고 실험실에서 고균 숙주 내에서 복제 가능한 RNA 바이러스는 알려져 있지 않다 (그림 10.3). 고균 RNA 바이러스의 구체적인 예는 알려지지 않았지만 환경에 존재하는 유전체를 분석하면 거의 확실하게 고균 RNA 바이러스가 존재한다는 것을 보여준다. 대규모의 *Crenarchaeota*가 존재하는 것으로 알려진 옐로스톤 국립공원(Yellowstone National Park)의 일부 산성 온천에서는 비정상적으로 모양이 다양하고 구조적으로 특이한 고균 바이러스가 발견되었으며 (**그림 10.12**) 실험실 내에서 생장하였다. 지금까지는 모두 DNA 바이러스였다. 그러나 이 온천을 연구하는 연구자들은 메타유전체학(metagenomics)이라는 강력한 도구 (9.8절)를 사용하여 RNA 염기서열이 세균을 감염시키는 모든 알려진 RNA 바이러스와 닮지 않은 바이러스 RNA를 발견하였다. 이 온천은 진핵생물에겐 너무 뜨거우며 세균도 거의 없어 비정상적 RNA는 실험실에서 증식 가능한 고균 바이러스의 RNA에서 유래하는 것이 거의 확실하다.

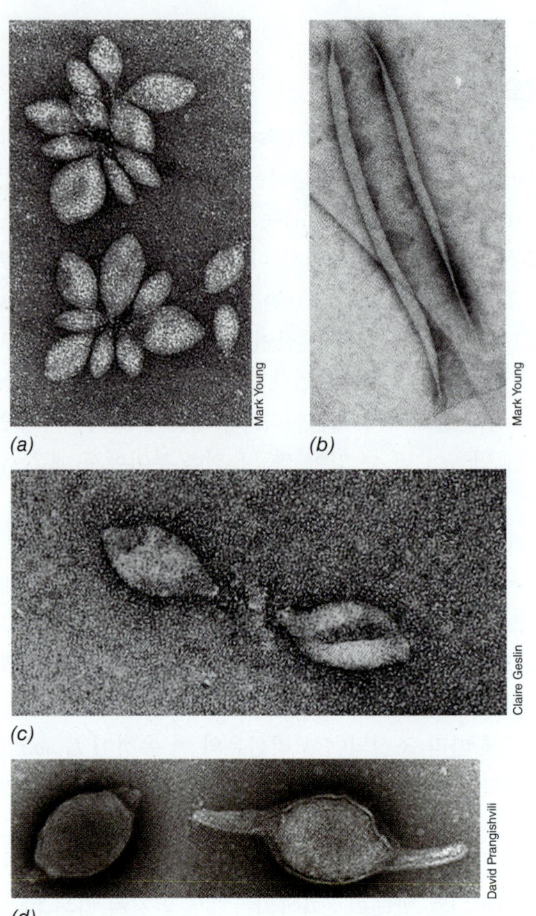

그림 10.11 고균 바이러스. *Crenarchaeota*에 감염하는 바이러스 (*a*, *b*, *d*)와 *Euryarchaeota*에 감염하는 바이러스 (*c*)의 전자현미경 사진. (*a*) *Sulfolobus solfataricus* (생장 최적 온도, 80°C)를 감염하는 방추형의 바이러스 SSV1 (비리온 크기, 40 × 80 nm). (*b*) *S. solfataricus*를 감염하는 필라멘트형 바이러스 SIFV (비리온 크기, 50 × 900~1,500 nm). (*c*) *Pyrococcus abyssi*에 감염하는 방추형 바이러스 PAV1 (비리온 크기, 80 × 120 nm). (*d*) ATV, 초고온성인 *Acidianus convivator*에 감염한다. 숙주에서 방금 방출된 비리온은 레몬 모양 (왼쪽)이지만 곧 양 끝에 꼬리 부속물 (오른쪽)이 자란다. ATV 비리온의 지름은 약 100 nm 정도이다.

온천에 존재하는 바이러스의 RNA 염기 서열 분석은 고균 RNA 바이러스가 단일가닥의 양성 RNA 바이러스 (볼티모어 클래스 IV, 그림 10.2) (10.8절)에서 유래되었음을 보여준다. 이러한 바이러스 유전체는 또한 RNA 바이러스의 특징인 RNA 복제 효소를 암호화하며 폴리오바이러스 (10.8절)와 같은 일부 진핵생물을 감염시키

그림 10.12 산성인 옐로스톤 온천과 고균 바이러스. 삽입그림: 온천의 고균 바이러스 혼합물의 투과전자현미경 사진. 그림 10.11과 비교.

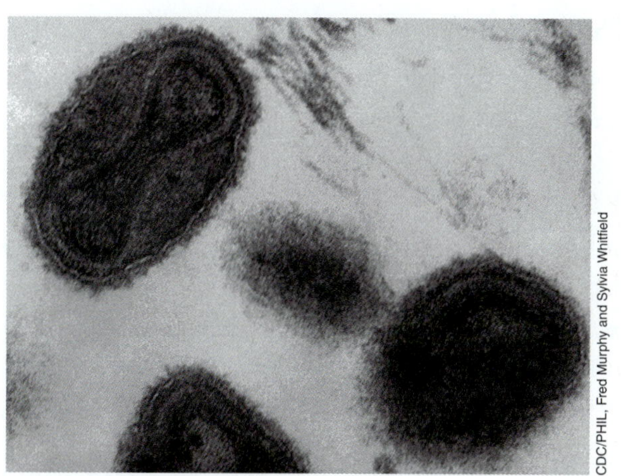

그림 10.13 천연두 바이러스. 음성으로 염색된 천연두 바이러스(smallpox virus) 비리온 박편의 투과전자현미경 사진. 비리온의 길이는 약 350 nm (0.35 μm)에 달한다. 비리온 내부에 있는 덤벨 모양이 뉴클레오캡시드이며 이중가닥 DNA 유전체를 담고 있다. 모든 폭스 바이러스의 복제 활동은 숙주의 세포질에서 이루어진다.

는 클래스 IV 바이러스에 의해 사용되는 복제 기작인 다단백질을 형성하면서 복제한다. 고균 RNA 바이러스의 복제과정은 숙주보다 바이러스 중합 효소가 복제과정에 참여하는 정도와 같은 중요한 분자학적 세부 사항을 포함하여 불분명하며 바이러스의 실험실 배양을 기다리고 있는 형편이다. 그러나 과학자들은 그러한 바이러스가 거의 확실하게 존재한다는 것을 알게 되었고 바이러스를 농축하고 분리하는 관점으로 연구한다.

미니퀴즈

- 대부분의 고균 바이러스에서 발견된 유전체들은 어떤 유형인가?
- 다른 고균 바이러스들과 비교하여 *Acidianus*에 감염하는 바이러스의 독특한 두 가지 특성은 무엇인가?

10.6 유별나게 복제하는 DNA 동물바이러스

이중가닥 DNA 동물바이러스 중 두 그룹 (볼티보어 클래스 I, 그림 10.2)은 남다른 복제전략을 보여주고 있다: 폭스 바이러스(pox virus)와 아데노바이러스(adenovirus)가 그 둘이다. 폭스 바이러스는 DNA 복제를 포함한 모든 복제의 현상들이 핵이 아닌 세포질(*cytoplasm*)에서 일어난다는 점에서 독특하다. 아데노바이러스는 DNA의 양쪽 가닥 모두가 선도가닥의 주형으로 사용되는 유전체 복제를 진행한다는 점이 남다르다.

폭스 바이러스

폭스 바이러스는 의학적으로나 역사적으로 중요시되어왔다. 천연두(smallpox) 바이러스는 자세하게 연구되었던 최초의 바이러스이며 또 백신이 개발된 (1798년 Edward Jenner에 의해) 최초의 바이러스이다. 폭스 바이러스는 모든 바이러스 중 가장 큰 바이러스 중 하나이며 벽돌 모양의 백시니아 바이러스(vaccinia virus)의 지름은 약 400 nm에 달한다 (**그림 10.13**). 그 외의 중요한 폭스 바이러스는 우두(cowpox) 및 백시니아 바이러스가 있다. 백시니아 바이러스는 천연두(small pox) 바이러스와 비슷하지만, 심각한 질병을 일으키지 않아 천연두의 백신으로 사용되거나 천연두 바이러스의 분자생물학 연구모델로 쓰인다.

백시니아 바이러스의 유전체는 선형의 이중가닥 DNA (linear double-stranded DNA)로 되어 있으며 크기는 약 190 kbp 정도로서 약 250개 내외의 유전자가 실려 있다. 백시니아 비리온이 부착하면 곧 이어 숙주 세포 안으로 삼켜지고 뉴클레오캡시드(nucleocapsid)는 세포질에 방출된다 (그림 10.13); 모든 복제 현상은 세포질 내에서 이루어진다. 바이러스 유전체가 탈피되려면 감염 후에야 합성되는 바이러스 단백질의 활동이 필요하다. 이 단백질을 암호화하는 바이러스의 유전자는 바이러스 입자 안에 담겨 있는 바이러스의 RNA 중합효소에 의해 전사된다. 이 탈피 유전자 외에도 많은 유전자들이 전사되며 바이러스 유전체의 복사본을 합성하는 DNA 중합효소를 코딩하는 유전자도 이에 포함된다. 이 자손 유전체 분자들은 비리온 입자에 담겨 세포질 내에 축적되며 감염된 세포가 용해되면서 방출된다.

백시니아 바이러스는 백신으로 쓰기 위한 다른 바이러스의 단백질을 생산하도록 유전공학적으로 변형되어 사용되어 왔다 (12.8절). 백신은 동물의 면역반응을 일으킬 수 있는 물질로서 나중에 동일한 병원체가 침입하였을 때 동물을 보호해준다. 백시니아 바이러스는 인간의 건강에 해를 끼치지 않으면서 강력한 면역반응을 이끌어 낸다. 이 때문에 백시니아 바이러스는 다른 병원성 바이러스의 단백질을 나르는 운반체로서 비교적 안전하게 병원체에 대한 면역반응을 촉발하는 효과적인 도구이다. 백시니아 바이러스 백신은 인플루엔자, 광견병, 헤르페스 단순포진 1형 바이러스 (HSV-1), 그리고 B형 간염을 일으키는 바이러스에 성공적으로 활용되고 있다.

아데노바이러스

아데노바이러스(adenovirus)는 선형의 이중가닥 DNA (linear double-stranded DNA viruses)를 지닌 작고 피막이 없는 정이십면체 바이러스 (**그림 10.14*a***)의 주요 그룹이다. 아데노바이러스는 병증이 심하지 않고 사람에서도 가벼운 호흡기 감염을 일으키는데 그치지만 바이러스 중 유전체 복제 기작이 아주 특이하다. 아데노바이러스 유전체 DNA의 5′ 말단에 붙어 있는 단백질을 말단 단백질(*terminal protein*)이라고 부르며 바이러스 DNA의 복제에 반드시 필요한 단백질이다. 서로 상보적인 DNA 두 가닥에 모두 DNA 복제에서 중요하게 작용하는 역방향 말단반복서열(inverted terminal repeats)이 존재한다 (그림 10.14*b*).

감염이 시작되면 아데노바이러스의 뉴클레오캡시드가 핵 안으로 운반되고, 숙주의 RNA 중합효소의 활성으로 초기유전자들의 전사가 진행된다. 대부분의 초기 전사체에는 말단 단백질 및 바이러스 DNA 중합효소 등과 같이 중요한 복제 단백질을 코딩되어 있다. 아데노바이러스 유전체의 복제는 선형 DNA 유전체의 양 끝에서 시작하며 말단 단백질이 이 과정을 촉진한다. 말단 단백질 중 시토신 잔기 하나가 DNA 가닥에 공유결합으로 연결되어 있는데 이 잔기가 DNA 중합효소의 프라이머(primer)로 작용하기 때문이다 (그림 10.14*b*). 이 첫 번째 복제의 산물은 완전한 이중가닥 유전체 한 분자와 단일가닥의 음성 DNA 한 분자이다. 시토신 잔기가 두 개의 가닥은 시차를 두고 복제된다. 한 차례의 복제과정이 끝나면 그 결과로 하나의 이중가닥 분자와 하나의 단일가닥 분자가 생성된다. 바로 이 시점부터 독특한 복제 기작이 진행된다. 이 DNA 단일가닥은 역방향 말단반복서열을 이용하여 원을 형성하고 이 구조물의 5′ 말단에서 시작하여 상보적인 (양성) DNA 가닥을 합성해 낸다 (그림 10.14*b*). 이 같은 복제 기작은 지연가닥(*lagging strand*)을 만들지 않으면서 이중가닥 DNA를 복제한다는 점에서 특별하다 (⇄ 4.3절). 일단 아데노바이러스 유전체의 복사본이 충분히 만들어지고 구조성분들도 숙주 세포 내에 축적되면 성숙한 아데노바이러스 비리온이 조립되어 세포가 용해되는 시점에 방출된다.

미니퀴즈

- 폭스 바이러스 유전체의 복제 기작에서 유별난 점은 무엇인가?
- 아데노바이러스 유전체의 복제 기작에서 유별난 점은 무엇인가?
- 아데노바이러스의 말단 단백질이 유전체 복제에 꼭 필요한 이유는 무엇인가?

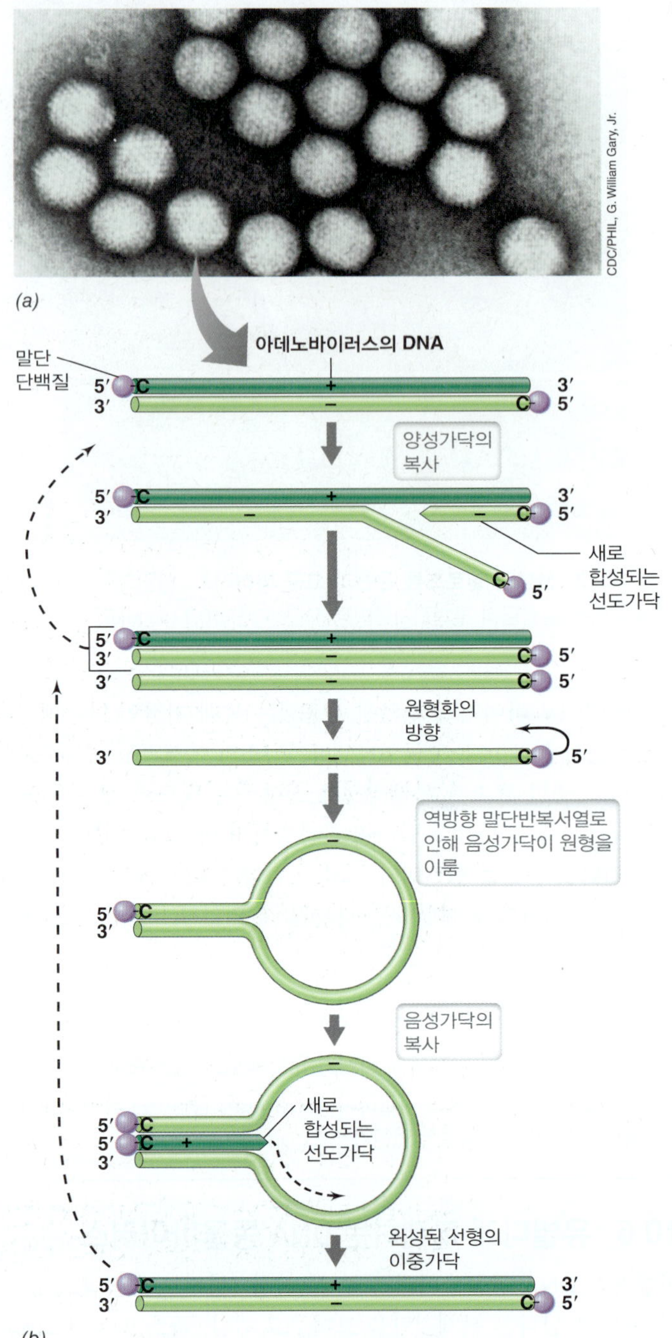

그림 10.14 아데노바이러스와 아데노바이러스 유전체 복제. *(a)* 아데노바이러스 비리온의 투과전자현미경 사진. 정이십면체 구조를 볼 수 있다. *(b)* 아데노바이러스 유전체 복제. 유전체 양 끝이 만나 고리모양이 되기 때문에 지연가닥은 형성되지 않는다; DNA 합성은 양 가닥 모두 선도가닥 합성으로 진행된다. 시토신(**C**) 염기가 말단 단백질에 부착되어 있다. 아데노바이러스는 감기와 같은 상부 호흡기 감염을 일으키는 인간 바이러스의 여러 종류 중 하나이다 (⇄ 30.7절). 리노바이러스 (단일가닥 양성 RNA 바이러스, 10.8절 참조)는 감기의 대부분을 유발한다.

10.7 DNA 종양바이러스

세포 용해 현상을 일으키거나 숙주 유전체에 통합되어 잠복상태로 들어가는 것 이외에도 DNA 동물바이러스들 중 일부는 암을 유발할 수 있다. 이런 종류에는 폴리오마바이러스(polyomavirus)와 및 헤르페스바이러스(herpesvirus) 그룹의 바이러스들이 있으며 두 그룹 모두 이중가닥의 DNA 유전체 (볼티모어 클래스 II, 그림 10.2)를 갖고 있다.

폴리오마바이러스 SV40

폴리오마바이러스 SV40은 햄스터와 쥐와 같은 작은 포유동물에서 종양을 일으킬 수 있는 피막이 없는 정이십면체 바이러스이다. 원형의 유전체는 이중가닥의 DNA로 되어 있다 (**그림 10.15*a***). SV40

의 유전체 DNA는 너무 작아서 (5.2 kb) 자체적인 DNA 중합효소를 암호화하고 있지 않기 때문에 숙주의 효소를 사용한다. DNA 복제는 하나의 복제원점에서 시작되어 양방향으로 진행된다. 폴리오마바이러스의 유전체는 크기가 작기 때문에 다수의 소형 박테리오파아지들이 (10.3절, 10.8.절) 흔히 사용하는 중첩유전자 전략이 적용되어 있다. 바이러스 유전체의 전사는 핵 내에서 일어나며 합성된 mRNA들은 단백질 합성을 위해 세포질로 수송된다. SV40 비리온의 조립은 핵 내에서 일어나는데 세포가 용해되면서 새로운 비리온들이 방출된다.

SV40이 숙주 세포에 감염되면 숙주 세포의 유형에 따라 두 가지 결과 중 하나가 일어날 수 있다. 허용성(*permissive*) 숙주 세포에 바이러스가 감염하면 일반적으로 새로운 바이러스 입자가 생성되고 숙주 세포에는 용해된다. 그러나 비허용성(*nonpermissive*) 숙주 세포에 바이러스가 들어갔을 때는 세포 용해가 일어나지 않는다; 대신에 바이러스의 DNA가 숙주 세포의 DNA에 통합되어 숙주 세포를 유전적으로 변화시키게 된다 (그림 10.15*b*). 이러한 세포는 세포의 생장제어(growth inhibition) 특성을 잃고 악성을 띠는데 이 과정을 형질전환(*transformation*)이라고 한다 (그림 8.20). 종양을 유발하는 일부 레트로바이러스 (10.11절)와 같이 폴리오마바이러스의 경우도 특정 유전자가 발현되어야 숙주 세포의 형질전환이 일어난다. 이와 같은 종양-유도 단백질 분자들이 세포분열을 조절하는 숙주 단백질에 결합하여 불활성화시키는데, 이런 방법으로 세포발달의 조절을 무력화한다.

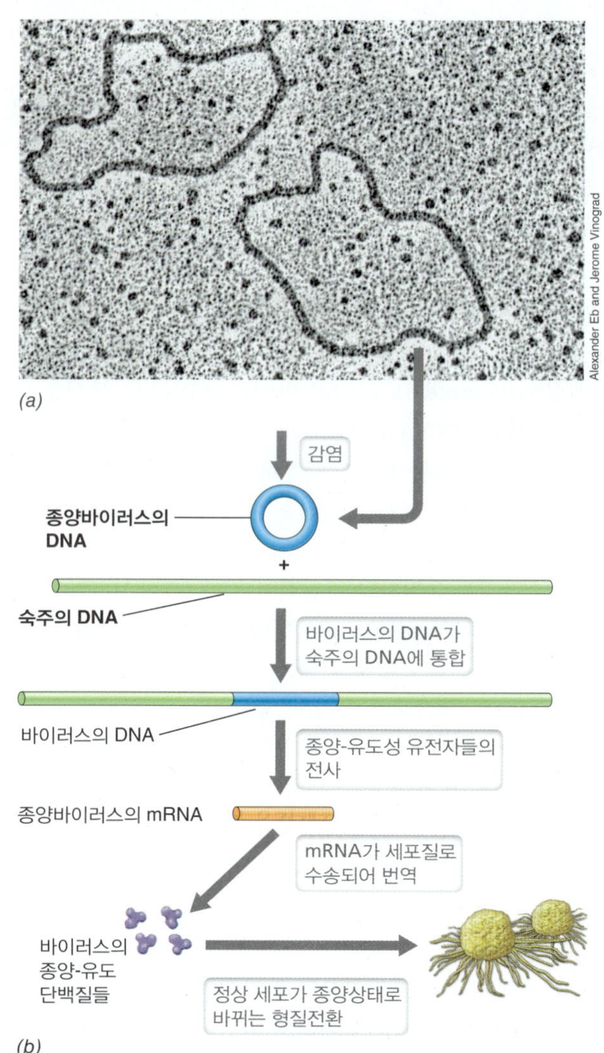

그림 10.15 폴리오마바이러스와 종양 유도. *(a)* 종양바이러스의 유전체인 이완된 (초나선 구조가 풀어진 형태) 원형 DNA의 투과전자현미경 사진. 각 고리의 둘레는 약 1.5 μm이다. *(b)* SV40과 같은 폴리오마바이러스에 의한 세포 형질전환에서 나타나는 사건들. 바이러스 DNA의 전부 또는 일부분이 숙주 세포 유전체에 합병된다. 이 상태에서 세포의 형질전환 사건들을 암호화하는 바이러스 유전자가 전사되고 번역을 위해 세포질로 운반된다.

헤르페스바이러스

헤르페스바이러스(herpesvirus)는 이중가닥 DNA 바이러스 중에 규모가 큰 그룹으로서 사람과 동물에서 다양한 질병을 일으킨다. 여기에는 열성 발진(fever blister) [입술 헤르페스(cold sores)], 성병 헤르페스(venereal herpes), 수두(chicken pox), 대상포진(shingles), 그리고 감염성 단핵증(infectious mononucleosis) 등이 포함된다. 헤르페스바이러스는 암을 일으키는 중요한 바이러스 그룹 중 하나이다. 그 예로 엡스타인-바(Epstein–Barr) 바이러스는 중앙아프리카와 뉴기니의 어린이들에게 흔히 나타나는 종양인 버키트씨 림프종(Burkitt's lymphoma)을 일으킨다. 광범위하게 퍼져 있는 헤르페스바이러스 중 하나는 사이토메갈로바이러스(cytomegalovirus, CMV)로서 40세 이상 미국 성인의 약 3/4에서 이 바이러스가 발견된다. 건강한 사람들에서는 CMV 감염으로 인한 뚜렷한 병증이나 장기적인 건강 문제가 나타나지 않는다. 그러나 CMV는 폐렴이나 망막염 및 특정한 위장관 기능장애를 유발할 수 있으며, 면역력이 저하된 사람에서는 심각한 질병을 일으켜 치명적이 될 수도 있다.

헤르페스바이러스는 몸 안에서 장기간 잠복상태로 남아 있을 수 있으며 스트레스 상황이나 면역능력이 저하될 때 활성화된다. 헤르페스바이러스의 비리온은 피막형(enveloped) 바이러스이고 정이십면체 뉴클레오캡시드를 여러 겹의 독자적인 구조층(structural layers)이 덮고 있다 (**그림 10.16**). 이 바이러스가 세포에 부착하면 바이러스 피막과 숙주 세포막 사이에 융합이 일어나고 뒤이어 뉴클레오캡시드가 세포 안으로 들어간다. 뉴클레오캡시드는 핵으로 운반되어 그곳에서 바이러스 DNA는 외피 단백질과 분리되며 세 가지의 mRNA 부류가 합성된다: 즉시초기(*immediate early*), 지연초기(*delayed early*), 후기(*late*) (그림 10.16). 즉시초기 mRNA는 지연초기 단백질들의 합성을 촉진하는 조절단백질을 코딩한다. 지연초기 단계에서 합성되는 핵심 단백질들 중에 바이러스-특이적 DNA 중합효소와 DNA-결합 단백질이 포함되는데 이들 모두 바이러스 DNA 복제에 필요한 것들이다. 다른 바이러스들과 마찬가지로 후기 단백질은 주로 바이러스의 구조단백질들이다.

헤르페스바이러스의 DNA 합성 자체는 핵 안에서 일어난다. 감염 후, 헤르페스바이러스의 유전체는 원형으로 전환되어 회전원 기작으로 복제한다 (10.3절). 긴 연쇄체가 형성되고 이 연쇄체는 조립 과정에서 바이러스 유전체 단위의 DNA 길이로 각각 잘리게 된다

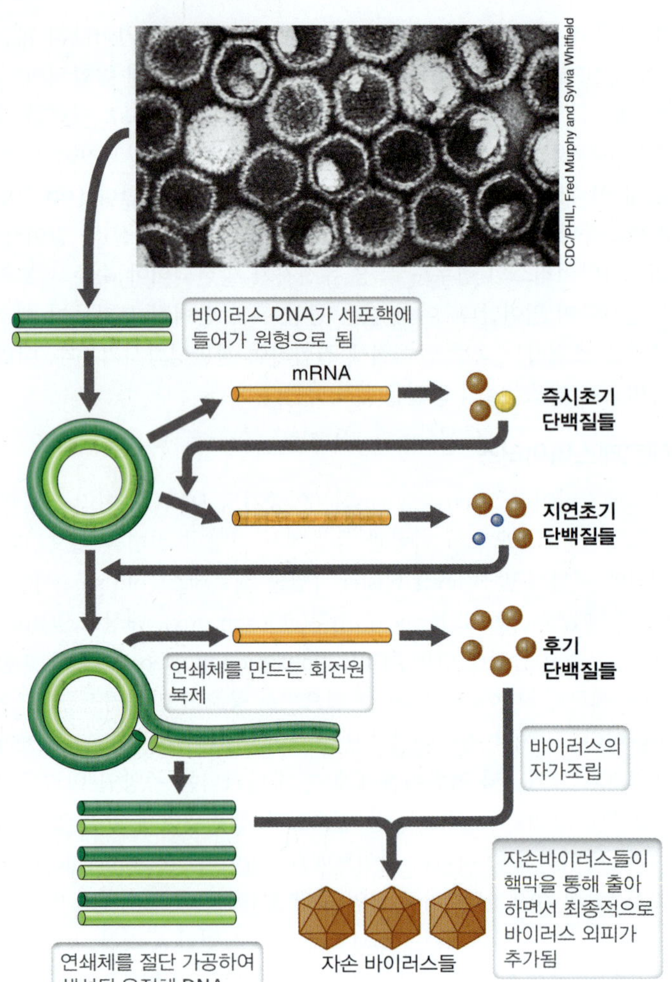

그림 10.16 헤르페스바이러스. 헤르페스바이러스의 전자현미경 사진으로부터 시작되는 헤르페스 단순포진 바이러스의 증식과정 (입자의 지름은 약 150 nm). 비리온 내에 담긴 바이러스 유전체는 선형이지만 숙주 세포 안에 들어가면 원형으로 전환된다.

(그림 10.16). 바이러스 뉴클레오캡시드는 핵 안에서 조립되고 바이러스의 피막은 핵막(nuclear membrane)을 통한 출아 과정에서 얻게 된다. 그 다음, 성숙한 비리온은 소포체를 통하여 세포 밖으로 방출된다. 따라서 헤르페스바이러스 비리온의 조립은 주로 세포막으로부터 피막을 획득하는 바이러스들과는 다르다.

미니퀴즈

- SV40은 박테리오파아지 ϕX174와 어떤 유전체 특징을 공유하나?
- 허용성 숙주와 비허용성 숙주에 따라 SV40 바이러스가 감염결과는 어떻게 달라질 수 있는가?
- 헤르페스바이러스가 일으키는 일반적 질병을 두 가지만 제시하라.

III • RNA 유전체를 가진 바이러스

우리는 RNA 바이러스가 다수의 숙주를 감염시키고 지구상에 나타나는 첫 번째 바이러스일 가능성이 있음을 보았다 (10.2절). DNA 바이러스를 다룬 앞 절에서와 같이 여기에서는 유전체 특성에 따라 RNA 바이러스를 다루고자 한다. RNA 바이러스는 볼티모어 클래스 III-VI를 구성한다 (그림 10.2).

10.8 양성가닥 RNA 바이러스

많은 바이러스들이 양성의 단일가닥 RNA 유전체를 갖고 있어 이를 양성가닥 RNA 바이러스(*positive-strand RNA viruses*)라고 부른다. 이 때문에 이런 바이러스들의 유전체 염기서열은 mRNA의 서열과 동일하다 (그림 10.2). 다수의 양성가닥 동물바이러스 및 박테리오파아지가 알려져 있어서 여기서는 연구가 잘되어 있는 몇 가지만 논의하고자 한다. 크기가 아주 작은 박테리오파아지 MS2부터 시작해보자.

박테리오파아지 MS2

박테리오파아지 MS2의 지름은 약 25 nm 정도이며 캡시드는 정이십면체이다. 이 바이러스는 *Escherichia coli* 세포의 선모(pilus)에 부착하여 감염을 시작한다 (**그림 10.17*a***). 통상적으로 선모는 세균의 수평적 유전자 교환 (접합)에서 기능하는 구조물이다. 선모에 부착한 MS2의 RNA가 어떻게 *E. coli* 세포 안으로 진입하는지는 알려져 있지 않지만 일단 RNA가 들어가면 MS2의 복제 사건들이 신속하게 시작된다; 이 바이러스의 유전자지도와 주요 활성을 그림 10.17*b*와 *c*에 나타냈다.

MS2 유전체에는 3.5 kb이고 4가지 단백질만이 코딩되어 있는데 성숙 단백질(maturation protein), 외피 단백질(coat protein), 용균 단백질(lysis protein), 그리고 바이러스 RNA의 복제를 담당하는 **RNA 복제효소(RNA replicase)**의 단위체 중 하나가 포함된다. MS2 RNA 복제효소는 복합단백질로서 소단위체 중 일부는 숙주 유전체가, 소단위체 하나는 바이러스 유전체가 제공한다. MS2의 용균 단백질을 코딩하는 유전자는 외피 단백질을 코딩하는 유전자 및 복제효소 소단위체 유전자와 중첩되어 있다 (그림 10.17*b*). 이와 같은 중첩유전자(*overlapping genes*) 현상은 소형 유전체를 보다 효율적으로 사용하는 전략으로서 앞 절 (10.3절)에서 소개한 바 있다.

파아지 MS2의 유전체가 양성 배열의 RNA이기 때문에 일단 세포 내로 들어가면 직접적으로 번역된다. RNA 복제효소가 만들어지면 이 효소는 양성가닥 RNA를 주형으로 삼아 음성가닥 RNA 분자들을 합성한다. 음성가닥 RNA 복사본이 축적되면 이를 다시 주형으로 삼아 더 많은 양성가닥 RNA가 만들어지는데 이들 중 일부는 바이러스 구조단백질의 지속적인 합성을 위해 번역에 사용된다.

파아지 MS2는 자신의 RNA에 위치한 번역개시 지점이 숙주 리보솜에 접근하는 것을 조절함으로써 바이러스 단백질 합성을 조율한다. MS2의 유전체 RNA는 이리저리 접혀 복잡한 2차 구조를 형성하고 있다. MS2 RNA 상에는 4개의 AUG 번역개시 지점이 있는데 (⇆ 4.9절) 세포의 번역기구가 접근하기 가장 좋은 곳은 외피 단백질 및 복제효소를 합성하는 지점이다. 따라서 감염이 시작된 매우 이른 시점에는 번역이 이 지점들에서 시작된다. 그러나 외피 단백질이 다량 축적되면 이 단백질들이 복제효소 단백질의 AUG 개시지점 인근의 RNA 서열에 들러붙어 복제효소의 생산을 효과적

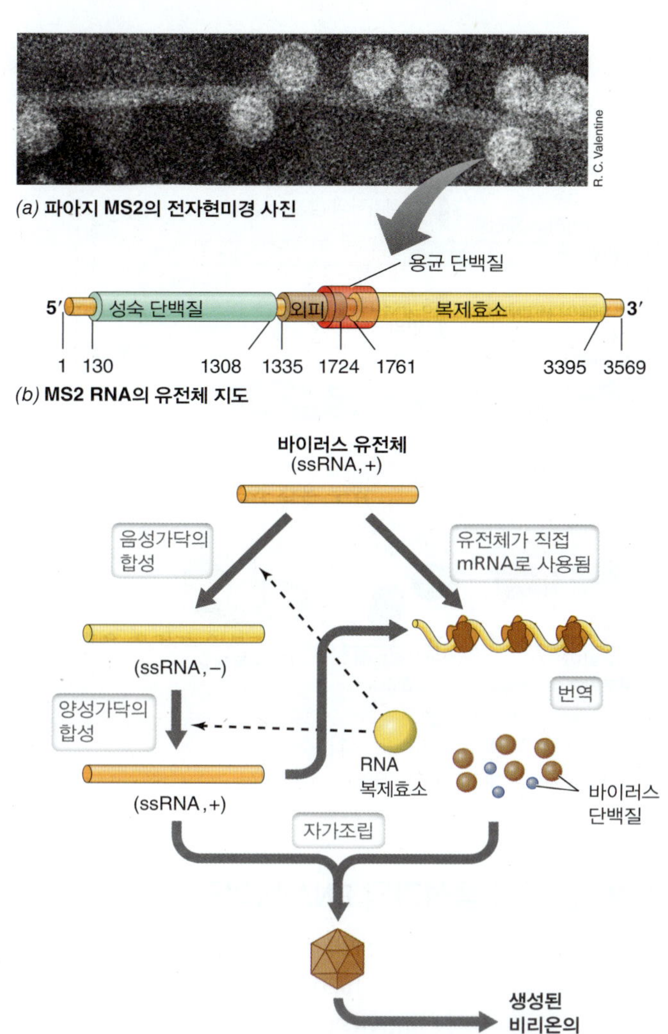

그림 10.17 소형 RNA 박테리오파아지 MS2. *(a)* 박테리오파아지 MS2의 비리온이 *Escherichia coli* 세포의 선모에 부착되어 있는 투과전자현미경 사진. *(b)* MS2의 유전체 지도. 용균 단백질 유전자가 외피 및 복제효소 유전자들과 어떻게 중첩되어 있는지 주목하라. 숫자들은 RNA 상의 뉴클레오티드 위치를 나타낸 것인데 유전체의 길이는 3,569 뉴클레오티드이다. *(c)* MS2 복제과정의 흐름.

으로 차단한다. 바이러스 성숙 단백질의 유전자가 RNA의 5′ 말단에 위치하고 있긴 하지만, RNA가 워낙 심하게 접혀 있어 성숙 단백질 번역개시 지점과 리보솜이 접근하기 쉽지 않고 이 때문에 소량의 성숙 단백질만이 생성된다. 이런 방법을 통해 MS의 모든 단백질들이 바이러스 조립에 필요한 적정량으로 생산된다. 마침내 MS2 비리온의 자가조립(self-assembly)이 진행되고 세포 용해가 일어나면 자손 비리온들이 방출된다.

폴리오바이러스

양성가닥 RNA를 갖는 동물바이러스 중 여러 종류가 사람과 기타 동물에서 질병을 일으킨다. 여기에는 폴리오바이러스(poliovirus), 일반 감기를 일으키는 리노바이러스(rhinovirus), SARS (severe acute respiratory syndrome)와 같은 호흡기 질환을 일으키는 코로나바이러스(coronavirus), 그리고 A형 간염바이러스(hepatitis A virus) 등이 포함된다. 이 절에서는 선형의 RNA 유전체를 갖고 있는 폴리오바이러스와 코로나바이러스를 중점으로 알아보자.

폴리오바이러스는 모든 바이러스 중에서도 가장 작은 바이러스 중 하나로서 비리온 한 개당 최소 60개의 형태적 단위를 갖는 정이십면체 구조이다 (**그림 10.18*a*, *b***). 바이러스 RNA의 5′ 말단에는 VPg 단백질(*VPg protein*)이 공유결합으로 유전체 RNA에 연결되어 있고 3′ 말단에는 폴리(A)꼬리가 있는데 (그림 10.18*c*) 이는 진핵세포의 전사체가 갖는 공통적인 특징이다 (4.6절). 폴리오바이러스의 유전체 (약 7.4 kb)는 곧 mRNA로 기능하기 때문에 이 Vpg 단백질이 바이러스 RNA와 리보솜의 결합을 촉진해준다. 이 RNA가 번역되면 **다단백질(polyprotein)**이 만들어지는데 이 단일체의 단백질은 자가-절단(self-cleavage) 공정을 거쳐 비리온 구조 단백질을 포함한 여러 개의 작은 단백질들로 나뉜다. 그 외에 다단백질에서 유래되는 다른 단백질로는 RNA에 연결되는 VPg 단백질, 음성 및 양성가닥 RNA의 합성을 담당하는 RNA 복제효소, 그리고 다단백질을 잘라주는 바이러스-유래 단백질분해효소 등이 포함된다 (그림 10.18*c*). 이와 같은 번역 후 절단(*post-translational cleavage*) 과정은 다양한 동물바이러스들에서 일어나며 동물세포에서도 나타난다.

폴리오바이러스의 복제과정은 숙주의 세포질에서 진행된다. 감염을 시작하려면 먼저 폴리오바이러스의 비리온이 감수성이 있는 숙주 세포 표면의 특이적 수용체에 부착하고 그 다음에 세포 안으로 들어간다. 세포 안에 들어오면 비리온의 외피가 벗겨지고 유전체 RNA는 리보솜과 결합, 번역되어 다단백질이 생성된다. 바이러스 RNA의 복제는 감염 후 곧 시작되며 폴리오바이러스 RNA 복제효소에 의해 이루어진다. 생성된 양성가닥 및 음성가닥 모두 Vpg 단백질을 획득하는데 이 단백질은 곧 RNA 합성의 프라이머로서 기능을 한다 (그림 10.18*c*). 폴리오바이러스의 복제가 일단 시작되면 숙주의 RNA와 단백질 합성은 저해되고 감염 후 약 5시간이 지나면 세포 용해가 일어나 새로운 폴리오바이러스 비리온들이 방출된다.

코로나바이러스

코로나바이러스(coronavirus)는 단일가닥의 양성 RNA 바이러스로서 폴리오바이러스처럼 세포질에서 증식하지만, 유전체가 매우 크며 세부적인 증식전략은 폴리오바이러스와 차이가 있다. 코로나바이러스는 사람과 동물에서 다양한 호흡기 감염을 일으키며 일반 감기의 약 15% 정도, 그리고 사람의 하기도(lower respiratory tract)에서 일어나는 종종 치명적인 감염인 SARS가 여기에 포함된다 (30.7절).

코로나바이러스의 비리온은 피막에 싸여 있으며 표면에는 곤봉 모양의 당단백질 돌기가 부착되어 있다 (**그림 10.19*a***). 이 때문에 바이러스의 겉모습은 “왕관(crown)”처럼 보인다 (*corona*는 라틴어로 왕관을 뜻함). 코로나바이러스의 유전체는 약 30 kb에 달해 지금까지 알려진 RNA 바이러스들 중 가장 크다는 점은 기억해둘 만

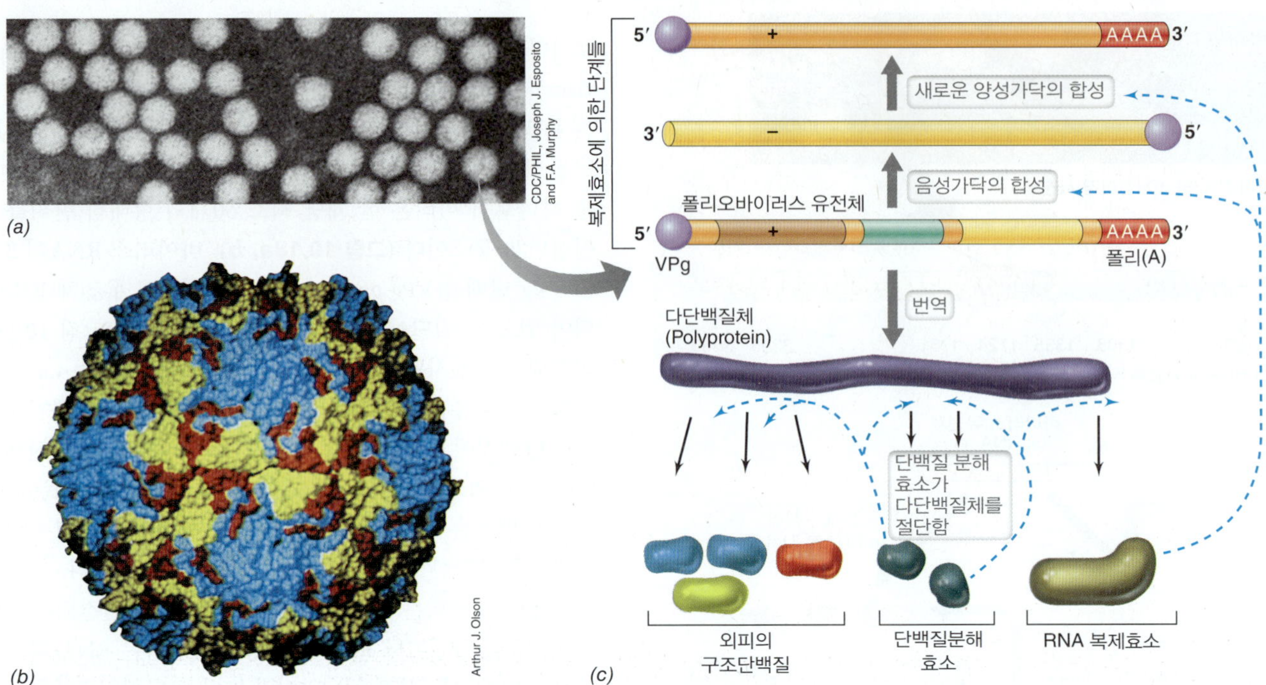

그림 10.18 폴리오바이러스. *(a)* 폴리오바이러스 비리온의 투과전자현미경 사진; 단일 비리온은 직경이 약 30 nm이다. *(b)* 폴리오바이러스 비리온의 컴퓨터 모델. 다양한 구조단백질이 각기 다른 색으로 나타내었다. *(c)* 유전체 복제 및 폴리오바이러스 단백질의 형성. RNA 복제효소의 중요성에 주목하라.

하다. 코로나바이러스 유전체 RNA도 양성배열이기 때문에 숙주 세포 내에서 mRNA로 직접 작용한다. 그러나 대부분의 바이러스 단백질들은 유전체 RNA에서 번역되지는 않는다. 그 대신, 감염 초기에는 단지 유전체의 일부만 번역되어 바이러스의 RNA 복제효소를 생산한다 (그림 10.19*b*). 이 복제효소는 유전체 RNA를 주형으로 사용하여 전체길이에 해당하는 음성가닥의 상보적 RNA를 합성하며 이 음성가닥으로부터 여러 가지의 mRNA가 전사된다. 이렇게 만들어진 전사체가 번역되어 바이러스 단백질을 생성한다 (그림 10.19*b*). 전장(full-length) RNA 유전체도 이 음성가닥 RNA로부터 만들어진다. 새로운 코로나바이러스 비리온들은 골지체 내에서 조립되며 (2.16절) 완전히 조립된 비리온들은 나중에 세포 표면을 경유해 방출된다.

따라서 코로나바이러스는 비리온과 유전체의 크기, VPg 단백질이 없고 캡 구조를 가진다는 점, 그리고 다단백질을 합성한 다음 절단 공정을 거치지 않는다는 측면에서 폴리오바이러스와 다르다. 그럼에도 불구하고, 코로나바이러스도 양성의 단일가닥 RNA 유전체를 갖고 있어 다른 여러 가지 분자적 사건들이 폴리오바이러스와 비슷한 방법으로 진행된다.

미니퀴즈

- 핵 안에서 합성되어야 하는 숙주의 mRNA와 달리 폴리오바이러스의 RNA는 어떻게 세포질에서 합성될 수 있는가?
- 폴리오바이러스의 다단백질 내에는 무엇이 존재하는가?
- 단백질 합성과 유전체의 복제과정에서 폴리오바이러스와 SARS 바이러스가 나타내는 공통점과 차이점은 어떤 것이 있는가?

10.9 동물의 음성가닥 RNA 바이러스

다수의 동물 바이러스는 음성 RNA 유전체를 가지고 있다 (볼티모어 클래스 V, 그림 10.2 및 10.3). 방금 언급한 양성가닥 바이러스와 달리 이 유전체는 mRNA의 염기서열에 상보적 배열을 갖는다. 여기서는 광견병(rabies) 바이러스와 인플루엔자 (독감) 바이러스(influenza virus) 등 중요한 두 가지 예를 살펴보자. 음성가닥 RNA를 지닌 박테리오파아지나 고균의 바이러스는 아직 알려진 것이 없다.

광견병 바이러스

광견병 바이러스는 치명적 신경염증성 질환인 광견병 (31.1절)을 일으키는 바이러스로서 랍도바이러스(rhabdovirus)에 속하며 이 명칭은 이 비리온의 특징적 모양에서 유래했다(*rhabdos*는 그리스어로 막대라는 뜻). 랍도바이러스는 보통 총알 모양 (**그림 10.20*a***)을 하고 있으며 상당히 복잡한 지질 피막이 나선형 대칭인 뉴클레오캡시드를 둘러싸고 있다. 랍도바이러스의 비리온은 감염과정에 필수적인 여러 가지 효소를 지니고 있으며 이들 중 하나는 RNA 복제효소이다. 양성가닥 RNA와 달리 랍도바이러스의 유전체는 직접 번역될 수 없기 때문에 우선 RNA 복제효소에 의해 전사가 일어나야 한다. 이 전사 작업은 세포질에서 진행되어 두 클래스의 RNA를 생성한다. 그중 첫 번째 클래스는 바이러스의 구조단백질을 암호화하는 일련의 mRNA들이며 두 번째 클래스는 바이러스의 전장 유전체에 상보적인 복사본으로서 음성가닥 RNA 유전체를 합성하기 위한 주형으로 사용된다 (그림 10.20*b*).

광견병 바이러스 비리온의 조립은 고도로 조율된 과정이다. 두

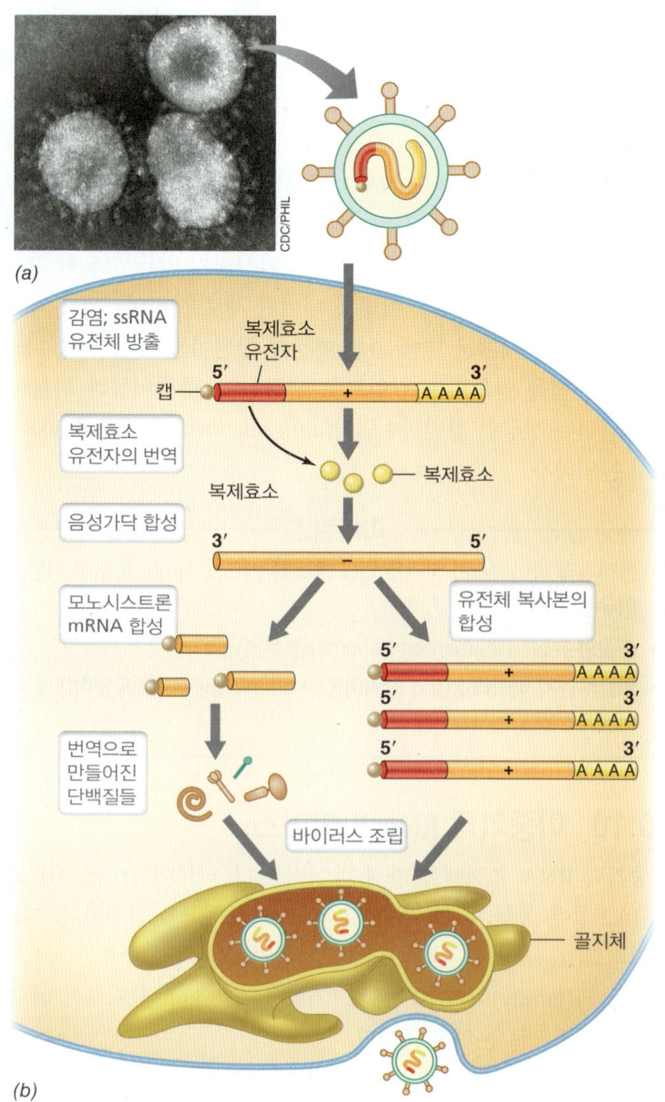

그림 10.19 코로나바이러스. *(a)* 코로나바이러스의 전자현미경 사진. 비리온의 지름은 약 150 nm 정도이다. *(b)* 코로나바이러스의 복제과정. 바이러스 단백질들을 암호화하는 mRNA는 반드시 바이러스의 복제효소가 유전체에서 전사한 음성가닥을 주형으로 사용하여 합성된다.

개의 다른 외투 단백질인 뉴클레오캡시드 및 피막이 만들어진다. 뉴클레오캡시드는 뉴클레오캡시드 단백질이 바이러스의 RNA 유전체를 둘러싸 연합된 형태로 만들어진다. 피막 단백질들은 당단백질(glycoproteins)이며, 합성 후 세포막으로 운반되어 막에 삽입된다. 그 후 뉴클레오캡시드는 바이러스의 당단백질이 내장되어 있는 세포막의 위치로 이동하여 출아하는데 이 과정에서 당단백질이 풍부한 세포막으로 뒤덮이는 것이다. 이렇게 방출된 자손 비리온들은 이웃한 세포들을 감염할 수 있게 된다.

인플루엔자 바이러스

다른 하나의 음성가닥 RNA 바이러스 그룹에는 사람의 중요한 병원체인 인플루엔자 바이러스(*influenza virus*)가 포함되어 있다. 인플루엔자 바이러스는 1918년에 전 세계적으로 수백만 이상의 목숨을 앗아간 인플루엔자 대유행 이래로 여러 해 동안 활발히 연구되었다 (29.8 및 30.8절). 인플루엔자 바이러스는 피막 바이러스이며 비리온 내의 바이러스 유전체는 여러 개의 절편으로 나뉘어 있어 분절형 유전체(*segmented genome*)라 한다. 가장 일반적 바이러스주인 인플루엔자 A 바이러스의 유전체는 선형의 단일가닥 분자 8개로 나뉘어 있고 각각은 890~2,341개의 뉴클레오티드의 길이를 갖는데 유전체 크기는 13.5 kb다. 이 바이러스의 뉴클레오캡시드는 지름이 약 6~9 nm이고 길이가 60 nm 정도인 나선형 대칭이다. 이 뉴클레오캡시드는 숙주의 세포막에서 유래한 지질과 수많은 바이러스-특이적 단백질로 구성된 피막에 파묻혀 있다 (**그림 10.21*a***).

인플루엔자 비리온 피막 표면에는 숙주 세포의 표면과 상호작용하는 몇몇 단백질들이 존재한다. 그중 하나를 혈구응집소(*hemagglutinin*)라 하는데 이 단백질은 면역원성 (면역시스템을 자극할 수 있음)이 높으며 이 단백질에 대응하여 만들어진 항체가 바이러스의 세포감염을 막는다. 인플루엔자에 대한 면역성을 불러오는 이 기작은 면역접종으로 획득된다 (30.8절). 인플루엔자 바이러

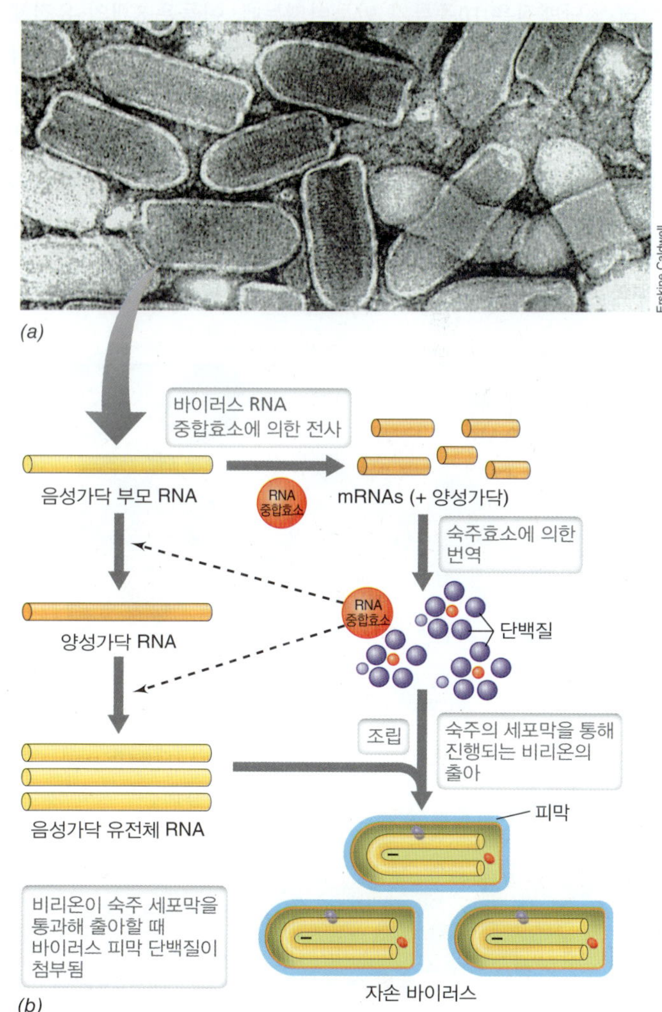

그림 10.20 음성가닥 RNA 바이러스: 랍도바이러스. *(a)* 수포성 구내염 바이러스의 투과전자현미경 사진. 바이러스 입자의 지름은 약 65 nm이다. *(b)* 음성가닥 RNA 바이러스의 복제과정. 비리온에 담겨 있는 바이러스의 RNA 중합효소의 중요도에 주목하라.

스 표면에 있는 두 번째의 중요한 단백질은 뉴라미니다아제(*neuraminidase*)라고 하는 효소이다 (그림 10.21*b*). 이 효소는 뉴라민산(neuraminic acid)의 유도체이자 세포막의 구성성분인 시알산(sialic acid)을 분해하는데, 바이러스의 조립과정에서 주로 숙주 세포의 시알산을 분해하는 것으로 보인다. 그렇지 않을 경우, 시알산은 바이러스 조립을 차단하거나 성숙한 비리온 입자에 통합되어 남게 된다. 인플루엔자의 비리온은 혈구응집소와 뉴라미니다아제 이외에 또 다른 두 가지의 핵심적 효소들을 가지고 있다. 그중 하나는 RNA 복제효소로서 음성가닥 유전체에서 양성가닥을 만들어 내며, 다른 하나인 RNA 내부핵산분해효소(RNA endonuclease)는 숙주의 mRNA에서 캡(cap)을 절단하여 (4.6절) 바이러스 mRNA에 캡을 씌우는 데 사용한다. 이렇게 만들어진 바이러스 mRNA는 숙주의 해독 기구를 통해 번역될 수 있다.

인플루엔자 비리온이 세포 안에 들어가면 뉴클레오캡시드가 피막으로부터 분리되어 핵 안으로 이동한다. 바이러스의 외피가 벗겨지면 바이러스의 RNA 복제효소가 활성화되어 전사가 시작된다. 바이러스 단백질은 10종류가 만들어지는데, 이들은 8개의 유전체 절편에 나뉘어 암호화되어 있다. 그중 6개의 절편에서 전사된 각 mRNA는 각각 한 개씩의 단백질을 암호화하는 반면, 나머지 2개의 절편은 각각 2개씩의 단백질을 암호화하고 있다. 바이러스 단백질 종류의 일부는 바이러스의 RNA 복제에 필요하며 다른 일부는 비리온을 만드는 구조단백질이다. 유전체 RNA의 전반적인 합성 전략은 랍도바이러스와 같이 (그림 10.20*b*) 전장의 양성가닥 RNA를 주형으로 음성가닥의 유전체 RNA를 합성한다. 피막을 가진 완전한 비리온도 랍도바이러스처럼 출아에 의해 형성된다.

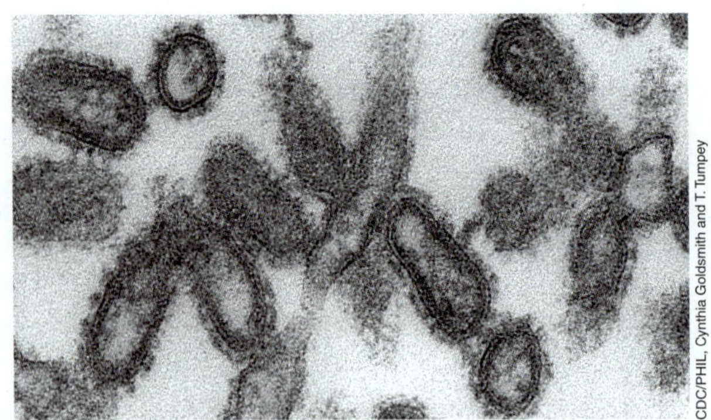

(*a*)

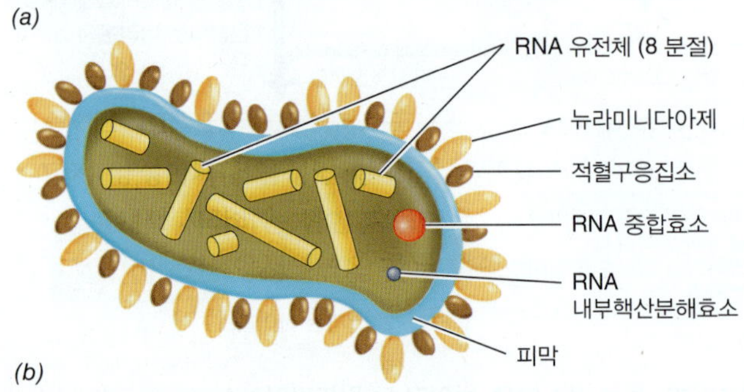

(*b*)

그림 10.21 인플루엔자 바이러스. *(a)* 사람 인플루엔자 비리온의 박편을 찍은 투과전자현미경 사진. *(b)* 분절형 유전체와 함께 나타낸 인플루엔자 바이러스의 주요 구성성분.

인플루엔자 바이러스의 분절 유전체는 실질적으로 중요한 결과를 가져온다. 인플루엔자 바이러스는 항원이동(*antigenic shift*)이라는 현상을 보여주는데 이는 서로 다른 두 개의 바이러스주가 하나의 세포에 감염되었을 때 RNA 유전체 분절들이 재배열 또는 재구성(reassortment)되는 것을 말한다. 이런 현상에 의해 형성된 하이브리드(hybrid) 바이러스는 면역계에 인식되지 않는 고유한 표면 단백질 구성을 갖게 된다. 이렇게 태어난 새로운 바이러스에 대응하는 면역성은 개체군 내에 없기 때문에 항원이동은 인플루엔자의 대규모 유행을 일으키는 원인으로 생각된다. 항원이동과 더불어, 이와 관련된 현상인 항원미소변이(*antigenic drift*)에 대하여 30.8절에서 논의하자.

미니퀴즈

- 음성가닥 바이러스가 비리온 안에 효소를 반드시 지니고 있어야 하는 이유는 무엇인가?
- 분절형 유전체(segmented genome)란 무엇인가?
- 인플루엔자 바이러스에서 항원이동(antigenic shift)이란 무엇이며 또 어떻게 발생되는가?

10.10 이중가닥 RNA 바이러스

이중가닥 RNA 유전체를 가진 바이러스 (볼티모어 클래스 III, 그림 10.2)들은 동물, 식물, 진균, 그리고 일부 세균을 감염한다. 레오바이러스(*reovirus*)는 이중가닥 RNA 유전체를 가진 중요한 동물바이러스 과(family)이다. 유전체 크기는 18~30 kbp 정도로서 이 절에서 집중적으로 논의될 것이다.

로타바이러스(rotavirus)는 전형적인 레오바이러스로서 6~24개월 된 유아에서 설사를 일으키는 가장 일반적인 병원체이다. 호흡기 감염을 일으키는 레오바이러스도 존재하며 어떤 것은 식물에 감염하기도 한다. 레오바이러스의 비리온은 지름이 60~80 nm 정도인 나출형의 뉴클레오캡시드를 정이십면체형의 껍질이 이중(double shell)으로 감싼 형태이다 (**그림 10.22*a*, *b***). 앞서 단일가닥 RNA에서 본 것과 같이 이러한 이중가닥 RNA 바이러스는 mRNA와 새로운 유전체 RNA를 합성하기 위해 바이러스가 암호화하는 효소를 비리온에 지니고 있다. 인플루엔자 바이러스처럼 레오바이러스의 유전체도 분절형으로서 10~12개의 선형 이중가닥 RNA 절편 (총 18 kb)으로 나뉘어 있다.

감염을 시작하기 위해 레오바이러스의 비리온은 세포의 수용체와 결합한다. 일단 부착이 되면 바이러스는 세포 안으로 침투하고 보통은 분해 작용이 일어나는 리소솜(lysosome)으로 이동한다 (2.16절). 그러나 이 리소솜 안에서는 단백질분해효소의 작용으로 인해 단지 바이러스 입자의 바깥쪽 껍질만 제거된다. 이로써 뉴클레오캡시드가 노출되며 숙주 세포의 세포질 내로 방출된다. 이와 같은 탈피 과정은 바이러스의 RNA 복제효소를 활성화시켜 바이러스의 복제가 개시된다 (그림 10.22*c*).

레오바이러스 복제

레오바이러스 복제의 모든 과정은 숙주의 세포질에서 진행되지만 이 복제는 뉴클레오캡시드 안에서 일어난다 (그림 10.22*c*). 그 이유는 숙주가 이중가닥의 RNA를 외래 물질로 인식하여 파괴하기 때문이다. 레오바이러스의 유전체의 양성가닥은 mRNA로 쓰이지 못하기 때문에 복제과정의 첫 단계는 바이러스가 코딩하는 RNA 중합효소가 음성가닥 RNA를 주형으로 사용해 양성 배열의 mRNA를 생성하는 것으로 시작된다. RNA 합성에 필요한 뉴클레오티드 3인산 분자들은 숙주 세포에서 공급된다 (그림 10.22*c*). 이렇게 만들어진 mRNA에는 바이러스-유래 효소에 의해 캡이 부착되고 메틸화도 추가되며 (진핵세포의 mRNA에 일어나는 전형적인 공정, 4.6절) 이후 뉴클레오캡시드에서 세포질로 이송되어 숙주 리보솜에 의해 번역이 이루어진다.

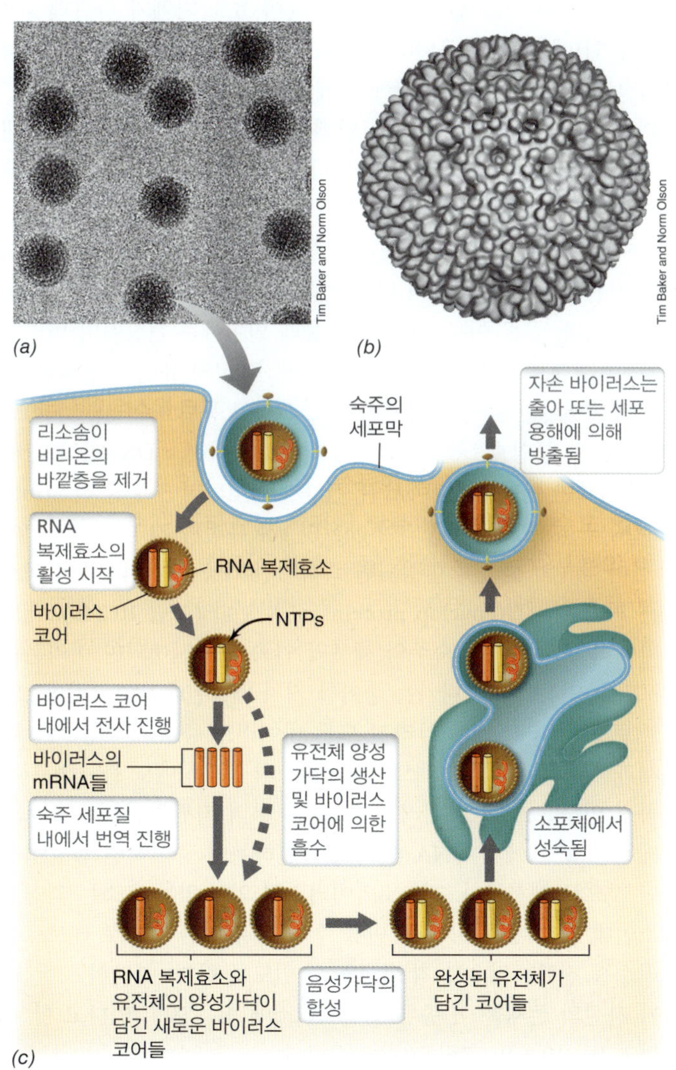

그림 10.22 이중가닥 RNA 바이러스: 레오바이러스. *(a)* 레오바이러스 비리온의 투과전자현미경 사진 (입자의 지름은 약 70 nm임). *(b)* 동결-건조된 비리온의 전자현미경 사진들을 컴퓨터를 이용해 3차원으로 재구성한 사진. *(c)* 레오바이러스의 생활사. 복제 및 전사의 모든 단계들은 뉴클레오캡시드 안에서 진행된다. NTPs, 뉴클레오티드 3인산.

레오바이러스의 유전체 RNA 분절 대부분은 각각 한 종류의 단백질을 코딩하고 있지만 이따금 만든 단백질 중에는 절단과정으로 거쳐 최종산물이 되기도 한다. 그러나 레오바이러스 mRNA 중 하나는 두 개의 단백질을 암호화하고 있으며 그럼에도 이 두 단백질을 번역하기 위해 별도로 가공과정을 거치지는 않는다. 그 대신, 숙주 리보솜이 종종 이 mRNA 상의 첫 번째 번역 개시코돈을 "지나쳐(*misses*)" 두 번째 유전자의 개시코돈에서 번역을 시작하게 된다. 이런 현상이 벌어지면 소량이 필요한 두 번째 단백질이 만들어지며 이때 첫 번째 단백질은 생산되지 않는다. 이와 같은 "분자수준의 실수(molecular mistake)"는 바이러스가 필요한 단백질을 적정량으로 생산하는 번역조절의 원시형태로 보인다.

바이러스 단백질들이 숙주의 세포질에서 형성되면서 단백질 분자들은 서로 합쳐져 새로운 뉴클레오캡시드가 만들어지면서 그 안에 RNA 복제효소 복사본도 담기게 된다 (그림 10.22*c*). 새로 형성된 뉴클레오캡시드들은 유전체 (양성가닥) RNA 분절들의 온전한 세트를 그 안에 집어넣고—각 분절상에 존재하는 특이적 서열을 인식하여 진행될 것으로 생각된다—RNA 중합효소는 이 분절들을 주형으로 사용하여 이중가닥 형태를 생성한다. 일단 유전체 합성이 완결되면 숙주의 소포체 내에서 바이러스 외피 단백질들이 추가되고 성숙해진 레오바이러스 비리온들은 세포 용해 혹은 출아를 통해 외부로 방출된다 (그림 10.22*c*).

단원 3

레오바이러스 및 RNA 복제

숙주 리보뉴클레아제 (그림 10.22*c*)에 의한 절단으로 부터 이중가닥 RNA 유전체를 보호하기 위해 숙주의 특이한 기작을 사용하기 위한 레오바이러스의 비정상적인 유전체 구조 외에도 이 바이러스의 유전체 복제는 독특하며 세포 및 모든 다른 바이러스의 복제와는 근본적으로 다르다. 레오바이러스 RNA 유전체가 이중가닥이기 때문에, 레오바이러스 복제가 이중가닥 DNA 유전체를 가진 생물의 복제와 유사할 것으로 예측할 수도 있지만, 그렇지 않다. 레오바이러스의 RNA 복제는 실제로 이중 DNA 유전체를 포함하는 바이러스의 복제 및 세포의 DNA 복제와 같이 잘 알려진 반보존적 복제보다는 보존적 복제이다 (4.3절 및 그림 10.2절). 그 이유는 바이러스 mRNA가 감염을 시작한 뉴클레오캡시드 내에서 음성가닥을 주형으로 만들어지는 반면에 이중가닥 유전체 RNA는 자손 비리온 안에 담겨진 양성가닥 RNA만을 주형으로 사용해서 만들어지기 때문이다 (그림 10.22*c*). 이중가닥 RNA 유전체를 가졌다는 것 외에도, 이런 이유로 해서 레오바이러스는 반보존적 복제도 아니고 회전원 복제도 아닌 (그림 10.7) 고유의 핵산 복제 기작을 쓰는 독특한 분자생물학을 자연계에서 보여준다.

미니퀴즈

- 레오바이러스의 유전체는 어떻게 구성되어 있는가?
- 레오바이러스 유전체 복제의 어떤 면이 인플루엔자 바이러스와 비슷하며 또 어떤 면이 다른가?
- 레오바이러스 복제는 왜 뉴클레오캡시드 내부에서 진행되어야 하는가?

10.11 역전사효소를 이용하는 바이러스들

역전사효소(*reverse transcriptase*)를 사용하는 바이러스에는 두 가지 클래스가 있으며 이 둘은 유전체의 핵산이 어떤 유형인가에 따라 구분된다. 레트로바이러스(retrovirus)는 RNA 유전체인 반면, 헤파드나바이러스(hepadnavirus)는 DNA 유전체를 갖는다 (각각 볼티모어 클래스 VI 및 VII, 그림 10.2). 이 바이러스들의 독특한 생물학적 특성 이외에도 이 두 클래스에는 인간면역결핍바이러스(레트로바이러스) 및 B형 간염 (헤파드나바이러스) 등의 중요한 인간 병원체들이 포함되어 있다.

레트로바이러스: 숙주 유전체에 바이러스 유전자의 통합

레트로바이러스(retroviruses)는 피막으로 덮여 있고 2개의 동일한 RNA 유전체를 지닌다 (그림 8.21*a*). 또한 비리온 안에는 역전사효소를 포함한 여러 가지 효소들과 바이러스에 따라 특이적인 tRNA도 담겨 있다. 레트로바이러스의 복제에 역전사효소가 비리온에 포장되어 있어야 하는 이유는 이 바이러스의 유전체가 양성가닥인데도 불구하고 mRNA로서 직접 사용되지 못하기 때문이다. 그 대신에 유전체 분자가 역전사효소에 의해 DNA로 전환되고 숙주의 유전체에 통합된다. 형성된 DNA는 선형의 이중가닥 분자로서 비리온 입자 내에서 합성되며 이후 세포질로 방출된다. 역전사의 중요 과정은 **그림 10.23**에 나타내었다.

역전사효소는 3가지의 효소 활성을 가지고 있다: (1) 역전사(*reverse transcription*) (RNA를 주형으로 사용하는 DNA 합성), (2) 리보핵산분해효소(*ribonuclease activity*) (RNA:DNA 혼성체에서 RNA 가닥을 분해하는 효소활성을 가짐), 그리고 (3) DNA 중합효소 활성 (단일가닥 DNA로부터 이중가닥 DNA를 만들어 냄) 등이다. 역전사효소도 DNA 합성에 프라이머(primer)를 필요로 하며 이 기능은 바이러스가 지니고 있던 tRNA이다. 이 프라이머를 이용하여 RNA 5′ 말단 부위가 DNA로 역전사된다. 역전사가 RNA의 5′ 말단까지 진행하면 이 과정은 일단 멈추고 바이러스 RNA의 대부분에 해당하는 나머지를 복사하기 위해 다른 기작이 작동된다. 첫째, RNA 분자의 5′ 말단에 위치한 말단반복서열(terminally redundant sequence)이 역전사효소에 의해 제거된다. 이리하여 작은 단일가닥 DNA 지역이 생성되는데 이 지역은 비리온 RNA의 3′ 말단 부위와 상보성이 있다. 이 짧은 단일가닥 DNA 지역이 바이러스 RNA 분자의 반대쪽 끝 부분과 붙어 혼성체가 되면 이곳으로부터 다시금 DNA 합성이 계속된다.

역전사가 지속되면 결국 양 끝에 긴 말단중복서열(long terminal repeats, LTRs)을 가진 이중가닥 DNA 분자가 형성되는데, 이 LTR들이 레트로바이러스 DNA가 숙주 염색체에 통합되는 과정을 돕는다 (그림 10.23). HIV의 경우, 염색체 통합 사이트는 무작위가 아니다. 특별한 형태의 형광현미경을 사용함으로써 과학자들은 HIV가 핵의 바깥 껍질 근처의 염색체 좌위에 통합된다는 것을 보여주었다 (사진 삽입, 그림 10.23). 이 위치는 바이러스 인테그라제 수명이 짧기 때문에 선호된다. 레트로바이러스의 역전사가 뉴클레오캡시드에서 일어난다는 것을 8.8절에서 상기하라. 따라서 레트로바이러스 DNA는 핵내 진입 시 숙주 유전체에 신속하게 통합된다.

레트로바이러스: 새로운 레트로바이러스 비리온 형성 유도

통합된 레트로바이러스의 유전체는 영구적으로 숙주 염색체의 한 부분이 되는 것이다; 바이러스의 유전자들은 발현될 수도 있고 영원히 잠복상태에 머무를 수도 있다. 그러나 만약 발현이 유도되면, 레트로바이러스 DNA는 세포의 RNA 중합효소에 의해 전사되는데 합성된 전사체는 **그림 10.24**에 나타낸 것처럼 RNA 유전체로서 포장되어 비리온을 형성하거나 혹은 번역되어 바이러스 단백질을 생성하는 데 쓰인다. 모든 레트로바이러스들은 *gag*, *pol*, *env* 유전자들을 순서대로 유전체 상에 배열하고 있다 (그림 8.21). mRNA의 5′ 말단에 위치한 *gag* 유전자는 사실 여러 가지의 작은 구조단백질을 암호화하고 있다. 이들은 먼저 다단백질(polyprotein)의 모습으로 합성된 다음 단백질분해효소 (이 효소 자체가 다단백질의 한 부분임)에 의해 가공된다. 이 구조단백질이 캡시드를 형성하며 단백질분해효소도 비리온 안에 함께 포장된다.

다음 단계로 *pol* 유전자도 다단백질의 형태로 번역되는데 이 대형 분자에는 *gag* 단백질도 포함된다 (그림 10.24*a*). *gag* 단백질에 비해 *pol* 단백질은 단지 소량만 필요하다. 이 같은 양적 조절이 이루어지는 이유는 리보솜이 *gag* 유전자의 끝에 있는 종결코돈을 지나치거나 혹은 이 지역에서 다른 해독틀(reading frame)로 바꿔 읽기 때문이다. 물론 이 두 현상은 드물게 일어나는 현상이며 번역조절의 한 형태로 여겨진다. 일단 만들어진 *pol*의 유전자 산물은 다시 가공되어 *gag* 단백질, 역전사효소, 그리고 통합효소(integrase)로 만들어진다. 통합효소는 세포의 염색체에 바이러스 DNA를 통합하는 데 필요한 단백질이다. *env* 유전자가 번역되려면 우선 전장(full-length)의 mRNA가 가공되어 *gag* 및 *pol* 유전자 지역이 제거되어야 한다. *env*의 산물이 합성되면 즉각적인 가공을 거쳐 2개의 서로 다른 피막 단백질(envelop proteins)로 나뉜다 (그림 10.24*b*). 레트로바이러스의 조립은 숙주의 세포막 안쪽에서 진행되며 비리온은 세포막을 뒤집어쓰고 나가는 출아를 거쳐 배출된다 (그림 8.22).

레트로바이러스에서 알려진 모든 바이러스 중에서 가장 복잡한 복제과정을 볼 수 있다. 레트로바이러스의 복잡성에도 불구하고 분자학적 연구는 이들 바이러스가 고대로부터 기원하였으며 스스로 복제하는 RNA에서 DNA 세계로 전환하는데 중심적인 중요성을 지닌 것으로 제시한다. 레트로바이러스의 의미 있는 효소는 역전사효소인데 RNA에서 DNA를 만들 수 있는 유일한 효소로 레트로바이러스를 진화론적으로 각광받을 수 있도록 한다. 따라서 모든 세포가 자신의 존재를 이 종류의 바이러스에 빚을 지고 있다고 할 수 있다 (그림 10.2 및 그림 10.4).

헤파드나바이러스

레트로바이러스 이외에 두 번째 부류의 비정상적인 바이러스도 역전사효소를 사용한다. 이들은 인간 B형 간염바이러스와 같은 **헤파드나바이러스(hepadnaviruses)**이다 (**그림 10.25*a***). 헤파드나바이

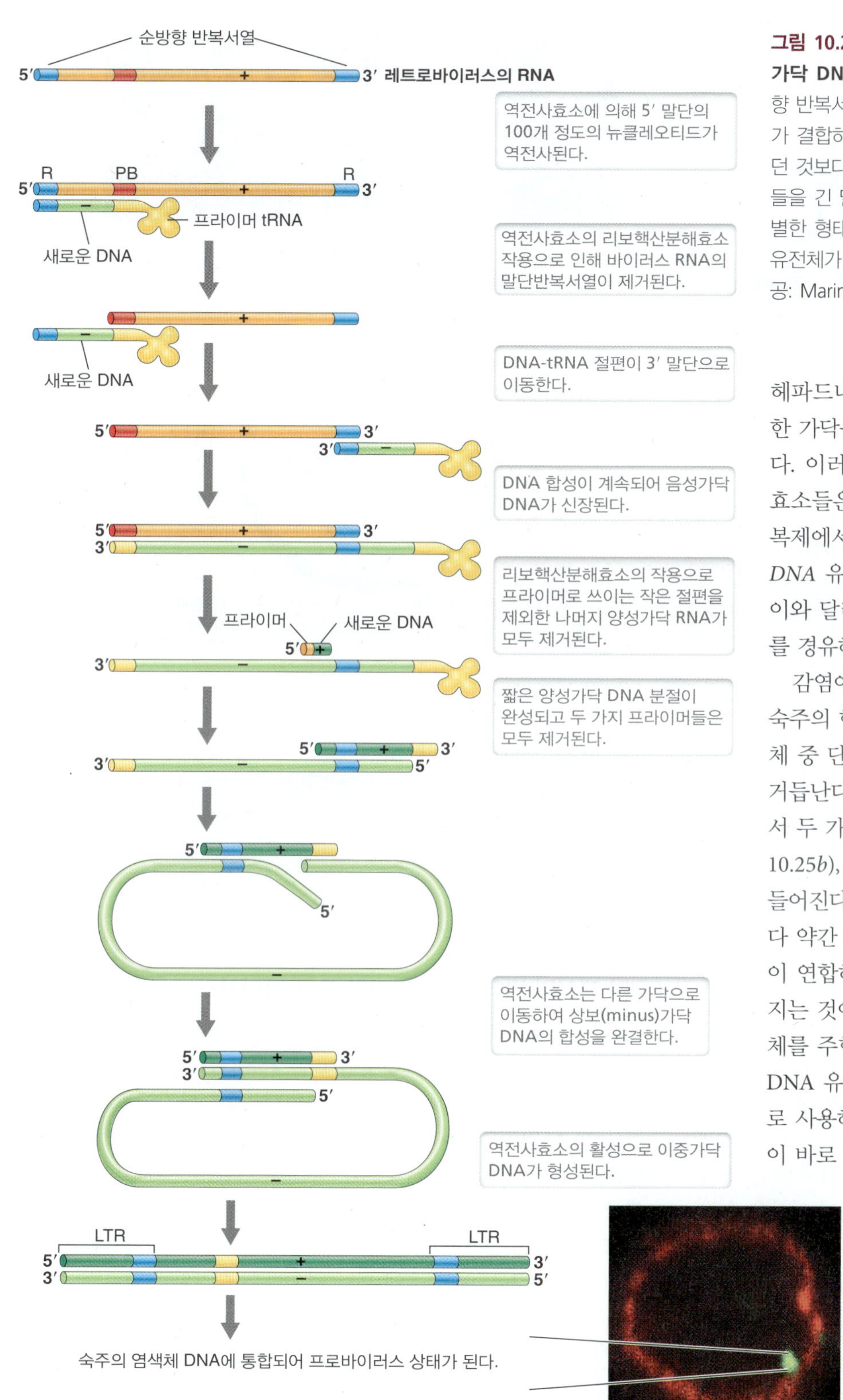

그림 10.23 레트로바이러스의 단일가닥 RNA 유전체로부터 이중가닥 DNA가 만들어지는 과정. RNA 상의 R 표시는 양 끝의 순방향 반복서열을 나타낸다. PB라고 표기된 염기서열은 프라이머 tRNA가 결합하는 위치를 나타낸다. DNA 합성이 끝나면 원래 RNA에 있던 것보다 길어진 순방향 반복서열이 생성된다는 점에 유의하자. 이들을 긴 말단반복서열(LTR)이라고 한다. 삽입그림: 형광현미경의 특별한 형태는 CD4 림프구의 핵막 (적색) 근처 염색체 영역으로 HIV 유전체가 통합 (녹색)되는 과정의 시각화를 가능케 한다. 이미지 제공: Marina Lusic, University Hospital, Heidelberg, Germany.

러스의 작은 DNA 유전체는 단일가닥도 아니고 이중가닥도 아닌 부분적으로 이중가닥이기 때문에 드문 경우다. 불과 3~4 kb 정도에 불과한 헤파드나바이러스의 유전체에는 여러 종의 단백질들이 중첩유전자 전략을 이용해 코딩되어 있는데 이 방법은 매우 작은 바이러스들이 전형적으로 활용하는 전략이다 (10.3절 및 10.8절).

방금 알아본 역전사효소의 일반적인 기능 외에도(그림 10.23), 헤파드나바이러스의 역전사효소는 자신의 DNA 가닥 중 한 가닥을 합성할 때 단백질 프라이머(primer)로도 사용된다. 이러한 복제 현상에서의 역할에 비추어 볼 때, 역전사효소들은 레트로바이러스 및 헤파드나바이러스의 유전체 복제에서 각기 다른 역할을 수행한다. 헤파드나바이러스의 *DNA* 유전체는 *RNA* 중간체를 경유하여 복제가 이뤄지며, 이와 달리 레트로바이러스의 *RNA* 유전체는 *DNA* 중간체를 경유하여 이뤄진다 (그림 10.23 및 10.25).

감염이 시작되면 헤파드나바이러스의 뉴클레오캡시드는 숙주의 핵 안으로 진입하며 이곳에서 바이러스 DNA 유전체 중 단일가닥 지역이 보완되어 완전한 이중가닥 분자로 거듭난다. 숙주의 RNA 중합효소에 의해 전사가 진행되면서 두 가지 클래스의 바이러스 mRNA들이 생성되고 (그림 10.25*b*), 이들이 번역되어 헤파드나바이러스 단백질들이 만들어진다. 이 전사체 중 가장 큰 분자는 바이러스 유전체보다 약간 더 크며 여기에 역전사효소 및 바이러스 단백질들이 연합하여 숙주의 세포질 내에서 자손 비리온이 만들어지는 것이다. 역전사효소는 비리온에 포장된 가장 큰 전사체를 주형으로 하여 단일가닥 DNA를 생성하는데 이것이 DNA 유전체의 음성가닥 DNA이며, 이 음성가닥을 주형으로 사용하여 다시 양성가닥의 일부분이 합성된다. 이 모습이 바로 헤파드나바이러스에서 발견되는 특징적인 불완전 이중가닥 유전체이다 (그림 10.25*b*). 일단 성숙한 비리온이 만들어지면 소포체와 골지체의 막과 연합하여 세포막으로 이송되고 이곳에서 출아에 의해 세포 밖으로 방출된다.

미니퀴즈

- 사람의 AIDS를 치료하는데 단백질분해효소(protease) 저해제가 효과적인 방법이 될 수 있는 이유는 무엇인가?
- 인간면역결핍바이러스와 B형 간염바이러스 유전체를 서로 비교해보자.
- 레트로바이러스와 헤파드나바이러스의 복제주기에서 작용하는 각 역전사효소(reverse transcriptase)의 역할은 어떻게 다른가?

단원 3

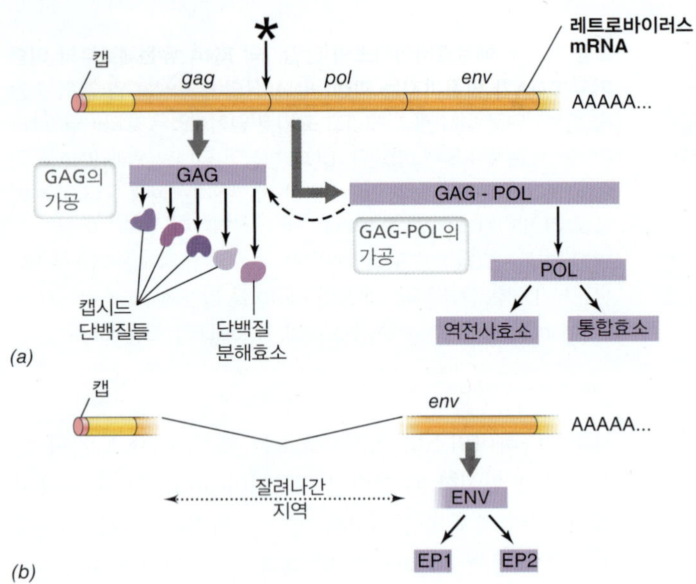

그림 10.24 레트로바이러스 mRNA의 번역과 단백질의 가공. *(a)* 3개의 유전자 *gag*, *pol*, *env*를 코딩하는 전체길이의 mRNA (맨 위). 별표는 GAG-POL 다단백질을 생성하기 위해 리보솜이 종결코돈을 통과번역하거나 혹은 해독틀을 정확히 이동하는 위치를 나타낸 것이다. 회색의 두꺼운 화살표는 번역과정을 나타낸 것이며 검은색 화살표는 단백질 가공과정을 표시한다. *gag* 유전자 산물 중의 하나는 단백질분해효소(protease)이다. POL 단백질은 더 가공되어 레트로바이러스 복제를 촉매하는 두 가지 주요 효소인 역전사효소(reverse transcriptase, RT)와 통합효소(integrase, IN)가 된다 (그림 10.23). *(b)* mRNA는 *gag-pol* 지역의 대부분이 제거되는 가공과정을 거친다. 짧아진 이 mRNA는 ENV 다단백질로 번역되는데 이 다단백질은 다시 2개의 피막 단백질(EP)인 EP1과 EP2로 쪼개진다.

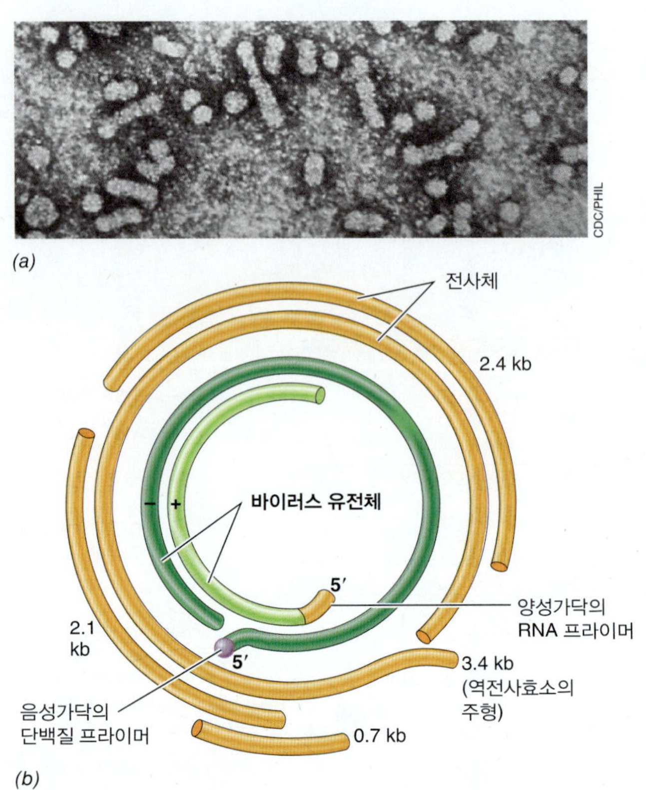

그림 10.25 헤파드나바이러스. *(a)* B형 간염바이러스의 전자현미경 사진. *(b)* B형 간염바이러스의 유전체. 부분적 이중가닥인 유전체는 녹색으로 나타내었다. 전사체의 크기도 함께 나타내었다 (오렌지색); B형 간염바이러스의 모든 유전자들은 서로 중첩되어 있다. 숙주의 RNA 중합효소가 만든 유전체 길이의 mRNA 한 가닥을 주형으로 역전사효소(reverse transcriptase)가 DNA 유전체를 합성한다.

IV • 바이러스 생태학

바이러스는 세포 생명체가 존재하는 지구상의 모든 곳에서 발견될 수 있으며 (식물과 동물을 포함하여) 환경에 따라 엄청난 숫자로 존재한다. 지구상의 세균 및 고균 세포의 수는 진핵세포의 총수보다 훨씬 많다. 원핵세포 수의 총합은 약 10^{30}개 정도로 추산된다. 그러나 지구상에 존재하는 바이러스의 수는 그보다 더 많아서 약 10^{31} (10 nonillion)개 정도로 추산된다. 따라서 작은 크기임에도 불구하고 바이러스가 자연에서 중요한 생태적 역할을 수행할 것으로 기대할 수 있다. 우리는 세균과 고균을 바이러스 파괴로부터 보호하는 기작 (바이러스의 진화된 대응책)을 포함한 바이러스 생태계의 몇 가지 측면을 고려하고 인체에 존재하는 바이러스군(*human virome*)을 탐구하고자 한다.

10.12 세균 및 고균 바이로스피어

많은 다른 서식지중 비록 토양, 담수, 지구의 깊은 표면 및 미생물 매트(mats)에도 미생물이 풍부하고 그들을 먹고사는 바이러스도 풍부하지만, 세균, 고균 및 그들 각각의 바이러스 총 숫자에 대한 최선의 추정치는 바닷물에 대한 정량적 연구에서 비롯된 것이다. 어떻게 바이러스가 원핵생물과 상호 작용하는지와 바이러스가 원핵생물에 관여하는 숫자를 추정하기 위해 해수에 초점을 둘 것이다.

해수에서의 박테리오파아지와 고균 바이러스

바닷물에는 약 10^6 cells/ml의 원핵생물이 존재하며 바이러스의 개수는 그보다 10배쯤 많다. 바닷물에 존재하는 원핵생물의 최소 5%에서 많게는 최대 50%가 매일같이 박테리오파아지에 의하여 죽게 되며 나머지의 대부분은 원생동물에 잡아먹힌다. 예를 들어, *Synechococcus* 종과 유사한 종인 *Prochlorococcus*는 해양의 주요한 생산자이며 세계적으로 이산화탄소 고정의 30% 이상을 차지하는데 Syn5는 이들을 공격하고 용해시키는 박테리오파아지이다 (➲ 20.10절) (**그림 10.26**). 이들 종에 대한 바이러스 공격의 결과로 방출된 세포질 (그림 10.26*c*)은 해양의 다른 미생물에 상당한 양의 유기물을 제공한다. 숫자로만 본다면 바닷물에 존재하는 미생물 총수의 대부분을 바이러스가 차지하고 있지만 크기가 작기 때문에 차지하는 총 생물량은 불과 5% 정도에 지나지 않는다 (**그림 10.27**).

대양에서 가장 흔한 박테리오파아지는 이중가닥 DNA 유전체 (볼티모어 클래스 I, 그림 10.2)를 포함하는 머리-꼬리형 박테리오파아지이다. 이와는 대조적으로 RNA 파아지는 비교적 드물다. 앞에서 논의한 것처럼 용원성 박테리오파아지는 자신의 유전체를 세균 숙주의 유전체에 통합할 수 있으며 (➲ 8.7절), 그렇게 되면 숙주세균에 새로운 특성을 부여하는 결과를 낳는다. 더욱이 용원성 파아지들 중 일부는 형질도입(transduction)에 의해 세균의 유전자를 한 세포에서 다른 세포로 전달하는 현상을 촉진한다. 형질도입 과정은 바이러스가 한 세포에서 다른 세포로 세균 유전자를 수평적으로 전달하는 중요 수단이다. 예를 들어, 숙주 DNA를 획득하여 용원성 형질도입 입자가 되는 것이다 (11.7절). 형질도입의 원인체로서, 박테리오파아지는 세균의 진화에 큰 영향력을 행사하는 것으로 생각된다. 일례로, 전달된 유전자들은 이를 받아들인 세포에 새로운 물질대사 혹은 그 외 유익한 특성들을 부여할 수 있기 때문에 수용자 세포가 새로운 서식환경에서 성공적으로 번성할 수도 있다.

파아지 유전자 전달의 좋은 예는 시아노파아지(cyanophages)인데 *Synechococcus*와 *Prochlorococcus* 균주 간에 특정 광합성 유전자를 전달하는 것으로 밝혀졌다. 이 파아지가 용균된 숙주 세포(그림 10.26*c*)에서 방출될 때, 일부는 산소성 광합성 (14.4절)의 핵심 구성요소 중 하나 인 광계 (PS) II를 암호화하는 숙주 유전자를 가지고 나온다. 이러한 파아지가 새로운 숙주 세포를 감염시키면 변형된 광계 II를 코딩하는 유전자를 세포에 제공한다. 광계 II 단백질의 보다 다양한 보완은 숙주 세포가 변화하는 환경 조건(예, 광도 또는 광질의 변화)에 더 잘 적응할 수 있게 하여 숙주 세포 및 파아지의 적합성을 향상시키고 더 많은 시아노파아지를 생산한다는 가설과 연관된다.

많은 고균이 해양에 존재하며 생태학적으로 중요한 해양 고균의 주요 그룹은 Thaumarchaeota (17.5절)이다. 이들 암모니아-산화(ammonia-oxidizing) 종은 플랑크톤이 사는 [공해(open ocean)] 물에 존재하는 미미한 수준의 암모니아를 소비할 수 있는 능력이 있다. 비록 용해성 고균 바이러스가 아직 이 그룹에서 분리되어 있지는 않지만 thaumarchaeotan 가운데 *Nitrosopumilus* 속의 몇몇 종은 그들의 염색체 내에서 바이러스 유전체를 보유하고 있는 것으로 나타났다 [즉, 세포는 프로바이러스(*provirus*)를 포함하고 있음]. 그 유전자는 감염 바이러스가 머리-꼬리형 dsDNA 박테리오파아지 (10.4절) 또는 정이십면체 모양의 헤르페스바이러스 유사체임을 (10.7절) (그림 10.3*b*) 제안한다. 따라서 바닷물 (그림 10.27)에 있는 바이러스 중 적어도 일부는 아마도 심지어 많은 바이러스가 해양 세균 대신에 해양 고균을 감염시킨다. 이것은 사실상 모든 알려진 고균 바이러스가 이중가닥 DNA 유전체 (그림 10.3*a*)를 포함하고 있으며 이것이 바다에서 가장 흔하게 관찰되는 바이러스 유전체라는 관찰에 의해 뒷받침된다.

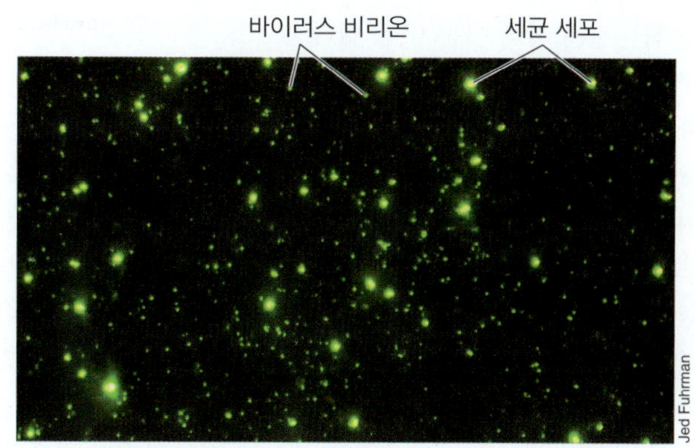

그림 10.27 바닷물에 존재하는 바이러스와 세균. 원핵세포들과 바이러스들 존재를 밝히기 위해 사이버그린(SYBR Green)으로 염색된 바닷물의 형광현미경사진. 바이러스는 너무 작아 광학현미경으로 관찰하기 어렵지만 염색된 바이러스의 형광은 눈으로 볼 수 있다.

자연계에 존재하는 바이러스의 생존전략과 메타유전체학

자연계에 숙주들이 넘쳐날 때에는 박테리오파아지가 용균성 생활사를 적용하며 그로 인해 다수의 숙주 세포들이 죽임을 당할 것으로 생각된다. 이와 달리 숙주의 숫자가 적을 때에는 바이러스가 새로운 숙주를 찾기 어려울 수 있다. 만약 바이러스가 용원성이라면 그런 조건에서는 용원성 생활을 선호할 것이다 (8.7절). 이런 조건 아래에서 바이러스는 숙주 세포의 수가 다시 늘어날 때까지 프로파아지(prophage)의 모습으로 생존을 이어갈 것이다. 표층수에 비해 세균의 수가 적은 바닷속 깊은 곳에 사는 세균의 절반가량은 하나 이상의 용원성 바이러스를 보유하고 있다는 관찰 결과가 이 같은 추정을 뒷받침하고 있다. 지금까지 알려진 바로는 단일가닥 DNA 바이러스와 모든 RNA 바이러스는 용원성 상태로 들어갈 수 없는데, 이런 바이러스들은 숙주의 숫자가 적어진 기간 동안 어떻

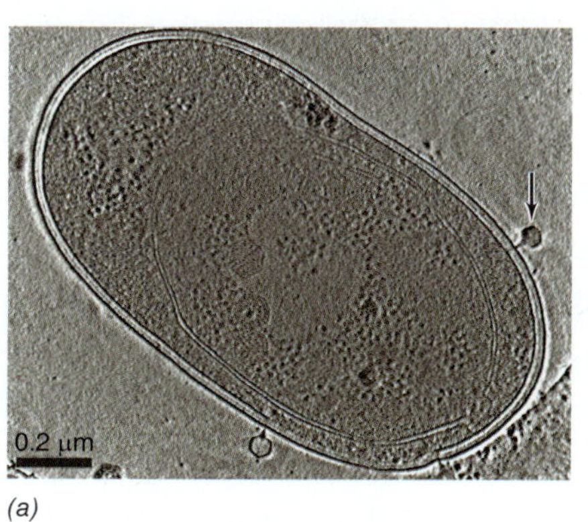

(*a*)

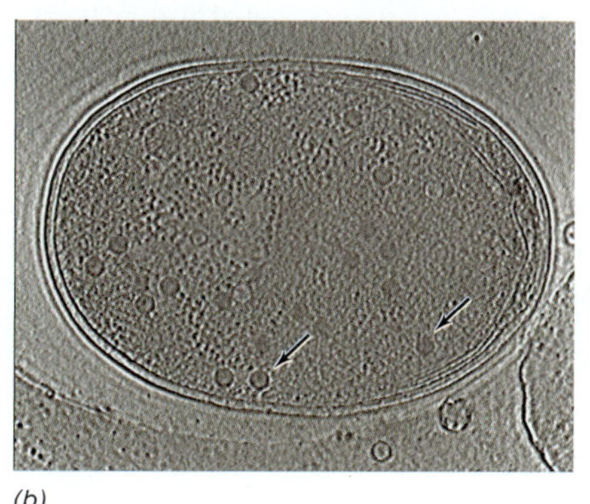
(*b*)

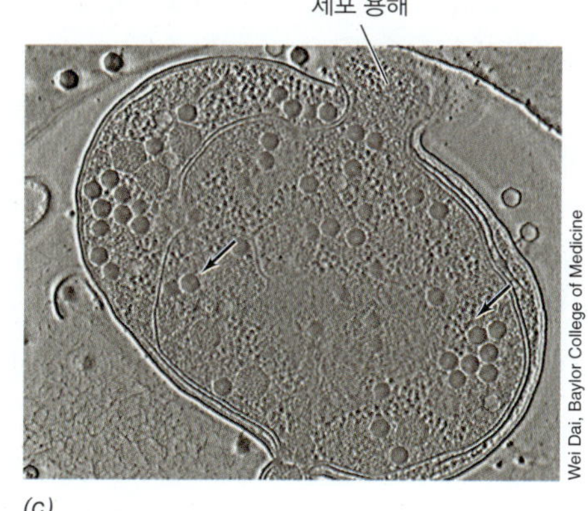

(*c*)

그림 10.26 시아노파아지 Syn5의 *Synechococcus* 감염. 감염의 다양한 단계에서 세포의 위상차-전자 저온 단층 촬영 절편. (*a*) 초기. (*b*) 중간. (*c*) 후기. 화살표는 파아지 비리온을 가리킨다.

게 생존하는지는 아직 아는 바가 없다.

지구상에 살고 있는 바이러스의 유전적 다양성의 대부분은 박테리오파아지가 기여한 것이다. 바이러스의 메타유전체(*viral metagenome*)란 특정 환경에 존재하는 바이러스 유전자들의 총합을 말한다. 바이러스 메타유전체학 연구가 여러 차례 이루어져 왔으며 이들 모두 예외 없이 지구상에 존재하는 바이러스의 다양성을 보여주었다. 예를 들어, 바이러스 메타유전체 연구에서 발견된 유전자 서열의 약 75%는 오늘날 바이러스 및 세포 유전자 데이터베이스에 저장된 어떤 유전자들과도 상동성을 보이지 않는 것들이다. 이와는 달리, 세균의 메타유전체 조사에 따르면 일반적으로 약 10% 정도만이 새로운 서열이다. 따라서 바이러스들의 대부분이 아직 발견되지 않았으며 대부분의 바이러스 유전자들은 미지의 기능을 갖고 있다. 이런 점 때문에 바이러스 다양성 연구는 오늘날 미생물학 분야에서 가장 흥미진진한 분야 중 하나로 등장했다.

단원 3

미니퀴즈

- 대양에서 가장 흔한 박테리오파아지의 유형은 무엇인가?
- 박테리오파아지가 어떻게 세균의 진화에 영향을 끼칠 수 있을까?
- 바이러스 메타유전체가 바이러스의 다양성을 이해하는데 제시하는 바는 무엇인가?

10.13 세균과 고균의 바이러스 방어 기작

세균과 고균의 바이러스는 두 가지 서로 다른 관점으로 볼 수 있다: 세포 개체군을 도태시키는 치명적인 포식자 또는 유전자 전달을 통해 숙주를 풍부하게 하는 다양성의 중개자. 중개자로서의 중요성에도 불구하고 바이러스가 원핵생물보다 약 10배 이상 많아 세균과 고균은 바이러스 약탈자로 부터 방어하기 위한 전략적 무기를 개발했으며 여기서는 이에 대해 알아본다.

미생물 무기 경쟁

박테리오파아지와 그 숙주 사이의 관계는 정적이 아니라 매우 역동적이다. 세균은 파아지 공격에 대항하기 위해 여러 가지 무기를 보유하고 있지만, 파아지는 이 무기를 자체 무기로 사용하여 세포 생존 및 바이러스 증식을 위한 미생물학적 “무기 경쟁(arms race)”을 유발한다.

우리는 이전에 어떻게 세균이 외래 DNA를 표적으로 하여 이를 파괴하는 단백질인 제한효소를 생산하는지와 어떻게 박테리오파아지 T4의 경우 *Escherichia coli* 내에서 자신 유전체의 사이토신(cytosine)을 5-하이드록시메틸사이토신(5-hydroxymethylcytosine) 염기로 대체하여 숙주의 제한효소 감시를 피하는지에 대해 논의하였다 (8.5절). 이에 대응하여 일부 *E. coli* 균주는 이 바이러스 DNA 변형을 인식하고 유입되는 T4 DNA를 분해하여 감염을 예방하기 위해 변형된 제한효소 시스템을 발전시켰다. 이 숙주 적응은 특정 DNA 염기를 당화 (당을 추가)시키는 방식으로 DNA를 변형시키는 T4 박테리오파아지의 선택을 유도하였다. 확장 군비 경쟁에서 기대할 수 있는 것처럼 일부 *E. coli*은 당화된 바이러스 DNA를 인식하고 파괴하는 제한 시스템을 발전시켰다. 이에 대한 대책으로 일부 T4 균주는 이러한 변형된 제한효소를 억제하는 단백질을 진화시켰다. 앞으로도 살아남아야 한다는 끊임없는 시도로 다른 *E. coli* 균주들은 이러한 박테리오파아지 단백질에 의해 저해되지 않는 엔도뉴클레아제를 진화시켜 왔으며 이러한 일들이 계속 반복되고 “적(the enemy)” 앞에 살아 남아 증식하기 위해 포식자와 먹이 사이를 왔다 갔다 한다.

바이러스 수용체 부위의 변형은 또한 바이러스 감염을 피하는 공통 기작이다. 바이러스가 숙주 세포에 부착되기 위해서는 먼저 바이러스가 세포 수용체를 인식하고 부착해야 한다 (8.5절 및 그림 8.11). 바이러스 감염을 방지하기 위해 숙주는 세포 수용체의 구조를 변형시키거나 외부 세포 표면 캡슐과 같은 방패를 생성하여 수용체를 보호하는 것이다 (2.7절). 그러나 바이러스는 세포 표면의 변형된 보체에 결합할 수 있는 돌연변이 수용체 부착 부위를 가지거나 캡슐을 분해할 수 있는 효소를 캡시드 내에 가짐으로써 이러한 방어 기작에 대응할 수 있다. 일부 잠재성 박테리오파아지 (8.7절)는 숙주가 암호화한 독소-항독소 시스템 (7.11절)을 납치하여 자기 보존에 사용한다. 그들은 숙주의 항톡신 단백질을 불활성화시키고 그것을 파아지 항독소 단백질로 대체하는 프로파아지 코딩 단백질(prophage-encoded protein)을 통해 이것을 실행한다. 따라서 세포가 염색체에 의해 암호화된 독소 (자원을 보존하기 위해 스트레스가 많은 조건에서는 생장을 늦추지만 항독소에 의해 제어되지 않으면 세포가 경쟁이 약해질 수 있는 단백질)로부터 독성을 피하기 위해 세포는 프로파아지를 보유하고 따라서 항독소로 부터 보호받는다.

세균과 고균의 항바이러스 시스템: CRISPR

세균과 고균의 주요 항바이러스 방어는 CRISPR이며, 박테리오파아지 감염으로부터 그들을 보호하는 많은 종의 염색체에서 발견되는데 규칙적으로 간격을 둔 짧은 회문(palindromic) 반복이 무리지어 있다 (11.12절). CRISPR 영역은 스페이서(*spacers*)라고 불리는 짧은 가변 DNA 서열과 번갈아 나타나는 일정한 DNA 서열의 짧은 반복을 포함한다 (**그림 10.28**, 그림 11.33). 이 스페이서는 바이러스 또는 다른 외래 DNA의 조각에 해당하며 동물이 바이러스에 대항하기 위해 항체와 오래 지속되는 기억세포를 생산하는 방식과 유사한 방식으로 과거에 침입했던 바이러스를 기억하기 위한 “기억은행(memory bank)”으로서 기능을 한다 (적응 면역, 27장).

스페이서 영역 외에도 CRISPR 시스템의 또 다른 필수 구성요소는 CRISPR-관련(CRISPR-*associated*) Cas 단백질(*Cas proteins*)이다. 이들 단백질은 엔도뉴클레아제 활성을 가지고 외래 DNA에 대한 방어를 행하며 새로운 스페이서 영역을 CRISPR 영역에 통합시킨다. 바이러스가 숙주 세포에 붙어 DNA를 주입할 때, CRISPR 영역의 Cas 단백질은 *p*roto*s*pacer *a*djacent *m*otifs (PAM)로 알려진 특정 DNA 서열을 인식할 수 있다 (그림 10.28*a*). Cas 단백질은 이 PAM (*protospacer*라 불림) 근처의 유전자좌(座, locus)에서 바이러스 DNA를 절단하고 짧은 DNA 영역을 염색체의 CRISPR 영역에 삽입하는데 여기에서 스페이서(*spacer*)가 된다 (그림 10.28*a*). CRISPR 영역에 스페이서를 삽입하면 세포에 “유전적 기억(genetic memory)” [면역화(*immunization*)라고 함]이 부여되어 나중에 동일한 바이러스와의 만남을 위한 단계를 설정하게 된다.

면역 기억과 CRISPR의 다른 측면

면역화된 세포가 나중에 같은 바이러스를 만났을 때, Cas 단백질은 RNA 의존 과정을 통해 들어오는 DNA를 빠르게 파괴한다. 유전체 CRISPR 영역은 열린 번역틀(open reading frames)을 포함하지 않지만 프로모터를 가지고 있다 (4.5절). 전사(transcription) 결과는 *pre-CRISPR RNA* (pre-crRNA)를 만들며 반복 및 스페이서 영역 모두에 상보적인 RNA 서열을 포함한다. Cas 단백질은 전사체를 반복 영역을 표적으로 하는 개별 스페이서 RNA로 가공한다 (그림 10.28*b*). 그런 다음 이들 crRNA는 절단 복합체 내 Cas 단백질과 결합하여 유입되는 보완적인 바이러스 DNA에 대한 감시를 시작한다. 어떤 바이러스 DNA: crRNA 이중쇄(duplex)든 Cas 단백질의 엔도뉴클레아제 활성에 의해 쪼개지고 침입 DNA는 간섭(*interference*)이라고 불리는 과정에서 분해된다 (그림 10.28*b*). 이런 방식으로 유전체의 일부가 파괴되면 침입하는 바이러스가 복제를 진행할 수 없으며 감염 (세포에 대한 위협)이 저지된다.

CRISPR 시스템의 주된 수수께끼 중 하나는 어떻게 숙주가 초기 바이러스 침입에서부터 면역화되기까지 충분히 오래 살아남을 수 있냐는 것이다. CRISPR 시스템이 바이러스 감염을 성공적으로 방지하기 위해서는 바이러스 유전체의 한 영역에 해당하는 스페이서가 이미 CRISPR 유전자좌에 존재해야 한다. 면역화는 환경 요인(예, 자외선)에 의해 들어오는 바이러스가 비활성화되거나 감염이 성공적으로 일어나기 전에 숙주의 제한효소 시스템이 침입 DNA를 절단할 때 발생한다.

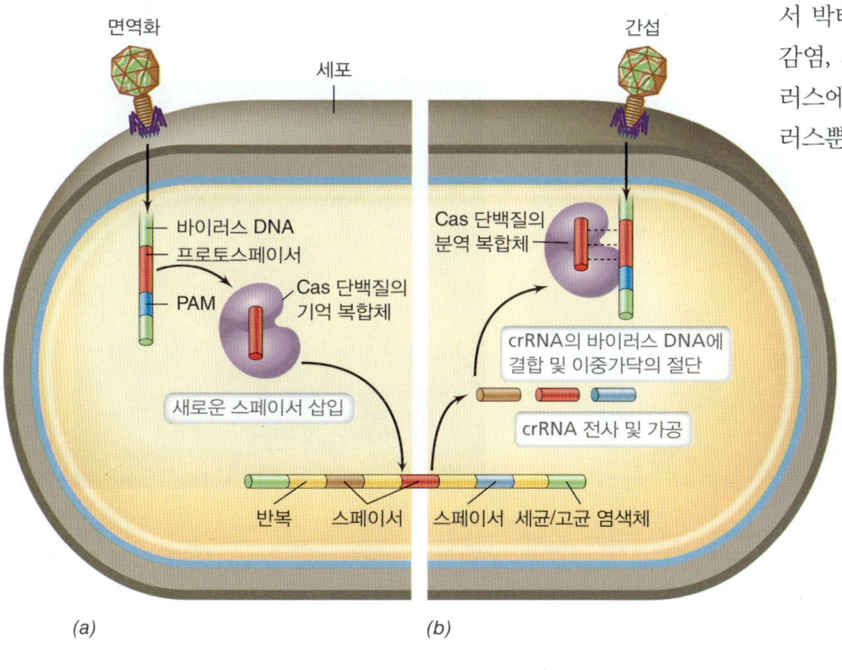

그림 10.28 바이러스에 대한 CRISPR 방어. *(a)* 면역화. 침입하는 바이러스 DNA는 기억 단백질인 Cas 단백질의 표적이 된다. 이 복합체는 바이러스 유전체에 위치한 PAM(protospacer adjacent motif) 염기서열을 기반으로 한 protospacer 영역을 인지한다. 일단 protospacer가 바이러스 유전체로부터 절단되면 기억 복합체는 protospacer를 염색체의 CRISPR 영역에 삽입하여 독특한 spacer 영역을 만든다. *(b)* 간섭. 염색체 CRISPR 영역은 전사되고 개별 spacer 영역에 상응하는 crRNA로 가공된다. Cas 단백질은 이 crRNA에 결합하여 상보적 DNA를 찾는다. crRNA가 침입하는 바이러스의 DNA에 결합하여 crRNA:DNA 이중쇄(duplex)를 형성하면 분열 복합체의 엔도뉴클레아제 활성이 유발되어 유입되는 바이러스 DNA가 분해된다.

파아지-숙주 상호 작용의 동적 특성 때문에 바이러스는 CRISPR의 감시 및 파괴를 회피하기 위한 기작을 발전시켰다. 여기에는 Cas 단백질의 기억 복합체에 의해 인식되는 PAM 영역의 돌연변이와 Cas 단백질 절단 복합체의 활성을 억제하는 단백질의 생성이 포함된다 (그림 10.28*b*). 또한, 콜레라를 일으키는 세균인 *Vibrio cholerae*를 감염시키는 박테리오파아지의 유전체에서 (세포에 암호화 된 것과는 대조적으로) CRISPR이 발견되었다. 파아지에 암호화된 crRNA는 *V. cholerae*에서 박테리오파아지 전파를 막는 방어 시스템을 코딩하는 유전자를 표적으로 한다. 이 유전자들이 불활성화되면 세포의 방어 시스템은 무력화되는데 세균과 그들 바이러스 사이의 “군비 경쟁(arms race)”의 다소 정교한 예이다.

CRISPR은 세균과 고균의 바이러스 감시에 필수적이지만 이후 장(chapter)에서는 어떻게 그들의 행동 양식이 세포 유전체의 온전함 (11.12절)을 유지하는데 도움이 되는지와 어떻게 CRISPR/Cas 시스템이 합성 생물학 (12.12절) 연구의 강력한 도구로 개발되었는지에 대해 논의한다.

미니퀴즈

- 원핵세포가 바이러스 감염을 피할 수 있는 방법과 바이러스가 이러한 방어를 극복할 수 있는 방법 두 가지를 설명하라.
- 원핵세포가 특정 바이러스에 대해 어떻게 면역화 되는지 설명하라.
- 어떻게 crRNA와 Cas단백질이 바이러스 DNA 침입으로부터 세포를 보호하는가?

10.14 인간 바이러스군(Virome)

8장에서 동물 바이러스의 감염 과정을 강조하였고, 그림 10.2와 10.3에서 일반적인 동물 바이러스의 형태와 유전체 구조를 기술하였다. 동물 바이러스는 동물 세포에 바이러스 유전체만 침입되는 것이 아니라 바이러스 입자 전체(*entire virion*)가 감염된다는 점에서 박테리오파아지나 고균 바이러스와는 다르다. 독성 감염, 잠복 감염, 지속 감염, 세포 변형 (그림 8.20)을 포함하여 동물 바이러스에는 두 가지 이상의 생활사가 있다. 건강한 인간은 동물 바이러스뿐만 아니라 박테리오파아지 및 심지어 일부 식물 바이러스까지 바이러스로 가득 차 있고 우리 표면과 우리 안에 살고 있는 주요 바이러스군에 대해 탐구하고자 한다.

인체와 바이러스군

인체의 바이러스에 대해 정보를 수집하는 것은 세포 배양의 한계로 인해 방해를 받았지만, 메타유전체학(metagenomics)의 힘은 인간 마이크로바이옴(*microbiome*)의 특성을 연구할 수 있게 했을 뿐만 아니라, 인간 **바이러스군(virome)**도 연구할 수 있게 했다. 인간 바이러스군은 인체 내부 및 외부에 존재하는 바이러스의 전체 개체군을 포함한다 (**그림 10.29**). 인간의 마이크로바이옴은 인간 개개인에게 독특하고 장기간에 걸쳐 비교적 안정적이다.

개인에 따라 인간 바이러스군의 동물 바이러스에는 간염 (10.11절) 및 중증 급성 호흡기 증후군 (SARS, 코로나바이러스) (10.8절)과 같은 심각한 질병을 유발하는 동물 바이러스뿐만 아니라 인플루엔자와 같은 경미한 급성 감염을 유발하는 바이러스 (10.9절) 및 감기 바이러스 (라이노바이러스, 코로나바이러스, 10.8절 및 아데노바이러스, 10.6절)도 있다. 다른 일반적인 동물 바이러스는 잠복 감염을 일으키는 헤르페스바이러스 (10.7절)와 인간사이토메갈로바이러스(human cytomegalovirus)인데 대부분의 인간 성인에 존재한다.

건강한 사람의 바이러스군은 DNA 유전체를 포함하는 바이러스가 가장 많다. 바이러스군이 감염하는 인체 부위는 코, 피부, 구강 및 위장관 (배설물 샘플)이다. 이 부위에서 흔히 발견되는 동물 바이러스는 단일가닥 DNA 아넬로바이러스(anellovirus), 서코바이러스, 이중가닥 DNA 아데노바이러스, 폴리오마바이러스(polyomaviruses), 파필로마바이러스(papillomaviruses)를 포함한다 (그림 10.29*a*). 아넬로바이러스는 질병과의 관련성이 전혀 없는 초기 생체 내에서 지속 감염을 일으키는 비피막 바이러스이다. 서코바이러스는 모든 바이러스 유전체 중에서 가장 작은 유전체를 가지고 있으며 (그림 10.1) 가금류와 돼지에서 흔히 발견됨으로써 인간의 위장관에 이들이 존재하는 것은 이러한 음식에 기인함을 암시한다.

아데노바이러스는 발열이 있는 어린이에게서 발견되는 일반적인 호흡기 바이러스이지만 건강한 사람의 코와 상부 호흡기에서도 발견된다. 유사하게, 폴리오마바이러스는 건강한 사람에게서 흔히 발견되지만, 면역저하 환자의 요로 감염뿐 아니라 뇌이상증(leukoencephalopathy)이라 불리는 뇌 질환을 일으킬 수도 있다. 몇 가지 다른 유두종바이러스(*Papillomavirus*)가 인간 바이러스군에 흔한데 특히 피부와 타액에서 많이 발견된다. 유두종바이러스는 피부 및 점막 상피에서 복제되는 비피막 이중가닥 DNA 바이러스이다 (볼티모어 클래스 I, 그림 10.2). 대부분의 유두종바이러스 감염은 무증상이나 인간유두종 바이러스(HPV)는 피부 사마귀로 진행될 수 있는 지속 감염을 일으키며, HPV의 특정 균주는 여성 생식기관에서 자궁경부암으로 이어질 수 있는 전암병변(premalignant lesion)을 일으킬 수 있다.

이러한 일반적인 동물 바이러스 외에도 대부분의 인간 바이러스군은 고추 마일드 반점 바이러스(pepper mild mottle virus) (그림 10.29*a*)와 같은 식물 감염 바이러스를 포함하고 있다. 이 바이러스는 의심할 여지없이 식품에서 사람에게 전염되며 장을 통과한다. 이 바이러스의 숙주 특이성은 식물이지만 사람에서의 존재가 염증을 유발하여 사람들이 매운 음식이나 특정 식물 제품에 영향받게 할 수 있다고 생각된다. 인간 바이러스군과 면역 체계 사이의 또 다른 가능한 상호 작용은 인간 염색체에 많이 분포하고 있는 인간 내인성레트로바이러스(*human endogenous retrovirus*, HERV) 때문일 것이다. HERVs는 인간 유전체의 5~8%를 구성하는 레트로바이러스 유전자의 잔재이다. 대부분의 HERVs가 무해한 것으로 생각되지만, 특정 HERVs는 자가면역 질환인 류마티스 관절염과 전신 홍반성 낭창 (27.9절), 다른 고통인 염증성 장질환 [크론병(Crohn's disease)]과 다발성 경화증(multiple sclerosis) 등과 연관

아넬로바이러스
유두종바이러스
폴리오마바이러스
아데노바이러스
서코바이러스
고추 반점 바이러스

(*a*)

박테리오파아지
세균
용해된 세포
점액
상피세포

(*b*)

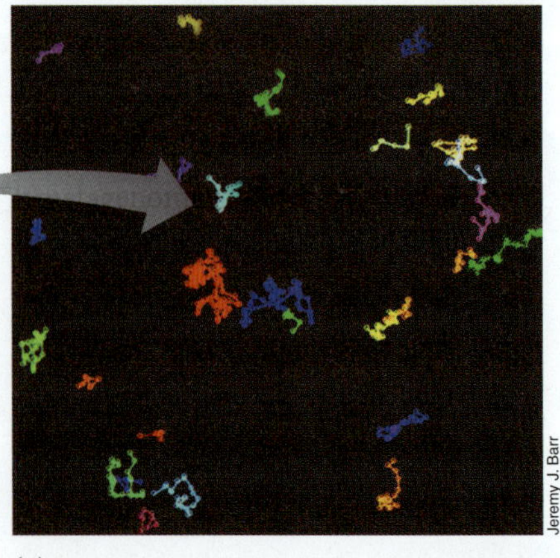

(*c*)

그림 10.29 인간의 바이러스군. *(a)* 건강한 사람의 바이러스군에서 발견되는 진핵생물의 일반적인 바이러스. *(b)* 사람 호흡기 및 위장관 점막 내의 박테리오파아지는 세균 병원균의 침입으로부터 상피 세포를 보호한다. *(c)* 점액에서 T4 박테리오파아지의 이동. 자국(track)은 점막 기질인 것처럼 하기 위해 1%의 점액을 함유한 미세 유체 칩 내에서 형광 표지된 개별적인 박테리오파아지 비리온의 움직임을 나타낸다.

이 있는 것으로 알려졌다.

박테리오파아지와 인간 바이러스군

모든 인체에는 각기 다른 동물 바이러스가 혼합되어 있지만 모든 신체 부위에서 가장 풍부한 바이러스는 동물 바이러스가 아니라 박테리오파아지이다. 대장은 이러한 바이러스의 온상이며, 이 기관은 대략 동등한 양의 원핵세포와 바이러스 (대변 1 g당 약 10^9개)를 포함하고 있다. 인간 바이러스군의 동물 바이러스와 마찬가지로 DNA 박테리오파아지가 우세하며 대다수의 바이러스는 항생제 저항성 유전자 전달 또는 특수 대사를 위한 효소 유전자 전달을 형질전환 (11.7절)과 용원화를 통해 세균에 전달함으로써 세균 세포에 도움이 된다고 여겨진다 (8.7절). 장내 박테리오파아지에서 숙주로의 유전자 전달은 장내 미생물이 영양 상태 변화에 적응하고 항생제 치료의 스트레스로부터 안정화될 가능성에 도움이 될 것이다.

인간 바이러스군의 박테리오파아지는 또한 특정 병원체에 대한 첫 번째 방어선이 될 수 있는데, 특히 박테리오파아지가 축적되는 점막 표면에서다. 세균보다 20배 많은 박테리오파아지가 폐와 내장의 점막에 존재하는 것으로 추산된다. 점액질에 존재하는 박테리오파아지는 점막 세포에 의해 생성된 당 잔기에 고정되어 있다 (그림 10.29*b*). 여기서 박테리오파아지는 침입하는 병원균을 제거하는데 점액 장벽을 통과하기 전에 그들을 죽인다. 따라서 점액층 내의 파아지는 인간 숙주와 공생 관계를 가지고 있으며, 숙주-비의존 면역 형태를 제공하는 것으로 생각된다. 형광 표식된 T4 파아지를 사용하여, 모델 점액층을 통한 파아지의 이동을 실제로 실험실에서 현미경으로 추적할 수 있다 (그림 10.29*c*).

미생물 군집 내에서 세균을 죽이거나 세균에 항생제 내성을 부여하는 것 외에도 바이러스군의 박테리오파아지 성분은 또한 특정 세균의 병원성을 향상시킬 수 있다. 이것의 예로는 잠재성 (용원화, 8.7절) 박테리오파아지 CTX ϕ와 그 숙주인 *Vibrio cholerae* (콜레라)가 있다. 질병 증상을 유발하는 콜레라 독소를 실제로 암호화하는 것은 숙주 유전체가 아닌 파아지 유전체이며 (32.3절), CTX ϕ에 의해 용원화되지 않은 *V. cholerae*는 비병원성이다. 이 파아지-세균의 연관은 *V. cholerae* 세포가 장 세포에 부착하는데 필수적인 구조인 독소-응집성 선모(*toxin-coregulated pilus*)에서도 볼 수 있다. 선모를 암호화하는 유전자는 숙주의 유전체에 통합된 바이러스 유전체의 일부이며 (프로파아지, 8.7절), *V. cholerae*의 병원성 균주에만 존재한다.

인간 미생물 군집에 대한 광범위한 조사 (24장)가 이루어져 있지만 이 조사는 모든 세포에 존재하며 매우 잘 보존되어 계통 발생 연구의 척도가 되는 리보솜 RNA를 암호화하는 유전자를 표적으로 삼는 것에 의존해 왔다. 그러나 바이러스는 보편적인 유전자 마커를 가지고 있지 않기 때문에 인간 바이러스군 특성 분석 연구는 세포내 마이크로바이옴 특성 분석 연구보다 뒤떨어져 있다. 그럼에도 불구하고 지속적으로 개선되고 있는 메타유전체학 분야와 결합된 바이러스군 연구가 인간의 건강에 잠재적으로 엄청난 영향을 끼칠 것을 인식하면 가까운 장래에 인간 바이러스군에 대한 연구에 좀 더 명확하게 초점을 맞춰야 할 것이다.

미니퀴즈

- 바이러스군(virome)은 마이크로바이옴(microbiome)과 어떻게 다른가?
- 어떻게 박테리오파아지가 마이크로바이옴에 유익한가?
- 어떻게 박테리오파아지가 인간 숙주에게 유익하고 해를 입히는가?

V • 준바이러스성 병원체

이제 두 종류의 준바이러스성 병원체(*subviral* agent)들을 살펴보면서 바이러스 세계의 유전체 탐구여행을 마치고자 한다: 비로이드(viroid)와 프리온(prion). 이 감염성 병원체들은 바이러스와 비슷한 면을 갖고 있으나, 핵산 [프리온(prion)] 또는 단백질 [비로이드(viroid)]의 두 가지 중 하나는 결여되어 있어 바이러스는 아니다.

10.15 비로이드

비로이드(viroid)는 단백질 성분이 결핍된 감염성 RNA 분자이다. 비로이드는 작고 원형인 단일가닥 RNA 분자로서 알려진 병원체 중 가장 작다. 비로이드의 크기는 246~399 뉴클레오티드 정도이며 비로이드 유전체 간 매우 높은 염기서열 상동성(homology)을 보이고 있어 동일한 조상으로부터 진화되었음을 알 수 있다. 비로이드는 많은 주요 식물성 질병을 일으키기 때문에 농업에 심각한 영향을 끼칠 수 있다 (**그림 10.30**). 코코넛 카당카당 비로이드(coconut cadang-cadang viroid, 246개 뉴클레오티드), 감귤 외피질 비로이드(citrus exocortis viroid, 375개 뉴클레오티드) 및 감자 방추상 괴경 비로이드(potato spindle tuber viroid, 359개 뉴클레오티드) 등이 비교적 깊이 연구된 비로이드에 속한다. 동물이나 미생물에 감염하는 비로이드는 아직 알려지지 않았다.

비로이드의 구조와 기능

비로이드의 세포 밖 형태는 나출형 RNA (naked RNA)로서 어떤

그림 10.30 비로이드와 식물의 질병. 건강한 토마토 식물 (왼쪽)과 감자 방추형 괴경 비로이드(potato spindle tuber viroid, PSTV)에 감염된 토마토 식물의 사진 (오른쪽). 대부분의 비로이드는 숙주의 범위가 매우 제한되어 있다. 그러나 PSTV는 감자 뿐 아니라 토마토에도 감염되며 생장을 방해하여 감염된 식물은 위로 자라지 못하고 일찍 죽는다.

그림 10.31 비로이드의 구조. 단일가닥의 원형 RNA가 동일가닥 내의 수소결합에 의해 마치 이중가닥과 비슷한 모양이 되는 비로이드의 구조.

종류의 단백질 캡시드도 갖고 있지 않다. 비로이드 RNA는 단일가닥으로서 양끝이 공유결합으로 연결된 고리모양이지만 매우 광범위한 2차 구조를 형성하고 있어 머리핀 모양의 끝이 닫힌 이중가닥 분자이다 (**그림 10.31**). 이 때문에 비로이드는 숙주 세포 밖에서도 충분한 구조적 안정성을 유지하는 것이다. 또한 캡시드가 없기 때문에 숙주 세포에 진입하기 위한 수용체도 불필요하며, 그 대신 곤충이나 기계적 손상에 의해 생긴 상처를 통해 식물체 안으로 침투한다. 일단 세포 안으로 침투하면 식물세포들이 세포질 정보를 교환하는 가는 끈 모양의 원형질 연락사(plasmodesmata)를 통해 세포와 세포 사이를 이동해 간다 (**그림 10.32**).

비로이드 RNA는 자체 단백질을 암호화하지 않기 때문에 비로이드의 복제는 거의 전적으로 숙주의 기능에 의존하고 있다. 식물은 몇 가지 RNA 복제효소를 갖고 있는데 그중 RNA 복제효소의 활성을 갖고 있는 효소가 비로이드의 복제에 이용된다. 이 복제 기작 자체는 일부 소형 바이러스들이 유전체 합성에 사용하는 회전원 복제 기작과 비슷하다 (10.3과 10.7절). 그 결과, 비로이드 단위 여러 개가 끝과 끝이 맞닿아 있는 대형 RNA 분자가 만들어진다. 비로이드는 RNA 분자 자체가 효소기능을 갖는 리보자임(ribozyme) 활성을 지니고 있어 이 대형 RNA 분자를 자가-절단하여 각각의 비로이드를 생성하게 된다.

비로이드 질병

비로이드에 감염된 식물은 증상이 없을 수도 있지만 비로이드의 종류에 따라 가벼운 증상이나 치명적인 증상이 발생할 수도 있다 (그림 10.30). 대부분의 질병 증상은 생장과 관련되어 있어 비로이드는 식물의 소형 조절 RNA (small regulatory RNA)를 모방하거나 또는 어떤 식으로든 간섭하는 것으로 여겨진다. 실제로 비로이드는 세포 안에서의 건설적인 역할을 수행하던 조절 RNA가 파괴적인 사건들을 일으키는 분자로 진화한 것이리라 생각된다. 비로이드는 복제과정 중에 소형 간섭 RNA (siRNA)를 부산물로 생성한다고 알려져 있다. 그 다음, 이 siRNA 분자들은 RNA 간섭 침묵화(interference silencing) 경로를 통해 작용하여 비로이드 RNA와 부분적으로 상동성을 나타내는 식물 유전자들의 발현을 억제하며 이런 방법으로 질병 증상을 유도한다는 의견이 제시되었다. 이러한 조절 기작은 일부 세균 및 고균 조절 small RNA가 분해를 위해 mRNA를 표적하는 것과 유사하다 (그림 6.27*b*).

미니퀴즈

- 비로이드가 원형의 분자라면, 왜 머리핀 형태로 보이는 것인가?
- 비로이드는 어떻게 식물에서 질병을 일으키는 것인가?

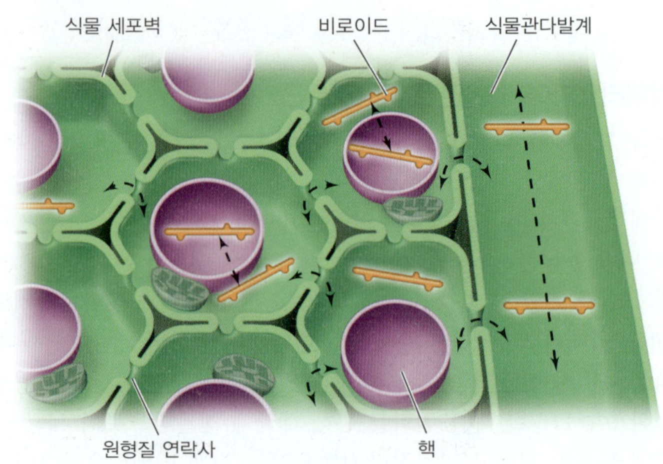

그림 10.32 식물체 안에서의 비로이드 이동. 식물세포로 진입한 후에 비로이드 (오렌지색)는 핵 (보라색) 또는 엽록체에서 복제한다. 비로이드는 원형질 연락사 (세포벽을 관통하여 식물세포 사이를 연결해주는 세포질의 가느다란 줄기)를 통해 세포 사이를 이동할 수 있다. 또한 비로이드는 식물의 관다발을 따라 전체적으로 이동할 수도 있다.

10.16 프리온

프리온(prion)은 비로이드와 정반대의 병원체이다. 프리온의 세포 밖 형태는 전부 단백질로만 구성된 감염성 병원체이다. 이는 프리온에 DNA도 RNA도 전혀 없다는 의미이다. 그러나 프리온은 단백질 응집 및 축적을 유도하는 단백질 구조 변화를 촉진시킴으로써 면양의 스크래피(scrapie), 소의 해면상 뇌병증(bovine spongiform encephalopathy, BSE 혹은 "광우병"), 사슴 및 엘크(elk)의 만성 소모성 질병(chronic wasting disease) 또는 사람의 쿠루(kuru)와 크로이츠펠츠-야콥병(Creutzfeldt-Jacob Disease) 등과 같이 여러 신경학적 질병을 일으킨다. 효모에서도 프리온이 발견되기는 했지만 식물체에서의 프리온 질병은 아직 알려져 있지 않다. 동물의 프리온 질병들을 포괄하여 전염성 해면상 뇌병증(*transmissible spongiform encephalopathies*)이라고 한다.

프리온 단백질과 프리온의 감염주기

프리온에 핵산이 없다면 이 단백질은 대체 어떻게 만들어진 것일까? 이 수수께끼에 대한 답은 숙주 세포 자체가 프리온을 코딩한다는 것이다. 숙주 세포에는 PrP^C (Prion Protein Cellular), 즉 프리온 단백질의 원형을 코딩하는 *Prnp* ("Prion protein"에서 따옴) 유전자가 존재하며 이 단백질은 건강한 동물의 신경세포, 특히 뇌에서 주로 발견된다 (**그림 10.33*a***). 질병을 일으키는 프리온 단백질의 형태를 PrP^{Sc} (prion protein Scrapie)라 하며 이 이름은 첫 번째로 프리온 질병이 알려진 양의 스크래피에서 유래하였다. PrP^{Sc} 단백질의 아미노산 서열은 같은 동물에서 발견되는 정상 PrP^{c}와 동일하지만, 변형된 입체구조를 띠고 있다. 예를 들어, 정상적인 구조의 프리온은 대부분 α-나선구조로 구성된 반면에, 병원성 형태의 2차 구조에는 α-나선구조가 감소하고 β-병풍구조가 많다. 서로 다른 포유류 종에서 유래한 프리온 단백질들은 아미노산 서열이 서로 비슷하지만, 완전히 동일하지는 않으며 숙주범위는 이 단백질의

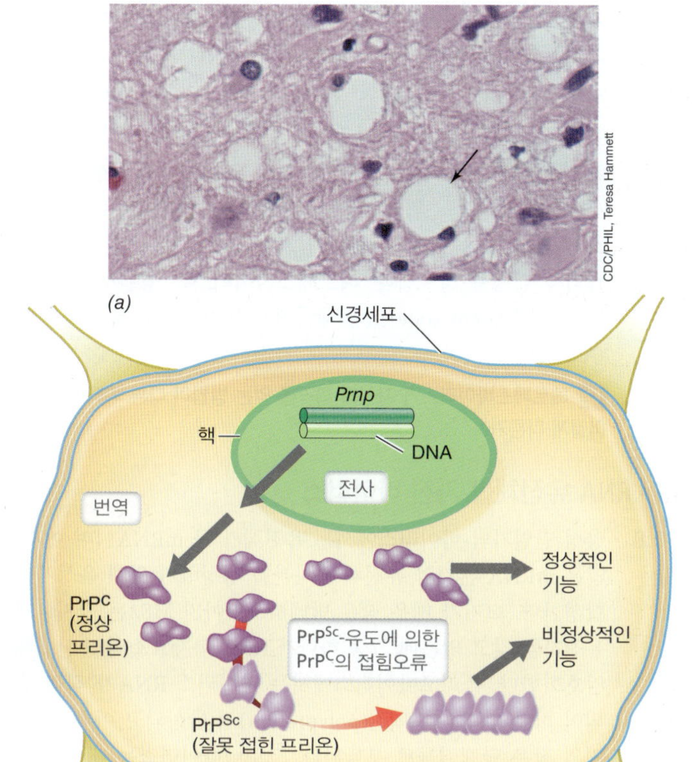

그림 10.33 프리온. *(a)* 변형 크로이츠펠트-야콥병에 걸린 사람의 뇌조직 절편. 신경조직이 결실된 스펀지 형상에 유의하라 (화살표로 표시된 뚫린 부분) *(b)* 프리온의 접힘오류(misfolding) 기작. 신경세포는 세포 안에서 정상적 형태의 프리온 단백질을 생산한다. 병원성 프리온 단백질은 정상적 프리온 형태가 병원성 형태로 재접힘되는 반응을 촉진한다. 병원성 형태는 단백질분해효소에 내성을 가지며 불용성이고 신경세포에서 응집체를 형성한다. 이는 궁극적으로 신경조직의 파괴 (*a* 패널 참조)와 신경학적 증후군을 가져오게 된다.

서열과 어떤 식으로든 관련이 있다. 예를 들어, BSE 질환을 가진 소에서 나온 PrP^{Sc}는 사람에게 감염될 수 있지만, 스크래피에 감염된 양에서 나온 PrP^{Sc}는 전혀 감염되지 않는다.

PrP^{Sc} 형이 PrP^{C}를 발현하는 숙주 세포에 들어가면, PrP^{C}를 병원성 형태로 전환되도록 촉진한다 (그림 10.33*b*). 따라서 이러한 병원성 프리온은 이미 숙주 세포 안에 존재하고 있는 정상 프리온을 병원성 형태로 전환함으로써 일종의 "복제(replicates)"를 하는 것이다. 병원성 프리온이 축적되면 신경세포 내에 불용성 응집체가 형성된다. 이렇게 되면 뇌 및 관련 신경조직의 파괴를 포함한 질병 증상이 나타난다 (그림 10.33*a*). 세포 내의 PrP^{C}은 생체막의 당단백질이며 질병 증상이 나타나려면 병원성 프리온이 막에 부착되어야 하는 것으로 보인다. PrP^{Sc}의 돌연변이체는 응집체를 형성할 수 있어도 신경세포의 생체막에 결합할 수 없으며 질병을 일으키지도 않는다.

전염성 해면상 뇌증 외에도, 아밀로이드(amyloids)는 알츠하이머병, 헌팅턴병, 파킨슨병 및 제2형 당뇨병과 같은 심신을 쇠약하게 하는 질환과 관련이 있다. 이들 모두가 정말 프리온 질병인지는 불분명하다. 그러나 단백질 응집은 이러한 질병과 연관되어 있어 프리온 감염의 증상이 될 가능성이 남아 있다.

포유류 외 생물체의 프리온

유전이 가능한 자기-지속적 단백질 구조변화를 의미하는 프리온의 정의에 부합하는 사례는 특정한 진균에서도 발견되지만, 눈에 띄는 질병을 일으키지 않는다. 대신 진균 세포를 변화된 영양 조건에 맞춰 적응시킨다. 일례로 효모의 [URE3] 프리온은 특정한 질소대사 기능을 코딩하는 유전자들의 전사를 조절하는 단백질이다. 이 단백질의 정상적인 수용성 형태는 특정 질소원을 대사하는 단백질의 유전자들을 억제한다. 그러나 [URE3] 프리온이 축적되면 불용성 응집체가 형성되고 이것이 생기면 정상적으로 억압된 유전자는 억제되고 질소원은 대사된다.

인간도 유익한 프리온을 가지고 있다. MAVS는 내재 면역시스템의 단백질로 바이러스에 감염된 세포에서 스스로 지속되는 프리온과 같은 형태로 전환하는 것으로 나타났다. MAVS 단백질의 응집은 인터페론 (*interferon*)이라고 불리는 면역 조절 물질의 생성을 유발한다 (26.10절). 이 단백질은 대식세포 (병원균, 외부 입자 및 세포 파편을 섭취하고 파괴하는 세포)와 같은 식균세포를 불러모으고 다른 면역 인자를 작용시켜 바이러스 감염 세포를 사멸시킨다. MAVS를 프리온과 같은 형태로 전환시키는 것은 궁극적으로 세포를 사멸시켜 바이러스가 세포의 분자 기구를 납치하는 것을 방지하는데 바이러스의 세포 분자 기구 납치는 바이러스의 복제를 가능하게 하여 숙주 세포를 용해시켜 인접한 세포를 감염시킬 수 있게 한다.

미니퀴즈

- 프리온이 다른 종류의 감염성 병원체와 구분되는 근간은 무엇인가?
- 프리온 단백질의 정상적인 형태와 병원성 형태를 구분하는 차이는 무엇인가?
- 프리온은 비로이드와 어떻게 다른가? 프리온은 바이러스와 어떻게 다른가?

단원 3

단원 정리

I • 바이러스 유전체와 진화

10.1 바이러스 유전체는 단일가닥 또는 이중가닥일 수 있으며 DNA이거나 RNA로서 크기는 수 kb에서 수백 kb에 이르기까지 다양하다. 정의에 따라 바이러스 mRNA는 항상 양성 배열이지만 단일가닥 유전체는 양성 또는 음성 배열 모두 가능하다. RNA 유전체를 가진 바이러스는 RNA 주형으로부터 RNA를 생성해야 하기

때문에 비리온 내에 RNA 복제효소를 지니고 있거나 또는 자신의 유전체에 이 효소를 암호화하고 있어야 한다.

Q 바이러스의 유전체가 갖는 특성에 따른 바이러스 클래스를 설명하라. 각 클래스마다 바이러스 mRNA가 어떻게 만들어지며 또 바이러스 유전체는 어떻게 복제되는지 설명하라.

10.2 바이러스는 세포 내의 유전자를 운송하는 대리자로서 진화했을 수도 있고 복제를 위해 숙주 세포에 의존할 때까지 RNA 유전체만을 포함하고 다른 생물학적 요소는 간소화 시킨 "비로셀(virocells)"의 잔재일 수도 있다. RNA 바이러스는 DNA 바이러스보다 더 오래되었을 가능성이 높으며, DNA 바이러스가 세포 내에서 RNA 유전체에서 DNA 유전체로의 전환을 유발했을 것이다.

Q 비로셀은 오늘날 우리가 알고 있는 RNA 바이러스와 어떻게 다른가? 또는 어떻게 비슷한가?

II • DNA 바이러스

10.3 양성의 단일가닥 DNA를 가진 바이러스에서는 전사와 유전체 복제를 위해 이중가닥 복제형 (replicative form)이 필요하다. ϕX174 바이러스의 유전체는 크기가 매우 작아 유전자들 중 일부는 서로 중첩되어 있으며 유전체 복제는 회전원 기작에 의해 일어난다. M13과 같은 몇몇 단일가닥 DNA 바이러스들은 세포의 용해 없이 방출되는 필라멘트형 비리온이다.

Q 박테리오파아지 ϕX174의 유전체는 어떻게 전사되고 번역되는지 설명하라.

10.4 머리-꼬리 형의 박테리오파아지 T7의 이중가닥 DNA 유전체에는 숙주의 RNA 중합효소가 전사해주는 초기유전자들이 코딩되어 있고 후기유전자들은 바이러스의 RNA 중합효소가 전사한다. T7 유전체의 복제에는 T7 DNA 중합효소가 사용되며 말단반복 서열과 연쇄체의 형성 등이 관여한다. 박테리오파아지 Mu는 잠재성 바이러스인 동시에 전이요소이다. Mu는 숙주 염색체 상에서 진행하는 전이를 통해 복제한다.

Q 박테리오파아지 T7 유전체의 전사에 두 가지 효소가 필요하다고 말할 수 있는 이유는 왜일까? 박테리오파아지 Mu가 돌연변이원으로 작용하는 이유는 무엇 때문인가? 숙주의 DNA에 Mu가 삽입되기 위해 필요한 특성들은 무엇인가?

10.5 몇몇 이중가닥 DNA 바이러스들은 대부분 극한 환경에서 서식하는 고균(*Archaea*)의 세포를 감염한다. 이 바이러스들 중 다수의 유전체는 원형으로서 세균의 박테리오파아지들이 갖는 선형 이중가닥 DNA 유전체와 대비된다. 머리-꼬리 유형의 바이러스들도 알려졌지만 대부분의 고균 바이러스는 특이한 방추형 모습을 하고 있다.

Q 어떻게 매우 뜨겁고 산성인 환경에서 생존할 수 있는 *Acidianus*를 방추형 이중가닥 DNA 고균 바이러스가 감염시키는가?

10.6 폭스 바이러스는 대형 이중가닥 DNA 바이러스로서 전체적인 증식과정이 세포질에서 일어나며 천연두를 포함, 사람에서 몇 가지의 질병을 일으킨다. 아데노바이러스도 이중가닥 DNA 바이러스인데 유전체 복제에 단백질 프라이머를 사용하고 지연가닥 합성 기작이 없다.

Q 모든 이중가닥 DNA 동물 바이러스 중에서도 폭스 바이러스는 자신의 DNA 복제과정에서 보여주는 한 유별난 측면으로 인해 특히 두드러진다. 이 유별난 측면은 무엇이며 또 비리온에 특별한 효소를 지니고 있지 않아도 어떻게 이 과정이 이뤄질 수 있는 이유는 무엇인가?

10.7 이중가닥 DNA 바이러스 중 일부는 사람에서 암을 유발한다. SV40은 그중 한 종류이며 중첩유전자들을 지닌 아주 작은 유전체를 갖고 있다. 이 바이러스는 특정 유전자들의 활성에 기인해 세포의 형질전환 (종양 유도)을 촉발할 수 있다. 헤르페스바이러스 중 일부도 암을 일으킬 수 있지만 대부분은 사람에서 다양한 감염성 질병을 일으킨다. 헤르페스바이러스는 영원히 숙주에 잠복한 상태(latent state)로 존재하면서 주기적으로 복제를 시작할 수도 있다.

Q 헤르페스바이러스가 자신의 피막을 얻는 방법이 다른 피막바이러스와 어떻게 다른가?

III • RNA 유전체를 가진 바이러스

10.8 양성 단일가닥 바이러스에서는 유전체가 곧 mRNA이며 이후 더 많은 mRNA 분자와 유전체 복사본을 생성하기 위해 음성가닥을 합성한다. 크기가 매우 작은 박테리오파아지 MS2는 단지 4개의 유전자를 갖고 있는데 그중 하나가 RNA 복제효소의 소단위체를 암호화한다. 폴리오바이러스에서는 바이러스 RNA가 직접 번역되어 하나의 긴 다단백질(polyprotein)이 합성되고 이후 여러 가지의 작은 단백질들로 분할된다. 코로나바이러스는 대형 단일가닥 RNA 바이러스로서 폴리오바이러스와 어느 정도 닮았지만 몇 가지 복제특성은 서로 다르다.

Q 폴리오바이러스 VPg 단백질의 기능은 무엇이며 같은 양성가닥인데도 코로나바이러스는 VPg 단백질도 없이 어떻게 복제할 수 있는가?

10.9 음성가닥 바이러스의 RNA 유전체는 mRNA가 아니기 때문에 비리온에 존재하는 RNA 복제효소가 이를 전사하여 mRNA를 만든다. 양성가닥은 유전체 복사본을 생산하기 위한 주형으로 쓰인다. 중요한 병원성 음성가닥 RNA 바이러스에는 광견병 바이러스와 인플루엔자 바이러스가 포함된다.

Q 광견병 바이러스와 폴리오바이러스는 둘 다 단일가닥 RNA 유전체를 갖고 있지만 폴리오바이러스 유전체만이 직접적으로 번역될 수 있다. 그 이유를 설명하라.

10.10 레오바이러스는 분절로 나눠져 있는 선형의 이중가닥 RNA 유전체를 지닌다. 음성가닥 RNA 바이러스들처럼 레오바이러스도 비리온 안에 RNA-의존성 RNA 중합효소를 보유하고 있다. 모든 복제과정은 새로 형성되는 비리온 안에서 진행된다.

Q 레오바이러스의 유전체가 인플루엔자 바이러스 및 MS2 바이러스 유전체가 어떻게 다른지 비교하라. 레오바이러스 복제가 왜 뉴클레오캡시드에서 일어나는가?

10.11 레트로바이러스(HIV) 및 헤파드나바이러스 (B형 간염)는 역전사효소(reverse transcriptase)를 사용한다. 레트로바이러스는 단일가닥 RNA 유전체를 갖고 있으며 이 유전체의 DNA 복사본을 만드는 데 역전사효소를 사용한다. 헤파드나바이러스는 부분적으로 이중나선인 DNA 유전체를 가지고 있고 역전사효소를 이용하여 전장(full-length)의 상보적 RNA 가닥으로부터 유전체 크기의 단일가닥 DNA를 만든다.

Q 헤파드나바이러스의 유전체는 이중가닥 DNA이고 레트로바이러스의 유전체는 단일가닥 RNA인데 왜 두 종류 모두 역전사효소를 필요로 하는가?

IV • 바이러스 생태학

10.12 지구상에 존재하는 바이러스의 수는 세포들의 수보다 10배가량 많다. 지구상에서 나타나는 유전적 다양성의 대부분은 바이러스 유전체에 기인하지만, 아직 대부분이 연구 대상으로 남아 있다. 바이러스는 숙주 집단을 도태시키거나 또는 세균 세포들 사이에서 수평적 유전자 전이를 이행하여 숙주 세포에 영향을 끼친다. 대양에서는 세균 및 고균 모두가 바이러스에 감염될 가능성이 높다.

Q 바다 물에 존재하는 세균의 수에 비해 바이러스의 수는 어느 정도인가?

10.13 원핵세포는 바이러스 감염을 방어하기 위한 다양한 기작을 이용한다. 그러나 바이러스는 빠른 돌연변이 속도와 유전체 적응성으로 이들 전략에 적응할 수 있다. CRISPR 시스템은 들어오는 외래 DNA를 인식하고 분해함으로써 바이러스 감염에 저항하는 세균 및 고균의 면역 시스템의 한 유형이다.

Q CRISPR와 그 작용 기작을 설명하라.

10.14 인간 바이러스군은 인체와 관련된 바이러스의 전체 개체군이다. 각 개인은 독특하고 상대적으로 안정된 바이러스군을 보유하고 있다. 무증상 감염을 일으키는 동물 바이러스는 건강한 사람의 바이러스군에 흔하다. 그러나 박테리오파아지는 인간 바이러스군의 주요 구성 성분이다. 이 파아지는 병원체의 침입으로부터 숙주를 보호할 수 있으며 유익한 유전자 전달을 통해 미생물의 적응을 증가시킬 수 있다.

Q 세균 바이러스는 어떻게 인간의 질병을 막는 데 도움을 주는가?

V • 준바이러스성 병원체

10.15 비로이드는 단백질을 암호화하지 않는 원형의 단일가닥 RNA이며 복제는 숙주의 효소에 완전히 의존한다. 바이러스와는 달리 비로이드의 RNA는 캡시드로 둘러싸여 있지 않으며 지금까지 알려진 모든 비로이드는 식물 병원체이다.

Q 바이러스와 비로이드 사이에 나타나는 유사점과 차이점들은 무엇인가?

10.16 프리온은 단백질로 이루어져 있지만 어떤 종류의 핵산도 없다. 정상적인 세포형(native cellular form)과 병원성 형태 등, 단백질 구조가 서로 다른 두 가지 형태가 존재한다. 병원성 형태는 숙주 세포가 코딩하는 정상 프리온 단백질 자체를 병원성 형태로 전환하는 방법으로 자신을 "복제(replicates)"한다.

Q 프리온과 바이러스 사이에 나타나는 유사점과 차이점들은 무엇인가?

응용 문제

1. 박테리오파아지 MS2의 RNA 유전체가 암호화하는 모든 단백질이 동일한 양으로 만들어지는 것은 아니다. 왜 그럴까? 어떤 단백질은 억제 단백질과 매우 비슷한 기능을 갖고 있지만 번역단계에서 작용한다. 이 단백질은 무엇이고 또 어떻게 작용하는가?
2. 아데노바이러스에서는 DNA의 두 가닥이 모두 연속적으로 복제된다(선도가닥). 모든 DNA의 합성은 전반적으로 $5' \rightarrow 3'$ 방향으로 일어난다는 "규칙(rule)"을 깨지 않으면서 어떻게 이런 현상이 항상 일어날 수 있는지 설명하라.
3. 본인이 인간 RNA 바이러스 병원체에 대응하는 새로운 약물을 개발하는 제약회사 연구자라고 상상해보자. 어떤 클래스의 바이러스에 영향을 줄 것인지, 또 이 약물들이 왜 환자에게는 해롭지 않을 것으로 예상하는지를 고려하여 개발을 시도하는 최소 두 가지 약물에 대해 설명하라.
4. 레오바이러스는 생물학 분야 전반에서도 유별난 유전체를 보유하고 있다. 왜 그럴까? 레오바이러스 복제는 왜 숙주 세포질에서 진행될 수 없을까? 레오바이러스의 유전체 복제 중 벌어지는 각 사건들을 숙주 세포의 복제 사건들과 비교하라. 레오바이러스 유전체도 서로 상보적인 가닥이 합쳐진 것인데도 불구하고 레오바이러스 유전체 복제를 반보존적이라고 여기지 않는 이유는 무엇인가?

용어 해설

Hepadnavirus (헤파드나바이러스) RNA 중간체를 경유하여 DNA 유전체를 복제하는 바이러스

Negative strand (음성가닥) 바이러스 유전자의 mRNA와 상보적인 극성을 갖는 핵산

Overlapping genes (중첩유전자) 둘 이상의 유전자 중 하나가 다른 유전자에 부분적으로나 전체적으로 겹쳐서 존재함

Polyprotein (다단백질) 단일 유전자로부터 발현된 크기가 큰 융합 단백질로서 후에 여러 개의 개별적인 단백질들로 절단됨

Positive strand (양성가닥) mRNA와 동일한 극성을 갖는 핵산

Prion (프리온) 세포 밖 형태에서 핵산이 발견되지 않는 감염성 단백질

Replicative form (복제형) 단일가닥 유전체 바이러스의 복제 중간체로서 이중가닥의 DNA 혹은 RNA 분자

Retrovirus (레트로바이러스) RNA 유전체를 갖는 바이러스이지만 복제과정에서 DNA 중간체를 가지게 됨

Reverse transcription (역전사) RNA의 유전 정보를 DNA로 복사하는 과정

RNA replicase (RNA 복제효소) RNA를 주형으로 이용하여 RNA를 생성하는 효소

Rolling circle replication (회전원 복제) 일부 플라스미드와 바이러스들이 원형 DNA를 복제하는데 사용하는 기작이며 두 가닥 중 한 가닥을 절단한 다음 풀어가며 복제를 시작한다. 유전체가 단일가닥인 경우에는 아직 원형을 유지하는 가닥을 DNA 합성의 주형으로 사용한다; 유전체가 이중가닥이면 풀리지 않은 가닥이 DNA 합성의 주형으로 사용됨

Transposase (전이효소) 한 DNA 분절이 다른 DNA에 삽입하는 과정을 촉매하는 효소

Viroid (비로이드) 세포 밖 형태에서 단백질이 발견되지 않는 감염성 RNA

Virome(바이러스군) 인체와 관련된 바이러스의 전체 모집단

11

세균과 고균 유전학

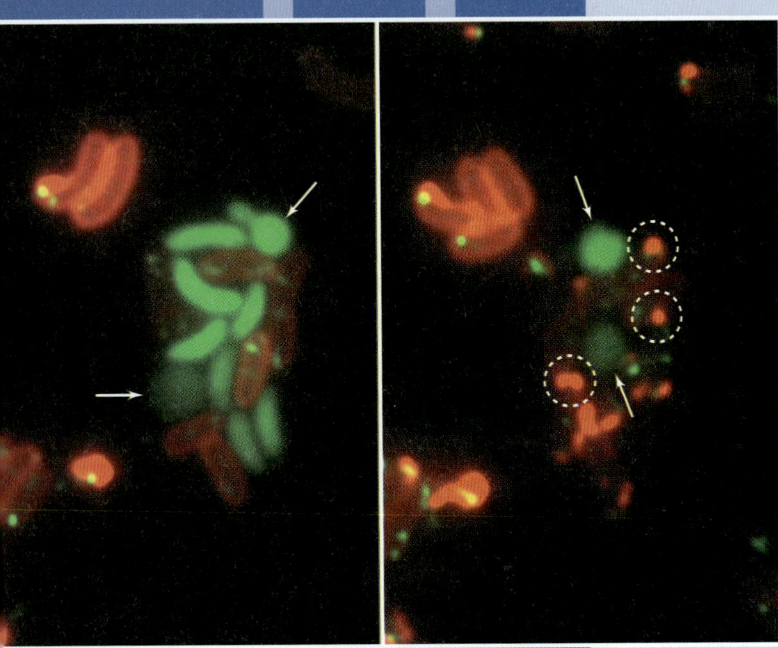

현재의 미생물학

살해와 절도: 공격자 *Vibrio cholerae*의 DNA 획득

콜레라의 원인균인 *Vibrio cholerae*는 영양분이 풍부한 인간의 장에서도 잘 자라는 해양성 세균이다. 이 병원균은 설사를 유발하는 독소를 방출함으로써 새로운 인간 숙주에 감염하며, 그 결과로써 새로운 환경에 자기 자신을 전파한다. 이러한 병원성 생활방식 외에도, *V. cholerae*는 또한 해양 환경에서 독성 단백질들을 이용하여 주위의 미생물들을 죽이는 방법으로 먹이경쟁을 하기도 한다. 포식자 *V. cholerae*는 VI형 분비시스템(Type VI secretion system, T6SS)으로 불리는 정교한 수축 구조체를 이용하여 작용자(effector)라 불리는 독소 분자를 희생당하는 세포에 주입한다. 이들 작용자에 대한 면역이 없는 세포들은 결국 터지고 자신의 세포 내용물을 방출하게 된다.

*V. cholerae*가 경쟁을 줄이고 영양분을 방출시키는 이외에 미생물학자들은 최근 *V. cholerae*의 '암살자(assassin)' 생애주기의 또 다른 기막힌 면을 관찰하였다. 일단 대상 세포가 T6SS에 의해 살해되면, 암살자 *V. cholerae*는 그 희생된 세포로부터 방출된 DNA를 특별한 DNA 획득 시스템을 이용하여 획득할 수 있다 (자연 형질전환). 이러한 시스템을 통하여 얻어진 DNA 40개 유전자를 포함할 정도의 크기까지 *V. cholerae*의 DNA에 삽입되고, 그럼으로써 수평적 유전자 전이가 가능하게 된다. 만약 피공격 세포의 유전자가 *V. cholerae*의 염색체에 재조합되면 *V. cholerae* 군집은 이러한 형질전환을 통하여 이득을 얻게 된다.

이들 사진은 *V. cholerae*가 방어능력이 없는 피식자 세포를 죽이고 DNA를 훔치는 모습을 보여주고 있다. 수용능 시스템의 DNA 획득 단백질을 붉은색 형광물질로 표지하고 T6SS 단백질은 녹색의 형광물질로 표지하였기 때문에, *V. cholerae*는 녹색의 석궁 모양을 안쪽에 가지고 있는 붉은색 세포로 보인다. 반면에 T6SS와 면역 단백질이 없는 희생자들은 선명한 녹색세포로 보인다. 왼쪽 사진은 희생되는 세포를 공격하는 녹색의 석궁을 가지고 있는 붉은색의 *V. cholerae*를 보여주고 있다. 하얀 화살표는 죽은 희생 세포들을 보여주고 있는데, 이들 세포는 죽으면서 구형이 된다. 오른쪽 사진은 같은 세포들을 30분 후에 찍은 것이다. *V. cholerae*는 죽은 세포로부터 DNA를 획득하는데, 그에 해당하는 DNA 부착 단백질들이 효과적인 획득을 위해 자리 잡고 있다 (원으로 표시)

*V. cholerae*의 이러한 특징들은 항생제 내성이나 병원성 인자들과 같이 중요한 형질들을 희생자들로부터 수평적 유전자 전이 방법에 의해 훔치는 것을 가능하게 한다. 따라서 이러한 미생물들의 전쟁은 영양분 획득을 위한 경쟁을 감소시킬 뿐 아니라, 그 병원균의 유전학적 적응도를 증대시키는 역할도 한다.

출처: Borgeaud, S., L.C. Metzger, T. Scrignan, and M. Blokesch. 2015. The type VI secretion system of *Vibrio cholerae* fosters horizontal gene transfer. *Science 347*: 63–67.

1946년에 미생물학자인 Joshua Lederberg는 획기적인 발견을 한다—식물이나 동물처럼 세균도 유전자 교환을 한다는 것이다! Lederberg의 세균에서의 유전자 재조합을 보여준 연구로 그는 노벨상을 받았으며 또한 분자생물학 분야 시작과 동물과 같은 고등 생명체에서 어떻게 유전자가 작용하는 가를 연구하기 위한 세균 활용의 토대가 되었다.

세균과 고균에 의한 유전자 교환의 다양한 기작을 이해함으로써 어떻게 미생물들이 무성생식을 하면서도 엄청난 다양성을 보이는가 하는 수수께끼를 풀 수 있게 되었다. 세포의 유전적 청사진에서의 무작위적인 변화로부터 생기는 유전학적 변화와 더불어 유전자 교환을 통하여 결국 유전학적 다양성으로 귀결되는 자연선택적 이점을 가지게 된다.

이 장에서는 세균과 고균에 있어서의 유전자 교환 기작을 논하고자 한다. 먼저 유전체에 어떻게 변화가 일어나는지를 설명하고, 수평적 유전자 전이(*horizontal gene transfer*)를 통하여 어떻게 유전자들이 세포에서 세포로 이동하는지 살펴볼 것이다. 유전체에 있어서의 변화가 미생물들의 다양성과 서식지 적응의 기초가 되지만, 미생물들은 또한 유전체의 안정성을 유지하기 위한 기작도 가지고 있는데, 이 장을 그러한 면을 논하는 것으로 마무리할 것이다. 요약컨대, 유전체의 변화와 유전체의 안정이 생명체의 진화와 자연계에서의 경쟁에서의 승리에 있어서 중요하다.

I • 돌연변이

모든 생명체들은 그들의 유전적 청사진인 유전체에 특이적인 뉴클레오티드 염기서열을 가지고 있다. **돌연변이(mutation)**는 그러한 유전체의 염기서열에 있어서 일어나는 유전이 되는 변화, 즉 부모로부터 자손 세포로 전달되는 변화이다. 돌연변이는 생명체에 있어서 어떤 경우에는 이로운 그리고 어떠한 경우에는 해로운 변화를 일으키지만, 대부분의 경우에는 별로 영향이 없는 변화를 야기한다. 자발적인 돌연변이의 빈도는 낮지만 (11.3절), 많은 원생생물이 분열하고 기하급수적으로 생장하는 속도가 매우 빠르기 때문에 돌연변이들은 놀랍도록 빠르게 축적된다. 더군다나 세포에서 돌연변이로 인한 유전적 변화는 미소하지만, 유전자 재조합에 의한 변화는 훨씬 크다. 요컨대 돌연변이와 재조합을 통하여 진화과정이 촉진된다.

우선 돌연변이의 분자생물학적 기작과 돌연변이주의 특성을 논하고자 한다.

11.1 돌연변이와 돌연변이주

모든 세포에 있어서 유전체는 이중나선 DNA로 이루어져 있다. 이와는 대조적으로 바이러스는 단일나선이나 이중나선 DNA나 RNA로 이루어져 있다 (8장, 10장). 전통적으로 자연에서 분리한 균주 혹은 바이러스를 **야생종(wild type)**이라 하며 따라서 이들은 야생형 유전체를 가지고 있다. 야생형에서 파생되어 염기서열의 변화를 가지고 있는 세포 또는 바이러스를 **돌연변이주(mutant)**라 부른다. 돌연변이주는 정의에 의하여 **인자형(genotype)**, 즉 유전체의 염기서열이 야생형과 다르다. 더불어 돌연변이주의 관찰 가능한 특성(observable properties)인 **표현형(phenotype)** 역시 모 균주와 다를 수 있다 (**그림 11.1**). 이 변형된 표현형은 돌연변이주 표현형(*mutant phenotype*)이라고 한다.

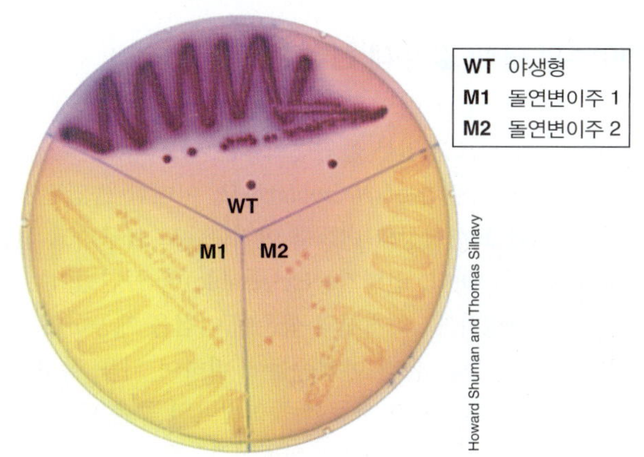

그림 11.1 야생형 대 돌연변이 표현형. 다른 형태의 배지인 매콩키 한천(MacConkey agar) 배지에서의 야생형 *Escherichia coli*와 말토스 대사 돌연변이주의 생장. 이 배지는 탄소원으로서 말토스와 말토스가 발효되면 붉은색으로 변하는 pH 지시제를 함유하고 있다. 돌연변이주 1과 2는 각각 *malB* 유전자에 결실 돌연변이와 *malQ* 유전자에 점돌연변이가 있어서 말토스를 발효하지 못한다.

"야생종(wild-type)"이란 용어는 전체 생명체 또는 연구대상이 되는 단지 특정 유전자의 상태를 대상으로 사용된다. 돌연변이주들은 야생종에서 직접 얻을 수도 있고, 또는 앞서 야생종으로부터 유래한 모계균주(*parental strain*)라 일컬어지는 균주, 예를 들어 다른 돌연변이주로부터도 얻을 수도 있다. 그림 11.1은 야생형 *Escherichia coli*와 당 대사 과정의 돌연변이주를 MacConkey 한천 배지(당이 발효되면 붉은 색으로 변하는 pH 지시약이 들어 있는 배지) 위에 배양한 사진이다.

돌연변이에 따라 모세포와 그 표현형이 같을 수도 있고 다를 수도 있다. 전통적으로 세균유전학에서는 인자형(*genotype*)은 세 글자의 소문자와 한 글자의 대문자로 표현하며 이들 글자 모두 이탤릭체로 표시하는데, 이는 특정 유전자를 일컫는다. 예를 들어, *E. coli*의 *hisC*는 아미노산 히스티딘의 생합성에 관여하는 HisC 단백질을 암호화하는 유전자이다. 유전자 *hisC*에 일어난 돌연변이는 *hisC1*, *hisC2* 등과 같이 표시할 수 있으며 여기서 번호는 그 돌연변이주를 분리한 순서이다. 각 *hisC* 돌연변이는 서로 다를 수 있으며 HisC 단백질에 다른 방법으로 영향을 줄 수 있다.

어떤 개체의 표현형(*phenotype*)은 대문자 한 글자와 소문자 두 글자로 표시하고 위첨자의 + 또는 −를 붙이는데 이는 그 특성이 존재하는지의 여부를 표시하는 것이다. 예를 들어, *E. coli*의 His^+ 균주는 자체 히스티딘(histidine)을 생산할 수 있는 균주이며, His^-는 그러한 능력이 없는 균주이다. His^- 균주는 생장을 위하여 히스티딘 첨가를 요구한다. 만약 *hisC* 유전자의 돌연변이가 HisC 단백질의 기능을 상실시켰다면 His^- 표현형이 될 것이다.

돌연변이주의 분리: 감별 대 선별

실질적으로 생명체의 그 어느 특성들이나 돌연변이에 의해서 변화될 수 있다. 그러나 그중 일부 돌연변이들은 세포의 생존에 유리하게 작용하게 되어 선별가능(*selectable*)하고, 어떠한 돌연변이들은 그 개체에 명백한 표현형상의 변화를 야기함에도 불구하고 선별불가능(nonselectable)하다. 선별가능(selectable)한 돌연변이는 특정 환경 조건에서 확실하게 그 개체의 생존에 이점을 제공하며, 그 돌연변이주들의 후손들은 본래 야생종들에 비하여 더욱 잘 자랄 수 있는 것들이다. 그러한 선별 가능한 돌연변이의 좋은 예가 항생제 내성 돌연변이이다. 항생제 내성 돌연변이주들은 야생종을 죽이거나 생장을 저해할 정도의 높은 농도의 항생제가 투여되어도 생장이 가능하며 (**그림 11.2*a***), 그럼으로써 그러한 조건에서는 항생제 내성 돌연변이의 선별이 가능하다. 적당한 환경조건에서는 선별 가능한 돌연변이주를 발견하고 분리해내는 것이 상대적으로 용이하다. 따라서 **선별(selection)**은 수백만 심지어 수억 개의 모세포로부터 단 한 개의 돌연변이주를 분리하는 것을 가능하도록 허락하기 때문에 대단히 유용한 유전학적 기법이다.

선별이 불가능한 돌연변이의 예는 색소를 가진 개체의 색소 상실과 같은 것들이다 (그림 11.2*b*, *c*). 자연 상태에서는 색소를 가진 세포가 생장이 유리할지는 모르나, 한천 고체배지에서 키울 때에는 색소가 결여된 세포는 대체적으로 야생종에 비하여 유리한 점도 또한 불리한 점도 없다. 그러한 돌연변이는 수많은 집락들 중 '다른' 것을 골라내는, 이른바 **감별(screening)**이라 불리는 과정을 통하여 탐지할 수 있다.

영양요구체의 분리

감별 방법은 항상 선별과정보다 많은 노력을 요구하지만, 일부 형태의 돌연변이를 찾기 위한 방법의 경우에는 많은 집락을 대상으로 한 좋은 방법들이 개발되어 있다. 어떠한 영양 요소를 대사하지 못하는 (또는 합성하지 못하는) 돌연변이를 찾아낼 수 있는 복사평판법(*replica plating*) (**그림 11.3**)이 한 예이다. 멸균 루프나 이쑤시개나 심지어 로봇 팔을 이용하여 주 평판(master plate) 위에서 키운 집락들을 찍어서 그 영양소가 결핍되어 있는 고체평판에 찍는 방법이다. 정상적인 세포의 집락들은 그 평판에서 정상적으로 생장하여 집락을 형성하지만, 돌연변이주는 그러하지 못할 것이다. 그러므로 그 특정 영양소가 결핍되어있는 배지에서 집락을 형성하지 못하는 세포가 돌연변이주이다. 복사평판 상에 빈 위치에 해당하는 주 평판 상의 집락을 골라서 순수분리한 후에 그 특성을 연구하게 된다.

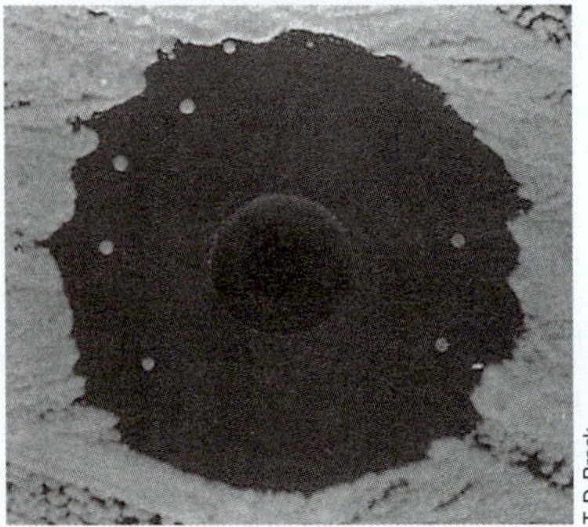

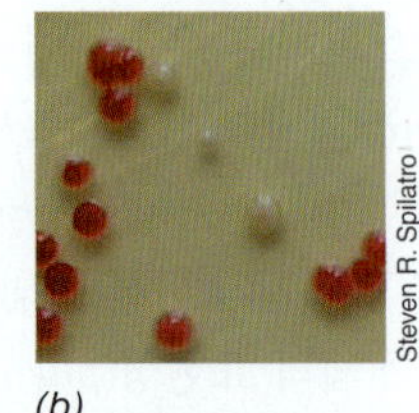

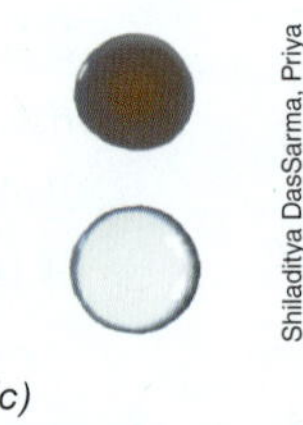

T. D. Brock (a) Steven R. Spilatro (b) Shiladitya DasSarma, Priya Arora, Lone Simonsen (c)

그림 11.2 선별 가능한 돌연변이들과 불가능한 돌연변이들. *(a)* 항생제 활성분석 디스크의 생장 저해 지역 안에 형성된 항생제 내성 돌연변이주. *(b)* 선별 불가능한 돌연변이들. 자외선으로 유도된 *Serratia marcescens*의 색소결핍 돌연변이주. 야생형은 검붉은 색소를 가지고 있다. 하얀색 집락은 색소를 만들지 못한다. *(c)* 고균의 일종인 *Halobacterium* 종의 돌연변이주 집락. 하얀색을 띠는 집락들이 야생종이다. 노란색/갈색 집락들이 가스 소포 (2.9절)가 결여된 돌연변이주들이다. 가스 소포는 빛을 산란하여 집락의 색을 가리게 한다.

생장을 위하여 특별한 영양소가 필요한 돌연변이주를 **영양요구체(auxotroph)**라고 부르며, 그 영양요구체가 유래한 본래의 종을 원영양체(*prototroph*)라고 부른다. 예를 들어, His^- 표현형을 가진 *E. coli*는 히스티딘 영양요구체(histidine auxotrophs)라고 부르며, 그 영양요구체가 유래하였던 본래의 His^+ 균주는 균주의 원영양체이다. 앞서 언급하였듯이, 여러 다른 돌연변이들이 His^- 표현형을 보이는 균주가 될 수 있고, 따라서 어떤 대사과정 (예, 히스티딘 생합성과정)의 유전학을 연구하는 초기 단계는 여러 His^- 표현형 균주들을 분리한 후 그들의 유전학 비교분석을 수행하는 것이다 (11.5절).

일반적인 돌연변이의 종류와 그들을 감지하는 방법을 **표 11.1**에 정리하였다.

> **미니퀴즈**
> - 돌연변이(mutation)와 돌연변이주(mutant)의 차이를 설명하라.
> - 감별(screening)과 선별(selection)의 차이를 설명하라.
> - 영양요구체와 원영양체(prototroph)의 차이는 무엇인가?

11.2 돌연변이의 분자생물학적 기초

돌연변이는 자연적(spontaneous)으로 일어날 수도 있고 인위적으로 유도하여 일으킬 수도 있다. **자연돌연변이(spontaneous mutation)**는 외부 영향 없이 발생하는 것들이고, 대부분 DNA 복제 시 DNA 중합효소가 염기쌍 형성에 있어서 오류를 일으켜서 일어난다. **유도돌연변이(induced mutation)**는 자연환경에 있는 화학물질에 의해 일어나는데 인간에 의해 의도적으로 만들어질 수도 있다. DNA의 염기구조를 변형시키는 자연방사선 (우주선 등)에 노출되어서도 일어날 수 있다. 또한 활성산소(oxygen radical)와 같은 다양한 화학물질들이 DNA를 화학적으로 변형시킴으로써 일어날 수 있다 (11.4절).

한 개의 염기쌍에서의 변화로 인해 생기는 돌연변이를 **점돌연변이(point mutation)**라 부른다. 점돌연변이는 DNA의 염기쌍의 치환(base-pair substitution)이나 단일 염기쌍의 결실이나 삽입에 의해서 일어난다. 아래에서 설명하겠지만, 대부분의 점돌연변이는 실제 표현형의 변화를 일으키지 않는다. 그러나 모든 돌연변이들이 그러하듯이 점돌연변이가 야기시키는 표현형은 유전자의 어느 부분에서 발생하였느냐 그리고 어느 뉴클레오티드가

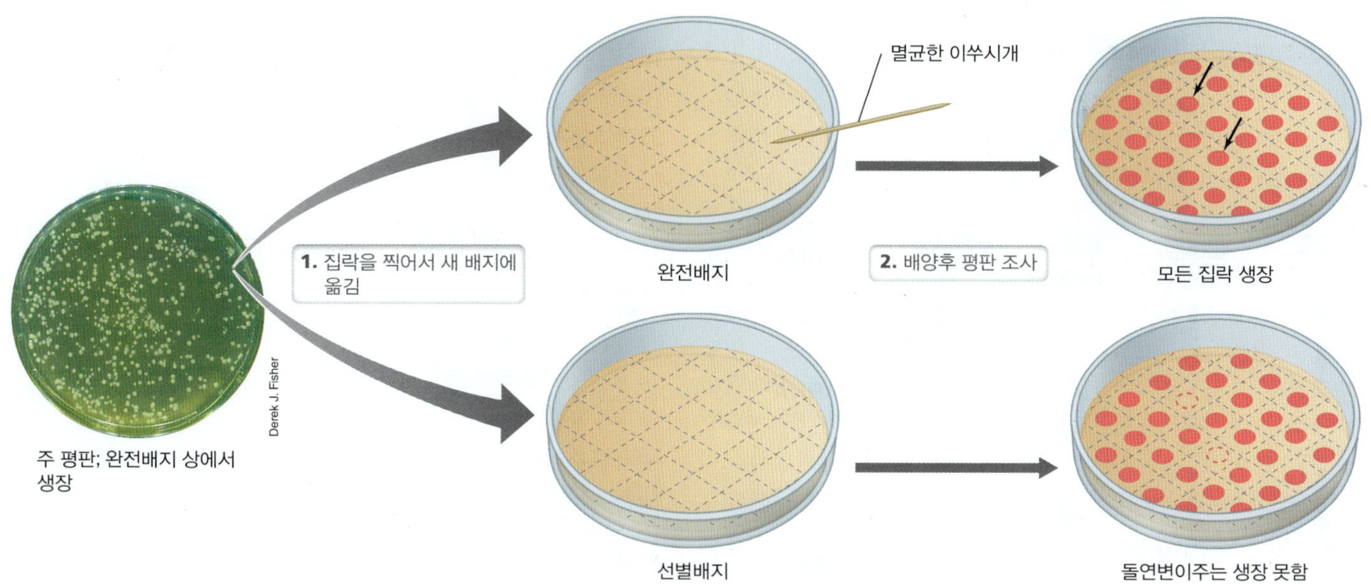

그림 11.3 영양요구체의 선별. 복사 평판법은 영양 돌연변이주를 탐지하는 데 사용된다. 주 평판배지에서 자란 집락들을 선별을 위해 준비한 특별한 배지를 포함하는 복사평판에 접종한다. 복사 평판배지에서 자라지 않은 집락들을 화살표로 표시하였다. 복사 평판배지는 주 평판배지에는 있는 한 가지 영양소[루이신(leucine)]가 결핍되어 있다. 따라서 주 평판배지 상의 화살 표시한 집락들은 루이신 영양요구체들이다.

단원 3

변화되었느냐에 따라 다르다.

영양요구체의 분리 염기쌍 치환: 오인돌연변이, 비인식돌연변이, 불변돌연변이

만약 점돌연변이가 단백질을 암호화하는 유전자의 암호화 부위에서 일어났다면 표현형상의 변화는 거의 확실하게 그 단백질의 아미노산 서열(sequence) 상의 변화로 인한 것이다. 그러한 DNA 상의 변화는 mRNA로 전사되는 과정에 전달되고 잘못된 mRNA 상의 실수는 다시 번역에 의해서 단백질로 전달될 것이다. **그림 11.4**는 다양한 염기치환의 결과를 보여준다.

어느 돌연변이가 초래하는 결과를 이해하는 데 있어서 우리는 우선 유전 코돈은 중복성이 있다는 (즉, 두 가지 이상의 삼중 코돈이 한 가지 아미노산을 코딩한다는) 사실을 명심해야 한다 (4.9절, 표 4.4). 따라서 모든 단백질을 코딩하는 단백질에 일어난 돌연변이가 그 단백질의 아미노산 서열을 변화시키는 것은 아니다. 그림 11.4에서 이를 설명하고 있는데, 어느 단백질에 있어서 티로신(tyrosine)을 코딩하는 어느 한 코돈에서의 변화가 일으킬 수 있는 다양한 변화의 가능성을 보여주고 있다. 우선 RNA의 염기서열이 UAC에서 UA*U*로 변화될 경우 외견상 별 변화를 일으키지 못하는데 이는 UAU 역시 티로신을 코딩하는 코돈이기 때문이다. 이러한 돌연변이는 실질적으로는 돌연변이지만 단백질의 아미노산 서열에는 아무런 영향을 미치지 못한다. 이는 **불변돌연변이(silent mutation)**의 한 종류인데, 즉 돌연변이가 세포의 표현형에 영향을 미치지 못하는 것이다. 불변돌연변이의 경우 거의 항상 코돈의 세

표 11.1 여러 돌연변이주의 종류

표현형	변화의 특성	돌연변이주 탐지 방법
영양요구체	생합성 회로에 관여하는 효소의 결핍	그 영양분이 결핍된 배지에서 생장을 못함
고온민감성	어느 필수 단백질의 변형으로 인하여 고온에서 비활성화	정상적으로는 생장에 영향을 크게 안 주는 고온에서 생장 결핍
저온민감성	어느 필수 단백질의 변형으로 인하여 저온에서 비활성화	정상적으로는 생장에 영향을 크게 안 주는 저온에서 생장 결핍
약제 내성	해독 또는 약제 변형 또는 약제 투과력 변화	생장 저해 농도의 약제를 포함한 배지에서 생장
거친 집락	당지질층의 상실 또는 변형	부드럽고 윤기가 있는 집락 대신 과립성의 불규칙한 집락 형성
세포 표면캡슐 결핍	세포 표면캡슐의 상실 또는 변형	정상적인 크고 부드러운 외형의 집락이 아닌 작고 거친 외형의 집락 형성
비운동성	편모의 결핍 또는 기능상실	평평하고 퍼진 집락 대신 조밀한 집락 형성
색소결핍	하나 또는 그 이상의 색소의 결핍을 유발하는 생합성 회로 관여 효소 결핍	색의 결핍 또는 변형
당 발효	분해 회로에 관여하는 효소의 상실	당과 pH 지시제가 함유된 한천 배지에서 색변화가 안 일어남
바이러스 내성	바이러스 수용체의 상실	대량의 바이러스 존재 하에서도 생장가능

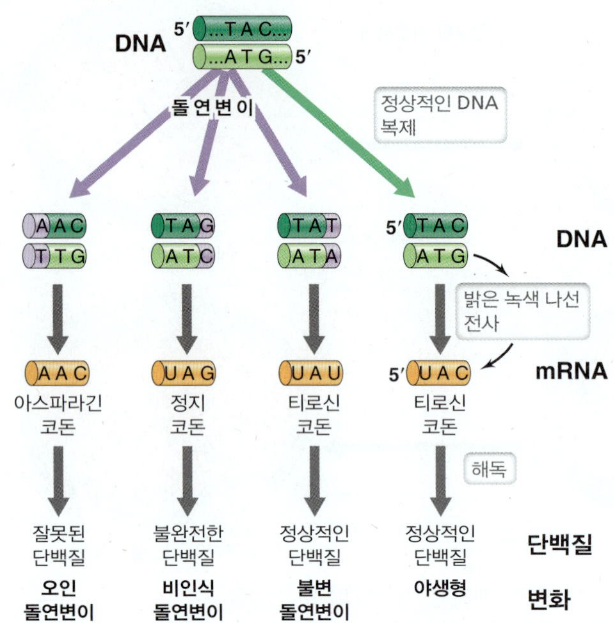

그림 11.4 어느 단백질을 암호화하는 유전자에서 염기쌍 치환이 일으킬 수 있는 가능한 효과들. DNA의 한 가지 코돈이 바뀜으로써 세 가지 다른 종류의 단백질이 만들어질 수 있다.

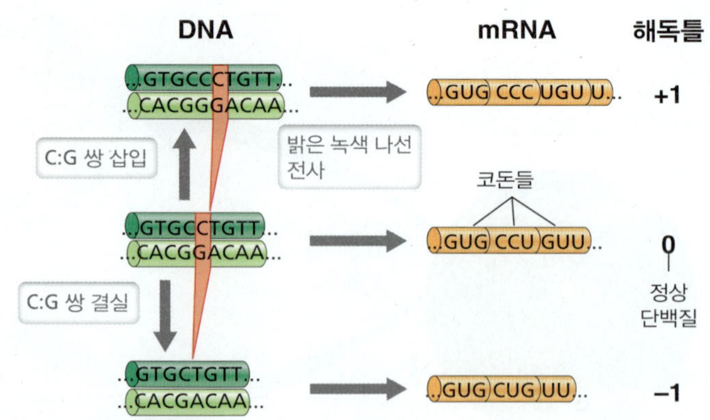

그림 11.5 삽입이나 결실 돌연변이에 의하여 발생하는 mRNA 해독틀의 이동. mRNA의 해독틀은 5′ 말단에서 (그림에서 왼쪽) 시작하여 세 개의 염기들을 단위 (코돈)로 읽으며 진행되는 리보솜에 의하여 정해진다. 정상적인 해독틀은 0 틀, 한 개의 염기가 빠진 틀을 −1 틀, 한 개의 염기가 추가로 들어간 틀을 +1 틀이라고 한다.

번째 염기(third base)에 변화가 일어난 경우임을 주목하라 [아르기닌(arginine)과 루이신(leucine)의 경우에는 첫 번째 염기의 변화도 불변돌연변이일 경우가 있음].

삼중 코돈 중 첫 번째나 두 번째 염기의 변화는 많은 경우 단백질에 큰 변화를 야기한다. 예를 들어, *UAC*에서 *AAC*로 한 개의 염기가 변화될 경우 (그림 11.4), 그 단백질상의 아미노산 서열은 티로신에서 아스파라긴으로 변화한다. 이러한 돌연변이는 유전정보가 잘못 "인식(sense)"되었기 때문에 **오인돌연변이(missense mutation)**라고 부른다. 만약 그 변화가 단백질의 중요한 부위에 일어났다면 그 단백질의 활성은 상실되거나 감소될 것이다. 그러나 아미노산의 치환을 일으키는 돌연변이가 반드시 단백질의 기능에 악영향을 끼치는 것은 아니다. 문제는 그 단백질에 있어서 치환이 어느 부위에 일어나고, 그 치환이 단백질의 3차 구조 형성과 활성에 어떠한 영향을 미치는가 하는 것이다. 예를 들어, 어느 효소의 활성부위(active site)에 돌연변이가 일어났다면 다른 부위에 일어난 돌연변이보다 그 효소를 비활성화할 가능성은 훨씬 높다.

또 다른 가능성은 염기쌍의 치환으로 인하여 비인식 또는 정지 코돈(nonsense or stop codon)이 형성되는 경우이다. 이는 단백질 합성의 조기 종료를 야기하고 결과적으로 기능이 없는 불완전한 단백질이 만들어진다 (그림 11.4). 이러한 종류의 돌연변이는 아미노산을 위한 코돈이 비인식 코돈으로 변화된 경우이므로, **비인식 돌연변이(nonsense mutation)**라고 부른다 (표 4.4). 결과적으로 생긴 불완전한 단백질은 비인식 돌연변이가 그 유전자의 최말단에 일어나지 않는 한, 그 단백질은 짧아진다 (불완전한 상태). 짧아진 단백질은 기능을 완전히 상실하거나 기껏해야 정상적인 활성이 결여되게 된다.

미생물 유전학에 있어서 점돌연변이의 경우 좀 더 자세히 설명하기 위하여 자주 쓰이는 용어가 있다. **전이(transition)**는 하나의 퓨린(purine) (A 또는 G)이 다른 퓨린으로, 또는 하나의 피리미딘(pyrimidine) (C 또는 T)이 다른 피리미딘으로 치환된 경우를 말한다. **전환(transversion)**은 퓨린이 피리미딘으로, 또는 피리미딘이 퓨린으로 치환된 점돌연변이를 말한다.

해독틀 이동과 삽입 또는 결실

유전자 암호는 핵산의 한 끝에서 세 개의 염기 (즉, 코돈)의 단위를 연속적으로 읽는 과정이므로 어느 한 염기의 삽입 또는 결실은 해독틀 이동(reading frameshift)을 초래한다. 이러한 **해독틀 이동 돌연변이(frameshift mutation)**는 심각한 결과를 초래한다. 단일 염기의 삽입이나 결실은 번역되는 단백질의 전체적인 아미노산 서열의 변화를 일으킨다 (**그림 11.5**). 이러한 사소한 삽입이나 결실은 복제 상의 실수에 기인한다. 두 개의 염기쌍의 삽입이나 결실 역시 해독틀 이동 돌연변이를 야기하나, 세 개 염기쌍의 삽입 또는 결실은 한 개의 코돈의 변화를 일으킨다. 따라서 단백질 서열에 있어서 한 개의 아미노산의 삽입이나 결실의 결과를 낳는다. 이러한 변화는 그 단백질의 기능에 치명적일 수도 있으나 전체 단백질 서열을 뒤죽박죽으로 만드는 대부분의 경우의 해독틀 이동 돌연변이보다는 덜 위험하다.

수백 또는 심지어 수천 개의 염기쌍이 삽입되거나 결실될 수도 있다. 이러한 변화는 피치 못하게 유전자의 기능을 완전히 상실시키는 결과를 초래한다. 만약 결실된 그 유전자가 필수적인 기능이 있다면 그 돌연변이는 치명적이다. 그러한 결실은 다른 이차적인 돌연변이에 의해서 복구되지 않으며, 오직 유전자 재조합에 의해서만 복구될 수 있다. 실제, 대량의 결실과 점돌연변이를 구분할 수 있는 차이는 점돌연변이의 경우에는 이차 돌연변이에 의해서 복구될 수 있지만 대량의 결실은 그러하지 못하다는 것이다. 대량의 삽입이나 결실은 유전자 재조합과정에서 일어날 수 있다 (11.5절). 또한 많은 삽입돌연변이는 전위요소(*transposable element*) (11.11절)라 불리는 염기서열의 삽입에 의해서도 일어난다. 전위요소가 세균 유전체 진화에 미치는 영향에 관해서는 9.6절에서 좀 더 자세히 논의하기로 한다.

미니퀴즈

- tRNA를 코딩하는 유전자에 오인돌연변이가 발생할 수 있는가? 그 이유는?
- 해독틀 이동 돌연변이가 오인돌연변이보다 더 심각한 문제를 일으키는 이유는 무엇인가?

11.3 복귀돌연변이와 돌연변이 빈도

돌연변이에 따라 그 빈도는 매우 다양하다. 어떤 돌연변이는 그 빈도가 매우 낮아서 거의 감지가 되지 않는 반면에 어떤 것들은 그 빈도가 너무 높아서 심지어 유전적으로 안정된 보관용 배양 균주를 유지하는 것조차 힘들다. 종종 두 번째 돌연변이에 의해서 처음의 돌연변이의 효과가 원상 복귀되는 경우도 있다. 더구나 모든 생명체들은 DNA의 오류를 수정하는 다양한 기능을 가지고 있다. 따라서 우리가 관찰하는 돌연변이의 빈도는 돌연변이 발생의 빈도뿐 아니라 DNA 오류수정의 효율에 의해서도 결정된다.

복귀돌연변이 (역돌연변이)와 억제돌연변이

점돌연변이는 **복귀(reversion)**라고 부르는 과정을 통하여 역반응에 의하여 야생종으로의 복원이 가능하다. 역변이체(revertant)는 상실되었던 표현형이 돌연변이에 의하여 회복된 균주를 의미한다. 역변이체는 두 가지 종류가 있다. 하나는 동일부위 역변이체(*same-site revertants*)로서, 본래 돌연변이가 일어났던 같은 부위에 돌연변이가 생겨서 기능을 회복하는 경우이다. 만약 그 역돌연변이가 원래의 돌연변이 바로 그 자리에서 일어나서 본래의 야생형의 염기서열로 되돌아갔을 경우, 우리는 그것을 진성 역돌연변이주(*true* revertant)라 부른다.

또 다른 종류는 두 번째 부위 역돌연변이주(*second-site* revertants)로서 DNA 상의 다른 부위에 일어나는 돌연변이이다. 두 번째 부위 돌연변이가 본래의 표현형으로 회복시켰다면, 그 돌연변이는 억제돌연변이(*suppressor mutation*)—즉, 본래의 돌연변이 효과를 상쇄시키는 돌연변이의 역할을 한 것이다. 다양한 종류의 억제돌연변이가 알려져 있는데; (1) 어느 한 유전자에 있어서 한 개의 돌연변이가 그 유전자 다른 부위의 일어난 돌연변이에 의하여 그 산물 단백질의 기능이 회복되는 경우. 예를 들어, 하나의 해독틀 돌연변이가 같은 유전자 상에 다른 해독틀 돌연변이에 의하여 본래의 해독틀로 회복되는 경우; (2) 한 유전자의 돌연변이가 다른 유전자의 돌연변이에 의하여 그 기능이 회복되는 경우; (3) 다른 유전자의 돌연변이에 의해서 생성한 효소가 본래 돌연변이된 유전자로부터 생성되는 효소의 기능을 대치하는 경우이다.

tRNA의 변형에 의한 억제돌연변이는 흥미롭다. tRNA의 안티

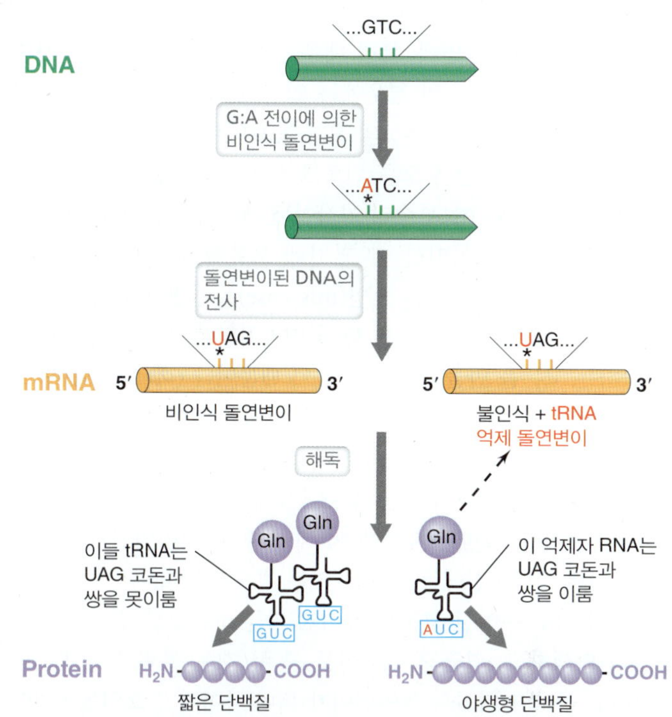

그림 11.6 비인식 돌연변이의 억제. 어느 단백질을 코딩하는 유전자에 비인식 돌연변이가 형성되면 해당되는 mRNA에 정지코돈 (* 표시)이 생긴다. 이 단일 돌연변이로 인하여 중간에 잘린 단백질이 만들어진다. 만약 두 번째 돌연변이가 어떤 tRNA, 이 예의 경우에는 글루타민이 붙어 있는 tRNA의 안티코돈에 돌연변이가 발생하여 그 돌연변이된 tRNA, 이 경우 억제 tRNA가 그 비인식 돌연변이 코돈에 결합하면 그 비인식 돌연변이는 억제된다.

코돈 서열의 돌연변이에 의하여 정지코돈을 인식하게 되어 비인식 돌연변이가 억제될 수 있다 (**그림 11.6**). 이렇게 변형된 tRNA를 억제 tRNA (*suppressor tRNA*)라 부르는데, 그 tRNA가 인식하는 정지코돈의 자리에 아미노산을 넣게 된다. 억제 tRNA 돌연변이는 그 특정 코돈에 맞는 tRNA가 두 개 이상이지 않는 한 치명적이다. 한 tRNA가 억제돌연변이를 일으켜도, 다른 tRNA는 본래의 기능을 담당할 수 있기 때문이다. 대부분의 세포들은 여러 개의 tRNA들을 가지고 있어서 적어도 미생물들에 있어서는 억제돌연변이들은 상당히 흔하게 나타난다. 때때로 억제 tRNA가 삽입하는 아미노산은 원래 아미노산과 동일하게 그 단백질의 기능이 완전히 회복될 수 있다. 그러나 경우에 따라서는 다른 종류의 아미노산이 삽입되어 부분적으로만 활성을 가진 단백질이 만들어질 수도 있다.

돌연변이 빈도

대부분의 세균 경우 DNA가 한 번 복제될 때마다 염기쌍 천 개당 10^{-6}~10^{-7}의 빈도로 오류가 일어난다. 전형적으로 한 개의 유전자는 1,000개의 염기쌍으로 이루어져 있다. 그러므로 어느 주어진 한 유전자에 있어서 한 세대당 10^{-6}~10^{-7}의 빈도로 오류가 일어날 수 있다. 예를 들어, 1 ml당 10^8개의 세포를 포함한 어느 세균배양의 경우 어느 특정 유전자에 여러 개의 다른 돌연변이를 가진 세균들이 생길 수 있다는 것이다. 매우 커다란 크기의 유전체를 가지고 있는 진핵생물은 전형적인 세균보다 10배 정도 낮은 복제

오류빈도를 보이는 반면에, 특히 매우 작은 크기의 유전체를 가지고 있는 DNA 바이러스의 경우에는 일반 세포들보다 100배 내지는 1,000배 정도 더 높은 빈도의 오류를 보인다. RNA 바이러스의 경우에는 심지어 더 높은 오류 빈도를 보이는데 이는 수리 시스템(4.4절)의 결여와 RNA 수리 기작이 존재하지 않기 때문이다.

DNA 복제 동안 어떠한 한 염기에 오류가 일어나면 비인식(nonsense) 돌연변이보다는 오인(missense)돌연변이가 일어날 확률이 더 높은데 이는 대부분의 단일 염기치환이 다른 아미노산을 암호화하는 코돈을 만들 가능성이 높기 때문이다 (표 4.4). 단일 염기의 변화로 인해 그 다음으로 높은 빈도로 일어나는 코돈의 변화는 불변(silent) 돌연변이일 것이다. 그 이유는 대부분 코돈에 있어서 한 아미노산을 코딩하는 코돈들은 세 번째 위치 염기 하나가 다르기 때문이다. 그렇기 때문에 이 세 번째 위치의 염기가 변화될 경우 코딩된 아미노산에는 변화가 없는 경우가 많다. 한 개의 염기가 변화될 경우 주어진 코돈은 27가지 다른 코돈으로 변화될 경우의 수가 발생하고, 평균적으로 이들 중 두 개는 불변 돌연변이가 될 것이고 하나가 비인식 돌연변이가 되며 나머지가 오인돌연변이가 될 것이다.

어떤 돌연변이가 선별될 수 있는 것이 아니면 그러한 돌연변이를 실험적으로 찾아내는 것은 쉽지 않으며 단지 세균유전학적 기법을 이용하여 좀 더 높은 확률로 탐지하도록 노력할 따름이다. 다음 절에서 논의하겠지만 돌연변이 유도 방법을 이용함으로써 돌연변이 빈도(mutation rate)를 현저히 높일 수 있다. 그러한 돌연변이 빈도는 높은 스트레스 조건과 같은 특정 조건에 따라 달라진다.

미니퀴즈

- 억제 tRNA 돌연변이가 치명적이지 않은 이유는 무엇인가?
- 오인돌연변이와 비인식 돌연변이 중 더 흔한 것은 어느 것인가? 그 이유는?

11.4 돌연변이 유발

돌연변이의 자연적 발생빈도는 매우 낮으나 돌연변이 빈도를 증가시키고 그럼으로써 돌연변이를 유발시키는 화학적, 물리적, 생물학적 제제는 다양하게 많다. 이러한 제제들을 **돌연변이 유발원(mutagen)**이라고 부른다. 이러한 돌연변이 유발원들의 종류와 작용에 관하여 논하고자 한다.

화학적 돌연변이 유발원과 방사선

표 11.2는 주요 화학적 돌연변이 유발원들과 그들의 작용 기작을 정리하여 보여주고 있다. 여러 종류의 화학적 돌연변이 유발원이 있다. DNA의 퓨린이나 피리미딘 염기와 구조적으로 유사한 뉴클레오티드 염기 유사체(*nucleotide base analog*)는 잘못된 염기쌍을 형성하는 성질을 가진다 (**그림 11.7**). 이러한 유사체들 중 하나가 DNA 상에 정상적인 뉴클레오티드 자리에 끼어 들어가도 일반적으로 DNA 복제는 정상적으로 일어난다. 그러나 그 자리에 복제

표 11.2 화학적, 물리적 돌연변이 유발원들과 그 작용 기작

유발원	작용	결과
염기 유사체		
5-Bromouracil	T의 자리에 삽입: 간혹 G와 염기쌍을 형성	AT 쌍 → GC 쌍, 종종 GC 쌍 → AT 쌍
2-Aminopurine	A의 자리에 삽입: C와 염기쌍 형성	AT → GC, 간혹 GC → AT
DNA와 반응하는 화학물질		
Nitrous acid (HNO_2)	A와 C에서 아민기 제거	AT → GC, GC → AT
Hydroxylamine (NH_2OH)	C와 반응	GC → AT
알킬화 물질		
알킬화 화학물질 단일기능 (예, ethyl methanesulfonate)	G에 메틸그룹 결합; T와 잘못된 쌍을 이룸	GC → AT
이중기능 (예, mitomycin, nitrogen mustards, nitrosoguanidine)	DNA 이중가닥을 서로 공유결합으로 연결함; DNase에 의하여 잘못 절단됨	점돌연변이와 결실
삽입 색소		
Acridines, ethidium bromide	염기쌍 사이에 삽입	미세결실과 미세삽입
방사선		
자외선	피리미딘 이량체 형성	교정과정을 통하여 오류 발생 또는 결실
이온화 방사선 (예, X선)	자유 전자가 DNA 공격, DNA 사슬을 절단	교정과정을 통하여 오류 발생 또는 결실

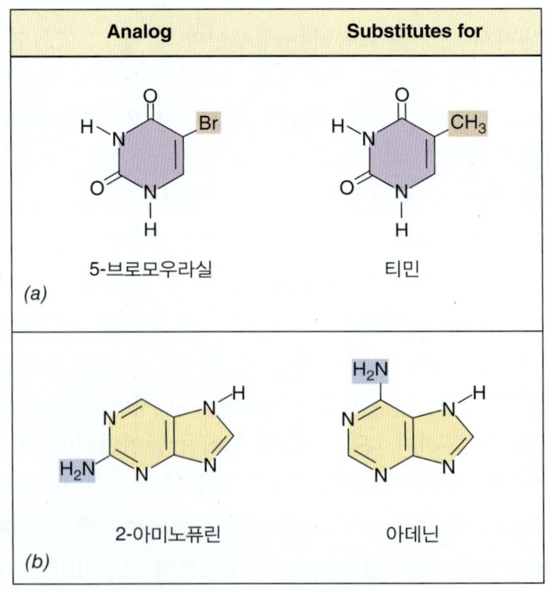

그림 11.7 뉴클레오티드 염기 유사체들. 돌연변이를 유발하는 두 가지 흔한 뉴클레오티드 유사체들의 구조와 그들이 치환하는 정상적인 핵산 염기들. *(a)* 5-Bromouracil은 구아닌과 염기쌍을 이루어 AT를 GC로 치환한다. *(b)* 2-Aminopurine은 시토신과 염기쌍을 이루어 AT를 GC로 치환한다.

오류가 높은 빈도로 일어나게 되고 그 결과 복제되는 DNA 가닥에 잘못된 염기가 결합됨으로써 돌연변이가 발생한다. 뒤이어 세포분열을 하게 되면 이 잘못된 가닥이 딸세포에 들어가서 돌연변이가 드러나게 된다.

다른 형태의 화학적 돌연변이 유발원들은 하나 이상의 염기에 화학적 변화를 일으킴으로써 잘못된 염기쌍을 형성시키거나 그와 관련된 변화를 일으킨다 (표 11.2). 예를 들어, 니트로소구아니딘(nitrosoguanidine)과 같은 알킬화 물질(alkylating agents) (단백질이나 핵산의 아미노기나 카복시기 또는 수산기와 반응하여 알킬기를 붙이는 화학물질)은 매우 강력한 돌연변이 유발원이며 염기 유사체보다 더욱 높은 빈도로 돌연변이를 유발한다. 알킬화 물질은 복제하지 않는 DNA에도 변화를 일으킨다는 점에서 염기 유사체와 다르다 (염기 유사체는 DNA 복제 시 끼어들어 갈 때만 작용할 수 있음). 염기 유사체와 알킬화 물질은 모두 염기쌍 치환을 일으키는 경향이 있다 (11.2절).

또 다른 종류의 화학물질은 염기쌍 사이에 끼어듦으로써 작용하는 화학물질(*intercalating agent*)로 평평한 구조의 아크리딘(acridine) 계열 물질이다. 이들 화학물질들은 두 개의 염기쌍 사이에 삽입되며 그 과정을 통하여 두 염기쌍 간의 거리를 벌려 놓는다. DNA 복제 중 이러한 비정상적인 구조는 아크리딘이 삽입된 DNA에 삽입이나 결실을 일으키며, 따라서 아크리딘은 전형적으로 해독틀 이동(frameshift) 돌연변이를 유도한다 (11.2절). DNA 전기영동 때 DNA 염색을 위하여 사용되는 물질인 에티디움 브로마이드(ethidium bromide)도 돌연변이 유발원으로 작용하는 물질이다.

방사선은 두 종류로 나눌 수 있는데 하나는 비이온화(*nonionizing*) 방사선이고 또 하나는 이온화(*ionizing*) 방사선이다 (**그림 11.8**). 두 종류 모두 세균유전학에서 돌연변이를 유도하기 위해 사용되나 자외선(UV)과 같은 비이온화 방사선이 더 널리 사용되므

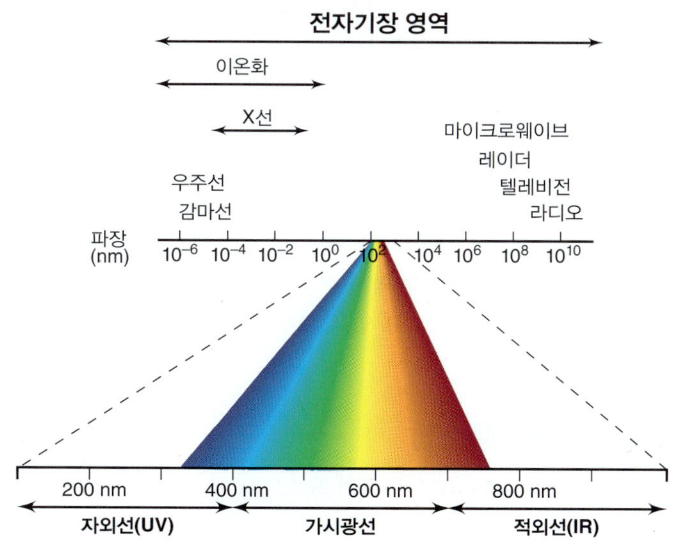

그림 11.8 방사선의 파장. 자외선 방사선은 가시광선보다 약간 짧은 파장을 가지고 있다. 어떠한 전자기장 방사선에 있어서도 파장이 짧을수록 에너지가 높아진다. DNA는 260 nm 파장을 강하게 흡수한다.

로 우선적으로 논의하기로 한다. 핵산의 퓨린과 피리미딘 염기들은 자외선을 강하게 흡수하며 DNA와 RNA의 최고 흡수 파장은 260 nm이다. 자외선은 주로 DNA에 영향을 미침으로써 세포를 죽인다. 여러 가지 영향이 알려져 있는데 가장 잘 밝혀진 영향은 DNA에 피리미딘 이량체(*pyrimidine dimer*)를 형성하는 것이다. 이는 같은 DNA 나선상에 있는 두 개의 근접한 피리미딘 염기들 (시토신이나 티민)이 서로 공유결합으로 연결이 되는 것이다. 이로 인하여 DNA 복제 시에 DNA 중합효소가 이 지점에서 염기서열을 잘못 읽을 확률이 높아지게 된다. 이온화 방사선은 자외선보다 더 강력한 형태의 방사선으로서 X선, 우주선, 감마선 등과 같은 단파장의 방사선이 이에 속한다 (그림 11.8). 이들 방사선들은 물이나 기타 물질들의 이온화를 일으키며 활성화 수산기(OH•, 5.14절)와 같은 자유 라디칼들을 발생시킨다. 자유 라디칼(free radicals)은 세포 내에서 DNA를 포함한 여러 거대분자와 반응하여 손상을 입힌다. 이로 인하여 이중가닥과 단일가닥을 끊고 그로 인하여 DNA의 재배열과 대규모 결실을 일으킬 수 있다.

DNA 수리와 SOS 시스템

정의에 의하여 돌연변이는 유전물질의 유전 가능한(*inheritable*) 변화이다. 그러므로 DNA 합성 시 발생한 오류가 세포분열 전에 수리된다면 돌연변이가 일어나지 않을 것이다. 세포들은 오류를 교정하거나 (4.4절) 수리하는 다양한 종류의 DNA 수리 과정을 가지고 있는데, 이들 중 일부는 오류가 많고 그리고 수리 과정 자체가 돌연변이를 일으키기도 한다. 과량의 고효율 돌연변이 유발물질이나 높은 용량의 방사선과 같은 요인에 의한 DNA 손상의 경우에는 DNA 복제를 방해하는 손상을 유발할 수도 있다. 그러한 손상이 복제가 일어나지 전에 제거되지 않는다면 DNA 복제가 지연되고 염색체에 치명적인 절단을 일으키는 결과를 낳는다.

세균의 경우, 복제의 지연이나 특정 종류의 DNA 손상은 **SOS 수리 시스템(SOS repair system)**을 활성화한다. SOS 수리 시스템은 여러 DNA 수리 과정을 개시시키며, 그 중 일부는 오류를 일으키지 않는다. 그러나 SOS 시스템은 해독틀 없이도 DNA 수리를 하게 되는데, 다시 말해서 dNTP를 무작위로 삽입시키는 것이다. 이럴 경우 오류가 많이 일어나므로 돌연변이를 많이 일으키게 된다. 그러나 세포에서 염색체가 끊어지는 것보다는 돌연변이가 일어나는 것이 덜 치명적일 수 있는데 돌연변이는 수리될 수도 있지만 염색체 절단은 그렇지 못하기 때문이다.

*Escherichia coli*의 경우, SOS 체계는 염색체 전체에 퍼져 있는 대략 40개 유전자의 전사를 조절하는데, 이들 유전자는 DNA 손상 내성과 DNA 수리에 관여한다 (따라서 SOS 시스템은 레귤론을 형성하고 있는 것임, 6.3절). DNA 손상 내성의 경우에, DNA 손상은 그대로 두되, 손상부위통과 합성(*translesion synthesis*)이라 부르는 과정을 통하여 특화된 DNA 중합효소로 하여금 손상된 부위를 지나쳐서 움직이게 만든다. 제대로 된 염기를 삽입하도록 하는 틀이 없어도 비워두는 것보다 아무 염기나 채워 넣는 것이 덜 위험하다. 따라서 손상부위통과 합성은 많은 오류를 일으킨다. 돌연변

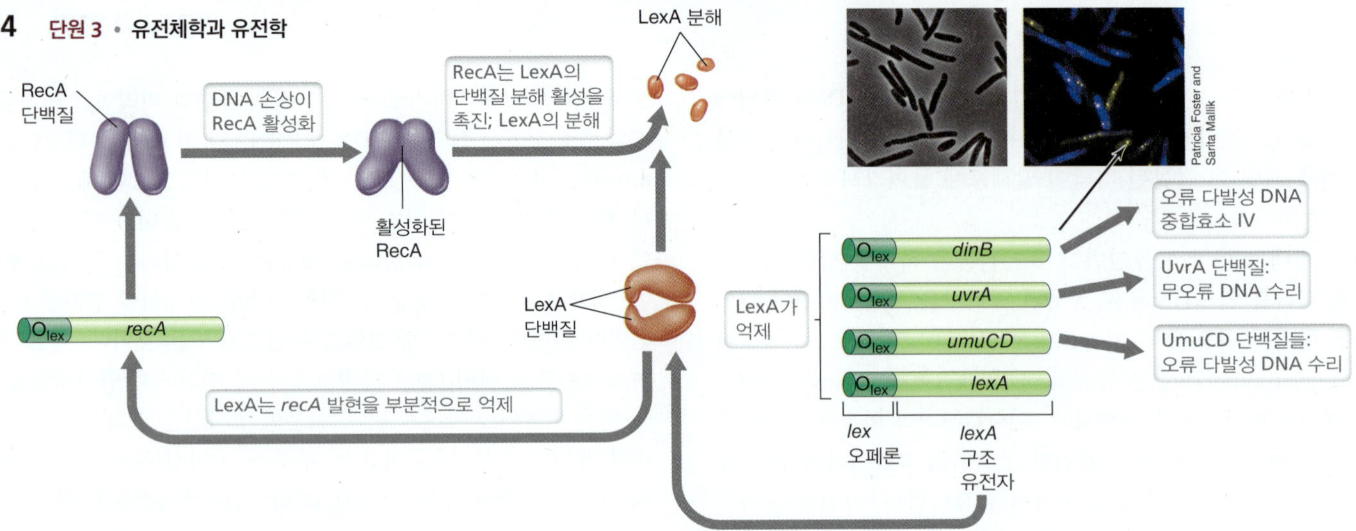

그림 11.9 DNA 손상에 대한 SOS 반응. DNA 손상에 의하여 활성화된 RecA 단백질은 LexA 단백질의 단백질분해 능력을 활성화한다. LexA 단백질은 스스로를 절단한다. LexA 단백질은 정상 상태에서는 *recA* 유전자와 DNA 수리 유전자들인 *uvrA*와 *umuD* (UmuD 단백질은 DNA 중합효소 V의 일부분임) 그리고 DNA 중합효소 VI을 코딩하는 *dinB*의 활성을 억제한다. 그러나 억제는 완벽하지 않다. LexA 단백질이 있어도 일부 RecA 단백질이 만들어진다. LexA가 비활성화되면 이들 유전자가 크게 활성화된다. 삽입 그림: 두 사진은 *Escherichia coli*의 SOS 반등 중 DNA 중합효소 VI가 핵양체에 위치함을 보여준다. DNA 중합효소 VI (DinB)를 형광물질로 표지한 세포를 DNA 손상을 유도하기 위해 항생제 처리하였다. 왼쪽: 위상차 현미경 사진. 오른쪽: DAPI (푸른색)와 DNA 중합효소 VI (노란색, 핵양체 부분)로 염색한 세포를 보여주는 형광현미경 사진. *dinB*가 발현되기 위해서는 LexA 억제가 상쇄되어야 할 뿐 아니라 다양한 스트레스 반응에 의해서 합성이 개시되는 RNA 중합효소 시그마 요소인 RpoS 단백질 역시 필요로 한다.

이 유발과정에 관해 자세한 연구가 이루어진 *E. coli*의 경우에 두 가지 오류다발 수리 중합효소(error-prone repair polymerases)가 알려져 있는데, 하나는 *umuCD* 유전자가 코딩하는 DNA 중합효소 V (**그림 11.9**)이고, 다른 하나는 *dinB*가 코딩하는 DNA 중합효소 IV이다.

SOS 시스템의 주요 조절자는 LexA와 RecA라 불리는 두 개의 단백질이다. LexA는 정상적으로 SOS 조절군의 발현을 억제하는 음성 조절자이다. 원래는 유전자 재조합의 기능을 가지고 있는 RecA 단백질 (11.5절)은 DNA 손상, 특히 복제 지연을 야기시키는 단일가닥 DNA에 의하여 활성화된다. 활성화된 형태의 RecA는 LexA를 자극하여 스스로 쪼개져서 비활성화하도록 한다. 이로 인하여 SOS 시스템이 켜지고 결과적으로 DNA 수리에 관여하는 여러 단백질의 발현을 동시에 개시시킨다. DNA 중합효소 IV와 V와 같은 SOS 체계에 속하는 일부 DNA 수리 기작은 원래 오류를 잘 일으키고 따라서 돌연변이가 생성된다. 그러나 일단 손상된 DNA가 수리되면 SOS 레귤론은 억제되고 돌연변이 생성은 중단된다.

미니퀴즈

- 돌연변이 유발원이 돌연변이를 어떻게 일으키는가?
- DNA 수리가 '오류다발(error-prone)'이라는 의미는 무엇인가?

II • 세균에서의 유전자 전달

분류학적으로는 매우 유사하지만, 상이한 표현형을 가지고 있는 미생물들 간의 비교학적 유전체 분석을 통하여 유전체가 매우 상이함을 밝혔다. 종종 이들 유사 종간의 차이는 수평적 유전자 전이(*horizontal gene transfer*), 즉 직계후손이 아닌 세포 간의 유전자의 이동에 기인한다 (9.6절). 세포들은 수평적 유전자 전이를 통하여 새로운 형질을 빠르게 취득하고 대사의 다양성을 얻게 된다.

원핵세포에 있어서 세 가지 유전자 교환 방법이 알려져 있다: (1) 세포가 방출한 DNA가 다른 세포에 의해서 받아들여지는 과정인 형질전환(*transformation*) (11.6절); (2) 바이러스에 의하여 DNA 전달이 이루어지는 형질도입(*transduction*) (11.7절); (3) 세포간의 접촉과 공여세포에 있는 접합 플라스미드(*conjugal plasmid*)에 의해 DNA가 전달 (11.8절; 11.9절)되는 과정인 접합(*conjugation*). 이 세 가지 과정은 **그림 11.10**에서 비교하여 설명하고 있는데, 한 가지 주지할 사실은 DNA의 전달은 전형적으로 공여체(*donor*)에서 수용체(*recipeint*)로만 일방적으로 일어난다는 것이다.

전달 기작을 토론하기에 앞서, 전달된 DNA의 운명에 대하여 고려해보자. 형질전환, 형질도입, 또는 접합에 의해 전달된 유입 DNA가 직면하게 되는 운명은 3가지가 가능하다: (1) 수용체 세포의 제한효소 혹은 기타 DNA 분해 시스템에 의해 분해되거나 (11.12절), (2) 자체 복제가 되거나 (플라스미드나 파아지와 같이 자신의 복제 개시점을 가지고 있는 경우에만), (3) 또는 숙주 염색체와 재조합된다.

11.5 유전자 재조합

재조합(recombination)은 유전적 요소(*genetic element*, 유전정보를 가진 구조물)들 간의 유전자들의 물리적 교환이다. 이 절에서는 서로 상동성이 있는(*homologous*) 두 가지 다른 DNA 간에 유전적 교환을 일으키는 상동 재조합(homologous recombination)에 초점을 맞추고자 한다. 상동 DNA 염기서열은 서로 거의 같은 서열

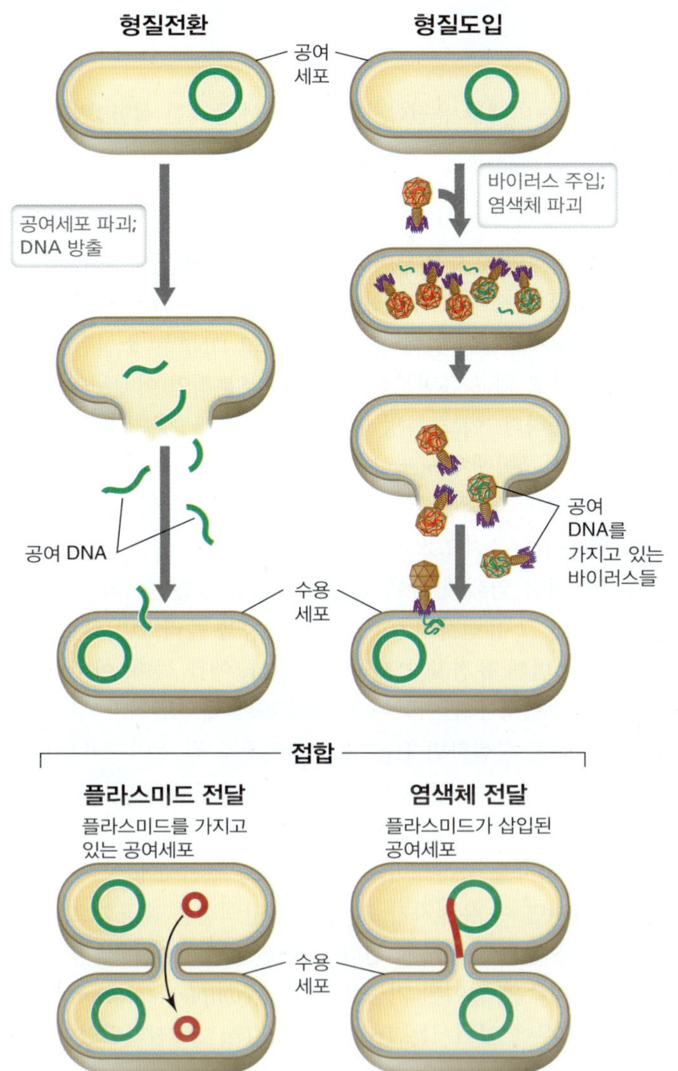

그림 11.10 공여체로부터 수용체로 DNA 전달이 일어나는 과정. 이 그림에서는 각 전달과정의 초기 과정만을 보여주고 있다.

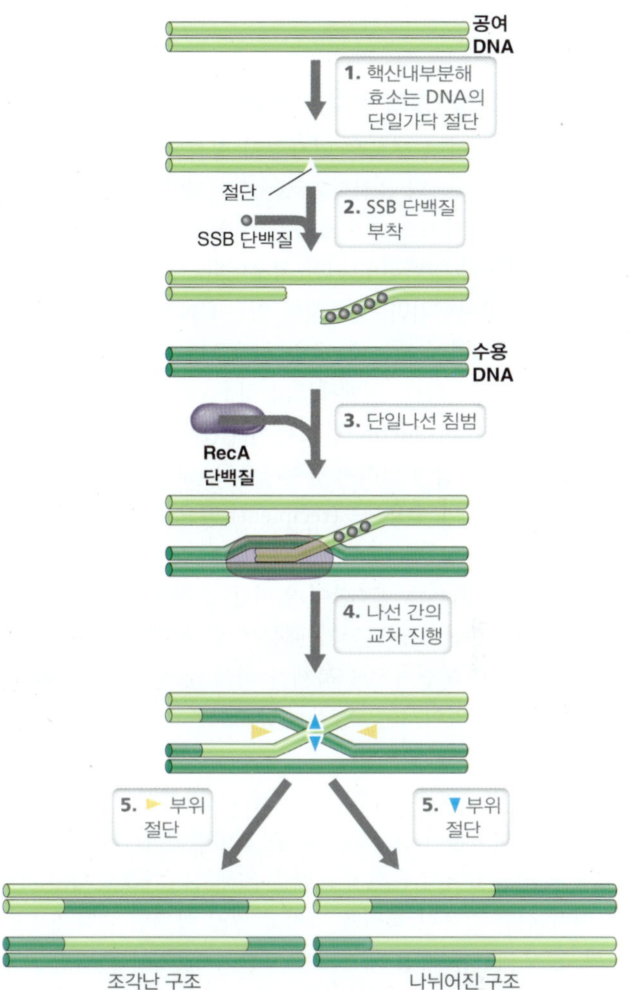

그림 11.11 상동재조합의 간단한 설명. 상동 DNA 분자 쌍과 교환되는 DNA 조각들. 이 기작은 쌍을 이룬 조각들의 절단과 재결합 과정이 필요하다. 이에 관여하는 두 개의 단백질인 단일가닥결합(single-strand binding, SSB) 단백질과 RecA를 보여주고 있다. 다른 관여 단백질들은 보여주고 있지 않다. 이 그림은 실물의 크기와 비례해서 그려진 것은 아니다. 쌍이룸은 수백 혹은 수천 개의 염기에 걸쳐서 일어날 수 있다. 분해(resolution)는 교차된 DNA가 끊어졌다가 다시 붙음으로써 일어난다. 분해과정에 있어서 어느 부분의 가닥이 분해됨에 따라, patch와 splice라는 두 가지 다른 결과물이 얻어짐을 주목하라.

을 의미하며, 따라서 이 두 DNA 분자들 간에 부분적으로라도 긴 길이에 걸쳐서 염기쌍을 형성할 수 있다. 이러한 유형의 재조합은 고전 유전학에서 이른바 "교차(crossing over)"라고 부르는 과정이 수반된다.

상동 재조합의 분자생물학적 과정

앞서 오류다발성 SOS 수리 시스템 (11.4절; 그림 11.9)과 관련하여 언급하였던 RecA 단백질은 상동 재조합에 있어서 가장 중요한 요소이다. RecA 단백질은 거의 모든 상동 재조합에 필수적으로 필요하다. 대부분의 진핵세포(*Eukarya*)나 고균(*Archaea*)뿐 아니라, 현재까지 연구된 모든 세균에서 RecA와 유사한 단백질들이 확인되었다.

그림 11.11은 두 DNA 분자 간의 상동 재조합의 분자적 기작을 보여주고 있다. 이 과정은 DNA 이중나선 중 한 가닥을 끊는 엔도뉴클레아제(*endonuclease*)에 의해 시작된다. 이 끊어진 가닥은 헬리카제(helicase)의 활성을 가지고 있는 단백질들에 의하여 다른 가닥으로부터 떨어지고 그 결과 형성된 단일가닥 조각은 단일가닥결합 단백질에 붙은 후 RecA에 붙는다 (4.3절). 이 결과로 두 가닥 간의 상보적인 염기서열 사이에 염기쌍이 촉진되는 구조가 형성된다. 이러한 염기쌍은 결과적으로 수용 DNA 분자의 다른 가닥을 대체하게 되는데 (그림 11.11), 이를 가닥 침입(*strand invasion*)이라 부른다.

그런 후, 상동 DNA 분자에서 교환이 일어나고, 그 결과로 기다란 **이종이중가닥(heteroduplex)** 지역을 포함하는 재조합 중간체가 형성되는데, 이종이중가락 부위는 각 가닥이 서로 다른 DNA 분자에서 온 것이다. 마지막으로 연결된 분자들은 두 DNA 분자의 잘리지 않은 가닥을 자르고 다시 연결하는 효소인 resolvase에 의하여 서로 절단된다. 이때 절단되는 방향에 따라 두 가지 산물인 "조각난 구조(patches)" 또는 "분리된 구조(splices)"가 가능한데, 이 구조들에 따라 해체 후 남아 있는 이종이중가닥의 위치는 다르게 된다 (그림 11.11).

상동 재조합이 인자형에 미치는 영향

상동 재조합을 통하여 새로운 인자형이 형성되기 위해서는 두 상동 염기서열이 유사하되 유전적으로는 상이해야만 한다. 부모 각각으로부터 받은 두 세트의 염색체들을 가지고 있는 이배체(diploid) 진핵세포의 경우가 명백히 그러한 경우이다. 원핵세포에 있어서는 유전적으로는 상이하지만, 상동성이 있는 DNA 분자들이 다른 양상으로 함께 존재하게 되는데, 유전자 재조합은 이 경우에 있어서도 마찬가지로 중요하다. 원핵세포의 경우, 형질전환(transformation), 형질도입(transduction), 또는 접합(conjugation)이라는 세 가지 방법 중 한 방법에 의하여 공여세포(donor)의 염색체 중 상동 DNA의 일부 조각이 수용세포(recipient) 안으로 전달됨으로써 유전자 재조합이 일어난다. 공여세포의 DNA 조각이 수용세포에 들어온 후에야 비로소 상동재조합이 일어난다. 원핵세포의 경우 오직 염색체 조각 일부만이 전달되기 때문에 만약 재조합이 일어나지 않으면 그 조각은 독립적으로 복제가 되지 않으므로 소실된다. 따라서 원핵세포에 있어서는 DNA 전달과정은 재조합 개체를 얻는데 있어서 바로 첫 단계가 된다.

DNA 조각의 물리적 교환을 탐지하기 위해서는 재조합의 결과로 얻어진 세포들이 그 모세포와는 표현형이 달라야 한다 (**그림 11.12**). 세균에 있어서 유전적 교배를 위해서는 재조합체는 가지게 되는 어떤 선별 가능한 특징을 가지고 있지 아니한 수용세포를 활용한다. 수용세포는 특정 배지에서 자랄 수 없거나 특별한 표현형을 가지게 되는 반면에, 유전자 재조합체는 특정 배지에서 자랄 수 있거나 수용세포 외는 다른 어떤 표현형을 가질 수 있게 된다 (그림 11.1과 11.12). 항생제 내성이나 영양요구체와 같은 다양한 종류의 선별을 위한 표지들(marker)은 11.1절에서 논하였다. 대단히 민감한 선별과정을 통하여 재조합이 일어나지 않은 많은 수의 세포로부터 단지 몇 개 되지 않는 재조합 세포를 선별할 수 있으며 따라서 이 방법은 미생물 유전학자들에 있어서 중요한 실험방법이다.

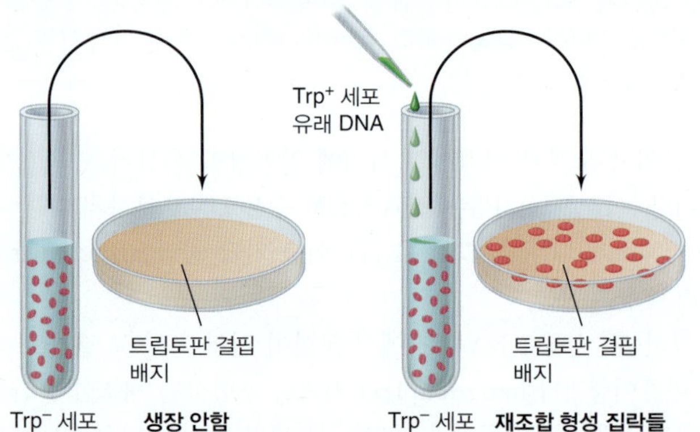

그림 11.12 드문 유전자 재조합을 탐지하기 위한 선별배지의 이용. 매우 많은 수의 세균을 도말하였다 하더라도 선별배지에서는 오직 드문 재조합체만 형성된다. 이러한 과정은 유전학 분석에 있어서 높은 효과를 얻을 수 있는데, 이는 미생물에 있어서만 일상적으로 활용된다. 여기에 보여주는 유전학적 교환방법은 형질전환이지만 다른 형태의 수평적 유전자 전이과정에서도 유사한 결과를 얻을 수 있다.

상보성

세 가지 세균의 유전자 전달방법 모두에 있어서 공통적으로 공여세포의 염색체의 오직 일부만이 수용세포에 들어간다. 따라서 공여 DNA는 수용세포에서 독립적으로 복제가 되지 않기 때문에 수용 염색체와의 재조합이 일어나지 않는 한 그 DNA는 소실된다. 그럼에도 불구하고 세균 유전분석에 있어서 부분적인 이배체의 안정된 유지가 가능하다. 어느 특정 염색체 부분을 두 개 가지고 있는 세균 균주를 부분이배체(*merodiploid*)라고 부른다. 이러한 경우 일반적으로 한 개는 염색체상에 있고 두 번째 것은 플라스미드나 파아지와 같은 다른 유전요소 상에 있다.

따라서 만약 염색체 상에 있는 유전자가 돌연변이에 의하여 손상을 입으면 그 유전자의 (야생형의) 기능을 플라스미드나 파아지에 있는 두 번째 유전자가 제공하게 된다. 예를 들어, 아미노산 트립토판의 생합성에 관여하는 한 유전자에 돌연변이가 생겨서 그 효소가 기능을 상실하면 Trp⁻ 돌연변이주가 될 것이다. 다시 말해서 그 돌연변이주는 트립토판에 대한 영양요구체가 되므로 생장을 위해서는 트립토판을 제공해야한다. 그러나 만약 또 하나의 야생형의 그 유전자를 플라스미드나 바이러스 유전체에 실어서 그 세포에 넣어주면 이 유전자가 그 결여된 단백질을 제공함으로써 야생형의 표현형을 회복하게 된다. 이러한 과정에서 야생형 유전자가 돌연변이주의 결여된 기능을 상보성(*complementation*)이라고 한다. 이 경우에 있어서는 Trp⁻ 세포가 Trp⁺로 전환되었다 (그림 11.12).

미니퀴즈

- 모든 원생세포에서 발견되는 단백질로서 상동 재조합에 필요한 염기쌍 형성을 도와주는 단백질은 무엇인가?
- 만약 재조합이 일어나지 않는다면 원핵세포 안으로 들어간 염색체 DNA는 어떻게 되는지 설명하라.
- 부분이배체(merodiploid)가 무엇인지 설명하라.

11.6 형질전환

형질전환(transformation)은 자유 *DNA* (*free DNA*)가 수용체 세포 안으로 들어가서 유전적 변화를 일으키는 과정이다. 그람-양성 및 그람-음성 세균 중 몇 가지 종과 고균 가운데 몇 종들을 포함한 많은 원핵세포는 자연적으로 형질전환이 가능하다 (11.10절). 원핵세포의 DNA는 커다란 단일 분자로서 세포 내에 존재하며 세포가 터지면 그 DNA는 방출된다.

세균의 염색체는 크기가 매우 커서 (예, *Bacillus subtilis* 경우, DNA를 선형으로 펴면 그 길이가 1,700 μm) 이러한 세균 염색체는 쉽게 끊어진다. 조심스럽게 추출하여도 4.2 Mbp 크기의 *B. subtilis*의 염색체는 약 10 kbp 정도의 조각들로 끊어진다. 한 개 유전자의 평균 길이는 약 1,000개의 염기쌍 정도이므로 이들 조각은 대략 10개 유전자를 포함하게 된다. 이것이 전형적으로 형질전환되는 형태이다. 한 세포에는 보통 하나 또는 극소 개의 DNA 조각들이 들어갈 수 있기 때문에, 한 번의 형질전환을 통하여 작은 부분의 유전자들만이 전달될 수 있다.

형질전환 수용능

어느 세포가 DNA를 받아들여 형질전환이 가능한 것을 수용능(*competence*)이 있다고 말하는데, 그러한 능력은 유전적으로 결정된다. 대부분의 자연적으로 형질전환 가능한 세균들의 수용능은 조절되며 DNA를 받아들이고 처리하는 기능에는 특별한 단백질이 관여한다. 이들 수용능 단백질 중에는 세포막에 있는 DNA 결합단백질, 세포벽에 있는 자가용해소(autolysin), 그리고 다양한 핵산분해효소가 포함되어 있다. *Bacillus subtilis* (쉽게 형질전환되는 종임)에서의 자연적인 수용능은 개체 밀도에 반응하여 작용하는 유전자조절 체계인 개체밀도 감지체계(quorum sensing system)(6.8절)에 의해 조절된다. 세포들의 생장기간 동안 작은 크기의 특정 단백질을 생산 분비하고 이 물질이 높은 농도로 축적되면서 세포는 수용능을 가지게 된다. 그러나 모든 세포가 수용능을 가지는 것은 아니다. *Bacillus*에 있어서 약 20% 정도의 세포가 수용능을 가지게 되며 그 상태로 여러 시간을 유지한다. 그러나 *Streptococcus*의 경우에는 100% 세포가 수용능을 가지게 되긴 하지만, 생장주기 중 매우 짧은 기간에만 그 능력을 유지한다.

어떤 세균의 경우에는 자연적인 수용능이 다층적인 조절에 의해 결정된다. *Vibrio cholerea* (콜레라 원인균)는 해양 혹은 민물 환경에 사는 키틴으로 이루러진 갑각류 껍데기에 서식한다. *V. cholerae*의 수용능은 개체밀도 감지체계뿐 아니라 키틴의 유무 혹은 대사물질 억제(catabolite repression; 6.4절; 306쪽 참조)에 의해서 조절된다. *V. cholerae*는 키틴 (*N*-acetylglucosamine의 중합체로서 해양환경에 풍부한 영양물질)을 대사할 수 있으며, 이 세균은 키틴의 표면에 응집하기 때문에 세포들이 서로 가까이 인접하게 되고 따라서 DNA 교환이 더 잘될 수 있다 (**그림 11.13**).

세균의 경우, 높은 효율의 자연적인 형질전환이 일어나는 일은 드물다. 예를 들어, *Acinetobacter*, *Azotobacter*, *Bacillus*, *Streptococcus*, *Haemophilus*, *Neisseria*, *Thermus* 등이 자연적인 수용능을 가지고 있어서 쉽게 형질전환이 된다. 반면에 많은 원생생물들은 수용능을 가지고 있다고 해도 자연 조건에서는 형질전환이 잘 되지 않는다. *Escherichia coli*와 많은 다른 그람-음성 세균들이 이러한 범주에 속한다. 그러나 *E. coli* 세포들을 높은 농도의 칼슘이온으로 처리하고 몇 분 동안 차갑게 하면 형질전환이 가능하다. 이러한 방법으로 처리한 *E. coli*은 이중가닥 DNA를 받아들이는데, 이렇게 함으로써 플라스미드 DNA에 의한 형질전환이 상대적으로 쉽게 일어난다. 이는 중요한 발견인데, 유전공학을 위한 훌륭한 도구인 *E. coli*에 DNA를 주입하는 과정은 대단히 중요하기 때문이다. 이에 대해서는 12장에서 더 논할 것이다.

전기천공법(*electroporation*)은 형질전환이 어려운, 특히 두꺼운 세포벽을 가진, 세포들을 형질전환하는데 사용되는 물리적인 기술이다. 이 기술에서는 세포를 DNA와 혼합한 후 고압의 전류를 흘린다. 그러면 세포벽의 투과성이 높아지면서 DNA가 들어가게 된다. 이 방법은 굉장히 신속하고 *E. coli*, 대부분의 세균, 그리고 일부 고균과 심지어 효모와 일부 식물세포에 이르기까지 대부분 종류의 세포에 적용가능하다.

형질전환에 있어서의 DNA 흡수

자연적인 형질전환 과정 (**그림 11.14**) 동안 수용능이 있는 세균은 DNA에 가역적으로 부착한다. 그러나 곧 그 부착은 비가역적으로 된다. 수용능이 있는 세포는 그렇지 않은 세포보다 약 1,000배 이상 더 많은 DNA를 부착한다. 앞서 언급하였듯이, 형질전환되는 DNA 조각의 크기는 전체 유전체보다 훨씬 작으며 흡수되는 동안 그 조각들은 더 분해된다. *Streptococcus pneumoniae*의 경우 각 세포들은 단지 10 분자 정도의 10~15 kbp 크기의 이중가닥 DNA와 부착할 수 있다. 그러나 이들 조각들이 흡수되면서 약 8 kbp 정도의 단일가닥 조각으로 변하며 그 상보적인 가닥은 분해된다. DNA 조각들은 흡수를 위해서 서로 경쟁을 하게 되는데 만약 유전적 표지(genetic marker)가 없는 DNA를 첨가하면 형질전환되는 세포의

단원 3

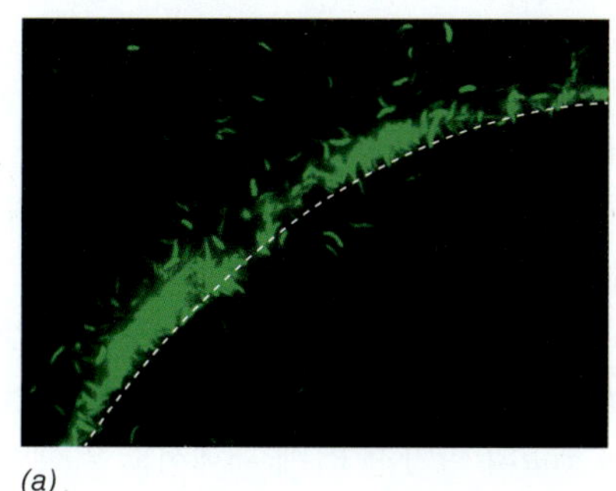
(a)

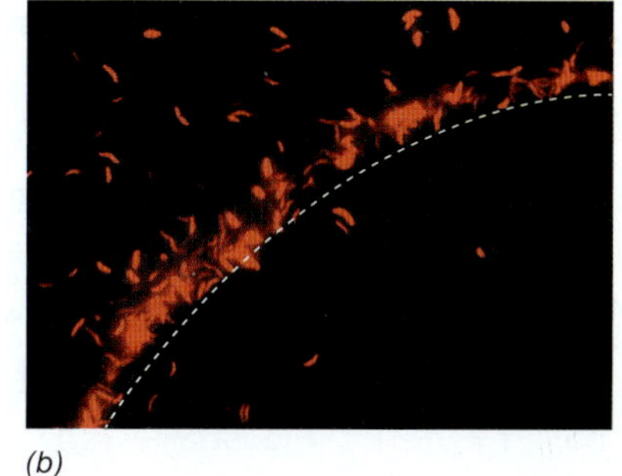
(b)

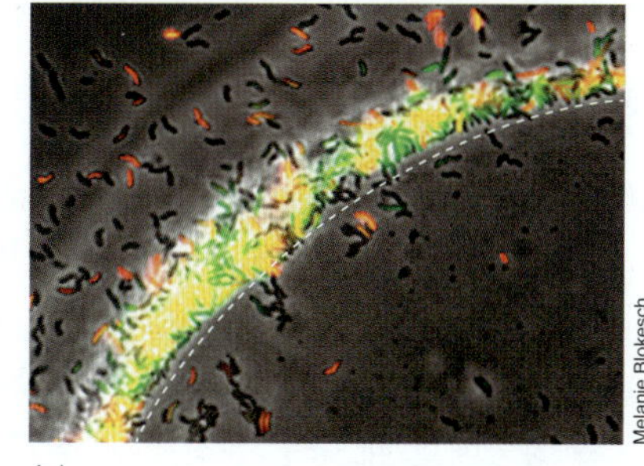

(c)

그림 11.13 *Vibrio cholerae*에서의 자연 수용능의 조절. 수용능 유전자의 프로모터에 연결된 형광 지시 유전자를 가지고 있는 *V. cholerae*를 키틴 결정과 함께 배양했다. 하얀 점선은 결정 표면 끝은 보여준다. *(a)* 녹색 형광 단백질(GFP)에 연결된 *pilA* (선모 유전자) 프로모터를 가지고 있는 세포들. *(b)* 붉은색 형광단백질에 연결된 *comEA* (DNA 운반 단백질 유전자) 프로모터를 가지고 있는 세포들. *(c)* 사진 *a*와 *b*를 겹쳐놓으면 수용 유전자의 발현을 보여준다. *V. cholerae*는 약 0.5 μm 너비에 1.5 μm 길이 크기이다. Scrudato, M., and M. Blokesh. 2012. *PLoS Genetics 8*(6), e1002778. 논문에서 인용. *V. cholerae*의 형질전환의 다른 사진은 306쪽 참조.

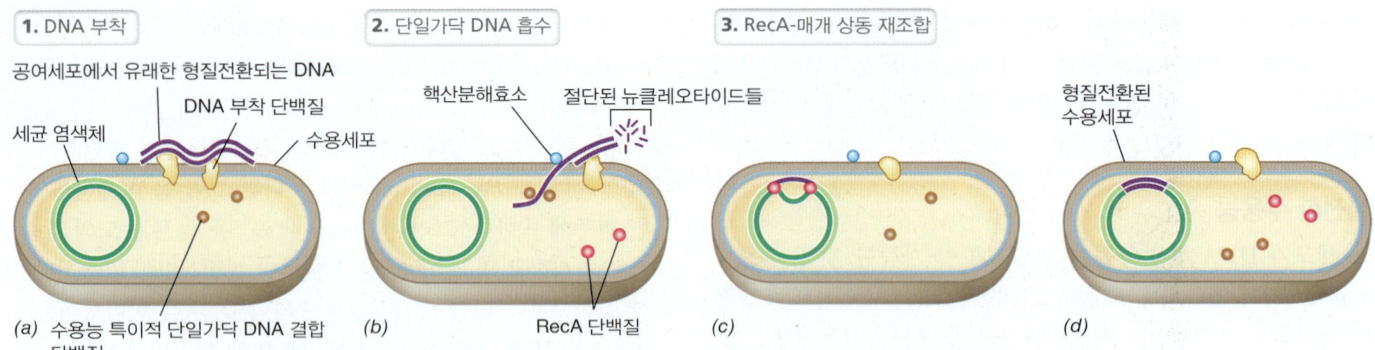

그림 11.14 그람-양성 세균에서의 형질전환 기작. *(a)* 세포막에 있는 DNA 결합 단백질에 의한 이중가닥 DNA의 결합. *(b)* 두 개의 가닥 중 하나가 세포막을 통과하고 핵산분해효소가 나머지 가닥을 분해한다. *(c)* 세포 안에 들어간 단일가닥은 특별한 단백질과 결합하고 RecA 단백질에 의하여 세균 염색체의 상동 부분과 재조합이 일어난다. *(d)* 형질전환된 세포.

수는 줄어든다.

형질전환 과정 동안, DNA는 세포 표면에서 DNA 결합 단백질에 붙는다 (그림 11.14). 많은 종에 있어서 이 DNA 결합 단백질은 선모와 유사한데 (2.7절), 이는 그람-음성 세균의 주변세포질(periplasm), 혹은 그람-양성 세균의 두꺼운 세포벽을 통하여 DNA를 끌어들인다. 그런 후, 세균 종류에 따라 전체 이중나선 조각을 끌어들이거나 혹은 핵산분해효소가 한 가닥을 분해하고 나머지 가닥을 끌어들인다. 이런 방법으로 DNA가 수용체의 염색체에서 RecA 단백질에 건네질 때까지 DNA를 보호한다. 이 DNA는 수용체의 유전체에 재조합으로 삽입된다 (그림 11.11과 11.14). 이 방법은 오직 작은 크기의 선형 DNA에만 해당된다. 자연계 많은 수용능이 있는 세균들은 낮은 효율로 오직 플라스미드 DNA만 형질전환되는데, 이는 플라스미드가 복제되기 위해서 이중나선형태의 환형으로 있어야 되기 때문이다.

미니퀴즈

- 형질전환 과정 중 항상 세포에는 오직 한 개나 소수의 DNA 조각만 들어가게 된다. 그 이유는 무엇인가?
- 유전적 형질전환에 있어서 수용능이라는 용어가 의미하는 바는 무엇인가?

11.7 형질도입

형질도입(transduction)은 세균 바이러스 (박테리오파아지)에 의하여 DNA가 세포에서 세포로 전달되는 과정이다. 바이러스에 의한 유전자 전달은 두 가지 방법으로 일어난다. 하나는 일반 형질도입(*generalized transduction*)으로서 이는 숙주 내에서 비리온(virion)으로 성숙해질 때 숙주 유전체 중 실질적으로 아무 부위의 DNA나 바이러스 유전체의 DNA의 일부가 될 수 있는 과정이다. 두 번째는 특수 형질도입(*specialized transduction*)으로서, 숙주 염색체의 특정 부위 DNA가 바이러스 유전체에 바이러스 일부 유전자를 대치하면서 직접 삽입된다. 이 과정은 람다 파아지와 같은 오직 일부 잠재성(temperate) 바이러스에서만 일어나는 과정이다 (8.7절).

일반 형질도입 과정에서 공여 유전자는 독립적으로 복제가 안되며 바이러스 유전체의 일부가 아니다. 공여 유전자들이 수용 세균의 염색체에 재조합되어 들어가지 않는 한, 그 유전자들은 상실된다. 특수 형질도입 과정에서도 상동 재조합이 일어날 수도 있다. 그러나 공여 세균 DNA가 실질적으로 잠재성 파아지 유전체의 일부이므로 용원과정(lysogeny) 중에 숙주 염색체에 삽입될 수도 있다 (8.7절).

형질도입은 *Desulfovibrio, Escherichia, Pseudomonas, Rhodococcus, Rhodobacter, Salmonella, Staphylococcus, Xanthobacter* 속의 세균뿐 아니라, 고균인 *Methanothermobacter thermoautotrophicus* 종을 포함한 다양한 세균에서 일어난다. 모든 파아지가 형질도입을 일으키는 것은 아니며, 또한 모든 세균이 형질도입되는 것은 아니지만 자연계에 박테리오파아지의 수가 세균 수에 비해 10배 정도 더 많기에 그러한 환경에서는 형질도입은 유전자 전달에 있어서 중요한 역할을 하게 된다. 형질도입하는 박테리오파아지에 의한 유전자 전달의 예로는 *Salmonella enterica* (*typhimurium*) 균주들에 있어서의 다항생제 내성 유전자의 전달, *Escherichia coli*의 시가(shiga)-유사 독성 유전자 전달, *V. cholerae*의 동성인자 전달, 그리고 남세균(cyanobacteria)에서의 광합성 단백질 코딩 유전자의 전달 등이 있다 (10.12절).

일반 형질도입

일반 형질도입(general transduction)에 있어서는 실질적으로 공여 염색체의 어느 유전자나 수용세포로 전달될 수 있으며 그 결과 형질도입체(*transductant*)를 형성하게 된다. 일반 형질도입은 파아지 P22에 감염된 *Salmonella enterica*에서 최초로 발견되어 집중적으로 연구되었으며 *E. coli*의 파아지 P1에 대해서도 역시 연구되어 왔다. **그림 11.15**는 형질도입 입자(transducing particle)가 어떻게 형성되는지를 보여주고 있다. 세균 세포가 파아지에 감염되면 용균회로(lytic cycle)의 과정이 시작될 수 있다. 그러나 용균 감염 중 바이러스의 DNA가 박테리오파아지로 조립되는 동안 종종 숙주 DNA가 우연히 끼어 들어간다. 결과적으로 생기는 바이러스를 형양할 것으로 보인다. 그런데, GTA 생산에 필수적으로 필요한 유전자에 리포터 유전자를 접합하여 유전학적 실험을 해본 결과 비산소 발생 광합성 세균인 *Rhodobacter capsulatus*의 경우 포화생장기 때와 영양분의 공급이 불규칙할 때 GTA를 생산하고 분비하는 것을 알 수 있었다 (그림 11.8). 이는 GTA가 세포가 파괴되어 DNA를 방출함으로써 빨리 분해되기 이전에 자신의 유전자들을 보호된 형태로 환경에 분산시키는 기작으로서 진화되었음을 암시한다.

박테리오파아지가 지구상에 있는 가장 흔한 형태의 미생물이지만 이들 대부분은 바이러스가 아닌 실재는 GTA들이며 이는 중요하다. GTA가 매우 많은 종에서 만들어지지만, 세포를 용혈시키지 아니하고 분리학적으로 상이한 세균 간에 유전자를 전달할 수 있다는 점은 GTA가 자연계에서 원핵생물들 간의 주요 유전자 전달 방법임을 보여준다. 이는 특히 개방되어 있는 해양 미생물 커뮤니티에서는 더욱 그러할 수 있는데, 그 환경에서는 지속적으로 낮은 수준의 영양상태가 세포가 적응과 생존에 필요한 서로의 유전자들을 획득하기 위하여 GTA 생산을 촉진할 수 있을지도 모른다.

미니퀴즈

- 형질도입 입자는 감염성 박테리오파아지와 어떻게 다른가?
- 일반 형질도입과 특수 형질도입의 차이점은 무엇인가?
- 파아지 전환이 숙주 세포에 유리하다고 생각하는 이유는 무엇인가?

11.8 접합

접합(conjugation)은 그람-음성 세균과 그람-양성 세균 모두에서 나타나는 세포 간의 접촉(mating)에 의한 수평적 유전자 전이과정이다. 접합은 유사한 혹은 조금 다른 세포들 간 (예, 다른 속에 속하는 세포들 간)의 DNA 전달을 일으키는 플라스미드 상의 유전자들에 의하여 일어난다. 접합성 플라스미드는 이러한 기작을 이용하여 자신의 복제물을 다른 세포 또는 다른 종에 속하는 세포에 전달한다. 접합성 플라스미드는 이러한 기작을 이용하여 항생제 내성과 같은 특성을 코딩하는 유전자들과 같은 자신의 유전자들을 다른 숙주 세포에 전달한다.

접합과정에는 접합성 플라스미드를 가지고 있는 공여세포(*donor* cell)와 그렇지 않은 수용세포(*recipient* cell)가 필요하다. 또한 스스로 전달될 수 없는 다른 유전적 요소들도 종종 접합과정을 통하여 전달(*mobilized*)된다. 그리고 다른 플라스미드나 혹은 숙주 염색체 그 자체도 이동되는 유전체일 수 있다. 실제 접합은 *Escherichia coli*의 F 플라스미드가 숙주 염색체를 전달할 수 있기 때문에 발견되었다 (그림 11.24 참조). 접합을 통한 전달과정은 플라스미드 종류에 따라 다르지만 그람-음성 세균의 대부분의 플라스미드들은 F 플라스미드와 유사한 기작을 통해 일어나는 것으로 보인다.

F 플라스미드

F 플라스미드 [F는 fertility(생식력)의 약자]는 99,159 bp 크기의 원형 DNA 분자이다. **그림 11.19**에 F 플라스미드의 유전자 지도를

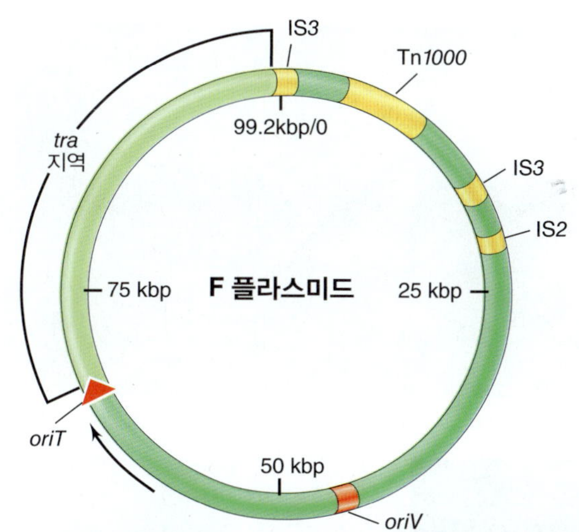

그림 11.19 ***Escherichia coli*의 F (fertility) 플라스미드의 유전자 지도.** 원 내부의 숫자들은 킬로베이스 단위의 플라스미드 크기를 보여주고 있다 (정확한 크기는 99,159 bp). 지도 하단부의 진한 녹색 지역은 주로 정상적으로 생장하는 세포 내에서의 F 플라스미드의 복제와 분리에 관여하는 유전자들을 포함하고 있다. *oriT* 서열은 접합과정 중 전달이 일어나는 개시점이다. 화살표는 전달되는 방향 (*tra* 부위가 마지막으로 전달될 것임)을 나타낸다. 노란색으로 삽입서열을 나타내고 있다. 이 서열들은 세균 염색체 상에 있는 같은 부위와 재조합됨으로써 다른 Hfr 균주 형성을 일으킬 수 있다 (11.9절).

보여준다. 이 플라스미드의 한 부분에는 DNA 복제를 조절하는 유전자들이 있다. 또한 여러 개의 전위요소들 (11.11절)이 있는데 이를 통하여 이 플라스미드는 숙주 염색체에 삽입되게 된다. 또한 F 플라스미드에는 전달 기능에 관여하는 유전자들이 있는 *tra* 부위가 크게 자리 잡고 있다. *tra* 부위에 있는 많은 유전자들은 접합쌍(mating pair) 형성에 관여하는데, 이것들은 세포표면 구조인 성선모(sex pilus) (2.7절) 합성과 제 IV형 분비시스템 (4.13절)과 관련이 있다. 오직 공여(donor) 세포만이 이들 선모를 생산한다. 접합 플라스미드 종류에 따라 약간은 다른 *tra* 부위를 가질 수 있는데, 선모 역시 구조적으로 다소 다를 수 있다. F 플라스미드와 그 계통의 플라스미드는 F 선모(F pili)를 생산한다.

선모 때문에 공여세포와 수용세포 간의 특이적인 접합쌍 형성이 가능하다. 그람-음성 세균의 모든 접합은 선모에 의하여 형성된 세포 쌍에 의해 일어난다고 생각된다. 선모는 수용세포 상의 수용체와 특이적으로 접촉한 후, 수축하면서 두 세포를 서로 끌어당긴다 (**그림 11.20*a***). 그런 후 공여세포와 수용세포는 각각의 외막에 있는 단백질들 간의 결합에 의해서 붙는다 (그림 11.20*b*). 그러면 DNA는 이러한 접합 접촉점을 통하여 공여세포에서 수용세포로 이동한다 (그림 11.20*c*).

접합과정의 DNA 전달 기작

접합 과정을 통한 DNA 전달이 일어나기 위해서는 DNA 합성이 필요하다. 이때 DNA는 정상적인 양방향(bidirectional) 복제방법이 아닌 (4.4절), **그림 11.21**에서 보여주는 바와 같은 일부 바

단원 3

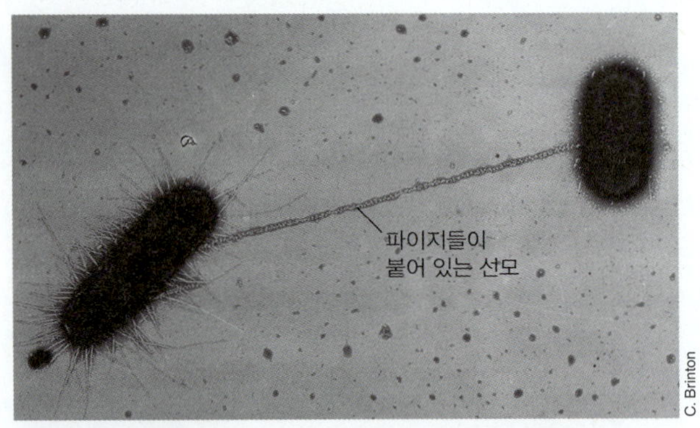

(a)

(b)

Peter Graumann and Thomas Rösch

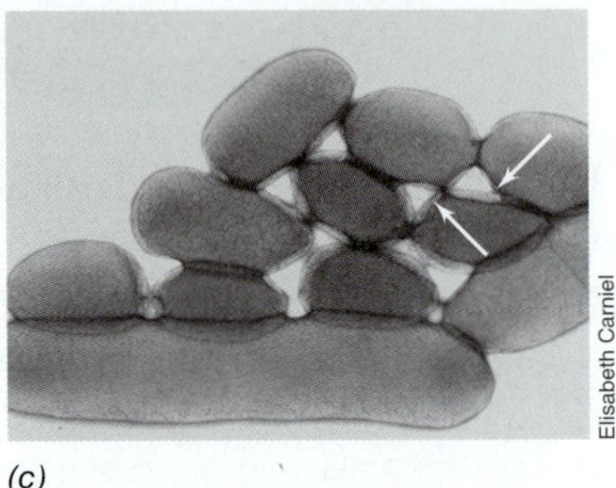

(c)

그림 11.20 접합 사진. *(a)* 접합쌍의 형성. 접합하는 두 개의 *Escherichia coli*들 간의 선모에 의한 직접적인 접촉이 먼저 이루어진다. 그러면 선모가 분해되면서 수축되면 두 세포들은 끌어당겨져 접합쌍을 이르고 된다. 작은 특정 파아지들 (F 특이적 박테리오파아지)은 성 선모를 수용체로 사용하는데, 이 사진에서 선모에 부착되어 있는 파아지를 볼 수 있다. *(b)* 세포 막 주변의 커플링 단백질들. 이들 *Bacillus subtilis* 세포들은 형광 리포터 유전자에 연결된 VirD 커플링 단백질 유전자를 코딩하는 pLS20이라는 접합 플라스미드를 가지고 있다. *(c)* 접합 연결. *Yersinia pseudotuberculosis* 세포 간 접합다리의 음성 염색된 투과전자현미경으로 찍은 사진. 화살표는 연결부위를 나타낸다. Lesic, B., M. Zouine, M. Ducos-Galand, C. Huon, M-L. Rosso, M-C. Prevost, D. Mazel, and E. Carniel. 2012. *PLoS Genetics 8*(3). e1002529에서 인용.

이러스에서도 사용되는 **회전원 복제(rolling circle replication)** (🔗 8.7절)에 의하여 합성된다. 접합은 세포 간의 접촉에 의해 시작되는데, 바로 이 순간 플라스미드의 환형 DNA의 한 가닥이 끊어지고 수용세포로 이동한다. 이런 과정을 개시시키는 단일가닥 절단효소인 TraI는 F 플라스미드의 *tra* 오페론에 코딩되어 있다. 이 단백질은 또한 helicase 활성이 있어서, 전달될 가닥이 풀리는 데 관여하기도 한다. 이러한 전달과정이 일어나면서 회전원 복제에 의해 합성된 DNA는 공여세포의 전달되는 가닥을 대치하고 그러면서 수용세포에서는 상보적인 DNA가 만들어진다. 따라서 이 과정의 말기에는 공여세포와 수용세포 모두 완벽한 형태의 플라스미드를 갖게 된다. F 플라스미드의 전달을 통하여, F 플라스미드를 지닌 세포, 즉 F^+라 부르는 세포는, 그 플라스미드를 가지고 있지 않은 F^-라고 부르는 세포와 접합함으로써 결과적으로 두 개의 F^+ 세포가 형성된다 (그림 11.21).

플라스미드 DNA 전달과정은 대단히 효율적이고 신속하게 일어난다: 적절한 조건 하에서는 접합을 한 모든 수용세포들이 플라스미드를 얻게 된다. 대략 100 kbp에 이르는 F 플라스미드 전달에 약 5분이 걸린다. 수용세포에서 플라스미드 유전자가 발현되면 수용세포 스스로는 공여세포가 되고 다른 수용세포에 그 플라스미드를 전달할 수 있게 된다. 이런 방법으로 접합성 플라스미드는 군집 내에 빠르게 전파될 수 있는데 마치 전염성 매체와 같이 움직인다. 이러한 플라스미드 전달의 전염성 특징은 생태학적으로 매우 중요한데, 왜냐하면 접합성 플라스미드는 많은 세균과 일부 고균에서 발견되고 (11.10절) 플라스미드를 가진 소수의 세포만 있어도 군집 내 수용세포들 전체가 빠른 시간 안에 모두 플라스미드를 가진 세포 (다시 말해, 공여세포)가 되기 때문이다.

미니퀴즈

- 접합에 있어서 공여세포와 수용세포는 서로 어떻게 접촉하게 되는가?
- 회전원 DNA복제를 통하여 공여체와 수용체 두 세포들 모두 어떻게 접합에 전달된 완벽한 플라스미드를 가지게 되는지 설명하라.

11.9 Hfr 균주의 형성 및 염색체 이동

염색체에 있는 유전자는 플라스미드 접합에 의하여 다른 세포로 이동될 수 있다. 앞서 언급하였듯이 *Escherichia coli*의 F 플라스미드는 특정 상황에서는 세포 간의 접촉을 통하여 염색체를 이동하여 전달시킨다. F 플라스미드는 숙주 염색체에 삽입될 수 있는 플라스미드인 에피좀(*episome*)이다. F 플라스미드가 염색체에 삽입되면 염색체는 플라스미드와 함께 이동되어 염색체 유전자가 전달된다. 공여체와 수용체 간의 유전자 재조합이 일어남으로써, 그러한 기작에 의한 염색체 유전자들의 수평적 유전자 전이과정은 광범위하게 일어날 수 있다.

삽입되지 않은 F 플라스미드를 지닌 세포를 F^+라 하고, F 플라스미드가 염색체에 삽입되어 있는 세포는 **Hfr** (*h*igh *f*requency of *r*ecombination, 고빈도 재조합) **세포**라고 부른다. 이 용어는 공여세포의 염색체와 수용세포의 염색체에 있는 유전자들 간에 높은 빈도로 유전자 재조합이 일어남을 의미한다. F^+와 Hfr 모두 공여세포로 작용하는데, F^+와 F^- 간의 접합과는 달리 F^-와 Hfr 세포 간의 접합에 있어서는 염색체 유전자의 전달이 일어난다. 결과적으로 F 플라스미드에 의하여 회전원 복제가 시작되면 복제는 염색체로까지 지속된다. 따라서 접합성 플라스미드는 세포의 유전자를 전달하는 결과를 낳는다.

요약컨대, F 플라스미드가 있으면 세포의 세 가지 주요 특징을 변화시킨다; (1) F 선모를 합성하는 능력 (그림 11.20*a*), (2) DNA를 다른 세포로 전달하는 능력, (3) 세포표면의 수용체를 변화시킴으로써 접합에 있어서 수용세포로 작용할 수 있는 능력을 상실하게 하고 따라서 또 다른 F 플라스미드 또는 그와 유사한 플라스미드를 받아드릴 수 있는 능력을 상실한다.

F 플라스미드의 삽입과 염색체 동원

F 플라스미드와 *E. coli* 염색체는 여러 개의 삽입서열(*insertion*

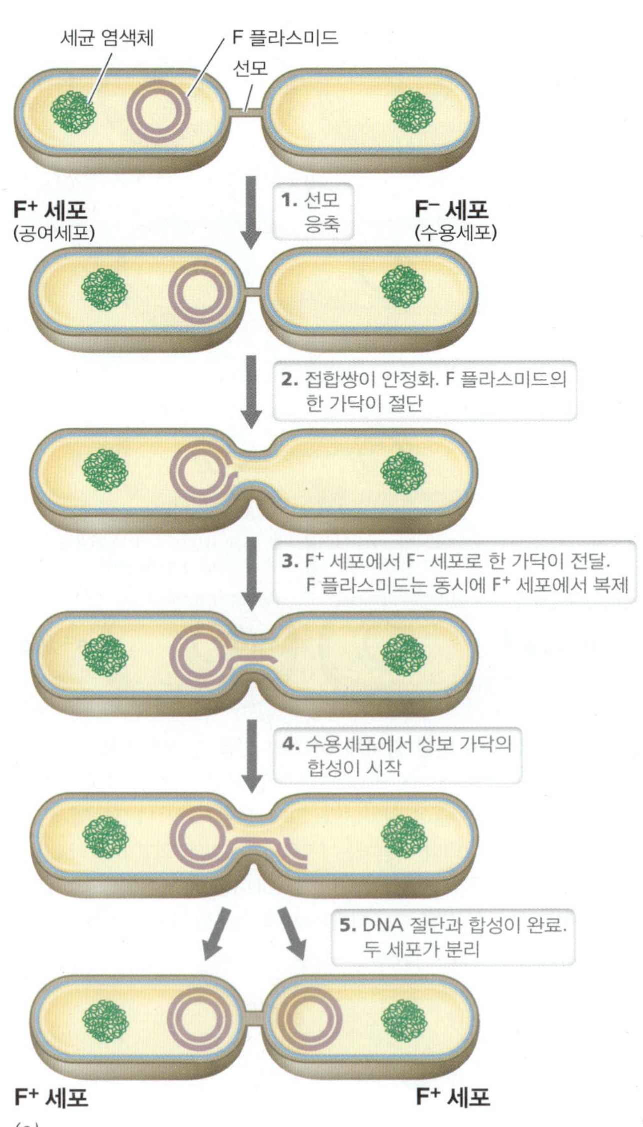

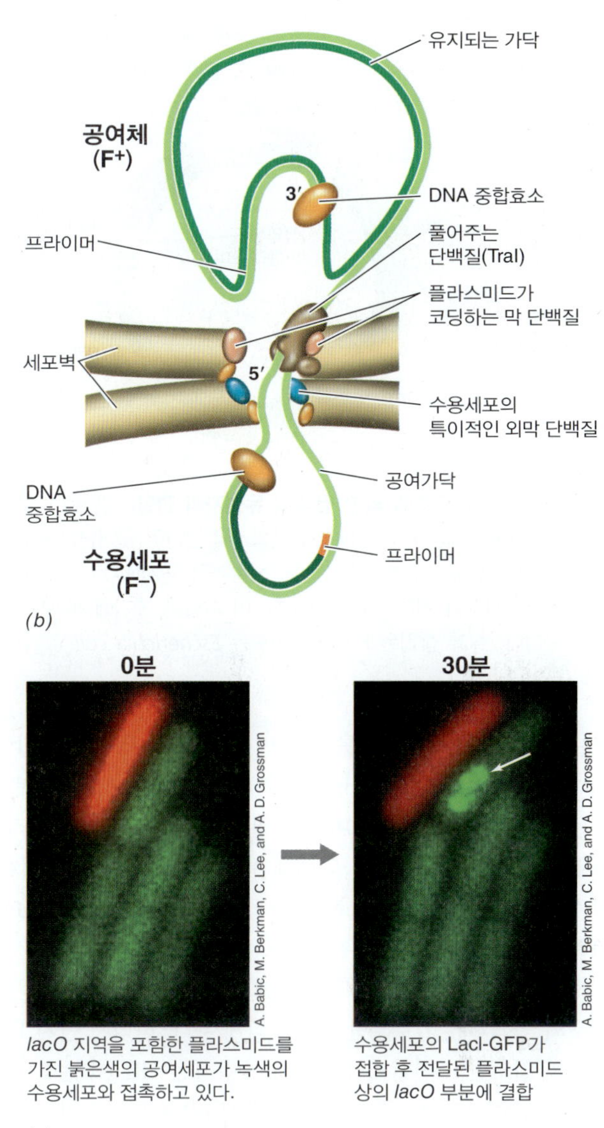

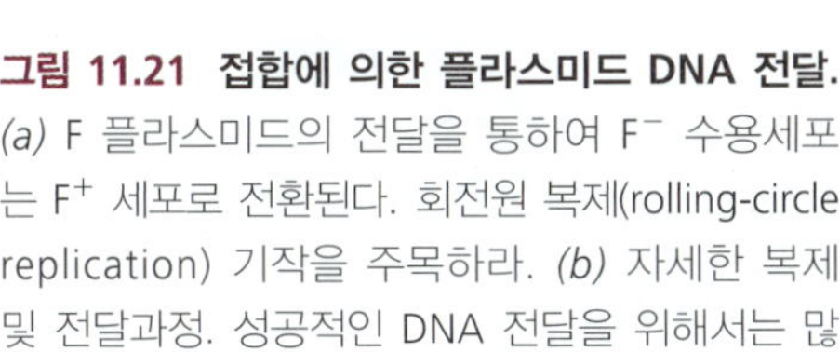

그림 11.21 접합에 의한 플라스미드 DNA 전달. *(a)* F 플라스미드의 전달을 통하여 F⁻ 수용세포는 F⁺ 세포로 전환된다. 회전원 복제(rolling-circle replication) 기작을 주목하라. *(b)* 자세한 복제 및 전달과정. 성공적인 DNA 전달을 위해서는 많은 종류의 단백질들이 필요함을 주목하라. *(c)* 형광현미경을 이용하여 관찰한 *Bacillus subtilis*에서의 접합에 의한 DNA 전달. 공여세포는 붉은색 형광 단백질을 지속적으로 발현하고 수용세포는 LacI (6.14절)에 접합되어 있는 녹색 형광 단백질(GFP) 때문에 녹색 형광 빛을 띤다. 공여세포에서부터 전달되는 DNA는 LacI-GFP가 결합하는 *lacO* 작동유전자(operator)를 가지고 있다. 화살표는 접합에 의하여 수용세포에 들어온 *lacO* 부위에 LacI-GFP가 결합하는 부분을 보여준다.

sequences, IS; 11.11절 참조)을 가지고 있다. IS는 염색체와 F 플라스미드 DNA 사이에서 상동성이 있는 부분이 된다. 따라서 F 플라스미드 상에 있는 IS와 염색체에 있는 동일한 IS간의 상동재조합을 통하여 F 플라스미드는 숙주의 염색체에 삽입될 수 있다 (**그림 11.22**). 일단 삽입되면 그 플라스미드는 더 이상 자신의 복제를 조절할 수 없지만, *tra* 오페론은 여전히 정상적으로 작용하며 선

그림 11.22 Hfr 균주의 형성. F 플라스미드의 삽입은 IS 요소가 위치한 다양한 특정 위치에서 일어난다. 여기서 보여주는 IS3는 *pro* 유전자와 *lac* 유전자 사이에 위치한다. 이 그림에서는 F 플라스미드의 일부 유전자를 보여주고 있다. 화살표는 전달 개시점인 *oriT*를 표시하며 화살표 방향은 전달되는 말단을 나타낸다. 따라서 이 Hfr의 경우 *pro*가 전달되는 첫 번째 염색체 유전자이며 *lac*이 마지막 유전자 중 하나일 것이다.

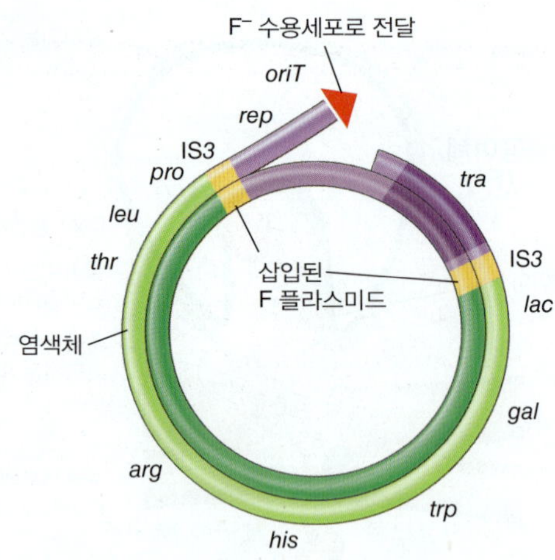

그림 11.23 Hfr 균주에 의한 염색체 유전자의 전달. 삽입된 F 플라스미드 내의 전달개시점에서 Hfr 염색체의 단일가닥 절단이 일어난다. 이 지점에서 수용세포로의 DNA 전달이 개시된다. 전달과정 중 DNA는 복제하여 자유로운 F 플라스미드가 된다 (그림 11.21). 이 그림은 크기에 비례하여 그려진 것은 아니다; 실제 삽입된 F 플라스미드는 *Escherichia coli* 염색체 크기의 3% 미만이다.

모를 생산한다. 수용세포를 만나면 F^+세포와 똑같이 접합이 개시되며, *oriT* [전달 개시점(origin of transfer)]에서 DNA 전달이 시작된다. 그러나 그 플라스미드는 염색체의 일부이므로 플라스미드 DNA의 일부가 전달된 후 염색체 유전자가 전달되기 시작한다 (**그림 11.23**). F 플라스미드 자체의 접합과정의 경우 (그림 11.21)와 마찬가지로 염색체 DNA 전달에도 복제가 필요하다.

일반적으로 DNA 전달과정 중에 DNA가 끊어지기 때문에 공여세포의 염색체는 일부분만이 전달되게 된다. 따라서 단지 F 플라스미드의 일부만이 전달되기 때문에 수용체는 Hfr (또는 F^+)가 되지 않는다 (**그림 11.24**). 그러나 공여체 Hfr은 F 플라스미드가 여전히 남아 있기 때문에, 전달과정 후, Hfr 균주는 여전히 Hfr로 남아 있게 된다. 오직 일부의 염색체만 전달되기 때문에 수용세포에서 복제가 될 수 없다. 따라서 안으로 들어간 DNA가 살아남기 위해서는 수용체의 염색체와 재조합을 이루어야만 한다. 재조합이 일어난 후에 수용세포는 공여 유전자와의 재조합으로 인하여 새로운 표현형을 발현할 수도 있지만 여전히 유전적으로 F^- 세포로 남아 있게 된다. 부분적인 염색체는 복제할 수 없기 때문에 공여 DNA가 남아 있으려면 수용세포의 염색체와 재조합이 되어야 한다. 형질전환이나 형질도입의 경우에서와 마찬가지로 공여체 유전자와 수용체 유전자 사이의 유전적 재조합은 수용체 세포 내에서의 상동 재조합을 통해서 일어난다.

E. coli 염색체 상에는 여러 가지의 독특한 삽입서열들이 있기 때문에 여러 종류의 다른 Hfr 균주가 가능하다. 어느 주어진 한 Hfr 균주는 항상 유전자들을 같은 지점에서 시작하여 같은 순서로 전달한다. 그러나 F 플라스미드가 염색체에 삽입된 위치가 다른 Hfr들은 다른 순서로 유전자들을 전달한다 (**그림 11.25**). 일부 삽입지점에서는 전달시작점이 어느 한 방향을 향하고 다른 지점에서는 반대 방향을 향하게 된다. 이 경우 F 플라스미드의 삽입 방향이

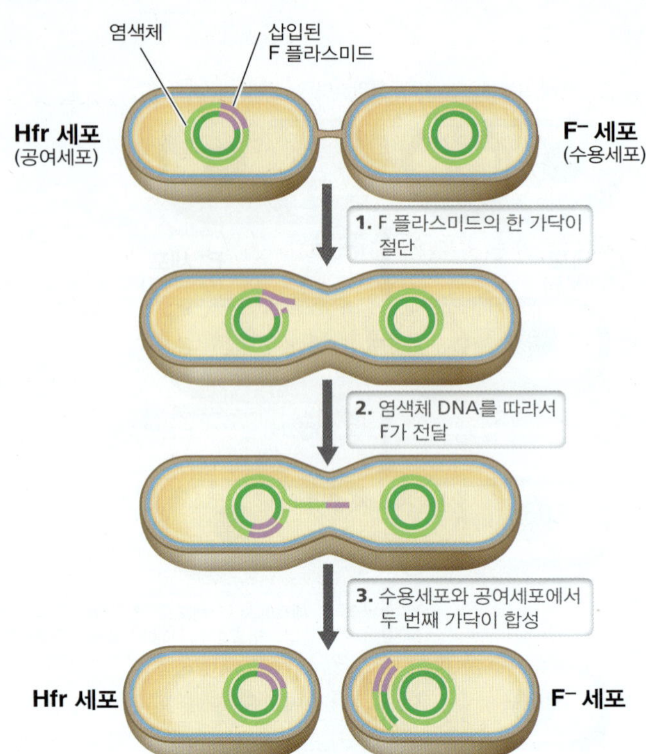

그림 11.24 접합에 의한 염색체 DNA의 전달. 염색체 DNA는 F 플라스미드에 연결되어 있기 때문에 Hfr로부터의 삽입된 F 플라스미드 전달을 통하여 염색체 DNA의 전달이 일어난다. 그 과정은 그림 11.21*a*에서 보여주는 과정과 유사하다. 그러나 수용체는 F^-로 남아 있게 되고 F 플라스미드의 일부로서 붙어 있는 공여체 염색체의 선형 DNA를 받게 된다. 공여 DNA가 생존하기 위해서는 전달 후 수용체 염색체에 재조합되어야만 한다 (이 과정은 그림에서 보여주고 있지 않음).

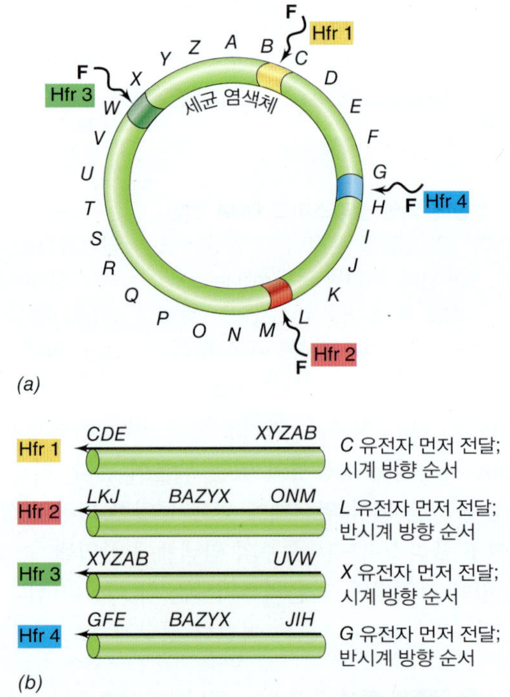

그림 11.25 다양한 Hfr 균주의 형성. 다른 Hfr 균주들마다 다른 개시점으로부터 다른 순서로 유전자들을 전달한다. *(a)* F 플라스미드는 세균 염색체의 다양한 삽입서열에 삽입되어서 다른 Hfr을 형성한다. *(b)* 다른 Hfr 균주에 따른 유전자 전달 순서. Hfr 형성과 DNA 전달에 대한 자세한 내용은 그림 11.22~11.24 참조.

염색체의 어느 유전자가 먼저 수용체로 건너가게 하는가를 결정하고, Hfr의 방향에 따라 염색체 상의 어떤 유전자들이 실제 전달되는지가 결정된다 (그림 11.25).

염색체 유전자의 F 플라스미드로의 전달

종종 삽입되었던 F 플라스미드가 염색체로부터 빠져나오기도 한다. 이 절제 과정에서 간혹 염색체 유전자가 빠져나온 플라스미드에 묻어나오기도 한다. 이러한 과정은 F 플라스미드와 염색체 모두 여러 개의 동일한 염기서열을 가지고 있어서 거기서 재조합이 일어날 수 있기 때문에 일어난다 (그림 11.22). 염색체 유전자를 가지고 있는 F 플라스미드를 *F′* (F prime) 플라스미드(plasmid)라 부른다. F′ 플라스미드가 접합을 하면 자신이 가지고 있는 염색체 유전자를 높은 빈도로 수용체 세포에 전달하게 된다. 어느 F′ 플라스미드에 있어서 오직 일부 한정된 염색체 유전자들만이 전달된다는 점에서 F′ 세포에 의한 염색체 유전자의 전달은 특수 형질도입 과정 (11.7절)과 유사하다. 어느 F′이 수용체에 전달되면 염색체의 한정된 부분에 있어서 이배체 (각 유전자가 두 개가 된 상태)를 만들 수 있다. 그러한 부분적인 이배체(merodiploid; 부분이배체)는 유전학에서의 상보 테스트에 유용하다 (11.5절).

미니퀴즈

- *Escherichia coli*의 F 플라스미드가 관여하는 접합에서 숙주의 염색체가 어떻게 전달되는가?
- Hfr × F^- 교배에서 두 개의 Hfr 세포를 얻을 수 없는 이유는 무엇인가?
- 염색체의 어느 부위에 F 플라스미드가 삽입될 수 있는가?

III • 고균에서의 유전자 전달과 기타 유전현상

세균에 비해서는 훨씬 연구가 덜 되어 있기는 하나 고균의 심층적 연구를 위한 고균 유전학적 기법과 함께 고균의 유전학이 발전하고 있다. 또한 수평적 유전자 전이 그 자체는 없지만 세균에서 발견된 여타의 유전학적 현상들이 중요한 개념으로 발견된다. 여기서는 이러한 주제들을 논하고자 한다.

11.10 고균에서의 수평적 유전자 전이

고균(*Archaea*)은 대부분의 세균(*Bacteria*)처럼 단일 원형 염색체를 가지고 있고 (**그림 11.26**) 유전체 분석을 통하여 대부분의 세균에서와 마찬가지로 고균 DNA 역시 자연에서 수평적 전이가 된다는 것이 명백히 밝혀졌지만, 실험실 조건에서의 유전자 전달 시스템이 세균에서만큼 잘 발달되어 있지는 않다. 현실적인 문제 중 하나는 대부분 잘 연구된 고균은 고농도의 염분이나 고온과 같은 극한 조건에서만 자랄 수 있는 친고온성이기 때문이다 (17장). 극초온성세균(hyperthermophiles) 배양에 필요한 온도는 한천배지를 녹일

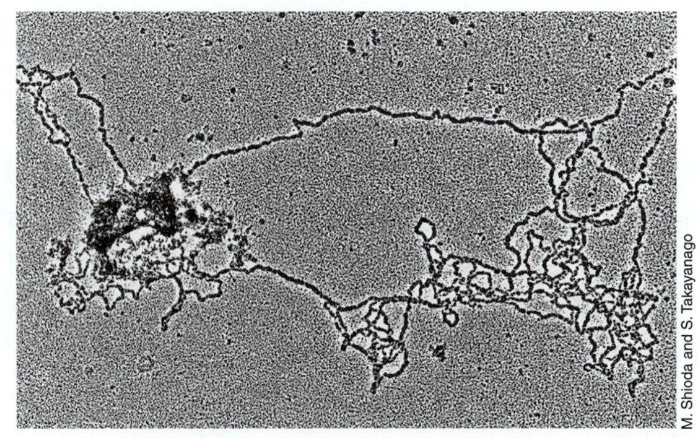

그림 11.26 전자현미경으로 관찰한 고균의 염색체. 초고온내성 고균인 *Sulfolobus*의 원형 염색체.

것이고 따라서 그러한 세균을 키워서 집락을 얻기 위해서는 고체배지를 만들기 위한 대체물질이 필요하다.

또 다른 문제는 대부분의 항생제가 고균에는 작용하지 않는다는 것이다. 예를 들어, 고균의 막에는 펩티도글리칸이 없기 때문에 페니실린이 영향을 끼치지 못한다. 따라서 종종 유전 교배를 위한 적절한 선별 표지(selectable marker)의 선택에 있어서 어려움이 있다. 그러나 호염성세균(halophiles)의 생장을 억제하기 위하여 노보바이오신(novobiocin; DNA gyrase 저해제)과 메비노린(mevinolin; 이소프레노이드 생합성 저해제)을 사용하고 메탄생성균(methanogens)의 생장을 억제하기 위하여 퓨로마이신과 네오마이신(neomycin) (이 두 가지 모두가 단백질 합성 저해제)을 사용한다. 일부 고균(*Archaea*)에 있어서는 유전학적 선별을 목적으로 영양요구체 (11.1절)가 분리되기도 하였다.

고균 유전학의 예

일부 극호염성세균 (*Halobacterium*, *Haloferax*, 17.1절)에 있어서의 유전학 연구는 그 어느 고균보다는 조금은 더 되어 있지만, 고균의 유전학을 위한 모델 개체로 사용할 만한 고균 종(species)은 하나도 없다. 대신 고균의 여러 다양한 종에서 알려진 개별적인 유전자 전달 기작이 알려져 있다. 또한 고균에서 여러 플라스미드가 알려져 있고 일부는 클로닝 벡터로 활용되어 전통적인 유전교배보다는 클로닝이나 염기서열결정을 통한 유전분석에 쓰이고 있다 (11.11절). *Methanococcus*나 *Methanosarcina*를 포함한 일부 메탄생성세균에서 전위요소 돌연변이 유도방법이 개발되어 있으며 메탄생성세균의 매우 독특한 생화학의 연구를 위하여 셔틀 벡터(shuttle vector)라든지 시험관 내(in vitro) 유전분석 기법과 같은 여러 방법들이 개발되어 있다 (14.17절과 17.2절).

메탄생성세균인 *Methonococcus voltae*와 초고온성 세균인 *Thermococcus kodakarensis*와 *Pyrococcus furiosus*들에서 형질전환이 일어나는데, 이들 모두 자연적으로 수용능 (11.6절)을 가지고 있다. *Thermococcus* 종들은 세포벽의 발아를 통하여 플라스미드를 교환할 수도 있는데, 이 과정은 DNA를 가지고 있는 막소낭을 형성한다. 여러 고균에서는 또한 세부적으로는 개체마다 다르지만 다른

조건의 형질전환이 꽤 잘 일어난다. 한 가지 방법은 2가 금속이온을 제거함으로써 많은 고균 세포를 둘러싸고 있는 당단백질 세포벽(S-layer, 2.6절)을 부분적으로 해체시키는 것인데, 이를 통하여 형질전환되는 DNA의 접근이 가능해지는 것이다. 그러나 딱딱한 세포벽을 가지고 있는 고균들은 간혹 전기천공방법(electroporation, 11.6절)이 성공하기는 하지만, 형질전환시키는 것이 어렵다. 한 가지 예외는 견고한 세포벽을 가지고 있는 *Methanosarcina* 종의 경우인데, 이 경우 DNA가 탑재된 지질 [리포좀(liposome)]을 이용하여 DNA를 세포 안으로 전달하기 위하는 형질전환 방법이 개발되어 있다.

고균을 감염하는 바이러스는 많지만 바이러스에 의한 형질도입은 극히 드물다. 고온성 메탄생성균인 *Methanobacterium thermoautotrophicum*을 감염하는 오직 한 가지 고균 바이러스가 숙주에 유전자를 도입하였던 예가 있다. 불행히도 매우 적은 방출량(burst size) (세포당 약 6개의 파아지만이 방출) 때문에 이 방법을 유전자 전달방법으로 사용하는 것은 비현실적이다. 유전자전달매체 (11.7절)가 메탄생성균에 속하는 한 종에서 발견되기는 했지만 고균에서 흔히 나타나지는 않는다.

고균에서의 접합

고균에서 여러 형태의 접합이 알려져 있다. 일부 고온성 세균과 호산성 *Sulfolobus solfararicus* 종 (17.9절)에는 세균에서 보이는 것과 유사한 방법으로 두 세포 간에 접합을 이루는 플라스미드들이 존재한다. 이 경우 두 세포가 쌍을 이루는 데 있어서 선모는 필요 없으며 DNA는 한 방향으로 전달된다. 그러나 이들 기능을 코딩하는 유전자들은 그람-음성 세균의 그것들과 매우 낮은 유사성을 보인다. 한 가지 예외는 F 플라스미드의 *traG*와 유사성을 보이는 유전자인데, 이 유전자는 접합쌍을 안정화하는 데 관여하는 단백질을 코딩한다. 따라서 고균의 실제 접합 기작은 세균의 그것과 다른 것으로 보인다.

대부분의 *Sulfolobus* 종은 또한 플라스미드 없이 DNA 교환이 일어나기도 한다. 이는 세포의 응집을 통해서 일어나는데, 이 과정에는 UV 조사에 의해 합성이 개시되는 선모가 필요하다. 이러한 드문 DNA 교환 방법의 기작은 알려져 있지 않지만, 이들 선모는 세포벽 상의 S-layer 당화(glycosylation)를 인식하여 같은 종의 세포들을 끌어긴다.

또 다른 고균들은 유전자 교환을 일으키는 세포 간의 특별한 구조를 형성하는데, 이들 구조의 형성 역시 접합 플라스미다와는 상관이 없다. 예를 들어, *Thermococcus* 종들 간의 형성된 DNA 나노튜브는 **그림 11.27**에서 보여주고 있다. 이 장에서 논의한 여타의 수평적 유전자 전이 수단과는 달리, 흥미롭게도 *Thermococcus* 나노튜브는 양방향의 DNA 전달이 가능하다. 따라서 교환하는 양측 세포 모두 수용체가 될 수 있다. *Thermococcus* 나노튜브는 매우 역동적인 유전자 확산을 촉진하는 것으로 보인다. 유사하게, 일부 호염성 세균 또한 DNA 전달을 위해서 접합하는 세포들 사이에 세포질 연결을 이루기도 한다. 나노튜브나 세포질 연결 시스템이 흔하게 활용되지는 않지만 장차 이들 방법들은 새로운 고균 유전자 전달 시스템 개발에 매우 유용할 것이다.

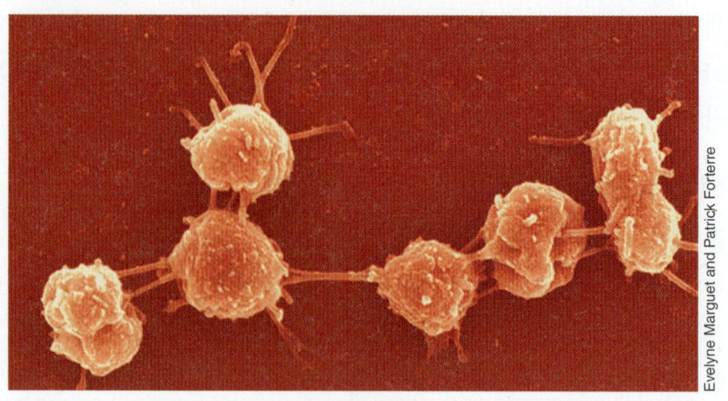

그림 11.27 나노튜브와 *Thermococcus*. 나노튜브가 연결된 *Thermococcus* sp. 5-4의 주사전자현미경 사진. *Thermococcus*의 크기는 지금이 약 1 μm 정도이다.

> **미니퀴즈**
> - 통상적으로 세균보다 고균에서의 재조합체 선별이 더 어려운 이유는 무엇인가?
> - 페니실린이 고균을 죽이지 못하는 이유는 무엇인가?

11.11 이동 DNA: 전위요소

우리가 보아왔듯이, DNA 분자는 세포에서 세포로 이동이 가능하지만, 유전학자에게 있어서 "이동성 DNA (mobile DNA)"는 특별한 의미를 갖는다. 이동성 DNA는 한 단위로서 한 장소에서 다른 장소의 DNA로 이동하는 특정 DNA 조각을 의미한다.

특정 바이러스의 DNA도 역시 숙주 세포의 유전체에 삽입되거나 다시 나올 수 있지만 (8.7절) 대부분의 이동성 DNA는 **전위요소(transposable elements)**들이다. 이들 요소는 한 자리에서 다른 자리로 이동하는 DNA 조각이다. 그러나 전위요소는 항상 플라스미드, 염색체 또는 바이러스 유전체 등과 같은 여러 DNA 분자에 삽입된 채로 발견된다. 전위요소들은 자체의 복제 개시점을 가지고 있지 않다. 대신 자신이 삽입되어 있는 숙주 DNA 분자가 복제할 때 함께 복제된다.

전위요소는 유전체 재조합에 있어서 그리고 마찬가지로 유전학적 분석에 있어서 중요한 전위(*transposition*)라고 하는 과정을 통하여 움직인다. 전위요소는 자연계에서 많은 바이러스나 플라스미드뿐 아니라 세 가지 도메인에 속하는 생명체들의 유전체에서 많은 수로 매우 광범위하게 존재하는데, 이는 이들 요소가 유전체의 재배열을 가속함으로써 자연선택적인 이점을 제공함을 암시한다.

세균에 존재하는 두 가지 주요 유형의 전위요소는 삽입요소(*insertion sequences*, IS)와 트랜스포존(*transposons*)이다. 이들 두 요소는 공통적으로 두 가지 중요한 특징을 가지고 있다. 전위에 필요한 효소인 전위효소(*transposase*)를 가지고 있고 양 끝에 전위에

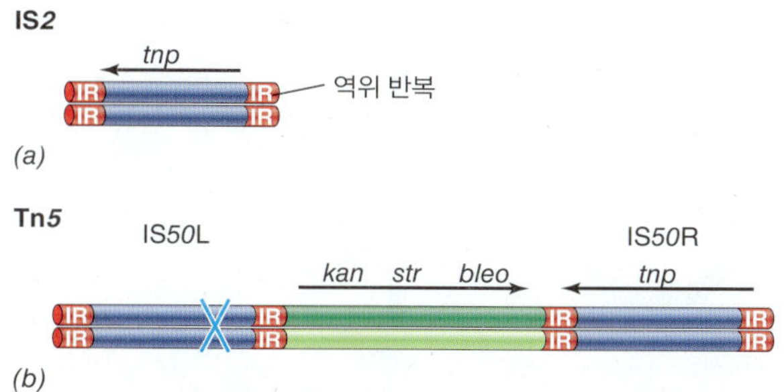

그림 11.28 전위요소 IS2와 Tn5의 지도. 위 지도에서 화살표들은 모든 유전자들의 전사 방향을 나타낸다. 전위효소(transposase)를 코딩하는 유전자가 *tnp*이다. *(a)* IS2는 크기가 1,327 bp이며 양쪽 말단에 41 bp의 역위반복서열을 가지고 있는 삽입서열이다. *(b)* Tn5는 5.7 kbp의 복합 트랜스포존으로서 왼쪽과 오른쪽 말단에 삽입서열인 IS*50* L과 IS*50* R을 각각 가지고 있다. IS*50* L은 푸른색 X표로 표시한 비인식돌연변이를 전위효소 유전자에 가지고 있어서 독립적으로 전위되지 못한다. *kan*, *str*, *bleo* 유전자들은 각각 카나마이신 (그리고 또한 네오마이신), 스트렙토마이신, 블레오마이신 등에 대하여 저항성을 부여한다.

필요한 짧은 역위말단 반복서열(inverted terminal repeats)을 가지고 있다 (전위요소는 그것이 삽입되어 있는 숙주 DNA 분자와 따로 있는 것이 아니라 연속적으로 있다는 점을 명심하여야 함). **그림 11.28**은 삽입요소인 IS*2*와 트랜스포존 Tn*5*를 보여주고 있다.

삽입서열과 트랜스포존

삽입서열(insertion sequence, IS)은 가장 간단한 형태의 전위요소이다. 삽입서열은 약 1,000개의 뉴클레오티드 길이의 작은 DNA 조각이며 특징적으로 10~50 bp의 역위말단 반복서열을 가지고 있다. IS에 따라 말단 역위 반복서열의 염기숫자는 일정하다. 이들이 가지고 있는 유일한 유전자는 전위효소이다. 수백 가지의 IS 요소가 연구되었다. IS는 세균과 고균의 염색체와 일부 박테리오파아지에서도 발견된다. 같은 종의 다른 균주에 따라서도 가지고 있는 IS의 숫자와 위치가 다르다. 예를 들어, *E. coli*의 한 종은 다섯 개의 IS2와 다섯 개의 IS3를 가지고 있다. F 플라스미드와 같은 많은 플라스미드 역시 IS를 가지고 있다. 실제 F 플라스미드가 *E. coli*의 염색체에 삽입되는 것은 F 플라스미드와 염색체 사이의 동일한 IS 사이에서 일어나는 상동재조합에 의해 일어나기 때문이다 (11.9절 및 11.22절).

트랜스포존(transposons)은 IS보다 크고 마찬가지로 두 가지 요소를 가지고 있다: 양 말단에 있는 역전위 반복서열과 전위효소를 코딩하는 유전자가 그것이다 (그림 11.28*b*). 전위효소는 전위반복서열을 인식하고 그것들 사이에 연결되어 있는 조각을 이동시킨다. 따라서 두 개의 역전위 반복서열 사이에 있는 어떠한 DNA도 이동되는데, 결과적으로 이 부분이 트랜스포존 부분이다. 트랜스포존 내부에 있는 유전자는 매우 다양하다. 항생제 내성 유전자와 같은 일부 유전자는 트랜스포존을 가지고 있는 개체에 새로운 특성을 부여하게 된다. 항생제 내성 유전자는 중요함과 동시에 탐지가 용이하기 때문에, 가장 연구가 활발히 되어 있는 트랜스포존은 선별 마커로서 항생제 내성 유전자를 가지고 있다. 좋은 예가 카나마

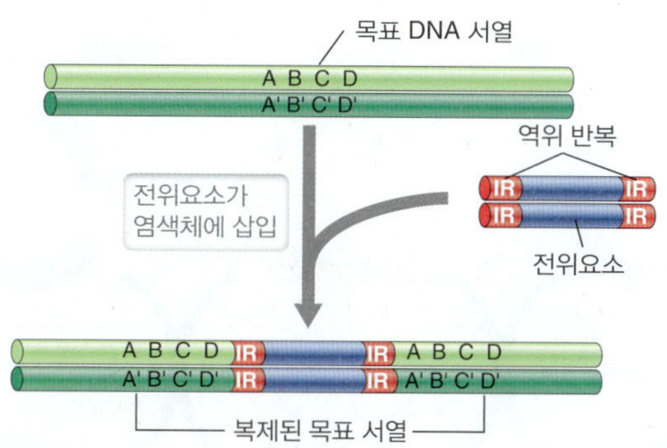

그림 11.29 전위. 전위요소의 삽입에 의하여 목표 염기서열은 복제가 된다. 전위요소 양 끝에 있는 역위염기서열(inverted repeats, IR)을 주목하라.

이신 내성유전자를 가지고 있는 Tn*5* (그림 11.28*b*)와 테트라사이클린 내성유전자를 가지고 있는 Tn*10*이다.

역전위 반복서열 사이에 있는 어떠한 유전자도 트랜스포존의 일부가 되기 때문에 복잡한 특성을 보이는 복합 트랜스포존을 얻는 것이 가능하다. 예를 들어, 접합성 트랜스포존은 *tra* 유전자를 가지고 있고 접합에 의하여 세균 종 간의 이동뿐 아니라 단일 세균 유전체 내에서의 전위도 가능하다. 박테리오파아지 Mu는 심지어 더욱 복잡한데, Mu는 트랜스포존임과 동시에 바이러스이다 (10.4절). 이 경우 트랜스포존 내부에 완전한 바이러스 유전체가 존재한다.

단원 3

전위 기작

전위요소 말단에 있는 전위 반복서열과 전위효소는 전위에 필수적이다. 전위과정 중에 전위효소가 DNA를 인식하고 절단하며 접합한다. 전위요소가 목표 DNA에 삽입되면 삽입과정 중에 목표 DNA의 삽입부위에 있는 짧은 반복서열이 복제된다 (**그림 11.29**). 이러한 복제는 단일가닥의 DNA 절단이 전위효소에 의하여 발생되기 때문이다. 그런 후 전위요소가 그 단일가닥의 말단에 부착한다. 마지막으로 숙주 세포의 효소들이 단일가닥 부분을 수리함으로써 복제가 일어난다.

두 가지 전위 기작인 보존(*conservative*) 기작과 복제(*replicative*) 기작이 알려져 있다 (**그림 11.30**). 트랜스포존 Tn*5*에서 일어나는 것과 같은 보존 전위(*conservative* transposition)의 경우에 전위요소가 염색체의 한 위치에서 절단되어 두 번째 위치에 다시 삽입된다 (그림 11.28*b*). 따라서 보존적 트랜스포존의 복사 수는 한 개로 유지된다. 이와는 대조적으로 복제 전위(*replicative* transposition)의 경우, 전위과정 중 새로운 또 하나의 복제가 생겨서 염색체의 다른 부위에 삽입된다. 따라서 복제 전위가 일어난 후에는 하나의 전위요소가 원래 위치에 있으면서 새로운 위치에 또 하나의 복제물이 생성된다.

트랜스포존 돌연변이 유도의 활용

만약 전위요소가 삽입된 위치가 어느 유전자의 안쪽이라면 트랜스포존의 삽입은 돌연변이를 일으킨다 (**그림 11.31**). 트랜스포존에 의한 돌연변이는 자연적으로도 일어난다. 그러나 실험실에서는 트랜스포존을 이용하여 세균 돌연변이체의 라이브러리를 제작하는

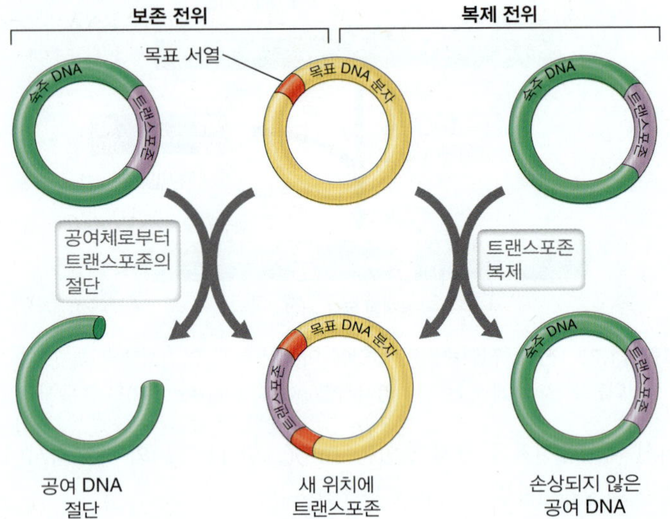

그림 11.30 전위의 두 가지 기작. 공여 DNA (트랜스포존이 가지고 있는 DNA)는 녹색으로, 그리고 목표 DNA를 가지고 있는 수용 DNA는 노란색으로 표시하였다. 보전 전위나 복제 전위 모두 전위효소는 트랜스포존 (보라색)을 목표 부위 (푸른색)에 삽입한다. 이 과정 동안 목표 부위가 복제된다. 보전 전위의 경우, 공여 DNA는 전위 이전 장소에 두 나선이 끊어진 채 남겨진다. 반면에, 복제 전위의 경우 복제 후 공여 DNA와 수용 DNA 모두 트랜스포존이 있게 된다.

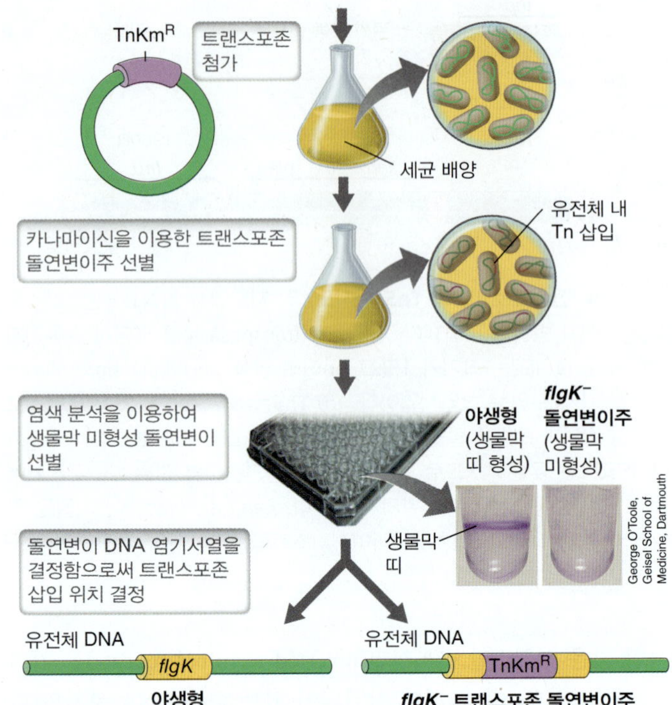

그림 11.32 트랜스포존 돌연변이의 활용. 카나마이신 내성(Km^R) 유전자를 가진 트랜스포존(Tn)을 야생형 *Pseudomonas aeruginosa* 배양에 넣어 준다. 항생제 카나마이신을 이용하여 트랜스포존이 삽입된 세포를 선별한 후, 그 돌연변이주에 대해서 미량정량판(microtiter plate)에서 생물막 형성능력을 스크리닝한다. 생물막을 생성하는 배양은 미량정량판에 붙고 (사진에서 왼쪽 시험관에 형성된 링), 그 생물막은 크리스탈 바이올렛으로 염색이 된다. Tn에 특이적인 프라이머를 이용하여 Tn 삽입위치를 결정할 수 있고, 망가진 유전자를 확인할 수 있다. *flgK*는 편모의 고리(hook) 단백질을 코딩한다.

매우 유용한 유전학적 기법이어 왔다. 이를 위하여 일반적으로 항생제 내성 유전자를 가지고 있는 트랜스포존을 사용하다. 트랜스포존을 숙주 세포 내에서 복제가 안 되는 파아지나 플라스미드 상에 실어서 대상 세포에 넣는다. 따라서 항생제에 내성을 보이는 집락들은 그 세균의 유전체에 트랜스포존이 삽입되었을 확률이 높다.

세균의 유전체에는 단백질을 코딩하지 않는 부분이 상대적으로 적기 때문에 대부분의 트랜스포존의 삽입은 단백질을 코딩하는 유전자에 일어나게 된다. 이러한 방법을 이용하여 새로운 유전자의 기능을 밝힐 수 있다. 예를 들어, 만약 트랜스포존이 생물막 형성(생물막은 표면에 끈끈하게 부착되어 갇혀있는 세균집락, 5.1절)을 코딩하는 데 필요한 산물을 코딩하는 유전자에 삽입되어 있다면, 그 트랜스포존 돌연변이주는 더 이상 생물막 형태로는 살지 못할 것이다. 그렇다면 더 심도 있는 유전적 분석을 통하여 그 트랜스포존이 어떤 유전자를 망가뜨렸는지 밝히게 된다. **그림 11.32**는 생물막을 형성하는 악명 높은 세균인 *Pseudomonas aeruginosa* (7.9절)에서 트랜스포존 돌연변이유도를 이용한 편모 구조와 기능의 연구를 보여주고 있다. 이 연구에 있어서 특별한 염색 기술을 이용하여 편모의 고리 단백질 FlgK (2.11절)를 발견하였다.

Tn*5* (그림 11.28*b*)와 Tn*10*은 *E. coli*와 그와 유사한 세균에서 널리 쓰이는 두 가지 트랜스포존이다. 트랜스포존 돌연변이를 통하여 많은 세균과 일부 고균, 그리고 효모 *Saccharomyces cerevisiae*를 돌연변이 시켜왔다. 더 최근에는 트랜스포존은 쥐를 포함한 동물의 돌연변이 분리에 사용되어왔다.

미니퀴즈

- 삽입요소(insertion sequence)와 트랜스포존(transposon)이 공통적으로 가지고 있는 특징들은 무엇인가?
- 트랜스포존의 말단 역위 반복서열의 중요성은 무엇인가?
- 트랜스포존이 세균 유전학에 어떻게 활용되는가?

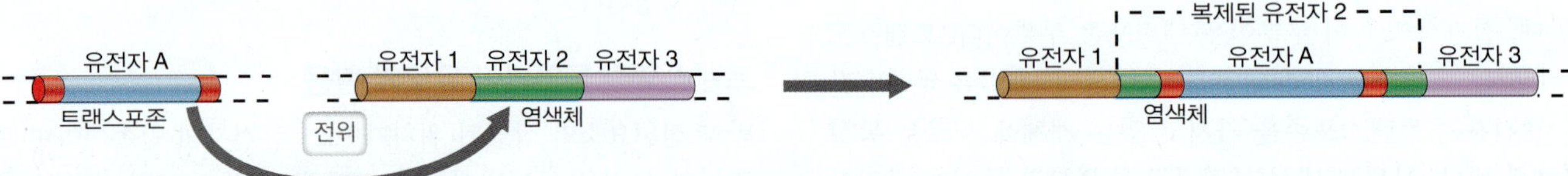

그림 11.31 트랜스포존 돌연변이 유발. 트랜스포존이 2번 유전자 가운데로 이동한다. 2번 유전자는 그 트랜스포존에 의하여 활성을 상실한다. 트랜스포존에 있는 A 유전자는 두 장소 모두에서 발현된다.

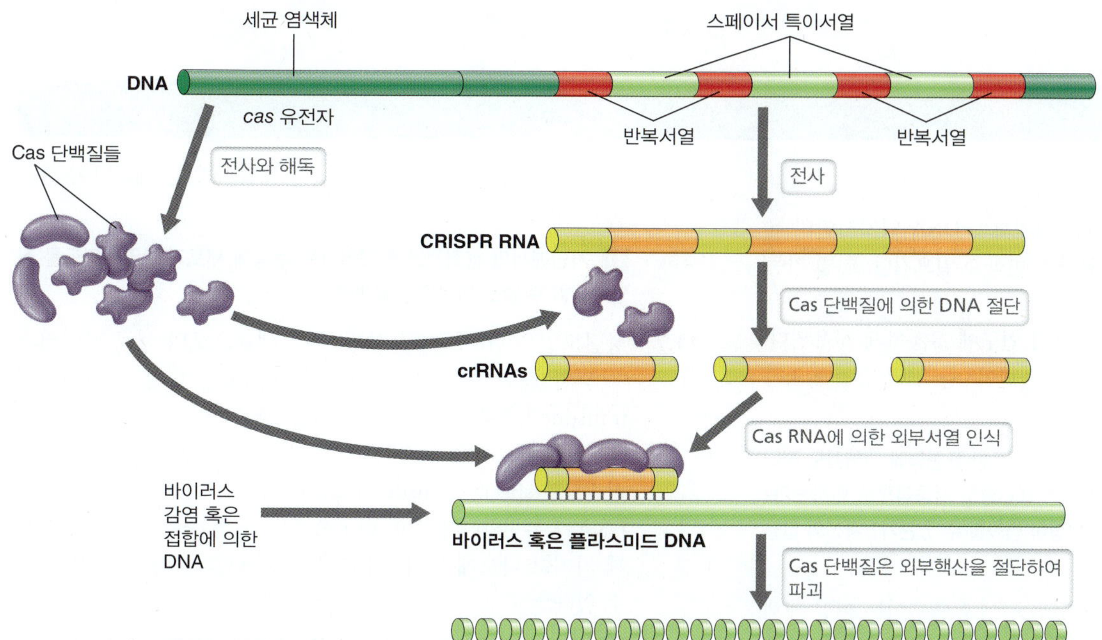

그림 11.33 CRISPR 체계의 작동. 세균 염색체에 있는 CRISPR 부위가 기다란 RNA 분자로 전사되고 Cas 단백질들에 의해서 조각이 난다. 각각의 공간자 조각들은 그 이전에 세포에 들어 온 적이 있는 외부 핵산의 염기서열을 가지고 있다. 이들 짧은 CRISPR RNA 분자 (공간자에 해당)가 형질도입이나 접합에 의하여 세포 내부로 들어오는 외부 핵산을 인식하여 염기쌍을 형성하면 다른 종류의 Cas 단백질들이 그들 외부 핵산을 파괴한다.

11.12 유전체 특성의 보존; CRISPR 체계

세균과 고균은 외부에서 유입되는 DNA를 파괴하는 제한효소 (8.5절)를 생산할 뿐 아니라 RNA를 이용하여 바이러스 감염이나 종종 수평적 유전자 전이방법에 의하여 유입되는 DNA를 파괴하는 방어 시스템을 가지고 있기도 하다. 이러한 형태의 세균의 CRISPR라 불리는 "면역체계(immune system)"는 이전에는 세균과 고균에 있어서 바이러스에 의한 파괴를 피하는 주요 방법으로 알려져왔다 (10.13절). 그러나 CRISPR는 특정 플라스미드와 수평적 유전자 전이에 의해서 얻어진 유전자를 파괴함으로써 유전체의 안정성을 유지하는 데 도움이 되기도 한다.

CRISPR 기작

세균 염색체 상의 CRISPR 부위는 외부에서 들어오는 DNA를 감시하는 데 사용되는 외부핵산서열의 기억 은행이라고 할 만하다. 이 부위는 동일한 반복서열이 교대로 이루어져 있는 공간자(*spacers*)라고 불리는 많은 다양한 외부 DNA 조각들로 이루어져 있다 (**그림 11.33**). 공간자 서열은 그 전에 세포에 침입한 적이 있는 외부 DNA 조각에 해당한다. 일단 공간자들이 CRISPR 부위에 재조합되면, 그 체계는 그 각각의 공간자와 유사한 서열을 가진 외부로부터의 그 어떠한 DNA (종종 RNA도)에 대해서도 저항성을 갖게 된다.

CRISPR 부위에서 외부 DNA의 수평적 전이를 막는 주요 과정은 기다란 RNA를 전사하여 그 RNA가 CRISPR 관련 (Cas) 단백질의 핵산분해 활성에 의해 각각의 반복서열의 가운데가 잘려나가는 것이다. 이 과정을 통하여 기다란 RNA 분자는 CRISPR RNAs (crRNAs)라 불리는 작은 RNA의 공간자 조각으로 전환된다. 이들 crRNA들 중 하나가 외부에서 유입된 핵산과 염기쌍을 형성하면, 외부 DNA 혹은 RNA 이중나선이 또 다른 Cas 단백질의 핵산분해 활성에 의해서 파괴된다 (그림 11.33). 이러한 파괴를 통하여 외부 DNA가 복제하거나 유전체에 재조합이 일어나는 것을 방지함으로써 유전체에 외부 무작위 DNA 조각들이 축적되어 유전체의 온전함에 영향을 끼치는 것을 방지한다.

CRISPR의 분포

CRISPR 시스템은 고균과 세균 모두에 널리 퍼져 있다. 고균 유전체 염기서열의 90%, 그리고 세균 염기서열의 70%가 CRISPR 체계를 가지고 있다. 낙농업계에서 우유 발효에 사용되는 초기 배양이 박테리오파아지 감염에 취약한데, 이를 극복하는 데 있어서 이 체계의 유용성이 처음으로 입증되었다. 한 종의 *Streptococcus thermophilus*이 병원성 박테리오파아지에 내성을 보이는 것을 발견하였는데, 이 균주와 바이러스 감염에 취약한 균주는 CRISPR 부위에 있는 공간자 간에 있어서 차이가 있었다.

일부 바이러스와 일부 DNA들은 CRISPR 시스템에 있어서 공간자가 붙는 초기 인식서열 (PAMs, 10.13절)을 가지고 있고 일부는 가지고 있지 아니한지는 알 수 없지만, 실험을 통하여 박테리오파아지들은 돌연변이를 통하여 자신의 유전체를 변형시킴으로써 Cas 단백질과 crRNAs에 의한 인식을 회피할 수 있음을 보여주었다. 이 예는 세포의 유전체에 대한 공격을 저지하는 데 있어서 중요할 수도 있을 것으로 보이는 CRISPR 시스템이 이전에 경험하였던 DNA 서열이 세포 내에서 지속적으로 돌연변이 되어, 향후 CRISPR에 의해 인식이 되지 않는 형태로 나타날 수도 있다는 점에서 인식 부분에 있어서의 약점을 드러낸다.

12장에서 우리는 CRISPR 시스템을 유전체를 편집하고 재조합체를 만들어내는 데 있어서 생명공학의 유용한 기법과 같은 전혀 다른 맥락에서 논의할 것이다.

미니퀴즈

- CRISPR 시스템이 원핵세포의 "면역 시스템(immune system)"인 이유는 무엇인가?
- CRISPR 부위에 있는 공간자는 무엇에 해당하는가?

단원 3

단원 정리

I • 돌연변이

11.1 돌연변이는 표현형 상의 변화를 야기하는 DNA 염기서열의 유전적 변화이며 많은 경우 표현형의 변화를 일으킨다. 선별 가능한 돌연변이는 특정 환경 조건에서 그 돌연변이주의 생장에 유리한 면을 제공하며 특히 유전학적 연구에 유용하게 사용된다. 만약 선별이 불가능하면 그러한 돌연변이주는 감별 방법에 의하여 찾아낸다.

Q 인자형의 정의를 한 문장으로 적어라. 또한 표현형에 대해서도 적어라. 어느 생명체에서 인자형이 변하면 표현형도 자동적으로 변하는가? 그 이유는? 인자형의 변화없이 표현형이 변화할 수 있는가? 자신의 답을 뒷받침할 수 있는 예를 들어라.

11.2 자연적이던 인공적으로 유도되었던 간에 돌연변이는 어떤 개체의 유전체 상에 있는 염기서열의 변화에 의하여 일어날 수 있다. 점돌연변이는 단일 염기쌍의 변화에 의해 발생한다. 비인식 돌연변이는 코돈이 정지코돈으로 변화됨으로써 불완전한 단백질을 만들게 한다. 결실이나 삽입은 종종 번역틀 돌연변이와 같은 DNA에 있어서의 보다 큰 변화를 야기하며 유전자의 기능을 완전히 상실하게 만드는 결과를 초래한다.

Q 점돌연변이는 무엇인가? 불변돌연변이는 오인돌연변이 그리고 비인식돌연변이와 어떻게 다른가?

11.3 돌연변이는 종류에 따라 다른 발생 빈도를 나타낸다. 전형적으로 세균의 경우에 10^{-6}~10^{-7}의 빈도로 돌연변이가 일어난다. RNA 중합효소와 DNA 중합효소가 일으키는 오류의 빈도는 유사하지만, 일반적으로 RNA 유전체는 DNA 유전체보다 더 높은 빈도의 돌연변이를 축적한다.

Q 돌연변이주는 무엇인가? 두 가지 일반적인 돌연변이주의 종류를 설명하라.

11.4 돌연변이생성 유발원은 돌연변이 빈도를 증가시키는 화학적, 물리적, 또는 생물학적 요인들이다. 이러한 요인들은 여러 다양한 방법으로 DNA를 변화시킨다. 그러나 그러한 DNA상의 변화가 유전될 수 없다면 그것은 돌연변이가 아니다. 일부 DNA 손상은 수리되지 않을 경우 세포를 죽게 하며, 오류 빈도가 높거나 높은 신뢰도를 보이는 두 가지 DNA 수리 시스템이 존재한다.

Q 세 가지 형태의 돌연변이 유발원 각각의 주요 기작을 설명하라.

II • 세균에서의 유전자 전달

11.5 상동 재조합은 두 가지 다른 유전적 요소의 매우 유사한 DNA 염기서열들이 같은 요소로 합해짐으로써 일어난다. 재조합은 중요한 진화적 과정이며 세포들은 재조합이 확실히 일어나게 하는 특별한 기작을 가지고 있다.

Q DNA의 이형접합체가 무엇이며 이러한 구조는 어떠한 과정을 통해 만들어지는가?

11.6 일부 원핵세포들은 수용능을 보이는데, 수용능이라 함은 다른 세균이 방출한 DNA를 받아들이는 능력을 말한다. 공여 DNA가 수용체로 들어가기 위해서는 단일가닥 결합 단백질인 RecA와 기타 다른 효소들이 필요하다. 수용능력이 있는 세포만이 형질전환 된다.

Q 자연에서의 형질전환에 있어서는 수용체 세포가 플라스미드를 잘 받아들일 수 없는 이유를 설명하라.

11.7 형질도입은 한 세균으로부터 다른 세균으로의 세균 바이러스에 의한 숙주 유전자의 전달과정이다. 일반 형질도입(general transduction)의 경우에 있는 결함 바이러스 입자가 세포의 염색체 DNA 조각을 무작위로 편입하는데, 그 효율은 낮다. 특수 형질도입(special transduction)의 경우에는 용원성 바이러스의 DNA가 부정확하게 잘려 나옴으로써, 인접 숙주 유전자들을 함께 가지고 나오게 된다. 이 경우 형질도입의 효율은 매우 높을 수 있다.

Q 자연에서의 형질전환에 있어서는 수용체 세포가 플라스미드를 잘 받아들일 수 없는 이유를 설명하라.

11.8 접합은 원생세포에서 세포 간의 접촉을 통하여 일어나는 DNA 전달 기작이다. 접합은 특정 플라스미드 (예, F 플라스미드)가 가지고 있는 유전자가 조절하며 공여세포에서 수용세포로의 플라스미드의 전달과정을 수반한다. 플라스미드 DNA 전달은 회전원 복제 기작에 의해 일어난다.

Q 성 선모(sex pili)는 F^- 혹은 F^+ 중 어느 세포가 이러한 구조를 만드는가?

11.9 공여세포의 염색체는 접합에 의해서 수용세포로 전달될 수 있다. 이 과정에는 F 플라스미드가 염색체에 삽입하여 Hfr 표현형을 형성하는 과정이 필요하다. 숙주 염색체의 전달이 완벽히 일어나는 경우는 드물기 때문에 수용세포가 F^+가 되는 경우는 드물다. F′ 플라스미드는 이전에 삽입되었던 F 플라스미드로서 염색체로부터 빠져나오면서 일부 염색체 유전자를 가지고 나온 것이다.

Q 부분이배체는 무엇이며, F′ 플라스미드는 어떻게 부분이배체를 형성하는가?

III • 고균에서의 유전자 전달과 기타 유전현상

11.10 고균의 경우에는 세균에 비하여 유전자 전달을 위한 방법 개발이 뒤처져 있다. 많은 항생제들이 고균에는 효과가 없어서 재조합체를 효율적으로 선별하는 것이 어렵다. 더군다나 많은 고균을 키우기 위해서는 특별한 생장조건이 필요하기 때문에 유전학 실험을 수행하는 것이 어렵다. 그럼에도 불구하고 세균에서의 유전자전달 체계들—형질전환, 형질도입, 접합—이 고균에서도 모두 알려져 있다.

Q 고균에서의 접합의 한 종류를 설명하고, F 플라스미드에 의한 접합과 어떻게 다른지 설명하라.

11.11 트랜스포존과 삽입서열들은 숙주 DNA 분자의 한 지점에서 다른 지점으로 전이에 의해서 이동하는 유전요소이다. 전이과정은 복제 기작이거나 보존 기작에 의해서 일어난다. 트랜스포존은 종종 항생제 내성 유전자를 가지고 있기도 하며, 미지의 유전자

의 기능을 밝히는데 사용할 수 있기도 하다.

Q 삽입서열과 트랜스포존 간의 주요 차이점은 무엇인가?

11.12 CRISPR (clustered regularly interspaced short palindromic repeat) 체계는 감염이나 접합 등에 의하여 유입되는 외부 DNA로부터 세균 혹은 고균의 유전체를 보호하는 RNA를 이용한 기작이다. 만약 CRISPR의 공간자로부터 유래한 작은 RNA 분자가 외부에서 들어온 상보적인 DNA와 결합하면 Cas 단백질들은 그 핵산 이종결합체를 파괴한다.

Q CRISPR로부터 발현되는 작은 RNA 분자들에 의해 인식되는 외부유입 DNA는 그 세포에 처음 유입된 DNA가 아닌 이유를 설명하라.

응용 문제

1. 지속 돌연변이주(constitutive mutant)는 야생종에서는 발현이 유도되는 단백질을 지속적으로 만드는 균주이다. 지속 돌연변이주의 형성을 야기할 수 있는 DNA 분자에 있어서의 두 가지 유형의 변화를 설명하라. 이들 두 가지 유형의 돌연변이는 유전적으로 어떻게 구별되는가?
2. 많은 수의 돌연변이 유발 화학물질이 알려져 있지만 어느 한 유전자에만 돌연변이를 유도 (유전자 특이적 돌연변이 유발)하는 화학물질은 알려져 있지 않다. 돌연변이 유발요인에 관한 지식을 바탕으로 세포 특이적 돌연변이 유발물질이 발견될 가능성이 낮은 이유를 설명하라. 그렇다면 염기서열 특이적 돌연변이는 어떻게 만드는가?
3. 형질전환이나 형질도입을 통하여 한 번의 실험으로 수용체 세포에 많은 수의 유전자들을 전달하는 것이 힘든 이유는?
4. 전위요소(transposable element)는 어떤 유전자 내에 삽입되면 돌연변이를 일으킨다. 이러한 요소들은 어느 유전자의 연속성을 파괴하는 것이다. 이들 요소는 유전자의 지속성(continuity)을 방해한다. 인트론 역시 유전자의 지속성을 방해하지만, 그 유전자는 여전히 기능을 가지고 있다. 어떤 유전자에 있는 인트론이 유전자의 활성을 저해하지 않지만 전위요소는 방해하는 이유를 설명하라.

용어 해설

Auxotroph (영양요구체) 돌연변이로 인하여 어떠한 특정 영양소가 필요하게 된 생명체

Conjugation (접합) 세포와 세포 간의 접촉과 플라스미드가 관여하는 기작에 의하여 한 원핵세포로부터 다른 원핵세포로 유전자가 전달되는 과정

Frameshift mutation (해독틀 이동 돌연변이) 뉴클레오티드의 삽입이나 결실에 의하여 mRNA상의 유전적 코드인 세 개의 염기 그룹에 있어서의 변화를 야기하는 돌연변이로서 일반적으로 잘못된 단백질 산물을 만들게 함

Genotype (인자형) 어느 생명체의 완벽한 유전적 조성; 어느 세포의 유전정보의 완벽한 구성

Heteroduplex (이종이중가닥) 두 개의 다른 DNA 분자로부터 온 단일가닥들로 구성된 DNA 이중나선

Hfr cell (Hfr 세포) F 플라스미드가 염색체에 삽입되어 있는 세포

Induced mutation (유도돌연변이) 돌연변이 유발 화학물질이나 방사선 등과 같은 외부 작용에 의하여 유발된 돌연변이

Insertion sequence (IS) (삽입서열) 전위에 관여하는 유전자만을 가지고 있는 가장 간단한 형태의 전위요소

Missense mutation (오인돌연변이) 단일 코돈이 변화되어서 어느 단백질의 한 아미노산이 다른 아미노산으로 대체되어 있는 돌연변이

Mutagen (돌연변이 유발원) 돌연변이를 유발시키는 요인

Mutant (돌연변이주) 유전체에 돌연변이가 일어난 생명체

Mutation (돌연변이) 어느 생명체의 유전체 상의 염기서열에 일어나는 유전적 변화

Nonsense mutation (비인식 돌연변이) 아미노산에 해당하는 코돈이 정지코돈으로 바뀐 돌연변이

Phenotype (표현형) 어느 생명체의 관찰 가능한 특징들

Point mutation (점돌연변이) 단일 염기쌍의 변화에 의한 돌연변이

Recombination (재조합) 두 가지 다른 DNA 분자의 일부 또는 전체가 교환되었거나, 합하여 한 분자가 되는 과정

Reversion (역돌연변이) 이전의 돌연변이의 영향을 되돌아 놓은 DNA 상의 변화

Rolling circle replication (회전원 복제) 환형 이중가닥 DNA를 복제하는 방법으로서, 한 가닥을 풀어가면서 다른 가닥을 틀로 이용하여 복제해 나가는 기작

Screening (감별) 표현형이나 인자형의 의해서 특정 생명체를 선별하는 과정, 그러나 그 과정이 특정 표현형이나 인자형을 가진 생명체의 생장을 저해하거나 항진시키지는 않음

Selection (선별) 어느 특정 인자형을 가진 개체의 생장이 잘 일어나는 조건 하에 생명체들을 놓는 과정

Silent mutation (불변돌연변이) 표현형에 영향을 미치지 않는 DNA 상의 변화

SOS repair (SOS 수리) DNA 손상에 의하여 유도되는 DNA 수리 시스템

Spontaneous mutation (자연돌연변이) 돌연변이 유발 화학물질이나 방사선의 도움 없이 "자연적으로(naturally)" 일어나는 돌연변이

Transduction (형질도입) 숙주 유전자가 바이러스에 의해 한 세포에서 다른 세포로 전달되는 과정

Transformation (형질전환) 생체 밖에 존재하는 DNA가 세포 내로 전달되는 과정

Transition (전이) 피리미딘 염기가 다른 피리미딘으로, 또는 퓨린 염기가 다른 퓨린 염기로 치환된 돌연변이

Transposable element (전위요소) 염색체의 한 장소에서 다른 장소로 전위되는 유전적 요소

Transposon (트랜스포존) 전위요소의 한 종류로서 전위에 관여하는 유전자 외에 다른 유전자도 포함하고 있는 요소

Transversion (전환) 피리미딘이 퓨린으로, 또는 그 반대로 염기치환이 일어난 돌연변이

Wild-type strain (야생 균주) 자연에서 분리되었거나, 또는 유전학 연구에 있어서 조작 전의 세균 균주

12 생명공학과 합성생물학

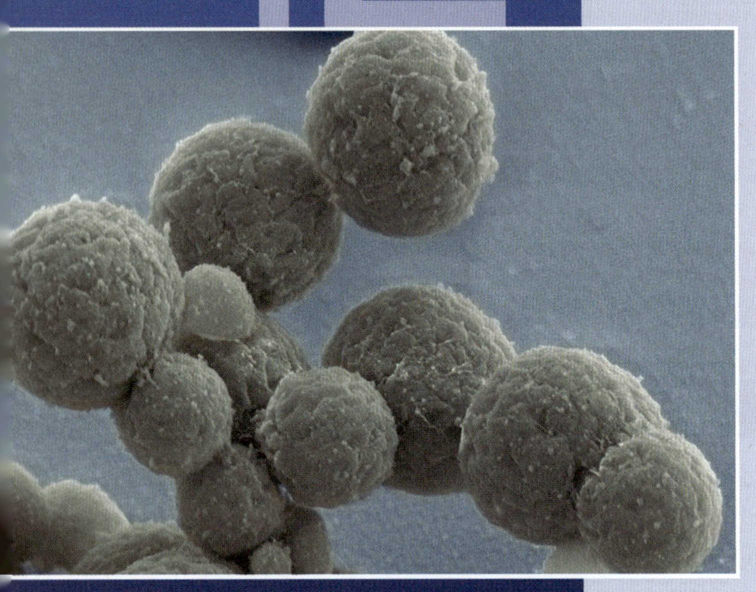

현재의 미생물학

새로운 생명형태의 창조: 최소 세포의 설계

세포의 유전체는 생명에 대한 청사진이다. 자유생활 세포를 지속시키는 데 필요한 최소한의 유전자의 수는 무엇인가? 크레이그 벤터 연구소(J. Craig Venter Institute, JCVI)의 미생물학자들은 1990년대에 여러 개의 *Mycoplasma* 종의 유전체 서열을 결정한 이후로 이 질문에 대한 답을 시도해 왔다. *Mycoplasma* 종은 기생 세균이기 때문에 그 유전체는 이미 크기가 감소되어 있어서 "최소 세포(minimal cell)"를 창조하는 데 있어서 훌륭한 기초를 제공한다. 그러나 JCVI의 과학자들은 그들의 과학적 호기심을 만족시키는 데 20년이 걸릴 것이라는 것을 거의 의심하지 못하였다.

Mycoplasma 종을 유전적으로 조작하여 시작하는 대신에 JCVI의 미생물학자들은 더 많은 통제를 원했다. 생명을 위해 유전적으로 필요한 것들을 밝히는 것을 시작하기 위해 그들은 먼저 합성 자가-복제 *Mycoplasma*를 만들었다 (이 장에서 설명됨). 이 선구적인 합성 생명 형태의 유전체는 알려진 유전체 서열을 기초로 하여 상처(scratch)로부터 합성되었다. 합성세포는 "디자이너 유전체(designer genome)"를 가지고 있지 않았으며 최소 유전체도 아니었다; 단지 그 자신의 유전체를 포함하고 있었으나 완전히 실험실에 제작된 것이었다. 합성생물학에 있어서의 돌파구는 미생물학자들이 디자이너 유전체를 창조하는 데 필요한 기술을 제공하였다.

비교유전체학과 특정 유전자 서열에 대한 사전지식을 이용하여 JCVI의 미생물학자들은 생명을 지속할 것이라고 가설을 세운 여러 개의 최소 유전체를 설계하고 합성함으로써 그들의 일을 지속해 나갔다. 실망스럽게도 이들 중 어느 것도 살아 있는 세포가 되지 못하였다. 대신, *Mycoplasma* 유전체에 해당하는 DNA 모듈을 만들어 합성 유전체를 만들기 위해 다른 조합을 함께 시도하였다. 일단 이러한 유전체들을 이식하여 살아 있는 세포를 얻은 다음 가장 작은 유전체로부터 중요하지 않은 유전자들을 트랜스포존 돌연변이로 알아내었다. 이러한 필요하지 않은 유전자들을 제거한 후에, JCVI-syn3.0로 명명된 합성 최소 세포가 만들어졌다 (사진 참조). 이 자율적 생명 형태는 473개의 유전자를 암호화하는 531,000 염기서열의 유전체를 갖는다; 그리하여 JCVI-syn3.0은 어떤 자유생활 세포보다도 작은 유전체를 갖게 되었다.

이러한 일은 합성생물학의 놀라운 발전과 새로운 기능을 가진 디자이너 세포를 창조할 가능성을 보여주고 있는 반면, 이 최소 세포를 둘러싼 놀라운 수수께끼가 있다: JCVI-syn3.0의 유전자의 거의 1/3에 대한 역할이 알려져 있지 않다는 것은 살아 있는 세포의 유전적 기초에 대해 우리가 아직도 얼마나 많이 배울 필요가 있는가를 강조한다.

출처: Hutchison, C.A. 3rd, et al. 2016. Design and synthesis of a minimal bacterial genome. *Science 351(6280)*: aad6253. Photo provided by Clyde Hitchison and J. Craig Venter, JCVI and Thomas Deerinck and Mark Ellisman, NCMIR.

산업미생물학은 효소, 식품, 음료와 같은 원하는 생산품을 대규모로 생산하는 데 미생물을 사용한다. 이러한 미생물들은 보통 유전적으로 변형되지 않는다. 대신 야생형으로부터 과량생산하는 균주가 분리되어 산업적 목적으로 이용된다. 반면에 생명공학은 미생물이 자연적으로 생산하지 못하는 고가의 생산품을 생산하는데 유전자 변형 미생물을 사용한다. 이 장에서는 생명공학의 근간이 되는 유전공학의 기본 기술들, 특히 유전자를 클로닝하고, 변형하고, 숙주 생명체에서 효과적으로 발현시키는데 사용되는 기술에 대해서 논의할 것이다. 또한 유전공학과 생명공학이 산업, 의료, 농업에 어떻게 응용되는지를 살펴보고, 흥분되는 새로운 분야인 합성생물학에 대해여 소개할 것이다.

I • 유전공학자의 도구들

살아 있는 생명체 내(*in vivo*)에서 유전학을 실행하는 것은 많은 제한점이 있는데 시험관 내에서 DNA를 조작함으로써 극복될 수 있다. **유전공학(genetic engineering)**은 실험실에서 유전자를 변형하기 위한 시험관 내(*in vitro*) 기술의 사용을 의미한다. 이러한 변형된 유전자는 다시 원래 생명체나 다른 생명체로 재도입될 수 있다. 한 생명체의 유전자를 다른 숙주 생명체에서 발현하는 것을 **이종 발현(heterologous expression)**이라 한다.

유전공학에서는 특정 DNA를 분리하고 정제하여 향후 조작하는 것이 요구된다. DNA 증폭, 전기영동에 의한 핵산의 분리, 핵산 혼성화, 분자 클로닝을 포함하여 유전공학의 기본 도구들을 논의하는 것으로 시작하겠다. 또한 세균에서 외래 유전자의 발현과 표적 돌연변이(targeted mutagenesis)를 위한 방법도 설명할 것이다.

12.1 DNA 조작: PCR과 핵산 혼성화

유전공학자의 첫 번째 목적은 특정 유전자의 복사본을 순수한 형태로 분리하는 것이며, 그렇게 하는 핵심 방법은 **중합효소 연쇄반응(polymerase chain reaction, PCR)**이다 (**그림 12.1**). 단순히 얘기하면 중합효소 연쇄반응은 시험관 내에서 DNA의 복제이며, 표적 DNA의 부분이 증폭(*amplification*)과정에서 수십억 배까지 복제된다. 매 차례의 증폭 동안에 DNA는 두 배가 되어 표적 DNA가 기하급수적으로 증가하게 된다. 열순환기(*thermocycler*)라 불리는 자동화된 PCR 기계를 이용하여 몇 분자의 표적 DNA로부터 많은 양의 증폭 DNA를 생산할 수 있다. 일부 경우에는 표적 DNA의 초기 양을 정량하는 것이 바람직하며 이러한 목적을 위해 정량 PCR (*quantitative PCR*, *qPCR*)로 불리는 변종 PCR이 사용된다 (그림 28.23 및 28.24). 원 PCR 기술의 두 번째 변종은 RNA 증폭을 가능하게 한다 (이 절에서 나중에 논의되듯이 DNA로 전환된 후에).

PCR과 중합효소

PCR은 자연적으로 DNA 분자를 복제하는 효소인 중합효소와 (4.3절), DNA를 합성하기 위해 DNA로 만들어진 (세포에서 사용되는 프라이머와 같이 RNA가 아니라) 인공적으로 합성된 올리

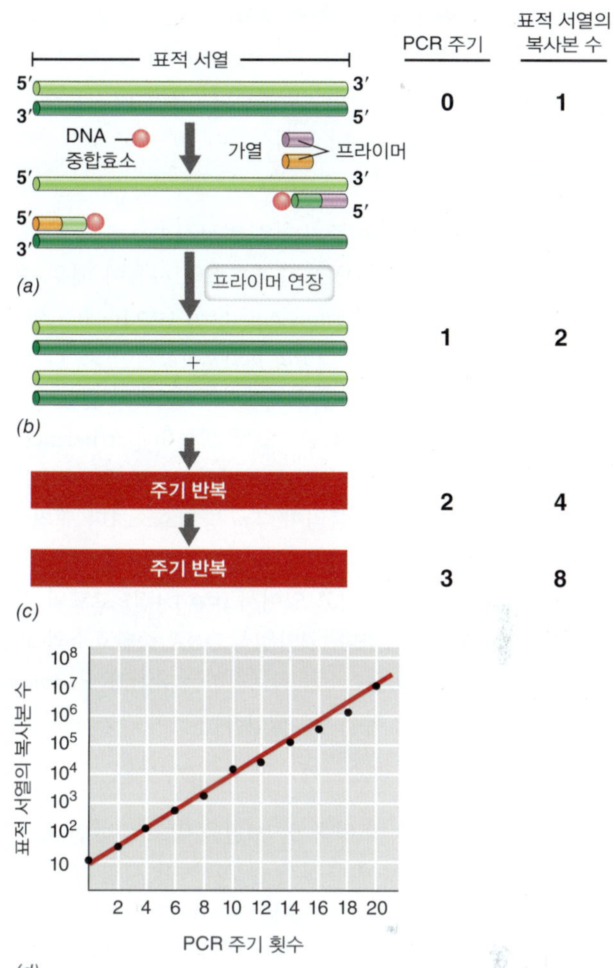

그림 12.1 중합효소 연쇄반응(PCR). PCR은 특정 DNA 서열을 증폭한다. *(a)* 표적 DNA는 열이 가해져서 가닥이 분리되고, 각 가닥에 상보적인 두 개의 올리고뉴클레오티드 프라이머가 월등하게 많이 DNA 중합효소에 더해진다. *(b)* 프라이머 결합(annealing) 후에 프라이머가 연장되어 원래 두 가닥 DNA의 복사본을 생산한다. *(c)* 두 번의 PCR이 반복되면 원래 DNA 서열의 복사본이 각각 4개와 8개가 생산된다. *(d)* 원래 10개의 표적유전자의 복사본을 포함하는 DNA 조성에서 20회의 PCR을 작동시킨 효과. 그래프가 반지수(semilogarithmic)인 것에 주목하라.

고뉴클레오티드 프라이머 (12.4절)를 필요로 한다. PCR은 실제로 전체 DNA 분자를 복제하는 것이 아니고, 다음의 단계 중에 (그림 12.1) 큰 DNA 분자 [주형(*template*)] 내로부터의 수천 염기쌍 [표적(*target*)]의 구간을 증폭한다 (그림 12.1):

1. 주형 DNA를 가열하여 변성시키고 나서, 각 가닥의 표적 DNA의 양쪽에 위치하는 두 개의 DNA 올리고뉴클레오티드 프라이머를 월등히 많이 더해 준다. 이는 혼합액이 식어감에 따라 대부분의 표적 가닥은 서로 다시 결합하는 것이 아니라 프라이머와 결합하게 만든다 (그림 12.1*a*).
2. 이어 DNA 중합효소가 원래 DNA를 주형으로 이용하여 프라이머를 연장시킨다 (그림 12.1*b*).
3. 적당한 반응 기간 후에, 혼합물을 다시 가열하여 두 가닥을 분

리한다. 현재 표적유전자는 원래 양의 두 배로 존재한다. 혼합액을 다시 냉각시켜 프라이머를 새로이 합성된 DNA의 상보적 부분과 혼성화시키고, 이 과정을 반복한다 (그림 12.1*c*). 실제로는 20~30회가 보통 작동되는데 표적서열이 10^6~10^9배가 증가된다 (그림 12.1*d*).

시험관 내에서 DNA의 이중가닥을 변성시키는데 높은 온도가 이용되기 때문에 열안정성 DNA 중합효소의 사용이 매우 중요하다. 온천의 고온성 세균인 *Thermus aquaticus* (16.20절)에서 분리된 중합효소인 *Taq* 중합효소(*Taq polymerase*)는 95°C까지 안정하여 PCR에서 사용되는 변성 단계에 영향을 받지 않는다 (그림 12.1). 최적 생장 온도가 100°C인 초고온생물(hyperthermophile)인 *Pyrococcus furiosus* (17.4절)로부터의 DNA 중합효소는 *Pfu* 중합효소(*Pfu polymerase*)라 불리며, *Taq* 중합효소보다 훨씬 더 열에 안정하다. 더우기 *Taq* 중합효소와는 달리 *Pfu* 중합효소는 교정(proofreading) 활성을 가지고 있어서 (4.4절) 고도의 정확성이 결정적일 때 특히 유용하다. 열안정성 DNA 중합효소의 요구량을 공급하기 위해서는 이들 효소를 암호화하는 유전자가 *Escherichia coli*에 클로닝되어 효소를 대량으로 생산하는 것이 가능하게 되었다.

PCR 응용 및 RT-PCR

PCR은 관심 있는 유전자의 양쪽 끝 서열을 알고 있다면 유전자를 쉽게 증폭할 수 있기 때문에 유전자 클로닝이나 서열 분석을 목적으로 DNA를 획득하는 데 매우 유용하다. PCR은 비교연구 또는 계통유전학적 연구에서 다양한 출처의 유전자를 증폭하는 데 통상적으로 사용되기도 한다. 이러한 경우에 프라이머는 다양한 생명체에 걸쳐 서열이 보존된 유전자 부위에서 상업적으로 만들어진다. 계통유전학적 분석을 위해 사용되는 분자인 작은 리보솜 소단위(small ribosomal subunit, SSU) rRNA는 매우 보존된 지역과 매우 변이가 심한 지역을 모두 가지고 있기 때문에 (13.7절 및 그림 13.15), 다양한 분류학적 그룹의 16S rRNA 유전자에 특이적인 프라이머를 합성하여 특정한 그룹의 생명체를 위해 다른 서식지를 조사할 수 있다 (19.6절). PCR은 매우 민감하기 때문에 매우 적은 양의 DNA를 증폭하는 데 사용될 수 있다. 예를 들어, 미라가 된 인간의 유해와 화석화된 식물과 동물, 심지어 단일 미생물 세포 (9.12절)와 같은 다양한 출처의 DNA를 증폭하고 클로닝하는 데 PCR이 사용되었다. PCR은 임상 미생물학 실험실에서 의학적 진단의 일반적 도구이기도 하며 (28.8절), 혈액, 정액, 또는 조직 시료와 같은 범죄 현장의 증거물에 대해 신원을 확인하기 위해 과학 수사(forensic science)에서 널리 사용된다.

표준 PCR 과정의 중요한 확장이 mRNA 주형으로부터 DNA를 만드는 데 사용되는 역전사 PCR (*reverse transcription PCR*, RT-PCR)이다 (**그림 12.2**). 이 방법은 한 유전자가 발현이 되는지를 검출하거나 또는 세균에서 발현하기 위해 인트론이 없는 진핵세포 유전자를 생산하는 데 사용될 수 있다 (12.3절). RT-PCR은 레트로바이러스 효소인 역전사효소(*reverse transcriptase*)를 이용

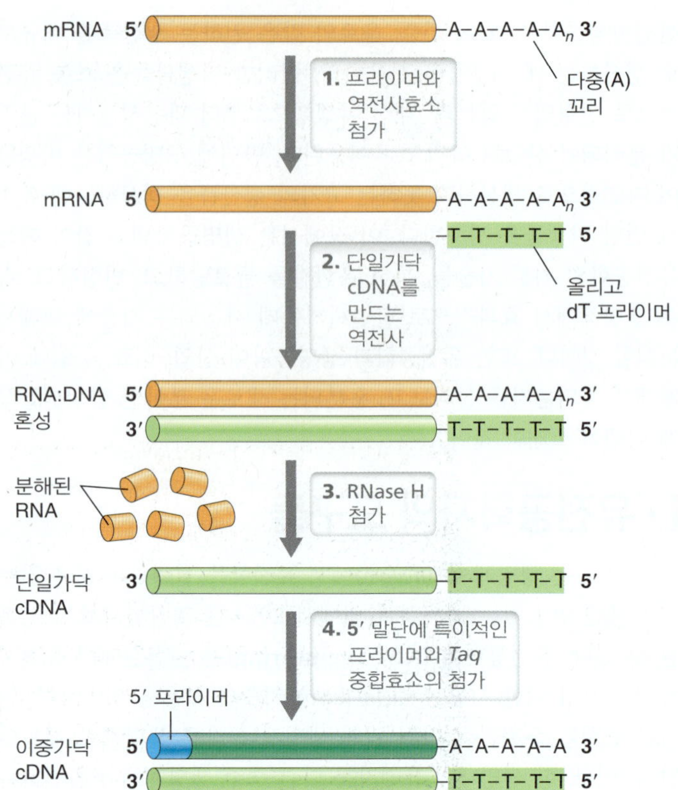

그림 12.2 역전사 PCR. 진핵 mRNA로부터 cDNA를 합성하는 단계. 역전사효소가 mRNA를 주형으로 하고 올리고-T 프라이머를 기질로 이용하여 RNA와 DNA를 모두 포함하는 혼성 분자를 합성한다. 다음은 RNaseH 효소가 혼성 분자의 RNA 부분을 가수분해하여 단일가닥의 상보적 DNA (cDNA) 분자를 생산한다. cDNA의 5′ 말단에 상보적인 프라이머를 첨가해 준 다음에 *Taq* 중합효소가 이중가닥의 cDNA를 생산한다.

하여 RNA를 **상보적 DNA (complementary DNA, cDNA)**로 전환시킨다 (10.11절). 그림 12.2는 역전사효소가 어떻게 RNA를 주형으로 사용하여 cDNA 단일가닥을 만드는지 설명해 준다. cDNA를 만들기 위해서 표적 DNA의 3′ 말단에 상보적인 프라이머가 역전사효소가 RNA 합성을 개시하는 데 사용된다. 주형이 진핵세포 mRNA이라면, mRNA의 다중(A) 꼬리 (4.6절)에 상보적인 프라이머가 사용될 수 있다. 역전사효소 활성은 DNA와 RNA를 모두 포함하는 혼성 핵산 분자를 야기한다. 혼성 분자에 특이적인 리보뉴클레아제(ribonuclease)인 RNase H는 RNA를 가수분해하여 5′ 말단에 상보적인 프라이머를 추가로 사용하는 표준 PCR의 주형으로 단일가닥의 cDNA를 남긴다.

전기영동과 핵산 혼성화

핵산의 증폭이 성공적인지를 검증하고 다른 핵산조작 단계들을 위해 DNA 또는 RNA 절편을 **전기영동(gel electrophoresis)**에 의해서 서로 분리할 수 있다. 전기영동은 크기와 전하의 차이에 기반하여 핵산 조각들을 분리하기 위해 아가로즈(*agarose*) 겔을 이용하는 기술이다 (**그림 12.3*a***). 핵산은 음전하를 띤 인산기 때문에 전류가 흐르면 양전하를 띤 전극을 향하여 겔을 통과하여 이동하며, 작

단원 3

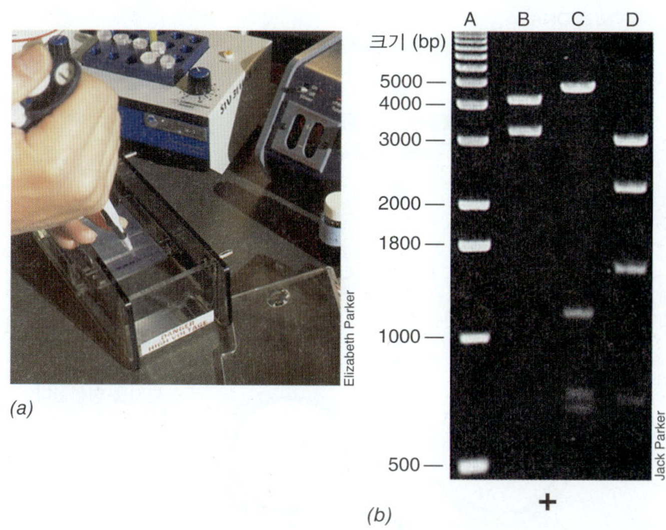

그림 12.3 DNA의 아가로즈 겔 전기영동. *(a)* DNA 샘플을 잠긴 아가로즈 겔의 웰(well) 안에 넣는다. *(b)* 염색된 아가로즈 겔의 사진. DNA는 그림과 같이 겔의 상단부 (음극) 웰에 넣어지고, 하단부가 전계의 양극이다. 레인(lane) A (DNA ladder)의 표준 시료는 알려진 크기의 조각을 가지고 있으며, 다른 레인에 있는 조각의 크기를 결정하는 데 사용된다. 아랫부분의 밴드는 약하게 염색이 되는데, 이는 조각이 작고 따라서 염색되는 DNA가 적기 때문이다.

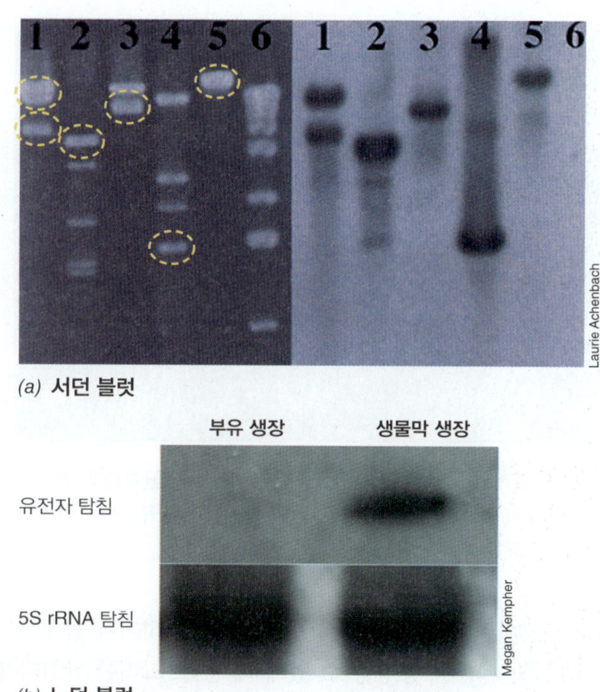

그림 12.4 핵산 혼성화. *(a)* 서던 블럿팅. (왼쪽 그림) 여러 개의 다른 플라스미드로부터 정제된 DNA 분자를 제한효소로 처리하여 아가로즈 겔 전기영동하였다. (오른쪽 그림) 왼쪽에 보이는 DNA 겔의 블럿. 블럿팅 후에 겔의 DNA는 방사능 탐침자와 혼성화된다. 밴드의 위치는 X-선 자기방사선법에 의해서 탐지되었다. 일부 DNA 조각들 (왼쪽 그림에서 노란색 동그라미가 그려진)만이 표지된 탐침에 상보적인 갖고 있음을 주목하라. 6번 레인(lane)은 크기 표지로 사용되는 DNA를 포함하며 어떤 밴드도 탐침에 혼성화되지 않았다. *(b)* 노던 블럿팅 (위 그림) 방사능 유전자 특이적 탐침자의 전체 RNA 블럿에 혼성화 및 검출. 생물막으로 생장한 세포의 RNA에만 결합된 탐침자는 표적유전자가 플랑크톤 (부유) 생장 동안에 발현되지 않음을 보여준다. (아래 그림) 5S rRNA에 해당하는 방사능 탐침자의 동일한 블럿에 혼성화 및 검출. 신호의 강도는 각 시료로부터 동일한 양의 RNA가 겔에 적재되었음을 보여준다.

은 분자가 큰 분자보다 더 빠르게 이동한다. DNA 분자들을 분리하는데 충분한 시간동안 겔을 전개시킨 후에 에티디움 브로마이드(*ethidium bromide*)와 같이 DNA에 결합하여 형광을 띠게 하는 화합물로 겔을 염색한다 (그림 12.3*b*). 관심의 대상이 되는 DNA 또는 RNA의 크기를 결정하기 위해서는 사다리(*ladder*)라 불리는 알려진 크기의 DNA 조각들로 이루어진 표준 샘플과 겔에서의 이동을 비교한다. 전기영동 후에는 DNA 조각을 겔로부터 정제하여 클로닝 또는 혼성화와 같은 다양한 목적으로 사용할 수 있다.

DNA가 변성이 되면 (즉 두 가닥이 분리되면), 단일가닥은 상보성 (혹은 거의 상보성) 염기결합에 의해 다른 단일가닥의 DNA (혹은 RNA) 분자와 잡종(hybrid) 이중가닥 분자를 형성할 수가 있다 (⇄ 4.1절). 이를 핵산 혼성화(*nucleic acid hybridization*) 혹은 간단히 **혼성화(hybridization)**라고 하며 DNA와 RNA 조각의 탐색, 특성 분석 및 확인에 널리 사용된다. 이미 정체를 알고 있고 혼성화에 이용되는 단일가닥의 핵산을 **핵산 탐침자(nucleic acid probe)** 혹은 단순히 탐침자(*probe*)라 한다. 탐색을 위해서 탐침자는 방사능(radioactive)을 갖도록 하거나 혹은 색을 띠거나 형광 산물을 내는 화학물질로 시약으로 표지할 수 있으며 (⇄ 19.5절), 혼성화 조건을 변화시켜서 상보적 염기결합이 거의 정확하게 될 수 있도록 혼성화의 "stringency"를 조정하는 것이 가능하다.

혼성화는 다른 유전체나 또는 다른 유전요소에 있는 연관된 서열을 찾거나, 유전자가 RNA 복사본으로 발현되는지를 결정하는데 유용하다. 서던 블럿팅(*Southern blotting*)에서는 알려진 서열의 탐침자가 겔 전기영동에 의해서 분리된 표적 DNA 조각에 혼성화된다. 이렇게 DNA가 겔 안에 있는 표적서열이고 RNA나 DNA가 탐침자인 혼성화 방법을 **서던 블럿(Southern blot)**이라 한다. 이에 반해 **노던 블럿(Northern blot)**은 표적서열로 RNA를, 탐침자로 DNA나 RNA를 사용하여 유전자 발현을 검출한다. 두 가지 기술 모두에서 핵산 조각은 단일가닥이어야 하며 합성 막으로 옮겨진다. 그 다음에 표지된 탐침자에 막을 노출시킨다. 탐침자가 어떤 조각에 상보적이라면 잡종이 형성되고, 탐침자는 상보성 조각이 존재하는 위치에서 막에 결합된다. **그림 12.4**는 탐침자와 혼성화되는 서열을 포함하는 DNA 조각을 확인하는데 어떻게 서던 블럿이 이용될 수 있는지와 노던 블럿의 신호의 강도가 어떻게 표적유전자로부터 mRNA의 양(abundance)을 대략적으로 추정해주는지를 보여준다.

핵산 혼성화(nucleic acid hybridization)는 많은 다른 용도를 갖는다. 혼성화는 형광 현장 혼성화(fluorescence in situ hybridization, FISH)의 기초가 되며 (⇄ 19.5절) (**그림 12.5**), 형광 탐침자를 이용하여 세포에서 특정 DNA (또는 RNA) 서열을 표적한다.

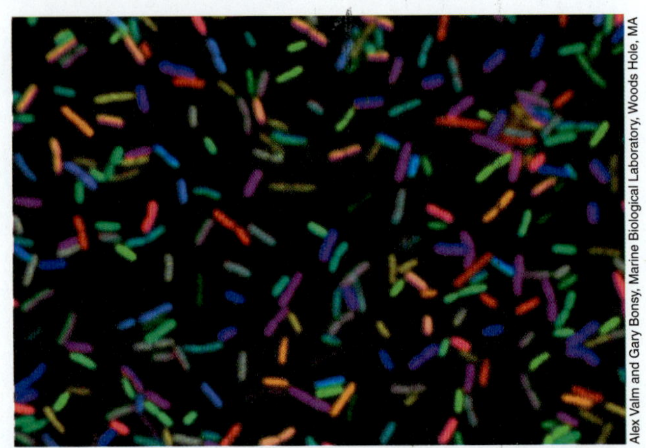

그림 12.5 28개의 다르게 표지된 *Escherichia coli* 균주들의 형광 스펙트럼 영상. *E. coli*의 16S rRNA에 상보적인 형광발색단(fluorophore)-접합 올리고뉴클레오티드의 조합으로 세포를 표지하였다.

이러한 접근법은 임상 시료에서 병원균을 동정하거나 환경 시료에서 관심 있는 세균을 동정할 수 있게 해 준다. 그러한 탐침자를 사용하여 16S 리보솜 RNA 유전자의 특징적인 서열에 또는 리보솜 RNA에 직접 혼성화시켜 특정 세균의 종이나 균주를 동정할 수 있다. 예를 들어, 그림 12.5는 8개의 다른 올리고뉴클레오티드 탐침자를 동시에 함께 사용하여 SSU rRNA 유전자 서열이 균주마다 약간만 다른 28개의 서로 다른 *Escherichia coli* 균주를 구별하는 것을 보여준다. 색깔의 차이는 핵산 탐침자의 특이성과 능력을 시각적으로 보여준다. 혼성화는 다양한 "오믹스(omics)"에서도 중요하다. 특히 마이크로어레이(microarray)를 이용하여 유전체 수준의 유전자 발현을 각각 순수배양 및 자연 집단에서 감시할 수 있는 전사체학(transcriptomics)과 메타전사체학(metatranscriptomics)에서 중요하다 (9.9절).

미니퀴즈

- 왜 PCR에 의해 증폭되는 DNA 조각의 양 끝에 프라이머가 필요한가?
- RT-PCR은 전통적 PCR과 어떻게 다른가?
- 분자생물학에서 핵산 혼성화는 어떻게 응용되는가?

12.2 분자 클로닝

원하는 유전자를 원래의 출처로부터 작고 조작이 가능한 유전요소(genetic element) [**벡터(vector)**]로 옮기는 것을 **분자 클로닝(molecular cloning)**이라 한다. 분자 클로닝의 결과 다른 출처의 DNA를 포함하는 분자인 **재조합 DNA(recombinant DNA)**가 된다. 일단 클로닝이 되면 관심 있는 유전자를 조작할 수 있으며, 적절한 숙주에 재조합 벡터를 놓게 되면 클로닝된 DNA가 복제되어 유전공학의 기초를 제공한다.

유전자 클로닝의 개요

원료(source) DNA를 분리한 이후에 유전자 클로닝의 주요 단계는

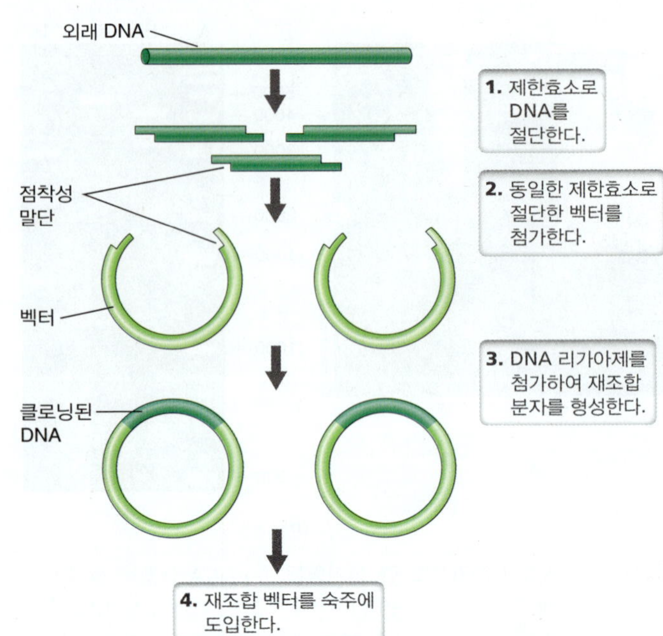

그림 12.6 유전자 클로닝의 주요 단계. 외래 DNA와 벡터를 동일한 제한효소로 절단하면 상보적인 점착성 말단이 생성되고 외래 DNA가 벡터에 삽입되는 것이 가능해진다.

(1) DNA를 클로닝 벡터에 삽입하고 (**그림 12.6**), (2) 그 벡터를 숙주에 집어넣는 것이다. 원료 DNA는 중합효소연쇄반응 (12.1절)에 의해 증폭된 하나의 유전자이거나 또는 유전자들일 수 있고, 역전사효소 (12.1절)에 의해서 RNA 주형으로부터 합성된 DNA, 혹은 시험관 내에서 완전히 합성된 DNA (12.4절)일 수도 있다. 클로닝 벡터는 클로닝된 DNA 조각을 운반하고 복제할 수 있는 작고 독립적으로 복제하는 유전요소이다 (그림 12.8 참조). 클로닝 벡터는 보통 제한 부위(*restriction site*)에 외래 DNA를 삽입할 수 있도록 디자인된다 (그림 12.6). 제한 엔도뉴클레아제(*restriction endonuclease*) 혹은 간단히 **제한효소(restriction enzymes)**는 DNA 내의 특정 염기서열 (제한 부위)을 인식하고, 인산디에스테르 골격(phosphodiester backbone)을 절단하여 두 가닥 절단(double-stranded break)을 야기한다 (**그림 12.7**). 인식서열은 보통 역반복(inverted repeat)이며 회문상 구조(*palindromes*)라고 한다.

다른 서열 특이성을 가진 제한효소들은 세균에 광범위하게 퍼져 있으며, 바이러스 DNA에 의한 공격으로부터 세포를 보호한다. 세포는 유전체 내에 존재하는 어떤 제한 부위의 염기 중 하나를 화학적으로 변형시켜서 (보통은 메틸화) 자기 자신의 제한효소로부터 보호된다. 제한효소 *Eco*RI은 엇갈린 절단(staggered cut)을 만든다. 두 조각의 말단에 "점착성(sticky)" 말단이라고 불리는 짧은 단일가닥 돌출부위(overhang)를 남기게 된다. *Eco*RV와 같은 다른 제한효소는 DNA의 양쪽 가닥을 모두 서로 반대 방향으로 절단하여 무딘(blunt) 말단을 생성한다 (그림 12.7). 원료 DNA와 벡터가 모두 동일한 제한효소에 의해 절단되어 상보적인 점착성 말단이 만들어지게 되면, 벡터와 원료 DNA의 가닥들을 공유결합으로 연결해주는 효소인 DNA 리가아제(*DNA ligase*)를 이용하여 두 분자가 연결

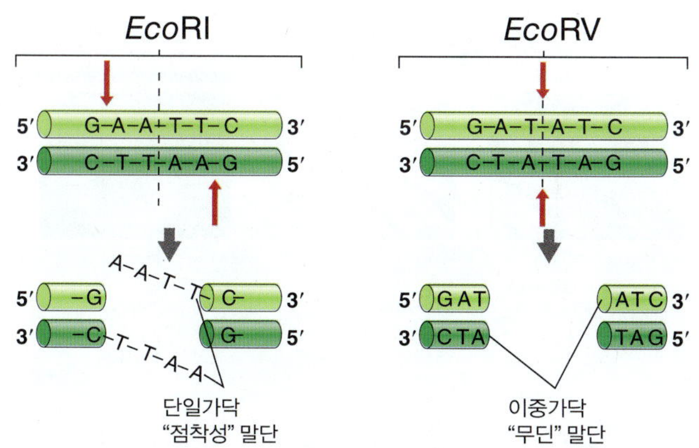

그림 12.7 DNA의 제한 및 변형. 제한효소 *Eco*RI과 *Eco*RV가 인식하는 DNA 서열. 붉은색 화살표는 효소에 의해서 절단되는 결합을 나타내며, 점선은 서열의 대칭축을 나타낸다. 제한효소로 DNA를 절단한 후에, *Eco*RI에 의해 생성되는 단일가닥의 "점착성(sticky)" 말단과 *Eco*RV에 의해 생성되는 "무딘(blunt)" 말단을 주목하라.

(annealed)될 수 있다. 원료 DNA가 PCR로 만들어진다면 DNA 리가아제를 이용하여 증폭된 DNA를 특수 벡터에 결합시킨다 (그림 12.9*a* 참조).

유전자 클로닝의 최종 단계에서는 재조합 DNA 분자가 복제될 수 있는 적절한 숙주 생명체로 도입된다. 그러나 실제로 이 과정에서 재조합 혼합체가 만들어지는데 일부 세포만이 원하는 클로닝된 유전자를 가지고 있다. 정확한 재조합 DNA를 포함하고 있는 숙주 집락을 확인하기 위해 항생제 내성과 같은 벡터-암호화 표지를 발현하는 숙주 세포를 선택할 수 있다. 외래 DNA 삽입으로 인해 벡터 유전자가 불활성화되는 것을 탐색하여 이러한 집락에서 재조합 벡터를 스크리닝할 수 있다 (그림 12.8 참조).

클로닝 벡터

바이러스, 코스미드(cosmid), 인공 염색체를 포함하는 여러 가지 유형의 클로닝 벡터가 존재하며, 클로닝하고자 하는 DNA 조각의 크기와 벡터가 삽입되는 숙주에 따라 그 사용법이 달라진다. 플라스미드는 널리 사용되는 클로닝 벡터이며 플라스미드 pUC19가 좋은 예이다 (**그림 12.8**). 이 플라스미드는 선별을 위해 앰피실린(ampicillin) 내성 유전자를 가지고 있으며, 푸른색-흰색 색깔-검색 체계(blue-white color-screening system)로 재조합체를 선별한다. 다중 클로닝 부위(*multiple cloning site, MCS*)라 불리는 많은 서로 다른 제한효소들의 절단 부위를 포함하고 있는 인공 DNA의 짧은 조각을 포함하고 있으며, 젖당분해효소인 β-galatosidase를 암호화하는 *lacZ* 유전자 내에 삽입된다 (6.4절 및 그림 6.14). 짧은 MCS의 존재는 *lacZ*를 불활성화시키지 않으며, MCS에 존재하는 제한효소들의 절단 부위는 벡터의 다른 곳에는 없다.

유전자 클로닝에서 pUC19의 사용은 그림 12.8에서 보여준다. MCS 내에 절단 부위를 가진 적절한 제한효소를 선택하고, 벡터와 클로닝하려는 외래 DNA를 모두 이 효소로 자른다. 벡터는 선형으로 되고, 외래 DNA 조각은 열린 절단 부위에 삽입되어 DNA 리가아제 효소로 그 위치에 연결된다. 이 삽입은 *lacZ* 유전자를 파괴시키며—삽입 불활성화(*insertional inactivation*)라 불리는 현상—외래 DNA가 벡터나 재조합 벡터 내에 존재하는 것을 탐지하는 데 이용된다. DNA 연결 후에 생성되는 플라스미드는 *Escherichia coli* 세포 내로 형질전환되고, 앰피실린 (플라스미드를 포함하는 세포를 선별하기 위함)과 젖당 유도체인 *X-gal*이 모두 함유된 배지에서 세포를 도말하여 β-galactosidase 활성을 검출한다. 무색의 X-gal은 β-galactosidase에 의해 절단되어 푸른색의 산물이 생성된다. 따라서 클로닝된 DNA가 없는 벡터를 보유한 세포들은 푸른색의 집락을 형성하는 반면에 (즉, β-galactosidase 활성), 클로닝 DNA가 삽

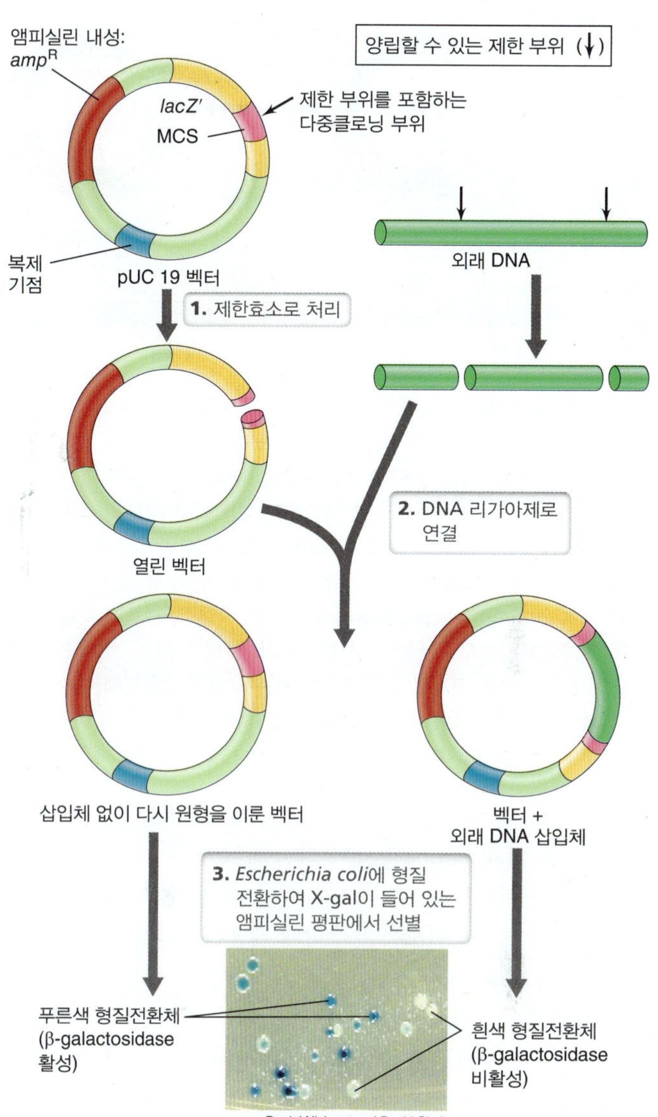

그림 12.8 플라스미드 벡터 pUC19에 클로닝하기. 필수적인 특징은 앰피실린(ampicillin) 내성 표지와 여러 제한효소 절단 부위를 갖는 다중 클로닝 부위(MCS)를 포함한다. 클로닝 벡터와 외래 DNA는 화살표가 지시하는 위치에서 부합하는 제한효소로 절단된다. MCS 내에 클로닝된 DNA를 삽입하면 β-galactosidase를 불활성화시켜서 삽입체(insert)의 존재에 대한 푸른색-흰색 검색을 가능하게 한다. 아래 사진은 Xgal 평판 상의 *Escherichia coli* 집락을 보여준다. β-galactosidase 효소는 평소에는 색이 없는 Xgal을 절단해서 푸른색 산물을 형성하게 한다.

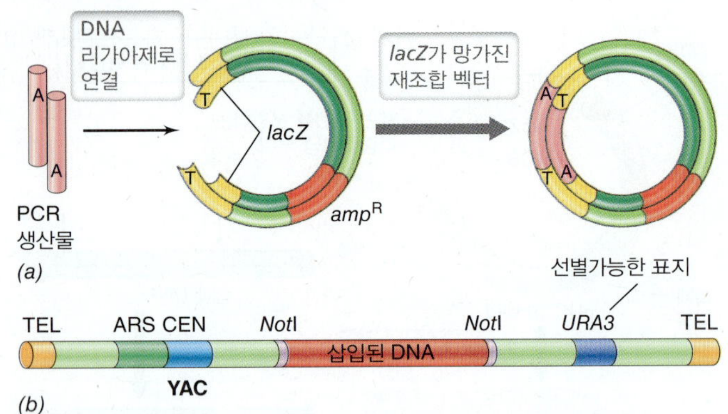

그림 12.9 특수 벡터. *(a)* PCR 벡터. 선형화된 클로닝 벡터는 티민 잔기가 돌출되어 있는데, 이것이 *Taq* 중합효소가 생성하는 PCR의 3′ 말단에서 아데닌 잔기와 염기쌍을 이룬다. 두 조각의 DNA가 결합되면 망가진 *lacZ*를 포함하는 원형의 플라스미드가 생성된다. *(b)* 외래 DNA를 포함하는 효모 인공 염색체(YAC). 외래 DNA가 *NotI* 제한효소 부위에서 벡터에 클로닝되었다. 텔로미어는 TEL로, 센트로미어는 CEN으로 표지되었다. 복제 기점은 ARS (autonomous replication sequence, 자율적인 복제 서열)로 표지되었다. *URA3* 유전자가 선별에 사용되었다. 클론이 형질전환되는 숙주는 *URA3*에 돌연변이를 가지고 있어서 생장에 우라실이 필요하다 (Ura^-). 이러한 YAC을 포함하는 숙주 세포는 Ura^+가 된다. 도식은 크기가 고려되지 않았다. 벡터 DNA는 10 kbp이고 클로닝된 DNA는 800 kbp까지 될 수 있다.

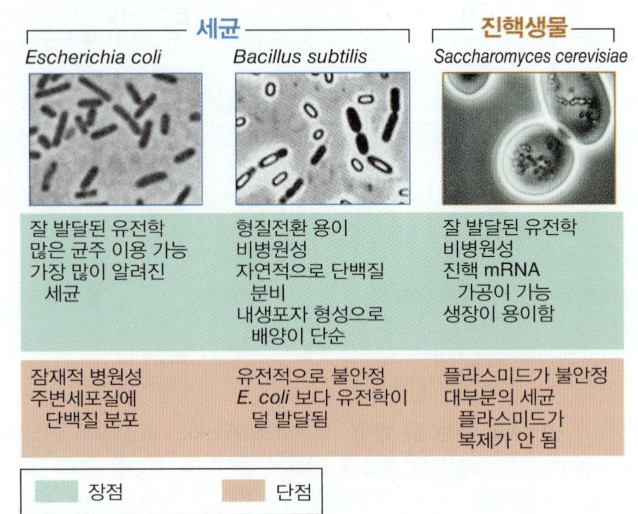

그림 12.10 분자 클로닝을 위한 숙주. 몇몇 클로닝 숙주의 장점 및 단점에 대한 요약.

입된 벡터를 가지고 있는 세포들은 β-galactosidase를 생산하지 못하여 흰색을 띠게 되고 향후 분석의 초점이 된다.

중합효소연쇄반응(PCR; 12.1절)에서 *Taq* 중합효소에 의해 합성되는 DNA를 클로닝하도록 특수하게 개발된 플라스미드도 설계되었다 (**그림 12.9*a***). *Taq* 중합효소의 효소활성은 주형과는 독립적으로 그 생산물의 3′ 말단에 아데노신 잔기를 첨가한다. 상업적으로 시판되는 선형 벡터는 티민 잔기가 돌출(overhanging)되어 있어서 *Taq* PCR 생산물로 염기쌍이 가능하고 이후에 DNA 리가아제로 결합이 가능하게 된다 (그림 12.9*a*). 효모 *Saccharomyces cerevisiae*에 유전자를 클로닝하기 위해서는 **효모 인공염색체(yeast artificial chromosome, YAC)**가 자주 사용된다 (그림 12.9*b*). YAC은 효모에서 염색체와 같이 복제되지만 매우 큰 DNA 조각이 삽입될 수 있는 부위를 가진 선형 벡터이다. YAC가 보통의 진핵 염색체와 같이 작동하기 위해서는 DNA 복제 기점(origin), 염색체 말단에서 DNA 복제를 위한 텔로미어(telomere), 체세포분열(mitosis) 중에 분리를 위한 센트로미어(centromere)를 갖는다. YAC은 클로닝 부위와 숙주에 형질전환된 후에 선별을 위한 유전자도 가지고 있다 (그림 12.9*b*).

클로닝 벡터를 위한 숙주

클로닝을 위해 가장 유용한 숙주는 배양과 조작된 DNA를 형질전환하기가 용이해야 한다. 배양 시 유전적으로 안정해야 하며, 벡터의 복제를 위한 적절한 효소들을 가지고 있어야 한다. 또한 숙주에 대한 상당한 유전적 정보와 유전자 조작을 위한 도구들이 풍부하다면 도움이 된다. 이러한 조건들을 만족하는 숙주들은 세균인 *Escherichia coli*와 *Bacillus subtilis*, 그리고 효모인 *Saccharomyces cerevisiae*가 있다 (**그림 12.10**). 이들 생명체 모두에 대해 완전한 유전체 서열이 알려져 있으며 클로닝 숙주로서 광범위하게 이용된다.

*E. coli*는 인간의 장내에서 발견되고 야생형 균주는 잠재적으로 병원성이지만 (32.11절), 특별히 클로닝을 목적으로 여러 변형된 *E. coli* 균주가 개발되었다. 그러나 클로닝된 유전자 발현을 원한다면 이 그람-음성 세균 (2.5절)의 외막이 단백질 분비를 방해할 수 있다. 이 문제는 그람-양성 세균인 *Bacillus subtilis*를 클로닝 숙주로 사용하여 해결될 수 있다 (그림 12.10). 진핵 숙주는 진핵 단백질의 생산을 위해 요구되는 복잡한 RNA 가공 및 변역 후 과정 체계를 이미 보유하고 있기 때문에 출처가 진핵세포인 DNA를 원핵세포가 아닌 진핵세포에 클로닝하는 것이 종종 이루어진다 (4.6절). 배양과 조작이 쉽기 때문에 진핵세포에서 클로닝을 위한 숙주는 효모인 *S. cerevisiae*이다. 그러나 몇몇 클로닝의 응용에서는 식물 조직이나 곤충 세포 라인(line), 또는 배양된 포유류 세포의 사용이 요구되기도 한다. 진핵 숙주의 유형에 관계없이 클로닝된 DNA를 숙주 내로 넣는 것이 필요하며 트랜스펙션(transfection) (그림 12.20 참조), 미세주입(microinjection), 전기천공법(electroporation, 11.6절) 등이 사용될 수 있다.

미니퀴즈

- 분자 클로닝의 목적은 무엇인가?
- 다중 클로닝 부위(multiple cloning site)란 무엇이며, 삽입 불활성화(insertional inactivation)란 무엇인가?
- 분자 클로닝을 위해 진핵 숙주를 사용하는 것이 이로울 때는 언제인가?

12.3 세균에 외래 유전자를 발현하기

일단 유전자가 클로닝되면 전사가 되고 번역이 되어서 (발현되고) 암호화하는 단백질을 생산할 수 있다. 포유류나 다른 진핵 출처의 유전자를 발현하는 데 있어서의 장애물은 다음과 같다: (1) 유전자는 세균의 프로모터(promoter)의 통제 하에 놓여 있어야 한다; (2) 인트론(intron, 4.6절)을 모두 제거하여야 한다; (3) 코돈 사용빈도(codon usage) (codon bias, 4.9절)가 유전자 서열 편집을 요구할 수 있다; (4) 많은 포유류 단백질은 활성 형태로 생산되기 위해 번역 후에 숙주 변형이 요구되는데 세균은 대부분 그러한 변형을 수행할 수 없다. 여기서는 이러한 도전적 문제들의 해결책을 다룬다.

발현 벡터를 이용한 클로닝된 유전자의 전사 및 번역

발현 벡터(expression vectors)는 실험자가 클로닝된 유전자의 발현을 조절할 수 있도록 설계되어야 한다. 그러나 클로닝된 유전자의 고유의 프로모터는 새로운 숙주에서 작동이 잘 되지 않을 수 있으며, 외래 단백질의 과량 생산은 숙주 세포에 손상을 줄 수도 있다. 따라서 클로닝된 유전자의 발현을 조절하는 것이 중요하다. 보통 조절은 전사 수준에서 일어나며, 실제로 높은 수준의 전사는 RNA 중합효소에 효과적으로 결합하는 강력한 프로모터를 요구한다 (4.5절). 이러한 한 예는 유전자 발현을 조절하기 위해서 박테리오파아지 T7 프로모터와 T7 RNA 중합효소를 사용하는 것이다. T7이 *Escherichia coli*를 감염시키면 T7 프로모터만을 인식하는 자신의 RNA 중합효소를 암호화한다 (10.4절). T7 발현 벡터에서는 클로닝된 유전자를 T7 프로모터의 통제 하에 둔다. 이것을 성취하기 위해서는 T7 RNA 중합효소 유전자 또한 *lac*처럼 쉽게 조절되는 시스템의 통제 하에서 세포 내에 존재해야 한다 (6.2절) (**그림 12.11**). 이것은 *lac* 프로모터를 갖는 T7 RNA 중합효소 유전자를 특수한 숙주 균주의 염색체 내로 도입함으로써 수행된다.

BL21 계열의 *E. coli* 숙주 균주는 T7 발현 벡터인 pET 계열과 함께 작동하도록 특별하게 고안이 되었다 (그림 12.11). 화합물 IPTG (6.2절)와 같은 *lac* 유도자에 의해 T7 RNA 중합효소의 전사가 시작된 바로 후에 클로닝된 유전자의 발현이 일어난다. T7 RNA 중합효소는 T7 프로모터만을 인식하기 때문에 클로닝된 유전자만을 전사하게 된다. T7 RNA 중합효소는 활성이 매우 강하여 대부분의 RNA 전구체를 소모함으로써 클로닝된 유전자만 전사하도록 제한된다. 결과적으로 숙주의 RNA 중합효소를 필요로 하는 숙주 유전자들은 대부분은 전사가 되지 않고, 따라서 세포는 생장을 멈춘다; 이러한 세포의 번역은 관심 있는 단백질을 주로 생산한다. 따라서 T7 조절 시스템은 특정 단백질을 대량으로 생산하는데 매우 효과적이다.

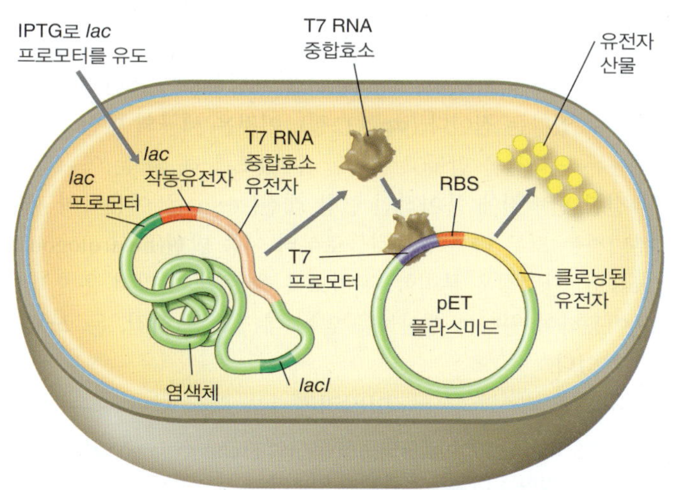

그림 12.11 T7 발현 체계. T7 RNA 중합효소 유전자는 *lac* 프로모터의 조절 하에 유전자 융합이 되어 있고, *Escherichia coli* (BL21) 특별한 숙주 균주의 염색체 내에 삽입되어 있다. IPTG를 첨가하면 *lac* 프로모터가 유도되어, T7 RNA 중합효소의 발현이 일어난다. 이는 T7 프로모터의 조절 하에서 pET 플라스미드에 있는 클로닝된 유전자를 전사시킨다. RBS, 리보솜 결합 부위.

발현 벡터 또한 생성되는 mRNA가 효과적으로 번역될 수 있도록 설계되어야 한다. mRNA 분자로부터 단백질을 합성하기 위해서는 리보솜이 정확한 위치에 결합하고 정확한 해독틀로 읽기 시작하는 것이 필수적이다. 세균에서는 이것이 mRNA 상에 리보솜 결합부위(RBS, 4.9절)와 가까이 있는 개시코돈을 가짐으로써 이루어진다. 세균의 RBS는 진핵생물에서는 발견되지 않으며 높은 수준의 진핵 유전자 발현이 이루어지려면 벡터 내에 조작되어야 한다.

고효율의 번역을 보장하기 위해서는 클로닝된 유전자에 다른 조정이 필요하다. 예를 들어, 코돈 사용빈도(*codon usage*)가 장애가 될 수도 있다. 코돈 사용빈도는 세포 내의 적절한 tRNA의 농도와 관련이 있다 (9.2절, 표 9.3). 유전암호의 중복성(redundancy)으로 인해 대부분의 아미노산에 대하여 두 개 이상의 tRNA가 존재한다 (4.9절). 따라서 클로닝된 유전자가 발현 숙주의 그것과는 상당히 다른 코돈 사용빈도 패턴을 갖는다면 그 숙주에서는 비효율적으로 번역될 것이다. 위치지정 돌연변이(site-directed mutagenesis) (12.4절)를 이용하여 유전자 내의 코돈 선택을 바꾸어서 좀 더 숙주의 코돈 사용 패턴을 따르도록 할 수 있다.

mRNA 또는 인공 합성을 통하여 유전자 클로닝하기

진핵세포 유전자가 보통 그런 것처럼 클로닝된 유전자가 인트론을 가지고 있는 경우에는 (4.6절) 세균 숙주에서는 변형이 일어나지 않는 한 정확한 단백질 산물이 만들어지지 않을 것이다. 이것은 mRNA를 통해 해결될 수 있다. 보통의 포유류 세포에서는 전체 RNA의 5% 미만이 mRNA이다. 그러나 진핵세포의 mRNA는 3′ 말단에 있는 다중(A)꼬리[poly(A) tail] 때문에 독특하며 (4.6절), 이로 인해 양이 적어도 얻기가 쉽다. 셀룰로오스(cellulose) 지지대에 연결된 다중(T) [poly(T)] 가닥을 포함하고 있는 크로마토그래피 관에 세포 추출액을 통과시키면 대부분의 mRNA는 A와 T 염기의 특이적 결합에 의해 다른 RNA로부터 분리된다. 그 RNA는 저염-완충용액에 의해 관으로부터 유리되고 mRNA가 매우 풍부하게 만들어진다.

그림 12.2에서 설명된 것처럼 일단 mRNA가 분리되면 유전정보가 RT-PCR에 의해 상보적 DNA (cDNA)로 전환된다. 이 이중가닥의 cDNA는 코딩 서열을 가지고 있지만 인트론이 없어서 (**그림 12.12**) 클로닝을 위해 플라스미드나 다른 벡터에 삽입될 수 있다. 그러나 cDNA는 단백질을 암호화하는 염기서열(coding sequence)만을 포함하기 때문에 발현에 필요한 프로모터와 그 밖의 상부 조절서열(upstream regulatory sequence)이 없다. 따라서 세균의 프

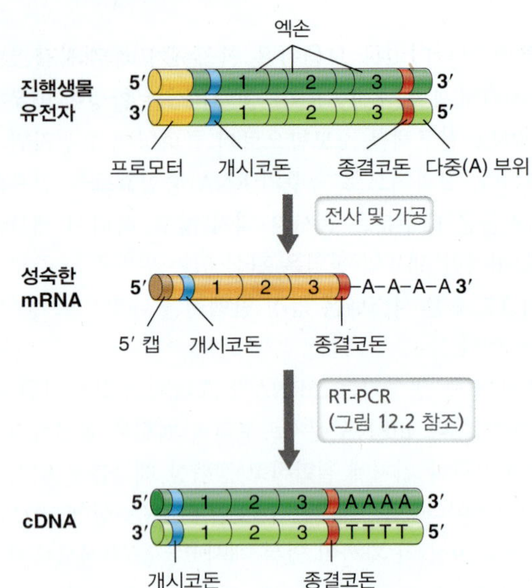

그림 12.12 상보적 DNA (cDNA). 역전사 PCR (RT-PCR)에 의해 만들어지는 진핵생물 유전자에 해당하는 인트론이 없는 cDNA의 합성 단계를 보여준다.

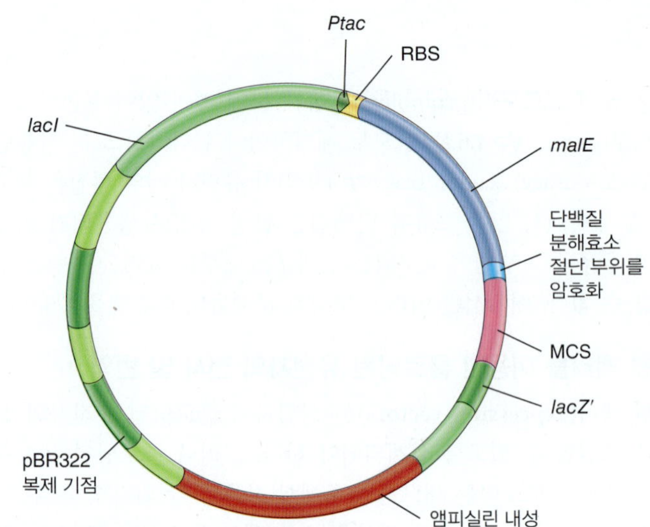

그림 12.13 융합을 위한 발현 벡터. 클로닝되는 유전자는 다중 클로닝 부위(MCS)에 삽입되어 맥아당 결합 단백질을 암호화하는 *malE* 유전자와 해독틀이 맞도록 설계되었다. 이 삽입은 β-glucosidase를 암호화하는 *lacZ*의 alpha 단편의 유전자를 불활성화시킨다. 융합된 유전자는 잡종 *tac* 프로모터(*Ptac*)와 *Escherichia coli* 리보솜-결합 부위(RBS)의 조절을 받는다. 또한 플라스미드는 *lac* 억제자를 암호화하는 *lacI* 유전자를 가지고 있다. 따라서 *tac* 프로모터를 작동시키기 위해서는 유도물질(inducer)을 첨가해야 한다. 플라스미드는 숙주에 앰피실린 내성을 부여하는 유전자를 가지고 있다.

로모터와 리보솜 결합 부위를 갖는 발현 벡터를 이용하여 이런 방법으로 클로닝된 유전자를 높은 수준으로 발현할 수 있다 (그림 12.13 참조).

작은 단백질을 위해서는 전체 유전자를 인공적으로 합성하는 것이 가능하다 (12.4절). 고가의 펩티드 호르몬과 같은 많은 포유류 단백질은 더 큰 전구물질로부터 단백질분해효소(protease)에 의해 쪼개져서 만들어진다. 따라서 인슐린과 같은 짧은 펩티드를 활성인 형태로 생산하기 위해서는 그 호르몬이 유래된 더 큰 전구 단백질이 아닌 최종 호르몬만을 암호화하는 인공 유전자를 제조하고 클로닝하는 것이 몇 가지 장점을 갖는다. 만들어지는 유전자는 자연적으로 인트론이 없으므로 그 mRNA가 가공될 필요가 없다. 또한 프로모터와 다른 조절서열들은 암호화 서열의 유전자 앞쪽에 삽입될 수 있으며, 발현 숙주를 최적화하기 위해 코돈 편중(codon bias) (4.9절과 9.2절) 현상도 조정될 수 있다.

단백질 안정성 및 정제

한 단백질을 새로운 숙주에서 합성하는 것은 추가적인 문제들을 유발할 수 있다. 예를 들어, 어떤 단백질은 세포내 단백질분해효소에 의해 분해되기 쉬우며, 다른 단백질은 숙주에 독성을 띨 수 있다. 또한 단백질이 대량으로 과량 생산될 때 때로는 봉입체(inclusion body) 내로 뭉쳐진다. 봉입체는 정제하기가 비교적 쉽지만 포함된 단백질은 보통 용해시키기가 어려우며 부분적으로 변성될 수 있다. 표적 단백질을 벡터에 의해 암호화되는 운반 단백질과 함께 융합 단백질(*fusion protein*)로 만든다면 단백질 정제를 단순화할 수 있다. 이를 위해서는 두 개의 유전자를 융합시켜 하나의 암호화 서열을 만든다. 그 사이에는 상업적으로 사용가능한 단백질분해효소에 의해 인식되어 쪼개지는 짧은 단편을 포함시킨다. 전사 및 번역 후에는 단일 단백질이 만들어지고, 운반 단백질을 위해 설계된 방법으로 정제된다. 그리고 융합 단백질은 단백질분해효소에 의해 쪼개져서 운반 단백질로부터 표적 단백질을 방출한다. 봉입체를 형성하지 않고 정제가 쉽도록 운반 단백질을 선택할 수 있기 때문에 융합 단백질은 표적 단백질의 정제를 단순화시킨다.

융합 단백질을 생산하는 몇 가지 융합 벡터가 사용 가능하다. **그림 12.13**은 발현 벡터이기도 한 융합 벡터의 예를 보여준다. 이러한 예로 운반 단백질은 *Escherichia coli*의 맥아당-결합 단백질(*malE*에 의해 암호화됨, 그림 12.13)이며, 맥아당에 대한 친화력에 기반을 둔 방법에 의해서 쉽게 정제된다. 일단 정제가 되면 융합 단백질의 두 부분은 단백질분해효소 또는 화학적 처리에 의해 분리된다. 융합 단백질을 만드는 또 다른 장점은 원형질막을 통해 단백질이 수송될 수 있도록 소수성 아미노산이 풍부한 펩티드인 세균의 신호서열(*signal sequence*)을 포함하도록 운반 단백질을 선택할 수 있다는 점이다 (4.12절). 이것은 세균의 발현 시스템이 포유류 단백질을 만들고 분비할 수 있도록 해 줄 뿐 아니라 맥아당-결합 단백질에 특이적인 결합 레진(resin)을 이용하여 세포가 분비하는 모든 다른 단백질들로부터 이종 발현(heterologously expressed) 단백질을 분리할 수 있도록 해 준다. 따라서 운반 단백질을 이용하여 원하는 생산물을 얻는 데 필요한 시간, 돈, 노력을 아낄 수 있다.

미니퀴즈

- 박테리오파아지 T7 프로모터를 이용하여 *Escherichia coli*에서 진핵 유전자의 발현을 어떻게 조절할 수 있는가?
- mRNA로부터 또는 합성 유전자를 이용하여 포유류 유전자를 클로닝하는 것이 PCR 증폭과 원래 유전자를 클로닝하는 것보다 주된 장점은 무엇인가?
- 융합 단백질은 어떻게 만들어지는가?

12.4 돌연변이 유발의 분자적 방법

기존의 돌연변이 유발요인들은 온전한 개체에 무작위로(*random*) 돌연변이를 일으킨다 (⇄ 11.4절). 이에 반해 위치지정 **돌연변이생성(site-directed mutagenesis)** [시험관 내 돌연변이(*in vitro mutagenesis*)로도 불림]은 합성 DNA와 DNA 클로닝 기술을 이용하여 유전자의 정확하게 정해진 위치(*precisely determined site*)에 돌연변이를 일으킨다. 하나 또는 단지 몇 개의 염기를 바꾸는 것 외에도 정확하게 정해진 위치에 커다란 DNA 조각을 삽입하여 돌연변이를 공학적으로 조작할 수도 있다.

위치지정 돌연변이생성

위치지정 돌연변이생성은 정확한 서열의 짧은 DNA 서열 [올리고뉴클레오티드(*oligonucleotide*)]이 이용가능해야 하는데 이것은 화학적으로 합성된다; 중합효소연쇄반응과 혼성화 (12.1절)에 사용되는 프라이머나 탐침자도 이러한 방식으로 만들어진다. 12–40 염기의 올리고뉴클레오티드는 저렴하고 상업적으로 이용가능하며, 필요한 경우에는 길이가 100개가 넘는 염기의 올리고뉴클레오티드도 만들 수 있다. 위치지정 돌연변이생성은 특정 유전자의 어떤 염기쌍도 변화시킬 수 있다. 돌연변이가 된 유전자가 발현될 때, 아미노산 서열이 바뀐 단백질이 생산될 것이다. 그래서 위치지정 돌연변이생성은 특정 아미노산의 기능적 중요성을 시험하기 위해 단백질을 조작하는 데 사용될 수 있다.

그림 12.14에서는 위치지정 돌연변이생성의 과정을 보여준다. 클로닝된 표적유전자가 변성되어 단일가닥 DNA를 형성하고, 하나의 염기 미스매치(mismatch)를 가지고 있는 돌연변이된 올리고뉴클레오티드와 혼성화가 가능해진다. DNA 중합효소로 연장된 후에, 만들어지는 상보적 DNA 가닥은 미스매치를 포함하게 된다. 벡터가 숙주 세포에 형질전환되어 반보전적 복제와 이후의 세포분열이 일어난 후에는 하나의 딸세포는 돌연변이를 갖게 되고, 다른 하나는 야생형이 된다. 그리고 자손 세균들이 돌연변이를 가지고 있는지 선별한다.

위치지정 돌연변이생성은 PCR을 이용하여 수행할 수도 있다. 이 경우에는 필요한 돌연변이를 가진 짧은 DNA 올리고뉴클레오티드가 PCR 프라이머로 사용된다. 중간에 미스매치가 있는 표적에 다시 붙도록 돌연변이를 가진 프라이머를 설계하는데, PCR 반응 동안에 결합이 안정할 수 있도록 양쪽에 뉴클레오티드가 충분히 쌍을 이루어야 한다. 돌연변이 프라이머가 정상 프라이머와 쌍을 이루고 PCR 반응이 표적 DNA를 증폭할 때 최종 증폭 생산물에 돌연변이가 삽입된다.

위치지정 돌연변이생성은 많은 곳에 응용된다. 이 기술은 효소학자들에 의해 널리 사용되어 효소의 활성 부위에 특정한 아미노산을 변화시켜 변형된 효소가 야생형 효소와 어떻게 다른지 비교할 수 있다. 이러한 실험에서는 돌연변이 효소를 암호화하는 벡터를 돌연변이 숙주에 삽입하여 원래의 효소를 만들지 못하게 한다. 결과적으로 측정되는 효소의 활성은 돌연변이 효소 때문이다. 효소학자들은 시험관 내 돌연변이생성방법을 이용하여 효소의 활성에 관한 거의 모든 측면—촉매작용, 특정 화학적 또는 물리적 요인에 대한 저항성과 민감성, 다른 단백질과의 상호작용—을 효소의 특정 아미노산에 연결시킬 수 있다. 유전공학에서는 위치지정 돌연변이생성을 이용하여 특정 단백질의 특성들을 향상시켜 왔으며, 몇몇 예들을 12.6절에서 논의할 것이다.

카세트 돌연변이 유발 및 유전자 불활성화

몇 개의 염기쌍 이상에 변화를 주거나 또는 관심 있는 유전자의 부분을 대체하기 위해서 **DNA 카세트(DNA cassette)** [혹은 카트리지(cartridges)]라 불리는 합성 조각을 이용하여 **카세트 돌연변이생성(cassette mutagenesis)**이라고 알려진 과정에서 DNA를 돌연변이 시킬 수 있다. 이런 카세트는 중합효소 연쇄반응을 이용하여 합성하거나 또는 DNA를 직접 합성할 수 있다. 카세트는 제한 부위를 이용하여 관심 있는 DNA의 부분을 대체할 수 있다. 그러나 적절한 제한효소 부위가 요구되는 위치에 없다면 위치지정 돌연변이생성에 의해 삽입될 수 있다 (그림 12.14). 유전자의 부분을 대체하는 데 사용되는 카세트는 보통 대체되는 야생형 DNA 조각과 동일한 크기이다.

다른 유형의 카세트 돌연변이생성을 **유전자 불활성화(gene disruption)**라 부른다. 이 기술에서는 카세트가 유전자의 중간에 삽

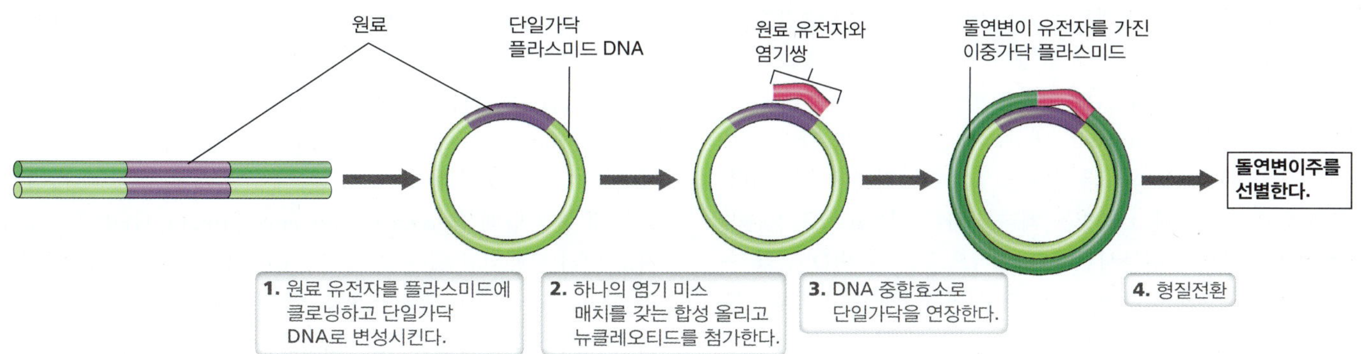

그림 12.14 합성 DNA를 이용한 위치지정 돌연변이생성. 클로닝된 유전자에 혼성화된 짧은 합성 올리고리보뉴클레오티드를 이용하여 돌연변이를 생성할 수 있다. 플라스미드에 DNA를 클로닝한 다음 변성시키면 위치지정 돌연변이생성이 작동하는 데 필요한 단일가닥 DNA를 생산하게 된다.

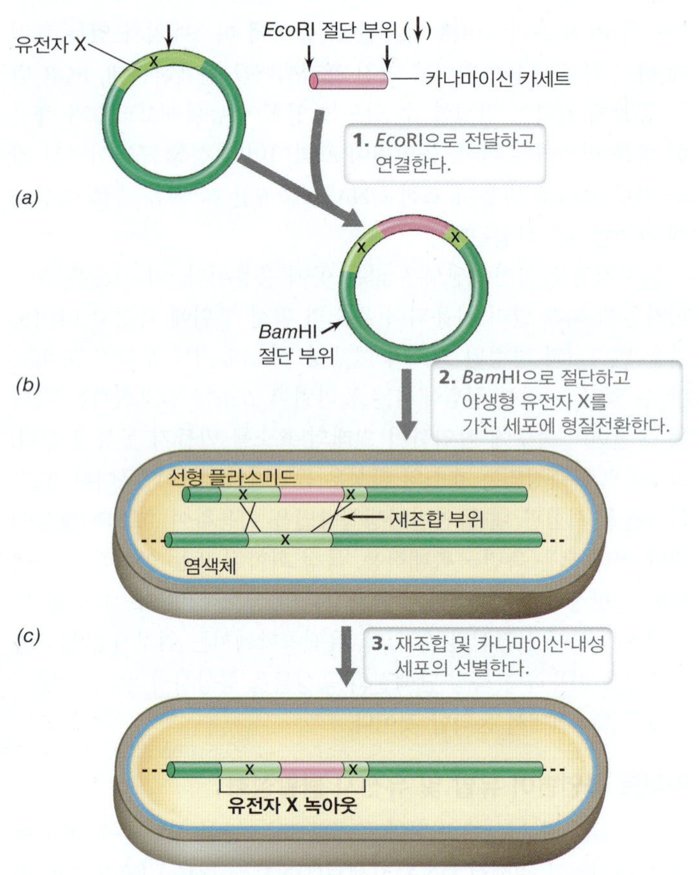

그림 12.15 카세트 돌연변이유발에 의한 유전자 불활성화. *(a)* 플라스미드 상에 클로닝된 야생형 복사본 유전자 X와 kanamycin 카세트를 *Eco*RI으로 절단하고 섞었다. *(b)* 절단된 플라스미드와 카세트를 연결하여 유전자 X내에 삽입 돌연변이로서 카나마이신 카세트를 가진 플라스미드를 만든다. 이 새 플라스미드를 제한효소 *Bam*HI로 절단하고 세포에 형질전환한다. *(c)* 형질전환된 세포에는 불활성화된 유전자 X가 있는 선형화된 플라스미드와 유전자 X의 야생형 복사본을 가진 그 자신의 염색체가 있다. *(d)* 일부 세포에서 유전자 X의 야생형과 돌연변이 형태 간에 상동재조합(homologous recombination)이 일어난다. 카나마이신의 존재 하에서 생장 가능한 세포들은 유전자 X가 불활성화된 단일 복사본을 갖는다.

입되어 암호화 서열을 불활성화시킨다 (**그림 12.15**). 삽입 돌연변이를 만드는데 사용되는 카세트는 거의 어떤 크기도 될 수가 있고 심지어 하나의 전체 유전자를 포함할 수도 있다. 선별과정을 쉽게 하기 위하여 항생제 내성을 암호화하는 카세트가 보통 쓰인다. 예를 들어, 카나마이신(kanamycin) 내성을 주는 유전자를 가지고 있는 DNA 카세트가 클로닝된 유전자의 제한효소 자리에 삽입된다. 불활성화된 유전자를 가지고 있는 벡터를 다른 제한효소로 절단하여 원형에서 선형으로 전환시킨다. 마지막으로 그 선형 DNA를 숙주에 형질전환한 후 카나마이신 내성을 선별한다. 선형 DNA는 복제가 될 수가 없고, 따라서 내성 세포는 대부분 플라스미드 상의 돌연변이 유전자와 염색체 상의 야생형 유전자 간의 상동 재조합(homologous recombination) (⟲ 11.5절)에 의해 생성된다 (그림 12.15).

카세트가 삽입될 때, 세포는 항생제 내성을 획득할 뿐 아니라 카세트가 삽입된 유전자의 기능도 상실하게 된다. 이러한 돌연변이를 녹아웃 돌연변이(*knockout mutation*)라 부르며, 생물학에서 널리 사용된다. 녹아웃은 트랜스포존(transposon) (⟲ 11.11절)에 의해 만들어지는 삽입 돌연변이와 유사하나, 여기서는 실험자가 어떤 유전자를 돌연변이 시킬 것인지를 선택한다. 반수체(haploid) 생체물에서의 녹아웃 돌연변이는 불활성화된 유전자가 필수적이지 않을 때만 세포가 생존하게 된다. 따라서 유전자 녹아웃은 관심 있는 유전자가 필수적인지를 결정하는 데 보통 사용된다.

미니퀴즈

- 위치지정 돌연변이생성이 효소학자들에게 있어서 어떻게 유용한가?
- 관심 있는 유전자에서 몇 개의 염기쌍 이상을 변화시키는데 무엇을 사용하는가?
- 녹아웃 돌연변이(knockout mutation)란 무엇인가?

12.5 보고유전자와 유전자 융합

DNA 조작은 유전자 조절 연구에 혁명을 가져다주었으며, 유전자 융합(*gene fusions*)은 조절 현상을 연구하는 데 주요 도구였다. 보고유전자 융합에서 한 쪽 [보고자(*reporter*)]으로부터의 암호화 서열은 다른 한쪽으로부터의 조절 부위에 융합되어 혼성 유전자를 형성한다. 조절자에 의해 감지되는 다른 조건의 기능으로서 보고자의 생산물을 측정함으로써 유전자 발현의 조절을 연구한다.

보고유전자

보고유전자(reporter gene)의 핵심적 특징은 쉽게 검출되고 분석되는 단백질을 암호화하는 것이다. 보고유전자는 다양한 목적으로 이용된다. 보고유전자는 (플라스미드 같은) 특정한 유전 요소(genetic element)나 벡터 내에 삽입된 DNA의 존재 유무를 알기 위해 사용될 수 있다. 다른 유전자나 또는 다른 유전자의 프로모터에 융합되어서 유전자 발현을 연구하는 데 사용될 수 있다 (⟲ 7.2절).

보고유전자로서 널리 사용된 최초의 유전자는 젖당 이화작용에 요구되는 효소인 β-galactosidase를 암호화하는 유전자인 *Escherichia coli*의 *lacZ*였다 (⟲ 6.2절). β-galactosidase를 발현하는 세포는 인공 기질 Xgal (5-bromo-4-chloro-3-indolyl-β-D-galactopyranoside)을 포함하는 지시 평판 상의 집락의 색에 의해 쉽게 검출이 가능하다; Xgal은 β-galactosidase에 의해 절단되어 푸른색을 띠게 된다 (그림 12.8 참조).

녹색 형광 단백질(green fluorescence protein, GFP)은 보고유전자로 널리 사용되고 있다 (**그림 12.16**). GFP 유전자는 원래 해파리인 *Aequarea victoria*에서 클로닝되었지만, GFP는 대부분의 세포에서 안정적으로 발현될 수 있으며, 숙주 세포의 대사 작용에 거의 문제를 일으키지 않는다. 만일 클로닝된 유전자의 발현이 GFP의 발현과 연결이 된다면, 후자는 클로닝된 유전자도 발현되었다는 신호(보고)가 된다 (그림 12.16). GFP의 출현 이후로 유사하지만 다른

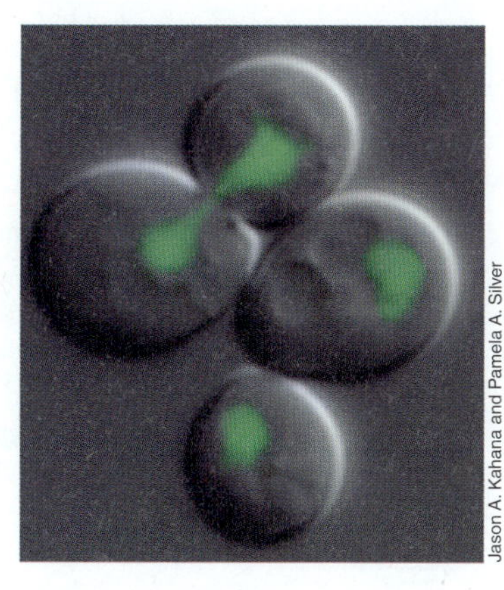

그림 12.16 녹색 형광 단백질 (green fluorescence protein, GFP). GFP는 생체 내(in vivo)에서 단백질의 위치 파악을 위한 추적 꼬리표(tag)로 사용될 수 있다. 이 예에서는 효모 *Saccharomyces cerevisiae*의 결합 단백질인 Pho2를 암호화하는 유전자가 GFP를 암호화하는 유전자와 융합되었으며, 형광현미경 사진에서 보여준다. 재조합 유전자가 출아하는 효모세포에 형질전환되었다. 형광을 띠는 융합 단백질이 핵 주위에 위치한다.

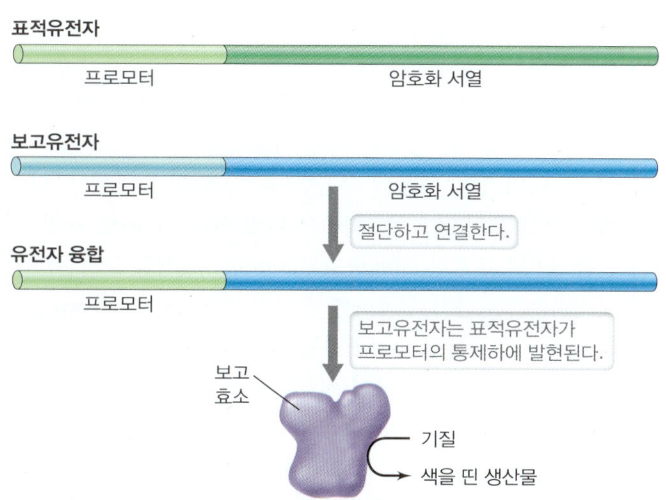

그림 12.17 유전자 융합의 제조와 이용. 표적유전자의 프로모터가 보고유전자의 암호화 서열과 연결된다. 따라서 보고유전자는 일반적으로 표적유전자가 발현되는 조건하에서 발현된다. 여기서 보여주는 보고자는 탐지하기 쉬운 색을 띠는 산물로 기질을 전환시키는 효소 (β-galactosidase 같은)이다. 이 접근법은 조절 기작의 연구를 매우 촉진시킨다.

색을 띠는 많은 단백질들이 보고유전자로 개발되었다 (7.1절).

유전자 융합

유전자 융합(gene fusion)은 두 개의 다른 유전자 조각으로 이루어진 유전적 조립체이다. 암호화 서열을 조절하는 프로모터가 제거되면, 그 암호화 서열을 다른 조절자에 융합시켜 그 유전자를 다른 프로모터의 통제 하에 놓을 수 있다. 또 다른 방법으로는 프로모터 부위를 분석이 쉬운 산물의 유전자에 융합시킬 수도 있다. 두 가지 다른 유형의 유전자 융합이 있다. **오페론 융합(operon fusion)**에서는 자신의 번역 개시 부위와 신호를 보유하고 있는 암호화 서열이 또 다른 유전자의 전사 부위에 융합된다. **단백질 융합(protein fusion)**에서는 두 개의 서로 다른 단백질을 암호화하는 유전자가 서로 융합되어 동일한 전사 및 번역 개시와 종결 신호를 공유하게 된다. 번역 이후에는 단백질 융합이 단일 혼성 폴리펩티드를 만들게 된다 (12.3절).

유전자 융합은 유전자의 조절 연구에 종종 사용되는데, 특히 자연적인 유전자 산물의 농도를 측정하는 것이 어렵거나 비싸거나 시간이 많이 소모되는 경우에 사용된다. 관심 있는 유전자의 조절 부위를 β-galactosidase나 GFP와 같은 보고유전자의 암호화 서열에 융합시킨다. 이 보고유전자는 이제 표적유전자의 발현을 유발하는 조건 아래에 놓이게 된다 (**그림 12.17**). 관심 있는 유전자가 어떻게 조절되는지를 결정하기 위하여 다양한 조건 하에서 보고유전자의 발현을 분석한다 (6장). 전사 조절(*transcriptional control*)은 관심 있는 유전자의 전사 개시 신호를 보고유전자에 융합시켜 측정하는 반면에, 번역 조절(*translational control*)은 알려진 프로모터의 통제 하에서 관심 있는 유전자의 번역 개시 신호를 보고유전자에 융합시켜 측정한다.

유전자 융합은 조절유전자의 효과를 조사하기 위해서도 사용될 수 있다. 조절유전자에 영향을 주는 돌연변이가 유전자 융합을 가지고 있는 세포에 도입되고, 유전자 발현을 측정하여 조절유전자에 돌연변이가 없는 세포와 비교한다. 이것은 표적유전자를 조절할 것으로 의심되는 여러 개의 조절유전자들을 빠르게 선별할 수 있게 해 준다. 유전자의 존재나 발현을 감시하기 위해 융합을 이용하는 것 외에 쉽게 정제되는 단백질도 관심 있는 단백질에 융합되어서 정제에 도움을 줄 수 있다 (12.3절).

미니퀴즈

- 보고유전자란 무엇인가? 어떤 보고유전자의 산물이 녹색을 나타내는가?
- 유전자 조절을 연구하는 데 유전자 융합이 왜 유용한가?

II • 유전자 조작 미생물로부터 생산품 만들기: 생명공학

유전공학은 연료, 화학물질, 약품, 인슐린 등의 인간 호르몬과 같은 가치 있는 제품을 생산하기 위해 미생물을 작은 공장으로 전환시킬 수 있다. 이것이 **생명공학(biotechnology)**의 과학이다. 지금까지는 DNA를 조작하고 클로닝하여 발현시키는 데 사용되는 기술에 대해서만 논의하였다. 이제는 이러한 기술들이 가치 있는 단백질, 변형된 식물, 동물, 백신 및 대사 경로를 생산하기 위해 생명공학에 어떻게 적용되는지를 다루고자 한다.

12.6 소마토트로핀과 기타 포유류 단백질

경제적으로 가장 수익성 있는 생명공학 분야 중 하나는 인간 단백질을 생산하는 것이다. 많은 포유류 단백질들은 의약품적 가치가 높지만 일반적으로 정상 조직에서는 매우 적은 양으로 존재하여 정제하는 데 엄청난 비용이 든다. 그 단백질을 세포배양에서 생산할 수 있다 하더라도 고수율로 단백질을 생산하는 미생물을 배양하는 것보다 훨씬 더 비싸고 어렵다. 따라서 생명공학 산업에서 그 밖의 많은 포유류 단백질을 생산하기 위해 유전자 조작 미생물을 개발하여 왔다.

소마토트로핀

인슐린은 세균에 의해 생산된 첫 번째 인간 단백질이지만 인슐린은 이황화물(disulfide) 결합에 의해 서로 연결된 두 개의 짧은 폴리펩티드로 되어 있기 때문에 복잡한 유전공학이 요구된다. 더 간단한 예가 단일 유전자가 암호화하는 단일 폴리펩티드로 구성되어 있는 인간 소마토트로핀(*human somatotropin*) (생장 호르몬)이다; 인체에 소마토트로핀이 부족하면 유전적 소인증(dwarfism)을 유발한다. 인간 소마토트로핀 유전자는 성공적으로 클로닝되어 세균에서 발현되었기 때문에 발육이 저해된 생장을 보이는 어린이들은 재조합 인간 소마토트로핀(*recombinant human somatotropin*)으로 치료되어 이를 교정할 수 있다. 그러나 일부 형태의 소인증은 소마토트로핀 수용체 결핍으로 유발될 수 있으며, 이 경우에는 소마토트로핀을 투약해도 효과가 없다.

인간 소마토트로핀 유전자는 12.3절에서 (그림 12.18 참조) 설명되었듯이 mRNA로부터 상보적 DNA (cDNA)로 클로닝되었다. 그 후 cDNA는 세균의 발현 벡터에서 발현되었다. 소마토트로핀과 같은 비교적 짧은 폴리펩티드를 생산하는 데 있어서의 주요 문제점은 단백질분해효소에 대한 감수성(susceptibility)이지만, 이러한 문제는 핵심 단백질분해효소가 결핍된 세균의 숙주 균주를 사용함으로써 해결될 수 있다. 오늘날 주입(injection) 방식의 재조합 인간 생장 호르몬은 미국에서 여러 브랜드명으로 시장에 나와 있으며, 작은 키를 야기하는 여러 가지 다른 증후군으로 고통받는 수천 명의 어린이들을 성공적으로 치료하였다. 재조합 소마토트로핀은 성인의 조직 위축증(tissue atrophy) 사례를 치료하는 데 이용되기도 하였다. 그러나 성인에게 사용하는 것은 보편적인 치료법이 아니며, 생장 호르몬은 운동능력을 향상시키는 능력 때문에 국제 올림픽 위원회와 일부 프로 스포츠 리그에 의해 금지되었다.

낙농산업에서는 재조합 소 소마토트로핀(*recombinant bovine somatotropin*, rBST)이 사용된다 (**그림 12.18**). rBST를 소에 주입하면 더 크게 자라지는 않지만 대신 우유생산을 촉진시킨다. 그 이유는 소마토트로핀이 두 개의 결합 부위를 갖기 때문이다; 하나는 생장을 촉진시키는 소마토트로핀 수용체이며, 다른 하나는 우유생산을 증진시키는 프로락틴(prolactin) 수용체이다. 따라서 소에 rBST를 처리하면 더 많은 우유를 생산한다. 그러나 소마토트로핀을 성장 결함의 치료를 위해 사용할 때에는 호르몬의 프로락틴 활성에 의한 부작용을 피하는 것이 바람직하다. 이러한 문제를 완화하기 위하여 소마토트로핀 유전자의 위치지정 돌연변이생성(site-directed mutagenesis) (12.4절)을 이용하여 프로락틴 수용체에 결합하는 소마토트로핀의 아미노산을 변화시켜서 호르몬이 생장만을 표적으로 하게끔 하였다. 이러한 예가 보여주듯이, 진짜 인간 호르몬을 만드는 것 뿐 아니라 그 특이성과 활성을 바꾸어 더 좋은 의약품으로 만드는 것도 가능하다.

기타 포유류 단백질

그 밖의 많은 포유류 단백질이 유전공학에 의해 생산된다 (**표 12.1**). 특히 혈액 응고 및 다른 혈액 과정에 관련된 여러 호르몬과 단백질이 이에 포함된다. 예를 들어, 조직 플라스미노젠 활성화인자(*tissue plasminogen activator*, TPA)는 치료과정의 마지막 단계에서 생기는 혈액 덩어리를 제거하고 용해하는 단백질이다. TPA는 주로 심장병 환자나 또는 혈액순환이 좋지 않은 환자에게 사용되어 생명을 위협할 수 있는 혈전이 생기는 것을 막아준다. 심장질환은 많은 선진국, 특히 미국에서 사망 원인 1위이므로 미생물에 의해 생산되는 TPA는 수요가 높다.

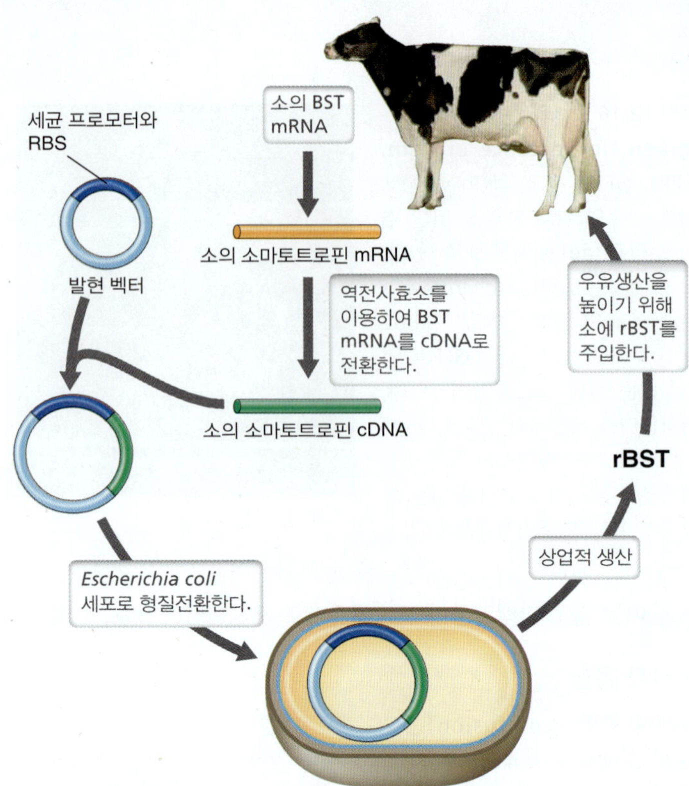

그림 12.18 소의 소마토트로핀의 클로닝과 발현. 소에서 소마토트로핀(somatotropin)의 mRNA를 얻어 그 mRNA를 역전사효소에 의해 cDNA로 전환시킨다. 소마토트로핀 유전자의 cDNA 형태는 세균 프로모터와 리보솜-결합 부위 (RBS)를 갖는 세균 발현 벡터에 클로닝된다. 그 조립체는 *Escherichia coli* 세포에 형질전환되어 재조합 소 소마토트로핀(rBST)이 생산된다. rBST로 처리된 소는 우유생산량이 증가한다.

TPA와 대조적으로, 혈액 응고 인자 VII, VIII, IX는 혈전의 생성(*formation*)에 매우 중요하다. 혈우병 환자(hemophiliacs)는 하나 또는 그 이상의 응고 인자가 없기 때문에 미생물에 의해 생산된 응고 인자로 치료될 수 있다. 과거에는 수집된 인간 혈액으로부터 농축된 응고 인자 추출액으로 혈우병 환자들을 치료하였는데, 그 혈액의 일부가 HIV나 C형 간염바이러스(hepatitis C)와 같은 바이러스로 오염되어 있어서 혈우병 환자들이 AIDS, 간염, 또는 간암에 걸릴 위험이 높았다. 재조합 응고 인자는 이러한 문제를 없애 주었다.

유전공학으로 만들어진 일부 포유류 단백질은 호르몬이 아니라 효소이다 (표 12.1). 예를 들어, 인간 *DNase I*은 낭포성 섬유증(cystic fibrosis)을 가진 환자의 폐에 DNA를 함유하는 점액이 생기는 것을 치료하는 데 사용된다. 낭포성 섬유증은 *Pseudomonas aeruginosa* 세균에 의한 생명을 위협하는 폐감염을 동반하기 때문에 점액이 형성된다. 세균 세포는 약물 치료를 어렵게 하는 생물막

표 12.1 유전공학으로 만들어지는 인간 의료용 생산물

생산물	기능
혈액 단백질	
에리스로포이에틴(erythropoietin)	특정 유형의 빈혈증 치료
인자 VII, VIII, IX	혈액 응고 촉진
조직 플라스미노젠(plasminogen) 활성화 인자	혈전 용해
유로키나아제(urokinase)	혈액 응고 촉진
인간 호르몬	
상피 생장인자	상처 치료
여포(follicle)-자극 호르몬	생식기 장애 치료
인슐린	당뇨병 치료
신경 성장 인자	퇴행성 신경질환 및 뇌졸중 치료
릴렉신(relaxin)	분만 촉진
소마토트로핀(somatotropin) (생장호르몬)	일부 성장 이상 치료
면역 조절물질	
알파 인터페론(α-interferon)	항바이러스, 항암제
베타 인터페론(β-interferon)	다발성 경화증(sclerosis) 치료
집락-자극 인자	감염 및 암 치료
인터루킨-2 (interleukin-2)	특정 암 치료
리소자임(lysozyme)	항염증
종양괴사(tumor necrosis) 인자	항암제, 잠재적 관절염 치료
대체 효소	
β-glucocerebrosidase	유전성 신경질병인 고셔병(Gaucher disease) 치료
치료용 효소	
인간 DNase I	낭포성 섬유증(cystic fibrosis) 치료
알긴산염 리아제(alginate lyase)	낭포성 섬유증 치료

(biofilm) (dp 7.9절 및 20.4절)을 폐 내에 형성한다. 세균이 용해될 때 DNA가 방출되면서 그것이 점액 형성을 자극하여 숨쉬기 힘들게 만든다. DNase는 DNA를 분해하여 점액의 점성을 크게 떨어뜨린다.

미니퀴즈

- 유전공학을 이용하여 인슐린을 만드는 장점은 무엇인가?
- 세균에서 단백질을 생산할 때 주 문제점은 무엇인가?
- 낭포성 섬유증(cystic fibrosis)으로 일어나는 것과 같이 세균성 감염을 치료하는 데 효소가 어떻게 유용한지 설명하라.

12.7 농업과 양식업에서의 형질전환 생물

전통적인 선별과 육종 방법으로 식물과 동물을 유전적으로 개량하는 것은 오랜 역사가 있지만 재조합 DNA 기술이 혁명적 변화를 가져왔다. 고등생물의 유전공학은 진정한 미생물학은 아니지만 DNA 조작의 많은 부분은 세균과 그 플라스미드 및 유전자를 이용하여 수행된다. 따라서 여기서는 미생물학에 초점을 맞추어 식물과 동물의 유전자 조작에 대해서 다루고자 한다.

유전자 조작 식물이나 동물은 형질전환 유전자(*transgene*)라 불리는 다른 생물체의 유전자를 포함하고 있기 때문에 **형질전환 생물(transgenic organism)**이 된다. 대중들에게는 이것이 **유전자 변형생물(genetically modified organism, GMO)**로 알려져 있다. 엄격히 말하면 유전자 변형(*genetically modified*)이란 말은 외래 DNA를 가지고 있든 없든 유전자 조작 생물을 말한다. 이번 절에서는 외래 유전자가 식물이나 물고기에 어떻게 삽입되는지와 형질전환 생물이 어떻게 사용되는지 논의한다.

Ti 플라스미드와 유전자 변형 식물

재조합 DNA가 전기천공법(electroporation)이나 트랜스펙션(transfection)에 의해 식물세포로 형질전환될 수 있는데 (그림 12.20 참조), 그람-음성 식물 병원균인 *Agrobacterium tumefaciens*의 **Ti 플라스미드(Ti plasmid)**를 이용하여 DNA를 직접 식물세포에 전달할 수 있다. 이 플라스미드는 *A. tumefaciens* 병독성의 원인이 되며, 식물로 전달하기 위해 DNA를 이동시키는 유전자를 암호화하고 있어서 그 결과 근두암종병(crown gall disease)에 걸리게 된다 (dp 23.5절). 실제로 식물로 전달되는 Ti 플라스미드 DNA의 단편을 **T-DNA**라 한다. T-DNA 양쪽 끝의 서열은 전달에 필수적이며, 전달되는 외래 DNA는 이 양쪽 끝 사이에 있어야 한다.

식물에 유전자를 전달하기 위해 사용되는 보편적인 Ti-벡터 체계는 이중 벡터(*binary vector*)라 불리는 두 개의 플라스미드 체계인데 클로닝 벡터와 도우미(helper) 플라스미드로 되어 있다. 클로닝 벡터는 다중 클로닝 부위(multiple cloning site)를 T-DNA의 양쪽 끝에 포함하고 있으며, *Escherichia coli* (클로닝 숙주)와 *A. tumefaciens* 양쪽에서 복제가 가능하도록 두 개의 복제 기점이 있고, 하나는 식물에서 또 다른 하나는 세균에서 선별하기 위해 두 개의 항생제 내성 표지가 있다. 외래 DNA가 벡터에 삽입되어 *E. coli*에 형질전환된 후 접합에 의해 *A. tumefaciens*로 옮겨진다 (**그림 12.19**).

이 클로닝 벡터는 T-DNA를 식물에 전달하기 위해 필요한 유전자가 없다. 그러나 적절한 도우미 플라스미드를 가지고 있는 *Agrobacterium* 세포에 놓이게 되면 T-DNA가 식물로 전달될 수 있다. *D-Ti*라 불리는 이 "무장해제된(disarmed)" 도우미 플라스미드는 Ti 플라스미드의 병독성(virulence, *vir*) 부위를 갖고 있지만 T-DNA가 없다. 그것은 질병을 유발하는 유전자는 없지만 클로닝 벡터로부터 T-DNA를 전달하는 데 필요한 모든 기능을 제공한다. 클로닝된 DNA와 벡터의 카나마이신(kanamycin) 내성 표지는 D-Ti에 의해 이동하여 식물세포로 전달되고 핵으로 들어간다 (그림 12.19*d*). 식물 염색체에 통합된 후에 외래 DNA는 발현되어 식물에 새로운 특성을 부여할 수 있다.

*A. tumefaciens*의 Ti 플라스미드를 이용하여 많은 형질전환 식물이 생산되었다. Ti 체계는 토마토, 감자, 담배, 대두, 알팔파

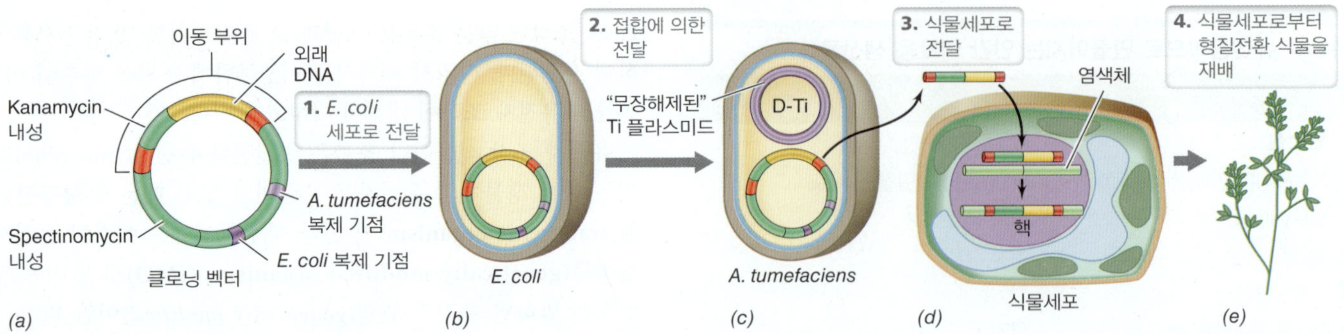

그림 12.19 ***Agrobacterium tumefaciens*에서 이중 벡터 시스템을 이용한 유전자 변형 식물의 생산.** *(a)* T-DNA의 양 끝 (빨간색)과 외래 DNA, 복제 기점, 그리고 내성 표지를 포함하는 식물 클로닝 벡터. *(b)* 벡터는 클로닝을 위해 *Escherichia coli* 세포에 넣은 후, *(c)* 접합에 의해 *A. tumefaciens*로 전달된다. 거주하는 Ti-플라스미드 (D-Ti)는 핵심 병원성 유발 유전자가 제거되도록 유전적으로 조작되었다. *(d)* D-Ti는 벡터의 T-DNA 부위를 이동시켜 조직배양으로 자란 식물세포로 전달해 준다. *(e)* 재조합 식물세포로부터 완전한 식물이 자랄 수 있다. 세균에서 식물로 Ti-플라스미드 전달의 자세한 내용은 그림 23.25에 나타나 있다.

(alfalfa), 목화와 같은 농작물을 포함하는 활엽 식물 [쌍떡잎식물(dicots)]에 잘 작용한다. 또한 호두나무와 사과나무와 같은 형질전환 나무를 생산하는 데도 이용되었다. Ti 시스템은 초본 식물 (중요한 농작물인 옥수수를 포함하는 외떡잎식물)에는 잘 작용하지 않지만, 입자 총 (**그림 12.20**)으로 미세발사 충돌(microprojectile bombardment)에 의해 트랜스펙션하는 것과 같이 DNA를 도입하는 다른 방법들이 성공적으로 사용되고 있다.

제초제 및 살충제 내성

식물에서 유전적 개량을 목표로 하는 주요 분야는 생산물의 질적 향상은 물론, 제초제, 살충제 및 미생물 질병에 대한 내성을 포함한다. 오늘날 주요 유전자 변형(GM) 작물은 대두, 옥수수, 목화와 카놀라(canola)이다. 재배되는 거의 모든 GM 콩과 카놀라는 제초제 내성인 반면, 옥수수와 목화는 제초제나 살충제 내성이거나 또는 이들 모두에 내성이다.

잡초를 죽이는 데 적용되는 제초제로부터 농작물을 보호하기 위해 제초제 내성이 유전적으로 조작된다. 많은 제초제는 주요 식물 효소나 생장에 필요한 단백질을 저해한다. 예를 들어, 제초제 글리포세이트(*glyphosate*) (몬산토에 의해 제조되는 라운드업; Roundup™)는 방향족 아미노산을 만드는 데 필요한 효소의 활성을 저해하여 식물을 사멸시킨다. 일부 세균은 같은 효소를 가지고 있어서 글리포세이트에 의해 죽는다. 그러나 글리포세이트에 내성을 가지며 내성인 형태의 효소를 가진 돌연변이 세균이 선별되었다. *Agrobacterium*으로부터 이 내성 효소를 암호화하는 유전자를 클로닝하여 식물에서 발현하기 위해 변형시키고 대두와 같은 중요한 농작물에 도입하였다. 그 세균 유전자를 갖고 있는 식물은 글리포세이트로 처리되었을 때 죽지 않는다 (**그림 12.21**). 그리하여 생장하는 농작물과 수분 및 영양분에 대해 경쟁하는 잡초를 죽이기 위해 글리포세이트가 사용될 수 있다. 제초제 내성 대두는 현재 미국에서 널리 재배되고 있다.

곤충에 의한 피해에 내성인 형질전환 식물이 유전공학에 의해 생산되었다 (**그림 12.22**). 널리 사용되고 있는 한 방법은 그람-양

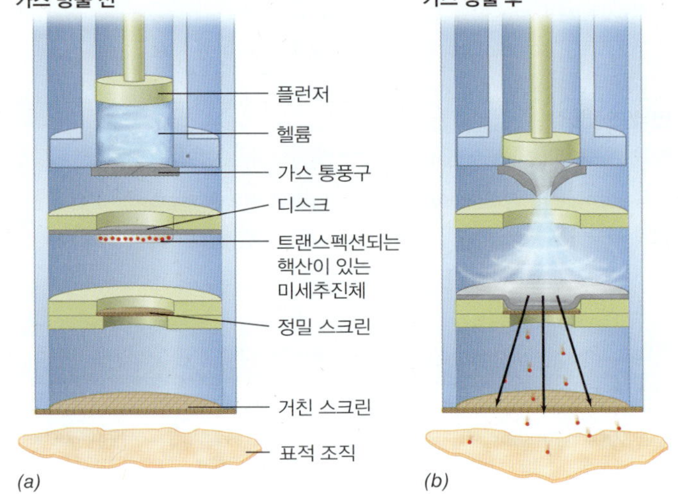

그림 12.20 진핵세포의 트랜스펙션을 위한 DNA 총. 총의 내부 작동 과정은 핵산으로 덮힌 금속 입자가 (미세추진체) 어떻게 표적세포에 발사되는지를 보여준다. *(a)* 발사 전 *(b)* 발사 후. 가스 방출에 의한 충격파는 미세추진체를 붙들고 있는 디스크를 정밀 스크린을 향하여 던진다. 미세추진체는 표적조직 내로 계속 나간다.

그림 12.21 형질전환 식물: 제초제 내성. 사진은 Monsanto 사 (St. Louis, Missouri, USA)가 제조하는 글리포세이트(glyphosate)-기반 제초제인 라운드업(Roundup™)으로 처리된 대두 재배지의 일부를 보여준다. 오른쪽에 남아 있는 식물은 일반 콩이며, 왼쪽의 식물은 글리포세이트 내성을 갖도록 유전자 조작되었다.

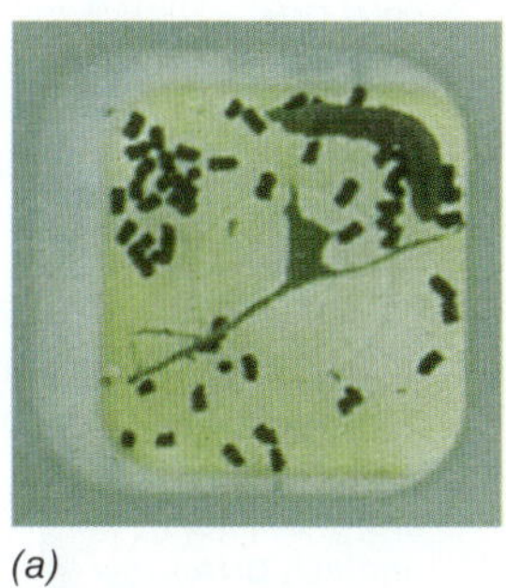
(a)

(b)

그림 12.22 형질전환 식물: 살충제 내성. 담배 잎에 미치는 무우 거염벌레(beet armyworm) 유충의 효과를 결정하는 분석실험 결과. *(a)* 야생형 식물의 잎. *(b)* 엽록체에 Bt 독소를 발현하는 형질전환 식물의 잎.

그림 12.23 생장이 빠른 형질전환 연어. *AquAdvantage*™ 연어 (위)가 AquaBounty Technologies (Maynard, Massachusetts, USA) 사에 의해 조작되었다. 형질전환 물고기와 대조군 물고기 모두 18개월 되었으나 무게는 각각 4.5 kg과 1.2 kg이다.

성 포자형성 세균인 *Bacillus thuringiensis*의 독성 단백질을 암호화하는 유전자를 식물에 도입하는 것에 기반을 둔다. *B. thuringiensis*는 포자를 형성하면서 나방과 나비의 유충에 독성이 있는 Bt 독소(*Bt toxin*) (16.8절)라 불리는 결정 단백질을 생산한다. 다른 곤충들에 특이적인 Bt 독소의 변이체들이 많이 존재한다. *B. thuringiensis*의 어떤 균주들은 딱정벌레와 파리의 유충과 모기에 독성이 있는 단백질을 추가적으로 생산한다.

Bt 형질전환 유전자는 일반적으로 식물 유전체에 직접 삽입된다. 예를 들어, 자연적인 Bt 독소 유전자를 엽록체 리보솜 RNA 프로모터의 조절 하에서 플라스미드 벡터에 클로닝한 후, 미세발사충돌 (그림 12.20)에 의해 담배 엽록체에 트랜스펙션되었다. 이렇게 하여 여러 곤충 종의 유충에 매우 독성이 강한 수준으로 Bt 독소를 발현하는 형질전환 식물을 얻었다. Bt에 결합하게 되면 독소의 구조적 변화를 일으켜 곤충의 소화 체계를 붕괴시키고 죽음을 초래한다. Bt 독소는 섭취되는 독소가 위에서 파괴되며, 곤충의 장에 있는 특정 Bt 수용체가 다른 생명체의 장에는 없기 때문에 (인간을 포함한) 포유류에는 해롭지 않다.

형질전환 물고기

많은 외래 유전자들이 실험 연구용 동물과 상업적으로 중요한 동물에서 삽입되고 발현되었다. 유전공학은 미세주입을 이용하여 클로닝된 유전자를 수정란에 전달한다; 유전자 재조합은 외래 DNA를 수정란의 유전체에 삽입한다. 더 최근에는 생산량을 향상시키기 위해 가축과 물고기의 유전자를 변형시켰다.

형질전환 동물의 흥미로운 실용적 예는 AquaBounty Technologies 사가 개발한 *AquAdvantage* 연어이다 (**그림 12.23**). 이러한 형질전환 연어는 일반 연어보다 크게 자라지 않지만 시장의 크기에 훨씬 빨리 도달한다—18개월 대 3년. 자연 연어의 생장 호르몬 유전자는 빛에 의해 활성화된다. 결과적으로 연어는 여름 동안에만 빨리 생장한다. 유전자 조작 연어에서는 생장 호르몬 유전자의 프로모터가 연중 내내 거의 일정한 속도로 생장하는 다른 물고기의 프로모터로 대체되었다. 그 결과 생장 호르몬을 지속적으로 만들어서 더 빨리 생장하는 연어가 되었다. 그러한 형질전환 연어는 양식장에서 상업적으로 키울 수가 있어서 유전자변형생물이 아닌(non-GMO) 농장-사육 연어보다 더 빨리 수확할 수 있다.

1995년 AquaBounty 사는 빨리 자라는 연어를 공급하기 위해 미국 식약처(U.S. Food and Drug Administration)에 승인을 요청하였다. 유전자 변형 물고기를 소비하는 것의 잠재적 위험에 대한 20년에 걸친 논쟁 끝에 2015년 최종 승인이 되었다. AquAdvantage 연어는 슈퍼마켓에 나온 최초의 유전자 조작 동물이며 GMO 표지없이 판매가 허가된다.

미니퀴즈

- 형질전환 식물(transgenic plant)이란 무엇인가?
- 유전자 변형 식물의 예를 들고, 그 변형이 농업에 어떻게 도움이 되는지 설명하라.
- 형질전환 연어는 시장에서 요구되는 크기로 더 빨리 도달하기 위해 어떻게 조작되었는가?

12.8 조작 백신과 치료법

유전공학을 이용하여 백신과 의료용 치료제를 만든다. 백신은 동물에 주사되었을 때 질병에 대해 면역성을 유발하는 물질이다 (27.2절). 더욱이 많은 병원성 세균은 세포에 침투하여 독소나 파과 효소와 같은 병독성 인자(virulence factor)를 방출하는 능력을 통해 질병을 유발한다. 유전공학을 통하여 이러한 활성의 일부를 이용하여 암세포를 특별하게 표적으로 삼았다. 여기서는 이러한 "의학적 기적(medical miracle)"—백신과 조작 병원균—둘 다 다루고자 한다.

재조합 백신, 백시니아 바이러스 및 단위체 백신

유전공학은 병독성 인자 (25.3절)를 암호화하는 유전자를 제거하고 면역반응을 유발하는 산물의 유전자는 그대로 남겨두도록 병원균 자체를 변형시킬 수 있다. 이것이 재조합 감염성 (그러나 약화된) 백신을 만든다. 반대로 병원성 바이러스의 유전자를 운반 바이러스(*carrier virus*)로 불리는 비교적 해가 없는 바이러스의 유전체에 첨가할 수 있다. 그러한 백신을 **벡터 백신(vector vaccine)**이라 하며, 병원성 바이러스에 면역을 유도한다. 실제로 병원균 하나

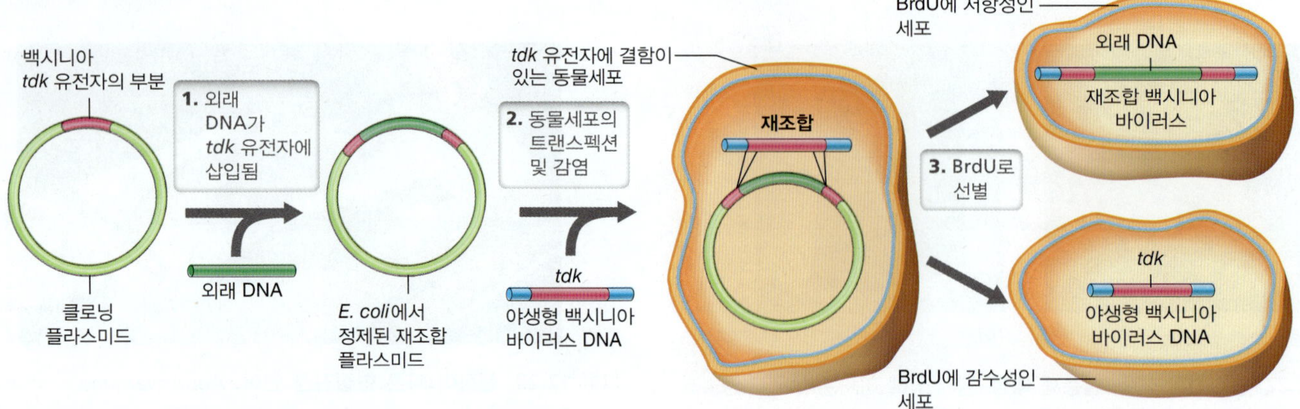

그림 12.24 재조합 백시니아 바이러스의 생산. 외래 DNA를 플라스미드에 있는 백시니아 바이러스의 thymidine kinase 유전자(*tdk*)의 짧은 단편에 삽입한다. *Escherichis coli*에서 이 플라스미드가 복제된 다음에 재조합 플라스미드와 야생형 백시니아 바이러스를 모두 같은 동물 숙주 세포에 넣어 재조합한다. 동물세포를 5-bromodeoxyuridine (5-bromo-dU)로 처리하면 활성이 있는 thymidine kinase를 가진 세포만 죽는다. 외래 DNA의 삽입으로 *tdk* 유전자가 불활성화된 재조합 백시니아 바이러스만 살아남는다.

를 무장해제시키고 다른 병원균의 면역-유발 유전자를 다시 첨가함으로써 그러한 두 가지 접근방식을 조합할 수도 있다. 이렇게 하여 두 가지 다른 질병에 동시에 면역성을 줄 수 있는 백신인 **다가 백신(polyvalent vaccine)**을 만든다.

백시니아 바이러스(vaccinia virus)가 (10.6절) 인간에게 사용하기 위한 재조합 백신을 만드는 데 널리 사용된다; 그러나 백시니아에 유전자를 클로닝하는 것은 선택적 표지(selective marker)를 필요로 하는데, 이것은 thymidine kinase 유전자가 제공해 준다. 백시니아 바이러스는 thymidine을 thymidine triphosphate로 전환시켜주는 효소인 thymidine kinase를 암호화하는 유전자를 가지고 있다. 그러나 이 효소는 염기 유사체인 5-bromodeoxyuridine (BrdU)를 DNA로 삽입되는 뉴클레오티드로 전환시킬 수도 있어서 치명적인 반응을 야기한다. 따라서 숙주-혹은 바이러스-암호화 thymidine kinase를 발현하는 세포는 BrdU로 죽는다.

백시니아 바이러스에 들어갈 유전자는 먼저 백시니아 thymidine kinase (*tdk*) 유전자의 일부를 포함하는 *Escherichia coli* 플라스미드에 삽입된다 (**그림 12.24**). 외래 DNA가 *tdk* 유전자에 삽입되어 결국 *tdk* 유전자는 파괴된다. 이 재조합 플라스미드는 자체 thymidine kinase가 불활성화된 동물세포로 형질전환된다. 이러한 세포 역시 야생형 백시니아 바이러스로 감염된다. 두 종류의 *tdk* 유전자—플라스미드 상에 하나와 바이러스 상에 다른 하나—가 재조합된다. 일부 바이러스는 파괴된 *tdk* 유전자와 외래 삽입유전자를 얻게 된다 (그림 12.24). 야생형 백시니아 바이러스(thymidine kinase 활성을 가진)로 감염된 세포는 BDU에 의해 죽는다. 반면에, 재조합 백시니아 바이러스 (파괴된 *tdk* 유전자를 가진)로 감염된 세포는 충분히 오래 생장하여 새로운 세대의 비리온(virion)을 생산한다 (그림 12.24). 그리하여 클로닝된 외래 DNA 삽입체를 포함하는 *tdk* 유전자를 갖는 바이러스가 선택된다. 백시니아 바이러스는 여러 개의 바이러스에서 유래된 유전자들을 가지게 되어 다가 백신(*polyvalent vaccine*)을 만들도록 조작될 수 있다. 현재 광견병을 위한 백신을 포함하여 여러 개의 백시니아 벡터 백신이 개발되어 축산용으로 허가가 되었으며, 그 밖의 많은 백시니아 백신들이 임상적 시험 단계에 있다.

특정 단백질 하나만을 또는 병원성 생물체의 두 개의 단백질을 포함하는 백신인 **단위체 백신(subunit vaccine)**은 재조합 방법에 의해 생산할 수도 있다. 병원성 바이러스의 외피 단백질을 암호화하는 유전자는 외피 단백질(coat protein)이 대개 강한 면역반응을 유발하기 때문에 종종 가장 좋은 백신 후보가 된다. 의도치 않게 살아 있는 병원균 세포나 바이러스를 포함하는 약화되었거나 사멸된-세포 백신에 존재하는 위험성 없이 많은 양으로 투여될 수 있는 면역유발 단백질을 대량으로 생산할 수 있기 때문에 단위체 백신은 인기가 높다. 그러나 인간 B형 간염의 표피 단백질에 대해 만들어진 일부 단위체 백신은 면역유발 단백질이 면역학적으로 활성을 띠기 전에 숙주 세포에 의해 당화되는(glycosylated) 것이 필요하다. 이러한 문제를 해결하기 위해 재조합 B형 간염 백신은 당화가 되어 면역학적으로 활성인 형태의 백신을 만들어내는 진핵 숙주 (효모)에서 생산되었다.

조작된 항암 치료제로서의 병원균과 항체

방사선과 화학 요법으로 많은 암이 치료 가능하지만 약품이나 방사선을 종양세포에 어떻게 특이적으로 표적화 하는지는 오래된 문제였으며 생명공학이 그 해법을 가지고 있다. *Listeria monocytogenes*는 심각한 식품매개 질병인 리스테리아증(listeriosis)을 유발하는 병원성 세균이다 (32.13절). *L. monocytogenes*는 인간세포 내에서 자라기 때문에 야생형 균주가 면역체계를 피할 수 있다. 반면에, 건강한 세포의 면역체계는 약한 병원성을 갖는 *L. monocytogenes*의 재조합 균주를 제거할 수 있으나 종양세포는 그러지 못한다. 이러한 관찰은 *L. monocytogenes*의 약화된 균주가 항암 매개체로 바뀌어 독성이 있는 약품이나 방사성동위원소를 종양세포로 전달할 수 있다는 힌트를 주었다. 이것은 방사성핵종(radionuclide) ^{188}레늄(rhenium)을 *L. monocytogenes*의 재조합 균주와 결합시킴으로써 수행되었다. 쥐의 실험에서 이 치료용 균주는 정상 췌장세

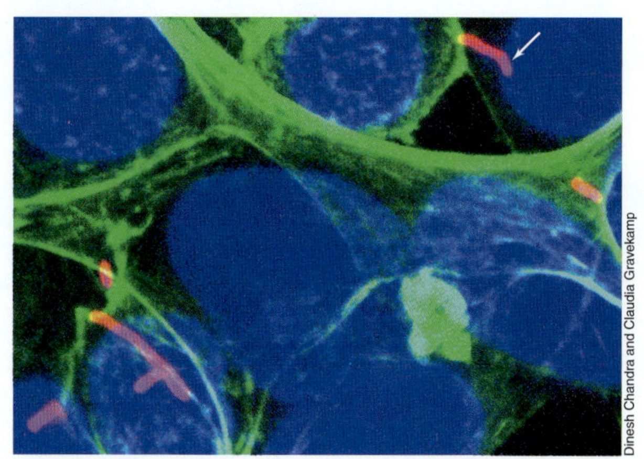

그림 12.25 치료용 *Listeria*. 방사성핵종(radionuclide) ^{188}레늄(rhenium)에 연결된 *L. monocytogenes* 세포 (분홍색)가 쥐의 1차 종양에서 전이된 췌장 종양세포 안으로 들어가 (푸른색, 세포핵; 녹색, 세포질) 복제된다. ^{188}레늄으로부터 방사선이 종양세포를 천천히 죽게 한다.

포에 해를 주지 않고 췌장 종양세포 (**그림 12.25**)를 감염시키고 복제되었다.

암을 치료하는 또 다른 기작은 외래 물질을 공격하도록 면역체계가 생산하는 단백질인 항체를 이용하는 것이다 (27.3절). 암세포 내에서 항체가 특정 표적에 결합하게 되면 숙주의 면역체계를 작동시켜 암세포를 죽인다는 것이 알려졌다. 그러나 항체는 세포로 자유롭게 들어가지 못하므로 탄저병을 유발하는 세균인 *Bacillus anthracis*가 생산하는 독소를 이용하여 수송 기작을 유전적으로 조작하였다 (29.9절 및 31.8절) (**그림 12.26**). 탄저 독소는 세 개의 구성요소를 포함한다: 부종 인자(edema factor), 치사 요인(lethal factor) 그리고 보호 항원(protective antigen)이다; 후자는 독성 부종과 치사 인자를 세포로 전달하는 데 필수적이다.

과학자들은 유전공학을 이용하여 *B. anthracis*의 보호 항원을 변형시켜서 독성 부종과 치사 인자 대신에 합성 항암 항체(*synthetic anticancer antibody*)를 운반하였다. 변형이 되어 해롭지 않은 독소를 주사하게 되면 보호 항원이 암세포의 바깥에 있는 수용체를 인식하고 결합하게 된다 (그림 12.26). 그러면 보호항원:항체 복합체는 엔도솜(endosome)의 형성을 통해 암세포로 흡수된다. 일단 항체가 엔도솜에서 세포질로 방출되면 종양의 생존에 필수적인 단백질에 특이적으로 결합한다. 이 결합은 세포의 면역체계를 작동시켜서 항체:세포 단백질 복합체를 인식하고 세포를 사멸시킨다 (그림 12.26). 독소의 독성을 띠는 부분과 항체가 표적으로 하는 특정 암단백질 모두 정상세포에는 없기 때문에 정상세포에 의해 삽입되는 어떠한 항원:항체 복합체도 해롭지 않다.

암에 대항하는 면역체계를 활성화하는 것은 암 치료의 완전히 새로운 선상의 기작이 될 것이다. 여기서 고안된 새로운 체계는—항종양 항체와 매우 독성이 강한 세균으로부터 만들어진 운반체계를 조합시키는 것—암에 대한 전쟁을 가속화하는 유전공학의 힘과 전망을 모두 보여준다.

미니퀴즈

- 재조합 백신이 전통적 방법으로 생산된 백신보다 더 안전한지에 대한 이유를 설명하라.
- 독성이 약화된 살아 있는 재조합 백신, 벡터 백신, 단위체 백신의 중요한 차이점들은 무엇인가?
- 일부 병원성 세균의 어떤 특징 때문에 암 치료 공학(engineered cancer treatment)에 매력적인가?

12.9 유전체 발굴과 경로 공학

비옥한 토양처럼 복잡한 환경은 수많은 배양되지 않는 미생물과 유전공학의 의해 수확하기 적합한 그들의 유전자를 가지고 있다. 또한 미생물의 대사 경로를 변화시키고, 꾸미거나 혹은 다르게 변형시켜서 그 특성을 변화시키고 효율성을 향상시킬 수 있다. 유전공학이 어떻게 환경유전체를 발굴하고 대사 경로를 변화시키는지 탐구하고자 한다.

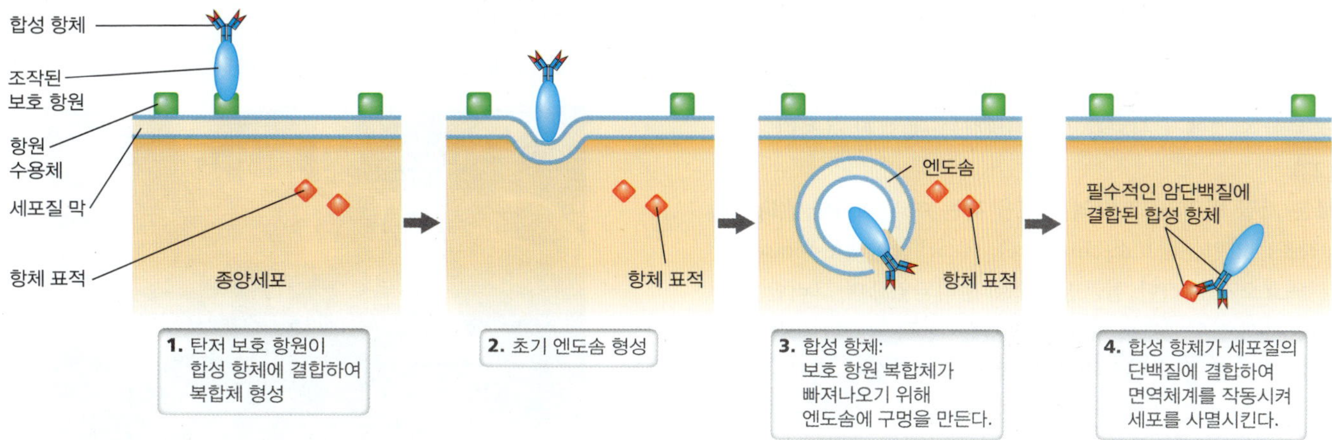

그림 12.26 조작된 탄저(anthrax) 독소. 탄저 독소의 방어용 항원 성분이 조작되어 합성 항체를 운반한다. 이 조작된 방어용 항원은 표적 암세포 상의 세포 수용체에 특이적으로 결합한다. 수용체에 결합하고 나서 조작된 복합체는 엔도솜(endosome)을 통하여 세포 내로 흡수된다 세포질로 방출된 후에 합성 항체는 필수적인 세포 단백질에 결합하여 숙주의 면역 반응을 통해 세포 사멸을 촉발시킨다. 탄저 독소는 29.9절과 31.8절에서 더 자세히 논의된다.

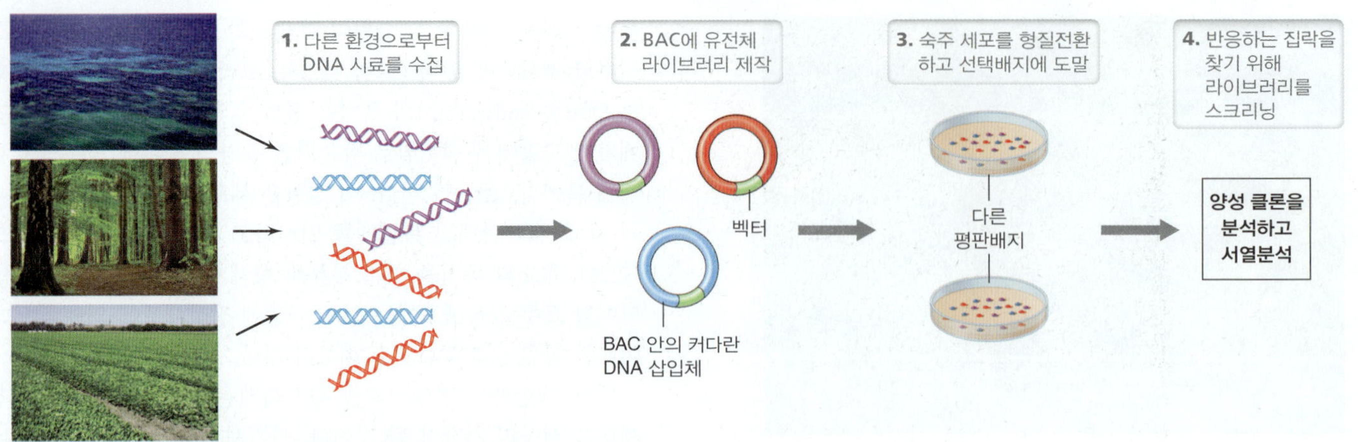

그림 12.27 환경에서 유용한 유전자를 찾는 메타유전체학. DNA 시료를 해수, 삼림 토양 및 농업 토양과 같은 다른 환경에서 얻는다. 세균 인공 염색체(BAC)를 이용하여 메타유전체 라이브러리를 제작하고 관심 있는 유전자를 스크리닝한다. 유용한 가능성 있는 클론을 더 분석한다.

환경 유전자 발굴

한 생명체의 전체 유전자 내용물을 유전체(*genome*)라고 하듯이 한 환경에 있는 집합적인 유전체를 메타유전체(*metagenome*)라 한다 (9.8절 및 19.8절). 유전자 발굴(*gene mining*)은 잠재적으로 유용한 유전자를 그 유전자를 갖고 있는 생물체를 배양하지 않고 환경으로부터 동정하고 분리하는 과정이다. 유전자 발굴에서는 DNA (또는 RNA)를 환경 시료로부터 직접 분리하고 적절한 벡터에 클로닝하여 메타유전체 라이브러리(*metagenomic library*)를 제작한다 (**그림 12.27**). RNA를 분리하였다면 역전사효소에 의해 cDNA로 먼저 전환되어야 한다 (그림 12.2).

환경 메타유전체 라이브러리를 스크리닝하여 다양한 오염물질을 분해할 수 있는 효소와 새로운 항생제를 만드는 효소를 암호화하는 새로운 환경 유전자들을 찾아내고 있다. 전체 대사 경로를—항생제 합성과 같은—암호화하는 유전자 클러스터(cluster)를 회수하는 일은 **세균성 인공염색체(bacterial artificial chromosome, BAC)**와 같은 벡터를 요구한다. BAC는 커다란 DNA 삽입체를 운반하는 것 외에는 플라스미드와 유사하다. BAC은 토양과 같이 알려지지 않은 수많은 유전체가 존재하여 스크리닝할 많은 유전자가 있는 풍부한 환경에서 시료를 스크리닝하는 데 특히 유용하다 (그림 12.27).

새로운 기질 범위와 그 밖의 특성을 갖는 여러 리파아제(lipase) (아래 참조), 키틴분해효소(chitinase), 에스테라아제(esterase) 및 기타 분해효소가 이러한 접근방법으로 분리되었으며 그러한 효소들은 다양하게 산업적으로 응용된다. 높은 온도, 높거나 또는 낮은 pH, 산화적 조건 등의 산업적 생산 조건에 저항성이 개선된 효소들이 특히 가치가 있고 바람직하다. 또한 메타유전체학은 열 안정성 리파아제와 같은 특정 조합의 특징을 갖는 생산품을 목표로 할 수 있다. 리파아제는 지방을 가수분해지만 그것을 산업적으로 생산하고 이용하려면 높은 온도에서 활성을 유지해야 한다. 열에 안정한 리파아제를 분리하기 위해서 온천 시료로부터 메타유전체 라이브러리를 만들고 그 DNA를 *Escherichia coli* 세포로 형질전환하였다. 그 후 리파아제 활성을 발현하는 재조합 집락을 선별하여 분석한 결과 그 중 일부가 90°C에서 활성을 나타내었다. 효소의 상업적 생산을 위해 열 안정성 리파아제를 암호화하는 유전자를 발현 벡터에 도입하였다.

극한 환경의 메타유전체 발굴에 의해 식품산업에서 식품-가공 장비를 세척할 목적으로 여러 유용한 열 및 산에 안정한 효소들을 분리하였다 (**그림 12.28**). 식품매개 감염을 방지하기 위해서는 식품-가공 장비를 엄격하게 세척해야 하며 세척 과정은 보통 엄격하게 산과 염기를 처리하고 세정제와 살균제를 사용하는데 이들 모두는 많은 양의 화학물질을 소비하며 처리해야 할 많은 부피의 폐수를 발생시킨다. 반면에, 희석된 산에서 물의 끓는 점 가까이에서 최적으로 작동하는 효소로 장비를 세척하는 것은 (그림 12.28) 표준 세척 과정보다 더 적은 화학물질과 물을 필요로 하며 더 효과적으로 미생물 생물막을 제거한다.

경로 공학: 인디고 합성

경로 공학(pathway engineering)은 하나 또는 그 이상의 생물체

그림 12.28 유가공 장비의 세척을 위한 CinderBio 초안정성 효소의 응용. 이 열 안정성 효소는 전통적인 세척 방법과 비슷하거나 더 낫게 산업적 식품가공 장비를 세척하며 많은 양의 독성 폐수를 생산하지 않는다.

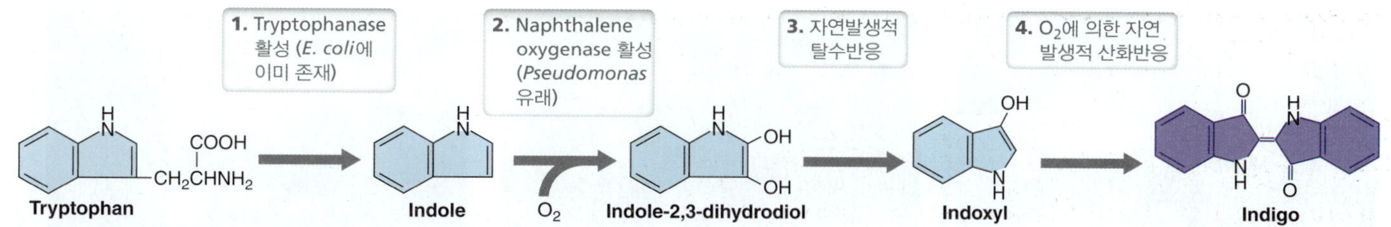

그림 12.29 인디고(Indigo) 염료 생산을 위한 경로 공학. *Escherichis coli*는 트립토판을 인돌(indole)로 전환하는 tryptophanase를 자연적으로 발현한다. Naphthalene oxygenase (*Pseudomonas* 유래)는 인돌을 디히드록시 인돌(dihydroxy-indole)로 전환하고 이것은 다시 자연적으로 인독실(indoxyl)로 탈수화된다. 공기 중에 노출되면 인독실은 이합체가 되어 자연발생적으로 푸른색의 인디고를 형성한다.

로부터의 유전자를 이용하여 새롭거나 개선된 생화학 경로를 조립하는 과정이다. 조작된 미생물은 알코올, 용매, 식품 첨가물, 염료, 항생제 및 그 밖의 많은 생산물을 만드는데 사용된다. 또한 농업 폐기물, 오염물질, 제초제와 기타 독성이 있거나 원치 않는 물질을 분해하는 데도 사용될 수 있다. 여기서는 이미 존재하는 경로(*existing pathway*)를 개선시키거나 변형시키는 것에 대해 논의하고 완전히 새로운 경로(*entirely new* pathway)를 만들기 위해 합성생물학을 이용하는 것은 나중에 살펴보기로 한다 (12.11절).

경로 공학의 흥미로운 한 예는 *E. coli*에 의한 인디고(indigo) 생산이다 (**그림 12.29**). 인디고는 모직 및 면을 처리하는 데 사용되는 중요한 염료이다; 예를 들어, 청바지는 인디고로 염색된 면으로 만들어진다. 인디고는 화학적으로 합성할 수 있지만 섬유산업에서 인디고에 대한 높은 수요는 경로 공학을 이용한 생명공학적 접근방법을 포함하여 그 합성을 위한 새로운 접근방법을 가져왔다.

인디고의 구조는 방향족 탄화수소(aromatic hydrocarbon)인 나프탈렌(naphthalene)의 구조와 매우 유사하기 때문에 나프탈렌을 산소화하는 oxygenase 효소는 인돌(indole) 역시 디히드록시(dihydroxy) 유도체로 산화시킨다; 후자는 공기 중에서 자연적으로 산화되어 밝은 푸른색의 색소인 인디고를 생산한다. 나프탈렌을 산소화하는 효소는 *Pseudomonas*와 기타 토양세균에서 발견되는 몇몇 플라스미드에 의해 암호화된다. 그 플라스미드의 유전자를 *E. coli*에 클로닝하면 세포는 naphthalene oxygenase를 암호화하는 유전자를 가지고 있기 때문에 인해 푸른색으로 변한다.

인디고 경로는 두 개의 효소적 단계와 두 개의 자연적 단계인 4단계로 되어 있다 (그림 12.29). *E. coli*는 이러한 단계의 첫 번째를 수행하는 tryptophanase 효소를 자연적으로 합성하여 트립토판을 인돌로 전환시키다. 조작된 *E. coli*에서 두 번째 단계는 인돌을 자연적으로 인디고로 전환되는 생산물로 전환시킨다 (그림 12.29). 인디고 생산을 위해서는 트립토판이 재조합 *E. coli* 세포에 공급되어야 하는데 이것은 상업적 응용을 위해 세포를 생물반응기의 고체 지지물에 부착시키고, 단백질 폐기물 원료로부터의 트립토판 용액을 세포위에 떨어뜨려서 수행한다. 트립토판 용액을 세포 위에서 수차례 재순환시키면 염료를 수확할 수 있을 때까지 인디고 농도가 안정적으로 증가한다.

인디고의 생물학적 생산은 분명히 가능하지만 연간 20킬로톤(kiloton)보다 많은 화학적 생산과 경쟁하기에는 현재로서는 어렵다. 실제로, 경로 공학의 주 과제 중 일부는 대사공학(metabolic engineering)을 조절하는 것과 비용 대비 효율이 높도록 하는 데 필요한 수율로 원하는 화합물을 생산하는 것이다.

미니퀴즈

- 왜 메타유전체 클로닝에서 수많은 새로운 유전자를 발굴할 수 있는지 이유를 설명하라.
- 산업용 효소를 탐사하기 위해 어떤 유형의 환경에서 세균를 채취하며 그 이유는 무엇인가?
- 인디고를 생산하기 위해 *Escherichis coli*는 어떻게 변형되는가?

12.10 생물연료 공학

세계적으로 화석 연료의 공급이 제한되고 기후변화가 우리 지구에 어떻게 영향을 주는지에 대한 환경적인 관심이 커져가기 때문에 생물학적으로 생산되는 연료—생물연료(*biofuels*)—와 같은 재생 가능한 에너지원의 수요가 많아졌다. 오늘날 사용되는 주요 생물연료는 에탄올, 바이오디젤(biodiesel), 수소, 그리고 메탄이다. 엄선된 미생물들이 생물연료를 생산할 수 있다; 그러나 야생형 생물체에서의 생산수율은 종종 독성이 있는 부산물과 중요한 단계를 위한 효소의 결핍으로 인해 저해가 된다. 따라서 생물연료의 생산을 향상시키기 위해서 미생물을 유전적으로 조작하여 생산을 최적화하였다. 여기서는 유전공학이 어떻게 대체 생물연료를 공급 원료로 사용하는 것을 가능하게 하는지와 광영양 미생물이 생물연료 생산 공장으로 어떻게 이용되는지를 논의하고자 한다.

세균에 의해 스위치그라스를 에탄올로 전환하기

미국에서 연간 140억 갤런(gallon) 이상의 에탄올이 효모에 의한 옥수수 당의 발효로부터 생산된다 (**그림 12.30*a***). 그러나 옥수수는 재배하고 수확하는 데 상당한 비용과 에너지 투입을 필요로 하며 인간과 가축의 주 식품원료이기 때문에 이를 대체할 수 있는 비식용 저-원료-투입 식물 재료가 더 바람직한 생물연료 공급원료이다. 에탄올 생산을 위한 셀룰로오스(cellulose)의 원료로서 스위치그라스(*switchgrass*) (*Panicum virgatum*) (그림 12.30*b*)와 같은 빠르게 생장하는 풀에 많은 관심의 초점이 맞춰졌다. 그러나 스위치그라

단원 3

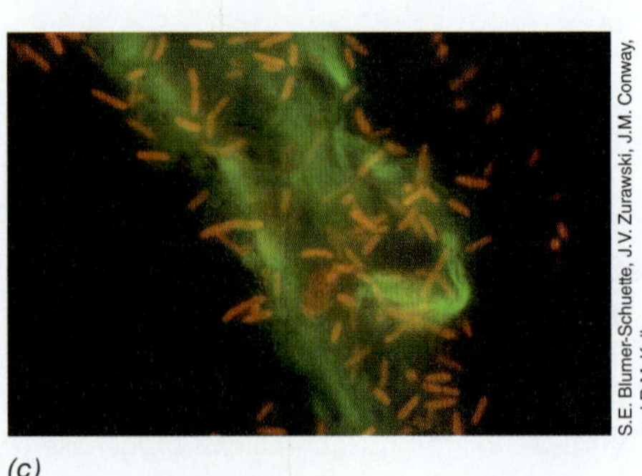

(a) (b) (c)

그림 12.30 생물연료. *(a)* Nebraska 주 (미국)에 있는 바이오에탄올 공장. 옥수수전분의 포도당이 효모에 의해 에탄올과 CO_2로 발효된다. 전경의 커다란 탱크는 에탄올 저장 탱크이며 배경의 파이프는 발효액의 알코올을 증류하기 위한 것이다. *(b)* 에탄올 생산을 위한 공급원료로서 셀룰로오스의 원료인 스위치그라스(switchgrass). *(c)* 스위치그라스 (단일 세포는 약 0.6 μm × 3 μm임)에서 생장하는 고온성 셀룰로오스 분해세균 *Caldicellulosiruptor kronotskyensis*의 아크리딘-오렌지(acridine orange)로 염색된 세포의 형광 현미경 사진. 녹색은 스위치그라스이다.

스 셀룰로오스는 헤미셀룰로오스(hemicellulose)와 리그닌(lignin)과 같은 다른 식물 중합체로 통합되어 있어서 중합체를 발효가 가능한 당으로 분해하기 위해 고온, 화학물질, 효소적 전처리가 필요하다.

미생물의 다양성과 유전공학을 이용하여 세균을 발견하고 유전적으로 조작하여 스위치그라스 셀룰로오스를 발효가 가능한 당으로 분해하는 것은 물론 이 당을 에탄올로 발효하였다. 그람-양성 혐기성 고온성 세균인 *Caldicellulosiruptor*는 자연적으로 셀룰라아제(cellulase)효소를 생산하여 셀룰로오스와 헤미셀룰로오스를 포도당으로 전환할 수 있다. 세균의 펩티도글리칸의 외층으로부터 나와 있는 타피린(*tāpirins*)으로 불리는 고유의 단백질로 인해 세포가 전환과정 동안에 가공되지 않은 스위치그라스에 직접 결합할 수 있다 (그림 12.30*c*). *Caldicellulosiruptor besciis*는 80°C에서 최적으로 생장하여 당을 발효시킬 수 있으며 대부분 아세트산, 젖산, 그리고 수소를 발효산물로 자연적으로 생산한다. 스위치그라스를 에탄올로 직접 전환하기 위해서 유전공학자는 젖산 탈수소효소(lactate dehydrogenase)를 암호화하는 유전자와 그 밖의 산성 발효산물을 또 다른 고온성 생물인 *Clostridium thermocellum*의 두 가지 기능을 가진 아세트알데히드/알코올 탈수소효소(acetaldehyde/alcohol dehydrogenase)로 대체함으로써 *C. besciis* 해당 경로 (glycolytic pathway)의 최종 단계를 변화시켰다 (⟲ 그림 3.14). 이렇게 하여 *C. besciis*에서의 발효는 주로 산성 생산물에서 70% 에탄올로 바뀌었다.

생물연료 생산을 위해 고온성 미생물을 이용하는 것은 중온성 미생물(mesophile)로 오염되는 위험을 줄여주고 기질의 용해성을 향상시키는 등의 여러 가지 이점이 있다. 이것은 또한 휘발성 생산물을 더 쉽게 회수할 수 있도록 해준다. 예를 들어, 많은 양의 생장 배지로부터 적은 양의 원하는 생산물을 분리하는 것은 (옥수수 당의 효모 발효 동안에 에탄올을 회수하는 것과 같이) 생물체의 생장을 위해 반응조를 냉각하고 그 후에 에탄올을 가열하여 증류하는 데 상당한 에너지 투입이 필요하다 (그림 12.30*a*). 반면에 *C. besciis*는 80°C—에탄올의 끓는 점 바로 위—에서 최적으로 생장하기 때문에 이러한 유전자 조작 세균에 의해 셀룰로오스로부터 에탄올을 상업적으로 생산하는 것은 냉각이 거의 또는 아예 필요 없으며 원하는 산물인 에탄올의 연속적인 배출에 의한 에너지를 절약하게 된다.

조작된 알켄(alkene)과 알칸(alkane)

석유는 다양한 길이의 사슬을 가진 탄화수소의 혼합물이다. 천연가스 가공과 석유 정제로부터 생산되는 프로판(propane, C_3H_8)은 널리 사용되는 가열 및 냉각 연료이며 농업적 응용을 위한 핵심 연료이다. 과학자들은 유전공학을 이용하여 포도당을 프로판과 몇몇 다른 석유 탄화수소로 전환하도록 *Escherichia coli* 균주를 변형시켰다.

*E. coli*에서 탄화수소 생산은 지방 알데히드(fatty aldehyde)의 합성으로 시작된다. 이것은 지방산을 해당하는 알데히드로 환원시키는 효소를 암호화하는 *Photorhabdus luminescens*의 *luxCED* 유전자를 *E. coli*에서 이종 발현하여 수행되었다 (**그림 12.31**). 이러한 지방산 환원효소(reductase), 합성효소(synthetase), 그리고 전이효소(transferase)의 활성은 지방 알데히드를 생산하며 이것은 알데히드 decarbonylase 효소에 의해 탄화수소로 전환될 수 있다. 그러나 *E. coli*는 이 효소 역시 없다. 이러한 한계를 극복하기 위해서 유전공학자들은 남세균 *Nostoc punctiforme*의 알데히드 decarbonylase 유전자를 *E. coli*에 클로닝하여 조작된 *E. coli*가 생장 배지에 첨가된 선형의 지방산을 선형의 탄화수소로 전환될 수 있게 하였다 (그림 12.31).

곁가지 탄화수소는 더 높은 옥탄가(octane number) (가솔린 엔진의 성능에 좋음)를 주기 때문에 과학자들은 *Bacillus subtilis*로부터 지방산 연장 주기(elongation cycle) (⟲ 그림 3.30)의 첫 번째 단계에 참여하는 효소를 이종 발현시킴으로써 이렇게 조작된 경로를 확장시켰다. 이것은 조작된 *E. coli*가 더 곁가지가 많은 지방산을 시작 기질로 사용할 수 있게 해 주며 이렇게 하여 더 높은 옥탄가의 연료를 생산할 수 있다.

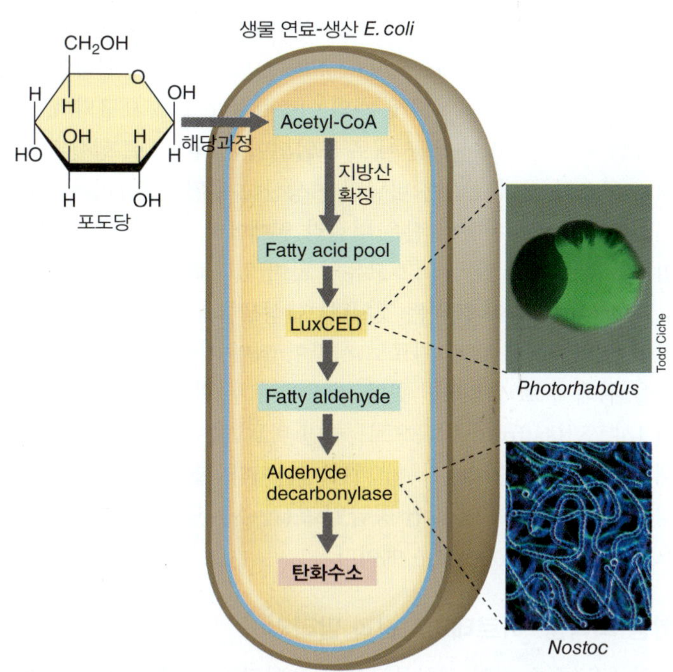

그림 12.31 탄화수소-생산 *Escherichis coli*. *E. coli*는 아세틸-CoA로부터 지방산을 자연적으로 생산한다. 형광 세균 *Photorhabdus luminescens* (삽화; 형광 집락)의 LuxC (지방산 환원효소), LuxE (지방산 합성효소), LuxD (지방산 전이효소) 단백질을 발현하는 균주를 조작하여 지방 알데히드 중간산물을 생산한다. 동일한 균주를 조작하여 남세균 *Nostoc punctiforme* (삽화 사진)의 aldehyde decarbonylase 효소를 발현한다면 이 지방 알데히드를 탄화수소로 전환할 수 있다.

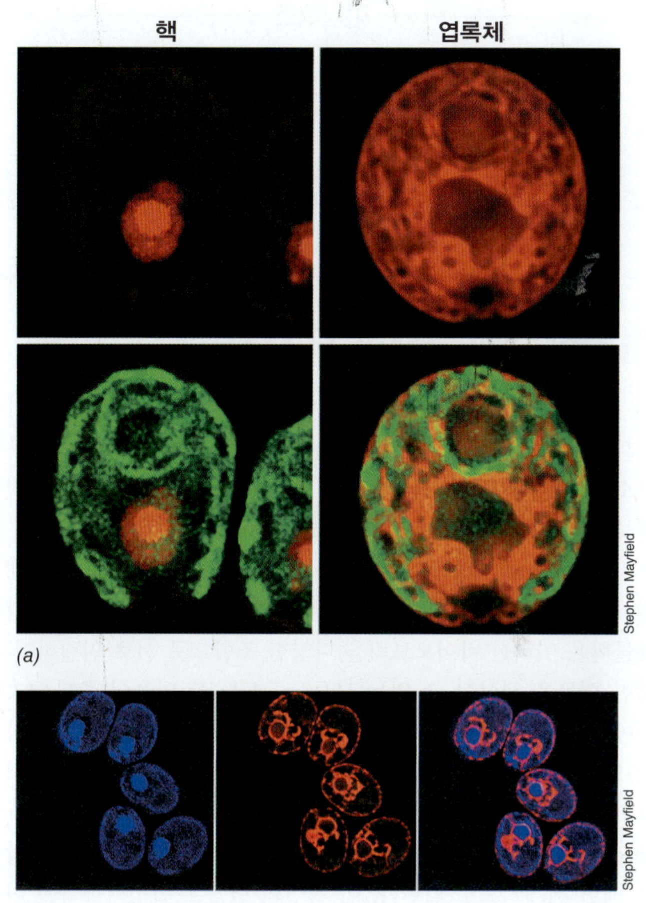

그림 12.32 미세조류를 조작하기 위한 유전적 도구. *(a) Chlamydomonas* 세포의 표적 지역에서 보고유전자의 발현을 보여주는 형광현미경 사진. 맨 위 패널: 핵 (왼쪽)과 염색체 (오른쪽)를 표적화하는 붉은색 형광 단백질을 암호화하는 보고유전자. *(b)* 단일 벡터를 이용하여 세포의 다른 위치에서 두 개의 보고유전자의 발현. 녹색 형광 단백질을 암호화하는 유전자 핵에 위치하며 붉은색 형광 단백질을 암호화하는 유전자는 *Chlamydomonas* 세포의 소포체에 표적화된다. 다음 논문에서 발췌. Rasala, B.A., S-S. Chao, M. Pier, D.J. Barrera, and S.P. Mayfield. 2014 *PLoS ONE* *9*(4): e94028.

미세조류와 바이오디젤

미세조류(microalgae)는 지질, 지방산, 카로티노이드(carotenoid)를 포함하는 생리활성 화합물을 다량으로 생산하는 단세포 광영양 진핵생물이다. 이러한 생산물들은 태양빛, CO_2, 약간의 미네랄, 그리고 물만을 이용하여 만들어진다. 생명공학에 관심의 대상이 되는 미세조류는 녹조류 속(genera)인 *Chlorella*와 *Chlamydomonas*이다. 이러한 생물체들은 상당한 양의 트리아실글리세라이드(*triacylglyceride*, TAG)로 알려진 저장 지질을 생산하는데, 이 물질은 화학적으로 처리되어 많은 트럭과 대형화물차에 있는 디젤 엔진에 사용되는 연료인 바이오디젤(*biodiesel*)을 생산할 수 있다.

미세조류 생합성 경로에서 TAG 합성을 향상시키는 것은 유전공학의 돌파구가 요구되며, **그림 12.32*a***는 단백질이 *Chlamydomonas* 세포의 핵이나 엽록체에 표적화되도록 해 주는 벡터의 성공적인 설계를 보여준다; 미토콘드리아나 소포체(endoplasmic reticulum)가 표적이 되도록 하는 다른 벡터들이 개발되었다. 세포 소기관(organelle) 표적화는 신호서열(signal sequence) (⇄ 4.12절)을 관심 있는 단백질에 융합시켜서 촉진된다. 분리된 세포의 위치에 있는 두 개의 외래 유전자를 동시에 발현시키는 벡터도 만들어졌다 (그림 12.32*b*). 이러한 표적 벡터는 전사 인자에 의한 유전자 발현 조절 (핵 유전체에 의해 암호화되는), ATP-생산 효소 (미토콘드리아 유전체에 의해 암호화되는), 그리고 초기 지방산 합성 반응을 위한 효소 (엽록체 유전체에 의해 암호화되는) 등과 같이 분획화된 TAG 생합성 활성을 조작하는 데 중요하다. 소포체에서 리보솜에 의한 단백질의 번역 또한 단백질 분비에 중요하다.

미세조류의 트리아실글리세라이드(triacylglyceride)를 바이오디젤을 위한 공급 원료로 이용하면 생물연료 생산의 가능성을 높이며, 공정이 태양광 에너지에 의해 유도된다는 사실은 환경적으로 매력적인 공정이 되게 한다. 그러나 모든 생물연료 생산 계획이 직면하는 주 장애물은—특히 태양광을 필요로 하는 것들—생산의 규모를 석유 산업과 경쟁하는데 필요한 수준으로 올리는 데 필요한 장비와 공학에 드는 비용이다. 현재 하루에 약 8천만 배럴(barrel)의 기름이 매우 변덕스러운 세계 에너지 시장에 다다르고 있으며, 심각한 가격 급등에 맞닥뜨리는 지점까지 기름의 공급이 줄어들 때까지 어떠한 생물연료도 경쟁하는데 어려운 시간을 가질 것이다.

단원 3

미니퀴즈

- 에탄올을 스위치그라스로부터 직접 생산하기 위해 *Caldicellulosiruptor*는 어떻게 변형되었는가?
- 생물연료를 생산하기 위해 고온성 미생물을 이용하는 장점은 무엇인가?
- 미세조류를 조작하여 지질을 훨씬 더 많이 생산하는데 제한적 요인은 무엇이었는가?

III • 합성생물학과 유전자 편집

합성생물학(*synthetic biology*)이란 용어는 유전공학을 이용하여 대개 여러 개의 다른 생물체에서 이용 가능한 생물학적 부분요소들로부터 새로운 생물학적 체계를 만드는 것을 말한다. 이러한 생물학적 부분요소들 [프로모터(promoter), 증진자(enhancer), 작동자(operator), 리보스위치(riboswitch), 조절 단백질, 효소 도메인(domain), 신호 수용자 등]을 바이오브릭(*biobrick*)이라 한다. 합성생물학은 이러한 바이오브릭을 다양한 조합으로 서로 연결하여 복잡한 행동을 생산할 수 있는 모듈(module)을 만들어 준다. 12.11절에서 몇몇 놀라운 합성생물학 (합성 세포를 만드는 것을 포함하여)의 예에 대해 논의할 것이며, 대학생들 또한 합성생물학을 시도하고 있다. 국제 유전자 조작 기계(*International Genetically Engineered Machine* (iGEM; http://igem.org/)라고 불리는 학부생 경연은 매년 세계적으로 열린다. 이 경연의 팀들은 합성생물학을 이용하여 생분해성 스티로폼(Styroform) 같은 물질에서 기생생물로부터 꿀벌을 보호할 수 있는 *Escherichia coli* 균주에 이르는 생산품들을 조작하였다.

또 다른 강력하고 새롭고 빠르게 발전하는 기술은 살아 있는 세포에서 유전체의 편집을 가능하게 하며 이 기술은 생명공학에 혁명을 가져왔다. 12.12절에서 우리는 미생물의 면역체계가 유전체를 편집하는데 어떻게 이용되는지와 이 놀라운 유전체 편집 기술의 응용에 대해서 탐구하고자 한다.

12.11 합성 대사 경로에서 합성 세포까지

이제껏 합성생물학의 주 초점은 대사 경로를 제작하거나 변형하는 것이었다. 합성생물학자들은 효소와 조절 바이오브릭을 이용하여 인공 경로를 제작하여 싸고 풍부한 기질을 고가의 생산물로 전환할 수 있다. 그러한 생산물은 보통 식물인 원료로부터 정제하는 데 비용이 들기 때문에 값이 비싸다. 그것들을 생산하기 위해 유전자 변형 생물(GMO)이 사용되는데 생산물에는 외래 DNA가 없다.

주요 식품 생산물 조작하기

세상에서 가장 인기 있는 향료 중의 하나인 바닐린(vanillin)은 *Vanilla* 속(genus)인 난초(orchid)의 꼬투리(seedpod) [바닐라 열매(vanilla bean)]로부터 추출된 이차 대사산물이다. 난초가 느리게 자라고, 비교적 수확량이 적으며, 열매를 재배하고 수확하는데 생산비용이 높기 때문에 천연 바닐린은 비싸다. 유전공학자들은 바닐린 생산을 위해 천연 대사 경로를 분석하여 포도당으로부터 향료를 생산할 수 있는 *Escherichia coli*와 효모 균주를 합성하였다. *E. coli*에서 바닐린 합성은 다섯 개의 이종발현 효소가 요구되며, 일단 필요한 바이오브릭이 세균 내로 도입되면 천연적으로 생산된 바닐린과 구조와 맛이 똑같은 바닐린을 생산하게 된다. (그러나 일부는 천연적으로 생산된 바닐린은 바닐라 열매에서 추출된 추가적인 화합물을 함유하고 있어서 그 고유의 맛이 있다고 주장함)

E. coli 생산품이 불리는 것처럼 "합성생물 바닐린(Synbio vanillin)"은 바닐린의 값싼 원료로 시판이 되며 아이스크림과 제빵 제품을 위해 주로 사용되어 왔다. 세상에서 두 번째로 비싼 향신료로서 [샤프란(saffron) 다음으로] 천연 바닐라는 아이스크림과 같이 대량으로 사용되기에는 특히 비싼 성분이다. 합성생물 바닐린은 합성생물학을 사용하여 값싼 공급원료 (옥수수 당)를 고가의 생산품으로 전환할 수 있는 좋은 예이다.

합성 의약품: 아르테미시닌과 말라리아

의약품은 종종 천연 생산물로부터 유래된다; 예를 들어, 아스피린(aspirin)은 원래 버드나무 껍질(willow bark)로부터 얻는다. 아스피린은 현재 화학적으로 합성되지만 모든 의약품들이 경제적으로 합성될 수는 없다. 한 가지 예가 항말라리아 약품인 아르테미시닌(*artemisinin*)이다. *Plasmodium* 속의 원생생물에 의해 유발되는 말라리아는 모기에 의해 전파되며 주로 열대 및 아열대 국가에서 매년 거의 5억 명의 사람들을 감염시킨다. 다양한 전통적인 항말라리아제가 사용되고 있는데 이 기생생물은 이들 중 많은 것에 내성을 갖도록 진화해 왔기 때문에 새로운 항말라리아 약품이 지속적으로 요구된다. 아르테미시닌은 달콤한 약쑥(wormwood) 식물 (*Artemisia annua*)을 제한된 양으로 재배하여 생산되는 대체가능한 항말라리아제이다. 아르테미시닌을 이용가능하게하기 위해서 아르테미시닌 생산에 사용되는 아르테미시닌산(artemisinic acid)의 합성을 위한 미생물을 조작하는 것을 목표로 하는 반합성 아르테미시닌 프로젝트(*Semi-Synthetic Artemisinin Project*)가 시작되었다 (**그림 12.33**).

*A. annua*는 메발론산염(mevalonate) 생합성 경로를 이용하여 아세틸-CoA를 파르네실 이인산염(farnesyl diphosphate, FPP; 15-탄소 중간산물)으로 전환시켜 천연적으로 아르테미시닌산을 생산한다. FPP는 아모르파디엔(*amorphadiene*)이라 불리는 중간산물을 통하여 아르테미시닌산과 디히드로아르테미시닌산(dihydroartemisinic acid)으로 산화된다. 먼저 계획은 *E. coli*가 발효를 통해 아르테미시닌산을 생산하게 하는 것이었다. 합성생물학자들은 천연 경로의 치환, 천연 경쟁 효소의 억제, 코돈 최적화를 위한 유전자 돌연변이 (12.3절), 그리고 발효 조건의 변형을 통해 아르테미시닌산을 생산하도록 정확한 바이오브릭을 갖는 *E. coli*를 조작하는데 수많은 시도를 하였지만, 어떠한 방법도 아모르파디엔 중간산물을 충분한 수준으로 생산할 수 없었다. 그러나 합성생물학자들은 필요한 대사 경로 바이오브릭을 제빵 효모 *Saccharomyces cerevisiae*의

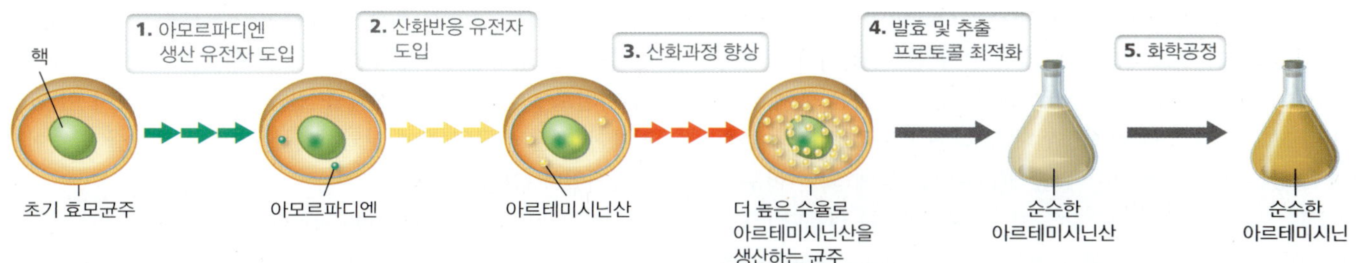

그림 12.33 합성생물학을 통한 아르테미시닌(artemisinin) 합성. 아르테미시닌산을 생산하기 위해 효모 *Saccharomyces cerevisiae* 균주를 변형하는데 이용되는 조작 단계의 정리. 색이 있는 화살표는 식물 *Artemisia annua*의 유전자 발현과 그 밖의 유전적 변형을 나타낸다.

변형 균주로 전달하고 더불어 최종산물 쪽으로 탄소 흐름을 전환시켜서 다량의 아르테미시닌산을 생산하여 화학적으로 아르테미시닌으로 전환할 수 있는 효모 균주를 설계하였다 (그림 12.33).

합성생물학은 강력한 진통제를 합성하는 것에도 성공적이었다. 예를 들어, 유전공학자들은 효모를 재설계하여 포도당을 공급원료로 이용하여 모르핀(morphine)과 하이드로코돈(hydrocodon)의 전구체인 화학물질 테바인(*thebaine*)을 생산하였다. 이것은 식물, 쥐, 그리고 그람-음성 세균 *Pseudomonas*와 같이 다양한 출처로부터 유래된 21개의 유전자를 효모에서 이종 발현하여 이루어졌다. 그 후에 합성 테바인은 진통 완화제로 화학적으로 전환될 수 있었으며 제약회사들에 의해 시장에 나왔다.

사진의 *Escherichia coli*

합성생물학으로 가는 초기 여행 하나는 사진을 만들기 위해 유전자 변형 *E. coli*를 이용한 것이다. 조작된 세균을 한천 평판 배지 상에 론(lawn)으로 배양하고 론 위에 어미지를 투영하면 빛이 비춰지지 않은 세균은 어두운 색소를 만들게 되고 빛이 비춰진 세균은 색소를 만들지 못한다. 그 결과 투영된 이미지의 원시적인 사진이 된다 (**그림 12.34**).

사진 *E. coli*를 제조하려면 세 가지 핵심 바이오브릭을 만드는 것이 필요하다: (1) 광 검출기와 신호 모듈(module); (2) 헴(heme) (이미 *E. coli*에 존재함)을 광수용체 색소 피코시아노빌린(phycocyanobilin) (남세균의 부수적인 광-포집 색소, 14.2절)으로 전환하는 경로; (3) 어두운 색소를 만들기 위해 전사가 작동 및 중단될 수 있는 유전자에 의해 암호화되는 효소 (그림 12.34*a*). 광 검출기는 융합 단백질이며, 감지하는 반쪽은 남세균인 *Synechocystis*의 피토크롬(phytochrome) 단백질의 빛을 검출하는 부분이다. 이것은 피코시아노빌린(phycocyanobilin)을 필요로 하는데, *E. coli*에서는 자연적으로 만들어지지 않으므로 피코시아노빌린을 만드는 경로를 포함하는 바이오브릭을 설치하는 것이 필요하다.

융합 단백질의 나머지 반쪽은 *E. coli*의 EnvZ 감지 단백질의 신호전달 도메인이다. EnvZ는 두-요소 조절 체계(two-component regulatory system)의 일부이며 그 파트너는 OmpR이다 (6.6절). 보통은 EnvZ가 DNA-결합 단백질 OmpR을 활성화시키며 OmpR은 계속해서 프로모터에 결합하여 표적유전자를 활성화시킨다. OmpR을 어두운 곳에서 활성화시키고 밝은 곳에서는 그렇지

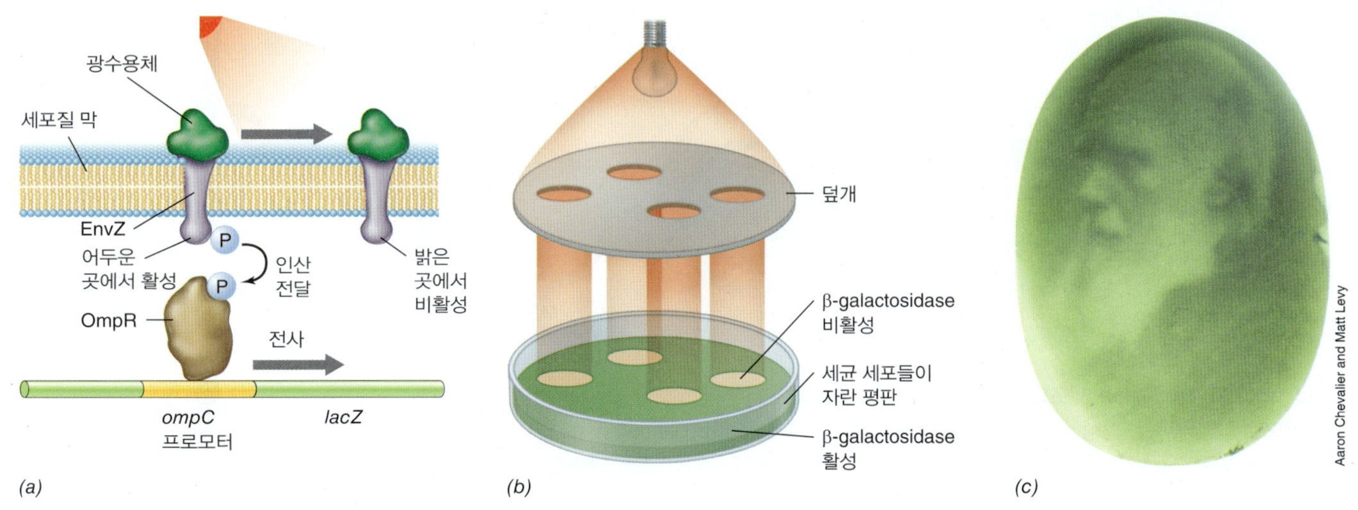

그림 12.34 세균 사진 (photography). *(a)* 빛을 감지하는 *Escherichis coli* 세포는 남세균과 *E. coli* 자신의 구성성분을 사용하여 유전적으로 조작되었다. 붉은 빛은 인산(P)이 DNA-결합 단백질 OmpR로 전달되는 것을 저해한다; *lacZ* 전사를 활성화하기 위해 인산화된 OmpR가 요구된다 (*lacZ*는 β-galactosidase를 암호화함). *(b)* 세균 사진을 만들기 위한 설계. 덮개(mask)의 빛이 통하지 않는 부분이 β-galactosidase가 활성을 띠는 지역에 해당하며 결국 최종 영상의 어두운 부분이 된다. *(c)* Charle Darwin 초상화의 세균 사진.

않도록 잡종 단백질을 설계하였다. 이것은 OmpR이 활성화되려면 인산화가 필요하기 때문이며, 붉은 빛은 감지기를 인산화가 저해되는 상태로 바꾸어 준다. 결과적으로 표적유전자는 밝은 곳에서 작동이 멈추고 어두운 곳에서 작동된다. 조작된 *E. coli* 세포의 론을 포함하고 있는 페트리 평판위에 덮개(mask)를 놓게 되면 어두운 곳의 세포는 밝은 곳의 세포가 만들지 못하는 색소를 만든다 (그림 12.34*b*). 이러한 방법으로 덮여진 영상의 "사진(photograph)"이 현상된다 (그림 12.34*c*).

E. coli 세포에 의해 만들어진 색소는 *E. coli*에 자연적으로 존재하는 젖당분해효소 β-galactosidase 활성의 결과이다. 표적유전자 *lacZ*가 이 효소를 암호화한다. 어두운 곳에서는 *lacZ*가 발현되어 β-galactosidase가 만들어진다. 효소는 생장배지에 존재하는 젖당 유사체인 X-gal (12.2절)을 분해하여 갈락토오스와 검은색 염료를 방출한다. 밝은 곳에서는 *lacZ* 유전자가 발현되지 않고 β-galactosidase가 만들어지지 않아 염료도 방출되지 않는다. 사진의 명암대비(contrast)는 세포가 얼마나 빛을 보느냐에 따라 조절되며, 그것은 사용되는 덮개의 특성에 의해 좌우된다 (그림 12.34*c*).

세균 사진은 디지털 사진과 비교할 수는 없지만 세균 사진에 필요한 바이오브릭을 조립하면서 얻은 지식은—이제 수년이 지난 일—전체 세포를 포함하여 더 복잡한 생물학적 체계에서 합성적인 접근방법을 개발하기 위한 기초를 만드는 데 도움이 되었다.

합성 세포

스크래치(scratch)로부터 전체 세포를 합성하는 것은 합성생물학의 정점으로 간주할 수 있다 (이에 대한 더 많은 것은 332쪽 참조). 이것은 2017년 현재 일어나지 않았으나 관련된 업적이 2010년에 발표되었다: California 주 (미국)의 합성생물학자들의 한 그룹은 "합성(synthetic)" 세균을 생산하였다. 그러나 만들어진 생명체는 살아 있는 생명체를 만들기 위해 다양한 바이오브릭을 조립한 결과가 아니었다—진정한 새로운(de novo) 세포 합성—대신 알려진 유전체 서열로부터 세균의 유전체를 인공적으로 제조하여 이 합성 유전체를 다른 세균의 종에 삽입하여 살아 있는 세포를 만들어낸 생산물이었다 (**그림 12.35**).

이러한 위업은 *Mycoplasma mycoides* 세균의 유전체 서열에 기반하여 1.08-백만-염기쌍 (Mbp) 유전체를 인공적으로 합성하여 이루어졌다. 이 원형의 염색체는 효모세포의 상동성 말단과 상동성 재조합 복합체를 포함하는 DNA의 선형 조작들로부터 맞춰졌다. 완전히 조립된 합성 염색체가 정제되고 나서 *Mycoplasma capricolum* 세포에 형질전환되었다 (그림 12.35). 합성 염색체는 *M. capricolum* 유전체에는 없는 보고유전자 *lacZ*를 가지고 있어서 합성 염색체를 가지고 있는 집락은 푸른색을 띠게 된다 (그림 12.8 참조); 이것은 세포분열 후에 *M. mycoides* 유전체를 갖고 있는 *M. capricolum* 세포를 *M. capricolum* 유전체를 갖고 있는 세포와 구별하는 데 필요하다 (그림 12.35). 푸른색 집락의 세포를 조사했을 때 원래의 *M. mycoides* 세포의 모든 특징들을 나타내었다.

이러한 합성 *M. mycoides*는 바이오브릭으로만 만들어지지는 않았지만 (*M. capricolum* 숙주 세포는 리보솜, 다양한 효소, 그리고 그 밖의 중요한 세포질 구성성분을 가지고 있었음), 전체 유전체가 한 종에서 다른 종으로 이식될 수 있음이 실험적으로 증명이 되었다. 또한 중요한 것은 이 실험에서 합성생물학을 위한 앞으로 일어날 가능성을 엿볼 수 있다. 가능성은 실제로 끝이 없으며 인간과 지구를 위한 이러한 과학의 혜택이 중요할 것 같다.

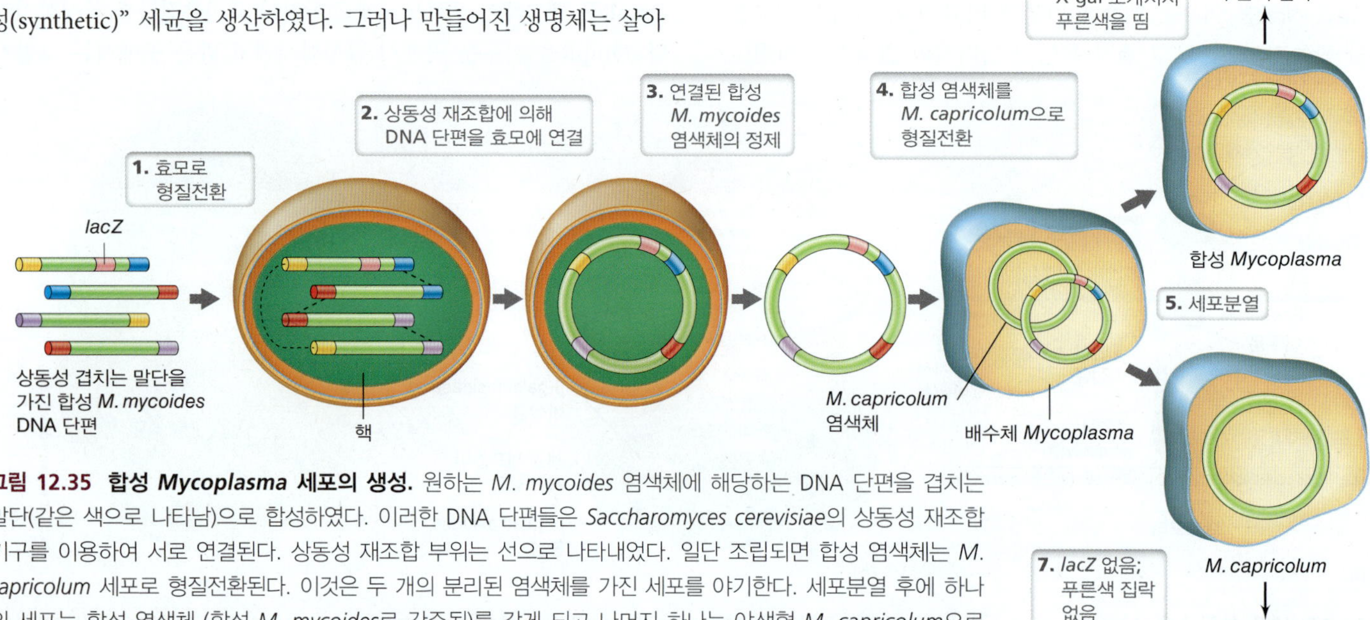

그림 12.35 합성 *Mycoplasma* 세포의 생성. 원하는 *M. mycoides* 염색체에 해당하는 DNA 단편을 겹치는 말단(같은 색으로 나타남)으로 합성하였다. 이러한 DNA 단편들은 *Saccharomyces cerevisiae*의 상동성 재조합 기구를 이용하여 서로 연결된다. 상동성 재조합 부위는 선으로 나타내었다. 일단 조립되면 합성 염색체는 *M. capricolum* 세포로 형질전환된다. 이것은 두 개의 분리된 염색체를 가진 세포를 야기한다. 세포분열 후에 하나의 세포는 합성 염색체 (합성 *M. mycoides*로 간주됨)를 갖게 되고 나머지 하나는 야생형 *M. capricolum*으로 남는다. 합성 염색체를 포함하는 세포는 보고유전자 *lacZ*를 가지고 있어서 푸른색 집락을 생산하기 때문에 확인된다 (그림 12.8 참조). 최소 유전체 (minimalist genome)를 정의하는 연구를 포함하여 합성 세포에 대한 더 자세한 내용은 332쪽을 참조하라.

미니퀴즈

- 바이오브릭이란 무엇인가?
- 약품 아르테미시닌(artemisinin)과 모르핀의 전구체를 생산하기 위해 어떤 생물체가 유전적으로 변형되었는가?
- 사진을 만들기 위해 *Escherichis coli*는 어떻게 변형되었는가?

12.12 유전자 편집과 CRISPR

이 책의 앞에서 우리는 clustered regularly interspaced short palindromic repeat (CRISPR) 체계와 외래 DNA로부터 세균(*Bacteria*)과 고균(*Archaea*)을 보호하고 유전체 보전을 유지하는 역할에 대해 논의하였다 (10.13절 및 11.12절). 세균 *Streptococcus pyogenes*에서 *CRISPR/Cas9* [Cas9은 단백질 9 (CRISPR associated protein 9)와 연관된 CRISPR를 말함]이라 불리는 CRISPR 체계를 연구하는 미생물학자들은 이 체계가 다른 세포 내의 특정 DNA 서열을 인식하고 절단하며 외래 DNA가 절단된 부위로 삽입될 수 있다는 것을 발견하였다.

CRISPR/Cas9 체계를 최적화하여 살아 있는 세포에서 진핵 유전체를 바꾸기 위한 가장 강력하고 정확한 도구를 제공함으로써 생명공학에 혁명을 가져왔다. 실제로 유전자 편집(*genome editing*)은 알려진 것처럼, 식물, 동물의 배아, 그리고 인간 세포계의 유전체를 편집하는 데 성공적으로 사용되었다. 여기서는 이 체계가 어떻게 작동되는지와 합성생물학에 주는 혜택에 대해 알아본다.

Cas9 단백질에 의한 서열 표적화

그림 10.28에서 보여주듯이 CRISPR 체계는 Cas 단백질을 보유하는데, 이것은 CRISPR RNA (crRNA)의 상보적 결합에 의해 하나의 핵산에 유도될 때 제한효소로 작동한다. *Streptococcus* Cas9 단백질을 찾아 원하는 표적 DNA 서열에 결합하는 합성 RNA 분자를 설계함으로써 유전공학자들은 CRISPR-Cas 체계를 이용하여 실제로 모든 세포의 유전체의 특정 DNA 서열을 절단하였다. 절단 부위에서 DNA가 연결되거나 (유전자 결손이 생김) 새로운 DNA를 삽입하는 데 사용될 수 있다 (**그림 12.36*a*, *b***).

유전자 편집에 사용되는 합성 RNA 분자를 합성 유도 RNA (*synthetic guide RNA*, sgRNA)라 부르며, sgRNA와 표적 DNA 모두에 결합하는 *S. pyogenes*의 Cas9 단백질은 그림 12.36*c*에서 볼 수 있다. 완전한 Cas9 제한효소 활성을 위해서 짧은 protospacer adjacent motif (PAM; 그림 10.28 참조)가 표적 DNA 상에서도 일어나야 한다. 이 PAM 서열없이 Cas9 단백질은 sgRNA가 결합하는 부위에 결합할 것이지만 절단하지

sgRNA
표적 부위
PAM
1. 표적:sgRNA에 Cas9의 결합
Cas9 단백질
절단 부위
2. Cas9 위치 지정 절단
상동성 재조합
3. 삽입체를 첨가하고 DNA 절단을 복구
DNA 삽입

(a) **유전체 삽입**

sgRNA
PAM
표적 부위 2
표적 부위 1
결손되는 DNA
sgRNA
Cas9 단백질
절단 부위 2
절단 부위 1
세포 분해
이중가닥 절단 복구
DNA 결손

(b) **유전체 결손**

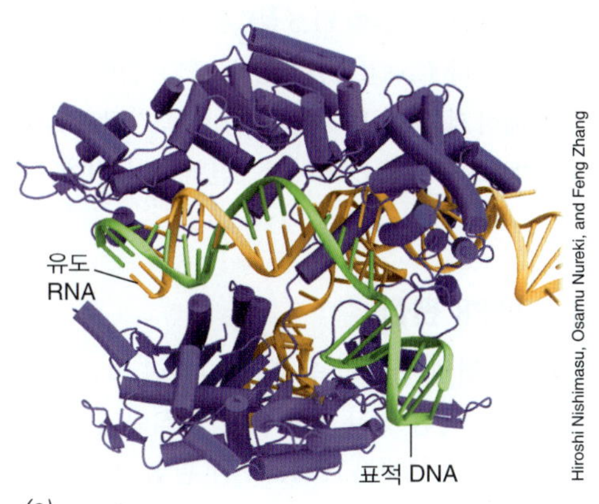

(c)

그림 12.36 CRISPR/Cas9 유전체 편집. sgRNA는 synthetic guide RNA를 말하며 PAM은 protospacer adjacent motif를 말한다. 각 유전체 표적 부위는 DNA 절단이 일어나기 위해서 PAM 서열을 가지고 있어야 한다는 점을 주목하라. *(a)* 외래 DNA를 유전체의 표적 부위에 삽입하기. sgRNA는 유전체 상의 단일 표적 부위에 상보성을 통해 결합하도록 합성한다. 이렇게 sgRNA가 DNA에 결합하면 Cas9 단백질을 자극하여 표적 부위에서 유전체를 절단한다. 절단 부위와 상동성 말단을 가진 외래 DNA는 상동성 재조합을 통해 절단 부위에 삽입될 수 있다. *(b)* 유전체 부위의 삭제. 측면에 검출되는 DNA를 가진 두 개의 분리된 표적 부위가 선택된다. 이 부위에 해당하는 sgRNA를 설계하고 첨가하고 결합한 후에 Cas9 단백질에 의존하는 DNA 절단이 일어난다. 이것으로 인해 표적 염색체에 이중가닥 절단(double-stranded break)과 DNA 조각이 생긴다. 그 후 이중가닥 절단은 세포의 DNA 이중가닥 절단 회복 회로에 의해 연결되고 유전체 DNA 조각은 분해된다. 그 결과 유전체 삭제가 일어난다. *(c) Streptococcus pyogenes* Cas9 단백질의 결정 구조. 표적 DNA는 녹색 sgRNA는 오렌지색으로 보인다.

는 않는다. Cas9 단백질이 DNA를 절단할 때 그 두 개의 제한효소 도메인 (그림 12.36*c*)이 협동하여 DNA 양쪽 가닥을 잘라 이중가닥 절단(double-stranded break)이 생긴다. (그림 12.36*a*, *b*). 표적 세포에 따라서 CRISPR 체계를 운반하는 다양한 방법이 사용될 수 있다. 설계된 sgRNA와 Cas9 단백질에 해당하는 유전자를 강력한 프로모터의 조절 통제 하에서 플라스미드에 클로닝한다. 다른 대안으로는 sgRNA와 Cas9 단백질에 해당하는 mRNA를 시험관 내에서(in vitro) 만들 수 있다. 어느 경우이든 그 물질들을 표적세포에 직접 주입하여 유전자 편집 과정을 작동시킨다.

원하는 절단 부위 가까이에 PAM 서열의 존재가 특정 DNA 서열을 절단하는데 유일한 제한점이 된다. 그러나 PAM 서열은 길이가 단지 세 개의 뉴클레오티드이므로 대부분의 유전체에서 자주 일어난다. 다른 세균의 CRISPR 체계 또한 다른 PAM을 인식하기 때문에 대체할 수 있는 Cas 단백질이 필요한 경우에 사용될 수 있다. DNA 부위를 제거하기 위해서 제거되는 DNA 서열의 측면에 두 개의 표적 절단 부위를 확인해야 하며 해당하는 sgRNA를 설계해야 한다 (그림 12.36*b*). 반면에 DNA를 삽입하는데 단 한 개의 절단 부위와 해당하는 sgRNA가 필요하다 (그림 12.36*a*). 염색체의 한 부위를 편집하기 위해서 표적 DNA에 결합하도록 sgRNA를 설계한다. 이 결합이 Cas9 단백질을 자극하여 PAM 서열이 가까이 있을 때 표적 부위를 절단한다 (그림 12.36*a*, *b*).

Cas9 단백질과 sgRNA이 특정 부위에서 DNA를 절단하는 데 사용되는데 (그림 12.36), 새로운 DNA는 어떻게 절단 부위에 삽입되며 그 DNA 어떻게 다시 서로 연결되는가? 이 작업은 세포 자신의 DNA 복구 기구(repair machinery)를 이용하여 수행된다. 절단 부위와 상동성을 가진 서열을 포함하는 DNA를 이 체계에 첨가하면 상동성 재조합(homologous recombination)이 사용되어 DNA를 삽입하게 되고 (11.5절) 유전체 삽입(genomic insertion)이 일어날 것이다 (그림 12.36*a*). 목표가 절단 부위 사이의 염색체 영역만 삭제하게 된다면, 비상동성 이중가닥 DNA 파괴 복구 경로는 삭제 이벤트에 따라 DNA를 단면화하기 위해 사용될 것이다 (그림 12.36*b*).

실제 CRISPR 편집

CRISPR 유전체 편집의 응용은 2013년 발견된 이래로 혜성처럼 급부상하였다. 관심 있는 생명체에 최적화된 코돈을 갖도록 Cas9-암호화 유전자를 설계하고 (12.3절) 관심 있는 유전자를 표적으로 하여 sgRNA를 조작함으로써 거의 모든 DNA를 편집할 수 있다. 쌀, 수수, 밀의 유전체는 CRISPR를 이용하여 편집되었고, 토마토 식물(쌍자엽)에서는 돌연변이가 되면 바늘 또는 전선 모양으로 되는 유전자 부위를 표적으로 하여 CRISPR/Cas9 체계도 사용되었다 (**그림 12.37**). 이번 연구에서는 *Agrobacterium*과 Ti 플라스미드 체계 (그림 12.19)를 이용하여 Cas9 단백질과 sgRNA을 암호화하는 유전자를 식물세포로 도입하였다. 그 결과로 생긴 돌연변이는 안정적이고 유전이 되기 때문에 CRISPR 유전체 편집은 쌍자엽에서 알려지지 않은 유전자의 기능을 시험할 준비가 되었고 가까운 미래에 과일과 채소의 영양 및 기타 특성을 향상시키기 위해 사용될 가능성이 있다.

그림 12.37 토마토 유전체의 CRISPR 편집. Argonaute 상동 단백질을 암호화하는 토마토 SlAGO7 유전자를 중단시키면 정상적인 토마토 식물 (오른쪽)에 비하여 전선이나 막대기 같은 잎을 가진 식물 (왼쪽)이 된다.

시험관 내에서 감염된 인간 세포의 유전체로부터 레트로바이러스(retrovirus) HIV (AIDS의 원인 인자, 10.11절)의 유전체를 절단하는데 Cas9 체계가 사용되면서 다른 세균의 Cas 단백질을 이용하여 HIV나 다른 특정 바이러스 RNA를 표적화할 수 있다. 예를 들어, *Pseudomonas*의 Csy4 CRISPR-관련 단백질은 긴 CRISPR 복사체(transcript)를 가공하는 엔도리보뉴클레아제(endoribonuclease)이다 (그림 11.33). Csy4 단백질은 변형이 되어 감염된 세포에서 자유로운 HIV RNA를 인식하여 파괴하였다 (**그림 12.38**). 마찬가지로 세균 *Francisella novicida*의 CRISPR/Cas9 체계가 재설계되어 인간 세포계 내의 C형 간염바이러스 (간

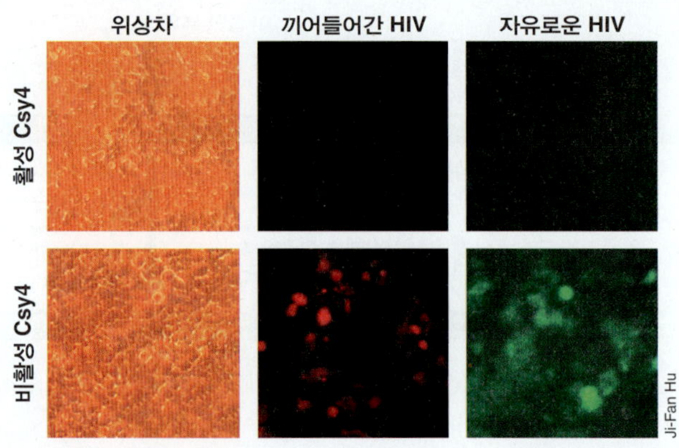

그림 12.38 CRISPR-매개 HIV 감염의 억제. 감염된 인간의 배아 신장 세포에서 RNA-기반 HIV를 표적화하는데 *Pseudomonas* Csy4 endoribonuclease CRISPR 단백질을 이용한 결과. 붉은색은 HIV 프로바이러스가 감염된 세포에 끼어들어 가는 것을 나타내며 자유로운 HIV 비리온은 녹색으로 나타난다. 맨 위 패널: HIV-Csy4를 표적하는 벡터의 발현. 맨 아래 패널: 작동하지 않는 Csy4 단백질을 포함하는 돌연변이 벡터의 발현. 아래 논문에서 발췌. Guo, R., H. Wang, J. Cui, G. Wang, W. Li, and J-F Hu. 2015. *PLoS ONE 10*(10): e0141335.

병원체이며 간암의 원인)의 단일가닥 RNA 유전체를 표적화하였다.

CRISPR 유전체 편집을 이용하여 DNA 서열을 제거하고 끊으며, 단일 위치에 삽입하였을 뿐 아니라 여러 개의 유전적 위치를 표적화하는 데 사용될 수도 있다. 이것의 인상적인 한 예는 돼지 세포로부터 돼지에 내재된 레트로바이러스의 62개 복사본을 제거한 것이다. 이 레트로바이러스의 존재는 돼지 장기를 인간에 이식하는 것을 방해하는 요인 중의 하나이다 (돼지는 해부학적으로 인간과 매우 유사함). 인간에 면역반응을 일으키는 다른 돼지 단백질이 있는데 유전공학자들은 이러한 모든 인자들을 편집하여 앞으로 수년 후에 인간 장기 생산을 위해 면역-친화적인 돼지 배아를 생산될 것을 예상하고 있다.

현재 CRISPR 유전체 편집은 한계점이 거의 없어 보인다. 사실, 생존하지 못해 정산 출산을 유도할 수 없었던 인공 수정 병원 인간 배아조차도 변형이 되었다. 이러한 획기적 업적은 인간에 CRISPR 편집을 사용하는 것에 대한 심각한 윤리적인 문제를 제기하였지만 이 기술이 하나 또는 그 이상의 유전 질병 유전자를 가진 아기가 태어나기 전에 수많은 파괴적인 유전 질병을 뿌리 뽑는 열쇠가 것이다.

미니퀴즈

- Cas9 단백질이 효과적인 DNA 편집 도구가 되는 것은 무엇에 관한 것인가?
- 유전체 편집에서 sgRNA의 역할은 무엇인가?
- CRISPR 편집을 이용하여 재조합 DNA가 유전체에 어떻게 삽입되는가?

12.13 유전자 변형 생물의 생물학적 유출방지

이 장을 통해서 고가의 생산품을 합성하기 위한 공장으로서 유전자 조작 미생물에 초점을 맞추었다. 유전공학의 응용은 확실히 이로운 점이 있지만 부정적인 결과로 유전자 변형 생물체(GMO)가 그들의 변형된 유전자를 야생형 집단으로 퍼뜨리는 환경적인 문제가 남아 있다. 합성생물학이 이러한 문제를 해결하는 데 어떻게 도움을 줄 수 있을까?

초기 유출방지 제도

수년에 걸쳐서 GMO 유출방지를 위한 다양한 제도가 제안되었다. 예를 들어, 영양요구성(auxotrophic) 균주를 사용하고 자가-독소(self-toxin)를 암호화하는 유전자를 유도하는 것이 GMO와 함께 시도되었지만, 두 가지 전략 모두 성공적이고 믿을 만한 실행이 문제가 되었다. 영양요구체(auxotroph)는 영양요구성을 갖는 미생물 종의 돌연변이 유도체임을 상기하라; 영양요구체는 그 영양분이 없이는 생장할 수 없으며 (☍ 11.1절), 이것이 GMO를 포함하는 영양요구체를 사용하는 것의 이면에 있는 이론이다. 그러나 자연에서는 영양요구성 균주가 다른 생물체의 대사산물을 교차섭취(cross-feeding)함으로써 종종 살아남을 수 있으며 영양요구성 GMO가 역 돌연변이에 의해 야생형으로 되돌아가서 영양 의존성을 잃어버릴 가능성이 항상 남아 있다.

7.11절에서 어떤 세균이 스트레스 조건 하에서 집단의 생존을 보장하는데 도움을 주기 위해 세포 생장을 늦추는 생장 저해 독소를 어떻게 생산하는지를 보았다. 이것은 또한 생물학적 유출방지(biocontainment)를 위한 기작으로서 탐구되었다. 즉, GMO가 생물반응기 내에 갇힘에서 벗어나게 된다면 (여기에서 생장조건은 원하는 산물을 생산하는 데 이상적임) 독소의 효과가 나타나기 시작하여 탈출한 GMO가 회복할 수 없는 휴면 상태가 시작될 것이다. 그러나 세포가 자기 자신과 같은 종류의 세포는 물론 다른 미생물 종과 경쟁하는 자연에서는 생존을 위해 독소 유전자 돌연변이가 강력하게 선택된다; 그러한 돌연변이가 재빨리 일어난다면 독소 체계는 무장해제되고 GMO는 생존한다.

영양요구체와 독소 접근 방식 모두 GMO 유출방지(containment)의 문제를 적절히 다루지 못한다. 더욱이 이러한 기작의 어떠한 것도 조작된 DNA가 산업 폐수를 통해 방출되어 수평적 유전자 전이 (11장)에 의해 다른 생물체에 이르는 가능성을 다루지 못한다. 따라서 유출방지의 문제를 보다 철저하고 안전하게 해결하기 위해서 유전공학자들은 합성생물학 자체를 이용하여 환경에서 GMO를 통제하는 새로운 방법을 고안하였으며 우리는 이제 한가지를 생각해 보려한다.

GMO 유전체를 재암호화하여 유출방지

유전자 변형 세균이 생물반응기 밖에서 생존하지 못하도록 방지하는 새로운 접근 방식은 GMO의 유전체를 재암호화하여(recode) 세균이 합성 아미노산으로 공급될 때에만 생장할 수 있도록 하는 것이다 (**그림 12.39**). 이것은 생물체의 합성 아미노산을 포함하는 단백질을 합성하도록 유전 암호와 번역 기구 (4장)를 재설계하는 것을 수반한다. 이 중요한 위업을 달성하기 위해 합성생물학자들은 먼저 *Escherichia coli* 염색체 상의 개방 해독틀과 관련된 모든 TAG 종결코돈 (RNA 상에서는 UAG)을 TAA 종결코돈으로 대체하였다. 그들은 또한 리보솜이 mRNA 상에서 UAG를 만날 때 번역을 종결하는 방출 인자 1 (release factor 1)의 유전자도 제거하였다. 이 조작은 TAG 코돈을 갖는 유전자 말단에 대체 종결코돈을 놓았기 때문에 번역 동안에 정확한 길이의 단백질이 여전히 만들어지며 재암호화된 세포는 정상적으로 생장한다. 이 유전자 조작은 또한 UAG 코돈을 자유롭게 풀어주어 또 다른 번역 기능에 재지정(reassigned)되도록 해 준다.

합성 아미노산에 대한 의존성을 조작하기 위해서 합성 아미노산(sAA)과 그에 해당하는 AUG 안티코돈을 가진 tRNA를 인식하는 아미노아실-tRNA 합성효소(aminoacyl-tRNA synthetase) (☍ 4.8절)의 유전자를 벡터로부터 발현하였다 (그림 12.39*a*). 그 결과 sAA를 운반하는 AUG 안티코돈을 가진 tRNA가 된다. sAA가 삽입되어도 단백질 활성에 영향을 주지 않을 위치에서 TAG 코돈을 갖도록 몇 개의 필수적 유전자들을 변형시켰다. 그리하여 재암호화

단원 3

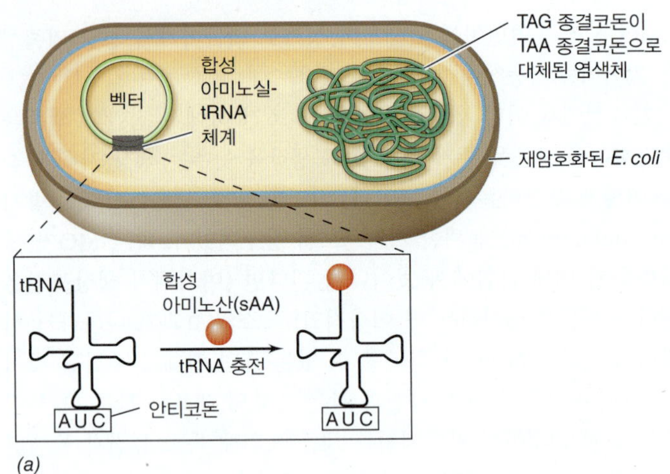

(a)

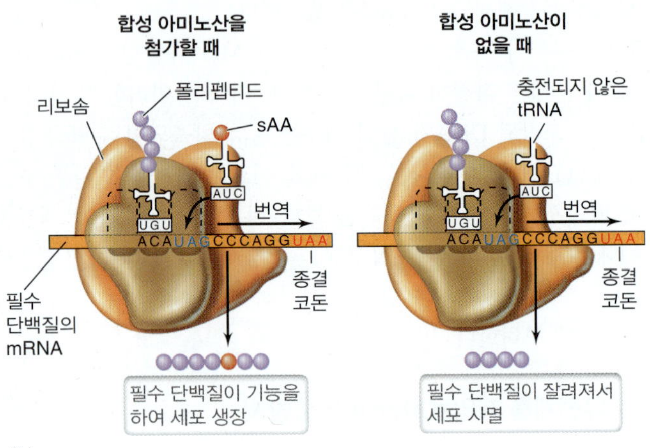

(b)

그림 12.39 유전자 변형 *Escherichis coli*의 재암호화 및 통제. *(a)* *E. coli* 세포의 염색체를 모든 TAG 종결코돈을 TAA 종결코돈으로 대체하도록 유전적으로 조작 (재암호화)한다. 재암호화된 *E. coli*는 AUG 안티코돈을 가진 tRNA와 합성 아미노산(sAA)으로 tRNA를 충전시키는 아미노아실-tRNA 합성효소를 발현하는 벡터를 안정적으로 유지한다 (그림 4.33). *(b)* UAG 코돈을 필수 단백질의 mRNA에 삽입하여 세포 생장 통제. 합성 아미노산이 생장 배지에 첨가되면 재암호화된 *E. coli*는 기능을 가진 필수 단백질을 번역한다. 합성 아미노산이 존재하지 않으면 충전되지 않은 tRNA가 필수 단백질에 조작된 UAG 코돈에 결합하게 된다. 이것은 길이가 잘린 필수 단백질을 야기하고 궁극적으로 세포가 죽게 된다.

된 세균이 UAG 코돈을 갖는 mRNA를 번역하기 위해 세포는 인공 아미노산으로 공급되어야만 한다 (그림 12.39*a*). 생장 환경에 sAA가 없다면 (GMO가 자연으로 탈출하는 경우와 같이) UAG 코돈을 만날 때 아미노산으로 충전되지 않은(uncharged) tRNA가 리보솜으로 들어갈 것이다; 이것이 필수적인 단백질의 번역 동안에 일어난다면 번역이 멈추어 길이가 잘린(truncated) (그리고 작동이 되지 않는) 단백질이 만들어질 것이다 (그림 12.39*b*). 이것은 세포의 죽음을 초래하고 재암호화된 GMO 생물체를 궁극적으로 인간의 통제 하에 두게 할 것이다. TAG 코돈은 세 개의 필수적인 유전자에 놓이기 때문에 충분한 돌연변이가 일어나도 GMO의 sAA 의존성을 없애는 결과를 초래할 가능성은 극히 낮다.

우리는 CRISPR가 유전자 변형 생물체에 어떻게 이용되는지에 초점을 맞추었으며, 합성생물학자들은 특정 조건 하에서 재조합 유전자와 같은 표적 DNA를 특이적으로 잘라내도록 유전체 편집 체계 자체를 변화시키고 있다. 합성생물학의 계속된 발전과 GMO의 통제는 신중하게 통제되는 생산 현장에서 원하는 생산품과 치료제를 합성하기 위해 이러한 생물체들을 보다 광범위하게 사용할 수 있게 해 줄 뿐 아니라 의학, 농업, 환경 분야에 남겨져 있는 시급한 문제들을 해결하는데 GMO를 더 광범위하게 사용하는 계기가 될 것이다.

미니퀴즈

- 영양요구성을 사용하는 것이 유전자 변형 생물체의 생장을 통제하는 좋은 방법이 아닌 이유는 무엇인가?
- 합성 아미노산을 암호화하기 위해 tRNA는 어떻게 조작될 수 있는가?
- 합성 아미노산에 의존하도록 재암호화된 GMO가 외부로부터 공급되는 합성 아미노산에 더 이상 의존하지 않도록 돌연변이가 될 것 같지 않은 이유는 무엇인가?

단원 정리

I • 유전공학자의 도구들

12.1 중합효소연쇄반응은 시험관에서 DNA를 증폭하는 방법으로 열에 안정한 DNA 중합효소를 이용한다. 이렇게 증폭된 DNA는 클로닝을 목적으로 사용되고 겔 전기영동에 의해서 시각적으로 볼 수 있다. 상보적인 핵산 서열은 혼성화에 의해서 탐지가 가능하다.

Q 중합효소연쇄반응(PCR) 과정에서 DNA는 어떻게 증폭되는가? 고온성 미생물의 DNA 중합효소는 PCR 과정을 어떻게 중요하게 향상시키는가?

12.2 분자 클로닝에 의해 특정한 유전자나 염색체 부위를 분리하는 것은 클로닝 벡터를 이용하여 수행된다. 플라스미드는 분리하고 정제하기가 용이하고 세균 세포 내에서 높은 복제 수로 증가되기 때문에 유용한 클로닝 벡터이다. 클로닝 숙주의 선택은 최종 응용단계에 달려 있다. 많은 경우에 숙주는 원핵생물일 수 있으나 다른 경우에는 숙주가 필수적으로 진핵생물이어야 한다.

Q 어떻게 β-galactosidase를 삽입 불활성화시키면 pCU19과 같은 플라스미드에 외래 DNA가 존재하는 것을 검출할 수 있는가?

12.3 많은 클로닝된 유전자들이 다른 숙주에서 효과적으로 발현되지

않는다. 발현 벡터는 클로닝된 유전자의 전사를 증가시키고 전사의 수준을 조절하도록 개발되었다. 원핵생물에서 진핵세포 유전자를 매우 높은 수준으로 발현하기 위해서는 발현되는 유전자가 인트론이 없어야 한다. 이것은 관심 있는 단백질을 암호화하는 성숙한 mRNA로부터 cDNA를 합성하거나 또는 완전히 합성 유전자를 만들어서 성취될 수 있다. 또한 관심의 대상이 되는 단백질의 아미노산 서열에 대한 지식을 이용하여 할 수도 있다. 클로닝된 단백질을 안정화하거나 용해시키기 위해 단백질 융합이 사용되기도 한다.

Q 동물 유전자를 세균에서 발현하기 위해 클로닝할 때 역전사효소의 중요성은 무엇인가?

12.4 원하는 서열의 합성 DNA 분자를 시험관 내에서 만들 수 있으며 돌연변이된 유전자를 직접 만들거나 또는 위치지정 돌연변이에 의해 유전자 내에 특정 염기쌍을 변화시키는 데 이용할 수가 있다. 또한 카세트라 불리는 DNA 단편을 유전자에 삽입하여 유전자를 파괴하고 녹아웃 돌연변이를 생산할 수 있다.

Q 일반적인 돌연변이는 하지 못하지만 위치지정 돌연변이가 가능하게 하는 것은 무엇인가?

12.5 보고유전자는 그 유전자 산물이 쉽게 분석되거나 검출되는 유전자이다. 이들은 유전자 분석의 속도를 단순화하고 빠르게 하기 위해서 사용된다. 유전자 융합에서, 그 중 하나는 보고유전자인 두 개의 다른 유전자 조각들이 함께 연결된다.

Q 보고유전자의 주요 특성은 무엇인가?

II • 유전자 조작 미생물로부터 생산품 만들기: 생명공학

12.6 조작된 세균을 이용하여 상업적으로 만들어진 최초의 인간 단백질은 인간 인슐린이었다. 재조합 소 소마토트로핀은 젖소에서 우유 생산을 증가시키기 위해 미국에서 널리 사용된다.

Q 생명공학에 의해 어떤 종류의 포유류 단백질이 생산되는가? 그러한 단백질을 위한 유전자는 어떻게 얻는가?

12.7 유전공학은 질병에 저항성이 있는 식물을 만들고, 제품의 질을 향상시킬 수 있다. *Agrobacterium tumefaciens* 세균의 Ti 플라스미드는 DNA를 식물세포로 전달할 수 있다. 유전자가 조작된 상업적 식물을 유전자 변형 생물(GMO)이라 한다.

Q Ti 플라스미드는 무엇이며, 유전공학에 어떻게 사용되어 왔는가?

12.8 많은 재조합 백신이 생산되었거나 개발 중에 있다. 살아 있는 재조합 백신, 벡터 백신, 단위체 백신이 이에 포함된다. 병원균과 관련된 특징들은 암을 치료하는 치료제를 개발하는 데 이용될 수 있다.

Q 단위체 백신은 무엇이며, 왜 단위체 백신이 약화된 바이러스 백신보다 병원성 바이러스에 면역을 주는 더 안전한 방법으로 고려되는가?

12.9 유용한 생산물을 위한 유전자를 그 유전자를 지닌 생물체를 먼저 분리하지 않고, 환경시료에 있는 DNA나 RNA로부터 직접 클로닝할 수 있다. 경로 공학에서는 대사 경로의 효소들을 암호화하는 유전자들을 조합한다. 이 유전자들은 하나 또는 그 이상의 생물체로부터 유래하지만 경로에서 요구되는 서열의 발현이 협동적으로 조절되도록 조작되어야 한다.

Q 생명공학에서 새로운 유용 생산물을 발견하는데 메타유전체학이 어떻게 향상시키는가?

12.10 선별된 미생물은 소량으로 생물연료를 생산할 수 있는데 경로 공학을 통해 다른 미생물들을 변형시켜 다양한 생물연료를 생산할 수 있다. 이러한 변형은 종종 여러 개의 미생물로부터의 유전자를 필요로 한다. 미세조류를 유전적으로 조작하는 새로운 도구들이 생물연료 생산을 촉진하기 위해 개발되었다.

Q 미세조류 생합성 생산물로부터 바이오디젤이 어떻게 생산되는가?

III • 합성생물학과 유전체 편집

12.11 이미 존재하는 단일 경로를 변형시키거나 개선시키는 대신에, 합성생물학은 알려진 생물학적 구성요소들을 다양한 조합으로 서로 연결함으로써 새로운 생물학적 체계를 조작하는 데 초점을 맞춘다. 이러한 변형의 결과 고가의 생산품 생산을 가져올 수 있다.

Q 합성생물학은 인디고를 생산하기 위해 *Escherichia coli*를 조작하는 것과 어떻게 다른가?

12.12 CRISPR 체계는 원핵생물의 면역체계로 이용될 수 있을 뿐 아니라 진핵생물의 유전체를 편집하기 위해 변형될 수 있다.

Q CRISPR 편집 기술은 바이러스 감염 진핵세포를 표적하는데 어떻게 적용되어 왔는가?

12.13 유전공학의 발전과 함께 유전자 변형 생물체를 통제하기 위한 방법도 반드시 해결해야 한다. 한 가지 유망한 방법은 생물체를 합성 아미노산의 존재에 의존하도록 재암호화하는데 합성생물학을 이용하는 것이다.

Q 합성 아미노산에 의존하도록 하는 것 외에 유전자 변형 생물체를 통제하는 일부 기작은 무엇인가?

응용 문제

1. *Escherichia coli*에서 특별히 강력한 프로모터의 DNA 염기서열을 결정하고, 이 서열을 발현 벡터에 삽입한다고 가정하자. 사용할 과정에 대해 설명하라. 이 프로모터가 새로운 위치에서 예상대로 실제로 작용하는지 확실히 하기 위해 어떤 사전 예방조치가 필요한가?
2. 많은 유전적 체계가 β-galactosidase를 암호화하는 *lacZ* 유전자를 보고유전자로 사용한다. 만일 (a) 루시페라아제(luciferase) 혹은 (b) 녹색형광 단백질이 β-galactosidase 대신에 보고유전자로 사용된다면 이점과 문제점은 무엇인가?
3. 암에 효과적인 치료가 되는 단백질을 쥐에서 발견하였으나 아주 적은 양으로만 존재한다. 이 단백질을 치료가 가능한 양으로 생산하기

위해 사용할 과정에 대해 설명하라. 유전자를 어떤 숙주에 클로닝할 것이며 그 이유는 무엇인가? 단백질을 발현하기 위해 어떤 숙주를 사용할 것이며 그 이유는 무엇인가?

4. 22개의 표준 아미노산 이상을 포함하는 단백질을 생산하기 위해 *Escherichia coli*를 어떻게 재암호화할지 설명하라.

용어 해설

Bacterial artificial chromosome (BAC) (세균 인공염색체) 세균의 복제 기점을 갖는 원형의 인공염색체

Biotechnology (생명공학) 산업적, 의학적, 또는 농업적 응용 분야서 특히 유전자가 변형된 생물체를 이용하는 것

Cassette mutagenesis (카세트 돌연변이유발) DNA 카세트의 삽입에 의해 돌연변이를 만드는 것

Complementary DNA(cDNA) (상보적 DNA) 역전사 PCR (RT-PCR) 과정 중에 RNA 주형으로부터 만들어진 DNA

DNA cassette (DNA 카세트) 인공적으로 설계된 DNA 조각으로 대개 항생제 내성 유전자 또는 다른 편리한 표지를 가지고 있으며 편리한 제한 부위를 측면에 가지고 있음

Expression vector (발현 벡터) 클로닝된 유전자의 전사와 번역을 위해 필요한 조절서열을 포함하는 클로닝 벡터

Gel electrophoresis (겔 전기영동) 아가로즈나 폴리아크릴아마이드(polyacrylamide)로 만들어진 겔에 전류를 통과시켜서 핵산 분자를 분리하는 기술

Gene disruption (유전자 불활성화) [유전자 녹아웃(knockout)이라고도 함] DNA 조각을 삽입하여 암호화 서열을 망가뜨림으로써 유전자를 불활성화시키는 것

Gene fusion (유전자 융합) 특히 한 유전자의 조절 지역이 보고유전자의 암호화 부분과 연결되었을 경우에 두 개의 분리된 유전자의 조각들을 함께 연결하여 만들어진 구조

Genetically modified organism (GMO) (유전자 변형 생물) 유전공학을 이용하여 그 유전체가 변화된 생물체; 약자 GM은 GM 작물과 GM 식품과 같은 용어에도 사용됨

Genetic engineering (유전공학) DNA 또는 RNA의 분리, 변형, 재조합, 발현과 유전자 변형 생물체의 개발에 사용되는 시험관 내 기술

Green fluorescent protein (GFP) (녹색 형광 단백질) 녹색 형광을 띄는 유전적 분석에 널리 사용되는 단백질

Heterologous expression (이종 발현) 한 생물체에서 다른 생물체로 유전자 또는 유전자들의 전사 및 변역

Hybridization (혼성화) 두 개의 다른 자원으로부터 유래한 단일가닥의 DNA나 RNA의 염기쌍 형성에 의한 이중나선의 형성

Molecular cloning (분자 클로닝) DNA의 단편을 복제될 수 있는 벡터로 분리 및 삽입하는 것

Northern blot (노던 블럿) RNA를 표적으로 하며 DNA나 RNA가 탐침자인 혼성화 과정

Nucleic acid probe (핵산 탐침) 표지되어 다른 핵산 혼합물의 상보적 분자에 혼성화를 하는 데 사용되는 핵산 단일가닥

Operon fusion (오페론 융합) 자기 자신의 번역 신호를 보유하고 있는 암호화 서열이 다른 유전자의 전사 신호와 융합되는 유전자 융합

Pathway engineering (경로 공학) 하나 또는 그 이상의 생물체로부터의 유전자를 이용하여 새롭거나 개선된 생화학 경로의 조합

Polymerase chain reaction (PCR) (중합효소 연쇄반응) 가닥 분리와 복제의 반복적인 순환을 통한 DNA 서열의 인공적인 증폭

Polyvalent vaccine (다가 백신) 둘 이상의 질병에 대해 면역을 주는 백신

Protein fusion (단백질 융합) 두 개의 암호화 서열이 동일한 전사 및 번역 개시부위를 공유하도록 융합되는 유전자 융합

Recombinant DNA (재조합 DNA) 둘 또는 그 이상의 자원으로부터 유래된 DNA를 포함하는 DNA 분자

Reporter gene (보고유전자) 암호화하는 산물이 검출되기 쉽기 때문에 유전적 분석에 이용되는 유전자

Restriction enzymes (제한효소) 특정 DNA 서열을 인식하고 그 DNA를 절단하는 효소; 또한 제한 엔도뉴클레아제로도 알려짐

Site-directed mutagenesis (위치지정 돌연변이생성) 특정 돌연변이를 가진 유전자를 시험관 내에서 만드는 것

Southern blot (서던 블럿) DNA를 표적으로 하며 DNA나 RNA가 탐침자인 혼성화 과정

Subunit vaccine (단위체 백신) 병원균으로부터 특정 단백질 하나 혹은 두 개를 가지고 있는 백신

T-DNA 식물세포로 전달되는 *Agrobacterium tumefaciens* Ti plasmid의 단편

Ti plasmid (Ti 플라스미드) 세균에서 식물로 유전자를 전달할 수 있는 *Agrobacterium tumefaciens*의 플라스미드

Transgenic organisms (형질전환 생물체) 외래 DNA가 그 유전체에 삽입된 식물이나 동물

Vector (벡터) (클로닝 벡터로서) 유전공학을 위해서 클로닝된 유전자나 DNA 조각을 보유하는 데 사용되는 스스로 복제가 가능한 DNA 분자

Vector vaccine (벡터 백신) 병원성 바이러스의 유전자를 비교적 해가 없는 운반 바이러스에 삽입하여 만들어진 백신

Yeast artificial chromosome (YAC) (효모 인공염색체) 효모의 복제 기점과 중심체 서열을 가진 인공염색체

미생물의 진화와 계통분류학

13

현재의 미생물학

*Lokiarchaeota*와 *Eukarya*의 기원

도메인 진핵생물(*Eukarya*)은 식물, 동물, 균류, 그리고 매우 다양한 미생물을 포함한다. 식물, 동물, 균류는 비교적 진화무대에 새롭게 등장한 생물들로 진화적 기원이 대략 4~6억 년 전에 시작되었다. 대조적으로 최초의 진핵미생물은 10억 년 이상 전에 발생하였다. 진핵세포의 진화적 기원은 수수께끼로 남아 있으며 우리는 여전히 도메인 진핵생물이 언제 어떻게 생성되었는지 알지 못하고 있다.

유전체 분석에 따르면 진핵생물은 유전적 조합체(chimera)임이 분명하다. 진핵생물 유전체는 진핵생물에 고유한 많은 유전자는 물론, 세균(*Bacteria*)이나 고균(*Archaea*)에서 기원한 유전자 조합을 포함하고 있다. 대부분의 증거에 따르면 진핵생물은 도메인 고균과 조상을 공유하지만, 고균에서는 발견되지 않는 수많은 "신호유전자(signature gene)"를 포함하고 있음이 제시되고 있다. 이러한 독특한 진핵 유전자는 진핵생물 특유의 세포생물학과 연관된 단백질을 암호화하고 진핵생물의 일반적 특성인 다세포성의 기원에 필수적인 것으로 생각된다.

최근 *Lokiarchaeota*—새로운 고균 문(phylum)—가 발견되어 진핵생물의 기원을 새롭게 통찰할 수 있게 되었다. *Lokiarchaea*는 그린란드(Greenland)와 노르웨이 사이에 있는 대서양 중앙능선(Mid-Atlantic Ridge)을 따라 위치하고 있는 Loki's Castle (사진 참조)로 알려진 열수 분출시스템 근처의 심해 퇴적물에 서식하는 미생물 군집의 환경유전체 분석을 통해 발견되었다. 놀랍게도 *Lokiarchaeota*의 유전체는 몇 개의 진핵성 신호유전자, 특히 막의 재구성과 세포골격의 발달과 관련된 유전자들을 포함하고 있다. 세포골격의 존재와 세포내막을 재구성하는 능력은 원시 진핵세포에서 막 함입을 촉진하였을 것이며, 막 함입에 의해서 세균 내부공생자를 확보하고, 식세포활동과 같은 새로운 영양 전략들이 마련되었을 것이다.

이러한 결과는 진핵세포에 특이적인 특징이 실제로 도메인 고균에 그 기원을 두고 있을 수 있음을 시사한다. 또한 *Lokiarchaeota*의 발견은 고균의 자매그룹으로 나타났다기보다 세균의 내부공생적 획득에 의해 진핵세포의 호흡 소기관, 즉 미토콘드리아를 발생시켜 최초의 진핵세포가 고균에서 기원하였음을 나타낸다. 그러므로 고균이 세포 복잡성의 기원을 향한 첫 번째 단계는 도메인 고균 내에서 일어났을 것이다.

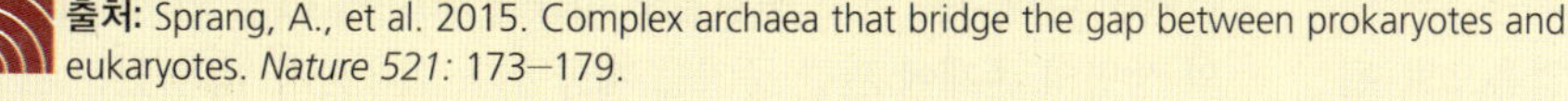

출처: Sprang, A., et al. 2015. Complex archaea that bridge the gap between prokaryotes and eukaryotes. *Nature 521:* 173–179.

진화(evolution)는 생물학 전체의 기반이 되는 주제이며, 특히 미생물학에 있어서는 더욱 그러하다. 이유는 미생물이 지구상의 최초의 생물체이기 때문이다. 이장에서는 진화라는 주제와 진화적 유연관계의 매듭을 풀어내는 실험적 방법들을 기술하는데 힘쓸 것이다. 우리는 표현형의 관찰과 더불어 이러한 강력한 유전학적 방법들이 앞으로 5개 장(chapter)에서 전개될 미생물 세계의 계통분류학의 기초를 어떻게 뒷받침하는지 알게 될 것이다.

I • 초기 지구, 생명의 기원과 다양화

처음 5개의 절(section)에서는 생명이 발생할 수 있는 가능한 조건과 최초의 세포생명체에 대한 증거, 그리고 세 개의 진화적 계통, 즉 **세균(*Bacteria*)**과 **고균(*Archaea*)**그리고 **진핵생물(*Eukarya*)**로의 분기에 대하여 고찰할 것이다. 이러한 사건과 과정에 관해서는 많은 부분이 추론으로 남아 있지만 지질학과 분자생물학적 증거를 조합하여 생물 진화의 가장 초기에 일어난 사건들과 미생물이 지구의 **진화(evolution)**에 끼친 근본적인 영향에 대하여 그럴듯한 시나리오를 구축할 수 있다.

13.1 지구의 형성과 초기 역사

40억 년 전의 지구는 인간이 보기에는 생소하고 황폐하였을 것이나, 파괴된 암석과 끓는 바다로 이루어진 이 무균상태의 불모지가 모든 생명이 출현한 일종의 배양기였다. 생명의 역사는 지구 자체의 형성과 함께 우리의 태양계가 시작되고 얼마 지나지 않아 시작되었다.

지구의 기원

느린 붕괴 속도를 갖는 방사성 동위원소의 분석에 근거하면 지구는 약 45억 년 전에 형성되었다 (**그림 13.1**). 우리의 행성과 태양계의 다른 행성들은 원반 모양의 성운을 구성하는 물질로부터 탄생하였는데, 이 물질들은 오래된 커다란 초신성에 의해 방출된 먼지 구름과 가스였다. 이러한 성운 내부에서 형성된 새로운 별, 즉 태양은 수축하면서 핵융합을 진행하며 대량의 열과 빛을 방출하기 시작하였다. 성운 내부에 남아 있던 물질들은 충돌과 인력 때문에 서로 응집하고 융합하기 시작하여 작은 결착물을 형성하고 점차 커져서 덩어리를 형성하여 결국 행성들로 병합되었다. 이 과정에서 방출된 에너지는, 응축되는 물질 안에서 방사성 붕괴에 의해 방출되는 에너지가 그러한 것처럼, 새로 형성되는 지구를 가열시켜 불타는 뜨거운 마그마의 행성으로 만들었다. 지구가 천천히 냉각되면서 금속 물질로 이루어진 지구의 중심핵, 암석으로 된 맨틀, 낮은 밀도의 얇은 표면 지각이 형성되었다.

우주로부터 떨어지는 소행성과 물체들의 강렬한 충돌로 인하여 용해된 표면으로 특징지어지는 초기 지구의 황폐한 상태는 5억 년 이상 지속되었을 것으로 생각된다. 지구상의 수분은 얼음으로 된 혜성과 소행성의 무수한 충돌 그리고 지구 내부의 화산 기체의 분출로부터 기원하였다. 당시 지구의 열을 감안할 때 수분은 열 때문에 수증기로만 존재하였을 것이다. 강한 열과 액상 수분이 없었다는 것은 초기 지구가 확실히 멸균상태였음을 나타낸다. 우리의 행성이 시작되었을 당시의 암석은 아마도 지질의 변형작용으로 인해 아직 발견되지 않고 있다. 그러나 초기 지구에서 형성된 고대의 지르콘($ZrSiO_4$) 광물의 결정체가 발견되어 생명체가 탄생하기 이전의 지구의 상태에 대하여 어렴풋이나마 알 수 있게 되었다.

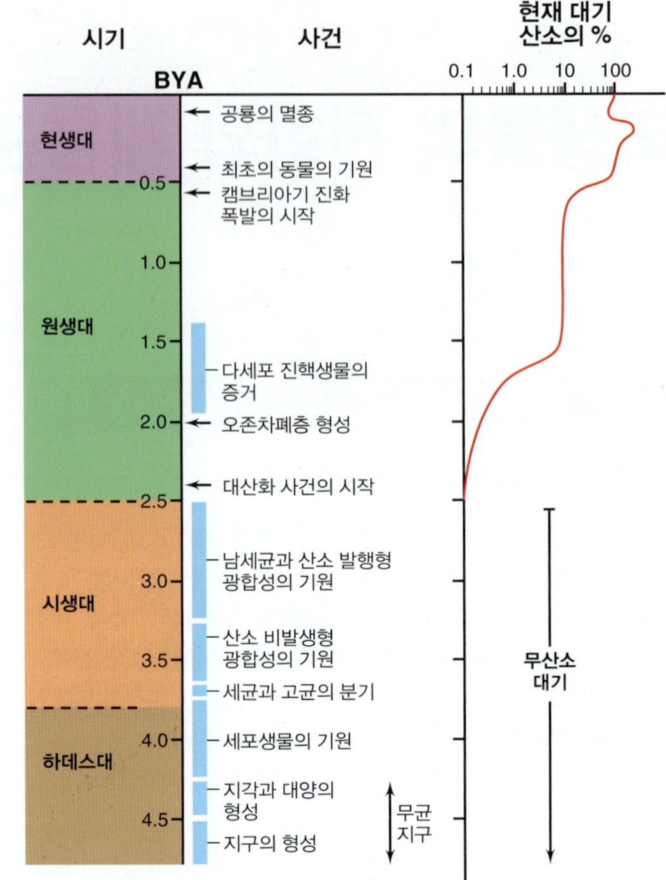

그림 13.1 생물 진화, 지구의 지화학적 변화, 미생물 대사 다양화의 주요 이정표. 생명체 기원의 가장 오래된 시기는 지구 기원의 시기에 의해 정해지며 산소발생형 광합성 기원의 최저한의 시기는 대 산화 사건, 즉 약 24억 년 전(BYA)이다. 남세균의 대사로 인한 대기의 산소축적은 약 20억 년에 걸쳐 일어난 점진적 과정을 이었음을 주목하라. 이 그림을 그림 1.5에 나와 있는 지구상 생물의 간략한 연대기와 비교하라.

액상 수분은 생명의 필수 요건이며 지구상의 액상 수분의 존재가 바로 생명의 기원을 가능하게 하였다. 결정체에 붙잡힌 불순물과 산소 동위원소 비율을 포함하여 (우리는 19.10절에서 생명의 점진적 추이의 예측으로서 동위원소 분석의 사용에 대하여 논의할 것임), 고대 지르콘 결정체의 분석에 따르면, 아마도 빠르면 43억 년 전에 단단한 지표와 액상 수분이 존재하였음을 시사한다 (그림 13.1). 더우기 고대 지르콘 광물 내에서 발견된 흑연 함유물은 생물 기원을 나타내는 탄소 동위원소 비율을 가지며, 41억 년 전 지구상의 생명의 존재에 관한 증거를 제공한다. 이제까지 남아 있는 가장 오래된 퇴적암 중 일부는 Greenland 남서부에서 발견되었다. 가장 오래된 것으로 알려진 퇴적암은 38억 6천만 년 된 것으로 추정되

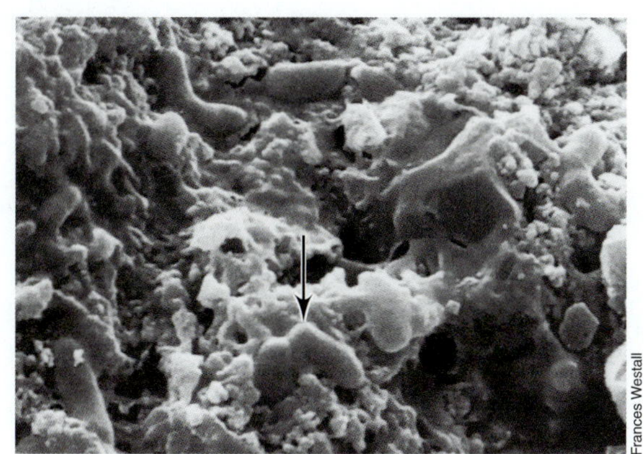

그림 13.2 고대 미생물 생명체. 남아프리카의 Barberton Greenstone Belt의 34억 5천만 년 된 암석에서 발견된 세균 화석의 주사전자현미경 사진. 광물질 입자에 붙어 있는 간균 (화살표)에 주목하라. 세포의 직경은 약 0.7 μm이다.

며, 이러한 암석들은 형성되었을 당시 바다가 존재하였음을 시사한다. 또한 이러한 암석은 세포로 보이는 화석 흔적 (**그림 13.2**)을 함유하며, 초기의 미생물 생명체에 대한 증거를 제공하는 탄소 동위원소 비율을 갖는다.

세포생물의 기원

지구의 생명체에 대한 기원은 시간의 깊이에 의해 가려진 가장 큰 수수께끼로 남아 있다. 소수의 암석들이 변형되지 않고 남아 있어 이 기간 동안의 지구역사에 대해 증거하고 있다. 실험적 증거에 따르면 RNA 뉴클레오티드, 아미노산, 그리고 지질과 같은 유기 분자는 초기 지구의 조건과 같은 환경에서 자연발생적으로 생성될 수 있으며, 최초의 생명체계가 필요로 하는 전제조건을 제공한다는 것을 알 수 있다. 그러나 40억 년 전의 지구 표면의 조건, 특히 극도로 뜨거운 온도와 자외선의 수준은 우리가 알고 있듯이 생명체가 형성되기에는 부적합한 조건이었을 것이다.

하나의 가설은 해저 열수분출구에서 생물이 발생하였다는 것이다 (**그림 13.3**). 해저의 심연은 지표면에 비해 환경조건이 덜 적대적이고 더 안정되어 있었을 것이다. 이러한 열수분출구 지역에서는 수소(H_2)나 황화수소(H_2S)와 같이 환원된 무기화합물의 형태로 지속적이고 풍부한 에너지의 공급이 가능하였을 것이다. 이러한 지역에서의 독특한 지화학은 생명체의 출현에 필수적인 분자들의 비생물적 생산을 가능하게 한다. 예를 들어, 아미노산, 지질, 당, 그리고 뉴클레오티드 염기와 같은 분자들이 특정 열수계에서 발견되는 조건에서 모두 생성될 수 있다. 더욱이 이러한 열수계에서 형성되는 광물 구조는 생물막 출현 이전의, 에너지 보존에 필수적인 구획화된 구조의 형성을 가능하게 하였다. 해저 혹은 그 밖의 어느 장소에서든, 전생물적 화학(prebiotic chemistry)은 세포생물의 전구체인 최초의 자가복제 체계의 발생을 촉진하였을 것이다.

RNA 분자는 최초의 자가복제 체계의 중심 요소이었을 것이며 생명체는 RNA 세계(*RNA world*)에서 시작되었을 것이다 (**그림 13.4**). RNA는 모든 세포에서 발견되는 특정 필수 보조인자들과

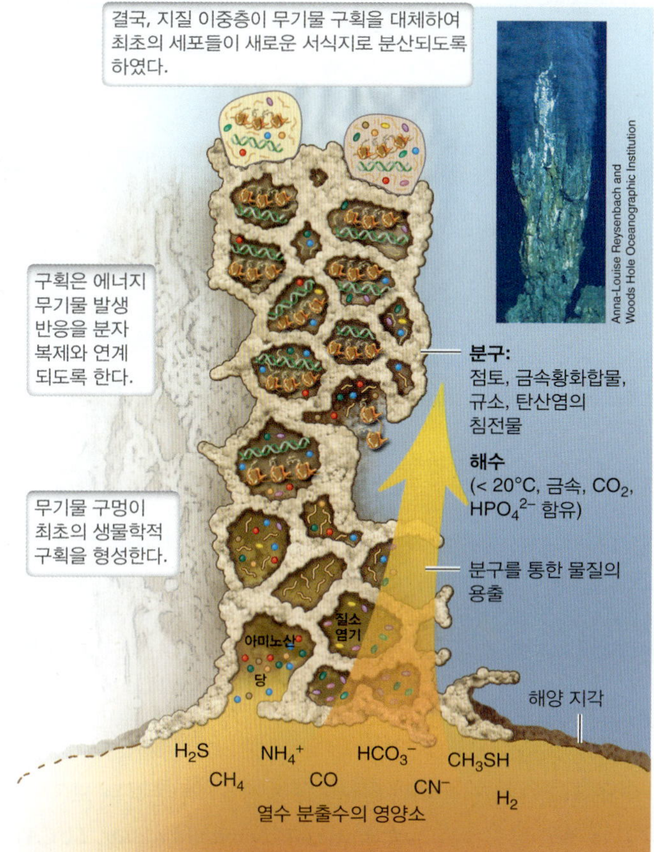

그림 13.3 해저분구와 세포생명체의 기원에 대한 연계. 열수 분구의 내부 모형으로, 생물 발생 이전의 화학반응으로부터 세포생물로의 전이 과정이 묘사되어 있다. 삽입: 실제 열수분구의 사진. 광물질이 풍부한 열수액이 더 차갑고 더 산화된 바닷물과 섞여 철화합물, 황화합물, 점토, 규산염, 탄산염의 침전물을 형성한다. 광물질의 침전물에 미세공이 형성되고 이 미세공들은, 에너지가 풍부한 구획으로 작용할 수 있어 전세포 형태의 생명체의 진화를 촉진하였다.

분자들 (ATP, NADH 그리고 효소 A와 같은)의 구성요소이다. 즉 RNA는 작은 분자들을 결합시킬 수 있으며 (ATP, 아미노산, 그리고 다른 뉴클레오티드), 촉매활성을 가질 수 있으며, 그리고 rRNA, tRNA, 그리고 mRAN의 활성을 통하여 단백질 합성을 촉매하는 것으로 알려져 있다 (4.10절). 특정 RNA 분자들은 일단 그들 자신의 합성을 촉매할 수 있었을 것이다. 이러한 최초의 생명체는 DNA나 단백질이 거의, 또는 전혀 필요하지 않았을 것이다. 사실 바이러스에 관한 비교 유전체학 연구에서 최초의 바이러스는 RNA (DNA보다는) 유전체를 갖는 원시의 세포 유사구조로부터 진화하였다는 것을 시사한다 (10.2절).

결국 아주 원시적인 세포에서의 RNA의 촉매활성은 단백질에 의해 대체되었다. 어느 시점에 이르러서 RNA보다 더 안정적이며 따라서 유전적 정보 (암호)를 더 잘 저장하는 분자, 즉 DNA가 유전체의 역할을 맡고 RNA 합성의 주형으로 작용하였다 (그림 13.4). 최초의 세포형태의 생물은 에너지 보존이 가능한 막 체계에 부가하여 이러한 DNA, RNA, 그리고 단백질로 구성된 3분할 체계

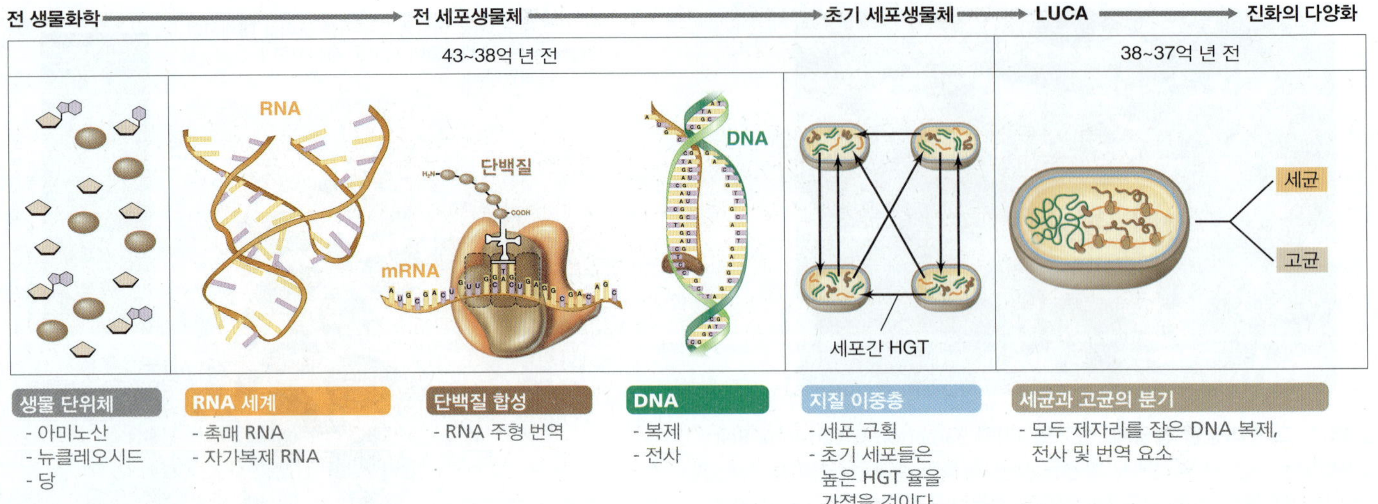

그림 13.4 세포생물체의 기원에 선행하였을 것으로 가정되는 사건들. 최초의 자가복제 생물체계는 촉매능을 갖는 RNA에 기반하였다. 어떤 시점에서 RNA 효소는 단백질을 합성하는 능력을 진화시켰고 단백질은 주요 촉매 분자가 되었다. RNA 기반 유전체에서 DNA 기반 유전체로 전환하기 위해서는 DNA 중합효소와 RNA 중합효소의 진화가 필요하였다. 지질 이중층은 전자 전달의 장소로, 이 구조의 진화는 생물 분자를 포함하고 보호하는 데 있어서 뿐만 아니라, 에너지 보존에 중요하였을 것이다. 세균과 고균이 분기되기 이전의 최종 보편 공통 조상(LUCA)은 지질 이중층을 가지며, DNA, RNA, 그리고 단백질을 사용하는 세포 생물이었다. 수평적 유전자 전이(HGT)에 의해 초기 생명체 간에 유익한 유전자들이 신속하게 전이되었을 것이다.

의 요소를 갖추었을 것이다 (그림 13.5 참조). 현존하는 모든 생물의 최종 보편 공통 조상(*last universal common ancestor, LUCA*)은 세균(*Bacteria*)과 고균(*Archaea*)의 분기되는 시점인 38억 년~37억 년 전에 존재하였을 것이며 생명체는 오늘날 우리가 인지하는 형태로 다양화하기 시작하였을 것이다. 우리는 집중적인 생화학적 혁신과 실험의 시대를 상상해볼 수 있는데, 이 시기를 거치면서 이러한 최초의 자가복제 체계의 구조와 기능의 많은 부분들이 자연선택에 의해 진화되고 정교하게 되었을 것이다.

대사의 다양화: 지구 생물권에 끼친 영향

세포의 기원에 이어 미생물 생명체는 지구상에서 이용 가능한 다양한 자원을 활용하면서 오랜 기간 동안 대사의 다양화를 거쳤다. 해양 전체를 포함하여 지구는 지구 역사의 상당 기간 동안 무산소(anoxic) 상태였다 (그림 13.1). 따라서 원시 세포의 에너지 발생 대사는 절대적으로 혐기적이었을 것이다. 지구상에 생물들이 점점 풍부해짐에 따라 무생물적으로 생성된 유기탄소는 빠르게 고갈되었을 것이므로, 이 기간 동안 세포의 주요 탄소원은 CO_2이었을 것이다 (독립영양, 14.5절). 마찬가지로 비생물적으로 고정된 질소원은 초기 지구에 제한되었으며, 따라서 미생물은 고대 퇴적암에서 발견된 질소 동위원소 비율에 나타난 바와 같이, 일찍이 32억 년 전에 질소원으로 대기의 N_2를 이용할 수 있는 능력 (14.6절)을 진화시켰다. 독립영양과 질소고정의 두 가지 능력은 오늘날의 미생물에도 광범위하게 남아 있다.

일반적으로 초기 세포들의 에너지 대사를 위한 주요 연료는 H_2였던 것으로 생각된다. 이 가정은 생명수에 의해서도 뒷받침되는데 (그림 13.9 참조), 실제로 세균과 고균의 계보에서 가장 초기에 분기된 생물들은 모두 에너지 대사의 전자공여체로 H_2를 사용하며 또한 독립영양생물이다. 원소상 황(S^0)이 가장 초기에 사용되었던 전자수용체 중의 하나였을 것이며, S^0의 환원에 의해 H_2S를 생성하는 반응은 에너지 발생반응으로 효소를 거의 필요로 하지 않았을 것이다 (**그림 13.5**). 더욱이 초기 지구상에는 H_2와 황화합물이 풍부하였기 때문에 이와 같은 기작에 의해 세포는 거의 무제한적으로 에너지를 공급받았을 것이다. 초기의 다른 미생물들은 세

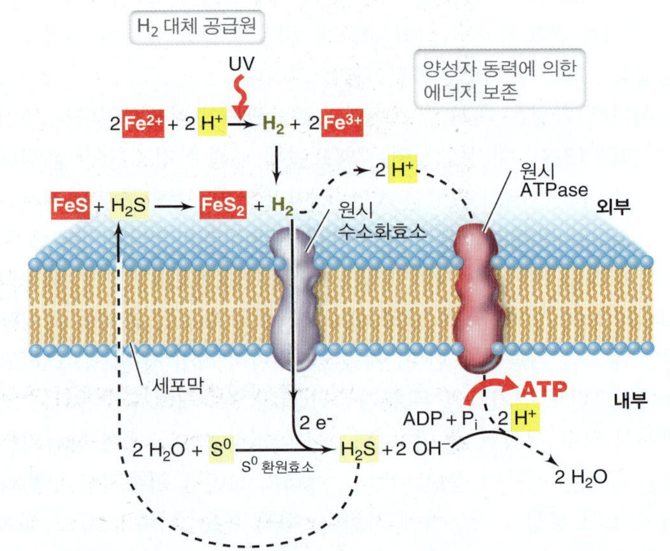

그림 13.5 원시세포의 에너지 생산 기작. 황철광이 형성되면서 H_2가 생성되고 S^0가 환원된다. 이 과정에 의해 원시 ATPase에 에너지원이 공급된다. 어떻게 H_2S가 촉매 기능만을 수행하는지 주목하라. 즉 순 기질은 FeS와 S^0이다. 또한 단백질도 거의 필요로 하지 않는다는 것에 주목하라; $FeS + H_2S \rightarrow FeS_2 + H_2$ 반응의 ΔG^0는 −42 kJ.

단원 4

균은 H_2와 CO_2를 사용하여 아세트산염 (☞ 14.16절) 또는 메탄 (☞ 14.17절)을 생산하였을 것이다. H_2에 의해 구동되는 이러한 초기 형태의 화학무기영양 대사는 독립영양형의 CO_2 고정을 통하여 많은 양의 유기화합물을 생산하도록 지원하였을 것이다. 시간이 지나면서 이러한 유기화합물이 축적되어 새로운 화학유기영양 세균의 진화에 필요한 환경이 조성되었을 것이다. 즉, 유기물의 산화에 의해 에너지를 보존하는 다양한 대사 기작을 갖는 화학유기영양세균이 출현할 수 있었을 것이다.

결국 지구는 매우 호기적인 행성이 되었으며, 그 특징적인 높은 수준의 O_2를 이용하여 오늘날 우리가 호흡하는 것이다 (그림 13.1). 지구의 역사에서 이 중요한 지구화학적 변화는 미생물에 의해 촉매되었으며, 우리는 이제 이 주제에 대하여 탐구하고자 한다.

미니퀴즈

- 45억 년 전 지구 표면의 어떤 특성 때문에 생명체의 형성이 어려웠는가?
- 지구상에 바다가 최초로 존재한 시기를 어떻게 알 수 있는가? 바다의 존재가 생명의 기원과 다양화에 왜 중요한가?
- 최초의 자가복제 체계가 RNA 분자에 기반한다는 가설을 지지하는 논거는 무엇인가?

13.2 광합성과 지구의 산화

광합성의 진화는 지구 화학에 획기적인 변화를 가져온 생물학적 돌파구가 되었다. 광합성 생물은 태양으로부터 오는 에너지를 이용하여 H_2S, S^0 혹은 H_2O와 같은 분자를 산화하고 이산화탄소나 간단한 유기물로부터 복잡한 유기 분자를 합성한다 (☞ 14.5절). 시간이 지나면서 광합성 산물은 생물권에 축적되었고 미생물 생명체의 다양화를 더욱 촉진하였다. 지구 최초의 광합성 생물은 산소비발생형이었으나 (O_2를 생산하지 않는 세포, ☞ 14.3절 및 15.4~15.7절), 이들로부터 최초의 O_2를 생산하는 (산소발생형 광합성 생물) 남세균(*Cyanobacteria*)이 진화되었다 (그림 13.1, ☞ 15.3절).

스트로마톨라이트(stromatolite)라 불리는 화석화된 미생물 형성층은 35억 년 된 암석에서 발견되며 지구상의 생명체에 대한 가장 초기의 결정적인 증거를 제공한다 (**그림 13.6**). 스트로마톨라이트, 즉 "층상화된 바위(layered rocks)"는 특정 미생물 매트가 화석화를 촉진하는 탄산염이나 규산염을 축적할 때 일어난다 (20.5절에서 미생물 매트에 대하여 논의함). 스트로마톨라이트는 지구상에 28억 년~10억 년 전 사이에 다양하고 풍부하였다. 그러나 지난 10억 년 사이에 극적으로 감소하였다. 오늘날 스트로마톨라이트는 대부분 지구상에서 사라졌지만, 아직 이들 고대미생물 생태계의 예를 얕은 해양분지 (그림 13.6*c*, *e*)나 온천 (그림 13.6*d*)에서 여전히 발견할 수 있다. 현대 스트로마톨라이트가 형성되는데 있어서 남세균 (☞ 15.3절)이나 녹색비황세균인 *Chloroflexus* (☞ 15.7절)와 같은 광합성 세균들이 중심적인 역할을 한다. 고대 스트로마톨라이트는 현대의 광합성 세균과 놀라울 정도로 유사한 미생물 화석을 포함

그림 13.6 고대 및 현대 스트로마톨라이트. *(a)* 호주 서부의 Warrawoona Group의 약 35억 년 된 암석에서 발견된 가장 오래된 것으로 알려진 스트로마톨라이트. 보이는 것은 바위에 보존된 층상구조의 종단면이다. 화살표는 층상구조를 가리킨다. *(b)* 호주 북부의 16억 년 된 백운석(dolomite)에서 발견된 원추형 스트로마톨라이트 *(c)* 현대 스트로마롤라이트, 바하마 군도의 Darby 섬. 전면에 있는 커다란 스트로마롤라이트는 직경이 약 1 m이다. *(d)* 옐로스톤 국립공원의 온천수에서 생장하는 고온성 남세균으로 이루어진 현대 스트로마톨라이트. 각 구조물의 높이는 2 cm이다. *(e)* 호주, Shark Bay의 현대 스트로마톨라이트. 각 구조물의 직경은 0.5~1 m이다.

하고 있다 (**그림 13.7*a***). 따라서 최초의 광합성 생물은 35억 년 이상 세균으로부터 진화해 오면서 우리가 화석 기록으로 관찰할 수 있는 스트로마톨라이트를 형성하였을 것이다.

광합성의 최초의 형태는 CO_2를 고정하기 위하여 H_2S와 같은 전자공여체를 이용하고 노폐물로 원소상 황(S^0)을 생성하는 산소비발생형이었다 (☞ 14.3절). 에너지원으로 태양광을 사용할 수 있었기 때문에 광영양생물은 광범위한 다양화가 가능하였다. 약 25~33억 년 전까지 남세균 계통은 산소발생형 광합성이 가능한 광계(photosystem)를 발달시켜 (☞ 14.4절) CO_2의 광합성적 환원을 위해 H_2S 대신에 H_2O를 사용하였으며, 노폐물로 O_2를 생성하였다. 산소발생형 광합성의 기원과 지구 대기에서 산소의 발생은 우리 생물권 역사에 가장 큰 변화를 일으켰으며, 호기적 호흡 대사로부터 에너지 이용이 가능한, 새로운 형태의 생물체의 진화를 위한 조건을 마련하였다.

산소의 발생: 띠 모양의 철 형성층

O_2가 존재하지 않았기 때문에 지구상의 모든 철은 환원형 (Fe^0, Fe^{2+})으로 존재하였을 것이며, 대량의 철이 지구의 무산소 상태의

단원 4

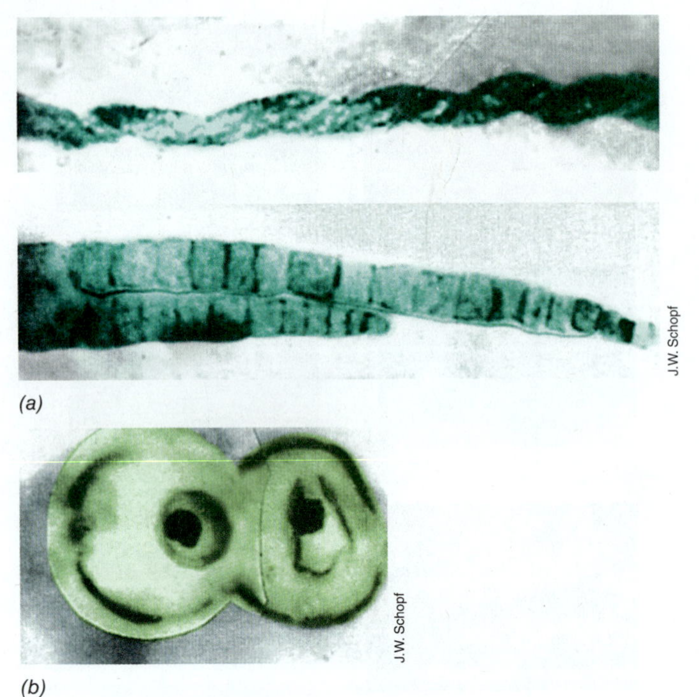

그림 13.7 세균과 진핵생물의 좀 더 최근의 화석. *(a)* 호주 중부에서 발견된 약 10억 년 된 미생물 화석으로 현대의 사상형 남세균과 유사하다. 세포 직경은 5~7 μm이다. *(b)* 같은 바위형성층에서 발견된 진핵미생물 세포의 화석. 세포구조가 *chlorella* 종과 같은 현대 녹조류와 유사하다. 세포 직경은 약 15 μm이다. 세포 형태가 좀 더 잘 보이도록 색으로 표시하였다.

바다에 녹아 있었을 것이다. 분자 및 화학적 증거에 의하면 산소 발생형 광합성은 의미있는 수준의 산소가 대기권에 나타나기 수억 년 전에 지구상에 처음으로 출현하였다. 남세균에 의해 생성된 O_2는 대기 중에 축적될 수 없었는데, 이는 바다에 녹아 있던 환원된 철과 자연적으로 반응하여 철산화물을 생성하였기 때문이었다. 24억 년 전까지 산소 수준은 1 ppm까지 상승하여 오늘날의 기준으로는 매우 적은 양이었으나, 대산화 사건(*Great Oxidation Event*)이라 불리는 사건을 시작하기에는 충분한 양이었다 (그림 13.1).

남세균의 물질 대사에 의해 O_2가 생성되고, 이 O_2는 Fe^{2+}를 포함하여 환원된 무기물을 Fe^{3+}를 포함한 철산화물로 산화시켰다. 이러한 철산화물은 지질학적 기록에 있어 중요한 표지가 된다. 철산화물은 물에 잘 녹지 않으며, 바다에 침전되어 해저로 강하하여, 철과 규소가 풍부한 물질들이 퇴적되어 형성된 **띠 모양의 철 형성층(banded iron formations)** (**그림 13.8**)으로 알려진 퇴적 구조를 형성하였다. 선캠브리아(precambrian)시대 (>5억 년 전, 그림 13.1 참조)에 형성된 암석에 있는 대부분의 철은 띠 모양의 철 형성층으로 존재한다. 오늘날 이들 광물은 주요 철광석 자원으로 채굴된다. 지구 역사의 이 기간 동안, 즉 15억 년 이상 철산화물의 침전이 지속되면서 바다는 오늘날 우리가 알고 있는 푸른색이 아니라 갈색, 혹은 검은색, 혹은 붉은색으로 보였을 것이다. 일단 지구상에 풍부하였던 Fe^{2+}가 산화되고 나서 대기 중에 O_2가 축적되었는데, 6~9억 년이 지나서야 오늘날 수준의 O_2가 축적되었다 (~21%, 그림 13.1).

그림 13.8 띠 모양의 철 형성층. 호주 서부에 있는 약 10 m 높이의 노출된 퇴적암의 절벽으로 철산화물 층 (화살표)을 포함하며 규산철(iron silicate)이나 다른 규소물질 층이 사이에 끼어 있다. 철산화물은 주로 남세균의 광합성에 의해 방출된 산소에 의해 2가철이온(Fe^{2+})으로부터 생성된 3가철(Fe^{3+})의 형태로 철을 함유한다.

지구상에 O_2가 축적됨에 따라 대기는 혐기(anoxic) 상태에서 점차 호기(oxic) 상태로 변화하였다 (그림 13.1). 이러한 변화에 적응할 수 없었던 세균과 고균 종들은 점점 혐기적 서식지로 한정되었는데 이는 산소의 독성 때문이었으며 산소는 또한 이들이 대사를 위해 필요로 하는 환원된 물질들을 산화시켰기 때문이었다. 그러나 산화형 대기는 황화물 산화, 질산화, 그리고 기타 다양한 화학무기영양 과정 (14장)과 같이 다양하고 새로운 대사 경로의 진화를 유도하는 조건을 만들었다. 산소 호흡능을 진화시킨 미생물은 O_2/H_2O 쌍의 높은 환원전위 때문에 에너지를 얻는데 막대한 이점을 얻고 (⇄ 3.6절), 따라서 주어진 양의 자원으로부터 좀 더 많은 양의 에너지를 얻을 수 있게 되어 혐기성 생물보다 훨씬 더 빠르게 증식할 수 있었다.

오존 차폐층

생물의 진화에서 O_2의 중대한 의미는 오존(*ozone*, O_3)의 형성이었다. 태양은 엄청난 양의 자외선(UV)을 지구에 내리쬐는데 이는 세포에 치명적이며 심각한 DNA 손상을 일으킬 수 있다 (⇄ 11.4절). O_2가 태양 자외선을 받게 되면 오존으로 전환되어 300 nm까지의 파장을 강하게 흡수한다. O_2는 O_3로 전환되어 오존 차폐층(*ozone shield*)을 형성하는데, 이 장벽은 태양으로부터 오는 많은 양의 자외선으로부터 지구 표면을 보호한다. 오존 차폐층이 형성되기 전까지는 혹독한 태양 자외선으로 인해 지구 표면은 생명체에 대해 상당히 적대적 환경이었으며, 따라서 생명체는 바닷속이나 바다 표면 아래와 같은 자외선 조사로부터 보호된 환경으로 제한되었다. 그러나 지구에 오존 차폐층이 형성됨에 따라 생물은 지구 표면 위에 널리 분포할 수 있게 되었으며, 따라서 새로운 서식지를 이용하고 또 훨씬 더 다양하게 진화하였을 것이다. 그림 13.1에 생물 진화에 있어 몇 가지 주요한 사건과 지구가 무산소 상태에서 고도의 산화 상태로 전환되는 지화학적 변화가 요약되어 있다.

미니퀴즈

- 진화과정에서 남세균의 출현이 결정적으로 중요한 단계로 생각되는 이유는 무엇인가?
- 띠 모양의 철형성층이 생성되는 원인은 무엇인가?
- 미생물 생명체가 35억 년 전에 존재하였다는 것을 나타내는 증거에는 어떤 것이 있는가?

13.3 살아 있는 화석: DNA는 생명의 역사를 기록한다

특정 분자서열이 진화 역사의 기록이라는 것을 발견할 때까지 미생물의 진화적 기원은 수수께끼로 남아 있었다 (1.13절). 돌연변이는 임의로 일어나며 시간이 경과함에 따라 축적되어 DNA의 염기서열에 유전적 변화를 일으킨다 (11장). 이것은 궁극적으로 진화를 가져온다. 최근의 조상을 공유하는 생물들은 서로 유사한 DNA 염기서열을 가지며, 보다 먼 유연관계를 갖는 생물들은 좀 더 다른 DNA 염기서열을 갖는다. 따라서 그들의 뉴클레오티드 서열 유사도를 분석함으로써 연관된 DNA 서열 세트의 진화 역사, 즉 **계통발생(phylogeny)**을 재구성할 수 있다 (13.7절).

Carl Woese와 생명수

Carl Woese는 **보편적 생명수(universal tree of life)**를 최초로 구축하였으며, 그는 다양한 생물의 **리보솜 RNA (rRNA)** 유전자의 염기서열 유사도로부터 계통을 추론하였다 (1.13절). 보편적 생명수 (**그림 13.9**)는 지구상의 모든 생물의 가계도이다. 이것은 모든 세포의 진화 역사를 묘사하고 있으며 모든 세포를 세균(*Bacteria*)과 고균(*Archaea*)그리고 진핵생물(*Eukarya*)로 나눌 수 있는 3개의 도메인 개념을 뚜렷하게 나타내고 있다. 보편적 생명수의 뿌리는 지구상에 현존하는 모든 생명체가 하나의 공통 조상, 즉 최종 보편 공통 조상, LUCA (그림 13.4, 13.9)를 가졌던 시점을 나타낸다. 보편적 생명수에 따르면 최초의 생물체는 미생물이었으며 미생물은 지구상의 생물 역사의 대부분을 우점하였던 생물 형태라는 것을 나타내고 있다.

세포기능에 중심적인 대부분의 유전자에 대한 계통분석에 의해서도 3도메인의 개념이 입증된다는 것이 유전체학 (9장)에 의해 밝혀졌다. 예를 들어, 최소한 60개의 유전자 (rRNA 유전자를 포함하여)는 거의 모든 세포가 공유하고 있으며 이들 유전자는 공통 조상에도 있었을 것이다. 이들 유전자의 대부분은 전사, 번역, 그리고

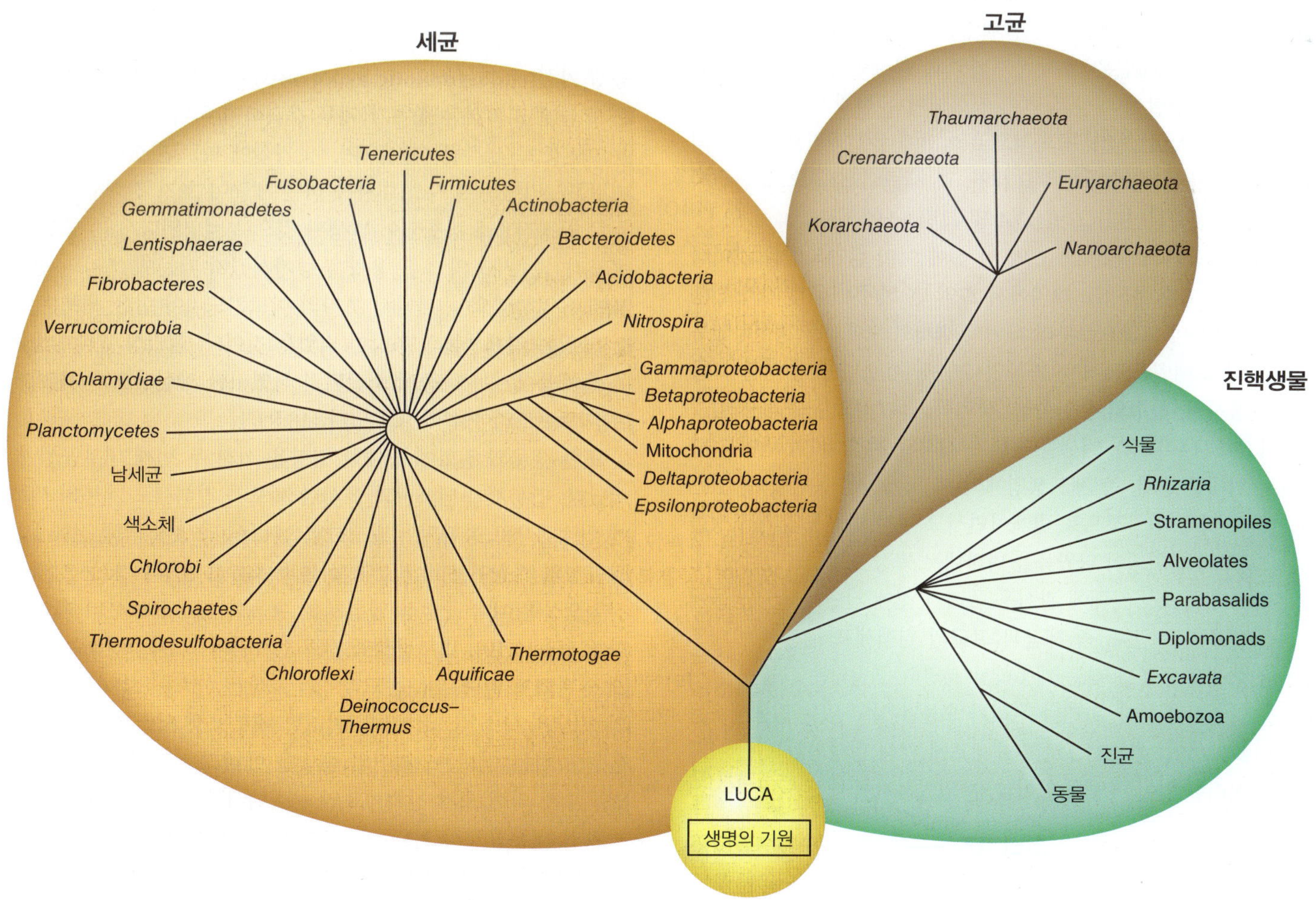

그림 13.9 SSU rRNA 유전자 염기서열의 비교 분석에 의해 지지되는 보편적 생명수. 각 도메인마다 몇 개의 주요 생물 혹은 계통만 나타나 있다. 이 생명수의 가지 길이는 임의적이며 또 마디를 줄여서 계통학적 불확실성을 반영하였다. 비록 이들 중 많은 것들이 아직 배양되지 않았지만 적어도 세균 도메인에서 84개의 세균 문이 확인되었다. LUCA, 최종 보편적 공통 조상 (그림 13.4).

DNA 복제에 있어 핵심적 기능을 암호화하고 있다. 이들 보존된 유전자에서, 진핵생물의 유전자들은 세균의 유전자들보다 고균 유전자들과 서열 유사도가 큰 것으로 나타난다. 이러한 사실과 또 다른 데이터들은 진핵세포가 기원하기 이전에 세균과 고균이 분기하였다는 결론을 뒷받침한다 (그림 13.9). 따라서 유전체 서열의 계통학적 분석에 따르면, LUCA는 DNA 기반의 유전체를 가지며, 유전자를 전사하고 단백질을 합성할 수 있는 능력과 함께 원핵세포 구조를 가지고 있음이 나타난다 (그림 13.9).

계통발생에 영향을 미치는 다른 요소

3개의 도메인을 확립한 방식은 여전히 논쟁의 주제로 남아 있다. 세 도메인이 지구상에 존재하는 진화상의 주요 세포 계열을 나타내는 것은 분명하며, 고균(*Archaea*)에서 진핵생물(*Eukarya*)이 분기되기 전에 세균(*Bacteria*)과 고균이 분기되었다는 것 또한 분명하다. 그러나 세 도메인 중 두 도메인 간에 공유하는 유전자의 예는 많다. 한 가지 가정할 수 있는 것은 주요 도메인들이 분기되기 전, 생물 역사의 초기에 **수평적 유전자 전이(horizontal gene transfer)** (11장)가 광범위하게 일어났으리라는 것이다. 이 기간 동안 어떤 유전자의 진화는 강력한 혜택을 가져왔을 것이고 초기 형태의 생물 간에 빠르게 전달되었을 것이다 (그림 13.4). 시간이 경과되면서 도메인은 계속 분기되었고, 무제한적으로 일어났던 유전자의 수평전달에 대한 장벽이 진화되어 유전체 안정성을 유지하게 되었다 (11.2절). 결과적으로 이전에 유전학적으로 혼합되었던 개체군들이 진화상의 주요계열, 즉 세균과 고균으로 천천히 나누어지기 시작하였다 (그림 13.4 및 그림 13.9).

도메인 세균과 고균은 약 37억 년 전에 이미 분기되었을 것이다 (그림 13.1). 그 후, 아마도 12억에서 27억 년 전에 더욱 분기가 진행되어 진핵생물이 고균으로부터 나뉘어 별개의 도메인을 형성하였을 것이다. 각 도메인은 계속 진화하면서 특정 형질들이 각 생물 그룹 안에 고정시켜, 다수의 유전학적, 생리학적, 그리고 구조적 차이를 발생시켰다 (14~18장). 미생물 진화가 시작된 지 약 40억 년이 지나 우리는 위대한 결과, 즉 세포생명체의 세 도메인을 목격할 수 있는데 이들은 각각 진화적으로 별개이면서도 여전히 공통의 세포생물 조상으로부터 분기되어 나왔음을 나타내는 특정 형질들을 공유한다.

우리가 진화과정 자체에 관심을 돌리기 전에 간단히 진핵생물에 초점을 맞추기로 한다. 즉 세균과 고균의 원핵세포 구조와는 대조되는 진핵세포 구조를 갖는 계통학상 분명히 구별되는 그룹에 잠시 초점을 맞추기로 한다. 그러나 우리가 오늘날 알고 있는 진핵세포는 (2.14~2.16절) 부분적으로 원핵세포에 의해 형성되었으며, 이제 우리는 이러한 일이 어떻게 일어날 수 있었는지에 대해 탐구한다.

미니퀴즈

- 생물의 세 도메인 개념을 지지하는 증거에는 어떤 것들이 있는가?
- LUCA란 무엇이며 그 특징은 무엇인가?
- 세 도메인 중 어느 것이 가장 덜 오래되었는가?

13.4 진핵생물의 내부공생적 기원

고균 도메인으로부터 진핵생물이 분기한 것은 세포진화에 있어서 주요 이정표가 되었으며 막으로 둘러싸인 핵과 세포소기관의 기원이 진핵세포의 구조를 발생시켰다. 여기에서 우리는 진핵생물의 기원을 고찰하고 어떻게 진핵생물이 적어도 두 개의 서로 다른 도메인에서 유래한 유전적 조합체인지를 보여주고자 한다. 고균으로부터 진핵생물이 기원했다는 최근의 가설은 363쪽에 제시하였다.

내부공생

지구에 산소가 점차 증가하면서 세포내 소기관을 갖는 진핵 미생물이 출현하였으며, 산소의 증가는 또한 이들의 진화에 중대한 영향을 끼쳤을 것이다. 진핵세포의 정확한 기원은 아직 불분명한 채로 남아 있으나 핵을 구별할 수 있는 가장 오래된 미생물 화석은 약 20억 년 된 것이다. 다세포이면서 더 복잡해진 조류(algae)의 화석은 19억 년에서 14억 년 전부터 발견된다 (그림 13.7*b*). 산소가 거의 현재의 수준에 도달하였던 6억 년 전에는 커다란 다세포 생물, 즉 에디아카라 동물군(Ediacara fauna)이 바다에 존재하였다 (그림 13.1). 비교적 단시간에 다세포 진핵생물들이 오늘날의 조류, 식물, 그리고 동물의 조상들로 다양화되었다.

진핵세포의 기원에 관하여 논거가 잘 뒷받침되는 설명은 **내부공생 가설(endosymbiotic hypothesis)**이다 (**그림 13.10**). 이 가설은 오늘날 지지하는 증거가 매우 강력하여 하나의 가설이라기보다는 이론으로 생각될 수 있으며, 이 가설에 따르면 현대 진핵세포의 미토콘드리아는 호기성 대사를 하는 세균이 초기 진핵세포의 세포질로 안정적으로 통합되어 발생된 것으로 설명된다. 내부공생 미토콘드리아는 세포의 호흡 용량을 증가시켰기 때문에 초기의 진핵세포에 유익하였으며, 따라서 초기의 미토콘드리아 함유 세포는 모든 살아 있는 진핵생물의 조상이 되었을 것이다. 혐기성 진핵미생물의 특정 계통에서는 나중에 소실되긴 하였지만 사실상 모든 진핵세포는 미토콘드리아를 가지고 있다 (18장).

또한 생물의 진화에 중대한 영향을 끼친 두 번째 내부공생이 일어났다. 엽록체가 남세균과 유사한 세포가 진핵세포 계통의 세포질에 안정적으로 통합되어 발생하였으며, 이 공생에 의해 진핵생물의 광합성의 기원이 시작되었다. 식물과 조류를 포함한 모든 광영양성 진핵생물은 내부공생적 엽록체를 획득한 계통으로부터 유래하였다 (그림 13.10). 내부공생적 세포소기관의 기원과 산소는 밀접하게 연관되어 있다. 미토콘드리아의 조상은 산소를 소비하고 엽록체의 조상은 산소를 생산한다. 이러한 내부공생 사건은 호기성 호흡을 제공하는 미토콘드리아와 햇빛을 에너지로 이용가능하게 하는 엽록체에 의해 초기 진핵세포의 물질대사를 다양화하였다. 세포소기관의 내부공생적 기원은 우리가 오늘날 알고 있는 형태로의 진핵생물의 다양화를 위한 무대를 마련하였다.

미토콘드리아와 엽록체의 전반적인 생리와 대사, 그리고 이들의 유전체의 염기서열 및 구조는 내부공생 가설을 지지한다 (9.4절). 예를 들어, 미토콘드리아와 엽록체 모두 16S 리보솜 RNA

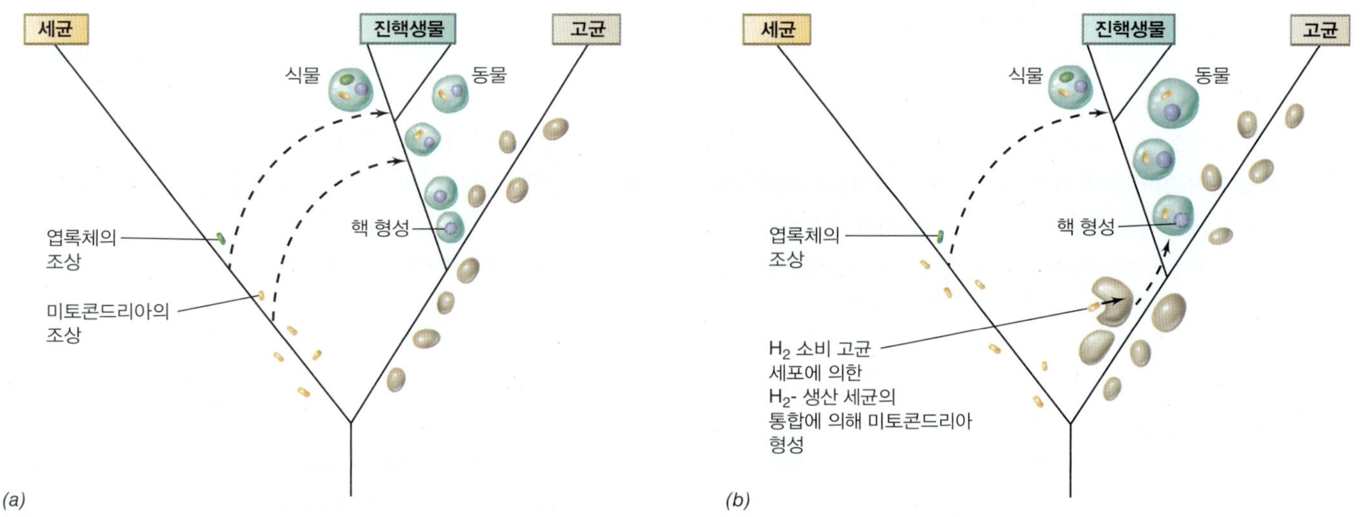

그림 13.10 진핵세포 기원에 대한 내부공생 모델. *(a)* 순차공생가설에서는 진핵세포 조상은 고균 계열에서 분기되었으며 미토콘드리아의 세균 조상과의 내부공생이 일어나기 전에, 핵과 기타 진핵세포의 특징을 가진 것으로 제안한다. 후에 엽록체의 남세균 조상과 내부공생이 일어나 모든 식물과 모든 광합성 진핵생물을 발생시켰다. *(b)* 수소가설 (공동발생가설 중의 하나의 버전)은 세균의 H_2 생산 세포와 고균의 H_2를 소비하는 세포 간의 공생 관계로부터 진핵세포가 진화한 것으로 제안한다. 세균이 고균에 의해 삼켜지고 시간이 지남에 따라 미토콘드리아로 진화했다. 핵과 기타 진핵생물 세포의 특징은 내부공생이 확립된 후 진화되었다. 후에 엽록체의 남세균 조상과 내부공생이 일어나 모든 식물과 모든 광합성 진핵생물을 발생시켰다. 보편적 생명수 (그림 13.9)에서 미토콘드리아와 색소체 (엽록체가 색소체의 한 유형)의 위치를 주목하라.

(**16S rRNA**) 분자를 포함하여 세균과 고균이 갖는 크기의 리보솜 (70S)을 갖는다. 또한 미토콘드리아와 엽록체의 16S 리보솜 RNA 유전자는 세균의 특징을 갖는다. 염기서열 분석에 따르면 미토콘드리아의 조상은 *Alphaproteobacteria* **문(phylum)**에 위치하며, 엽록체의 조상은 남세균 문(*Cyanobacteria*)에 위치한다 (그림 13.9). 또한 자유생활형 세균의 리보솜 기능을 저해하는 항생제들은 이들 소기관의 리보솜 기능을 억제한다. 미토콘드리아와 엽록체는 또한 적은 양의 DNA를 함유하는데, 세균에 전형적인 공유결합으로 연결된 환형 DNA를 갖는다. 이들 염기서열에 의한 계통수에 따르면 이들이 세균 계통임을 나타낸다. 실제로 이러한 특징 외에 세균임을 나타내는 많은 특징들이 현대 진핵세포의 소기관에 나타난다.

진핵세포의 형성

진핵세포가 출현한 정확한 경로는 진화사에서 미해결된 주요 의문으로 남아 있으나 현대의 진핵세포는 세균과 고균 모두로부터 유래한 유전자로 구성된, 유전적 조합체라는 사실은 분명해 보인다. 진핵생물에서 정보처리 기계장치를 암호화하는 대부분의 유전자는 고균과 유사하지만, 대부분의 물질대사 유전자는 세균과 유사하다. 예를 들어, 진핵세포는 전사와 번역에 관한 분자적 특성들은 고균과 공유하지만 (4장), 에스테르 결합의 막지질 (2장)이나 해당과정과 같은 특성은 세균과 공유한다 (3장). 우리가 살펴본 바와 같이, 미토콘드리아와 엽록체는 세균으로부터 공생적으로 기원하였다는 강력한 증거가 있으며 이러한 공생체들의 특정 유전자가 세포핵으로 전달되었다는 것은 분명하다 (9.4절).

진핵세포의 형성을 설명하기 위해 두 가지 주요 가설이 제시되었다 (그림 13.10). 순차 내부공생 가설(*serial endosymbiosis hypothesis*)에 따르면, 고균에서 갈라져 나온 핵을 가진 세포주로부터 진핵세포가 발생하고, 나중에 내부공생에 의해 미토콘드리아와 엽록체를 획득하였다 (그림 13.10*a*)는 것이다. 내부공생은 이 세포주가 세균 세포를 삼켜 파괴하기보다는 오히려 숙주 세포의 세포질 내에서 생존하고 복제할 수 있을 때 일어난다. 이 가설에 따르면 세균의 유전자와 유사한 진핵생물의 유전자는 공생체에서 핵유전체로 유전자 전이에 의해서 얻어졌다는 것이다. 그러나 이 가설이 갖는 주요 문제점은 세균과 진핵생물은 서로 유사한 막지질 구조를 갖으나 고균의 경우 그렇지 않다는 것이다 (2.6절).

공동발생(*symbiogenesis*)이라 불리는 두 번째 가설은 세균과 고균 세포 간의 공생 관계로부터 진핵세포가 생겨나서 궁극적으로 세균 파트너를 삼켜 미토콘드리아를 형성한 것으로 제안한다. 이 가설의 한 가지 버전은 H_2를 생성하는 세균 종과 H_2를 소비하는 고균 종 간의 연합에 의해 진핵세포가 발생했다는 수소 가설(*hydrogen hypothesis*)이다 (그림 13.10*b*). 수소 가설에서 세균 세포는 호기성 호흡이나 공영양에 의한 H_2 생산 (14.23절)에 의해 생장할 수 있는 통성 호기성 및 화학영양 생물이며, 고균 파트너는 생장을 위해 H_2를 필요로 하는 혐기성 화학무기영양생물이었다. 이러한 공생 파트너는 세균의 함입과 미토콘드리아를 형성하기 이전의 오랜 기간 동안 함께 공진화해왔을 것이다. 지질 합성 유전자가 공생자로부터 숙주로 전달되는 내부공생 후 핵이 발생하였다. 이 유전자의 전달에 의해 숙주는 지방산이 포함된 지질을 합성하게 되고 지질은 핵막계와 같은 세포내 막 구조를 형성하는 데 도움이 되었을 것이다 (2.14절).

핵의 기원은 진핵세포의 진화에 결정적이었지만 핵이 언제 출현했는지는 미토콘드리아가 내부공생적으로 발생하기 전이었는지 혹은 후인지는 불분명하다. 핵의 기원에 대한 하나의 가설은 핵 형성이 진핵생물의 RNA 가공의 진화와 관련되어 있다는 것이다. 진핵생물의 유전자는 세균과 고균의 유전자와는 달리, 흔히 번역 전에 제거되어야 하는 인트론을 포함한다 (4.6절). 진핵생물에서 적절한 유전자 발현이 일어나기 위해서는 번역 전에 RNA 스플라이싱이 이루어져야 한다. 진핵세포는 세포핵에서 RNA 스플라이싱을 수행하는 스플라이소솜(*spliceosome*)이라 불리는 분자 복합체를 가지고 있다. 따라서 핵막은 세포질의 리보솜과 핵 내의 스플라이소솜을 분리하는 기작으로 진핵생물에서 진화했을지도 모른다.

다음 절에서 진핵세포와 원핵세포 모두의 진화 경로를 상세히 추적할 것이다. 분자 진화 분석은 세포의 진화 역사에 관한 직접적인 증거를 제공하여 현대의 "생명수(tree of life)"를 도출해내었다.

미니퀴즈

- 진핵세포의 미토콘드리아와 엽록체가 한때 세균 도메인의 자유생활형 구성원이었다는 것을 지지하는 증거에는 어떤 것이 있는가?
- 현대의 진핵세포는 세균과 고균의 특성이 어떤 방식으로 조합된 것인가?
- 진핵세포의 형성에 대한 서로 다른 가설을 설명하라.

II • 미생물의 진화

진화의 기본 원리는 대부분 모든 생물 도메인에 걸쳐 유지되지만, 미생물 진화의 특정 측면은 식물과 동물에서는 일반적이지 않다. 예를 들어, 세균과 고균은 일반적으로 반수체이며 무성생식을 한다. 그리고 수평적 유전자 전이를 할 수 있는 여러 가지 기작을 가지고 있다. 생식과 연계되지 않는 유전물질의 비대칭적 교환이 일어나고 그들의 유전체는 놀라울 정도로 이질적이고 매우 역동적일 수 있다. 이 절에서 우리는 미생물 계보의 다양화를 일으키는 과정과 이러한 힘이 미생물 유전체의 진화에 어떻게 영향을 끼치는지 생각해 본다.

13.5 진화과정

가장 단순한 형태의 진화는 일련의 생물에서 시간이 경과하면서 생물집단 내에서 **대립유전자(alelle)**의 빈도가 변화하여 변형된 계보를 이루는 것이다. 대립유전자는 주어진 유전자의 대체 유전자이다. 새로운 대립유전자는 돌연변이와 재조합에 의해 발생되며 대립유전자 빈도의 차이는 다양한 과정을 통해 일어난다. 우리는 여기서 이렇게 단순한 기작이 어떻게 미생물 종의 기원과 분기를 일으킬 수 있을지 알게 될 것이다.

유전적 다양성의 기원

우리가 아는 바와 같이 **돌연변이(mutation)**는 시간이 지남에 따라 축적되며 DNA 염기서열에 일어나는 무작위적인 변화로써 이러한 돌연변이는 진화과정을 주도하는 자연 변이의 근원이다. 몇몇 돌연변이는 유익할 수도 있지만 대부분의 돌연변이는 중립적이거나 해롭다. 돌연변이는 치환(*substitution*), 결실(*deletion*), 삽입(*insertion*), 그리고 중복(*duplication*)을 포함하여 여러 가지의 형태를 갖는다 (11장). 중복은 유전자에 대하여 여분의 복사본을 만들어 원래의 유전자에 의해 암호화된 기능을 잃지 않으면서 돌연변이가 더욱 진행되어 변형될 수 있게 한다 (9.5절). 따라서 중복을 통하여 유전자 기능을 다변화할 수 있다.

재조합(recombination)은 DNA의 단편이 잘리고 다시 연결되어 새로운 조합의 유전물질이 만들어지는 과정이다 (11.5절). 재조합에 의해 유전체에 이미 존재하는 유전물질이 재편될 수 있으며 또한 수평적 유전자 전이를 통해 획득한 DNA가 유전체로 통합되는 데에도 재조합이 필요하다. 재조합은 넓게 상동(*homologous*) 또는 비상동(*nonhomologous*) 재조합으로 분류할 수 있다. 상동 재조합은 전달되는 DNA 영역의 측면에 매우 유사한 서열의 짧은 DNA 조각을 필요로 한다 (11.5절). 대조적으로 비상동 재조합은 여러 가지 기작에 의해 매개되는데, 이 기작은 DNA를 성공적으로 통합하기 위해서 높은 수준의 염기서열 유사성을 필요로 하지 않는다는 것이 공통적이다.

선택과 유전적 부동

새로운 대립유전자는 돌연변이와 재조합에 의해 유전자 염기서열에 변이가 일어날 때 발생한다. 진화는 서로 다른 대립유전자가 여러 세대를 거치면서 개체군 내에서 그 빈도가 변화할 때 일어난다. 진화 생물학자들은 이러한 진화과정을 제어하는 서로 다른 많은 기작들을 설명해왔으나 그 중에서 가장 중요한 것은 선택과 유전적 부동(*genetic shift*)의 영향력이다.

선택(selection)은 생물이 자손을 생산하여 미래 세대의 유전적 구성요소에 기여하는 능력, 즉 **적응도(fitness)**에 근거하여 정의된다. 대부분의 돌연변이는 적응도에 대하여 중립적(*neutral*)이며 유전 코드의 퇴화(*degeneracy*) 때문에 세포에 영향을 주지 않는다 (4.9절). 돌연변이는 일반적으로 시간이 지나면서 DNA에 축적된다. 일부 돌연변이는 해로우며(*deleterious*), 해로운 돌연변이는 유전자 기능을 교란시켜 생물의 적응도를 감소시킨다. 해로운 돌연변이는 일반적으로 자연선택에 의해 시간이 지나면서 개체군으로부터 배제된다. 일부 돌연변이는 생물의 적응도를 높여 유익(*beneficial*)할 수 있으며 이러한 돌연변이는 자연선택의 혜택을 받아 시간이 지나면서 개체군에서 빈도를 증가시킨다. 유익한 돌연변이의 한 가지 예는 항생제 치료를 받고 있는 사람의 병원균에서 항생제 내성을 유도하는 돌연변이일 것이다. 모든 돌연변이가 우연히 일어난다는 사실을 기억하는 것은 중요하다. 즉 환경의 선택적 특성은 적응 돌연변이를 일으키는(*cause*) 것이 아니고, 돌연변이가 일어나서 적응의 장점을 갖게 된 개체의 생장과 증식을 단순히 선택(*select*)한다.

Darwin은 시간이 지남에 따라 유전자 빈도가 변화되는 기작으로 자연선택을 제안하였으나, 진화적 변화는 선택 이외의 기작을 통해서도 일어날 수 있다. 가장 중요한 예는 **유전적 부동(genetic drift)** (**그림 13.11**)으로 시간이 지나면서 유전자 빈도를 다르게 하

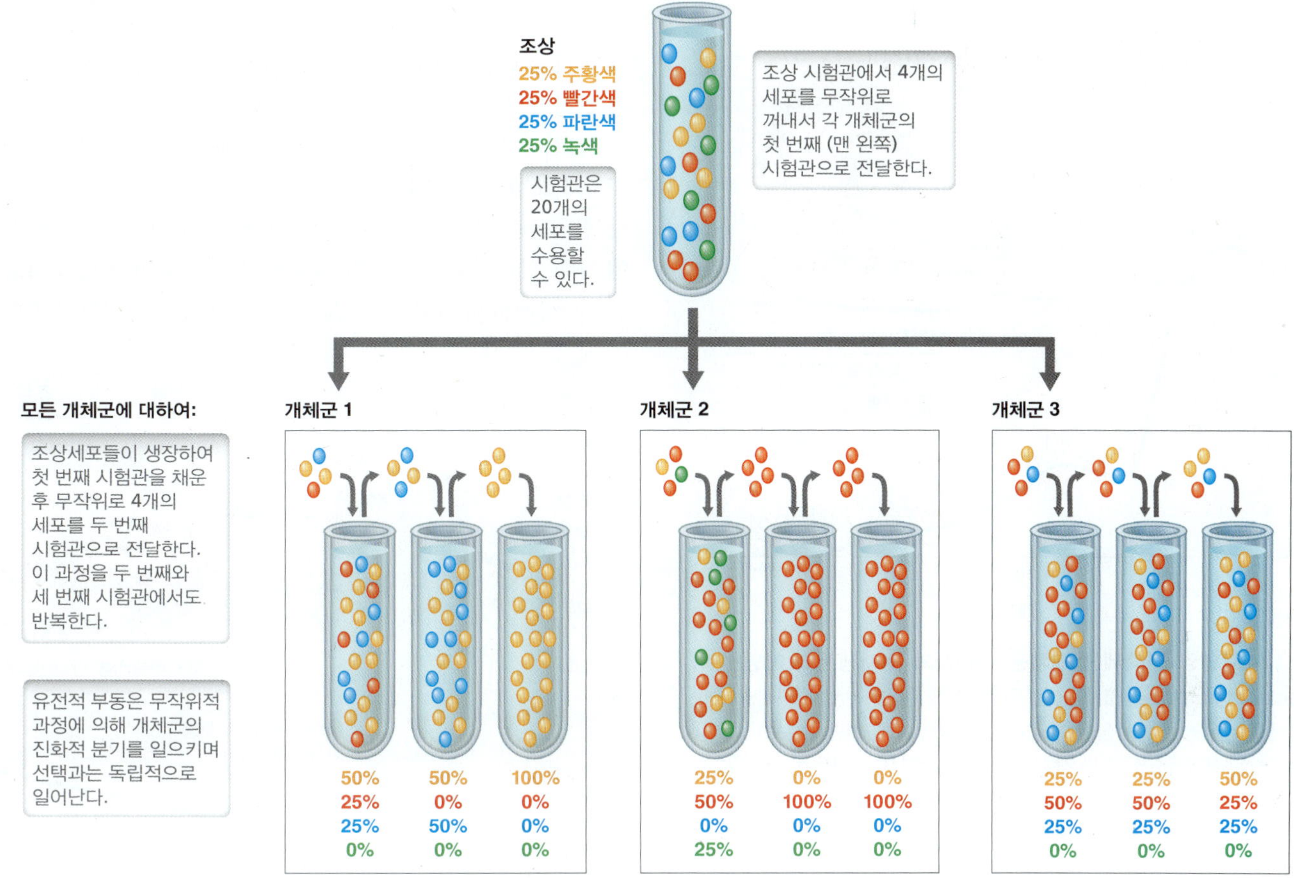

그림 13.11 유전적 부동. 유전적 부동은 시간이 지나면서 개체군에서 유전자 빈도를 변화시키는 무작위적 과정으로 자연선택이 없이 진화를 일으킨다. 이 예에서, 네 개의 서로 다른 세균 유전형 (서로 다른 색깔로 표시)이 각각 동일한 빈도로 조상 시험관에 들어 있다. 무작위로 4개의 세포를 세 개의 새로운 시험관으로 각각으로 전달하고 세포가 생장하여 각 시험관을 채우도록 한다. 세포 간의 적응도의 차이는 없으며 따라서 동등하게 생장한다. 임의로 취한 세포를 두 차례 연속적으로 전달한다. 개체군 사이의 유전형 빈도는 단지 세 차례만의 전달 후에도 현저한 차이가 관찰된다.

여, 자연선택 없이도 진화를 일으키는 무작위적인 과정이다. 유전적 부동은 개체군의 일부 구성원이 단순히 우연한 결과로 다른 구성원보다 더 많은 후손을 가지기 때문에 일어나는데, 시간이 지나면서 이러한 우연한 사건은 선택이 없이도 진화적 변화를 초래할 수 있다. 유전적 부동은 개체군이 작은 경우와 빈번히 "병목 현상(bottleneck)"을 경험하는 개체군에서 가장 강력하다. 병목 현상은 개체군 크기가 심각하게 감소된 후 남아 있는 세포로부터 재성장이 일어나는 개체군에서 일어난다. 예를 들어, 각각의 새로운 병원균의 감염은 적은 수의 새로운 세포들에 의해서 숙주에 집락화하여 일어나기 때문에 유전적 부동은 병원균의 진화에서 매우 중요할 수 있다. 따라서 병원균의 개체군은 무작위적인 유전적 부동의 결과로 빠르게 변화할 수 있다 (그림 13.11).

새로운 형질은 미생물에서 빠르게 진화할 수 있다

미생물 개체군은 환경이 변화하거나 세포가 새로운 환경에 맞닥뜨리면 빠르게 진화적 변화가 일어날 수 있다. 미생물은 전형적으로 큰 개체군을 형성하고 빠르게 증식한다. 일부의 종은 겨우 20분 내에 새로운 세대를 생산할 수 있다. 따라서 미생물 개체군의 진화적 사건들을 비교적 단시간 내에 실험실에서 관찰할 수 있다. 개체군에 이미 존재하는 유전적 변이는 선택적 환경에서 그러한 변화에 따라 자연선택이 작용하는 원료를 제공한다. 우리는 여기에서 세균에서의 신속한 진화적 변화의 두 가지 예를 논의할 것이다. 하나는 *Rodobacter*에 있어서 형질의 신속한 손실과 관련된 것이고 하나는 *Escherichia coli*에서 새로운 형질의 획득과 관련된 것이다.

*Rodobacter*는 광합성 자색세균으로 빛이 있는 혐기적 환경에서 산소비발생형 광합성을 수행한다 (14.3절). 자색세균은 빛이 있거나 혹은 어둠 속에서 혐기적으로 배양하였을 때 세균엽록소(bacteriochlorophyll)와 카로티노이드를 합성하는데, 이는 자색세균에서 색소의 합성을 촉발시키는 것은 빛이 아니라 O_2가 없는 상태이기 때문이다. 빛이 있는 조건에서 이러한 색소들은 ATP를 합성하는 광합성 반응에 참여하지만, 어둠 속에서는 이러한 색소들이 세포에 이득을 제공하지 못한다. 때때로 임의 돌연변이에 의해 감소된 수준의 광색소를 생산하거나 혹은 전혀 광색소를 생산하지 못하는 *Rhodobacter* 세포가 만들어진다. 자연에서는 광합성을 수행하는 능력은 중요한 가치를 갖는 형질이어서 이러한 광합성 돌연변이주는 야생형 세포들과 경쟁할 수 없다. 그러나 암실에서 계속 배양되었을 때, 야생형 세포는 그러한 이점이 없다. 어둠 속에서 감소된 수준의 광색소를 생산하는 돌연변이체는 이점을 얻는데, 그 이유는 아무런 이점도 제공하지 못하는 광색소를 합성하는 데 필요한 에너지와 자원을 낭비하지 않기 때문이다. 결과적으로 광색소

단원 4

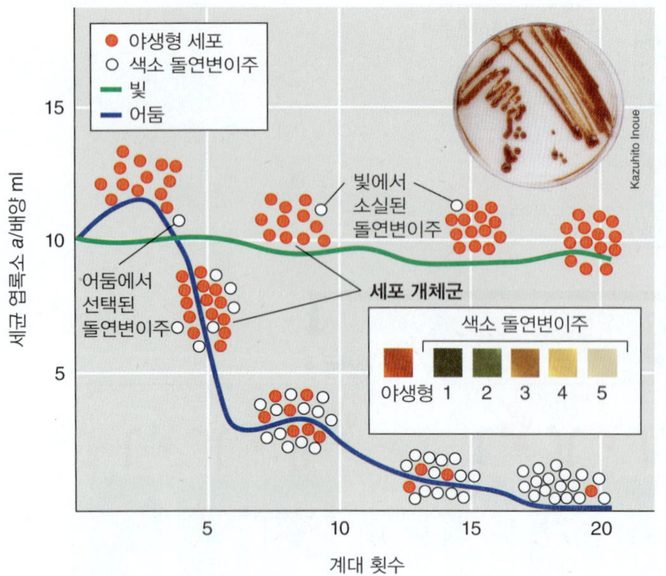

그림 13.12 광영양 자색세균 개체군 내에서의 적자생존과 자연선택. *Rhodobacter capsulatus*를 빛이 있는 조건 (녹색 선) 하에서 계대배양하면, 야생형의 광합성 균주에 이점을 제공하여 비광합성 돌연변이주보다 경쟁력을 갖는다. 그러나 암 조건 (적색 선) 하에서 광합성은 아무런 유익을 주지 않으므로 비광합성 돌연변이주가 세균엽록소와 카로티노이드를 계속 만들고 있는 야생형세포를 빠르게 능가한다. 사진: 위, *R. capsulatus*의 광합성 세포를 보여주는 배양접시; 아래: 암 조건하에서 연속 배양에 의해 얻어진 야생형 집락과 5개의 돌연변이주 (1–5)의 확대 사진. 야생형 세포는 여러 가지의 카로티노이드 색소 때문에 붉은 갈색을 띤다. 돌연변이주의 색은 한 가지 이상의 카로티노이드의 소실 (혹은 합성능의 감소)을 나타낸다. 돌연변이 균주 5번은 세균엽록소가 소실되어 더 이상 광합성에 의해 자라지 못한다. 돌연변이주 1–4는 광합성에 의해 자랄 수 있으나 야생형에 비해 생장률은 감소된다. 데이터는 Madigan, M.T., et al. 1982. *J. Bacteriol. 150:* 1422–1429의 것을 변형함.

돌연변이는 *Rhodobacter* 배양을 신속하게 대체하여 여러 세대 동안 어둠 속에서 유지되는데, 이는 재빠르게 개체군 내의 최적 생물이 되어 증식에 있어 가장 큰 성공을 누릴 수 있기 때문이다 (**그림 13.12**). 광합성에 영향을 미치는 이러한 돌연변이는 어둠 속에서와 마찬가지로 빛이 있을 경우에도 같은 비율로 일어난다. 그러나 빛이 있는 경우에는 야생형의 광합성 균주에 대한 선택이 매우 강력하여 광합성 돌연변이 균주들은 개체군에서 빠르게 사라진다.

세균 개체군의 빠른 생장과 더불어 동결에 의해 세균의 보존이 가능하게 되어 실험 진화연구는 성장하는 연구 분야가 되고 있다. 냉동보존에 의해 조상 생물의 살아 있는 "화석 기록(fossil record)"을 유지할 수 있고 후에 해동하여 진화한 균주들과 비교할 수 있다. 예를 들어, 1988년부터 수행되고 있는 *Escherichia coli* 장기 진화 실험(LTEE)에서는 5만 세대 이상에 걸쳐서 일어난 12개의 *E. coli* 평행 세포계(parallel line)의 진화를 추적하였다. *E. coli* LTEE 배양은 유일한 탄소원과 에너지원으로 포도당을 포함한 최소 배지에서 호기적으로 배양하였다. *E. coli*는 일반적으로 생장하는 데 필요한 모든 영양소를 과량으로 포함하는 풍부한 배지에서 배양되므로, LTEE에서 사용된 포도당 최소배지는 *E. coli*가 시간이 지나면서 진화할 수 있는 새로운 적응 환경을 의미한다.

LTEE에서 조상세포와 진화된 세포계(lines) 모두의 중립적인 표지자가 포함되도록 유전공학적으로 조작되어 세포집락은 빨간색이나 흰색을 띤다. 표지자는 상호경쟁에 의해 진화한 균주들의 조상에 대한 상대적인 적응도의 측정을 가능하게 한다 (**그림 13.13*a***). 실험과정에서 유전체 서열 결정을 통하여 돌연변이는 시간이 경과

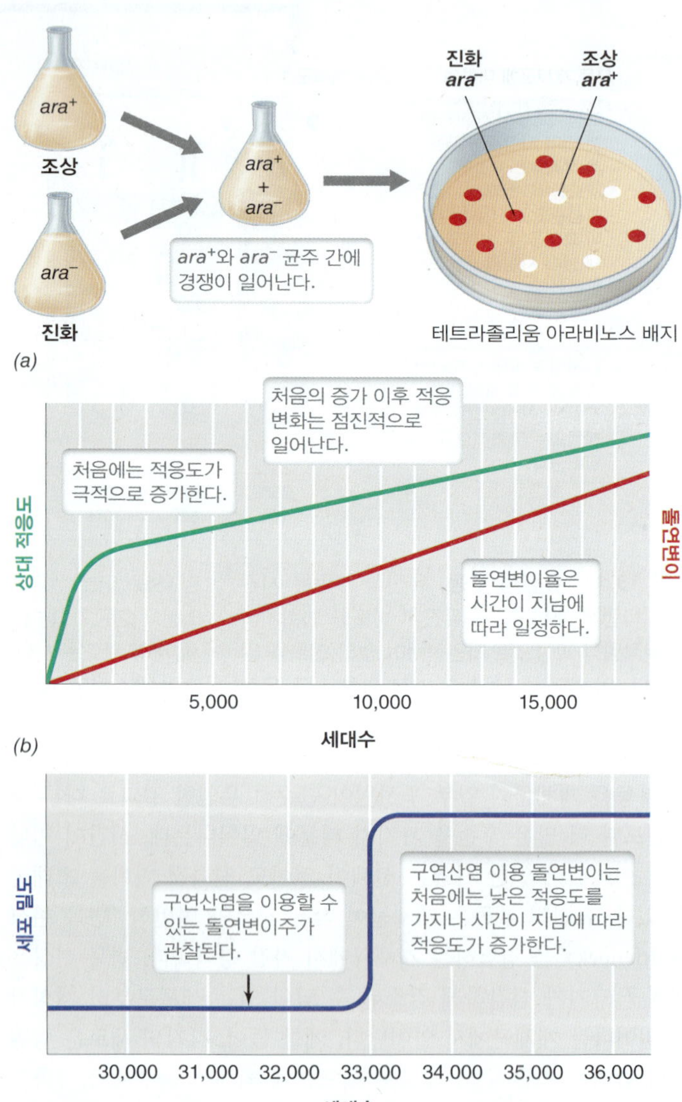

그림 13.13 *E. coli*의 장기 진화. *(a)* *E. coli*의 장기 진화 실험(LTEE)에서, 조상 세포계와 그 분기세포계는 아라비노스 이용능에 영향을 주는 돌연변이에 있어 서로 다르므로 tetrazolium arabinose agar에서 생장할 때 집락의 색깔에 의해 구별되도록 하였다. *(b)* 진화된 균주와 조상 균주 간의 경쟁 실험에서 포도당 최소배지에서의 상대적 적응도는 진화된 세포계에서 극적으로 증가하는 것으로 나타난다. *(c)* 호기적으로 구연산을 사용할 수 있는 능력은 12개의 LTEE계 중 하나에서 진화하였다. 포도당 최소배지에서 자라는 세포는 일반적으로 낮은 세포 밀도로 자란다. 그러나 돌연변이체 세포계는 포도당과 구연산 모두를 이용할 수 있는 능력 때문에 훨씬 높은 세포 밀도에 도달한다. 상대적 적응도는 조상 균주의 생장률에 대한 진화된 균주의 생장률로 측정한다.

하면서 진화된 세포계에 무작위로 축적된다는 사실이 밝혀졌다. 그러나 포도당 최소배지에서 진화된 세포계의 상대적 적응도는 처음의 500세대에 걸쳐 극적으로 증가하였는데 (그림 13.13*b*), 이는 새로운 환경에 유익한 돌연변이에 대하여 선택이 작용한 결과이다. 이 실험이 진행되는 동안 선택은 더욱 진행되어, 감소된 속도이긴 하나, 진화된 세포계의 적응도는 지속적으로 증가하였다. 가장 놀라운 것은 31,500세대 후에 진화 세포계 중의 하나에서 에너지원으로 구연산염을 이용할 수 있는 능력을 획득하였다는 것이다 (그림 13.13*c*). 구연산염은 생장 배지에 pH 완충제로 들어 있었으나 *E. coli*에 대한 잠재적 탄소원으로 고려하지 않았는데. 이는 구연산염에서 호기적으로 자랄 수 없다는 것이 *E. coli*의 진단특성이기 때문이다. 이러한 진화된 세포계에서 돌연변이의 무작위적인 축적은 기존의 유전자를 수정하여 새로운 적응 형질의 진화가 가능하게 하였다. 분기되어 나온 균주는 이제 조상 개체군에서는 이용할 수 없던 새로운 자원을 활용할 수 있게 되었다. 이제 이들은 구연산염과 포도당, 둘 다 이용할 수 있게 되어 조상보다 훨씬 더 높은 세포 밀도로 생장한다 (그림 13.13*c*). 12개의 병행 세포계 중 오직 하나의 세포계만이 구연산염으로 생장할 수 있는 능력을 진화시켰다는 것은 진화의 우연성을 말하는 것이다.

이 실험에서 나타나는 전이(transition)는 진화압(evolutionary pressure)이 미생물 개체군의 주요 특성 (대사 전략과 같은)까지도 얼마나 빠르게 바꿀 수 있는지를 보여준다. *Rhodobacter*의 경우, 자연에서는 해로운 돌연변이가 실험실의 어두운 환경에서 계속 자랄 경우에는 선택적 장점을 제공한다. 새로운 조건에서 *Rhodobacter*의 불필요한 대사 기구는 진화에 의해 소실된다. *E. coli*의 경우에 임의 돌연변이의 축적에 의해 개체군 내에 유전적 다양성이 축적된다. 수천 세대에 걸쳐서 수십억의 서로 다른 돌연변이들이 개체군에 의해 표본 추출되었으며, 일부 드문 돌연변이의 조합이 우연히 세포에 구연산염을 자원으로 활용하는 능력을 부여하였다. 돌연변이에 의해 우연히 초래된 자연 변이는 새로운 형질, 즉 구연산염을 사용하는 능력을 만들어내고, 세포가 자라는 환경에 우연히 구연산염이 있었기 때문에 이러한 돌연변이는 이 세포에 있어서는 선택적 장점이 되었다. 구연산염이 없어도 이러한 돌연변이는 여전히 같은 비율로 일어난다. 그러나 선택적 장점이 없으면, 구연산염을 사용할 능력이 있는 세포는 시간이 지나면서 개체군에서 사라질 것이다.

미생물의 종 분화는 오랜 시간이 걸린다

종은 서로 다른 형질을 갖는 다양한 종류의 개체들을 포함한다. 위에서 우리가 논의한 바와 같이, 미생물은 놀라운 속도로 새로운 형질을 진화시킬 수 있으며 결과적으로 미생물 종은 유전적으로 그리고 표현형적으로 다양해질 수 있다. 염기서열의 변화는 두 계보가 분기한 이후의 시간을 추정하는 **분자시계(molecular clock)**로 사용할 수 있다. 분자시계를 이용한 진화에 관한 연구방법에 있어 중요한 가정은 뉴클레오티드의 변화는 시간에 비례하여 서열에 축적되고 이러한 변화는 일반적으로 중립적이고 유전자의 기능을 간섭하지 않으며 우연히 일어난다는 것이다.

분자시계에 의한 진화 연대 추정은 지질학적 기록으로부터 얻은 증거에 의해 보정될 때 가장 신뢰할 수 있다. 분자시계에 의한 추정은 곤충의 절대 세균 공생자 (23.6절)를 이용하여 보정할 수 있는데 곤충 숙주가 진화적 사건의 연대를 추정하는 데 적절한 화석 기록을 제공하기 때문이다. 이러한 계산방식에 의해 유전자 서열의 차이에 기초하여 미생물 종의 분기를 추정하는 것이 가능하다. 예를 들어, 특성이 잘 규명된 *E. coli*의 두 가지 균주, 즉 무해한 균주 K-12와 식품유래 병원성 균주 O157:H7 (32.11)은 4백5십만 년 전에 분기한 것으로 추정할 수 있다. 마찬가지로 밀접하게 유연관계가 있으며, 16S rRNA 유전자에서 2.8% 차이를 갖는 *E. coli*와 *Salmonella enterica* (*typhimurium*)은 약 1억 2천만~1억 4천만 년 전에 마지막 공통 조상을 가졌다고 추정된다. 따라서 미생물은 새로운 형질을 신속하게 진화시킬 수 있지만 종 분화(specification)에는 매우 오랜 시간이 소요되는 것 같다.

미니퀴즈

- 유전적 변이를 가져오는 과정에는 어떠한 것들이 있는가?
- 선택과 유전적 부동은 어떠한 차이가 있으며 이들은 어떻게 진화적 변화를 촉진하는가?
- 그림 13.12의 실험에서 어둠 속에서 배양된 세포개체군은 왜 색소를 상실하는가?

13.6 미생물 유전체의 진화

미생물 유전체의 동적 특성은 하나의 종에 속하는 여러 개의 균주를 대상으로 최초의 미생물 유전체 서열이 분석되었을 때 극적인 방법으로 밝혀졌다. *Eschrichia coli* 균주, K-12와 병원성의 2 균주의 유전체 서열분석에 따르면 이들 유전자 중 39%만이 세 균주의 유전체 모두가 공유한다는 사실이 밝혀졌다 (**그림 13.14**)! 이들 세 유전체는 길이에서 백만 염기쌍 이상의 차이로 크기가 다양하였으며, 각각의 유전체는 수평적 유전자 전이를 통해 얻은 독특하고 다양한 상보 유전자들을 가지고 있었다 (그림 9.20).

많은 미생물 종의 유전체가 이러한 방법으로 조사되었으며 미생물 유전체에 있는 유전자들은 두 가지 종류, 즉 한 종의 모든 균주들이 공유하는 유전자들인 **핵심 유전체(core genome)**와 핵심 유전체에, 모든 균주가 공유하지 않으며 흔히 수평적 유전자 전이를 통해 획득한 유전자들이 더해진 **범유전체(pan genome)**로 분류할 수 있다는 것이 밝혀졌다 (그림 13.21 참조). 우리는 이전에 핵심/범유전체 개념을 소개하였으며 (9.7절), 여기에서는 이러한 형태의 유전체 진화를 이끄는 힘에 관하여 논의하도록 한다.

Escherichia coli 유전체의 동적 특성

E. coli 유전체는 평균 4,721개의 유전자를 가지며 개별 균주는 적게는 4,068개, 많게는 5,379개의 총 유전자를 가지고 있다. 핵심 유전체는 모든 균주에 존재하는 오직 1,976개의 유전자로 구성되어

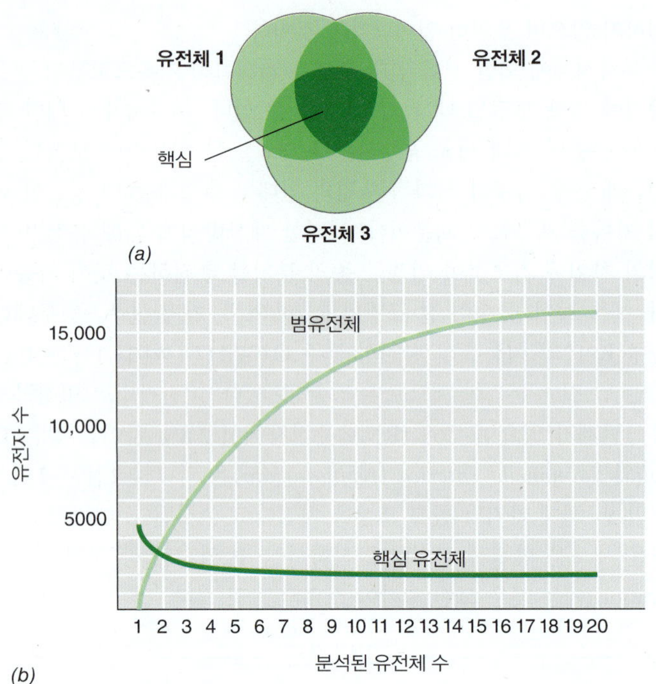

그림 13.14 핵심 유전체와 범유전체 개념. 미생물 유전체는 동적이며 이질적이다. *E. coli*의 서로 다른 균주로부터 서열이 결정된, 최초의 세 개의 유전체는 유전자의 39%만을 공통적으로 가지고 있다는 것이 발견되었다. 핵심 유전체는 종의 모든 구성원이 공유하는 유전자 집합 (*a*에서 가장 짙은 녹색)으로 간주하는 반면, 범유전체는 한 종의 서로 다른 균주에서 발견되는 모든 유전자 전체이다 (*a*에서 유전체 1–3의 모든 유전자). 핵심 유전체와 범유전체의 크기는 종에 따라 다를 수 있다. *E. coli*에서 핵심 유전체는 대략 1976개의 유전자로 구성된다. *(b) E. coli*에서 범유전체의 크기는 일정하지 않은데 이유는 서로 다른 각각의 균주들이 수평적 유전자 교환에 의해 얻은 고유한 유전자 상보체를 갖기 때문이다. 자료: Touchon, M., et al. 2009. *PLos Genetics 5*:(1) e1000344.

있으며 평균 *E. coli* 유전체에 존재하는 유전자의 반 이하에 해당한다. 균주의 진화 거리가 증가할수록 핵심 유전체의 크기는 감소할 것으로 예상된다. 이러한 예상을 극단적으로 해보면, 단지 60개의 유전자만 세균과 고균의 모든 종에 보편적으로 존재할 것으로 추정된다 (13.3절).

각각 새로운 *E. coli* 균주마다 자신의 유전체 서열을 가지므로 *E. coli*에서 관찰되는 고유한 유전자의 수와 범유전체의 크기는 무한히 증가한다. 예를 들어, 20개의 유전체에서 총 17,838개의 고유한 유전자가 발견되었다 (그림 13.14*b*). 이는 핵심 유전체의 수를 빼면 모든 균주들이 15,862개 이상의 유전자를 공유하지 않는다는 것을 나타낸다. 대단히 많은 수의 이러한 유전자들은 수직적 형태의 유전 (모세포에서 자손 세포로)을 통해서라기보다 수평적 유전자 교환을 통해 획득된 것이 분명하다. 유전자 교환 패턴은 계통발생학적 거리에 의해 좌우되는 것으로 나타나는데 유전체 간의 계통학적 거리가 증가할수록 유전자 교환율은 감소한다. *E. coli*의 핵심 유전체에서, 대부분의 수평적 유전자 전이는 밀접한 유연관계를 갖는 균주들 간에 일어나고 50에서 500 염기쌍 길이의 상동적 DNA 재조합에 의해 일어난다.

유전체 분석을 통해 핵심 유전체와 범유전체의 개념은 미생물 유전체의 일반적인 특징이지만, 각 유전자 풀에 존재하는 유전자의 상대적인 수는 종마다 매우 다를 수 있다는 사실이 밝혀졌다. 단일 종의 균주 간에 유전체 크기와 유전자 함량에서의 극적인 변화는 미생물 유전체는 매우 역동적이라는 사실을 나타낸다. 즉 유전체는 시간이 지남에 따라 상대적으로 축소되거나 확장될 수 있다. 범유전체의 존재는 원핵세포가 수평적 유전자 전이를 통해 환경의 다른 미생물로부터 유전 정보를 정기적으로 채집하고 있다는 것을 시사한다. 유전체간의 변이는 돌연변이와 재조합의 힘으로 인해 일어나며 유전체의 진화적 역동성은 선택과 유전적 부동에 의해 제어된다.

미생물 유전체의 유전자 결실

결실(deletion)은 미생물 유전체의 역동성에서 중요한 역할을 한다 [미생물 세계 탐구, “블랙 퀸 가설(Black Queen Hypothesis)” 참조]. 결실은 미생물 유전체에서 삽입보다 훨씬 더 빈번하게 발생하며, 이러한 결실 편중은 작은 크기의 많은 미생물 유전체들을 유지하는 동력이다. 선택은 결실의 효과에 대항하는 주요한 힘으로 세포에 적응 장점을 제공하는 유전자들을 보존한다.

원핵세포에서 필수적이지 않거나 기능이 없는 유전물질은 진화하는 동안 결실되는 것이 일반적이며 (그림 13.12) 이것이 미생물 유전체가 유전자들로 꽉 채워져서 비교적 비암호화 서열이 적은 이유이다 (9.3절). 수평적 유전자 전이에 의해 획득된 대부분의 유전자는 일반적으로 대부분의 돌연변이에서와 같이 세포에 대해 중립적이거나 해로운 것으로 예측할 수 있다. 따라서 환경으로부터 획득된 새로운 유전자 중 적응 장점을 가져오지 않는 유전자는 시간이 지남에 따라 유전체로부터 제거될 것이다. 뿐만 아니라 개체군의 크기가 작거나 개체군이 병목현상을 겪을 때 유전적 부동 (그림 13.11)에 의해 결실이 촉진될 수 있다. 또한 결실은 극히 작은 유전체 형성의 원인으로 생각되는데 많은 세포 내 절대 공생체와 병원균에서 발견된다 (9.3절 및 23.6절). 이들 세균의 유전체는 간소화될 수 있는데 이는 각각 필요로 하는 주요 대사산물 중 일부가 숙주생물에 의해 제공되기 때문이다.

미니퀴즈

- 주어진 종의 핵심 유전체와 범유전체의 차이점은 무엇인가?
- 어떤 종류의 재조합이 핵심 유전체에 가장 큰 영향을 끼치겠는가?
- 결실은 미생물 유전체의 진화에 어떤 효과를 나타내느냐?

III • 미생물 계통학과 계통분류학

계통분류학(systematics)은 생물의 다양성과 그들의 유연관계를 연구하는 학문이다. 계통분류학은 계통학(phylogeny)과 **분류학(taxonomy)**을 결합한 것으로, 분류학은 생물의 특성을 규명하고, 생물에 이름을 부여하며, 몇 개의 정의된 기준에 따라 생물을

블랙 퀸 가설

시간이 지나면서 불가피하게 생물의 복잡성을 증가시킨다는 것은 진화에 대한 일반적인 오해이다. 사실 진화는 주기와 받기 두 가지의 명제이다. 적응도의 변화는 전적으로 환경에 의존하며 어떤 환경에서는 실제로 특정 유전자의 획득보다는 손실에 의해 적응도를 향상시킨다.

블랙 퀸 가설(*Black Queen hypothesis*)[1]은 이러한 기능의 손실에 대한 기작과 논리를 가정하는데 기능 손실의 최종 결과로 미생물 군집에서 상호의존성을 진화시킨다는 것이다. 블랙 퀸(*Black Queen*)이라는 용어는 두 가지의 이기는 전략을 갖는 카드 게임, 하트(Hearts)를 가리킨다. 한 가지 승리 전략은 스페이드의 퀸과 함께 잡히는 것을 피하는 것이고 이 전략에서는 각 게임자는 블랙 퀸을 일부러 모으지 않으려고 가능한 많은 게임을 지려고 ["속임수(tricks)"] 한다. 두 번째 승리 전략은 블랙 퀸을 포함한 모든 트럼프 카드를 모아 "으뜸패(shoot the moon)"를 갖는 것이다. 미생물학적 측면에서는 블랙 퀸 가설은 일부 생물은 특정 유전자를 선택적으로 잃어서 적응도를 최적화하는 데 반해, 다른 생물은 그 유전자를 모두 간직하면서 적응도를 최적화한다는 의미로 이러한 카드 게임 전략을 수용할 수 있다.

블랙 퀸 가설은 특정 미생물 유전자는 모든 또는 대부분의 군집 구성원이 사용할 수 있는 세포외 산물, 즉 대사산물 또는 효소를 암호화한다고 제안한다. 만일 어떤 생물이 그 군집 내에 계속 남아 있게 된다면 군집의 다른 구성원들이 제공하는 산물의 합성을 암호화하는 유전자에 대한 선택은 완화될 것이다. 일부 군집구성원에 있어서는, 군집 내에서 공유되는 그러한 산물에 의해 유사한 기능을 갖는 유전자들이 필수적이 아닌 유전자가 된다 (**그림 1**). 그러므로 결실에 대한 돌연변이 편중은 이러한 유전자들이 유전체로부터 상실되도록 할 수도 있다 (13.6절).

기능을 상실하고 의존도를 높인 생물은 더 이상 생산 비용을 부담하지 않기 때문에 군집 내에서 실제로 적응도가 증가될 것이다. 이러한 생물은 군집에 남아 있는 한 경쟁력을 가질 것이다. 그러나 이들이 공진화한 군집에서 분리되면 생장할 수 없을 것이다. 이렇게 상호 의존성은 시간이 경과되면서 미생물 군집 내에서 축적된다. 블랙 퀸 가설은 또한 실험실에서 어떤 미생물은 환경으로부터 분리한 하나 또는 그 이상의 종과 공생배양해야만 생장 가능하다는 있을 수 있는 관찰을 설명한다.

유전자의 손실 전략과는 대조적으로 모든 필수적인 기능 (하트 게임에서 으뜸패에 해당)을 보존하는 생물은 모든 유전자의 기능을 유지하기 위한 비용을 부담한다. 따라서 원래의 군집 내에서 경쟁할 때 상호 의존적인 경쟁자에 비해 불리한 상황에 놓이게 된다. 그러나 독립적으로 생장하는 능력을 유지하는 세포들도 여전히 승리 전략을 갖는다, 왜냐하면 상호 의존하는 경쟁자들과는 달리 이들은 새로운 서식지로 퍼져서 원래의 군집 밖에서도 생장할 수 있는 선택권을 유지하기 때문이다.

마지막으로 미생물 군집의 상호 의존성이 어떻게 발생하였을지에 대한 설명 이외에도 블랙 퀸 가설은 또한 미생물 군집이 실제로 어떻게 상호 조화되고 있는지를 우리에게 상기시킨다. 우리는 뒤 장에서 이러한 복잡성을 풀고 군집의 다양성과 그것의 유전적 잠재력과 대사 잠재력을 규명하는데 여러 가지 분자적 방법이 이용가능하다는 것을 알게 될 것이다.

[1]Morris, J.J., R.E. Lenski, and E.R. Zinser, 2013. The Black Queehypothesis: Evolution of dependencies through adaptive gene loss. *mBio 3*: e00036-13.

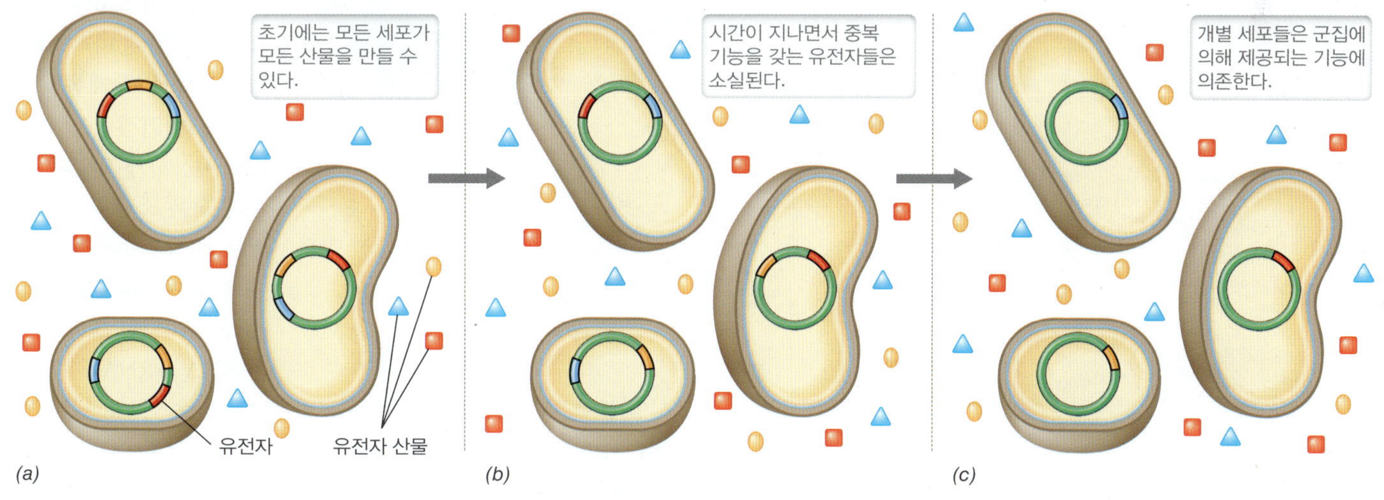

그림 1 미생물 군집에서 블랙 퀸 가설과 의존성의 진화. *(a)* 군집 내의 세 가지 종은 각각 세 가지의 다른 유전자를 가지며 이들은 전체 군집에 유익한 세포외 산물을 만든다 (유전자와 그 산물은 같은 색으로 표시). *(b)* 시간이 지나면서 무작위 돌연변이에 의해 기능이 유전체로부터 상실된다. *(c)* 군집의 일부 구성원이 각각의 산물을 계속 만드는 한, 한 종이 하나의 유전자를 상실할 때 적응 비용이 들지 않을 것이다. 시간이 지나면서 세 가지 종은 상호 의존하게 된다.

분류하는 과학이다.

세균 분류학은 세균의 동정과 새로운 종을 기재하기 위한 방법을 조합하여 도입하면서 지난 수십 년 동안 상당히 변화하였다. 이러한 다상적 접근방법(*polyphasic approach*)에서는 세균의 동정과 기재를 위하여 세 가지의 방법, 즉 표현형적(*phenotypic*), 유전형적(*genoytpic*), 계통학적(*phylogenetic*) 방법을 사용한다. 표현형적 분석에서는 세포의 형태, 대사, 생리, 화학적 특성들을 조사한다. 유전형적 분석에서는 유전체의 특성을 검토한다. 이 두 가지의 분석 방법에서는 유사성에 기초하여 생물을 그룹 짓는다. 이 방법들은 계통학적 분석에 의해 보완될 수 있으며, 계통학적 분석은 분자서열 데이터를 이용하여 진화 체계 내에 생물을 위치시킨다. 우리는 분자서열이 계통학적 통찰을 어떻게 제공하는지 탐구를 시작하고자 한다.

13.7 분자계통학: 분자서열의 이해

분자서열은 과거 진화 사건에 대한 기록을 제공하며, 진화 역사를 묘사하는 계통도, 즉 **계통수(phylogenetic tree)**를 만드는 데 이용할 수 있다. 모든 세포는 유전물질로 DNA를 포함하며, 시간이 지남에 따라 돌연변이는 DNA 서열에 축적된다. 이러한 돌연변이는 무작위로 일어나며, 진화를 가능하게 하는 자연 변이의 주요 원천이다 (13.5절). 따라서 어떤 두 생물 간의 염기서열의 차이는 공통 조상 이후 축적된 돌연변이 수가 될 것이다. 결과적으로 DNA 서열의 차이는 진화 관계를 추론하는 데 사용될 수 있다. 이 절에서 우리는 DNA 서열이 미생물 생명체의 계통학적 분석에 어떻게 사용되는지 배우게 될 것이다.

DNA 서열 획득

분자계통학적 분석은 DNA, RNA 또는 단백질과 같은 거대 분자의 서열을 결정하는 것으로 시작한다. 여기서는 생물 간의 계통학적 유연관계를 결정하는 데 널리 사용되는 DNA 서열의 분석에 초점을 맞출 것이다. 미생물을 실험실에서 분리하여 배양할 수 있는 경우, 미생물에서 유전자 서열을 얻는 것은 상대적으로 쉽다. 이 경우 유전체 DNA를 분리하여 직접 유전체 서열을 결정하거나 또는 중합효소연쇄반응(PCR, 12.1절)을 이용하여 하나 이상의 특정 유전자를 증폭할 수 있다. DNA 염기서열결정 기술이 진보됨에 따라 (9.2절) 미생물의 계통분석에 유전체 서열결정을 표준기술로 사용하게 되었다. 리보솜의 작은 소단위에서 발견되는 rRNA 분자를 암호화하고 있는 (4.10절), 작은 소단위(SSU rRNA) 리보솜 RNA (rRNA) 유전자의 서열 분석은 미생물학에 있어서 분자계통학의 초석으로 남아 있다. **SSU rRNA** 유전자는 고도로 보존되어 있으며, 모든 세포생물에 존재하며, 쉽게 염기서열을 결정하고 분석할 수 있기 때문이다.

PCR 프라이머는 임의의 생물로부터 분리한 DNA의 어떤 영역을 대상으로도 설계할 수 있다. SSU rRNA 유전자 (**그림 13.15**)와 같이 고도로 보존된 많은 유전자들에 대하여 표준(standard) 프라이머가 있다. SSU rRNA 유전자에 대한 프라이머는 별개의 종(species), 속(genera), 문(phyla) 또는 도메인(domain)을 대상으로

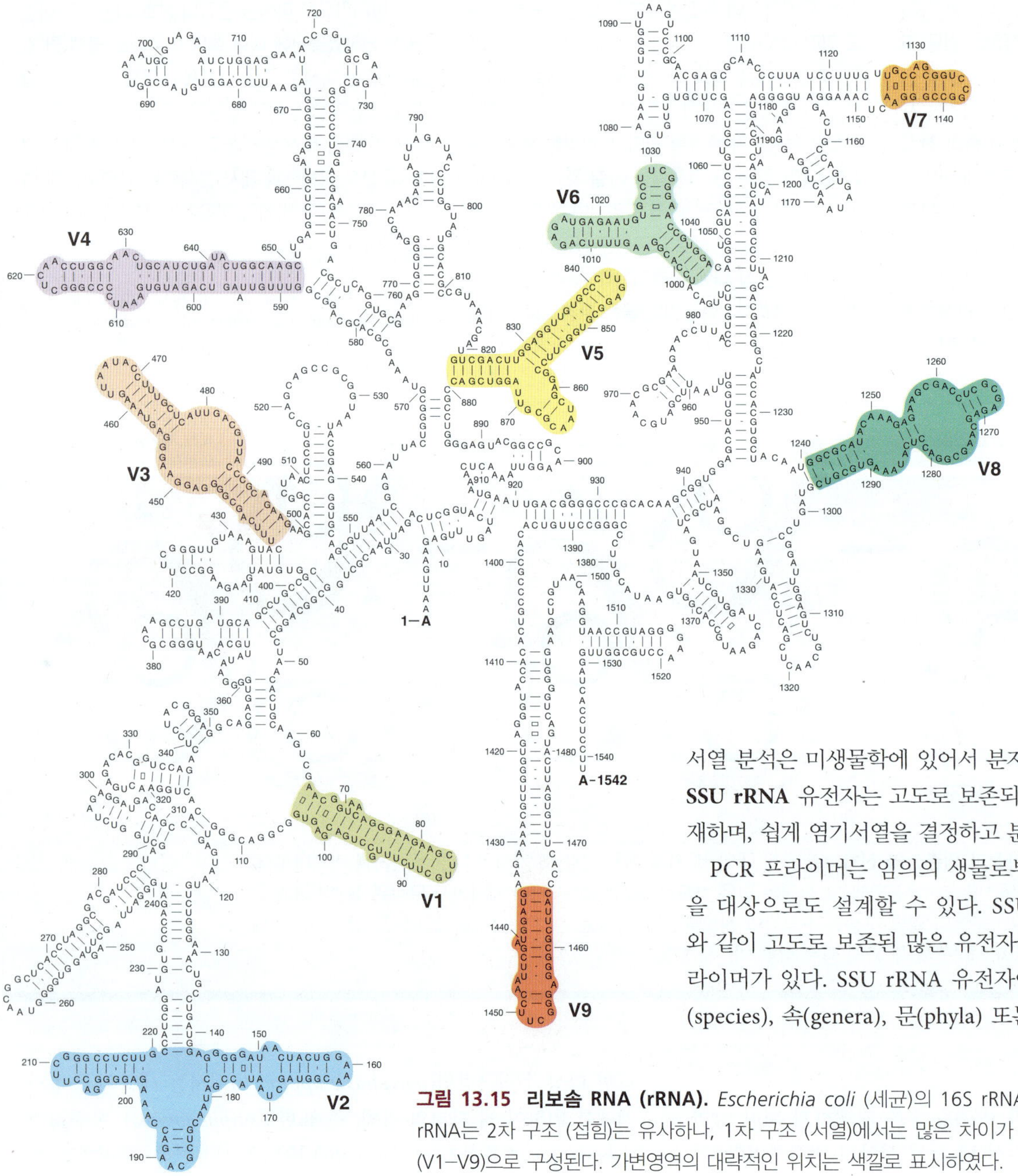

그림 13.15 리보솜 RNA (rRNA). *Escherichia coli* (세균)의 16S rRNA의 1차 및 2차 구조. 고균의 16S rRNA는 2차 구조 (접힘)는 유사하나, 1차 구조 (서열)에서는 많은 차이가 난다. 분자는 보존영역과 가변영역 (V1–V9)으로 구성된다. 가변영역의 대략적인 위치는 색깔로 표시하였다.

서로 다른 수준의 계통학적 특이성을 가질 수 있으며 어떤 생물의 SSU rRNA 유전자라도 증폭할 수 있는 "범용 프라이머(universal pimer)"도 있다. PCR 산물을 아가로스 겔 전기영동에 의해 가시화한 다음 겔에서 잘라내어 아가로스로부터 추출하여 정제한 후, 서열을 결정하며, 염기서열결정 반응을 위한 프라이머는 흔히 동일한 올리고뉴클레오티드를 사용한다 (**그림 13.16**). 미생물 배양에서 시작하는 대신, 환경시료에서 직접 추출한 DNA로부터 SSU rRNA 유전자를 증폭하거나 혹은 환경유전체 방법(metagenomic approch)을 이용하여 (9.8절 및 19.8절) 환경시료 DNA로부터 직접 서열을 결정할 수도 있다. 이러한 후자의 접근방법은 실험실 배양으로 생장하기 어려운 미생물의 특성을 규명할 때 널리 이용된다. 일단 염기서열이 얻어지면 정렬하여 분석해야 하는데 이 문제에 관해서 바로 논의하도록 한다.

서열 정렬

계통분석은 **상동성(homology)**을 갖는 유전자, 즉 공통 조상으로부터 물려받은 유전자에 의해서만 추론 가능하다. 상동성은 이원적 특성(binary trait)을 갖는다. 즉, 서열은 상동적이거나 그렇지 않을 수도 있다. 상동성은 때때로 서열 유사성(similarlity)과 혼동된다. 후자는 임의의 두 서열이 공유하는 뉴클레오티드 위치의 백분율로 정의되는 연속적인 특성이다. 서열 유사성은 상동성을 추론하는 데 사용되지만 임의의 두 서열 간의 유사성은 서열의 기능이나 진화적 유연관계와 상관없이 계산될 수 있다. 따라서 유사성과 상동성은 서로 대체할 수 있는 용어는 아니다. 상동성을 갖는 유전자들은 동일한 기능을 가지며, 공통 조상에서 단일 조상 유전자로부터 기원한 **오르토로그(ortholog)** 유전자이거나, 유전자 중복 (9.5절)에 의해 다른 기능을 갖도록 진화한 **파라로그(paralog)** 유전자일 수 있다. 계통분석은 일반적으로 유사한 기능을 갖는 오르토로그 유전자의 분석에 초점을 맞춘다.

계통학적 분석에서는 상동 위치를 갖는 한 세트의 뉴클레오티드에서 염기서열 차이의 수로부터 진화상의 변화를 추정한다. 일부 돌연변이들은 삽입(insertion)이나 결실(deletion)을 도입하여 유전자 서열의 길이에서 차이를 유발하므로 유전자 염기서열의 계통분석 전에 뉴클레오티드 위치의 정렬(*align*)이 필요하다. **염기서열 정렬(sequence alignment)**의 목적은 위치상의 상동성을 정하기 위하여 분자서열에 틈(gap)을 부가하는 것이다. 즉, 염기서열에서 각각의 위치가 비교하려는 모든 생물들의 공통 조상에서 유래하였는지를 확인하기 위해서이다 (**그림 13.17**). 적절한 정렬은 계통학적 분석에 결정적으로 중요하다. 염기결실에 의해 생긴 염기의 불일치(mismatch)나 틈을 지정하는 것은 염기서열이 공통 조상의 염기서열로부터 어떻게 분기하였는지에 관하여 사실상 하나의 분명한 가설이 되기 때문이다.

계통수: 구성과 작성

계통수는 생물의 진화 역사를 설명하는 도표(diagram)로 가계도와 일부 유사하다. 대부분의 미생물은 화석을 남기지 않았기 때문에

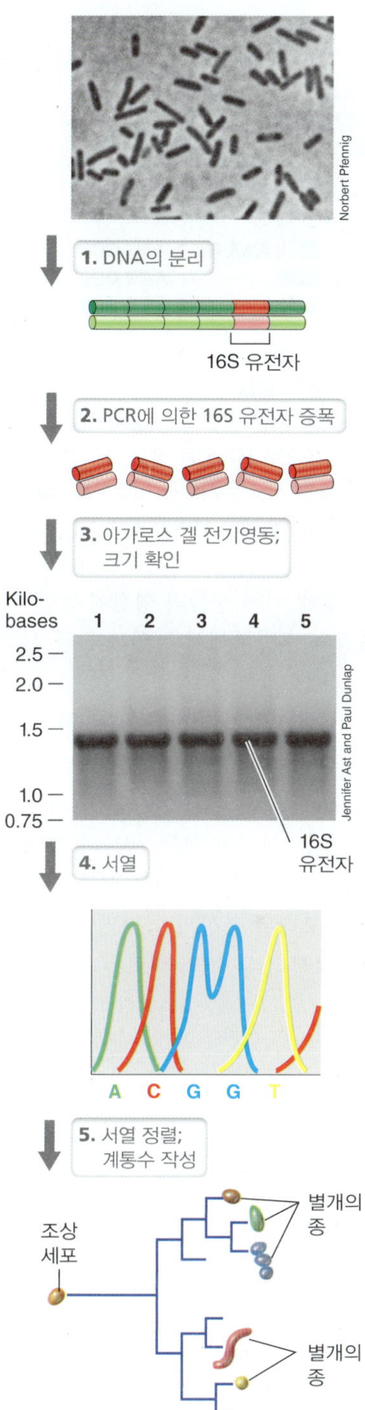

그림 13.16 16S rRNA 유전자의 PCR 증폭. 미지의 서로 다른 다섯 개의 세균 균주의 유전체 DNA로부터 DNA를 분리한 후, 16S rRNA 유전자의 말단에 상보적인 프라이머 (그림 13.15 참조)를 사용하여 16S rRNA 유전자를 PCR 증폭하고, 산물을 아가로즈 겔 전기영동 (두 번째 사진)한다. 증폭된 DNA 밴드는 길이가 약 1465 뉴클레오티드이다. DNA kilobase 크기마커는 왼쪽에 표시된다. PCR 산물을 겔에서 잘라내서 정제한 후 염기서열을 결정하고, 분석하여 세균을 동정한다.

그들의 조상에 대하여 알려져 있지 않다. 그러나 조상에 대한 유연관계는 오늘날 살아 있는 생물의 DNA 염기서열로부터 추론할 수 있다. 최근의 조상을 공유하는 생물들은 형질을 공유할 가능성이

정렬 전 서열

1	GGA CCT AAA TTT ATA CCC
2	GGA AAA GGG CCC AAA CGC
3	GGA GGG CCT TTT ATA CCC

서열 차이

	1	2	3
1	–	–	–
2	11	–	–
3	6	11	–

정렬 후 서열

1	GGA ------ CCT AAA TTT ATA CCC
2	GGA AAA GGG CCC ------ AAA CGC
3	GGA --- GGG CCT --- TTT ATA CCC

	1	2	3
1	–	–	–
2	3	–	–
3	0	3	–

(a) (b)

그림 13.17 DNA 서열의 정렬. *(a)* 정렬하기 전과 후의 3종의 가상 유전자의 염기서열을 나타낸다. 서열 정렬은 상동 위치를 수직으로 맞추어야 한다. 염기서열 정렬은 하이픈으로 표시되는 갭을 추가하는 방식으로 이루어지며, 이는 정렬된 종간의 부분 서열 유사도를 최대화시킨다. *(b)* 거리 매트릭스는 정렬 전과 후의 각 염기쌍에 대해 유추될 서열 차이의 수를 보여준다.

있고 따라서 계통수에 의해 생물의 형질에 관한 가설을 만들 수 있다. 계통수는 이장의 후반부에서 논의하게 될 분류학과 종의 동정에도 매우 유용하다 (13.9절).

계통수는 마디(*node*)와 가지(*branch*)로 구성된다 (**그림 13.18**). 계통수에서 가지의 끝은 현존하는 종을 나타낸다. 계통수는 무근계통수(*unrooted tree*) 혹은 유근 계통수(*rooted tree*)로 나타낼 수 있는데, 유근계통수는 실험한 모든 생물의 조상의 위치를 보여준다. 무근계통수는 연구 대상으로 하는 생물 간의 상대적 유연관계를 나타내며, 가장 오래된 조상의 마디의 증거를 제공하지는 않는다. 마디는 조상으로부터 두 개의 새로운 계보로 갈라진 진화의 과거 단계를 나타낸다. 가지의 길이는 그 가지를 따라 일어난 변화의 횟수를 나타낸다. 계통수에서 마디의 위치와 가지의 길이만이 진화에 대한 정보를 나타내며 마디 주변의 회전은 계통수 토폴로지(topology)에는 영향을 주지 않는다 (그림 13.18*b*).

어떤 그룹의 유전자 서열에 관한 진화의 역사를 정확히 묘사하는 올바른 계통수는 단 하나뿐이다. 그러나 서열 데이터로부터 진정한 계통수를 추론하는 것은 어려운 일이다. 문제의 복잡성은 임의의 서열 집합을 나타낼 수 있는 계통수의 총수를 고려해보면 드러난다. 예를 들어, 어떤 4개의 임의의 서열에 대하여 그릴 수 있는 계통수는 단지 3개만이 가능하다. 그러나 서열의 수를 두 배로 하여 8개로 하면 현재 10,395개의 계통수가 가능하다. 이러한 복잡성은 기하급수적으로 늘어나서 100개의 임의의 서열을 나타내는데 2×10^{182}의 서로 다른 계통수를 그릴 수 있다. 계통분석에서는 서열 집합의 진화 역사를 정확하게 나타내는 올바른 계통수를 식별하기 위하여 분자서열 데이터를 이용한다.

분자서열 데이터로부터 계통수를 추론하기 위해 다양한 방법을 사용할 수 있다. 계통수의 구성은 일반적으로 알고리즘(*algorithm*) 또는 최적화기준법(*optimality criteria*)을 적용하여 추론한다. 알고리즘이란 단일 계통수를 구축하기 위해 설계된 일련의 단계로 프로그램화되어 있다 (**그림 13.19**). 계통수를 구축하는 데 사용되는 알고리즘에는 비가중산술결합법(*Unweight Pair Group Method with Arithmetic Mean*, UPGMA)과 근린결합법(*Neighbor Joining method*)이 포함된다. 대안으로 최적화기준법을 사용하는 계통학적 방법에는 최대절약법(*parismony*), 최우측정법(*maximum likely-*

단원 4

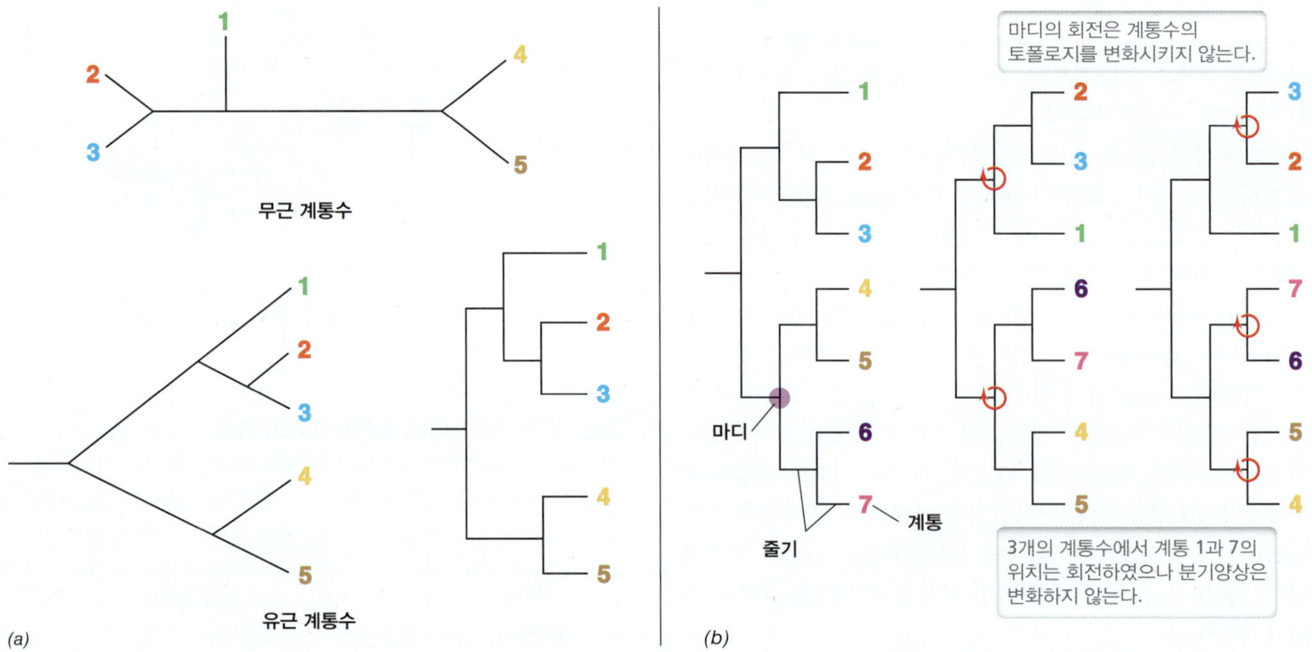

그림 13.18 계통수와 해석. *(a)* 계통수의 무근과 유근의 예. 가지의 끝은 종 (혹은 균주)이며 마디는 조상이다. 조상의 유연관계는 유근 계통수의 가지 치는 순서로 나타낸다. *(b)* 같은 계통수의 세 가지 버전. 계통수 간의 유일한 차이는 적색 화살표로 표시된 부분에서 마디가 회전하였다는 점이다. 종의 수직적 위치는 계통수마다 다르지만 조상의 유형 (각 종이 공유하는 마디)은 변하지 않는다.

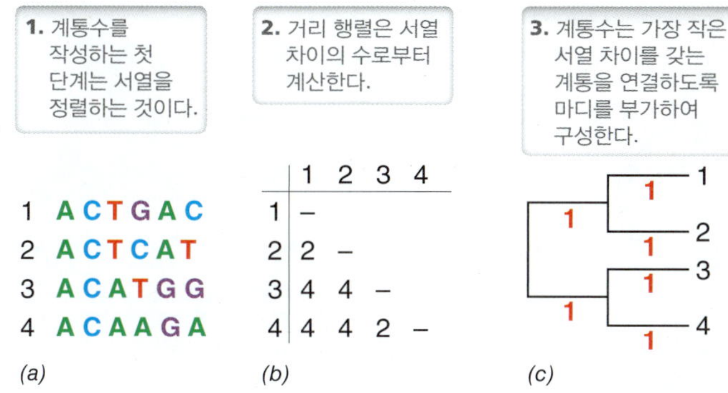

그림 13.19 계통수의 구축. 유전자 서열 간의 뉴클레오티드의 차이의 수를 이용하여 계통수를 구축할 수 있다. 염기서열 정렬 *(a)*에서 각 쌍의 서열 간 차이의 수를 계산하여 거리 매트릭스 *(b)*를 구성할 수 있다. 이 거리 매트릭스를 이용하여 계통수 *(c)*를 구축할 수 있다. 계통수에서 두 종 사이의 수평가지 (붉은 "1"로 표시) 길이의 합은 종간의 뉴클레오티드 차이의 수와 비례한다.

hood), 그리고 베이지안 분석(*Bayesian analysis*)이 포함된다. 이러한 후자의 방법들에서는 여러 가지 가능성 있는 계통수들을 평가하여 최상의 최적화 스코어(optimality score)를 갖는 하나의 계통수를 선택한다. 즉 분자진화의 개별 모델을 전제로 서열 데이터에 가장 적합한 계통수를 선택한다. 최적화 스코어는 분자서열이 시간이 지남에 따라 어떻게 변화하는지를 설명하는 진화 모델들에 근거하여 계산한다. 예를 들어, 진화 모델에 의해 서열위치 간의 치환율과 염기 빈도의 변화를 설명할 수 있다.

계통수의 한계

분자계통학은 진화 역사에 대해 강력한 통찰력을 제공하지만, 계통수의 구축과 해석에 있어 한계를 고려하는 것이 중요하다. 예를 들어, 만일 여러 개의 서로 다른 계통수가 이용 가능한 서열 데이터에 똑같이 잘 부합한다면 서열 데이터에 기초하여 진정한 계통수를 선택하는 것은 어려울 수 있다. 부트스트래핑(*bootstrapping*)은 정보를 무작위로 표본 추출하는 통계법으로 계통수의 불확실성을 처리하기 위해 사용되는 방법이다. 부트스트랩 값은 계통수에서 주어진 마디가 서열 데이터에 의해 지지되는 횟수의 백분율(*percentage of the time*)을 나타낸다. 높은 부트스트랩 값은 계통수의 마디가 정확할 가능성이 있음을 나타내며, 반면에 낮은 부트스트랩 값은 마디의 위치를 주어진 데이터로는 정확하게 결정할 수 없음을 나타낸다.

상사(homoplasy)는 수렴 진화(*convergent evolution*)로도 알려져 있으며, 공통 조상으로부터 물려받지 않은 어떤 형질을 공유할 때 나타난다. 한 가지 예가 곤충과 새의 날개의 진화이다. 이러한 형질은 별개로 진화하였으며 곤충과 새가 날개 있는 조상을 공유하였다는 것을 나타내는 것은 아니다. 상사는 공통 조상으로부터의 유전이 아니라 오히려 반복돌연변이(recurrent mutation)에 의해 유사한 서열 위치가 기인될 때 분자서열에서 발생한다 (**그림 13.20**). 분자계통학에서 상사의 문제는 진화 시간에 비례하여 증가한다 (그림 13.20*b*). 상사의 결과로, 생물 간의 염기서열의 분기가 매우 높을 때 정확한 계통수의 재구성은 더욱 어려워진다.

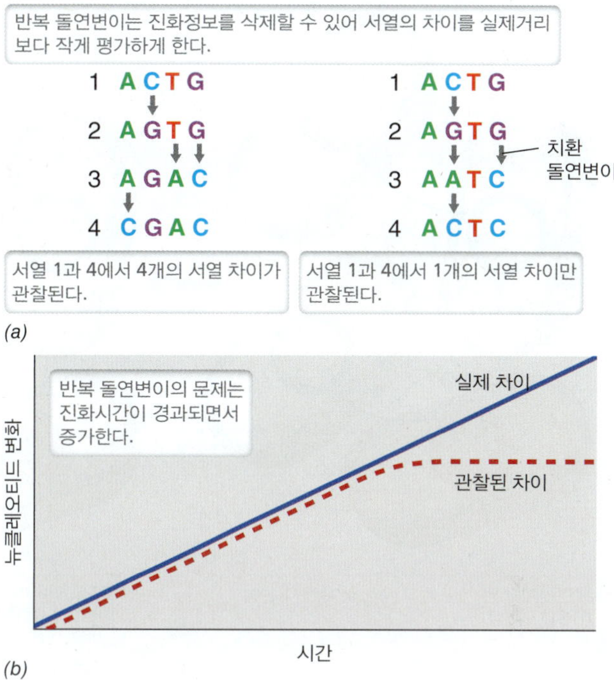

그림 13.20 반복 돌연변이로 인한 상사의 문제. 반복 돌연변이로 인하여 한 쌍의 염기서열이 공통 조상을 공유한 이후 일어난 돌연변이의 실제 횟수는 모호할 수 있다. *(a)* 하나의 유전자 서열이 진화하는 동안 두 가지 경우의 일련의 돌연변이를 비교한다. 왼쪽, 종1과 종4 사이의 돌연변이 발생횟수는 관찰된 횟수와 동일하다. 그러나 반복 돌연변이 (오른쪽)가 있다면 종1과 종4 사이에서 관찰된 돌연변이 횟수는 실제 발생한 횟수보다 적을 수 있다. *(b)* 시간이 경과됨에 따라 더 많은 돌연변이가 축적되면서 반복 돌연변이의 가능성은 증가한다.

미생물의 진화 역사를 고려할 때 만연한 수평적 유전자 전이(11장)로 인해 복잡성이 야기된다. 유전자의 염기서열을 사용하여 생물의 계통을 추론할 때, 유전자는 생물의 진화 역사 전체를 통하여 어머니에서 딸에게로 수직적(*vertical*) 방식으로 전달된다고 가정해야 한다. 유연관계가 없는 생물 간의 수평적(*horizontal*) 유전자 교환은 이러한 가정에 위배된다 (**그림 13.21**). 따라서 개별 유전자의 진화 역사를 묘사하는 유전자계통학(*gene phylogeny*)과 세포의 진화역사를 묘사하는 생물계통학(*organismal phylogeny*) 사이의 차이를 고려하는 것은 중요하다.

일반적으로 SSU rRNA 염기서열의 수평적 유전자 전이는 매우 낮은 빈도로 일어나는 것으로 나타나며, rRNA 유전자에 의한 계통학은 세포에서 유전적 정보 기능을 암호화하는 대부분의 유전자 계통학과 대체로 일치한다. 따라서 SSU rRNA 유전자 염기서열은 일반적으로 생물계통학의 정확한 기록을 제공하는 것으로 간주한다. 그럼에도 불구하고 미생물 유전체의 많은 유전자들이 그들의 진화 역사의 어떤 시점에서 수평적 유전자 전이에 의해서 획득되었으며, 이것은 미생물 진화에 있어 중요한 의미를 가진다 (13.6절, 11장).

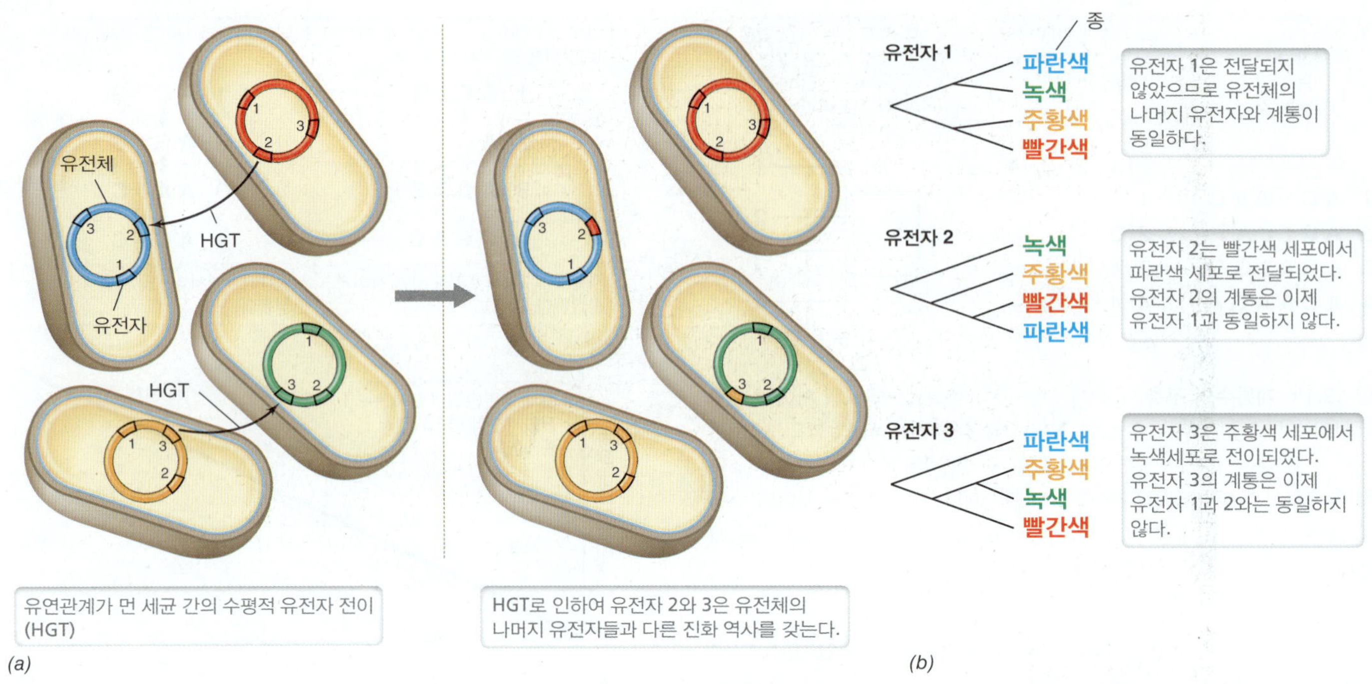

그림 13.21 수평적 유전자 전이. 수평적 유전자 전이가 일어난 유전자는 유전체의 나머지와는 다른 진화 역사를 갖는다. *(a)* 유전자 전이는 유연관계가 먼 미생물들 간에 일어난다. 미생물과 그들의 유전체를 일치시키기 위해 색을 사용하였다. *(b)* a에서 수평 전달 결과, 유전자 1, 유전자 2, 유전자 3에 대하여 각각 서로 다른 계통수가 얻어졌다. 전달이 일어나지 않은 유전자 1의 유전자 계통수만이 생물 계통수와 일치한다.

미니퀴즈

- 계통분석을 위해 DNA 염기서열을 어떻게 얻을 수 있는가?
- 계통수는 무엇을 나타내는가?
- 계통분석에서 염기서열 정렬이 중요한 이유는 무엇인가?

13.8 미생물학에서 종의 개념

종(species)은 생물 다양성의 기본 단위이며, 미생물학에서 종을 구별하고 분류하는 방법은 미생물 세계의 다양성을 설명하고 평가하는 우리의 능력에 크게 영향을 미친다. 현재, 미생물에 대하여 보편적으로 받아들여지는 종의 개념은 없다. 미생물 계통분류학은 분류체계에서 미생물을 기술하고 식별하기 위하여 기준과 가이드라인의 범위 안에서 표현형적, 유전형적, 그리고 염기서열에 근거한 계통학적 데이터들을 조합하여 이용하지만, 원핵생물 종을 구성하는 것은 실제로 무엇인가 하는 문제는 논란거리로 남아 있지만, 미생물 종의 실질적인 정의가 개발되어 널리 사용되고 있으며, 여기에서 우리는 이것에 대해 검토한다.

세균과 고균의 계통학적 종 개념

분류학적 관점에서 한 종의 모든 구성원은 유전자와 표현형적으로 일관성이 있어야 하며, 그들의 특성은 다른 종을 기재하는 특성들과는 구별되어야 한다. 더욱이 종은 **단계통(monophyletic)**이어야한다. 즉 종을 구성하는 모든 균주는 다른 종들을 제외하고 최근의 공통 조상을 공유해야 한다. 미생물 종의 실제 정의에서는 이러한 원리를 포함하려고 시도하며, 이는 계통학적 종의 개념(*phylogenetic species concept*)으로 가장 잘 설명된다. 계통학적 종의 개념은 특정 특성을 공유하고 유전적으로 모여져 있으며 특정한 최근의 공통 조상을 공유하는 균주 그룹으로 미생물 종을 실용적으로 정의한다. 이러한 종의 개념은 종의 대다수의 유전자가 일치하는 계통을 가지며 최근의 공통 조상을 공유하는 것을 전제로 한다. 계통학적 종의 개념은 종 분화의 진화 모델을 기반으로 하지 않는다. 따라서 이런 방식으로 기재된 종은 생태나 진화 과정의 관점에서 반드시 의미있는 단위를 반영하는 것은 아니다. 계통학적 종의 개념은 분류를 용이하도록 하기 위해 개발되었으며, 이 개념에서 비롯되는 종의 판단은 분류학자의 전문적 판단에 크게 의존한다.

세균과 고균에 대한 계통학적 종의 개념에서는 종은 여러 형질에서 고도의 유사성을 공유하고, 16S rRNA 유전자에 대해 최근의 공통 조상을 공유하는 균주그룹으로 조작적으로 정의된다. 종의 특성을 규명하기 위해 다상분류학적 방법을 적용하는데, 분류학적 판단을 위하여 서로 다른 범위의 형질들을 고려한다. 종을 동정하기 위해, 현재 가장 중요하게 고려되는 형질에는 DNA 혼성화에 근거한 유전체 유사성과 SSU rRNA 염기서열의 비교가 포함된다.

두 생물의 유전체 간의 **DNA–DNA 혼성화(DNA–DNA hybridization)** 정도는 유전체 유사도의 척도를 제공한다 (12.1절). 혼성화 실험 (**그림 13.22**)에서 한 생물체에서 얻은 탐침 DNA(*probe DNA*)를 형광물질이나 방사성 표지물질로 표지한 후, 작은

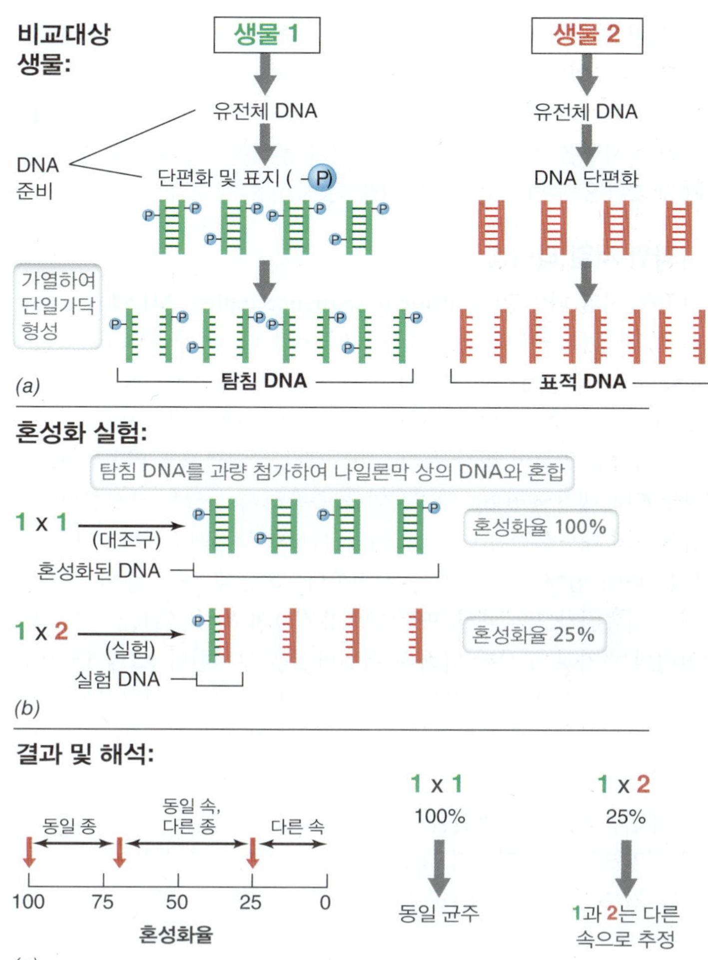

그림 13.22 분류수단으로서의 유전체 혼성화. *(a)* 생물 1로부터 유전체 DNA를 분리하여 잘라서 변성시키고, 표지하여 (여기에서는 방사성 인산으로 표시) DNA 탐침자로 준비한다. *(b)* 각각의 유전체로부터 분리하여 잘라서 단일가닥으로 준비한 표적 DNA를 막에 고정시킨 후 생물 1의 표지된 탐침 DNA와 혼성화한다. 혼성화된 DNA의 방사능을 측정한다. *(c)* 대조구 (자신의 DNA와 혼성화한 생물 1의 DNA)의 방사능을 혼성화 값 100%로 설정한다.

조각으로 잘라서 열을 가해 두 가닥 DNA로 분리한다. 그런 다음 단일가닥으로 만들어서 자른 두 번째 생물로 부터 얻은 표적 DNA (*target DNA*)에 탐침을 첨가하고 이 혼합물을 냉각시켜 재결합이 일어나도록 한다. 두 생물 간의 유전체 유사도는 대조구 (동일한 생물로부터 얻은 DNA를 표적으로 하여 탐침 DNA를 혼성화)에 비례하여 혼성화된 탐침의 백분율로 계산한다.

두 생물 간에 70% 이하의 유전체 혼성화 값과 3% 이상의 SSU rRNA 유전자 염기서열의 차이는 두 생물이 별개의 종이라는 증거가 된다. 실험 데이터들은 이러한 기준이 분류학적 목적으로 새로운 미생물 종을 동정하는데 있어 유효하고, 신뢰성이 있으며 일관성이 있음을 제시한다 (**그림 13.23**). 현재의 계통학적 종의 개념에 기초하여 10,000종 이상의 세균과 고균 종이 공식적으로 인정되어 있다. 그 다음의 상위 분류군인 속(genus)을 정의하기 위해 사용되

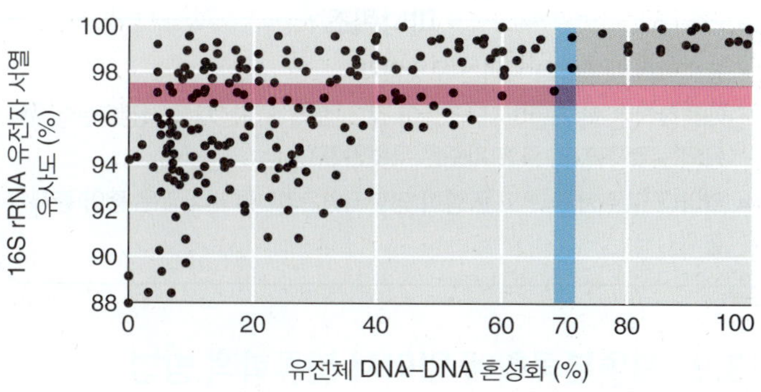

그림 13.23 16S rRNA 유전자 서열 유사도와 유전체 DNA–DNA 혼성화의 유연관계. 미생물의 쌍을 16S rRNA 유전자 서열 유사도와 DNA–DNA 혼성화 값에 근거해서 비교한다. 오른쪽 상단 영역의 점들은 97% 이상의 16S rRNA 유전자 서열 유사도와 70% 이상의 유전체 혼성화 값을 공유하는 균주의 쌍을 나타내며, 따라서 이들은 동일한 종의 구성원일 것이다. 데이터는 Rossello-Mora, R., and R. Amann. 2001. *FEMS Microbiol. Revs. 25:* 39–67과 Stackebrandt, E., and J. Ebers. 2006. *Microbiology Today. 11:* 153–155를 인용하여 작성.

는 기준 (표 13.2 참조)은 좀 더 주관적인 판단의 문제이지만 서로 다른 속들은 일반적으로 SSU rRNA 유전자 염기서열에서 5% 이상의 차이를 나타낸다. 속(genus) 이상의 분류학적 계급을 정의하기 위한 합의된 기준은 없다.

얼마나 많은 세균과 고균 종이 존재할까?

거의 40억 년 가까운 진화의 결과가 오늘날 우리가 보는 미생물의 세계이다 (그림 13.9). 미생물 분류학자들은 현재 세균과 고균 종의 수를 정확히 측정할 수 없다는데 동의하는데, 이는 부분적으로 종의 정의에 대한 불확실성 때문이다. 그러나 그들은 또한 최종 분석에서는 이 숫자가 매우 클 것이라는 점에 동의한다. 지구상의 세균과 고균 종의 다양성은 의심할 바 없이 모든 식물과 동물 종을 합한 것보다 훨씬 높으며, 세균과 고균의 총 종수는 이미 기재된 10,000종보다 몇 배 이상 더 클 것으로 보인다.

지구상의 모든 환경에는 다양한 미생물 군집이 포함되어 있다. 예를 들어, 계통학적 종 개념을 사용하는 환경 SSU rRNA 유전자 서열 (19.6절)의 분석에 따르면 10,000종 이상의 서로 다른 종들이 1 g의 토양에서 공존 할 수 있음을 나타낸다! 1977년 이래로 330만 개 이상의 SSU rRNA 서열이 생성되어 미생물계의 광대한 다양성을 특성화하는 데 사용되고 있다. Ribosomal Database Project (RDP, http://rdp.cme.msu.edu)는 이러한 계속 증가되는 서열을 수집하고 서열 분석과 계통수의 작성을 위한 컴퓨터 프로그램을 제공한다. 우리는 미생물 생명체의 생물 다양성을 아직 알지 못하지만, 거의 모든 식물과 동물 종은 셀 수 없이 많은 특정 미생물들이 포함된 마이크로바이옴 (23장)을 갖고 있음을 안다. 그러므로 미생물은 지구상에서 가장 오래되었을 뿐만 아니라 가장 다양한 형태의 생물이다. 우리는 이러한 다양성을 앞으로 5개 장(chapter)에 걸쳐 보게 될 것이다.

미니퀴즈

- 분류학과 계통학의 차이는 무엇인가?
- 계통학적 종의 개념에서 두 종이 같은 종에 속하는지를 결정하는데 사용되는 몇 가지의 주요 기준은 무엇인가?
- 얼마나 많은 세균과 고균 종이 명명되었는가? 얼마나 많은 종이 존재할까?

13.9 계통분류학에 있어서 분류학적 방법

서로 다른 여러 가지 방법을 조합하여 사용하는 방식인 다상분류학적 방법(*polyphasic approach*)이 현재 수용되고 있는 분류학적 종의 개념에 따라 세균과 고균을 동정하고 명명하기 위하여 사용된다. 이 절에서 미생물 종, 주로 원핵 미생물 종의 특성을 규명하기 위하여 일반적으로 사용되는 방법을 설명한다.

유전자 서열 분석

설명한 바와 같이, 유전자 서열은 일반적으로 PCR 증폭한 DNA 단편으로부터 결정하며 그 서열은 계통학적 분석방법을 사용하여 분석한다 (13.7절). SSU rRNA 유전자 서열은 고도로 보존되어 있어 가치 있는 계통학적 정보를 제공하지만, 가깝게 연관된 종을 구별하는 데 있어서 항상 유용한 것은 아니다. 대조적으로 재조합효소(recombinase) 단백질을 암호화하는 *recA* (11.4절 및 11.5절)나 DNA gyrase 단백질을 암호화하는 *gyrB* (4.1절)와 같이 고도로 보존된 또 다른 유전자들은 종 수준에서 세균을 구별하는 데 유용할 수 있다. 단백질을 암호화하는 DNA서열들은 rRNA 유전자보다 빠르게 돌연변이를 축적한다. 따라서 이러한 이유로 이들 유전자 서열을 이용하여 rRNA 유전자 분석만으로 해결할 수 없는 세균 종들을 구별할 수 있다 (**그림 13.24**).

다좌위 서열 타이핑

다좌위 서열 타이핑(multilocus sequence typing, MLST)은 연관된 여러 생물들에 대하여 여러 개의 서로 다른 "관리(housekeeping)" 유전자의 서열을 결정하여 서열을 집합적으로 사용하여 생물을 구별하는 방법이다. 관리유전자들은 세포에서 필수적인 기능을 암호화하고 있으며 항상 플라스미드보다는 염색체에 위치한다. 각 유전자당 대략 450 bp 염기서열을 증폭하여 서열을 분석한다. 각 유전자의 대립유전자 (적어도 하나 이상의 뉴클레오티드에 차이가 나는 변이체)에 각각 번호를 지정한다. 그런 후 연구 중인 균주들에 대립유전자 프로파일, 또는 대립유전자의 특정 조합을 나타내는 일련의 숫자로 구성된 다좌위 서열타입을 부여한다 (**그림 13.25**). MLST에서 주어진 하나의 유전자에 대하여 동일한 염기서열을 갖는 균주는 그 유전자에 대해 같은 대립유전자 번호를 갖고, 또 모든 유전자에 대해 동일한 염기서열을 갖는 두 개의 균주는 동일한 대립유전자 프로파일을 갖는다 (그리고 이 방법에 의해서는 동일한 것으로 간주됨). 각 대립유전자 프로파일 간의 유연관계는 0 (균주가 동일함)에서 1 (균주들이 유연관계를 갖는다 하더라도 먼

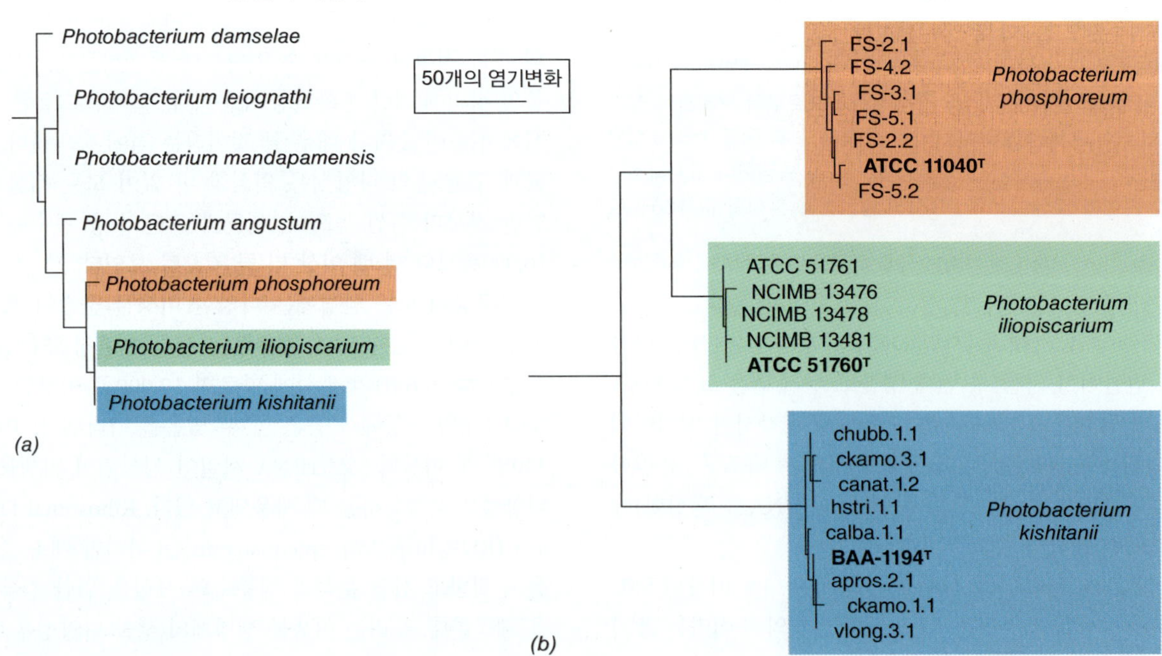

그림 13.24 복수유전자 계통분석. 계통수는 *Photobacterium* 속의 종들을 나타낸다. *(a)* 종의 구분이 명확하지 않은 16S rRNA 유전자 계통수 *(b)* 16S rRNA 유전자, *gyrB*, 그리고 *luxABFE* 유전자를 함께 분석한 3종의 *Photobacterium* 21개 균주의 복수유전자 분석. 복수 유전자 분석에 의해 균주들은 *P. phosphoreum*, *P. ilopiscarium*과 *P. kishitanii*, 3개의 뚜렷한 계통학적 종으로 구분된다. 눈금자는 50개의 뉴클레오티드 변화에 해당하는 가지 길이를 나타낸다. 각각 종의 표준균주 (13.10절)는 굵은 글씨로 표시되었다 (모든 약자는 균주를 나타냄). 계통분석은 University of Michigan의 Tory Hendy and Paul V. Dunlap의 호의에 의함.

새로운 분리균주
혹은 임상시료
DNA 분리
세균
염색체
여러 가지 "관리"
유전자
6~7 표적
유전자 증폭
염기서열
대립유전자 분석
다른 균주들과
비교하여
계통수 작성
유전
0.6
0.4
0.2
0
균주
1–5
새로운 균주
균주 6
균주 7

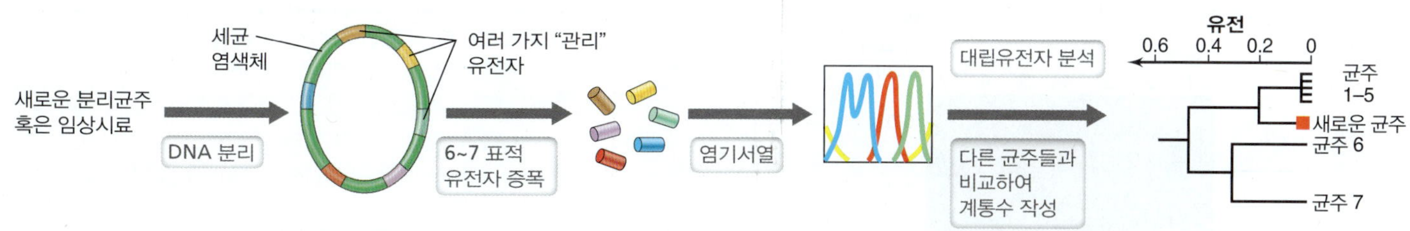

그림 13.25 다좌위 염기서열 타이핑. 유사성 수상도(phenogram)를 도출하는 MLST의 단계를 보여준다. 균주 1–5는 사실상 동일한 반면에, 6과 7은 서로 분명히 다르며, 또 균주 1–5 그리고 새로운 균주와도 다르다.

유연관계만을 갖음)까지 다양한 유전적 거리의 계통도로 표현된다.

MLST는 주어진 종 내에서 아주 밀접하게 연관된 균주들까지도 구별할 수 있는 충분한 해상력을 갖는다. 실제로, 분석된 유전자들 중 하나의 유전자에서 단 하나의 뉴클레오티드의 차이에 근거하여 균주를 구별할 수도 있다. MLST는 임상 미생물학에서 가장 많이 사용되며, 다양한 병원성 균주들을 구별하기 위하여 사용된다. 균주를 구별하는 것은 중요한데, 이는 동일 종 내에서 일부 균주, 예를 들어 *Escherichia coli* K-12는 해롭지 않으나, O157:H7과 같이 다른 균주는 심각한, 심지어 치명적인 감염을 일으킬 수 있기 때문이다 (32.11절). MLST는 또한 역학 연구에서 병원성 세균 균주 중 병독성 균주가 개체군을 통해 전파될 때 병독성 균주를 추적하는 데 이용되며 그리고 환경 연구에서 균주의 지리적 분포를 결정하는 데 널리 이용된다.

유전체 지문법

유전체 지문법(genome fingerprinting)은 한 종 내의 균주 간의 다형성 평가를 위한 신속한 방법이다. 지문이란 일반적으로 개별 유전자나 전체 유전체로부터 생성된 DNA 단편들을 말한다. **리보타이핑(ribotyping)**은 유전체 단편에서 SSU rRNA 유전자의 위치에 기반하는 유전체 지문법이다. 이 방법에서는 생물체로부터 분리한 유전체 DNA를 제한효소로 자른 후 (12.2절), 그 단편을 겔 전기영동에 의해 분리하여 나일론막으로 옮겨 SSU rRNA 유전자의 탐침자로 표지한다 (**그림 13.26**). 서로 다른 미생물 종은 1~15개까지의 서로 다른 rRNA 오페론 수를 가질 수 있으며, 미생물 유전체에 존재하는 rRNA 오페론 수는 한 종의 모든 균주에 대하여 보존된 특성이다. 더욱이 균주 간의 유전체 서열에 차이가 있는 경우, 엔도뉴클레아제 효소에 의해 서로 다른 위치에서 잘리므로 제한 단편 길이의 변이가 만들어지고 이를 시각화할 수 있다. 따라서 검출되는 밴드의 크기와 수에 의해 리보타입(*ribotype*)이라 불리는 일종의 유전체 지문인 특정 패턴이 만들어지고 이 패턴은 컴퓨터 데이터베이스 상의 참고 생물의 패턴들과 비교할 수 있다.

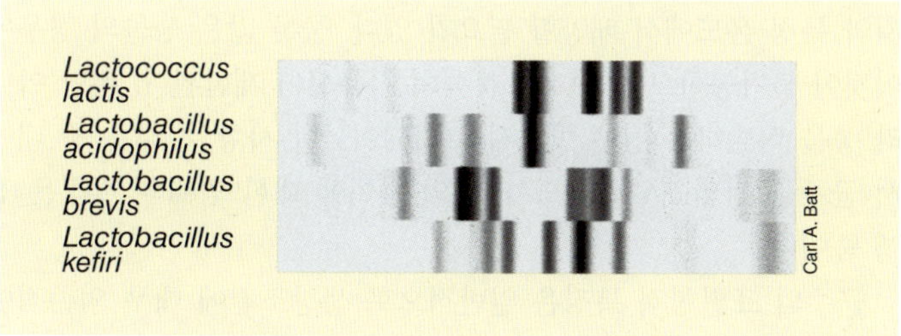

Lactococcus
lactis
Lactobacillus
acidophilus
Lactobacillus
brevis
Lactobacillus
kefiri
Carl A. Batt

그림 13.26 리보타이핑. 서로 다른 4종의 젖산균에 대한 리보타입 결과. 각각의 균주로부터 추출한 DNA를 제한효소에 의해 단편으로 자르고 전기영동에 의해 분리한 후 16S rRNA 유전자 탐침자로 탐침한다. 밴드의 위치나 강도의 차이가 동정에 중요하다.

특정 생물의 리보타입은 특징적이고 진단에 이용 가능하기 때문에 서로 다른 종 심지어 한 종 내의 균주들까지도 신속하게 동정할 수 있다. 이러한 이유로 리보타이핑은 임상 진단과 식품, 물, 그리고 음료수의 미생물 분석에 많이 이용되고 있다. 일반적으로 사용되는 다른 유전체 지문법에는 반복회문구조 PCR (*repetitive extragenic palindromic PCR*, *rep-PCR*)과 증폭단편길이다형성 (*amplified fragment length polymorphism*, *AFLP*)이 포함된다. rep-PCR 방법은 세균 염색체에 무작위적으로 산재하는 고도로 보존된 DNA의 반복적인 서열에 기반한다. 이러한 반복 요소의 수와 위치는 한 종의 균주들 간에도 차이가 있다. 이들 요소에 상보적으로 설계된 올리고뉴클레오티드 프라이머를 이용하여 반복 요소 간에 발견되는 유전체 단편을 PCR로 증폭할 수 있다. 이들 PCR 산물은 겔 전기영동에 의해 밴드패턴으로 가시화하여 지문(fingerprint)으로 사용할 수 있다 (**그림 13.27**). AFLP는 하나 또는 두 개의 제한 효소로 유전체 DNA를 자르고 여기에서 나온 단편들을 선택적으로 PCR 증폭한 후, 이 단편들을 아가로스 겔 전기영동에 의해 분리하는 기법이다. rep-PCR 또는 그 외 DNA 지문 방법과 유사한 균주 특이적 밴드 패턴이 만들어지며, 이러한 많은 수의 밴드들에 의해 같은 종 내의 균주들을 높은 정도로 구별할 수 있다.

복수유전자와 전체 유전체 분석

DNA 염기서열 결정 능력이 향상되고 분석 비용이 감소되면서, 세균의 동정과 기재에 복수유전자(multigene)와 전체 유전체(whole genome)를 사용하는 것이 점차 일반화되고 있다 (9.2절). 미생물 생리와 미생물 진화에 관한 통찰력을 제공하면서 전체 미생물 유전체에 대한 광범위한 서열분석을 할 수 있다. 이러한 분석은 또한 수평적 유전자 전이가 미생물 진화와 고도로 역동적인 미생물 유전체의 특성에서 수행한 큰 역할에 관하여 중요한 통찰을 제공한다 (13.6절).

오르토로그 유전자 (동일한 기능을 갖는 상동유전자, 13.7절)를 공유하는 경우, 정렬하여 계통학적 방법으로 조사하여 이들 유전자

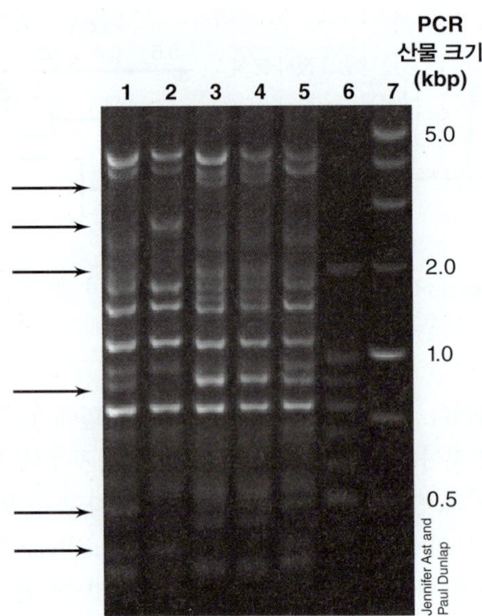

그림 13.27 rep-PCR을 이용한 DNA 지문법. 같은 종의 다섯 개의 균주 (1–5)로부터 분리한 유전체 DNA를 *rep* (*rep*etitive *e*xtragenic *p*alidromic) 라 불리는 특정 프라이머를 사용하여 PCR 증폭하였다; PCR 산물은 크기에 따라 아가로스 겔 전기영동에 의해 분리하여 DNA 지문을 생성하였다. 화살표는 몇 가지 다른 밴드를 나타낸다. 레인 6과 7은 각각 100-bp와 1-kbp DNA 크기마커이며, DNA 단편의 크기를 추정하는 데 이용된다.

표 13.1 분류학적으로 유용한 표현형적 특징

주요 범주	구성요소
형태	집락 형태; 그람반응; 세포 크기와 모양; 편모의 양상; 포자 및 봉입체의 존재 (예, PHB[a] 과립, 다중인산염과립, 가스 소포, 마그네토솜); 캡슐, S층 혹은 점질층; 줄기 또는 부속지; 자실체 형성
운동성	비운동성; 활주 운동성; 유영 (편모) 운동성; 군무운동성; 가스 소포에 의한 운동성:
대사	에너지 보존 기작 (광영양체, 화학유기영양체, 화학무기영양체); 탄소, 질소 또는 황화합물의 이용; 당의 발효; 질소 고정; 생장인자 요구성
생리	생장을 위한 온도, pH 및 염 농도 범위; 산소에 대한 반응 (호기성, 통성, 혐기성) catalase 또는 oxidase의 존재, 세포외 효소의 생산
세포지질 화학	지방산[b]; 극성 지질; 호흡계 퀴논
세포벽 화학	펩티도글리칸의 유무; 교차결합의 아미노산 조성, 가교의 유무
기타 형질	색소; 발광; 항생제 감수성; 혈청형; 특정 화합물의 생산, 예, 항생제 생산

[a]PHB, poly-β-hydroxybutyric acid (2.8절)
[b]그림 13.28

의 **평균 뉴클레오티드 동일성(average nucleotide identity)**을 결정할 수 있다. 서로 다른 미생물 종은 일반적으로 그들의 공유된 오르토로그 유전자에 대해 95% 미만의 평균 뉴클레오티드 동일성을 갖는다. 유전자의 내용 (유전자의 존재 유무), 신터니(*syntheny*, 유전체 내에서 유전자 순서), 그리고 유전체의 GC 함량에 대한 비교 분석은 균주들 간의 유연관계에 대하여 더 깊은 통찰을 제공한다. 또한 전체 유전체의 서열은 대사의 재구성과 유전능력의 특성 규명에 사용할 수 있다. 비교유전체학과 집단유전체학 (9장)의 여러 가지 방법들이 계통분류학적 분석에 이용할 수 있도록 개발되었다.

표현형적 분석

관찰 가능한 세균의 특성—**표현형(phenotype)**—은 종을 구별하는 데 사용할 수 있는 많은 형질을 제공한다. 일반적으로 새로운 미생물을 기술할 때는 여러 가지 표현형적 특성을 관례적으로 조사한다. 그런 다음 이러한 표현형 결과를 이전에 기술된 생물의 표현형과 비교한다. 결정하는 표현형은 기술하려는 생물의 유형에 달려있다. 예를 들어, 임상 진단미생물학에서와 같이 일정 시간 내 동정이 중요한 경우에 잘 정의된 형질 집합을 사용하여 서로 다른 유형의 미생물을 신속하게 구별할 수 있다. **표 13.1**에는 종의 동정과 기재에 사용하는 표현형적 형질의 일반적인 범주와 예가 나열되어 있다. 여기에서 이러한 예들 중 하나를 검토하기로 한다.

세포 막 지질과 그람-음성 세균의 외막지질에 있는 지방산(fatty acids)의 종류와 조성 비율은 분류학적 분석에 흔히 사용되는 표현형적 형질이다. 이러한 지방산을 동정하는 기법은 지방산 메틸에스테르에 대한 약어인 **FAME** (*f*atty *a*cid *m*ethyl *e*ster)이라는 별명으로 불리며 병원균을 일상적으로 동정해야하는 임상, 공중보건, 식품, 그리고 수질검사 실험실에서 널리 사용되고 있다. 세균의 지방산 조성은 사슬 길이와 이중결합, 환형 구조, 분지사슬 또는 수산기의 유무에 있어 세균 종에 따라 다양하다 (**그림 13.28**). FAME 분석은 표준화된 조건에서 배양된 세포로부터 추출한 지방산을 가스크로마토그래피에 의해 동정한다. 미지의 세균의 지방산의 종류와 양을 나타내는 크로마토그램을 같은 조건에서 배양한 수천 개의 참고 균주의 지방산 프로파일을 담고 있는 데이터베이스와 비교한다.

생물의 지방산 프로파일은, 많은 다른 표현형질처럼, 온도, 생장단계 (지수기 대 정지기) 그리고 배지조성에 따라 변할 수 있다. 따라서 비교 결과가 타당성을 갖기 위해서는 미지의 생물을 특정 배지와 특정 온도에서 배양할 필요가 있다. 물론 많은 생물의 경우에 이것이 불가능하므로 FAME 분석의 적용성이 제한된다. 뿐만 아니라 종을 식별하는 경우 반드시 고려되어야할 사항인, 같은 종 내에서 균주들 간의 FAME 프로파일의 차이에 대한 범위의 결정은 진행 중이다.

균주의 표현형적 특징은 일반적으로 생장조건에 매우 의존적이며, 또 실험실 환경에서 관찰되는 표현형이 자연환경에서의 표현형을 잘 반영하지 않을 수도 있다. 따라서 계통분류학적 분석에 표현형적 특징을 사용할 때는 주의가 필요하다. 서로 다른 표현형의 분류학적 가치는 조사하고자하는 분류군에 따라 다를 수 있다.

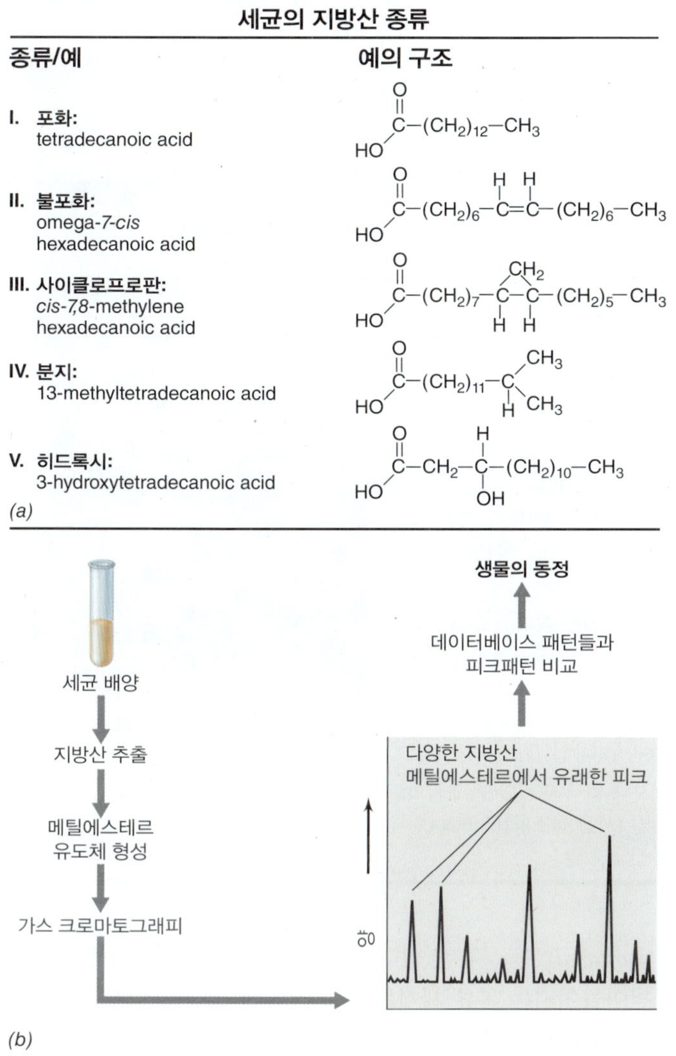

세균의 지방산 종류

종류/예	예의 구조
I. **포화:** tetradecanoic acid	$HO-C(=O)-(CH_2)_{12}-CH_3$
II. **불포화:** omega-*7-cis* hexadecanoic acid	$HO-C(=O)-(CH_2)_6-CH=CH-(CH_2)_6-CH_3$
III. **사이클로프로판:** *cis-7,8*-methylene hexadecanoic acid	$HO-C(=O)-(CH_2)_7-CH(-CH_2-)CH-(CH_2)_5-CH_3$
IV. **분지:** 13-methyltetradecanoic acid	$HO-C(=O)-(CH_2)_{11}-CH(CH_3)-CH_3$
V. **히드록시:** 3-hydroxytetradecanoic acid	$HO-C(=O)-CH_2-CH(OH)-(CH_2)_{10}-CH_3$

(a)

세균 배양

지방산 추출

메틸에스테르 유도체 형성

가스 크로마토그래피

다양한 지방산 메틸에스테르에서 유래한 피크

양

데이터베이스 패턴들과 피크패턴 비교

생물의 동정

(b)

그림 13.28 세균 동정을 위한 지방산 메틸에스테르 (FAME) 분석. *(a)* 세균 지방산의 종류. 각 종류별로 단 한 가지의 예만을 나타냈으나 200개 이상의 구조적으로 다른 지방산이 세균으로부터 발견되었다. 메틸에스테르는 지방산의 카르복실기(COOH)의 양성자의 위치에 메틸기(CH_3)를 갖는다. *(b)* 분석방법. 가스 크로마토그래프의 각 피크는 특정 지방산의 메틸에스테르를 나타내며 피크의 높이는 양에 비례한다.

미니퀴즈

- MLST 분석에는 어떤 종류의 유전자가 이용되는가?
- 리보타이핑은 rep-PCR과 어떻게 다른가?
- FAME 분석이란 무엇인가?

13.10 분류와 명명

세균과 고균을 어떻게 분류하고 명명하는가, 즉 분류학(*taxonomy*)에 관해 간단히 설명하면서 미생물의 진화와 계통분류학에 관한 논의를 마무리하기로 한다. 또한 살아 있는 미생물 균주를 과학적으로 보존하기 위한 수장고로 기능하는 균주보존기관, 미생물학에 이용할 수 있는 중요한 분류학적 자료, 그리고 새로운 미생물 종을 명명하는 절차 등에 관한 정보를 제시하고자 한다. 새로운 미생물 종을 공식적으로 기재하고 균주를 균주보존기관에 기탁하는 것은 원핵생물의 계통분류학을 위한 중요한 기반이 된다.

분류학과 신종의 기재

분류(*classification*)란 생물을 표현형적 유사성이나 진화적 유연관계를 근거로 하여 단계적으로 좀 더 포괄적인 그룹으로 체계화하는 것이다. 종은 하나 내지 여러 개의 균주들로 구성되며 유사한 종들은 속 (genera, 단수는 genus)으로 그룹 지어진다. 유사한 속들은 과(family)로, 과는 목(orders)으로, 목은 강(classes)으로, 그리고 가장 높은 단계의 분류군인 도메인(domain)까지 그룹 짓는다. 이러한 계층적 구조가 **표 13.2**에 제시되어 있다.

명명(*nomenclature*)이란 생물에 실제적으로 이름을 부여하는 것을 말하며 생물학 전체에 걸쳐 스웨덴의 의사이자 식물학자인 Carl Linnaeus가 고안한 **이명법 체계(binomial system)**에 따른다. 이명법에서는 생물에 속명(*genus names*)과 종소명(*species epithets*)을 부여한다. 생물명은 라틴어 혹은 라틴어화된 그리스어의 파생어로 흔히 일부의 핵심적인 기재 특성을 나타내며 이탤릭체(*italics*)로 표기한다. 생물을 그룹으로 분류하고 이름을 부여함으로써, 자연의 미생물 세계에 질서를 세워 그들의 행동, 생태, 생리, 병리, 그리고 진화적 유연관계를 포함하여 특정한 생물의 모든 면에 관하여 효과적으로 의사소통을 할 수 있게 한다. 세균과 고균의 새로운 분류군을 만들려면 반드시 "국제세균명명규약(*International code of Nomenclature of Bacteria*) (세균학적 규약)"에 규정된 규칙을 따라야 한다. 이 규약의 내용은 세균과 고균을 정식으로 명명하는 공식적인 기준과 새로운 데이터에 의해 분류학적 재조정이 필요한 경우 현재의 세균 이름을 바꿀 수 있는 절차를 제시한다.

새로운 원핵생물이 자연으로부터 분리되어 특이하다고 생각되면 이 생물을 새로운 분류군으로 기재할 수 있을 정도로 다른 원핵생물과 확연히 다른지를 판단해야 한다. 새로운 속이나 종으로서 분류학적 지위를 공식적으로 인정받으려면 제안한 이름과 함께 생물의 특성과 식별 형질에 대한 상세한 기재를 반드시 출판해야 하며, 그 세균의 살아 있는 균주를 적어도 두 개의 국제적인 균주보존기관에 반드시 기탁해야 한다 (**표 13.3**). 새로운 분류군을 기재하고 명명하는 원고는 출판 전에 심사를 받아야 한다. 새로운 분류군의 기재를 위한 주요 매체는 *International Journal of Systematics and Evolutionary Microbiology* (*IJSEM*)로 세균, 고균, 그리고 진핵 미생물의 분류학(taxonomy)과 분류(classification)를 기록하는 공식 간행물이다. 각 호에서 *IJSEM*은 새로운 유효명(validated namaes)의 승인 목록을 발간한다. *IJSEM*에 발표하는 것은 새로 제안된 이름에 정당성을 부여하기 때문에 분류학적 참고자료에 포함시킬 수 있게 된다. List of Prokaryotic Names with Standing in Nomenclature (http://www.bacterio.net)와 Prokaryotic Nomenclature Up to Date (http://www.dsmz.de), 이 두 웹사이트(websites)는 정당성 있으며 승인된 세균 이름의 목록을 제공한다.

표 13.2 자색황세균 *Allochromatium warmingii*의 분류 체계

분류 계급	이름	특성	확인 방법
도메인(domain)	세균	세균 세포; 세균의 전형적인 rRNA 서열	현미경법; 16S rRNA 유전자 서열 분석; 특징적인 바이오마커의 존재, 예, 펩티도글리칸
문(phylum)	프로테오박테리아	프로테오박테리아의 전형적인 rRNA 서열	16S rRNA 유전자 서열분석
강(class)	감마프로테오박테리아	그람-음성 세균; 감마프로테오박테리아의 전형적인 rRNA 서열	그람염색, 현미경법
목(order)	*Chromatiales*	광합성 자색세균	특징적인 색소 (그림 14.2, 14.3, 14.9)
과(family)	*Chromatiaceae*	자색황세균	H_2S 산화능과 세포내 S^0의 저장능; S^0의 현미경 관찰 (사진 참조); 16S rRNA 유전자 서열
속(genus)	*Allochromatium*	간상형 자색황세균; 다른 속과 <95% 16S rRNA 유전자 서열 상동성	현미경법 (사진 참조);
종(species)	*warmingii*	세포크기, 3.5~4.0 μm X 5~11 μm; 주로 세포 양극에 황 저장 (사진 참조); 다른 종과 <97% 16S rRNA 유전자 서열 상동성	마이크로미터를 사용하여 현미경상에서 세포 크기 측정; 세포내 양극 위치의 S^0 과립의 관찰 (사진 참조); 16S rRNA 유전자 서열

A. warmingii 세포.

분리된 균주를 배양할 필요없이 미생물의 표현형 및 유전적 특성을 규명하기 위해 분자 및 유전체 기술 (9장과 19장)을 사용할 수 있다. 그러나 두 개 이상의 국제적인 미생물 보존기관에 기탁된 분리 균주가 없는 경우 세균 규약에 따라 새로운 미생물 종을 유효하게 명명할 수 없다. 그러나 아직 배양되지 않았거나 순수 배양을 얻지 못한 경우라도 생물의 특성 규명이 잘 이루어진 경우 잠정적인 분류학적 이름을 적용할 수 있다. 명칭 *Candidatus*는 후보 분류학적 계급에 추가된다. 예를 들어, "*Candidatus* Pelagibacter ubique"는 세계적으로 광범위하게 퍼져 있고 특성이 잘 규명된 해양 세균으로 실험실 배지 (19.3절)에서 배양되기 어려우므로, 공식적으로 세균 규약에 따라 명명되지는 않았다. 대조적으로 세균 "*Candidatus* Heliomonas lunata"는 실험실 배양으로 자랄 수 있지만, 순수배양이 아니므로 이 세균도 *Candidatus* 상태로 남아 있다.

국제원핵생물계통분류위원회(International Committee on Systematics of Prokaryotes, ICSP)는 세균과 고균의 명명과 분류를 감독한다. ICSP는 *IJSEM* 발간과 국제세균 명명규약(*International Code of Nomenclature of Bacteria*)을 감독하고, 서로 다른 그룹의 세균과 고균에 있어서 신종의 기재에 대한 기준을 수립하고 개정을 맡은 여러 소위원회에 지침을 제공한다.

Bergey 지침서와 *The Procaryotes*

분류학은 주로 과학적 판단의 문제이기 때문에 세균과 고균의 "공식적(*official*)"인 분류란 없다. 현재 미생물학자들에 의해 가장 널리 받아들여지는 분류 체계는 주로 세균과 고균을 다루는 분류학 지침서인 *Bergey's Manual of Systematic Bacteriology*의 분류 체계이다. 널리 사용되는 Bergey 지침서는 1923년부터 모든 알려진 원핵생물 종에 대한 정보의 요약본으로 미생물학자들에게 제공되어 왔다. 전문가가 집필한 각 장에는 동정에 유용한 표, 그림, 기타 계통분류 정보가 수록되어 있다.

세균과 고균의 생리, 생태, 계통학, 농화배양, 그리고 배양을 설명하는 두 번째의 주요 자료는 *The Prokaryotes*이다. 이 책은 대학 도서관을 통한 구독으로 온라인으로 볼 수 있다. 종합적으로 *Bergey's Mannual*과 *The Prokaryotes*는 미생물학자들에게 오늘날 우리가 알고 있는 세균과 고균 생물학의 상세한 내용은 물론 그 개념을 제공하고 있는데, 이들은 새로 분리된 생물의 특성을 규명하는 미생물학자들에게는 가장 중요한 자료들이다.

균주 보존기관

국립 미생물균주보관기관 (표 13.3)은 미생물 계통분류학의 중요한 기반이다. 이러한 영구적인 보존 기관은 미생물의 목록을 만들고 미생물을 보관하여, 학계, 의료계, 산업계의 연구자들에게 요청에 따라 배양을 (유료) 제공한다. 박물관이 미래의 연구를 위해 식물과 동물의 표본을 보존하는 것과 마찬가지로 이 보존기관은 미생물 다양성을 보호하는 데 중요한 역할을 한다. 그러나 화학적으로

표 13.3 각 국의 국립 미생물 보존 기관

보존기관	이름	위치	웹 주소
ATCC	American Type Culture Collection	Manassas, Virginia 주	http://www.atcc.org
BCCM/LMG	Belgium Coordinated Collection of Microorganisms	Ghent, Belgium	http://bccm.belspo.be
CIP	Collection de Institute Pasteur	Paris, France	http://www.pasteur.fr
CBS	Centraalbureau voor Schimmelcultures	Utrecht, The Netherlands	http://www.cbs.knaw.nl
DSMZ	Deutsche Sammlung von Mikroorganismen und Zellkulturen	Braunschweig, Germany	http://www.dsmz.de
JCM	Japan Collection of Microorganisms	Saitama, Japan	http://www.jcm.riken.jp
NCCB	Netherlands Culture Collection of Bacteria	Utrecht, The Netherlands	http://www.cbs.knaw.nl
NCIMB	National Collection of Industrial, Marine and Food Bacteria	Aberdeen, Scotland	http://www.ncimb.com
NRRL	United States Department of Agriculture, Agricultural Research Service Culture Collection	Peoria, Illinois 주	http://nrrl.ncaur.usda.gov

보존하거나, 건조된 죽은 표본으로 보존하는 박물관과 달리 미생물 균주 보관 기관은 보통은 냉동하거나 혹은 냉동 건조한 상태의 살아 있는 균주(*viable culture*)로 보관한다. 이러한 보존 방법은 세포를 살아 있는 상태로 영구히 유지하고 지속적으로 계대 배양할 경우 발생할 수 있는 유전적 변화를 방지한다.

균주 보존기관의 연관된 핵심적인 기능은 **표준 균주(type strain)**의 수장고로 작용하는 것이다. 새로운 세균 종을 과학 잡지에 기재할 때, 장래 그 종의 다른 균주들과의 분류학적 비교를 위하여 하나의 균주를 그 분류군의 명명 상의 기준으로 지정한다 (이것의 시각적 표현으로 그림 13.24 참조). 이러한 표준 균주를 적어도 2개국 이상의 국립 균주보존기관에 기탁하는 것은—따라서 국제적으로 균주를 공공적으로 활용할 수 있게 함—새로운 종명을 정당화하는 데 있어 선행 조건이 된다. 규모가 큰 일부 국립 균주 보존기관들이 표 13.3에 나열되어 있다. 그들의 웹사이트에 접속하면 보유하고 있는 균주에 관한 데이터베이스를 찾아볼 수 있으며, 균주를 분리해 낸 환경과 균주의 기재에 관한 정보도 함께 찾아볼 수 있다.

미니퀴즈

- 미생물 계통분류학에서 균주 보존기관은 어떤 역할을 하는가?
- *IJSEM*이란 무엇이며 분류학적으로 어떠한 기능을 하는가?
- 미생물 분류학에서는 살아 있는 세포 균주가 보존된 표본보다 더 유용한 이유는 무엇인가?

단원 정리

I • 초기 지구, 생명의 기원과 다양화

13.1 지구 행성의 나이는 약 45억 년으로 추정된다. 지구는 형성된 후 뜨거웠고 무균상태였다. 지구가 점진적으로 냉각되면서 생명 기원에 필수요건인 액상수분이 형성되었다. 생명에 대한 최초의 증거는 고대 퇴적암과 지르콘(zircon) 광물의 동위원소 분석으로 알 수 있는데 38억 6천만~41억 년 전에 지구에 생명체가 존재했었다는 것을 나타낸다.

Q LUCA란 무엇이며 세포생명의 기원에 대한 가능한 설명은 무엇인가?

13.2 35억 년 된 암석 혹은 이보다 덜 오래된 암석에는 스트로마톨라이트라 불리는 미생물 형성층이 풍부히 존재하며 방대한 미생물 다양성이 나타난다. 산소발생형 광합성의 진화는 24억 년 전 O_2의 축적을 초래하였으며 결국 띠 모양의 철형성층, 오존차폐층, 그리고 산화형 대기의 형성으로 이어졌고, 대사 유형의 빠른 다양화와 다세포생물의 진화를 위한 무대를 마련하였다.

Q 남세균의 기원이 지구상의 생명의 기원에 왜 중요한가?

13.3 리보솜 RNA 유전자는 보편적 생명수를 구축하는 데 사용되었으며 지구상의 생명체는 세 개의 주요 계통에 따라 진화하여 세균, 고균, 그리고 진핵생물 도메인을 형성하였다. 보편적 생명수는 세균과 고균 도메인이 수십억 년 전에 분기하였으며, 진핵생물은 생물의 역사에서 나중에 고균으로부터 분기되었고, 복잡한 다세포 진핵생물은 마지막 6억 년 이내에 분기하기 시작했음을 보여준다.

Q 생명을 3가지 도메인으로 분류하는 것을 뒷받침하는 증거는 무엇인가?

13.4 진핵세포는 내부공생에 의해 발생하였다. 현대 진핵세포는 세균과 고균 둘 다의 유전자와 특성을 갖는 키메라이다. SSU rRNA 서열 분석은 미토콘드리아의 조상은 *Proteobacteria* 문에서 발견되며, 엽록체의 조상은 *Cyanobacteria* 문에서 발견된다는 것을 보여준다.

Q 미토콘드리아와 엽록체의 기원에 대한 내부공생 가설이란 무엇인가? 이 가설을 지지하는 증거에는 어떤 것이 있는가?

II • 미생물 진화

13.5 진화란 생물의 개체군에서 시간의 경과에 따른 대립유전자의 빈도의 변화로 정의된다. 새로운 대립유전자는 돌연변이와 재조합 과정에 의해 생성된다. 돌연변이는 무작위로 일어나며 대부분의 돌연변이는 중립적이거나 유해하지만, 몇몇은 유익하다. 자연선택과 유전적 부동은 개체군에서 시간경과에 따른 대립유전자의 빈도를 변화시키는 2가지의 기작이다.

Q 적응도란 무엇인가? 적응도는 생물이 살고 있는 환경에 어느 정도 의존하는가?

13.6 미생물 유전체는 역동적이며, 유전체의 크기와 유전자 내용은 한 종의 균주 간에도 상당히 다를 수 있다. 핵심 유전체는 한 종에 의해 공유되는 모든 유전자의 집합으로 정의되며 반면, 범유전체는 핵심 유전체에 한 종의 균주 간에 차이를 보이는 유전자를 더한 것으로 정의된다.

Q 범유전체의 내용에 영향을 주는 과정에는 어떠한 것이 있는가?

III • 미생물 계통학과 계통분류학

13.7 분자서열은 시간이 지남에 따라 무작위 돌연변이를 축적하고 분자계통학적 분석에 의해 분자서열의 차이를 조사하여 생물의 진화 역사를 결정한다. 계통수는 일련의 유전자 또는 생물의 진화 역사를 묘사하는 도표이다.

Q 유전자 계통수와 생물 계통수의 차이는 무엇인가?

13.8 현재 원핵생물 종은 공유된 유전적 및 표현형적 형질에 근거하여 조작적으로 정의된다. 미생물은 유전체의 동적 특성과 그리고 수평적 유전자 전이에 의해 획득한 유전자가 많기 때문에 미생물 종의 본질에 대해 의문이 제기되고 있다.

Q "종 문제(species problem)"란 무엇이며, 왜 미생물 종의 개념을 해결하기 어려운가?

13.9 계통분류학은 생물의 다양성과 유연관계에 관한 학문이다. 다상분류학은 표현형, 유전형, 계통학적 정보에 기반한다. 세균 종은 DNA−DNA 혼성화, DNA 지문법, MLST 또는 복수유전자나 전체 유전체의 분석에 의해 유전학적으로 구별할 수 있다. 표현형적 형질은 분류학에 유용하며, 형태, 운동성, 대사, 그리고 세포화학, 특히 지질 분석이 포함된다.

Q 새로운 미생물 종을 지정하기 위하여 계통분석에서 사용하는 기준은 무엇인가?

13.10 미생물의 명명은 모든 생물학에서 사용되는 이명법 체계를 따른다. 새로운 원핵생물 종을 공식적으로 인정받기 위해서는 생물시료를 균주보존기관에 기탁하고 새로운 종명과 기재를 출판하여야 한다.

Q 분리하여 배양되지 않은 미생물에 대해서 공식적인 명칭을 부여할 수 있는가? 어떤 미생물이 그 특징은 잘 규명되었으나 아직 분리 배양되지 않은 경우 어떤 명칭을 사용할 수 있는가?

응용 문제

1. 생명체가 처음 출현하였을 당시의 지구의 물리적, 화학적 조건과 오늘날의 지구의 조건을 비교하고 차이점을 찾아보라. 생리학적 관점에서 동물이 초기 지구에서 존재할 수 없었던 이유에 대하여 최소한 두 가지를 논하라. 미생물 대사는 어떤 방법으로 지구의 생물권을 변화시켰는가? 만일 산소발생 광합성이 일어나지 않았다면 지구의 생물은 어떻게 달라졌을까?

2. 다음 염기서열에 대하여 이들의 진화적 유연관계를 가장 잘 나타내는 계통수를 구성하라.

   분류군 1: GTTCCCTTA
   분류군 2: GTTCGGTAT
   분류군 3: GAAAAACCCTAT
   분류군 4: GTTCCCTTT
   분류군 5: GTAAAACCCGAT

3. 여러분이 세계 여러 나라로부터 몇 개의 세균 균주를 받았는데, 이 균주들은 모두 같은 위장병을 일으키며 유전적으로 동일하다고 가정해보자. 균주들의 DNA 지문 분석을 수행하여 네 개의 다른 균주 타입이 존재한다는 것을 알았다. 이 서로 다른 균주들이 실제로 같은 종에 속하는지 실험하기 위해 어떤 방법을 사용할 수 있겠는가?

4. 여러분이 제4 도메인에 속하는 것처럼 보이는 새로운 미생물 생명체를 발견하였다고 가정하고 이 새로운 미생물의 특성을 어떻게 규명하겠는가? 그리고 그것이 실제로 세균, 고균, 그리고 진핵생물과 진화적으로 분명히 다르다면 어떻게 그것을 측정하겠는가?

용어 해설

Allele (대립유전자) 주어진 유전자의 염기서열 변이체

***Archaea* (고균)** 원핵세포 구조를 가지며 세균과는 구별되는 미생물로 구성되는 생물 도메인

Average nucleotide identity (평균 뉴클레오티드 동일성) 두 미생물 간의 유전적 유사성에 대한 유전체 측정치로, 두 유전체 전체에 걸쳐 모든 오르토로그 유전자 쌍을 정

렬하고 일치하는 뉴클레오타이드의 백분율을 결정하는 것에 기반함 (오르토로그 참조)

***Bacteria* (세균)** 원핵세포 구조를 가지며 고균과는 구별되는 미생물로 구성되는 생물 도메인

Banded iron formation (띠 모양의 철형성층) 산화철이 풍부한 고대 퇴적암으로 남세균에 의해 생성된 O_2에 의해 Fe^{2+}이 산화되고 이로 인해 형성된 산화철(Fe^{3+}) 영역이 포함되어 있음

Binomial system (이명법) 살아 있는 생물을 명명하기 위해 스웨덴의 과학자 Linnaeus에 의해 고안되었으며 생물에 속명과 종형용어를 부여하는 체계

Core genome (핵심 유전체) 한 종에 속하는 모든 균주들의 유전체에서 공통적으로 발견되는 유전자들

DNA−DNA hybridization (DNA−DNA 혼성화) 어떤 생물의 DNA와 또 다른 생물의 DNA와의 혼성화 정도를 측정하여 유전체의 유사도를 실험적으로 결정하는 것

Endosymbiotic hypothesis (내부공생 가설) 화학유기영양세균과 남세균이 다른 형태의 세포 내부로 안정하게 통합되어 각각 오늘날 진핵생물의 미토콘드리아와 엽록체로 발생되었다는 설

***Eukarya* (진핵생물)** 진핵세포 구조를 가지는 생물로 구성되는 생물 도메인

Evolution (진화) 생물 개체군에서 돌연변이와 재조합으로 인해 새로운 대립유전자가 발생되고 시간의 경과에 따라 대립유전자 빈도가 변화하고 그 결과 변경된 후손이 발생하는 것

FAME 지방산 메틸에스테르(fatty acid methyl ester), 지방산에 의해 미생물을 동정하는 기술

Fitness (적응도) 한 생물이 경쟁생물에 비하여 생존하여 증식할 수 있는 능력

Genetic drift (유전적 부동) 시간이 지남에 따라 각 개체의 자손 수가 무작위로 변화하여 개체군 내에서 대립유전자의 빈도가 변하는 과정

Homology (상동) 공동의 조상을 가짐

Homoplasy (상사) 두 생물이 반복 돌연변이나 수렴진화의 결과로 동일한 형질을 가질 때

Horizontal gene transfer (수평적 유전자 전이) 한 세포에서 다른 세포로의 비대칭적이며 단일 방향성의 DNA의 전달

Molecular clock (분자시계) 진화적 분기의 상대적 시간을 측정하는 데 사용할 수 있는 리보솜 RNA 유전자와 같은 DNA 서열

Monophyletic (단계통) 계통발생에서, 하나의 공통 조상으로부터 유래한 그룹

Multilocus sequence typing (MLST) (다좌위 서열 타이핑) 여러 개의 관리 유전자의 서열 변이에 근거하여 생물을 분류하는 분류학적 방법

Mutation (돌연변이) 유전 가능한 DAN 서열의 변화

Ortholog (오르토로그) 상동성을 갖으며 (즉 그들은 공통 조상으로부터 유래하였음), 같은 기능을 갖는 유전자들 (파라로그 참조)

Pangenome (범유전체) 한 종의 서로 다른 균주들에 존재하는 유전자의 총합

Paralog (파라로그) 상동성을 갖으나 (즉 그들은 공통 조상으로부터 유래하였음) 분기하여 서로 다른 기능을 갖는 유전자; 전형적으로 파라로그 유전자는 유전자 중복의 결과임 (오르토로그 참조)

Phenotype (표현형) 관찰할 수 있거나 측정할 수 있는 생물의 생리적, 화학적 특성

Phylogenetic tree (계통수) 생물의 진화적 역사를 묘사한 도해도; 마디와 가지로 구성됨

Phylogeny (계통학) 진화의 역사

Phylum (문) 생물의 세 도메인 중 같은 도메인에 속하는 세포들의 주요 계통

Recombination (재조합) 새로운 서열을 만들어내는 DNA 단편의 재선별 혹은 재배열 과정

Ribosomal RNA (rRNA) 리보솜의 소단위와 큰 단위에서 발견되는 RNA 분자

Ribotyping (리보타이핑) 리보솜 RNA를 암호화하는 유전자를 제한효소로 처리하여 생성된 DNA 단편의 분석을 통해 미생물을 동정하는 방법

Selection (선택) 진화의 관점에서, 주어진 환경에서 선호되는 개체가 더 많은 자손을 생산하고 미래 세대의 유전자 내용에 더 큰 기여를 할 수 있을 때 개체군 내에서 대립유전자 빈도의 변화가 초래되는 과정

Sequence alignment (서열 정렬) 열로 정렬된 일련의 분자서열에 상동위치가 수직의 행이 되도록 틈을 삽입. 결실이나 삽입돌연변이는 분자서열의 길이에 변화를 유발하므로 계통발생학적 분석에 앞서 서열 정렬은 반드시 필요함

16S rRNA 세균과 고균에서 발견되는 SSU rRNA 유형으로 진핵생물에서는 18S rRNA가 이에 상응함 (또한 *SSU rRNA* 참조)

Species (종) 미생물학에서 주요 특성을 모두 공유하며 다른 균주들의 집합과는 하나 이상의 주요 특성에서 차이가 나는 균주들의 집합으로 정의되며, 계통학적으로 단계통이며 DNA 서열에 근거한 배타적 그룹으로 정의됨

SSU rRNA (작은 소단위 rRNA) 30S 리보솜 소단위에서 발견되는 rRNA 분자로, 세균과 고균의 30S 리보솜 소단위에서는 16S rRNA로 구성되며 진핵생물의 40S 리보솜 소단위에서는 그것의 오르토로그인 18S rRNA로 구성된다. SSU rRNA 유전자는 모든 형태의 세포 생물에 보존되어 있으며 이 유전자는 흔히 미생물의 계통분석에 사용됨

Stromatolite (스트로마톨라이트) 층상 구조의 미생물 매트로, 화석화될 수 있으며 일반적으로 사상형 미생물 층으로 형성됨

Systematics (계통분류학) 생물 다양성과 그들의 유연관계에 관한 학문으로 분류학과 계통학을 포함

Taxonomy (분류학) 동정, 분류, 명명에 관한 과학

Type strain(기준 균주) 종의 명명기준을 나타내기 위하여 선택된 균주; 기준 균주는 미생물 보존기관에 기탁되어 그들 종의 전형적인 특징을 묘사하는 데 사용됨

Universal tree of life (보편적 생명수) 모든 도메인의 세포생물의 대표 종의 위치를 나타내는 계통수

14

미생물 대사의 다양성

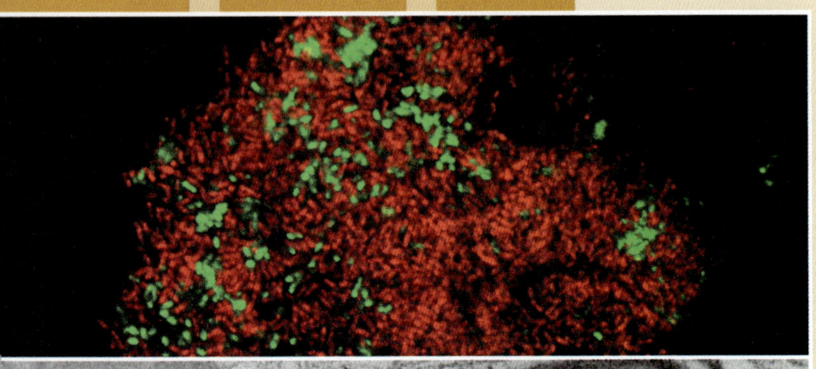

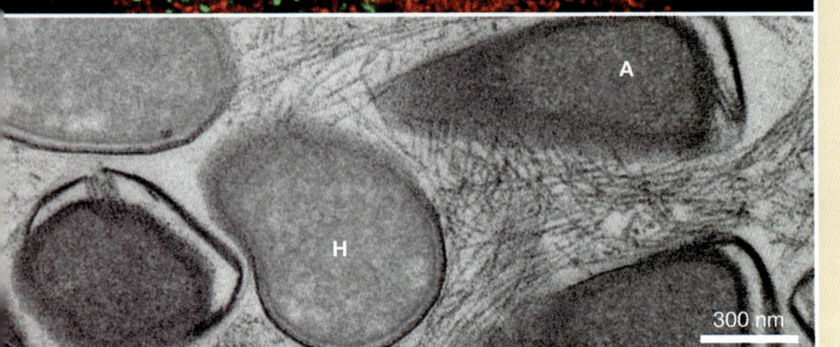

현재의 미생물학

망(matrix)에 연결된 미생물

살아 있는 생물은 주위로 전자를 이동시키면서 에너지를 보전한다. 대부분의 미생물은 O_2나 NO_3^-와 같은 세포가 획득한 용해된 전자수용체에 전자를 전달한다. 철-환원세균과 같은 일부 미생물은 금속성 광물과 같은 불용성의 전자수용체에 전자를 전달한다. 그러나 최근의 발견은 몇몇 미생물이 실제 다른 세포에 연결하는 방식으로 에너지를 보전할 수 있음을 보여준다. 이러한 직접적인 종간의 전자전달은 최근 혐기적 메탄영양성 고균(anaerobic methanogenic *Archaea*, ANME)과 황산염-환원세균(SRB) 사이의 예외적인 공생체의 중심에서 발견되었다.

메탄은 강력한 온실 기체이며, 심해에 메탄 수화물로 풍부하게 존재한다. 메탄은 이러한 수화물이 해양의 바닷물과 만나는 곳에서 유출되는데, 이는 대기로 메탄을 뿜어내는 엄청난 잠재력을 만들어낸다. 그러나 여기서의 메탄은 결코 대기에 도달하지 못하는데, 해양 퇴적토에서 살아가는 메탄을 먹어치우는 고균에 의해 소비되기 때문이다. ANME는 집합체 내에서 살아가는데, 집합체에는 ANME의 공생 파트너인 SRB도 존재한다 (집합체의 부분을 보여주는 위의 사진을 참조하라. 사진에서 ANME-1 [빨간색]과 SRB HotSeep-1 [녹색]은 형광 탐침과 공초점 레이저 현미경을 이용하여 확인됨). ANME는 메탄의 혐기적 산화를 촉매하지만, 적절한 전자수용체가 없을 경우에 이 과정만으로는 에너지를 보전하지 못한다. 여기서 공생 파트너인 SRB의 도움이 필요하게 된다. SRB는 ANME로부터 전자를 받으며 이들 전자를 황산염을 환원하는 데 사용하는데, 결과적으로 두 공생 파트너를 지지할 수 있는 충분한 에너지를 보전한다.

이러한 공생 관계의 근저를 이루는 기작은 오랫동안 수수께끼였다. 대부분 영양공생의 동업자 관계에서는 H_2가 전자전달의 "화폐(currency)"로 기능한다. 즉, 한 파트너에 의해 H_2가 생산되고 다른 파트너에 의해 H_2가 소비된다. 그러나 ANME와 SRB 사이에서는 H_2가 교환되지 않는다. 대신 ANME와 SRB는 1000 nm나 되는 "나노와이어(nanowires)"에 의해 연결된다(ANME-1 [A]와 SRB HotSeep-1 [H], 그리고 나노와이어를 보여주는 아래의 전자현미경 사진 참조). 이들 구조는 SRB에 의해 만들어지며 ANME 세포에 연결된다. 양쪽 파트너는 모두 커다란 많은 헴(heme)을 가진 시토크롬 c 단백질을 가지는데, 이 단백질이 두 파트너로 하여금 나노와이어를 통해 전자를 공여(ANME)하거나 수용(SRB)할 수 있게 한다. 따라서 이렇게 친밀한 공생 관계의 미생물은 종간 전자전달을 가능하게 만드는 아주 작은 철망 같은 구조의 세포 외부 망에 연결하여 생존한다.

출처: Wegener, G., et al. 2015. Intercellular wiring enables electron transfer between methanotrophic archaea and bacteria. *Nature* 526: 587–590.

미생물학의 주요 주제는 지구에서 미생물 생명체의 거대한 계통유전학적 다양성(*phylogenetic diversity*)이다. 우리는 앞장에서 이 주제를 접했으며 이어지는 4개의 장에서 미생물의 다양성을 자세히 탐구할 것이다. 14장에서 우리는 미생물의 대사적 다양성(*metabolic diversity*)에 초점을 맞추며, 특히 이러한 다양성의 근간을 이루는 과정과 기작에 대해 중점을 두고자 한다. 그런 다음 우리는 미생물 그 자체로 돌아와 대사적 다양성의 맥락에서 미생물 세계의 계통유전학적 폭을 밝힐 것이다.

I • 광영양

빛 에너지를 사용하는 광영양(phototrophy)은 미생물의 세계에 널리 존재한다. 이 단원에서는 광영양 미생물의 특성과 에너지-보전 전략을 살펴보고, 이러한 특성과 전략이 어떻게 탄소원으로 CO_2의 사용에 기초한 생활방식을 지원하는지 알아볼 것이다.

14.1 광합성과 엽록소

지구에서 가장 중요한 생물학적 과정은 빛 에너지를 화학 에너지로 전환하는 **광합성(photosynthesis)**이다. 광합성을 수행하는 생물을 **광영양체(phototroph)**라 한다. 광합성 생물은 유일 탄소원으로 CO_2를 사용하여 생장할 수 있는 **독립영양체(autotroph)**이기도 하다. 빛 에너지는 CO_2를 유기 화합물로 환원하는 데 사용된다 [광독립영양(*photoautotrophy*)]. 몇몇 광영양체는 유기탄소를 탄소원으로 사용할 수도 있으며, 이런 생활방식을 광종속영양(*photoheterotrophy*)이라 한다.

광합성은 세균(*Bacteria*) 내로부터 기원하며, 매우 다양한 세균의 종이 빛 에너지를 포집할 수 있다. 적어도 6개의 서로 다른 광합성 시스템이 세균 내에서 진화하였으며, 이런 다양한 시스템은 *Heliobacteria*, *Acidobacteria*, 녹색황세균, 자색세균, 사상성 산소비발생형 광영양체(녹색비황세균), 남세균에서 찾아진다. 또한 광합성은 최종적으로 진핵생물(*Eukarya*) 내에서 진화하였는데, 이는 남세균 관련 생물로부터 엽록체의 내부공생 기원에 따른 결과이다 (13.4절). 이러한 광합성 시스템은 특징적인 방식으로 서로 다르지만, 근저를 이루는 원리에는 모두 비슷한 점을 보이며, 이어지는 절에서 이러한 원리를 살펴볼 것이다.

광독립영양(photoautotrophy)은 나란히 작용하는 두 개의 구분되는 일련의 반응, 즉 (1) ATP를 생산하는 명반응(*light reactions*)과 (2) CO_2를 독립영양 생장을 위한 세포 물질로 환원하는 광-독립 암반응(*dark reactions*)으로 구성된다. 우리는 14.3절과 14.4절에서 명반응에 대해, 14.5절에서 광-독립 암반응에 대해 논의할 것이다. 광-독립 암반응에 의한 CO_2의 환원은 ATP 형태의 에너지와 NADH (혹은 NADPH) 형태의 전자를 필요로 한다. $NAD(P)^+$의 환원으로부터 NADH (혹은 NADPH)의 생성은 환경에서 공급되는 전자공여체를 필요로 한다. 녹색 식물, 조류, 남세균의 광합성에서는 물(H_2O)이 전자공여체이다. 반면에 *Heliobacteria*, *Acidobacteria*, 녹색황세균, 자색세균, 사상성 산소비발생형 광영양체 (녹색비황세균) 등의 광영양 세균은 다양한 전자공여체를 사용할 수 있으나 물은 사용할 수 없다. 예를 들어, 녹색세균과 자색황세균에서는 황화수소(H_2S) 등의 환원된 황 화합물이나 심지어 수소 분자(H_2)가 전자공여체로 사용될 수 있다.

H_2O의 산화는 부산물로 산소 분자(O_2)를 생산하며, 남세균 (그리고 엽록체)의 광합성 과정을 **산소발생형 광합성(oxygenic photosynthesis)**으로 부르는 이유가 된다. 그러나 모든 다른 광영양 세균은 O_2를 생산하지 않으며, 이 광합성 과정을 **산소비발생형 광합성(anoxygenic photosynthesis)**으로 부른다 (**그림 14.1**). 수십억 년 전 남세균에 의해 생산된 산소는 지구를 무산소 세계에서 유산소 세계로 바꾸었으며, 진핵미생물의 다양성이 폭발적으로 증가하는 토대를 만들었고, 결국에는 식물과 동물의 출현을 가져왔다.

광합성은 빛에 민감한 색소를 필요로 하는데, 여기에는 식물, 조류, 남세균에서 찾아지는 엽록소(*chlorophyll*)와 산소비발생형 광영양체에 존재하는 세균엽록소(*bacteriochlorophyll*)가 있다. 광합성에

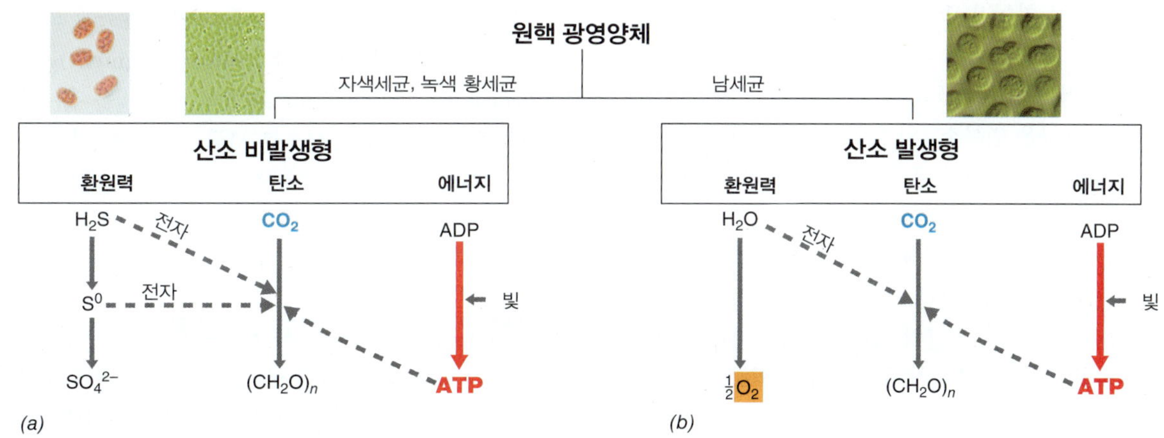

그림 14.1 광합성의 유형. *(a)* 산소비발생형 광영양체와 *(b)* 산소발생형 광영양체에서 에너지와 환원력의 합성. 산소발생형 광영양체는 O_2를 생산하며, 반면에 산소비발생형 광영양체는 그렇지 않음에 주목하라. 삽화: 왼쪽, 자색황세균 (*Chromatium*, 세포는 직경이 5 μm)과 녹색황세균 (*Chlorobium*, 세포는 직경이 0.9 μm) 세포의 명시야 현미경 사진. 세포 내부 혹은 외부의 H_2S의 산화에 의해 생산된 황 입자에 주목하라. 오른쪽, 구형의 남세균 세포의 간섭-대비 현미경 사진.

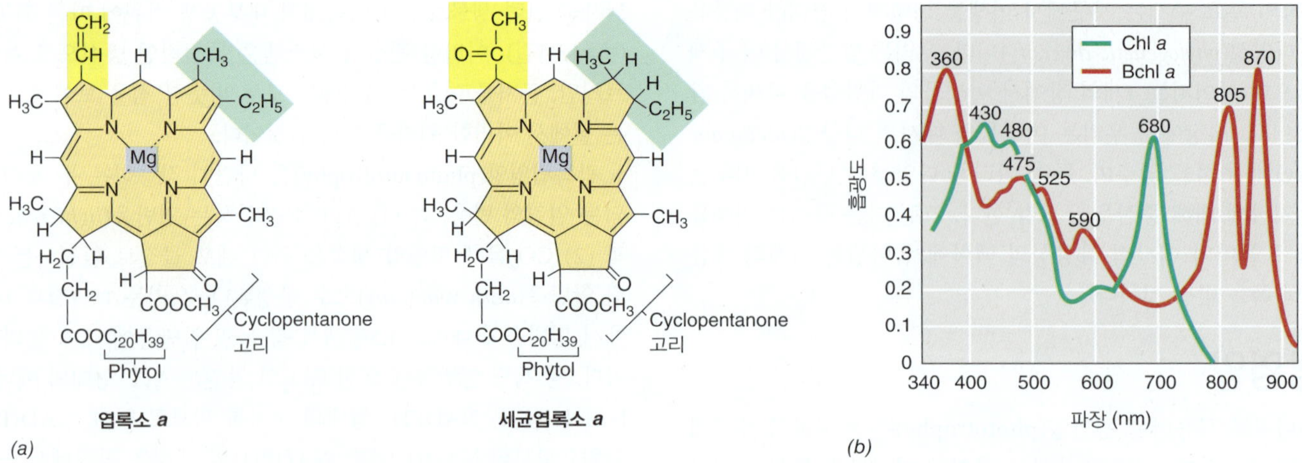

그림 14.2 엽록소 *a*와 세균엽록소 *a*의 구조 및 스펙트럼. *(a)* 두 분자는 노란색과 녹색으로 대비된 부분을 제외하면 동일하다. *(b)* 녹조류 *Chlamydomonas* 세포의 흡수 스펙트럼 (녹색 곡선). 680과 430 nm에서의 정점은 엽록소 *a*에 의한 것이며, 480 nm에서의 정점은 카로테노이드에 의한 것이다. 광영양 자색세균 *Rhodopseudomonas palustris* 세포의 흡수 스펙트럼 (빨간색 곡선). 870, 805, 590, 360 nm에서의 정점은 세균엽록소 *a*에 의한 것이며, 525와 475 nm에서의 정점은 카로테노이드에 의한 것이다.

의한 에너지 전환 과정은 엽록소와 세균엽록소의 빛 에너지 흡수로부터 시작하며, 이의 순 결과는 화학에너지인 ATP이다.

엽록소와 세균엽록소

엽록소(chlorophyll)와 **세균엽록소(bacteriochlorophyll)**는 시토크롬의 상위 구조인 테트라피롤(tetrapyrrole)과 연관되어 있다. 그러나 시토크롬과 달리 엽록소는 고리의 중심에 철(*iron*) 대신 마그네슘(*magnesium*)을 가지고 있다. 또한 엽록소는 테트라피롤 고리에 특정한 치환기와 엽록소가 광합성 막에 고정하는 데 도움을 주는 소수성 알코올 고리를 가지고 있다. 산소발생형 광영양체의 주요 엽록소인 엽록소 *a*의 구조는 **그림 14.2*a***에 나타나 있다. 엽록소 *a*는 녹색으로 보이는데, 이는 엽록소 *a*가 빨간색과 청색 빛을 흡수하고(*absorb*) 녹색 빛을 방출하기(*transmit*) 때문이다. 엽록소 *a*의 흡수 스펙트럼은 680 nm와 430 nm 근처에서 강한 흡광을 보인다(그림 14.2*b*). 구조적으로 차이가 있는 여러 엽록소가 알려져 있으며, 자신의 독특한 흡수 스펙트럼에 의해 서로 구분된다. 남세균은 엽록소 *a* (일부 종은 엽록소 *d*를 포함)를 가지고 있는 반면, 남세균과 가까운 원핵녹조세균은 엽록소 *a*와 엽록소 *b*를 포함한다.

산소비발생형의 광영양체는 하나 혹은 그 이상의 세균엽록소를 생성한다. 대부분의 자색세균 (↻ 15.4와 15.5절)에 존재하는 세균엽록소 *a* (**그림 14.3**)는 800 nm에서 925 nm의 범위에서 최대로 흡수한다 (서로 다른 자색세균은 약간 차이가 있는 광복합체를 합성하며, 어떤 주어진 미생물에서 세균엽록소 *a*의 최대 흡수 스펙트럼은 광복합체의 단백질이 광합성 막에서 어떻게 배열하는가에 의해 어느 정도 좌우됨; 그림 14.6 참조). 다른 세균엽록소의 경우 계통유전학적 계통에 따라 분포하는데, 가시광선과 적외선 스펙트럼의 다른 부분을 흡수한다 (그림 14.3).

다른 파장의 빛을 흡수하는 여러 형태의 엽록소 혹은 세균엽록소의 존재는 광영양체로 하여금 전자기 스펙트럼의 이용 가능한 에너지를 더 잘 사용할 수 있게 한다. 독특한 흡수 특성을 갖는 여러 색소를 활용함으로써, 서로 다른 광영양체는 상대방이 사용하지 않는 파장을 흡수하여 동일한 서식처에서 함께 살아갈 수 있다. 따라서 색소의 다양성은 동일한 서식처에서 서로 다른 광영양체가 성공적으로 공존하게 하는 생태학적(*ecological*) 중요성을 갖는다.

반응 중심과 안테나 색소

산소발생형 광영양체와 자색의 산소비발생형 광영양체에서, 엽록소/세균엽록소 분자는 세포에서 독립적으로 존재하지 않고 단백질에 부착하여 막 내에 50에서 300개의 엽록소/세균엽록소 분자로 이루어지는 광복합체(*photocomplexes*)를 형성하여 위치한다. 이러한 색소 분자 중 소수의 분자만이 광합성 **반응 중심(reaction center)** (**그림 14.4**) 내에 존재하는데, 반응 중심은 에너지 보전에 이르는 반응에 직접 참여하는 복합 거대분자 구조이다. 광합성 반응 중심은 더 많은 수의 광-포집 엽록소/세균엽록소에 의해 둘러싸여 있다. 이들은 소위 **안테나 색소(antenna pigment)** 혹은 광-포집 색소(*light-harvesting pigment*)로 불리는데, 빛을 흡수하고 흡수한 에너지의 일부를 반응 중심으로 모으는 기능을 한다 (그림 14.4). 자연에서 흔히 찾아지는 낮은 강도의 빛에서, 에너지를 집중시키는 이러한 배열 형태는 그렇지 않으면 놓치게 될 빛 에너지를 반응 중심이 받아들일 수 있게 해준다.

광합성 막, 엽록체, 그리고 엽록소체

엽록소 색소와 광-포집 기구의 모든 다른 구성 요소는 세포에서 막에 위치한다. 이러한 광합성 막의 위치는 원핵의 광영양체와 진핵의 광영양체 사이에 차이가 있다. 진핵의 광영양체에서 광합성은 세포 내 소기관인 엽록체(*chloroplast*)에서 진행되며, 엽록체는 **틸라코이드(thylakoid)** (**그림 14.5**)라고 부르는 판형의 광합성 막계를 가지고 있다. 엽록체 내에서 틸라코이드는 겹쳐 쌓여 그라나

색소/최대 흡광도 (생체 내)	R_1	R_2	R_3	R_4	R_5	R_6	R_7
Bchl *a* (자색세균)/ 805, 830~890 nm	$—C(=O)—CH_3$	$—CH_3$[a]	$—CH_2—CH_3$	$—CH_3$	$—C(=O)—O—CH_3$	P/Gg[b]	—H
Bchl *b* (자색세균)/ 835~850, 1020~1040 nm	$—C(=O)—CH_3$	$—CH_3$[c]	$=C(H)—CH_3$	$—CH_3$	$—C(=O)—O—CH_3$	P	—H
Bchl *c* (녹색황세균)/ 745~755 nm	$—C(H)(OH)—CH_3$	$—CH_3$	$—C_2H_5$ $—C_3H_7$[d] $—C_4H_9$	$—C_2H_5$ $—CH_3$	—H	F	$—CH_3$
Bchl *c*$_s$ (녹색비황세균)/ 740 nm	$—C(H)(OH)—CH_3$	$—CH_3$	$—C_2H_5$	$—CH_3$	—H	S	$—CH_3$
Bchl *d* (녹색황세균)/ 705~740 nm	$—C(H)(OH)—CH_3$	$—CH_3$	$—C_2H_5$ $—C_3H_7$ $—C_4H_9$	$—C_2H_5$ $—CH_3$	—H	F	—H
Bchl *e* (녹색황세균)/ 719~726 nm	$—C(H)(OH)—CH_3$	$—C(=O)—H$	$—C_2H_5$ $—C_3H_7$ $—C_4H_9$	$—C_2H_5$	—H	F	$—CH_3$
Bchl *g* (헬리오박테리아)/ 670, 788 nm	$—C(H)=CH_2$	$—CH_3$[a]	$—C_2H_5$	$—CH_3$	$—C(=O)—O—CH_3$	F	—H

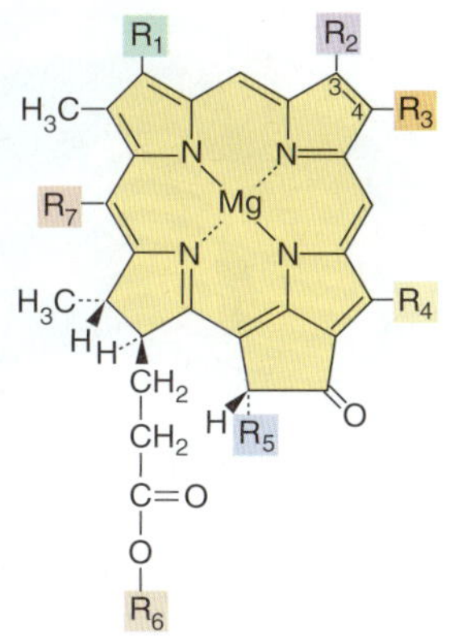

[a] C_3와 C_4 사이에 이중결합 없음; H 원자는 C_3와 C_4 위치에 있음.

[b] P, Phytyl ester ($C_{20}H_{39}O—$); F, farnesyl ester ($C_{15}H_{25}O—$); Gg, geranylgeraniol ester ($C_{10}H_{17}O—$); S, stearyl alcohol ($C_{18}H_{37}O—$).

[c] C_3와 C_4 사이 이중결합 없음; 추가된 H 원자는 C_3 위치에 있음

[d] 세균엽록소 *c*, *d*, *e*는 R_3에서 서로 다르게 치환된 이성체의 혼합물로 구성됨을 보여줌

그림 14.3 모든 알려진 세균엽록소(Bchl)의 구조. 오른쪽에 있는 구조의 R_1에서 R_7까지의 위치에 존재하는 서로 다른 치환기를 나열하였다. 흡수 특성은 광영양체의 온전한 세포를 60% 설탕용액과 같은 점성이 있는 액체에 부유시키고 (이는 빛의 산란을 감소시키고, 부드러운 스펙트럼을 얻게 만듦), 그림 14.2*b*에 나타난 것과 같이 흡수 스펙트럼을 측정함으로써 결정될 수 있다. 생체 내에서의 최대 흡광도가 생리학적으로 의미가 있는 흡수 정점이 된다. 세포로부터 추출한 세균엽록소와 유기 용매에 용해시킨 세균엽록소의 스펙트럼은 종종 상당히 다르다.

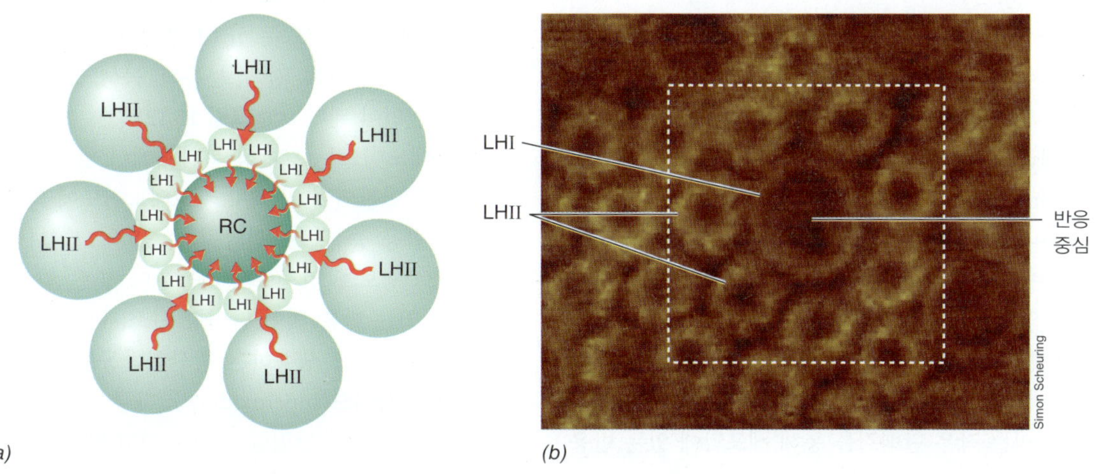

그림 14.4 광합성 막에서 광포집 엽록소/세균엽록소와 반응 중심의 배열. *(a)* 광-포집(LH) 분자 (연한 녹색)에 의해 흡수된 빛 에너지는 반응 중심 (진한 녹색, RC)으로 전달되며, 반응 중심에서 광합성의 전자전달 반응이 시작된다. 색소 분자는 특정한 색소-결합 단백질에 의해 막 내에 안전하게 유지된다. 이 그림을 그림 14.12*b*와 비교해 보라. *(b)* 자색세균 *Phaeospirillum molischianum* 광복합체의 원자 에너지(atomic force) 현미경 사진. 이 미생물은 두 가지 유형의 광-포집 복합체, LH I과 LH II를 갖는다. LH II 복합체는 에너지를 LH I 복합체에 전달하며, LH I 복합체는 에너지를 반응 중심에 전달한다 (그림 14.11*b* 참조).

단원 4

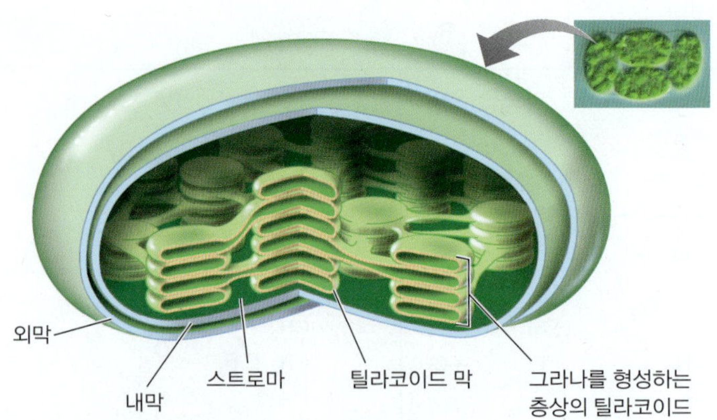

그림 14.5 엽록체. 엽록체의 자세한 구조로, 틸라코이드 막의 중첩이 어떻게 스트로마로 불리는 내부 공간의 경계를 짓고 그라나로 불리는 층상의 막을 형성하는지를 보여주고 있다. 삽입 그림: 녹조류 *Makinoella* 세포의 현미경 사진. 무리를 이룬 네 개 세포의 각각은 여러 개의 엽록체를 가진다.

(*grana*)를 형성한다. 이러한 틸라코이드의 배열 형태에 의해 엽록체는 두 부분으로 나누어지는데, 스트로마(*stroma*)로 부르는 틸라코이드를 둘러싸는 매트릭스 공간과 루멘(*lumen*)으로 부르는 틸라코이드 배열 안쪽의 내부공간이 그것이다. 이런 배열 형태는 ATP 합성에 사용되는 광-유도 양성자 동력의 생성을 가능하게 한다 (14.4절).

원핵의 광영양체에는 엽록체가 없다. 자색세균에서 광합성 색소는 내부 막계에 통합되어 있는데, 내부 막계는 세포막의 함입으로 만들어진다. 색소포(*chromatophore*)로 부르는 막 소포(membrane vesicles) 또는 라멜라(*lamellae*)로 부르는 층상의 막 구조는 자색세균에 흔한 막 배열 형태이다 (**그림 14.6**). 남세균에서 광합성 색소는 라멜라 막에 위치하는데 (그림 14.10 참조), 조류 엽록체 틸라코이드와의 유사성 때문에 라멜라 막을 틸라코이드(*thylakoid*)로 부르기도 한다 (그림 14.5).

낮은 강도의 빛을 포집하는 궁극적인 구조는 **엽록소체(chlorosome)**이다 (**그림 14.7**). 엽록소체는 산소비발생형 녹색황세균 (*Chlorobium*, 그림 14.1과 ➲ 15.6절), 사상성 산소비발생형 광영양체 (녹색비황세균; *Chloroflexus*, ➲ 15.7절), 그리고 광합성 *Acidobacteria* (*Chloracidobacterium*, ➲ 15.8절)에 존재한다. 엽록소체는 거대한 안테나 시스템으로 기능을 하지만, 자색세균 혹은 남세균의 안테나와는 달리, 엽록소체의 세균엽록소 분자는 단백질에 붙어 있지 않다. 엽록소체는 세균엽록소 *c*, *d*, 혹은 *e*를 포함하는데 (그림 14.3), 이들 색소는 구조의 긴 축을 따라 촘촘하게 배열되어 있다. 안테나 색소에 의해 흡수된 빛 에너지는 FMO 단백질(*FMO protein*)로 불리는 작은 단백질을 통해 세포막에 있는 반응 중심의 세균엽록소 *a*에 전달된다 (그림 14.7).

녹색세균은 모든 알려진 광영양체 중에서 가장 낮은 강도의 빛에서 생장할 수 있다. 녹색세균은 빛 수준이 너무 낮아서 다른 광영양체가 살아갈 수 없는 호수, 내륙 해수, 기타 무산소 물속 서식처의 가장 깊은 물에서 흔히 찾아진다. 녹색비황세균은 온천과 높은 염분 환경에서 형성되는 두꺼운 생물막인 미생물 매트의 주요 구성원이다 (➲ 20.5절). 미생물 매트에서는 빛의 급격한 농도 기울기를 접할 수 있는데, 미생물 매트의 단지 몇 밀리미터만 들어가도 빛의 수준이 어둠에 근접할 정도이다. 따라서 엽록소체는 녹색비황세균이 이용 가능한 최소 빛의 강도에서도 광영양으로 생장하는 것을 가능하게 한다.

미니퀴즈

- 산소발생형 광영양체와 산소비발생형 광영양체 사이의 근본적인 차이는 무엇인가?
- 엽록소와 세균엽록소 분자의 목적은 무엇인가? 엽록소와 세균엽록소는 시토크롬과 어떤 측면에서 유사한가? 어떤 측면에서 차이가 있는가?
- 광영양 녹색세균은 자색세균이 생장할 수 없는 빛의 강도에서 어떻게 생장할 수 있는가?

14.2 카로테노이드와 피코빌린

비록 엽록소/세균엽록소가 광합성에 필수적이지만 광영양 생물은 다른 색소도 가지고 있다. 이런 색소에는 특히 카로테노이드(*carotenoids*)와 피코빌린(*phycobilins*)이 포함된다.

카로테노이드

광영양체에서 가장 널리 분포하는 보조색소는 **카로테노이드(carotenoid)**이다. 카로테노이드는 광합성 막에 단단히 박혀 있는 소수성의 색소이다. **그림 14.8**은 흔한 카로테노이드인 베타카로틴(*β-carotene*)의 구조를 보여준다. 카로테노이드는 보통 노란색, 빨간색, 갈색 혹은 녹색이며, 스펙트럼에서 파란색 부분의 빛을 흡수한다. 산소비발생형 광영양체의 주요 카로테노이드는 **그림 14.9**에 나타나 있다. 이들 색소는 세균엽록소의 색을 가리는 경향이 있기 때문에, 카로테노이드는 산소비발생형 광영양체의 서로 다른 종에서 관찰되는 빨간색, 자색, 분홍색, 녹색, 노란색, 혹은 갈색의 멋진 색깔의 원인이 된다 (➲ 그림 15.12).

카로테노이드는 광합성 복합체에서 엽록소 혹은 세균엽록소와 밀접하게 연관되어 있으며, 카로테노이드에 의해 흡수된 에너지의 일부는 반응 중심으로 전달될 수 있다. 그러나 카로테노이드는 일차적으로 광보호 인자로서 기능한다. 밝은 빛은 세포에 해로울 수 있는데, 이는 밝은 빛이 단일항 산소(singlet oxygen, $^1O_2$)와 같은 독성형의 산소를 생성하는 광산화반응을 촉매할 수 있기 때문이다. 슈퍼옥사이드(superoxide) 및 다른 종류의 독성 산소와 마찬가지로 (➲ 5.14절), 단일항 산소는 자발적으로 광복합체를 산화시킬 수 있어 광복합체가 기능을 못하게 한다. 카로테노이드는 이런 해로운 빛의 많은 부분을 흡수하여 독성의 산소 종을 없애며, 이러한 방식으로 유해한 광산화반응을 억제한다. 광영양 생물은 선천적으로 빛과 함께 살아야 하기 때문에 카로테노이드에 의해 제공되는 광보호 작용은 광영양 생물에게 분명히 도움이 된다.

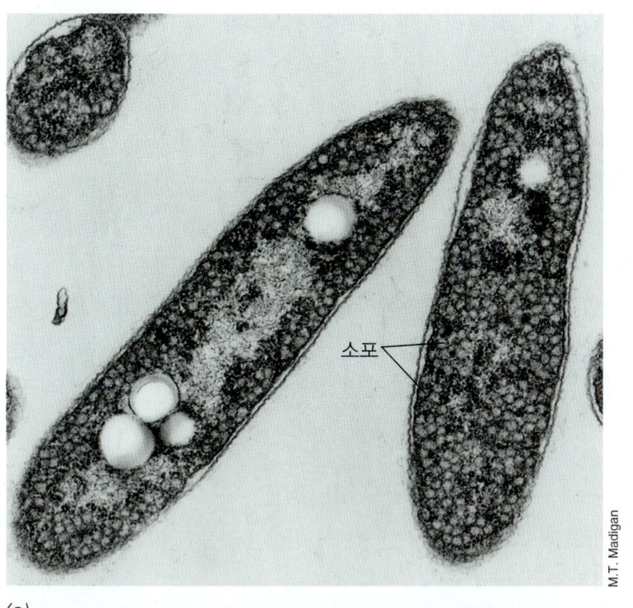

(a)

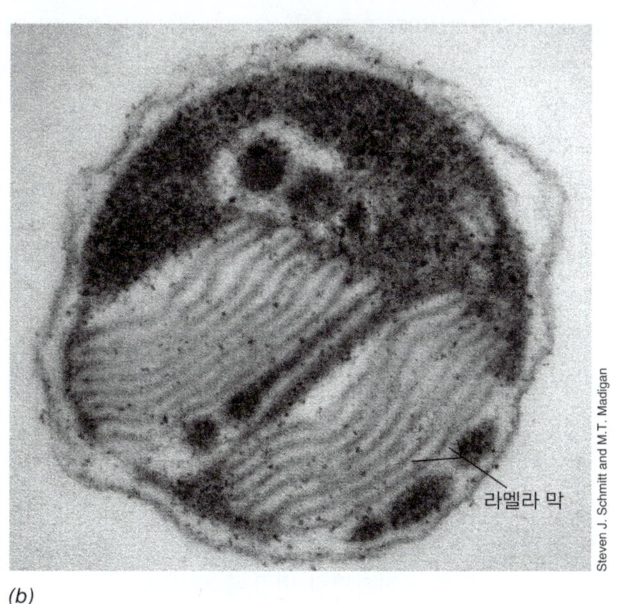

(b)

그림 14.6 산소비발생 광영양체에서의 막. *(a)* 색소포. 광합성 막 소포체를 보여주는 자색세균인 *Rhodobacter* 세포의 단면. 소포체는 세포막이 이어지는 것으로, 세포막이 함입되어 만들어진다. 세포는 폭이 대략 1 μm이다. *(b)* 자색세균 *Ectothiorhodospira*에서의 라멜라 막. 세포는 폭이 대략 1.5 μm이다. 라멜라 막도 또한 세포막이 연결되고 함입되어 생겨나지만 소포체를 형성하지 않고 층상의 막 구조를 만든다.

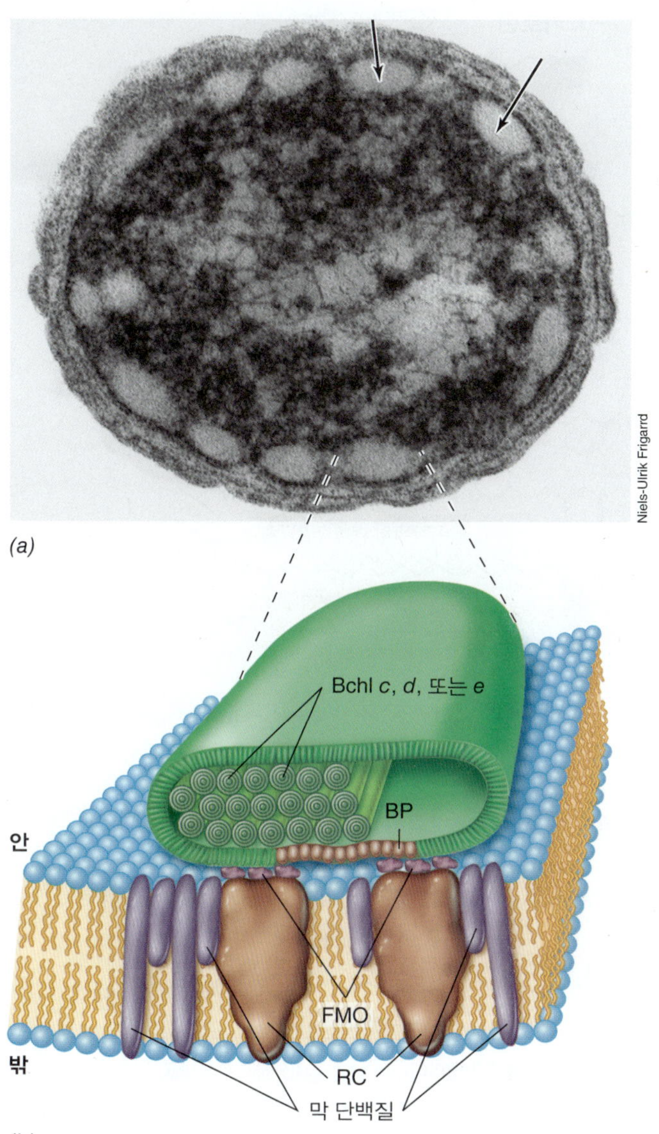

그림 14.7 녹색황세균과 녹색비황세균의 엽록소체. *(a)* 녹색황세균 *Chlorobaculum tepidum*의 세포 단면의 투과전자현미경 사진. 엽록소체 (화살표)에 주목하라. *(b)* 엽록소체 구조의 모델. 엽록소체 (녹색)는 세포막 안쪽 표면에 납작하게 붙어 있다. 안테나 세균엽록소(Bchl) 분자는 엽록소체 내부에서 관처럼 생긴 구조에 배열되어 있으며, 에너지는 여기에서 FMO로 부르는 단백질을 통해 세포막에 있는 반응 중심(RC)의 Bchl *a*로 전달된다. Base plate (BP) 단백질은 엽록소체와 세포막의 연결체로서 기능한다.

피코빌리단백질과 피코빌리좀

남세균과 홍조류 (이들은 남세균의 후손, 18.1절)의 엽록체는 **피코빌리단백질(phycobiliprotein)**로 불리는 색소를 가지고 있는데, 피코빌리단백질은 이들 광영양체의 주된 광-포집 시스템이다. 피코빌리단백질은 빌린(*bilins*)으로 불리는 빨간색 또는 청록색의 선형 테트라피롤이 단백질에 결합된 형태이며, 남세균과 홍조류가 그들의 특징적인 색을 보이게 한다 (**그림 14.10**). 피코에리스린

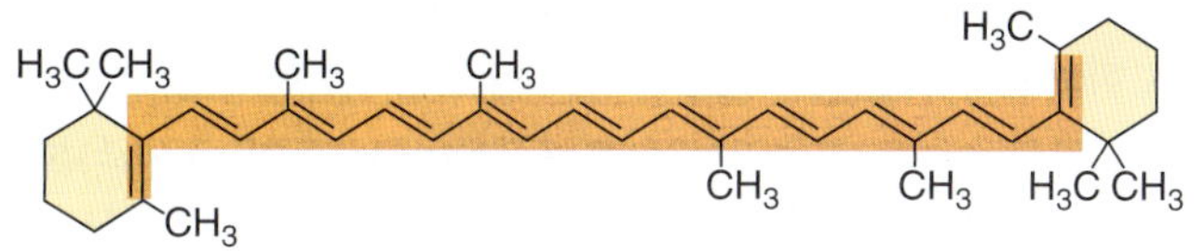

그림 14.8 전형적인 카로테노이드인 β-카로틴의 구조. 복합 이중결합 시스템은 오렌지색으로 강조하였다.

단원 4

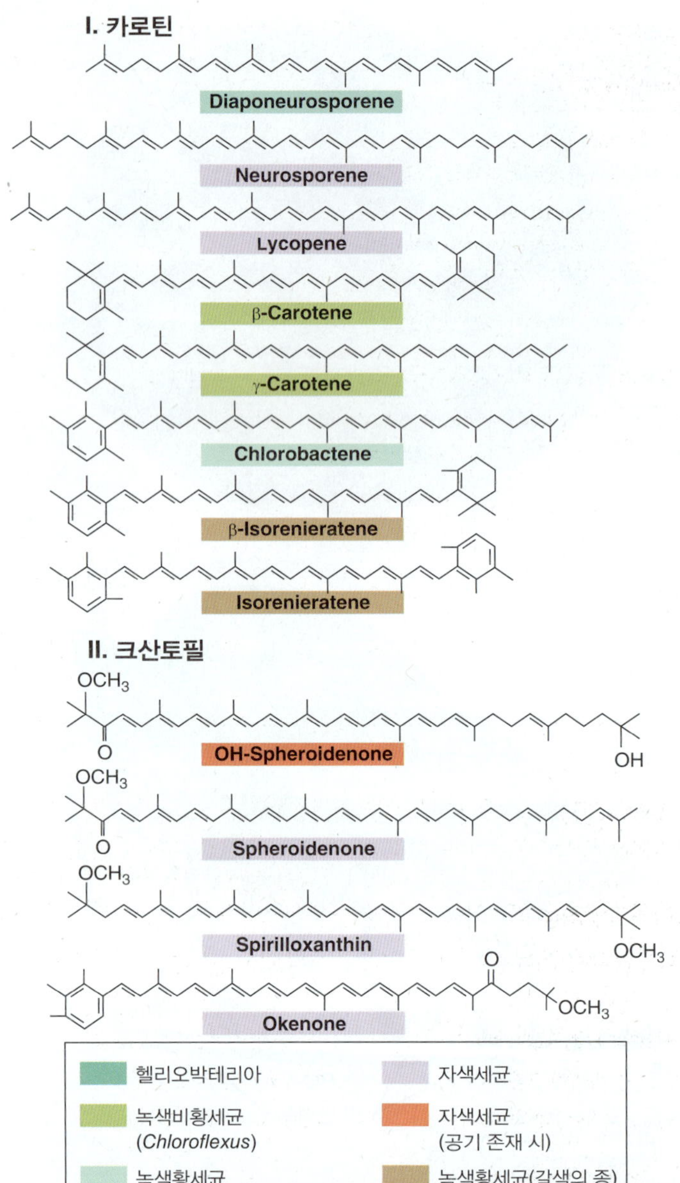

그림 14.9 산소비발생형 광영양체에서 찾아지는 몇몇 흔한 카로테노이드의 구조. 카로틴은 탄화수소 카로테노이드이며, 크산토필은 산소치환 카로테노이드이다. 그림 14.8의 β-카로틴 구조를 여기에 그려진 것들과 비교해 보자. 여기서는 구조를 간략히 표시하게 위해 메틸(CH_3)기는 결합만으로 표시하였다.

(*phycoerythrin*)으로 불리는 빨간색 피코빌리단백질은 550 nm 근처 파장의 빛을 가장 강하게 흡수한다. 반면, 청색 피코빌리단백질인 피코시아닌(*phycocyanin*) (그림 14.10*b*)은 620 nm에서 가장 강하게 흡수한다. 알로피코시아닌(*allophycocyanin*)으로 불리는 세 번째 피코빌리단백질은 650 nm 정도에서 흡수한다.

피코빌리단백질은 모여서 **피코빌리좀(phycobilisome)**으로 불리는 집합체를 형성하며, 이런 피코빌리좀은 남세균의 틸라코이드에 부착한다 (그림 14.10*c*). 피코빌리좀은 알로피코시아닌 분자가 직접 광합성 막과 접촉하도록 배열된다. 알로피코시아닌은 피코시아닌 혹은 피코에리스린 (혹은 생물체에 따라서 둘 모두)에 의해 둘러싸여 있다. 피코시아닌과 피코에리스린은 보다 짧은 파장 (보다 높은 에너지)의 빛을 흡수하여 흡수한 에너지의 일부를 알로피코시아닌에게 전달한다. 알로피코시아닌은 반응 중심 엽록소와 가장 가까운 곳에 위치하며, 반응 중심으로 에너지를 전달한다 (그림 14.10*b*). 따라서 산소비발생형 광영양체의 안테나 세균엽록소 시스템이 기능하는 방법 (그림 14.4)과 유사한 방식으로, 에너지 전달은 피코빌리좀에서 반응 중심까지 "아래 방향(downhill)"으로 진행된다. 피코빌리좀은 남세균 반응 중심으로의 에너지 전달을 용이하게 하여, 남세균이 그렇지 않다면 가능한 것보다 더 낮은 빛의 강도에서도 생장하는 것을 가능하게 한다.

미니퀴즈

- 카로테노이드는 어떤 광영양체에서 발견되는가? 피코빌리단백질은 어떤 광영양체에서 발견되는가?
- 피코빌린의 구조는 엽록소의 구조와 어떻게 비교되는가?
- 피코시아닌은 청록색이다. 피코시아닌은 어떤 색의 빛을 흡수하는가?

14.3 산소비발생형 광합성

광합성의 명반응에서 전자는 광합성 막에 배열되어 있는 전자전달계를 가로질러 지나가는데, 전자전달계는 환원 전위(E_0')의 양전기가 증가하는 순서로 배열된다. 이 과정에서 ATP 합성을 견인하는 양성자 동력이 생성된다. 이 과정의 핵심 부분은 광합성의 반응 중심과 광합성 막을 포함한다 (14.1절).

광합성 반응 중심은 광합성 막 내에 위치하는 복합 거대분자 구조이다. 이들은 여러 단백질 단위체와 보조인자 (엽록소 혹은 세균엽록소를 포함하여)로 구성되며, 안테나 색소 및 전자전달계의 구성 요소와 상호작용한다. 광합성 색소는 엽록소 (혹은 세균엽록소)의 특별한 쌍을 흥분시키기 위해 빛 에너지를 반응 중심으로 모으며, 이에 따라 이어지는 전자전달 반응에 제공될 수 있는 높은 전위의 전자를 생성한다. 여러 다른 유형의 반응 중심이 서술되지만, 모든 반응 중심은 두 계통 중에 하나에 속한다. 즉, 반응 중심은 반응 중심의 전자수용체에 따라 퀴논 유형(*quinone type*, Q-type) 혹은 철-황 유형(*iron-sulfur type*, FeS-type) 중의 하나에 해당한다.

자색세균에서 전자 흐름

자색세균은 Q-유형 반응 중심을 사용하는데, 이 반응 중심은 L, M, H로 명명되는 세 개의 폴리펩티드를 포함한다. 이들 단백질은 시토크롬 *c* 분자와 함께 광합성 막에 단단히 박혀 있으며 (그림 14.6), 막을 여러 번 관통한다 (**그림 14.11**). L, M, H 폴리펩티드는 특수 쌍(*spacial pair*)으로 부르는 세균엽록소 *a* 두 분자, 광합성 전자 흐름에서 기능하는 여분의 세균엽록소 *a* 두 분자, 박테리오페오피틴(bacteriopheophytin, 세균엽록소 *a*에서 마그네슘 원자가 빠진) 두 분자, 퀴논 두 분자 (3.10절), 그리고 카로테노이드 한 분자와 결합한다 (그림 14.11).

단원 4

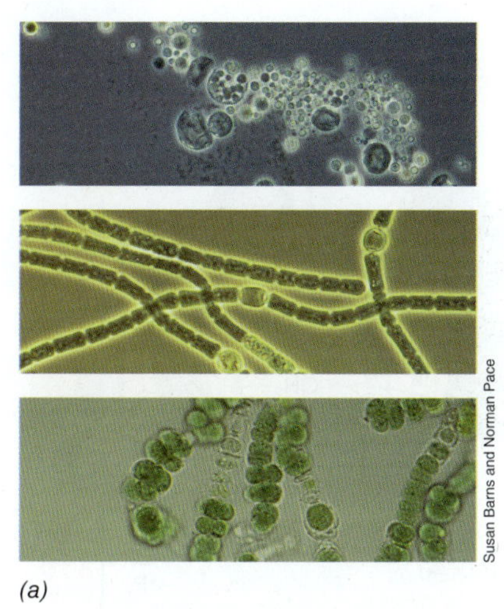

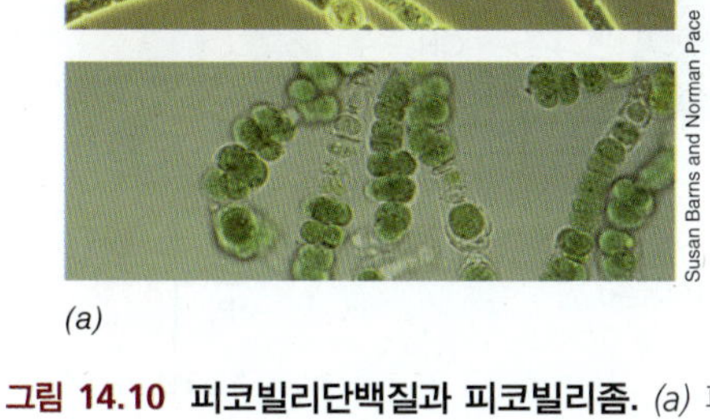

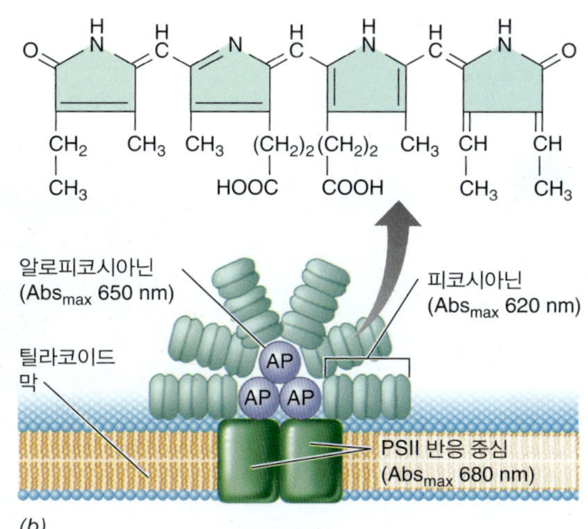

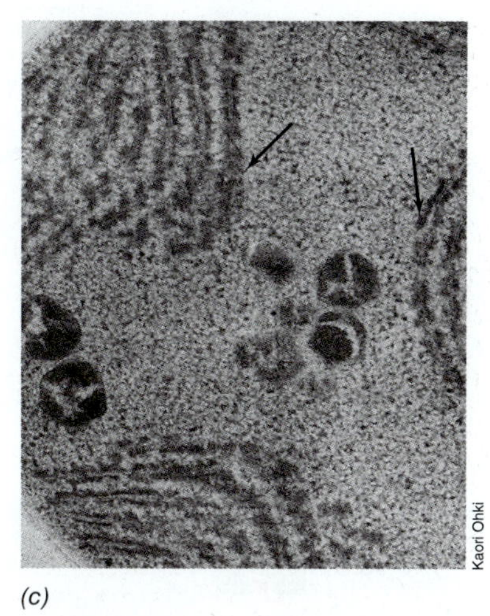

그림 14.10 피코빌리단백질과 피코빌리좀. *(a)* 피코빌리단백질에 의한 세포의 전형적인 청록색을 보여주는 남세균 세포의 광학현미경 사진. (위에서 아래로) *Dermocarpa*, *Anabaena*, *Fischerella*. *(b)* 피코시아닌의 구조 (위)와 피코빌리좀. 피코시아닌은 알로피코시아닌에 비해 더 높은 에너지 (더 짧은 파장)를 흡수한다. 엽록소 *a*는 알로피코시아닌에 비해 더 긴 파장 (더 낮은 에너지)을 흡수한다. 따라서 에너지 흐름은 피코시아닌 → 알로피코시아닌 → PS II의 엽록소 *a*. *(c)* 얇게 절단한 남세균 *Synechocystis*의 전자현미경 사진. 어둡게 염색된 공처럼 생긴, 라멜라 막에 부착한 피코빌리좀 (화살표)에 주목하라.

광합성 명반응은 안테나 시스템에 의해 흡수된 빛 에너지가 세균엽록소 *a* 분자의 특수 쌍 (그림 14.11*a*)으로 전달될 때 시작한다. 이 과정은 특수 쌍을 활성화시켜, 특수 쌍을 상대적으로 낮은 전자공여체에서 매우 강한 전자공여체 (강한 음전기의 E_0', 3.6절)로 전환시킨다. 일단 강한 공여체가 생성되면, 광합성 전자 흐름의 나머지 단계들은 우리가 이미 호흡에서 살펴보았던 내용 (3.10절 및 그림 3.22)을 강하게 연상시킨다. 다시 말하면, 낮은 E_0'의 운반체로부터 높은 E_0'의 운반체로의 막을 통한 전자 흐름이 진행되고 이 과정에서 양성자 동력이 만들어진다 (**그림 14.12**).

*P870*으로 불리는 자색세균의 반응 중심은 활성화되기 전 대략 +0.5 V의 E_0'를 가지며 활성화된 후에는 약 −1.0 V의 전위를 갖는다 (그림 14.12*a*). P870 내의 활성화된 전자는 계속 진행하여 반응 중심에 있는 세균엽록소 *a* 한 분자를 환원시킨다 (그림 14.11*a* 와 14.12*a*). 이러한 전환은 엄청나게 빨라서, 대략 3조분의 1 (3×10^{-12})초 만에 일어난다. 일단 환원되면 세균엽록소 *a*는 박테리오페오피틴 *a*를 환원시킨고, 박테리오페오피틴은 막 내의 퀴논 분자

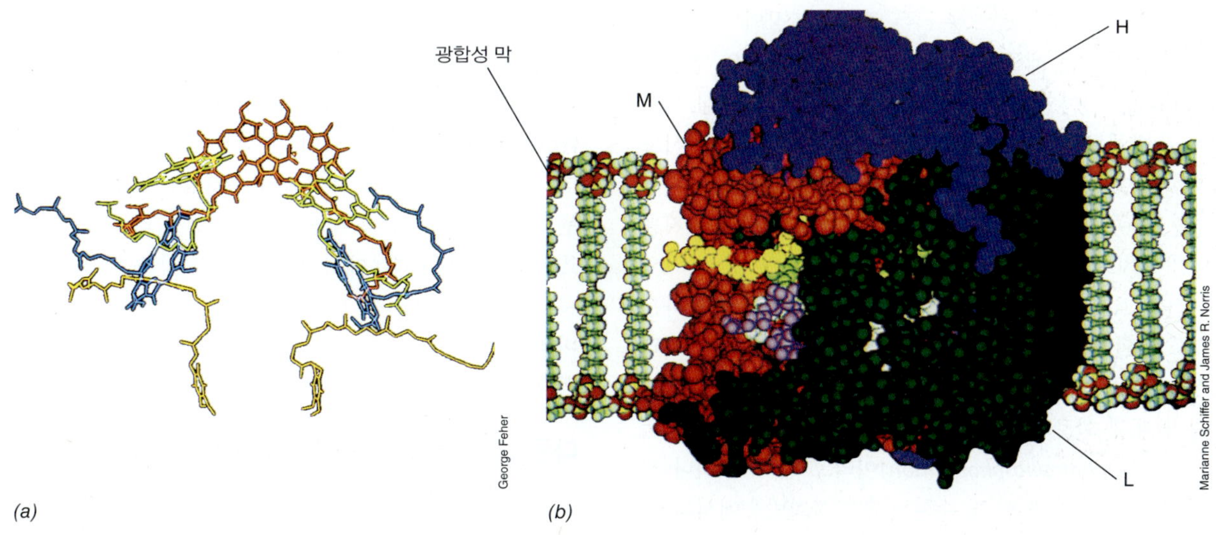

그림 14.11 자색광영양의 세균에서 반응 중심의 구조. *(a)* 반응 중심에서 색소 분자의 배열. 세균엽록소 분자 (오렌지색)의 "특별한 쌍(special pair)"은 반응 중심 구조 도식의 윗부분에 겹쳐져 나타나 있다. 보조 세균엽록소 (연한 노란색)는 특별한 쌍 근처의 아래 부분에 존재한다. Bacteriopheophytin 분자 (청색)는 세균엽록소 아래에 배열되어 있으며, 퀴논 (진한 노란색)은 구조 모델의 아랫부분에 나타나 있다. *(b)* 반응 중심에서 단백질 구조의 분자 모델. *(a)*에서 서술된 색소는 단백질 H (청색), 단백질 M (빨간색), 단백질 L (녹색)에 의해 막과 결합되어 있다. 반응 중심 색소-단백질 복합체는 지질 이중층에 통합되어 있다.

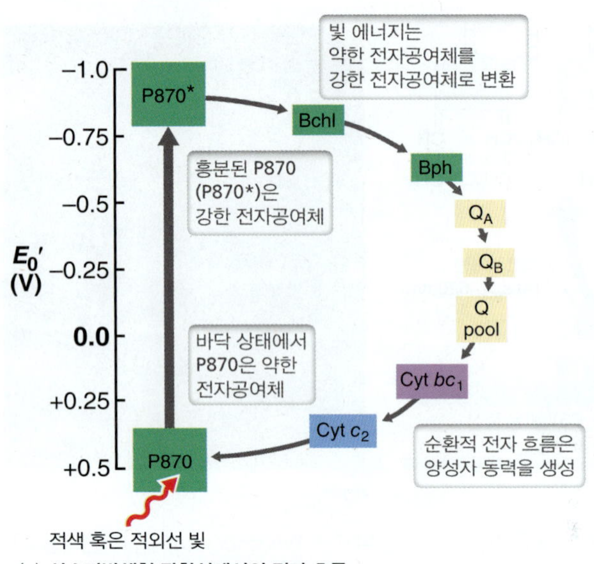

(a) 산소비발생형 광합성에서의 전자 흐름

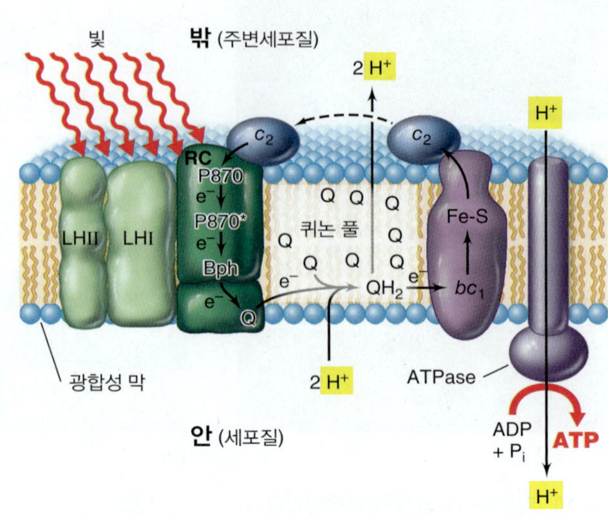

(b) 자색세균 반응 중심에서 단백질 복합체의 배열

그림 14.12 자색세균에서 산소비발생형 광합성의 전자 흐름. (a) 자색세균에서 전자 흐름의 도식. Bph, bacteriopheophytin; Q_A, Q_B, 중간 산물 퀴논; Q pool, 막의 퀴논 pool; Cyt, 시토크롬. (b) ATP 합성효소에 의한 양성자 동력 (광인산화)으로 이끄는 자색세균 반응 중심에서의 단백질 복합체 배열. 하나의 전자가 반응 중심에서 시토크롬 bc_1으로 전달될 때, 두 개의 양성자가 위치를 바꾼다. LH, 광-포집 세균엽록소 복합체; RC, 반응 중심; Bph, bacteriopheophytin; Q, 퀴논; FeS, 철-황 단백질; bc_1, 시토크롬 bc_1 복합체; c_2, 시토크롬 c_2. ATP 합성효소의 기능에 대한 설명은 3.11절을 참조하라.

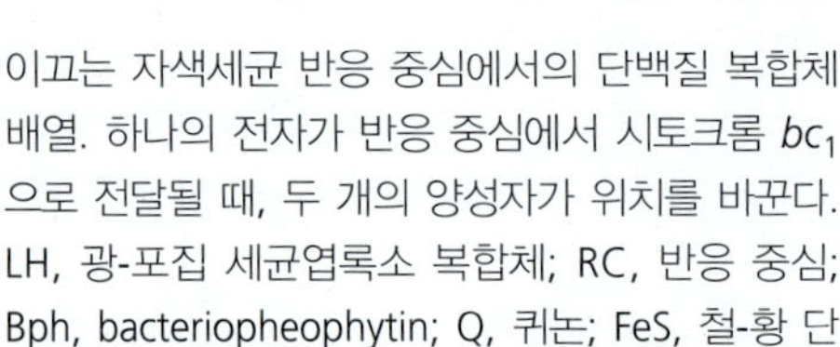
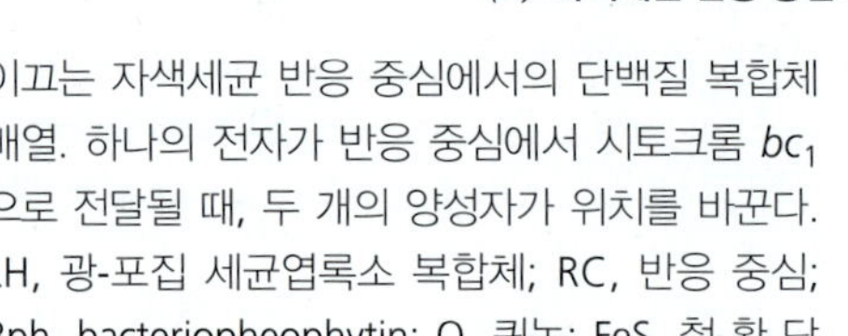

들을 환원시킨다 (그림 14.12). 이 전환 역시 매우 빨라서 10억분의 1초 이내에 일어난다. 퀴논으로부터 전자는 보다 천천히 (1000분의 1초 수준) 일련의 철-황 단백질과 시토크롬을 통해 전달되며 (그림 14.12), 최종에는 반응 중심으로 돌아온다.

그림 14.12*b*는 광합성 막의 실제 배경에서 전자 흐름을 보여준다. 핵심 전자전달 단백질에는 또한 호흡의 전자 흐름 (그림 3.22)에도 참여하는 많은 것—특히 시토크롬 bc_1과 시토크롬 c_2—이 포함된다 (그림 14.12). 시토크롬 c_2는 주변세포질의 시토크롬 (주변세포질은 그람-음성 세균에서 세포막과 외막 사이의 영역임을 기억하라, 2.5절)이며, 막-결합 bc_1 복합체와 반응 중심 사이의 전자 왕복 운반체로 기능한다 (그림 14.12*b*). 전자 흐름은 시토크롬 c_2가 특수 쌍에 전자를 공여하고, 다시 원래 바닥상태의 환원 전위로 돌아올 때 종료된다. 이때 반응 중심은 새로운 빛 에너지를 흡수하여 이 과정을 반복할 수 있다.

광합성의 전자 흐름 동안 양성자 동력과 ATP 합성을 연계하는 ATP 합성효소의 활성에 의해 ATP가 합성된다 (3.11절). 이러한 ATP 합성 기작을 **광인산화반응(photophosphorylation)**이라고 부르며, 전자가 폐쇄 회로 내에서 이동하기 때문에 특별히 순환적 광인산화반응(*cyclic photophosphorylation*)이라고 한다. 그러나 전자의 순 소비가 있는 호흡과 달리, 순환적 광인산화반응에서는 전자의 순 유입이나 소비가 없으며, 전자는 단순히 순환 회로를 따라 이동하면서 원래 출발했던 곳으로 돌아온다 (그림 14.12).

환원력의 생성

자색세균이 광독립영양체로 생장함에 있어, ATP의 생성만으로는 충분하지 않다. CO_2를 세포 물질로 환원시키기 위한 환원력 (NADH)이 또한 필요하다. 자색세균의 환원력은 많은 원천 물질, 특히 H_2S와 같은 환원된 황 화합물에서 나올 수 있다. 자색세균의 전자공여체가 H_2S일 경우, S^0의 입자가 세포 내부에 저장된다 (그림 14.1). S^0가 생성되면 전자는 "퀴논 저장고(quinone pool)"에 머무르게 된다 (그림 14.12). 그러나 퀴논의 E_0' (약 0 V)는 NAD^+ (−0.32 V)를 환원시킬 만큼 충분한 음전기를 가지지 않는다. 따라서 전자는 NAD^+를 NADH로 환원시키기 위해 퀴논 저장고로부터 거꾸로 (전기화학적 기울기를 거슬러) 진행해야 한다 (그림 14.13 참조). 이러한 에너지-요구 과정을 **역 전자전달(reverse electron transport)**로 부르며, 양성자 동력의 에너지에 의해 유도된다. 우리는 역 전자 흐름이 화학무기영양체가 CO_2 고정을 위한 환원력을 획득하는데도 이용하는 기작임을 나중에 살펴볼 것인데, 이러한 것의 많은 경우에서 전자는 높은 양의 E_0'을 갖는 전자공여체로부터 나온다 (14.7~14.15절). 그러나 우리가 간단하게 살펴보는 바와 같이, 많은 다른 산소비발생형 광영양체에서 역 전자 흐름은 필요하지 않다.

다른 산소비발생형 광영양체에서 광합성의 전자 흐름

지금까지 우리는 자색세균의 광합성 전자 흐름에 초점을 맞추어 왔다. 유사한 막-연관 반응이 다른 산소비발생형 광영양체에서의 광인산화반응을 이끌지만, 세부적으로는 상당한 차이가 있다. 사상성 산소비발생형 광영양체와 자색세균 둘은 모두 구조적으로 유사한 Q-유형 반응 중심을 채용함에 반하여 녹색황세균, *Acidobacteria*, *Heliobacteria*는 모두 FeS-유형 반응 중심을 채용하는데, 이러한 차

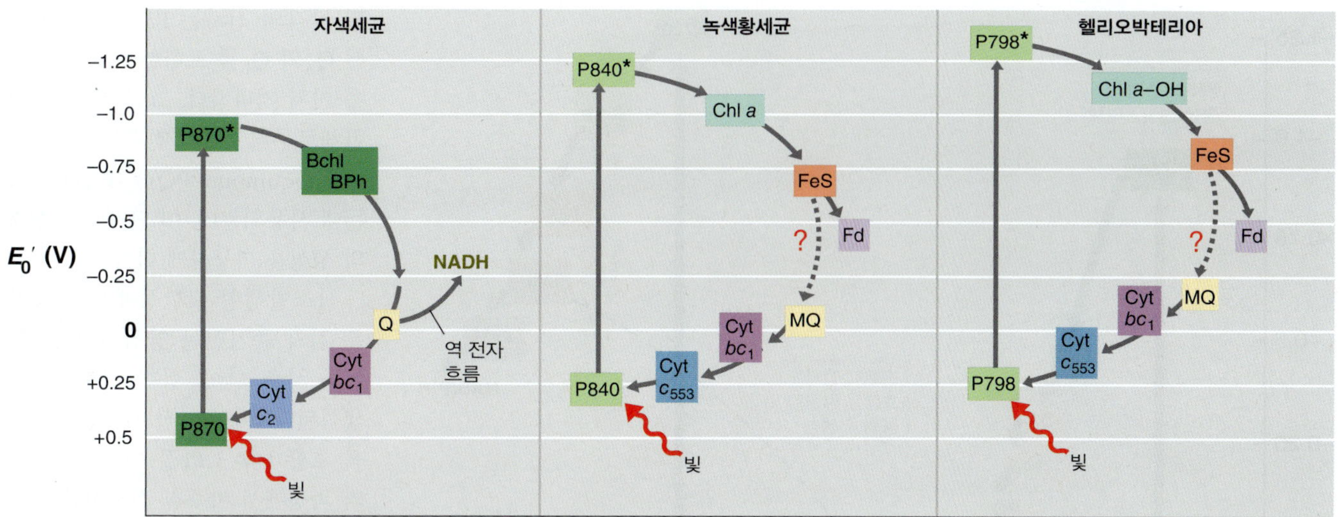

그림 14.13 자색세균, 녹색세균, 헬리오박테리아에서 전자 흐름의 비교. 자색세균에서는 NADH를 생산하기 위해 역 전자 흐름이 필요한데, 이는 일차적인 수용체 (퀴논, Q)의 전위가 NAD^+/NADH 쌍에 비해 더 양의 값이기 때문이다. 녹색세균과 헬리오박테리아에서는 필요한 환원력 제공을 위해 페레독신(Fd)을 빛-견인 반응으로 생산하며, 페레독신은 NADH보다 더 음의 E_0' 값을 갖는다. 녹색황세균과 헬리오박테리아에서 순환적 전자 흐름은 FeS-유형 광계에서 메타퀴논 풀(pool)로의 전자전달을 필요로 할 수 있으나 이 기작에 대한 증거는 제한적이며, 이는 이들 광영양체에서 비순환적 전자 흐름을 제안한다. Bchl, 세균엽록소; Bph, bacteriopheophytin; Q, 퀴논; MQ, 메나퀴논. P870과 P840은 각각 자색세균과 녹색세균의 반응 중심으로, Bchl *a*로 구성된다. 헬리오박테리아의 반응 중심 (P798)은 Bchl *g*를 가지고 있으며, *Chloroflexus*의 반응 중심은 자색세균과 같은 유형이다. 녹색세균과 헬리오박테리아의 반응 중심에는 엽록소 *a*의 형태가 존재한다는 것에 주목하라.

이는 전자 흐름의 차이에 반영된다.

그림 14.13은 자색세균, 녹색황세균, 그리고 *Heliobacteria*에서 광합성 전자 흐름을 서로 비교한 것이다. 녹색황세균과 *Heliobacteria*에서 반응 중심 세균엽록소의 흥분 상태는 자색세균에 비해 훨씬 더 음전기를 띤다는 것, 그리고 실제로 엽록소 *a* (녹색황세균) 혹은 구조적으로 수정된 형태의 엽록소 *a* (*Heliobacteria*의 히드록시엽록체 *a*)가 반응 중심에 존재한다는 것에 주목하라. 따라서 첫 번째 안정한 수용체 분자 (퀴논)가 대략 0 V의 E_0'를 갖는 자색세균과 달리 (그림 14.12*a*), 녹색황세균과 *Heliobacteria*의 수용체는 NADH보다 훨씬 더 음전기의 E_0'를 갖는 FeS-단백질이다. 따라서 역 전자 흐름은 녹색황세균이나 *Heliobacteria*의 경우 필요하지 않다. FeS-유형 반응 중심에서 생성된 강한 음전기의 전자는 최종적으로 페레독신(*ferredoxin*, E_0' −0.4 V)으로 불리는 단백질에 전달된다. 녹색황세균에서 페레독신은 CO_2 고정을 위한 직접적인 전자공여체이며 (14.5절), 페레독신으로부터의 전자는 또한 NADH 생산을 위해 페레독신-NAD 산화환원효소를 통과할 수 있다.

녹색황세균과 *Heliobacteria*의 전자전달이 순환적인지 비순환적인지는 여전히 불분명하다. 이들 광영양체의 FeS-유형 반응 중심은 전자를 직접적으로 메나퀴논(menaquinone)으로 전달할 수 있으며, 이에 따라 양성자 동력을 생성하여 자색세균에서 볼 수 있는 순환적 광인산화반응을 진행할 수 있음이 제안되었다 (그림 14.13). 그러나 녹색황세균과 *Heliobacteria*에서 순환적 광인산화반응의 증거는 거의 관찰되지 않는다. 대신에 이들 광영양체는 H_2S와 같은 외부 전자공여체의 전자가 메나퀴논 저장고(pool) 수준으로 들어가는 비순환적 전자 흐름을 채용할 수도 있다. 이들 전자는 반응 중심을 통해 페레독신으로 전달되며, 페레독신에서 최종적으로 생화학 반응으로 흘러들어갈 수도 있다.

미니퀴즈

- 광인산화반응과 산화적 인산화반응의 과정에서 어떤 유사점이 존재하는가?
- 역 전자 흐름이란 무엇이며, 역 전자 흐름이 왜 필요한가? 어떤 광영양체가 역 전자 흐름의 이용을 필요로 하는가?
- 순환적 광인산화반응과 비순환적 광인산화반응의 차이점은 무엇인가?

14.4 산소발생형 광합성

FeS-유형 혹은 Q-유형 광합성 반응 중심을 갖는 산소비발생형(*anoxygenic*) 광영양체에서의 광합성 전자 흐름과는 달리, 산소발생형(*oxygenic*) 광영양체는 두 유형의 반응 중심을 모두 갖는다. 산소발생형 광영양체에서 전자는 광계 I (*photosystem I*, *PS I*, 혹은 *P700*)과 광계 II (*photosystem II*, *PS II*, 혹은 *P680*)로 불리는 두 개의 구별되는 광계를 통해 흐른다. 광계 I은 FeS-유형 반응 중심을 지니며, 광계 II는 Q-유형 반응 중심을 갖는다. PS I과 PS II는 광합성 "Z 경로(Z scheme)"에서 서로 상호작용하는데, "Z 경로"로 이름이 붙은 이유는 그 경로가 알파벳 Z를 옆으로 뉘여 놓은 모양을 닮아서이다 (**그림 14.14**). 산소비발생형 광합성에서와 같이, 산소발생형 광합성의 명반응도 막에 박혀 있는 광복합체에서 일어난다. 진핵생물의 세포에서 막은 엽록체에 있으나 (그림 14.5), 남세균에서 막은 세포질 내에 층을 이루며 배열되어 있다 (그림 14.10*c*).

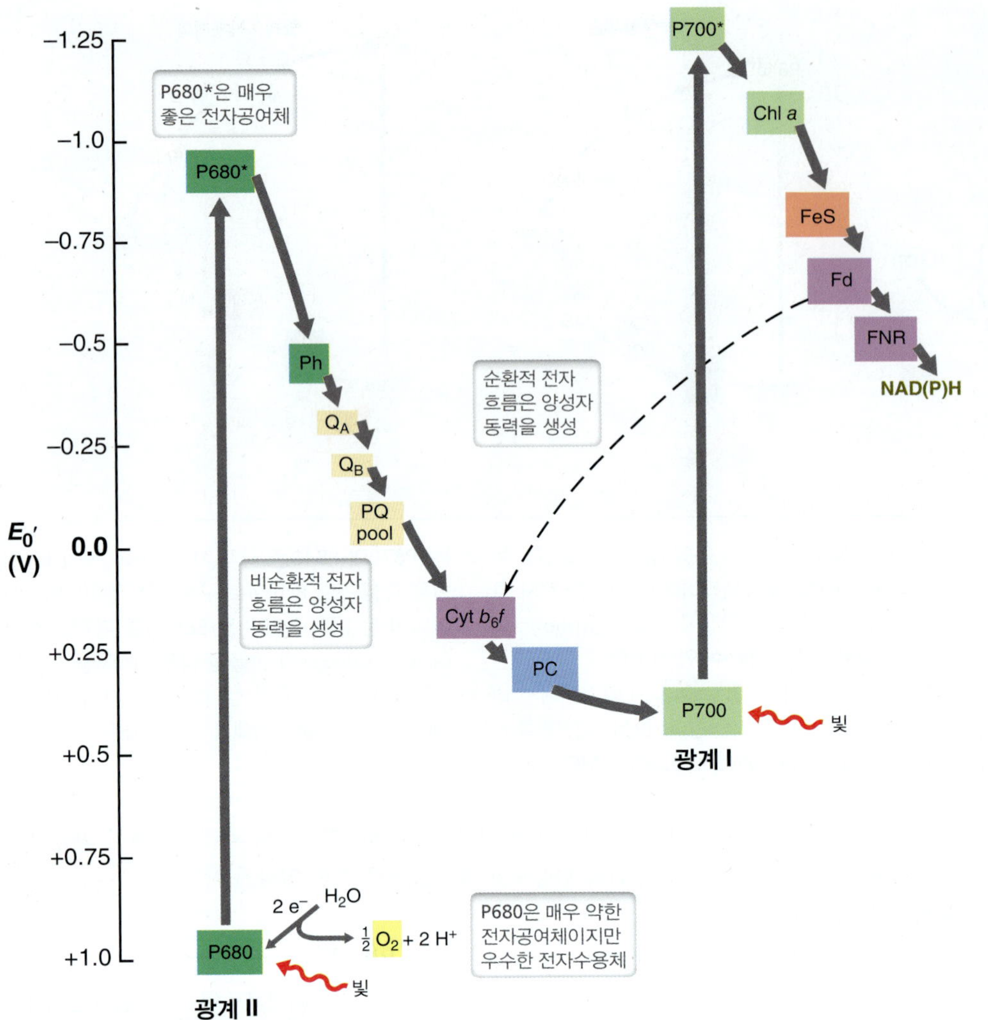

그림 14.14 산소발생형 광합성의 전자 흐름인 "Z" 경로. 두 개의 광계, PS I와 PS II를 통한 전자 흐름. Ph, pheophytin; PQ, 플라스토퀴논; Chl, 엽록소; Cyt, 시토크롬; PC, plastocyanin; FeS, nonheme 철-황 단백질; Fd, 페레독신; FNR, 페레독신-NADP 산화환원효소; P680와 P700는 각각 PS I와 PS II의 반응 중심 엽록소이다. 그림 14.12*a*와 비교하라.

산소발생형 광합성에서 전자 흐름과 ATP 합성

광계 II는 물을 산소와 전자로 나누는 산소발생형 광합성의 첫 번째 가장 특징적인 단계를 수행한다 (그림 14.14). 빛 에너지를 흡수하면, 광계 II에서 P680 엽록소 *a* 분자는 들뜬 상태가 되어 높은 음전기의 환원 전위를 가지는데, 이로 인해 전자를 약 −0.5 V의 E_0'를 가진 분자인 페오피틴 *a* (pheophytin *a*, 엽록소 *a*에서 마그네슘 원자가 빠진)에 공여하는 것을 가능하게 한다. 이것이 전하 분리를 일으키며, P680은 H_2O로부터 전자를 받을 수 있을 정도의 강한 양전기를 갖게 된다. 광계 II에 의한 물의 산화는 물-산화 복합체(*water-oxidizing complex*)에서 진행되는데 (**그림 14.15**), Mn_4Ca 클러스터는 H_2O 2 분자와 결합하며 이 반응을 촉매한다. P680은 하나의 광자를 흡수할 때마다 물-산화 복합체의 Mn_4Ca 클러스터로부터 하나의 전자를 제거한다. 이와 같은 방식으로 Mn_4Ca 클러스터에 결합된 2 분자의 H_2O로부터 4개의 전자를 연속적으로 제거하며, O_2와 $4H^+$의 생산을 가져온다. 페오피틴으로 전달된 각각의 전자는 PS II 광복합체 내에서 Q_A와 Q_B를 포함한 여러 다른 단백질을 거쳐 지나간다. 그런 다음 PS II 광복합체로부터 2개의 전자는 플라스토퀴논(plastoquinone, PQ)을 PQH_2로 환원하는데 사용되는데, 이 단계는 양성자 동력의 생성을 가능하게 한다.

산소발생형 광합성에서 양성자 동력은 점차 증가하는 양성 환원 전위의 퀴논과 시토크롬을 통한 전자전달에 의해 생성된다. 이러한 전자전달 반응은 호기적 호흡 (3.11절)에 대한 우리의 논의 과정에서 마주칠 전자전달 반응과 유사하다. PQH_2로부터의 전자는 시토크롬 b_6f와 구리-함유 단백질인 플라스토시아닌(*plastocyanin*)을 통해 전달되며, PS I의 반응 중심에 전자를 공여한다 (그림 14.15). PS I의 P700에 의한 빛의 흡수는 플라스토시아닌에서 제공된 전자를 P700이 수용할 수 있게 해준다. 전자는 PS I에서 여러 중간물질을 거쳐 이동하며, $NADP^+$를 NADPH로 환원하면서 이동을 끝낸다 (그림 14.14). 두 개의 양성자가 PS II에 의해 나누어진 각각의 물 분자에 대응하여 생성된다. 네 개의 양성자가 전자전달계를 통해 전달된 두 개의 전자에 대응하여 막을 지나서 위치를 바꾼다. 결과적으로 전체 12개의 양성자가 생성된 한 분자의 O_2에 대응하여 위치를 바꾼다. 그런 다음 양성자 동력은 ATP 합성효소가 ATP를 생산하는 데 사용된다.

산소발생형 광합성은 결과적으로 비순환적 광인산화반응(*noncyclic photophosphorylation*)을 초래하는데, 그 이유는 전자가 산화된 P680을 환원하기 위해 돌아가지 않고, 대신 $NADP^+$를 환원하는데 사용되기 때문이다. 이는 ATP 합성의 이러한 기작을 비순환적 광인산화반응(*noncyclic photophosphorylation*)으로 부르는데, 그러나 세포의 NADPH에 대한 요구가 감소할 경우, 산소발생형 광영양체는 순환적 광인산화반응(*cyclic photophosphorylation*)을 실행할 수 있다. 순환적 광인산화반응은 PS I의 전자가 $NADP^+$를 환원하지 않고 광계 II를 광계 I과 이어주는 전자전달계로 돌아갈 때 일어난다. 이것이 진행되면, 재순환된 전자는 추가적인 ATP 합성을 가능하게 하는 양성자 동력을 생성하는 데 사용될 수 있다 (그림 14.14 및 그림 14.15의 점선).

산소발생형 광영양체에서의 산소비발생형 광합성

광계 I과 광계 II는 산소발생형 광합성에서 보통 협력하여 기능한

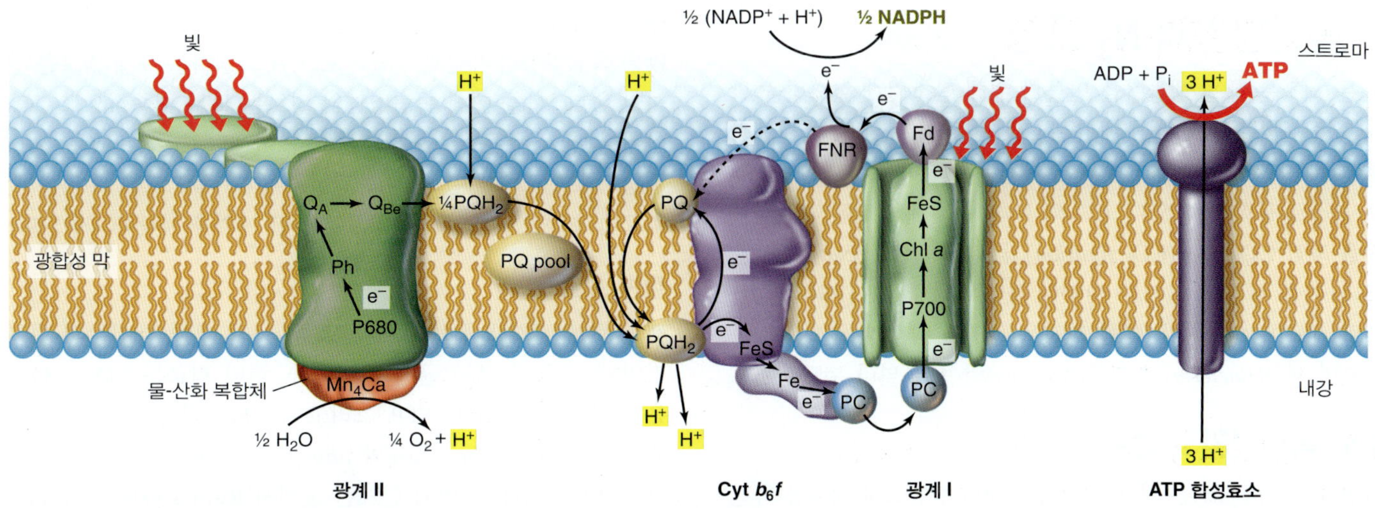

그림 14.15 산소발생형 광합성에서 전자전달. 광계 II (PS II)는 광자에 의해 활성화되며, 이 과정에서 H_2O는 물-산화 복합체의 Mn_4Ca 클러스터(cluster)에서 산화된다. 전자는 PS II로부터 플라스토퀴논 풀(pool) (PQ/PQH_2)로 전달된다. 양성자는 플라스토퀴논이 시토크롬 b_6f에 의해 산화될 때 막을 가로질러 교환된다. 이때 전자는 plastocyanin (PC)으로 전달되며, PC는 전자를 광계 I (PS I)으로 운반한다. 빛에 의해 활성화되면 PS I은 페레독신:$NADP^+$ 산화환원효소(FNR)와 $NADP^+$를 연속적으로 환원시키면서 페레독신(Fd)을 환원한다. 명반응에 의해 생성된 ATP와 NADPH는 캘빈회로를 통해 CO_2를 고정하는 데 사용된다 (14.5절 참조). 순환적 광인산화반응은 FNR이 전자를 $NADP^+$를 대신하여 시토크롬 b_6f에 공여할 때 진행된다. 순환적 광인산화반응 과정은 비순환적 광인산화반응보다 더 많은 ATP와 더 적은 NADPH를 생산한다.

다. 그러나 PS II 기능이 차단되면 일부 산소발생형 광영양체는 PS I만을 사용하여 광합성을 행할 수 있다. 이러한 조건에서 오로지 순환적 광인산화반응 (그림 14.14)만이 진행되며, CO_2 환원을 위한 환원력은 물이 아닌 다른 원천 물질로부터 나온다. 간단히 말해서 이것은 산소발생형 광영양체에서 일어나는 산소비발생형 광합성이다.

이러한 조건에서 많은 남세균은 H_2S를 전자공여체로 사용할 수 있으며, 많은 녹조류는 H_2를 전자공여체로 사용할 수 있다. H_2S가 사용될 경우, H_2S는 원소상의 황(S^0)으로 산화되며, 녹색황세균에 의해 만들어진 것과 비슷한 황 입자 (그림 14.1)가 남세균 세포의 외부에 침전된다. **그림 14.16**은 사상성의 남세균인 *Oscillatoria limnetica*에서의 이러한 현상을 보여준다. 이 미생물은 무산소의 염분이 있는 연못에서 황화물을 산화시키면서 살아가며, 녹색세균 및 자색세균과 함께 산소비발생형 광합성을 수행한다.

산소발생형 광영양체와 산소비발생형 광영양체 모두에 순환적 광인산화반응의 과정이 있다는 것은 진화적 관점에서 이들 두 광영양체의 밀접한 관계를 보여주는 많은 지표 중의 하나이다. 광영양체 사이의 진화적 관계에 관한 또 다른 증거는 자색세균 및 녹색비황세균의 광합성 반응 중심은 구조에 있어 PS II와 닮았고, 반면 녹색황세균 및 헬리오박테리아에서의 반응 중심은 그 구조가 PS I과 닮았다는 사실에서 찾을 수 있다.

자색세균과 녹색세균이 지구상에 남세균보다 아마도 많게는 5억 년까지 앞서서 출현했다는 사실 (13.2절)은 확실하기 때문에, 산소비발생형 광합성이 지구상 최초 형태의 광합성이었다는 것은 분명하다. 남세균의 핵심적인 진화상의 발명은 반응 중심의 두 가지 형태 (PS I과 PS II)를 연결시킨 것과 H_2O를 광합성의 전자공여체로 사용하는 능력을 발달시킨 것이다. 후자는 지구 역사에서 중대한 사건인데, 이것이 지구를 산화시켰을 뿐만 아니라 광독립영양체가 무궁무진한 전자의 공급원을 이용하는 것을 가능하게 하였기 때문이다.

미니퀴즈

- 산소발생형 광합성에서 순환적 전자 흐름과 비순환적 전자 흐름을 구별하라.
- 광합성 명반응의 시작 단계에서 빛 에너지의 핵심 역할은 무엇인가?
- 산소비발생형 광합성과 산소발생형 광합성이 서로 연관된 과정이라는 증거에는 어떤 것이 있는가?

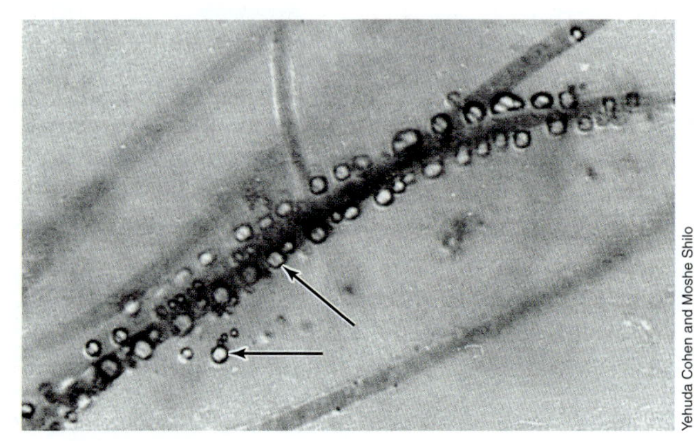

그림 14.16 *Oscillatoria limnetica*에 의한 H_2S의 산화. 세포 외부에 생성된, H_2S의 산화 산물인 S^0의 입자 (화살표)에 주목하라. *O. limetica*는 산소발생형 광합성을 수행하지만, H_2S가 존재하면 세포는 산소비발생형의 과정으로 되돌아간다.

II • 독립영양과 N_2 고정

모든 세포는 세포 생물량을 만들기 위해 탄소원과 질소원을 필요로 한다 (3.1절). 대기는 CO_2의 무기탄소와 N_2 질소의 커다란 저장고이다. 그러나 이러한 기체는 화학적으로 환원되어야 세포 물질로 동화될 수 있다. CO_2와 N_2의 동화에 연결된 환원적인 과정을 각각 CO_2 고정(*CO_2 fixation*)과 N_2 고정(*N_2 fixation*)으로 부른다. 이들 두 경로는 모두 상당한 양의 에너지를 ATP와 환원력 형태로 세포에 요구한다. 이들 과정은 생명체 역사의 초기에 진화되었으며 세균(*Bacteria*)과 고균(*Archaea*)의 종에 널리 분포한다.

14.5 독립영양의 경로

독립영양(*autotrophy*)은 낮은 에너지를 지니며 탄소의 매우 산화된 형태인 CO_2를 환원시켜 세포 물질로 동화시키는 과정이다. 거의 모든 광영양체와 화학무기영양체를 포함한 많은 미생물은 독립영양으로 살아간다. 광독립영양 생물에서 CO_2 고정에 관여하는 동화적 반응을 종종 광합성의 광-독립 암반응(*dark reactions*)으로 부르는데, 이는 이들 반응이 빛의 결핍에 의해 억제되지 않기 때문이다 (14.1절 참조).

산소발생형 광합성에서, CO_2는 **캘빈 회로(Calvin cycle)**에 의해 glyceraldehyde 3-phosphate 수준으로 환원된다. 비록 캘빈 회로가 생물권에서 가장 널리 분포하고 중요한 CO_2 고정의 경로이지만, 많은 독립영양의 세균과 고균은 CO_2를 고정하는 대체 경로를 진화시켜 왔다. 이들 대체 독립영양의 경로는 모두 최종적으로 CO_2를 아세틸-CoA 수준으로 환원시키는데, 아세틸-CoA는 모든 주요 생합성 경로에 들어가는 중심 중간산물이다 (3.9절). 우리는 캘빈 회로에 초점을 맞추어 독립영양에 대한 논의를 시작하고자 한다.

캘빈 회로

캘빈 회로는 자색세균, 남세균, 조류, 녹색 식물, 대부분의 화학무기영양 세균, 일부 고균에 존재한다. 캘빈 회로는 CO_2, CO_2-수용체 분자, NADPH, ATP, 그리고 두 개의 핵심 효소인 *ribulose bisphosphate carboxylase*와 *phosphoribulokinase*를 필요로 한다. 캘빈 회로의 첫 번째 단계는 줄여서 **RubisCO**로 표기하는 효소 ribulose bisphosphate carboxylase가 촉매 작용을 한다. **그림 14.17*a***에서 보는 것처럼, RubisCO는 ribulose bisphosphate와 CO_2로부터 3-phosphoglyceric acid (PGA) 두 분자를 형성하는 반응을 촉매한다. 그런 다음 PGA는 인산화된 후, 해당과정의 핵심 중간물질인 glyceraldehyde 3-phosphate로 환원된다. 이로부터 해당과정의 초기 단계를 반대로 진행하여 포도당을 생성할 수 있다 (그림 3.14).

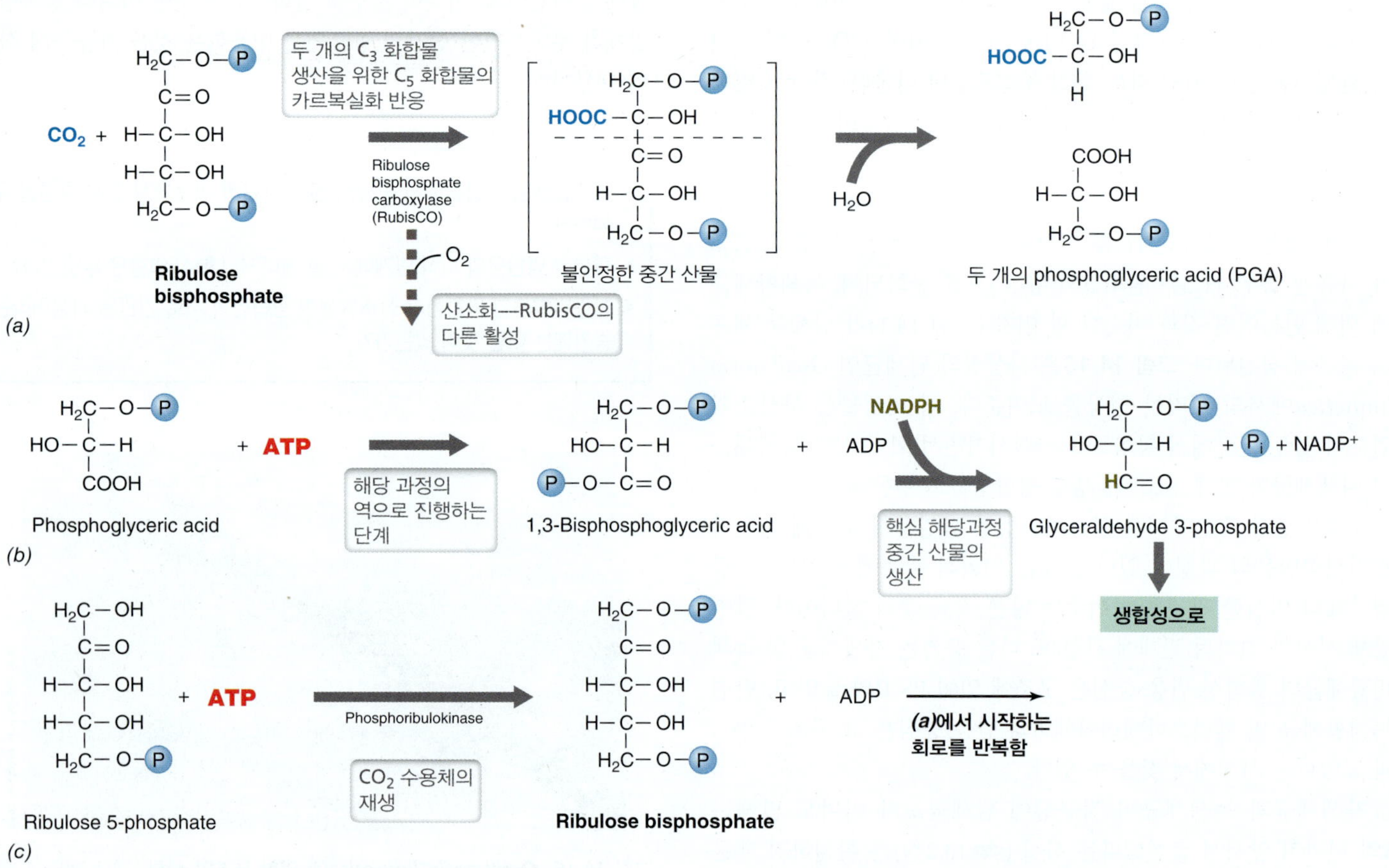

그림 14.17 캘빈 회로의 핵심 반응들. *(a)* ribulose bisphosphate carboxylase 효소의 반응. *(b)* 3-phosphoglyceric acid (PGA)에서 glyceraldehyde 3-phosphate로 전환되는 단계들. ATP와 NADPH를 모두 필요로 하는 것에 주목하라. *(c)* phosphoribulokinase 효소에 의한 ribulose 5-phosphate의 CO_2 수용체 분자인 ribulose 1,5 bisphosphate로의 전환.

CO_2 단일 분자의 도입에 초점을 맞추는 것보다는 CO_2 6 분자의 도입에 기초하여 캘빈 회로의 반응을 살펴보는 것이 가장 용이하다. 이것은 하나의 육탄당 ($C_6H_{12}O_6$)을 만들기 위해서는 6 분자의 CO_2를 필요로 하기 때문이다. RubisCO가 CO_2 6 분자를 도입하기 위해서는 ribulose bisphosphate 6 분자 (총 30개의 탄소)를 필요로 하며, 이들의 카르복실화 반응은 PGA 12 분자 (총 36개의 탄소 원자)를 만든다 (**그림 14.18**). 그런 다음 이 분자들은 최종적으로 ribulose bisphosphate 6 분자 (총 30개의 탄소) 및 세포 생합성에 사용할 하나의 육탄당(6개의 탄소)의 합성을 위한 탄소 골격을 형성한다. 다양한 당 사이에 일련의 생화학적 재배열이 이어지며, 결과적으로 ribulose 5-phosphate 6 분자 (30개의 탄소)가 생겨난다. 캘빈 회로의 최종 단계는 phosphoribulokinase 효소에 의한 이들 각각의 인산화반응이며 (그림 14.17*c*와 그림 14.18), 이에 따라 수용체 분자인 ribulose bisphosphate 6 분자가 재생된다. 모두 합하면, 캘빈 회로를 통해 6 CO_2로부터 하나의 포도당을 합성하기 위해서는 *12 NADPH*와 *18 ATP*를 필요로 한다.

여러 캘빈 회로 독립영양체는 **카르복시솜(carboxysomes)**으로 부르는 다면형의 세포 내포체를 만든다. 직경 약 100 nm의 이들 내포체는 얇은 단백질 막으로 둘러싸여 있으며, RubisCO 분자는 결정체 모양으로 배열된 형태이다 (**그림 14.19**). 카르복시솜 1개에는 약 250개의 RubisCO 분자가 존재한다. 카르복시솜은 RubisCO의 효율을 향상시키는 기능을 한다. 비록 CO_2가 RubisCO의 실질적인 기질이지만, 무기 탄소는 최초 중탄산염(HCO_3^-) 형태로 세포에 도입된다. 중탄산염은 카르복시솜으로 확산해 들어가며, 카르복시솜 효소인 *carbonic anhydrase*의 활성을 통해 CO_2의 형태로 전환된다. CO_2는 카르복시솜에서 나갈 수 없고, 그 안에서 높은 농도로 유지될 수 있는데, 이것이 CO_2 고정의 효율을 향상시킨다. RubisCO는 CO_2 혹은 O_2와 반응할 수 있으며, O_2는 RubisCO 효소와 접근함에 있어 CO_2와 경쟁하는데 (그림 14.17*a*), 이것이 CO_2 고정의 효율을 낮춘다. 그러나 카르복시솜의 단백질 껍질은 RubisCO를 O_2로부터 차단하며 효율적인 CO_2 고정을 위해 필요한 높은 수준의 CO_2를 유지한다. 식물은 카르복시솜이 없고, 이를 대신하여 식물의 RubisCO는 엽록체의 스트로마에 농축된다 (그림 14.5). 그러나 스트로마는 O_2를 차단하는 역할을 하지 못하며 식물에서 CO_2 고정의 효율은 O_2 생산이 빠른 속도로 진행되면 감소한다.

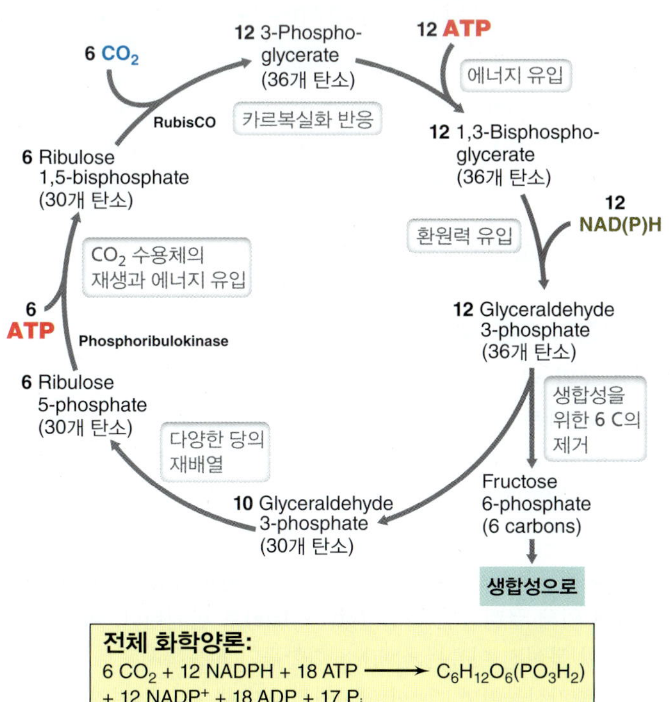

그림 14.18 캘빈 회로. 그림은 CO_2로부터 하나의 육탄당 분자를 만드는 것을 보여준다. 첨가된 여섯 개의 CO_2 분자에서 한 개의 fructose 6-phosphate가 생성된다. 광영양체에서 ATP는 광인산화로부터 생성되며, NAD(P)H는 빛이나 역 전자 흐름으로부터 생성된다.

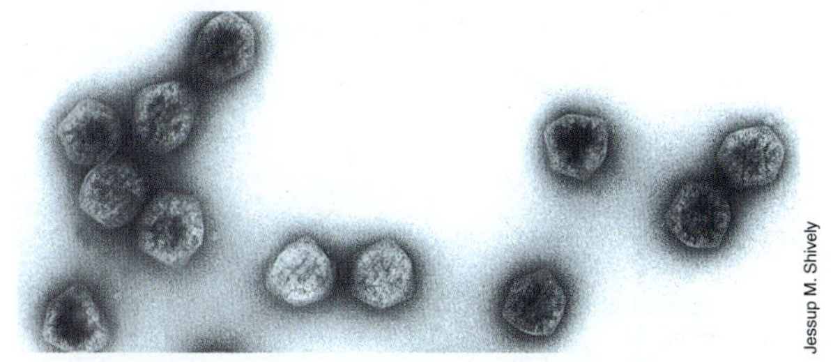

그림 14.19 결정형의 캘빈 회로 효소들: 카르복시솜. 화학무기영양의 황산화 미생물 *Halothiobacillus neapolitanus*로부터 정제한 카르복시솜의 전자현미경 사진. 구조는 직경이 대략 100 nm이다. 카르복시솜은 매우 다양한 절대 독립영양의 호기성 세균에 존재한다.

역 시트르산 회로

모든 광영양 생물이 CO_2 고정을 캘빈 회로에 의존하는 것은 아니다. **역 시트르산 회로 [reverse citric acid cycle**, 환원형 TCA 회로(*reductive TCA cycle*)로도 부름]는 *Chlorobium* (그림 14.1)과 같은 녹색황세균에 의해 이용되는 CO_2 고정의 경로이다. 역 시트르산 회로에서, CO_2는 시트르산 회로의 단계들을 반대 방향으로 진행하는 단계들에 의해 환원된다 (3.9절) (**그림 14.20*a***). 역 시트르산 회로는 캘빈 회로에 비해 더 효율적이다. CO_2 6 분자로부터 포도당 1 분자를 합성할 경우, 캘빈 회로는 ATP 18 분자를 필요로 하는 것에 반하여, 역 시트르산 회로에서는 단지 4 분자의 NADH, 2 분자의 환원된 페레독신, 10 분자의 ATP를 필요로 한다.

이름이 암시하듯이, 역 시트르산 회로 반응의 대부분은 시트르산 회로 효소의 역반응에 의해 촉매된다. 그러나 이 회로는 여러 독특한 효소의 활성을 필요로 한다. 이러한 효소에는 특히 α-케토글루타르산염 합성효소(α-ketoglutarate synthase)와 피루브산염 합성효소(pyruvate synthase)가 포함되는데, 이들 효소는 환원된 페레독신에 의해 공급되는 전자를 사용하여 CO_2의 환원적 고정을 촉매한다. 페레독신은 매우 음전기의 대략 −0.4 V E_0'를 갖는 철-황 단백질이며 녹색황세균의 명반응에서 만들어진다 (그림 14.13). 이러한 페레독신-연결의 두 반응은 (1) 숙시닐-CoA의 α-케토글루타르산염으로의 카르복실화 반응과 (2) 아세틸-CoA의 피루브산

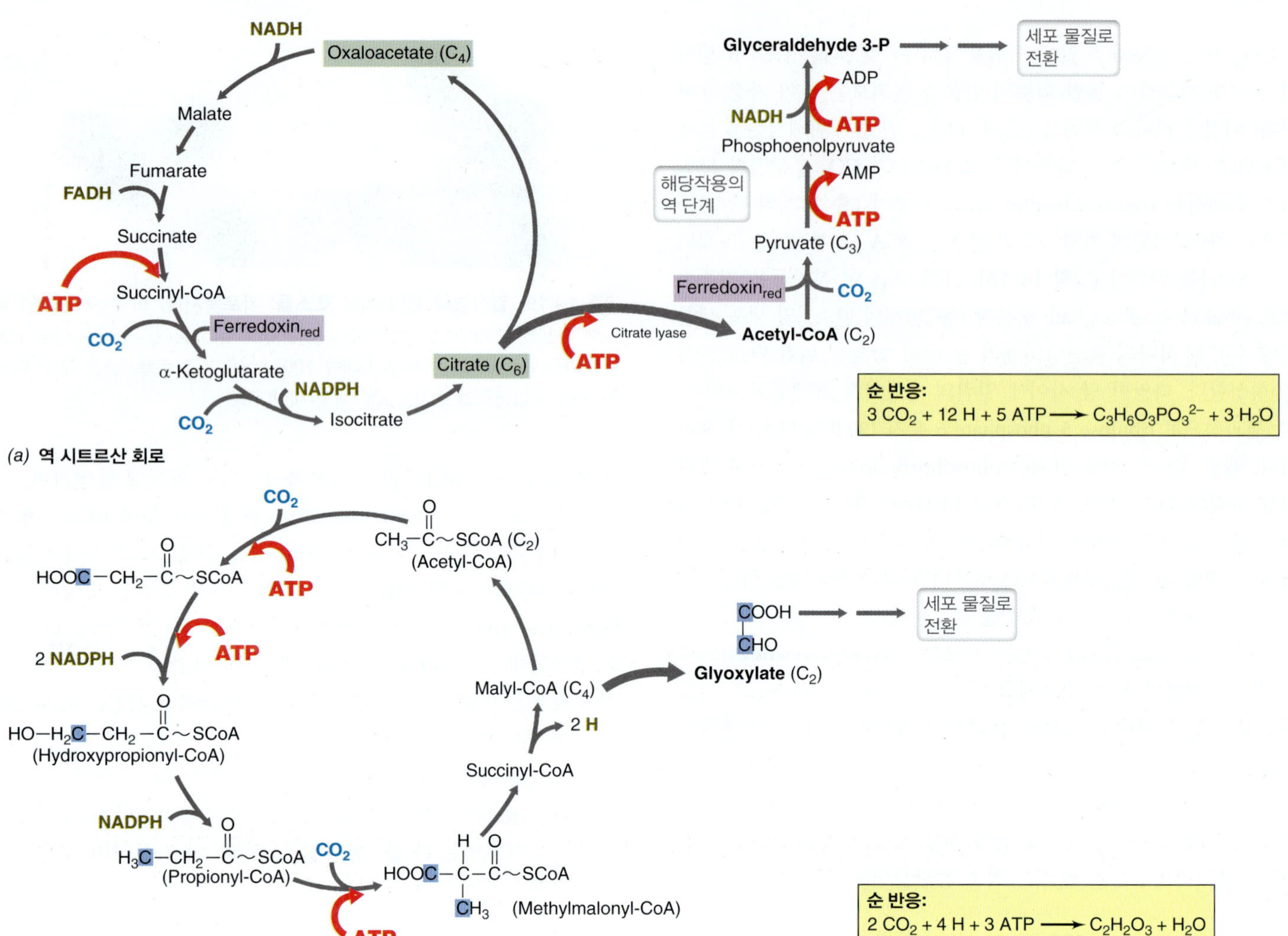

그림 14.20 광영양의 녹색세균에서 독특한 독립영양의 경로. *(a)* 역 시트르산 회로는 녹색황세균에서의 CO_2 고정 과정이다. 페레독신$_{red}$ (Ferredoxin$_{red}$)는 환원된 페레독신 (각 2H)을 필요로 하는 카르복실화 반응을 나타낸다. 옥살로아세트산염에서 출발하여 회로를 한번 진행하면 세 분자의 CO_2가 첨가되며, 피루브산염이 산물로 만들어진다. *(b)* 히드록시프로피온산염 경로는 녹색비황세균 *Chloroflexus*에서의 독립영양 경로이다. 아세틸-CoA는 methylmalonyl-CoA를 만들기 위해 카르복실화가 두 번 진행된다. 이 중간산물은 새로운 아세틸-CoA 수용체 분자와 한 분자의 glyoxylate를 만들기 위해 재배열되며, glyoxylate는 세포 물질로 전환된다.

염으로의 카르복실화 반응이다 (그림 14.20*a*). 역 시트르산 회로는 또한 시트르산 회로 (⇄ 그림 3.16)의 효소인 시트르산염 합성효소(*citrate synthase*)를 시트르산염 분해효소(*citrate lyase*)로, 시트르산 회로의 숙신산염 탈수소효소(*succinate dehydrogenase*)를 역 회로에서는 푸마르산염 환원효소(*fumarate reductase*)로 대체하는데, 시트르산 분해효소는 시트르산염을 아세틸-CoA와 옥살로아세트산염으로 나누는 ATP-의존 효소이다 (그림 14.20*a*).

역 시트르산 회로는 몇몇 광영양이 아닌 독립영양체에서도 작용한다. 예를 들어, 초고온성의 화학무기영양체인 *Thermoproteus*와 *Sulfolobus* (고균; ⇄ 17.9절), 그리고 *Aquifex* (세균; ⇄ 16.19절)는 역 시트르산 회로를 이용하며, *Sulfurimonas*와 같은 몇몇 중온의 황 화학무기영양 세균도 역시 역 시트르산 회로를 이용한다. 따라서 원래 녹색황세균에서 발견되었던 이 경로는 독립영양 미생물의 여러 그룹에 분포하고 있는 듯하다.

CO_2 고정의 다른 경로

캘빈 회로와 역 시트르산 회로에 더하여 적어도 네 개의 CO_2 고정을 위한 다른 경로가 알려져 있다. 사상성 산소비발생형 광영양체인 *Chloroflexus* (⇄ 15.7절)는 H_2 혹은 H_2S를 전자공여체로 이용하여 독립영양으로 생장한다. 그러나 이 미생물에서 캘빈 회로나 역 시트르산 회로는 모두 작용하지 않는다. 대신에 두 분자의 CO_2는 **3-히드록시프로피온산염 이-회로(3-hydroxypropionate bi-cycle)**에 의해 글리옥실레이트(glyoxylate)로 환원된다. 이렇게 경로 이름이 붙여진 이유는 삼-탄소 화합물인 히드록시프로피온산염이 핵심 중간산물이며, 두 회로를 연결하기 때문이다. 여기서 한 회로는 두 분자의 중탄산염을 한 분자의 글리옥실레이트로 고정하며, 다른 회로는 세 번째 중탄산염을 더하여 최종적으로 피루브산염을 만드는 것으로, 피루브산염은 생합성 반응으로 들어갈 수 있다 (그림 14.20*b*). 3-히드록시프로피온산염 이-회로는 역 시트르산 회로

보다는 어느 정도 효율성이 떨어지는데, 한 분자의 포도당을 만들기 위해 16 분자의 ATP를 필요로 한다.

광영양의 세균에서, 3-히드록시프로피온산염 이-회로는 지구상 가장 초기 출현한 광영양체의 하나로 여겨지는 *Chloroflexus*에서 찾아진다. 이는 3-히드록시프로피온산염 이-회로가 산소비발생형 광영양체에서 독립영양의 최초 혹은 적어도 가장 초기 기작의 하나일 수 있다는 것을 시사한다. *Chloroflexus* 이외에, 3-히드록시프로피온산염 이-회로는 *Metallosphaera*, *Acidianus*, *Sulfolobus* 등 여러 초고온성 고균에서도 작용한다. 이들은 모두 고균 (17장)의 계통유적학적 계통수의 바닥 근처에 위치하는 화학무기영양체이다. 따라서 히드록시프로피온산염 경로의 진화적 뿌리는 매우 깊을 수 있으며, 이 경로가 자연이 최초 시도한 독립영양의 경로일 가능성이 있다.

CO_2 고정의 다른 경로에는 **3-히드록시프로피온산염/4-히드록시부틸산염 회로(3-hydroxypropionate/4-hydroxypropionate cycle)**와 **디카르복실산염/4-히드록시부틸산염 회로(dicarboxylate/4-hydroxypropionate cycle)**가 있다. 이러한 CO_2 고정 경로는 고균의 다양한 독립영양 종에서 찾아진다. 이들 회로 각각은 중탄산염 및 CO_2를 생합성에 사용되는 아세틸-CoA로 전환하는 두 개의 연결된 경로를 포함한다. 이들 경로의 이름은 핵심 중간산물인 3-히드록시프로피온산염, 4-히드록시부틸산염, C_4 디카르복실산 등에 의한 것이다.

CO_2 고정의 마지막 경로는 **환원형 아세틸 CoA 경로(reductive acetyl coenzyme A pathway)**이다. 이 경로는 메탄생성 고균, 다양한 아세트산생성세균, 아나목스 반응을 수행하는 *Planctomyces* (이들 모두는 이 장에서 설명됨) 등의 절대 혐기성 미생물에서 찾아진다. 환원형 아세틸-CoA 경로는 모든 CO_2 고정 경로 중에서 가장 효율이 높으며, 6 분자의 CO_2를 고정하는데 단지 6–8 분자의 ATP만을 필요로 한다. 또한 이 경로는 에너지 보전과 직접적으로 연결될 수 있는 유일한 CO_2 고정 경로이며, 우리는 14.16절에서 이에 대해 자세히 살펴볼 것이다.

미니퀴즈

- RubisCO 효소는 어떤 반응을 수행하는가?
- 캘빈 회로를 통해 육탄당 한 분자를 만드는데 얼마나 많은 NADPH와 ATP가 필요한가?
- 다음의 광영양체, 남세균, 자색황세균과 녹색황세균, *Chloroflexux*에서 독립영양을 서로 비교하라.

14.6 질소 고정

탄소 이외에도 세포는 단백질, 핵산, 많은 다른 유기 분자를 합성하기 위해 상당한 양의 질소를 필요로 한다. 대부분의 미생물은 이러한 질소를 환경에서 암모니아(NH_3) 혹은 질산염(NO_3^-)과 같은 "고정된(fixed)" 형태의 N으로부터 얻는다. 그러나 많은 세균과 고균은 질소 기체(N_2)로부터 암모니아를 형성할 수 있는데, 이 과정을 **질소 고정(nitrogen fixation)**이라 부른다. 생산된 암모니아는 유기물 형태로 동화된다. 미생물은 질소를 고정할 수 있는 능력으로 고정된 질소에 의존하지 않아도 되고, 고정된 질소가 제한적일 때 중요한 생태적 장점을 갖는다. 또한 질소 고정 과정은 콩, 알팔파와 같은 주요 작물의 질소 요구를 지원하므로, 농업에서 매우 중요하다.

세균(*Bacteria*)과 고균(*Archaea*)의 일부 종만이 질소를 고정할 수 있으며, 일부 중요한 질소-고정 미생물의 목록은 **표 14.1**에 나타나 있다. 일부 질소-고정 세균은 자유생활(*free-living*)을 하며, 완전히 독립적으로 이 과정을 수행한다. 반면에 다른 세균은 공생(*symbiotic*)을 하며, 몇몇 식물체와 공동으로만 질소를 고정한다 (⇄ 23.3절). 그러나 공생적 질소 고정에서 N_2를 고정하는 것은 식물이 아니라 세균이다; 질소 고정을 하는 것으로 알려진 진핵생물은 없다.

표 14.1 몇몇 질소-고정 미생물[a]

화학유기영양체	광영양체	화학무기영양체
자유-생활 호기성 미생물		
Azotobacter *Azomonas* *Azospirillum* *Klebsiella*[b] *Methylomonas*	남세균 (예, *Anabaena*, *Nostoc*, *Gloeothece*, *Aphanizomenon*)	*Alcaligenes* *Acidithiobacillus*
자유-생활 혐기성 미생물		
화학유기영양체	**광영양체**	**화학무기영양체[c]**
Clostridium *Desulfotomaculum*	자색세균 (예, *Chromatium*, *Methanococcus*, *Rhodobacter*) 녹색황세균 (예, *Chlorobium*) 헬리오박테리아	*Mehanosarcina* *Methanocaldococcus*
공생관계		
콩과식물과 함께	**비콩과식물과 함께**	
Rhizobium, *Bradyrhizobium*, *Sinorhizobium*과 대두, 완두콩, 클로버 등과의 관계	방선균인 *Frankia*와 오리나무, 베이베리나무, 보리수나무, 다른 많은 관목 식물과의 관계	

[a]각 범주에는 몇몇 흔한 속들만 열거됨; 다른 많은 속들이 알려져 있음.
[b]질소 고정은 혐기적 조건에서만 진행됨.
[c]모두 고균임.

질소고정효소

질소 고정은 **질소고정효소(nitrogenase)**라 불리는 효소 복합체에 의해 촉매된다. 질소고정효소는 이질소화효소(*dinitrogenase*)와 이질소화효소 환원효소(*dinitrogenase reductase*)의 두 단백질로 구성된다. 두 단백질 모두 철(iron)을 포함하며, 이질소화효소는 몰리브덴(molybdenum)도 가진다. 이질소화효소에 있는 철과 몰리브덴은 철-몰리브덴 보조인자(*iron-molybdenum cofactor, FeMo-co*)라 불리는 효소 보조인자의 일부분이며, N_2의 환원은 이 부분에서 진행된다. FeMo-co의 구성은 $MoFe_7S_8$•동형시트르산염(homocitrate)이다 (**그림 14.21**). 몰리브덴이 없는 두 개의 "대체(alternative)" 질소고정효소가 알려져 있다. 이들은 보조인자에 바나듐[vanadium(V)]과 철 또는 철만을 가지며, 환경에 몰리브덴이 제한적일 때 몇몇 질소 고정세균에 의해 만들어진다 (15.12절).

질소 고정은 산소(O_2)에 의해 저해를 받는데, 이는 이질소화효소 환원효소는 O_2에 의해 비가역적으로 불활성화되기 때문이다. 그럼에도 불구하고 많은 질소-고정 세균은 절대 호기성 미생물이다. 이들 미생물의 경우, 질소고정효소는 호흡에 의한 O_2의 신속한 제거 및 O_2-억제 점액층 생산의 조합에 의해 산소에 의한 불활성화로부터 보호된다 (**그림 14.22**). 이형세포를 만드는 남세균(heterocystous cyanobacteria)의 경우, 질소고정효소는 이형세포(*heterocyst*)로 불리는 분화된 세포에 위치하기 때문에 보호를 받는다 (그림 14.22*c*; 15.3절). 이형세포 내의 조건은 무산소 상태이며, 주변 영양세포의 조건은 산소발생형 광합성이 진행되기 때문에 그 반대이다. 이형세포에서는 산소 생산이 정지된 상태이며, 이형세포는 N_2 고정을 위한 전담 부위로서 보호된다 (7.8절).

질소 고정에서의 전자 흐름

N_2 삼중결합의 안정성으로 인해 N_2의 활성화와 환원은 많은 에너지를 요구한다. N_2를 NH_3로 환원하는데 여섯 개의 전자가 필요하며, 연속적인 환원 단계가 자유로운 중간산물의 축적 없이 질소고정효소에서 직접 진행된다 (**그림 14.23**). N_2를 $2NH_3$로 환원시키는데 6개의 전자가 필요하지만, 실제로는 8개의 전자가 이 과정에서 소모되며, 환원되는 1 N_2마다 2개의 전자는 H_2로 사라진다. 알려지지 않은 이유로, H_2의 발생은 질소 고정에서 부득이한 단계이며, 질소고정효소 환원 주기의 첫 번째에서 일어난다. 뒤이어 N_2는 연속적인 단계에서 환원되며, 암모니아가 산물로서 방출된다 (그림 14.23).

질소고정효소에서 전자전달의 순서는 다음과 같다: 전자공여체 → 이질소화효소 환원효소 → 이질소화효소 → N_2. N_2 환원을 위한 전자는 낮은 전위의 철-황 단백질인 페레독신이나 플라보독신(flavodoxin)으로부터 이질소화효소 환원효소로 전달된다 (3.10절). 전자 이외에 ATP가 질소 고정에 요구된다. ATP는 이질소화효소 환원효소에 결합하고, 이 단백질의 환원전위를 낮추면서 ADP로 가수분해된다. 이것이 이질소화효소 환원효소가 이질소화효소와 상호작용하여 이 효소를 환원시키는 것을 가능하게 한다. 전자는 이질소화효소 환원효소로부터 질소화효소로 한 번에 하나씩 전달되며, 각 환원 주기는 2개의 ATP를 요구한다. 따라서 N_2의 $2NH_3$로의 환원에는 모두 16개의 ATP를 필요로 한다 (그림 14.23).

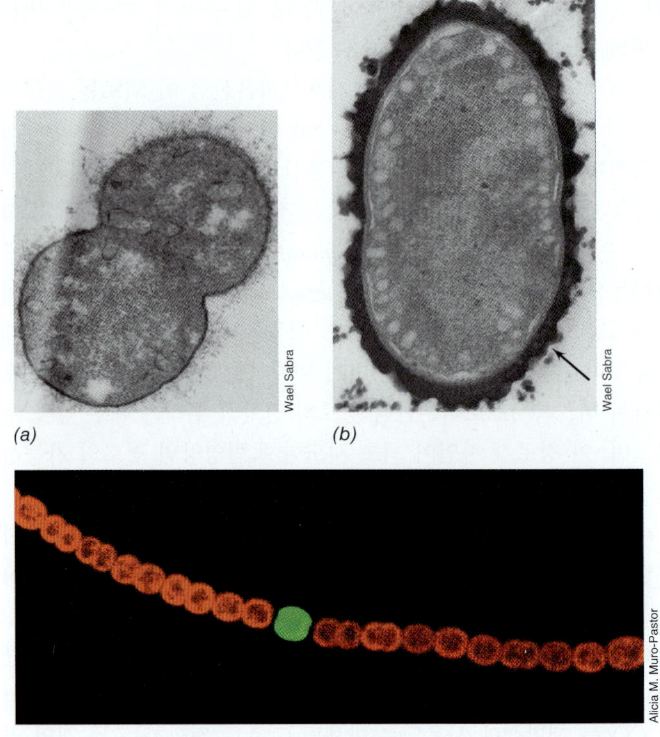

그림 14.22 O_2로부터 질소고정효소를 보호하는 두 가지 방식. 2.5% O_2에서 생장한 질소-고정 *Azotobacter vinelandii* 세포 *(a)*와 공기 중 (21% O_2)에서 생장한 *A. vinelandii* 세포 *(b)*의 투과전자현미경 사진의 비교는 O_2에 의한 점액질 형성의 유도를 입증하는데, *(a)*에서는 점액질이 거의 없는 반면에, *(b)*에서는 진하게 염색된 두꺼운 점액질 층 (화살표)을 보여준다. 점액질은 O_2가 세포로 확산되는 것을 지연시켜, O_2에 의한 질소고정효소 불활성화를 억제한다. *(c)* 사상성 남세균인 *Anabaena* 세포의 형광현미경 사진으로, 단일 이형세포(heterocyst, 녹색)를 보여준다. 이형세포는 질소 고정에 특화한 분화된 세포이며, O_2에 의한 불활성화로부터 질소고정효소를 보호한다.

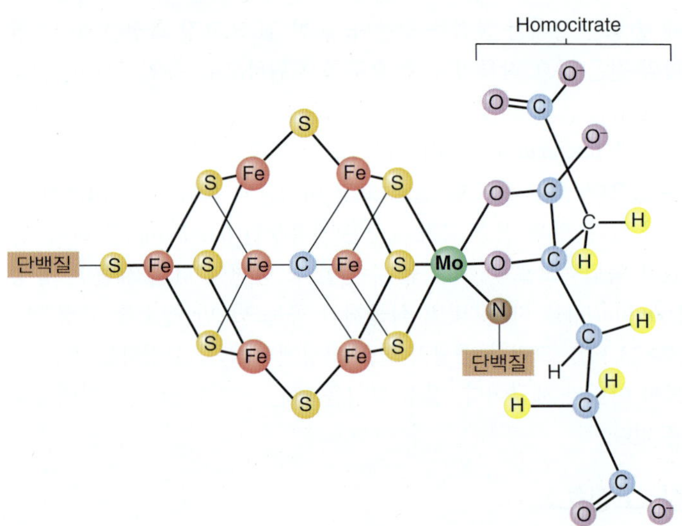

그림 14.21 질소고정효소의 철-몰리브덴 보조인자, FeMo-co. 왼쪽에는 Fe_7S_8 육면체가 있으며, 이것은 Mo와 결합하는데, 이를 통해 homocitrate의 O 원자 (오른쪽, 모든 O 원자는 자색으로 표시)와 연결된다. 육면체는 이질소화효소(dinitrogenase)의 N 원자, S 원자와도 결합한다.

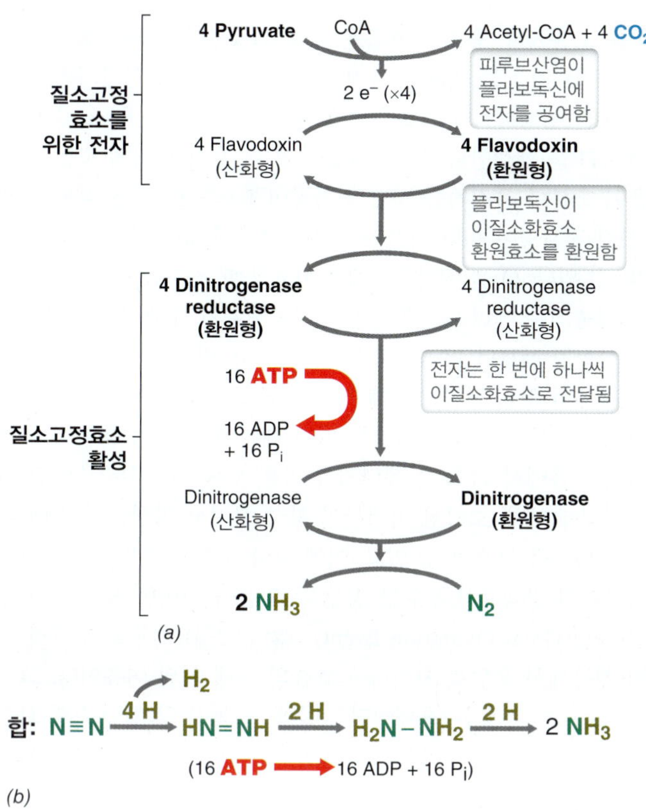

그림 14.23 질소고정효소에 의한 생물학적 질소 고정. 질소고정효소 복합체는 이질소화효소(dinitrogenase)와 이질소화효소 환원효소(dinitrogenase reductase)로 구성된다. 환원된 페레독신으로부터의 전자는 이질소화효소 환원효소를 환원하기 위해 사용되며, 이들 전자는 또한 ATP를 사용하여 이질소화효소를 환원시킨다. 이질소화효소는 궁극적으로 효소의 활성화 부위에서 이들 전자를 N_2에 공여하며, 이는 2 NH_3의 형성을 가져온다. 철-몰리브덴 보조인자 (FeMo-co, 그림 14.21)는 이질소화효소의 일부분을 구성한다.

질소고정효소의 활성 분석: 아세틸렌 환원

질소고정효소는 N_2에 전적으로 특이적이지 않으며 아세틸렌(HC≡CH)과 같은 다른 삼중결합을 지닌 화합물도 환원한다. 질소고정효소에 의한 아세틸렌의 환원은 단지 두 개의 전자가 필요한 과정으로 에틸렌($H_2C{=}CH_2$)이 최종 산물이다. 그러나 아세틸렌의 에틸렌으로의 환원은 질소고정효소 활성을 측정하는 간단하고 민감하며 신속한 방법을 제공한다 (**그림 14.24**). 아세틸렌 환원 분석(*acetylene reduction assay*)으로 알려진 이 기술은 미생물학에서 질소 고정을 검출하고 정량하는 데 널리 사용된다.

아세틸렌의 환원이 N_2 고정의 강력한 증거로 여겨지지만, 결정적인 증거는 질소 동위원소 $^{15}N_2$를 추적자로 요구한다. 배양 또는 자연 시료를 $^{15}N_2$로 농화 배양할 때, $^{15}NH_3$의 생산은 질소 고정의 확실한 증거가 된다. 그럼에도 불구하고 아세틸렌 환원은 N_2 고정을 측정하는 보다 신속하고 민감한 방법이며, 순수배양의 실험실 연구 및 또는 질소-고정 세균의 서식처에서의 생태적 연구에서 쉽게 이용될 수 있다. 분석을 위해 토양 시료, 수질 시료, 또는 배양 시료를 HC≡CH가 들어 있는 용기에서 배양하고, 이후 기체 상(phase)을 기체 크로마토그래피로 분석하여 $H_2C{=}CH_2$의 생산을 확인한다 (그림 14.24).

미니퀴즈

- 질소고정효소에 의해 촉매되는 반응의 평형식(balanced equation)을 적어라.
- FeMo-co는 무엇이며, 어떤 작용을 하는가?
- 질소 고정 연구에 아세틸렌은 어떻게 유용한가?

III • 전자공여체에 의해 정의되는 호흡 과정

3장에서 살펴보았듯이, 호흡에서 에너지는 최초 전자공여체로부터 최종 전자수용체로 전자가 전달되는 산화환원 반응을 통해 보전된다. 호흡의 엄청난 다양성이 존재하며, 호흡을 수행하는 미생물은 보통 그들의 전자공여체 및 전자수용체의 특성에 의해 규정된다. 이러한 미생물의 일부는 유기 화합물을 산화하며 [화학유기영양체(*chemoorganotroph*)], 반면에 다른 미생물은 무기 화합물을 산화하면서 [화학무기영양체(*chemolithotroph*)] CO_2로부터 탄소를 얻는다. 우리는 먼저 모든 형태의 호흡에 적용되는 기본 에너지론에 대해 고찰하고자 한다.

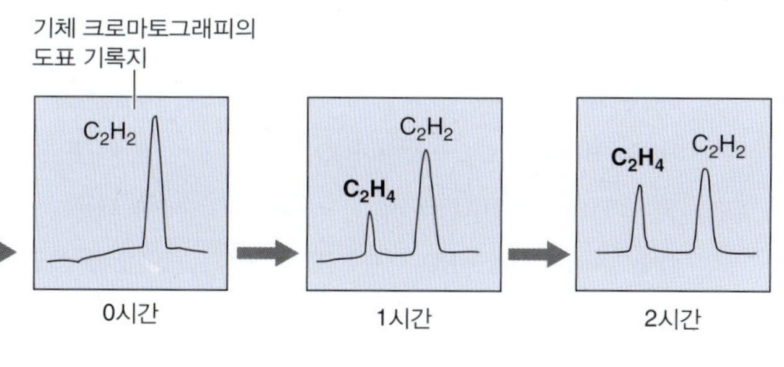

그림 14.24 질소-고정 세균에서 질소고정효소 활성의 아세틸렌 환원 측정. 0시간에서는 에틸렌(C_2H_4)이 없으나, 측정이 진행됨에 따라 C_2H_4 생산이 증가하는 결과를 보여준다. C_2H_4의 생산에 따라 이에 상응하는 양의 C_2H_2가 소비된다.

14.7 호흡의 원리

모든 유형의 호흡에서, 낮은 전위의 전자공여체 (보다 음전기를 지닌)는 산화되며 여기서 나오는 전자는 전자전달계를 통과하여 지나가는데, 이는 높은 전위의 전자수용체 (보다 양전기를 지닌)에 대한 친화력에 의한 것이며, 전자수용체는 최종적으로 환원된다. 전자전달계는 시토크롬, 퀴논, 철-황 단백질 (3.10절) 등의 구성 요소를 포함하며, 총괄하여 이들 단백질은 전자의 흐름이 양성자 동력을 생성할 수 있게 한다. 최종적으로 ATP 합성은 ATP 합성효소의 활성 (3.11절)을 통한 이온 농도 기울기에 의해 견인된다.

호흡의 에너지론

3장에서 살펴보았던, 어떤 물질이 전자를 공여하거나 수용하는 경향은 그 물질의 환원 전위(E_0')에 의해 정해지며, 전자가 전달되는 반응을 산화환원 반응(*redox reactions*)으로 부른다는 것에 대해 기억을 떠올리자. 호흡은 두 개의 산화환원 반쪽 반응이 짝을 이룬 것으로 이해될 수 있다. 산화환원 반쪽 반응은 가역반응이며, 짝을 이룬 반응에서 보다 음전기 (더 낮은 환원 전위)의 반쪽 반응이 산화 (전자공여체)되는 반면, 보다 양전기 (더 높은 환원 전위)의 반쪽 반응이 환원 (전자수용체)될 것이다. 산화환원 짝의 E_0' 측면에서, 두 반쪽 반응의 거리가 멀면 멀수록 더 많은 에너지가 방출된다 (그림 3.10). 이러한 간단한 원리에 기초하여 매우 다양한 유기 혹은 무기의 전자공여체가 다양한 유형의 호흡에서 최종 전자수용체와 짝을 이룰 수 있다 (**그림 14.25** 및 **표 14.2**). 이러한 반응은 ATP 생산을 위한 충분한 에너지 [ATP의 고에너지(energy-rich) 인산염 결합은 −31.8 kJ/mol의 자유에너지를 갖는다]가 방출되기 때문에 생물의 생장을 지원할 수 있다.

호기적 호흡과 혐기적 호흡

호흡은 유산소 및 무산소 조건 모두에서 진행될 수 있다. 혐기적 호흡(*anaerobic respiration*)은 산소가 아닌 다른 전자수용체를 사용하는 호흡이다. 혐기적 호흡은 발효와는 구분이 되는데, 발효는 외부 전자수용체를 필요로 하지 않으며 기질-수준 인산화의 결과로 ATP를 생성하지만 호흡은 이온 동력(ion motive force)을 이용해서 ATP를 생성한다. 그림 14.25로부터, 우리는 거의 모든 반쪽 반응이 충분한 음전기를 지닌 전자공여체 (즉, 더 낮은 환원 전위를 가진 전자공여체)와 짝을 이루면 전자수용체로 기능할 수 있음을 알 수 있다. O_2를 전자수용체로 사용할 때 전자공여체의 산화로부터 방출되는 에너지는 동일한 전자공여체가 대체 전자수용체의 의해 산화될 때보다 더 많다 (그림 3.10). 이러한 에너지 차이는 각 수용체의 환원 전위에 의해 정해진다 (그림 14.25).

O_2/H_2O 쌍이 가장 양전기를 띠기 때문에, 혐기적 호흡에 비해 호기적 호흡에서 더 많은 에너지가 이용가능하다. 이는 주어진 전자공여체에 대해 호기성 미생물이 항상 혐기성 미생물에 비해 더 많은 에너지를 보전할 수 있고, 이에 따라 호기성 미생물이 혐기성 미생물과의 경쟁에서 우위를 점할 수 있음을 의미한다. 이것이 대산화 사건(Great Oxidation Event) (13.2절) 이후로 호기적 호흡이 지구에서 우위를 차지하는 호흡의 형태가 된 이유이다. 그러나 산소는 좋은 전자수용체이면서 물에 잘 녹지 않기 때문에, 산소는 빠르게 소비될 수 있다. 그러므로 자연에는 무산소의 서식처가 널리 남아 있으며, 혐기성 미생물의 서식처가 된다.

어떤 미생물의 산소에 대한 관계는 종종 그 미생물의 다른 전자수용체에 대한 관계도 결정한다. 통성 호기성 미생물 (5.14절)은 산소가 제한되면 대체 전자수용체로 전환할 수 있으나 산소가 이용가능하면 다시 산소 사용으로 즉시 돌아온다. 통성 호기성 미생물에 의해 사용되는 대체 전자수용체에는 O_2/H_2O 쌍과 상당히 근접한 화합물, 예를 들어 많은 무기 및 유기 화합물, 그리고 Fe^{3+}, Mn^{4+} 등의 금속을 포함한다 (그림 14.25). 보다 음전기의 전자수용체를 사용하는 미생물은 종종 산소에 의해 억제되는 효소를 채용하며, 이들 미생물은 보통 절대 혐기성 미생물이다. 이에 따라 황산염(SO_4^{2-}), 원소상의 황(S^0), 이산화탄소(CO_2) 등의 음전기를 가진 전자수용체를 사용하는 미생물은 혐기적 생활방식에 갇혀 있다.

표 14.2 다양한 무기 전자공여체의 산화로부터 에너지 수율[a]

전자공여체	화학무기영양 반응	화학무기영양체 그룹	쌍의 E_0' (V)	$\Delta G^{0'}$ (kJ/반응)	전자 수/ 반응	$\Delta G^{0'}$ (kJ/2e$^-$)
아인산염[b]	$4\ HPO_3^{2-} + SO_4^{2-} + H^+ \rightarrow 4\ HPO_4^{2-} + HS^-$	아인산염 세균	−0.69	−364	8	−91
수소[b]	$H_2 + ½O_2 \rightarrow H_2O$	수소 세균	−0.42	−237.2	2	−237.2
황화물[b]	$HS^- + H^+ + ½\ O_2 \rightarrow S^0 + H_2O$	황 세균	−0.27	−209.4	2	−209.4
황[b]	$S^0 + 1½\ O_2 + H_2O \rightarrow SO_4^{2-} + 2\ H^+$	황 세균	−0.20	−587.1	6	−195.7
암모늄[c]	$NH_4^+ + 1½\ O_2 \rightarrow NO_2^- + 2\ H^+ + H_2O$	질산화 세균	+0.34	−274.7	6	−91.6
아질산염[b]	$NO_2^- + ½\ O_2 \rightarrow NO_3^-$	질산화 세균	+0.43	−74.1	2	−74.1
제1철[b]	$Fe^{2+} + H^+ + ¼O_2 \rightarrow Fe^{3+} + ½H_2O$	철 세균	+0.77	−32.9	1	−65.8

[a]표 3.2 (혹은 표의 참고문헌)와 그림 3.10의 G_f^0 값으로부터 얻은 자료. Fe^{2+}의 값은 pH 2, 다른 것은 pH 7에서의 값이다. pH 7에서 Fe^{3+}/Fe^{2+} 쌍의 값은 대략 +0.2 V임.
[b]아인산염을 제외하고, 모든 반응물은 전자수용체로 O_2와 쌍을 이룬 것으로 나타내었음. 알려진 유일한 아인산염 산화 미생물은 전자수용체로 SO_4^{2-}와 쌍을 이룸. H_2와 대부분의 황 화합물은 하나 혹은 더 많은 전자수용체를 사용하여 혐기적으로 산화될 수 있으며, Fe^{2+}는 중성 pH에서 NO_3^-를 전자수용체로 사용하여 산화될 수 있음. 황 화합물의 다른 화학무기영양 반응에 대해서는 표 14.3 참조.
[c]암모늄도 NO_2^-를 전자수용체로 사용하여 산화될 수 있음 (아나목스, 14.12절).

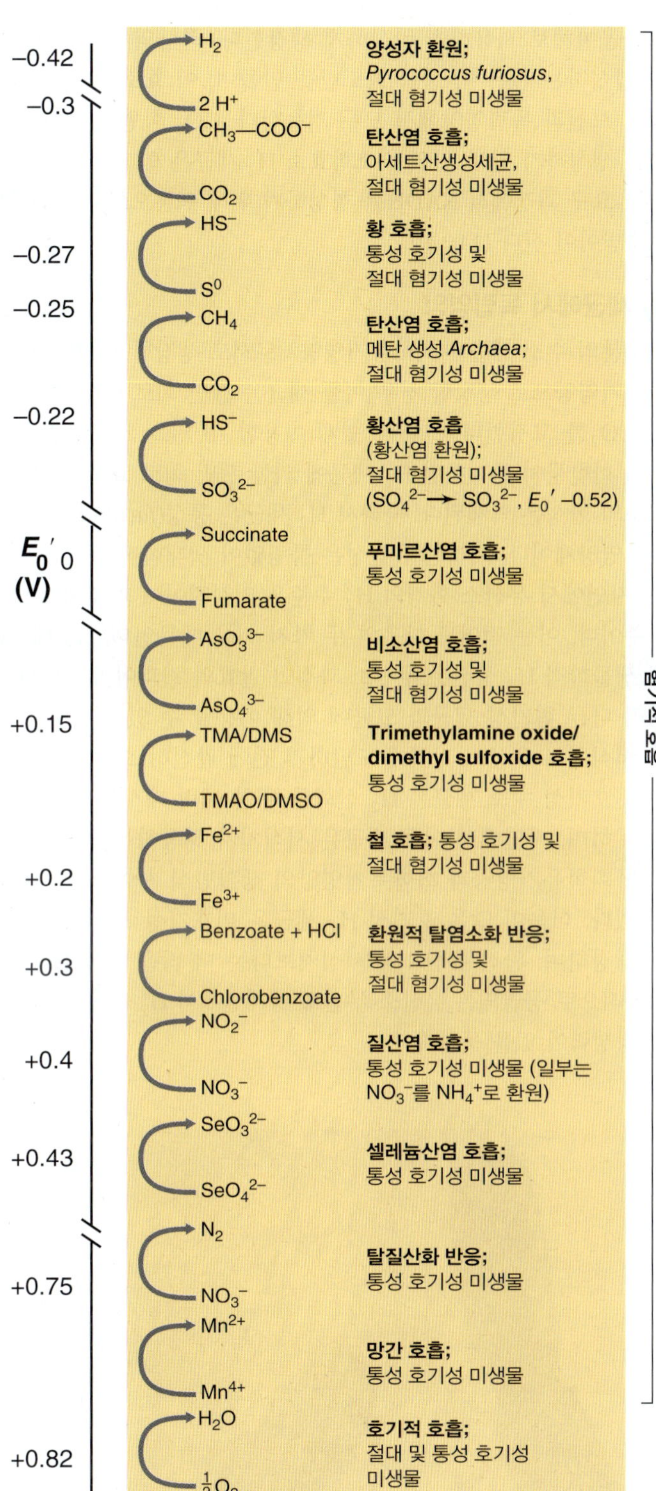

그림 14.25 혐기적 호흡의 주요 형태. 산화환원 쌍은 중성 pH로 가정할 때 가장 음전기의 $E_0{}'$ (위)에서 가장 양전기의 $E_0{}'$ (아래) 순서로 배열되어 있다. 이러한 혐기적 호흡의 에너지 수율이 얼마나 차이가 있는지의 비교는 그림 3.10을 참조하라. pH 2에서 Fe^{3+}/Fe^{2+} 쌍의 $E_0{}'$는 +0.77 V이다.

동화적 환원과 이화적 환원

CO_2 고정과 같은 생합성 반응은 ATP와 환원력을 모두 필요로 한다. 비록 일부 절대 혐기성 미생물은 환원된 페레독신 ($E_0{}'$ = −0.37에서 −0.54 V) 형태의 환원력을 요구하기도 하지만, 세포에서의 환원력은 보통 NADH ($E_0{}'$ = −0.32 V)의 형태이다. 화학유기영양체의 경우 NADH는 유기 분자의 산화 과정에서 쉽게 생성된다 (3.8절 및 3.9절). 환원력은 NO_3^-, SO_4^{2-}, CO_2와 같은 무기 화합물을 환원하기 위해 사용되며, 이에 따라 이들 물질은 새로운 세포 물질의 질소, 황, 탄소의 원천 물질로 사용될 수 있다. 이러한 환원의 최종 산물은 아미노산의 아미노기(—NH_2) 및 다른 질소 함유 물질, 세포에서 여러 황-함유 화합물의 설프히드릴기(sulfhydryl group, —SH), 그리고 세포 구성물에서 찾아지는 유기 탄소이다. NO_3^-, SO_4^{2-}, CO_2가 이러한 목적으로 환원될 때, 이를 동화되었다(*assimilated*)라고 말하며, 그 환원 과정을 동화적(*assimilative*) 환원으로 부른다. 동화적 대사는 혐기적 호흡의 에너지 보전 과정에서의 NO_3^-, SO_4^{2-}, CO_2 환원과는 개념적, 생리학적으로 아주 다르다. 이러한 두 환원을 구분하기 위해, 에너지 목적으로 이들 화합물을 전자수용체로 사용하는 것을 이화적(*dissimilative*) 환원으로 부른다.

동화적 대사와 이화적 대사는 큰 차이가 있다. 동화적 대사에서는 에너지가 소비되며, 이에 따라 화합물 (NO_3^-, SO_4^{2-}, 혹은 CO_2)은 생합성에서의 필요를 충족시킬 만큼만 환원되고, 그런 다음 환원된 산물은 거대분자 및 다른 생체물질 형태의 세포 물질로 전환된다. 이에 반하여 이화적 대사에서는 에너지가 보전되며, 다량의 전자수용체가 환원되고, 환원된 산물은 작은 분자 (예, N_2, H_2S, 혹은 CH_4)로 남게 되며, 이후 세포로부터 배출된다. 대부분 미생물이 다양한 동화적 환원을 수행할 수 있으며, 반면에 이화적 환원은 혐기적 호흡을 수행하는 미생물만의 특성이 된다.

미니퀴즈

- 짝을 이룬 반응에서, 전자수용체 반쪽 반응과 전자공여체 반쪽 반응을 어떻게 구분할 수 있을까?
- 호기적 호흡은 혐기적 호흡과 어떻게 다른가? 호기적 호흡이 혐기적 호흡을 억제하는 이유는?
- 동화적 환원과 이화적 환원의 주요 차이점을 서술하라.

14.8 수소(H_2) 산화

화학무기영양체(chemolithotrophs)는 무기 전자공여체의 산화로부터 에너지를 보전하는 미생물이다 (3.12절). 대부분의 화학무기영양체는 또한 독립영양체이다. 그러나 일부 화학무기영양체는 독립영양의 능력이 결핍되어 있으며 **혼합영양체(mixotrophs)**로 생장하는데, 이는 이들 미생물은 에너지 보전을 위해 무기 전자공여체를 사용할 수 있으나 탄소원으로는 유기 탄소를 동화한다는 것을 의미한다.

생물에너지론에 대한 간단한 고찰은 자연에서 어떤 종류의 화학무기영양체를 우리가 기대할 수 있을지 말해준다 (표 14.2). 이렇게 매우 다양한 미생물의 반응은 주요 영양물질의 순환에서 중심을 차지한다 (21장). 우리는 모든 화학무기영양체 중에서 아마도 가장 단순한 수소 세균으로 논의를 시작한다. 수소(H_2)는 미생물 대사의 일반적인 산물로서, 특히 일부 발효 (14.19~14.23절)의 흔한 산물이며, 고전적인 "수소 세균"은 호기성으로 수소를 호흡시켜 최종산물로서 물과 ATP를 생성한다.

수소화효소와 H_2 산화의 에너지론

O_2에 의한 H_2 산화 과정에서의 ATP 합성은 양성자 동력을 발생시키는 전자전달 반응의 결과이다.

$$H_2 + \frac{1}{2}O_2 \rightarrow H_2O \qquad \Delta G^{0\prime} = -237 \text{ kJ}$$

전체 반응은 많은 에너지를 방출하며 ATP 합성과 연결될 수 있다. **수소화효소(hydrogenase)**에 의해 촉매되는 이 반응에서, H_2에서 나온 전자는 먼저 퀴논 수용체로 전달된다. 여기서부터 전자는 일련과 시토크롬을 통해 이동하며 양성자 동력을 발생시키고 최종적으로 O_2를 물로 환원시킨다 (**그림 14.26*a***).

일부 수소 세균은 두 종류의 구분되는 수소화효소를 합성하는데, 하나는 세포질 효소이고 다른 하나는 막-통합 효소이다. 막-통합 수소화효소는 에너지 생산에 관여하며, 반면 용해성의 수소화효소는 다른 기능을 갖는다. 에너지 대사에서 전자공여체로의 사용을 위해 H_2와 결합하는 대신, 세포질의 수소화효소는 H_2와 결합하여 NAD^+의 NADH로의 직접적인 환원을 촉매한다 (H_2의 환원 전위는 충분한 음전기를 갖고 있어, 역 전자 흐름 반응은 필요하지 않음). 감마프로테오박테리아에 속하는 미생물인 *Ralstonia eutropha* (그림 14.26*b*)는 두 종류의 수소화효소를 만드는 종에 의한 호기성 H_2 산화 연구의 모델로 사용되고 있다. *Pseudomonas*와 가까운 이 그람-음성 미생물은 잘 발달된 유전 시스템을 지니며, H_2를 유일 전자공여체로 사용하여 왕성하게 생장한다. 하나의 수소화효소만을 합성하는 종은 막-통합 효소만을 만들며, 이 효소가 세포의 에너지 보전과 독립영양에서 모두 기능한다. CO_2 환원을 위한 환원력을 생성하기 위해, 단일 수소화효소 H_2 세균은 역 전자전달의 에너지-요구 과정에서 NADH를 형성하기 위해 퀴논으로부터 전자를 보충받아야 한다 (14.3절).

H_2 세균에서 독립영양

대부분의 수소 세균은 화학유기영양체로서도 생장할 수 있지만, 화학무기영양으로 생장할 경우 이들 세균은 캘빈 회로 (14.5절)에 통해 CO_2를 고정한다. 그러나 쉽게 이용할 수 있는 포도당과 같은 유기 화합물이 존재하면 H_2 세균에 의한 캘빈 회로 효소와 수소화효소의 합성은 억제된다. 따라서 H_2 세균은 통성(*facultative*) 화학무기영양체이다. 이러한 유연성은 틀림없이 생태학적 가치를 갖는다. 자연에서 유산소 환경의 H_2 수준은 일시적이며 기껏해야 낮은 수준이다. 이는 적어도 다음의 두 가지 이유 때문인데, (1) 대부분의 생물학적 H_2 생산은 무산소 과정인 발효의 결과이며, (2) H_2는 여러 다른 혐기성 세균과 고균에 의해 이용될 수 있으며, 이에 따라 서식처의 유산소 지역에 도달하기 전에 완전히 소비된다. 그러므로 호기성 수소 세균은 H_2 산화를 위한 예비 대사를 가지고 있어야 하며, 자연에서 이들 세균은 서식처가 허용하는 영양물질에 따라 화학유기영양과 화학무기영양의 생활방식 사이에서 전환할 수 있다. 더욱이 많은 호기성 H_2 세균은 미호기성 조건에서 가장 잘 생장하며, 완전 유산소의 서식처보다는 더 많은 양의 H_2가 더 지속적으로 공급되는 유산소-무산소 경계면에서 H_2 세균으로서 가장 경쟁력이 있을 듯하다.

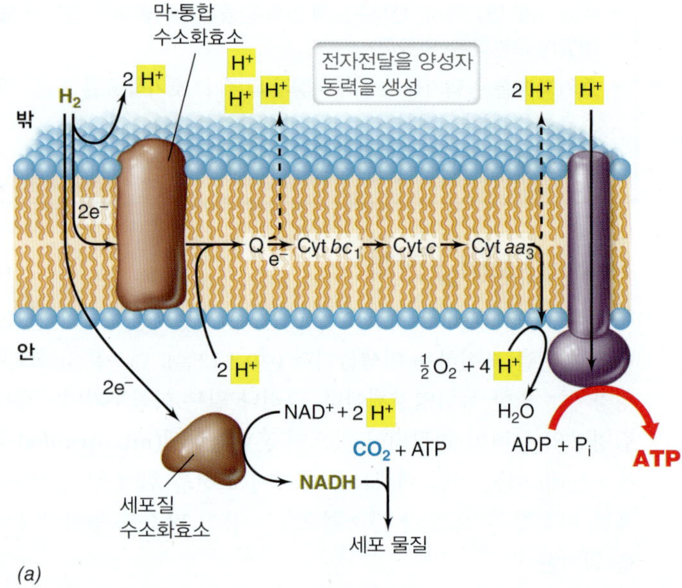

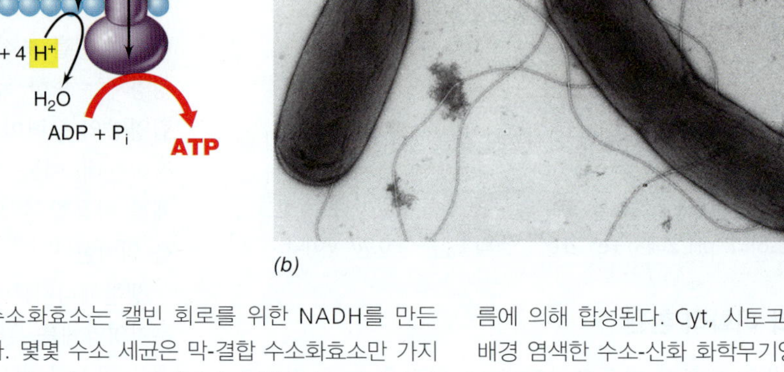

그림 14.26 호기성 수소 세균에서 두 수소화효소의 생물에너지론과 기능. *(a)* *Ralstonia eutropha*에는 두 개의 수소화효소가 존재한다. 막-결합 수소화효소는 에너지론에 참여하고, 반면 세포질 수소화효소는 캘빈 회로를 위한 NADH를 만든다. 몇몇 수소 세균은 막-결합 수소화효소만 가지고 있으며, 이들 미생물에서 환원력은 Q에서 거꾸로 NAD^+로의 NADH 생성을 위한 역 전자 흐름에 의해 합성된다. Cyt, 시토크롬; Q, 퀴논. *(b)* 배경 염색한 수소-산화 화학무기영양체 *Ralstonia eutropha* 세포의 투과전자현미경 사진. 세포는 직경이 대략 0.6 μm이며, 여러 개의 편모를 가진다.

미니퀴즈

- 수소 세균이 H_2 화학무기영양체로서 생장하기 위해서는 어떤 효소를 필요로 하는가?
- 두 종류의 수소화효소를 가진 H_2 세균에서 역 전자 흐름이 필요하지 않은 이유는?

14.9 황 화합물의 산화

많은 환원된 황 화합물이 무색 황 세균의 전자공여체로 사용될 수 있다. 이들 세균을 무색(*colorless*)으로 부르는 이유는 이 장의 앞부분에서 설명하였던 색소를 가진 녹색황세균, 자색황세균과 구분하기 위해서이다 (그림 14.1 및 14.3절). 역사적으로 화학무기영양의 명확한 개념은 19세기 후반 러시아 미생물학자인 Sergei Winogradsky (1.11절)에 의한 황 세균의 연구로부터 등장하였는데, 이것은 그 당시 급진적인 새로운 생각이었다. 그러나 대사 다양성에 대한 우리의 이해가 진보함에 따라 화학무기영양, 특히 황 화학무기영양은 많은 세균과 고균의 주요한 대사 생활방식임이 명확해지고 있다.

황 산화의 에너지론

전자공여체로 사용되는 가장 흔한 황 화합물은 황화수소(H_2S), 원소상의 황(S^0), 티오황산염($S_2O_3^{2-}$)이며, 아황산염(SO_3^{2-})도 또한 산화될 수 있다 (표 14.2 및 **표 14.3**). 대부분의 경우 최종 산화 산물은 황산염(SO_4^{2-})이다. 황화물의 산화는 여러 단계로 진행되는데, 최초 산화 단계의 산물은 S^0, 원소상의 황이다. *Beggiatoa*와 같은 일부 황화물-산화 세균은 이 원소상의 황을 세포 내부에 저장하는데 (**그림 14.27*a***), 여기서 황은 잠재적인 비축 에너지 (전자)로 존재한다. 황화물의 공급이 결핍될 때, 황을 황산염으로 산화하면서 추가의 에너지를 보전할 수 있다. S^0가 세포 외부에 존재할 경우, 원소상의 황은 불용성이기 때문에 미생물은 스스로를 황 입자에 부착시켜야 한다 (그림 14.27*b*).

환원된 황 화합물의 산화에서 생성물의 하나는 양성자이다 (표 14.2 및 표 14.3). 따라서 황 화학무기영양에서 결과의 하나는 환경의 산성화이다. 이 때문에 많은 황 세균은 산성-내성 또는 호산성으로도 진화되었다. 예를 들어, *Acidithiobacillus thiooxidans*는 pH 2~3에서 가장 잘 생장한다.

황 산화의 생화학: Sox 시스템

황 화합물의 산화로부터 에너지를 보전하는 다양한 경로가 있다.

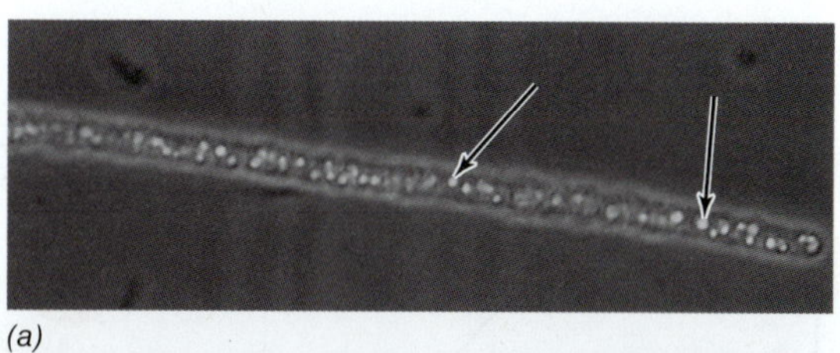
(a)

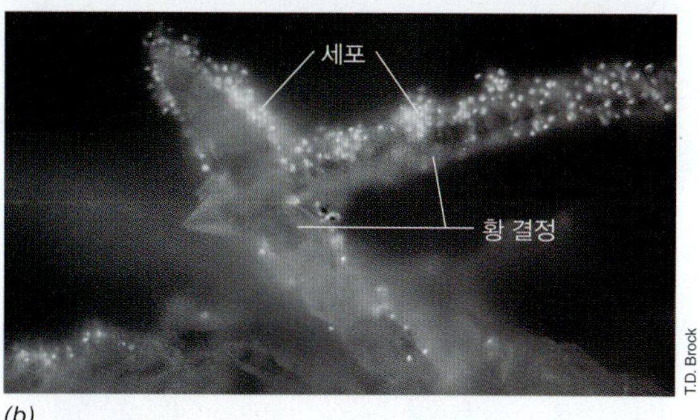

(b)

그림 14.27 황 세균. *(a) Beggiatos*에서의 내부 황 입자 (화살표). *(b)* 황-산화 고균 *Sulfolobus acidocaldarius* 세포가 원소상의 황 결정에 부착. 세포를 아크리딘 오렌지 염색시약으로 염색한 후 형광현미경으로 관찰하였다. 황 결정은 형광을 내지 않는다.

가장 잘 연구된 경로의 하나는 *Sox* (황 산화, sulfur oxidation에서) 시스템 (**그림 14.28**)으로, *Paracoccus pantotrophus*에서 설명된다. Sox 시스템은 환원된 황 화합물을 직접 황산염으로 산화시키는데 필요한 다양한 시토크롬과 다른 단백질을 암호화하는 15개 이상의 유전자를 포함한다. Sox 시스템의 요소는 다양한 황 화학무기영양체에 존재하며, 황화물을 산화시켜 에너지 보전보다는 CO_2 고정을 위한 환원력을 얻는 일부 광영양의 황 세균에서도 또한 찾아진다. 이러한 생화학 시스템이 서로 다른 이유로 황화물을 산화하는 세균 사이에 분포하고 있다는 사실은 Sox를 암호화하는 유전자가 수평적 유전자 흐름에 의해 종들 사이에 전달됨을 시사한다 (9.6절 및 11장).

Sox 시스템에는 네 개의 핵심 단백질인 *SoxXA*, *SoxYZ*, *SoxB*, *SoxCD*가 있다. 이 단백질 모두는 주변세포질에 존재한다. 이 경로는 효소 SoxXA가 산화될 황 화합물 (HS^-, S^0, 혹은 $S_2O_3^{2-}$)과 운반체 단백질 SoxYZ 사이에 이형다이설파이드 결합을 형성하면서 시작된다 (그림 14.28). 황 화합물은 이 경로의 과정에서 운반체에 결합하여 남아 있으며, 최종적으로 SoxB의 활성에 의해 황산염으로 방출된다. 효소 SoxCD (황 탈수소화효소)는 운반체에 결합된 황 화합물로부터 6개의 전자를 제거하는데 매개하는 핵심 효소이

표 14.3 몇몇 흔한 환원된 황 화합물 산화의 에너지론 비교

화학무기영양 반응	전자	화학양론[a]	에너지론 (kJ/전자)[a]
황화물에서 황산염	8	$H_2S + 2\ O_2 \rightarrow SO_4^{2-} + 2\ H^+$	$\Delta G^{0\prime} = -798.2$ kJ/반응 (-99.75 kJ/e$^-$)
아황산염에서 황산염	2	$SO_3^{2-} + ½O_2 \rightarrow SO_4^{2-}$	$\Delta G^{0\prime} = -258$ kJ/반응 (-129 kJ/e$^-$)
티오황산염에서 황산염	8	$S_2O_3^{2-} + H_2O + 2\ O_2 \rightarrow 2\ SO_4^{2-} + 2\ H^+$	$\Delta G^{0\prime} = -818.3$ kJ/반응 (-102 kJ/e$^-$)

[a]모든 반응은 원자량과 전기량에서 균형을 맞추었다. 자세한 계산은 표 3.2, 3.4절, 3.6절을 참조. 황화물의 황으로의 산화 및 황의 황산염으로의 산화에서의 에너지론은 표 14.2를 참조.

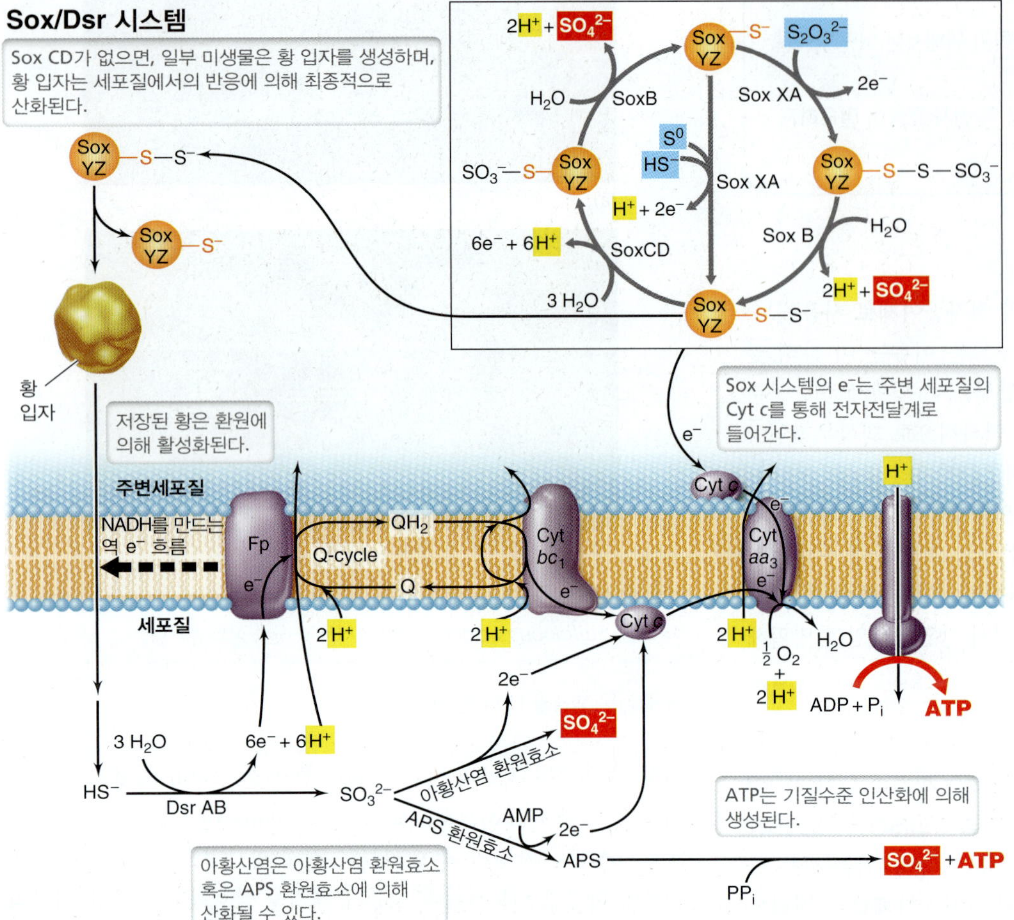

그림 14.28 황 화학무기영양체에 의한 환원된 황 화합물의 산화. 황화물(H_2S), 티오황산염($S_2O_3^{2-}$), 원소상 황(S^0)의 산화로부터 에너지를 보전하는 여러 경로가 있다. Sox 시스템 (황 산화)에서 SoxXA는 환원된 황 화합물을 운반 단백질 SoxYZ에 부착시킨다. 황 탈수소화효소인 단백질 SoxCD는 결합된 황 원자로부터 6개 e^-의 제거를 촉매하는데, 이 단백질은 황 산화를 위해 완전한 Sox 시스템을 사용하는 세균 (예, *Paracoccus pantotrophus*)에서 핵심 효소이다. 황산염(SO_4^{2-})은 SoxB의 작용에 의해 방출된다. 반면에 *Beggiatos* (그림 14.27a)와 같은 황 입자를 형성하는 세균은 SoxCD가 없으며, 이를 대신하여 이화적 아황산염 환원효소인 DsrAB 효소와 APS 환원효소 (14.14절 참조)를 사용하여 황 화합물을 산화한다. 황 산화에서 이들 효소는 황 화합물을 산화하기 위해 반대 방향으로 작용한다. 몇몇 황 산화 미생물의 경우, 아황산염 환원효소가 APS 환원효소를 대신한다. Sox 회로의 반응은 주변세포질에서 진행되며, 전자는 주변세포질의 c-유형 시토크롬(Cyt c) 활성을 통해 전자전달계로 들어간다. 반면에, Sox/Dsr 시스템의 반응은 세포질에서 진행되며, 전자는 플라보단백질(Fp) 혹은 c-유형 시토크롬 수준에서 전자전달계로 들어간다.

다 (그림 14.28). Sox 시스템의 전자는 전자전달계 (뒷부분 참조)로 들어가며, 주변세포질에 생성된 양성자는 외부 환경으로 배출되어 산성화시킨다.

화학무기영양에 의한 황 산화의 다른 측면

황 입자를 저장하는 황-산화 미생물 (그림 14.27*a* 참조)도 Sox 시스템의 구성 요소를 사용하지만 핵심 효소인 황 탈수소화효소(SoxCD)가 없다. SoxCD의 부재에 따라 SoxYZ에 결합된 황 원자는 주변세포질에서 자라나는 황 입자에 더해진다 (그림 14.28). 입자의 황은 환원적으로 활성화되어 세포질로 수송될 수 있으며, 여기서 DsrAB (황산염-환원세균에서 발견되는 아황산염 환원효소와 동형인 효소, 14.14절)의 역방향 활성에 의해 최종적으로 아황산염(SO_3^{2-})로 산화된다. 그런 다음 아황산염은 황산염으로 산화되며 두 개의 전자를 방출하는데, 이 과정은 두 가지 방식 중 하나로 진행될 수 있다. 가장 널리 분포하는 시스템은 세포질의 효소인 아황산염 환원효소(*sulfite reductase*)의 역방향 활성을 채용하는 것이다. 이 효소는 아황산염을 산화하며 전자를 전자전달계로 전달한다. 이에 반하여, 일부 황 화학무기영양체는 *adenosine phosphosulfate reductase* 효소 활성 (황산염-환원세균의 대사에 필수적인 효소, 14.14절 및 그림 14.37 참조)의 역반응을 통해 SO_3^{2-}를 SO_4^{2-}로 산화시킨다. SO_3^{2-}의 SO_4^{2-}로의 산화는 AMP가 ADP로 전환될 때 기질-수준 인산화반응에 의해 고에너지(energy-rich) 인산염 결합을 만든다(그림 14.28).

환원된 황 화합물의 산화로부터 나온 전자는 그림 14.28에 나타나 있듯이 궁극적으로 전자전달계에 도달한다. 정확한 세부 사항은 아직 알려져 있지 않지만, 아마도 전자는 플라보단백질(flavoprotein) 혹은 시토크롬 *c* ($E_0' = +0.3$ V) 수준으로 들어가서 전자전달계를 통해 이동하여 O_2에 전달되며, ATP 합성효소의 활성을 촉발하는 양성자 동력을 발생시키는 것으로 보인다 (그림 14.28). CO_2 고정을 위한 전자는 역 전자 흐름으로부터 나오며 (14.3절), 최종적으로 NADH가 만들어지고, 독립영양은 캘빈 회로 또는 일부 다른 독립영양 경로의 반응에 의해 작동된다 (14.5절). 황 화학무기영양체는 일차적으로 호기성의 미생물 그룹이지만 일부 종은 질산염을 전자수용체로 사용하는 혐기적 호흡에 의해 생장할 수 있다. 전형적인 예로 황 세균인 *Thiobacillus denitrificans*가 있으며 질산염을 질소 기체로 환원시킨다 (탈질반응의 과정, 14.13절).

미니퀴즈

- 만약 H_2S 산화의 최종 산물이 S^0 혹은 SO_4^{2-}라면, H_2S의 산화로부터 얼마나 많은 전자를 이용할 수 있는가?
- 중간산물의 측면에서, Sox 시스템은 다른 황화물-산화 시스템들과 어떤 차이가 있는가?

14.10 철(Fe^{2+})의 산화

제1철(Fe^{2+})의 제2철(Fe^{3+})로의 호기적 산화는 화학무기영양인 "철 세균(iron bacteria)"의 생장을 가능하게 한다 (15.15절). 산성 pH에서는 적은 양의 에너지만이 이 반응을 통해 이용가능하게 되며 (표 14.2), 이런 이유 때문에 철 세균은 아주 미량의 세포물질을 생산하기 위해서도 많은 양의 철의 산화를 연결하여야 한다. 생성된 제2철은 수환경에서 불용성의 수산화 제2철 [$Fe^{3+} + 3\ H_2O \rightarrow Fe(OH)_3 + 3\ H^+$] 및 다른 철 침전물을 자발적으로 형성하며, 이로 인해 pH가 내려가게 된다 (**그림 14.29**). 이런 필연적인 화학 반응은 왜 많은 철-산화 세균이 강한 호산성으로 진화하게 되었는지에 대한 이유일 수도 있다.

철-산화 세균

가장 잘 알려진 철 세균인 *Acidithiobacillus ferrooxidans*와 *Leptospirillum ferrooxidans*는 모두 1 정도의 낮은 pH (최적 생장은 pH 2~3)에서도 제1철을 전자공여체로 사용하여 독립영양으로 생장할 수 있다 (그림 14.29). 이들 세균은 석탄 광산의 유출수와 같이 산성의 오염된 환경에서 흔하게 찾아진다 (그림 14.29*a*). 고균의 한 종인 *Ferroplasm*는 극호산성의 철-산화 미생물로, 0보다 낮은 pH에서도 생장할 수 있다 (17.3절). 우리는 이들 모든 미생물이 산성-광산 오염과 무기물 산화에서 하는 역할에 대해 21.4절, 22.1절, 22.2절에서 살펴볼 것이다.

중성 pH에서 Fe^{2+}는 Fe^{3+}로 자발적으로 산화하기 때문에, 철 세균의 기회는 무산소에서 유산소 조건으로 바뀌는 장소의 Fe^{2+}에 한정된다. 예를 들어, 무산소의 지하수에는 종종 Fe^{2+}가 녹아 있으며, 이 지하수가 철이 풍부한 샘물로 방출될 때 O_2와 접하게 된다. 이런 경계면에서 철 세균은 Fe^{2+}가 스스로 산화하기 전에 Fe^{2+}를 Fe^{3+}로 산화시킨다. 이런 경계면에서 살아가는 세균의 예로는 *Gallionella ferruginea, Sphaerotilus natans, Leptothrix discophora* 등이 있다. 이들 미생물은 보통 자신들이 생성하는 특징적인 제2철 침전물과 함께 섞여서 관찰된다 (그림 15.36과 21.14).

철 산화로부터의 에너지

Acidithiobacillus ferrooxidans 및 다른 호산성의 철-산화 미생물에 의한 제1철 산화의 생물에너지론은 상당히 흥미로운데, 이는 산성 pH에서 Fe^{3+}/Fe^{2+} 쌍이 높은 양전기의 환원 전위를 갖기 때문이다 (pH 2에서 $E_0' = +0.77$ V). *A. ferrooxidans*의 호흡 사슬은 시토크롬 *c*와 시토크롬 aa_3, 그리고 루스티시아닌(*rusticyanin*)으로 불리는 주변세포질의 구리-함유 단백질을 포함하고 있다 (**그림 14.30**). 또한 이 그람-음성 세균의 외막에 위치한 철-산화 단백질도 있다.

Fe^{3+}/Fe^{2+} 쌍의 환원 전위는 매우 높아서 산소로의 전자전달 ($\frac{1}{2}O_2/H_2O$, $E_0' = +0.82$ V)에서의 단계는 명백히 매우 적다. 철 산화는 미생물이 용해성의 Fe^{2+} 혹은 불용성의 제1철 무기물과 접하는 외막에서 시작한다. Fe^{2+}는 외막의 시토크롬 *c*에 의해 Fe^{3+}로 산화된다 (전자 하나의 전이) (표 14.2). 이 외막의 시토크롬 *c*는 전자를 주변세포질로 전달하는데, 여기서는 루스티시아닌 (E_0' = +0.68 V)이 전자수용체이다. 열역학적으로는 약간 불리한 이 반응은 $Fe(OH)_3$의 형성에서 Fe^{3+}의 즉각적인 소비에 의해 정반응의 방향으로 진행되는 것으로 여겨진다 (그림 14.30). 그런 다음 루스티시아닌은 주변세포질의 시토크롬 *c*를 환원시키고, 시토크롬 *c*는 전자를 시토크롬 aa_3로 전달하며, 시토크롬 aa_3 단백질은 O_2를 H_2O로 환원시킨다. ATP는 보통의 방식으로 ATP 합성효소에 의해 합성된다 (그림 14.30).

그림 14.29 철-산화 세균. *(a)* 산성 광산 배수. 정상적인 강과 석탄 광산 지역의 배수가 흐르는 하천이 합류하는 지점을 보여준다. 낮은 pH에서 Fe^{2+}는 공기 중에서 스스로 산화하지 않지만, *Acidithiobacillus ferrooxidans*는 Fe^{2+}를 산화시키며, 불용성의 $Fe(OH)_3$와 복잡한 제2철의 염이 침전된다. *(b) A. ferrooxidans*의 배양. 그림은 연속으로 희석한 시험관으로, 왼쪽의 시험관에는 생장이 없으며, 왼쪽에서 오른쪽으로 갈수록 생장의 정도가 증가하고 있다. 생장은 $Fe(OH)_3$의 생성으로 명백하다.

*A. ferrooxidans*에서 양성자 동력의 특성은 흥미롭다. 강한 산성의 환경에서 양성자의 큰 농도 차이는 *A. ferrooxidans*의 세포막을 경계로 이미 존재한다 (세포 주변세포질의 pH는 1~2이며, 반면 세포질의 pH는 5.5~6임, 그림 14.30). 이러한 상황이 사람들로 하여금 *A. ferrooxidans*가 에너지 비용 없이 ATP를 만들 수 있다고 생각할 수도 있겠지만 이 경우는 그렇지 않다. 왜냐하면 미생물은 전자공여체가 없는 상태에서 이러한 본래의 양성자 동력으로부터 ATP를 합성할 수 없는데, 이는 ATP 합성효소를 통해 세포질로 들어오는 H^+ 이온은 내부 pH를 수용 한계 내로 유지하기 위해 소비되어야 하기 때문이다. 양성자의 소비는 전자전달계에서 O_2의 환원 과정에서 진행되며, 이 반응은 전자를 요구하는데, 전자는 Fe^2

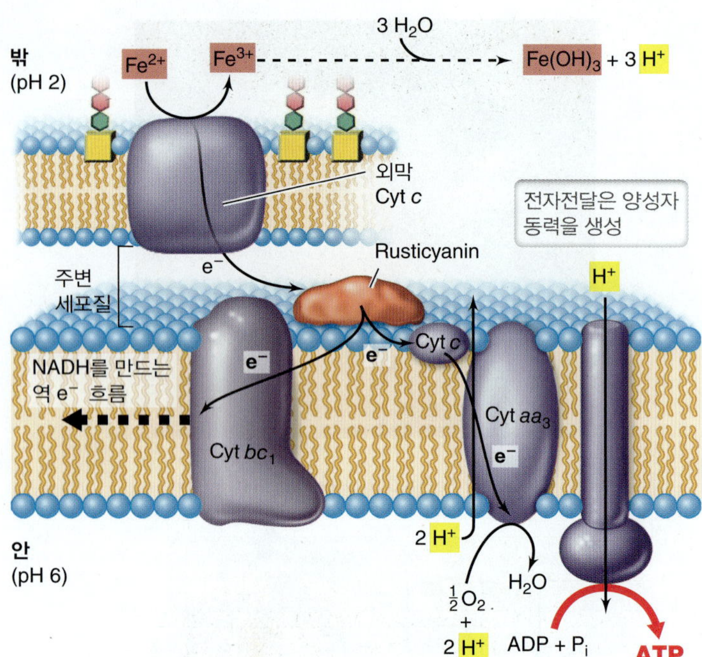

그림 14.30 호산성의 *Acidithiobacillus ferrooxidans*에 의한 Fe^{2+} 산화 과정에서 전자 흐름. 주변세포질의 구리-함유 단백질 rusticyanin은 외막에 위치한 *c*-유형 시토크롬에 의해 산화된 Fe^{2+}로부터 전자를 받는다. 여기서부터 전자는 짧은 전자전달계를 이동하여 O_2를 H_2O로 환원시킨다. 환원력은 역 전자 흐름에 의해 생성된다. 막을 경계로 급격한 pH 농도 기울기에 주목하라.

가 Fe^{3+}로 산화될 때 나온다 (그림 14.30).

*A. ferrooxidans*에서의 독립영양은 캘빈 회로 (14.5절)에 의해 유지된다. 전자공여체의 높은 전위 때문에, 많은 에너지가 CO_2 고정을 진행시킬 환원력 (NADH)을 얻기 위한 역 전자 흐름 반응에서 소비되어야 한다. NADH는 Fe^{2+}로부터 획득한 전자가 NAD^+를 환원시켜 만들어지는데, Fe^{2+}는 양성자 동력을 소비하면서 시토크롬 bc_1과 퀴논 그룹을 거치면서 반대 방향으로 움직이게 된다 (그림 14.30).

제1철 산화로부터 얻을 수 있는 상대적으로 빈약한 에너지와 더불어 캘빈 회로 (그림 14.18)에서 필요로 하는 많은 에너지는 *A. ferrooxidans*가 매우 적은 양의 세포 물질을 만들기 위해서도 다량의 Fe^{2+}를 산화하여야 함을 의미한다. 따라서 호산성의 철-산화 세균이 잘 자라는 환경에서, 이들 미생물의 존재는 높은 세포 수의 형성이 아니라 그들이 생성하는 다량의 제2철 침전물의 존재에 의해 알 수 있다 (그림 14.29). 철 세균의 생태학에 대해서는 21장과 22장에서 살펴볼 것이다.

무산소 조건에서 제1철의 산화

제1철은 무산소(*anoxic*) 조건에서 몇몇 화학무기영양체, 그리고 광영양의 자색세균과 녹색세균에 의해 산화될 수 있다 (**그림 14.31**). 이러한 경우 Fe^{2+}는 에너지 대사에서의 전자공여체 (화학무기영양체) 및 CO_2 고정을 위한 환원제 (광영양체)로 사용된다. 여기서 생각하여야 할 중요한 점은 이들 미생물이 잘 자라는 중성 pH에서 Fe^{3+}/Fe^{2+} 쌍의 E_0'는 산성 pH에서 보다 상당히 더 음전기를 띤다는 것이다 (각각 +0.2 V와 +0.77 V). 그러므로 Fe^{2+}로부터의 전자가 전자전달 반응을 시작하기 위해 시토크롬 *c*를 환원시킬 수 있다. 화학무기영양체에서 전자수용체는 질산염(NO_3^-)이며, 아질산염(NO_2^-) 혹은 질소 기체(N_2)가 이 혐기적 호흡의 최종 산물이 된다. Fe^{2+}-산화 자색세균과 녹색세균의 경우, 용해성의 Fe^{2+} 또는 황화철(FeS)이 전자공여체로 사용될 수 있다. FeS가 사용될 경우 Fe^{2+}와 S^{2-}가 모두 산화되는데, Fe^{2+}는 Fe^{3+} (하나의 전자)로, HS^-는 SO_4^{2-} (여덟 개의 전자)로 산화된다.

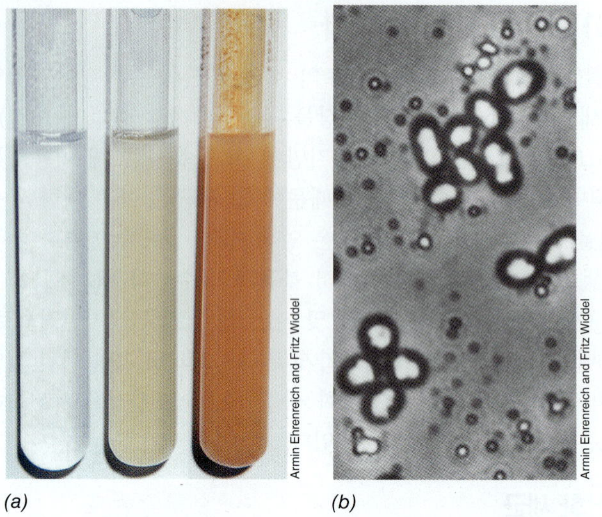

그림 14.31 산소비발생형 광영양의 세균에 의한 Fe^{2+} 산화. *(a)* 무산소 시험관 배양에서의 산화. 왼쪽에서 오른쪽으로: 멸균한 배지, 접종한 배지, $Fe(OH)_3$을 보여주는 생장하는 배지. *(b)* Fe^{2+}-산화 자색세균의 위상차 현미경 사진. 세포 내의 밝게 반사하는 부분은 기포(gas vesicles)이다. 세포 외부의 입자는 철 침전물이다. 이 미생물은 계통유적학적으로 자색황세균 *Chromatium*과 관련이 있다.

미니퀴즈

- 산성 pH에서 Fe^{2+}가 Fe^{3+}로 산화될 때 매우 적은 양의 에너지만이 이용 가능한 이유는?
- 루스티시아닌의 기능은 무엇이며, 루스티시아닌은 세포의 어디에서 찾아지는가?
- 무산소 조건에서 Fe^{2+}는 어떻게 산화될 수 있는가?

14.11 질산화

환원된 무기 질소 화합물 암모니아(NH_3)와 아질산염(NO_2^-)은 **질산화(nitrification)**과정에서 화학무기영양의 질산화 세균(*nitrifying bacteria*)에 의해 호기적으로 산화된다 (15.13절). 질산화 세균은 토양, 물, 폐수, 해양에 널리 분포한다. 질산화는 두 가지의 다른 반응 세트로 구성된다. 첫 번째 반응 세트는 암모니아의 아질산염으로의 산화를 촉매하며, 두 번째 세트는 아질산염의 질산염(NO_3^-)으로의 산화를 촉매한다. 대부분의 질산화 미생물은 이들 반응의 한 세트만을 촉매할 수 있다. 예를 들어, *Nitrosomonas* 등의 세균과 *Nitrosopumilus* 등의 고균은 NH_3를 아질산염까지만 산화하며, 우리는 이들을 암모니아 산화 미생물(*ammonia oxidizers*)로 부른다. 완전한 질산화 경로는 *Nitrobacter* 등의 다른 세균이 NO_2^-를 NO_3^-로 산화할 때 최종적으로 완성되며, 우리는 이들을 아질산염 산화 미생물(*nitrite oxidizers*)로 부른다. 현재까지 알려진 바로는 *Nitrospira* 속의 몇몇 세균만이 두 세트의 반응을 모두 촉매할 수 있으며, NH_3에서 NO_3^-까지 완전히 산화시킨다.

암모니아 산화와 아질산염 산화의 생물에너지론 및 효소학

질산화의 생물에너지론은 다른 화학무기영양의 반응들을 통제하는 동일한 원리에 기초하고 있다. 즉, 환원된 무기 화합물 (이 경우는 환원된 질소 화합물)에서 나온 전자는 전자전달계로 들어가며, 전자전달 반응은 ATP 합성을 견인하는 양성자 동력을 형성한다. NH_3에서 NO_3^-로의 완전한 산화는 여덟 개의 전자전달을 포함하며, 질산화 세균이 사용하는 전자공여체는 특별히 강하지 않다. NO_2^-/NH_3 쌍 (NH_3 산화의 첫 단계)의 E_0'는 +0.34 V이며, NO_3^-/NO_2^- 쌍의 E_0는 +0.43 V로 더 양전기를 띤다. 필요에 의해 이러한 환원 전위는 질산화 세균으로 하여금 전자를 오히려 더 높은 전위의 전자수용체로 제공하도록 하는데, 물론 이것은 보전될 수 있는 에너지의 양을 제한한다 (14.7절).

여러 핵심 효소가 환원된 질소 화합물의 산화에 참여한다. *Nitrosomonas*와 같은 암모니아-산화 세균에서, NH_3는 암모니아 일산소화효소(*ammonia monooxygenase*) (일산소화효소는 14.24절에서 논의됨)에 의해 히드록실아민(NH_2OH)과 H_2O를 만들면서 산화된다 (**그림 14.32**). 그런 다음 두 번째 핵심 효소인 히드록실아민 산화환원효소(*hydroxylamine oxidoreductase*)가 NH_2OH를 NO_2^-로 산화시키며, 이 과정에서 네 개의 전자가 제거된다. 암모니아 일산소화효소는 막에 내재된 단백질인 반면, 히드록실아민 산화환원효소는 주변세포질의 단백질이다 (그림 14.32). 암모니아 일산소화효소에 의해 수행되는 반응에서,

$$NH_3 + O_2 + 2H^+ + 2e^- \rightarrow NH_2OH + H_2O$$

두 개의 전자와 두 개의 양성자가 한 분자의 산소(O_2)를 H_2O로 환원하는 데 필요하다. 이들 전자는 히드록실아민의 산화로부터 유래하며, 히드록실아민 산화환원효소로부터 시토크롬 *c*와 유비퀴논을 경유하여 암모니아 일산소화효소로 제공된다 (그림 14.32). 따라서 NH_3가 NO_2^-로 산화하면서 만들어지는 네 개(*four*)의 전자 중 단지 두 개(*two*)만이 최종 산화효소인 시토크롬 aa_3에 도달하며, 최종 산화효소는 O_2와 반응하여 H_2O를 형성한다 (그림 14.32).

*Nitrobacter*와 같은 아질산염-산화 세균은 아질산염 산화환원효소(*nitrite oxidoreductase*)에 의해 NO_2^-를 NO_3^-로 산화시키며, 전자는 매우 짧은 전자전달계 (NO_3^-/NO_2^- 쌍의 높은 전위 때문에)를 통해 최종 산화효소로 이동한다 (**그림 14.33**). 시토크롬 *a*와 시토크롬 *c*가 아질산 산화 미생물의 전자전달계에 존재하며, 시토크롬 aa_3의 활성은 양성자 동력을 발생시킨다 (그림 14.33). 철세균 (14.10절)의 경우와 마찬가지로 아질산염 산화로부터 아주 소량의 에너지만이 이용가능하다. 그러므로 많은 양의 아질산염이 산화되더라도 최소량의 세포 물질을 얻게 된다.

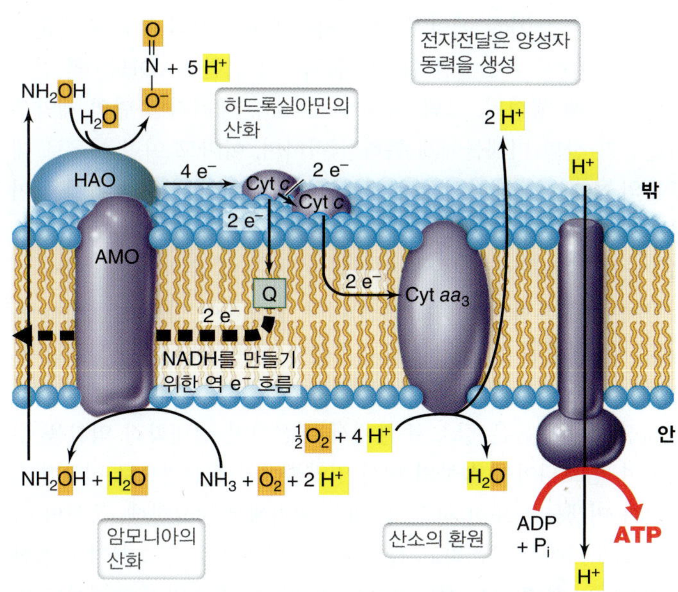

그림 14.32 암모니아-산화 세균에서 NH_3의 산화와 전자 흐름. 이 일련의 반응에서 반응물과 생성물은 색으로 강조되어 있다. 주변세포질의 시토크롬 *c* (Cyt *c*)는 막에 있는 것과 서로 다른 유형의 Cyt *c*이다. AMO, 암모니아 일산소화효소(ammonia monooxygenase); HAO, 히드록실아민 산화환원효소(hydroxylamine oxidoreductase); Q, 유비퀴논(ubiquinone).

질산화 세균의 탄소 대사와 생태학

황-산화 및 철-산화 화학무기영양체 (14.9절 및 14.10절)와 마찬가지로, 호기성의 질산화 세균은 CO_2 고정을 위해 캘빈 회로를 이용한다. 캘빈 회로의 ATP 및 환원력 요구는 이미 상대적으로 낮은

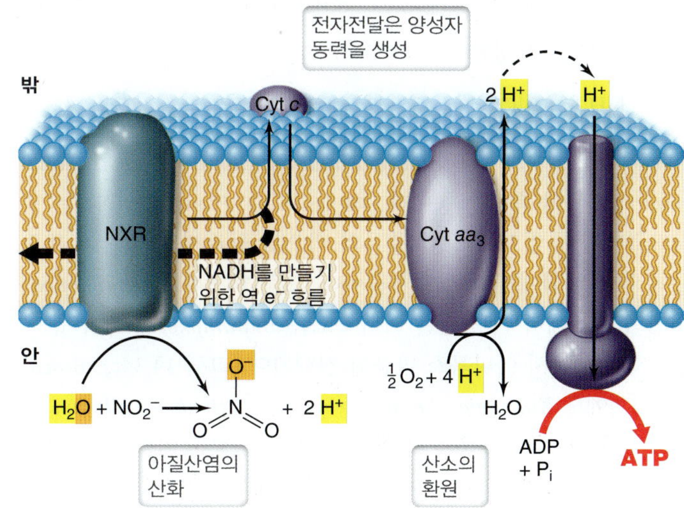

그림 14.33 질산화 세균에 의한 NO_2^-의 NO_3^-로의 산화. 이 일련의 반응에서 반응물과 생성물은 반응을 명확히 보여주기 위해 색으로 강조되어 있다. NXR, 아질산염 산화환원효소(nitrite oxidoreductase).

에너지 수율을 가진 에너지-생성 시스템에 추가의 부담을 지운다 (질산화 미생물에서 캘빈 회로를 움직이기 위한 NADH는 역 전자 흐름에 의해 생성됨, 그림 14.32와 14.33). 에너지 측면의 제약은 아질산염-산화 미생물에게 특히 심각하며, 아마도 이런 이유로 대부분의 NO_2^- 산화 미생물은 포도당 및 몇몇 다른 유기 기질을 이용하여 화학유기영양으로 생장할 수 있는 대체 에너지-보전 기작을 가진다. 이에 반하여 암모니아-산화 세균의 종은 절대 화학무기영양체 혹은 혼합영양체 (14.8절)이다. 암모니아-산화 고균에서 독립영양은 변형된 히드록시프로피온산염 회로 (14.5절)에 의해 유지된다.

질산화 미생물은 질소 순환에서 핵심적인 생태학적 역할을 수행하며, 암모니아를 식물의 핵심 영양물질인 질산염으로 전환한다. 질산화 미생물은 또한 하수 및 폐수 처리에서 중요한데, 독성의 아민과 암모니아를 제거하고 질소 화합물의 독성을 감소시켜 방출한다 (22.6절 및 22.7절). 질산화 미생물은 호수의 수층에서도 비슷한 역할을 수행하는데, 퇴적토에서 유기 질소 화합물의 분해로 인해 만들어진 암모니아는 조류 및 남세균이 더 좋아하는 질소원인 질산염으로 산화된다.

미니퀴즈

- 암모니아 일산소화효소의 기질은 무엇인가?
- 암모니아 산화와 아질산염 산화의 차이점은 무엇인가? 이들 반응은 어떤 유형의 미생물에서 찾아지는가?

14.12 혐기적 암모니아 산화 (아나목스)

지금까지 살펴본 암모니아-산화 미생물은 절대 호기성 미생물 (*aerobes*)이지만, NH_3는 또한 무산소 조건에서 산화될 수 있다. 이 과정을 **아나목스 (anammox**, *an*oxic *amm*onia *ox*idation에서)로 부르며, 절대 혐기성 세균의 특이한 그룹이 이 과정을 촉매한다.

아나목스 반응에서, 암모니아는 전자수용체로 NO_2^-를 사용하여 산화되며 N_2를 생성한다.

$$NH_4^+ + NO_2^- \rightarrow N_2 + 2\,H_2O \qquad \Delta G^{0\prime} = -357\,\text{kJ}$$

주요 아나목스 미생물인 *Brocadia anammoxidans*는 세균의 *Planctomycetes* 문에 속하는 종이다 (16.16절). *Planctomycetes*는 펩티도글리칸이 없고 다양한 종류의 막으로 둘러싸인 공간이 세포질에 있다는 점에서 독특한 세균이다 (**그림 14.34**). *B. anammoxidans*의 세포에서 이 공간은 아나목소솜(*anammoxosome*)이며, 이 공간의 내부에서 아나목스 반응이 진행된다 (그림 14.34*c*). *Brocadia* 이외에도 *Kuenenia, Anammoxoglobus, Jettenia, Scalindua* 등 여러 다른 속의 아나목스 세균이 알려져 있는데, 이들 속은 모두 *Brocadia*와 관련이 있으며 아나목소솜을 가지고 있다. 호기성 암모니아 산화 미생물과 마찬가지로 아나목스 세균도 또한 독립영양체이지만, 아나목스 세균은 호기성 암모니아 산화 미생물이 적용하는 경로를 사용하여 CO_2를 고정하지 않는다. 대신 아나목스 세균은 환원형 아세틸-CoA 경로를 경유하여 CO_2를 고정하는데, 환원형 아세틸-CoA 경로는 일부 절대 혐기성인 독립영양의 세균과 고균에 널리 분포하는 독립영양의 경로이다 (14.16절).

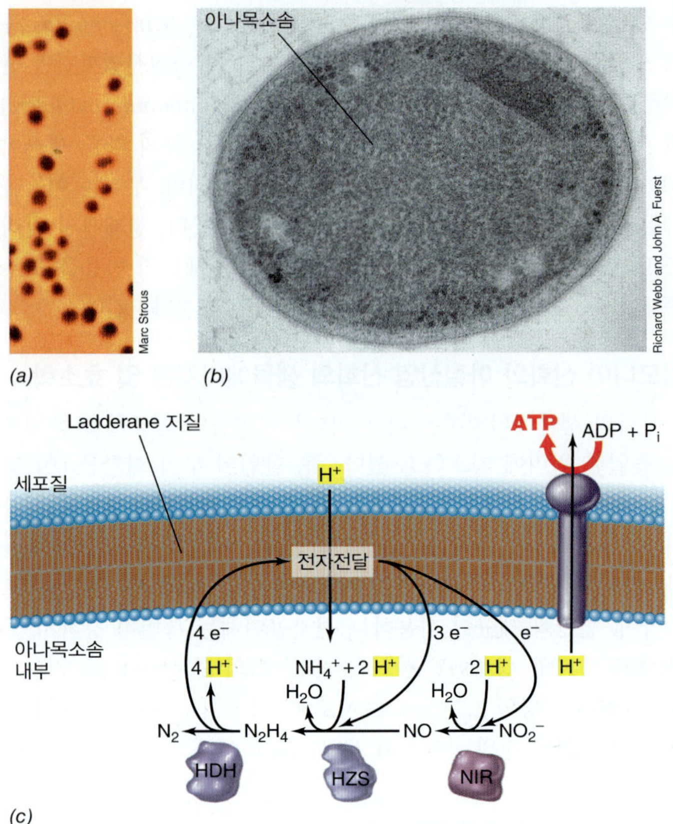

그림 14.34 아나목스. *(a) Brocadia anammoxidans* 세포의 위상차현미경 사진. 하나의 세포는 직경이 대략 1 μm이다. *(b)* 세포의 투과전자현미경 사진. 커다란 섬유상의 아나목소솜을 포함하는 막으로 둘러싸인 공간에 주목하라. *(c)* 아나목소솜에서의 반응. NiR, 아질산염 환원효소(nitrite reductase); HZS, 히드라진 합성효소(hydrazine synthase); HDH, 히드라진 탈수소효소.

아나목소솜과 반응

아나목소솜은 막으로 둘러싸인 단위 구조이며 (그림 14.34*b*), 이 점에 있어서는 기술적으로 진핵생물 느낌의 용어인 세포내 소기관이다. 아나목소솜 막을 형성하는 지질은 세균의 전형적인 지질이 아니고, 대신 복수의 사이클로부탄 (C_4) 고리로 연결된 지방산으로 구성되며, 지방산은 에스테르와 에테르 결합에 의해 글리세롤과 결합한다. 사다리꼴 지질(*ladderane lipids*)로 불리는 이러한 지질은 막에서 서로 뭉쳐서 특이하게 밀집된 구조를 형성하며, 이러한 구조는 아나목소솜에서 세포질로 물질이 확산되는 것을 방지한다.

아나목스 반응 과정에서 생성되는 독성의 중간산물로부터 세포를 보호하기 위해 튼튼한 아나목소솜 막이 요구된다. 특히 이런 독성의 중간산물에는 매우 강력한 환원제인 화합물 히드라진(*hydrazine*, N_2H_4)이 있다. 아나목스 반응에서, NO_2^-는 아질산염 환원효소에 의해 먼저 일산화질소(NO)로 환원되고, 다시 NO는 히드라진 가수분해효소의 활성에 의해 암모늄(NH_4^+)과 반응하여 N_2H_4

를 생성한다 (그림 14.34*c*). 그런 다음 N_2H_4는 히드라진 탈수소효소에 의해 N_2로 산화되고 전자가 나온다. 전자는 전자전달계로 들어가며, 여기서 경로의 초기에 있는 아질산염과 일산화질소를 환원하는데 사용된다. 이런 방식으로 아나목스는 양성자 동력을 생성하기 위해 일련의 순환적(*cyclical*) 전자전달 반응을 생성한다. ATP는 아나목소솜 막의 ATP 합성효소에 의해 양성자 동력으로부터 합성된다 (그림 14.34*c*).

아나목스 세균에 의한 CO_2 고정에 필요한 환원력은 역 전자전달로부터 얻어진다. 그러나 전자전달 반응이 순환적이기 때문에 역 전자전달에 필요한 전자는 독립적인 반응 세트로부터 나온다. 이 반응 세트는 아질산염 산화환원효소에 의해 아질산염을 질산염으로 산화하는데, 이 반응은 *Nitrobacter*에도 역시 존재한다 (그림 14.33). 흥미롭게도, 아나목스 세균에서 아질산염은 두 가지의 다른 목적을 가지는데, 화학이온삼투에 의해 ATP를 생성하기 위해 아질산염의 환원(*reduction*)이 필요하며, CO_2 고정에 필요한 환원력을 생성하기 위해며 아질산염의 산화(*oxidation*)가 필요하다.

아나목스의 생태학

자연에서 아나목스 반응을 위한 NO_2^-의 발생원은 아마도 호기성 암모니아-산화 세균과 고균이다. 이들 암모니아-산화 미생물은 하수 및 기타 폐수처럼 암모니아가 풍부한 서식처에서 아나목스 세균과 함께 살아간다. 이러한 서식처에서 생성되는 부유 입자에는 유산소와 무산소 구역이 모두 존재하며, 서로 다른 생리를 가진 암모니아 산화 미생물이 밀접하게 연계하여 같이 살아간다. 실험실 혼합 배양에서, 높은 수준의 산소는 아나목스를 억제하고 고전적인 질산화 반응을 선호한다. 따라서 자연에서, 아나목스 세균에 의해 촉매되는 암모니아 산화의 부분은 서식처의 O_2 농도에 의해 좌우된다.

환경적 관점에서 아나목스는 폐수 처리에 있어 매우 도움이 되는 과정이다. 무산소 조건에서 N_2의 생성에 의한 NH_3와 아민의 제거는 (그림 14.34*c*) 폐수 처리 시설로부터 강과 하천으로 고정된 질소의 유입을 줄이는 데 도움을 주어, 그렇지 않은 경우에 비해 수질을 더 좋게 유지시킨다. 또한 해양 아나목스 미생물이 무산소 해양 퇴적토의 광물화 과정에서 없어진다고 알려진 NH_3의 상당 부분을 담당하는 것으로 여겨진다. 적어도 일부의 암모니아가 풍부한 담수 호수의 퇴적토도 또한 아나목스를 지지하며, 따라서 아나목스는 NH_3와 NO_2^-가 함께 존재하는 어떤 무산소 환경에서도 진행될 수 있는 것으로 보인다.

미니퀴즈

- 아나목스 과정에서 전자공여체와 전자수용체는 무엇인가?
- 아나목스 세균의 전자전달은 자색황세균의 전자전달과 어떠한 공통점을 가지고 있는가?
- 아나목스 세균의 CO_2 고정과 자색황세균의 CO_2 고정을 비교하라. 이들 과정은 어떤 특징을 서로 공유하며, 어떤 부분에서 차이가 있는가?

IV • 전자수용체에 의해 정의되는 호흡 과정

우리는 3장에서 호기적 호흡의 과정을 살펴보았으며, 14.7절에서 호흡의 생물에너지론에 대해 고찰하였다. 여기서 우리는 미생물 세계에서 찾아지는 많은 변이에서의 **혐기적 호흡(anaerobic respiration)**을 더 자세히 살펴보고자 한다. 다양한 화합물이 혐기적 호흡에서 전자수용체로 기능하며 (그림 14.25), 각 수용체는 보통 특정 미생물의 그룹 혹은 그룹들과 연결된다. 우리는 질산염이 전자수용체로 기능하는 혐기적 호흡의 흔한 형태에서부터 시작한다.

14.13 질산염 환원과 탈질산화 반응

무기 질소 화합물은 혐기적 호흡에서 가장 흔한 전자수용체의 일부를 차지한다. **표 14.4**는 무기 질소 화합물의 적절한 형태와 산화 상태를 요약한 것이다. 이화적 목적으로 가장 흔한 대체 전자수용체의 하나는 질산염(NO_3^-)인데, 질산염은 두 개의 전자를 받아 아질산염(NO_2^-)으로, 혹은 더 환원되어 산화질소(NO), 아산화질소(N_2O), 그리고 질소 기체(N_2)로 환원될 수 있다. NO, N_2O, N_2는 모두 기체이기 때문에 환경으로부터 소실되는데, 이들의 생물학적 생산을 **탈질산화(denitrification)** 반응으로 부른다 (**그림 14.35**).

*Escherichia coli*와 같은 일부 질산염 환원 미생물은 진정한 탈질산화 미생물은 아니지만 이 과정의 첫 번째 단계 (질산염에서 아질산염)만을 수행한다. 더욱이 일부 미생물은 이화적 과정에서 NO_2^-를 암모니아(NH_3)로 환원할 수 있다. 그러나 기체상의 산물 생성인 탈질산화(*denitrification*) 반응은 지구적으로 가장 중요한 특성을 갖는데, 탈질산화 반응이 고정된 질소를 소비하고, 일부 오염 기체를 생산하기 때문이다.

탈질산화 미생물과 이들의 생태학적 활성

대부분의 탈질산화 세균은 계통유전학적으로는 프로테오박테리아(*Proteobacteria*)에 속하며, 생리학적으로는 통성 호기성의 미생물이다. 예를 들어, *Pseudomonas* 종은 보통 강력한 탈질산화 미생물

표 14.4 핵심 질소 화합물의 산화 상태

화합물	N 원자의 산화 상태
유기 N (—NH_2)	−3
암모니아 (NH_3)	−3
질소 기체 (N_2)	0
아산화질소 (N_2O)	+1 (N당 평균)
산화질소 (NO)	+2
아질산염 (NO_2^-)	+3
이산화질소 (NO_2)	+4
질산염 (NO_3^-)	+5

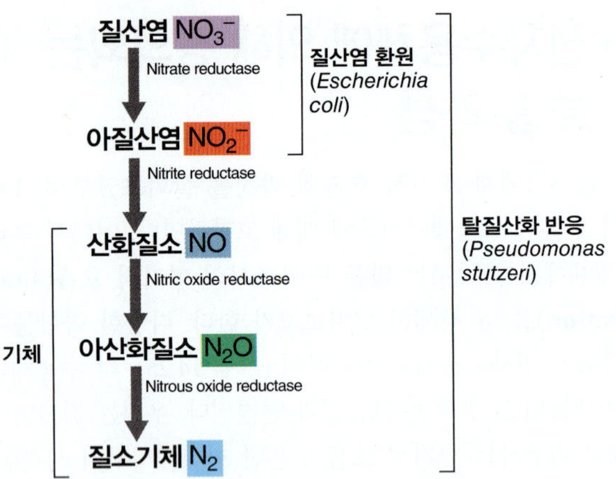

그림 14.35 질산염의 이화적 환원에서 단계들. 몇몇 미생물은 첫 번째 단계만을 수행할 수 있다. 관여하는 모든 효소는 무산소 조건에 의해 억제가 해제된다. 또한 몇몇 세균은 이화 대사에서 NO_3^-를 NH_4^+로 환원시킬 수 있다고 알려져 있다. 여기서 사용된 색은 그림 14.36에서 사용된 것과 일치함에 주목하라.

이다. 호기적 호흡은 O_2가 존재할 때, 심지어 NO_3^-가 배지에 같이 존재할 때에도 일어난다. 또한 많은 탈질산화 세균은 Fe^{3+} 및 특정 유기물 전자수용체와 같은 다른 전자수용체도 혐기적으로 환원하며 (그림 14.25), 몇몇 탈질산화 미생물은 발효도 할 수 있다. 따라서 탈질산화 세균은 대체 에너지-생산 기작의 관점에서 대사적으로 다양하다. 고균의 일부 종은 질산염을 아질산염으로 환원하면서 혐기적으로 생장할 수 있으며, 여러 고균은 탈질산화도 할 수 있다. 흥미롭게도, 적어도 하나의 진핵생물이 탈질화를 하는 것으로 알려졌다. 원생생물인 *Globobulimina pseudospinescens*는 껍질을 가진 아메바 (유공충, foraminiferan, 18.6절)로, 탈질산화를 할 수 있으며, 서식처인 무산소의 해양 퇴적토에서도 이런 형태의 대사를 채용하는 것 같다.

탈질산화 반응은 상당한 생태학적 영향을 가진 과정이다. 농업의 목적으로 보면, 탈질산화는 질산염 (종종 곡물과 다른 작물 재배하는 농부들이 질산칼륨 비료를 인위적으로 첨가)을 토양으로부터 제거하기 때문에 유해한 과정이다. 또한 N_2가 아닌 다른 기체상의 탈질산화 산물, 즉 N_2O와 NO도 상당한 환경적 관심을 갖는다. N_2O는 강력한 온실 기체 (기후 변화에 기여)이며, 또한 햇빛에 의해 NO로 전환될 수 있다. NO는 상층 대기에서 오존(O_3)과 반응하여 NO_2^-를 생성하면서 O_3을 소비한다. 비가 내리면 NO_2^-는 산성비(*acid rain*)의 아질산(HNO_2)으로 지구에 돌아온다. 이러한 환경적으로 해로운 과정과는 반대로, 하수 처리와 같은 바람직한

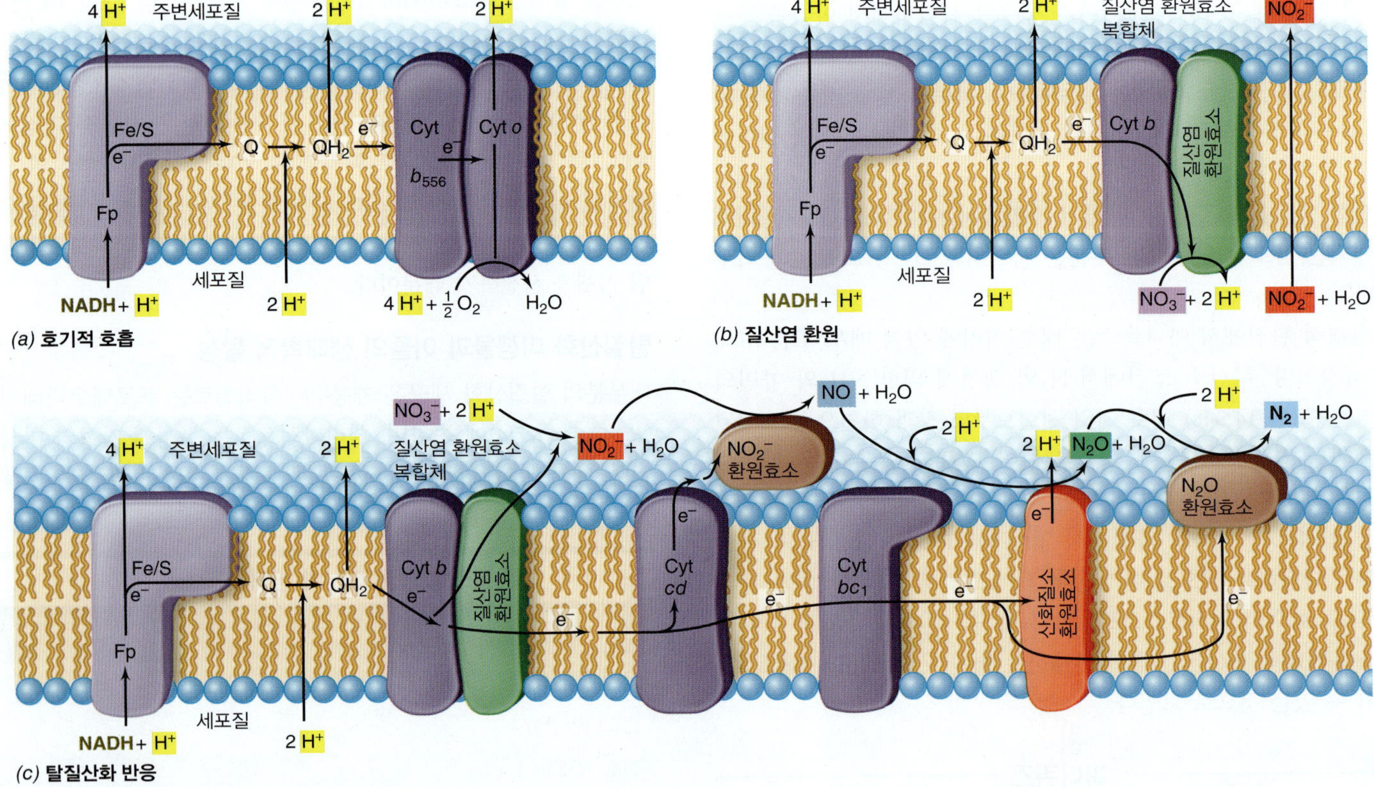

그림 14.36 호흡과 질산염-기초 혐기적 호흡. 전자공여체로 NADH, 전자수용체로 *(a)* O_2 또는 *(b)* NO_3^-가 사용될 때, *Escherichiea coli* 세포막에서의 전자전달 과정. Fp, flavoprotein; Q, 유비퀴논(ubiquinone). 높은 산소 조건에서 운반체의 순서는 cyt b_{556} → cyt *o* → O_2이다. 그러나 낮은 산소 조건(그림은 없음)에서 순서는 cyt b_{558} → cyt *d* → O_2이다. 전자전달 반응 동안, 혐기 조건에서 전자수용체로 NO_3^-를 이용할 때보다 호기 조건에서 전자 두 개를 산화할 때, 얼마나 더 많은 양성자가 이동하는지 주목하라. 이는 호기 조건의 최종 산화효소(cyt *o*)는 두 개의 양성자를 내보내기 때문이다. *(c)* 탈질산화 동안 *Pseudomonas stutzeri* 세포막에서 전자전달의 개요. 질산염 환원효소와 산화질소 환원효소는 막-통합 단백질이며, 반면에 아질산염 환원효소와 아산화질소 환원효소는 주변세포질의 효소이다.

과정에서 탈질산화 (아나목스와 함께, 앞부분 참조)는 고정된 질소를 제거하기 때문에 이로운 과정이 된다. 고정된 질소는 질산염이 풍부한 하수 방류수가 강이나 호수로 방류될 경우 조류 생장을 촉발시키는 주요 물질이다 (20.8절, 22.6절, 22.7절).

이화적 질산염 환원의 생화학

호기적 호흡, 질산염 호흡, 그리고 탈질산화 반응의 전자전달 경로를 **그림 14.36**에서 비교하였다. 이화적 질산염 환원의 첫 단계를 촉매하는 효소는 질산염 환원효소(*nitrate reductase*)인데, O_2에 의해 합성이 억제되는 몰리브덴-함유 막-통합 효소이다. 경로의 모든 이어지는 효소는 대등하게 조절되며, 따라서 O_2에 의해 역시 억제된다. 그러나 무산소 조건에 더하며, 이러한 효소가 완전히 발현하기 전에 질산염이 또한 존재하여야 한다.

이화적 질산염 환원의 생화학은 *E. coli* 및 *Paracoccus denitrificans*와 *Pseudomonas stutzeri*에서 자세히 연구되었는데, *E. coli*에서 NO_3^-는 NO_2^-로만 환원되며, *Paracoccus denitrificans*와 *Pseudomonas stutzeri*에서는 탈질산화가 일어난다. *E. coli*의 질산염 환원효소는 *b*-형 시토크롬으로부터 전자를 받으며, *E. coli*의 호기적 호흡과 질산염-호흡하는 세포에서 전자전달계의 비교는 그림 14.35*a*, *b*에 나타나 있다. NO_3^-/NO_2^- 쌍의 환원 전위 (+0.43 V) 때문에, 호기적 호흡 (O_2/H_2O, +0.82 V)보다는 더 적은 양성자가 질산염의 환원 과정에서 펌프되어 나온다. *P. denitrificans*와 *P. stutzeri*의 경우, 아질산염 환원효소, 산화질소(nitric oxide) 환원효소, 아산화질소(nitrous oxide) 환원효소에 의해 NO_2^-로부터 질소 산화물이 형성된다. NO와 N_2O는 세포에서 자유롭게 배출되는 기체상의 중간산물이며, 비록 이들 중간산물이 종종 N_2로 완전히 환원되지만 특히 N_2O는 탈질산화 반응의 주요 산물이다. 이러한 전자전달 반응 동안 양성자 동력이 형성되고 (그림 14.36*c*), ATP 합성효소가 양성자 동력과 ATP 합성을 연계한다.

미니퀴즈

- *Escherichia coli*의 경우, NO_3^- 환원보다 호기적 호흡에서 더 많은 에너지가 방출되는 이유는?
- NO_3^- 환원 산물은 *E. coli*와 *Pseudomonas* 사이에 어떤 차이가 있는가?
- 이화적 질산염 환원효소는 세포의 어디에서 발견되는가? 이 효소는 어떤 특이한 금속을 가지고 있는가?

14.14 황산염 환원과 황 환원

여러 무기 황 화합물은 혐기적 호흡에서 중요한 전자수용체이며, 핵심 황 화합물의 산화 상태가 **표 14.5**에 요약되어 있다. 황의 가장 산화된 형태인 황산염(SO_4^{2-})은 황산염-환원세균(*sulfate-reducing bacteria*)에 의해 환원되는데, 황산염-환원세균은 절대 혐기성 세균의 매우 다양한 그룹으로 자연에 널리 분포한다. 황산염 환원의 최종 산물은 많은 생물지구화학적 과정에 참여하는 중요한 자연 산물인 황화수소, H_2S이다 (21.4절, 22.11절, 22.12절). *Desulfovibrio* 속의 종, 특히 *D. desulfuricans*는 광범위하게 연구되고 있으며, 황산염-환원세균의 일반적인 특징은 15.9절에서 논의할 것이다.

표 14.5 황산염 환원에서의 황 화합물

화합물	S 원자의 산화 상태
유기 S (R—SH)	−2
황화물 (H_2S)	−2
원소상의 황 (S^0)	0
티오황산염 ($—S–SO_3^{2-}$)	−2/+6
이산화황 (SO_2)	+4
아황산염 (SO_3^{2-})	+4
황산염 (SO_4^{2-})	+6

질산염에서와 마찬가지로 (14.13절), 동화적 황산염 대사와 이화적 황산염 대사를 구분할 필요가 있다. 대부분의 미생물은 시스테인, 메티오닌, 그리고 많은 다른 유기 황 화합물을 만들기 위한 생합성의 목적으로 황산염을 받아들이며, 이는 동화적(*assimilative*) 황산염 대사이다. 반면, 에너지 보전을 위해 황산염을 전자수용체로 사용하는 능력은 큰 규모의 환원을 필요로 하며, 황산염-환원세균에 한정된다. 이 미생물에 의해 H_2S가 매우 큰 규모로 생산되어 세포로부터 배출된다. 배출된 H_2S는 자유롭게 공기에 의한 산화, 다른 미생물의 사용, 혹은 금속과 결합하여 금속 황화물 형성의 길을 가게 된다.

황산염 환원의 생화학과 에너지론

그림 14.25의 환원 전위가 보여주듯이, SO_4^{2-}는 O_2 혹은 NO_3^-보다 훨씬 덜 우호적인 전자수용체이다. 그러나 전자공여체가 산화하면서 NADH 혹은 FADH를 생성할 경우, ATP를 생성하는 데 충분한 자유에너지가 황산염 환원으로부터 이용가능하다. 수소(H_2)는 실질적으로 모든 종에 의해 사용되며, 반면에 다른 전자공여체의 사용은 더 제한적이다. 예를 들어, 젖산염과 피루브산염은 담수의 무산소 환경에서 발견되는 종에 의해 널리 사용되며, 반면 아세트산염 및 더 긴 사슬의 지방산은 해양의 황산염-환원세균에 의해 널리 사용된다. 많은 형태학적 및 생리학적 유형의 황산염-환원세균이 알려져 있으며, 고균의 속(genus)인 *Archaeoglobus* (17.4절)를 예외로 하면, 모든 알려진 황산염 환원 미생물은 세균 (15.9절)이다.

SO_4^{2-}의 H_2S로의 환원은 여덟 개의 전자를 필요로 하며, 많은 중간 단계를 통해 진행된다. SO_4^{2-}의 환원을 위해서는 먼저 SO_4^{2-}가 ATP를 요구하는 반응에서 활성화(*activated*)되어야 한다. **그림 14.37*a***에 나타나 있듯이, ATP sulfurylase 효소는 SO_4^{2-}가 ATP의 인산염에 부착하여 *adenosine phosphosulfate* (APS)를 형성하는 것을 촉매한다. 활성화는 SO_4^{2-}/SO_3^{2-} 쌍의 극히 낮은 음전기의

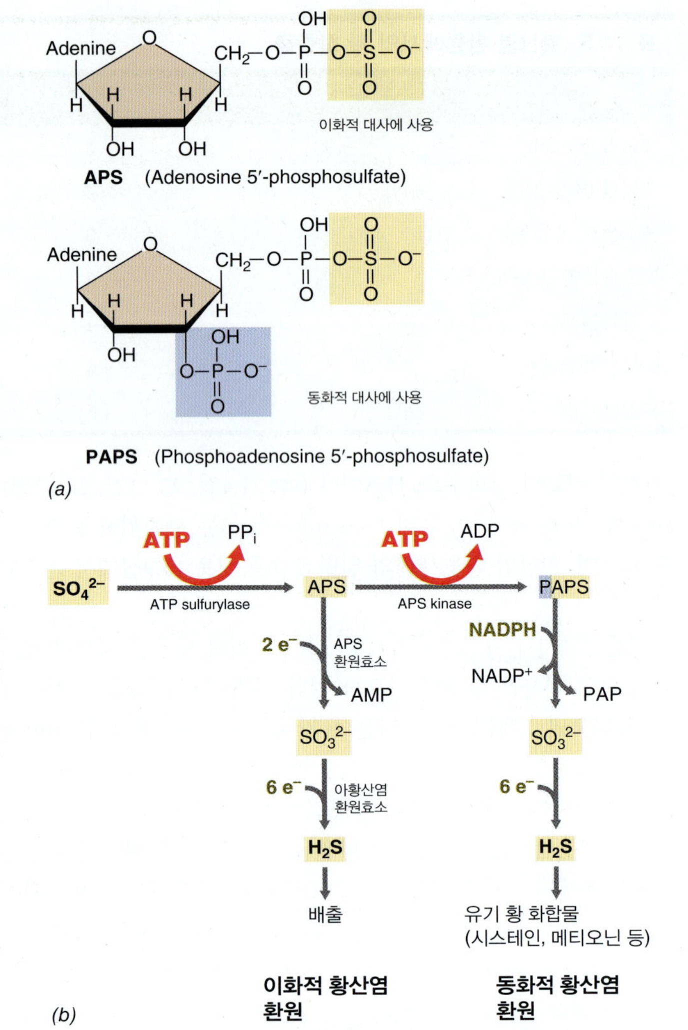

Adenine
이화적 대사에 사용
APS (Adenosine 5′-phosphosulfate)

Adenine
동화적 대사에 사용
PAPS (Phosphoadenosine 5′-phosphosulfate)

(a)

SO_4^{2-} → (ATP → PP_i, ATP sulfurylase) → APS → (ATP → ADP, APS kinase) → PAPS

APS → (2 e⁻, APS 환원효소) → AMP + SO_3^{2-} → (6 e⁻, 아황산염 환원효소) → H_2S → 배출

PAPS → (NADPH → NADP⁺) → PAP + SO_3^{2-} → (6 e⁻) → H_2S → 유기 황 화합물 (시스테인, 메티오닌 등)

이화적 황산염 환원 **동화적 황산염 환원**

(b)

그림 14.37 황산염 환원의 생화학: 활성화된 황산염. *(a)* 활성화된 황산염의 두 가지 형태인 adenosine 5′-phosphosulfate (APS)와 phosphoadenosine 5′-phosphosulfate (PAPS)가 만들어질 수 있다. 이들은 모두 adenosine diphosphate (ADP)의 유도체로, ADP의 두 번째 인산염이 SO_4^{2-}로 대체되었다. *(b)* 동화적 황산염 환원과 이화적 황산염 환원의 개요.

E_0' (−0.52 V)을 거의 0 V 근처까지 올리며, NADH (−0.32 V)와 같은 전자공여체를 이용한 황산염의 환원을 가능하게 한다.

이화적(*dissimilative*) 황산염 환원에서, APS의 SO_4^{2-}는 APS 환원효소에 의해 직접 아황산염(SO_3^{2-})으로 환원되며, AMP를 방출한다. 동화적(*assimilative*) 환원의 경우, 또 다른 인산기가 APS에 첨가되어 *phosphoadenosine phosphosulfate (PAPS)*를 형성하며 (그림 14.37*a*), 그런 다음에야 SO_4^{2-}가 환원된다. 그러나 두 경우 모두 황산염 환원의 산물은 아황산염(SO_3^{2-})이다. 일단 SO_3^{2-}가 형성되면, SO_3^{2-}는 아황산염 환원효소의 활성에 의해 H_2S로 환원된다 (그림 14.37*b*).

이화적 황산염 환원 과정에서, 전자전달 반응은 양성자 동력을 형성하며, 양성자 동력은 ATP 합성효소에 의한 ATP 합성을 견인한다. 이 과정의 주요 전자 운반체는 주변세포질의 낮은-전위 시토크롬인 시토크롬 c_3 (*cytochrome* c_3)이다 (**그림 14.38**). 시토크롬 c_3는 주변세포질의 수소화효소로부터 전자를 받으며, 이 전자를 막-관련 단백질 복합체에 전달한다. *Hmc*로 불리는 이 복합체는 세포막을 가로질러 전자를 운반하며, 그 전자를 세포질 효소로 각각 아황산염과 황화물을 생성하는 APS 환원효소와 아황산염 환원효소에 전달한다 (그림 14.38).

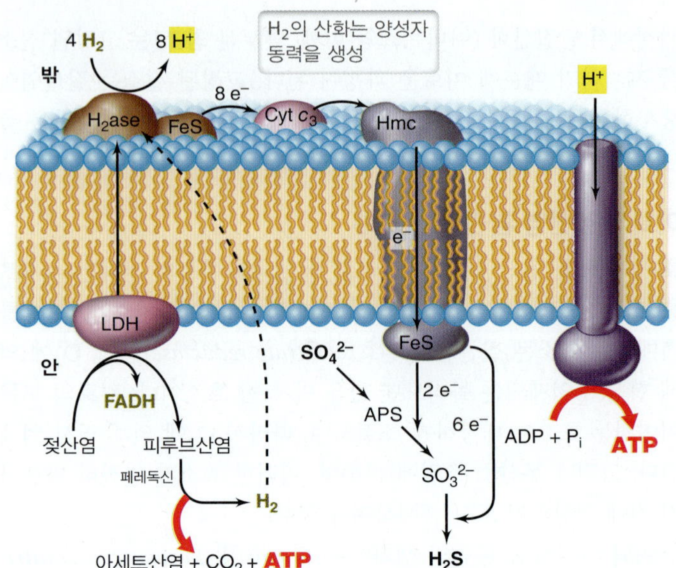

그림 14.38 황산염-환원세균에서 전자전달과 에너지 보전. 외부의 H_2 이외에도, 젖산염과 피루브산염과 같은 유기 화합물의 이화반응에서 나오는 H_2도 수소화효소의 연료가 된다. 수소화효소(H_2ase), 시토크롬(cyt) c_3, 시토크롬 복합체(Hmc)는 주변세포질의 단백질이다. 또 다른 단백질이 Hmc로부터 세포질의 철-황 단백질(FeS)로 세포막을 가로질러 전자를 수송하며, FeS는 APS 환원효소 (SO_3^{2-}를 생성)와 아황산염 환원효소 (H_2S를 생성, 그림 14.37*b*)에 전자를 공급한다. LDH, 젖산염 탈수소효소.

*Desulfovibrio*가 H_2 그 자체에서 생장하든, 젖산염과 같은 유기 화합물을 이용하여 생장하든, 수소화효소는 황산염 환원에서 중심 역할을 한다. 이것은 젖산염이 피루브산염을 거쳐 아세트산염으로 전환되면서 (*Desulfovibrio*는 아세트산염을 CO_2로 산화시킬 수 없기 때문에 아세트산염의 상당 부분은 배출되거나 세포 물질로 동화됨) H_2를 생산하기 때문이다. 이 H_2는 세포막을 가로질러 건너서 주변세포질의 수소화효소에 의해 전자와 양성자로 산화되는데, 전자는 다시 시스템으로 돌아가고, 양성자는 양성자 동력을 생성한다 (그림 14.38). 각 SO_4^{2-}가 H_2에 의해 HS^-로 환원될 때 하나의 ATP 순 생산되며, 반응은 아래와 같다.

$$4\,H_2 + SO_4^{2-} + H^+ \rightarrow HS^- + 4\,H_2O \qquad \Delta G^{0\prime} = -152\,\text{kJ}$$

젖산염 혹은 피루브산염이 전자공여체일 경우, ATP는 양성자 동력뿐만 아니라 피루브산염이 아세트산염과 CO_2로 산화되는 과정의 기질-수준 인산화에 의해서도 생산된다 (그림 14.38).

담수 종이 아닌 해양의 황산염-환원세균은 아세트산염 (및 더 긴 사슬 지방산)의 CO_2로의 산화와 황산염 환원을 연계할 수 있다.

$$CH_3COO^- + SO_4^{2-} + 3\,H^+ \rightarrow 2\,CO_2 + H_2S + 2\,H_2O$$

$$\Delta G^{0\prime} = -57.5\,\text{kJ}$$

이들 종의 대부분에서 아세트산염 산화의 기작은 아세틸-CoA 경로(*acetyl-CoA pathway*)인데, 이 경로는 많은 혐기성 미생물이 아세트산염 합성이나 아세트산염 산화를 위해 사용되는 일련의 가역 반응이다 (14.16절). 또한 일부 황산염-환원세균은 H_2를 이용하면서 독립영양으로 생장할 수 있다. 이러한 조건에서 이들 미생물은 아세틸-CoA 경로를 사용하여 아세트산염을 탄소원으로 합성한다. 이런 종은 유기물이 전혀 없는 무기염, 황산염, CO_2, H_2 만을 포함하는 배지에서 배양될 수 있다.

황산염-환원세균의 특별한 대사

어떤 황산염-환원세균의 종은 모든 종이 가진 특성이 아닌 자신만의 특이한 반응을 촉매할 수 있다. 이러한 반응에는 불균등화 반응(*disproportionation*), 아인산염 산화(*phosphite oxidation*), 황 환원(*sulfur reduction*) 등이 있다.

불균등화 반응은 물질의 한 분자는 산화되는 반면, 두 번째 분자는 환원되어 궁극적으로 두 개의 서로 다른 산물을 형성하는 과정이다. 예를 들어, *Desulfovibrio sulfodismutans*는 티오황산염($S-SO_3^{2-}$)을 다음과 같이 불균등화할 수 있다.

$$S-SO_3^{2-} + H_2O \rightarrow H_2S + SO_4^{2-} \qquad \Delta G^{0\prime} = -21.9\ \text{kJ/반응}$$

이 반응에서 $S-SO_3^{2-}$의 오른쪽 황 원자는 산화되고 (SO_4^{2-}를 형성), 반면 왼쪽의 황은 환원된다 (H_2S를 형성)는 것에 주목하라. *D. sulfodismutans*에서, 티오황산염의 산화로부터 이용 가능한 자유에너지는 기질-수준 인산화와 연결하기에 충분하지 않다. 이에 따라 이용 가능한 자유에너지는 양성자 동력을 형성하는 반응에 이용 가능한 에너지를 최소로 사용하는 양성자 "펌프(pump)"와 연결된다. 아황산염(SO_3^{2-})과 황(S^0)과 같은 다른 환원된 황 화합물도 또한 불균등화될 수 있다. 이러한 유형의 황 대사는 황산염-환원세균이 자연에서 함께 존재하는 황 화학무기영양체에 의한 H_2S 산화로부터 생성된 황 중간산물로부터 에너지를 회수하는 것을 가능하게 한다. 또한 황산염-환원세균이 SO_4^{2-}의 환원 과정 동안 그들 자신의 대사에서 생성된 중간산물로부터 에너지를 회수할 수 있다 (그림 14.37*b*).

적어도 하나의 황산염-환원세균은 아인산염(HPO_3^-) 산화와 SO_4^{2-} 환원을 연계할 수 있다. 이 화학무기영양의 반응은 인산염과 황화물을 만든다.

$$4\,HPO_3^- + SO_4^{2-} + H^+ \rightarrow 4\,HPO_4^{2-} + HS^- \qquad \Delta G^{0\prime} = -364\ \text{kJ}$$

이 세균, *Desulfotignum phosphitoxidans*는 독립영양체이며, 또한 절대 혐기성 미생물이기도 하다. 아인산염은 공기 중에서 스스로 산화하기 때문에 필수적으로 절대 혐기성일 수밖에 없다. 자연에서 아인산염의 발생원은 *phosphonates*로 불리는 유기인 화합물로 보이는데, 이 화합물은 핵산, 인지질, 기타 세포 유래 유기인 화합물의 무산소 분해로부터 생성된다. 황 불균등화 반응 (또한 화학무기영양의 과정) 및 H_2 활용과 함께, 아인산염 산화는 황산염-환원세균이 수행하는 화학무기영양 반응의 다양성을 강조한다.

황 환원

황산염 이외에도, 대부분의 황산염-환원세균은 원소상의 황을 황화물로 환원 ($S^0 + 2\ H \rightarrow H_2S$)시키면서도 에너지를 보전할 수 있다. 그러나 이에 더하여 황산염-환원을 하지 않는 다양한 미생물이 또한 혐기적 호흡으로 황을 환원할 수 있다. 이들 황-환원 미생물(*sulfur reducers*)은 세균과 고균의 큰 그룹으로, 보통 무산소의 황이 풍부한 서식처에서 황산염-환원세균과 함께 살아간다.

황 환원을 위한 전자는 H_2 혹은 많은 유기 화합물로부터 나온다. 예를 들어, *Desulfuromonas acetoxidans*는 S^0의 H_2S로의 환원과 연계하여 아세트산염 혹은 에탄올을 CO_2로 산화시킬 수 있다. 황-환원 미생물은 황산염을 APS로 활성화시키는 능력이 없으며 (그림 14.37), 이것이 아마도 이들 미생물이 전자수용체로 SO_4^{2-}를 사용하지 못하는 이유일 것이다. *Desulfuromonas*는 여러 시토크롬을 가지고 있는데, 여기에는 황산염-환원세균에서 핵심 전자 운반체인 시토크롬 c_3의 유도체도 포함된다. 배양에서 *Desulfuromonas*을 포함한 일부 황-환원 미생물은 또한 황을 대신하여 Fe^{3+}를 전자수용체로 사용할 수 있으나 아마도 자연에서는 황이 사용되는 주요 전자수용체일 것이다. 산화된 황 화합물의 환원 그리고 H_2S의 생산이, 생태학적 의미에서 황-환원세균과 황산염-환원세균을 실제로 연결하는 것이다.

미니퀴즈

- 이화적 황산염 환원에서 SO_4^{2-}는 어떻게 SO_3^{2-}로 전환되는가? *Desulfuromonas*는 *Desulfovibrio*와 생리학적으로 어떤 차이가 있는가?
- 전자공여체로 H_2와 젖산염을 각각 사용할 때, 전자공여체에 따른 *Desulfovibrio*의 생장을 비교하라.
- 황 불균등화 반응의 예를 하나 제시하라.

14.15 다른 전자수용체

지금까지 살펴보았던 혐기적 호흡의 전자수용체 이외에도 여러 금속, 반금속, 할로겐치환 유기 화합물, 할로겐치환 없는 유기 화합물이 자연에서 세균의 중요한 전자수용체이다 (그림 14.25). 여기에 더하여 양성자도 아주 소수의 절대 혐기성 미생물에 의해 사용될 수 있다. 우리는 이러한 유형의 혐기적 호흡을 여기서 살펴본다.

금속과 반금속의 환원

여러 금속과 반금속이 혐기적 호흡에서 환원될 수 있다. 제2철(Fe^{3+})과 망간이온(Mn^{4+})이 환원되는 가장 중요한 금속들이다. Fe^{3+}/Fe^{2+} 쌍의 환원 전위는 +0.2 V (pH 7에서)이고, Mn^{4+}/Mn^{2+} 쌍의 환원 전위는 +0.8 V이다. 따라서 여러 전자공여체가 Fe^{3+} 환원 및 Mn^{4+} 환원과 연계할 수 있다. 이들 반응에서, 전자는 보통 공여체로부터 양성자 동력을 형성하는 전자전달계를 통과해서 이동하며, Fe^{3+}를 Fe^{2+}로 혹은 Mn^{4+}를 Mn^{2+}로 환원하는 금속 환원효소 시스템에서 종료된다. 그람-음성 세균인 *Shewanella*와 *Geobacter*가 여기서의 주요 종이다. 다른 무기 물질도 혐기적 호

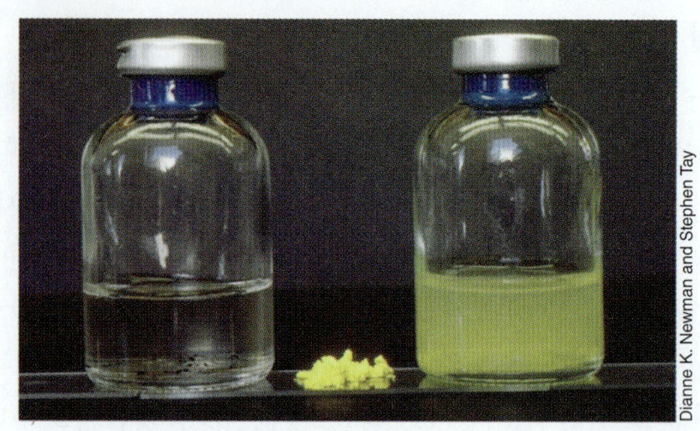

그림 14.39 황산염-환원세균인 *Desulfotomaculum auripigmentum*에 의한 비소 환원 과정에서의 생물-무기물화. 왼쪽, 접종 후 배양 병의 모습. 오른쪽, 2주간의 생장과 arsenic trisulfide (As_2S_3)의 생물-무기물화 후. 가운데, As_2S_3의 합성 시료.

Dianne K. Newman and Stephen Tay

흡을 위한 전자수용체로 기능할 수 있는데, 여기에는 반금속인 셀레늄(selenium), 텔루륨(tellurium), 비소(arsenic), 그리고 산화된 염소 화합물이 포함된다 (이들 중의 일부는 그림 14.25에 나타나 있음). 여러 염소산염(chlorate)-환원세균 및 과염소산염(perchlorate)-환원세균이 또한 분리되었으며, 자연에서 이러한 독성 화합물을 제거하는데 관여하는 것으로 보인다. 이들 반응의 전형적인 최종 산물은 염소이온(Cl^-)이다.

황산염-환원세균인 *Desulfotomaculum*은 AsO_4^{3-}를 AsO_3^{3-}로, 그리고 황산염을 아황산염으로 (그림 14.25) 환원시킬 수 있으며, 이 과정에서 노란색 광물인 웅황(orpiment, As_2S_3)을 침전시킨다 (**그림 14.39**). 이 과정은 생물-광물화(*biomineralization*)의 보기가 되는데, 생물-광물화는 세균 활성에 의한 광물의 형성을 말한다. 또한 As_2S_3 생성은 그렇지 않다면 독성 화합물 (비소)일 수 있는 물질을 무독화하는 수단으로 기능하며, 따라서 그러한 미생물의 활성은 비소-함유 독성 폐기물과 지하수의 정화에 있어 실질적인 응용 가능성을 가진다.

유기 전자수용체

여러 유기 화합물이 혐기적 호흡에서 전자수용체가 될 수 있다. 그림 14.25에 나열된 것 중에서 가장 널리 연구된 화합물은 시트르산회로의 중간산물인 푸마르산염(*fumarate*)으로 (그림 3.16), 푸마르산염은 숙신산염으로 환원된다. 혐기적 호흡에서 푸마르산염의 전자수용체로서의 역할은 푸마르산염/숙신산염 쌍의 환원 전위가 0 V 근처라는 사실로부터 추론할 수 있는데, 이 환원 전위는 푸마르산염 환원을 NADH, FADH, 혹은 H_2 산화와 연계할 수 있게 한다. *Escherichia coli*를 포함한 많은 통성 호기성의 세균이 푸마르산염을 전자수용체로 이용하여 혐기적으로 생장할 수 있다.

Trimethylamine oxide (TMAO)와 dimethyl sulfoxide (DMSO) (그림 14.25)는 중요한 유기 전자수용체이다. TMAO는 해양 어류의 산물로, 여러 세균이 TMAO를 trimethylamine (TMA)로 환원시킬 수 있다. TMA는 강한 냄새와 향을 가지고 있는데, 상한 해산물의 냄새는 일차적으로 세균의 활성에 의해 생산된 TMA 때문이다. Dimethyl sulfoxide (DMSO)는 dimethyl sulfide (DMS)로 환원되는데, DMSO는 흔한 자연의 산물이며 해양 환경과 담수 환경 모두에서 찾아진다. TMAO/TMA 쌍 및 DMSO/DMS 쌍의 환원 전위는 거의 같으며 (대략 +0.15 V, 그림 14.25), 역시 TMAO 혹은 DMSO 환원효소로 종결되는 전자전달계도 *b* 유형의 시토크롬을 가진다.

여러 할로겐치환 유기 화합물은 **환원적 탈염소화(reductive dechlorination)** [탈할로겐 호흡(*dehalorespiration*)으로도 부름]에서 전자수용체로 기능할 수 있다. 예를 들어, 황산염-환원세균 *Desulfomonile*은 H_2 혹은 유기 전자공여체로, 염화벤조산염(chlorobenzoate)을 전자수용체로 이용하여 혐기적으로 생장하며, 염화벤조산염은 벤조산염(benzoate)과 염산(HCl)으로 환원된다.

$$C_7H_4O_2Cl^- + 2\,H \rightarrow C_7H_5O_2^- + HCl$$

여러 다른 혐기성 세균이 환원적으로 탈염소 반응을 할 수 있으며, 이들 세균의 일부는 염소치환 화합물만을 혐기적 호흡을 위한 전자수용체로 사용한다. 예를 들어, *Dehalobacter*와 *Dehalococcoides*는 H_2를 산화하면서 사염화에틸렌(tetrachloroethylene)을 각각 이염화에틸렌(dichloroethylene) 및 에텐(ethene)으로 환원한다. *Dehalococcoides*는 또한 폴리염화비페닐(polychlorinated biphenyls, PCBs)를 환원시킬 수 있다. PCBs는 담수 환경을 오염시키는 광범위한 유기 오염물질로, 담수 환경에서 어류 및 다른 수생 생물에 축적된다. 그러나 PCBs 분자에서 염소기의 제거는 이들의 독성을 감소시키며, 따라서 환원적 탈염소화는 혐기적 호흡의 한 형태일 뿐만 아니라 생물복원의 환경적으로 중요한 과정이다.

양성자 환원

아마도 모든 혐기적 호흡 중에서 가장 간단한 형태는 초고온성 미생물인 *Pyrococcus furiosus*이 수행하는 호흡일 것이다. *P. furiosus*는 100°C에서 최적 생장을 하는 고균의 종으로 (17장), 당과 작은 펩티드를 전자공여체로, 양성자를 전자수용체로 이용한다. 이것은 *P. furiosus* 해당 경로의 독특한 생화학적 특징 때문에 가능하다.

해당과정에서 glyceraldehyde 3-phosphate의 산화는 두 개의 고에너지 인산 결합을 가진 중간산물인 1,3-bisphosphoglyceric acid를 형성하며, 이 화합물은 다시 3-phosphoglyceric acid와 ATP로 전환된다 (그림 3.14). 그러나 *P. furiosus*는 정상적인 해당과정인 이 단계를 우회하여, glyceraldehyde 3-phosphate로부터 직접 3-phosphoglyceric acid를 생성한다 (**그림 14.40**). 이는 *P. furiosus*가 이 단계에서 기질-수준 인산화에 의해 ATP를 합성하는 것을 방해한다. 그러나 이 문제는 glyceraldehyde 3-phosphate의 산화는 NADH가 아닌 페레독신(*ferredoxin*)의 생산과 연계된다는 사실에 의해 보상을 받는다. 페레독신은 NAD^+/NADH (−0.32 V)보다 더 음전기의 E_0' (−0.42 V)을 띤다. 이렇게 강한 음전기의 E_0'는 페레독신의 산화를 2H의$^+$ H_2로의 환원과 연계할 수 있도록 하며, 이 반응은 세포막을 가로질러 양성자를 내보낸다 (그림 14.40). 수소화효소에 의한 양성자 배출(pumping)은 다른 호흡에서 최종 전자운반체에 의한 양성자 배출과 유사하다. *P. furiosus*에서 추가의

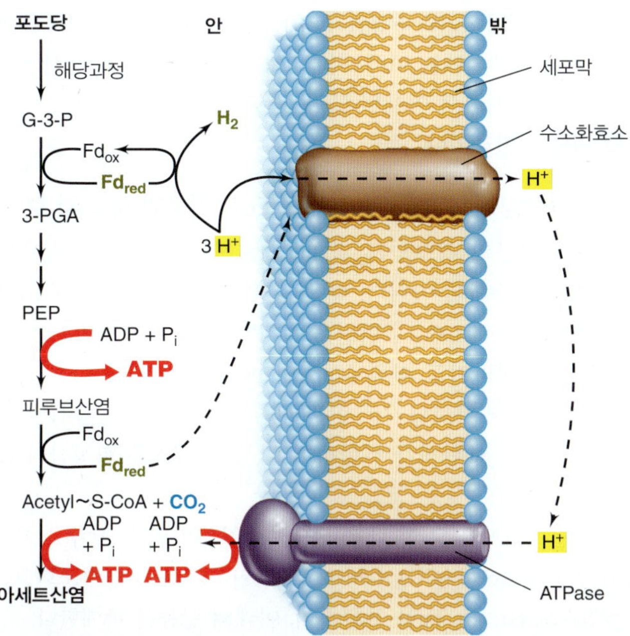

그림 14.40 초고온성 미생물인 *Pyrococcus furious*의 혐기적 호흡에서 변형된 해당과정과 양성자 환원. 수소(H_2) 생산은 수소화효소에 의한 H^+ 펌프와 연계되는데, 수소화효소는 환원된 페레독신(Fd_{red})으로부터 전자를 받는다. G-3-P로부터 경로 아래 방향의 모든 중간산물은 두 개씩 존재한다. 이 그림과 그림 3.14의 전형적 해당과정과 비교해 보자. G-3-P, glyceraldehyde 3-phosphate; 3-PGA, 3-phosphoglycerate; PEP, phosphoenolpyruvate.

ATP가 phosphoenolpyruvate이 피루브산염으로, 아세틸-CoA이 아세트산염으로 전환하는 과정에서 기질-수준 인산화를 통해 생산된다 (그림 14.40).

미니퀴즈

- H_2를 전자공여체로 사용할 때, Fe^{3+}의 환원이 푸마르산염의 환원보다 더 선호하는 반응이 되는 이유는?
- 환원적 탈염소화는 무엇인가? 환원적 탈염소화가 환경적으로 왜 관련이 있는가?
- 혐기적 포도당 대사는 *Lactobacillus*와 *Pyrococcus furiosus* 사이에 어떻게 다른가?

V • 일-탄소(C_1) 대사

이산화탄소(CO_2)와 메탄(CH_4)은 많은 무산소 서식처에 풍부하며, 매우 다양한 미생물이 CO_2의 환원 혹은 CH_4의 산화로부터 에너지를 보전하는 대사 경로를 진화시켜왔다. 일-탄소 화합물의 대사 (C_1 대사)에서 많은 효소 반응이 이런 종류의 대사에 특화한 것이다. 이 절에서 우리는 이런저런 C_1 대사를 수행하는 미생물의 대사를 주요 유사점과 차이점을 강조하면서 살펴볼 것이다.

14.16 아세트산생성

절대 혐기성 미생물의 두 개의 주요 그룹은 CO_2를 에너지 보전을

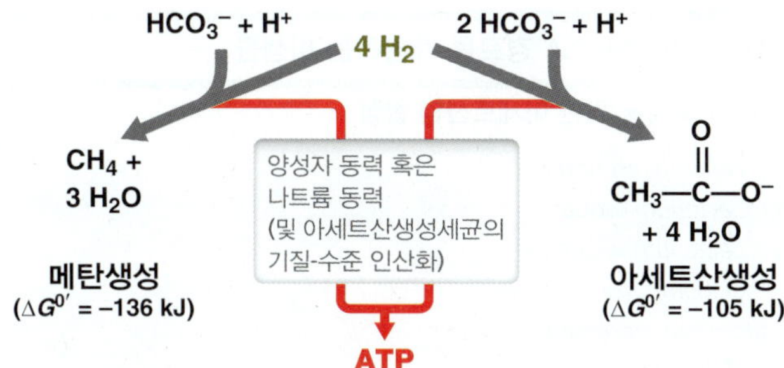

그림 14.41 메탄생성과 아세트산생성의 대비되는 과정. 반응에서 방출되는 자유에너지의 차이에 주목하라.

위한 전자수용체로 사용한다. 두 그룹 중 하나는 아세트산생성세균(*acetogens*)이며, 여기서 논의할 것이다. 다른 그룹인 메탄생성균(*methanogens*)은 다음 장에서 살펴볼 것이다. 수소(H_2)는 이들 두 그룹의 미생물을 위한 주요 전자공여체이며, 이들의 에너지 대사인 **아세트산생성(acetogenesis)**과 **메탄생성(methanogenesis)**에 대한 개요는 **그림 14.41**에 나타나 있다. 두 과정은 양성자(H^+) 혹은 나트륨이온(Na^+)의 이온 펌프와 연계되어 있으며, 에너지 보전의 기작으로 이러한 펌프는 막에서 ATP 합성효소에 연료를 공급한다. 아세트산생성의 경로는 또한 기질-수준 인산화 반응에 의해서도 에너지를 보전한다.

미생물과 경로

아세트산생성세균은 아래의 반응을 수행한다.

$$4\,H_2 + H^+ + 2\,HCO_3^- \rightarrow CH_3COO^- + 4\,H_2O \quad \Delta G^{0\prime} = -105\,kJ$$

H_2 이외에도 아세트산생성의 전자공여체에는 미생물에 따라 메탄올, 여러 메톡실화 방향족 화합물, 당, 유기산, 아미노산, 알코올, 몇몇 질소 염기 등 다양한 C_1 화합물이 포함된다. 많은 아세트산생성세균이 또한 이화적 대사에서 질산염(NO_3^-)과 티오황산염($S_2O_3^{2-}$)을 환원한다. 그러나 CO_2 환원이 생태학적 의미를 갖는 주요 반응이다.

아세트산생성세균을 통합하는 주된 가닥은 CO_2 환원의 경로이다. 아세트산생성세균은 환원형 아세틸-CoA 경로 (reductive acetyl-CoA pathway, *Wood-Ljungdahl pathway*로도 불림)를 통해 CO_2를 아세트산염으로 환원하는데, 이 경로는 절대 혐기성 미생물에서 아세트산염의 생산을 위한 주된 경로이다 (그림 14.42 참조). 환원형 아세틸-CoA 경로의 반응은 가역적이며, 일부 미생물은 아세트산염을 산화하기 위해 이 경로를 역으로 작동한다. **표 14.6**은 아세틸-CoA 경로에 의해 아세트산염을 생산 혹은 산화하는 그룹을 나열한 것이다.

Acetobacterium woodii, *Clostridium aceticum*과 같은 아세트산생성세균은 당의 발효에 의한 화학유기영양 방식 (반응 A) 혹은 H_2를 전자공여체로 사용하여 CO_2를 아세트산염으로 환원하는 화학무기영양과 독립영양 방식 (반응 B)으로 생장할 수 있다. 어떤 경우에도 유일 산물은 아세트산염(*acetate*)이다.

표 14.6 아세틸-CoA 경로를 채용하는 미생물

I. 에너지 목적을 위한 아세트산염 합성
Acetoanaerobium noterae
Acetobacterium woodii
Acetobacterium wieringae
Acetogenium kivui
Acetitomaculum ruminis
Clostridium aceticum
Clostridium formicaceticum
Clostridium ljungdahlii
Moorella thermoacetica
Desulfotomaculum orientis
Sporomusa paucivorans
Eubacterium limosum (또한 부틸산염을 생산)
Treponema primitia [흰개미 후장(hindgut)으로부터]
II. 세포 생합성을 위한 아세트산염 합성
아세트산생성세균
메탄생성균
황산염-환원세균
III. 에너지 목적을 위한 아세트산염 산화
반응: 아세트산염 + H^+ + 2 $H_2O \rightarrow$ 2 CO_2 + 8 H
그룹 II 황산염 환원 미생물 (*Desulfobacter*는 제외)
반응: 아세트산염 + $H^+ \rightarrow CO_2 + CH_4$
아세트산염양 메탄생성균 (*Methanosarcina*, *Methanosaeta*)

(A) $C_6H_{12}O_6 \rightarrow 3\ CH_3COO^- + 3\ H^+$
(B) $2\ HCO_3^- + 4\ H_2 + H^+ \rightarrow CH_3COO^- + 4\ H_2O$

포도당에서 배양할 때, 아세트산생성세균은 해당과정 (그림 3.14)을 이용하여 포도당을 두 분자의 피루브산염과 두 분자의 NADH로 산화한다. 그런 다음 피루브산염은 더 산화되어 두 분자의 아세트산염을 생산한다.

(C) 2 피루브산염$^-$ $\rightarrow$ 2 아세트산염$^-$ + 2 CO_2 + 2 NADH

반응 (C)에서 발생하는 두 분자의 CO_2는 환원형 아세틸-CoA 경로에서 최종 전자수용체로 사용된다. 해당과정과 피루브산염 산화과정에서 생성되는 NADH는 CO_2 환원의 전자공여체로 사용된다. 피루브산염으로부터 시작하면 아세트산염의 전체적인 생산은 아래와 같이 적을 수 있다.

$$2\ \text{피루브산염}^- + 4\ H^+ \rightarrow 3\ \text{아세트산염}^- + H^+$$

에너지 대사에서 아세트산염을 생산하는 대부분의 아세트산생성세균은 그람-양성 세균이며, 이중 많은 세균이 *Clostridium* 혹은 *Acetobacterium* 속의 종이다 (표 14.6). 일부 다른 그람-양성 세균, 많은 서로 다른 그람-음성 세균과 고균은 독립영양의 목적으로 환원형 아세틸-CoA 경로를 사용하며, 세포의 탄소원으로 CO_2를 아세트산염으로 환원한다. 여기에는 독립영양의 황산염-환원세균 (14.14절), 아나목스 세균 (14.12절), 메탄생성균 (14.17절)이 포함된다. 마지막으로, 일부 미생물은 아세트산염을 CO_2로 산화시키는 수단으로 역방향(*reverse direction*)으로 아세틸-CoA 경로를 작동한다. 이런 미생물에는 아세트산염-이용 메탄생성균과 황산염-환원세균이 있다. 따라서 아세틸-CoA 경로는 대사적으로 매우 다재다능한 일련의 반응이다.

아세트산생성에서 환원형 아세틸-CoA 경로와 에너지 보전

다른 독립영양의 경로와는 달리 (14.5절), CO_2 고정의 아세틸-CoA 경로는 순환이 아니다. 대신, 아세틸-CoA 경로는 두 개의 선형의 경로를 따라 CO_2의 환원을 촉매하는데, 한 분자의 CO_2는 아세트산염의 메틸기로 환원 (경로의 메틸 가지)되고 다른 하나는 아세트산염의 카르보닐기로 환원 (경로의 카르보닐 가지)된다. 이들 두 개의 C_1 단위체가 결합하여 아세틸-CoA를 형성한다 (**그림 14.42**).

아세틸-CoA 경로의 핵심 효소는 일산화탄소 탈수소화효소 [*carbon monoxide* (*CO*) *dehydrogenase*]이다. CO 탈수소화효소는 공동인자로 Ni, Zn, Fe을 포함하며, 아래의 반응을 촉매한다.

$$CO_2 + H_2 \rightarrow CO + H_2O$$

CO 탈수소화효소에 의해 생산된 CO는 아세트산염의 카르보닐기로 된다 (그림 14.42). 아세트산염의 메틸기는 조효소 *tetrahydrofolate*가 주요 역할을 하는 일련의 반응에 의한 CO_2의 환원에서 유래된다 (그림 14.42). 메틸기는 다시 tetrahydrofolate로부터 코발트- 및 철-함유 코리노이드 철-황 단백질(*corrinoid iron–sulfur protein*, CoFeSP) 조효소로 전달된다. 경로의 마지막 단계에서, 메틸기는 CO 탈수소화효소와 아세틸-CoA 합성효소의 활성에 의해 CO와 결합하여 아세틸-CoA를 생성한다. 아세틸-CoA의 아세트산염으로의 전환은 이 경로의 마지막 단계이며, 기질-수준 인산화반응에 의해 ATP를 생성한다 (그림 14.42, 표 14.7 참조). 그러나 이 ATP는 아세틸-CoA 경로의 첫 번째 단계에서 소비된다. 이를 고려하면, 어떻게 아세트산생성세균은 자신의 ATP를 얻을 수 있는 것일까?

아세트산생성세균은 이온 동력(ion motive force)의 생성에 의해 에너지를 보전한다. *Acetobacterium woodii*에서 이온 동력은 *Rnf* 복합체(*Rnf complex*) [혹은 일부 아세트산생성세균에서 *Ech* 복합체(*Ech complex*)로 불리는 연관된 복합체]의 활성에 의해 생성된다. 이들 효소는 환원된 페레독신($Fd^{2-}{}_{red}$)을 전자공여체로, NAD^+를 전자수용체로 사용한다. Rnf 복합체는 각각의 교환되는 전자에 대해 하나씩의 Na^+를 막을 가로질러 수송한다. 이를 통해 Na^+ 동력이 생성되며, 이는 Na^+-의존 ATP 합성효소를 사용하여 ATP를 생성하는데 사용된다 (그림 14.42). 이와는 다르게 *Clostridium ljungdahlii* 등의 다른 아세트산생성세균은 Rnf 복합체가 Na^+를 대신하여 H^+를 펌프하며, 전형적인 H^+-의존 ATP 합성효소를 갖고 있다. 최종적으로 아세트산생성세균에 의해 소비되는 4개 H_2와 2개 CO_2에 대해 단지 0.3개의 ATP가 생성되는데, 이들 미생물이 대사를 통해 보전할 수 있는 에너지의 관점에서 미니멀리스트(minimalist)가 됨을 보여준다.

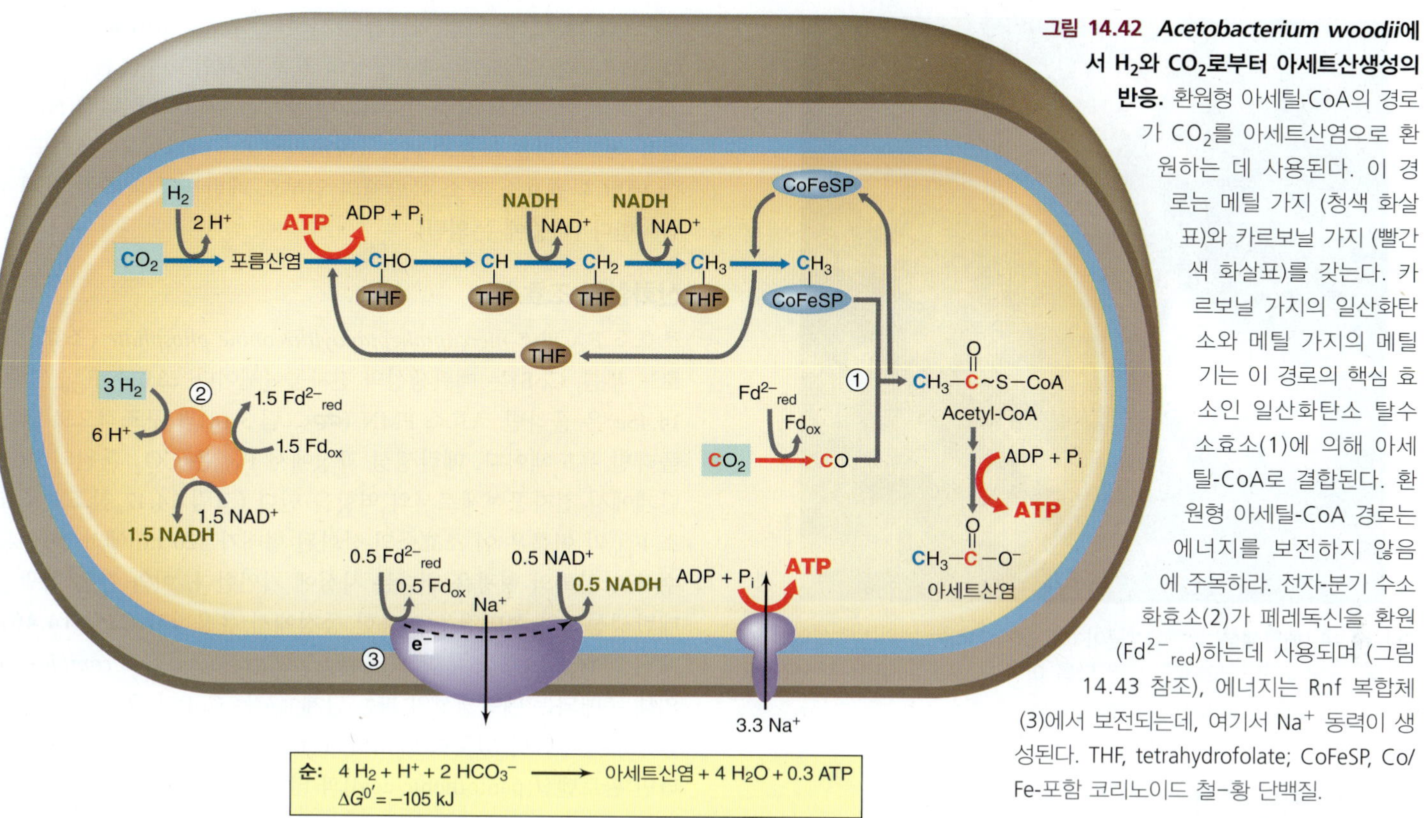

그림 14.42 ***Acetobacterium woodii*에서 H_2와 CO_2로부터 아세트산생성의 반응.** 환원형 아세틸-CoA의 경로가 CO_2를 아세트산염으로 환원하는 데 사용된다. 이 경로는 메틸 가지 (청색 화살표)와 카르보닐 가지 (빨간색 화살표)를 갖는다. 카르보닐 가지의 일산화탄소와 메틸 가지의 메틸기는 이 경로의 핵심 효소인 일산화탄소 탈수소효소(1)에 의해 아세틸-CoA로 결합된다. 환원형 아세틸-CoA 경로는 에너지를 보전하지 않음에 주목하라. 전자-분기 수소화효소(2)가 페레독신을 환원($Fd^{2-}{}_{red}$)하는데 사용되며 (그림 14.43 참조), 에너지는 Rnf 복합체(3)에서 보전되는데, 여기서 Na^+ 동력이 생성된다. THF, tetrahydrofolate; CoFeSP, Co/Fe-포함 코리노이드 철-황 단백질.

플라빈-기초 전자 분기

Rnf 클러스터에 전자를 공여하는 환원된 페레독신($Fd^{2-}{}_{red}$)의 환원 전위는 −0.45 V이지만, H_2의 환원 전위는 −0.414V이다. H_2에 의한 페레독신의 환원이 열역학적으로 불리하다면, 아세트산생성세균이 이온 동력을 생성하는 것이 어떻게 가능할까? 여기에 대한 답은 전자 분기(*electron bifurcation*)로 부르는 과정에 있다 (**그림 14.43**).

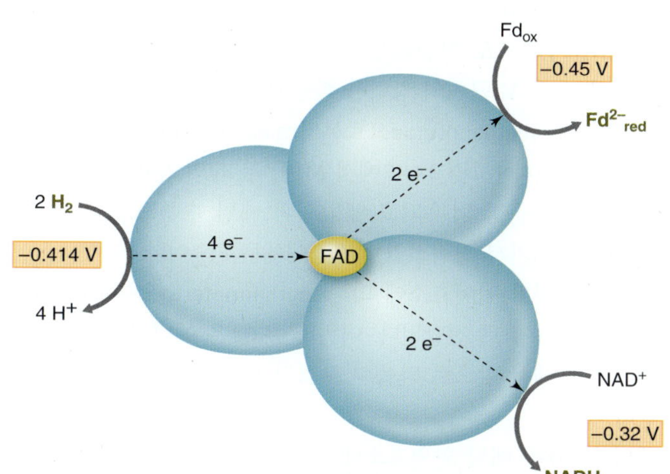

그림 14.43 플라빈-기반 전자 분기의 반응 개요. 많은 절대 혐기성 미생물은 전자공여체로 환원된 페레독신을 필요로 하나 (그림 14.42 참조), 페레독신을 환원시킬 정도의 충분한 음전기를 띠는 외부 전자공여체는 결핍되어 있다. 플라빈-기초 전자 분기에서는 두 개의 전자가 전자공여체 (예, H_2)로부터 플라빈(FAD)으로 전달된다. 이때 한 개의 전자는 선호하는 전자수용체 (예, NAD^+)의 환원에 사용되는데, 이것이 두 번째 전자를 선호하지 않는 전자수용체 (예, Fd_{ox})로 견인하는 것을 가능하게 한다. H_2로부터 환원된 페레독신($Fd^{2-}{}_{red}$)과 NADH를 만들기 위해 모두 4개의 전자가 분기된다.

플라빈-기초 전자 분기는 우리가 3장에서 살펴본 기본 개념의 응용이 된다. 즉, 흡열반응은 발열반응을 이 반응과 연계함으로써 정반응으로 견인할 수 있다. 전자 분기에서, 수소화효소에 의한 $Fd^{2-}{}_{red}$ 환원의 흡열반응은 동일한 효소에 의한 NAD^+/NADH ($E_0{}' = -0.32$ V) 환원의 발열반응과 연계된다. 전자-분기 수소화효소는 플라빈(flavin) 조효소를 갖는다. 플라빈은 한 번에 두 개의 전자를 수용하며, 이들 전자 중의 하나를 더 높은 전위의 전자수용체 (NAD^+)에 공여하는데, 이는 다른 전자에 의한 페레독신 환원의 불리한 반응을 견인하기 위함이다 (그림 14.43). 그러므로 하나의 $Fd^{2-}{}_{red}$와 하나의 NADH를 생성하기 위해서는 총 2개의 H_2가 산화되어야 한다.

플라빈-기초 전자 분기는 많은 절대 혐기성 미생물이 필요로 하는 $Fd^{2-}{}_{red}$를 생성하는 데 이용된다. 특히 우리는 플라빈-기초 전자 분기가 시토크롬이 없는 메탄생성균의 에너지 보전에 필수적임을 잠시 후 살펴보게 될 것이다.

미니퀴즈

- CO 탈수소화효소의 목적은 무엇인가?
- 만약 아세트산생성세균이 Rnf 복합체를 사용하여 에너지를 보전한다면, 환원형 CoA 경로의 목적은 무엇인가?
- 전자 분기는 무엇인가? 아세트산생성세균에서 전자 분기는 어떤 역할을 하는가?

단원 4

그림 14.44 메탄생성. 메탄생성균이 메탄을 생산하는 늪의 퇴적토에서 깔때기를 통해 메탄을 모은다. 그런 다음 미국 Massachusetts 주 Woods Hole에서의 입증 실험에서 불을 붙였다.

14.17 메탄생성

메탄의 생물학적 생산인 메탄생성(*methanogenesis*)은 **메탄생성균(methanogens)**으로 불리는 절대 혐기성 고균의 한 그룹에 의해 촉매된다. 이들 미생물은 담수 퇴적토 (**그림 14.44**), 하수 슬러지 소화조 (22.6절) 및 다른 생물반응기, 사람을 포함한 온혈동물의 장 등에 존재한다. 메탄(CH_4)을 만들기 위해, CO_2를 H_2로 환원하는 것은 메탄생성의 주요 경로이며, 혐기적 호흡의 한 유형이다. 우리는 메탄생성균의 기본 특징, 계통, 그리고 분류는 17.2절에서 살펴볼 것이다. 여기서 우리는 메탄생성의 생물에너지론과 독특한 생화학에 대해 초점을 맞춘다.

메탄생성에서 C_1 운반체

CO_2로부터의 메탄생성은 8개의 전자를 필요로 하며, 이들 전자는 한 번에 2개씩 첨가된다. 이에 따라 탄소 원자는 +4 (CO_2)에서 −4 (CH_4)까지 중간 산화 상태를 가지게 된다. 여러 새로운 조효소가 메탄생성에 참여하는데, 이들 조효소는 (1) 효소 환원의 경로를 따라 C_1 단위체를 운반하는 조효소 (C_1 운반체, *C1 carriers*)와 (2) 전자를 공여하는 조효소 (산화환원 조효소, *redox coenzymes*)의 두 종류로 나눌 수 있다 (**그림 14.45**). 우리는 먼저 C_1 운반체부터 살펴볼 것이다.

메탄생성의 첫 번째 단계는 조효소 *methanofuran*을 필요로 한다. Methanofuran은 탄소 다섯 개의 푸란 고리, 그리고 CO_2와 결합하는 아미노기의 질소 원자를 포함한다 (그림 14.45*a*). *Methanopterin* (그림 14.45*b*)은 비타민 엽산을 닮은 메탄생성의 조효소이며, CO_2가 CH_4으로 환원되는 중간 단계에서 C_1 단위체를 운반하는 역할을 하는데, 이는 tetrahydrofolate (C_1 전환에 참여하는 조효소; 그림 14.42 참조)의 역할과 유사하다. 조효소 M(*coenzyme M*, CoM) (그림 14.45*c*)은 메탄생성의 최종 단계인 메틸(CH_3) 그룹의 CH_4로의 환원에서 요구된다. C_1 운반체는 아니지만, 니켈(Ni^{2+})-함유 테트라피롤 조효소 F_{430} (*coenzyme* F_{430}) (그림 14.45*d*)도 또한 메틸 환원효소 효소 복합체의 일부로 메탄생성의 최종 단계에 참여한다 (나중에 논의됨).

산화환원 조효소

조효소 F_{420}과 *7-mercaptoheptanoylthreonine phosphate* (조효소 B로도 부름, CoB)는 메탄생성의 전자공여체이다. 조효소 F_{420} (그림 14.45*e*)은 플라빈 조효소 FMN (그림 3.18)과 구조적으로 닮은 플라빈 유도체이다. 메탄생성 과정에서 F_{420}은 CO_2 환원의 여러 단계에서 전자공여체로서의 역할을 한다 (그림 14.47 참조). 조효소 F_{420}의 이름은 이 조효소의 산화된 형태가 420 nm에서 빛을 흡수하여 청록의 형광을 낸다는 사실에 기인한다. 이와 같은 형광은 메탄생성균의 현미경을 이용한 동정에서 유용하다 (**그림 14.46**). 메틸 환원효소 효소 복합체(*methyl reductase enzyme complex*)에 의해 촉매되는 메탄생성의 최종 단계에서는 CoB가 요구된다. 그림 14.45*f*에 나타나 있듯이 CoB의 구조는 아세틸-CoA의 일부인 비타민 판토텐산(pantothenic acid)과 닮았다 (그림 3.13).

CO_2 + H_2로부터 메탄생성

CO_2가 CH_4로 환원되는 데 필요한 전자는 보통 H_2로부터 나온다. 그러나 일부 메탄생성균의 경우, 몇몇 다른 기질도 CO_2 환원을 위한 전자를 제공할 수 있다. **그림 14.47**은 H_2에 의한 CO_2 환원에서의 단계를 보여준다:

1. CO_2는 methanofuran-함유 효소에 의해 활성화되며, 포르밀(formyl) 수준으로 환원된다. 직접적인 전자공여체는 환원 전위 (E_0')가 −0.4 V 근처의 강력한 환원제인 페레독신이다.
2. 포르밀기는 methanofuran으로부터 methanopterin을 함유한 효소로 전달된다 (그림 14.47에서 MP). 두 개의 분리된 단계에서 포르밀기는 곧장 탈수되고 메틸렌과 메틸 수준으로 환원된다 (총 4 H). 여기서 직접적인 전자공여체는 F_{420}이다.
3. 메틸기는 메틸 전이효소에 의해 methanopterin으로부터 CoM을 함유한 효소로 전달된다. 이 반응은 많은 에너지를 방출하며 세포의 안에서 밖으로 막을 가로질러 Na^+를 퍼내는 것과 연계된다.
4. 메틸-CoM은 메틸 환원효소에 의해 메탄으로 환원된다. 이 반응은 F_{430}과 CoB를 필요로 한다. 조효소 F_{430}는 CH_3−CoM로부터 CH_3 기를 제거하면서 Ni^{2+}−CH_3 복합체를 형성한다. 이 복합체는 CoB에 의해 환원되며, CH_4 및 CoM과 CoB의 이황화물 복합체를 생성한다 (CoM-S—S-CoB).
5. 자유로운 CoM과 CoB는 플라빈-기초 전자 분기 반응 (그림 14.43 참조)을 통한 CoM-S-S-CoB (E_0' = 0.14 V)의 환원에 의해 재생되며, 여기서 전자공여체는 H_2 (E_0' = −0.414 V)이다.

I. C_1 운반체로 기능하는 조효소 및 F_{430}

II. 전자공여체로 기능하는 조효소

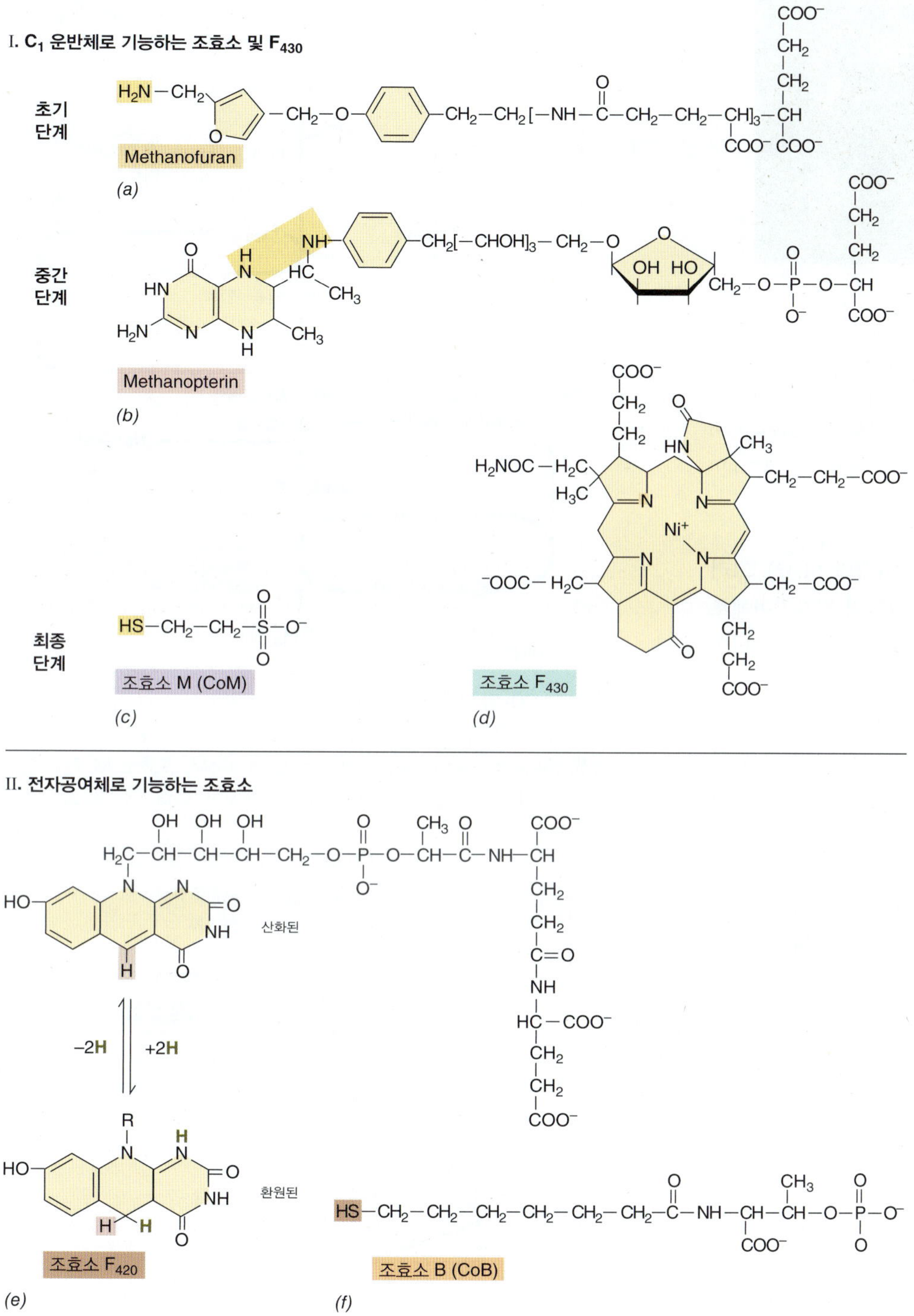

그림 14.45 메탄생성의 조효소. 갈색이나 노란색으로 그늘지게 표시한 원자는 산화-환원 반응의 부위(F_{420}과 CoB의 갈색) 또는 CO_2가 CH_4로 환원되는 동안 C_1 부분이 부착하는 부위(methanofuran, methanopterin, 조효소 M의 노란색)이다. 특정 조효소를 강조하기 위해 사용한 색깔 (예, CoB는 오렌지색)은 그림 14.47과 그림 14.48에서도 각 그림의 반응을 추적하기 위해 사용되었다. 조효소 F_{430}은 메틸 환원효소에 의해 촉매되는 메탄생성의 최종 단계에 참여하며, 메틸기는 CH_4로 환원되기 전에 F_{430}의 Ni^+에 결합한다.

CoM-S—S-CoB의 높은 환원 전위는 페레독신 ($E_0{'} = -0.45$ V)을 환원하기 위한 전자를 견인하는데 사용된다. 그런 다음 $Fd^{2-}{}_{red}$는 이 경로의 첫 단계에서 CO_2를 환원하는 데 사용된다 (그림 14.47).

메틸 화합물과 아세트산염으로부터 메탄생성

우리는 17.2절에서 메탄생성균이 $H_2 + CO_2$뿐만 아니라 메탄올과 아세트산염과 같은 몇몇 메틸 화합물로부터도 CH_4를 생성할 수 있음을 학습할 것이다. *Methanosarcina*와 같은 메틸 화합물을 환원하는 메탄생성균은 보통 시토크롬을 가지는데, 이는 이들 메탄생성균과 $H_2 + CO_2$만을 사용하는 메탄생성균을 구분하는 특성이 된다. 메탄올은 메틸기를 코리노이드(corrinoid) 조효소를 가진 효소에 제공하여 CH_3-코리노이드를 형성하며 대사된다. 코리노이드는 비타민 B_{12}와 같은 화합물의 모체가 되는 구조이며, 중심에 코발트 원자가 있는 포르피린-유사 고리를 갖는다. CH_3-코리노이드 복합체는 다시 메틸기를 CoM에 전달하여 CH_3-CoM (**그림 14.48*a***)을 만드는데, 메탄은 CH_3-CoM으로부터 CO_2환원의 최종 단계와 같은 방식으로 생성된다. 만약 마지막 단계를 견인하는데 H_2를 이용할 수 없다면, 메탄올의 일부는 이러한 목적으로 전자를 만들기 위해 CO_2로 산화되어야 한다. 이것은 메탄생성의 단계를 반대 방향으로 하여 진행된다 (그림 14.47, 그림 14.48*a*).

아세트산염이 메탄생성의 기질일 경우, 아세트산염은 먼저 아세틸-CoA로 활성화되며, 아세틸-CoA 경로의 CO 탈수소화효소와 상호작용한다 (14.16절 및 그림 14.42). 그런 다음 아세트산염의 메틸기는 코리노이드 효소에 전달되어 CH_3-코리노이드를 만들며, 여기서부터 CoM에 의해 매개되는 메탄생성의 최종 단계를 따른다. 이와 동시에 CO기는 산화되어 CO_2와 전자를 생성한다 (그림 14.48*b*).

독립영양

메탄생성균에서의 독립영양은 환원형 아세틸-CoA 경로에 의해 지원된다 (14.16절). 방금 살펴보았듯이, 이 경로의 부분들은 이미 메탄생성균에 의한 메탄올 및 아세트산염의 이화반응과 통합되어 있다 (그림 14.48). 그러나 메탄생성균은 메틸기 생산을 가져오는 아세틸-CoA 경로의 tetrahydrofolate

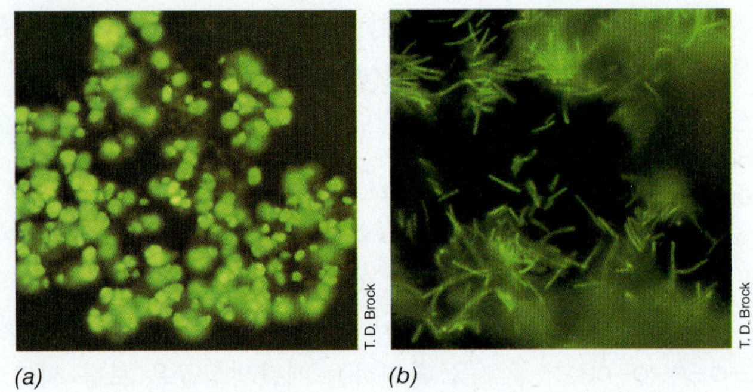

그림 14.46 메탄생성의 조효소 F_{420}에 의한 형광. *(a)* 독특한 전자운반체인 F_{420}의 존재에 의한 메탄생성균인 *Methanosarcina barkeri* 세포에서의 자가형광. 하나의 세포는 직경이 대략 1.7 mm이다. 이 미생물은 형광현미경에서 청색광을 작용시켜 관찰되었다. *(b)* 메탄생성균인 *Methanobacterium formicicum*의 세포에서 F_{420}의 형광. 하나의 세포는 직경이 대략 0.6 μm이다.

에 의해 견인되는 일련의 반응이 결핍되어 있다 (그림 14.42). 그러나 이것은 문제가 되지 않는데, 메탄생성균은 그들의 전자공여체로부터 직접 메틸기를 얻거나 (그림 14.48) 혹은 H_2 + CO_2로부터의 메탄생성 동안 메틸기를 만들 수 있기 때문이다 (그림 14.47). 따라서 메탄생성균은 풍부한 메틸기와 접할 수 있으며, 생합성을 위해 일부를 제거하는 것은 별로 문제가 되지 않는다. 메탄생성균의 독립영양 생장 동안 생산되는 아세트산염의 카르보닐기는 일산화탄

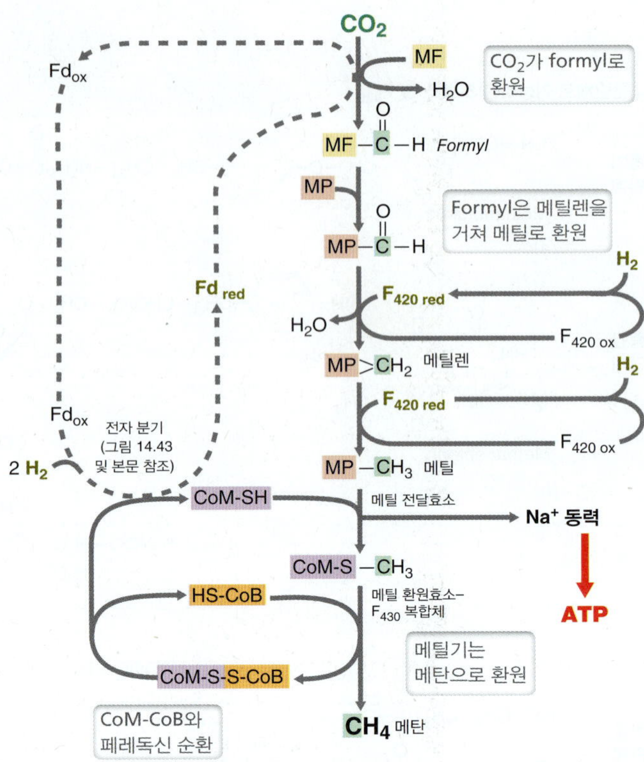

그림 14.47 CO_2와 H_2로부터의 메탄생성. 환원된 탄소 원자는 녹색으로, 전자의 발생원은 갈색으로 강조하였다. 조효소의 구조는 그림 14.45를 참조하라. MF, methanofuran; MP, methanopterin; CoM, 조효소 M; $F_{420\ red}$, 환원된 조효소 F_{420}; F_{430}, 조효소 F_{430}; Fd, 페레독신; CoB, 조효소 B.

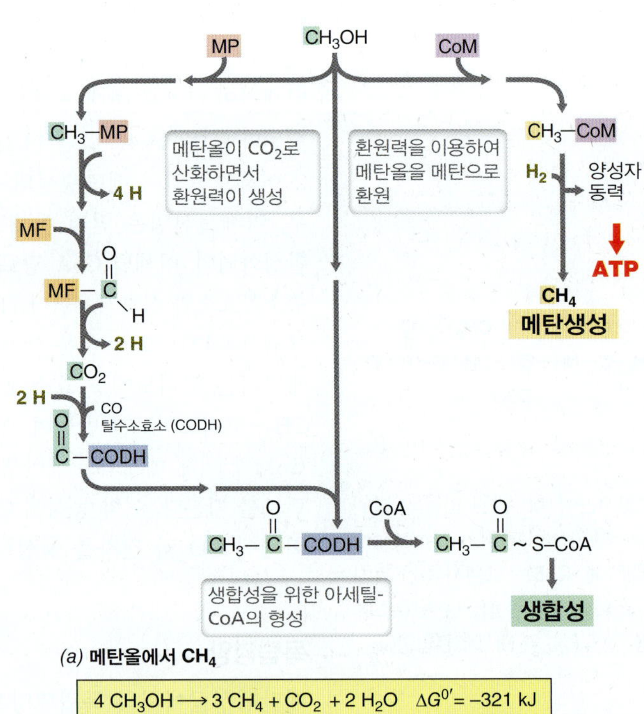

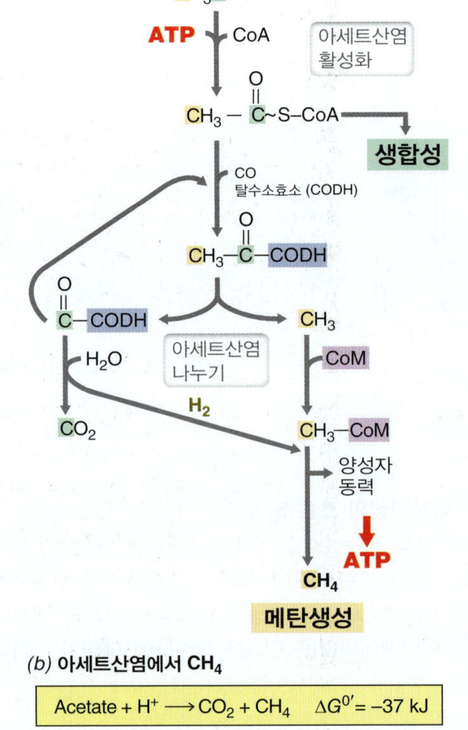

그림 14.48 메탄올과 아세트산염으로부터의 메탄생성. 두 반응 경로 모두 아세틸-CoA 경로의 일부를 포함하고 있다. *(a)* 메탄올(CH_3OH)을 이용한 생장에서, CH_3OH의 탄소 대부분은 CH_4으로 전환되고, 더 적은 양이 CO_2로 전환되거나 아세틸-CoA 생성을 경유하여 세포 물질로 동화된다. *(b)* 아세트산염은 CH_4와 CO_2로 나누어진다. 약어와 색깔 구분은 그림 14.45 및 그림 14.47에서와 동일하다; CODH, 일산화탄소 탈수소효소(carbon monoxide dehydrogenase).

소 탈수소화효소의 활성에 의해 유도되는데, 아세트산염 합성의 최종 단계는 아세트산생성세균에서 설명되어 있다 (14.16절 및 그림 14.42).

메탄생성에서 에너지 보전

표준 조건에서, $H_2 + CO_2$로부터의 메탄생성에서 자유에너지는 −131 kJ/mol이다. 메탄생성에서 에너지 보전은 사용하는 기질에 따라 양성자 동력 혹은 나트륨 동력의 비용을 지출함으로써 진행되며, 기질-수준 인산화는 일어나지 않는다 (3.8절 및 14.19절). $H_2 + CO_2$로부터 메탄이 생성될 때, ATP는 메틸이 메틸 전이효소에 의해 MP에서 CoM으로 전달되는 동안 발생하는 나트륨 동력으로부터 생산된다 (그림 14.47). 세포막의 에너지를 띤 상태는 ATP 합성을 견인하게 되는데, 막을 가로질러 Na^+를 H^+로 교환함으로써 나트륨 동력을 양성자 동력으로 전환한 다음 H^+-연계 ATP 합성효소를 경유하는 듯하다. 생산되는 CH_4 당 ATP 수율은 대략 0.5이다.

*Methanosarcina*와 같은 일부 메탄생성균은 영양적으로 다재다능한 미생물이어서, $CO_2 + H_2$뿐만 아니라 아세트산염 혹은 메탄올로부터도 메탄을 생산할 수 있다. 아세트산염 혹은 메탄올로부터는 에너지 보전의 다른 기작이 진행되는데, 이런 조건에서는 메틸 전이효소 반응이 나트륨 동력 생성과 연계될 수 없기 때문이다. 대신 아세트산염 및 메탄올에서 생장한 세포에서, 에너지 보전은 메탄생성의 최종 단계, 즉 메틸 환원효소 단계와 연계된다 (그림 14.47, 그림 14.48, **그림 14.49**). 이 반응에서 CoB와 CH_3-CoM 및 메틸 환원효소의 상호작용은 CH_4과 이형이황화물의 산물 CoM-S—S-CoB를 생성한다. CoM-S—S-CoB는 H_2에 의해 환원되어 CoM-SH와 CoB-SH를 재생한다 (그림 14.49). 이형이황화물 환원효소(*heterodisulfide reductase*)에 의해 수행되는 이 환원은 발열반응이며 세포막을 가로질러 H^+를 내보내는 것과 연계된다 (그림 14.49). H_2로부터의 전자는 *methanophenazine*으로 불리는 막-연관 전자 운반체를 통해 이형이황화물 환원효소로 전달된다. *Methanophenazine*은 F_{420}에 의해 환원되며, 곧이어 *b*-유형 시토크롬에 의해 산화된다. *b*-유형 시토크롬은 이형이황화물 환원효소의 전자공여체이다 (그림 14.49). 메탄생성을 위해 $H_2 + CO_2$ 만을 사용할 수 있는 메탄생성균에서는 시토크롬과 methanophenazine이 없으며, $H_2 + CO_2$ 메탄생성균은 대신 전자-분기 반응을 사용하여 CoM-SH와 CoB-SH를 재생한다 (그림 14.43).

우리는 메탄생성균에서 에너지 보전의 적어도 두 가지 기작을 알 수 있다. (1) 메틸 환원효소 반응과 연계된 양성자 동력으로, 아세트산염 혹은 메탄올에서 생장한 세포에서 ATP 합성을 유도하는데 사용되며, 그리고 (2) 나트륨 동력 (이것은 양성자 동력으로 전환되는 듯함)으로, $H_2 + CO_2$로부터의 메탄생성 과정에서 만들어진다.

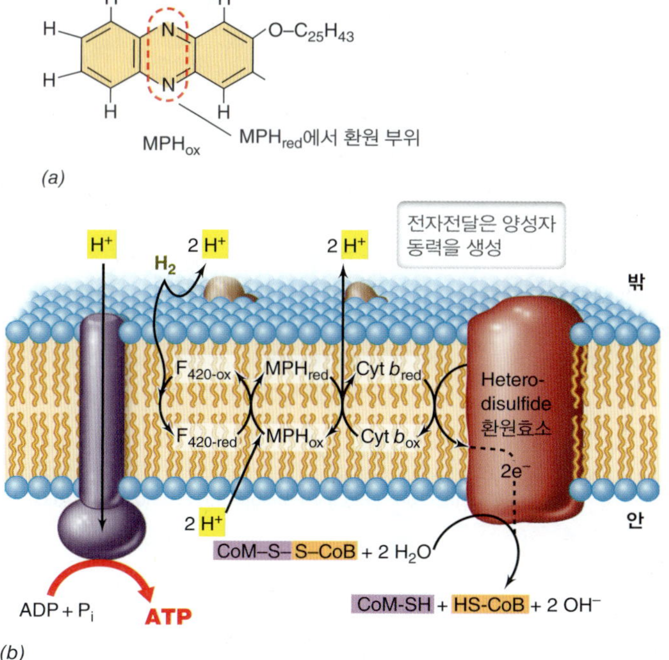

그림 14.49 메탄올 혹은 아세트산염으로부터의 메탄생성에서 에너지 보전. *(a)* ATP 합성으로 이끄는 전자전달계의 전자운반체인 methanophenazine (그림 *b*의 MPH)의 구조; 분자 중앙의 고리는 교대로 환원되고 산화될 수 있다. *(b)* 전자전달의 단계들. H_2로부터 유래한 전자는 F_{420}와 그 다음 methanophenazine을 환원시킨다. Methanophenazine는 *b* 유형의 시토크롬을 통해 heterodisulfide 환원효소를 환원시키며, H^+를 세포막 바깥으로 배출한다. 최종 단계에서 heterodisulfide 환원효소는 CoM-S—S-CoB를 HS-CoM과 HS-CoB로 환원시킨다. CoM과 CoB의 구조는 그림 14.45를 참조하라.

미니퀴즈

- 어떤 조효소가 메탄생성에서 C_1 운반체로 기능하는가? 전자공여체로 기능하는 것은?
- $H_2 + CO_2$를 사용하여 생장하는 메탄생성균에서, 세포 생합성을 위한 탄소는 어떻게 얻는가?
- 메탄생성에서 기질이 $H_2 + CO_2$일 때 ATP는 어떻게 만들어지는가? 기질이 아세트산염일 경우는?

14.18 메탄영양

메탄(CH_4)과 많은 다른 C_1 유기 화합물은 호기적 및 혐기적으로 대사될 수 있다. 이 절에서는 **메틸영양체(methylotrophs)**에 의한 이들 화합물의 산화에 대해 살펴볼 것이다. 메틸영양체는 C—C 결합이 없는 유기 화합물을 전자공여체와 탄소원으로 사용하는 미생물이다. CH_4와 메탄올(CH_3OH)의 산화는 가장 잘 연구된 반응이며, 여기서 우리는 메틸영양 생활방식의 예로서 CH_4의 산화에 초점을 맞춘다.

호기적 메탄 산화

CH_4가 CO_2로 산화되는 단계들은 다음과 같이 요약할 수 있다.

$$CH_4 \rightarrow CH_3OH \rightarrow CH_2O \rightarrow HCOO^- \rightarrow CO_2$$

모든 메틸영양체가 메탄을 사용할 수 있는 것은 아니다. **메탄영양**

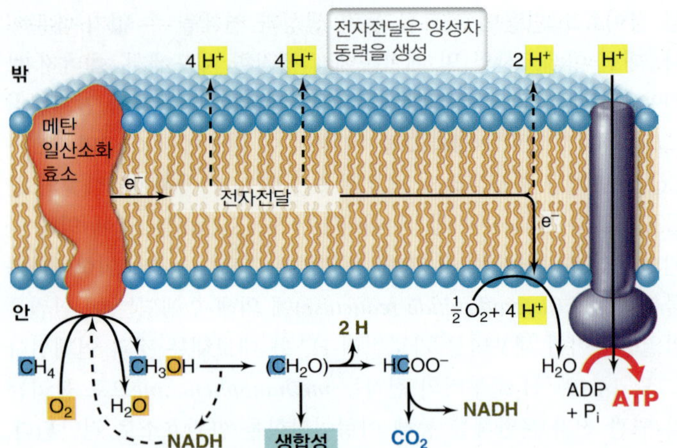

그림 14.50 메탄영양 세균에 의한 메탄의 산화. 막-통합 효소인 메탄 일산소화효소(MMO)에 의해 CH_4은 CH_3OH으로 산화된다. 세포막에서의 전자 흐름으로부터 양성자 동력이 형성되며, 양성자 동력은 ATP 합성효소의 연료가 된다. 생합성을 위한 탄소가 어떻게 CH_2O로부터 나오는지 주목하라.

체(methanotrophs)는 CH_4를 사용할 수 있는 메틸영양체이며, 메탄영양은 그람-음성 세균인 *Methylococcus capsulatus*에서 특히 잘 연구되었다. 메탄영양체는 세포 탄소의 전체 혹은 반 (이용하는 경로에 따라)을 C_1 화합물 포름알데히드(CH_2O)로부터 동화한다.

CH_4 호기적(*aerobic*) 산화의 처음 단계는 메탄 일산소화효소 [*methane monooxygenases* (MMO)]에 의해 촉매된다. 일산소화효소(*monooxygenases*)는 O_2의 산소 원자 한 개를 탄소 화합물에 첨가한다 (14.24절 및 그림 14.64*a* 참조). *M. capsulatus*는 두 개의 MMOs를 가지고 있는데, 하나는 세포질 (용해성 MMO, sMMO) 효소이며, 다른 하나는 막-연관 (입자성 MMO, pMMO) 효소이다. MMO 반응에서, 산소의 원자 하나는 CH_4에 첨가되어 CH_3OH를 생성하며, O_2의 두 번째 원자는 환원되어 H_2O를 생성한다 (**그림 14.50**). CH_3OH는 알코올 탈수소화효소에 의해 산화되어 포름알데히드(CH_2O)와 NADH를 만들며, CH_2O는 CO_2로 산화되거나 새로운 세포 물질을 합성하는 데 사용된다.

호기적 메탄영양체에 의한 C_1 동화

적어도 두 개의 구분되는 경로가 메탄영양체에서 C_1 단위체를 세포 물질로 첨가하는데 존재한다. **세린 경로(serine pathway)**는 **그림 14.51*a***에 요약되어 있다. 이 경로에서 아세틸-CoA가 CH_2O 한 분자 (CH_3OH의 산화로부터 생산되는) (그림 14.50)와 CO_2 한 분자로부터 합성된다. 세린 경로는 NADH 형태의 환원력과 ATP 형태의 에너지를 필요로 하는데, 하나의 아세틸-CoA 합성을 위해 각각 2 분자의 NADH와 ATP를 요구한다. 세린 경로는 시트르산 회로의 많은 효소와 *serine transhydroxymethylase*를 활용하는데, *serine transhydroxymethylase*는 이 경로에 특화한 효소이다 (그림

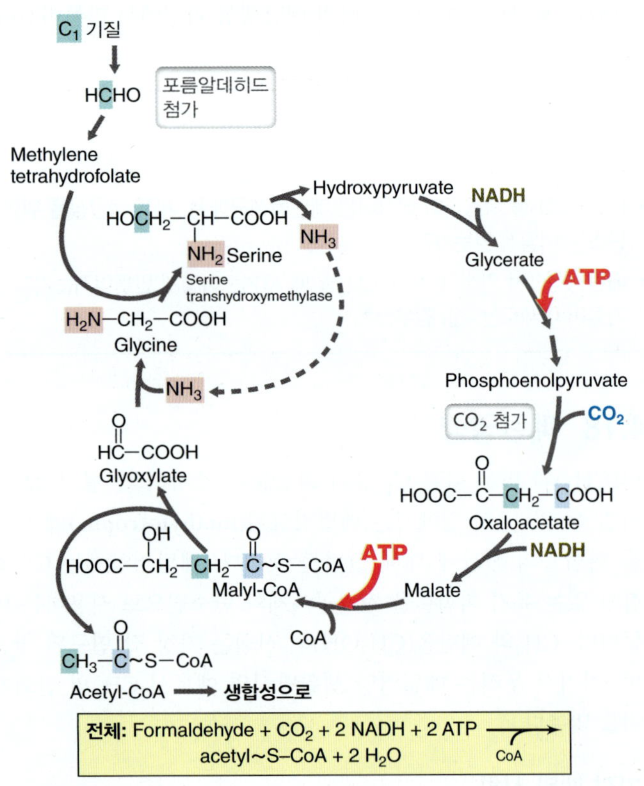

(a) 세린 경로

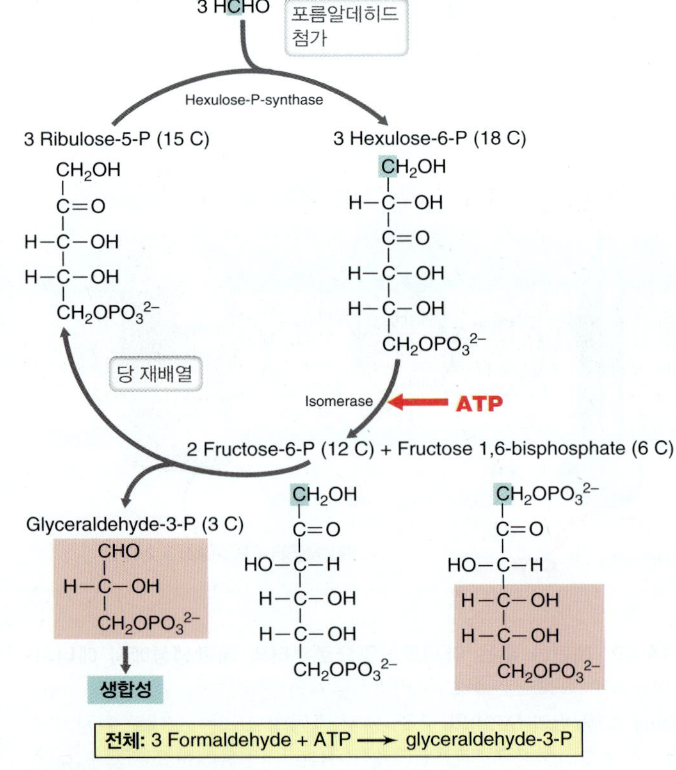

(b) 리불로오스 일인산염 경로

그림 14.51 메틸영양 세균에서 C_1 단위체의 세포 물질로의 동화를 위한 세린 경로와 리불로오스 일인산염 경로. *(a)* 세린 경로. 산물인 아세틸-CoA는 새로운 세포 물질의 합성에 있어 출발점으로 사용된다. 이 경로의 핵심 효소는 serine transhydroxymethylase이다. *(b)* 리불로오스 일인산염 경로. 세 분자의 CH_2O를 필요로 하며, 산물은 glyceraldehyde 3-phosphate이다. 이 경로의 핵심 효소는 hexulosephosphate synthase이다. 당의 재배열은 pentose phosphate 경로의 효소를 필요로 한다 (그림 3.26).

14.51*a*).

C_1 첨가를 위한 다른 경로로 **리불로오스 일인산염 경로(ribulose monophosphate pathway)**가 있다 (그림 14.51*b*). 이 경로는 세포 물질의 모든 탄소가 CH_2O로부터 유래하기 때문에 세린 경로보다 더 에너지 효율적이다. 왜냐하면 CH_2O는 세포 물질과 같은 산화 수준이어서, CH_2O의 첨가에 환원력을 필요로 하지 않는다. 그러므로 메탄 산화로부터 나오는 모든 NADH는 전자전달계에서 산화될 수 있다.

리불로오스 일인산염 경로는 glyceraldehyde 3-phosphate (G-3-P) 한 분자를 합성하는데 ATP 한 분자를 소비한다 (그림 14.51*b*). 해당 경로를 반대로 하여 두 분자의 G-3-P가 포도당으로 전환될 수 있다 (그림 3.14). *Hexulosephosphate synthase*는 포름알데히드 한 분자를 ribulose 5-phosphate 한 분자와 중합하며, 이 효소와 *hexulose 6-P isomerase* (그림 14.51*b*)는 리불로오스 일인산염 경로에 특이적이다. 이 경로의 나머지 효소들은 세균에 널리 분포하는 중간 대사의 효소들이다.

메탄의 혐기적 산화(Anaerobic Oxidation of Methane, AOM)

메탄의 혐기적(*anaerobic*) 산화는 다른 형태의 C_1 대사에서도 흔한 다양한 효소와 보조인자를 사용한다. 그러나 혐기적 메탄영양은 일부 새로운 특징도 역시 보여준다. 메탄은 두 미생물 [황산염-환원세균(sulfate-reducing bacteria, SRB) 그리고 계통유적학적으로 메탄생성균과 연관된 고균의 한 종]의 연합체 (*consortium*으로 불리는)에 의해 혐기적으로 산화될 수 있다. 이러한 연합체는 무산소의 해양 퇴적토에서 번성하며, 여기서 생산되는 메탄의 90% 이상을 산화시키는 데 관여한다. 연합체의 구성원은 공간적으로 구조화된 집합체(aggregates)에서 함께 살아간다 (**그림 14.52**). ANME (*an*oxic *me*thanotroph, 무산소 메탄영양체)로 불리는 고균 구성원은 CH_4를 전자공여체로 산화한다. ANME에는 여러 다른 종류가 있다. 메탄 산화로부터 나오는 전자는 황산염-환원세균에게 전달되며, 황산염-환원세균은 받은 전자를 사용하여 SO_4^{2-}를 H_2S로 환원시킨다 (그림 14.52*b*).

ANME 고균(*Archaea*)은 메탄생성의 단계를 반대로 하여 CH_4를 CO_2로 산화한다 (그림 14.47). 이 과정은 흡열반응이지만, 파트너 미생물인 SRB에 의해 가능해지는데, SRB는 ANME의 전자를 소비하면서 CH_4에서 CO_2로의 산화를 에너지 측면에서 우호적으로 만든다. 놀랍게도, 전자는 ANME와 SRB 파트너들 사이에 직접 전자전달(*direct electron transfer*)에 의해 전달된다 (그림 14.52*b*). ANME의 세포는 세포 외부 층으로 뻗어 있는 전기적 전도성을 지닌 다중-헴(multiheme) 시토크롬을 만들어, 세포막으로부터 세포 바깥으로 전자를 전달한다. SRB는 선모(pili) (2.7절)뿐만 아니라 커다란 전기적 전도성을 지닌 시토크롬을 가지는데, 이들은 전기적으로 전도성이 있는 "나노와이어(nanowires)" 역할을 한다. 이런 선모는 길이가 1 mm 이상일 수 있으며, 두 미생물의 대사를 용이하게 하도록 집합체에서 세포를 전기적으로 연결한다 (이에 대한 자세한 것은 392쪽 참조). 직접 전자전달의 존재는 일부 ANME가 철 산화물 (Fe^{3+}) 및 망간 산화물(Mn^{4+}) 등 불용성의 금속을 어떻게 CH_4 산화의 최종 전자수용체 (14.15절)로 사용할 수 있는지에 대해 설명할 수 있다.

AMO는 ANME와 SRB의 연합체에 한정된 것은 아니다. ANME 고균는 *Methanoperedens nitroreducens*를 포함하는데, 이 고균은 CH_4의 혐기적 산화를 위해 질산염을 최종 전자수용체로 사용한다. 이 미생물은 역 메탄생성을 NO_3^-의 NO_2^-로의 환원과 연계한다. *Methanoperedens nitroreducens*는 전자수용체로 NO_2^-를 사용하는 탈질산화 세균과의 연합체에서 찾아질 수 있다. 이 연합체는 담수 퇴적토와 같이 CH_4와 NO_3^-가 함께 존재하는 무산소 환경에서 활발하다.

내부-호기적 메탄영양

메탄영양의 탈질산화 세균인 *Methylomirabilis oxyfera*는 절대 혐기성 미생물이다. *M. oxyfera*는 전자수용체로 NO_2^-의 사용과 연결된 AMO를 촉매한다. *M. oxyfera*는 순수배양에서 CH_4를 사용하면서 생장할 수 있으며, 매우 특이한 다면체의 형태를 갖는다 (**그림 14.53**). *M. oxyfera* 유전체의 분석은 CH_4를 CO_2로 호기적(*aerobic*)으로 산화하는 데 필요한 모든 유전자를 드러내 보여준다. *M. oxyfera*는 또한 NO_2^-를 N_2로 환원시킬 수 있으며, 산화질소 환원효소와 아산화질소 환원효소 (14.13절 및 그림 14.36)를 제외

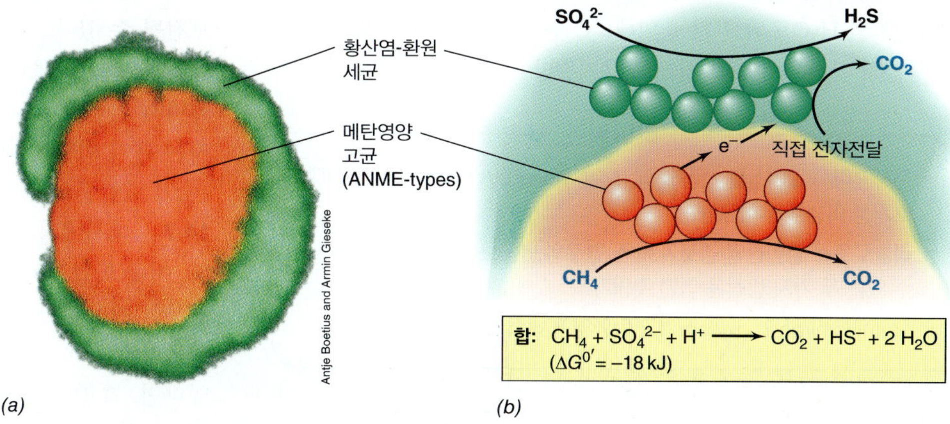

그림 14.52 메탄의 혐기적 산화. *(a)* 해양 퇴적토로부터의 메탄-산화 세포 집합체. 집합체는 황산염-환원세균 (초록색)에 둘러싸인 메탄영양 고균 (빨간색)을 포함한다. 각각의 세포 유형은 서로 다른 FISH 탐침으로 염색되었다 (19.5절). 집합체는 직경이 대략 30 μm이다. *(b)* CH_4의 상호협력에 의한 분해 기작. 유기 화합물 혹은 환원력의 일부 다른 운반체가 메탄영양체로부터 황산염-환원세균으로 전자를 전달한다. ANME, 혐기적 메탄영양체(anaerobic methanotroph). ANME 컨소시엄에 대한 더 자세한 내용은 137쪽과 392쪽 참조.

단원 4

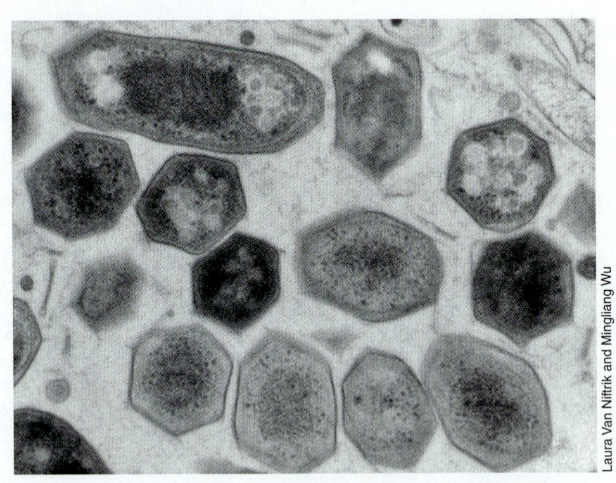

그림 14.53 ***Methylomirabilis oxyfera*의 세포 형태.** 탈질산화 메탄영양체인 *M. oxyfera*는 투과전자현미경 사진에서와 같은 독특한 다면체 형태를 가진다. 이 투과전자현미경 사진은 생물반응기에서 생장한 미생물 군집의 세포를 관찰한 것이다. 기준자는 길이가 0.5 μm이다.

한 탈질산화에 필요한 대부분의 유전자를 가지고 있다. 이것은 "어떻게 혐기성(*anaerobic*) 미생물이 CH_4 산화를 위한 호기적(*aerobic*) 경로를 사용하는가?"라는 흥미로운 질문을 갖게 만든다.

이 수수께끼에 대한 답은 *M. oxyfera*가 아질산염을 새로운 방식으로 환원한다는 것이다. 이 미생물은 보통의 탈질산화 세균이 하는 것과 마찬가지로 NO_2^-를 산화질소(NO)로 환원한다. 그러나 *M. oxyfera*는 뭔가 놀랄만한 기작을 뒤이어 채용한다. 즉, 이 미생물은 반응 ($2\ NO \rightarrow N_2 + O_2$)을 통해 O_2를 생산하며, 생산된 O_2를 CH_4 산화를 위한 전자수용체로 사용한다. *M. oxyfera*는 스스로 O_2를 생산하기 때문에, 이 메탄영양 대사는 내부-호기적 메탄영양(*intra-aerobic methanotrophy*)이라는 용어를 갖게 되었다. 혐기적 *M. oxyfera*에 O_2는 독성이 있음이 드러나게 되었다. 그러나 만약 O_2가 생산되는 순간 소비된다면 (CH_4 산화에서 나오는 전자를 사용한 O_2의 H_2O로의 환원에 의해), O_2는 결코 축적되지 않으며, 이 미생물의 환경은 무산소 상태로 유지된다.

미니퀴즈

- 전자공여체로 CH_4를 사용할 때, *Methylococcus capsulatus*가 절대 호기성 미생물인 이유는?
- 리불로오스 일인산염 경로가 세린 경로의 반응보다 에너지를 절약할 수 있는 두 가지 방식은 어떤 것인가?
- *Methylomirabilis oxyfera*의 메탄영양에서 특이한 점은 무엇인가?

VI • 발효

지금까지 우리는 광영양, 그리고 많은 유형의 호기적 호흡과 혐기적 호흡에 대해 살펴보았다. 이들 과정은 이들이 모두 산화적 인산화반응에 연료를 공급하는 이온 농도 기울기 (H^+ 또는 Na^+)의 비용 지불을 통해 에너지를 보전한다는 점에서 공통점을

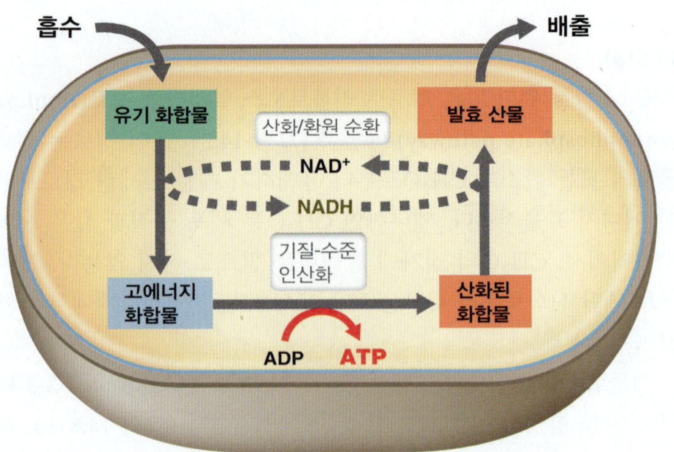

그림 14.54 발효의 핵심. 발효 산물은 세포에서 배출되며, 원래 유기 화합물의 상대적으로 적은 양만이 생합성에 사용된다.

갖는다. 여기서 우리는 우리의 초점을 발효(*fermentation*)로 돌린다. 발효는 에너지 보전이 다른 반응의 비용 지불에 의해 진행되는 대사이다.

14.19 에너지와 산화환원에 대한 검토

무산소 서식처에서 황산염(SO_4^{2-}), 질산염(NO_3^-), 제2철(Fe^{3+}) 등의 최종 전자수용체가 없다면, 유기 화합물은 **발효(fermentation)**에 의해 대사된다. 3장에서, 우리는 기질이 전자공여체와 전자수용체의 두 가지 역할의 수행을 통해 어떻게 산화환원의 균형이 이루어지는지를 강조한 것과, 그리고 ATP는 기질-수준 인산화(*substrate-level phosphorylation*)에 의해 합성된다는 것을 떠올리자. 우리는 이러한 발효의 두 가지 필수적인 특성을 여기에 올려놓았다 (**그림 14.54**).

고에너지 화합물과 기질-수준 인산화

에너지는 많은 서로 다른 화합물로부터 기질-수준 인산화에 의해 보전될 수 있다. 기질-수준 인산화에 대한 이해의 중심은 고에너지 화합물(*energy-rich compounds*)에 대한 개념이다. 이 화합물은 고에너지 인산 결합 혹은 조효소-A (Coenzyme A, CoA) 분자를 가지는 유기 화합물이다. 그 결합이 "고에너지(energy-rich)"인 이유는 이 화합물의 가수분해가 많은 에너지를 방출하기 때문이다. **표 14.7**은 대사에서 만들어지는 몇몇 고에너지 화합물을 나열한 것이다. 이들 화합물의 가수분해는 대부분 ATP 생산과 연결할 수 있는 충분한 자유에너지를 내놓는다 ($\Delta G^{0\prime} = -31.8$ kJ/mol). 만약 미생물이 발효 대사를 하면서 이러한 화합물 중의 하나를 생성할 수 있다면, 그 미생물은 기질-수준 인산화에 의해 ATP를 합성할 수 있다. 기질-수준 인산화는 고에너지 화합물의 인산 결합을 ATP를 만들기 위해 ADP에 전달하는 것이다.

산화환원 균형, 그리고 H_2와 아세트산염의 생산

어떤 발효에서도 원자 균형과 산화환원 균형이 맞아야 한다. 즉, 반응의 산물에서 각 원자 종류별 수 및 전자의 총 수는 반응물 (기질)

표 14.7 기질-수준 인산화와 연계할 수 있는 고에너지 화합물[a]

화합물	가수분해의 자유에너지, $\Delta G^{0\prime}$ (kJ/mol)[b]
Acetyl-CoA	−35.7
Propionyl-CoA	−35.6
Butyryl-CoA	−35.6
Caproyl-CoA	−35.6
Succinyl-CoA	−35.1
Acetyl phosphate	−44.8
Butyryl phosphate	−44.8
1,3-Bisphosphoglycerate	−51.9
Carbamyl phosphate	−39.3
Phosphoenolpyruvate	−51.6
Adenosine phosphosulfate (APS)	−88
N^{10}-Formyltetrahydrofolate	−23.4
ATP의 가수분해 에너지 (ATP → ADP + P_i)	−31.8

[a]자료 출처: Thauer, R.K., K. Jungermann, and K. Decker. 1977. Energy conservation in chemotrophic anaerobic bacteria. *Bacteriol. Rev. 41:* 100-180.
[b]여기에 나타낸 $\Delta G^{0\prime}$ 값은 "표준 조건"이며, 세포의 값과 반드시 일치하는 것은 아님. 열손실을 포함하여, ATP를 합성하는 데 들어가는 에너지 비용은 32 kJ보다는 60 kJ에 더 가까움. 따라서 여기에 나타낸 고에너지 화합물의 가수분해에 의한 에너지는 더 높을 것임. 그러나 단순화 및 비교의 목적으로, 이 표의 값은 반응에서 실제 방출하는 에너지로 간주될 것임.

에서의 총 수와 균형이 맞아야 한다. 발효에서 산화환원의 균형은 발효 산물(*fermentation products*)이 세포로부터 배출됨으로써 이루어지는데, 발효 산물은 원래 발효성 기질의 이화작용에 따른 최종 산물로서 산이나 알코올과 같은 환원된 물질이다 (그림 14.54).

여러 발효에서, 산화환원 균형은 수소 분자(H_2)를 생산함으로써 용이하게 된다. H_2의 생산은 매우 낮은 전위의 전자운반체로 철-황 단백질인 페레독신(*ferredoxin*)의 활성과 관련이 있으며, 수소화 효소(*hydrogenase*)에 의해 촉매된다. H_2는 또한 C_1 지방산인 포름산염으로부터 생산될 수 있다 (**그림 14.55**). H_2는 더 이상 발효 미생물에 의해 사용될 수 없어서 밖으로 배출되지만, H_2는 매우 강력한 전자공여체이며 호흡하는 다양한 원핵생물에 의해 산화될 수 있다. 실제로 매우 음전기의 $E_0{}'$ (따라서 어떤 형태의 호흡에서도 전자공여체로 알맞은)을 갖는 H_2는 미생물 생태계에서 결코 낭비되지 않는다.

많은 혐기성 세균이 아세트산염이나 다른 지방산을 주요 혹은 보조 발효 산물로 생산한다. 이러한 발효 산물의 생산은 에너지-보전 과정이 되는데, 발효 산물의 생산이 미생물로 하여금 기질-수준 인산화에 의한 ATP 합성의 기회를 제공하기 때문이다. 생성되는 중간산물의 핵심은 각 지방산의 조효소-A 유도체가 되는데, 이들이 고에너지 화합물이기 때문이다 (표 14.7). 예를 들어, acetyl-CoA는 acetyl phosphate로 전환될 수 있으며 (그림 14.55), 이어서 인산염 작용기는 ADP로 전달되어 ATP를 만든다. 발효에

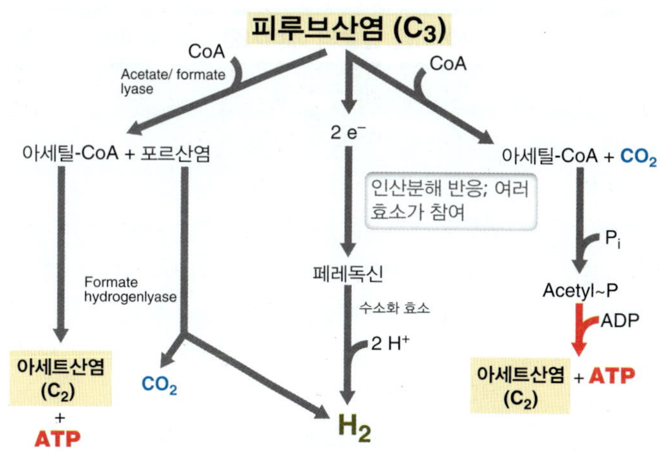

그림 14.55 피루브산염으로부터 H_2와 아세트산염의 생산. 적어도 두 개의 기작, 직접 H_2를 생산하는 기작과 중간산물로 포름산염을 만드는 기작이 알려져 있다. 아세트산염이 생산되면 ATP 합성은 가능하다 (표 14.7).

서 지방산 생산은 흔하며, 만약 지방산이 CoA 중간산물을 거쳐 대사된다면 기질-수준 인산화에 의한 ATP 합성을 가능하게 하는 전위를 가질 수 있다.

이와 같은 발효 생물에너지론에 대한 기본 원리를 확실하게 이해하고, 우리는 발효의 대사 다양성을 살펴볼 것이다. 먼저 대부분의 무산소 환경에서 흔하여 널리 분포하는 세균인 산성의 발효 산물을 생산하는 종에서부터 시작하고자 한다.

미니퀴즈

- 많은 유형의 발효 과정에서 H_2가 생성되는 이유는?
- 발효에서 아세트산염 생성이 에너지 측면에서 세포에 도움이 되는 이유는?

14.20 젖산 발효와 혼합산 발효

발효는 발효되는 기질 혹은 생성되는 산물에 의해 구분된다. **표 14.8**은 알코올, 젖산, 프로피온산, 혼합산, 부틸산, 아세트산염 등 생성되는 산물에 기초하여 구분한 몇몇 주요한 발효를 나열하고 있다. 다른 발효는 발효 산물보다는 발효한 기질에 따라 분류되는데, 예를 들어, 아미노산, 퓨린/피리미딘, 혹은 숙신산염 발효가 있다. 일부 혐기성 미생물은 방향족 화합물 및 다른 특이한 물질까지도 발효한다 (**표 14.9**). 명백히, 광범위의 다양한 유기 화합물이 발효될 수 있으며, 몇몇 경우에는 아주 제한된 그룹의 혐기성 미생물만이 그 발효를 수행할 수 있다. 이런 미생물 중 많은 것은 대사의 전문가이며, 다른 세균에 의해 이화되지 못하는 기질을 발효하는 능력을 진화시켜 왔다 (표 14.9).

우리는 젖산이 유일 혹은 주요 산물인 두 가지 가장 흔한 당 발효로부터 시작하고자 한다.

젖산 발효

젖산 세균은 그람-양성의 포자를 형성하지 않는 세균으로, 당의 발

표 14.8 흔한 발효와 이들 발효의 에너지론, 그리고 미생물의 예

유형	반응	에너지 수율 ($\Delta G^{0\prime}$, kJ/mol)	미생물
알코올	육탄당 → 2 에탄올 + 2 CO_2	−239	효모, *Zymomonas*
동형젖산	육탄당 → 2 젖산염$^-$ + 2 H^+	−196	*Streptococcus*, 일부 *Lactobacillus*
이형젖산	육탄당 → 젖산염$^-$ + 에탄올 + CO_2 + H^+	−216	*Leuconostoc*, 일부 *Lactobacillus*
프로피온산	3 젖산염$^-$ → 2 프로피온산염 + 아세트산염$^-$ + CO_2 + H_2O	−170	*Propionibacterium*, *Clostridium propionicum*
혼합산	육탄당 → 에탄올 + 2,3-부탄디올 + 숙신산염$^{2-}$ + 젖산염$^-$ + 아세트산염$^-$ + 포름산염$^-$ + H_2 + CO_2	반응 산물의 비에 의해 결정	*Escherichia*, *Salmonella*, *Shigella*, *Klebsiella*, *Enterobacter*를 포함한 장내세균
부틸산	육탄당 → 부틸산염$^-$ + 2 H_2 + 2 CO_2 + H^+	−264	*Clostridium butyricum*
부탄올	2 육탄당 → 부탄올 + 아세톤 + 5 CO_2 + 4 H_2	−468	*Clostridium acetobutylicum*
카프론산염/부틸산염	6 에탄올 + 3 아세트산염$^-$ → 3 부틸산염$^-$ + 카프론산염$^-$ + 2 H_2 + 4 H_2O + H^+	−183	*Clostridium kluyveri*
아세트산생성	과당 → 3 아세트산염$^-$ + 3 H^+	−276	*Clostridium aceticum*

표 14.9 몇몇 특수한 세균 발효

유형	반응	미생물
아세틸렌	2 C_2H_2 + 3 H_2O → 에탄올 + 아세트산염$^-$ + H^+	*Pelobacter acetylenicus*
글리세롤	4 글리세롤 + 2 HCO_3^- → 7 아세트산염$^-$ + 5 H^+ + 4 H_2O	*Acetobacterium* 종
Phloroglucinol (방향족)	$C_6H_6O_3$ + 3 H_2O → 3 아세트산염$^-$ + 3 H^+	*Pelobacter massiliensis* *Pelobacter acidigallici*
푸트레신	10 $C_4H_{12}N_2$ + 26 H_2O → 6 아세트산염$^-$ + 7 부틸산염$^-$ + 20 NH_4^+ + 16 H_2 + 14 H^+	미분류 그람-양성 비포자형성 혐기성 미생물
시트르산염	시트르산염$^{3-}$ + 2 H_2O → 포름산염$^-$ + 2 아세트산염$^-$ + HCO_3^- + H^+	*Bacteroides* 종
벤조산염	2 벤조산염$^-$ → cyclohexane carboxylate$^-$ + 3 아세트산염$^-$ + HCO_3^- + 3 H^+	*Syntrophus aciditrophicus*

효로부터 젖산을 주요 혹은 유일한 발효 산물로 생산한다 (16.6절). 두 가지 발효 유형이 관찰된다. 하나는 **동형발효(homofermentative)**로 불리며, 단일 발효 산물인 젖산을 만든다. 다른 하나는 **이형발효(heterofermentative)**로 불리며, 산물로 젖산 이외에 주로 에탄올과 CO_2를 생산한다.

그림 14.56은 동형발효 젖산 세균과 이형발효 젖산 세균이 포도당을 발효하는 경로를 정리한 것이다. 눈에 띄는 차이는 해당과정의 핵심 효소인 *aldolase*의 존재 혹은 부재로 거슬러 올라갈 수 있다 (그림 3.14). 동형발효 젖산 세균은 aldolase를 가지고 있으며, 해당 경로에 의해 포도당으로부터 젖산염 두(*two*) 분자를 생산한다 (그림 14.56*a*). 이형발효 세균은 aldolase가 없으며, 이에 따라 fructose bisphosphate를 triose phosphate로 나눌 수 없다. 대신 이형발효 젖산 세균은 glucose 6-phosphate를 6-phosphogluconate로 산화시키며, 그 다음 6-phosphogluconate의 카르복실기를 제거하여 pentose phosphate를 생성한다. pentose phosphate는 다시 핵심 효소인 *phosphoketolase*에 의해 triose phosphate와 acetyl phosphate로 전환된다 (그림 14.56*b*). 이형발효 젖산 세균에 의한 이화작용의 초기 단계는 pentose phosphate 경로의 초기 단계와 같다 (그림 3.26).

이형발효 미생물에서, triose phosphate는 ATP를 생산하면서 젖산으로 전환된다 (그림 14.56*b*). 그러나 산화환원 균형을 이루기 위해서 생산된 acetyl phosphate는 전자수용체로 사용되며 NADH (pentose phosphate를 만드는 동안 생성된)에 의해 에탄올로 환원된다. 이 반응은 ATP 합성 없이 진행되는데, 이는 고에너지 CoA 결합이 에탄올을 생성하는 동안 소실되기 때문이다. 이 때문에 이형발효 미생물은 포도당 하나에 ATP 한 개(*one*)만을 생산하며, 반면 동형발효 미생물은 포도당 하나에 ATP 두 개(*two*)를 생산한다. 이에 더하여 이형발효 미생물은 6-phosphogluconate의 카르복실기를 떼어내기 때문에 발효 산물로 CO_2를 생산하며, 반면 동형발효 미생물은 CO_2를 생산하지 않는다. 따라서 동형발효 미생물과 이형발효 미생물을 구분하는 쉬운 방법은 실험실 배양에서 CO_2 생산을 관찰하는 것이다.

Entner–Doudoroff 경로

포도당 발효 (3.8절)의 초기 단계들은 해당과정 혹은 해당 경로의 변형인 Entner–Doudoroff 경로(*Entner–Doudoroff pathway*)에 의존한다. Entner–Doudoroff 경로에서, glucose 6-phosphate는 6-phosphogluconic acid와 NADPH로 산화되며, 6-phosphogluconic acid는 탈수반응을 거쳐 피루브산염과 해당 경로의 핵심 중

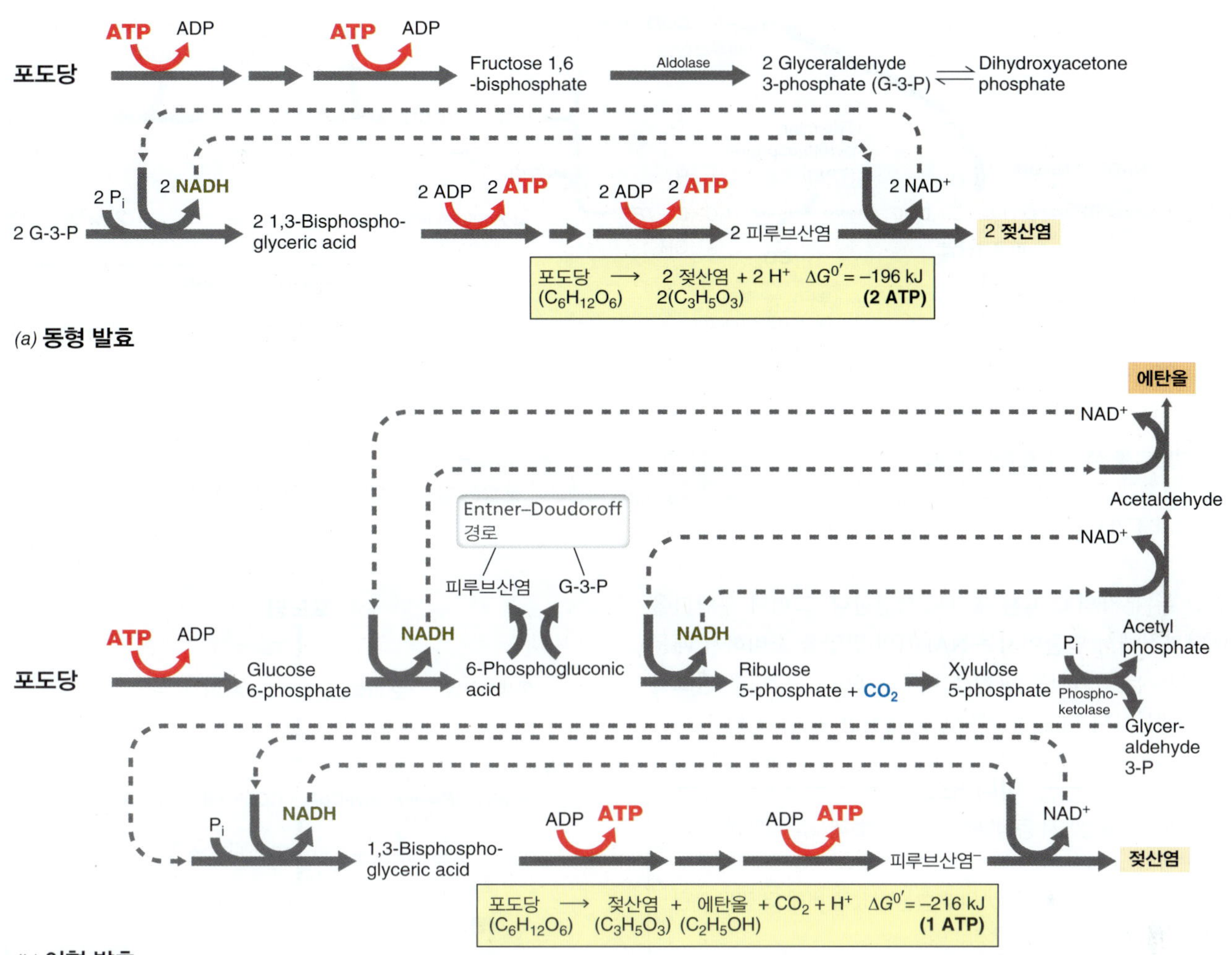

그림 14.56 ***(a)* 동형발효 젖산 세균과 *(b)* 이형발효 젖산 세균에 의한 포도당 발효.** 이형발효 미생물의 경우 에탄올의 생성을 이끄는 반응에서 ATP가 합성되지 않는 것을 주목하라.

간산물인 glyceraldehyde 3-phosphate (G-3-P)로 나누어진다. 그런 다음 G-3-P는 해당과정에서 이화되면서 NADH와 두 개의 ATP를 생산하며, 산화환원 반응의 균형을 맞추기 위한 전자수용체로 사용된다 (그림 14.56*a*).

피루브산염이 Entner-Doudoroff 경로에서 직접 생성되며 G-3-P와 같이 ATP를 만들 수 없기 때문에 (그림 14.56*a*), Entner-Doudoroff 경로는 해당 경로가 생산하는 ATP의 반만을 생산한다. 그러므로 Entner-Doudoroff 경로를 사용하는 미생물은 이형발효 젖산 세균과 생리적 특성을 공유한다 (그림 14.56*b*). 절대 발효 그람-음성 세균인 *Zymomonas*와 절대 호흡 세균인 *Pseudomonas* (16.4절)는 포도당의 이화작용에서 Entner-Doudoroff 경로를 적용하는 주요 속이다.

혼합산 발효

장내세균 (16.3절)의 특성인 혼합산 발효(*mixed-acid fermentation*) (표 14.8)에서, 세 가지 서로 다른 산, 즉 아세트산(*acetic acid*), 젖산(*lactic acid*), 숙신산(*succinic acid*)이 포도당이나 포도당으로 전환될 수 있는 다른 당의 발효로부터 생성된다. 일반적으로 에탄올, CO_2, H_2도 또한 발효 산물로 생성된다. 해당과정은 *Escherichia coli*와 같은 혼합산 발효 미생물에 의해 사용되는 경로이며, 우리는 그림 3.14에서 그 경로의 단계들에 대한 개요를 서술하였다.

일부 장내세균은 *E. coli*에 비해 더 적은 양의 산성 산물을 생산하며, 발효에서의 산화환원 균형을 맞추기 위해 더 많은 양의 중성 산물을 생산한다. 핵심 중성 산물의 하나로 4-탄소 알코올인 부탄디올(*butanediol*)이 있다. 이러한 혼합산 발효의 변형된 발효에서는 부탄디올, 에탄올, CO_2, H_2가 관찰되는 주요 산물이다 (**그림 14.57**). *E. coli*의 혼합산 발효에서는 동량의 CO_2와 H_2가 생산되며, 반면에 부탄디올 발효에서는 H_2에 비해 상당히 더 많은 양의 CO_2가 생산된다. 이러한 이유는 혼합산 발효 미생물은 *formate hydrogenlyase* 효소에 의해 포름산으로부터만 CO_2를 생산하기 때문이다 (그림 14.55).

$$HCOOH \rightarrow H_2 + CO_2$$

반면에 *Enterobacter aerogenes*와 같은 부탄디올 생산 미생물은 포름산으로부터 CO_2와 H_2를 생산하며, 또한 부탄디올 한 분자를 생

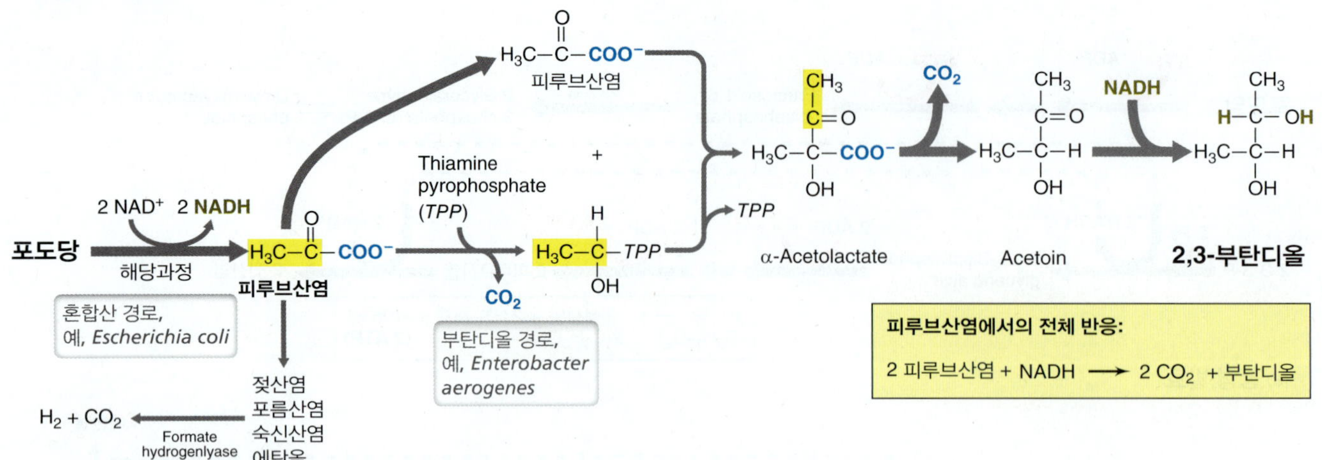

그림 14.57 부탄디올 생산과 혼합산 발효. 한 분자의 부탄디올을 합성하는데, 한 분자의 NADH와 두 분자의 피루브산염이 어떻게 사용되는지에 주목하라. 이는 산화환원의 불균형을 초래하며, 부탄디올 생산 미생물이 혼합산 발효 미생물보다 더 많은 에탄올을 생산하는 결과를 가져온다.

성하는 동안 두 분자의 CO_2를 추가로 생산한다. 그러나 부탄디올 생산은 해당과정에서 만들어지는 NADH의 반만을 소비하기 때문에, 이들 미생물은 산화환원 균형을 이루기 위해 부탄디올 발효를 하지 않는 미생물보다 더 많은 에탄올을 생산한다 (그림 14.57).

미니퀴즈

- 젖산 세균의 순수배양에서 동형발효와 이형발효 대사를 어떻게 구분할 수 있는가?
- 부탄디올 생산은 *Escherichia coli*의 혼합산 발효에 비해 더 많은 에탄올 생산을 가져온다. 그 이유는?

14.21 클로스트리디움의 발효와 프로피온산염 발효

Clostridium 속의 많은 종은 절대 발효의 혐기성 미생물이다 (☞ 16.7절). 서로 다른 클로스트리디아 세균이 당, 아미노산, 퓨린과 피리미딘, 그리고 몇몇 다른 화합물을 발효한다. 모든 경우에서 ATP 합성은 해당 경로 혹은 CoA 중간산물의 가수분해로부터 기질-수준 인산화와 연결되어 있다 (표 14.7). 우리는 당-발효 혹은 당을 분해하는(*saccharolytic*) 클로스트리디움 세균으로부터 시작하고자 한다.

Clostridium 종에 의한 당 발효

많은 클로스트리디움 세균은 당을 발효하여 주요 발효 산물로 부틸산(*butyric acid*)을 생산한다. 몇몇 종은 또한 중성 산물인 아세톤과 부탄올을 생산하는데, *Clostridium acetobutylicum*은 이 유형의 전형적인 예이다. 당으로부터 부틸산과 중성 산물 생성의 생화학적 단계는 **그림 14.58**에 나타나 있다.

당을 분해하는 클로스트리디움 세균에서, 포도당은 해당 경로를 통해 피루브산염과 NADH로 전환되며, 피루브산염은 인분해(phosphoroclastic) 반응에 의해 갈라져 acetyl-CoA, CO_2, H_2 (페

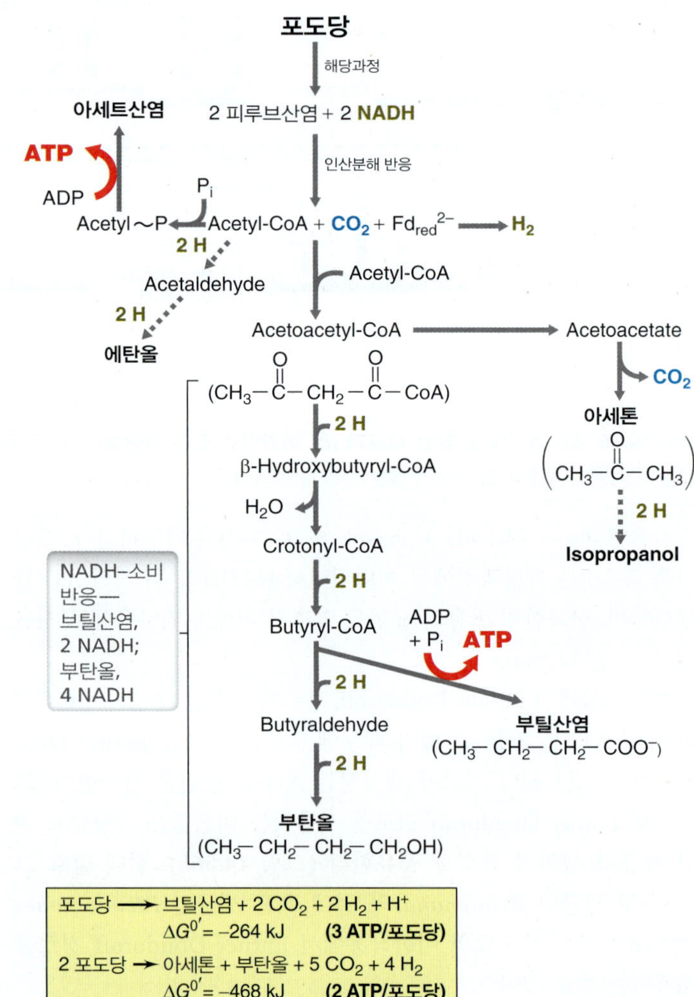

그림 14.58 부틸산 발효와 부탄올/아세톤 발효. 포도당으로부터의 모든 발효 산물은 굵은 글씨로 나타내었다 (점선은 미량 산물을 의미함). 아세트산염과 부틸산염의 생산이 어떻게 기질-수준 인산화에 의한 추가적인 ATP 합성을 가져오는지 주목하라. 이와 대조적으로 부탄올과 아세톤의 생성에서는 ATP 수율을 감소하는데, 이는 butyryl-CoA에서 부틸산염으로의 단계를 우회하기 때문이다. 2 H, NADH; Fd_{red}^{2-}, 환원된 페레독신.

레독신을 경유)를 생성한다 (그림 14.55). 그런 다음 acetyl-CoA의 대부분은 해당과정의 반응에서 나온 NADH를 전자공여체로 사용하여 부틸산염 혹은 다른 발효 산물로 환원된다. 관찰되는 실제 산물은 발효의 기간과 조건에 의해 영향을 받는다. 부틸산 발효의 초기 단계에서는 부틸산염 및 소량의 아세트산염과 에탄올이 생성된다. 그러나 배지의 pH가 낮아짐에 따라 산 생산은 감소하고 아세톤과 부탄올이 생성되기 시작한다. 만약 배지의 pH를 완충작용에 의해 중성으로 유지한다면 아세톤과 부탄올은 아주 적은 양만 만들어지고, 대신 부틸산 생산이 계속되는데, 이것은 합당한 이유가 된다.

*C. acetobutylicum*이 부틸산염을 합성할 때, 여분의 ATP가 합성되며 (그림 14.58), 너무 산성 조건으로 되지 않는다면 이 미생물은 계속 부틸산염을 만들 것이다. 그러나 *C. acetobutylicum*은 산에 민감하며, 대략 pH 5보다 pH가 더 낮아지면, 중성 산물을 만드는 효소를 암호화하는 유전자가 억제되고 발효는 용매의 생산으로 전환된다. 흥미롭게도, 부탄올의 생산은 부분적으로 아세톤 생산의 결과이다. 생산되는 각각의 아세톤에 있어, 해당과정에서 생성되는 두 개의 NADH는 다시 산화되지 않는다. 만약 부틸산이 생성되었다면 NADH는 다시 산화되었을 것이다. 산화환원 균형을 이루기 위해, 세포는 부틸산염을 전자수용체로 사용하며, 이 과정에서 부탄올이 최종 발효 산물로 생산된다 (그림 14.58). 이전에 외부로 배출되었던 부틸산염도 또한 세포가 받아들여서 부탄올로 환원시킨 다음 다시 배출될 수 있다. 비록 중성 산물의 생성이 *C. acetobutylicum*로 하여금 주위 환경이 너무 산성으로 되는 것을 방지하는 것을 도와주지만, 이를 위해 지불해야 할 에너지 비용이 있다. 부탄올을 생산하면서, 세포는 butyryl-CoA를 부틸산염으로 전환하여 ATP를 얻는 기회를 상실한다 (그림 14.58).

Clostridium 종에 의한 아미노산 발효와 Stickland 반응

일부 *Clostridium* 종은 아미노산을 발효한다. 이들 세균은 단백질-분해(*proteolytic*) 클로스트리디움 세균으로, 죽은 생물로부터 방출되는 단백질을 분해하는 미생물이다. 동물 병원체인 *Clostridium tetani* (tetanus, 파상풍)와 같이, 일부 단백질-분해 클로스트리디아는 절대 단백질-분해 세균이며, 반면 다른 종은 당-분해와 단백질-분해를 모두 할 수 있다.

종에 따라 일부 단백질-분해 클로스트리디움 세균은 개개의 아미노산, 보통 글리신, 알라닌, 시스테인, 히스티딘, 세린, 또는 트레오닌을 발효한다. 이러한 발효 이면의 생화학은 매우 복잡하지만, 대사의 전략은 단순하다. 사실상 모든 경우에서 아미노산은 최종적으로 지방산-CoA 유도체, 보통 아세틸(acetyl, C_2), 부티릴(butyryl, C_4), 혹은 카프로일(caproyl, C_6)을 생성하는 방향으로 이화된다. ATP는 이들 지방산-CoA 유도체로부터 기질-수준 인산화에 의해 만들어진다 (표 14.7). 아미노산 발효의 다른 흔한 산물에는 암모니아(NH_3)와 CO_2가 있다.

일부 클로스트리디움 세균은 아미노산의 한 쌍(*pair*)만을 발효한다. 이런 상황에서, 한 아미노산은 전자공여체로 기능하여 산화

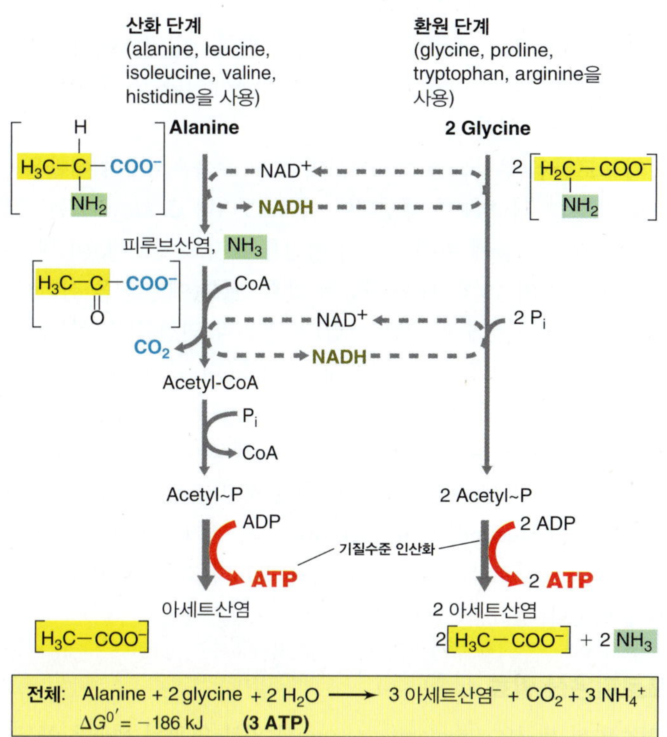

그림 14.59 Stickland 반응. 이 보기는 아미노산 알라닌과 글리신의 공동 이화작용을 보여준다. 반응의 화학을 따라갈 수 있도록 핵심 기질, 중간물질, 그리고 산물의 구조를 괄호 안에 나타내었다. 그림의 반응에서 어떻게 알라닌이 전자공여체가 되고 글리신이 전자수용체가 되는지를 주목하라.

되고, 반면 다른 아미노산은 전자수용체이며 환원된다. 이러한 쌍을 이룬(*coupled*) 아미노산 발효를 **Stickland 반응(Stickland reaction)**이라 부르는데, 이 반응을 발견한 과학자의 이름에서 유래한다. 예를 들어, *Clostridium sporogenes*는 글리신과 알라닌을 발효하는데, 이 반응에서 알라닌은 전자공여체이고 글리신은 전자수용체이다 (**그림 14.59**). Stickland 반응의 산물은 언제나 NH_3, CO_2, 그리고 산화된 아미노산보다 탄소가 하나 적은 카르복실산이다 (그림 14.59).

클로스트리디움에 의한 아미노산 발효 산물의 많은 것은 악취물질이며, 부패로부터 나오는 냄새는 주로 클로스트리디움 세균의 활성에 따른 결과이다. 지방산 이외에도, 황화수소(H_2S), 메틸메르캅탄(methylmercaptan, CH_3SH, 황-함유 아미노산에서 유래), 카다베린(cadaverine, 리신에서 유래), 퓨트레신(putrescine, 오르니틴에서 유래, 표 14.9 참조), NH_3을 포함한 다른 냄새를 풍기는 화합물이 생성된다. 핵산의 분해에서 방출되는 퓨린과 피리미딘은 많은 동일한 발효 산물을 생성하며, 각 세균의 발효 경로에서 생산되는 지방산-CoA 유도체 (표 14.7)를 가수분해하여 기질-수준 인산화를 통해 ATP를 생성한다.

Clostridium kluyveri 발효

*Clostridium*의 또 다른 종도, Stickland 반응에서처럼 하나는 공여체, 다른 하나는 수용체인 기질들의 혼합물을 발효한다. 그러나 미생물, *C. kluyveri*은 아미노산을 발효하지 않고, 대신 에탄올과 아

세트산염(*ethanol plus acetate*)을 발효한다. 이 발효에서 에탄올은 전자공여체이고 아세트산염은 전자수용체이다. 전체 반응은 표 14.8에 나타나 있다.

카프로산염/부틸산염 발효에서의 ATP 수율은 6개의 에탄올 발효로부터 1개의 ATP가 생성되어 낮다. 그러나 *C. kluyveri*는 모든 다른 발효 미생물에 비해 선택적 이점을 가지고 있는데, 이 세균은 다른 혐기성 미생물의 매우 환원된 발효 산물 (에탄올)을 산화시켜 다른 흔한 발효 산물 (아세트산염)의 환원과 연결할 수 있는 분명히 독특한 능력을 갖고 있다. 아세트산염을 더 긴 사슬의 지방산으로 환원시키는 반응은 NADH를 소비한다. 6개 에탄올의 산화로부터 생산된 하나의 ATP는 발효 과정에서 생성된 지방산-CoA 유도체의 전환 중 기질-수준 인산화에 의한 것이다. *C. kluyveri*의 발효는 **이차 발효(secondary fermentation)**의 예이다. 이차 발효는 발효 산물의 발효로 볼 수 있으며, 이차 발효의 또 다른 예를 다음에서 살펴본다.

프로피온산 발효

그람-양성 세균인 *Propionibacterium*과 일부 연관된 세균은 포도당이나 젖산의 주요 발효 산물로 프로피온산(*propionic acid*)을 생산한다. 젖산 세균 (14.20절)의 발효 산물인 젖산은 아마도 자연에서 프로피온산 세균의 주요 기질이 되며, 이들 두 그룹은 자연에서 긴밀한 관계로 살아간다. *Propionibacterium*은 스위스 (Emmentaler) 치즈의 숙성에서 중요한 역할을 하는데, 생성된 프로피온산과 아세트산은 스위스 치즈의 독특한 쓴맛과 견과류 맛을 내게 만들며, 발효 과정에서 발생하는 CO_2는 스위스 치즈의 특징적인 구멍 (눈)을 남긴다.

그림 14.60은 젖산염에서 프로피온산염으로 나아가는 반응을 보여준다. 포도당이 출발 기질일 경우, 포도당은 먼저 해당 경로에 의해 피루브산염으로 이화된다. 그런 다음, 포도당에서 혹은 젖산염의 산화로부터 생산된 피루브산염은 아세트산염과 CO_2로 전환되거나 카르복실화 반응으로 methylmalonyl-CoA를 형성한다. Methylmalonyl-CoA는 옥살아세트산염으로 전환되고, 최종적으로 propionyl-CoA로 된다 (그림 14.60). Propionyl-CoA는 CoA 전이효소에 의해 촉매되는 단계에서 숙신산염과 반응하여 succinyl-CoA와 프로피온산염을 생산한다. 이는 propionyl-CoA로부터의 ATP 생산을 위한 기회의 상실을 초래하지만 (표 14.7), succinyl-CoA를 형성하기 위해 숙신산염을 ATP로 활성화시켜야 하는 에너지 비용 지불을 피하게 한다. Succinyl-CoA는 methylmalonyl-CoA로 이성화되고 순환은 완결된다. 프로피온산염은 형성되고 CO_2는 재생된다 (그림 14.60).

NADH는 옥살아세트산염과 숙신산염 사이의 단계에서 산화된다. 푸마르산염의 숙신산염으로의 환원은 (그림 14.60) 전자전달 반응 및 양성자 동력 생성과 연계되는데, 산화적 인산화에 의해 한 개의 ATP를 생성한다. 프로피온산염 경로는 또한 일부 젖산염을 아세트산염과 CO_2로 전환하는데, 이것은 기질-수준 인산화에 의한

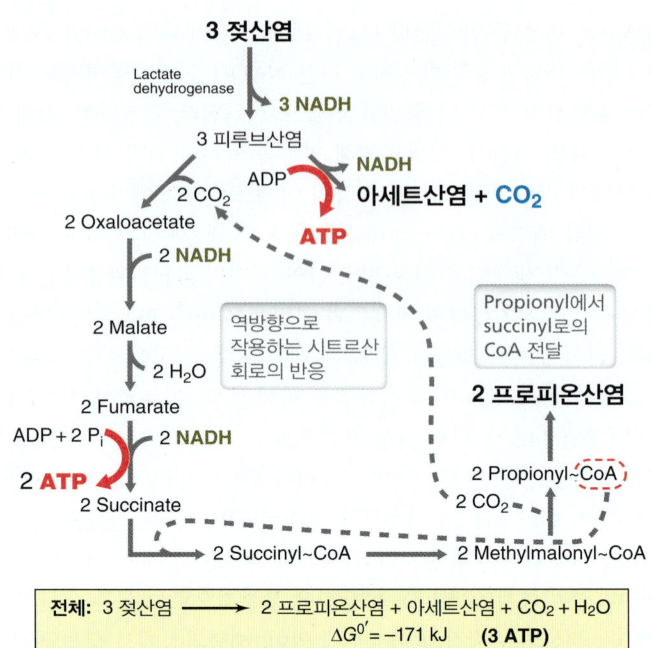

그림 14.60 ***Propionibacterium*의 프로피온산 발효.** 산물은 굵은 글씨로 나타내었다. 젖산염세 분자의 산화로부터 만들어진 NADH 네 분자는 옥살로아세트산염과 푸마르산염의 환원에서 다시 산화되며, 프로피오닐-CoA의 CoA기는 프로피온산염의 형성 동안 숙신산염과 교환된다.

추가의 ATP 생산을 가능하게 한다 (그림 14.60). 따라서 프로피온산염 발효에서는 기질-수준 인산화 그리고(*and*) 산화적 인산화 둘 모두가 진행된다.

프로피온산염은 또한 *Propionigenium* 세균에 의한 숙신산염의 발효에서 형성되지만, *Propionibacterium*에 대해 여기서 서술된 것과는 완전히 다른 기작에 의해서 진행된다. 다음에 살펴볼 *Propionigenium*은 계통유전학적 그리고 생태학적으로 *Propionibacterium*과 상관이 없으나 에너지 대사의 측면은 대사적 다양성과 생명의 에너지 한계란 관점에서 상당히 흥미롭다.

미니퀴즈

- *Clostridium acetobutylicum*과 *Propionibacterium*에서 에너지 보전 기작을 비교하라.
- 어떤 종류의 기질이 당-분해 clostridia에 의해 발효되는가? 단백질-분해 clostridia에 발효되는 기질은?
- 자연에서 *Clostridium kluyveri*의 발효를 위한 기질은 무엇이며, 이들 기질은 어디에서 오는가?

14.22 기질-수준 인산화가 없는 발효

몇몇 발효는 기질-수준 인산화를 통해 ATP 합성에 충분한 에너지를 만들지 못함에도 불구하고 (즉, −32 kJ 미만, 표 14.7), 여전히 전자수용체의 추가 없이 혐기적 생장을 지원한다. 이런 경우 그 화합물의 대사는 세포막을 사이에 두고 양성자 동력이나 나트륨 동력을 만드는 이온 펌프와 연계되어 있다. 예로는 *Propionigenium*

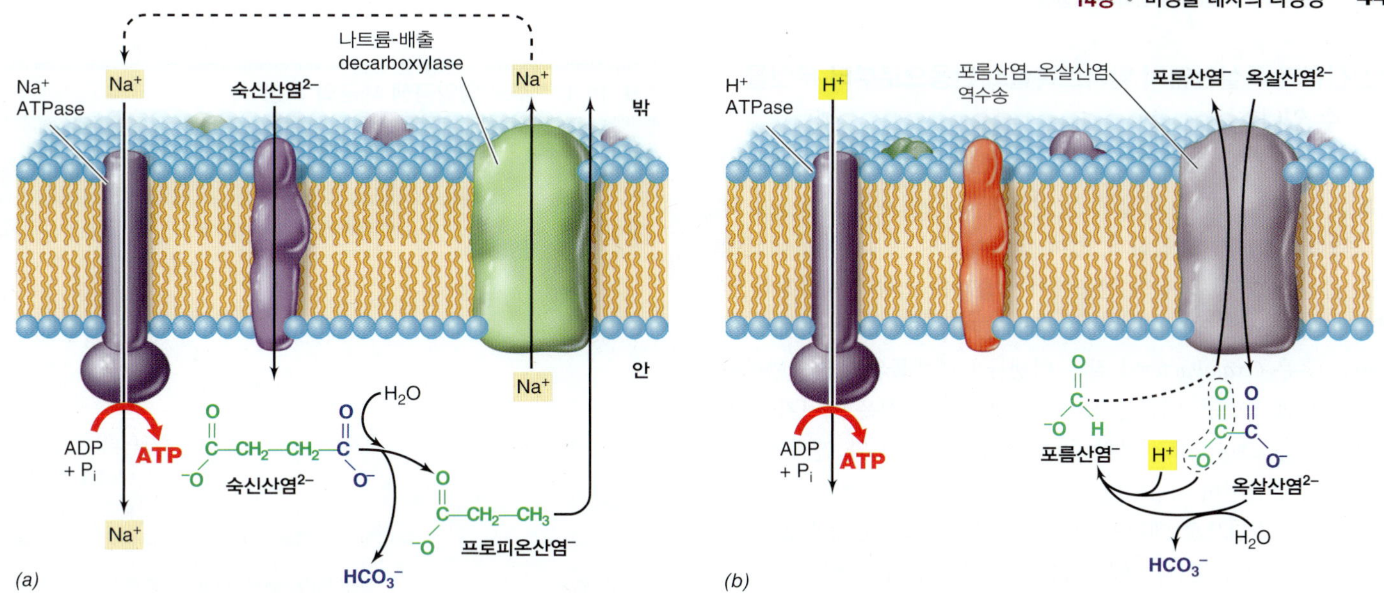

그림 14.61 숙신산염과 옥살산염의 독특한 발효. *(a) Propionigenium modestum*에 의한 숙신산염 발효. 나트륨 배출은 숙신산염 탈카르복실화에 의해 방출되는 에너지와 연계되며, 나트륨-이동 ATP 합성효소는 ATP를 생산한다. *(b) Oxalobacter formigenes*에 의한 옥살산염 발효. 포름산염-옥살산염 역수송체(antiporter) (그림 3.3)에 의한 옥산산염 유입과 포름산염 배출은 세포질의 양성자를 소비한다. ATP 합성은 양성자-견인 ATP 합성효소와 연계된다. 모든 기질과 산물은 굵은 글씨로 나타내었다.

*modestum*에 의한 숙신산염의 발효와 *Oxalobacter formigenes*에 의한 옥살산염의 발효가 있다.

Propionigenium modestum

*Propionigenium modestum*은 전자수용체 없이 숙신산염을 전자공여체로 제공하는 무산소 농화배양에서 최초 분리되었다. *Propionigenium*은 해양 및 담수 퇴적토에 서식하며, 사람 구강에서도 분리될 수 있다. 이 미생물은 그람-음성의 짧은 간균이고, 계통유전학적으로 *Fusobacteria*의 종이다. *P. modestum*의 생리에 대한 연구에서, 이 세균이 생장에 염화나트륨(NaCl)을 필요로 하며 절대 무산소 조건에서 숙신산염을 대사함을 알게 되었다:

$$\text{숙신산염}^{2-} + H_2O \rightarrow \text{프로피온산염}^{-} + HCO_3^{-} \qquad \Delta G^{0\prime} = -20.5 \text{ kJ}$$

이 탈카르복실화 반응은 기질-수준 인산화에 의한 ATP 합성을 지원할 충분한 자유에너지를 방출하지 못하지만 (표 14.7), 세포막을 가로질러 세포질에서 주변세포질로 나트륨이온(Na^+)을 펌프하는데 충분한 자유에너지를 방출한다. 그런 다음 *Propionigenium*에서의 에너지 보전은 생성되는 나트륨 동력(*sodium motive force*)과 연계되는데, 이 미생물의 세포막에는 ATP 합성을 견인하는데 나트륨 동력을 이용하는 나트륨-이동 (양성자-이동 대신에) ATP 합성효소가 존재한다 (**그림 14.61*a***).

관련된 탈카르복실화 반응에서 *Malonomonas* 세균은 두 개의 카르복실기를 가진 C_3의 말론산염에서 카르복실기를 떼어내어 아세트산염과 CO_2를 생성한다. *Propionigenium*의 경우와 마찬가지로 *Malonomonas*에서의 에너지 대사는 Na^+ 및 나트륨-견인 ATP 합성효소와 연계된다. 그러나 말론산염 발효로부터 *Malonomonas*가 이용할 수 있는 자유에너지 (−17.4 kJ)는 *P. modestum*에 의한 숙산산염 발효에서의 자유에너지보다도 더 적다. 내생포자-형성 세균이며 아세트산생성세균(acetogen) (14.16절)인 *Sporomusa*도 또한 말론산염을 발효할 수 있으며, 몇몇 다른 세균도 이와 마찬가지이다.

Oxalobacter formigenes

*Oxalobacter formigenes*는 사람을 포함한 동물의 장관에 존재하는 세균이다. 이 세균은 두 개의 카르복실기를 가진 C_2의 옥살산염을 이화하여 포름산염과 CO_2를 생성한다. *O. formigenes*에 의한 옥살산염 분해는 옥살산염의 축적을 방지하기 때문에 사람의 대장에서 중요하다고 생각되는데, 옥살산염은 신장 결석인 칼슘 옥살산염을 생성할 수 있는 물질이다. *O. formigenes*는 그람-음성의 절대 혐기성 세균으로 다음의 반응을 수행한다.

$$\text{옥살산염}^{2-} + H_2O \rightarrow \text{포름산염}^{-} + HCO_3^{-} \qquad \Delta G^{0\prime} = -26.7 \text{ kJ}$$

*P. modestum*에 의한 숙신산염의 이화에서와 마찬가지로, 이 반응은 기질-수준 인산화에 의한 ATP 합성을 견인할 충분한 에너지를 제공하지 못한다 (표 14.7). 그러나 이 반응은 *O. formigenes*의 생장을 지원하는데, 그 이유는 옥살산염의 탈카르복실화 반응은 에너지를 방출하는 반응이며 세포로부터 배출되는 포름산염을 생성하기 때문이다. 옥살산염 산화 및 포름산염 생산 과정에서 양성자의 내부 소비는 사실상 양성자 펌프이다. 이가 분자 (옥살산염)는 세포로 들어가며, 반면 일가 분자 (포름산염)는 세포에서 배출된다. 계속적인 옥살산염의 포름산염으로의 교환은 양성자 동력을 생성하며, 양성자 동력은 세포막에서 양성자-이동 ATP 합성효소에 의한 ATP 합성과 연계된다 (그림 14.61*b*).

단원 4

숙신산염과 옥살산염의 탈카르복실화 반응으로부터 무엇을 배울 수 있나?

이러한 모든 "탈카르복실화-유형(decarboxylation-type)" 발효의 독특한 측면은 ATP가 기질-수준 인산화 혹은 전자전달 반응에 의해 견인되는 산화적 인산화 없이 만들어진다는 것이다. 대신에 ATP 합성은 탈카르복실화 반응에서 방출되는 소량의 에너지와 연계된 이온 펌프에 의해 견인된다. 따라서 *Propionigenium*, *Malonomonas*, 혹은 *Oxalobacter*와 같은 미생물은 미생물의 생물에너지론에서 중요한 교훈을 제공한다. 즉, −32 kJ보다 적은 에너지를 방출하는 반응으로부터도, 만약 그 반응이 이온 펌프와 연계된다면 ATP 합성이 여전히 가능하다.

그러면 최소한으로 에너지-보전 반응은 적어도 한 개 이온을 펌프할 수 있는 충분한 자유에너지를 만들어야 한다. 이러한 에너지 요구 조건은 −12 kJ 근처로 평가된다. 이보다 낮은 자유에너지를 방출하는 반응은 이온 펌프를 견인할 수 없으며 따라서 에너지-보전 반응의 가능성도 없다. 그러나 우리가 다음 절에서 볼 수 있듯이, 이러한 이론상의 한계, 심지어 한계 아래로 밀어붙이는 세균이 알려져 있으며, 결과적으로 이들의 에너지론은 아직 완전하게 이해되지 못하고 있다. 이들 미생물은 생존을 위한 에너지의 한계에서 살아가는 세균인 영양공생체이다.

단원 4

미니퀴즈

- *Propionigenium modestum*이 생장을 위해 나트륨을 필요로 하는 이유는?
- 미생물 *Oxalobacter*는 사람의 건강에 어떤 이익을 주는가?
- 하나의 ATP를 만들기에 충분한 자유에너지를 생성하지 않는 발효가 어떻게 여전히 생장을 지원할 수 있는가?

14.23 영양공생

미생물학에는 두 종류의 서로 다른 미생물이 개별적으로는 분해할 수 없는 어떤 물질을 분해하기 위해 협력하는 상황인 **영양공생(syntrophy)**의 많은 예가 있다. 대부분의 영양공생 반응은 한 미생물이 다른 혐기성 미생물의 발효 산물을 발효하는 이차 발효이다. 우리는 21장에서 영양공생이 종종 자연에서의 메탄 생산을 이끄는 무산소 이화작용에서 핵심 단계가 되는 이유를 살펴볼 것이다. 여기서 우리는 영양공생의 미생물학과 에너지 측면에서 살펴보고자 한다.

영양공생에서 H_2 소비: 대사의 연결 고리

표 14.10은 영양공생체의 몇몇 주요 그룹과 이들 영양공생체가 분해하는 화합물을 나열한 것이다. 방향족 탄화수소와 지방족 탄화수소를 포함한 많은 유기 화합물이 영양공생으로 분해될 수 있다. 그러나 영양공생의 환경에서 흥미를 끄는 주요 화합물은 지방산과 알코올이다. 영양공생 반응의 중심은 종간 H_2 전달(*interspecies H_2 transfer*), 즉 영양공생체인 한 파트너에 의한 H_2 생산(*production*)과 이와 연계하는 다른 파트너에 의한 H_2 소비(*consumption*)이다. H_2 소비자는 생리적으로 서로 다른 미생물 그룹의 어떤 한 미생물도 가능하며, 여기에는 탈질산화 세균, 제2철-환원세균, 황산염-환원세균, 아세트산생성세균, 및 메탄생성균이 있다. 이들 각 그룹에 대해서는 이미 살펴보았다.

표 14.10 주요 영양공생 세균의 특징[a]

속(Genus)	알려진 종의 수	계통학[b]	공동배양에서 발효되는 기질[c]
Syntrophobacter	4	*Deltaproteobacteria*	프로피온산염 (C_3), 젖산염; 일부 알코올
Syntrophomonas	8	*Firmicutes*	C_4—C_{18} 포화/불포화 지방산; 일부 알코올
Pelotomaculum	2	*Firmicutes*	프로피온산염, 젖산염, 여러 알코올; 일부 방향족 화합물
Syntrophus	3	*Deltaproteobacteria*	벤조산염과 여러 관련 방향족 화합물; 일부 지방산과 알코올

[a]모든 영양공생체는 절대 혐기성 미생물임.
[b]15장과 16장 참조.
[c]모든 종이 나열된 기질을 모두 사용할 수 있는 것은 아님.

영양공생의 예로, 메탄 생산과 연계된 영양공생체 *Pelotomaculum*에 의한 에탄올의 아세트산염으로의 발효와 H_2 생성에 대해 살펴보자 (**그림 14.62**). 그림에서 볼 수 있듯이, 영양공생체는 표준 자유에너지 변화 ($\Delta G^{0\prime}$)가 양의 값인 반응을 수행한다. 그러므로 순수배양에서 이 미생물은 생장할 수 없다. 그러나 *Pelotomaculum*에 의해 생산된 H_2는 메탄생성균에 의해 메탄 생산을 위한 전자공여체로 사용될 수 있으며, 이 반응은 에너지를 방출한다. 이 두 개의 반응을 합할 경우 전체 반응은 에너지를 방출하며 (그림 14.62), *Pelotomaculum*과 메탄생성균을 함께 배양하면 (공동배양, cocultured) 두 미생물은 모두 편안하게 잘 생장한다.

영양공생의 두 번째 예는 지방산-산화 세균인 *Syntrophomonas*에 의한 부틸산염 등 지방산의 아세트산염으로의 산화와 H_2 생성이다 (**그림 14.63*a***).

$$\text{부틸산염}^- + 2\ H_2O \rightarrow 2\ \text{아세트산염}^- + H^+ + 2\ H_2 \qquad \Delta G^{0\prime} = +48.2\ \text{kJ}$$

이 반응의 자유에너지 변화는 에탄올 산화 (그림 14.63*a*)의 자유에너지에 비해 훨씬 더 불리하며, *Syntrophomonas*는 명백히 순수배양에서 부틸산염을 이용하여 생장하지 못할 것이다. 그러나 *Pelotomaculum*에 의한 에탄올 발효와 마찬가지로, 만약 *Syntrophomonas*에 의해 생산된 H_2가 파트너 미생물에 의해 소비된다면

영양공생체에 의해 수행되는 에탄올 발효:

$$2\ CH_3CH_2OH + 2\ H_2O \rightarrow 4\ H_2 + 2\ CH_3COO^- + 2\ H^+ \qquad \Delta G^{0\prime} = +19.4\ \text{kJ/반응}$$

메탄생성균에 의해 수행되는 메탄생성:

$$4\ H_2 + CO_2 \rightarrow CH_4 + 2\ H_2O \qquad \Delta G^{0\prime} = -130.7\ \text{kJ/반응}$$

영양공생체와 메탄생성균의 공동 배양에서 연결된 반응:

$$2\ CH_3CH_2OH + CO_2 \rightarrow CH_4 + 2\ CH_3COO^- + 2\ H^+ \qquad \Delta G^{0\prime} = -111.3\ \text{kJ/반응}$$

(a) 반응

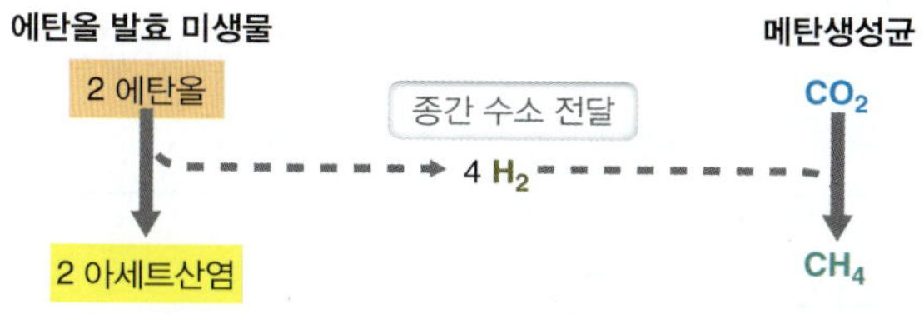

(b) H_2 영양공생 전달의 개요

그림 14.62 영양공생: 종간 H_2 전달. 그림은 에탄올-산화 영양공생체와 H_2-산화 파트너 (이 경우는 메탄생성균)가 영양공생에 의한 협력으로 에탄올을 메탄과 아세트산염으로 발효하는 것을 나타낸 것이다. *(a)* 관여하는 반응들. 두 미생물은 쌍을 이룬 반응에서 방출되는 에너지를 공유한다. *(b)* 영양공생에 의한 H_2 전달의 개요.

*Syntrophomonas*는 H_2-소비 파트너와의 공동배양에서 부틸산염을 이용하여 생장할 것이다. 이것은 어떻게 진행하는가?

H_2 전달의 에너지론

영양공생의 관계에서 파트너 미생물에 의한 H_2의 제거는 전체 반응의 평형을 이동시키며 생산물 생성의 방향으로 평형을 당기는데, 이것이 반응의 에너지론에 크게 영향을 줄 수 있다. 자유에너지의 원리 (3.4절)에 대한 우리의 고찰, 즉 반응에서 반응물과 생산물의 농도는 반응의 에너지론에 주요한 결과를 가져올 수 있음을 떠올리자. 이것은 대부분 발효 산물의 경우에는 대개 적용되지 않는데, 발효 산물은 소비되어 극히 낮은 수준으로 떨어지지 않기 때문이다. 이에 반하여 H_2는 예외가 되는데, H_2는 0에 가까운 수준으로 소비될 수 있으며, H_2가 산물인 반응의 에너지론은 크게 영향을 받을 수 있다.

편의상 반응의 $\Delta G^{0\prime}$는 표준 상태(*standard conditions*, 반응물과 생산물의 농도가 각각 1 mole)에 기초하여 계산된다 (3.4절). 반면에 연관된 용어인 ΔG는 존재하는 반응물과 생산물의 실제 농도(*actual concentrations*)에 기초하여 계산된다. 에탄올이나 지방산의 아세트산염으로의 산화 및 H_2 생산의 에너지론은 표준 상태에서는 흡열(endergonic) 반응이지만, 거의 0 수준의 H_2에서는 에너지를 방출하는 발열(exergonic) 반응이 된다. 예를 들어, 만약 H_2의 농도가 파트너 미생물의 소비에 의해 극히 낮게 유지된다면, *Syntrophomonas*에 의한 부틸산염 산화의 ΔG는 −18 kJ이 된다 (그림 14.63*a*).

H_2 전달은 많은 영양공생 관계 (특히 발효와 관련한)의 특성이

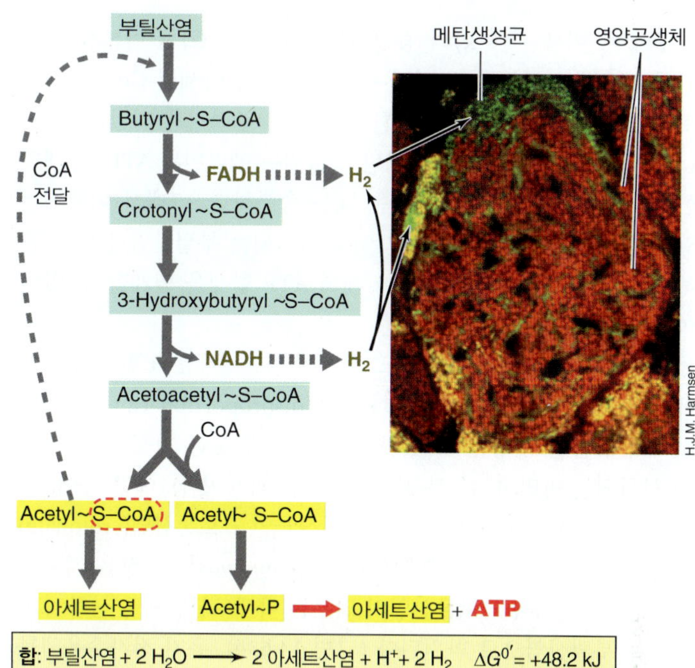

아세트산염 Acetyl~P → 아세트산염 + ATP

합: 부틸산염 + 2 H_2O → 2 아세트산염 + H^+ + 2 H_2 $\quad \Delta G^{0\prime} = +48.2$ kJ ($\Delta G = -18$ kJ)

(a) **영양공생 배양**

1. 크로톤산염 산화:

$$CH_3HC{=}CH{-}C(=O)O^- + 2\ H_2O \rightarrow 2\ \text{아세트산염} + H_2 + H^+$$

2. 크로톤산염 환원:

$$CH_3HC{=}CH{-}C(=O)O^- + H_2 \rightarrow \text{부틸산염}$$

양성자 동력

합: 2 크로톤산염 + 2 H_2O → 2 아세트산염 + 부틸산염 + H^+ $\quad \Delta G^{0\prime} = -352$ kJ

(b) **순수 배양**

그림 14.63 영양공생 배양과 순수 배양에서 *Syntrophomonas* 생장의 에너지론. *(a)* 영양공생의 배양에서, 생장은 메탄생성균과 같은 H_2-소비 미생물을 필요로 한다. H_2 생산은 역 전자 흐름에 의해 이루어지는데, 이는 FADH와 NADH 쌍의 $E_0{}'$ 값이 2 H^+/H_2의 $E_0{}'$ 값보다 더 양전기를 가지기 때문이다. *(b)* 순수 배양에서, 에너지 보전은 크로톤산염이 부틸산염으로 환원되는 혐기적 호흡과 연계된다. 삽화: 메탄생성균 (녹색-노란색)과 연합한 지방산-분해 영양공생 세균 (빨간색) 세포의 현미경 사진.

되는 반면, 전자만(*only electrons*) 전달되는 영양공생 관계도 가능하다. CH_4의 무산소 소비 [ANME와 황산염-환원세균 연합체 (14.18절 및 그림 14.52)에서]와 같은 직접적인 전자전달에서, 우리는 일부 호흡의 영양공생체가 상당히 멀리 있는 세포에 전자를 전달하기 위해 전기적으로 전도성을 지닌 단백질 (다중-헴 시토크롬 및 "나노와이어")을 사용할 수 있음을 알게 되었다. 이런 영양공생 반응에서 직접적인 전자전달은 확산 속도나 H_2 농도에 의존하지 않는다 (392쪽도 참조).

영양공생체에서의 에너지론

영양공생체에서 에너지 보전은 기질-수준 인산화와 산화적 인산화 모두에 기초한다. 영양공생에 의한 부틸산염 이화의 생화학적

연구에서, 비록 −18 kJ의 방출되는 에너지 (ΔG)는 이론상 충분하지 않음에도 불구하고, 기질-수준 인산화가 아세틸-CoA이 아세트산염으로 전환하는 동안 진행되는 것이 알려지게 되었다 (그림 14.63*a*). 이론상 충분하지 않지만 방출되는 에너지는 ATP 한 개의 한 부분(*a fraction*)을 합성하는 데는 충분하다. 그래서 어떻게든 *Syntrophomonas*는 둘 혹은 그 이상 반복되는 부틸산염 산화를 통해 기질-수준 인산화에 의한 한 개의 ATP 합성을 연계할 수 있어야 하며, 이는 가능하다.

영양공생의 생활방식 외에도, 많은 영양공생체는 또한 순수배양에서 불포화 지방산의 불균등화 반응(disproportionation)에 의해 혐기적 호흡을 수행할 수 있다 (불균등화 반응은 기질의 한 분자는 산화되는 반면, 다른 분자는 환원되는 과정이다). 예를 들어, 영양공생에 의한 부틸산염 대사의 중간산물인 크로톤산염(crotonate) (그림 14.63*a*)은 순수배양에서 *Syntrophomonas*의 생장을 지원한다. 이런 조건에서 크로톤산염의 일부는 아세트산염으로 산화되고, 일부는 부틸산염으로 환원된다 (그림 14.63*b*). 유기 전자수용체를 사용하는 다른 혐기적 호흡에서 진행되듯이 (푸마르산염의 숙신산염으로의 환원, 14.15절), *Syntrophomonas*에 의한 크로톤산염 환원은 양성자 동력의 생성과 연결된다. 이런 이유로 영양공생의 일부 단계에서 양성자 동력을 생성하는 것도 역시 가능하게 된다. 벤조산염-발효 및 프로피온산염-발효 영양공생체의 경우, 이들 미생물의 자유에너지 수율 (ΔG)은 약 −5 kJ/반응으로 극히 낮으며, 양성자 혹은 일부 다른 이온의 배출이 거의 확실하게 요구될 수 있다.

영양공생으로 생장하는 동안 ATP가 어떻게 합성되는가에 상관없이, 추가적인 에너지의 문제가 영양공생체에게 부담을 지운다. 영양공생으로 대사하는 동안 영양공생체는 지방산의 산화 반응에서 생성되는 FADH ($E_0{}'$ = −0.22 V) 및 NADH ($E_0{}'$ = −0.32 V)와 같은 더 양전기의 전자공여체로부터 H_2 ($E_0{}'$ = −0.32 V)를 생산하는데 (그림 14.63*a*), 에너지의 유입없이 진행되지는 않는 것 같다. 따라서 영양공생으로 생장하는 동안 *Syntrophomonas*에 의해 합성되는 빈약한 ATP의 일부분은 H_2 생산을 위한 역 전자 흐름 반응 (14.3절)을 견인하는데 소비될 수 있다. 이러한 에너지 유출과 영양공생 반응의 본질적으로 빈약한 에너지 수율을 결합하면, 영양공생 세균은 에너지 경제의 바로 그 한계에서 생존하는 것이 명백하다.

영양공생체의 생태학

생태학적으로 영양공생 세균은 탄소 순환 (21.1절)의 무산소 단계에서 핵심 연결 고리이다. 영양공생체는 고도로 환원된 발효 산물을 소비하면서, 핵심 생산물인 H_2를 혐기적 호흡을 위해 내놓는다. 영양공생체가 없다면, 병목 현상이 전자수용체 (CO_2가 아닌)가 제한적인 무산소 환경에서 나타날 것이다. 이에 반하여, 유산소 혹은 대체 전자수용체가 풍부한 조건일 때 영양공생의 관계는 필요하지 않다. 예를 들어, 만약 O_2나 NO_3^-가 전자수용체로 이용가능하다면, 지방산이나 알코올의 호흡에서 에너지론은 영양공생의 관계를 불필요하게 하는 것에 더 우호적이다. 따라서 영양공생은 생태계에서 일차적으로 메탄생성이나 아세트산생성이 최종 과정인 무산소 이화작용의 특성이다. 메탄생성은 무산소 폐수 처리의 생분해에서 주요 과정이며, 그와 같은 시스템에서 형성되는 슬러지 입자의 미생물학적 연구는 그러한 서식처에서 H_2 생산자와 H_2 소비자 사이의 근접한 물리적 관계를 보여주고 있다 (그림 14.63*a* 삽화).

미니퀴즈

- 종간 H_2 전달의 예를 하나 들어라. 이 과정이 양쪽 미생물에게 모두 이익이 될 수 있는 이유는?
- *Syntrophomonas*의 순수배양이 크로톤산염을 이용해서 생장할 수 있지만 부틸산염을 이용해서는 생장할 수 없는 이유는?

VII • 탄화수소 대사

미생물은 탄소 및 수소 원자만을 포함하는 분자인 탄화수소를 전자공여체로 널리 사용한다. 우리는 이 과정에 대한 고찰과 함께 대사 다양성에 대한 설명을 마무리하고자 한다. 메탄과는 달리, 두 개 이상의 탄소를 가진 탄화수소가 대사되려면 보통 산소가 첨가된 다음에 이화반응이 진행될 수 있다. 우리는 먼저 O_2의 산소첨가가 진행되는 지방족 탄화수소와 방향족 탄화수소의 호기적 이화반응을 살펴볼 것이다. 그런 다음 우리는 탄화수소로의 산소첨가가 여전히 필요하지만 O_2가 명백한 역할을 하지 않는 무산소 탄화수소 대사에 대한 고찰로 나아갈 것이다.

14.24 호기적 탄화수소 대사

이전에 우리는 에너지-생성 반응에서 전자수용체(*electron acceptor*)로서 산소 분자(O_2)의 역할에 대해 논의하였다. 이에 반하여 O_2는 또한 탄화수소의 이화반응에서 반응물질(*reactant*)로 중요한 역할을 하며, 산소화효소(oxygenases)가 이 과정의 핵심 역할자이다.

산소화효소와 지방족 탄화수소 산화

산소화효소(oxygenases)는 유기 화합물 그리고 일부의 경우 무기화합물 (14.11절)에 O_2를 첨가하는 반응을 촉매하는 효소이다. 산소화효소에는 두 가지 종류가 있는데, 이산소화효소(*dioxygenases*)는 O_2의 산소 원자 두 개(*both atoms*)를 분자에 첨가하는 반응을 촉매하며, 일산소화효소(*monooxygenases*)는 O_2의 두 개 산소 원자 중 한 개만(*only one*)을 유기물에 첨가하고 O_2의 두 번째 원자는 H_2O로 환원되는 반응을 촉매한다. 대부분의 일산소화효소에 있어 요구되는 전자공여체는 NADH 혹은 NADPH이다.

포화 지방족 탄화수소 산화의 처음 단계에서, O_2의 원자 한 개가 보통 말단의 탄소 원자에 첨가된다. 이 반응은 일산소화효소에 의해 촉매되며, 전형적인 반응 순서는 **그림 14.64*a***에 나타나 있다. 반응 순서의 최종 산물은 원래 탄화수소와 같은 길이의 지방산이다. 그런 다음 지방산은 베타-산화(*beta-oxidation*)에 의해 산화되는데, 베타-산화는 한 번에 지방산의 두 개 탄소가 분리되는 일련

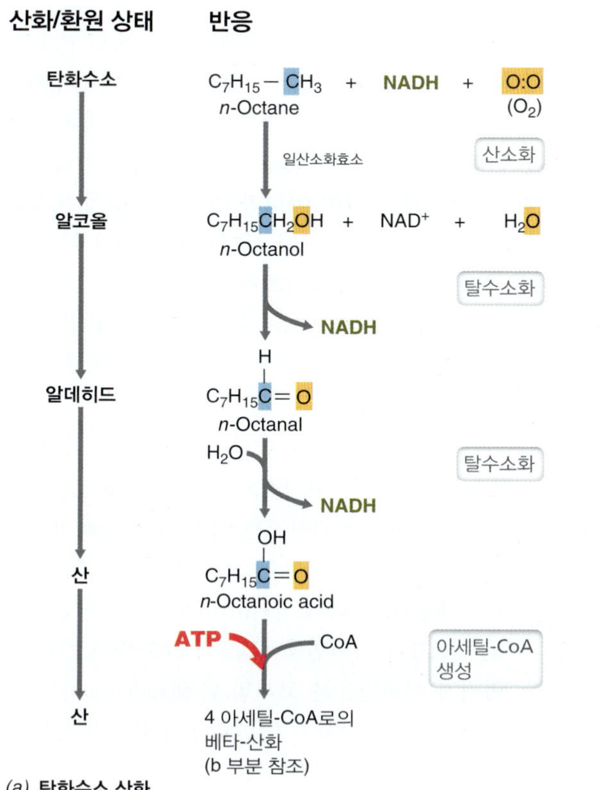

(a) 탄화수소 산화

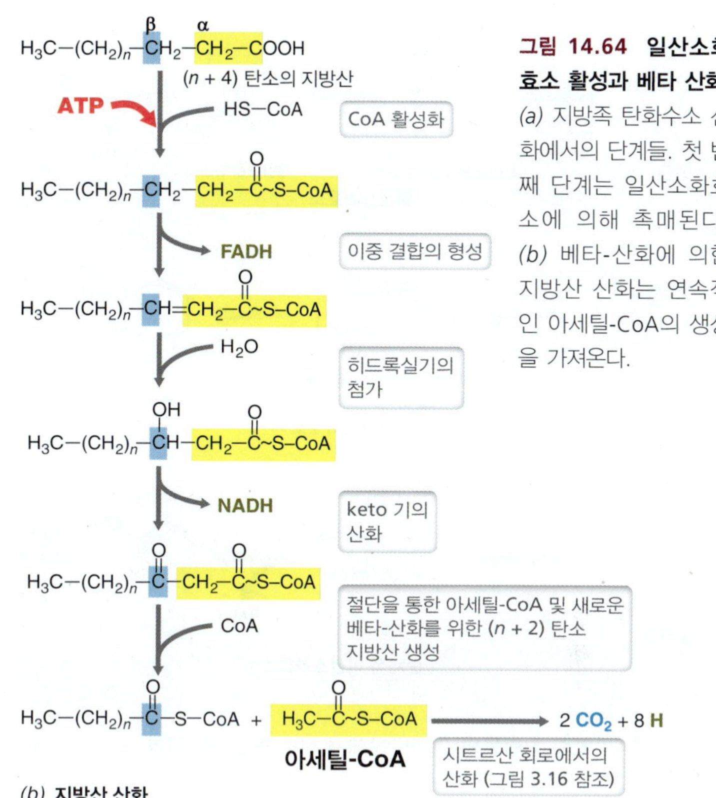

(b) 지방산 산화

그림 14.64 일산소화효소 활성과 베타 산화. (a) 지방족 탄화수소 산화에서의 단계들. 첫 번째 단계는 일산소화효소에 의해 촉매된다. (b) 베타-산화에 의한 지방산 산화는 연속적인 아세틸-CoA의 생성을 가져온다.

의 반응이다 (그림 14.64*b*). 베타-산화 동안 NADH가 생성되며, 에너지 보전의 목적으로 전자전달계에서 산화된다. 베타-산화가 한번 진행되면 아세틸-CoA와 원래 지방산보다 탄소 원자 두 개가 짧은 새로운 지방산이 방출된다. 그런 다음 베타-산화 과정은 반복되며, 또 다른 아세틸-CoA 분자가 방출된다. 베타-산화에 의해 생성된 아세틸-CoA는 시트르산 회로 (그림 3.16)를 통해 산화되거나 새로운 세포 물질을 만드는 데 사용된다. 탄화수소에 어떻게 산소가 첨가되는가는 예외로 하고, 무산소 탄화수소 이화반응의 생화학에 대한 많은 것은 호기적 이화반응 (그림 14.64)에 나타난 것과 같으며, 두 경우 모두 베타-산화 반응이 일차적인 중요성을 갖는다.

방향족 탄화수소 산화

또한 많은 방향족 탄화수소가 호기적 조건에서 미생물에 의해 전자공여체로 사용될 수 있다. 이런 방향족 탄화수소에는 나프탈렌(naphthalene)이나 비페닐(biphenyls)과 같이 다환(multiple rings)을 가진 화합물도 포함되며, **그림 14.65**에 나타나있듯이 이들 화합물의 대사는 보통 산소화효소의 촉매 반응을 통해 카테콜(catechol) 혹은 구조적으로 카테콜과 연관된 화합물을 형성하는 초기 단계를 갖는다. 일단 카테콜이 만들어지면, 카테콜은 끊어져서 숙신산염, 아세틸-CoA, 피루브산염과 같이 시트르산 회로로 들어갈 수 있는 화합물로 더 분해가 된다.

방향족 탄화수소 호기적 이화반응의 여러 단계는 산소화효소를 필요로 한다. 그림 14.65*a*~*c*는 4개의 다른 산소화효소-촉매 반응을 보여주고 있는데, 하나는 일산화효소를 사용하며, 두 개는 고리-절단 이산소화효소를 사용하고, 그리고 나머지 하나는 고리-히드록실화 이산소화효소를 사용하는 것이다. 호기적 지방족 탄화수소의 이화반응 (그림 14.64)처럼, 단환이든 다환이든 방향족 화합물도 보통 CO_2로 완전히 산화되며, 전자는 전자전달계로 들어가거나 새로운 세포 물질을 만드는데 사용된다.

미니퀴즈

- 일산소화효소는 기능에 있어 이산소화효소와 어떻게 다른가?
- 탄화수소 이화반응의 최종 산물은 무엇인가?
- "베타-산화"라는 용어가 의미하는 바는 무엇인가?

14.25 무산소 탄화수소 대사

비록 호기적 탄화수소 산화가 자연에서 주된 경로이지만, 혐기적 호흡의 전자수용체로서 질산염, 황산염, 혹은 제2철의 환원과 연결된 무산소 탄화수소 산화도 역시 가능하다. 그리고 호기적 과정에서와 마찬가지로, 지방족 탄화수소와 방향족 탄화수소 모두 혐기적으로 분해될 수 있다.

지방족 탄화수소

지방족 탄화수소는 직선-사슬의 포화 혹은 비포화 유기 화합물이며, 많은 지방족 탄화수소가 탈질산화 세균과 황산염-환원세균의 기질이 된다. 보다 짧은 사슬 탄화수소가 더 잘 용해되고 대사되지만 C_{20}의 길이가 긴 포화 지방족 탄화수소까지도 생장을 지원한다. 무산소 탄화수소 분해의 기작은 탈질산화 세균 (전자수용체는 NO_3^-)의 헥산(C_6H_{14}) 대사에서 잘 연구되었다. 그러나 그 기작은

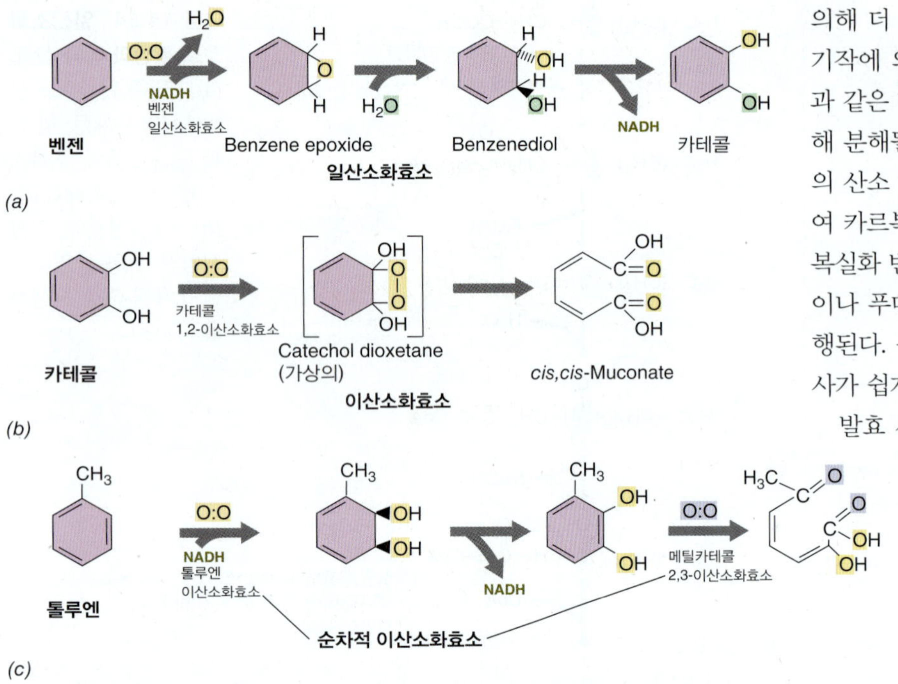

그림 14.65 방향족 화합물의 이화반응에서 산소화효소의 역할. 일산소화효소는 O_2의 산소 원자 한 개를 기질에 첨가하며, 반면 이산소화효소는 산소의 두 개 원자 모두를 첨가한다. *(a)* 일산소화효소에 의해 벤젠이 카테콜로 히드록실화(hydroxylation)되며, 전자공여체는 NADH이다. *(b)* intradiol 고리-절단 이산소화효소에 의한 카테콜의 절단과 *cis, cis*-muconate의 형성. *(c)* 톨루엔 분해에서, 고리-히드록실화 이산소화효소와 extradiol 고리-절단 이산소화효소의 활성. 각 효소에 의해 첨가되는 산소 원자는 서로 다른 색으로 구분하였다. 톨루엔의 호기적 이화반응을 그림 14.66*b*의 무산소 이화반응과 비교해 보라.

더 긴 사슬 탄화수소의 무산소 대사 및 다른 전자수용체와 연계된 무산소 탄화수소 산화와 동일한 것으로 보이며, 여기서 우리는 헥산/질산염 시스템에 초점을 맞추고자 한다.

무산소 헥산 대사에서, 시트르산 회로 (☍ 그림 3.16)의 C_4 중간물질인 푸마르산염(*fumarate*) 한 분자가 헥산의 2번 탄소 원자에 부착하며, 화합물 *1-methylpentylsuccinate*를 생성한다 (**그림 14.66*a***). 효소에 의해 헥산에 푸마르산염을 첨가하는 것은 헥산으로의 효과적인 산소 첨가가 되며, 그 분자가 혐기적으로 더 대사되는 것을 가능하게 한다. 조효소 A의 추가에 뒤이어 베타-산화 (그림 14.64*b*)와 푸마르산염의 재생을 포함한 일련의 반응이 진행된다. 베타-산화 동안 만들어진 전자는 양성자 동력을 생성시키고 이후 질산염 혹은 황산염 환원 (각각 14.13절 및 14.14절)에서 소비된다.

방향족 탄화수소

방향족 탄화수소는 일부 질산염, 제2철, 그리고 황산염-환원세균에 의해 혐기적으로 분해될 수 있다. 방향족 탄화수소 톨루엔의 혐기적 대사에 있어, 이화반응을 시작하기 위해 산소가 톨루엔에 첨가되어야 하는데, 이것은 지방족 탄화수소 이화반응에서 마찬가지로 푸마르산염의 첨가에 의해 진행된다 (그림 14.66*a*). 이 반응은 최종적으로 benzoyl-CoA를 만들며, benzoyl-CoA는 고리의 환원에 의해 더 분해된다 (그림 14.66*b*). 벤젠(C_6H_6) 또한 비슷한 기작에 의해 혐기적으로 대사될 수 있다. 나프탈렌($C_{10}H_8$)과 같은 다환 방향족 탄화수소는 특정 황산염-환원세균에 의해 분해될 수 있다. 다른 탄화수소와는 달리, 다환 탄화수소의 산소 첨가는 푸마르산염이 아니라 CO_2를 고리에 첨가하여 카르복실산 유도체를 형성시켜 진행된다. 그러나 이 카르복실화 반응은 산소화효소 반응 (그림 14.64*a* 및 그림 14.65)이나 푸마르산염 첨가 (그림 14.66)와 같은 목적을 위해 수행된다. 즉, O 원자가 탄화수소의 일부가 되며, 탄화수소 대사가 쉽게 진행되도록 한다.

발효 세균과 광영양 세균을 포함한 많은 세균이 특정 방향족 탄화수소를 혐기적으로 대사할 수 있다. 그러나 톨루엔을 제외하고는 이미 O 원자를 가지고 있는 방향족 화합물만이 보통 공통의 기작에 의해 분해된다. 고리의 산화(*oxidation*)를 통해 진행되는 호기적 이화반응 (그림 14.65)과는 반대로, 혐기적 이화반응은 고리의 환원(*reduction*)에 의해 진행된다. 방향족 탄화수소의 혐기적 분해는 종종 벤조산염으로의 전환과 뒤이은 방향족 고리 절단 그리고 *benzoyl-CoA* 경로 (**그림 14.67**)에 의한 벤조산염 이화반응에 의해 가능하게 된다. 이 경로에서 벤조산염 이화반응은 조효소 A 유도체 형성으로 시작하며, 이어 고리가 절단되면서 지방산 혹은 디카르복실산(dicarboxylic acid)이 만들어지는데, 이들 물질들은 시트르산 회로의 중간물질로 더 대사될 수 있다 (그림 14.67).

대사 다양성에 대한 우리의 조사가 마무리 단계에 도달했기에, 우리는 대사의 모든 세부적인 것 (매우 많고 어마어마한)을 마음에 담아둘 필요는 없지만, 우리는 이번 장의 주요 주제, 즉 광영양과 화학무기영양, CO_2 고정과 N_2 고정, 전자공여체에 의한 호흡 혹은 전자수용체에 의한 호흡, C_1 대사, 발효, 그리고 탄화수소 대사로 만들어지는 "대사의 큰 그림(metabolic big picture)"을 볼 필요가 있다. 이러한 대단히 중요한 원리는 다음의 네 개 장을 통해 우리를 안내할 것이다. 이들 장에서 우리는 미생물의 대사보다는 미생물 그 자체의 다양성에 초점을 맞출 것이다. 특히 15~17장에서는 이들 미생물의 대사에 대해서는 이번 장에서 설명한, 세균과 고균의 많은 미생물을 다룰 것이다. 우리는 이들 장에서 대사의 다양성 그리고 원핵생물의 다양성이 불가분하게 연결되어 있음을 목격하게 될 것이다.

미니퀴즈

- 탄화수소이지만 벤조산염은 탄화수소가 아닌 이유는 benzoyl-CoA 경로는 무엇인가? 톨루엔의 혐기적 분해에서 이 경로는 어떻게 작용하는가?
- 무산소 이화반응 동안 헥산의 산소 첨가는 어떻게 진행되는가?

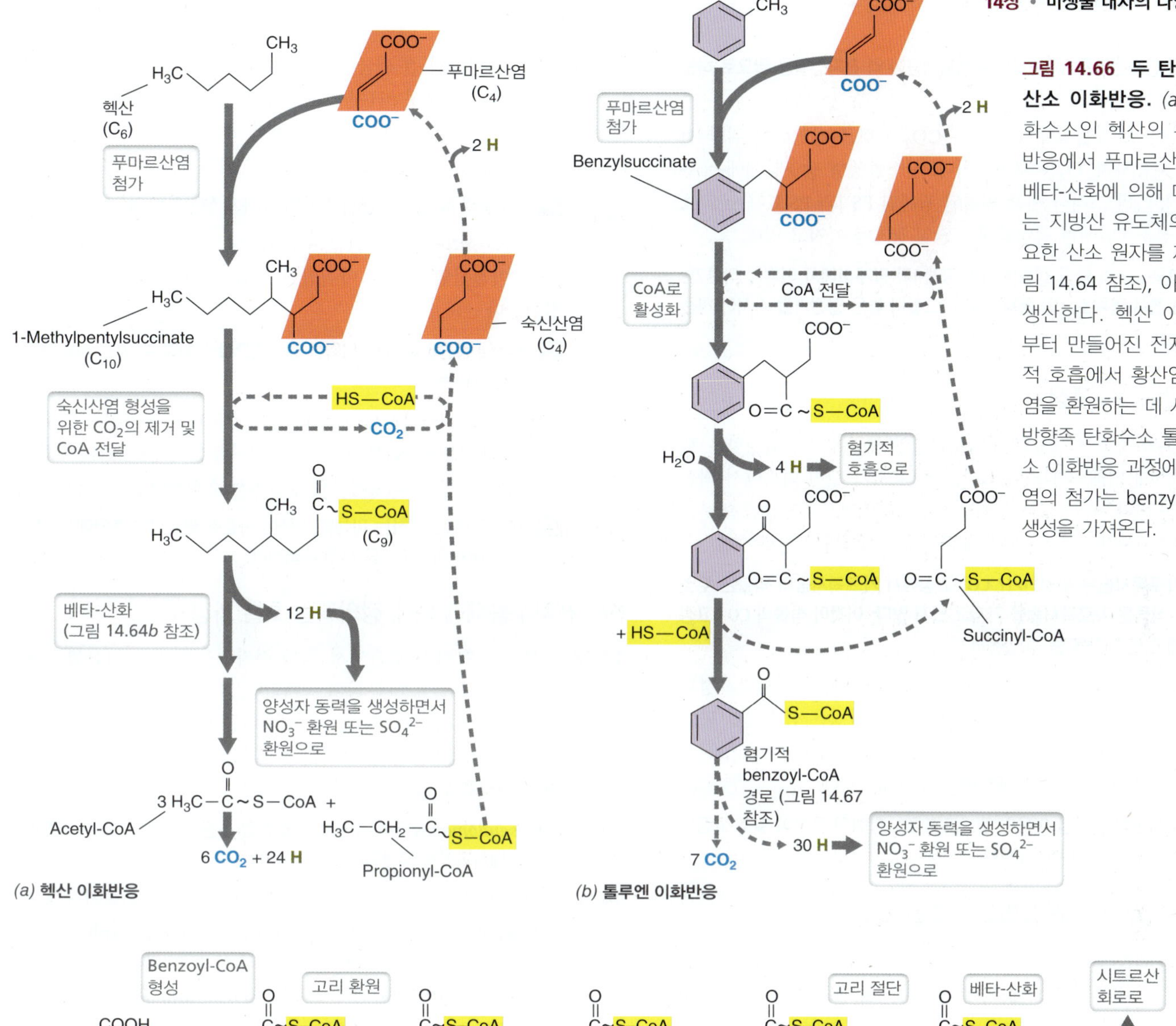

그림 14.66 두 탄화수소의 무산소 이화반응. *(a)* 지방족 탄화수소인 헥산의 무산소 이화반응에서 푸마르산염의 첨가는 베타-산화에 의해 대사될 수 있는 지방산 유도체의 생성에 필요한 산소 원자를 제공하며 (그림 14.64 참조), 아세틸-CoA를 생산한다. 헥산 이화반응으로부터 만들어진 전자(H)는 혐기적 호흡에서 황산염 혹은 질산염을 환원하는 데 사용된다. *(b)* 방향족 탄화수소 톨루엔의 무산소 이화반응 과정에서 푸마르산염의 첨가는 benzylsuccinate를 생성을 가져온다.

그림 14.67 Benzoyl-CoA 경로에 의한 벤조산염의 무산소 분해. 이 경로는 자색 광영양 세균인 *Rhodopseudomomas palustris* 과 많은 다른 통성, 즉 광영양이면서 화학영양인 세균에서 작동한다. 경로의 모든 중간물질이 조효소 A와 결합되어 있는 것에 주목하라. 생산된 아세트산염은 시트르산 회로에서 더 대사가 진행된다.

단원 정리

I • 광영양

14.1 광합성에서 ATP는 빛으로부터 합성되고 CO_2의 환원에 소비된다. 두 가지 유형의 광합성이 알려져 있다. 산소발생형 광합성에서는 O_2가 생산되고 (예, 남세균), 산소비발생형 광합성에서는 O_2가 생산되지 않는다(예, 자색세균과 녹색세균). 광합성 반응 중심과 광합성 색소는 막에 위치하며, 여기서 광합성의 명반응이 수행된다.

Q 광포집 엽록소와 반응 중심 엽록소의 기능은 무엇인가?

14.2 카로테노이드와 피코빌린을 포함한 보조 색소는 빛을 흡수하여 그 에너지를 반응 중심 엽록소에 전달하며, 광합성에서 사용할 수 있는 빛의 파장을 넓혀준다. 또한 카로테노이드는 세포의 광산화 손상을 방지하는 데 중요한 광보호 역할을 한다.

Q 광영양체에는 어떤 보조 색소가 존재하는가? 보조 색소의 기능은 무엇인가?

14.3 산소비발생형 광영양체에서 전자전달 반응은 광합성의 반응 중심에서 진행되며, 양성자 동력과 ATP를 생성한다.

Q 역 전자전달은 무엇인가? 자색황세균이 역 전자전달을 필요로 하는 이유는?

14.4 산소발생형 광합성에서 H_2O는 CO_2 고정을 견인하기 위한 전자를 제공하며, O_2는 부산물이다. 산소발생형 광영양체에는 두 개의 분리된 그러나 서로 연결된 광계인 PS I과 PS II가 있으며, 반면 산소비발생형 광영양체는 단일 광계를 가지고 있다.

Q 엽록소 *a*의 환원 전위(E_0')는 광계 I과 광계 II에서 어떻게 다른가? 광계 II에서 엽록소 *a*의 환원 전위가 그렇게 높은 양전기를 가져야 하는 이유는?

II • 독립영양과 N_2 고정

14.5 대부분의 광영양 세균과 화학무기영양 세균에서 독립영양은 캘빈 회로에 의해 지원되며, RubisCO 효소가 캘빈 회로에서 핵심 역할을 한다. 역 시트르산 회로와 히드록시프로피온산염 회로는 각각 녹색황세균과 녹색비황세균에서 독립영양의 경로이다.

Q 카르복시솜은 무엇인가? CO_2 고정에서 카르복시솜의 역할은 무엇인가? 식물은 카르복시솜을 가지고 있지 않다; 이것이 식물의 CO_2 고정 효율에 어떤 영향을 줄 수 있을까?

14.6 N_2가 NH_3로 환원하는 과정을 질소 고정이라 하며, 질소고정효소가 이 과정을 촉매한다. 질소고정효소 활성은 삼중결합 화합물인 아세틸렌을 N_2의 대리로서 사용하여 측정할 수 있다; 질소고정효소는 아세틸렌을 에틸렌으로 환원시킨다.

Q 아세틸렌 환원을 이용한 질소고정효소 활성의 측정이 질소 고정의 결정적인 증거가 될 수 있는가?

III • 전자공여체에 의해 정의되는 호흡 과정

14.7 호흡의 과정에서, 전자전달계를 통한 전자의 전달에 의해 발생한 화학삼투 이온 기울기에 의해 에너지는 보전되며, ATP는 ATP 합성효소에 의해 합성된다. 혐기적 호흡은 호기적 호흡보다 더 적은 에너지를 생산한다. 그러나 O_2가 결핍된 그러나 대체 전자수용체가 존재하는 환경에서는 혐기적 호흡이 진행될 수 있다.

Q 혐기적 호흡에서 NO_3^-이 SO_4^{2-}보다 더 좋은 전자수용체인 이유는?

14.8 화학무기영양의 수소 세균은 H_2를 전자공여체로 사용하여 O_2를 H_2O로 환원시킨다. 수소화효소가 H_2를 산화하는데 요구되며, 또한 H_2는 이들 독립영양체에서 CO_2 고정을 위한 환원력을 제공한다.

Q 어떤 무기 전자공여체가 미생물 *Ralstonia*, *Thiobacillus*, 그리고 *Acidithiobacillus*에 의해 사용되는가?

14.9 황 화학무기영양체에서 H_2S, $S_2O_3^{2-}$, S^0와 같은 환원된 황 화합물은 에너지 보전을 위한 전자공여체이다. 이들 물질로부터의 전자는 전자전달계로 들어가서 양성자 동력을 생성한다. 황 화학무기영양체는 또한 독립영양체이며 캘빈 회로에 의해 CO_2를 고정한다.

Q 자색 광영양 세균에 의한 H_2S의 이용과 *Beggiatoa*와 같은 무색 황세균에 의한 H_2S의 이용을 비교 및 대비하라. 각 미생물의 대사에 있어 H_2S의 역할은 무엇인가?

14.10 화학무기영양의 철 세균은 전자공여체로 Fe^{2+}를 산화한다. 대부분 철 세균은 산성 pH에서 생장하며, 종종 광물과 석탄 광산에서의 산성 오염과 관련이 있다. 몇몇 화학무기영양 세균과 광영양 세균은 혐기적으로 Fe^{2+}를 Fe^{3+}로 산화시킬 수 있다.

Q 대부분의 철-산화 세균이 산성의 pH에서 생장하는 이유는?

14.11 암모니아-산화 세균과 고균은 암모니아로부터 아질산염을 생산하며, 아질산염은 다시 아질산염-산화 세균에 의해 질산염으로 산화된다.

Q 종류에 상관없이, 암모니아를 질산염으로 산화할 수 있는 세균 혹은 고균이 존재하는가?

14.12 무산소 암모니아 산화(anammox)는 암모니아와 아질산염 둘을 모두 소비하면서 N_2를 생성한다. 아나목스 반응은 아나목소솜으로 부르는 막으로 둘러싸인 공간에서 진행된다.

Q 산소 요구, 관여하는 미생물, 일산소화효소 필요성의 측면에서 고전적인 질산화와 아나목스를 서로 대비하라.

IV • 전자수용체에 의해 정의되는 호흡 과정

14.13 질산염은 혐기적 호흡에서 흔한 전자수용체이다. 질산염 환원은 질산염 환원효소에 의해 촉매되며, NO_3^-를 NO_2^-로 환원한다. 혐기적 호흡에서 NO_3^-를 사용하는 많은 세균은 환원의 최종 산물로 기체상의 질소 화합물 (NO, N_2O 혹은 N_2)을 생산한다(탈질산화 반응).

Q *Pseudomonas* 종이 수행하는 질산염 환원에서의 단계들은 무엇인가? 이 대사과정을 무엇이라고 부르는가?

14.14 황산염-환원세균은 SO_4^{2-}를 H_2S로 환원하는 절대 혐기성의 세균으로, 이 과정에서 SO_4^{2-}는 먼저 adenosine phosphosulfate (APS)로 활성화되어야 한다. 몇몇 종의 경우 불균등화 반응은 추가적인 에너지-생산 전략이 된다. *Desulfuromonas*와 같은 일부 미생물은 SO_4^{2-}를 환원할 수 없지만 S^0을 H_2S로 환원할 수 있다.

Q 전자공여체로 H_2를 이용하여 생장하지 않을 때에도 수소화효소가 *Desulfovibrio*에게 유용한 이유는?

14.15 무기 질소 화합물과 황 화합물, 그리고 CO_2 이외에도, 여러 다른 물질이 혐기적 호흡에서 전자수용체로 기능할 수 있다. 이런 물질에는 Fe^{3+}, Mn^{4+}, 푸마르산염, 몇몇 유기 화합물, 염소치환 유기 화합물, 그리고 양성자 등이 있다.

Q (1) 환원의 산물, (2) 환경적 중요성에 대해 제2철 환원과 환원적 탈염소화 반응을 비교 및 대비하라.

V • 일-탄소(C_1) 대사

14.16 아세트산생성세균은 보통 H_2를 전자공여체로 사용하여 CO_2를 아세트산염으로 환원하는 절대 혐기성 미생물이다. 아세트산염 생성의 기작은 아세틸-CoA 경로인데, 이 경로는 절대 혐기성 미생물에서 독립영양 혹은 아세트산염 산화의 목적으로 널리 분포되어 있다.

Q (1) 에너지 대사에서의 기질과 산물, (2) 에너지 대사에서 전자공여체로 유기 화합물을 사용할 수 있는 능력, 그리고 (3) 계통학의 측면에

서, 아세트산생성세균과 메탄생성균을 비교 및 대비하라.

14.17 메탄생성은 절대 혐기성의 메탄생성 고균에 의해 $CO_2 + H_2$로부터 혹은 아세트산염이나 메탄올로부터 CH_4를 생산하는 것이다. 메탄생성에서는 여러 독특한 조효소가 요구되며, 에너지 보전은 양성자 동력 혹은 나트륨 동력과 연계된다.

Q **$H_2 + CO_2$ 만을 사용하는 메탄생성균의 에너지 보전과 메틸 화합물을 사용할 수 있는 메탄생성균에 의한 에너지 보전에서 주요한 차이점은 무엇인가?**

14.18 메탄영양은 탄소원과 전자공여체로 CH_4를 사용하는 것으로, 메탄 일산소화효소가 메탄의 호기적 이화반응에서 핵심 효소이다. 메탄영양체에서, C_1 단위체는 세포 물질로 동화되는데, 리불로오스 일인산염 경로에 의해 포름알데히드로 혹은 세린 경로에 의해 포름알데히드와 CO_2로 동화된다. 메탄의 혐기적 산화는 메탄생성균과 연관된 ANME 고균(*Archaea*)에 의해 수행될 수 있는데, 메탄생성의 역방향으로 진행하는 경로를 통해 에너지를 보전한다. 혐기성 미생물인 *Methylomirabilis oxyfera*는 O_2가 생성된 다음 소비되는 내부-호기적 메탄 산화를 수행한다.

Q **메탄영양체는 메탄생성균과 어떻게 다른가? 메탄영양체에서 찾아지는 C_1 동화의 경로 중 에너지 측면에서 가장 효율적인 경로는? 그 이유는? *M. oxyfera*는 탈질산화 미생물 및 호기적 메탄영양체와 어떤 방식에서 유사하며, 어떤 중요한 방식에서 차이가 있는가?**

VI • 발효

14.19 외부 전자수용체가 없을 경우 유기 화합물은 발효에 의해 혐기적으로 대사될 수 있다. 대부분의 발효는 기질-수준 인산화에 의해 ATP를 합성할 수 있는 고에너지 유기 화합물의 생성을 필요로 한다. 산화환원 균형은 발효 산물의 생산에 의해 이루어진다.

Q **기질-수준 인산화란 용어를 정의하라. 기질-수준 인산화와 산화적 인산화는 어떻게 다른가? 발효 세균이 기질-수준 인산화를 통해 ATP를 생성하기 위해서는 어떤 화합물을 합성해야 하는가?**

14.20 젖산 발효는 젖산염이 유일 산물인 동형발효 종, 그리고 젖산염, 에탄올, CO_2가 생산되는 이형발효 종에 의해 수행된다. 장내 세균에서 일반적인 혼합산 발효는 미생물에 따라 다양한 산성 산물과 중성 산물 (에탄올, 부탄디올)을 생산한다.

Q ***Lactobacillus*와 *Escherichia*의 주요 발효 산물은 무엇인가?**

14.21 클로스트리디움은 당, 아미노산 및 다른 유기 화합물을 발효하며, 부틸산이 주요 산물이다. 부틸산염 생산은 추가적인 ATP 생산을 가능하게 한다. *Propionibacterium*은 젖산염의 이차 발효에서 프로피온산염, 아세트산염, CO_2를 생산한다.

Q ***Propionibacterium*은 에너지를 보전하기 위해 이차 발효를 어떻게 이용하는가?**

14.22 *Propionigenium*, *Oxalobacter*, *Malonomonas*에서의 에너지 보전은 막을 가로질러 Na^+ 혹은 H^+를 내보내는 탈카르복실화 반응과 연계되어 있으며, ATP 합성효소는 이온 농도 기울기의 에너지를 ATP 합성에 사용한다. 이들 미생물에 의해 촉매되는 반응은 기질-수준 인산화에 의한 ATP 생산에 충분한 자유에너지를 생성하지 못한다.

Q **기질-수준 인산화를 채용하지 않는 발효의 예를 제시하라.**

14.23 영양공생에서 두 미생물은 혼자서는 어느 미생물도 분해할 수 없는 화합물을 서로 협력하여 분해한다. 이 과정에서 한 미생물에 의해 생산된 H_2는 파트너에 의해 소비된다. H_2 소비는 H_2 생산 미생물에 의해 수행되는 반응의 에너지론에 영향을 주어, H_2 생산 미생물이 혼자서는 할 수 없는 ATP 생산을 가능하게 한다.

Q **영양공생이 "종간 H_2 전달"로도 불리는 이유는? H_2 전달을 포함하지 않는 영양공생은 어떤 경우인가?**

VII • 탄화수소 대사

14.24 최종 전자수용체의 역할에 추가하여, O_2는 또한 기질이 될 수 있다. 호기적 대사에서 산소화효소는 O_2의 산소 원자를 탄화수소에 첨가한다. 일단 산소가 첨가되면, 지방족 탄화수소는 베타-산화에 의해 더 분해될 수 있으며, 방향족 탄화수소는 고리 절단과 산화에 의해 더 분해될 수 있다.

Q **일산소화효소는 이산소화효소와 촉매하는 반응에 있어 어떻게 다른가? 탄화수소의 호기적 대사에서 산소화효소가 필요한 이유는?**

14.25 탄화수소는 무산소 조건에서 디카르복실산(dicarboxylic acid)인 푸마르산염의 첨가에 뒤이어 산화될 수 있다. 방향족 화합물은 고리의 환원과 절단에 의해 시트르산 회로에서 대사될 수 있는 중간물질을 형성하여 혐기적으로 대사된다.

Q **질산화 세균과 황산염-환원세균은 산소화효소 없이 혐기적으로 어떻게 탄화수소를 분해할 수 있는가?**

응용 문제

1. 광영양 자색세균인 *Rhodobacter*의 경우, 말산염(malate)을 탄소원으로 포함하는 배지에서 광영양으로(*phototrophically*) 생장할 때의 생장 속도는 CO_2를 탄소원 (H_2를 전자공여체로)으로 이용하여 생장할 때의 생장 속도에 비해 대략 두 배 더 빠르다. 이것이 진실일 수 있는 이유에 대해 설명하라. *Rhodobacter*가 두 가지 서로 다른 조건에서 생장할 때, 이 미생물을 영양학적으로 분류할 경우 각 조건에 해당하는 이름을 나열하라.

2. 화학무기영양체와 화학유기영양체는 생리학적으로 뚜렷한 차이가 있지만, ATP의 생산과 관련하여 많은 특징을 서로 공유한다. 이러한 공통적인 특징에 대해 설명하라. 포도당을 호흡하는 화학유기영양체의 생장 수율 [세포 증가량(g)/기질 소비량(mole)]이 황을 호흡하는 화학무기영양체의 생장 수율보다 훨씬 높은 이유는?

3. 부틸산염과 같은 지방산의 경우 순수배양에서는 발효될 수 없지만, 다른 조건에서는 혐기적 대사가 순조롭게 진행될 수 있다. 이들 조건은 어떻게 다른가? 후자의 경우 부틸산염의 대사가 가능한 이유는? 혼합배양에서 부틸산염은 어떻게 발효될 수 있는가?

4. 메탄이 CO_2 (+ H_2)로부터 혹은 메탄올 (H_2 없이)로부터 만들어질 때, 대사 경로의 다양한 단계가 공통으로 공유된다. 이 두 기질로부터의 메탄생성을, 그 과정의 공통점과 차이점을 위주로 비교하라.

용어 해설

Acetogenesis (아세트산생성) H_2와 CO_2 또는 유기 화합물로부터 아세트산염이 생산되는 에너지 대사

Anaerobic respiration (혐기적 호흡) 양성자 동력으로 이끄는 전자전달에 기초한 산화에서 O_2가 아닌 다른 전자수용체를 사용

Anammox (아나목스) 무산소 암모니아 산화 (anoxic ammonia oxidation)

Anoxygenic photosynthesis (산소비발생형 광합성) O_2가 생성되지 않는 광합성

Antenna pigments (안테나 색소) 반응 중심으로 에너지를 모으는 광복합체의 광-포집 엽록소 혹은 세균엽록소

Autotroph (독립영양체) 유일 탄소원으로 CO_2를 사용하는 생물

Bacteriochlrophyll (세균엽록소) 산소비발생형 광영양체의 엽록소 색소

Calvin cycle (캘빈 회로) 많은 독립영양 생물에서 CO_2를 고정하기 위한 생화학적 경로

Carboxysomes (카르복시솜) RubisCO의 결정형 세포 내포체

Carotenoid (카로테노이드) 광합성 막에서 엽록소와 함께 존재하는 소수성의 보조 색소

Chlorophyll (엽록소) 광영양 생물에서 광인산화의 과정을 시작하게 하는 빛에 민감하고 Mg를 지닌 포르피린(porphyrin)

Chlorosome (엽록소체) 녹색황세균과 녹색비황세균에서 세포의 안쪽 주변에 존재하는 시가-모양의 구조이며, 안테나 세균엽록소 (*c*, *d*, 혹은 *e*)를 포함하고 있음

Denitrification (탈질산화) NO_3^- 혹은 NO_2^-가 기체상의 질소 화합물, 주로 N_2로 환원되는 혐기적 호흡

Dicarboxylate/4-hydroxybutyrate cycle (디카르복실산염/4-히드록시부티르산염 회로) 몇몇 고균(*Archaea*)에서 찾아지는 독립영양의 경로

Fermentation (발효) 유기 화합물이 전자공여체와 전자수용체로 사용되며, 보통 기질-수준 인산화에 의해 ATP가 생산되는 유기 화합물의 혐기적 이화작용

Heterofermentative (이형발효) 포도당의 발효로부터 여러 산물, 보통 젖산염, 에탄올, CO_2의 혼합물을 생산

Homofermentative (동형발효) 포도당의 발효로부터 젖산염만을 생산

Hydrogenase (수소화효소) H_2를 산화 혹은 방출할 수 있는 혐기성 미생물에 널리 분포하는 효소

3-Hydroxypropionate bi-cycle (3-히드록시프로피온산염 양-회로) *Chloroflexus*와 일부 고균에서 찾아지는 독립영양의 경로

3-Hydroxypropionate/4-hydroxybutyrate cycle (3-히드록시프로피온산염/4-히드록시부티르산염 회로) 몇몇 고균에서 찾아지는 독립영양의 경로

Methanogen (메탄생성균) 메탄을 생산하는 고균에 속하는 미생물

Methanogenesis (메탄생성) CH_4의 생물학적 생산

Methanotroph (메탄영양체) CH_4를 산화하는 미생물

Methylotroph (메틸영양체) C—C 결합이 없는 화합물을 이용하여 생장할 수 있는 미생물

Mixotroph (혼합영양체) 에너지 대사에서 무기 화합물을 전자공여체로 사용하고 유기 화합물을 탄소원으로 사용하는 미생물

Nitrification (질산화) 미생물에 의한 암모니아의 질산염으로의 산화

Nitrogenase (질소고정효소) 생물학적 질소 고정에서 N_2를 NH_3로 환원하는 데 필요한 효소 복합체

Nitrogen fixation (질소 고정) 질소고정효소에 의한 N_2의 NH_3로의 환원

Oxygenase (산소화효소) O_2의 산소를 유기 화합물이나 무기 화합물에 첨가하는 반응을 촉매하는 효소

Oxygenic photosynthesis (산소발생형 광합성) 남세균 및 녹색 식물이 수행하는 광합성으로 O_2가 발생

Photophosphorylation (광인산화) 광합성에서의 ATP 생산

Photosynthesis (광합성) 빛-견인 반응에 의해 ATP가 합성되고 CO_2가 세포 물질로 고정되는 일련의 반응

Phototroph (광영양체) 빛을 에너지원으로 사용하는 생물

Phycobiliprotein (피코빌리단백질) 남세균의 안테나 색소 복합체로, 피코시아닌 및 알로피코시아닌 혹은 단백질과 쌍을 이루는 피코에리스린을 포함함

Phycobilisome (피코빌리좀) 피코빌리단백질의 집합체

Reaction center (반응 중심) 엽록소나 세균엽록소, 그리고 여러 다른 요소를 포함하는 광합성 복합체로, 광합성 전자 흐름의 초기 전자전달 반응이 일어나는 장소

Reductive acetyl-coenzyme A (acetyl-CoA) pathway (환원형 아세틸-CoA 경로) 독립영양의 CO_2 고정과 아세트산염 산화 (역방향으로 진행될 때)를 위한 경로이며, 메탄생성균, 아세트산생성세균, 황산염-환원세균 등 절대 혐기성 미생물에 널리 분포

Reductive dechlorination (환원적 탈염소화) 염소치환 유기 화합물이 대개 Cl^-를 방출하며 전자수용체로 사용되는 혐기적 호흡

Reverse citric acid cycle (역 시트르산 회로) 녹색황세균 및 일부 다른 독립영양의 세균과 몇몇 고균에서 독립영양을 위한 기작

Reverse electron transport (역 전자전달) 보다 약한 전자공여체로부터 강한 환원제를 형성하기 위해 열역학적 농도 기울기를 거슬러 이동하는 에너지-의존적 전자의 움직임

Ribulose monophosphate pathway (리불로오스 일인산염 경로) 특정 메틸영양체에서 리불로오스 일인산염을 C_1 수용체 분자로 사용하여 포름알데히드가 세포 물질로 동화되는 일련의 반응

RubisCo (RubisCO) 캘빈 회로의 핵심 효소인 ribulose bisphosphate carboxylase의 약어

Secondary fermentation (이차 발효) 다른 미생물의 발효 산물을 기질로 사용하는 발효

Serine pathway (세린 경로) 특정 메틸영양체에서 CH_2O와 CO_2가 아미노산 세린을 거쳐 세포 물질로 동화되는 일련의 반응

Stickland reaction (Stickland 반응) 아미노산 쌍의 발효

Syntrophy (영양공생) 어느 하나가 혼자서 분해할 수 없는 물질을 분해하기 위해 둘 혹은 더 많은 미생물이 서로 협력하는 과정

Thylakoids (틸라코이드) 남세균이나 진핵 광영양체의 엽록체에서 볼 수 있는 판형의 막

미생물의 기능적 다양성

15

현재의 미생물학

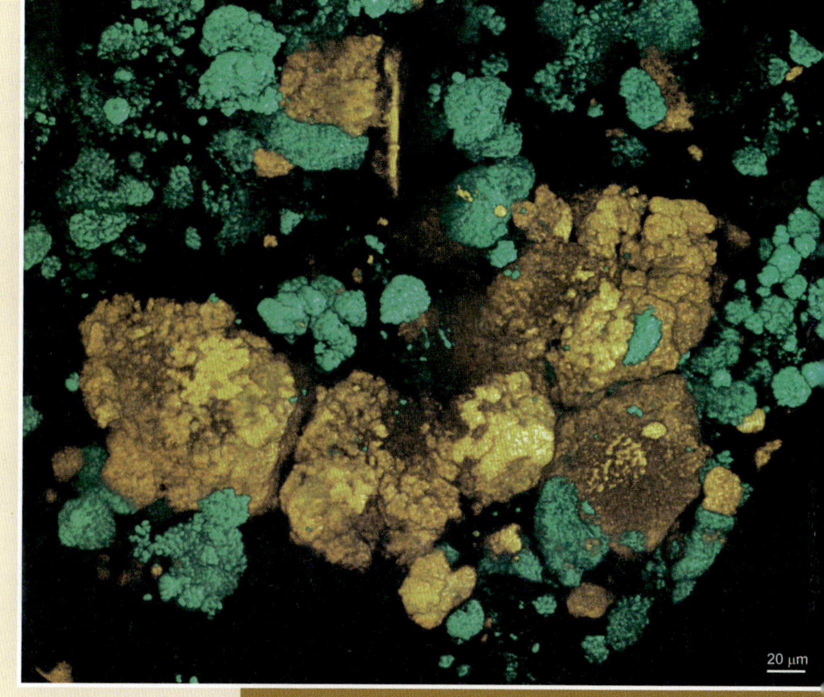

새로운 발견들로 전 지구적 질소 순환이 재정의되고 있다

암모니아에서 질산염으로 호기적 산화인 질산화는 전 지구적 질소 순환의 중요한 과정이고, 유일하게 미생물만이 진행시킬 수 있다. 러시아 미생물학자인 Sergei Winogradsky가 1세기도 전쯤에 암모니아를 아질산염(nitrite)으로 산화시키는 화학무기영양성 세균을 분리하여 처음으로 질산화의 미생물학적 기초를 기술하였다. 그 이후로, 질산화의 과정은 2가지 생리적 종류의 화학무기영양성 세균을 필요로 하는 2단계의 과정으로 간주되어 왔다: (1) 암모니아를 아질산염으로 산화하는 미생물들, 그리고 (2) 아질산염을 질산염으로 산화하는 미생물들. 암모니아-산화세균 및 고균은 일반적으로 아질산염 산화세균과 가깝게 연결되어 있으며, 질산화는 이러한 기능적 그룹의 미생물들의 통합된 활성이 절대적으로 필요하다고 오랫동안 생각되어 왔다. 그것은 이러한 미생물들이 같이 활동해야만 전체 질산화 과정이 일어날 수 있다는 것이다.

우리의 질소 순환 이해를 재정의하기 위한 최근 연구도 계속 진행되고 있고, 때로 새로운 발견들은, 예를 들어, 유정(oil well) 안에서 자란 미생물 생물막과 같은, 기대하지 않았던 것들로부터 오기도 한다, 이러한 생물막은 질산화 세균을 생장시키기 위한 농화배양액을 접종하는 곳에 사용하기도 했다. 시간이 지남에 따라 배양액은 암모니아를 질산염으로 끝까지 산화하기도 했지만, 이 배양액에서 지금까지 알려진 어느 질산화균과도 일치된 것이 없었다. 이 배양액의 세균들을 분리해서 키울 수 없었기 때문에, 존재하는 종들의 유전체를 다시 조합하기 위해서 메타지놈 염기서열 분석이 사용되었다. 가장 많은 유전체가 *Nitrospira* 문에 속하는 유전체였다 [사진은 공초점 레이저 현미경으로 관찰된 생물막의 3차원 재구성된, 형광으로 염색된 *Nitrospira* (노란색) 집합체를 보여줌]. 이 문(phylum)에 속하는 세균들은 이미 아질산염을 질산염으로 산화 (질산화의 두 번째 단계) 시키는 것으로 알려져 있었지만, 이 미생물은 다르다. 이 미생물은 또한 암모니아 산화를 위한 유전자, 가장 주목할 만한 암모니아 monooxygenase를 만드는 유전자를 가진다.

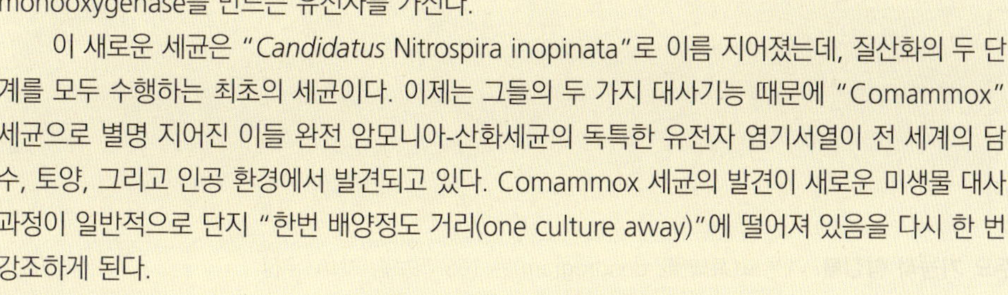

이 새로운 세균은 "*Candidatus* Nitrospira inopinata"로 이름 지어졌는데, 질산화의 두 단계를 모두 수행하는 최초의 세균이다. 이제는 그들의 두 가지 대사기능 때문에 "Comammox" 세균으로 별명 지어진 이들 완전 암모니아-산화세균의 독특한 유전자 염기서열이 전 세계의 담수, 토양, 그리고 인공 환경에서 발견되고 있다. Comammox 세균의 발견이 새로운 미생물 대사과정이 일반적으로 단지 "한번 배양정도 거리(one culture away)"에 떨어져 있음을 다시 한 번 강조하게 된다.

출처: Daims, H., et al. 2015. Complete nitrification by *Nitrospira* bacteria. *Nature 528:* 504–509

I • 개념으로서 기능적 다양성

미생물 다양성은 계통분류학적 다양성과 기능적 다양성의 두 가지 면에서 이해될 수 있다. 우리는 계통분류학적 다양성과 기능적 다양성의 개념을 정의하고 다른 점을 비교하면서 시작하려고 한다.

15.1 미생물 다양성의 이해

계통분류학적 다양성(*phylogenetic diversity*)은 미생물들 사이의 진화적 관계를 다루는 미생물학적 다양성의 구성요소이다. 더욱 기본적으로는 계통분류학적 다양성은 문, 속, 종과 같은 진화적 계통의 다양성을 다룬다. 넓은 의미에서 계통분류학적 다양성은 진화적 계통의 유전적, 그리고 유전체적 다양성을 포함하고, 그래서 유전자 또는 개체를 기반으로 하여 정의될 수 있다 (13.7절). 그러나 거의 대부분, 계통분류학적 다양성은 생물전체의 분류학적 역사를 반영할 것으로 생각되는 리보솜 RNA 유전자의 계통에 기반을 두어 정의된다 (13.7절). 계통분류학적 다양성은 16장~18장에서 미생물 다양성을 이해하는데 대단히 중요한 주제이다.

기능적 다양성(functional diversity)은 미생물 생리와 생태와 관련이 있는 형태와 기능의 다양성을 다루는 미생물 다양성의 구성요소이다. 미생물 다양성을 이해하는데 기능적으로 그룹화시키는 것이 유리한데, 공통의 형질과 공통의 유전자를 가지고 있는 생물들은 종종 생리적인 특징을 공유하고, 비슷한 생태적 기능도 가지기 때문이다. 많은 경우에 기능적 형질은 계통분류학적 그룹과 일치하게 된다 (예, 15.3, 15.4, 15.6, 15.7, 15.19절들에서 설명된 생물들). 그러나 미생물의 기능적 다양성이 16S 리보솜 RNA유전자로 정의되는 계통분류학적 다양성과 일치하지 않는 경우도 종종 있다. 우리는 이 장에서 기능적 형질들이 세균(*Bacteria*)과 고균(*Archaea*) 사이에 넓게 분포하는 많은 예들을 보게 될 것이다 (**그림 15.1**).

16S 리보솜 RNA 유전자 서열이 다른 분기된 생물들 사이에 기능적 형질이 왜 공통으로 존재하는가에 대하여 적어도 세 가지 이유가 있을 수 있다. 첫 번째는 유전자 손실(*gene loss*)인데, 몇 가지 계통의 공통 조상에 존재하던 형질이 몇 계통에서 차츰 소실되지만 다른 몇 계통에서는 유지되고, 진화가 진행되면서 상당히 분기되기 때문이다. 두 번째는 **수렴 진화(convergent evolution)**로서 형질이 둘 또는 그 이상의 계통에서 독립적으로 진화하고 이들 계통에 공통으로 존재하는 상동성 유전자에 의해 만들어지지 않는다. 세 번째는 **수평적 유전자 전이(horizontal gene transfer)**로 (9.6과 13.7절), 특정 형질을 부여하는 유전자가 상동성이 있고,

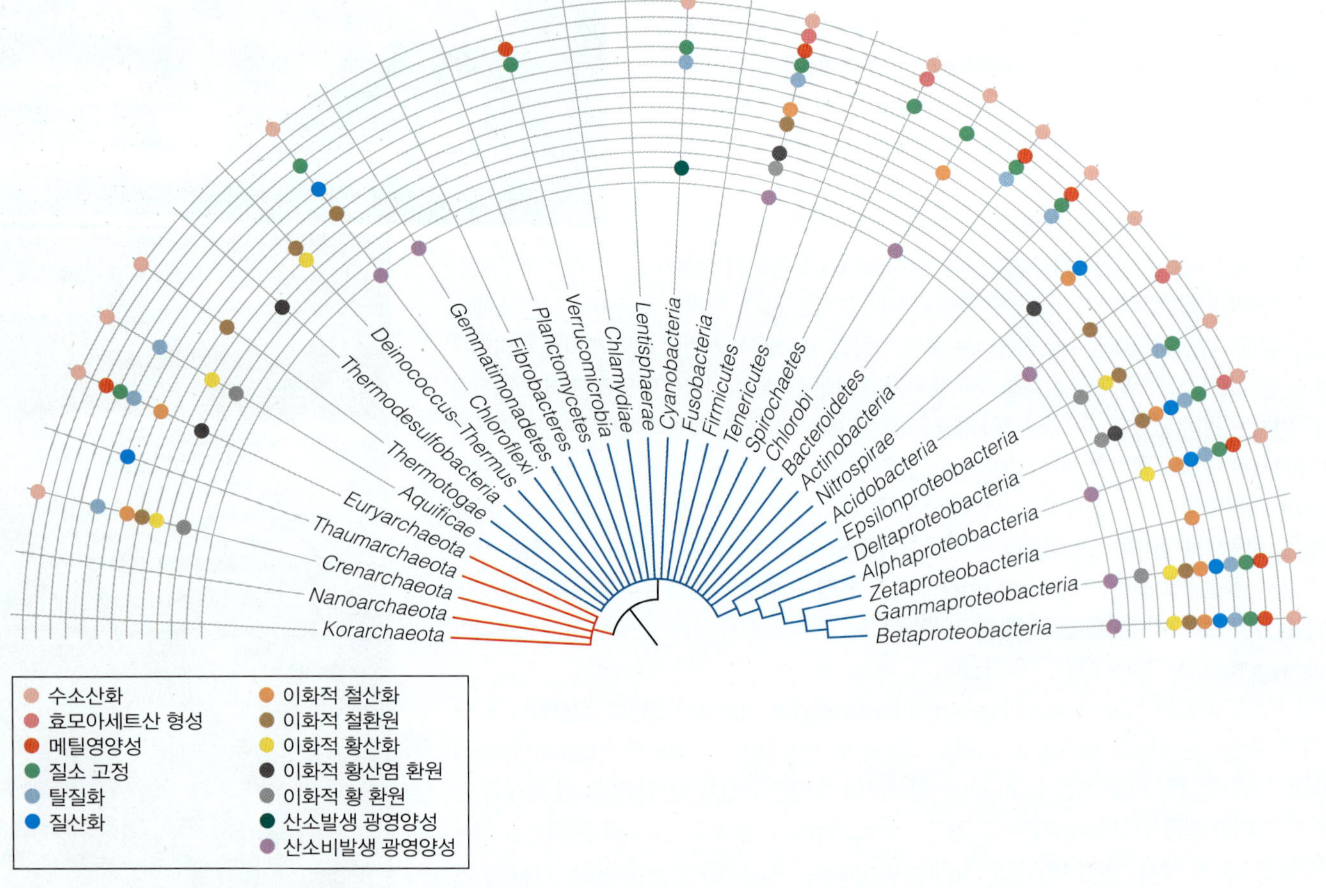

그림 15.1 세균과 고균의 주요 문에 걸쳐서 존재하는 주요 기능적 형질들. 계통도(系統圖, dendrogram)는 16S 리보솜 RNA 유전자 서열의 분석을 통한 미생물 문 사이의 관계를 보여준다. 파란색 가지가 세균의 문(phylum)을 빨간색 가지가 고균의 문을 표시하는 데 사용되었다. 색깔 동그라미는 색깔로 표시된 하나의 기능적 형질을 가진 적어도 하나의 종을 포함하는 문을 표시하고 있다.

이들 유전자들이 근연 관계가 먼 계통사이에 교환되는 경우이다.

기능적 다양성은 생리적 다양성, 생태적 다양성, 그리고 형태학적 다양성의 의미로 더 정의될 수 있다. 생리적 다양성(*physiological diversity*)은 미생물의 기능과 활동과 관련이 있다. 생리적 다양성은 미생물 대사와 세포 생화학의 측면으로 매우 흔하게 설명된다(14장). 생태적 다양성(*ecological diversity*)은 생물과 그들의 환경 사이의 관계와 연관이 있다. 비슷한 생리적 특징들을 가진 생물들도 다른 생태적 전략을 가질 수 있다 (15.11절). 생태적 다양성의 원인과 결과는 19장과 20장의 미생물 생태학에서 다룰 것이다. 형태적 다양성(*morphological diversity*)은 생물의 생긴 모습과 관련이 있는데, 세포의 모양과 세포의 구조는 종종 미생물들의 생태적 중요성을 가지기 때문이다 (15.19~15.22절). 예를 들어, 어떤 경우에는 스피로헤타처럼 한 그룹의 형태가 너무 달라서 이 그룹은 이러한 특징으로 정의된다 (15.19절).

생리적, 생태적, 그리고 형태적 다양성의 개념은 종종 섞이게 된다. 이 장에서 제공한 예들은 구체적이지만 완벽하지는 않고, 16~18장과 20~23장에서 중요한 생태적 기능을 가진 다른 미생물들도 공부하게 된다.

미니퀴즈

- 계통분류학적 다양성과 기능적 다양성의 면에서 미생물 다양성을 이해하는 것이 왜 필요한가?
- 기능적 형질들이 16S 리보솜 RNA 유전자로 정의되는 특정 계통분류학적 그룹과 일치하지 않을 수 있는 세 가지 이유는 무엇들인가?

II • 광영양성 세균의 다양성

이 장에서는 광영양성 세균의 다양성을 다루는데, 이들 미생물은 빛으로부터 에너지를 보존한다. 우리는 광영양성이 세균의 계통 안에서 넓게 분포하고, 몇 가지 독특한 형태의 광영양성은 생리적인 형질을 기반으로 정의될 수 있는 것을 알게 될 것이다.

15.2 광영양성 세균의 개요

빛으로부터 에너지를 얻는 능력은 지구가 무산소일 때, 생명체 역사의 초기에 진화되었다 (⇄ 13.2절). 광합성은 세균 안에서 유래되었고, 첫 번째 광합성 생물은 산소비발생 광영양체(*anoxygenic phototrophs*)로 이들은 광합성의 산물로 O_2를 발생하지 않는다 (⇄ 14.3절). 이들 초기 광영양체들은 H_2O 대신에, 아마 H_2, 2가 철(Fe^{2+}), 또는 H_2S를 광합성을 위한 전자공여체로 사용했을 것이다. 현재 산소비발생 광합성은 여섯 가지 세균의 문에 존재한다: 프로테오박테리아(*Proteobacteria*), *Chlorobi*, *Chloroflexi*, *Firmicutes*, *Acidobacteria*, 그리고 *Gemmatimonadetes*. 산소발생 광합성은 오직 남세균(*Cyanobacteria*) 안에서만 알려져 있다 (그림 15.1). 다양한 서식지에 발견되는 산소비발생 광영양체 사이에 상당한 대사적 다양성이 존재한다. 수평적 유전자 전이가 광합성의 진화와 세균의 계통수에 걸쳐 있는 광합성 유전자들의 분포에 중요한 영향을 준 것은 분명하다.

광영양성 세균은 몇 가지 공통의 특징을 갖는다. 모든 광영양성 세균은 엽록소-유사 세포와 다양한 보조 색소를 사용하여 빛으로부터 에너지를 얻고, 이 에너지를 막에 붙어 있는 광반응 센터에 전이시키고, 여기서 전자 이동 반응을 시작하여 궁극적으로 ATP를 생산하게 된다 (⇄ 14.1~14.4절). 두 가지 다른 광합성 반응센터가 존재한다: 산소발생 광영양성의 광계 I에 존재하는 I형 광계 (Fe-S형)와 산소발생 광영양성의 광계 II에 존재하는 II형의 광계 (퀴논형 또는 Q-형) (⇄ 14.1~14.4절). 남세균에는 두 가지 광계가 모두 존재하는 반면에 (⇄ 14.4절), 산소비발생 광영양체에는 한 가지 유형 또는 다른 유형이 존재한다. 몇몇의 경우에는 광합성 엽록소가 세포질 막 안에 존재하지만, 종종 세포질 막의 함입으로부터 만들어진 세포내 광합성 막계 안에 존재한다. 이들 내부 막들은 광합성 세균이 적은 빛의 양을 더 잘 사용하기 위하여 엽록소의 양을 늘릴 수 있도록 해준다.

많은 광영양성 세균들은 매우 다양한 기작을 통하여 빛 에너지를 탄소고정을 위하여 사용지만 (⇄ 14.5절), 모든 광영양체들이 CO_2를 고정하는 것은 아니다; 어떤 광영양체들은 생장을 위하여 대신에 다른 종류의 탄소원을 선호하거나 필요로 한다. 우리는 막계와 광합성 엽록소를 포함하는 광합성 세균의 많은 특징들이 빛 환경에서 서식지 적응의 결과로 진화되고 있는 것을 다루게 될 것이다.

미니퀴즈

- 어떤 광합성 형태가 지구상에서 제일 처음 나타났었을까?

15.3 남세균

주요 속: *Prochlorococcus, Crocosphaera, Synechococcus, Trichodesmium, Oscillatoria, Anabaena*

남세균(*Cyanobacteria*)은 산소발생, 광영양성 세균의 큰 그룹이며 형태적, 생태학적으로 다양하다. 13.2절에서 본 것과 같이 이들 남세균은 지구상의 첫 번째 산소발생 광합성 생물이었고, 산소가 없었던 수십 억 년 전 지구의 초기 대기상태를, 현재 우리가 보고 있는 산소를 포함하는 대기 상태로 바꾸었다.

남세균의 계통과 분류

남세균의 형태적 다양성은 인상적이다 (**그림 15.2**). 단세포인 것과 실 모양의 (사상성의) 형태인 것 두 가지가 알려졌고, 이들 형태 안에서도 상당한 다양성을 지닌다. 남세균의 크기는 지름 0.5 μm로부터 크게는 지름이 100 μm인 것도 있다. 남세균은 다섯 종류의 형태적 그룹으로 나뉜다: (1) *Chroococcales*는 이분법(binary fission)으로 분열하는 단세포이다 (그림 15.2*a*); (2) *Pleurocapsales*는 다분법(multiple fission; colonial)으로 분열하는 단세포이다 (그림 15.2*b*): (3) *Oscillatoriales*는 이형세포를 포함하지 않은 사상의

단원 4

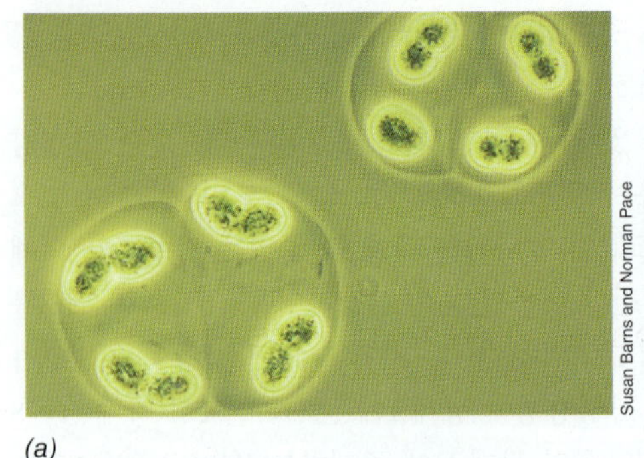

(a)

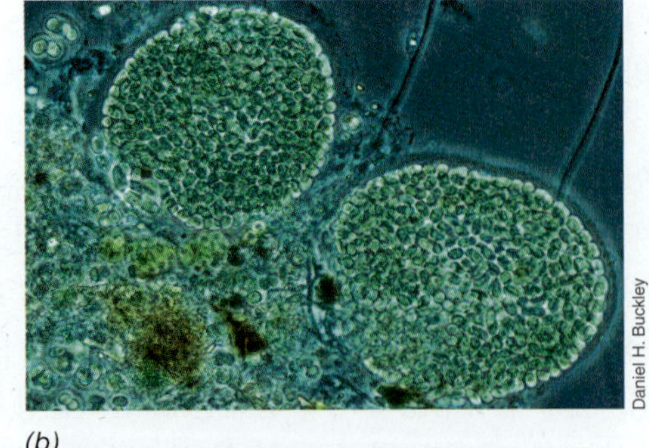

(b)

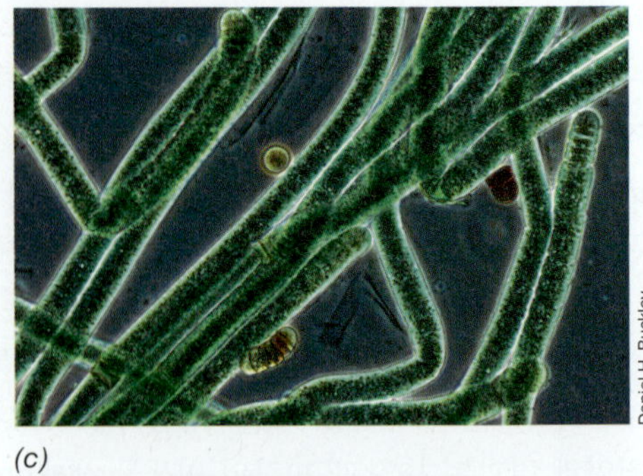

(c)

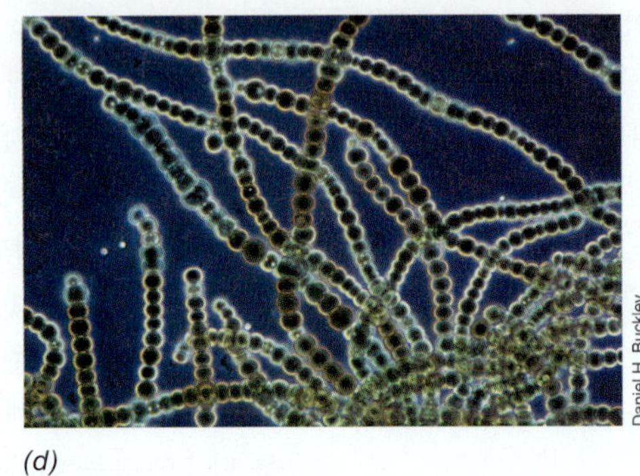

(d)

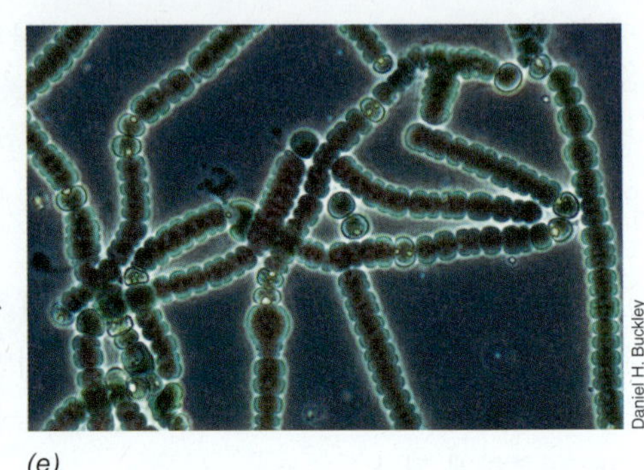

(e)

그림 15.2 남세균의 다섯 주요 형태적 종류. *(a)* 단일세포 *Gloeothece*; 한 세포는 지름이 5~6 μm이다; *(b)* 집락성 *Pleurocapsa*; 이들 구조는 수백 개의 세포를 포함하며, 지금이 50 μm 이상이다; *(c)* 사상의 *Lyngbya*; 단일 세포는 폭이 10 μm 정도이다; *(d)* 사상의 이형세포, *Nodularia*; 단일 세포는 폭이 10 μm 정도이다; *(e)* 사상의 가지형, *Fischerella*; 한 세포는 폭이 약 10 μm이다. 어떻게 형태적 다양성이 계통분류학적 다양성관 관련이 있는가는 그림 15.3 참조하라.

형태이다 (그림 15.2*c*); (4) *Nostocales*는 사상의 형태로 한 축을 따라 분열하고 세포 분화를 할 수 있는 형태이다 (그림 15.2*d*); (5) *Stigonematales*는 다양한 축을 중심으로 분열하여 가지달린 사상형태를 형성하는 것을 제외하면 형태적으로 *Nostocales*와 비슷하다 (그림 15.2*e*). 마지막으로 **프로클로로파이트(prochlorophytes)**는 독특한 단세포 남세균의 계통으로 한때는 따로 구분되어 생각되었지만, 현재는 *Chroococcales*안에 분류된다.

남세균의 주요 형태적 분류들 중에 일부는 계통학적 그룹과 일관성이 있으나, 다른 것들은 그렇지 않다 (**그림 15.3**). *Pleurocapsales*의 종들은 남세균 안에서 일관된 그룹을 이루는 것으로 보아, 다분열 번식이 남세균의 진화역사에서 오직 한번만 일어난 것을 알 수 있다 (그림 15.3). 이와 비슷하게 *Nostocales*와 *Stigonematales*는 공통의 조상을 가지고 일관된 계통 그룹을 가지는 것은 남세균 안에서 한 번의 세포 분화가 일어났음을 나타낸다 (그림 15.3). 모든 *Stigonematales*가 *Nostocales*와 *Stigonematales*로 구성된 분기군(clade) 안에서 하나의 조상을 가진 것으로 보아 가지달린 사상형태를 만드는 능력은 세포분화를 할 수 있는 남세균의 계통 안에서 단지 한 번 일어난 것으로 보인다 (그림 15.3). 반면에 단세포와 단순한 사상의 남세균 (각각 *Chroococcales*와 *Oscillatoriales*)은 남세균의 계통 안에서 퍼져 있어서 이들 형태적인 그룹들은 일관된 진화의 계통을 보이지 않는다 (그림 15.3).

생리와 광합성 막

남세균은 산소발생 광영양체이기 때문에 FeS형과 Q형의 광계를 모두 가진다. 모든 종들은 캘빈회로(Calvin cycle)를 이용하여 CO_2를 고정할 수 있고, 많은 경우에 N_2를 고정하고, 대부분 자체적으로 비타민을 합성할 수 있다. 세포는 빛으로부터 에너지를 모으고 낮 동안에 CO_2를 고정한다. 밤에는 글리코겐(glycogen)과 같은 탄소저장 물질의 발효나 호기적 호흡으로 에너지를 생산한다. CO_2가 대부분의 종들의 주된 탄소원이지만, 일부 남세균은 빛이 존재하면 포도당과 아세트산과 같은 단순한 유기화합물을 이용할 수 있는데 이를 광종속영양(*photoheterotrophy*)이라고 한다. 주로 사상 형태의 종들인 일부 남세균은 또한 어두울 때도, 포도당 또는 자당(sucrose)을 이용하여 탄소원과 에너지원으로 이용하여 생장할 수 있다. 마지막으로 황화물(sulfide)의 농도가 높을 경우, 일부 남세균은 물 대신에 황화수소를 광합성을 위한 전자공여체로 사용하여 산소발생 광합성에서 산소비발생 광합성으로 전환할 수 있다 (그림 14.16).

남세균은 빛 에너지를 모으는데 세포의 능력을 늘릴 수 있는 틸라코이드(*thylakoids*)라는 특별한 막 구조를 가지고 있다 (그림 14.10). 남세균의 세포벽은 펩티도글리칸을 포함하고, 구조적으로 보통 그람-음성 세균의 것과 비슷하다. 광합성은 복잡하고 여러 층으로 되어 있는 광합성 막 구조인 틸라코이드 막에서 일어나는데, 여기에 광합성을 위한 광색소와 단백질을 가지고 있다 (14.1과 14.2절). 대부분의 단일세포 남세균에서는 틸라코이드 막이 규칙적으로 세포질의 주변에 동심원 형태로 배열되어 있다 (**그림 15.4**). 남세균은 엽록소 *a* (*chlorophyll a*)를 생산하며, 대부분은 또한 광합성에서 보조 색소의 기능을 하는 **피코빌린(phycobilins)** (그림 14.10)이라는 특별한 색소를 가진다. 피코빌린의 한 종류인 피코시아닌(*phycocyanins*)은 파란색인데, 녹색의 엽록소 *a*와 함께 남세균이 청록색을 가지게 한다. 일부 남세균은 피코에리스린(*phycoerythrin*)이라는 적색 피코빌린을 만들고 이를 가지는 남세

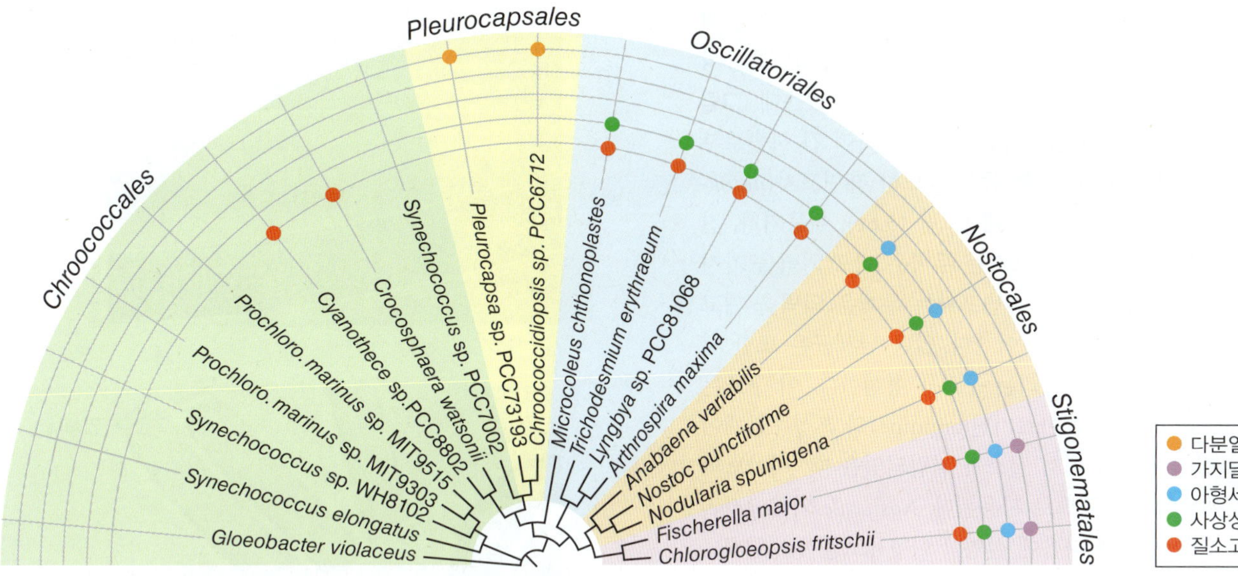

그림 15.3 남세균의 계통수에 나타낸 분류학상 중요한 형질들. 남세균 유전체의 보존된 단백질집합체의 분석으로 얻은 계통분류학적 관계를 보여주는 계통도(系統圖, dendrogram). 색깔을 띤 원형은 주요 종들의 형질을 나타내는 데 사용되었다. 색깔의 그림자는 분류학적 그룹을 나타낸다. "*Prochloro*"는 *Prochlorococcus*을 나타내는데 *Chroococcales* 안의 독특한 그룹이다. *Chroococcales*와 *Oscillatoriales*가 원래 단일계통이 아니기 때문에 이들 형질은 계통발생에서 다양한 경우로 독립적으로 생겨났을 것임을 주목하라.

균은 적색 또는 갈색의 색을 낸다. 광색소는 형광을 가지며 형광현미경을 사용하여 보면 빛을 낸다 (**그림 15.5**). *Prochlorococcus*와 *Prochloron*과 같은 prochlorophytes는 남세균에서 독특한데, 모든 이들 그룹의 세균들은 엽록소 *a*와 *b*를 가지며 피코빌린을 가지지 않는다.

운동성과 세포 구조

남세균은 운동성을 위한 몇 가지 기작을 가진다. 많은 남세균은 활주운동을 한다 (⇄ 2.12절). 활주는 세포 또는 사상체가 고체표면에 혹은 다른 세포나 사상체와 접촉하였을 때만 일어난다. 어떤 남세균에서는 활주가 간단히 축을 중심으로 하는 병진운동(translational movement)이 아니라 회전, 역방향과 굽힘 등이 동반된다. 대부분의 활주운동성 종은 빛을 향한 방향성 운동 [주광성(phototaxis)]을 가지고, 또한 주화성(chemotaxis) (⇄ 2.13절)도 일어날 수 있다. *Synechococcus*는 편모 또는 다른 세포의 기관을 필요로 하지 않는 특별한 수영 운동성을 가진다. *Synechococcus*의 세포 표면은 직접 추진력을 주는 특별한 단백질을 가지지만, 기작은 아직까지 알려지지 않았다. 가스 소포 (⇄ 2.9절)는 다양한 수서 남세균에서 발견되는데, 수중의 위치에 존재하기 위해 중요한 것이다. 가스 소포의 기능은 세포 부양을 조절하여 세포가 광합성을 위한 최적으로 광도를 갖는 수중의 위치에 있을 수 있게 하는 것이다.

남세균은 에너지 저장, 번식, 그리고 생존과 관련된 다양한 구조를 형성할 수 있다. 많은 남세균은 상당한 점액성 외벽 또는 보

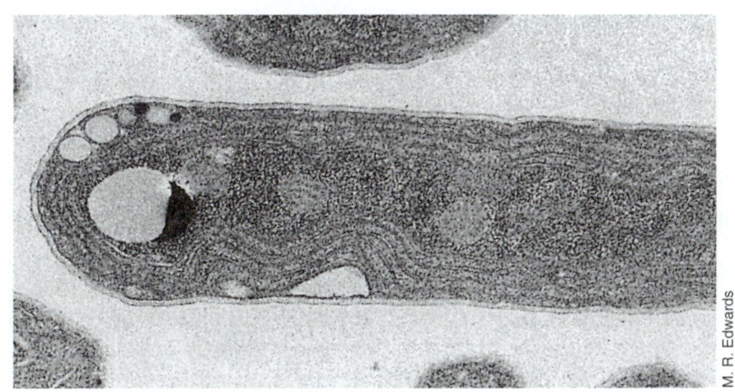

그림 15.4 남세균의 틸라코이드. 남세균인 *Synechococcus lividus* 박편의 전자현미경 사진. 한 개 세포의 지름은 약 5 μm이다. 세포벽과 평행하게 배열된 틸라코이드 막을 주목하라.

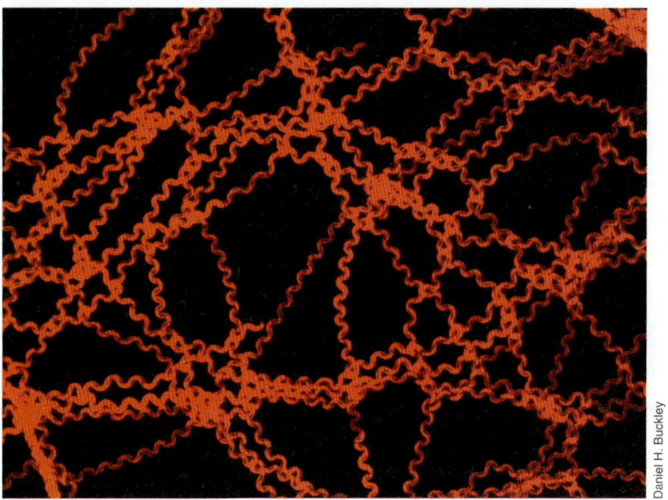

그림 15.5 남세균의 피코시아닌(phycocyanin) 형광. *Spirulina*의 형광현미경 사진. 사상체는 나선형 세포들의 사슬로 구성되어 있고 각 세포는 폭이 약 5 μm이다.

호막을 생산하는데, 이는 세포 또는 사상체를 함께 그룹으로 존재하게 하게 한다 (그림 15.2*a*). 일부 사상성 남세균은 짧고, 운동성이 있는 사상체인 연쇄체(*hormogonia*)를 형성할 수 있는데 (**그림 15.6**), 스트레스 상황에서 분산을 촉진시키기 위하여 긴 사슬로부터 떨어져 나올 수 있게 된다. 일부 종들은 또한 휴면포자(*akinetes*)라고 부르는 휴면 구조를 만드는데 (그림 15.6*c*), 어둡거나, 건조, 추운 시기에 보호해준다. 휴면포자는 두꺼운 세포 외벽을 가지는 세포들이다. 상황이 좋아지면, 휴면포자는 두꺼운 외벽을 깨고 새로운 사상체의 생장을 통해서 발아한다. 많은 남세균은 또한 시아노피신(*cyanophycin*)이라고 불리는 구조를 형성한다. 이 구조는 아스파르트산(aspartic acid)과 아르기닌(arginine)의 혼성중합체이고, 질소저장 물질이다; 환경에서 질소가 결핍되었을 때, 시아노피신이 분해되고 세포의 질소원으로 사용된다. *Nostocales*와 *Stigonematales*의 많은 종들이 또한 다음에 설명할 이형세포를 형성한다.

이형세포와 질소고정

많은 남세균은 질소를 고정할 수 있다 (그림 15.3). 그러나 질소고정효소는 산소에 의해 저해받기 때문에, 질소고정은 산소발생 광합성 (14.6절)과 함께 일어날 수 없다. 남세균은 질소고정효소 활성을 광합성 (7.8절)으로부터 분리하기 위하여 몇 가지 조절기작을 진화시켜왔다. 예를 들어, *Cyanothece*와 *Crocosphaera* (**그림 15.7*a***)와 같은 많은 단세포 남세균은 광합성이 일어나지 않는 밤에만 질소를 고정한다. 반면에 *Trichodesmium* (그림 15.7*b*)과 같은 사상성 남세균은 아직 기작은 잘 알려지지 않았지만, 사상체 안에서 광합성 활성을 잠시 저해하여 낮 동안에만 질소를 고정한다. 마지막으로 *Nostocales*와 *Stigonematales*와 같은 많은 사상성 남세균은 사상체의 끝 (**그림 15.8*a*, *b***) 또는 사상을 따라 (그림 15.8*c*, *d*) 이형세포(*heterocysts*)라는 특별한 세포를 형성하여 질소고정을 촉진한다.

이형세포는 생장세포의 분화로부터 생기고, 이형세포를 가진 남세균의 질소고정 장소이다. 이형세포들은 두꺼운 세포벽으로 둘러싸여 있기 때문에 O_2가 세포 안으로 확산되는 것을 늦춰주어 질소고정효소의 활성이 무산소 환경에서 일어날 수 있게 해준다. 이형세포는 H_2O로부터 환원력 (14.4절)을 만드는 산소발생 광계인 광계 II가 없기 때문에, 생장세포만큼 강하게 형광을 내지 않는다 (그림 15.8). 광계 II가 없어, 이형세포는 CO_2를 고정하지 못하고 질소고정을 위해 필요한 전자공여체 (피루브산염)가 없다. 그러나 이형세포는 주변의 생장세포들과 세포 상호간 연결되어 있으며, 이들 사이의 상호 물질교환이 일어난다. 주변 생장세포로부터 고정된 탄소가 이형세포로 이동하고, 이것이 산화되어 질소고정을 위한 전자를 만든다. 광합성 산물은 생장세포로부터 이형세포로 이동하고, 고정된 질소는 이형세포로부터 생장세포로 이동한다 (7.17절).

남세균의 생태

남세균은 해양의 생산성에 매우 중요하다. *Synechococcus*와 *Prochlorococcus* (20.10절)와 같은 작은 단세포 남세균은 해양에서 가장 많은 광영양체이다. 이들은 해양 광합성의 80%와 지구의 모든 광합성의 35%를 차지한다.

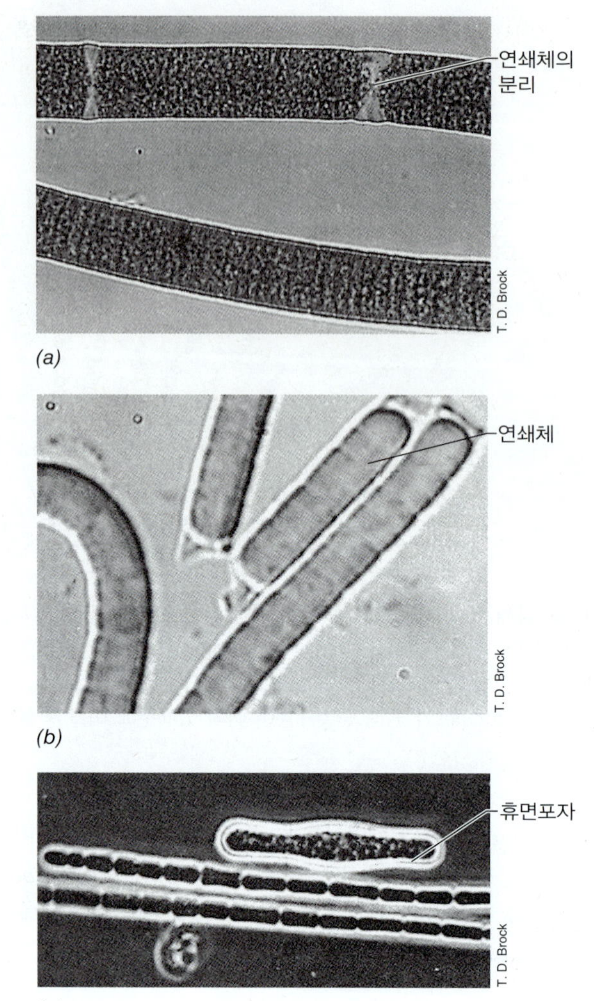

그림 15.6 사상성 남세균에서 구조적 분화. *(a) Oscillatoria*에서 연쇄체(hormogonium) 형성의 초기단계. 연쇄체가 사상에서 떨어져 나온 빈 공간을 주목하라. *(b)* 더 작은 *Oscillatoria* 종들의 연쇄체. 양쪽 끝의 세포들이 둥근 것을 주목하라. 세포들은 크기가 약 10 μm이다. 차등간섭대비 현미경 사진. *(c) Anabaena*의 휴면포자(akinete)의 위상차 현미경 사진, 세포들은 폭이 약 5 μm이다.

남세균의 질소고정은 방대한 지구 해양 지역, 특히 빈영양 상태의 열대와 아열대 수중에 새로운 질소를 유입시킨다. 해양 질소고정은 남세균 두 그룹, *Crocosphaera*와 같은 단세포 종과 사상성의 *Trichodesmium*에 의해 주로 일어난다. *Crocosphaera* (그림 15.7*a*)와 관련된 종들이 거의 대부분의 태평양에서 질소고정을 담당하고, 열대와 아열대 서식지에 넓게 분포한다. 용해된 철의 농도가 높아질 때, *Trichodesmium*은 주로 북대서양과 태평양의 일부지역의 주요 질소고정균이다. *Trichodesmium*은 육안으로 보일 정도의 사상체의 다발을 형성하고 (그림 15.7*b*), 대발생(*bloom*)으로 많은 세포들이 밀집되어 자라고, 투광층에 떠 있기 위하여 가스 소포를 사용한다. 또한 다른 해양 질소 고정균인 *Calothrix*와 *Richelia*는 규조

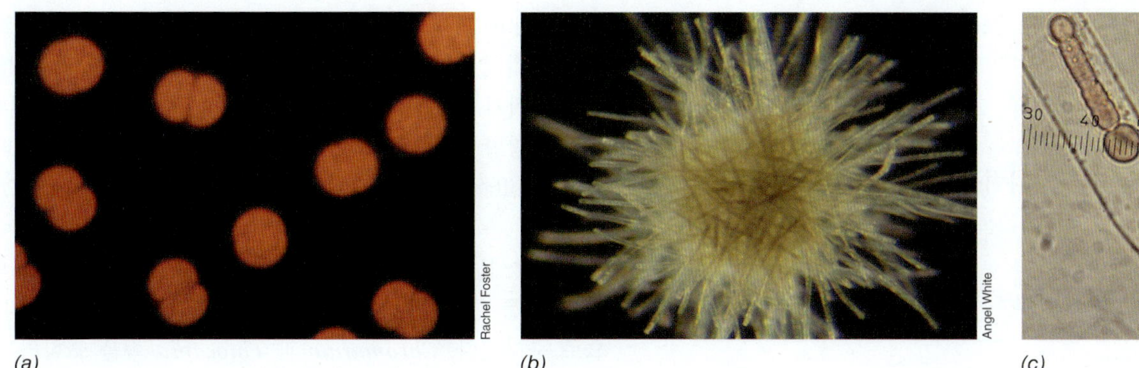

그림 15.7 **N_2 고정을 하는 해양 남세균.** *(a)* 분열 중인 단세포 *Crocoshaera* 비슷한 세포들; 세포들은 지름은 약 5 μm이다. *(b)* "*Trichodesmium*"의 집락성 "다발(tuft)". 다발은 많은 부착된 분화되지 않고, 가지를 가지지 않은 사상체로 구성되어 있고 약 100 μm 지름을 가진다. *(c)* 공생 남세균인 *Richelia* (마이크로미터 단위)를 포함하는 규조류. *Richelia* 공생균은 끝에 이형세포를 가지며, 가지를 가지지 않은 사상체이다; 세포들은 폭이 약 5 μm이다.

류와 공생관계를 형성한다 (그림 15.7*c*); 이러한 공생관계들은 열대와 아열대의 해양에서 주로 관찰된다. 마지막으로 *Nodularia* (그림 15.2*d*)와 *Anabaena*와 같은 이형세포를 만드는 남세균은 북반부의 차가운 해양에서의 때때로 주요 질소고정세균이 될 수 있으며, 발트해(Baltic Sea)에서도 종종 발견된다.

남세균은 또한 육상과 담수 환경에서도 넓게 분포되어 있다. 일반적으로 남세균은 진핵성 조류보다 극한 환경, 특히 극한 건조에 더 내성이 있다. 남세균은 종종 온천지, 염수 호, 건조 토양과 다른 극한 환경 등에서 주도적인, 혹은 유일한 산소발생 광영양체이다. 이러한 환경 중 일부에서, 다양한 두께의 남세균 막이 형성될 수 있다 (그림 20.7). 특히 무기 영양분이 풍부한 담수호에서는 온도가 가장 따뜻할 때인 늦여름에 남세균의 대증식이 일어난다 (그림 20.1과 20.17). 적은 수의 남세균이 우산이끼, 양치류, 소철 등의 공생자이고, 어떤 것은 광영양체와 진균의 공생인 지의류의 광영양체의 한 구성성분이다 (그림 23.1).

남세균의 몇 가지 대사산물은 응용적인 면에서 상당히 중요하다. 일부 남세균은 강력한 신경독소를 만들고, 남세균이 대량 축적되면 독성의 대발생이 일어날 수 있다. 독성물질을 포함하는 물을 소화한 동물은 죽을 수 있다. 많은 남세균은 또한 일부 담수에서 토양의 냄새나 향을 생산하고, 이와 같은 물이 식수원으로 이용되

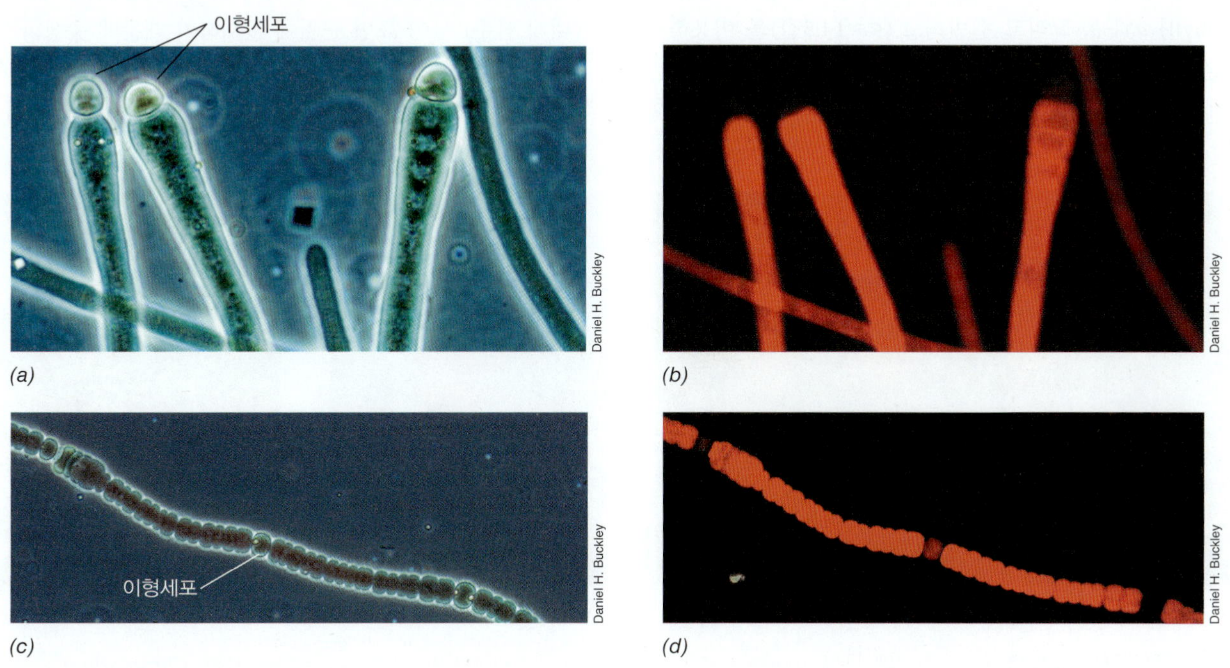

그림 15.8 **이형세포.** 이형세포의 분화로 광색소를 잃고, 광합성도 수행하지 못한다. *(a)* 말단 이형세포를 가지는 *Calothrix*의 위상차 현미경 사진. *(b)* 동일한 *Calothrix* 사상체의 형광현미경 사진; 세포들은 폭이 약 10 μm이다. *(c) Fischerella*의 위상차 현미경 사진. *(d)* 같은 *Fischerella*의 형광현미경 사진; 세포들은 폭이 약 10 μm이다. 많이 연구된 남세균인 그림 7.17의 *Anabaena*에서 어떻게 이형세포 형성이 유전자 수준에서 조절되는지 참조하라.

면 미적(aesthetic) 문제가 생길 수도 있다. 생산된 주요 화합물은 지오스민(*geosmin*)인데 이 물질은 또한 많은 방선균에 의해 생산된다 (16.12절).

미니퀴즈

- 남세균의 다섯 가지 주요 형태적 그룹을 구분하는 특징들은 무엇들인가?
- 이형세포는 무엇이며 이것의 기능은 무엇인가?

15.4 자색황세균

주요 속: *Chromatium, Ectothiorhodospira*

자색황세균(purple sulfur bacteria)은 산소비발생 광영양체로 광합성을 위하여 황화수소 (H_2S)를 전자공여체로 사용한다 (그림 14.1). 자색황세균은 *Gammaproteobacteria*의 *Chromatiales* 목(order) 안에서 계통학적으로 일관된 그룹을 가진다.

자색황세균은 일반적으로 H_2S가 존재하며 빛이 들어오는 무산소 지역에서 발견된다. 이와 같은 서식지는 주로 호수, 해저 퇴적층, 그리고 "유황온천(sulfur springs)" 등이 있는데, 여기서 지질 화학적 또는 생물학적으로 만들어진 H_2S가 자색황세균의 생장을 가능하게 한다 (**그림 15.9**). 자색황세균은 또한 미생물매트 (20.5절)와 염분이 있는 습지의 퇴적층에서도 흔하게 발견된다. 자색황세균의 특징적인 색깔은 빛을 흡수하는 데 관여하는 보조색소인 카로테노이드(carotenoids) 때문이다 (14.2절). 이들 세균은 Q형 광계 (그림 14.12)를 사용하고, 세균엽록소(bacteriochlorophyll) *a*와 *b*, 그리고 캘빈회로 (14.5절)를 이용하여 CO_2 고정을 수행한다.

자색황세균의 독립영양 생장 동안, H_2S가 산화되어 원소상의 황 (S^0)이 되고, 황 입자로 저장된다 (**그림 15.10**). 황화물이 결핍되면, 황이 광합성을 위한 전자공여체로 사용되고, S^0이 황산염(SO_4^{2-})으로 산화가 일어난다. 많은 자색황세균은 또한 다른 환원된 황 화합물을 광합성 전자공여체로 사용할 수 있다: 예를 들어, 티오황산염(thiosulfate, $S_2O_3^{2-}$)은 실험실 배양의 생장에 일반적으로 사용된다.

자색황세균은 *Chromatiaceae*와 *Ectothiorhodospiraceae*의 두 과(family)를 형성한다. 두 과의 종들은 황 입자의 위치와 광합성 막으로 구분된다. *Chromatium*과 *Thiocapsa* 속을 포함하는 *Chromatiaceae*는 S^0 입자를 그들 세포 안 [주변질 공간(periplasmic space)]에 저장하고, 소포성의 세포내 광합성 막계를 가진다 (**그림 15.11*b***). 이들 생물은 황화물을 포함하는 성층의 호수와 염분 습지에 흔하게 존재한다. 두 주요 속인 *Ectothiorhodospira*와 *Halorhodospira*를 포함하는 *Ectothiorhodospiraceae*은 H_2S를 산화시켜 S^0을 만들고, 이를 세포 외부에 보관하며 (그림 15.10*d*), 얇은 막층의 세포내 광합성 막계를 가진다 (그림 15.11*a*). 이들 속은 많은 종들이 극호염성 (염분을 좋아하는) 또는 호알칼리성 (알칼리성을 좋아하는)이고, 이런 특징은 알려진 모든 세균들 가운데 가장 극한 특징이기 때문에 또한 흥미롭다. 이들 생물들은 일반적으로 염분호수, 소다호수, 그리고 염전에서 발견되는데, SO_4^{2-}의 풍부한 수준이 H_2S을 만드는 황산염-환원세균 (21.4절과 15.9절)을 생장시킨다.

자색황세균은 종종 부분순환(meromictic, 영구적으로 층상화가 된) 호수에서 높은 밀도로 존재하게 된다. 부분순환 호수는 밀도가 더 높은 (대개 염분이 있는) 물이 바닥에 존재하고 밀도가 더 낮은 (대개 담수) 물이 표면 근처에 존재하기 때문에 층상화가 이루어진다. 만약 황산염 환원을 유지할 만큼 충분한 황산염이 존재한다면, 퇴적층에서 황화물이 만들어지고, 무산소의 바닥 근처의 물로 확산

(*a*)

(*b*)

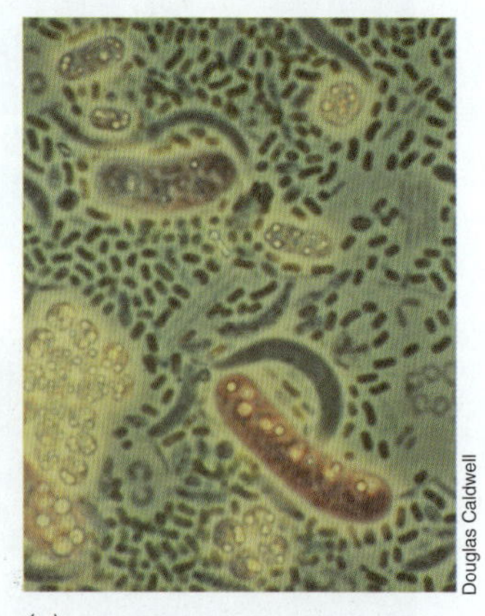

(*c*)

그림 15.9 자색황세균의 대발생. *(a)* 유황천에서의 *Lamprocystis. roseopersicina* 세균은 온천의 바닥근처에서 생장하며, 교란될 경우에 위로 (가스 소포를 이용하여) 떠오른다. 자색은 자색황세균의 광색소로 인한 것이며, 녹색은 조류인 *Spirogyra* 세포에 의한 것이다. *(b)* 캐나다 British Columbia 주 소재의 Mahoney 호수의 7 m 깊이에서 채취한 물 시료. 주요 미생물은 *Amoebobacter purpureus*이다. *(c)* Michigan 주의 작은 작은 성층된 호수에서 자색황세균 증의 위상차 현미경 사진. *Chromatium* 종들 (큰 간균)과 *Thiocystis* (작은 구균)을 포함하는 자색황세균. 작은 녹색의 간균은 *Chlorobium*과 같은 녹색황세균이다 (15.16절).

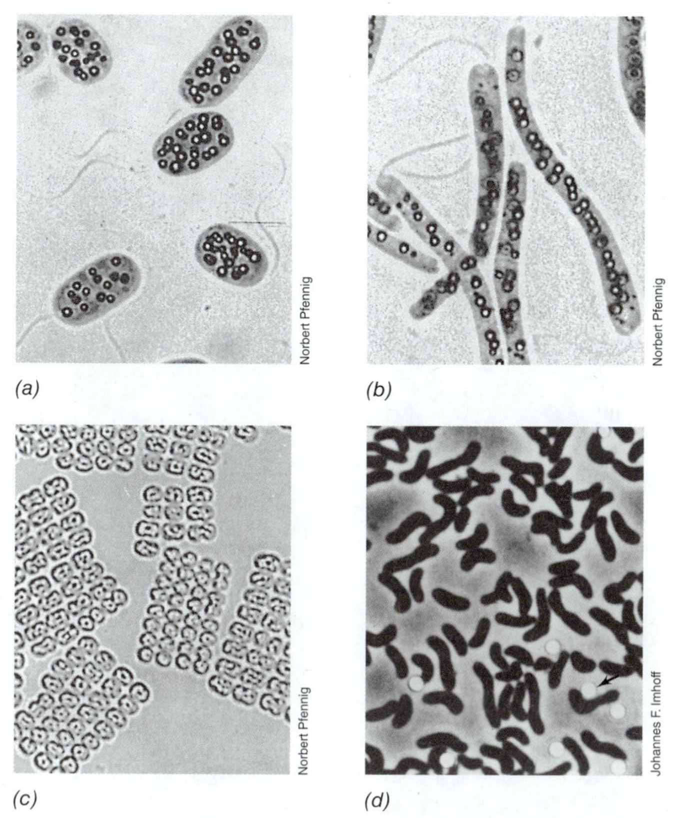

그림 15.10 자색황세균의 명시야와 위상차 현미경 사진. *(a) Chromatium okenii* 세포들은 폭이 5 μm이다. 세포내의 황 원소 입자들을 주목하라. *(b)* 매우 큰 극성 편모를 지닌 나선균 *Thiospirillum jenense*; 세포의 길이는 약 30 μm이다. 황 입자에 주목하라 *(c) Thiopedia rosea*; 세포의 폭은 약 1.5 μm이다. *(d) Ectothiorhodospira mobilis* 세포의 위상차 현미경 사진; 세포들의 폭이 약 0.8 μm이다. 외부의 황 입자에 주목하라 (화살표)

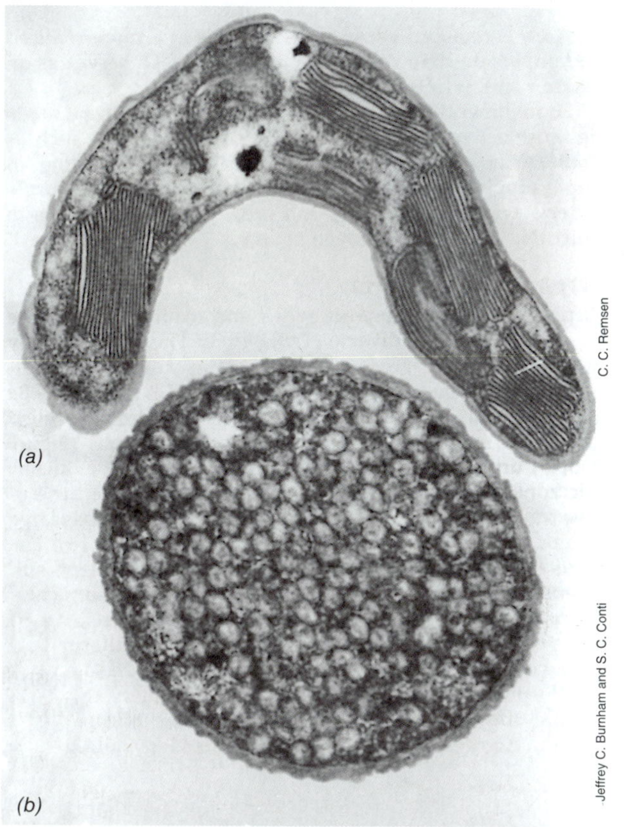

그림 15.11 전자현미경으로 관찰한 광영양성 자색세균의 막계. *(a)* 편평한 판 (라멜라)의 광합성 막을 보여주는 *Ectothiorhodospira mobilis*. *(b)* 개개의 구 모양 소포의 막을 보여주는 *Allochromatium vinosum*.

되어 들어간다. 황화물과 호수의 무산소 층의 빛으로 인하여, 자색황세균이 보통 녹색 광합성 세균과 함께 많은 세포를 늘릴 수 있다 (그림 15.9*b*).

미니퀴즈

- 자색황세균이 그들의 이름을 갖게 하는 자색의 근원은 무엇인가?
- 자연의 어디서 자색황세균을 발견할 수 있는가?

15.5 자색비황세균과 호기성 산소비발생 광영양체

주요 속: *Rhodospirillum, Rhodoferax, Rhodobacter*

자색비황세균(purple nonsulfur bacteria)은 모든 미생물 중에서 대사적으로 가장 다양하다. 이름에도 불구하고, 이들은 항상 자색은 아니다; 이들 생물은 카로테노이드의 집합체를 합성하여 (⇄ 14.2절), 여러 가지의 화려한 색들을 가질 수 있다 (**그림 15.12**). 이들 색소는 때문에, 자색세균은 보통 자색, 빨간색, 또는 오렌지색을 가진다. 자색비황세균은 일반적으로 광종속영양성 (빛이 에너지원으로, 유기화합물이 탄소원으로 작용하는 조건)이고, 이들 종은 유기산, 아미노산, 알코올, 당, 그리고 심지어 벤조산 또는 톨루엔과 같은 방향족화합물 등을 포함하는 다양한 탄소원과 광합성을 위한 전자공여자로 사용할 수 있다. 자색황세균과 같이, 자색비황세균은 Q형 광계를 사용하고, 세균엽록소 *a* 또는 *b*를 가진다. 자색비황세균은 형태적, 계통학적으로 다양하고 (**그림 15.13**), 알파프로테오박테리아 (예, *Rhodospirillum, Rhodobacter, Rhodopseudomonas*) 혹은 베타프로테오박테리아 (예, *Rubrivivax, Rhodoferax*) 안에 속한다.

자색비황세균은 다양한 대사과정을 통하여 에너지를 보존할 수 있다. 예를 들어, 일부 종들은 H_2, H_2S, 심지어 2가철(Fe^{2+})을 광합성을 위한 전자공여자로서 캘빈회로에 의한 CO_2 고정과 함께 사용하여 광독립영양성으로 자랄 수 있다. 대부분의 종들은 또한 어두운 곳에서, 유기 또는 심지어 일부 무기화합물을 이용하여 호기성 호흡을 통하여 생장할 수 있다; 광합성 기구들의 합성은 일반적으로 O_2에 의해 억제 받는다. 마지막으로 일부 종들은 또한 다양한 전자공여체나 수용체를 이용하여 발효나 혐기적 호흡으로 생장할 수 있다.

자색비황세균의 농화배양과 분리는 유기산을 첨가한 무기염 배지를 사용하여 쉽게 할 수 있다. 이런 배지에 진흙, 호수 물 혹은

그림 15.12 다양한 카로테노이드 색소를 가진 종들의 색깔을 보여주는 광영양성 자색세균의 액체배양 사진. 모든 종들은 세균엽록소 *a*를 가진다. 파란 배양액이 *Rhodospirillum rubrum*의 카로테노이드 돌연변이 균주로 세균엽록소 *a*가 실제로 파란색이라는 것을 보여준다. 오른쪽 맨 끝의 병(*Rhodobacter sphaeroides strain* G)은 야생균주의 카로테노이드 중 하나가 결핍되어 덜 빨간색이며 더욱 초록으로 보인다.

하수시료를 접종하여, 빛이 있는 조건에서 혐기적으로 배양하면 틀림없이 자색비황세균에 대한 선택성이 있다. 배지에서 고정된 질소원 (예, 암모니아) 혹은 유기 질소원 (예, 효모추출물 혹은 펩톤)을 제외하고, N_2를 기체상으로 공급하면 더 높은 선택성의 농화배양을 얻을 수 있다. 실제 모든 자색비황세균은 N_2를 (14.6절) 고정할 수 있으며 대개 그러한 조건에서 다른 세균보다 더 경쟁력이 있어 잘 자랄 것이다.

호기적 산소비발생 광영양체

주요 속: *Roseobacter, Erythrobacter*

호기적 산소비발생 광영양체(aerobic anoxygenic phototrophs)는 절대 호기성 종속영양체로 빛을 생장을 위한 에너지 보조원으로 사용한다. 자색비황세균과 같이 호기적 산소비발생 광영양체는 계통분류학적으로 다양하고, 알파프로테오박테리아 혹은 베타프로테오박테리아들이다. 자색비황세균과의 주요 차이점은 호기적 산소비발생 광영양체가 절대 종속영양체이고, 에너지 보조원으로 산소(*oxic*) 상태에서만 산소비발생 광합성을 이용한다는 것이다. 호기적 산소비발생 광영양체는 세균엽록소 *a*와 Q형 광계를 가지지만, CO_2를 고정할 수 없고, 생장을 위하여 유기 탄소에 의존한다. 다양한 형태의 카로테노이드로 인해 노란색, 오렌지색, 또는 분홍색의 배양액이 된다.

호기적 산소비발생 광영양체는 오직 밤과 낮의 주기에서 자랄 때만 광합성을 할 수 있다. 이러한 상황에서 세균엽록소 *a*가 어두울 때만 만들어진 후에 빛이 있을 때 광인산화(photophosphorylation)에 의해서 에너지 보존을 위해 사용된다. 산소비발생 광영양체는 해양 연안수에 서식하는 미생물 군집의 1/4 이상을 그와 같은 상황에서 (20.10절) 전체 광합성의 5%를 차지할 수 있다. 해양 연안 서식지에서 발견되는 일반적인 속들은 *Roseobacter*와 *Erythrobacter*를 포함한다.

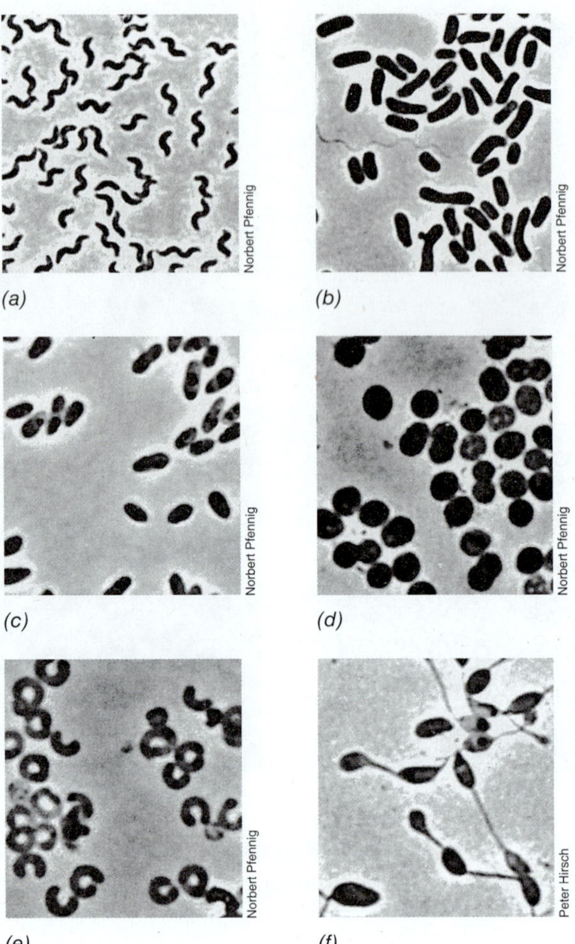

그림 15.13 자색비황세균 여러 속의 대표적 세균. *(a) Phaeospirillum fulvum*; 세포의 길이는 약 3 μm 정도이다. *(b) Rhodoblastus acidophilus*; 세포의 길이는 약 4 μm 정도이다. *(c) Rhodobacter sphaeroides*; 세포의 폭은 약 1.5 μm 정도이다. *(d) Rhodopila globiformis*; 세포의 폭은 약 1.6 μm 정도이다. *(e) Rhodocyclus purpureus*; 세포의 지름은 약 0.7 μm 정도이다. *(f) Rhodomicrobium vannielii*; 세포의 폭은 약 1.2 μm 정도이다.

미니퀴즈

- 자색비황세균과 호기적 산소비발생 광영양체의 일부 비슷한 점은 무엇들인가? 이들 두 그룹의 일부 차이점은 무엇인가?
- 어디서 호기적 산소비발생 광영양체를 발견할 수 있는가?

15.6 녹색황세균

주요 속: *Chlorobium, Chlorobaculum, "Chlorochromatium"*

녹색황세균(green sulfur bacteria)은 계통분류학적으로 *Chlorobi* 문을 형성하는 산소비발생 광영양체의 일관된 그룹이다. 녹색황세균은 대사적 다양성이 크지 않고, 일반적으로 운동성이 없으며 절대 혐기적 산소비발생 광영양성 세균이다. 이 그룹은 또한 형태적으로 제한적이고, 주로 짧은 것에서 긴 것까지의 막대형이다 (**그림 15.14**).

자색황세균과 같이 녹색황세균은 독립영양 생장을 위하여 전

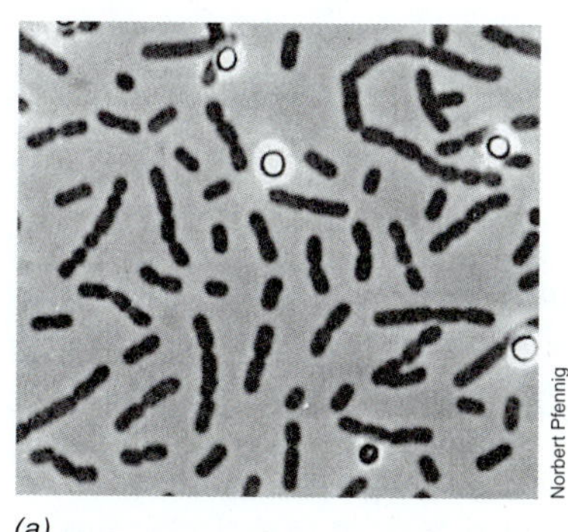

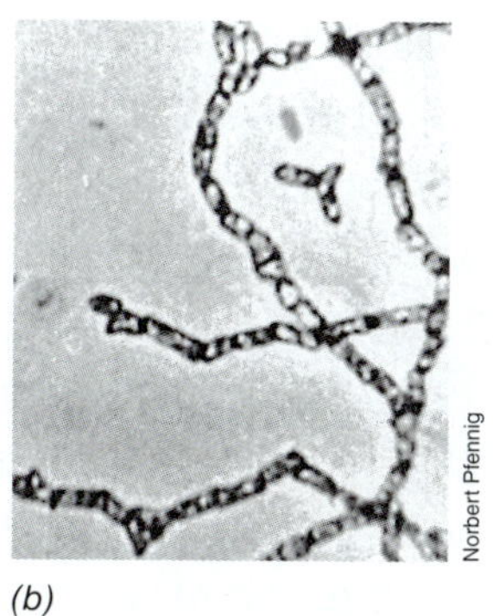

그림 15.14 광영양성 녹색황세균. *(a) Chlorobium limicola*; 세포의 폭이 약 0.8 μm 정도이다. 구형의 황 입자가 세포 밖에 저장된 것을 주목하라. *(b) Chlorobium clathratiforme*, 3차원 조직을 형성하는 세균; 세포의 폭이 약 0.8 μm 정도이다.

자공여체로써 황화수소(H_2S)를 산화시키고, 황(S^0)으로 산화된 후 황산염(SO_4^{2-})이 된다. 그러나 대부부의 자색황세균과 다르게, 녹색황세균에 의해 형성된 S^0은 세포의 바깥쪽에 저장된다 (그림 15.14*a*). 독립영양성은 캘빈회로의 반응에 의해서가 아니라, 대신에 구연산회로의 역단계에 의해 일어난다 (14.5절과 그림 14.20*a*).

색소와 생태

녹색황세균은 세균엽록소 *c*, *d*, 혹은 *e*를 가지며, 이들을 **엽록소체(chlorosomes)** (**그림 15.15**)라고 불리는 독특한 구조 안에 포함하고 있다. 반응센터와 엽록소체와 세포질 막을 연결시키는 FMO 단백질에 적은 양의 세균엽록소 *a*가 존재한다 (그림 14.7*b*). 엽록소체는 얇고 단위가 없는 막으로 둘러싸여져 있는 직사각형의 세균엽록소가 많은 조직이고, 세포주변에서 세포질 막에 붙어 있다 (그림 15.15와 그림 14.7). 엽록소체는 에너지를 광계로 전달하는 기능을 하고, 이렇게 하면 결국에 ATP를 합성하게 된다. 자색산소비발생 광영양체와는 다르게, 녹색황세균은 FeS형 광계를 사용한다. 녹색과 갈색의 녹색황세균이 알려져 있고, 갈색의 종들은 세균엽록소 *e*와 카로테노이드를 포함하고 있어 밀도 높은 세포 배양액을 갈색으로 보이게 한다 (**그림 15.16**).

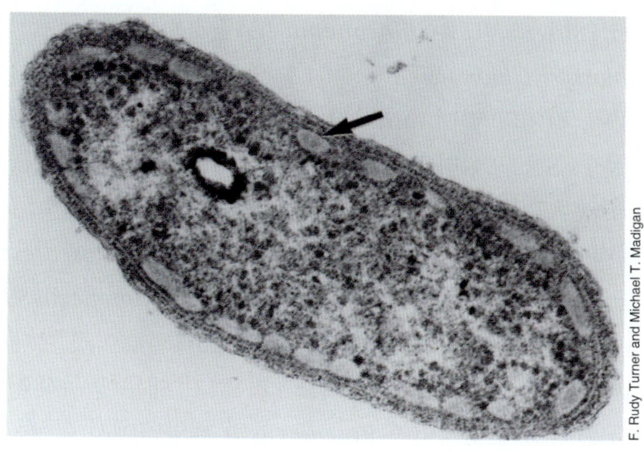

그림 15.15 고온성 녹색황세균 *Chlorobaculum tepidum*. 투과전자현미경 사진. 세포 주변의 엽록소체 (화살표). 세포의 폭은 약 0.7 μm 정도이다.

자색황세균과 같이 (15.4절), 녹색황세균은 무산소의 황화 수중환경에서 산다. 그러나 엽록소체는 매우 효율적인 빛 흡수 구조이기 때문에, 녹색황세균이 다른 광영양체가 필요로 하는 빛 광도보다 더 적은 환경에서 살 수 있다. 녹색황세균은 또한 다른 산소비발생 광영양체와 비교하여 H_2S에 훨씬 더 내성을 가지는 편이다. 결과적으로 녹색황세균은 모든 광영양체 중에서 빛의 양이 적고 H_2S가 많은 호수와 미생물 매트에서 가장 깊은 곳에서 일반적으로 발견된다. 예를 들어, 심해 열수분출구 (20.14절)로부터 분리된 녹색황세균의 종들은 지열로 뜨거워진 바위로부터 나오는 적외선의 약한 빛을 이용하여 광영양성으로 자랄 수 있다고 알려져 있다. *Chlorobaculum tepidum* 종 (그림 15.15)은 고온성이고 많은 황을 가진 온천에서 높은 밀도의 미생물매트를 형성한다. *C. tepidum*은 또한 빠르게 생장하며 접합과 형질전환을 통한 유전자 조작이 쉽다. 이러한 특징들 때문에 *C. tepidum*이 녹색황세균의 분자생물학 연구를 위한 모델 생물이 되었다.

녹색황세균 컨소시엄

녹색황세균의 일부 종들은 화학유기영양성 세균과 함께 **컨소시엄(consortium)**이라고 불리는 친밀한 두 구성원 간의 조합을 형성한다. 연합체에서 각 생물은 이익을 얻기 때문에 다른 광영양성과 화학영양성 구성원을 포함하는 이와 같은 다양한 연합체가 아마도 자연계에 존재할 것이다. 표생생물(*epibiont*)이라고 불리는 광영양성 구성원은 광영양성이 아니며, 연합체 가운데 존재하는 세포에게 물리적으로 붙어 있고 (**그림 15.17**), 다양한 방식으로 소통한다 (23.2절).

"*Chlorochromatium aggregatum*" (혼합된 배양이기 때문에 공식적인 이름이 아님)이라는 이름은 흔하게 관찰되는 녹색의 연합체를 설명하기 위해 사용되어지고 있는데, 컨소시엄이 녹색인 이유는 녹색인 표생생물이 녹색의 카로테노이드를 가지는 녹색황세균이기 때문이다 (그림 15.17*b*). 표생생물이 실제로 녹색황세균이라

그림 15.16 녹색과 갈색 chlorobia. *(a) Chlorobaculum tepidum*과 *(b) Chlorobaculum phaeobacteriodes*의 시험관 배양. *C. tepidum*의 세포들은 세균엽록소 *c*와 녹색 카로테노이드를 가지며, *C. phaeobacteriodes*의 세포들은 세균엽록소 *e*와 갈색의 카로테노이드인 isorenieratene를 가진다. 세균엽록소 *c*와 *e*, 그리고 녹색세균 카로테노이드의 구조들은 그림 14.3과 14.9에 있다.

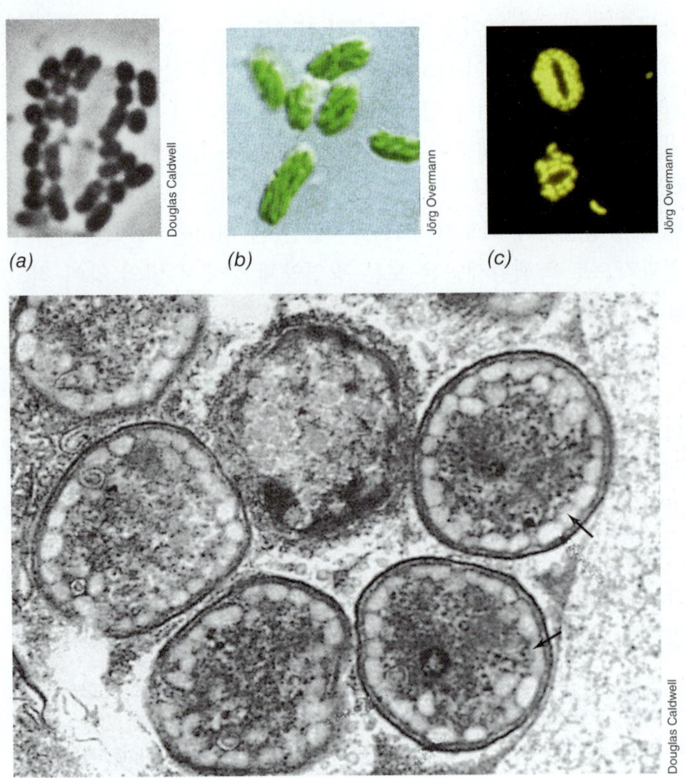

그림 15.17 "*Chlorochromatium aggregatum*." 녹색황세균과 화학유기영양체의 연합체. *(a)* 위상차 현미경 사진에서 광합성을 하지 않는 중앙에 있는 세포가 색소를 가진 광영양성 세균보다 색깔이 흐리다. *(b)* 차등간섭대비 현미경 사진에서 녹색 카로테노이드가 광영양체에 색깔을 준다. *(c)* 녹색황세균에 특이적인 계통분류학적 FISH 탐침으로 염색된 세포들을 보여주는 형광현미경 사진. *(d)* 하나의 연합체의 횡단면의 투과전자현미경 사진; 표생생물(epibiont)의 엽록소체 (화살표)을 주목하라. 전체 연합체는 지름이 3 μm 정도이다.

는 것은, 색소 분석, 엽록소체(chlorosome)의 존재 (그림 15.17*d*), 그리고 계통 분류학적 염색 (그림 15.17*c*)을 통하여 알려졌다. "*Pelochromatium roseum*"이라고 불리는 구조적으로 비슷한 연합체는 표생생물이 갈색의 카로테노이드를 만들기 때문에 갈색이다 (그림 23.3과 23.4). 23.2절에서 *Chlorochromatium* 컨소시엄의 공생적 본질에 대하여 더 자세히 공부한다.

미니퀴즈

- 엽록소체에는 어떤 색소들이 존재하는가?
- 녹색세균 컨소시엄의 표생생물(epibiont)이 실제로 녹색황세균이라는 어떠한 증거들이 존재하는가?

15.7 녹색비황세균

주요 속: *Chloroflexus, Heliofthrix, Roseiflexus*

녹색비황세균(green nonsulfur bacteria)은 사상형 산소비발생 광영양체(*filamentous anoxygenic phototrophs*)로도 불리는데, *Chloroflexus* 문의 산소비발생 광영양체이다. 여러 구분되는 계통을 가지는데, 이 중 하나인 *Chloroflexi* 강(class)이 녹색비황세균을 포함한다. 문(phylum)의 나머지들은 호기적 그리고 혐기적 화학영양체와 혐기적 호흡에서 전자수용체로 할로겐 유기화합물을 사용하는 탈할로겐화 세균 그룹인 *Dehalococcoidetes*을 포함하는 대사적으로 다양한 생물을 가진다 (14.15절). 환경시료의 16S 리보솜 RNA 염기서열의 분석을 통하여 (19.6절) *Chloroflexus* 문의 종들이 주변에 많이 존재하고, 문의 대부분의 종들이 아직 배양되어 분리되지 않은 것을 알 수 있다; 따라서 이들 문의 대사적 다양성에 대해서는 아직 잘 알려져 있지 않다.

녹색비황세균의 모든 배양된 대표적인 세균들은 활주 운동을 할 수 있는 사상의 세균들이다. 녹색비황세균 중에 가장 연구가 많이 된 것 중 하나인 *Chloroflexus*는 고온성 남세균과 함께 중성에서 알칼리성의 온천지역에서 두꺼운 미생물매트를 형성한다 (**그림 15.18**; 그림 20.7*b*). 녹색비황세균은 광합성을 위하여 전자공여체로 단순한 탄소원을 이용하여, 광종속영양체로서 가장 잘 자란다. 그러나 광합성을 위하여 H_2 또는 H_2S를 전자공여체로도 이용하여, 광독립영양성으로 생장이 일어난다. 일부 세균과 고균에 특이한 CO_2를 고정시키는 회로인 히드록시프로피온산염 회로(hydroxypropionate cycle)가 독립영양성 생장을 할 수 있게 한다 (14.5절). 또한 대부분의 녹색비황세균은 다양한 탄소원으로 호기적 호흡을 하여 어두운 곳에서도 잘 자란다.

녹색비황세균의 광합성 특징들은 녹색황세균 (15.6절)과 자색광영양성 세균 (15.4절 및 15.5절)들의 "혼합형(hybrid)"이다. 녹색비황세균은 세균엽록소 *a*와 세균엽록소 *c* (그림 15.15)를 가지는 엽록소체를 포함하는 광합성 반응센터를 가지고 있기 때문에 이런 점에서 녹색황세균과 비슷하다. 그러나 녹색황세균과 다르게 녹색비황세균은 Q형 광계를 사용하고, 이러한 점에서 자색황세균과 비슷하다.

다른 *Chloroflexi*

Chloroflexus 이외에 다른 광영양성의 녹색비황세균은 고온성인 *Heliothrix*와 큰 세포를 가진 중온성 세균인 *Oscillochloris* (그림 15.18*b*), 그리고 *Chloronema* (그림 15.18*c*)가 포함된다. *Oscillochloris*와 *Chloronema*는 폭이 2~5 μm로 상대적으로 거대한 세포들이며, 길이가 몇백 mm까지 될 수 있다 (그림 15.18*c*). 두 속의 종들은 H_2S을 포함하고 있는 담수호에 서식한다. *Roseiflexus*와 *Heliothrix*는 그 사상성 형태와 고온성 생활 방식 때문에 *Chloroflexus*와 비슷하지만, 주요 광합성 측면에서 다르다. *Roseiflexus*와 *Heliothrix*는 세균엽록소 *c*와 엽록소체가 없고, *Chloroflexus*보다는 더 자색 광영양성 세균과 유사하다 (15.4, 15.5절). 이것은 대규모의 카로테노이드 색소와 세균엽록소 *c*가 없기 때문에 녹색이라기보다는 노란색/오렌지색이며 *Roseiflexus*의 배양액에서 볼 수 있다 (그림 15.18*d*).

*Thermomicrobium*은 *Chloroflexi*의 화학영양성 속이고 절대 호

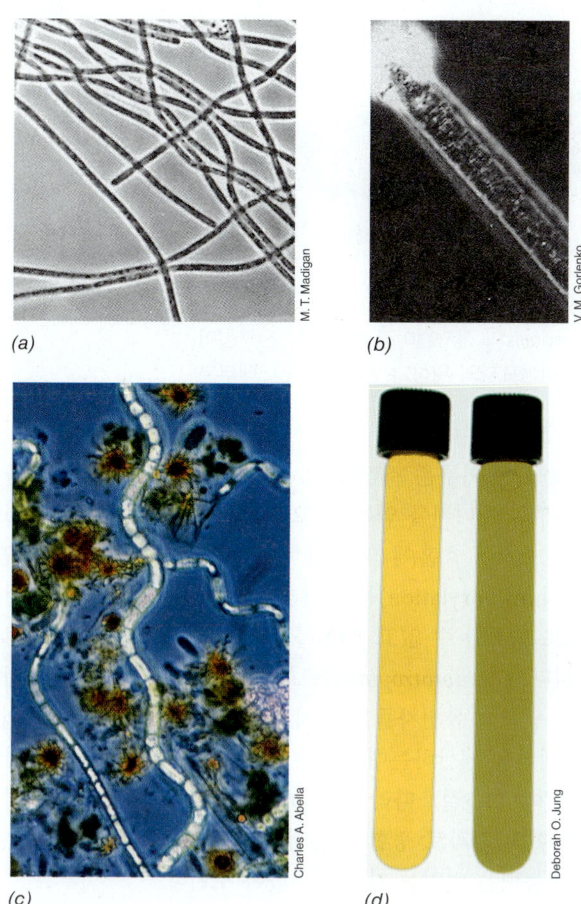

그림 15.18 녹색비황세균. *(a)* 산소비발생 광영양성인 *Chloroflexus aurantiacus*의 위상차 현미경 사진; 세포들은 지름이 1 μm 정도이다. *(b)* 크기가 큰 광영양성 *Oscillochloris*의 위상차 현미경 사진; 세포들은 폭이 5 μm 정도이다. 밝게 구별되는 물질은 부착기(holdfast)로 고착을 위해서 사용된다. *(c) Chloronema* 종들의 사상의 위상차 현미경 사진; 세포들은 물결 모양의 사상이고 지름이 2.5 μm 정도이다. *(d) C. aurantiacus* (오른쪽)와 *Roseiflexus* (왼쪽)의 시험관 배양. *Roseiflexus*는 세균엽록소 *c*와 엽록소체가 없기 때문에 노란색이다.

기성이며, 그람-음성의 막대형이고 75°C의 복합배지에서 가장 잘 자란다. 이들의 계통분류학적 특징 이외에, *Thermomicrobium*은 또한 그들의 막 지질 때문에 흥미롭다 (**그림 15.19**). 세균과 진핵생물의 지질이 글리세롤과 에스테르 결합이 된 지방산을 포함하고 있음을 기억하라 (⇄ 2.3절). 이와는 다르게 *Thermomicrobium*의 지질은 글리세롤(glycerol) 대신에 *1,2-dialcohols*을 포함하고 에스테르 또는 에테르결합을 가지지 않는다 (그림 15.19; ⇄ 2.3절). 더욱이 *Thermomicrobium*의 세포는 적은 양의 펩티도글리칸을 가지며, 세포벽이 주로 단백질로 되어 있다.

미니퀴즈

- *Chloroflexus*와 *Roseiflexus*는 어떤 면에서 *Chlorobium* 또는 *Rhodobacter*와 유사한가?
- *Thermomicrobium*의 특이한 점은 무엇인가?

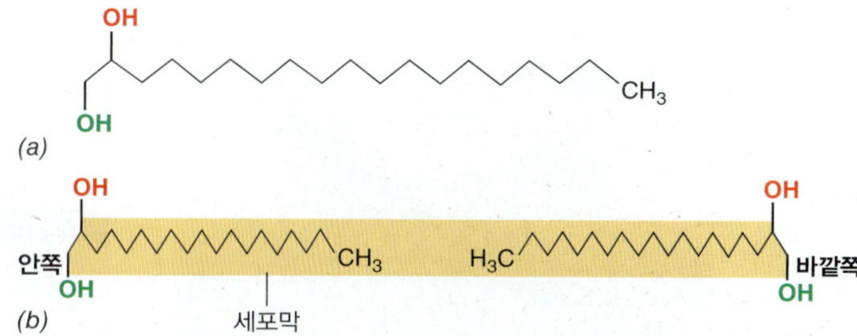

그림 15.19 ***Thermomicrobium*의 특이한 지질.** *(a) Thermomicrobium roseum*의 막 지질은 여기 보인 것과 같은 (1,2-nonadecanediol) 긴 사슬 디올(diol)을 포함하고 있다. 다른 세균 또는 고균의 지질과 다르게 에스테르 또는 에테르결합을 가지지 않음을 주목하라. *(b)* 이중층 막을 만들기 위하여 dialcohol 분자들이 메틸(methyl) 그룹의 각 끝과 반대로 있고, —OH 그룹은 안쪽과 바깥쪽의 친수성 표면에 존재한다. 적은 양의 디올(diol)이 지방산을 가지는데 (빨간색으로 보이는) 2차 —OH 그룹에 에스테르 결합을 하고 있는 반면에 (녹색으로 보이는) 1차 —OH 그룹은 인산염과 같은 친수성 분자들과 결합할 수 있다.

15.8 다른 광영양성 세균

주요 속: *Heliobacterium, Chloracidobacterium*

헬리오박테리아

헬리오박테리아(Heliobacteria)는 계통분류학적으로 *Firmicutes* 문 안에 있는 광영양성 그람-양성 세균의 일관된 그룹이다. 헬리오박테리아는 산소비발생 광영양체로 FeS형 광계를 사용하며, 독특한 색소인 세균엽록소 *g*를 생산한다 (⇄ 그림 14.3). 헬리오박테리아는 피루브산염, 젖산염, 아세트산염 또는 부티르산염을 포함하는 적은 수의 유기화합물을 이용하여 광종속영양성으로 자라고, 다섯 속(genera)을 포함하는 그룹이다: *Heliobacterium*, *Heliophilum*, *Heliorestis*, *Heliomonas*, 그리고 *Heliobacillus*. 알려진 모든 헬리오박테리아는 막대모양이나 사상성의 세포이지만 (**그림 15.20**), *Heliophilum*은 세포가 전체로서 운동성이 있는 다발을 형성하기 때문에 특이하다 (그림 15.20*b*).

헬리오박테리아는 절대 혐기성으로 광영양성 생장을 하는 것 이외에 (헬리오박테리아의 가까운 관계에 있는 많은 클로스트리디아가 할 수 있는 것처럼), 피루브산염 발효로 어두운 곳에서 화학영양성으로 생장할 수 있다. 헬리오박테리아는 일부 그람-양성 세균에 의해 만들어지는 매우 강한 구조인 내생포자를 만들 수 있다 (⇄ 2.10절). *Bacillus*나 *Clostridium* 종들의 내생포자와 비슷하게, 헬리오박테리아의 내생포자 (그림 15.20*c*)도 높은 수준의 칼슘(Ca^{2+})과 내생포자의 전형적인 물질은 디피콜린산(*dipicolinic acid*)을 가지고 있다. 헬리오박테리아는 토양, 특히 논토양에서 살아가며 논에서 헬리오박테리아의 질소고정 능력 (⇄ 14.6절)으로 쌀 생산성에 도움을 줄 수 있다. 또한 헬리오박테리아의 풍부한 다양성은 탄산호수와 그 주변의 염기성 토양과 같은 높은 염기성의 환경에서도 찾을 수 있다.

광영양성 *Acidobacteria*

산소비발생 광영양성의 새로운 그룹이 옐로스톤 국립공원의 온천

단원 4

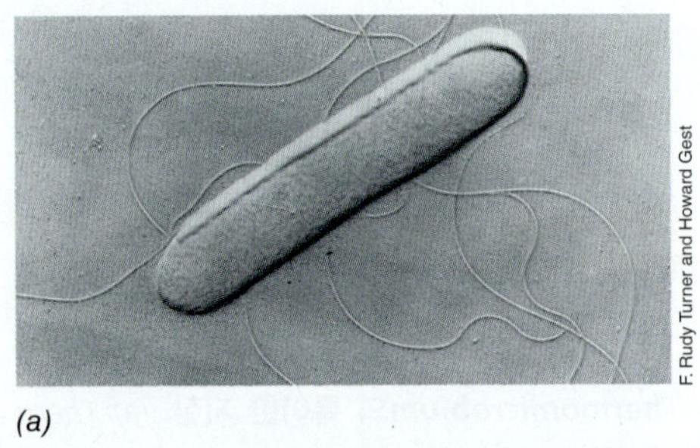

(a)

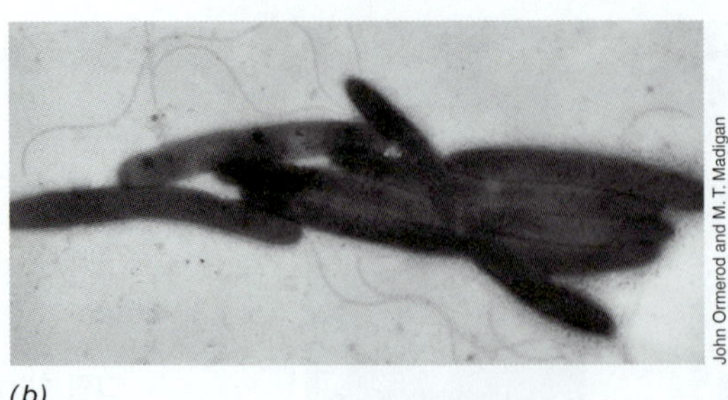

(b)

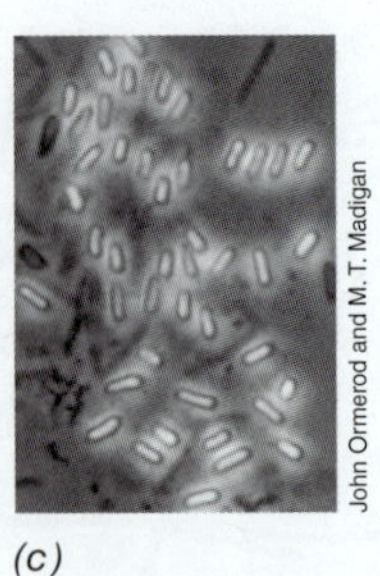

(c)

그림 15.20 헬리오박테리아의 세포와 내생포자. *(a)* 주변성 편모를 가진 *Heliobacteria mobilis*의 전자현미경 사진. *(b)* 전자현미경 사진에 의해 관찰되는 *Heliophilum fasciatum* 세포 다발. *(c) Heliobacterium gestii*의 내생포자의 위상차 현미경 사진. 대부분의 헬리오박테리아 세포들은 지름이 1~2 μm 정도이다.

의 광합성 미생물매트에서 자라고 있는 것이 알려졌다. *Chloracidobacterium thermophilum*은 *Acidobacteria* 문 (⇔ 16.21절)의 고온성의 산소내성 산소비발생 광영양체이다. 녹색황세균과 비슷하게 *C. thermophilum*은 세균엽록소 *a*와 엽록소체 안에 세균엽록소 *c*를 만들고 (**그림 15.21**), FeS형 광계를 사용한다. 그러나 녹색황세균과는 다르게 *C. thermophilum*은 호기적 산소비발생 광영양체와 같이 호기적으로 생장할 수도 있다 (15.5절). 탄소대사에 관하여는 *C. thermophilum*은 광종속영양체로 광합성을 위한 전자공여체로 짧은 사슬의 지방산을 사용지만, 녹색황세균 또는 녹색비황세균과 다르게 독립영양성을 가질 수 없다.

광영양성 *Gemmatimonadetes*

산소비발생 광영양체의 다른 새로운 그룹이 (중국과 몽고의) 고비사막 서쪽지역의 담수 호수에서 발견되었다. *Gemmatimonadetes* 문의 *Gemmatimonas phototrophica*는 호기적 통성 광종속영양체

엽록소체

Donald A. Bryant

(a)

Amaya Garcia Costas and Donald A. Bryant

(b)

그림 15.21 *Acidobacteria*문의 광영양성 구성원인 *Chloracidobacterium thermophilum*의 엽록소체. *(a)* 엽록소체를 보여주는 *C. thermophilum*의 전자현미경 사진. *(b) C. thermophilum*의 형광현미경 사진. 빨간색은 엽록소체 안에 존재하는 세균엽록소 *c*의 형광이다. *C. thermophilum*의 한 세포는 폭이 0.8 μm 정도이다.

이다. 빛 또는 어두운 조건에서, 유기화합물의 호기적 호흡을 통하여 대부분의 에너지를 얻는다. 그러나 빛이 있는 경우 *G. phototrophica*는 호기적 호흡에 의한 에너지를 보조하기 위하여 광인산화(photophosphorylation)를 사용한다. *G. phototrophica*는 절대 광영양체로 생장할 수 없고, CO_2를 고정할 수 없고, 혐기적으로 자랄 수도 없다. *G. phototrophica*는 호기적 산소비발생 광영양체와 비슷하게, 광합성 유전자들을 가지고 (15.5절), 세균엽록소 *a*와 Q형 광반응센터를 생산하는데, 이 두 가지는 자색 세균의 독특한 특징들이다 (⇔ 14.3절). 따라서 *G. phototrophica*는 과거의 수평적 유전자 전이의 결과로 광합성 유전자를 가지며, 광인산화를 수행할 수 있는 능력을 얻었을 가능성이 높아 보인다.

미니퀴즈

- 어떤 산소비발생 광영양체가 엽록소체를 사용하는가?
- 어떤 종류의 광영양성 세균이 포자를 만드는가?

III • 황 순환에서의 미생물 다양성

황대사는 지구의 초기 생물에 에너지를 공급하였을 것이고 (⇔ 13.1절), 황 순환 (⇔ 21.4절)은 계속해서 엄청나게 다양한 미생물들을 유지시켜왔다. 이 절에서는 이화적 황 대사(*dissimilative sulfur metabolism*)를 할 수 있는 다양한 생물을 다루고자 한다; 이들은 황 화합물의 산화 또는 환원을 통하여 에너지를 보존한다 (⇔ 14.9절과 14.14절).

이화적 황 대사를 할 수 있는 매우 다양한 세균(*Bacteria*)과 고균(*Archaea*)은 생물권에서 일어날 수 있는 황의 화학적 다양성한 부분을 담당한다. 황은 8개의 산화상태를 가지는데, 가장 산화된 형태인, 황산염(SO_4^{2-}, +6의 산화 상태)으로부터 티오황산염($S_2O_3^{2-}$, +2의 산화상태), 황 원소(S^0, 0의 산화상태), 그리고 가장 환원된 상태인 황화수소(H_2S, −2의 산화상태)가 있다. 게다가, 황화합물은 무기 황 화합물, 유기 황 화합물, 그리고 금속 황화물을 포함하는 다양한 화학적 형태를 가질 수 있다.

이 절에서는 **이화적 황산염-환원균(dissimilative sulfate-reducers), 이화적 황-환원균(dissimilative sulfur-reducers)**과 **이화적 황-산**

화균(**dissimilative sulfur-oxidizers**)의 다양성에 초점을 맞출 것이다. 15.4~15.6절에 다루었던 자색 또는 녹색 황세균과 같은 산소 비발생 광영양체 또한 황 순환과 중요하게 연결되어 있다. 그러나 여기서는 화학영양성 이화적 대사에 대해서만 초점을 맞춘다.

15.9 이화학적 황산염-환원균

주요 속: *Desulfovibrio, Desulfobacter*

황산염-환원세균은 H_2 또는 유기화합물의 산화와 함께 SO_4^{2-}의 환원 (혐기적 호흡)으로 에너지를 얻는다. 세균과 고균의 다섯 가지 문(phyla)에 걸쳐, 30개의 알려진 속(genera)보다 많은 황산염-환원균이 있다 (**그림 15.22**). 대부분의 황산염 환원균들은 *Deltaproteobacteria*에 속하지만, *Firmicutes* (예, *Desulfotomaculum*과 *Desulfosporosinus*), *Thermodesulfobacteria* (예, *Thermodesulfobacterium*)과 *Nitrospirae* (예, *Thermodesulfovibrio*)에서도 발견된다. 황산염 환원은 또한 고균의 *Euryarchaeota* 문의 속인 *Archaeoglobus*에서도 일어난다.

황산염-환원세균의 생리

황산염-환원세균은 형태학적 및 생화학적으로 다양하다. 14.14절에서 황산염-환원의 생화학을 다루었기 때문에, 여기서는 이들 그룹의 좀 더 일반적인 생리학적 특성 일부분만을 다룰 것이다. 황산염-환원균들은 일반적으로 절대 혐기성균이고, 이들을 배양하기 위해서는 엄격한 혐기적 기법이 사용되어야 한다 (**그림 15.23*g***).

황산염-환원균들은 H_2 또는 유기화합물을 전자공여체로 사용하여 생장하고, 유기물의 범위가 상당히 넓다. 젖산염과 피루브산염이 가장 보편적으로 이용되고, 또한 많은 종들은 짧은 사슬 알코올 (에탄올, 프로판올과 부탄올)을 전자공여체로 산화시킨다. *Desulfosarcina*와 *Desulfonema*와 같은 일부 종들은 H_2을 전자공여체, SO_4^{2-}을 전자수용체로 CO_2를 유일한 탄소원으로 이용하여 화학무기영양성과 독립영양성으로 자랄 수 있다. 일부 황산염 환원균들은 전자공여체로 탄화수소를 산화시킬 수도 있다 (14.25절).

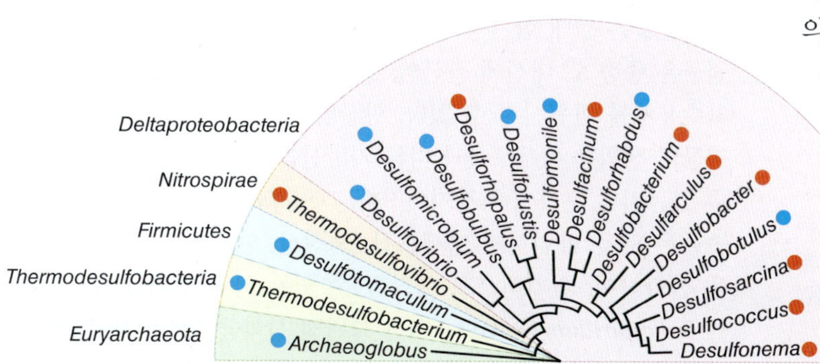

그림 15.22 이화적 황산염-환원균들. 16S 리보솜 RNA 유전자 염기서열 분석에 의해 추론된 계통수가 황산염-환원균들의 일부 속들 사이의 계통분류학적 관계를 덴드로그램이 보여준다. 색깔 그림자는 황산염-환원균들의 속을 포함하는 다섯 개의 문을 구분하기 위하여 사용되었다. 색깔 동그라미는 종들이 아세트산을 CO_2로 산화할 수 있는 완전 산화균인지 혹은 아세트산을 산화할 수 없는 불완전 산화균인지를 나타낸다. 황산염 환원세균의 생리는 14.14절에서 그들의 황 순환에서의 역할은 21.4절에서 다룬다.

이화적 황산염-환원균에는 두 가지 생리학적 형태가 있다. 완전 산화균(*complete oxidizer*)으로 아세트산과 다른 지방산을 완전하게 CO_2로 만드는 것과 불완전 산화균(*incomplete oxidizer*)으로 아세트산을 CO_2로 산화시킬 수 없는 것들이다. 불완전 산화균은 황산염-환원세균으로 많이 연구된 *Desulfovibrio* (그림 15.23*a*)와 *Desulfomonas*, *Desulfotomaculum*, 그리고 *Desulfobulbus* (그림 15.23*c*)가 있다. 아세트산 산화균은 많은 세균들과 함께, *Desulfobacter* (그림 15.23*d*), *Desulfococcus*, *Desulfosarcina* (그림 15.23*e*), 그리고 *Desulfonema* (그림 15.23*b*) 등이 있다. 이들 세균은 지방산들을, 특히 아세트산을 완전하게 산화와 SO_4^{2-}을 H_2S으로 환원시킨다. 이들 두 종류의 생리적 그룹들은 계통분류학적으로 일관되지 않고, 황산염-환원세균의 계통에 넓게 퍼져 있다 (그림 15.22).

일부 황산염-환원세균들은 대체 대사 회로를 이용할 수 있다. SO_4^{2-} 혹은 S^0 이외에 일부 황산염 환원균들은 질산염과 술폰산염[이세티오산염(isethinonate; $HO—CH_2—CH_2—SO_3^-$)과 같은]도 환원시킬 수 있다. 일부 유기 화합물들도 황산염-환원균에 의해 발효될 수 있다. 이들 중 가장 흔한 것이 피루브산염으로 인산분해반응을 통해 아세트산, CO_2, 그리고 H_2로 발효된다 (그림 14.55). 또한 비록 황산염-환원세균이 일반적으로 절대 혐기성 세균이지만, 일부 황산염-환원세균은 상당한 O_2-내성을 가진다 (주로 O_2 발생 남세균과 함께 미생물매트에 존재하는 세균들). 적어도 *Desulfovibiro oxyclinae* 종(species)은 실제로 미호기성 조건에서 O_2를 전자수용체로 사용하여 생장할 수 있다.

황산염-환원세균의 생태

황산염 환원균은 SO_4^{2-}을 포함하고, 미생물의 분해의 결과로 무산소 상태가 되는 수중과 육상 환경에 넓게 퍼져 있다. 황산염 환원균은 해양퇴적층에 풍부하고, 그들이 만들어 내는 H_2S는 해안가에서 종종 나는 자극성 냄새 (썩은 계란 냄새 같은)의 주요 원인이다. *Desulfotomaculum*은 계통분류학적으로 *Firmicutes*의 종 (그람-양성 세균)에 속하고, 주로 토양에서 발견되며 내생포자를 형성하는 막대형으로 구성되어 있다. 일부 통조림 음식에서 *Desulfotomaculum*의 생장과 SO_4^{2-}의 환원이 황화물 냄새(*sulfide stinker*)라고 불리는 식품부패를 초래한다. *Thermodesulfobacterium*, *Thermodesulfovibiro*와 (고균 안의) *Archaeoglobus*의 종들은 모두 호열성 균들이고, 온천, 열수분출구와 기름 저장소 같은 지열로 데워진 환경에서 발견된다. 황산염 환원균의 나머지 속들은 무산소의 해양과 담수 환경에 토착된 것들이고, 때때로 포유동물의 장내로부터 분리되기도 한다.

Desulfovibiro 종들의 농화배양은 간단한데, 2가철(Fe^{2+})를 포함하는 무산소의 젖산–황산염의 배지를 이용한다. 티오글리콜산염(thioglycolate) 또는 아스코르브산

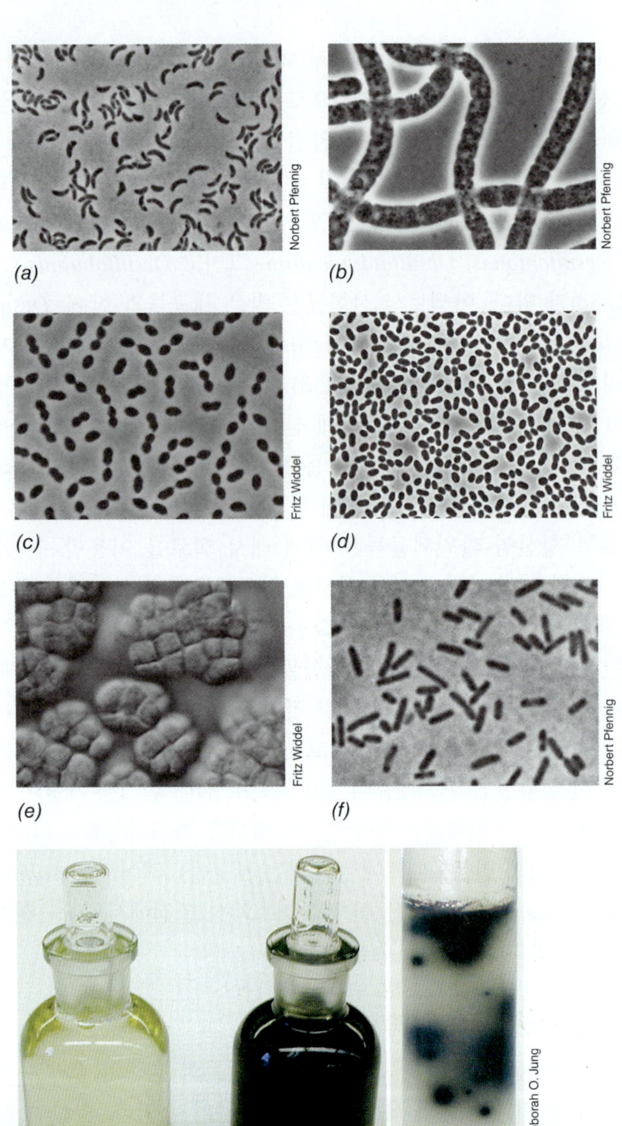

그림 15.23 대표적 황산염-환원세균과 황-환원세균. *(a) Desulfovibrio desulfuricans*; 세포의 지름은 0.7 μm 정도이다. *(b) Desulfonema limicola*; 세포의 지름은 3 μm 정도이다. *(c) Desulfobulbus propionicus*; 세포의 지름은 1.2 μm 정도이다. *(d) Desulfobacter postgatei* 세포의 지름은 1.5 μm 정도이다. *(e) Desulfosarcina variablilis*; 세포의 지름은 1.25 μm 정도이다. *(f) Desuluromonas acetoxidans*; 세포의 지름은 0.6 μm 정도이다. *(g)* 황산염-환원세균의 농화배양. 왼쪽, 멸균배지; 중앙, 검은색의 FeS을 보이는 양성 농화; 오른쪽, 희석 관에서 황산염-환원세균의 집락 (19.1절과 19.2절). 사진 *a~d*와 *f*는 위상차 현미경 사진이다; *e*는 간섭대비현미경 사진이다.

염(ascorbate)과 같은 환원제가 배지의 낮은 환원전위 ($E_0{}'$)를 만들기 위해서 필요하다. 황산염-환원균이 자랄 때, $SO_4{}^{2-}$로부터 형성된 H_2S가 2가철과 결합하여 검고, 불용성의 황화철이 만들어진다 (그림 15.23*g*). 액체 한천 시험관에서 배양을 희석함으로써 순수분리를 할 수 있다 (19.2절과 그림 19.3*b*). 배지가 굳으면서 개개의 황산염-환원세균 세포는 한천 전체에 골고루 분포하여 검은 색의 집락 (그림 15.23*g*)을 만들면서 생장하는데 순수배양을 얻기 위해 이들 집락을 무균상태로 떼어 낼 수 있다.

미니퀴즈

- 이화적 황산염-환원균들이 사용하는 일반적인 전자공여체는 무엇인가?
- 이화적 황산염-환원균들이 속한 것으로 알려진 세균의 문(phyla)은 무엇인가?

15.10 이화학적 황-환원균

주요 속: *Desulfomonas, Wolinella, Sulfolobus*

여기서는 호흡으로 S^0을 환원하여 에너지를 보존할 수 있는 이화적 황-환원 미생물들을 다룬다. 이화적 황-환원세균들은 S^0와 ($SO_3{}^{2-}$와 같은) 다른 산화된 형태의 황을 H_2S로 환원시키지만, $SO_4{}^{2-}$를 환원시키지는 못한다. 이화적 황-환원균들은 다섯 개의 세균과 고균의 문에 걸쳐 25개 속(genera) 이상이 알려져 있다 (그림 15.1).

대부분의 황-환원세균들은 프로테오박테리아(*proteobacteria*)로, 주로 델타프로테오박테리아 (예, *Desulfuromonas*, *Pelobacter*, *Desulfurella*, *Geobacter*)와 일부는 엡실론프로테오박테리아 (예, *Wolinella*와 *Sulfurospirillum*)와 감마프로테오박테리아 (예, *Shewanella*와 *Pseudomonas mendocina*)에 속한 속들이 있다. 다른 황-환원세균들은 *Firmicultes* (예, *Desulitobacterium*과 *Ammonifex*), *Aquificae* (예, *Desulfurobacterium*과 *Aquifex*), *Synergistetes* (예, *Dethiosulfovibrio*), 또는 *Deferribacteres* (예, *Geovibrio*)의 종들이다. 황-환원 고균들은 많은 경우가 *Crenarchaeota* (예, *Acidianus*, *Sulfolobus*, *Pyrodictium*과 *Thermodiscus*)의 모든 속들이다.

황-환원세균의 생리와 생태

황-환원균의 생리는 황산염-환원균보다 더 다양하다. 대부분 황-환원균들은 절대 혐기성이지만, 통성 호기성 종들도 흔하다. 황-환원균은 종종 S^0 대신에 질산염, 2가철, 또는 티오황산염과 같은 전자수용체를 환원시킬 수 있다. 황산염-환원균처럼 (15.9절), 황-환원균의 생리는 아세트산과 다른 지방산을 CO_2로 완전히 산화시킬 수 있는지 없는가에 특징지어진다. *Desulfuromonas* (그림 15.23*f*) 종들은 S^0을 환원시켜 아세트산, 숙신산, 에탄올, 또는 프로판올을 산화하여, 혐기적으로 생장할 수 있는 완전 산화균이다. 반면에 *Sulfospirillum*과 *Wolinella*는 불완전 산화균으로 아세트산을 전자공여체로 사용할 수 없다. *Sulfospirillum*은 H_2 또는 포름산염(formate)을 전자공여체로 사용하여 S^0을 환원시킬 수 있다.

이화적 황-환원세균들은 이화적 황산염-환원세균과 동일한 서식지의 많은 곳에서 살아가며, 녹색황세균과 같이 H_2S를 S^0로 산화하는 세균과 종종 관계를 형성한다 (15.6절). H_2S 산화로부터 만들어진 S^0은 황-환원세균의 대사에 의하여 다시 H_2S으로 환원되며, 혐기적 순환을 완성한다 (21.4절).

미니퀴즈

- 이화적 황-환원균들이 사용하는 일반적인 전자공여체는 무엇인가?
- 어떤 세균의 문 (phyla)이 이화적 황-환원균을 포함하고 있나?

15.11 이화학적 황-산화균

주요 속: *Thiobacillus, Achromatium, Beggiatoa*

이화학적 황-산화균들은 에너지 보존에서 H_2S, S^0 티오황산염, 혹은 티오시안산염(thiocyanate, ^-SCN)과 같은 환원된 황 화합물을 전자공여체로 이용하여 산화시키는 **화학무기영양체(chemolithotrophs)**이다. 이러한 생물들은 황산염- 또는 황-환원세균에 의해 (15.9, 15.10절), 혹은 지열반응에 의해 비생물적으로 만들어지는 H_2S가 산소를 포함하는 물에 방출되는 해양퇴적층, 황 온천과 열수 시스템과 같은 환경에서 흔하게 존재한다 (**그림 15.24**). 황 산화균들은 세균의 세 가지 문(phylum) (프로테오박테리아, *Aquificae*, *Deinococcus–Thermus*)과 고균의 하나의 문 (*Crenarchaeota*)에서 발견된다 (그림 15.1). 대부분의 황-산화세균들은 베타- (*Thiobacillus*), 감마- (*Achromatium*, *Beggiatoa*)와 엡실론프로테오박테리아 (*Thiovulum*, *Thiomicrospira*)이다.

황-산화세균의 생리적 다양성

황 산화균들의 형태적 생리적 다양성은 엄청나다. 세포들은 지름이 1 mm보다 작거나 (예, *Thiomicrospira denitrificans*), 지름이 750 μm만큼 클 수도 있다 (*Thiomargarita namibiensis*). 대부분의 황 산화균들은 절대 호기성이다; 그러나 *Thiomargarita*와 *Thiomicrospira*의 종들은 탈질화 과정으로 NO_3^-를 환원시킬 수도 있다 (14.13절과 15.13절). 많은 종들이 H_2S을 황(S^0)으로 산화하여, 세포 안 또는 세포바깥의 과립형태로 저장되고, 이후에 H_2S가 부족할 때 전자공여체로 (그림 14.27) 사용된다.

일부 황 화학무기영양세균은 절대 화학무기영양체(*obligate chemolithotrophs*)로서 전자공여체로 유기화합물을 대신하여 무기화합물을 사용하는 생활방식에 묶여 있다. 이 방식으로 생장할 때 이들 세균은 또한 캘빈회로에 의해 CO_2를 세포물질로 동화하는 독립영양세균이다. 절대 화학무기영양체의 세포 내부에는 **카르복시솜(carboxysomes)**이 종종 존재한다 (**그림 15.25*a***). 이 구조는 많은 양의 캘빈회로 효소를 포함하고 있어서 아마도 절대 화학무기영양세균의 CO_2를 고정하는 속도를 증가시킬 것이다 (14.5절).

다른 황 화학무기 영양체들은 통성 화학무기영양체(*facultative chemolithotrophs*)로 생장할 수 있는데, 이 말은 화학무기영양 (즉, 독립영양으로도) 혹은 화학유기영양체로 모두 생장할 수 있는 것을 의미한다. *Beggiatoa*의 대부분의 종들은 무기 황화합물을 산화하여 에너지를 얻을 수 있지만, 캘빈회로의 효소들은 없다. 따라서 그들은 탄소원으로 유기화합물을 요구한다. 예를 들어, CO_2와 유기물로 모두로부터 탄소를 동화하는 생물처럼, 혼합된 탄소와 에너지원을 사용하는 생물을 **혼합영양체(mixotrophs)**라고 부른다.

(a)

(b)

그림 15.24 황-산화균들의 서식지들. *(a)* 황화물을 포함하는 Florida 주의 피압 온천(artesian spring) (미국). 온천의 바깥쪽이 *Thiothrix*의 매트로 덮여 있다 (그림 15.26*b* 참조). 매트는 지름이 약 1.5 m이다. *(b)* Guaymas 유역 (멕시코)의 Cathedral Hill에 있는 열수 굴뚝, 2000 m 깊이. *Beggiatoa*의 오렌지, 흰색과 노란색 세포로 구성된 매트로 덮여 있는 굴뚝의 분출구에서 나오는 황화물이 풍부한 물.

*Thiobacillus*와 *Achromatium*

Thiobacillus 속 및 관련 속에는 대부분의 다른 그람-음성 간균과 형태적으로는 구분이 어려운 여러 그람-음성의 막대모양 베타프로테오박테리아(*Betaproteobacteria*)가 포함되며 (그림 15.25*a*); 이들 세균은 가장 많이 연구된 황 화학 무기영양체이다. *Thiobacillus*에 의하여 H_2S, S^0 또는 티오황산염이 산화되면 황산(H_2SO_4)이 만들어지기 때문에 thiobacilli는 종종 호산성이다. 매우 호산성인 종들 중 *Acidothiobacillus ferrooxidans*는 Fe^{2+}를 산화하여 화학무기영양성으로도 생장할 수 있고, 철 산화의 중요한 생물학적 원인이다. 황철광 (FeS_2)은 자연에서 황화물뿐만 아니라 Fe^{2+}의 주요 공급원이다. 특히 광산 운영에서 황철광의 산화는 이득이 될 수도 (광석의 침출이 황화물을 함유한 광물로부터 철을 방출하기 때문), 생태학적으로 재앙 (환경의 산성화와 알루미늄, 카드뮴, 납과 같은 독성 금속에 의한 오염이 일어나기 때문)이 될 수도 있다 (22.1절과 22.2절).

*Achromatium*은 구형의 황-산화 화학무기영양세균으로서, H_2S를 포함하는 중성 pH의 담수 퇴적층에 보통 존재한다. *Achroma-*

단원 4

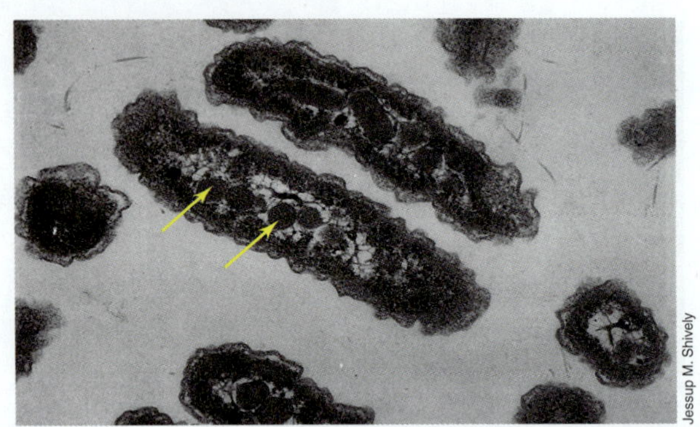

(a)

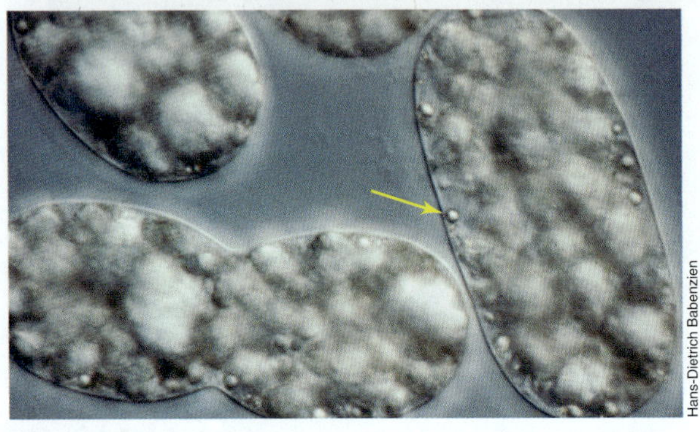

(b)

그림 15.25 사상성이 아닌 황 화학무기영양세균. *(a)* 화학무기영양성 황 산화균인 *Halothiobacillus neapolitanus* 세포의 투과전자현미경 사진. 단일 세포의 지름은 0.5 μm 정도이다. 세포 전체에 분포하는 다면체 (카르복시솜, carboxysomes)에 주목하라 (화살표) (그림 14.19). *(b)* 분별 간섭 대비 현미경으로 찍은 *Achromatium* 세포. 세포 표면 근처의 작은 원형 입자 구조 (화살표)는 원소상 황이며, 큰 원형 입자는 탄산칼슘이다. 단일 *Achromatium* 세포는 지름이 25 μm 정도이다.

*tium*의 세포는 지름이 10~100 μm이고, 크기가 큰 구균이다 (그림 15.25*b*). *Achromatium*는 감마프로테오박테리아(*Gammaproteobacteria*)의 한 종으로, 광영양의 세균인 *Chromatium* (15.4절과 그림 15.10*a*)과 같은 자색황세균과 특별히 관련이 있다. *Chromatium*과 비슷하게, *Achromatium*의 세포는 내부에 S^0을 저장하며 (그림 15.25*b*); 이 과립형태는 후에 S^0가 SO_4^{2-}로 산화되면서 없어진다. *Achromatium*의 세포는 또한 커다란 방해석($CaCO_3$)입자를 저장하는데 (그림 15.25*b*), 아마도 독립생장을 위한 (CO_2 상태로의) 탄소원일 것이다. 화학무기영양성 황 산화균의 생리는 14.9절에 설명되어 있다.

황-산화세균의 생태적 다양성과 전략

호기적 황-산화균들은 같은 기본적인 대사적 특징을 갖는 미생물들 사이에서 일어나는 생태적 분화의 정도를 이해하는 예를 보여준다. H_2S에서 H_2SO_4로 화학적 산화는 자발적이고 O_2존재 하에서 빠르다. 그렇기 때문에, 호기적 H_2S-산화균들은 다양한 생태적 전략을 진화시켜서 자발적으로 서로 반응할지도 모르는 두 분자를 대사할 수 있게 한다. 여기서 호기적 황화물-산화균이 O_2 존재 하에 H_2S의 화학적 불안정성에 대처하기 위한 6가지의 전략을 살펴본다.

1. *Thiothrix*는 사상의 황 무기화학영양체로, 사상을 형성하는데, 각 섬유의 끝 부분의 부착기(holdfast)를 통해 서로 부착되어 로제트(*rosette*, **그림 15.26**)라고 불리는 세포 배열을 형성한다. *Thiothrix*의 생태적 전략은 H_2S의 원천으로부터 아래쪽으로 빠르게 흐르는 환경에서 부착기를 이용하여 자신을 지탱한다. 이와 같은 환경은 일반적으로 유황천 근처와 황화물 염 습지의 작은 냇물에 존재하는데, 많은 H_2S가 생산된 후 O_2가 풍부한 물로 흘려나가게 된다 (그림 15.26*a*). 생리학적으로 *Thiothrix*는 절대 호기성 혼합영양체이고, 이것과 다른 대부분의 측면에서 *Beggiatoa*를 닮았다.
2. *Beggiatoa*는 사상성의 활주(gliding)하는 황-산화균으로, 보통 지름과 길이가 둘 다 크고, 짧은 길이의 많은 세균이 끝과 끝이 서로 부착하고 있다 (**그림 15.27*a***). 사상체는 구부러지고 감길 수도 있어 많은 사상체는 서로 뒤얽혀 복잡한 다발을 형성하게 된다. *Beggiatoa*는 주로 미생물매트, 퇴적층, 유황천과 온천에서 발견된다. *Beggiatoa*의 생태적 전략은 활주 운동성을 사용하여, 환경에서 H_2S와 O_2가 동시에 존재하는 곳에 자신을 위치시키는 것이다. 예를 들어, 미생물 매트의 *Beggiatoa*는 남세균의 O_2 생산에 반응하여 하루에 몇 센티미터씩이나 수직적으로 움직일 수 있는데, 밤에 광합성이 멈추면 O_2를 얻기 위해 위로 움직이고, 낮에 매트 표면에서 남세균의 O_2 생산에 의해 H_2S가 매트에서 깊은 안쪽에서 있을 때 아래로 움직인다.
3. *Thiomargarita* 속은 지름이 0.75 mm까지인 현재까지 관찰된 가장 큰 세균의 일부를 포함하고 있다 (**그림 15.28**). *Thiomargarita*는 비운동성이며 생태적 전략으로 O_2의 환원과 H_2S 산화를 시간적으로 달리 한다. 이를 위하여 *Thiomargarita*는 질산염(NO_3^-)이 고농도로 있는 거대한 액포 (그림 15.28*b*)를 가지고 있다. 이 액포는 세포 전체 부피를 차지할 수도 있다. 이들은 염습지과 해수 용승지역와 같은 황화물이 풍부하면서 많은 경우 O_2가 풍부한 물과 섞여 있는 해양 퇴적층에 살고 있다. 퇴적층 속에 있을 때에 세포들은 액포 속에 저장된 NO_3^-를 암모니아이온(NH_4^+)으로 환원시키면서 혐기적으로 H_2S를 S^0로 산화시킨다. 이후에 S^0는 세포 내에 과립형태로 저장된다 (그림 15.28*a*). 소용돌이치는 물에 의해 세포가 H_2S가 없는 물 층과 섞이면 이들은 저장된 S^0의 호기적 산화를 한다. S^0 산화로 얻은 에너지는 액포를 다시 NO_3^-로 채우는데 사용되어 다음의 혐기 상태에서 생존할 수 있게 된다.
4. *Thioploca*는 커다란 사상성 세균으로 *Thiomargarita*와 비슷한 전략을 사용한다. *Thioploca*도 세포내 S^0를 과립형태로 NO_3^-를 큰 액포에 가지고 있다 (그림 15.27*b*). 그러나 *Thioploca*의 사상은 활주 운동성이 있고 평행적인 사슬로 채워진 커다란 협막

(a)

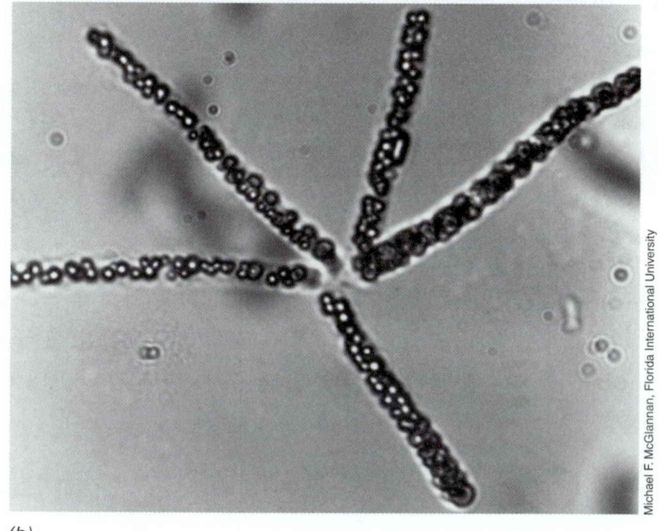

(b)

그림 15.26 ***Thiothrix*.** *(a)* 이탈리아의 Frasassi의 황화 동굴의 유출수에서 발견된 식물질에 붙어 있는 사상성의 *Thiothix*. 식물의 가지로부터 가장 긴 사상의 길이는 약 4 mm이다. *(b)* 그림 15.24*a*에 보여준 황화물을 포함하는 피압 온천(artesian spring)에서 분리된 *Thiothrix* 세포의 장미꽃 모양 세포집단의 위상차 현미경 사진. 황화물의 산화로 생성된 세포내부의 둥근 황 입자에 주목하라. 각 사상의 지름은 4 μm 정도이다.

(sheath) 내부에 존재한다 (그림 15.27*b*). 협막은 퇴적층에서 수직으로 정렬되어 있고, 사슬은 협막에서 위아래로 움직이는데, 저장된 NO_3^-를 전자수용체로 사용하여 혐기적으로 호흡하기 위해 내려가고 액포를 다시 NO_3^-로 채우고 S^0의 호기적으로 호흡하기 위하여 올라간다 (⇄ 20.8절).

5. *Thiovulum*은 산소 층과 만나면서 황화물이 풍부한 진흙이 있는 담수와 해양 서식지에서 발견된다 (**그림 15.29**). *Thiovulum* 세포는 상당히 크고 (10~20 μm), 운동성이 있을 때, 아주 빠른 속도로 수영을 하는데, 아마 알려진 세균 중에서 가장 빠를 것이다 (~0.6 mm/초). *Thiovulum*의 생태적 전략은 세포 안으로 영양분이 들어오는 것을 조절하는 것이다. *Thiovulum* 세포들은 점액을 분비하여 세포들을 베일과 같은 구조로 서로 연결

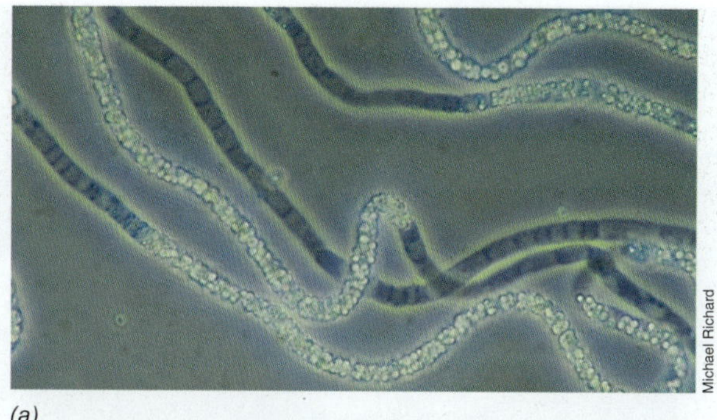

(a)

M. Hüttel

(b)

그림 15.27 사상성 황-산화세균. *(a)* 하수처리장에서 분리한 *Beggiatoa* 종의 위상차 현미경 사진. 일부 세포에서 원소상 황이 풍부한 구형입자를 주목하라. *(b)* 커다란 해양성 *Thioploca* 종들. 세포는 둥근 황 입자 (노란색)을 포함하고 폭이 40~50 μm 정도이다.

되게 하는데 지름이 cm나 될 수 있다 (그림 15.29*a*). 베일은 많은 *Thiovulum* 세포들로 구성되어 있는데, H_2S를 사용하여 형성된다. 세포들은 긴 편모를 가지고 베일가 고체 표면에 부착되어 있다. 편모의 맨 끝이 부착되어 있고 움직이지 않기 때문에, 편모의 축을 중심으로 세포가 회전한다. 베일의 모든 *Thiovulum* 세포들이 한 방향으로 동시에 회전하며 베일을 통하여 물이 흐르게 하여 세포들이 에너지를 만들기 위하여 필요한 H_2S와 O_2를 농도구배를 만들고 조절한다.

6. 황 무기화학영양체의 마지막 생태적 전략은 황세균들이 진핵생물과의 공생관계를 형성하는 것이다. 다양한 공생관계가 있는데, 기주는 H_2S와 O_2의 수준을 조절하기 위한 기작을 제공하고, 황화물-산화 공생균들은 CO_2를 고정하고 기주에게 탄소와 에너지원을 제공한다. 가장 대표적인 예로는 서관충(tubeworm)인 *Riftia*로 황화물-산화 내부공생균을 가지고 깊은 심해의 열수분출공에 산다 (⇄ 23.9절). 열수분출공의 생태계에는 이와 같은 다양한 다른 공생관계가 존재하는데, 거대 조개인 *Calyptogena magnifica*의 아가미 조직과 예티크랩(yeti crab)의 표면에 살고 있는 공생균이 있는데, 후자는 황화물이 풍부한 열수분출수 위로 게 발을 저어서 공생균을 키운다. 얕은 해안가의 황화물이 많은 곳에서는 무척추동물을 포함하는 공생이 또한 흔하게 존재한다. 예를 들어, *Solemyidae* 과의 쌍각류(bivalves)는 황화물이 풍부한 퇴적층으로 파고 들어가서, 황화물과 산소가 풍부한

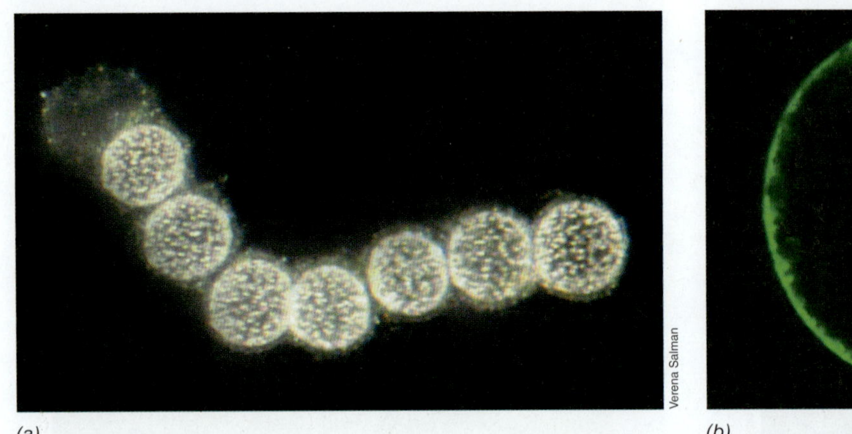

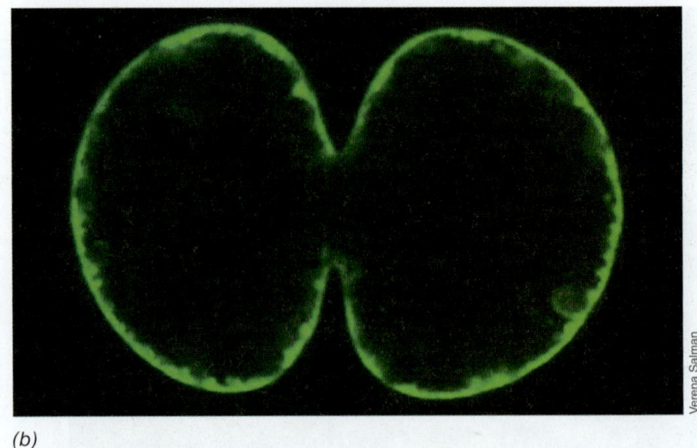

(a) (b)

그림 15.28 거대한 황화물-산화세균, *Thiomargarita*. *(a)* (남서 아프리카의 Namibia 해안의) Namibia 용승해역에서 얻은 *Thiomargarita namibiensis*. 세포의 지름은 100 μm 정도이다. *(b)* 같은 장소에서 얻은 액포를 가진 황화물-산화균의 분열하는 세포. 형광 핵산탐침으로 염색한 *Thiomargarita*의 리보솜을 보여주는 형광 사진. 리보솜은 세포질 안에 존재하고, 세포의 바깥쪽 끝을 따라 얇은 층에 위치하고 있다. 세포질은 커다란 중앙 액포와 세포벽 사이에 압착되어 있고, 사진에서 검게 보인다. 세포의 폭은 50 μm 정도이다.

물을 황화물-산화세균을 가지고 있는 아가미로 위로 공급한다.

이들과 같은 예들에서 어떻게 생태적 다양성으로 세균들이—이 경우에서는 황 산화—그들이 서식하는 다양한 환경을 이용하여, 같은 에너지 대사를 수행하는지 분명해졌을 것이다. 각각의 경우에서, 생물들은 필요로 하는 전자공여체와 수용체를 얻는 일이 목표인 것이 같다. 그러나 각각의 경우에 이를 달성하기 위한 전략들은 독특하고 생물의 특성과 그들이 이용하는 서식지에 가장 잘 맞는다.

미니퀴즈

- *Thiobacillus*의 에너지와 탄소 대사를 어떻게 ATP와 새로운 세포물질들이 만들어지는가의 관점에서 설명하라?
- 황 산화균들은 H_2S의 화학적 산화와 경쟁하기 위하여 어떤 생태학적 전략들이 있는가?

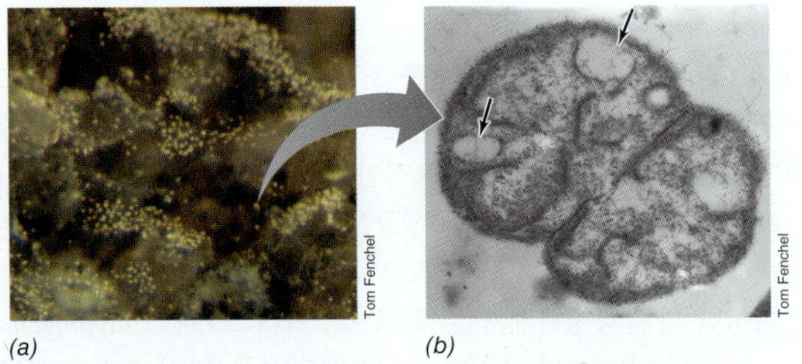

(a) (b)

그림 15.29 황-산화균 *Thiovulum*. *(a) Thiovulum* 세포들의 (노란 점들) 큰 사진으로 H_2S를 포함하는 해양 모래 안에 얇은 베일을 형성한다. *Thiovulum*의 베일은 에너지 요구도를 위하여, 특히 H_2S와 O_2를 얻기 위하여 영양분의 흐름을 조절하기 위한 전약으로 사용된다. *(b) Thiovulum*의 분열하는 세포들의 투과전자현미경 사진: 황 (S^0)의 과립상이 화살표로 표시되었다. *Thiovulum*의 단일 세포는 지름이 보통 10~20 μm이다.

IV • 질소 순환에서의 미생물 다양성

모든 생물들은 생장을 위하여 반드시 질소를 동화하기 때문에 특정 질소의 변환을 위한 촉매작용을 해야 한다. 그러나 세균(*Bacteria*)과 고균(*Archaea*)은 무기 질소원을 변환시켜 에너지를 얻을 수 있는 대표적인 생물들을 가지고 있는 유일한 도메인(domain)이다. 이 절에서는 질소 순환에 참여하고 있는 세균의 세 가지 생리적 그룹들의 다양성에 대하여 알아볼 것이다: 질소자급영양체, 질산화 세균, 그리고 탈질화균. 이들 그룹의 생리는 14.6절, 14.11절과 14.13절에서 다루었다. 대기 중의 질소를 환원하는 미생물들 (질소고정세균들)을 다루면서, 질소 순환 미생물 다양성을 알아보도록 할 것이다.

15.12 질소고정균의 다양성

주요 속: *Mesorhizobium, Desulfovibrio, Azotobacter*

질소자급영양체(diazotroph)는 질소 가스(N_2)를 세포의 질소원으로 동화될 수 있는 NH_3로 고정하는 미생물들이다. 질소고정은 동화 과정으로 ATP와 질소고정효소 (14.6절)를 필요로 한다. 질소자급영양체는 일반적으로 다른 형태의 N이 없는 경우에만 N_2를 고정하고, 질소고정효소 발현은 NH_3가 세포에 이용될 수 있을 때에는 저해를 받는다. 질소고정효소는 O_2에 의해 비가역적으로 저해를 받고, 이는 질소자급영양체의 생태적 분화가 초래되는 이유이다; 우리는 서로 다른 생물이 O_2로부터 질소고정효소를 보호하기 위하여 다른 해법을 진화시켜온 것을 살펴볼 것이다.

질소고정은 세균들 사이에 넓게 퍼져 있고, 적은 수의 고균에서도 발견된다. 마지막 보편적인 공통의 조상이 질소고정효소를 가졌을 것으로 생각된다 (13.1절). *nifH* 유전자는 질소고정효소의 구성성분인 이질소고정 환원효소(dinitrogenase reductase)를 만드는데 (14.6절), 질소자급 영양체의 다양성을 측정하는 데 사용된다. 아홉 개의 세균 문(phyla)과 하나의 고균 문에 퍼져 있는 30,000개 이상의 독특한 *nifH* 유전자 염기서열이 알려졌다 (그림 15.1). 계통수에서 질소고정효소의 계통분류학적 분포는 수평적 유전자 전이에 의해 강하게 영향을 받는다. 결과적으로 *nifH* 유전자의 계통은 16S 리보솜 RNA 유전자 계통과 일치하지 않는다 (**그림 15.30**). 우리는 여기서 공생과 자유생활을 하는 질소자급영양 세균을 살펴볼 것이다.

공생적 질소자급영양체

질소자급영양체는 식물, 동물, 곰팡이와 몇 가지의 공생관계를 형성한다. 이들 관계는 일반적으로 탄소원과 에너지원, 산소 농도를 조절하는 시스템을 포함하는 살아가는 환경을 제공하는 기주와 이에 대한 보상으로 고정된 질소를 기주에서 제공하는 미생물 공생자에 의해 정의된다.

뿌리혹세균이라는 뜻의 근류균(根瘤菌) [역자 주: 근권세균을 뜻하는 근류균(根留菌)과 구분 요망]과 콩과식물 사이의 공생은 가장 잘 알려진 질소고정 공생 관계이다 (23.3절). 뿌리혹 형성 세균은 알파프로테오박테리아 (예, *Mesorhizobium*, *Bradyrhizobium*, *Sinorhizobium*), 베타프로테오박테리아 (예, *Burkholderia*), 또는 *Actinobacteria* (예, *Frankia*)이다. 공생 질소자급 영양균의 다른 속들은 좀조개(shipworm, *Teredinibacter*), 흰개미 장내 (*Treponema*) (23.7절). 내생균근 진균 (*Glomeribacter*) (18.11절과 23.4절)과 몇 가지 진균, 조류, 식물 [남세균(*Cyanobacteria*)]과 관계가 있는 것으로 알려졌다 (23.1절과 23.3절). 이들 다른 공생관계들은 수렴진화의 결과로서 여러 번에 걸쳐 독립적으로 진화해온 것이다 (그림 15.30).

자유생활 질소자급영양체

자유생활 질소자급영양체들은 질소고정효소를 산소로부터 보호하기 위한 기작이 필요하다 (14.6절과 7.8절). 이 문제에 대한 가장 간단한 방법은 오직 무산소 환경에서 생장하는 것이다. 질소고정의 근원은 산소발생 광합성의 근원보다 앞서기 때문에, 첫 번째 질소고정 생물은 자유생활의 혐기성균이었다. 절대 혐기성 자유생활 질소자급영양균은 해양과 담수의 퇴적층, 그리고 미생물매트의 무산소 환경에서 흔하게 존재한다. 절대 혐기성 자유생활 질소자급영양균은 세균의 문인 *Firmicutes* (예, *Clostridium*), *Chloroflexi* (예, *Oscillochloris*), *Chlorobi* (예, *Chlorobium*), *Spirochaetes* (예, *Spirochaeta*), 프로테오박테리아 (예, *Desulfovibrio*, *Chromatium*)과 고균의 문인 *Euryarchaeota* (예, *Methanosarcina*)에서 발견된다. *Desulfovibrio*는 *Spartina*가 많은 무산소의 염습 퇴적층에서 존재하고, 이들의 N_2 고정은 이러한 환경에 서식하는 식물의 중용한 질소원이다.

산소로부터 질소고정효소를 보호하는 다른 단순한 기작은 산소가 없을 때, 혹은 낮은 농도로 존재할 때만 N_2를 고정하는 것이다. 예를 들어, 통성호기성균은 혐기적으로 생장할 때만 종종 N_2를 고정한다 (예, *Klebsiella*). 일부 호기성 질소고정세균들은 미호기성

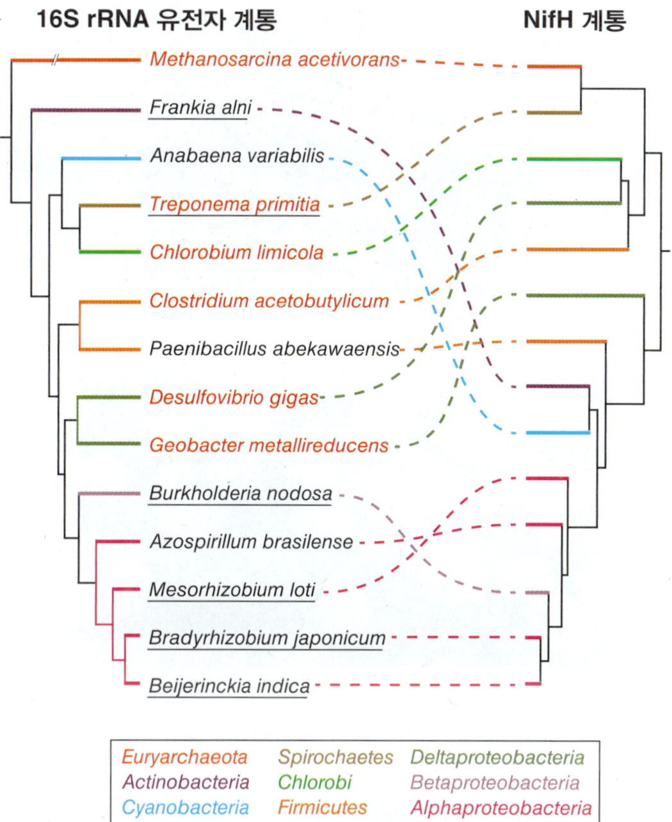

그림 15.30 16S 리보솜 RNA 유전자 염기서열과 nifH 아미노산 서열로 유추되는 질소자급 (질소고정) 세균사이의 관계. 각 계통수의 가지는 문을 나타내기 위하여 색깔을 가진다. 점선은 두 계통수 사이의 공유하는 가지를 나타낸다. 두 계통수의 불일치는 *nifH* 유전자의 여러 번의 수평적 유전자 전이의 결과이다. 빨간 글은 절대 혐기성 세균을 나타내고, 밑줄 그은 문자는 진핵생물과 공생하는 형태의 종들을 나타낸다.

(*microaerophiles*)이다; 이들 균들은 산소가 적은 농도 (일반적으로 2%보다 적을 때)로 존재하는 환경에서만 질소를 고정한다. 그러나 일부 생물들은 산소로부터 질소고정효소를 보호하는 더 복잡한 기작을 진화시키면서 산소의 존재 하에서도 생장할 수 있다.

절대 호기성 자유생활 질소자급영양균은 산소로부터 질소고정효소를 보호하는 다양한 기작을 진화를 통해 가지고 있는 남세균 (*cyanobacteria*) (15.3절)과 다양한 단세포 자유생활 화학유기영양세균을 포함한다. 절대 호기성 자유생활 질소자급영양균은 *Azotobacter*, *Azospirillum*과 *Beijerinckia*를 포함한다. *Azotobacter* 세포들은 커다란 막대형 혹은 지름이 2~4 μm 혹은 더 큰 구형이다. 이들이 질소원으로 N_2를 사용하여 생장할 때에는 많은 캡슐과 점액층이 일반적으로 생산된다 (**그림 15.31** 그리고 그림 2.17과 14.22*a*, *b*). *Azotobacter* 세포들의 높은 호흡률 특성과 그들이 생산하는 높은 캡슐형태의 풍부한 점액층이 O_2로부터 질소고정효소를 보호하는데 도움을 줄 것으로 생각된다. *Azotobacter*는 많은 다른 탄수화물, 알코올, 유기산에서 생장할 수 있고, 대사과정은 절대 호기적이다.

*Azotobacter*는 포낭(*cyst*)이라고 불리는 휴면 구조를 형성할 수 있다 (**그림 15.32*b***). 세균의 내생포자와 같이, *Azotobacter*의 포낭

단원 4

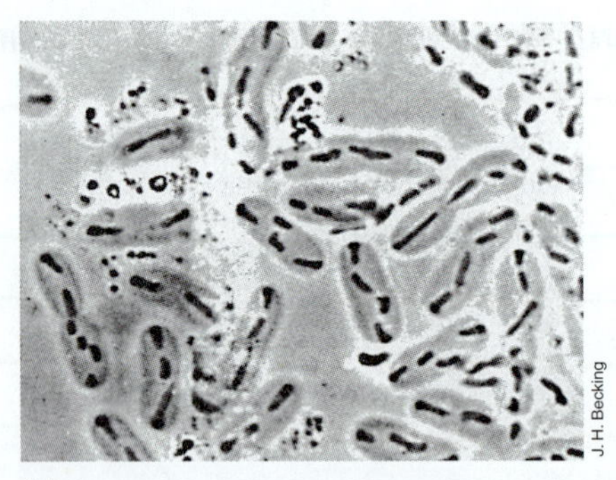

(a)

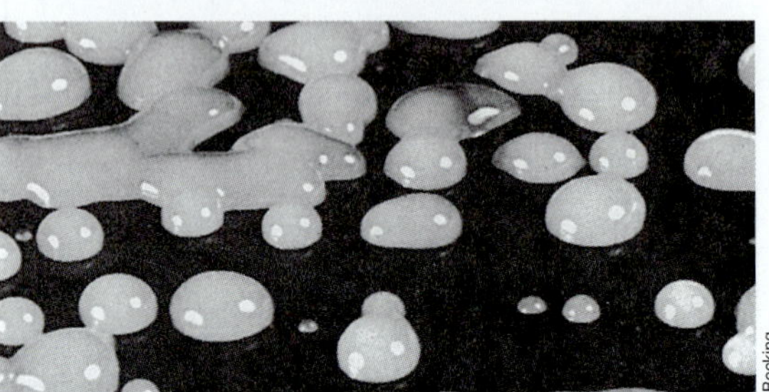

(b)

그림 15.31 자유생활 N_2-고정 세균의 점액 생산의 예시. *(a)* 점액 안에 갇혀 있는 *Derxia gummosa*의 세포들. 세포는 폭이 1~1.2 μm 정도이다. *(b)* 탄수화물을 가지는 배지에서 자라는 *Beijerinckia* 종들의 균락. 많은 캡슐의 점액으로 인한 부풀어 오른 반짝이는 균락의 모습을 주목하라.

은 아주 적은 내부호흡을 보이며, 건조, 기계적 붕괴와 자외선, 전리방사선에 저항성을 갖는다. 그러나 내생포자와는 다르게, 포낭은 매우 열-저항성이 아니고, 만약 탄소원이 제공되면 빠르게 산화하기 때문에 완전히 휴면상태가 아니다.

*Azotobacter*와 대체 질소고정효소

14.6절에서 생물학적 N_2 고정의 중요한 과정을 다루었고, 질소고정효소에 몰리브덴(Mo)와 철(Fe) 금속의 아주 중요한 점을 논의하였다. *Azotobacter chroococcum* 종은 몰리브덴이 존재하지 않는 상태에서 N_2를 사용하여 생장할 수 있는 첫 번째 세균이었다.

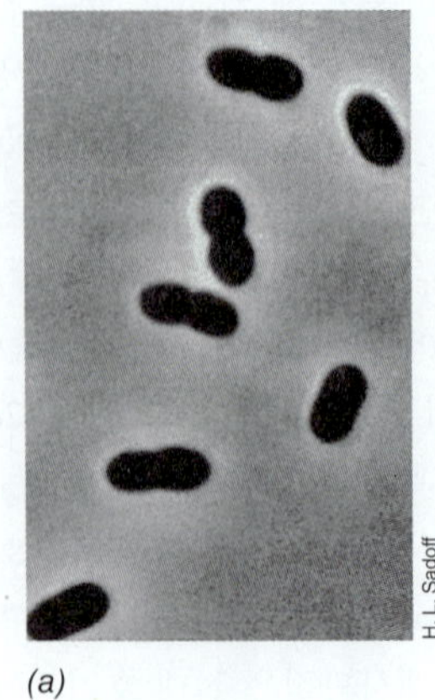

(a)

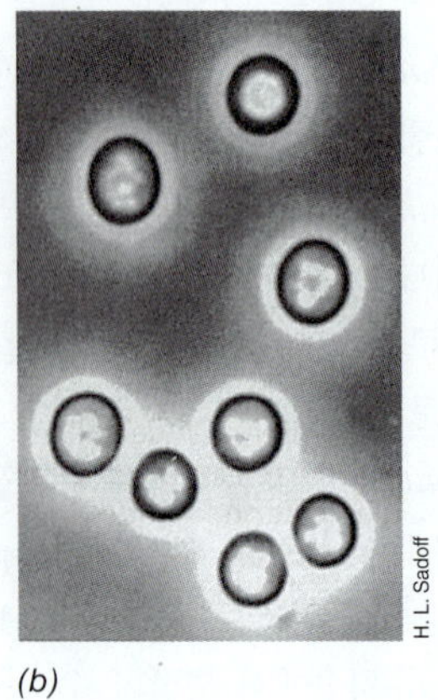

(b)

그림 15.32 *Azotobacter vinelandii*. *(a)* 영양세포들과 *(b)* 위상차 현미경으로 관찰된 포낭. 세포의 지름은 약 2 μm, 포낭은 약 3 μm 정도이다.

*A. chroococcum*은 Mo 제한으로 인하여 보통의 MoFe 질소고정효소가 합성되는 것이 방해될 때에, 두 개의 "대체 질소고정효소(alternative nitrogenases)" 중의 하나를 만드는 것이 알려졌다. 이들 질소고정효소는 MoFe 질소고정효소보다 덜 효율적이고, Mo 대신에 바나듐(V) 혹은 Fe을 가진다. 세 가지의 다른 질소고정효소(MoFe, VFe, 그리고 FeFe)는 유사 유전자(paralogous genes)에 의해 만들어지고, 이들 세 가지 관련 효소들은 유전자 중복의 결과로 나타났을 것이다 (9.5절과 13.7절). 다른 질소고정세균의 후속 연구를 통하여 이들 유전적으로 다른 "보충(backup)" 질소고정효소가 질소고정세균 사이에서, 특히 남세균과 고균에서 넓게 분포하는 것이 알려져 있다.

미니퀴즈

- 자유생활 질소자급영양균이 산소로부터 질소고정효소를 보호하기 위한 기작들은 무엇인가?
- 어디에서 질소고정세균을 발견할 수 있는가?

15.13 질산화균과 탈질화균의 다양성

무기질소 (NO_3^-, NO_2^-)를 혐기적으로 호흡하여 가스형태의 산물인 NO, N_2O, 그리고 N_2를 만드는 미생물들을 **탈질화균(denitrifiers)**이라고 한다 (14.13절). 이들 생물은 일반적으로 통성 호기성균이고, 화학유기영양체로 유기 탄소를 탄소원과 전자공여체로 사용한다.

환원된 무기 질소화합물 (NH_3, NO_2^-)을 사용하여 화학무기영양성으로 생장할 수 있는 미생물들을 **질산화균(nitrifiers)**이라고 한다 (**그림 15.33**) (14.11절). 이들 생물은 일반적으로 절대 호기성균으로, 또한 독립영양성으로 생장할 수 있다; 대부분의 종들이 캘빈회로로 CO_2를 고정한다. 일부 종들은 또한 CO_2 이외에 유기 탄소를 동화하여 혼합영양성으로 생장할 수 있음이 보고되었다.

질산화 세균과 고균의 생리

질산화는 두 생리적 그룹 생물의 연속적인 활동으로부터 기인하는데, 암모니아-산화균 (*ammonia oxidizers*, NH_3를 아질산염, NO_2^-으로 산화하는) (그림 15.33*a*), NO_2^-를 NO_3^-로 산화하는 실제 질산염-생산 미생물들인 아질산염-산화균(*nitrite oxidizers*) (그림 15.33*b*)이다. 암모니아 산화균은 보통 니트로소(*Nitroso-*)로 시작하는 속명을 가지고, 질산염-생산 미생물들은 니트로(*Nitro-*)로 시작한다. 그러나 *Nitrospira* 속의 일부 미생물들은 암모니아 산화와 아질산염 산화를 모두 수행할 수 있기 때문에, 암모니아를 산화하여 질산염까지 계속 산화할 수 있다 (이들 세균들에 대하여 451쪽 참조).

질산화균의 많은 종은 복잡한 내부 막층을 가지고 (그림 15.33), 이런 막층은 계통학적으로 가까운 자색 광영양성 세균 (15.4절)과 메탄-산화 (메탄영양) 세균 (15.16절)이 가지는 광합성 막과 유사하다. 막에는 질산화의 핵심효소인 NH_3를 히드록실아민(NH_2OH)으로 산화하는 암모니아 일산소화효소(*ammonia monooxygenase*)

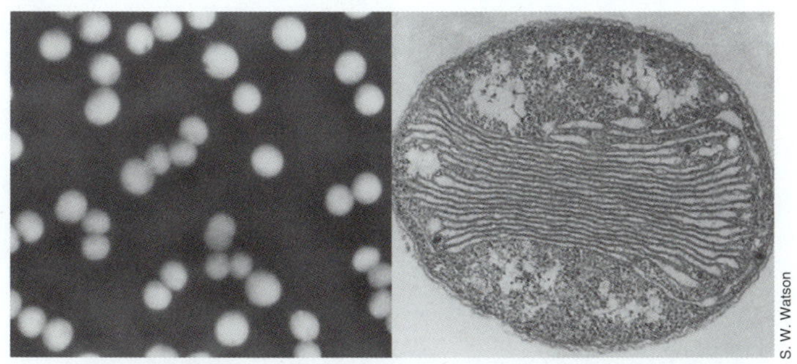

반응: $NH_3 + 1\frac{1}{2} O_2 \longrightarrow NO_2^- + H^+ + H_2O$

(a)

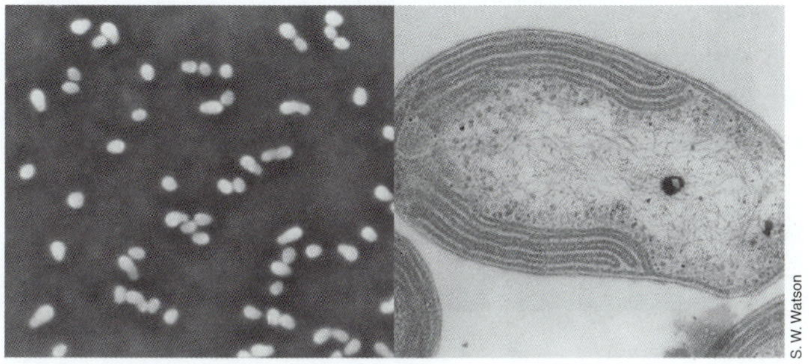

반응: $NO_2^- + \frac{1}{2} O_2 \longrightarrow NO_3^-$

(b)

그림 15.33 질산화 세균. *(a)* 암모니아-산화세균인 *Nitrosococcus oceani* 의 위상차 현미경 사진 (왼쪽)과 전자현미경 사진 (오른쪽). 단일 세포의 지름은 2 μm 정도이다. *(b)* 아질산염-산화세균인 *Nitrobacter winogradsky*의 위상차 현미경 사진 (왼쪽)과 전자현미경 사진 (오른쪽). 세포의 지름은 약 0.7 μm 정도이다. 각각 사진의 아래에는 각 미생물이 촉매작용을 하는 화학무기영양의 반응이 나타나 있다. 각 종들의 구분되는 내부 막은 질산화의 주요 효소의 장소이다.

와 NO_2^-을 NO_3^-로 산화하는 아질산염 산화환원효소(*nitrite oxidoreductase*)가 위치하고 있다 (14.11절).

질산화 세균의 농화배양은 NH_3나 NO_2^-을 전자공여체로 첨가하고 중탄산염(HCO_3^-)을 유일 탄소원으로 첨가한 무기염 배지를 이용하여 쉽게 얻을 수 있다. 이 세균은 전자공여체로부터 매우 적은 ATP를 만들기 때문에 (14.11절), 가시적인 탁도는 상당한 질산화가 일어난 이후에도 나타나지 않을 수 있다. 따라서 생장을 확인하기 쉬운 방법은 NO_2^-의 생성 (NH_3을 전자공여체로 사용하는 경우) 혹은 NO_3^-의 생성 (NO_2^-를 전자공여체로 사용하는 경우)을 측정하는 것이다.

질산화 세균과 고균: 암모니아 산화균

주요 속: *Nitrosomonas, Nitrosospira, Nitrosopumilus*

암모니아 산화균들은 베타- (예, *Nitrosomonas, Nitrosospira, Nitrosolobus, Nitrosovibrio*)와 감마프로테오박테리아 (*Nitrosococcus*), *Nitrospirae* 문, 그리고 고균의 문인 *Thaumarchaeota* (*Nitrosopumilus, Nitrosocaldus, Nitrosoarchaeum, Nitrososphaera*)에 존재한다.

암모니아 산화균들은 토양과 물에 널리 분포한다. 세균의 암모니아 산화균들은 많은 단백질 분해 [암모니아화(ammonification)]가 일어나는 곳과 또한 하수처리 시설 (22.6절과 22.7절)과 같은 NH_3가 풍부한 서식처에 가장 많이 존재한다. 질산화 세균은 하수와 다른 폐수의 유입이 많은 호수와 작은 시내에서 특히 많이 번식하는데, 이곳들에 종종 많은 NH_3가 존재하기 때문이다. *Nitrosomonas*는 호기적 폐수처리시설에 존재하는 활성슬러지에서 자주 관찰된다. 세균의 암모니아 산화균들은 또한 토양 (예, *Nitrosospira, Nitrosovibrio*)과 해양 (예, *Nitrosococcus*)에 흔하다.

고균 암모니아 산화균들 (17.5절)은 NH_3의 농도가 적게 존재하는 서식지에 가장 흔하게 존재한다. 이들 생물들은 암모니아의 수준이 매우 낮은 해양 (20.9절과 20.11절)의 주요한 암모니아 산화균들로 생각된다. 고균 암모니아 산화균들은 또한 토양에 흔하고, 일부 토양에서는 암모니아 산화균보다 몇 수십 수백 배 많게 존재한다. NH_4^+에 대한 NH_3의 가용성은 pH에의 줄어들기 때문에, 흔한 산성토양 (pH <6.5)은 낮은 농도의 NH_3에서 생장할 수 있는 균들이 선택되게 된다.

질산화 세균: 아질산염 산화균

주요 속: *Nitrospira, Nitrobacter*

아질산염 산화균들은 알파-(*Nitrobacter*), 베타-(*Nitrotoga*), 감마-(*Nitrococcus*), 그리고 델타프로테오박테리아 (*Nitrospina*)의 강(*classes*)과 *Nitrospirae* 문 (*Nitrospira* 속)에서 속한다 (16.21절).

아질산염-산화 프로테오박테리아와 같이, *Nitrospira*는 아질산 (NO_2^-)을 질산염 (NO_3^-)으로 산화하고 독립영양으로 생장한다 (**그림 15.34**). 그러나 *Nitrospira*는 질산화 프로테오박테리아 종들에서 발견되는 두꺼운 내부 막을 가지고 있지 않다. 그럼에도 불구하고 *Nitrospira*는 *Nitrobacter*와 같은 아질산염-산화 프로테오박테리아와 많은 같은 환경에서 서식하고, 그래서 그들의 NO_2^- 산화 능력은 질산화 프로테오박테리아로부터 수평적 유전자 전이로 얻

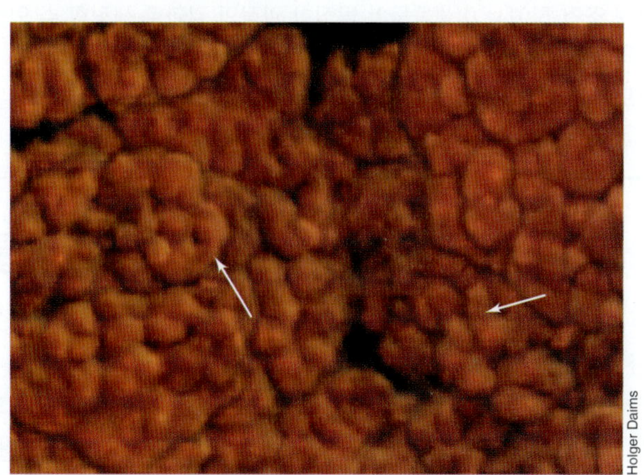

그림 15.34 질산화 세균 *Nitrospira*. 폐수처리 시설의 활성슬러지로부터 농화배양된 *Nitrospira* 세포들의 집합체. 각 개개의 세포들은 커브형태 (화살표)이고 그룹들은 집합체에서 사분자(tetrads)형태이다. *Nitrospira* 단일 세포들은 약 0.3 × 1~2 μm 정도이다 (대사적으로 독특한 *Nitrospira*에 대하여 451쪽 참조).

었을 것으로 생각된다. (혹은 그 반대도 그러함). 우리가 알고 있는 것처럼, 이러한 생리적 특성의 획득 기작은 세균의 세계에서 넓게 이용되고 있다 (11장과 13.7절). 그러나 자연계에서 질산화 세균의 존재에 대한 환경 조사는 *Nitrobacter*보다 *Nitrospira*가 훨씬 더 많이 존재하는 것을 보여준다, 자연환경에서 NO_2^-가 많이 산화되는 것은 아마 *Nitrospira*의 활성으로 인한 것일 것이다.

탈질화 세균과 고균

주요 속: *Paracoccus, Pseudomonas*

탈질화균들은 NO_3^- 또는 NO_2^-를 가스형태인 NO, N_2O, 그리고 N_2로 혐기적 호흡을 하면서 생장할 수 있다 (14.13절). 거의 모든 탈질화균들은 화학유기영양체로서 유기 탄소를 탄소원과 전자공여체로 이용한다. 예외들도 있는데, 15.11절에서 논의되었던 탈질 황 산화균이 그렇다. 탈질화균들은 일반적으로 통성 호기성균이고 거의 모든 경우에서 O_2가 존재하면 호기성 균으로 우선적으로 잘 생장한다. 탈질화균들은 농업토양에서 매우 중요한데, 그들이 질소 비료의 소실을 유발하고, N_2O의 생산이 농업토양에서 만들어지는 지구온난화 가스의 주요 성분이기 때문이다 (21.8절).

탈질화균들은 계통분류학, 대사적으로 매우 다양하고, 두 고균문과 프로테오박테리아의 다섯 강(class)을 포함하는 6개의 세균문을 포함한다 (그림 15.1). 가장 잘 연구된 탈질화균은 *Paracoccus denitrificans* (알파프로테오박테리아)이다. NO_3^-를 N_2로 탈질화하는 과정은 몇 가지 주요 효소과정을 필요로 하고 (14.13절), 이들 효소를 만드는 유전자들은 모든 생물에 걸쳐 존재하는 것은 수평적 유전자 전이에 의한 매우 큰 영향을 보여준다. 그러나 많은 질산염 환원균들은 오직 탈질 과정의 일부만을 가지고 있기 때문에 NO_3^-를 N_2로 완전하게 환원시킬 수 없어 최종산물로 NO_2^-, NO, 또는 N_2O를 만든다.

미니퀴즈

- 어떤 조건 하에서 미생물들이 탈질화 과정의 결과로 생장할 수 있을 것으로 기대하는가?
- 암모니아와 아질산염 산화균들 사이의 공통으로 공유하는 특징은 무엇인가?

단원 4

V • 미생물의 다른 특이한 기능적 그룹

우리는 생리적 생태학적 특징이 수렴진화 또는 수평적 유전자 전이의 결과로 다른 문에 걸쳐 있는 기능적 미생물그룹에 대하여 계속해서 다룰 것이다. 생리학적 측면에서, 여기의 모든 그룹은 화학영양성으로—화학무기영양성 또는 화학유기영양성—탄소순환 또는 수소와 금속의 대사의 특별한 과정에 기여한다.

15.14 이화학적 철-환원균

주요 속: *Geobacter, Shewanella*

이화적 철-환원균들은 산화된 금속 또는 중금속의 환원을 통해 세포 생장을 한다. 이들 생물들은 호흡을 위한 전자수용체로, 용해되지 않은 고체 물질을 사용해야하는 기본적인 장애를 극복해야 한다. 많은 미생물들이 발효반응이나 황 또는 황산염 환원의 결과로 금속들을 효소로 환원시킬 수 있지만, 이러한 생물들은 금속 환원으로부터 에너지를 얻지 못한다. 반면에 이화적 철-환원균들은 H_2 또는 유기화합물의 산화와 3가철(Fe^{3+}) (**그림 15.35*Aa***) 또는 망간(Mn^{6+})의 환원을 연결시키면서 금속 호흡을 수행할 수 있다.

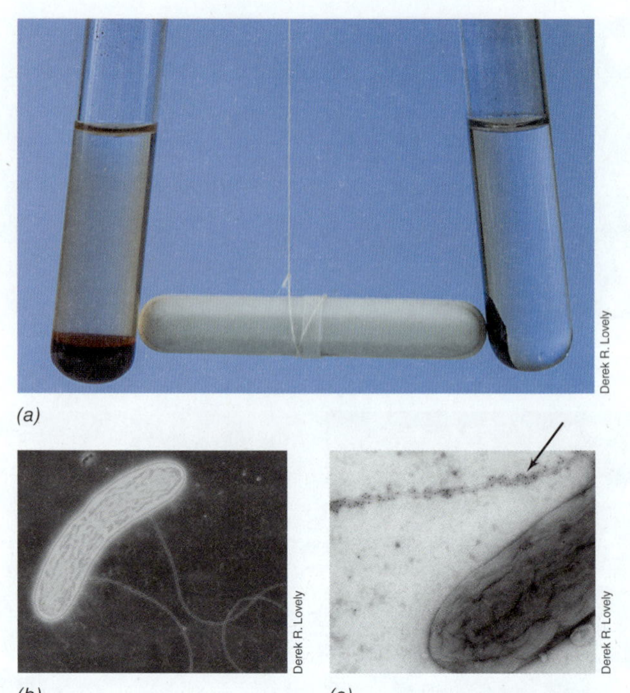

그림 15.35 이화적 철-환원세균 *Geobacter*. *(a)* 접종하지 않은 튜브 (왼쪽)은 아세트산과 페리하이드라이트 (ferrihydrite, 좋지 않은 자성의 산화철)를 포함하는 무산소 배지이다. *Geobacter*가 자라면서 (오른쪽 튜브) 페리하이드라이트가 자성이 있는 마그네타이트(magnetite)로 환원된다. *(b) Geobacter sulfurreducens*의 투과전자현미경 사진으로 편모와 선모(pili)가 나타나있다. 세포는 약 0.7 × 3.5 μm 정도이다. *(c)* 선모 위의 시토크롬 OmcS가 면역금(immunogold)으로 표시됨 (화살표), *G. sulfurreducens*의 투과전자현미경 사진.

이화적 철-환원균들은 계통분류학적으로 다양하다 (그림 15.1). 세균 속에서는 프로테오박테리아 (*Geobacter, Shewanella*), *Acindobacteria* (*Geothrix*), *Deferribacteres* (*Geovibrio*), *Deinococcus-Thermus* (*Thermus*), *Thermotogae* (*Thermotoga*)와 *Firmicutes* (*Bacillus, Thiobacillus*)에서 존재하고, 고균 속에서는 *Crenarchaeota* (*Pyrobaculum*)에서 존재한다. 철 호흡은 생명의 역사에서 진화초기에 나타났을 것으로 보이며, 공통의 조상에서 존재하였던 것이 일부 계통에서 소실이 일어나고, 수평적 유전자 전이에 의해 다른 생물에게 이동하였기 때문에 철 호흡이 넓게 분포한다.

생리

이화적 철-환원균들은 용해되지 않은 외부 전자수용체 사용에 전문화되어 있고, 이들 생물은 일반적으로 혐기적 호흡에서 아주 다재다능하다. 이화적 철-환원균들은 용해되지 않은 미네랄에 전자전달을 촉진하는 외부 막 시토크롬을 가지고 있는 점에서 특별하다. 대부부분의 종들은 산화철이나 산화망간 전자수용체로 사용할 수 있고, 많은 종들이 또한 질산염, 푸마르산염, 무기 황 화합물, 코발트, 크롬, 우라늄, 셀레늄, 비소와 부식화합물을 사용할 수 있다 (14.15절). 철-환원세균의 대부분의 속들은 절대 혐기성균이지만 *Shewanella*와 근연 종 일부는 통성 호기성균이다. 전자공여체는 일반적으로 지방산, 알코올, 당과 특별한 경우에 방향족 화합물과 같은 유기화합물이다. 또한 대부분의 종들은 H_2을 전자공여체로 사용할 수 있지만, 일반적으로 독립영양적으로 생장할 수 없어, 생장을 위한 유기 탄소원을 필요로 한다.

델타프로테오박테리아(*Deltaproteobacteria*)에서 *Geobacteraceae* 과(family)는 이화적 철-환원균 네 가지 속 (*Geobacter*, *Desulfuromonas*, *Desulfuromusa*, *Pelobacter*)을 포함하는데, 적절하게 절대 혐기적 금속 환원균들의 생리적 다양성을 나타낸다. *Geobacter*, *Desulfuromonas*와 *Desulfuromusa*는 모두 아세트산과 다른 작은 다양한 유기물을 전자공여체로 사용할 수 있고, 이들은 이 물질들을 완전하게 CO_2로 산화한다. 이들 속들은 일반적으로 혐기적 호흡에 특화되어 있다. 특히 *Geobacter*는 선모 (그림 15.35*b*)를 만들고 안에 시토크롬 (그림 15.35*c*)을 가지며, 이 선모가 산화철의 표면에 전자의 전달을 촉진시킨다. 반면에 *Pelobacter*는 주로 발효 미생물로 더 제한된 호흡능력을 가진다. 예를 들어, *Pelobacter carbinolicus*는 오직 젖산을 전자공여체로 사용할 수 있고, 단지 3가철 또는 S^0를 전자수용체로 사용할 수 있다. *Pelobacter*는 탄소 기질을 완전하게 CO_2로 산화할 수 없다.

*Shewanella*와 근연관계인 감마프로테오박테리아에 속하는 *Ferrimonas*와 *Aeromonas*는 통성 호기성 세균들이고 산소가 존재할 때 호기적으로 생장한다. *Shewanella*는 3가철과 망간 이외에 다양한 전자공여체와 수용체를 사용할 수 있다. 그러나 *Pelobacter*와 같이 이들은 탄소 기질을 완전하게 CO_2로 산화할 수 없고, 혐기적 호흡을 위해 전자공여체로 아세트산을 산화할 수 없다.

생태

이화적 철-환원균들은 무산소 담수와 해양 퇴적층에서 흔하게 존재한다. 이들 생물은 많은 무산소 서식처에서 유기물질 산화에 중요한 역할을 하는 것으로 생각된다. 이화적 철-환원균들은 또한 얕은 대수층뿐만 아니라 깊은 지표면 환경 (20.7절)에서 흔하게 존재한다. 뿐만 아니라, 고온성과 초고온성 철-환원 종들도 보고되었고 (예, *Thermus*, *Thermotoga*), 온천과 깊은 바다지표면을 포함하는 다른 지열로 더워진 시스템에서 종종 발견된다.

미니퀴즈

- *Geobacter*와 *Shewanella*는 어떤 계통분류학적 그룹에 존재하는가?
- 이화적 철-환원균들의 어떤 속이 통성 호기성균을 포함하는가?

15.15 이화학적 철-산화균

주요 속: *Acidithiobacillus*, *Gallionella*

2가철(Fe^{2+})을 산화하여 세포 생장을 하는 능력은 생물의 계통에 넓게 퍼져 있고, 지구 역사의 진화에서 초기에 진화한 형질로 생각된다. 2가철을 전자공여체로 사용하여 생장하는 능력을 가진 속(genera)들은 다섯 개의 세균과 두 개의 고균 문(phyla)에 걸쳐 펴져 있다 (그림 15.1).

호기적 철-산화균의 다양성과 분포는 pH와 O_2에 의해 강하게 영향을 받는다. 2가철은 중성과 알칼리 pH ($pH>7$)에서 O_2의 존재 하에 자발적으로 산화하여 불용성 침전물을 형성하지만, 무산소 환경이나 산성 pH ($pH <4$)에서 호기적으로도 안정하게 존재한다. 철 산화균들은 그들의 기본 생리에 근거하여 네 가지 기능적 그룹으로 나뉠 수 있다: 호산성 호기적 철-산화균, 중성 호기적 철-산화균, 혐기적 화학영양성 철-산화균과 혐기적 광영양성 철-산화균.

호산성 호기적 철-산화세균

철-산화세균의 생장은 가용성 2가철이 존재하는 철이 풍부한 산성 환경에서 좋다. 호기적 철-산화균들은 종종 버려진 석탄 또는 철광, 광미에서 발생하는 산성광산폐수에서 많이 존재한다 (22.1절과 22.2절). 또한 호산성이며 호기적 철-산화균들은 화산지역의 철이 많은 산성 용출수에 서식한다. 이들 환경에서, 2가철과 함께 황이 종종 존재하고, 많은 호산성 호기적 철-산화균들은 황과 2가철 원소를 둘 다 산화시킬 수 있다. 이들 종은 독립영양성이거나 종속영양성이며, *Acidithiobacillus* (감마프로테오박테리아), *Leptospirillum* (*Nitrospirae*)와 *Ferroplasma* (*Euryarchaeota*)에서 흔하게 발견된다. 다른 호산성 호기적 철-산화균들은 *Actinobacteria*와 *Firmicutes*에서도 존재할 수 있다.

호중성 호기적 철-산화세균

호중성 호기적 철-산화균(neutrophilic aerobic iron-oxidizer)은 특별한 서식처에 적응된 생물들이다 (14.10절). 이는 2가철은 비교적 중성 pH에서 불용성이고, 화학적 산화가 자발적이며, 공기 중에서 빠르게 진행되기 때문이다. 더욱이 중성의 pH에서 세포 표면에서 일어나는 철 산화는 산화철 덩어리를 만들어 효과적으로 자라는 세포를 파묻을 수 있다. 따라서 호중성 호기적 철-산화균은 철이 풍부한 공기에 노출된 무산소 수중에서 번창할 수 있다. 이와 같은 서식처는 습지근처 또는 무산소 지하수가 용출수를 만드는 토양에 흔하고, 또한 이들은 습지 식물의 근권과 일부 해저 열수 시스템에 서식한다.

호중성 호기적 철-산화균의 일부 속(genera)들이 알려졌고, 이들은 모두 프로테오박테리아에 속한다. 담수 서식처에서 발견되는 종들은 베타프로테오박테리아의 가까운 관련 속들이고, 해양에서 발견되는 종들은 제타프로테오박테리아(*Zetaproteobacteria*)에 속한다. 이들 생물의 대사과정은 아주 제한적이다. 이들 종은 일부 경우에서는 혼합영양성도 관찰되지만, 일반적으로 미호기성이며 절대

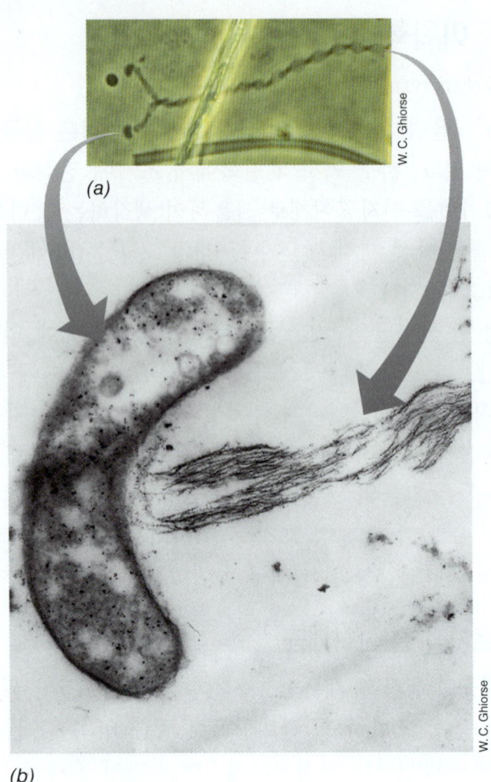

그림 15.36 뉴욕의 Ithaca 시 주변의 철 침출지역으로부터 얻은 중성의 철-산화균인 *Gallionella ferruginea*. *(a)* 하나의 꼬인 형태로 만든 자루를 가진, 두 개의 콩-모양 세포사진. *(b)* 자루를 가진 *Gallionella* 세포 박편의 투과전자현미경 사진. 세포의 폭은 약 0.6 μm 정도이다.

화학무기영양성이다. *Leptothrix*와 *Sphaerotilus* 속들은 예외이다 (15.21절). *Leptothrix*와 *Sphaerotilus*는 호중성 호기적 철-산화균을 가지는 담수 환경에서 흔하다. 이들은 철과 망간 둘 다 산화시키지만, 이 반응들에서 에너지를 얻지는 않는 것 같고, 대신에 유기물질을 산화시켜 에너지를 얻는다.

호중성 호기적 철-산화균의 특징적인 종들은 *Gallionella* (담수) 속(genus)과 해양 속인 *Mariprofundus* (해양)의 속들에서 발견된다. *Gallionella*와 *Mariprofundus*는 각각 2가철의 산화로 부터 $Fe(OH)_3$를 가지는 꼬여진 자루 같은 구조를 형성한다 (**그림 15.36**). 철로 둘러싸여 있는 자루는 유기구조물 위에 세포표면으로 분비된 $Fe(OH)_3$가 축적된 것이다. 자루형성은 아마도 세포들이 산화철 표면에 묻히는 것을 방지하기 위한 적응일 것이다.

*Gallionella*는 물이 빠지는 습지, 철 용출수와 2가철이 존재하는 서식처에 흔하다. *Mariprofundus*는 하와이 근처의 해저 화산지역인 Lō'ihi seamount라는 곳으로부터 처음 동정되었다 (21.5절과 그림 21.14). *Gallionella*와 *Mariprofundus*는 둘 다 독립영양성이며 캘빈회로의 효소 (14.5절)를 가지는 화학무기영양성이다.

혐기적 철-산화세균

혐기적 2가철 산화는 화학영양성과 광영양성 세균 모두 수행할 수 있다. 이들 그룹들은 무산소 퇴적층과 습지에 흔하게 존재한다. 무산소 조건은 넓은 범위의 pH에서 2가철의 용해도를 증가시켜주기 때문에, 호기적 철-산화세균과는 다르게, 혐기적 철-산화세균들의 생장은 중성의 pH에 엄격하게 제한적이지 않다. 이들 그룹들은 대사적으로 다양하고 많은 다른 전자공여체와 수용체를 사용하여 자랄 수 있는 생물들을 포함한다.

광영양성 철 산화는 알파프로테오박테리아 (예, *Rhodopseudomonas palustris*)의 자색비황세균 일부와 감마프로테오박테리아의 자색황세균 (그림 14.31) 일부 *Chlorobi* (*Chlorobium ferrooxidans*)에 존재하는 녹색 황세균 일부 종들에서 일어난다. 모든 경우에서, 2가철은 이들 생물이 광합성에서 전자공여체로 사용할 수 있는 몇 가지 화합물 중 하나이다.

혐기적 화학영양성 철-산화균들은 질산염을 환원하여 2가철의 산화시키면서, NO_2^-나 질소가스 (탈질작용)를 발생시킨다. 이 들 생물들은 알파-, 베타-, 감마-, 또는 델타프로테오박테리아들이고, 또한 대부분은 다양한 유기 전자공여체를 질산염 환원에 사용할 수 있다; 많은 종류가 호기적으로 생장할 수도 있다. *Acidovorax*, *Aquabacterium* 그리고 *Marinobacter*의 세균 속들은 모두 혐기적 철-산화균들을 포함한다. 2가철을 전자공여체로 사용하여 생장할 때 대부분의 종들이 혼합영양성이지만, *Marinobacter aquaeolei*와 *Thiobacillus denitrificans*와 같은 종들은 철-산화 화학무기영양체로서 독립영양성으로 생장할 수 있다.

미니퀴즈

- 어떠한 서식처 특징들이 철 산화균들의 다양성과 분포를 조절하는가?
- 어떻게 호기적 중성 철-산화균들이 철로 둘러싸여 묻히는 것으로부터 세포를 보호하는가?

15.16 메탄영양성 및 메틸영양성 세균

메틸영양체(methylotroph)는 C—C결합이 결여된 유기화합물을 에너지대사에서 전자공여체와 탄소원으로 사용하여 생장하는 생물들이다. 메틸영양성 세균은 세균의 문(phyla)에서 프로테오박테리아, *Firmicutes*, *Actinobacteria*, *Bacteroidetes*, *Verrucomicrobia*와 고균의 문에서 *Euryarchaeota* (그림 15.1)에서 존재한다. **메탄영양체(methanotroph)**는 메틸영양성 세균들의 일부로 생장을 위한 기질로 메탄을 사용하는 것으로 정의된다 (14.18절).

호기적 메틸영양체는 O_2가 존재하는 토양과 물 환경에서서 흔하다. 혐기적 메틸영양체는 특히 해양 퇴적층과 같은 무산소 환경에서 흔하다. 많은 혐기적 메틸영양체들은 메탄생성 고균들이다. 게다가 메탄생성 고균과 황산염-환원세균의 컨소시엄이 깊은 바다 퇴적층 (14.18절)에서 발견되는 가스 수산화물(gas hydrates)로부터의 메탄을 산화시킨다. 우리는 여기서 호기적 메틸영양체들만 다룰 것이다.

호기적 통성 메틸영양체

주요 속: *Hypomicrobium, Methylobacterium*

호기적 통성 메틸영양체들은 메탄을 사용할 수 없지만 많은 다른 메

표 15.1 메탄영양 세균의 일부 특성들

세균	형태	계통학적 그룹[a]	내막[b]	탄소동화 경로[c]	N_2 고정
Methylomonas	간균	감마	I	리불로스 일인산염	못함
Methylomicrobium	간균	감마	I	리불로스 일인산염	못함
Methylobacter	구균에서 타원형	감마	I	리불로스 일인산염	못함
Methylococcus	구균	감마	I	리불로스 일인산염 및 캘빈회로	행함
Methylosinus	간균 또는 비브리오형	알파	II	세린	행함
Methylocystis	간균	알파	II	세린	행함
Methylocella	간균	알파	II	세린	행함
Methylacidiphilum[d]	간균	*Verrucomicrobiaceae*[d]	막 소낭	세린 및 캘빈회로	행함

[a]*Methylacidiphilum*을 제외하고 모두 프로테오박테리아에 속함.
[b]내막: I형, 세포 전체에 걸쳐 원반-모양의 소포가 다발로 분포; II형, 세포 주변을 둘러싼 쌍으로된 막, 그림 15.37 참조.
[c]그림 14.51 참조.
[d]호산성균, *Verrucomicrobiaceae*의 특징은 16.17절 참조.

틸화합물들을 사용할 수 있다. 이들은 알파-, 베타-, 감마-, *Actinobacteria*, 그리고 *Firmicutes*의 종들이다. 통성 메틸영양체들은 대사적으로 다양하고, 메틸화합물이외에도, 모든 종들이 호기적으로 유기산들, 에탄올, 그리고 당과 같은 다른 유기 화합물에서 생장할 수 있다. 메틸영양체로 생장할 때, 대부분의 종들은 메탄올로 호기적으로 생장할 수 있고, 또한 일부 세균들은 메틸아민, 메틸황화합물, 그리고 할로메탄화합물을 대사할 수 있다. 일부 종들이 탈질작용을 할 수 있지만, 대부분은 절대 호기성 세균이다.

*Hypomicrobium*의 속(genus)들은 호기적 통성 메틸영양체의 대사적 다양성을 보여주는 예이다. 일부 *Hypomicrobium* 종들은 메탄올, 메틸아민, 또는 디메틸설파이드(dimethyl sulfide)를 이용하면서 호기적 메틸영양체로 생장할 수 있다. *Hypomicrobium*의 종들 또한 탈질과정과 연결하여 메탄올을 전자공여체로 사용하여 혐기적 메틸영양체로 생장할 수도 있다. 마지막으로 *Hypomicrobium*는 C_2와 C_4 화합물의 범위에서 호기적으로 생장할 수 있다.

호기적 메탄영양체

주요 속: *Methylomonas*, *Methylosinus*

호기적 메탄영양체들은 메틸영양성 세균들로 메탄을 전자공여체로 사용할 수 있고, 일반적으로 탄소원으로도 사용할 수 있다. **표 15.1**에 메탄영양체 분류의 전체 개요가 나타나있다. 메탄영양체의 대부분의 종들은 프로테오박테리아(*Proteobacteria*)이며, 내부 세포구조, 계통학적 특성, 그리고 탄소 동화경로에 기초하여 두 개의 주요 그룹으로 구분된다. I형 메탄영양체(*Type I methanotrophs*)는 리불로오스 일인산염 회로(ribulose monophosphate cycle)를 거쳐 탄소 하나인 화합물을 동화하며, 계통학적으로 감마프로테오박테리아(*Gammaproteobacteria*)에 속한다. 반면에 II형 메탄영양체(*Type II methanotrophs*)는 세린 경로(serine pathway)를 거쳐 탄소 하나인 중간 산물을 동화하며, 알파프로테오박테리아(*Alphaproteobacteria*)에 속한다 (표 15.1). 이들 경로의 생화학적 세부사항은 14.18절에서 살펴보았다. 비록 일부는 메탄 또는 메탄올에서도 생장할 수 있지만, 대부분의 메탄영양체들은 대사적으로 메탄으로 호기적 생장을 하는데 대사적으로 특별하다. 메탄영양체들은 일반적으로 절대 메틸영양체들이다; 그러나 메탄영양성인 *Methylocella* 속은 아세트산염 또는 피루브산염과 숙신산염과 같은 유기산을 이용할 수도 있는 종들이 있다.

위에 설명한 프로테오박테리아 메탄영양체들 이외에, *Verrucomicrobia* 문(phylum)은 *Methyloacidiphilum* 세균을 포함한다. 유전체 분석을 통하여 *Methyloacidiphilum*는 리불로오스 일인산염 경로와 세린경로의 효소들을 가지고 있지 않는 것이 알려졌다. 대신에 *Methyloacidiphilum*는 CO_2로부터 탄소를 통화하기 위하여 캘빈회로를 사용한다.

단원 4

생리

메탄영양체들은 핵심적인 효소인 메탄 일산소첨가효소(*methane monooxygenase*)를 가지는데, 이 효소는 O_2의 산소 원자 하나를 CH_4에 삽입하여 메탄올(CH_3OH, 14.18절)을 만드는 반응을 촉매한다. CH_4의 초기 산소 첨가반응에서의 반응물질로 O_2에 대한 요구는 이 메탄영양성 세균들이 절대 호기성인지에 대한 이유를 설명해 준다. 메탄 일산소첨가효소는 메탄 산화가 일어나는 곳인 아주 광범위한 내부 막계에 위치한다. I형 메탄영양체의 막은 세포 전체에 걸쳐서 원반-모양 소포(vesicle)의 다발로 배열되어 있다 (**그림 15.37*b***). II형 메탄영양균은 세포의 가장자리를 따라 퍼져 있는 쌍으로 된 막을 가진다 (그림 15.37*a*). *Verrucomicrobial* 메탄영양체들은 막 소포를 가진다. 메탄을 사용하지 못하는 메틸영양성 세균들은 이러한 내부 막 배열이 결여되어 있다.

메탄영양체들은 실제 상대적으로 많은 양의 스테롤(sterol)을 가지고 있다는 점에서 세균 중에서도 독특하다. 스테롤은 진핵생물의 세포막 및 다른 막에 존재하는 단단한 평면 구조의 분자로, 대부분의 세균에서는 결핍되어 있다. 스테롤은 메탄 산화에 관여하는 복

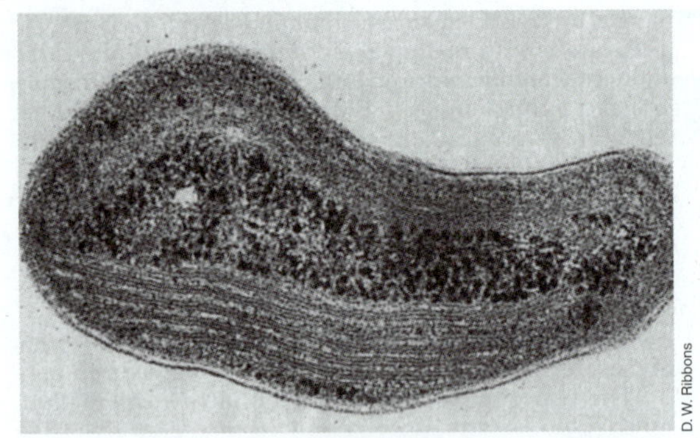

(a)

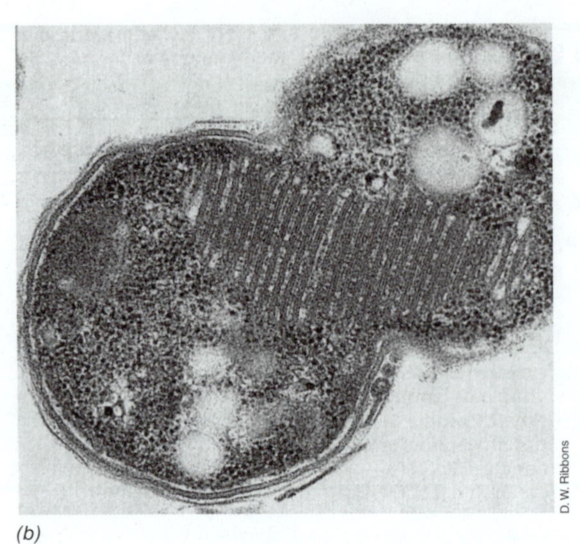

(b)

그림 15.37 메탄영양균들. *(a) Methylosinus* 세포의 전자현미경 사진으로 II형 막계를 보여줌. 세포는 지름이 약 0.6 μm 정도이다. *(b) Methylococcus capsulatus* 세포의 전자현미경 사진으로 I형 막계를 보여줌. 세포의 지름은 약 1 μm 정도이다. 그림 15.33과 비교하라.

잡한 내부 막계의 필수적인 요소로 보인다 (그림 15.37 참조). 스테롤이 광범위하게 분포하고 있는 유일한 다른 그룹의 세균은 세포벽이 없는 mycoplasma로서, 아마 그래서 견고한 세포막을 필요로 한다 (16.9절). 많은 메틸영양체들은 다양한 카로테노이드(carotenoid) 색소와 막에 높은 양의 시토크롬을 가지는데, 이러한 특징들이 호기적 메틸영양균들의 군락이 분홍색으로 보이게 만든다.

생태

호기적 메틸영양체들은 개방된 해양, 토양과 식물뿌리와 잎 표면에 붙어서, 그리고 많은 무산소 환경과 산소의 접경지역에 존재한다. 메탄올은 식물의 펙틴의 분해과정에서 생산되고, 육상 생태계에서 메틸영양체들의 중요한 기질일 것이다. 게다가, 대기 중의 메탄을 소모하는 메탄영양체이 존재하는 토양은 중요한 대기 메탄의 생물학적 저장소이다. 또한 호기적 메탄영양체들은 호수, 퇴적층, 그리고 메탄생성균이 계속적으로 메탄을 공급하는 습지의 무산소 환경들과 산소 층이 만나는 곳에서 흔하다. 이들 메탄영양체들은 CH_4가 대기 중에 도달하기 전에 (CH_4는 강력한 지구온난화 가스임), CH_4을 산화시켜 이를 세포 물질과 CO_2로 전환시키면서 전 지구적 탄소순환에 중요한 역할을 한다.

메탄영양체들은 또한 진핵생물들과 다양한 공생관계를 형성한다. 예를 들어, 일부 해양 홍합은 상당량의 CH_4가 배출되는 장소인 해저의 탄화수소 분출공 부근에서 살아간다. 메탄영양 공생균들은 동물들의 아가미 조직 안에 존재하는데 (**그림 15.38**), 이러한 서식처가 해수와의 효율적인 가스교환을 확실하게 한다. 동화된 메탄은 메탄영양균에 의한 유기물의 배출에 의해 동물에게 전체적으로 분산된다. 따라서 이러한 메탄영양의 공생관계는 개념적으로 황화물-산화 화학무기영양체와 열수구(hydrothermal vent)의 관벌레 및 거대 조개 사이에서 발달하는 공생관계와 매우 유사하다 (23.9절).

*Methylomicrabilis oxyfera*는 흑해의 무산소 해수부터 동정된 메탄영양균으로 독특한 세균 문(phylum) NC-10으로부터 얻은 첫 번째 균주이다. *M. oxyfera*는 절대혐기성이다; 그러나 이들은 호기적 메탄영양체의 O_2-의존성 효소[메탄 일산소첨가효소(methane monooxygenase)]를 사용하여 메탄을 CO_2로 산화시킨다. *M. oxyfera*는 아질산염을 산화질소(NO)로 환원시키면서 이 과정을 수행하는데, 후에 NO는 N_2와 O_2로 전환된다 ($2\ NO \rightarrow N_2 + O_2$). 이 과정에서 생산된 O_2는 CH_4가 산화 (14.18절)되는 동안 메탄 일산소첨가효소에 의해 소비된다. 메탄영양체인 *Methylacidiphilum*에서와 같이, *M. oxyfera*도 아마도 캘빈회로에 의해 CO_2의 형태로 C_1을 동화한다.

미니퀴즈

- 메탄영양체와 메틸영양체의 차이점은 무엇인가?
- 메탄영양체인 *Methylomirabilis*의 독특한 점은 무엇인가?

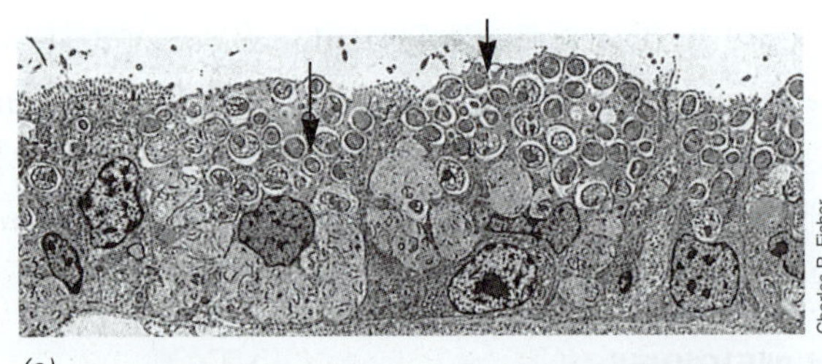

(a)

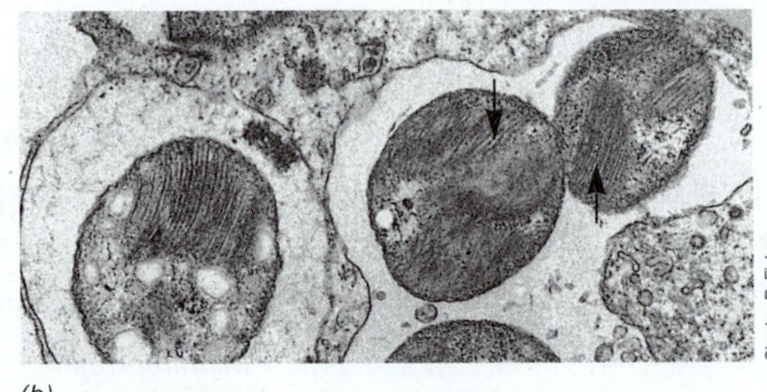

(b)

그림 15.38 해양성 홍합의 메탄영양성 공생체. *(a)* 멕시코만의 탄화수소 분출공 근처에 서식하는 해양성 홍합의 아가미 조직을 얇게 잘라 저배율로 관찰한 전자현미경 사진. 조직에 있는 공생적 메탄영양체 (화살표)에 주목하라. *(b)* 고배율로 관찰한 아가미 조직으로 I형 메탄영양체를 보여줌. 다발로 된 막 (화살표)에 주목하라. 메탄영양체는 지름이 약 1 μm 정도이다. 그림 15.37*b*와 비교하라.

15.17 미생물의 포식자

주요 속: *Bdellovibrio*, *Myxococcus*

일부 세균들은 다른 세균을 소비하는 포식자들이다. 알려진 세균 포식자들은 프로테오박테리아의 여러 강(classes)과 *Bacteroidetes*와 남세균 안에 존재하고 있다. 몇몇 다른 포식방법이 관찰되고 있다. *Vampirococcus* (계통적으로 모름), *Micavibrio* (알파프로테오박테리아), 그리고 조류 (algae) 포식자인 (남세균과 연관된) *Vampirovibrio* (related to *Cyanobacteria*, 9.3절과 그림 9.9)와 같은 일부 포식자들은 외생적 포식자(*epibiotic predators*)들이다; 그들은 그들의 피식자 표면에 붙어서 피식자의 세포질과 주변세포질에서 영양분을 얻는다. *Daptobacter* (엡실론프로테오박테리아)와 같은 다른 포식자들은 세포질 포식자(*cytoplasmic predators*)로서 그들의 숙주 안에 침입하여 세포질에서 복제하고, 안에서 밖으로 나오면서 포식한 것을 소비한다. *Bdellovibrio*는 포식한 세포의 주변세포질 공간에 침입하고 그 안에서 복제하는 주변세포질 포식자(*periplasmic predators*)와 비슷한 생활사를 가진다. 마지막으로, *Lysobacter* (감마프로테오박테리아)와 *Myxococcus* (델타프로테오박테리아)와 같은 포식자는 사회적 포식자(*social predators*)이다. 이들은 활주(gliding) 세균으로 떼를 지어 다니면서 먹이를 찾고, 용균시켜 집단적으로 섭취한다. *Bdellovibrio*와 *Myxococcus*는 세균 포식자의 속에서 가장 잘 연구되었다.

Bdellovibrio

*Bdellovibrio*는 작고 운동성이 큰, 굽은 모양의 세균으로 다른 세균을 먹이로 하는 독특한 특징을 가지고 있으며, 세포질 성분을 영양분으로 한다 [*bdello*는 "거머리(leech)"를 의미하는 접두어]. *Bdellovibrio*가 피식자에 부착한 후, 이 포식자는 피식자의 세포벽을 뚫고 들어가 주변 세포질 공간에서 복제하며, 후에 델로플라스트(*bdelloplast*)라는 공모양의 구조를 만든다. 침입의 두 단계는 **그림 15.39**의 전자현미경 사진과 **그림 15.40**의 모식도에 나타나 있다. 매우 다양한 그람-음성의 피식자 세균이 *Bdellovibrio*에 의해 공격받을 수 있으나, 그람-양성 세포는 공격을 받지 않는다.

*Bdellovibrio*는 절대호기성 세균으로서 아세트산염과 아미노산의 산화로부터 에너지를 얻는다. 또한 *Bdellovibrio*는 뉴클레오티드, 지방산, 펩티드, 그리고 심지어 일부 단백질까지도 이들 물질을 먼저 분해하지 않고 자신의 숙주로부터 직접 동화한다. 그러나 포식에 의존하지 않는 *Bdellovibrio*의 관련 종들이 복합배지에서 분리하여 배양할 수 있으며, 이는 포식이 절대적인 생활사가 아님을 보여준다.

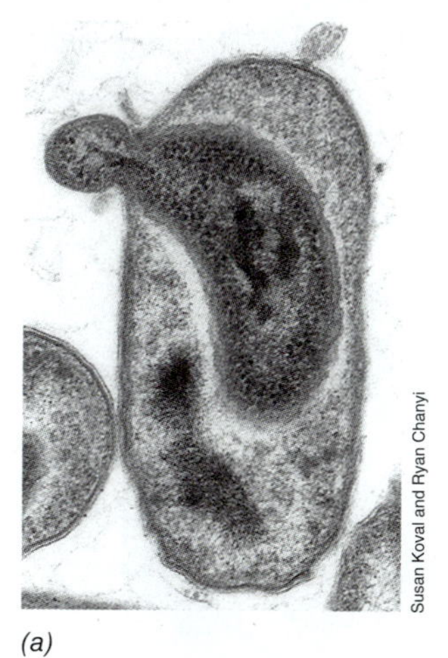

(a)

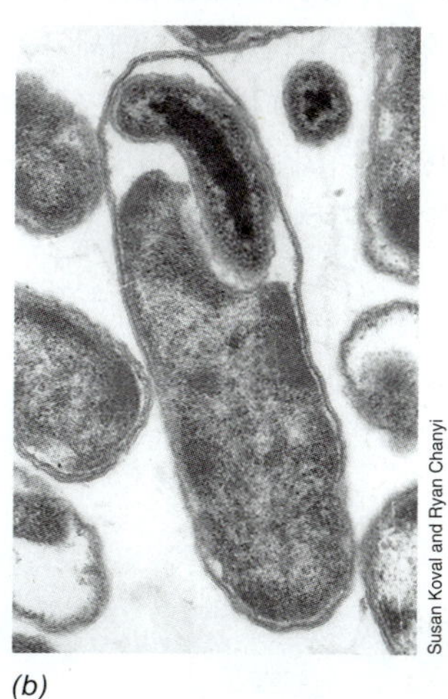

(b)

그림 15.39 *Bdellovibrio*에 의한 피식자 세포 공격. *Delftia acidovorans* 세포를 공격하는 *Bdellovibrio* 박편의 전자현미경 사진. *(a)* 포식자 세포의 침입. *(b)* 숙주 내부의 *Bdellovibrio*. *Bdellovibrio* 세포는 피식자 세포의 막으로 접혀진 부분 [델로플라스트(bdelloplast)]에 둘러싸여 있으며, 주변세포질 공간에서 복제한다. *Bdellovibrio* 세포는 지름이 0.3 μm 정도로 측정된다.

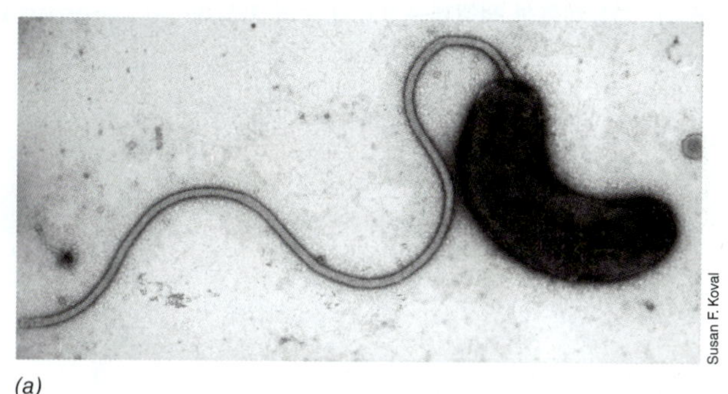

(a)

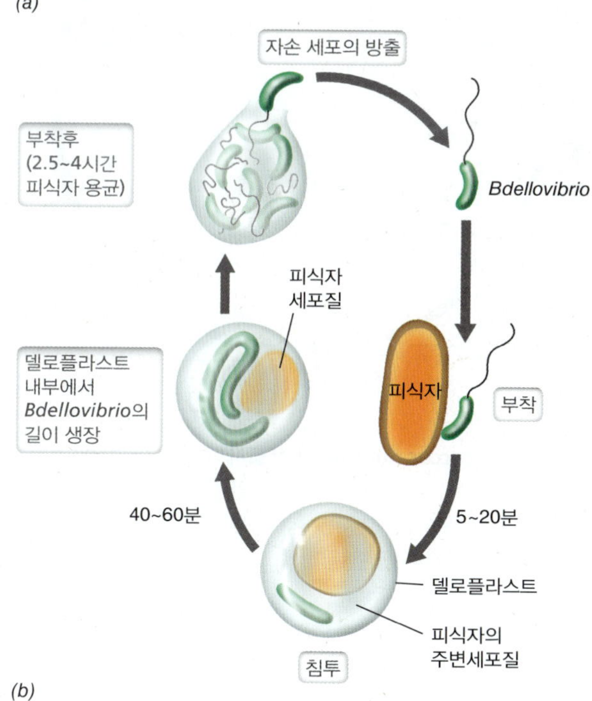

(b)

그림 15.40 세균의 포식자인 *Bdellovibrio*의 발달 단계. *(a) Bdellovibrio bacteriovorus* 세포의 전자현미경 사진. 매우 두꺼운 편모에 주목하라. 세포의 폭은 0.3 μm이다. *(b)* 포식과정. 그람-음성 세균과의 일차적 접촉에 뒤이어, 활발하게 운동하는 *Bdellovibrio* 세포의 부착 및 피식자 주변세포질 공간으로 침입이 일어난다. 주변세포질 내부에서 *Bdellovibrio* 세포는 길게 생장하고, 4시간 내에 자손세포를 방출한다. 방출하는 자손세포의 수는 피식자 세균의 크기에 따라 달라진다. *Escherichia coli*로부터 5~6개의 *Bdellovibrio* 세포가 나오고, *Aquaspirillum*과 같이 커다란 피식자 세포에서는 20~30개가 방출된다.

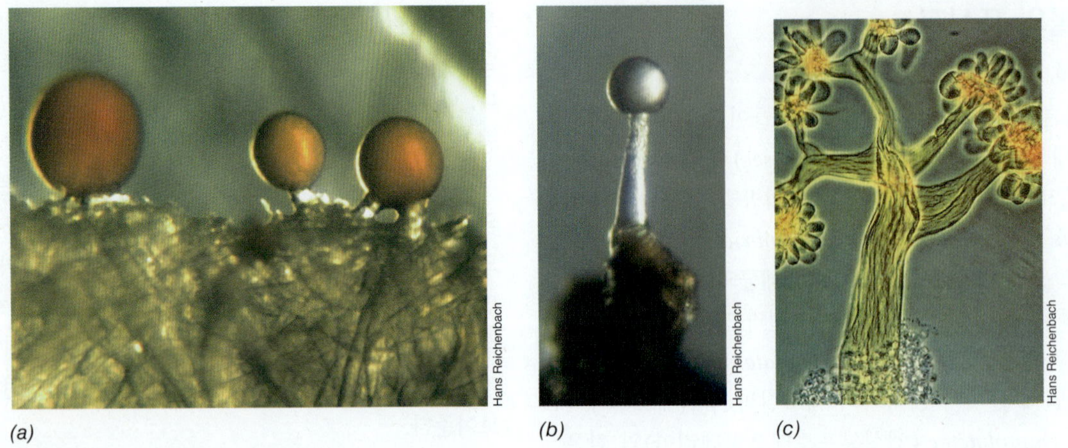

그림 15.41 자실체형성 점액세균 3가지 종의 자실체. *(a) Myxococcus fulvus* (높이 125 μm). *(b) Myxococcus stipitatus* (높이 170 μm). *(c) Chonomyces crocatus* (높이 560 μm).

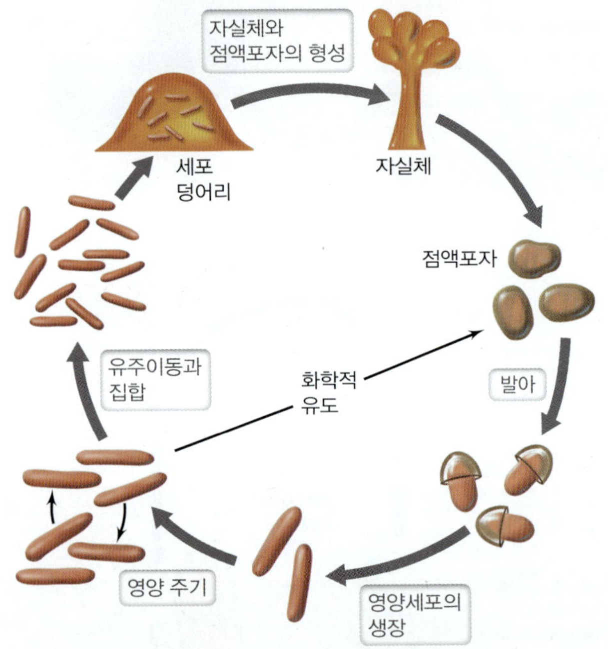

그림 15.42 *Myxococcus xanthus*의 생활사. 결집을 통해 영양세포가 모인 다음, 자실체 형성이 진행되는데, 일부 영양세포는 점액포자로 불리는 휴지기 세포를 만들기 위해 형태변화를 한다. 점액포자는 좋은 영양과 물리적 조건에서 발아하여 영양세포를 만든다.

계통학적으로 *bdellovibrios*는 델타프로테오박테리아에 속하는 종이고, 수생 서식처에 널리 분포한다. 이 세균의 분리를 위한 과정은 세균 바이러스의 분리에 사용하는 방법과 유사하다 (8.4절). 피식자 세균을 한천배지의 표면에 전체적으로 자라도록 도말하여 접종하고, 막 여과지로 여과한 소량의 토양 현탁액을 표면에 접종하게 되는데; 대부분의 세균은 막 여과지에 의해 걸러지지만, 작은 크기의 *Bdellovibrio* 세포는 여과지를 통과하게 된다. 한천배지를 배양하게 되면 박테리오파아지의 용균반 (그림 8.9*b*)과 유사한 용균반이 *Bdellovibrio* 세포가 생장하고 있는 위치에 형성하게 된다. 그런 후에 이 용균반으로부터 *Bdellovibrio*의 순수배양을 분리할 수 있다. 배양이 많은 토양과 하수에서 얻어지는 것처럼, *Bdellovibrio*는 넓게 분포하고 있다.

Myxobacteria

점액세균(Myxobacteria)은 알려진 모든 세균 중에서 가장 복잡한 행동양상을 나타낸다. 점액세균의 생활사에서 자실체(*fruiting bodies*)라고 불리는 다세포의 구조를 형성한다. 자실체는 흔히 두드러지진 색깔을 가지며, 형태학적으로 정교하며 (**그림 15.41**), 종종 돋보기를 사용하여 썩고 있는 나무나 식물체의 습기 있는 조각에서 관찰

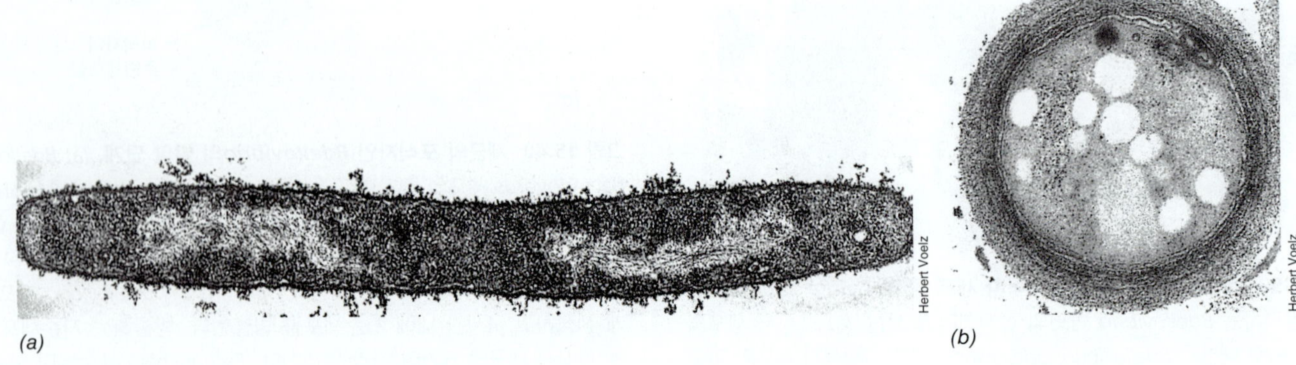

그림 15.43 *Myxococcus*. *(a) Myxococcus xanthus* 영양세포 박편의 전자현미경 사진. 세포의 폭은 0.75 μm 정도로 측정된다. *(b) M. xanthus* 점액포자로 여러 층의 바깥 세포벽을 보여준다. 점액포자의 지름은 2 μm 정도로 측정된다.

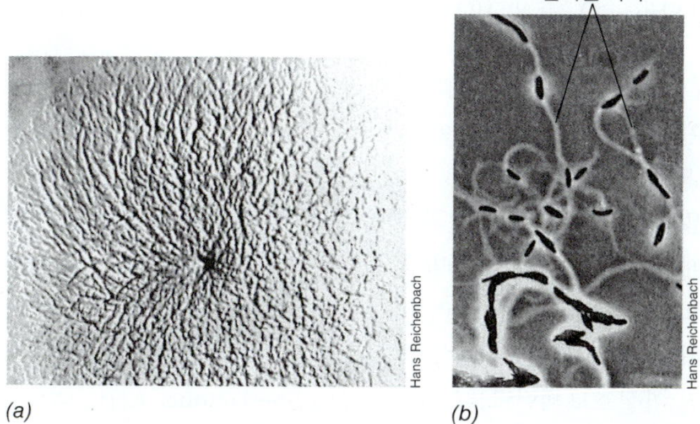

그림 15.44 *Myxococcus*의 유주(swarming). *(a)* 한천에서 *Myxococcus xanthus*의 유주하는 집락 (반지름 5-mm) 사진. *(b)* 활발히 활주하는 배양에서 얻은 *Myxococcus fulvus*의 단일세포로, 한천에 특징적인 점액질 자국을 보여준다. *M. fulvus* 세포는 지름이 0.8 μm 정도이다.

그림 15.46 점액세균 *Stigmatella aurantiaca*. 한 조각의 나무에서 생장하는 자실체의 주사전자현미경 사진. 각 자실체에서 볼 수 있는 개개 세포에 주목하라. 안쪽그림: 높이가 약 150 μm 정도인 단일 자실체 위상차 현미경 사진. 색은 당화된 카로테노이드 색소의 생산 때문이다.

할 수 있다. 자실체 점액세균은 영양세포, 점액포자와 자실체 구조의 특징들을 이용하여 형태적 토대로 분류된다.

전형적인 자실체 형성 점액세균의 생활사는 **그림 15.42**에 나타나 있다. 점액세균의 영양세포들은 단순하며, 편모가 없는 그람-음성 간균으로 (**그림 15.43**). 표면을 이동하고, 그들의 영양분을 세포밖의 효소를 이용하여 다른 세균을 용균시켜 주로 영양분을 얻고, 분비된 영양분을 사용한다. 영양세포는 점액질을 분비하며, 점액질이 고체표면을 가로질러 이동하면서 점액질 자국을 남긴다 (**그림 15.44**). 영양세포는 자가-조직 행동을 보이는 집합체를 형성하고, 이를 통해 환경 신호에 반응하여 단일의 조직된 개체와 같이 행동할 수 있게 된다.

영양분이 고갈되면, 점액세균의 영양세포들은 서로를 향하여 이동하여 작은 언덕이나 덩어리를 형성하면서 집합체를 만든다 (**그림 15.45**). 집합형성은 아마 주화성 혹은 균체밀도감지반응 (6.7절과 6.8절)을 통하여 매개되는 것 같다. 세포 덩어리가 더 커짐에 따라 점액포자(*myxospores*)를 포함하는 자실체로 분화되기 시작한다 (**그림 15.46**). 점액포자는 건조, 자외선 조사, 그리고 열에 대한 내성이 있는 특별한 세포이지만, 열에 대한 내성의 정도는 세균의 내생포자의 내성보다 훨씬 더 낮다 (2.10절). 자실체는 점액질 속에 들어가 있는 점액포자의 단순한 덩어리에서부터, 자실체 자루와 머리를 가진 복잡한 형태까지 존재할 수 있다 (그림 15.46). 자실체 자루는 몇 개의 세포가 갇혀 있는 점액으로 구성되어 있다. 대다수의 세포는 자실체의 머리 부분으로 이동하여 그곳에서 점액포자로 분화된다 (그림 15.42).

단원 4

미니퀴즈

- 어떤 환경조건이 점액세균의 자실체 형성을 촉진하는가?
- *Myxococcus*와 *Bdellovibrio* 종들에서 피식자를 공격하는 다른 방법들은 무엇인가?

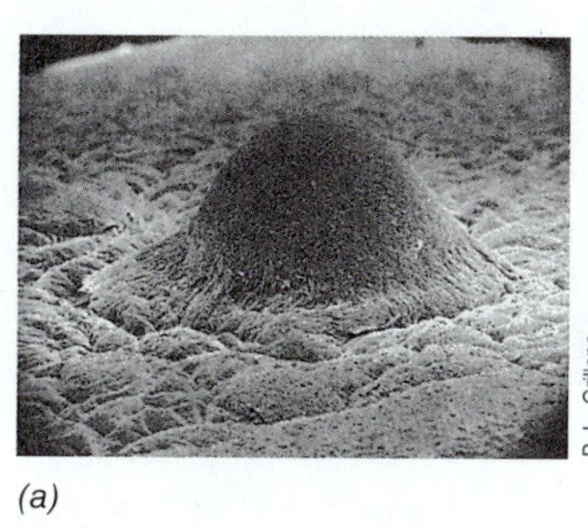

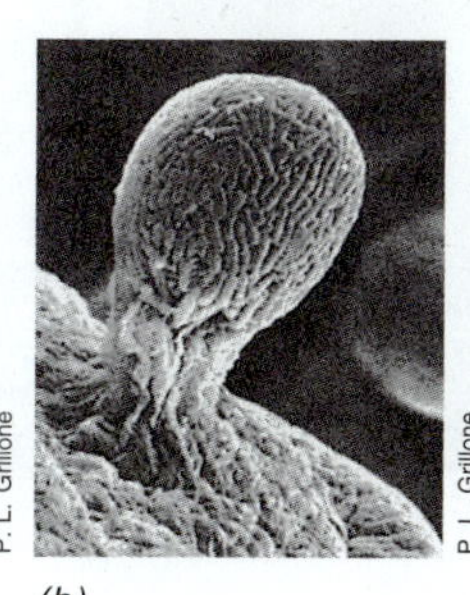

그림 15.45 *Chondromyces crocatus*에서의 자실체 형성과정의 주사전자현미경 사진. *(a)* 초기 단계로 결집과 세포덩어리 형성을 보여줌. *(b)* 자루형성의 초기 단계. 머리 부분에서 점액질 형성을 아직 시작하지 않았으며, 머리를 구성하고 있는 세포를 여전히 볼 수 있다. *(c)* 머리형성의 세 단계. 자루의 지름도 또한 커지는 것에 주목하라 *(d)* 성숙한 자실체. 전체 자실체 구조는 높이가 약 600 μm 정도이다 (그림 15.41c와 비교).

15.18 미생물 생물발광

주요 속: *Vibrio, Alivibrio, Photobacterium*

세균의 여러 종들이 빛을 낼 수 있으며, 이 과정을 **생물발광(bioluminescence)** (**그림 15.47**)이라고 부른다. 대부분의 생물발광 세균은 *Photobacterium*, *Alivibrio*, 그리고 *Vibrio* 속들(genera)로 분류되지만, 몇몇 종들은 주로 해양세균의 속인 *Shewanella*와 육상세균의 속인 *Photorhabdus* 안에 존재한다 (모두 감마프로테오박테리아임).

대부분의 생물발광 세균은 해양환경에 서식하는데, 어떤 종은 일부 어류와 오징어의 특수한 발광기관(*light organ*)에 집락을 형성하여, 이들 동물이 신호전달, 포식자 회피, 먹이유인 등에 사용하는 빛을 생성한다 (그림 15.47*c*~*f*와 23.8절). 어류와 오징어의 발광기관에서 공생방식으로, 죽은 어류피부의 경우처럼 부식자로, 또는 갑각류의 체내에서 기생방식으로 살아가든지, 발광세균은 스스로가 만드는 빛에 의해 인식될 수 있다.

생물발광의 기작과 생태

Photobacterium, *Alivibrio*, 그리고 *Vibrio* 분리 세균들은 통성호기성 세균이지만, 이들은 O_2가 존재할 때만 생물발광을 한다. 세균에서의 발광은 유전자 *luxCDABE* (6.8절)를 필요로 하며, 효소인 루시페라아제(*luciferase*)가 촉매로 작용하는데, O_2와 테트라데카날(tetradecanal)과 같은 긴 사슬 지방족 알데히드(RCHO), 그리고 환원된 플라빈 모노뉴클레오티드($FMNH_2$)를 기질로 사용한다:

$$FMNH_2 + O_2 + RCHO \xrightarrow{\text{루시페라아제}} FMN + RCOOH + H_2O + \text{빛}$$

빛을 만드는 시스템은 퀴논과 시토크롬과 같은 다른 전자전달체가 관여하지 않고, $FMNH_2$에서 O_2로 직접 전자를 보내는 대사 경로로 되어 있다.

많은 발광세균에서 발광은 높은 개체 밀도에서만 일어난다. 루시페라아제 효소와 세균 발광 시스템의 다른 단백질들은, **자가유도(autoinduction)**라고 불리는 개체군 밀도에 반응하는 유도를 보이는데, *luxCDABE* 유전자들의 전사는 조절단백질인 LuxR과 유도물질인 아실호모세린락톤(acyl homoserine lactone, AHL, 6.8절과 그림 6.20)에 의해 조절된다. 세포는 생장하면서 AHL을 생산하는데, 이 물질은 빠르게 세포질 막을 양쪽 방향으로 통과할 수 있으며, 세포의 내부 혹은 외부로 확산된다. 시험관, 평판의 집락, 혹은 어류나 오징어의 발광기관 내부 (23.8절)와 같이 국소적으로 세포의 높은 개체군 밀도가 이루어진 조건에서, AHL은 축적될 수 있다. AHL가 세포에서 어떤 농도에 도달하게 되면, AHL은 LuxR과 결합하여 *luxCDABE*의 전사를 활성화하는 복합체를 형성하며, 세포는 발광하게 된다 (그림 15.47*b*, 그림 1.2). 이러한 유전자 조절기작을 균체밀도감지(*quorum sensing*)라고 부르는데, 개체 밀도-의존적 현상의 특성 때문이다 (6.8절).

발광의 개체밀도-반응 유도의 전략은 높은 개체 밀도에 도달하였을 때만 발광을 하여 동물에 보이도록 하는 것이다. 세균의 빛은 동물을 유혹하여 발광물질을 섭식하게 되면, 결과적으로 영양분이

단원 4

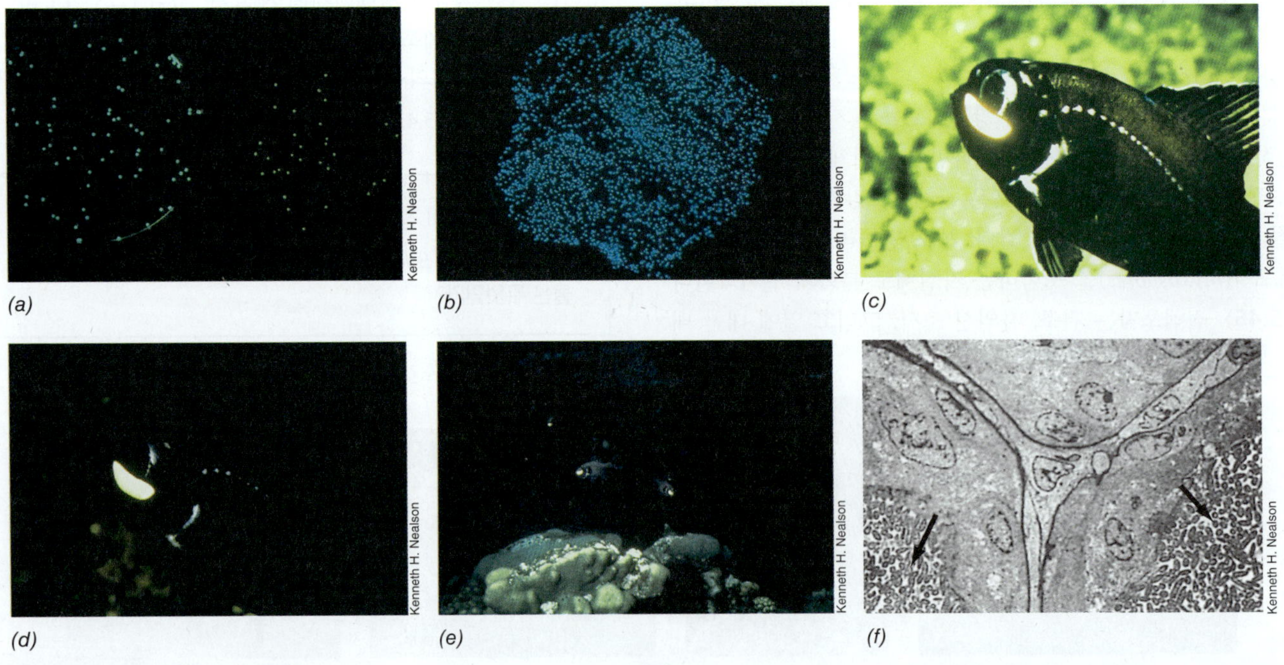

그림 15.47 섬광어류의 광 기관 공생체로서 생물발광세균과 그 역할. *(a)* 자체 빛에 의해 촬영된 발광세균의 두 페트리 평판. 서로 다른 색에 주목하라. 왼쪽은 *Alivibrio fisheri* 균주 MJ-1로 청색 빛을 내며, 오른쪽은 녹색 빛을 내는 균주 Y-1임. *(b)* 자체 빛에 의해 촬영된 *Photobacterium phosphoreum*의 집락 (그림 1.2). *(c)* 섬광어류 *Photoblepharon palpebratus*; 밝은 부분이 생물발광세균을 포함하는 광 기관이다. *(d)* 자체 빛에 의해 촬영된 동일한 어류. *(e)* 야간에 촬영한 *P. palpebratus*의 수중 사진. *(f) P. palpebratus*의 광-방출 기관 박편의 전자현미경 사진으로 발광세균의 조밀한 배열을 보여줌 (화살표).

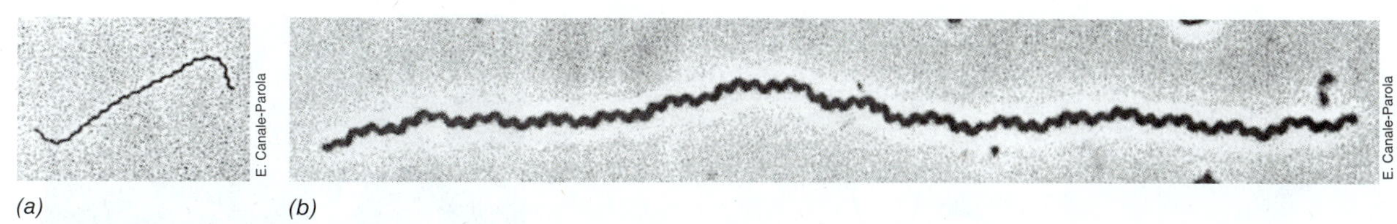

(a) (b)

그림 15.48 스피로헤타의 형태. 그룹에서 넓은 크기의 범위를 보이는 동일한 배율의 두 가지 스피로헤타. *(a)* 위상차 현미경 사진의 *Spirochaeta stenostrepta*. 단일 세포는 지름이 약 0.25 μm이다. *(b) Spirochaeta pilcatilis*. 단일 세포는 지름이 약 0.75 μm이고, 길이가 250 μm (0.25 mm)까지 될 수 있다.

풍부한 동물의 장내로 새로운 생장을 위하여 세균이 옮겨 가게 된다. 다른 방안으로 발광물질은 공생적 발광기관과의 관계에서 광원으로서 기능을 할 수도 있다.

균체밀도감지는 동물과 식물의 여러 병원균들을 포함한 많은 다른 비발광성 세균에서 존재하는 조절의 한 형태이다. 이들 세균에서 균체밀도감지는 세균이 생물학적 효과를 갖기 위하여 높은 개체군 밀도가 이득을 주는 상황에서 세포 밖으로 분비되는 효소와 병원성인자의 발현과 같은 활성을 조절한다.

미니퀴즈

- *Alivibrio*와 같은 생물들이 빛을 내는 데 있어서 필요한 기질과 효소는 무엇인가?
- 균체밀도감지란 무엇이고 어떻게 생물발광을 조절하는가?

VI • 형태적으로 다양한 세균

15.19 스피로헤타

주요 속: *Spirochaeta, Treponema, Cristispira, Leptospira, Borrelia*

스피로헤타(Spirochetes)는 세균의 문(phylum)인 *Spirochetes* 안에서만 존재하는 형태적으로 독특한 세균이다. 그람-음성이고, 운동성의 밀집된 코일형 세균(*Bacteria*)으로 전형적으로 가늘고 굽은 형태이다 (**그림 15.48**). 스피로헤타는 수중 퇴적층과 동물에서 널리 퍼져 있다. 일부는 사람에게 주요한 성병인 매독을 비롯한 여러 가지 질병을 일으킨다. 스피로헤타는 주로 서식지, 병원성, 계통학적, 그리고 형태적 생리적 특징에 따라 8개의 속(genus)으로 분류된다 (**표 15.2**).

스피로헤타는 그들의 독특한 형태를 움직이게 만들기 위해 특이한 운동 형태를 가진다. 스피로헤타는 내생편모(*endoflagella*)를 가

표 15.2 스피로헤타의 속과 그들의 특징

속	크기 (μm)	일반적 특징들	내생편모의 수	서식처	질병
Cristispira	30~150 × 0.5~3.0	3~10 완전한 코일; 위상차 현미경으로 보이는 내생포자의 다발	~100	연체동물의 소화기관; 배양된 적이 없음	모름
Spirochaeta	5~250 × 0.2~0.75	혐기성 또는 통성 호기성; 밀집된 또는 풀린 코일형태	2~40	수서, 자유생활을 하는 담수와 해양	모름
Treponema	5~15 × 0.1~0.4	미호기성 혹은 혐기성; 나선형 또는 높이가 0.5 μm까지 평평하게 된 코일	2~32	사람, 다른 동물에서 편리공생 또는 기생	매독, 열대지방의 전염성피부병 돼지이질, 열대 백반성 피부병
Borrelia	8~30 × 0.2~0.5	미호기성; 높이가 약 1 μm인 5~7회의 감김	7~20	인간과 다른 포유동물, 절지동물들	회귀열, 라임질병, 양과 소의 보렐리아증
Leptospira	6~20 × 0.1	호기성, 굽거나 갈고리 모양의 끝으로 밀집된 코일; 긴 사슬 지방산을 필요로 함	2	자유생활 또는 사람과 포유동물에서 기생	렙토스피라증
Leptonema	6~20 × 0.1	호기성; 긴 사슬 지방산을 필요로 하지 않음	2	자유생활	모름
Brachyspira	7~10 × 0.35~0.45	혐기성	8~28	온혈동물의 장내	닭과 돼지에 설사병
Brevinema	4~5 × 0.2~0.3	미호기성, 16S rRNA 분석을 통하여 스피로헤타 계통도의 깊은 가지를 형성	2	쥐의 혈액과 조직	실험실 쥐에 감염성

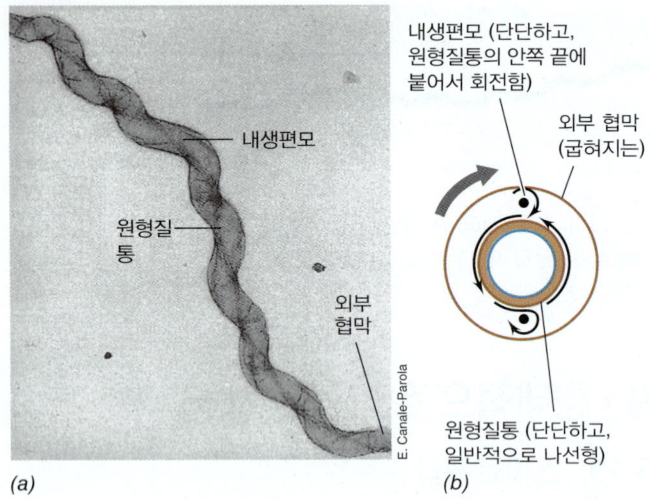

그림 15.49 스피로헤타의 운동성. *(a)* 내생편모의 위치가 보이는 음성적으로 염색시킨 *Spirochaeta zuelzerae*의 전자현미경 사진. 단일 세포는 지름이 약 0.3 μm이다. *(b)* 스피로헤타 세포의 절단면 그림으로 세포막 실린더, 내생편모, 그리고 외부 협막의 배열을 보이고, 어떻게 내생편모의 회전이 세포막 실린더와 외부 협막의 회전을 만드는지 보여준다.

지는데, 일반 편모와 비슷하지만, 세포의 주변 세포질 안에 위치하고 있다 (**그림 15.49**). 내생편모는 세포의 한 쪽 끝에 붙어 있고 세포길이를 따라 돌출되어 있다. 내생편모와 원형질 통은 외부 협막(*outer sheath*)이라 불리는 여러 층의 잘 휘는 막으로 둘러싸여 있다 (그림 15.49*b*). 내생편모는 전형적인 세균 편모처럼 회전한다. 그러나 두 내생편모가 같은 방향으로 회전하면 원형질 통이 반대방향으로 회전하여 세포에 비틀림을 준다 (그림 15.49*b*). 이 비틀림이 세포를 휘게 하여, 코르크마개와 같은 움직임을 주는데, 이로 인해 세포가 점도가 있는 물질이나 조직을 파고 들어갈 수 있게 된다.

스피로헤타는 종종 **나선균(Spirilla)**과 혼동된다. 나선균은 나선형의 굽은 막대형-세포로 극성 편모를 이용하여 운동한다 (**그림 15.50**). *Spirillum*이란 단어는 세포모양의 한 형태를 나타내는 것으로 세균과 고균에서 넓게 사용된다. 단일 *spirillum*에서 나선 회전의 수는 한 번의 완전한 회전보다 적은 수부터 (이것이 생물을 비브리오와 비슷하게 보이게 함), 많은 회전수까지 다양할 수 있다. 또한 남세균인 *Spirulina* (그림 15.5)와 같이, 끝에서 분열하는 나선균은 긴 나선형의 사슬을 만들 수 있는데, 이들이 표면적으로 스피로헤타를 닮았다. 그러나 나선균은 외부 협막, 내생편모와 스피로헤타의 코르크마개와 같은 움직임이 없다. 또한 나선균은 일반적으로 꽤 단단한 세포들이지만, 스피로헤타는 아주 유연하고 상당히 가늘다 (<0.5 μm).

*Spirochaeta*와 *Cristispira*

Spirochaeta 속(genus)은 자유롭게 사는 혐기성과 통성 호기성 스피로헤타를 포함한다. 일부 종들이 알려진 이들 생물은 담수와 퇴적층, 또한, 바다와 같은 환경에서 흔하게 나타난다. *Spirochaeta plicatilis* (그림 15.48*b*)는 황화물 담수와 해양 서식처에 존재하는

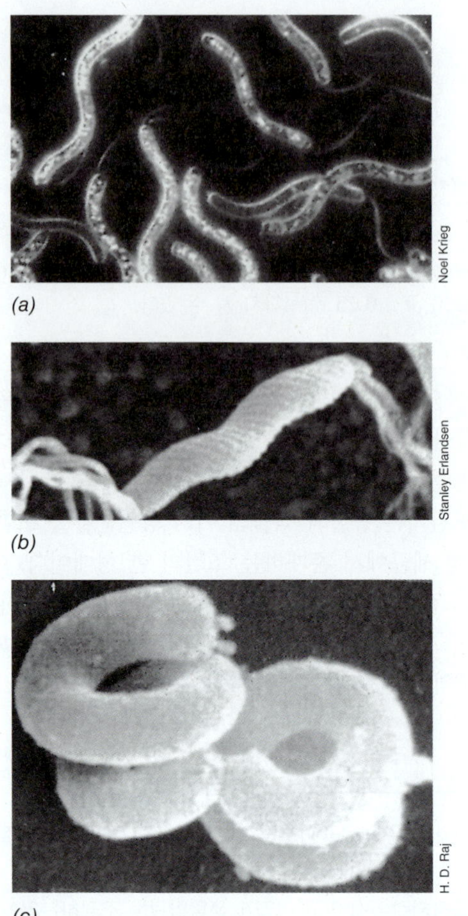

그림 15.50 나선균(Spirilla). *(a)* 암시야 현미경으로 보이는 *Spirillum volutans*로 편모다발과 볼루틴[volutin, 다중인산염(pyrophosphate)] 입자가 보인다. 세포들은 약 1.5 × 25 μm이다. *(b)* 장내 나선균의 주사전자현미경 사진. 극성 편모 다발과 세포 표면의 나선형 구조에 주목하라. *(c) Ancyclobacter aquaticus*의 주사전자현미경 사진. 세포들은 지름이 약 0.5 μm이다.

상당히 큰 스피로헤타이다. *S. plicatilis*의 각 끝에서 20개 혹은 그 정도의 내생편모가 묶음으로 배열되어 있는데, 이것이 코일형태의 원형질 통 주위를 감싸고 있다. 이 스피로헤타의 다른 종인 *Spirochaeta stenostrepta* (그림 15.48*a*)는 절대 혐기성균으로 H_2S가 많은 검은 진흙에서 흔히 발견된다. 이들은 당을 에탄올, 아세트산, 젖산, 이산화탄소(CO_2)와 수소(H_2)로 발효한다.

Cristispira (**그림 15.51**)는 주로 조개와 굴 같은 일부 연체동물의 정간체(*crystalline style*) 안에서 발견되는 특이한 스피로헤타이다. 정간체는 낭(sac) 안쪽에 위치하며 휘어지기 쉬운 반고체(semisolid)의 막대형으로 소화관의 딱딱한 표면에 기대여서 회전하므로 음식물의 작은 조각들을 섞고 연석하는 기능을 한다. *Cristispira*는 담수와 바다의 연체동물에서 발견되지만 모든 연체동물 종들이 이들을 가지고 있는 것은 아니다. 아직 *Cristispira*는 배양된 적이 없고 이와 같은 독특한 서식지에 한정되어 사는 생리적 이유는 아직 모른다.

*Treponema*와 *Borrelia*

사람과 동물의 편리공생체(commensals) 또는 기생체인 혐기성 또

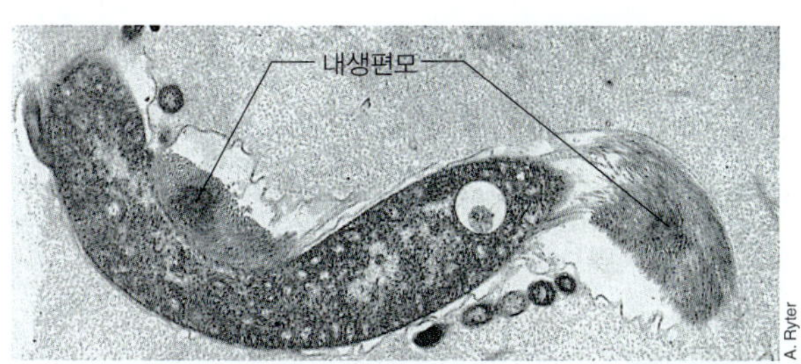

그림 15.51 ***Cristispira*.** 큰 스피로헤타인 *Cristispira* 박편의 전자현미경 사진. 세포는 지름이 약 2 μm로 측정된다. 수많은 내생편모(endoflagella)를 주목하라.

는 미호기성의 숙주-결합 스피로헤타는 *Treponema* 속에 속한다. 매독 (30.13절)의 원인균인 *T. pallidum*은 *Treponema*에서 가장 잘 알려진 종이다. 이들은 다른 스피로헤타와 형태적인 면에서 다른데, 세포는 나선형이 아니고 납작하고 물결 형태이다. *T. pallidum* 세포는 현저하게 가늘고 겨우 지름이 0.2 μm로 측정되었다. 이것 때문에 예상되는 매독부위로부터의 삼출액(exudate)을 검사하기 위하여 암시야 현미경이 오랫동안 사용되어 왔다 (그림 30.37).

*Treponema*의 다른 종들도 또한 인간과 다른 동물에서 편리공생자로 존재한다. 예를 들어, *Treponema denticola*는 주요한 인체 구강에 흔한 종으로, 치주염과 연관이 있다. 이들은 시스테인(cystein)과 세린(serine)과 같은 아미노산을 발효하여 주요 발효산(fermented acid)으로 아세트산뿐만 아니라 CO_2, NH_3과 H_2S도 생성한다. 스피로헤타는 또한 반추동물의 소화기관인 반추(rumen)에서도 발견된다 (23.13절). 예를 들어, *Treponema saccharophilum* (**그림 15.52*a***)은 소의 반추에서 발견되는 커다란 펙틴분해성 스피로헤타로, 펙틴, 전분, 이눌린(inulin), 그리고 다른 식물 다당류를 발효한다. *Treponema primitia*는 흰개미의 후장(hindgut)에 존재한다. 흰개미의 장에서 섬유소의 발효로 H_2와 CO_2가 생산된다. *T. primitia*는 아세트산 생성세균(acetogen)으로 (14.16절), H_2와 CO_2가 존재 하에 생장하면서 아세트산을 만드는데, 이는 곤충 영양분의 중요한 구성성분이다. *Treponema azotomutricium* 또한 흰개미의 후장에 존재하고, 질소고정을 할 수 있다 (14.6절).

Borrelia 종들의 대부분은 동물과 사람의 병원균들이다. *Borrelia burgdorferi* (그림 15.52*b*)는 사람과 동물을 감염하는 진드기유래 라임병(*Lyme disease*)이라는 질병의 원인균이다 (31.4절). *B. burgdorferi*는 또한 선형의 (환형에 반하여) 염색체를 가진 몇 안 되는 원핵생물 중 하나이기 때문에 흥미롭다 (4.2절과 9.3절). 다른 *Borrelia*는 수의학적으로 중요한데, 소, 양, 말과 새에 병을 일으킨다. 대부분의 경우에서 이 세균은 진드기에 물림으로써 동물 기주에 전파된다.

*Leptospira*와 *Leptonema*

렙토스피라(*Leptospira*)와 *Leptonema* 속(gunus)에는 전자공여체와

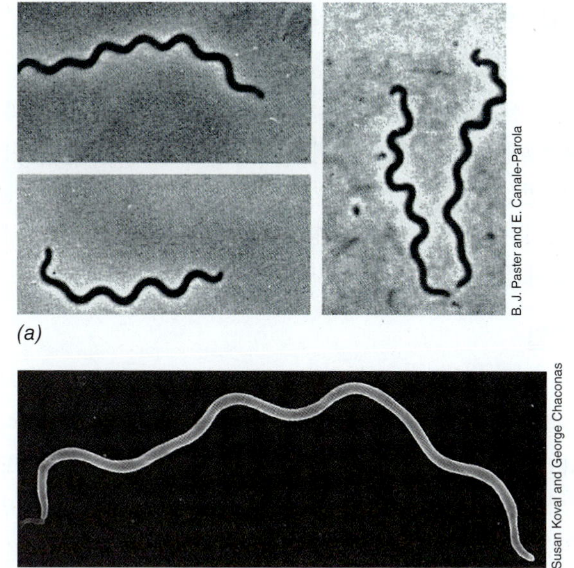

그림 15.52 ***Treponema*와 *Borrelia*.** *(a)* 소의 반추위로부터 분리된 큰 펙틴분해 스피로헤타인 *Treponema saccharophilum*의 위상차 현미경 사진. 세포의 지름은 약 0.4 μm로 측정된다. 왼쪽, 규칙적으로 감겨진 세포들; 오른쪽, 불규칙적으로 감겨진 세포들. *(b)* 라임병의 원인균인 *Borrelia burgdorferi*의 주사전자현미경 사진.

탄소원으로 긴 사슬 지방산 (예, C_{18} 올레 지방산)을 사용하는 절대 호기성 스피로헤타가 포함된다. 몇 가지 예를 제외하고는 이들이 생장을 위해서 사용하는 유일한 기질들이다. 렙토스피라 세포는 가늘고 미세한 나선형이며 보통 각 끝이 휘어져 반원형의 갈고리 형태로 되어 있다. 현재 여러 종이 이 그룹에 속하는 것으로 알려져 있는데, 자유롭게 사는 몇 종류와 많은 기생성인 세균들이 있다. 렙토스피라의 두 주요 종으로는 *L. interrogans* (기생성)와 *L. biflexa* (자유형)가 있다. *L. interrogans* 종들은 사람과 동물에 기생한다. 비록 개와 돼지가 또한 일부 종들의 중요한 전달체이지만, 설치류가 대부분의 렙토스피라의 자연 숙주이다.

사람에 있어 가장 흔한 렙토스피라 증후군은 렙토스피라증(*leptospirosis*)으로, 이는 렙토스피라가 신장에 위치하면서 신장 질환과 사망을 유발하는 질병이다. 렙토스피라는 보통 점막을 통해서나 감염된 동물과 접촉하는 동안 피부의 찢긴 틈을 통해서 몸으로 들어간다. 몸의 여러 부위에서 일시적인 분열 후에 이들은 신장과 간에 분포하게 되고 신염(nephritis)과 황달(jaundice)을 유발한다. 개와 같은 가정용 동물은 디스템퍼(distemper)-렙토스피라(*leptospira*)-간염(hepatitis) 백신과 함께, 살균된 병원성 균을 이용하여 렙토스피라증(leptospirosis)에 대한 예방접종을 한다.

미니퀴즈

- 스피로헤타(spirochetes)와 나선균(spirilla) 사이의 주요 다른 점들은 무엇인가?
- 스피로헤타에 의해 야기되는 사람의 두 가지 질병을 열거하라?

15.20 출아와 돌기/자루 미생물

주요 속: *Hypomicrobium, Caulobacter*

대부분의 세균의 생장은 잘 알려진 이분열과정 (5.1절과 그림 5.1)으로 세포분열과 연결되어 있다. 이 절에서 우리는 출아와 부속지의 형성과 같은 다른 방법으로 생장하고 분열하는 생물들을 다룰 것이다. 출아와 부속지 형성 종들은 종종 세균사이에서 독특한 생활사를 갖는다.

출아분열

우리가 5.1절에서 살펴본 바와 같이, 출아세균은 비균등 세포생장의 결과로 분열한다. 자루세균(stalked bacteria)과 출아세균(budding bacteria)의 세포분열에서는 본래 특성을 유지한 모세포와 함께 완전히 새로운 딸세포가 만들어진다 (그림 5.3). 반면에 이분열은 두 개의 동등한 세포가 형성된다.

출아세균과 이분열에 의해 분열하는 세균과의 기본적인 차이점은 새로운 세포벽 물질의 생성이 이분열처럼 (7장) 세포 전체를 통해 [삽입생장(intercalary growth)] 일어나기보다는 세포의 한 점 [극성 생장(polar growth)]에서 일어난다는 것이다. 보통 출아세균으로 간주되지 않는 몇몇 속은 세포 크기의 분화 없이 극성 생장이 일어난다 (그림 5.3). 극성 생장의 중요한 결과는 막 복합체와 같은 내부 구조체가 세포분열과정에서 분할되지 않으며, 처음부터(*de novo*) 새로 만들어져야 한다는 것이다. 그러나 이는 더 복잡한 내부구조체가 이분열에 의해 분열하는 세포보다는 출아하는 세포에서 생성될 수 있다는 이점을 가진다. 왜냐하면 이분열로 분열하는 세포의 경우에는 이러한 구조체가 두 개의 새로 생겨나는 딸세포에게 나누어져야 하기 때문이다. 그렇기 때문에, 특히 광영양성과 화학무기영양성의 종들인 많은 출아세균들은 광범위한 내부 막계를 가지고 있다.

단원 4

출아세균: *Hyphomicrobium*

잘 연구된 출아세균에는 밀접하게 연관된 알파프로테오박테리아(*Alphaproteobacteria*)인 화학유기영양성인 *Hypomicrobium* (**그림 15.53**)과 광영양성인 *Rhodomicrobium*의 두 종류가 있다. 이 두 세균은 길고 가는 균사의 끝으로부터 딸세포를 내보낸다. 균사(hypha)는 직접 세포가 확장한 것으로 세포벽, 세포막, 리보솜을 가지며, DNA를 포함할 수 있다.

그림 15.53은 *Hypomicrobium*의 생활사를 보여준다. 모세포는 기초부분이 종종 고체 기질에 부착하고 있는데, 모세포가 가는 돌출물을 생성하고 이것이 길어져서 균사가 된다. 균사의 끝에서 출아가 만들어진다. 이 출아는 크기가 커지면서 편모가 만들어지고, 모세포와 느슨하게 되어 모세포로부터 떨어져 나온다. 나중에 딸세포는 편모가 없어지며, 성숙기를 거친 후 균사와 출아를 형성한다. 또 다른 출아가 모세포의 균사 끝에서 생길 수도 있으며, 균사로 연결된 세포배열이 나타나게 된다. 어떤 경우에는 균사의 형성없이 출아가 모세포로부터 직접 형성되기 시작할 수도 있으며, 반면에

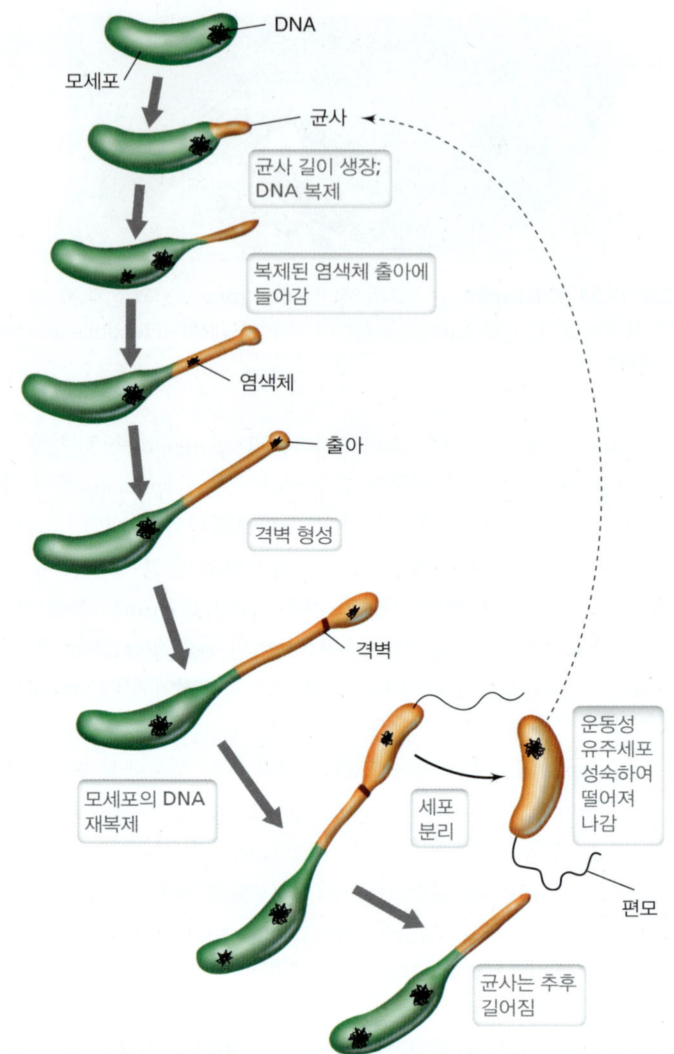

그림 15.53 *Hypomicrobium* 세포주기의 단계. *Hypomicrobium*의 단일 염색체는 원형이다.

또 다른 경우에는 단일세포가 양쪽 끝으로부터 균사를 형성하기도 한다 (**그림 15.54**). 핵질의 복제는 출아가 출현하기 전에 진행되며, 일단 출아가 만들어지면 복제된 염색체의 한 벌이 균사를 따라 이동하여 출아로 들어간다. 이후에 가로 격막(cross-septum)이 만들어져 균사 및 모세포로부터 계속 발달하는 출아를 분리한다 (그림 15.54).

생리학적으로 *Hypomicrobium*은 메틸영양세균 (14.18절과 15.16절)이며, 담수, 해양, 그리고 육상의 서식처에 광범위하게 분포한다. 선호하는 탄소원은 메탄올(CH_3OH), 메틸아민(CH_3NH_2), 포름알데히드(CH_2O), 포름산($HCOO^-$) 등과 같은 C_1 화합물이다. *Hypomicrobium*의 매우 특별한 농화배양과정은 CH_3OH을 전자공여체로, 질산염(NO_3^-)을 전자수용체로 첨가한 희석배지를 사용하여 혐기성 조건에서 배양하는 것이다. *Hypomicrobium*는 알려진 탈질산화세균 중 유일하게 CH_3OH을 전자공여체로 사용하여 빠르게 생장하는 균으로, 이 과정이 다양한 환경에서 이 세균을 선택하는 방법이 된다.

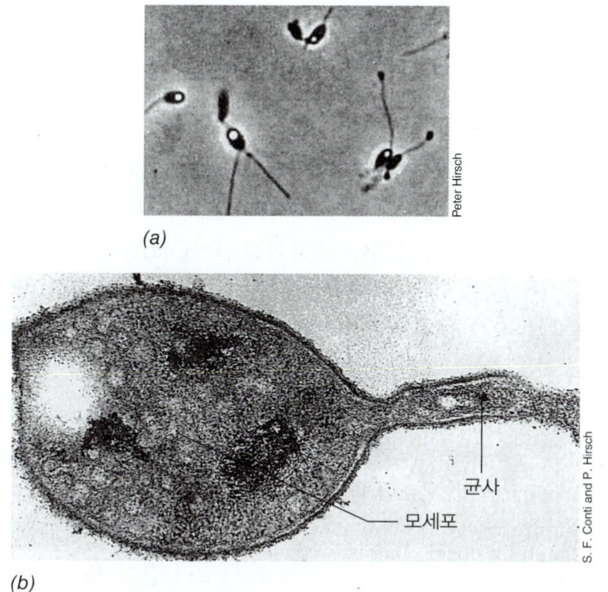

그림 15.54 *Hypomicrobium*의 형태. *(a) Hypomicrobium* 세포의 위상차 현미경 사진. 세포는 폭이 약 0.7 μm이다. *(b)* 단일 *Hypomicrobium* 세포의 박편 전자현미경 사진. 균사의 폭은 약 0.2 μm이다.

돌기와 자루세균

다양한 세균이 자루(*stalks*) (**그림 15.55**), 균사(*hyphae*), 그리고 부속지(*appendages*)를 포함하는 세포질에서 돌출된 구조물을 만들 수 있다 (**표 15.3**). 이들과 같은 돌출물들은 성숙된 세포의 지름

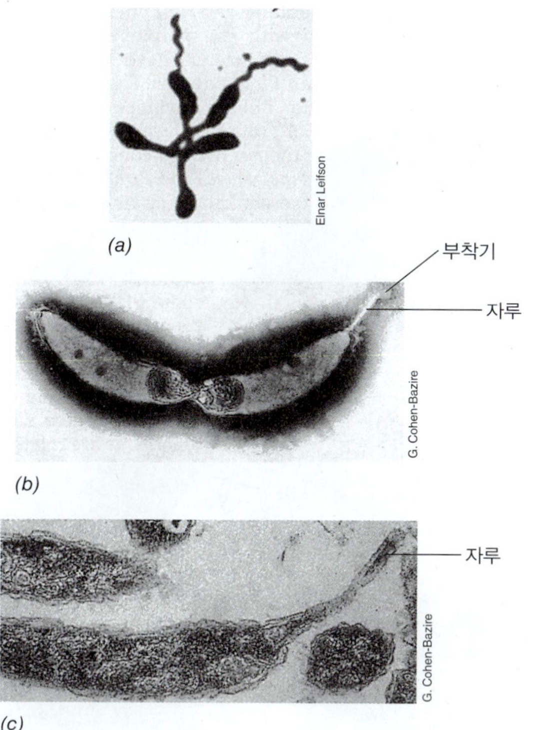

그림 15.55 자루세균. *(a) Caulobacter rosette*. 단일 세포의 폭은 0.5 μm 정도이다. 다섯 개의 세포가 자루에 의해 부착되는데, 이는 또한 돌기가 된다. 두 개의 세포는 방금 분열하였으며, 딸세포는 편모를 형성하였다. *(b)* 분열 중인 *Caulobacter* 세포의 음성 염색된 사진. *(c) Caulobacter* 세포의 얇은 단면으로 자루에 세포질이 존재함을 보여준다. b와 c 부분은 전자현미경 사진이다.

표 15.3 자루세균, 부속지 (돌기) 세균, 출아세균 주요 속의 특징들

특징들	속	계통학적 그룹[a]
자루세균		
세포질이 확장된 자루이며, 세포분열에 관여	*Caulobacter*	알파
자루달리 방추형 세포	*Proshecobacter*	*Verrucomicrobiaceae*[b]
세포질이 없는 세포 밖 분비물의 돌출된 자루:		
철이 침적된 자루, 비브리오형 세포	*Gallionella*	베타
철을 침적하지 않는 젤라틴성 분비물의 자루	*Nevskia*	감마
부속지(돌기)세균		
단일 또는 두 개의 돌기	*Asticcacaulis*	알파
여러 개의 돌기		
짧은 돌기, 분열로 증식, 일부 가스소낭 가짐	*Proshecomicrobium*	알파
납작한 별-모양 세포, 일부 가스소낭 가짐	*Stella*	알파
긴 돌기, 출아로 증식, 일부 가스소낭 가짐	*Ancalomicrobium*	알파
출아세균		
광영양성, 균사 생성	*Rhodomicrobium*	알파
광영양성, 균사없이 출아	*Rhodopseudomonas*	알파
화학유기영양, 막대모양 세포	*Blastobacter*	알파
화학유기영양, 가느다란 균사 끝에 출아		
모세포로부터 단일 균사 나옴	*Hypomicrobium*	알파
모세포로부터 여러 개의 균사 나옴	*Pedomicrobium*	알파

[a]*Prosthecobacter*를 제외한 모두는 프로테오박테리아에 속함; [b]16.17절 참조

단원 4

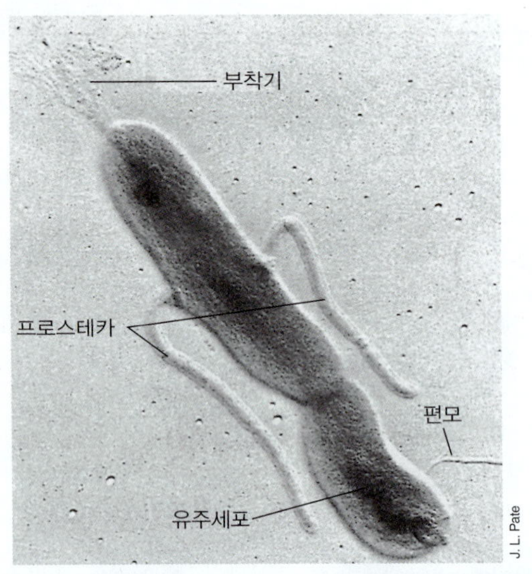

(a)

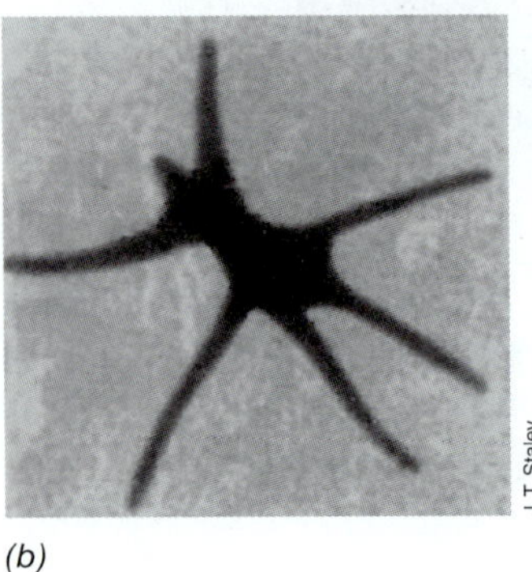

(b)

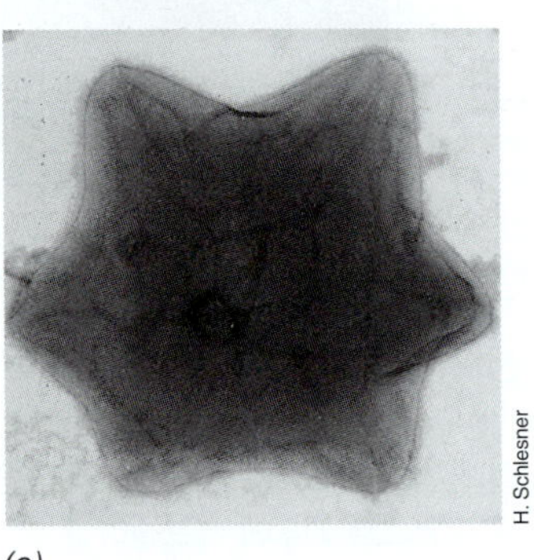

(c)

그림 15.56 돌기세균. *(a)* 투영법으로 처리한 *Asticcacaulis biprosthecum*의 전자현미경 사진으로 돌기, 부착기(holdfast), 유주(swarmer)세포의 위치와 배열상태를 보여준다. 유주세포는 모세포로부터 떨어져 나와 새로운 세포주기를 시작한다. 세포는 폭이 0.6 μm 정도이다. *(b)* 음성 염색한 *Ancalomicrobium adeum* 세포의 전자현미경 사진. 부속지는 세포벽에 의해 둘러싸이고 세포질을 포함하며, 지름은 약 0.2 μm 정도이다. *(c)* 별-모양 세균인 *Stella*의 전자현미경 사진. 세포는 지름이 0.8 μm 정도이다.

보다는 작고 세포질과 세포벽을 포함하며, **돌기(prosthecate, 그림 15.56)**라고 일괄적으로 부른다. 돌기는 생물들이 수계 서식처에서 입자상 물질, 식물, 혹은 다른 미생물에 부착할 수 있게 해준다. 더욱이 돌기들은 세포의 부피에 대한 표면의 비를 증가시키기 위해 사용될 수 있다. 원핵세포의 표면-부피의 비가 높은 것이 일반적으로 영양분을 흡수하고 노폐물을 배출하는 능력을 증가시키는 것을 기억해보라 (2.2절). 부속지를 가진 세균의 독특한 형태 (그림 15.56)는 극단적으로 이러한 논지에 따른 것이고, 이들 생물들이 가장 흔하게 분포하는 빈영양 (영양분 부족)의 수계에서 살아가기 위한 진화적인 적응의 결과일 수도 있다.

돌기는 또한 세포가 가라앉는 것을 감소시키는 기능을 할 수 있다. 이들 생물은 수생 환경에 살고, 대사는 일반적으로 호기적이기 때문에, 돌기세균들은 그들이 호흡할 수 없는 수생환경의 무산소 지역에 가라앉는 것으로 막으려고 할 것이다. 일부 돌기 세균들은 또한 가스 소포 (2.9절) (표 15.3)을 만들어 가라앉는 것으로 막는다.

Caulobacter

두 대표적인 자루세균은 *Caulobacter* (그림 15.55)와 *Gallionella* (그림 15.36)이다. 전자는 세포질로 채워진 자루의 돌기를 만드는 화학유기영양성이고, 후자는 수산화철 [$Fe(OH)_3$] (15.15절)로 이루어진 자루를 가지는 화학독립영양의 철-산화세균이다. *Caulobacter* 세포는 물 환경의 표면에서 자주 관찰할 수 있으며, 여러 세포의 자루가 서로 부탁하여 로제트(*rosette*)를 형성하고 있다 (그림 15.55*a*). 자루의 끝에는 부착기(*holdfast*)로 불리는 구조가 있으며, 이것에 의해 자루는 세포를 표면에 고정시킨다.

*Caulobacter*의 세포분열 주기 (**그림 15.57**; 7.7절과 그림 7.16)는 세포가 비균등 이분열을 진행한다는 점에서 독특하다. *Caulobacter* 자루세포의 세포분열은 세포의 길이 생장과 뒤이은 이분열로 진행되며, 자루의 반대쪽 극에서 한 개의 편모가 형성된다. 이렇게 만들어진 편모가 달린 세포를 유주세포(*swarmer*)라고 부른다. 유주세포는 편모가 없는 모세포로부터 떨어져 마침내 새로운 표면에 부착하게 되며, 이때 편모가 달린 끝에 새로운 자루를 형성하면서 편모는 사라지게 된다. 자루형성은 세포분열에 필수적인 선 과정으로 DNA 합성과 통합하여 진행된다 (그림 15.57). 따라서 *Caulobacter*의 세포분열 주기는 단순한 이분열에 비해 더 복잡하게 되는데, 이는 자루세포와 유주세포가 구조적으로 다르며, 생장주기는 두 가지 형태를 포함해야 되기 때문이다.

미니퀴즈

- 어떻게 출아분열이 이분열과 다른가? 어떻게 이분열이 *Caulobacter*의 분열과정과 다른가?
- 돌기형성 생물들은 아주 영양분이 부족한 환경에서 어떠한 이점을 가질 수 있는가?

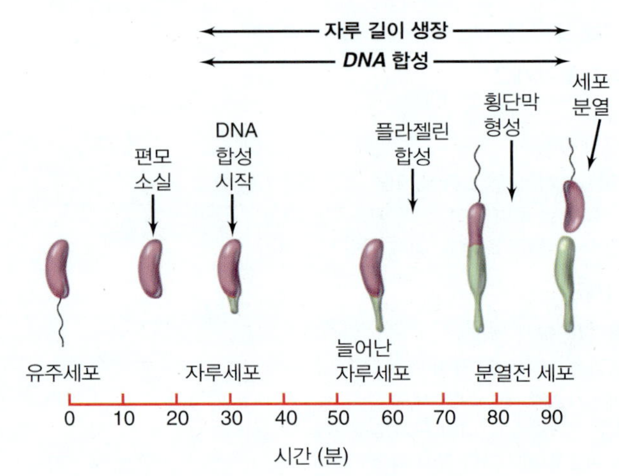

그림 15.57 *Caulobacter*의 생장. 유주세포(swarmer)로부터 시작하는 *Caulobacter* 세포주기의 단계. 그림 7.16과 비교하라.

단원 4

15.21 협막 미생물

주요 속: *Shpaerotilus, Leptothrix*

많은 문(phyla)의 세균들이 하나 또는 여러 개의 세포들을 감싸는 다당류 또는 단백질로 이루어진 협막(sheaths)을 만든다. 협막은 종종 세포들을 함께 묶어서 긴 다세포 사슬로 만들어 주는 기능을 한다 (15.3, 15.11절). *Shpaerotilus*와 *Leptothrix*는 사상성 세균으로 협막 안에서 생장하며, 독특한 생활사를 가진다. 좋은 조건에서는 세포들이 영양 생장을 하여 길고 세포로 채워진 협막을 형성한다. 좋지 않은 생장조건에서 편모의 유주세포들이 협막 안에서 형성되고, 유주세포는 빈 협막만 남겨 놓고 깨고 나와 이동하여 새로운 환경으로 흩어진다.

*Shpaerotilus*와 *Leptothrix*는 폐수와 오염된 하천과 같이 유기물이 풍부한 담수 서식처에 일반적으로 존재한다. 그들이 흔히 흐르는 물에서 존재하기 때문에, 하수처리시설의 살수여과상과 활성 슬러지 소화조 (22.6절)에서 또한 풍부하다. 환원된 철(Fe^{2+}) 또는 망간(Mn^{2+})이 존재하는 서식처에서 협막세균들은 철과 망간 같은 금속의 산화로 수산화3가철[$Fe(OH)_3$] 또는 망간산화물로 둘러싸일 수도 있다.

Leptothrix

협막에 산화철을 침전시키는 *Shpaerotilus*와 *Leptothrix*의 능력은 잘 알려져 있으며, 철이 풍부한 물에서 나타나듯이, 협막이 철의 외피를 가질 때 현미경상에서 이들 협막을 자주 관찰할 수 있다 (**그림 15.58**). 철의 침전은 부식산(humic acid) 혹은 탄닌산(tannic acid)과 같은 유기물질과 결합한 2가철(Fe^{2+})이 산화될 때 일어난다. 이들 화학유기영양성 세균들은 탄소원과 에너지원으로 유기물질을 사용하고, 더 이상 결합되어 있지 않은 2가철이 산화되면, 협막에 침전된다. 철 산화는 이화적 철-산화균 (15.15절)과 매우 밀접한 연관이 있지만 우연의 결과이며, 철 산화를 통하여 에너지를 얻지 않는다. 비슷한 방법으로 *Leptothrix*는 망간도 산화할 수 있다.

Sphaerotilus

*Sphaerotilus*의 사상체는 협막으로 꼭 맞게 둘러싸인 끝이 둥근 간균이 연결된 사슬로 이루어져 있다. 이렇게 가늘고 투명한 구조는 속이 세포로 채워져 있을 때에는 보기가 어렵지만, 속이 부분적으로 비어 있을 때에는 협막을 쉽게 관찰할 수 있다 (**그림 15.59*a***). 개개의 세포는 크기가 1~2 × 3~8 μm이고, 그람-음성으로 염색된다. 협막 안의 세포들은 (그림 15.59*b*) 이분열에 의해 분열하며, 새로운 세포는 사상체의 끝에서 새로운 협막 물질을 합성한다. 결국

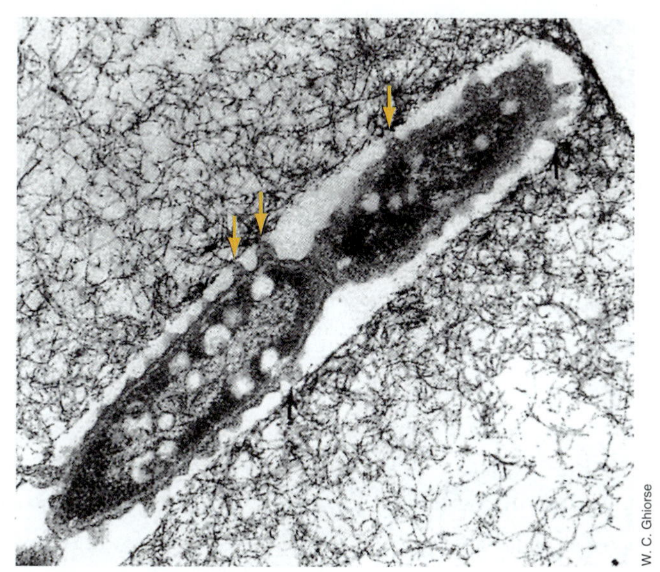

그림 15.58 *Leptothrix*와 철의 침전. New York 주 Ithaca 시 소재의 늪의 망간철 막에서 자란 *Leptothrix* 박편의 투과전자현미경 사진. 단일 세포의 지름은 약 0.9 μm로 측정된다. 협막과 접촉하는 세포 외피의 돌출물 (화살표)을 주목하라.

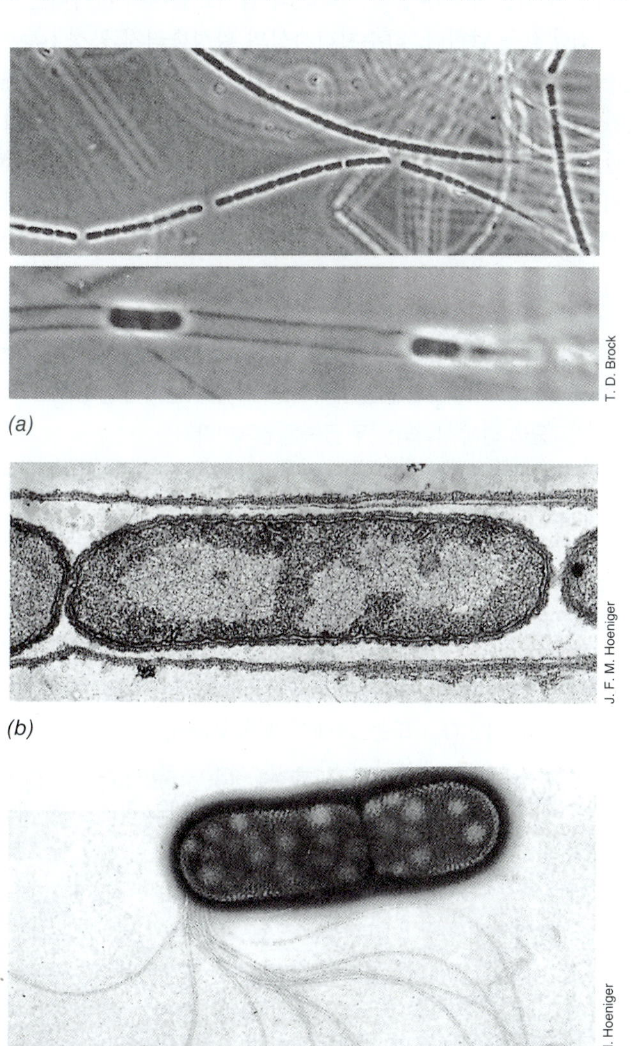

그림 15.59 *Sphaerotilus natans*. 단일 세포의 폭은 약 2 μm이다. *(a)* 오염된 하천에서 채집한 물질의 위상차 현미경 사진. 활발하게 생장하는 단계 (위)와 협막을 떠나는 유주세포. *(b)* 협막을 분명하게 보여주는 사상체의 박편 전자현미경 사진. *(c)* 음성 염색된 유주세포의 전자현미경 사진. 극성 편모다발을 주목하라.

운동성 유주세포는 협막에서 나온 후 (그림 15.59*c*), 이동하여 고체 표면에 달라붙고, 생장을 시작하는데, 각 유주세포는 새로운 사상체의 선구자가 된다. 협막은 단백질과 다당류로 이루어지며, 펩티도글리칸은 없다.

*Sphaerotilus*의 배양세포들은 영양적으로 다재다능하고, 간단한 유기화합물을 탄소원과 에너지원으로 사용한다; 한 종은 전자공여체로 티오황산염을 사용하여 복합영양성으로 생장할 수 있다. 서식처로 흐르는 물에 적응한 *Sphaerotilus*는 절대 호기성의 세균이다. *Sphaerotilus*의 대발생(blooms)은 낙엽에 의해 물의 유기물 함량이 일시적으로 증가하는 가을에 하천과 개울에서 종종 발생한다. 또한 *Sphaerotilus*의 사상체는 위생 공학자가 "하수 곰팡이(sewage fungus)"로 부르는 미생물 복합체의 주요 구성성분인데, 하수 곰팡이는 하수 오염물질이 유입되는 하천의 암석표면에서 나타나는 사상성의 점액질을 말한다. 하수처리시설의 활성슬러지 공정 (⇄ 22.6절)에서 *Sphaerotilus*는 종종 팽화(*bulking*)로 불리는 조건의 원인이기도 한데, *Sphaerotilus* 사상체의 뭉쳐진 덩어리가 슬러지의 부피를 증가시켜 부유 상태로 만들어, 침전되어야 할 슬러지가 침전되지 않게 된다. 이는 유기물의 산화와 무기 영양물질의 순환에 부정적인 결과를 가져오며, 처리시설에서 높은 함량의 질소와 탄소를 지닌 처리수가 방류되는 결과를 초래한다.

미니퀴즈

- 어떻게 *Sphaerotilus*와 같은 협막세균이 생장하는지 설명하라?
- 협막세균에 의해 산화되는 두 금속을 열거하라?

15.22 주자기성 미생물

주요 속: *Magnetospirillum*

자기 세균들은 자기장에서 주자기성(*magnetotaxis*)이라고 불리는 놀라운 방향성 운동을 보여준다. 이들 세포의 안에는 마그네타이트(magnetite, Fe_3O_4) 또는 그레이가이트(greigite, Fe_3S_4) (⇄ 2.8절과 그림 2.24)로 구성되어 있는 마그네토솜(*magnetosomes*)이라고 불리는 자성입자의 사슬이 존재한다. 마그네토솜은 세포막이 함입된 안에 위치하고, 골격 단백질에 의해 일직선 구조로 되어 있다. 자기 세균은 자기장의 남-북 자기 모멘트를 따라 위치하고, 나침반 바늘과 거의 같은 방식으로 자기장에 평행으로 배열한다. 자기 세균은 일반적으로 미호기성 또는 혐기성이고, 많은 경우는 퇴적층 또는 층상을 이룬 호수의 산소-무산소 경계 근처에서 발견된다. 호기성 종들의 마그네토솜은 일반적으로 미네랄 자철광(magnetite)을 가지는 반면에 혐기성 종들은 오로지 그레이가이트(greigite)를 가진다.

비록 세균 자석의 생태적 역할은 모르지만, 자기장 안에서 방향을 정하는 능력은 아마 이들 생물들이 낮은 O_2 농도 지역에서 위치하는데 선택적 이점이 될 것이다. 일반적으로 O_2 농도는 퇴적층 또는 층상을 이룬 호수의 물의 깊이에 따라 낮아진다. 지구가 구

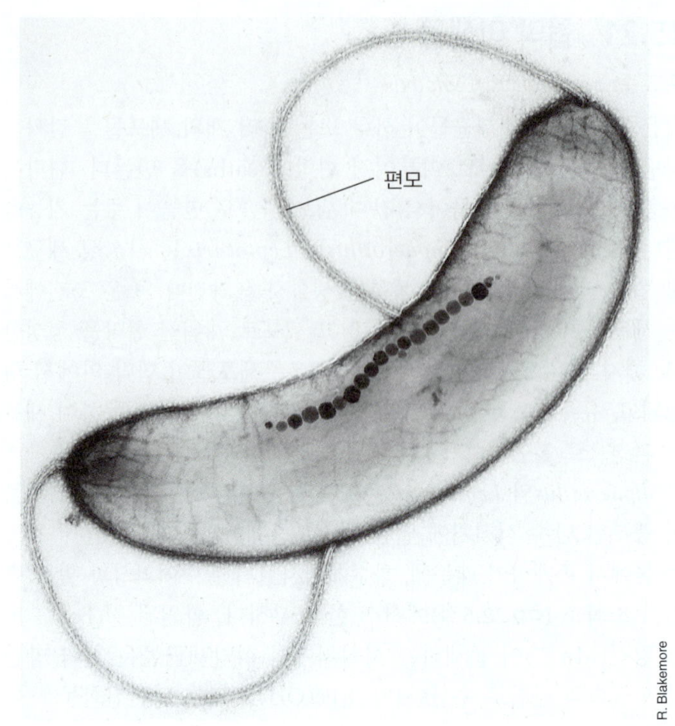

그림 15.60 주자기성 나선균. *Magnetospirillum magnetotacticum* 단일 세포의 전자현미경 사진. 세포는 0.3 × 2 μm로 측정된다. 이 세균은 사슬 형태로 배열된 Fe_3O_4로 구성된 마그네토솜 입자를 가진다.

모양이기 때문에, 지구 자기장 선은 북반부와 남반부에서 강한 수직 성분을 가진다. 따라서 이들 자기장을 따라 선 세균들은 선택적으로 아래로, 그리고 O_2로부터 멀어지도록 움직일 수 있다. 마그네토솜은 나침반의 바늘과 같이 기능을 하여, 맞는 방향으로 세균을 향하게 한다; 반면에 편모의 회전은 O_2에 대한 주화성 반응(⇄ 2.13절)으로 조절된다.

자기 세균은 세포 내 마그네토솜의 방향성에 따라 두 가지 자기극성 중 한 가지를 가진다. 북반부에서 세포는 그들의 편모의 진행방향에 대하여 마그네토솜의 북쪽 방향을 가져서 북쪽 방향으로 이동한다 (북반부에서는 그래서 아래쪽 방향임). 남반부의 세포들은 반대극성을 가지며 남쪽으로 이동한다.

지금까지 알려진 자기 세균의 대부분은 알파프로테오박테리아의 종들이지만, 감마프로테오박테리아, 델타프로테오박테리아, 그리고 *Nitrospira* 그룹에도 존재한다. 가장 잘 연구된 종은 *Magnetospirillum magnetotacticum* (**그림 15.60**)으로 화학유기영양성이며 미호기성이지만, NO_3^- 또는 NO_2^-의 환원을 통하여 혐기적으로도 생장할 수 있다. 반면에 *Desulfovibrio magneticus* 종은 황산염환원균이고, 절대 혐기성균이다. 게다가 마그네토솜은 황산화균과 자색비황세균의 일부 종에서도 관찰된다. 또한 다세포의 주자기성 세균도 알려졌다. 이들은 델타프로테오박테리아로 10~20개의 세포들이 빈 구형처럼 조직하여 다세포의 덩어리를 형성한다. 다세포의 주자기성 세균들은 절대 혐기성이지만, 그들의 대사과정의 기초에

대해서는 아직 잘 모른다.

여기서 우리는 기능적 다양성의 관점에서의 세균으로부터 16장에 계통학적으로 다른 중요한 문(phyla)으로 이동할 것이다. 그리고 고균이 기술된 17장으로 원핵미생물들의 범위를 끝낸다.

미니퀴즈

- 주자기성 세균들은 마그네토솜을 가지므로 어떠한 이득을 얻을 수 있는가?
- *Desulfovibrio magneticus*의 마그네토솜 안에서 그레이가이트 또는 마그네타이트를 볼 수 있는가?

단원 정리

I • 개념으로서 기능적 다양성

15.1 계통분류학적 다양성은 미생물들 사이의 진화적 관계를 다루는 미생물 다양성의 구성 성분이다. 반면에 기능적 다양성은 미생물 생리와 생태와 관련이 있는 형태와 기능의 다양성을 다룬다. 계통과 미생물들의 기능적 특징들의 불일치는 유전자 소실, 수평적 유전자전이, 그리고/혹은 수렴진화 양상들의 결과이다.

Q 수렴진화는 무엇이며 수평적 유전자 전이와 어떻게 다른가?

II • 광영양성 세균의 다양성

15.2 산소를 생산하지 않는 산소비발생 광양양체들은 진화된 초기 광합성 생물들이다. 광합성의 진화는 수평적 유전자 전이의 양상에 의해 큰 영향을 받고 있다.

Q 산소비발생 광영양체을 포함하는 세균의 문은 무엇인가? 자색황세균을 포함하는 문은 무엇인가? 녹색황세균을 포함하는 문은 무엇인가?

15.3 남세균(*Cyanobacteria*)은 산소발생 광영양체들을 포함하는 유일한 세균의 문(phylum)이다. 남세균의 모든 종들은 CO_2를 고정할 수 있으며, 많은 종들은 N_2를 고정할 수 있기 때문에 많은 생태시스템에서 중요한 일차생산자이다.

Q 남세균은 어떤 형태적 그룹으로 나뉠 수 있는가?

15.4 자색황세균은 산소비발생 광영양성 감마프로테오박테리아(*Gammaproteobacteria*)이다. 자색황세균은 H_2S와 S^0를 전자공여체로 사용하고, 캘빈회로로 CO_2를 고정한다. 이들 광영양체들은 세균엽록소 *a*와 *b* 그리고 Q형 광계를 가진다.

Q 자색황세균과 자색비황세균의 대사, 형태, 그리고 계통분류를 비교, 대조하라.

15.5 자색비황세균은 산소비발생 광영양성의 알파-(*Alpha-*) 그리고 베타프로테오박테리아(*Betaproteobacteria*)이다. 자색비황세균은 대사적으로 다양하고, 광종속영양체로 제일 잘 자라며, 어두운 곳에서도 생장할 수 있다. 이들 광영양체들은 세균엽록소 *a*와 *b* 그리고 Q형 광계를 가진다. 호기성 산소비발생 광영양체들은 II형의 광계를 가지고, 오직 세균엽록소 *a*만을 가진다.

Q 산소비발생 광영양체와 자색비황세균은 어떤 대사과정이 비슷한가? 어떻게 그들은 다른가?

15.6 녹색황세균은 *Chlorobi* 문(phylum)의 산소비발생 광영양체들이다. 녹색황세균은 H_2S와 S^0를 전자공여체로 사용하고, 역 시트르산회로로 CO_2를 고정한다. 이들 광영양체들은 세균엽록소 *c*, *d*, 혹은 *e*를 엽록소체 안에 가지고, FeS형 광합성 반응센터 안에 세균엽록소 *a*를 가진다.

Q 녹색황세균과 자색황세균의 대사, 형태, 그리고 계통분류를 비교, 대조하라.

15.7 녹색비황세균들은 또한 사상의 산소비발생 광영양체로 알려져 있으며, *Chloroflexi* 문(phylum)의 산소비발생 광영양체들이고, 광종속영양체로 가장 잘 생장한다. 이들 광영체는 엽록소체에 세균엽록소 *c*와, Q형의 광계 안에 세균엽록소 *a*를 가진다.

Q 녹색비황세균은 녹색황세균과 자색황세균과 어떤 형질들을 공통으로 가지는가?

15.8 헬리오박테리아(heliobacteria)는 산소비발생 광영양성 *Firmicutes*로 광종속영양성으로 자라거나, 혹은 어두운 곳에서 화학영양성으로 자란다. 헬리오박테리아는 세균엽록소 *g*와 FeS형 반응센터를 가진다. *Chloracidobacterium thermophilum*은 산소비발생 광영양성 acidobacterium으로 광종속영양성으로 자라며 세균엽록소 *a*와 *c* 또한 엽록소체를 가지며, FeS형 반응센터를 가진다.

Q *Chloracidobacterium thermophilum*은 어떤 면에서 녹색황세균과 비슷하며, 어떤 면에서 다른가?

III • 황 순환에서의 미생물 다양성

15.9 이화적 황산염-환원균들은 절대 혐기성 세균들로 H_2 또는 유기화합물을 전자공여체로 사용하고 SO_4^{2-}를 환원시키면서 생각한다. 대부분의 황산염 환원균들은 델타프로테오박테리아(*Deltaproteobacteria*)이다.

Q 황산염-환원세균과 관련하여, 완전 산화균과 불완전 산화균의 차이점은 무엇인가?

15.10 이화적 황-환원균들은 대사적으로 계통분류학적으로 다양한 생물들로 S^0 그리고 (SO_4^{2-} 이외의) 다른 산화된 황 화합물들을 전자수용체로 환원시키면서 생장한다.

Q 황-환원세균은 황산염-환원세균과 어떤 면에서 다른가? 그리고 어떤 면에서 유사한가?

15.11 대부분이 프로테오박테리아(*Proteobacteria*)인 황 화학무기성 세균들은 O_2 또는 NO_3^-를 전자수용체로 사용하여 H_2S와 다른 환원된 황화합물들을 전자공여체로 하여 산화시키고, CO_2나 유기화합물들을 탄소원으로 사용한다, 황 화학무기영양체들은

H_2S와 O_2로부터 에너지를 얻기 위하여 다양한 생태적 전략들을 사용한다.

Q 호기적 황-산화균들은 대기 O_2에 의한 H_2S의 화학적 산화와 경쟁하기 위해 어떤 생태적 전략들을 사용하는가?

IV • 질소 순환에서의 미생물 다양성

15.12 질소자급영양체(diazotrophs)는 질소고정효소의 활성으로 N_2를 동화하는 세균이다. 질소자급영양체들은 대사적, 계통학적으로 다양하고, 산소의 불활성화로부터 질소고정효소를 보호하기 위하여 다양한 적응방법을 사용한다.

Q 질소자급영양체는 O_2로부터 질소고정효소를 보호하기 위해 어떤 방법들을 가지는가?

15.13 질산화 세균들은 호기적 화학무기영양체들로 NH_3를 NO_2^-로 (접두사 *Nitroso-*) 혹은 NO_2^-를 NO_3^-로 (접두사 *Nitro-*) 산화시킨다. 암모니아 산화균들은 프로테오박테리아 혹은 *Thaumarchaeota*이지만, 아질산 산화균들은 프로테오박테리아 혹은 *Nitrospirae*이다. 탈질화균들은 대사적, 계통학적으로 다양한 통성 호기성균들이고, NO_3^-를 환원시켜 가스 생산물인 NO, N_2O, 그리고 N_2로 만드는 화학유기영양체들이다.

Q 질산화 균들과 탈질화균들의 질소 대사를 비교, 대조하라.

V • 미생물의 다른 특이한 기능적 그룹

15.14 이화적 철-환원균들은 혐기적 호흡에서 불용성 전자수용체들을 환원시킨다. 대부분의 종들은 H_2 또는 단순한 유기화합물을 전자수용체로 사용하여 3가철을 환원시키면서 혐기적으로 생장할 수 있다. 가장 잘 연구된 속(genus)들은 오직 절대 혐기적 특성만을 가지는 *Geobacter*와 통성 호기성 세균을 가지는 *Shewanella* 속이다.

Q 어떤 면에서 이화학적 철-환원세균 *Shewanella*와 *Geobacter*가 비슷한가, 그리고 어떤 면에서 다른가?

15.15 이화적 철-산화균들은 2가철의 호기적 산화를 통하여 에너지를 얻는다. 이들 생물은 중성 pH의 호기적 서식처에서 2가철의 화학적 불안정화를 극복하기 위해 몇 가지 생태적 전략들을 사용한다. 철-산화균들은 네 가지 생리학적 그룹으로 되어 있다: 호기성 호산성균, 중성 호기성 세균, 혐기적 화학영양체, 그리고 혐기적 광영양체.

Q 어떤 그룹의 이화학적 철-산화균이 가장 다양하지 않으며, 어떤 면에서 이것이 산소와 pH와 연관되어 있는가?

15.16 메틸영양체들은 탄소-탄소 결합이 결여된 유기화합물에서 생장한다. 일부 메틸영양체들은 또한 메탄영양체들로 메탄을 대사작용에 사용할 수 있다. 대부분 메탄영양체들은 프로테오박테리아로 많은 내부 막을 가지며, 세린 또는 리불로오스 일인산염(ribulose monophosphate) 경로를 통하여 탄소를 유입시킨다.

Q I형과 II형 메탄영양체의 다른 점은 무엇인가?

15.17 *Bdellovibrio*와 *Myxococcus*와 같은 세균성 포식자들은 다른 미생물들을 소비한다. Myxobacteria는 점액포자를 가지는 자실체의 형성을 포함하는 복잡한 발달경로를 가진다.

Q *Myxococcus*와 *Bdellovibrio*와 생활사를 비교, 대조하라.

15.18 *Vibrio*, *Allivibrio*, 그리고 *Photobacterium* 종들은 해양세균들로 이 중 일부는 병원균이며 생물발광을 한다. 루시페라아제 효소에 의한 생물발광은 개체밀도 인식 기작에 의하여 조절받는데, 큰 세포 집단에 도달할 때까지 빛이 나오지 않게 확실히 하기 위함이다.

Q 발광세균에서 세포밀도로 조절되는 빛 생성의 기작을 설명하라.

VI • 형태적으로 다양한 세균

15.19 *Spirochaetes* 문(phylum)은 나선형 모양의 세균들을 포함하는데, 점성물질에서 "코르크마개 회전(corkscrew)"을 하는 새로운 형태의 운동성을 보여준다. 이들 생물은 무산소 서식처에서 흔하며, 매독과 같이 많은 잘 알려진 인간질병을 일으키는 원인이다.

Q Spirochetes의 운동성과 spirilla의 운동성을 비교하라.

15.20 *Hyhomicrobium*, *Caulobacter*, 그리고 *Gallionella*와 같은 돌기세균들은 부속지를 가진 세포들로 부착 또는 영양원 흡수에 사용하여 위하여 자루 또는 돌기를 형성하고, 주로 수서 생활을 한다. 일부 *Hyhomicrobium*과 같은 돌기세균들은 균사로부터 출아에 의해 새로운 세포가 형성되는 복잡한 생활사를 가진다.

Q *Hyhomicrobium*의 생활사와 *Caulobacter*의 생활사를 비교하라.

15.21 협막세균들은 사상성의 프로테오박테리아로 개개의 세포들은 협막이라고 부르는 외부 막층 안에서 사슬을 형성한다. *Sphaerotilus*와 *Leptothrix*가 협막세균의 주요한 속들이고, Fe^{2+}와 Mn^{2+}와 같은 금속들을 산화시킬 수 있다.

Q 어떤 환경에서 *Leptothrix*를 찾을 수 있을 것으로 기대하는가?

15.22 마그네토솜은 주자기성 세균에 존재하는 특별한 자성의 구조들이다. 마그네토솜은 세포들을 지구 자기장 선과 같이 배열하게 하고, 세포들이 주화성 반응으로 퇴적층 또는 층상의 수중 시스템에서 정해진 방법으로 수직적으로 이동할 수 있게 해준다.

Q 퇴적층에서 마그네토솜이 미호기성 세균들의 적합성에 어떤 방식으로 기여하는가?

응용 문제

1. 다음 세균들이 각각 서로 다른 세균들과 구별되는 중요한 생리학적 특징을 서술하라: *Acetobacter, Methylococcus, Azotobacter, Photobacterium, Desulfovibrio*와 *Spirillum.*
2. 다음의 각각의 세균들의 대사과정을 서술하고, 생물들이 호기적인지 혹은 혐기적인지 언급하라: *Thiobacillus, Nitrosomonas, Methylomonas, Pseudomonas, Acetobacter,* 그리고 *Gallionella.*
3. 세균의 각 형태적 다양성 그룹으로부터의 예를 사용하여 (15.19~15.22절), 어떻게 현미경만 사용하여 각각의 세균들을 서로 구별할 수 있는지에 대하여 서술하고, 예들의 생물 서식지가 서로 어떻게 다른가? 이들 생물들 중 인체의 안이나 밖에 발견될 수 있는 것이 있는가? 무기전자공여체를 산화시킬 수 있는 능력에도 불구하고, 왜 *Sphaerotilus*와 *Leptothrix*는 화학무기영양성으로 생각되지 않는가?

용어 해설

Aerobic anoxygenic phototroph (호기적 산소비발생 광영양체) 산소비발생 광합성을 에너지 보조원으로 사용하는 호기적 종속영양생물

Autoinduction (자가유도) 집단의 크기가 증가함에 따라 많은 양이 만들어지는 작고 확산성이 있는 신호물질이 관여하는 유전자 조절 기작

Bioluminescence (생물발광) 살아 있는 생물에 의한 가시광선의 효소적 생산

Carboxysome (카르복시솜) 캘빈회로의 주요 효소인 결정성 리불로오스 이인산 카르복실효소(RubisCo)의 다면체 세포의 봉입체

Chemolithotroph (화학무기영양체) (H_2, Fe^{2+}, S^0, 또는 NH_3^+와 같은) 무기화합물을 에너지원 (전자공여체)로 하여 산화시킬 수 있는 생물

Chlorosome (엽록소체) 녹색황세균과 *Chloroflexus*에서 단위가 없는 막으로 둘러싸이고, 빛을 흡수하는 세균엽록소 (*c*, *d*, 또는 *e*)를 가지는 시가-모양의 구조

Consortium (컨소시엄) 보통 밀접한 공생 방식으로 사는 두 개 혹은 더 많은 세균의 연합

Convergent evolution (수렴진화) 두 생물 사이의 비슷한 형태의 한 가지 형질 혹은 일련의 형질 그리고 (혹은) 기능이 공통의 조상으로부터 유래하는 것이 아닌 경우 (예, 비슷하지만 상동성이 없는 형질)

***Cyanobacteria* (남세균)** 엽록소 *a*와 피코빌린을 가지는 원핵의 산소발생 광영양체

Denitrifier (탈질화균) NO_3^- 또는 NO_2^-를 가스 산물인 NO, N_2O, 그리고 N_2로 환원시키면서 혐기적 호흡을 수행하는 생물

Diazotroph (질소자급영양체) N_2를 질소고정효소의 활성으로 생체 안으로 동화할 수 있는 생물

Dissimilative sulfate-reducer (이화적 황산염-환원균) SO_4^{2-}의 환원을 통하여 에너지를 얻는 혐기적 미생물

Dissimilative sulfur-reducer (이화적 황-환원균) SO_4^{2-}를 환원시킬 수 없지만 S^0의 환원을 통하여 에너지를 얻는 혐기적 미생물

Functional diversity (기능적 다양성) 생리와 생태의 차이점과 관련하여 형태와 기능을 다루는 생물학적 다양성의 구성성분

Green nonsulfur bacteria (녹색비황세균) 광흡수 엽록소로 엽록소체와 Q형 광계, 세균엽록소 *a*와 *c*를 갖고, 일반적으로 광종속영양성으로 가장 잘 자라는 산소비발생 광영양체

Green sulfur bacteria (녹색황세균) 광흡수 엽록소로 엽록소체와 FeS형 광계, 안테나 세균엽록소로 세균엽록소 *c*, *d*와 *e*를 갖고, 일반적으로 전자공여체인 H_2S로 가장 잘 자라는 산소비발생 광영양체

Heliobacteria (헬리오박테리아) 세균엽록소 *g*와 FeS형 광계를 갖는 산소비발생 광영양체

Horizontal gene transfer (수평적 유전자 전이) 관련 없는 생물들 사이의 한 방향으로의 유전자 전이; 계통도에서 상동 유전자들이 분산할 수 있게 한함

Methanotroph (메탄영양체) 에너지 대사에서 메탄(CH_4)을 전자공여체로 산화할 수 있는 생물

Methylotroph (메틸영양체) 탄소-탄소 결합을 가지지 않는 유기화합물을 산화할 수 있는 생물; CH_4을 산화할 수 있으면 또는 메탄영양체

Mixotroph (혼합영양성균) 무기 화합물의 산화로 에너지를 얻지만, 탄소원으로 유기화합물을 필요로 하는 생물

Nitrifier (질산화균) NH_3 또는 NO_2^-의 산화를 수행할 수 있는 화학무기영양체

Phycobilin (피코빌린) 남세균에서 광합성 보조 색소로 기능을 하는 피코시아닌 혹은 피코에리스린 엽록소를 가지는 단백질

Prochlorophyte (프로클로로파이트) 엽록소 *a*와 *b*를 가지지만 피코빌린이 결여된 세균의 산소발생 광영양성균

Prosthecae (돌기) 세포벽에 붙어 독특한 부속지를 형성하는 세포질의 돌출물

Purple nonsulfur bacteria (자색비황세균) 세균엽록소 *a* 혹은 *b*와, Q형 광계, 광종속영양성으로 가장 잘 자라는 광영양성 세균의 그룹

Purple sulfur bacteria (자색황세균) 세균엽록소 *a* 혹은 *b*와, Q형 광계를 가지며, H_2S를 광합성 전자공여자로 산화시킬 수 있는 광영양성 세균의 그룹

Spirilla (나선균으로 단수는 spirillum) 나선-모양의 세균

Spirochete (스피로헤타) 운동성을 위한 내생편모로 특징지어지는 *Spirochaetes* 문(phylum)의 가늘고 단단하게 꼬인 그람-음성 세균

16 세균의 다양성

현재의 미생물학

잃어버린 펩티도글리칸의 미스터리

*Planctomycetes*는 수수께끼 같은 많은 특징을 갖고 있다. 대부분의 세균(*Bacteria*)과는 달리, *Planctomycetes*는 이분법에 의한 분열에 필요한 단백질 FtsZ이 없으며, 이들 미생물은 효모와 유사한 출아에 의해 분열하고, 진핵세포와 관련된 독특한 특징인 세포내 섭취(endocytosis)를 하는 것으로 보인다. 더 나아가 *Planctomycetes*는 오랫동안 펩티도글리칸이 결핍된 것으로 생각되어 왔으며, 투과전자현미경 사진은 일부 종에서 막으로 둘러싸인 핵의 존재를 제안하였다. 더 믿을 수 없는 것은 일부 *Planctomycetes*는 실제 막으로 둘러싸인 소기관(아나목소솜, anammoxosomes)을 갖고 있다는 것이다. 원핵생물과 진핵생물 특성의 이러한 독특한 혼합은 수년 동안 많은 미생물학자로 하여금 *Planctomycetes*가 세포 진화의 사라진 연결고리인지에 대한 논쟁을 이끌었다. 그러나 잃어버린 펩티도글리칸 및 "핵(nucleus)"의 본질에 대한 미스터리는 많은 다른 미생물에 대한 미스터리와 마찬가지로, 최종적으로 미생물학 기술의 진보에 의해 해결되었다.

동결-전자 단층촬영(cryo-electron tomography, CET)은 세포 구조에 대한 우리의 이해에 혁명을 가져왔다. CET는 나노미터 단위 해상도를 지닌 자세한 삼차원 이미지를 만든다. 예를 들면, *Planctomycetes*의 CET 촬영은 이차원 투과전자현미경 사진에서 핵막으로 보였던 부분이 실제로는 세포막이 깊게 함입된 시스템이었음을 드러내 보였다. 세포막의 삼차원 시스템을 이차원의 조각(slice)으로 만들어 관찰하는 것이 핵막으로 보이는 잘못된 결과를 가져왔다. 더욱이 여기서 보여주는 *Planctopirus limnophila*의 CET 촬영과 같은 이미지는 *Planctomycetes*의 세포가 외막 (녹색), 펩티도글리칸 층 (오렌지), 세포막(청색)으로 구성된 그람-음성의 세포 외피(envelope)를 가지고 있음을 명백하게 밝혀준다.

*Planctopirus*의 세포막은 심하게 함입되어 있으며, 삼차원으로 관찰하면 이러한 함입이 핵질을 포함하는 DNA (노란색)와 세포질에 존재하는 리보솜 (흰색)을 모두 둘러싸고 있음을 볼 수 있다. *Planctomycetes*의 유전체 분석은 펩티도글리칸의 생합성에 필요한 핵심 유전자가 유전체에 존재함을 밝혔으며, 생화학적 실험은 펩티도글리칸의 주요 성분 (*N*-acetylglucosamine, *N*-acetylmuramic acid, 2,6-diaminopimelic acid)이 존재함을 확인하였다.

과학에서 미스터리가 해결될 때마다 또 다른 미스터리가 종종 나타난다. 이제 우리는 *Planctomycetes*의 세포가 펩티도글리칸과 그람-음성 세포 외피를 모두 가지고 있음을 알고 있다. 반면 *Planctomycetes* 세포의 CET 촬영에서 드러난 놀랄만한 막의 함입, 그리고 외막의 표면에 박힌 분화구 모양의 구조 (심홍색)에 대한 이해는 여전히 부족한 상태이며, 원핵생물 세포생물학에서 우리의 현재 이해 범위 밖에 있다.

출처: Jeske, O., et al. 2015. *Planctomycetes* do possess a peptidoglycan cell wall. *Nature Communications* 6: 7116.

지난 장에서 우리는 미생물의 다양성을 기능적(*functional*) 다양성의 측면에서 살펴보았다. 이번 장과 다음의 두 장에서 우리는 우리의 초점을 계통유전학적(*phylogenetic*) 다양성으로 옮기려고 한다. 우리는 15.1절에서 기능적 다양성과 계통유전학적 다양성의 차이점에 대해 살펴보았다. 우리는 세균(*Bacteria*)의 주요 계통 (**그림 16.1*a***)을 이번 장에서, 그리고 고균(*Archaea*)과 진핵미생물(microbial *Eukarya*)에 대해서 각각 17장과 18장에서 살펴볼 것이다.

환경으로부터 회수한 16S ribosomal RNA (rRNA) 유전자 서열로만 알려진 세균의 문(phylum)을 포함할 경우, 80문(phyla) 이상으로 구분할 수 있다 (19.6절). 그러나 이의 반보다 적은 수의 문(phyla)이 실험실 배양에서 특성이 기술된 종을 포함한다 (그림 16.1*b*). 놀랍게도 특성이 기재된 세균의 속(genera)과 종에서 90% 이상은 단지 프로테오박테리아, *Actinobacteria*, *Firmicutes*, *Bacteroidetes*의 4개 문(phyla)에 위치한다 (그림 16.1*b*).

수천 종의 세균이 기재되어 있으며, 명백히 우리는 이들 전부를 살펴볼 수 없다. 따라서 계통유전학적 계통수를 우리 논의의 초점을 맞추는데 사용하면서, 우리는 문(phyla)의 폭넓은 다양성에서 가장 잘 알려진 생물 종들의 일부에 대해 탐구할 것이다. 16장에서 우리는 특성이 기술된 종을 가장 많이 포함하는 문(phyla)에 대해 초점을 맞추면서 20개 이상의 세균 문(phyla)에 속한 종들을 살펴볼 것이다. 우리는 세균에 대한 탐색을 이 도메인(domain)에서 배양된 종의 온상인 프로테오박테리아 문(phylum)에서 시작하고자 한다.

I • 프로테오박테리아

프로테오박테리아(***Proteobacteria***)는 현재까지 세균에서 가장 크고 대사적으로 다양한 문(phylum)이다 (**그림 16.2**). 세균에서 특성을 알고 있는 종의 3분의 1 이상이 이 그룹 내에 위치하며 (그림 16.1*b*), 프로테오박테리아는 의학, 산업, 농업에서 중요하다고 알려진 대부분의 세균을 포함한다.

한 그룹으로서 프로테오박테리아는 모두 그람-음성의 세균이다. 프로테오박테리아는 화학무기영양, 화학유기영양, 광영양의 생물 종이 가진 매우 광범위한 에너지-생성 기작의 다양성을 보여준다 (그림 16.2). 실제로, 우리는 14장과 15장에서 이 그룹의 다양한 대표적 세균을 이미 접하였으며, 프로테오박테리아의 엄청난 대사적, 기능적 다양성을 살펴보았다. 프로테오박테리아는 산소(O_2)와의 관계에 있어서도 매우 다양한데, 혐기성, 미호기성, 통성 호기성의 생물 종이 알려져 있다. 또한 프로테오박테리아는 형태학적으로도 곧은 간균과 굽은 간균, 구균, 나선균, 사상균, 출아세균, 부속지형성균의 형태를 포함하여 광범위한 세포 모양을 보여준다.

우리는 이번 장의 학습을 진행해 나감에 있어, 미생물 계통분류

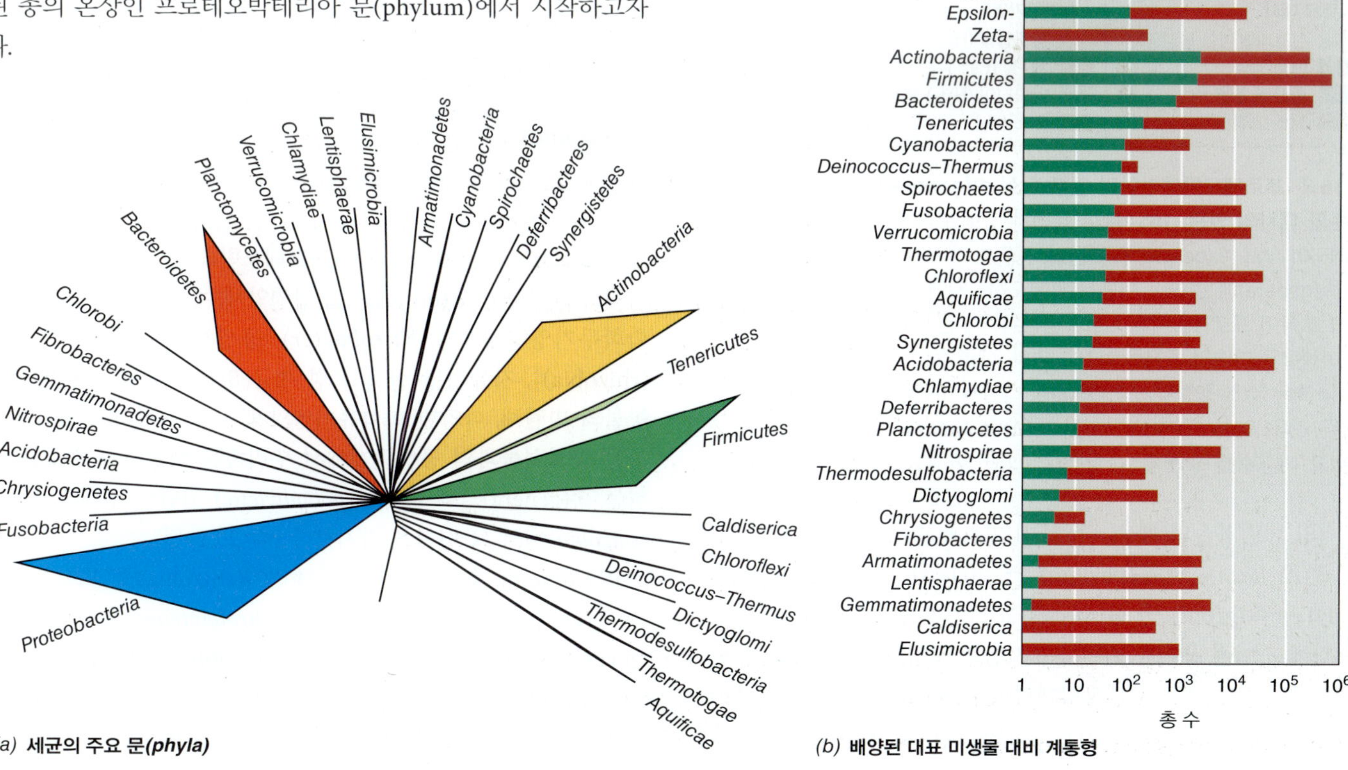

그림 16.1 16S ribosomal RNA 유전자 서열 비교에 기초한 세균의 일부 주요 문(phyla). *(a)* 배양된 생물 종을 가진 세균의 주요 문(phyla)을 나타낸 것이다. 자연 환경의 16S rRNA 유전자 서열 분석은 80개 이상의 세균 문(phyla)이 존재함을 시사한다. *(b)* 순수배양에서 적어도 하나의 특성이 기재된 종을 포함하는 29개 주요 세균 문(phyla)의 각각에 대해, 배양과 특성이 기재된 종(녹색 막대)의 수와 알려진 16S rRNA 유전자 서열 (계통형, 빨간색 막대)의 수. 프로테오박테리아의 서로 다른 강(classes)에 대한 관련 데이터도 또한 나타나 있다. 녹색 막대와 빨간색 막대의 크기 차이는 각 그룹의 구성원들이 자연 환경에는 흔하지만 분리하여 배양하기에는 어려운 정도를 보여준다. 가로축이 로그 (대수) 눈금임에 주목하라.

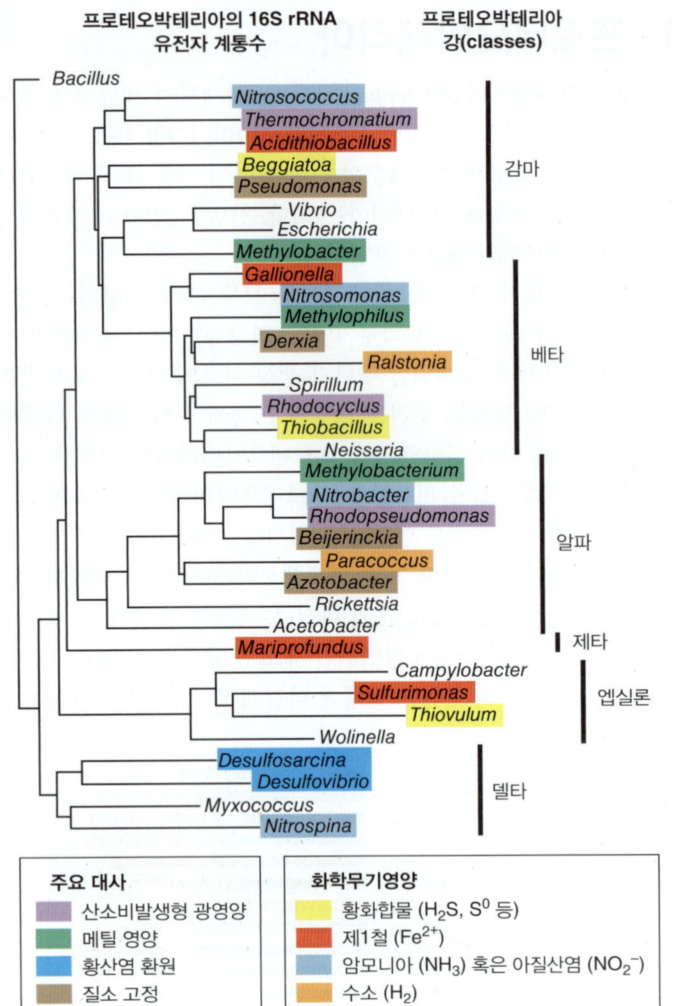

그림 16.2 프로테오박테리아의 일부 핵심 속(genera)에서 계통유전학적 계통수와 대사의 연관. 16S rRNA 유전자 서열 분석에 의해 드러난 프로테오박테리아 대표 속(genera)의 계통학. 동일한 대사가 계통유적학적으로 별개의 속(genera)에 얼마나 빈번하게 분포하는지에 주목하라. 이는 수평적 유전자 흐름이 프로테오박테리아에 광범위하게 존재함을 시사한다. 나열된 몇몇 미생물은 다수의 특징을 가지고 있다. 예를 들면, 황 화학무기영양체는 또한 철 혹은 수소 화학무기영양체이며, 나열된 미생물의 일부는 질소를 고정할 수 있다. Ohio State University의 Marie Asao가 계통유전학적 분석을 행하였고, 계통수를 그렸다.

학에서의 내림차순의 계층, 즉, 도메인[domain, 세균(*Bacteria* 혹은 고균(*Archaea*)] → 문(phylum) → 강(class) → 목(order) → 과(family) → 속(genus) → 종(species)을 기억할 필요가 있다. 우리는 이번 장에서 이런 용어를 빈번하게 사용할 것이다. 16S rRNA 유전자 서열에 기초하여, 프로테오박테리아 문(phylum)은 알파(*Alpha*)프로테오박테리아, 베타(*Beta*)프로테오박테리아, 감마(*Gamma*)프로테오박테리아, 델타(*Delta*)프로테오박테리아, 엡실론(*Epsilon*)프로테오박테리아, 그리고 제타(*Zeta*)프로테오박테리아의 6개 강(class)으로 나눌 수 있다. 제타프로테오박테리아를 제외한 나머지 강(class)은 각각 많은 속(genera)을 포함하고 있으며, 제타프로테오박테리아는 해양의 철-산화 세균인 *Mariprofundus ferrooxydans* (➲ 15.15절)의 단일 종으로 구성된다.

프로테오박테리아의 계통유전학적 광범위함에도 불구하고, 서로 다른 강(class)에 속한 생물 종이 종종 유사한 대사를 갖는다. 예를 들면, 광영양과 메틸영양은 프로테오박테리아의 서로 다른 3개 강(class)에서 나타나며, 질산화 세균은 프로테오박테리아의 4개 강(class)에 걸쳐 존재한다 (➲ 그림 15.1). 이는 수평적 유전자 흐름(11장 및 ➲ 13.7절)이 프로테오박테리아의 대사적 다양성을 갖추는 데 중요한 역할을 해왔다는 것을 시사한다. 프로테오박테리아의 서로 다른 강(class)에서 대사적 특성의 공유는 표현형과 계통학이 종종 원핵생물 다양성의 서로 다른 관점을 제공한다는 사실을 되새기게 하는 좋은 예이다 (➲ 15.1절).

16.1 알파프로테오박테리아

알파(*Alpha*)프로테오박테리아는 거의 천 개의 기재된 생물 종을 가진 프로테오박테리아에서 두 번째로 큰 강(class)이다 (그림 16.1*b*). 알파(*Alpha*)프로테오박테리아는 광범위한 기능적 다양성을 가지고 있는데 (그림 16.2, ➲ 그림 15.1), 이 그룹의 많은 속(genera)들은 이미 14장에서 살펴보았다. 대부분의 종은 절대 호기성 혹은 통성 호기성 미생물이며, 많은 종은 낮은 영양물질 농도의 환경에서 생장하는 것을 선호하는 **빈영양성(oligotrophic)**이다. 알파(*Alpha*)프로테오박테리아에는 모두 10개의 목(orders)이 기재되어 있으나 대다수의 종은 *Rhizobiales*, *Rickettsiales*, *Rhodobacterales*, *Rhodospirillales*, *Caulobacterales*, *Sphingomonadales*에 속한다 (**그림 16.3**, **표 16.1**).

Rhizobiales

주요 속: *Bartonella*, *Methylobacterium*, *Pelagibacter*, *Rhizobium*, *Agrobacterium*

Rhizobiales (그림 16.3)는 알파프로테오박테리아에서 가장 크고 대사적으로 다양한 목(order)으로, 광영양체(예, *Rhodopseudomonas*), 화학무기영양체 (예, *Nitrobacter*), 공생체 [예, 뿌리혹박테리아(rhizobia)], 자유생활 질소-고정 세균(*Beijerinckia*), 몇몇 식물과 동물의 병원체, 다양한 화학유기영양체 등을 포함하고 있다. 이 그룹은 콩과식물과의 공생관계에서 뿌리혹을 형성하고 질소를 고정하는 속(genera)들의 다계통(*polyphyletic*) 집단인 뿌리혹박테리아(*rhizobia*)에서 그 이름을 가져왔다 (➲ 23.10절).

Rhizobiales 중에는 뿌리혹박테리아(rhizobia)를 포함하는 9개의 속(genera) (*Bradyrhizobium*, *Ochrobactrum*, *Azorhizobium*, *Devosia*, *Methylobacterium*, *Mesorhizobium*, *Phyllobacterium*, *Sinorhizobium*, *Rhizobium*)이 있다. 이들은 보통 화학유기영양체이면서 절대 호기성 미생물이며, 뿌리혹을 형성할 수 있는 능력을 가진 유전자는 수평적 유전자 전이에 의해 이들 속(genera)에서 분명하게 분포하고 있다. 각각의 뿌리혹박테리아(rhizobia) 속(genera)은 자리 잡고 생장할 수 있는 식물 숙주의 뚜렷한 범위를 갖는다 (➲ 표 23.1). 뿌리혹박테리아(rhizobia)는 뿌리혹을 파쇄하여 그 내용물을 영양분이 풍부한 고체 배지에 도말함으로써 분리

단원 4

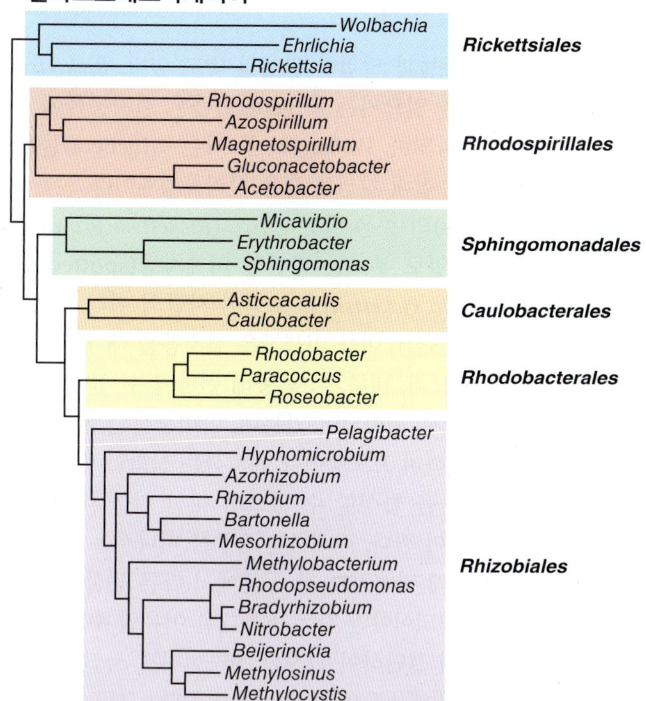

그림 16.3 알파프로테오박테리아 강(class)에서 프로테오박테리아의 주요 목(orders). 알파프로테오박테리아에서 대표적인 속(genera)의 16S rRNA 유전자 서열을 사용하여 그린 계통유전학적 계통수. 목(order) 이름은 굵은 글씨로 나타내었다.

될 수 있다. 집락은 보통 점액질의 외부다당류를 매우 많이 생산한다 (**그림 16.4**).

미생물 *Agrobacterium tumefaciens* (또한 *Rhizobium radiobacter*로 불리는)는 뿌리혹 *Rhizobium* 종과 밀접하게 연관되어 있지만 근두암종병(crown gall disease)을 일으키는 식물 병원체이다 (23.5절). *A. tumefaciens*는 뿌리혹을 형성할 수 없는데, 암종(gall) 형성을 암호화하는 유전자는 뿌리혹(nodule) 형성을 매개하는 유전자와는 관련이 없다.

Methylobacterium 속(genus)은 *Rhizobiales*에서 가장 큰 속(genus)의 하나이다. 이들 종은 메탄올에서 잘 생장하며 분홍색 집락을 형성하기 때문에 종종 "분홍-색소 통성 메틸영양체(pink-pigmented facultative methylotrophs)"로 불린다 (15.16절). 이들 종은 식물의 표면, 토양과 담수 시스템에서 보통 발견된다. 이들 미생물은 또한 화장실과 욕실에서 흔히 마주칠 수 있는데, 샤워 커턴, 이음새 부분, 변기 표면에서 생장하면서 분홍-색소의 생물막(biofilm)을 형성하게 된다. *Methylobacterium*의 종은 유일 탄소원으로 메탄올을 포함하는 페트리 평판 한천 배지에 식물 잎의 표면을 눌러줌으로써 쉽게 분리될 수 있다.

*Bartonella*는 또 다른 중요한 *Rhizobiales*의 속(genus)이다. 이 미생물은 이전에는 *Rickettsiales*으로 분류되었으며, 사람의 세포내 기생체이다. *Bartonella*의 종은 사람과 다른 척추동물에서 다양한 질병의 원인이 될 수 있다. *Bartonella quintana*는 참호열(*trench fever*)의 병원체인데, 참호열은 제1차 세계대전에서 많은 군인의 목숨을 앗아간 질병이다. *Bartonella*의 다른 종은 바르토넬라증

표 16.1 알파프로테오박테리아의 중요한 속(genera)

과(Family)	속(Genus)	중요한 특성
Caulobacterales	*Caulobacter*	비대칭적 세포분열과 돌기 형성
Rickettsiales	*Rickettsia*	절대 세포내 기생체, 절지동물에 의해 전염
	Wolbachia	절지동물 내에서 살며 이들의 생식에 영향
Rhizobiales	*Bartonella*	절대 세포내 기생체, 절지동물에 의해 전염
	Bradyrhizobium	대두와 다른 콩과식물에서 뿌리혹 형성
	Brucella	동물의 통성 세포내 기생체, 인수공통감염 병원체
	Hyphomicrobium	자루세포, 대사적으로 다재다능
	Mesorhizobium	벌노랑이(bird's-foot trefoil)와 다른 콩과식물에서 뿌리혹 형성
	Methylobacterium	식물과 토양에서 발견되는 메틸영양체
	Nitrobacter	NO_2^-를 NO_3^-로 산화하는 질산화 세균
	Pelagibacter	빈영양성 화학유기영양체; 해양 표면에 풍부함
	Rhodopseudomonas	대사적으로 다재다능한 자색비황세균
Rhodobacterales	*Paracoccus*	탈질산화 연구의 모델로 사용되는 종
	Rhodobacter	대사적으로 다재다능한 자색비황세균
	Roseobacter	호기적 산소비발생형 광영양체
Rhodospirillales	*Acetobacter*	아세트산을 생산하는데 산업적으로 사용
	Azospirillum	절대 호기성 질소 고정 미생물
	Gluconobacter	아세트산을 생산하는데 산업적으로 사용
	Magnetospirillum	주자기성 세균
Sphingomonadales	*Sphingomonas*	방향족 유기물의 호기성 분해, 생분해
	Zymomonas	당을 에탄올로 발효, 바이오연료 생산의 가능성

(bartonellosis), 고양이 발톱병(cat scratch disease), 그리고 다양한 염증성 질병을 일으킬 수 있다. 질병 전파는 벼룩, 이, 모래파리(sand flies) 등의 절지동물에 의해 매개된다 (31장). *Bartonella*의 종은 배양하기에 까다롭고 어려우며, 대부분의 경우 분리는 혈액한천을 사용하여 행해진다. 조직배양에서 생장할 때 *Bartonella*의 세

그림 16.4 *Rhizobium mongolense*의 집락. 뿌리혹박테리아(rhizobia)의 집락은 흔히 매우 많은 점액질의 외부다당류(exopolysaccharide)를 생산한다. *Rhizobium mongolense*의 이들 집락은 낮은 농도의 질소와 수크로오스를 탄소원으로 첨가한 배지에서 생장한 것이다.

포는 진핵 숙주 세포의 세포질이나 핵의 내부보다는 외부 표면에서 생장한다.

마지막으로 *Pelagibacter* 속(genus)도 또한 *Rhizobiales*에 포함된다. *Pelagibacter ubique*는 빈영양의 미생물이며, 지구 해양의 투광대(photic zone)에 서식하는 절대 호기성 화학유기영양체이다. 이 미생물은 해양 표면에서 찾아지는 세균 세포의 25%를 차지할 수 있으며, 그 수는 여름에 온대 지역의 해수에서 세포의 50%에 달할 수 있다. 결과적으로 *Pelagibacter ubique*는 지구에서 가장 풍부한 세균 종으로 보인다 (20.11절).

Rickettsiales

주요 속: *Rickettsia*, *Wolbachia*

Rickettsiales (그림 16.3)는 모두 동물의 절대 세포내 기생체(obligate intracellular parasites)이거나 상리공생체이다. 이 목(order)의 종은 아직까지 숙주 세포 없이는 배양하지 못하고 있으며 (**그림 16.5**), 달걀이나 숙주 세포의 조직 배양에서만 생장한다. 보통 *Rickettsiales*는 절지동물과 밀접한 관계를 맺고 있다. *Rickettsia*와 *Ehrlichia* 같은 질병을 일으키는 속(genera)들은 절지동물에 의해 물린 상처를 통해 전파되며, *Wolbachia* 등 다른 속(genera)들은 곤충과 다른 절지동물의 절대 기생체 혹은 상리공생체이다.

Rickettsia 속(genus)의 종은 발진티푸스 (*Rickettsia prowazekii*)와 보통 로키산 홍반열로 부르는 홍반열 리케차병(spotted fever rickettsiosis, *Rickettsia rickettsii*)을 포함한 사람의 여러 질병에서 원인 세균이다 (31.3절). 이들 미생물은 절지동물 매개체와 밀접한 관련이 있으며, 진드기, 벼룩, 이를 통해 전파될 수 있다. 대부분의 리케차는 대사적으로 특화되어 있는데, 아미노산인 글루탐산이나 글루타민만을 산화하며 포도당이나 유기산은 산화할 수 없다. 리케차는 특정 대사산물을 합성할 수 없으며 대신 이들 대사산물을 숙주 세포로부터 얻어야 한다. 리케차는 숙주를 떠나서는 오래 생존하지 못하며, 이것이 왜 리케차가 한 동물에서 다른 동물로 절지동물 매개체에 의해 전염되어야만 하는지에 대한 이유일 수도 있다.

리케차 세포를 얇게 절단하여 관찰한 전자현미경 사진은 세포벽을 포함한 전형적인 원핵세포의 형태를 보여준다 (그림 16.5*b*). 리케차 세포에 의한 숙주 세포로의 침투는 능동적인 과정으로, 숙주와 기생체 모두 살아 있고 대사적으로도 활성이 있어야 한다. 일단 숙주 세포 안으로 들어가면 세균은 일차적으로 세포질에서 증식하며, 숙주 세포가 이 기생체로 가득할 때까지 계속하여 복제한다 (그림 16.5; 그림 31.6). 그 결과 숙주 세포는 터지게 되며 세균 세포를 내보낸다.

Wolbachia 속(genus)은 많은 곤충의 세포내 기생체 (**그림 16.6**)인데, 곤충은 알려진 모든 절지동물 종(species)의 70%를 차지한다. *Wolbachia*의 종은 곤충 숙주에게 여러 영향을 줄 수 있다. 이러한 영향에는 단성 생식의 유도 (수정하지 않은 알의 발달), 수컷의 죽임, 그리고 여성화 (수컷 곤충을 암컷으로 전환) 등이 있다.

*Wolbachia pipientis*는 이 속(genus)에서 가장 잘 연구된 종이다. *W. pipientis*의 세포는 곤충의 알에 자리를 잡고 (그림 16.6), 숙주에서 유래한 막으로 둘러싸인 숙주 세포의 액포에서 증식한다. *W. pipientis* 세포는 감염된 암컷으로부터 그 자손으로 이러한 알의 감염을 통해 전달된다. *Wolbachia*-유도 단성생식(parthenogenesis)은

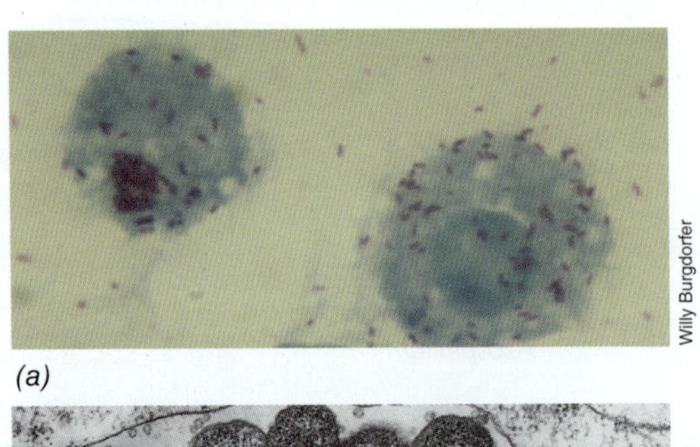

(a)

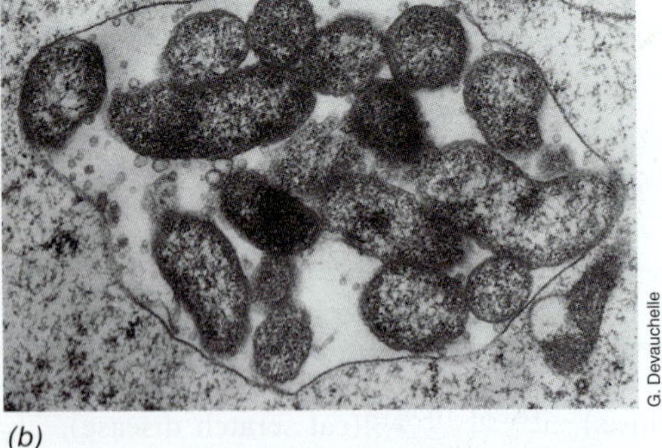

(b)

그림 16.5 숙주 세포 내에 생장하는 리케차. *(a)* 조직 배양에서 *Rickettsia rickettsii*. 세포는 직경이 0.3 μm 정도이다. *(b)* 숙주인 딱정벌레 *Melolontha melolontha*의 혈액 세포내 *Rickettsiella popilliae* 세포의 전자현미경 사진. 세균은 숙주 세포 내부의 액포 내에서 생장한다.

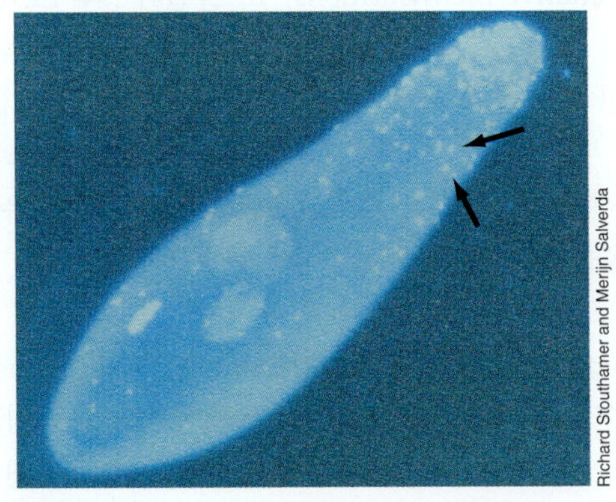

그림 16.6 *Wolbachia*. 단성생식을 유도하는 *Wolbachia pipientis*에 감염된 기생충 *Trichogramma kaykai* 알을 DAPI로 염색한 사진. *W. pipientis* 세포는 대부분 알의 좁은 끝부분에 위치한다 (화살표).

단원 4

장수말벌(wasp)의 많은 종에서 일어난다. 이들 곤충에서 수컷은 보통 수정하지 않은 알 (염색체 한 세트만을 가지는)로부터 출현하는 반면, 암컷은 수정한 알 (염색체 두 세트를 가지는)로부터 출현한다. 그러나 *Wolbachia*로 감염된 수정하지 않은 알에서, 이 미생물은 어떤 방식으로든 염색체 수가 배로 늘어나게 자극하며, 결과적으로 암컷만이 생겨나게 한다. 예상할 수 있듯이 암컷의 곤충에게 *Wolbachia*를 죽이는 항생제를 먹이면 단성 생식은 중단된다.

알파프로테오박테리아의 다른 그룹들

주요 속: *Rhodobacter, Acetobacter, Caulobacter, Sphingomonas*

*Rhodobacterales*와 *Rhodospirillales* 목(orders) (그림 16.3)은 이전에 이미 살펴보았던 대사적으로 다양한 미생물들을 포함하는데, 여기에는 자색비황세균 (*Rhodobacter*와 *Rhodospirillum*, 15.5절), 호기성 산소비발생형 광영양체 (*Roseobacter*, 15.5절), 질소-고정 세균 (*Azospirillum*, 15.12절), 탈질산화 미생물 (*Paracoccus*, 15.13절), 메틸영양체 (*Methylobacterium*, 15.16절), 주자기성 세균 (*Magnetospirillum*, 15.22절) 등이 있다.

*Caulobacterales*는 보통 빈영양성의 절대 호기성 화학유기영양체이다. 이 목(order)의 종들은 보통 돌기(prosthecae)나 자루(stalks)를 형성하며 (15.20절), 많은 종들이 비대칭 형태의 세포분열을 보인다. 특징적인 속(genus)은 *Caulobacter*로, 우리가 앞에서 살펴본 특징적인 생활사를 가진다 (7.7절 및 15.20절).

*Sphingomonadales*는 호기성의 산소비발생형 광영양체(*Erythrobacter*)와 몇몇 절대 혐기성 미생물뿐만 아니라 다양한 호기성 및 통성 호기성의 화학유기영양체를 포함하고 있다. 특징적인 속(genus)은 *Sphingomonas*인데, 이 속(genus)은 절대 호기성의 영양적으로 다재다능한 종으로 구성된다. Sphingomonad는 수 환경과 육상 환경에 널리 분포하며, 흔한 환경 오염물질인 많은 방향족 화합물 [예, 톨루엔, 노닐 페놀(nonylphenol), dibenzo-*p*-dioxin, 나프탈렌, 안트라센 등]을 포함하여 광범위한 유기 화합물을 대사할 수 있는 능력 때문에 주목할 만하다. 결과적으로 sphingomonad는 생물복원 (22.4절)의 가능성 있는 요소로서 널리 연구되고 있다. 이들 미생물은 보통 배양하기가 쉬우며 다양한 복합 배양 배지에서 잘 생장한다.

미니퀴즈

- *Wolbachia*의 종이 곤충에 영향을 줄 수 있는 몇몇 방식은 무엇인가?
- 욕조의 가장자리에서 볼 수 있는 분홍색 자국을 생성할 수 있는 미생물은 무엇인가? 이 미생물을 배양하기 위해서는 어떻게 해야 하는가?

16.2 베타프로테오박테리아

베타프로테오박테리아는 거의 500개의 기재된 종을 가진, 프로테오박테리아에서 세 번째로 큰 강(class)이다 (그림 16.1). 베타프로테오박테리아는 엄청난 양의 기능적 다양성을 가지고 있으며 (그림 16.2 및 그림 15.1), 이 그룹의 많은 종은 15장에서 이미 살펴보았다. 베타프로테오박테리아의 6개 목(orders; *Burkholderiales*, *Hydrogenophiales*, *Methylophiales*, *Neisseriales*, *Nitrosomonadales*, *Rhodocyclales*)은 특성이 확인된 많은 종을 가지고 있으며 (**그림 16.7**), 여기서 우리는 이들에 초점을 맞춘다.

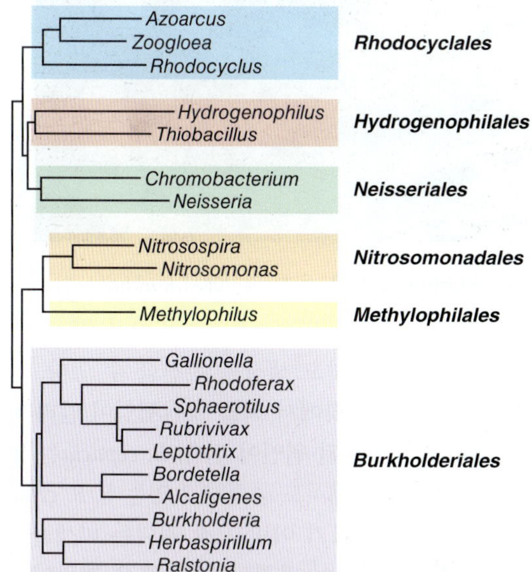

그림 16.7 베타프로테오박테리아 강(class)에서 프로테오박테리아의 주요 목(orders). 베타프로테오박테리아에서 대표적인 속(genera)의 16S rRNA 유전자 서열을 사용하여 그린 계통유전학적 계통수. 목(order) 이름은 굵은 글씨로 나타내었다.

Burkholderiales

주요 속: *Burkholderia*

*Burkholderiales*는 광범위한 대사적, 생태학적 특성을 가진 종들을 포함한다. 이들 종에는 절대 호기성, 통성 호기성, 절대 혐기성의 화학유기영양체, 산소비발생형 광영양체, 절대 화학무기영양체와 통성 화학무기영양체, 자유생활 질소-고정 미생물, 그리고 식물, 동물, 사람의 병원체가 속해 있다.

*Burkholderia*는 *Burkholderiales*의 기준(type)이 되는 속(genus)이다. *Burkholderia* 속(genus)은 절대 호흡 대사를 하는 화학유기영양체의 다양한 종을 포함한다. 모든 종은 호기적으로 생장할 수 있으며, 몇몇은 또한 질산염을 전자수용체로 사용하여 혐기적으로도 생장할 수 있고, 많은 균주는 N_2를 고장할 수 있다. 유기 화합물, 특히 방향족 화합물과 관련한 *Burkholderia* 종의 대사적 다재다능함은 이들 미생물의 생물복원에의 활용에 대한 관심을 가져왔다 (22.5절). *Burkholderia*의 어떤 균주는 또한 식물 생장을 촉진하는 것으로 알려지고 있다. 그러나 많은 종이 식물 혹은 동물의 잠재적 병원체이다. 병원성 종의 가장 잘 알려진 것의 하나가 *Burkholderia cepacia*이다.

*B. cepacia*는 일차적으로 토양에 서식하는 세균이지만 또한 기회적 병원체이기도 하다 (**그림 16.8**). *B. cepacia*는 보통 식물의 근권에서 찾아진다. *B. cepacia*는 항-진균과 항-선충 화합물 둘 다 생산할 수 있으며, 따라서 이 세균의 식물 뿌리에 정착할 수 있는 능

그림 16.8 ***Burkholderia*** **집락.** 한천 평판에서 *Burkholderia cepacia*의 집락 사진.

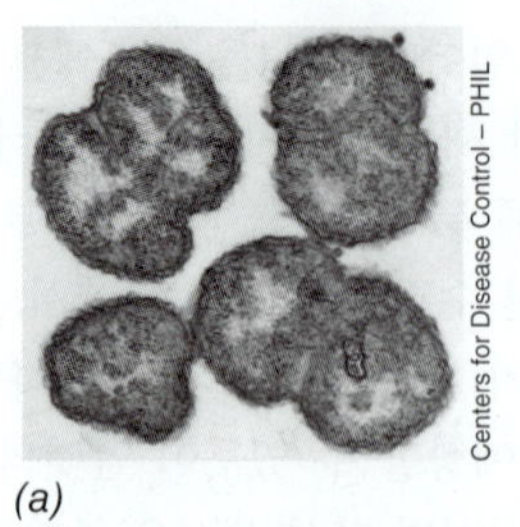

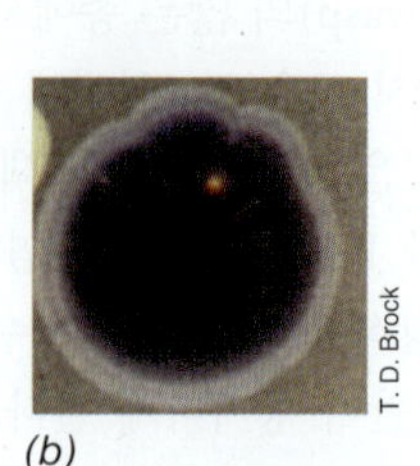

그림 16.9 ***Neisseria*****와** ***Chromobacterium*****.** *(a) Neisseria gonorrhoeae* 세포의 투과전자현미경 사진으로, 전형적인 쌍구균 세포 배열을 보여줌. *(b) Chromobacterium violaceum*의 큰 집락.

력은 식물의 질병을 예방하고 생장을 촉진할 수 있다. 그러나 *B. cepacia*는 또한 특정한 상황에서 식물 병원체임이 알려져 있는데, 양파 무름병(soft rot)의 주된 원인이 된다. *B. cepacia*는 또한 사람의 기회적 병원-획득 감염에서도 출현하고 있는데, *B. cepacia*가 임상 환경에서 완전히 제거하기 어렵고 잘 견디는 미생물이기 때문이다. *B. cepacia*는 면역력이 약화된 환자 혹은 폐렴이나 낭포성 섬유증(cystic fibrosis)을 가진 환자에서 이차적인 폐 감염을 일으킬 수 있다. 이 미생물이 가진 폐에서 생물막(biofilm)을 형성할 수 있는 능력과 많은 항생물질에 대한 자연발생적 내성으로 인해, *B. cepacia*는 낭포성 섬유증의 환자에게 특히 위험하다 (7.9절 및 20.4절).

Rhodocyclales

주요 속: *Rhodocyclus, Zoogloea*

*Burkholderiales*와 마찬가지로 *Rhodocyclales* 목(order)은 다양한 대사적, 생태학적 특성을 가진 종들을 포함한다. *Rhodocyclales*의 기준(type)이 되는 속(genus)은 자색비황세균인 *Rhodocyclus*이다 (15.5절). 대부분의 자색비황세균과 마찬가지로, *Rhodocyclus*의 종은 광종속영양체로 가장 잘 생장하지만 대부분은 또한 H_2를 전자수용체로 이용하여 광독립영양체로 생장할 수 있다. 이들 종은 또한 어두운 곳에서는 호흡에 의해서도 생장할 수 있으나 이들 미생물은 보통 빛이 있으며 유기물이 존재하는 무산소 환경에서 찾아진다.

*Zoogloea*는 *Rhodocyclales*의 또 다른 중요한 속(genus)이다. *Zoogloea*의 종은 젤라틴 물질의 두꺼운 캡슐을 생산하는 뚜렷한 특징을 가진 호기성의 화학유기영양체이다. 이런 캡슐은 세포를 서로 결합시켜 손가락모양으로 돌출된 가지의 복잡한 매트릭스를 형성하게 한다. 젤라틴 물질의 매트릭스는 용액에서 침전될 수 있는 육안으로 보이는 입자를 형성하는 과정인 응집(*flocculation*)이 일어나게 할 수 있다. *Zoogloea ramigera*는 호기성의 폐수 처리(22.6절)에서 특히 중요한데, 이 미생물은 수질 정화의 중요한 단계에서 폐수에 포함된 유기 탄소의 상당량을 분해하고 응집과 침전을 촉진한다.

Neisseriales

주요 속: *Chromobacterium, Neisseria*

Neisseriales 목(order)은 다양한 화학유기영양체의 적어도 29개 속(genera)을 포함한다. 가장 잘 특성이 확인된 종은 *Neisseria*와 *Chromobacterium* 속(genera)에 속한다. *Neisseria*의 종은 보통 동물로부터 분리되는데, 이들의 일부는 병원성을 가지고 있다. *Neisseria*의 종은 항상 구균이다 (**그림 16.9*a***). 일부 *Neisseria*는 자유-생활 부생생물(saprophyte)이며, 동물의 구강과 다른 습기 많은 부위에 서식한다. *Neisseria meningitidis*와 같은 다른 종은 중대한 병원체인데, *N. meningitidis*는 잠재적으로 치명적인 뇌수막의 염증을 일으킬 수 있다 (수막염 meningitis, 30.5절). 우리는 임질의 원인이 되는 세균인 *Neisseria gonorrhoeae*의 임상미생물학에 대해 28.3절에서, 그리고 임질의 병인에 대해서는 30.13절에서 살펴볼 것이다.

*Chromobacterium*은 계통유전학적으로 *Neisseria*와 관계가 밀접하지만, 형태학적으로는 막대-모양이다. 가장 잘 알려진 *Chromobacterium* 종은 자색-색소를 가진 *C. violaceum*으로 (그림 16.9*b*), 이 세균은 토양과 물 그리고 때로는 사람이나 다른 동물의 고름-형성 상처에서 발견된다. *C. violaceum*과 몇몇 다른 chromobacteria는 자색 색소인 violacein (그림 16.9*b*)을 생산하는데, 이 색소는 항미생물 및 항산화의 두 가지 특징을 지닌 물에 불용성의 색소이다. *Chromobacterium*은 통성 호기성의 미생물로, 당을 이용하여 발효를 통해 생장하며, 다양한 탄소원을 이용하여 호기적으로 생장한다.

Hydrogenophiales, Methylophiales 그리고 *Nitrosomonadales*

주요 속: *Hydrogenophilus, Thiobacillus, Methylophilus, Nitrosomonas*

이 세 개의 목(order)은 화학무기영양체와 메틸영양체를 포함한 매우 특화된 대사 능력을 가진 미생물들을 포함한다. 대부분의 종은 절대 호기성 미생물이며, 많은 종이 독립영양을 한다. *Hydrogenophilus thermoluteolus*는 H_2를 호흡의 전자공여체로 사용 (14.8절)하고 캘빈 회로를 통해 CO_2를 고정하여 화학무기영양체로 생장할 수 있는 절대 호기성 미생물이다. 이 종은 통성 화학무기영양체이며, 단순한 탄소원을 이용하여 화학유기영양체로도 생장할 수 있다. *Thiobacillus*는 *Hydrogenophiales*의 또 다른 중요한 속(genus)이다. *Thiobacillus*의 종들은 화학유기영양체 혹은 화학무기영양체가 될 수 있다. *Thiobacillus*의 화학무기영양인 종에는 황 세균 (14.9절 및 15.11절)이 있는데, 이 세균은 전자공여체로 환원된 황 화합물을 산화하며 호기적 호흡이나 탈질산화 (14.13절 및 15.13절)에 의해 생장한다. *Thiobacillus*의 종은 또한 캘빈 회로를 통해 CO_2를 고정할 수 있으며, 보통 토양, 유황 온천, 해양 서식처, 환원된 황 화합물을 이용할 수 있는 기타 장소에서 찾아진다.

*Methylophilales*와 *Nitrosomonadales*는 대사적으로 특화된 미생물들을 포함하고 있다. *Methylophilus* 종은 절대 및 통성의 메틸영양체 (⇄ 14.18절)이며, 메탄올과 다른 C_1 화합물을 이용하여 생장하지만 CH_4에서는 생장하지 못한다. 통성 메틸영양체의 종은 간단한 당의 호기적 호흡을 통해 화학유기영양체로 생장할 수 있다. *Nitrosomonadales* 목(order)은 절대 화학무기영양의 암모니아-산화 세균을 포함하며, 핵심 속(genera)은 *Nitrosomonas*와 *Nitrosospira*이다 (⇄ 15.13절).

미니퀴즈

- 사람에게 병원체로 알려져 있는 베타프로테오박테리아의 종 3개를 적어라.
- 화학무기영양체를 포함하고 있는 베타프로테오박테리아의 속(genera) 3개를 적어라.

16.3 감마프로테오박테리아: *Enterobacteriales*

주요 속: *Enterobacter, Escherichia, Klebsiella, Proteus, Salmonella, Serratia, Shigella*

감마프로테오박테리아는 프로테오박테리아의 가장 크고 다양한 강(class)으로, 프로테오박테리아 문(phylum)에서 특성이 확인된 종의 거의 반을 포함하고 있다. 이 강의 15개 목(orders)에는 특성이 기재된 1500개 이상의 종이 있다 (**그림 16.10**, 그림 16.1*b*). 이 강의 종들은 다양한 대사와 생태학적 특성을 가지고 있으며 (그림 16.2 및 ⇄ 그림 15.1), 잘 알려진 많은 사람의 병원체를 포함한다. 종들은 광영양 (자색황세균 등, ⇄ 15.4절), 화학유기영양 혹은 화학무기영양일 수 있으며, 호흡 대사 혹은 발효 대사를 가질 수 있다. 이 그룹의 세균들은 보통 실험실 배지에서 빠르게 발달하며 다양한 서식처로부터 분리될 수 있다. 이 절에서 우리는 감마프로테오박테리아의 가장 크고 잘 알려진 목(order)의 하나인 *Enterobacteriales*에 대해 살펴볼 것이다.

보통 **장내세균(enteric bacteria)**으로 부르는 *Enterobacteriales*는 감마프로테오박테리아에 속하는 상대적으로 동질적인 계통유전학적 그룹으로, 통성 호기성, 그람-음성의 포자를 형성하지 않는 간균으로 구성되며, 운동성은 없거나 주모성 편모에 의한 운동성을 갖는다 (**그림 16.11**). 산화효소 시험(*oxidase test*)과 카탈라아제 시험(*catalase test*)은 세균의 특성을 확인하는 흔한 분석법이며 (⇄ 28.3절), 이들 시험이 장내세균을 많은 다른 감마프로테오박테리아와 구분하는 데 사용될 수 있다. 산화효소 시험은 많은 호흡하는 세균에 있는 효소인 시토크롬 *c* 산화효소의 존재여부에 대한 분석이다. 카탈라아제 시험은 카탈라아제 효소에 대한 분석인데, 이 효소는 과산화수소를 무독화하며, 산소의 존재 하에서 생장할 수 있는 세균에서 보통 찾아진다 (⇄ 5.14절 및 그림 5.29). 장내세균은 산화효소-음성이고 카탈라아제-양성이다. 장내세균은 또한 포도당으로부터 산을 생산하며 질산염을 아질산염까지만 환원한다. 장내세균은 영양 요구가 상대적으로 간단하며, 당을 발효하여 다양한 최종산물을 생성한다.

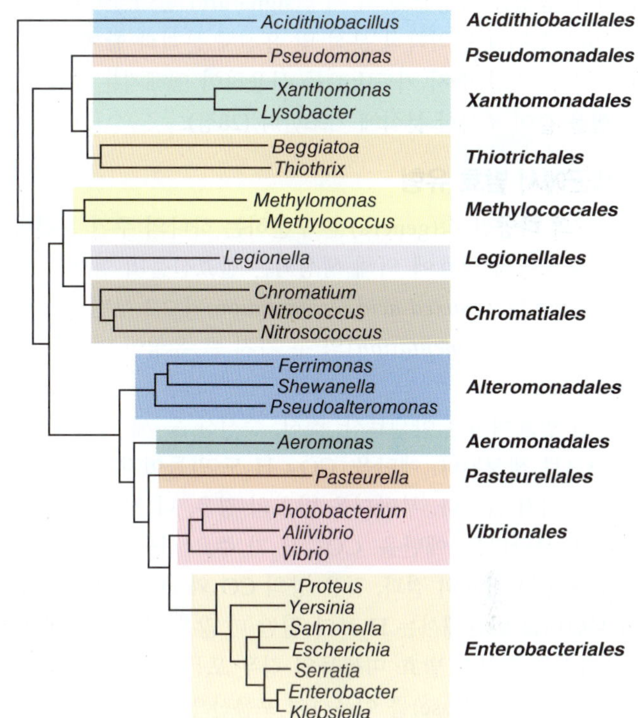

그림 16.10 감마프로테오박테리아 강(class)에서 프로테오박테리아의 주요 목(orders). 감마프로테오박테리아에서 대표적인 속(genera)의 16S rRNA 유전자 서열을 사용하여 그린 계통유전학적 계통수. 목(order) 이름은 굵은 글씨로 나타내었다.

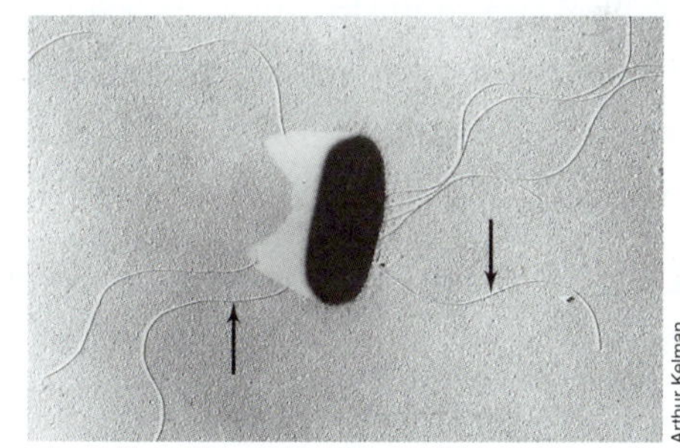

그림 16.11 Butanediol-생산 장내세균. 투영법으로 처리한 부탄디올(butanediol)-생산 세균인 *Erwinia carotovora* 세포의 전자현미경 사진. 세포는 폭이 0.8 μm 정도이다. 장내세균에서 전형적인 주변에 배열된 편모(화살표)에 주목하라.

장내세균 중에는 산업적으로 중요한 여러 종뿐만 아니라 사람, 다른 동물, 혹은 식물에 병원성을 나타내는 많은 종이 있다. 모든 미생물 중에서 가장 잘 알려진 *Escherichia coli*는 고전적인 장내세균이다. 많은 장내세균의 의학적 중요성 때문에, 엄청나게 많은 수가 그 특성이 확인되었으며, 주로 임상미생물학에서의 동정을 쉽게 한다는 목적으로 많은 속(genera)과 종이 정의되었다. 그러나 장내세균은 유전적으로 매우 밀접하게 연관되어 있기 때문에, 이들 세균을 명확하게 동정함에 있어 종종 상당한 어려움이 있다. 임상 연

단원 4

구실에서, 동정은 특정한 종의 서명(signature) 단백질이나 유전자를 확인하기 위한 면역학적 분석 및 유전체 분석과 함께, 보통 소형화된 신속 진단 배지 키트(kit)를 사용하여 행해지는 수많은 진단 시험을 같이 조합한 분석에 기초한다 (28장).

장내세균에서 발효 유형

장내세균의 다양한 속(genera)을 구분하는 하나의 주된 분류학적 특징은 포도당의 발효에 의해 생성되는 발효산물의 형태와 비율이다. 혼합산 발효(*mixed-acid* fermentation)와 2,3-부탄디올 발효(*2,3-butanediol fermentation*)의 두 가지 큰 유형이 알려져 있다 (**그림 16.12**).

혼합산 발효에서는 아세트산, 젖산, 숙신산 등 세 개의 산이 상당한 양으로 생성된다. 에탄올, CO_2, H_2도 만들어지지만, 부탄디올은 생성되지 않는다. 부탄디올 발효의 경우, 더 적은 양의 산이 생성되며, 부탄디올, 에탄올, CO_2, H_2가 주요 산물이다 (그림 14.57). 혼합산 발효의 결과, 같은 양의 CO_2와 H_2가 생산되며, 반면에 부탄디올 발효에서는 H_2보다 훨씬 더 많은 양의 CO_2가 생산된다. 이것은 혼합산 발효 미생물의 경우 포름산염 수소분해효소(formate hydrogenlyase)를 이용하여 포름산으로부터만 CO_2를 생산하기 때문이다.

$$HCOOH \rightarrow H_2 + CO_2$$

이 반응은 동일한 양의 CO_2와 H_2를 생성하게 한다. 부탄디올 발효 미생물도 또한 포름산으로부터 CO_2와 H_2를 생산하지만, 이들 미생물은 부탄디올 한 분자를 생성하는 동안 두 분자의 CO_2를 추가로 생산한다 (그림 16.12*b*). 부탄디올 발효는 *Enterobacter*, *Klebsiella*, *Erwinia*, *Serratia*의 특성이며, 반면 혼합산 발효는 *Escherichia*, *Salmonella*, *Shigella*, *Citrobacter*, *Proteus*, *Yersinia*에서 관찰된다.

혼합산 발효 미생물: *Escherichia*, *Salmonella*, *Shigella* 그리고 *Proteus*

Escherichia 종은 사람 및 다른 온혈 동물의 장관에서 결코 우점하는 미생물이 아니지만, 이들 미생물은 이러한 서식처에 거의 보편적으로 살고 있다. *Escherichia*는 장관에서 비타민, 특히 비타민 K를 합성함으로써 아마도 영양학적 역할을 수행한다. 또한 이 미생물은 통성 호기성의 미생물로, 아마도 O_2의 소비를 도와서 대장을 무산소 상태로 만든다. 야생형 *Escherichia* 균주는 생장-인자를 거의 요구하지 않으며 당, 아미노산, 유기산 등과 같은 매우 다양한 탄소원과 에너지원을 이용하여 생장할 수 있다.

*Escherichia*의 일부 균주는 병원성을 가지며, 특히 신생아에서 설사 질환의 원인으로 지목받고 있다. 설사 질환은 개발도상국에서 주요한 공중보건의 문제이다 (32.1절, 32.3절, 32.10절, 32.11절). *Escherichia*는 또한 여성에서 요도 감염의 주요 원인이 된다. 장병원성(enteropathogenic) *E. coli* 균주는 위장관 감염과 일반 발열의 원인으로 더 빈번하게 지목받고 있다. 장출혈성(enterohaemorrhagic) *E. coli*와 같은 일부 균주는 간헐적으로 발생하는 심각한 식중독의 원인이 될 수 있는데, 중요한 대표로 균주 O157:H7이 있다. 감염은 일차적으로 오염된 식품의 섭취를 통해 발생하며, 여기에는 익히지 않거나 설익은 간 쇠고기(ground beef), 살균하지 않은 우유, 혹은 오염된 물 등이 해당한다. 감염 사례에서 낮은 비율로, *E. coli* O157:H7은 매우 강력한 장독소의 생산에 따른 생명을 위협하는 합병증을 일으킨다.

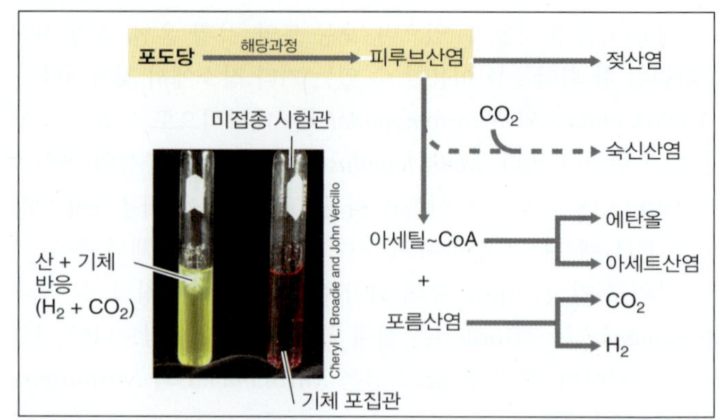

(*a*) **혼합산 발효** (예, *Escherichia coli*)

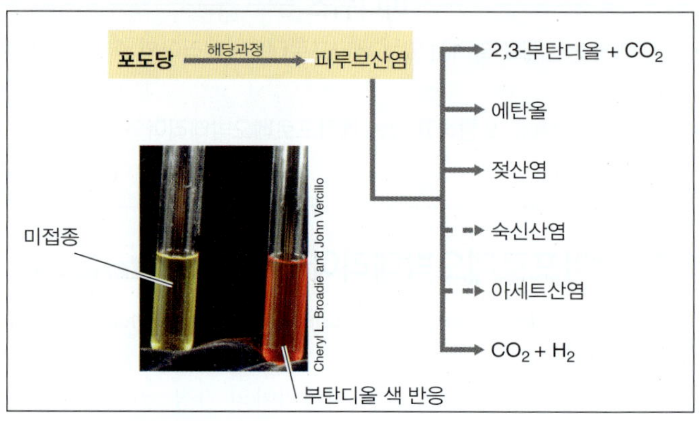

(*b*) **부탄디올 발효** (예, *Enterobacter aerogenes*)

그림 16.12 장내 발효. 장내세균에서 (*a*) 혼합산 발효와 (*b*) butanediol 발효의 구분 (그림 14.57). 직선 화살표는 주요 산물로 가는 반응을 나타낸다. 점선 화살표는 미량 산물을 나타낸다. (*a*) 사진은 혼합산 발효를 수행하는 *Escherichia coli*의 배양 (자색 시험관은 접종하지 않음)에서 산 (노란색)과 기체 (뒤집은 Durham 관)의 생성을 보여준다. (*b*) 사진은 Voges-Proskauer (VP) 시험에서의 분홍-빨간색을 보여주는데, 이는 *Enterobacter aerogenes*의 생장에 따른 butanediol 생산을 나타낸다. 왼쪽 (노란색) 시험관은 접종하지 않았다. 혼합산 발효는 butanediol에 비해 포도당으로부터 더 적은 양의 CO_2를 생성하지만 더 많은 양의 산(acid) 산물을 생성함에 주목하라.

*Salmonella*와 *Escherichia*는 매우 밀접하게 연관되어 있다. 그러나 *Escherichia*와는 달리, *Salmonella*의 종은 거의 항상 사람이나 다른 온혈 동물에서 병원성을 나타낸다. (*Salmonella*는 또한 거북과 도마뱀과 같은 냉혈 동물의 장에서도 찾아짐) 사람의 경우 살모넬라(salmonellas)에 의해 발생하는 가장 흔한 질병은 장티푸스(typhoid fever)와 위장염(gastroenteritis)이다 (32.5절 및 32.10절). 시겔라(shigellas)도 또한 유전적으로 *Escherichia*와 매우 밀접하게 연관되어 있다. 유전체 분석은 *Shigella*와 *Escherichia*가 수평적 유전자 흐름에 의해 상당한 수의 유전자를 서로 교환하였음을

단원 4

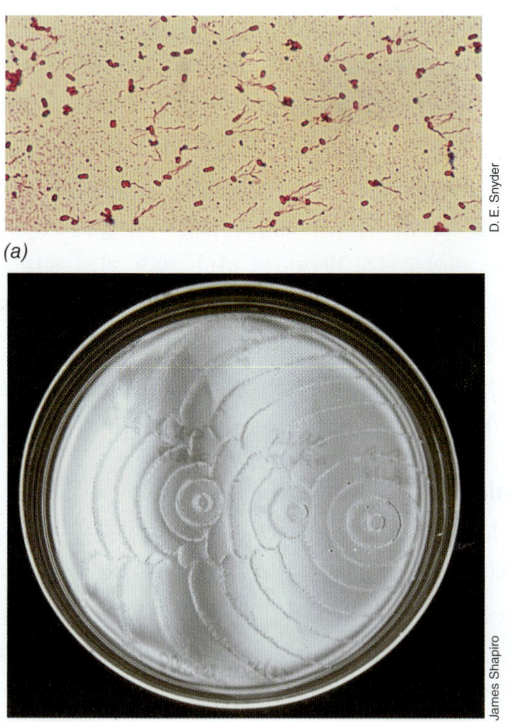

그림 16.13 *Proteus*의 무리 이동 (유주, swarming). *(a)* 편모 염색법으로 염색한 *Proteus mirabilis*의 세포. 각 세포의 주변성 편모는 다발을 형성하여 동시에 회전한다. *(b) Proteus vulgaris*의 무리 이동하는 집락의 사진. 중심의 고리에 주목하라.

강하게 시사한다. 그러나 대부분의 *Escherichia*와는 달리, *Shigella*의 종은 보통 사람에게 병원성을 나타내며, 세균성 이질(*bacillary dysentery*)이라는 상당히 심각한 위장염을 일으킨다. 이러한 좋은 예로 *Shigella dysenteriae*가 있으며, 음식과 물을 통하여 전염된다. 이 세균은 내독소를 가지며, 장내 상피세포에 침입하여 급성 위장관 통증을 일으키는 신경독소(neurotoxin)를 분비한다.

Proteus 속(genus)은 보통 높은 운동성의 세포 (**그림 16.13**)를 포함하며, 요소분해효소(*urease*)를 생산한다. *Salmonella* 및 *Shigella*와는 달리, *Proteus*는 *E. coli*와는 먼 유연관계만을 보여준다. *Proteus*는 사람에서 요도 감염의 빈번한 원인이 되는데, 이와 관련하여 아마도 요소분해효소에 의해 쉽게 요소를 분해하는 능력으로부터 이익을 취하는 듯하다. *Proteus* 세포의 빠른 운동성 때문에 한천 평판에서 생장하는 집락은 종종 특징적인 유영(*swarming*) 현상을 나타낸다 (그림 16.13*b*). 생장하는 집락에서 가장자리의 세포는 집락 가운데에 있는 세포에 비해 더 빠르게 움직인다. 가장자리의 세포는 짧은 거리를 이동하여 집락에서 떨어져 나오며, 이때 운동성이 감소하여 그 자리에 정착을 하고, 그리고 분열을 통해 운동하는 세포의 새로운 개체군을 형성하는데, 이것이 다시 무리를 형성하게 된다. 결과적으로 성숙한 집락은 높은 밀도와 낮은 밀도의 세포가 교대로 나타나면서 일련의 동심원으로 보이게 된다 (그림 16.13*b*).

부탄디올 발효 미생물: *Enterobacter, Klebsiella,* 그리고 *Serratia*

부탄디올 발효 미생물은 혼합산 발효 미생물에서와 비교하여 상호간에 유전적으로 더 밀접한 유연관계를 갖는데, 이는 생리적 차이에서 관찰되는 것과도 일치하는 결과이다 (그림 16.12). *Enterobacter aerogenes*는 온혈 동물의 장관뿐만 아니라 물과 하수에서도 흔한 종이며, 때로는 요도 감염을 일으키기도 한다. *Klebsiella*의 한 종인 *K. pneumoniae*는 간혹 사람에게 폐렴을 일으키기도 하지만, 크렙시엘라(krebsiellas)는 토양과 물에서 가장 흔하게 발견된다. 대부분의 *Klebsiella* 균주는 또한 질소를 고정하는데 (14.6절 및 15.12절), 이는 다른 장내세균에서는 알려지지 않은 특징이다.

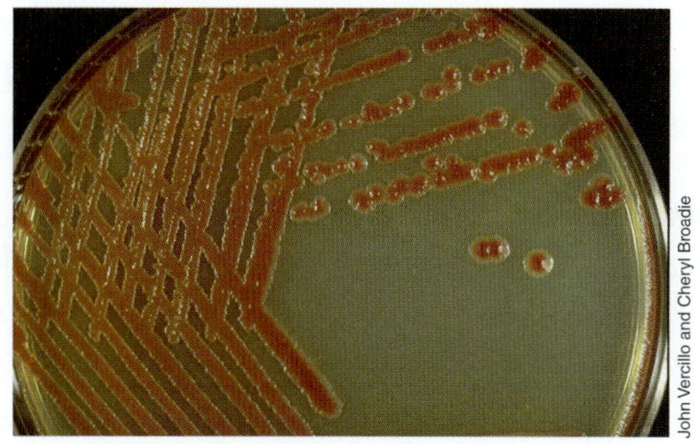

그림 16.14 *Serratia marcescens*의 집락. 오렌지색-빨간색 색깔은 피롤(pyrrole)-함유 색소인 프로디지오신(prodigiosin) 때문이다.

Serratia 속(genus)은 프로디지오신(*prodigiosin*)으로 불리는 일련의 빨간색인 피롤(pyrrole)-함유 색소를 생성한다 (**그림 16.14**). 프로디지오신은 정지기에 이차 대사산물로 생성되며, 에너지 전달에 관여하는 색소 [포르피린(porphyrin), 엽록소(chlorophyll), 세균엽록소(bacteriochlorophylls), 피코빌린(phycobillin)] (14.1~14.3절)에서 찾아지는 피롤 고리를 가지고 있다는 점에서 흥미롭다. 그러나 프로디지오신이 에너지 전달에 어떤 역할을 한다는 것은 분명하지 않으며, 그 정확한 기능도 아직 알려지지 않았다. *Serratia*의 종은 다양한 곤충 및 척추동물의 소화관에서뿐만 아니라, 물과 토양에서도 분리할 수 있으며, 드물게는 사람의 장에서 분리하기도 한다. 또한 *Serratia marcescens*는 사람의 병원체이며, 신체의 여러 부위에서 감염을 일으킬 수 있다. 이 세균은 일부 침습성 의료 시술에 의한 감염과 관련이 있으며, 간혹 정맥 주사제를 오염시키기도 한다.

미니퀴즈

- 혼합산 발효란 무엇인가? 장내세균에서 혼합산 발효는 어떤 중요성을 가지는가?
- *Escherichia coli*와 *Klebsiella pneumonia*를 구분하기 위해 사용할 수 있는 특성은 무엇인가?

16.4 감마프로테오박테리아: *Pseudomonadales*와 *Vibrionales*

주요 속: *Aliivibrio, Pseudomonas, Vibrio*

감마프로테오박테리아의 계통유전학적, 대사적 다양성은 프로테오박테리아의 이 강(class)에서 많은 주목할 만한 종을 선택하는 것을 어렵게 한다. 우리는 여기서 *Pseudomonadales*와 *Vibrionales*에 초점을 맞추고자 하는데, 이들 그룹은 *Enterobacteriales*와 함께 감마프로테오박테리아에서 가장 우점하며 가장 빈번하게 마주칠 수 있는 세 개의 목(orders)에 해당하기 때문이다 (그림 16.10).

Pseudomonadales

*Pseudomonadales*는 오직 호흡 대사를 하는 화학유기영양체만을 포함한다. 모든 종은 호기성 미생물로 생장할 수 있으며, 보통 산화효소-양성, 카탈라아제-양성이다. 그러나 일부 종은 질산염을 전자수용체로 사용하는 혐기적 호흡을 할 수 있다. 대부분의 종은 생장을 위한 탄소원과 에너지원으로 매우 다양한 유기 화합물을 사용할 수 있다. 이들 미생물은 토양 및 수계의 도처에 존재하며, 많은 종은 식물 및 사람을 포함한 동물에 질병을 일으킬 수 있다. **슈도모나드(pseudomonad)**라는 용어는 그람-음성의 극성(polar) 편모를 가진 호기성의 간균으로 다양한 탄소원을 사용할 수 있는 미생물을 나타내는데 종종 사용된다. 슈도모나드는 프로테오박테리아의 서로 다른 여러 그룹에서 찾을 수 있지만, 우리는 여기서 *Pseudomonadales* 목(order)에 속하는 미생물만을 살펴볼 것이다. 이 목(order)의 기준(type)이 되는 속(genus)은 *Pseudomonas*이다.

*Pseudomonas*의 여러 종은 병원성을 나타낸다. 이들 중 *Pseudomonas aeruginosa* (**그림 16.15**)은 사람의 요도 및 호흡기 감염과 빈번하게 관련이 된다. *P. aeruginosa*는 절대 병원체는 아니다. 대신 이 미생물은 기회적 병원체이며, 면역 시스템이 저하된 사람에게 감염을 일으킨다. *P. aeruginosa*는 카테터 삽입, 기관 절개, 요추천자, 정맥 주입 등에 의한 병원-획득(hospital-acquired, nosocomial) 감염에서 일반적으로 찾아지며, 오랜 기간 면역억제제 치료를 받는 환자에서도 종종 출현한다. *P. aeruginosa*는 또한 심한 화상이나 다른 외상성 피부 손상에 따른 치료를 받는 환자, 그리고 낭포성 섬유증으로 고통받는 사람에게 흔한 병원체이다. 국소적인 감염에 더하여, 또한 *P. aeruginosa*는 보통 심한 피부 손상을 입은 사람에게 전신 감염을 일으킬 수 있다.

*P. aeruginosa*는 널리 사용되는 많은 항생제에 대해 자연 내성을 가지므로, 감염의 치료가 종종 어렵게 된다. 내성은 보통 내성 전달 플라스미드(R plasmid) (4.2절 및 28.12절)에 의한 것으로, R 플라스미드는 다양한 항생제를 무독화하거나 항생제를 세포 밖으로 내보내는 단백질을 암호화하는 유전자를 가진 플라스미드이다. 폴리믹신(polymyxin)은 그 독성 때문에 사람의 치료에는 보통 사용하지 않는 항생제이다. 폴리믹신은 *P. aeruginosa*에 대해 효과가 있으며, 위급한 의학적 상황에서는 이 항생제가 사용된다.

Pseudomonas syringae 등 *Pseudomonas*의 어떤 종은 잘 알려진 식물 병원체(phytopathogen)이다. 식물 병원체는 종종 숙주가 아닌 식물 (질병 증상이 분명하게 나타나지 않는)에 서식하며, 이 식물로부터 숙주인 식물로 전염하여 감염을 시작한다. 질병의 증상은 특정한 식물 병원체와 숙주 식물에 따라 매우 다양하다. 이 병원체는 식물 독소, 용해 효소, 식물 생장 인자, 기타 물질 등을 방출하여 식물 조직을 뒤틀거나 파괴하며, 이를 통해 그 세균이 사용할 수 있는 영양물질이 방출되게 한다. 많은 경우 질병 증상은 식물 병원체를 동정하는 데 도움을 준다. 즉, *Pseudomonas syringae*는 보통 황백화(yellowing) 병변을 보이는 잎에서 분리되며, 반면에 "무름병(soft-rot)"의 병원체인 *Pseudomonas marginalis*는 줄기와 어린 가지에 감염하지만, 잎에는 거의 감염하지 않는다.

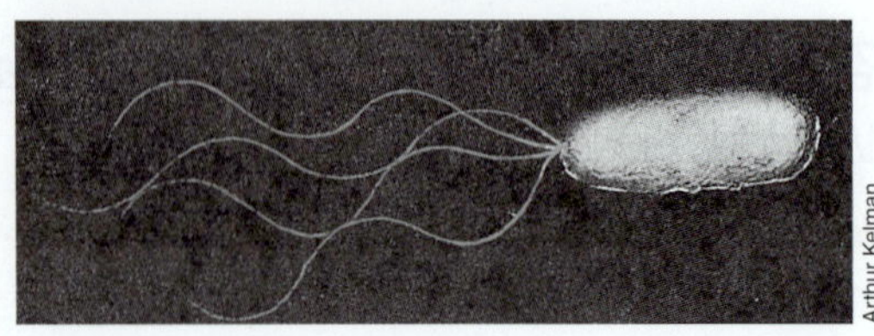

그림 16.15 슈도모나드의 세포 형태. 투영법으로 처리한 *Pseudomonas* 세포의 투과전자현미경 사진. 세포는 직경이 1 μm 정도로 측정된다.

Vibrionales

*Vibrionales*는 통성 호기성의 간균과 굽은 간균을 포함하며, 발효대사를 채용한다. *Vibrio* 그룹과 장내세균의 핵심적인 차이 하나는 *Vibrio*는 산화효소-양성이지만 장내세균은 산화효소-음성이라는 점이다. *Pseudomonas* 종도 산화효소-양성이지만 발효를 하지 않기 때문에 *Vibrio* 종과는 분명하게 구분된다. 이 그룹의 가장 잘 알려진 속(genera)에는 *Vibrio*, *Aliivibrio*, *Photobacterium*이 있으며, 이들은 생물발광(bioluminescent)을 하는 여러 종을 포함한다 (15.18절).

대부분의 비브리오와 관련 세균은 물에 서식하며 해양, 기수, 혹은 담수의 서식처에서 발견된다. *Vibrio cholerae*는 사람의 감염성 질병 콜레라의 원인이 되는데 (29.8절 및 32.3절), 이 미생물은 다른 숙주에서는 보통 병을 일으키지 않는다. 콜레라는 개발도상국에서 가장 흔한 사람의 감염성 질병의 하나이며 거의 전적으로 물을 통해 전염된다.

*Vibrio parahaemolyticus*는 해양 환경에 서식하는데, 익히지 않은 생선을 많이 소비하는 일본에서 위장염을 일으키는 주요 원인이 된다. 이 미생물은 또한 미국을 포함한 세계 다른 곳에서도 위장염 발생과의 관련성이 확인되고 있다. *V. parahaemolyticus*는 직접 해수에서 혹은 조개류와 갑각류에서 분리될 수 있는데, 해양 동물이 아마 이 세균의 일차 서식처로 기능하고 사람은 우발적 숙주로 여겨진다.

미니퀴즈

- *Pseudomonas*의 어떤 종이 낭포성 섬유종 환자에서 폐 감염의 흔한 원인이 되는가?
- *Pseudomonas*의 균주를 *Vibrio*의 균주와 구분하기 위해 사용할 수 있는 주요 특성은 무엇인가?

16.5 델타프로테오박테리아와 엡실론프로테오박테리아

프로테오박테리아의 이 강들(classes)은 우리가 알파-, 베타-, 감마프로테오박테리아에서 살펴보았던 것과 비교하여 더 적은 수의 종과 더 낮은 수준의 기능적 다양성을 가진다 (그림 16.2 및 그림

15.1). 델타프로테오박테리아에는 일차적으로 황산염-환원 세균과 황-환원 세균 (14.14절, 15.9절, 15.10절), 이화적 철-환원 미생물 (15.14절), 세균 포식 미생물 (15.17절)이 있다. 반면, 엡실론프로테오박테리아는 황산염 및 황 환원 미생물에 의해 생산된 H_2S를 산화하는 많은 종을 포함한다. 프로테오박테리아의 마지막 강인 제타프로테오박테리아는 특성이 기재된 단지 하나의 종(철-산화 미생물인 *Mariprofundus ferrooxydans*)을 포함하며, 이미 앞에서 살펴보았다 (15.15절).

델타프로테오박테리아

주요 속: *Bdellovibrio, Myxococcus, Desulfovibrio, Geobacter, Syntrophobacter*

여덟 개 목(orders)의 특성이 델타프로테오박테리아에서 확인되었다 (**그림 16.16**). *Myxococcales*와 *Bdellovibrionales*는 세균 포식자의 새로운 속(genera)을 포함한다 (15.17절). 반면 *Desulfuromonadales*는 *Geobacter* 등 금속- 및 황-환원 속(genera)의 다양한 종을 포함한다 (15.10절 및 15.14절). 사실, *Desulfuromonadales* 처럼 델타프로테오박테리아의 많은 속은 황 화합물의 환원과 관련이 있다.

황산염 환원 미생물을 포함하는 가장 크고 흔한 목(order)은 *Desulfovibrionales*이다. 이들 미생물은 황산염을 포함하는 해양 퇴적토와 영양물질이 풍부한 무산소 환경으로부터 쉽게 배양된다. *Desulfovibrionales*의 종은 대개 불완전 산화 미생물이다 (15.9절). 모두 황산염을 최종 전자수용체로 사용하며, 모두 생장을 위한 탄소원과 에너지원으로 젖산염과 같은 작은 크기의 유기 화합물을 필요로 한다. 또한 *Desulfobacterales*와 *Desulfaculales* 목(order)의 종도 대개 황산염을 환원한다. 그러나 *Desulfovibrionales*와는 달리,

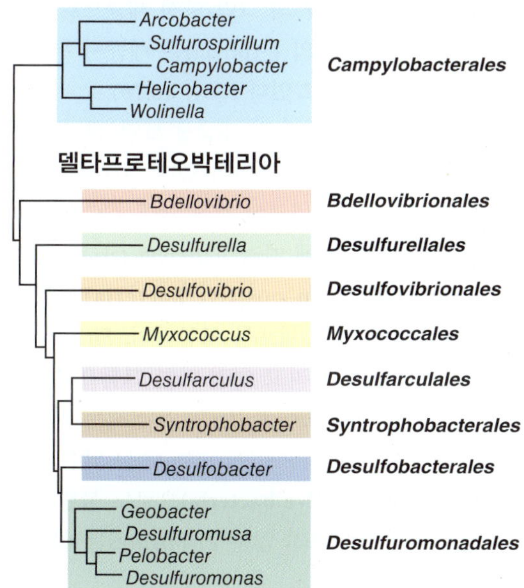

그림 16.16 델타프로테오박테리아와 엡실론프로테오박테리아 강(classes)에서 프로테오박테리아의 주요 목(orders). 델타프로테오박테리아와 엡실론프로테오박테리아에서 대표적인 속(genera)의 16S rRNA 유전자 서열을 사용하여 그린 계통유전학적 계통수. 목(order) 이름은 굵은 글씨로 나타내었다.

이들 종은 완전 혹은 불완전 아세트산염 산화 미생물이다 (15.9절). 황산염에 더하여 이들 세 개 목(order)의 일부 종들은 아황산염, 티오황산염 혹은 질산염을 또한 환원할 수 있으며, 일부는 특정한 발효를 할 수 있다.

황산염 환원 미생물을 포함하는 마지막 목(order)은 *Syntrophobacterales*이다. *Syntrophobacterales*의 일부 (전부가 아닌) 종은 황산염을 환원할 수 있다. 그러나 자연에서 *Syntrophobacterales*의 종은 일차적으로 영양공생(*syntrophy*) (14.23절)으로 불리는 대사적 동업관계에서 H_2-소비 세균과 상호작용한다. 예를 들면 *Syntrophobacter wolinii*와 같은 영양공생의 종은 프로피온산염을 산화하여 아세트산염, CO_2, H_2를 생산한다. 그러나 그러한 생장은 H_2-소비 파트너가 있을 경우에만 가능하다. 황산염이 존재하면, *S. wolinii*는 파트너의 도움 없이 황산염 환원 미생물로 생장할 수 있다. *S. wolinii*는 또한 파트너 미생물 없이 피루브산염, 푸마르산염, 혹은 말산염(malate)을 발효하여 생장할 수 있다.

엡실론프로테오박테리아

주요 속: *Campylobacter, Helicobacter*

엡실론프로테오박테리아 (그림 16.16)는 최초 단지 몇몇 병원성 세균, 특히 *Campylobacter*와 *Helicobacter*의 종에 의해서 정의되었다. 그러나 해양 및 육상 미생물 서식처의 환경 연구는 엡실론프로테오박테리아의 다양성이 자연에 존재하며, 이들 세균의 수와 대사적 능력은 이들 세균이 중요한 생태학적 역할을 수행함을 시사한다 (**표 16.2**). 엡실론프로테오박테리아의 종은 황이 풍부한 환경의 산소-무산소의 경계면에서 특히 풍부하게 존재하며, 자연에서 황 화합물의 산화에 주요 역할을 한다.

*Campylobacter*와 *Helicobacter*

엡실론프로테오박테리아의 이들 두 속(genera)은 많은 특성을 서로 공유한다. *Campylobacter*와 *Helicobacter*의 종은 그람-음성, 산화효소-양성, 카탈라아제-양성의 운동성이 있는 나선균으로, 대부분의 종이 사람이나 다른 동물에 병원성을 나타낸다 (표 16.2). 이들 미생물은 또한 미호기성이며 (5.14절), 따라서 임상 시료로부터 낮은 O_2 (3~16%)와 높은 CO_2 (3~10%)에서 배양되어야 한다.

*Campylobacter*에서 12종 이상의 특성이 기재되었으며, 보통 출혈성 설사를 초래하는 급성 위장염을 일으킨다. 병인은 콜레라 독소와 관련이 있는 장독소를 포함한 여러 요인에 의한 것이다. *Helicobacter pylori*도 또한 병원체이며, 만성 및 급성 위염의 원인이 되는데, 위염은 위궤양 발생으로 진행된다. 이들 질병에 대해서는 30.10절에서 전염 방식과 임상 증상을 포함하여 더 자세하게 살펴볼 것이다.

*Sulfurospirillum*과 *Wolinella*

Sulfurospirillum 종은 *Campylobacter*와 가까우며, 비병원성의 자유생활을 하는 미호기성 미생물로 담수 및 해양 서식처에서 찾아진다 (표 16.2). 이 세균은 또한 원소상의 황(S^0), 셀렌산염(selenate), 혹은 비산염(arsenate)을 전자수용체로 사용하는 혐기적 호흡을 수

표 16.2 엡실론프로테오박테리아 핵심 속(genera)의 특성

속(Genus)	서식처	외형적 특성	생리 및 대사
Campylobacter	사람 및 다른 동물의 생식기관, 구강, 장관; 병원성	가늘고 나선으로 굽은 간균; 단일 극성 편모에 의한 코르크마개따개와 같은 운동성	미호기성; 화학유기영양성
Arcobacter	다양한 서식처 (담수, 하수, 염분 환경, 동물 생식관, 식물); 몇몇 종은 사람 및 다른 동물에 병원성	가늘고 굽은 간균; 단일 극성 편모에 의한 운동성	미호기성; 산소내성 혹은 호기성; 화학유기영양성; 몇몇 종은 황화물을 원소상의 황(S^0)으로 산화; 한 종은 질소 고정
Helicobacter	사람 및 다른 동물의 장관, 구강; 병원성	간균에서 조밀한 나선균; 몇몇 종은 단단히 감긴 주변세포질의 섬유를 지님	미호기성, 화학유기영양성; 높은 수준의 요소분해효소를 생산 (질소 동화)
Sulfurospirillum	황 함유 담수 및 해양 서식처	비브리오에서 나선 모양의 세포; 극성 편모에 의한 운동성	미호기성; 원소상의 황(S^0)을 환원
Thiovulvum	황 함유 담수 및 행 서식처; 아직 순수배양 없음 (그림 15.29)	세포는 사방형 S^0 과립을 지님; 주변성 편모에 의한 빠른 운동성	미호기성; H_2S를 산화하는 화학무기영양성
Wolinella	소의 반추위	극성 편모에 의한 빠른 운동성; *W. succinogenes* 단일 종이 알려짐	혐기성; 푸마르산염, 질산염, 혹은 다른 화합물을 전자수용체로, H_2 혹은 포름산염을 전자공여체로 사용하는 혐기적 호흡

행한다 (14.15절).

*Wolinella*는 소의 반추위에서 분리한 혐기성 세균이다 (표 16.2; 23.13절). 다른 엡실론프로테오박테리아와는 달리, 알려진 유일한 종인 *W. succinogenes*는 혐기성 미생물로 가장 잘 생장하며, 푸마르산염 혹은 질산염을 전자수용체로, H_2 혹은 포름산염을 전자공여체로 사용하는 혐기적 호흡을 촉매할 수 있다. 현재까지 *W. succinogenes*는 반추위에서만 발견되지만, 이 미생물의 유전체는 *Campylobacter* 및 *Helicobacter*의 유전체와 상당한 상동성을 보여준다. *W. succinogenes*는 이들 가까운 유연관계의 유전체에는 없는 질소 고정, 광범위한 세포 신호 기작, 실질적으로 완전한 대사경로 등을 암호화하는 추가의 유전자를 가지고 있다. 이는 *Wolinella*가 반추위 밖의 다른 다양한 환경에서도 서식함을 시사한다.

환경의 엡실론프로테오박테리아

위에서 언급한 속(genera)의 배양된 대표적 미생물, 그리고 여기서 살펴보지 않은 많은 추가의 종 및 속(genera) 이외에도, 이 강(class)에는 환경으로부터 얻은 16S ribosomal RNA 유전자 서열만 알려져 있는 큰 그룹들이 있다 (19.6절). 환경 서열분석 연구와 계속되는 배양을 위한 노력을 통해, 엡실론프로테오박테리아의 종이 현재 황-순환 활성이 진행되는 해양 및 육상 환경, 특히 황화물이 풍부하고 산소가 녹아 있는 물이 섞이는 심해 열수공의 서식처 도처에 존재하는 것이 확인되고 있다 (20.14절). 또한 열수공 근처에서 살아가는 관벌레(tube worm) *Alvinella*, 새우 *Rimicaris* 등의 동물 표면에 부착하여 살아가면서, 아주 다양한 아직 배양되지 않은 엡실론프로테오박테리아는 자신의 황 대사를 통해 동물 숙주에게는 유해할 있는 H_2S를 무독화하여, 그 동물이 화학적으로 해로운 환경에서 생존할 수 있게 만든다 (23.9절). 엡실론프로테오박테리아의 계통학, 대사적 활성, 그리고 생태학적 역할에 대한 추가적인 연구는 원핵생물 다양성의 흥미로운 새로운 측면을 보여줄 것이다.

미니퀴즈

- 델타프로테오박테리아의 종에서 가장 흔한 4가지 대사적 특징은 무엇인가?
- *Wolinella*가 엡실론프로테오박테리아 중에서 생리적으로 색다른 이유는 무엇인가?

II • *Firmicutes, Tenericutes* 그리고 *Actinobacteria*

우리는 계통유전학적 세균의 다양성에 대한 탐색을 *Actinobacteria*와 *Firmicutes* 문(phyla), 그리고 밀접하게 연관된 *Tenericutes* 문(phylum) (**그림 16.17**)의 그람-양성 세균으로부터 계속 이어나가고자 한다. 이들 세 개의 문(phyla)은 세균서 특성이 기재된 모든 종의 거의 반을 포함하고 있다 (그림 16.1*b*).

*Actinobacteria*에는 일차적으로 사상성 토양 세균의 거대 그룹인 방선균(actinomycetes)이 포함되어 있다. *Actinobacteria*의 구별되는 특징의 하나는 이들 세균이 보통 높은 GC 함량의 유전체 DNA를 가진다는 것으로, 이에 따라 *Actinobacteria*는 **높은 GC 그람-양성 세균(high GC gram-positive bacteria)**으로도 불린다. *Tenericutes*는 세포벽이 없는 세포를 포함하며, *Firmicutes*는 내생포자-형성 세균, 젖산세균, 그리고 여러 다른 그룹으로 이루어진다. *Actinobacteria*와는 반대로 *Firmicutes*의 유전체는 일반적으로 낮은 GC 함량을 가지며, 결과적으로 *Firmicutes*는 **낮은 GC 그람-양성 세균(low GC gram-positive bacteria)**으로도 불린다.

우리는 내생포자를 형성하지 않는 *Firmicutes*를 살펴보면서 시작하고자 한다.

16.6 *Firmicutes: Lactobacillales*

주요 속: *Lactobacillus, Streptococcus*

Lactobacillales 목(order)은 젖산을 대사의 주요 최종 산물로 생산

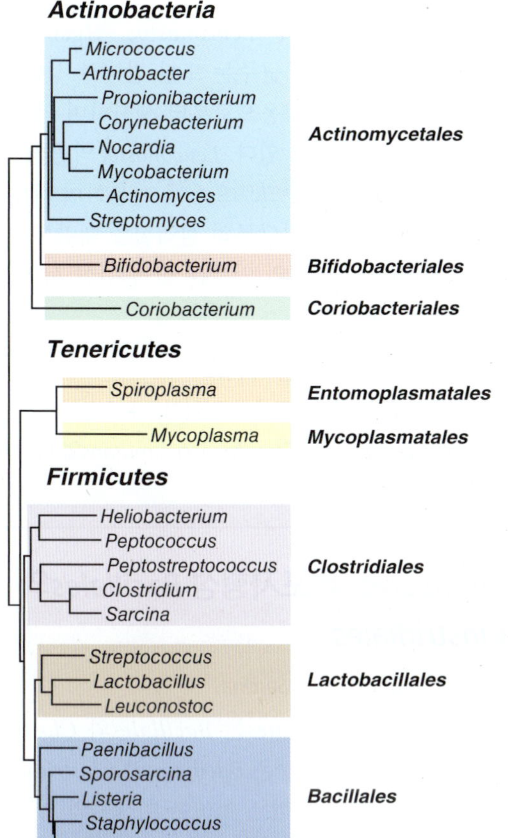

그림 16.17 그람-양성 세균 및 연관 세균의 주요 목(orders). *Actinobacteria*, *Firmicutes*, *Tenericutes*에서 대표적인 속(genera)의 16S rRNA 유전자 서열을 사용하여 그린 계통유전학적 계통수. 목(order) 이름은 굵은 글씨로 나타내었다.

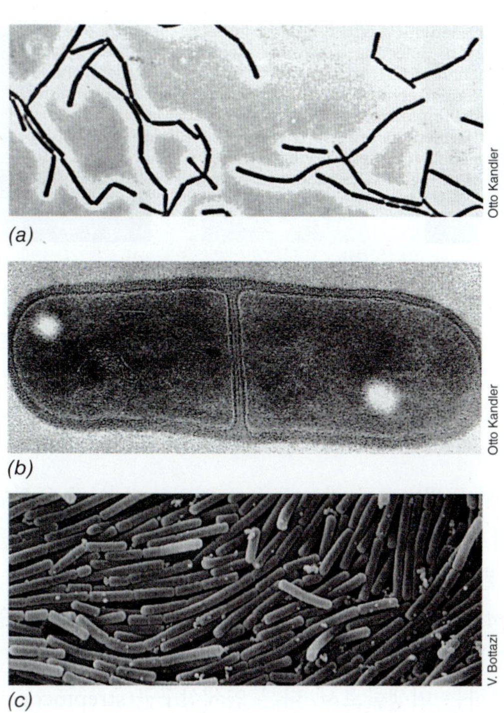

그림 16.18 *Lactobacillus* 종. *(a) Lactobacillus acidophilus*, 위상차 현미경 사진. 세포는 폭이 0.75 μm 정도이다. *(b) Lactobacillus brevis*, 투과전자현미경 사진. 세포는 0.8 × 2 μm 정도로 측정된다. *(c) Lactobacillus delbrueckii*, 주사전자현미경 사진. 세포는 직경이 0.7 μm 정도이다.

하는 발효 미생물인 **젖산세균(lactic acid bacteria)**을 포함한다. 이들 미생물은 식품 생산과 보존에 널리 사용된다. 젖산세균은 비포자형성, 산화효소-음성, 카탈라아제-음성의 간균 혹은 구균으로, 오직 발효 대사만을 보여준다. 모든 젖산세균은 젖산을 주요 혹은 유일 발효 산물로 생산한다. 이 그룹의 세균은 포르피린과 시토크롬이 없고, 산화적 인산화를 수행하지 못하며, 따라서 기질-수준 인산화(substrate-level phosphorylation)에 의해서만 에너지를 얻는다. 그러나 많은 혐기성 미생물과는 달리 대부분의 젖산세균은 산소(O_2)에 민감하지 않으며 O_2가 있어도 생장할 수 있다. 따라서 젖산세균은 산소내성 혐기성 미생물(*aerotolerant anaerobe*)로 불린다.

대부분의 젖산세균은 당의 대사를 통해서만 에너지를 얻으며, 따라서 대개 당이 존재하는 서식처에 한정하여 살아간다. 젖산세균은 보통 제한된 생합성 능력만을 가지며, 이들 세균의 복잡한 영양요구에는 아미노산, 비타민, 퓨린, 그리고 피리미딘을 포함한다(예, 표 5.1의 *Leuconostoc mesenteroides*). 젖산세균의 소그룹 사이에서 중요한 차이점 하나는 당의 발효로부터 생성되는 산물의 유형에 있다. **동형발효(homofermentative)**로 부르는 한 그룹은 단일 발효 산물인 젖산(*lactic acid*)을 생성한다. **이형발효(heterofermentative)**로 부르는 다른 그룹은 젖산뿐만 아니라 주로 에탄올과 CO_2의 다른 산물도 생산한다 (14.20절은 동형발효와 이형발효의 경로에 대한 추가적인 정보를 제공함).

Lactobacillus

젖산간균(lactobacilli)은 전형적인 막대-모양이며 사슬 형태로 생장하는데, 길고 가는 간균에서 짧고 굽은 간균까지 다양하며 (**그림 16.18**), 대부분은 동형발효를 한다. 젖산간균은 낙농제품에서 흔히 발견되며 몇몇 균주는 우유 발효제품을 만드는 데 사용된다. 예를 들어, *Lactobacillus acidophilus* (그림 16.18*a*)는 유산균 우유 제조에 사용되며, *Lactobacillus delbrueckii* (그림 16.18*c*)는 요구르트 제조에 사용되고, 그리고 다른 종은 사우어크라프트(sauerkraut), 사일리지(silage), 피클 제조에 사용된다 (32.6절).

젖산간균은 보통 다른 젖산세균에 비해 산성 조건에서 더 잘 견디며, pH 4 정도의 낮은 pH에서도 잘 생장할 수 있다. 이런 특성 때문에, 산성의 탄수화물-함유 배지를 이용하여 낙농 제품 및 식물 물질의 발효 산물로부터 젖산간균을 선택적으로 농화할 수 있다. 젖산간균의 내산성은 자연적인 젖산발효가 진행되는 동안 다른 젖산세균이 생장할 수 없을 정도로 pH가 너무 낮아져도 젖산간균은 계속 생장할 수 있게 해준다. 따라서 젖산간균은 보통 대부분의 젖산발효에서 최종 단계에 관여한다. 젖산간균은 만약 병원성을 가진 것이 있다 하더라도 매우 드물다.

*Streptococcus*와 기타 구균

*Lactococcus*와 *Streptococcus* 속(genera) (**그림 16.19**)은 구형의 젖

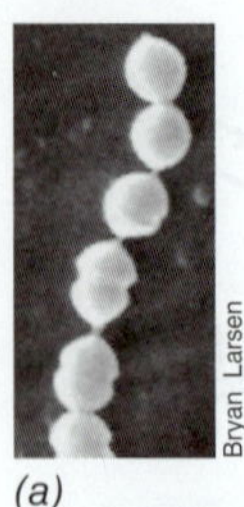

(a)

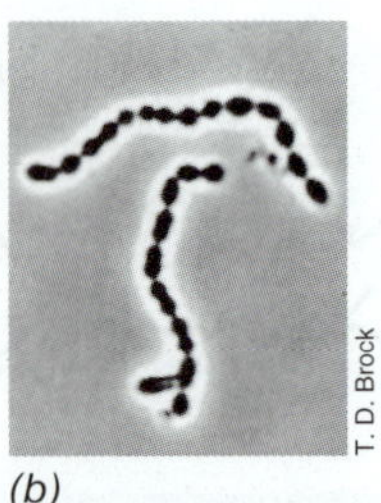

(b)

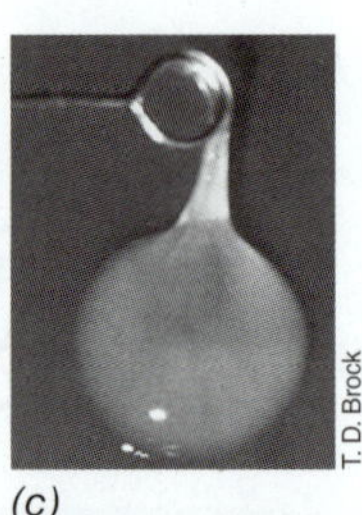

(c)

그림 16.19 그람-양성 구균. *(a) Streptococcus* 종의 주사전자현미경 사진. *(b) Lactococcus lactis*, 위상차 현미경 사진. 두 사진에서 세포는 직경이 0.5~1 μm 범위이다. *(b) Leuconostoc mesenteroides*의 집락으로 수크로스에서 생장한 세포에 의해 생성된 대량의 덱스트란 점액질을 보여준다.

산세균에서 동형발효를 하는 종을 포함하는데, 아주 독특한 서식처에서 살아가며 사람에게 실질적으로 상당히 중요한 활성을 가지고 있다. 몇몇 종은 사람과 동물에 대한 병원성을 나타낸다 (30.2절). *Streptococcus*의 종은 사슬 혹은 테트라드(tetrad) 모양의 구균을 형성하는 특징적인 세포 형태를 갖는다 (그림 16.19*a*). 또한 젖산을 생산하는 미생물로서, 다른 연쇄상구균(streptococci)은 버터우유(buttermilk), 사일리지(silage), 그리고 기타 발효 산물의 생산에 중요한 역할을 하며 (32.6절), 어떤 종은 충치 발생에 주된 역할을 한다 (24.3절 및 25.2절).

동형발효를 하는 구균에는 여러 다른 속(genera)이 있다. *Lactococcus* 속(genus) (그림 16.19*b*)은 낙농에서 중요한 연쇄상구균을 포함하며, 반면에 *Enterococcus* 속(genus)은 일차적으로 분변에서 유래하는 연쇄상구균을 포함한다. *Peptococcus* 속(genus)과 *Peptostreptococcus* 속(genus)의 종은 절대 혐기성 미생물로, 당보다는 단백질을 발효한다.

연쇄상구균(streptococci)은 연관된 종의 두 그룹, 화농성 소그룹(*pyogenes subgroup*)과 비리단스 소그룹(*viridans subgroup*)으로 나누어진다. 화농성(pyogenes) 소그룹은 패혈성 인두염(strep throat)을 일으키는 *Streptococcus pyogenes* (30.2절)에 의해 특성이 확인되며, 비리단스(viridans) 소그룹은 충치를 일으키는 *Streptococcus mutans* (24.3절 및 25.2절)에 의해 특성이 확인된다. 혈액 한천 배지에서의 용혈은 이 속(genus)의 세균을 종으로 세부 분류함에 있어 상당히 중요하다. 예를 들면, 병독 인자인 스트렙토리신(streptolysin) O 혹은 S를 생산하는 종은 혈액 한천 배지에 접종하였을 때 적혈구의 완전한 용혈에 의해 생겨난 큰 구역으로 둘러싸인 집락을 형성하는데, 이 상태를 β-용혈(*β-hemolysis*)이라 부른다 (그림 25.16*a*). β-용혈은 화농성(pyogenes) 소그룹의 연쇄상구균을 위한 진단이 된다. 반면에 비리단스(viridans) 소그룹의 연쇄상구균은 혈액 한천 배지에서 불완전한 용혈을 일으키며, 이 조건에서 집락 아래의 한천은 녹색으로 된다. 연쇄상구균은 또한 특이적인 탄수화물 항원 (항원은 면역 반응을 유도하는 물질)의 존재에 기초하여 면역학적 그룹 (알파벳 문자 A, B, C, F, G로 표시)으로 나누기도 한다. 사람에서 찾아지는 β-용혈성 연쇄상구균은 대개 그룹 A 항원을 가지며, 반면 장내구균은 그룹 D 항원을 가진다.

이형발효를 하는 젖산구균은 *Leuconostoc* 속(genus)에 포함된다. *Leuconostoc* 속(genus)의 균주는 또한 감미료 성분인 diacetyl과 acetoin을 구연산의 이화작용으로부터 생산하며 낙농업의 발효에서 개시 배양으로 사용되고 있다. *Leuconostoc*의 몇몇 균주는 특히 탄소원과 에너지원으로 수크로오스를 이용하여 배양할 때, 포도당 혹은 과당으로 연결된 다당류의 점액질을 대량으로 생산하며 (그림 16.19*c*), 이러한 중합체의 일부는 혈액 수혈 시의 혈장 확장제로서 의료용으로 사용된다.

미니퀴즈

- 이형발효 세균과 동형발효 세균은 생리학적으로 어떤 차이가 있는가?
- *Streptococcus pyogenes*는 *Streptococcus mutans*와 어떻게 구분할 수 있는가?

16.7 *Firmicutes*: 비포자형성 *Bacillales*와 *Clostridiales*

주요 속: *Listeria, Staphylcoccus, Sarcina*

내생포자를 형성하는 *Firmicutes*는 *Bacillales*와 *Clostridiales* 목(order)에 위치한다. 그러나 많은 *Bacillales*와 *Clostridiales*는 내생포자를 형성할 수 없으며, 우리는 이러한 미생물의 일부를 여기서 살펴보고자 한다.

Listeria

Bacillales 목(order)은 보통 호기성 및 통성 호기성 화학유기영양체를 포함한다. 이 그룹의 미생물은 널리 분포하며 특히 토양에서 흔하다. 예를 들면, *Listeria*는 토양에서 널리 찾아지며, 기회적 병원체이면서 식중독의 흔한 원인균이다. *Listeria*는 그람-양성, 카탈라아제-양성, 간균-모양, 통성 호기성의 화학유기영양체이다. *Listeria*의 여러 종이 알려져 있지만 *Listeria monocytogenes* 종이 가장 주목할 만한데, 그 이유는 이 세균이 주요한 식품매개 질병인 리스테리아증(*listeriosis*)을 일으키기 때문이다 (32.13절). 이 세균은 오염된 식품 (대개 치즈, 소시지와 같은 즉석 식품)으로 전염되며, 가벼운 병증에서부터 치명적인 수막염까지도 일으킬 수 있다. *Listeria*의 종은 종종 낮은 온도에서도 잘 생장하여, 냉장된 식품에서도 생장이 가능하다.

Staphylococcus

Staphylococcus (**그림 16.20**)는 전형적인 호흡 대사를 하는 통성 호기성의 미생물이지만 발효에 의해서도 생장할 수 있다. 세포는 보통 집합체(cluster)로 생장하며, 호기적 조건과 혐기적 조건에서 모두 포도당으로부터 산을 생산한다. *Staphylococcus* 종은 카탈라아제-양성이며, 이는 *Staphylococcus*를 *Streptococcus* 및 젖산세균의 일부 다른 속(genera)과 구분할 수 있게 한다. 포도상구균(staphylococci)은 감소된 수분 포텐셜(water potential)에 대한 내성이 비교적 강하여 건조한 조건과 고농도 염분(NaCl)에 상당히 잘 견딘다. 염분이 들어 있는 배지에서 생장하는 능력은 이들 세균의 분

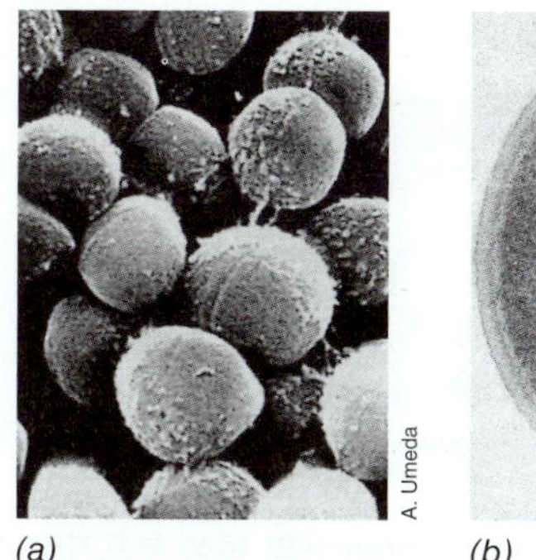

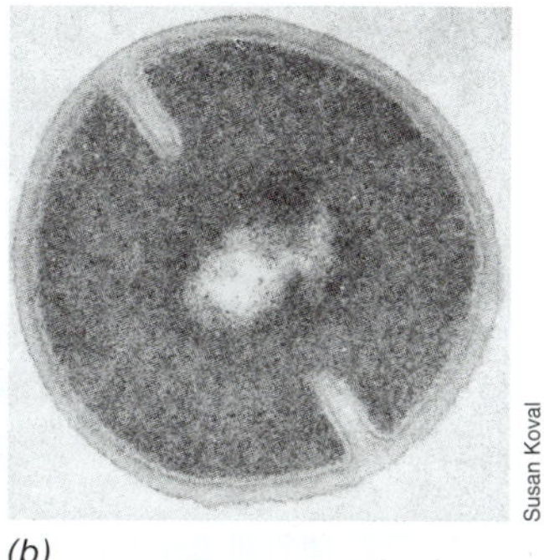

(a) (b)

그림 16.20 ***Staphylococcus.*** *(a)* 전형적인 *Staphylococcus aureus* 세포의 주사전자현미경 사진으로, 불규칙하게 배열된 세포 다발을 보여준다. 각각의 세포는 직경이 약 0.8 μm 정도이다. *(b)* 분열하는 *S. aureus* 세포의 투과전자현미경 사진. 두꺼운 그람-양성의 세포벽에 주목하라.

리에 있어 선택적 방법을 제공한다. 예를 들어 7.5% NaCl을 함유한 영양 배지의 한천 평판에 면봉으로 닦은 피부, 건조 토양, 실내 먼지와 같은 적절한 접종원을 도말하여 접종하고 호기적 조건에서 배양하면 그람-양성의 구균이 종종 뚜렷한 집락을 형성한다. 많은 종이 색소를 가지며, 이것이 그람-양성의 구균을 선택하는 데 추가의 도움을 제공한다.

포도상구균(staphylococci)은 사람과 동물의 일반적인 편리 공생체 및 기생체이며, 때로는 심각한 감염을 일으키기도 한다. 사람의 경우 두 개의 주요 종, *Staphylococcus epidermis*와 *Staphylococcus aureus* (그림 16.20)가 있는데, *S. epidermis*는 색소가 없는 비병원성 미생물로, 보통 피부나 점막에서 볼 수 있으며, *S. aureus*는 노란색-색소를 가진 종으로, 종기, 여드름, 폐렴, 골수염, 뇌막염, 관절염 등을 포함한 병리학적 조건과 가장 흔하게 연관된다. 일부 *S. aureus* 균주는 다수의 항생제에 내성을 나타내며 (MRSA 균주로 불리는), 심각한 조직 손상을 일으킬 수 있는 무서운 병원체이다 (⇔ 그림 30.29). 우리는 MRSA 및 *S. aureus* 다른 균주의 병인과 포도상구균성 질병에 대해서 24.5절, 28.2절, 그리고 30.9절에서 살펴볼 것이다.

Sarcina

Sarcina 속(genus)은 *Clostridiales* 목(order)의 카탈라아제-음성인 절대 혐기성 미생물의 그룹이다. *Sarcina* 종은 세 개의 수직면에서 분열하여 여덟 개 혹은 그 이상 세포의 꾸러미(packet)를 만드는데, 이러한 형태 때문에 주목할 만하다 (**그림 16.21**). *Sarcina*는 또한 극내산성으로 pH 2의 낮은 pH에서도 당을 발효하여 생장할 수 있다. *Sarcina ventriculi* 종의 세포는 세포벽을 둘러싸는 셀룰로오스의 두꺼운 섬유층을 가지고 있다 (그림 16.21*b*). 인접한 세포의 셀룰로오스 층은 서로 붙으며, 이것이 *S. ventriculi* 세포를 서로 붙잡아 꾸러미로 만드는 접착제로 기능한다.

Sarcina 종은 토양, 진흙, 분변, 위 내용물 등에서 분리할 수 있다. *S. ventriculi*의 극내산성 때문에, *S. ventriculi*는 사람 및 다른 단위(monogastric) 동물의 위에서 서식하며 생장할 수 있는 몇 안 되는 세균 중의 하나이다. *S. ventriculi*의 빠른 생장은 유문궤양과

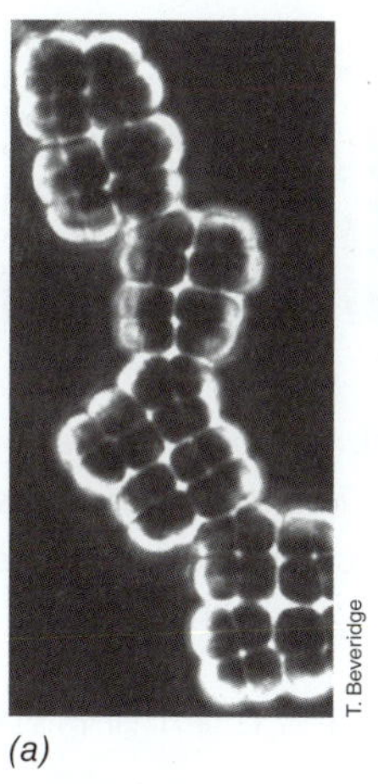

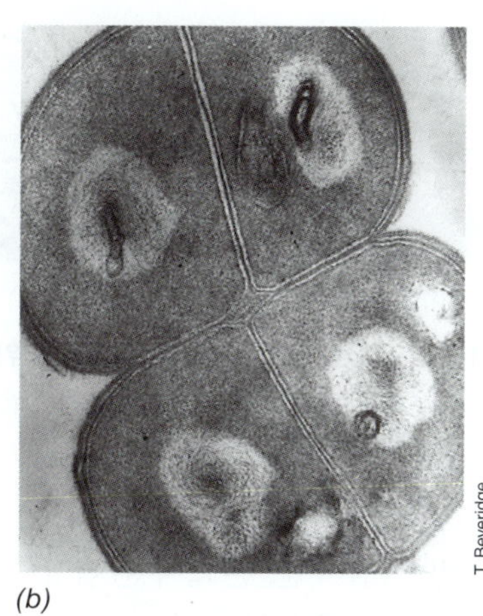

(a) (b)

그림 16.21 ***Sarcina.*** *(a)* 전형적인 그람-양성 구균인 *Sarcina* 세포의 위상차 현미경 사진. 세포 하나는 직경이 2 μm 정도이다. *(b) Sarcina ventriculi*를 얇게 절단한 전자현미경 사진. 세포의 가장 바깥에 있는 층은 셀룰로오스로 이루어져 있다.

같은 특정 위장 장애를 겪고 있는 사람의 위에서 관찰된다. 이러한 병리학적 상황은 장으로의 음식 흐름을 방해하여 종종 이를 바로잡기 위한 수술을 필요로 한다.

미니퀴즈

- *Staphylococcus*의 종은 *Streptococcus*와 어떻게 구분할 수 있는가?
- *Sarcina*를 *Staphylococcus*와 구분하는 특성은 무엇인가?

16.8 *Firmicutes*: 포자형성 *Bacillales*와 *Clostridiales*

주요 속: *Bacillus, Clostridium, Sporosarcina*

모든 내생포자-형성 세균은 *Bacillales* 혹은 *Clostridiales*에 속하는 그람-양성의 종이다. 내생포자를 형성하는 능력은 *Bacillales, Clostridiales, Lactobacillales*의 공통 조상에서 단 한번 진화하였다 (그림 16.17). 그러나 많은 *Bacillales* 및 *Clostridiales*, 그리고 *Lactobacillales* 목(order)의 전부는 내생포자를 형성할 수 없다. 내생포자를 만드는 능력은 많은 유전자 (⇔ 2.10절 및 7.6절)를 필요로 하며, 수평적 유전자 전이에 의해 획득되지 않았다. 따라서 내생포자의 계통유전학적 분포는 내생포자를 형성하는 능력을 진화의 과정 동안 상실하는 많은 경우를 보여준다.

내생포자-형성 세균은 세포 형태, 내생포자의 모양 및 세포 내 위치 (**그림 16.22**), O_2와의 관계, 그리고 에너지 대사에 기초하여 구분된다. 가장 잘 알려진 두 개의 속(genera)은 *Bacillus*와 *Clostridium*인데, *Bacillus*의 종은 호기성 또는 통성 호기성이며, *Clostridium*은 절대 혐기성의 발효하는 종을 포함한다. 모든 내생포자-형성 세균은 생태학적으로 서로 관련이 있는데, 자연에서 이들 세균은 일차적으로 토양에서 찾아지기 때문이다. 사람이나 다른 동물에 병원성을 보이는 종조차도 일차적으로는 부식성의 토양 세균이며, 단지 우연에 의해 동물에 감염한다. 실제로 내생포자를 생산하는 능력은 토양 미생물에게 이로운 것임은 틀림이 없는데, 이는 토

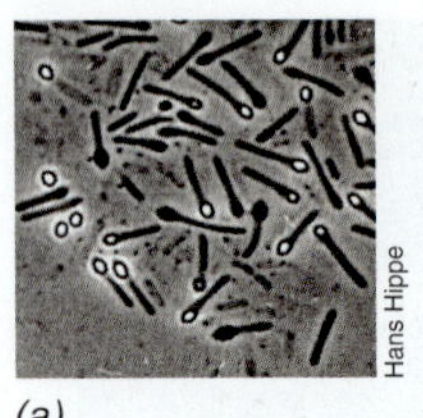

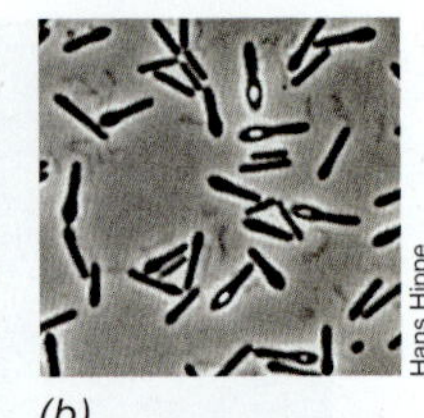

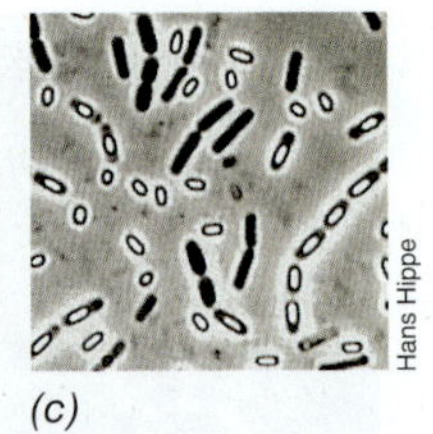

그림 16.22 *Clostridium* 종 및 내생포자 위치. *(a) Clostridium cadaveris*, 말단 포자. 세포는 폭이 0.9 μm 정도이다. *(b) Clostridium sporogenes*, 준말단 포자. 세포는 폭이 1 μm 정도이다. *(c) Clostridium bifermentans*, 중앙 포자. 세포는 폭이 1.2 μm 정도이다. 모두 위상차 현미경 사진이다.

양이 영양물질 수준, 온도, 수분 활성도 등의 측면에서 매우 변화가 심한 환경이기 때문이다.

내생포자-형성 세균은 토양, 식품, 먼지, 다른 물질 등으로부터 시료를 80°C에서 10분간 처리하여 선택적으로 분리할 수 있는데, 이러한 처리는 영양세포를 효과적으로 죽이면서 존재하는 내생포자는 살아 있는 상태로 남겨둔다. 이렇게 열-처리한 시료를 적당한 배지의 평판에 획선 접종하고, 호기적 혹은 혐기적으로 배양하여 각각 *Bacillus* 혹은 *Clostridium*의 종을 선택적으로 얻을 수 있다.

*Bacillus*와 *Paenibacillus*

*Bacillus*와 *Paenibacillus*의 종은 한정배지에 다양한 탄소원의 어떤 것을 넣어주어도 잘 생장한다. 많은 바실러스(bacilli)는 다당류, 핵산, 지질 등 복잡한 중합체를 잘게 쪼개는 세포외 가수분해 효소를 생산하여, 미생물이 분해 산물을 탄소원과 전자공여체로 사용할 수 있게 한다. 또한 많은 바실러스가 항생물질을 생산하는데, 여기에는 바시트라신(bacitracin), 폴리믹신(polymyxin), 티로시딘(tyrocidin), 그라미시딘(gramicidin), 서큘린(circulin) 등이 포함된다. 대부분의 경우 항생물질은 배양이 생장의 정지기에 들어가서 포자 형성이 진행될 때 방출된다.

몇 가지 바실러스 가운데, 특히 *Paenibacillus popilliae*와 *Bacillus thuringiensis*는 독성의 살충 효과가 있는 단백질을 생산한다. *P. popilliae*는 알풍뎅이(Japanese beetle) 유충 및 풍뎅이과(family *Scarabaeidae*)의 알풍뎅이와 밀접한 유연관계에 있는 다른 딱정벌레 유충에 유화병(milky disease)이라고 부르는 치명적인 상황을 일으킨다. *B. thuringiensis*는 서로 다른 그룹의 많은 곤충에 치명적인 질병을 일으킨다. 이들 곤충 병원체는 모두 포자 형성 동안에 기포자체(*parasporal body*)로 부르는 결정형 단백질(crystalline protein)을 생성하며, 이 기포자체는 포자낭 내의 내생포자 외부에 놓인다 (**그림 16.23**). *B. thuringiensis*의 경우에 기포자체는 독소 전구물질(protoxin)이며, 곤충의 소화관에서 독소로 변환된다. 독소는 특정 곤충의 장내 상피세포에 있는 특이적 수용체와 결합하여, 숙주 세포의 세포질 누출 및 세포 용해를 일으키는 구멍 형성을 유도한다. *B. thuringiensis*의 다양한 균주가 서로 다른 그룹의 곤충에 특이성을 갖는 서로 다른 유형의 독소를 만들 수 있다. *B. thuringiensis*와 *P. popilliae*로부터 유래한 내생포자 제제는 생물 살충제로서 상업적으로 이용할 수 있다.

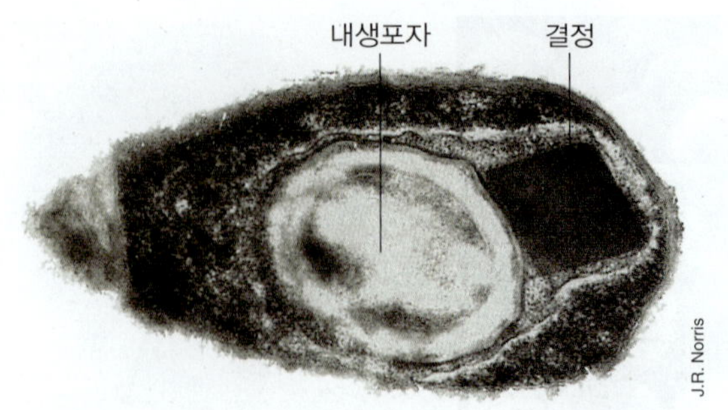

그림 16.23 곤충 병원체 *Bacillus thuringiensis*의 독성 부포자성 결정. 포자를 형성하는 세포를 얇게 잘라서 관찰한 전자현미경 사진. 결정성의 단백질 (Bt-독소)은 장세포의 용해를 초래하여 특정 곤충에 대한 독성을 나타낸다.

여러 *B. thuringiensis* 균주로부터 결정 단백질을 암호화하는 *cry* 유전자가 분리되었다. *B. thuringiensis* 결정 단백질 [상업적으로 "Bt-독소(Bt-toxin)"로 알려진]의 유전자를 유전적으로 변형된 작물 (예, 옥수수, 대두, 면화)에 삽입하여, 식물체가 곤충에 대해 내성을 갖도록 하고 있다. 이러한 유전적으로 변형된 "Bt-작물"이 세계적으로 널리 사용된다. 또한 유전적으로 변형된 Bt-독소가 독성을 증가시키고 내성을 줄이는 데 도움을 주기 위해 유전공학에 의해 개발되고 있다 (12.7절).

Clostridium

클로스트리디아(clostridia)는 호흡 사슬이 없으며, 따라서 *Bacillus* 종과는 달리 기질-수준 인산화에 의해 ATP를 얻는다. 많은 혐기적 에너지-생산 기작이 클로스트리디아(clostridia)에서 알려져 있다 (14.21절). 실제로 *Clostridium* 속(genus)을 소그룹(subgroup)으로 구분하는 것은 일차적으로 이러한 특징 및 사용하는 발효 기질에 기초한다. 많은 클로스트리디아(clostridia)는 당을 분해하며(*saccharolytic*), 당을 발효하여 주요 최종 산물로 부틸산(butyric acid)을 생산한다. 또한 *Clostridium pasteurianum* 등, 이들 세균의 일부는 아세톤(acetone)과 부탄올(butanol)을 생산하는데, *C. pasteurianum*는 활발한 질소-고정 세균이기도 하다 (14.6절).

C. thermocellum, *C. cellulolyticum*, *C. cellulovorans*의 종을 포함한 클로스트리디아의 한 그룹은 셀룰로오스를 발효하여 산과 알코올을 생성한다. 이들 종은 반추위 및 퇴적토와 같은 무산소 환경에서 셀룰로오스를 분해하는 주요 미생물로 생각된다. 셀룰로오스 분해 클로스트리디아는 세포벽의 바깥 표면에서 찾아지는 다효소 복합체인 셀룰로솜(*cellulosomes*)을 가지고 있다. 셀룰로솜은 불용성의 셀룰로오스와 결합하여 가용성의 산물로 분해하며, 이 산물이 세포질로 수송되어 세포에 의해 대사된다. 이러한 셀룰로솜 기작은 셀룰로오스를 혐기적으로 분해할 수 있는 세균에서 흔하다.

클로스트리디아의 다른 그룹은 단백질을 분해하며(*proteolytic*), 아미노산의 발효로부터 에너지를 보전한다. 몇몇 종은 개개의 아미노산을 발효하는 반면에 다른 종은 아미노산 쌍(pair)만을 발효한다. 아미노산 발효의 산물은 보통 아세트산염, 부틸산염, CO_2, H_2이다. 아미노산의 쌍을 이룬 이화작용을 Stickland 반응(*Stickland* reaction)으로 부르는데, 예를 들면, *Clostridium sporogenes*는 글리신과 알라닌을 발효한다. Stickland 반응에서 한 아미노산은 전자 공여체로 기능하여 산화되며, 반면 다른 아미노산은 전자수용체로 작용하여 환원된다 (그림 14.59). 클로스트리디아에 의한 아미노산 발효의 많은 산물이 악취를 내는 물질이며, 부패에 의해 나는 냄새는 주로 클로스트리디아 활성의 결과이다. 부틸산 외에 생산되는 다른 악취 화합물로는 이소부틸산(isobutyric acid), 이소발레르산(isovaleric acid), 카프로산(caproic acid), 황화수소, 메틸머캅탄(methylmercaptan) (황 아미노산에서), 카다베린(cadaverine) (리신에서), 푸트레신(putrescine) [오르니틴(ornithine)에서], 암모니아 등이 있다.

클로스트리디아의 주 서식처는 토양이며, 여기서 이들 세균은 일차적으로 통성 호기성 혹은 절대 호기성 미생물에 의해 무산소 상태로 만들어진 토양의 작은 공간에서 살아간다. 이외에 많은 클로스트리디아는 포유동물 장관의 무산소 환경에서 서식한다. 24.8절, 31.9절, 그리고 32.9절에서도 살펴보겠지만, 여러 클로스트리디아는 사람에서 심각한 질병을 일으킬 수 있다. 예를 들어, 보툴리눔 중독증(botulism)은 *Clostridium botulinum*, 파상풍은 *Clostridium tetani*, 가스괴저는 *Clostridium perfringens* 및 당, 아미노산을 모두 발효하는 많은 다른 클로스트리디아가 원인이 된다. 이러한 병원성 클로스트리디아는 대사적으로 유별난 점이 없어 보이지만, 이들 미생물은 특이한 독소 혹은 한 그룹의 독소 (가스괴저를 일으키는 여러 미생물)를 생산한다는 점에서 다른 것과 구분된다. 또한 *C. perfringens*와 관련 종은 사람 및 가축의 위장염을 일으킬 수 있으며 (32.9절), 보툴리눔 중독증은 오리 등의 조류 및 다양한 다른 동물에서도 드물지 않게 발생한다.

Sporosarcina

Sporosarcina 속(genus) (**그림 16.24**)은 세포가 간균이 아니라 구균이기 때문에 내생포자-형성 세균 가운데 특이하다. *Sporosarcina*는 절대 호기성의 구형에서 타원형의 세포로 구성되며, 이들 세포는 둘 혹은 세 개의 수직면에서 분열하여 테트라드(tetrad)를 형성하거나 여덟 개 혹은 더 많은 세포가 꾸러미(packet)를 형성한다. 주요 종은 *Sporosarcina ureae*이다. 이 세균은 저온 살균한 토양 시료를 희석하고 8% 요소를 첨가한 염기성의 영양한천배지에 접종하여 공기 중에서 배양하여 농화될 수 있다. 대부분의 토양 세균은 2%의 낮은 요소 농도에서도 강하게 억제된다. 그러나 *S. ureae*는 요소를 CO_2와 암모니아(NH_3)로 대사하여 pH를 극적으로 상승시켜 이것을 견딘다. *S. ureae*는 주목할 만한 염기성-내성을 나타내며 pH 10의 배지에서도 생장할 수 있는데, 이러한 특징은 토양에서 이 세균을 농화 배양하는 데 응용될 수 있다.

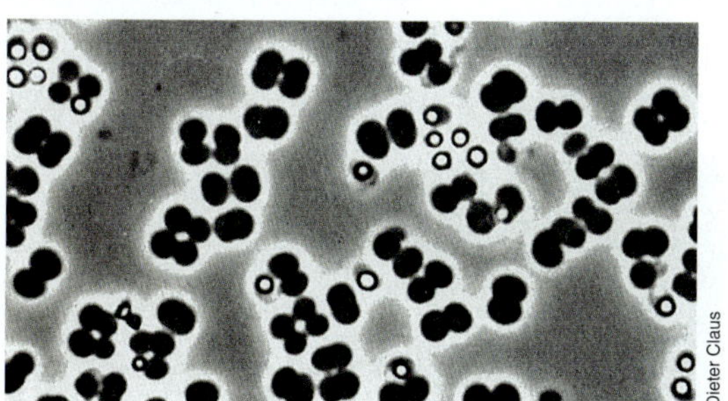

그림 16.24 ***Sporosarcina ureae.*** 위상차 현미경 사진. 단일 세포는 폭이 2 μm 정도이다. 밝게 반사되는 내생포자에 주목하라. 대부분 세포 꾸러미는 8개 세포를 포함하고 있다.

미니퀴즈

- *Bacillus*와 *Clostridium* 종 사이의 주요한 생리학적 차이점은 무엇인가?
- *Bacillus thuringiensis*에 의해 만들어지는 결정형 단백질은 무엇인가? 농업에서 이것의 중요성은 무엇인가?

16.9 *Tenericutes*: 마이코플라스마

주요 속: *Mycoplasma*, *Spiroplasma*

Mollicutes 강(class) 한 개를 포함하는 *Tenericutes*는 세포벽이 없는 세균 (*mollis*는 "부드러운"이란 뜻의 라틴어)이며, 알려진 크기가 가장 작은 미생물에 해당한다. 이 그룹은 종종 마이코플라스마(*mycoplasma*)로 불리는데, 그 이유는 사람의 병원체가 속한 중요한 속(genus)인 *Mycoplasma*가 이 문(phylum)의 가장 잘 특성이 기재된 속(genus)이기 때문이다 (**표 16.3**).

마이코플라스마는 그람-양성으로 염색되지는 않지만 (세포벽이 없기 때문에), 계통유전학적으로 *Firmicutes*와 유연관계가 있다. 마이코플라스마는 보통 동물 및 식물 숙주와 가깝게 관련하며 살아가는데, 이것이 그람-양성 세포벽의 필요성을 제거한 것으로 보인다. 이들 미생물은 또한 작은 유전체 [크기가 0.6에서 2.2 megabase pairs (Mbp)의 범위]를 가지는데, 이는 절대 공생체의 흔한 특성이다 (9.3절 및 23.6절).

마이코플라스마의 특성

마이코플라스마의 세포벽 결핍은 전자현미경과 화학적 분석에 의해 확인되었는데, 화학적 분석은 펩티도글리칸이 없는 것을 보여준다. 마이코플라스마는 원형질체 (세포벽을 제거하는 처리를 한 세균)를 닮았지만, 마이코플라스마는 삼투(osmotic)에 의한 세포 용해에 더 내성이 있고 원형질체가 용해되는 조건에서도 생존할 수 있다. 삼투 용해에 견디는 이러한 능력은 적어도 부분적으로는 스테롤(sterols)의 존재에 의해 결정되는데, 스테롤은 마이코플라스마의 세포막을 다른 세균의 세포막에 비해 더 안정하게 만든다. 실제로 몇몇 마이코플라스마는 생장 배지에 스테롤을 필요로 하며 이러한 스테롤의 요구는 마이코플라스마의 분류에 도움을 준다 (표 16.3).

스테롤 외에도 특정 마이코플라스마는 지질글리칸(*lipoglycans*)으로 불리는 화합물을 가지고 있다 (표 16.3). 지질글리칸은 긴-사슬의 이형다당류로, 막 지질에 공유결합으로 연결되며 많은 마이코플라스마의 세포막에 박혀 있다. 지질글리칸은 지질 A 뼈대 (2.5절)가 없다는 점을 제외하고는 일면 그람-음성 세균 외막의 지질다당류와 비슷하다. 지질글리칸은 세포막의 안정화를 돕는 기

표 16.3 마이코플라스마의 주요 특성

속(Genus)	특성	유전체 크기 (mbp)	지질 글리칸의 존재
스테롤을 요구			
Mycoplasma	많은 미생물이 병원성; 통성 호기성 미생물 (그림 16.25)	0.66~1.35	+
Anaeroplasma	스테롤을 요구할 수도 안 할 수도 있음; 절대 혐기성 미생물; 전분을 분해하여 아세트산염, 젖산, 포름산 + 에탄올 + CO_2 생산; 소와 양의 반추위에서 발견됨	1.5~1.6	+
Spiroplasma	나선형에서 코르크마개 따개-모양의 세포; 다양한 식물병리학적 (식물질병) 조건과 관련; 통성 혐기성 미생물	0.94~2.2	–
Ureaplasma	구형세포; 때론 덩어리나 짧은 사슬; pH6에서 최적 생장; 강한 요소분해효소 반응; 사람의 특정 요도관 감염과 관련; 미호기성	0.75	–
Entomoplasma	통성 혐기성 미생물; 곤충 및 식물과 연관	0.79~1.14	모름
스테롤을 요구하지 않음			
Acholeplasma	통성 혐기성 미생물	1.5	+
Asteroleplasma	절대 혐기성 미생물; 소나 양의 반추위에서 분리	1.5	+
Mesoplasma	계통유전학적, 생태학적으로 *Entomoplasma*와 연관; 통성 혐기성 미생물	0.87~1.1	모름

능을 하며, 지질글리칸이 마이코플라스마가 동물 세포의 세포 표면 수용체에 부착하는 것을 쉽게 해준다는 것도 확인되었다.

마이코플라스마의 생장

마이코플라스마는 실험실에서 생장할 수 있으며, 작은 크기의 다형태성 세포이다. 단일 배양에서도 작은 구형의 성분, 더 크고 부풀은 형태, 종종 많은 가지를 가진 사상체 형태를 보여준다 (**그림 16.25**). 작은 구형의 성분 (크기는 0.2~0.3 μm)는 아마도 독립하여 살아가는 가장 작은 세포의 하나이다 (2.2절). 마이코플라스마의 생장 양식은 액체 배양과 한천 배양에서 차이가 있다. 한천 배지에서, 마이코플라스마는 생장하면서 배지 내로 파묻히는 경향이 있다. 이러한 집락은 보다 밝은 색의 원형으로 확장하는 부분이 한천 속으로 파고 들어가는 밀집된 중심 부분을 둘러싸는 특징적인 "달걀 프라이(fried-egg)" 형태를 보여준다 (**그림 16.26**). 세포벽이 없는 세포로 예상할 수 있듯, *Mollicutes*의 생장은 세포벽 합성을 억제하는 항생물질에 의해 억제되지 않는다. 그러나 마이코플라스마는 세포벽이 아닌 다른 곳에 작용하는 항생물질에는 대부분의 *Bacteria*와 마찬가지로 민감하다.

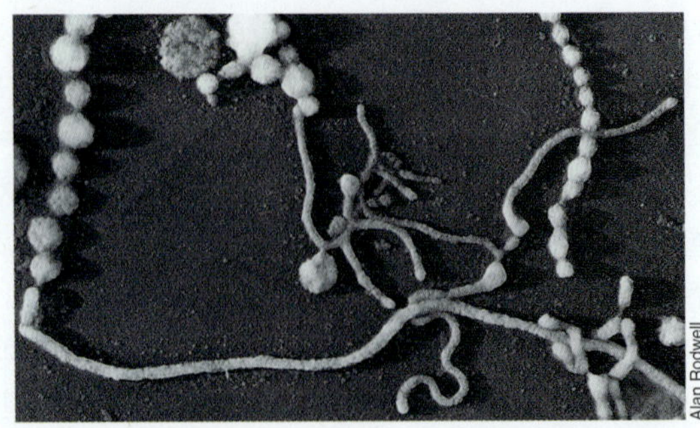

그림 16.25 *Mycoplasma mycoides*. 금속-음영 처리한 투과전자현미경 사진. 구형 및 균사와 비슷한 모양의 구성 요소에 주목하라. 사슬에서 세포의 직경은 평균 0.5 μm 정도이다.

마이코플라스마의 배양을 위한 배지는 매우 복잡한 것이 보통이다. 많은 종의 경우 효모 추출물–펩톤–쇠고기 심장 추출물의 복합 배지에서도 생장이 미약하거나 생장하지 않는다. 불포화 지방산과 스테롤을 제공하기 위해 신선한 혈청 혹은 복수 액(ascitic fluid, peritoneal fluid)이 또한 필요하기도 한다. 그러나 몇몇 마이코플라스마는 상대적으로 단순한 배양 배지에서 배양할 수 있으며, 몇몇 종을 위한 한정 배지도 개발되어 있다. 대부분의 마이코플라스마는 탄수화물을 탄소원과 에너지원으로 사용하며, 비타민, 아미노산, 퓨린, 피리미딘 등을 생장 인자로 필요로 한다. 마이코플라스마의 에너지 대사는 다양하다. 몇몇 종은 절대 호기성 미생물이며, 반면 다른 종은 통성 호기성 혹은 절대 혐기성 미생물이다 (표 16.3).

Spiroplasma

Spiroplasma 속(genus)은 나선형 혹은 나사-모양의 *Mollicutes*로 구성된다. 놀랍게도, 스피로플라스마(spiroplasma)는 세포벽과 편모가 없음에도 불구하고 회전(screw) 동작이나 느린 파동 동작에 의한 운동성을 가진다. 운동성에 관여하는 것으로 여겨지는 세포 내부의 섬유에 대해서는 이미 서술하였다. 이 미생물은 진드기, 곤충의 혈액림프 (**그림 16.27**)와 소화관, 관속식물의 수액과 그 수액을 섭취하는 곤충, 그리고 꽃의 표면과 식물의 다른 부위에서 분리되었다. 예를 들어, *Spiroplasma citri*는 감귤 마름병(*citrus stubborn disease*)이라는 질병의 원인으로 감귤나무의 잎에서 분리되며, 옥수수 왜화병(corn stunt disease)이 걸린 옥수수에서 분리된다. 많은 다른 마이코플라스마-유사 미생물이 병에 걸린 식물에서 전자

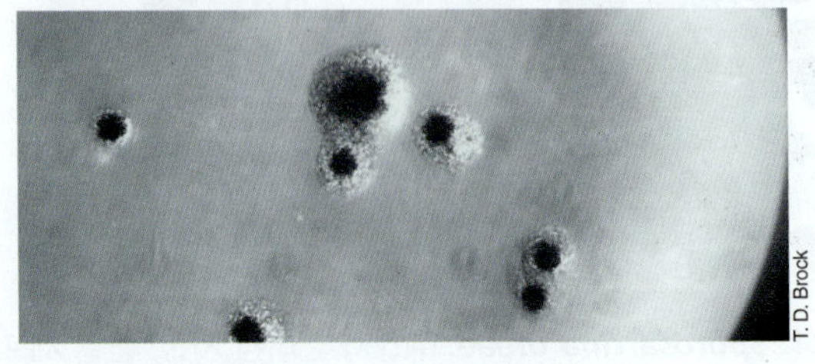

그림 16.26 한천에서 *Mycoplasma* 종의 집락. 전형적인 "달걀 프라이(fried-egg)" 모습에 주목하라. 집락은 직경이 0.5 mm 정도이다.

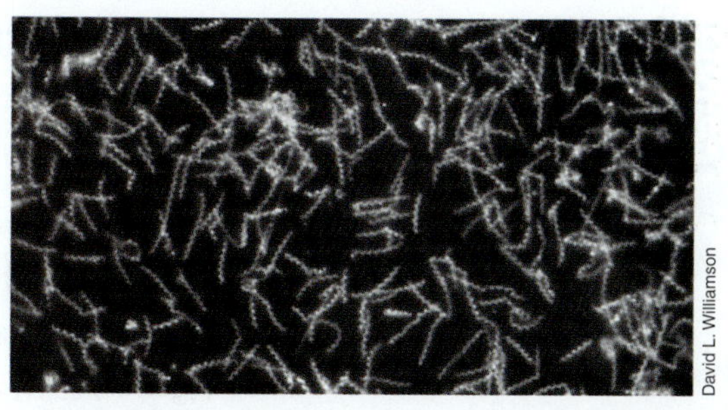

그림 16.27 초파리 *Drosophila pseudoobscura*의 혈액림프에서 "성비(sex ratio)" spiroplasma. 암시야 현미경 사진. 성비 스피로플라스마에 감염된 암컷 초파리는 암컷 자손만을 낳는다. 세포는 직경이 0.15 μm 정도이다.

현미경으로 검출되고 있으며, 이는 식물과 연관된 *Mollicutes*의 큰 그룹이 존재함을 시사한다. *Spiroplasma*의 몇몇 종은 꿀벌 스피로플라스마증(honeybee spiroplasmosis), 딱정벌레 *Melolontha*의 혼수증(lethargy disease)과 같은 곤충 질병을 일으키는 것으로 알려져 있다.

미니퀴즈

- 왜 마이코플라스마는 다른 세균에 비해 더 강한 세포막을 가질 필요가 있는가?
- 왜 운동성의 spiroplasma는 정상적인 세균 편모를 가질 수 없는가?

16.10 *Actinobacteria*: 코리네형 세균과 프로피온산 세균

주요 속: *Arthrobacter, Corynebacterium, Propionibacterium*

그람-양성 세균의 또 다른 주요 그룹은 *Actinobacteria*로, 세균에서 자신만의 문(phylum)을 이룬다. *Actinobacteria*는 보통 토양과 식물체에 서식하는 막대-모양에서 사상체인 일차적으로 호기성의 미생물을 포함한다. 대부분의 경우 이들 미생물은 해가 없는 편리 공생체이며, *Mycobacterium*의 종 (예, *Mycobacterium tuberculosis*)은 주목할 만한 예외에 해당한다. 몇몇 미생물은 항생물질이나 일부 발효 낙농제품의 생산에 있어 매우 큰 경제적 가치를 가진다. *Actinobacteria*에는 아홉 개의 목(order)이 있으며, 대다수의 종은 *Actinomycetales* 목(order)에 속한다 (그림 16.17). 우리는 여기서 독특한 방법으로 세포분열을 하는 *Actinomycetales*의 종인 코리네형 세균과 스위스 치즈의 숙성에서 중요한 역할을 하는 프로피온산 세균에 대해 살펴볼 것이다.

코리네형 세균

코리네형 세균(coryneform bacteria)은 그람-양성, 호기성, 비운동성, 막대-모양의 미생물이며, 생장하는 동안 불규칙한-모양, 곤봉-모양, 혹은 V자-모양의 세포 배열을 형성한다. V자-모양의 세포는 세포분열 직후에 일어나는 갑작스런 운동의 결과로 생기는데, 이 과정을 꺾기 분열(*snapping division*)로 부른다 (**그림 16.28**). 세포벽은 두 개의 층으로 구성되며, 안쪽 층만이 격벽 형성을 담당하는

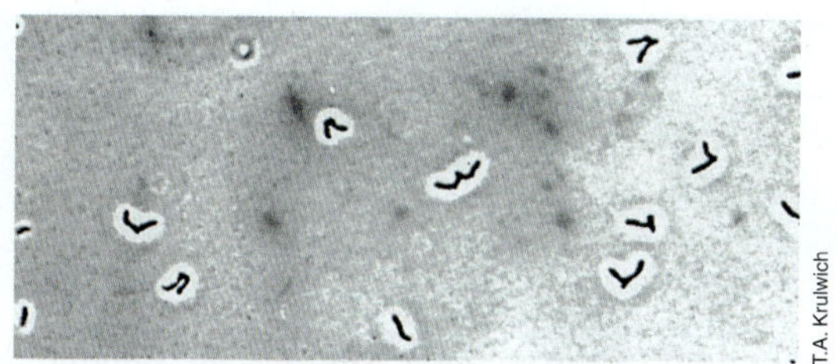

그림 16.28 *Arthrobacter*에서 꺾기 분열. *Arthrobacter crystallopoietes*에서 꺾기 분열의 결과로 형성된 특징적인 V자-모양 세포 그룹의 위상차 현미경 사진. 세포는 직경이 0.9 μm 정도이다.

데, 격벽이 형성된 후 두 개의 딸세포는 세포벽의 바깥층에 의해 서로 붙은 채로 남아 있게 되는데, 이에 따라 꺾기 분열이 일어난다. 이 세포벽 바깥층의 국지적인 파열이 세포의 한쪽에서만 일어나면, 두 세포는 파열된 쪽의 반대 방향으로 굽어지며 (**그림 16.29**), 이에 따라 V자-모양을 형성하게 된다.

코리네형 세균의 주요 속(genera)은 *Corynebacterium*과 *Arthrobacter*이다. *Corynebacterium* 속(genus)은 동물 및 식물의 병원체와 부생생물(saprophyte)을 포함하는 매우 다양한 세균의 그룹이다. *Corynebacterium diphtheriae*와 같은 일부 종은 병원성 (디프테리아, 30.3절)을 나타낸다. *Arthrobacter* 속(genus)은 주로 토양 미생물로 구성되며, 간균에서 구균으로, 그리고 다시 간균으로의 변환을 포함하는 발달 주기에 기초하여 *Corynebacterium*과 구분된다 (**그림 16.30**). 그러나 일부 코리네형 세균은 다형태성이며, 생장하는 동안 구형의 세포도 형성하기 때문에 생활사에 따른 두 속(genera)의 구분이 절대적이지는 않다. *Corynebacterium* 세포는 자주 끝이 부풀어 올라 곤봉-모양을 이루며, 반면에 *Arthrobacter* 종은 곤봉-모양이 그렇게 흔하지 않다.

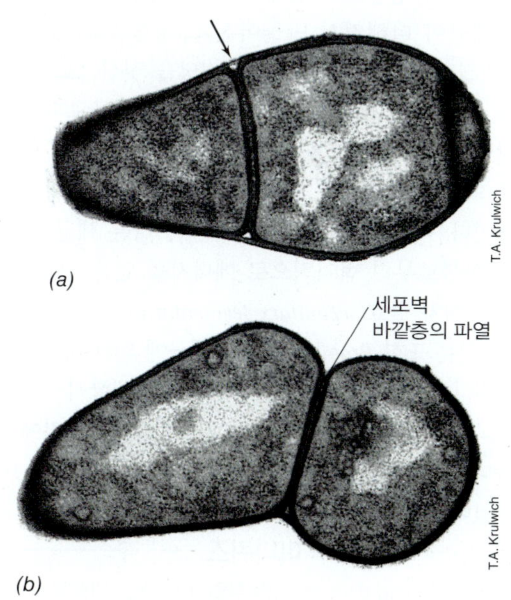

그림 16.29 *Arthrobacter*에서 세포분열. *Arthrobacter crystallopoietes*에서 세포분열의 의 투과전자현미경 사진으로, 어떻게 꺾기 분열과 V자-모양 세포 그룹이 생겨나는지를 보여줌. *(a)* 세포벽 바깥층의 파열 전 (화살표). *(b)* 바깥층 한쪽 면의 파열 후. 세포는 직경이 0.9~1 μm 정도이다.

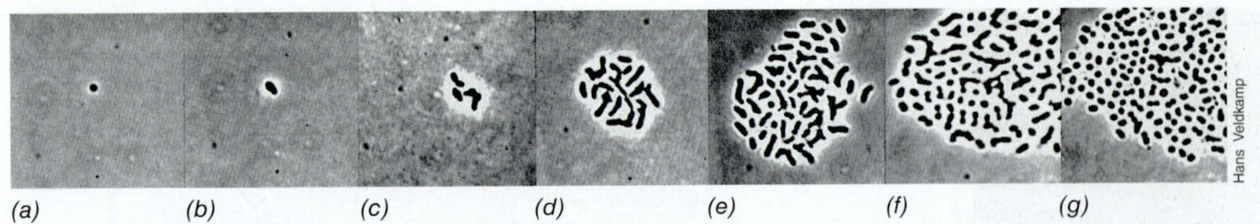

그림 16.30 슬라이드 배양에서 관찰한 *Arthrobacter globiformis* 생활사의 단계. *(a)* 단일 구균 세포; *(b~e)* 간균으로의 변환과 주로 간균으로 구성된 미세집락의 생장; *(f~g)* 간균에서 구균 형태로의 전환. 세포는 직경이 0.9 μm 정도이다.

Acidobacteria (16.21절)와 함께, *Arthrobacter* 종은 토양 세균 가운데 가장 흔한 것 중의 하나이다. 이들 세균은 포자나 다른 휴지기 세포를 형성하지 않음에도 불구하고 건조와 굶주림에 대한 상당한 내성을 나타낸다. *Arthrobacter*는 상당한 영양적 다재다능함을 가진 이질적인 그룹으로, 제초제, 카페인, 니코틴, 페놀, 기타 특이한 유기 화합물을 분해하는 균주가 분리되고 있다.

프로피온산 세균

프로피온산 세균(propionic acid bacteria) [*Propionibacterium* 속(genus)]는 스위스(Emmentaler) 치즈에서 처음 발견되었는데, 이 세균의 발효에 의한 CO_2 생산은 특징적인 구멍을 만들며, 이들 세균이 생산하는 프로피온산은 적어도 부분적으로는 이 치즈가 내는 독특한 향의 원인이 된다. 이 그룹의 세균은 그람-양성의 혐기성 미생물이며, 젖산, 탄수화물, 폴리히드록시 알코올(polyhydroxy alcohols)을 발효하여 일차적으로 프로피온산, 아세트산, CO_2를 생산한다 (14.21절).

젖산염의 발효는 흥미로운데, 이는 젖산염 자체가 많은 세균에서 발효의 최종 산물이기 때문이다 (16.6절). 스위스 치즈 제조에서 종균 배양은 동형발효의 연쇄상구균과 젖산간균의 혼합체에 프로피온산 세균이 더해져서 만들어진다. 동형발효 미생물은 커드(curd, 단백질과 지방)의 형성 동안, 젖당을 젖산으로 최초 발효하는 과정을 수행한다. 커드의 물기가 없어진 후, 프로피온산 세균이 빠르게 발달한다. 스위스 치즈의 특징적인 눈 (혹은 구멍)은 CO_2의 축적에 의해 형성되는데, 이 기체는 커드를 통해 확산되어 약한 부분에 모인다. 따라서 프로피온산 세균은 다른 세균이 발효를 통해 생산한 산물로부터 혐기적으로 에너지를 얻을 수 있다. 이러한 대사 전략을 이차 발효(*secondary fermentation*)로 부른다.

프로피온산은 또한 *Propionigenium* 세균에 의한 숙신산의 발효에서도 생성된다. 이 미생물은 계통유전학적, 생태학적으로 *Propionibacterium*과 연관이 없지만, 그 발효의 에너지론 측면에서는 상당히 흥미롭다. *Propionigenium* 발효의 기작에 대해서는 14.22절에서 논의하였다.

미니퀴즈

- 꺾기 분열(snapping division)이란 무엇이며, 어떤 미생물이 그것을 행하는가?
- 스위스 치즈의 생산에는 어떤 미생물이 관여하는가? 스위스 치즈의 향과 구멍을 만드는 데 도움을 주는 산물은 무엇인가?

16.11 *Actinobacteria*: *Mycobacterium*

주요 속: *Mycobacterium*

마이코박테리아(mycobacteria)는 토양에 흔하며, 대부분은 해가 없다. 그러나 *Mycobacterium* 속(genus)은 여러 중요한 사람의 병원체를 포함하며, 이중 으뜸은 결핵의 원인이 되는 *Mycobacterium tuberculosis*이다 (30.4절). 이 속(genus)의 종은 막대-모양의 세균으로, 생장 주기의 일부 단계에서 **항산성(acid-fastness)**으로 부르는 뚜렷한 염색 특징을 갖는다. 이러한 특징은 마이코박테리아의 세포 표면에 *Mycobacterium* 속(genus)의 종에서만 발견되는 마이콜산(*mycolic acid*)으로 부르는 독특한 지질의 존재에 의한 것이다. 마이콜산은 복잡한 가지달린 사슬의 수산화 지질(hydroxylated lipid)의 그룹으로 (**그림 16.31*a***), 세포벽의 펩티도글리칸과 공유결합으로 연결되며, 그 복합체는 세포 표면을 왁스(waxy) 같은 소수성으로 유지시킨다.

왁스 같은 표면 때문에 마이코박테리아는 그람염색법으로 잘 염색되지 않는다. 빨간색 염료인 염기성 푹신(basic fuchsin)과 페놀(phenol)의 혼합액이 항산성(acid-fast, Ziehl–Neelsen) 염색에 사용된다. 천천히 열을 가하여 염색시약을 세포로 들여보내는데, 페놀의 역할은 푹신이 지질 속으로 쉽게 침투하도록 하는 것이다. 표본을 증류수로 씻은 후 산-알코올로 탈색하고, 메틸렌블루로 대조염색을 한다. 항산성 미생물의 세포는 빨간색으로 염색되며 (그림 16.31 삽화), 반면 배경과 항산성을 나타내지 않는 미생물은 파란색으로 보인다 (그림 30.15*a*).

마이코박테리아는 어느 정도 다형태성으로, 가지를 형성하거나 사상체로 생장하기도 한다. 그러나 방선균 (16.12절)의 사상체와는 달리, 마이코박테리아의 사상체는 진정한 균사체는 형성하지 않는다. 마이코박테리아는 두 개의 주요 그룹, 천천히-생장하는 종 (*M. tuberculosis*, *M. avium*, *M. bovis*, *M. gordonae*)과 빠르게-생장하

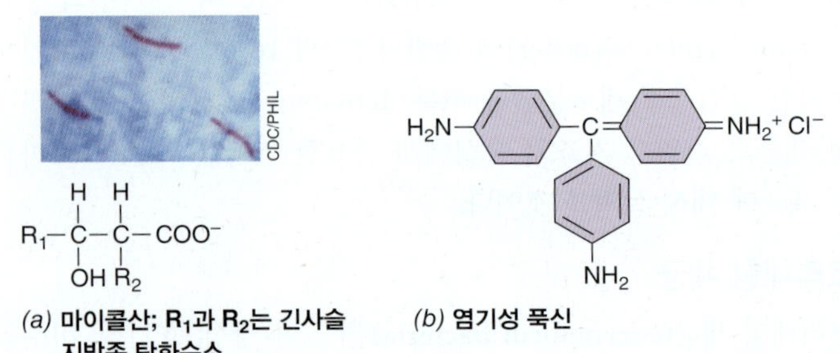

그림 16.31 항산성 염색. *(a)* 마이콜산(mycolic acid), 그리고 *(b)* 항산성 염색에 사용하는 염색시약인 염기성 푹신(fuchsin)의 구조. 푹신 염색시약은 COO^-와 NH_2^+의 이온결합을 통해 세포벽의 마이콜산과 결합한다. 삽화: 결핵 환자의 가래 시료에 존재하는 *Mycobacterium tuberculosis* 세포 (빨간색)의 항산성 염색.

는 종 (*M. smegmatis, M. phlei, M. chelonae, M. parafortuitum*)으로 나눌 수 있다. *Mycobacterium tuberculosis*는 전형적인 천천히 생장하는 종으로, 희석 접종한 후 수일에서 수주 배양한 후에야 눈으로 볼 수 있는 집락이 만들어진다. 고체 배지에서 생장할 때, 마이코박테리아는 일반적으로 빈틈없이 오밀조밀하며 종종 주름진 집락을 형성한다 (**그림 16.32**). 이러한 집락 형태는 세포가 서로 달라붙는 것을 촉진하는 세포 표면의 높은 지질 함량과 소수성 특징에 의한 것으로 보인다.

대부분의 경우, 마이코박테리아는 상대적으로 단순한 영양 요구를 가진다. 대부분의 종은 질소원으로 암모늄을, 유일 탄소원과 전자공여체로 글리세롤이나 아세트산염을 첨가한 단순 무기염 배지에서 호기적으로 생장할 수 있다. *M. tuberculosis*의 생장은 더 어려우며 지질과 지방산에 의해 촉진된다. *M. tuberculosis* 배양의 병독성은 긴 코드(cord)처럼 생긴 구조의 형성 (그림 16.32*b*)과 관련이 있는데, 이 구조는 세균의 긴 사슬이 측면-측면으로 모이고 서로 감기면서 만들어진다. 코드에서의 생장은 세포 표면에 특징적인 당지질의 코드 인자(*cord factor*)가 존재함을 반영한다 (**그림 16.33**). 결핵의 병인에 대해서는 관련 마이코박테리아에 의한 질병인 나병(leprosy)과 함께 30.4절에서 살펴보고자 한다.

일부 마이코박테리아는 노란색의 카로테노이드 색소 (그림 16.32*c*)를 생산하는데, 색소 형성은 동정에 도움을 줄 수 있다. 마이코박테리아는 색소를 형성하지 않는 세균 (예, *M. tuberculosis, M. bovis, M. smegmatis, M. chelonae*), 광색소형성(*photochromogenesis*)으로 부르는 특징의 빛에서 배양할 때만 색소를 형성할 수 있는 세균 (예, *M. parafortuitum*), 혹은 암소색소형성(*scotochromogenesis*)으로 부르는 특징의 어두운 곳에서 배양할 때도 색소를 형성하는 세균 (예, *M. gordonae, M. phlei*)의 어느 것일 수 있다. 광색소형성은 가시광선 스펙트럼의 청색 파장에 의해 촉발되며, 카로테노이드 생합성에서 초기 효소 중 하나를 광유도(photoinduction)하는 특성을 갖는다. 다른 카로테노이드-함유 세균과 마찬가지로, 카로테노이드는 활성 산소종에 의한 산화적 손상으로부터 마이코박테리아를 보호하는 것으로 생각된다 (5.14절).

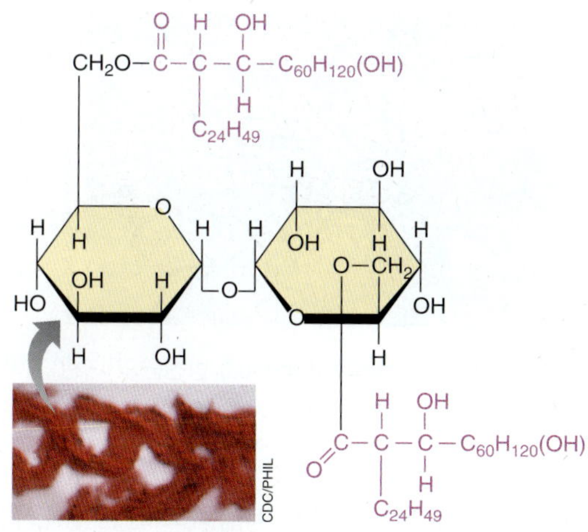

그림 16.33 마이코박테리아의 당지질인 코드 인자 6,6′-di-*O*-mycolyl trehalose의 구조. 두 개의 동일한 긴 사슬 이알코올(dialcohol) 기는 자색(purple)으로 나타나 있다. 삽화: 코드를 형성한 *Mycobacterium tuberculosis* (그림 16.31)의 항산성 염색된 세포의 현미경 사진.

미니퀴즈

- 마이콜산은 무엇이며, 마이콜산이 마이코박테리아에게 어떤 특징을 제공하는가?

16.12 사상성 *Actinobacteria*: *Streptomyces*와 연관 세균

주요 속: *Streptomyces, Actinomyces, Nocardia*

방선균(actinomycetes)은 계통유전학적으로 연관된, 사상성(filamentous), 호기성의 그람-양성 세균의 큰 그룹으로 토양에 흔하다. 많은 방선균은 건조-내성 포자의 생산에 이르는 특징적인 발달 주기를 가진다. 사상체(filament)는 길이 생장을 하며 가지로 갈라지는 균사(*hyphae*)를 형성한다. 균사의 생장은 균사체(*mycelium*) (**그림 16.34**)로 부르는 사상체의 네트워크를 만드는데, 이것은 사상성 진균 (18.8절)에 의해 형성되는 것과 유사하다. 영양물질이 고갈되면 균사체는 기균사(aerial hyphae)를 형성하며, 기균사는 생존과 확산을 가능하게 하는 포자로 분화한다. 여기서 우리는 이 그룹의 가장 중요한 속(genus)인 *Streptomyces* 속(genus)에 초점을 맞춘다.

Streptomyces

*Streptomyces*에는 500개 이상의 종이 알려져 있다. *Streptomyces*의 사상체는 보통 직경이 0.5~1.0 μm이고, 길이는 일정하지 않으며, 영양세포(vegetative) 단계에서는 종종 격벽(cross-wall)이 없다. *Streptomyces*는 사상체의 끝에서 생장하며, 종종 가지로

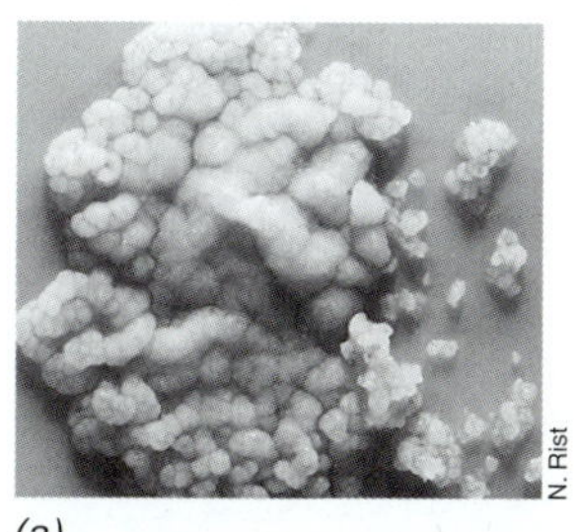

(a)

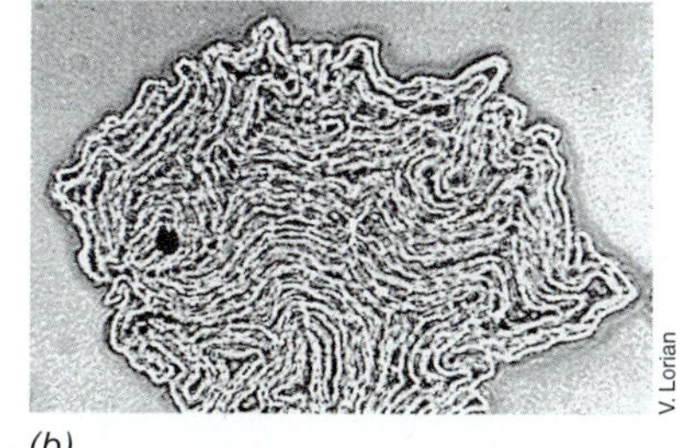

(b)

Centers for Disease Control
(c)

그림 16.32 마이코박테리아의 특징적인 집락 형태. (*a*) *Mycobacterium tuberculosis*로, 집락의 오밀조밀하고 주름진 모습을 보여줌. 집락의 직경은 7 mm 정도이다. (*b*) 병독성 *M. tuberculosis*의 초기 단계 집락으로, 특징적인 코드와 같은 모습의 생장을 보여줌. 각각의 세포는 직경이 0.5 μm 정도이다. (Robert Koch가 그린 *M. tuberculosis* 세포의 역사적인 그림도 참조, 그림 1.31). (*c*) AIDS 환자에서 기회적 병원체로 분리된 미생물의 균주인 *Mycobacterium avium*의 집락.

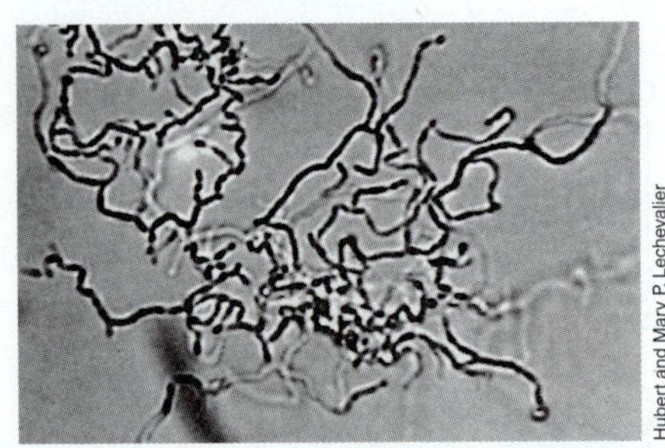

그림 16.34 *Nocardia*. *Nocardia* 속(genus) 방선균의 어린 집락으로, 전형적인 사상성의 세포 구조 (균사체)를 보여준다. 각 사상체는 직경이 대략 0.8~1 μm이다.

갈라진다. 따라서 영양세포 단계는 복잡하고 단단하게 엮어진 매트릭스로 구성되며, 조밀하고 구불구불한 균사체와 집락을 만든다. 집락이 오래되면서 포자자루(*sporophore*)로 부르는 특징적인 기균사(aerial filamet)가 형성되며, 이것은 집락 표면위로 튀어나와 포자를 만든다 (**그림 16.35**).

분생포자(*conidia*)로 부르는 *Streptomyces*의 포자는 *Bacillus*와 *Clostridium*의 내생포자와는 매우 다르다. 내생포자 형성에 이르는 정교한 세포 분화와는 달리, 분생포자는 다핵의 포자자루에서 격벽 형성에 의해 생산되며, 개개의 세포가 직접 포자로 분리된다 (**그림 16.36**). 다양한 종에서 기균사 및 포자-함유 구조의 모양과 배열의 차이는 *Streptomyces* 종을 분류하는 데 사용되는 기본적인 특징 중의 하나이다 (**그림 16.37**). 분생포자와 포자자루는 종종 색소를 가지며 성숙한 집락의 특징적인 색과 관련이 있다 (**그림 16.38**). 성숙한 집락의 윤기 없는 외양, 조밀한 특성 및 색은 한천 평판에서 *Streptomyces* 집락의 검출을 상대적으로 쉽게 해준다 (그림 16.38*b*).

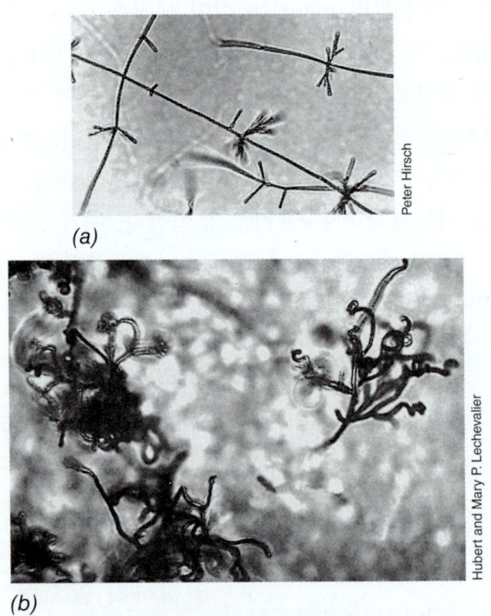

그림 16.35 방선균의 포자-함유한 구조. 위상차 현미경 사진. 이들 사진을 그림 16.37의 그림과 비교해 보자. *(a)* 단륜 돌려나기(monoverticillate) 유형의 *Streptomyces*. *(b)* 닫힌 나선 유형의 *Streptomyces*. 두 유형에서 사상체는 폭이 대략 0.8 μm이다.

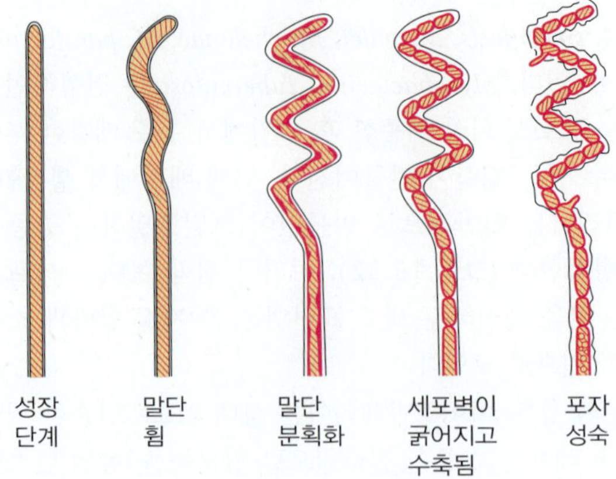

그림 16.36 *Streptomyces*에서 포자 형성. 기균사 (포자자루, sporophore)의 포자 (분생포자, conidia)로의 전환에서 여러 단계의 모식도.

*Streptomyces*의 생태와 분리

몇몇 streptomycetes는 물에서 살지만, 이들 세균은 일차적으로 토양 미생물이다. 사실 토양의 특징적인 흙냄새는 streptomycetes에 의한 지오스민(*geosmin*)으로 부르는 일련의 복합 대사산물의 생산에 따른 것이다. 염기성에서 중성의 토양에서 산성 토양보다 *Streptomyces*의 발달에 더 우호적이다. 더 나아가 배수가 잘되는 토양 (사질양토나 석회석으로 덮여진 토양 등)에서 더 많은 수의 *Streptomyces*가 찾아지는데, 이런 토양이 물에 잠겨있어 빠르게 혐기적이 되는 토양보다 호기적 조건의 유지가 더 쉽다.

그림 16.37 Streptomycetes에서 포자-함유한 구조의 형태. 주어진 *Streptomyces*의 한 종은 포자-함유한 구조에서 하나의 형태적 유형만을 만든다. "돌려나기의 (윤생의, verticillate)"라는 용어는 "가마 (소용돌이무늬, whorls)"를 의미한다.

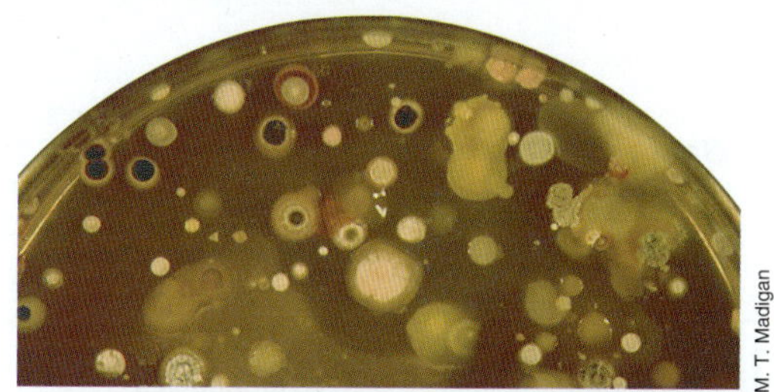

(a)

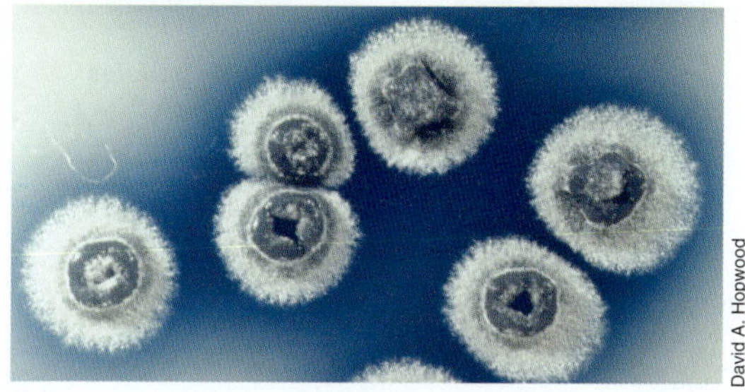

(b)

그림 16.38 Streptomycetes. *(a)* 카세인-전분 한천 배지에 토양 희석액을 도말하여 접종한 후 생겨난 *Streptomyces* 및 다른 토양 세균의 집락. *Streptomyces*의 집락은 다양한 색 (검은색의 여러 *Streptomyces* 집락이 평판의 윗부분에 있음)을 나타내지만, 광택이 없고, 거칠며, 퍼져나가지 않는 형태로 쉽게 확인될 수 있다. *(b) Streptomyces coelicolor* 집락의 근접 촬영 사진.

토양에서 *Streptomyces*의 분리는 상대적으로 쉽다. 멸균된 물에 토양을 현탁하여 희석하고 선택 한천 배지에 도말하여 접종한 후 평판을 25°C에서 호기적으로 배양한다 (그림 16.38). *Streptomyces*에 선태적인 배지는 무기염 및 유기 영양물질로 전분이나 카세인(casein)과 같은 중합물질을 포함한다. Streptomycetes는 보통 세포외 가수분해효소를 생산하여, 다당류 (전분, 셀룰로오스, 헤미셀룰로오스), 단백질, 지방의 이용을 가능하게 하며, 일부 균주는 탄화수소, 리그닌, 타닌(tannin), 다른 중합체를 사용할 수 있다. 공기 중에서 5~7일간 배양 후 평판은 특징적인 *Streptomyces* 집락의 존재에 대해 검사하며 (그림 16.38), 순수배양을 얻기 위해 집락의 포자를 다시 획선 접종할 수 있다.

*Streptomyces*의 항생물질

아마도 가장 놀랄만한 streptomycetes의 생리적 특징은 이들이 생산하는 항생물질(*antibiotics*)의 규모이다 (**표 16.4**). 항생물질 생산의 증거는 종종 최초 분리에 사용하였던 한천 평판에서 볼 수 있는데, 다른 세균의 이웃한 집락에서 저해 구역이 나타난다 (**그림 16.39*a***).

분리한 모든 *Streptomyces*의 대략 50%는 항생물질 생산 미생물로 확인되고 있다. 뚜렷이 다른 500개 이상의 항생물질이 streptomycetes의 의해 생산되며, 더 많은 수는 항생물질로 추정하고 있는데, 이들의 대부분은 화학적으로 확인되었다. 일부 종은 두 개 이상의 항생물질을 생산하며, 종종 한 미생물이 화학적으로 관련이 없는 여러 항생물질을 생산하기도 한다. 항생물질-생산 미생물이 자신의 항생물질에는 내성을 가지지만, 다른 streptomycetes가 생산한 항생물질에는 보통 민감하다. 항생물질 생합성 효소의 암호화에는 많은 유전자를 필요로 하며, 이 때문에 한다. *Streptomyces* 종의 유전체는 보통 매우 크다 (8 megabase pairs 이상; 표 9.1). 60개 이상의 streptomycetes 항생물질이 사람 및 가축 약품으로 사용되어 왔으며, 가장 널리 사용되는 항생물질의 일부를 표 16.4에 정리하였다.

아이러니하게도, 항생제 산업체의 항생물질-생산 streptomycetes에 대해 진행한 대규모의 연구, 그리고 *Streptomyces* 항생물질이 연간 수십억 달러의 산업이라는 사실에도 불구하고, *Streptomyces*의 생태학은 잘 알려져 있지 않다. 이들 미생물과 다른 세균과의 상호작용, 그리고 항생물질 생산의 생태학적으로 합리적인 근거는 우리의 지식이 여전히 극히 미미한 중요한 주제로 남아 있다. *Streptomyces* 종이 항생물질을 생산하는 이유에 대한 가설의 하나는 항생물질 생산이 포자형성 (영양물질 결핍에 의해 스스로 격발되는 과정)과 연결되어 있는데, 제한된 영양물질을 두고 *Streptomyces* 세포와 경쟁하는 다른 미생물의 생장을 억제하는 기작일 수

표 16.4 *Streptomyces* 및 관련 *Actinobacteria*의 종이 합성하는 일부 흔한 항생물질

화학적 구분	상용 이름	생산 미생물	활성(적용 대상)[a]
아미노글리코시드 계열	스트렙토마이신	*S. griseus*[b]	대부분의 그람-음성 세균
	Spectinomycin	*Streptomyces* spp.	*Mycobacterium tuberculosis*, penicillinase-생산 *Neisseria gonorrhoeae*
	네오마이신	*S. fradiae*	광범위 항생물질, 보통 독성 때문에 국소 적용에 사용함
테트라시클린 계열	테트라시클린	*S. aureofaciens*	광범위 항생물질, 그람-양성 및 그람-음성 세균, 리케차 및 클라미디아, *Mycoplasma*
	Chlortetracycline	*S. aureofaciens*	테트라시클린과 동일함
Macrolides 계열	에리트로마이신	*Saccharopolyspora erythraea*	대부분의 그람-양성 세균, 종종 페니실린 대용으로 사용함; *Legionella*
	클린다마이신	*S. lincolnensis*	절대 혐기성 미생물, 특히 혐기적 복막 감염의 주요 원인인 *Bacteroides fragilis*에 효과적임
폴리엔 계열	니스타틴	*S. noursei*	진균, 특히 *Candida* (효모) 감염
	Amphotericin B	*S. nodosus*	진균
없음	클로람페니콜	*S. venezuelae*	광범위 항생물질; 장티푸스에 선택되는 약물

[a]대부분의 항생물질은 여러 다른 세균에 대해 효과적임. 이 열에 언급된 것은 주어진 항생물질이 일반적으로 임상에서 적용되는 것을 지칭한 것임. 이들 항생물질의 많은 것은 그 구조와 작용 방식에 관해 28.10~28.12절에서 살펴볼 것임.
[b]이름이 "*S.*"로 시작하는 모든 종은 *Streptomyces*의 종임.

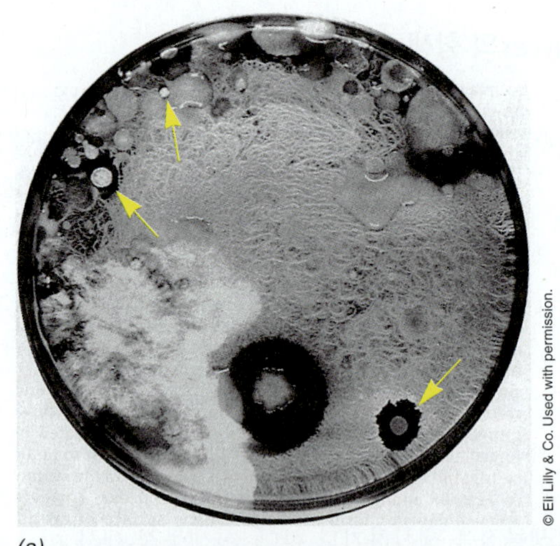

그림 16.39 ***Streptomyces*의 항생물질.** *(a)* 밀집된 평판에서 토양 미생물의 항생(antibiotic) 작용. 저해 구역 (화살표)에 의해 둘러싸인 더 작은 집락은 streptomycetes이며, 더 크고 퍼져나가는 집락은 *Bacillus* 종인데, 이들의 몇 가지도 항생물질을 생산한다. *(b)* 빨간색의 항생물질인 undecylprodigiosin이 *S. coelicolor*의 집락에서 분비되고 있다.

있다는 것이다. 이는 *Streptomyces*로 하여금 포자형성 과정을 완결할 수 있게 해주고 생존의 기회를 높일 수 있는 휴지기 구조를 형성할 수 있게 한다.

미니퀴즈

- *Streptomyces*와 *Bacillus*의 종에서 포자 및 포자형성을 서로 비교하라.
- 항생물질의 생산이 streptomycetes에게 이로운 이유는?

III • *Bacteroidetes*

Bacteroidetes 문(phylum)은 *Bacteroidales*, *Cytophagales*, *Flavobacteriales*, *Sphingobacteriales*의 네 개의 목(orders)에 걸쳐 특성이 기재된 700개 이상의 종을 포함하고 있다 (**그림 16.40**). *Bacteroidetes*는 그람-음성의 포자를 형성하지 않는 간균이다. 여기의 종은 보통 당을 분해하며(saccharolytic), 호기성 또는 발효를 하는 미생물로, 절대 호기성, 통성 호기성, 절대 혐기성 미생물을 포함한다. 많은 종이 비운동성이고, 몇몇은 편모에 의한 운동을 하지만, 이 문(phylum)에는 활주 운동성(gliding motility) (2.12절)이 널리 분포한다. *Bacteroides* 속(genus)은 특히 잘 연구되고 있는

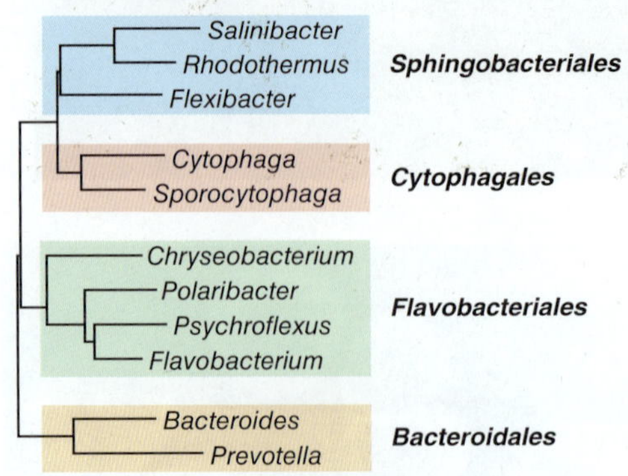

그림 16.40 ***Bacteroidetes*의 주요 목(orders).** *Bacteroidetes*의 대표적인 속(genera)의 16S rRNA 유전자 서열을 사용하여 그린 계통유전학적 계통수. 목(order) 이름은 굵은 글씨로 나타내었다.

데, 이들 미생물은 사람 소화관에서 미생물 군집의 주요 구성원이기 때문이다.

16.13 *Bacteroidales*

주요 속: *Bacteroides*

Bacteroidales 목(order)은 일차적으로 절대 혐기성의 발효하는 종을 포함한다. 기준(type) 속(genus)은 *Bacteroides*이다. *Bacteroides* 속(genus)은 당을 분해하는 종을 포함하는데, 종에 따라 당이나 단백질을 주요 발효 산물인 아세트산염과 숙신산염으로 발효한다. *Bacteroides*는 보통 편리 공생체이며, 사람 및 다른 동물의 장관에서 발견된다. 사실 *Bacteroides* 종은 사람의 대장에서 숫자상으로 우점하는 세균으로, 대장의 젖은 분변 1 g에는 대략 10^{11}의 원핵생물 세포가 존재하는 것으로 측정 결과는 보여준다 (24.2절). 그러나 *Bacteroides*의 종은 때때로 병원체일 수 있으며, 균혈증(*bacteremia*, 혈액에 세균이 있는)과 같은 사람의 질병과 관련 있는 가장 중요한 혐기성 세균이다.

*Bacteroides thetaiotaomicron*는 대장의 내강(lumen)에서 찾아지는 가장 두드러진 *Bacteroides* 종의 하나이다. *B. thetaiotaomicron*는 복합 다당류의 분해에 특화되어 있다. 유전체의 대부분은 다당류를 분해하는 효소를 합성하는 데 필요한 것이다. 유전체에서 발견되는 탄수화물 대사를 위한 유전자의 다양성과 수는 어떤 다른 세균 종에서 발견되는 것을 훨씬 능가한다. *B. thetaiotaomicron*는 사람 유전체에서 암호화되지 않는 많은 효소를 생산하며, 따라서 이 세균은 사람의 소화관에서 분해할 수 있는 식물 중합체의 다양성을 엄청나게 증가시킨다.

*Bacteroides*의 종은 스핑고지질(*sphingolipid*) (**그림 16.41**)로 부르는 특별한 유형의 지질을 합성하는 소수의 세균 그룹 중 하나라는 점에서 특별하다. 스핑고지질은 특징적으로 지질 골격에 글리세롤을 대신하여 긴-사슬 아미노 알코올 스핑고신(sphingosine)을 가진 지질들을 지칭한다. Sphingomyelin, cerebrosides, gangliosides 등의 스핑고지질은 포유동물의 조직, 특히 뇌와 다른 신경 조직

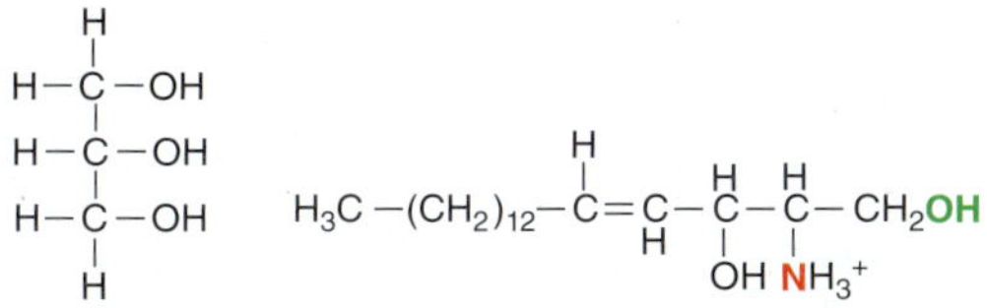

$$\begin{array}{c} H \\ | \\ H-C-OH \\ | \\ H-C-OH \\ | \\ H-C-OH \\ | \\ H \end{array} \qquad H_3C-(CH_2)_{12}-\overset{H}{\overset{|}{C}}=\underset{H}{\underset{|}{C}}-\underset{OH}{\underset{|}{\overset{H}{\overset{|}{C}}}}-\underset{NH_3^+}{\underset{|}{\overset{H}{\overset{|}{C}}}}-CH_2OH$$

(a) (b)

그림 16.41 스핑고지질(sphingolipids). *(a)* 글리세롤과 *(b)* 스핑고신(sphingosine)의 비교. *Bacteroides* 종의 특징인 스핑고지질에서, 스핑고신은 에스테르화된 알코올이다. 지방산은 N-원자 (빨간색으로 표시)와 펩티드 결합에 의해 연결되며, 말단 —OH 기 (녹색으로 표시)는 phosphatidylcholine (sphingomyelin)이나 다양한 당(cerebrosides, gangliosides)을 포함한 많은 화합물의 어떤 것도 될 수 있다.

에 흔하지만 대부분의 세균에는 거의 없다. 스핑고지질의 생산은 *Flectobacillus, Prevotella, Porphyromonas, Sphingobacterium*을 포함한 *Bacteroidetes* 문(phylum)의 많은 다른 속(genera)에서도 찾을 수 있다.

미니퀴즈

- 사람의 소화관에서 *Bacteroides thetaiotaomicron*의 역할은 무엇인가?

16.14 *Cytophagales, Flavobacteriales* 그리고 *Sphingobacteriales*

주요 속: *Cytophaga, Flavobacterium, Flexibacter*

Cytophagales

Cytophagales 목(order) (그림 16.40)은 비록 일부 종은 제한된 발효 능력을 가지기도 하지만, 거의 배타적으로 절대 호기성 미생물만 포함한다. 세포는 보통 길고 가느다란 그람-음성의 간균으로, 종종 끝부분이 뾰족하며, 활주에 의해 이동한다 (**그림 16.42**). Cytophagas는 복합 다당류의 분해에 특화되어 있다. 이들 미생물은 산소가 있는 토양 및 담수에 널리 분포하며, 이런 환경에서 세균에 의한 셀룰로오스 소화의 상당 부분을 책임지는 것으로 보인다. 셀룰로오스 분해 미생물은 쉽게 분리될 수 있는데, 무기염 한천 배지의 표면에 셀룰로오스 여과지 조각을 올려놓고, 여기에 소량의 토양을 둔다. 세균은 셀룰로오스 조각에 부착하여 이를 소화시키면서 퍼져나가는 집락을 형성한다 (그림 16.42*b*).

Cytophagas에 의한 셀룰로오스 분해는 두 개의 서로 다른 기작에 의해 진행될 수 있다. 전형적인 기작은 독립 셀룰라아제 기작으로, 세포는 세포외 효소(*exoenzymes*)로 부르는 효소를 세포 외부로 분비하며, 이 효소가 세포 바깥에서 불용성의 셀룰로오스를 분해한다. 복합 효소의 혼합물이 분비되는데, 여기에는 안쪽의(*internal*) β-1,4 glucosidic 결합을 끊는 *processive endocellulases*와 말단의(*terminal*) β-1,4 glucosidic 결합을 끊고 셀로비오스(cellobiose)를 방출하는 *processive exocellulase*가 포함된다. 이러한 세포외 효소(*exoenzymes*)는 불용성의 셀룰로오스를 세포에 의해 쉽게 동화될 수 있는 용해성의 다당류와 이당류로 분해한다. *Cytophaga*

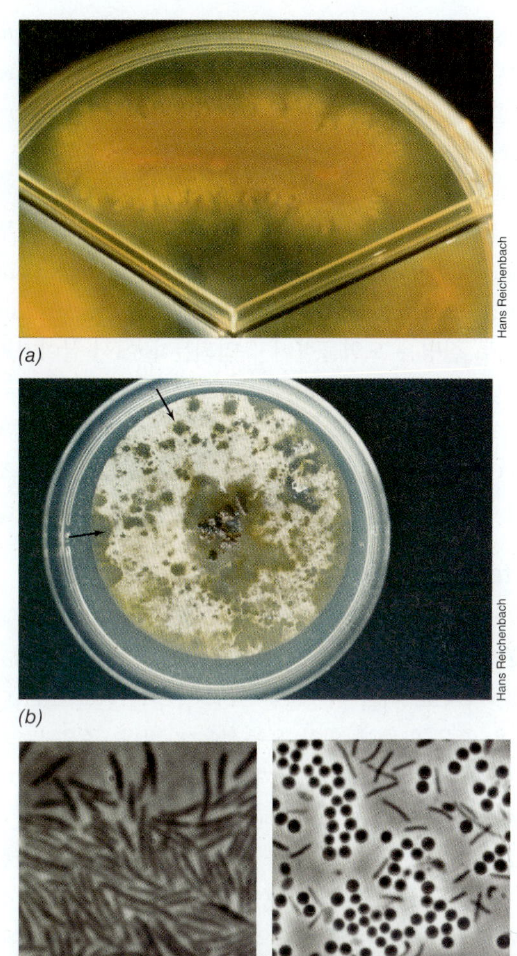

그림 16.42 *Cytophaga*와 *Sporocytophaga*. *(a)* 페트리 접시에서 한천을 가수분해하는 한천분해 해양 *Cytophaga*의 줄무늬. *(b)* 셀룰로오스에서 생장하는 *Sporocytophaga*의 집락. 셀룰로오스가 분해된 투명한 부분 (화살표)에 주목하라. *(c)* 셀룰로오스 여과지에서 생장한 *Cytophaga hutchinsonii* 세포의 위상차 현미경 사진(세포는 직경이 대략 1.5 μm임). *(d) Sporocytophaga myxococcoides*에서 막대-모양 세포 및 구형의 소피낭체(microcysts)의 위상차 현미경 사진 (세포는 직경이 대략 0.5 μm이고, 소피낭체는 직경이 대략 1.5 μm임). *Sporocytophagas* 소피낭체는 영양세포에 비해 열에는 조금 더 견디지만, 건조에는 극히 잘 견디며 건조한 토양에서 미생물의 생존을 돕는다. *Cytophaga*와 *Sporocytophaga* 속(genera)은 *Bacteriodetes* 문(phylum) 내의 주요 분기 그룹(clade)을 형성한다 (그림 16.40).

*hutchinsonii*는 processive 셀룰라아제를 생산하지 않으며, 이 세균의 셀룰로오스 분해는 세포벽의 바깥 표면에 위치한 셀룰라아제 효소와 셀룰로오스 섬유의 물리적인 접촉을 필요로 하는 것으로 보인다.

Cytophaga 속(genus)은 셀룰로오스 (그림 16.42*c*) 뿐만 아니라 한천 (그림 16.42*a*) 및 키틴도 분해할 수 있는 종을 포함하고 있다. 순수배양에서 *Cytophaga*는 셀룰로오스 섬유 (그림 16.42*b*)가 들어있는 한천에서 생장할 수 있다. 연관된 속(genus)인 *Sporocytophaga*

는 *Cytophaga*와 형태와 생리에서 유사하다. 그러나 *Sporocytophaga* 속(genus)의 세포는 일부 자실체 형성 점액세균(myxobacteria) (15.17절)에 의해 생산되는 것과 비슷한 소피낭체(*microcysts*) (그림 16.42*d*)로 부르는 휴지기의 구형 구조를 형성한다.

*Cytophaga*의 여러 종은 어류의 병원체이며, 어류 양식 산업에서 심각한 문제를 야기할 수 있다. 가장 중요한 질병 중 두 개로는 *Cytophaga columnaris*가 원인인 원주균 병(*columnaris disease*)과 *Cytophaga psychrophila*가 원인인 냉수병(*cold-water disease*)이 있다. 이들 두 질병은 오염물질이 유입되는 물에서 살아가거나 어류 부화장 및 양식 시설 등 높은 밀도로 갇혀 살아가는 어류와 같이, 스트레스를 받는 어류에 선택적으로 영향을 준다. 감염된 어류는 아마도 *Cytophaga* 병원체의 단백질 분해 활성에 의한 조직 파괴 (아가미 주위에 빈번하게 발생)를 보여준다.

*Flavobacteriales*와 *Sphingobacteriales*

*Flavobacteriales*와 *Sphingobacteriales* (그림 16.40)는 보통 호기성 및 통성 호기성의 화학유기영양체를 포함한다. 대부분의 *Bacteroidetes*와 마찬가지로, 이들 미생물은 그람-음성의 간균으로, 당을 분해하며 많은 종은 활주에 의한 운동성을 가진다. 종은 토양 및 물의 서식처에서 널리 발견되며, 여기서 이들 미생물은 보통 복합 다당류를 분해한다.

*Flavobacteriales*는 특히 극지 환경의 수생 시스템을 포함한 해수에서 풍부하다. *Flavobacterium* 종은 일차적으로 식품 및 식품-가공 공장뿐만 아니라 담수 및 해수의 수생 서식처에서 발견된다. 몇몇 종은 혐기적 호흡에서 질산염을 환원할 수 있지만, 대부분의 종은 절대 호기성 미생물이다. Flavobacteria는 노란색 색소를 자주 생산하며, 일반적으로 당을 좋아하고, 대부분은 또한 전분과 단백질을 분해할 수 있다. Flavobacteria는 병원성을 나타내는 것이 드물다. 그러나 한 종, *Flavobacterium meningosepticum*은 유아 수막염 사례와 관련이 있으며, 여러 어류의 병원체도 또한 알려져 있다.

일부 *Flavobacteriales*는 저온성 혹은 저온내성이다 (5.10절). 여기에는 특히 *Polaribacter*와 *Psychroflexus* 속(genera)이 포함되는데, 이들은 추운 환경, 특히 극지의 물, 바다의 얼음 등 영구적으로 추운 환경에서 흔히 분리되는 미생물이다. 관련된 많은 속(genera)이 또한 20°C 아래에서 잘 생장할 수 있으며, 식품 손상을 일으킬 수 있다. 어떤 것도 병원성을 나타내지 않는다.

*Sphingobacteriales*는 표현형적으로 많은 *Flavobacteriales*와 유사하다. 생리적 측면에서 *Sphingobacteriales*는 일반적으로 *Flavobacteriales* 보다 훨씬 더 다양한 복합 다당류를 분해할 수 있으며, 이점에 있어 *Sphingobacteriales*는 *Cytophagales*의 종과 닮았다. *Flexibacter* 속(genus)은 *Sphingobacteriales*의 많은 속(genera)에서 전형적인 속(genus)이다. *Flexibacter*의 종은 잘 생장하기 위해서는 대개 복합 배지를 필요로 하며, 셀룰로오스를 분해할 수 없다는 점에서 *Cytophaga*의 종과 차이가 있다. 또한 몇몇 *Flexibacter* 종의 세포에서는 길고 활주하며 격벽이 없는 실과 같은 사상체에서 짧고 비운동성의 간균으로, 세포 형태의 변화가 진행된다. 많은 flexbacteria는 세포막에 위치한 카로테노이드 혹은 세포의 외막에 위치한 *flexirubins*로 불리는 연관된 색소 때문에, 색깔을 나타낸다. *Flexibacter* 종은 토양과 담수에 흔하며, 이런 환경에서 다당류를 분해한다. *Flexibacter*에서 병원체로 확인된 것은 없다.

미니퀴즈

- 자연에서 *Cytophaga* 종을 분리하기 위한 방법을 서술하라.
- *Cytophaga* 속(genus)과 *Bacteroides* 속(genus)은 서로 어떤 특성을 공유하는가? 이들 두 속(genera)은 서로 어떤 차이가 있는가?

IV • *Chlamydiae, Planctomycetes* 그리고 *Verrucomicrobia*

Chlamydiae, *Planctomycetes*, *Verrucomicrobia* 문(phyla)은 조상을 공유하며, 다른 세균의 문(phyla)에 비해 서로 간에 더 밀접한 유연관계가 있다 (**그림 16.43**). 이들 세 그룹은 토양, 수생 시스템, 진핵의 숙주 등 다양한 서식처에서 발견할 수 있는 미생물을 포함하고 있다. 우리는 먼저 사람 및 동물의 몇몇 심각한 질병을 일으키는 작은 크기의 그람-음성 세균인 클라미디아(chlamydia)에 대해 살펴볼 것이다.

16.15 *Chlamydiae*

주요 속: *Chlamydia, Chlamydophila, Parachlamydia*

Chlamydiae 문(phylum)은 *Chlamydiales*의 단일 목(order)을 포함한다. 전체 문(phylum)이 진핵생물의 절대 세포내 기생체로 구성된다. 사람의 병원체인 종들이 가장 자세하게 특성이 확인되었지만, 이 문(phylum)은 각양각색인 진핵의 숙주와 상호작용하는 다

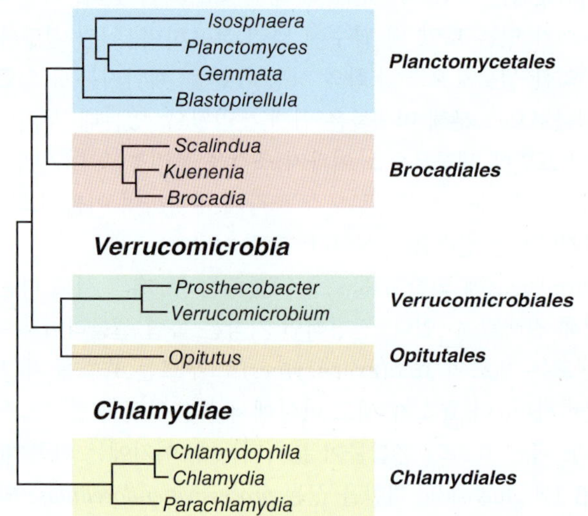

그림 16.43 *Chlamydiae*, *Planctomycetes*, *Verrucomicrobia*의 주요 목(orders). *Chlamydiae*, *Planctomycetes*, *Verrucomicrobia*의 대표적인 속(genera)의 16S rRNA 유전자 서열을 사용하여 그린 계통유전학적 계통수. 목(order) 이름은 굵은 글씨로 나타내었다.

양한 종을 포함한다. 종은 보통 직경이 대략 0.5 μm인 매우 작은 구균이며, 독특한 발달 주기를 보여준다. 많은 절대 기생체 및 공생체와 마찬가지로, *Chlamydiae*의 유전체는 보통 축소되어, 크기가 0.55~1 Mbp의 범위이다 (9.3절).

*Chlamydiae*의 생활사

*Chlamydiae*의 모든 종은 독특한 클라미디아의 생활사를 드러낸다 (**그림 16.44**). 두 가지 유형의 세포를 생활사에서 볼 수 있는데, (1) 기본소체(*elementary body*)로 부르는 작고 조밀한 세포로, 상대적으로 건조에 내성을 띠고 확산의 주요 수단이며, (2) 망상체(*reticulate body*)로 부르는 더 크고 덜 조밀한 세포로, 이분법에 의해 분열하며 영양(vegetative) 세포 형태이다.

기본소체는 감염 전파를 위해 특화된 증식하지 않은 세포이다. 이에 반하여 망상체는 감염하지 않는 형태이며, 전파를 위한 많은 접종원의 형성을 위해 숙주 세포 내에서 증식하기 위해서만 기능한다. 리케차와는 달리, 클라미디아는 절지동물에 의해 전파되지는 않지만 일차적으로 공기를 통한 호흡 시스템의 침입자이며, 그래서 기본소체의 건조에 대한 내성이 중요하다. 분열하는 망상체는 **그림 16.45**에서 볼 수 있다. 많은 세포분열 후에 영양 세포는 기본소체로 변환되는데 (그림 16.44*b*), 기본소체는 숙주 세포가 붕괴될 때 방출되며, 그런 다음 인접한 다른 숙주 세포를 감염시킬 수 있다. 망상체의 경우 세대 시간은 2~3시간으로 측정되는데, 리케차 (16.1절)에서 볼 수 있는 세대 시간보다 상당히 더 빠른 것이다.

*Chlamydiae*의 중요한 속(genera)

*Chlamydiae*는 진핵세포에 침입하여 자리를 잡는데 특히 잘 적응되어 있으며, 서로 다른 종은 다양한 종류의 진핵 숙주에 감염할 수 있다. *Parachlamydia acanthamoebae* 종은 자유-생활하는 아메바, 특히 *Acanthamoeba* 속(genus)의 아메바에 감염한다. *Parachlamydia*는 아메바에 감염하는 동안 전형적인 클라미디아의 생활사를 보여준다 (그림 16.44). 대부분의 *Chlamydiae* 종은 자유-생활 아메바 내에서 증식하거나 생존할 수 있으며, 아마도 이들 숙주는 자연에서 *Chlamydiae*의 생존과 확산에 중요하다. *Chlamydiae* 16S rRNA 유전자 서열의 다양성이 자연 환경에서 검출될 수 있으며, 이는 *Chlamydiae*가 널리 분포하며 자연에 있는 많은 숙주가 여전히 확인되어야 함을 시사한다. 본래의 숙주가 사람인 *Chlamydiae*와는 거의 비교가 되지 않지만, *Parachlamydia acanthamoebae*는 자유-생활 아메바가 본래의 숙주이면서도, *P. acanthamoebae*는 또한 사람에 감염할 수 있다.

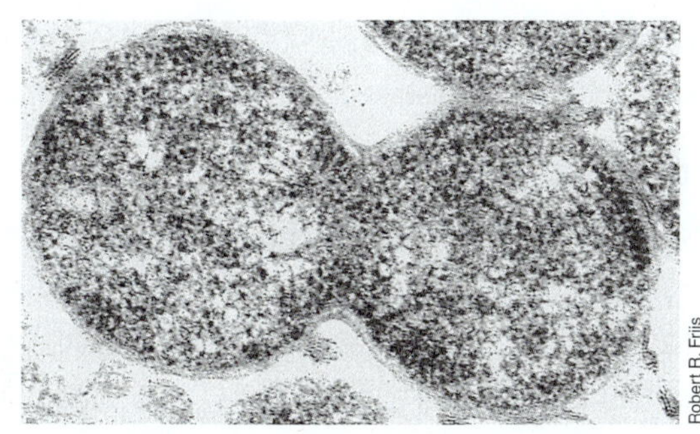

그림 16.45 *Chlamydia*. 쥐 조직-배양 내의 *Chlamydophila psittaci*에서 분열하는 망상체를 얇게 절단한 전자현미경 사진. 하나의 클라미디아 세포는 직경이 대략 1 μm이다.

가장 잘 연구된 사람의 병원체는 *Chlamydia* 속(genus)과 *Chlamydophila* 속(genus)에서 찾아진다. 여러 종이 이들 속(genera)에서 확인되었는데, 앵무병(psittacosis)의 원인이 되는 *Chlamydophila psittaci*, 트라코마(trachoma) 및 다양한 다른 사람의 질병에서 원인 인자인 *Chlamydia trachomatis*, 몇몇 호흡기 증세의 원인인 *Chlamydophila pneumoniae*가 있다. 앵무병(psittacosis)은 새의 전염병으로, 간혹 사람에게 전염되어 폐렴-유사 증세를 일으킨다. 트라코마(trachoma)는 악화되는 안과 질환으로, 각막의 혈관 신생과 상처 형성의 특징이 있으며, 사람의 시력을 잃게 만드는 주요 원인이다. *C. trachomatis*의 다른 균

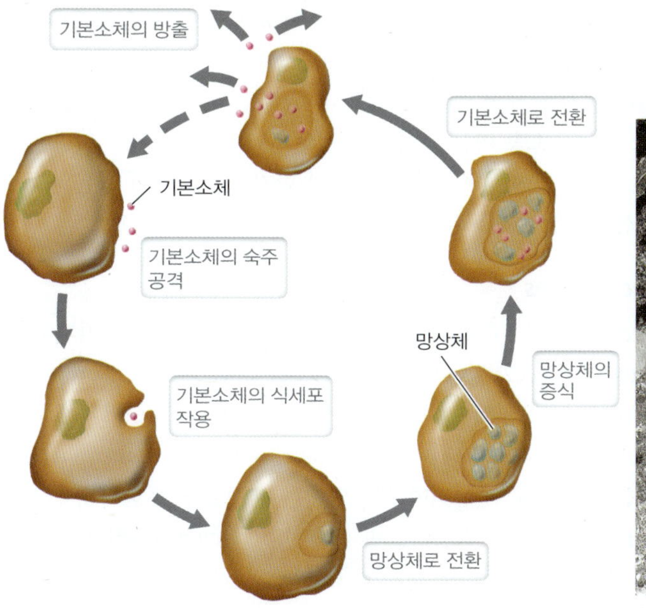

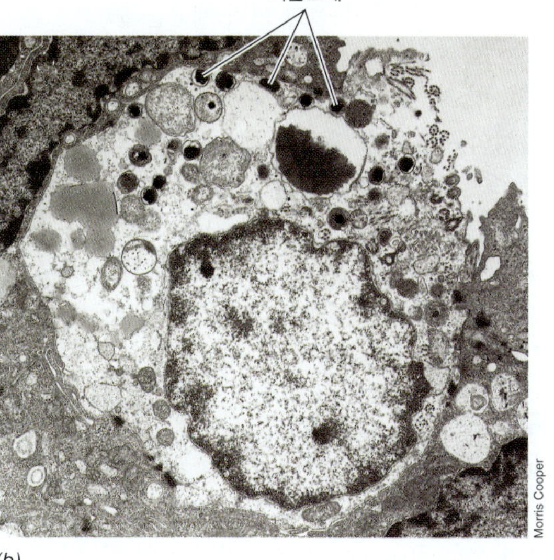

그림 16.44 클라미디아의 감염 생활사. *(a)* 생활사의 개요도. 전체 생활사는 대략 48시간이 걸린다. *(b)* 사람의 클라미디아 감염. 기본소체 (직경 ~0.3 μm)는 감염하는 형태이며, 망소체 (직경 ~1 μm)는 증식하는 형태이다. 감염된 나팔관(fallopian tube) 세포가 터지면서 성숙한 기본소체를 방출한다.

주는 비뇨생식기 관에 감염하는데, 클라미디아 감염은 현재 주요한 성병(sexually transmitted diseases)의 하나이다 (30.14절).

분자 및 대사적 특징

클라미디아는 모든 알려진 세균에서 생화학적으로 가장 제한된 미생물에 속한다. 사실, 이들의 유전체는 크기가 대략 1 Mbp이며, 세균에서 알고 있는 절대 세포내 기생체의 다른 그룹인 리케차 (16.1절)의 유전체보다도 생합성에 있어 더 제한된 것으로 보인다. 흥미롭게도 *C. trachomatis* 유전체는 세포분열 동안의 격막 형성에서 핵심이며 모든 원핵생물의 생장에서 없어서는 안 될 것으로 생각되었던 단백질인, 단백질 FtsZ를 암호화하는 유전자 (7.3절)가 없다. 또한 *C. trachomatis*는 유전체에 펩티도글리칸 생합성을 위한 유전자는 존재하지만, 세포벽에는 펩티도글리칸이 없는 것으로 보인다. 흥미롭게도 *C. trachomatis*의 몇몇 유전자는 분명하게 진핵생물의 것으로, 이는 숙주로부터 세균으로의 수평적 유전자 전이를 시사한다. 이러한 유전자는 아마도 *C. trachomatis*의 병원성 생활사 (30.14절)를 용이하게 하는 기능을 암호화하는 것 같다. 요약하면 클라미디아는 숙주의 자원에 기생하며 전파를 위한 내성의 세포 형태를 생산하는 것을 포함한, 효율적이면서 효과적인 생존 전략을 진화시켜 온 것으로 보인다.

미니퀴즈

- *Chlamydia*와 *Mycoplasma* (16.9절)는 서로 어떻게 비슷한가? *Chlamydia*와 *Mycoplasma*는 서로 어떻게 다른가?
- 기본소체와 망상체의 차이점은 무엇인가?

16.16 *Planctomycetes*

주요 속: *Planctomyces, Blastopirellula, Gemmata, Brocardia*

Planctomycetes 문(phylum)은 형태적으로 독특한 여러 세균을 포함하며, 이들 세균은 일차적으로 *Planctomycetales* 및 *Brocadiales*의 두 목(orders)에서 발견된다 (그림 16.43).

*Planctomycetes*는 그람-음성의 세균이며, 많은 세균이 출아에 의해 분열한다. 이들 세균은 종종 자루나 부속지를 가지며, 세포는 장미꽃 모양(rosettes)으로 배열된다. *Planctomycetes*는 세균 중에서 특이한데, 세포 외피에 S-층(S-layer)을 가질 수 있다 (2.6절). *Planctomycetes*의 주목할 만한 다른 특징은 이들 세균이 종종 진핵세포의 소기관을 닮은 세포내 구획을 갖는다는 것이다.

*Planctomycetes*에서의 구획

우리는 1.2절에서 원핵세포와 진핵세포 사이의 주요한 구조적 차이에 대해 배웠다. 특히 진핵생물은 막으로 둘러싸인 핵을 가지며, 반면 원핵생물에서는 DNA가 초나선(supercoil)으로 감기고 압축되어 세포질 내에 존재하는 핵양체(nucleoid)를 형성한다. 그러나 *Planctomycetes*는 모든 알려진 세균 중에서 독특한데, 이들 미생물은 세포 구획화(cell compartmentalization)의 증거를 보여주기 때문이다.

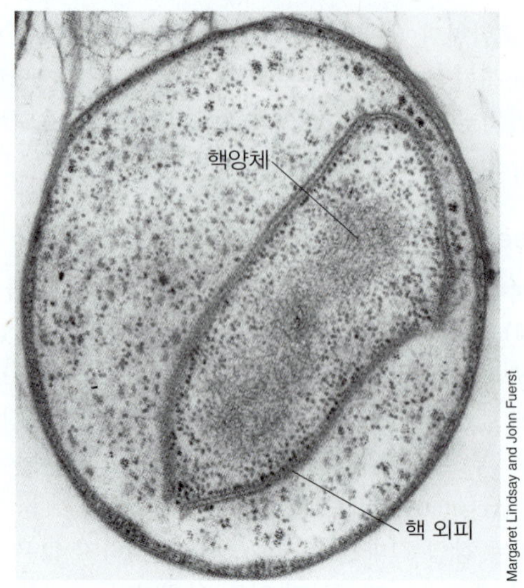

그림 16.46 *Gemmata*: 핵을 가진 세균. 얇게 절단한 *Gemmata obscuriglobus* 세포의 전자현미경 사진으로, 핵 외피(nuclear envelope)에 의해 둘러싸인 핵양체를 보여준다. 세포는 직경이 대략 1.5 μm이다.

모든 *Planctomycetes*는 비단위(nonunit) 막으로 둘러싸인 구조를 만들며, 이 구조를 *pirellulosome*으로 부른다. 이 구조는 핵양체, 리보솜, 다른 부수적인 세포질 구성원 등을 포함한다. 그러나 몇몇 *Planctomycetes*, 예를 들면, *Gemmata* (**그림 16.46**) 세균에서는 핵양체 자체가 세포막의 함입에 의해 둘러싸여 있다. *Gemmata*의 DNA는 세균에서 전형적인 공유결합으로 닫힌 원형의 초나선(supercoiled) 형태이다 (4.2절). 그러나 *Gemmata*의 DNA는 매우 조밀하며 진정한 단위막에 의해 세포질의 나머지 부분과 구분되어 있다 (그림 16.46) (이에 대한 더 자세한 것은 494쪽 참조).

다른 흥미로운 구획은 아나목소솜(*anammoxosome*)으로, *Brocadia anammoxidans*를 포함한 *Brocadiales*의 종에서 발견된다. 이 세균은 아나목소솜 구조 내에서 암모니아(NH_3)의 혐기적 산화를 촉매한다. 아나목소솜 막은 독특한 지질로 구성되는데, 이들 지질은 단단한 보호막을 형성하여, 암모니아의 혐기적 산화에서 생산된 독성 중간산물로부터 세포질 구성원을 보호한다 (14.12절).

Planctomyces

*Planctomyces*는 *Planctomycetes*에서 특성이 가장 잘 기재된 속(genus)이다. 15.20절에서 우리는 자루를 가진 프로테오박테리아인 *Caulobacter*에 대해 살펴보았다. *Planctomyces*도 또한 자루 세균이다 (**그림 16.47**). 그러나 *Caulobacter*와는 달리 *Planctomyces*의 자루는 단백질로 구성되며 세포벽이나 세포질을 포함하지 않는다 (그림 16.47을 그림 15.56과 비교하라). *Planctomyces*의 자루는 아마도 부착하는데 기능을 하지만, *Caulobacter*의 돌기형(prosthecal) 자루에 비해 훨씬 더 좁고 더 가는 구조이다.

Caulobacter (그림 7.16 및 그림 15.56)와 마찬가지로, *Planctomyces*는 생활사를 가진 출아 세균이다. *Planctomyces*의 운동성이 있는 유주세포(swarmer cells)는 표면에 부착하여 부착한 지점에서

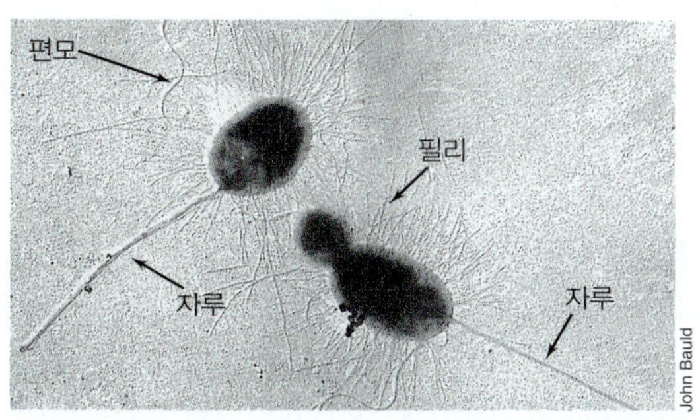

그림 16.47 ***Planctomyces maris*.** 금속-음영 처리한 투과전자현미경 사진. 하나의 세포는 길이가 대략 1~1.5 μm이다. 자루의 섬유적인 특성에 주목하라. 선모(pili)도 또한 풍부하다. 또한 각 세포의 편모(동그랗게 말린 부속지)와 한 세포에서 자루가 없는 극으로부터 발달하고 있는 출아도 주목하라.

자루를 생장시키고 출아에 의해 반대쪽 극으로부터 새로운 세포를 만든다. 이 딸세포는 편모를 만들고 부착되어 있는 모세포로부터 떨어져 나와 새로운 생활사를 시작한다. 생리적으로 *Planctomyces* 종은 통성 호기성의 화학유기영양체로, 당의 발효 혹은 호흡에 의해 생장한다.

*Planctomyces*의 서식처는 일차적으로 담수 및 해양의 물이며, *Isosphaera* 속(genus)은 사상성의 활주하는 세균으로 온천에 서식한다. *Caulobacter*의 경우와 마찬가지로, *Planctomyces* 및 관련 세균의 분리는 희석 배지를 필요로 한다.

미니퀴즈

- *Planctomyces*의 자루는 *Caulobacter*의 자루와 어떻게 다른가?
- *Gemmata* 세균에 있어 무엇이 특이한가?

16.17 *Verrucomicrobia*

주요 속: *Verrucomicrobium*, *Prosthecobacter*

Verrucomicrobia 문(phylum)은 특성이 확인된 종을 가진 적어도 네 개의 목(orders)을 포함하고 있지만, 대부분은 *Verrucomicrobiales* 목(order) 내에서 발견된다 (그림 16.43). *Verrucomicrobia*의 종은 호기성 혹은 통성 호기성의 세균으로 당을 발효할 수 있다. 예외는 *Methylacidiphilum* 속(genus)으로, 이 속(genus)은 호기성 메탄영양체 (15.16절)를 포함한다. 또한, 일부 *Verrucomicrobia*는 원생생물과 공생관계를 형성한다. *Verrucomicrobia*는 자연에 널리 분포하는데, 숲 및 경작지 토양뿐만 아니라 담수 및 해양 환경에도 서식한다. *Verrucomicrobia*는 *Planctomycetes*에서 발견되는 것과 유사한 막-결합 세포내 구조를 가질 수 있다. *Verrucomicrobia*는 보통 돌기(*prosthecae*) (15.20절)로 부르는 세포질의 부속지(appendages)를 형성한다. *Verrucomicrobia*는 세포벽에 펩티도글리칸이 존재한다는 특성을 다른 돌기 세균과 공유하며, 이 점에서 *Planctomycetes*와 분명하게 구별이 된다.

Verrucomicrobium 속(genus)과 *Prosthecobacter* 속(genus)은 세포마다 두 개에서 여러 개의 돌기(prosthecae)를 만든다 (**그림 16.48**). *Caulobacter*의 세포 (그림 7.16 및 그림 15.56)는 단일 돌기를 가지며, 편모가 있고 돌기는 없는 유주세포(swarmer cells)를 만든다. *Caulobacter* 세포와는 달리, *Verrucomicrobium*와 *Prosthecobacter*는 대칭적으로 분열하며, 모세포와 딸세포는 모두 세포분열할 때 돌기를 가진다. *Verrucomicrobium*의 속(genus)명은 "혹이 있는(warty)"를 뜻하는 그리스 어원에서 유래하며, 이 명칭은 여러 개의 돌출된 돌기를 가진 *Verrucomicrobium spinosum*의 세포 (그림 16.48)를 적절하게 설명한다.

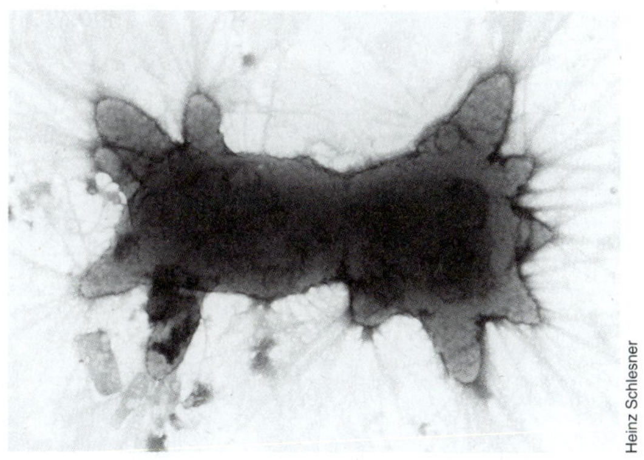

그림 16.48 ***Verrucomicrobium spinosum*.** 네거티브로 염색된 투과전자현미경 사진. 혹처럼 생긴 돌기(prosthecae)에 주목하라. 하나의 세포는 직경이 대략 1 μm이다.

Prosthecobacter 속(genus)의 종은 진핵세포에서 튜불린을 암호화하는 유전자와 뚜렷한 상동성을 나타내는 두 유전자를 포함한다. 튜불린은 진핵세포의 세포골격을 구성하는 핵심 단백질이다 (2.16절). 비록 중요한 세포분열 단백질인 FtsZ (7.3절)이 또한 튜불린에 상당하는 것이지만, *Prosthecobacter*의 단백질은 구조적으로 FtsZ보다는 진핵세포의 튜불린과 더 유사하다. *Prosthecobacter*에서 튜불린 단백질의 역할은 알려져 있지 않는데, 이는 진핵세포와 유사한 세포골격이 이들 미생물에서 관찰되지 않았기 때문이다.

미니퀴즈

- *Verrucomicrobia*가 *Planctomycetes*와 다른 두 가지 방식을 서술하라.

V • 초고온성 세균

초고온성 세균의 세 문(phyla)은 세균의 계통유전학적 계통수에서 아래쪽 뿌리 근처에 무리를 이룬다 (그림 16.1). 각 그룹은 한 개 혹은 두 개의 주요 속(genera)으로 구성되며, 대부분의 종에서 생리적 특징의 핵심은 80°C 이상의 온도에서 최적 생장을 하는 초고온성(*hyperthermophily*)이라는 것이다 (5.11절). 우리는 자신의 독자적 계통을 대표하는 *Thermotoga*와 *Thermodesulfobacterium*으로부터 시작하고자 한다.

16.18 *Thermotogae*와 *Thermodesulfobacteria*

주요 속: *Thermotoga*, *Thermodesulfobacterium*

*Thermotoga*의 종은 칼집과 같은 외피 [*toga*라고 함; 그래서 속

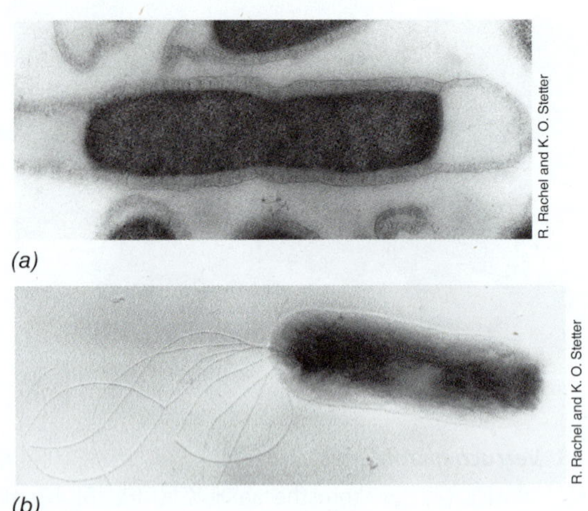

그림 16.49 초고온성 세균. 두 초고온성 미생물의 전자현미경 사진. *(a) Thermotoga maritima*—최적 생장 온도 80°C. 바깥을 둘러싸고 있는 외피(toga)에 주목하라. *(b) Aquifex pyrophilus*—최적 생장 온도 85°C. *Thermotoga*의 세포는 0.6 × 3.5 μm로 측정된다. *Aquifex* 의 세포는 0.5 × 2.5 μm로 측정된다.

(genus)의 이름이 됨]를 형성하는 막대-모양의 초고온성 미생물이며 (**그림 16.49*a***), 그람-음성으로 염색되고, 포자를 형성하지 않는다. *Thermotoga*의 종은 발효하는 혐기성 미생물로, 당이나 전분을 대사하여 발효 산물로 젖산염, 아세트산염, CO_2, H_2를 생산한다. 또한 이 미생물은 H_2를 전자공여체로, 제2철을 전자수용체로 사용하는 혐기적 호흡으로 생장할 수 있다. *Thermotoga*의 종은 해양의 열수공뿐만 아니라 육상의 온천에서도 분리되고 있다.

세균임에도 불구하고, *Thermotoga*의 유전체는 초고온성 고균의 유전자와 강한 상동관계를 보여주는 많은 유전자를 포함한다. 사실 *Thermotoga* 유전자의 20% 이상은 아마도 수평적 유전자 전이 (9.6절 및 13.7절)에 의해 고균으로부터 유래하는 것이다. 비록 몇몇 고균-유사 유전자가 다른 세균의 유전체에서 확인되고 있으며 그 역도 또한 같으나 지금까지 *Thermotoga*에서 유일하게 그렇게 대규모로 도메인(domain) 사이에 유전자의 수평적 전이가 확인되었다.

Thermodesulfobacterium (**그림 16.50**)은 고온성의 황산염-환원 세균으로, 계통유전학적 계통수에서 *Thermotoga*와 *Aquifex* 다음의 별개의 문(phylum)에 위치한다 (그림 16.1*a*). *Thermodesulfobacterium*은 젖산염, 피루브산염, 에탄올 (아세트산염은 아님) 등의 화합물을 전자공여체로 사용하여 SO_4^{2-}를 H_2S로 환원하는 절대 혐기성 미생물이며, 이는 *Desulfovibrio* (15.9절) 등의 황산염-환원 세균과 마찬가지이다.

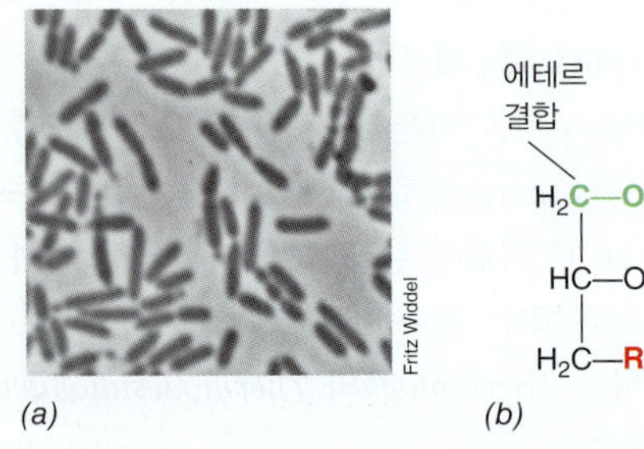

(a)

에테르 결합
$H_2C—O$ ... CH_3
$HC—O$ ... CH_3
$H_2C—R$ 친수성 잔기

(b)

그림 16.50 *Thermodesulfobacterium*. *(a) Thermodesulfobacterium thermophilum* 세포의 위상차 현미경 사진. *(b) Thermodesulfobacterium mobile*의 지질 중 하나의 구조. 비록 두 개의 소수성 옆 사슬이 에테르-결합을 하고 있지만 이들은 고균에서와 같은 phytanyl 단위는 아니다. "R"로 표시한 것은 인산기와 같은 친수성 잔기를 뜻한다.

*Thermodesulfobacterium*의 독특한 생화학적 특징은 에테르-결합 지질(*ether-linked lipids*)의 생산이다. 이런 지질은 고균의 특징이라는 것, 그리고 고균 지질에서는 곁가지의 지방산이 폴리이소프레노이드(polyisoprenoid) C_{20} 탄화수소(phytanyl)로 대체된다는 것 (2.3절)을 떠올려보자. 그러나 *Thermodesulfobacterium*의 에테르-결합 지질은 독특한데, 그 이유는 글리세롤 곁가지가 고균에서와 같은 phytanyl 기가 아니며, 대신에 일부 지방산과 특별한 C_{17} 탄화수소로 구성되기 때문이다 (그림 16.50*b*). 따라서 우리는 *Thermodesulfobacterium*에서 초기에 갈라진 계통유전학적 계통(그림 16.1), 그리고 고균과 세균 모두의 특징을 조합한 지질 프로필을 볼 수 있다. 그러나 몇몇 다른 세균도 또한 에테르-결합 지질을 가진 것이 알려지고 있으며, 이런 지질이 세균 중에 이전에 생각하였던 것보다 더 흔한 것으로 보인다.

미니퀴즈

- *Thermotoga*의 유전체에서 특이한 것은 무엇인가? *Thermodesulfobacterium*의 지질에서 특이한 것은 무엇인가?

16.19 *Aquificae*

주요 속: *Aquifex*, *Thermocrinis*

Aquifex 속(genus) (그림 16.49*b*)은 절대 화학무기영양 및 독립영양의 초고온성 미생물이며, 알려진 모든 세균에서 가장 고온성을 나타낸다. 다양한 *Aquifex* 종은 H_2, 황(S^0), 혹은 티오황산염($S_2O_3^{2-}$)을 전자공여체로, O_2 혹은 질산염(NO_3^-)을 전자수용체로 활용하며, 95°C까지의 온도에서 생장한다. *Aquifex*는 매우 낮은 O_2 농도에서만 견딜 수 있으며 (미호기성), 시험한 모든 유기 화합물을 이용하지 못한다. *Aquifex*의 연관 세균인 *Hydrogenobacter*는 *Aquifex*와 대부분 같은 특징을 보이지만 절대 호기성 미생물이다.

*Aquifex*와 독립영양

*Aquifex*에서 독립영양은 이전에 세균 도메인의 녹색황세균 (14.5절과 15.6절)에서만 확인되었던 일련의 반응인 역 시트르산 회로를 통해 일어난다. *Aquifex aeolicus*의 완전한 유전체 서열이 결정되었으며, 이 미생물의 전적으로 화학무기영양, 독립영양의 생활 방식은 단지 1.55 Mbp (*Escherichia coli* 유전체의 1/3 크기)의 매우 작은 유전체에 의해 암호화된다. 고균과 세균의 많은 초고온성 종이 *Aquifex*와 같은 H_2 화학무기영양체라는 것은 이들 미생물이 각각의 계통유전학적 계통수 (그림 16.1*a*)에서 매우 초기에 계통으로 갈라졌다는 발견과 연결하여, H_2가 초기 지구에 출현한

원시 미생물의 에너지 대사에서 핵심 전자공여체이었음을 제안하고 있다 (13.1절 및 17.13절).

Thermocrinis

Thermocrinis (**그림 16.51**)는 *Aquifex*, *Hydrogenobacter*와 연관이 있는 미생물이다. 이 세균은 전자수용체로 O_2를 사용하여 전자공여체인 H_2, $S_2O_3^{2-}$, 혹은 S^0을 산화하는 화학무기영양체이며, 80°C에서 최적 생장한다. *Thermocrinis ruber*는 알려진 유일한 종으로, 미국 옐로스톤 국립공원의 특정 온천이 흘러나가는 곳에서 생장한다 (그림 16.51*a*). 여기서 *T. ruber*는 분홍색의 "장식 띠(streamers)"를 형성하는데, 이것은 규산질의 온천 침전물에 부착한 사상성(filamentous) 형태의 세포로 구성된다 (그림 16.51*b*). 정치 배양에서 *T. ruber*의 세포는 개개의 막대-모양 세포로 생장한다 (그림 16.51*c*). 그러나 세포가 부착할 수 있는 고체 유리 표면 위로 생장 배지가 흐르는 유수 시스템에서 배양하였을 때, *Thermocrinis*는 장식 띠(streamer) 형태로 되며, 이는 자연의 계속적으로 물이 흐르는 서식처에서 형성하는 것과 같다.

그림 16.51 ***Thermocrinis.*** *(a)* 미국 옐로스톤 국립공원의 Octopus 온천. 염기성이며 규산질인 이 온천의 원수는 92°C이다. *(b)* Octopus 온천의 유출수 (85°C)에서 규산질 침전물에 부착하여 사상성의 장식 띠(streamers) (화살표) 형태로 생장하는 *Thermocrinis ruber*의 세포들. *(c)* 실리콘-코팅한 커버 글라스에서 생장한 *T. ruber*의 막대-모양 세포의 주사전자현미경 사진. *T. ruber*의 단일 세포는 직경이 약 0.4 μm이고, 길이가 1~3 μm이다.

*T. ruber*는 미생물학에서 역사적인 중요성을 갖는데, 그 이유는 고온 미생물학 분야의 선구자이며 이 교재의 처음 7판까지의 저자인 Thomas Brock에 의해 1960년대 발견된 미생물 중의 하나이기 때문이다. Brock에 의한 분홍색 장식 띠(streamer) (그림 16.51*b*)가 단백질과 핵산을 포함하고 있다는 발견은 이것이 단지 무기물 입자가 아니라 살아 있는 미생물이라는 것을 의미하였다. 이에 더하여 streamer가 온천에서 흘러나가는 80~90°C의 물에서만 존재하고 더 낮은 온도에서는 없다는 것은 이들 미생물이 실제 열을 필요로 하며(*required*), 따라서 끓는 물 혹은 과열된 물에도 존재할 수 있다는 Brock의 가설을 지지하였다. 이러한 결론은 곧이어 Brock 및 다른 미생물학자들이 온천, 열수공, 다른 고온의 환경에 서식하는 초고온성 세균과 고균의 수십 속(genera)을 발견함에 따라 모두 확인되었다. 초고온성 미생물에 대한 추가적인 설명은 5.11절 및 17장에서 찾을 수 있다.

미니퀴즈

- *Aquifex* 계통의 미생물이 초고온성이면서 동시에 H_2 화학무기영양체라는 사실의 진화적 중요성은 무엇인가?

VI • 기타 세균

이 장에서 지금까지 우리는 특성이 기재된 많은 종을 가진 문(phyla)에 초점을 맞추어 왔다 (그림 16.1). 이러한 주류 세균의 문(phyla)을 지나면, 하나 혹은 기껏해야 손으로 꼽을 만한 특성이 기재된 종을 가진 많은 다른 문(phyla)이 있다 (그림 16.1*b*). 여기에 더하며 더욱 많은 문(phyla)은 자연에서 16S rRNA 유전자의 군집 시료로만 알고 있다 (19.6절). 우리는 그들을 모두 다룰 수는 없다. 그래서 이 장의 마지막 소단원에서 우리는 잘 연구된 한 개 문(phylum)을 살펴보고, 미생물 다양성의 주류로 등장하고 있는 일부 다른 문(phyla)은 요약하여 살펴볼 것이다.

16.20 *Deinococcus–Thermus*

주요 속: *Deinococcus*, *Thermus*

deinococci 그룹은 *Deinococcales*와 *Thermales* 두 개의 목(orders)에서 단지 몇 개만의 특성이 기재된 속(genera)을 포함하고 있다. 이 문(phylum)의 구성원은 보통 호기성의 화학유기영양체로, 당, 아미노산 및 유기산, 혹은 다양한 복합 혼합물을 대사한다. Deinococci는 그람-양성으로 염색되지만, deinococci (**그림 16.52**)는 그람-음성 세균의 특성인 외막을 포함하여 여러 층으로 이루어진 그람-음성의 세포벽 구조 (2.5절)를 가지고 있다. 그러나 *Escherichia coli*와 같은 세균의 외막과는 달리, deinococci의 외막은 지질 A (lipid A)가 없다. Deinococci는 또한 *N*-아세틸무람산(*N*-acetylmuramic acid)의 교차결합에서 오르니틴이 디아미노피멜산(diaminopimelic acid)을 대신하는 독특한 형태의 펩티도글리칸 (2.4절)을 가진다.

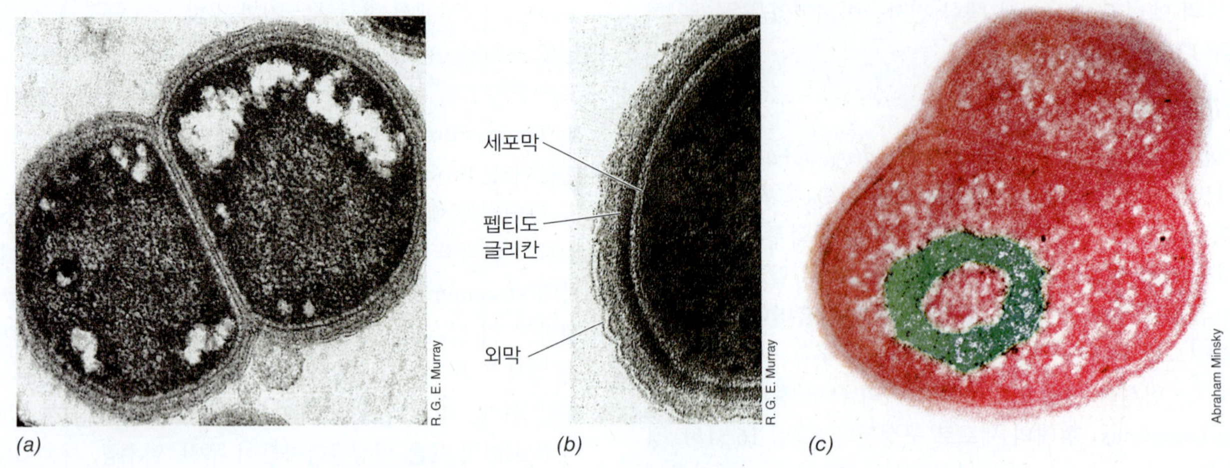

그림 16.52 방사선-내성의 구균인 *Deinococcus radiodurans*. 개개의 세포는 직경이 약 2.5 μm 정도이다. *(a) D. radiodurans*의 투과전자현미경 사진. 외막 층에 주목하라. *(b)* 세포벽 층의 고배율 현미경 사진. *(c)* 핵양체 (녹색)의 환상 형태를 보여주기 위해 색을 입힌, *D. radiodurans* 세포의 투과전자현미경 사진.

*Thermales*의 종은 보통 고온성 또는 초고온성 미생물이며, 기준(type) 속(genus)은 *Thermus*이다. *Thermus aquaticus*는 미국 옐로스톤 국립공원의 온천에서 1960년대 중반에 Thomas Brock (16.19절)에 의해 발견되었으며, 고온에서의 생명 현상을 연구하는 모델 미생물이다. 그 후 *T. aquaticus*는 많은 지열 시스템에서 분리되었으며, *Taq* DNA 중합효소의 출처이다. *Taq* DNA 중합효소는 열에 매우 안정하여, 완전 자동화로 DNA를 증폭하는 중합효소 연쇄 반응(polymerase chain reaction, PCR) 기술 (12.1절)을 가능하게 하였다. PCR 기술은 생물학의 혁명을 이룬 진보이다.

*Deinococcus radiodurans*의 방사선 내성

*Deinococcales*의 종은 방사선에 극도의 내성을 띠는 독특한 특징을 가지며, 이런 점에서 *Deinococcus radiodurans*는 가장 잘 연구된 종이다. 대부분의 deinococci는 카로테노이드 때문에 빨간색 혹은 분홍색이며, 많은 미생물이 방사선과 건조 모두에 높은 내성을 보인다. 자외선(ultraviolet, UV)에 대한 내성은 deinococci를 분리하는데 이점으로 사용될 수 있다. 이 주목할 만한 미생물은 토양, 다진 고기, 먼지, 여과한 공기로부터, 시료를 강한 UV (혹은 감마선)에 노출시킨 후 트립톤(tryptone)과 효모 추출물을 포함하는 풍부 배지에 접종하여, 선택적으로 분리될 수 있다. 예를 들면, *D. radiodurans* 세포는 15,000 그레이(gray, Gy)의 전리 방사선 (1 Gy = 100 rad)에 노출되어도 생존할 수 있다. 이는 미생물의 염색체를 수백 개의 절편으로 잘게 부수는데 충분하다 (반면에 사람은 10 Gy 보다 적은 양의 노출에서도 죽을 수 있음) (5.16절).

인상적인 방사선에 대한 내성 외에도, *D. radiodurans*는 많은 돌연변이 물질의 돌연변이 효과에 대해서도 내성을 띤다. *D. radiodurans*에 작용하는 것으로 보이는 화학적 돌연변이 물질은 DNA 결실을 유도하는 니트로소구아니딘(nitrosoguanidine)과 같은 물질이다. 결실은 분명히 점 돌연변이(point mutation)만큼 효과적으로 복구되지는 않으며, *D. radiodurans*의 돌연변이체는 이러한 방법으로 분리될 수 있다.

*Deinococcus radiodurans*에서 DNA 복구

*D. radiodurans*의 연구는 이 미생물이 손상된 DNA를 복구하는데 매우 효율적임을 보여준다. *D. radiodurans*에는 서로 다른 여러 DNA 복구 효소가 존재한다. DNA 복구 효소 RecA (11.4절 및 11.5절) 외에도, 여러 RecA-비의존적 DNA 시스템이 *D. radiodurans*에 존재하는데, 이들은 단일 혹은 이중 가닥 DNA의 파손을 복구하며, 잘못 삽입된 염기를 절단하여 복구한다. 사실 복구 과정이 매우 효과적이어서 절편으로 분리된 상태의 염색체도 다시 조립될 수 있다.

또한 *D. radiodurans*에서 DNA의 독특한 배열이, 방사선에 대한 내성에 어떤 역할을 하는 것으로 생각된다. *D. radiodurans*의 세포는 항상 쌍으로 혹은 테트라드(tetrad)로 존재한다 (그림 16.52*a*). 전형적인 핵양체(nucleoid)에서와 같이 세포 내에서 DNA가 흩어져 있지 않고, 대신 *D. radiodurans*에서 DNA는 환상(toroidal, 코일 혹은 고리의 층) 구조로 정돈되어 있다 (그림 16.52*c*). 복구는 인접한 구획에서의 핵양체 융합에 의해 용이하게 되는데, 환상 구조는 상동 재조합(homologous recombination)을 위한 기반을 제공하기 때문이다. 대규모의 재조합으로부터 하나의 복구된 염색체가 나오게 되며, 이 염색체를 가진 세포는 생장하고 분열할 수 있다.

미니퀴즈

- *Thermus aquaticus*의 상업적 응용에 대해 서술하라.
- *Deinococcus radiodurans*의 독특한 생물학적 특징을 서술하라.

16.21 세균의 기타 주목할 만한 문(Phyla)

세균의 일곱 개 다른 문(phyla)의 기본적 특징을 아래에서 간단히 살펴본다. 이들 문(phyla)의 대부분은 적은 수의 배양된 대표 미생물을 포함하고 있지만 (그림 16.1*b*), 많은 미생물이 상당한 생태학적 중요성을 가질 수 있다. 만약 그렇다면 이들 미생물의 배양과 생태학적 활성에 관한 미래의 연구는 필요한 증거를 제공할 것이다. 그때까지 우리는 일반적인 방식으로 이들 미생물의 주요 특성을 요약하기 위해 굵은 붓으로 이들 문(phyla)의 그림을 색칠할 것이다.

Acidobacteria

*Acidobacteria*는 환경 시료로부터 얻은 16S rRNA 유전자 분석에 의해 드러나듯이 환경에 널리 분포한다 (그림 16.1*b*). *Acidobacteria*는 토양, 특히 산성 토양 (pH <6.0)에 풍부하며, 이들 미생물은 종종 일부 산성 토양의 군집에서 다수를 점하기도 한다. 또한 *Acidobacteria*는 담수, 온천의 미생물 매트(mat), 폐수처리 반응기, 하수 슬러지에도 서식한다. *Acidobacteria* 내에 25개나 되는 주요 소그룹의 존재에 대한 증거가 있으며, 이는 이 문(phylum)에서 종의 상당한 계통유전학적, 대사적 다양성을 의미한다. 이들 미생물의 풍부함, 광범위한 분포, 있음직한 대사적 다양성은 이들 미생물이 특히 토양에서 중요한 생태학적 역할을 함을 의미한다. 불행하게도 *Acidobacteria*가 환경에 널리 분포하지만 이들 미생물은 배양하기가 어려운 것으로 확인되었다. 결과적으로 적은 수의 종이 분리 (그림 16.1*b*)되었으며 소수의 속(genera)만이 기재되었다.

특성이 기재된 *Acidobacteria*의 몇몇 종은 대사적으로 다양한데, 절대 호기성 및 절대 발효의 혐기성 미생물뿐만 아니라 화학유기영양체 및 광종속영양체를 모두 포함한다. *Acidobacteria*의 세 개종 *Acidobacterium capsulatum*, *Geothrix fermentans*, *Holophaga foetida*의 특성이 확인되었으며, 모두 그람-음성의 화학유기영양체이다. *A. capsulatum*는 산성광산폐수에서 분리된 호산성의 캡슐로 둘러싸인 절대 호기성 세균으로, 다양한 당과 유기산을 이용한다. *G. fermentans*는 절대 혐기성 미생물이며, 전자수용체로 제2철의 환원 (이화적 철 환원, 15.14절)과 연계하여 단순 유기산 (아세트산염, 프로피온산염, 젖산염, 푸마르산염)을 CO_2로 산화시키며, 또한 시트르산염을 발효하여 아세트산염과 숙신산염을 산물로 생산할 수 있다. *H. foetida*는 절대 혐기성의 동형아세트산생성 미생물 (14.16절)이며, 메틸 치환된 방향족 화합물을 아세트산염으로 분해하면서 생장한다. 일부 *Acidobacteria*는 셀룰로오스와 키틴과 같은 중합체를 분해하며, 적어도 한 개의 속(genus) *Chloracidobacterium*은 광영양이다 (15.8절).

Nitrospirae, Deferribacteres, Chrysiogenetes

Nitrospirae 문(phylum)은 *Nitrospira* 속(genus)에서 이름을 가져왔는데, 이 미생물은 프로테오박테리아의 *Nitrobacter* (15.13절) 종과 같은 방식, 즉, 아질산염을 질산염으로 산화시켜 독립영양으로 살아간다 (15.13절). *Nitrospira*는 *Nitrobacter*와 동일한 환경의 많은 곳에서 서식한다. 그러나 환경에서의 조사는 *Nitrospira*가 *Nitrobacter*보다 자연에서 훨씬 더 우점하며, 따라서 폐수처리 시설 및 암모니아가 풍부한 토양처럼 질소가 풍부한 환경에서 산화된 아질산염의 대부분은 아마도 *Nitrospira*에 의한 것으로 생각된다. 토양에서 넓게 분포하는 일부 *Nitrospira* 종은 암모니아를 질산염까지 산화시키는 질산화의 완전한 경로 (14.11절 및 15.13절)를 가지고 있음이 관찰되었다. 다른 핵심 *Nitrospirae*에는 호기성, 호산성, 철-산화 화학무기영양체인 *Leptospirillum*이 있으며 (15.15절), 이 미생물은 석탄과 철의 채광과 관련한 산성광산폐수에서 흔하다 (22.2절).

*Deferribacteres*와 *Chrysiogenetes* 문(phyla) (그림 16.1)은 혐기적 호흡 (14장 및 그림 14.25)에서 사용되는 전자수용체와 관련하여 상당한 대사적 다양성을 나타내는 혐기성 화학유기영양체를 포함한다. 전부는 아니지만 대부분의 종은 질산염의 아질산염 혹은 암모늄으로의 혐기적 호흡을 통해 생장할 수 있다. *Deferribacteres* 그룹은 *Deferribacter* 속(genus)에서 이름을 가져왔는데, *Deferribacter*는 고온성의 이화적 제2철-환원 미생물 (14.15절 및 15.14절)이며 질산염과 금속 산화물도 또한 환원시킬 수 있다. *Geovibrio*는 원소상의 황을 전자수용체로 사용 (15.10절)하여 또한 생장할 수 있는 관련된 속(genus)이다. *Chrysiogenes arsenatis*와 관련 세균은 아세트산염 및 몇몇 다른 유기 화합물의 산화와 최종 전자수용체인 비산염(arsenate)의 환원을 연계하는 능력 때문에 주목할 만하다. 비산염 외에도 *Chrysiogenetes*의 많은 종은 혐기적 호흡에서 셀렌산염(selenate), 아질산염, 질산염, 티오황산염, 원소상의 황을 환원할 수 있다 (14.14절 및 14.15절).

Synergistetes, Fusobacteria, Fibrobacteres

Synergistetes, Fusobacteria, Fibrobacteres 문(phyla)은 상대적으로 소수의 특성이 기재된 종을 포함하지만 (그림 16.1*b*), 배양된 미생물은 발효 대사를 채용한다. 이들 그룹의 종은 종종 동물의 위장관과 연계되어 있으며 몇몇은 사람의 질병과 관계가 있다.

*Synergistetes*는 그람-음성의 비포자형성 간균으로, 동물과 관련하여 찾아지며 육상 및 해양 시스템의 무산소 환경에서도 찾아진다. 특성이 기재된 종은 보통 단백질을 분해하는 절대 혐기성 미생물이며, 아미노산을 발효할 수 있다. 동물에서 이 세균은 위장관에서 가장 빈번하게 찾아진다. 예를 들면, *Synergistes jonesii*는 반추위에 서식한다 (23.13절). 사람에서 *Synergistetes*의 종은 특정 연조직 상처와 종기, 치태, 치주 조건과 관련이 있다.

*Fusobacteria*는 그람-음성의 비포자형성 간균으로, 퇴적토 및 동물의 위장관 시스템과 구강에서 찾아진다. *Fusobacteria*는 절대 혐기성 미생물이며, 탄수화물, 펩티드, 아미노산을 발효한다. *Fusobacterium* 속(genus)의 종은 사람의 미생물 군집(human microbiome)에서 흔한 구성원이며, 점막에 자리 잡고 서식한다. 서로 다른 종이 구강, 위장관, 질(vagina)에서 발견될 수 있다 (24장). *Fusobacterium nucleatum*은 종종 사람 구강의 잇몸 틈새에서 찾아진다. 일부 fusobacteria는 사람의 병원체일 수 있으며, *F. nucleatum*는 종종 치주 질환을 겪고 있는 환자에 존재한다.

*Fibrobacteres*의 16S ribosomal RNA 유전자는 넓은 범위의 서식처로부터 회수될 수 있는데 반하여, 특성이 기재된 종은 동물의 반추위 혹은 위장관에서만 유래한 것이다. *Fibrobacter* 속(genus)은 그람-음성의 발효하는 절대 혐기성 미생물을 포함한다. 그러나

대부분의 *Fusobacteria*, *Synergistetes*와는 달리 *Fibrobacteres*의 종은 단백질 혹은 아미노산을 발효할 수 없으며, 대신 셀룰로오스를 포함한 탄수화물의 발효에 특화되어 있다. 반추위에서 셀룰로오스는 에너지의 주요 원천이며, 이러한 환경에서 셀룰로오스는 *Fibrobacter*와 같은 셀룰로오스 분해 세균뿐만 아니라 셀룰로오스의 분해에서 방출되는 포도당을 사용하는 셀룰로오스를 분해하지 못하는 많은 혐기성 미생물의 생장을 지원한다.

미니퀴즈

- 많은 *Acidobacteria* 종의 주요 서식처는 무엇인가?
- *Nitrospira*와 *Deferribacter*는 생활 방식과 대사의 측면에서 어떻게 다른가?
- 대부분의 *Synergistetes*, *Fusobacteria*, *Fibrobacteres*가 공유하는 대사적 특성은 무엇인가? *Synergistetes*, *Fusobacteria*의 존재와 관련이 있는 사람의 질병은 무엇인가?

단원 정리

I • 프로테오박테리아

16.1 알파프로테오박테리아는 프로테오박테리아에서 두 번째로 큰 강(class)이며, 대사적으로 다양하다. 핵심 속(genera)에는 *Rhizobium*, *Rickettsia*, *Rhodobacter*, *Caulobacter* 등이 있다.

Q 식물에서 질소-고정 뿌리혹을 형성하는 것으로 알려진 알파프로테오박테리아의 속(genera)은?

16.2 베타프로테오박테리아는 프로테오박테리아에서 세 번째로 큰 강(class)이며, 대사적으로 다양하다. 핵심 속(genera)에는 *Burkholderia*, *Rhodocyclus*, *Neisseria*, *Nitrosomonas* 등이 있다.

Q *Nitrosospira*는 베타프로테오박테리아의 어느 목(order)에 속하는가?

16.3 감마프로테오박테리아는 프로테오박테리아에서 가장 크고 가장 다양한 강(class)이며, 사람의 많은 병원체를 포함한다. *Enterobacteriales* (또는 장내세균)는 모든 세균 중 가장 많이 연구되었다. 핵심 속(genera)은 *Escherichia*와 *Salmonella*이다.

Q 카탈라아제 시험은 무엇인가? 절대 호기성 미생물로부터 기대할 수 있는 카탈라아제 반응은 무엇인가? 절대 혐기성 미생물로부터 기대할 수 있는 카탈라아제 반응은 무엇인가?

16.4 *Pseudomonadales*와 *Vibrionales*는 감마프로테오박테리아에서 가장 흔한 미생물이다. 핵심 속(genera)은 *Pseudomonas*와 *Vibrio*이다.

Q *P. aeruginosa*가 널리 사용되는 많은 항생제에 내성을 가지는 이유는?

16.5 델타프로테오박테리아와 엡실론프로테오박테리아는 프로테오박테리아에서 크기가 작고 대사적으로 덜 다양한 강(class)이다. 델타프로테오박테리아의 핵심 속(genera)에는 *Myxococcus*, *Desulfovibrio*, *Geobacter* 등이 있다. 엡실론프로테오박테리아의 핵심 속(genera)은 *Campylobacter*와 *Helicobacter*이다.

Q 엡실론프로테오박테리아는 보통 어떤 환경에서 서식하는가? 이러한 환경에서 엡실론프로테오박테리아가 하는 역할은 무엇인가?

II • *Firmicutes*, *Tenericutes* 그리고 *Actinobacteria*

16.6 *Lactobacillus*, *Streptococcus*와 같은 젖산세균은 발효의 일차적인 최종 산물로 젖산염을 생산하며, 젖산세균은 식품 생산과 보존에서 많은 역할을 한다. *Firmicutes*는 그람-양성 세균의 두 개 주요 문(phyla)의 하나이다.

Q 젖산세균은 다른 혐기성 미생물과 어떻게 다른가? 젖산세균이 보통 당이 있는 환경에 한정해서 살아가는 이유는?

16.7 *Bacillales*와 *Clostridiales* 목(orders)에서, *Staphylococcus*, *Listeria*, *Sarcina*를 포함한 *Firmicutes*의 많은 속(genera)은 내생포자를 형성할 수 없다.

Q *Listeria*가 자주 식중독을 일으키는 원인이 되는 것은 이 세균의 어떤 특성 때문인가?

16.8 내생포자 형성은 핵심 속(genera)인 *Bacillus*와 *Clostridium*의 전형적인 특징이며, *Firmicutes* 문(phylum)에서만 찾아진다.

Q 환경 시료에서 내생포자-형성 세균을 분리하기 위한 좋은 전략은 무엇인가?

16.9 *Tenericutes* 문(phylum)은 세포벽이 없는 미생물인 마이코플라스마를 포함하며, 매우 작은 유전체를 갖는다. 많은 종이 사람, 다른 동물, 식물에 병원성을 나타낸다. 핵심 속(genera)은 *Mycoplasma*이다.

Q *Tenericutes*와 가장 가깝게 연관된 2개의 문(phylum)은 무엇인가?

16.10 *Actinobacteria*는 그람-양성 세균의 두 번째 주요 문(phylum)이다. *Corynebacterium*과 *Arthrobacter*는 흔한 그람-양성의 토양 세균이다. *Propionibacterium*은 젖산염을 프로피온산염으로 발효하며, 스위스 치즈의 독특한 향과 질감에 관여하는 핵심 인자이다.

Q 당신은 어떠한 유형의 환경에서 많은 수의 *Actinobacteria*를 찾을 수 있을 것으로 기대하는가?

16.11 *Mycobacterium* 속(genera)에서 *Actinobacteria*의 종은 주로 무해한 토양의 부생생물(saprophytes)이지만, *Mycobacterium tuberculosis*는 결핵이란 질병을 일으킨다.

Q *Mycobacterim*의 세포벽은 이 세균의 그람 염색과 항산성(acid-fast) 염색의 반응에 어떤 영향을 주는가?

16.12 *Actinobacteria* 문(phylum)의 streptomycetes는 사상성, 그람-양성 세균의 큰 그룹으로 기균사의 끝부분에 포자를 형성한다. 테트라시클린, 네오마이신 등 임상에서 사용되는 많은 항생물질이 *Streptomyces* 종에서 유래한다.

Q Streptomycetes의 포자는 내생포자와 어떻게 다른가?

III • *Bacteroidetes*

16.13 *Bacteroidetes* 문(phylum)은 포자를 형성하지 않는 그람-음성의 간균을 포함하며, 이들의 많은 것은 활주 운동성을 가진다. *Bacteroidales* 목(order)에서 대부분의 종은 무산소 환경에서 탄수화물을 발효하는 절대 혐기성 미생물이다. *Bacteroides* 속(genus)은 동물의 위장관에서 흔한 종을 포함한다.

Q *Bacteroidetes*의 어떤 종이 사람의 위장관에서 가장 우점하는가?

단원 4

이 미생물이 사람의 소화관에서 하는 역할은 무엇인가?

16.14 *Cytophagales*와 *Flavobacteriales*는 *Bacteroidetes*의 목(orders)이며, 셀룰로오스와 같은 복합 다당류를 분해할 수 있는 호기성 세균을 포함하고 있다. 이들 세균은 유기 물질 분해에서 중요하다.

Q 세포 밖 효소(exoenzyme)란 무엇인가? 이런 유형의 미생물이 셀룰로오스의 분해에 중요한 이유는?

IV • *Chlamydiae, Planctomycetes* 그리고 *Verrucomicrobia*

16.15 *Chlamydiae* 문(phylum)은 진핵세포로의 침입에 적응된 작은 크기의 절대 세포내 기생체를 포함한다. 많은 종이 사람 및 다른 동물에 심각한 질병을 일으킬 수 있다.

Q *Chlamydia*의 감염 주기에 대해 설명하라.

16.16 *Planctomycetes*는 자루가 있는 출아하는 세균의 그룹으로, 다양한 유형의 세포내 구획을 만들며, 몇몇 경우에는 진핵세포의 핵과 구별이 힘들기도 하다.

Q *Planctomycetes* 내부에서 관찰되는 두 가지 형태의 세포내 구획은 무엇인가?

16.17 *Verrucomicrobia*의 종은 해 여러 개의 돌기를 가진 세포 및 독특한 계통에 의해 구별될 수 있다.

Q Verruca는 "사마귀(wart)"를 뜻하는 단어이다. 당신은 미생물 *Verrucomicrobia*가 *Verrucomicrobia*라는 이름을 어떻게 해서 갖게 되었다고 생각하는가?

V • 초고온성 세균

16.18 *Thermotoga*와 *Thermodesulfobacterium*은 세균 내에서 초기에 갈라져 나온 두 개의 문(phyla)을 이룬다. 이들 초고온성 세균은 고균에서 세균 (*Thermotoga*)으로 대규모의 수평적 유전자 전이가 일어났으며, 그리고 에테르-결합 지질은 고균 (*Thermodesulfobacterium*)에 한정되지 않음을 입증하고 있다.

Q *Thermodesulfobacterium*의 에테르-결합 지질이 특별한 이유는?

16.19 *Aquifex* 문(phylum)은 초고온성의 H_2-산화 세균의 그룹을 포함하며, 세균 도메인의 계통수에서 가장 초기에 나누어진 계통을 형성한다.

Q 어떤 환경에서 *Thermocrinis ruber*를 관찰할 수 있을까? 이 미생물은 초고온성 미생물의 발견에서 어떤 역할을 하였는가?

VI • 기타 세균

16.20 *Deinococcus*와 *Thermus*는 세균에서 뚜렷이 다른 문(phylum)의 주요 속(genera)이다. *Thermus*는 자동화된 PCR에서 핵심 효소의 근원이며, 반면 *Deinococcus*는 알려진 가장 높은 방사선-내성을 가진 세균으로, 이 점에 있어서는 내생포자를 능가한다.

Q 상당한 양의 방사선에 노출되었을 때 *Deinococcus*를 생존할 수 있게 만드는 중요한 특징에는 어떤 것들이 있을까?

16.21 *Acidobacteria*는 많은 환경, 특히 토양에 널리 분포하며, 다양한 생리를 나타낸다. *Nitrospira* 속(genus)은 아질산염-산화 세균을 포함하며, 반면 *Deferribacteres*와 *Chrysiogenetes*의 종은 다양한 유형의 혐기적 호흡에 특화되어 있다. *Synergistetes, Fusobacteria, Fibrobacteres*의 종은 발효하는 혐기성 미생물이며, 동물에서 위장관과 다른 무산소 도메인에서 서식한다.

Q *Acidobacteria*의 서로 다른 종에서 에너지를 만드는 것으로 확인된 네 가지 방식은 무엇인가?

응용 문제

1. 장내세균, 젖산세균, 그리고 프로피온산 세균은 이들 미생물의 특성을 확인하고 동정하는 데 사용될 수 있는 뚜렷한 대사적 특징을 가지고 있다. 이들 미생물의 대사적 특성을 서술하고, 각 그룹에 속하는 속(genus)의 이름을 적어라. 또한 이들 미생물을 어떤 방식으로 서로 구분할 수 있는지 나타내어라.
2. 미생물들은 산소와 서로 다른 다양한 관계를 가질 수 있다. 산소에 대한 세포의 반응을 특징짓는 데 사용되는 용어를 서술하고, 이들 용어의 각각에 의해 설명될 수 있는 미생물의 예를 이 장에서 찾아 적어라.

용어 해설

Acid-fastness (항산성) 염기성 푹신 염색시약으로 염색된 세포가 산성 알코올에 의한 탈색에 견디는 *Mycobacterium* 종의 특징

Actinomycetes (방선균) *Actinobacteria* 문(phylum)에 속하는 호기성의 사상성 세균을 지칭하는데 사용되는 용어

Coryneform bacteria (코리네형 세균) 그람-양성, 호기성, 비운동성, 막대-모양의 미생물이며, 단세포의 *Actinobacteria* 여러 속(genera)에서 전형적인 불규칙한-모양, 곤봉-모양, 혹은 V자-모양의 세포 배열을 형성하는 특성이 있음

Enteric bacteria (장내세균) 그람-음성의 막대-모양을 한 세균의 큰 그룹으로, 통성 호기성의 대사가 특징이며 동물의 장에서 흔히 발견됨

Heterofermentative (이형발효) 젖산세균과 관련하여, 하나보다 더 많은 발효 산물을 생산할 수 있음

High GC gram-positive bacteria (높은 GC 그람-양성 세균) *Actinobacteria*에 속하는 세균에 적용되는 용어

Homofermentative (동형발효) 젖산세균과 관련하여, 발효 산물로 젖산만을 생산

Lactic acid bacteria (젖산세균) 젖산을 생산하는 발효 세균으로, *Firmicutes*에서 찾아지며 많은 식품의 생산과 보존에 중요함

Low GC gram-positive bacteria (낮은 GC 그람-양성 세균) *Firmicutes*에 속하는 세균에 적용되는 용어

Oligotrophic (빈영양성) 낮은-영양 조건에서 가장 잘 생장하는 미생물에 적용되는 용어

Propionic acid bacteria (프로피온산 세균) 최종 발효 산물로 프로피온산염을 생산하며, 치즈의 생산에 중요한 그람-양성의 발효하는 세균

***Proteobacteria* (프로테오박테리아)** 가장 크고 대사적으로 가장 다양한 세균의 문(phylum)

Pseudomonad (슈도모나드) 다양한 탄소원을 사용할 수 있는 그람-음성의 극성 편모를 가진 호기성의 간균을 지칭하는 데 사용되는 용어

17 고균의 다양성

현재의 미생물학

바로 당신의 발아래의 고균

고균(*Archaea*) 도메인은 생명체가 지구 전역에 처음 퍼진 지질학적인 역사 시기인 시생대(Archaean eon)의 이름을 따서 명명되었다. 시생대에는 높은 온도와 독성가스의 두꺼운 대기가 지구를 덮었다. 고균은 대부분의 분리체들이 화산시스템 또는 소금 연못 등 극한 환경에서 얻어졌기 때문에 이러한 잊혀진 시대의 잔재라고 생각된 적도 있었다. 그러나 미생물의 세계에서는 그들이 보이는 것과는 항상 같이 않다.

미생물 다양성의 지식은 최근에 극적으로 변화되고 있다. 이제 우리는 분자기술을 사용하여 처음부터 연구실에서 배양할 필요 없이 생물의 DNA를 분석한다. 분자기술을 사용하여 얻은 최초의 발견 중 하나는 고균이 극한환경에만 국한된 것이 아니라는 것이다; 사실 고균은 지구 해양과 토양에 많이 존재한다. 이들 고균의 상당한 대부분은 *Thaumarchaeota*에 속하며, 해양 원핵세포의 20%와 토양 모든 미생물의 1%를 차지할 정도로 다양한 그룹의 미생물이다. 그러나 분자기술에 의존하여 이 새로운 문(phylum)이 발견되었지만, 그들의 존재목적을 풀기 위하여 실험실에서 분석할 수 있는 균의 배양이 필요하였다.

*Thaumarchaeota*는 암모니아 산화균이고, 전 지구 질소순환의 주요 구성원으로 생물권에 아주 중요하다. *Thaumarchaeota*가 발견되기 전에는—사실 100년 동안—미생물학자들은 암모니아 산화는 세균에 의해 유일하게 촉매된다고 믿었다. 해양 속(genus)의 *Nitrosopumilus*는 분리된 첫 번째 *Thaumarchaeota*이고, *Nitrososphaera viennensis* (사진 참조)는 토양으로부터 얻어진 첫 번째 종이다. *N. viennensis*는 비배양 분자분석으로 유추된 힌트를 사용하여 뒷마당 정원으로부터 분리되었다. *N. viennensis* 세포는 부정형의 둥근형 모양으로, 중온성(mesophilic)이며 중성화성(neutrophilic)이다. 생리적으로 *N. viennensis*는 혼합영양성 (CO_2를 고정할 수 있지만, 유기물이 존재할 때 가장 잘 생장하는 생물)이고, 암모니아 혹은 요소를 화학무기영양성 전자공여체로 사용하여 에너지를 보존한다.

*N. viennensis*와 관련된 토양 고균은 전 세계의 토양에서 질산화를 수행하며, 이러한 사실은 우리로 하여금, 미생물 세계에 관심을 가지면, 주요한 새로운 발견들이 종종 "바로 발밑에서(just underfoot)" 일어날 수 있다는 것을 상기시켜준다.

출처: Stieglmeier, M., et al. 2014. *Nitrososphaera viennensis* gen. nov., sp. nov., an aerobic and mesophilic, ammonia-oxidizing archaeon from soil and a member of the archaeal phylum *Thaumarchaeota*. *IJSEM 64:* 2738.

고균 도메인(domain)은 시생대 (현재로부터 약 40억 년부터 25억 년, ⇄ 그림 13.1) 동안의 지구 환경조건과 비슷한 환경조건을 가지는 극한 서식처만 생존한 미생물 생명체의 조상형태를 포함하는 것으로 생각되었다. 그러나 현재 우리는 고균(*Archaea*)이 생물권의 살아 있는 물질의 상당한 부분을 차지하고 토양, 해양, 습지, 그리고 심지어 동물의 장안에서도 중요한 생지화학적 반응을 수행한다는 것을 알고 있다. 이 장에서는 고균 도메인 안에서 발견되는 거대한 계통학적 생리학적 다양성에 대하여 공부할 것이다.

고균은 다섯 문(phylum)으로 구성된다: *Euryarchaeota*, *Crenarchaeota*, *Thaumarchaeota*, *Korarchaeota*와 *Nanoarchaeota* (**그림 17.1**). 이들 그룹의 정확한 조상과 고균 문의 수는 아직 논란의 여지가 있고, 아마 다른 많은 고균의 문이 앞으로 밝혀지고 기술될 것이다. 고균과 진핵생물(*Eukarya*)의 관계로 보면 (⇄ 13.4절), 고균 안에서의 유전체 다양성의 연구가 진핵세포의 진화적 근원을 이해하는 데 필수적이다. 많은 고균이 분리에 있어 배양하는데 상당히 어렵지만, 메타유전체학 (⇄ 9.8절)과 단일세포 유전제 분석 (⇄ 9.12절)을 사용하면, 그들의 계통분류학적 생리학적 다양성에 대한 놀라운 새로운 사실들이 계속 밝혀질 것이다.

모든 고균이 일부 특징을 공유하지만, 이 계통은 상당한 생리적 다양성을 가진다. 모든 고균이 공통으로 가지는 특징은 에테르-결합 지질과 세포벽의 펩티도글리칸 결여 (2장), 그리고 그들의 진핵생물(*Eukarya*)의 것들과 비슷하고 구조적으로 복잡한 RNA 중합효소 (⇄ 그림 4.20)이다. 이러한 공통된 특징에도 불구하고, 고균은 에너지 보존을 위하여 호기적 호흡, 혐기적 호흡, 또는 발효를 사용하는 화학유기영양성과 화학무기영양성의 여러 가지 형태의 다양한 대사과정을 갖는다. 예를 들어, 화학무기영양성은 고균의 많은 문의 종들에 잘 보존되어 있고, H_2를 일반적인 전자공여체 (17.13절)로 사용하는 것들과 *Thaumarchaeota*의 종들은 암모니아산화를 하는 고균들이다. 혐기적 호흡은 또한 고균에 많은데, 특히 황 원소(S^0)를 전자수용체로 사용하는 형태가 매우 많고, 특히 *Crenarchaeota*에 많다. 그리고 마지막으로 호기적 호흡은 *Thaumarchaeota*에서 또한 넓게 분포하고, *Euryarchaeota*의 일부 그룹과 *Crenarchaeota*의 일부 몇 종이 할 수 있다.

게다가 고균 도메인(domain)에서는 독특한 일부 대사적 능력들이 발견된다. 예를 들어, 메탄생성은 메탄을 생산하면서 에너지를 얻는 *Euryarchaeota*의 **메탄생성균(methanogen)**의 독특한 특징이다 (⇄ 14.17절). 메탄생성(*methanogenesis*)은 독특하게 고균만의 범지구적 중요한 과정이다 (⇄ 14.17절, 21.1과 21.2절). 고균은 또한 **초고온성균(hyperthermophile)** (80°C 이상의 적정 생장온도를 가지는 생물), 호염성(halophiles)과 호산성(acidophiles)의 종들을 포함하는 많은 **극한생물(extremophile)**의 종들을 포함하는 것으로 잘 알려져 있다 (5장).

이러한 간단한 배경설명과 고균 (그림 17.1)의 계통분류를 잘 기억하고, 이제 이 환상적인 생물계통의 생물적 다양성을 다룰 것이다.

I • *Euryarcheota*

*Euryarchaeota*는 고균의 크고 생리적으로 다양한 그룹들로 구성되어 있다. 이 문(phyla)은 메탄생성균뿐만 아니라 극호염성 (염을 좋아하는) 고균을 포함한다. 생리학적 비교 연구에 의하면 이들 두 그룹은 놀랄만하다: 메탄생성균들은 절대적 혐기성균인 반면에, 극호염성균들은 주로 절대 호기성균이다. *Euryarchaeota*의 다른 그룹들에는 초고온성 고균인 *Thermococcus*와 *Pyrococcus*, 초고온성 메탄생성균인 *Methanopyrus*와 형태적으로

단원 4

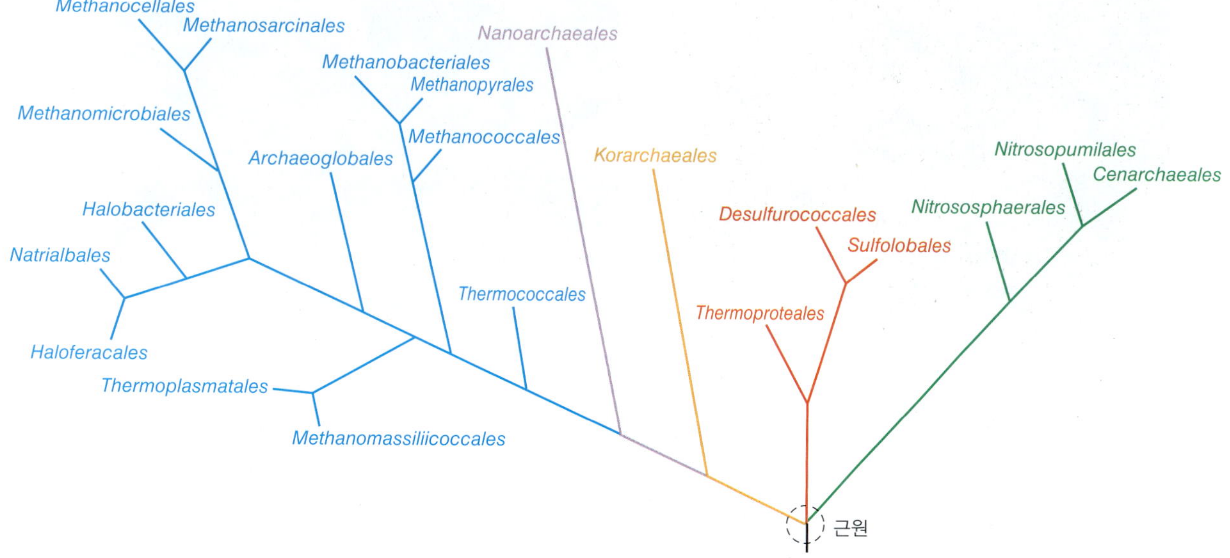

그림 17.1 고균 계통 안의 주요 분류군들의 계통도를 나타낸 그림. 다섯 개의 고균 문(phyla) 각각과 그들의 주요 목들이 다른 색깔로 표시되어 있다.

mycoplasmas (16.9절)와 비슷한 생물인 세포벽이 없는 *Thermoplasma*가 존재한다. 우리는 극호염성 고균의 고찰로 *Euryarchaeota*의 고찰을 시작한다.

17.1 극호염성 고균

주요 속: *Halobacterium, Haloferax, Natronobacterium*

극호염성 고균들은 때때로 "염성고균(haloarchaea)"이라고 불리는데, 매우 높은 염분이 있는 환경에 사는 다양한 그룹이다. 이들 서식지는 천연 염분환경으로 천일 염전, 천연 염수호(salt lake), 그리고 상당히 많은 소금으로 절인 어류와 육류의 표면과 같은 인공적인 염분 서식지를 포함한다. 이와 같은 염분 서식지들을 고염분성(*hypersaline*)이라고 부른다 (**그림 17.2**). **극호염성 생물(extreme halophile)**이라는 용어는 이와 같은 생물들이 호염성뿐만 아니라 그들의 염에 대한 요구가 매우 높다는 것을 의미하며, 일부는 거의 포화농도에 가깝다 (5.24절).

생물이 생장을 위하여 적어도 1.5 M (약 9%) 또는 그 이상의 염화나트륨(NaCl)을 필요로 하면 극호염성균으로 간주된다. 대부분의 극호염성 종들은 적정 생장을 위하여 2~4 M NaCl (12~23%)를 필요로 하며, 거의 모든 극호염성균들은 5.5 M NaCl (32% NaCl의 포화도)에서 생장할 수 있지만, 어떤 종들은 이 염분에서 아주 매우 느리게 생장한다. 예를 들어, *Haloferax*와 *Natronobacterium*과 같은 극호염성 고균의 몇몇 계통학적 연관 종들은 해수의 염분농도 (약 2.5% NaCl)와 같거나 혹은 비슷하고, 훨씬 낮은 염분농도에서도 생장할 수 있다.

고염분 환경: 화학과 생산성

고염분 서식지들은 세계적으로 흔히 존재하는 환경이지만, 극도의 고염분 서식지는 비교적 드물다. 대부분은 그러한 환경들은 전 세계의 덥고 건조한 지역에 있다. 염수호(salt lake)들의 이온구성은 매우 다양하다. 고염분 호수의 주된 이온들은 주변의 지형, 지리, 기후적인 조건 등에 따라 달라진다.

예를 들어, Utah 주 (미국)에 위치한 Great Salt Lake (그림 17.2*a*)는 본질적으로 농축된 바닷물이다. 이 고염분 호수에서 다양한 이온들 [예, 나트륨(Na^+), 염소이온(Cl^-)과 황산염(SO_4^{2-})]의 상대적인 비율은 해수와 같다; 그러나 전체 이온의 농도는 훨씬 높다. 게다가 이 고염분 호수의 pH는 약간 알칼리성이다.

(a)

(b)

(c)

(d)

그림 17.2 호염성 고균의 고염분 (hypersaline) 서식처들. 이들 생물은 염분에 내성이 있을 뿐만 아니라 염분을 필요로 하며, 특히 많은 양을 필요로 한다. *(a)* Utah 주의 Great Salt Lake의 북쪽 돌출부, 이온의 비율이 해수의 것과 비슷하지만, 절대 이온 농도는 해수의 몇 배나 되는 고염분 호수. 녹색은 주로 남세균과 녹조류 세포들 때문에 나타난다. *(b)* California 주의 San Francisco 만(灣)부근의 공중에서 바라본 일련의 해수증발 늪지대로, 여기서 천일염이 만들어진다. 빨간-자주색은 *Haloarchaea* 세포들의 박테리오루베린(*bacterioruberins*)과 세균로돕신(*bacteriorhodopsin*) 때문에 현저하게 나타난다. *(c)* 이집트 Wadi El Natroun의 Hamara 호수. 색소를 가진 알칼리성 호염균들의 군집이 pH 10인 소다(Soda) 호수에서 자라고 있다. 호수 끝 주변에 있는 트로나(trona, $NaHCO_3 \cdot Na_2CO_3 \cdot 2H_2O$)의 퇴적물을 주목하라. *(d)* 스페인 염전에 존재하는 네모난 고균을 포함하는 호염성 세균의 주사전자현미경 사진.

반면에 소다 호수(soda lake)는 매우 알칼리성 고염분성 환경이다. 소다 호수의 물 성분은 Great Salt Lake와 같은 염분 호수와 유사하지만, 주변 바위에 포함된 높은 농도의 탄산염(carbonate) 미네랄 때문에 소다 호수의 pH가 매우 높다. 이러한 환경에서 pH 값이 10~12인 것은 특이한 현상이 아니다 (그림 17.2*c*). 또한 소다 호수에는 칼슘(Ca^{2+})과 마그네슘(Mg^{2+})이 거의 없는데, 이들이 높은 pH와 탄산염 농도에서 침전되기 때문이다.

고염분 서식처의 다양한 화학적 특성이 아주 다양한 호염성 미생물들을 나타나게 한다. 어떤 생물들은 한 종류 환경에서만 특이적이고, 반면에 다른 종류들은 넓게 퍼져 있다. 또한 극한 조건임에도 불구하고, 염수호들은 높은 생산성을 갖는 생태계일 수 있다 [생산적(*productive*)이란 의미는 여기서 높은 수준의 대기 CO_2 고정을 의미함]. 고균만이 여기에 존재하는 유일한 미생물은 아니다. 진핵의 조류인 *Dunaliella* (⟲ 그림 18.33*a*)는 대부분의 염수호에서 유일한 것은 아니지만, 주요 산소발생형 광영양성 생물이다. 매우 높은 염기성의 소다 호수에는 *Dunaliella*가 존재하지 않고, 산소비발생 광영양성의 *Ectothiorhodospira*와 *Halorhodospira* (⟲ 15.4절) 속(genera)의 자색세균(purple bacteria)이 우점하고 있다. 산소발생 또는 산소비발생 광영양성 세균들의 일차 생산으로부터 얻어진 유기물은 화학유기영양성인 염성고균의 생장을 위해 필요하다. 또한 *Haloanaerobium*과 *Halobacteroides*, *Salinibacter*와 같은 몇몇 초호염성의 혐기성 화학유기영양 세균들은 그러한 환경에서 잘 번식한다.

해양 염전(marine salterns)도 또한 극호염성균의 서식처이다. 해양 염전들은 천일염을 생산하려고 증발될 때까지 그대로 남겨둔 해수로 채워진 작고 폐쇄된 분지(basin)이다 (그림 17.2*b*, *d*). 염성고균을 위한 최소 염분 한계치에 도달하면 그 물은 세포들의 폭발적 생장—대발생(*bloom*)이라고 함—때문에 적색을 가진다 (그림 17.2*b* 와 *c*에 분명한 적색의 색변화는 후에 논의될 카로테노이드와 다른 색소들 때문임). 사각 형태 또는 컵 모양을 가진 종들을 비롯한 형태적으로 특이한 고균이 종종 염전에 존재한다 (그림 17.2*d*). 극호염성 세균은 소시지, 해양 생선, 절인 돼지고기와 같은 고염도의 식품에도 존재한다.

극호염성 고균의 분류와 생리

*Euryarchaeota*안에서 공통 조상을 가지는 *Halobacteriales*, *Natrialbales*과 *Haloferacales* 목(orders) 내에서 극호염성 고균이 발견된다 (그림 17.1). 이들 세 가지 목이 염성고균을 구성하는데, 이들은 또한 때때로 "호염세균(halobacteria)"으로 불리는데, *Halobacterium* 속 (**그림 17.3**)은 고균의 발견 전까지 가장 잘 연구된 극호염균의 대표이기 때문이다. *Natronobacterium*, *Natronomonas*를 포함하는 많은 *Natrialbales* 속과 이들과 관련생물들은 극한 알칼리성과 호염성이라는 점에서 다른 극호염성균과 다르다. Natronobacteria는 소다 호수 (그림 17.2*c*)에 적합하게 매우 낮은 Mg^{2+}농도와 알칼리 pH (9~11)에서 잘 생장한다.

염성고균은 그람-음성으로 염색되며, 이분열에 의해 증식하고

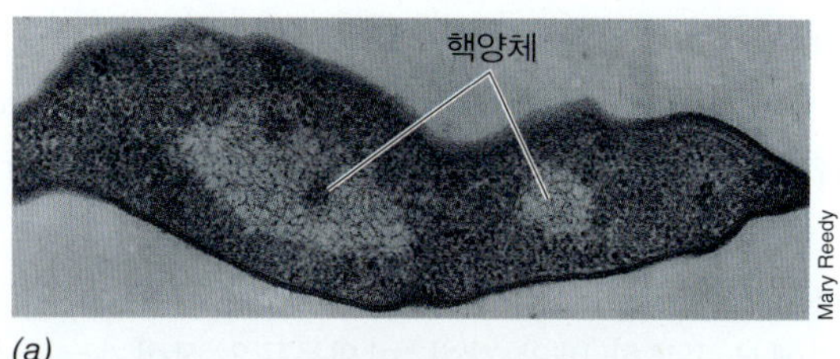

(*a*)

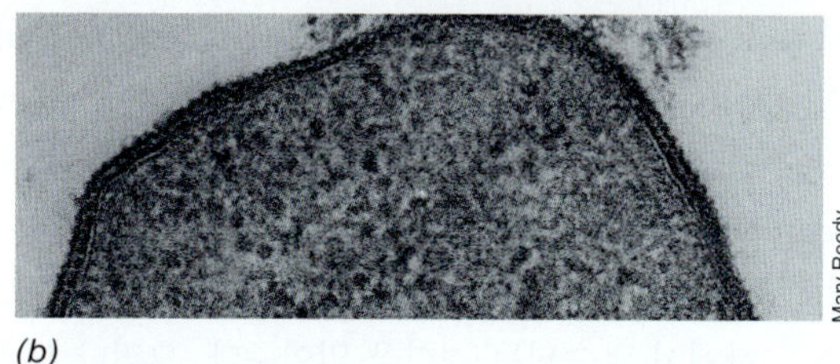

(*b*)

그림 17.3 극호염성 *Halobacterium salinarum* 절단면의 전자현미경사진. 세포는 지름이 약 0.8 μm이다. *(a)* 핵양체를 보이는 분열하는 세포의 길게 자른 단편. *(b)* 세포벽의 당단백질(glycoprotein) 소단위 구조를 보여주는 고배율의 전자현미경 사진.

휴면단계나 포자를 형성하지 않는다. 다양한 배양된 속(genera)의 세포들은 막대—모양, 둥근 모양, 또는 컵—모양이지만, 심지어 사각의 형태도 알려졌다 (그림 17.2*d*). *Haloquadratum* 세포들은 모양이 사각이고, 두께가 겨우 약 0.1 mm이다. 또한 *Haloquadratum*은 염분의 초호염성 서식처에서 부유하기 위해 가스 소포를 가지는데 (⟲ 2.9절), 대부분 극호염성균이 절대 호기성이기 때문에, 아마도 공기와 접촉하기 위한 수단일 것이다. 많은 다른 극호염성 고균들도 가스 소포를 만든다. 대부분의 극호염성균들은 고균편모를 가지지 않으나, 몇 종류의 극호염성균들은 세포를 앞으로 나가도록 세균의 편모와 유사한 고균편모(*archaella*)의 회전으로 인한 약한 운동성을 가진다 (⟲ 2.11절). *Halobacterium*과 *Halococcus*에는 전체 세포 DNA의 30% 이상을 차지하는 큰 플라스미드들이 존재하고 이들 플라스미드의 GC 염기비율 (거의 60% GC)이 염색체 DNA의 것 (66~68% GC)과 매우 다르다는 점에서 이들의 유전체는 특이하다. 극호염성 세균에 유래하는 플라스미드는 자연계에서 알려진 가장 큰 플라스미드 중 하나이다.

대부분 염성고균은 아미노산 혹은 유기산을 전자공여체로 사용하고 최적의 생장을 위하여 비타민과 같은 많은 종류의 생장인자를 필요로 한다. 어떤 염성고균들은 탄수화물을 호기적으로 산화시키지만, 이런 능력은 비교적 드물다. 당을 발효하는 것은 일어나지 않는다. *Halobacterium*에는 시토크롬 *a*, *b*와 *c* 형을 포함하는 전자전달계가 존재하고, 에너지는 전자전달계로부터 생성된 양성자 동력을 통해서 호기적으로 생장하는 동안 얻어진다. 일부 종들의 생장이 질산염(nitrate) 혹은 푸마르산염(fumarate)의 환원과 연결된 혐기성 호흡 (⟲ 14.7절)으로 되는 것이 알려진 것처럼, 일부 염성고균들은 혐기적으로 생장할 수 있다.

극호염성균의 수분 균형

극호염성 고균은 생장을 위하여 많은 양의 NaCl을 필요로 한다.

단원 4

Na^+에 대한 요구는 심지어 화학적으로 비슷한 칼륨(K^+)과 같은 다른 어떤 이온에 의해서도 충족되지 않는다는 것이 *Halobacterium*의 자세한 염분 연구에서 알려졌다. 그러나 *Halobacterium*의 세포는 생장을 위하여 Na^+와 K^+ 모두를 필요로 하는데, 각각 삼투 균형을 유지하기 위하여 중요한 역할을 하기 때문이다.

5.13절에서 공부한 바와 같이, 미생물들은 살아가는 동안 수반되는 삼투압을 견디어야 한다. *Halobacterium*의 높은 염 서식지와 같은 높은 용질(solute) 환경에서 살아남기 위해서는 생물들은 세포 내에 용질을 축적하거나 합성해야 한다. 이러한 용질들을 **화합성 용질(compatible solutes)**이라고 부른다. 이들 화합물은 세포가 주위환경에 맞는 양성의 수분 균형 상태에 세포를 유지시켜 높은 삼투압 조건 하에서 탈수되는 경향을 막아준다. 그러나 *Halobacterium*의 세포들은 화합성 용질로서 유기화합물을 만들거나 축적하지 않고, 대신에 많은 양의 K^+를 환경으로부터 세포질 안으로 들여온다. 이것은 세포 내부의 K^+ 농도를 세포 밖의 Na^+ 농도보다 훨씬 크게 만든다 (**표 17.1**). 이 이온 상태가 양성의 수분 균형을 유지한다.

*Halobacterium*의 세포벽 (그림 17.3*b*)은 당단백질(glycoprotein)로 구성되어 있고, Na^+에 의해 안정화되어 있다. 나트륨이온들은 *Halobacterium*의 세포벽 밖의 표면에 붙고 세포의 형태 유지하는데 절대적으로 필요하다. 충분하지 않은 Na^+가 존재하면 세포벽이 갈라지고 세포의 용해가 일어난다. 이것은 *Halobacterium*의 세포벽의 당단백질에 상당히 예외적으로 많은 양의 산성 (음전하를 가지는) 아미노산인 아스파르트산염(aspartate)과 글루탐산염(glutamate)이 존재하기 때문이다. 이들 아미노산의 카르복실기의 음전하는 Na^+에 결합한다; Na^+이 희석되면 단백질의 음전하 부분이 능동적으로 서로 반발하여 세포의 용해를 가져온다.

호염성 세포질의 구성요소

세포벽 단백질들과 같이, *Halobacterium*의 세포질 단백질 또한 높은 산성이지만, 활성을 위해 Na^+이 아닌 K^+이 필요하다. 물론 이것은 이해할 만한데, K^+이 *Halobacterium* 세포안의 가장 많은 세포내 양이온이기 때문이다 (표 17.1). 높은 산성 아미노산 조성 이외에 염성고균의 세포질 단백질은 비호염성균들의 단백질들보다 일반적으로 더 낮은 수준의 소수성(hydrophobic) 아미노산과 양전하 (염기성) 아미노산인 리신(lysine)을 가진다. 이것 또한 이해할 수 있는데 높은 이온 상태의 세포질에서 극성 단백질들이 용액 안에 존재하는 경향이 있는 반면에, 비극성 단백질들이 덩어리(cluster)를 이루어 아마도 활성을 잃어버릴 것이기 때문이다. *Halobacterium* 세포 안의 리보솜 또한 안전성을 위하여 많은 KCl 수준을 요구하는 반면에 비호염성균의 리보솜은 KCl 요구성이 없다.

표 17.1 ***Halobacterium salinarum* 세포 내의 이온 농도**[a]

이온	배양액의 농도 (M)	세포 안의 농도 (M)
Na^+	4.0	1.4
K^+	0.032	4.6
Mg^{2+}	0.13	0.12
Cl^-	4.0	3.6

[a]Christian, J.H.B, and Waltho, J.A. *Biochim. Biophys. Acta* 65: 506.508 (1962)의 자료

따라서 극호염성 고균은 높은 이온 환경의 생활에 잘 적응한다. 외부에 노출된 세포 구성성분은 안정성을 위하여 높은 Na^+를 요구하고, 반면에 안쪽의 구성성분은 높은 K^+을 요구한다. KCl을 화합성 용질로 사용하는 세균의 몇 극호염성 종들을 제외하고는 원핵생물의 다른 어떤 그룹도 이렇게 특별한 양이온에 대한 높은 농도의 독특한 요구성을 갖는 것을 찾을 수 없다.

호염성균에서 세균로돕신과 빛 매개의 ATP 합성

염성고균의 일부 종들은 빛에 의한 ATP 합성을 촉매할 수 있다. 이와 같은 광영양성은 CO_2 고정과 연관되지 않고, 엽록소를 필요로 하지 않으므로 전통적인 의미에서 광합성이 아니다. 그러나 빛에 민감한 다른 색소들이 존재하는데, 적색과 오렌지색의 카로테노이드—주로 박테리오루베린(*bacterioruberins*)이라고 불리는 C_{50} 색소들—와 이제 논의할 에너지 보존에 관여하는 유도색소(inducible pigments)들이 있다.

낮은 통기조건에서 *Halobacterium salinarum*과 일부 다른 염성고균은 **세균로돕신(bacteriorhodopsin)**이라는 단백질을 합성하고, 그들의 세포막 안으로 주입한다. 이것은 눈의 시각색소인 로돕신(rhodopsin)과의 구조적 그리고 기능적으로 유사하기 때문에 세균로돕신이라고 이름 지어졌다. 세균로돕신과 결합하고 있는 것은 레티날(*retinal*)이라는 분자로 카로테노이드-유사 분자이고 빛 에너지를 흡수하여 양성자 동력을 형성할 수 있다. 레티날은 세균로돕신을 자색으로 만든다. *Halobacterium*가 높은 통기상태에서 생장하다가 산소가 제한된 조건 (세균로돕신 합성을 유발)으로 바뀌면, 세균로돕신을 합성하면 점차적으로 오렌지-적색에서 자색-적색으로 바뀌고, 세균로돕신을 세포막으로 삽입한다.

세균로돕신은 570 nm 근처의 초록빛을 흡수한다. 흡수 후에, 보통 모두 트랜스(*trans*) 배열상태 (Ret_T)로 존재하는 세균로돕신의 레티날은 여기상태(excited)로 되고 시스(*cis*)형태 (Ret_C)로 전환된다 (**그림 17.4**). 이 전환이 세포질 막에서 양성자(proton)의 위치이동과 연관되어 있다. 세포질로부터 양성자를 받아들이면서, 레티날 분자는 트랜스 이성체로 배열로 되고 이로써 주기(cycle)를 완성된다. 그런 후에 양성자 펌프는 다시 주기를 반복할 준비상태가 된다 (그림 17.4). 양성자들이 세포막의 바깥 표면에 축적됨으로써, 양자성 동력이 세포막에 만들어지는데, 양성자 위치변환 ATPase의 활성을 통하여 ATP 합성과 연관되어 있다 (그림 17.4) (⇄ 3.11절).

*H. salinarum*에서 세균로돕신 매개의 ATP 합성이 무산소 상태에서 느린 생장을 도와준다. 또한 *H. salinarum*의 빛에 자극에 의한 양성자 펌프는 Na^+-H^+ 역수송(antiport) 시스템의 활성에 의해 Na^+를 세포 밖으로 배출하는 기능도 하고, 삼투 조절을 위한

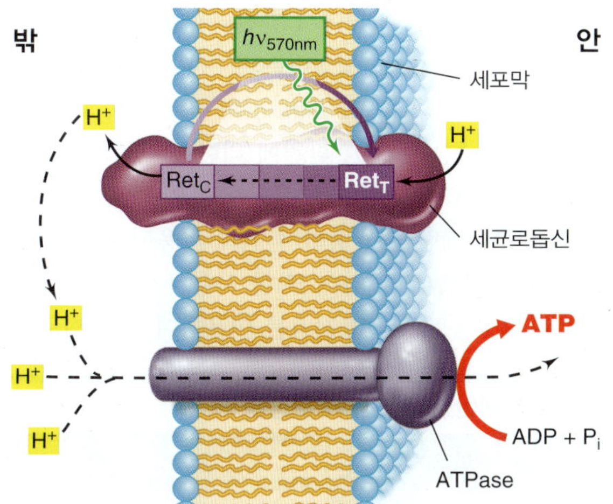

그림 17.4 세균로돕신 활성의 기작 모델. 570 nm ($h\nu_{570nm}$) 근처의 빛이 세균로돕신의 양성자를 지닌 레티날을 *trans* 형태 (Ret_T)에서 *cis* 형태 (Ret_C)로 전환시키며, 막의 바깥 표면으로 양성자 위치이동을 시켜 양성자 동력을 발생시킨다. ATPase 활성은 양성자 동력으로 유도된다.

K^+를 포함하는 영양분의 흡수를 유도하기도 한다. *H. salinarum*의 아미노산 유입 또한 빛에 의해 간접적으로 유도되는데, 이는 아미노산의 이동이 아미노산–Na^+ 공동수송체(symporter) (3.2절)에 의해 Na^+ 유입과 함께 일어나기 때문이다; 빛에 의해 유도되는 Na^+–H^+ 역수송(antiport)을 통해 세포로부터 Na^+의 제거가 일어난다.

다른 로돕신

H. salinarum 세포의 세포질 막에는 세균로돕신 이외의 적어도 세 가지의 다른 로돕신이 존재한다. **할로로돕신(halorhodopsin)**은 빛에 의해 유도되는 염소이온(Cl^-) 펌프로 Cl^-를 K^+에 대한 음이온으로 세포 안으로 들여온다. 할로로돕신의 레티날은 Cl^-과 결합하고, 세포 안으로 운반된다. *H. salinarium*에는 빛을 인식하는 두 가지 감지로돕신(*sensory rhodopsins*)이라고 불리는 감지기(sensor)들이 존재한다. 이들과 같은 빛 감지기는 생물의 광주기성 (빛의 방향으로 움직임, 2.13절)을 조절한다. 주화성 (6.7절)의 단백질들과 비슷하게, 일련의 단백질 상호작용에 의해 감지 로돕신은 편모의 회전에 영향을 주고 *H. salinarium*의 세포들을 빛 방향으로 움직이게 하고, 그곳에서 세균로돕신이 ATP를 만드는 기능을 한다 (그림 17.4).

우리는 앞으로 해양 미생물 (20.10절과 20.11절)을 다룰 때, 해수의 위층에 서식하는 화학유기영양성의 다양한 종들이 프로테오로돕신(*proteorhodopsins*)이라 불리는 세균로돕신-유사 단백질을 가지고 있다는 것을 배우게 될 것이다. 알려진 바에 의하면 프로테오로돕신은 여러 가지 다른 형태로 존재하고, 각자의 형태는 자신만의 특별한 빛의 파장 흡수하는 것을 제외하고는 세균로돕신과 같은 기능을 나타낸다. 비록 프로테오로돕신으로부터 만들어지는 에너지는 생장을 위해 충분하지 않지만, 이들 해양세균들은 호흡으로부터 만들어지는 ATP의 보조체로 프로테오로돕신을 사용한다. 바다에 용해된 유기물질의 농도가 일반적으로 낮아서 절대 화학유기영양의 생활사가 어렵기 때문에 해양 세균의 에너지 보존을 위한 기작으로서 프로테오로돕신은 중요한 생태학적 의미를 갖는다.

미니퀴즈

- *Halobacterium*의 세포들이 높은 양의 Na^+이 생장을 위해 필요하다면, 왜 세포질 효소에는 해당되지 않는가?
- 세균로돕신은 *Halobacterium salinarum*에 어떤 이점을 주는가?

17.2 메탄생성 고균

주요 속: *Methonobacterium, Methanocaldococcus, Methanosarcina, Methanopyrus*

많은 *Euryarchaeota*는 메탄생성균(methanogens)인데, 그들은 에너지 대사의 절대 필요한 부분으로 메탄(CH_4)을 만든다 [메탄 형성과정을 메탄생성(*metanogenesis*)이라고 부름]. 14.17절에서 우리는 메탄생성과정의 생화학을 다루었다. 이후에 자연에서 많은 무산소 서식지에서 어떻게 메탄생성과정이 유기물 생분해 과정의 마지막 단계인지를 배울 것이다 (21.1절과 21.2절). 메탄생성균은 담수 퇴적층, 습지, 논, 폐수처리시설, 지열시스템, 지구지반의 표면 아래와 많은 동물의 장내를 포함하는 다양한 무산소 환경에서 중요하다.

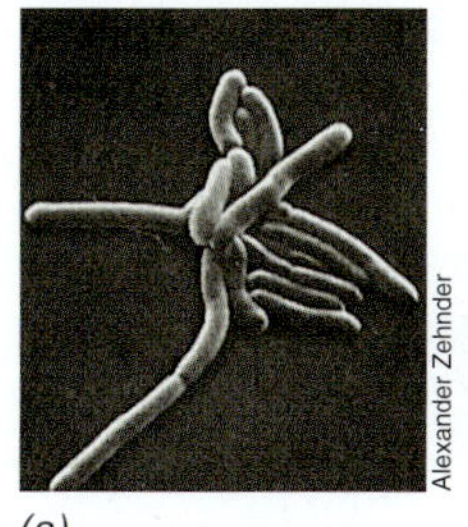

(a)

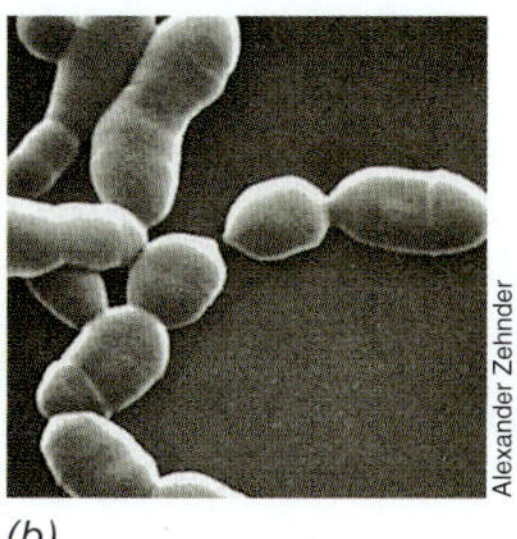

(b)

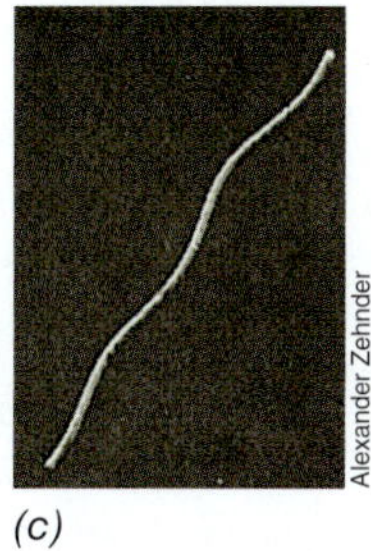

(c)

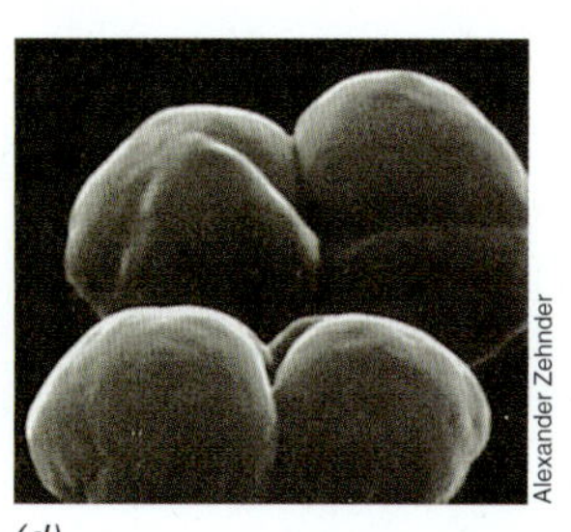

(d)

그림 17.5 메탄생성 고균의 다양한 종들의 세포들의 주사전자현미경 사진. *(a) Methanobrevibacter ruminantium*. 세포의 지름은 약 0.7 μm이다. *(b) Methanobrevibacter arboriphilus*. 세포의 지름은 약 1 μm이다. *(c) Methanospirillum hungatii*. 세포의 지름은 약 0.4 μm이다. *(d) Methanosarcina barkeri*. 세포의 폭은 약 1.7 μm이다.

메탄생성균의 다양성과 생리

메탄생성균은 *Methanobacteriales, Methanococcales, Methanopyrales, Methanomassiliicoccales, Methanomicrobiales*와 *Methanosarcinales*의 적어도 7개의 목(order) 내에 존재한다 (그림 17.1). 메탄생성균은 상당한 형태적 생리적 다양성을 가진다 (**그림 17.5**와 표 17.2). 그림 17.1에서 볼 수 있는 것처럼, 메탄생성균은 *Euryarchaeota* 안에 널

리 분포하며, 단일의 일관된 계통그룹을 가지지 않는다. 우리는 이미 계통적 다양성과 기능적 다양성 사이에 불일치를 일으키는 요인들에 대하여 알아보았다 (15.1절). 메탄생성의 경우에 CO_2를 CH_4로 환원하는 능력을 *Euryarchaeota* 안에서 한 번 진화한 것으로 보이고, 염성고균과 *Thermoplasmatales*와 같은 계통에서 유전자 손실로 메탄을 생산할 수 있는 능력을 잃어버렸다. *Archaeoglobus* (17.4절)는 메탄생성을 하는 일부 유전자를 아직 가지며 일부 생장조건에서 실제 메탄을 생성할 수 있다.

메탄생성균들은 다양한 생리학적 특징들을 가지지만, 메탄을 생성할 수 있는 능력과 산소에 대한 저항성으로 합쳐질 수 있기 때문에, 모든 메탄생성균들은 절대 혐기성균들이다. 결과적으로, 분리배양하기 위해서는 절대 혐기성 기술이 필요하다. 대부분의 알려진 메탄생성균들은 중온성과 비 극한환경에서 살지만, 매우 온도가 높거나 (그림 17.7) 낮은 곳, 매우 높은 염의 농도인 곳 또는 pH가 극한인 곳 등에서 최적으로 생장하는 종들이 보고되고 있다.

메탄생성은 세 가지 다른 경로 (**표 17.2**)로 수행될 수 있다: CO_2 환원의 메탄생성 (그림 14.47), 메틸영양성 메탄생성 (그림 14.48*a*), 아세트산영양성 메탄생성 (그림 14.48*b*). 이들 경로는 메틸-CoM를 메탄으로 환원시키면서 궁극적으로 메탄을 생성하는 *coenzyme M*에 의존한다 (14.17절). 이들 경로를 통하여 메탄생성균들은 제한된 기질만 메탄으로 전환시킬 수 있다 (표 17.2). 흥미롭게도 이들 기질에는 포도당이나 유기산 또는 (아세트산염과 피루브산염 이외의) 지방산과 같은 일반적인 화합물이 포함되지 않는다. 메탄생성균들은 종종 발효 혐기미생물들 (14.23절과 21.2절)과 영양공생 관계를 형성한다. 이와 같은 방식에서 발효생물들은 다양한 유기 탄소 분자를 H_2, CO_2와 아세트산으로 분해하고, 궁극적으로 이들은 메탄생성을 위한 기질로 사용된다.

세 가지 메탄생성 경로들은 메탄생성균의 다른 계통학적 그룹에서 발견된다 (**표 17.3**). CO_2 환원에 의한 메탄생성은 메탄생성균의 알려진 다양성에 넓은 영역에서 발견되지만, 모든 메탄생성균들이 CO_2 환원에 의해 메탄을 생성하는 것은 아니다. 특히 *Methanosarcinales* 안의 많은 종들, *Methanospaera*의 종들, *Methanomassiliicoccales* 안의 종들은 CO_2 환원에 의한 메탄생성 능력을 잃어버렸다 (표 17.3). CO_2 환원 경로는 또한 일부 종들이 포름산 또는 일산화탄소로부터 메탄을 생성하기 위해 사용될 수 있다. 게다가 많은 종들이 CO_2 환원을 위하여 H_2를 사용하지만, 일부는 피루브산 또는 일부 알코올로부터의 전자를 이용하여 CO_2 환원을 할 수

표 17.2 세 가지 메탄생성 경로와 그들의 기질들

I. CO_2 환원 경로
- 이산화탄소, CO_2 (H_2, 일부 알코올 또는 피부르산으로부터 전자를 가져옴)
- 포름산, $HCOO^-$
- 일산화탄소, CO

II. 메틸영양성 경로
- 메탄올, CH_3OH
- 메틸아민, CH_3NH^{3+}
- Dimethylamine, $(CH_3)_2NH^{2+}$
- Trimethylamine, $(CH_3)_3NH^+$
- Methyl mercaptan, CH_3SH
- Dimethyl sulfide, $(CH_3)_2S$

III. 아세트산영양성 경로
- 아세트산염, CH_3COO^-
- 피루브산염, CH_3COCOO^-

표 17.3 일부 메탄생성 고균의 특징들[a]

목/속	메탄생성을 위한 기질들[b]
Methanobacteriales	
Methanobacterium	$H_2 + CO_2$, 포름산
Methanobrevibacter	$H_2 + CO_2$, 포름산
Methanosphaera	H_2 + 메탄올
Methanothermus	H_2+CO_2
Methanothermobacter	H_2+CO_2, 포름산, CO
Methanococcales	
Methanococcus	$H_2 + CO_2$, 피루브산염 + CO_2, 포름산
Methanothermococcus	$H_2 + CO_2$, 포름산
Methanocaldococcus	$H_2 + CO_2$
Methanotorris	$H_2 + CO_2$
Methanomicrobiales	
Methanomicrobium	$H_2 + CO_2$, 포름산
Methanogenium	$H_2 + CO_2$, 포름산
Methanospirillum	$H_2 + CO_2$, 포름산
Methanoplanus	$H_2 + CO_2$, 포름산
Methanocorpusculum	$H_2 + CO_2$, H_2 + 알코올, 포름산
Methanoculleus	$H_2 + CO_2$, H_2 + 알코올, 포름산
Methanofollis	$H_2 + CO_2$, 포름산
Methanolacinia	$H_2 + CO_2$, H_2 + 알코올
Methanosarcinales	
Methanosarcina	$H_2 + CO_2$, 메탄올, 메틸아민, 아세트산, CO
Methanolobus	메탄올, 메틸아민
Methanohalobium	메탄올, 메틸아민
Methanococcoides	메탄올, 메틸아민
Methanohalophilus	메탄올, 메틸아민, methyl sulfides
Methanosaeta	아세트산
Methanosalsum	메탄올, 메틸아민, dimethyl sulfide
Methanimicrococcus	H_2 + 메탄올, H_2 + 메틸아민
Methanopyrales	
Methanopyrus	$H_2 + CO_2$
Methanocellales	
Methanocella	$H_2 + CO_2$
Methanomassiliicoccales	
Methanomassiliicoccus	H_2 + 메탄올
Methanomethylophilus	H_2 + 메탄올

[a]분류학적 목(orders)은 굵은 글씨로 인쇄되어 나타나 있음. 목(order)은 몇 개의 과(families)를 가지는 분류학적 위치이다; 과(families)는 몇 개의 속(genera)으로 되어 있음 (표 13.2).

[b]메틸아민은 메틸아민 ($CH_3NH_3^+$), 디메틸아민 ($(CH_3)_2NH_2^+$)과 트리메틸아민 ($(CH_3)_3NH^+$)을 포함할 수 있음; methyl sulfide는 dimethyl sulfide ($(CH_3)_2S$)와 methyl mercaptan (CH_3SH)을 포함할 수 있음.

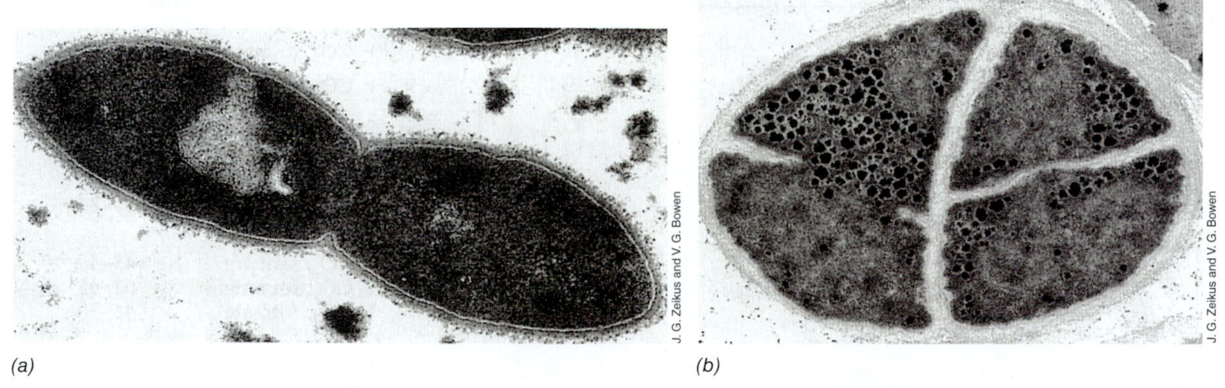

(a) (b)

그림 17.6 메탄생성 고균의 박편 투과전자현미경 사진. *(a) Methanobrevibacter ruminantium*. 세포의 지름은 약 0.7 μm이다. *(b)* 두꺼운 세포벽, 세포 분획과 가로지르는 벽(cross-wall)을 보이는 *Methanosarcina barkeri*. 세포의 지름은 약 1.7 μm이다.

있다 (표 17.2와 17.3).

메탄생성의 아세트산영양성과 메틸영양성 경로는 *Methanosarcinales* 안에서 주로 발견된다 (표 17.3). 메틸화된 기질은 메탄올(CH_3OH)과 많은 다른 것들을 포함한다 (표 17.2). *Methanosarcinales*안의 많은 종들은 실제로 CH_3OH 한 분자를 CO_2로 산화하여 세 분자의 CH_3OH를 CH_4과 H_2O로 환원하기 위하여 필요한 전자를 만들 것이다 (그림 14.48*a*). 그러나 다른 메틸영양성 종들은 이 능력이 결여되어 있다 (표 17.3). 오직 몇몇 메탄생성균들만 아세트산을 기질로 사용할 수 있다고 보고되었고, 그들은 모두 *Methanosarcinales*의 구성원들이다 (표 17.3). 아세트산으로부터 메탄생성은 다양한 환경에서 메탄 생성의 주요 근원이다 (21.2절).

메탄생성균은 세포벽 화학의 다양성을 보여준다. 이것들에는 *Methanobacterium* 종과 연관 종들 (**그림 17.6*a***)의 슈도뮤레인(pseudomurein) 세포벽, *Methanosarcina*과 연관 종 (그림 17.6*b*)들의 *methanochondroitin*으로 구성된 세포벽 [척추동물의 결합조직의 중합체인 콘드로이틴(chondroitin)을 구조적으로 닮았기 때문에 이렇게 이름지어졌음], *Methanocaldococcus* (**그림 17.7*a***)와 *Methanoplanus* 종들의 각각 단백질 또는 당단백질 세포벽과 *Methanospirillum*의 S-layer 세포벽 (그림 17.6*c*) (2.6절)들이 있다.

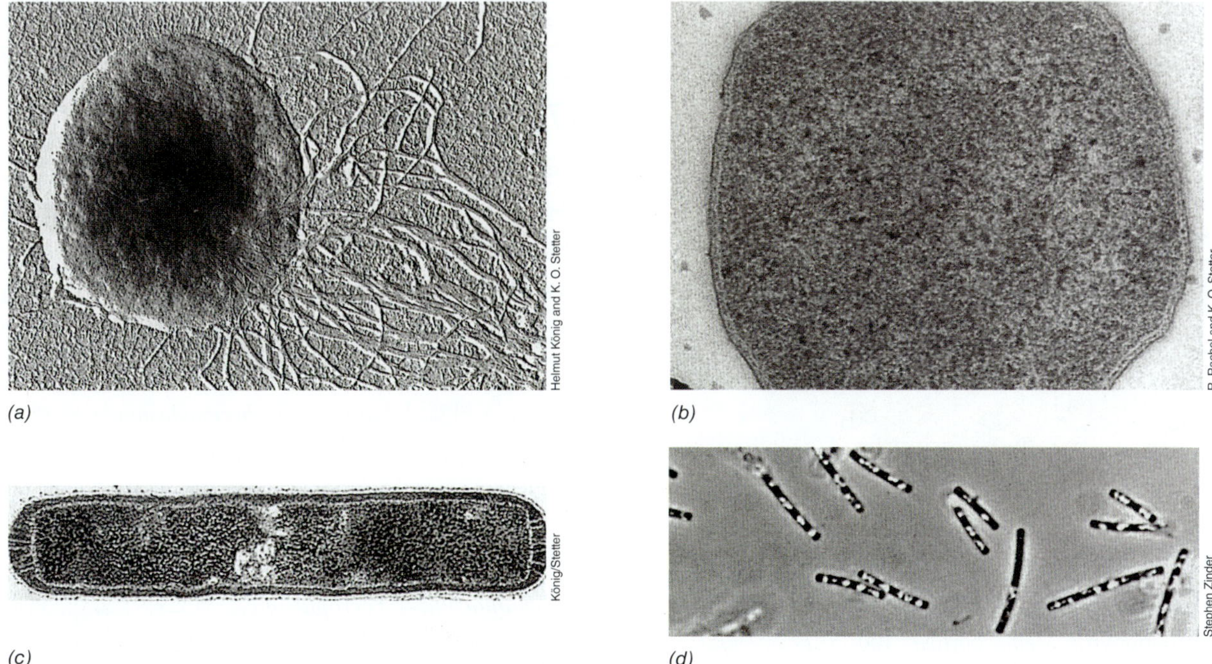

(a) (b) (c) (d)

그림 17.7 초고온성과 고온성 메탄생성균들. *(a) Methanocaldococcus jannaschii* (최적온도 85°C) 음영 처리된 전자현미경 사진, 세포의 지름은 약 1 μm이다. *(b) Methanotorris igneus* (최적온도 88°C) 박편 전자현미경 사진. 세포의 지름은 약 1 μm이다. *(c) Methanothermus fervidus* (최적온도 88°C), 박편 전자현미경 사진. 세포의 지름은 약 0.4 μm이다. *(d) Methanosaeta thermophila* (최적온도 60°C), 위상차 현미경 사진. 세포의 지름은 약 1 μm이다. 세포 안의 굴절이 있는 부분은 가스 소포(gas vesicles)들이다.

메탄생성균 모델로서의 *Methanocaldococcus jannaschii*

초고온성 메탄생성균 *Methanocaldococcus jannaschii* (그림 17.7*a*)와 많은 다른 메탄생성균의 유전체의 염기서열이 결정되었다. 메탄생성과 고균의 운동성의 분자생물학적 모델로 사용되어온 균주인 *M. jannaschii*의 1.66-Mbp의 환형 유전체는 약 1,700개의 유전자를 포함하고 있으며, 메탄생성의 효소들을 만드는 유전자들과 몇 개의 주요한 세포기능들을 하는 유전자들 알려졌다. 흥미롭게도 주요 대사 회로와 세포분열 같은 기능을 하는 *M. jannaschii*의 유전자들이 대부분 세균의 것들과 유사하다. 반면에 전사와 번역과 같은 핵심 분자과정을 암호화하는 *M. jannaschii*의 대부분은 진핵생물의 것들과 더 가깝다. 이러한 발견은 세 가지 생물 도메인의 생물들이 공통으로 가지는 다양한 형질을 보여주며, 13장에서 논의되었던 것처럼 어떻게 세 계통이 진화했는가 하는 우리의 이해와 일치한다. 그러나 *M. jannaschii*의 유전체 분석결과는 또한 그들 유전자의 거의 40%는 생명체의 어떤 그룹에서 유래한 알려진 유전자들과도 상응하지 않음을 보여준다. 이러한 유전자들은 메탄생성과정에 필요한 효소를 암호화하는 유전자는 물론, 다른 계통의 세포에서는 없는 새로운 세포기능을 암호화하는 많은 유전자들이거나 혹은 세균(*Bacteria*)과 진핵생물(*Eukarya*)의 효소와 다른 종류의 효소들에 의해 기능들이 중복되는 유전자를 암호화할 것이다.

Methanopyrus, 초고온성 메탄생성균

Methanopyrus (**그림 17.8**)는 *Methanopyrales* 목의 유일한 속으로, 막대형의 초고온성 메탄생성이며 초고온성균 (17.13절 참조)과 메탄생성균의 둘 모두와 표현형적 특징을 공유하고 있다. *Methanopyrus*는 해저 열수구(hydrothermal vents) 근처의 퇴적물과 "흑분연구(black smoker)" 열수구 기둥 (17.10절; ⇄ 20.14절)의 벽으로부터 분리되었다. *Methanopyrus*는 H_2 + CO_2로부터만 메탄을 만들고, 독립영양 생물로 빠르게 생장한다 (100°C에서 1시간 이하의 세대기간). 특별히 압축된 용기에서 *Methanopyrus*의 한 종이 122°C에서의 생장이 기록되었는데, 이것은 지금까지 알려진 미생물생장을 위한 가장 높은 온도이다 (17.11절과 17.12절).

*Methanopyrus*는 한때 고균의 가장 오래된 조상의 혈통 중 한 가지로 생각되었으나, 게놈 서열분석 결과는 *Methanobacteriales* 및 *Methanococcales* (그림 17.1)와 동족인 것으로 밝혀졌다. *Methanopyrus*는 또한 *Methanobacteriales*의 종과 공유하는 특성인 슈도뮤레인(pseudomurein)의 세포벽을 가지고 있다.

높은 온도의 엄청난 저항성 이외에, *Methanopyrus*는 알려진 다른 어떤 생물에도 존재하지 않는 막 지질도 가지고 있기 때문에 또한 특이하다. 고균의 지질에서 글리세롤 측쇄(side chain)는 글리세롤에 에테르가 결합된 지방산이 아니라 **피타닐(phytanyl)**을 포함하고 있음을 기억하라 (⇄ 2.3절). *Methanopyrus*에서 이 에테르-결합 지질은 다른 고온성 고균에서 발견되는 포화 바이피타닐 테트라에테르(biphytanyl tetraethers)의 불포화(*unsaturated*) 형태이다 (그림 17.8*b*). 이 특이한 지질은 비정상적으로 높은 생장 온도에서 *Methanopyrus*의 세포질 막을 안정화시켜주는 데 도움을 주게 된다.

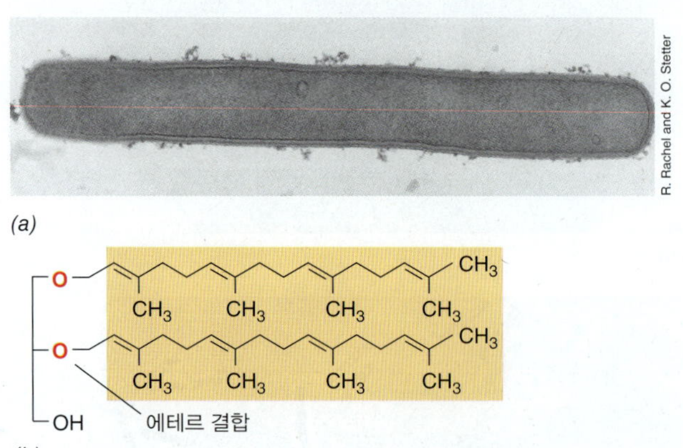

그림 17.8 *Methanopyrus*. *Methanopyrus*는 100°C에서 잘 자라고, 오로지 CO_2 + H_2로부터 CH_4를 만들 수 있다. *(a)* 알려진 고균 중에 가장 고온성 (최대 한계온도, 122°C)인 *Methanopyrus kandleri*의 세포들의 전자현미경 사진. 이 세포는 0.5 × 8 μm로 측정된다. *(b) M. kandleri*의 특이한 지질의 구조. 곁가지 사슬이 피타닐(phytanyl) [제라닐제라니올(geranylgeraniol)]의 불포화된 형태인 것을 제외하고는 이는 고균의 보통 에테르(ether)-결합된 지질이다.

미니퀴즈

- 메탄생성의 세 가지 경로는 무엇이고 어떤 계통그룹에서 그들이 발견되나?
- *Methanosarcinales*가 다른 메탄생성균들과 구분되는 생리적, 구조적 특징들은 무엇인가?

17.3 *Thermoplasmatales*

주요 속: *Thermoplasma*, *Picrophilus*, *Ferroplasma*

계통학적으로 특이한 계보의 고균은 고온성과 극호산성(acidophile) 속(genus)들을 포함한다: *Thermoplasma*, *Ferroplasma*와 *Picrophilus*. 이들 원핵생물은 알려진 미생물 중에서 가장 호산성인 것들 중 하나이고, *Picrophilus*의 경우에는 pH 0 이하에서도 생장할 수 있다. 대부분은 또한 고온성이기도 하다. *Euryarchaeota* 내에서 그들 자체의 목(order)인 *Thermoplasmatles*를 형성한다 (그림 17.1). 마이코플라스마(mycoplasma) 유사 생물인 *Thermoplasma*와 *Ferroplasma*로부터 설명을 시작하고자 한다.

세포벽이 없는 고균

*Thermoplasma*와 *Ferroplasma*는 세포벽이 없어, 이러한 점에서 mycoplasmas (⇄ 16.9절)를 닮았다. *Thermoplasma* (**그림 17.9**)는 화학유기영양성균이며 복합배지에서 55°C와 pH 2에서 가장 잘 자란다. *Thermoplasma*에는 *T. acidophilum*과 *T. volcanium* 두 종이 알려졌다. *Thermoplasma*의 종들은 통성 호기성균이며 호기적으로 자라거나 황(sulfur)호흡 (⇄ 14.14절)에 의해 혐기적으로 자란다. *T. acidophilum*의 대부분의 균주들은 열을 내는 폐석탄 더미에서

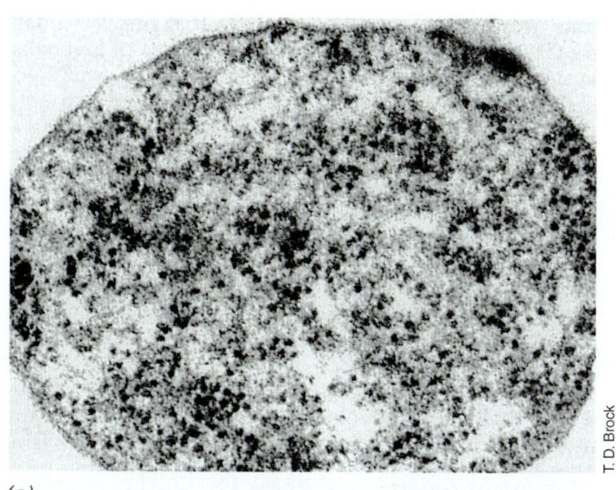

(a)

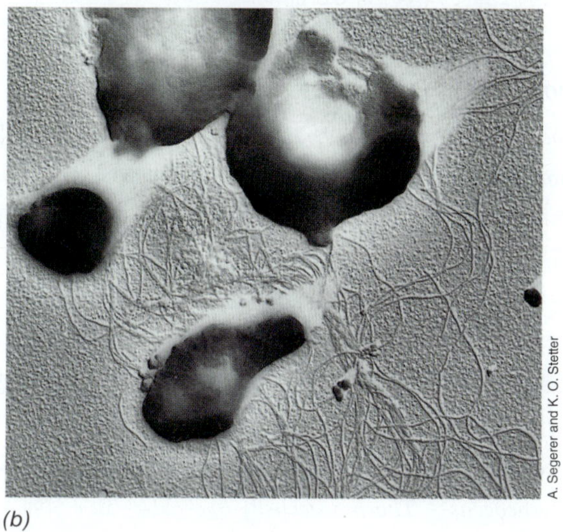

(b)

그림 17.9 ***Thermoplasma* 종들.** *(a) Thermoplasma acidophilum*, 호산성이고 고온성인 마이코플라스마(mycoplasma)-같은 고균; 박편 전자현미경 사진. 세포들의 지름은 0.2~5 μm까지 매우 다양하다. 위의 세포 지름은 약 1 μm이다. *(b)* 온천으로부터 분리된 *Thermoplasma volcanium* 세포들의 음영으로 처리. 세포들의 지름은 약 1~2 μm이다. 많은 편모와 불규칙한 세포형태를 주목하라.

얻어졌다. 폐석탄에는 석탄조각, 황화철(pyrite, FeS_2), 그리고 석탄으로부터 추출된 다른 유기 물질을 포함하고 있다. 폐석탄이 표층 광산작업에서 더미로 버려지면, 미생물의 대사과정의 결과로 폐석탄 열이 연소 온도까지 올라간다 (**그림 17.10**). 이와 같은 상태가 *Thermoplasma*의 생장을 위한 단계인데 이들은 뜨거운 폐석탄에서 유출되는 유기화합물을 대사할 것이다. 두 번째 종인 *T. volcanium*은 전 세계에 걸쳐서 고온 산성 토양에서 분리되었는데, 여러 개의 고균편모에 의한 높은 운동성을 가진다 (그림 17.9*b*).

세포벽 없이 삼투압 스트레스에 생존하고, 낮은 pH 와 높은 온도의 양쪽의 극한 환경에 견디기 위해서 *Thermoplasma*는 독특한 세포막 구조를 진화시켰다. 세포막은 지질글리칸(*lipoglycan*)이라 불리는 지질다당류-유사 물질을 포함하고 있다. 이 물질은 만노오스(mannose)와 포도당과 같은 당을 포함하는 당지질로 구성되어 있고, 이들 당지질은 테트라에테르(tetraether) 지질 단층막을 형성

그림 17.10 ***Thermoplasma*의 서식처에서 전형적인 자가 발열을 하는 석탄더미.** 황화철(pyrite)과 다른 미생물 기질들을 포함하는 석탄더미에서 미생물 대사 작용으로부터 자체 열을 내고 있다.

한다 (**그림 17.11**). 이 당지질의 소수성 중심은 바이피타닐 (⇄ 2.3절)로 구성되어 있다. *Thermoplasma*와 *sulfolobus*와 같은 비슷한 생물들은 이 염기성 바이피타닐 구조가 하나에서 네 개의 사이클로프로판(cyclopropane) 환을 포함하도록 변형될 수 있고, 이 환의 숫자는 환경의 온도에 비례하여 증가하는 경향을 가진다. 이들 당지질은 *Thermoplasma*의 전체 지질의 주요 부분을 구성한다. 세포막은 또한 당단백질들과 당인지질을 포함하지만 스테롤(sterol)은 가지지 않는다. 이들 분자들은 *Thermoplasma*의 막에 고온 산성 조건에서 안정성을 부여해준다.

Mycoplasmas (⇄ 16.9절)와 같이, *Thermoplasma*는 비교적 작은 유전체 (1.5 Mbp)를 가지고 있다. 또한 *Thermoplasma*의 DNA는 높은 염기성의 DNA 결합 단백질과 복합체를 이루어 구형 입자 속으로 DNA를 조직화하는데, 이는 진핵생물의 뉴클레오솜(nuleosome)과 유사하다. 이 단백질은 세균의 세포에서 DNA를 조직화하는 데 중요한 역할을 하는 히스톤-유사 단백질인 HU와 유사성이 있다. 반면에 몇몇 다른 *Euryachaeota*는 진핵생물 세포의 DNA 결합 히스톤 단백질과 유사성이 있는 염기성 단백질을 가지고 있다.

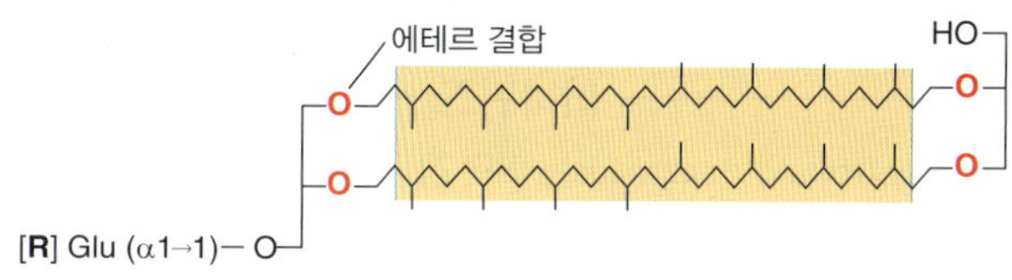

그림 17.11 ***Thermoplasma acidophilum*의 tetraether lipoglycan의 구조.** *T. acidophilum*의 가장 많은 당지질은 소수성 중심에 에테르 결합으로 연결된 두 극성 헤드그룹을 가진다. 이러한 구조로 인해 열안정적 지질 단일막층을 형성하게 된다. 극성 헤드그룹의 하나 또는 둘 모두가 일반적으로 포도당(Glu), 만노오스(Man), 또는 다른 당으로 구성될 수 있는 mono- 혹은 oligosaccharide를 포함한다. 소수성 중심은 하나 또는 네 개의 cyclopentane 환 (제시되지 않음)을 포함할 수 있는 caldarchaeol (제시된 예)로 구성되어 있다. 제시된 지질은 단일의 극성 헤드그룹으로 연결된 oligosaccharide를 포함한다.

Ferroplasma

*Ferroplasma*는 화학무기영양인 *Thermoplasma*와 관련 있는 생물이다. *Ferroplasma*는 강한 호산성 세균이다. 그러나 이것은 고온성 세균은 아니고, 35°C에서 가장 잘 자란다. *Ferroplasma*는 에너지를 얻기 위해 2가철(Fe^{2+})을 3가철(Fe^{3+})로 산화시키고 (이 반응은 산을 만듦; 그림 17.18*d* 참조) CO_2를 탄소원으로 사용한다 (독립영양성). *Ferroplasma*는 그들의 에너지원인 황화철(pyrite, FeS)이 존재하는 폐광더미에서 자란다. *Ferroplasma*의 극호산성은 그들 서식처의 pH를 낮추어 극한의 산성값(acidic value)에 이르게 한다. 호산성 생물인 *Acidithiobacillus ferrooxidans*와 *Leptospirillum ferroxidans*에 의해 Fe^{2+} 산화로부터 약산성이 만들어 진 후에 (21.5절), *Ferroplasma*가 활동적이 되면서 결과적으로 산성폐수 광산에 전형적인 매우 낮은 pH를 발생시킨다. pH 0에서 *Ferroplasma*의 활동에 의해 산성수가 발생될 수 있다.

Picrophilus

*Thermoplasma*와 *Ferroplasma*의 계통학적 연관생물이 *Picrophilus*이다. 비록 *Thermoplasma*와 *Ferroplasma*는 극호산성이지만, *Picrophilus*는 더 심한 호산성으로서 pH 0.7일 때 가장 잘 자라고 pH 0보다 낮은 곳에서도 자랄 수 있다. *Picrophilus*는 또한 세포벽을 가지고 있고 (S-layer; 2.6절), *Thermoplasma* 또는 *Ferroplasma*보다 매우 낮은 DNA GC 염기비율을 가진다. 비록 계통학적으로 유사하지만, *Thermoplasma*, *Ferroplasma*와 *Picrophilus*는 상당히 다른 유전체를 가진다. *Picrophilus*의 두 종이 산성의 일본 솔파타라(solfataras)에서 분리되었고 *Thermoplasma*와 같이 둘 다 복합배지에서 종속영양으로 자란다.

*Picrophilus*의 생리는 극도의 산성 저항성 모델로써 매우 흥미롭다. 세포막에 대한 연구결과는 매우 낮은 pH에서 강한 산성 비투성막(acid impermeable membrane)을 형성하는 특이한 지질의 배열을 제시해준다. 대조적으로 pH 4와 같은 약산성 pH에서는 *Picrophilus* 세포들의 막이 새면서 붕괴되어진다. 확실하게 이 생물은 오직 강한 산성 서식지에서만 생존하기 위해 진화해 왔다.

단원 4

미니퀴즈

- *Thermoplasma*와 *Picrophilus*는 어떤 점들에서 비슷한가? 어떤 면에서 그들은 다른가?
- *Thermoplasma*는 세포벽이 없는 상태에서 생존하기 위하여 어떻게 세포막을 강화하는가?

17.4 *Thermococcales*와 *Archaeoglobales*

주요 속: *Thermococcus*, *Pyrococcus*, *Archaeoglobus*, *Ferroglobus*

몇 euryarchaeotes가 고온 환경에서 번창하고 일부는 초고온성균들이다. 우리는 여기서 초고온성 종들을 포함하는 *Euryarchaeota*의 두 목인 *Therococcales*와 *Archaeoglobales*를 공부한다 (그림 17.1).

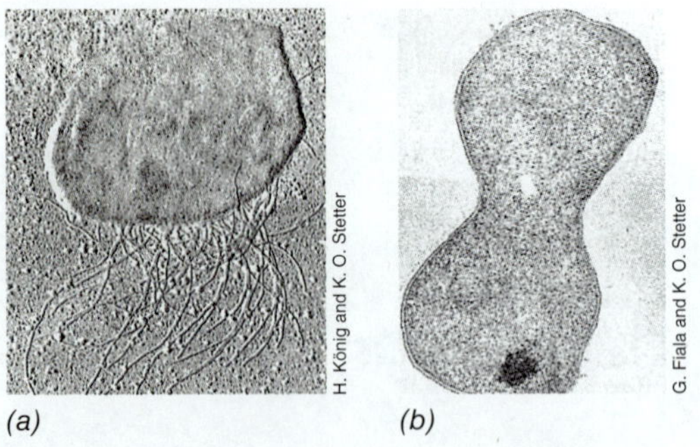

그림 17.12 해저 화산지역의 구형 초고온성 *Euryarchaeota*. (a) *Thermococcus celer*. 음영으로 처리된 세포들의 전자현미경사진 (편모 다발을 주목하라). (b) *Pyrococcus furiosus*의 분열하는 세포들. 박편 전자현미경 사진. 두 생물의 세포들은 지름이 약 0.8 μm이다.

*Thermococcus*와 *Pyrococcus*

*Thermococcus*와 *Pyrococcus*는 *Thermococcales*의 목안의 속들이다. *Thermococcus*는 지구 전체에 걸쳐 다양한 장소에서 혐기적 고온수에 토착으로 존재하는 구형의 초고온성 euryarchaeotes이다. 구형의 세포는 한쪽 끝에만 존재하는 고균편모의 다발을 포함하므로 매우 운동성이다 (**그림 17.12*a***). *Thermococcus*는 절대 혐기적 화학유기영양성이며, 55°C에서 95°C의 온도에서, 황원소(S^0)를 전자수용체로 사용하여 단백질과 (일부 당을 포함하는) 다른 복잡한 유기물혼합물을 대사한다.

*Pyrococcus*는 형태학적으로 *Thermococcus* (그림 17.12*b*)와 유사하다. *Pyrococcus*는 *Thermococcus*와 높은 고온 요구성에 있어 주로 다르다; *Pyrococcus*는 70과 106°C 사이에서 생장하고 100°C를 최적온도로 갖는다. *Thermococcus*와 *Pyrococcus*는 또한 대사적으로 매우 비슷하다. 단백질, 녹말, 또는 맥아당이 전자공여체로 산화되고, S^0이 최종 전자수용체이고 황화수소(H_2S)로 환원된다. *Thermococcus*와 *Pyrococcus* 모두 S^0이 존재할 때 H_2S를 만들지만, S^0이 없을 때 H_2를 만든다 (표 17.4 참조).

*Archaeoglobus*와 *Ferroglobus*

*Archaeoglobus*는 고온 열수구 근처의 해양 퇴적물에서 분리되었다. *Archaeoglobus*는 대사 작용으로 H_2, 젖산염, 피루브산염, 포도당 또는 복잡한 유기화합물을 산화하여 SO_4^{2-}를 H_2S로 환원시킨다. *Archaeoglobus*의 세포들은 불규칙적인 구형 (**그림 17.13a**)이고 83°C에서 최적으로 자란다.

*Archaeoglobus*와 메탄생성균은 일부 공통점을 가지고 있다. 우리는 14.17절에서 메탄생성의 독특한 생화학에 대하여 다루었다. 간단히 말하면, 이 과정은 일련의 새로운 조효소(coenzyme)를 필요로 하는데, 아주 드문 경우를 제외하고는 이들 조효소는 오직 메탄생성균에서만 발견된다. 그러나 놀랍게도 *Archaeoglobus* 또한 이들 조효소를 많이 가지고 있으며, 실제로 이 생물의 배양액은 적은 양의 CH_4을 생산한다. 더욱이 *Archaeoglobus*의 유전체는 약 2,400개의 유전자를 포함하고, 많은 유전자를 메탄생성균과 공유한다

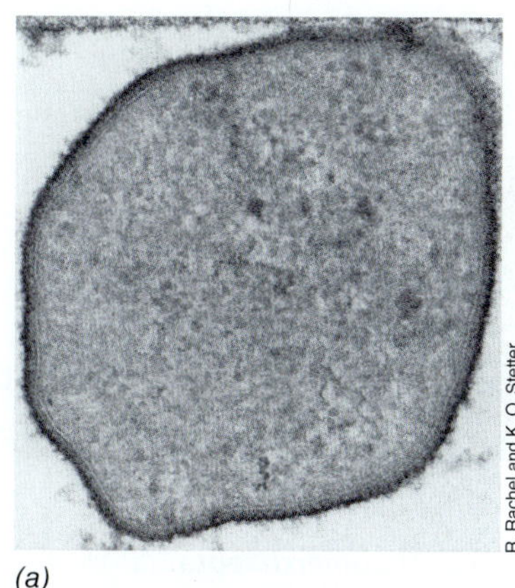

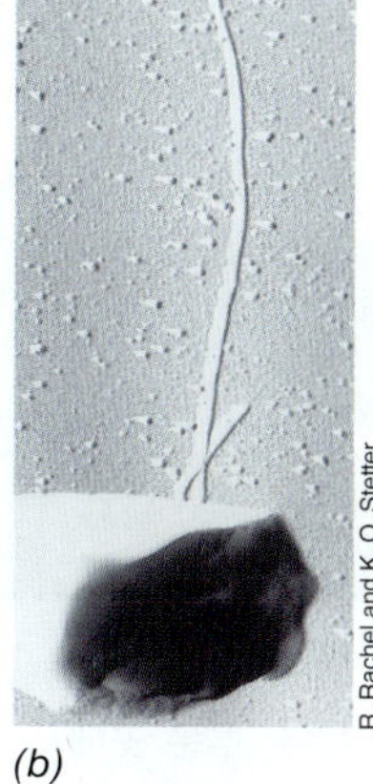

(a) (b)

그림 17.13 *Archaeoglobales.* *(a)* 황산염-환원 초고온성 *Archaeoglobus fulgidus*의 투과전자현미경 사진. 세포는 지름이 0.7 μm으로 측정된다. *(b)* 2가철(ferrous iron)-산화, 질산염-환원 초고온성 *Ferroglobus placidus*의 동결 에칭(freeze-etched) 전자현미경 사진. 세포는 지름이 0.8 μm으로 측정된다.

(17.2절). *Archaeoglobus*의 조상은 아마 메탄생성에 필요한 많은 유전자를 잃어버린 메탄생성균이었을 것이다. 더욱이 유전체분석을 통하여, *Archaeoglobus*의 조상이 수평적 유전자 전이의 결과로 델타프로테오박테리아 (⇔ 15.9절) 안의 황산염환원세균으로부터 황산염환원을 위한 유전자를 얻었다는 것을 알 수 있다.

Ferroglobus (그림 17.13*b*)는 *Archaeoglobus*와 연관되어 있지만, 황산염-환원 세균은 아니다. 대신에 *Ferroglobus*는 철(iron)-산화 화학무기영양 독립영양체로서 이들은 질산염(NO_3^-)을 아질산염(NO_2^-)으로 환원시키면서, Fe^{2+}을 Fe^{3+}로 산화하여 에너지를 얻는다 (표 17.4 참조). *Ferroglobus*는 독립영양으로 생장할 수 있으며, 또한 에너지 대사과정에서 전자공여체로 H_2 또는 H_2S를 이용할 수 있다. *Ferroglobus*는 낮은 해양 열수구로부터 분리되었고 85°C에서 최적으로 자란다.

*Ferroglobus*는 몇 가지 이유로 매우 흥미롭지만, 특히 이들의 혐기성 조건에서 Fe^{2+}를 Fe^{3+}로 산화시키는 능력 때문에 그렇다. 이 과정은 지구에서 남세균의 예견되는 출연 전의 암석, 띠 모양의 철 형성과 같이 고대의 암석에서 Fe^{3+}가 다량으로 존재하는 원인을 설명하는 데 도움을 준다 (⇔ 13.2절). *Ferroglobus*와 같은 생물들로 전자수용체로 산소분자 (O_2)의 필요 없이 Fe^{2+}산화가 가능할 수 있다. *Ferroglobus*의 물질대사는 남세균 근원에 대한 연대측정과 그 이후의 지구의 산소형성과정에 대한 의미를 갖는다. 어떤 산소비발생 광영양성 세균은 또한 혐기성상태에서 Fe^{2+}를 산화시킬 수 있고 (⇔ 14.10절), 그래서 몇몇 오래된 혐기적 Fe^{3+} 형성 과정이 가능하다. 이는 언제 남세균이 처음 지구에 나타났는가와 어느 정도의 비광영양성 생물이 지구의 거대 산성화 사건을 도왔는지를 예측하는 것을 어렵게 한다 (⇔ 그림 13.1).

미니퀴즈

- *Thermococcus*와 *Pyrococcus*는 어떻게 ATP를 만드는가?
- *Archaeoglobus*와 *Ferroglobus*의 에너지 발생 대사과정을 비교하라.

II • *Thaumarchaeota, Nanoarcheota*와 *Korarchaeota*

고균에 대한 우리의 이해는 분자 계통학 (⇔ 1.13절과 13.7절)과 실험실배양에서 배양과정 없이 미생물을 연구할 수 있는 방법들 (⇔ 19.4~19.8절)의 발전으로 혁명을 일으켰다. *Thaumarchaeota, Nanoarchaeota*와 *Korarchaeota*는 처음에 16S 리보솜 RNA 유전자의 분석 기술의 도움으로 모두 발견되었고 연구되었다. 이와 같은 초기 노력으로부터 이후에 이들 각 문(phyla)을 대표하는 종들이 동정되거나, 적어도 농화배양으로 배양되었다. 우리는 이들 특이한 문(phyla)인 *Thaumarchaeota*부터 살펴볼 것이다.

17.5 *Thaumarchaeota*와 고균의 질산화

주요 속: *Nitrosopumilus, Nitrososphaera*

넓은 해양의 미생물 군집으로부터 16S 리보솜 RNA유전자들의 초기 조사를 통하여 고균이 해양에 풍부하고 넓게 퍼져 있다는 놀라운 결과를 알게 되었다. 그 당시에는 고균 계통은 단지 극한생물들이나 절대 혐기성균들만을 포함할 것이라 생각되었고, 산소가 풍부한 온대 그리고 심지어 극지방의 해양환경에서 그들의 존재는 미스터리한 것이었다. 더 놀라운 것은 이들 새로운 고균들이 모든 세상의 토양에도 넓게 퍼져 있고 흔하다는 것이었다 (530쪽 참조).

처음에 16S 리보솜 RNA 유전자들의 계통분석으로 이들 새로운 고균의 그룹이 초고온성 고균의 그룹 (17.8절)인 *Crenarchaeota*의 깊은 곳에서 갈라지는 것을 알게 되었다. *Thaumarchaeota*가 고균의 특별한 문(phyla)으로 비로소 분명해진 것은 해양 질산화균인 *Nitrosopumilus maritimus*의 유전체 분석을 한 후에 일이다. 유전체 서열분석으로 ***Thaumarchaeota***가 고균의 독특한 문(phyla)이고, *Crenarchaeota*와 *Euryarchaeota*가 갈라지기 전에 고균 자손의 주요 계통으로부터 나왔다는 것이 확인된다 (그림 17.1).

*Thaumarchaeota*의 생리학적 특징들

*Thaumarchaeota*의 생리는 *Nitrosopumilus maritimus*를 분리하기 전까지 미스터리였다 (**그림 17.14**). *N. maritimus*는 질산화의 첫 번째 과정 (⇔ 14.11절, 15.13절과 21.3절)인 암모니아(NH_3)를 아

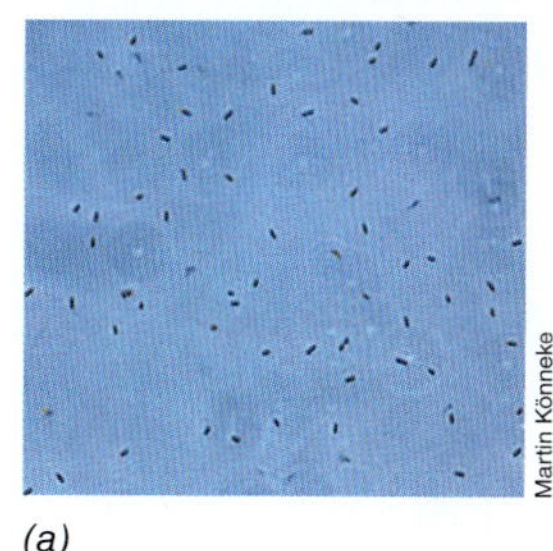

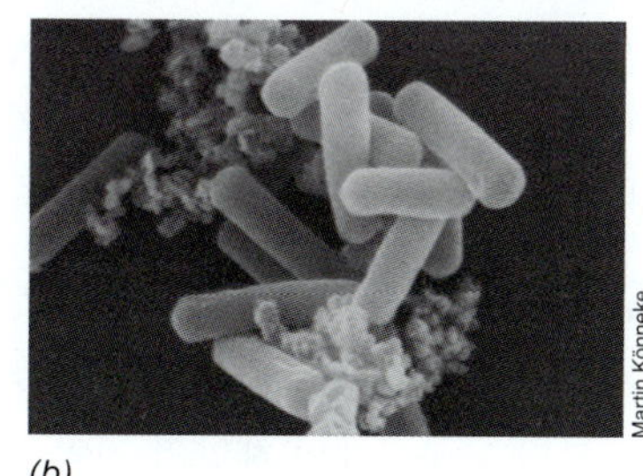

(a) (b)

그림 17.14 고균의 질산화 종인 *Nitrosopumilus maritimus*. 이 생물은 해양환경의 전형적으로 매우 낮은 양으로 존재하는 NH_3를 산화시킬 수 있다. *(a)* 위상차 현미경 사진. *(b)* 주사전자현미경 사진. *N. maritimus*의 하나의 세포는 지름이 약 0.2 μm이다.

질산염(NO_2^-)으로 호기적으로 산화하여 화학무기영양성으로 생장한다. 이 생물은 질산화 세균 (15.13절)이 하는 것처럼 유일 탄소원으로 CO_2를 사용한다 (독립영양). 그러나 *Nitrosomonas*와 같은 암모니아 산화 세균과 다르게 *N. maritimus*는 극한 영양결핍 상태의 생활에 적응되어 있는데, 아마 해양과 같은 곳에 사는 이와 같은 생물에게는 이점일 것이다. *N. maritimus*는 질산화 세균들에 의해 요구되는 암모니아 농도보다 100배 이상 낮은 NH_3 농도에서 생장할 수 있고, 세균의 질산화 종들이 생장을 하는 데 필요한 더 높은 NH_3 농도에서 NH_3 농도에서는 실제로 생장이 저해된다.

*Thaumarchaeota*의 몇 가지 종들이 분리되고 동정되고 있고, 이들 그룹에 공통인 몇 가지 특징들이 알려졌다. 종들은 해수, 해양 퇴적층, 하구 퇴적지, 토양과 온천을 포함하는 서식처로부터 분리되었다. 모든 존재하는 분리 균들은 화학무기영양성 암모니아-산화균들이고 (14.11절), *N. maritimus*와 같은 대부분의 종들은 NH_3가 매우 낮은 농도에서 생장할 수 있다. 모든 *Thaumarchaeota*의 세포막은 또한 이 문의 종들에만 제한적인 화합물인 크렌아케올(*crenarchaeol*) (그림 2.6*c*)이라고 불리는 독특한 지질을 가진다. 또한 *Thaumarchaeota*의 독립영양성은 3-hydroxyproprionate/4-hydroxybutyrate 회로로 가능한데, CO_2 고정을 위하여 캘빈 회로 (14.5절)를 이용하는 질산화 세균과 질산화 고균을 더 구분하게 한다. 또한 3-hydroxyproprionate/4-hydroxybutyrate 회로로 유기탄소의 동화가 가능하고, 일부 질산화 고균들은 혼합영양성 생장을 하는 동안 피루브산염을 동화할 수 있는 것이 알려졌다. *Thaumarchaeota*의 생장온도는 폭넓게 다양한데, 일부 종들은 극지방 바다에 번성한 반면에, 다른 일부는 약 75°C까지 올라가는 온천 환경에 서식한다.

*Nitrososphaera viennensis*는 *Thaumarchaeota*의 한 계통을 대표하며 (530쪽 참조), 토양에서 널리 분포하고 넓은 범위의 NH_3 농도에서 생장할 수 있다. *Thaumarchaeota*의 해양 종들과 비슷하게, *N. viennensis*는 NH_3가 매우 낮은 농도에서 생장할 수 있지만, *N. viennensis*는 중성의 pH에서 높은 수준의 암모니아 (10 mM까지)에도 견딜 수도 있다. 그렇기 때문에 *N. viennensis*와 다른 질산화 고균이 높은 암모니아 농도를 가진 토양에서 활성이 있을 수도 있고, 이들 환경에서 질산화 세균과 직접적으로 경쟁할지도 모른다. 또한 *N. viennensis*를 포함하는 *Thaumarchaeota*의 몇몇 종들은 요소분해효소(urease) 활성을 가진다. *N. viennensis*는 요소를 가수분해하여 암모니아로 만들고, 후에 전자공여체로 사용하면서 유일한 에너지원으로 생장할 수 있다.

*Thaumarchaeota*의 환경 분포

우리는 이제 *Thaumarchaeota*가 토양에 아주 흔하고 (530쪽 참조), 적도부터 남북극해의 해양의 전역에 걸쳐 존재하고, 우리 지구에서 가장 풍부하고 넓게 분포하는 문(phyla) 가운데 하나라는 것을 알고 있다. 토양과 해양 샘플조사에서 thaumarchaea를 종종 고균의 주요 그룹으로 나타난다. 형광 계통학 탐침(FISH, 19.5절)을 이용하여, thaumarchaea가 전 지구적 호기의 해양과 심지어 남극 근처 물과 바다의 얼음 (**그림 17.15**)에서도 발견되고 있다. 해양 종들은 부유성 (자유롭게 떠다니거나 해수의 부유입자에 붙어있는 그림 17.15*b*)이고, 양분이 결핍되거나 아주 추운 곳 (바닷물에서 0~4°C와 바다 얼음에서 0°C보다 낮은) 모두에서 물에 상당한 수 (~10^4/ml)로 존재한다. 해양의 thaumarchaea는 해양 전체에 걸쳐 발견되고, 전 세계에 걸쳐 피코플랑크톤의 20%를 구성할지 모른다. 이들은 특히 깊은 바다에 풍부한데, 피코플랑크톤 (매우 작은 원핵세포)의 40%까지 차지할 수도 있다 (20.11절). 해수의 NH_3 농도가 종종 고균성 질산화의 한계점이며 *Thaumarchaeota*가 해양의 NH_3 수준을 조절하는 주요 역할자라는 것을 보여준다.

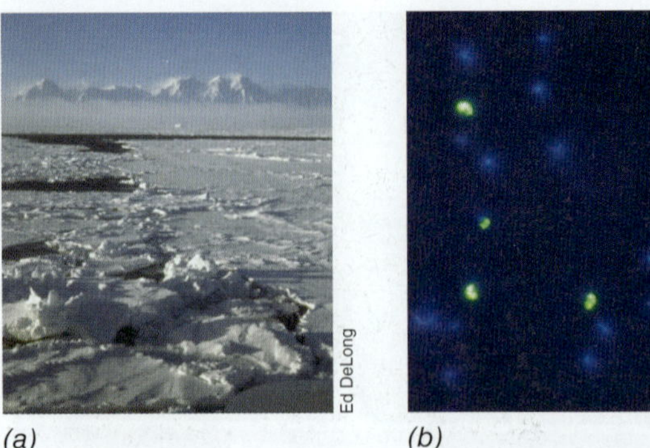

그림 17.15 추운 곳에서 서식하는 *Thaumarchaeota*. *(a)* 배 위에서 찍은 남극반도의 사진. 아주 차가운 물이 여기 보이는 표면 얼음 아래에 있는데 추운 곳에 사는 *Thaumarchaeota*의 서식지들이다. *(b) Thaumarchaeota*의 종 (녹색 세포)에 특이한 FISH 탐침으로 처리한 바닷물의 형광사진 (19.5절). 파란색 세포들은 모든 세포를 염색하기 위해 형광 DNA 염색인 DAPI로 염색된 것이다.

또한 thaumarchaeota는 토양에도 흔하며, 토양 군집의 전체 리보솜 RNA의 1~2%를 차지할 만큼 존재하고 있고, 일부 토양에서는 질산화 세균보다 1,000배 수적으로 우세하다. 이들은 3.5에서 8.7까지의 다양한 pH 범위의 토양에 걸쳐 발견된다. 토양에 넓게 분포하는 반면에, thaumarchaea는 모든 토양의 30% 이상을 차지하고 있는 산성토양 (pH <5.5)에서 특히 중요할 것이다. 질산균이 NH_3를 산화하지만, 낮은 pH에서는 NH_4^+가 더 우세하여 질산화에 이용될 수 없다. 산성토양에서 질산화가 일어나고, 종종 높은 속도로 일어나지만 질산화세균은 pH 6.3 아래에서 관찰된 적이 없다. 반면에 산성 농업토양에서 분리된 thaumarchaeotal 종인 *Nitrosotalea devanaterra*는 pH 4~5에서 최적으로 생장한다. 낮은 NH_3 농도에서 생장하는 thaumarchaea의 능력은 어떻게 이들이 자유로운 NH_3가 낮은 농도로 존재하는 산성토양에서 성공할 수 있는지를 설명해준다.

미니퀴즈

- 어떻게 *Nitrosopumuilus maritimus* 생물은 에너지를 보존하고 탄소를 얻는가?
- 어떤 환경에서 *Thaumarchaeota* 종들을 발견할 수 있는가?

단원 4

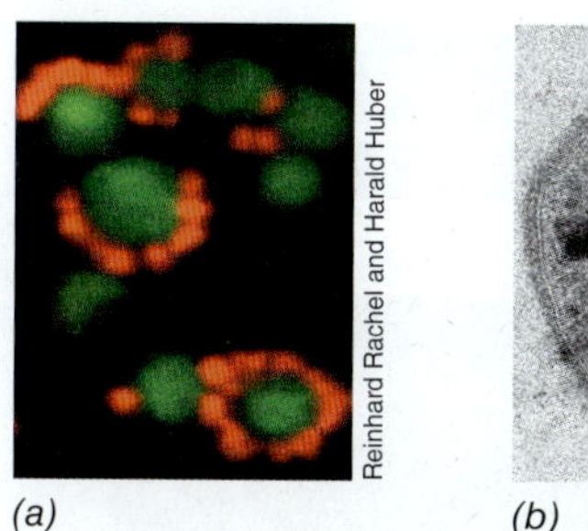

(a)

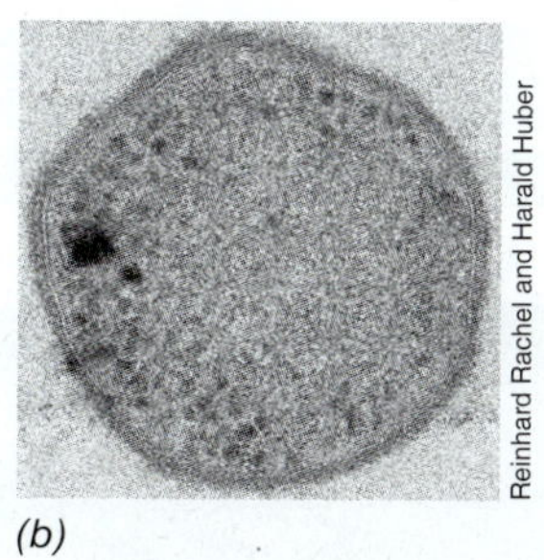

(b)

그림 17.16 ***Nanoarchaeum equitans*****.** *(a) Ignicoccus* (녹색)의 세포에 붙은 *N. equitans* (적색)의 세포들의 형광 사진. 세포들은 각 생물을 표적으로 하는 특별한 핵산 탐침을 사용한 FISH (19.5절)로 염색되었다. *(b) N. equitans* 세포의 박편의 투과전자현미경 사진. 뚜렷한 세포벽을 주목하라. *N. equitans* 세포들은 지름이 약 0.4 μm이다.

17.6 *Nanoarchaeota*와 "Hospitable Fireball"

주요 속: *Nanoarchaeum*

Nanoarchaeota는 매우 특이한 *Nanoarchaeum equitans* (**그림 17.16**) 한 종을 가진다. *N. equitans*는 알려진 가장 작은 세포 생물이고, 고균 종들 사이에서 가장 작은 유전체 (0.49 Mb)를 가진다. 구형의 *N. equitans* 세포들은 약 0.4 μm 지름으로 매우 작으며, *Escherichia coli* 세포 부피의 단지 약 1%만 가진다. 이들은 순수배양으로 자라지 않으나, 이들은 *Crenarchaeota*의 초고온성 종으로 "알맞은 불덩어리(hospitable fireballs)"의 의미를 가진 이름의 이들의 숙주 생물인 *Ignicoccus hospitalis* (17.10절)의 표면에 붙어 있을 때만 복제한다. *N. equitans*는 *Ignicoccus* 세포당 10개 또는 더 많은 세포로 자라고, 분명한 기생형 생활사로 생활하는데, 유일하게 알려진 고균 기생균이다. 사실, 생활사와 일치하게 이 종의 종명 *equitans*는 "불덩어리를 올라타다(riding the fireball)"라는 "올라타다(riding)"의 의미이다.

*Nanoarchaeum*과 이들의 숙주

*N. equitans*과 이들의 숙주인 *Ignicoccus*는 아이슬란드 해변근처의 해저의 열수구 (20.14절)로부터 처음 분리되었다. 다른 해저 열수구나 육상의 온천지역에도 *N. equitans*과 계통학적으로 비슷한 생물이 있을 것이라는 것을 16S 리보솜 RNA 유전자의 환경 시료 채취 (19.6절)를 통하여 알게 되었고, 그래서 이와 같은 고균은 아마 전 세계에 걸쳐 적당한 고온지역에 분포할 것이다. 이들의 숙주인 *Ignicoccus*와 같이, *N. equitans*는 70°C에서 98°C의 온도에서 생장하고 90°C에서 최적으로 자란다.

*Nanoarchaeum*의 대사 작용은 아직 잘 모르지만 많은 대사기능이 이들의 숙주에 의존하는 것으로 보인다. *Ignicoccus*는 H_2를 전자공여체로 S^0를 전자수용체로 하여 자라면서 독립영양을 통하여 아마 *N. equitans*에 유기 탄소를 제공할 것으로 생각된다. *N. equitans*는 에너지를 위하여 수소와 황을 대사하는 능력이 없고 이들이 *Ignicoccus*로부터 얻은 물질로부터 ATP를 만드는지 혹은 이들의 숙주로부터 직접 ATP를 얻는지는 아직 잘 모른다. *N. equitans* 세포들의 모습은 주변세포질 공간처럼 보이는 것들 위에 S-층(layer) (2.6절)의 세포벽을 가진 전형적인 고균의 형태이다 (그림 17.16*b*).

16S 리보솜 RNA 유전자의 서열은 분명히 *N. equitans*가 고균의 계통으로 알려주지만, 염기서열이 다른 고균의 16S 리보솜 RNA 유전자의 서열과는 많은 위치에서 다르고, 심지어 고균 사이에서 매우 보존되어 있는 분자의 위치에서도 다르다. 이러한 차이로 초기에는 *N. equitans*가 고균의 초기 가지 계통이라고 결론을 내었다. 그러나 리보솜 단백질을 암호화하는 유전자들의 더 자세한 계통분석을 통하여 *N. equitans*의 분기는 *Euryarchaeota*가 형성되었을 시기 즈음에 일어났음을 알게 되었다 (그림 17.1). 심지어 일부 분석으로 *N. equitans*이 *Euryarchaeota*의 한 종일지도 모른다고 제안되었다. 그러나 유전체 분석은 이 생물이 *Euryarchaeota*에서 정보처리와 세포분열을 암호화하는 몇 가지 유전자가 결여된 것을 보여준다. *N. equitans*의 결론적인 계통적 위치를 위해서는 궁극적으로 이들 그룹으로부터 더 많은 종의 발견이 필요하다.

*N. equitans*의 유전체

*N. equitans*의 유전체 염기서열을 통하여 이 생물의 절대 공생 생활사를 깊이 알게 되었다. 이 유전체는 단일 환형 유전체로 단지 490,885개의 염기를 가지며 알려진 가장 작은 세포 유전체이다 (표 9.1). *N. equitans*의 유전체는 아미노산, 핵산, 조효소와 지질의 생합성을 포함하는 몇몇 주요한 대사기능을 하는 유전자들이 결여되어 있다. 또한 해당작용과 같은 이화작용을 위한 단백질을 암호화하는 유전자들도 결여되어 있다. 아마도 *N. equitans*를 위한 이와 같은 기능들은 모두 *Ignicoccus*에 의해 수행되어, *Ignicoccus*로부터 필요한 기질의 전이가 부착되어 있는 *N. equitans*의 세포에 전달될 것이다. *N. equitans*는 ATPase를 암호화하는 일부 유전자들도 결여되어 있어, 이것은 작동하는 ATPase를 합성하지 못할 것이라는 것을 알려준다. 사실이라면 세포 생물에 처음일 것이다. 만약 ATPase가 없고 기질수준 인산화작용이 일어나지 않으면 (해당작용 효소의 결여 때문), *N. equitans*는 숙주 *Ignicoccus*에 에너지와 탄소 모두를 의존하게 된다.

왜 그렇게 많은 유전자들이 결여되어 있고, 어떤 유전자들은 남아 있는가? *N. equitans*는 DNA 복제, 전자와 번역 그리고 DNA 수선 효소와 같은 주요한 효소를 위한 유전자들을 가지고 있다. 작은 유전체 크기뿐만 아니라 *N. equitans*의 유전체는 알려진 생물 중에 가장 밀집되어 있다; *N. equitans*는 염색체의 95% 넘게 단백질을 암호화한다—대부분의 모든 원핵세포의 것보다 더 높은 수치 (9.3절).

미니퀴즈

- *Nanoarchaeum equitans* 생물학의 어떤 면이 특히 진화적인 측면에서 흥미로운가?
- 왜 *Nanoarchaeum equitans*가 탄소와 에너지 기생균으로 불릴 수 있는가?

단원 4

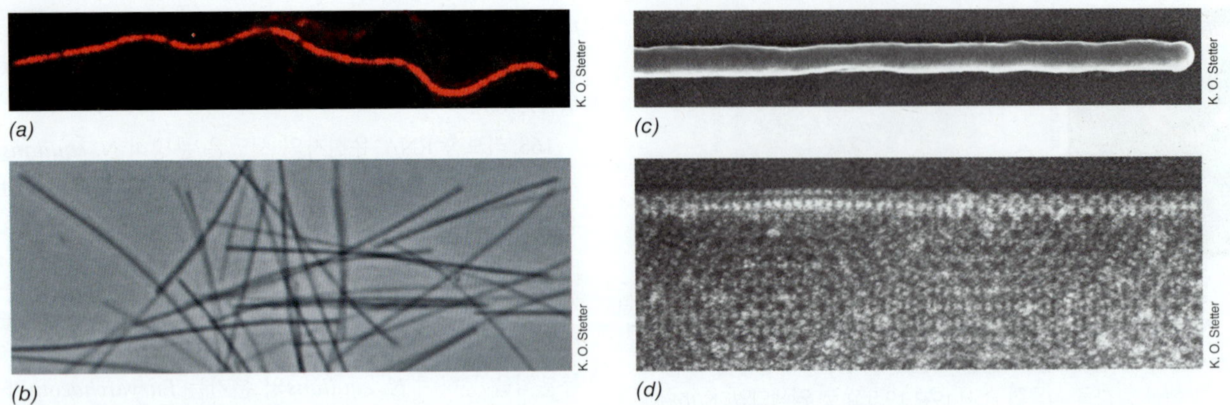

그림 17.17 ***Korarchaeum cryptofilum.*** *(a)* 85°C에서 농화배양되어 자라는 *Korarchaeum*의 형태를 확인하기 위해 사용된 형광 현장 혼성화(fluorescence in situ hybridization, FISH). *(b) K. cryptofilum* 사슬의 위상차 현미경 이미지. *(c) K. cryptofilum* 사슬의 주사전자현미경 사진. *(d)* 파라결정 S-layer (2.6절)를 보여주는 *K. cryptofilum* 사슬표면의 투과전자현미경 사진. *K. cryptofilum* 사슬은 폭이 약 0.17 μm이고 길이가 15 μm이다.

17.7 *Korarchaeota*와 "Secret Filament"

주요 속: *Korarchaeum*

Korarchaeota의 리보솜 RNA 서열이 해저와 육상의 지열서식지의 광범위한 곳에서 관찰되었다. 그러나 "젊음의 은폐된 사슬(cryptic filament of youth)"의 의미를 갖는 *Korarchaeum cryptofilum*은 *Korarchaeota*의 문(phyla)에서 유일하게 연구된 종이다.

미국 옐로스톤 국립공원의 Obsidian Pool이라고 불리는 온천으로부터 분리된 16S 리보솜 RNA 유전자의 계통형으로 처음 알려진 *K. cryptofilum*은 *N. equitans*처럼 아직까지 순수배양이 되지 않고 있다. 그러나 농화배양의 메타유전체 분석 (9.8과 19.8절 참조)으로부터 이것의 유전체가 결정되었다. *K. cryptofilum*은 절대 혐기성 화학유기영양체이고 85°C에서 생장하는 초고온성이다. 세포들은 다양한 길이의 길고 (**그림 17.17*a*~*c***), 가는 (< 0.2 μm 지름) 사슬로서 대부분의 사슬은 약 15 μm 길이지만, 일부는 100 μm만큼 이를 수 있다. *K. cryptofilum*의 사슬은 거친 파라결정(paracrystalline) S-layer (그림 17.17*d*)를 가지며, 이것이 극한의 고온 서식지에서 세포의 형태를 유지시켜준다.

비록 *K. cryptofilum*가 분리되어 생장할 수 없지만, 이들 유전체 서열이 생활방식에 대한 단서를 제공하여 준다. *K. cryptofilum*은 혐기적 호흡 (양성자 환원의 가능성 있는 예외를 가지고, 14.15절)을 수행할 수 있는 능력이 없고, 발효 생활방식으로 생활한다. 다른 고균의 초고온성 세균들과 비슷하게, *K. cryptofilum*는 펩티드나 아미노산의 발효로 생장한다 (표 17.4 참조). *K. cryptofilum*는 퓨린, 조효소 A와 몇 개의 중요한 조효소를 합성할 수 있는 능력을 포함하는 생합성에 관여하는 많은 주요 유전자가 결여되어 있다. 아마도 *K. cryptofilum*는 이들 주요한 구성성분을 환경으로부터 얻을 것이다. 그들 자신의 생장을 위해 필수적인 분자들을 합성하지 못하는 *K. cryptofilum*의 불가능성은 블랙 퀸 가설(Black Queen Hypothesis) (미생물 세계 탐구, 13장)에 의해 묘사되는 상호의존성의 진화에 의해 설명될지도 모른다. 이 온천 미생물 군집이 구성원들의 상호의존성이 왜 *K. cryptofilum*이 순수배양으로 얻기 어려운가를 알려준다.

*Nanoarchaeota*에서와 같이, *Korarchaeota*의 계통학적 위치에 대하여 어느 정도 불확실성이 있다. *K. cryptofilum*의 유전체는 *Euryarchaeota*와 유연성을 가지는 유전자 집단과 *Crenarchaeota*와 유연성을 가지는 유전자 집단을 포함하고 있다. 예를 들어, 리보솜 단백질, RNA 중합효소 소단위와 리보솜 RNA 유전자의 계통분석은 *Crenarchaeota*와 *Korarchaeota* 사이의 유연성을 나타낸다. 그러나 세포분열, tRNA 성숙과 DNA복제와 복구를 위한 유전자들은 *Euryarchaeota*와 *Korarchaeota* 사이의 유연성을 나타낸다. *K. cryptofilum*의 독특한 유전적 조성 때문에 이것의 위치가 고균의 방산(radiation)의 근원에 가까운 곳에 위치하고 (그림 17.1), 이와 같은 흥미로운 고균에 대한 연구가 이들의 실제 계통적 위치를 분명하게 할 것이다.

미니퀴즈

- *Korarchaeum cryptofilum*이 순수배양으로 분리되는데 어려운 가장 가능성이 있는 이유는 무엇인가?

III • *Crenarchaeota*

실험실 배양의 고균 중에서 ***Crenarchaeota***는 가장 초고온성 세균들이고, 물의 끓는점보다 높은 온도에서 최적으로 자라는 종을 포함하고 있다. 많은 초고온성 세균들은 화학무기영양성의 독립영양체들이고, 이와 같은 온도에서 생존할 수 있는 광영양체들이 없기 때문에 이들 생물들은 이러한 서식지의 유일한 일차생산자들이다.

17.8 서식지와 에너지 대사

대부분 초고온성 고균은 지열(geothermally)로 가열된 토양 또는

그림 17.18 초고온성 고균의 육상 서식지들: 옐로스톤 국립공원. *(a)* 전형적인 솔파타라(solfatara)로 H_2S가 많이 포함된 수증기가 표면으로 나오고 있다. *(b)* 황이 많은 온천, *Sulfolobus*의 밀집된 개체군을 포함한 서식지. 솔파타라의 산도와 유황 온천은 *Sulfolobus*와 연관되어 있는 원핵생물이 H_2S와 S^0를 H_2SO_4 (황산)로 산화시키는데서 나타난다. *(c)* 중성 pH의 끓고 있는 전형적인 온천; Imperial 간헐천. 많은 다른 종의 초고온성 고균들의 이와 같은 서식지에 살고 있을 것이다. *(d)* 산성의 철이 많은 지열 온천, 다른 *Sulfolobus*의 서식지. 여기서는 Fe^{2+}가 Fe^{3+}로 산화가 산성 조건을 만든다.

단원 4

황원소(S^0)와 황화수소(H_2S)를 포함한 물에서 분리되고 있고, 대부부의 종들은 황을 여러 방법으로 대사한다. 육상 환경에서는 황이 풍부한 온천이나 끓은 진흙과 토양은 100°C까지 온도가 올라갈 수 있으며, H_2S와 S^0의 생물학적 산화 (14.9절과 21.4절)에 의한 황산(H_2SO_4)의 생성 때문에 약산성에서부터 극산성에 이르게 된다. 이와 같이 **솔파타라(solfataras)**라고 부르는 황이 매우 풍부한 환경들은 이탈리아, 아이슬란드, 뉴질랜드, 그리고 미국 Wyoming 주의 옐로스톤 국립공원 등 세계의 곳곳에서 발견된다 (**그림 17.18**). 주변의 지질학에 따라 솔파타라는 약산성에서 약알칼리성, pH 5~8, 또는 pH 1 이하 값을 가지는 극산성까지 될 수 있다. 초고온성 crenarchaeotes는 이들 모든 환경에서 모두 분리되었는데 이들 생물들의 대다수는 중성 또는 약산성의 고온 서식지에서 서식한다.

초고온성의 *Crenarchaeota*는 또한 **열수구(hyperthermal vents)**라 불리는 바다 밑 온천 등에 서식한다. 우리는 20.14절에서 이들 서식지의 지질학과 미생물학을 다룬다. 여기서는 물이 압력을 받는 상태에 있기 때문에 해저수가 표층수보다 훨씬 더 고온일 수 있음을 주목할 필요가 있다. 실제로 최적 생장온도가 100°C 이상인 모든 초고온성 세균들은 해저 근원지로부터 왔다. 해저 근원지로는 이탈리아의 Vulcano 해안 근처의 것들처럼 얕은 (깊이 2~10 m) 분출구와 해양이 펼쳐진 곳의 깊은 (깊이 2,000~4,000 m) 분출구 등이 있다 (그림 17.24 참조). 깊은 열수구들이 원핵생물을 존재하는 지금까지 알려진 가장 고온의 서식지이다.

몇 가지 예외를 제외하고는 초고온성 *Crenarchaeota*는 절대 혐기성이다. 그들의 에너지 생산 대사과정은 화학유기영양성이거나 화학무기영양성이고 (혹은 *Sulfolobus*의 경우 두 가지 모두), 아주 다양한 전자공여체와 전자수용체를 이용한다. 발효과정은 매우 드물며 대부분의 생물적 에너지(bioenergenic) 방법들은 혐기성 호흡이다 (**표 17.4**). 이런 호흡과정 동안의 에너지 보존은 세균에서 흔히 존재하는 것과 동일한 일반적인 기작에 의해 일어난다: 세포막 안에서 전자전달이 양성자 동력을 만들고 이것으로부터 양성자를 이동시키는 ATPase에 의해 ATP가 만들어진다 (3.11절).

많은 초고온성 crenarchaeotes는 혐기성 상태에서 H_2를 전자공여체로 S^0 또는 NO_3^-를 전자수용체로 하여 화학무기영양성으로 자랄 수 있다; 몇몇 종들은 또한 호기적으로 H_2를 산화한다 (표 17.4). 또한 몇 종류의 초고온성 세균에서 3가철(Fe^{3+})을 전자수용체로 이용하는 H_2 호흡이 일어난다. 다른 화학무기영양성 생활사는 호기적인 S^0와 Fe^{2+} 산화 또는 NO_3^-를 전자수용체로 한 Fe^{2+}의 혐기적 산화를 포함한다 (표 17.4). 오직 하나의 황산염-환원 초고온성 세균만이 알려졌다 (euryarchaeote *Archaeoglobus*, 17.4절).

표 17.4 초고온성 고균의 에너지 발생 반응

에너지 발생 반응	대사적 분류[a]	예[b]
화학유기영양성		
유기화합물 + $S^0 \rightarrow H_2S + CO_2$	AnR	*Thermoproteus*, *Thermococcus*, *Desulfurococcus*, *Thermofilum*, *Pyrococcus*
유기화합물 + $SO_4^{2-} \rightarrow H_2S + CO_2$	AnR	*Archaeoglobus*
유기화합물 + $O_2 \rightarrow H_2O + CO_2$	AeR	*Sulfolobus*
유기화합물 → $CO_2 + H_2$ + 지방산	AnR	*Staphylothermus*, *Pyrodictium*
유기화합물 + $Fe^{3+} \rightarrow CO_2 + Fe^{2+}$	AnR	*Pyrodictium*
유기화합물 + $NO_3^- \rightarrow CO_2 + N_2$	AnR	*Pyrobaculum*
피루브산염 → $CO_2 + H_2$ + 아세트산염	AnR	*Pyrococcus*
펩티드 → CO_2 + 아세트산염 + butanol	F	*Hyperthermus*, *Korarchaeum*
화학무기영양성		
$H_2 + S^0 \rightarrow H_2S$	AnR	*Acidianus*, *Pyrodictium*, *Thermoproteus*, *Stygiolobus*, *Ignicoccus*
$H_2 + NO_3^- \rightarrow NO_2^- + H_2O$ (일부 종에서는 NO_2^-가 환원되어 N_2가 됨)	AnR	*Pyrobaculum*
$4\ H_2 + NO_3^- + H^+ \rightarrow NH_4^+ + 2\ H_2O + OH^-$	AnR	*Pyrolobus*
$H_2 + 2\ Fe^{3+} \rightarrow 2\ Fe^{2+} + 2\ H^+$	AnR	*Pyrobaculum*, *Pyrodictium*, *Archaeoglobus*
$2\ H_2 + O_2 \rightarrow 2\ H_2O$	AeR	*Acidianus*, *Sulfolobus*, *Pyrobaculum*
$2\ S^0 + 3\ O_2 + 2\ H_2O \rightarrow 2\ H_2SO_4$	AeR	*Sulfolobus*, *Acidianus*
$2\ FeS_2 + 7\ O_2 + 2\ H_2O \rightarrow 2\ FeSO_4 + 2\ H_2SO_4$	AeR	*Sulfolobus*, *Acidianus*, *Metallosphaera*
$2\ FeCO_3 + NO_3^- + 6\ H_2O \rightarrow 2\ Fe(OH)_3 + NO_2^- + 2\ HCO_3^- + 2\ H^+ + H_2O$	AnR	*Ferroglobus*
$4\ H_2 + SO_4^{2-} + 2\ H^+ \rightarrow 4\ H_2O + H_2S$	AnR	*Archaeoglobus*
$4\ H_2 + CO_2 \rightarrow CH_4 + 2\ H_2O$	AnR	*Methanopyrus*, *Methanocaldococcus*, *Methanothermus*

[a]AnR, 혐기성 호흡(anaerobic respiration); AeR, 호기성 호흡(aerobic respiration); F, 발효(fermentation)
[b]대부분이 *Crenarchaeota*임; 그림 17.1 참조.

유일하게 분명히 불가능한 생물 에너지생산 방법은 광합성으로서 분명하게 74°C보다 낮은 온도에서만 일어나는 에너지 보존 수단이다 (그림 17.28 참조).

미니퀴즈

- 초고온성균들에서 널리 사용되는 에너지대사의 형태는 무엇인가?
- 솔파타라에 서식하는 초고온성균들은 열수분출공에 서식하는 초고온성균들과 온도와 pH 저항성이 어떻게 다른가?

17.9 육지 화산 서식지로부터의 *Crenarchaeota*

주요 속: *Sulfolobus*, *Acidianus*, *Thermoproteus*, *Pyrobacculum*

육상 화산활동 지역의 서식지는 100°C까지 높은 온도를 가질 수 있고, 따라서 초고온성 고균에 적합하다. 이들 환경으로부터 분리된 것으로 계통학적 관련이 있는 두 생물에는 *Sulfolobus*와 *Acidianus*가 있다. 이들 속(genera)들은 *Sulfolobales*라는 목(order)의 중심을 형성한다 (**표 17.5**). 게다가 *Sulfolobus*는 고균의 분자생물학적 연구를 위한 모델 생물로 되어 있다.

Sulfolobales

*Sulfolobus*는 90°C까지의 온도, pH 1~5에서 황이 풍부한 산성의 고온지역 (그림 17.18)에서 생장한다. *Sulfolobus*는 H_2S 또는 S^0를 H_2SO_4로 산화하고 탄소원으로 CO_2를 고정하는 호기적 화학무기영양성균들이다. *Sulfolobus*는 화학유기영양성으로도 자랄 수 있다. *Sulfolobus*의 세포들은 다소 구형이나 특이한 돌출부를 포함하고 있다 (**그림 17.19*a***). 세포들은 황 결정에 단단하게 붙는데, 이는 형광 염색을 이용하여 현미경으로 볼 수 있다 (그림 14.27*b*). 황 또는 유기화합물들의 호기성 호흡 이외에, *Sulfolobus*는 또한 Fe^{2+}를 Fe^{3+}로 산화시킬 수도 있고, 이러한 능력은 철과 구리광석의 고온 침출에 응용되고 있다 (21.5절과 22.1절).

표 17.5 일부 초고온성 *Crenarchaeota*의 특성들

그룹/속(genus)[a]	형태	O_2와 관계[b]	온도 최소	온도 적정	온도 최대	적정 pH
Sulfolobales						
Sulfolobus	돌출부를 갖는 둥근형	Ae	55	75	87	2~3
Acidianus	둥근형	Fac	60	88	95	2
Metallosphaera	둥근형	Ae	50	75	80	2
Stygiolobus	돌출부를 갖는 둥근형	An	57	80	89	3
Sulfurisphaera	둥근형	Fac	63	84	92	2
Sulfurococcus	둥근형	An	40	75	85	2.5
Thermoproteales						
Thermoproteus	막대형	An	60	88	96	6
Thermophilum	막대형	An	70	88	95	5.5
Pyrobaculum	막대형	Fac	74	100	102	6
Caldivirga	막대형	An	60	85	92	4
Thermocladium	막대형	An	60	75	80	4.2
Desulfurococcales						
Desulfurococcus	둥근형	An	70	85	95	6
Aeropyrum	둥근형	Ae	70	95	100	7
Staphylothermus	클러스터 형태의 둥근형	An	65	92	98	6~7
Pyrodictium	사상을 갖는 디스크형	An	82	105	110	6
Pyrolobus	돌출부를 갖는 둥근형	Fac	90	106	113	5.5
Thermodiscus	디스크 형태	An	75	90	98	5.5
Ignicoccus	불규칙한 둥근형	An	65	90	103	5
Hyperthermus	불규칙한 둥근형	An	75	102	108	7
Stetteria	둥근형	An	68	95	102	6
Sulfophobococcus	디스크 형태	An	70	85	95	7.5
Thermosphaera	둥근형	An	67	85	90	7
Strain 121[c]	둥근형	An	85	108	121	7

[a]그룹명칭이 "ales"로 끝나는 것은 목(order)의 명칭임.
[b]Ae, 호기성(aerobe); An, 혐기성(anaerobe); Fac, 통성(factultative)
[c]비공식적 분류학적 명칭이 "*Geoodenma barossli*"로도 알려짐.

*Sulfolobus*와 비슷한 통성 호기성균도 산성 솔파타릭(solfataric) 수원지(spring)에서 살 수 있다. *Acidianus* (그림 17.19*b*)라는 이 생물은 S^0를 이용하여 혐기적, 호기적 조건으로 자랄 수 있는 능력 때문에 *Sulfolobus*와 가장 분명하게 구분된다. 호기적 조건에서 이 생물은 O_2를 전자수용체로 S^0를 전자공여체(electron *donor*)로 사용하여 H_2SO_4로 산화시킨다. 혐기적으로는 *Acidianus*는 S^0를 전자수용체(electron *acceptor*)로 H_2를 전자공여체로 하여 환원 산물로 H_2S를 만든다. 그러므로 S^0의 대사과정은 *Acidianus*의 배양에서 O_2가 존재하는가 하지 않는가에 달려 있다. *Sulfolobus*와 같이 *Acidianus*도 형태에 있어서, 거친 구형이지만 돌출부위는 없다 (그림 17.19*b*). 이들은 최적온도를 약 90°C로 하여, 65°C의 온도로부터 최대 95°C까지의 온도에서 자란다. 따라서 그룹으로서 *Sulfolobales*는 모든 매우 호산성인 고균의 가장 고온성균을 가진다.

Thermoproteales

*Thermoproteales*의 주요 속으로는 *Thermoproteus*, *Thermofilum*과 *Pyrobaculum*이 있다. *Thermoproteus*와 *Thermofilum* 속은 중성 혹은 약산성의 온천들에 서식하는 막대 형태의 세포로 구성되어 있다. *Thermoproteus*의 세포들은 단단한 막대 형태로 지름이 0.5 μm이고 길이는 1~2 μm (**그림 17.20*a***)의 짧은 세포들과 사상의 긴

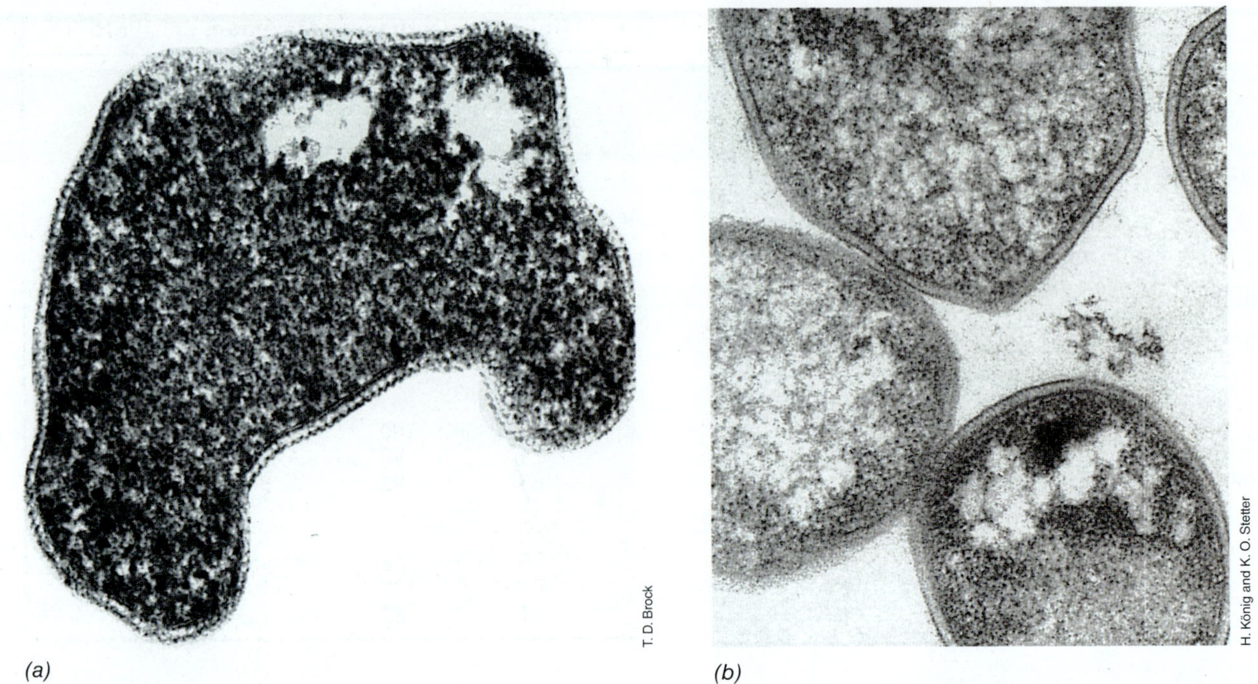

그림 17.19 호산성 초고온성 고균, *Sulfolobales*. *(a) Sulfolobus acidocaldarius*. 박편 전자현미경 사진. *(b) Acidianus infernus*. 박편의 전자현미경 사진. 두 생물 모두 지름이 0.8에서 2 μm까지 다양하다. *Sulfolobales*는 일반적으로 최적온도를 90°C 이하로 갖는다 (표 17.5).

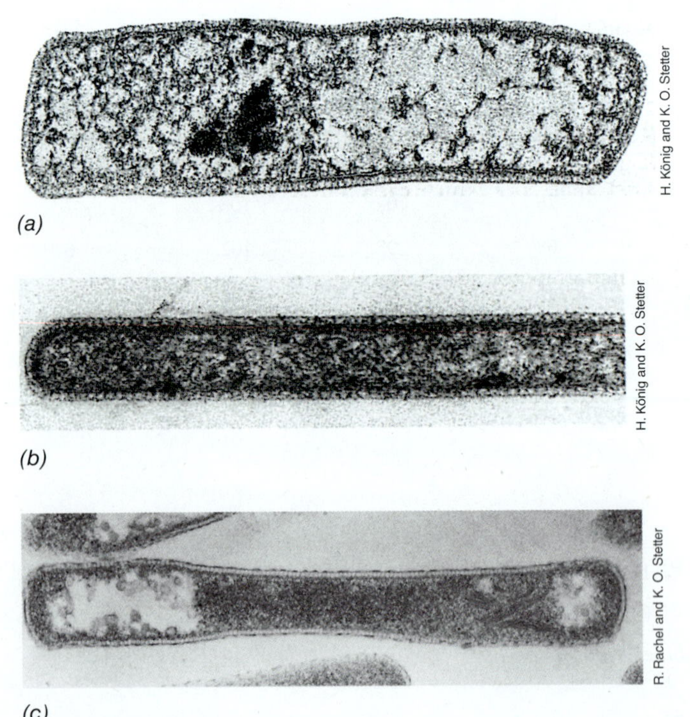

그림 17.20 막대모양의 초고온성 고균, *Thermoproteales*. *(a) Thermopreteus neutrophilus*. 박편의 전자현미경 사진. 세포는 지름이 약 0.5 μm이다. *(b) Thermofilum librum*. 세포는 지름이 약 0.25 μm이다. *(c) Pyrobaculum aerophilum*. 박편의 투과전자현미경 사진; 세포는 0.5 × 3.5 μm로 측정된다; 비록 *P. aerophilum*의 최적온도는 100°C이지만 다른 *Thermoproteales*의 최적온도는 모두 90°C 이하이다 (표 17.5).

70~80 μm까지 매우 다양하다. *Thermofilum*의 사슬들은 더 가늘고 어떤 것은 0.17~0.35 μm 넓이에 필라멘트 길이는 100 μm까지 된다 (그림 17.20*b*).

*Thermoproteus*와 *Thermofilum* 모두 절대 혐기성이며 S^0를 기반으로 하는 혐기적 호흡을 한다 (표 17.4). 대부분의 분리된 *Thermoproteus* 세균들은 H_2를 이용한 화학무기영양성으로 생장할 수도 있고, 효모 추출물, 작은 펩티드, 전분, 포도당, 에탄올, 말산염(malate), 푸마르산염(fumarate) 또는 포름산염(formate)과 같은 복합 탄소 물질들을 이용한 화학유기영양성으로도 생장할 수 있다 (표 17.4). *Pyrobaculum* (그림 17.20*c*)은 막대모양의 초고온성 세균이나 *Pyrobaculum*의 일부 종들은 호기성 호흡을 할 수 있다는 면에서, 다른 *Thermoproteales*와 생리학적으로 구분된다. 그러나 *Pyrobaculum*은 NO_3^-, Fe^{3+} 또는 S^0를 전자수용체로도 이용하고 H_2를 전자공여체로 이용하여 혐기성 호흡으로 생장할 수 있다 (즉, 그들은 화학무기영양성과 독립영양성 생장을 할 수 있음). 다른 *Pyrobaculum* 종들은 유기 전자공여체를 이용하면서 S^0를 H_2S로 환원하면서 혐기적으로 생장할 수 있다. 생장을 위한 *Pyrobaculum*의 최적온도는 100°C이고, 이 생물의 종들은 육지의 온천과 열수구에서 분리되고 있다.

미니퀴즈

- *Sulfolobus*와 *Pyrobaculum*의 유사점과 차이점은 무엇인가?
- *Thermoproteales* 중에서 *Pyrobaculum*의 대사과정의 특이한 점은 무엇인가?

17.10 해저 화산서식지의 *Crenarchaeota*

주요 속: *Pyrodictium, Pyrolobus, Ignicoccus, Staphylothermus*

이제 알려진 모든 고균 중에서 대부분 고온성 균들의 생활 장소인 해저 화산 서식지의 미생물학을 보기로 한다. 이들 서식지는 얕은 물 온천지역과 깊은 바다 열수구들 모두를 포함하고 있다. 우리는 이런 흥미로운 미생물 서식지 지질학을 20.14절에서 보고 23.9절에서 그곳에서 존재하는 흥미로운 동물군집을 살펴볼 것이다. 여기에 언급된 생물들은 *Desulfurococcales*라고 불리는 고균의 목(order) 수준의 그룹을 형성한다 (표 17.5).

*Pyrodictium*과 *Pyrolobus*

*Pyrodictium*과 *Pyrolobus*는 생장 최적온도가 100°C 이상인 미생물의 예들이다; *Pyrodictium*의 최적온도는 105°C이고 *Pyrolobus*는 106°C이다. *Pyrodictium*의 세포들은 불규칙적인 원반 형태이고 배양할 때 황 원소 결정에 붙어서 균사와 같은 층으로 자란다. 세포 덩어리는 섬유조직 망(network)으로 구성되어 있는데 여기에 각각의 세포가 붙어 있다 (**그림 17.21*a***). 섬유조직은 속이 비어 있고 세균의 편모 (2.11절)의 배열과 비슷한 형식으로 배열된 단백질로 구성되어 있다. 그러나 필라멘트들은 운동성을 제공하지 않고, 대신에 부착 기관으로서 역할을 한다. *Pyrodictium*의 세포벽들은 당단백질로 구성되어 있다. 생리학적으로 *Pyrodictium*은 절대 혐기성균으로 화학무기영양성으로 S^0를 전자수용체로하고 H_2를 이용하여 자라거나 (14.14절) 또는 유기화합물의 복잡한 혼합체를 이용하여 화학유기영양성으로 자란다 (표 17.4).

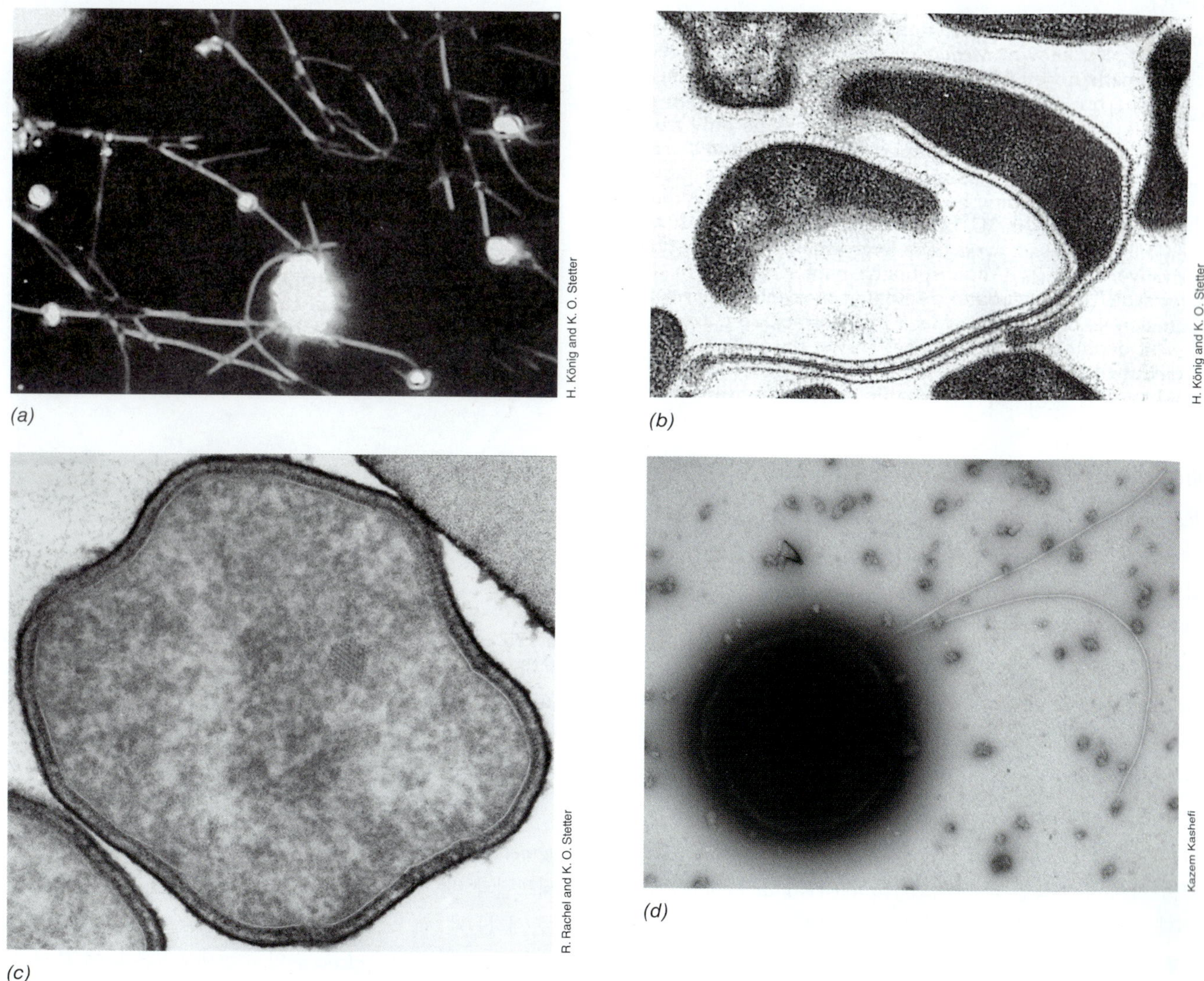

그림 17.21 100°C 이상의 생장적정 온도를 가지는 *Desulfurococcales*. *(a) Pyrodictium occultum* (생장적정 온도, 105°C), 암시야 현미경 사진. *(b) P. occultum*의 박편 전자현미경 사진. 세포들은 지름이 0.3에서 2.5 μm까지 다양하다. *(c)* 알려진 모든 세균 중에서 가장 고온성 세균의 하나인 *Pyrolobus fumarii*의 세포의 박편 (생장적정 온도, 106°C); 단일 세포는 지름이 약 1.4 μm이다. *(d)* 121°C에서 생장할 수 있는 "strain 121" 세포의 음성염색, 세포는 지름이 약 1 μm이다. 비록 *Desulfurococcales*는 100°C 이상에서 생장할 수 있는 가장 많은 수의 초고온성 세균들을 포함하지만, 모든 알려진 고균에서 가장 고온성인 것은 실제로 euryarchaeote인 *Methanopyrus*이다 (17.2절).

H. König and K. O. Stetter; H. König and K. O. Stetter; R. Rachel and K. O. Stetter; Kazem Kashefi

단원 4

Pyrolobus fumarii (그림 17.21*c*)는 초고온성균들 중에 가장 고온성균 가운데 하나이다. 이 균주의 최대 생장온도는 113°C이다 (표 17.5). *P. fumarii*는 "흑분연구(black smoker)"라는 열수구 기둥의 벽에 사는데 (20.14절 및 그림 20.37, 20.38과 20.40), 독립 영양 능력으로 이 균이 없으면 무기 환경인 이곳에 유기 탄소가 제공된다. *P. fumarii* 세포는 구형이며 (그림 17.21*c*), 세포벽은 단백질로 구성되어 있다. 이 생물은 절대 H_2 화학무기영양체이며 NO_3^- (NH_4^+로), $S_2O_3^{2-}$ (H_2S로), 또는 매우 낮은 농도의 O_2를 H_2O의 환원으로 수소 (H_2)를 산화시키면서 생장한다. 이들의 극고온성 특징 이외에도, *P. fumarii*는 또한 이들의 생장 최고 온도보다 실제 더 높은 온도에 대해서도 내성이 있다. 예를 들어, *P. fumarii* 배양균들은 고압멸균기 (121°C)에서 한 시간 동안 생존하는데, 이 상태는 세균의 내생포자 (2.10절)들조차 견디지 못하는 조건이다.

*Pyrolobus*와 최적온도를 106°C로 공통으로 갖는 이 그룹의 다른 생물이 있다. 그러나 "Strain 121"이라고 불리는 이 생물은 실제로 121°C에서 느린 생장을 보이고 130°C에서 두 시간 동안 살아남을 수 있다. 유일하게 초고온성 메탄생성균인 *Methanopyrus*만이 높은 온도에서 생장할 수 있다 (122°C, 17.2절). Strain 121은 고균편모를 가지며 구형의 세포이다 (그림 17.21*d*); 이 생물은 또한 절대 혐기성이며 화학무기영양성으로 자라고, Fe^{3+}를 전자수용체로서, 포름산염(formate) 또는 수소(H_2)를 전자공여체로 이용하여 독립 영양적으로 자란다. 그러므로 고균 모두 중에 종합적으로 *Pyrodictium*/*Pyrolobus* 그룹은 알려진 모든 미생물 중 가장 고온성균을 포함하는 것은 분명하다.

*Desulfurococcus*와 *Ignicoccus*

*Desulfurococales*의 다른 주목할 만한 구성원은 *Desulurococcus* 속으로, 이것을 위해 목(order)이 이름 지어졌고 (**그림 17.22*a***), 다른 구성원은 *Ignicoccus*이다. *Desulurococcus*는 *Pyrodictium*과 같이 절대 혐기적 S^0-환원균이지만, 계통학적으로 다르고 훨씬 덜 고온성이어서 약 85°C에서 최적으로 자란다.

*Ignicoccus*는 90°C에서 최적 생장을 하며, 이것의 대사 작용은 많은 초고온성 고균 (표 17.4)에서처럼 전자공여체로 H_2와 전자수용체로 S^0에 기반을 두고 있다. 일부 *Ignicoccus* 종들은 작고 기생하는 고균인 *Nanoarchaeum equitans*의 숙주이다 (17.6절). *Ignicoccus* (그림 17.22*b*)는 S-layer가 결여되어 있는 새로운 세포 구조를 가지고, 독특한 외부 세포막(*outer cellular membrane*)을 가진다. 그러나 이 외부 세포막은 그람-음성 세균의 외부 세포막 (2.5절)과 여러 가지 면에서 다르다. 가장 두드러진 것이 *Ignicoccus*의 외부세포막은 ATPase가 있으면서 에너지를 만드는 장소이다. *Ignicoccus*는 또한 세포질과 생합성과 정보처리를 담당하는 효소를가지는 내부 세포막을 가진다. 이와 같은 이유 때문에 외부 또는 내부 세포막 모두 전형적인 세포질 막의 정의 (2.3절)를 만족시키지 못한다.

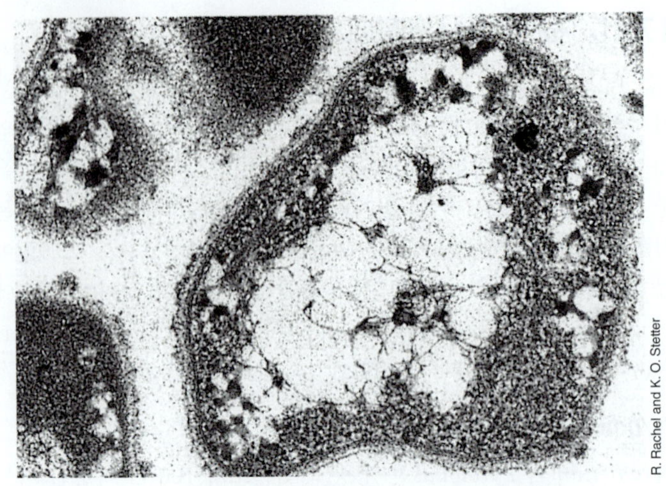

(*a*)

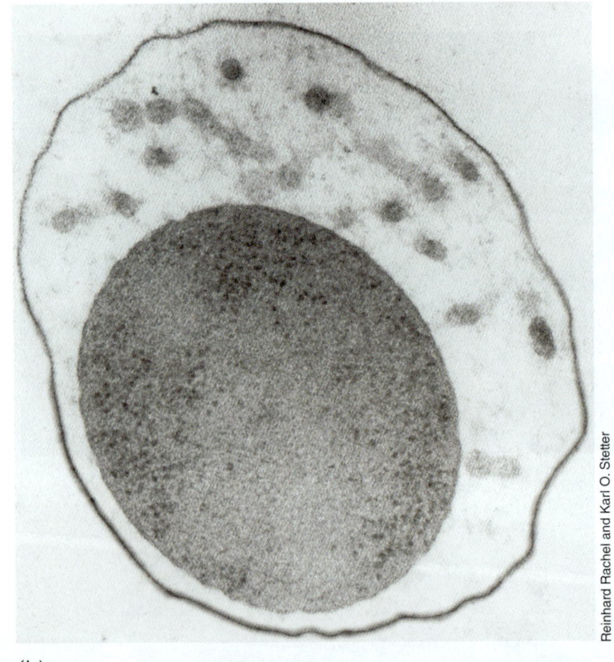

(*b*)

그림 17.22 100°C 이하의 생장 최적온도를 가지는 *Desulfurococcales*. (*a*) *Desulfurococcus saccharovorans*의 세포의 박편; 세포는 지름이 0.7 μm이다. (*b*) *Ignicoccus islandicus* 세포의 박편. 세포주위가 아주 큰 주변세포질로 둘러싸여 있다. 세포 자체는 지름이 1 μm으로 측정되나 세포와 주변세포질은 1.4 μm으로 측정된다.

*Ignicoccus*의 내부와 외부 세포막 사이에는 그람-음성 세균의 주변세포질과 비슷하고 커다란 중간구역(*intermediate compartment*)이 존재하는데, 세포질의 부피보다 2배 혹은 3배 정도로 훨씬 크다 (그림 17.22*b*). 또한 *Ignicoccus*의 주변세포질은 막에 붙어 있는 소포 (그림 17.22*b*)들을 가지는데, 이는 아마 세포 밖으로 물질을 내보내는 기능을 할 것이다. 이와 같은 이유로서 *Ignicoccus*의 세포구조는 진핵생물(*Eukarya*)을 닮았다. 그래서 *Ignicoccus*는 진핵세포의 기원 (그림 13.9)을 이해하는 조상세포 형태의 최근 후손으로 제안되고 있다.

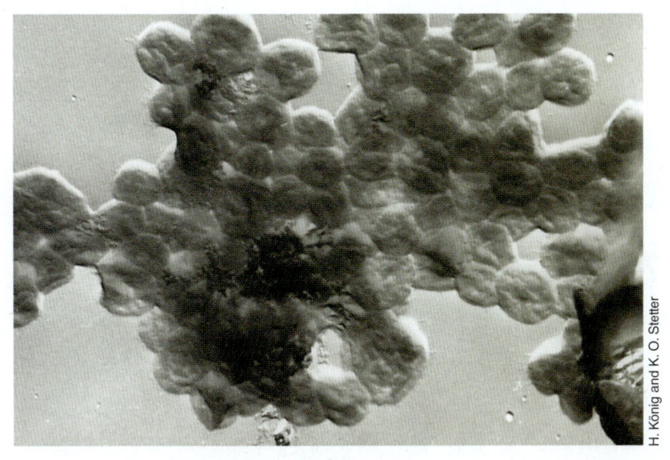

그림 17.23 초고온성 *Staphylothermus marinus*. 음영을 만들어 관찰한 세포들의 전자현미경 사진. 단일 세포는 지름이 약 1 μm이다.

Staphylothermus

형태적으로 특이한 *Desulfurococales* 목(order)의 구성원은 *Staphylothermus* 속이다 (**그림 17.23**). *Staphylothermus*의 세포들은 약 1 μm 정도 지름을 가지는 구형이며, 세균의 *Staphylococcus* (⇔ 그림 16.20과 30.28*a*)와 형태적으로 아주 비슷하게, 100개까지의 세포들로 된 집합체를 형성한다. *Staphylothermus*는 다른 많은 초고온성 유사균들과는 다르게 화학무기영양성이 아니지만 대신에, 화학유기영양성으로 92°C에서 가장 잘 생장한다. 에너지는 펩티드의 발효로부터 얻으며 발효산물로 지방산인 아세트산과 isovalerate를 생산한다 (표 17.4).

*Staphylothermus*의 분리균들은 얕은 해양 열수구에서 뿐만 아니라 매우 온도가 높은 흑분연구(black smokers)에서도 얻어졌다 (그림 17.24 참조; ⇔ 20.14절). 이 생물은 해저 고온 지역에 확실히 널리 퍼져 있고, 그곳에서 죽은 생물에서 나오는 단백질들을 소비하는 중요한 역할을 할 것이다.

미니퀴즈

- 고온의 생명체란 측면에서 *Pyrodictium*/*Pyrolobus* 그룹에 대하여 우리는 어떤 결론을 지을 수 있는가?
- *Ignicoccus*와 *Staphylothermus*에 존재하는 특이한 구조적 특징은 무엇인가?

IV • 고온에서의 진화와 생활

우리가 이번 장에서 본 것처럼, 지금까지 발견된 대부분의 초고온성 세균은 고균의 종들이며 몇몇은 생명의 최대 한계점일 것으로 보이는 온도에서도 자란다. 이 절에서는 생명의 최대 한계온도를 정의할 수 있는 주요 요소들과 100°C, 그리고 그 이상의 높은 온도에서도 존재할 수 있게 하는 초고온성 생물학적 적응에 대하여 다룰 것이다. 초고온성과 수소(H_2) 물질대사의 설명으로 이 장을 마칠 것이다.

17.11 미생물의 최대 한계온도

세포 생활의 전제조건인 물을 포함하고 100°C보다 높은 온도를 가지는 서식지는 해저 지층의 균열 혹은 분출구로부터 지열로 데워진 물이 나오는 전 세계 해양의 많은 장소에서만 발견된다 (⇔ 그림 13.3, 20.37~20.40). 수천 미터 깊이의 열수에서의 정수압(hydrostatic pressure) 때문에 물이 끓지 않고 온도가 끓는점보다 높은 400°C 혹은 더 높은 온도로 존재하게 한다. 반면에 지표의 온천은 끓고 열을 내어 오직 100°C 가까운 온도에 이르게 된다. 그러므로 해저 지층의 열수구에서 100°C 이상의 생장 최적온도를 갖는 초고온성 고균이 많은 것은 놀라운 일이 아니다 (표 17.5).

흑분연구는 250~350°C 혹은 더 높은 열수액을 내뿜는다. 금속성의 아황산염(sulfides)이 높은 열수로부터 나와 주변의 훨씬 더 차가운 해수와 섞이면서 침전되어 굴뚝(*chimneys*)이라고 불리는 금속성의 기둥 또는 똑바로 선 구조물을 형성한다 (**그림 17.24**). 현재까지 알려진 바로는 과열된 열수 자체는 무균상태이다. 그러나 몇몇의 초고온성 세균이 언덕이나 흑분연구 기둥 벽으로부터 분리되었으며, 이곳은 생물들이 생존과 생장을 할 수 있는 적합한 온도이다 (⇔ 그림 20.40). 이와 같은 구조물들을 연구함으로써, "미생물 (그리고 아마도 모든 생물)의 최대 한계온도는 얼마인가?" 하는 질문을 가질 수 있다.

생명을 위한 최대한계 온도는 얼마인가?

얼마나 높은 온도까지 초고온성 세균은 견딜 수 있나? 지난 수십 년간 알려진 미생물 생존의 최대 한계온도는 새로운 고온성과 초고온성 세균 (**그림 17.25**)이 동정되고 알려짐에 따라 계속 올라가고 있다. 최근까지 최고기록을 보유한 세균은 *Pyrolobus fumarii* (그림 17.21*c*)로 113°C의 최대 생장 온도 한계를 가졌었다. 그러나 현재의 기록 보유 세균인 *Methanopyrus* (17.2절, 그림 17.8)는 122°C에서 자랄 수 있기 때문에 좀 더 높은 온도로 한계를 올렸고 심지

그림 17.24 열수 분출수. 대서양 중간의 Rainbow vent 지역의 열수분출구 둔덕. 두 개의 짧은 기둥에서 나오는 열수는 300°C 이상이다.

단원 4

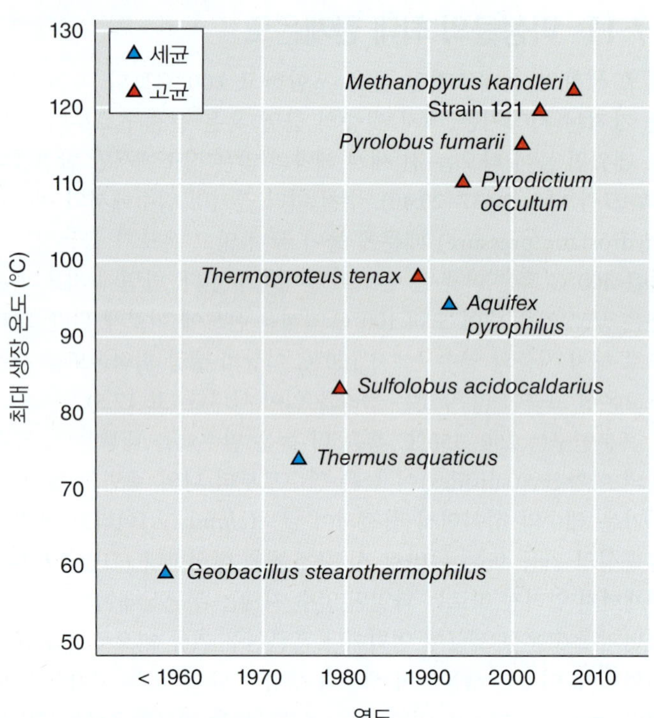

그림 17.25 고온성과 초고온성 세균과 고균. 1960년 전부터 지금까지의 최대 온도에서 자라는 기록보유자의 종들을 차례로 보여주는 도표.

어 더 높은 온도에서 상당한 기간 동안 생존할 수 있다. 지난 몇 년간 보인 경향으로 보면 (그림 17.25), *Methanopyrus*보다 훨씬 더 초고온성 고균이 열수구 환경에 존재한다고 예측할 수 있지만 아직 동정되지 않았다. 실제 많은 전문가들이 원핵생물 생장을 위한 최대 한계온도는 140°C 심지어 150°C를 넘을 것이고, 생장이 아닌 생존을 위한 최대 온도는 더 높을 것으로 예측하고 있다.

초임계온도에서의 생화학적 문제점

생명을 위한 최고한계 온도가 무엇이건 간에 그것은 아마 진화가 풀지 못한 하나 또는 그 이상의 생화학적 도전에 의해 정해질 것 같다. 분명히 최고 한계는 존재하지만 우리가 그것이 얼마인지 아직도 모른다. 초임계적 (>250°C) 열수구에서 얻은 물 샘플은 우리가 알고 있는 생명의 마커들 (DNA, RNA, 그리고 단백질)이 존재하지 않는 반면에, 열수구에서 나온 150°C 이하의 온도 물에서는 거대분자들이 나타난다. 이와 같은 결과들은 중요 생물분자의 안정성 실험결과와 일치한다. 예를 들어, ATP는 150°C에서 즉시 분해된다. 따라서 150°C 이상의 온도에서는 세포 안에 일반적으로 존재하는 우리가 알고 있는 분자들의 열불안정성을 극복할 수 없다. 그러나 ATP와 같은 작은 분자들의 안정성이 실험실에서 순수 용액에서 시험할 때보다 높은 용질의 세포질 조건하에서 훨씬 더 높을 수도 있다. 그럼에도 불구하고 150°C 이상에서 생명이 존재한다면, 그들은 우리가 알고 있는 세포들에서는 존재하지 않는 새로운 작은 분자를 사용하거나 작은 분자들이 안정한 환경에서 생화학적 과정을 수행할 수 있도록 보호하는 특별한 장치 등의 많은 면에서 특별해야만 한다.

미니퀴즈

- 지구에서 가장 높은 온도의 가능성을 갖는 서식지는 어디인가?
- 왜 생물이 200 또는 300°C에서 생장하는 것은 불가능한가?

17.12 고온에서 생명체의 분자적 적응

모든 세포구조와 활동은 열에 의해 영향을 받기 때문에 초고온성 세균은 아마도 매우 높은 온도의 그들 서식지에 다양한 적응성을 보여줄 것이다. 이 절에서는 높은 온도에서 초고온생물들이 단백질과 핵산의 보호를 위한 일부 적응에 대하여 간략하게 살펴볼 것이다.

단백질 접힘과 열안정성

대부분 단백질은 고온에서 변성되기 때문에 열에 안정한 단백질의 특성들을 알아내기 위하여 많은 연구가 진행되고 있다. 단백질 열안정성은 특별한 아미노산의 존재 때문이 아니고 단백질의 접힘으로부터 온다. 그러나 놀랍게도, 열안정성 단백질들은 열안정성을 향상하기 위하여 알파 나선을 형성하는 아미노산이 많은 것을 제외하고는 열안정성 단백질의 아미노산 조성은 놀랍게도 특별히 다르지 않다. 실제 초고온성 세균의 효소들은 그들의 1차 및 고차 구조 (4.7절) 모두에서 종종 훨씬 더 낮은 온도에서 잘 생장하는 생물로부터의 열 감수성 단백질과 주요한 구조적 특징을 동일하게 가지고 있다.

열안정성 단백질들은 열안정성을 향상하기 위하여 일반적으로 일부 구조적 특징들을 보여준다. 이들 특징으로는 펼쳐지려는 단백질의 성향을 줄이는 아주 높은 소수성 중심부와 단백질을 함께 묶어 펼쳐지려는 것을 막는 일을 도와주는 단백질 표면의 이온 간의 상호작용을 들 수 있다. 궁극적으로 단백질의 열안정성에 가장 큰 영향을 주는 것은 단백질 자체의 접힘(*folding*)이고, 염다리(*salt bridge*)라고 불리는 비공유결합성 이온결합이 생물학적으로 활성이 있는 구조를 유지하는 데 중요한 역할을 하는 것 같다. 그러나 이전에 언급한 것처럼, 열에 안정한 단백질과 민감한 같은 단백질을 비교하면, 1차 구조 (아미노산 서열)의 작은 변화로 인하여 단백질 접힘에 많은 변화를 가져올 가능성이 있다.

Chaperonins: 단백질 원형을 유지하기 위한 보조 단백질

우리는 이전에 부분적으로 변성된 단백질을 다시 회복시키는 샤페로닌(*chaperonins*) (열충격 단백질; 4.11절)이라 불리는 일련의 단백질들을 보았다. 초고온성 고균들은 일반적으로 가장 높은 생장 온도에서만 기능을 나타내는 특별한 종류의 샤페로닌을 만든다. 예를 들어, *Pyrodictium abyssi* (**그림 17.26**)의 세포에는 주요 샤페로닌으로 **더모좀(thermosome)**이라고 불리는 단백질 복합체가 있다. 이 복합체는 세포의 다른 단백질이 올바르게 접혀지도록 유지하는 기능을 하는데, 높은 온도에서만 기능을 나타내고 그들의 최

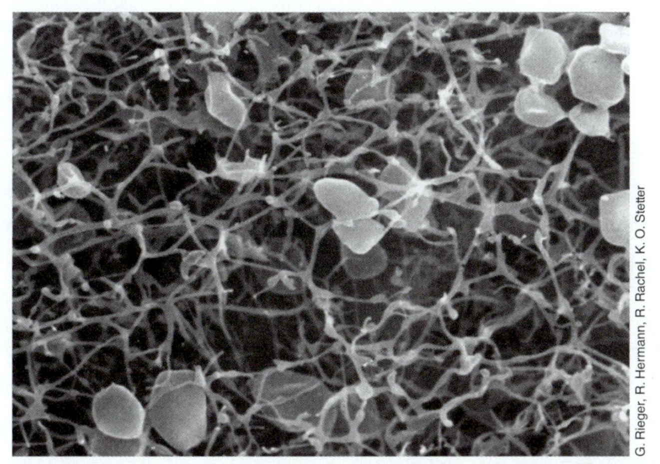

그림 17.26 ***Pyrodictium abyssi*, 주사전자현미경 사진.** *Pyrodictium*은 고온에서의 거대분자 안정성의 모델로 연구되고 있다. 세포들은 그들을 서로 붙게 하는 끈끈한 당단백질 기질(glycoprotein matrix) 안에 있다.

대 생장온도보다도 높은 곳에서 세포가 살 수 있도록 도와준다. 최대 온도 (110°C) 가까이에서 자란 *P. abyssi*의 세포들은 많은 양의 더모좀 단백질을 생산한다. 이것 때문에 세포들은 심지어 고압멸균기 (121°C)에서 한 시간 처리한 열 충격 후에도 살아남아 있다. 그와 같은 처리를 경험한 후에 다시 최적 온도로 돌아온 세포에서 열에 대한 상당한 내성을 갖는 더모좀은 *P. abyssi*이 다시 자라 분열할 수 있도록 변성된 주요 단백질의 많은 수를 다시 접히게 한다. 그래서 샤페로닌의 활성 때문에 많은 초고온생물의 생존(*survive*)을 위한 최고 온도 한도는 그들이 생장(*grow*)할 수 있는 최고 온도보다 높다. 샤페로닌 활성의 "안전망(safety net)"이 아마 그들의 생장 최대 온도보다 높은 순간의 열처리를 경험한 세포들이 그 처리에 의해 죽지 않도록 해주는 것 같다.

DNA 안정성: 용질, 역 지라아제, DNA-결합 단백질

무엇이 DNA를 높은 온도에서 분열되는 것을 막는가? 다양한 기작들이 기여하고 있는 것으로 알려졌다. 그와 같은 기작의 한 가지는 DNA 안정성에 영향을 주는 세포 내의 용질, 특히 이온으로써 칼륨(K^+) 또는 화합성 유기 용질의 농도를 증가시키는 것이다. 예를 들어, 초고온성 메탄생성균 *Methanopyrus* (17.2절)의 세포질은 몰(molar) 수준의 potassium cyclic 2,3-diphosphoglycerate를 포함하고 있다. 이 용질은 높은 온도에서 일어나는 탈퓨린화(depurination) 또는 탈피리미딘화(depyrimidization) (글리코시드 결합의 가수분해를 통하여 염기 베이스를 잃는 것)와 같은 돌연변이 (⟲ 11.2절)를 유도할 수 있는 DNA의 화학적 손상을 막는다. 삼투압스트레스에 대한 보호를 위한 이러한 화합물과 칼륨 di-*myo*-inositol phosphate와 같은 다른 화합성 용질과 리보솜과 핵산을 높은 온도에서 안정화 시켜주는 퓨트리신(putrescine)과 스퍼미딘(spermidine)과 같은 폴리아민(polyamines)은 초고온성 세균의 주요한 세포내 거대분자들을 활성이 있는 상태로 유지시켜주는 것을 도와준다.

초고온성균들에서만 발견되는 특이한 단백질이 이들 생물의 DNA 안정성을 준다. 모든 초고온생물은 **역 DNA 지라아제(reverse DNA gyrase)**라 불리는 특별한 DNA 토포이소머라아제(topoisomerase)를 생산한다. 역 지라아제(reverse gyrase)는 양성의 초나선(supercoil)을 초고온성균의 DNA 내에 도입한다 (반면에 세균과 대부분의 고균에 존재하는 DNA 지라아제에 의해 음성의 초나선; ⟲ 4.1절). 양성의 초나선은 DNA를 열에 매우 안정하게 하고 DNA 나선이 자발적으로 풀리는 것을 막아 준다. 생장 최적온도가 약 80°C 이하인 다른 원핵생물에 역 지라아제가 없다는 사실이 역 지라아제가 높은 온도에서 DNA 안정성에 중요한 역할을 할 것이라는 분명히 나타내어 준다.

*Euryarchaeota*의 종들 또한 강한 염기성 (양전하를 가진) DNA 결합 단백질들을 가지고 있는데, 진핵생물 (⟲ 그림 2.46)의 중심 히스톤과 매우 높은 아미노산 서열 상동성과 비슷한 단백질 접힘 특성을 보인다. 초고온성 메탄생성균인 *Methanothermus fervidus* (그림 17.7*c*)의 고균 히스톤(archaeal histone)이 특히 많이 연구되었다. 이들 단백질은 DNA를 감싸고 뉴클레오솜(nucleosome) 같은 구조로 (**그림 17.27**) 밀집되게 만들고, 매우 높은 온도에서 DNA를 두 가닥으로 유지시킨다. 고균의 히스톤들은 *Halobacterium*과 같은 극호염성 고균을 포함한 대부분의 *Euryarchaeota*에서 발견된다. 그러나 극호염성균들은 고온성균이 아니기 때문에 고균 히스톤들이 DNA의 안정을 도와주는 일 이외에, 특히 전사단백질이 결합할 수 있게 DNA 나선을 열어주어 유전자 발현을 도와주는 등의 아마 다른 기능을 가질 수도 있다.

지질과 리보솜 RNA 안정성

초고온성균의 지질과 단백질 합성 기구들은 어떻게 높은 온도에 적응하는가? 실제로 모든 초고온성 고균들은 dibiphytanyl tetra-

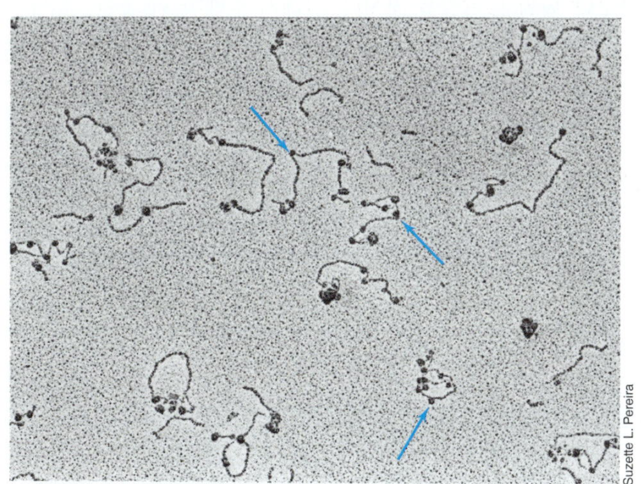

그림 17.27 고균의 히스톤과 뉴클레오솜. (초고온성 메탄생성균인 *Methanothermus fervidus*로부터 유래하는) 여러 개의 고균 히스톤인 Hmf가 둘러싸고 있는 직선형 plasmid DNA의 전자현미경 사진으로 거친 구형과 어둡게 염색된 염색체 구조를 형성하고 있다 (화살표). 이 사진과 그림 2.46*b*에서 보여주는 *Eukarya*의 히스톤 및 염색체의 그림과 비교하라.

ether 형태 (2.3절)의 지질을 합성한다. 이 지질들은 원래 열 내성인데, 이는 막의 구조의 각 절반인 피타닐(phytanyl) 단위가 공유결합으로 서로 연결되어 보통의 지질이중층(lipid bilayer, 그림 2.6) 대신에 지질단일층(*lipid monolayer*)을 형성하기 때문이다. 이 구조는 공유결합이 되어 있지 않은 지방산 또는 피타닐로 구성되어 있는 이중층을 갈라놓으려는 경향에 대해 저항을 가진다.

고온에서 생명의 적응에 대한 마지막 내용은 리보솜 RNA의 염기조성에 대한 것이다. 리보솜 RNA는 세포의 단백질 합성 기구인 리보솜 (4.10절)의 중요한 구조적 기능적 성분이다. 세균과 고균의 초고온성균의 종들은 더 낮은 온도에서 생장하는 다른 생물과 비교하여 그들의 작은 리보솜 서브유니트 RNA에서 GC 염기쌍 비율이 15%이상 더 높다. AU 염기쌍이 두 개의 수소결합 (그림 4.1*c*)을 가진 데 반하여 GC 염기쌍은 세 개의 수소결합을 가지기 때문에 리보솜 RNA의 더 높은 GC 함유는 이들 생물의 리보솜에 더 큰 열 안정성을 부여할 것이고, 이것은 높은 온도에 단백질 합성을 도와 줄 것이다. 리보솜 RNA와는 다르게 초고온성균들의 유전체 DNA의 GC 비율은 종종 그렇게 않는데 이는 리보솜 RNA의 열안정성이 초고온성 조건에서의 생명에 특히 중요한 인자일 것으로 생각된다.

미니퀴즈

- 어떻게 초고온성균은 매우 높은 온도에서 단백질과 DNA가 파괴되는 것을 막는가?
- 어떻게 초고온성균의 지질과 리보솜은 열에 의한 변성으로부터 보호되는가?

17.13 초고온성 고균, H_2 그리고 미생물 진화

세포 생물체가 4억 년 전에 진화하였을 때, 아마 확실히 지구는 오늘날보다 훨씬 뜨거웠을 것이다. 그래서 수백만 년 동안 지구는 아마 초고온생물에게만 적당했을 것이다. 앞에서 생명에 대한 한계온도에 관한 논의를 바탕으로 해저 바닥의 열수 온천과 열구수 주변 이 생물학적 분자들 (13.1절과 그림 13.3과 13.4)이 유지될 수 있을 정도로 차가워지면서 생물학적 분자, 생화학적 과정, 그리고 첫 번째 세포가 나타났을 것이라고 여겨지고 있다. 현대의 초고온성균의 계통 (그림 17.1)과 그들의 초기 지구의 세포들과의 서식지와 물질대사의 유사성을 통하여 초호열성균들이 원시 세포의 가장 가까운 후손일 것이라고 생각되며, 원시 미생물 생활사의 생물학에 대한 살아 있는 거울일지도 모른다.

초고온성균의 서식지와 에너지원으로서의 수소

초고온성균들에서 Fe^{3+}, S^0, NO_3^-, 혹은 드물지만 O_2를 환원시키고 수소를 산화시키는 것은 에너지 대사에서 흔한 형태이다 (표 17.4와 **그림 17.28**). 이것은 초고온성균이 초기 지구의 표현형을 잘 설명하는 것과 함께, H_2가 미생물 생명의 진화에 중요한 역할을 하였다는 것을 나타낸다. 원시 환경에서는 H_2와 적당한 무기 전자 수용체들의 흔하게 존재하고 H_2 기반의 대사가 적은 수의 단백질을 필요로 하기 때문에 수소대사 작용이 고대 생물에서 진화되어 왔을 것이다 (그림 13.5). 화학무기영양성로 이들 생물은 그들의 모든 탄소를 CO_2에서 얻거나 혹은 가능한 유기화합물을 동화하여 생합성 요구에 직접 사용했을 것이다. 어떤 경우라도 H_2의 산화가 생명을 만드는 과정을 유지하기 위한 원동력이었을 것이다.

미생물 에너지 보존 기작을 배양된 세균과 고균의 데이터로부터 온도와 비교해보면, 유일하게 화학무기영양성 생물만이 가장 높은 온도에 알려져 있다 (그림 17.28). 화학유기영양성은 적어도 110°C까지는 존재하는데, 이것은 *Pyrodictium occultum*의 생장을 위한 최대온도 한계인데, 이 생물은 발효와 전자 수용체로 S^0를 이용하면서 수소로 화학무기영양 생장에 의해 에너지보존을 할 수 있는 생물이다 (표 17.4). 광합성은 이들 생물학적 에너지 과정 중에 가장 열 내성이 적은데, 알려진 초고온성 대표균주는 없고 73°C의 분명한 최대온도한계를 가진다. 이것은 비산소발생형 광합성이 초기 생명형태가 나타난 다음 수백 년 후에 처음 지구에 나타났다는 결론과 일치한다 (그림 13.1).

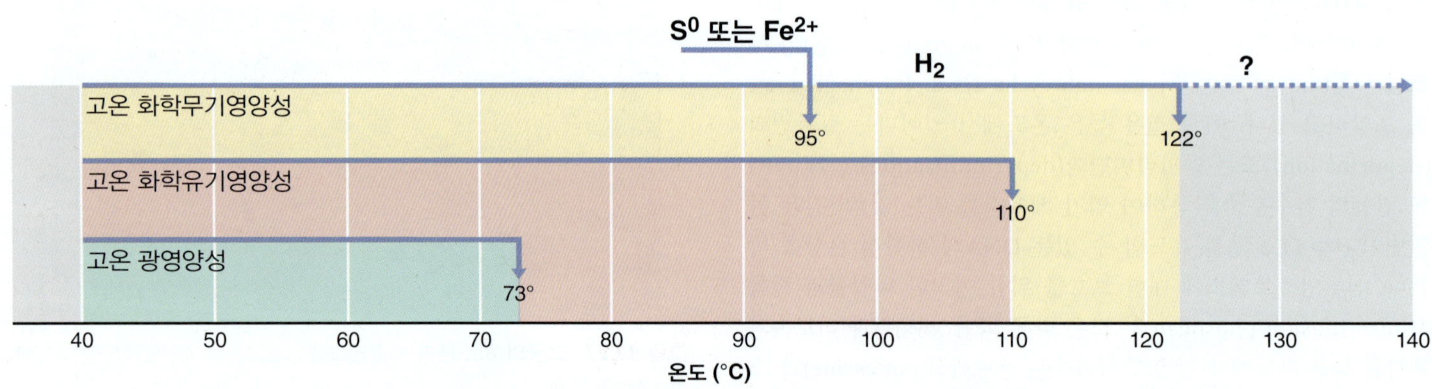

그림 17.28 에너지 대사에서 최고 한계온도. 기록보유 균인 광영양성 *Synechococcus lividans* (세균, 남세균); 화학유기영양성 *Pyrodictium occultum* (고균); 화학무기영양성 S^0를 전자공여체로 하는 *Acidianus infernus* (고균); 화학무기영양성-Fe^{2+}를 전자공여체로 하는 *Ferroglobus placidus* (고균); 화학무기영양성-H_2를 전자공여체로 하는 *Methanopyrus kandleri* (고균, 122°C).

온도의 기능으로 생물에너지 형태의 비교를 하면 (그림 17.28), 수소-산화 초고온성 고균과 세균이 지구 초기 세포형태 생명체의 현존하는 가장 좋은 예로 생각된다. 다른 원핵생물보다 더 그렇게 생각되는 것은 이들 생물이 초기 고온의 지구에서 존재하기 위해 필요한 대사와 생리적 형질들을 보유하고 있기 때문이다.

미니퀴즈

- 어떤 계통학적 그리고 생리적 증거가 오늘날의 초고온성균이 지구 최초의 세포들과 연관된 가장 비슷한 생물이라는 것을 말해주는가?
- 어떤 에너지 보존 기작이 가장 열 내성이 적은가?
- 어떤 화학무기영양성 생활사가 가장 높은 온도 생활에 최고로 적합한 것으로 보이는가?

단원 정리

I • *Euryarchaeota*

17.1 극호염성 고균은 생장을 위하여 많은 양의 NaCl를 필요로 하고, 세포질에 많은 양의 KCl를 화합성 용질로 축적한다. 이들 염은 세포벽의 안정성과 효소 활성에 영향을 미친다. 빛에 의한 양성자 동력 펌프인 세균로돕신은 극호염균이 ATP를 만드는 것을 돕는다.

Q 어떻게 빛-매개 양성자 동력이 *Halobacterium salinarum*에서 만들어지는지 설명하라.

17.2 메탄생성 고균은 절대 혐기성 원핵생물로서 이들의 대사는 CH_4 생성과 연결되어 있다. 메탄은 H_2에 의한 CO_2의 환원, CH_3OH과 같은 다양한 메틸기질 또는 아세트산으로부터 생성된다.

Q 아세트산이 메탄생산 기질일 때 아세트산 대사의 두 결과물은 무엇인가?

17.3 *Thermoplasma*, *Ferroplasma*와 *Picrophilus*는 극호산성 고온성균으로 고균에서 그들 자체의 계통학적 과(family)를 형성하고 있다. *Thermoplasma*와 *Ferroplasma*의 세포들은 세포벽이 없다는 면에서 마이코플라스마(mycoplasma)를 닮았다.

Q *Thermoplasmatales*의 종들을 묶을 수 있는 두 가지 주요 생리적 특징은 무엇인가? 왜 이것이 일부 균들이 폐석탄 더미에 성공적으로 정착하게 하는가?

17.4 *Archaeoglobales*와 *Ferroglobus*는 유사한 혐기적 고균으로 다른 혐기적 호흡을 한다. *Archaeoglobales*는 황산염 환원균이고 *Ferroglobus*는 질산염 환원균으로 2가철을 산화시킨다.

Q *Ferroglobus*는 생리적으로 어떤 점이 특이한가?

II • *Thaumarchaeota, Nanoarchaeota*와 *Korarchaeota*

17.5 *Thaumarchaeota*는 토양과 해양 환경에 광범위하게 많이 분포한다. *Thaumarchaea*의 모든 배양된 종들은 독립영양성의 암모니아 산화균들이고, 이들은 전 지구적 질소 순환에 중요하다.

Q Thaumarchaeotal 종인 *Nitrosopumulus maritimus*의 생리학적으로 특이한 점은 무엇인가?

17.6 *Nanoarchaeum equitans*는 초고온성균으로 자신의 문(phyla)인 *Nanoarchaeota*을 형성하고, crenarchaeote인 *Ignicoccus*의 기생균이다. *N. equitans*는 매우 작은 유전체를 가지며, 세포의 필요한 탄소와 에너지를 포함하는 대부분을 *Ignicoccus*에 의존한다.

Q 어떻게 *Nanoarchaeum*이 다른 고균과 비슷한가? 어떻게 다른가?

17.7 *Korarchaeum cryptofilum*은 자신의 문(phyla)인 *Korarchaeota*를 형성하고 초고온성균으로 중요한 생합성 경로가 결핍되어 환경으로부터 주요한 구성요소들을 얻는다. *K. cryptofilum*은 *Euryarchaeota*와 비슷한 일부 유전자들과 *Crenarchaeota*와 비슷한 다른 유전들도 가진다.

Q 왜 *Nanoarchaeota*와 *Korarchaeota*의 계통학적 위치를 정하는 것이 어려운가?

III • *Crenarchaeota*

17.8 발효와 혐기적 호흡을 포함하는 다양한 종류의 화학유기영양성과 화학무기영양성 에너지 대사과정이 초고온성 *Crenarchaeota*에서 발견되고 있다. 절대 독립영양성 생활사는 흔하지만, 광합성은 존재하지 않는다.

Q 어떤 에너지 대사 형태가 *Crenarchaeota*에 존재하는가? 어떤 형태가 없는가?

17.9 초고온성 *Crenarchaeota*는 다양한 화학적 지표온천수에서 잘 번성한다. 이들은 대게 *Sulfolobus*, *Acidianus*, *Thermoproteus*와 *Pyrobaculum*과 같은 생물을 포함한다.

Q *Acidianus*에 의한 S^0의 대사과정에 대하여 특이한 점은 무엇인가?

17.10 심해의 열수구 시스템에서 *Pyrolobus*, *Pyrodictium*, *Ignicoccus*와 *Staphylothermus* 같은 *Crenarchaeota*는 잘 번성한다. 메탄생성균인 *Methnopyrus* (*Euryarchaeota*)을 제외하고는 이들 속(genera)들은 지금까지 알려진 모든 고균의 가장 높은 온도에서 생장하는 종들을 포함하는데, 많은 경우 물의 끓는점보다 훨씬 높다.

Q *Pyrolobus fumarii* 생물은 무엇이 특이한가?

IV • 고온에서의 진화와 생활

17.11 우리가 아는 것처럼 생명체는 아마도 150°C 이하의 한계를 가질 것이다. 비록 극한 열-안정 거대분자들은 아닐지라도, ATP와 같은 주요 작은 분자들은 이 온도보다 높은 곳에서 빠르게 파괴된다.

Q 현재 어떤 생물이 생장을 위한 가장 높은 온도한계 기록을 가지고 있는가?

17.12 초고온성균의 거대분자는 열 변성으로부터 보호되는데, 그들의 열안정 접힘양상 (단백질), 용질과 결합단백질 (DNA), 특별

단원 4

한 단층막 구조 (지질)와 리보솜 RNA의 높은 GC 함유율 때문이다.

Q 역 지라아제(reverse gyrase)는 무엇이고, 초고온성균에서 중요한 이유는 무엇인가?

17.13 수소 대사과정은 지구의 초기 생명체의 에너지를 내는 원동력이었을 것이다. 전자공여체로 H_2에 기반을 둔 화학무기영양 대사과정은 우리가 알고 있는 가장 열 내성인 모든 원핵생물에서 발견된다.

Q 지구의 초기생물에서 에너지 보존을 위한 기작으로 수소 대사과정이 진화된 이유는 무엇인가?

응용 문제

1. 그림 17.1에 있는 자료를 가이드로 이용하여, 어떻게 세균로돕신이 최근의 진화적 산물이고 S^0을 전자 수용체로 이용하는 혐기적 호흡이 초기 진화의 산물일 수 있는지 논의하라.
2. 다음 문장을 방어하거나 반박하라: 생명체의 최대 온도한계는 단백질 혹은 핵산의 안정성과 연관이 없다.

용어 해설

Bacteriorhodopsin (세균로돕신) 망막색소를 포함하는 단백질로 특정 극호염성 고균에 존재하며 광-매개 ATP 생합성에 관여함

Compatible solutes (화합성 용질) 호염성 생물의 원형질 안에 축적되며 삼투압을 유지하는 유기 또는 무기물질

Crenarchaeota 초고온생물 포함하는 고균(*Archaea*)의 문(phylum)

Euryarchaeota 주로 메탄생성균, 극호염성균, *Thermoplasma*와 일부 해양 초고온성균들을 포함하는 고균의 문(phylum)

Extreme halophile (극호염성) 생장을 위해 (일반적으로 9% 혹은 그 이상의) NaCl을 필요로 하는 생물

Extremophile (극한생물) 대부분의 생명체에게 허락되지 않은 온도, 염분, pH, 압력, 또는 방사선의 극한영역에 생장을 의존하는 생물

Halorhodopsin (할로로돕신) 빛을 이용하는 염소(chloride) 펌프로 세포질 안에 Cl^-를 축적함

Hydrothermal vents (열수구) 따뜻한 (~20°C) 온도에서 매우 뜨거운 (>300°C) 물까지 방출하는 심해의 온천

Hyperthermophile (초고온생물) 최적생장온도가 80°C 또는 그 이상인 생물

Korarchaeota 고균의 문(phylum)으로 초고온성균인 *Korarchaeum cryptophilum*을 포함함

Methanogen (메탄생성균) 메탄을 생산하는 생물

Nanoarchaeota 초고온성 기생균인 *Nanoarchaeum equitans*를 포함하는 고균의 문

Phytanyl (피타닐) 20개의 탄소 원자를 포함하는 가지 친 사슬형의 탄화수소화합물로 고균의 지질에서 발견됨

Reverse DNA gyrase (역 DNA 지라아제) 초고온성균들에 보편적으로 존재하는 단백질로 양성의 초나선을 환형 DNA에 제공함

Solfatara (솔파타라) 주로 초고온성 고균이 서식하는 고온의 황이 풍부한 산성 환경

Thaumarchaeota 호기적 암모니아 산화를 할 수 있는 많은 종을 포함하는 고균의 문

Thermosomes (더모좀) 열충격 (샤페론) 단백질 복합체로 초고온성균들에서 부분적으로 열 변성된 단백질을 다시 접는 기능을 함

단원 4

진핵미생물의 다양성

18

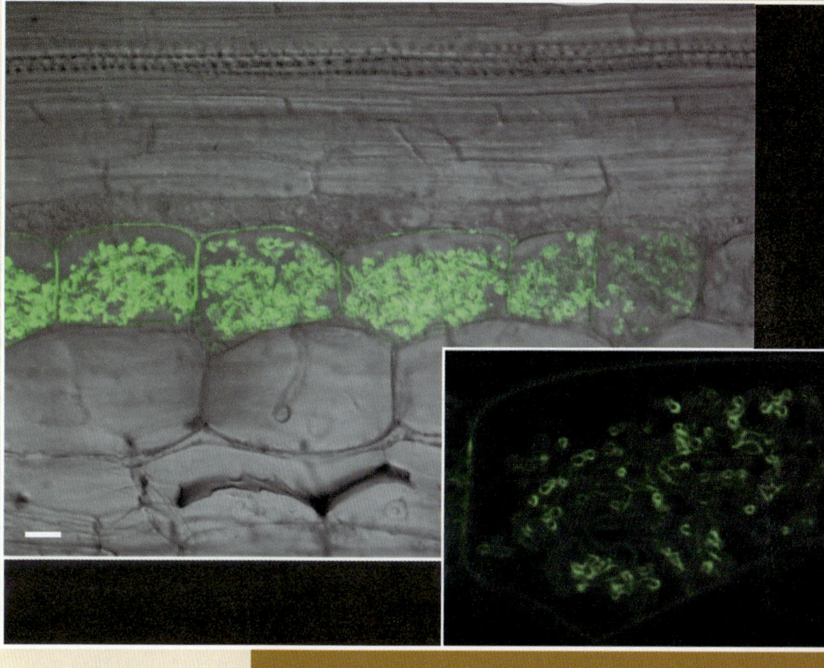

현재의 미생물학

수지상 균근성 진균: 밀접하고, 보이지 않고, 강력한

진균은 토양에 흔한 진핵미생물이며, 부식시키는 역할은 토양 생태계의 건전성에 매우 중요하다. 아마도 잘 인식되지는 않았지만 이와 비슷할 정도로 중요한 것은 진균이 식물의 생산성을 증진시키는 역할을 한다는 것이다.

균근(mycorrhizae)은 식물 뿌리와 진균이 공생하는 연합체이며, 이 관계에서 진균은 식물 숙주로부터 탄소와 에너지를 얻는다. 이에 대한 교환으로 균근성 진균(mycorrhizal fungi)은 광범위한 균사체 네트워크를 이용하여 토양으로부터 미네랄 영양분을 얻어서 이 영양분을 식물 파트너에게 전달한다. 수지상 균근성 진균(arbuscular mycorrhizal fungi, AMF)은 가장 중요한 균근 집단의 하나이다. AMF는 진균 계(fungal kingdom)의 역사에서 오래전에 분지된 고대 진균 계통인 *Glomeromycota* 문(division) 내에서 발견된다. AMF의 공생은 오래되었고 또한 밀접하다. 사실 화석 증거는 가장 초기의 육상 식물들이 AMF와 공생을 형성하였다는 것을 제시한다. 오늘날 대부분의 개화식물과 많은 중요한 곡물 종들을 포함하여 3분의 2 이상의 식물 종들이 AMF와 공생을 형성한다. 여기에는 중요한 이유가 있다: AMF는 식물의 광합성을 20%까지 증가시켜 식물 적합성의 실질적인 증가를 준다.

AMF는 살아 있는 숙주를 필요로 하는 절대기생성 공생체이다. AMF는 포자로 토양에 존재하다 발아하여 그들의 숙주에 감염된다. 식물의 뿌리를 만나면 AMF는 균사를 형성하여 뿌리 상피에 침투한다. 이후에 진균은 내층세포에 집락을 형성하고 여기에서 수지상체(arbuscules)라고 부르는 정교한 분지 구조를 발달시킨다; 수지상체는 식물 막에 싸여 있으며 식물과 진균 사이의 영양분 교환을 조절한다. 여기에서 *Medicago truncatula* (발렐 클로버, barrel clover) 세포 내에 진균 *Rhizophagus irregularis*의 수지상체가 보이는데 식물세포막 내에서 초록형광단백질 표지를 발현하고 있다 (이미지는 스케일 바가 10 μm인 1개의 내층세포를 보여주는 삽도와 함께 AMP가 집락을 형성한 뿌리의 절단면을 보여줌).

*R. irregularis*의 153-megabase 유전체의 서열이 분석되어서 최소 23,561개의 유전자가 밝혀졌다. 이 진균의 생태학을 고려한다면 예상하였겠지만 영양분 흡수 체계를 암호화는 *R. irregularis*의 유전자들이 높게 발현되었다. 유전체 기술에 의해서 가능해진 AMF의 분석은 궁극적으로 농업 생산성에 구체적인 효과를 갖도록 하며 육상식물의 진화적 기원에 해결의 빛을 던지는 발견을 하도록 할 것이다.

출처: Tisserant, E., et al. 2003. Genome of an arbuscular mycorrhizal funus provides insight into the oldest palnt symbiosis. *PNAS 110:* 20117–20122.

Ⅰ• 미생물 진핵생물의 소기관과 계통학

이 장에서는 미생물 진핵생물의 계통학과 다양성에 대해서 고려할 것이다. 진핵생물(*Eukarya*) 도메인에서 미생물의 엄청난 다양성이 발견된다. 사실 거시적인 친족들에 비해서 진핵미생물은 훨씬 더 계통학적으로 다양하다. 미생물 진핵생물의 대부분은 원생생물이다. **원생생물(protists)**은 단세포 진핵미생물이다. 원생생물은 진핵생물 내에서 광범위하게 발견되는 반면에, 미생물 진핵생물은 집락을 이루거나 다세포일 수도 있다. 발견된 많은 미생물 진핵생물은 일반적이지 않은 특성과 생활양식을 갖는데 광범위한 다양성에 대해서만 기술하기 시작하겠다.

진핵세포의 정확한 진화적 기원은 수수께끼로 남아 있다 (⇄ 13.4절). 현재 마지막 진핵 공통 조상은 고균과 가깝게 연관된 단세포 미생물이었다는 것은 분명하다. 이 미생물은 핵, 세포골격, 스플라이소솜(spliceosome), 스플라이싱되는 인트론을 갖는 유전체 (스플라이소솜에 의해서 가공되는 인트론) 및 미토콘드리아를 포함하여 현재 모든 진핵세포가 공유하는 어떤 특징을 가졌다 (⇄ 2.14~2.16 및 4.6절). 진핵세포의 구조로 진화되면 매우 성공적이며 식물과 동물과 같은 복잡한 다세포 생물들에 더해서 다양한 미생물 계통으로 진화하는 것이 가능해진다.

내부공생(endosymbiosis)이 진핵생물의 기원과 다양화에 중요한 역할을 한 것은 분명하다. 그러므로 내부공생으로부터 유래된 소기관—미토콘드리아와 엽록체—의 특성을 검토하는 것으로 미생물 진핵생물의 적용을 시작하는 것이 적당할 것이다. 이런 에너지 생산 공장의 진화 역사는 진핵세포 그 자체의 것과는 구별된다 (⇄ 2.15 및 13.4절). 그러나 미토콘드리아와 엽록체가 진핵세포의 특유의 특성으로 확립된 후에는 진핵생물이 더 진화하는데 근본적인 역할을 수행하게 되었다.

18.1 내부공생과 진핵세포

소기관과 세균 사이의 연관성에 대한 추측의 시작은 100여 년 전으로 돌아가며 이는 현미경학적으로 미토콘드리아와 엽록체가 세균과 "유사해 보인다(looked like)"는 사실에 기초한다. 이 생각은 몇십 년에 걸쳐서 서서히 실험적 지지를 수집하여서 미토콘드리아와 엽록체는 각각 안전하고 안정적인 생활을 위하여 ATP를 교환하는 원천으로서 다른 세포 내에 거주지를 확립한 호흡성 혹은 광합성 세균의 조상이라는 현재의 견해를 만들어 냈다. 이것이 **내부공생 가설(endosymbiotic hypothesis)** (⇄ 13.4절)이며 현대 생물학의 주요한 원리이다.

내부공생 가설의 지지

여러 계통의 증거들이 내부공생 가설을 뒷받침한다:

1. **미토콘드리아와 엽록체는 DNA를 보유한다.** 미토콘드리아와 엽록체 단백질들의 거의 대부분은 핵의 DNA에 의해서 암호화되지만 몇몇은 그 소기관 자체에 자리를 잡은 작은 유전체에 의해서 암호화된다 (⇄ 9.4절). 여기에는 리보솜 RNA 및 운반 RNA 뿐만 아니라 미토콘드리아의 호흡 사슬 및 엽록체의 광합성 기구의 단백질들이 포함된다. 대부분의 미토콘드리아 DNA와 모든 엽록체 DNA는 대다수 세균 (⇄ 1.2, 4.2 및 9.3절)에서와 같이, 공유결합으로 연결된 원형(covalently closed circular)으로 존재한다. 소기관의 DNA는 특별한 염색법을 이용하여 진핵세포 내에서 관찰할 수 있다 (**그림 18.1**).

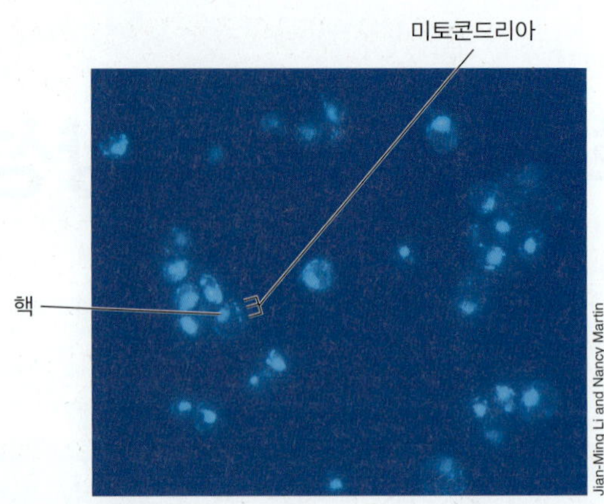

그림 18.1 소기관의 DNA. 효모 *Saccharomyces cerevisiae* 세포들이 DNA에 결합하는 형광염료인 DAPI로 염색되었다. 각각의 미토콘드리아는 염료로 푸른색으로 염색된 2~4개의 원형 염색체를 보유한다.

2. **진핵세포의 핵은 세균에서 유래한 유전자들을 포함한다.** 진핵세포의 유전체 서열 (⇄ 9.4절)은 여러 핵 유전자들이 미토콘드리아와 엽록체에만 특정적인 기능을 암호화하는 것을 분명하게 보여준다. 더욱이 이러한 유전자들의 서열은 고균이나 진핵생물보다 세균의 것과 더 가깝기 때문에, 이 유전자들은 삼켜진 세포들이 특정한 기능의 소기관으로 변형되는 동안에 미토콘드리아와 엽록체의 조상들로부터 핵으로 전이된 것으로 결론이 내려졌다.
3. **소기관의 리보솜 및 계통학.** 리보솜은 진핵세포의 세포질에 전형적으로 80S 크기로 존재하고, 그리고 고균과 세균에서는 전형적으로 70S 크기로 존재한다 (⇄ 4.10절). 미토콘드리아와 엽록체는 70S 리보솜을 가지고 있으며, 소기관 DNA (⇄ 9.4절)의 유전체 연구와 함께 리보솜 RNA 유전자 서열 (13장)의 계통발생학적 분석은 이 구조들이 원래 세균이었다는 것을 명백하게 보여준다.
4. **항생제 특이성.** 여러 항생제들 [예, 스트렙토마이신(streptomycin)]은 70S 리보솜의 합성 기능을 저해시켜서 세균을 죽이거나 억제한다. 이런 항생제가 미토콘드리아와 엽록체에서의 단백질 합성도 저해한다.
5. **하이드로게노솜.** 하이드로게노솜(hydrogenosome)은 미토콘드리아를 갖지 않는 혐기성 진핵생물에서 발견되는 막으로 둘러싸인 소기관으로 발효 작용을 통해서 세포에 ATP를 제공한다 (⇄ 그림 2.49). 미토콘드리아와 마찬가지로 하이드로게노솜은 자신의 DNA와 리보솜을 가지고 있으며 하이드로게노솜 리보

솜 RNA의 계통발생학적 분석은 세균과 연관되어 있다는 것을 밝혀냈다.

2차 내부공생

미토콘드리아, 엽록체 및 하이드로게노솜은 1차 내부공생(*primary* endosymbiosis) 사건에 기원한다. 즉 이런 구조들은 세균 세포에서 유래하였다는 것이다. 1차 내부공생은 녹조류, 홍조류 및 식물의 공통 조상에게 엽록체를 생겨나게 하였다 (**그림 18.2** 및 그림 13.3 참조). 그러나 1차 내부공생에 뒤이어 광합성을 못하는 여러 연관되지 않은 집단의 미생물 진핵생물들도 엽록체를 획득하였는데, 이것은 1차 내부공생이 아니라 2차(*secondary*)에 의한 것이었다. 2차 사건은 녹조류나 홍조류 세포 전체가 포획되고, 이것들의 엽록체가 안정적으로 남아서 포획한 세포를 광합성을 갖도록 만드는 것이다.

녹조류의 **2차 내부공생(secondary endosymbiosis)**은 유글레나류(euglenids)와 클로라라크니온류(chlorarachniophytes) 내의 엽록체의 존재로 설명이 되는 반면에, 피하낭류(alveolates) [섬모충류(ciliates), 정단복합체충류(apicomplexans) 및 와편모류(dinoflagellates)]와 부등편모류(stramenopiles)는 홍조류를 갖는 2차 내부공생을 통해 엽록체를 획득하였다 (그림 18.2 및 그림 18.3 참조). 전래된 홍조류 엽록체가 섬모충류 같은 일부 계통에서는 사라진 것처럼 보이며, 혹은 정단복합체충류와 같은 다른 것에서는 크게 감소되어서 엽록체의 분자적 흔적만이 남아 있다. 와편모류와 같은 다른 생명체에서는 홍조류 엽록체가 녹조류를 포함한 다른 조류들의 엽록체로 모두 함께 대체된 것으로 보인다.

내부공생 사건의 많은 사례들은 미생물 진핵생물의 진화와 다양성에서 내부공생의 중요성을 강조하게 한다. 결국에는 시행착오가 진화의 본질임으로 1차 내부공생 사건이 진화의 역사에서 한 번만 일어났을 것으로 보이지는 않으며 2차 내부공생은 매우 흔하게 일어났을 것이 틀림이 없다 (그림 18.2). 현재에도 많은 광합성을 하지 않는 원생생물이 광영양성 원생생물을 포획하고, 갇혀진 광영양생물이 긴 기간 동안에 광합성을 수행하는 예들이 많다 (23.11절). 사실 내부공생은 진핵 세계에서는 흔하고 현재 진행 중인 사건으로 보인다.

미니퀴즈

- 내부공생 가설이란 무엇인가?
- 소기관과 세균의 관련성을 뒷받침하는 분자생물학적 증거를 요약하라.
- 1차와 2차 내부공생을 구별하라.

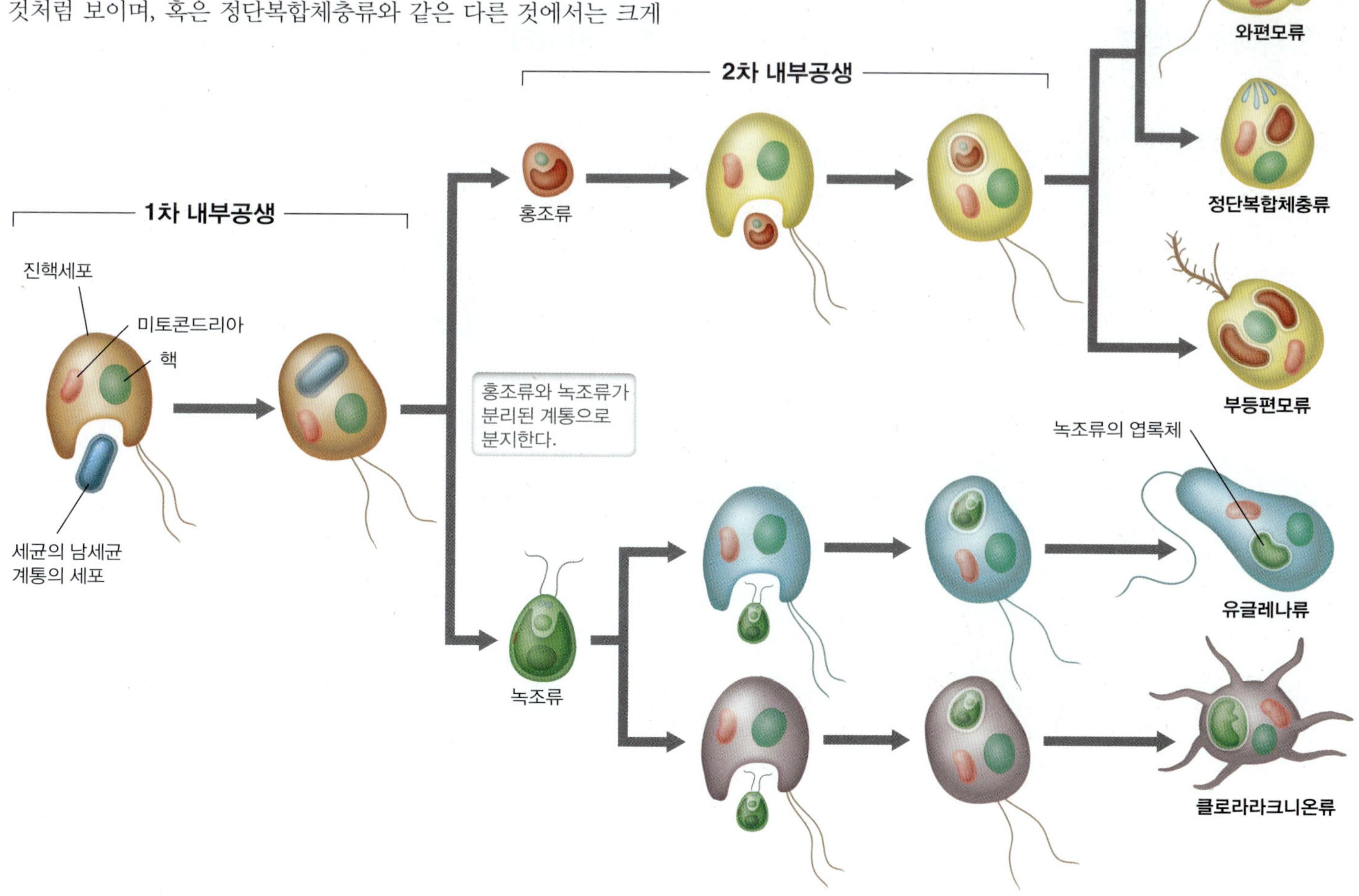

그림 18.2 내부공생. 미토콘드리아로 유도된 1차 내부공생 연합 후에, 광영양성인 세균을 갖는 1차 내부공생은 홍조류와 녹조류로 유도되었다. 녹조류와 홍조류의 2차 내부공생은 많은 독립된 계통의 원생생물에 광합성 특성을 확산하였다.

18.2 계통학: 진핵생물의 계통

생물학자들은 진핵세포가 유전적으로 키메라(chimera)라는 것에 동의한다. 세포질과 아마도 핵까지 포함하여 진핵세포의 주요 부분은 진핵생물 영역(domain)으로 귀착되는 반면에, 에너지를 생산하는 소기관인 미토콘드리아와 엽록체는 그 자신의 DNA를 가지고 있으며 분명히 세균에서 유래하였다 (8.1절). 세균과 고균이 기원인 많은 유전자들을 진핵세포의 핵에서 발견할 수 있는데 (9.4절) 이는 광범위한 수평적 유전자 전이가 진핵세포의 진화 초기에 일어났다는 것과 이런 유전자 이동 사건들이 1차 내부공생의 직접적인 결과라는 것을 제시한다.

주요한 계통학적 방사(radiation)는 진핵생물 진화의 초기에 아마도 미토콘드리아의 내부공생적 획득에 의해서 유발되어 일어난 것으로 나타난다. 현존하는 모든 진핵생물은 미토콘드리아, 미토콘드리아에 유사한 구조 (예, 하이드로게노솜) 혹은 이 구조들의 일부 유전적 흔적을 가지고 있다. 미토콘드리아는 초기 진핵세포에 급격하고 새로운 물질대사 능력을 제공했을 것이다. 무엇이 이런 1차 내부공생 사건을 촉진했는지는 모르지만 가장 큰 가능성은 남세균의 광합성에 의한 공기 중의 O_2의 축적이었을 것이다 (그림 13.2). 준비된 O_2의 효용성은 호기성 호흡을 수행할 수 있는 세균 세포를 선택했을 것이며 이것들을 안정적으로 획득하고 에너지 소기관으로 사용하는 진핵생물을 선호했을 것이다. 진화시계의 다소 나중에 엽록체의 조상이 또 다른 1차 내부공생 사건에 의해서 획득되고, 2차 내부공생을 통하여 진핵 광합성 생물의 다양성이 추가로 확산되었다 (18.1절).

진핵생물 진화: 큰 그림

리보솜 RNA 유전자 서열들에 기반을 둔 계통수 (13장)가 세균(*Bacteria*), 고균(*Archaea*), 진핵생물(*Eukarya*)인 생명의 세 영역을 확증할지라도, 진핵생물의 진화에 대한 그림은 전체 유전체 서열 정보를 통합하는 것에 의해서 크게 변화했다. 현재 6개로 인식되는 진핵생물의 아그룹(*supergroup*)이 있다 [아그룹(supergroup)은 공식 분류군은 아니지만 분류 체계에서의 계(kingdom)와 근본적으로 동등함]: 원시색소체생물(*Archaeplastida*), 근족충류 (*Rhizaria*), 크로말베올라타(*Chromalveolata*), 부등편모류(*Stramenopiles*) 및 피하낭류(*Alveolata*)], 엑스카바타(*Excavata*), 아메보조아류(*Amoebazoa*) 및 후편모생물(*Opisthokonta*) (**그림 18.3**). 원시색소체생물은 홍조류 및 녹조류뿐만 아니라 전체 식물계를 포함한다; 이 광합성 계통들은 모든 엽록체 조상의 1차 내부공생의 결과이다. 부등편모류, 피하낭류 및 근족충류는 종속영양체와 광영양체를 포함하는

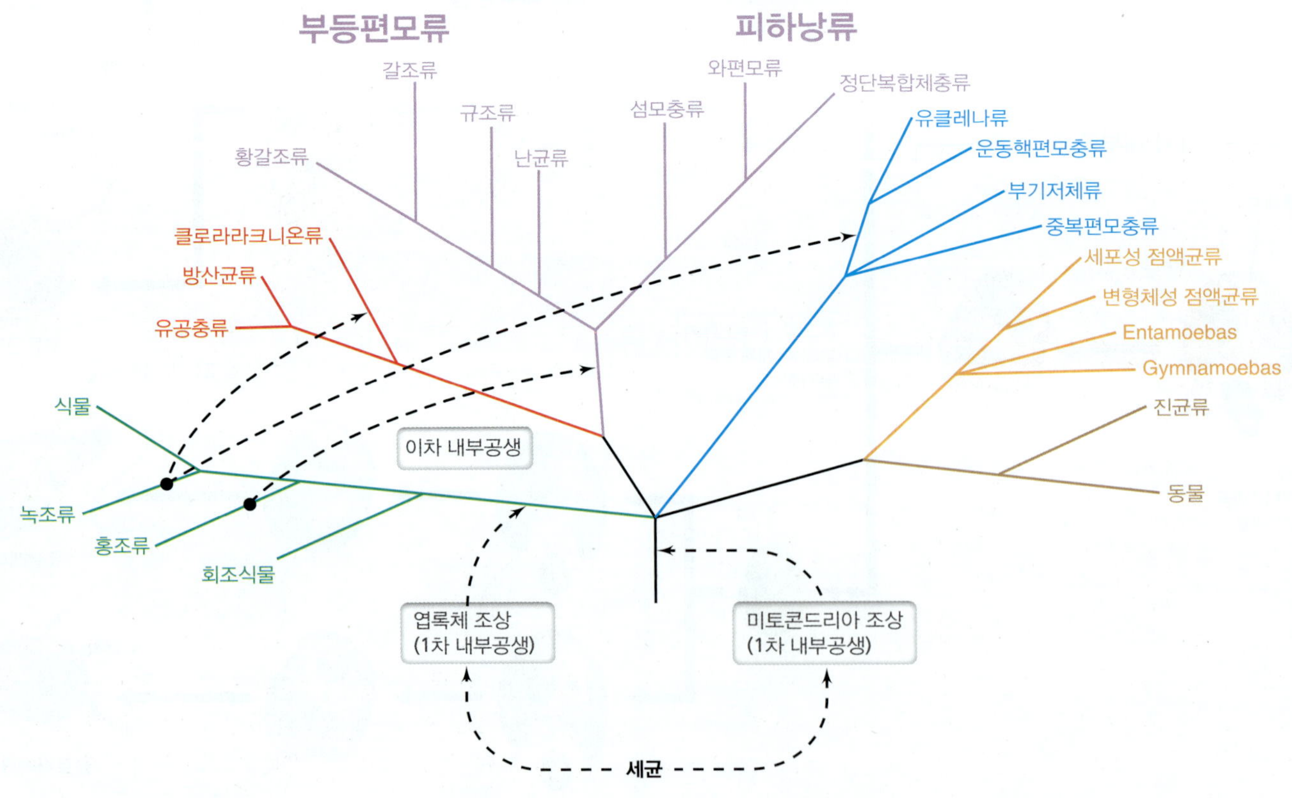

그림 18.3 진핵생물(*Eukarya*)의 계통수. 이 도해는 진핵생물에서 가장 특성 분석이 잘된 6개의 아그룹(subgroup)의 계통학적 관계의 도식적인 면을 제공한다. 색체가 계통수 내의 아그룹을 확인하기 위해서 사용되었다. 점선은 미토콘드리아의 1차 내부공생 및 홍조류와 녹조류의 2차 내부공생 모두를 의미한다. 원생생물은 *Opisthokonta* (*Fungi* 및 *Animalia*)와 식물을 제외한 진핵생물의 모든 계통에 일반적으로 존재한다.

매우 다양한 원생생물을 포함한다. 이 3개의 집단은 하나의 조상을 공유하며 SAR (*Stramenopiles, Alveolata* 및 *Rhizaria*의 머리글자)로 알려진 거대한 계통적 무리(cluster)로 분류된다. 발생 지점에서는 이 계통의 광영양성이 2차 내부공생의 결과로써 획득되었다 (그림 18.3 및 18.1절). 엑스카바타는 다양한 종속영양성 원생동물을 포함하며, 많은 것들이 혐기성(anaerobic)이고 일부는 2차 내부공생의 결과로 광영양성을 획득하였다 (그림 18.3 및 18.1절). 진핵생물의 많은 계통에서 또한 아메바 형태의 세포가 발생하지만, 아메보조아류는 여러 형태의 아메바와 점균류(slime mod)를 포함한다. 마지막으로 후편모생물은 잘 알려진 진균(*Fungi*)과 동물계(*Animalia*)를 포함한다.

그림 18.3에서 보여주는 계통수는 진핵생물 진화의 최종 결론이 될 수 없다. 새로운 유전체 서열들이 계속 밝혀지고 새로운 생명체가 계속 발견되고 진핵생물학의 새로운 측면들이 드러나고 있다. 각각의 새로운 발견들과 함께 진핵생물 계통학이 더 명확해질 것이고 우리의 지식이 자라감에 따라서 진핵생물 계통에 대한 이해도 지속적으로 개선될 것이다.

내부공생에 대한 계통학적 통찰

우리가 보았듯이 내부공생은 진핵생물 진화의 중요한 측면이며, 원시 진핵생물에 의한 미토콘드리아의 획득은 이 도메인의 진화적 성공에 핵심이란 것이 분명하다. 그러나 지아르디아(*Giardia*)와 미포자충류(*Microporidia*)와 같은 미토콘드리아가 없는(amitochondriate) 기생성 미생물 진핵생물들이 있다. 미포자충류는 한때 미토콘드리아가 결여된 진핵생물의 조상으로부터 내려온 진핵생물의 원시적인 일원으로 생각되었다. 그러나 현재는 이런 미토콘드리아가 없는 진핵생물은 한때 미토콘드리아를 가졌던 진핵생물 조상으로부터 내려왔으나 (그림 18.23에서 미포자충류의 위치 참고) 어떤 이유로, 아마도 지아르디아, *Entamoeba* 및 다른 몇 가지 기생성 진핵생물처럼 혐기성 생활양식으로 전환되는 동안에 미토콘드리아를 상실했다는 것을 안다. 그러나 미토콘드리아가 없는 진핵생물은 전형적으로 미토콘드리아가 기원(origin)인 약간의 유전자를 보유하며 이런 분자적 잔유물이 이 생물들이 미토콘드리아를 가졌었다는 강력한 증거이다.

진핵생물의 계통수 (그림 18.3)는 또한 어떻게 2차 내부공생이 일부 단세포 광합성 진핵생물에 있는 엽록체의 기원의 되는지 설명해 준다. 미토콘드리아를 보유한 초기의 진핵생물에 의한 엽록체의 남세균 조상의 1차 내부공생에 뒤를 이어서 이 새로운 광합성 진핵생물은 홍조류와 녹조류로 갈라졌다. 그 후에는 2차 내부공생에서, 유글레노조아류(euglenozoans), 운동핵편모충류(kinetoplastid) 및 클로라라크니온류(chlorarachniophytes) 조상들은 녹조류를 포획한 반면에 피하낭류(alveolates)와 부등편모류(stramenopiles)의 조상들은 홍조류를 흡수하였다 (18.1절). 이런 2차 내부공생들이 광영양성 진핵생물의 광범위한 계통발생학적 다양성을 설명해 주는데 이장의 후반부에서 이를 다루겠다.

미니퀴즈

- 무엇이 내부공생 가설을 제시하게 하는가?
- 진핵생물의 혼성(composite) 계통수는 리보솜 RNA에 기반을 둔 계통수와 어떻게 다른가?
- 어떻게 2차 내부공생이 광영양성 진핵생물의 다양성을 도왔다고 설명할 수 있는가?

II • 원생생물

진핵세포 계통학의 큰 그림을 마음에 가지고 진핵미생물의 주요한 집단들에 대해서 조사해 나가겠다. 녹조류와 홍조류보다는 원생생물을 가지고 시작하겠다. 원생생물은 광영양성 및 광영영성이 아닌 미생물 진핵생물을 모두 포함한다. 이 생명체들은 자연에 넓게 분포되어 있으며 광범위한 형태를 보여주고 계통발생학적으로 다양하다. 사실 원생생물은 식물, 진균 및 동물을 제외한 모든 진핵생물 계통에서 흔하게 존재한다 (그림 18.3); 따라서 이것들은 진핵생물 도메인에서 발견되는 대부분의 다양성을 나타낸다.

18.3 엑스카바타

주요 속: *Giardia, Trichomonas, Trypanoma, Euglena*

엑스카바타(*Excavata*)는 일부 종(species)은 혐기성인 화학유기영양체와 광영양체 모두를 포함하는 원생생물을 아우른다. 미토콘드리아와 엽록체가 없는 편모성 원생생물인 중복편모충류와 부기저체류부터 시작하겠다. 이 미생물들은 동물 내장과 같은 산소가 없는 서식지에서 공생자로 혹은 기생자로 살아가며, 발효로부터 에너지를 아껴서 사용한다. 일부 중복편모충류는 어류, 가축 및 인간에게 심각한 흔한 질병의 원인이 되며, 하나의 부기저체류는 인간에게 주요한 성 매개 질병(sexually transmitted disease)의 원인이 된다. 두 집단은 분리된 계통발생학적 계통을 형성하기 위하여 분지하기 전에 비교적 최근의 공통된 조상을 공유한다 (그림 18.3).

중복편모충류

중복편모충류(diplomonads, **그림 18.4*a***)는 특징적으로 같은 크기의 두 개의 핵을 보유하며, 또한 전자전달 단백질과 시트르산회로(citric acid cycle)의 효소들이 결여된 훨씬 축소된 미토콘드리아인 미토솜(mitosome)을 갖는다. 중복편모충류인 *Giardia*는 진핵생물로는 비교적 작은 12 Mbp (megabase pair)의 유전체를 갖는다. 유전체는 비교적 간결하고, 인트론이 거의 없고, 시트르산회로를 포함하여 많은 물질대사 회로의 유전자들이 결여되어 있다 (그림 3.16). 이런 특징은 이 생명체의 기생성 혐기성 생활 형태를 설명한다. *Giardia intestinalis* (그림 18.4*a*)는 또한 *Giardia lamblia*로 알려져 있으며 미국에서 가장 흔한 수인성 설사증세인 지아르디아증(giardiasis)의 원인이다. 이 지아르디아증은 33.4절에서 논의될 것이다.

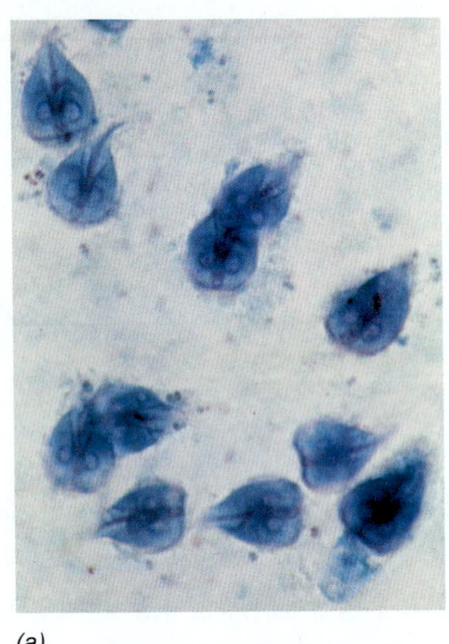

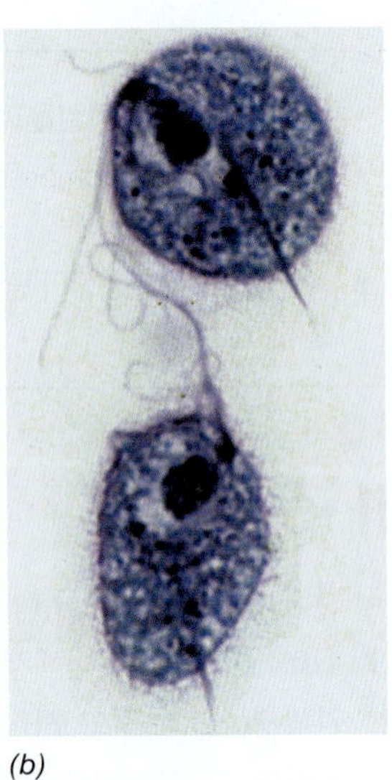

(a) (b)

그림 18.4 중복편모충류와 부기저체류. *(a)* 대표적인 중복편모충류인 *Giardia intestinalis* 세포의 광학현미경 사진. 2개의 핵을 주목하라. 세포의 너비는 약 10 μm이다. *(b)* 부기저체류 *Trichomonas vaginalis* 세포의 광학현미경 사진. 세포의 너비는 약 6 μm이다. 세포가 비뇨생식 조직에 붙을 때에 창과 같은 (axostyle) 구조가 사용된다.

부기저체류

부기저체류(parabasalids)는 여러 기능 중에 골지체를 구조적으로 지지하는 부기저부체(*parabasal body*)를 가지고 있다. 이 혐기성 미생물 진핵생명체는 미토콘드리아 없지만 하이드로게노솜을 갖는다 (⇄ 2.15절). 부기저체류는 척추동물과 무척추동물의 내장이나 비뇨생식관에서 기생자나 공생자로 살아간다 (⇄ 33.4절). 부기저체류인 *Trichomonas vaginalis*는 편모 다발에 의해서 운동성을 가지며 (그림 18.4*b*), 인간에게 광범위한 성 매개 질병의 원인이 된다.

부기저체류의 유전체는 진핵생물 중에서 독특한데, 대부분에서 진핵 유전자의 특징적인 비암호화 서열인 인트론이 결여되어 있다 (⇄ 4.6 및 9.4절). 또한 *T. vaginalis*의 유전체는 기생성 생명체로는 매우 커서 약 160 Mbp이고 수평적 유전자 전이에 의해서 세균으로부터 유전자를 획득한 증거를 보인다. *T. vaginalis*는 반복서열들과 전위요소 (⇄ 11.11절)를 포함하는데 이는 유전체 분석을 어렵게 한다. 그러나 *Trichomonas*는 인간 유전체의 약 2배인 거의 60,000개의 유전자를 갖고 있는 것으로 생각되며, 따라서 이제까지 관찰된 진핵 유전체의 상한선에 근접한다.

운동핵편모충류

운동핵편모충류(kinetoplastid)는 잘 연구된 엑스카바타 집단이고 거대한 하나의 미토콘드리아에 존재하는 DNA 덩어리인 운동핵(*kinetoplast*)의 존재에 의해서 이름이 지어졌다. 운동핵편모충류는 일차적으로 수중 서식지에서 세균을 먹이로 섭취하며 살아간다. 그러나 일부 종들은 동물의 기생체이고 인간과 척추동물에 수많은 심각한 질병을 일으킨다. 인간에 감염되는 속(genus)인 *Trypanosoma*의 세포는 작고 약 20 μm 길이로 얇으며 초승달 모

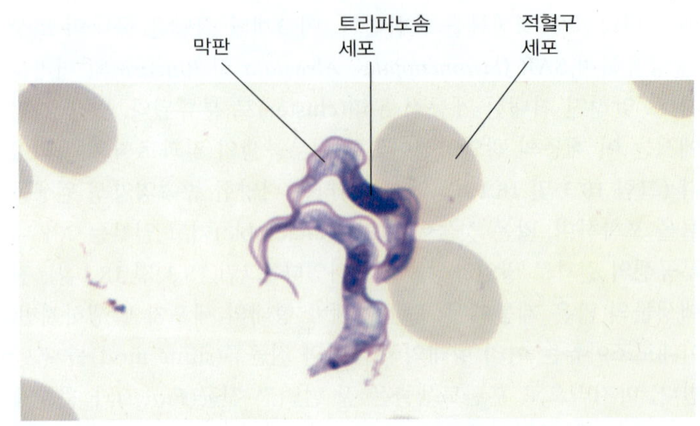

그림 18.5 트리파노솜. 아프리카 수면병의 원인체인 편모를 갖는 운동핵편모충류 *Trypanosoma brucei*의 현미경 사진. 혈액도말표본. *T. brucei* 세포 너비는 약 3 μm이다.

양이다. *Trypanosome*은 기부체(basal body)에서 나와 세포를 가로질러 옆으로 접힌 후, 세포질 막의 보조익(flap)에 의해서 둘러싸인 한 개의 편모를 가지고 있다 (**그림 18.5**). 편모와 막 두 가지 모두가 생명체에 추진력을 주는 데 참여하여 병원성 트리파노솜(trypanosome)이 자주 발견되는 혈액같이 점성이 있는 액체 속에서조차도 효과적으로 움직일 수 있도록 한다.

Trypanosoma brucei (그림 18.5)는 만성적이고 치명적인 인간 질병으로 알려져 있는 아프리카 수면병(*African sleeping sickness*)을 일으킨다. 이 기생충은 일차적으로는 혈액에서 번식하지만, 병의 말기에는 중추신경조직에 침입하여 이 병의 특징적인 신경성 증상의 원인이 되는 뇌와 척추의 염증을 유발한다. 이 기생충은 아프리카의 어떤 지방에서만 발견되는 흡혈성 파리인 체체파리(tsetse fly) *Glossina* 종에 의해서 숙주 간에 전파된다. 피를 먹이로 취할 때, 인간으로부터 파리로 옮겨간 후에 기생충은 파리의 장내에서 증식해서 파리의 침샘과 구강부분에 침범하여 존재하고, 이 파리에 물리게 되면 새로운 인간숙주에게 전염된다 (⇄ 33.6절).

인간 기생체인 다른 운동핵편모충류에는 샤가스병(Chagas' disease)의 원인체인 *Trypanosoma brucei* 및 피부성 및 전신성 리슈만편모충증(*leishmaniasis*)의 원인체인 *Leishmania* 종이 포함된다. 샤가스병은 "침노린재(kissing bug)"라는 흡혈 곤충이 무는 것에 의해서 확산된다. 이 질병은 대개 자기 제한적(self-limiting)이지만 만성이 되고 치명적인 감염에 이를 수도 있다. 리슈만편모충증은 나방파리(sand fly)가 무는 것에 의해서 인간과 다른 포유류에 전파되는 열대 및 아열대 지역의 질병이다. 이 치명적일 수 있는 질병은 응애가 깨문 부위를 둘러싼 피부에 제한적이거나 혹은 비장과 간에 감염되어 전신적 감염의 원인이 될 수도 있다. 샤가스병과 리슈만편모충증은 모두 33.6절에서 더 자세히 다루어질 것이다.

유글레나류

또 다른 연구가 잘된 엑스카바타 집단은 유글레나류(euglenid)이다 (**그림 18.6**). 운동핵편모충류와는 다르게 이 운동성의 미생물 진핵

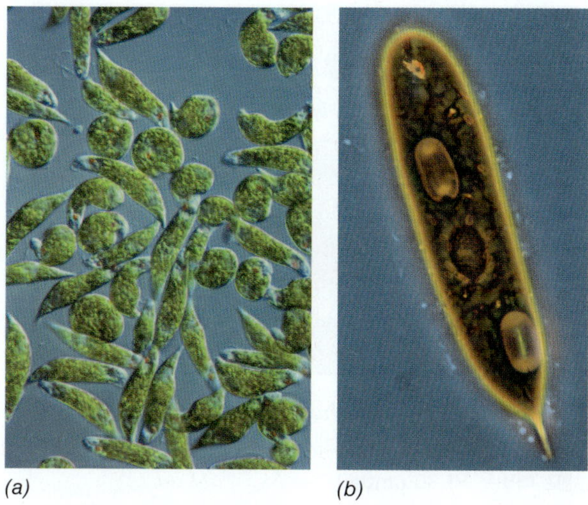

그림 18.6 **유글레노조아류, *Euglena*.** *(a)* 다른 유글레나조아류와 같이 광영양성 원생생물로 비병원성이다. 세포 너비는 약 15 μm이다. *(b)* 고배율 사진.

생명체는 비병원성이며 화학영양체인 동시에 광영양체이다. 대부분의 유글레나류는 등쪽(dorsal)과 배쪽(ventral)에 2개의 편모를 가지고 있으며, 활발한 운동성은 이 생명체가 대체 영양원에 따른 생활 형태를 유지하기 위하여 환경 내에서 빛이 있거나 어두운 서식처에 모두 접근할 수 있도록 한다.

유글레나류는 예외없이 모두 수생으로 담수와 해수 모두에 존재하며 광영양체로 생장을 유지하는 엽록체를 가지고 있다 (그림 18.6). 그러나 어두운 곳에서는 전형적인 유글레나류인 *Euglena* 세포는 엽록체를 상실하고 화학유기영양체로서 존재한다. 많은 유글레나류가 **식세포작용(phagocytosis)**을 통하여 세균을 먹이로 섭취하는데, 이것은 입자를 삼키기 위하여 입자 주위를 유연한 세포막의 일부분으로 둘러싸고 이를 소화하는 세포 안으로 유입시키는 과정이다.

미니퀴즈

- *Euglena*를 위한 2가지 영양원의 선택을 대조하라.
- *Trypanosome brucei, Leishmania* 및 *Giardia*에 의한 질병들은 무엇인가?
- 중복편모충류는 어떻게 에너지를 얻는가?

18.4 피하낭류

주요 속: *Gonyaulax, Plasmodium, Paramecium*

피하낭류(alveolate)는 세포막 바로 아래 존재하는 세포질 주머니인 피하낭(*alveoli*)에 의해서 특징지어지는 집단이다. 피하낭의 기능은 알려지지 않았지만 수분의 유입을 조절하여 세포가 삼투압의 균형을 유지하는 데 도움을 줄 것이며, 와편모류에서는 장갑판(armor plate)과 같은 기능을 할 것이다 (그림 18.9 참조). 가깝지만 계통학적으로는 구별되는 3종류의 피하낭류가 알려져 있다: 운동성을 위해서 섬모를 이용하는 섬모충류(*ciliates*); 하나의 편모를 이용하는 방법으로 운동성을 갖는 와편모류(*dinofalgellates*); 인간과 다른 동물들의 기생체인 정단복합체충류(*apicomplexans*)이다 (그림 18.3).

섬모충류

섬모충류(ciliates)는 생활사의 특정 시기에 섬모(*cilia*) (**그림 18.7**)를 갖는다. 섬모는 운동성을 기능으로 하는 구조이고, 종에 따라서 세포를 덮거나 술(tuft)이나 노(row)를 형성한다. 아마도 가장 잘 알려져 있고 가장 넓게 분포하는 섬모충류가 짚신벌레(*Paramecium*) 속에 속한 것들이다 (그림 18.7). 다른 섬모충류와 마찬가지로 *Paramecium*은 섬모를 운동성을 위해서뿐만 아니라 먹이를 얻기 위해서 사용하는데, 특이한 깔때기 모양의 구강 홈을 통하여 세균과 같은 입자성 물질을 섭취한다. 구강 홈에 정렬된 섬모는 물질을 아래의 세포식도(*gullet*)라고도 부르는 세포 입의 홈까지 움직이게 한다 (그림 18.7*b*). 세포식도에서 물질은 식세포작용에 의해서 액포 내로 싸여진다. 소화효소가 액포 내로 분비되고 물질을 영양원으로 분해한다.

섬모충류는 원생생물 중에서 유일하게 소핵(*micronuclei*)과 대핵(*macronuclei*) 2종류의 핵을 갖는다. 대핵의 유전자들은 생장과 먹이 섭취과 같은 기본적 세포 기능을 조절하는 반면에 소핵의 유전자들은 *Paramecium*의 두 세포가 부분적으로 융합되고 소핵의 교환을 통하여 일어나는 유성생식에 참여한다. *Paramecium*의 유전체는 거대한데 대핵의 유전자 수는 약 40,000개로 인간의 거의 2배이다.

많은 *Paramecium* 종 (많은 다른 원생생물도 마찬가지로)이 세

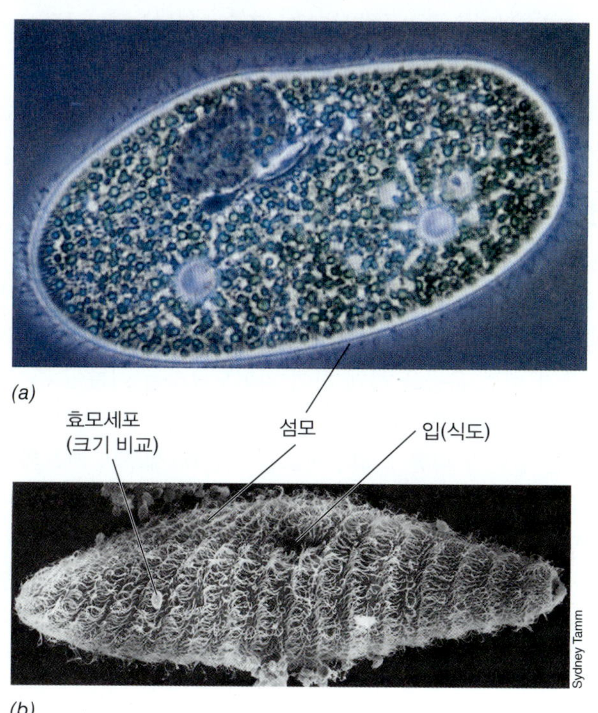

그림 18.7 **섬모를 갖는 원생생물, *Paramecium*.** *(a)* 위상차 현미경 사진. *(b)* 주사전자현미경 사진. 양쪽 사진 모두에서 섬모를 주목하라. *Paramecium* 세포 하나의 직경은 약 60 μm이다.

단원 4

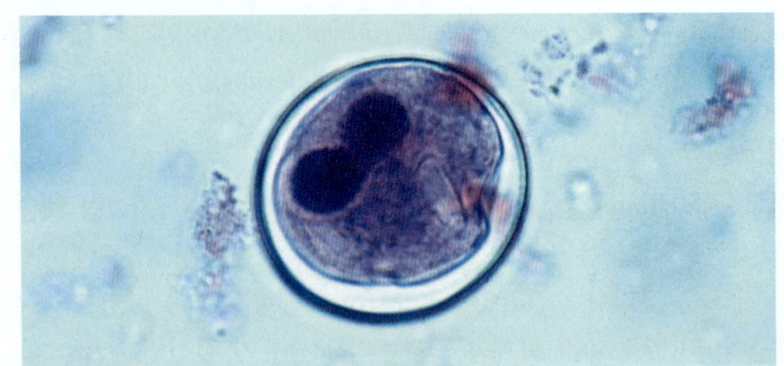

그림 18.8 인간에게 이질 유사성 질병의 원인이 되는 섬모를 갖는 원생생물인 *Balantidium coli*. 돼지 내장에서 분리한 *B. coli* 포낭 내에서 검푸른색으로 염색된 잎 모양의 구조가 분열 중인 대핵(macronucleus)이다. 세포 너비는 약 50 μm이다.

그림 18.9 해양 와편모류 *Ornithocercus magnificus* (피하낭류의 한 종류). 세포는 구형 중심구조이다; 리스트(lists)라 불리는 화려한 구조가 붙어 있다. 세포 너비는 약 30 μm이다.

균, 고균 및 주로 녹조류인 진핵생물의 내부공생을 위한 숙주이다. 이 생물들은 숙주가 이용하는 비타민과 다른 성장인자를 합성하는 영양학적 역할을 할 수가 있다. 몇 종류의 혐기성 섬모충류 원생생물은 내부공생자를 보유한다. 예를 들어, 흰개미 후장(hindgut) 내의 섬모를 갖는 원생생물은 H_2와 함께 CO_2를 이용하고 메탄(CH_4)을 생성하는 내부공생 메탄생성세균(methanogen, 고균)을 보유하고 있다. 섬모충류 그 자체가 공생을 할 수도 있다: 절대혐기성 섬모충류는 반추동물의 전위(forestomach)인 제1위 (반추위, rumen)에 존재하며 동물의 소화 및 발효 과정에서 중요한 역할을 담당한다 (23.13절).

공생과는 다르게, 다른 원생생물 집단에 비하여 섬모충류에서는 덜 흔한 생활양식이지만 일부 섬모충류는 동물 기생체이다. 예를 들어, *Balantidium coli* (**그림 18.8**) 종은 일차적으로 가축의 장내 기생체인데, 종종 인간의 내장관에도 감염되어 이질과 유사한 증상을 일으킨다. *B. coli*의 세포는 포낭(cyst, 그림 18.8)을 형성하는데 이는 감염된 음식과 물을 통하여 전파를 촉진한다.

와편모류

와편모류(dinoflagellates)는 해양 및 담수에서 광합성 피하낭류 (**그림 18.9**)의 다양성을 갖는 집단으로 2차 내부공생을 통하여 광합성 능력을 획득하였다 (그림 18.2 및 18.3). 세포를 에워싸는 편모가 회전 운동을 하게 하여 와편모류라는 이름이 주어졌다 [*dinos*는 그리스어로 "소용돌이치는(whirling)"이라는 의미임]. 와편모류는 길이가 다른 2개의 편모를 갖는데 세포의 가로와 세로로 다른 지점에 끼워져 있다. 가로로 있는 편모는 측면에 붙어 있는 반면에 세로로 존재하는 편모는 세포의 측면 홈(groove)에서 나오며 세로로 길게 뻗어 있다 (그림 18.10*b* 참조). 어떤 와편모류는 독립적인 생명체인 반면에 다른 것들은 산호초를 이루는 동물들과 공생으로 존재하여 숨겨주고 보호받는 서식처를 얻고 광합성에 의해서 고정된 먹이 자원을 산호에 그 교환으로 제공한다. 많은 독립적으로 사는 종들은 생물발광(bioluminescence) 능력이 있으며, 이 결과로 산호바다 및 생물발광 해변에서 자주 관찰될 수 있는 "반짝이는(sparkling)" 효과를 나타낸다.

몇 종의 와편모류는 독성이 있다. 예를 들어, 이 생물의 붉은 색소의 입자 때문에 "적조(red tide)" (**그림 18.10*a***)라고 불리는 *Gonyaulax* 세포들의 밀집된 혼탁액이 따뜻하고 일반적으로 오염된 해안 바다에서 형성될 수 있다. 이런 대발생(bloom)은 자주 물고기의 폐사와 관계되며, 필터를 통한 먹이 섭취로 *Gonyaulax*이 축적된 조개를 섭취한 인간에게 중독을 일으킨다. 독성은 인간과 바다수달과 같은 동물에 마비성 패독(*paralytic shellfish poisoning*)이라 부르는 현상의 원인이 될 수 있는 신경독(neurotoxin)의 결과이다. 증상은 입술의 무감각, 어지럼증 및 호흡곤란이 포함되며; 심한

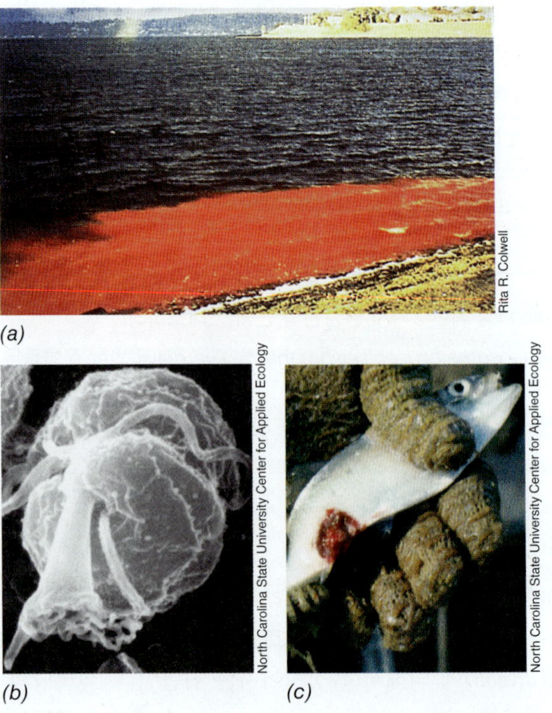

그림 18.10 독성 와편모류 (피하낭류의 멤버들). *(a)* Gonyaulax와 같은 독소 생산 와편모류의 대량 생장이 원인인 "적조(red tide)" 사진. 독성은 물로 분비되고 와편모류를 섭식하는 조개에도 축적된다. *(b) Pfiesteria piscicida* 독성포자의 주사전자현미경 사진; 구조의 너비는 약 12 μm. *(c) P. piscicida*에 의해 죽은 물고기; 부패 중인 살점의 손상을 주목하라.

경우에는 호흡 마비로 죽을 수도 있다. *Pfiesteria*는 독성을 갖는 다른 와편모류이다. *Pfiesteria piscicida* (그림 18.10*b*)의 독성포자는 물고기에 감염되면 신경독에 의해서 움직임에 영향을 주고 피부를 파괴해서 물고기를 죽게 한다. 물고기의 한 부분이 손상되면 여기에 기회주의적 병원성 세균이 생장하게 된다 (그림 18.10*c*). *Pfiesteria*에 의한 인간 독혈증(toxemia) 증상에는 피부 발진 및 호흡곤란이 포함된다.

정단복합체충류

정단복합체충류(apicomplexans)는 광합성을 하지 않는 절대기생성으로서 말라리아(*Plasmodium* 종) (**그림 18.11*a***), 주혈원충병(toxoplasmosis, *Toxoplasma*) (그림 18.11*b*) 및 콕시디아증(coccidiosis, *Eimeria*)과 같은 심각한 인간 질병의 원인이 된다. 이 생명체들은 운동성이 없는 성충기로 특징지어지는데, 영양분이 세균이나 진균류에서와 같이 용해된 상태로 세포막을 통하여 흡수된다.

정단복합체충류는 포자소체(*sporozoites*) (그림 18.11*b*)라고 불리는 구조를 형성하는데, 이는 기생체를 새로운 숙주에 전파하는 기능을 하며, 정단복합체충류라는 명칭은 소기관 복합체의 포자소체의 한 정점이 존재하는 것으로부터 유래하는데 이는 숙주 세포를 뚫고 들어간다. 정단복합체충류는 또한 정단색소체(*apicoplast*)를 가지고 있다. 이는 퇴화된 엽록체로 색소와 광합성 수용력이 결여되어 있지만, 그 자신의 몇몇 유전자를 가지고 있다. 정단색소체는 지방산(fatty acid), 이소프레노이드(isoprenoid) 및 헴(heme)의 생합성을 촉매하고 이러한 생산물을 세포질로 내보낸다. 정단색소체는 2차 내부공생 (그림 18.2 및 18.3)에서 정단복합체충류에 획득된 홍조류 세포에서 유래되었다는 가설이 있다. 시간에 흐름에 따라서 정단복합체충류 세포 내에서 홍조류의 엽록체는 광합성 역할을 못하도록 퇴화되었다.

척추 및 무척추 동물이 모두 정단복합체충류의 숙주가 될 수 있다. 어떤 경우에는 생활사 어떤 단계에서는 이 숙주를 다른 단계에서는 다른 것과 연결되는 식으로 숙주의 대체가 일어나기도 한다. 중요한 정단복합체충류는 전형적으로 조류(bird)에 기생하는 구충류(coccidia)와 *Plasmodium* 종 (말라리아 기생체) (그림 18.11*a*)들이다. 역사를 통하여 다른 어느 질병보다 많은 사람을 죽인 병인 말라리아에 관한 논의는 33.5절에서 할 것이다.

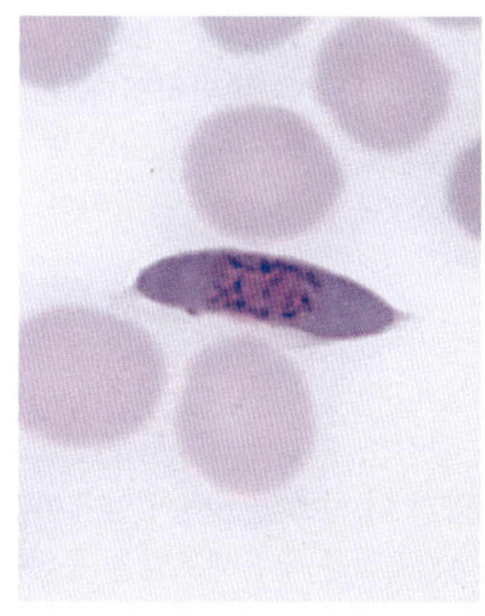

(a)

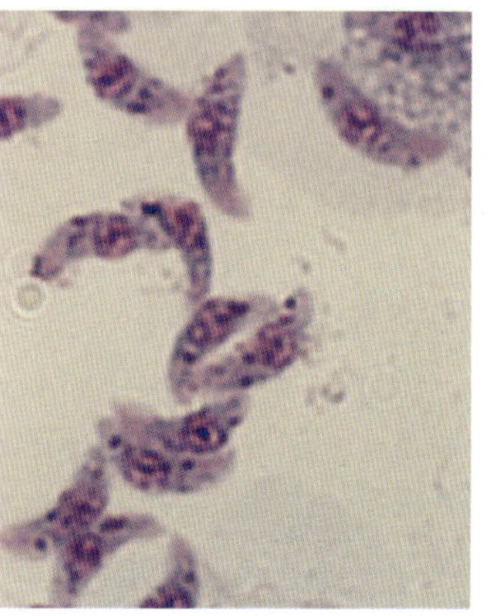

(b)

그림 18.11 정단복합체충류. *(a)* 도말된 혈액에 있는 *Plasmodium falciparum*의 생식모세포(gametocyte). 말라리아 기생충 생활사에서 생식모세포는 운반자 모기에 감염되는 시기이다. *(b) Toxoplasma gondii*의 포자소체(sporozoite).

미니퀴즈

- 짚신벌레(*Paramecium*)는 어떻게 움직이는가?
- *Gonyaulax* 생물과 연관된 건강 문제에는 무엇이 있는가?
- 정단색소체는 무엇이며, 어떤 생물이 가지고 있고, 무슨 기능을 수행하는가?

18.5 부등편모류

주요 속: *Phytophthora, Nitzschia, Ochromonas, Macrocystis*

부등편모류(*Stramenopiles*)는 거대생물뿐만 아니라 화학유기영양체와 광영양체 미생물을 모두 포함한다. 이 집단의 구성원들은 짧고 머리카락 같이 확장된 다수의 편모를 가지며 (그림 18.2) 이런 형태적 특징으로 이 집단에 그런 이름 [라틴어로 *Stamen*은 "짚(straw)"이고 *pilos*는 "털(hair)"임]이 주어졌다. 규조류(diatoms), 난균류(oomycetes), 황갈조류(golden algae) 및 갈조류(brown algae)가 주요한 부등편모류 집단이다 (그림 18.3).

규조류

규조류(diatoms)는 단세포, 광영양체인 미생물 진핵생명체로서 200가지 이상의 속(genera)을 포함하며, 해양 및 담수에 사는 부유성(planktonic 혹은 supspended) 식물성 플랑크톤(phytoplankton) 미생물 집단의 주요 요소이다. 이것들은 규소(silica)로 구성되고 다당류와 단백질이 첨가된 특징적인 세포벽을 만든다. 세포를 포식으로부터 보호해주는 세포벽은 다른 종에 따라서 매우 다른 모양을 나타내며 매우 화려할 수 있다 (**그림 18.12**). 이 벽에 의해서 형성되는 외부 구조를 규조각(*frustule*)이라고 하는데, 대부분 세포가 죽고 유기물질이 사라진 후에도 모양이 남아 있다. 규조류의 규조각은 흔한 규조류인 *Nitschia* (그림 18.12*b*)와 같이 축(axis)의 반대편에 배열된 유사한 부분을 갖는 날개와 같은 형태의 대칭(*pinnate symmetry*) 및 해양 규조류인 *Thalassiosira* 및 *Asterolampra* (그림 18.12*c*, *d*)와 같이 방사형 대칭(*radial symmetry*)을 포함하여 전형적으로 대칭인 형태를 보인다. 대부분이 규소로 구성되어 있는 규조각은 부식에 저항이 강하기 때문에 그 구조가 오랫동안 존재할 수 있으며, 가라앉아 수백만 년 동안 퇴적물에 남아 있다. 규조류의 규조각은 가장 잘 알려진 단세포 진핵생물 화석의 일부를 구성하며, 이 화석 시료의 연대측정을 통하여 규조류는 비교적 최근인 약 2억 년 전에 지구상에 처음으로 출현한 것으로 보인다.

난균류

난균류(oomycetes)는 수생 곰팡이(*water mold*)로도 불리는데 필라

단원 4

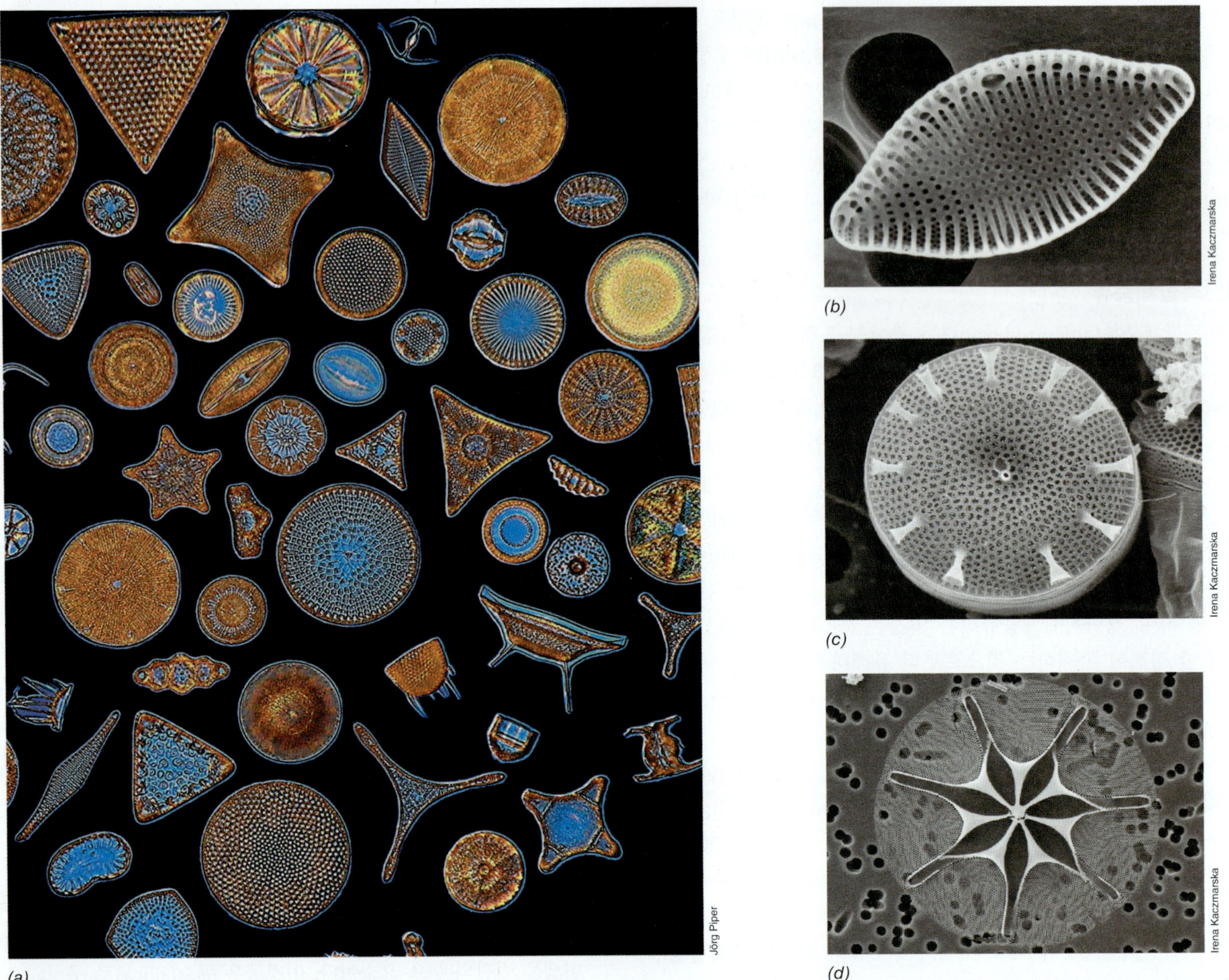

그림 18.12 규조류 규조각. *(a)* 다양한 대칭 형태를 보여주는 다른 규조류로부터 온 규조각들 접착(collage)의 암시야 현미경 사진. *(b~d)* 뾰족한 끝 (*b* 부분) 혹은 방사 (*c* 및 *d* 부분) 대칭을 보여주는 규조각의 주사전자현미경 사진. 규조류는 크기가 다양한데, 너비가 약 5 μm로 가장 작은 종부터 200 μm보다도 더 커다란 종이 있다.

멘트형 생장과 **다핵체(coenocytic)** (즉, multinucleate) 균사와 진균과 특징을 보이는 형태적 흔적에 기반을 두고 예전에는 진균류로 분류가 되었다 (18.8절). 그러나 계통학적으로 난균류는 진균과는 구별되며 다른 부등편모류와 가깝게 연관되어 있다 (그림 18.3). 난균류는 또한 다른 근본적인 면에서도 진균과는 다르다. 예를 들어, 난균류의 세포벽은 진균의 키틴(chitin) 세포벽이 아닌 섬유소로 만들어져 있고, 아주 소수를 제외하고 대부분의 진균에서는 결여된 편모성 세포들을 수생 곰팡이는 갖는다. 그럼에도 불구하고 난균류는 생태학적으로 진균과 유사하여 수생 서식지에서 죽은 식물과 동물 물질들을 분해하는 균사의 덩어리로 생장한다.

난균류는 많은 종들이 식물병원체(phytopathogene)이기 때문에 인류 사회에 커다란 영향을 주었다. 감자 잎마름병의 원인이 되는 난균류인 *Phytophthora infestans*는 19세기 중반 아일랜드에서 대규모의 기근을 일으켰다. 이 기근으로 아일랜드인 백만 명이 사망하였고 북미로 아일랜드인의 대량 이민 물결을 촉발하였다. 다른 주요 식물병원체에는 온실 묘목에 흔한 병원체인 *Pythium*와 몇 가지 농작물에 흰녹병(white rust)을 일으키는 *Albugo*가 포함된다.

황갈조류 및 갈조류

규조류와 함께 황갈조류(golden algae)와 갈조류(brown algae)는 부등편모류의 주요 계통을 이룬다. 황갈조류는 *chrysophytes*라고도 부르는데 일차적으로 단세포로 해양과 담수에 있는 광영양체이다. 일부 종들은 화학유기영양체로서 식세포작용이나 세포막을 통하여 용해된 유기화합물을 수송하는 것으로 먹이를 섭취한다. 담수에서 발견되는 *Dinobryon* (**그림 18.13*a***)과 같은 일부 황갈조류는 집락을 형성한다. 그러나 대부분의 황갈조류는 단세포이고 길이가 다른 2개의 편모의 활동에 의하여 움직인다.

황갈조류는 황갈색 때문에 이름이 붙여졌다 (그림 18.13*a*, *c*). 이

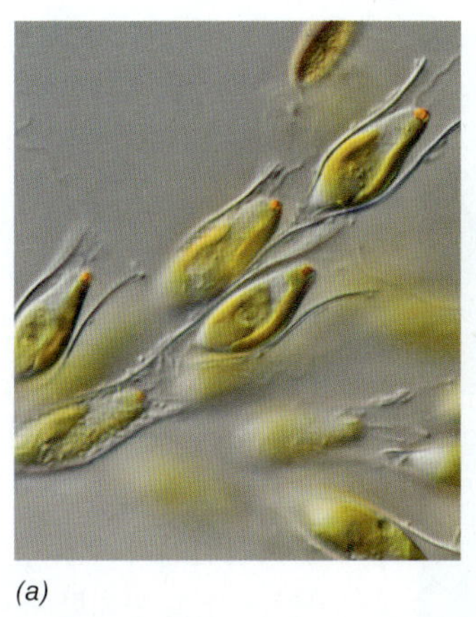
(a)

(b)

(c)

그림 18.13 황갈조류 및 갈조류. *(a) Dinobryon*, 분지되는 집락을 형성하는 황갈조류 (*Chrysophyceae* 과). *(b)* 갈조류에 속하는 해양 켈프인 *Macrocystis*. *(c)* 단세포성 chrysophyte인 *Ochromonas*. 이런 조류들의 엽록체의 황갈색과 갈색은 푸코산틴 색소에 기인한다.

는 갈색의 카로티노이드인 푸코산틴(fucoxanthin)이 엽록체 색소에 많은 것에 기인한다. 황갈조류에서 주요 엽록소(chlorophyll) 입자는 엽록소 *a*형보다는 엽록소 *c*형이고, 홍조류 엽록체에 존재하는 피코빌리단백질(phycobiliprotein)이 결여되어 있다 (18.14절). 이 집단에서 가장 연구가 잘되어있는 속(genus)으로 단세포 황갈조류인 *Ochromonas*의 세포는 1~2개의 엽록체만을 가지고 있다 (그림 18.13*c*).

갈조류는 일차적으로 해양에 존재하는 다세포이며 전형적으로 육안으로 보인다. 단세포 갈조류는 알려져 있지 않다. 자이언트 켈프(giant kelp)인 *Macrocystis* (그림 18.13*b*)와 같은 켈프는 길이가 50 m까지 자랄 수 있고 아마도 가장 넓게 분포하는 갈조류일 것이다. 조간대에서 가장 흔한 다른 해초인 *Fucus*는 2 m까지 자랄 수가 있다. 명칭이 의미하듯이 갈조류는 색이 카로티노이드 입자인 푸코산틴을 얼마나 생산하느냐에 따라서 갈색이거나 녹갈색(green-brown)이 된다. 대부분의 해양 "해초(seaweed)"는 갈조류이고 이것들의 빠른 성장은, 특히 차가운 해수에서의 성장은 이것들이 바닷가로 떠밀려 와서 부패할 때에 골치가 아픈 악취 문제가 된다.

미니퀴즈

- 규조류의 어떤 구조가 이것들이 뛰어난 화석 기록이 되는 것을 설명하는가?
- 난균류는 어떤 점에서 진균과 다르거나 닮았는가?
- 황갈조류와 갈조류에서 발견되는 엽록소 입자는 무엇인가?

18.6 근족충류

근족충류(*Rhizaria*)는 클로라라크니온류(*Chlorarachniophyta*), 방산충류(*Radiolaria*)와 유공충류(*Foraminifera*)를 포함하는 다양성을 갖는 원생생물 집단이다 (그림 18.3). 이것들은 이동하고 먹이섭취에 이용하는 실과 같은 세포질 돌출 [위족(pseudopodia)]에 의해서 다른 원생생물과 구별이 된다. 일부 근족충류는 아메바와 같은 형태를 갖는데 한때는 이 형태와 위족 때문에 아메바(*amoebae*)로 잘못 분류되었었지만 현재는 계통학적으로 다양한 많은 생명체가 이동과 먹이섭취를 목적으로 위족을 사용하는 것으로 알려져 있다.

클로라라크니온류

클로라라크니온류(*Chlorarachniophyta*)는 담수 혹은 해양성으로 분산(dispersal)을 위한 편모 하나를 발전시킨 아메바와 모양의 광영양체이다. 이 집단의 녹조류 엽록체의 획득은 2차 내부공생의 한 가지 주요한 예이며 (그림 18.2) 이 과정이 얼마나 광범위하게 계통학적으로 구별되는 몇 가지 미생물 진핵생물체의 계통들을 정립해 왔는지 보여준다 (그림 18.3).

클로라라크니온류는 전형적으로 그람-음성 세포막 (2.5절)을 갖는 *Cyanobacteria*의 내막과 외막에서 유래된 2개의 막을 보유한다. 그러나 클로라라크니온류 내의 엽록체는 4개의 막을 갖는다. 또한 이것들은 2세트의 엽록체 막 사이에 감싸여 있는 **핵소체(nucleomorph)**를 갖는다. 핵소체는 2차 내부공생에 동안에 조류의 내부공생이 획득되었을 때에 남겨진 핵의 잔유물이다 (18.1절). 핵소체와 잉여의 막들은 모두 조류의 내부공생으로부터 유래되었다 (그림 18.2).

클로라라크니온류은 최소 5개의 다른 유전체들이 합쳐진 것으로 여겨지는 내부공생에 대한 증거이다: 숙주 유전체, 숙주 미토콘드리아 유전체, 조류 내부공생자 유전체 (핵소체가 됨), 조류 내부공생자 미토콘드리아 유전체 및 조류 내부공생자 엽록체 유전체! 불필요하거나 중복된 유전자들의 대부분은 시간에 따라서 삭제되고 미토콘드리아와 엽록체로부터의 많은 유전자들은 숙주 유전체로 이동하였다. 결과적으로 클로라라크니온류 유전자의 대부분은 숙주 세포 내의 핵에 존재한다. 핵소체 그 자체는 그 조상과 상대적으로 크기가 크게 감소하였고 시간에 흐름에 따라서 엽록체로부터 완전히 상실될 것이다.

단원 4

(a)

(b)

그림 18.14 유공충류와 방산충류. *(a)* 유공충류. 현란하고 여러 개의 엽을 가진 종피를 주목하라. 종피는 너비가 약 1 mm이다. *(b)* *Nassellaria* 집단의 스파이크가 박힌 방산충류. 종피는 너비가 약 150 μm이다. *(a)*와 *(b)* 모두 색을 입힌 주사전자현미경 사진이다.

유공충류

클로라라크니온류와는 다르게 유공충류(*Foraminifera*)는 예외없이 해양성 미생물이며 종피(*test*)라고 하는 조개 모양의 구조를 형성하며 이는 구별되는 특징을 가지고 있고 매우 화려한 경우가 자주 있다 (**그림 18.14*a***). 종피는 전형적으로 탄산칼슘(calcium carbonate)과 같은 광물로 강화된 유기물로 이루어진다. 종피는 세포에 단단하게 연결되어있지 않고 아메바 모양의 세포는 먹이를 섭취하는 동안에 종피 밖으로 어느 정도 확장할 수 있다. 그러나 종피의 무게 때문에 세포들은 대부분 물기둥의 밑바닥에 가라앉는데 이 생명체는 일차적으로는 세균과 다른 원생생물 및 퇴적물에 가까이 있는 죽은 생명체 잔해에서 용해된 유기물과 특정한 침전물을 먹이로 섭취하는 것으로 생각된다. 유공충류 세포는 또한 다양한 조류의 숙주가 되어 원생생물과 내부공생 관계를 형성할 수 있는데 이것들에게 유기탄소를 제공하고 그 교환으로 아마도 죽은 생명체에서 유래한 무기영양소를 받을 것이다. 광영양체는 일차적으로 내부공생체(endosymbiont)에 충분한 햇빛을 제공하기 위하여 물기둥 내에서 떠다니는 부유성(planktonic) 유공충류 내에서 발견된다.

유공충의 종피 (그림 18.14*a*)들은 부식에 비교적 강하고 쉽게 화석화가 된다. 이런 매몰되고 보존된 종피들은 지질학자들에게 매우 유용하다. 이는 유공충의 특정한 분류군이 전형적으로 지질학적인 기록 내에서 특정한 지층과 연관되어 있기 때문이며, 탐사된 유정에서 채취된 시료 내의 화석화된 유공충 종피는 시추한 곳의 원유의 연대측정과 가치를 판단하는 방법으로 석유 산업체의 고생물학자에 의해서 이용된다.

방산충류

방산충류(radiolarians)는 화학유기영양체이며, 대부분이 부유성 해양진핵생물로서 세균과 특정한 유기물을 먹이로 하는 장소인 해양의 상부 100 m 정도 내에 서식한다. 일부 종들은 공생 (내부공생은 아님) 역할을 하고 방산충류에 영양분을 제공하는 조류와 연합된다.

"방산충류"라는 명칭은 한 융합된 조각 내에 규소(silica)로 이루어진 투명하거나 반투명한 미네랄 골격인 그 종피들이 방사상 대칭을 이루는데서 왔다 (그림 18.14*b*). 작은 지질 방울의 축적과 거대한 세포질 액포와 함께 방산충류의 바늘과 같은 모양의 위족은 아마도 대개는 외해 서식지에서 부유성인 이 생명체가 가라앉는 것을 방지할 것이다. 그러나 세포들이 최종적으로 죽으면 종피들이 해양 바닥에 쌓이고 시간이 흐름에 따라서 서서히 부식되는 세포 물질로 된 두꺼운 층을 형성할 수 있다.

미니퀴즈

- 근족충류(rhizaria)는 다른 원생생물과 어떤 구조가 다른가?
- 클로라라크니온류가 어떻게 광합성 능력을 획득하였다고 생각되는가?

18.7 아메바보조아류

주요 속: *Amoeba, Entamoeba, Physarum, Dictyostelium*

아메보조아류(*Amoebozoa*)는 토양과 물에 사는 원생생물의 거대한 집단으로 이동과 먹이 섭취를 위해서 잎 모양의 위족을 이용하는데, 실과 같은 모양의 위족을 갖는 근족충류와는 다르다. 아메아보조아류의 주요 집단에는 *gymoamoebas*, *entamoebas*, 변형체성 점균류(*plasmodial slime mold*) 및 세포성 점균류(*cellular slime mold*)가 있다. 계통학적으로 아메보조아류는 궁극적으로는 진균류와 동물로 이어지는 계통으로부터 분지되었다 (그림 18.3).

Gymnamoebas 및 Entamoebas

Gymnamoebas는 물과 토양 환경에 서식하는 독립생활을 하는 원생생물이다. 위족을 사용하여 아메바 운동(*amoeboid movement*) (**그림 18.15**)이라는 과정에 의해서 이동하고 식세포작용에 의해서 세균, 다른 원생생물 및 특정한 유기물을 먹이로 섭취한다. 아메바 운동은 세포질 유동의 결과인데, 덜 수축하고 점질성인 세포의 선단으로 흐르게 되며, 저항이 작은 방향을 선택하게 된다. 세포질 유동은 세포막 바로 아래에 얇은 막으로 존재하는 미세섬유 (⇔ 2.16절)에 의해서 촉진된다. *Amoeba* (그림 18.15)는 연못물에 흔한 생명체로 크기가 현미경으로 봐야 하는 직경 15 μm로부터 육안으로도 보이는 750 μm 이상까지 다양한 종이 있다.

Gymnamoebas와는 다르게 entamoebas는 척추동물과 무척추동물의 기생체이다. 일반적인 서식지는 동물의 구강이나 내장관이다. *Entamoeba histolytica*는 인간에게 병원성으로 혈변이 일어나는 내

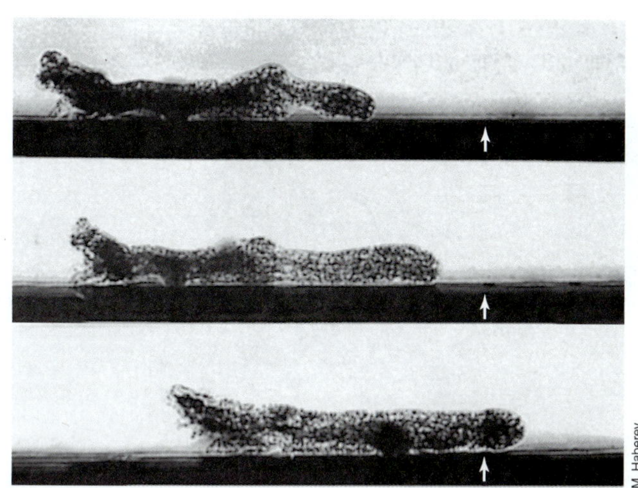

그림 18.15 아메보조아류(amoebozoan)인 *Amoeba proteus*의 시간차 장면들. 위에서부터 아래로의 시간 간격은 약 6초이다. 화살표는 표면의 고정된 지점을 가르친다. 세포 하나의 너비는 약 80 μm이다.

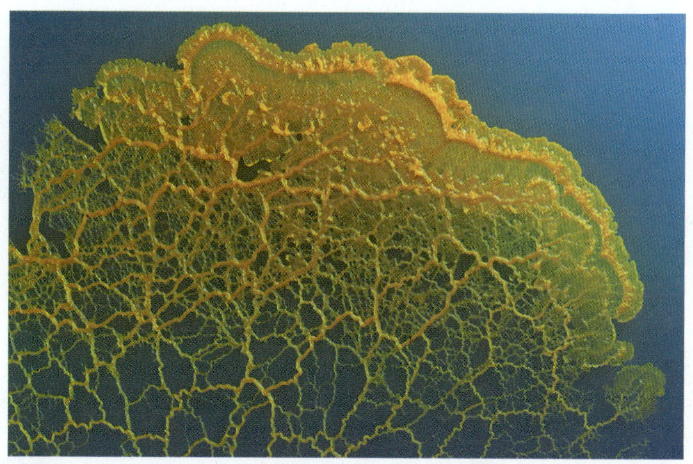

그림 18.16 점균류. 한천배지 표면에서 자라고 있는 변형체성 점균류인 *Physarum*의 변형체. 점균의 길이는 약 5 cm이고, 너비는 약 3.5 cm이다.

장관 궤양인 아메바성 이질의 원인이 된다. 이 기생체는 물, 음식 및 식기에 오염된 대변 배설물을 통하여 포낭(cyst)의 형태로 인간 사이에 전달이 된다. 33.3절에서 인간 내장 기생체에 의한 죽음의 원인이 되는 이질성 설사의 병인학 및 발병에 대해서 논의한다.

점균류

점균류(slime mold)는 예전에는 유사한 생활사를 겪으며 분산을 위한 포자를 지닌 자실체를 생성하기 때문에 진균류로 분류되었다. 그러나 원생생물처럼 점균류는 운동성이 있어 고체표면을 비교적 빨리 이동할 수 있다 (그림 18.16~18.18 참조). 점균류는 영양체가 변형체(plasmodia)로 불리는 크기와 모양이 일정하지 않은 원형질의 덩어리인 변형체형 점균류[*plasmodial slime mold*, 또한 비세포성 점균류(*acellular slime molds*)라고도 불림] (**그림 18.16**)와 영양체가 하나의 아메바인 세포성 점균류(*cellular slime mold*)의 두 집단으로 나누어진다. 점균류는 일차적으로 낙엽, 통나무와 같은 썩은 식물 물질 및 다른 미생물들, 특히 세균을 섭취하는 장소인 토양에 산다. 점균은 오랜 기간 동안 영양생장 상태에서 자신을 유지하지만, 결국에는 휴면상태로 남아 있을 수 있는 포자와 같은 구조를 형성했다가 나중에 발아하여 다시 활동적인 아메바 상태로 발생한다.

Physarum 같은 변형체성 점균류는 영양생장기에 많은 2배수체 핵들을 가지고 있는 변형체(*plasmodium*)라고 하는 원형질체의 확장된 하나의 덩어리로 존재한다 (그림 18.16). 변형체는 아메바 운동에 의해 활발하게 이동하고, 이 시기로부터 반수체(haploid) 포자가 들어 있는 포자낭(sporangium)이 생성될 수 있다; 조건이 좋아지면 포자는 편모를 갖는 반수체 유주세포(swarm cell)로 발아한다. 2개의 유주세포가 결합하여 배수체(diploid)의 변형체를 다시 생성한다.

변형체성 친척들과는 반대로 세포성 점균류는 각각이 반수체 세포이며 어떤 특정한 조건에서만 배수체를 형성한다. 가장 잘 연구된 세포성 점균인 *Dictyostelium discoideum*은 영양세포들이 집합된 덩어리를 이루어 이동하며, 마지막에는 자실체를 생산하고 이 내부에서 세포들이 분화하여 포자를 형성하는 무성생활사를 겪는다 (**그림 18.17** 및 **18.18**). *Dictyostelium* 세포들은 영양분이 모자라게 되면 모여서 슈도변형체(pseudoplasmodium)를 형성한다; 이 시기에 세포들은 개체적 특성은 잃어버리지만 융합하지는 않는다. 집합체 형성은 cyclic adenosine monophosphate (cAMP)의 생성에 의해서 유발된다. 이 물질을 처음으로 생산하는 *Dictyostelium* 세포들이 주위의 세포들을 끌어 모으며 결국에는 슬러그(*slug*)라고 하는 세포의 운동성 덩어리가 되도록 모여든다. 자실체의 형성은 슬러그가 정지하여 수직으로 방향을 잡을 때에 시작한다. 솟아오르는 구조는 자루 및 머리로 분화한다. 자루세포(stalk cell)는 자루에 견고함을 제공하는 섬유소를 형성하고 머리세포(head cell)는 포자로 분화한다. 결국에는 포자들이 분출하여 흩어지게 되며 각각의 포자는 새로운 아메바를 형성한다 (그림 18.17 및 그림 18.18).

무성생식 과정에 더해서, *Dictyostelium*의 유성생식 포자를 형성할 수 있다. 이것은 집합체 내의 두 개의 아메바가 융합하여 한 개의 큰 아메바를 형성할 때에 일어난다. 이 세포 주변에 두꺼운 섬유소 벽이 발달하여 대피낭체(*macrocyst*)라는 구조를 형성하는데 이것은 오랫동안 휴면 상태로 남아 있을 수 있다. 궁극적으로는 배수체 핵은 감수분열이 일어나서 반수체 핵을 생성하는데, 이들은 새로운 아메바에 통합되어 다시 무성생식 주기를 시작한다.

미니퀴즈

- 아메보조아류는 어떻게 근족충류(rhizaria)와 구별되는가?
- Gymnamoebas와 entamoebas의 생활사를 비교하고 차이점을 설명하라.
- *Dictyostelium discoideum* 생활사의 주요 단계들을 설명하라.

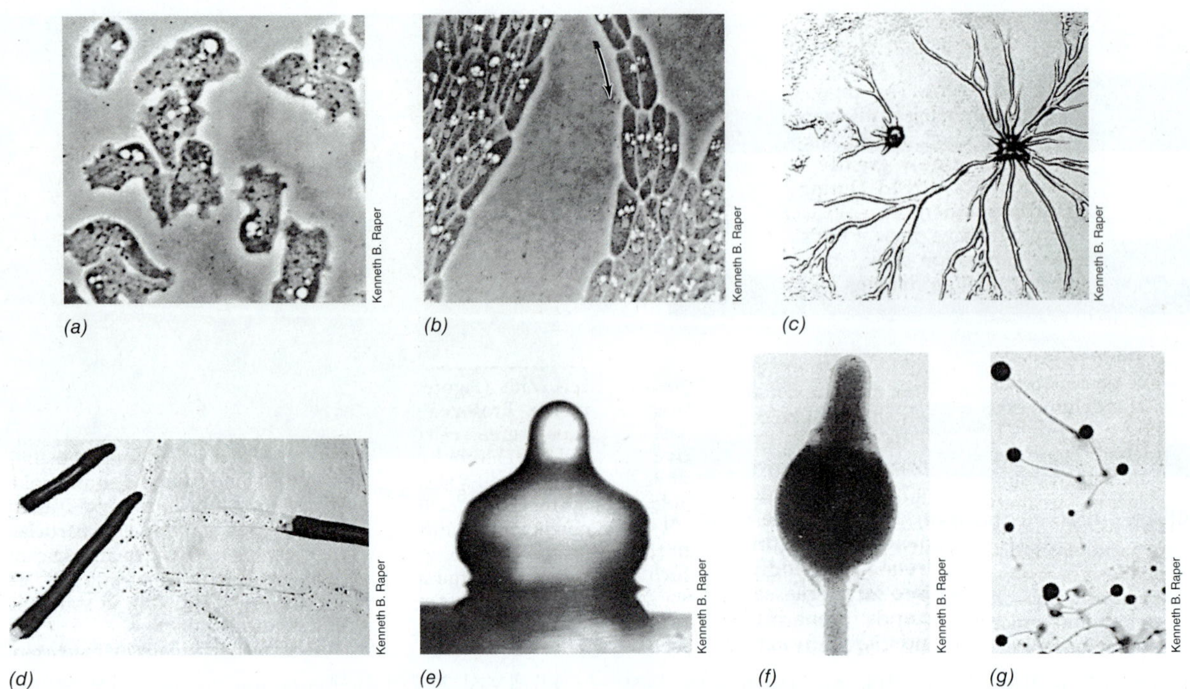

그림 18.17 세포성 점균류인 *Dictyostelium discoideum*의 다양한 생활사 모습을 찍은 현미경 사진. *(a)* 집합체 이전 상태의 아메바. *(b)* 집합체를 이루는 중인 아메바. 아메바는 직경이 약 300 μm이다. *(c)* 저배율 관찰 시의 집합체를 이루는 중인 아메바. *(d)* 한천배지 위에서 점질 흔적을 남기면서 이동하는 슈도변형체[pseudoplasmodia, 슬러그(slug)]. *(e, f)* 초기 단계의 자실체, *(g)* 성숙한 자실체. 그림 18.18은 이들 구조의 크기를 보여준다. *Dictyostelium*은 오랫동안 다세포생명체의 발생을 위한 모델 생명체로 이용되어 왔으며 12,500개의 유전자를 보유한 유전체는 인간 유전체 유전자의 약 절반이다.

단원 4

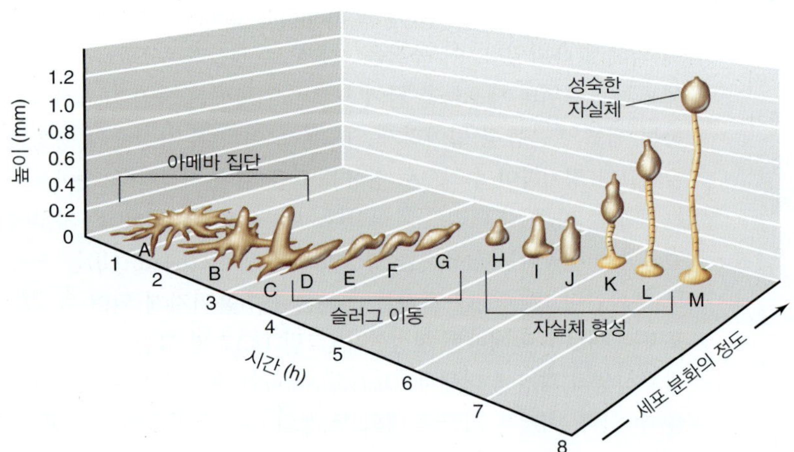

그림 18.18 세포성 점균인 *Dictyostelium discoideum*의 자실체 형성 단계. *(A~C)* 아메바의 집합체. *(D~G)* 집합된 아메바로부터 형성된 슬러그(slug)의 이동. *(H~I)* 이동의 축적 및 자실체의 형성. *(M)* 자루와 머리로 구성된 성숙한 자실체. 슬러그 뒤쪽의 세포들이 머리를 형성하고 포자가 된다. *Dictyostelium*은 또한 두 아메바가 융합하여 대피낭체를 형성하면 유성생식도 할 수 있다 (여기서 보이지 않음); 대피낭체 내의 융합된 핵은 감수분열이 새로운 영양성 아메바를 형성할 때에 반수체로 돌아간다.

III • 진균

진균(fungi)은 잘 알려진 집단인 곰팡이류(*molds*), 버섯류(*mushrooms*) 및 효모류(*yeasts*)를 포함하는 거대하고 다양하며 광범위하게 분포되어 있는 생명체의 집단이다. 약 100,000 진균 종(species)이 묘사되었으며 약 150만 종이 존재할 것으로 추정된다. 진균은 다른 원생생물과 구별되는 계통학적 집단을 이루며 동물과 가장 가까운 유연관계를 갖는 미생물 집단이다 (그림 18.3).

대부분의 균류는 현미경으로 봐야 하며 지상에서 서식한다. 흙 또는 죽은 식물질에 서식하며 유기탄소의 광물화(mineralization)에 중요한 역할을 한다. 많은 진균 종들은 식물의 병원체이며, 몇 가지 균류는 인간을 포함하여 동물에 질병을 일으킨다. 어떤 진균 종은 또한 많은 식물과 공생 관계를 형성하여 식물이 토양에서 미네랄을 흡수하는 것을 촉진시키며, 많은 진균은 발효와 항생제 합성을 통하여 인간에게 유익을 준다.

18.8 진균 생리학, 구조 및 공생

이번 절에서는 생리학, 세포 구조 및 동식물과 함께 발달시킨 공생 관계를 포함하여 진균의 일부 일반적인 특성에 대하여 설명하겠다. 다음 절에서는 진균의 생식과 계통에 대해서 알아보고자 한다.

영양, 생리학 및 생태학

진균은 화학유기영양체로서 일반적으로 단순한 영양원을 요구하며 대부분이 호기성이다. 진균은 효소를 세포 외부로 분비하여 다당류와 단백질과 같은 중합체를 단량체로 분해하여 흡수하며 이는 탄

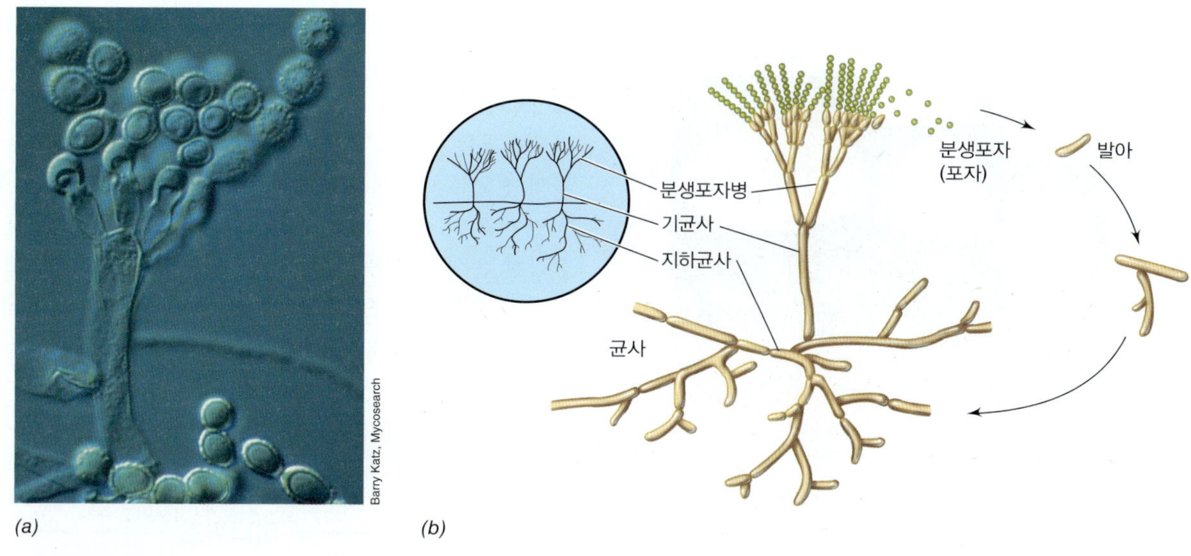

그림 18.19 진균의 구조와 생장. *(a)* 전형적인 곰팡이 진균의 현미경사진. 기생포자의 끝부분에 구형의 구조는 무성생식포자(분생포자)이다. *(b)* 곰팡이의 생활사 도해. 분생포자는 바람 또는 동물에 의해 옮겨질 수 있고 너비는 약 2 μm이다.

소 및 에너지원으로 동화된다. 분해자로서 진균은 죽은 동식물체를 분해한다. 식물 혹은 동물의 기생체로서 진균은 같은 방법으로 먹이를 섭취하지만, 이 경우에는 죽은 유기물이 아니라 침투한 동식물의 살아있는 세포로부터 영양분을 얻어낸다.

진균, 특히 담자균류(basidiomycetes)의 중요한 생태학적 역할은 목재, 종이, 의복과 이런 천연자원으로부터 유래한 다른 생산물의 분해이다. 복합 중합체인 리그닌은 그 기본 구성물이 페놀 화합물이며 수목(woody plant)의 주요 구성성분인데, 섬유소와 함께 식물의 견고성을 유지해주는 역할을 한다. 자연계에서 리그닌의 분해는 거의 예외 없이 목재 부후균(*wood-rotting fungi*)이라고 하는 담자균류에 의해 진행된다. 두 종류의 목재 부후균이 알려져 있다: 섬유소만 선택적으로 분해하고 리그닌을 대사하지 못하고 남기는 갈색부후균(*brown rot fungi*)과 섬유소와 리그닌 모두 분해하는 백색부후균(*white rot fungi*). 백색부후균류는 삼림에서 목질성분을 분해하는 중요한 역할을 하기 때문에 특히 생태학적으로 매우 중요하다.

진균 형태, 포자 및 세포벽

대부분의 진균은 다세포이고, 무성생식포자가 생산되는 균사(*hyphae*, 단수형은 hypha)라고 하는 필라멘트형의 망상조직을 형성한다 (**그림 18.19**). 균사는 세포막으로 둘러싸인 관모양의 세포벽이다. 대개 진균의 균사는 가로지르는 벽인 격막으로 분리되어 있다. 그러나 어떤 경우에는 진균 균사의 영양세포는 한 개 이상의 핵을 가지고 있으며 격막의 형성이 없이 분열을 반복하여 수백 개의 핵이 형성되는 다핵체(*coenocytic*)라는 상태가 되기도 한다. 균사는 주로 말단 세포의 확장에 의해 정단에서 자란다 (그림 18.19).

균사는 보통 표면을 덮으며, 균사체(*mycelium*)라고 하는 현미경 없이도 관찰이 가능한 밀집된 다발로 자란다 (**그림 18.20*a***). 균사체로부터 균사가 표면 위의 공기 중에 도달하는데, 이 말단에 **분생포자(conidia)**라고 하는 포자가 생긴다 (그림 18.20*b*). 분생포자는 무성포자로서 대개 검은색, 청록색, 붉은색, 노란색 혹은 갈색을 띤다 (그림 18.20). 분생포자는 균사층이 흡사 먼지로 덮인 듯이 보이게 하고 (그림 18.20*a*) 새로운 서식지로 진균이 퍼지도록 하는

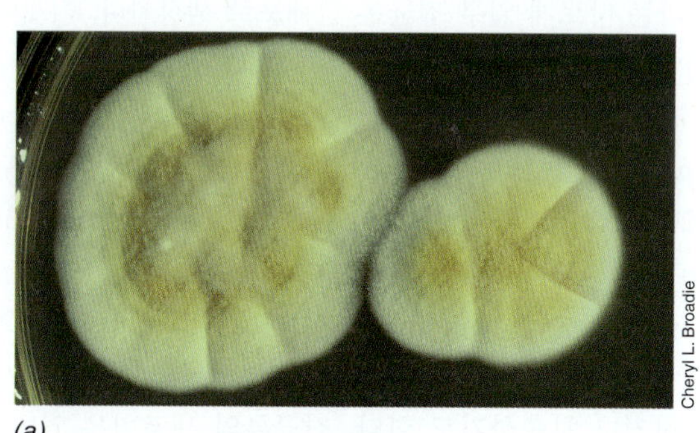

(a)

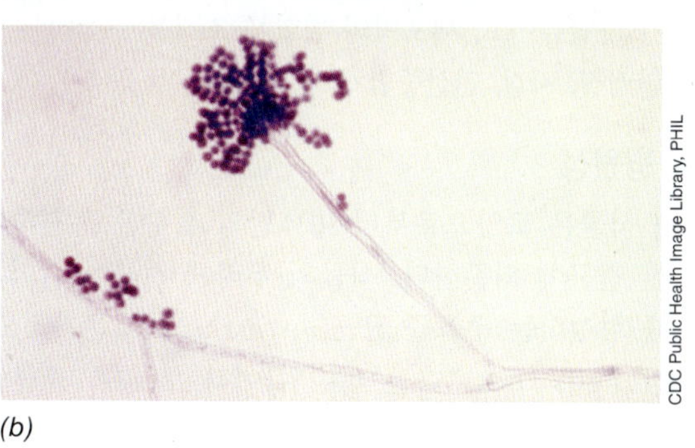

(b)

그림 18.20 사상 진균 (곰팡이). *(a)* 한천배지에서 자라는 자낭균류인 *Aspergillus* 종의 군락. 사상 세포 덩어리 (균사체)와 군락을 먼지가 낀 듯이 보이게 하는 무성생식 포자에 주목하라. *(b) Aspergillus fumigatus*의 분생포자병(conidiophore)과 분생포자(conidia) (그림 18.19*b* 참조). 분생포자병은 길이가 약 300 μm이고, 분생포자는 너비가 약 3 μm이다. 이 세포들은 대비를 위해서 염색에 되었다. 일반적으로 부패성 영양체 외에도, *Aspergillus*는 인간과 일부 가축에 심각한 폐렴과 종종 전신 감염을 일으키는 병원체일 수가 있다. 암환자 및 면역이 약화된 다른 환자들은 아스페르길루스증(aspergillosis)에 더 취약하다.

단원 4

그림 18.21 버섯의 생활사. 버섯은 일반적으로 땅 아래에서 발달되며 수분의 유입에 자극되어 비교적 갑자기 (대개 하룻밤 사이에) 표면으로 솟아오른다. 일반적인 잔디밭 버섯의 형성 단계 사진들 (18.13절 참조).

기능이 있다. 어떤 진균은 자실체(*fruiting body*) [예, **버섯(mushroom)** 혹은 말불버섯(puff ball)]라고 불리는 육안으로 보이는 생식 구조물을 형성하는데 이 안에서 수백만 개의 포자가 생성되어 바람, 물 혹은 동물에 의해서 분산될 수 있다 (**그림 18.21**). 균사체 진균과는 다르게 일부 진균은 단세포로 생장한다; 이것이 **효모(yeasts)**이다.

대부분의 진균류의 세포벽은 *N*-아세틸글루코사민(*N*-acetylglucosamine)의 중합체인 **키틴(chitin)**으로 구성되어 있다. 키틴은 식물 세포벽의 섬유소와 같이 벽 안에 미세섬유다발(microfibrillar bundle)로 정렬되어 두껍고, 강한 벽의 구조를 형성한다. 일부 진균류의 세포벽은 만난(mannan), 갈락토산(galactosan), 혹은 섬유소 자체와 같은 다른 다당류가 일부 진균류의 세포벽에서 키틴을 대체하거나 보충하기도 한다. 진균류의 세포벽은 일반적으로 80~90%가 다당류이고, 세포벽의 결합체 조직을 구성하는 아주 적은 양의 단백질, 지질, 인산중합체 및 무기이온들을 갖는다.

공생 및 병원성

대부분의 식물은 토양으로부터 미네랄의 흡수를 촉진하기 위해서 특정한 진균에 의존한다. 식물의 뿌리에 진균이 감염하여 공생 관계를 형성하는 구조를 균근(*mycorrhizae*) [문자적으로 "진균 뿌리(fungus root)"라는 의미임]이라 부른다. 균근은 뿌리와 매우 가까운 물리적인 접촉을 이루어서 식물이 토양으로부터 인산, 다른 미네랄, 그리고 물을 얻도록 돕는다. 대신에 진균은 식물이 뿌리로부터 당과 같은 영양분을 얻는다 (그림 23.21). 두 가지 종류의 균근 연합체가 존재한다. 하나는 외생균근(*ectomycorrhizae*)으로 전형적으로 담자균류 (18.13절)와 목본 식물 뿌리 사이에 형성되는 반면에, 두 번째는 내생균근(*endomycorrhizae*)으로 내생균근균류(glomeromycete, 18.11절)와 많은 목본이 아닌 식물 사이에 형성된다. 또한 일부 진균은 주로 남세균 그리고 일부 녹조류와 연합을 형성한다. 이것을 지의류(*lichens*)라고 하는데 나무와 바위 표면에서 자라는 색을 갖는 딱딱한 껍질처럼 보인다. 균근과 지의류의 생물학에 대해서는 23.1절 및 23.5절에서 각각 더 자세히 논의를 더하겠다.

진균류는 식물과 동물에 침입하고 질병을 일으킬 수가 있다. 식물의 진균류 병원체는 세계적으로 광범위하게 곡물과 식물 손상의 원인이 되며, 특히 매년 진균 감염의 결과로 인한 과일과 곡물의 심각한 손실로 고통을 받는다. 진균증(*mycosis*)이라고 하는 인간의 진균 질병은 무좀(athlete's foot)이나 완선(jock itch)과 같은 비교적 경미하고 쉽게 치료가 되는 것부터 히스토플라스마증(histoplasmosis)과 같이 심각하게 생명을 위협하는 전신성 진균증까지 범위가 넓다. 인간의 주요한 진균 질병에 대해서는 33장에서 다룰 것이다.

미니퀴즈

- 분생포자란 무엇인가? 분생포자는 균사와 어떻게 다른가? 균사체와는?
- 키틴은 무엇이며 진균에서 어디에 존재하는가?
- 균근과 지의류를 구별하라.

18.9 진균 생식과 계통학

진균은 3가지 방법 중 하나로 무성생식(*asexual*)을 한다: (1) 균사 필라멘트의 생장과 분산; (2) 무성생식포자의 생산 (분생포자; 그림 18.19 및 18.20); 혹은 (3) 효모의 출아법과 같은 단순한 세포분열 (**그림 18.22**). 대부분의 진균은 또한 정교한 생활사의 한 부분으로 생식포자를 형성한다. 잘 알려진 곰팡이인 *Penicillium* (항생제 penicillin의 원천)과 같은 진균은 유성생식 단계가 없고 단지 분생포자의 방법으로 생식하는 것으로 생각해 왔었다. 그러나 현재는 *Penicillium* [아마도 불완전균류(*Deutromycetes*)로 분류된 모든 진균들]이 그 생활사에서 유성생식 단계를 거치는 것이 관찰되었다.

진균의 유성생식 포자

일부 진균은 유성생식의 결과로서 포자를 생성한다. 포자는 단세포성 배우자(unicellular gamete) 혹은 배우자낭(*gametangia*)이라고

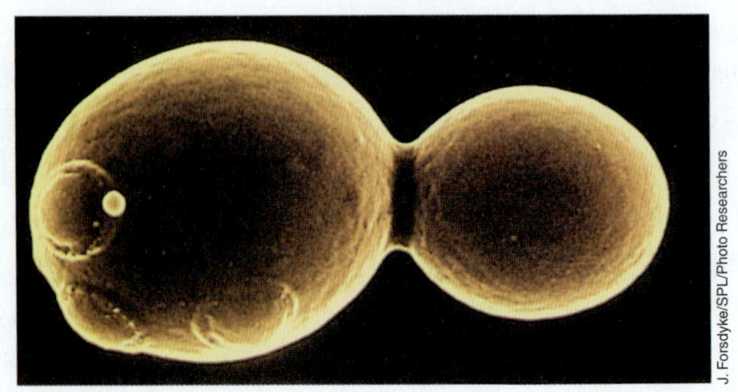

그림 18.22 제빵 및 양조용 일반 효모인 *Saccharomyces cerevisiae* (자낭균류). 색을 입힌 주사전자현미경 사진, 출아로 나누어지는 모습과 이전의 출아흔적을 주목할 것. 큰 세포 하나의 직경은 약 6 μm이다.

하는 특수한 균사의 융합을 통하여 분화한다. 이와 다르게는 유성포자가 두 개의 반수성 세포의 융합으로부터 유래할 수 있다; 이후에 개별적인 반수체 포자들을 생산하기 위하여 감수분열(meiosis)과 체세포분열(mitosis)이 진행된다.

그룹에 따라서 다른 종류의 유성포자가 생성된다. 밀폐된 주머니 [자낭(ascus)] 안에 생긴 포자를 자낭포자(*ascospore*)라 한다. 많은 효모들이 자낭포자를 형성하는데, 일반적인 빵효모인 *Saccharomyces cerevisiae*의 포자형성을 18.12절에서 논의할 것이다. 방망이 모양 구조[담자기(basidium)]의 끝에서 생긴 포자를 담자포자(*basidiospore*)라고 한다 (그림 18.21 및 그림 18.30*c* 참조). 일반적인 빵곰팡이인 *Rhizopus* (18.11절)와 같은 접합균류에서 만들어지는 접합포자(*zygospore*)는 균사의 융합과 유전자 교환에 의해 육안으로도 보이는 구조가 된다. 최종적으로 접합포자가 성숙되면, 공기에 의해 퍼져나가 새로운 균사체로 발아하는 무성포자를 만들게 된다. 병꼴균류(chytrid)는 유주자(*zoospore*)라고 하는 운동성 유성포자를 생산한다.

진균의 유성포자는 전형적으로 건조, 열, 냉동, 그리고 화학약품에 대하여 저항성이 있다. 그러나 유성포자나 무성포자 어떤 것도 세균의 내생포자 (2.10절)만큼 열에 저항성이 강하지는 않다. 진균류의 유성포자와 무성포자 모두는 발아해서 새로운 균사로 발생할 수 있다.

진균의 계통발생

진균은 동물과 함께 조상을 공유하고 다른 어떤 진핵생물의 집단보다도 동물에 더 가깝게 연관되어 있다 (그림 18.3). 모든 진균의 마지막 공통 조상은 4억5천만 년부터 15억 년 전 사이에 존재했을 공산이 있다. 가장 오래된 진균 계통의 하나는 운동성 진균의 독특한 집단으로 유주자를 생산하는 병꼴균류로 생각된다. 따라서 대부분의 진균에서 편모가 없다는 것은 다른 진균의 계통에서 진행된 다양한 시간대에서 운동성이 소실된 특성이라는 의미이다.

일부 주요한 진균 집단들이 **그림 18.23**의 진화 계보(evolutionary tree)에 그려져 있다. 이 그림에서 보여진 계통은 몇 가지 구별되는 진균 집단을 포함한다: 미포자충류(*Microsporidia*), 병꼴균류(*Chytridiomycota*), 접합균류(*Zygomycota*), 내생균근균류(*Glomeromycota*), 자낭균류(*Ascomycota*) 및 담자균류(*Basidiomycota*). 기술된 진균들 중에 가장 방대한 종들이 자낭균류 및 담자균류에 속해 있다. 자낭균류는 거대하고 다양한 진균 집단으로 *Saccharomyces* (그림 18.22)와 같은 효모 및 *Aspergillus* (그림 18.20)와 같은 곰팡이를 포함한다. 담자균류는 녹병균(rust) 및 깜부기병균(smut)과 같은 많은 식물병원체 뿐만 아니라 버섯 (그림 18.21 및 그림 18.30 참조)을 형성하는 진균을 포함한다. 엄청나게 다양한 진균 종들이 이미 배양되고 기술되었지만, 환경 시료로부터 회수된 진균 DNA 서열의 계통학적 분석 (19.6절)은 진균 종의 90% 이상이 발견되지 않고 남아 있다는 것을 보여준다. 따라서 진균의 생물학과 계통학에 대하여 배워야할 많은 것들이 있음이 분명하다.

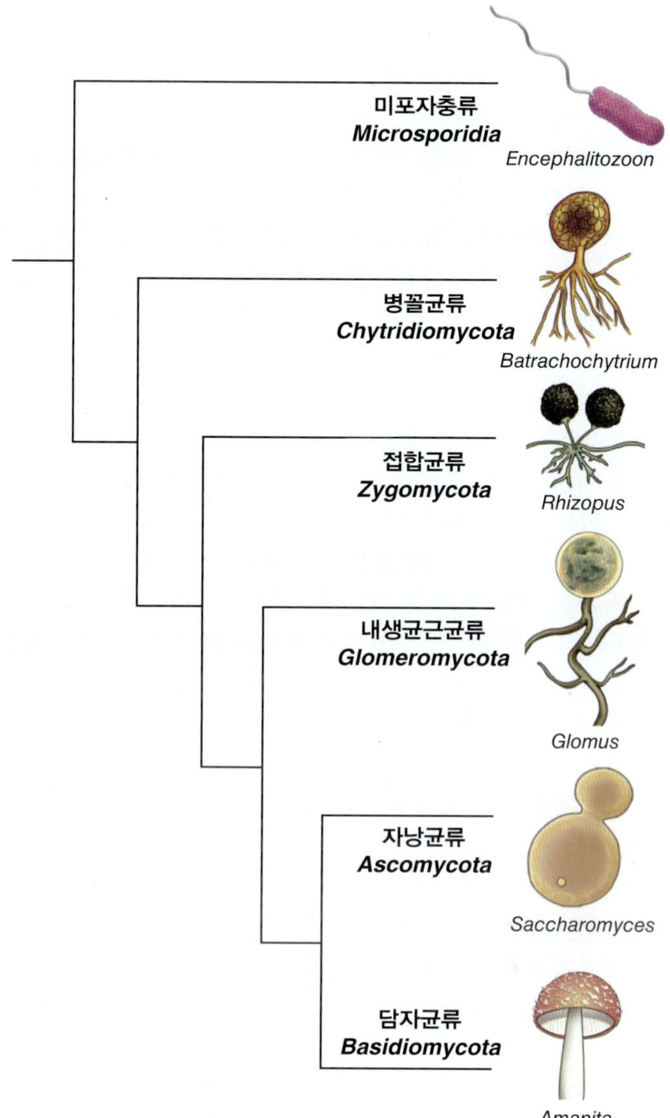

그림 18.23 진균의 계통학. 이 도식적인 계통수는 진균의 주요 집단 [문(phyla)] 간의 관계를 묘사한다. 각 집단의 전형적인 속이 표기되어 있고 계통수에 설명되어 있다.

미니퀴즈

- 곰팡이 *Penicillium*은 경제적으로 왜 중요한가?
- 자낭포자와 분생포자의 주요한 차이점은 무엇인가?
- 어떤 거대생명체 집단이 진균류와 가장 가까이 연관되어 있는가?

18.10 미포자충류와 병꼴균류

주요 속: *Allomyces, Batrachochytrium, Encephalitozoon*

미포자충류(*Microsporidia*)와 병꼴균류(*Chytridiomycota*)는 기생성 혹은 부패영양성(saprophytic) 진균의 오래된 계통학적 집단이다. 미포자충류는 인간을 포함하여 광범위한 동물 숙주의 절대기생체인 반면에 병꼴균류는 일차적으로 기생성 혹은 부패영양성인 수생 진균 종들이다.

단원 4

미포자충류

미포자충류(*Microsporidia*)는 매우 작으며 (2~5 μm) 동물과 원생생물의 단세포 기생체이다. 18S 리보솜 RNA 유전자의 서열과 미토콘드리아가 없는 것을 기반으로 미포자충류는 진핵생물의 초기에 분지된 계통을 형성한 것으로 생각되었다. 그러나 혼성 유전자 및 단백질 서열분석은 미포자충류가 병꼴균류와 가까운 연관을 갖는 진균인 것을 보여준다 (그림 18.23). 아직까지 미포자충류가 진균류 내에서 가장 깊게 분지된 계통들 중의 하나에 포함되어야 하는지 혹은 진균류에 가깝게 연관된 구별되는 계통으로 분류되어야 하는지 대한 논쟁이 남아 있다.

미포자충류는 기생성 생활사에 적응하게 되었다. 숙주의 외부에 있을 때에는 포자로 존재한다. 숙주 세포에 가까울 때에는 나선의 극성인 가는 관(tubule)을 확장하여 숙주의 세포막을 관통한다. 이후에 포자는 자신의 포자원형질(*sporoplasm*)을 숙주 세포 내로 주입한다. 포자원형질은 숙주 세포 내에서 복제하고 새로운 포자들을 형성하여 그 생활사를 완성한다. 숙주의 세포막은 찢어지고 포자들은 주변 환경으로 분산되어 새로운 세포에 감염할 수 있게 된다.

절대 기생성 생물들처럼 미포자충류는 중대한 유전체 감소를 경험하였고, 숙주 세포 외부에서 생존하도록 하는 많은 특성들을 상실하였다. 예를 들어, 미포자충류인 *Encephalitozoon* (**그림 18.24*a***)은 미토콘드리아와 하이드로게노솜뿐만 아니라 골지체 (진핵생물의 또 다른 핵심 구조, ⇄ 2.16절)도 결여되어 있다. 또한 *Encephalitozoon*은 2.9 Mbp의 매우 작은 유전체를 가지고 있는데 단지 2000개의 유전자가 포함되어 있다 (즉 세균인 *Escherichia coli*보다 1.5 Mbp가 작고 2600개의 유전자가 모자람). *Encephalitozoon*의 유전체는 시트르산 회로 (⇄ 3.9절)와 같은 중요한 물질대사 회로 유전자들이 결여되었는데, 이는 이 생명체가 가장 기본적인 대사물질과 대사과정조차도 숙주에 의존해야 한다는 의미이다.

*Encephalitozoon*은 인간에게 내장, 폐, 눈, 근육 및 일부 장기에 만성적 쇠약증을 일으키지만 정상적인 면역 체계를 갖는 건강한 성인들에게는 흔하지 않다. 그러나 미포자충 질병은 HIV/AIDS 질환자 혹은 장기이식을 받은 사람들처럼 면역억제제를 장기간 투여받는 자들과 같이 면역이 제대로 발휘되지 못하는 사람들에서 빈도가 증가되는 것으로 나타났다.

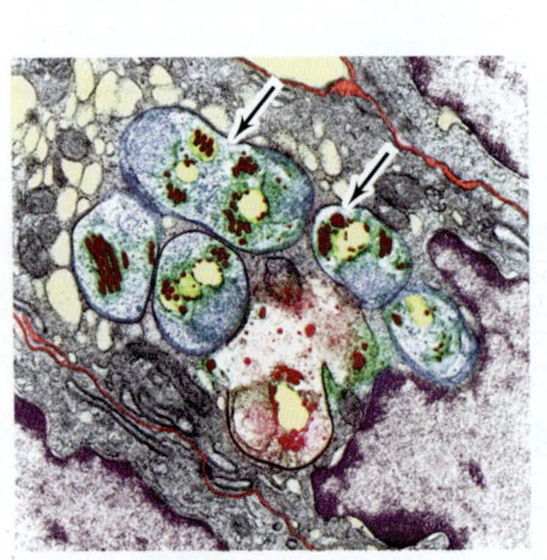
(*a*)

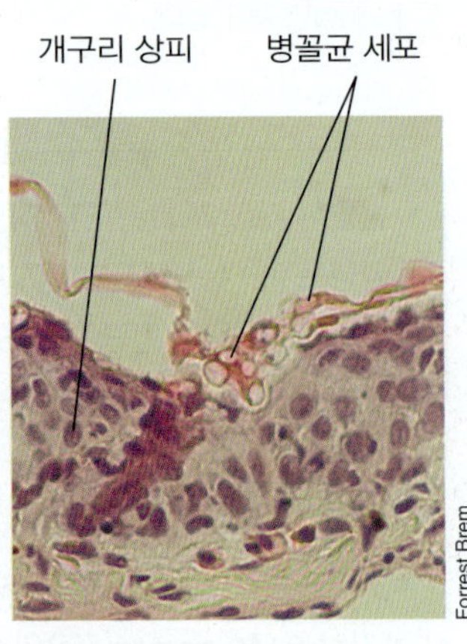

(*b*)

그림 18.24 미포자충류와 병꼴균류. (*a*) 인간 내장세포 내에서 생장 중인 미포자충류인 *Encephalitozoon intestinalis* 세포 (화살표) 절편의 색체를 입힌 주사전자현미경 사진. (*b*) 개구리의 표피 표면에서 생장 중인 분홍색으로 염색된 병꼴균 *Batrachochytrium dendrobatidis*의 세포.

병꼴균류

병꼴균류(*Chytridiomycota*) 혹은 *chytrids*는 가장 오랜 전에 분지한 진균의 계통이고 (그림 18.23), 이 이름은 유주자(*zoospore*)로 불리는 유성포자를 담고 있는 자실체의 구조를 의미한다 (18.9절). 이 포자는 진균 포자들 중에서 특이하게 편모를 가지며 운동성인데 이는 이것들이 주로 발견되는 담수와 수분이 많은 토양인 수서 환경에서 이 생명체가 분산되는 데 이상적이다.

많은 병꼴균류의 종(species)들이 알려져 있는데 일부는 단세포로 존재하는 반면에 다른 것들은 균사로 된 집락을 형성한다. 여기에는 *Allomyces*와 같이 유기물을 분해하며 독립생활을 하는 형태 및 동식물과 원생생물의 기생체 모두가 포함된다. 병꼴균류인 *Batrachochytrium dendrobatidis*는 이 생명체가 개구리의 표피에 감염되어 막을 통하여 이온의 유실을 일으키며 삼투압 불균형을 유발하는 개구리 병꼴균증(chytridiomycosis)의 원인이다 (그림 18.24*b*). 병꼴균류는 세계적으로 개구리와 다른 양서류의 대량 폐사에 연루가 되어 있는데, 병꼴균의 생장이 촉진되도록 지구 온도가 상승하는 것과 서식지 감소와 물의 오염에 기인한 동물 감수성이 증가되는 것에 대한 반응일 것이다.

병꼴균류의 계통에 대한 풀리지 않은 측면들은 이 집단이 단일 계통이 아니라는 것을 제시해준다. 현재 병꼴균류로 분리되어 있는 일부 생명체는 사실은 다음에 다룰 접합균류(*Zygomycota*)와 같은 다른 진균의 집단의 종과 더 가까울 수 있다. 원생생물에서처럼 병꼴균류와 다른 진균 집단의 진화도 배워가야 할 부분으로 남아 있다.

미니퀴즈

- 어떤 동물 집단이 병꼴균류에 가장 영향을 받는가?
- 병꼴균류로부터 구별되는 미포자충류(*Microsporidia*)의 일부 특징들은 무엇인가?

18.11 접합균류와 내생균근균류

주요 속: *Rhizopus, Glomus*

여기서는 두 집단의 진균류를 고려하는데, 일차적으로는 음식물 부패를 일으키는 것으로 알려진 접합균류(*Zygomycota*)와 특정한 근균 연합에 중요한 진균인 내생균근균류(*Glomeromycota*)이다. 접합균류는 토양과 부식중인 식물체에서 흔하게 발견되는 반면에 내생균근균류는 식물 뿌리와 공생 관계를 형성한다. 이 진균류 모두 다핵체(coenocytic)이고 통일된 특징은 접합포자(*zygospore*)를 형성하는 것이다 (18.9절).

(a) (b)

그림 18.25 접합균류. *(a)* 접합균류 *Rhizopus nigricans*가 성장하는 곰팡이가 핀 빵, *(b)* 무성생식포자를 가지고 있는 검은색 둥근 포자낭을 보여주는 *Rhizopus*의 염색된 균사체.

접합균류

일반적인 검은빵곰팡이인 *Rhizopus nigricans*가 널리 퍼진 접합균류이다 (**그림 18.25**). 이 생명체는 무성생식과 유성생식을 모두 포함하는 복잡한 생활사를 갖는다. 무성생식에서는 균사체가 포자낭(sporangia)을 형성하는데, 그 안에서 반수체 포자가 생산된다. 한 번 방출되면 포자가 분산되고 발아하여 영양세포 균사체를 만든다. 유성생식에서는 다른 교배형 (수컷 및 암컷의 유사체, 18.12절 참조)의 균사체 배우자낭(gamentangia)이 융합하여 접합포자낭(*zygosporangium*)이라 하는 2개의 핵을 갖는 세포를 생산하는데, 이것은 휴면상태로 남아 있을 수가 있으며 건조와 다른 좋지 않는 조건들에 저항성을 갖는다. 조건이 좋아지면 다른 반수체 핵들이 융합하여 배수체 핵이 되고, 뒤를 이어서 감수분열이 일어나서 반수체 포자가 형성된다. 무성생식 시기에서처럼, 이 경우에 유전적으로 동일하지 않은 포자들의 방출은 이 생명체가 영양세포의 균사 생장을 위하여 분산되도록 한다.

Rhizopus 및 연관된 접합균류의 대부분의 종들은 무해한 부패영양체로 공기로 퍼진 포자가 오래된 빵 (그림 18.25*a*), 집안의 여러 군데 습한 표면 혹은 빌딩의 벽과 습기가 빠져나가지 못하는 갈라진 틈에 내려 앉아 확산되는 집락을 형성한다. 그러나 일부 종들은 인간 병원체이다. 충분한 양을 들이마시면 병원성 *Rhizopus* 종(species)의 포자는 폐, 부비강, 눈, 코 및 입에 심각한 감염의 원인이 되며, 만일 초기 감염이 신속하게 치료되지 않는다면 부어오른 얼굴, 천식 유사 증상 및 심지어는 전신에 치명적인 진균 감염까지도 일으킨다.

내생균근균류

내생균근균류(*Glomeromycota*)는 절대 공생성 진균의 비교적 작고 독특한 집단으로 모든 알려진 종들이 식물과 함께 내생균근(*endomycorrhizae*)이라는 연합을 형성한다 (18.8절 및 23.4절). 육상 식물 종의 80% 이상이 이런 연합을 형성하는데, 진균의 균사가 식물 세포벽을 뚫고 들어와서 식물이 토양으로부터 인산염(phosphate)을 얻는 데 도움을 주고 대신에 식물로부터 고정된 탄소를 받는다. 대부분의 내생균근균류는 수지상 균근(*arbuscular mycorrhizae*)으로 식물 숙주의 세포에 침투하여 영양분을 교환을 위해 특화된 수지상체(arbuscule)라 불리는 구조를 형성하는 진균이다 (23.4절). 식물의 공생자로서 내생균근균류는 육지에 집락을 형성한 초기의 유관속식물(vascular plant)의 능력에 핵심적인 역할을 했을 것으로 생각된다 (557쪽 참조).

현재까지 내생균근균류는 무성생식으로만 생식하고 균사 형태적으로는 대개는 다핵체(coenocytic)이다. 내생균근균류의 주요 속(genus)인 *Glomus* (그림 18.23)의 무성생식 포자는 재배되는 식물의 뿌리에서 수집되어 식물과 진균 사이의 활발한 공생적인 연합을 촉진하기 위한 농업의 접종원으로 사용된다. 식물 비료에 대한 이런 자연적인 접근 방식은 소규모의 지속가능한 농업 기업에 광범위하게 실천되고 있으며, 토마토, 고추, 호박, 콩 및 여러 가지 다른 과일과 채소 작물의 성장과 영양성분 모두를 증가시킨다.

미니퀴즈

- 접합균류와 내생균근균류의 서식지를 대조하라.
- 진균인 *Glomus*가 어떻게 식물이 영양분을 획득하는데 어떻게 도움을 주는가?

18.12 자낭균류

주요 속: *Saccharomyces, Candida, Aspergillus*

자낭균류(*Ascomycota*)는 ascomycetes라도 불리며 가장 거대하고 큰 다양성을 갖는 진균의 집단으로, 범위가 빵효모인 *Saccharomyces* (**그림 18.26** 및 그림 18.22)와 같은 단세포 종부터 일반 곰팡이인 *Aspergillus* (그림 18.20)와 같은 사상(filament)으로 자라는 종까지 있다. 자낭균류는 수서 및 토양 환경에서 발견되며 자낭(*asci*, 단수로 ascus)을 생산하는 것으로부터 명칭을 얻었는데, 자낭 내의 세포에서 다른 교배형들로부터 온 2개의 반수체 핵이 융합하여 배수체인 핵을 형성한 후에 감수분열 과정을 거쳐서 반수체인 자낭포자(ascospore)를 형성한다. 자낭포자에 더해서 자낭균류는 분생포자병(*conidiophores*, 그림 18.20)이라고 부르는 특별한 균사의 말단에 형성되는 분생포자(conidia)의 생산에 의해서 무성생식을 한다. *Candida albicans*와 같이 부패성이며 병원성인 효모들이 자연계에 흔하게 존재한다. 여기서는 모델 자낭균류인 효모 *Saccharomyces*

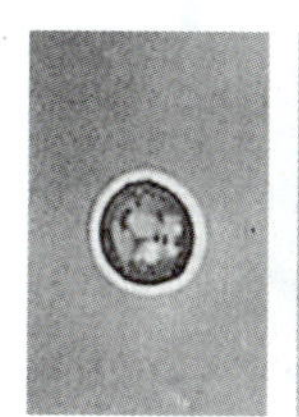

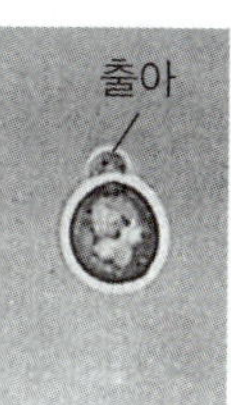

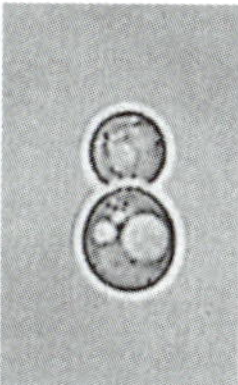

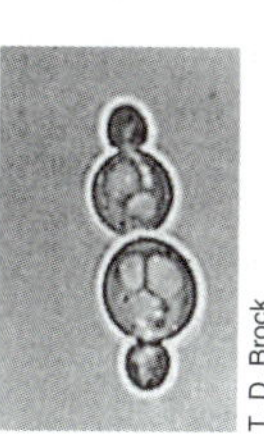

그림 18.26 출아법에 의한 *Saccharomyces cerevisiae*의 생장. 위상차 현미경의 시간차 시리즈 사진들이 하나의 세포에서 시작하여 출아 분열되는 과정을 보여준다. 핵이 두드러지게 나타남을 주목하라. 하나의 *S. cerevisiae* 세포의 직경은 약 6 μm이다.

단원 4

에 초점을 맞추겠다.

Saccharomyces cerevisiae

*Saccharomyces cerevisiae*와 다른 단세포 자낭균의 세포는 전형적으로 구형, 난형 혹은 실린더형이고, 세포분열은 일반적으로 출아법에 의해서 일어난다. 출아과정에서는 새로운 세포가 기존 세포의 작은 돌기처럼 형성된다; 돌기는 점점 커지고 결국에는 모세포로부터 떨어져 나온다 (그림 18.22 및 그림 18.26).

일반적으로 효모세포는 세균 세포보다 훨씬 크며, 커다란 크기 및 핵과 세포질의 액포와 같은 명확한 세포의 내부구조의 차이 때문에 현미경을 통하여 세균과 구별할 수 있다 (그림 18.26). 효모는 과일, 꽃, 나무껍질 등과 같이 당이 풍부한 서식지에서 번식한다. 효모는 전형적으로 호기성으로 자라는 것뿐만 아니라 발효에 의해서도 자라는 통성 호기성(facultative aerobes)이다. 몇몇 효모가 동물, 특히 곤충과 공생하며, 일부는 동물과 인간에게 병을 유발하기도 한다 (33.1 및 33.2절). 산업적으로 가장 중요한 효모는 *Saccharomyces* 종인 제빵 및 양조용 효모이다. 효모 *S. cerevisiae*는 모델 진핵생물로서 수십 년 동안 연구되고 있으며, 유전체 서열이 완전히 분석된 첫 번째 진핵생물이다 (9.4절).

Saccharomyces의 교배형 및 유성생식

효모 *Saccharomyces*는 두 세포가 융합하는 유성생식의 방법으로 생식을 할 수 있다. 접합체(*zygote*)라고 하는 융합된 세포 내에서 감수분열이 일어나고 결국에는 자낭포자가 형성된다. *S. cerevisiae*의 생활사가 **그림 18.27**에 묘사되어 있다. *S. cerevisiae* 세포는 반수체 혹은 배수체의 영양세포로 생장할 수 있다. *S. cerevisiae*는 α (알파)와 *a* (유전자 α와 *a*가 암호화)로 명명된 교배형(*mating types*)이라고 하는 반수체 세포의 다른 형태를 형성한다; 이것들을 암수 배우자(gamete)와 유사하다. α와 *a* 유전자는 효모세포가 교배하는 동안에 분비하는 α 인자(*α factor*) 또는 *a* 인자(*a factor*) 펩티드 호르몬의 생산을 조절한다. 이 호르몬들은 서로 다른 교배형 세포에 결합하여 세포 표면에 융합할 수 있도록 변화를 일으킨다; 일단 교배가 일어나면 핵들이 융합되고, 하나의 배수체 접합자를 형성한다 (**그림 18.28**). 접합자는 출아법에 의해서 영양세포로 생장하지만, 영양분이 고갈된 상태에서는 감수분열 과정을 겪고 자낭포자를 생성한다 (그림 18.27).

*S. cerevisiae*의 반수체 균주들은 유전적으로 a형 또는 α형의 성향이 있지만 교배형을 교환할 수도 있다. 이 교환은 **그림 18.29**에

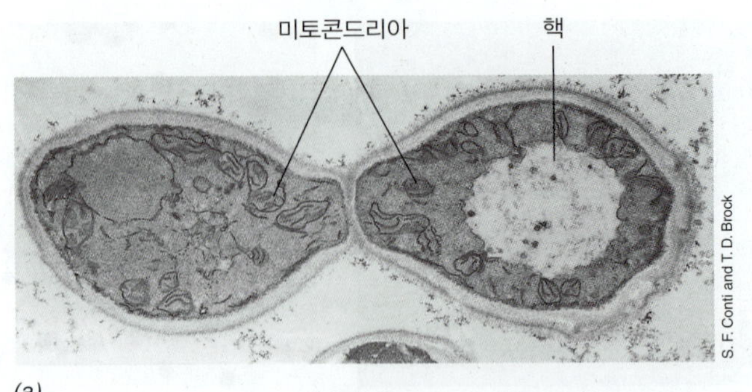

(a)

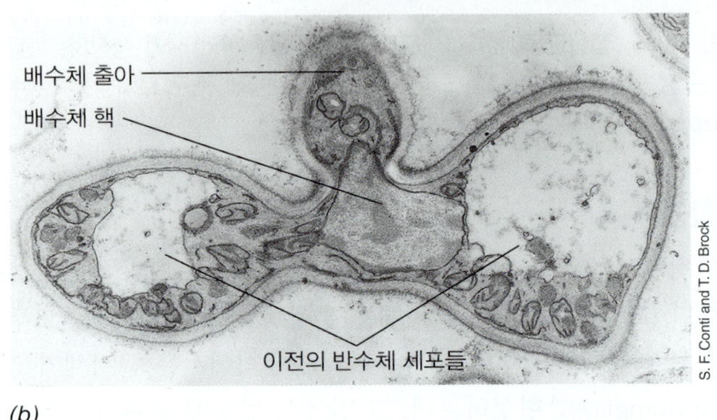

(b)

그림 18.28 자낭균류 효모인 *Hansenula wingei*의 교배 전자현미경 사진. *(a)* 2개의 세포가 접촉점에서 융합된다. *(b)* 교배의 후반부. 두 세포의 핵이 융합되어 배수체 출아가 교배 세포와 직각으로 형성된다. 이 출아는 배수체 세포계의 원조가 된다. *Hansenula* 세포 하나의 직경은 약 10 μm이다.

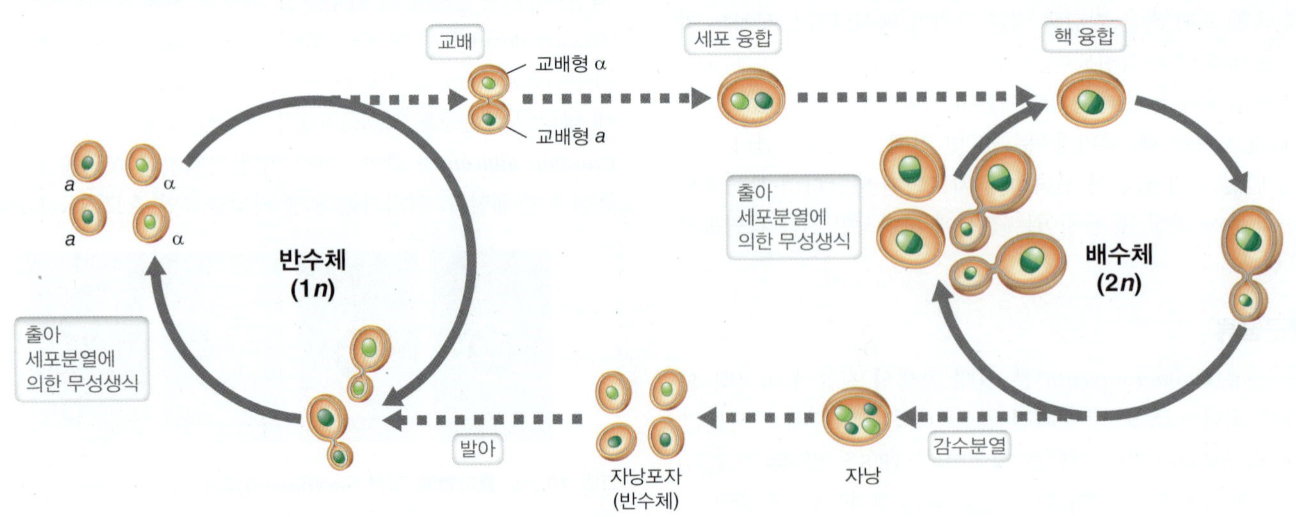

그림 18.27 대표적인 자낭균류 효모인 *Saccharomyces cerevisiae*의 생활사. 세포는 생활사 사건들 (점선)이 다른 유전형을 발생시키기 전에 오랜 기간 동안 반수체 세포 혹은 배수체 세포로서 영양생식으로 생장할 수 있다.

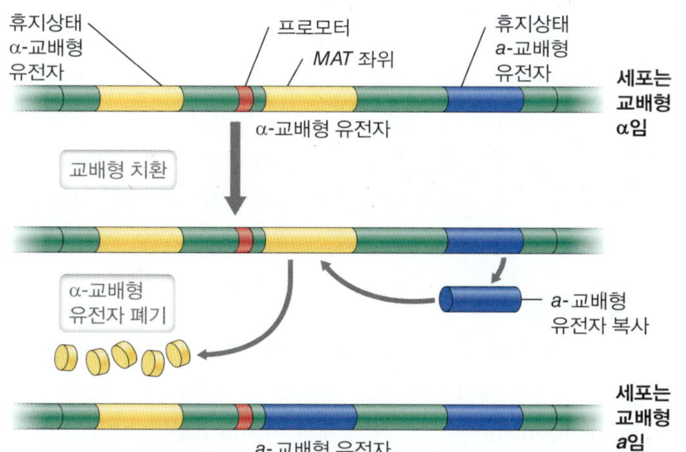

그림 18.29 자낭균류 효모에서 교배형 α가 a로 바뀌는 카세트(cassette) 기작. MAT 좌위에 삽입된 카세트가 교배형을 결정한다. 이 과정은 가역적이므로, a 형이 α 형으로 바뀔 수도 있다.

그림 18.30 버섯류. *(a)* 독성이 매우 강한 버섯인 *Amantia*. *(b)* 포자를 갖는 담자를 포함하는 버섯 자실체 아랫부분의 버섯주름. *(c)* 버섯 *Coprinus*의 담자와 담자포자의 광학현미경 사진.

서 볼 수 있듯이 활동적인 교배형 유전자가 2개의 "잠재 유전자(silent gene)" 중의 하나에 의해서 대체될 때에 일어난다. *S. cerevisiae*의 염색체 중 하나에 *a* 유전자 또는 α 유전자가 삽입될 수 있는 *MAT* (*mating type*) 좌위(locus)라고 불리는 위치가 존재한다. 이 좌위에서는 *MAT* 프로모터가 어떤 유전자가 존재하던지 간에 전사를 조절한다. 만약 *a* 유전자가 그 좌위에 있으면 세포는 *a* 교배형이 되고, 반대로 α 유전자가 그 좌위에 있으면 세포는 α 교배형이 된다. 효모 유전체의 다른 곳에 있는 *a*와 α 유전자는 발현되지 않으며 이것들은 삽입되는 유전자 자원이 된다. 이 교환 (그림 18.29)에서 *a* 또는 α 중 적절한 유전자가 잠재 부위로부터 복사되고 *MAT* 위치에 원래 존재하던 유전자 위치에 대체되어 삽입된다. 이전의 교배형 유전자는 잘려진 후 폐기되고 새로운 유전자가 삽입된다. 어떤 유전자가 *MAT* 좌위에 삽입되던지 그 균주의 교배형을 관장한다. 따라서 한 개의 세포로부터 유래한 *S. cerevisiae*의 순수 배양된 세포들끼리 배양액 내의 하나 이상의 세포들에서 교배형이 교환된 후에 교배하는 것이 가능하다.

미니퀴즈

- 자낭포자는 반수체인가 배수체인가?
- 하나의 *Saccharomyces* 반수체 세포가 어떻게 궁극적으로 하나의 배수체 세포를 생산하는지 설명하라.

18.13 담자균류

주요 속: *Agaricus, Amanita*

담자균류(*Basidiomycota*)는 진균의 큰 집단으로 30,000종 이상이 묘사되어 있다. 일반적으로 많은 것들이 버섯과 독버섯으로 인식되는데, 일부는 상업적으로 재배되는 버섯인 *Agaricus*와 같은 식용이다. *Amanita* (**그림 18.30a**)와 같이 다른 것들은 매우 독성이 강하다. 다른 담자균류에는 먼지버섯, 깜부기병균, 녹병균 및 중요한 인간 진균 병원체인 *Cryptococcus* (33.1 및 33.2절)가 포함된다. 담자균류를 정의하는 특징은 담자(*basidium*, 복수로 basidia) 구조로서, 그 안에 감수분열에 의해서 형성된 반수체 담자포자(basidiospore)가 있다. 담자는 "작은 받침대(little pedestal)" (그림 18.30*c*) 라는 의미로서 이 집단에 그 명칭을 주었다.

버섯의 발생

존재하는 대부분 동안에 버섯 진균류는 단순한 반수체 균사체로서 흙, 잎이 쌓여 있는 곳이나 썩은 나무둥치에서 영양세포로 생장한다. 담자균류의 유성생식 시기에 육안으로 보이는 버섯 구조를 생산한다 (그림 18.21 및 18.30). 이 과정에서 다른 교배형을 갖는 균사체가 융합하고, 융합으로 형성된 2핵(dikaryotic, 한 세포에 핵이 두 개있는 것)을 갖는 균사체의 빠른 생장은 반수체를 갖는 균사보다 더 빠르게 자라서 반수체 균사를 몰아내게 된다. 이 후에 환경이 적당해지면, 대개는 기후가 습하고 서늘한 기간 후에, 2핵의 균사체는 빠르게 자실체로 발달한다.

담자기과(*basidiocarp*)로 불리는 버섯의 자실체는 땅 밑에서 작은 단추 모양의 구조로 분화하는 균사체로 시작하여 우리가 땅 위에서 볼 수 있는 버섯인 다 자란 담자기과로 확장이 된다 (그림

18.21 및 18.30). 2핵의 담자는 자실체 아래 부분에 있는 버섯주름(gill)으로 불리는 평판에서 형성되는데, 버섯주름은 버섯의 모자부분에 붙어 있다 (그림 18.30*b*, *c*). 이후에 담자는 2개의 핵이 융합하여 배수체 핵을 갖는 담자가 형성된다. 2번 연속되는 감수분열은 담자 내에 4개의 반수체 핵을 생성하고, 각각의 핵이 담자포자로 된다. 유전적으로 다른 담자포자는 새로운 서식지로 바람에 의해서 분산되고, 적당한 조건에서 발아하고 반수체 균사체로 자라서 생활사를 다시 시작한다 (그림 18.21).

병원성 담자균류

깜부기병균(smut)과 녹병균(rust)은 식물의 병원성 담자균류이다. 깜부기병균은 곡물과 다른 작물의 병원체이고 *Ustilago* 속(genus)은 여러 종들을 포함하는데 그 숙주가 옥수수, 사탕수수, 밀 및 여러 가지 다른 곡식들이다. 진균은 식물의 생식 체계를 목표로 하는데, 깜부기병균은 옥수수에서 발생 중인 알곡에 엄청난 종양과 같은 알곡을 형성하게 하여 부풀고 불에 탄 것 같은 외형의 옥수숫대를 만드는 원인이 된다.

녹병 진균은 올라오는 새싹, 잎과 과일과 같이 빠르게 생장 중인 식물 조직을 공격한다. *Puccina* 속의 녹병 진균은 광범위한 식물의 어느 것에 감염될 수가 있지만 다른 녹병 진균은 숙주가 더욱 제한되어 있다. 일부 일반적인 녹병에는 밀의 줄기녹병 및 여러 가지 소나무 종의 가지잎마름병을 유발하고 나무 전체의 고사까지도 일으키는 질병인 잣나무(white pine)의 발진녹병(blister rust)이 포함된다. 녹병 진균에 의해서 약해진 소나무는 전형적으로 소나무좀(pine bark beetle)의 침입과 같은 곤충의 공격에 더 취약하다; 이것은 매우 파괴적인 해충은 최근 몇 년에 미국의 서부와 유럽 중앙부의 다양한 소나무 종의 군집들을 말살하였다. 이런 이유로 녹병 진균 그 자체는 치명적이 아닐지라도 이것이 나무 전체의 활력에 주는 손상은 두 번째 침입자에 의해 치명적인 공격을 받는 상태로 만들 수 있다.

미니퀴즈

- 담자포자와 유주자 (18.9절)의 구별되는 특징들은 무엇인가?
- 담자포자는 반수체인가 아니면 배수체인가?

IV • 원시색소체생물

진핵미생물의 다양성에 관한 여행을 **조류(algae)**와 함께 결론지으려 한다. 원시색소체생물(*Archaeplastida*) 계(kingdom)는 육상식물은 물론 홍조류와 녹조류 모두를 포함한다. 이전에 논의되었듯이 홍조류와 녹조류만이 1차 내부공생으로부터 생겨난 반면에 엽록체를 보유한 다른 원생생물은 2차 내부공생의 결과이다 (그림 18.2절 및 그림 18.3). 여기서는 거대한 다양성을 갖는 진핵생명체 집단으로 엽록체를 보유하고 산소를 발생하는 광합성을 수행하는 홍조류와 녹조류에 초점을 맞춘다.

18.14 홍조류

주요 속: *Polysiphonia, Cyanidium, Galdiera*

홍조류(red algae)는 *rhodophytes*라고도 불리며 대부분 해양 환경에 서식하지만, 일부 종은 담수와 토양 서식지에서 발견된다. 단세포 및 다세포 종들 모두가 알려져 있으며 후자의 일부는 육안으로 볼 수 있다.

기본적인 특징

홍조류는 광영양체이고 엽록소 *a*를 가지고 있다; 이것들의 엽록체는 엽록소 *b*가 없지만 남세균의 대표적 흡광색소인 피코빌리단백질(phycobiliprotein)을 지닌 엽록체를 가진다 (14.2절). 많은 홍조류의 붉은색 (**그림 18.31**)은 엽록소의 초록색을 만드는 보조색소인 피코에리스린(phycoerythrin)의 결과이다. 이 색소는 남세균의 빛-수집 구조 (안테나)인 피코빌리솜(*phycobilisome*)이라 불리는 구조 내에 피코시아닌(phycocyanin)과 알로피코시아닌(allophycocyanin)과 함께 존재한다. 수서 서식지가 더 깊어짐에 따라서 더 적은 빛이 투과되고 세포들은 더 많은 피코에리스린을 생산하여 더욱 검붉은색이 되며, 반면에 낮은 곳에 서식하는 종(species)은 피코에리스린을 덜 만들어 초록색을 나타낸다 (그림 18.32 참조).

대부분의 홍조류는 다세포성이며 편모가 없다. 일부는 해조류로 고려되며, 세균의 배양 배지에 이용되는 고형제인 한천과 식품 산업에서 사용되는 호제(thickening agent)와 안정제인 카라기난(carrageenan)의 원료가 된다. *Porphyra* 속(genus)과 같은 홍조류의 다른 종들은 채집되고 건조시켜 초밥(sushi)을 싸는 데 사용된다. 홍조류의 다른 종들은 사상 또는 잎 모양이고, 탄산칼슘이 침적되면 산호 같은(*corraline*, coral-like) 형태를 갖는다. 산호 같은 홍조류는 산호초의 발생에 중요한 역할을 하며 산호를 강화하여 파도에 의한 손상으로부터 보호한다 (23.11절).

Polysiphonia (그림 18.31)는 해양 서식지에서 세계적으로 발견되는 사상의 가지를 치는 홍조류 속(genus)이다. 이 생명체는 바위, 다른 조류 및 방파제, 콘크리트 받침대, 고정하는 벽과 선창과 같은

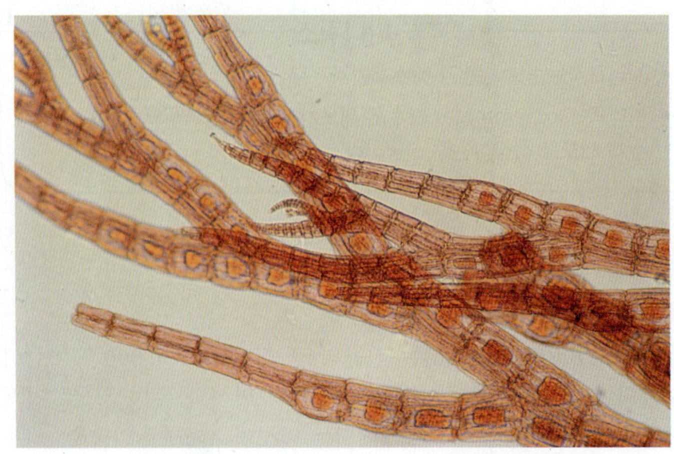

그림 18.31 사상형 해양 홍조류 *Polysiphonia*. 광학현미경 사진. *Polysiphonia*는 해양 식물에 붙어 자란다. 세포의 너비는 약 150 μm이다.

인공 구조물의 표면에 세포가 붙어서 자라는 바닷가에서 일차적으로 발견된다. 이 속은 거의 200종이 확인되었으며 이 생명체는 세대교번(alternation of generation)이 일어나는 복잡한 생활사를 겪는다. 이 생활사에서 이배체 다세포 생물로부터 방출된 반수체 수컷과 암컷 배우자(gamete)는 반수체 수컷과 암컷 다세포 생물로 발생한다. 이후에 수컷 조류는 반수체 "정자(sperm)" 세포를 방출하고 이는 암컷 조류상에 특화된 생식 구조와 융합하여 이배체 접합자(zygote)를 생산한다; 접합자는 다세포 형태로 발생한 후에 감수분열을 하고 수컷과 암컷 배우자를 방출하여 생활사를 완결한다.

Cyanidium, *Galdieria* 및 연관된 종들

Polysiphonia (그림 18.31)와 같은 다세포 홍조류에 더해서 단세포 종(species)들도 또한 알려져 있다. 이런 집단의 하나인 *Cyanidiales* 멤버는 *Cyanidium*, *Cyanidioschyzon* 및 *Galdieria* 속을 포함하는데 (**그림 18.32**), 이것들은 온도가 30°C에서 60°C이고 pH 값이 0.5에서 0.4까지의 고온이며 산성이고 금속이 풍성한 온천에서 서식한다; 이런 극한 조건에서는 무산소 광영양성 생명체를 포함하여 다른 광영양성 미생물은 존재할 수 없다. 이 단세포 홍조류는 다른 점에서도 독특하다. 예를 들어, *Cyanidioschyzon merolae*의 세포는 진핵생물로는 특별히 작고 (직경 1~2 μm), 이 종의 유전체는 약 16.5 Mbp로 알려진 광영양성 진핵생물로 가장 작은 유전체 중 하나이다.

Galdieria 유전체의 분자 분석은 이 진핵생물 광영양체가 다양한 원핵생물 자원으로부터 수평적 전이한 최소 75개의 유전자를 포함하고 있다는 결과를 밝혀냈다. 이동한 핵심 유전자들의 일부는 *Galdieria*의 서식지의 염 스트레스와 금속 독성으로부터 보호와 고열과 산성에서 견디는 세포막을 강화하는 구조를 암호화한다 (그림 18.32*a*). 어둠 속에서 생장하는 *Galdieria*의 능력도—조류의 일반적인 특징이 아닌—또한 수평적으로 전이한 유전자들, 특별히 다양한 유기화학물질의 수송 체계를 암호화하는 유전자들과 연관이 있다. 공여자와 수용자가 다른 계통의 도메인에 속해 있다는 점에서 이 유전적 전이가 일반적이지는 않지만 이것은 다시 한 번 수평적 전이가 미생물의 유전체를 형성하는 데 중요하다는 것을 강조하고 있다 (⇄ 9.6 및 13.6절).

(*a*)

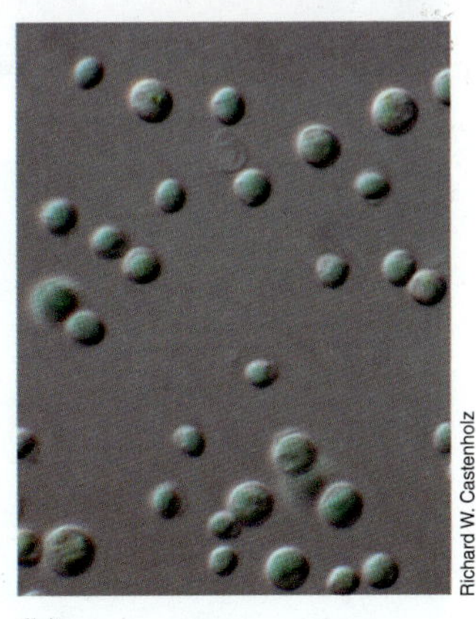

(*b*)

그림 18.32 단세포성 홍조류 *Galdieria*. (*a*) *Galdieria*는 산성이며 황이 많은 온천에서 여기에서 화살표로 보이듯이 미네랄 부스러기에 결합하여 생장한다. (*b*) *Galdieria*의 세포는 직경이 약 25 mm이고 붉은색보다는 청록색인데, 이 광영양체는 피코빌린으로 피코에리스린보다는 주로 피코시아닌을 포함하고 있기 때문이다 (⇄ 14.2절).

미니퀴즈

- 어떤 흔적이 남세균과 홍조류를 연결시키는가?
- *Galdieria*가 그 서식지에서 살기 위해서 필요한 계통학적 특성이 무엇인가?

18.15 녹조류

주요 속: *Chlamydomonas, Volvox*

녹조류(green algae)는 *chlorophytes*라고도 부르며, 그것들의 특징인 초록색을 주는 엽록소 *a*와 *b*를 갖는 엽록체를 보유하지만, 피코빌리단백질(phycobiliprotein)은 결여되어 있음으로 홍조류의 붉은색이나 청록색이 발생하지는 않는다 (그림 18.31 및 18.32). 이런 광합성 색소의 구성에서 녹조류는 식물과 유사하며 계통학적으로 식물과 가깝게 연관되었다. 녹조류에는 두 개의 주요한 집단이 있는데, 미시적 생물인 *Chlamydomonas*와 *Dunaliella* (**그림 18.33*a***)가 속한 녹조류(*chlorophytes*)와 흔히 육상식물과 닮았으며 실질적으로 육상식물과 가장 가까이 연관된 생명체로 육안으로도 보이는 *Chara* (그림 18.33*b*)와 같은 차축조류(charophyceans)이다.

대부분의 녹조류는 담수에 서식하지만, 다른 것들은 수분이 많은 토양에서 발견되거나, 혹은 눈(snow)에서 자라서 분홍색을 띠기도 한다 (⇄ 그림 5.20). 다른 녹조류는 지의류 내에서 공생체로 생활한다 (⇄ 23.1절). 녹조류의 형태는 범위가 단세포 (그림 18.33*a*, *c*)로부터 각각의 세포가 끝과 끝이 배열된 사상형 (그림 18.33*e*) 및 세포의 집합인 **집락(colonial)** (그림 18.33*f*)까지 있다. 해조류인 *Ulva*의 예처럼 다세포 종도 존재한다. 대부분 녹조류는 유성생식과 무성생식 시기를 갖는 복잡한 생활사를 갖는다.

매우 작은 녹조류 및 집락 녹조류

녹조류에서 가장 작은 진핵생물 중의 하나가 해양의 식물성플랑크론(phytoplanton)의 일반적인 단세포 종인 *Ostreococcus tauri*이다 (⇄ 20.10절 및 그림 20.24*b*). *O. tauri* 세포는 직경이 약 2 μm이고 이 생명체는 알려진 광영양성 진핵생물에서 가장 작은 유전체인 약 12.6 Mbp를 갖는다. 그러므로 *Ostreococcus*는 진핵생물 내의 유전체 감소와 특성화의 진화에 대한 연구에서 모델 생명체로 제공된다.

녹조류에서 조직이 집락 수준인 것은 *Volvox*이다 (그림 18.33*f*). 이 조류는 편모를 갖는 수백 개의 세포들로 구성된 집락을 형성하는데 일부는 운동성이고 일차적으로 광합성을 수행하는 반면에 다른 것들은 생식에 특화되어 있다. *Volvox* 집락 내의 세포들은 전체 집락이 일치된 방식으로 수영을 하도록 하는 세포질의 얇은 가닥

그림 18.33 녹조류. *(a)* 단세포로 편모성 녹조류인 *Dunaliella*. 세포 너비는 약 5 μm이다. *(b)* 식물과 같은 녹조류인 *Chara*. *(c) Micrasterias*. 여러 잎을 갖는 단세포인 세포 너비는 약 100 μm이다. *(d)* 4개의 세포가 한 묶음으로 보이는 *Scenedesmus*. *(e)* 세포 너비가 약 20 μm으로 사상형 조류인 *Spirogyra*. 녹색의 나선형 엽록체를 주목하라. *(f)* 8개의 딸 군락(daughter colony) 가지고 있는 *Volvox carteri* 군락. *(g)* 원유 생성 녹조류인 *Botrycoccus braunii*. 세포를 둘러싼 분비된 기름방울을 주목하라.

들에 의해서 상호 연결되어 있다. *Volvox*는 다세포성과 다세포 생명체의 세포 중에 기능의 분배를 조절하는 유전적 기작 연구를 위한 오랫동안 모델 생명체가 되어왔다.

일부 집락 녹조류는 생물연료의 재료가 될 가능성을 갖고 있다. 예를 들어, 집락 조류인 *Botryococcus braunii*는 원유와 일관성을 갖는 C_{30}–C_{36}의 긴 사슬의 탄화수소를 분비한다 (그림 18.33*g*). *B. braunii* 세포 건조중량의 약 30%가 이 원유로 구성되어 있으며, 재생가능한 원유 원천으로서 이 조류와 기름을 생산하는 다른 조류들에 대한 관심이 고조되고 있다. 생물표지(biomarker) 연구들의 증거는 일부 알려진 원유매장은 고대에 호수 바닥에 가라앉은 *B. braunii*와 같은 녹조류에서 기원했다는 것을 보여준다. 그러므로 만일 상업적인 조류 원유의 대량 생산을 위한 도전이 실현될 수가 있다면 언젠가는 세계 석유 공급의 일부분은 녹조류에 의한 광합성으로부터 오는 것이 가능할 것이다.

암석 내의 광영양체

몇몇 녹조류는 바위의 안쪽에서 생장한다. 이러한 암석 내의 (*endolithic*) [*endo*는 "안쪽(inside)"을 의미함] 광영양체는 석영 등을 함유한 다공성의 바위에 서식하며 전형적으로 바위 표면과 가까운 층에서 발견된다 (**그림 18.34*a***). 암석 내의 광영양체 군집

그림 18.34 암석 내의 광영양체. *(a)* 암석 내의 녹조류 층을 보여주기 위해서 깨어져서 열린 남극의 McMurdo Dry Valleys 지역으로부터의 석회암 암석 사진. *(b)* 남극에 광범위하게 퍼져 있는 암석 내의 조류인 녹조류 *Trebouxia* 세포의 광학현미경 사진.

은 사막이나 춥고 메마른 남극과 같은 건조한 환경에서 가장 널리 분포한다. 예를 들어, 온도와 습도가 매우 낮은 남극의 McMurdo Dry Valleys에서는 (그림 5.19*d, e*) 바위 내의 서식이 장점이 된다. 이런 거친 환경의 바위는 태양열에 의해서 달구어지고 눈이 녹은 물이 흡수되어 긴 기간 동안 유지될 수가 있어서 성장에 필요한 습기를 제공할 수 있다. 더욱이 다공성 바위에 흡수된 물은 바위를 더욱 투명하게 하여 조류층(algal layer)에 더 많은 빛이 집중되게 한다.

남세균과 여러 녹조류를 포함하여 다양한 광영양체들은 암석 내에서 군집을 형성할 수 있다 (그림 18.34*b*). 독립적으로 사는 광영양체 이외에도 녹조류와 남세균은 균류와 함께 암석 내 지의류 군집 내에 공존하기도 한다 (23.1절에서 지의류 공생에 대해 다루기로 함). 이러한 바위 내부 미생물 군집의 대사와 생장은 서서히 바위를 변하게 하여서 공극이 생기게 하며, 그곳에 물이 침투하고 얼고 녹는 것을 반복함으로써, 결국에는 바위가 깨지게 하고, 미생물이 집락형성을 위한 새로운 서식지를 만들어 낸다. 부서진 바위는 환경 (온도, 습도 등)이 허락되는 곳에서는 식물 및 동물 집단을 성장하게 하는 거친 토양이 된다.

미니퀴즈

- 광합성에서의 어떤 특성이 녹조류와 식물을 연결하는가?
- 녹조류인 *Ostreococcus*, *Volvox* 및 *Botryococcus*에서 특이한 것은 무엇인가?
- 암석 내의 광영양체란 무엇인가?

단원 정리

I • 미생물 진핵생물의 소기관과 계통학

18.1 진핵생물의 물질대사에 핵심 소기관으로는 광합성에 관여하는 엽록체 및 호흡이나 발효에서 기능을 하는 미토콘드리아와 하이드로게노솜이 있다. 이들 세포소기관은 본래 영구적으로 다른 세포 내에서 자리를 잡게 된 (내부공생) 세균으로부터 유래하였다.

Q 1차 및 2차 내부공생을 구별하라. 원생생물의 어떤 집단이 어떤 형태로의 내부공생으로부터 유래되었는가?

18.2 리보솜 RNA 유전자 서열은 다른 유전자와 단백질들만큼 진핵생물의 계통수를 만들어 내는데 신뢰가 가지 않는다. 진핵생물의 현재적인 여러 유전자 계통수는 미토콘드리아로 유도된 공생 사건의 뒤를 잇는 어떤 시점에서 나타나는 진핵생물 다양성의 주요한 방사(radiation)를 보여준다.

Q 진핵생물의 6개 아그룹(subgroups)은 무엇인가?

II • 원생생물

18.3 *Giardia*와 같은 중복편모충류는 단세포의 편모를 갖는 비광합성 원생생물이다. *Trichomonas*와 같은 부기저체류는 인간 병원체이고 인트론이 없는 거대한 유전체를 보유하고 있다. 유글레노조아류 및 운동핵편모충류는 단세포의 편모성 원생생물이다. 일부는 광영양체이다. 이 집단은 *Trypanosoma*와 같은 주요한 인간 병원체와 *Euglena*와 같은 잘 연구된 비병원성 생물을 포함한다.

Q 운동핵편모충류와 유글레나류를 하나로 묶는 형태적인 특징은 무엇인가?

18.4 3가지 집단이 피하낭류를 이룬다: 섬모충류, 와편모류, 포자충류. 대부분의 섬모충류와 와편모류가 독립적인 생활을 하는 데 반해서 정단복합체충류는 동물에 절대 기생성이다.

Q 피하낭류는 집단으로서 어떻게 특징지어지는가?

18.5 부등편모류는 미세한 머리카락과 같이 연장된 편모를 갖는 원생생물이다. 여기에는 난균류, 규조류, 황갈조류가 포함된다.

Q 광합성 색소의 관점에서 갈조류와 황갈조류는 어떻게 유사한가?

18.6 근족충류는 광영양체인 클로라라크니온류와 유공충류뿐만 아니라 화학유기영양체인 방산충류와 같은 다양한 원생생물을 포함한다.

Q 근족충류는 그 환경에서 다른 원생생물과 어떻게 구별되는가?

18.7 아메보조아류는 움직임과 먹이 섭취를 위하여 위족을 사용하는 원생생물이다. 아메보조아류에는 gymnamoebas, entamoebas 및 점액균류가 있다. 변형체성 점균류는 운동성 원형질체의 덩어리를 이루는 반면에 세포성 점균류는 개개 세포들이며 모여들어 포자를 방출하는 자실체를 형성한다.

Q 자연에서 gymnamoebas는 어느 곳에서 발견되는가? 어떻게 먹이를 섭취하는가?

III • 진균

18.8 진균에는 곰팡이류, 버섯류, 효모류 등이 포함된다. 계통학적 외에도 진균은 일차적으로 단단한 세포벽, 포자의 생산 및 운동성이 없는 것에 의해서 원생생물과 다르다.

Q 진균은 어떻게 식물과 인간에게 유익을 주는가?

18.9 자낭포자, 담자포자 및 접합포자를 포함하여 다양한 유성생식포자가 진균에 의해서 생산된다. 계통학적 관점에서, 진균은 동물 계통과 가장 가깝다.

Q 진균의 다른 유성생식포자 형태를 기술하라. 분생포자는 유성생식포자인가 무성생식포자인가?

18.10 병꼴균류와 미포자충류는 다른 모든 알려진 진균 집단들의 기부에 놓여 있다. 일부 병꼴균류 종들은 양서류 병원체인 반면에 미포자충류는 동물의 기생체이다.

Q 병꼴균류와 미포자충류는 어떤 방식에서 다른 진균류의 다른가?

18.11 접합균류는 다핵체 균사를 형성하고 무성생식과 유성생식을 모두 수행하는데, 일반적인 빵곰팡이 *Rhizopus*가 좋은 예이다. 내

생균근균류는 식물과 연합하여 내생균근을 형성하는 진균이다.

Q 내생균근균류의 생태학적 주요한 특징은 무엇인가?

18.12 자낭균류는 부식성 곰팡이의 거대하고 다양성을 갖는 집단이다. *Candida albicans* 같은 일부는 인간 병원성일 수가 있다. 효모인 *Saccharomyces cerevisiae*는 두 가지 교배형이 있는데 유전자 교환 기작을 통하여 한 교배형에서 다른 형으로 전환할 수 있다.

Q 효모의 교배형은 어떻게 결정되는가?

18.13 담자균류는 버섯, 먼지버섯, 깜부기병균 및 녹병균을 포함한다. 담자균류는 반수체 균사체에 의한 영양생식과 교배형의 융합과 반수체 담자포자의 형성에 의한 유성생식 과정을 갖는다.

Q 담자균류를 하나로 묶어주는 형태적 특성은 무엇이며 어디서 이 특성을 발견할 수 있는가?

IV • 원시색소체생물

18.14 홍조류는 대부분 해양성이며 범위가 단세포부터 다세포까지 있다. 붉은색은 색소인 피코에리스린의 합성에 기인하는데, 이는 남세균의 주요 색소로 엽록체에 존재한다.

Q 어떤 종류의 서식지에서 홍조류를 발견할 가능성이 있는가?

18.15 녹조류는 수서 환경에서 흔하게 발견되며, 단세포, 사상, 집락 혹은 다세포로 존재한다. 단세포 녹조류인 *Ostreococcus*는 알려진 광영양성 진핵생물에서 가장 작은 유전체를 갖는 것으로 알려졌으며 녹조류인 *Volvox*는 모델이 되는 집락 광영양체이다.

Q 어떤 특징이 녹조류와 식물을 연결하는가?

응용 문제

1. 왜 내부공생 과정이 오래된 사건과 더 최근의 사건 모두로서 간주되는 이유를 설명하라. 내부공생은 내부공생체와 숙주 모두에게 어떠한 이점을 주는가?
2. 내부공생의 증거를 요약하라. 어떻게 내부공생 가설이 분자생물학의 시대 이전에서 기원할 수가 있었는가? 분자생물학이 어떻게 이 이론을 지지하는가?
3. 이 장에서 다룬 모든 미생물 집단을 고려하면 세포 구조에서 가장 원핵생물 세포와 유사한 것은 어떤 것인가? 이 미생물이 원핵생물이 아니라는 것을 보여주는 최소 두 가지 증거를 논하라.

용어 해설

Algae (조류) 식물이 아닌 광영양성 진핵생물을 칭하는 비공식적인 용어; 조류는 다계통성이며 2차 내부공생의 결과에 따라서 진핵생물의 다양한 집단에서 발견됨

Chitin (키틴질) 진균류의 세포벽에서 흔히 발견되는 *N*-아세틸글루코사민(*N*-acetylglucosamine)의 복합체

Ciliate (섬모충) 섬모라고 불리는 수없이 짧고 많은 부속 기관에 의해 빠르게 움직이는 특징을 지닌 어느 원생생물

Coenocytic (다핵체의) 격막이 없는 진균의 균사에 여러 개의 핵이 존재

Colonial (집락의) 어떤 원생생물과 녹조류가 생장하는 형태로 여러 세포가 함께 살고 먹이 섭취, 이동 혹은 생식에서 협동하는 것; 다세포성의 초기 형태

Conidia (분생포자) 곰팡이의 무성 포자

Endosymbiotic hypothesis (내부공생 가설) 호흡성 세균과 남세균이 다른 형태의 세포에 안정적으로 연합하여 각각 진핵생물의 미토콘드리아와 엽록체를 만들어냈다는 개념

Fungi (진균류) 단단한 세포벽을 갖는 광합성을 못하는 진핵미생물

Mushroom (버섯) 담자균의 땅 위에 있는 자실체 혹은 담자기과

Nucleomorphs (핵소체) 일부 조류에서 발견되는 핵의 잔류물; 고대 조류의 내부공생에서 유래하였고 2차 내부공생에서 획득한 엽록체와 연관됨

Phagocytosis (식세포작용) 세포막의 일부분이 입자를 둘러싸고 세포 내로 옮겨서 특정한 물질을 섭취하는 기작

Protists (원생생물) 종속영양체이거나 또는 광영양체인 단세포 진핵미생물을 묘사하는 비공식적인 용어

Secondary endosymbiosis (2차 내부공생) 미토콘드리아를 보유한 진핵세포가 그 자체가 1차 내부공생에서 유래된 엽록체를 포함하고 있는 홍조류 혹은 녹조류를 내부공생적으로 획득

Slime mold (점균류) 세포벽이 없는 비광영양성 원생생물로, 집합하여 자실체 구조를 형성 (세포성 점균류) 혹은 단순히 원형질 덩어리 (비세포성 점균류)

Yeast (효모) 다양한 진균의 단세포성 생장 형태

영문찾아보기

A

B

C

N

O

P

찾아보기

Q

R

S

찾아보기

한글찾아보기

찾아보기

ㅇ

ㅈ

기타

Brock의 미생물학

Brock Biology of MICROORGANISMS

제15판

대표역자 **오계헌**
순천향대학교 생명시스템학과

Michael T. Madigan
Southern Illinois University Carbondale

Kelly S. Bender
Southern Illinois University Carbondale

Daniel H. Buckley
Cornell University

W. Matt hew Sattley
Indiana Wesleyan University

Davi d A. Stahl
University of Washington Seattle

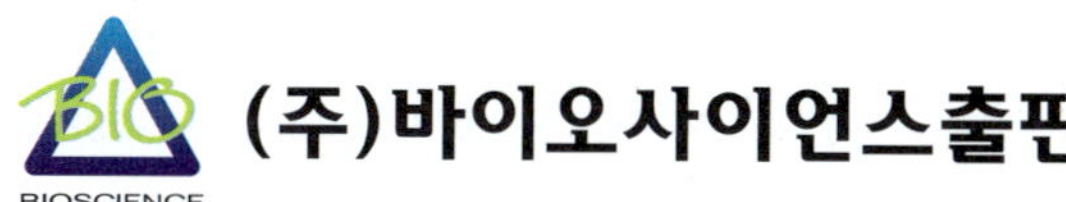

이 도서의 국립중앙도서관 출판예정도서목록(CIP)은 서지정보유통지원시스템 홈페이지(http://seoji.nl.go.kr)와 국가자료공동목록시스템(http://www.nl.go.kr/kolisnet)에서 이용하실 수 있습니다.
(CIP제어번호: CIP2020006298).

BROCK의
미생물학 15판

2 쇄 인 쇄: 2021년 9월 23일
2 쇄 발 행: 2021년 9월 30일

저 자: Madigan • Bender • Buckley • Sattley • Stahl
역 자: 오계헌 · 강형일 · 강호영 · 김건수 · 김영호 · 김용휘 · 김정완 · 김종설
박우준 · 박중찬 · 박진숙 · 송홍규 · 이병욱 · 정용태 · 차창준
발 행 인: 문정구
발 행 처: (주)바이오사이언스출판
본 사: 10860 경기도 파주시 탄현면 국화향길 10-56, 1동
서울 사무소: 06569 서울특별시 서초구 도구로 115, 1층(방배동)
전 화: (02)581-4057~8 팩스: (02)581-4059
이 메 일: inquiry@biosciencepub.com
홈 페 이 지: http://www.biobooks.co.kr
I S B N: 978-89-6824-098-0 (93470)
등 록 번 호: 제22-3079호
값 46,000원

차례 개요

차례

단원 3 유전체학과 유전학

14 미생물 대사의 다양성 392

15 미생물의 기능적 다양성 451

16 세균의 다양성 494

단원 5 미생물 생태학과 환경미생물학

단원 7 감염성 질병과 그들의 전파

29 역학 866

30 사람에서 사람으로 전파되는 세균 및 바이러스성 질병 887

31 동물 매개체와 토양유래 세균 및 바이러스성 질병 919

32 수인성 및 식품유래 세균과 바이러스 질병 937

19

미생물계의 측정

현재의 미생물학

차세대 서열분석 기술에 의해 밝혀진 포도원 마이크로바이옴

동일한 포도 품종으로 생산된 와인이라도 재배된 지역에 따라 극적으로 다를 수 있음은 수천 년 동안 인식되어왔다. 프랑스 사람들은 와인의 특성에 미치는 지역의 영향을 떼루아르 ("land"를 의미하는 프랑스어 *terre*로부터 유래)라고 칭한다. 와인의 품질에 미치는 지역의 영향은 주요 재배 지역 내의 포도원에 대한 명칭 범위를 정하는데 있어 일차적인 근거가 된다. 예를 들어, 프랑스의 Burgundy 지방은 수십 가지의 명칭을 가지고 있다. 테루아르(*terroir*)는 기후와 지역 토양의 물리적, 화학적 특성의 작용이라고 오랫동안 생각되어왔다. 그러나 미국과 프랑스의 주요 포도 재배 지역의 포도나무와 토양을 대상으로 16S rRNA 유전자의 차세대 염기서열(sequencing)을 이용하여 서로 다른 미생물의 다양성과 상대적 풍부도를 결정한 최근 연구에 따르면, 떼루아르는 미생물과 비생물적 요인의 조합에 의해 비롯될 수 있음이 밝혀졌다.

심지어 같은 품종이라 할지라도 서로 다른 재배 지역의 포도에는 각기 고유한 미생물 군집이 뚜렷이 존재한다. 차세대 염기서열 기술을 사용하여 이러한 미생물 군집을 규명하고 그들의 종 조성과 풍부도를 규정할 수 있다. 현대 염기서열에 대한 노력으로 원산지 간에 토양 미생물 군집이 상당히 다르며, 토양이 포도 나뭇잎과 열매에서 발견되는 미생물상의 주요 원천이라는 것이 밝혀졌다. 이는 떼루와가 토양 물리학과 화학, 그리고 지배적인 기후뿐만 아니라, 그 지역의 토양 미생물에 의해서도 영향을 받는다는 것을 시사한다. 토양 미생물은 포도주 발효에 직접적으로 기여하여 최종 생산품의 풍미, 색상 그리고 품질에 영향을 끼치는 것과는 별개로 토양 미생물 군집의 차이, 예를 들어, 포도 화학(grape chemistry) (역자주: 포도 생육과정에서 일어나는 일련의 화학적 반응들)을 변경시키는 특정 식물 화합물의 생성을 제어함으로써 식물생리학에 영향을 미칠 수도 있다.

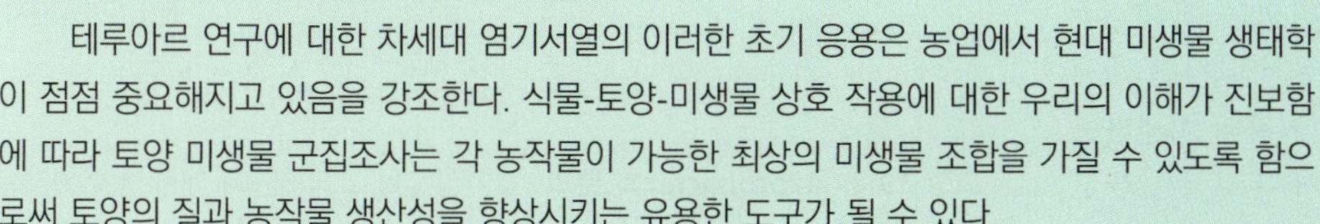

테루아르 연구에 대한 차세대 염기서열의 이러한 초기 응용은 농업에서 현대 미생물 생태학이 점점 중요해지고 있음을 강조한다. 식물-토양-미생물 상호 작용에 대한 우리의 이해가 진보함에 따라 토양 미생물 군집조사는 각 농작물이 가능한 최상의 미생물 조합을 가질 수 있도록 함으로써 토양의 질과 농작물 생산성을 향상시키는 유용한 도구가 될 수 있다.

출처: Zarraonaindia, I., et al. 2015. The soil microbiome influences grapevine-associated microbiota. *MBio:* 6 e02527-14.

우리는 이제 자연 서식지의 미생물을 집중적으로 공부하는 새로운 단원을 시작한다. 1장에서 우리는 미생물 군집(*microbial community*)은 자연계에서 다른 개체군과 연합하여 살아가고 있는 세포 개체군으로 구성된다고 배웠다. **미생물 생태학(microbial ecology)**은 미생물 개체군이 모여서 어떻게 군집을 형성하는지와 이들 군집 간의 상호작용과 그들을 둘러싼 환경과의 상호작용에 초점을 맞춘다.

미생물 생태학의 주요 구성요소는 생물다양성(*biodiversity*)과 미생물 활성(*microbial activity*)이다. 생물다양성을 연구하기 위해서 미생물 생태학자들은 미생물 서식지에서 미생물을 동정하고 정량해야 한다. 이를 수행하는 방법을 아는 것은 흔히 미생물 생태학의 또 하나의 목적인 관심있는 미생물을 분리하는 데도 도움이 된다. 미생물 활성을 연구하기 위해서 미생물 생태학자는 미생물의 서식지에서 이들이 수행하는 대사과정을 측정해야 한다. 이 장에서는 미생물 다양성과 미생물 활성을 평가하는 현대적인 방법에 대하여 고찰한다. 20장에서는 미생물 생태학의 기본원리를 간략하게 설명하고 미생물이 서식하는 환경의 유형을 검토하기로 한다. 21~24장에서는 영양물질의 순환과 응용 미생물학, 그리고 미생물이 인간을 포함하여 고등 생물과 공생관계에서 수행하는 역할을 탐구함으로써 미생물 생태학을 모두 다루게 된다.

우리는 미생물 생태학자의 도구상자로부터 시작하는데 여기에는 그들의 자연서식지와 관련하여 미생물 군집의 구조와 기능을 자세히 분석하는 강력한 도구들이 모여 있다.

I • 미생물 군집의 배양 분석

대다수의 미생물, 대부분 추정에 의한 모든 미생물 종의 99% 이상은 실험실에서 배양된 적이 없다. 이러한 사실은 다양한 미생물 서식지에 대한 분자생물학적 측정 (19.4~19.8절)에 근거하여 밝혀졌는데, 미생물을 자연으로부터 분리해서 순수 배양을 확립하는 새로운 분리 방법의 개발을 촉진하게 되었다. 자연 환경에서 미생물을 연구하기 위한 정교한 방법들이 많이 있지만, 미생물을 배양하는 것은 미생물의 특징을 충분히 규명하고 환경에 미치는 미생물의 영향을 예측하는 유일한 방법이다.

이 장의 첫 번째 부분에서는 농화 배양법을 다루는데, 이 방법은 자연계로부터 미생물을 분리하기 위한 매우 오래되고 유용한 방법이지만 한계를 가지고 있다. 농화는 선택적인 배양 배지를 이용한 배양에 기반하며, 여기에서 사용되는 도구와 방법은 배양(*culture-dependent*) 분석이라고 한다. 앞으로 살펴보겠지만 자연 개체군에서 발견하기 힘든 미생물을 로봇공학, 그리고 연관된 미세가공 기술을 이용하여 배양하는데 상당한 진전이 있어서 동시적으로 모니터링할 수 있는 대량 농화 배양을 확립하였다. 이 장의 두 번째와 세 번째 부분에서는 비배양(*culture-independent*) 분석법을 고찰하는데 이 방법을 통해 우리는 실질적으로 실험실 배양을 하지 않고도 미생물 군집의 구조와 기능에 관하여 많은 사실을 알 수 있다. 이 장의 마지막 부분에서 자연에서의 미생물 활성을 측정하고 이를 특정 미생물에 연계시키는 방법을 고찰한다. 총체적으로 이러한 방법들은 미생물 생태학자들로 하여금 "누가 거기에 있는가?" 그리고 "그들은 무엇을 하는가?" 하는 질문을 가능하게 한다.

19.1 농화 배양 미생물

농화 배양(enrichment culture)을 위해서는 원하는 생물을 선택하고(*selective*), 원치 않는 생물은 배제하도록(*counterselective*) 배양 배지와 일련의 배양조건을 설정한다. 효과적인 농화 배양을 위해서는 특정 생태적 지위의 자원과 조건을 가능한 유사하게 모방한다. 수백 가지의 농화 배양 전략이 고안되었으며 **표 19.1**과 **표 19.2**에서 일부 간단하고 직접적인 농화 전략에 대해 간략하게 설명하고 있다.

접종원

농화에 성공하기 위해서는 관심있는 생물이 포함된 적절한 **접종원(inoculum)**이 필요하다. 따라서 농화 배양은 적당한 서식지로부터 접종원이 되는 시료를 채집하는 것에서 시작된다 (표 19.1 및 표 19.2). 농화 배양은 선별적인 배지에 접종원을 첨가하고 특정 조건에서 배양함으로써 이루어진다. 우리가 흔히 알고 있는 많은 보통의 미생물은 이러한 방법으로 분리할 수 있다. 예를 들어, 농화 배양기법 (1.11절)을 개념화한 네덜란드의 위대한 미생물학자인 Martinus Beijerinck는 농화 배양법을 사용하여 N_2 고정세균인 *Azotobacter*를 분리하였다 (**그림 19.1**). *Azotobater*는

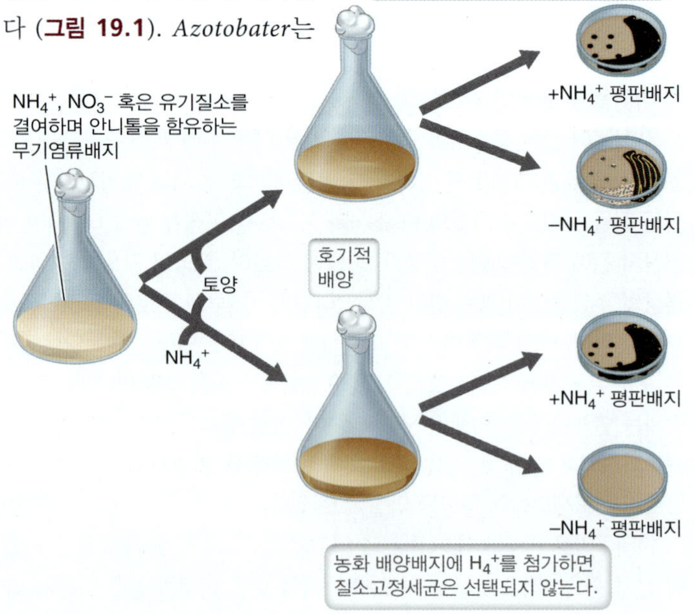

그림 19.1 ***Azotobacter*의 분리**. 호기성 질소고정세균에 대한 농화에서는 일반적으로 *Azotobacter*나 그 유연 세균이 분리된다. 농화 선택의 기반은 위의 플라스크 안의 배양배지에 고정된 질소 (이 경우 NH_4^+)가 없는 것이다. 따라서 이 배지는 미생물 군집으로부터 호기적으로 N_2를 고정할 수 있는 종을 선택하는데, *Azotobacter*가 가장 빠르게 자라는 종 중의 하나이다. *Azotobacter* 세균의 역사적 중요성에 관하여 더 자세한 내용은 1.11절과 그림 1.33을 보라.

표 19.1 광영양세균과 화학무기영양세균의 농화 배양법

명-광영양 세균: 주요 탄소원, CO_2		
배양조건	**농화되는 미생물**	**접종원**
호기적 배양		
질소원으로 N_2	남세균	연못 또는 호수물; 황화물이 풍부한 진흙; 흐르지 않는 물; 미처리 하수; 축축한 썩은 낙엽; 빛에 노출된 축축한 흙
질소원으로 NO_3^-, 55°C	고온성 남세균	온천 미생물 매트
혐기적 배양		
H_2 또는 유기산; 유일한 질소원으로 N_2	자색비황세균, 헬리오박테리아	위와 같음, 그리고 호수 하층부 물 (19.8절); 저온 살균된 토양 (헬리오박테리아); 고온성 종을 위한 미생물 매트
전자공여체로 H_2S	자색 및 녹색 황세균	
전자공여체로 Fe^{2+}, NO_2^-	자색 세균	

암-화학 무기영양 세균: 주요 탄소원, CO_2 (배지에 유기탄소가 없어야 함)			
전자공여체	**전자수용체**	**농화되는 미생물**	**접종원**
호기적 배양: 호기적 호흡			
NH_4^+	O_2	암모니아산화세균(*Nitrosomonas*) 또는 고세균(*Nitrosopumilus*)	흙, 진흙, 생활하수, 바닷물
NO_2^-	O_2	아질산염 산화세균 (*Nitrobacter*, *Nitrospira*)	
H_2	O_2	수소세균 (다양한 속)	
H_2S, S^0, $S_2O_3^{2-}$	O_2	*Thiobacillus* 종	
Fe^{2+}, 낮은 pH	O_2	*Acidithiobacillus ferroxidans*	
혐기적 배양			
S^0, $S_2O_3^{2-}$	NO_3^-	*Thiobacillus denitrificans*	진흙, 호수퇴적물, 토양
H_2	NO_3^-	*Paracoccus denitrificans*	
Fe^{2+}, 중성 pH	NO_3^-	*Acidovorax*와 기타 다양한 그람음성 독립영양세균	

빠르게 생장하며 공기 중에서 N_2를 고정할 수 있는 세균 (14.6절, 15.12절)이므로 암모니아나 질산염과 같이 고정된 질소가 없는 배지를 사용하여 공기 중에서 배양하면 이 세균과 그 연관균이 강력하게 선택된다. 질소를 고정하지 않는 세균이나 혐기적 질소고정 세균은 이 경우 배제된다.

농화 배양의 결과

농화 배양의 성공을 위해서 배양 배지와 배양 조건 모두에 주의를 기울이는 것이 중요하다. 다시 말해서, 자원 (영양소)과 조건 (온도, pH, 삼투환경, 호기성 또는 혐기성 등)을 관심있는 생물을 얻는데 최선의 기회가 되도록 서식지의 환경에 가깝게 모방해야 한다 (표 20.1).

어떤 농화 배양으로는 아무 미생물도 얻지 못하는 경우가 있는데 이것은 지정된 농화 배양 조건에서 생장할 수 있는 생물이 그 서식지에 없기 때문일 수 있다. 반대로 관심있는 생물이 채취된 서식지 시료 내에는 존재하지만 단순히 농화에 이용된 자원과 조건이 그 생물이 생장하기에는 맞지 않을 수도 있다. 따라서 농화 배양에 의해 확고한 긍정적인(*positive*) 결론 (즉 그것이 농화되었으므로 특정능력을 갖는 생물이 특정 환경에 존재함)은 내릴 수 있으나, 확고한 부정적인(*negative*) 결론 (농화가 실패하였으므로 그러한 생물은 존재하지 않음)은 내릴 수 없다. 뿐만 아니라 농화 배양에 의해 원하는 생물을 분리하는 것만으로는 그 생물의 서식지에서의 생태학적 중요성이나 생물의 풍부도에 대해서는 아무것도 알 수 없다. 양성으로 농화된다는 것은 어떤 시료에 그 생물이 존재한다는 것을 의미하며, 실제로 단 하나의 살아 있는 세포로 인해 배양될 수도 있다.

Winogradsky 컬럼

Winogradsky 컬럼(Winogradsky column)은 인공적인 미생물 생태계로 농화 배양을 위한 다양한 세균의 장기적인 공급원이다. Winogradsky 컬럼은 광영양 자색 및 녹색세균과 황산염 환원 세균, 그리고 많은 혐기성 세균을 분리하는 데 사용되었다. 러시아의 유명한 미생물학자인 Sergei Winogradsky (1.11절)의 이름을 따서 명명되었으며 이 컬럼은 19세기 후반, Winogradsky에 의해 그의 고전적인 토양 미생물 연구에서 처음으로 사용되었다.

Winogradsky 컬럼은 원통형의 유리관에 유기물질이 풍부하며 또 가급적 황화수소가 포함되어 있는 진흙을 반 정도 채워 준비하는데 이 진흙에 탄소 기질을 혼합한다. 기질에 따라 농화되는 미생

표 19.2 화학유기영양세균과 절대혐기성세균의 농화 배양법[a]

전자공여체와 질소원	전자수용체	농화되는 전형적인 미생물	접종원
호기적 배양: 호기적 호흡			
젖산염 + NH_4^+	O_2	*Pseudomonas fluorescens*	흙, 진흙; 호수퇴적물; 부패 하는 식물체; 모든 *Bacillus* 농화의 경우 접종원의 저온 살균 (80°C에서 15분)
벤조산염 + NH_4^+	O_2	*Pseudomonas fluorescens*	
전분 + NH_4^+	O_2	*Bacillus polymyxa* 및 그 외 *Bacillus* 종	
에탄올 (4%) + 1% 효모추출물, pH 6.0	O_2	*Acetobacter*, *Gluconobacter*	
요소 (5%) + 1% 효모추출물	O_2	*Sporosarcina ureae*	
탄화수소 (예, 미네랄 오일, 가솔린, 톨루엔) + NH_4^+	O_2	*Mycobacterium*, *Norcadia*, *Pseudomonas*	
셀룰로오스 + NH_4^+	O_2	*Cytophaga*, *Sporocytophaga*	
만니톨 또는 벤조산염, 질소원으로 N_2	O_2	*Azotobacter*	
CH_4 + NO_3^-	O_2	*Methylobacter*, *Methylomicrobium*	호수 퇴적물, 성층화된 호수의 수온약층 (20.8절)
혐기적 배양: 혐기적 호흡			
유기산	NO_3^-	*Pseudomonas* (탈질 종)	흙, 진흙; 호수 퇴적물
효모추출물	NO_3^-	*Bacillus* (탈질 종)	
유기산	SO_4^-	*Desulfovibrio*, *Desulfotomaculum*	
아세트산염, 프로피온산염, 부틸산염	SO_4^-	지방산 산화 황산염환원세균	위와 같음; 또는 하수 소화조 오니; 혹위 내용물; 해양 퇴적물
아세트산염, 에탄올	S^0	*Desulforomonas*	
아세트산염	Fe^{3+}	*Geobacter*, *Geospirillum*	
아세트산염	ClO_3^-	다양한 염소산염-환원세균	
H_2	CO_2	메탄생성균 (오직 화학무기 영양 종), 동형 아세트산생성세균	진흙, 퇴적물, 하수 오니
CH_3OH	CO_2	*Methanosarcina barkeri*	
CH_3NH_2 또는 CH_3OH	NO_3^-	*Hyphomicrobium*	
탄화수소	SO_4^{2-} 또는 NO_3^-	혐기성 탄화수소 분해세균	담수 혹은 해양 퇴적물
아세트산염 + H_2 + NH_4^+	Tetrachloroethene (PCE)	*Dehalococcoides* 종	PCE 오염된 지하수
혐기적 배양: 발효			
글루탐산염 또는 히스티딘	전자수용체는 별도로 가하지 않음	*Clostridium tetanomorphum* 또는 기타 단백질 분해 Clostridium 종	진흙, 호수 퇴적물; 부패하는 식물체 혹은 동물체; 유제품 (젖산균 및 프로피온산균); 혹위 또는 창자의 내용물 (장내세균); 하수 오니; 토양; *Clostridium* 농화의 경우 접종원의 저온살균
전분 + NH_4^+	없음	*Clostridium* 종	
전분 + 질소원으로 N_2	없음	*Clostridium pasteurianum*	
젖산염 + 효모추출물	없음	*Veillonella* 종	
포도당 또는 젖당 + NH_4^+	없음	*Escherichia*, *Enterobacter*, 다른 발효 미생물	
포도당 + 효모추출물 (pH 5)	없음	젖산균 (*Lactobacillus*)	
젖산염 + 효모추출물	없음	프로피온산 세균	
숙신산염 + NaCl	없음	*Propionigenium*	
옥살산염	없음	*Oxalobacter*	
아세틸렌	없음	*Pelobacter*와 기타 아세틸렌 발효 종	

[a]모든 배지는 N, P, S, Mg^{2+}. Fe^{2+}, Ca^{2+} 및 기타 미량원소의 무기염류를 포함해야 한다 (3.1~3.2절). 어떤 생물은 비타민이나 다른 생장 인자를 요구하기도 한다. 이 표는 농화 배양법을 개관하기 위한 것으로 고온세균 (높은 온도), 초고온세균 (매우 높은 온도), 저온세균 (낮은 온도)을 분리할 때의 효과적인 온도에 대하여는 언급하지 않았으며, 극단적인 pH나 극단적인 염 농도를 선호하는 생물을 위한 효과적인 배양에 대해서도 언급하고 있지 않다. 적당한 접종원이 사용되는 것으로 가정하였다. 일부 농화 기질은 당연히 다른 것보다 더 특이적이다. 예를 들어, 포도당은 벤조산염이나 메탄올에 비해 농화 기질로서 아주 비특이적이다.

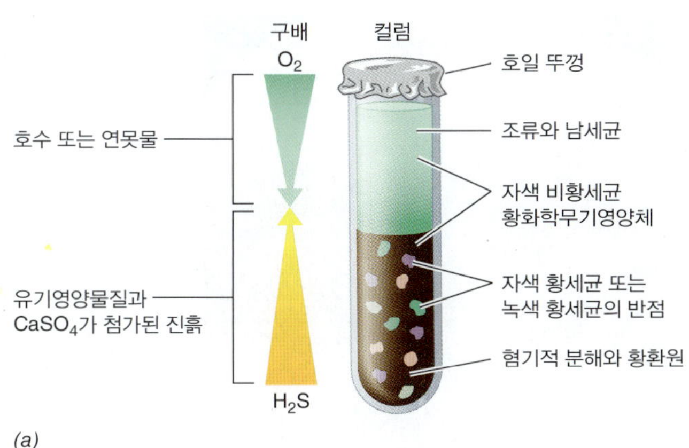

그림 19.2 Winogradsky 컬럼. *(a)* 광합성 세균의 농화를 위해 사용하는 전형적인 컬럼의 모식도. 컬럼은 약한 햇빛을 받는 곳에 놓아서 배양한다. 혐기적 분해는 SO_4^{2-}의 환원을 일으켜 H_2S의 농도구배를 형성한다. *(b)* 상층부까지 무산소 상태인 Winogradsky 컬럼의 사진. 각 컬럼에 서로 다른 광영양세균의 수화가 발생하였다. 왼쪽에서 오른쪽 방향으로, *Thiospirillum jenense*, *Chromatium okenii*, 둘 다 자색 황세균, *Chlorobium limicola* (녹색 황세균).

물이 정해진다. 산성화시키거나 지나친 가스형성 (가스 덩어리를 형성하여 농화를 방해하고 공기를 들여보내는)을 유발하는 포도당과 같은 발효기질은 피한다. 진흙에 적은 양의 탄산칼슘($CaCO_3$)과 황산칼슘($CaSO_4$)을 각각 완충제와 황산염 공급원으로 보충한다. 이와 같이 준비된 진흙을, 공기가 들어가지 않도록 주의하면서, 실린더에 채워 넣은 다음 진흙 위에 호수나 연못 또는 개천의 물 (또는 만일 해수 컬럼이라면 해수)을 채우고 증발을 막기 위해 실린더 위쪽을 덮는다. 그리고 용기를 약한 빛이 드는 창가에 수개월 간 놓아둔다.

전형적인 Winogradsky 컬럼에서는 다양한 미생물 군집이 발달한다 (**그림 19.2*a***). 수층의 위쪽 부분에는 조류와 남세균이 빠르게 발달한다. 이들은 산소를 발생시켜 호수의 상층 부분에서 그러하듯이 컬럼의 상층부를 호기성으로 유지한다. 진흙 속에서 진행되는 발효과정에서 황산염 환원세균이 기질로 이용할 수 있는 유기산, 알코올 그리고 수소가 생성된다 (14.14절). 황산염 환원세균은 황화수소(H_2S)를 생성하여 광합성 전자공여체로 황화물을 사용하는 자색 및 녹색 황세균 (산소비발생형 광합성, 14.3절, 15.4~15.8절)의 발달을 촉진시킨다. 이들 세균은 전형적으로 컬럼 측면의 진흙부위에서 군데군데 자라나는데 산소 발생형 광합성 세균이 부족한 경우 물속에서 스스로 수화현상을 일으키기도 한다 (그림 19.2*b*). 피펫을 이용하여 색깔을 띠는 산소 비발생형 광합성 세포를 채취하여 현미경으로 관찰, 분리, 그리고 특성을 규명할 수 있다 (표 19.1).

Winogradsky 컬럼은 호기성 및 혐기성 세균(*Bacteria*)과 고균(*Archaea*) 모두를 농화 배양하는 데 사용되어 왔다. 이 컬럼은 농화 배양에 필요한 접종원을 공급하는 것 외에도, 특정 화합물을 컬럼에 넣어 그 물질을 분해할 수 있는 생물을 접종원으로부터 농화해낼 수 있다. 19.2절에서 논의하는 바와 같이, 컬럼에서 초기 농화 배양이 일단 확립되면 배양배지에 접종하여 순수 배양을 얻을 수 있다.

농화 편중

비록 농화 배양은 아주 유용하고 아직도 널리 사용되고 있지만 농화 배양에는 편중(bias)이 있으며, 때때로 농화의 결과에서 매우 심각한 편중현상이 나타난다. 일반적으로 주어진 환경에서 가장 빠르게 생장하는 생물(들)이 우점하는 액체 농화 배양에서 이러한 편중이 가장 심각하다. 그러나 나중에 설명하게 될 분자적 방법에 의해, 흔히 실험실 배양에서 가장 빠르게 자라는 생물이 우리가 관심을 갖는 생태학적 역할을 수행하는데 있어 가장 풍부하고도 가장 관련이 있는 생물이 아니라, 오히려 미생물 군집의 소수 구성자에 불과하다는 사실을 우리는 이제 알고 있다. 이것은 실험실 배양에서는 이용할 수 있는 자원의 농도가 일반적으로 자연에서 발견되는 것보다 훨씬 높고, 또 물리, 화학적 조건뿐만 아니라 존재하는 서로 다른 생물의 종류와 비율 등, 자연 서식지의 조건을 실험실 배양에서 재현하고 오랫동안 지속시키는 것이 거의 불가능하기 때문이다.

농화 편중(enrichment bias)의 문제는 희석배양 (19.2절)에서 얻어진 결과를 고전적인 액체 농화 배양 결과와 비교함으로써 평가할 수 있다. 희석한 접종원을 사용한 액체 농화 배양이나 도말법의 경우, 같은 방법이지만 희석하지 않은 접종원을 사용한 액체 농화 배양에서와는 다른 생물들이 나올 수 있다. 접종원을 희석하면 소수로 존재하면서도 빠르게 자라는 "잡초(weed)" 종을 제거하여, 군집에서 수가 훨씬 더 많지만 더 느리게 자라는 생물들을 생장할 수 있게 한다. 그러므로 오늘날의 농화 배양에서는 일반적으로 접종원을 희석하여 사용한다. 아래에서 논의하는 바와 같이 "잡초

단원 5

(weed)" 종의 웃자람의 문제는 생장 배지에 접종하기 전에 원하는 생물을 물리적으로 분리해냄으로써 우회할 수 있는데 이것은 희석에 의해서, 그리고 다음 절에서 살펴볼 다양한 고전적인 분리 방법에 의해 가능하다. 그러나 훨씬 최근에는 관심 있는 단세포 (또는 단세포 형태)를 물리적으로 분리하여, 원치 않는 세포들이 제거된 생장배지에 접종할 수 있는 세련된 방법들이 개발되었다. 우리는 19.3절에서 이러한 방법들에 대해 고찰하기로 한다.

미니퀴즈

- Beijerinck가 *Azotobacter*의 분리에 사용한 농화 배양 전략을 설명하라.
- Winogradsky 컬럼에 황산염(SO_4^{2-})을 첨가하는 이유는 무엇인가?
- 농화 편중(enrichment bias)이란 무엇인가? 희석은 어떻게 농화 편중을 감소시키는가?

19.2 고전적인 미생물 분리 방법

긍정적인 농화 배양이 일단 얻어지면 다음 단계는 일반적으로 순수 배양(*pure culture*)—한 종류의 미생물만 포함하는—으로 농화된 생물을 얻으려는 시도이다. 순수 배양은 유전체를 빠르게 해부할 수 있고 분리균주의 생리학을 규명하기 위해 통제된 실험실 환경에서 실험을 할 수 있기 때문에 유용하다. 순수 배양은 Robert Koch (1.10절) 시대부터 연구되어왔으며 이미 이러한 방법 중 일부에 대해 고찰하였다 (5.5절).

한천희석 시험관법과 최확수(MNP) 기법

일반적인 분리 방법에는 획선평판법(streak plate), 한천희석법(agar dilution), 액체희석법(liquid dilution)이 있다. 한천 평판에서 집락을 형성하는 생물의 경우 획선평판법이 신속하고 용이하여 선택할 만한 방법이다 (**그림 19.3**). 잘 분리된 집락을 선별하여 여러 번 연속적으로 재도말하여 순수 배양을 얻을 수 있다. 적합한 배양장치 (예, 혐기성 세균의 경우 무산소병, 무산소 상자, 5.14절)를 사용하면 획선평판법으로 한천평판 상에서 호기성균과 혐기성균 둘 다 순수 분리하는 것이 가능하다.

한천희석 시험관법(agar dilution tube method)은 혼합배양균을 시험관에서 녹은 상태의 한천 배지와 섞어 희석하는 방법으로 집락은 한천 속에 파묻혀 형성된다. 이 방법은 Winogradsky 컬럼 또는 다른 분리원에서 채취한 시료로부터 광영양 황세균과 황산염 환원세균과 같이 혐기성 생물을 순수 분리하는 데 유용하다. 녹은 한천 배지가 들어 있는 시험관에 세포를 현탁하여 연속 희석에 의해 순수 분리한다 (그림 19.3, 그림 15.23*g*). 하나의 집락을 사용하여 희석배율이 가장 높은 시험관에서 나온 집락을 그 다음 단계의 희석 접종원으로 사용하면서 이 과정을 반복하면 보통 순수 배양이 얻어진다. 관련된 방법으로 회전 시험관법(*roll tube method*)이 있는데 이 방법에서는 시험관 안쪽 표면에 얇은 한천 층을 포함하는 시험관을 사용한다. 그리고 분리된 집락을 한천에 도말한다.

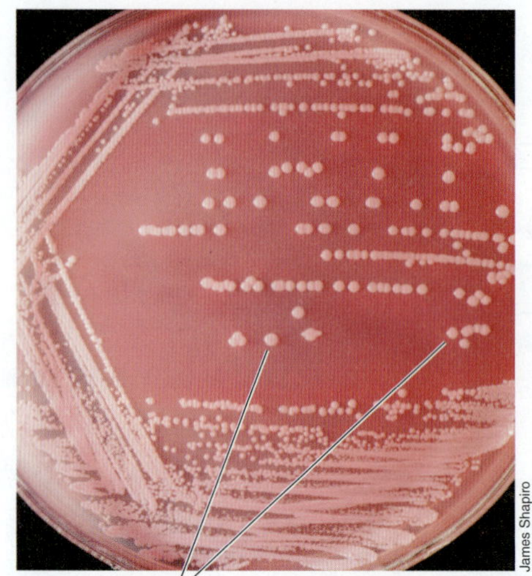

(*a*)

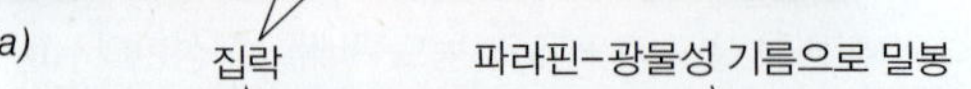

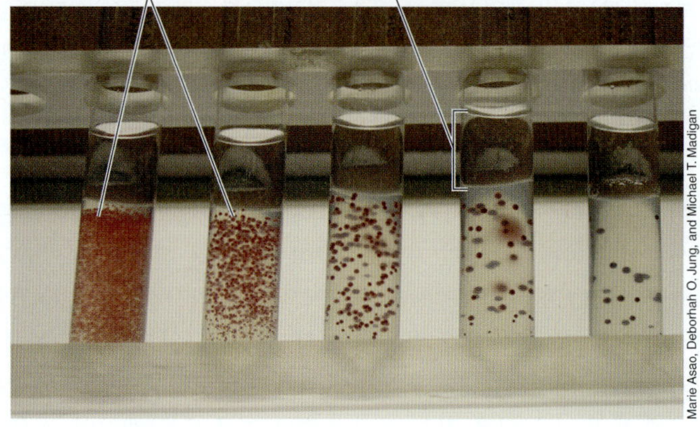

(*b*)

그림 19.3 순수 배양법. (*a*) 평판배지 상에서 뚜렷이 구별되는 집락을 형성하는 미생물들은 일반적으로 순수분리가 용이하다. (*b*) 한천희석시험관 안에 있는 광영양성 자색세균의 집락. 용해된 한천은 접종 전에 약 45℃까지 식힌다. 희석은 왼쪽에서 오른쪽으로 연속적으로 수행되었고, 최종적으로 잘 분리된 집락들이 만들어졌다. 시험관은 혐기상태를 유지하기 위해 멸균된 파라핀과 미네랄 오일을 1:1로 혼합하여 밀봉하였다.

한천에 도말하는 동안 시험관은 산소가 없는 가스로 충진할 수 있기 때문에 회전 시험관법은 주로 혐기성 미생물을 분리하는 데 사용된다.

또 다른 순수 분리 방법으로는 연속 희석 단계의 최종 시험관에서 더 이상 균의 생장이 나타나지 않을 때까지 한 접종원을 연속적으로 희석하는 것이다. 예를 들어, 10배 연속희석법을 사용하였다면 생장이 나타나는 마지막 시험관은 10개 이하의 세포로부터 시작되었을 것이다. 연속 희석은 순수 배양을 얻는 방법일 뿐만 아니라 **최확수 기법[most probable number (MPN) technique]** (**그림 19.4**)에 의해 살아 있는 세포 수를 측정하는 데 널리 사용된다. MPN 방법은 세포 수를 일상적으로 측정할 필요가 있는 식품, 폐수, 그리고 다른 시료들의 미생물 수를 측정하는 데 사용된다. 자연시료(natural sample)의 MPN 계수는 한 종의 생물 혹은 소그룹의 생물, 또는 특정 병원균을 표적으로 하여 고도의 선택성을 지닌 배

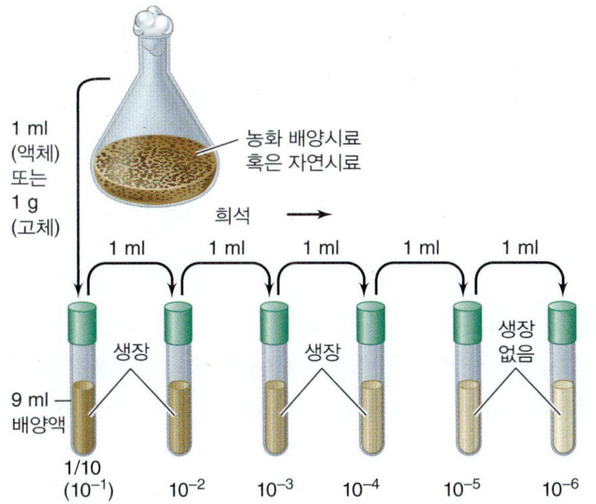

그림 19.4 최확수(MPN) 분석 방법. 10^{-5}가 아닌 10^{-4} 희석에서의 생장을 나타내는 것은 세포수가 접종을 위해 사용된 시료에 적어도 10^4/ml 있다는 것을 의미한다. 입자에 부착된 미생물은 상당히 미생물 수를 왜곡할 수 있기 때문에 흔히 희석 전에 입자로부터 온화한 방법에 의해 분리해낸다. 또한 각 희석 시험관은 다음 희석을 위해 시료를 채취하기 전에 충분히 섞는다.

지와 배양조건을 사용할 수 있다. 그렇지 않으면 복합배지를 사용하여 일반적인 생세포 측정법으로 계수할 수도 있다 (이러한 측정에 대한 주의 사항 5.7절 참조). 각 희석 단계에서 여러 개씩의 복제 시험관을 사용하면 최종적으로 얻는 MPN의 정확도를 높일 수 있다.

배양순도의 기준

순수 배양 방법에 관계없이 일단 가상의 순수 배양을 얻으면 그 순도(purity)를 반드시 검증해야 한다. 순도의 확인은 일반적으로 (1) 현미경 검경, (2) 한천평판이나 희석시험관(dilution tube)에서의 집락 특성의 관찰, (3) 다른 배지에서의 생장 시험 등을 조합하여 이루어진다. 후자의 경우, 시험하려는 미생물이 잘 생장하지 않거나 전혀 생장하지 않을 것으로 예측되고 오히려 오염균이 왕성하게 생장할 것으로 예상되는 배지와 조건을 사용하여 생장 시험을 해보는 것이 중요하다. 최종 분석에서 현미경을 통해 단일 형태의 세포로 관찰되고 동일한 집락의 특성을 가지며 균일한 염색 특성(예, 그람염색)을 나타내고, 여러 가지의 배양배지를 이용한 생장시험에서 오염균이 없었다면 그 배양은 순수하다고 할 수 있다 [무균성(*axenic*)].

이 장에서 설명하는 자연 미생물 군집의 특성을 규명하기 위한 몇몇 분자생물학적 방법을 배양의 순도를 검증하는 데도 적용할 수 있다. 그러나 이러한 방법은 보완적이며, 좀 더 기본적인 배양 특성과 세포형태의 관찰을 대체할 수는 없다.

미니퀴즈

- 순수 배양이란 무엇이며 이를 얻는 것이 미생물 생태학에서 중요한 이유는 무엇인가?
- 분리된 집락을 얻기 위해 사용하는 한천 희석법과 획선법은 어떻게 다른가?

19.3 선택적 단일 세포의 분리: 레이저 핀셋, 유동세포계수법, 미세유체법, 대용량처리기술

농화편중 문제는 자연으로부터 미생물을 배양하기 위한 새로운 방법의 개발을 촉발시켰다. 이러한 발전은 모든 미생물은 기본 지위와 현실 지위를 가지고 있다는 이해에서 출발하였다. **기본 지위(fundamental niche)**는 어떤 종이 다른 종과의 경쟁으로 인하여 초래될 수 있는 자원 제한과 같은 것이 없을 때 종이 유지되는 환경의 범위를 지칭한다. 이와는 대조적으로 **현실 지위(realized niche)**는 어떤 종이 자원 제한, 포획, 경쟁과 같은 요인에 직면할 때 그 종을 지원하는 자연 환경의 범위를 말한다.

기본적 지위에 속하는 실험실 환경을 만드는 것은 일단 생물이 순수 배양일 경우에 생물을 유지시키는 데는 충분할 수 있지만 자연 시료에서 같은 생물을 선택적으로 농화하는 데는 실패할 수도 있다. 대부분의 미생물의 현실 지위는 알려져 있지 않기 때문에 단일 세포를 다른 미생물과 경쟁이 없는 격리된 별도의 구획 안으로 물리적으로 분리하는 방법을 개발하는데 점차 중점을 두고 있다. 이러한 방법에는 개별 세포를 환경 시료로부터 분리해내는 수동적인 방법과 로봇에 의한 방법 둘 다 포함되는데 이제 이러한 방법을 고찰하기로 한다.

레이저 핀셋과 유동세포계수법

레이저 핀셋(laser tweezers)은 강력하게 초점이 맞추어지는 적외선 레이저와 미세조작 장치가 부착된 역광현미경으로 구성되어 있다. 레이저 빔이 미생물 세포 (또는 다른 작은 물체)를 밀어 내려 잡아 두는 힘을 만들어 내기 때문에 단일 세포의 포획이 가능하다(**그림 19.5*a***). 레이저빔이 움직일 때에 포획된 세포는 레이저 빔을 따라 움직인다. 만일 혼합된 세포 시료가 모세관 안에 있으면 단일 세포를 광학적으로 오염균으로부터 분리해낼 수 있다 (그림 19.5*b*). 그런 다음 세포와 오염균 사이의 한 지점에서 관을 깨고 세포를 멸균 배지가 들어 있는 작은 시험관으로 흘려보내서 세포를 분리할 수 있다. 레이저 핀셋은 특정 미생물의 동정이 가능한 염색법 (19.4와 19.5절)과 함께 사용하면 세포 혼합물으로부터 관심있는 미생물을 선별해낼 수 있다. 선별된 미생물은 순수 배양하여 다음 단계의 실험실 연구에 이용할 수 있다.

유동세포계수법(flow cytometry)은 세포 혼합물을 유액의 흐름 속에 현탁하여 전자 검출기에 통과시켜서 정해진 기준, 예를 들어 세포크기, 모양, 또는 형광성에 따라 선별하여 계수하고 관찰하는 방법이다. 이 능력은 혼합물로부터 단일 세포를 분리하는 데 뿐 아니라 특정 유형의 세포를 농화하는 데 세포선별을 유용하게 한다. 세포선별기는 개개의 세포를 동일한 생장배지 또는 약간 서로 다른 생장배지가 들어 있는 미세적정판(microtitor)의 각각의 웰(well)에 떨어뜨릴 수 있다. 어떤 미생물들은 같은 환경에 서식하고 있는 다른 생물에 의해 생성되는 유기화합물이나 혹은 대사산물을 생장요소로 필요로 하므로 필터 멸균된 원천수 (수서 생물에 대하여)나 토양 추출수 (토양 생물에 대하여)를 첨가하여 시험 배지

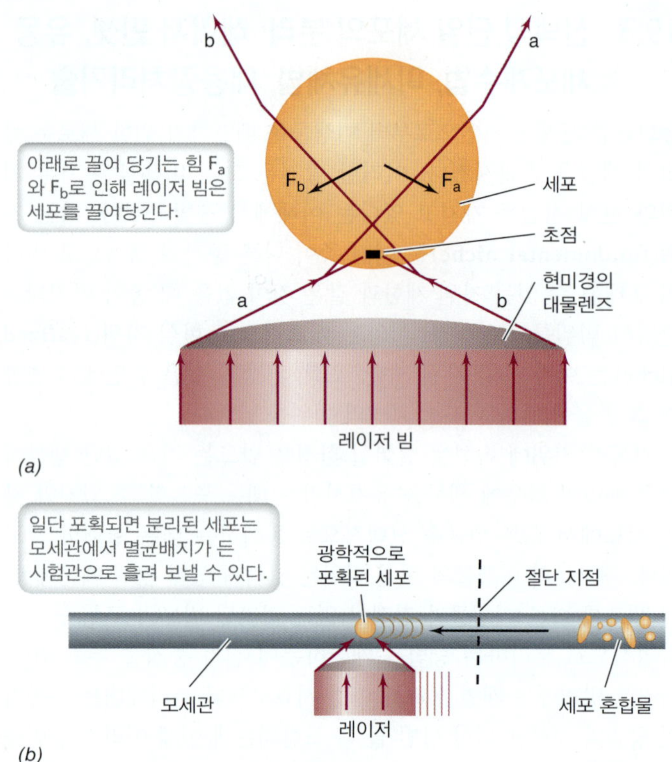

그림 19.5 단일 세포 분리를 위한 레이저 핀셋. *(a)* 개별세포를 분리할 수 있는 기작. *(b)* 일단 세포가 모세관에서 분리되면, 순수 배양에 의해 그 후의 생장을 시험할 수 있다.

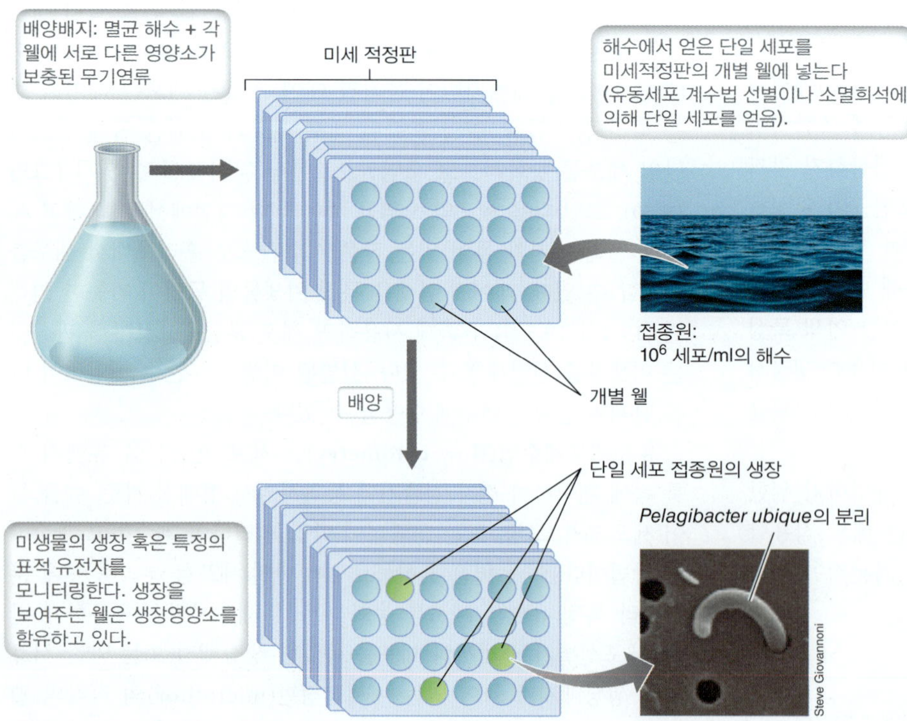

그림 19.6 대용량처리기술에 의한 이전에는 배양되지 않은 미생물 배양방법. 여기서 보여주는 방법을 사용하여 해양세균 *Pelagibacter ubique*를 분리하였다. 개별 웰에 여과 멸균한 해수와 저농도의 영양분을 추가하여 *Pelagibacter*와 새로운 해양세균의 순수 배양을 얻었다. *Pelagibacter*는 외양에 가장 풍부한 세균이다 (↻ 20.11절).

를 보충할 수 있다. 그런 다음 미세적정판의 개개의 웰을 수동으로 혹은 로봇공법을 이용하여 생장특성이나 일부 다른 특성을 모니터링할 수 있다(대용량처리 배양, 다음 절 참조). 19.12절에서 유동세포계수기의 기작과 용법을 좀 더 자세히 고찰한다 (그림 19.36과 19.37 참조).

대용량처리 배양과 미세유체장치

단일 세포 분리 방법론에 대한 혁신이 계속되어 **대용량처리배양법(high-throughput culturing methods)**과 보다 작은 규모로 사용하기 위한 관련방법을 만들어 냈다. 대용량처리배양법은 미세적정판의 각 웰에 단일 세포를 떨어뜨리기 위해 시료의 희석 (또는 세포선별)이 필요하다 (**그림 19.6**). 여기서부터 로봇기술에 의해 시간 경과에 따른 각 웰의 세포 생장 또는 특정 목표 유전자를 모니터링한다. 대용량처리 방법에 의해 실험자는 많은 대체 생장 조건들을 동시에 시험할 수 있다. 현실지위(realized niche)를 재현해 보기위하여 또는 이의 대안으로 생물을 경쟁으로부터 완화시켜 기본 지위를 점유할 수 있게 한다. 관심있는 미생물의 생장이나 목표 유전자에 대하여 양성 반응인 미세적정판의 웰은 특정 미생물에 대해 이용 가능한 자원과 생장 조건을 확인하고, 실험실 배양 배지의 설계에 대한 가치 있는 단서를 제공하여 순수 배양으로 그 미생물의생장을 얻을 수 있도록 해준다.

대용량 처리방법에 의해 독특한 세균 분리의 성공률은 증가하고 있다. 예를 들어, 대용량처리방법에 의해 지구상에서 가장 풍부한 세균 중의 하나인 작은 해양 플랑크톤 세균, *Pelagibactor ubique* (그림 19.6)를 분리하였다. 이 세균은 외양의 매우 희석된 용존 유기물에서 번성하며 수년간 고전적인 농화 방법을 피해갔다. 그러나 대용량 처리 기술을 사용하여 생태학적으로 중요한 이 세균을 실험실 배양으로 가져와 그 세균의 생물학을 더 자세하게 연구할 수 있게 되었다.

미세유체장치(microfluiddic device)는 소형플랫폼에서 유체이송 및 수집을 위해서 채널과 웰을 결합하는 미세가공기술을 사용하여 대용량처리 개념을 훨씬 더 구현한다. 그러한 기기 하나가 10 cm보다 작은데 3,200개의 나노 리터 크기의 웰을 가지며 각 웰은 하나의 작은 배양 용기로 기능한다 (**그림 19.7**). 환경시료가 마이크로 유체 장치에 도입되어 각각의 웰은 단일 세포를 받는다. 서로 다른 배지 배합을 시험할 수 있으며, 시료를 채취한 장소로부터 소량의 필터 멸균수나 토양 추출물을 공급할 수 있다. 이러한 추가물은 배양 배지에 없는 미량 영양소를 공급하여 생장을 촉진할 수 있다.

미세유체장치의 각 웰에서 생장 및 목표유

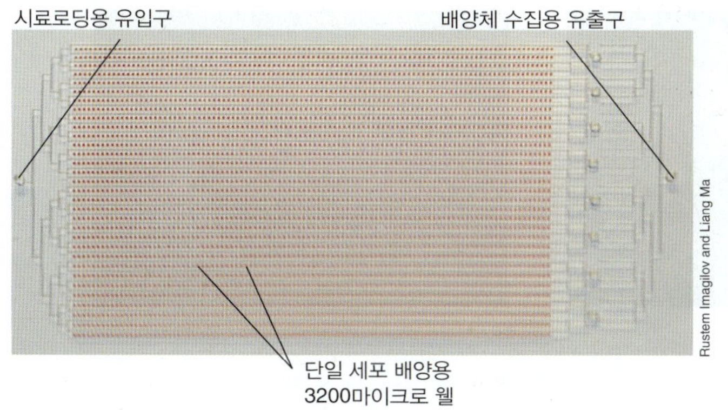

그림 19.7 배양을 위한 미세유체 플랫폼. 환경 접종원을 배양 배지에 현탁하여 미세유체장치에 상에 올린다. 나노리터 웰에 3200개 정도의 많은 단일 세포를 가두어 미세집락의 생장을 촉진한다. 서로 다른 기간 동안 배양된 개체군은 배출구에서 수집하여 미세유체장치에서 생장을 지원하는 것으로 입증된 조건 하에서 더 생장시킨다. 이 장치의 폭은 약 7 cm이다.

전자를 조사할 수 있으며, 현미경에서 웰을 직접적으로 현미경적 관찰하여 생장을 평가할 수 있다. 변형된 기법 중의 하나로 변형된 미세챔버 장치를 이용할 수 있는데 각각의 미세 챔버가 미생물은 잡고 있지만 수용성 영양물의 유입과 유출을 허용하는 막에 의해 외부환경과 격리된 장치이다. 단일 세포를 각 챔버로 도입한 후에 장치를 접종원이 얻어진 환경으로 되돌려 놓는다. 그 후 한 달 이상 배양한 뒤에 그 조건과 서식지에 존재하는 자원에서 배양되었을 때에만 자라기 시작하는 미생물을 종종 분리할 수 있으며 그런 후 실험실에서 생장할 수 있다.

새로운 미생물을 분리하는 기법은 기술에 의해 급속하게 발전하지만 생장이 느리거나 휴면상태의 생물의 발견은 수개월의 배양을 필요로 할지도 모르기 때문에 어떤 배양에서도 여전히 인내가 필요하다. 또한 많은 자연에 있는 미생물들은 극히 낮은 영양 농도에 적응할 가능성이 있어 실험실에서 흔히 연구하는 생물을 배양하는 데 사용하는 수준의 영양 농도에 의해서 저해될 수 있다. 대용량처리기술과 미세유체방법 둘 다 억제 물질을 방출하는 다른 세포들로부터 따로 개별 세포를 분리하고 거의 무제한으로 다양한 영양 조건을 조사함으로써 이러한 문제를 극복한다. 현재 이러한 방법들은 자연으로부터 가장 흥미로운 (그리고 생태적으로 관련이 있는) 미생물을 배양할 수 있는 최상의 기회를 제공한다.

미니퀴즈

- 농화 배양에서 비교적 소수로 존재하는 형태적으로 특이한 세균을 어떤 방법으로 분리할 수 있을까?
- 미생물 배양에서 "대용량 처리(high-throughout)"는 무엇을 의미하는가? 그것은 미생물학에 어떤 이익을 주는가?

II • 미생물 군집의 비배양 현미경 분석

미생물학자들은 미생물 서식지 내의 세포를 정량하여 서로 다른 종에 대한 상대적 풍부도를 측정한다. 이러한 데이터를 얻기 위해서는 세포염색이 필요한데, 우리는 여기에서 이러한 세포염색 방법에 관해 자세히 설명하기로 한다. 자연 환경에 존재하는 생물은 유전자 분석에 의해서도 검출할 수 있다. 리보솜 RNA (rRNA, 13.7절) 혹은 특정 생리 대사에 관여하는 효소를 암호화하는 유전자들이 보통 이런 연구의 표적이 된다. 환경유전체학(*environmental genomics*)은 서식지의 전체 유전체를 평가하여 미생물 군집의 다양성과 대사 능력 두 가지를 동시에 규명하는 방법으로, 우리는 19.8절의 미생물 생태학의 중요한 분야를 깊이 생각해 보고자 한다.

19.4 일반적인 염색방법

몇 가지 염색방법은 자연 시료 내의 미생물을 정량하는 데 적합하다. 이러한 방법에 의해서는 세포의 생리나 계통에 관하여는 알 수 없으나 그럼에도 불구하고 이 방법들은 총 세포 수를 측정하는데 신뢰할 만하여 미생물 생태학자들이 널리 사용한다. 또 어떤 방법에 의해서는 세포의 생존여부도 평가할 수 있다.

핵산 결합 염료를 이용한 형광 염색

형광염료는 거의 모든 미생물 서식지의 미생물 염색에 사용할 수 있다. **DAPI** (4′,6-diamidino-2-phenylindole)는 **아크리딘 오렌지(acridine oranges)**와 마찬가지로 이런 목적을 위해 많이 사용된다. 바이러스를 포함한 모든 미생물을 밝게 형광 염색하는 *SYBR Green I*을 점차 많이 사용하고 있다. 이러한 염료는 DNA와 결합하여 자외선 (DPAI의 최대흡수 파장 400 nm; 아크리딘 오렌지의 최대 흡수 파장, 500 nm; SYBR Green I의 최대 흡수 파장, 497 nm)에 노출되면 강한 형광을 발하여 시료내의 미생물 세포의 관찰과 계수를 용이하게 한다. DAPI로 염색된 세포는 청색 형광을 발하고 아크리딘 오렌지로 염색된 세포는 오렌지색 혹은 녹색을 띤 오렌지색 형광을, SYBR Green I으로 염색된 세포는 녹색의 형광을 발한다 (**그림 19.8**).

DNA를 염색하는 염료는 환경, 식품, 임상시료 내의 미생물을 계수하는 데 널리 사용된다. 형광염색은 시료에 따라 때때로 배경 염색이 문제가 될 수 있으나, 이러한 염료는 특히 핵산을 염색하기 때문에 대부분의 불활성 물질에는 반응하지 않는다. 따라서 이러한 염색에 의해 수서환경뿐만 아니라 토양에서 유래한 많은 시료들에 존재하는 세포 수를 합리적으로 정량할 수 있다. 밝게 형광 염색하는 SYBR Green I을 사용하면 수서 바이러스 개체군 역시 훌륭하게 정량해낼 수 있다 (20.11절). 농도가 낮은 수서환경 시료의 경우 필터로 걸러서 막 표면 위에 모은 후에 세포를 염색할 수 있다.

DNA 염색법은 비특이적이어서 시료의 모든(*all*) 미생물을 염색한다. 처음에는 이것이 바람직해 보일지 모르나 반드시 그렇지는 않다. 예를 들어, DAPI와 아크리딘 오렌지는 시료 내의 살아 있는 세포와 죽은 세포를 구별하지 못하며, 또 서로 다른 종을 구별하지 못하므로 생균 수를 평가하거나 환경의 특정 미생물을 추적하는 데 사용할 수 없다.

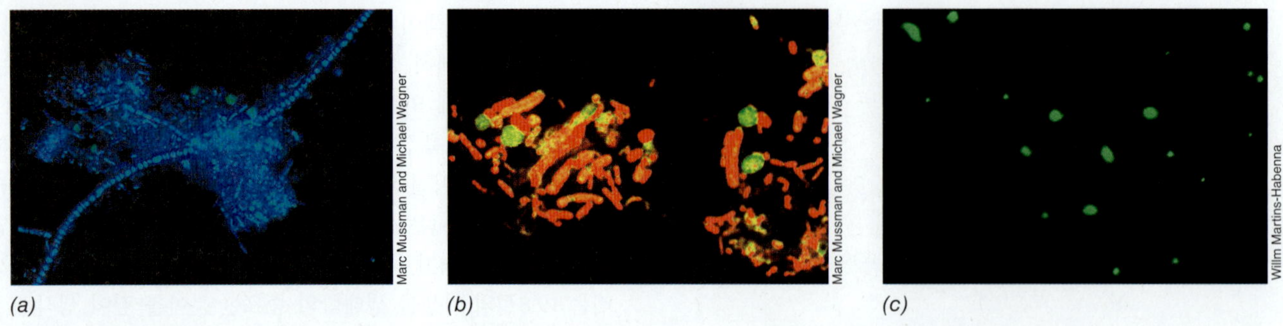

그림 19.8 비특이적 형광 염색. 도시 폐수처리장의 활성오니에 서식하는 미생물 군집을 보여주는 *(a)* DAPI와 *(b)* 아크리딘 오렌지 염색. 아크리딘 오렌지를 이용한 염색법에서 낮은 수준의 RNA를 갖는 세포는 녹색으로 염색된다. *(c)* SYBR green으로 염색되어 녹색 형광 세균 세포를 나타내는 Puget Sound (Washington 주, 미국) 표층수의 시료. 현미경 시야 중심부근의 커다란 세포는 직경 0.8~1.0 μm이다.

생세포 염색법

생세포 염색법(viability staining)을 사용하여 살아 있는 세포를 죽은 세포와 구별할 수 있다. 따라서 생세포 염색법에 의해 미생물의 풍부도(abundance)와 동시에 생존 여부에 관한 자료도 얻을 수 있다. 살아 있는 세포와 죽어 있는 세포를 구별하는 근거는 세포막의 온전성 여부에 의한다. 녹색과 붉은색으로 형광 염색하는 염료를 시료에 첨가하면 녹색의 형광 염료는 생존여부에 관계없이 모든 세포에 스며드는 반면, 화학약품인 프로피디움 요오드(propidium iodide)를 포함하고 있는 붉은 염료는 세포막이 더 이상 온전하지 않은, 즉 죽어 있는 세포에만 스며든다. 따라서 현미경으로 관찰했을 때 녹색(green) 세포는 살아 있고(live) 붉은(red) 세포는 죽은 것(dead)으로 계수되므로 세포의 풍부도와 생존 여부 둘 다 즉시 평가할 수 있다 (**그림 19.9**).

생/사 염색방법(live/dead staining method)은 실험실 배양을 사용하는 연구에는 유용하지만, 비특이적으로 배경물질을 염색하기 때문에 많은 자연 서식지 유래의 시료를 직접 현미경을 이용하여 관찰하는 데에는 적합하지 않다. 그러나 수서환경의 분석에서 이러한 문제를 극복하기 위한 방법이 개발되었다. 즉 물 시료를 거른 후, 필터를 생/사 염색법으로 염색하여 현미경으로 관찰하는 것이다. 따라서 수서 미생물학에서는 호수, 바다, 흐르는 냇물, 강, 그리고 다른 수서환경의 물속에 있는 세포 개체군의 생균 수를 측정하는데 생/사 염색법이 흔히 사용된다.

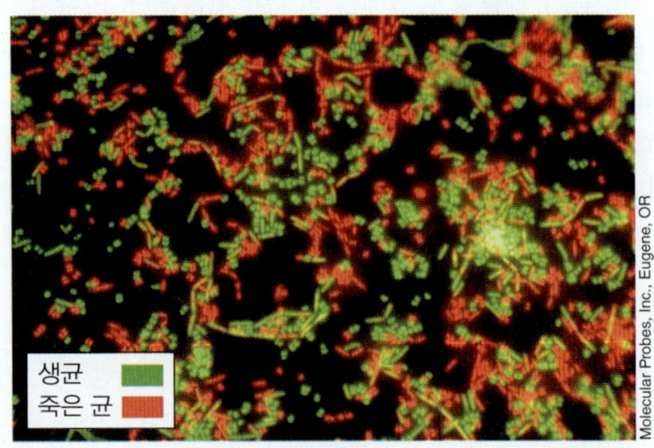

그림 19.9 생세포 염색법. LIVE/DEAD BacLight 세균 생세포 염색법에 의해 염색된 *Micrococcus luteus* (구균)와 *Bacillus cereus* (간균)의 살아 있는 세포 (녹색)와 죽은 세포 (붉은색).

세포 표지자 형광 단백질과 보고유전자

세균 세포를 유전공학에 의해 자가 형광(autofluoresce)을 갖도록 변형할 수 있다. 앞서 논의한 바와 같이, **녹색 형광 단백질(green fluorescent protein, GFP)**을 암호화하는 유전자는 사실상 배양된 어떤 세균의 유전체에도 삽입될 수 있다 (7.1절과 12.5). GFP (*gfp*)를 암호화하는 유전자가 발현되는 세포를 자외선 현미경으로 관찰하면 녹색 형광을 발하는 것을 관찰할 수 있다 (**그림 19.10**). GFP가 자연계의 미생물 개체군 연구에는 적합하지 않지만 (이 세포들은 GFP 유전자를 가지고 있지 않기 때문에) GFP 표지된 세포를 식물 뿌리와 같은 특정 환경에 도입할 수 있으며 시간이 경과된 후 현미경 검경에 의해 추적할 수 있다. 이 방법을 사용하여 생태학자들은 토착 미생물상과 GFP 표지된 도입 균주 간의 경쟁을 연구하고 도입된 균주의 생존에 미치는 환경 교란의 영향을 평가할 수 있다.

또한 *gfp* 유전자와 다른 **형광 단백질(fluorescent proteins)**을 암호화하는 유전자들은 실험실 배양된 다양한 세균과 통제된 환경에서 보고유전자(*report genes*)로 광범위하게 사용되고 있다. 이 유전자를 특정 조절단백질의 조절 하에 있는 오페론에 융합하면 형광을 활성 지시자(indicator) ["보고자(reporter)"]로 사용하여 전사를 연구할 수 있다. 다시 말해서 융합된 형광 단백질 유전자를 포함한 유전자들이 전사되고 번역되면, 연구자가 흥미를 갖는 단백질과 함께 형광 단백질이 만들어지고, 세포는 특징적인 색을 발하게 된다 (7.2절, 그림 12.16). 예를 들어, 알팔파 뿌리에서 *Sinorhizobium meliloti*의 군집 형성 (콩과식물-뿌리혹 공생, 23.3절) 이 식물에 의해 방출된 당과 디카복실산에 의해 촉진된다는 것을 입증하는 데에 *gfp*의 발현이 사용되었다 (그림 19.10*b*, *c*). GFP와 해양 무척추동물 (해파리, 산호, 말미잘)에서 분리한 또 다른 형광 단백질에 대하여 돌연변이를 통해 광물리학적 특성을 변화시켜 다양한 분광학적 특성을 갖는 다양한 색상의 형광 단백질을 얻었으며 (그림 19.10*a*), 이는 여러 종을 동시에 탐지할 수 있는 실험적 기초를 제공하였다.

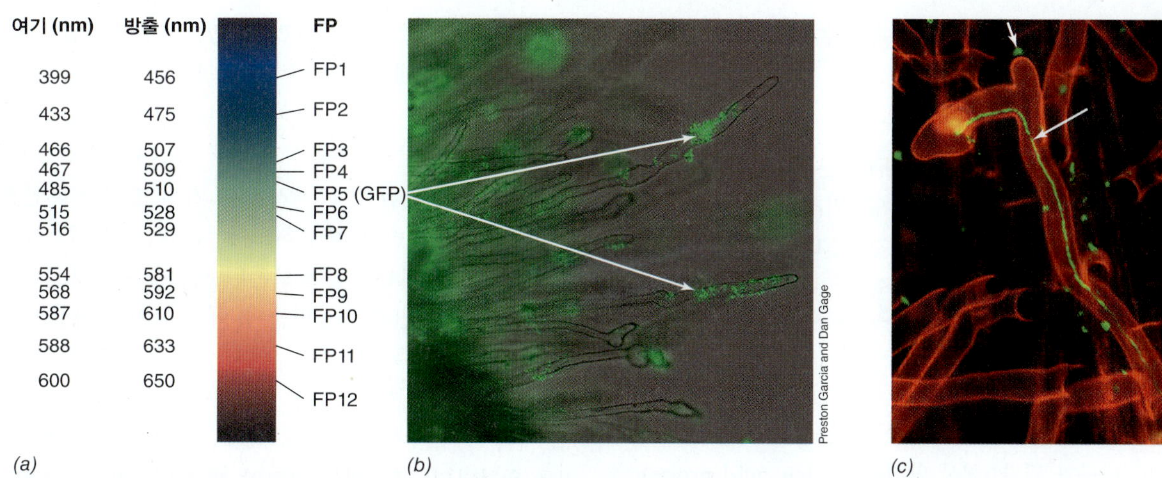

그림 19.10 형광 단백질 보고자. *(a)* 별개의 여기(excite)와 방출(emit) 특성을 갖는 12가지의 서로 다른 형광 단백질 (FP1-FP12)이 알려져 있다. *(b) Sinorhizobium meliloti* (화살표)가 GFP (FP5)에 융합시킨 alpha-galactoside 유도 프로모터를 갖는 플라스미드를 운반하고 있다. 세균들은 토끼풀의 모종 뿌리에 있다. 녹색 형광은 alpha-galactoside가 방출되어 세균의 생장에 이용할 수 있음을 나타낸다. *(c)* GFP에 융합시킨 숙신산-유도 프로모터를 갖는 플라스미드를 운반하는 *S. meliloti* 세포 (화살표), 녹색 형광은 숙신산 또는 다른 C_4 디카복실산이 식물뿌리털에 의해 분비되었음을 나타낸다.

GFP를 사용하는데 한 가지 단점은 GFP가 형광을 발하기 위해서는 산소를 필요로 하므로 산소가 절대적으로 결핍된 서식지에 도입된 세포를 추적하는 데에는 적합하지 않다. 그러나 산소를 필요로 하지 않는 flavin-기반 형광 단백질을 이용할 수 있어 이러한 한계를 극복할 수 있다. 이러한 단백질은 세균과 식물 광감지 플라보단백질로부터 유래되며 GFP보다 더 열에 안정적이어서 중도 고온성 종을 추적하는 데 유용하다. 미생물 추적을 위한 이러한 형광 표지자 외에도, 계통염색 (19.5절)은 미생물을 동정하는 데 널리 쓰인다. 그리고 미생물 세포 내에서 개별 분자를 추적하기 위해 다양하고 새로운 형광 "초고도 해상(super-resolution)" 현미경 기법을 사용할 수 있다 (7.1절). 따라서 형광 기술은 오직 DAPI와 아크리딘 오렌지에 의해 자연의 미생물 세포를 시각화할 수 있었던 때부터 먼 길을 달려왔다.

현미경의 한계

현미경은 자연계 시료 내의 미생물 다양성을 탐구하고, 미생물을 계수하고 동정하는 데 필수적인 도구이다. 그러나 현미경법(microscopy)만으로는 미생물 다양성을 연구하는데 충분치 않으며 원핵생물의 크기는 매우 다양하다 (2.2절 및 표 2.1). 조그만 세포들이 주로 문제가 될 수 있는데 전혀 인지하지 못할 수도 있다. 어떤 세포들은 광학현미경의 해상력의 한계선상에 있기 때문에 자연 시료를 관찰할 때 이러한 세포들은 간과되기 쉬우며, 특히 시료에 입자상 물질이나 큰 세포가 많을 때는 간과되기 쉽다. 또한 자연 시료에서 살아 있는 세포와 죽은 세포를 구별하거나, 일반적으로 특정의 비활성 물질로부터 세포를 구별하는 것은 흔히 쉽지 않다. 그러나 우리가 이제까지 논의해온 현미경법의 가장 큰 한계는 이러한 방법 중 어느 것도 서식지 내 미생물의 계통학적 다양성을 규명하지는 못한다는 점이다.

우리는 다음 절에서 이 문제를 살펴보기로 하고 여기에서는 자연 시료에서 관찰한 생물의 계통(*phylogeny*)을 밝혀줄 수 있는 강력한 염색 방법에 관해 개략적으로 살펴보기로 한다 (**그림 19.11**). 이러한 방법들은 미생물 생태학에 혁명을 일으켰으며 미생물학자들이 미생물 생태학을 연구하는 데 있어 광학현미경의 주요 한계를 극복하는 데 도움을 주었다. 즉, 우리가 현미경 시야에서 관찰한 세포를 계통학적 관점에서 동정할 수 있게 하였다. 또한 이 방법들은 미생물학자들에게 중요한 교훈을 주었는데, 그것은 염색되지 않았거나 혹은 비특이적으로 염색된 미생물 개체군을 현미경으로 관찰하면 많은 세포들이 똑같아 "보여도(look)" 시료에는 틀림없이 유전적으로 다양한 군집이 포함되어 있다는 것을 기억해야 한다는

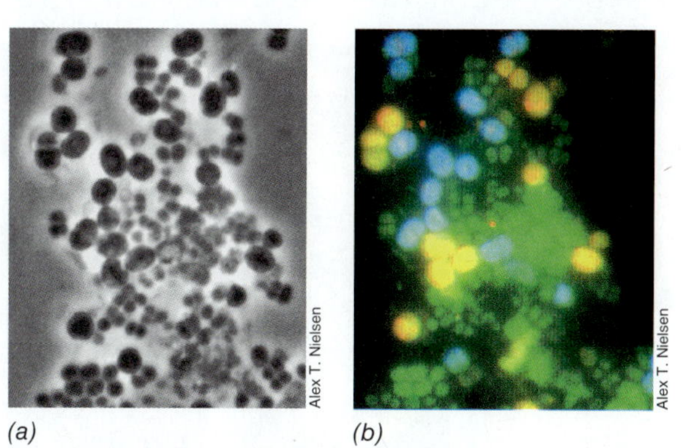

그림 19.11 형태와 유전적 다양성. 여기서 보여주는 현미경 사진은 *(a)* 위상차 현미경 사진과 *(b)* 계통 FISH (19.5절) 기법에 의해 찍힌 사진으로 동일 시야상의 세포들이다. 커다란 난형세포들은 원핵세포로서는 다소 특이한 크기를 가지고 있으며 위상차 현미경에서는 비슷하게 보이지만, 계통염색에 의하면 유전적으로 분명히 다른 두 종류 (하나는 노란색으로, 또 하나는 파란색으로 염색됨)가 있다는 것이 나타난다. 두 종류의 세포 모두의 직경은 약 2.25 μm이다. 쌍이나 송이모양의 더 작은 녹색 세포들의 직경은 약 1 μm이다.

것이다 (그림 19.11). 세균은 단순한 형태 속에 놀랄만한 다양성을 숨기고 있다.

미니퀴즈

- 생세포 염색법은 DAPI와 같은 염색법과 어떻게 다른가?
- GFP의 사용을 제한하는 환경에는 어떤 것이 있는가?
- GFP를 "염색(staining)" 방법이라고 말하는 것이 올바르지 않은 이유는 무엇인가?

19.5 형광현장혼성화법

핵산 탐침자는 높은 특이성 때문에 미생물을 동정하고 정량화하는 데 있어 강력한 도구가 된다. **핵산 탐침자(nucleic acid probe)**는 표적 유전자, 또는 RNA의 염기서열에 상보적인 DNA나 RNA의 올리고뉴클레오티드로 탐침자와 표적 유전자가 함께 있으면 이들이 혼성화(*hybridize*)된다는 것을 상기하라 (12.1절). 핵산 탐침자에 형광 염료를 부착시키면 형광을 발하게 할 수 있다. 이러한 형광 탐침자는 탐침자와 상보적인 핵산 염기서열을 갖는 생물들을 동정하는 데 사용할 수 있다. 이러한 방법을 **형광현장혼성화법(fluorescence in situ hybridization, FISH)**이라 하며 여기에서는 계통학 (**그림 19.12**)이나 유전자 발현 (그림 19.14 참조)을 목표로 하는 방법을 포함하여 서로 다른 적용 사례를 살펴보기로 한다.

FISH를 이용한 계통 염색

FISH 계통 염색제(phylogenetic FISH stains)는 리보솜 RNA 세균(*Bacteria*)과 고균(*Archaea*)의 16S 또는 23S rRNA, 혹은 진핵생물의 18S 또는 28S rRNA의 염기서열에 상보적인 서열을 갖는 형광 올리고뉴클레오티드이다. 계통 염색제는 세포의 용해없이도 세포에 침투하여 리보솜에 있는 RNA와 즉시 혼성화한다. 세포에 결합된 형광 탐침자의 수는 리보솜의 수를 반영한다. 단일 미생물 세포는 수 만개의 리보솜을 함유할 수 있으므로 강력한 신호를 얻을 수 있다. 리보솜은 대부분의 원핵생물의 세포 전체에 흩어져 있기 때문에 세포 전체가 형광을 발하게 된다 (그림 19.11*b*, 19.12).

서로 다른 생물들 간에 서로 다른 rRNA에 있는 위치들을 표적으로 하여, 계통 염색제는 오직 한 가지 종이나 유연관계가 있는 소수의 미생물 종에만 반응하도록 특이적으로 설계할 수 있다. 그렇지 않으면 rRNA에 있는 보존된 서열을 표적으로 하여, 계통 염색제를 좀 더 일반적이게 만들어, 예를 들어 주어진 도메인의 모든 세포와 반응하도록 할 수도 있다. 따라서 FISH를 이용하여 자연 시료 내의 관심있는 생물이나 도메인을 동정하거나 추적할 수 있다. 예를 들어, 주어진 미생물 개체군에서 고균의 백분율을 결정하기를 원한다면, 고균에 특이적인 계통 염색제를 DAPI (19.4절)와 함께 사용하여 고균과 미생물 총세포 수를 각각 측정하고 계산에 의해 고균의 백분율을 산출할 수 있다.

FISH 방법은 또한 여러 개의 계통 탐침자를 사용할 수 있다. 각각 하나의 특정 생물 혹은 생물그룹과 반응하도록 설계하고, 개개의 탐침자는 고유의 형광염료를 포함하도록 만든 한 쌍의 탐침자를 사용하면, FISH를 이용한 한 번의 실험으로 어떤 서식지 내의 여러 개의 분류군을 알아낼 수 있다 (**그림 19.13**). 만일 FISH를 공초점현미경 (1.7절)과 함께 사용한다면 예를 들어 생물막 (20.4절) 내의 미생물 개체군을 깊이에 따라 탐색할 수 있을 것이다. 미생물 생태학 분야에 부가하여 FISH는 또한 식품산업과 임상진단에서 식품이나 임상 시료에 있는 특정 병원균을 현미경으로 검출하기 위한 중요한 도구이기도 하다.

CARD-FISH

FISH는 서식지 내의 서로 다른 분류군의 풍부도를 규명하는 이외에도 자연 시료 내 생물의 유전자 발현(*gene expression*)을 측정하

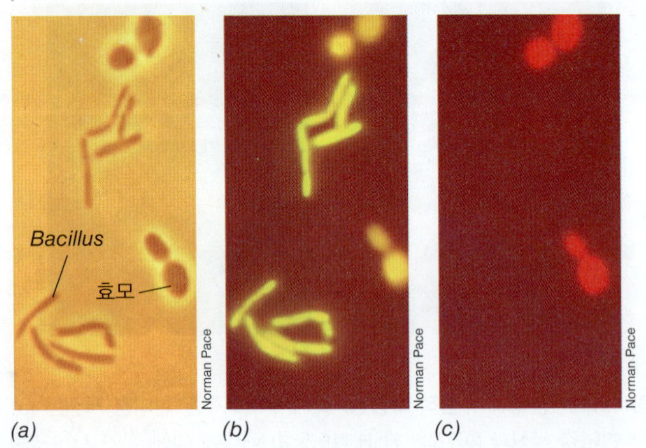

그림 19.12 형광 표지 rRNA 탐침자: 계통 염색. *(a) Bacillus megaterium* (막대형, 세균)과 효모 *Saccharomyces cerevisiae* (난형, 진핵생물)의 위상차 현미경 사진. *(b)* 동일 시야; 황녹색의 범용 rRNA 탐침자 (이 탐침자는 어느 도메인의 생물의 rRNA와도 혼성화함)로 염색한 세포들. *(c)* 동일 시야; 진핵용 탐침자로 염색한 세포 (*S. cerevisiae* 세포에만 반응함). *B. megaterium*의 세포는 직경이 약 1.5 μm이고, *S. cerevisiae*의 세포는 약 6 μm이다.

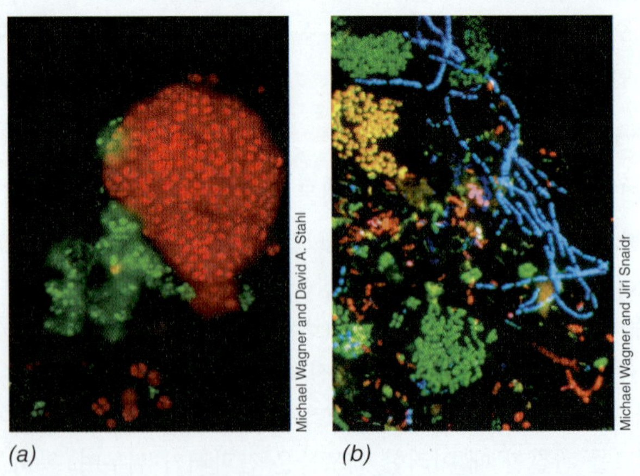

그림 19.13 폐수 활성 슬러지의 FISH 분석. *(a)* 질화세균. 붉은색은 암모니아 산화세균; 녹색은 아질산 산화세균. *(b)* 폐수슬러지 시료의 공초점 레이저 주사현미경 사진. 시료는 세 개의 계통 FISH 탐침자로 처리하였는데, 각각의 탐침자는 프로테오박테리아 내의 특정 그룹을 동정하는 형광 염료 (녹색, 빨간색, 또는 파란색)를 지니고 있다. 녹색, 붉은색, 파란색으로 각각 염색된 세포들은 오직 하나의 탐침자와 반응한 것이고 다른 세포들은 두 개 (청록색, 노랑, 자색) 또는 세 개 (흰색)의 탐침자와 반응한 것이다.

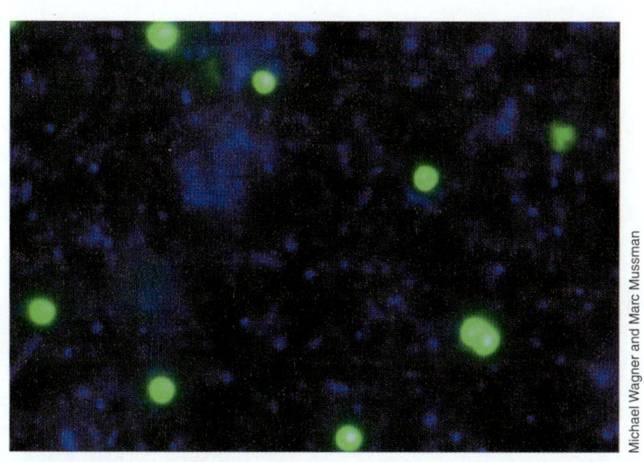

그림 19.14 고균의 촉매보고자 퇴적물(catalyzed reporter deposition FISH, CARD-FISH) 표지. 여기서 고균 세포는 DAPI 염색된 세포 (청색)에 비해 강하게 형광 (녹색)을 발하고 있다.

는 데에도 사용할 수 있다. 이 경우 표적은 RNA의 한 형태인 전령 RNA (mRNA)가 되는데, 세포 내에서 rRNA보다 훨씬 적은 양으로 존재하기 때문에 표준 FISH 기술을 사용할 수 없다. 대신에 신호 (형광)를 증폭해야만 한다. 신호를 증폭하는 FISH 방법을 촉매보고자침전법(*catalyzed reporter deposition FISH, CARD-FISH*)이라 한다.

CARD-FISH에서는 특이적 핵산 탐침자에 형광염료 대신에 과산화효소(peroxidase) 분자를 연결한다. 혼성화 시간을 둔 후 과산화효소의 기질인 티라미드(*tyramide*)라 불리는 용해성 형광 표지물질로 처리한다. 티라미드는 핵산 탐침자가 포함된 세포 내에서 과산화효소의 활성에 의해 반응성이 매우 강한 중간 대사물로 전환되어 인접한 단백질에 공유 결합하고 이것이 신호를 충분히 증폭하게 되어 형광 현미경으로 검출할 수 있게 된다 (**그림 19.14**). 과산화효소의 개개의 분자는 많은 티라미드 분자를 활성화시키기 때문에 매우 낮은 농도로 존재하는 mRNA로도 가시화가 가능하다.

CARD-FISH는 mRNA의 검출 외에도 추운 온도와 낮은 영양 농도로 인하여 생장률이 제한되는 대양에 서식하는 생물과 같이 매우 느리게 생장하는 미생물의 계통학적 연구에도 유용하다 (그림 19.14). 이러한 세포들은 보다 더 활발하게 생장하는 세포들과 비교하면 적은 수의 리보솜을 갖기 때문에 표준 FISH에 의해서는 미약한 신호만을 나타낸다.

미니퀴즈

- 계통적 FISH에서 세포 구조 중 어느 것이 형광탐침자의 표적이 되는가?
- FISH와 CARD-FISH는 자연계의 세포에 대해 서로 다른 것을 규명하는 데 사용할 수 있다. 이것에 대하여 설명하라.

III • 미생물 군집의 비배양 유전적 분석

미생물 다양성 연구는 흔히 미생물을 분리하지 않고도 가능하며, 심지어 앞에서 설명한 염색법을 이용하는 현미경에 의한 정량이나 동정 과정 없이도 연구가 가능하다. 대신 특정 유전자(*specific gene*)를 생물 다양성과 대사 능력을 측정하는 데 이용한다. 어떤 유전자는 특정 생물에만 존재한다. 환경 시료에서 그러한 유전자가 검출된다는 것은 그 생물이 그 환경에 존재한다는 것을 의미한다. 이러한 종류의 미생물 군집 분석에 이용되는 주요 기법에는 중합효소연쇄반응(PCR), 전기영동에 의한 DNA 단편 분석(DGGE, T-RFLP, ARISA) 또는 분자 클로닝, DNA 염기서열 결정과 분석 등이다. 이외에도 환경 시료에 존재하는 세포의 전체 유전체 분석 역시 미생물 군집의 생물 다양성을 측정하는 척도로 사용될 수 있다.

19.6 미생물 군집 분석을 위한 PCR 방법

우리는 12.1절에서 중합효소연쇄반응(PCR)의 원리를 고찰하였다. 주요 단계를 상기해보자: 즉 (1) 두 개의 핵산 프라이머를 표적 유전자의 상보 서열에 혼성화시킨다. (2) DNA 중합효소에 의해 표적 유전자를 복제한다. 그리고 (3) 상보가닥의 융해, 프라이머의 혼성화, 그리고 새로운 가닥 합성의 반복에 의해 표적 유전자를 다수 복제한다 (그림 12.1). 하나의 유전자로부터 후속 연구를 위해 수백만 개의 유전자를 복제할 수 있다. PCR은 미생물 생태학에서 널리 응용된다.

PCR과 미생물 군집 분석

미생물 군집 분석에 있어 표적 유전자로는 어떤 유전자가 적합할까? 작은 소단위 리보솜(SSU) rRNA를 암호화하는 유전자들이 계통학적 정보를 제공하며 또 이들을 분석하는 기술이 잘 발달되어 있어 (13.7절) 군집 분석에 널리 사용된다. 또한 rRNA 유전자는 보편적이며, 염기서열이 고도로 보존된 몇 개의 영역을 가지고 있기 때문에 몇 개의 서로 다른 PCR 프라이머에 의해 모든 생물로부터 증폭해 낼 수 있다. 즉 계통학 유연관계가 적은 생물일지라도 증폭이 가능하다. rRNA에 더하여, 특정 생물 혹은 연관된 생물 그룹에 고유한 단백질을 암호화하는 대사 유전자도 표적 유전자가 될 수 있다 (**표 19.3**).

rRNA를 암호화하는 유전자와 같이, 시간이 지남에 따라 종이 분기되어 염기서열이 달라지면서도 조상의 기능을 유지해온 유전자를 오르토로그(*orthologs*, 9.5절, 13.7절)라 한다. 같거나 매우 밀접하게 유연관계가 있는 오르토로그 유전자를 공유하는 생물을 하나의 **계통형(phylotype)**이라 한다. 미생물 생태학에서의 계통형의 개념은 동정된 계통형이 배양된 생물이냐 아니냐와 관계없이, 1차적으로 주어진 서식지의 미생물 다양성을 설명하는 데 있어 자연적인 (계통학적) 틀을 제공한다. 따라서 계통형이라는 용어는 핵산 서열에만 근거하여 어떤 서식지 내의 미생물 다양성을 설명하는 데 널리 사용된다. 일반적으로 생물을 실험실 배양으로 옮긴 후 (19.2, 19.3절), 추가적인 생리적, 유전적 정보를 알 수 있을 때에만 계통형에 대한 속명과 종명의 제안이 가능하다.

전형적인 군집 분석 실험에서는 미생물 서식지로부터 전체 DNA를 분리한다 (**그림 19.15**). 토양이나 기타 다른 복잡한 서식

단원 5

표 19.3 PCR을 이용하여 환경의 특정 미생물 과정을 평가하기 위한 유전자

대사과정[a]	표적 유전자	암호화된 효소
탈질화	*narG*	질산염환원효소
	nirK, nirS	아질산염환원효소
	norB	산화질소 환원효소
	nosZ	아산화질소 환원효소
질소고정	*nifH*	질소화효소
질산화	*amoA*	암모니아 일산소화효소
메탄 산화	*pmoA*	메탄일산소화효소
황산염 환원	*apsA*	아데노신인황산 환원효소
	dsrAB	아황산염 환원효소
메탄생산	*mcrA*	메틸-CoM 환원효소
석유화합물의 분해	*nahA*	나프탈렌 이산소화효소
	alkB	알칸 히드록실라제
산소비발생형 광합성	*pufM*	광합성 반응중심의 M 소단위

[a]이러한 모든 대사과정은 14장과 3.12절에서 논의하였다.

지로부터 고도로 정제된 DNA를 얻기 위하여 상업적 키트를 사용할 수 있다. 회수된 DNA는 서식지에서 채취한 시료 내에 있는 모든 미생물 유전체 DNA의 혼합물이다 (그림 19.15). 이 혼합물로부터 PCR을 이용하여 표적 유전자를 증폭시키고 표적 유전자의 각각의 변이체 (계통형)를 여러 개로 복제할 수 있다. 만일 DNA 대신에 RNA를 분리하는 경우 (전사되는 유전자를 검출하기 위해) RNA는 역전사효소에 의해 상보적인 DNA (cDNA)로 전환할 수 있으며 (10.11절), cDNA에 대하여 분리된 DNA와 마찬가지로 PCR을 수행한다. 그러나 원래 DNA가 분리되었든 혹은 RNA가 분리되었던지와 관계없이, PCR의 다음 단계는 염기서열 분석 전에 서로 다른 계통형을 선별할 필요가 있다. 세 가지 방법, 즉 (1) 겔 전기영동에 의한 물리적 분리(12.1절), (2) 클론 라이브러리의 구축 (12.2, 12.9절) (3) 차세대 염기서열 분석 기술 (9.2절) 중 한 가지를 이용하여 선별할 수 있다. 이제 이 방법들을 살펴본다.

변성구배 겔 전기영동: 매우 유사한 유전자의 분리

계통형을 해석하기 위한 한 가지 방법으로 **변성구배 겔 전기영동 (denaturing gradient gel electrophoresis, DGGE)**이 있다. 이것은 크기(*size*)는 같지만 염기서열(*base sequence*)의 차이로 인하여 변성 특성(profile)이 다른, 같은 크기의 유전자들을 분리하는 방법이다 (**그림 19.16*a*, *b***). DGGE는 전형적으로 요소와 포름아미드 혼합물인 DNA 변성제의 농도구배를 사용한다. 이중 가닥의 DNA 단편이 겔을 통해서 이동하다가 충분한 변성제를 함유한 겔 부위에 도달하면, 가닥들은 "융해(melt)"되기 시작하고, 이 지점에서 이동을 멈춘다 (그림 19.15, 그림 19.16*b*). 즉, 염기서열의 차이가 DNA의 융해 특성의 차이를 만든다. DGGE 겔 상에서 관찰되는 서로 다른 밴드들은 염기서열에서 큰 차이가 나거나 단 하나의

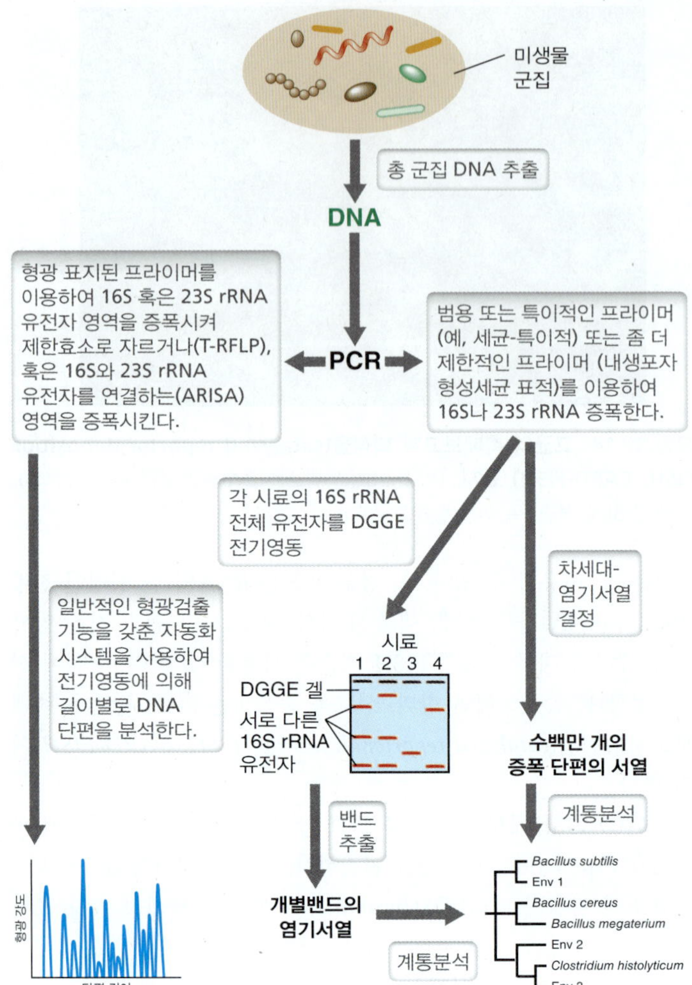

그림 19.15 단일 유전자에 의한 미생물 군집의 다양성 분석 단계. 전체 군집 DNA로부터 내생 포자를 형성하는 *Bacillus*와 *Clostridium* 속(genus)을 포함하는 그람-양성 세균그룹인 *Firmicites*만을 표적으로 하는 프라이머를 사용하여 16S rRNA 유전자를 증폭한다. PCR로부터 획득한 16S rRNA 유전자 산물들을 DGGE에 의해 분리하거나 차세대 염기서열 분석 방법에 의해 직접 염기서열을 결정하고 이어 염기서열 데이터로부터 계통수를 작성한다. "Env"는 환경염기서열 (계통형)을 나타낸다. T-RFLP 분석에서 피크의 수는 계통형의 수를 나타낸다.

염기 변화와 같이 매우 적은 수의 염기서열에서 차이가 날 수 있는 계통형들이다.

일단 DGGE가 수행되면 개개의 밴드는 잘라내서 염기서열을 분석할 수 있다 (그림 19.15). 예를 들어, 16S rRNA를 표적 유전자로 사용하여 DGGE 패턴에 의해 서식지에 존재하는 계통형 (분명히 다른 16S rRNA 유전자)의 수를 즉시 알 수 있다 (그림 19.16*c*). 이 방법은 미생물 군집 구조의 시간적, 그리고 공간적 변화를 신속하게 평가하는 뛰어난 도구를 제공한다 (그림 19.16*c*). 16S rRNA이외에, 대사 유전자와 같이 다른 유전자에 특이적인 PCR 프라이머를 사용하면 (표 19.3) 시료에 존재하는 이들 특정 유전자들의 변이체도 평가할 수 있다. DGGE 겔 상의 밴드의 수로 서식지의 생물 다양성에 대한 개요는 알 수 있지만 (그림 19.16*c*) 계통학적 유

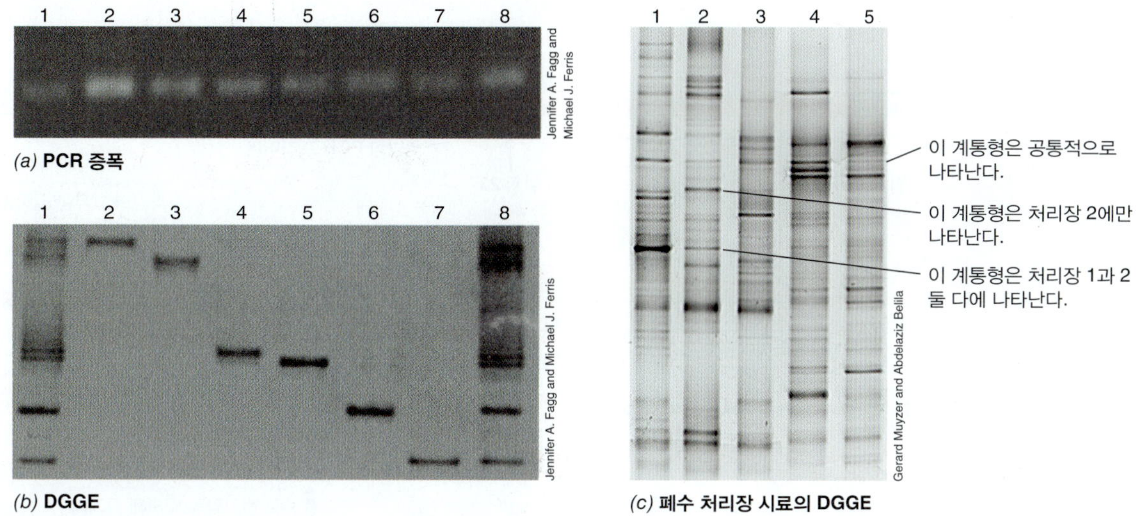

그림 19.16 PCR 겔과 DGGE 겔. 미생물 군집으로부터 전체 DNA를 분리하여 세균의 16S rRNA 유전자 프라이머를 사용하여 PCR로 증폭하였다 (*a*, 레인 1과 8). 그런 후 DGGE에 의해 분리된 6개의 밴드를 잘라내어 재증폭하고 각각은 PCR 겔의 같은 위치에서 단일 밴드 (*b*, 레인 2~7)로 나타났다. 그러나 DGGE 분석에 의해 각 밴드는 DGGE 겔 상에서 서로 다른 위치 (*b*; 레인 2~7)로 이동하였다. 모든 밴드는 크기가 같기 때문에 비변성 PCR 겔에서는 같은 위치로 이동하지만 DGGE 겔 상에서는 그들은 서로 다른 염기서열을 가지기 때문에 다른 위치로 이동한다. (*c*) 세균의 16S rRNA 유전자에 대한 프라이머를 사용하여 증폭된 서로 다른 폐수 처리 시설의 미생물 군집의 DGGE 프로파일.

연관계를 규명하고 추론하기 위해서는 염기서열 분석이 여전히 필요하다.

T-RFLP와 ARISA

미생물 군집 분석을 신속하게 수행하기 위한 방법으로 제한단편 말단분석법(*terminal restriction fragment length polymorphism, T-RFLP*)이 있다. 이 방법에서는 한쪽 프라이머를 형광 염료로 말단 표지한, 프라이머 쌍을 이용하여 군집 DNA로부터 표적 유전자 (보통 rRNA)를 PCR에 의해 증폭해낸다. 그러고 나서 DNA의 특정 염기서열을 인지하여 자르는 제한효소 (12.2절)로 PCR 산물을 처리한다. 이 제한효소는 일련의 다양한 길이의 DNA 단편을 생성하는데 이 단편의 수는 DNA에 얼마나 많은 제한효소 절단부위가 존재하느냐에 따라 다르다. 말단 형광 표지된 단편은 형광에 의해 단편을 검출하는 자동 DNA 염기서열 결정 장치에 의해 크기에 따라 분리된다 (따라서 말단 염색 표시된 단편만 검출됨). 얻어진 패턴은 채집된 시료의 미생물 군집 내의 rRNA 염기서열 다양성과 서로 다른 염기서열 타입의 일반적인 풍부도 (단편의 형광강도)를 나타낸다 (그림 19.15).

DGGE와 T-RFLP 모두 단일유전자 다양성(*single-gene diversity*)을 측정하지만 방법은 서로 다르다. T-RFLP 겔 상의 밴드 패턴은 제한효소 절단 부위의 차이를 측정하여 단일유전자의 DNA의 염기서열에서의 차이를 반영하는 데 비해, DGGE 겔 상의 밴드 패턴은 동일한 크기의 단일유전자에서의 염기서열 변이를 반영한다 (그림 19.16). T-RFLP 분석에서 얻은 정보는 미생물 군집의 다양성과 개체군 풍부성에 대한 통찰을 제공할 뿐 아니라 계통학을 추론하는 데도 사용할 수 있다. 각 단편이 갖는 진단적 정보에는 각 단편의 양쪽 끝 근처의 염기서열 (프라이머 염기서열과 제한효소 절단 부위)에 대한 정보, 두 번째의 제한 부위가 단편 내에는 존재하지 않는다는 것, 그리고 단편의 길이가 포함된다. 이 정보는 전문적인 소프트웨어를 이용하여 공공 데이터베이스에서 서로 일치되는 16S rRNA 염기서열을 탐색할 수 있다. 이것은 일부 예측적인 가치가 있지만, 밀접하게 연관된 염기서열은 이 특성으로는 종종 차별화되지 않으므로 T-RFLP는 일반적으로 미생물 군집 내의 다양성을 저평가한다.

T-RFLP와 연관된 방법으로 군집을 더 자세히 분석할 수 있는 방법은 리보솜 유전자 스페이서 자동분석(*automated ribosomal intergenic spacer analysis, ARISA*)이 있으며, 이 방법은 세균과 고균의 유전체에서 16S rRNA와 23S rRNA 유전자 근접성을 이용한다. 이 두 유전자를 격리시키는 DNA 영역을 *internal transcribed spacer* (ITS)라고 하는데 종마다 길이가 다르고 흔히 한 종 내에 존재하는 여러 개의 rRNA 오페론에서도 길이가 다르다 (**그림 19.17*a***). ARISA를 위한 PCR 프라이머는 스페이서 영역의 양측에 위치하는 16S rRNA와 23S rRNA 유전자의 보존된 염기서열과 상보적이다. T-RFLP에서 설명한 것과 같은 방법으로 증폭 (그림 19.17*b*)과 분석 (그림 19.17*c*)을 수행하며 그 결과, 군집 분석에 사용할 수 있는 복잡한 밴드 패턴이 나온다. 그러나 ARISA는 PCR 증폭 후에 제한효소 절단이 필요하지 않다는 점에서 T-RFLP와 다르며 ARISA 약어에서의 "자동(automated)"이라는 단어는 T-RFLP 분석에서도 수행할 수 있는 것처럼 자동으로 염료 표지된 각 단편을 동정하고 크기를 구분하는 DNA 염기서열 결정장치를 사용한다는 것을 의미한다 (그림 19.17*c*). ARISA는 미생물 군집의 역학 연구에서, 예를 들어 시간과 공간에 걸쳐 특정 군집 구성원의 존재

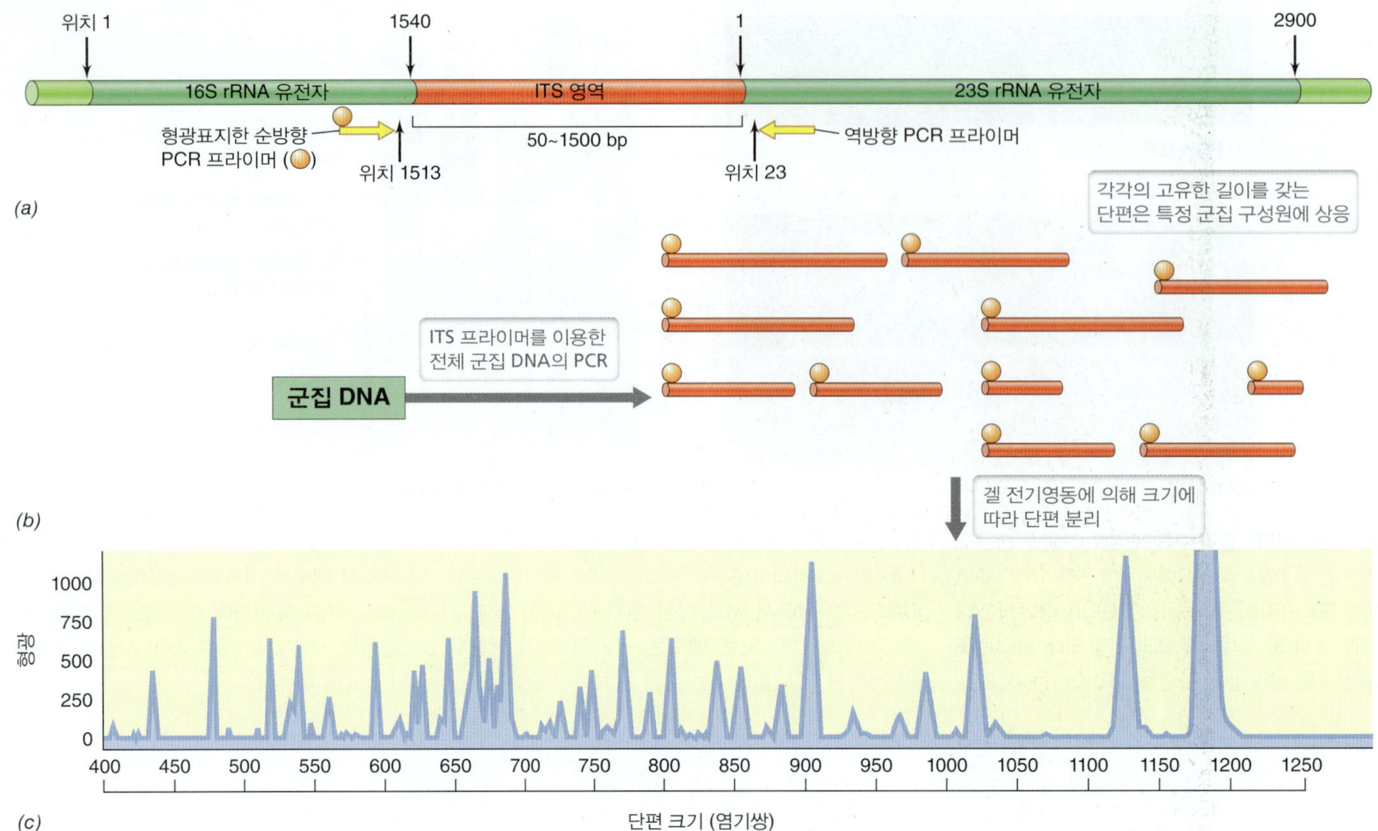

그림 19.17 리보솜 유전자간 서열 자동분석(ARISA). *(a)* 16S rRNA 유전자 (위치 1~1540), 다양한 길이의 internal transcribed spacer (ITS) 영역, 그리고 23S rRNA 유전자 (위치 1~2900)를 포함하고 있는 rRNA 오페론의 구조, 하나가 형광 염료로 표지된, PCR 프라이머 쌍은 ITS 영역 부근의 보존된 염기서열에 상보적이다. *(b)* 증폭된 서로 다른 길이의 DNA 단편, 각각은 군집 구성원에 상응한다. *(c)* 자동 DNA 염기서열 결정 장치에 의한 단편의 분석. 서로 다른 ITS 영역에 상응하는 피크는 증폭 산물의 클로닝과 염기서열 결정에 의해 동정할 수 있다.

와 상대적 풍부도의 변화에 대한 모니터링을 하는데 가장 많이 활용되고 있다.

클론 라이브러리 또는 차세대 염기서열 결정을 이용한 다양성 연구

초기의 분자 미생물 다양성 연구에서는 클론 라이브러리(clone library) 구축에 의존하여 개개의 증폭된 DNA 분자 [앰플리콘(*amplicon*)]를 분리하였다. 그리고 라이브러리에 있는 각 클론은 고유한 서열을 포함하고 있어 염기서열 결정의 주형으로 사용되었다 (⇔ 9.2절, 12.2절). 그림 19.16*a*는 16S rRNA 유전자 앰플리콘의 혼합물을 비변성 젤에서 전기영동하면 단일 밴드로 나타나는 것을 보여준다. 그러나 증폭된 표적 유전자는 서로 다른 세포의 혼합물(*mixture*)에서 유래하였기 때문에 염기서열 결정전에 단일 밴드에 있는 계통형을 선별해야 한다. 오늘날 계통형의 선별은 DGGE나 클로닝이 아니라 차세대 염기서열 결정 시스템에 의해 이루어진다 (⇔ 9.2절).

차세대 염기서열 결정은 클로닝 단계를 필요로 하지 않는다. 이유는 개별적인 DNA 단편이 염기서열 분석기기 자체에서 분리되고 증폭되기 때문이다. 즉, PCR 산물은 염기서열을 결정하는데 직접 사용할 수 있다. 수백만의 증폭 반응이 동시에 일어나므로 염기서열 리드(reads)의 총수는 클론 라이브러리에서 얻은 개별 클론을 염기서열 결정하여 얻을 수 있는 것보다 엄청나게 많다 (**그림 19.18**). 이러한 막대한 양의 염기서열은 깊은 염기서열 분석(*deep sequence analysis*)이라 부를 수 있는데, 이는 좀 더 제한되고 비싼 클론 라이브러리 방법에서 아마 놓쳤을 가능성이 있는 소수 계통형을 이제는 밝혀낼 수 있다는 것을 의미한다 (그림 19.18*b*). 예를 들어, 어떤 특별한 계통형이 클로닝된 염기서열의 라이브러리에 0.01% 존재한다고 가정할 때 이러한 계통형을 검출하기 위해서는 일천 개가 넘는 클론이 필요할 것이다. 대조적으로 차세대 염기서열 결정 방법을 사용하면 풍부한 계통형과 함께 이러한 낮은 풍부도의 계통형도 검출할 수 있다. 소수 계통형을 모으면 전체 다양성에서 상당한 분획을 차지함에도 불구하고, 대부분의 환경에서 전체 생물 풍부도에 대하여 단지 소수의 구성원만을 나타내는 희소 생물권(*rare biosphere*)으로 불려 왔다 (그림 19.18).

PCR 계통분석의 결과

미생물 군집의 계통분석에 의해 놀라운 결과를 얻었다. 예를 들어, 16S rRNA를 암호화하는 유전자를 표적으로 사용하여 자연 미생

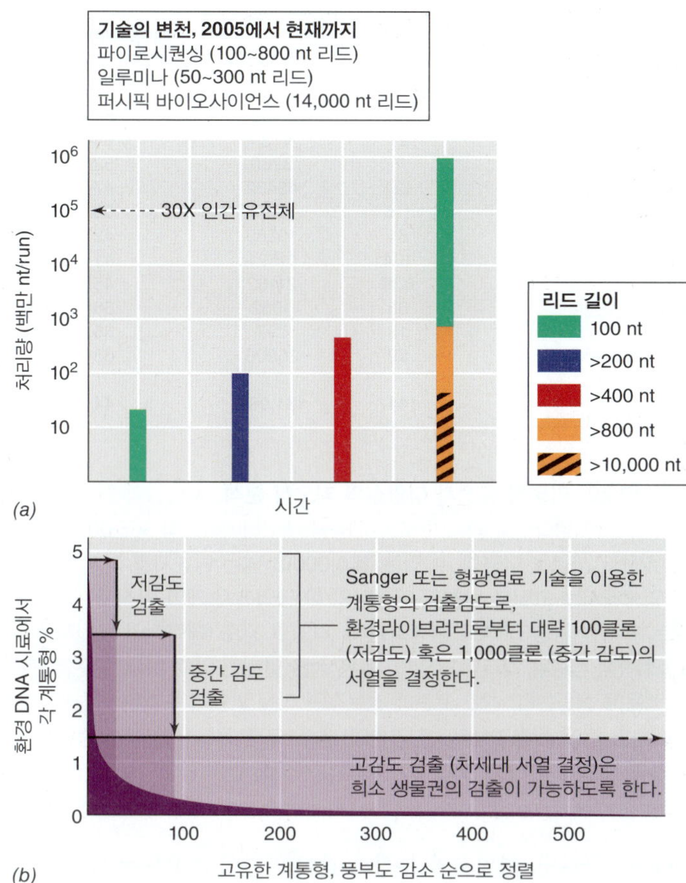

그림 19.18 차세대 염기서열 결정 기술을 이용한 군집 다양성 분석. *(a)* 현재의 염기서열 결정 플랫폼 (9.2절)은 한 번의 단일 염기서열 (1주일 이내)에서 10^{12} 뉴클레오티드(nt)를 결정할 수 있는 용량을 가지며, 개별 리드의 길이는 100에서 800 뉴클레오티드이다. 그래프에서 가장 오른쪽의 막대의 3 분절은 더 긴 리드를 생성하는 기술은 염기서열 분석 실행당 처리량이 낮다는 것을 보여준다. *(b)* 이러한 방대한 염기서열 결정 능력은 DGGE나 클론 라이브러리 염기서열 결정에서는 검출되지 않았던 독특한 계통형을 밝혔다. 16S rRNA의 유전자의 PCR 증폭산물의 라이브러리에서 1000개의 클론을 Sanger (1세대) 서열분석하여 100개 미만의 고유 계통형이 검출되었다. Jed Fuhrman의 허락에 의해 *b*부분을 삽입하였다.

물 군집을 분석한 결과, 계통학적으로 분명히 다른 별개의 많은 세균과 고균 (계통형)이 있는 것으로 나타났다. 즉 이들은 지금까지 알려진 모든 실험실 배양 미생물의 rRNA 염기서열과는 다른 것으로 나타났다 (그림 19.15). 더욱이 정량 PCR (12.1절), 즉 각 계통형의 증폭은 물론 정량분석을 가능하게 하는 PCR의 한 변형방법을 사용하여 자연계의 미생물 군집에서 가장 많은 계통형은 현재까지는 매우 적은 수를 제외하고는 실험실 배양이 불가능한 것들이라는 것이 자주 관찰되었다. 이러한 암울한 결과로 볼 때 농화 배양 연구에서 얻은 생물 다양성에 관한 우리들의 지식은 결코 완전하지 않으며, 농화편중 (19.1절)은 배양 의존성(culture-dependent)의 생물 다양성 연구의 심각한 문제라는 것이 분명해진다. 확실히 미생물을 자연에서 검출하고 동정하는 현재의 능력과 동등한 수준의 능력을 미생물 배양에 쏟아야 하는 많은 과제들이 남아 있다.

미니퀴즈

- 시료의 PCR/DGGE 분석에서 PCR에 의해 1개의 밴드가 형성되고 DGGE에 의해서도 1개의 밴드가 형성되었다면 어떤 결론을 내릴 수 있는가? PCR에 의해서는 1개, DGGE에 의해서는 4개의 밴드가 형성되었다면 어떤 결론을 내릴 수 있겠는가?
- 16S rRNA를 표적 유전자로 사용한 자연 서식지에 대한 많은 분자생물학적 연구들로부터 어떤 놀라운 발견이 이루어졌는가?
- 차세대 염기서열 결정 기술은 미생물 군집 다양성에 대한 우리의 지식을 어떻게 바꾸었는가?

19.7 미생물의 계통적, 기능적 다양성 분석을 위한 마이크로어레이

우리는 이전에—미생물 순수 배양에서 유전자 전체의 발현을 평가하기 위해서—마이크로어레이(*microarray*)의 한 종류인 DNA 칩의 적용에 대하여 고찰하였다 (9.9절). 자연 미생물 군집의 생물다양성과 기능적 잠재력의 신속한 분석을 위해 특이적인 마이크로어레이 역시 구성할 수 있는데 생물 다양성 연구를 위해 고안된 이러한 마이크로어레이(microarrays)를 계통칩(*PhyloChips*)이라 하며, 특정 계통 그룹의 미생물 군집을 탐색하기 위하여 개발되었다. 생화학적으로 중요한 대사 기능을 암호화하는 유전자, 다시 말해서 황산염 호흡, 암모니아 산화, 탈질, 또는 질소고정에 필요한 단백질을 암호화하는 유전자 등을 검출하기 위하여 또 다른 종류의 마이크로어레이, 지오칩(*GeoChip*)이 고안되었다 (표 19.3).

계통칩과 지오칩

계통칩(PhyloChip)은 rRNA 탐침자- 또는 rRNA 유전자 표적의 올리고뉴클레오티드 탐침자를 알려진 패턴으로 칩의 표면에 고정하여 구성한다. 단 하나의 계통칩에 수천 개의 서로 다른 탐침자를 고정할 수 있다. 예를 들어, 해양 퇴적물 (**그림 19.19**)과 같은 황화물 환경에서 황산염환원세균 (15.9절)의 다양성을 평가하도록 설계된 계통칩을 생각해보자. 알려진 모든 황산염환원세균 (100종

단원 5

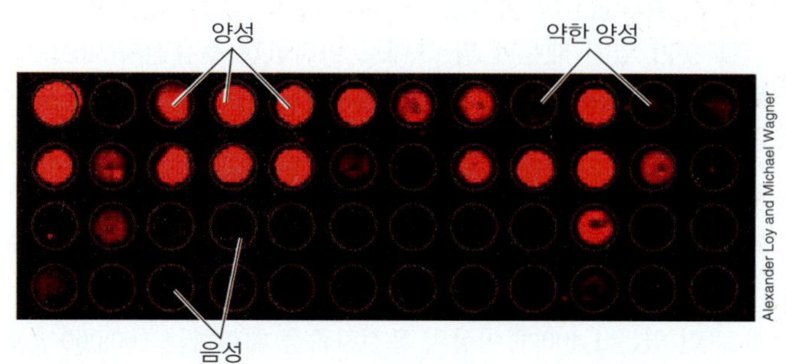

그림 19.19 계통칩에 의한 황산염 환원세균의 다양성 분석. 마이크로어레이 상에서 각각의 점은 서로 다른 종의 황산염 환원세균의 16S rRNA 염기서열에 상보적인 올리고뉴클레오티드가 있음을 나타낸다. 미생물 군집으로부터 PCR 증폭하여 형광 표지한 16S rRNA 유전자와 마이크로어레이를 혼성화시킨 후 각 종의 존재 여부는 형광 (양성 또는 약한 양성) 또는 비형광 (음성)으로 각각 나타난다.

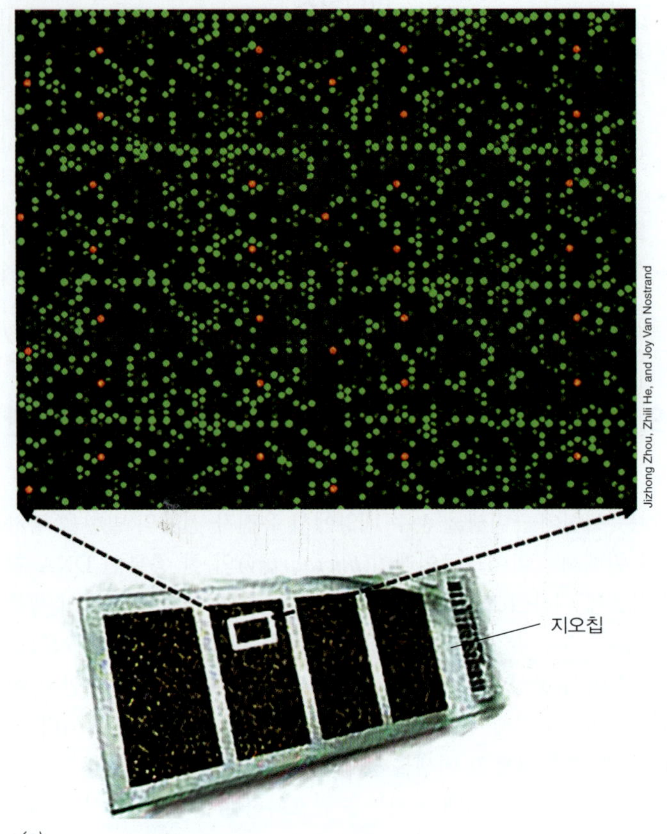

(a)

기능 분류	유전체 계통군	총 탐침자	데이터베이스 유전자 범위 (%)
탄소 순환	149	26922	49
질소 순환	32	6493	52
황 순환	27	4739	64
인	7	3260	52
금속 항상성	121	43432	47
바이러스	115	2857	55
기타	81	10380	42
유기물 생물정화	104	11591	41
독성	639	21152	45
이차 대사산물	68	4032	56
전자전달	15	797	65
스트레스 반응	89	26306	33
총	**1447**	**161,961**	**44**

(b)

그림 19.20 기능적 유전자 다양성의 지오칩 분석. 지오칩의 현재 버전은 가장 주요한 생화학적 과정이 포함된 공공 데이터베이스의 365,000개 이상의 유전자 서열을 담당할 수 있는 160,000이 넘는 탐침자를 가지고 있다. 이 영상에서는 고밀도 탐침자 어레이의 한 영역에서 개별 탐침자가 형광염료로 표지된 환경 DNA와 혼성화한 후 다양한 강도 (대략적인 유전자 풍부도)의 녹색 형광을 나타내고 있다. 붉은 점은 알려진 양의 DNA 표준의 반복적 적용에 상응한다. 참조 표준에 상보적인 적색 염료로 표지된 탐침자는 혼성화하기 전에 환경 DNA에 첨가한다. 참조 표준 점들 사이에서 동일한 강도의 적색 형광은 하이브리드화가 어레이 전체에 걸쳐 균일함을 나타낸다.

이상)의 16S rRNA 유전자의 특정 염기서열에 대해 상보적인 올리고뉴클레오티드를 계통칩 상에 고정한다. 그러고 나서 시료로부터 총군집 DNA를 분리하고 PCR 증폭한 다음 16S rRNA 유전자에 형광표지를 하여 이 환경 DNA를 계통칩 상의 탐침자와 혼성화시킨다. 시료에 존재하는 황산염환원세균은 시료 DNA와 혼성화된 프로브를 검출하여 결정된다 (그림 19.19). 대안으로 rRNA를 미생물 군집으로부터 직접 추출하여 형광 염료로 표지한 다음 증폭 단계를 거치지 않고 계통칩에 직접 혼성화시키는 방법도 있다.

계통칩과는 대조적으로 지오칩 (**그림 19.20**)은 계통학적 유전자보다는 기능(*functional*) 유전자를 목표로 한다. 그러나 유사한 기능을 가진 효소를 암호화하는 유전자는 일차 염기서열에서 상당히 다양할 수가 있기 때문에 말 그대로 이러한 기능유전자 마이크로어레이(*functional gene microarrays*)는 자연계의 다양성을 합리적으로 감당하기 위해서는 수천 개의 탐침자를 포함시켜야 할 것이다. 그렇게 하더라도 이러한 어레이는 서식지의 실제 기능적 다양성의 일부만을 채집할 수 있을 것이다. 기능유전자 마이크로어레이인 지오칩(GeoChip)의 가장 최신 버전은 탄소, 암모니아, 유황 순환과 관련 있는 1,400개 이상의 유전자족을 처리하는 160,000개 이상의 탐침자를 가진다. 자연 시료 DNA와 혼성화한 탐침자를 검출하여, 특정 서식지에서 작동하고 있는 물질대사를 신속하게 평가할 수 있다.

환경마이크로어레이의 장점과 적합성 판정기준

계통칩과 지오칩은 분자 미생물 생태학에서 수행되는 PCR, DGGE, 클로닝, 염기서열 분석과 같이 시간이 소요되는 많은 단계들을 우회하는 방법이다 (그림 19.15). 그러나 염두에 두어야 할 중요한 적합성 판정기준은 비특이적 혼성화(*nonspecific hybridization*)의 가능성이다. 다시 말해서 염기서열에서 밀접히 연관된 유전자 변이는 중복되는 혼성화 패턴 때문에 해독되지 않을 수 있다. 뿐만 아니라 염기서열에서 혼성화를 일으킬 정도로, 전체적으로 연관이 없는 유전자가 탐침자에 충분히 상보적일 경우, 잘못된 양성 결과를 초래할 수도 있다. 그리고 마지막으로 비용이 매년 떨어지는 핵산 염기서열 결정법과 달리, 유전자 칩을 설계하고 제작하는 것은 비용이 저렴한 일이 아니다. 그럼에도 불구하고, 기능유전자 어레이는 비배양 방법에 의해 미생물 다양성과 잠재적인 대사 활성을 평가하는 또 다른 중요한 도구를 제공한다.

미니퀴즈

- 계통칩이란 무엇이며, 무엇을 알려줄 수 있는가? 계통칩은 지오칩과 어떻게 다른가?
- PCR 산물의 염기서열 결정과 비교하여 마이크로어레이 기술의 장점과 단점은 무엇인가?

19.8 환경유전체학과 관련 방법

미생물 군집의 분자연구에 대한 좀 더 포괄적인 접근방식으로 **환경유전체학(environmental genomics)**이 있으며 **메타유전체학(metagenomics)**이라고도 한다. 메타유전체학 시대 이전의 미생물 군집 분석은 전형적으로 환경 시료의 단일(*single*)유전자의 생물 다양성에 초점이 맞추어져 있었다. 반면에 메타유전체학에서는 주어진 미생물 군집의 모든(*all*) 유전자가 채집되며, 실험이 적합하게 설계된다면 여기에서 얻은 정보는 단일유전자 분석에 의한 것보다 군집의 구조와 기능에 관해 훨씬 더 깊은 이해가 가능하다.

메타유전체학과 환경유전체학의 재구성

오늘날 메타유전체학 연구의 목적은 차세대 DNA 염기서열 분석(9.2절)을 이용하여 환경 DNA 시료로부터 가능한 많은 유전자를 동정하고 유전자가 속한 생물(들)의 계통을 결정하는 것이다. 완전하고 완성된 유전체가 종종 메타유전체학의 목표는 아니지만, 방대한 메타유전체학의 데이터 세트로부터 적어도 초안 단계까지는 개별 유전체를 조립하는 것에 점점 관심이 증가하고 있다. 이러한 거의 완전한 유전체가 단순이 어떤 환경에 있는 모든 유전자의 목록을 생성하기보다는 미생물 서식지에서의 기능적인 면과 계통적인 면을 더 잘 연결시킬 수 있다. 이러한 예가 **그림 19.21**의 "연결 그래프(connection graph)"에 제시되었는데 해안 해수 시료로부터 채취한 유전체의 조립을 설명하고 있다. 메타유전체에 있는 총 585억 개의 뉴클레오티드를 사용하여 완전한 그리고 거의 완전한 유전체로 함께 꿰맸다. 이러한 대량 유전체학 작업은 때로 재구성된 유전체가 없이는 이룰 수 없었던, 생리와 계통 사이의 연결관계를 밝혀준다.

그러나 환경 DNA 염기서열 리드(reads)의 혼합물로부터 정렬된 유전체의 문제는 그들 유전체가 불완전하거나 또는 클론일 가능성이 없다는 점이 아니고, 한 종 내의 밀접하게 연관된 균주들에서 나온 DNA 단편으로 구성되었을 수도 있다는 점이다 (**그림 19.22**). 이것은 메타유전체학 데이터로부터 토양 미생물유전체를 조립하는데 있어 주요 문제로 입증되었다. 1 g의 비옥한 흙은 약 10^{12} 세균과 고균의 유전자, 그리고 10^9 유전체를 함유하는데, 현재 가능한 기술로는 이 유전자들을 완전히 처리하는 것은 아직 실현 가능하지 않으며, 심지어 한 토양 연구에서 3천억 뉴클레오티드 염기서열 분석으로도 가능하지 않았다. 단일 세포 유전체학 (9.12절)은 이 문제를 궁극적으로 극복하지만 (19.12절 참조), 당연히 단일 미생물 세포 정보만을 제공한다.

환경유전체 DNA로부터 재구성된 유전체를 평가하는 데 있어 대단히 중요한 것은 그 유전체가 세포에 필요한 모든 유전자 (예, 필요한 모든 tRNA와 rRNA 유전자, 그리고 DNA와 RNA 중합효소와 같은 필수 단백질을 암호화하는 유전자)를 가지고 있는지 그리고 따라서 적절한 유전체 후보인지 여부이다. 뿐만 아니라, 특수한 기능을 암호화하는 유전자의 상대적 풍부도를 평가하는 것은 똑같이 가치가 있는데, 풍부도의 변화는 종간의 상호작용이나 특수한 환경적 변수에 대한 일반적 반응을 나타내기 때문이다. 예를 들어, 질소고정 경로의 많은 수의 유전자가 회수되면 채집된 환경이 NH_4^+, NO_3^-, 그리고 다른 형태의 고정된 질소가 제한되어 있다는 것을 나타내며 따라서 질소고정세균의 선택을 시사한다. 그림 19.22는 미생물 군집에 관한 환경유전체 방법을 단일 유전자 분석

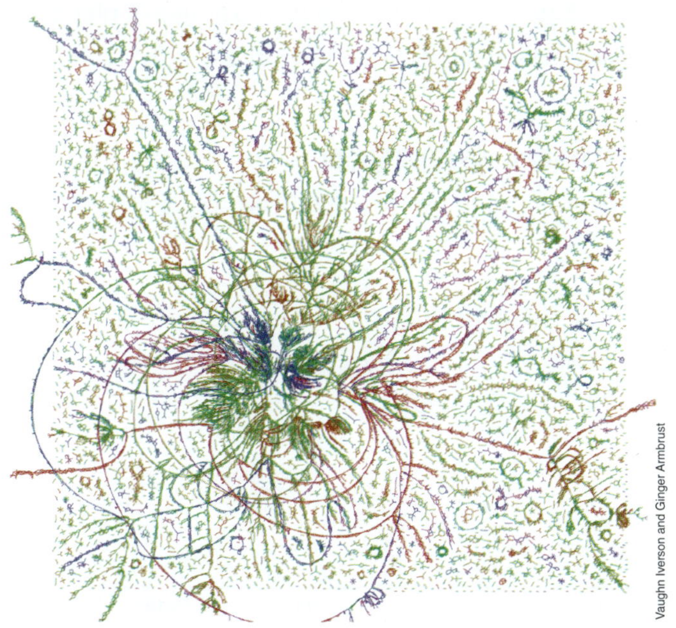

그림 19.21 585억 개의 뉴클레오티드 염기서열로 구성된 연안 해양 메타유전체로부터 유전체 조립. 이 "연결 그래프"는 해수 시료로부터 조립된, 부분 유전체와 완전한 유전체의 복잡성과 풍부도를 시각적으로 표현하기 위한 것이다. 구아닌과 시토신 함량의 비율의 차이로 염색된 긴 가닥들은 원핵성 유전체에 상응하며 작은 원형의 가닥들은 아마도 바이러스나 플라스미드에서 유래한 것일 것이다.

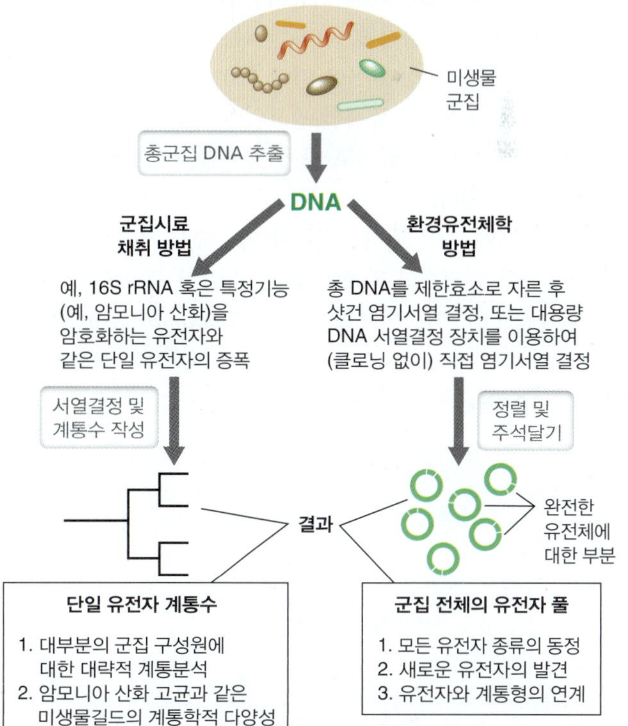

그림 19.22 단일 유전자와 환경유전체학에 의한 미생물 군집분석의 비교. 환경유전체학 연구방법에서는 군집의 모든 DNA의 염기서열을 결정할 수 있으나 정렬된 유전체가 완전하지 않을 수 있다. 총 유전자의 회수는 일정치 않으며 또 서식지의 복잡성, 그리고 결정된 염기서열의 양을 포함하여 몇 가지 요인에 따라 달라진다. DNA 회수율은 다양성이 낮고 염기서열 중복도가 높을 때 전형적으로 잘 이루어진다.

단원 5

과 대조하고 있다.

비록 메타유전체학은 미생물 서식지에 관해 많은 것을 규명할 수 있지만, 메타유전체학이 환경 미생물 군집에 대해서는 말해주지 못하는 많은 것들이 있다. 현재 메타유전체 서열 데이터를 서로 다른 종의 최대 특이 생장률, 영양에 대한 포화 상수, 생장을 위한 최적, 최소, 최대 pH 또는 온도, 기아로부터 회복 속도 등과 같은 미생물 군집에 관한 기본적인 생리학 정보로 변환할 수 있는 방법은 없다. 더욱이, 결코 접한 적 없던 어떠한 물질대사도 뉴클레오티드 서열 데이터만으로 추론될 것 같지 않다. 이러한 현실은 자연으로부터 새로운 미생물을 배양하는 것이 왜 중요한지를 다시 한번 강조한다. 미생물의 기능 생물학의 많은 중요한 측면을 정의하기 위해서 배양기반의 특성규명을 단순히 대체할 만한 방법은 없다.

환경유전체학의 몇 가지 예

환경유전체학은 알려진 생물의 새로운 유전자와 새로운 생물의 알려진 유전자를 모두 검출할 수 있다. 많은 수의 흥미있는 미생물 군집이 초기 환경유전체학 도구를 사용하여 조사되었다. Sargasso 해의 세균과 고균 다양성에 관한 초기 연구에서 10억 이상의 뉴클레오티드 염기서열이 분석되었으며 여기에서 이전에 알려지지 않았던 148개의 계통형과 많은 새로운 유전자를 포함하여 1,800개 이상의 세균과 고균 종이 검출되었다. 이들 중 많은 종이 이전의 PCR과 클로닝 또는 DGGE를 이용하는 rRNA 군집 분석에서는 누락되었었다 (19.6절). 물론 증폭이 안되는 유전자는 군집 분석에서 검출되지 않으며 클로닝 효율은 결코 100%에 미치지 못한다. 메타유전체학에서는 DNA를 증폭할 필요없이 직접 염기서열을 결정하거나 염기서열 결정 전에 서로 다른 계통형을 분석하여 이러한 문제를 비켜갈 수 있다.

Sargasso 해에 관한 메타유전체학 연구에서 고균 유전체로부터 암모니아-산화 유전자의 존재와 같은 몇 가지 새로운 발견이 이루어져, 결과적으로 새로운 그룹의 고균, *Thaumarchaeota*의 발견으로 이어졌다 (17.5절). 뿐 만 아니라 프로테오로돕신(*proteorhodopsin*)을 암호화하는 유전자들이 여러 새로운 세균 계통의 유전체에서 발견되었는데, 프로테오로돕신은 특정 프로테오박테리아에 존재하는 감광성 양성자 펌프로 극호염성 생물의 박테리오로돕신 (17.1절)과 유연관계가 있다. 그러나 이러한 주요 염기서열 분석 작업에도 불구하고 많은 것이 누락되었다. 이것은 1ml의 해수에는 대략 5조의 염기쌍(bp)의 세균 유전체 DNA가 들어있어 각 염기쌍을 평균 한 번 결정하려면 그 서열 결정 노력의 5천 배의 노력이 요구된다. 따라서 며칠 내로 1조 bp의 염기서열을 분석해낼 수 있는 현재의 기술 (그림 19.18)로도 어느 하나의 자연 환경에 대해서도 완전히 염기서열 분석은 이루어지지 않았다.

유전체/메타유전체 연구 방법에 의해 또한 단일 계통형과 연관된 유전자, 즉 동일한 또는 거의 동일한 rRNA 유전자를 가지는 균주에서 변이체를 규명하였다. 예를 들어, 해양에 가장 풍부한 남세균 (산소발생형 광합성 생물)인 *Prochlorococcus* (15.3절)의 연구에서, 배양된 개체군의 유전체 염기서열과 해수의 메타유전체 분석에서 얻은 *Prochlorococcus* 유전자를 비교하여, 배양된 개체군과 환경 개체군 사이에 광범위하게 공유하는 영역을 규명하였다 (**그림 19.23**). 이러한 높은 수준의 유전자 보존은 배양개체군 내의 생물이 환경의 개체군에 일반적이라는 사실을 확인시킨다. 그러나 이 분석에 의해 또한 배양된 균주의 유전체에서 환경의 개체군과 상당히 다른 몇 개의 고도로 가변적인 영역도 규명되었다. 이러한 가변적인 영역들은 유전체 섬(*genomic islands*)으로서 염색체 클러스터 [염색체 섬(chromosomal islands, 9.7절)로 모여 있으며, 온도 혹은 빛의 질과 강도와 같은 환경의 변수에 대하여 특정 *Prochlorococcus* 개체군의 생장 반응의 조절 기능을 암호화하는 것 같다.

메타전사체학과 메타단백질체학

9장에서 논의한 바와 같이 유전체학 시대는 몇 개의 추가적인 "오

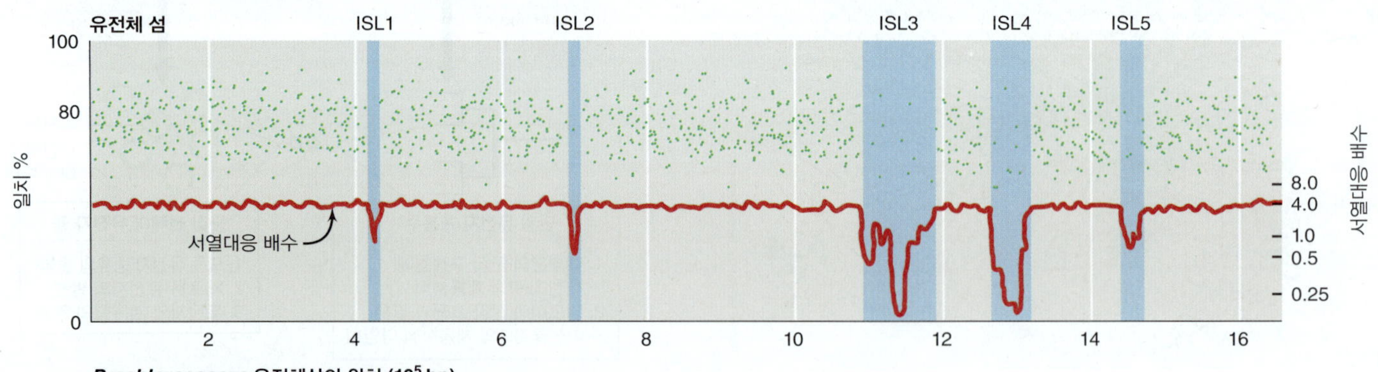

그림 19.23 메타유전체 분석. Saragasso 해의 메타유전체로부터 유래한 염기서열들 (녹색 점으로 표시된)을 배양된 *Prochlorococcus*의 유전체 염기서열과 정렬한 것으로, 배양된 균주가 메타유전체의 염기서열과 상동성이 높은 (높은 % 동일성) 유전자를 갖는 영역과, 공통의 유전자를 결여하고 있는 또 다른 영역 (그늘진)을 나타낸다 (유전체 섬, ISL 1–ISL 5). 유전체 섬 안에 포함된 DNA 염기서열은 생태지위-특이적 기능을 암호화하는 것으로 생각되므로 배양된 균주는 모든 섬 유전자를 포함하는 균주들과 동일한 환경적 분포를 나타내지는 않을 것이다. 서열 대응배수는 *Prochlorococcus* 유전체의 다양한 영역들이 메타유전체 내의 유사한 염기서열과 어떻게 대응하는지에 대한 측정치이다.

믹스(omics)", 특히 메타전사체학(*metatranscriptomics*)과 메타단백질체학(*metaproteomics*)을 탄생시켰다. **메타전사체학(metatranscriptomics)**은 메타유전체학과 유사하지만, 군집 *DNA*보다는 군집의 *RNA* 서열을 분석한다. 분리된 RNA는 역전사 (10.11절)에 의해 cDNA로 전환되어 DNA에서와 마찬가지로 염기서열 결정과 분석을 수행한다. 메타유전체학은 군집 내의 기능적인 능력(예, 특정 유전자의 상대적 풍부도)을 나타내는 반면, 메타전사체학은 특정 시점과 장소에서 군집 내의 어느 유전자가 실제로 발현되고 있는지(*are actually expressed*)와 그 발현의 상대적 수준을 밝힌다. 세균과 고균 내의 대부분 유전자들의 발현은 전사 (6장) 수준에서 조절되기 때문에 mRNA 풍부도는 개별 유전자의 발현 수준에 대한 조사로 생각할 수 있다. 따라서 전체 군집에 대해 결정된 유전자 전사 풍부도는 시료 채취 시점의 그 군집에 의해 촉매된 주요 대사 과정을 유추하는 데 사용할 수 있다 (**그림 19.24**).

메타단백질체학(metaproteomics), 군집 내의 서로 다른 단백질(*protein*)의 다양성과 풍부도를 측정하는 메타단백질체학은 메타전사체학보다 세포 기능을 훨씬 더 직접적으로 측정하는데 이는 서로 다른 mRNA는 서로 다른 반감기와 번역 효율을 가지며 따라서 모두 같은 수의 단백질 복사본을 생산하지 않기 때문이다. 그러나 메타단백질체학은 메타유전체학이나 메타전사체학에 비해 보다 더 기술적인 도전이다. 단백질 동정은 특정 단백질 분해효소를 사용하여 총 단백질의 효소 분해물로부터 방출되는 펩티드의 질량분석에 의해 이루어지는데 (9.10절), 단백질 동정은 염기서열 결정을 위해 PCR을 이용하여 핵산을 증폭하는 것처럼, 단백질 서열을 증폭하는 것은 불가능하기 때문에 자연적으로 이용 가능한 물질에 의존한다. 질량 분석법(mass spectrometry)에 의해 단백질을 동정하기 위해서는 분석 시료의 복잡성을 줄이기 위해 개별 펩티드의 적어도 부분적인 분리가 필요하다. 결과적으로 미생물생태학의 도구로써, 메타전사체학은 이제까지 주로 일부 극한 환경에 있는 다소 단순한 미생물 군집의 정성분석이나 혹은 더 복잡한 미생물 군집에 있어 매우 풍부한 단백질의 특성 규명에만 국한되어왔다.

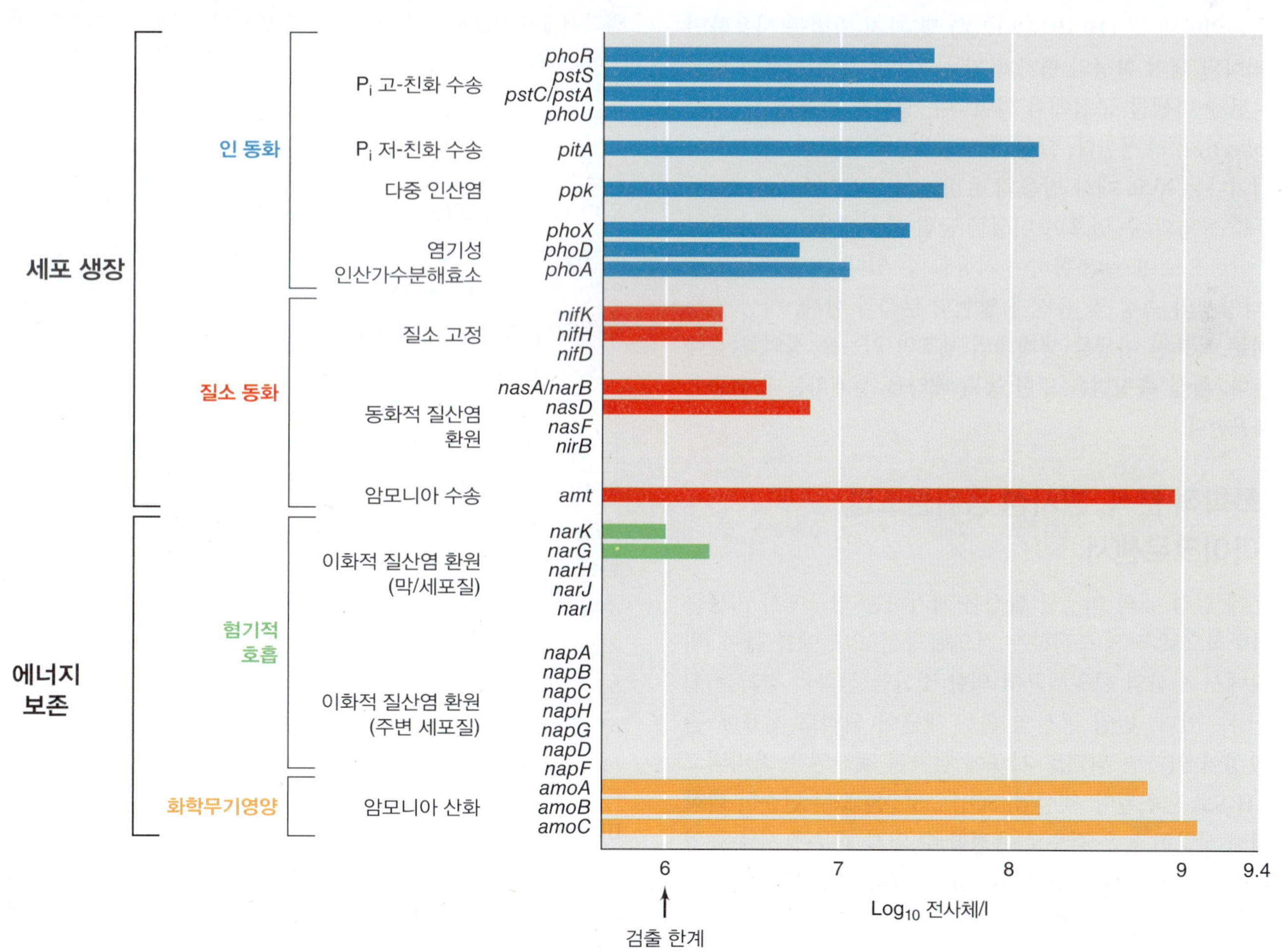

그림 19.24 해안 해양 표층수의 메타전사체 분석. 환경 mRNA 염기서열 분석에 의해 결정된, 해수 시료의 N과 P 순환의 핵심 단계에 대한 유전자의 발현. 이 데이터는 미생물 군집은 무기 (P 운반자의 높은 발현)와 유기 (알칼리성 인산가수분해효소)형태의 인산염(PO_4^{3-})을 모두 사용하고 있다는 것을 나타낸다. NO_3^-동화에 필요한 유전자의 전사체는 낮은 수준으로 발현되었으며, NH_3 운반 및 화학무기영양성의 NH_3 산화를 위한 유전자의 전사체는 높은 수준으로 발현되었음을 대조하였다. 또한 호기성 해양표층수는 예상대로 NO_3^- 호흡을 위한 유전자 발현이 거의 일어나지 않았다. University of Georgia 해양학과 Mary Ann Moran에 의한 데이터 제공.

미니퀴즈

- 메타단백질체학(metaproteome)이란 무엇이며, 메타유전체와 그리고 메타전사체와 어떻게 다른가?
- 환경유전체학에 의한 미생물 군집분석 방법은 16S rRNA 유전자 분석에 기반한 것과 같은 환경의 단일 유전자 분석 방법과는 어떻게 다른가?
- 군집 내에서 대사가 가장 활발한 세포개체군을 환경유전체학(environmental omics) 방법을 이용하여 어떻게 동정할 수 있을까?

IV • 자연계 미생물 활성의 측정

우리는 이제까지 미생물의 계통과 유전적 다양성 측정에 중점을 두어왔다. 우리는 미생물 생태학자들이 미생물 활성(*activity*), 즉 미생물이 실제 그들의 환경에서 하는 활동(*doing*)을 어떻게 측정하는지에 대한 고찰로 이 장을 마무리한다. 우리가 고찰하는 방법에는 방사성 동위원소, 마이크로센서, 안정 동위원소, 그리고 몇 가지의 유전체학적 방법의 사용이 포함된다.

나중에 논의하게 될 (19.10~19.12절) 몇 가지 방법을 사용하면 좀 더 표적화된 생리 활성의 평가가 가능하지만, 자연 시료의 활성 측정이란 전체 미생물 군집에서 일어나는 생리적 반응에 대한 총체적인(*collective*) 측정이다. 활성 측정방법을 사용하면 어떤 서식지에서 일어나는 주요 대사 반응의 유형(types)과 비율(rates), 두 가지 모두를 규명할 수 있으며 미생물 군집 분석에서는 여러 가지 방법들을 단독으로 또는 조합하여 사용할 수 있다. 이러한 방법들은 생물 다양성의 측정 및 유전자 발현의 분석과 함께, 미생물 생태학의 최종 목표인 미생물 생태계의 구조와 기능을 정의하는 데 도움을 준다. 활성 측정법은 또한 농화 배양을 설계하는데 귀중한 정보를 제공한다.

19.9 화학적 분석, 방사성 동위원소법, 마이크로센서

많은 경우에 환경 내의 미생물 활성을 평가하는 연구에서 미생물 반응은 화학적으로 직접 측정하는 것으로 충분하다. 예를 들어, 퇴적토 시료에서 황산염 환원세균에 의한 젖산염 산화의 결과는 쉽게 추적할 수 있다. 만일 황산염 환원 세균이 퇴적토 시료에 존재하며 활성이 있다면 퇴적토 시료에 첨가된 젖산염은 소비되고 SO_4^{2-}는 H_2S로 환원된다. 젖산염, SO_4^{2-}, S^{2-}은 모두 단순한 화학 분석에 의해 상당히 높은 감도로 측정할 수 있기 때문에 시료에 있는 상대적인 물질의 전환을 쉽게 추적할 수 있다 (**그림 19.25*a***).

동위원소

매우 높은 감도가 요구되거나, 전환율을 결정할 필요가 있는 경우, 혹은 어떤 분자 일부의 운명을 추적할 필요가 있는 경우에는 방사성 동위원소(*radioisoptopes*)가 정밀한 화학적 분석보다 더 유용하다. 예를 들어, 광독립영양성을 측정하는 것이 목적이라면 미생물

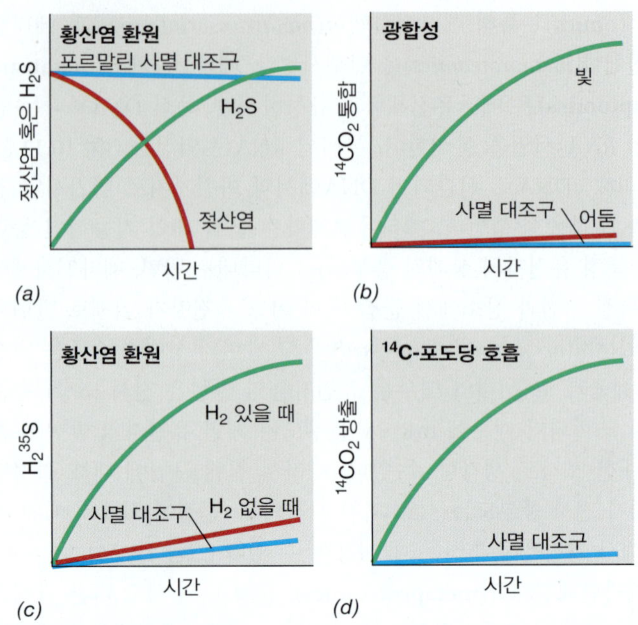

그림 19.25 미생물 활성의 측정. *(a)* SO_4^{2-} 환원이 일어나는 동안의 젖산염과 H_2S의 전환에 대한 화학적 측정. 방사성 동위원소 측정: *(b)* $^{14}CO_2$를 이용한 광합성 측정. *(c)* $^{35}SO_4^{2-}$로 측정한 SO_4^{2-}환원. *(d)* ^{14}C-포도당으로부터 $^{14}CO_2$의 생성.

세포로의 방사성 이산화탄소($^{14}CO_2$)의 광의존성 흡수를 측정할 수 있다 (그림 19.25*b*). 만일 SO_4^{2-} 환원에 흥미가 있다면 $^{35}SO_4^{2-}$에서 $H_2{}^{35}S$로의 전환율을 분석할 수 있다 (그림 19.25*c*). 화학유기영양성 활성은 ^{14}C 표지된 유기 화합물에서 $^{14}CO_2$가 방출되는 것을 추적해서 측정할 수 있다 (그림 19.25*d*).

동위원소법과 화학적 방법은 모두 미생물 생태학에서 널리 사용된다. 그러나 일부 동위원소 전환은 무생물학적 과정에 의해서도 일어날 수 있기 때문에 이 방법이 타당성을 얻기 위해서는 적절한 대조구를 사용해야만 한다. 이러한 실험에서는 사멸세포 대조구(*killed cell control*)가 핵심적인 대조구이다. 미생물을 사멸시키는 화학적 제제 또는 열처리가 시료에 가해졌을 때 측정 중인 전환이 중단된다는 것을 보여주는 것이 필수적이다. 미생물 생태학 연구에서는 화학적 멸균제로 최종농도 4%의 포르말린이 흔히 사용된다. 이 포르말린은 모든 세포를 사멸시키므로 4%의 포르말린의 존재에 반응하지 않는 전환은 무생물학적 과정에 의한 것으로 볼 수 있다 (그림 19.25*a*).

마이크로센서

맨 끝부분에 감지 기작을 가진 유리 바늘 형태의 **마이크로센서(microsensors)**가 자연계에서의 미생물 활성을 연구하는 데 사용되고 있다. pH, O_2, NO_2^-, NO_3^-, 아산화질소(N_2O), CO_2, H_2, 또는 H_2S를 포함한 많은 화학종(chemical species)을 측정할 수 있는 마이크로센서가 제작되어 있으며, 마이크로센서(*microsensensor*)라는 명칭이 의미하듯이, 이 장치는 매우 작아 전극의 끝이 직경 2 μm에서 100 μm이다 (**그림 19.26**). 매우 짧은 거리에 걸쳐 미생

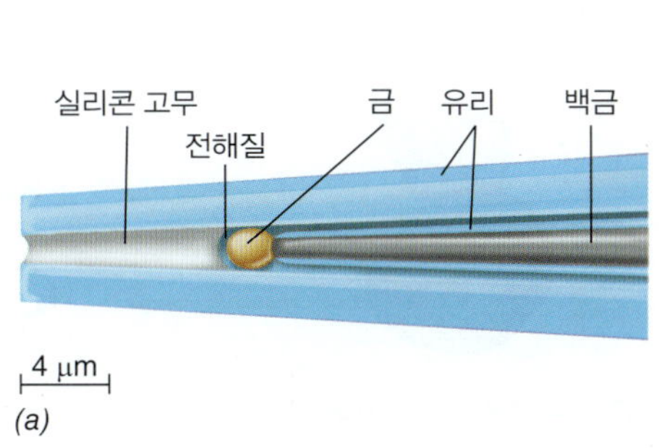

그림 19.26 마이크로센서. *(a)* 산소(O_2) 마이크로센서의 모식도. 산소는 마이크로센서 끝에 있는 실리콘 막을 통해 확산되며 음극의 황금 표면 위의 전자와 반응하여 수산이온(OH^-)을 형성한다. 후자는 시료의 산소농도에 비례하여 전류를 발생시킨다. 전극의 크기에 주목하라. *(b)* 질산(NO_3^-)을 검출하기 위한 생물학적 마이크로센서. 센서 끝에 고정된 세균은 질산 또는 NO_2^-를 N_2O로 탈질화시키고, 이것은 음극에서 N_2로 전기화학적으로 환원되어 검출된다. Niles Peter Revsbech의 데이터와 그림에 기초함.

물 활성을 추적하기 위해 센서를 작은 증분으로 서식지에 신중하게 삽입해야 한다.

마이크로센서는 많이 활용되고 있는데, 예를 들어 마이크로센서를 이용하여 미생물매트 (☞ 그림 20.7*c*), 수서환경의 퇴적물 또는 토양입자 (☞ 그림 20.3)의 O_2 농도를 극히 정교한 간격으로 매우 정밀하게 측정할 수 있다. 미세조작기(micromanipulator)를 이용하여 센서를 시료에 점진적으로 집어넣어 매 50~100 μm 간격으로 측정할 수 있다 (**그림 19.27**). 각각 다른 화학물질에 민감한 여러 개의 마이크로센서를 사용하면 서식지 내의 여러 가지 미생물 전환을 동시에 측정할 수 있다.

해양에서의 미생물학적 과정은 영양 순환과 지구의 전반적인 건강에 심오한 영향을 끼치기 때문에 광범위하게 연구되고 있다. 실험실에서는 심해에서 발견되는 조건을 재현하기가 어렵기 때문에 해저의 미생물 활성을 분석하기 위해서는 로봇 장치의 마이크로센서를 사용하는 것이 유용하다. **그림 19.28**은 퇴적물에 있는 화학물

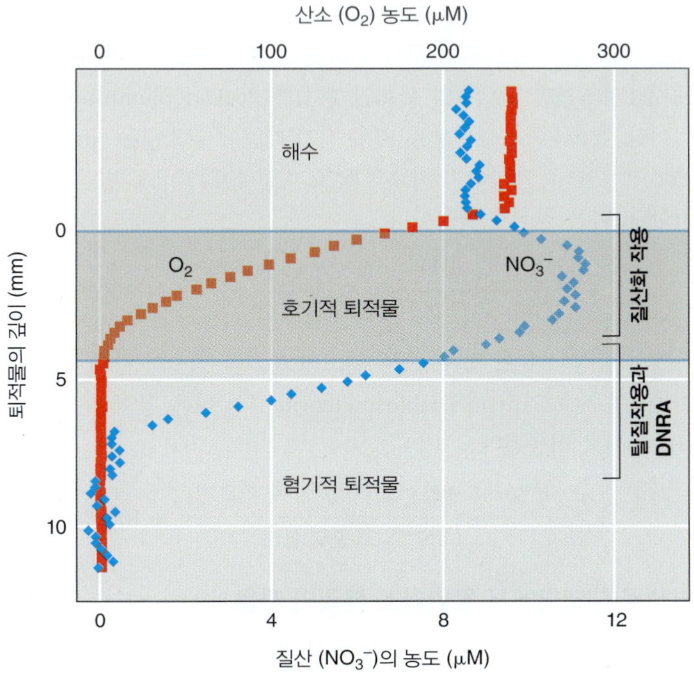

그림 19.27 O_2와 NO_3^-의 깊이 프로파일. 그림 19.28에 나와 있는 미세전극 센서를 장착한 착륙기를 이용하여 원격으로 심해 퇴적물의 화학적 특징을 규명하기 위해 얻은 데이터. 질산화와 탈질 영역을 주목하라. DRNA, NO_3^-의 NH_4^+로의 이화적 환원. Niles Peter Revsbech의 데이터와 그림에 기초함.

그림 19.28 심해 착륙기의 이용. 착륙기에는 해양 퇴적물의 화학물질의 분포를 측정하기 위해 한 세트의 마이크로센서 (화살표)가 장착되어 있다.

질의 분포를 분석하고 퇴적물 상부의 해수의 상태와 비교할 수 있도록 여러 가지 마이크로센서를 장착한 "착륙장치(lander)"를 보여준다.

해양에서 생물학적으로 가장 중요한 화학 종의 하나는 NO_3^-이지만, 높은 염농도의 간섭으로 인해 전기화학 센서로는 해양에서 NO_3^-를 측정할 수 없다. 이러한 문제를 피하기 위해서 마이크로센서 끝에 NO_3^- (또는 NO_2^-)를 N_2O로 환원하는 세균을 함유하는 "생물(living)" 마이크로센서가 고안되었다. 세균에 의해 생성된 N_2O는 마이크로센서의 음극에서 N_2로 비생물학적 환원이 일어나 검출된다 (그림 19.26*b*). 즉, 이것이 NO_3^-의 존재를 알리는 전기신호로 작용하기 때문에 검출이 가능하다. 해양퇴적물의 산소층에서는 NO_3^-가 NH_4^+의 산화작용 (질화 작용, 14.11절)에 의해 생성되므로 퇴적물 표층에는 흔히 NO_3^-의 피크가 나타난다 (그림 19.27). 퇴적물의 더 깊은 무산소 층에서는 NO_3^-가 탈질작용과 암모니아 (DRNA)로의 이화적 질산염(nitrate)환원에 의해 소모된다 (14.13절). 따라서 NO_3^-는 산소-무산소 계면의 수밀리미터 아래에서 사라진다 (그림 19.27).

미니퀴즈

- 미생물 생태학자들은 방사성 동위원소의 전환이 실제로 미생물 때문에 일어났다고 어떻게 확신할 수 있는가?
- 대량의 유기물질이 한꺼번에 퇴적물에 유입된다면, 그림 19.27에 나온 NO_3^-과 O_2의 프로파일을 어떻게 변화시키겠는가?

19.10 안정 동위원소와 안정 동위원소 탐침

많은 화학원소는 중성자의 수가 각각 다른 한 개 이상의 동위원소를 가진다. 어떤 동위원소는 불안정하며 방사능 붕괴의 결과로 깨어진다. 다른 것들은 안정 동위원소(*stable isotope*)라 불리는데 방사능을 갖지는 않으나 미생물에 의해 다르게 대사되므로 안정 동위원소는 자연계에서 미생물 전환을 연구하는 데 이용할 수 있다. 안정 동위원소에 의해 미생물 활성에 관한 정보를 얻는 두 가지 방법, 즉 동위원소 분획(*stable isotope fractionation*), 동위원소 탐침(*stable isotope probing*)이 있다.

동위원소 분획

질소의 무거운 동위원소, ^{15}N가 가장 널리 쓰이지만 미생물 생태학 분야의 안정 동위원소를 이용한 연구에 가장 유용한 두 가지 원소는 C와 S이다. C는 자연 상태에서 주로 ^{12}C로 존재하지만, 약 5%는 ^{13}C로 존재한다. 마찬가지로 네 종류의 안정 동위원소를 가진 황(S)은 주로 ^{32}S로 존재하지만, 어떤 S은 ^{34}S로 발견되며 매우 적은 양이 ^{33}S과 ^{36}S으로도 발견된다. 이러한 화합물에 작용하는 효소는 일반적으로 더 가벼운(*lighter*) 동위원소를 선호하기 때문에, 어떤 C 또는 S 화합물이 미생물에 의해 대사되면 이러한 동위원소의 상대적 풍부도가 변화된다. 다시 말해서 두 동위원소가 효소에 의해 대사될 때, 더 무거운 동위원소는 더 가벼운 동위원소에 대해

그림 19.29 C를 이용한 동위원소 분획 기작. CO_2를 고정하는 효소들은 더 가벼운 동위원소 (^{12}C)를 우선적으로 고정한다. 그 결과 기질과 비교하면 고정된 탄소에는 ^{12}C가 농축되고 ^{13}C는 감소하였다. 화살표의 크기는 각 탄소 동위원소의 상대적인 양을 표시한다.

상대적으로 차별을 받는다 (**그림 19.29**).

예를 들어, CO_2가 독립영양생물에 의해 세포 물질로 고정되면 조성을 알고 있는 무기탄소 표준물질에 비하여, 섬유소 탄소에는 ^{12}C는 농화되고(*enriched*) ^{13}C는 감소한다(*depleted*). 마찬가지로, 황산염(SO_4^{2-})이 세균에 의해 환원되면 생성된 H_2S의 황 원자는 지화학적으로 형성된 H_2S(황)보다 동위원소에 있어 더 가볍다. 이러한 차별은 **동위원소 분획(isotopic fractionation)** (그림 19.29)이라 하며 이는 전형적으로 생물학적 활성의 결과이다. 따라서 이 방법은 특정 원소의 전환이 미생물에 의해 촉매되었는지 아닌지를 구별하는 척도로 사용할 수 있다.

어떤 시료에서의 탄소 동위원소 분획은 지질학적 기원을 갖는 동위원소 구성의 표준물질에 대하여 ^{13}C의 상대적인 감소량으로 계산한다. 탄소 동위원소 분석의 표준물질은 백악기 (6천 5백만년 내지 1억 5천만 년 된)의 석회암 형성층(PeeDee blemnite)의 암석이다. 분획의 규모는 보통 매우 적기 때문에 감소량은 "per mil" (‰, 천분율)로 계산되며 시료의 $\delta^{13}C$ ("델타 C13"으로 발음)로 보고한다. 다음 공식을 사용한다:

$$\delta^{13}C = \frac{(^{13}C/^{12}C \text{ 샘플}) - (^{13}C/^{12}C \text{ 표준물질})}{(^{13}C/^{12}C \text{ 표준물질})} \times 1000‰$$

동일한 공식이 유황 방사성동위원소의 분획을 계산하는 데 사용되며 이 경우는 Canyon Diablo meteorite에서 나온 황화철 광물이 표준물질로 이용된다:

$$\delta^{34}S = \frac{(^{34}S/^{32}S \text{ 샘플}) - (^{34}S/^{32}S \text{ 표준물질})}{(^{34}S/^{32}S \text{ 표준물질})} \times 1000‰$$

미생물 생태학에서 동위원소 분획의 사용

한 물질의 동위원소 조성은 그물질의 생물학적 또는 지질학적 과거를 나타낸다. 예를 들어, 식물체와 석유 (식물체로부터 유래한)는 유사한 동위원소 구성을 갖는다 (**그림 19.30**). 식물과 석유 모두에서 나온 탄소는 그것이 유래한 CO_2 보다 동위원소에 있어 가벼운데 이는 CO_2 고정에 사용한 생화학적 경로에 의해 $^{13}CO_2$가 배제되었기 때문이다 (그림 19.29, 19.30). 메탄생성 고균 (17.2절)에

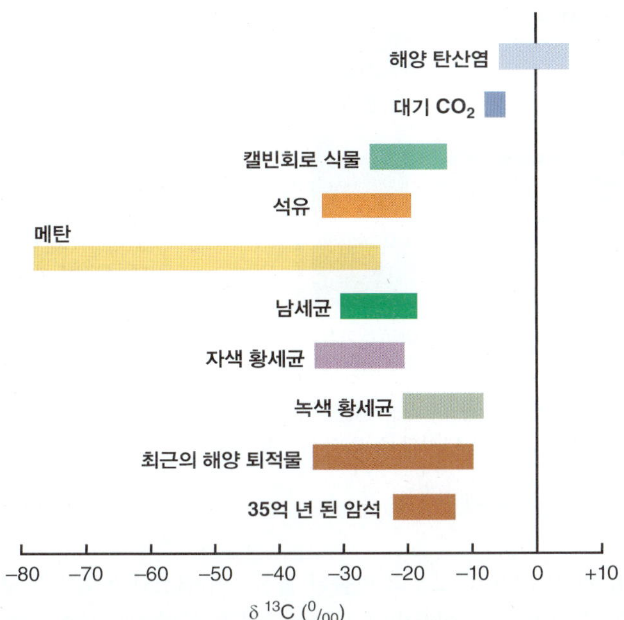

그림 19.30 ^{13}C와 ^{12}C의 동위원소 지화학. 독립영양 생물에 의해 고정된 탄소에는 ^{12}C가 농축되고 ^{13}C가 감소하는 것에 주목하라. 메탄생성 고균에서 CO_2가 H_2에 의해 환원되어 형성된 메탄은 극단적인 동위원소 분획을 나타낸다.

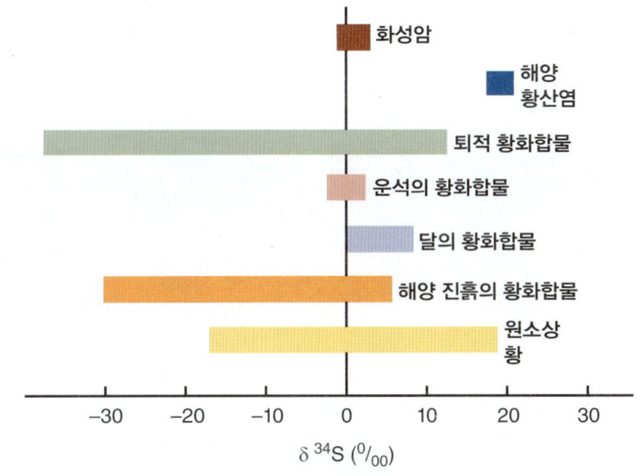

그림 19.31 ^{34}S와 ^{32}S의 동위원소 지화학. 생물 기원의 황화수소(H_2S)와 황원소(S^0)에는 ^{32}S가 농축되고 ^{34}S는 감소하는 것에 주목하라.

의해 만들어진 메탄(CH_4)은 동위원소에 있어 극히 가벼운데 이것은 메탄생성 고균이 CO_2를 CH_4 (14.17절)로 환원할 때 $^{13}CO_2$를 강력히 배제했다는 것을 나타낸다. 대조적으로 동위원소상 훨씬 무거운 해양 탄산염에 존재하는 탄소는 분명히 지질학적 기원을 가지고 있다 (그림 19.30).

생물학적 기원의 탄소와 지질학적 기원의 탄소는 ^{12}C와 ^{13}C의 비율에서 차이가 나기 때문에 서로 다른 지질시대의 암석에서 $^{13}C/^{12}C$의 동위원소 비율은 지구의 고대 환경에서 생명 활동이 있었는지 없었는지에 대한 증거로 사용된다. 35억 년 된 암석에 있는 유기 C는 독립영양생물이 그 시대에 존재하였다는 생각을 지지하는 동위원소 분획을 나타낸다 (그림 19.30). 사실 우리는 지금 지구상에 최초의 생명체가 이보다 약간 앞선 약 38~39억 년 전에 나타났다고 믿고 있다 (1.3절, 13.1절).

황산염 환원세균의 활성은 황화물 내 S의 안정 동위원소 분획으로 쉽게 알 수 있다 (**그림 19.31**). 황화수소(H_2S) 표준물질과 비교하면, 퇴적형 황화수소(H_2S)에는 ^{32}S가 고도로 농축되어 있다 (^{34}S는 대폭 감소되어 있음. 그림 19.31). 황산염 환원이 일어나는 동안 이루어진 분획에 의해 생물학적으로 생성된 S를 동정할 수 있으며, 지질연대를 거치며 일어난 황 순환에 관여한 세균과 고균의 활성을 추적하는 데도 널리 사용된다. 또한 황 동위원소 분석은 달에 생명이 없다는 사실을 증명하는 데도 이용되었다. 예를 들어, 그림 19.31에 나와 있는 자료는 달에 존재하는 암석의 황화물 동위원소의 구성이 황화수소(H_2S) 표준물질의 동위원소 구성과 대단히 유사하다는 것을 보여주는데, 황화수소(H_2S) 표준물질의 동위원소 구성은 초기 지구의 상태를 나타내며 미생물학적으로 생산된 H_2S의 그것과는 다르다.

안정 동위원소 탐침

안정 동위원소 분획을 넘어 **안정 동위원소 탐침 (stable isotope probing, SIP)**이라 불리는 대체 안정 동위원소 방법을 사용하여 ^{13}C 또는 ^{14}N 심지어 ^{18}O과 같은 (이 원소들의 보다 가벼운 일반적인 동위원소는 각각 ^{12}C, ^{14}N 및 ^{16}O임) 특정의 무거운 안정 동위원소로, 표지된 영양분의 전환을 수행하는 생물 또는 생물들을 동정할 수 있다. SIP의 이면에 있는 아이디어는 표지물질은 활발하게 영양 대사하는 생물의 세포 물질에만 선택적으로 통합될 것이라는 것이다. 그런 다음 동위원소로 표지된 DNA를 분리하여 염기서열을 결정하여 전환을 수행하는 생물을 동정할 수 있다.

안정 동위원소 탐침을 이용하여 일반적인 현상에서 특수한 현상까지 탐구할 수 있다. 예를 들어, 만일 ^{13}C 표지된 안식향산을 퇴적물 시료에 첨가하고 적당한 기간 배양하면 ^{13}C 표지는 결국 안식향산염을 대사한 생물 (또는 생물들)의 DNA에 들어가게 된다 (**그림 19.32**). 따라서 시료에서 모든 DNA가 분리되더라도 ^{13}C-DNA는 더 무겁다, 물론 ^{12}C-DNA보다 약간 더 무거울 따름이지만 이러한 차이는 특별한 유형의 원심분리기술로 DNAs를 분리하기에 충분하다 (그림 19.32). 일단 ^{13}C-DNA가 분리되면 계통 유전자와 대사 유전자에 대하여 분석하여 시료 내의 안식향산 분해자(들)에 관한 유전체 정보를 얻을 수 있다. 만일 유기 화합물 대신에 실험적 연구가 질소고정 (N_2의 세포 질소로의 전환, 14.6절)에 초점을 맞추었다면 $^{15}N_2$를 시료에 공급할 수 있을 것이다. 시료 내의 질소고정생물들이 이것을 통합하면 그들은 질소를 고정하지 못하는 생물보다 약간 무거운 DNA를 생성할 것이며, 무거운 DNA를 분리하여 관심있는 유전자를 분석할 수 있다.

또한 SIP는 메타유전체학과 함께 사용하여 모든 다른 종과의 관

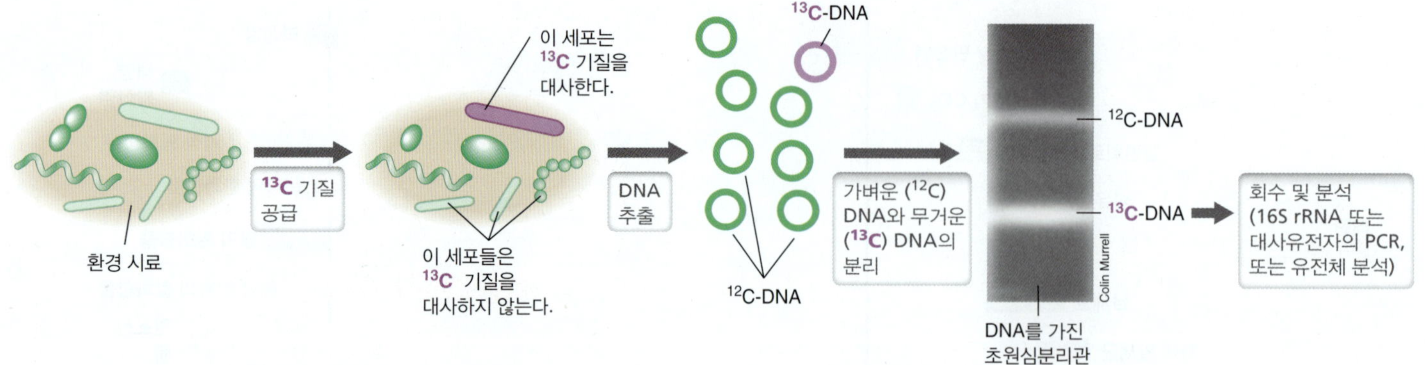

그림 19.32 안정 동위원소 탐침. 환경 시료의 미생물 군집에 ^{13}C-기질을 섭취시킨다. 이 기질을 대사할 수 있는 생물은 생장하고 분열하면서 ^{13}C-DNA를 생성한다. ^{13}C-DNA는 밀도구배원심분리에 의해 더 가벼운 (^{12}C) DNA로부터 분리할 수 있다 (사진). 그 다음 이렇게 분리된 DNA에 대하여 특정 유전자 분석이나 전체 유전체 분석을 수행한다.

계 속에서 특정 대사 (SIP 결과로부터)를 수행하는 생물과 시료에 존재하는 대사를 정확하게 찾아낼 수 있다 (메타유전체학 결과에 의해 밝혀진 대로). SIP 결과로부터 계통적 "발견"뿐 아니라 표지 DNA의 추가적인 유전체 분석을 통해, 특정 대사에 필요한 기능유전자를 밝혀낼 수 있다. 더욱이 SIP 실험에서 얻은 계통학적, 기능적 결과는 메타유전체 프로파일에서 추가적으로 확인이 가능하다.

미니퀴즈

- 달의 황화물이 원시 지구의 황화물과 동위원소에 있어 유사한데 그 이유에 대한 가장 간단한 설명은 무엇인가?
- 메탄 영양세균 (CH_4를 소비하는 세균)의 예상되는 탄소 동위원소 구성은?
- 미생물 군집 구성원 간의 대사산물의 교환이 SIP 실험의 해석을 어떻게 복잡하게 만들 수 있는가?

19.11 특정 생물과 기능의 연계

지금까지 설명한 동위원소 방법에서는 특정 대사가 군집 내에서 또는 군집 내의 특정 종에서 일어나고 있다는 것을 많은 수의 세포가 포함된 시료를 사용하여 추정하였다. 이러한 방법에 의하면 군집 활성에 대한 개략적인 정보를 얻을 수 있으나 개별 세포들의 기여는 규명할 수 없다. 이러한 문제를 해결하기 위해서 단일 세포에 대하여 활성, 그리고 원소 및 동위원소 구성을 측정할 수 있는 새로운 동위원소 방법이 개발되었다. 이것은 특정 미생물 개체군의 세포를 특정 활성 또는 생태적 지위와 연결시키는 강력한 방법이지만 대부분의 경우, 관심있는 생물의 계통을 반드시 알아야 필요한 FISH 탐침 (19.5절)을 개발할 수 있다.

2차 이온질량분석기(SIM)에 의한 단일 세포의 대사 영상

2차 이온질량분석기(*secondary ion mass spectrometry, SIMS*)는 초점을 맞춘 고에너지 1차 이온빔, 예를 들어 세슘(Cs^+)과 같은 이온빔 아래 시료를 놓고 그로부터 방출되는 이온의 검출에 기초하고 있다. 생성된 데이터로부터 방출된 물질들의 원소와 동위원소 구성을 알 수 있다. 1차 이온빔이 시료에 충격을 주면 대부분의 화학적 결합은 붕괴되고 원자와 다원자(polyatomic) 파편이 표면의 매우 얇은 층 (1~2 nm)으로부터 중성입자 혹은 전하입자 (2차 이온)의 형태로 튀어나오는데 이 과정을 스퍼터링(*sputtering*)이라 한다. 이 2차 이온은 질량분석기로 향하는데 이 분석기에 의해 이온의 비전하(mass-to-charge)율을 결정할 수 있다.

NanoSIMS 분석기는 단일 세포의 정보를 얻기 위해서 설계된 SIMS이다. 이 기기는 Cs^+ 이온에 대해서는 50 nm, O_2 빔에 대해서는 200 nm의 해상도를 가진 Cs^+과 O_2의 일차 빔 공급원이 장착되어 있다. Cs^+ 빔은 주요 세포 요소 (C, N, P, S, O, H)와 할로겐의 분석을 위하여 음성의 2차 이온을 생성하는 데 반하여, O_2 빔은 양성의 2차 이온을 생성하며 금속 (예, Fe, Na, Mg)을 분석하는 데 사용된다. NanoSIMS 분석기는 또한 시료에서 이온빔이 어디로 향하는지를 기록하여 시료 표면에서 특정 이온의 분포에 대한 2차원 이미지를 얻는다. 뿐만 아니라 스퍼터링 과정을 반복하는 동안 이온빔을 동일 지점에 초점을 맞추면 물질이 천천히 연소되어 시료의 더 깊은 부위를 노출시킬 수 있다. 이러한 높은 해상력을 갖는 SIMS 분석이 *NanoSIMS*이라는 용어가 비롯된 유래이다. NanoSIMS 분석기는 다중 검출기를 가지고 있어 같은 시료로부터 나온 서로 다른 이온들의 비전하율을 동시에 분석할 수 있다 (**그림 19.33*a***).

NanoSIMS을 *FISH-SIMS*라 불리는 기술을 사용하여 FISH와 결합시키면 (19.5절), 서로 다른 원소, 자연 동위원소, 또는 동위원소로 표지된 기질이 특정 세포 개체군의 개별 세포로 통합되는 것을 추적할 수 있다. NanoSIM에 의해 스캔한 세포의 동정을 간단히 수행할 수 있는 FISH-SIMS 방법의 변법은 탐침자가 부착된 할로겐화합물 (Br, FI, I)의 증착(deposition)을 이용한다. 이때 할로겐화합물을 올리고뉴클레오티드 탐침자로 직접 통합시키거나 할로겐화합물-포함 티라미드 기질(CARD-FISH, 19.5절)을 사용한다. 할로겐은 다른 원소에 비해 높은 이온화 수득률을 가지며 따라서 검

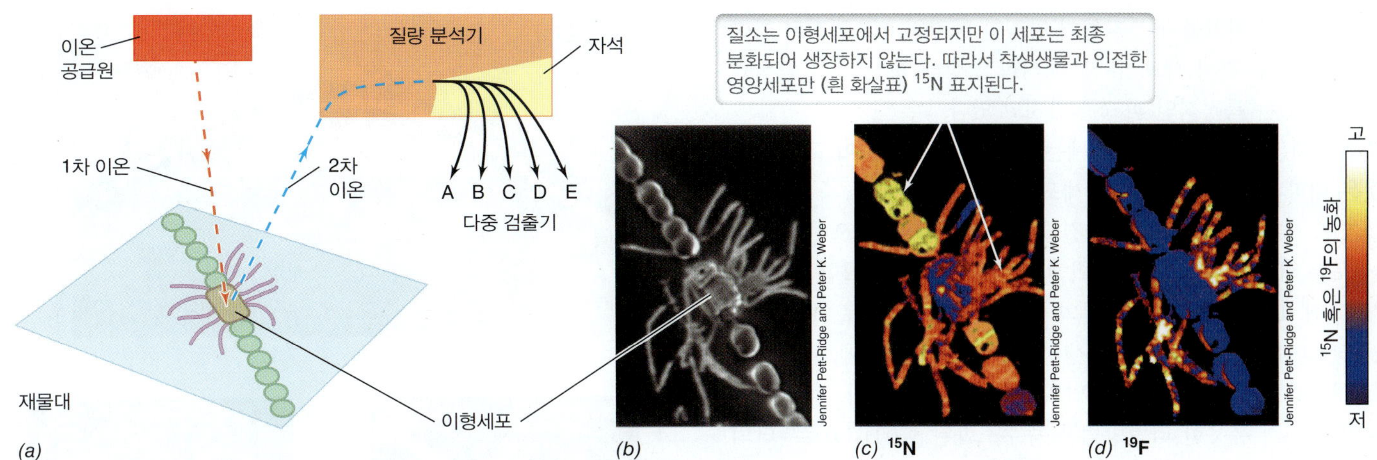

그림 19.33 NanoSIMS 기술. *(a)* NanoSIMS 작동의 모식도는 1차 (붉은색)와 2차 (청색) 이온빔과 각각 서로 다른 비전하 이온을 동정하는 다섯 개의 검출장치를 보여준다. 사상형 남세균(*Anabaena*)에서 남세균의 이형세포에 부착되어 있는 *Rhizobium* 종으로의 종간 영양 전달의 설명 예시. 공동배양을 $^{15}N_2$로 배양하고 ^{15}N 표지된 화합물이 *Anabaena*에서 *Rhizobium*로 전달되는 것을 EL-FISH와 NanoSIMS의 조합을 사용하여 영상화하였다. *(b)* 전체 ^{12}C 풍부도는 회색으로 표시하였다. *(c)* ^{15}N 농화. *(d)* ^{19}F 풍부도는 부착된 *Rhizobium* 세포에만 혼성화 (EL-FISH)하는 탐침자에 의해 주어진다.

출이 쉽고 전형적으로 자연계에서 낮은 풍부도를 갖는다. 이 기술을 사용하는 NanoSIMS 검출기 중 하나는 할로겐 이온화에 의해 탐침자가 혼성화 (그림 19.33*d*)되는 세포를 동정하는데 사용되는 반면에, 나머지 검출기는 원소 조성 (그림 19.33*c*)을 평가하는 데 쓰인다.

뛰어난 공간적 해상도 때문에 점차 NanoSIMS는 상호작용하는 미생물의 단일 세포 간의 대사산물의 전달을 관찰하는 데 사용되고 있다. 예를 들어, $^{15}N_2$로 표지한 후 NanoSIMS을 사용하여, 부착되어 있는 종속영양세균으로 사상형의 남세균에 의해 고정된 N_2가 전달되는 것을 증명하기 위해 사용되었다 (그림 19.33*c*). $^{15}NH_4$, ^{13}C 표지된 CO_2 또는 유기 기질에 표지하는 방법은 수서와 토양 환경에서 생물 종간에 핵심영양소의 동화와 대사산물의 전달을 탐구하는 데 이용되고 있다.

라만미세분광법

라만미세분광법(*Raman microspectroscopy*)은 레이저에 의해 생성된 단색광을 비파괴 조사함으로써 단일 세포의 분자와 동위원소 구성의 특성 규명에 사용할 수 있다. 라만미세분광법은 분광법의 일종으로 산란광을 측정하여 정성적, 정량적 결과를 둘 다 얻을 수 있다. 구성 분석은 세포 구성요소와 상호 작용 후에 일어나는 광자의 산란에 기초한다. 산란된 광자의 대부분은 입사광자와 동일한 에너지를 갖지만 파장이 변동되어 산란된 광자의 작은 분획의 파장 (입사 파장에 비례하여)이 더 긴 파장 [스톡스 라만 현상(*Stokes Raman scattering*)으로 알려진 산란] 혹은 더 짧은 파장 [반 스톡스 산란(*anti-Stokes scattering*)]으로 바뀐다.

라만미세분광계는 좀 더 많은 스톡 산란 광자를 분리해내서 분석하고, 공초점 현미경법과 조합하면 (1.7절) 단일 미생물 세포의 구성 스펙트럼을 생성할 수 있다 (**그림 19.34**). 스펙트럼은 복

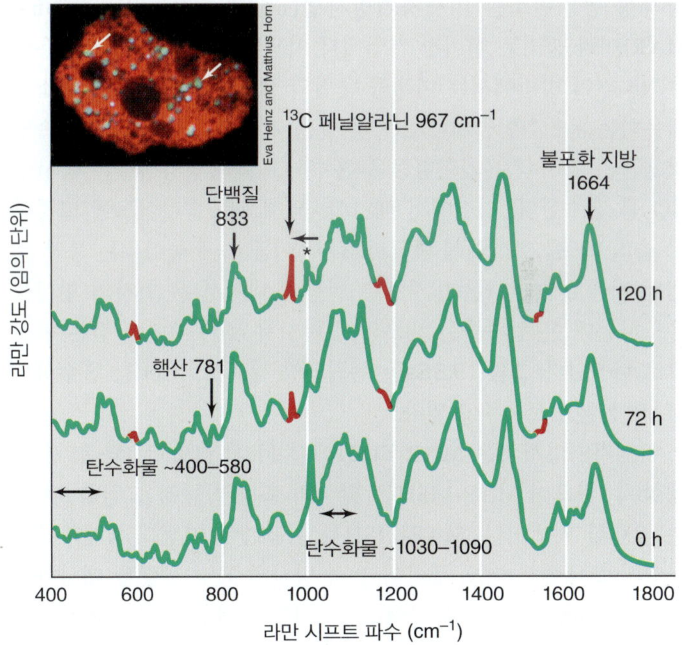

그림 19.34 단일 세포의 라만미세분광 분석. FISH 염색한 클라미디아 공생체 (삽입 사진, 화살표는 푸른색의 클라미디아 세포들을 가르침)를 포함하는 *Acanthamoeba* 세포와 분리된 클라미디아 세포의 라만 분광학. ^{13}C 페닐알라닌을 함유하는 배지에서 72시간 및 120시간 배양한 후 아메바의 용해에 의해 공생체가 방출되었고 그들의 라만 스펙트럼이 기록되었다. 표지된 페닐알라닌에 대한 진단 피크가 빨간색으로 나타나 있다. 967 cm^{-1}에서의 ^{13}C 페닐알라닌 라만파수는 다른 스펙트럼 특성에서 잘 구분되기 때문에 967 cm^{-1} (표지 페닐알라닌) 피크 면적에 대한 1003 cm^{-1} (*에 비표지 페닐알라닌)의 비율이 단일 세포에 의해 혼입된 표지 페닐알라닌 (시간에 따라 어떻게 증가하는지 주목)의 상대적 양에 상응한다. 다른 붉은색 피크는 ^{13}C 페닐알라닌에 있는 서로 다른 화학 결합에 특이적인 스펙트럼 피크에 상응한다. 또한 선별된 피크와 공생체의 다른 세포 구성요소에 대한 라만파수가 나타나 있다.

잡하지만, 여러 화합물과 분자들이 안정한 동위원소로 표지된 화합물을 혼입한 후 특정 세포 유형, 생리학적 상태 또는 대사 활성을 확인할 수 있는 특징적인 피크를 가지고 있다.

라만미세분광법의 주요 장점에는 다음과 같은 것들이 포함된다. 이것은 비파괴성이며 살아있는 세포에 사용할 수 있다. 즉 물은 간섭을 일으키지 않는다. FISH와 결합하여 사용할 수 있으며 관심있는 세포는 레이저 핀셋으로 포획해서 (19.3절) 추가 실험을 할 수 있다. 그림. 19.34에 나타난 라만의 예에서 ^{13}N과 ^{13}C 로 표지한 페닐알라닌 (아미노산)을 아메바 생장배지에 첨가한 후에, 클라미디아 절대공생체에 의한 페닌알라닌의 흡수를 추적하였다. 덜 특이적이지만 여전히 유용한 라만방법은 중수소화된 물(^2H_2O)로부터의 무거운 양성자의 혼입에 기초한다. 물은 많은 생화학 반응에서 반응물이기 때문에 무거운 수소 원자를 흡수하는 대사가 활발한 미생물은 라만미세분광법으로 동정할 수 있으며, 단일 세포 유전체 규명을 포함한 추가 분석을 진행할 수 있다 (19.12절).

FISH와 결합한 방사성 동위원소: 미세자기방사 FISH

방사성 동위원소는 **미세자기방사법(microautoradiography, MAR)**이라 불리는 현미경 기법에서 미생물 활성의 측정에 사용될 수 있다. 이 방법에서는 미생물 군집의 세포를 방사성 동위원소를 함유하는 유기화합물이나 CO_2와 같은 기질에 노출시킨다. 종속영양생물은 방사성 유기화합물을 흡수하고 독립영양생물은 방사성 CO_2를 흡수한다. 기질에서 배양한 후 세포를 슬라이드에 고정하고 슬라이드를 현상액에 담근다. 잠시 어둠 속에 놓아두는 동안 혼입된 기질로부터 나온 방사능은 현상액 내에서 은 입자의 형성을 유도하는데 은 입자들은 세포와 겹쳐져서 혹은 주변에 검은 반점으로 나타난다. **그림 19.35a**는 독립영양 세포가 $^{14}CO_2$를 흡수하는 MAR 실험을 보여주고 있다.

미세자기방사법은 **MAR-FISH**에서 FISH (19.5절)와 함께 수행할 수 있으며 MAR-FISH는 활성의 측정과 동정을 겸할 수 있는 강력한 기법이다. MAR-FISH를 이용하여 미생물 생태학자는 자연시료 내에서 어느 생물이 특정 방사성 표지 물질을 대사하는지를 결정하고 (MAR에 의해), 대사하는 생물을 동시에 동정하는 (FISH에 의해) 두 가지를 다 수행할 수 있다 (그림 19.35). 따라서 FISH-MAR에 의한 계통학적 동정을 넘어서 한 단계 더 나아가, NanoSIMS의 경우와 같이, 생태계의 생물에 관한 생리학적 정보도 얻을 수 있다. 이러한 정보는 미생물 생태계의 활성을 이해하는 데 유용할 뿐만 아니라 농화 배양을 하는 데도 도움을 준다. 예를 들어, 자연 시료에서 어떤 특정 기질을 대사하는 생물의 계통과 형태에 관한 지식은 그 미생물을 분리하기 위한 농화 배양 실험을 설계하는 데 사용할 수 있다. 뿐만 아니라, 단일 세포가 소비한 기질의 양을 은입자로 계수하여 FISH-MAR 결과를 정량화할 수 있어 군집 내의 활성 분포를 설명할 수도 있다. 이 기술은 적합한 방사성 동위원소의 가용성에 의해 제약을 받는다. 예를 들어, C 표지 기질이 잘 작동하더라도 동위원소 ^{13}N은 매우 짧은 반감기를 가지므로

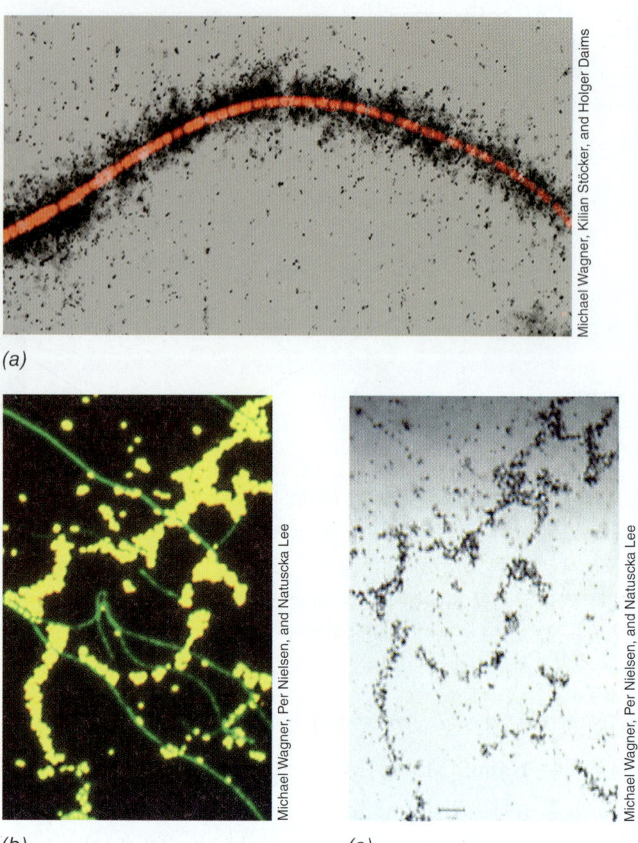

그림 19.35 MAR-FISH. 미세자기방사법(MAR)과 결합된 형광현장 혼성화(FISH). *(a)* 배양되지 않은 사상형 세포는 감마프로테오박테리아에 속하며 (FISH에 의해 밝혀짐), 독립영양생물 (MAR에 의한 $^{14}CO_2$의 흡수 측정으로 밝혀짐)임을 보여준다. ^{14}C의 방사능을 현상액에 감광시키면 검은 반점이 형성된다. *(b) Escherichia coli* (노란색 세포)와 *Herpetosiphon aurantiacus* (사상형, 녹색세포)의 혼합 배양에 의한 ^{14}C-포도당의 흡수. *(c)* MAR에 의해 관찰된 *(b)*와 동일 시야의 세포들. 혼입된 포도당의 방사능을 필름에 감광시키면 포도당은 주로 *E. coli*에 의해서 동화되었음을 보여준다.

MAR-FISH를 사용하여 N의 통합을 추적하는 것은 가능하지 않다. 그러나 우리가 앞서 본 것처럼 (그림 19.33), NanoSIMS으로 비방사성 ^{15}N을 사용하여 N의 혼입을 추적하는 것은 가능하다.

미니퀴즈

- NanoSIMS은 어떻게 질소고정세균을 동정하는 데 사용할 수 있는가?
- 왜 라만미세분광법이 미생물의 선택적 분리에 적합하고 NanoSIMS은 적합하지 않은가?
- MAR-FISH는 미생물 다양성과 미생물 활성을 어떻게 연계시키는가?

19.12 유전자 및 세포 특성의 개별 세포와의 연계

우리는 앞 절에서 FISH와 MAR를 또는 FISH와 NanoSIMS를 함께 사용하여 미생물의 다양성과 활성 두 가지 모두를 분석할 수 있는 방법을 살펴보았다. 단일 세포의 DNA 유전체 염기서열을 결정할 수 있는 진보된 DNA 염기서열 결정 방법을 함께 사용하면

(☞ 9.12절), 이 기술들은 오늘날 미생물 생태학의 최첨단에 있다. 대용량처리 분석과 결합된 단일 세포 염기서열결정 기술의 향상과 유동세포계수법에 의한 단일 세포의 분리는 이제 환경 내의 선택된 개체군과 단일 세포에 대하여 유전자 동정과 선택적 생리학적 분석 (즉, 크기와 내재적 형광)을 가능하게 한다.

유동세포계수법과 다중변수 분석

자연 미생물 군집은 매우 크기 때문에 현미경에 의존하는 방법에 의해서는 전체 군집의 매우 적은 부분만을 관찰할 수 있다. 현미경에 의해 세포를 계수하여 세포 수를 평가하는 것은 어려우며 이러한 문제는 개체군이 낮은 수로 존재한다면 더 심각하다. 그러나 유동세포계수법 (9.13절)은 노동집약적인 현미경적 방법에 대해 하나의 대안을 제시한다.

유동세포계수법은 세포가 초당 수천 개의 비율로 검출기를 통과할 때 크기, 모양 또는 형광성과 같은 세포의 특정 변수를 관찰한다 (**그림 19.36**). 형광성은 내재적 (예, 광영양미생물의 엽록소 형광)일 수 있으며 혹은 DNA 염색, 산세포 대 죽은 세포의 분별염색 (생세포 염색), 그리고 형광 DNA탐침자 (FISH)에 의한 것일 수 있으며 이 장에서 논의된 모든 방법에 의해 주어질 수 있다.

유동세포계수법의 주요 장점은 다중변수 분석(*multiparametric analyses*)이 가능하다는 것, 다시 말해서 미생물 시료를 분석하거나 특정 개체군을 발견하기 위해서 세포를 선별할 때 여러 개의 변수를 결합할 수 있다는 것이다. 이러한 좋은 예가 1980년대 말, *Prochlorococcus* 속의 모든 종으로 구성된 새롭고도 풍부한 해양성 남세균 군집의 발견이다. 또 *Prochlorococcus* 세포는 다른 일반적

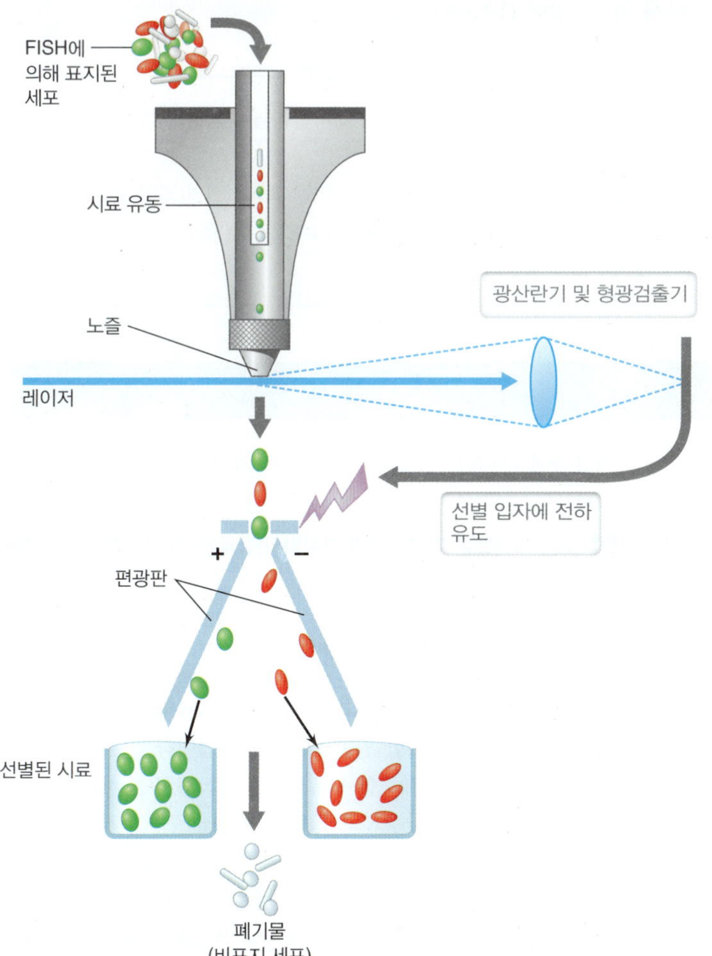

그림 19.36 유동 세포 계수법에 의한 세포 선별 액체 흐름이 노즐을 나올 때 단일 세포만을 가지는 비말로 부서진다. 원하는 세포 종류 (형광이나 빛 산란 장치에 의해 검출된)를 포함하는 비말은 전하를 주어 양성 또는 음성으로 부하된 편향판에 의해 방향을 조정해서 수집관 또는 미세적정판 (microtiter plate)으로 모은다.

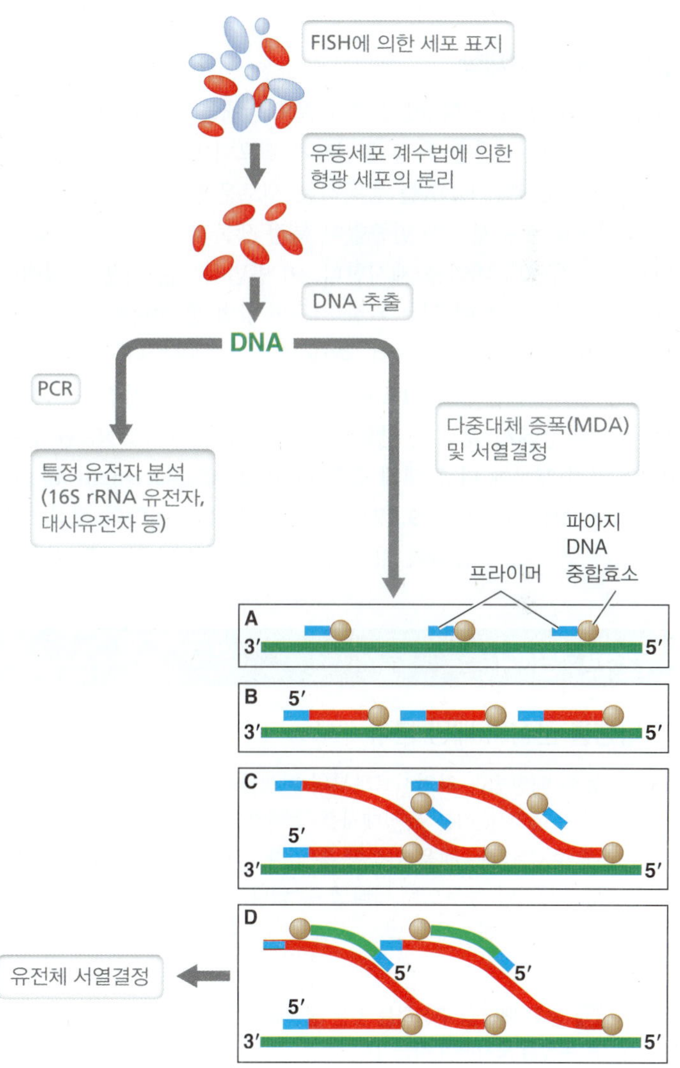

그림 19.37 선별된 세포의 유전적 분석. FISH 표지하여 세포유동계수법에 의해 선별한 후 특정 개체군 세포로부터 DNA를 회수한다 (그림 19.36). DNA는 특정 유전자의 PCR 증폭과 염기서열 결정으로 특징을 규명하거나, 또는 다중 대체 증폭(MDA)에 의해 전체 유전체를 증폭한 후 염기서열을 결정하여 특징을 규명한다. MDA에서는 전체 유전체 염기서열 결정에 충분한 양의 DNA를 무작위적인 염기서열을 갖는 짧은 DNA를 프라이머로 사용하여 (A) 박테리오파아지 DNA 중합효소에 의해 유전체 복제를 시작하여 얻는다. 박테리오파아지 중합효소는 유전체의 여러 지점으로부터 DNA를 복제하고 또한 새로 합성된 DNA를 대체한다 (B, C). 이렇게 하여 또다시 DNA를 방출하고 프라이머 결합과 (D) 중합반응을 시작한다.

인 해양성 남세균인 *Synechococcus*보다 더 작고 형광 특성이 다르다. 크기와 형광물질의 차이에 기초하여 유동세포계수법으로 이 두 개체군을 분석하여, *Prochlorococcus*는 10^5 cell/ml보다 더 큰 농도에 이르며, 남위 40도와 북위 40도 사이의 해수에서 우점하는 산소발생형 광합성 생물임이 밝혀졌다. 또한 메타유전체학을 사용하여 *Prochlorococcus*의 서로 다른 자연 개체군의 고유한 유전체적 특징들을 규명했다 (그림 19.23). 또 이러한 발견에 기초하여 *Prochlorococcus*는 지구상에서 가장 풍부한 광합성 생물이라는 결론이 도출되었다. 우리는 20.10절에서 *Prochloroccus* 생물학을 더 자세히 논의한다.

단일 세포 유전체학

PCR 기반의 유전자 회수방법에서 주요 장애물은 증폭에서 사용되는 프라이머와 반응할 특정 유전자가 필요하며 분석 전에 동정해야 한다는 것이다. DNA를 증폭하는 새로운 방법은 이제 PCR에 의해 비롯되는 문제점과 편중없이 특정 생물과 특정 유전자를 연계시키는 하나의 대안을 제시한다. 이 방법에서는 미생물 생태학자의 도구상자에 들어 있는 가장 최근의 방법 중 하나인 단일 세포 유전체학(*single-cell genomics*) (9.12절)을 사용한다.

유동세포계수법 (그림 19.36)과 같은 세포 선별 기법을 사용하여, 자연환경에서 분리된 단일 세포로부터 염색체 DNA를 증폭할 수 있기 때문에 **다중 대체 증폭(multiple displacement amplification, MDA)** (**그림 19.37**)이 단일 세포 유전체학의 핵심이다. MDA는 염색체의 임의의 지점에서 세포 DNA의 복제를 시작하기 위해 특정 박테리오파아지 DNA 중합효소를 사용하며 각 중합효소 분자가 새로운 DNA를 합성하면서 상보적인 가닥을 대체한다. 이 중합효소는 강력한 가닥 대체 활동을 통하여 무수한 고분자 DNA 산물을 합성한다. 증폭으로 만들어진 유전체 복제 수는 차세대 염기서열 결정 시스템을 사용하여 완전하거나 거의 완전한 유전체 염기서열을 결정하기에 충분하다. 이러한 방식으로 계통과 대사 기능 모두를 유전체 염기서열에서 추론할 수 있으며 PCR은 필요로 하지 않는다.

예측할 수 있던 것처럼, MDA는 DNA의 오염을 제거하기 위해 순도를 엄격하게 통제하는 것이 요구되지만 대용량 DNA 염기서열 결정 방법과 함께 사용하면 특정 대사 기능을 실험실에서 배양된 적이 없는 개별 세포와 연계 시키는 강력한 도구를 제공한다. 이러한 비배양 생물의 대사 능력에 관한 정보는 고전적인 농화 배양과 분리 방법 (19.1, 19.2절), 또는 개별 세포를 분리하기 위해 현재 이용할 수 있는 몇 개의 단일 세포 분리 배양 기술 중 어느 것에 의해 이들을 회수하는 전략을 개발하고 이들을 실험실에서 자라게 할 수 있다 (19.3절).

미니퀴즈

- 안정 동위원소 탐침에 의해 특정 대사과정을 수행하는 생물의 정체를 어떻게 밝힐 수 있는가?
- 단일 세포 유전체 분석을 위해서는 어떤 핵심적인 방법이 필요한가?
- 현미경법과 비교하여 미생물 군집의 특징을 규명하는 데 있어 유동세포계수법의 장점과 단점은 무엇인가?

단원 정리

I • 미생물 군집의 배양 분석

19.1 농화 배양법은 자연시료로부터 미생물을 얻는 방법이다. 성공적인 농화와 분리는 특정대사를 수행하는 어떤 미생물이 시료 내에 존재한다는 것을 입증할 수 있다. 그러나 그 미생물의 생태적 중요성이나 풍부도는 나타낼 수 없다. 시료를 희석한 후 농화를 하면 흔히 희석하지 않은 시료로 농화하는 경우와는 다른 생물을 얻는다.

Q 농화 배양을 구성하는 것은 정확히 무엇인가? 효과적인 농화 배양은 무엇을 모사해야 하는가?

19.2 일단, 농화 배양이 성공적으로 이루어지면 획선평판법, 한천희석법, 액체희석법을 포함하여 전통적인 미생물학적 방법에 의해 순수 배양을 얻을 수 있다.

Q 농화 배양을 성공적으로 시작하기 위한 적절한 접종원을 사용하는 방법을 설명하라.

19.3 단일 세포를 분리하고 배양하는데 여러 가지 방법을 사용할 수 있다. 레이저 핀셋은 현미경 시야에서 세포를 분리하고 오염물로부터 옮길 수 있다. 유통세포계수법은 대용량처리 배양 기술과 함께 사용하여 분리한 세포를 다양한 배양 배지에서 동시에 배양하여 분리한 세포의 생장에 최적의 자원과 조건을 밝힐 수 있다.

Q 모든 미생물은 기본지위와 현실지위를 갖는다고 생각된다. 기본적 지위는 현실지위와 어떻게 다른가?

II • 미생물 군집의 비배양 현미경 분석

19.4 DAPI, 아크리딘 오렌지, 그리고 SYBR Green은 자연 시료 내의 미생물을 정량하기 위한 일반적인 염색방법이다. 일부 염색법으로는 산세포와 죽은 세포를 구별할 수 있다. GFP는 세포를 자가 형광성으로 만들어 환경으로 도입된 세포를 추적하거나 유전자 발현을 보고하는 수단이다. 자연계 시료에서는 형태적으로 같은 세포들이 사실은 유전적으로 서로 다를 수 있다.

Q DNA를 염색하는 염료에는 무엇이 있는가? 이러한 염색법을 사용할 때, 배경 염색이 문제가 되는가?

19.5 FISH 방법은 핵산탐침자의 기능과 형광 염색제를 함께 사용하는 것으로 따라서 염색 특성에 있어 매우 특이적이다. FISH 방법에는 계통염색과 CARD-FISH가 포함된다.

**Q 환경에서 매우 느리게 생장하는 미생물의 특성을 규명하는 데에

FISH보다 CARD-FISH가 더 적합한 이유는 무엇인가?

III • 미생물 군집의 비배양 유전적 분석

19.6 중합효소연쇄반응(PCR)은 rRNA 유전자나 핵심적인 대사 유전자와 같은, 특정 표적 유전자를 증폭하여 군집 구조와 잠재적 기능 분석에 사용할 수 있다. DGGE와 T-RFLP는 군집 내 종의 서로 다른 변이체를 동정할 수 있다. ARISA는 16S와 23S rRNA 유전자를 분리하는 내부의 전사 스페이서 영역의 증폭으로 제한된다.

Q ARISA와 T-RFLP 중 어느 방법이 미생물 군집의 복합체에 관해서 더 세부적인 정보를 제공하는가? 이유는?

19.7 수천 개의 DNA 탐침자로 구성된 Microarry는 군집을 조사하여 주요 생화학적 과정을 암호화하는 유전자는 물론 특정 계통 그룹을 탐색하는 데 사용한다.

Q 복잡한 미생물 군집에서 희귀한 개체군을 동정하는 데 대용량처리 염기서열 분석보다 마이크로어레이가 우수한 이유는 무엇인가? 미생물 군집 분석을 위한 FISH와 계통칩의 장점과 한계는 무엇인가?

19.8 환경유전체학 (메타유전체학)은 복제 (직접 염기서열분석은 제외), 염기서열분석, 그리고 미생물 군집에 존재하는 생명체의 집단 유전체의 분석에 기초한다. 메타전사체학과 메타단백질체학은 각각 mRNA와 단백질에 초점에 맞춰진 메타유전체학의 파생분야이다.

Q 환경유전체학이 어떻게 새로운 생명체에서 알려진 물질대사를 발견했는지에 대한 한 가지 예를 들어라. 새로운 생화학적 특성을 발견하기 위해서 환경유전체학을 사용하는 것이 어려운 이유는?

IV • 자연계 미생물 활성의 측정

19.9 자연시료의 미생물 활성은 방사성 동위원소와 마이크로센서를 이용하거나 혹은 함께 사용하여 매우 민감하게 측정할 수 있다. 이 측정에 의해 미생물 군집의 순 활성을 알 수 있다.

Q 미생물 생태학 연구에서 방사성동위원소 방법의 주요 장점은 무엇인가? 광영양성 세균에 의한 $^{14}CO_2$의 혼입이나 혹은 황산염 환원 세균에 의한 $^{35}SO_4^{2-}$의 환원을 증명하기 위한 방사성동위원소 실험에서, 어떤 유형의 대조 실험 (적어도 두 가지)을 포함시켜야 하겠는가?

19.10 더 무거운 형태의 원소에 의한 동위원소 분획의 결과에 의해 자연계의 방사성 동위원소 구성에 의해 다양한 물질의 형성에 관련된 생물학적 기원 및/ 또는 생화학적 기작을 규명할 수 있다. 동위원소 분획은 효소가 기질과 결합할 때 원소 중 무거운 형태를 차별하는 효소 활성의 결과로 일어난다. 안정 동위원소 탐침(SIP)은 자연에 풍부하지 않은 동위원소로 표지된 화합물을 사용하여 군집에 첨가된 화합물을 대사하고 동화하는 미생물을 동정한다.

Q 독립영양생물은 그들 세포의 유기화합물 안에 그들이 먹이로 하는 CO_2에 존재하는 것보다 ^{12}C를 더 많이 함유할까? 혹은 적게 함유할까? $^{15}NO_3^-$를 사용하는 SIP은 질소호흡을 하는 세균을 동정하는 데 왜 유용하지 않을까?

19.11 NanoSIMS, MAR-FISH, 그리고 라만미세분광기와 같은 다양한 첨단 기술은 자연계 미생물 군집에서 단일 세포의 대사 활성, 유전자 함량 및 유전자 발현을 측정 가능하게 하였다. MAR-FISH 방법은 계통학적 동정 (FISH)과 더불어 방사성 표지된 기질의 흡수 (MAR)를 함께 사용하는 데 반하여, NanoSIMS은 이차적인 이온 질량분석기 기술을 사용한다. 라만미세분광법은 환경에서 대사 활성을 갖는 미생물을 동정하기 위한 비파괴 방법이다 (세포 생존력 유지).

Q FISH-MAR는 FISH만으로는 할 수 없는 어떤 것을 우리에게 알려 주는가? 자연계의 군집 내에서 새로운 메탄 소비 세포를 동정하기 위해 SIP와 NanoSIMS를 어떻게 조합하겠는가?

19.12 유동세포계수법은 세포 선별과 함께 사용하여 자연 환경에서, 수천 개의 단일 세포의 기본 세포 특성 (크기, 모양) 또는 유전자 내용 (특수 형광 탐침자 사용)을 평가할 수 있다. 단일 세포 유전체학은 자연 미생물 군집에서 분리한 개별 세포의 유전체를 분석하는 방법, 예를 들어, 유동세포계수법을 함께 사용한다.

Q 해양세균 중 소수로 존재하는 개체군에서 유전체 서열 변이를 평가하기 위해 유동세포계수법을 어떻게 사용하겠는가?

응용 문제

1. 토양에서 황산화세균의 활성을 측정하기 위한 실험을 설계하라. 만일 존재하는 황산화세균 중 특정의 종만이 대사가 활발하다면, 여러분들은 이것을 어떻게 설명할 수 있겠는가? 당신이 측정한 활성이 생물학적 활동에 기인했다는 것을 어떻게 입증할 수 있겠는가?

2. 고균이 호수의 물 시료에 존재하는지 알고 싶으나 어떤 배양에도 성공하지 못했다면, 이 장에서 설명한 방법들을 이용하여, 시료에 고균이 존재하는지 여부를 어떻게 결정할 수 있겠는가? 만일 존재한다면, 호수 물에 있는 고균 세포의 비율은 얼마일까?

3. 다음 문제를 해결하기 위한 실험을 설계하라. 무산소 호수 퇴적물에서 메탄생성 ($CO_2 + 4H_2 \rightarrow CH_4 + 2H_2O$)의 비율을 결정하고, H_2 제한 여부를 결정하라. 또한 우점하는 메탄생성균의 형태를 조사하라 (이들이 고균이라는 것을 상기하라, 17.2절). 마지막으로, 퇴적물에서 전체 고균과 전체 원핵생물의 개체군에서 우점하는 메탄생성균의 백분율을 계산하라. 필요한 대조구를 지정하는 것을 기억하라.

4. 호수 물의 시료에서 어떤 미생물이 탄화수소 핵산(C_6H_{14})을 산화하는지를 결정할 수 있는 SIP 실험을 설계하라. 서로 다른 네 개의 종들이 메탄을 산화시킨다고 가정하면, 이 네 개의 종들을 동정하기 위하여 SIP를 다른 분자생물학적 분석방법과 어떻게 결합할 수 있겠는가?

용어 해설

Acridine orange (아크리딘 오렌지) 자연 시료의 미생물 세포의 DNA를 염색하는데 사용되는 비특이적 형광염료

DAPI 미생물 세포의 DNA를 염색하는 비특이적 형광염료로 자연 시료에서 총세포 수를 얻기 위해 사용함

Denaturing gradient gel electrophoresis (DGGE) (변성구배 겔 전기영동) 크기는 같으나 염기서열이 다른 핵산 단편들을 분리할 수 있는 전기영동 기술

Enrichment bias (농화편중) 접종원에 가장 많거나 혹은 생태학적으로 중요한 생물들이 배제되고 "잡초" 종이 농화에서 우점하기 쉬운 농화 배양의 문제

Enrichment culture (농화 배양) 자연 시료로부터 미생물을 얻기 위한 고도의 선택적인 실험실 배양방법

Environmental genomics (metagenomics) [환경유전체학, (메타유전체학)] 자연계의 미생물 군집을 규명하기 위해 이용하는 유전체적인 방법 (염기서열 결정과 유전체 분석)

Flow cytometry (유동세포계수법) 현미경적 입자들을 유액의 흐름에 현탁하여 전자 검출기에 통과시켜서 계수하고 관찰하는 방법

Fluorescent *in situ* hybridization(FISH) (형광현장혼성화) 환경의 미생물을 동정하거나 추적하기 위해서 특이적인 핵산 탐침자에 형광염료를 공유결합시켜 사용하는 방법

Fluorescent protein (형광 단백질) 녹색 형광성 단백질을 포함하여 서로 다른 색깔의 형광을 발하는 큰 그룹의 단백질 중 하나로, 유전적으로 변형된 생물을 추적하거나 특정 유전자의 발현을 유도하는 조건을 조사하는 데 사용됨

Fundamental niche (기본적 지위) 다른 종과의 경쟁으로 초래될 수 있는 자원 제한과 같은 것이 없을 때 종이 유지되는 환경의 범위

Green fluorescent protein (GFP) 녹색의 형광을 발하는 단백질로 유전적 분석에서 널리 쓰임

High-throughput culturing methods (대용량처리 배양법) 웰에 다양한 배양 배지를 담고 있는 미세적정판을 사용하여 단일 세포를 접종하고 세포의 생장 또는 목표 유전자 내용을 로봇 공법으로 측정함

Isotope fractionation (동위원소 분획) C나 S의 여러 가지 동위원소 중 더 무거운 동위원소에 대한 효소의 차별화로 더 가벼운 동위원소의 농축을 유도함

Laser tweezers (레이저 핀셋) 레이저 빔에 의해 한 개의 세포를 광학적으로 포획하여 주변의 세포들로부터 멸균된 생장 배지로 옮겨 순수 배양을 얻는 장치

MAR-FISH 미생물의 동정과 대사활성의 측정을 겸하는 기술

Metatranscriptomics (메타전사체학) RNA 서열 결정을 이용한 전체 군집 유전자 발현의 측정

Metaproteomics (메타단백질체학) 질량분석기를 이용하여 전체 군집 단백질의 발현을 측정하고 특정 유전자에 의해 암호화된 아미노산 서열에 펩티드를 지정함

Microautoradiography (MAR) (미세 자기 방사법) 세포를 현상액에 노출시켜 육안 관찰에 의해 방사성 기질의 흡수를 측정하는 방법

Microbial ecology (미생물 생태학) 미생물 상호간, 그리고 그들의 환경과의 상호작용을 연구하는 학문

Microfluidic devices (미세유체장치) 미생물의 대용량처리배양에 점차 많이 사용되는 유체 취급용 소형 시스템

Microsensor (마이크로센서) pH 혹은 O_2, H_2S 또는 NO_3^-와 같은 특정화합물을 측정하기 위한 조그만 유리 센서 또는 전극으로, 미세한 간격으로 미생물 서식지에 삽입해 넣을 수 있음

Most-probable number (MPN) technique (최확수 기법) 생장이 이루어지는 최고 희석농도를 결정하기 위한 자연 시료의 연속 희석

Multiple displacement amplification (MDA) (다중 대체 증폭) 단일 생물로부터 다수의 염색체 DNA의 복제를 만드는 방법

Nucleic acid probe (핵산 탐침자) 통상 길이가 10~20개의 염기로서, 표적 유전자 혹은 RNA의 염기서열에 상보적인 올리고뉴클레오티드

Phylotype (계통형) 계통학적 표지유전자의 염기서열과 같거나 연관성이 있는 하나 또는 그 이상의 생물

Realized niche (현실적 지위) 어떤 종이 자원 제한, 포획, 그리고 다른 종과의 경쟁 등과 같은 요인에 직면할 때 그 종을 지원하는 자연 환경의 범위

Stable isotope probing (SIP) (안정 동위원소 탐침) ^{13}C 또는 ^{15}N 형태의 기질을 공급한 후 무거운 동위원소가 농축된 DNA를 분리하여 유전자를 분석함으로써 특정기질을 흡수하는 미생물의 특징을 규명하는 방법

Winogradsky column (Winogradsky 컬럼) 호수를 모방하여 진흙을 채워 넣고 물을 중층한 컬럼으로 수개월에 걸쳐 다양한 세균이 발달함

미생물 생태계

현재의 미생물학

심해 미생물

심해대 (4000 m 이하)와 초심해대 (6000 m 이하) 같은 깊은 해양에 대한 생물학은 수 세기 동안 상상력을 자극하였다. 이 지역에 대한 연구는 매우 특수화된 장비가 요구되기 때문에 지구 생물권에서 가장 탐사가 덜 된 지역으로 남아 있다. 불과 소수의 원격 제어 잠수정(remotely operated vehicle, ROV), 자동화 수중 잠수정과 인간 탑승 잠수정만이 약 16,000 pound/inch^2 (110,000 kilopascal)에 달하는 압력이 가해지는 10,000 m 이상의 가장 깊은 해수에 잠수할 수 있다. 예를 들어, 일본의 ROV Kaiko (사진은 40% 규모의 모델)가 Mariana 해구 (태평양, 10,900 m 깊이)로부터 퇴적물 시료를 채취하였는데 (그림 20.32 작동 중인 Kaiko 참조), 불행히도 그 후의 잠수 때 자선과의 연결 케이블이 끊어져서 소실되었다.

심해의 동물과 식물은 극단적인 압력, 낮은 영양물질과 0°C에 가까운 온도에서 살고 있다. 이 지역의 미생물학은 최초의 호압성 생물(piezophile)을 분리하기 위해 고압 배양법을 이용하여 수십 년 전에 처음 시도되었다. 배양은 16S rRNA 유전자 서열분석에 근거한 다양성의 제한된 배양-독립적인 분자적 연구에 의해 보완되었다. 그러나 최근의 메타유전체학과 고속 대량 서열분석(high-throughput sequencing)의 발달이 심해 미생물 및 그런 극단적 조건에서 생장을 허용하는 막과 단백질 구조의 변형 같은 그들의 적응 전략에 대한 연구에 혁명을 가져왔다.

자유-생활 또는 입자-부착성의 호압성 고균과 세균 모두 심해대와 초심해대에 풍부하며 그 대부분은 아직 배양되지 않은 사실을 다양성 연구가 보여준다. 예를 들어, *Marinimicrobia*와 *Gemmatimonadetes* 문과 관련된 세균이 이 깊은 바다에 많이 존재한다. *Marinimicrobia*의 구성원이 분리되지 않았으며 소수의 *Gemmatimonadetes*가 토양이나 폐수로부터 분리되었기 때문에 이 초심해 세균의 독특한 성질에 대해서는 앞으로 그들이 배양된 후에 보다 완전하게 이해할 수 있을 것이다. 상층 해수에 흔한 *Nitrosopumilus*와 연관된 암모니아-산화 고균은 초심해수에서 가장 풍부한 자유-생활 고균으로 해양과 육상 환경 모두에서 그들의 전 지구적 우점을 나타낸다.

심해에서 이 신기한 고균과 세균의 존재는 이제 우리가 겨우 이해하기 시작하는 독특한 초심해 미생물학을 가리키고 있다. Kaiko에 의해 개척된 것과 같은 미래의 ROV는 심해 미생물학에 보다 많은 관심을 끌게 할 것이다.

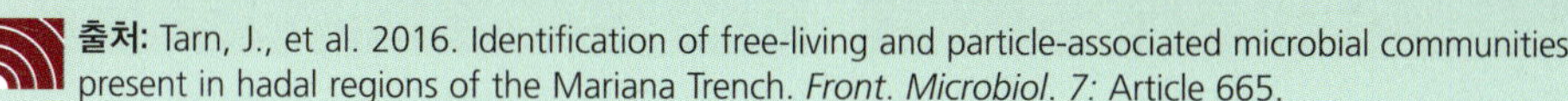
출처: Tarn, J., et al. 2016. Identification of free-living and particle-associated microbial communities present in hadal regions of the Mariana Trench. *Front. Microbiol. 7:* Article 665.

미생물은 자연에서 홀로 존재하지 않으며 그 주위환경 및 다른 생물체들과 상호작용한다. 그럼으로써 미생물들은 지구상의 모든 생명을 유지시키는 많은 필수적인 활성을 수행한다. 이 장에서는 미생물의 일부 주요 서식지를 알아보며 이에는 토양, 담수와 해양이 포함된다. 이외에도 미생물은 식물 및 동물과 보다 특수하며 흔히 매우 밀접한 관계를 수립한다. 23장에서 그런 미생물 동반자 관계와 공생의 일부 예를 소개한다.

I • 미생물 생태학

이 장은 먼저 미생물 생태학의 전체적 개관으로부터 시작하는데, 생물체들이 서로 간에, 그리고 환경과 상호작용하는 방식 및 종 다양성(*diversity*)과 종 풍부도(*abundance*) 간의 차이를 포함한다. 이 기본적인 생태학적 개념들은 이 장과 다음 세 개의 장을 지배하게 된다.

20.1 일반적 생태학적 개념

자연에서 미생물의 분포는 주어진 종이 특정 장소에 존재하며 다른 곳에 존재하지 않는다는 측면에서 거대생물의 그것과 유사하다; 즉 모든 것이 어디에든 존재하지는 않는다. 또한 교란되지 않은 비옥한 토양의 고도로 다양한 미생물 세계로부터 일부 매우 극단적인 환경의 다소 제한된 미생물 세계까지, 환경이 다양한 미생물 개체군들을 유지하는 그들의 능력에서 다르다.

생태계와 서식지

생태계(ecosystem)는 식물, 동물과 미생물 군집 및 그들의 무생물적 주위 환경의 역동적인 복합체로, 그 모든 것들이 하나의 기능적 단위로 작용한다. 생태계는 많은 다른 **서식지(habitat)**를 갖고 있는데 이 생태계의 부분들은 하나 또는 소수의 개체군에 가장 적합하다. 비록 미생물이 식물과 동물을 포함하고 있는 어떤 서식지에도 존재하지만, 많은 미생물 서식지는 식물과 동물에 적합하지 않다. 예를 들어, 미생물들은 지구 표면과 심지어 그 깊은 곳에까지 널리 분포한다; 그들은 끓는 열천과 단단한 얼음, pH 0에 가까운 산성 환경, 포화된 염수, 방사성 핵종과 중금속으로 오염된 환경 및 극미량의 물만을 포함한 다공성 암석의 내부에서도 서식한다. 이같이 일부 생태계는 대부분 또는 심지어 독점적으로 미생물 생태계를 형성한다.

총체적으로 미생물들은 매우 큰 대사적 다양성을 나타내며 자연에서 영양물질 순환의 일차적 촉매로 작용한다 (21장). 생태계에서 가능한 미생물 활성의 종류(*types*)는 각 서식지에 존재하는 미생물의 종, 그들의 개체군 크기와 생리적 상태의 작용이다. 반면 생태계에서 미생물 활성의 속도(*rates*)는 존재하는 영양물질과 생장 조건에 의해 조절된다. 여러 요소에 의존하여 생태계에서 미생물 활성은 미생물들 자체와 그들과 공존하는 거대생물에 최소한의 또는 매우 큰 영향을 미칠 수 있으며 그들의 활성을 감소시키거나 증가시킬 수 있다.

미생물 서식지의 종 다양성

같은 시간에 같은 장소에서 사는 동일 종의 미생물 개체들은 미생물 **개체군(population)**을 구성하는데 흔히 단일 세포로부터 유래한다. 미생물 개체군은 미생물 **군집(community)**과 다르다. 군집은 하나 또는 그 이상의 다른 종의 개체군들과 연관되어 사는 종의 개체군들로 구성된다. 특정 서식지에 사는 미생물 종들은 거기에 우세한 영양물질과 환경조건에서 가장 잘 자랄 수 있는 것들이다.

군집에서 미생물 종의 다양성은 두 가지로 표현될 수 있다. 하나는 **종 풍부도(species richness)**로 존재하는 다른 종들의 총수이다. 세포의 동정은 물론 미생물 종 풍부도 결정의 기본이지만 이는 그들의 분리 및 배양을 요구하지는 않는다. 종 풍부도는 또한 주어진 군집 내에서 관찰되는 계통형(phylotype) (예, 리보솜 RNA 유전자, 19.6절)의 다양성에 의한 분자적 측면으로 표현될 수 있다. 반면 **종 수도(種 數度, species abundance)**는 군집에서 각 종의 비율(proportion)이다 (그림 20.1*b*와 *c*를 비교하라). 종 풍부도와 수도는 영양물질이 풍부한 농지유출수가 유입되는 호수에서 남세균의 풍부도의 변화에서 보듯이 짧은 시간 내에 신속하게 변할 수 있다 (**그림 20.1*a***). 미생물 생태학의 한 가지 목표는 무생물 환경과

(a)

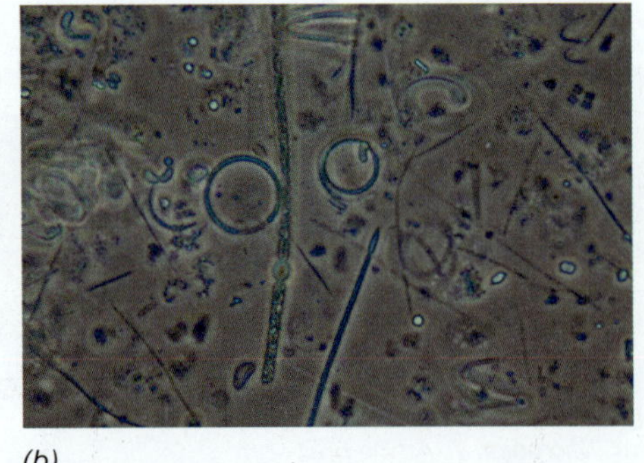

(b)

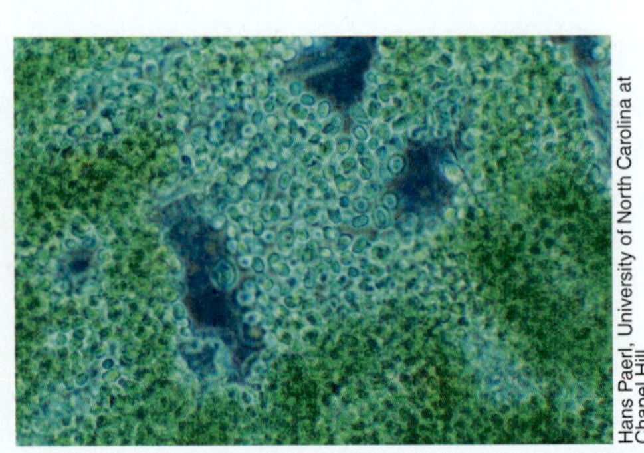

(c)

Hans Paerl, University of North Carolina at Chapel Hill

그림 20.1 미생물 종 다양성: 풍부도와 수도. (*a*) 중국의 Taihu 호수에서 남세균 *Microcystis*의 대발생 후 시료 채취. (*b*) 남세균, 규조류, 녹조류, 편모충류와 세균의 플랑크톤성 미생물의 현미경 관찰로 보이는 미국 Florida 주의 St. John 강의 높은 종 풍부도. (*c*) 남세균 *Microcystis*의 대발생 후 St. John 강 군집의 낮은 풍부도와 높은 수도로의 전환.

표 20.1 자연에서 미생물 생장을 결정하는 자원과 조건

자원
탄소 (유기, CO_2)
질소 (유기, 무기)
기타 다량 영양물질 (S, P, K, Mg)
미량 영양물질 (Fe, Mn, Co, Cu, Zn, Mn, Ni)
O_2와 기타 전자수용체 (NO_3^-, SO_4^{2-}, Fe_3^+)
무기 전자공여체 (H_2, H_2S, Fe_2^+, NH_4^+, NO_2^-)
조건
온도: 저온 → 중온 → 고온
수분 포텐셜: 건조 → 축축함 → 습윤
pH: 0 → 7 → 14
O_2: 호기성 → 미호기성 → 혐기성
광: 밝은 빛 → 약한 빛 → 암흑
삼투 조건: 담수 → 해수 → 고염수

군집의 연관된 활성과 더불어 미생물 군집의 종 풍부도와 수도를 이해하는 것이다. 일단 모든 이 요소들이 알려지면 미생물 생태학자들은 그것을 어느 정도 교란시키고 예측된 변화가 실험 결과와 일치하는지 관찰하여 미생물 생태계의 모델을 만들 수 있다.

군집의 미생물 종 풍부도와 수도는 서식지에서 가용한 영양분의 종류와 양 및 조건에 따라 결정된다. **표 20.1**은 미생물 생장과 연관된 흔한 영양물질과 조건의 예이다. 교란되지 않은, 유기물이 풍부한 토양 같은 일부 미생물 서식지에서 높은 종 풍부도는 흔하며(그림 20.12 참조), 존재하는 대부분의 종은 중간 정도의 종 수도를 나타낸다. 그런 서식지에서 영양분은 많은 다른 종류로 구성되어 높은 종 풍부도를 갖는 데 도움이 된다. 일부 극한 환경 같은 다른 서식지에서는 종 풍부도가 흔히 매우 낮으며 하나 또는 소수 종의 수도가 매우 높다. 이는 그 환경의 물리적 및 화학적 (물리화학적) 조건들이 일부 종을 제외하고 나머지를 배제하며 높은 수준으로 존재하는 핵심 영양분을 고도로 적응된 종이 이용하여 높은 세포밀도로 자라날 수 있기 때문이다. 철의 산화로부터 발생하는 산성광산배수를 촉매하는 세균은 이런 좋은 예가 된다. 이들은 강산성이며 철이 풍부하지만 유기물이 부족한 물에서 자라는데 산성 pH와 유기물 결핍은 종 풍부도를 제한한다. 그러나 존재하는 높은 수준의 제일철 (Fe^{2+})이 에너지 생성반응에서 Fe^{3+}로 산화되어 (⇄ 14.10절) 높은 종 수도를 갖게 한다. 호산성 철-산화 미생물의 활성은 21.5절과 22.1절에 설명되어 있다.

미니퀴즈

- 종 풍부도와 종 수도 사이의 차이점은 무엇인가?
- 생태계는 서식지와 어떻게 다른가?
- 미생물 개체군의 특성은 무엇인가?
- 미생물 개체군은 미생물 군집과 어떻게 다른가?

20.2 생태계 봉사: 생물지구화학과 영양물질 순환

그것의 자원과 생장조건이 적당한 어떤 생태계에서든 미생물이 자라나서 개체군을 형성하게 된다. 같은 자원을 유사한 방식으로 이용하는 대사적으로 유사한 미생물 개체군은 **길드(guild)**라고 부른다. 길드에 의해 공유되며 생장을 위해 세포가 요구하는 영양물질과 조건을 충족시키는 서식지를 **지위(niche)**라 하며 길드의 조합이 미생물 군집을 형성한다 (**그림 20.2**). 미생물 군집은 생태계에서 거대생물 및 무생물적 요소들과 그 생태계의 작동을 규정하는 방향으로 상호작용한다.

생태계로의 에너지 유입

에너지는 태양광, 유기탄소와 환원된 무기물의 형태로 생태계에 유입된다. 빛은 광영양체에 의해 ATP를 만들고 새로운 유기물을 합성하는 데 사용된다 (그림 20.2). 탄소(C) 외에 새로운 유기물은 질소(N), 황(S), 인(P), 철(Fe)과 기타 생명의 원소를 함유한다 (⇄ 3.1절). 이 새로 합성된 유기물은 외부에서 생태계로 유입되는 외래(*allochthonous*) 유기물과 더불어 종속영양생물의 이화적 활성을 추진한다. 이 활성은 유기물을 호흡에 의해 CO_2로 산화하거나 다양한 환원된 물질로 발효시킨다. 만일 화학무기영양체가 생태계에 존재하고 대사활성을 갖는다면 그들은 에너지를 H_2, Fe^{2+}, S^0 또는 NH_3 같은 무기 전자공여체로부터 얻으며 (14장과 15장), 그들의 독립영양적 활성을 통해 새로운 유기물의 합성에 기여한다

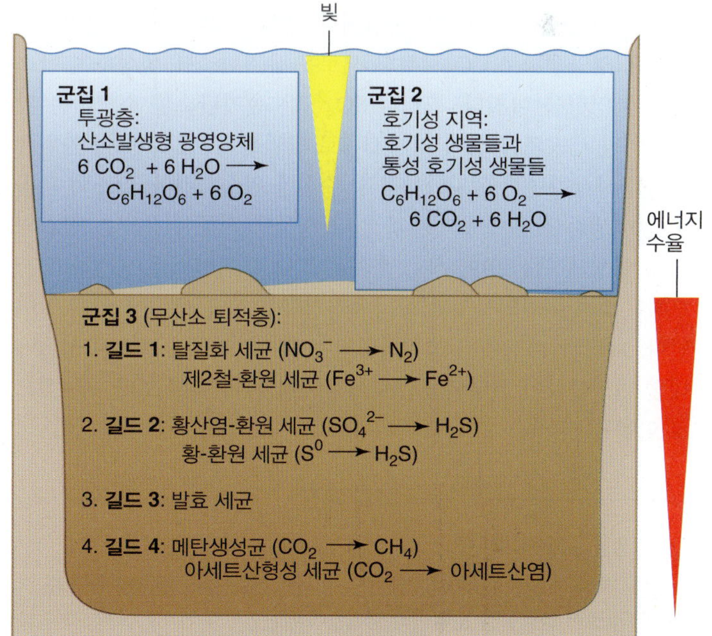

그림 20.2 개체군, 길드와 군집. 미생물 군집은 다양한 종의 세포의 개체군으로 구성된다. 담수호 생태계에서는 여기서 보는 바와 같은 군집이 존재한다. CO_2, SO_4^{2-}, S^0, NO_3^-와 Fe^{3+}의 환원은 혐기성 호흡의 예들이다. 각각 다른 호흡과정의 최대 활성 지역은 퇴적층 내 깊이에 따라 다르다. 표층 근처에서 미생물 활성에 의해 보다 에너지역학적으로 유리한 전자수용체가 고갈됨에 따라 덜 유리한 반응이 퇴적층 깊은 곳에서 일어난다.

(그림 20.2).

생지화학적 순환

미생물은 특히 C, N, S와 Fe 같은 원소의 다른 화학적 형태 간의 순환에 중요한 역할을 한다. 이런 전환에 대한 학문이 생물학, 지질학과 화학을 포함하는 학제 간 과학인 **생물지구화학(biogeochemistry)**의 일부이다. 그림 20.2는 다른 길드의 미생물 활성이 호수 생태계라는 한 환경의 화학에 어떻게 영향을 미치는지 보여주고 있다. 퇴적층에서 깊이의 증가에 따라 변화하는 화학적 특성의 순서는 다른 미생물 길드의 층에 상응한다. 각 길드가 존재하는 곳은 퇴적층에서 깊이의 증가에 따라 감소하는 전자공여체와 수용체의 가용성에 의해 일차적으로 결정된다.

생지화학적 순환(*biogeochemical cycle*)은 생물학적이나 화학적 요인 (또는 모두)에 의해 촉매되는 원소의 전환으로 규정된다. 많은 다른 미생물들이 생지화학적 반응에 관여하며 많은 경우 미생물은 다른 생물들 특히 식물에 의해 요구되는 원소들의 형태를 재생할 수 있는 유일한(*only*) 생물학적 요인이 된다. 이같이 생지화학적 순환은 흔히 또한 다른 생물을 위한 중요한 영양물질을 생성하는 반응인 영양물질 순환(*nutrient cycle*)이 된다.

대부분의 생지화학적 순환들은 원소가 생태계를 통해 이동할 때 산화-환원 반응에 의해 일어나며, 한 순환에서의 전환이 하나 또는 그 이상의 다른 순환에 영향을 미치도록 흔히 밀접하게 짝(*coupled*)을 이룬다. 예를 들어, 황화수소(H_2S)는 광영양성과 화학무기영양성 미생물에 의해 황(S^0)과 황산염(SO_4^{2-})으로 산화되는데 황산염은 식물에 중요한 영양물질이다. 광영양체와 화학무기영양체는 독립영양생물로 CO_2로부터 새로운 유기탄소를 생성하여 탄소 순환에 영향을 미친다. 그러나 SO_4^{2-}은 유기탄소를 소모하는 황산염환원 세균의 활성에 의해 H_2S로 환원될 수 있으며, 이 환원은 CO_2를 재생하면서 생지화학적 황 순환을 완성시킨다. 질소의 순환 또한 미생물 작용으로 식물과 기타 생물에 의해 이용되는 질소의 형태 재생에 핵심이다. 질소 순환은 각각 유기탄소를 생성하고 소모하는 화학무기영양성과 화학유기영양성 세균 모두에 의해 일어난다. 14장과 15장에서 생지화학적 순환 및 그들의 결합된 성질에 대한 미생물학이 설명되었으며 21장에서 이에 대해 보다 구체적으로 알아볼 것이다.

미니퀴즈

- 미생물 길드는 미생물 군집과 어떻게 다른가?
- 생지화학적 순환은 무엇인가? 황을 이용한 예를 들라. 생지화학적 순환이 또한 영양물질 순환이라 불리는 이유는?

II • 미생물 환경

미생물은 지구상의 수환경과 육상 환경에 걸쳐 생명의 한계를 규정짓는다. 특정한 생물 또는 생물체 집단에 의해 요구되는 특정 조건은 그들의 서식지로의 유입과 유출 및 미생물 활성 또는 물리적 교란 때문에 신속하게 변화할 수도 있다. 따라서 한 환경 내에서 여러 서식지가 있을 수 있으며 그 중 일부는 비교적 안정적이고 다른 것들은 시간과 공간에 걸쳐 신속하게 변화한다.

20.3 환경과 미세환경

토양과 물의 흔한 서식지 외에 미생물들은 극단적 환경에서도 살며 다른 생물의 표면 및 세포 내부에도 서식한다. 미생물과 다른 생물 사이에서 발달되는 밀접한 관계는 23장과 24장에 소개된다. 여기에서는 육상과 수계 미생물 서식지에 초점을 맞출 것이다.

미생물, 지위와 미세환경

미생물 군집이 존재하는 서식지는 군집의 대사 활성에 의해 부분적으로 결정되는 물리화학적 조건에 의해 지배된다. 예를 들어, 한 종에 의해 사용되는 유기물은 다른 종의 대사 부산물일 수 있다. 또 다른 예로 산소(O_2)는 생물학적 소모가 공급 속도를 초과하면 제한될 수 있다.

미생물은 매우 작기 때문에 그들은 작은 지역 환경만을 직접적으로 경험한다; 이 작은 공간을 그들의 **미세환경(microenvironment)**이라 부른다. 예를 들어, 전형적으로 3 μm 크기의 막대형 세균에 3 mm 거리는 사람에게 2 km 이상의 거리에 해당된다! 미생물의 작은 크기의 결과로 시간과 거리의 짧은 간격에 걸쳐 인근 미생물의 다양한 대사활성과 물리화학적 조건 변화 및 주어진 서식지 내에 수많은 미세환경이 존재할 수 있다. 미세환경 내에서 생장을 유지시키는 조건은 5장에서 설명되었던 생장을 위한 일반적 요구조건에 해당된다.

생태학적 이론에 따르면 모든 생물체를 위해 그 생물체가 가장 성공적인 적어도 하나의 지위인 현실적 지위[*realized niche*, 주요 지위(*prime niche*)라고도 함]가 존재한다. 특정 생물체는 그 현실적 지위에 우점하지만 다른 지위에도 서식할 수 있는데 다른 지위에서는 그것의 현실적 지위에서보다 생태학적으로 덜 성공적이게 되지만 여전히 경쟁할 수도 있다. 한 생물이 존재할 수 있는 환경 조건의 전체 범위는 기본적 지위(*fundamental niche*)라 한다 (19.1~19.3절의 농화배양과 분리 내용에서 현실적 지위와 기본적 지위에 대해 살펴보았음). '지위'라는 용어는 '미세환경'이라는 용어와 혼동하지 말아야 하는데 그 이유는 미세환경이 특정 지역에서의 조건을 가리키며 신속하게 변화할 수 있기 때문이다. 다른 말로 특정 지위를 설명하는 일반적 조건은 미세환경 내 많은 장소에서 일시적일 수 있다.

미생물의 작은 크기의 또 다른 중요한 결과는 자원의 가용성을 흔히 결정하는 확산이다. 예를 들어 토양 입자에서 O_2 같은 중요한 미생물 영양물질의 분포를 살펴보자. 미세전극(microelectrode, 19.9절)은 작은 토양 입자 내부의 산소 농도를 측정하는 데 사용될 수 있다. 실제 미세전극 실험의 결과에서 보듯이 (**그림 20.3**), 토양 입자는 그들의 O_2 함량 측면에서 균일하지 않으며 많은 인

단원 5

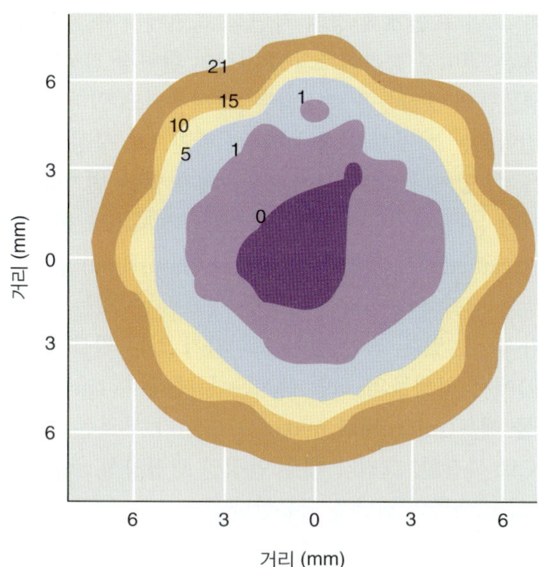

그림 20.3 산소 미세환경. 미세전극 (19.9절)으로 측정된 작은 토양 입자 내 O_2 농도의 등고선 지도. 양 축은 입자의 크기를 나타낸다. 그림 안의 숫자는 %로 나타낸 O_2 농도이다 (공기의 경우 21%). 각 지역은 다른 미세환경으로 간주될 수 있다.

접한 미세환경을 포함하고 있다. 토양 입자의 바깥층은 완전한 호기적 조건이 될 수 있으며 (21% O_2), 아주 가까운 거리이지만 (사람이 볼 때, 그러나 물론 미생물로서는 매우 먼 거리) O_2가 없는 완전히 무산소 조건이 될 수 있다. O_2가 입자의 중앙으로 확산되기 전에 가장자리 근처의 미생물들이 완전히 소모할 수 있다. 따라서 혐기성 생물이 입자 가운데 부위에서 살 수 있으며 미호기성 생물(microaerophile, 매우 낮은 산소 수준을 요구하는 호기성 생물)은 가장자리 근처에 그리고 절대 호기성 생물은 입자의 가장 바깥쪽 호기성 지역에 존재한다. 통성 호기성 세균 (호기적 또는 혐기적으로 모두 살 수 있는 생물)은 입자 전체에 걸쳐 분포할 수 있음 (5.14절). 영양물질 전달은 20.4절에서 소개될 생물막과 미생물 매트 같은 세포의 두꺼운 집합체에서 특히 중요하다.

미세환경 내의 물리화학적 조건은 시간과 공간적으로 빠르게 변화할 수 있다. 예를 들어, 그림 20.3의 토양 입자 내 O_2 농도는 "순간(instantaneous)"의 측정치를 나타낸다. 격렬한 미생물 호흡 또는 바람, 강우나 토양 동물에 의한 교란 후의 측정은 매우 다를 수 있다. 그런 교란 중 특정 개체군은 토양 입자 내에서 활성이 일시적으로 우세하여 높은 개체수로 자랄 수 있으며, 반면에 다른 종류들은 휴지기 또는 그와 유사한 상태로 유지될 수 있다. 그러나 만일 그림 20.3과 같은 미세환경이 결국 재정립된다면 그 토양 입자의 다른 지역의 특징적인 다양한 미생물 활성도 결국 다시 돌아오게 될 것이다.

영양물질 수준과 생장률

자원 (표 20.1)은 전형적으로 생태계에 간헐적으로 유입된다. 예를 들어, 낙엽 또는 죽은 동물의 사체의 유입같은 다량의 영양물질 유입 후 영양물질 고갈 기간이 뒤따를 수 있다. 이 때문에 자연의 미생물들은 흔히 "풍요-또는-빈곤(feast-or-famine)"에 직면한다. 따라서 많은 미생물들은 자원이 풍부할 때 저장물질로 저장 중합체를 생성하며 기아 때에 그것을 이용한다. 저장물질의 예로는 폴리-베타-히드록시알칸산염(poly-β-hydroxyalkanoate), 다당류와 다중인산염(polyphosphate) 등이 있다 (2.8절).

자연에서 미생물의 장기간에 걸친 지수생장은 드물다. 미생물 생장은 전형적으로 자원의 가용성 및 종류와 밀접하게 연관되어 신속하게 일어난다. 자연에서는 미생물 생장과 관련된 모든 물리화학적 조건들이 동시에 최적인 경우가 드물기 때문에 자연의 미생물의 생장률은 대부분 실험실에서 관찰된 최대 생장률에 훨씬 못 미치게 된다. 예를 들어, 일정한 간격으로 식사를 하는 건강한 성인의 장내에서 *Escherichia coli*의 세대시간은 약 12시간 (하루에 두 번 분열)인 데 반해 순수배양에서는 훨씬 빨리 자라서 최적 조건에서 최저 세대시간이 20분이 된다. 또한 대부분의 배양된 토양 세균은 전형적으로 실험실에서 측정된 최대 생장률의 1% 이하로 자연환경에서 자란다는 것이 연구조사에서 밝혀졌다.

실험실 배양보다 자연에서의 느린 생장률은 다음의 사실을 반영한다; (1) 자원 및 생장조건 (표 20.1)이 빈번히 최적이 아니다; (2) 미생물 서식지에서 영양물질의 분포가 균일하지 않다; (3) 드문 예를 제외하고, 자연에서 미생물들은 순수배양이 아닌 혼합 개체군 상태에서 자란다. 순수배양에서 빠르게 자라는 생물체는 가용한 자원과 생장조건에 보다 잘 적응한 다른 생물체들과 경쟁해야만 하는 자연환경에서 훨씬 느리게 자라나게 된다.

미생물 경쟁과 협동

서식지에서 자원에 대한 미생물들 간의 경쟁은 치열하며 그 결과는 영양물질 흡수율, 선천적 대사율과 궁극적으로 생장률을 포함한 여러 요인에 따라 결정된다. 전형적인 서식지는 여러 미생물이 섞여 있으며 (그림 20.1 및 20.2) 각 개체군의 밀도는 특정 서식지가 그 개체군의 주요 생태적 지위와 얼마나 닮았느냐에 따라 결정된다.

일부 미생물들은 같이 작용하여 각자 단독으로는 할 수 없는 공동영양(*syntrophy*)이라는 전환을 수행하는데, 이런 미생물의 협동은 혐기적 탄소 순환 (14.23과 21.2절)에 특히 중요하다. 대사적 협동은 또한 보완적(*complementary*) 대사를 수행하는 생물들의 활성에서 볼 수 있다. 예를 들어, 질산화 세균과 고균에 속하는 것들과 같은 두 가지 다른 종류의 생물에 의해 수행되는 대사 전환이 설명된 바 있다 (14.11, 15.13과 17.5절). 이 질산화생물들은 함께 암모니아(NH_3)를 질산염(NO_3^-)으로 산화시킨다. 암모니아-산화 질산화생물의 산물인 아질산염(NO_2^-)이 아질산염-산화세균의 기질이기 때문에 두 종류의 생물들은 그들의 서식지 내에서 흔히 밀접한 연관을 맺어 자연에서 살게 된다 (그림 19.13).

Winogradsky는 1890년에 질산화를 발견하였지만 (1.11절), 나중에까지 암모니아를 완전하게 산화할 수 있는 단일 생물이 알려지지 않았다. 그러나 최근의 암모니아와 아질산염 산화 모두에 대한 효소 체제를 암호화하는 유전체를 가진 *Nitrospira* 종 (세균)의 발견은 단일 종이 *comammox*라는 두 산화 과정을 촉매할 수 있는 것을 나타내었다. Comammox 세균을 위한 다양한 서식지 조사에 분자적 방법의 사용으로, 습지, 하상, 대수층과 호수 퇴적층 및 폐수처리체제에서 관련된 생물들이 동정되었다. 그러나 해양 comammox 종은 아직 동정되지 않았는데 따라서 전 지구적 질소 순환에서 comammox 생물의 전반적 중요성은 현재까지 불분명하다.

미니퀴즈

- 어떤 특징이 특정 미생물의 현실적 지위를 규정하는가?
- 하나의 서식지에 왜 많은 다른 생리학적 종류의 생물체들이 살 수 있는가?

20.4 표면과 생물막

표면(surface)은 중요한 미생물 서식지인데 전형적으로 영양물질이 쉽게 접근할 수 있게 하며, 포식과 물리화학적 교란으로부터 보호하고, 세포가 적당한 서식지에 남아 있게 하며, 그들 자신의 활성으로부터 서식지를 변형하고 씻겨나가지 않게 하는 방법이 된다. 더욱이 집락화된 표면을 지나는 물의 흐름은 표면에 영양물질의 수송을 증가시켜 같은 환경 내의 플랑크톤성 세포 (부유 상태로 사는 세포)에 가용한 것보다 더 많은 자원을 제공한다. 표면에는 다른 생물 또는 유기물 입자와 같은 다른 영양분이 제공된다. 예를 들어, 식물 뿌리에는 식물로부터 분비되는 유기물을 이용하여 사는 토양 세균들이 집락을 많이 형성하는데 이는 형광염료를 이용하여 관찰할 수 있다 (**그림 20.4*a***).

미생물에 노출된 사실상 어떤 천연 또는 인공 표면이든 집락화된다. 예를 들어, 현미경 슬라이드는 생물이 부착하고 자랄 수 있는 실험적 표면으로 사용된다. 슬라이드를 미생물 서식지에 담가 일정 시간 방치한 후 회수하여 현미경으로 관찰한다 (그림 20.4*b*). 단일 집락화 세포로부터 발달된 소수 세포의 집단인 미세집락(*microcolony*)이 그런 표면에 환경의 자연적 표면에서처럼 쉽게 형성된다. 담가놓은 현미경 슬라이드의 주기적인 현미경 검사는 자연에서 부착된 생물들의 생장률을 측정하는 데 사용되고 있다.

표면 집락화는 성기게 일어나 미세집락만으로 구성되어 눈에 보이지 않을 수 있거나, 예를 들어, 물을 빼지 않은 변기에서처럼 미생물 축적이 눈에 보일만큼 많은 세포로 구성되기도 한다. 표면 생장은 도관(catheter)과 정맥주사선(intravenous line) 같은 삽입 장치의 미생물 집락화가 심각한 감염을 일으킬 수 있는 병원에서 특히 문제가 될 수 있다. 작은 동물 포식자가 없는 일부 극단적 환경(예, 열천)에서 미생물의 표면 축적은 두께가 수 cm가 되기도 한다. **미생물 매트(microbial mat)** (20.5절)라 부르는 그런 축적은 흔히 고도로 복잡한, 그러나 매우 안정된 광영양성, 독립영양성 및 종속영양성 미생물의 집단을 함유한다.

생물막

세균 세포가 표면에서 자라면서 흔히 그들은 표면에 부착하고 세포에 의한 분비와 세포 사멸의 산물인 점착성 기질로 둘러싸인 세균 세포 집단인 **생물막(biofilm)**을 형성한다 (**그림 20.5**). 그 기반

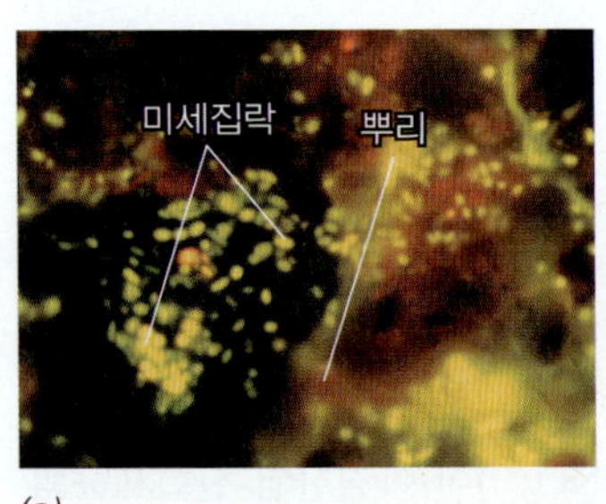

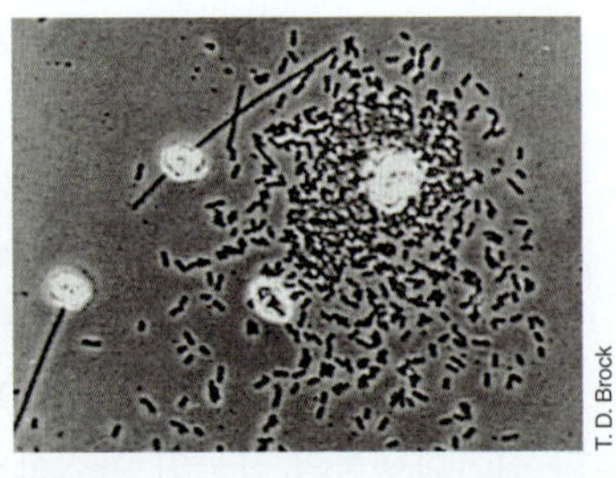

(*a*) (*b*)

그림 20.4 표면상의 미생물. (*a*) 토양 내 식물 뿌리에 사는 자연 미생물 군집의 형광현미경 사진. 미세집락 발달을 주목하라. 시료는 아크리딘 오렌지로 염색되었다. (*b*) 강에 담가놓았던 현미경 슬라이드 상에 생겨난 세균 미세집락. 밝은 입자는 광물질이다. 짧은 막대형 세포들은 길이가 약 3 μm이다.

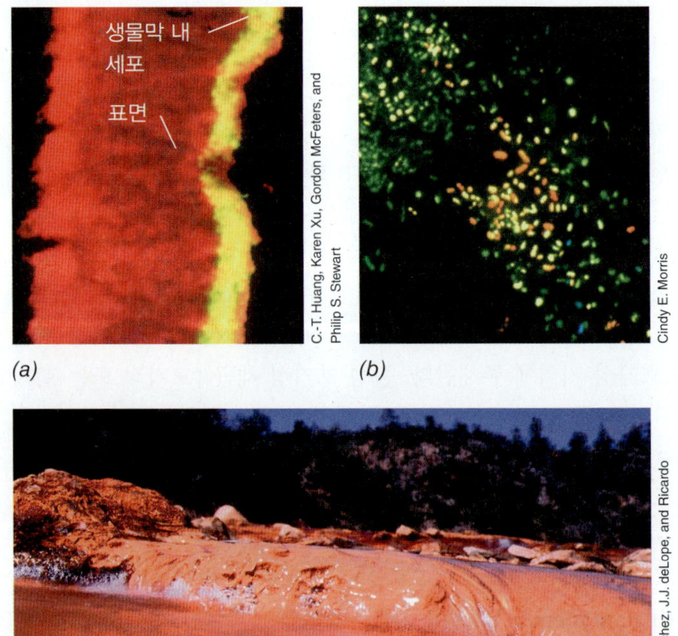

그림 20.5 미생물 생물막의 예. (*a*) *Pseudomonas aeruginosa*의 세포로 만들어진 실험적 생물막의 단면. 황색 층 (약 15 μm 깊이)은 세포를 함유하며 alkaline phosphatase 활성을 나타내는 반응에 의해 염색되었다. (*b*) 공초점 레이저 주사현미경으로 관찰한 나뭇잎 표면에 발달된 자연 생물막 (평면상). 세포의 색깔이 생물막에서 그들의 깊이를 나타낸다: 적색, 표면상의 세포; 녹색, 9 μm 깊이; 청색, 18 μm 깊이의 세포. (*c*) 스페인 Rio Tinto의 철이 풍부한 암석 표면상의 철-산화 원핵생물의 생물막. Fe^{2+}이 풍부한 물이 생물막 위와 내부를 통과할 때 철-산화 미생물들이 에너지를 얻기 위해 Fe^{2+}를 Fe^{3+}로 전환한다.

물질은 전형적으로 다당류, 단백질과 핵산의 혼합물로 세포를 서로 결합시킨다. 생물막은 미생물 생장을 위한 영양물질을 포집하고 흐름이 있는 체제 같은 역동적인 표면에서 세포가 떨어지는 것을 방지한다 (그림 20.5*c*). 7.9절에서 생물막 형성의 일부 유전적 제어 특징을 살펴본 바 있으며 여기에서는 그들의 생태학적 및 의학적 중요성을 일차적으로 고려하고자 한다.

생물막은 전형적으로 다공성 기반 물질 내에 묻힌 여러 세포층을 가지며 각 층 내의 세포들은 공초점주사레이저 현미경 (1.7절; 그림 20.5*b*)으로 조사될 수 있다. 생물막은 하나 또는 두 종 또는 보다 흔히 많은 세균 종을 포함할 수 있다. 예를 들어, 치아 표면과 구강의 연한 표면에 형성되는 생물막은 세균과 고균의 종들을 모두 포함한 100 내지 200가지 다른 계통형을 함유한다 (19.6절); 전체적으로 인간 구강은 약 700개 계통형의 서식지이다 (24.3과 25.2절). 생물막은 이같이 단순히 점착성 매질에 포집된 세포들이 아닌 기능적이고 생장하는 미생물 군집이다.

자연 환경에서는 물에 잠긴 표면이 존재하는 어디에든 생물막 생장이 표면 주위 액체에서의 플랑크톤성 생장보다 거의 항상 우세하고 다양하게 일어난다. 생물막 환경 내 생장을 일반적으로 조절하는 중요한 수송과 전달 작용의 유지에서 생물막은 플랑크톤 군집과 다르다. 예를 들어, 만일 표면 근처 개체군에 의한 O_2 소모가 생물막 깊은 곳으로의 O_2 확산을 능가하면 깊은 곳은 무산소 조건이 되어 절대 혐기성 생물 또는 통성 호기성 생물에 의한 집락화를 위한 새로운 지위가 만들어진다. 이는 그림 20.3에 나온 토양 입자 내부의 O_2 고갈과 유사하다.

생물막 미생물 군집의 가장 임상적이며 산업적으로 관련된 성질이 항생물질과 기타 항미생물 물질에 대한 그들의 본질적인 저항성이다. 생물막에서 자라는 한 주어진 종은 같은 종의 플랑크톤 성 세포보다 항미생물 물질에 대해 1000배까지 저항성이 클 수 있다. 이 큰 저항성의 이유는 낮은 생물막 내 생장률, 세포외 기질을 통한 항미생물 물질의 투과력 감소와 스트레스에 대한 저항성을 증가시키는 유전자 발현을 포함한다. 항미생물 물질에 대한 이 저항성은 생물막이 왜 많은 치료가 안 되거나 어려운 만성 감염에 관련되며 또한 미생물에 의한 표면 생장 (부착)이 중요한 작용을 손상시키는 폐수처리장 같은 산업적 체제에서 그것을 제거하는 것이 어려운 것을 설명해준다.

*Pseudomonas aeruginosa*와 낭포성 섬유증

*Pseudomonas aeruginosa*는 생물막 형성으로 악명 높다 (**그림 20.6**). 이 세균 (그리고 많은 다른 세균)에서 작은 분자인 고리형 이-구아노신 일인산염(di-guanosine monophosphate, c-di-GMP, 그림 7.19)의 증가된 수준이 세포외 다당류의 생성을 개시하고 편모작용을 감소시키며 세포들에 세포-세포 및 세포-표면 상호작용을 준비시킨다. 시간 경과에 따라 영양분이 풍부한 조건에서 *P. aeruginosa* 세포는 버섯 모양의 미세집락을 형성할 수 있는데 그것은 0.1 mm 이상의 높이가 될 수 있으며 접착성 다당류 기반물질로 둘러싸인 수백만 개의 세포를 함유한다 (그림 20.6). 생물막의 최종 구조는 신호분자 이외에 영양적 요소와 국소적 흐름 환경을 포함한 여러 요소에 의해 결정된다 (7.9절).

P. aeruginosa 생물막은 유전적 질병인 낭포성 섬유증(*cystic fibrosis*)을 가진 인간의 폐에서도 형성된다. 생물막 상태에서 *P. aeruginosa*는 항생제로 치료하기 어려우며 생물막은 이 질병을 가진 사람에서 이 세균의 잔류를 돕는다. 대부분의 생물막처럼 낭포성 섬유증 환자의 폐에서 발견되는 생물막은 하나 이상의 세균 종을 함유한다. 따라서 아마도 종내 신호 외에 종간 신호가 다른 종류의 생물막뿐만 아니라 낭포성 섬유증 생물막의 개시와 유지에 기여하는 것 같다.

세균은 왜 생물막을 형성하는가

생물막 형성에는 적어도 3개의 이유가 존재한다. 첫째, 생물막은 생존을 증가시키는 미생물 자체-방어 방법이다. 생물막은 표면에 약하게 부착된 세포를 떨어뜨릴 수 있는 물리적 힘에 저항한다. 생물막은 또한 면역체제의 세포에 의한 식세포작용과 항생물질 같은 독성분자의 침투에 저항성이 있다. 이 모든 장점은 생물막 내 세포의 생존 기회를 증가시킨다. 둘째, 생물막 형성은 세포가 양호한 생태적 지위에 남아 있게 한다. 동물조직 같은 영양이 풍부한 표면이나 유동 체제 내 표면 (그림 20.5*c*)에 부착된 생물막은 영양이 보다 풍부하거나 지속적으로 공급되는 장소에 세균 세포를 고정시킨다. 셋째, 서로 밀접한 연관 속에서 세균 세포들이 살게 하므로 생물막이 형성된다. 생물막은 세포 간 통신을 원활하게 하며 더 많은 영양물질과 유전자 교환의 기회를 제공하며 일반적으로 생존을 위한 기회를 증가시킨다.

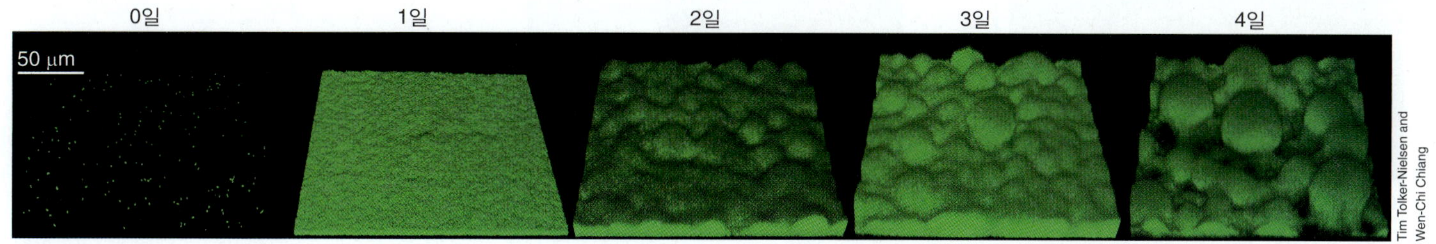

그림 20.6 ***Pseudomonas aeruginosa*** **생물막의 발달.** 영양분이 풍부한 배지가 계속 공급되는 유동-세포 내에서 발달하고 있는 *Pseudomonas aeruginosa* 생물막의 공초점주사레이저 현미경 사진. *P. aeruginosa* 세포는 처음에 유리 표면에 부착한 후 (0일), 신속하게 자라나고 표면을 이동해 전체 표면을 덮는다 (1일); 4일까지 0.1 mm 이상 높이의 버섯 모양의 미세집락이 발달한다.

생물막은 사실상 세균 생장을 뒷받침할 수 있는 어떤 표면에서든 형성되며, 이는 영양물질 수준이 실험실에서 사용되는 고영양성 액체 배양배지와 크게 다른 환경인 자연 서식지에서 생물막이 세균의 기본 생장 방식임을 암시한다. 만일 이것이 사실이라면 극도로 낮은 영양물질 농도에서의 생활에 적응한 세균에만 플랑크톤성 생장이 이례적인 생장 방식이며 정상일 수 있다 (20.7, 20.9와 20.11절에 설명됨).

흔한 생물막과 그것의 제어

생물막은 인간의 의학과 상업에 크게 관련된다. 사람의 몸에서 생물막 내의 세균 세포는 면역체제에 의한 공격으로부터 보호받으며, 항생제와 기타 항미생물제들이 종종 생물막을 침투하지 못한다. 포낭섬유증 이외에 생물막은 치주질환, 만성 창상, 신장결석, 결핵, 레지오넬라증과 *Staphylococcus* 감염을 포함한 여러 의학 및 치의학적 조건에 관여한다 (그림 5.4*a*). 의학적으로 사용하는 체내 삽입물은 생물막 발달에 이상적인 표면이 된다. 이에는 인공관절 같은 장기적 삽입물과 요도관 같은 단기적 장치를 모두 포함한다. 미국에서 연간 천만 명이 체내 이식물질 또는 의학적 삽입 절차로부터의 생물막 감염을 경험하는 것으로 추산된다. 생물막은 치아 건강을 위해 정기적 구강검사가 왜 중요한지 말해준다. 치태(dental plaque)는 전형적인 생물막으로 충치의 원인인 산-생성 세균을 함유한다 (24.9와 25.2절, 그림 25.7과 25.8).

생물막은 관로를 통한 물, 기름 또는 다른 액체의 흐름을 느리게 할 수 있으며 관 자체의 부식을 촉진할 수 있다. 생물막은 또한 원양 원유채굴장치, 선박과 해안시설 같은 물에 잠긴 구조물의 분해를 개시한다. 음용수의 안전은 수도관 내에 발달하는 생물막에 의해 위협받을 수 있는데, 미국에서는 많은 수도관이 거의 100년 가까이 되었다 (22.9절). 수도관 생물막이 대부분 무해한 세균을 함유하지만 만일 병원체가 생물막에 성공적으로 집락을 형성한다면 표준 염소 소독이 그들을 죽이는데 실패할 수도 있다. 그러면 병원성 세포의 주기적 방출이 질병을 일으킬 수 있다. 예를 들어, 콜레라의 원인균인 *Vibrio cholerae* (32.3절)가 이런 방식으로 전파될 수 있는 것으로 여겨진다.

생물막 제어는 큰 산업이지만 현재까지는 생물막과 싸우는 데는 불과 일부 방법만이 존재한다. 전체적으로 산업계는 관로와 기타 표면의 생물막을 제거하는데 막대한 비용을 사용하고 있다. 생물막에 침투할 수 있는 새로운 항미생물제들과 세포 간 통신을 저해하여 생물막 형성을 방지하는 여러 약품들이 개발 중이다. 예를 들어, 후라논(*furanone*)이라는 종류의 물질은 무생물 표면에서의 실험에서 생물막 방지제로서 가능성을 보였다.

미니퀴즈

- 유동성 체제에서 사는 세균 세포에 왜 생물막이 좋은 서식지가 되는가?
- 거의 모든 건강한 사람에서 형성되는 의학적으로 관련된 생물막의 예를 들라.
- 어떻게 같은 생물막에 호기성 생물과 절대 혐기성 생물의 공존이 가능한가?

20.5 미생물 매트

미생물 매트(microbial mat)는 가장 눈에 잘 띄는 미생물 군집으로 극도로 두꺼운 생물막으로 간주될 수 있다. 광영양성 또는 화학무기영양성 세균에 의해 지지되는 이 층상 미생물 군집은 수 cm 두께가 될 수 있다 (**그림 20.7*a, b***). 이 층은 광 가용성과 기타 자원(표 20.1)에 의해 그 활성이 결정되는 여러 미생물 길드의 종들로 구성된다. 미생물 대사와 확산에 의해 제어되는 영양물질 수송의 조합은 여러 미생물 영양물질과 대사산물의 가파른 농도 기울기를 만들어 매트 내 다른 깊이 간격에 독특한 지위를 만든다. 가장 흔하고 다재다능한 광영양성 매트 생성생물은 사상성 남세균인데 그것들은 산소발생형 광영양체이며 그중 많은 것들이 극단적 환경조건을 견딘다. 예를 들어, 남세균의 일부 종은 73°C의 뜨거운 물이

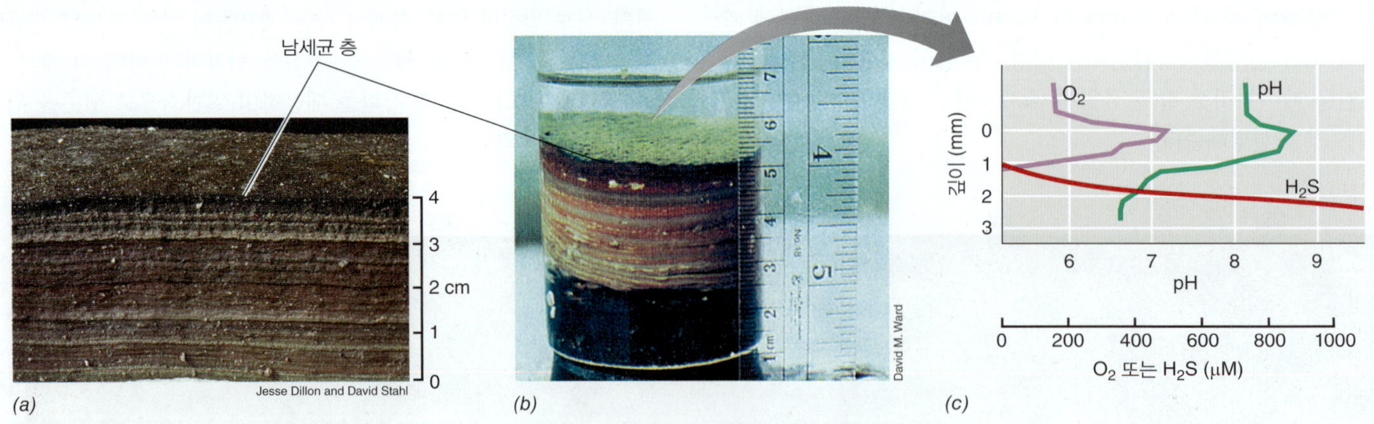

그림 20.7 미생물 매트. *(a)* 멕시코 Baja California의 Guerrero Negro에 있는 고염분 연못의 바닥으로부터 채취한 매트 시료. 이 얕은 연못의 바닥의 대부분은 주요 일차생산자인 사상성 남세균 *Microcoleus chthonoplastes*에 의해 형성된 매트로 덮여 있다. *(b)* 미국 옐로스톤 국립공원의 알칼리성 열천에서 채취한 미생물 매트 단면. 녹색의 상층은 주로 남세균을 함유하지만 적색층은 혐기성 광영양세균을 포함한다. *(c)* *b*에서 보는 열천 매트에서 낮시간 산소(O_2), H_2S와 pH의 깊이에 따른 변화.

단원 5

나 0°C의 추운 곳에서 자라며 다른 것은 12% 이상의 염분도와 pH 10에서도 견딘다.

남세균 매트

남세균 매트 (그림 20.7*a*, *b*)는 완전한 미생물 생태계로 많은 수의 **일차생산자(primary producer,** 남세균 및 기타 광영양성 세균)를 함유하는데 이들은 빛 에너지를 이용하여 CO_2로부터 새로운 유기물을 합성한다. 매트 군집 내 소비자의 개체군들과 더불어 이들은 모든 핵심적 영양물질 순환을 수행한다.

미생물 매트가 35억 년 이상 존재했지만 (13.1절), 오늘날에는 고온과 높은 염분농도 같은 환경압박이 작은 동물과 곤충에 의한 포식을 제한하는 수환경에서만 발견된다. 잘 연구된 미생물 매트는 고염분 태양광 증발지에서 발견되는데 그런 곳은 Solar Lake (Sinai, 이집트) 같이 자연적으로 형성되었거나 또는 바다 소금의 회수를 위해 만들어졌다 (그림 20.7*a*). 미생물 매트는 극단적 환경에 국한되므로 대부분은 격리된 지역에 존재하며 많은 것들이 연구를 위해 쉽게 접근할 수 없다. 반면에 옐로스톤 국립공원 (미국), 아이슬란드 및 전 세계 많은 다른 지열지역의 열천의 유출구에 집락을 형성하는 남세균 매트는 쉽게 접근이 가능하여 많이 연구되고 있다 (그림 20.7*b*, *c*).

미생물 매트의 화학적 및 생물학적 구조는 조도 변화의 결과에 따라 24시간 주기(*diel cycle*) 동안 극적으로 변화할 수 있다. 미세전극 (19.9절)을 이용하여 매트에서 수직으로 불과 수 μm 떨어진 지역에서 24시간 주기에 걸쳐 pH, H_2S와 O_2의 반복적 측정이 가능하다. 낮에는 미생물 매트의 남세균 표면층에서 산소 생성이 활발하며 깊은 곳에서는 활발한 황산염 환원이 일어난다. O_2와 H_2S가 섞이기 시작하는 지역 근처에서는 매우 짧은 수직 거리에서 광영양성과 화학무기영양성 황세균에 의한 활발한 대사활성이 이 기질들을 신속하게 소모한다. 이 변화율의 측정은 최대 미생물 활성 지역을 보여준다 (그림 20.7*c*). 광합성이 중지되는 밤에 이 기울기가 사라지고 전체 매트가 무산소 조건이 되며 H_2S가 축적된다. 일부 매트 생물은 변화하는 화학적 기울기를 따르는데 운동성에 의존한다. 예를 들어, *Chloroflexus*와 *Roseiflexus* (15.7절) 같은 황-산화 사상성 광영양성 세균은 24시간 주기로 O_2−H_2S 경계면의 상하 이동을 따른다.

화학무기영양성 매트

가장 흔한 종류의 화학무기영양성 매트는 해양 퇴적층 표면에 존재하는 상층수로부터 공급되는 O_2와 퇴적층에 사는 황산염-환원 세균에 의해 생성되는 H_2S 사이의 계면에 사는 *Beggiatoa*와 *Thioploca* 종 같은 사상성 황-산화 세균으로 구성된다. 이 어두운 서식지에서 광합성은 일어날 수 없으며 따라서 이 세균들이 H_2S를 산화하여 에너지 보전과 독립영양 반응을 지지한다 (14.9절과 15.11절).

칠레와 페루 대륙붕의 퇴적층에서 황-산화 *Thioploca* 종으로 구성된 화학무기영양체 매트는 지구상에서 가장 광대한 미생물 매트로 간주된다 (**그림 20.8**). *Thioploca*는 공간적으로 분리된 자원을 연결하는 주목할 만한 전략을 개발하였다. 이 매트 세균은 혐기성 호흡을 위한 전자수용체로서 고농도의 질산염(NO^{3-})을 저장한 큰 내부 소낭을 갖고 있다. 스쿠버 다이버가 물속으로 잠수하기 위해 산소로 찬 탱크를 준비하듯이 *Thioploca* 세포들은 내부 소낭을 수층으로부터의 NO^{3-}로 채우기 위해 퇴적층 표면으로 올라온다 (그림 20.8*a*, *b*). 그 후 그들은 저장된 NO^{3-}를 H_2S 산화를 위한 전자수용체로 이용하기 위해 다시 무산소 퇴적층으로 되돌아간다 (시간당 3~5 mm 속도의 활주운동).

생물막과 미생물 매트 모두의 물리적 및 생물학적 구조는 그 안에서 미생물들 간의 대사적 상호작용과 영양물질의 확산에 의해 결정된다. 이같이 생물막이 표면에 형성됨에 따라 그들은 계속해서 보다 복잡하게 되며 생리학적으로 다른 생물들을 위한 새로운 지위를 만들게 된다. 이 다양성은 성숙한 미생물 매트에서 그 최대치에 도달하는데 (그림 20.7*a*, *b*), 이 구조가 분자적 군집 표본화 (community sampling, 19.6절)에 의해 이제까지 발견된 가장 복잡한 미생물 군집으로 밝혀졌다.

미니퀴즈

- 미생물 매트는 무엇이며, 24시간 주기 중 매트에서 어떤 주요 영양물질 변화가 일어나는가?
- 24시간 주기 중 운동성 호기성 세균은 미생물 매트에서 변화하는 O_2 농도에 어떻게 대응하는가?

III • 육상환경

지구상에서 대규모의 미생물 서식지는 두 가지 육상 환경에 있는데 그들은 태양광이 없고 주기적으로 또는 영구적으로 혐기적이며 다른 공통의 물리화학적 조건을 갖는 점에서 유사하다. 이 두 가지 서식지는 토양 그리고 토양과 모암으로 둘러싸인 물이다. 다음의 두 절에서 이 미생물 서식지를 소개하며, 각각은 환경의 무생물적 부위로 시작해서 거기에 사는 미생물 군집에 대한 설명으로 결론지을 것이다.

20.6 토양

토양(*soil*)은 지구 표면의 느슨한 물질로 그 아래의 모암과는 다른 층이다 (**그림 20.9**). 토양은 장기간에 걸친 지질학적 모재 (암석, 모래, 빙하 이동 물질 등), 지형, 기후와 살아 있는 생물체의 존재와 활성 간의 복잡한 상호작용을 통해 발달된다.

토양은 다음 두 가지 큰 종류로 나누어질 수 있다: 무기토양(*mineral soil*)은 암석과 기타 무기물의 풍화로부터 비롯되며, 유기토양(*organic soil*)은 습지와 소택지에서의 침전으로부터 유래한다. 대부분의 토양은 이 두 가지 기본형의 혼합물이다. 이 절에서 주로 설명될 무기토양이 비록 대부분의 육상 환경에 우점하지만, 탄소 저장에 관여하는 유기토양의 역할에 대해 관심이 점차 증가하고 있다. 탄소 저장(sink)과 공급원 (CO_2 방출과 같은)의 구체적인 이

(a)

(b)

Andreas Teske and Markus Huettel

(c)

그림 20.8 ***Thioploca* 매트.** *(a, c)* 큰 황-산화 화학무기영양성 *Thioploca*의 필라멘트가 칠레 연안의 Concepción 만에서 퇴적층 위의 물 (87 m 깊이)로 뻗어 나왔다. *(b)* 10 내지 20개의 필라멘트(trichome, 사상체)가 젤라틴 협막으로 뭉쳐져 있는데 각 묶음은 직경이 약 1.5 mm이고 길이가 10~15 cm이다. *Thioploca*의 2종이 흔히 같은 묶음에 서식한다: *T. chileae*는 직경이 약 20 μm이며 *T. araucae*는 약 40 μm이다. 각 사상체는 협막 내에서 독자적으로 활주하며 수층으로 3 cm까지 나올 수 있다.

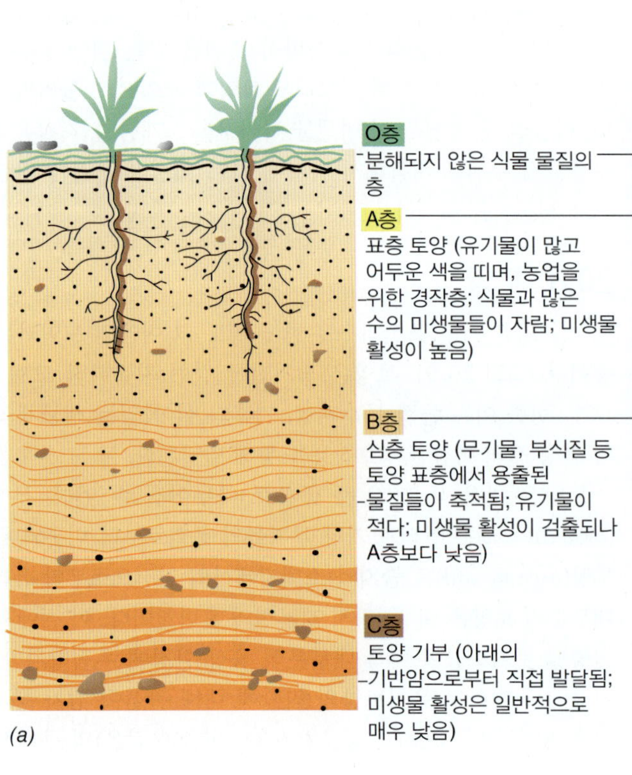

(a)

Michael T. Madigan

(b)

그림 20.9 토양. *(a)* 숙성한 토양의 단면. 토양층위(soil horizon)는 토양학자에 의해 규정된 토양대이다. *(b)* 미국 Illinois 주 Carbondale 시에 있는 O, A와 B층을 보이는 토양 단면의 사진으로 이 토양은 점토가 풍부하며 매우 조밀하다. 이런 토양은 모래를 주성분으로 갖는 토양보다 배수가 잘 안 된다. 유기물이 풍부한 A층과 유기물이 적은 B층 사이의 분명한 색깔의 차이에 주목하라.

해는 기후 변화의 과학과 크게 관련된다. 탄소 순환은 21장의 주요 초점이다.

토양 조성과 형성

식생이 존재하는 토양은 적어도 다음의 4가지 요소로 구성된다; (1) 무기 광물, 전형적으로 토양 부피의 40% 내외; (2) 유기물, 보통 약 5%; (3) 공기와 물, 대략 50%; (4) 미생물과 거대생물, 약 5%. 토양에는 다양한 크기의 입자들이 존재한다. 토양과학자들은 크기에 기초하여 토양 입자를 분류한다: 직경 0.1~2 mm 범위의 입자는 모래(*sand*), 0.002~0.1 mm 범위는 미사(*silt*), 0.002 mm 이하는 점토(*clay*)라 한다. 토양의 여러 조직 종류들은 그것이 함유하는 모래, 미사와 점토의 비율에 근거하여 "모래 점토 (sandy clay)" 또는 "미사 점토(silty clay)" 같은 이름이 주어진다. 어느 한 입자 크기가 우점하지 않는 토양을 양토(*loam*)라 한다.

토양은 물리적, 화학적 및 생물학적 작용들이 모두 기여한 결과로 형성된다. 거의 대부분의 노출된 암석에는 조류, 지의류, 또는 이끼가 존재한다. 이 생물들은 광영양체로 유기물을 생성하여 종속영양성 세균과 진균이 생장할 수 있게 한다. 이런 초기 집락화 생물들이 증가함에 따라 세균, 고균과 진핵생물로 구성된 보다 복잡한 화학유기영양체 군집이 발달한다. 호흡 중에 생성되는 이산화탄소는 물에 녹아 탄산(H_2CO_3)을 형성하는데, 이는 암석, 특히 석회석($CaCO_3$)을 함유한 암석의 용해에 중요하다. 또한 많은 화학유기영양체들은 유기산을 분비하여 암석을 용해시켜 더 작은 입자로 만든다.

결빙, 해동과 기타 무생물적 작용들이 암석에 균열을 만들어 토양 형성을 돕는다. 생성된 입자와 유기물의 조합으로 이 균열에서 거친 토양이 형성되며 개척자 식물이 자라날 수 있다. 식물 뿌리는 그 틈을 더 관통하며 암석의 분쇄를 촉진하고 그들의 분비물이 **근권(rhizosphere)** (식물 뿌리를 둘러싸고 식물 분비물을 받는 토양) 내 높은 미생물상의 발달을 촉진한다 (그림 20.4*a*). 식물이 죽으면 그 잔재가 토양에 더해져 영양물질로 작용하여 더 왕성한 미생물 발달이 일어난다. 광물들은 수용성이 더 높아지며 물의 침투에 따라 이 물질들이 토양의 더 깊은 곳으로 이동한다.

풍화가 진행됨에 따라 토양의 깊이가 증가하고 따라서 큰 식물과 작은 나무가 자라날 수 있게 된다. 지렁이 같은 토양 동물들이 토양에서 자라나 토양 표층의 혼합과 통기에 중요한 역할을 하게 된다. 결국 물질의 하향이동에 의해 토양 단면(*soil profile*)이라 하는 층위구조를 형성한다 (그림 20.9). 전형적인 토양 층위구조의 발달속도는 기후와 기타 요인에 따라 결정되지만 수백 내지 수천 년이 걸릴 수 있다.

수분 가용성: 미생물 서식지로서 식물생장 토양과 황무지 토양

토양에서 제한 영양물질은 흔히 인과 질소 같은 무기영양분으로 여러 종류의 거대분자의 핵심 구성 성분이다. 토양에서 미생물 활성에 영향을 미치는 또 다른 주요 요소는 물의 가용성으로 미생물 생장을 위한 물의 중요성을 이전에 강조한 바 있다 (5.13절).

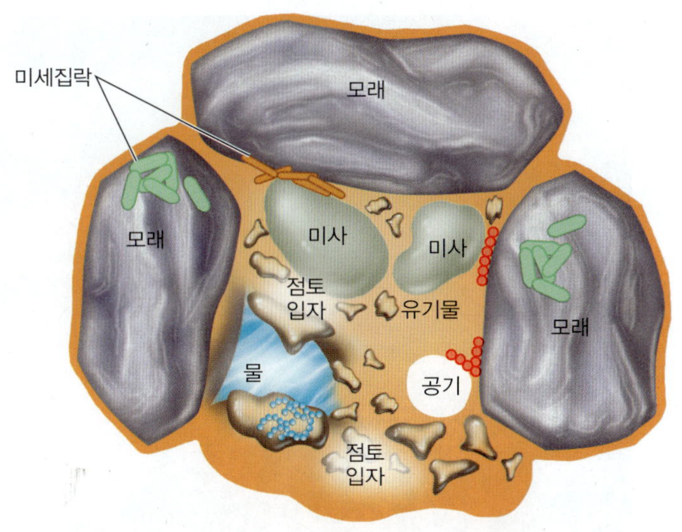

그림 20.10 토양 미생물 서식지. 매우 소수의 미생물만이 토양 용액에 독립적으로 존재하며 대부분은 토양 입자에 부착된 미세집락으로 존재한다. 모래, 점토와 미사 입자 간의 상대적 크기 차이를 주목하라.

물은 토양에서 매우 가변적인 구성요소로서 토양 수분 함량은 토양 조성, 강우, 배수 및 식물 피복에 따라 결정된다. 물은 토양에서 표면에 흡착(adsorption) 또는 토양 입자 사이의 얇은 판이나 막 내의 자유수(free water)의 두 가지 방식으로 존재한다 (**그림 20.10**). 토양에 존재하는 물에는 다양한 물질이 녹아 있는데 이 혼합물을 토양 용액(*soil solution*)이라 한다. 배수가 잘 되는 토양에서 공기는 쉽게 침투하며 토양 용액 내 산소 농도는 토양 표층에서와 유사하게 높을 수 있다. 그러나 침수된 토양에 유일하게 존재하는 산소는 물에 녹아 있는 것인데 이는 존재하는 미생물에 의해 신속하게 소모된다. 그런 토양은 담수 환경에서 설명된 것처럼 (20.8절) 곧 무산소 상태로 되며 그들의 생물학적 활성에 중요한 변화를 나타낸다. 토양에서 큰 통로에도 물이 있는데 그곳의 대량 흐름(bulk flow)은 미생물과 그들의 기질 및 산물의 신속한 이동에 중요하다.

건조 토양

토양에서 최대 미생물 활성은 근권 내외의 유기물이 풍부한 표층에서 나타난다 (그림 20.4*a*). 그러나 일부 토양은 너무 건조하여 식생 피복이 크게 제한되며 특별한 미생물 군집만이 존재할 수 있다. 이것들은 건조 토양(*arid soil*)인데 지구 대륙의 약 35%가 영구적 또는 계절적으로 건조하다. 건조는 건조 지수(*aridity index*)로 규정될 수 있는데, 강수(precipitation) 대 잠재적 증발산(potential evapotranspiration)의 비 (P/PET)로 표시된다. 증발산은 증발과 식물 증산을 통한 수분 소실의 합이다. P/PET가 1 이하일 때, 즉 강우 (그리고 안개와 이슬)를 통해 유입된 물이 증발산을 통해 소실된 것보다 적을 때 그 지역은 건조한 것으로 분류된다.

건조 토양은 지구상에서 가장 극단적인 환경 중의 하나로 60°C 이상과 −24°C 이하의 온도, 높은 일사량 (태양광에 노출) 및 낮은

그림 20.11 생물학적 토양 피각 (BSC). *(a)* Colorado 주 고원 상의 밝게 교란된 토양에 근접한 BSC. *(b, c)* 모래 입자를 그들의 협막 물질과 함께 결합시킨 사상성 남세균 (*Microleus* 종)의 주사전자현미경 사진. *b* 부분에서 모래 입자는 직경이 약 100 μm이며 c 부분에서 사상체는 직경이 약 5 μm이다.

수분 활성을 갖는다. 비록 건조 지역이 잎이 무성한 식물이 전형적으로 거의 없지만 중요한 미생물 군집을 유지시키는데, 그것은 뭉쳐서 토양 표면을 안정화시키며 암석의 내부와 표면에 서식한다. 이 탄소-제한 환경에 존재하는 우점 미생물들은 남세균이며 더 적은 수의 녹조류, 진균, 종속영양 세균, 지의류와 이끼가 존재한다.

건조지대 미생물 서식지에는 생물학적 토양 피각(*biological soil crust*, BSCs, **그림 20.11**), 반투명 암석의 아래쪽 표면 (암석 밑 거주자), 노출된 암석 표면 (암석 표면 거주자) 및 암석의 내부 공극 공간, 틈과 균열 (암석 내 거주자)을 포함한다. 토양 피각에는 남세균 *Microcoleus* 종 (그림 20.11*b*, *c*)이 우점하지만 구형의 *Chroococcidiopsis* 종은 암석 내 개체군으로 우점한다. 암석 거주자들은 위에서 설명한 풍화와 토양 형성에 중요한 역할을 하며 여기에서는 BSC 군집만을 살펴본다.

BSC는 사막 생태계의 토양 안정화에 중요한 작용을 한다. 안정화는 사막 토양 형성의 속도가 매우 낮기 때문에 중요하다 (1000년당 1 cm 이하). 여기서 사상성 남세균 (*Microcoleus*)과 진균이 토양 점착을 제공하며 지상에 지의류와 이끼가 존재하면 이것이 더욱 안정화된다. 중요하게 이 미생물 망은 바람과 물에 의한 토양 침식을 막는 작용을 한다. BSCs는 물 침투의 주요 결정요인이며 국지적 물 순환과 식생에의 물 가용성에 영향을 미친다. 놀랍게도 수분과 온도가 최적일 때 BSC의 광합성 속도는 관속식물 잎의 그것과 유사하다. 남세균과 기타 질소-고정 세균 (7.8, 14.6과 15.3절)이 질소를 제공하고 고정된 질소의 많은 양이 즉시 방출되어 다른 토양 생물에 제공된다.

BSCs의 교란이 기후 변화와 인간 활동에 의해 악화되는 사막화(*desertification*)에 크게 기여한다. BSC 파괴로부터 발생하는 모래 폭풍은 토양 비옥도를 감소시키며 근처 설원에 심한 흙먼지가 내려앉으면 용해와 증발산 속도를 가속화하여 하천으로 담수의 유입을 감소시킨다. 일단 토양 피각이 훼손되면 회복에 15 내지 50년이 걸린다. 육상에 BSCs의 광활한 존재, 인간과 생태계 작용에 그들의 중요성 및 기후 변화와 관련된 건조지대의 증가 예상을 고려하면, BSC 형성에 대한 보다 나은 이해와 훼손된 BSCs의 회복이 건강한 지구를 위해 중요하다.

토양 원핵생물 다양성의 계통발생적 특성

그림 20.3에서 보는 바와 같이 심지어 단 하나의 토양 입자라도 많은 다른 미세환경을 함유할 수 있으며 따라서 여러 생리학적 종류의 미생물의 생장을 지지할 수 있다. 미생물 관찰을 위한 토양 입자의 직접적인 조사를 위해 형광현미경을 흔히 사용하며 토양 내 생물은 미리 형광염료로 염색한다. 토양 입자 내의 특정 미생물을 보기 위해 형광 항체 염색 또는 유전자 탐침 (19.4, 19.5절)도 사용될 수 있다. 미생물은 또한 주사전자현미경에 의해 토양 표면에서 직접 관찰될 수 있다 (그림 20.11*b*, *c*).

환경으로부터 얻은 16S 리보솜 RNA (rRNA) 유전자의 서열 분석이 원핵생물 다양성 조사에 사용될 수 있다는 것을 19장에서 설명하였다 (19.6절). 이 방법에 의해 완전히 규명되어 모든 존재하는 종이 동정된 자연 군집이 아직은 없다. 그러나 한계 내에서 이 방법이 미생물 다양성의 적절한 측정이며, 배양-의존적 다양성 연구를 힘들게 하는 농화편중(enrichment bias)보다 심각한 문제를 피하는 방법으로 널리 간주되고 있다 (19.1절). 여기에서 그리고 이 장의 후반부에서는 완전히 구체적인 것보다는 경향과 양상의 강조를 목표로 하는 특정 미생물 서식지의 "계통발생적 특성(phylogenetic snapshot)"에 대해 설명할 것이다.

전형적인 식생존재 표층의 분자적 군집 표본화는 토양 1 g 내에 전형적으로 수천 가지 다른 종의 세균과 고균을 보이며 이는 거기에 존재하는 수많은 미세환경을 반영하고 있다. 여기에서 "종(species)"은 미생물 군집으로부터 얻어진 16S rRNA 유전자 염기서열이 다른 모든 서열과 3% 이상이 다른 경우로 정의된다 (13.8절). 그런 환경 서열을 계통형(*phylotype*)이라 한다. 토양 미생물 다양성 연구는 매우 큰 종 수 이외에도 다양성이 토양 종류와 지리적 위치에 따라 다르다는 것을 보여주었다. 예를 들어, Alaska 주의 삼림토양, Oklahoma 주의 초원토양과 Minnesota 주의 농장토양 (모두 미국에 존재) 분석은 각각 약 5000, 3700과 200개의 다른 계통형을 나타내었다. Alaska 주와 Minnesota 주의 토양은 분류의 문(phylum) (예, *Proteobacteria, Acidobacteria, Bacteroidetes, Actinobacteria, Verrucomicrobia*와 *Planctomycetes*) 수준에서 유사한 분포를 보였지만 그들 종의 약 20%만이 공통적이었다. 이는 비록 다른 토양에서 우점하는 문의 비율(*proportions*)이 비교적 일정해도 문(phylum) 내에 존재하는 실제 종(*actual species*)은 다른 토양에서 상당히 다를 수 있다는 것을 가리킨다. 또한 Alaska 주의 토양보다 농장토양에서 관찰된 낮은 세균 다양성은 아마 현대적인 집약적 농법이 시비, 낮은 식물 다양성과 원하지 않는 동식물의 화학적 억제에 크게 의존하기 때문일 것이다.

그림 20.12는 여러 토양에서 얻은 16S rRNA 서열 자료에 근거한 토양 미생물 군집의 일반적 조성이다. *Proteobacteria* (15장과 16장)가 회수된 전체 계통형의 거의 반을 차지하며 *Epsilonproteobacteria*를 제외한 주요 하위군이 모두 잘 나타난다. *Acidobacteria*와 *Bacteroidetes*도 또한 풍부한 종류이며, *Actinobacteria*와 *Firmicutes*는 그보다 적다. 이들 외에, 토양 계통형의 상당 부분은 미분류 종이거나 작은 세균 종류의 구성원들이 차지한다. 이는 토양 생태계에 전형적인 높은 세균 다양성을 보여준다. 세균과 달리 토양에서 고균의 다양성은 높지 않으며 고균의 각 주요 문(*Euryarchaeota, Thaumarchaeota*와 *Crenarchaeota*) 내에 비교적 소수의 염기서열만이 존재한다. 그러나 이제까지 토양에서 고균 다양성에 대한 선택적인 조사가 적었기 때문에 그들의 다양성은 지금 인식되는 것보다 클 것이다.

그림 20.12에 보인 것과 유사하지만 탄화수소-오염 토양에 대해 수행한 연구는 오염 토양과 비오염 토양의 일반적인 분류학적 결과가 유사하다는 것을 나타낸다: *Proteobacteria*가 두 토양 종류에서 가장 큰 비중을 차지하며, *Acidobacteria, Bacteroidetes, Actinobacteria*와 *Firmicutes*가 상당한 정도로 그 뒤를 따른다. 그러나 두 토양에서 이 분류군의 작은 종류들에 중요한 변화가 나타난다. 오염된 토양은 비오염 토양에 비해 *Actinobacteria, Gammaproteobacteria*와 *Euryarchaeota*가 증가하고 *Bacteroidetes, Acidobacteria*와 미분류 세균이 감소한다 (그림 20.12). 탄화수소-오염 토양은 하나의 *Bacteroidetes* 계통형만이 우점하는 반면에, 비오염 토양은 여러 계통형의 *Bacteroidetes*를 함유한다 (그림 20.12). 특이하게 모든 탄화수소 오염 토양의 조사에서 *Thaumarchaeota*가 없는데 이는 탄화수소 오염물질이 암모니아-산화 *Thaumarchaeota*를 억제하는 것을 암시한다 (고균, 17.5절).

비록 오염 토양과 비오염 토양에서 관찰된 미생물 군집 다양성의 기능적(*functional*) 중요성이 알려지지 않았지만, 관찰된 변화는 두 토양에서 탄소와 질소 대사 및 기타 중요한 영양물질 순환에 대한 그들의 능력이 다른 것으로 생각된다. 그러나 이런 기능적 연결의 부재에도 불구하고 토양의 여러 16S rRNA 유전자 조사는 다음의 두 가지 점에 동의한다: (1) 교란되지 않은 비오염 토양은 매우 높은 원핵생물 다양성을 유지한다, (2) 토양의 교란은 교란된 토양 환경에서보다 경쟁적이고 다양성의 전반적인 감소를 동반하는 쪽으로 군집 조성에서 상당한 변화를 초래한다.

미니퀴즈

- 세균의 어떤 문이 식생존재 토양의 세균 다양성에서 우점하는가?
- 어떤 요소가 토양에서 미생물 활성의 정도와 종류를 지배하는가?
- 토양의 어느 지역에서 미생물 활성이 가장 높은가?

20.7 지하

지구 지하(subsurface)의 토양과 암석에는 물이 있다. 이 지하의 물은 지하수(*groundwater*)라 하는데 광대하지만 거의 연구가 되지 않은 미생물 서식지이다. 최근 30년 전 대부분의 미생물학자들은 상당수의 미생물들이 지구 지각의 상부 100 m 내외에 존재한다고 생각하였다. 그러나 향상된 굴착과 무균 채취 기술의 발달에 의해 가능해진 연구로부터, 포집된 물을 함유한 지구의 적어도 3 *km* 깊이까지 지역에서 미생물의 존재가 알려졌다. 비교적 얕은 지하수의 미생물학은 토양의 미생물학과 매우 유사하다. 그러나 깊은 지하수의 미생물은 50°C 이상의 온도와 무산소 조건 그리고 영양분이 고갈된 환경에 존재한다; 따라서 그들의 미생물 다양성은 토양의 그것과 다르다.

깊은 지하의 세균

지하 미생물학은 처음에는 비교적 얕고 쉽게 접근할 수 있는 대수층 체제에 초점을 맞추어 다양한 개체군의 고균과 세균 및 제한된 존재의 원생동물과 진균을 밝혔다. 대수층(*aquifer*)은 균열이 많은 암석과 자갈 같은 물을 함유한 지하의 투과성 물질의 층이다. 대수층의 미생물들은 대사적으로 활발하며 지하수의 화학적 성질에 크게 영향을 미친다. 예를 들어, 지하수에서 제1철 이온(Fe^{+2})의 존재는 전자수용체로 제2철 이온(Fe^{3+})을 환원시키는 *Geobacter* 같은 미생물의 활성에 크게 기여한다 (14.15절).

깊은 미생물 생물권에 대한 연구는 아주 깊은 곳에 있는 균열된 암석 내의 물을 노출시키는 채굴과 굴착 작업에 의해 가능하게 된다. 예를 들어, 남아프리카에서 거의 3 km 깊이의 금 채굴작

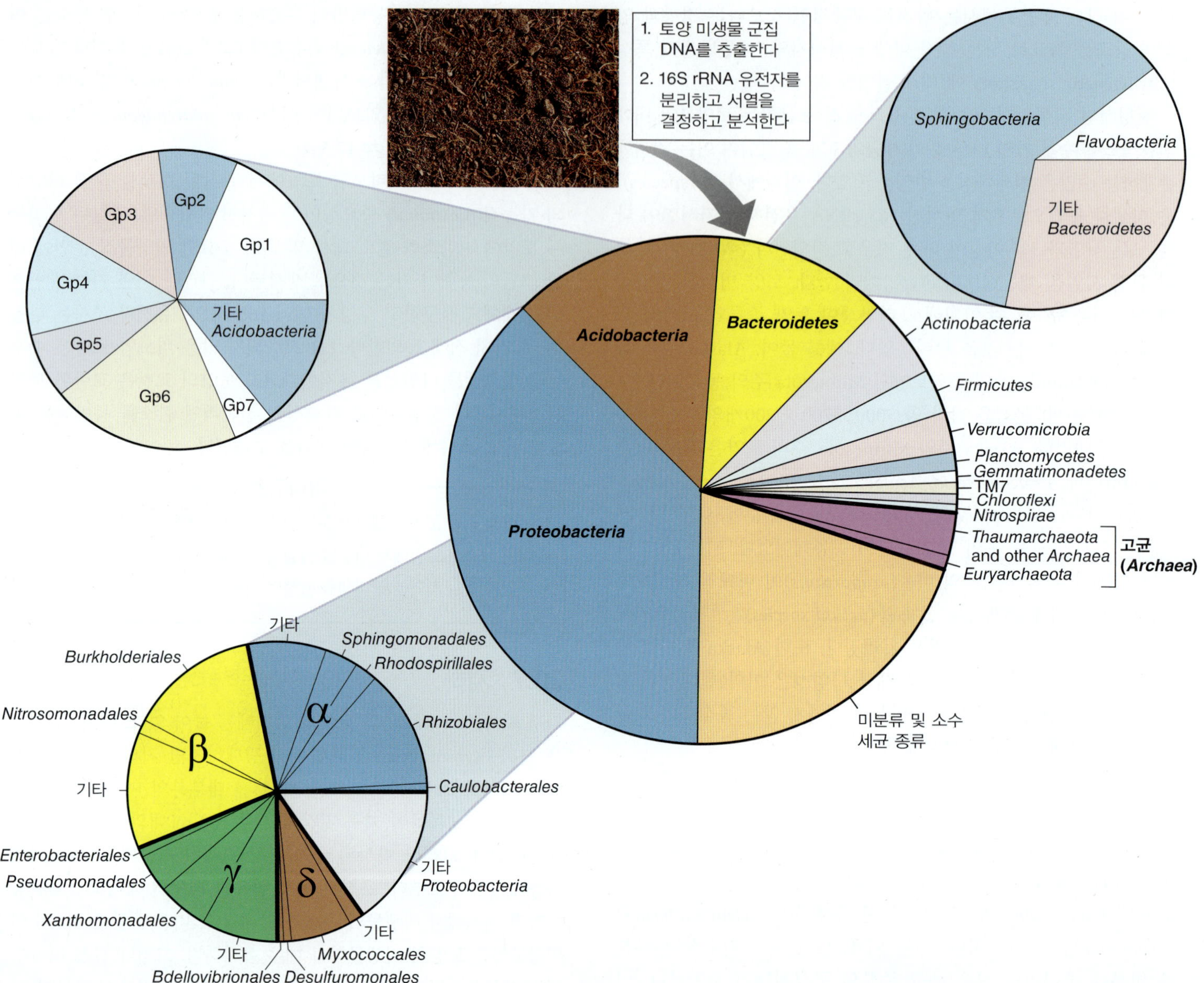

그림 20.12 토양 세균과 고균 다양성. 토양 환경의 16S rRNA 유전자 내용에 대한 여러 연구로부터 종합한 분석 결과이다. 이 종류 중 많은 것들이 15와 16장 (세균) 또는 17장 (고균)에 나와 있다. *Proteobacteria*, *Acidobacteria*와 *Bacteroidetes*의 경우 주요 하위군이 표시되어 있다 (Gp, group). 미분류군과 소수의 세균 종류로 구성된 전체 군집의 큰 비중이 높은 종 풍부도를 가리킨다는 것을 주목해야 한다. 또한 토양의 전체 원핵생물 군집 중 고균이 차지하는 비교적 낮은 비율과 많은 토양 고균이 *Euryarchaeota*와 *Crenarcheota*의 알려진 종과 분명히 연관되지 않는 점에 유의해야 한다. 자료는 Nicolas Pinel에 의해 수집되고 분석되었다.

업 (**그림 20.13*a***)에서 채취된 시료는 화학무기영양성과 독립영양성 세균과 고균을 갖고 있다. 이 광산의 깊은 열극수(fissure water)에서 추출된 DNA는 H_2-산화, 황산염-환원 세균이 존재하는 거의 유일한 세균임을 보여준다. 아직 배양되지 않았으나, *Desulforudis audaxviator*라는 임시 이름이 붙여진 이 생물의 유전체 분석은 그것이 호열성이며 H_2를 혐기성 호흡과 CO_2 고정을 위한 전자공여체로 사용하는 독립영양성 생장을 할 수 있는 것을 가리킨다. 또한 이 생물은 질소고정 체제 (14.6절)을 암호화하는 유전자를 가지는데 이는 그것이 CO_2, SO_4^{2-}, N_2와 H_2의 소수 무기물을 이용하며 무산소 환경에서 살 수 있다는 것을 의미한다.

*D. audaxviator*는 H_2를 전자공여체로 이용하는 다른 독립영양성과 질소-고정 세균처럼 깊은 지하에서 장기간 격리에 잘 적응한다. 이를 위한 H_2의 가능한 지하 공급원은 우라늄, 토륨과 기타 방사성 원소에 의한 물의 방사선분해와 대수층에서 규산철 광물의 산화로부터 H_2의 방출 같은 지구화학적 작용을 포함한다. H_2는 황산염 환원, 아세트산형성과 제2철 환원을 포함하는 많은 다른 혐기성 호흡을 수행하는 세균의 요구를 만족시킬 수 있으며 (14장), 이 모든 생리학적 작용의 예는 지하물질의 유전체 분석으로부터 확인

(a)

(b)

그림 20.13 깊은 지하에서 시료 채취. *(a)* 남아프리카 Tau Tona 금광의 3000 m 깊이에서 고온 (55°C)의 열극수 채취. *(b)* 미국 에너지성(DOE)의 Deep Subsurface Microbiology Program을 위해 미국 Allendale (South Carolina 주)에서 600 m까지 굴착. 깊은 지하로부터 오염되지 않은 시료를 얻는 관점에서 지하 미생물학은 고비용이면서 도전적이다. 그러나 일부 매우 흥미로운 세균과 고균이 지구의 깊은 지하에 서식한다는 것이 분명하다 (그림 20.14와 20.15 참조).

되었다. 이런 이유로 의심할 바 없이 이 대사들을 할 수 있는 세균은 *D. audaxviator*과 더불어 지하 미생물 생태계에 서식하고 있다.

깊은 지하의 고균

많은 고균의 새로운 계통들이 지하와 깊은 해양 퇴적층의 극도로 영양물질이 제한된 환경에 적응한 것으로 나타난다 (20.13절). 배양된 구성원을 가진 문 (*Euryarchaeota*, *Crenarchaeota*, *Thaumarchaeota*, 17장)에 속한 고균 종 이외에 이제까지 PCR에 근거하고 메타유전체 연구 (19.6과 19.8절)로만 동정된 새로운 문은 *Aigarchaeota*와 *Bathyarchaeota*를 포함한다 (**그림 20.14**). 이 연구는 또한 지하뿐만 아니라 다양한 다른 영양물질이 결핍된 환경에 사는 작은 유전체 (~500~1000개 유전자)를 함유한 직경 0.15~1.2 μm의 세포를 가진 극도로 작은 고균의 놀라운 다양성을 보여주었다 (**그림 20.15**); 작은 세포의 세균도 이 환경에 서식한다 [2장 미생물 세계 탐구, "작은 세포(Tiny Cells)" 참조].

이 작은 고균은 여러 문을 포함하는 고균 ["초문(superphylum)", 그림 20.14] 내에서 하나의 깊은 진화적 분기를 형성한다. 이 초문

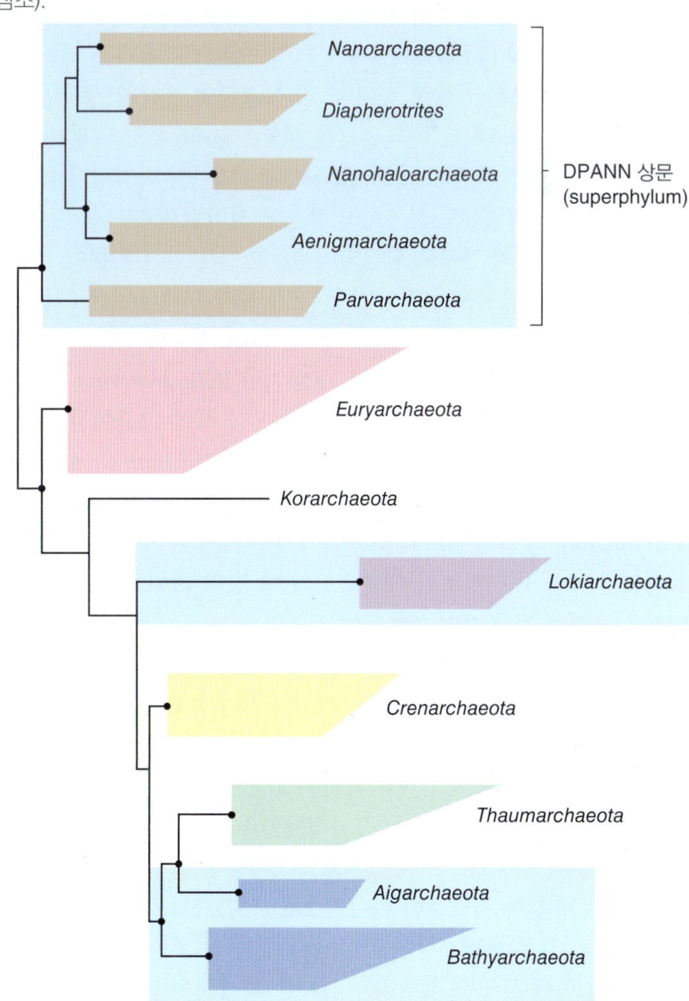

그림 20.14 지하 고균의 다양성과 풍부도. 지하와 해양 깊은 지하에 우점하는 것으로 발견된 고균 분기군의 계통학 (이는 16S rRNA 유전자 서열과 기타 보전된 표지 유전자에 근거한 일치 가계도임). 깊은 지하 연구 이전까지 알려지지 않았던 새로운 문은 옅은 청색으로 표시되었다. *Lokiarchaeota*는 진핵세포와 가장 가까운 종류이다 (*Lokiarchaeota*-진핵생물 연관에 대한 구체적인 것은 363쪽 참조).

단원 5

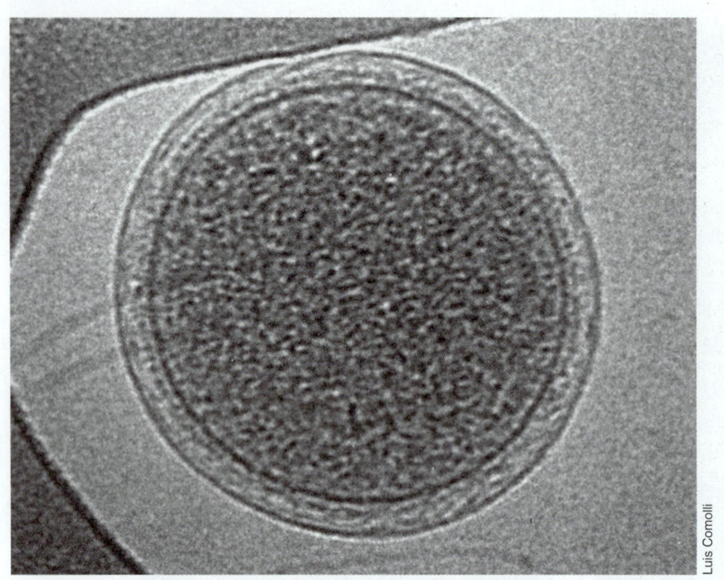

그림 20.15 작은 고균. 산성광산배수 (22.2절)에 서식하는 작은 고균종 세포 단면의 전자현미경 사진. 이 산성 환경에서 발견된 작은 고균은 *Diapherotrites*와 *Parvarchaota* 문 (그림 20.14)에 속한다. 이 세포의 직경은 약 0.4 μm이다.

(이 계통 안의 5개 문의 두문자어로 DPANN이라 불림)에서 최초로 기술된 구성원은 호열성 *Nanoarchaeum equitans*로 숙주 고균인 *Ignicoccus* (17.6절)와 절대 물리적 연관으로 자라는 제한된 대사능을 가진 작은 기생성 종이다. 작은 고균이 유사한 생활방식을 나타낼지는 모르지만 메타유전체 서열은 지하 종의 일부가 독립영양성이며 따라서 *Nanoarchaeum*보다는 대사적 다양성이 높을 것을 암시한다. 그럼에도 불구하고 유전체 서열만으로부터 추론된 생리는 배양된 종의 연구로 확정되어야만 한다는 가설일 뿐이다.

이 깊은 지하 연구에서 적어도 두 가지 놀라운 메타유전체 소식이 나타났다. 첫째는 메탄생성과 아세틸-CoA 경로의 반응을 촉매하는 효소를 암호화하는 유전자를 가진 지하 *Bathyarchaeota* (그림 20.14) 유전체의 발견이다. 이 대사들은 메탄-생성 고균에서 각각 에너지 보전과 독립영양의 방법이다. 만일 장래의 *Bathyarchaeota*의 실험실 배양이 이 결과를 확인한다면, 이는 단일 고균 문 (*Euryarchaeota*, 그림 20.14와 17장)의 종에 국한된 것으로 한동안 생각되던 주요 대사경로인 메탄생성이 이 영역 내에 실제로 보다 넓게 분포하는 것을 보여주게 되는 것이다.

깊은 생물권에서 또 다른 놀라운 발견은 *Lokiarchaeota* (그림 20.14)라는 이름이 주어진 고균 분기군의 발견이다. 고균과 진핵생물이 오래 전에 나뉜 것으로 오랫동안 알려져 왔지만 (13.3절과 그림 13.9) 진핵생물에 가장 가까운 고균 조상이 아직 불분명하다. 그러나 메타유전체 분석에 근거해서 *Lokiarchaeota*가 진핵생물 영역이 갈려나온 계통으로 추정된다. 이 계통적 연결은 단순히 리보솜 RNA 유전자 서열뿐만 아니라 *Lokiarchaeota* 유전체가 액틴 (2.16절) 같은 단백질뿐만 아니라, 특별한 막 기능 및 흡입이나 막 함입에 의해 물질을 섭취하는 잠재능을 가진 여러 진핵생물성 단백질을 포함하는 진핵생물 유형의 세포내골격을 암호화하는 사실에 의해 지지된다. 이같이 깊은 지하 생물권의 분석은 고균의 알려진 계통적 다양성을 크게 확장할 뿐만 아니라 진핵생물의 기원에 대한 새로운 정보를 아마 제공할 것이다.

지하 미생물학의 성장 속도와 미래

오염되지 않은 지하수에서 세균의 수는 차이가 매우 큰데 (10^2~10^8/ml), 대부분이 용존 유기탄소 형태인 제한된 영양물질 가용성을 반영한다. 깊은 지하 세균에 대해 측정되고 추산된 세대시간은 물리화학적 환경, 존재하는 개체군의 생리적 특성과 영양물질 가용성에 의해 결정되어 수 일에서 수 세기까지 그 차이가 매우 크다. 예를 들어, 미생물은 영양분-고갈 지하에서 표면에 부착되어 있거나 또는 생물막 내에 존재하지만, 이들이 부유성 개체군의 미생물들과 유전적으로 또는 생리학적으로 다른지와 그들이 다른 대사적 전략을 이용하는 정도가 알려져 있지 않다.

지하 미생물학의 이런 많은 알려지지 않은 사실들은 지구 깊은 곳에 영구적인 과학 실험실의 설립에 대한 지원을 뒷받침하고 있다. 예를 들어, 미국 South Dakota 주 Lead에 Sanford Underground Research Facility (2400 m 깊이)는 물리학, 지질학과 미생물학 연구를 위해 미국 정부와 사설기관에 의해 유지되고 있다. 또한 국제적인 노력으로 International Ocean Drilling Program은 해저 밑 깊은 곳의 미생물 개체군을 탐색하고 있다. 이제까지의 결과로 해저 2000 m 아래 (20.13절)에서와 1억 년 이상 오래된 암석에서 고균과 세균을 발견하였다. 비록 이것이 오래된 것처럼 보이지만 그런 연대는 거의 5억 년 된 소금 결정에서 회수된 살아 있는 세균에 비하면 비교적 어린 것이다. 분명히 원핵세포들은 굉장히 오랜 시간 동안 살아남아 있을 수 있다.

미니퀴즈

- 지하에 왜 생물학적으로 가용한 에너지의 가능한 공급원이 있는가?
- 어떤 환경 요소가 깊은 지하에서 세포의 종류와 풍부도를 결정하는가?
- *Lokiarchaeota* 메타유전체로부터 얻어진 어떤 정보가 그것을 진핵생물의 기원과 연관시키는가?

IV • 수환경

담수와 해양 환경은 염분도, 평균 온도, 깊이와 영양물질 함량을 포함한 여러 면에서 다르지만 둘 다 미생물을 위한 많은 훌륭한 서식지를 제공한다. 여기에서는 먼저 담수 미생물 서식지를 살펴본 후 두 가지 해양환경, 연안과 원양 해수 그리고 심해에 대해 설명할 것이다. 미생물 생태학의 분자적 방법, 특히 유전적 염색, 미생물 군집 표본화와 메타유전체학을 이용한 연구 (19장)로부터 해양 미생물에 대한 많은 새로운 정보들이 알려지고 있다.

20.8 담수

담수 환경은 미생물 생장에 가용한 자원과 조건 측면에서 매우 다양한데 (표 20.1), 일부 호수와 하천이 격리되고 거의 자연 상태이지만, 다른 것들은 농업, 산업 또는 거주지 배출수에 의해 심하게 오염되었기 때문이다. 산소-생성 및 산소-소모 생물 모두 수환경에 존재하며, 광합성과 호흡 간의 균형 (그림 20.2)이 산소, 탄소 및 기타 영양물질 (질소, 인, 금속)의 자연적 순환을 제어한다.

미생물 중 산소발생형 광영양체에는 조류와 남세균이 포함된다. 이들은 플랑크톤성(*planktonic*) (부유성)으로 호수의 수층에 존재할 수 있으며, 가끔 특정 깊이에 많은 수로 축적되기도 하거나, 또는 호수나 하천의 바닥이나 가장자리에 부착된 저서(*benthic*) 종으로 존재한다. 산소발생형 광영양체들은 그들의 에너지를 빛에서 얻으며 물을 전자공여체로 이용하여 CO_2를 환원시켜 유기물을 생산하므로 (14장) 담수 생태계에서 주된 일차생산자이다.

화학유기영양성 수계미생물 군집의 활성과 다양성은 크게 일차생산의 정도, 특히 그 속도와 공간적 및 시간적 분포에 의존한다. 산소발생형 광영양체는 O_2뿐만 아니라 새로운 유기물을 생산한다. 만일 일차생산 속도가 매우 높으면 과다한 유기물 생산이 호흡으로 인한 하층수의 O_2 소모와 무산소 조건을 유도할 수 있다. 이는 다시 혐기성 호흡과 발효 같은 혐기적 대사를 촉진할 수 있다 (14장). 산소발생형 광영양체처럼 산소비발생형 광영양체 또한 CO_2를 유기물로 고정시킬 수 있다. 그러나 이들은 H_2S 또는 H_2 같은 물 이외의 환원된 물질을 광합성의 전자공여체로 이용한다 (⇄ 14.3절). 산소비발생형 광영양체에 의해 생성되는 유기물도 호흡을 지원하고 증가시켜 무산소 조건의 확산을 촉진할 수 있다.

담수 환경에서 산소 관계

호수의 생물학적 및 영양 구조는 온도와 염분도의 물리적 기울기의 계절적 변화에 의해 크게 영향을 받는다. 온대 기후의 많은 호수에서는 물의 층이 형성되어 (성층, stratification) 다른 물리적 및 화학적 특성을 가진 **성층화 수층(stratified water column)**으로 나뉜다. 여름 동안 따뜻하고 밀도가 낮은 표면층인 **표수층(epilimnion)**이 차고 밀도가 높은 아래층인 **심수층(hypolimnion)**과 분리된다. 수온약층(*thermocline*)은 표수층과 심수층 사이의 전이지역이다 (**그림 20.16**).

늦가을과 초겨울에는 하층의 물보다 표면의 물이 차가워져서 밀도가 높아진다. 이는 바람에 의한 혼합과 함께 차가워진 표층수가 아래로 가라앉게 하여 호수물이 "전도(顚倒, turnover)"되어 표층수와 심층수가 섞이게 된다. 비교적 잘 섞이는 표층과 비교적 정체된 바닥층의 분리는 가을철 전도가 다시 수층을 섞을 때까지 층 사이의 영양물질 이동을 제한한다.

성층 기간 중 표층수와 심층수 사이의 이동은 혼합이 아닌 훨씬 느린 작용인 확산에 의해 조절된다. 그 결과 심층수는 용존 O_2가 낮거나 없는 계절적 기간을 갖게 된다. 비록 O_2가 대기에서 가장 풍부한 기체 중의 하나이지만 (공기의 21%), 물에서는 용해도가 제한되며 큰 부피의 물에서는 대기와의 산소 교환이 느리다. 물에서 O_2 고갈은 존재하는 유기물량과 수층의 혼합을 포함한 여러 요인에 따라 결정된다. 표층에서 소모되지 않은 유기물은 깊은 곳으로 가라앉아 혐기성 생물에 의해 분해된다 (그림 20.2). 호수는 높은 수준의 용존 유기물을 함유할 수 있는데 주위 육지에서 유입된 무기 영양물질이 조류와 남세균의 대발생을 일으킬 수 있으며 이들이 전형적으로 다양한 유기화합물을 분비할 뿐만 아니라, 그들이 죽고 분해될 때 복잡한 유기화합물을 방출하기 때문이다. 초여름에 수층의 성층, 높은 유기물 부하와 제한된 O_2 이동의 조합은 심층수의 O_2 고갈을 일으켜 (그림 20.16) 식물과 동물 같은 호기성 생물에 적합하지 않게 만든다.

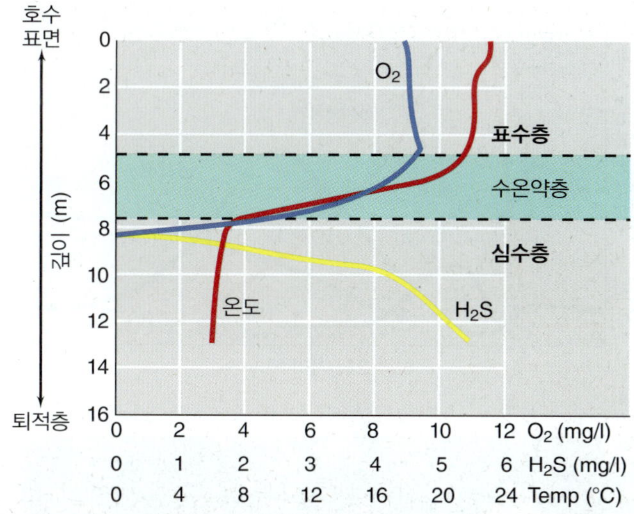

그림 20.16 온대지역 호수에서 여름철의 성층현상으로 인한 무산소 조건의 발달. 차가운 하층수는 밀도가 더 높으며 세균에 의한 황산염 환원으로부터의 H_2S를 함유한다. 급격히 온도가 변하는 지역을 수온약층(thermocline)이라 한다. 표층수가 가을과 초겨울에 차가와지면서 심층수의 온도와 밀도에 도달하면 가라앉아 하층수를 대체하는 호수 전도(lake turnover)를 일으킨다. 미국의 Wisconsin 주 북부의 작은 담수호의 자료.

연중 전도 순환은 호수 심층수가 호기적 조건과 혐기적 조건을 반복하게 만든다. 산소 함량의 이런 변화에 따라 미생물 활성과 군집 조성이 변화하지만 수층의 가을철 전도에 동반하는 다른 요인들, 특히 온도와 영양물질 수준의 변화가 또한 미생물 다양성과 활성을 좌우한다. 깨끗한 호수나 원양처럼 호수에 만일 유기물이 적다면 화학유기영양체가 이용할 수 있는 기질이 불충분해서 모든 산소를 소모하지는 못한다. 그런 환경에 우점하는 미생물들은 전형적인 **빈영양생물(oligotroph)**로 매우 희석된 조건에서의 생장에 적응된 생물들이다 (20.11절). 한편 바람에 의한 혼합 때문에 강한 흐름 또는 교란이 일어나면 수층이 잘 섞여서 산소가 깊은 층까지 전달될 수 있다.

강과 개울에서 산소의 수준은 특히 도시, 농업과 산업 오염으로 유기물이 많이 유입되는 곳에서 특별히 문제가 될 수 있다. 심지어 물의 빠른 흐름과 교란 때문에 강물이 잘 혼합되어도 많은 양의 유기물 유입은 세균 호흡에 의해 뚜렷한 산소 고갈을 가져올 수 있다 (**그림 20.17*a***). 예를 들어, 하수 유입 지점 같은 점 유입원으로부

단원 5

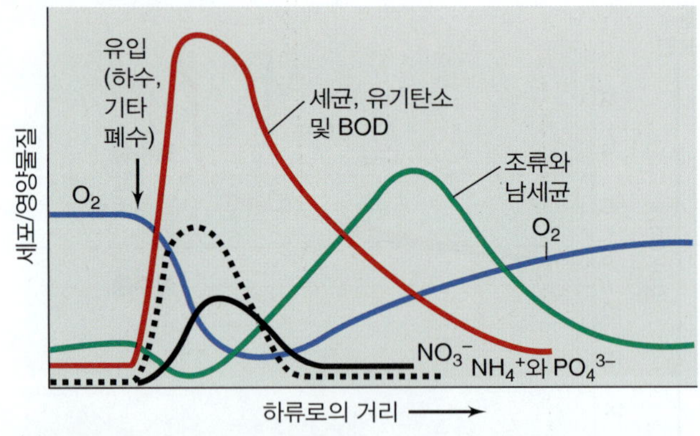

그림 20.17 수계에서 유기물이 풍부한 폐수 유입의 영향. *(a)* 강에서 유기물의 유입에 따라 세균 수의 증가와 O_2 수준의 감소가 일어난다. 조류와 남세균의 증가는 무기 영양염류, 특히 PO_4^{3-}에 의한 것이다. *(b)* 미국 Wisconsin 주 Madison 시에 있는 부영양성 (영양물질이 풍부한) 호수, Lake Mendota에서 농경배수로부터의 영양염류에 대한 반응으로 대량으로 증식한 조류, 남세균과 수생식물. (그림 20.1도 참조)

터 물이 이동함에 따라 유기물은 점차 소모되고 산소 농도는 이전 수준으로 돌아온다. 호수에서처럼 하수 또는 다른 오염물질로부터 강과 개울로 영양물질의 유입은 남세균과 조류 (그림 20.1) 및 수생식물 (그림 20.17*b*)의 대번식(bloom)을 일으켜 전체적인 수질과 수서동물을 위한 생장조건의 저하를 일으킨다.

생화학적 산소요구량

물에서 미생물이 산소를 소모하는 능력을 **생화학적 산소요구량 (biochemical oxygen demand, BOD)**이라 한다. 물의 BOD는 시료를 채취하고, 그것을 잘 포기하여 용존 O_2로 물을 포화시키고, 밀봉된 병에 넣어, 어두운 곳에서 표준 시간 (일반적으로 20°C에서 5일) 동안 배양한 후 물에 남아 있는 산소를 측정하여 구한다. BOD 측정은 따라서 물에 존재하는 미생물에 의해 산화될 수 있는 물속의 유기물의 양을 나타낸다. 호수 또는 강이 유기물 유입 또는 과도한 일차생산에서 회복됨에 따라 초기의 높은 BOD가 감소하며 그에 따른 생태계 내 용존산소의 증가가 동반된다 (그림 20.17*a*). 물에서 유기물 측정의 또 다른 관련된 방법이 화학적 산소요구량(*chemical oxygen demand, COD*)이다. 이 방법은 유기물을 CO_2로 산화시키기 위해 산성 중크롬산칼륨 같은 강한 산화제를 사용하는데 존재하는 유기물의 양은 소모된 중크롬산의 양에 비례한다. COD는 흔히 수질과 그 잠재적 BOD의 신속한 측정에 이용된다.

담수에서 이렇게 산소와 탄소 순환이 연관되는데 유기탄소와 산소의 수준이 역비례한다. 비록 산소발생형 광합성이 O_2를 생산하지만 그에 따른 유기물 생산은 O_2 고갈을 유도한다. 전형적으로 유기물이 풍부한 무산소 수환경은 생태계에서 용존산소를 제거하는 호흡작용의 최종 결과로서 14장에서 설명된 혐기적 에너지대사를 이용하는 생물에 의해 광물화되는 잔류 유기물을 남기게 된다. 개울, 강, 호수와 저수지를 포함하는 담수 체제에서 유기물과 무기 영양물질의 분배, 수송과 순환을 결정하는데 폭풍, 홍수와 가뭄의 중요성을 인식하는 것 또한 중요하다. 이런 덜 예측 가능한 변화 또한 담수 체제에서 미생물의 생산성, 다양성, 분포 및 상호작용에 영향을 미친다.

담수 원핵생물 다양성의 계통발생적 특성

호수, 하천과 강에서 영양물질의 생산, 재생과 이동에 대한 세균과 고균의 중요성은 잘 알려져 있다. 그러나 존재하는 미생물 개체군, 그들의 상호작용과 계절적 양상을 알기 위해 보다 최근에서야 분자적 방법이 사용되기 시작하였다. 토양 다양성의 연구에서 보았듯이 (20.6절), 16S 리보솜 RNA 유전자 서열은 미생물 계통형을 동정하고 정량하기 위한 배양-독립적 방법으로 사용된다 (↔ 19.6절). 담수 체제에 대한 대부분의 분자적 연구는 호수에 초점을 맞추기 때문에 호수 군집 구조에 대한 최근의 결과가 여기서 소개된다.

그림 20.18은 호수 표면 시료 (표수층)에 서식하는 주요 원핵생물 종류를 나타낸다. 5개의 주요 세균 문들이 지속적으로 관찰된다: *Proteobacteria*, *Actinobacteria*, *Bacteroidetes*, *Cyanobacteria* 및 *Verrucomicrobia*, *Euryarchaeota*, *Crenarchaeota*와 *Thaumarchaeota*에 속한 고균도 또한 존재한다. 이 문-수준 조성은 해양과 공통된 특성을 공유하지만 해양은 *Proteobacteria*와 *Bacteroidetes*가 다양성의 더 큰 부분을 구성한다 (그림 20.29 참조). 그러나 호수와 비교하여 해양에서는 *Betaproteobacteria*의 다양성이 낮으며 *Gammaproteobacteria*와 *Alphaproteobacteria*가 *Proteobacteria*의 보다 다양한 하위 분류군이다 (그림 20.29 참조).

호수 원핵생물 군집 구조의 기능적 해석은 배양 가능한 종류가 적기 때문에 어렵다. 담수 *Thaumarchaeota*에는 알려진 암모니아-산화 종들이 있으며 암모니아를 산화하는 것을 암시하지만 담수 *Euryarchaeota*의 대사적 특성은 아직 알려진 것이 없다. *Actinobacteria*는 화학종속영양성 세균인데 호수에서 핵산과 단백질 분해에 관여한다. 또한 메타유전체 분석 (↔ 19.8절)은 적어도 일부 *Actinobacteria*가 극호염성 고균에서 광 에너지를 ATP로 전환하는 막-연계 단백질인 박테리오로돕신 (20.11절과 ↔ 17.1절)을 암호화하는 것들과 관련된 유전자를 포함하는 것을 보여준다. *Actinobacteria*에서의 유사체는 악티노로돕신(*actinorhodopsin*)이라 부른다. 따라서 일부 *Actinobacteria*는 에너지원으로 빛을 이용할 수 있다.

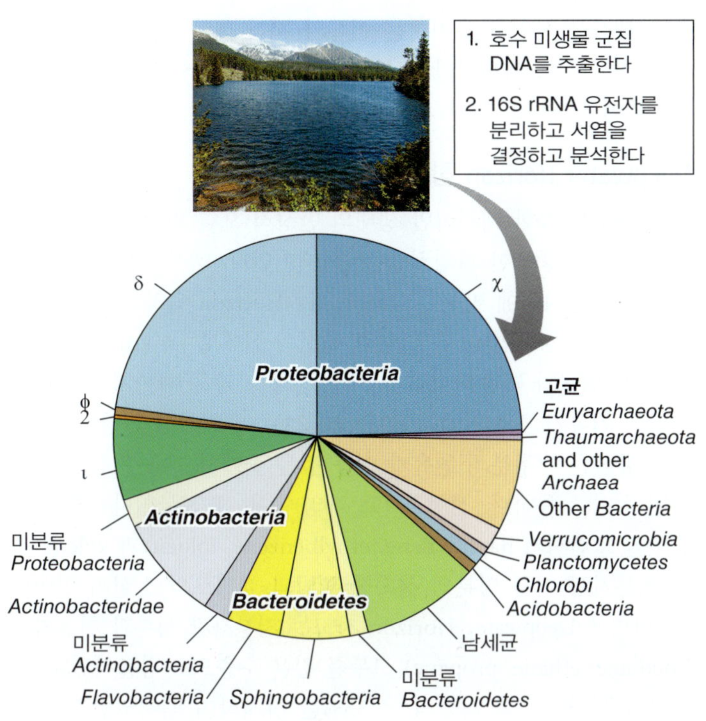

그림 20.18 담수 호수 원핵생물 다양성. 여러 담수호의 표층수에서 검출된 16S rRNA 유전자들의 종합적인 자료 분석으로부터 얻어진 문에 따른 16S rRNA 유전자 서열의 분포. 자료는 Nicolas Pinel에 의해 수집되고 분석되었다.

*Bacteroidetes*는 호수 생태계를 잘 대표하는데, 그들의 중요한 대사적 다양성이 잘 알려져 있으며 호수에서 다양한 생물중합체와 부식물질 분해에 중요한 것으로 간주된다. 풍부한 *Bataproteobacteria*는 빨리 자라는 종들이 속해 있어 유기영양분의 유입에 신속하게 반응할 수 있지만, *Alphaproteobacteria*는 유기물의 낮은 가용성 조건에서 보다 경쟁력이 있어 빈영양성 원양에서 더 큰 풍부도의 원인으로 생각된다 (그림 20.29 참조).

전체적으로 볼 때 담수호의 큰 원핵생물 다양성 (그림 20.18)은 이 서식지의 역동적 특성을 반영한다. 호수는 전형적으로 내부와 외부의 영양물질이 계절적으로 다양하게 유입되어 계통학적으로 또한 대사적으로 복잡한 세균과 고균의 군집을 유지하는 양상을 나타낸다.

미니퀴즈

- 일차생산자란 무엇인가? 담수호에서 일차생산자는 표수층 또는 심수층 어느 곳에 더 많이 존재하겠는가, 그 이유는?
- 물 시료에 유기물의 첨가가 그 BOD를 증가시키는가 또는 감소시키는가?
- 담수호의 원핵생물 다양성을 위해 어떤 요소가 중요한가?

20.9 해양환경: 광영양체와 산소 관계

산소를 제외하고는 많은 담수 환경과 비교할 때 원양(*pelagic zone*)의 영양 수준은 흔히 매우 낮은데 특히 질소, 인과 철 같은 광영양성 생물들을 위한 핵심적인 무기 영양염류의 경우 특히 더하다. 또한 해양의 수온은 대부분의 담수호보다 낮으며 연중 일정하다. 해양 광영양체의 활성은 이 요소들에 의해 제한되며 따라서 총 미생물 세포수는 담수 환경보다 해양에서 전형적으로 1/10로 낮다 (각각 ~10^6/ml 대 10^7/ml). 이것은 평균 수치이며 해양 원핵생물 다양성 연구는 다양성과 풍부도의 반복되는 시간적 양상을 이제 겨우 나타내기 시작하였다.

Bermuda Atlantic Time-Series Study (BATS)는 1950년대 중반부터 해수의 지속적인 생지화학적 관찰의 역사를 갖고 있으며 현재는 미생물 개체군 구조의 분자적 분석을 도입하고 있다. BATS는 해수에서 다음의 세 가지 계절적 미생물 군집을 밝혔다: (1) 봄 표층수 대발생과 관련된 군집 (작은 진핵성 조류, 해양 actinobacteria와 두 종류의 *Alphaptoteobacteria*가 특징); (2) 물의 성층과 관련된 상층수에서 여름철 군집 (*Pelagibacter*, *Puniceispirillum*과 두 종류의 *Gammaproteobacteria*가 특징) 및 (3) 더 깊고 더욱 안정적인 군집 [*Nitrosopumilus*, *Pelagibacter* 속이 속한 SAR11의 대표적인 종류들 (그림 20.29 참조), *Deltaproteobacteria*의 종류 및 *Chloroflexi*와 *Fibrobacter*에 관련된 두 개의 추가적인 종류가 특징]. 이같이 물리화학적 및 생물적 조건의 계절적 변화의 복잡하고 충분히 이해되지 못한 상호작용이 반복적인 연례적 순환에서의 이 해양 미생물 군집의 구조를 제어한다.

해수에 있는 대부분의 미생물들은 매우 작은 세포를 갖는데 이는 영양이 부족한 환경에서 사는 생물들의 전형적인 특징이다. 작은 것은 세포 유지에 적은 에너지를 요구하게 되는 영양이 제한된 미생물들에게 적응 방법이 된다. 그러나 영양이 풍부한 (부영양성) 수환경보다 매우 희석된 (빈영양성) 환경으로부터 영양물질을 얻기 위해 세포 부피에 비해 많은 수의 수송효소들이 요구된다. 예를 들어, 암모니아-산화 고균 (*Nitrosopumilus*, ⇄ 17.5절)은 원양수에 우점하는 화학무기영양체인데 에너지 대사에서 전자공여체로 그들이 요구하는 암모니아를 얻는데 매우 높은 친화도의 수송체제를 갖는다.

원양수에서는 담수 호수보다 심층수로부터 영양물질의 순환이 적기 때문에 평균 일차생산성이 낮다. 그러나 해양은 매우 크기 때문에 해양의 산소발생형 광합성으로부터의 전체 이산화탄소 격리와 산소 생산은 지구의 탄소 균형에 주된 요인이 된다. 염분도는 원양에서 다소 일정하지만 연안에서는 보다 유동적이다. 육지로부터의 유입, 영양물질의 잔류와 영양분이 풍부한 물의 용승이 원양수보다 연안수에서 광영양성 미생물의 높은 개체군을 유지한다 (**그림 20.19**); 보다 생산성이 높은 연안수는 다시 종속영양성 세균과 물고기 및 조개 같은 수생 동물의 높은 밀도를 유지시킨다.

만(bay)과 후미(inlet) 같은 얕은 해수에서 영양물질 유입에 의한 부영양화는 호흡에 의한 O_2 제거와 황산염-환원 세균에 의한 H_2S 생성에 의해 실제로 물을 간헐적으로 무산소 상태로 만들 수 있다 (**그림 20.20**). 멕시코만에서 광대한 지역 (6000~7000제곱마일)의

단원 5

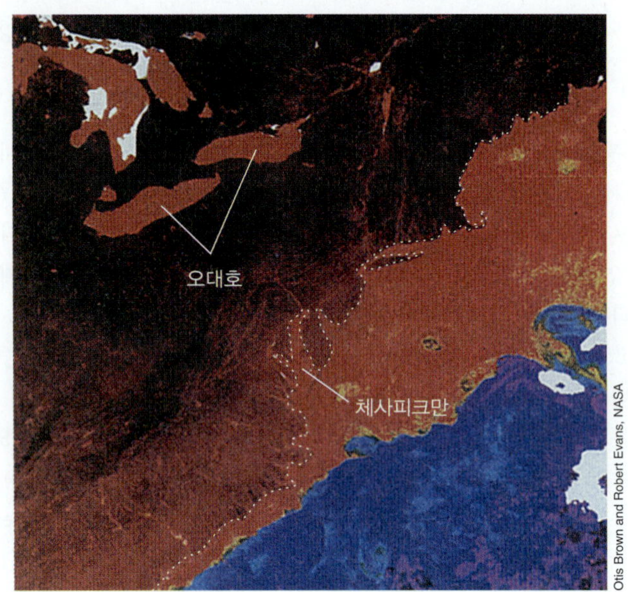

그림 20.19 인공위성에 의해 관찰된 서부 북대서양의 엽록소 분포. Carolina 주로부터 Maine 주 북부에 이르는 미국 동부 해안이 점선으로 보인다. 식물플랑크톤이 풍부한 지역 (>1 mg 엽록소/m^3)은 적색으로 보이고 청색과 자색 지역은 낮은 농도의 엽록소 (0.01 mg/m^3)를 갖는다. 연안 지역과 오대호의 높은 일차생산성에 주목하라.

산소 고갈은 미시시피 계곡의 농경배수로부터 미시시피강에 의해 실려온 많은 양의 질소 및 인과 관련된다. 이 지역은 멕시코만 죽음의 지역(*Gulf of Mexico Dead Zone*)이라 부르는데 이 지역에서 주요 해산물 산업을 유지하는 어류와 저서 해양생물의 소실과 손상에 기여한다. 멕시코만에서는 또한 이제 살펴볼 다른 생태학적 문제들이 일어나고 있다.

Deepwater Horizon 참사

농경 배수를 통한 멕시코만 생태의 만성적 오염 외에 증가된 원양 원유 채굴도 중요한 환경적 위험을 제기한다. 멕시코만의 주요 참사는 2010년 4월에 발생한 Deepwater Horizon 원양 원유시추 시설의 폭발과 침몰인데, 유정 압력 조절의 실패로 1.5 km 깊이에 있는 유정 입구가 파손되어 3개월 후 유정을 막을 때까지 6억 리터 이상의 원유가 방출되었다 (**그림 20.21**). 이 역사상 가장 큰 해양 유류 유출은 대부분의 원유가 수층 깊은 곳에서 기름 기둥으로 방출된 점이 독특하다. 전형적으로 해양 석유 유출은 일차적으로 표층수를 오염시켜 naphthalene, ethylbenzene, toluene과 xylene 같은 저분자량 기름 성분의 신속한 휘발과 대기로의 소실이 일어난다. 반면에 Deepwater Horizon 사고는 저분자량 성분과 천연가스 (methane, ethane, propane) 모두를 깊은 수층으로 방출하였다. 이 성분들은 탄화수소 기둥의 약 35%를 차지하며 멕시코만의 표면으로부터 800미터 이상의 깊이까지 몇 km까지 뻗어나갔다 (그림 20.21*b*).

탄화수소 오염에 대한 미생물 반응은 배양에 근거한 방법 및 16S rRNA 유전자와 메타유전체 서열분석과 계통칩(PhyliChip)과 GeoChip 마이크로어레이 분석을 포함한 분자적 방법 (19.6~19.8절)을 모두 이용하여 수 개월에 걸쳐 추적하였다. 이 방법들은 유출에 대한 초기 미생물 반응 (2010년 5월과 6월)이

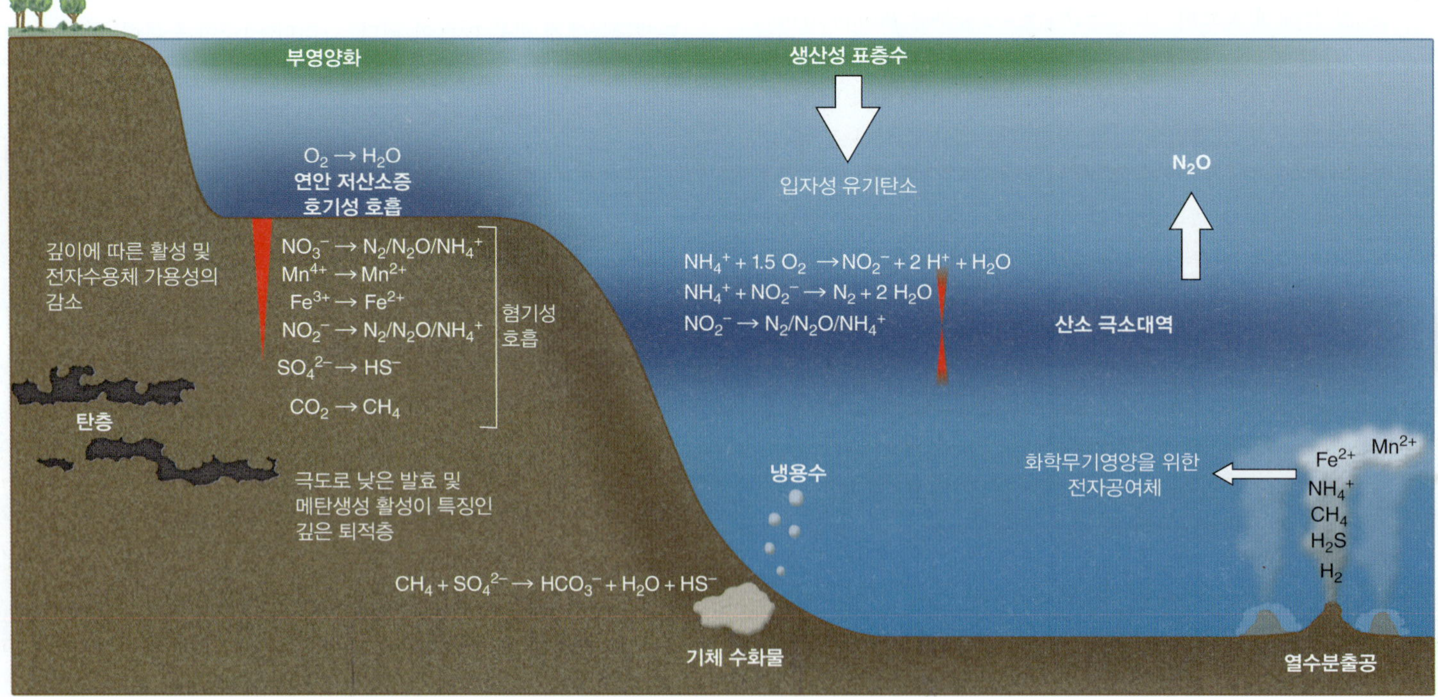

그림 20.20 해양 체제 및 연관된 미생물 대사과정의 다양성. 퇴적층 안으로의 깊이 또는 산소극소대역으로의 거리 증가에 따른 전자수용체 가용성의 감소가 빨간 쐐기모양으로 나타내진다. 황산염은 해양 퇴적층에서 아주 깊은 곳에서만 제한된다. 표시된 대사적 다양성은 14장에 소개된다.

단원 5

(a) (b)

그림 20.21 멕시코만에서 Deepwater Horizon 원유 유출 사고. *(a)* 유정 폭발로 인한 대화재. *(b)* 2010년 5월 24일에 NASA Terra 위성이 찍은 미국 Louisiana 주 New Orleans 시 근처 멕시코 만의 영상. 큰 기름띠는 약 1500미터 깊이에서 방출되어 그중 일부가 표면에 도달하여 태양광이 유막으로부터 반사된다 (화살표).

Oceanospirillales 종류 내의 속 및 *Colwellia*와 *Cycloclasticus* 속과 관련된 탄화수소-분해 *Gammmaproteobacteria* 종의 대번식인 것을 나타내었다. *Colwellia*와 *Oceanospirillales* 종들의 증가된 수는 그들이 기체상 탄화수소를 이용하기 때문이었는데 농화배양에 에탄(ethane)이나 프로판(propane)이 첨가되면 둘 다 빨리 생장하였다 (19.1절). *Colwellia* 종은 또한 천연가스가 없는 원유 농화배양에서 그들의 생장과 ^{13}C benzene의 동화를 보이는 안정 동위원소 탐침실험 (19.10절)에 의해 나타나듯이 다양한 다른 탄화수소도 분해하였다. 비록 Deepwater Horizon 사고 중 방출된 모든 탄화수소의 운명에 대해 상당한 불확실성이 남아 있지만 보다 쉽게 분해되는 수용성의 저분자량 성분에 의한 탄화수소-분해 세균 번식의 초기 촉진은 이 거대한 유류 유출의 환경적 영향을 감소시키는 데 도움이 된 것처럼 보인다.

산소 극소대역

해수층의 또 다른 특징은 **산소 극소대역(oxygen minimum zones, OMZs)**으로 전형적으로 100과 1,000미터 깊이 사이에 산소가 고갈된 물의 지역으로 원양과 연안 해양의 넓은 해역에 걸쳐 확대된다 (그림 20.20). 이 산소 고갈 지역은 호흡에 의한 산소 요구가 산소 가용성을 초과할 때 일어나며 영양분이 풍부한, 생산성이 높은 지역과 관련된다. 이런 점에서 그것은 멕시코만 죽음의 지역에 기여하는 것 같은 연안에서의 농경배수에 의해 일어나는 산소 고갈과 유사하다. 그러나 OMZs는 인간 활동보다 먼저 오며, 높은 표층 생산성과 산소가 풍부한 물과의 혼합이 적은 지역에서 자연적으로 발생한다.

페루 연안의 동태평양에서 가장 큰 OMZs의 산소 포화정도는 표층에서의 10% 이하이다. 벵갈만과 아라비아만의 OMZs에서 특정 깊이 간격에서 산소 수준은 0에 가깝다. 이 때문에 OMZs는 탈질화 (그림 20.20, 14.13절)와 아나목스 과정 (그림 20.20, 14.12절)을 통한 고정된 질소의 소실이 일어나는 중요한 지역으로 간주된다. 해양에서 고정된 질소의 50% 소실에 기여할 뿐만 아니라 이 지역은 또한 강력한 온실기체 (21.8절)로 해양에서 약 1/3이 방출되는 아산화질소(N_2O)의 기원으로도 작용한다. 환원된 황도 미생물 황산염 환원 (14.14와 15.9절)으로부터 나오는 황화물을 산화하는 OMZ 세균에 의한 탈질화에 중요한 전자공여체가 될 수 있다. 예외적으로 높은 표층수 생산성 시기에 OMZ 지역에서 황화물의 축적과 방출은 대량 어류 죽음에 관련된다.

OMZs에 대한 현재 연구는 이 산소 고갈 지역이 확대되고 있으며 최근에 그것의 확대는 거의 분명히 지구 온난화와 연관되는 것을 나타내고 있다. 해양이 더 많은 열을 흡수함에 따라 표층수의 온도 증가는 표면 아래 물의 성층을 증가시키고 더 깊은 지역으로 혼합을 통한 산소 전달을 감소시킨다. OMZs의 확대는 중요한 해양 먹이그물을 유지시키는 호기성 작용 대신 혐기성 미생물 작용들을 선호하게 한다. 이런 변화들은 N_2O의 방출 증가에 의해 대기 화학을 더욱 변화시키고 고정된 질소 수준의 감소에 의해 해양 먹이그물에 부정적인 영향을 미칠 것이다. OMZ의 확대는 또한 독성 황화물 함유수의 빈도를 증가시킬 수 있다. 궁극적으로 이 변화들은 상업적 어업에 영향을 미칠 것으로 예측된다.

미니퀴즈

- Deepwater Horizon 사고는 혼합된 탄화수소들이 자연에서 어떻게 분해되는지에 대해 무엇을 우리에게 알려주는가?
- 산소 극소대역은 무엇이며, 이 지역의 확대가 해양과 지구 생태학에 왜 문제인가?

20.10 주요 해양 광영양체

해양에는 많은 수의 광영양성 미생물이 존재하는데 원핵성과 진핵성의 산소발생형 광영양체뿐만 아니라 상당한 수의 특별한 종류의 자색 (산소비발생형) 광영양체를 포함한다. 여기에서는 20.11절에 설명할 일반적인 해양 원핵세포 세계의 서막으로 이 생물들을 소개한다.

일차생산성: *Prochlorococcus*

원양에서 일차생산성의 많은 부분은 심지어 상당한 깊이에서도 **원핵녹조세균(prochlorophyte)**에 의한 광합성 때문인데 그들은 작은 원핵성 광영양체로 계통학적으로 남세균에 소속된다 (15.3절); 이들은 엽록소 α와 *b*를 갖지만 피코빌린(phycobilin)은 함유하지 않는다. *Prochlorococcus*는 해양 환경에서 특히 중요한 일차생산자이다 (**그림 20.22**). *Prochlorococcus*는 남세균의 보조색소인 피코빌린 (14.2절)이 없기 때문에 그 세포들의 진한 현탁액은 남세균의 청록색보다는 녹조류 같은 올리브 녹색이다 (그림 20.1*c*와 20.22를 비교하라).

*Prochlorococcus*는 전 세계 해양의 열대와 아열대 지역에서 광합성 생물량과 일차생산의 절반 까지 차지하며 세포 밀도가 10^5/ml에 달한다. *Prochlorococcus*의 여러 균주가 배양에서 동정되었으며 각각은 원양에서 고유의 깊이 범위에 서식한다. *Prochlorococcus*의 다른 균주들은 뚜렷한 생태형(*ecotype*)으로 간주되는데 이들은 같은 종의 생리학적으로 다른 유전적 변종으로 따라서 약간 다른 지위를 차지한다. 예를 들어, *Prochlorococcus*의 다른 생태형은 다른 빛의 세기에서 (높은 조도와 낮은 조도 생태형) 광합성을 하며 다른 무기 및 유기 질소와 인 공급원을 이용한다. *Prochlorococcus*는 따라서 표층수로부터 200 m까지 깊이의 깊은 물에 모두 분포하며, 산소 극소대역 (20.9절)이 존재하면 이 지역의 상층부까지 확장한다 (그림 20.20). 이는 빛의 세기가 매우 낮은 투광대의 바닥에 가깝다 (그림 20.26 참조). 12개 내외의 *Prochlorococcus* 균주 배양의 유전체 염기서열은 비록 각각은 약 2000개의 유전자를 갖지만 불과 약 1100개 유전자만이 모든 균주에 의해 공유되는 것을 보여주고 있다. 각 추정상의 생태형은 약 200개의 독특한 유전자를 갖는데 이는 각 생태형의 현실적 지위에서의 생장을 위한 적응적 중요성을 갖는 것으로 생각된다. 단일 배양 *Prochlorococcus* 생태형의 유전체와 원양수로부터 얻은 메타유전체 염기서열들을 비교한 19장에 이것을 나타내었다 (19.8절과 그림 19.23).

자연의 *Prochlorococcus* 개체군의 단일-세포 유전체 연구 (9.12와 19.12절)는 환경 조건과 각 유전형의 적합성 간의 관계와 유전적 다양성의 이해를 개선시켰다. 이 분석은 높은 조도와 낮은 조도 생태형 내에서 높은 정도의 미세한 규모의 유전적 다양성을 나타내었다. 각 생태형은 실제로 수백 개의 하위 개체군으로 구성되며 그 각각은 그 환경과 생물의 상호작용을 제어하는 기능 (예, 수송 기능, 산화적 스트레스 반응과 세포 표면 구조)을 암호화하는 핵심 유전자의 공통적 조합에 의해 통합된다 (**그림 20.23*b***).

그림 20.22 해양에서 가장 풍부한 산소발생형 광영양체인 *Prochlorococcus*. 엽록소 *a*와 *b* 함유 세포의 올리브 녹색을 나타내는 *Prochlorococcus*의 세포 현탁액. 우측 상단 사진: 해수 시료 내 *Prochlorococcus*의 FISH-염색 세포 (19.6절과 그림 19.23).

그러나 각 하위 개체군은 또한 '유연한(*flexible*)' 유전자로 불리는 작은 유전자 조합을 갖는데 (특징적 유전체당 4 내지 14개 유전자), 그것은 하위 개체군 내에서 다르다. 유연한 유전자들은 '카세트(*cassettes*)'로 포장하여 *Prochlorococcus* 유전체 내에서 매우 가변적인 부위에 위치시킨다 (9.7, 19.8절과 그림 19.23). 유연한 유전자 내용물의 변이는 *Prochlorococcus*의 자연 개체군 내의 예외적으로 높은 미세다양성에 기여하며, 새로운 지위 기회에 그들의 적응적 반응의 놀라운 다재다능성을 가리킨다. 이 주요 해양 광영양체의 큰 개체수 유지에 유전형 가변성의 중요성은 조도, 영양물질 가용성과 포식자 개체군의 변화에 따라 다른 유전형의 계절적 변화에 의해 나타내진다 (그림 20.23*a*).

기타 원양 산소발생형 광영양체

열대와 아열대 바다에서 플랑크톤성 필라멘트형 해양 남세균 *Trichodesmium* (**그림 20.24*a***)이 널리 분포하며 종종 풍부한 광영양체이다. *Trichodesmium*의 세포는 필라멘트의 덩어리(puff, 집락)를 형성한다. 각 덩어리는 수백 개의 필라멘트를 포함할 수 있으며 각 필라멘트는 20~200개의 세포로 구성된다. 카리브해 표층수에서 *Trichodesmium*의 집락은 100/m^{3}에 이를 수 있다. *Trichodesmium*은 질소고정 남세균으로 이들에 의한 고정된 질소의 생산은 해양의 질소 순환에서 주요 연결고리로 생각된다. *Trichodesmium*은 원핵녹조세균에는 없는 피코빌린을 가지므로 그들과 광 흡수 성질이 다르다 (14.2절).

매우 작은 광영양성 진핵생물이 또한 연안과 원양 해수에 서식

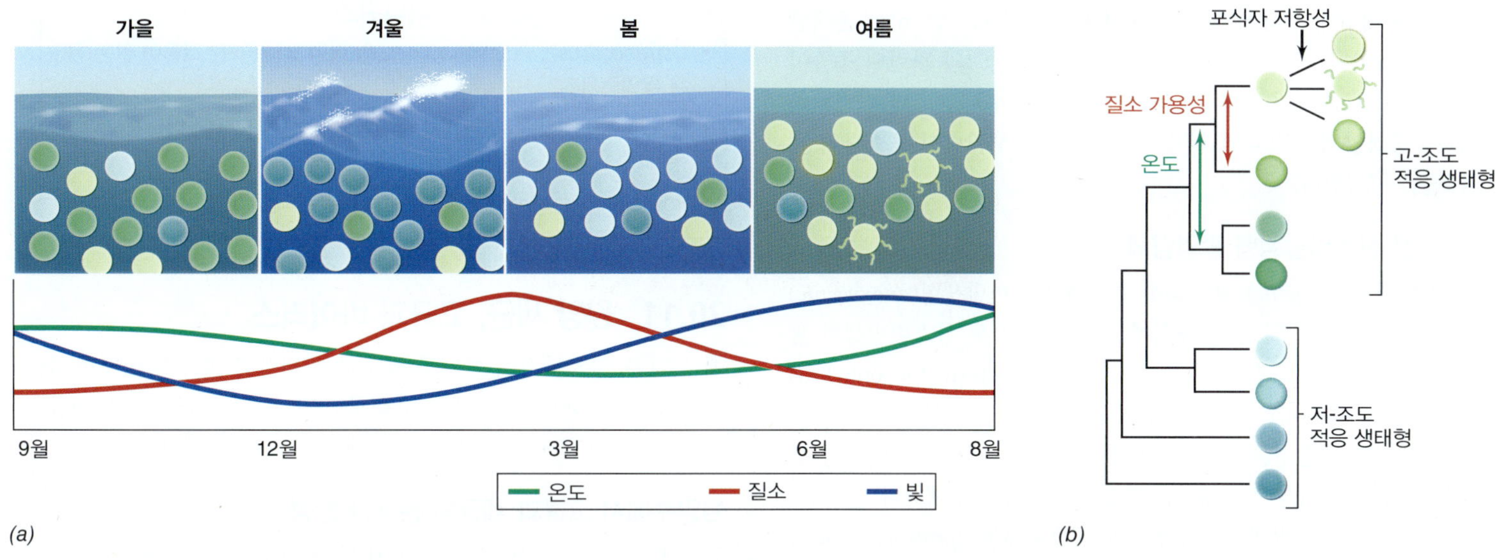

그림 20.23 해양 표층수에서 *Prochlorococcus* 생태형의 계절적 변화. *(a)* 단일-세포 유전체 서열분석 (9.12와 19.12절)은 다른 유전형인 추정상 생태형 (세포 색깔과 표면 특성에 의해 나타내지는)이 온도, 빛, 영양물질과 포식자 (포식자와 파아지)의 계절적 변화와 상관관계를 보여준다. *(b)* 다른 물리적 조건 (빛과 온도)에 적응은 생태형 사이의 보다 가까운 유전적 관계를 나타내는 다른 영양물질 조건 (예, 질소 가용성)과 특정 포식자에 대한 저항성에 적응하는 것보다 높은 분류학적 수준에서 나눈다.

하는데 이들 중 일부는 알려진 가장 작은 진핵성 세포이다. 세 가지 흔한 속인 *Bathycoccus*, *Micromonas*와 *Ostreococcus*는 세포 당 단 하나의 미토콘드리아와 엽록체만을 갖는다. 이 속들은 녹조류의 다른 계통으로부터 일찍 분지된 녹조류의 과인 *Prasinophyceae*에 현재 속해있다 (18.15절). *Ostreococcus*의 세포는 구형이며 직경이 약 0.7 μm에 불과하며 (그림 20.24*b*) 심지어 *Escherichia coli* 세포보다도 작다.

비록 *Ostreococcus*와 *Prochlorococcus*의 세포가 대략 같은 규모이며 둘 다 산소발생형 광영양체이지만 그들의 유전체는 다르다. *Ostreococcus*의 유전체가 12.6 Mbp (20개 염색체에 걸쳐)로 *Prochlorococcus* 유전체 크기의 7배 이상이다. 비록 이것이 남세균에 비해 크지만 *Ostreococcus*의 유전체는 유전자 밀도가 높아서 약 8000개의 유전자가 존재하며 독립생활을 하는 광합성 진핵생물의 최소한의 유전체 크기에 가까운 것으로 생각된다. 참고로 흔한 식물인 일본 벼 (*Oryza sativa* subsp. *japonica*)의 유전체는 420 Mbp이며 약 5만 개의 유전자를 함유한다.

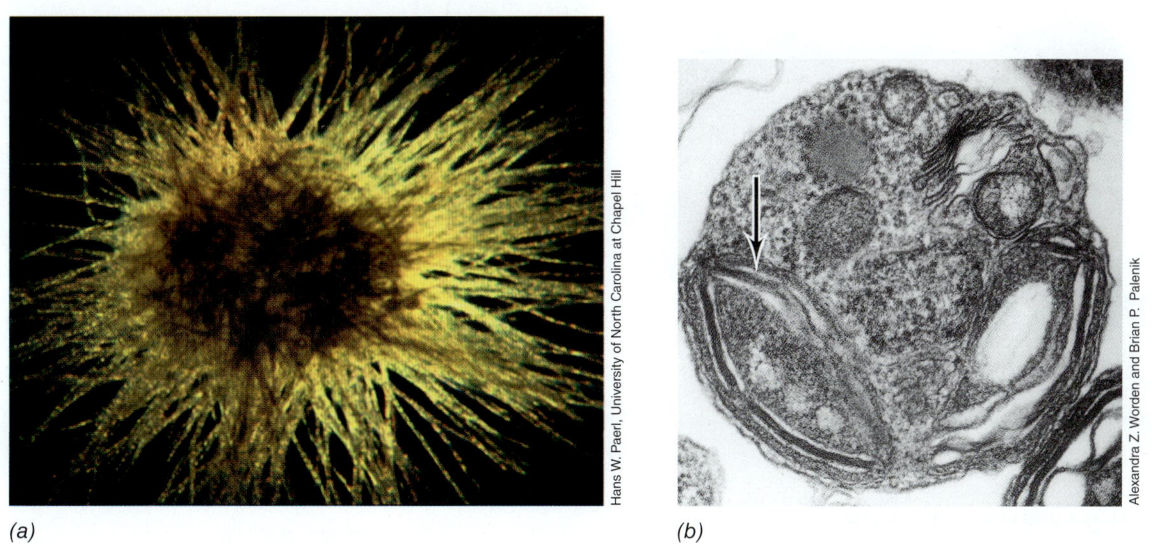

그림 20.24 *Trichodesmium*과 *Ostreococcus*. *(a)* 질소-고정 남세균 *Trichodesmium* 세포들의 덩어리의 광학현미경 사진. 덩어리 내의 필라멘트는 세포의 사슬이며 각 세포는 직경이 약 6 μm이다. *(b)* 주로 연안 해수에 존재하는 작은 녹조류 (진핵생물)인 *Ostreococcus* 세포의 투과전자현미경 사진. 화살표는 엽록체를 가리킨다. *Ostreococcus* 세포의 직경은 약 0.7 μm이다.

많은 해수에서 다른 작은 진핵성 세포들이 약 10^4/ml로 존재한다. 비록 이들 중 많은 것이 *Ostreococcus* 또는 그와 관련된 종들이지만 일부는 화학유기영양체이며 일부는 *Ostreococcus*와 관련되지 않은 광영양체로 그들의 일차적인 광합성적 생활방식에 소량의 유기물을 공급한다.

호기성 산소비발생형 광영양체

산소발생형(*oxygenic*) 광영양체 이외에 산소비발생형(*anoxygenic*) 광영양체도 연안 및 원양 해수에 존재한다. 자색 산소비발생형 광영양체와 같이 이 생물들은 세균엽록소 *a* (bacteriochlorophyll *a*)를 가진다 (14.1, 14.3, 15.4와 15.5절). 그러나 무산소(*anoxic*) 조건에서만 광합성을 하는 자색 세균과 달리, 이 산소비발생형 광영양체들은 호기성 조건에서만 광합성 명반응을 수행한다.

호기성 산소비발생형 광영양체에는 모두 *Alphaproteobacteria*의 속들인 *Erythrobacter*, *Roseobacter*와 *Citromicrobium* 같은 세균들이 포함된다 (**그림 20.25**). 호기성 산소비발생형 광영양체는 산소가 존재할 때 (호기성 원양수에서 항상 그렇듯이) 광인산화에 의해 ATP를 합성하지만, 그들은 독립영양적으로 자라지 못하며 따라서 그들의 탄소원으로 유기탄소에 의존한다 (광종속영양이라 부르는 영양 조건). 따라서 이들은 광인산화에 의해 생성되는 ATP를 화학유기영양성 대사를 보충하는 데 이용한다.

해수 특히 연안 지역에는 호기성 산소비발생형 광영양체의 다양성이 매우 큰 것으로 조사되었다. 빈영양성이며 고도로 호기성의 담수 호수도 또한 이 흥미로운 광영양성 세균들을 위한 서식지이다. 호기성 산소비발생형 광영양체의 생리적 특성은 이같이 광이 존재하고 고도로 호기성인 서식지에 이상적이다.

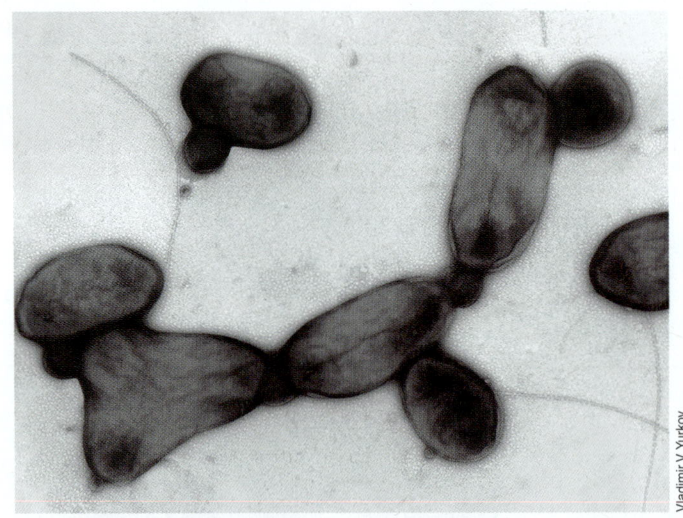

그림 20.25 호기성 산소비발생형 광영양성 세균. *Citromicrobium*의 음성 염색된 세포의 투과전자현미경 사진. 이 해양 호기성 산소비발생형 광영양체의 세포들은 호기적 조건에서만 세균엽록소 *a*를 생성하며 출아와 이분법 모두에 의해 분열되어 형태적으로 흔치 않고 불규칙적인 모양의 세포를 생성한다.

미니퀴즈

- *Ostreococcus*는 *Prochlorococcus*와 어떻게 다른가? 그들이 같은 점은 무엇인가?
- *Prochlorococcus*는 해양에서 탄소와 산소 순환 모두에 어떻게 기여하는가?
- *Roseobacter*는 *Prochlorococcus*와 어떻게 다른가?

20.11 원양 세균, 고균과 바이러스

매우 낮은 영양물질 수준에도 불구하고 원양의 물에서 상당한 수의 세균과 고균이 플랑크톤 상태로 살고 있다. 이들 중 *Pelagibacter*라는 한 세균 종이 특별히 크게 주목을 받고 있다.

원양수에서 고균과 세균의 분포와 활성

원양에서 원핵생물의 수는 깊이에 따라 감소한다. 표층수에서 세포 수는 평균 약 10^6/ml이다. 그러나 1000 m 이하에서는 총 세포 수가 10^3~10^5/ml 사이로 감소한다. 형광 현장 혼성화(FISH) 기술(19.5절)을 이용하여 원양수에서 깊이에 따른 세균과 고균의 분포를 추적하였다.

세균 종은 1000 m 이상의 물에서 우점하고, 더 깊은 물에서는 세균과 고균 세포의 우점도가 거의 유사하다 (**그림 20.26**). 깊은 물에 존재하는 고균은 거의 대부분 *Thaumarchaeota*의 종들이다

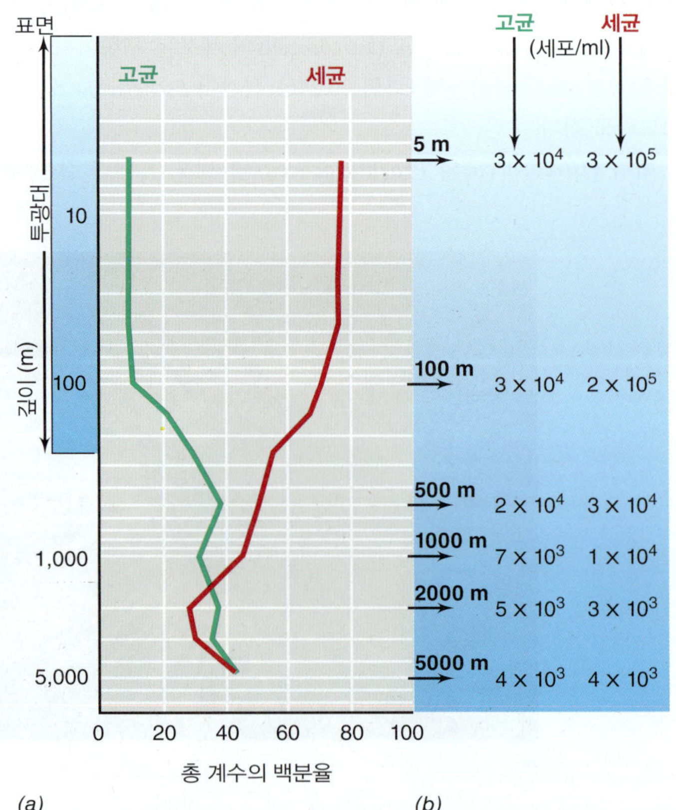

그림 20.26 북태평양 해수에서 고균과 세균의 분포. *(a)* 깊이에 따른 고균과 세균의 비율. *(b)* 원양에서 깊이에 따른 고균과 세균의 ml당 절대 수.

(⇄ 17.5절). 많은 아마 그 대부분이 암모니아-산화 화학무기영양체로 (⇄ 14.11과 17.5절) 해양 탄소와 질소 순환의 연결에 중요한 역할을 한다 (21장). 그림 20.26의 자료로부터 전 세계 해양에 1.3 × 10^{28}과 3.1 × 10^{28} 세포의 고균과 세균이 각각 존재하는 것으로 추산된다. 이는 해양이 지구 표면에서 가장 큰 미생물 생체량을 포함한다는 것을 가리킨다.

원양 세균과 고균은 생태학적으로 중요한데 그들이 지구상의 가용한 유기탄소의 가장 큰 저장소 중의 하나인 해양 용존 유기탄소를 소모하기 때문이다. 이 작은 자유-생활 플랑크톤성 원핵생물은 광합성에 의해 생성되는 총 해양 유기탄소의 약 절반을 소비하며 모든 해양 호흡과 영양물질 재생의 약 절반에 관여한다. 플랑크톤성 해양 원핵생물은 다시 해양 먹이그물로 유기물을 되돌리는데 이들의 작용이 없다면 큰 해양생물들이 그런 희석된 유기물을 이용할 수 없기 때문에 그 유기물들은 소실된다. 이는 소위 "이차생산(secondary production)"이라 하는데 세균 섭식 원생생물과 바이러스 공격 (그림 20.28 참조)에 의한 세포 손실과 균형을 이뤄 원양의 세균 풍부도가 시간 경과에 따라 대충 일정하게 유지되는 거의 안정 상태를 유도한다. 그러나 중요하게 이차생산은 영양물질을 재순환시키고 해수 내 용존 유기탄소의 일부가 어류를 포함한 더 큰 생물에 도달하게 하는데 큰 생물의 섭식 활성에 의해 원생생물이 먹이그물에서 중간 연결 역할을 하기 때문이다.

Pelagibacter: 가장 풍부한 세균

작은 플랑크톤성 종속영양성 세균들이 원양 해수에 10^5~10^6/ml로 존재한다. 이들 중 가장 풍부한 것은 *Alphaproteobacteria*에 속하는 SAR11 종류의 구성원들로 *Pelagibacter* 속이 포함된다. 환경 메타유전체학 연구 (⇄ 9.8과 19.8절)와 FISH (⇄ 19.5절)를 이용한 세포 계수는 원양수 내 SAR11 종류 생물의 큰 우점도를 나타내었다. 이 종류는 총 해양성 개체군은 약 2.4 × 10^{28} 세포로 추정되어 지구상에서 우점도로 볼 때 가장 성공적인 미생물 종류이다. *Pelagibacter*는 빈영양체(oligotroph)인데, 매우 낮은 영양물질 농도에서 가장 잘 자라고 실험실 배양에서는 자연에서 발견되는 밀도까지만 자란다.

무엇이 *Pelagibacter*를 원양에서 그렇게 성공적으로 만들었는가? 부분적으로 그들의 성공은 작은 크기와 관련된다. *Pelagibacter*의 세포는 광학현미경의 해상도 한계 근처인 0.2~0.5 μm 크기에 불과한 작은 간균이며 (**그림 20.27**), 부피는 0.01 μm^3이다. 그 결과 높은 표면-대-부피 비 (⇄ 2.2절)는 영양분 수송, 세포 내 기질 농도와 대사율의 증가를 촉진시킨다. 단백질체 분석 (⇄ 9.10절) 또한 *Pelagibacter* 내의 인산염, 아미노산과 당 같은 수용성 영양물질을 위한 주변세포질성 기질-결합 단백질이 매우 풍부함을 나타낸다. *Pelagibacter*의 또 다른 특징은 그것의 상당히 작은 유전체이다 (1.3 Mbp). 단백질체 분석과 일관되게, 이 유전체는 흔치 않게 많은 수로 존재하는 그들의 기질에 극도로 높은 친화력을 갖는 수송체인 ABC형 수송체제 (⇄ 3.2절)와 빈영양 생물에 유용한 기타 효소를 암호화하고 있다. *Pelagibacter*의 유전체는 또한 아주 간소화되어 평균 3개의 염기쌍만으로 된 유전자 간 공간을 가지며, 그런 매우 조밀한 유전체가 복제 비용을 감소시킨다.

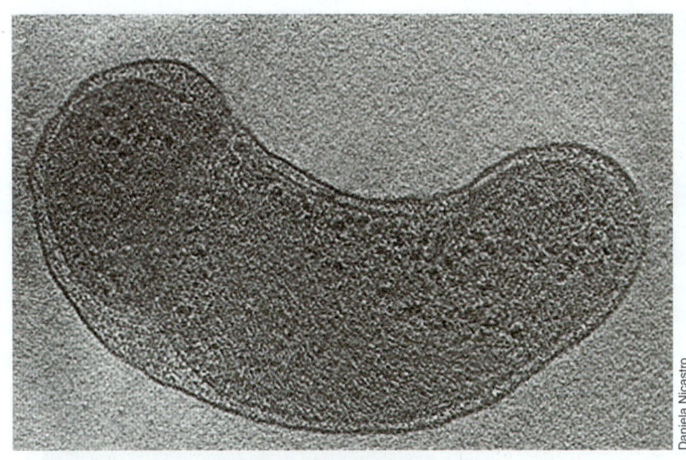

그림 20.27 해양에서 가장 풍부한 세균인 *Pelagibacter*. 3차원적 효과를 영상에 도입하는 기술인 전자 단층촬영으로 찍은 전자현미경 사진. *Pelagibacter* 단일 세포의 직경은 약 0.2 μm이다.

*Pelagibacter*의 유전체는 또한 광에너지를 ATP로 전환할 수 있는 시각색소인 로돕신의 형태를 암호화하는 유전자를 갖고 있다. 17.1절에서 극호염성 *Halobacterium* (고균)에 존재하는 광-활성화 단백질 복합체로서 현재 잘 연구된 분자인 박테리오로돕신(*bacteriorhodopsin*)에 대해 설명하였다; 박테리오로돕신은 간단한 광-추진 양성자 펌프로서 ATP 합성에 관여한다 (⇄ 그림 17.4). *Pelagibacter*와 기타 원양 원핵생물에서 로돕신의 형태는 박테리오로돕신과 구조적으로 유사하며 **프로테오로돕신(proteorhodopsin**, proteo는 *Proteobacteria*를 지칭)이라 부른다. 비록 프로테오로돕신이 *Proteobacteria*의 종에서 처음 발견되었지만 그것은 실제로 많은 *Gamma*-와 *Alphaproteobacteria*, *Bacteroidetes*와 *Actinobacteria*를 포함한 세균에 꽤 널리 분포하며 해양 *Euryarchaeota*의 종들 같은 고균의 비호염성 종에서도 발견된다. 해양 미생물에서 프로테오로돕신의 다른 변종들은 수층의 깊이에 따라 변화하는 빛의 스펙트럼 성질을 반영하는 흡수 특성을 가지는데 표층 근처 변종은 녹색광을 흡수하며 깊은 곳의 것들은 청색광을 흡수한다.

프로테오로돕신-함유 해양 세균은 어두운 곳보다 빛이 있는 곳에서 기아에 더 잘 생존한다. 이는 에너지가 고갈된 세포들이 유기탄소 수준이 낮을 때 탄소 호흡으로부터 얻을 수 없는 에너지를 보충하기 위해 광-매개 ATP 생성을 이용하는 것을 보여준다. 프로테오로돕신은 일부 해역에서 해양 세균의 80%까지 존재하는 것으로 추정되며, 해양 미생물의 에너지 대사를 보완하는 전략으로 널리 사용되어 그들의 에너지 요구를 위해 오로지 드문 유기탄소에만 의존하지 않게 한다.

해양 바이러스

해양에서 바이러스는 세포성 미생물보다 더 풍부하여 전형적인 해

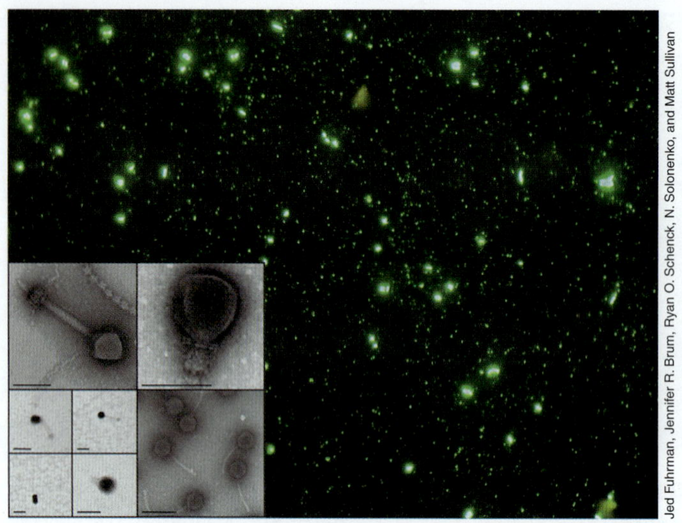

그림 20.28 해수 내 바이러스. 해수 시료를 0.02-μm 여과막으로 수집하여 SYBR Green으로 염색하고 형광현미경으로 관찰하였다. 작은 녹색 점이 바이러스이며 더 크고 밝은 점은 직경이 약 0.5 μm인 원핵세포이다. 바이러스는 전형적으로 해수에서 원핵생물보다 10배 더 풍부하다. 왼쪽 아래의 투과전자현미경 사진은 다양한 해양 세균바이러스를 나타낸다 (모든 사진에서 기준 자는 100 nm).

수에서 흔히 10^7 비리온/ml 이상으로 존재한다 (10.12절). 세균 세포수가 원양보다 많은 연안 해수에서 바이러스 수도 10^8 비리온/ml 정도로 높다. 이 바이러스의 대부분은 세균 종에 감염하는 박테리오파아지와 고균 종에 감염하는 고균 바이러스이다. 해수에서 비리온의 수는 해수 내 평균적인 원핵성 세포수보다 약 10배 크며 이는 그들이 활발하게 그들의 숙주에 감염하고 복제되어 해수로 방출된다는 것을 가리킨다 (**그림 20.28**). 방출된 바이러스의 일부만이 (방출당 평균 하나) 성공적으로 새 숙주에 감염하고 대부분이 태양광과 가수분해효소에 의해 불활성화되거나 파괴된다. 이런 방식으로 불과 수일 또는 수 주 내에 전체 바이러스 개체군이 교체된다. 세균과 고균 바이러스의 다양성은 10장에 소개된다.

원생생물에 의한 섭식과 더불어 해양 바이러스 감염이 아마도 원핵생물 수를 현재 관찰되는 수준으로 유지하는 데 도움이 되지만, 바이러스는 또한 다른 중요한 생태계 기능도 갖는다. 이에는 원핵성 세포 간의 유전자 교환의 촉진과 바이러스 유전체가 세포 유전체 내로 들어가 세포에 새로운 유전적 성질을 부여하는 용원성(lysogeny) 유도 (8.7절과 11.7절)가 포함된다. 예를 들어, 해양에서 가장 풍부한 산소발생형 광영양체인 *Prochlorococcus* (그림 20.22와 20.10절)에 감염하는 일부 바이러스가 광합성에 필요한 단백질을 암호화하는 유전자를 갖는다는 발견은 심지어 핵심적인 대사적 특성이 바이러스에 의해 암호화될 수 있다는 것을 가리킨다. 비록 해양 바이러스의 유전적 다양성이 이제 겨우 인지되었지만 해양 바이러스 유전체의 다양성이 모든 원핵성 세포의 그것을 넘어설 수 있으며 해양이 유전적 다양성의 큰 저장소인 것으로 추정되고 있다.

해양 세균과 고균 다양성의 계통발생적 특성

여러 연구에서 해수에서 얻은 16S rRNA 유전자를 분석하여 플랑크톤성 해양 세균과 고균의 다양성을 조사하고자 하였다. *Pelagibacter*가 속한 풍부한 alphaproteobacteria 개체군의 존재는 그런 16S rRNA 염기서열 분석에 의해 처음 알려졌다. *Nitrosopumilus maritimus* (17.5절)와 연관된 중온성 고균도 유사한 방법에 의해 발견되었다.

원양에 풍부한 주요 세균군으로 현재 알려져 있는 것에는 *Alpha-*와 *Gammaproteobacteria*, 남세균, *Bacteroidetes*와 그보다 적은 수의 *Bataproteobacteria*와 *Actinobacteria*가 있으며 *Firmicutes*는 소수로 존재한다 (**그림 20.29**). 토양처럼 높은 비율의 미분류군과 작은 세균군 또한 해수에 존재한다. 해양 *Gammaproteobacteria*의 주요군은 아직 배양되지 않은 "SAR 86 group"으로 해양 표층의 전체 원핵생물 군집의 약 10%를 차지한다. 원양수에서 고균을 대표하는 것은 *Euryarchaeota*, *Crenarchaeota*와 *Thaumarchaeota*의 비교적 제한된 다양성으로 그들 대부분이 실험실에서 배양되지 않고 있다.

남세균을 제외하고 대부분의 해양 세균은 극도로 낮은 영양물질 가용성에 적응한 화학유기영양체로 일부는 프로테오로돕신 또는 호기성 산소비발생형 광영양 (20.10절)을 통해 에너지 보전을 극대화하는 것으로 생각된다. 화학무기영양체 *Nitrosopumilus*의 발견으로 비록 종속영양성 종도 존재하지만 많은 해양 고균이 암모니아 산화를 전문으로 하는 것이 가능하다는 것이 밝혀졌다. 매우 희석된 배양배지를 이용한 "희석 배양(dilution culture)" 방법이 일부 원양 원핵생물을 배양하는데 성공적이었다 (19.2절). 이 생물들의 대부분은 매우 낮은 영양물질 농도에서만 자라게 진화되어, 그들을 높은 세포 밀도로 배양하기가 어렵거나 불가능하다. 실험실 배양에서 해양 빈영양체의 세포 밀도는 그들의 자연환경에서의 그것 (10^5~10^6/ml)과 유사하며, 이는 세포 생장 측정의 많은 흔한 방법 (탁도, 현미경 계수)을 처음에 농축되지 않은 시료 분석에 사실상 소용없게 만든다. 그럼에도 불구하고 해양세균의 희석배양에 의한 주목할 만한 성공들이 있었으며 앞서 언급한 세균 *Pelagibacter*가 그 좋은 예이다 (그림 19.6).

미니퀴즈

- 프로테오로돕신은 무엇이며 왜 그 이름이 붙었는가? 프로테오로돕신은 왜 *Pelagibacter* 같은 세균을 그 서식지에서 더 경쟁력 있게 만들었나?
- 원양 원핵생물과 바이러스의 수는 어떻게 비교되는가?
- 원양 해수에 세균의 어떤 문과 하위군이 우점하는가?
- 원양 미생물 분리를 위해 왜 희석된 배양배지가 이용되는가?

20.12 심해

앞서 언급한 것처럼 원양의 물에서 빛은 약 300 m 이상 투과하지

단원 5

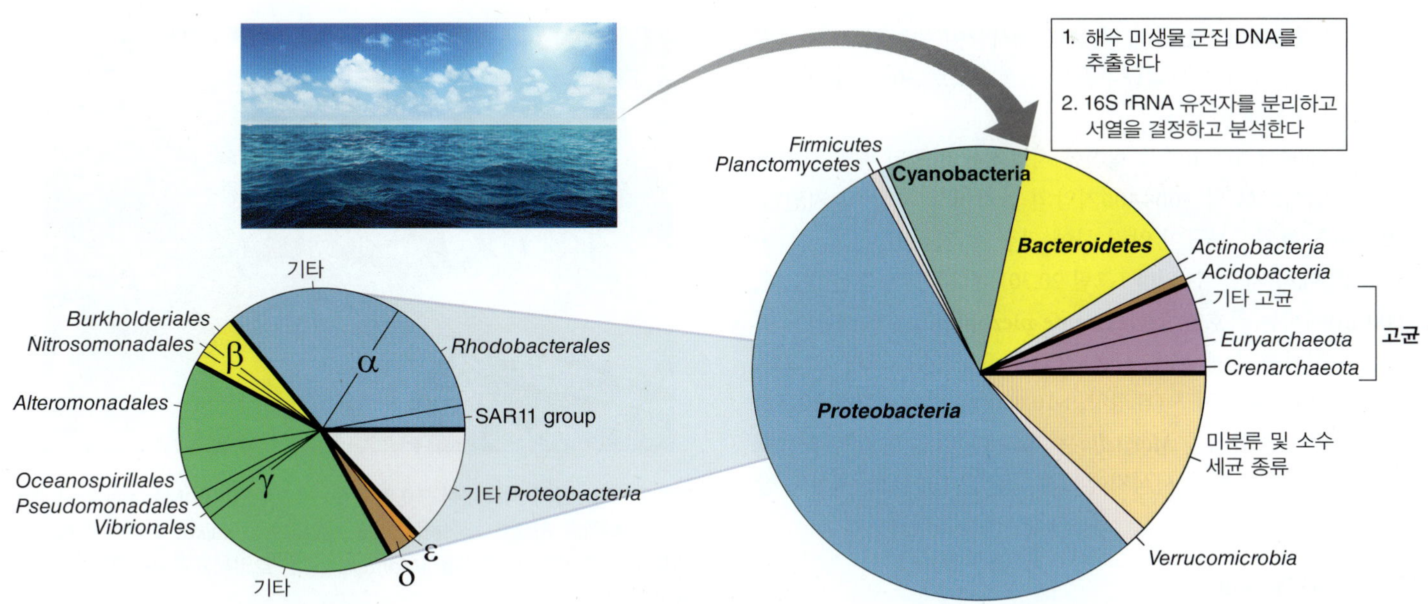

그림 20.29 해양 세균과 고균의 다양성. 원양 해수의 25,975 16S rRNA 서열에 대한 여러 연구로부터의 분석 결과의 종합. 이 종류 중 많은 것은 15장과 16장 (세균) 또는 17장 (고균)에 설명되어 있다. *Proteobacteria*의 경우 주요 하위군이 표시되어 있다. 남세균과 *Gammaproteobacteria* 서열의 높은 비율에 유의하라. 자료는 Nicolas Pinel에 의해 수집되고 분석되었다. 해수의 원핵생물 다양성을 그림 20.18에 나온 담수의 그것과 비교하라.

못하며 이 빛이 투과하는 지역을 투광대(*photic zone*) (그림 20.26)라 한다. 투광대 아래로 약 1000 m 깊이까지는 상당한 생물학적 활성이 여전히 일어난다. 그러나 1000 m 이하 깊이의 물은 상층과 비교할 때 생물학적으로 훨씬 불활성이며 심해(*deep sea*)라고 알려져 있다. 모든 해수의 75% 이상이 1000~6000 m 사이의 깊이에 있는 심해수이다. 해양에서 가장 깊은 물은 10,000 m 이하에 있다. 그러나 이 깊은 구멍은 매우 드물며 모든 원양 해수의 매우 작은 부분만을 구성한다.

심해의 조건

심해에 서식하는 생물들은 저온, 고압과 빈영양 수준의 3가지 주요 극단적 환경조건에 놓여 있다. 또한 심해수는 완전히 어두워 광합성이 불가능하다. 따라서 심해에 서식하는 미생물들은 화학영양성이며 고압과 차가운 빈영양성 조건 하에서 자랄 수 있어야만 한다.

약 100 m 이하 깊이의 해수는 항상 2~3°C를 유지한다. 온도 변화에 따른 미생물의 반응에 대해서는 5.9~5.11절에서 설명한 바 있다. 예측한대로 100 m 이하 깊이의 해수에서 분리된 세균은 호냉성(psychrophilic) 또는 적어도 내냉성(psychrotolerant)이다. 심해 미생물들은 또한 깊은 깊이에 따른 엄청난 정수압에 견딜 수 있어야만 한다. 수층에서는 매 10 m 깊이마다 1기압씩 압력이 증가한다. 따라서 5000 m 깊이에서 자라는 생물은 500기압의 압력에 견딜 수 있어야 한다. 미생물들은 높은 정수압에 특히 내성이 있으며 많은 종들은 500기압, 일부는 이보다 훨씬 높은 압력에 견딜 수 있다. 더욱이 이제까지 수행된 심해 미생물 다양성 연구로부터 일부 특이한 미생물들은 이 극단적인 환경에서만 사는 것이 밝혀졌다 (617쪽 참조).

내압성 및 호압성 세균과 고균

압력에 대한 생리학적 반응은 심해 미생물에 따라 다르다. 일부 생물들은 단순히 높은 정수압에 견디지만 그런 압력 하에서 최적으로 자라지는 않는데 이들을 **내압생물(piezotolerant)**이라 한다 (그림 20.30). 반면에 다른 것들은 높은 정수압 하에서 실제로 가장 잘 자라는데, 이를을 **호압생물(piezophile)**이라 한다. 표층수에서 약 3000 m까지의 깊이에서 분리된 생물들은 전형적으로 내압생물이다. 내압생물들은 비록 생장률이 1기압과 300기압에서 유사하

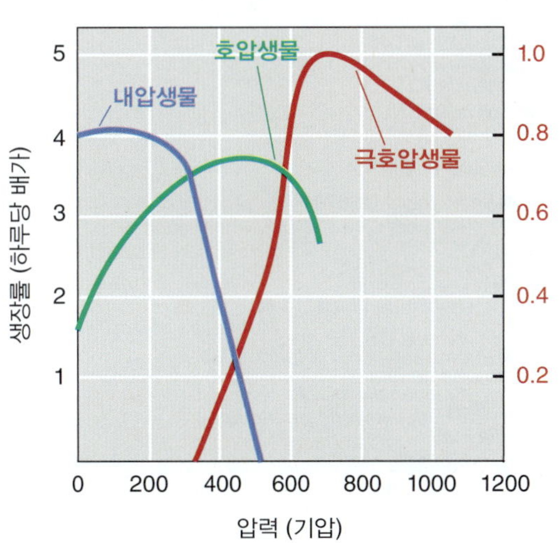

그림 20.30 내압성, 호압성 및 극호압성 세균의 생장. 내압성 및 호압성 세균의 생장률 (왼쪽 세로 좌표)을 극호압생물의 느린 생장률 (오른쪽 세로 좌표)과 비교하고, 극호압생물이 낮은 압력에서 자라지 못하는 것에 주목하라.

지만 300기압보다 1기압에서 더 높은 대사율이 관찰되었다 (그림 20.30). 그러나 내압성 분리균주들은 전형적으로 500기압 이상의 압력에서는 자라지 못한다.

반면에 4000~6000 m에서 채취한 시료에서 비롯된 배양은 전형적으로 호압성으로 약 300~400기압의 압력에서 가장 잘 자란다. 그러나 비록 호압생물들이 압력 하에 가장 잘 자라지만 그들은 여전히 1기압에서 자랄 수 있다 (그림 20.30). 심지어 더 깊은 물 (예, 10,000 m)에서는 **극호압생물(extreme piezophile)**이 존재한다. 이 생물들은 생장을 위해 매우 높은 압력을 요구한다 (**그림 20.31**). 예를 들어, Mariana 해구 (태평양, >10,000 m 깊이) (**그림 20.32**)에서 분리된 극호압생물 *Moritella*는 700~800기압의 압력에서 가장 잘 자라며 그 자연적 서식지에서의 압력인 1035기압에서도 잘 자란다 (그림 20.31).

고압의 분자적 효과

고압은 여러 방식으로 세포의 생리와 생화학에 영향을 미친다. 일반적으로 압력은 다중-소단위 단백질에서 소단위들의 상호작용 능력을 감소시킨다. 따라서 극호압생물의 큰 단백질 복합체는 압력-관련 효과를 최소화하는 방식으로 상호작용해야만 한다. 단백질 합성, DNA 합성과 영양물질 수송은 고압에 민감하다. 고압에서 자란 호압성 세균은 1기압에서 자란 것보다 그 세포막에 불포화 지방산의 비율이 높다. 불포화 지방산은 고압 또는 저온에서 막이 기능을 유지하고 고체 상태로 되지 않게 한다. 다른 해양 세균과 비교하여 *Moritella* 같은 극호압생물의 낮은 생장률은 (그림 20.30) 저온과 압력의 복합적인 영향의 결과인 것 같은데 저온은 효소의 반응속도를 느리게 하며 이것이 세포 생장에 직접적인 영향을 미친다

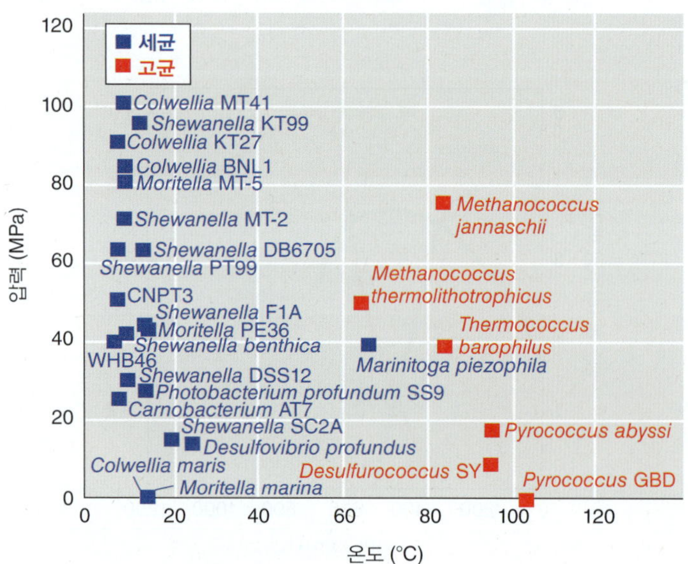

그림 20.31 배양된 호압성 세균과 고균의 최적 압력과 온도. 압력 단위는 국제단위체제인 파스칼 (Pa)이다. 백만 파스칼 (Mpa)은 약 10기압에 해당된다. 같은 속의 다른 종이 크게 다른 최적조건을 가질 수 있는 것에 주목하라. 자료는 Doug Bartlett에 의해 수집됨.

그림 20.32 심해 시료채취. 10,897 m 깊이의 필리핀 Mariana 해구의 해저에서 퇴적물 시료를 채취하는 일본 무인잠수정 *Kaiko*. 퇴적물 시료는 이 해저에서 분리된 극호압생물 (*Moritella*) 같은 호압세균의 농화와 분리에 사용한다.

(5.9와 5.10절).

고압에서의 생장에 기여하는 유전자 발현과 적응적 특성에 대한 연구는 특별한 압력을 가하는 배양 장치를 요구한다 (**그림 20.33**). 이 연구들은 OmpH (*o*uter *m*embrane *p*rotein H)라 하는 특별한 외막 단백질이 고압 하에 자란 그람-음성 호압생물에는 존재하지만 1기압에서 자란 세포에는 없는 것을 나타내었다. OmpH는 포린(porin)의 일종인데, 포린은 주변세포질 내로 분자의 확산을 위한 통로를 형성하는 단백질이다 (2.5절). 아마 1기압에서 자란 세포에 의해 만들어진 포린은 고압에서 제대로 작용하지 못하며 따라서 다른 종류의 포린이 합성되어야만 한다. 흥미롭게도 압력은 OmpH를 암호화하는 유전자인 *ompH*의 전사를 조절한다. 이 호압생물에 존재하는 압력에 민감한 막단백질 복합체는 압력을 감지하고 고압 조건이 그것을 보장할 때에만 *ompH*의 전사를 촉발한다. 전사체 분석 (9.9절)은 정수압의 심지어 비교적 크지 않은 변화도 호압생물에서 많은 수의 유전자의 발현을 변화시키는 것을 가리키며, 이는 이 생물에 많은 다른 압력-감지 단백질의 존재를 암시한다.

미니퀴즈

- 수층에서 깊이에 따라 압력이 어떻게 변하는가?
- 호압성생물이 고압에서 가장 잘 자라게 하는 것으로 발견된 분자적 적응은 무엇인가?

20.13 심해 퇴적층

심해수 외에 또 다른 광대하고 대부분 조사되지 않은 미생물 생태계가 깊은 해저 아래 심해 퇴적층(*sediment*)에 존재한다. 해저 아래 깊은 곳을 조사하기 위한 심층 굴착 탐사는 2000 m보다 깊은 곳에서 고균과 세균 개체군이 모두 존재하는 것을 알아내었다 (그

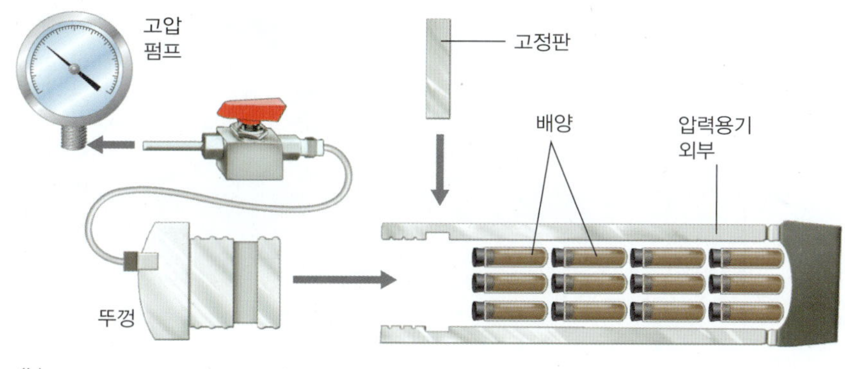

(a) (b)

그림 20.33 높은 압력에서 호압생물 생장을 위한 압력용기. *(a)* 냉장실 (4°C)에서 배양하는 여러 압력용기의 사진. *(b)* 압력용기의 모식도. 이 용기는 1000기압의 압력을 유지하기 위해 고안되었다. 그림은 Doug Bartlett에 의한 도안에 기초함.

림 20.34). 이제까지의 대부분의 연구는 대륙 주변부 해저에서 비교적 유기물이 풍부한 깊은 해저 퇴적층에 초점을 맞췄다. 여기에서 세포수는 표층 퇴적물의 약 10^9 세포/g에서 해저 아래 1000 m에서 약 10^6 세포/g까지 전형적으로 감소한다. 이 연안 퇴적층에서 황산염-환원 세균과 기타 혐기성생물이 퇴적층-물 계면의 수 미터 내에서 황산염과 기타 전자수용체를 고갈시킨다 (그림 20.20). 이 깊이에 따른 전자수용체와 유기물의 고갈은 깊은 퇴적층 미생물 군집에 가용한 에너지를 제한하여 깊이에 따른 세포수 감소의 주된 원인이 된다.

심해 퇴적층의 세포수

보다 잘 연구된 대륙 연안과 대륙붕의 퇴적층은 해저의 대부분을 대표하지 못하는데 해저의 약 90%가 낮은 생산성에 따라 크게 낮은 유기물 함량을 갖는 해수가 있는 2000 m 깊이 이하에 존재한다 (그림 20.20). 퇴적층 표면으로 유기물 수송이 활발하지 않아서 황산염 및 다른 전자수용체가 퇴적층을 투과하여 밑의 모암에까지 이른다. 그러나 유기물의 부족 때문에 이 퇴적층 내 세포수는 유기물이 풍부한 퇴적층보다 훨씬 낮아 표층의 약 10^6 세포/g부터 수백 미터 깊이에서 약 10^3 세포/g 이하 까지 감소한다 (**그림 20.35**). 모든 퇴적층에서 세포수는 깊이에 따라 크게 감소하는데 낮은 유기탄소 가용성과 오래된 심해 퇴적층 물질의 질을 반영한다. 이 낮은 수에도 불구하고 심해 퇴적층이 아주 방대하기 때문에 심해 퇴적층에 총 ~5.4×10^{29}의 원핵생물 세포가 존재하며 (~4×10^{15} g), 이는 모든 해양에 있는 전체의 합과 유사하다.

(a) (b)

그림 20.34 심해 퇴적층 굴착. *(a)* 심해 굴착선 JOIDES *Resolution*. 삽도: 빨간 점은 페루 분지 내의 퇴적층 굴착 위치를 가리킨다. *(b)* 4800 m 깊이의 페루 분지에서 회수된 퇴적층 단면. 이 단면은 분자적 조사를 위해 세로로 잘라 부표본을 만들었다. 칠레와 페루 연안에서 떨어진 퇴적층 표면에서 자라는 황화물-산화 미생물 매트에 대한 설명을 위해 20.5절과 그림 20.8을 참조하라.

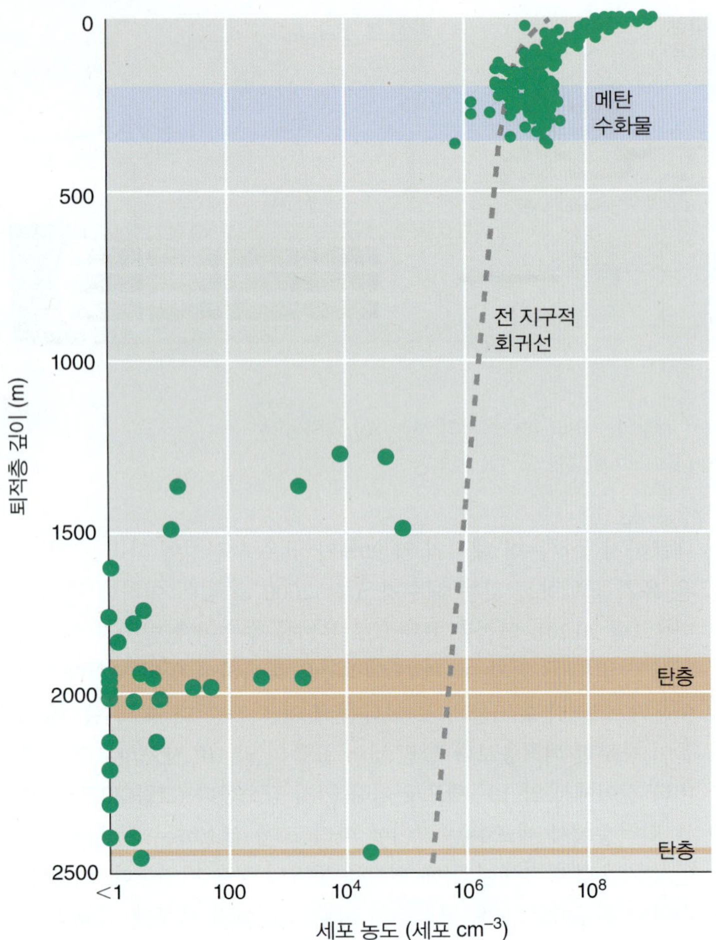

그림 20.35 심해 퇴적층에서 미생물 세포수. 세포 계수 자료에 근거한 하나의 연안 퇴적층 (녹색 원)과 모든 채취된 해양 퇴적층의 전 지구적 평균치 분석으로부터의 깊이에 따른 세포 풍부도.

그림 20.35는 또한 세포수가 어떤 특정 굴착장소에서 깊이에 따라 자원의 불규칙적 분포의 작용 때문에 전 지구적 회귀선로부터 벗어날 수 있는 것을 보여준다. 그림 20.35의 예에서 보듯이 연안 평지 퇴적층의 세포수는 활발한 혐기성 메탄 산화 (14.25절)와 연계된 지역인 메탄 방출구 근처 (그림 20.20)와 석탄 이외에 관련된 유기물이 전자공여체 가용성을 크게 하는 석탄 매장층 (그림 20.20과 20.35)에서 증가한다.

해양 퇴적층 원핵생물 다양성의 계통발생적 특성

깊은 곳의 오염되지 않은 굴착 시료를 얻는데 많은 어려움과 비용 때문에 해양 퇴적층 군집은 조사가 많이 되지 않았다 (그림 20.34). 그러나 깊은 굴착 시료에 대해 PCR 방법 (19.6절)에 의해 얻은 16S rRNA 서열의 분석은 새로운 고균이 고균 다양성의 큰 부분을 차지하며 깊고 얕은 해양 퇴적층 모두의 세균 다양성에서 *Proteobacteria*가 우점하는 것을 분명히 나타내었다 (**그림 20.36**). 이 *Proteobacteria*의 우점은 배양-비의존적 방법에 의해 조사된 다른 모든 서식지에서와 같다 (그림 20.12, 20.18과 20.29 및 그림 20.41 참조).

해양 퇴적층 *Proteobacteria* 내에서 *Desulfobacterales* 같은 황산염-환원 세균과 연관된 계통형이 상당히 흔하다 (그림 20.36); 황산염 환원은 해양 퇴적층에서 혐기성 호흡으로 주된 형태인 것을 감안하면 놀라운 일이 아니다 (14.14와 15.9절). *Bacteroidetes*와 미분류/작은 종류 또한 얕은 해양 퇴적층에 많이 존재한다. 비록 해수에서는 중요하지만 남세균은 영구적으로 어둡고 혐기성의 퇴적층에서는 전체 세포 개체군의 작은 부분만을 차지하며, 아마 입자 또는 죽은 동물에 부착하여 결국 가라앉아 퇴적층에 도달하는 세포를 대표한다.

다양한 세균 이외에도 배양된 종류와 관련되지 않은 새로운 문의 고균이 깊은 퇴적층에 널리 분포한다. 육상과 해양 퇴적층 모두에서 회수된 배양되지 않은 *Bathyarchaeota*의 유전체 서열 (그림 20.14)은 단백질을 분해하고 동화하는 생리학적 능력과 일부 종에서 탄수화물을 분해하는 능력을 나타내었다. 다른 *Bathyarchaeota*는 메탄생성을 수행하며, 깊은 퇴적층에서 지구화학적 반응에서 생성되는 소량의 H_2 (20.7절)를 이용해서 사는 독립영양체처럼 보인다.

해저 밑에서의 에너지 제한과 미생물 생활

어떻게 가장 깊은 해양 퇴적층 내 생물들이 영양물질이 고갈된 환경에 생존하는지는 불분명하지만, 해양 원양 미생물에서 본 바와 같은 작은 세포 크기 (그림 20.15)와 작고 조밀한 유전체를 포함한 많은 전략을 그들이 갖는 것으로 생각된다. 깊은 굴착 시료로부터 추출된 DNA를 이용하여 PCR (19.6절)에 의해 선택적으로 증폭된 16S rRNA 유전자의 염기서열 분석뿐만 아니라 보다 제한된 메타유전체 조사는 표면 퇴적토에 흔한 생물들인 대표적인 황산염-환원 세균 (15.9절) 또는 메탄생성 및 알려진 메탄-산화 고균 (14.17과 17.2절)과 관련된 서열이 비교적 적은 것을 나타내었다. 따라서 영양적 관점으로부터, 어떻게 극단적인 에너지 제한 환경 하에서 묻혀있는 세포들이 살 수 있는가?

해양 환경에서 쉽게 분해되는 유기물이 수층에서는 미생물 호흡에 의해, 표층 퇴적층 (퇴적층 표면이나 근처의 퇴적층)에서는 혐기성 호흡에 의해 제거되고, 덜 쉽게 분해되는 유기물의 희석된 저장소를 남겨 이것이 더 깊은 퇴적층으로 천천히 내려간다. 깊은 퇴적층에 사는 미생물들은 아마 이 질 낮은 유기물을 necromass (세포 사멸 후 방출된 세포 구성요소)와 더불어 에너지 대사에 전자공여체로 이용하는 것 같다. 그러나 깊은 퇴적층에서 대표적인 생물들이 아직 분리되지 않았기 때문에 에너지-보전 대사에 대한 우리의 이해는 개략적이며, 메타유전체 (9.8과 19.8절)로부터 얻어진 또는 단일-세포 유전체 기술 (9.12와 19.12절)을 이용하여 퇴적층으로부터 직접 분리한 단일 세포로부터 얻은 소수의 부분적인 유전체 서열로부터 추론할 수밖에 없다. 혐기성 호흡과 발효의 다양한 알려진 그리고 아직 발견되지 않은 형태들은 깊은 해저 대사를 위한 대사적 후보와 깊은 해양 퇴적층에 존재하는 것으로 알려진 조건에서 아직 분명하지 않은 다른 대사적 선택일 것으로 추정된다.

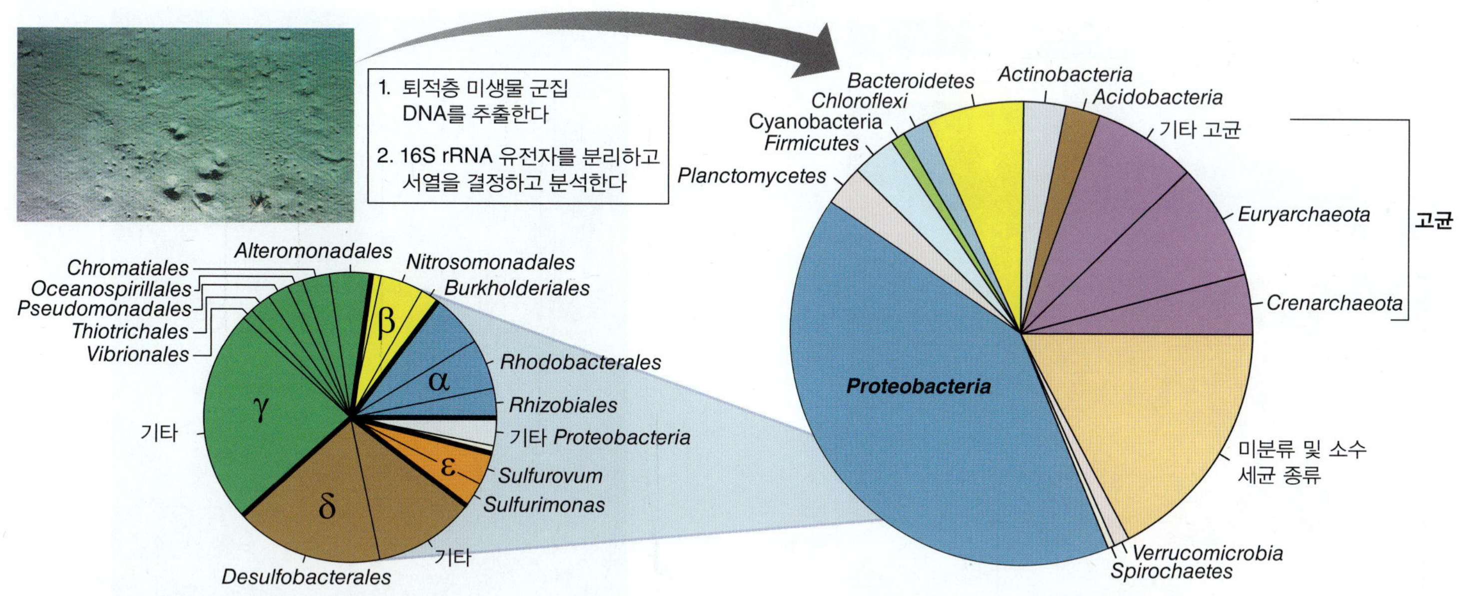

그림 20.36 해양 퇴적층 세균과 고균 다양성. 이 결과는 얕은 또는 깊은 해양 퇴적층의 13,360 16S rRNA 유전자 서열에 대한 여러 연구를 종합한 것이다. 여기에 표시된 많은 것들이 15장과 16장 (세균) 또는 17장 (고균)에 나와 있다. *Proteobacteria*의 경우 주요 하위군들이 표시되었다. 고균 서열과 *Gamma-*, *Delta-*와 *Epsilonproteobacteria*의 높은 비율에 주목하라. 자료는 Nicholas Pinel에 의해 정리되고 분석되었다. 해양 퇴적층의 원핵생물 다양성을 그림 20.29에 있는 원양 해수의 그것과 비교하라.

퇴적층 미생물이 유기물의 이 광대한 해저 저장소에서 탄소의 운명을 크게 제어하기 때문에 생명의 열역학적 가장자리에 사는 새로운 고균 (그림 20.14)의 발견은 해양 퇴적층에서 탄소의 순환에 새로운 측면을 미생물 생태학자들에게 부여하였다. 그러나 이 묻혀 있는 미생물에게 비생물적 작용이 또한 에너지원으로 기여하는 정도는 아직 불분명하지만 중요할 수 있다. 예를 들어, 아주 깊은 곳에서의 고온이 유기물의 변형을 촉진하여 메탄과 기타 탄화수소, H_2, 아세트산염 및 CO_2를 방출하면 위쪽으로 분산되어 깊은 퇴적층 생물권에 서식하는 미생물에게 영양분을 공급할 수 있게 된다. 이같이 육상과 해양 퇴적층 모두에서 지구의 깊은 지하의 미생물 생태학에 대해 배워야 할 분명하게 훨씬 더 많은 것들이 있다.

미니퀴즈

- 황산염-환원 세균이 얕은 해양 퇴적층에 흔한 두 가지 이유를 들라.
- 깊은 해양 퇴적층에서 세균과 고균 세포의 수는 어떻게 그리고 왜 깊이에 따라 변하는가?
- 어떤 대체 에너지원이 극도로 깊은 해양 퇴적층에서 미생물에게 공급되는 것으로 추정되는가?

20.14 열수분출공

비록 이제까지 외딴 저온의 고압 빈영양성 환경으로 심해와 심해 퇴적층을 느리게 생장하는 내압성 및 호압성 미생물에만 적당한 것으로 소개하였지만 일부 놀라운 예외가 존재한다. 번성하는 동물과 미생물 군집이 전 세계적으로 심해의 열천(thermal spring) 근처에 모여 있는 것이 발견된다. 이 열천들은 1000 m가 안되는 곳부터 4000 m 이상의 바다 깊이에 걸쳐 지각이 움직이는 해저에서 화산 마그마와 뜨거운 암석이 해저를 갈라지게 만드는 지역 (그림 20.20과 **그림 20.37**) 또는 오래된 암석과 연관된 철과 마그네슘 광물이 해수와 작용하여 열을 발생하는 지역에 위치한다. 이 지각의 역동적인 갈라진 지역으로 스며든 해수가 뜨거운 암석과 작용하여 무기 화학물질과 용존 기체로 포화된 열천을 만든다. 이런 종류의 해저 열천을 **열수분출공** 또는 **열수구(hydrothermal vent)**라 한다 (그림 20.20). 제23장에서는 열수분출공-연관 동물과 미생물 사이의 여러 주목할 만한 공생관계를 소개할 것이다. 여기에서는 독립 생활 미생물의 서식지로서 열수구를 살펴본다.

분출공의 종류

화산성 열수분출공 체제는 전형적으로 따뜻하고 (~5에서 >50°C) 분산된 분출공 (온수구, warm vent)이거나 270에서 >400°C의 열수를 방출하는 매우 뜨거운 분출공 (열수구, hot vent)이다. 천천히 흐르는 따뜻하고 분산된 액체가 해저와 열수구 굴뚝의 외벽에 있는 균열로부터 방출된다. 이 액체는 퇴적층의 지하부위에서 뜨거운 열수가 차가운 해수와 섞여서 만들어진다. 흑분연구(*black smoker*)라 하는 열수구는 굴뚝(*chimney*)이라 하는 수직의 황화물 구조를 형성하는데 그 높이가 1 m 이하에서 30 m 이상까지 이른다. 용존 금속과 마그마 기체가 풍부한 산성 열수가 차가운, 산소가 많은 해수와 갑자기 섞일 때 굴뚝이 형성된다. 빠른 혼합은 황철광(pyrite)과 섬아연석(sphalerite) 같은 황화금속 광물의 고운 입자의 침전물을 만들어 검은 구름 같은 것이 해저 위로 솟아오르게 한다 (**그림**

단원 5

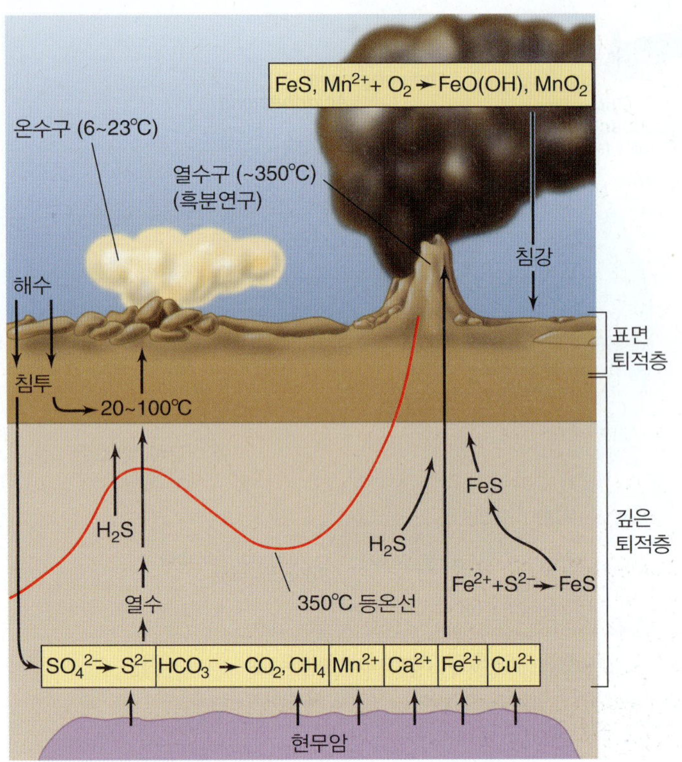

그림 20.37 열수분출공. 온수구와 흑분연구의 지질학적 형성과 거기서 방출되는 주요 무기 화학물질과 광물들을 나타내는 모식도. 온수구에서 뜨거운 열수는 퇴적층에 스며든 2~3°C의 차가운 해수에 의해 냉각된다. 흑분연구에서 350°C 근처의 뜨거운 열수는 해저에 직접 도달한다. "지표(surficial)"는 지구의 표면에 관계된 지질학적 용어이다.

그림 20.38 황화물과 광물이 풍부한 350°C의 물을 방출하는 열수공 흑분연구. 흑분연구 굴뚝의 벽은 가파른 온도 기울기를 나타내며 여러 종류의 세균과 고균을 포함한다.

20.38).

매우 다른 종류의 열수분출공 환경은 중부 대서양에 위치한 "잃어버린 도시(Lost City)" 형성물이다. Lost City는 한때 해저 밑에 있던 백만 년~2백만 년 된 해양 지각과 연관된 광물의 노출로부터 형성된다. 이 천천히 퍼지는 체제의 지질학적 단층은 해저에 감람암(*peridotite*)이라는 마그네슘과 철이 풍부한 암석을 노출시킨다. 새로 노출된 감람암과 해수의 화학반응은 고도의 발열반응으로 열을 발생하며 또한 pH를 11까지도 올린다. 극도로 높은 수준의 H_2, CH_4와 기타 저분자량 탄화수소도 뜨거운 (200°C) 열수에 존재한다. 비교적 일시적인 활발한 산성의 화산성 흑분연구 체제 (그림 20.38)와 달리 이 알칼리성 열수와 해수의 혼합은 탄산칼슘 (석회석) 굴뚝을 형성하여 (**그림 20.39**) 그 높이가 60 m에 이를 수 있으며 10만 년 또는 그 이상 활동한다.

그림 20.39 Lost City 감람암 분출공 체제에서 거대한 탄산염 굴뚝 형성. 활발하게 방출되는 굴뚝 지역에서 속에 무균 광물 조각을 넣은 녹색 뚜껑의 장치를 설치하여 새로 노출된 광물 표면의 미생물 집락형성이 연구되었다. 원통형 포집 장치의 직경은 약 10 cm이다.

열수분출공 내의 세균과 고균

화학무기영양성 대사를 하는 세균들이 열수분출공 미생물 생태계에 우점한다 (그림 20.20). 황화물 분출구는 황 세균을 유지시키며 다른 무기 전자공여체를 방출하는 분출구는 질산화세균, 수소-산화 세균, 철세균과 망간-산화세균 또는 메틸영양성 세균을 유지시키는데 메틸영양성 세균은 분출구에서 나오는 CH_4와 일산화탄소

표 20.2 심해 열수분출공 근처에 존재하는 화학무기영양성 세균과 고균[a]

화학무기영양체	전자공여체	전자수용체	공여체로 부터의 산물
황-산화	HS^-, S^0, $S2O_3^{2-}$	O_2, NO_3^-	S^0, SO_4^{2-}
질산화	NH_4^+, NO_2^-	O_2	NO_2^-, NO_3^-
황산염-환원	H_2	S^0, SO_4^{2-}	H_2S
메탄형성	H_2	CO_2	CH_4
수소-산화	H_2	O_2, NO_3^-	H_2O
철- 및 망간-산화	Fe^{2+}, Mn^{2+}	O_2	Fe^{3+}, Mn^{4+}
메틸영양성	CH_4, CO	O_2	CO_2

[a]이 대사들의 구체적인 내용은 14장 참조. 각 종류의 생물에 대한 내용은 15~17장 참조.

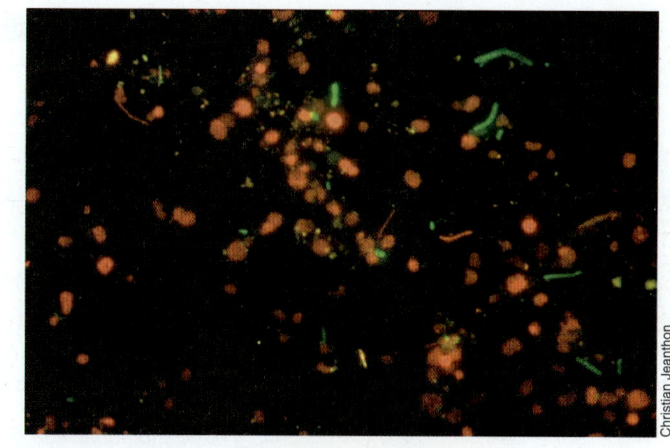

그림 20.40 흑분연구 굴뚝물질의 계통학적 FISH 염색. 3500 m 깊이의 Mid-Atlantic Ridge의 Snake Pit 분출구 지역에서 채취. 녹색 형광염료는 모든 세균의 16S rRNA, 그리고 적색 염료는 고균의 16S rRNA와 반응하는 탐침에 각각 결합되었다. 이 굴뚝의 중앙을 통과하는 열수는 300°C이다.

(CO)를 이용하여 자란다. **표 20.2**는 열수구에서 화학무기영양 대사에 중요한 역할을 하는 것으로 여겨지는 무기 전자공여체와 전자수용체를 요약하였다. 이 대사들 모두 14장에 설명하였다.

비록 흑분연구의 과열된 열수에서는 미생물이 생존하지 못하지만 호열성 및 초호열성 생물은 과열된 물이 찬 해수와 섞이면서 생성되는 기울기(*gradient*)에서 번성한다. 예를 들어, 흑분연구 굴뚝 벽에는 H_2를 산화하여 CH_4를 만드는 고균 종인 *Methanopyrus* 같은 초호열성생물 (⇄ 17.2절)이 많이 존재한다. 계통학적 FISH 염색 (⇄ 19.5절)을 이용하여 분출구 굴뚝벽에서 세균과 고균의 세포를 모두 검출하였다 (**그림 20.40**). 알려진 모든 황-환원 미생물들 중 가장 호열성 종인 *Pyrolobus*와 *Pyrodictium* (17장)이 흑분연구 굴뚝벽에서 분리되었다. 화산성 분출구 굴뚝벽에서의 상당한 미생물 다양성과 달리 Lost City 분출구의 탄산염 굴뚝벽은 주로 *Methanosarcina* 속의 메탄생성균으로 구성되는데 이 생물들은 다공성 굴뚝벽에서 새나오는 H_2가 풍부한 물을 이용하여 자란다.

분출구가 무기물 축적으로 막히면 초고온생물들은 이동하여 활발한 분출구에 집락을 형성하고 어떻게든 자라나는 굴뚝벽으로 들어간다. 놀랍게도 비록 생장에 매우 높은 온도를 요구하지만 초고온생물들은 저온과 산소에 상당한 내성이 있다. 따라서 차가운 호기성 해수에서 한 분출구로부터 다른 곳으로 세포가 이동하는 것은 분명히 문제가 되지 않는다.

열수분출공 원핵생물 다양성의 계통발생적 특성

마이크로바이옴의 표본화를 위해 개발된 강력한 도구들 (⇄ 19.6절)을 이용한 화산성 열수분출공 근처의 원핵생물 다양성 연구로 세균의 막대한 다양성이 발견되었다. 이 16S rRNA 유전자 서열의 조사들은 온수구와 열수구 모두를 포함한다. 열수분출공의 마이크로바이옴은 *Proteobacteria* 특히 *Epsilonproteobacteria* (⇄ 16.5절; **그림 20.41**)의 종이 우점한다. *Alpha-*, *Delta-*와 *Gammaproteobacteria*도 풍부하지만 *Betaproteobacteria*는 훨씬 적다. 많은 *Epsilon-*과 *Gammaproteobacteria*가 O_2 또는 질산염 (NO_3^-)을 전자수용체로 이용하여 전자공여체인 황화물과 황을 산화한다.

그림 20.41 내의 *Proteobacteria*의 확대 그림에서 보듯이 분출구 *Epsilonproteobacteria* 계통형들은 *Sulfurimonas*, *Arcobacter*, *Sulfurovum*과 *Sulfurospirillum* 같은 화학무기영양성 황세균의 그것과 대부분 밀접하게 유사하다. 이 세균들은 전자공여체로 환원된 황 화합물을 산화하며 (⇄ 14.9와 15.11절), 그런 생리적 특성은 황과 황화물이 많은 분출구 물 근처에 그들의 존재와 일치한다. 또한 대부분의 *Deltaproteobacteria*는 산화된 황화합물을 전자수용체로 이용한 혐기성 대사에 특화되었다.

세균과 달리 화산성 열수구 고균의 다양성은 상당히 제한되어 있다. 독특한 계통형 수의 추정치는 열수분출공 근처의 세균 다양성이 고균보다 약 10배인 것을 가리킨다. 그러나 열수구 굴뚝벽에서 회수된 시료에는 고균이 우점한다 (그림 20.40). 열수구 근처에서 검출된 대부분의 고균들은 메탄생성균 (⇄ 17.2절) 또는 해양 *Crenarchaeota*와 *Euryarchaeota* (17장)의 종들이다. 암모니아-산화 *Nitrosopumilus* (*Thaumarchaeota*, ⇄ 17.5절)를 제외하고는 이 종류의 생물은 배양되지 않았으며 그들의 생리적 특성도 잘 밝혀지지 않았다.

미니퀴즈
- 온수 분출구와 흑분연구의 화학적 및 물리적 차이점은 무엇인가?
- 흑분연구에서 분출되는 350°C의 물은 왜 끓지 않는가?
- 세균의 어떤 문 그리고 이 문의 어떤 하위군이 열수분출공 생태계에 우점하는가, 그 이유는?

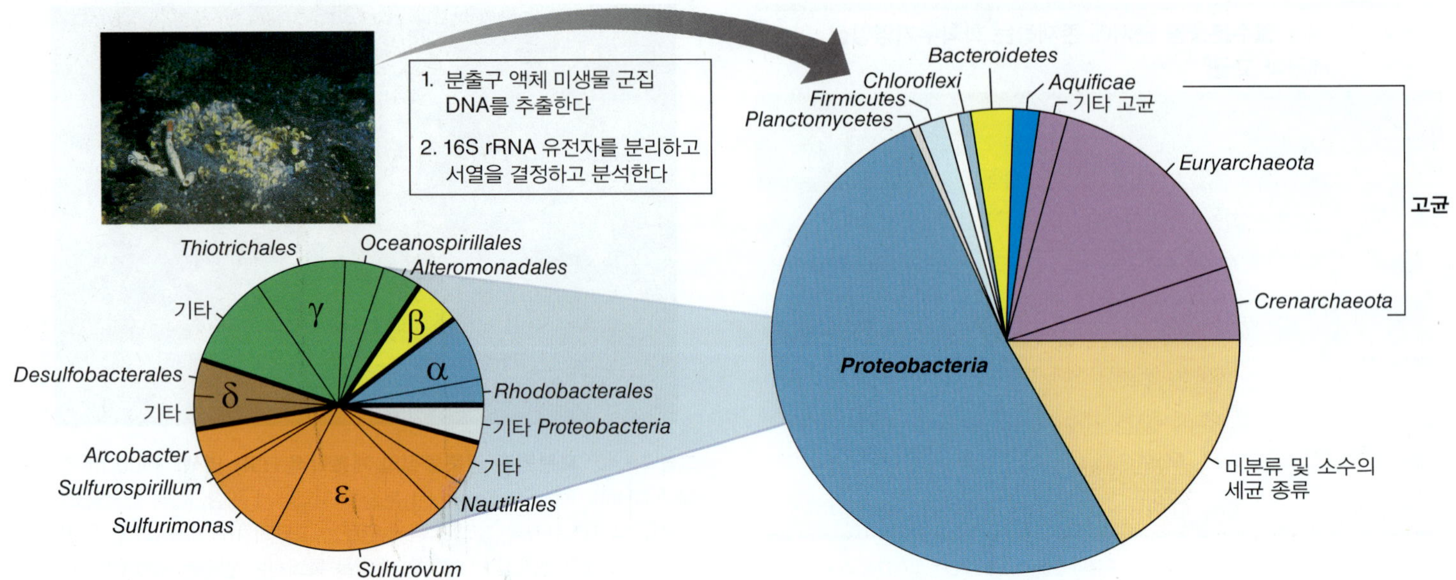

그림 20.41 열수분출공 원핵생물 다양성. 이 결과는 온수구와 열수구의 16S rRNA 유전자에 대한 여러 연구로부터 얻은 결과를 종합한 것이다. 여기에 표시된 많은 것들이 15장과 16장 (세균) 또는 17장 (고균)에 나와 있다. *Proteobacteria*의 경우 주요 하위 군들이 표시되었다. 고균과 *Epsilonproteobacteria*의 높은 비율에 주목하라. 이 생물들 중 많은 것의 생리적 특성이 표 20.2에 요약되었다. 자료는 Nicholas Pinel에 의해 정리되고 분석되었다.

단원 정리

I • 미생물 생태학

20.1 생태계는 생물들, 그들의 환경 및 생물과 환경 사이의 모든 상호작용으로 구성된다. 생물들은 개체군과 군집의 구성원이며 서식지에 적응되어 있다. 종 풍부도와 수도는 군집과 생태계에서 종 다양성의 두 가지 요소이다.

Q 생태계와 서식지 사이의 차이점을 설명하라. 왜 일부 미생물 서식지가 식물과 동물 생활에 적당하지 않은가?

20.2 미생물 군집은 대사적으로 연관된 생물체들의 길드로 구성된다. 미생물은 생명 체제에 필수적인 원소의 재순환을 가져오는 생지화학적 순환과 에너지 전환에서 주요 역할을 수행한다.

Q 군집에서 미생물 종의 다양성을 나타낼 수 있는 두 가지 방법을 기술하라.

II • 미생물 환경

20.3 미생물을 위한 지위는 미생물이 경쟁적일 수 있는 미세환경 내의 생물적 및 무생물적 요소의 특정 조합으로 구성된다. 자연에서 미생물들은 흔히 풍요-또는-빈곤 방식으로 살기 때문에 가장 잘 적응한 종만이 주어진 생태적 지위에서 높은 개체군 밀도에 도달하게 된다. 미생물 간의 협동은 또한 많은 미생물 상호관계에서 중요하다.

Q 왜 자연에서 긴 기간의 지수적 미생물 생장이 드물고, 실험실에서 기록된 생장속도보다 흔히 느린가?

20.4 표면이 이용가능하면 세균은 생물막이라 하는 세포의 부착된 형태로 자란다. 생물막 형성은 세포에 여러 보호적 장점을 부여한다. 살아있는 것뿐만 아니라 무생물 표면에 원하지 않는 생물막이 발달할 때 생물막은 인간에 중요한 의학적 및 경제적 영향을 미친다.

Q 생물막 미생물 군집의 어떤 성질이 그것을 의학적 및 산업적으로 관련되게 만드는가? 이것이 어떻게 많은 경우에 문제를 일으키는가?

20.5 미생물 매트는 광영양성 또는 화학무기영양성일 수 일 수 있다. 광영양성 남세균 매트는 미생물 세포와 포집된 입자성 물질로 구성된 두꺼운 생물막이다. 미생물 매트는 염분 또는 온도에 의해 섭식 동물이 매트 세포를 먹지 못하게 하는 고염분 또는 고온의 물에 널리 분포한다. 황-산화 화학무기영양체는 투광대 아래의 해양 퇴적층 표면에서 위쪽의 물로부터 공급되는 O_2와 황산염-환원 세균에 의해 생성되는 H_2S 사이의 계면에 광범위한 매트 군집을 형성한다.

Q 해양 화학무기영양성 매트 체제 형성에 활주 운동의 중요성은 무엇인가?

III • 육상환경

20.6 토양은 수많은 미세환경과 생태적 지위로 이루어진 복잡한 미생물 서식지이다. 미생물들은 토양에서 일차적으로 토양 입자에 부착하여 존재한다. 토양에서 미생물 활성에 영향을 미치는 가장 중요한 요인은 물과 영양물질의 가용성이다. 그러나 매우 건조한 토양에서 미생물은 토양 구조 안정화에 중요한 역할을 한다.

Q 어떤 토양층에서 미생물 개체수와 활성이 최대이며, 그 이유는?

20.7 깊은 지하는 중요한 미생물 서식지로 소수의 광물, CO_2, SO_4^{2-}, N_2와 H_2를 이용하여 살 수 있는 화학무기영양성 개체군을 유지시킨다. 수소는 물과 철 광물의 상호작용 또는 물의 방사선 분해에 의해 지속적으로 생성되는 것 같다. 작은 세포의 고균의 새로운 문들이 육상과 해양 퇴적층 환경 모두의 깊은 지하에 존재한다.

Q 깊은 지하의 연구에서 종속영양성 개체군을 또한 동정하였다. 그 미생물에게 가용한 영양물질의 종류와 공급원은 무엇인가?

IV • 수환경

20.8 담수생태계에서 광영양성 미생물들은 주된 일차생산자이다. 생성된 유기물의 대부분은 세균에 의해 소모되어 환경 내 산소 고갈을 가져올 수 있다. 수계에서 BOD는 생물학적으로 산화될 수 있는 유기물의 상대적 함량을 가리킨다.

Q 하수 같은 유기물의 유입이 어떻게 그리고 어떤 방식으로 강이나 하천의 산소 함량에 영향을 미치는가?

20.9 원양 해수에는 대부분의 담수보다 영양물질이 부족하지만 상당한 수의 원핵생물이 서식한다. 그러나 일부 매우 생산성이 높고 광활한 해역의 100과 1000 m 사이의 깊이에서 산소가 낮은 또는 측정하지 못하는 수준으로 떨어질 수 있다. 이 깊이의 산소가 고갈된 물을 산소극소대역이라 한다.

Q 산소극소대역으로부터 황화물의 방출이 왜 예외적으로 높은 표층수 생산성 시기에 드물게 일어나는가?

20.10 원양에서 주요 산소발생형 광영양성 미생물에 세균 *Prochlorococcus*와 조류 *Ostreococcus*가 포함된다; 두 광영양체 모두 작은 미생물이다. 해양 산소비발생형 광영양체에는 *Roseobacter* 및 그와 관련된 호기성 광영양성 자색 세균이 포함된다.

Q 어떻게 단일-세포 유전체학이 해양에서 *Prochlorococcus*의 다양성을 제어하는 요소에 대해 새롭게 이해하는 데 기여하였는가?

20.11 세균 종들은 해양의 표층수에 우점하지만, 고균은 깊은 물에서 미생물 군집의 더 큰 부분을 차지한다. 많은 원양 세균은 로돕신에 의해 추진되는 양성자 펌프를 통한 ATP 합성을 위해 빛을 이용한다. 바이러스는 해수에서 미생물보다 훨씬 더 많은 수로 존재한다.

Q 많은 원양 세균들이 빛 에너지를 이용할 수 있지만 남세균이나 자색 세균과 같은 의미로 "광영양체"로 간주되지 않는다. 이에 대해 설명하라.

20.12 심해는 정수압이 높고 영양물질 수준이 낮은 차갑고 어두운 서식지이다. 호압생물은 압력 하에 가장 잘 자라지만 압력을 요구하지는 않지만 극호압생물은 생장을 위해 전형적으로 수백 기압의 높은 압력을 요구한다.

Q 내압성, 호압성 및 극호압성 미생물들이 어떤 특성을 공유하는가?

20.13 심해 퇴적층은 깊이에 따라 영양물질 수준이 감소하므로 거기에 사는 미생물들이 영구적인 거의 기아 조건에 존재한다. 비록 아직 배양되지 않았지만 고균의 새로운 문이 깊은 해양 퇴적층에 서식하며 (육상의 깊은 지하에도) 이 생물들은 거기에 존재하는 매우 낮은 수준의 유기물과 전자수용체 모두를 뒤져서 생존하는 것 같다.

Q 심해 퇴적층에서 생장을 뒷받침하는 데 사용될 수 있는 유기물의 공급원은 무엇인가?

20.14 열수분출공은 화학무기영양성 세균에 의해 이용될 수 있는 많은 양의 무기 전자공여체를 함유한 액체를 화산활동 또는 흔치 않은 화학적 특성이 만들어내는 심해 열천이다.

Q 흑분연구나 탄산염 분출구 체제와 연관된 미생물과 동일한 종류를 발견할 것으로 예상하는가? 그에 대해 설명하라.

응용 문제

1. 높은 농도의 암모니아와 인산염 및 매우 낮은 수준의 유기탄소를 함유한 하수를 방출하는 하수처리장을 가정하라. 이 하수에 의해 어떤 종류의 미생물 생장이 촉진되겠는가? 처리장의 방류지점 근처와 먼 곳의 산소 농도는 그림 20.17*a*에서 보는 것과 어떻게 다른가?
2. 원양 해수가 고도로 호기적인 것을 명심할 때, 원양 고균과 세균의 가능한 대사적 생활 형태를 예측하라. 왜 로돕신-유사 색소가 다른 것들보다 한 종류의 생물에 더욱 많은가?
3. 지구 온난화는 해양에서 깊은 물로의 산소 전달의 감소를 암시하고 있다 (20.9절). 지구 온난화가 또한 어떻게 해양 표층수에서 플랑크톤성 종에 영양물질 가용성의 감소를 가져올 수 있는가?

용어 해설

Biochemical oxygen demand (BOD) (생화학적 산소요구량) 물 시료에서 미생물에 의해 산소가 소모되는 성질

Biofilm (생물막) 다공성 매질에 싸여 있고 표면에 부착된 미생물 세포의 집락

Biogeochemistry (생물지구화학) 생물적으로 매개되는 화학물질 전환에 대한 학문

Community (군집) 주어진 시간에 특정 지역에 공존하는 둘 또는 그 이상의 세포 개체군

Ecosystem (생태계) 생물과 그들의 물리적 환경이 하나의 기능적 단위로 작용하는 역동적인 복합체

Epilimnion (표수층) 성층화 호수의 따뜻하고 밀도가 낮은 표층의 물

Extreme piezophile (극호압성생물) 생장에 수백 기압의 압력을 요구하는 생물

Guild (길드) 동일한 자원을 유사한 방식으로 이용하는 대사적으로 유사한 미생물 개체

군들

Habitat (서식지) 하나 또는 소수의 개체군에 가장 적합한 생태계의 한 환경

Hydrothermal vents (열수분출공) 해저에서 지각 분산 중심과 연관된 온수 또는 열수 방출 샘

Hypolimnion (심수층) 성층화 호수의 차갑고 밀도가 높으며 흔히 무산소의 아래쪽 물

Microbial mat (미생물 매트) 두꺼운 층상구조의 다양한 군집으로 고염분 또는 극도로 뜨거운 수환경에서 빛에 의해 자라는 남세균이 필수적이거나 또는 황화물이 풍부한 해양 퇴적층의 표면에서 자라는 화학무기영양체에 의해 형성됨

Microenvironment (미세환경) 미생물 세포 또는 세포 집단를 둘러싼 μm 규모의 공간

Niche (지위) 생태학적 이론에서 생물의 경쟁적 성공에 기여하는 미세환경의 생물적 요소와 무생물적 특성

Oligotroph (빈영양체) 매우 낮은 수준의 영양물질에서만 자라거나 가장 잘 자라는 생물

Oxygen minimum zone (OMZ) (산소극소대역) 해양 수층에서 중간 깊이의 산소-고갈 지역

Piezophile (호압생물) 1기압보다 높은 정수압에서 가장 잘 자라는 생물

Piezotolerant (내압성) 높은 정수압에서도 자랄 수 있지만 1기압에서 가장 잘 자라는 성질

Population (개체군) 같은 장소에서 같은 시간에 같은 종의 생물의 집단

Primary producer (일차 생산자) 빛 또는 무기화합물의 산화로부터 에너지를 얻고 CO_2로부터 새로운 유기물을 합성하는 생물체

Prochlorophyte (원핵녹조세균) 세균성 산소 발생형 광영양체로 엽록소 *a* 및 *b*를 가지며 피코빌린이 없음

Proteorhodopsin (프로테오로돕신) 일부 원양 세균에 존재하는 광-민감성 단백질로 ATP를 생성하는 양성자 펌프를 가동함

Rhizosphere (근권) 식물 뿌리 바로 인근의 지역

Species abundance (종 수도) 군집에서 각 종의 비율

Species richness (종 풍부도) 군집에 존재하는 다른 종의 총수

Stratified water column (성층화 수층) 다른 물리적 및 화학적 특성을 가진 층으로 분리된 수체

영양물질 순환

21

현재의 미생물학

대규모 해빙과 기후변화의 미생물학

온실기체의 축적에 대한 반응으로 지구가 더워지면서, 지구 평균의 두 배로 온도가 상승하는 고위도 지역에 관심이 집중되고 있다. 온도 상승에 따라 정상적으로 얼어 있는 땅 (툰드라의 표면 아래 영구동토층, 왼쪽 사진)이 녹으며 방대한 유기탄소의 저장소가 미생물 분해에 가용하게 되었다. 과거 식물과 동물 생활로부터 수천 년에 걸쳐 축적된 영구동토 지역의 탄소 저장소는 1.3~1.6조 톤으로 추정된다. 이는 현재 대기 탄소의 두 배 정도로, 영구동결 유기탄소의 온실기체 (주로 CO_2와 CH_4)로의 미생물 전환 속도와 정도의 예측은 미래 기후 시나리오 개발에 필수적이다.

영구동결 탄소의 5~15%가 금세기에 분해되어 가까운 미래에는 급격한 기후변화를 일으키지 않는 속도로 주로 CO_2를 방출할 것으로 예측된다. 그러나 이 추정에는 많은 불확실성이 남아 있는데 어떻게 국지적인 영구동토 해빙이 미생물 분해에 탄소가 가용하게 만들어지는 속도를 가속화시키는지가 포함된다. 급격한 해빙은 지표 함몰을 일으켜 눈과 물 (오른쪽 사진)을 축적하고 이는 포화되고 무산소 조건을 만들어 미생물에 의한 강력한 온실기체인 메탄의 생성에 유리하게 한다.

최근 연구는 영구동토층 해빙의 모델링에 식생 변화 도입의 중요성을 강조하고 있다. 예를 들어, 우점하는 툰드라 관목종 [왜성 자작나무(dwarf birch)로 왼쪽 광각 사진에서 지표를 덮으며 오른쪽 근접 사진에 화살표로 표시됨]의 소실이 일차 지표 식생으로 풀과 사초를 남기면 6년 이내에 국지적 해빙과 포화된 토양 형성이 일어난다. 낮게 깔린 관목에 의해 제공되는 그늘의 소실로부터 증가된 지표 온난화는 양성적 되먹임 회로를 촉발시킨다. 이 전환은 또한 교란된 툰드라의 미생물 군집을 메탄 축적지로부터 메탄 공급원으로 전환시킨다.

이같이 비록 전체적인 영구동토 탄소 발생이 온도 상승에 따라 지속적으로 증가만 할 수 있으나, 만일 영구동토 지역의 유기탄소의 막대한 저장으로부터 전체 온실기체 발생의 믿을만한 추정치가 얻어진다면 활발한 미생물 활성의 국지적 지역 또한 고려되어야만 한다.

출처: Nauta, A.L., et al. 2016. Permafrost collapse after shrub removal shifts tundra ecosystem to a methane source. *Nature Climate Change 5*: 67–70.

I • 탄소, 질소 및 황 순환

생명을 위한 핵심적인 영양물질은 미생물과 거대생물 모두에 의해 순환되지만 어떤 특정한 영양물질의 경우 미생물 활성은 특히 중요하다. 미생물 영양물질 순환이 어떻게 작동하는지에 대한 이해는 그 순환과 그들의 많은 되먹임 고리가 식물 농업과 지속가능한 식물 생명의 전반적인 건강에 필수적이기 때문에 중요하다.

영양물질 순환은 먼저 탄소 순환부터 살펴본다. 여기서 주된 관심 분야는 지구의 탄소 저장소(reservoir), 저장소 안과 사이의 탄소 순환 속도 및 탄소 순환과 기타 영양물질 순환의 연결이다. 특히 탄소 순환과 지구 생태계에 미치는 인간의 영향에 주요 구성요소로서 이산화탄소(*carbon dioxide*, CO_2)와 메탄(*methane*, CH_4)에 대해 강조할 것이다. 21.8절에서 탄소 순환으로 돌아가 이 중요한 영양물질 순환에 인간의 활동이 어떻게 영향을 미치는지 고려할 것이다.

21.1 탄소 순환

전 지구적 차원에서 탄소(C)는 CO_2로서 대기, 육지, 해양, 담수, 퇴적층과 암석 및 생체량 같은 지구의 모든 주요 탄소 저장소를 통해 순환된다 (**그림 21.1**). 담수 환경에서 이미 보았듯이 탄소와 산소 순환은 밀접하게 연관된다 (20.8절). 모든 영양물질 순환은 어떤 방식으로든지 탄소 순환과 연계되지만, 질소(N) 순환은 특히 강하게 연관되는데, 물(H_2O)을 제외하고는 C와 N이 살아 있는 생물의 대부분을 차지하기 때문이다 (3.1절과 그림 21.5 참조).

탄소 저장소

지구에서 가장 큰 탄소 저장소는 지구 지각의 퇴적층과 암석이지만 (그림 21.1), 퇴적물과 암석이 분해되고 탄소가 CO_2로 제거되는 속도가 너무 느려 이 저장소에서의 유출이 인간의 시간 규모상으로는 중요하지 않다. 많은 양의 C가 육상 식물에서 발견되는데 이는 삼림, 초원 및 농업 작물의 유기 C이며 광합성 CO_2 고정의 주요 장소이다. 그러나 더 많은 탄소가 살아 있는 생물보다는 **부식질(humus)**이라 하는 죽은 유기물에 존재한다. 부식질은 유기물의 복잡한 혼합물로서 빠르게 분해되지 않는데 주로 죽은 식물과 미생물로부터 비롯된다. 일부 부식물질은 수십 년의 분해 시간을 가질 정도로 상당히 난분해성이지만 다른 부식질 성분은 이보다 훨씬 빠르게 분해된다.

C의 가장 신속한 전환은 대기를 통해 일어난다. 이산화탄소는 주로 육상식물과 해양 미생물의 광합성에 의해 대기로부터 제거되며 동물과 화학유기영양성 미생물의 호흡에 의해 대기로 되돌아온다 (그림 21.1). 대기로의 CO_2 공급에 가장 중요한 단일 작용은 부식질을 포함하여 죽은 유기물의 미생물 분해이다. 그러나 산업혁명 이후 인간 활동이 일차적으로 화석연료의 연소를 통해 대기의 CO_2 수준을 거의 40% 증가시켰다. 이런 주된 온실기체(*greenhouse gas*)인 CO_2의 증가는 **지구 온난화(global warming)**라는 지구 온도의 지속적 상승기를 촉발시켰다 (21.8절과 그림 21.19 참조). 비록 미생물 영양물질 순환에 미치는 지구 온난화의 영향을 현재는 예측할 수 없지만, 미생물학에 대해 우리가 아는 모든 것이 자연에서 미생물 활성이 높아진 온도에 대응해서 변화할 것이라는 것을 우리에게 말하고 있다. 이 반응이 인간을 포함한 고등 생물에 우호적일지 비우호적일지는 오늘날 활발한 연구의 주요 분야이다 (21.8절).

광합성과 분해

지구상에서 새로운 유기탄소가 합성되는 유일한 방법은 광영양체와 화학무기영양체에 의한 CO_2 고정이다. 대부분의 유기화합물은

지구상의 주요 탄소 저장소

저장소	전체에 대한 백분율[a]
암석과 퇴적물	99.5[b]
해양	0.05
메탄 수화물	0.014
화석연료	0.006
육상 생물권	0.003
수계 생물권	0.000002

[a]총 탄소, 76 × 10^{15}톤
[b]80% 무기성

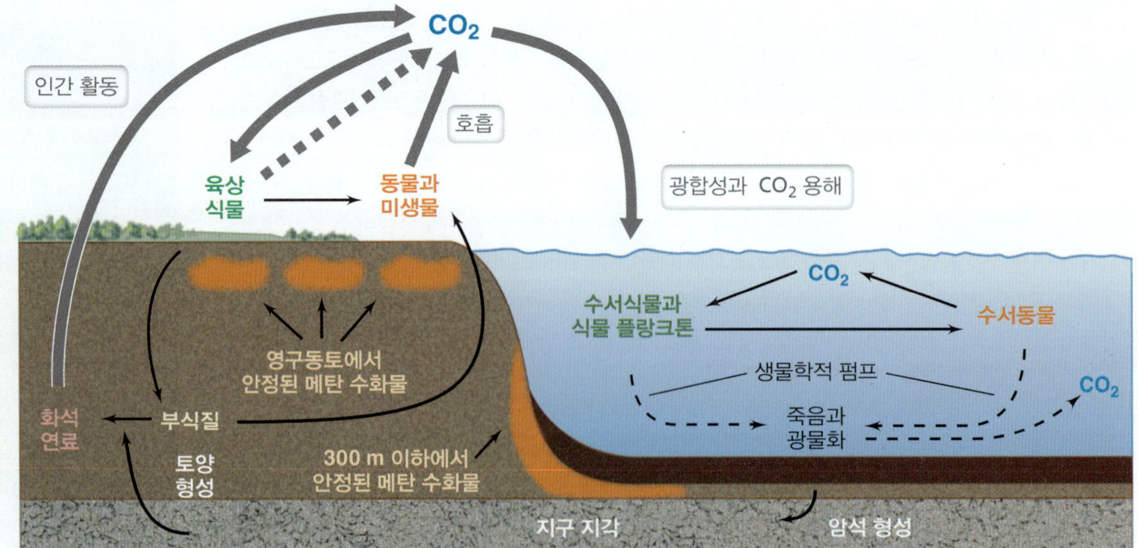

그림 21.1 탄소 순환. 탄소와 산소 순환은 밀접하게 연결되는데, 산소발생형 광합성이 CO_2를 제거하면서 O_2를 생산하지만, 호흡 과정은 CO_2를 생산하면서 O_2를 제거한다. 표에서 보듯이 지구상의 가장 큰 탄소 저장소는 암석과 퇴적층에 있으며, 그 대부분은 탄산염 같은 무기 탄소이다.

단원 5

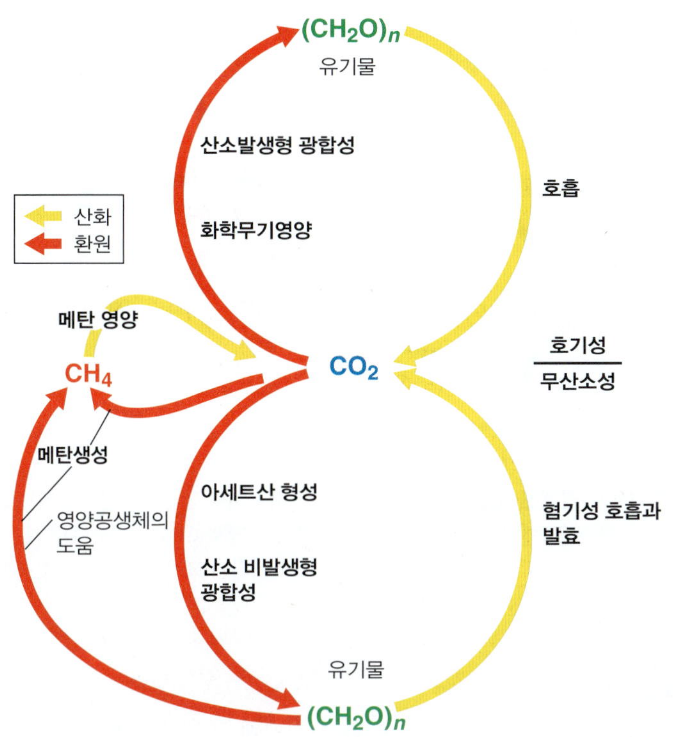

그림 21.2 탄소의 산화환원 순환. 독립영양 (CO_2 → 유기화합물)과 종속영양 (유기화합물 → CO_2) 과정의 비교.

광합성에서 비롯되며 따라서 광영양성 생물들은 탄소 순환의 기초가 된다 (그림 21.1). 그러나 광영양성 생물들은 자연에서 빛이 있는 서식지에서만 풍부하다. 심해, 깊은 지하 및 기타 영구적으로 암흑의 서식지에는 고유의 광영양체들이 없다. 산소발생형 광영양생물은 식물(*plants*)과 미생물(*microorganisms*)의 두 종류가 있다. 식물은 육상환경에서 우점하는 광영양성 생물인 데 반해 광영양성 미생물들은 수환경에서 우점한다.

C의 산화환원 순환(redox cycle) (**그림 21.2**)은 빛 에너지에 의해 추진되는 광합성에 의한 CO_2 고정으로 시작된다:

$$CO_2 + H_2O \rightarrow (CH_2O) + O_2$$

CH_2O는 세포물질의 산화-환원 수준에서의 유기물을 나타낸다. 광영양성 생물들은 또한 빛이 있을 때나 없을 때나 호흡을 수행한다. 호흡의 전체 반응은 산소발생형 광합성의 역반응이다:

$$(CH_2O) + O_2 \rightarrow CO_2 + H_2O$$

유기화합물이 축적되려면 광합성률이 호흡률보다 커야만 한다. 이런 방식으로 독립영양성 생물은 CO_2로부터 생체량을 만들며 이 생체량은 하나 또는 다른 방식으로 종속영양성 생물의 탄소 수요를 충족시킨다. 산소비발생형 광영양체와 화학무기영양체 또한 많은 유기화합물을 생산하지만 대부분의 환경에서 유기물 축적에 이 생물들의 기여는 산소발생형 광영양체와 비교하면 크지 않다. 이는 산소발생형 광영양체에 의해 사용되는 환원제인 H_2O (⇄ 14.1절)가 사실상 무제한적으로 공급되기 때문이다.

유기화합물은 생물학적으로 CH_4와 CO_2로 분해된다 (그림 21.2). 그 대부분이 미생물 기원인 이산화탄소는 호기성 및 혐기성 호흡 (⇄ 14.7절)에 의해 생성된다. 메탄은 무산소 환경에서 메탄생성균(*methanogen*)에 의해 CO_2의 수소(H_2)에 의한 환원 또는 아세트산염(acetate)의 CH_4와 CO_2로의 분리로부터 생성된다 (⇄ 14.17절). 그러나 21.2절에서 보듯이 메탄생성균과 다양한 발효세균의 협동적 활성에 의해 어떤 자연적으로 존재하는 유기화합물들이든 결국 CH_4으로 전환될 수 있다. 무산소 서식지에서 생성된 메탄은 물에 녹지 않으며 호기성 환경으로 빠르게 확산되어 대기 중으로 방출되거나 메탄영양체(*methanotroph*)에 의해 CO_2로 산화된다 (그림 21.2). 이같이 유기화합물의 대부분의 C는 궁극적으로 CO_2로 되돌아가며 탄소 순환에서 고리가 완성된다.

메탄 수화물

비록 대기 중에서 CO_2보다 낮은 수준으로 존재하지만 CH_4는 열 포집능이 CO_2보다 20배 이상 더 효율적인 중요한 온실기체이다. 일부 CH_4는 메탄생성에 의해 대기로 들어가지만 생물학적으로 생성된 모든 CH_4가 소모되거나 대기로 방출되는 것은 아니다. 주로 과거의 미생물 활성에 의해 생성된 막대한 양의 CH_4는 지하에 또는 동결된 메탄 분자인 메탄 수화물(*methane hydrate*) (그림 21.1과 **그림 21.3**)로 해양 퇴적층 아래에 묻혀 있다. 북극의 영구동토 아래와 해양 퇴적층 안과 같은 고압과 저온의 환경에 충분한 CH_4가 존재할 때 메탄 수화물이 형성된다 (그림 21.1). 이 축적은 수백 미터 두께가 될 수 있으며 700~10,000 petagram (1 petagram = 10^{15} g)의 CH_4을 포함하는 것으로 추산된다. 이는 지구상의 다른 알려진 메탄 저장소보다 훨씬 큰 것이다.

메탄 수화물은 고도로 역동적이어서 압력, 온도 (**그림 21.4**) 및 물 이동의 변화에 대응하여 CH_4를 흡수하고 방출한다 . 메탄 수화물은 또한 냉수구(*cold seep*) (⇄ 그림 20.20)라 하는 심수 생태계를 유지시킨다. 여기에서 해저 수화물로부터 느린 CH_4 방출은 혐기성 메탄-산화 고균 (⇄ 14.25절)뿐만 아니라 CH_4를 산화하

그림 21.3 메탄 수화물의 연소. 해양 퇴적층에서 회수된 불타고 있는 동결된 메탄 얼음.

고 동물에 유기물을 방출하는 호기성 메탄-산화 내부공생자를 갖고 있는 동물 군집을 키우게 한다 (23.9절). CH_4의 혐기성 산화는 황산염(SO_4^{2-}), 질산염(NO_3^-) 및 철과 망간의 산화물 [예, FeO(OH)]의 환원과 짝을 이루며, 자유 메탄의 방출을 약화시킨다.

비록 깊은 해양의 메탄 수화물이 고압에 의해 안정화되었지만 얕은 연안 퇴적층의 수화물은 온도의 작은 변화에 훨씬 민감하다 (그림 21.4). 얕은 퇴적층의 수화물은 기체 수화물 안정대(*gas hydrate stability zone*, GHSZ)의 경계에 있다. 이 경계 지역에서 온도의 비교적 작은 변화가 수화물을 불안정화시킬 수 있다. 예를 들어, 해양 연안 평원에 있는 수화물 축적의 현장 관측에서 그것이 해저-물 온도의 1~2°C 계절적 변화에 민감한 것을 보여주고 있다. 수온의 계절적 상승 기간 중 퇴적층으로부터 메탄 기포가 올라가는 것 [메탄 분출(flare)이라고 부르는 현상]이 관찰되었다 (그림 21.4). 해양 수화물로부터 메탄의 방출 이외에 영구동토가 녹으면서 그 방대한 유기물 저장소가 미생물에 의해 촉매되어 훨씬 더 많은 메탄 형성이 유도될 수 있다 (21.8절).

탄소 균형 및 연계된 순환

비록 탄소 순환을 다른 영양물질 순환과 분리된 일련의 반응으로 간주하는 것이 편리하지만, 실제로는 모든 영양물질 순환은 연계된 순환(*coupled cycle*)으로 한 순환의 주요 변화가 다른 것의 작용에 영향을 미친다. 그러나 탄소와 질소 순환 같은 특정 순환 (**그림 21.5**)은 살아 있는 생물 내 많은 양의 C와 N 때문에 매우 밀접하게 연계된다. 일차 생산성 (CO_2 고정)의 속도는 여러 요소, 특히 광합성 생물량의 규모와 흔한 제한 영양물질인 가용한 N에 의해 제어된다. 따라서 예를 들어, 광범위한 삼림제거 같은 생물량의 대규모 감소는 일차생산성의 속도를 줄이고 CO_2 수준을 증가시킨다. 높은 수준의 유기 C는 미생물의 질소 고정 ($N_2 \rightarrow NH_3$)을 촉진하고 이는 다시 일차생산자를 위한 저장소에 더 많은 고정된 N을 추가한다; 낮은 유기 C 수준은 바로 반대의 효과를 갖는다 (그림 21.5). 높은 수준의 암모니아(NH_3)는 일차생산과 질산화를 촉진하지만 질소 고정은 저해한다. 식물과 수서 광영양체에게 훌륭한 N 공급원인 질산염(NO_3^-)의 높은 수준은 일차생산을 촉진하지만, 또한 탈질화의 속도를 증가시키는데 탈질화는 환경에서 N의 고정된 형태를 제거하며 일차생산에 부정적인 방향으로 작용한다 (그림 21.5).

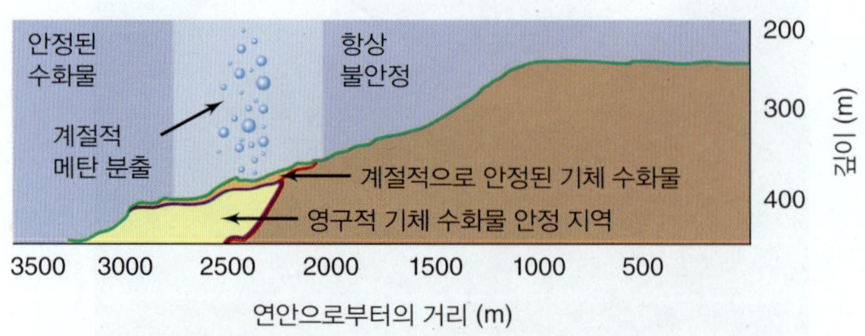

그림 21.4 메탄 수화물로부터 메탄 기포의 계절적 분출. 얕은 연안 퇴적층에 있는 메탄 수화물이 하층수 온도의 계절적 변화에 민감하다. 메탄 기포의 분출은 물 온도가 1~2°C 올라갈 때 관찰된다.

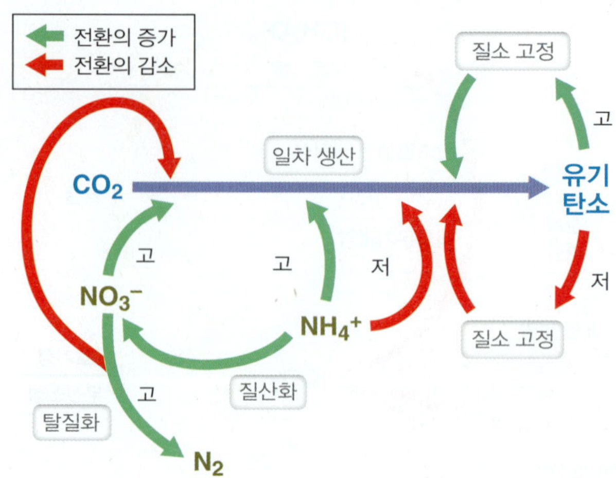

그림 21.5 연계된 순환. 모든 영양물질 순환은 서로 연결되지만 탄소와 질소 순환은 극도로 밀접하게 연계된다. 탄소 순환에서 CO_2는 탄소 화합물을 위한 C를 공급한다. 그림 21.8에 구체적으로 나타낸 N 순환은 많은 생물학적 화합물을 위한 N을 공급한다.

이 간단한 예는 영양물질 순환이 어떻게 독립된 존재가 아닌지를 나타낸다. 그들은 연계된 체제로 유출입의 정교한 균형을 유지해야만 한다. 따라서 특정한 연결에서 대량 유입 (예, CO_2 또는 질소 비료의 유입)에 대해 C와 N 순환이 생물권에 항상 도움이 되지는 않는 방식으로 대응하며 그것이 원하지 않는 결과를 가져올 수 있다는 것을 추측할 수 있다 (21.8절).

미니퀴즈

- 자연에서 새로운 유기물은 어떻게 만들어지는가?
- 산소발생형 광합성과 호흡은 어떤 방식으로 관련되는가?
- 메탄 수화물은 무엇인가?

21.2 영양공생과 메탄생성

대부분의 유기화합물은 자연에서 호기성 미생물 작용에 의해 산화된다. 그러나 산소(O_2)가 잘 녹지 않는 기체이며, 이용가능할 때 쉽게 소모되므로 많은 유기탄소가 무산소 환경에 여전히 남게 된다. 메탄생성(methanogenesis)은 CH_4의 생물학적 생성으로 혐기성 서식지에서의 주요 작용이며 고균의 큰 종류인 절대 혐기성 메탄생성균(*methanogen*)에 의해 일어난다. 메탄생성의 생화학은 14.17절, 그리고 메탄생성균의 다른 측면에 대해서는 17.2절에 설명되었다.

대부분의 메탄생성균은 혐기성 호흡에서 CO_2를 최종 전자수용체로 사용할 수 있는데 H_2를 전자공여체로 하여 그것을 CH_4로 환원시킨다. 주로 아세트산염 같은 매우 소수의 다른 기질들만이 메탄생성균에 의해 메탄으로 직접 전환될 수 있다. 대부분의 유기화합물을 CH_4로 전환하기 위하여 메탄생성균들은 그들에게 메탄생성용 전구물질을 공급할 수 있는 영양공생자(*syntroph*)라 부르는 다른 생물들과 협력해야만 한다.

혐기성 분해와 영양공생

14.23절에서 유기화합물의 혐기적 분해에 둘 또는 그 이상의 생물들이 협동하는 과정인 **영양공생(syntrophy)**의 생화학이 설명되었다. 여기에서는 영양공생 세균과 그들의 협력 생물 간의 상호작용 및 탄소 순환에서 그들의 중요성을 살펴보겠다. CH_4의 주요 공급원인 혐기성 담수 퇴적층과 혐기성 폐수처리에 초점을 맞추고자 한다.

죽은 생물로부터의 다당류, 단백질, 지질과 핵산은 혐기적 서식지로 들어가 거기에서 대사된다. 이 중합체들의 가수분해에 의해 방출된 단량체들은 에너지 대사에서 주요 전자공여체가 된다. 예를 들어, 셀룰로오스(cellulose) 같은 전형적인 다당류의 분해작용은 셀룰로오스 분해세균(*cellulolytic bacteria*)들이 시작한다 (**그림 21.6**). 이들은 셀룰로오스를 포도당으로 가수분해하며 포도당은 발효생물들에 의해 분해되어 짧은 사슬의 지방산 (아세트산염, 프로피온산염과 부틸산염), 에탄올과 부탄올 같은 알코올류, 그리고 H_2와 CO_2 기체로 전환된다. 수소(H_2)와 아세트산염은 메탄생성균에 의해 직접 이용되지만, 유기탄소의 상당량은 지방산과 알코올 형태로 남아 있는데, 이들은 메탄생성균에 의해 직접적으로 전환되지 못하며 영양공생 세균의 활성을 요구한다 (⟲ 14.23절; 그림 21.6).

영양공생 세균들은 2차 발효생물인데 그들이 일차 발효생물들의 산물을 발효하여 H_2, CO_2와 아세트산염을 산물로 생성한다. 예를 들어, *Syntrophomonas wolfei*는 C_4부터 C_8의 지방산을 산화하여 아세트산염, CO_2 (만일 지방산이 C_5 또는 C_7이면)와 H_2를 형성한다 (**표 21.1**과 그림 21.6). 다른 종의 *Syntrophomonas*는 일부 불포화지방산을 포함하여 길이가 C_{18}까지의 지방산을 이용한다. *Syntrophobacter wolinii*는 프로피온산염 (C_3)을 주로 발효하여 아세트산염, CO_2와 H_2를 형성하고, *Syntrophus gentianae*는 벤조산

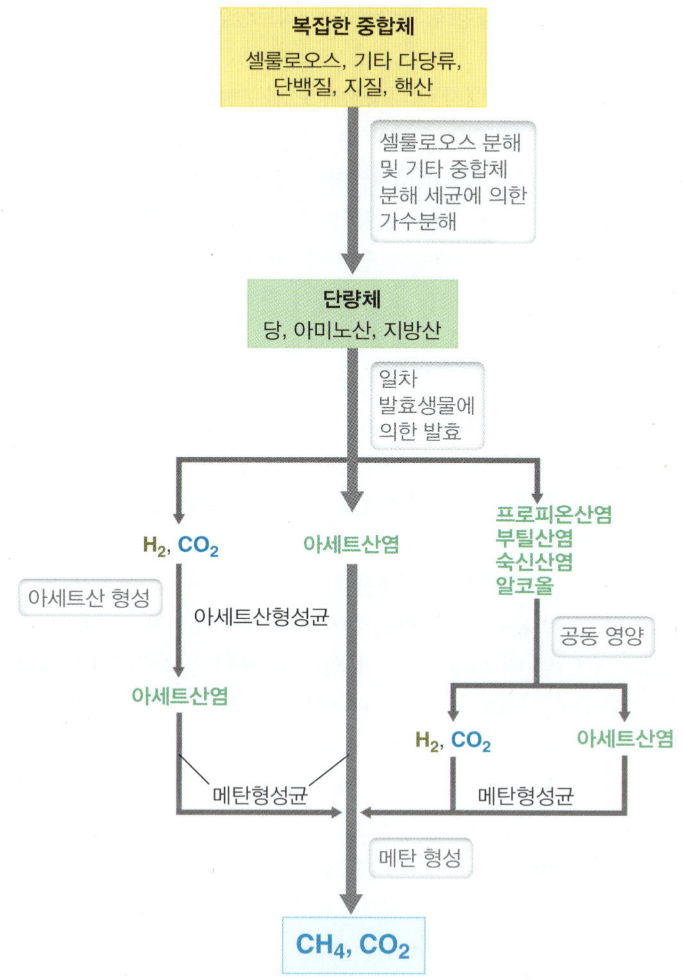

그림 21.6 혐기성 분해. 다양한 종류의 혐기성 발효미생물들이 협력하여 복잡한 유기물을 CH_4과 CO_2로 전환하는 혐기성 분해과정. 이 양상은 예를 들어 담수호 퇴적물, 하수 슬러지 생물반응조 또는 반추위에서와 같이 황산염-환원 세균의 활성이 작은 환경에서 나타낸다.

표 21.1 유기화합물의 메탄으로의 혐기성 전환에서 일어나는 주요 반응[a]

		자유에너지 변화(kJ/반응)	
반응 종류	반응	$\Delta G^{0'b}$	ΔG^c
포도당의 아세트산염, H_2와 CO_2로의 발효	포도당 + 4 H_2O → 2 아세트산염$^-$ + 2 HCO_3^- + 4 H^+ + 4 H_2	−207	−319
포도당의 부틸산염, H_2와 CO_2로의 발효	포도당 + 2 H_2O → 부틸산염$^-$ + 2 HCO_3^- + 2 H_2 + 3 H^+	−135	−284
부틸산염의 아세트산염과 H_2로의 발효	부틸산염$^-$ + 2 H_2O → 2 아세트산염$^-$ + H^+ + 2 H_2	+48.2	−17.6
프로피온산염의 아세트산염, H_2와 CO_2로의 발효	프로피온산염$^-$ + 3 H_2O → 아세트산염$^-$ + HCO_3^- + H^+ + H_2	+76.2	−5.5
에탄올의 아세트산염과 H_2로의 발효	2 에탄올 + 2 H_2O → 2 아세트산염$^-$ + 4 H_2 + 2 H^+	+19.4	−37
벤조산염의 아세트산염, H_2와 CO_2로의 발효	벤조산염$^-$ + 7 H_2O → 3 아세트산염$^-$ + 3 H^+ + HCO_3^- + 3 H_2	+70.1	−18
H_2 + CO_2로부터의 메탄생성	4 H_2 + HCO_3^- + H^+ → CH_4 + 3 H_2O	−136	−3.2
아세트산염으로부터 메탄생성	아세트산염$^-$ + H_2O → CH_4 + HCO_3^-	−31	−20.7
H_2 + CO_2로부터 아세트산형성	4 H_2 + 2 HCO_3^- + H^+ → 아세트산염$^-$ + 4 H_2O	−105	−7.1

[a]자료 출처: Zinder, S. 1984. Microbiology of anaerobic conversion of organic wastes to methane: Recent developments. *Am. Soc. Microbiol. 50*:294–298.
[b]표준 조건: 용질, 1 M; 기체, 1 기압, 25°C
[c]전형적인 혐기성 담수 생태계 내 반응물의 농도: 지방산, 1 mM; HCO_3^-, 20 mM; 포도당, 10 μM; CH_4, 0.6 기압; H_2, 10^{-4} 기압. 표 3.2 (또는 그 안의 인용문헌)와 그림 3.10 및 3.4와 3.6절에 기술된 생체역학적 계산으로부터의 G_f^0 값.

염(benzoate) 같은 방향족 화합물을 아세트산염, H_2와 CO_2로 분해한다 (표 21.1).

비교적 광범위한 대사적 다양성에도 불구하고 영양공생자는 순수배양에서 이런 반응을 수행할 수 없다. 대신 그들은 영양공생 작용과 연계된 특이한 생물에너지역학 때문에 H_2를 소모하는 협력생물에 의존한다. 14.23절에서 설명되었듯이, 협력생물에 의한 H_2 소모는 영양공생 세균의 생장에 필수적이며 (다른 전자수용체가 없을 때), H_2 생성생물과 H_2 소비생물의 관계는 매우 가까울 수 있다. 실제로 일부 영양공생 관계에서 H_2 전달은 직접 일어나지 않고, 전자가 전기 전도성 철사 같은 구조를 이용하여 종 사이에서 전달되는 직접 전도(*direct conduction*)를 통하는 것으로 생각된다 (이 장 후반의 미생물 세계 탐구, "미생물 발전" 참조). 그러나 전달이 어떻게 일어나든 간에 영양공생 관계를 만드는 것은 H_2의 전달 그 자체이다. 이것이 어떻게 일어나는가?

부틸산염, 프로피온산염, 에탄올 또는 벤조산염의 발효를 위한 표 20.1의 반응들은 모든 반응물이 표준 조건 (용질, 1 M; 기체, 1기압, 25°C)일 때 산술부호로 양의 값을 가진 자유에너지 변화를 일으킨다 ($\Delta G^{0\prime}$, 3.4절); 즉 이 반응들은 에너지를 방출하는 것이 아니라 요구한다. 그러나 H_2 소모는 에너지 대사를 극적으로 변화시켜 이 반응이 일어나게 하고 에너지가 보전되게 한다. 이는 표 21.1에서 볼 수 있는데 만일 H_2를 소모하는 협력생물에 의해 H_2 농도가 거의 0에 가깝게 유지되면 ΔG (서식지의 실제 조건에서 측정된 자유에너지 변화)가 산술부호로 음의 값을 나타낸다. 이는 영양공생 세균이 소량의 에너지를 보존하게 하여 ATP 생성에 사용된다.

이 영양공생적 협동의 최종산물은 CO_2와 CH_4이며 (그림 21.6), 근본적으로 메탄생성 서식지에 들어오는 어떤 유기화합물도 궁극적으로 이 산물들로 전환된다. 이에는 심지어 복잡한 방향족과 지방족 탄화수소도 포함된다. 그림 21.6에 나온 것들 이외의 추가적인 생물들이 그런 분해에 연관될 수 있지만 결국 지방산과 알코올류가 생성되며 그것들은 영양공생자에 의해 메탄생성 기질로 전환된다. 영양공생자에 의해 생성된 아세트산염 (아세트산형성세균의 활성에 의한 것도 포함, 그림 21.6과 14.16절)은 직접적인 메탄생성 기질이며 다양한 메탄생성균에 의해 CO_2와 CH_4로 전환된다.

흰개미에서 메탄생성 공생자와 아세트산형성균

섬모충류와 편모충류를 포함한 다양한 혐기성 원생생물들이 절대혐기성 조건에서 자라며 탄소 순환에서 주요 역할을 하고 있다. 메탄생성 고균이 H_2-소모 내부공생자로 일부 이들 원생생물 세포 내에서 산다. 예를 들어 흰개미 후장(hindgut)에 서식하는 트리코모나스 원생생물의 세포 내에 메탄생성균이 존재하는데 (**그림 21.7**) 그곳에서 메탄생성과 아세트산형성이 주된 작용이다. 원생생물의 메탄생성 공생자는 *Methanobacterium* 또는 *Methanobrevibacter* 속 (17.2절)의 종들이다.

흰개미 후장에서 내부공생 메탄생성균은 아세트산형성세균

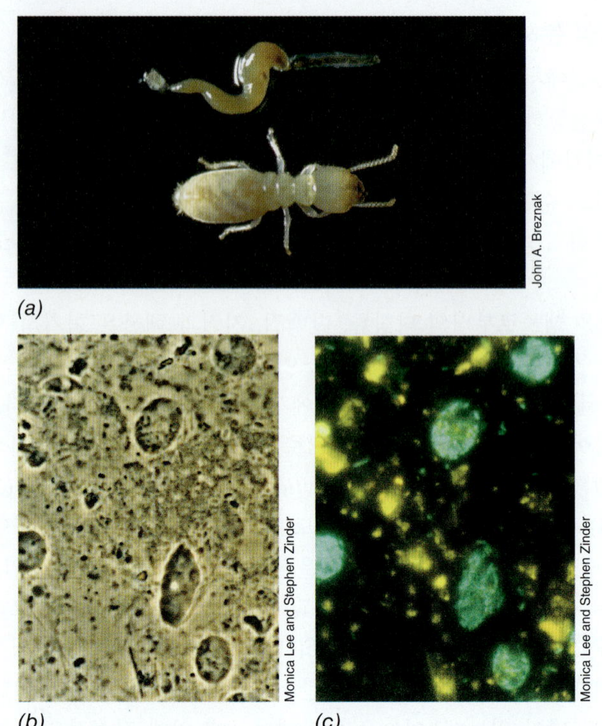

그림 21.7 흰개미와 그들의 탄소 대사. *(a)* 아래는 지하 흰개미의 일개미 유충이며 위는 다른 일개미로부터 추출된 후장이다. 이 흰개미는 길이가 약 0.5 cm이다. 흰개미의 후장에 서식하는 원생생물들을 같은 현미경 시야에서 *(b)* 위상차 현미경과 *(c)* 표면형광현미경으로 촬영하였다. 원생생물 세포 내의 내부공생 메탄생성균은 조효소 F_{420} 때문에 청록색 형광을 나타낸다 (그림 14.46과 비교하라). 이 원생생물 세포의 평균 직경은 15~20 μm이다.

(acetogenic bacteria)과 더불어 셀룰로오스분해 원생생물에 의한 포도당 발효로부터 생성되는 H_2를 소모함으로써 그들의 원생생물 숙주에 도움을 주는 것으로 생각된다. 아세트산형성균(acetogen)은 내부공생자가 아니며 대신 흰개미 후장 자체 내에 서식하며, 일차 발효생물로부터의 H_2를 소모하고 CO_2를 환원시켜 아세트산염을 만든다. 메탄생성균과 달리 아세트산형성균은 포도당을 직접 아세트산염으로 발효할 수 있다. 아세트산형성균은 또한 메톡실화(methoxylated) 방향족 화합물을 아세트산염으로 발효할 수 있다. 이는 흰개미 후장에서 특별히 중요한데 흰개미가 메톡실화 방향족 화합물의 복잡한 중합체인 리그닌을 함유한 목재를 먹기 때문이다. 흰개미 후장에서 아세트산형성균에 의해 생성된 아세트산염은 곤충에 의해 주요 에너지원으로 소모된다. 흰개미 후장에서 미생물 공생은 23.7절에서 보다 구체적으로 설명된다.

미니퀴즈

- 지방산 또는 알코올을 발효하는데 왜 *Syntrophomonas*가 협력생물을 요구하는가?
- 어떤 종류의 생물이 *Syntrophomonas*와의 공동배양에 이용되는가?
- 아세트산형성의 최종 산물은 무엇인가?

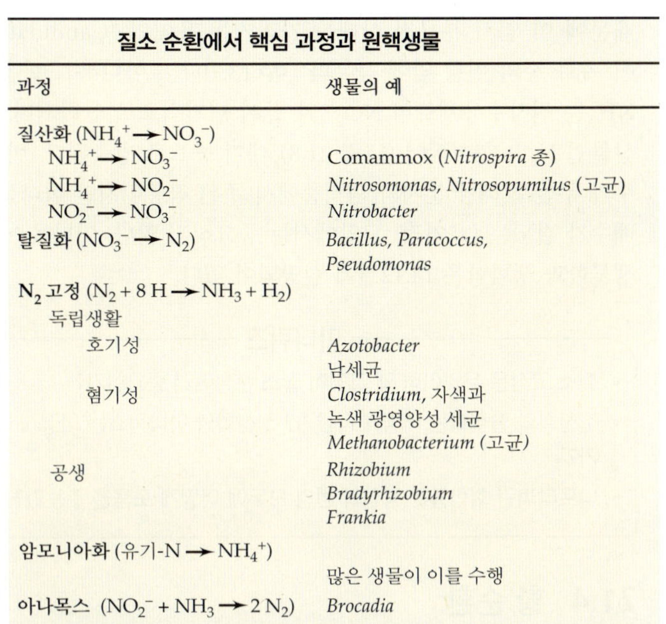

질소 순환에서 핵심 과정과 원핵생물

과정	생물의 예
질산화 ($NH_4^+ \rightarrow NO_3^-$)	
$NH_4^+ \rightarrow NO_3^-$	Comammox (*Nitrospira* 종)
$NH_4^+ \rightarrow NO_2^-$	*Nitrosomonas*, *Nitrosopumilus* (고균)
$NO_2^- \rightarrow NO_3^-$	*Nitrobacter*
탈질화 ($NO_3^- \rightarrow N_2$)	*Bacillus*, *Paracoccus*, *Pseudomonas*
N_2 고정 ($N_2 + 8\,H \rightarrow NH_3 + H_2$)	
독립생활	
호기성	*Azotobacter* 남세균
혐기성	*Clostridium*, 자색과 녹색 광영양성 세균 *Methanobacterium* (고균)
공생	*Rhizobium* *Bradyrhizobium* *Frankia*
암모니아화 (유기-N $\rightarrow NH_4^+$)	많은 생물이 이를 수행
아나목스 ($NO_2^- + NH_3 \rightarrow 2\,N_2$)	*Brocadia*

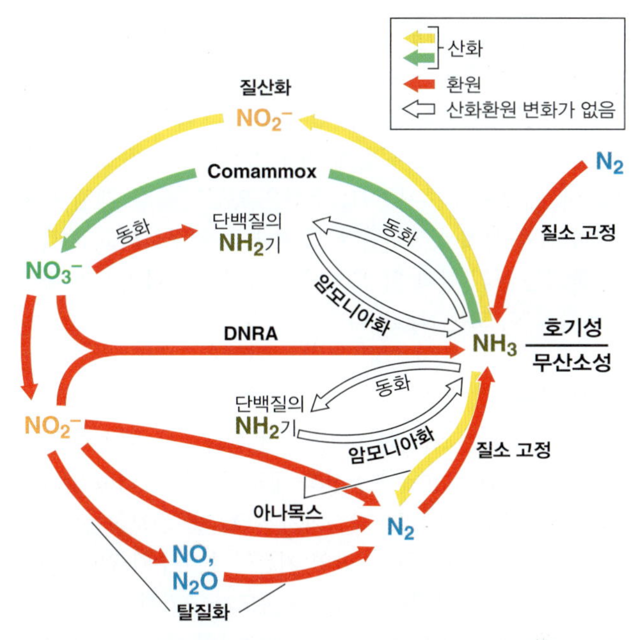

그림 21.8 질소의 산화환원 순환. 실제의 아나목스 반응은 $NH_4^+ + NO_2^- \rightarrow N_2 + 2\ H_2O$이다 (그림 14.34). DRNA, 암모니아로의 이화적 질산염 환원.

21.3 질소 순환

질소(N)는 생명의 필수적 원소이며 (3.1절) 여러 산화상태로 존재한다. 앞에서 네 가지 주요 미생물 N 전환인 질산화, 탈질화, 아나목스와 질소 고정에 대하여 설명하였다 (14장). 이것들과 몇 가지 핵심적인 N 전환이 **그림 21.8**의 산화환원 순환에서 볼 수 있다.

질소 고정과 탈질화

질소 기체(N_2)는 질소의 가장 안정한 형태이며 지구상에서 N의 주요 저장소이다. 그러나 비교적 소수의 세균과 고균만이 질소 고정(*nitrogen fixation*) ($N_2 + 8\ H \rightarrow 2\ NH_3 + H_2$) (14.6절)에 의해 N_2를 세포의 질소원으로 이용할 수 있다. 지구상에서 재순환되는 N은 대부분 이미 "고정된 N (fixed N)"이다; 즉 암모니아(NH_3)와 질산염(NO_3^-) 같은 다른 원소와 조합된 질소이다. 그러나 많은 환경에서 고정된 N의 부족한 공급은 생물학적 질소 고정에 유리한 특성을 부여하며 그런 서식지에서 질소-고정 세균이 번성한다.

혐기성 호흡에서 대체 전자수용체로서 NO_3^-의 역할에 대해 14.13절에서 설명하였다. 대부분의 조건에서 NO_3^- 환원의 마지막 산물은 N_2, 일산화질소(nitric oxide, NO), 또는 아산화질소(nitrous oxide, N_2O)이다. **탈질화(denitrification)**라 부르는 NO_3^-의 기체상 질소 화합물로의 환원 (그림 21.8)은 생물학적으로 N_2와 N_2O가 형성되는 주된 방법이다. 한편으로 탈질화는 해로운 작용인데, 예를 들어, NO_3^- 비료를 시비한 농경지가 심한 강우 후 침수되면 무산소 조건이 발달하여 탈질화가 왕성하게 일어나는데 이는 토양에서 고정된 질소를 제거한다. 반면에 탈질화는 폐수처리 (22.7절)에서 도움이 될 수 있다. 폐수 내 NO_3^-의 휘발성 형태 N으로의 전환에 의해 탈질화는 방류수 내의 고정된 N와 질산염 유입에 의해 촉발되는 조류 생장을 최소화한다.

탈질화에 의한 N_2O와 NO의 생성은 다른 환경적 결과를 가져올 수 있다. 아산화질소는 대기 중에서 광화학적으로 산화되어 NO가 될 수 있다. 일산화질소는 대기권 상층에서 오존(O_3)과 반응하여 아질산염(NO_2^-)을 형성하면 이는 아질산(HNO_2)이 되어 다시 지구로 돌아온다. 또한 N_2O는 매우 강력한 온실기체이다. 비록 N_2O 분자가 그들의 반응성 때문에 평균적으로 약 100년만 잔류하지만 질량당으로 보면 온난화에 N_2O의 기여는 CO_2의 약 300배가 된다. 이같이 탈질화는 지구 온난화, 지구 표면에 자외선 조사를 증가시키는 O_3 파괴 및 토양의 산성도를 증가시키는 산성비에 모두 기여한다. 토양 산성도의 증가는 미생물 군집 구조와 기능, 그리고 궁극적으로 토양 비옥도를 변화시킬 수 있으며 식물 다양성과 작물의 농업 생산성 모두에 영향을 미친다.

암모니아화와 암모니아 유동

아미노산이나 뉴클레오티드 같은 유기 N 화합물의 분해 도중에 암모니아가 방출되는데, 이를 암모니아화(*ammonification*)라 한다 (그림 21.8). NH_3의 생성에 기여하는 또 다른 과정은 NO_3^-의 NH_3로의 호흡성 환원으로 암모니아로의 이화적 질산염 환원(*dissimilative reduction of nitrate to ammonia*, DRNA, 그림 21.8)이라 한다. 유기물이 많은 해양 퇴적층과 인간 위장관 같이 환원물이 풍부한 환경에서 DRNA는 NO_3^-와 아질산염(NO_2^-) 환원에 우위를 차지한다. NO_3^-가 N_2O 또는 N_2로까지 환원될 때 각각 4개와 5개의 전자가 소모되는 것과 비교해서 DRNA가 8개의 전자를 소모하기 때문에 NO_3^-가 제한될 때 질산염-환원 세균이 주로 이 경로를 이용하는 것으로 생각된다.

중성 pH에서 NH_3는 암모늄 이온(NH_4^+)으로 존재한다. 토양에서 호기성 분해로 방출되는 NH_4^+의 대부분은 신속하게 재순환되어 식물과 미생물의 아미노산으로 전환된다. 그러나 NH_3가 휘발성이기 때문에 그중 일부는 휘발에 의해 알칼리성 토양에서 소실될 수 있으며, 대기로의 주된 NH_3 소실은 밀집된 동물 개체군 지역 (예, 가축 사육장)에서 일어난다. 그러나 전 지구적으로 NH_3는 대기로 방출되는 N의 불과 약 15%만을 차지하며 나머지는 주로 탈질화로부터의 N_2 또는 N_2O이다.

질산화와 아나목스

질산화(*nitrification*)는 NH_3의 NO_3^-로의 산화로서, 배수가 잘되는 호기성의 중성 pH 토양에서 질산화 세균과 고균에 의해 일어나는 주요 과정이다 (그림 21.8). 탈질화가 NO_3^-를 소모하는 데 반해 질산화는 NO_3^-를 생성한다. 만일 거름이나 하수와 같이 NH_3가 많은 물질이 토양에 가해지면 질산화 속도가 증가한다.

질산화는 일부 종이 NH_3를 NO_2^-로 산화하면 다른 종이 NO_2^-를 NO_3^-로 산화시키는 절대적인 2-단계 과정으로 오랫동안 간주되었다. 세균과 고균의 많은 종이 NH_3를 산화할 수 있지만 (14.11, 15.13, 17.5절), 현재까지 세균의 종들만이 NO_2^-를 산화하는 것으로 알려졌다. 질산화 고균의 수는 일반적으로 해양과 대부분의 육상 체제에서 질산화 세균보다 훨씬 많으며 자연에서 NH_3 산화 속도를 제어하는 것으로 생각된다. 그러나 암모니아를 질산염으로 완전히 산화하는 능력을 가진 새로운 *Nitrospira* 종이 최근 발견되었다. 비록 이 생물 (*comammox*라 불림)의 환경적 중요성이 아직 밝혀지지 않았지만 그들의 발견은 한 세기의 일반 통념을 뒤집었다.

비록 식물에 의해 쉽게 동화되지만 NO_3^-는 물에 매우 잘 녹으며 따라서 물에 잠긴 토양에서 신속하게 용출되거나 탈질화된다; 결과적으로 질산화는 식물 농업에 이롭지 않다. 반면 암모니아는 양전하를 띠기 때문에 음전하를 띤 토양에 강하게 흡착된다. 무수 NH_3는 따라서 농업 비료로 많이 사용되지만 NO_3^-로의 전환을 막기 위해 화학물질들이 NH_3에 첨가되어 질산화를 억제한다. 가장 흔한 저해제 중의 하나가 니트라피린(*nitrapyrin*, 2-chloro-6-trichloromethylpyridine)이라는 피리딘 화합물이다. 니트라피린은 특별히 질산화의 첫 번째 단계인 NH_3의 NO_2^-로의 산화를 저해한다. 그러나 이는 효과적으로 질산화 작용의 두 과정을 모두 저해하는데 두 번째 단계, $NO_2^- \rightarrow NO_3^-$가 첫 번째 단계에 의존하기 때문이다 (14.11절). 무수 NH_3에 니트라피린의 첨가는 작물 시비 효능을 크게 증가시키며 질산화 토양에서 용출된 NO_3^-에 의한 물의 오염을 예방하는 데 도움이 된다.

암모니아는 무산소 조건에서 아나목스(*anammox*)라 부르는 과정으로 산화될 수 있다. 아나목스 세균은 *Planctomycetes* (16.16절) 내에서 하나의 계통학적으로 응집된 과 (*Brocadiaceae*) 안의 5개 속 (*Brocadia*, *Kuenenia*, *Scakindua*, *Anammoxoglobus*와 *Jettenia*)에 속한다. 아나목스 세균이 아직 순수배양으로 분리되지 않았기 때문에 이 임시 분류적 상태를 가리키는 용어인 "Candidatus"가 이 속과 종의 이름 앞에 붙는다 (13.10절). 아나목스 반응에서 NH_3는 전자수용체로서 NO_2^-와 같이 혐기적으로 산화되며, 최종 산물인 N_2가 형성되어 (그림 21.8) 대기 중으로 방출된다. 비록 하수와 무산소 해양 분지와 퇴적층에서 주된 작용이지만 아나목스는 배수가 잘되는 (호기적) 토양에서는 중요하지 않다. 아나목스의 미생물학과 생화학은 14.12절에 설명되어 있다.

미니퀴즈

- 질소 고정은 무엇이며 왜 그것이 질소 순환에서 중요한가?
- 질산화와 탈질화는 어떻게 다른가? 질산화와 아나목스는 어떻게 다른가?
- 니트라피린 화합물은 농업과 환경 모두에 어떻게 도움을 주는가?

21.4 황 순환

황(S)의 다양한 산화상태와 더불어 황의 여러 전환이 자연적 (비생물적)으로도 일어나기 때문에 미생물에 의한 황 전환은 N의 그것보다 더욱 복잡하다. 화학무기영양성 S 산화와 황산염(SO_4^{2-}) 환원이 14.9, 14.14, 15.9와 15.11절에서 소개되었다. 미생물의 S 전환의 산화환원 순환은 **그림 21.9**에서 보는 바와 같다.

비록 S의 여러 산화상태가 가능하지만 −2가 (sulfhydryl, R-SH와 황화물, HS^-), 0가 (원소상 황, S^0)와 +6가 (황산염, SO_4^{2-})의 세 개만이 자연에서 중요하다. 지구상에서 S의 상당량은 퇴적층과 암석에서 황산염 광물 [주로 석고(gypsum), $CaSO_4$]과 황화 광물 [예, 황철광(pyrite), FeS_2]의 형태로 존재하지만 해양이 생물권에서 가장 중요한 SO_4^{2-}의 저장소이다. 상당량의 S이 특히 이산화황(SO_2, 기체)의 형태로 주로 화석연료 연소와 같은 인간의 활동에 의해 S 순환으로 들어온다.

황화수소와 황산염 환원

주요 휘발성 S 기체는 황화수소(H_2S)인데 세균의 황산염 환원 ($SO_4^{2-} + 8\ H^+ \rightarrow H_2S + 2\ H_2O + 2\ OH^-$) (그림 21.9)에서 생성되거나 유황천과 화산에서 방출된다. 비록 H_2S가 휘발성이지만 pH에 따라 다른 형태가 존재한다: pH 7 이하에서는 H_2S가 우점하지만, pH 7 이상에서는 비휘발성 HS^-와 S^{2-}가 우세하다. 전체적으로 H_2S, HS^-와 S^{2-}를 "황화물(sulfide)"이라 한다.

황산염-환원 세균은 크고 매우 다양한 군으로서 (14.14와 15.9절) 자연에 널리 분포한다. 그러나 담수 퇴적층과 많은 토양 같은 혐기성 서식지에서 황산염 환원은 SO_4^{2-} 가용성에 의해 제한된다. 더욱이 황산염 환원을 추진하기 위한 유기성 전자공여체 (또는 유기화합물의 발효산물인 H_2)의 필요성 때문에 상당량의 유기물이 존재하는 곳에서만 일어난다.

해양 퇴적물에서는 황산염 환원 속도가 전형적으로 탄소에 의해 제한되며 유기물 첨가에 의해 크게 증가될 수 있다. 이는 중요한데 하수 또는 쓰레기의 해양 또는 연안지역 투기가 황산염 환원을 촉

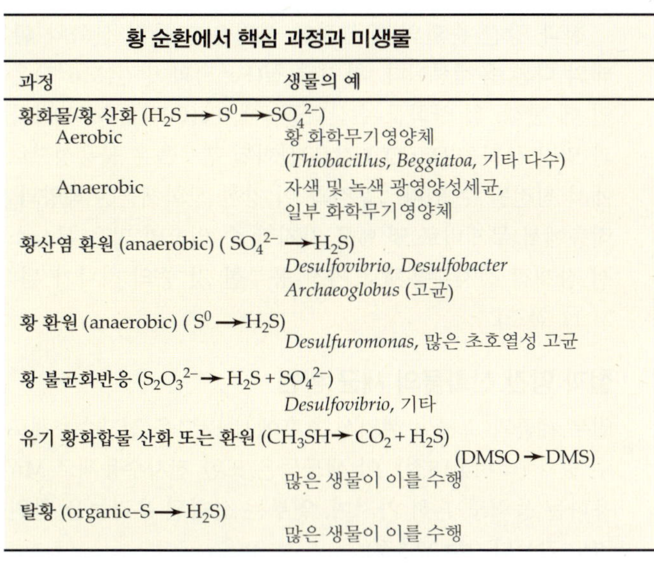

황 순환에서 핵심 과정과 미생물

과정	생물의 예
황화물/황 산화 ($H_2S \rightarrow S^0 \rightarrow SO_4^{2-}$)	
Aerobic	황 화학무기영양체 (*Thiobacillus, Beggiatoa*, 기타 다수)
Anaerobic	자색 및 녹색 광영양성세균, 일부 화학무기영양체
황산염 환원 (anaerobic) ($SO_4^{2-} \rightarrow H_2S$)	*Desulfovibrio, Desulfobacter Archaeoglobus* (고균)
황 환원 (anaerobic) ($S^0 \rightarrow H_2S$)	*Desulfuromonas*, 많은 초호열성 고균
황 불균화반응 ($S_2O_3^{2-} \rightarrow H_2S + SO_4^{2-}$)	*Desulfovibrio*, 기타
유기 황화합물 산화 또는 환원 ($CH_3SH \rightarrow CO_2 + H_2S$) (DMSO → DMS)	많은 생물이 이를 수행
탈황 (organic-S → H_2S)	많은 생물이 이를 수행

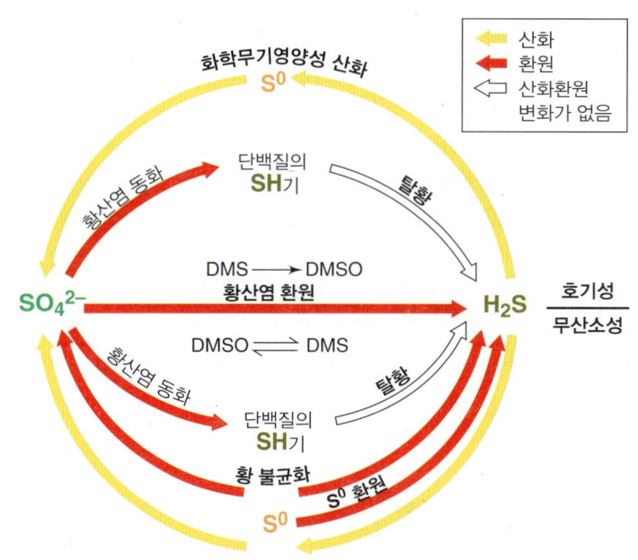

그림 21.9 황의 산화환원 순환. DMSO, dimethylsulfoxide; DMS, dimethylsulfide.

발할 수 있다. 황화수소가 많은 식물과 동물에 독성을 나타내므로 그것의 생성은 잠재적으로 해롭다; 황화물은 시토크롬의 철과 결합하여 호흡을 막기 때문에 독성을 가진다. 황화물은 흔히 자연에서 철과 결합하여 불용성 광물인 FeS (자황철광, pyrrhotite)와 FeS_2 (황철광, pyrite)를 형성하여 무독화된다. 황화물 퇴적물 또는 황산염-환원 세균배양의 검은색은 이 금속 황화광물 때문이다 (그림 15.23*g*).

황화물과 원소상 황의 산화-환원

호기성 조건 하에 황화물은 중성 pH에서 신속하게 자발적으로 산화된다. 황-산화 화학무기영양성 세균은 대부분 호기성균인데 (14.9와 15.11절) 황화물을 산화시킬 수 있다. 그러나 빠른 자발적 반응 때문에 미생물에 의한 황화물 산화는 혐기성 지역에서 발생하는 H_2S가 공기를 만나는 곳에서만 중요하게 일어난다. 빛이 있으면 광영양성 자색 및 녹색 황 세균에 의한 혐기성 황화물 산화가 일어날 수 있다 (14.3, 15.4와 15.6절).

원소상 황(S^0)은 화학적으로 안정하지만 *Thiobacillus*와 *Acidithiobacillus* 같은 황-산화 화학무기영양성 세균에 의해 쉽게 산화된다. S^0은 불용성이기 때문에 그것을 산화하는 세균은 그들의 기질을 얻기 위하여 S^0 결정에 단단히 부착해야만 한다 (그림 14.27). S^0의 산화는 황산(H_2SO_4)을 생성하고 따라서 S^0 산화는 특징적으로 환경의 pH를 낮추는데 종종 극단적으로 낮춘다. 이 때문에 소량의 S^0이 종종 알칼리성 토양에 첨가되어 pH를 낮추기 위한 저비용의 자연적 방법으로 사용되는데, 널리 분포하는 황 화학무기영양체의 산성화 작용에 의존한다.

S^0은 산화뿐만 아니라 환원될 수도 있다. S^0의 황화물로의 환원(혐기성 호흡의 한 종류)은 일부 세균과 초호열성 고균 (15.10절과 17장)의 주요 생태학적 작용이다. 비록 황산염-환원 세균도 S^0를 환원할 수 있지만 황화물 서식지에서 대부분의 S^0 환원은 SO_4^{2-} 환원을 할 수 없는 생리학적으로 특별한 황 환원세균에 의해 일어난다 (15.10절). 황 환원세균의 서식지는 일반적으로 황산염 환원세균과 같기 때문에 생태학적 관점에서 두 종류는 그들의 H_2S 형성에 의해 통합된 대사적 길드를 형성한다.

유기 황화합물

무기(*inorganic*) 황 종류 외에 여러 유기(*organic*) 황화합물들도 자연에서 순환된다. 많은 이 악취 화합물들은 휘발성이 높으며 따라서 대기로 유입될 수 있다. 자연에서 가장 많은 유기 황화합물은 디메틸설파이드(*dimethyl sulfide*, $CH_3—S—CH_3$)이다; 이것은 주로 해양환경에서 해양조류의 주요 삼투조절 용질인 dimethylsulfoniopropionate의 분해산물로 생성된다 (5.13절). 이 화합물은 미생물에 의해 탄소와 에너지원으로 사용될 수 있으며 디메틸설파이드(dimethyl sulfide, $CH_3—S—CH_3$)와 acrylate ($CH_2 = CHCOO^-$)로 분해되는데 후자는 지방산 프로피온산염의 유도체로서 생장 기질로 사용된다.

대기로 방출된 디메틸설파이드는 광화학적 산화에 의해 methanesulfonate (CH_3SO_3), SO_2와 SO_4^{2-}로 전환된다. 반면에 무산소 서식지에서 생성된 $CH_3—S—CH_3$는 미생물적으로 적어도 세 가지 방법으로 전환될 수 있다: (1) 메탄생성에 의해 (CH_4와 H_2S 생성), (2) 광영양성 자색 세균에서 광합성 CO_2 고정을 위한 전자공여체로서 [dimethyl sulfoxide (DMSO) 생성], (3) 특정 화학유기영양체와 화학무기영양체의 에너지대사에서 전자공여체로서 (DMSO 생성). DMSO는 혐기성 호흡을 위한 전자수용체가 될 수 있으며 (14.15절), $CH_3—S—CH_3$를 생성한다. 많은 다른 유기 S 화합물들도 전 지구적 황 순환에 영향을 미치는데 methanethiol (CH_3SH), dimethyl disulfide ($H_3C—S—S—CH_3$)와 이황화탄소 (carbon disulfide, CS_2)가 포함되지만 전 지구적 차원에서 $CH_3—S—CH_3$가 가장 중요하다.

미니퀴즈

- H_2S는 황산염-환원 세균의 기질인가 아니면 산물인가? 화학무기영양성 황 세균의 기질인가 아니면 산물인가?
- 세균의 황 산화는 왜 pH를 낮추는가?
- 자연에서 어떤 유기 황화합물이 가장 풍부한가?

II • 기타 영양물질 순환

이 장의 II부에서는 미생물 전환이 주요 지구적 중요성을 가진 금속, 특히 철과 망간, 및 일부 비금속의 미생물과의 상호작용을 소개한다.

21.5 철과 망간 순환

철(Fe)은 지구의 지각에 가장 풍부한 원소 중의 하나이다. 지구 표면에서 철은 자연적으로 제1철 [ferrous, Fe^{2+} 또는 Fe(II)]과 제2철 [ferric, Fe^{3+} 또는 Fe(III)]의 두 가지 산화 상태로 존재한다. 제3의 산화상태인 Fe^0은 지구의 핵에 많으며 무쇠를 만들기 위한 철광석의 제련에서와 같이 인간 활동에 의한 주요 산물이다.

자연에서 철은 주로 Fe^{2+}와 Fe^{3+} 형태 사이를 순환하며, 이 산화환원 전환은 1-전자 산화와 환원이다. 제2철의 환원은 화학적으로 그리고 혐기성 호흡의 형태로 모두 일어나며, Fe^{2+}의 산화는 화학적으로 그리고 화학무기영양성 대사의 형태로 일어난다 (**그림 21.10**). 망간(Mn)은 비록 지표 근처 환경에서 Fe보다 1/5~1/10 낮은 수준으로 존재하지만, 미생물학적 중요성을 가진 또 다른 산화환원 반응이 활발한 금속으로 주로 2개의 산화 상태로 존재한다 (Mn^{2+}와 Mn^{4+}, 그림 21.11 참조).

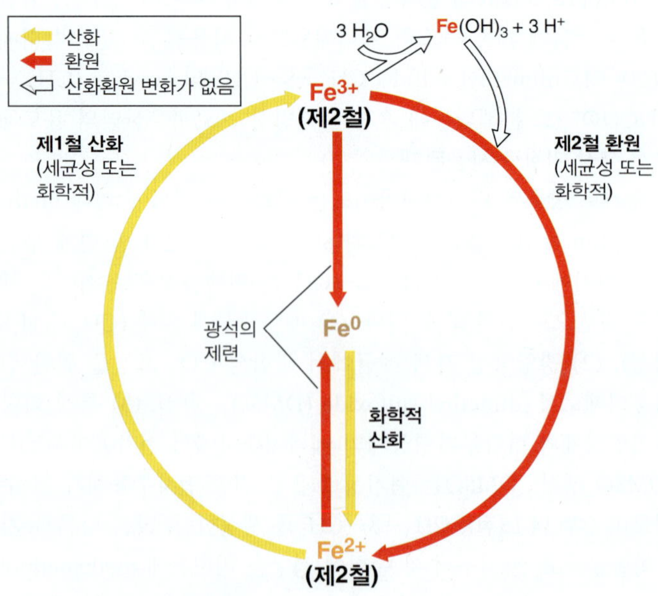

그림 21.10 철의 산화환원 순환. 자연에서 철의 주요 형태들은 Fe^{2+}와 Fe^{3+}이며 Fe^0는 주로 철광석 제련의 산물이다. Fe^{3+}는 수산화철 $Fe(OH)_3$ 같은 다양한 광물을 형성한다.

철과 망간 순환의 핵심적인 성질은 그들의 산화와 환원된 형태의 다른 용해성이다. 환원된 철(Fe^{2+})과 망간(Mn^{2+})은 수용성인 데 반해, 철 산화물-수산화물 [예, $Fe(OH)_3$, FeOOH와 Fe_2O_3]과 망간 산화물 (MnO_2) 같은 산화된 광물들은 불용성으로 수환경에서 침전될 수 있다. 그 결과 이 강한 산화제들은 해양과 담수 퇴적층에서 무게비로 몇 %를 차지할 수 있으며 많은 무산소 체제에서 잠재적 전자수용체로 가장 풍부한 것 중의 하나가 된다 (그림 21.11 참조).

철과 망간 산화물의 세균 환원

일부 세균과 고균이 혐기성 호흡에서 Fe^{3+}을 전자수용체로 이용할 수 있다 (14.15절). 이 생물들은 또한 전자수용체로 Mn^{4+}를 이용하는 능력도 흔히 가지며, 일부는 산화된 우라늄을 환원하는 능력도 갖는다 (22.3절).

제2철과 망간 산화물의 환원은 침수된 토양, 습지와 무산소 호수 퇴적층에서 흔히 일어난다 (**그림 21.11**). 예를 들어, 용해된 환원된 철과 망간이 퇴적층의 무산소 지역으로부터의 확산을 통해 호기성 지역에 도달하면 그들은 화학적으로 [예, $Fe^{2+} + \frac{1}{4}O_2 + 2\frac{1}{2}H_2O \rightarrow Fe(OH)_3 + 2\ H^+$] 또는 미생물학적으로 산화된다 (그림 21.10). Fe^{2+}의 화학적 산화는 중성 pH 근처에서 매우 빠르다. 비록 Mn^{2+}의 자발적 산화는 중성 pH에서 매우 느리지만 산화 속도는 다양한 망간-산화 세균과 심지어 진균에 의해 10만 배까지 증가될 수 있다. 산화된 금속 산화물과 수산화물은 침전하여 퇴적층으로 산화된 금속을 되돌리면, 거기에서 다시 전자수용체로 작용할 수 있어 순환이 완성된다.

산화된 철(Fe^{3+})과 망간(Mn^{4+})은 화학적으로 반응성이 매우 높다. 인산염은 불용성 인산 제2철 침전물로 포집된다. Mn^{4+} 산화물에 의한 난분해성 유기화합물의 화학적 산화는 미생물 생장

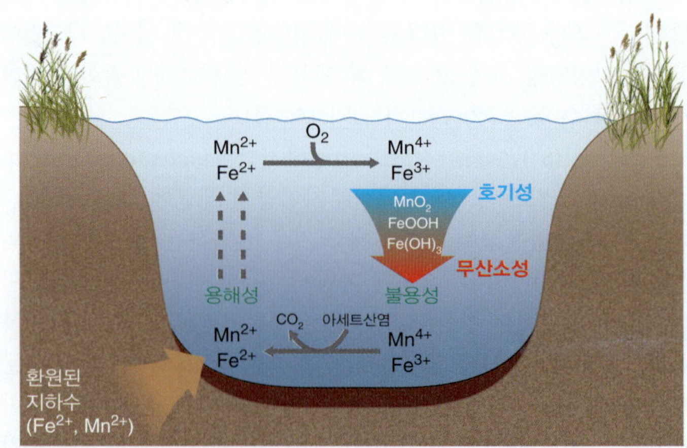

그림 21.11 전형적인 담수체제에서 철과 망간의 산화환원 순환. 퇴적층에서 철과 망간 산화물은 금속-환원 세균에 의해 전자수용체로 이용된다. 그 결과물인 환원된 형태는 수용성으로 퇴적층이나 수층의 호기성 지역으로 확산되어, 그곳에서 미생물적으로 또는 화학적으로 산화된다. 불용성의 산화된 금속의 침전은 다시 금속을 퇴적층으로 되돌려 산화환원 순환을 완성시킨다.

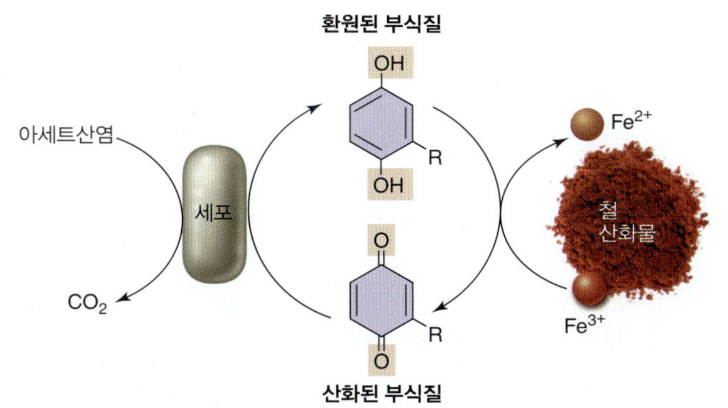

그림 21.12 미생물 금속 환원에서 전자 운반체로서 부식질 내 부식물질의 역할. 부식질 내 퀴논-유사 작용기가 아세트산-산화 세균에 의해 환원된다. 이 환원된 부식질이 금속 산화물에 전자를 제공하면 환원된 수용성 철(Fe^{2+})과 산화된 부식질이 방출된다. 이 순환은 산화된 부식질이 세균에 의해 다시 환원됨에 따라 지속된다.

을 위한 보다 가용한 탄소원을 제공할 수 있다. 다른 금속 [예, 구리(Cu), 카드뮴(Cd), 코발트(Co), 납(Pb), 비소(As)]은 철 및 망간 산화물과 불용성 복합물을 형성한다. 이 산화물들이 그 후 환원될 때 결합된 인산염과 금속이 이 금속의 용해성 형태와 더불어 방출된다.

최근 철과 망간 산화물과 반응하는 *Geobacter* 같은 세균의 세포 표면과 부속지가 전기 전도성이 있어 미생물 서식지 주위로 전자를 이동시키는 "나노선(nanowire)"으로 작용하는 것이 알려졌다. 이 전자의 이동은 전기의 형태이며 이 과정은 궁극적으로 전력 생산을 위해 상업적으로 활용될 수 있다 (미생물 세계 탐구, "미생물 발전" 참조). 부식질 (21.1절)도 미생물 금속 환원을 촉진시킬 수 있다. 부식질의 일부 구성성분이 산화형과 환원형 사이에서 전환될 수 있기 때문에 그들은 세균으로부터의 전자를 철과 망간 산화물의 환원으로 전자를 운반하는 작용을 할 수 있다 (**그림 21.12**).

환원된 철과 망간의 미생물 산화

중성 pH에서 제1철(Fe^{2+})은 호기성 환경에서 무생물적으로 빠르게 산화된다. 반면에 산성 pH (pH <4)에서 Fe^{2+}는 자발적으로 산화되지 못한다. 따라서 철의 미생물 산화에 대한 많은 연구는 산성의 제1철이 풍부한 서식지에 초점을 맞추는데 그곳에서 호산성 화학무기영양체인 *Acidithiobacillus ferrooxidans*와 *Leptospirillum ferrooxidans*가 Fe^{2+}를 Fe^{3+}로 산화한다 (**그림 21.13**).

Fe^{2+}의 Fe^{3+}로의 산화는 하나의 전자만을 생성하여 매우 적은 에너지가 보전될 수 있으므로 (14.10과 15.15절) 이들 세균이 생장을 위해 많은 양의 Fe^{2+}를 산화해야만 한다. 그런 환경에서 심지어 비교적 작은 세포의 개체군도 많은 양의 철 광물을 침전시킬 수 있다. 비록 O_2가 가장 환경적으로 중요한 전자수용체이지만, Fe^{2+} 산화는 일부 혐기성 미생물에 의한 NO_3^- 환원과 연계될 수도 있으며 (14.10과 15.15절), 일부 산소비발생형 광영양체 (14.10, 15.2와 15.5절)를 위한 광합성에서 전자공여체로 작용

그림 21.13 제1철 (Fe^{2+})의 산화. 스페인 Rio Tinto에서 자라는 미생물 매트. 매트는 호산성 녹조류 (진핵생물)와 다양한 철-산화 화학무기영양성 세균으로 구성된다. Rio Tinto는 pH가 약 2이며 특히 Fe^{2+} 같은 용존 금속을 많이 함유하고 있다. 적갈색 침전은 $Fe(OH)_3$와 기타 제2철 광물을 포함한다.

할 수 있다. 심지어 비록 Mn^{2+}의 Mn^{4+}로의 산화가 또한 잠재적으로 생장을 위한 에너지를 낼 수 있고 많은 미생물들이 Mn^{2+} 산화를 촉매하지만, 아직 어떤 생물도 환원된 망간의 산화로부터 에너지를 얻는 것이 확인된 바가 없다.

환원된 철의 비생물적 산화가 중성 pH 근처에서 빠르기 때문에 비산성 환경에 사는 철-산화 세균은 제1철이 풍부한 물이 산소가 있는 물에 들어오는 매우 좁은 산화환원 지역에 국한된다 (그림 21.11). 이 미호기성 서식지는 담수와 연안 퇴적층, 느리게 흐르는 하천, 샘과 열수분출공으로부터의 제1철이 풍부한 물을 포함한다 (**그림 21.14**). 예를 들어, 제1철이 풍부한 지하수가 공기에 노출될 때 이 두 지역의 경계에서 Fe^{2+}가 *Leptothrix*와 *Gallionella* (그림 21.14*b*, *c*, *d*; 14.10과 15.15절) 같은 철-산화 세균에 의해 산화될 수 있다. 이같이 그들의 생리학은 낮은 수준의 O_2와 높은 수준의 환원된 금속이 있는 좁은 환경 내에서 그들이 위치해야 하는 것을 요구한다. 그러나 어떻게 이 생물들이 그런 좁은 범위의 비생물적 조건 내의 위치를 확보하고 유지하는지 아직 잘 알려지지 않았지만 철 산화생물들에 전형적으로 존재하는 협막과 자루 구조가 그들의 적절한 위치선정을 도울 수 있다 (그림 21.14*b*, *d*, *f*; 그림 15.36과 15.58).

앞에서 본 바와 같이 불용성 금속 산화물을 환원하는 생물은 전기 전도성 선모나 세포-표면-연관 시토크롬 같은 전자 전달을 위한 세포외 전도체를 이용할 수 있다. 그러나 유사한 문제가 금속을 산화하는 생물에도 존재한다: 불용성 금속 산화물들은 금속 산화의 산물이며 생물들은 이 불용성 산화물이 세포의 밖에 축적되게 해야만 한다. 따라서 Fe^{2+}나 Mn^{2+}를 산화하는 생물들은 금속이 세포질 밖에서 산화되게 하는 표면-연관 전자 전달 단백질을 이용한다. 시토크롬은 철 환원과 철 산화에 모두 관여하며, 금속-산화

미생물 발전

세균은 사용하는 전자수용체에 관계없이 그들이 호흡할 때 전기를 생성하는 산화와 환원을 수행한다. 그들이 유기 또는 무기 전자공여체를 산화하고, 전자전달 도중, 양성자로부터 전자를 분리시킬 때 이것이 일어난다. 전자는 결국 일부 전자수용체를 환원시키고 양성자가 양성자 동력을 발생한다.

어떤 형태의 호흡에서든 전자 방출이 에너지 보전을 위해 필요하다. 산소(O_2), 질산염(NO_3^-), 또는 세균들에 의해 전자수용체로 이용되는 많은 다른 수용성 물질 (14.13~14.17절)이 전자수용체일 때 최종 산물이 세포로부터 확산된다. 세균 *Geobacter sulfurreducens* (**그림 1*a***)를 포함하는 많은 세균들이 무산소 조건에서 전자수용체로 제2철(Fe^{3+})을 환원시킨다. 그러나 수용성 전자수용체와 달리 Fe^{3+}은 전형적으로 자연에서 철 산화물 같은 불용성 광물로 존재하며 (그림 21.12) 따라서 Fe^{3+}의 환원은 세포 외부에서 일어난다. 그런 조건 하에 제2철은 전기적 양극(anode)으로 작용하고 세균 세포는 전자공여체로부터 양극으로 전자의 이동을 촉진한다.[1]

*Geobacter*가 전자를 받거나 줄 수 있는 불용성 물질과 직접적인 전기적 연결을 형성하는 것으로 보고되었다. 전자 전달은 일반적으로 10~20 μm의 선모 길이에 따라 위치한 시토크롬을 포함한다 (그림 15.35*c*). 이 전기 전도성 구조는 가정의 전기 회로에서 구리선처럼 전기 나노선으로 작용한다. 전도성 구조로서 나노선은 전자를 주거나 받는 불용성 물질과 직접적인 전기 연결을 형성할 수 있거나 또는 나노선이 세포 간의 연결을 형성할 수 있다. 이런 방식으로 유기 전자공여체 또는 H_2의 산화로부터 *Geobacter*에 의해 공급된 전자는 적당한 수용체로 전달될 수 있다.

놀랍게도 세균 전자 전달은 세균 자체보다 훨씬 큰 비교적 큰 공간적 거리에서도 일어날 수 있다. 예를 들어, 무산소 해양 퇴적층 내 황화수소 (H_2S; 황화물은 황산염-환원 세균의 산물임) 산화에 대한 미세센서 연구 (19.9절)에서, 깊은 퇴적층 내 H_2S의 산화는 전자를 방출하여 약 2.5 cm 떨어진 퇴적층 물 경계면에서 O_2를 환원시키는 것을 나타내었다 (**그림 1*c***). 퇴적층에서 전기 전도체는 황산염-환원 세균의 *Desulfobulbaceae*과 (15.9절)에 속하는 필라멘트형 세균이다 (**그림 1*b***). 비록 계통학적으로 황산염 환원생물(*sulfate reducers*)에 속하지만 이 필라멘트형 세균은 실제로는 O_2를 최종 전자수용체로 사용하여 황화물 산화생물(*sulfide oxidizers*)로 작용한다.[2]

필라멘트형 세균 세포의 표면은 그 전체 길이를 따라 돋은 부분이 존재한다. 현미경적으로 이 돋은 부분은 전선처럼 보이는데 각 미생물 필라멘트는 필라멘트의 길이를 따라 이어진 폭 400~700 nm의 15~17개 구조에 의해 둘러싸여 있다 (**그림 1*b***). 이 구조들은 필라멘트의 한쪽 끝에서 산화된 황화물로부터 필라멘트의 다른 쪽 끝의 퇴적물 표면 근처에서 O_2의 환원으로 전자의 전달에 관여한다. 비록 *Geobacter* 나노선을 연상시키지만 그런 먼 거리에 걸친 전자 전달을 위한 방법은 아직 알려지지 않았다.

자연에서 세균 세포 간의 전기적 통신은 무산소 서식지에서 미생물 대사로부터 생성된 전자가 호기성 지역으로 전달되는 주요 방식이 될 수 있다. 더욱이 혐기성 환경에서 독성물질과 폐기 탄소화합물을 산화시키고 그 결과로 나오는 전자가 전력 생산을 할 수 있는 미생물 "연료 전지(fuel cell)"의 형태로 미생물 전기가 활용될 수 있다는 것을 이 작용의 미생물학에 대한 연구가 가리키고 있다. 그런 계획에서 세균은 전자공여체로부터 인공 양극으로 전자의 직접적 전달을 위한 촉매로서 이용될 수 있으며 그 결과인 전류를 인간의 에너지 수요의 일부로 공급할 수 있다.

[1]Lovley, D.R. 2006. Bug juice: Harvesting electricity with microorganisms. *Nat. Rev. Microbiol. 4:* 497–508.
[2]Pfeffer, C., et al. 2012. Filamentous bacteria transport electrons over centimetre distances. *Nature 491:* 218–221.

*Gallionella*와 *Sideroxydans* 종의 유전체들은 주변세포질 *c*-형 시토크롬을 암호화하는 유전자들을 가지고 있는데, 그것은 *Shewanella*에서 금속 산화물을 환원하는 것으로 알려진 단백질을 암호화하는 것과 유사하여, 세포외 금속의 환원과 산화 모두에 기계론적으로 유사한 전자 전달 경로가 사용되는 것을 암시한다.

비록 유사한 전자 전달 방법의 공유가 가능해도 금속-산화 세균은 그들의 대사가 곧 세포를 철 산화물이 둘러쌀 수 있는 또 다른 문제에 부닥친다. 이의 방지를 위해 금속 산화생물은 금속 산화물을 포집하는 세포외 유기물을 생성하여 그것을 세포로부터 떨어진 곳에 축적한다. *Gallionella* 같은 일부 금속 산화생물은 세포로부터 뻗어 나온 유기성 자루를 만들어 금속 산화물이 그것을 뒤덮는다 (그림 21.14*d*; 그림 15.36도 참조). 또 다른 방법이 *Leptothrix* 종에 의해 이용되는데 이 세균은 금속 산화물로 뒤덮인 세포를 둘러싸는 유기성 협막을 만든다 (그림 21.14*b*와 그림 15.58). 이 경우 세포는 금속 산화물을 남기고 협막 밖으로 나올 수 있다.

비록 모든 금속 산화생물이 그런 형태적으로 분명한 구조를 만들지는 않지만 전부가 아니라도 대부분의 금속 산화생물이 그들의 에너지 대사의 불용성 산물을 격리하기 위해 어떤 형태의 세포외 유기물을 만들게 하는 것으로 생각된다. 또한 금속 산화물 내로 이 유기물을 넣는 것이 광물 자체의 물리적 및 화학적 성질을 변형하는 것으로 여겨진다.

미니퀴즈

- 광물 $Fe(OH)_3$와 FeS에서 Fe의 산화상태는 각각 어떠한가? $Fe(OH)_3$는 어떻게 형성되는가?
- 호기성 조건에서 생물학적 Fe^{2+} 산화가 왜 주로 산성 pH에서 일어나는가?
- 많은 철 산화생물에서 왜 분비된 유기물이 중요한가?

21.6 인, 칼슘 및 규소 순환

많은 다른 화학 원소들에서도 미생물 순환이 일어나며 여기에서는 세 가지 핵심 원소인 인(P), 칼슘(Ca)과 규소(Si)에 대해 소개한다.

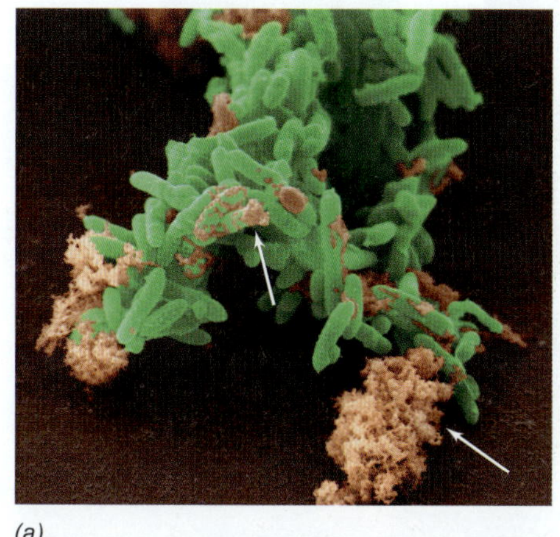

(a)

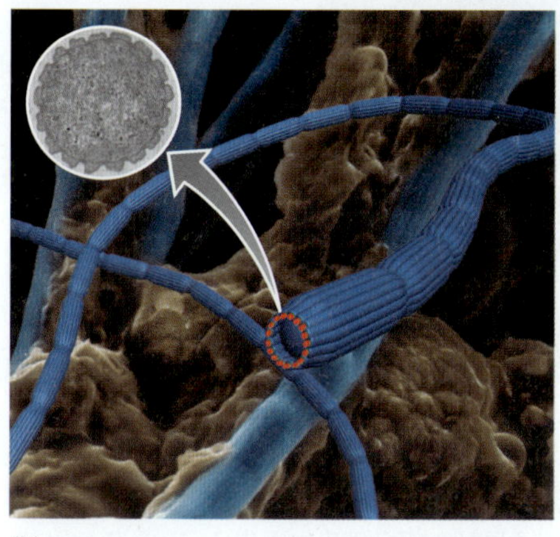

(b)

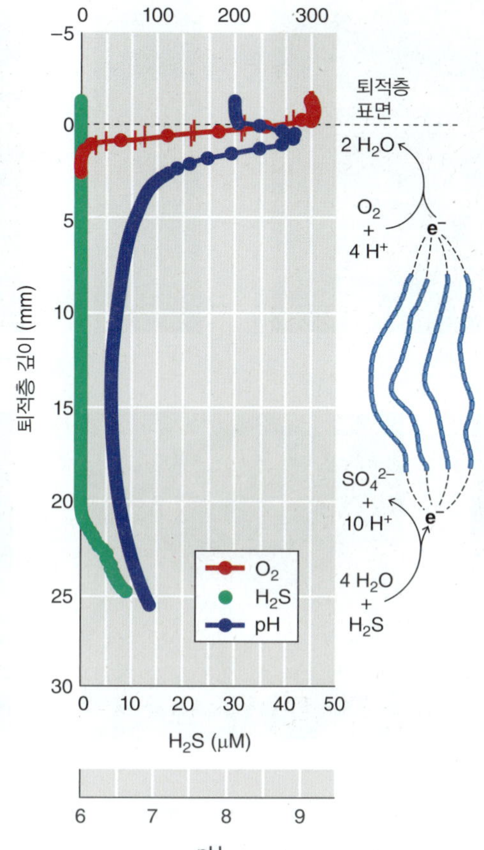

(c)

그림 1 *(a)* 제2철 침전물 (화살표)에 부착된 *Geobacter* 세포가 Fe^{3+}를 Fe^{2+}로 환원시킨다. *(b)* 전선 연결된 필라멘트형 황화물-산화생물의 3차원 구조이며 삽도는 세포 주변을 둘러싼 추정상의 전기 전도성 필라멘트의 단면을 나타내는 투과 전자현미경 사진이다. *(c)* 전선 연결된 필라멘트형 세균에 의해 집락화된 퇴적층의 미세센서 단면 개요인데 황화물 산화와 산소 환원이 일어나는 깊이의 넓은 분리를 보여준다. 이 개요는 다음과 같이 설명된다: 산소(O_2)는 퇴적층 상부 지역에서 세균 호흡에 의해 신속하게 소모되는 반면 무산소 지역에서 생성되는 H_2S는 퇴적층 깊은 곳에서만 축적된다. 이 pH는 퇴적층에서 더욱 산성인데 황화물 산화가 양성자를 생성하기 때문이다. O_2가 퇴적층 표면 근처에서 소모됨에 따라 양성자 또한 소모되며 pH가 올라간다.

이 원소들의 순환은 수환경 특히 Ca와 Si의 주요 저장소인 해양에서 중요한데, 해수에서 막대한 양의 Ca와 Si가 특정 미생물의 외골격으로 들어간다. 그러나 C, N 및 S 순환과 달리 P, Ca와 Si 순환에서는 산화환원 변화 또는 빠져 나가 지구 대기에서 화학적 특성을 바꾸는 기체 형태가 없으며, 불과 최근에 생지화학적으로 중요한 인의 다른 산화환원 상태가 발견되었다. 그러나 앞으로 보게 되듯이 이 순환들, 특히 Ca의 균형을 맞추는 것은 지속가능한 지구상의 생명의 유지에 중요하다.

인

인은 자연에서 주로 유기와 무기 인산염(phosphate)의 형태로 존재한다. 인 저장소는 암석 내 인산염-함유 광물, 담수와 해수 내 용존 인산염, 그리고 살아 있는 생물의 핵산과 인지질을 포함한다. 비록 P는 여러 산화 상태를 갖지만 대부분의 환경 인산염은 +5가 산화 상태이다 (예, 무기 인산염 HPO_4^{2-}). 자연에서 P는 살아 있는 생물 (세포성 P로), 물과 토양 (무기성과 유기성 P로)과 지구의 지각 (무기성 P로)을 통해 순환한다. 암석 풍화로부터 P를 받는 담수에서 전형적으로 P는 광합성의 제한 영양물질이다.

해양에서 용존 P의 일부는 유기성으로 인산염 에스테르와 포스폰산염(*phosphonate*)의 형태이다. 포스폰산염은 P와 C 원자 사이의 직접적인 결합을 포함하는 유기인산염 화합물이다. 이 형태에서 P 원자는 인산염에서보다 (+5 산화 상태) 환원되었다 (+3 산화 상태). 포스폰산염은 특정 미생물에 의해 생성되며 자연에서 유기성 P 저장소의 약 1/4을 차지한다. 많은 생물에서 포스폰산염은 HPO_4^{2-} 보다 덜 이용되는 P 공급원인데 생물들이 그것을 분해하는데 요구되는 효소가 없기 때문이다. 그런 생물은 충분한 P가 포스폰산염으로 존재하더라도 P로 제한될 수 있다.

포스폰산염과 환원된 형태의 P-아인산염(phosphite, $H_2PO_3^-$, +3 산화 상태)과 차아인산염(hypophosphite, $H_2PO_2^-$, +1 산화 상태)은 생산자와 소비자에 의해 해양 환경에서 신속하게 순환된다. 이 이전에 알려지지 않았던 P-순환은 P-고갈된 환경에 살고 인의 이런 대체 형태를 만들거나 소비하는 능력을 가진 생물에게 지

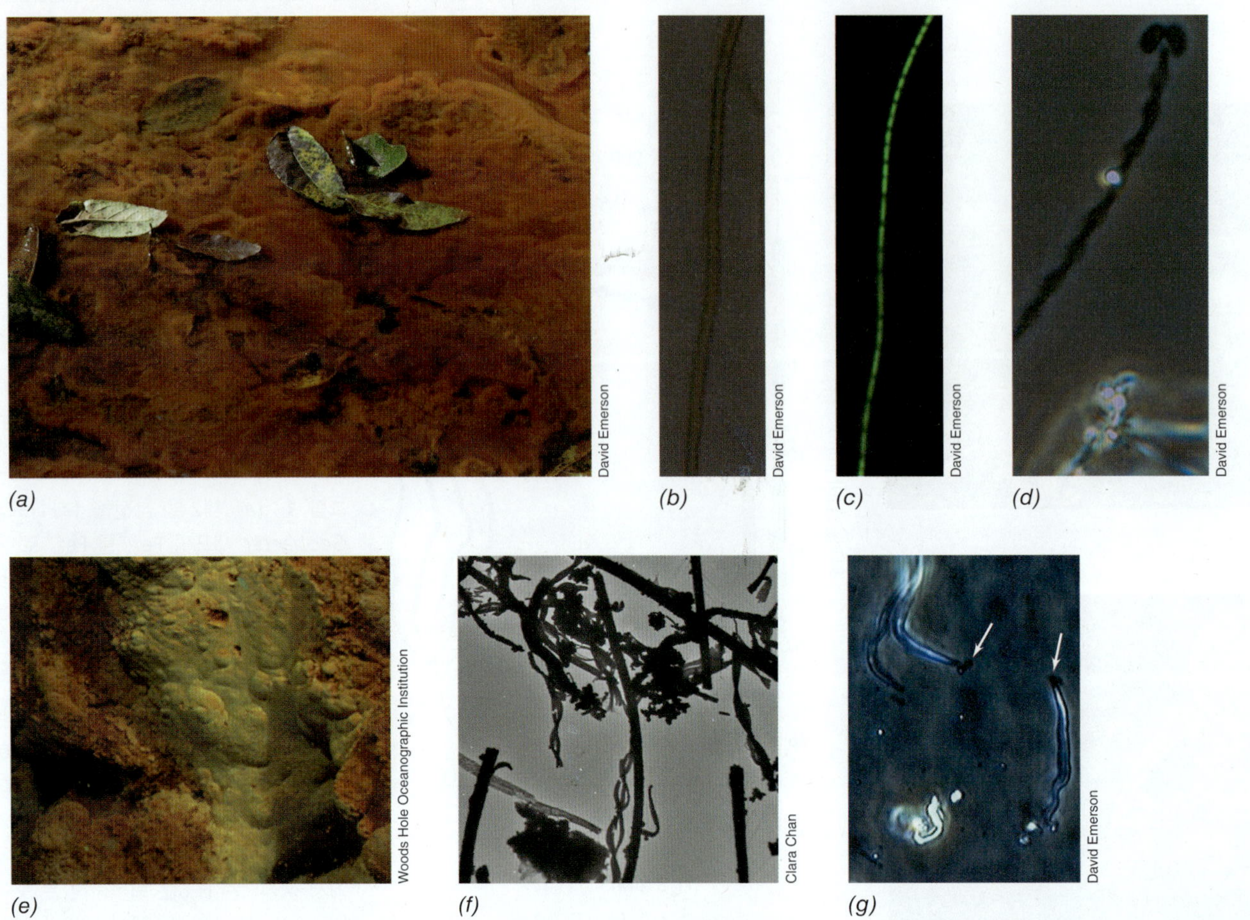

그림 21.14 Fe-산화 미생물 매트. *(a)* Fe^{2+}가 풍부한 지하수가 산소가 많은 지표수와 섞이는 천천히 흐르는 하천 내 담수 미생물 매트로, Fe^{2+}-산화 세균의 생장을 촉발시켜 철 산화물이 침전된다. *(b~d)* Fe-산화 세균. *(b, c)* 협막을 형성하는 Fe-산화 *Leptothrix ochracea*의 위상차 및 표면형광현미경 사진 (협막의 폭은 약 2 μm임). *(d)* 자루를 형성하는 Fe^{2+}-산화 *Gallionella ferruginea*가 세포분열 과정에서 철 산화물로 둘러싸인 자루 끝에 콩 모양의 세포를 형성한다 (각 콩 모양 세포는 길이가 약 2 μm임). *(e)* Lō'ihi 해저산의 심해 열수분출공 (1000미터 깊이)에서 철-산화 메트. *(f)* Lō'ihi에서 생성된 생물기원의 산화물의 투과전자현미경 사진으로 다양한 나선형 자루와 관상 필라멘트를 주목하라 (필라멘트는 폭이 2~4 μm로 다양함). *(g)* Lō'ihi에서 채취한 철 산화물 필라멘트 끝에서 자라는 해양 Fe^{2+}-산화생물의 실험실 배양의 위상차현미경 사진 (필라멘트는 폭이 약 2 μm임).

금은 중요한 것으로 생각되고 있다. 왜 해양 생물이 이 환원된 인 종류들을 이렇게 많이 만드는지 아직 알려지지 않았다. 그러나 일부 해양 미생물이 메틸포스폰산염을 생성한다는 사실은 또 다른 대사적 수수께끼를 풀게 할 수도 있다. 일부 해양 미생물에 의한 메틸포스폰산염($CH_4O_3P^-$)의 분해는 메탄을 방출하는 과정인데 해양의 산소가 많은 표층수에서 높은 CH_4 수준이 관찰되는 이전에는 불가해한 현상을 설명할 수 있다 (메탄생성 고균은 절대 혐기성 생물임; 17.2절).

칼슘

지구에서 칼슘(Ca)의 주요 저장소는 석회질 암석과 해양이다. 용존성 Ca이 Ca^{2+}로 존재하는 해양에서 해수 내 Ca^{2+} 농도가 비록 약 10 mM로 일정하지만, 칼슘 순환은 매우 역동적이다. 여러 해양 광영양성 진핵미생물이 Ca^{2+}을 흡수해서 그들의 석회질 외골격을 형성한다; 이들에는 석회비늘편모류(*coccolithophore*)와 유공충(*foraminifera*)이 포함된다 (**그림 21.15**; 18.6절). 이 플랑크톤성 광영양체의 칼슘-순환 활성은 탄소 순환의 무기성 구성요소들과도 밀접하게 연계되어 있다.

석회질 식물플랑크톤의 외피를 형성하기 위한 탄산칼슘($CaCO_3$)의 침전은 해양 표층수로 CO_2 유입 및 해양 심층수와 퇴적층으로 무기 C의 이동 모두를 제어한다. 더욱이 $CaCO_3$의 형성은 표층 용존 중탄산염(HCO_3^-)을 고갈시키고 용존 CO_2의 수준을 증가시킨다 (그림 21.15*c*). 후자는 표층 해수로 대기 CO_2의 유입을 감소시키며 이는 해양의 약알칼리성 pH 유지에 도움을 준다. 이들 석회질 생물이 죽어 퇴적층으로 가라앉을 때 무기와 유기 C 및 Ca^{2+}는 깊은 바다로 이동되어 거기에서 장기간에 걸쳐 천천히 방출된다.

$CaCO_3$ 외골격의 형성은 Ca^{2+}와 C 사이의 섬세한 균형에 작용하며 대기의 CO_2 수준의 변화에 민감하다. 이는 대기 중 CO_2의 증가된 수준이 탄산(H_2CO_3)의 형성을 증가시키고 탄산이 해리되

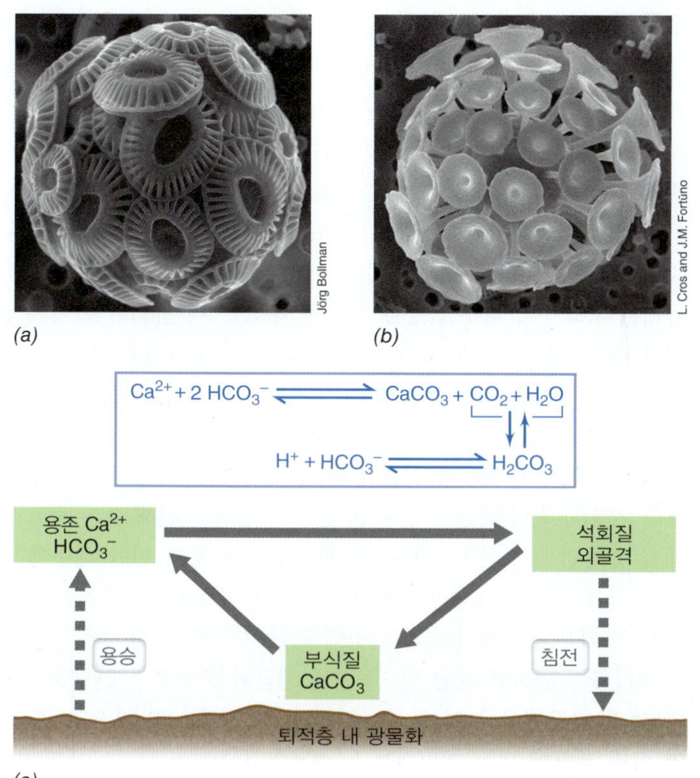

그림 21.15 해양 칼슘(Ca) 순환. 석회질 플랑크톤 *(a) Emiliania huxleyi*와 *(b) Discophaera tubifera* 세포의 주사전자현미경. 이 석회비늘편모류의 외골격은 탄산칼슘($CaCO_3$)으로 구성된다. *Emiliania*의 세포는 폭이 약 8 μm이며 *Discophaera*의 세포는 폭이 약 12 μm이다. *(c)* 해양 칼슘 순환; Ca^{2+}의 역동적인 저장소는 녹색으로 표시된 곳이다. 부식질 $CaCO_3$는 배설물 덩어리와 기타 죽은 생물로부터의 유기물이다. H_2CO_3가 용해될 때 H^+와 HCO_3^-를 형성하여 H_2CO_3 형성물이 어떻게 해양 pH를 감소시키는지 주목하라.

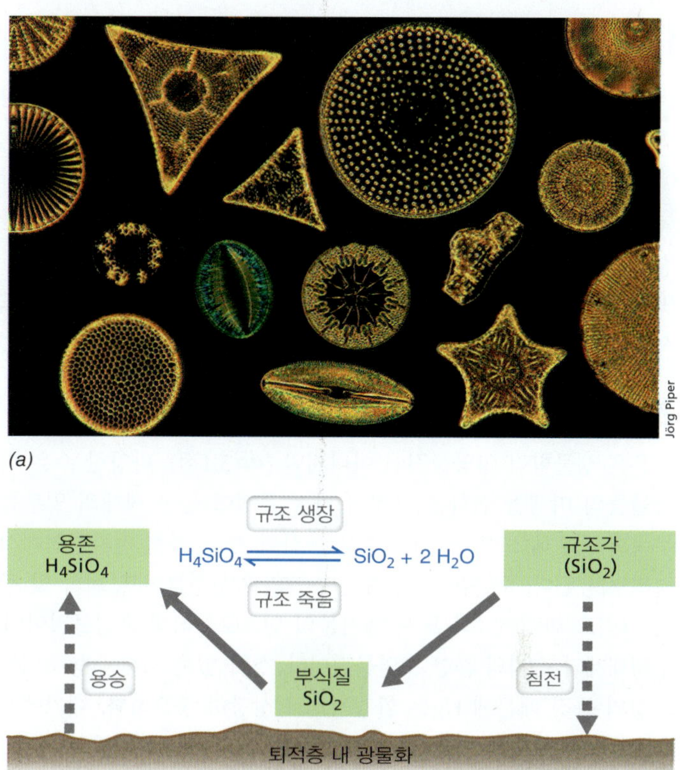

그림 21.16 해양 규소 순환. *(a)* 규조 껍질 (규조각)의 암시야현미경 사진. 규조각은 SiO_2로 만들어진다. *(b)* 해양 규소 순환에서 Si의 역동적인 저장소는 녹색으로 표시되어 있다.

어 HCO_3^-와 H^+를 형성하면 $CaCO_3$이 녹고 해수 pH가 감소하기 때문이다 (그림 21.15*c*). 대기 CO_2의 증가로 인해 더 높아진 해양 산성도는 석회질 외피의 형성 속도를 감소시킬 것으로 예측되며, 이는 다른 미생물 영양물질 순환 및 식물과 동물 군집에 영향을 미칠 것이다 (21.8절).

규소

해양 Si 순환은 규조각(*frustule*)이라는 정교한 외부 세포골격을 형성하는 단세포성 진핵생물들 [규조(diatom), 규질편모류(silicoflagellate)와 방산충(radiolarian)]에 의해 주로 제어된다 (**그림 21.16*a***) (18.5와 18.6절). 이 구조들은 석회비늘편모류에서처럼 $CaCO_3$가 아닌 오팔(opal, SiO_2)인데 그 형성이 세포에 의한 용존 규산(silicic acid)의 흡수로 시작된다 (그림 21.16*b*).

규조는 빠르게 자라는 광영양성 진핵생물이며 연안과 원양 해수에서 식물플랑크톤의 대발생 때 흔히 우점한다. 그러나 다른 주요 식물플랑크톤 종류와 달리 규조는 Si를 요구하며 대발생이 일어날 때 규소로 제한될 수 있다. 또한 그들의 큰 크기 때문에 규조 세포는 다른 유기 입자보다 빨리 가라앉으며, 그래서 그들은 깊은 해수로 Si와 C의 되돌림에 크게 기여한다. 표층 근처 물에서 일차생산을 통해 생성된 유기물의 주로 가라앉는 입자를 통한 깊은 해수로의 이동은 생물학적 펌프(*biological pump*)라 하는데 해양 환경 내 탄소 매립과 광물화에서 탄소 순환의 중요한 측면이다 (그림 21.1).

광영양성 생물의 주요 영양물질 (CO_2, N, P, Fe) 요구 이외에 규조는 충분한 용존 Si를 요구하며 자연에서 이는 주로 죽은 규조의 골격으로부터 방출되는 Si에서 기원한다 (그림 21.16*b*). 비록 Si가 세포가 죽은 후에 비교적 빠르게 방출되지만, 비교적 얕은 물에서 높은 규조 생산 시기에는 상당량의 용존 Si가 퇴적층에 묻혀 거기에서 수백만 년간 남아 있을 수 있다. 이는 지속적인 규조 생장과 해수에서 그들의 용존 CO_2의 광영양성 소모에 영향을 미친다. 해수에서 CO_2의 유출입은 그 pH에 영향을 미치며 (그림 21.15*c*), 이 고리를 통해 Si와 C 순환이 Ca과 C 순환에서처럼 유사한 방식으로 연계된다.

미니퀴즈

- 석회질 식물플랑크톤에 의한 $CaCO_3$ 골격의 형성이 어떻게 CO_2 흡수를 저지하고 해수 pH 유지에 도움을 주는가?
- 투광대에서 Si 결핍이 어떻게 생물학적 펌프에 영향을 미치는가?

III • 인간과 영양물질 순환

인간은 순환의 구성성분을 많은 양으로 추가하거나 제거하여 영양물질 순환에 막대한 영향을 미친다. 여기에서는 수은(Hg), CO_2와 기타 대기 기체의 3가지 주요 종과 다양한 고정된 N 화합물의 인간의 투입에 대하여 알아본다. 이 화합물들은 독성 문제를 일으키거나 (Hg), 전 지구적으로 중요한 방식으로 지구에 영향을 미친다 (기체와 N 화합물들). 먼저 독성이 매우 강한 금속인 Hg로 시작하는데 그것은 많은 다른 방식으로 세균에 의해 전환된다.

21.7 수은 전환

수은은 생물학적 영양물질이 아니지만 (3.1절), 다양한 수은 화합물들의 미생물 전환은 그것의 가장 독성이 높은 형태의 일부를 무독화하는 데 도움이 된다. 수은은 산업 제품, 특히 전자산업에서 널리 사용된다. 수은은 또한 많은 농약의 활성성분이고, 화학 및 광업 그리고 화석연료와 도시 폐기물의 연소로부터의 오염물질이며, 수생태계와 습지의 흔한 오염물질이다. 살아 있는 조직에 농축되는 그것의 특징 때문에 Hg는 환경적으로 상당히 중요하다. 대기에서 Hg의 주된 형태는 원소상 수은(Hg^0)인데 휘발성이며 광화학적으로 수은 이온(Hg^{2+})으로 산화된다. 대부분의 수은은 따라서 Hg^{2+}로 수환경에 유입된다 (**그림 21.17**).

수은의 미생물적 산화환원 순환

수은 이온은 입자상 물질에 쉽게 흡착되며, 호수와 해양 퇴적층 같은 무산소 환경에 침전되면 Hg^{2+}이 그곳에서 혐기성 미생물에 의해 대사될 수 있다. 미생물 활성은 Hg의 메틸화(methylation)를 통해 메틸수은(*methylmercury*, CH_3Hg^+)을 생성하며 (그림 21.17), 이는 더 메틸화되어 디메틸수은(*dimethylmercury*, $CH_3{-}Hg{-}CH_3$)이 된다. 메틸수은과 디메틸수은은 동물에 극도의 독성을 나타내는데 그것이 피부를 통해 흡수될 수 있으며 강력한 신경독소이기 때문이다. 그러나 또한 메틸수은은 수용성이며 먹이사슬, 주로 어류의 근육 조직에 농축될 수 있으며, 그 농도는 각 영양 단계에서 크게 증가하여 [생물증폭(*biomagnification*)이라 함] 어류를 많이 섭취하는 사람에게 위협이 된다. 메틸수은은 Hg^0 또는 Hg^{2+}보다 약 100배 더 독성이 높으며, 인간의 섭취를 위해 잡은 물고기에서 증가된 수준의 CH_3Hg^+이 검출된 담수호와 연안 해수에서 수계 먹이사슬 내 그것의 축적이 특히 문제가 된다. 수은 화합물은 인간 및 다른 동물에서 간과 신장에 해를 미칠 수 있다.

메틸화는 황산염-환원 및 철-환원 세균과 오랫동안 연관되었지만 불과 최근에서야 이에 관여하는 효소 체제가 밝혀졌다. 황산염-환원 세균에 의한 메틸화는 *hgcA* (추정상의 methyltransferase corrinoid 단백질을 암호화)와 *hgcB* (추정상의 [4Fe-4S] ferredoxin을 암호화) 두 개의 유전자를 요구한다 (그림 21.17). 제안된 반응 순서 (그림 21.17)에서 메틸기는 메틸화 HgcA 단백질로부터 무기 Hg^{2+}로 전달된다. 그 후 HgcB 단백질은 methyltetrahydrofolate (THF)로부터 메틸기를 받는데 필요한 환원된 HgcA 형태로 재생

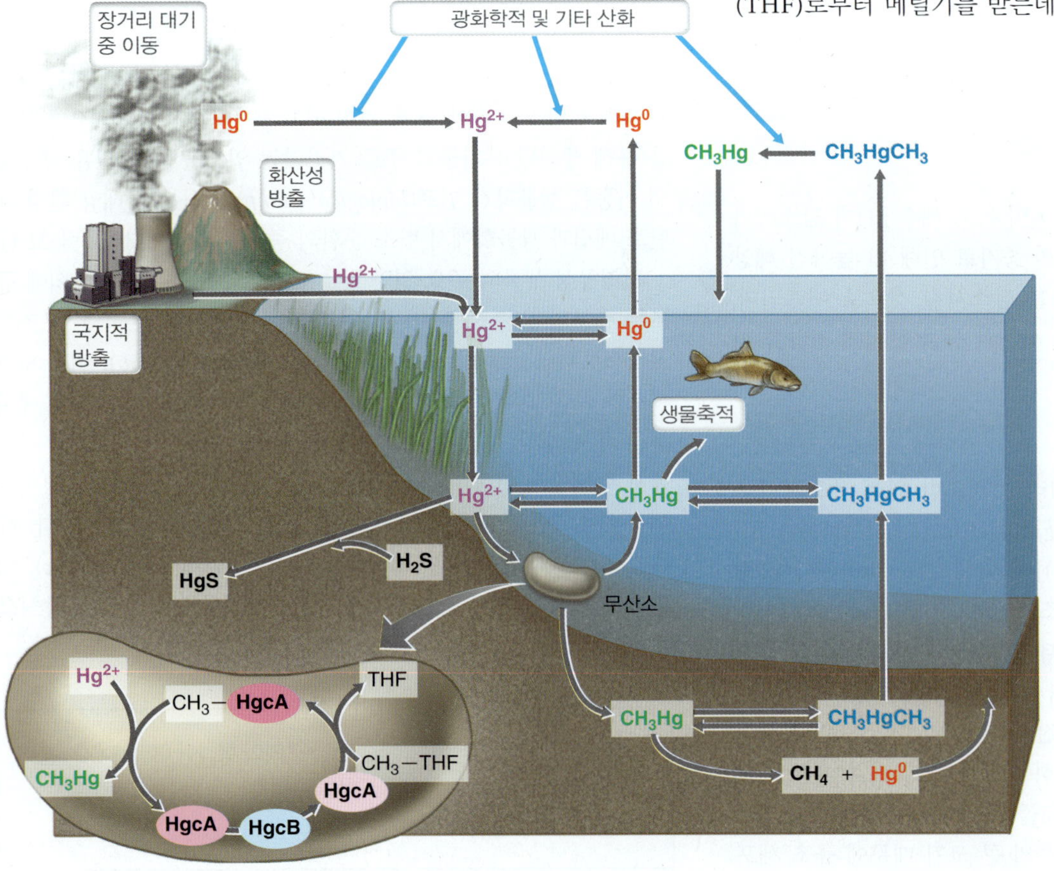

그림 21.17 수은의 생지화학적 순환. 수은의 주된 저장소는 물과 퇴적물이다. 물에서 수은은 동물 조직 내에 농축될 수 있다; 그것은 퇴적물로부터 HgS로 침전될 수 있다. 수은의 휘발성 형태는 Hg^0과 CH_3HgCH_3이다 확대된 세균 세포는 황산염-환원 세균 (21.7절)에 의한 수은 메틸화에 관련된 효소 체제를 나타낸다. 수은의 흔한 형태는 각각 다른 색으로 표시되었다. THF, tetrahydrofolate. HgcA와 HgcB는 수은 메틸화에 작용한다.

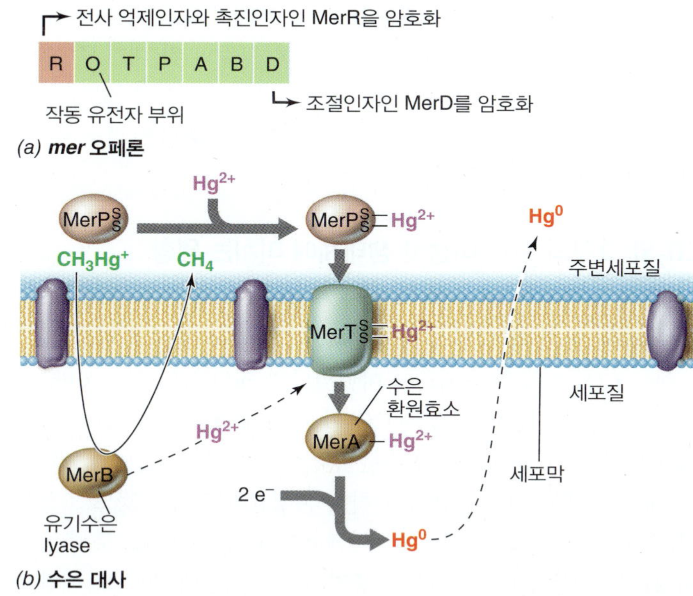

그림 21.18 수은 전환과정과 저항성. *(a) mer* 오페론. MerR은 억제인자 (Hg^{2+} 부재 시) 또는 전사 촉진인자 (Hg^{2+} 존재 시)로 작용할 수 있다. *(b)* Hg^{2+}와 CH_3Hg^+의 수송 및 환원; Hg^{2+}는 MerP와 MerT 단백질에서 시스테인 잔기에 의해 결합된다. MerA는 수은 환원효소이며 MerB는 유기수은 lyase이다.

된다. 이 효소들을 암호화하는 유전자의 동정은 알고 있는 유전체와 메타유전체 서열 내에서 그들의 분포를 찾는 기회를 제공하였으며, 이는 수은 메틸화를 위한 유전자들이 세균과 메탄생성 고균 모두에 널리 분포한다는 것을 밝혔다. 수은 메틸화 유전자의 발견은 수은 메틸화의 잠재력을 위한 환경 조사에 유전적 도구 개발을 위한 방법이 될 뿐만 아니라 메틸화의 생리학적 중요성 (무독화에 이용된다는 가설)의 이해에도 기여한다. 이는 또한 유전자 발현을 조절하는 환경적 변수를 동정할 수 있게 하며, 수은 메틸화가 호기성 해양 표층수에서도 일어난다는 관찰에 통찰력을 아마도 제공할 수 있을 것이다.

여러 다른 미생물적 Hg 전환들이 무산소 퇴적층에서 일어나는데 황산염-환원 세균 ($H_2S + Hg^{2+} \rightarrow HgS$)과 메탄생성균 ($CH_3Hg^+ \rightarrow CH_4 + Hg^0$)이 관련된 반응들을 포함한다 (그림 21.17). 황화수은(HgS)의 용해도는 매우 낮으며 따라서 황화물이 있는 퇴적층에서 대부분의 Hg는 HgS로 존재한다. 그러나 통기 시에는 금속-산화 세균에 의해 HgS가 Hg^{2+}와 $SO_4{}^{2-}$로 산화될 수 있고 (21.5절), Hg^{2+}는 결국 CH_3Hg^+로 전환된다. 그러나 여기에서 산화되는 것은 HgS 내의 Hg가 아니라 황화물(*sulfide*)인 것에 주의해야 하며, 이는 아마 *Acidithiobacillus*와 관련된 생물에 의해 일어난다 (15.11절).

수은 저항성

충분히 높은 농도에서 Hg^{2+}와 CH_3Hg^+는 고등생물뿐만 아니라 미생물에도 독성을 나타낼 수 있다. 그러나 여러 그람-양성과 그람-음성 세균들은 Hg의 독성 형태를 무독성 또는 저독성 형태로 전환한다. 수은-저항성 세균에서 효소 *organomercury lyase*가 고독성 CH_3Hg^+를 Hg^+와 메탄(CH_4)으로 분해하며, NADPH (또는 NADH)-연관 효소인 수은 환원효소(*mercuric reductase*)가 Hg^{2+}를 휘발성이며 따라서 이동성의 Hg^0로 환원시킨다 (**그림 21.18**).

많은 수은-저항성 세균에서 Hg 저항성 유전자는 플라스미드 또는 트랜스포존 상에 위치한다 (4.2와 11.11절). 이 *mer* 유전자들은 오페론 내에 배열되어 있으며 제어단백질 MerR에 의해 조절되는데 MerR은 Hg 가용성에 따라 전사의 억제인자(repressor)와 촉진인자(activator)로 모두 작용한다 (6.2와 6.3절). Hg^{2+} 부재 시 MerR은 억제인자로 작용하여 *mer* 오페론의 작동유전자(operator) 부위에 결합하여 구조유전자들, *merTPABD*의 전사를 방지한다. 그러나 Hg^{2+}가 존재하면 그것은 MerR과 복합체를 형성하여 *mer* 오페론에 결합하여 *mer* 구조유전자들의 전사의 촉진인자로 작용한다 (그림 21.18).

MerP 단백질은 주변세포질 Hg^{2+}-결합 단백질이다. MerP는 Hg^{2+}와 결합하여 그것을 막 수송단백질 MerT로 운반하며, MerT는 수은 환원효소(MerA)와 연계되어 Hg^{2+}가 Hg^0로 환원된다 (그림 21.18*b*). 따라서 Hg^{2+}는 세포질로 방출되지 않으며 최종 결과는 세포로부터 Hg^0의 방출이다. MerB의 활성으로부터 생성된 수은 이온은 MerT에 의해 포집되어 MerA에 의해 환원되며 다시 Hg^0를 방출한다 (그림 21.18*b*). 이런 식으로 Hg^{2+}와 CH_3Hg^+를 비교적 무독성의 Hg^0로 전환시킨다.

미니퀴즈
- 어떤 형태의 수은이 생물에 가장 독성이 높은가?
- 미생물에 의해 수은이 어떻게 메틸화되는가?
- 세균에 의해 수은이 어떻게 무독화되는가?

21.8 탄소와 질소 순환에 미치는 인간의 영향

인간 활동은 탄소와 질소 순환에 큰 영향을 미치고 있으며 이 영향은 일반적으로 지구의 건강에 중요성을 갖는다. 이 영양물질 순환에 인간의 뚜렷한 영향의 시기는 산업혁명부터 시작하여 새로운 지질학적 시대를 비공식적인 인류세(*Anthropocene*)라 부른다. 비록 가장 큰 인간의 영향은 화석연료 (석유, 가스 및 석탄)의 연소와 광범위하고 지속적인 삼림 파괴를 통한 CO_2의 방출에 있지만 인간 활동은 질소 순환에도 크게 영향을 미치고 있다. 앞서 탄소와 질소 순환의 밀접한 관련을 설명했으며 (21.1절), 여기에서는 인간에 의한 이 두 중요한 영양물질 순환의 변화의 일부 예상되는 생지화학적 결과를 살펴보겠다.

CO_2, 다른 미량 기체들과 지구 온난화

대기 중 CO_2 수준은 1800년대의 산업혁명 개시 이후 약 40% 증가하였으며 현재는 지난 80만 년 동안 어느 시기보다 높다. 이산화탄소는 대기의 0.5% 이하를 구성하는 여러 미량 기체 (주로 수증기,

CO_2, CH_4와 N_2O)의 하나이지만, 지구에 의해 방출되는 적외선을 포집하는 이 기체들의 능력인 온실효과(*greenhouse effect*) 때문에 육상과 대기 온난화에 크게 기여한다. 이 모든 미량 기체의 대기 중 농도는 인간 활동의 결과로 급격히 증가하고 있다 (**그림 21.19**). 대기에 이 기체들의 유입으로 인한 지구 온난화의 변화는 지구 표면의 제곱미터당 와트 (W/m^2)로 측정된 지구에 의해 흡수된 태양 에너지와 우주로 다시 방사된 에너지 간의 차이로 규정된 **복사강제력(radiative forcing)**으로 나타내진다 (그림 21.19*d*). 복사강제력은 1990년 [온실 기체 방출의 제어를 위한 교토 의정서(Kyoto Protocol)의 기준 년도]의 총 직접 복사강제력에 대한 주어진 해에 장기간 존재하는 온실기체로 의한 총 직접 복사강제력의 비율로 규정된 연 온실기체 지수(Annual Greenhouse Gas Index, AGGI) 계산에 이용된다.

2014년에 AGGI는 1.36이었다 (1990년 이후 복사강제력의 36% 증가). 기후 모델은 복사강제력 값과 주요 온실 기체의 대기 중 수명을 모두 포함한다. 비록 메탄과 N_2O가 CO_2보다 단위 분자당 더 큰 복사강제력을 갖지만 (각각 58배와 206배) 그들은 훨씬 낮은 농도로 존재하므로 지구 온난화에 덜 기여한다 (그림 21.19*d*). CO_2는 양과 증가 속도 모두에서 AGGI에 주된 기여자이다. N_2O 분자의 대기 중 수명은 약 150년이다. 반면 현재 각각 약 10년과 120년으로 추정되는 메탄과 CO_2의 대기 수명에 대해서는 약간의 불확실성이 있다. N_2O와 CO_2의 긴 수명은 이 기체들이 일단 대기에 유입되면 이들이 수 세기 동안 지구의 기후에 영향을 미칠 것을 의미한다.

또한 그림 21.19*d*에서 볼 수 있는 것은 염화불화탄소(chlorofluorocarbons, CFCs)에 의한 복사강제력이다. CFCs의 자연적 공급원은 없다. 이 화합물은 냉매, 에어로졸 추진제와 세정 용매로 사용을 위해 화학적으로 합성되었다. 이들에 의한 성층권 오존 파괴가 발견된 후, 1989년 1월 1일에 발효된 오존층을 고갈시키는 물질에 대한 국제협약인 몬트리올 의정서(Montreal Protocol)를 통해 그것의 제조가 효과적으로 중지되었다. 그 결과 주요 CFCs의 수준은 현재 변화가 없거나 감소되고 있다. 비록 그들의 긴 대기 중 수명 때문에 일부 CFCs가 100년 이상 동안 대기에 잔류할 수 있지만 몬트리올 의정서는 국가들이 모여서 공동의 환경 위협을 다룰 수 있다는 약간의 희망을 제공하였다.

CO_2와 그것의 수계 미생물 생태계에 미치는 영향

전 세계 조사 지점에서 측정된 대기 중 CO_2 농도의 증가 (그림 20.19*a*)는 현재 약 연간 2 ppm이다. 이 증가는 물에서 탄산을 생성하는 CO_2의 높은 용해도가 아니었다면 훨씬 높았을 것이며; 따라서 인간 활동에 의한 많은 CO_2가 바다에 용해되고 있다 (그림 21.1과 21.15*c*). 해양의 표층수는 인간에 의한 총 배출량 1.3조 톤 중 대기로부터 5천억 톤을 흡수하여 온실효과를 어느 정도 조절한다. 평균 지구 대기 온도는 20세기에 0.75°C 증가한 것으로 추정되며 21세기에는 1.1 내지 6.4°C 증가가 예상되는데, 이것도 해양의 완충효과가 없었다면 훨씬 빨랐을 것이다. 1세제곱미터의 공기보다 1세제곱미터의 물의 온도 증가에 천배의 에너지가 요구되기 때문에 온실효과로 지구상에 머무는 열의 80% 이상이 실제로 해양에 들어간다.

비록 지구의 생물학적 체제에 미치는 해양 온난화와 CO_2 소모의 결과에 대해 상당한 불확실성이 있지만 이 변화들이 어떻게 생물지구화학에 영향을 미칠지에 대해 동의하고 있다. 따뜻한 해양 표층수는 (그것의 낮은 밀도 때문에) 깊은 물보다 부력이 높다. 따라서 호수에서 계절적으로 일어나는 것처럼 (20.8절) 앞으로의 지구 온난화에 따라 해양에서 성층이 더욱 강화될 것이다. 성층은 표층수에서 먹이그물의 기저에 있는 식물플랑크톤의 생산에 필요한 깊은 물로부터 영양물질의 전달을 느리게 할 것이다. 이는 다시 해양 생산성 및 침전을 통한 깊은 해양으로 그 생산의 일부의 수송을 감소시킨다 (생물학적 펌프, 그림 21.1).

해양 온난화는 또한 깊이 100에서 1000미터 사이의 심층수에

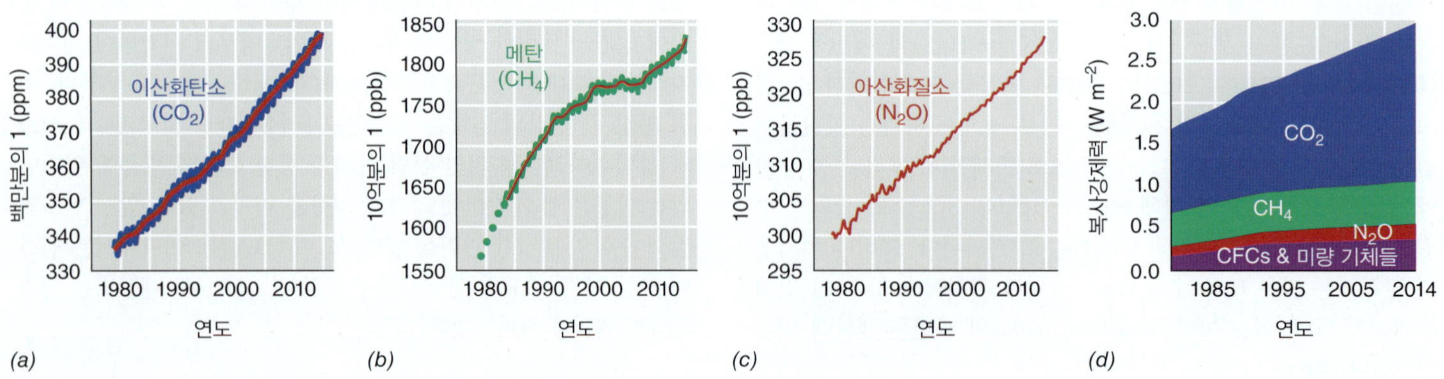

그림 21.19 온실 기체 및 관련된 복사강제력의 과거 35년 증가. *(a)* CO_2, *(b)* CH_4, *(c)* N_20의 전 지구 평균치. CO_2의 연평균 증가는 1995년 이전에 1.4 ppm이었으며 그 이후 2 ppm이다. *(d)* 염화불화탄소(CFCs)의 복사강제력 (정의는 본문 참조)은 오존층을 고갈시키는 물질의 생산을 금지시킨 몬트리올 의정서의 결과로 현재는 안정적이거나 감소한다. 이 자료는 National Oceanic and Atmosphere/Earth System Research Laboratory의 Global Monitoring Division에 의해 지속적으로 수집되었다.

서 자연적으로 일어나는 낮은 O_2 농도의 지역인 산소 극소대역(oxygen minimum zones, OMZs; 20.9절)의 팽창에도 기여한다. OMZs는 따뜻한 물에서 O_2의 용해도 감소 및 표층과 심층수의 혼합을 감소시키는 표층 온난화와 연관된 성층의 증가 모두의 결과이다. 동물은 확장되는 OMZs로부터 배제될 것이지만, 질소 순환과 온실기체 N_2O 생성에 직접 영향을 미치는 탈질화와 아나목스 같은 혐기성 미생물 작용은 증가될 것이다.

진행 중인 인간 활동으로 초래되는 CO_2의 용해로 현재의 해양 산성화는 산업혁명 시작 이후 해양 pH를 0.1 낮추었으며 2100년까지 pH를 0.3~0.4 더 낮출 것이다. 증가하는 산성화 결과로, 진행 중인 현재의 탄산염(CO_3^{2-})의 감소는 해양 석회화생물 ($CaCO_3$ 껍질이나 외골격 합성 생물, 그림 21.15)에 해로울 것으로 예상된다. 해수 내 Ca 농도가 비교적 일정하기 때문에 CO_3^{2-}의 지속적인 감소는 기존 $CaCO_3$의 용해가 화학적으로 유리하고 결국 보다 많은 용존 CO_2를 방출시켜 (그림 21.15) 대기 CO_2를 더 흡수시키는 해양의 능력을 감소시키는 그런 지점에 결국 도달할 것이다.

비록 해양 산성화에 대한 생물학적 반응은 알려지지 않았으나, 만일 CO_2 방출이 현재 속도로 지속된다면 (그림 20.19*a*) 해양 생물권의 주요 구성원인 산호초 생태계 (23.11절)가 지구상에 자연적으로 발생하는 것이 중단될 것이다. 유공충 (18.6절)의 석회화는 석회비늘편모류 (그림 21.15)의 석회화처럼 해양 산성화에 의해 크게 손상될 것이다. 1세기 이상에 걸친 인간 활동에 의한 CO_2의 심해로의 침투가 결국 거기에 격리된 $CaCO_3$ 수준의 심각한 감소를 초래할 것이며 이는 탄소 순환을 크게 그러나 아직 예측하지 못하는 식으로 영향을 미칠 것이다.

메탄과 지구 온난화

대기 중 메탄의 증가는 1750년 이후 복사강제력 증가에 약 ⅕ 정도 기여했다. 이 증가의 약 ⅔는 산업활동 (예, 석탄 채굴, 천연가스정, 송유관, 가스나 석유채굴용 수압파쇄법)과 연관된다. 메탄의 주요 자연 공급원은 습지, 반추동물, 해빙 영구동토와 메탄 수화물이다 (그림 21.1, 21.3과 21.4). 비록 대기 중 메탄 증가가 1990년대에 나타났지만, 1999년과 2006년 사이에 거의 일정하였으며 2007년에 크게 증가하기 시작하였다 (그림 21.19*b*). 새 대기 중 메탄의 안정 동위원소 조성 분석 (19.10절)은 최근의 증가가 열대 습지로부터의 방출인 것을 제시하였다. 습지는 현재 대기 중 메탄의 가장 큰 자연적 공급원으로 증가된 메탄 방출은 열대 기후의 최근 변화에 기여하고 있다.

진행 중인 온난화는 또한 연안 메탄 수화물의 불안정화 (그림 21.4)와 영구동토의 해동 (이 문제의 더 많은 것에 대해 651쪽 참조)에 의해 메탄의 대기 유입을 증가시킬 것이다. 즉, 메탄 방출과 연계된 양성적 기후 되먹임(*positive climate feedback*)이 있다. 영구동토는 지구 토양 탄소의 약 50%를 함유하며, 해동은 메탄과 이산화탄소 형태로 토양 탄소의 유실을 유도할 것이다. 이 새로운 온실기체 발생의 양성적 기후 되먹임은 알려져 있지 않으며 유기물 분해를 제어하는 미생물 군집 조성에 의존할 수도 있다. 예를 들어, 북극에서 최근의 연구는 식생 양상과 영구동토 해동의 변화의 작용에 따라 메탄생성 군집 구조 (H_2-산화로부터 부분적으로 아세트산염-산화 메탄생성균으로)의 변화를 보고하였다. 이같이 온난화가 진행되는 북극에서 메탄의 미생물 기원에 대한 정확한 이해는 차후 기후 변화의 예측 모델 개발에 필수적일 것이다.

추가적인 양성적 기후 되먹임이 북극해에서 여름 해빙(sea ice)의 빠른 소실과 관련되는데 1979년 이후 11% 이상 감소되었다. 얼음처럼 대부분의 태양광을 반사하는 대신 해빙의 해동은 태양 에너지를 흡수하는 어두운 해수의 넓은 해역을 제공하였다. 북극 대기에 이 추가적인 에너지 유입 및 관련된 수분과 열의 흐름은 북극 증폭(*Arctic amplification*)이라는 강한 국지성 양성적 되먹임에 기여하고 있다. 북극의 표면 온도는 저위도 지역보다 두 배 빠르게 증가하고 있으며, 메탄 수화물과 영구동토로부터 메탄 방출에 영향을 미칠 것이다. 북극과 지구 중위도 사이의 온도 차이의 감소는 또한 최근의 기후 양상의 변화에도 기여할 수 있다. 감소된 온도 차이는 편서풍이 약화와 제트류의 감속과 관련되어 남쪽 깊은 곳까지 제트류가 불규칙하게 내려오게 만든다. 다시 이 흐름은 중위도 지역에서 극단적인 기후 현상 발생의 증가와 연계되고 있다.

질소 순환에 미치는 인간 활동의 영향

질소 순환의 미생물 생태학에 미치는 인위적 영향은 탄소 순환에 미치는 것처럼 매우 크다. 고온과 고압 하에 $N_2 + H_2$를 결합시켜 NH_3를 생성하는 Haber–Bosch 공정을 통한 질소 비료의 연간 산업적 생산은 현재 질소 순환에 핵심적인 고리인 생물학적 질소 고정을 통해 생물권에 들어오는 고정된 질소의 양과 유사하다 (21.3절). 산업적으로 생산된 N의 대부분은 농경지에 투여되지만, 상당량이 해양으로 쓸려 들어가 연안 부영양화에 기여한다 (20.9절). 많은 양이 또한 NH_3의 질산화와 NO_3^-의 탈질화로부터의 기체상 질소 화합물 (N_2, N_2O와 NO)로 소실된다 (21.3절). N_2O 발생은 현재 연간 0.2~0.3% 속도로 증가하고 있다 (그림 21.19*c*). 거름과 소변의 미생물 분해를 포함한 농업은 미국에서 N_2O 발생의 약 80%에 기여하고 있다. 이보다 적은 양이 자동차 배기가스 및 비료와 질소에 기초한 중합체의 산업적 생산으로부터 나온다.

대기를 통한 산업과 농업으로부터 N의 수송은 육지와 해양 체제 모두에 비료 성분을 공급한다. 고정된 N_2의 해양으로의 공기 중 침적은 현재 생물학적 질소 고정을 통해 유입되는 양과 거의 같다. 이 시비의 생태학적 결과는 아직 불분명하다. 한편으로는 만일 침적이 미생물 질소 고정을 억제한다면 이는 어느 정도 시비 효과를 완화시킬 것이다. 반면 증가된 N 침적과 더불어 CO_2와 철의 큰 공급 (증가하는 사막화 지역으로부터 많은 먼지 퇴적에 의해 발생, 20.6절)은 일차생산을 증가시킬 수 있는데, 철이 또한 흔히 제한 영양물질이기 때문이다. 어떤 것이든 탄소 순환에 미치는 주요 영향은 질소 순환에 인간의 주입 때문인 것으로 추정된다.

비록 미생물 영양물질 순환에서 인간의 간섭에 의한 지구 생물권의 변화가 분명하지만 정확하게 이 변화가 어떤 것일지는 덜 분명하다. 그러나 주요 영양물질 순환이 밀접하게 연계되어 있으므로 (21.1절과 그림 21.5), 탄소와 질소 순환의 어떤 중요한 변화가 다른 순환에도 되먹임 효과를 나타낼 것으로 생각된다. 전체적으로 이 사건들은 지구의 영양물질 순환—그들의 환경에 날카롭게 대응하는 미생물 군집의 활성에 의해 일어나는 순환—의 균형과 상관관계를 일반적으로 뒤집을 수 있으며, 식물, 동물과 인간에 중요한 (아마도 부정적인) 영향을 미칠 것이다.

미니퀴즈

- 온실효과는 무엇이며 무엇이 일으키는가?
- 농업에 사용되는 질소의 대부분은 어떻게 되는가?
- OMZs가 왜 확장되며 영양물질 순환에 미칠 영향은 무엇인가?

단원 정리

I • 탄소, 질소 및 황 순환

21.1 산소와 탄소 순환은 독립영양체와 종속영양체의 보완적 활성을 통해 서로 연결된다. 미생물 분해는 대기로 방출되는 CO_2의 가장 큰 단일 공급원이다.

Q 어떤 대사적 종류의 미생물이 일차생산자로 간주되며 자연에서 어느 곳에 그들이 전형적으로 존재하는가?

21.2 무산소 조건에서 유기물은 CH_4와 CO_2로 분해된다. 메탄은 주로 H_2에 의한 CO_2의 환원과 아세트산염으로부터 형성되는데, 둘 다 영양공생 세균이 공급한다; 이 생물들은 그들의 에너지역학의 기초로 H_2 소모에 의존한다.

Q *Syntrophobacter*와 *Syntrophomonas* 같은 생물은 그들의 대사가 열역학적으로 불리한 반응에 기초할 때 어떻게 자랄 수 있는가? 이 영양공생자와 특정한 다른 세균과의 공동 배양은 어떻게 이들을 자라나게 하는가?

21.3 지구상에서 질소의 주된 형태는 N_2인데 그것은 질소고정 세균에 의해서만 질소원으로 이용될 수 있다. 질소고정 또는 암모니아화에 의해 생성된 암모니아는 유기물로 동화되거나 NO_3^-로 산화될 수 있다. 탈질화와 아나목스는 생물권으로부터 질소의 소실을 일으킨다.

Q 질산화와 탈질화 과정을 관련된 생물, 각 과정에 유리한 환경 조건 및 각 과정에 동반되는 영양물질 가용성의 변화 측면에서 비교하고 대비하라.

21.4 세균은 황 순환의 산화 및 환원 측면 모두에서 주된 역할을 한다. 황-산화 세균과 황화물-산화 세균은 SO_4^{2-}를 생성하지만 황산염-환원 세균은 SO_4^{2-}를 소모하여 H_2S를 만든다. 황화물이 독성을 가지며 다양한 금속과 반응하므로 SO_4^{2-} 환원은 중요한 생지화학적 작용이다. 디메틸설파이드는 자연에서 생태학적으로 중요한 주요 유기 황화합물이다.

Q 만일 황 화학무기영양체가 진화되어 나타나지 않았었다면 황화합물의 미생물 순환에 문제가 있었겠는가? 연안 해양 부영양화가 미생물의 황 전환에 어떤 영향을 미치는가?

II • 기타 영양물질 순환

21.5 철과 망간은 자연적으로 Fe^{2+}/Fe^{3+}와 Mn^{2+}/Mn^{4+}의 두 가지 산화 상태로 존재한다. 세균은 무산소 환경에서 산화된 금속을 환원하며, 주로 호기성 환경에서 환원된 형태를 산화시킨다. 중성 pH에서 O_2 존재 시 세균은 비생물적 산화와 경쟁한다.

Q 왜 대부분의 철-산화 화학무기영양체들은 절대 호기성 생물인가, 그리고 왜 잘 연구된 철-산화생물들은 호산성인가?

21.6 P, Ca과 Si는 주로 수환경에서 미생물 활성에 의해 순환된다. 칼슘과 규소는 각각 석회비늘편모류와 규조류의 외골격의 성분으로 해양의 생지화학에서 중요한 역할을 한다.

Q 해수에서 Ca과 Si 순환은 어떤 방식으로 유사한가? 그리고 어떤 방식으로 그들은 다른가? Ca과 Si 순환이 어떻게 탄소 순환과 연계되는가?

III • 인간과 영양물질 순환

21.7 자연에서 Hg의 주된 독성 형태는 CH_3Hg^+인데 이는 Hg^{2+}로 전환되고 Hg^{2+}는 다시 세균에 의해 Hg^0로 환원된다. 금속을 무독화시키거나 배출할 수 있는 효소를 암호화하는 것 같은 Hg의 독성에 대한 저항성을 부여하는 유전자는 금속을 무독화시키거나 배출하는 효소를 암호화하는 것들을 포함한다.

Q Hg 저항성 유전자는 어디에 존재하는가? 그들은 어떻게 제어되는가?

21.8 인위적인 CO_2와 반응성 질소의 유입은 주요 영양물질 순환에 영향을 미친다. 비록 OMZs의 확대와 석회질 생물의 생장 저해를 포함한 일부 결과는 비교적 잘 이해되지만 지구 생물권을 유지하는 영양물질 순환에 대한 장기적 변화는 아직 잘 이해되지 못하고 있다.

Q 비료를 만드는 Haber-Bosch 법과 그것이 생성하는 고정된 질소의 상대적 양에 대해 설명하라.

응용 문제

1. 탄소, 황과 질소 순환을 순환에 참여하는 생물의 생리적 특성 측면에서 비교하고 대비하라. 어느 생리적 특성이 한 순환의 일부이지만 다른 것에는 관여하지 않는가?
2. ^{14}C-표지 섬유소가 소량의 하수 슬러지가 함유된 작은 병에 첨가되고 혐기성 조건 하에 밀봉되었는데 몇 시간 후 $^{14}CH_4$가 나타났다. 이런 결과를 위해 무엇이 일어났는지 설명하라.
3. 탄소는 해양에 다양한 형태로 격리될 수 있다. 여러 형태, 그들의 생물학적 기원 및 어떻게 지구 온난화가 그들에 영향을 미칠지 설명하라.

용어 해설

Denitrification (탈질화) 질산염 (NO_3^-)의 기체성 N 화합물로의 생물학적 환원

Global warming (지구 온난화) 지구에 의해 방출된 적외선을 포집하는 온실기체, 주로 CO_2의 인위적 방출로 인한 대기와 해양의 예측되고 진행 중인 온난화

Humus (부식질) 죽은 유기물로 그 일부가 금속 산화물의 미생물 환원을 위한 전자 운반체로 작용

Radiative forcing (복사강제력) 지구에 의해 흡수된 태양 에너지와 우주로 다시 방사된 에너지 간의 차이

Syntrophy (영양공생) 둘 또는 그 이상의 미생물들이 협력하여 단독으로는 분해할 수 없는 물질을 혐기적으로 분해하는 작용

22

인공 환경의 미생물학

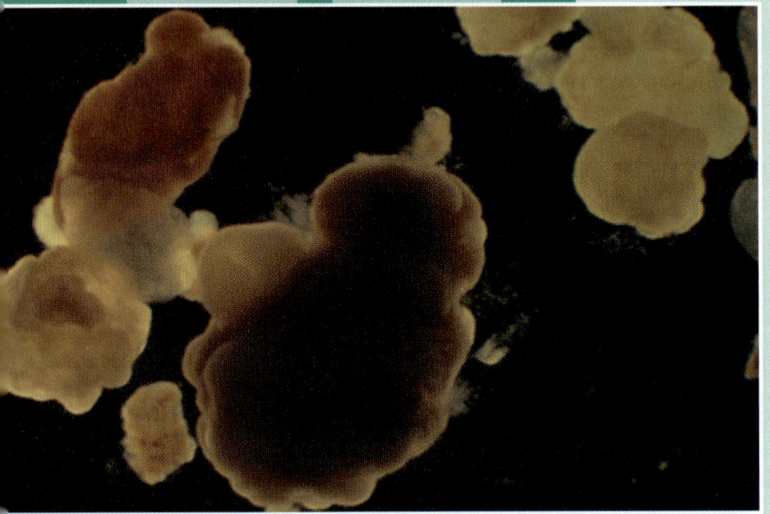

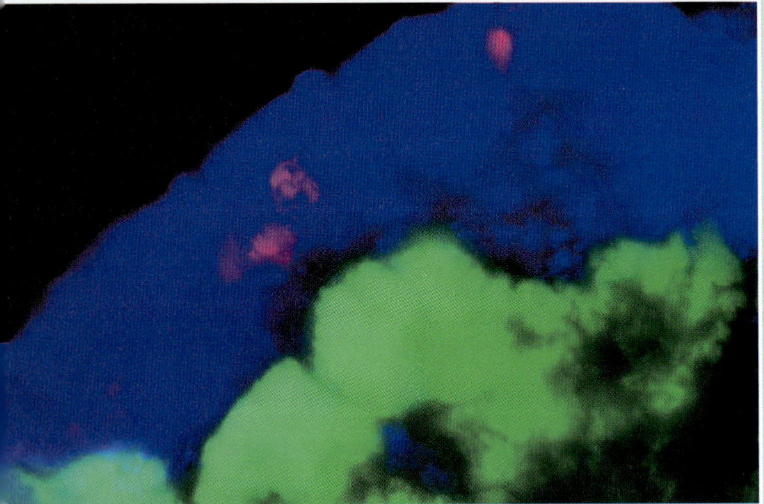

현재의 미생물학

화장실 변기 물내림 후

대부분의 사람들이 화장실 변기에서 나간 물이 어떻게 되는지와 전염병의 전파 감소에서 위생 기술의 중요성에 대해 별로 생각하지 않는다. 그러나 하수처리 기술은 우리의 인공 환경의 중요한 부분으로, 그것이 없다면 대형 도심지가 가능하지 않다.

대부분의 폐수처리는 활성 슬러지(*activated sludge*)라 부르는 한 세기 이전에 개발된 기술에 의존하는데, 그것은 대형의 잘 포기된 반응조에서 하수의 격렬한 혼합에 의해 하수 내 유기물의 미생물 분해가 촉진되는 공정이다. 그 결과로 생기는 응집된 미생물 생물량 (슬러지)이 큰 침전조에서 중력에 의해 침전되며, 처리된 물은 환경으로 돌아가거나 추가적인 처리공정으로 가게 된다. 병원성 미생물과 대부분의 유기물 모두 활성 슬러지 공정에서 제거된다.

인구 증가와 보다 지속가능한 사회를 위한 요구는 보다 간단하고 에너지 효율적이며 적은 공간을 요구하는 폐수처리 체제의 개발을 촉발하였다. 호기성 입상 슬러지 기술(*aerobic granular sludge technology*, AGS)이라는 새로운 폐수처리 공정은 플록(floc) 대신 조밀한 1~2 mm의 알갱이 (위쪽 사진)로 자라게 선택된 미생물에 의존한다. 밀도 높은 알갱이는 플록보다 10배 빠르게 침전되어 (대형 침전조가 필요 없음) 작은 반응조에서 작용하고 (폐수처리 환경의 80%까지 감소 가능), 처분이 필요한 슬러지의 부피가 감소된다.

알갱이 내로의 느린 산소 확산으로 층 구조 (아래쪽 사진, FISH-염색된 알갱이의 얇은 단편)가 형성되는데, 호기성 생물이 바깥층에, 혐기성 생물은 안쪽에 위치하며, 이것이 폐수에서 질소의 완전한 제거에 이상적인 단일 반응조 체제를 만든다. 예를 들어, 각 AGS 알갱이의 바깥층에 있는 호기성 암모니아-산화 미생물 (청색)이 대부분 안쪽에 있는 혐기성 탈질화 미생물 (녹색과 적색)에게 아질산염을 공급한다. 이 두 가지 생리학적 종류의 합쳐진 활성이 훌륭한 미생물 N 공급원인 NH_3를 N_2로 전환시키면, 처리된 방류수가 환경으로 방출될 때 심각한 미생물 생장을 촉발하지 않는다. 운전비용과 AGS 기술 복잡도의 낮은 수준은 작은 마을과 개발도상국에서의 사용에도 이상적이다.

출처: van Loosdrecht, M.C.M., and Brdjanovic, D. 2014. Anticipating the next century of wastewater treatment. *Science 344:* 1452–1453.

이 장에서는 "인공(built)" 체제의 미생물학을 소개한다. 이에는 음용수와 폐수의 수송과 처리를 위한 기반시설, 가스와 유류 공급, 건축자재, 개인과 공용 공간 및 광물 추출이나 오염물질 정화를 위해 변형된 환경 등이 포함된다. 그들의 그러한 특성 때문에, 인공 체제는 새로운 미생물 서식지를 형성하고, 이는 바람직하거나 바람직하지 못한 미생물 활성 모두를 촉진한다. 미생물 생태학 관점에서, 이런 활성들은 미생물에게 제공된 자원을 이용하는 미생물의 단순한 자연적인 결과이다.

바람직한 미생물 활성을 위해 고안된 인공 체제의 예에는 폐수처리와 환경 오염물질을 정화하기 위해 대수층 내 미생물 활성의 촉진을 위한 생물학적 반응조의 건설이 포함된다. 원하지 않는 활성의 주목할 만한 예는 폐수, 음용수와 석유의 수송을 위해 사용되는 배관의 미생물에 의한 부식이다. 수십억 달러가 들어간 필수적인 기반시설이 미생물에 의한 부식 때문에 매년 소실된다. 예를 들어, American Association of Civil Engineers는 현재부터 2050년 사이에 미국 내 음용수 분배체제의 약 30%를 교체하는데 매년 110억 달러의 비용이 들 것으로 예측한다.

I • 광물 회수와 산성 광산배수

미생물의 생지화학적 능력은 거의 제한이 없으며, 흔히 미생물은 "지구에서 가장 위대한 화학자(Earth's greatest chemists)"라고 말한다. 이들 위대한 작은 화학자의 활성은 많은 방식으로 활용되고 있다. 여기에서는 미생물 활성이 어떻게 저급의 광석으로부터 가치있는 금속을 추출하는지 소개할 것이다.

22.1 미생물을 이용한 채광

자연에서 가장 풍부한 철의 형태 중의 하나가 **황철광(pyrite)** (FeS_2)으로 흔히 석탄과 금속 광석 내에 존재한다. 황화물(HS^-)은 또한 많은 금속과 불용성의 광물을 형성하며 이들 금속의 공급원인 많은 광석들이 황화금속이다. 만일 광석 내 금속 농도가 낮으면 미생물 제련이라고도 하는 **미생물 용출(microbial leaching, 그림 22.1)**에 의해 그 금속을 먼저 농축시킨다면 광석의 채굴이 경제성이 있을 수 있다. *Acidithiobacillus ferrooxidans* 같은 호산성 세균에 의한 산 생성과 FeS_2의 용해 촉진은 대규모 채광 작업에서 금속 광석을 용출하는 데 이용되고 있다. 용출은 특히 구리 광석에 유용한데 황화구리 광석의 산화 도중에 생성되는 황산구리($CuSO_4$)가 수용성이 높기 때문이다. 실제 전 세계적으로 채광되는 모든 구리의 약 1/4이 미생물 용출에 의해 얻어진다.

용출 과정

산화에 대한 민감성은 광물에 따라 다른데 가장 쉽게 산화되는 광물이 미생물 제련에 가장 용이하다. 따라서 자황철광(pyrrhotite, FeS)과 동람(covellite, CuS)과 같은 황화철과 황화구리 광석이 쉽게 용출되는 데 반해 납과 몰리브덴 광석들은 훨씬 느리다. 미생물 제련에서 저급 광석은 침출더미(*leach dump*)라는 큰 더미로 쌓고 pH 2의 묽은 황산용액을 더미를 통해 삼투시킨다 (그림 22.1). 더미의 바닥에서 나온 액체 (그림 22.1*b*)는 용해된 금속이 풍부한데 침전장(precipitation plant) (그림 22.1*c*)으로 이송하여 원하는 금속을 침전시키고 정제한다 (그림 22.1*d*). 남은 액체는 다시 광석더

T. D. Brock
(*a*)

T. D. Brock
(*b*)

T. D. Brock

(*c*)

T. D. Brock
(*d*)

그림 22.1 철-산화 세균을 이용한 저급 구리 광석의 용출. (*a*) 전형적인 침출 더미. 저급 광석은 분쇄하여 노출된 표면적이 가능한 크게 큰 더미로 쌓는다. 파이프로 산성 용출수를 더미의 표면에 살수한다. 산성수는 천천히 더미를 삼투하여 바닥으로 빠져나온다. (*b*) 구리 침출 더미로부터의 방류수. 산성수에는 Cu^{2+}가 매우 풍부하다. (*c*) 긴 수로에서 금속 철 위로 Cu^{2+}가 풍부한 물을 통과시켜 금속 구리 (Cu^0)를 회수한다. (*d*) 수로에서 제거한 구리 금속의 작은 더미로 차후 정제과정으로 보내진다.

미의 꼭대기로 반송하여 순환이 반복된다. 필요하면 더 많은 산이 첨가되어 산성 pH를 유지시킨다.

구리의 미생물 용출이 구리가 Cu^{+2}로 존재하는 흔한 구리 광석인 황동석(CuS)의 예로 설명될 수 있다. **그림 22.2**에서 보듯이 *A. ferrooxidans*가 CuS의 황화물을 SO_4^{2-}로 산화하여 Cu^{2+}를 방출시킨다. 그러나 이 반응은 또한 자발적으로도 일어날 수 있다. 실제로 구리 용출과정에서 핵심적인 반응은 CuS 내 황화물의 세균 산화가 아니고 세균의 제1철 (Fe^{2+})의 산화로부터 생성된 제2철(Fe^{3+})에 의한 황화물의 자발적 산화이다 (그림 22.2). 어떤 구리 광석에 든 FeS_2도 존재하며 세균에 의한 그것의 산화는 Fe^{3+}의 생성을 초래한다. CuS와 Fe^{3+}의 자발적 반응은 O_2가 없을 때 일어나 Cu^{2+}와 Fe^{2+}를 생성한다; 용출 과정의 효율에 중요하게도 이것은 무산소 조건인 침출더미 깊은 곳에서 일어날 수 있다 (그림 22.2).

금속 회수

침전장은 침출용액으로부터 Cu^{2+}가 회수되는 곳이다 (그림 22.1*c*, *d*). 그림 22.2의 아랫부분에 나와 있는 화학반응에 의해 침출용액으로부터 구리를 회수하기 위해 침전장에 작은 고철 조각들 (원소상 철, Fe^0의 공급원)을 첨가한다. 이는 Fe^{2+}가 풍부한 액체를 만들어 얕은 산화지로 이송하고 그곳에서 철-산화 화학무기영양체가 Fe^{2+}를 Fe^{3+}로 산화시킨다. 이 제2철이 풍부한 산성 용액을 더미의 꼭대기로 반송하고 더 많은 CuS를 산화하는데 Fe^{3+}가 사용된다 (그림 22.1). 이같이 CuS의 전체 용출과정은 철-산화 세균에 의한 Fe^{2+}의 Fe^{3+}로의 산화에 의해 추진된다.

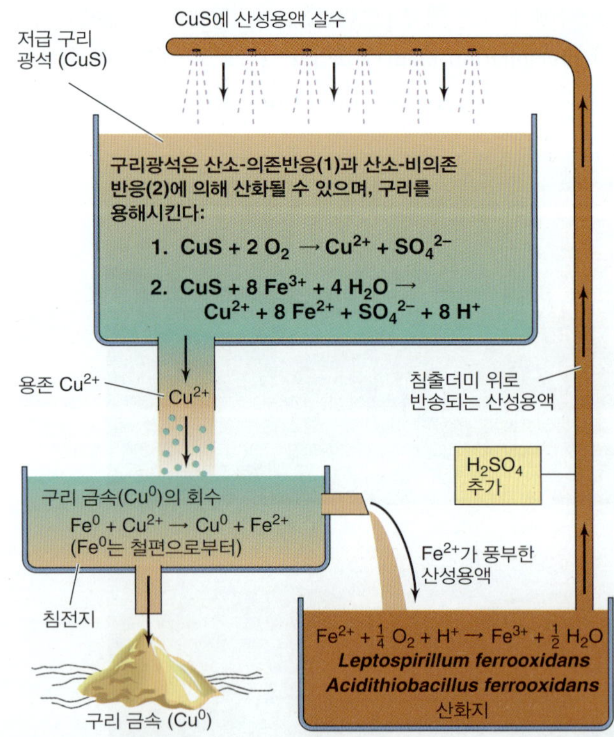

그림 22.2 금속 구리를 생성하기 위한 황화구리의 미생물 용출에서 침출더미와 반응의 배열. 반응 1은 생물학적 및 화학적으로 모두 일어난다. 반응 2는 절대 화학적이지만 구리-용출 과정에서 가장 중요한 반응이다. 반응 2가 일어나기 위해서는 CuS 내의 황화물의 황산염으로의 산화로부터 생성된 Fe^{2+}가 철 화학무기영양체에 의해 Fe^{3+}로 다시 산화되는 것이 필수적이다 (산화지 내 화학 반응 참조).

침출더미 내에서 온도가 올라가며 이는 철-산화 미생물 개체군의 변화를 일으킨다. *A. ferrooxidans*는 중온성인데, 침출더미 내부의 온도가 미생물 활성에 의해 생기는 열에 의해 약 30°C 이상 올라갈 때 이 세균은 *Leptospirillum ferrooxidans*와 *Sulfobacillus* 같은 호열성 철-산화 화학무기영양체보다 불리하게 된다. 더 고온(60~80°C)에서는 *Sulfolobus* (17.9절) 같은 초호열성 고균이 침출더미에서 우점한다.

다른 미생물 용출과정: 우라늄과 금

세균은 우라늄(U)과 금(Au) 광석의 용출에도 사용된다. 우라늄 용출에서 *A. ferrooxidans*는 O_2를 전자수용체로 사용하여 U^{4+}를 U^{6+}로 산화시킬 수 있다. 그러나 U 용출은 Fe^{3+}에 의한 U^{4+}의 무생물적 산화에 아마 더 의존하는데, *A. ferrooxidans*가 구리 용출(그림 22.2)에서처럼 주로 Fe^{2+}의 Fe^{3+}로의 재산화를 통해 기여한다. 관찰된 반응은 다음과 같다:

$$\underset{(U^{4+})}{UO_2} + \underset{(Fe^{3+})}{Fe_2(SO_4)_3} \rightarrow \underset{(U^{6+})}{UO_2SO_4} + \underset{(Fe^{2+})}{2\,FeSO_4}$$

UO_2와 달리, 생성된 uranyl sulfate (UO_2SO_4)는 수용성이 높으며 다른 과정에 의해 농축된다.

금은 자연에서 전형적으로 비소(As)와 FeS_2를 함유한 광물과 연관된다. *A. ferrooxidans* 및 그와 연관된 세균들은 황비철석(黃砒鐵石, arsenopyrite) 광물을 용출시켜 포집된 Au를 방출시킨다:

$$2\,FeAsS[Au] + 7\,O_2 + 2\,H_2O + H_2SO_4 \rightarrow Fe_2(SO_4)_3 + 2\,H_3AsO_4 + [Au]$$

이 금은 전통적 채금법에 의해 시안화물(CN^-)과 결합시킨다. 용출이 거대한 침출더미 (그림 22.1*a*)에서 일어나는 구리와 달리 금 용출은 작은 생물반응조 (**그림 22.3**)에서 일어나는데 포집된 금의 95% 이상을 방출시킨다. 더욱이 채광과정으로부터의 잠재적으로 독성의 As와 CN^- 잔류물이 금-용출 생물반응기에서 제거된다. 비소는 제2철 침전물로 제거되며, CN^-은 금 회수과정의 후반에서 세균 산화에 의해 CO_2와 요소로 전환되어 제거된다. 소규모 미생물-생물반응조 용출은 따라서 추출 장소에 독성 As와 CN^-를 남기는 환경에 해를 미치는 금-채굴법의 대안으로 인기가 높다. 생물반응조법을 이용한 소규모 공정이 아연, 납과 니켈의 생물제련을 위해 또한 개발 중이다.

미니퀴즈

- 혐기성 조건에서 CuS를 환원하는데 무엇이 요구되는가?
- 구리 용출 과정에서 *Acidithiobacillus ferrooxidans*가 어떤 핵심적인 역할을 하는가?

그림 22.3 금의 생물제련. 가나 (아프리카)의 금 제련 탱크. 탱크 내에서 *Acidithiobacillus ferrooxidans*, *Acidithiobacillus thiooxidans*와 *Leptospirillum ferrooxidans*의 혼합물이 포집된 금을 함유한 황철광/비소 광물을 용해시켜 금을 방출시킨다.

22.2 산성 광산배수

비록 미생물 용출이 채광 작업에서 막대한 가치를 갖지만, 채광작업이 황철광을 포함한 석탄과 광물 광석을 부적절하게 다루거나 방치하는 곳에서 이 동일한 과정이 광범위한 환경 파괴를 일으킨다. 황화광물의 세균 산화와 자발적 산화는 노천 채광 작업에 의해 발생하는 전 세계적 환경 문제인 **산성 광산배수(acid mine drainage)**의 주된 원인이다. 미생물 채광을 촉진하는 구리 황화물의 산화에서 기술하였듯이 (22.1절), FeS_2의 산화는 화학적 반응 및 세균 촉매 반응이 같이 일어나며 이 과정에서 O_2와 Fe^{3+}의 두 가지 전자수용체가 관여한다. 채광 작업 시 FeS_2가 처음 노출되면 (**그림 22.4*b***), O_2와의 느린 화학반응이 일어난다 (그림 22.4*c*). 이 반응은 개시 반응(*initiator reaction*)이라 하는데, HS^-의 SO_4^{2-}로의 산화와 Fe^{2+}의 방출에 따른 산성 조건의 발달을 유도한다. 그 후 *A. ferrooxidans*와 *L. ferrooxidans*는 Fe^{2+}을 Fe^{3+}으로 산화시키고, 이 산성 조건에서 형성된 수용성 Fe^{3+}은 더 많은 FeS_2와 자발적으로 반응하여 HS^-를 황산(H_2SO_4)으로 산화시키면 그것이 SO_4^{2-}와 H^+로 즉각 해리된다:

$$FeS_2 + 14\ Fe^{3+} + 8\ H_2O \rightarrow 15\ Fe^{2+} + 2\ SO_4^{2-} + 16\ H^+$$

다시 세균은 Fe^{2+}를 Fe^{3+}로 산화시키며 이 Fe^{3+}는 더 많은 FeS_2와 반응한다. 따라서 FeS_2가 산화되는 속도는 점차 신속하게 증가하며 이를 증식 순환(*propagation cycle*)이라 한다 (그림 22.4*c*). 자연 조건 하에서 세균에 의해 생성된 Fe^{2+}의 일부는 침출되어 혐기성 지하수에 의해 주변 하천으로 유출된다. 그러나 호기성 하천에서 Fe^{2+}의 세균 산화가 일어나며, O_2가 있기 때문에 불용성 $Fe(OH)_3$가 형성된다.

앞에서 보았듯이 (그림 22.4*c*), FeS_2의 분해는 궁극적으로 H_2SO_4와 Fe^{2+}의 형성을 유도한다; 이들이 생성되는 물에서 pH는 1 이하로 내려갈 수 있다. 강과 호수로 산성 광산수의 혼합 (**그림 22.5**)은 수질의 심각한 악화를 초래하는데 산과 용해된 금속 (철, 알루미늄 및 카드뮴과 납 같은 중금속)이 모두 수서생물에 독성을 나타내기 때문이다.

그림 22.4 석탄과 황철광. *(a)* 미국 Arizona 주 북부의 Black Mesa로부터의 석탄; 금색의 둥근 모양 (직경 약 1 mm)이 황철광(FeS_2) 입자이다. *(b)* 노천 탄광의 석탄층. 석탄의 산소와 수분에의 노출은 석탄 내 황철광을 이용하여 자라는 철-산화 세균의 활성을 촉진한다. *(c)* 황철광의 분해 반응. 일차적인 무생물적 개시반응은 주로 Fe^{2+}의 Fe^{3+}로의 세균 산화를 위한 단계이다. Fe^{3+}는 증식 순환에서 FeS_2를 공격하여 산화시킨다.

Fe^{2+}의 Fe^{3+}로의 산화에 O_2가 요구되는 것은 산성 광산배수가 어떻게 발달하는지 알려준다. 황철광 물질이 채굴되지 않는 한 O_2, 물과 세균이 거기에 접근할 수 없으므로 FeS_2의 산화는 일어나지 못한다. 그러나 광물 또는 석탄층이 노출되면 (그림 22.4*b*) O_2와 물이 도입되어 FeS_2의 자발적 산화와 세균에 의한 산화가 가능해진다. 생성된 산은 주변 수계로 용출될 수 있다 (그림 22.5).

그림 22.5 노천탄광 지역으로부터의 산성 광산배수. 황-적색은 물에서 침전된 산화철에 의한 것이다 (그림 22.4*c*의 산성 광산배수 내 반응 참조).

산성 광산배수가 광범위하고 Fe^{2+} 수준이 높은 지역에서는 강한 호산성 고균 종인 *Ferroplasma*가 흔히 존재한다. 이 호기성 철-산화 생물은 pH 0과 50°C까지의 온도에서 생장할 수 있다. 세포벽이 없는 *Ferroplasma* 세포는 역시 세포벽이 없고 강한 호산성(그러나 화학유기영양성) 고균 종류인 *Thermoplasma*와 계통학적으로 연관된다 (17.3절).

미니퀴즈

- 광물 $Fe(OH)_3$와 FeS에서 철의 산화상태는 각각 어떠한가? $Fe(OH)_3$는 어떻게 형성되는가?
- 지하 석탄층 같은 천연 황철광 매장층은 산성 광산배수에 기여하지 않는다; 왜 그런가?

II • 생물정화

생물정화(**bioremediation**)는 기름, 독성 화학물질, 또는 다른 환경 오염물질의 미생물을 이용한 제거이며, 어떤 방식이건 고유의 미생물의 활성 촉진에 의해 보통 일어난다. 이런 오염물질에는 석유 제품 같은 천연물질과 자연에서 생물에 의해 생성되지 않는 합성 화학물질인 **인공합성물질(xenobiotics)** 모두를 포함한다.

비록 많은 독성물질의 생물정화가 제안되었지만 대부분의 성공은 원유 유출 또는 대형 저장탱크로부터 탄화수소 유출의 정화이었다. 보다 최근에는 관련된 미생물학의 보다 나은 이해의 결과로 흔히 사용되는 용매와 농약을 포함하여 염소화 환경 오염물질을 목표로 한 파괴가 생물정화에서 보다 쉬워졌다. 우라늄-오염 환경의 생물정화에서도 성공이 증가하고 있는데, 오염지역 중 많은 곳은 핵연료나 무기를 위한 과거에 제대로 제어되지 않았던 우라늄 채광의 유산이다. 여기에서는 이 매우 독성이 높은 오염물질에 대한 고찰로부터 시작하겠다.

그림 22.6 우라늄 생물정화. 미국 에너지성 우라늄-오염 부지에 있는 실험 지역. 유기 탄소 (아세트산염)가 부지 내로 주입되어 지하수에서 큰 사진에서 보이는 화살표 방향으로 이동한다. 아세트산염은 우라늄을 고정화시키는 U^{6+}의 U^{4+}로의 환원을 위한 전자공여체이다.

22.3 우라늄-오염 환경의 생물정화

무기 오염물질의 주요 종류는 금속과 방사성 핵종(radionuclide)인데 이들은 파괴될 수 없고 화학적 형태만 변경될 수 있다. 흔히 환경오염의 정도가 너무 커서 오염된 물질의 물리적 제거가 불가능하다. 따라서 격리(*containment*)가 유일한 실제적 방법이며 무기 오염물질의 생물정화에서 흔한 목표는 그들의 이동성 변화를 통해 그들이 지하수와 같이 이동하여 주위 환경을 오염시키지 못하게 하는 것이다. 여기에서는 방사성 원소 우라늄이 어떻게 세균의 활성에 의해 격리될 수 있는지 살펴본다.

우라늄의 생물정화

우라늄 광석을 가공하거나 저장하던 미국과 기타 지역에서 지하수의 우라늄 오염이 발생하며 (**그림 22.6**), 지하수를 통한 방사성 물질의 다른 지역으로의 이동은 환경과 인간 건강을 위협한다. 오염은 흔히 광범위하기 때문에 기계적인 회수 방법이 비용이 많이 들어서, 미생물학자들이 기술자들과 협력하여 U^{6+}를 U^{4+}로 환원하는 일부 세균의 능력을 이용하는 생물학적 처리를 개발하였다. U^{6+}의 우라늄은 수용성인데 U^{4+}은 불용성 우라늄 광물인 섬우라늄석(*uraninite*)을 형성하여 지하수로의 U의 이동 및 인간과 기타 동물들과의 잠재적 접촉을 제한한다.

우라늄의 세균 전환

우라늄 고정화를 위한 주요 전략은 세균을 이용하여 주된 우라늄 오염물질의 산화 상태를 이 원소를 안정화시킬 수 있는 형태로 변화시키는 것이다. 이런 측면에서 금속-환원 *Shewanella* 종과 *Geobacter* 종(15.14절) 및 황산염-환원 *Desulfovibrio* 종(15.9절)을 포함한 세균은 유기물과 H_2의 산화를 U^{6+}의 U^{4+}로의 환원과 연계시킨다.

U^{6+} 환원을 촉진시키기 위해 우라늄-오염 대수층에 유기 전자공여체를 주입한 현장연구에서 U 수준을 미국 환경보호청의 음용수 기준인 0.126 μM 이하로 낮출 수 있었다. 그러나 비록 섬우라늄석이 환원 조건에서는 안정해도 호기성 조건이 되면 다시 산화된다. 따라서 현재 진행 중인 많은 우라늄 생물정화 연구가 미생물 군집의 조성이 변화하거나 또는 O_2, NO_3^-와 Fe^{3+} 같은 산화제가 지하수를 통해 유입될 때 미생물에 의해 환원된 우라늄이 안정한지에 대한 의문에 초점을 맞추고 있다. 이는 분명히 중요한 의문인데, 우라늄 핵 붕괴의 긴 반감기를 감안하면

그림 22.7 대형 기름 유출의 환경적 영향과 생물정화의 효과. *(a)* 1989년 *Exxon Valdez*호 사고로 유출된 유류로 오염된 미국 Alaska 주 연안의 해변. *(b)* 직사각형 부위 (화살표)가 유출 유류의 미생물에 의한 생물정화를 촉진하기 위해 무기영양물질을 처리한 지역이며 위쪽과 왼쪽은 처리하지 않은 지역이다. *(c)* 레바논에서 2006년 전쟁 중 Byblos 항구로 흘러드는 Jiyeh (레바논) 발전소로부터 지중해로 유출된 기름.

섬우라늄석 안정성이 장기적이어야 하기 때문이다.

미니퀴즈

- 산화와 환원 반응 중 어느 것이 우라늄 생물정화에 핵심인가?
- 우라늄 오염을 다루기 위해 왜 고정화가 좋은 전략인가?

22.4 유기 오염물질의 생물정화: 탄화수소

무기 오염물질과 달리 유기 오염물질은 일반적으로 미생물에 의해 결국 CO_2로까지 완전히 분해될 수 있다. 이는 많은 다른 미생물에 의해 공격받을 수 있는 유류 오염에서 방출된 석유에도 적용된다 (**그림 22.7**). 오랫동안 자연적인 석유 유출을 통해 탄화수소의 복잡한 혼합물에 이 생물들이 노출되어 왔으며, 따라서 이 자연적으로 생기는 오염물질을 분해하는 데 필요한 대사 장치가 진화되었다. 반면에 인공합성 오염물질들은 잔류성이 더 높으며 보다 특별한 종류의 미생물에 의해 분해된다. 이 절에서는 탄화수소 그리고 다음 절에서는 인공합성물질에 대해 초점을 맞추겠다.

석유와 탄화수소 생물정화

석유는 유기물의 풍부한 공급원이며 이 때문에 석유가 지구의 표면으로 나와 공기 및 수분과 접촉하게 되면 미생물들이 탄화수소를 쉽게 공격한다. 대형 석유저장탱크 같은 일부 환경에서는 미생물 생장이 바람직하지 않다. 그러나 기름 유출 시 생분해는 바람직하며 기름으로부터의 거대한 유기탄소의 유입과 균형을 맞추기 위한 무기영양물질의 첨가에 의해 촉진될 수도 있다 (그림 22.7).

탄화수소 이화작용의 생화학은 14.24와 14.25절에 설명되어 있다. 호기적 및 혐기적 생분해가 모두 가능하다. 호기적 조건에서는 탄화수소로 산소 원자를 도입하는 산소화효소(oxygenase)의 중요한 역할이 강조되었다. 여기에서는 호기성 대사에 초점을 맞추고자 하는데 O_2가 존재할 때에만 산소화효소가 작용하며 탄화수소 생물정화가 비교적 짧은 시간 내에 효과적일 수 있기 때문이다.

다양한 세균, 진균과 소수의 녹조류가 호기적으로 석유 제품을 산화시킬 수 있다. 물과 육상 생태계의 소규모 유류오염은 자연적으로 뿐만 아니라 인간에 의해 흔히 일어난다. 유류산화 미생물들은 유막과 기름층에서 신속하게 발달하고, 탄화수소 산화는 온도가 충분히 따뜻하고 무기 영양물질 (주로 N과 P) 공급이 충분하다면 가장 활발하다. 더욱이 기름은 물에 녹지 않고 밀도가 낮기 때문에 물의 표면에 떠서 유막을 형성한다. 거기서 탄화수소-분해 세균은 기름방울에 부착하고 (**그림 22.8**) 결국 기름을 분해하고 유막을 분산시킨다. 특정 유류분해 세균은 전문 종이다; 예를 들어, 세균 *Alcanivorax borkumensis*는 탄화수소, 지방산, 또는 피루브산염에서만 자란다. 이 생물은 기름을 깨는 데 도움이 되는 계면활성제를 생성하여 기름을 용해시킨다. 일단 용해되면 기름은 보다 쉽게 흡수되고 전자공여체와 탄소원으로 분해된다.

그림 22.7에 보이는 것 같은 대형 표층 유류 유출 시 지방족과 방향족 모두의 휘발성 탄화수소는 생물정화 없이 빨리 휘발되고 정화인력이나 미생물들이 제거해야 할 비휘발성 성분이 남게 된다. 미생물들은 CO_2로의 산화에 의해 기름을 소모한다. 생물정화 활성이 무기영양물질 첨가에 의해 촉진될 때 유류-산화 세균들은 전형적으로 기름 유출 후 짧은 시간 내에 자라날 수 있는데 (그림 22.7*b*), 이상적인 조건 하에서 비휘발성 유류 성분의 80% 또는 그

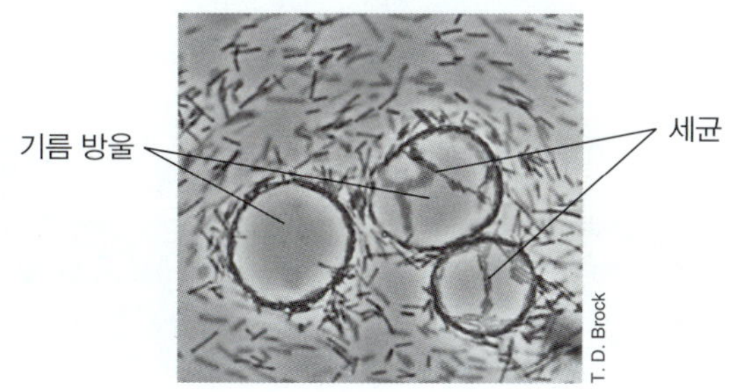

그림 22.8 기름 방울과 연관된 탄화수소-산화 세균. 세균들은 기름 방울 속이 아닌 기름-물 경계면에 많은 수로 농축된다.

단원 5

이상이 1년 이내에 산화될 수 있다. 그러나 가지를 친 사슬과 다핵 방향족 탄화수소를 포함하는 특정 유류 분획은 선호되는 미생물 기질이 아니며 환경에 훨씬 오래 잔류한다. 퇴적층으로 들어간 유출 유류는 매우 서서히 분해되며, 높은 수확량을 오염되지 않은 물에 의존하는 어업에 장기간 상당한 영향을 줄 수 있다.

보다 흔한 표층 유류 유출에 대한 주목할 만한 예외가 멕시코만의 Deepwater Horizon 원양 시추장치의 2010년 침몰로 1.5 km 깊이에 있는 유정 입구가 파손되어 심해로 6.35억 리터 이상의 원유가 방출되었다 (20.9절과 그림 20.21). 유출된 탄화수소의 약 35%가 저-분자량 성분과 천연가스 (methane, ethane, propane)로 구성되었다. 이런 보다 쉽게 분해되는 기름 성분의 가용성은 쉽게 분해되는 것과 보다 난분해성의 탄화수소 성분을 모두 산화시키는 능력을 갖는 세균의 큰 무리의 발달 촉진을 통해 자연적 분해 과정을 가속화시킨 것으로 생각된다. 유출 유류에 수천 갤런의 화학 분산제를 직접 주입하여 기름의 분산을 촉진시킨 (기름의 표면적과 생물가용성을 증가시키기 위해) 산업체 결정이 실제로 미생물 분해를 가속화시켰는지는 불분명하다. 비록 이 큰 기름 유출의 일부 유산이 아직 남아 있지만 많은 기름은 휘발과 미생물 활성의 조합에 의해 사라졌다.

저장된 탄화수소의 분해

기름과 물이 만나는 계면(interface)은 흔히 대규모로 일어난다. 저장과 수송 중 원유와 분리된 물 이외에, 구멍이 있는 대형 연료 저장탱크 (**그림 22.9**) 내에서 수분이 응축될 수 있다. 이 물은 결국 석유 밑에서 층으로 축적된다. 휘발유와 원유 저장탱크는 따라서 탄화수소-산화 미생물들의 잠재적 서식지가 된다. 만일 충분한 황산염(SO_4^{2-})이 흔히 원유인 기름에 존재하면 황산염-환원 세균이 무산소 조건에서 탄화수소를 소모하면서 탱크 안에서 자랄 수 있다 (14.25와 15.9절). 생성된 황화물(H_2S)은 부식성이 매우 높으며 구멍을 만들어 결과적으로 탱크가 새고 연료의 질이 저하된다. 저장된 연료 성분의 호기적 분해는 문제가 덜한데 저장탱크가 밀봉되고 연료 자체가 용존 O_2를 거의 함유하지 않기 때문이다.

그림 22.9 대형 석유 저장탱크. 연료탱크에서는 흔히 기름-물 경계면에서 미생물 생장이 일어난다.

> **미니퀴즈**
> - 왜 석유-분해 세균은 기름 방울의 표면에 부착이 필요한가?
> - 세균 *Alcanivorax*의 생리는 무엇이 독특한가?

22.5 유기 오염물질의 생물정화: 농약과 플라스틱

탄화수소와 달리 인간이 환경에 도입하는 많은 화학물질들은 이전에 없던 것이다. 이들은 인공합성물질이며 여기에서 그들의 미생물 분해를 살펴본다.

농약 분해

인공합성물질로는 많은 다른 화학물질 중 농약, 다염화비페닐(polychlorinated biphenyls, PCBs), 폭약, 염료와 염소화 용매 등이 대표적이다. 일부 인공합성물질들은 생물들이 자연에서 전혀 접해보지 않은 화학적으로 다른 구조라서, 분해된다 하더라도 극도로 느리게 분해된다. 다른 인공합성물질들은 구조적으로 하나 또는 그 이상의 천연화합물과 관련되며 가끔 이 구조적으로 연관된 천연화합물을 분해하는 효소들에 의해 천천히 분해될 수 있다. 여기에서는 농약 생물정화에 대해 초점을 맞추겠다.

전 세계적으로 1000가지 이상의 농약(pesticide)이 해충 제어 목적으로 시판되고 있다. 농약에는 제초제(*herbicide*), 살충제(*insecticide*)와 살균제(*fungicide*) 등이 포함된다. 농약은 매우 다양한 화

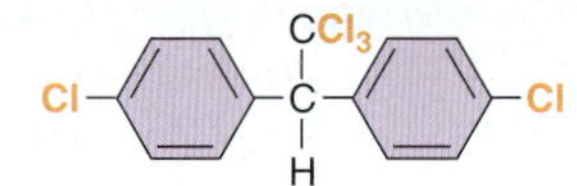

DDT, dichlorodiphenyltrichloroethane (유기염소제)

Malathion, mercaptosuccinic acid diethyl ester (유기인산제)

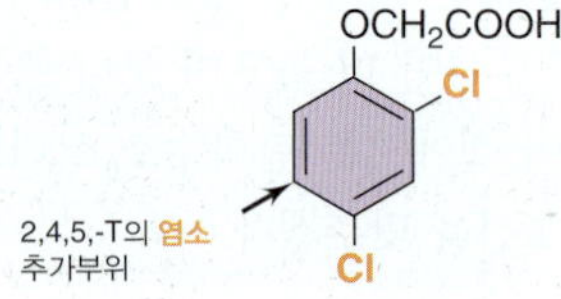

2,4-D, 2,4-dichlorophenoxy-acetic acid

Atrazine, 2-chloro-4-ethylamino-6-isopropylaminotriazine

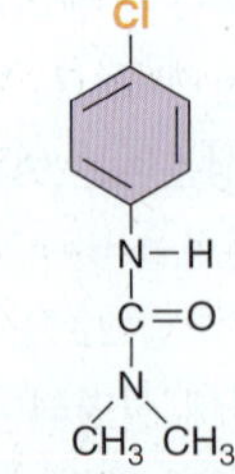

Monuron, 3-(4-chlorophenyl)-1,1-dimethylurea (요소치환제)

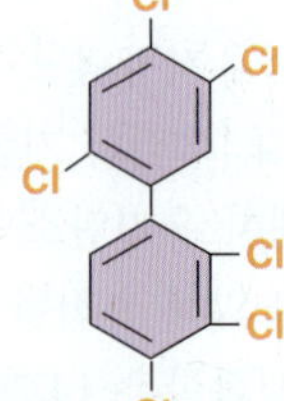

Chlorinated biphenyl (PCB), 이것은 2,3,4,2′,4′,5′-hexachlorobiphenyl

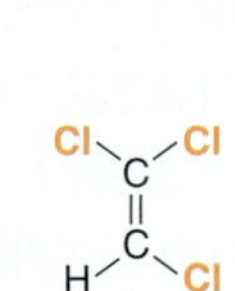

Trichloroethylene

그림 22.10 인공합성 화합물의 예. 비록 이 화합물들 중 어느 것도 자연적으로 존재하지 않지만 이들을 분해하는 미생물들이 존재한다.

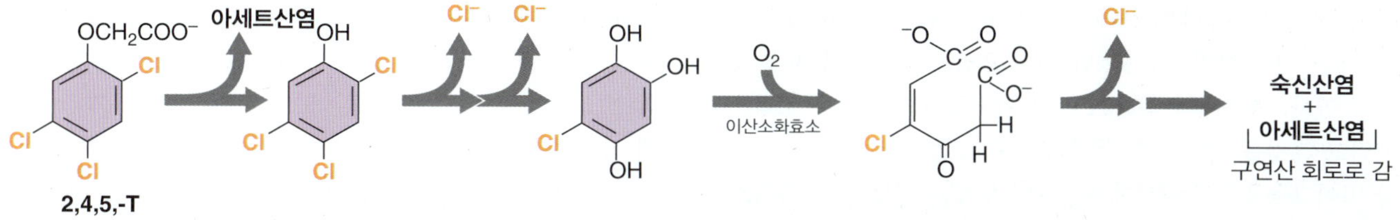

그림 22.11 제초제 2,4,5-T의 생분해. 호기적 2,4,5-T 생분해 경로; 분해 과정에서 이산소화효소 (14.24절)의 중요성에 주목하라.

학물질 종류로서 염소화, 방향족, 질소와 인 함유 화합물 등을 포함한다 (**그림 22.10**). 이 물질들의 일부는 미생물들의 탄소원과 에너지원으로 사용될 수 있지만 다른 것들은 일부만 이용되거나 전혀 이용되지 못한다. 고도로 염소화 된 화합물들은 전형적으로 미생물 공격에 가장 저항성이 큰 농약이다. 그러나 관련 화합물들은 그들의 분해성이 상당히 다를 수 있다. 예를 들어, DDT 같은 염소화 화합물은 토양에서 비교적 변화되지 않고 수년간 잔류할 수 있지만 2,4-D 같은 염소화 화합물은 불과 수 주 내에 상당히 분해될 수 있다.

온도, pH, 토양 유기물 함량 같은 환경요인들이 농약 분해율에 영향을 미치며, 일부 농약은 휘발, 용출 또는 자발적인 화학적 분해에 의해서 토양으로부터 사라질 수 있다. 또한 일부 농약은 일차 에너지원으로 사용될 수 있는 다른 유기물이 존재할 때에만 분해될 수 있는데 이를 공동대사(*cometabolism*)라 한다. 대부분의 경우 공동대사 되는 농약은 부분적 분해만 일어나며 본래 화합물보다 더 독성이 강하거나 분해가 어려운 새로운 인공합성 화합물이 생성되기도 한다. 따라서 환경적 관점에서 농약의 공동대사는 항상 좋은 것은 아니다.

탈염소화

많은 인공합성 화합물들은 염소화 화합물이며 그들의 분해는 탈염소화(*dechlorination*)를 통해 진행된다. 예를 들어, 세균 *Burkholderia*가 농약 2,4,5-T를 호기적으로 탈염소화하며 이 과정에서 염소이온(Cl^-)을 방출한다 (**그림 22.11**); 이 반응은 산소화효소(oxygenase)에 의해 일어난다 (14.24절). 탈염소화 후 이산소화효소(dioxygenase)가 방향족 고리를 끊어 구연산 회로로 들어가 에너지를 낼 수 있는 화합물을 만들어낸다.

비록 염소화 인공합성물질의 호기적 분해가 틀림없이 생태학적으로 중요하지만, **환원적 탈염소화(reductive dechlorination)**가 아마 더욱 중요한데 그 이유는 염소화 화합물로 오염된 미생물 서식지에서 무산소 조건의 빠른 발달 때문이다. 앞에서 혐기성 호흡의 한 종류로 환원적 탈염소화에 대하여 설명하였는데 이 과정에서 클로로벤조산염(chlorobenzoate, $C_7H_4O_2Cl^-$) 같은 유기염소화 합물들이 최종 전자수용체이며 환원되면 무독성 물질인 염소이온(Cl^-)을 방출한다 (14.15절).

이염화-, 삼염화-와 사염화- (과염화-) 에틸렌, 클로로포름, 이염화메탄, 및 다염화비페닐 (그림 22.10)을 포함한 많은 화합물들이 환원적 탈염소화될 수 있다. 또한 여러 브롬화 및 불소화 유기화합물들도 유사한 방식으로 탈할로겐화될 수 있다. 많은 이들 염소화 또는 할로겐화 화합물들은 독성이 매우 높으며 화합물들 중 일부는 (특히 삼염화에틸렌) 암과 관련이 있다. PCBs 같은 이 화합물들의 일부는 전기 변압기의 절연체로 널리 사용되며 그것들은 새는 저장용기나 변압기로부터의 느린 누출에 의해 혐기성 환경으로 유입된다. 결국 이 화합물들은 지하수나 퇴적층으로 이동하는데 미국에서 가장 흔한 오염물질 중 하나로 검출된다. 따라서 무산소 환경으로부터 이 화합물들의 제거를 위한 생물정화 전략으로 환원적 탈염소화에 관심이 매우 크다.

플라스틱

플라스틱은 인공합성 화합물의 전형적인 예이며, 플라스틱 산업은 전 세계적으로 매년 3억 톤 이상의 플라스틱을 생산하고 있으며, 이중 거의 절반이 재활용되지 않고 폐기되고 있다. 플라스틱은 다양한 종류의 중합체이다 (**그림 22.12*a***). 많은 플라스틱은 매립

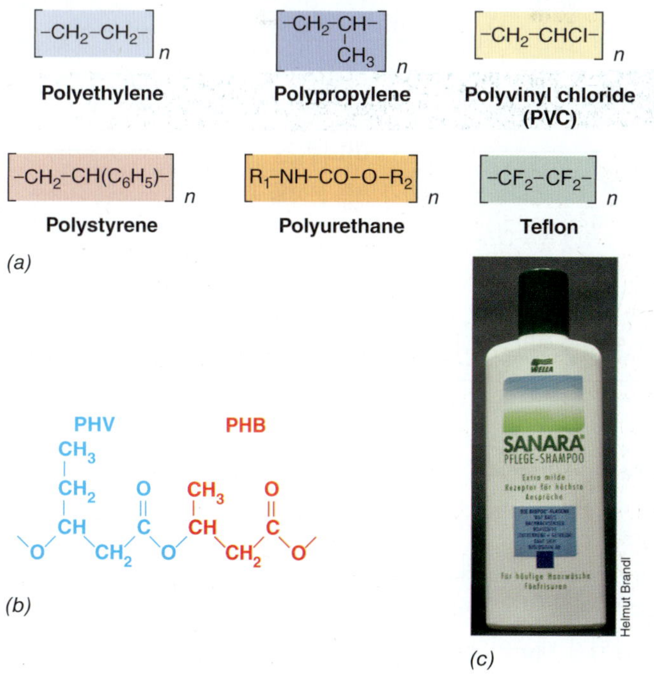

그림 22.12 합성 플라스틱과 미생물 플라스틱. *(a)* 여러 합성 플라스틱의 단량체 구조. *(b)* poly-β-hydroxybytyrate (PHB)와 poly-β-hydroxyvalerate (PHV) 공중합체의 구조. *(c)* PHB/PHV 공중합체로 만들어진 병에 담겨 독일에서 이전에 시판되던 샴푸.

지, 폐기물 더미와 환경에서 쓰레기로 장시간 거의 변하지 않고 남아 있다. 매년 해양 환경으로 9백만 톤이 유입되어 특별한 환경 문제가 되고 있다. 해양에서 플라스틱 잔해는 풍화되어 작은 조각으로 파쇄되고 그것을 작은 해양 무척추동물이 섭취할 수 있어 중요한 해양 먹이그물을 교란시키게 된다. 이 문제는 일부 합성 플라스틱의 대안으로 **미생물 플라스틱(microbial plastics)**이라 하는 생분해성 대체물을 탐색하게 하였다.

폴리히드록시알칸산염(polyhydroxyalkanoate, PHA)은 흔한 세균 저장 중합체이며 (2.8절), 이 쉽게 생분해되는 중합체는 인공 합성 플라스틱의 많은 바람직한 성질을 가지고 있다. PHAs는 다양한 화학적 형태로 생합성 될 수 있으며, 각각은 그 고유의 독특한 물리적 특성 (강성, 전단 및 충격 강도, 기타 유사한 성질)을 갖는다. Poly-β-hydroxybytyrate와 poly-β-hydroxyvalerate가 거의 동량 함유된 공중합체(*copolymer*) (그림 22.12*b*)는 유럽에서 개인 미용 및 위생용품 용기로 시판되고 있으며 이제까지 플라스틱 대체품으로 가장 크게 성공하였다 (그림 22.12*c*). 그러나 합성 플라스틱이 현재는 미생물 플라스틱보다 싸기 때문에, 석유로부터 만드는 합성 플라스틱이 오늘날 플라스틱 시장의 거의 전체를 차지하고 있다.

세균 *Ralstonia eutropha*는 PHAs의 상업적 생산을 위한 모델 생물로 이용되고 있다. 이 유전자 조작이 가능하고 대사적으로 다양한 세균은 높은 수율로 PHAs를 생산하며 간단한 영양요구의 변경에 의해 특정 공중합체를 만들 수 있다. 그럼에도 불구하고 PHA 생합성을 위한 가장 좋은 기질이 옥수수 또는 기타 작물로부터 얻는 포도당 및 관련 유기화합물이라는 현실이 미생물 플라스틱 산업에 부담이 되고 있다. 그리고 심지어 현재 기름 가격에서는 플라스틱 산업을 위한 원료로서 식물 산물이 기름과 경쟁을 할 수 없다.

미니퀴즈

- 왜 무기 영양물질의 첨가가 기름 분해를 촉진하는데 포도당 첨가는 그렇지 않은가?
- 환원적 탈염소화는 무엇이며 그림 22.11에 보이는 반응과 어떻게 다른가?
- 미생물 플라스틱이 합성 플라스틱에 비해 주된 장점은 무엇인가?

III • 폐수와 음용수 처리

물은 전염병의 가장 중요하고 잠재적이며 흔한 발생원이며 화학적으로 유발되는 중독의 잠재적 근원이다 (32장). 이는 예를 들어, 대도시에서 하나의 물 공급원이 흔히 많은 수의 사람들에게 공급되기 때문이다. 이 도시 내 모든 사람들이 가용한 물을 이용해야 하며 오염된 물은 모든 노출된 사람에게 질병을 전파하는 잠재력을 갖는다. 유사하게 적절한 폐수 처리는 환경의 질 유지와 질병 전파 감소를 위해 필수적이다. 따라서 물, 물 수송체제와 물 처리의 미생물학은 공중보건에 가장 중요하다.

2010년 지진 후 Haiti에서 콜레라 발생은 공중보건 유지를 위해 잘 유지된 폐기물과 음용수 처리 체제의 중요성을 상기시킨다 29.8과 32.3절). 여기에서는 물의 화학적 및 생물학적 처리를 위해 설치된 체제와 처리된 물을 소비자에게 공급하기 위해 사용되는 전달 체제에 대해 살펴본다. 또한 도시 물 공급 체제와 수도배관 내에서 발달하는 미생물 군집의 인간 건강에 미치는 중요성도 알아본다.

22.6 1차 및 2차 폐수 처리

폐수(wastewater)는 생활하수나 액체 산업 폐기물이며 공중보건, 경제적, 환경적 및 심미적 고려 때문에 처리되지 않은 형태로 호수나 하천으로 방류될 수 없다. 폐수 처리는 산업적-규모의 미생물 사용뿐만 아니라 물리적 및 화학적 방법도 사용한다. 폐수는 처리장에 들어오고 처리를 거치며 처리되어 처리 시설에서 방류되는 **방류수(effluent water)**는 호수와 하천 같은 지표수 또는 음용수 정화 시설로 방출하는 데 적합하다 (**그림 22.13**).

폐수와 하수

생활하수나 산업체에서 나온 폐수는 처리되지 않은 형태로 호수나 하천에 방출될 수 없다. **하수(sewage)**는 사람이나 동물의 배설물로 오염된 액체 방류수이다. 폐수는 또한 병원성 미생물뿐만 아니라 잠재적으로 유해한 무기 및 유기 화합물을 포함할 수 있다. 폐수처리는 오염물질을 제거하거나 중화시키기 위해 물리적, 화학적 및 생물학적 (미생물학적) 공정을 이용할 수 있다.

평균적으로 미국에서 각 개인은 매일 세척, 요리, 음용 및 화장실 등을 위해 380~760리터의 물을 사용한다. 이런 활동에서 수집된 폐수는 지표수로 방출될 수 있기 전에 오염물질을 제거하기 위해 처리되어야만 한다. 미국에는 약 16,000곳의 공공처리장(publicly owned treatment work, POTW)이 운영된다. 대부분의 POTW는 비교적 작고 매일 380만 리터 또는 그 이하의 폐수를 처리한다. 그러나 전체적으로 이 처리장들은 매일 약 1210억 리터의 폐수를 처리한다. 폐수처리장은 보통 생활하수와 산업폐기물을 모두 처리하도록 건설되었다. 생활하수는 오수, 중수(gray water, 세척, 목욕 및 조리로부터 나오는 물) 및 가정과 식당의 소규모 식품 가공으로부터의 폐수로 구성된다.

산업 폐수는 석유화학, 농약, 식품 및 낙농, 플라스틱, 제약과 도금 산업 등에서의 방출액을 포함한다. 산업 폐수는 독성물질을 함유할 수 있어, 일부 제조 및 가공 공장들이 독성 또는 심하게 오염된 방류수가 POTW에 들어가기 전에 전처리를 하도록 미국 환경보호청(Environmental Protection Agency, EPA)이 요구하고 있다. 전처리(pretreatment)는 큰 고형물을 제거하는 기계적 공정을 포함한다. 일부 폐수는 생물학적으로 또는 화학적으로 전처리하여 시안화물(cyanide); 비소, 납과 수은 같은 중금속; 또는 acrylamide, atrazine (제초제)과 벤젠 같은 유기물처럼 독성이 강한 물질을 제거한다. 이 폐기물들을 중화, 산화, 침전 또는 휘발시킬 수 있는 화

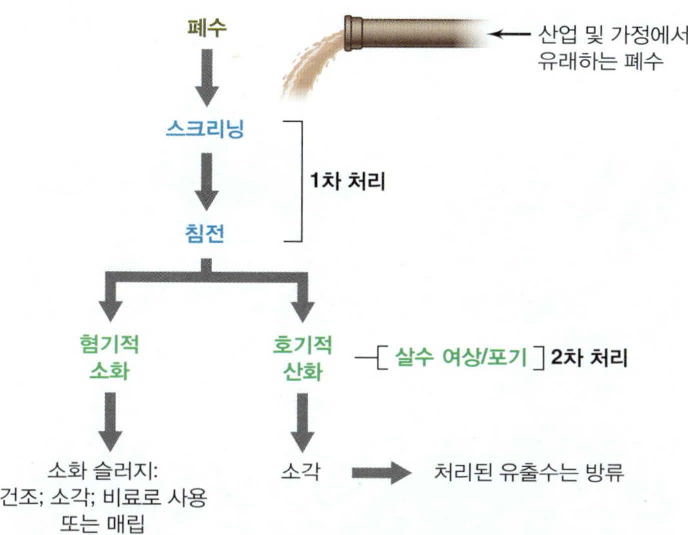

그림 22.13 폐수처리 공정. 효과적인 폐수처리장은 여기에 보인 1차와 2차 처리법을 이용한다. 3차 처리는 환경에 방류되는 물에 영양물질 수준을 낮추기 위해 사용될 수도 있는데, 생화학적 산소 요구량(BOD), 질소와 인을 불검출 수준까지 매우 낮게 감소시킨다.

학물질이나 미생물의 처리에 의해 이 물질들은 독성이 낮은 형태로 전환된다. 전처리된 폐수는 POTW로 방류될 수 있다.

폐수처리와 생화학적 산소요구량

폐수처리 시설의 목적은 폐수의 유기 및 무기물을 미생물의 생장을 유지할 수 없을 정도로 줄이고 다른 잠재적 독성물질을 제거하는 것이다. 처리의 효율성은 **생화학적 산소요구량(biochemical oxygen demand, BOD)**의 감소로 나타내는데 이는 물 시료에 있는 모든 유기 및 무기 물질을 미생물이 완전히 산화시키기 위해 사용하는 용존 산소의 양을 의미한다 (20.8절). 폐수에 유기 및 무기 물질이 많을 경우 높은 BOD 값을 가지게 된다.

하수를 포함하여 가정 폐수의 전형적인 BOD 값은 약 200 BOD 단위이다. 낙농업체에서 나오는 산업 폐수의 경우 1500 BOD 단위까지 상승할 수 있다. 효율적인 폐수처리 시설은 높은 BOD를 5 BOD 단위 이하의 최종 처리수가 되도록 줄여준다. 폐수처리 시설은 낮은 BOD의 하수와 높은 BOD의 산업 폐수를 모두 처리하도록 설계되었다.

처리는 여러 독립된 물리적 및 생물학적 공정을 이용하는 다단계 과정이다 (그림 22.13). 1차(*primary*), 2차(*secondary*)와 간혹 추가적인 처리는 폐수의 생물학적 및 화학적 오염을 줄이기 위해 운영되며 각각의 더 높은 수준의 처리는 보다 복잡한 기술을 이용한다.

1차 폐수처리

1차 폐수처리(primary wastewater treatment)는 폐수로부터 고형물과 입자 상태의 유기 및 무기 물질을 제거하기 위하여 물리적인 분리 방법만을 사용한다. 폐수처리장으로 유입된 폐수는 커다란 물질을 걸러내는 일련의 격자(grate)와 그물망(screen)으로 통과시킨다. 유출수(effluent)는 몇 시간 동안 고형물이 가라앉게 한다. 고형물이 분리조의 바닥에 침전되고 유출수는 추가적인 처리를 위해 뽑아내어 방류한다 (**그림 22.14**).

Victoria 시 (British Columbia, 캐나다)와 같이 1차 처리만을 하는 지자체는 높은 BOD의 매우 오염된 물을 인접한 수로로 방출하는데, 1차 처리 후 높은 수준의 용존 및 부유 유기물과 기타 영양물질이 물에 남아 있다. 이 영양물질은 바람직하지 않은 미생물 생장을 일으키고 수질을 더욱 악화시킬 수 있다. 대부분의 처리장은 2차와 심지어 3차(*tertiary*) (22.7절) 처리를 하여 자연 수로로 방류 전에 폐수의 유기물 함량을 낮춘다. 2차 처리공정은 폐수 내 유기물을 더 줄이기 위해 호기성 및 혐기성 미생물 소화 모두를 이용한다.

2차 호기성 폐수처리

2차 호기성 폐수처리(aerobic secondary wastewater treatment)는 호기성 조건 하에서 적은 양의 유기물질을 함유한 폐수를 처리하기 위하여 미생물에 의한 산화 분해반응을 이용한다 (**그림 22.15*a*, *b***). 일반적으로, 주거 지역에서 배출되는 폐수는 호기성 처리만으로도 효율적으로 처리될 수 있다. 여러 종류의 호기성 분해 공정이 폐수 처리에서 사용될 수 되는데, 활성 슬러지(*activated sludge*) 방법이 가장 흔하다 (그림 22.15*a*, *b*). 이 공정에서, 폐수는 거대한 탱크에서 지속적으로 혼합되며 공기를 공급받게 된다. *Zoogloea ramigera* 등을 포함한 점액-형성 호기성 세균이 생장하며 플록(floc)이라 부르는 응집된 덩어리를 형성한다 (**그림 22.16**). *Zoogloea*의 생물학은 16.2절에서 설명하였다. 원생생물, 작은 동물, 필라멘트형 세균과 진균은 플록에 부착된다. 플록이 교반되고 공기에 노출되면서 유기물의 산화가 플록 상에서 일어난다. 플록을 함유한 포기된(aerated) 유출수는 저장 탱크나 침전조(clarifier)로 보내져서 플록이 가라앉도록 한다. 플록 물질의 일부 (활성슬러지

그림 22.14 폐수의 1차 처리. 폐수는 고형물의 침전이 일어나는 저수조(왼쪽)로 보내진다. 수위가 높아짐에 따라, 물이 톱니모양의 홈을 따라 아래로 흘러내린다. 제일 아래층으로 흘러내려온 물은 고형물이 없으며, 이 물은 배수로 (화살표)로 유입되면서 2차 처리 시설로 보내진다.

(a)

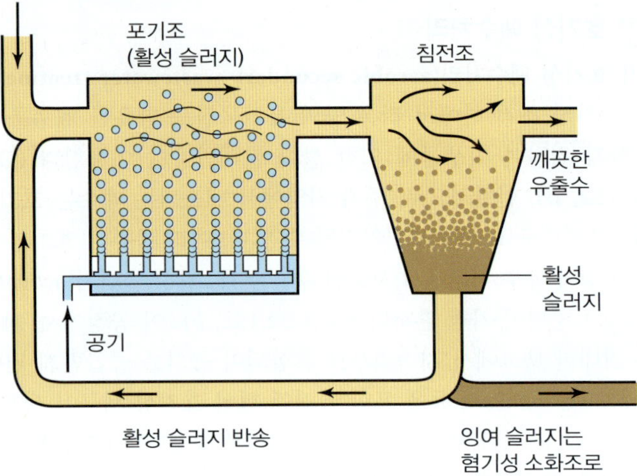

(b)

John M. Martinko and Deborah O. Jung

(c)

그림 22.15 2차 호기성 폐수처리 공정. 그림 *a*와 *b*는 활성 슬러지 방법을 보여준다. *(a)* 대도시 폐수 처리장에 설치된 활성 슬러지 설비의 포기 탱크. 탱크의 길이는 30 m, 폭은 10 m이며 깊이는 5 m이다. *(b)* 활성 슬러지 설비에서 폐수의 흐름. 활성 슬러지의 포기조로의 재순환은 폐수에 있는 유기물의 산화적 분해를 위해 필요한 미생물을 도입시킨다. *(c)* 살수 여상 방법. 살수기가 회전하면서 암석 여상 위로 폐수를 천천히 골고루 뿌려준다. 암석의 직경은 10~15 cm이며, 여상 깊이는 2 m이다.

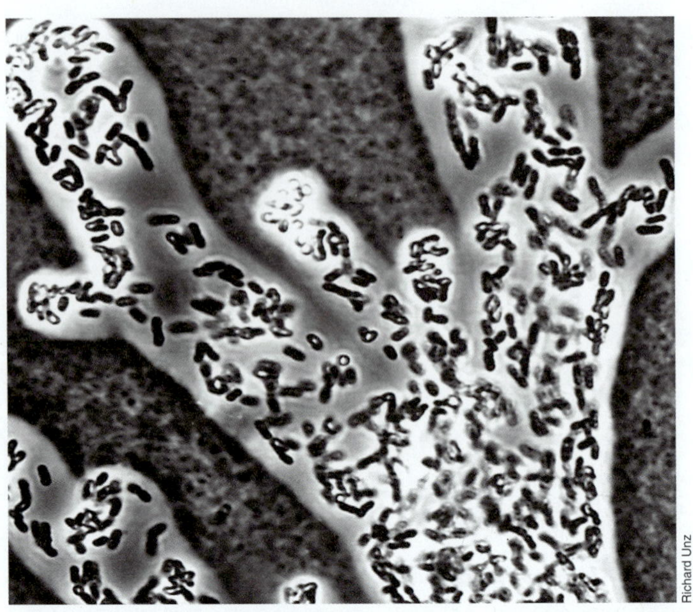

그림 22.16 세균 *Zoogloea ramigera*에 의해 형성된 폐수 플록. 활성 슬러지 공정 중에 형성된 플록은 다당류 점질층으로 둘러싸인 많은 수의 작은 막대형 세포인 *Z. ramigera*로 구성되어, 인디아 잉크를 이용한 음성 염색에서 특징적인 손가락 모양으로 배열한다.

라 함)는 새로 유입된 폐수를 위한 종균(inoculum)으로서 포기조(aerator)로 되돌려 보내지며, 나머지는 혐기성 슬러지 소화조 (그림 22.17)로 보내지거나, 제거하여 건조시켜 태워버리거나 비료로 사용한다.

폐수는 보통 활성 슬러지 탱크에서 5~10시간 머무르게 되는데, 모든 유기물질이 완전히 산화되기에는 매우 부족한 시간이다. 그러나 이 시간 동안 많은 용존 유기물질이 플록에 흡착되어 미생물 세포로 들어가게 된다. 액상 유출수의 BOD는 폐수가 유입될 때와 비교하면 상당히 감소된다 (95%까지); 높은 BOD의 물질 대부분은 이제 가라앉은 플록에 있게 된다. 플록은 CO_2와 CH_4로 전환하기 위하여 무산소성 슬러지 소화조로 옮겨질 수 있다.

활성슬러지 처리 효과는 특정 필라멘트형 미생물 (흔히 *Actinobacteria*의 구성원, 16.12절)의 과다생장에 의해 감소되는데 그들이 플록의 느린 침전인 슬러지 팽화(*sludge bulking*)라는 문제를 일으킨다. 이 지속적인 문제는 활성슬러지 처리에 요구되는 큰 반응조 부피와 더불어 입상 슬러지(*granular sludge*)라 하는 조밀한 미생물 응집체의 생장을 촉진하는 새로운 종류의 반응조 개발을 촉발하였다. 입상 슬러지 내의 각 조밀한 미생물 덩어리 (수 mm 크기)는 높은 대사 활성과 우수한 중력침전 성질 모두를 가져 처리시설의 크기와 에너지 비용을 크게 낮추었다. 비록 이 일의 많은 것이 아직 실험실 기준이지만 이 기술이 비교적 빨리 실행될 수 있을 것이다 (672쪽 참조).

살수 여상(*trickling filter*)은 2차 호기성 처리의 대체 방법이다 (그림 22.15*c*). 살수 여상은 약 2 m 두께의 분쇄된 암석층이다. 폐수가 암석 위에 분사되면 천천히 여상을 통과한다. 폐수의 유기물은 암석에 흡착되고, 미생물이 넓은 노출되어 있는 암석 표면에서 자라서 생물막(biofilm)을 형성한다. 유기물의 CO_2, 암모니아, 질산염, 황산염과 인산염으로의 완전한 광물화는 암석 표면에 발달한 광범위한 미생물 생물막 안에서 일어난다.

대부분의 폐수 처리장에서는 2차 처리 후 생물학적 오염 가능성을 좀 더 낮추기 위하여 유출수를 염소처리한다. 처리된 유출수는 하천이나 호수로 방출될 수 있다. 미국 동부의 많은 폐수 처리 시설에서는 유출수를 소독하기 위해 자외선(UV) 조사를 이용한다. 미국 내의 일부 처리장에서는 효과적인 살세균제와 살바이러스제인 강력한 산화제인 오존(O_3)을 폐수 소독에 사용하고 있다 (5.15~5.17절).

2차 또는 3차 혐기성 처리

혐기성 처리(anaerobic treatment)는 무산소 조건 하에서 다양한 세균과 고균에 의해 수행되는 일련의 이화적 반응을 포함하고 있다. 혐기성 처리는 전형적으로 식품과 낙농업에서 나오는 섬유질(fiber)과 셀룰로오스(cellulose) 폐기물 같은 많은 양의 불용성 유기물 (따라서 매우 높은 BOD를 가짐)을 함유한 폐수를 처리하기 위하여 사용된다. 그것은 또한 2차 호기성 폐수처리 (그림 22.15*b*)로부터 나온 슬러지의 추가적인 처리에도 이용된다. 그 경우 추가적 단계를 **3차 처리(tertiary treatment)**라 하는데, 2차 처리 유출수나 고형물의 후속 처리를 위해 단위 조작(unit operation)이 추가되는 처리 공정으로 규정된다.

혐기성 분해 과정은 슬러지 소화조(*sludge digester*) 또는 생물반응기(*bioreactor*)라고 불리는 커다란 밀폐된 탱크에서 진행된다 (**그림 22.17**). 이 공정은 많은 다른 미생물의 종합적인 활성이 필요하며 주요 반응은 그림 22.17*c*에 요약되었다. 첫 번째로, 혐기성 생물은 다당류 분해효소(polysaccharidases), 단백질 분해효소(proteases)와 지방 분해효소(lipase)를 이용하여 큰 거대분자와 부유 고형물을 수용성 성분으로 분해한다. 이 수용성 성분은 그 후 발효되어 지방산, H_2와 CO_2의 혼합물을 만든다; 지방산은 영양공생 세균 (14.23과 21.2절)의 협동 작용에 의해 더 발효되어 아세트산염, CO_2와 H_2를 생성한다. 이 산물들은 메탄생성 고균 (17.2와 21.2절)의 기질로 사용되며, 아세트산염이 발효되어 무산소성 하수처리의 주요 산물인 메탄(CH_4)과 CO_2가 생성된다 (그림 22.17*c*). 메탄은 태워서 없애거나 폐수 처리시설의 열과 전기를 공급하기 위한 연료로 사용된다.

미니퀴즈

- 생화학적 산소요구량(BOD)은 무엇인가? 폐수 처리에서 왜 BOD의 감소가 중요한가?
- 1차와 2차 처리 방법은 어떻게 다른가?
- 처리된 물 이외에 폐수처리의 최종 산물은 무엇인가? 이 최종 산물은 어떻게 이용될 수 있는가?

22.7 고도 폐수처리

고도 폐수처리는 2차 처리에 의해 통상적으로 얻어진 것보다 더 높은 수질의 유출수를 얻기 위해 고안된 모든 공정이다. 이에는 3차 처리, 물리적-화학적 처리 또는 복합 생물학적-물리적 처리를 포함한다. 고도처리(advanced treatment)의 전형적인 목표는 유기물과 부유 고형물의 추가적 제거, 미생물 생장에 요구되는 핵심적인 무기 영양물질의 제거 (암모니아, 질산염, 아질산염, 인 또는 용존 유기탄소를 포함) 및 잠재적인 독성 물질의 제거를 포함한다. 고도 폐수처리는 하수처리의 가장 완전한 방법이지만 그런 완전한 영양물질 제거에 드는 비용 때문에 널리 이용되지는 않는다. 여기에서는 인, 질소와 미량 오염물질의 생물학적 제거를 소개하는데 이는 폐수처리에 중요성이 증가하고 있는 고도 처리의 세 분야이다.

생물학적 인 제거

재래식 2차 생물학적 처리는 불과 약 20%의 인을 폐수로부터 제거하여, 추가적인 화학적 또는 생물학적 처리를 필요로 한다. 화학

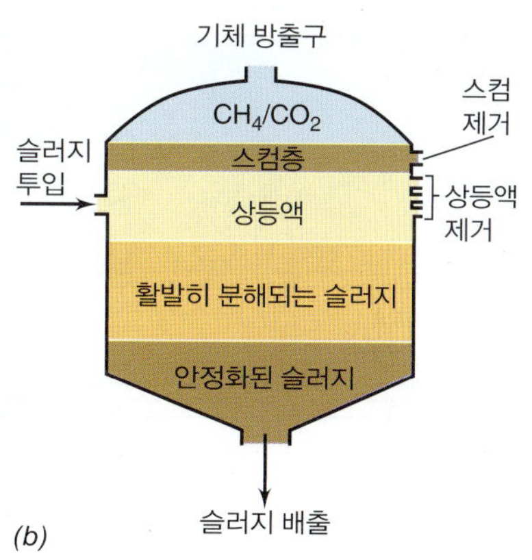

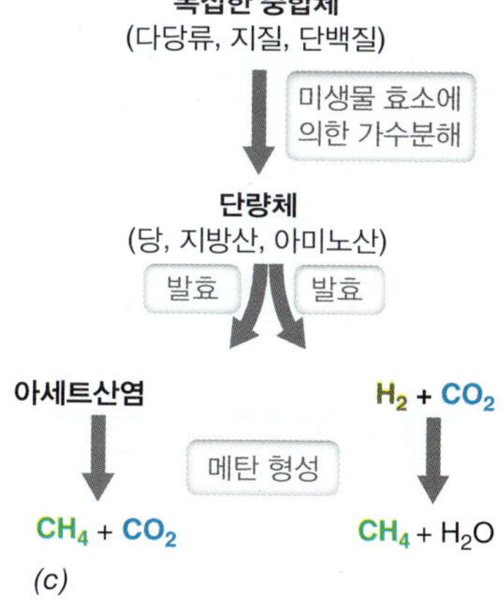

그림 22.17 혐기성 폐수처리. *(a)* 혐기성 슬러지 소화조. 탱크의 윗부분만 보이고 있으며 나머지 부분은 지하에 매설되었다. *(b)* 슬러지 소화조의 내부 작동. *(c)* 혐기성 슬러지 소화 시의 주요 미생물 공정. 메탄(CH_4)과 이산화탄소(CO_2)는 혐기성 생분해의 주요 산물이다.

적 침전은 가장 흔하게 사용되는 공정으로 유입수 인의 90%까지 제거한다. 제거는 Fe 또는 Al의 염소나 황산염의 첨가를 통해 수행되며 Fe^{2+}나 Fe^{3+} 염이 보다 흔하게 이용된다. 중성 pH 근처에서 Fe^{3+}는 불용성 인산철($FePO_4$)나 수산화제2철-인산염 복합체를 형성한다. 이것들은 침전되어 슬러지로 제거된다.

화학적 침전 공정은 95%까지 더 많은 슬러지를 생성하여 추가적인 처분 문제를 일으킨다. 대안의 하나로 인-축적 세균의 생장을 촉진하는 3차 처리는 향상된 생물학적 인 제거(*enhanced biological phosphorus removal, EBPR*)라고 하는 공정으로 인의 90%까지 제거할 수 있다. 여기서 폐수는 혐기성 및 호기성 반응조를 순차적으로 통과한다 (**그림 22.18**). 혐기성 반응조에서는 인-축적 생물(*phosphorus-accumulating organisms*, PAOs)이 저장된 다중인산염(polyphosphate)으로부터의 가용한 에너지를 이용하여 짧은 사슬 지방산을 동화하며, 세포내 폴리히드록시알칸산염(polyhydroxyalkanoates, PHAs)을 생성한다 (그림 22.18*a*; 2.8절); 이것이 일어날 때 용존 오르쏘인산염(orthophosphate, PO_4^{3-})이 방출된다. 뒤이은 호기성 처리 단계에서는 저장된 PHA가 대사되어 새로운 세포 생장을 위한 에너지와 탄소를 제공한다. 이 에너지는 세포내 다중인산염 형성에 사용되며 물로부터 오르쏘인산염을 제거한다 (그림 22.18*a*). 다중인산염을 많이 포함한 새로운 생물량 (슬러지)은 인 제거를 위해 수집된다 (그림 22.18*b*).

EBPR 공정은 종종 실패하는데 흔히 인 대신 글리코겐을 축적하는 경쟁하는 미생물 개체군의 과다 생장 때문에 이 공정의 효율이 떨어진다. 따라서 PAOs의 생태학과 생리학의 이해 향상이 보다 나은 공정 제어에 요구된다. 이 분야의 최근의 발전은 주된 PAOs의 하나로 적절한 이름이 붙여진 *Accumulibacter phosphatis*의 동정이다. *A. phosphatis*는 다른 EBPR 체제에서 동정되었던 연관된 인-축적 *Betaproteobacteria*의 분기군의 일부이다 (16.2절). 비록 순수배양이 아직 되지 않았으나 이 세균을 농화배양한 실험실 반응조 체제가 현재 안정된 EBPR 운영에 필요한 운전 조건에 대한 이해를 높이고 있다.

생물학적 질소 제거: 재래식 공정

폐수처리 시설로부터 반응성 질소(*reactive nitrogen*, Nr)라 부르는 암모니아 또는 질산염/아질산염 형태로 질소의 방출에 대한 엄격한 규제 제한은 인간과 수서 생명에 대한 그들의 해로운 건강 효과와 그것을 받는 수체의 부영양화에 기여를 반영한다 (20.8절). 따라서 2차 처리 또는 혐기성 슬러지 소화 (그림 22.15) 후 폐수로부터 잔류 Nr을 제거하기 위해 3차 처리의 이용이 증가하고 있다.

재래식 (전형적) 처리는 질산화와 탈질화의 조합을 이용하여 Nr을 비활성의 대기 중 형태(N_2)로 전환한다 (**그림 22.19*a***). 질산화 (14.11절)가 먼저 이용되어 암모니아를 질산염으로 전환한 후 탈질화 (14.13절)에 의한 질산염의 N_2로의 혐기성 전환이 일어난다. 다음 반응에서 유기 탄소는 특정 양의 유기물에 의해 감소되는 산소의 양인 화학적 산소요구량 (COD, 20.8절)으로 대표되는데, 예를 들어, 4 g의 COD가 4 g의 O_2 (0.125 mole)를 감소시킨다:

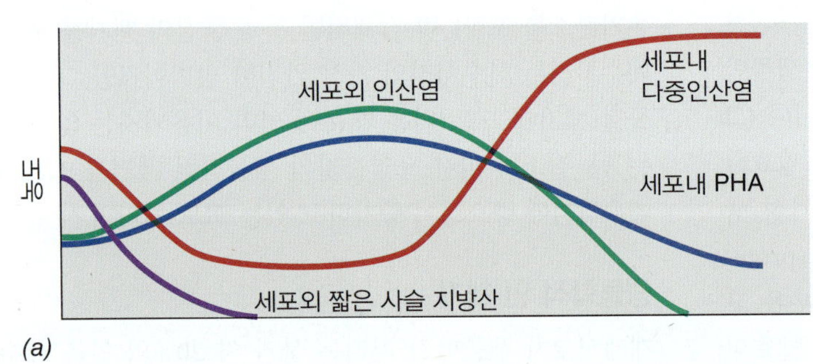

(a)

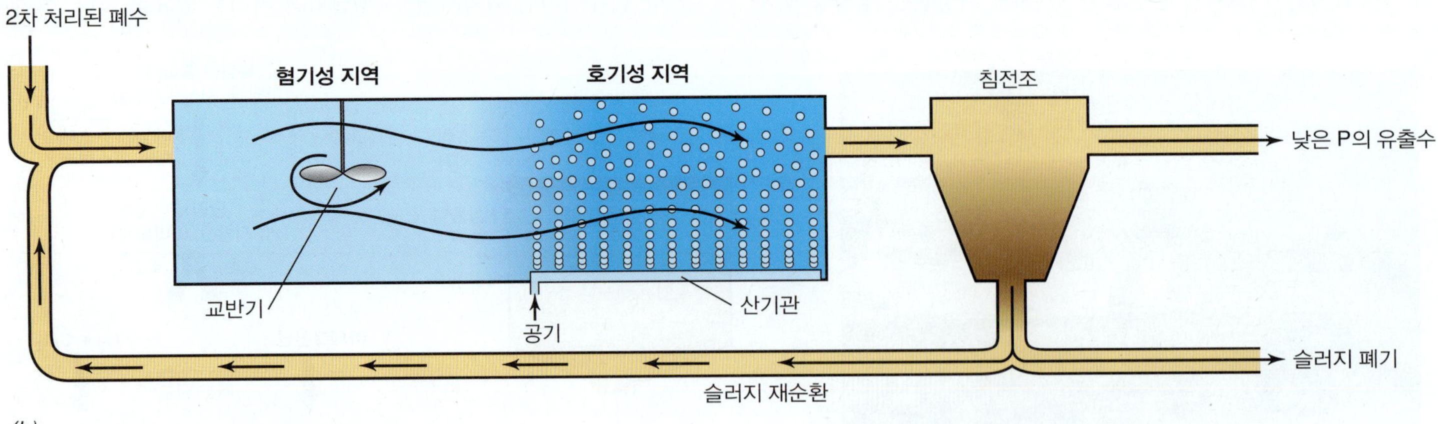

(b)

그림 22.18 향상된 생물학적 인 제거 공정. *(a)* 처리 공정 중 탄소와 인산염의 전환. *(b)* 폐수 공정. 폐수가 반응조 체제 통과 중, 미생물 군집이 혐기성에서 호기성 생장으로 전환된다. 혐기성 지역에서는 짧은 사슬의 지방산이 흡수되고 내부 저장된 다중인산염(polyP)이 세포외 오르쏘인산염으로 방출된다. 호기성 지역에서는 세포외 인산염이 polyP로 재동화되며 세포 내에 저장된 폴리히드록시알칸산염(PHAs)이 대사된다. 인이 많은 슬러지가 처분을 위해 회수된다.

암모니아 산화: $NH_4^+ + 1.5\ O_2 \rightarrow NO_2^- + H_2O + 2\ H^+$
아질산염 산화: $NO_2^- + 0.5\ O_2 \rightarrow NO_3^-$
탈질화: $NO_3^- + 40$ g COD $+ H^+ \rightarrow 0.5\ N_2 + 15$ g 생물량
종합: $NH_4^+ + 2\ O_2 + 40$ g COD $\rightarrow 0.5\ N_2 + H_2O + H^+ + 15$ g 생물량

비록 애초에 독립영양성 암모니아- 및 아질산염-산화 미생물들이 생장을 위해 환원된 탄소를 전혀 또는 거의 요구하지 않지만, 뒤이은 탈질화에 의한 질산염의 N_2로의 미생물 환원에는 탄소원이 요구된다. 이는 낮은 비율의 유기 탄소 대 반응성 질소(C/N)를 갖는 폐수에 추가적인 탄소의 보충을 요구하게 되는데, 메탄올 같은 비교적 싼 탄소원을 추가한다. 그러나 전형적인 처리장이 하루에 380만 리터 이상의 폐수를 처리하므로 유기탄소 추가는 상당한 비용이 들며, 이는 저비용의 고도처리 공정의 개발을 유도하였다.

생물학적 질소 제거: 부분적 질산화–탈질화와 아나목스

Nr 제거 비용은 아질산염-산화 세균의 활성을 제한하는 고도처리 공정을 통해 감소될 수 있다. 이는 더 많은 양의 산화된 NH_4^+을 NO_3^- 대신 NO_2^- 형태로 남겨 더 적은 유기물이 탈질화에 필요하게 된다:

암모니아 산화: $NH_4^+ + 1.5\ O_2 \rightarrow NO_2^- + H_2O + 2\ H^+$
탈질화: $NO_2^- + 24$ g COD $+ H^+ \rightarrow 0.5\ N_2 + 9$ g 생물량
종합: $NH_4^+ + 1.5\ O_2 + 24$ g COD $\rightarrow 0.5\ N_2 + H_2O + H^+ + 9$ g 생물량

폐수에서 암모니아의 아질산염으로의 산화 제한에 의해 탄소 요구는 ~40%까지 산소는 ~25%까지 그리고 생물량은 ~40%까지 감소된다. 이는 낮은 C/N 폐수로부터 질소 제거의 비용을 감소시킨다. 이 처리 전략의 유일한 문제는 아질산염-산화 세균(NOB)의 억제 필요성인데 그 이유는 그들이 일반적으로 암모니아-산화 세균(AOB)보다 높은 기질 이용률을 갖기 때문이다. 부분적 암모니아 산화의 비용-효율이 높은 제어 달성은 따라서 고도 질소 제거 처리 체제의 핵심이다.

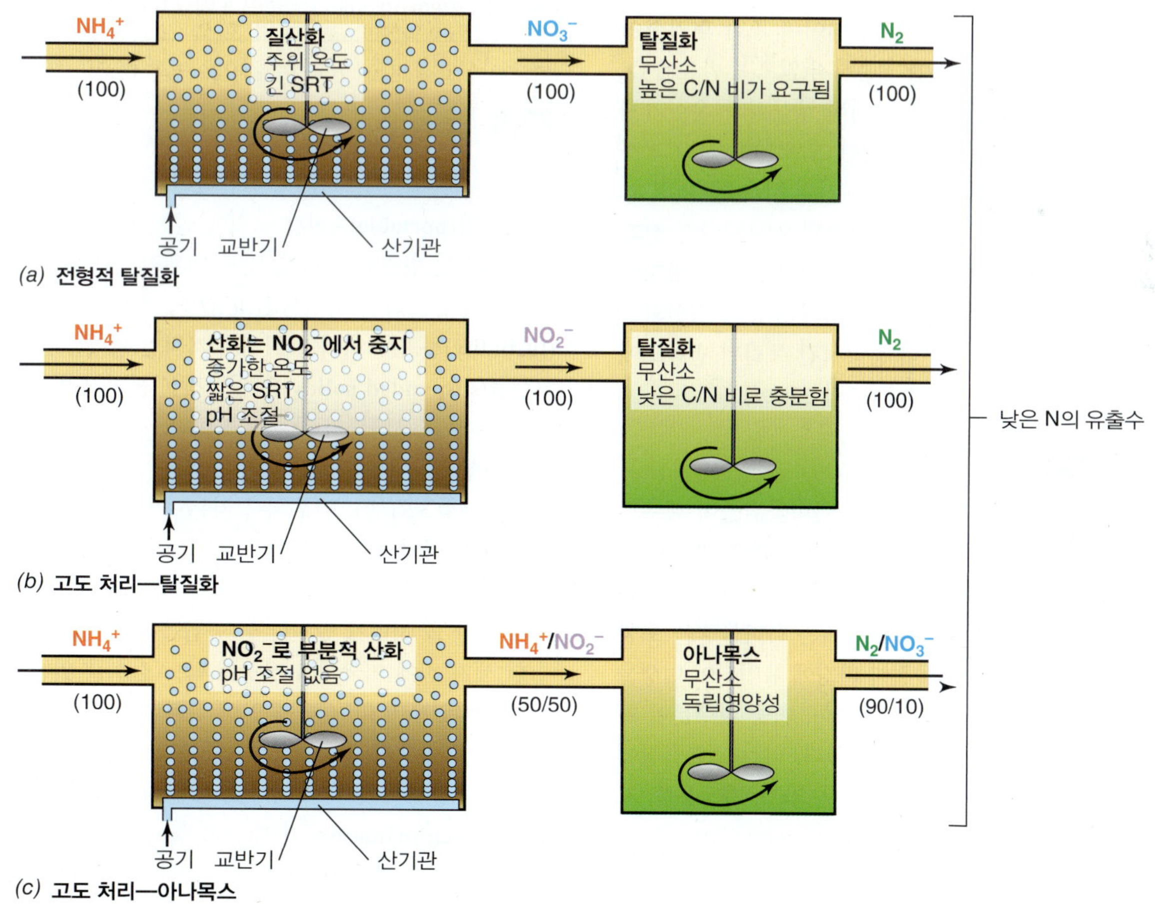

그림 22.19 폐수에서 질소 제거를 위한 대체 처리 공정. 박스들은 표시된 공정을 촉진하는 생물학적 반응조와 운전 조건을 나타낸 개념적인—실물 크기 운전이 아닌—설계를 보여준다. *(a)* 전형적인 탈질 공정. *(b, c)* 보다 효율적이고 경제적인 질소 제거를 위한 고도 처리 공정. 괄호 안의 숫자는 반응조로 들어오고 나가는 질소의 각 형태의 백분율에 해당된다. NO_2^-가 아나목스 세균에 의한 독립영양성 탄소 고정을 위한 전자 공급원으로도 사용되므로, 그것의 산화 산물 (NO_3^-) 또한 아나목스 반응조에서 생성된다. SRT, 슬러지 체류 시간.

아질산염 산화의 억제는 주로 pH와 온도 같이 AOB와 NOB에 다르게 영향을 미치는 생장 조건의 조절에 의해 이루어졌다. AOB는 실온 이상의 온도에서 NOB보다 빨리 자라는데, 35°C에서 NOB의 약 2배인 비생장률을 갖는다 (⇄ 5.4절). 예를 들어, 한 널리 사용되는 공정이 30~40°C와 1~1.5일의 짧은 슬러지 체류 시간에서 작동되는 반응조로부터 NOB의 유실에 의존한다 (그림 22.19*b*). 체류시간은 반응조에 폐수가 공급되는 속도에 의해 또는 처리된 폐수의 유출 전에 혼합 없는 기간 동안 슬러지가 침전되게 하여 조절될 수 있다. 반응조 pH의 제어는 부분적 질산화를 일으키는 또 다른 방법인데 알칼리성 pH (7.5~8.5)가 NOB보다 AOB의 생장을 선호하기 때문이다 (그림 22.19*b*).

아나목스 세균 (⇄ 14.12절)은 혐기성 슬러지 소화액과 동물 생산 폐수에서처럼 낮은 C/N의 암모니아가 농축된 폐수로부터 Nr 제거에 현재 점차 많이 이용되고 있다. 다음 반응은 아나목스 세균의 생장 중 세포 생물량의 생성을 포함한다:

$$\text{아나목스: } NH_4^+ + 1.32\ NO_2^- + 0.066\ HCO_3^- + 0.13\ H^+ \rightarrow 1.02\ N_2 + 0.26\ NO_3^- + 2.03\ H_2O + 0.066\ C_{\text{생물량}}$$

아나목스 세균이 화학무기영양성 독립영양체이며 또한 혐기성이므로 그들은 전자공여체로 유기탄소에 의존하지 않으며 반응에 O_2를 요구하지 않는다. 아나목스는 또한 생성된 생물량과 온실기체 (주로 CO_2와 N_2O, ⇄ 21.8절)을 감소시킨다. 암모니아-산화 과정에서 pH가 제어되지 않을 때 1차 반응조는 거의 같은 몰 비의 암모니아와 아질산염을 생성한다. 이는 약 절반의 암모니아가 산화된 후에 그 결과 감소된 pH가 더 이상의 암모니아 산화를 방지하기 때문이다 (그림 22.19*c*). 첫 번 반응조에서의 부분적 질산화를 두 번째 반응조에서의 아나목스로부터 분리시킨 독립된 반응조에서 N이 풍부한 유출수가 그 후 처리된다 (그림 22.19*c*).

새로운 관심의 오염물질

누구나 상상할 수 있는 것처럼 매우 다양한 화학물질들이 폐수로 유입된다. 최근까지 폐수 내 화학물질의 환경적 동태에 대한 연구는 주로 주요 오염물질에 초점이 맞추어졌는데 많이 사용하는 농업용 제품과 급성 독성 또는 발암성을 나타내는 화학물질을 포함한다. 그러나 새로운 생물활성 오염물질이 환경에 유입되어 미생물 생물정화를 위한 새로운 도전을 부여할 것이며, 이들 대부분이 폐수로 환경에 유입될 것이 현재 분명해지고 있다. 이런 오염물질에는 의약품, 개인 미용 및 위생용품의 활성 성분, 향수, 가정용품, 자외선 차단제, 처방 및 기타 의약품, 그리고 많은 다른 특이하거나 인공합성 분자들을 포함한다.

농약과 달리 이 "새로운(new)" 오염물질들은 주로 처리 또는 미처리 하수의 방류를 통해 다소 지속적으로 환경에 방출되며 이 때문에 이들은 환경적 영향을 갖기 위해 잔류할 필요가 없다. 예를 들어, 피임약을 복용하는 여성의 소변으로 배출되어 결국 폐수처리장으로부터 방출되는 낮은 수준의 합성 에스트로겐 화합물은 어류 같은 수서동물에서 에스트로겐 반응 유전자를 활성화시키고 수컷의 암컷화에 기여하는 것으로 알려져 있다.

폐수처리장은 본래 주로 인간과 산업 폐기물인 천연물질을 처리하도록 설계되었으나 현재는 이 새로운 오염물질들의 생물정화를 촉진하는 미래의 처리시설의 설계를 조심스럽게 연구하는 데 관심이 커지고 있다. 이 오염물질들이 흔히 매우 낮은 농도로 존재하며 흔히 새로운 종류의 인공합성물질이기 때문에 그들은 실제로 미생물 생장을 뒷받침하지 않을 수 있지만 공동대사 (22.5절) 또는 고도로 특화된 종에 의해서만 분해될 수 있다. 따라서 새로운 오염물질의 생물정화는 앞으로 미생물학적 연구와 환경 공공 정책의 활발한 분야가 될 것이다.

미니퀴즈

- 전통적인 인의 화학적 제거와 비교해서 향상된 생물학적 인 제거(EBPR)의 장점은 무엇인가? 어떤 단점이 있는가?
- 왜 암모니아의 불완전한 산화가 폐수의 3차 처리에 유용한가? N 제거를 위한 전통적인 폐수처리에 비해 아나목스 공정은 어떤 장점을 갖는가?
- "새로운(emerging)" 오염물질의 예를 하나 들라.

22.8 음용수 정수 및 안정화

2차 처리된 폐수는 보통 강이나 하천으로 방류된다. 그러나 이 물은 **음용할(portable)** (인간 섭취에 안전한) 수 없다. 음용수의 생산은 잠재적인 병원균의 제거, 맛과 냄새의 제거, 철분과 망간과 같은 불쾌감을 유발하는 화학물질의 감소, 부유 고형물의 척도인 **탁도(turbidity)**를 감소시키기 위해 추가적인 처리를 필요로 한다. **부유 고형물(suspended solids)**은 일반적인 물리적 방법에 의해 분리되지 않는 고형 오염물의 작은 입자이다.

수인성 병원체에 의한 장내 감염은 심지어 선진국에서도 아직 흔하며 (⇄ 32.1절), 일부 추정치는 수인성 질환이 미국에서만 매년 수백만 명의 건강에 영향을 미치는 것을 가리키고 있다. 그러나 20세기 초에 물 미생물학의 발달 및 응용과 더불어 공공급수의 개시에 따라 물 처리가 안전한 물 공급을 크게 개선하였다.

한 세기 전에 미국에서 정수는 탁도 감소를 위한 여과(*filtration*)에 국한되었으며 그 결과 수인성 질환이 많이 발생하였다. 비록 여과가 물의 미생물 부하를 크게 줄였지만 많은 미생물들은 여전히 여과재를 통과하였다. 그러나 1913년경에 소독제로 Cl_2를 이용한 **염소처리(chlorination)**가 대규모 물 공급에 이용되었다. 염소 기체는 음용수를 위한 효과적이고 저비용의 일반적 소독제였으며 그 사용은 신속하게 수인성 질환의 발생을 감소시켰다 (⇄ 32.2절). 미국에서 공중보건의 주요 개선은 크게 물 여과와 소독의 시행 때문이었다. 공공 공사 기술자와 미생물학 종사자가 협력하여 이같이 20세기에 미국 및 기타 선진국에서 공중보건의 극적인 발전에 크게 기여하였다.

단원 5

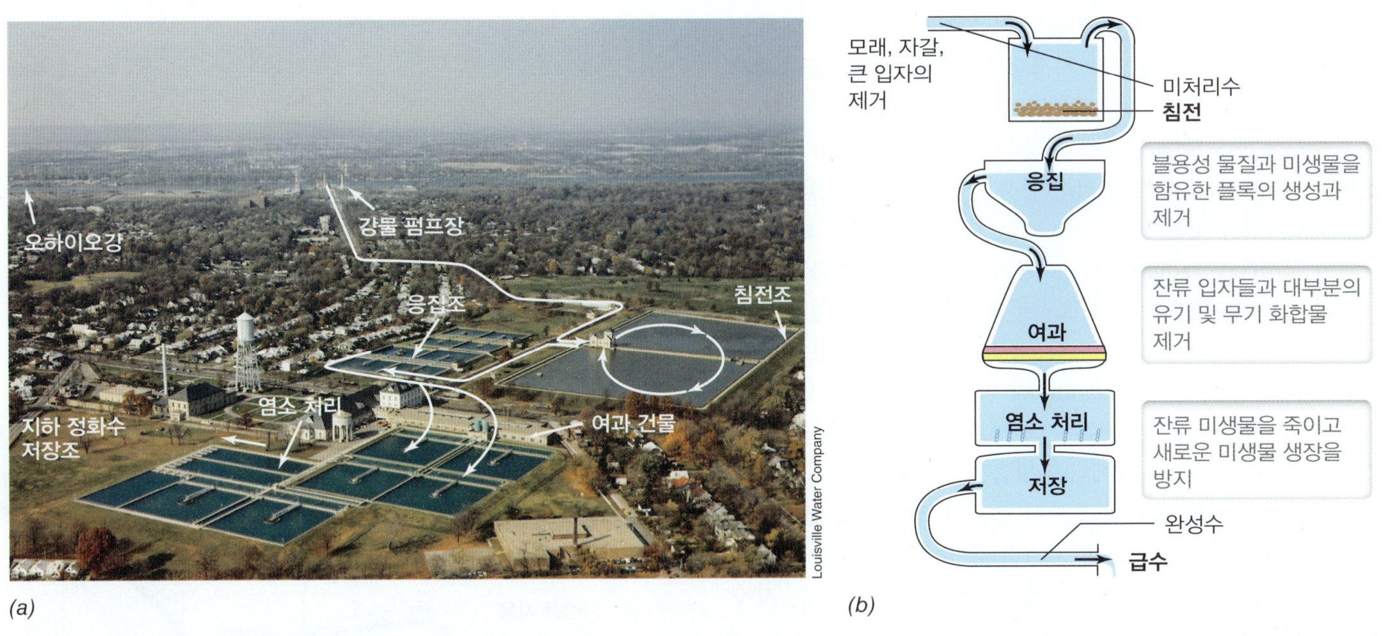

그림 22.20 정수시설. *(a)* 미국 Kentucky 주 Louisville 시에 있는 물 처리 시설의 항공사진. 화살표는 시설물 내에서 물이 흐르는 방향을 나타내고 있다. *(b)* 전형적인 정수 체제의 모식도.

물리적 및 화학적 정수

그림 22.20*a*는 전형적인 도시의 음용수 처리시설을 보여주고 있다. 그림 22.20*b*는 처리장을 통해 흐르는 **원수(raw water)** [**미처리수(untreated water)**라고도 함]를 정수하는 공정을 보여주고 있다. 먼저 원수를 수원지, 이 경우는 강에서 침전지(sedimentation basin)로 퍼 올린 후 음이온 중합체, 명반(alum, 황산알루미늄)과 염소를 첨가한다. 흙, 모래, 광물 입자와 기타 큰 입자를 포함한 **퇴적물(sediment)**이 가라앉는다. 그 후, 퇴적물이 없는 물은 **침전지(clarifier)**나 응집지(coagulation basin)로 보내지게 되는데, 이곳은 **응집(coagulation)**이 일어나는 하나의 커다란 저장탱크이다. 명반과 음이온 중합체는 훨씬 작은 부유 고형물로부터 큰 입자를 형성한다. 혼합 후 입자들이 상호작용을 계속하여 더 큰 응결 입자를 형성하며, 이러한 과정을 **응결(flocculation)** 공정이라 한다. 이 거대한 응결 입자 (플록, floc)는 중력에 의해 가라앉으며, 미생물을 포집하고, 부유 유기물과 침전물을 흡착한다.

응집, 응결과 침전 후, 정화된 물은 잔류 부유입자와 미생물뿐만 아니라 유기 및 무기 용질을 제거하기 위하여 일련의 여과재를 통과하는 **여과(filtration)**를 거친다. 여과재는 전형적으로 두꺼운 층의 모래, 활성탄, 그리고 이온 교환제로 구성된다. 이 단계와 이전 정수 단계 후, 여과된 물에는 입자성 물질, 대부분의 유기 및 무기 화학물질과 거의 모든 미생물이 없다.

소독

순수하고 음용이 가능한 **완성수(finished water)**로서 공급체제로 방출되기 전에 정화되고 여과된 물은 반드시 소독되어야 한다. **1차 소독(primary disinfection)**은 충분한 소독제를 정화되고 여과된 물에 도입하여 존재하는 미생물을 죽이고 더 이상의 미생물 생장을 저해하는 것이다. 염소 처리(chlorination)는 가장 흔한 1차 소독 방법이다. 충분한 투여량으로, 염소는 30분 이내에 대부분의 미생물을 죽인다. 그러나 *Cryptosporidium* 같은 몇몇 병원성 원생생물은 염소 처리에 의해 쉽게 죽지 않는다 (33.4절). 미생물을 죽이는 것 이외에도, 염소는 많은 유기 화합물들을 산화시키고 효과적으로 중화시킨다. 대부분의 맛과 냄새를 내는 화학물질은 유기 화합물이기 때문에 염소 처리는 소독뿐만 아니라 물의 맛과 냄새를 개선한다.

염소는 차아염소산 나트륨(sodium hypochlorite)이나 차아염소산 칼슘(calcium hypochlorite)의 농축액 혹은 압축탱크로부터의 염소 가스로 물에 첨가된다. 자동 조절이 쉽기 때문에 염소 가스가 흔히 대규모 정수시설에 사용된다. 물에 용해되면, 염소 기체는 휘발성이 높아 처리된 물에서 수 시간 내에 사라진다. 1차 소독을 위한 적절한 수준의 염소를 유지시키기 위해 많은 도시 정수장에서 암모니아 가스를 염소와 같이 투여해서 보다 안정한 비휘발성의 염소-함유 화합물 **클로라민(chloramine)**을 생성시킨다, $HOCl + NH_3 \rightarrow NH_2Cl + H_2O$.

유기물과 반응하면 염소가 줄어들게 된다. 그러므로 유기물을 함유하고 있는 완성수에는 충분한 양의 염소가 첨가되어야 잔류염소(*chlorine residue*)가 소량 남아 있게 된다. 잔류 염소는 반응하여 남아 있는 미생물을 죽인다. 물 공급 체제 내에서 미생물 생장을 저해하기 위해 충분한 잔류 염소나 잔류 소독제의 유지인 **2차 소독(secondary disinfection)**을 위해 정수 시설 운영자는 첨가되어야 할 염소량을 결정하기 위해 처리된 물의 염소 분석시험을 한다. 0.2~0.6 mg/l의 잔류 염소 수준은 대부분의 물 공급에 적절하다. 염소 처리 후, 이제 음용이 가능한 물은 저장 탱크로 보내지고, 이곳에서 중력이나 펌프에 의해 저장탱크와 공급 관로의 **급수체제(distribution system)**를 통해 소비자에게 보내지게 된다. 잔류 염소는 소비자에게 도달하기 전에 완성수 내 세균의 생장을 저해한다. 이것은 급수 체제 내 배관 파손 같은 파국적인 체제 실패에 대해서는 보호하지는 못한다.

자외선 조사(UV radiation)도 효과적인 소독 수단으로 사용된다. 5.16절에 설명하였듯이, UV 조사는 수처리 시설에서 2차 처리된 배출수의 처리에 사용되고 있다. 유럽에서는 UV 조사가 음용수 처리에 보편적으로 사용되고 있으며 미국에서도 사용이 증가되고 있다. 소독 용도로 UV는 수은 기체 램프(mercury vapor lamp)에서 발생된다. 그것의 주요 에너지 방출은 253.7 nm에서 나오는데, 이 파장이 세균을 죽이며 물에서 중요한 진핵생물 병원체인 *Giardia*와 *Cryptosporidium* (33.4절)과 같은 원생동물의 포낭(cyst)과 낭포체(oocyst)도 죽일 수 있다. 그러나 바이러스는 저항성이 더 크다.

염소 처리와 같은 화학적 소독 방법에 비해 UV 조사는 여러 가지 장점이 있다. 첫째, UV 조사는 물에 화학물질을 도입하지 않는 물리적인 방법이다. 둘째, UV 조사-발생 장치는 기존 설비에 사용될 수 있다. 셋째, UV 소독에 의해 소독 부산물이 생성되지 않는다. 특히 완성수를 멀리 보내지 않거나 오랜 시간 저장하지 않는(잔류 염소 필요성을 감소시킴) 작은 급수 체계에서는 UV 소독이 염소 처리에 의존성을 감소시키는 데 선호된다.

미니퀴즈

- 음용수 정수처리 과정에서 침전, 응집, 여과 및 소독을 하여 달성하고자 하는 구체적인 목적은 무엇인가?
- 물 공급 시 미생물 수 (미생물 부하)를 줄이는데 어떤 일반적인 과정이 이용되는가?
- 염소를 이용한 화학적 소독과 비교해서 또는 그 대안으로 UV 소독의 장점은 무엇인가?

22.9 도시 물 급수 체제

일단 음용수가 정수시설을 떠나면 그 물은 흔히 정수장으로부터 소비자까지 먼 거리의 급수관로를 통과해 흐른다 (**그림 22.21**). 흔히 원수와 연관된 맛과 냄새 문제뿐만 아니라 긴 수송과 잔류 시간 또한 생물학적 및 화학적 작용으로부터의 바람직하지 못한 맛과 냄새에 기여할 수도 있다. 비록 바람직하지 못하지만, 맛과 냄새는 단독으로 건강 위협의 신호가 되지 않는다. 그러나 급수 체제는 또한 절대 또는 기회적 병원체 (25.4절)의 생장을 촉진하고, 병원체를 격리시키고 보호하거나, 보다 큰 병원성 및 내성 형태의 미생물을 선택할 수도 있다. 비록 음용수-연관 질병이 흔히 보고되지 않지만 미국에서만 2009년과 2010년에 음용수와 연관된 33건의 질병 발생이 천 명 이상에게 영향을 미쳤으며 9명의 사망과 연계되었다.

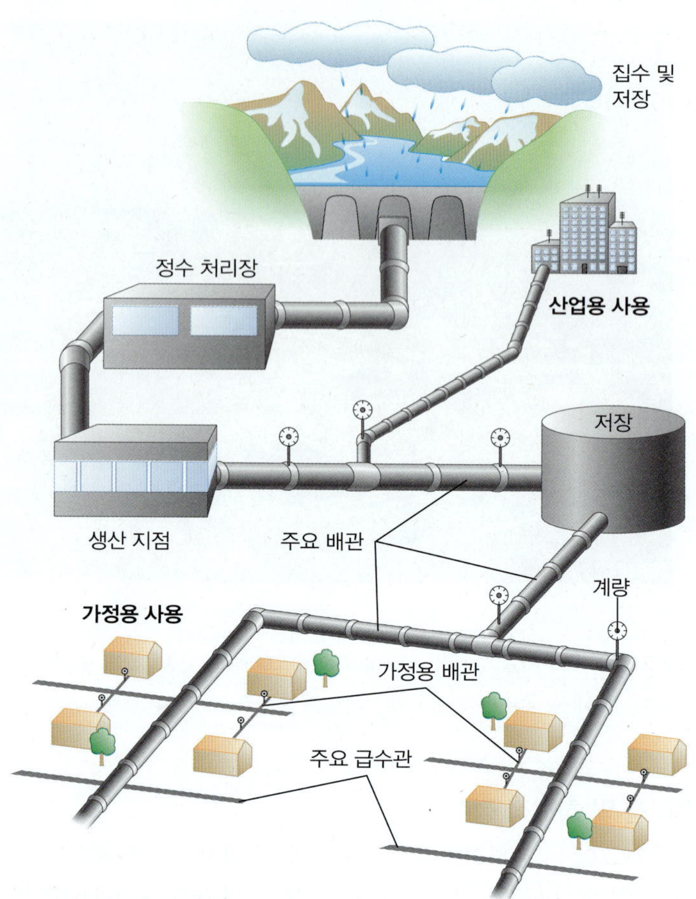

그림 22.21 음용수 공급 체제. 도시 공급 체제에는 지표 저수지, 정수장, 전형적인 도시에서 수 km 이상 뻗어가는 주요 배관과 도시 내 관로.

도시 급수 체제의 미생물학

음용수 급수 체제 내 미생물 생장은 완전한 영양물질의 제거 (원수 및 급수 체제 구조물질로부터 비롯되는 생장 기질의 제거) 또는 전체 급수 체제를 통한 적절한 잔류 염소의 유지에 의해서만 제거될 수 있다. 실제로 이 어떤 것도 일어나지 못한다. 정수장으로부터의 거리 증가에 따른 염소 농도의 감소와 더불어 배관 벽에서 미생물의 생물막 형성능 때문에 생장은 불가피하다. 생물막 내 미생물은 소독에 내성이 더욱 크며 (7.9와 20.4절) 모든 급수 체제에서 상당한 미생물 축적이 발견되는데, 그것의 90% 이상이 배관 벽을 덮는 생물막의 형태이다.

불과 최근에야 16S rRNA 서열 분석 (19.6절)을 포함한 배양-독립적 분자 기술이 급수관에 흔히 집락을 형성하는 종들을 완전히 밝히기 시작하였다. 비록 이 연구들이 병원성 종은 드물지만, 일부 기회적 병원체 (25.4절)가 존재하며 유아와 노인이나 면역능이 떨어진 사람들을 포함한 민감한 사람들을 감염할 수 있다는 것을 보였다. 급수 체제에서 발견되는 기회적 병원체들은 다음을 포함한다: (1) 미국에서 매년 수천 건의 임상 사례와 관련된 비결핵성 mycobacteria (*Mycobacterium avium*, *M. intracellulare*, *M. kansasii*와 *M. fortuitum* 포함); (2) *Legionella pneumophila* (레지오넬라증의 원인체, 32.4절); (3) *Pseudomonas aeruginosa* (눈, 귀, 피부와 폐에 감염 가능) 및 (4) 각막염과 뇌염을 일으킬 수 있는 *Naegleria*와 *Acanthamoeba* (33.3절) 같은 기회적 원생동물 병원체.

이들 및 기타 기회적 병원체에 의한 감염이 흔히 불분명한 기원에서 비롯되며 많은 수인성 질환이 보고되지 않기 때문에, 병원성 미생물의 기원 (또는 저장소)으로서 급수 체제의 중요성은 밝혀지지 않고 있다. 그러나 잠재적인 대규모 건강 위험 때문에 음용수 내 병원체 문제는 이를 조사하기 위한 분자 미생물 생태학 (19장)의 사용을 포함하여 최근 매우 큰 주목을 받고 있다.

급수 체제는 또한 세균을 잡아먹고 사는 수많은 포식 원생동물을 지탱한다. 예를 들어, 300마리/cm^2 만큼 많은 아메바가 일부 급수 체제에서 관찰된 바 있다. 이 원생생물에 의해 섭취 후 생존하고 증식하는 세균은 잠재적으로 포유류 면역 체제에 의한 제거에도 덜 민감하다. 이런 대표적인 예가 *Legionella* (**그림 22.22**)인데 이들은 배관, 샤워꼭지와 에어컨 체제 등 물 관련 체제에 서식하는 원생생물 내에 자리잡고 증식하는 능력 때문에 비교적 새로운 공중보건 위험으로 떠오른 기회적 병원체이다. *Legionella*가 다양한 원생생물 (*Acanthamoeba*, *Hartmanella*, *Naegleria*와 *Tetrahymena* 포함)에 들어가고 증식하는 데 사용하는 기본적인 세포 기작이 또한 그것이 인간 세포에 보다 쉽게 감염하는 것을 허용한다. 원생생물이 병원성 *Legionella* 진화의 원동력이라고 제시되었다. 원생생물 내에서 생존하고 자라는 능력을 가진 것으로 인식된 기회적 병원체로 *Legionella*, *Pseudomonas*와 *Mycobacterium* 종이 포함된다.

전제 급수 체제의 미생물학

전제수(premise water, 급수관 내의 사용 전의 물)에 대해 가장 잘 알려진 미생물학적 관심은 *Legionella pneumophila* (32.4절)이다. 이 병원체는 20~46°C 사이 온도의 전제수 체제에서 증식한다.

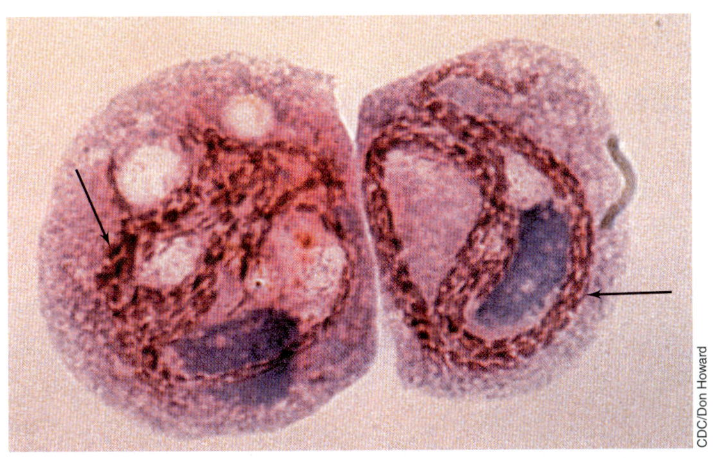

그림 22.22 *Legionella*의 저장소로서 원생생물. 원생생물 *Tetrahymena*의 세포 2개가 막대형의 병원체 *Legionella pneumophila* (화살표)의 사슬을 포함하고 있다. 전제수 체제에서 원생생물은 잔류하고 세균 병원체의 저장소가 될 수 있다. *L. pneumophila*와 레지오넬라증은 32.4절에 소개되었다.

그것은 음용수 내에서 몇 달 동안 생존하며 생존은 세포내 생장이 가능한 다른 세균과 원생동물의 존재 (그림 22.22)에 의해 그리고 또한 생물막 내 격리를 통해 더 증폭된다. 50°C 이상의 온도는 개체수를 줄이며 60°C 이상의 온도에서는 신속하게 제거된다 (세포 사멸). 따라서 *L. pneumophila*의 생장을 막기 위해 전제수는 저장소에서 수도꼭지까지 20°C 이하나 50°C 이상을 유지해야 한다.

비결핵성 mycobacteria (*Mycobacterium avium*, *M. intracellulare*, *M kansasii*와 *M. fortuitum* 포함) 또한 염소 소독과 원생동물 포식에 저항성이 크며, 여전히 잔류 염소를 갖는 수돗물을 받는 샤워꼭지에서 증식하는 것으로 알려졌다. 기회적 병원체의 저장소로 샤워 시설의 중요성은 아직 불분명하다. 그러나 목욕에 반해 샤워 빈도의 증가와 샤워를 통한 기회적 병원체의 에어로졸화 가능성은 이 분야의 추가적인 연구를 야기하고 있다. 새로 떠오르는 일반적인 생각은 처리 공정과 급수 체제 구조의 변화가 일부 체제의 노화 조건과 더불어 인간 건강을 위태롭게 할 수 있다는 것이다.

미니퀴즈

- 취수구부터 최종 급수 지점 (수도꼭지)까지 음용수 처리장을 통한 물 처리를 추적하라.
- 전제수 급수 체제의 어떤 성질이 *Legionella*의 생장을 촉진하는가? 생장을 억제하는가?

IV • 실내 미생물학과 미생물에 의한 부식

비록 실내에 있는 것이 미생물 세계로부터 사람을 보호한다고 생각할 수 있지만, 그보다 사실과 거리가 더 먼 것은 없다. 개인 거주지와 공공장소 모두의 구조 자체의 표면뿐만 아니라 실내 공기에 미생물이 많이 존재할 수 있다. 또한 거주지의 금속, 석재와 콘크리트 공공 기반시설과 매설된 배관의 수십억 달러 가치가 매년 미생물 활성에 의해 촉매되는 부식으로 사라진다. 미생물 대사는 pH나 산화환원도의 변화, 부식성 대사산물의 생성 및 생물막 내 부식성 환경의 조성을 통해 부식을 가속화시킨다. 이 장의 마지막 부분에서는 실내 미생물 생태계의 미생물학과 부식에 대한 미생물 기여가 비교적 잘 알려진 몇 가지 경우를 살펴본다.

22.10 가정과 공공장소의 미생물학

도시 환경에서 인간은 그들 생활의 대부분을 실내에서 보낸다. 그들은 공기, 먼지, 표면 및 환기와 물 체제에 서식하는 미생물상과 이 실내 환경을 공유한다 (**그림 22.23**). 실내 미생물 노출의 건강상 영향은 긍정적이거나 부정적일 수 있다 (그림 22.23*a*). 항생물질-내성 *Staphylococcus aureus* 같은 병원체는 인간 피부로부터 떨어져 나온 결과로 실내 환경에서 증가할 수 있다. 반면에 선진국에서 어린이의 알레르기와 자가면역 질환의 발생 증가는 생애 초기에 면역 체제 "훈련(training)"에 중요한 미생물에의 노출을 줄이는 "너무 깨끗한(too-clean)" 실내 환경에 부분적으로 기인한다. 이같이 미생

(a)

(b)

그림 22.23 인공 환경에서 공기 중 및 표면-연관 미생물의 기원. *(a)* 전형적인 가정 내 미생물의 기원으로 표면, 인간, 애완동물, 배관 체제와 실외 공기를 포함한다. *(b)* 16S rRNA 유전자 서열에 의한 공기 중 세균의 다양성 조사 (19.6절)를 위해 뉴욕시 지하철 체제 내에 설치한 공기 입자 수집장치 (화살표).

물이 고갈된 실내 환경이 실제로 인간 건강에 해로울 수 있다.

우리의 가정 환경에서 미생물과 같이 사는 것 외에, 지하철 체제, 슈퍼마켓 또는 심지어 교실 같은 주요 공공장소에서 어떤 미생물 노출을 사람이 경험하는가? 이런 의문은 실내 환경의 다른 장소로부터 채취한 시료로부터 분리된 DNA의 16S (또는 18S) rRNA 유전자 서열분석을 이용한 미생물 다양성과 풍부도를 정량하는 강력한 배양-독립적인 분자적 방법의 사용으로 이제는 해결될 수 있다 (19.6절).

개인 거주지에서 실내 공기의 미생물학

비록 전제 미생물학의 헌신적 연구가 아직 제한적이지만, 일부 일반적 경향이 나타나고 있다. 미국 전체에서 천 가정 이상의 내부와 외부 문의 위쪽 장식으로부터 채취한 먼지의 연구는 진균과 세균으로 구성된 뚜렷한 실내와 실외 미생물 군집을 나타내었다. 실외 진균은 다른 지리적 지역에서 발견되는 실외 진균 개체군과 밀접하게 닮았지만, 실내 세균 군집은 애완동물을 포함한 거주자의 종류와 수를 보다 크게 반영한다. 세균과 진균의 전체적인 실내 다양성은 실외에서 발견되는 것보다 큰데 실내와 실외 공급원의 혼합을 반영한다. 소수의 진균 종은 가정 내부에서 보다 풍부한데 이에는 *Aspergillus*, *Penicillium*, *Alternaria*와 *Fusarium* 같은 흔한 곰팡이를 포함한다. 이 진균 개체군의 발생은 거주 기간과 지하실의 존재 여부 (지하실은 흔히 습하고 이것이 곰팡이 풍부도를 증가시킴)에 따라 증가한다.

인간 피부 (*Staphylococcus*, *Streptococcus*, *Corynebacterium*과 *Propionibacterium* 같은 그람-양성 세균), 분변 (*Bacteroides*, *Faecalibacterium*, *Ruminococcus*) 또는 질 (*Lactobacillus*, *Bifidobacterium*, *Lactococcus*)에 특징적인 세균은 집 내부에서 실외보다 훨씬 더 흔하게 발견된다. *Prevotella*, *Porphyromonas*, *Moraxella*와 *Bacteroides* 세균 종의 증가된 발생은 가정에서 가축 특히 개와 고양이의 존재와 전형적으로 관련된다. 실제로 가정 미생물상의 분자적 분석만에 근거해서 가정에 이 애완동물이 있는지 거의 확실하게 예측하는 것이 가능하다. *Corynebacterium*과 *Dermabacter* 같은 특정한 피부-관련 분류군은 여자보다 남자가 많은 가정에서 많은데 남자에서 여자보다 더 많은 피부가 떨어지는 알려진 경향을 아마도 반영한다.

위에서 설명한 먼지 조사 이외에 가정 표면의 분자적 조사는 인간 손, 코와 맨발의 미생물 군집 (9.11과 24.5절 및 그림 9.31)이 바닥, 전등 스위치, 탁자 위와 문 손잡이를 포함한 가정 표면에서 발견되는 생물과 밀접하게 닮았다 (그림 22.23). 더욱이 가정의 표면-연관 미생물상은 특정 가족과 밀접하게 연관되며, 미생물 군집의 조성은 집의 거주자 변화 후 수일 내로 변화되는 것이 발견되었다.

공공장소의 미생물학

공공건물, 사무실 공간과 교통 체계는 인공 환경의 또 다른 중요한 구성요소이다. 미국 뉴욕시의 극도로 혼잡한 도시 지하철 체제만 단독으로 연간 15억 명 이상의 승객을 실어 나른다. 가정과 유사하게 지하철과 사무실은 인간과 실외 공기로부터 비롯된 공기 중 미생물의 혼합물을 함유하고 있다. 지하철 체제에서 공기 교환이 활발해야 하기 때문에, 지하철 체제 내 대부분의 공기 중 미생물은 전형적으로 실외에서 발견되는 것들이다. 그러나 또한 지하철 공기 내 미생물 개체군의 약 5%는 인간의 발, 손, 팔과 머리에 보통 존재하는 미생물로 구성된다 (24.5절); 이들은 지하철 승객의 보다 노출된 부위로부터 떨어진 것으로 생각된다.

공공 및 개인 건물의 실내 배관은 미생물 노출의 또 다른 잘 알려진 지점이다. 변기에서 한 번의 물내림은 10만 개 이상의 작은

(<5-μm) 에어로졸 입자를 발생시킨다. 에어로졸화된 세균과 바이러스는 화장실 표면에 떨어진 후 몇 시간동안 살아있을 수 있기 때문에, 물내림은 사람에서 사람으로 무해한 사물기생 생물의 전파 방법뿐만 아니라 장내 병원체 전파의 잠재적 방법이 된다. 직접 접촉에 의해 일어나는 인간 질병 (성병 같은)의 전파는 화장실 변기와 관련된 주된 문제는 아닌데 그 이유는 *Neisseria gonorrhoeae* (임질, gonorrhea)와 *Treponema pallidum* (매독, syphilis) 같은 병원체는 건조에 매우 민감하기 때문이다. 그러나 분변에서 나오는 세균의 엄청난 수 때문에 화장실 에어로졸에 의한 장내세균의 전파는 분명히 가능성이 있다.

실내 미생물학의 현재 진행 중인 연구는 우리가 매일 많이 접촉하는 미생물의 종류와 기원을 지속적으로 밝히고 있으며, 인공 환경에서 미생물과 이로운 접촉은 늘이고 해로운 노출은 줄이는 미래 건축의 변화를 또한 예상할 수 있다. 현재까지 우리의 이해는 실내 공기 그 자체는 해롭지 않다는 것이다. 그러나 건축물의 청결 정도에 크게 다르지만, 가정과 공공건물의 특정 지역은 다른 곳보다 더 위험할 수 있다.

미니퀴즈

- 어떻게 미생물 목록이 가정의 애완동물 존재 유무에 대한 정보를 밝힐 수 있는가?
- 개인 주거지의 어떤 방이 미생물학적 측면에서 잠재적으로 가장 위험한가, 그리고 그 이유는?

22.11 금속의 미생물 영향 부식

철은 인공 환경에서 가장 흔히 사용되는 금속이다. 전 지구적으로 수백만 km의 물, 가스와 기름 수송관로가 금속으로 만들어져 있으며, 그것의 부식은 인공 환경에서 가장 큰 공공기반시설의 소실에 기여한다. 공기 중 산소에 의한 철의 부식은 전기화학적 과정 만에 의한 것으로 생각된다. 그러나 많은 중요한 공공기반시설이 매립되거나 물속에 잠겨 있어 산소에 대한 노출이 제한된다. 거의 중성 pH 근처에서 산소 부재 시 철과 강철의 부식은 **미생물 영향 부식(microbially influenced corrosion, MIC)**에 의해 크게 가속화된다. MIC에 관련된 미생물 종류는 황산염-환원세균 (14.14와 15.9절), 제2철-환원 세균 (15.14와 21.5절), 제1철-산화 세균 (14.10, 15.15와 21.5절)과 메탄생성균 (14.17, 17.2와 21.2절)을 포함한다.

황산염-환원 세균에 의한 금속 부식

해양 환경에 잠겨 있는 금속 구조물과 저급 유류의 수송을 위해 사용되는 배관에서는 특히 황산염-환원 미생물에 의한 활성을 통해 MIC가 일어나게 된다. 황산염-환원 세균에 의한 부식은 특히 그들의 대사산물인 황화수소(H_2S)의 화학적 부식 특성 때문이다. 무게비로 약 0.5%의 황 이상을 함유한 원유는 "시다(sour)"라고 하는데 존재하는 H_2S 때문에 자연적으로 부식성일 수 있다. 중동과 알래스카 같은 해양 근처 유전에서는 유정 압력을 유지하고 원유를 생산정으로 밀어내기 위해 해수를 주입한다. 해수는 거의 30 mM의 황산염을 함유하므로 황산염-환원 미생물의 생장 촉진에 의해 더욱 시어지는 주입의 바람직하지 못한 결과가 나타난다.

석유산업에서 현재 사용하는 전략은 주입수에 질산염(NO_3^-)을 첨가하여 질산염-환원 세균의 생장을 촉진시켜 시어짐을 제어하는 것이다. 질산염 호흡이 황산염 호흡보다 에너지론적으로 더 선호되므로 (14.13과 20.2절), 질산염 환원생물이 원유 내 이용할 만한 유기 전자공여체에 대해 황산염 환원생물보다 유리하다. 질산염은 또한 황화물-산화, 질산염-환원 화학무기영양체 (14.9와 15.11절)의 생장을 촉진시켜 황화물 제거에 의한 시어짐을 방지한다.

금속 부식의 과정

황산염-환원생물이 철을 부식시키는 적어도 두 가지 방법이 기술되었다. 첫 번 방법에서 황산염 환원생물에 의한 H_2 소모가 철 표면의 전기화학적 구멍 생성을 가속화한다는 것이다 (**그림 22.24*a***). 이 모델은 많은 황산염 환원생물이 전자공여체로 수소(H_2)를 이용

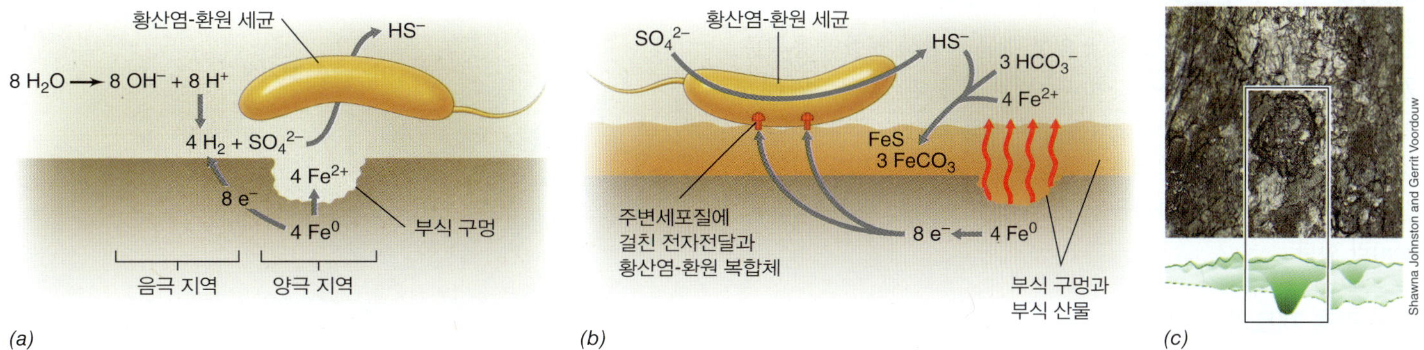

그림 22.24 황산염-환원 세균에 의한 철의 부식. 금속 부식에서 황산염-환원세균의 활성에 대한 두 개의 모델. *(a)* 금속 표면에서 양성자 환원에 의해 비생물적으로 생성된 H_2 소모에 의한 금속 철의 산화 가속화. *(b)* 주변세포질에 걸친 전자전달 체제에 연결된 전자-전도성 외부 세포벽 구조를 이용한 금속으로부터 직접적인 전자 전달. *(c)* 위: 황화물 부식이 진행되는 모델 철 표면의 사진. 아래: 금속 표면의 부식과 구멍 생성이 일어나는 지역을 보이는 사진에서 금속 표면의 단면 스캔.

하는 능력에 근거하는데, 철의 화학적 산화 ($Fe^0 + 2\ H^+ \rightarrow Fe^{2+} + H_2$)로부터 유래한, 에너지론적으로 선호하지만 역학적으로 느린 H_2 생성을 가속화한다. 이 반응의 전체적인 화학양론은 구멍에서 형성된 Fe^{2+}가 황산염 환원으로부터의 황화물과 반응하며 이 반응이 에너지론적으로 선호되는 것을 보여준다:

$$4\ Fe^0 + SO_4^{\ 2-} + 3\ HCO_3^{\ -} + 5\ H^+ \rightarrow FeS + 3\ FeCO_3 + 4\ H_2O\ (\Delta G^{0\prime} = -925\ kJ)$$

이 반응은 비록 그럴듯하지만, 중성 pH에서 철 표면으로부터 H_2 형성이 본질적으로 병목이며 H_2 발생 반응을 위해 요구되는 양성자의 제한된 가용성에 의해 제어되기 때문에 의심스럽다.

구체적인 전기화학적 연구가 *Desulfopila corredens* 같은 일부 황산염-환원 세균이 금속 (Fe^0, 그림 22.24*b*)으로부터 전자를 직접 흡수하는 능력을 가진 것을 보였다. 이 방법에서 금속 표면에 부착된 황산염 환원생물은 전자전도성 황화물 부식층을 통해 금속으로부터 직접적인 (음극성) 전자 흡수에 관여한다 (그림 22.24*b*). Fe^0로부터 전자를 직접 흡수하는 유사한 능력이 Fe^0을 이용한 생장으로부터 황화물 대신 메탄(CH_4)을 생성하는 *Methanobacterium* 종에서 관찰되었다. 직접 전자 흡수 모델은 또한 세포 표면과 연관된 것이 전자를 부식층으로부터 세포로 전달하는 산화환원-활성 단백질 또는 기타 전도성 구조라는 것을 제시하였다. 이는 미생물이 이용하는 불용성 전자수용체나 전자공여체 각각의 산화나 환원을 위한 전도성 세포 구조의 예의 수가 증가하는 것을 나타낸다 (15.14와 21.5절 및 21장의 미생물 세계 탐구, "미생물 발전" 참조).

미니퀴즈

- 질산염 첨가가 어떻게 원유의 황화물 시어짐을 막는가?
- 철 금속의 가속화된 미생물 부식이 왜 황산염 환원생물과 금속 표면 사이의 직접적인 상호작용을 요구한다고 생각되는가?

22.12 암석과 콘크리트의 생물 열화

물리적 및 대사적 활성의 조합에 의한 광물과 암석 표면의 용해를 통해 토양 형성에 미생물이 기여하는 것과 같은 방식으로 (20.6절) 자연석이나 콘크리트로 구성된 건축 재료 또한 그들의 대사 활성을 통한 구조적 온전함의 느린 소실에 기여할 수 있는 미생물 집락화가 일어난다. 이 과정을 생물 열화(生物 劣化, *biodeterioration*)라 한다.

암석 건축 재료의 생물 열화

자연적 및 구조적 암석 건축 재료의 미생물 집락화는 아주 흔하다. 석재의 물리적 특성 (예, 표면 거칠기, 다공성, 광 투과)에 따라 암석 물질 표면에 미생물이 집락화 하고 수 mm 내로 침투할 수 있다. 생물은 또한 석회암, 사암, 화강암, 현무암과 동석(soapstone)으로 건축된 건물의 표면 위나 내부에서 자랄 수 있다. 이 "암석 내부(*endolithic*)" 군집은 계통학적으로 다양하여 화학유기영양성과 화학무기영양성 세균과 고균, 진균과 조류를 포함한 진핵미생물 및 남세균으로 구성된다. 남세균과 조류가 주로 이 군집에 영양을 공급하며 다른 미생물 구성원과 밀접하거나 공생 관계로 산다. 예를 들어, 암석 내 진균은 지의류-유사 관계로 광영양체를 둘러싸는 것이 관찰되었다 (그림 23.2).

비록 "극단적 환경(extreme environments)"에 대한 논의에 일반적으로 포함되지 않지만, 암석 건축 재료 표면이나 내부에서의 생명은 심한 태양광 조사, 건조, 온도와 수분 변화 및 영양분 결여를 포함한 여러 극단적 조건에 대한 적응을 요구한다. 태양광 조사로부터 보호는 진균 및 기타 군집 구성원에 의한 UV-흡수 색소 (예, 멜라닌, mycosporine과 carotenoid)의 생성으로 부여된다. 진균은 또한 암석의 광물 성분을 용해하고 이동시키는 옥살산의 생성을 통해 느린 생물 열화 작용에 중추적인 역할을 한다. 광물 용해와 이동은 군집에 영양물질을 공급하며 암석 내 공극 공간의 확장에 의해 서식 가능성을 증가시키고 그에 따른 열화를 가속화시키는 것으로 생각된다.

하수 배관의 크라운 부식

매우 빠른 형태의 미생물 생물 열화가 콘크리트 하수관의 **크라운 부식(crown corrosion)** (역자 주: 크라운은 아치의 중앙부)에서 관찰되며 결국 하수관이 무너지게 된다. 크라운 부식은 이 지하 폐수 수송체제에서 황산염-환원 세균 (14.14와 15.9절)과 화학무기영양성 황-산화 세균 (14.9와 15.11절) 사이에서의 상호작용의 결

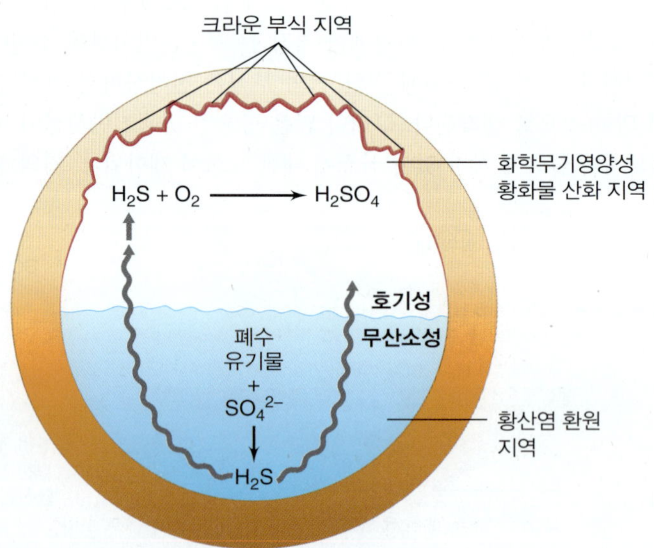

그림 22.25 콘크리트 하수관의 크라운 부식. 부식은 하수관 내에서 일어나는 미생물 황 순환의 결과이다. 황산염-환원 세균이 무산소성 폐수 내의 유기물을 소모하고 H_2S를 생성한다. H_2S는 호기성 상부 (크라운) 배관 표면에 부착된 황-산화 화학무기영양성 세균에 의해 산화되고, 생성된 H_2SO_4 (황산)가 부식을 가속화한다.

과이다 (**그림 22.25**).

크라운 부식의 첫 번째 단계는 황산염-환원을 위해 주로 폐수 내의 가용한 유기 전자공여체를 이용한 황산염-환원 세균에 의한 하수 내 황산염의 H_2S로의 환원이다. 이 H_2S는 호기성 조건인 배관의 윗 공간으로 방출된다. 그 후 황화물 또는 thiosulfate나 원소상 황 같은 부분적으로 산화된 중간산물이 *Thiobacillus thioparus* 같은 호중성 thiobacilli에 의해 산화된다 (15.11절). 지속적인 미생물의 황산 형성에 따라 pH가 4~5로 떨어지면 *Acidithiobacillus thiooxidans* 같은 호산성 황-산화 종이 호중성 종을 대체한다. 콘크리트의 파괴와 완전한 구조적 붕괴는 콘크리트의 유리 석회석과 황산의 반응에 의해 콘크리트로 침투하는 $CaSO_4 \cdot 2H_2O$ (석고) 생성의 결과 때문이다. 석고는 콘크리트 내 알루미늄산 칼슘과 반응하여 $(CaO)_3 \cdot (Al_2O_3) \cdot (CaSO_4)_3 \cdot 32H_2O$ (ettringite, 에트린자이트)를 만들며 이것이 내부 압력 증가에 의해 균열 및 부식 과정의 추가적인 가속화에 기여한다.

크라운 부식의 그것과 유사한 일련의 단계와 미생물 생태학이 콘크리트 오수탱크와 냉각탑, 특히 황산염 수준이 전형적으로 높은 해양 환경이나 근처에 있는 것의 부식에 기여한다. 미국에서만 그런 부식으로 구조물의 대체와 진행 중인 부식의 제어에 매년 수입억 달러가 소모된다.

미니퀴즈

- 진균에 의한 옥살산의 생성이 어떻게 암석 건축 재료의 열화에 기여하는가?
- 생활하수 체제 내로 금속 방출의 보다 엄격한 규제 이전에는 하수관의 크라운 부식이 큰 문제가 아니었다. 그 이유는?

단원 정리

I • 광물 회수와 산성 광산배수

22.1 미생물 용출이라 부르는 과정을 통해 주로 구리-, 우라늄-과 금-함유 저급 광석에서 금속을 채광하는데 산성 pH에서 호기적으로 Fe^{2+}를 산화하는 세균의 능력을 이용한다. Fe^{2+}의 Fe^{3+}로의 세균 산화는 대부분의 미생물 용출 과정의 핵심 반응인데 Fe^{3+}이 호기성 또는 혐기성 조건에서 광석 내의 추출 가능한 금속을 산화시킬 수 있기 때문이다.

Q 구리 광석의 산화에서 어떤 중요한 단계가 *Acidithiobacillus ferrooxidans*에 의해 수행되는가? 용출에 의해 생성된 구리 용액에서 어떻게 구리가 회수되는가?

22.2 일부 석탄-채광 작업 중에 일어나는 것 같은 공기와 물에 노출된 황철광 광석이나 석탄 내 제1철의 자연적 미생물 산화는 산성 광산배수라는 오염의 종류를 일으킨다.

Q 어느 세균과 고균이 산성 광산배수에서 주된 역할을 하는가? 왜 그들은 그들이 하는 반응을 수행하는가? 이 반응에 왜 공기가 필요한가?

II • 생물정화

22.3 비록 우라늄 같은 무기오염물질이 파괴될 수 없어도 그것의 이동성 감소에 의한 봉쇄는 가능하다. 예를 들어, 우라늄-오염 지역 내의 금속-환원 미생물은 U^{6+}를 U^{4+}로 환원시켜 지하수 내로 이동하지 않는 부동성 우라늄 광물인 섬우라늄석 형성을 촉진할 수 있다.

Q 우라늄이 새는 매립된 핵무기를 함유한 지역의 미생물 정화를 무엇이 좌절시킬 수 있는가?

22.4 탄화수소는 세균들의 훌륭한 탄소원과 전자공여체이며 O_2가 이용 가능할 때 쉽게 산화된다. 탄화수소-산화 세균들은 유출 유류를 생물정화하며 그들의 활성은 무기 영양물질의 첨가에 의해 도움을 받는다.

Q 어떤 물리적 및 화학적 조건이 수환경에서 신속한 유류의 미생물 분해를 위해 필요한가? 어느 조건이 유류 산화 과정을 최적화하는지 당신이 시험할 수 있게 하는 실험을 고안하라.

22.5 그들의 화학에 따라, 일부 인공합성물질 (자연에 새로운 화학물질)은 잔류하지만 다른 것들은 쉽게 분해된다. 탈염소화는 무산소 환경에 도달하는 인공합성물질의 무독화의 주요 방법이다. 쉽게 분해되는 미생물 플라스틱을 제외하고 난분해성 합성 플라스틱은 주요 환경 문제이다.

Q 인공합성 화합물의 일부 세균 전환은 왜 공동대사를 통해서만 가능한가?

III • 폐수와 음용수 처리

22.6 하수와 산업 폐수 처리는 폐수의 BOD를 낮춘다. 1차, 2차 그리고 3차 폐수처리는 물리적, 생물학적, 및 물리화학적 공정을 사용한다. 2차 또는 3차 처리 후, 유출수는 크게 감소한 BOD를 가지며 환경으로의 방류에 적절하다.

Q 전형적인 처리장에서 폐수 유입부터 방출까지의 폐수 처리과정의 모식도를 그려라. 전형적인 가정 폐수에서 BOD의 전체적인 감소는 얼마인가? 전형적인 산업 폐수에서 BOD의 전체적인 감소는 얼마인가?

22.7 향상된 생물학적 인 제거 같은 고도 폐수처리는 처리된 폐수의 질 향상에 이용된다. 관심이 커지고 있는 것에 의약품과 개인 위생제품 내 성분이 있는데 이들은 재래식 처리 체제에 의해 분해되지 않으며 심지어 매우 낮은 농도에서도 나쁜 환경적 영향을 가질 수 있다.

Q 그 장점을 고려할 때 왜 고도 폐수 처리가 널리 시행되지 않는가?

22.8 음용수 정수시설은 자연, 도시와 산업체에서 유래한 생물학적, 무기 및 유기 오염물질을 제거하고 중화시키는 산업적 규모의 물리적 및 화학적 체제를 사용한다. 물 정수시설에서는 음용수를 생산하기 위하여 침전, 여과와 소독 과정을 사용한다.

Q 음용수의 정수 과정을 구별하라 (단계별로). 이 과정에서 각 단계에 목표가 되는 중요한 오염물질은 무엇인가?

22.9 도시 음용수 급수 체제와 전제 배관을 위한 매우 긴 관로는 새로운 미생물 서식지를 만들었다. 대부분의 미생물들은 생물막으로 배관 벽과 연관되어 염소에 내성이 강한 군집을 형성하여 *Mycobacterium*, *Legionella*와 *Pseudomonas* 같은 기회적 병원성 세균을 유지하거나 격리시킬 수 있다. 원생생물 세포 내에서 자랄 수 있는 이들 일부의 능력은 그들의 병원성을 증가시킬 수 있다.

Q 음용수 공급 및 전제 배관 체제의 어떤 특성이 미생물 건강 위험에 기여할 수 있는가? 왜 샤워가 당신의 기회적 병원체에의 노출을 증가시키는가?

IV • 실내 미생물학과 미생물에 의한 부식

22.10 거주지와 기타 건물의 실내 공기와 표면은 대부분 무해한 다양한 사물기생성 미생물을 함유하는데 이는 대부분 거기에 거주하는 인간과 동물을 반영한다.

Q 어린이의 건강 측면에서 볼 때 가정이 "너무 깨끗할(too clean)" 수 있는가? 이에 대해 설명하라.

22.11 환경에 노출된 금속 구조의 부식은 미생물 영향 부식 도중 미생물 활성에 의해 가속화될 수 있다. 해수 내 또는 근처 구조는 황산염-환원 세균의 직간접적 영향으로 특히 부식에 취약하다.

Q 어떻게 미생물 대사가 다양한 금속의 부식을 가속화하는가?

22.12 암석과 콘크리트의 구조적 분해에 대한 미생물 기여는 생물 열화라 부른다. 복잡한 미생물 군집이 암석에 집락을 형성하고 물질을 분비하여 암석의 광물 성분을 녹이고 이동시킨다. 콘크리트 하수관의 크라운 부식은 각각 폐수와 하수관 내의 윗 공간에서 자라는 황산염-환원 및 황-산화 세균의 협동 활성의 결과이다. 생성된 황산이 콘크리트 파괴에 주로 관여한다.

Q 암석 건축재료 상의 가혹한 조건에서 생존하기 위해 어떻게 진균이 적응하였는가?

응용 문제

1. 산성 광산배수는 일부는 화학적 과정이고 또한 부분적으로는 생물학적 과정이다. 산성 광산배수를 유도하는 화학과 미생물학에 대해 설명하고 생물학적 핵심 반응을 지적하라. 산성 광산배수를 방지하는 데 어떤 방법을 생각할 수 있는가? 산성 배수의 추가적인 발생을 어떻게 방지하겠는가?

2. 폐수의 BOD를 감소시키는 것이 폐수처리의 기본적인 목적인 이유는 무엇인가? 높은 BOD의 폐수를 호수와 하천 같은 국지적 물 공급원에 방출할 때 야기되는 문제는 무엇인가?

3. 콘크리트 하수관의 크라운 부식에 기여하는 미생물 생태학에 대해 논의하라. 이 생태학을 고려할 때 부식을 줄이거나 제거하는 데 어떤 방지 전략이 유용할 것인가?

용어 해설

Acid mine drainage (산성 광산배수) 석탄 채굴에 의해 방출된 황화철의 미생물 및 자연적 산화로부터 유래한 H_2SO_4가 함유된 산성수

Anaerobic treatment (혐기성 처리) 슬러지 고형물 또는 높은 수준의 불용성 유기물을 함유한 폐수를 처리하기 위해 무산소 조건에서 미생물에 의해 수행되는 분해 및 발효 반응

Biochemical oxygen demand (BOD) (생화학적 산소 요구량) 물 시료에 있는 생물가용성 유기 및 무기물질을 완전하게 산화시키기 위하여 미생물이 소비하는 용존산소의 상대적인 양

Bioremediation (생물적 복원, 생물정화) 생물, 주로 미생물에 의한 유류, 독성 화학물질과 기타 오염 물질의 정화

Chloramine (클로라민) 정확한 비율로 염소와 암모니아를 결합시켜 현장에서 만든 소독 화학물질

Chlorination (염소 처리) 잔류 수준이 전체 급수 체제를 통해 유지되도록 충분히 높은 농도로 Cl_2로 물을 소독

Clarifier (침전조) 침전을 통해 미처리 수의 부유 고형물질이 응집되거나 제거되는 저장조

Coagulation (응집) 황산 알루미늄염과 음이온 중합체를 넣어 매우 작고 부유하는 입자가 커다란 불용성 입자를 형성하는 것

Crown corrosion (크라운 부식) 황산염-환원 및 황-산화 세균의 협동 활성을 통해 생성된 황산에 의한 콘크리트 하수관의 상부(크라운)의 부식

Distribution system (급수 체계) 음용수를 소비자에게 보내거나 수송 전 보관을 위해 사용되는 수도관, 저장소, 탱크 및 기타 설비

Efflent water (방출수) 폐수처리시설에서 방출되는 처리된 폐수

Filtration (여과) 한 개 또는 그 이상의 투과막 혹은 여과재 (예, 모래, 무연탄, 규조토)에 물을 통과시켜 부유 입자를 제거

Finished water (완성수) 처리과정을 거쳐 급수 체제로 옮겨진 물

Flocculation (응결) 응집 후 천천히 휘저음으로 부유 입자가 큰 응집덩어리 [플록 (floc)]를 만드는 수 처리 공정

Microbial leaching (미생물 용출) 미생물 활성에 의한 황화 광물로부터 구리 같은 유용 금속의 추출

Microbial plastics (미생물 플라스틱) 폴리히드록시알칸산염 같이 미생물 생성 (따라서 생분해성) 물질로 구성된 중합체

Microbially influenced corrosion (MIC) (미생물 영향 부식) 금속과 콘크리트 구조물

단원 5

의 부식을 가속화시키는 미생물 대사 활성의 기여

Potable (음용 가능한) 마실 수 있는; 사람이 소비하기에 안전한

Primary disinfection (1차 소독) 기존의 미생물을 죽이고 차후의 미생물 생장을 저해하기 위해 정화되고 여과된 물에 충분한 염소나 기타 소독제의 도입

Primary wastewater treatment (1차 폐수 처리) 보통 분리와 침전에 의한 폐수 오염물질의 물리적인 분리

Pyrite (황철광) 흔한 철-함유 광석, FeS_2

Raw water (원수) 어떠한 식으로든지 처리되지 않은 지표수 혹은 지하수 (미처리수라고도 불림)

Reductive dechlorination (환원적 탈염소화) 염소화 유기화합물이 전자수용체로 사용되어 보통 Cl^-를 방출하는 혐기성 호흡

Secondary aerobic wastewater treatment (2차 호기성 폐수 처리) 낮은 수준의 유기물을 함유한 폐수의 처리를 위해 호기성 조건하에 미생물에 의해 수행되는 산화적 반응

Secondary disinfection (2차 소독) 미생물 생장을 저해하기 위해 급수 체제 내에 충분한 잔류 염소나 기타 소독제의 유지

Sediment (침전물) 원수에 있는 흙, 모래, 광물질과 기타 큰 입자

Sewage (하수) 사람과 동물의 배설물로 오염되어 있는 액상의 방류수

Suspended solid (부유고형물) 일반적인 물리적인 방법으로 분리되지 않는 고형 오염물질의 작은 입자

Tertiary wastewater treatment (3차 폐수 처리) 2차 처리 유출수 또는 고형물의 후속 처리를 위해 단위 공정이 추가된 모든 처리 공정

Tubidity (탁도) 물에 있는 부유 고형물질의 측정

Untreated water (미처리수) 어떠한 형태로든지 처리되지 않은 지표수 혹은 지하수 (원수라고도 불림)

Wastewater (폐수) 호수나 하천에 처리되지 않은 형태로 방출될 수 없는 가정하수 혹은 산업체에서 나온 액체

Xenobiotic (인공합성물질) 자연에서 생물에 의해 생성되지 않는 합성 화합물

23

미생물, 식물, 동물들 간의 미생물 공생

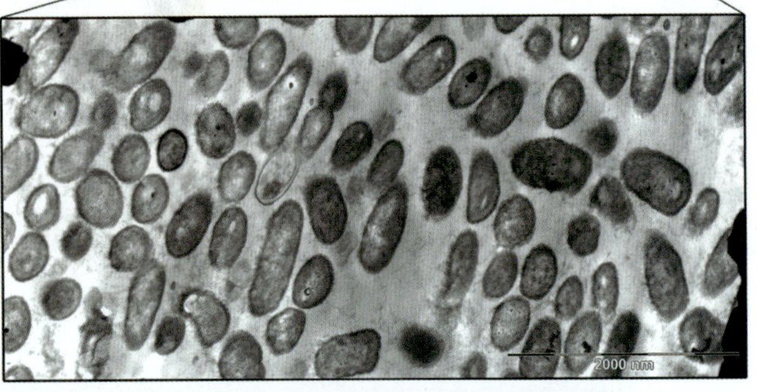

현재의 미생물학

벌의 내부 생명

벌과 기타 수분매개 동물은 중요한 생태계 봉사를 수행한다. 따라서 1947년 이후 미국에서 거의 60%의 꿀벌 집락의 소실은 큰 우려의 대상이다. 이 감소에는 여러 요소들이 기여하는 것으로 생각되는데, 서식지 단편화, 농약, 오염, 토지 사용 변화와 기후 변화가 포함된다. 벌 개체군 감소는 또한 병원체 및 환경 압박요인과 싸우는 벌 장내 미생물상의 중요성에 주목하게 된다. 예를 들어, 유럽 호박벌에서 그 장내 미생물상을 실험적으로 제거하면 이 벌은 흔한 원생동물 기생체에 의한 감염에 훨씬 더 취약하게 된다.

호박벌과 꿀벌 (사진)의 장내 군집은 놀랍게도 단순하며 불과 5개의 우점하는 배양 가능한 세균 종만으로 구성된다. 이에는 두 그람-음성 Proteobacteria (*Snodgrassella alvi*와 *Gilliamella apicola*), 두 *Lactobacillus* 종과 하나의 *Bifidobacterium* 종을 포함한다. *S. alvi*와 *G. apicola*는 꿀벌 창자의 내강을 채운다 (투과전자현미경 사진 참조). 비록 각 꿀벌 장내 미생물의 다른 균주에서 16S rRNA 유전자 서열이 밀접하게 연관되지만 그들의 유전체는 수백만 년에 걸친 벌의 공진화를 통해 크게 분기되었다. 그 결과 균주들은 숙주-특이성을 나타낸다. 예를 들어, 꿀벌에서 분리된 *S. alvi*는 호박벌에 집락을 형성하지 않으며 그 반대도 마찬가지이다.

유전체 서열 분석 또한 미생물과 벌 간에 대사적 상호의존성을 확인하였다. 예를 들어, *S. alvi*는 *G. apicola*의 발효산물을 산화하고, *G. apicola*는 꽃가루의 세포벽에 있는 다당류인 펙틴의 분해를 위한 유전자를 갖는다. 벌이 펙틴 분해효소를 생성하지 않으며 꽃가루가 그들의 식량의 핵심 요소이기 때문에 벌 장내 미생물상은 이 중요한 식량의 이용을 위해 필수적이다. 일부 벌 장내 미생물은 또한 벌이 소화시킬 수 없고 잠재적으로 독성을 갖는 arabinose와 raffinose 같은 흔하지 않은 당의 이용을 위한 유전자도 갖고 있다.

벌 장내 미생물 군집의 비교적 단순함은 이 곤충을 일반적으로는 동물-미생물 관계 그리고 특별하게는 벌 건강의 미생물학을 위한 훌륭한 모델로 만들었다. 벌은 인간 식량에 중요한 과일과 기타 식물의 주요 수분매개자이다. 따라서 벌 미생물상의 연구는 벌의 "미생물 생명(microbial life)"에 대한 보다 나은 이해 발달의 환경적 및 경제적 중요성 모두를 강조하고 있다.

출처: Kwong, W.K., P. Engel, H. Koch, and N.A. Moran. 2014. Genomics and host specialization of honey bee gut symbionts. *Proc. Natl. Acad. Sci. USA 111:* 11509–11514.

이 장에서는 다른 미생물 또는 거대생물과 미생물의 관계에 대해 알아보고자 하는데 이는 "같이 사는 것(living together)"을 의미하는 용어인 **공생(symbiosis)**이라 하는 오래되고 밀접한 관계이다. 24장에서는 미생물의 인간과의 공생에 대해 알아본다.

식물과 동물의 내부 또는 표면에 사는 미생물은 그들의 숙주에 어떻게 영향을 미치는지에 따라 구분될 수 있다. 기생체(*parasite*)는 어느 정도 숙주에 피해를 미치며 이득을 취하는 미생물이며, 병원체(*pathogen*)는 실제로 숙주에 병을 일으키고, 편리공생체(*commensal*)는 숙주에 식별할 수 있는 영향을 미치지 않으며, 상리공생체(*mutualist*)는 숙주에 도움이 된다. 한 가지 또는 다른 방식으로 모든 미생물 공생은 미생물에 도움이 된다. 이 장에서는 관여하는 협력자들 모두 이득을 얻는 관계인 **상리공생(mutualism)**에 초점을 맞출 것이다. 그들 숙주의 진화와 생리에 영향을 미치는 밀접한 진화적 동반자로서 미생물을 살펴본다. 식물 및 동물과 미생물의 많은 상리공생은 과거 수백만 년 전의 기원을 가지며 두 동반자의 생리적 특성을 이롭게 변형시키는 **공진화(coevolution)**라 하는 과정이 일어났다. 시간 경과에 따라 그 변화는 광범위해서 미생물 또는 숙주가 상대방 없이 독립적으로 생존할 수 없는 절대적 공생이 되기도 한다.

I • 미생물 사이의 공생

많은 미생물 종들은 다른 미생물 종들과 밀접하고 이로운 관계를 갖는다. 자연환경 시료의 직접적인 현미경 관찰은 많은 미생물들이 독립적인 존재가 아니며 표면에서 또는 세포들의 부유하는 집합체로 다른 미생물들과 관계를 맺는 것을 보여주고 있다. 대부분의 경우 이 관계로 인한 장점은 알려지지 않았다. 각 개체가 아닌 상호작용하는 미생물 개체군의 군집(*community*)이 중요한 환경적 작용을 제어하는 것을 미생물 생태학자들이 인식하였기 때문에 절대적 미생물 공생의 특성을 발견하기 위한 연구가 증가하고 있다. 여기에서는 두 공생자에게 이득이 분명한 미생물 상리공생의 두 가지 예를 소개한다.

23.1 지의류

지의류(lichen)는 바위, 나무 둥치, 집 지붕과 나대지 토양 같이 다른 생물이 전형적으로 자라지 못하는 표면에서 흔히 생장하는 잎 또는 외피 모양으로 쉽게 볼 수 있는 미생물 공생체이다 (**그림 23.1**). 지의류는 두 우점하는 미생물인 진균, 주로 자낭균 (⇄ 18.12절)과 조류 또는 남세균 간의 상리공생적 관계이다. 조류 또는 남세균은 광영양성 동반자로 유기물을 생성하여 진균을 부양한다. 광합성을 수행할 수 없는 진균은 고체 표면에 단단히 부착하여 그 안에서 강우와 바람에 의한 침식으로부터 광영양성 생물이 보호받으며 자랄 수 있다. 광영양체(phototroph)의 세포는 진균 세포 사이에 특정한 층 또는 덩어리로 묻혀 있다 (**그림 23.2**). 지의류의 특징적 형태는 일차적으로 진균에 의해 결정되며, 많은 진균 (18,000가지 이상의 동정된 종)이 지의류 관계를 형성할 수 있다. 광영양체의 다양성은 훨씬 작으며, 많은 다른 종류의 지의류가 동일한 광영양체 구성원을 갖는다. 지의류를 형성하는 많은 남세균은 *Anabaena* 또는 *Nostoc* 같은 질소-고정 종들이다 (⇄ 14.6과 15.3절).

진균은 지의류 공생에서 분명히 광영양체와의 관계로부터 도움을 받지만 광영양체는 견고한 기반을 갖는 것 외에 어떻게 도움을 받는가? 진균에 의해 분비되는 복합 유기화합물인 지의산(*lichen acids*)이 암석 또는 다른 표면으로부터 광영양체가 필요한 무기영양물질의 용해와 킬레이트 형성을 촉진한다. 진균의 또 다른 역할은 광영양체를 건조로부터 보호하는 것인데 지의류가 사는 서식지

(a)

(b)

그림 23.1 지의류. *(a)* 죽은 나무 가지에서 자라는 지의류. *(b)* 큰 바위 표면을 덮고 있는 지의류.

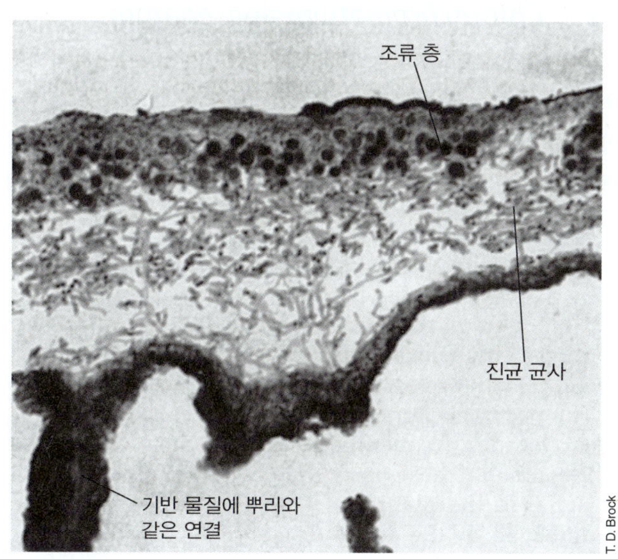

그림 23.2 지의류 구조. 지의류 단면의 현미경 사진. 조류층은 대부분의 태양광을 받도록 지의류 구조 내에 위치하고 있다.

의 대부분은 건조하며, 진균은 일반적으로 광영양체보다 건조에 내성이 높다. 진균은 실제로 광영양체를 위해 물의 흡수를 촉진하고 그중 일부를 격리한다. 지의류는 전형적으로 매우 천천히 자란다. 예를 들어, 바위 표면에서 자라는 2 cm 직경의 지의류는 실제로 여러 해 동안 자라난 것이다. 지의류의 생장은 공생을 구성하는 생물들과 강우량 및 조사된 태양광에 따라 연간 1 mm 또는 그 이하로부터 3 cm 이상까지 변화한다.

지의류가 단순한 두-협력자 집합이라는 일반적 견해는 비타민 B_{12} 같은 추가적인 영양분, 독성 화합물로부터의 보호와 항미생물 활성을 갖는 대사산물의 공급에 의해 관계에 도움을 줄 수 있는 세균과 고균 미생물상을 지의류가 또한 포함한다는 것을 밝힌 최근의 배양-독립적 연구 (19장)에 의해 도전받고 있다. 배양-독립적 분석에 기초한 또 다른 주목할 만한 최근의 발견은 이 공생에 단 하나의 진균 종만이 협력자라는 기존에 알려진 사실을 뒤엎었다. 많은 지의류에서 광영양체 층을 둘러싼 진균의 구조적 조직에 의해 형성된 피질(cortex) (그림 23.2)이 기존의 자낭균 외에 담자균 효모로 구성된 것이 현재 알려졌다 (18장). 이 이전에 알려지지 않았던 효모 동반자는 자낭균과 광영양체만으로 무균 조건에서 자연적인 지의류 엽상체를 재구성하지 못하는 이유가 될 수 있다. 이 예들은 비록 아직 초기 단계이지만 배양-독립적 방법의 최근 발달이 어떻게 심지어 잘 연구된 공생에 새로운 이해를 가져오는지 보여주고 있다.

미니퀴즈

- 지의류 상리공생에서 어떤 미생물들이 협력관계를 형성하는가? 두 공생자가 받는 도움은 무엇인가?
- 유기화합물 이외에 *Anabaena*와의 상리공생으로 진균이 받는 도움은 무엇인가?

단원 5

23.2 *"Chlorochromatium aggregatum"*

컨소시엄(consortium)이라는 미생물 상리공생이 담수 환경에서 형성된다. 하나의 흔하게 발견되는 컨소시엄은 비운동성 녹색 황세균(녹색 또는 갈색을 띠는 광영양체)과 특정한 운동성 비광영양성 세균 사이에 발달한다. 이 컨소시엄은 전 세계적으로 성층화된 황화물 담수호에서 발견되며 이 호수들에서 녹색 황세균의 90%와 세균 생물량의 70%까지 차지할 수 있다. 이 컨소시엄의 상리공생의 기초는 녹색 황세균에 의한 유기물의 광합성 생산과 화학영양성 동반자 생물의 유기물 소비에 있다. 각 컨소시엄은 속명과 종명을 가지나 그 이름이 진정한 종을 의미하지는 않으며 (왜냐하면 그들은 단일 생물이 아니기 때문임), 그 이름을 인용부호 안에 넣는다. 이 컨소시엄의 일반적인 생물학적 특성은 15.6절에 소개되었다.

컨소시엄의 특성

녹색 황세균 컨소시엄의 형태는 그 종 조성에 달려 있다. 컨소시엄은 일반적으로 가운데 무색의 편모를 가진 막대형 세균을 착생생물(*epibiont*)이라는 13~69개의 녹색 황세균이 둘러싸 부착한 구조로 되어 있다 (**그림 23.3**). 색깔, 형태와 착생생물에서 기낭의 존재 또는 부재에 근거하여 여러 특징적인 운동성 광영양성 컨소시엄이 알려졌다 (2.9절). 예를 들어, "*Chlorochromatium aggregatum*"에서 중앙 세균은 막대형 녹색 황세균에 의해 둘러싸여 있으며, 반면에 "*Pelochromatium roseum*"에서 착생생물은 갈색이다. 컨소시엄 "*Chlorochromatium glebulum*"은 구부러진 모양이고, 기낭을 가진 녹색 착생세균을 포함한다 (그림 23.3).

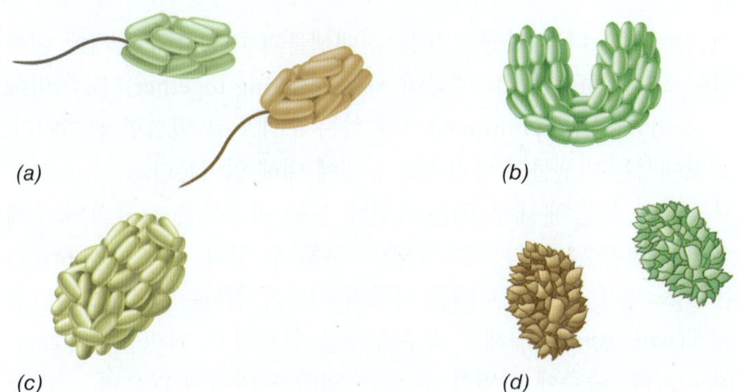

그림 23.3 담수호에 존재하는 일부 운동성 광영양성 컨소시엄의 그림. 녹색 착생생물: (a) "*Chlorochromatium aggregatum*," (b) "*C. glebulum*," (c) "*C. magnum*," (d) "*C. lunatum*." 갈색 착생생물: (a) "*Pelochromatium roseum*," (d) "*P. selenoides*." 착생생물은 직경이 약 0.5~0.6 μm이다. 출처: Overmann, J and H. van Gemerden. 2000. *FEMS Microbiol. Rev. 24:* 591–599.

녹색 황세균은 절대 혐기성 광영양체로 독립적인 문 (*Chlorobiaceae*, 15.6절)을 형성한다. 녹색과 갈색 종은 그들이 함유한 세균엽록소와 카로티노이드의 종류가 다르다. 녹색과 갈색 종 모두 성층화 호수에서 광영양체에 의한 광합성 CO_2 고정을 위한 주요 전자공여체인 황화수소(H_2S)를 갖고 있는 광이 투과되는 깊이에서 발견된다. 성층화 호수 내의 하루 중 계속 바뀌는 광, 산소와 황화물의 기울기에서 광합성을 위해 가장 좋은 조건의 지역에 머물기 위해 운동성 컨소시엄은 빠르게 위치를 바꾼다. 이 조건들이 가장 양호한 깊이에서 채집한 물 시료에는 이 형태적으로 뚜렷한 컨소시엄이 풍부하다 (**그림 23.4**). 이 컨소시엄은 어둠 혐오 [암흑 혐오(scotophobotaxis), 2.13절]와 황화물에 대한 양성 주화성을 나타낸다.

Pelodictyon (Chlorobium) phaeoclathratiforme 같은 일부 자유-생활 녹색 황세균은 수층에서 부력과 수직적 위치를 제어하는 기낭을 갖는다. 그러나 수중에서 위치 변경에 요구되는 시간은 1 내지 수일인데 그것은 보다 빠르게 변화하는 기울기를 따라잡기에 충분히 빠르지 않다. 반면에 운동성 컨소시엄은 24시간 주기로 바뀌는 광과 황화물의 기울기에 따라 충분히 빠르게 수중에서 상하 이동을 한다.

비록 녹색세균 컨소시엄이 거의 한 세기 이전에 발견되었지만 분자적 방법과 새로운 배양법의 출현으로 이 주목할 만한 관계에

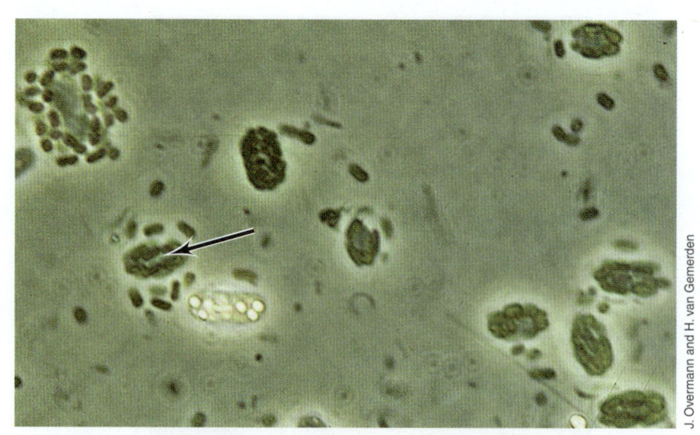

그림 23.4 Lake Dagow (Brandenburg, 독일)로부터의 "*Pelochromatium roseum*"의 위상차현미경 사진. 시료는 중앙의 막대형 세균 (화살표)을 나타내기 위해 현미경 커버글라스와 슬라이드 사이에서 압착되었다. 단일 컨소시엄은 직경이 약 3.5 μm이다. 자료 출처: Overmann, J and H. van Gemerden. 2000. *FEMS Microbiol. Rev. 24:* 591–599.

대한 새로운 측면의 연구가 가능해졌다. 16S rRNA 유전자의 서열분석은 유럽과 미국의 호수에서 착생생물의 중요한 생물지리학(biogeography)을 밝혔다. 생물지리학은 생물의 지리학적 분포에 대한 학문으로, 이 경우에는 다른 호수에서 유전적으로 특징적인 광영양성 컨소시엄이 대상이다. 인접한 호수 내의 착생생물은 동일한 16S rRNA를 갖지만 멀리 떨어진 호수들 내의 구조적으로 유사한 착생생물의 서열은 다르다. 계통학적 분석은 안정된 형태에 관여하는 세포-세포 인식의 기작이 특정 착생생물과 그들의 중앙 세균 사이에서 나타난 것을 보여준다.

컨소시엄의 계통학 및 대사

"*Chlorochromatium aggregatum*"의 착생생물은 순수배양으로 분리되어 생장한다. 비록 이 녹색 황세균 *Chlorobium chlorochromatium*이 순수배양으로 자랄 수는 있지만 자연적으로 자유-생활을 하는 변종은 발견되지 않았으며, 자연에서 착생생물에게 공생생활은 필수적이라는 사실을 뒷받침한다. "*Chlorochromatium aggregatum*"의 중앙 세균은 *Betaproteobacteria* (16.2절)에 속한다. 흥미롭게도 이 세균은 구연산회로의 중간대사물질인 α-ketoglutarate (3.9절)를 요구하며, 이는 아마도 착생생물에 의해 공급된다. 그러나 착생생물이 활발하고 중앙 세균에게 영양물질을 전달할 수 있는 빛과 황화물 조건의 존재 하에서만 중앙 세균이 고정된 탄소를 동화한다. 한 컨소시엄의 중앙 세균에 대한 유전체 분석은 대규모 유전자 소실을 보여주는데 이는 이 생물이 녹색 황세균과 독립적으로 자랄 수 없다는 것을 가리킨다.

단독 또는 중앙 막대 세균과의 공생관계로 자라는 *C. chlorochromatium*의 전사체와 단백질체 (9.9와 9.10절)를 비교한 최근 연구는 공생과 특별하게 연관된 일부 성질을 확인하였다. 공생상태에 독특한 약 50개의 단백질이 존재하였다. 이 생물이 공생관계에 있을 때 약 350개의 다르게 제어되는 유전자의 대부분이 억제되었으며, 불과 19개 유전자만이 과발현 되었다. 이 과발현 유전자 중 많은 것들이 아미노산 대사와 질소 제어의 단백질들을 암호화한다. 이에는 효소 glutamate synthase (3.14절)와 가지 친 아미노산의 ABC 수송체를 포함하여, 착생생물과 중앙 막대 세균 사이의 대사적 짝짓기가 아미노산 교환에 관여하는 것을 암시한다.

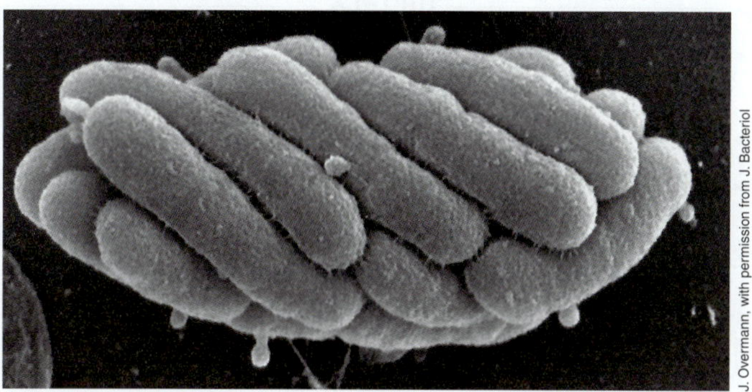

(a)

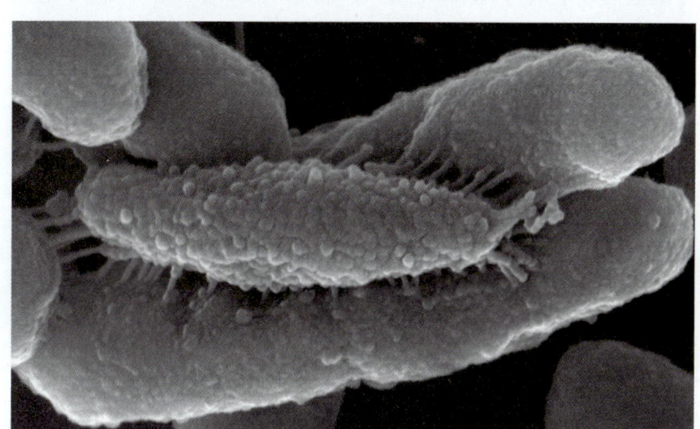

(b)

그림 23.5 "*Chlorochromatium aggregatum*"의 주사전자현미경 사진. *(a)* 편모를 가진 중앙 세균 주위에 단단히 뭉쳐 있는 착생생물 *Chlorobium chlorochromatii*. *(b)* 중앙 세균은 그 외부막에 수많은 돌출부를 가지며 그것이 착생생물과 밀접한 접촉을 만드는데 아마도 두 생물의 주변세포질의 융합이 일어난다. 착생생물의 세포는 직경이 약 0.6 μm이다. 자료 출처: G. Wanner *et al*. 2008. *J. Bacteril. 190:* 3721–3730.

비록 중앙 세균이 어떤 유기 화합물을 착생생물에 전달하는지 아직 알려지지 않았지만 이 가설은 중앙 세균의 유전체 서열이 알려진 지금 조사될 수 있을 것이다. 컨소시엄의 주사전자현미경 사진 (**그림 23.5**)은 중앙 세균의 주변세포질 (2.5절)의 관 모양 돌출이 그 표면의 상당 부분을 덮고 있으며 착생생물의 주변세포질과 융합하는 것처럼 나타낸다. 만일 두 세균 동반자가 실제로 공동의 주변세포질 공간을 공유한다면 이는 광영양체로부터 화학영양체로 영양물질의 전달을 촉진할 것이다. 중앙세균이 그것의 광영양성 동반자 없이 자라지 못하며 (반면에 광영양체는 순수배양에서 자랄 수 있음) 유기화합물은 빛이 있을 때에만 화학영양체에 의해 동화된다는 사실은 화학영양체에 영양을 공급하기 위해 광영양체로부터 영양물질이 유입되고 화학영양체가 그것의 광영양성 동반자에 절대적으로 의존한다는 것에 대한 강력한 증거이다.

미니퀴즈

- "*Chlorochromatium aggregatum*"이 진화의 안정된 산물인 증거는 무엇인가?
- 운동성은 광영양성 컨소시엄에 어떤 장점을 제공하는가?
- 컨소시엄 내의 광영양체와 화학영양체 사이에서 영양물질이 어떻게 이동하는가?

II • 미생물 서식지로서의 식물

식물은 그 뿌리와 잎 표면을 통해, 그리고 심지어 그들의 관다발 조직과 세포 안에서 더욱 밀접하게 미생물들과 상호작용한다. 식물과 미생물 간의 대부분의 상리공생은 식물에게 영양물질 가용성을 증가시키거나 병원체에 대해 그들을 방어한다. 다음 세 절에서 세 가지 예를 살펴보겠다: (1) 공생의 특성이 매우 구체적으로 이해되는 상리공생 (뿌리혹), (2) 식물이 진균과의 관계를 통해 그들의 뿌리 체제를 확장하고 상호연결 하는 상리공생 (균근), 및 (3) 식물에게 해로운 공생 (근두암종병).

23.3 콩과식물–뿌리혹 공생

인간에게 매우 중요한 식물–세균 상리공생이 콩과식물과 질소고정 세균 간의 관계이다. 콩과식물(*legume*)은 꼬투리에 그들의 종자를 갖는 꽃이 피는 식물로 대두(soybean), 토끼풀(clover), 자주개자리(alfalfa), 강낭콩(bean)과 완두(pea) 같은 농업적으로 중요한 식물들을 포함한다. 이 식물들은 식량과 농산업의 핵심 상품이며 질소비료 없이 자라는 콩과식물의 능력은 매년 수백만 달러의 비료 비용을 절감하고 비료 유출로 인한 오염효과를 감소시킨다.

공생의 동반자들은 공생자(*symbiont*)라 하며, 식물의 대부분의 질소-고정 세균 공생자를 통틀어 *rhizobia* (역자 주: rhizobia를 흔히 뿌리혹박테리아라 부르는데 비콩과식물에서 뿌리혹을 형성하여 질소고정을 하는 방선균도 있을 뿐만 아니라 줄기혹을 형성하는 rhizobia도 있기 때문에 본 책에서는 rhizobia로 통일하였음)라 부르는데 주요 속인 *Rhizobium*의 이름에서 비롯되었다. Rhizobia 종은 *Alpha*- 또는 *Betaproteobacteria* (16.1과 16.2절)(**그림 23.6**)로 토양에서 독립적으로 자라거나 콩과식물에 감염하여 공생관계를 확립한다. 같은 속 (또는 심지어 종)의 콩과식물이 rhizobia와 rhizobia가 아닌 균주를 모두 함유할 수도 있다. Rhizobia에 의한 콩과식물 뿌리의 감염은 그 안에서 세균이 기체상 질소(N_2)를 고정하는 (14.6절) **뿌리혹(root nodule)** (**그림 23.7**)의 형성을 유도한다. 뿌리혹에서 질소고정은 지구상에서 매년 고정되는 N_2의 1/4을 차지하며 농업적으로 크게 중요한데, 토양에서 고정된 질소 함량을 증가시키기 때문이다. 시비하지 않은 맨 땅에서는 흔히 질소가 부족하므로 다른 식물이 잘 자라지 못하는데 혹을 형성한 콩과식물은 잘 자란다 (**그림 23.8**).

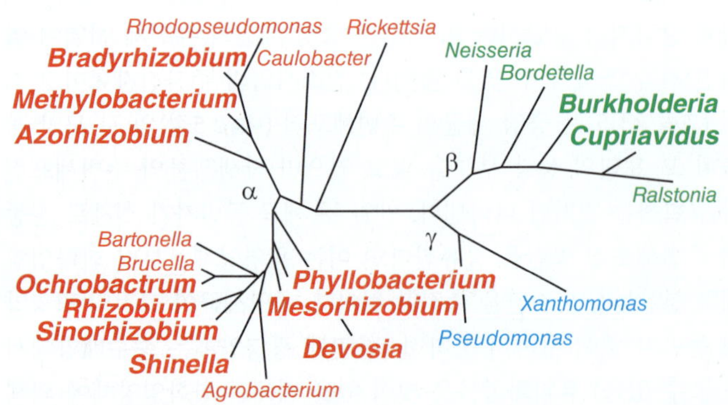

그림 23.6 16S rRNA 유전자 서열 분석으로부터 추론된 rhizobia (굵은 글씨의 이름)와 관련 속의 계통발생. *Alpha*-와 *Betaproteobacteria*의 12속 안에 70종 이상의 rhizobia가 있다.

그림 23.7 대두의 뿌리혹. *Bradyrhizobium japonicum*의 감염으로부터 혹이 발달한다. 이 콩 식물의 주 줄기는 직경이 약 0.5 cm이다.

레그헤모글로빈과 교차접종군

세균 공생자가 없으면 콩과식물은 N_2를 고정하지 못한다. 반면 rhizobia는 순수배양에서 미호기성 조건에서 자랄 때 N_2를 고정할 수 있다 [질소화효소(*nitrogenase*)가 높은 수준의 O_2에 의해 불활

그림 23.8 식물 생장에 미치는 혹 형성의 영향. 질소가 부족한 토양에서 자라는 비접종 (왼쪽)과 접종 대두 (오른쪽). 노란색은 전형적인 백화현상인데 질소 부족의 결과이다.

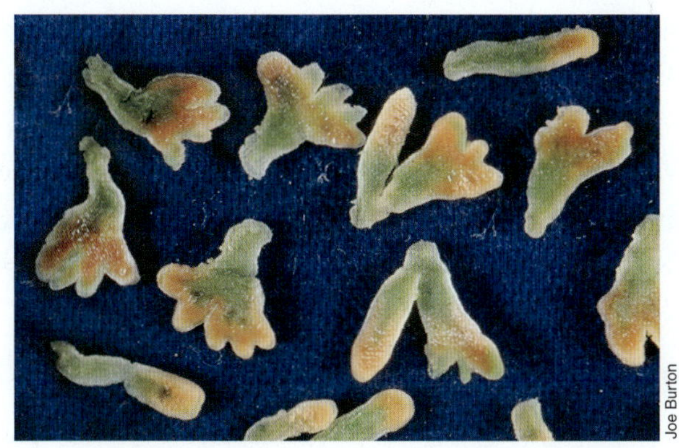

그림 23.9 뿌리혹 구조. 콩과식물 *Coronilla varia*의 뿌리혹의 단면으로 붉은색 색소 레그헤모글로빈을 나타낸다.

성화되기 때문에 저-산소 환경이 필요하다, 14.6절]. 혹에서 O_2 수준은 O_2-결합 단백질인 **레그헤모글로빈(leghemoglobin)**에 의해 정밀하게 조절된다. 건강한 N_2-고정 혹 (**그림 23.9**)에서 이 철-함유 단백질은 식물과 세균 공생자의 상호작용을 통해 유도된다. 레그헤모글로빈은 세균 호흡을 위해 충분한 O_2를 공급하면서 혹 내부의 유리 O_2 수준을 낮게 유지하기 위해 산화형(Fe^{3+})과 환원형(Fe^{2+}) 간의 순환을 위한 "산소 완충(oxygen buffer)"으로 작용한다. 뿌리혹에서 레그헤모글로빈-결합 O_2 대 유리 O_2의 비율은 10,000:1 수준으로 유지된다.

콩과식물 종과 공생관계를 수립할 수 있는 rhizobia 종 사이에 분명한 특이성이 존재한다. 특정 rhizobia 종이 특정 콩과식물 종에 감염할 수 있지만 다른 종에는 감염하지 못한다. 특정 rhizobia 종에 의해 감염될 수 있는 관련된 콩과식물 종류를 교차접종군(*cross-inoculation group*)이라 한다. 각 종류는 그 종류의 어떤 다른 콩과식물에서 얻어진 rhizobia로 접종되었을 때 혹을 형성하게 되는 모든 콩과식물 종으로 구성된다 (**표 23.1**). 만일 콩과식물에 정확한 rhizobia 균주가 접종된다면 그 뿌리에 레그헤모글로빈이 풍부하고 N_2를 고정하는 뿌리혹이 형성된다 (그림 23.7~23.9).

표 23.1 콩과식물의 주요 교차접종군

숙주 식물	뿌리혹 형성세균
완두	*Rhizobium leguminosarum* biovar *viciae*[a]
강낭콩	*Rhizobium leguminosarum* biovar *phaseoli*[a]
강낭콩	*Rhizobium tropici*
노랑들콩 (lotus)	*Mesorhizobium loti*
토끼풀	*Rhizobium leguminosarum* biovar *trifolii*[a]
자주개자리	*Sinorhizobium meliloti*
대두	*Bradyrhizobium japonicum*
대두	*Bradyrhizobium elkanii*
대두	*Sinorhizobium fredii*
Sesbania rostrata (열대 콩과식물)	*Azorhizobium caulinodans*

[a]*Rhizobium leguminosarum*의 여러 변종 (biovar)이 존재하는데 각각 다른 콩과식물에 혹을 형성할 수 있음.

뿌리혹 형성 단계

대부분의 rhizobia에 대해 뿌리혹이 어떻게 형성되는지는 잘 알려져 있으며 (**그림 23.10**) 그 단계는 다음과 같다:

1. 식물과 세균 모두에 의한 정확한 상대방의 인식과 뿌리털에 세균의 부착
2. 세균에 의한 올리고당 신호분자 (Nod 인자)의 분비
3. 뿌리털의 세균 침입
4. 감염사를 통한 주된 뿌리로의 세균 이동
5. 식물 세포 내에서 변형된 세균 세포 (박테로이드)의 형성, N_2-고정 단계의 발달 및 지속적인 식물과 세균 세포 분열로 성숙한 뿌리혹의 형성

Nod 인자를 요구하지 않는 혹 형성의 또 다른 방법은 광영양성 rhizobia의 일부 종에 의해 이용된다. 이 방법은 아직 완전히 밝혀지지 않았지만 세균의 시토키닌(*cytokinin*) 생성을 요구하는 것으

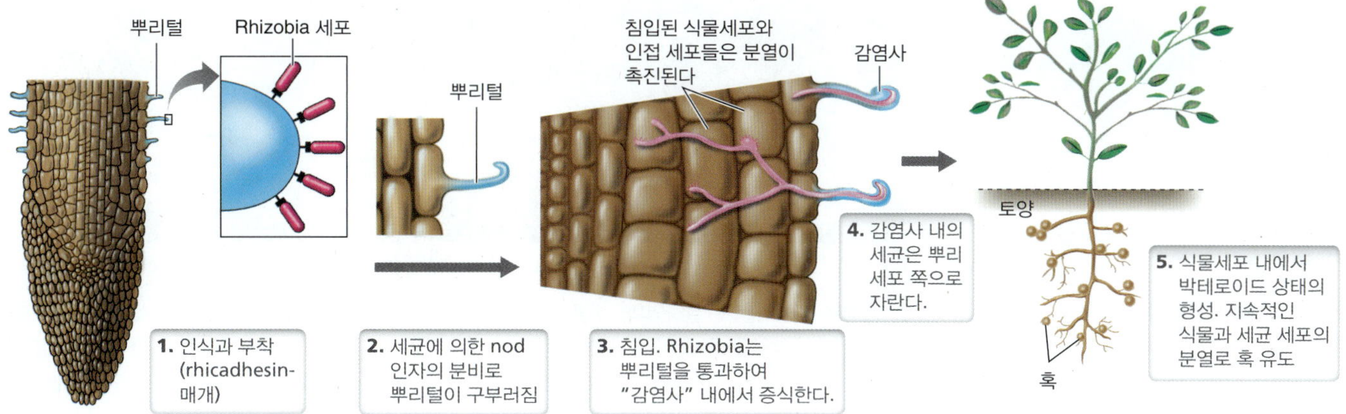

그림 23.10 *Rhizobium*에 의해 감염된 콩과식물에서 뿌리혹의 형성 단계. 박테로이드 상태의 형성은 질소고정의 필수조건이다. 감염으로부터 유효 혹까지 걸리는 시간은 대두의 경우 약 1개월이다. 혹 내의 생리적 활성은 그림 23.15 참조.

로 보인다. 시토키닌은 아데닌 또는 페닐유레아로부터 유래하는 식물 호르몬인데 세포 생장과 분화에 필요하다.

부착과 감염

콩과식물 뿌리는 다양한 근권의 마이크로바이옴의 생장을 촉진하는 유기화합물들을 분비한다. 만일 토양에 적절한 교차접종군의 rhizobia가 있다면 그들은 큰 개체군을 형성하고 결국 식물의 뿌리에서 뻗어 나온 뿌리털에 부착한다 (그림 23.10). *Rhicadhesin*이라는 부착 단백질이 rhizobia의 표면에 존재한다. 식물 세포막에 있는 렉틴(*lectin*)이라는 탄수화물-함유 단백질 같은 다른 물질과 특별한 수용체도 식물-세균 부착에 관여한다.

부착 후 rhizobia 세포가 뿌리털 안으로 침투하면 뿌리털은 세균에 의해 분비되는 물질 (Nod 인자)에 반응하여 구부러진다. 그 후 세균은 뿌리털 안으로 연결되는 **감염사(infection thread)** (**그림 23.11*a***)라는 셀룰로오스 관의 식물에 의한 형성을 유도한다. 뿌리털에 인접한 뿌리 세포는 점차 rhizobia에 의해 감염되고 식물 세포분열이 일어난다. 지속된 식물 세포분열은 종양 같은 혹 (그림 23.11*a*)을 형성하는데 이는 박테로이드 (아래에 설명됨, 그림 23.11*b*)로 차 있는 식물 세포로 구성된다. 수서 또는 반수서 열대 콩과식물 (그림 23.16 참조)에 적응된 일부 rhizobia에 의해 다른 감염 방법이 이용된다. 이들 rhizobia는 기존의 뿌리 [수평근(*latent roots*)]로부터 직각으로 나온 뿌리의 느슨한 세포 접합부에서 식물로 들어간다. 식물로 들어간 후 일부 rhizobia는 감염사를 형성하고 다른 것들은 형성하지 않는다.

박테로이드

Rhizobia는 식물 세포 내에서 신속하게 증식하고 부푼, 기형의, 가지를 친 세포 모양의 **박테로이드(bacteroid)**로 전환된다. 박테로이드의 미세집락은 식물 세포막의 일부에 의해 둘러싸여 심비오솜(*symbiosome*) (그림 23.11*c*)이라는 구조를 형성하며, 심비오솜 형성 후에만 N_2 고정이 시작된다. 질소-고정 혹은 아세틸렌의 에틸렌으로의 환원에 의해 실험적으로 검출될 수 있다 (14.6절). 식물이 죽으면 뿌리혹도 파괴되어 토양 내로 박테로이드가 방출된다. 비록 박테로이드는 분열을 할 수 없지만 소수의 휴지상태 rhizobia 세포들이 항상 혹 안에 존재한다. 이들이 파괴되는 혹의 일부 산물을 영양물질로 사용하여 다시 증식한다. 세균은 그 후 다음 생육기에 감염을 시작하거나 토양에서 자유-생활 상태를 유지한다.

뿌리혹 형성: *nod* 유전자, Nod 단백질과 Nod 인자

콩과식물의 혹 형성 단계를 지시하는 rhizobia 유전자들은 *nod* 유전자(*nod gene*)라 한다. 혹 형성능력은 플라스미드 또는 염색체 DNA의 전달 부위상에 위치한 *nod*와 *nif* 같은 유전자의 수평적 전달을 통해 여러 번 독립적으로 일어났다. 완두에 혹을 형성하는 *Rhizobium leguminosarum* biovar *viciae*에서 10개의 *nod* 유전자들이 밝혀졌다. *nodABC* 유전자들은 완두 식물에서 뿌리털을 구부러지게 하고 식물 세포분열을 개시하여 결국 뿌리혹의 형성을 유도하는 **Nod 인자(Nod factor)**라는 올리고당을 생성하는 단백질을 암호화한다 (뿌리혹 생화학에 대한 그림 23.15 설명 참조).

Nod 인자들은 다양한 치환기가 연결된 lipochitin oligosaccharide (**그림 23.12**)로 콩과식물이 새로운 식물 기관인, 질소-고정 박테로이드로서의 세균을 함유하는 뿌리혹 (그림 23.11)의 발달을 촉발하는 주된 rhizobia의 신호 분자로 작용한다. 세포 표면 수용체 (NFR1과 NFR2)에 Nod 결합에 의해 촉발되는 신호전달 경로 및 기관형성 (혹 형성) 유도의 세부 사항의 분석은 활발한 연구 분야이다 (**그림 23.13**). 흥미롭게도 혹 형성을 유도하는 신호전달 경로의 많은 요소들이 또한 식물 뿌리의 감염을 위한 균근균에 의해서도 이용된다 (그림 23.13과 23.4절).

어느 식물에 특정 rhizobia 종이 감염할 수 있는지는 그것이 생성하는 Nod 인자의 구조에 의해 부분적으로 결정된다. 공통적이며 그들의 산물이 Nod 중추를 합성하는 *nodABC* 유전자 외에, 각

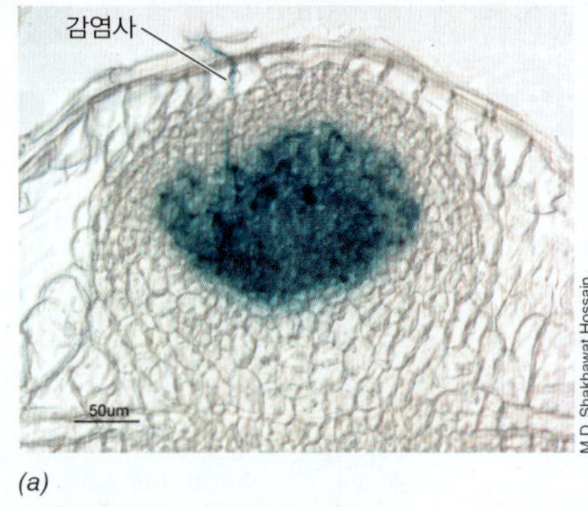

(a)

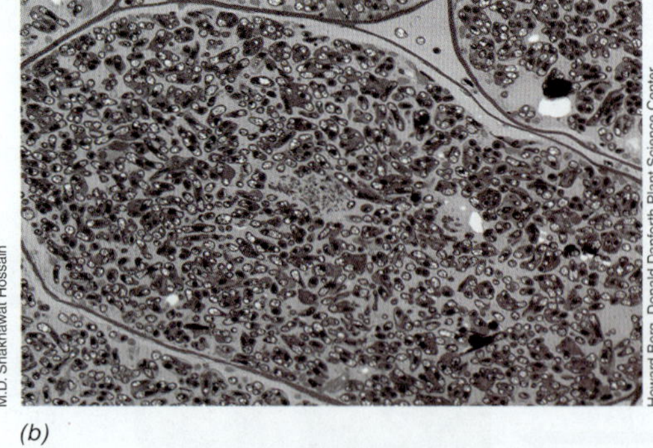
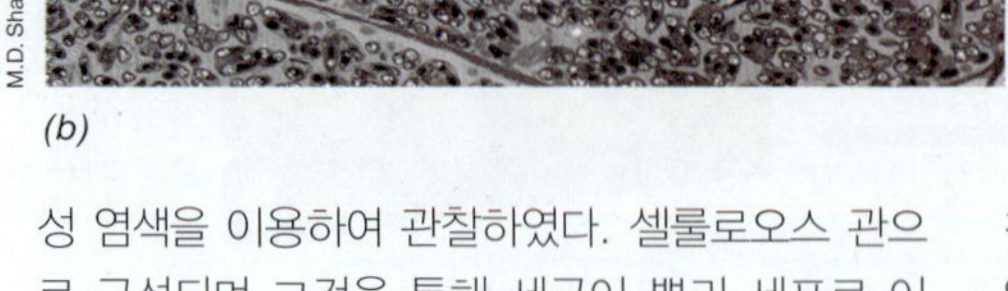

(b)

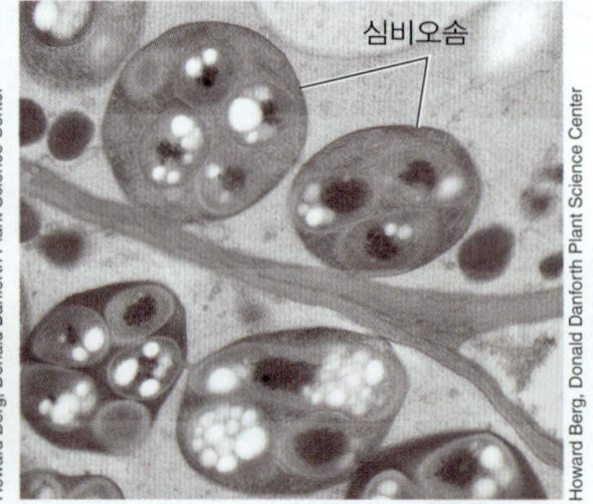

(c)

그림 23.11 감염사와 뿌리혹의 형성. *(a) lacZ* 유전자의 염색체 복제본을 가진 rhizobia 균주로 감염된 콩과식물 (*Lotus japonicus*)로부터의 초기-단계 혹의 현미경 사진. 이 혹은 절단되고 세균 분포(청색)는 효소 β-galactosidase (12.2절과 그림 12.8)에 의해 절단되었을 때 청색으로 변하는 활성 염색을 이용하여 관찰하였다. 셀룰로오스 관으로 구성되며 그것을 통해 세균이 뿌리 세포로 이동하는 감염사는 표면으로부터 내부로 뻗는 것을 분명하게 보여준다. *(b) Bradyrhizobium japonicum*으로 감염된 대두 (*Glycine max*)의 혹 단면의 투과전자현미경 사진으로 박테로이드로 가득 찬 식물 세포를 보여준다. 이 식물 세포는 길이가 약 50 μm이다. *(c)* 각각이 여러 박테로이드로 찬 심비오솜의 고배율 현미경 사진. 각 박테로이드에서 투명한 부위는 저장 중합체 β-hydroxybutyrate (2.8절)이다. 박테로이드는 길이가 약 2 μm이다.

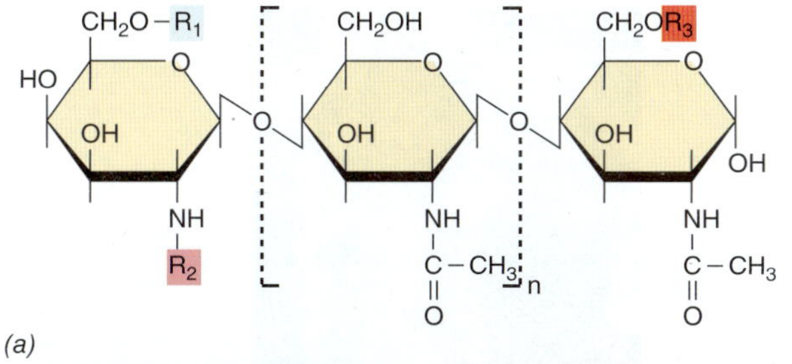

(a)

Rhizobia 또는 AM 진균 종	R_1	R_2	R_3
Sinorhizobium meliloti (자주개자리)	Ac	C16:2 또는 C16:3	SO_3H
Rhizobium leguminosarum biovar *viciae* (완두)	Ac	C18:1 또는 C18:4	H 또는 Ac
Glomus intraradices (많은 농작물)	H	C16 또는 C16:1 또는 C16:2 또는 C18 또는 C18:1Δ9Z	H 또는 SO_3H

(b)

그림 23.12 Nod와 Myc 인자들. *(a)* Rhizobia 종 (*Sinorhizobium meliloti*와 *Rhizobium leguminosarum* biovar *viciae*)에 의해 생성된 Nod 인자와 수지상 균근균 (23.4절) *Glomus intraradices*에 의해 생성된 Myc 인자의 일반적 구조. 가운데 육탄당 단위는 다른 Nod 인자에서 세 번까지 반복될 수 있다. *(b)* 각 종의 정확한 신호전달 인자를 규정짓는 구조적 차이 (R_1, R_2, R_3)의 표. C16:1, C16:2와 C16:3은 각각 1, 2 또는 3개의 이중 결합을 가진 팔미트산; C18:1은 하나의 이중 결합을 가진 올레산; C18:1Δ9Z는 9번째 C–C 결합에 이중결합을 갖는 올레산의 *trans* 이성질체; C18:4는 4개의 이중결합을 갖는 올레산; Ac는 아세틸기.

교차접종군은 그것의 종-특이적 분자(그림 23.12)를 형성하기 위해 Nod 인자 중추를 화학적으로 변경시키는 단백질을 암호화하는 *nod* 유전자들을 가지고 있다. *R. leguminosarum* biovar *viciae*에서 *nodD* 유전자는 다른 *nod* 유전자들의 전사를 조절하는 제어단백질 NodD를 암호화한다. 유도체 분자와 상호작용 후 NodD는 전사를 촉진하며 따라서 양성적 제어단백질이다 (6.3절). NodD 유도체는 식물에 의해 널리 분비되는 유기분자인 식물 플라보노이드(flavonoid)이다. *R. leguminosarum* biovar *viciae*의 *nodD* 유도체와 구조적으로 매우 밀접하게 연관된 일부 플라보노이드는 다른 rhizobia 종에서 *nod* 유전자의 유도를 저해한다 (**그림 23.14**). 이는 rhizobia-콩과식물 공생에서 식물과 세균 간에 관찰되는 특이성의 일부가 콩과식물의 각 종에 의해 분비되는 플라보노이드의 화학적 특성에 의한 것을 가리킨다.

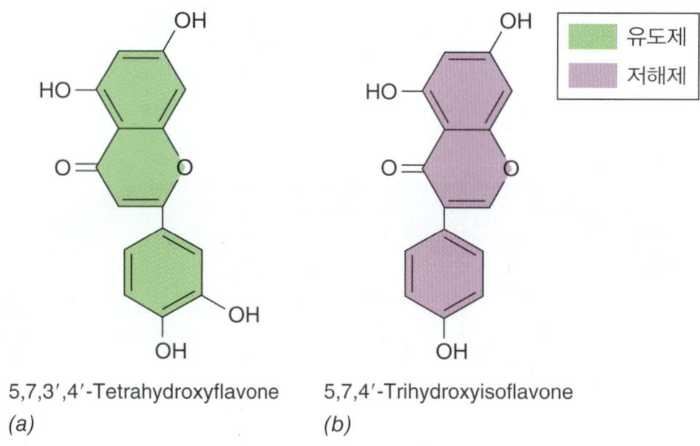

그림 23.14 식물 플라보노이드와 혹 형성. 플라보노이드 분자의 구조. *(a) nod* 유전자 발현의 유도제. *(b) Rhizobium leguminosarum* biovar *viciae*에서 *nod* 유전자 발현의 저해제. 두 분자의 구조의 유사성에 주목하라. *(a)*의 구조는 루테오린(luteolin)이라 부르는 flavone 유도체이며 *(b)*의 구조는 제니스테인(genistein)이라 하는 isoflavone 유도체이다.

뿌리혹의 생화학

14.6절에서 소개되었듯이 N_2 고정은 질소화효소(*nitrogenase*)를 요구한다. 박테로이드의 질소화효소는 O_2 민감도와 N_2 및 아세틸렌 환원능을 포함하여 독립생활 질소고정세균의 효소와 같은 생화학적 특성을 갖는다. 박테로이드는 N_2 고정을 위한 전자공여체를 식물에 의존한다. 심비오솜 막을 통과해 박테로이드 내로 수송되는 주된 유기화합물은 구연산회로 중간산물, 특히 C_4 유기산인 숙신산염(*succinate*), 말산염(*malate*)과 퓨마르산염(*fumarate*)이다

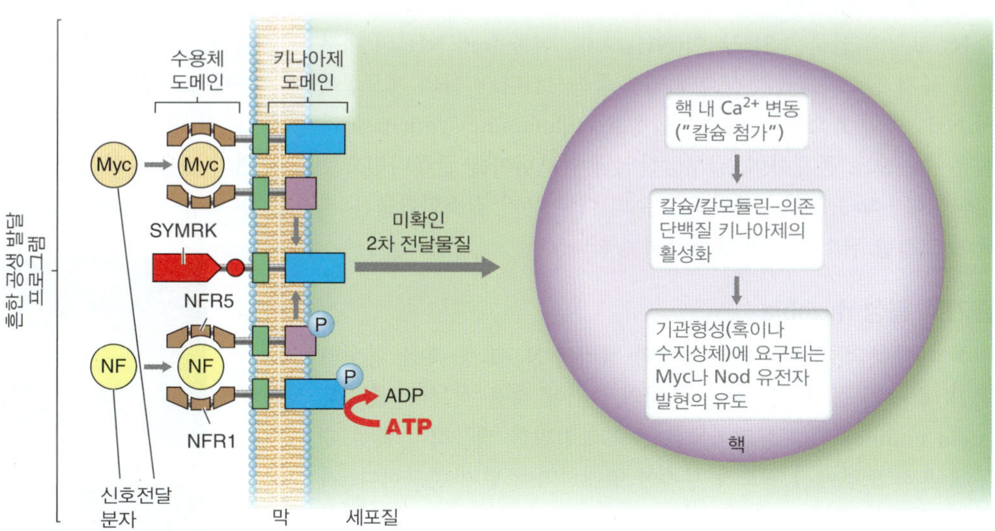

그림 23.13 뿌리혹과 균근 수지상체 형성의 Nod와 Myc 신호전달 경로. Nod 인자(NF) 신호전달은 적어도 3개의 막-연관 수용체 (NFR1, NFR5와 SYMRK)가 관련되는데 이들이 같이 작용하여 단백질 인산화를 경유한 혹형성을 개시한다. NFR1과 SYMRK는 활성형 키나아제 도메인(kinase domain) (청색)을 갖지만 NRF5 키나아제는 비활성이다. 식물 세포의 세포막에서 NFR1과 NFR5의 복합체에 NF의 직접 결합은 NFR1 키나아제의 활성화에 의한 신호 전달을 개시한다. 그 결과 NFR 세포질 도메인의 인산화는 감염사 형성을 유도하는 일들을 촉발한다. NFR1-NFR5-Nod 인자 복합체에 의한 (또는 Myc 인자를 위한 미확인 수용체에 의한) SYMRK로의 신호 전달은 보전된 공생 프로그램의 한 부분으로, 거기에서 식물 세포 신생물 내의 칼슘 신호 전달의 유도가 혹이나 수지상체 형성에 요구되는 유전자 발현 변화와 식물 생장 호르몬 (시토키닌)의 생성을 촉발한다. 균근에 대한 설명은 23.4절에 있다.

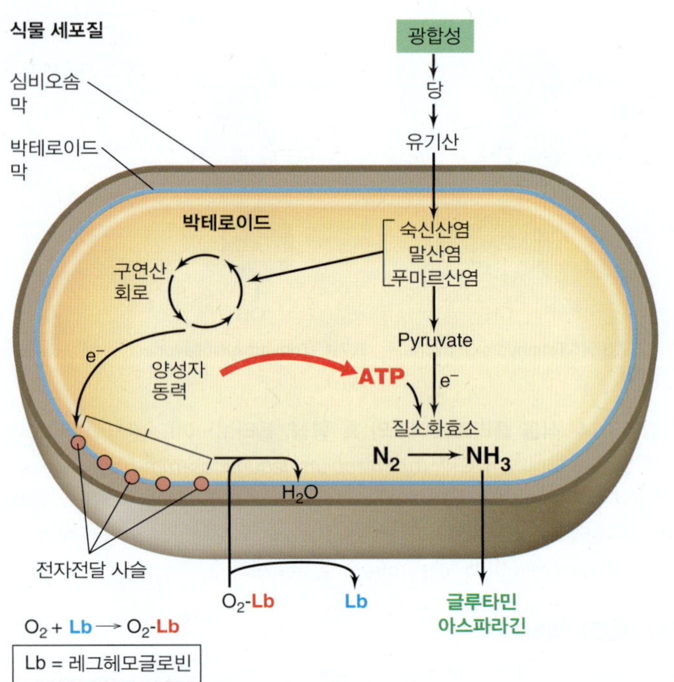

그림 23.15 뿌리혹 박테로이드. 박테로이드 내에서 일어나는 주요 대사반응과 영양물질 교환의 모식도. 심비오솜은 식물에서 기원한 단일 막으로 둘러싸인 박테로이드의 집합체이다 (그림 23.11c 참조).

(그림 3.16) (**그림 23.15**). 이들은 ATP 생성을 위한 전자공여체로, 그리고 피루브산염으로의 전환 후 N_2 환원을 위한 궁극적인 전자공여체로 사용된다.

N_2 고정의 산물은 암모니아(NH_3)이며, 식물은 이 NH_3의 대부분을 유기 질소화합물의 생성에 의해 동화시킨다. 식물의 세포질에서 NH_3-동화 효소인 글루타민 합성효소(glutamine synthatase)가 높은 수준으로 존재하며, 글루탐산염과 암모니아를 글루타민으로 전환한다 (3.14절). 이것과 소수의 다른 유기 질소화합물은 세균이 고정한 질소를 식물 전체로 수송한다.

줄기혹 형성 rhizobia

비록 대부분의 콩과식물이 그들의 뿌리에 N_2-고정 혹을 형성하지만, 소수의 콩과식물 종은 그들의 줄기에 혹을 갖는다. 줄기혹(stem nodule) 형성 콩과식물은 용출과 활발한 생물학적 활성 때문에 흔히 토양에서 질소가 부족한 열대지역에 널리 분포한다. 가장 잘 연구된 체제는 세균 *Azorhizobium caulinodans*에 의해 혹이 형성되는 열대 수서 콩과식물 *Sesbania*이다 (**그림 23.16**). 줄기혹은 전형적으로 줄기의 물에 잠긴 부분이나 물 바로 윗부분에 형성된다. *Sesbania*에서 줄기혹 형성과정의 일반적인 순서는 뿌리혹과 매우 유사하다: 부착, 감염사 형성 및 박테로이드 생성.

일부 줄기혹 형성 rhizobia는 세균엽록소 *a*를 생성하며 따라서 산소비발생형 광합성 (14.3절)을 수행하는 잠재력을 가진다. 세균엽록소-함유 rhizobia는 광합성 *Bradyrhizobium*이라 부르는데 자연에, 특히 열대 콩과식물과 연계되어 널리 분포한다. 이 종에서

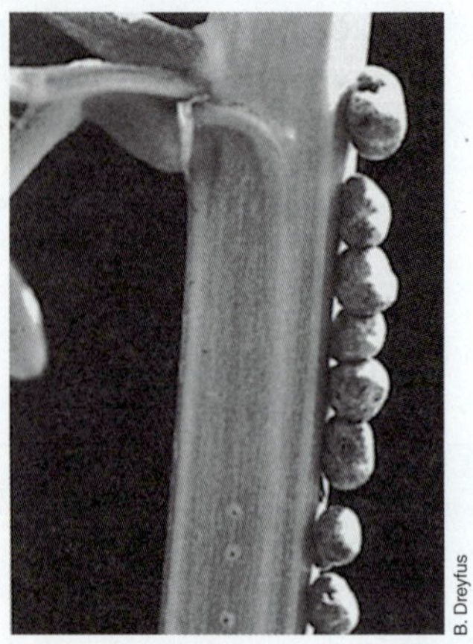

그림 23.16 줄기혹-형성 *Azorhizobium*에 의해 만들어진 줄기혹. 열대 콩과식물 *Sesbania rostrata* 줄기의 오른쪽은 *Azorhizobium*으로 접종한 부위이지만 왼쪽은 비접종 부위이다.

광합성에 의해 화학에너지 (ATP)로 전환된 광에너지는 세균에 의한 N_2 고정의 에너지 요구의 일부를 충족시킨다.

비콩과식물 N_2-고정 공생: *Azolla-Anabaena*와 *Alnus-Frankia*

Rhizobia 이외의 세균과의 N_2-고정 공생은 다양한 비콩과식물에서 일어난다. 예를 들어, 수서 양치류 *Azolla*는 그 엽상체의 작은 구멍 내에 이형세포성 N_2-고정 남세균 (15.3절)인 *Anabaena azollae*를 갖고 있다 (**그림 23.17**). *Azolla*는 수 세기 동안 아시아의 벼논에서 고정된 질소를 공급해왔다. 벼를 심기 전에 농부들은 논의 표면에 *Azolla*가 많이 덮이게 한다. 벼가 많이 자라나면 *Azolla*가 잘 못자라고 결국 죽어서 그 질소가 방출되어 벼 식물에 의해 동화된다. 각 생육기 동안 이 과정이 반복되어 농부는 질소비료가 없이도 벼의 높은 수확을 얻을 수 있다.

오리나무(alder, *Alnus* 속)는 *Frankia* 속의 사상성 N_2-고정 방

그림 23.17 *Azolla–Anabaena* 공생. *(a)* *Azolla pinnata*의 단일 식물을 보이는 완전한 연합체. 이 식물의 직경은 약 1 cm이다. *(b)* 분쇄된 *A. pinnata* 잎에서 관찰된 남세균 공생자 *Anabaena azollae*. *A. azollae*의 단일 세포는 폭이 약 5 μm이다. 영양형 세포는 길쭉하다; 구형의 이형세포(heterocyst, 밝은색, 화살표)는 질소 고정을 위해 분화되었다.

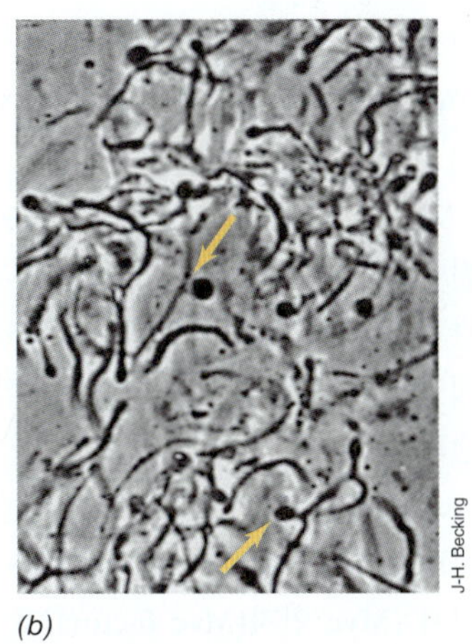

(a) (b)

그림 23.18 *Frankia* 혹과 *Frankia* 세포. *(a)* 오리나무 *Alnus glutinosa*의 뿌리혹. *(b) Comptonia peregrina*의 혹으로부터 분리된 *Frankia* 배양. 균사 끝에 소낭 (화살표)이 있다.

선균을 함유한 N_2-고정 뿌리혹 (**그림 23.18*a***)을 갖고 있다. 세포 추출액에서 조사하면 *Frankia*의 질소화효소가 O_2에 민감하지만, *Frankia*의 세포는 정상 대기 산소분압에서 N_2를 고정한다. 이는 *Frankia*가 소낭(*vesicle*) (그림 23.18*b*)이라는 세포 끝의 부푼 곳에 질소화효소를 가지고 있어 O_2로부터 효소가 보호되기 때문이다. 이 소낭은 O_2 확산을 막는 두꺼운 벽을 가져서 소낭 내 O_2 분압을 질소화효소 활성에 적합한 수준으로 유지시킨다. 이런 점에서 *Frankia* 소낭은 N_2-고정의 제한된 부위로서 일부 사상성 남세균에 의해 형성되는 이형세포(heterocyst)와 유사하다 (15.3절).

오리나무는 영양물질이 부족한 토양에 살 수 있는 특징적인 개척자 나무인데 아마도 *Frankia*와 공생적 N_2-고정 관계를 갖는 능력 때문일 것이다. 여러 다른 작은 또는 관목성의 목본식물들도 *Frankia*에 의해 혹이 형성된다. 콩과식물의 rhizobia 공생자와 같이 *Frankia*의 단일 균주는 여러 다른 식물 종들에 뿌리혹을 형성할 수 있다.

미니퀴즈

- Rhizobia 뿌리혹은 어떻게 식물에 도움을 주는가?
- Nod 인자는 무엇이며 그들이 무엇을 하는가?
- 박테로이드는 무엇이며 그 안에서 무엇이 일어나는가? 레그헤모글로빈의 기능은 무엇인가?
- Rhizobia와 *Frankia* 사이의 주요 유사점과 상이점은 무엇인가?

23.4 균근

균근(mycorrhizae)은 식물 뿌리와 진균 사이의 상리적 공생관계로 영양물질이 양방향으로 전달된다. 진균은 토양으로부터 식물에 무기영양물질, 특히 인과 질소를 제공하며, 식물은 진균에 주로 탄수화물을 전달한다. 이 상리공생은 농업에 활용되는데, 배양에서 생산된 진균 포자로부터 또는 감염된 식물의 뿌리 부스러기로부터 토양 접종물이 생산되어 식물 생장을 촉진한다.

균근의 종류

두 종류의 균근이 있는데, 외생균근(*ectomycorrhizae*)에서는 진균 세포가 뿌리 바깥쪽을 둘러싸는 두꺼운 외피(균초, sheath)인 진균 덮개(*fungal mantle*)를 형성하며 뿌리 세포 구조 내로는 약간만을 침투한다 (**그림 23.19**). 내생균근(*endomycorrhizae*)에서는 진균의 일부가 뿌리 조직 내부에 깊숙이 자리잡는다. 외생균근은 주로 숲의 나무, 특히 침엽수, 너도밤나무와 떡갈나무에서 주로 발견되며 냉대림과 온대림에서 가장 잘 발달되어 있다. 그런 숲에서 거의

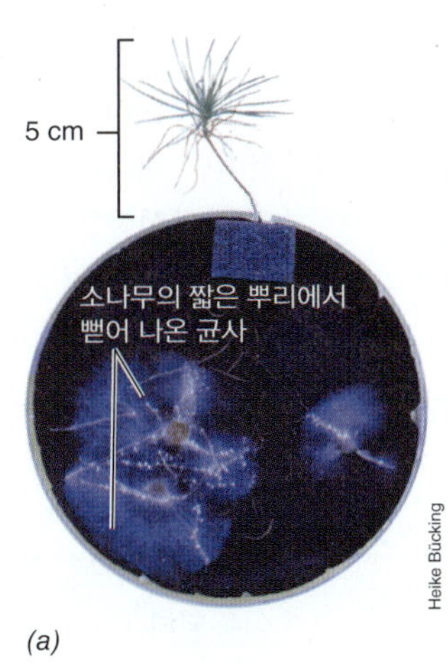

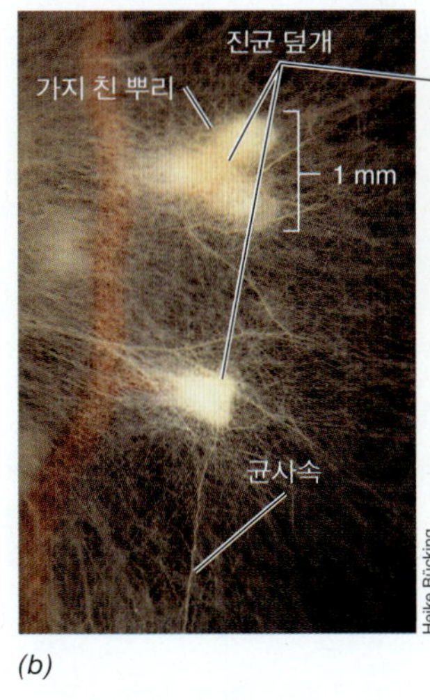

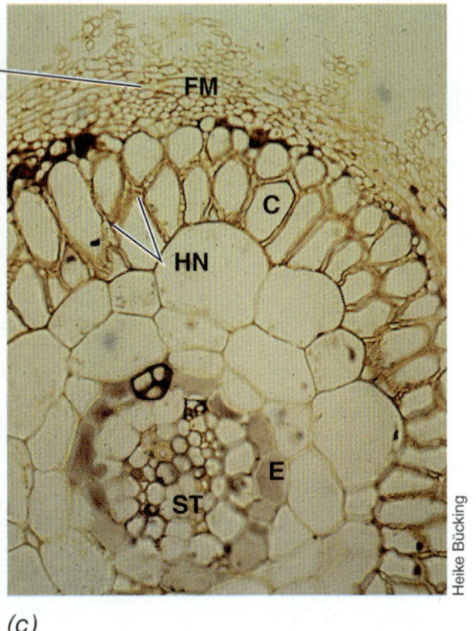

(a) (b) (c)

그림 23.19 소나무와 너도밤나무 뿌리의 외생균근 형성. *(a)* 외생균근균 *Suillus bovinus*에 의한 소나무(*Pinus sylvestris*) 뿌리의 집락화. *(b)* 외생균근균의 덮개 (백색)로 둘러싸인 소나무 뿌리의 외생균근 뿌리 끝과 토양으로 뻗어나간 연결된 균사. 외생균근균 *Suillus bovinus*는 토양에서 균근균 뿌리로 장거리 수송에 관련된 균사 덩어리인 균사속(rhizomorph)도 형성한다. *(c)* 너도밤나무 가는 뿌리의 단면으로 뿌리 피층 (C) 안의 진균 덮개(FM)와 하르티그 네트(HN)를 보여준다. 하르티그 네트는 식물과 진균 사이의 영양물질 교환 장소이다. 뿌리 관다발 조직 (뿌리 중심주, ST)과 내피(E)도 보인다.

모든 나무의 모든 뿌리가 균근으로 되어 있다. 소나무 (*Pinus* 속) 같은 균근이 형성된 나무의 뿌리체제는 긴 뿌리와 짧은 뿌리로 구성된다. 짧은 뿌리는 *Pinus*에서 특징적으로 두 가닥으로 분지되어 (그림 23.19*b*), 전형적인 진균 집락화를 보이며, 긴 뿌리도 또한 흔히 집락화된다.

진균 덮개로부터 뻗어 나오고 상피세포와 피층 세포 사이로 침투한 외생균근 균사는 하르티그 네트(*Hartig net*, 그림 23.19*c*)라는 균사망을 형성한다. 이 균사망은 진균과 식물 사이에 영양물질 교환이 일어나는 곳이다. 대부분의 균근균(mycorrizal fungi)은 섬유소와 기타 낙엽의 중합체를 분해하지 못하지만, 대신 간단한 탄수화물을 대사하며 전형적으로 하나 또는 그 이상의 비타민을 요구한다. 그들은 뿌리 분비물로부터 탄소를 공급받으며 토양으로부터 무기광물을 얻는다. 균근균은 뿌리와의 관계를 제외하고는 자연에서 거의 발견되지 않으며, 대부분이 아마도 절대 공생생물이다.

진균과 뿌리 사이의 밀접한 공생관계에도 불구하고, 단일 종의 나무가 다중 균근 관계를 형성할 수 있다. 한 종의 소나무는 40종 이상의 진균과 균근 관계를 형성할 수 있다. 이런 숙주 특이성의 상대적 결여는 외생균근 균사체가 나무들을 서로 연결하게 하여 같은 또는 다른 종의 나무 사이에 탄소와 기타 영양물질의 전달을 위한 연결을 제공한다. 빛이 잘 비치는 상층 식물로부터 그늘진 나무로의 영양분 전달은 자원 가용성을 고르게 하는 것을 도와주는 것으로 생각되며, 어린 나무를 돕고 다른 종의 공존을 촉진하여 생물다양성을 증가시킨다.

수지상체 균근

비록 외생균근균이 숲의 생태학에 중요한 영향을 갖지만, 내생균근의 다양성이 더욱 크다. 모든 또는 대부분 종이 절대 식물 상리공생자인 계통발생적으로 특징적인 진균 문인 *Glomeromycota* (18.11절)로 구성된 수지상체 균근 [*arbuscular mycorrhizae* (*AM*)]이 대부분을 차지한다 ("arbuscular"는 작은 나무를 뜻함). AM은 모든 육상 식물종의 70~90%에 집락화 하는데 대부분의 초원 종과 많은 작물 종을 포함한다. *Glomeromycota*와 식물 사이의 관계는 균근의 조상형으로 4억5천만 년 전에 확립되어 육상 식물에 의한 건조한 육지로의 성공적인 진출에 중요한 진화적 단계로 생각된다 (557쪽 참조).

AM 진균이 rhizobia-콩과식물 상리공생에서의 Nod 인자 (23.3절)와 매우 밀접하게 관련된 lipochitin oligosaccharide 신호전달 인자 [**Myc 인자(Myc factor)**]를 생성하여, 이것이 균근 상태의 형성을 개시하는 것으로 현재 알려졌다 (그림 23.12와 23.13). AM 진균에 의한 뿌리 집락화는 토양에 있는 포자의 발아로 시작하여 가지 친 발아 균사체를 형성하면 상호 화학물질 신호전달을 통해 숙주 식물을 인식한다. 포자 발아와 균사 가지치기는 뿌리에서 방출된 식물 호르몬인 스트리고락톤(*strigolactone*)에 의해 유도되는데 이는 또한 식물 발달에도 핵심적인 역할을 한다. 식물이 영양물질로 제한되면 이 호르몬은 지상부 식물 생장을 억제하고 [이차 슈트(shoot) 형성 억제] 뿌리 체제 생장을 촉진하여 측근과 뿌리털 생성을 증가시키는데 작용한다. 이 발달 변화는 식물이 영양물질을 나중에 지상부 생장에 사용하도록 저장하게 한다.

AM 진균 균사체에 의해 생성된 Myc 인자는 식물이 발달 과정을 개시하는 신호로 작용한다 (그림 23.13). 그 후 진균은 균족 (*hyphopodium*) 이라는 뿌리 상피세포와의 접촉 구조를 형성한다 (**그림 23.20c**). 침투 균사는 각 균족으로부터 식물 내로 확장하는데 뿌리의 상피세포와 외부 피질 세포층을 통과하는 세포내 통로를 보통 이용하며, 식물 관다발 조직 근처의 내부 피질 (cortex)의 세포 안에서 **수지상체(arbuscule)**라 부르는 두 개로 가지 치거나 감긴 균사 구조를 형성한다. 그러나 수지상 균사는 아포플라스트(apoplast, 역자 주: 원형질막 외측의 세포 간극)라 부르는 지역을 형성하는 광범위한 식물 세포막에 의해 식물 원형질로부터 분리되어 남아 있는데 (**그림 23.21**), 이 구조는 식물과 진균 사이의 접촉 표면을 증가시킨다. 무기 질소와 인은 진균에 의해 토양으로부터 공급되어 아르기닌과 다중인산염으로 전환된 후 식물에 균사를 통해 이동된다 (그림 23.21).

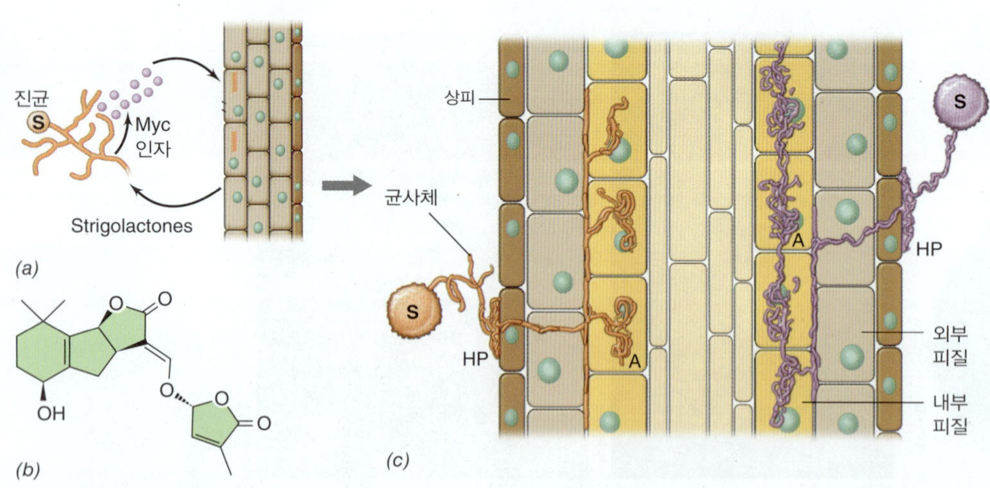

그림 23.20 수지상체 균근의 뿌리 집락화. *(a)* 포자가 식물 뿌리에서 방출된 strigolactone의 존재 감지를 통해 근처 뿌리의 존재를 인식한다. *(b)* Strigolactone의 한 종류인 strigol의 구조. Strigolactone은 포자 발아와 균사체 가지치기를 촉진한다. 자라나는 진균 균사체에 의해 생성된 Myc 인자 (그림 23.12 참조)는 그 후 감염 과정을 시작한다. *(c)* 균사체는 균족 (hyphopodium, HP)이라는 부착 구조를 형성하여 상피세포와 외부 피질 세포를 관통하여 뿌리의 내부 피질 부위로 들어간다. 세포 사이 (왼쪽) 또는 세포 내 (오른쪽)에 퍼져 있는 균사체에 의해 수지상체 (2개로 가지 친 구조, A)가 형성된다.

Myc 인자는 rhizobia의 Nod 인자와 매우 유사하며 키틴 중추 구조의 비교적 작은 변형이 특이성을 부여한다 (그림 23.12). 약 6천만 년 전에 나타난 콩과식물-뿌리혹 공생에 사용된 기본적

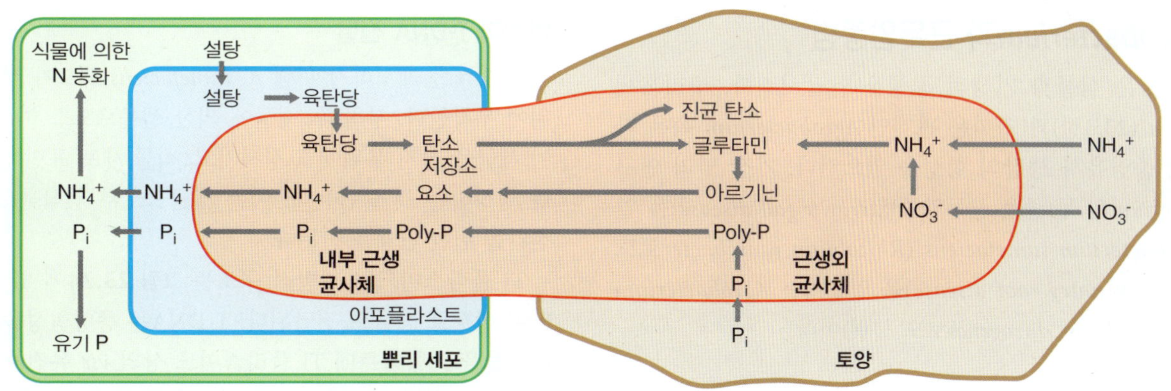

그림 23.21 식물과 수지상체 진균 사이의 N, P와 C 교환 경로. 근생 외(extraradical, 토양-연관) 균사체에 의해 토양으로부터 획득한 무기 질소 (NH_4^+와 NO_3^-)와 인(Pi)은 균사체 망을 통해 식물에 아르기닌과 다중인산염(poly-P)으로 이동되며 내부 근생의(intraradical, 식물 세포-연관) 균사체에서 식물로 공급된다. 암모니아와 인산염은 식물 세포로의 전달을 위해 내생 균사체 안에서 재생된다. N과 P의 교환에서 식물은 진균에 유기 탄소를 제공한다.

인 신호전달과 발달 체제 (23.3절)가 그보다 훨씬 오래된 AM 진균-식물 공생으로부터 진화된 것으로 현재 추정되고 있다. 콩과식물-뿌리혹 공생을 위해 분명히 AM 진균 체제가 이용되고 적응되었다 (그림 23.13).

비록 수지상체 균근이 훨씬 오래되었고 널리 분포된 미생물-식물 공생이지만, 그들의 신호전달과 발달 프로그램의 이해는 훨씬 느린데 그 이유는 AM 진균이 순수 배양으로 유지될 수 없기 때문이다. AM진균은 절대 기생 영양(*biotrophic*, 그들의 영양분을 그들의 공생 협력자의 살아 있는 세포로부터만 얻는 것을 의미)이며, 콩과식물-뿌리혹 형성을 유도하는 복잡한 발달 단계를 풀어내는 것을 도와주는 데 이용하는 유전적 체제를 가지고 있지 않기 때문이다.

식물에 대한 도움

식물에 대한 균근균의 이로운 영향은 척박한 토양에서 가장 잘 나타나는데, 거기에서 균근을 형성한 식물은 잘 자라는데 균근을 형성하지 않은 식물은 그렇지 않다. 예를 들어, 만일 적당한 진균 접종물이 보통 없는 초원 토양에 나무를 심을 때 인위적으로 접종을 하면 그들은 비접종 나무보다 훨씬 빠르게 자란다 (**그림 23.22**). 균근을 형성한 식물은 그 환경으로부터 영양물질을 더 효율적으로 흡수할 수 있으며 따라서 경쟁적 이점을 갖는다 (그림 23.21). 이 향상된 영양물질 흡수는 진균 균사체에 의해 제공되는 큰 표면적 때문이다. 예를 들어, 그림 23.19*a*와 *b*에 있는 소나무 유묘(seedling)에서 외생균근 균사체는 식물 뿌리체제의 흡수능력의 대부분을 차지한다. 균근을 형성한 식물은 생리적으로 더 잘 작용할 수 있으며 종-풍부 식물 군집에서 성공적으로 경쟁하며, 진균은 유기물의 지속적인 공급으로부터 도움을 받는다.

식물의 영양물질 흡수를 돕는 것 외에 균근은 또한 식물 다양성 유지에 중요한 역할을 한다. 야외조사에서 토양 내 균근의 풍부도 및 다양성과 거기에서 발달한 식물 다양성의 정도 사이에 양성적 상관관계가 있는 것으로 분명히 나타났다. 비록 대부분의 균근은 진정한 상리공생이 되지만 기생성 균근도 존재한다. 이 덜 흔한 균근 공생에서는 식물이 진균에 기생하거나 또는 일부 경우에 진균이 식물에 기생한다. 분명히 진균-식물 공생에 대해 배울 것이 훨씬 많이 있으며, 그런 발견은 농업뿐만 아니라 손상된 생태계의 복원 촉진에도 중요할 것이다.

미니퀴즈

- 내생균근은 외생균근과 어떻게 다른가?
- 균근균의 어떤 특징이 식물에 의한 건조한 육지의 집락화에 도움을 주었는가?
- 균근균은 어떻게 식물 다양성을 증가시키는가?

그림 23.22 식물 생장에 미치는 균근균의 영향. 초원 토양을 함유한 용기에서 자라는 Monterey 소나무(*Pinus radiata*)의 6개월 된 유묘: 왼쪽은 균근이 형성되지 않은 것이고 오른쪽은 균근이 형성된 것이다.

23.5 *Agrobacterium*과 근두암종병

일부 미생물들은 식물과 기생적 공생을 발달시킨다. 뿌리혹세균 *Rhizobium* (23.3절)과 가까운 관계인 *Agrobacterium* 속은 다양한 식물에 종양유사 생장의 형성을 일으킨다. 가장 널리 연구된 *Agrobacterium*의 두 종은 근두암종병(*crown gall disease*)을 일으키는 *Agrobacterium tumefaciens* (*Rhizobium radiobacter*로도 불림)와 털뿌리병(*hairy root disease*)을 일으키는 *Agrobacterium rhizogenes* (*Rhizobium rhizogenes*로도 불림)이다.

Ti 플라스미드

비록 식물이 상처가 났을 때 캘러스(*callus*, 유합조직)라 하는 해가 없는 조직의 축적을 흔히 형성하지만, 근두암종병에서의 생장 (**그림 23.23**)은 제어되지 않는다는 점에서 다르며, 동물에서의 종양과 유사하다. *A. tumefaciens* 세포는 **Ti 플라스미드**(tumor *i*nduction plasmid)라 하는 큰 플라스미드가 존재할 때만 종양 형성을 유도한다. *A. rhizogenes*에는 털뿌리병의 유도에 필요한 Ri 플라스미드(*Ri plasmid*)라는 유사한 플라스미드가 있다. 감염 후, Ti 플라스미드의 일부인 *transferred DNA* (T-DNA)가 식물의 유전체에 삽입된다. T-DNA는 종양 형성 및 오핀(*opine*)이라는 여러 변형 아미노산의 생성에 관여하는 유전자들을 갖고 있다. 옥토핀[*octopine*, N^2-(1,3-dicarboxyethyl)-L-arginine]과 노팔린[*nopaline*, N^2-(1,3-dicarboxypropyl)-L-arginine]은 흔한 두 가지 오핀이다. 오핀은 T-DNA에 의해 형질전환된 식물 세포에 의해 생성되며, 기생성 *A. tumefaciens* 세포의 탄소와 질소, 그리고 가끔 인산 공급원이 된다. 이 영양물질들은 세균 공생자를 위해 도움이 된다.

그림 23.23 근두암종. 근두암종 세균 *Agrobacterium tumefaciens*에 의해 생성된 담배 식물 상의 근두암종 종양 (화살표)의 사진. 이 병은 보통 식물을 죽이지 않으나 약하게 하여 가뭄과 질병에 취약하게 만든다.

인식과 T-DNA 전달

종양 상태를 개시하기 위해 *A. tumefaciens* 세포가 식물의 상처 부위에 부착한다. 부착 후 세균에 의한 셀룰로오스 미세섬유의 합성이 세균을 상처 부위에 고정시키고, 식물 세포 표면에 세균 덩어리를 형성하는 것을 돕는다. 이는 세균으로부터 식물로 플라스미드 전달을 위한 단계를 만든다.

Ti-플라스미드의 일반적 구조는 **그림 23.24**에 있는데, T-DNA 만이 실제로 식물로 전달된다. T-DNA는 종양형성을 유도하는 유전자들을 포함하는데 Ti 플라스미드 상의 *vir* 유전자들은 T-DNA 전달에 필수적인 단백질들을 암호화한다. *vir* 유전자들의 전사는 상처난 식물 조직에 의해 합성되는 대사물질에 의해 유도된다. 유도체의 예로는 페놀화합물인 아세토시린곤(acetosyringone)과 페룰레이트(ferulate)가 있다. Ti 플라스미드 상의 전달유전자 (그림 23.24)는 접합에 의해 한 세균 세포에서 다른 것으로 플라스미드의 전달을 허용한다.

vir 유전자들은 T-DNA 전달의 핵심인데 *virA* 유전자는 유도체 분자와 작용하는 단백질 키나아제(protein kinase) (VirA)를 만들어 *virG* 유전자의 산물을 인산화시킨다 (**그림 23.25**). VirG는 인산화에 의해 활성화되어 다른 *vir* 유전자들을 활성화시킨다. *virD* 유전자의 산물 (VirD)은 엔도뉴클레아제(endonuclease) 활성을 가지며 T-DNA에 인접한 지역의 DNA를 끊는다. *virE* 유전자의 산물은 DNA-결합 단백질로 식물 세포 내에서 단일 가닥 T-DNA에 결합하여 이것을 핵산분해효소에 의한 파괴로부터 보호한다. *virB* 오페론은 세균과 식물 사이의 단일-가닥 T-DNA와 단백질 전달 (그림 23.25)을 위한 type IV 분비체제 (4.13절)를 형성하는 11개의 다른 단백질을 암호화하는데 전달 과정은 세균 접합 (11.8절)과 유사하다. *A. tumefaciens*의 실험실 연구는 그것이 진균, 조류, 원생생물과 심지어 인간 세포주를 포함한 많은 종류의 진핵 세포 내로 T-DNA를 전달할 수 있는 것을 보였다.

일단 식물세포 내로 들어가면 T-DNA가 식물의 유전체로 삽입

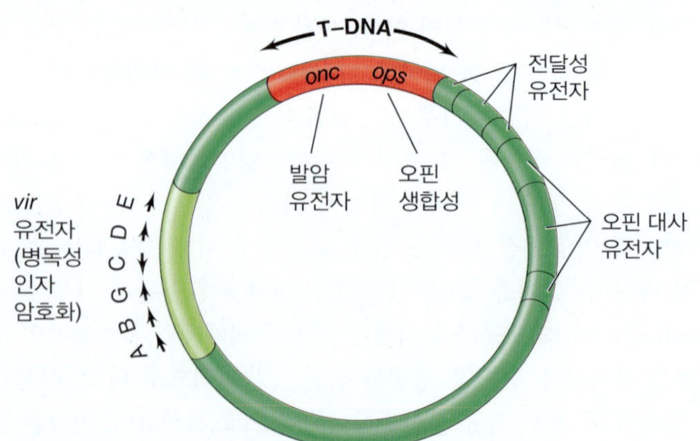

그림 23.24 *Agrobacterium tumefaciens*의 Ti 플라스미드의 구조. T-DNA는 식물에 전달되는 부분이다. 화살표는 각 유전자의 전사 방향을 가리킨다. 전체 Ti 플라스미드는 약 200 kbp의 DNA이며, T-DNA는 약 20 kbp이다.

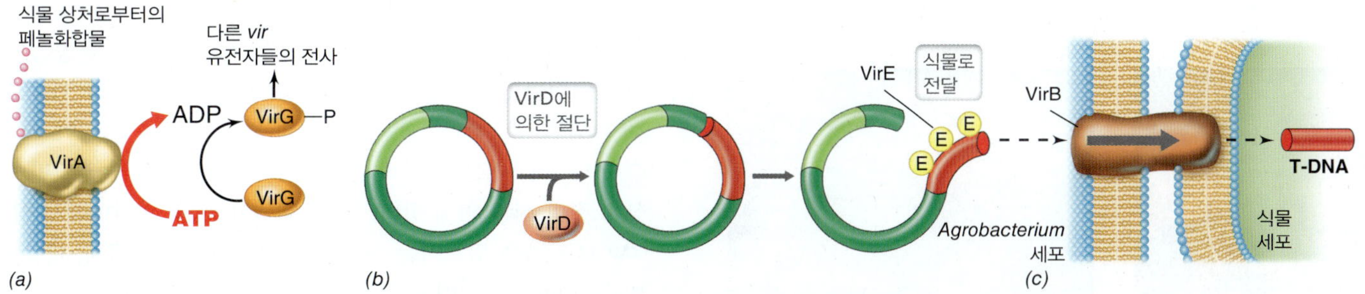

그림 23.25 *Agrobacterium tumefaciens*에 의한 식물 세포로의 T-DNA의 전달 과정. *(a)* VirA는 인산화에 의해 VirG를 활성화시키고, VirG는 다른 *vir* 유전자들의 전사를 활성화시킨다. *(b)* VirD는 Ti 플라스미드를 끊어 T-DNA를 노출시키는 엔도뉴클레아제이다. *(c)* VirB는 *A. tumefaciens*와 식물 세포 사이의 접합통로로 작용하며, VirE는 T-DNA 전달을 돕는 단일 가닥 결합 단백질이다. 식물 DNA 중합효소는 전달된 단일 가닥의 T-DNA에 상보적 가닥을 생성한다.

된다. Ti 플라스미드 상의 종양형성(*onc*) 유전자들 (그림 23.24)은 식물 호르몬 생성에 관여하는 효소들과 적어도 하나의 오핀 생합성의 핵심 효소를 암호화한다. 이 유전자들의 발현은 종양 형성과 오핀 생성을 유도한다. 털뿌리병과 관련된 Ri 플라스미드 또한 *onc* 유전자들을 갖고 있다. 그러나 이 경우 그 유전자들은 식물에게 높은 옥신(auxin) 반응성을 부여하는데 이는 뿌리 조직의 과다생산과 질병 증상이 일어나게 한다. Ri 플라스미드는 또한 여러 오핀 생합성 효소를 암호화한다.

Ti 플라스미드를 이용한 유전공학

미생물학과 식물병리학 관점에서 근두암종병과 털뿌리병 모두 세균에서 식물로 유전자 교환을 유도하는 식물과 세균간의 밀접한 상호작용을 요구한다. 다른 말로, 이 병들에서 종양 유도는 자연적인 식물-형질전환 체제의 결과이다. 이 때문에 최근에 Ti-근두암종 체제에서 관심은 질병 자체로부터 식물유전공학과 생명공학에서 이 자연적 유전자 교환 작용의 활용으로 옮겨졌다.

유전공학에 의해 질병 유전자가 없지만 여전히 DNA를 식물로 전달할 수 있는 여러 변형된 Ti 플라스미드가 개발되었으며, 이들은 유전자 변형 (형질전환) 식물의 구축에 이용되고 있다. 제초제, 곤충 공격과 가뭄에 대한 저항성을 위한 유전자를 가진 농작물을 포함하여 이제까지 많은 형질전환 식물이 만들어졌다. 식물 생명공학에서 벡터로서 Ti 플라스미드의 사용에 대해서는 12.7절에 설명되어 있다.

미니퀴즈

- 오핀은 무엇이며 그것이 누구에게 도움이 되는가?
- Ti 플라스미드에서 *vir* 유전자들은 T-DNA와 어떻게 다른가?
- 근두암종병의 이해가 어떻게 식물 농업에 도움을 주는가?

III • 미생물 서식지로서의 곤충

백만 종 이상이 알려진 곤충은 현재 살고 있는 가장 풍부한 종류의 동물이다. 모든 곤충의 20% 정도까지가 상리공생적 방식으로 공생 미생물을 유지하는 것으로 생각된다. 공생은 곤충에게 영양물질이나 보호를 제공하여 그들의 생태학적 성공에 기여한다 (벌의 장내 미생물상이 어떻게 이런 방식으로 그들에게 도움이 되는지의 예를 696쪽에서 참조). 일부 공생자는 곤충의 외부 표면 또는 그들의 소화관에 존재한다. 내부공생자(*endosymbiont*)는 세포 내 세균으로 곤충 내에서 전문화된 기관에 전형적으로 위치하고 있다.

23.6 곤충의 유전되는 공생자

공생자가 어떻게 한 세대에서 다음 세대로 전달되는지가 어떻게 상리공생이 작동하고 어떻게 그것이 안정한가를 결정한다. 미생물 공생자는 환경의 저장소로부터 숙주에 의해 획득되거나 (수평적 전달) 또는 부모로부터 다음 세대로 직접 전달될 수 있다 [유전적(*heritable*) 또는 수직적(*vertical*) 전달]. 공생적 전달 방식은 관계의 특이성 및 잔류성과 연관된다. 일반적으로, 낮은 특이성은 수평적 전달과 연관된다. 이 절에서는 미생물 공생자가 독립생활을 하지 않는, 즉 공생자가 수직적으로 전달되는 상리공생에만 초점을 맞출 것이다.

유전되는 공생자의 종류

곤충의 모든 알려진 유전되는 공생자는 독립생활 증식 단계가 없다. 따라서 그들은 절대 공생자이다. 그러나 비록 이 세균들이 증식에 숙주를 요구하지만 모든 숙주가 공생자에 의존하지는 않는다. 숙주 의존성에 비례하여 유전되는 공생자는 일차 공생자(*primary symbiont*)이거나 이차 공생자(*secondary symbiont*)이다. 일차 공생자는 숙주 증식에 필요하다. 그들은 여러 곤충 종류에 존재하는 **박테리오솜(bacteriosome)**이라는 전문화된 세포 소기관에만 존재하며 그 안에서 세균 세포는 **균세포(bacteriocyte)**라는 전문화된 세포로 존재한다. 이차 공생자는 숙주 증식에 요구되지 않는다. 일차 공생자와 달리 이차 공생자는 종의 모든 개체에 존재하지는 않으며 특별한 숙주 조직에 국한되지 않는다.

이차 공생자는 곤충 종류에 널리 분포한다. 병원체처럼 그들은 다른 종류의 세포에 침투하며 곤충의 혈액림프(*hemolymph*, 체강을 덮고 있는 액체) 내의 세포 밖에서 산다. 박테리오솜을 가진 곤충에서 이차 공생자는 균세포를 침략하여 일차 공생자와 공존하거

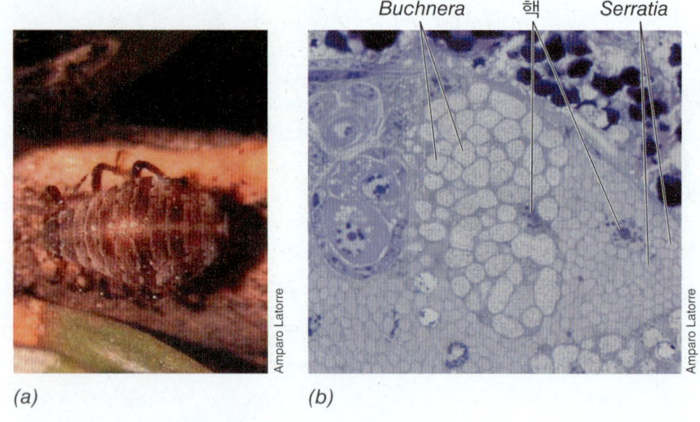

그림 23.26 진딧물의 일차와 이차 공생자. *(a)* 공생에 대한 연구를 위한 모델 생물인 삼나무 진딧물 *Cinara cedri*. *(b)* 두 세균 세포를 보여주는 *C. cedri*의 세균균계의 투과전자현미경 사진. 각 세균 세포 내에 충진된 것은 *Buchnera aphidicola* (일차 공생자) 또는 더 작은 이차 공생자인 *Serratia symbiotica*이다. 화살표는 각 세균 세포의 핵을 가리킨다. *Buchnera* 세포를 함유하는 세균 세포는 직경이 약 40 μm이다.

나 종종 그것을 대체한다 (**그림 23.26*b***). 그러나 곤충 숙주에서 잔류하기 위해서 이차 공생자는 영양분 제공과 열 같은 환경 스트레스로부터의 보호 같은 어떤 이득을 제공해야만 한다. 예를 들어, 세균 *Rickettsia* (16.1절)에 감염된 가루이(whitefly)는 감염되지 않은 가루이에 비해 2배 속도로 후손을 생산하며 더 많은 후손이 성체가 될 때까지 생존한다. 이차 공생자는 또한 병원체 또는 포식자에 의한 침입에 대한 보호를 제공한다. 1980년대에 *Drosophila neotestacea*에서 처음 관찰된 *Spiroplasma* 세균 (16.9절)은 기생성 선충으로부터 보호한다. 대부분의 경우 건강이나 보호의 증가에 대한 근거는 알려져 있지 않지만, 공생자가 갖고 있는 용원성 박테리오파아지 (8.7절)에 의해 암호화된 독소가 기생성 말벌에 의한 감염으로부터 곤충을 보호하는 하나의 경우가 알려졌다.

숙주의 증식체제를 변경시켜 암컷 후손의 빈도를 증가시키는 (성비 왜곡, 16.27절) 유전되는 기생성 공생자가 있다. 대부분의 유전되는 공생자가 어머니로부터 전달되기 때문에 수컷 후손의 억제는 감염된 개체수를 증가시키고 곤충 개체군을 통한 전파 속도를 증가시킨다. 공생자-부여 기능이 개체군 내에서 빠르게 퍼질 수 있기 때문에 공생자-암호화 특성의 획득은 곤충 유전자 내 돌연변이를 통해 가능한 것보다 훨씬 빠른 적응을 위한 방법을 제공한다. 가루이(whitefly) 개체군의 *Rickettsia* 감염은 공생자-부여 특성이 어떻게 빠르게 개체군을 통해 전파될 수 있는지의 한 예이다. 미국 남서부에서 2000년에는 가루이의 불과 1%만이 *Rickettsia*로 감염되었는데, 2006년에는 가루이의 97%가 감염되었다. 다른 예에서 *Wolbachia* (16.1절)의 균주가 미국 California 주에서 *Drosophila simulans*의 개체군을 불과 3년 만에 휩쓸었다.

곤충 공생자에 대한 기본적 이해 증진은 해충관리 및 인간의 말라리아와 사상충증(filariasis) (33.5와 33.7절) 같은 매개체 감염의 제어를 위한 공생자 활용의 증가처럼 실제로 크게 도움이 된다. 예를 들어, 생식 조절자인 공생적 *Wolbachia*는 곤충 종에 널리 분포한다 (아마도 모든 곤충 종의 60~70%에 감염). *Wolbachia*로 감염된 수컷의 정자는 감염되지 않은 암컷을 불임이 되게 할 수 있다. 비록 불임화의 방법은 완전히 알려져 있지 않지만 이 현상은 질병 전파 억제 방법으로 시험되고 있다. 미얀마에서 상피병 (33.7절)을 일으키는 사상충증 선충의 매개체로서, 많은 수의 *Wolbachia*에 감염된 수컷 *Culex quinquefasciatus* 모기는 국지적 모기 개체군을 효율적으로 제거한다.

일부 경우에는 공생자의 존재가 곤충에 의한 질병 전파를 감소시킨다. *Wolbachia*에 감염된 *Aedes aegypti* 모기는 뎅기열 (31.5절)을 일으키는 바이러스를 덜 전파시킨다. 그러나 일부 다른 경우에는 공생자의 존재가 질병 전파를 증가시킨다. 예를 들어, *Hamiltonella* 세균 (*Enterobacteriaceae*에 속한 공생자)으로 감염된 가루이는 감염되지 않은 가루이보다 토마토 황화 잎말림 바이러스(tomato yellow leaf curl virus)를 더 잘 전파한다.

곤충의 절대 세포내 공생자의 영양적 중요성

세균과 곤충의 관계는 많은 곤충이 일부 영양분은 풍부하지만 다른 것은 빈약한 먹이원을 이용할 수 있게 하였다. 적절한 영양을 달성하기 위해 일부 곤충은 그들의 공생자의 대사적 잠재력을 활용한다. 예를 들어, 진딧물은 식물에서 체관에 있는 탄수화물이 풍부하지만 다른 영양분은 부족한 수액을 먹는다. 초기에는 절대 공생자가 곤충의 주된 먹이가 제공하지 못하는 영양분의 제공을 통해 곤충에 도움을 주는 것으로 추정되었으며 현재는 이것이 맞는 것으로 알려졌다.

분자적 분석은 진딧물의 대부분의 과는 그들의 세균균계에 세균 *Buchnera*를 갖고 있는 것을 보여준다. 숙주 영양에서 *Buchnera*의 역할은 처음에는 진딧물의 영양 요구 조사를 위해 성분을 알고 있는 먹이를 이용한 실험에 의해 알려졌다. 감염된 대조군과 비교해서 공생자가 없는 진딧물은 체관 수액에 없거나 드문 모든 아미노산을 함유한 먹이를 요구하였다. 차후의 유전체 연구는 수액에 없는 9가지 아미노산의 생합성을 암호화하는 유전자가 *Buchnera*에 있는 것을 밝혔다. 특정 아미노산의 합성이 합작투자가 되는 숙주와 공생자 간의 동반 상승효과의 예도 있다. 예를 들어, *Buchnera*는 아미노산 루이신 생합성의 마지막 단계에 필요한 효소가 없지만 그 필요한 유전자는 진딧물의 유전체에 존재한다. 아마 이 효소는 진딧물에 의해 만들어져 세균의 효소와 더불어 루이신 생합성 경로에 참여할 것이다.

이차 공생자 또한 합작투자에 기여할 수 있는데, 예를 들어, 삼나무 진딧물의 *Buchnera* 공생자는 진딧물에 트립토판을 공급하지 못한다. 트립토판 생합성 경로에 있는 두 유전자가 *Buchnera*에 있지만 경로의 나머지 유전자들은 이차 내부공생자의 염색체에 위치한다 (그림 23.26). 따라서 요구되는 대사 경로의 다른 부위가 같은 곤충에 존재하는 다른 내부공생자에 의해 암호화될 수 있다. 진균-재배 개미는 곤충과 여러 미생물 사이에 형성되는 복합 공생의 또

톱다리개미허리노린재의 공생 기관

톱다리개미허리노린재 *Riptortus pedestris* (**그림 1*a***)는 동아시아에서 대두 같은 콩과 작물에 영향을 미치는 흔한 해충이다. 그들은 콩깍지나 콩을 먹으며 작물에 심각한 피해를 일으킬 수 있는데, 세균과 밀접한 공생적 관계의 한 예이다. 톱다리개미허리노린재는 *Burkholderia* 종의 세균과 선택적으로 그러나 독점적인 관계를 갖는다. 수직적 전달 (즉 어미에서 새끼로)을 통해 그들의 특정 공생자를 얻는 대부분의 곤충과 달리, *R. pedestris*는 각 세대에서 환경으로부터 *Burkholderia* 공생자를 얻는다 (수평적 전달로도 알려짐). 부화 후 바로 *R. pedestris* 제이령충 애벌레는 주위 토양에서 세균을 섭취한다. 이 세균은 중장(mid-gut)의 후반부의 소낭선(crypt) (**그림 1*b*, *c***)에 집락화한다. 일단 정립되면 이 단순한 창자 공생은 곤충 생애를 통해 안정적이다.

무균 환경에서 기른 톱다리개미허리노린재의 창자는 세균에 의해 집락화되지 않는다. 그러나 감염되지 않은 곤충은 공생을 하는 것보다 눈에 띄게 작으며 느린 발달을 나타낸다. *Burkholderia* 공생자는 또한 숙주의 생식 성공을 증가시키는데 미감염 암컷이 *Burkholderia*로 집락화된 암컷보다 약 50% 적은 알을 생산하기 때문이다. *Burkholderia* 공생자의 특별한 기능은 아직 알려지지 않았지만 이 세균이 숙주에 영양분을 공급하거나 식물 대사산물의 무독화에 관여한다는 가설이 있다. 무독화 가설은 유기인산염 농약인 fenitrithion으로 오염된 농경지 토양에서 분리된 *Burkholderia*가 그들의 톱다리개미허리노린재 숙주에 이 살충제에 대한 저항성을 부여한다는 사실에 의해 지지된다.

놀랍게도 이 관계는 매우 특이적인데, 짧은꼬리 오징어와 *Aliivibrio fischerii* (23.8절) 또는 콩과식물과 *Rhizobium* (23.3절) 간의 상리공생을 연상시키는 방식으로 톱다리개미허리노린재가 *Burkholderia* 속의 단일 종에 의해 지속적으로 집락화된다. 이 다른 예의 수평적으로 전달되는 공생에서처럼 톱다리개미허리노린재와 *Burkholderia* 사이의 관계의 특이성은 심각한 감염 병목에 의해 강요된다.

상리공생에 적당한 세균은 중장 후반부의 입구에 위치한 선별 기관을 통해 토양 접종물에 존재하는 수백만의 다른 세균으로부터 효과적으로 선택된다. 점액과 미세융모로 차 있는 장에서 수축은 공생 부위의 입구를 "감시한다" (**그림 1*d***). 상리공생에 적당한 *Burkholderia*만이 수축된 부위를 통과하고 다른 세균들과 먹이 입자들은 중장의 전반부에 머물게 된다. 공생 세균의 인식을 허용하는 분자적 방법은 아직 알려지지 않았으나 편모 운동성이 선별 기관을 통한 통과에 필수적인 것으로 나타났다. 공생자의 이 활발하고 특이적인 집락화는 곤충의 많은 수직적으로 전달된 공생과 더불어 이로운 공생자를 선택하기 위해 동물이 사용하는 많은 방법을 보여준다.

Takeshita, K., Kikuchi, Y. (2017) Riptortus pedestris and Burkholderia symbiont: an ideal model system for insect–microbe symbiotic associations. Res. Microbiol. 168(3), 175–87, Doi: 10.1016/j.resmic.2016.11.005.

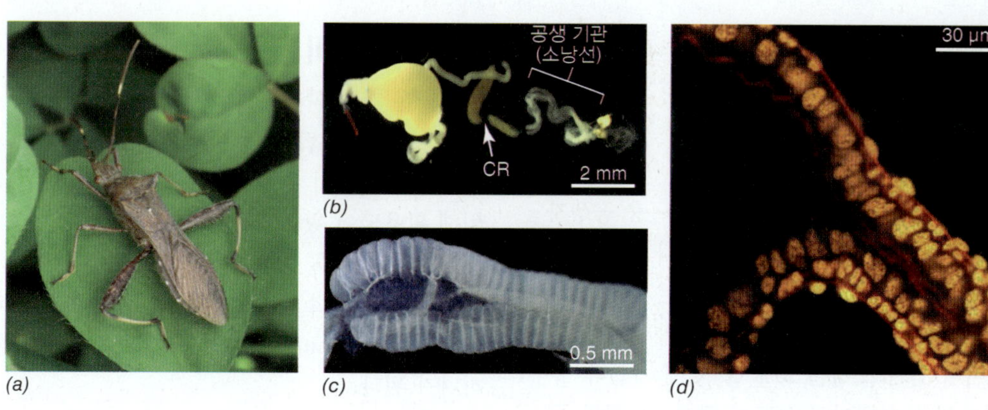

그림 1 톱다리개미허리노린재 *Riptortus pedestris*. *(a) R. pedest ris*의 암컷 성충. *(b)* 절개된 소화관. 후반부가 공생 기관이다. 화살표는 수축된 부위를 가리킨다 (CR). *(c)* 중장 후반부의 소낭선. *(d)* 공생자 선별에 관련된 수축된 부위의 단면 영상.

다른 예가 된다 [미생물 세계 탐구, "톱다리개미허리노린재(bean bug)의 공생 기관" 참조].

벚나무깍지벌레(mealybug, *Planococcus citri*)는 같은 곤충을 감염하는 두 공생자 사이의 협력관계의 가장 특이한 예 중의 하나를 대표한다. 벚나무깍지벌레는 두 개의 안정된 세균 공생자인, "*Candidatus* Trembaya princeps" (*Betaproteobacterium*)와 "*Candidatus* Moranella endobia" (*Gammaproteobacterium*) ("*Candidatus*"는 이 생물들이 아직 순수 배양되지 않았음을 의미함, 3.10절)를 갖는다. 이 공생자들은 서로 협력하여 숙주의 먹이에 없는 필수 아미노산을 제공하는데 많은 수액-섭취 곤충의 공생자들도 마찬가지이다. 그러나 Moranella 세균은 Tremblaya 내부에서 실제로 사는데, 이는 세균 내부에서 사는 세균으로 유일하게 알려진 예이다. 매우 축소된 Tremblaya 유전체는 tRNA 합성을 위한 모든 유전자가 소실되어 숙주 또는 그것의 세포질 내에 사는 Moranella에 의해 그 필수적인 기능이 제공된다.

유전체 축소와 유전자 전달

일차 공생자의 공통적 특성은 극단적 유전체 축소 (표 9.1), 높

표 23.2 동물의 일부 내부공생 세균의 유전체 특성[a]

숙주	공생자 (속)	유전체 크기 (Mbp)	G+C (%)	유전자 수
진딧물	종속영양체 (*Buchnera*)	0.42~0.62	20~26	362~574
체체파리	종속영양체 (*Wigglesworthia*)	0.70	23	617
왕개미	종속영양체 (*Blochmannia*)	0.71~0.79	27~30	583~610
sharpshooter	종속영양체 (*Sulcia*)	0.23	23	237
벚나무깍지벌레	종속영양체 ("*Candidatus* Moranella endobia" *Gammaproteobacteria*)	0.54	43.5	406
벚나무깍지벌레	종속영양체 ("*Candidatus* Tremblaya princeps" *Betaproteobacteria*)	0.14	58.8	121
조개 (*Calyptogena okutanii*)	황 산화생물 (학명 없음)	1.0	32	975
조개 (*Calyptogena magnifica*)	황 산화생물 (*Ruthia*)	1.2	34	1248
관벌레(*Riftia pachyptila*)	황 산화생물 (학명 없음)	3.3[b]	미상	미상

[a]독립-생활 단계도 갖는 *Riftia*의 공생자를 제외하고, 이 목록의 모든 공생자는 그들의 숙주와 절대적으로 연관되어 있다. 독립-생활 세균의 유전체와의 비교를 위해 표 9.1을 참조.

[b]독립-생활 황-산화 세균 *Thiomicrospira crunogena*는 이 공생자보다 상당히 작은 유전체 (2.4 Mbp)를 가짐.

은 A+T 함량과 증가된 돌연변이 속도이다. 대부분의 곤충 공생자의 유전체는 0.14~0.8 Mbp와 16.5~33% G+C 범위이다 (**표 23.2**). "*Candidatus* Tremblaya princeps"의 0.14-Mb 유전체는 알려진 모든 세포의 유전체 중 가장 작다. 반면 관련된 독립-생활 세균의 유전체는 2~8 Mbp 범위이며 염기 조성은 50% G+C에 가깝다. 두 가지 흔한 종류의 자연발생 돌연변이인 시토신 탈아미노화와 구아노신의 산화는 만일 수선되지 않으면 GC쌍을 AT쌍으로 바꾼다 (11.4절). 축소된 유전체를 가진 공생자는 적은 DNA 수선 효소 (11.4절)를 가지며 이는 시간경과에 따라 더 낮은 G+C 함량의 유전체로의 변화를 촉진하는 것 같다.

곤충 공생자의 간소화된 유전체는 대부분의 기능적 종류의 유전자를 잃어버리고 (9장) 숙주 적합성 및 해독, 복제와 전사 같은 필수적인 분자적 작용에 요구되는 유전자만을 보유한다. 유전체 축소는 공생자 유전체에 더 이상 암호화되어 있지 않은 많은 작용을 공생자가 숙주에 의존하는 것을 의미한다 (9.4절). 예를 들어, 많은 경우에 lipid A와 펩티도글리칸을 포함한 세포벽 성분에 필요한 유전자가 없어지며 이는 숙주가 이 기능을 제공하거나 또는 이 구조가 균세포 내에서 안정된 세포를 형성하는데 필요하지 않다는 것을 암시한다.

일차 공생자와 전형적인 질병-유발 세균 (병원체) 사이에 흥미로운 유전체 차이가 있다. 일차 공생자가 이화작용에 요구되는 단백질을 암호화하는 유전자를 잃어버리는 데 반해, 병원성 세균은 전형적으로 이들을 보유하지만 동화작용에 필요한 유전자를 잃는다. 이는 그들의 숙주와의 다른 관계를 반영한다; 곤충 공생자는 숙주에게 필수적인 생합성 영양분을 제공하지만 병원체는 숙주로부터 중요한 생합성 영양분을 얻는다.

현재는 많은 수의 곤충과 그들의 공생자의 유전체 서열을 알 수 있기 때문에, 미생물학자들은 그들 사이의 유전자 전달의 빈도의 평가를 개시할 수 있다. 수평적 유전자 전이는 정상적 교배 장벽을 넘는 유전 정보의 이동이다 (11과 13장). 비록 초기 연구가 *Wolbachia* 세균의 DNA가 그들의 곤충과 선충 숙주의 핵 유전체로 전달된 것을 밝혔지만, 숙주와 공생자 유전체 서열이 모두 조사된 (예, 진딧물과 이) 다른 곤충 상리공생의 조사는 DNA 전달이 매우 드문 것을 가리킨다. 이는 수평적 유전자 전달이 매우 다양하며 그 이유는 아직 밝혀지지 않았다는 것을 암시한다.

미니퀴즈

- 어떤 요인이 이차 곤충 공생자의 존재를 안정화시키는가?
- 공생자 유전체 감소의 결과는 무엇인가?
- 공생자와 숙주가 장기간 공존했는지 어떻게 알 수 있는가?

23.7 흰개미

미생물은 자연 환경에서 나무와 셀룰로오스의 분해에 주된 역할을 한다. 그러나 독립-생활 미생물 종의 활성은 리그노셀룰로오스 물질을 소화시키기 위해 미생물 공생을 수립한 특정 종류의 곤충에 의해 활용되어 왔다. 초식동물의 반추위 (23.13절 참조)처럼 곤충의 창자는 미생물 공생자에게 보호받는 보금자리를 제공하며, 대신 곤충은 자신이 소화할 수 없는 탄소원에서 유래된 영양분을 얻는다. 흰개미(termite)는 이런 종류의 공생관계 중 가장 풍부한 예의 하나가 된다.

흰개미의 자연사와 생화학

흰개미 내 미생물 공생자는 흰개미가 섭취한 식물 물질 내의 셀룰로오스 (74~99%)와 헤미셀룰로오스 (65~87%)의 대부분을 분해한다. 앞에 설명한 곤충의 예와 달리, 대부분의 흰개미는 세포내 세균을 갖지 않는다. 대신 공생 세균들이 포유류의 경우와 같이 소화 기관 (창자)에 존재한다. 흰개미 먹이에는 식물의 리그노셀룰로오스 물질 (온전한 또는 다양한 분해 단계의), 배설물과 토양 유기물 (부식질)을 포함한다. 육상 환경의 약 2/3가 하나 또는 그 이상의 흰개미 종을 유지하는데, 흰개미가 모든 동물 생물량의 10%까지, 그리고 토양 곤충 생물량의 95%를 차지하는 열대와 아열대 지역에서 가장 많이 존재한다. 사바나에서 그들의 수는 종종 4000/m^2를 넘으며 그들의 생물량 밀도 (1~10 g/m^2)는 포유류 초식동물보다 높다.

흰개미는 그들의 계통발생에 따라 고등 또는 하등으로 구분되며,

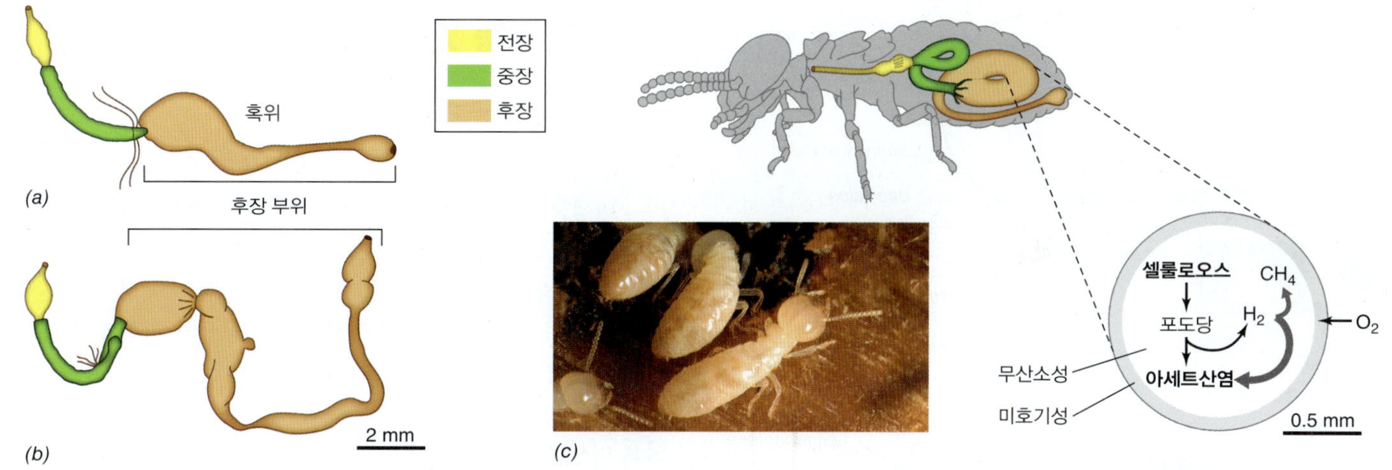

그림 23.27 흰개미 장의 구조와 기능. 하등 흰개미 *(a)*와 고등 흰개미 *(b)*의 전장, 중장과 후장 및 후장 구조의 다른 복잡성을 보여주는 창자 모식도. *(c)* 일개미, 장 구조와 하등 흰개미 *Coptotermes formosanus*의 생화학적 활성의 사진. 아세트산염과 기타 미생물 발효의 산물은 흰개미에 의해 동화된다. 발효에 의해 생성된 수소는 주로 CO_2-환원 아세트산형성 세균에 의해 소모되며 소량이 수소영양성 메탄생성균에게 이용된다. 메탄생성과 아세트산형성은 각각 14.16과 14.17절에 설명되었다.

이 분류는 다른 공생 전략과도 연관된다. 고등 흰개미 (*Termitidae* 과, 흰개미 종의 약 3/4을 차지함)의 후반부 소화관은 셀룰로오스 분해종을 포함하여 대부분 혐기성 세균의 고밀도의 다양한 군집을 갖고 있다. 반면 하등 흰개미는 혐기성 세균과 셀룰로오스 분해 원생생물 모두의 다양한 개체군을 갖는다. 하등 흰개미의 세균은 셀룰로오스 분해에 약간 또는 전혀 관여하지 않는다; 원생생물만이 흰개미가 먹은 나무 조각을 섭취하여 분해한다. 흰개미 자체는 침샘 또는 중간 창자 상피세포에서 셀룰라아제를 생성하지만 리그노셀룰로오스 분해에 미생물과 흰개미 효소의 상대적 기여는 알려져 있지 않다.

흰개미의 창자는 전장(foregut, 소낭과 모래주머니 포함), 관으로 된 중장(midgut, 소화효소 분비와 수용성 영양분의 흡수 부위)과 약 1 μl 부피의 비교적 큰 후장(hindgut)으로 구성된다 (**그림 23.27**). 하등 흰개미에서 후장은 주로 *paunchy* (역자 주: 혹위라 하며 반추동물의 반추위라 하는 혹위와는 다름)라 하는 단일 구조로 구성된다 (그림 23.27*a*). 대부분의 고등 흰개미의 후장은 보다 복잡하여 여러 칸으로 나뉜다 (그림 23.27*b*). 고등과 하등 흰개미 모두에서 후장은 고밀도의 다양한 미생물 군집을 가지며 영양분 흡수의 주요 부위가 된다. 아세트산염과 기타 유기산이 후장에서 탄수화물의 미생물 발효 중 생성되며, 이 산물들은 흰개미의 일차적인 탄소와 에너지원이 된다 (그림 23.27*c*). 장의 벽 근처에서 세균에 의한 높은 O_2 소비는 후장 내부를 혐기성으로 유지한다. 그러나 미세전극 측정 (19.9절)은 O_2가 미생물 호흡 활성에 의해 완전히 제거되기 전에 장으로 200 μm까지 침투될 수 있는 것을 보여준다. 따라서 이 작은 장내 공간이 O_2 측면에서 특징적인 미생물 보금자리를 제공하며 다양한 미생물 활성을 유지할 수 있다.

고등 흰개미에서 세균 다양성과 리그노셀룰로오스 소화

다른 속의 흰개미에서, 미생물 장내 군집은 크게 다르다. 고등 흰개미의 세 가지 속 (*Nasutitermes*, *Reticulitermes*와 *Microcerotermes*)의 후장 내용물의 16S rRNA 유전자 서열의 분석은 12개 문의 세균에 속한 높은 다양성의 미생물 종을 나타내지만 고균은 소수이다 (**그림 23.28**). *Treponema* 속 (15.19절)의 spirochetes가 우세하며, 반추위 (그림 23.40)에도 존재하는 종류인 *Fibrobacteres* 문 (16.21절)과 멀리 연관된 아직까지 배양되지 않은 생물이 그 보다 덜 우세하다. *Nasutitermes* 후장 미생물 군집의 메타유전체 분석 (9.8절)은 셀룰로오스와 헤미셀룰로오스를 가수분해하는 glycosyl hydrolase를 암호화하는 세균 유전자를 밝혔다. 비록 해당되는 셀룰로오스 분해세균이 고등 흰개미에서 아직 분리되지 않았지만, 이 메타유전체 자료는 분명히 리그노셀룰로오스의 소화에 spirochetes와 *Fibrobacteres*가 관여함을 보여준다. 흰개미가 탈피할 때마다 장내 공생자가 소실되지만, 각 흰개미 종 내에 장내 군집이 잘 보전된다. 장내 군집의 안정된 수평적 전달이 흰개미의 친밀한 사회적 행동과 밀접한 접촉 특성 때문에 일어나는 것 같다.

흰개미 장에서 아세트산형성과 질소 고정

Acetyl-CoA 경로의 효소를 암호화하는 유전자는 주된 CO_2-환원 아세트산형성균 (14.16절)으로서 그들의 작용과 일치하는 *Nasutitermes* 후장의 spirochetes에서 대표적이다. 흰개미 장내 미생물 군집은 숙주 질소 대사에 중요한 것으로 간주되는데 질소 고정 (14.6절)을 통해 새로 고정된 질소를 제공하며, 생합성을 위해 분비성 질소를 곤충으로 다시 재순환하여 질소의 보전에 도움을 준다. 이것과 일치하게 메타유전체 분석은 N_2를 고정하는 데 필요한 효소인 질소화효소(nitrogenase)를 암호화하는 유전자를 함유한 *Fibrobacteres*와 treponeme spirochetes를 포함한 많은 세균을 보여준다.

단순한 에너지 관점에서 H_2와 CO_2로부터의 메탄생성이 같은 기질로부터의 아세트산형성보다 선호되며 (각각 −34 kJ/mol H_2

단원 5

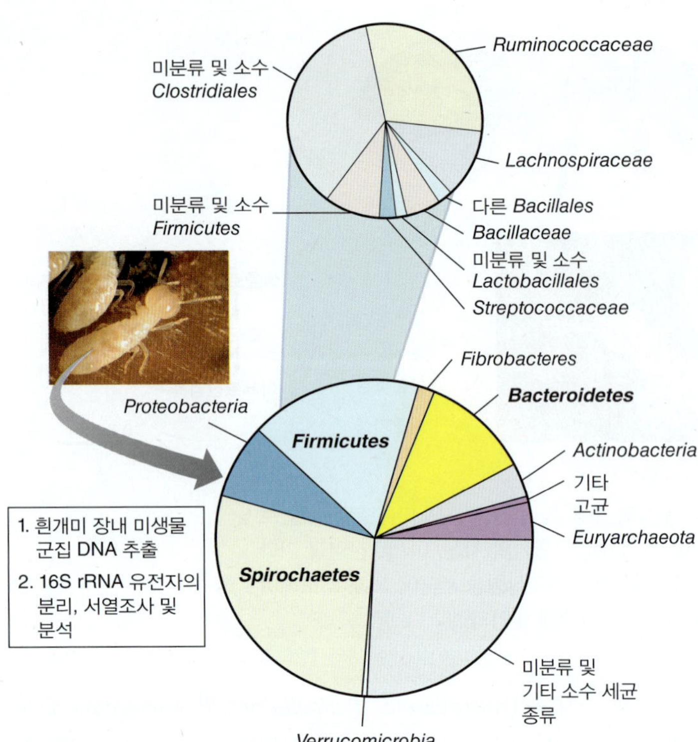

그림 23.28 16S rRNA 서열로부터 추론된 흰개미 후장의 미생물 구성. 이 결과는 나무를 먹는 3속의 고등 흰개미, *Nasutitermes*, *Reticulitermes*와 *Microcerotermes*의 증폭된 또는 메타유전체 서열분석 연구로부터의 5075개의 서열을 종합한 것이다. 이 자료는 상대적 풍부도가 아닌 일차적으로 다양성에 대한 정보를 제공한다. 자료는 Nicholas Pinel에 의해 정리되고 분석되었다.

대 -26 kJ/mol H_2), 따라서 메탄생성이 두 작용이 경쟁하는 모든 서식지에서 경쟁적 우위를 갖는다 (14.16~14.17절). 그러나 흰개미에서는 그렇지 않은데, 이에는 두 가지 이유가 있다. 첫째, 메탄생성균과 달리 아세트산형성균은 에너지 대사를 위한 전자공여체로 당 또는 리그닌 분해 산물의 메틸기 같은 다른 기질을 이용할 수 있다. 둘째, 흰개미의 아세트산형성균은 (대부분 spirochtes로 구성된 것 같은) 어떤 이유로 H_2가 풍부한 흰개미 장 중앙에 더 잘 집락을 형성할 수 있지만 메탄생성균은 주로 장 벽에서만 산다. 벽에서 메탄생성균은 H_2 기울기의 하부에 위치하며 따라서 H_2 유입의 일부만을 받는다. 또한 벽은 더 높은 O_2가 존재하여 메탄생성균의 생리에 부정적인 영향을 미친다. 따라서 흰개미가 메탄생성을 하여 전 지구적 규모에서 연간 150 teragram (1 teragram = 10^{12} g)의 CH_4를 생성하지만, 흰개미 장 내의 탄소와 전자 흐름은 이 흥미로운 무산소 미생물 서식지에서 아세트산형성을 선호한다.

미니퀴즈

- 흰개미 후장에서 어떻게 무산소 조건이 유지되는가?
- 많은 흰개미에서 왜 환원적 아세트산형성이 메탄생성보다 우세한가?
- 반추위 내 원핵생물의 분자적 조사에서 나타나지 않는 어떤 형태적으로 특이한 세균 종류가 흰개미 후장의 활성에서 우세한가?

IV • 미생물 서식지로서의 다른 무척추동물

이 장에서 지금까지는 육상 환경에 사는 특정 거대생물이 어떻게 미생물 공생자에게 서식지를 제공하는지에 대해 설명하였다. 여기에서는 육상 환경과 수 환경 모두에서 일어나는 일부 추가적인 공생을 소개한다. 수 환경, 특히 해양 환경은 공생에 다른 제한을 부과하며, 거대생물과 미생물 사이의 공생의 진화에 다른 기회와 도전을 제공한다. 그럼에도 불구하고 해양 동물, 특히 무척추동물과의 미생물 공생은 흔하다. 해양 무척추동물 내 서식지 발견에 의해 미생물은 영양적으로 풍부한 환경에서 안전한 거주지를 확립한다. 그리고 잘 연구된 두 가지 예인 오징어와 열수분출공 동물 공생에서 보게 되듯이 무척추동물도 도움을 받는다.

23.8 하와이 짧은꼬리 오징어

하와이 짧은꼬리 오징어(Hawaiian bobtail squid) *Euprymna scolopes* (**그림 23.29a**)는 작은 해양 무척추동물로, 큰 개체군의 생물발광성 그람-음성 감마프로테오박테리아인 *Aliivibrio fischeri* (16.4절)이 그 배 부위에 위치한 발광기관(light organ) 안에 격리되어 있다. 오징어와 세균은 상리공생의 동반자이다. 이 세균은 해수를 투과하는 달빛을 닮은 빛을 내는데, 이는 아래에서 공격하는 포식자로부터 오징어를 위장하는 것으로 생각된다. *Euprymna*의 여러 다른 종이 일본, 호주 및 지중해 근처의 해수에 서식하며 이들도 *Aliivibrio* 공생자를 갖고 있다.

공생 모델로서 오징어–*Aliivibrio* 체제

E. scolopes–*A. fischeri* 공생의 많은 특성은 그것을 동물–세균 공생 연구를 위한 중요한 모델로 만들었다. 이에는 동물이 실험실에서 자랄 수 있으며 흰개미의 후장 (그림 23.28)이나 포유류의 대장 (24장)에서처럼 공생 내에서 많은 수의 종 대신 공생에 단일 세균 종만 관여한다는 사실을 포함한다. 또한 이 공생은 필수적인 것은 아니어서, 오징어와 그 세균 공생자가 실험실에서 따로 떨어져서 배양될 수 있다. 이는 어린 오징어를 세균 공생자 없이 자라나게 하여 나중에 실험적으로 집락을 형성하게 할 수 있다. 공생에서의 특이성, 감염 개시에 필요한 세균 세포의 수, 오징어에 감염을 개시하는데 *A. fischeri*의 유전적으로 규정된 돌연변이체의 능력 등 상호관계의 많은 특성을 연구하는 실험을 수행할 수 있다. 더욱이 *A. fischeri*의 유전체 서열이 밝혀졌기 때문에 미생물 유전체학의 강력한 기술을 이용가능하게 한다.

오징어–*Aliivibrio* 공생의 확립

알에서 막 부화된 어린 오징어는 *A. fischeri*의 세포를 갖고 있지 않다. 따라서 어린 오징어로 세균 세포의 전달은 수직적 (부모–자식)이 아닌 수평적 (환경적) 전파이다. 어린 새끼가 거의 알에서 깨어나자마자 미성숙 발광기관에서 끝나는 섬모가 나 있는 관을 통

(a)

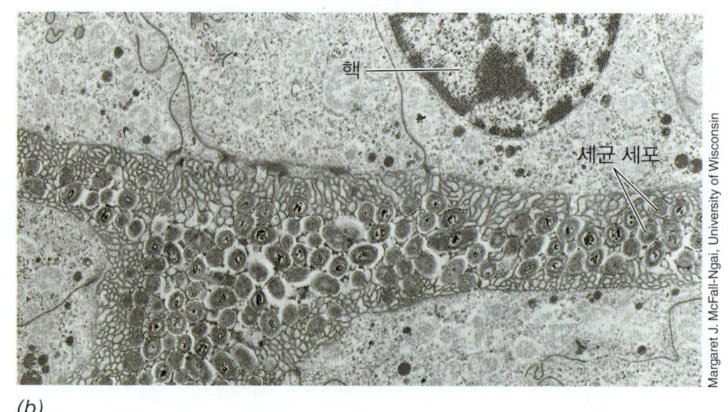

(b)

그림 23.29 오징어–*Aliivibrio* 공생. *(a)* 하와이 짧은꼬리 오징어, *Euprymna scolopes*의 성체의 길이는 약 4 cm이다. *(b) E. scolopes*의 발광기관을 통과하는 얇은 절편의 투과전자현미경 사진으로 생물발광성 *Aliivibrio fischeri* 세포의 밀도 높은 개체군을 나타낸다.

해 *A. fischeri*의 세포가 주위 해수로부터 동물로 들어가 조직에 집락을 형성한다. 놀랍게도 발광기관은 해수에 존재하는 많은 다른 종의 그람-음성 세균의 어떤 것도 아닌 특별하게 *A. fischeri*로 집락화 된다. 만일 많은 수의 다른 종의 발광세균이 소수의 *A. fischeri*와 함께 어린 오징어에 제공되더라도 *A. fischeri*만이 발광기관에 정착하게 된다. 이는 오징어가 어떻게든 다른 종을 배제하고 *A. fischeri* 세포를 인식하고 받아들이는 것을 의미한다.

오징어–*Aliivibrio* 공생은 여러 단계로 발달한다. 어떤 세균 세포와 오징어의 접촉도 매우 일반적인 방법으로 인식을 촉발한다. 펩티도글리칸 (세균 세포벽의 구성 성분, 2.4절)과 접촉하면 어린 오징어가 그것의 발달하고 있는 발광기관으로부터 점액질을 분비한다. 이 점액질은 공생의 특이성의 첫 번째 층으로 그람-양성 세균이 아닌 그람-음성 세균이 모이게 만든다. 그람-음성 세포의 집단 내에 소수의 *A. fischeri*만이 함유되어 있는데 이 세균들은 어떻게든 다른 그람-음성 세균보다 우세하게 자라나 결국 단일 배양을 형성한다. 단일 배양의 형성은 발광기관 외부의 점액질에서 기체 일산화질소(NO, 아래 참조)를 포함한 항미생물 물질의 도움을 받으며, 새끼가 알로부터 부화된 지 2시간 내에 산속하게 일어난다. 집단 내에 존재하는 높은 운동성의 *A. fischeri* 세포는 연결관으로 이동하여 발광기관 조직 내로 들어간다. 그곳에서 그들은 편모를 잃어버리고 비운동성이 되며 분열하여 고밀도의 개체군을 형성하며 (그림 23.29*b*), 일련의 발달 과정을 촉발하여 숙주 발광기관의 숙성을 유도한다. 성숙한 *E. scolopes*의 발광기관은 10^8~10^9의 *A. fischeri* 세포를 함유한다.

오징어에서 *A. fischeri*의 집락화는 기체 일산화질소(NO)의 도움을 받는다. 일산화질소는 세균 병원체에 의한 공격에 대한 동물 세포의 방어 반응으로 잘 알려졌는데; 이 기체는 강한 산화제로 세균 세포에 산화적 손상을 일으켜 그들을 죽일 수 있다 (26.7절). 오징어에 의해 생성된 일산화질소는 점액질 내 덩어리 안으로 들어가 발광기관 자체 내에 존재한다. *A. fischeri*가 발광기관에 집락화 함에 따라 NO 수준은 신속하게 감소한다. *A. fischeri* 세포는 NO에의 노출을 견딜 수 있으며 NO-불활성화 효소의 활성을 통해 그것을 소모하는 것으로 보인다. 점액질 덩어리 내의 다른 그람-음성 세균들이 NO를 무독화 시키지 못하는 능력은 발광기관에 실제로 집락화하기 전에 관 내에서 *A. fischeri*의 신속한 증가를 설명하는 데 도움이 된다. *A. fischeri*의 정착 후 발광기관 내 NO의 지속적인 생성은 다른 세균 종에 의한 집락화를 방지한다.

공생의 전파

오징어는 약 2달 내에 성체가 되며 완전히 야행성으로 사는데 주로 작은 갑각류를 먹는다. 낮에는 자신을 모래 속에 묻고 조용히 있는다. 매일 새벽마다 오징어는 *A. fischeri* 세포의 발광기관을 거의 비우고 세균의 새로운 개체군이 다시 자라나게 한다. 세균 세포는 발광기관에서 신속하게 자라나 오후 중반에는 가시광선 생성에 요구되는 *A. fischeri* 세포의 고밀도 개체군을 갖게 된다. 빛의 실제 방출은 특정한 세포 밀도를 요구하며 정족수 감지라고도 하는 균체밀도감지(*quorum sensing*, 6.8절)라는 제어 기구에 의해 조절된다. 매일 세균 세포의 방출은 환경에 세균 공생자 세포를 살포하는 것으로 생각된다. 이는 당연히 다음 세대 어린 오징어의 집락화 기회를 증가시킨다.

*A. fischeri*는 해수에서보다 발광기관에서 훨씬 빠르게 자라는데 아마 오징어에 의해 영양물질이 제공되기 때문이다. 따라서 *A. fischeri*는 고밀도 개체군으로 신속한 생장이 가능한 서식지와 해수의 두 서식지를 교대함에 따라 공생으로부터 도움을 받는다. 분리 연구는 *A. fischeri*가 특별히 풍부한 해양세균이 아닌 것을 보였다. 발광기관으로부터 *A. fischeri* 세포의 매일마다의 방출은 마이크로바이옴 내에 이 세균의 수를 증가시킨다. 따라서 오징어와의 공생관계를 통해 *A. fischeri*는 아마 모든 이 세균들이 독립생활을 할 때보다 해수에서 더 큰 개체군을 유지하는데 도움을 받는다. 미생물 종의 경쟁적 성공이 어느 정도는 개체군 크기의 작용이기 때문에 (20.1절), 이런 세포수의 증가는 해양 서식지에서 *A. fischeri*에 중요한 생태학적 유리함을 부여할 수 있다.

미니퀴즈

- 오징어-*Aliivibrio* 공생이 오징어와 세균에 각각 어떤 가치가 있는가?
- 오징어-*Aliivibrio fischeri* 공생의 어떤 성질이 그것을 동물-세균 공생 연구의 이상적인 모델로 만들었는가?

23.9 열수분출공과 냉용수의 해양 무척추동물

열수분출공 또는 열수구(*hydrothermal vents*)라는 해저 열천 근처에 다양한 무척추동물 군집이 발달한다. 열수분출공과 천연가스의 냉용수(cold seep)의 지구화학과 미생물에 대해서는 20.14와 21.1절에 소개하였다. 여기에서는 열수분출공 동물과 그들의 미생물 공생자에 초점을 맞추고자 한다.

길이가 2 m가 넘는 관벌레(tube worm)와 거대한 조개와 홍합을 포함한 대형 무척추동물이 열수구 근처에 존재한다 (**그림 23.30**). 투광대 아래에 존재하기 때문에 광합성이 이 무척추동물 군집을 유지시킬 수 없다. 그러나 열수는 H_2S, Mn^{2+}, H_2와 CO(일산화탄소)를 포함한 많은 양의 환원된 무기물을 함유하고 있으며, 일부 분출구는 H_2S대신 높은 수준의 암모니움(NH_4^+)을 함유하고 있다; 이들은 모두 화학무기영양성 세균과 고균을 위한 좋은 전자공여체이며, 이 생물들은 전자공여체로 무기화합물을 이용하고 그들의 탄소원으로 CO_2를 고정한다 (14장). 따라서 이 독립영양 세균들과의 공생관계를 통해 열수분출공 무척추동물들이 번성하기 때문에 이들은 어두운 곳에서 존재할 수 있다.

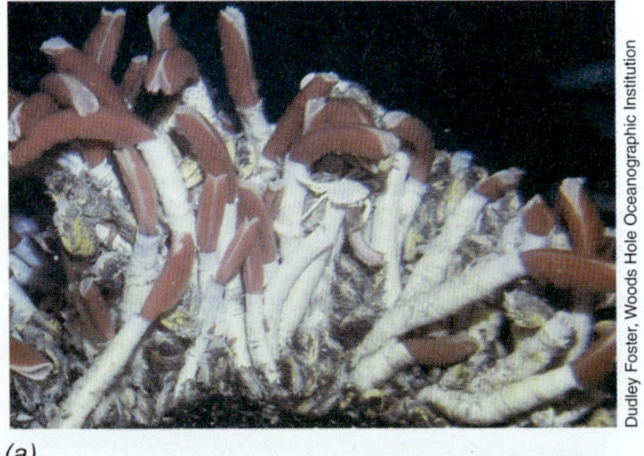

(a)

(b)

그림 23.30 심해 열수공 근처에 사는 무척추동물. *(a) Riftia* (관벌레, 환형동물 문)로 몸의 껍질(sheath, 백색)과 관모(plume, 적색)를 보여준다. *(b)* 온수구 근처의 홍합 군락. 분출공에서 나오는 H_2S의 산화에 의한 노란 원소상 황의 축적을 주목하라.

관벌레, 홍합과 거거

열수분출공-관련 동물은 독립-생활 화학무기영양체를 직접 잡아먹거나 그들과 밀접한 공생관계를 형성한다. 상리공생적 화학무기영양체는 동물 표면에 밀접하게 부착하거나 [즉, 착생생물(*epibiont*)] 동물 조직 안에서 사는데, 그들의 에너지 대사에 필요한 전자공여체에 대한 손쉬운 접근과 안전한 거주지를 제공받고 대신 동물에 유기화합물을 공급한다. 예를 들어, 2-m 길이의 관벌레 (그림 23.30*a*)는 입, 창자와 항문이 없으나 트로포솜(*trophosome*)이라 부르는 스폰지 조직으로 주로 구성된 기관을 갖고 있다. 관벌레 무게의 약 반을 차지하는 이 구조는 황 입자와 많은 수의 구형 황-산화 세균으로 차 있다 (**그림 23.31**). 트로포솜 조직에서 떼어낸 세균 세포는 독립영양대사의 주요 경로인 캘빈회로 (14.5절)의 효소의 활성을 나타내지만, 흥미롭게도 제2의 독립영양 경로인 역구연산회로 (14.5절)의 효소도 갖고 있다. 또한 환원된 황화합물로부터 에너지를 얻는 데 필요한 일련의 황-산화 효소 (14.9와 15.11절)도 함유한다. 관벌레는 따라서 황 화학무기영양체가 CO_2로부터 생성하고 분비한 유기화합물에 의해 살아간다.

관벌레와 더불어 큰 조개인 거거(車渠, giant clam)와 홍합 (그림 23.30*b*) 또한 열수분출공 근처에 흔하며, 황-산화 세균 공생자가 이 동물들의 아가미 조직에서 발견된다. 계통학적 분석은 각각의 동물들이 하나 또는 그 이상의 다른 세균 공생자 균주를 가지며 다양한 종의 세균 공생자가 다른 종의 분출구 동물에 서식하는 것을 밝혔다. 독립-생활 단계를 또한 갖는 *Riftia* (관벌레)의 공생자를 제외하고는 (표 23.2), 비록 그들이 독립생활 황 화학무기영양체와 상당히 밀접하게 연관되었지만 열수분출공 동물의 세균 공생자의 어느 것도 실험실에서 배양되지 못하고 있다 (14.9, 15.11과 16.5절).

관벌레의 적색의 관모(冠毛, plume) (그림 23.30*a*)는 혈관이 풍부하고 무기 기질을 포집하고 세균 공생자에게 수송하는 데 사용된

(a)

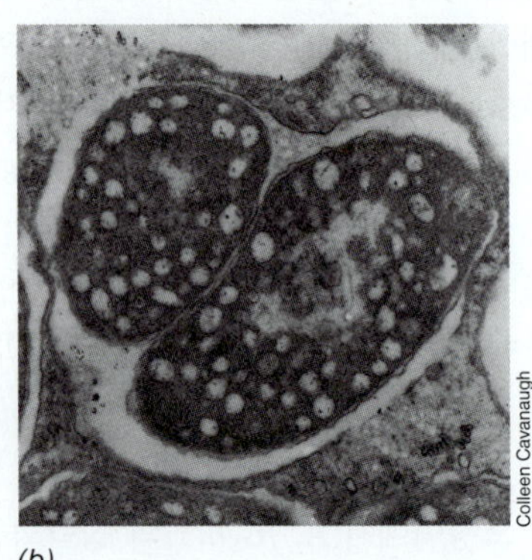

(b)

그림 23.31 열수분출공에 사는 관벌레의 트로포솜 조직과 연관된 화학무기영양성 황-산화 세균. *(a)* 구형의 화학무기영양성 황-산화 세균을 보여주는 트로포솜 조직의 주사전자현미경 사진. 세포들은 직경이 3~5 μm이다. *(b)* 트로포솜 조직 절편에서 세균의 투과전자현미경 사진. 세포들은 알려지지 않은 기원의 외막으로 흔히 두 개씩 둘러싸여 있다. 출처: *Science 213:* 340-342 (1981), ©AAASd.

단원 5

다. 관벌레는 O_2 및 H_2S와 결합하는 특이한 헤모글로빈을 갖는데; 그들은 두 기질을 트로포솜으로 운반하여 세균 공생자에 방출한다. 관벌레 혈액의 CO_2 농도 또한 약 25 mM 정도로 높은데 아마 트로포솜에서 세균 공생자를 위한 탄소원으로 방출되기 때문이다. 또한 트로포솜의 원소상 황의 안정 동위원소 분석 (19.10절) 결과 그 $^{34}S/^{32}S$ 조성이 분출구에서 나오는 황화물과 동일한 것으로 밝혀졌다. 이 비율은 해수 황산염에서와 다르며 분출구 황화물이 실제로 많은 양으로 관벌레로 들어간다는 추가적인 증거가 된다.

다른 해양 동물들도 그들의 영양을 공급하는 세균 공생을 공진화시켰다 (**표 23.3**). 예를 들어, 메탄영양성 (CH_4-소모) 공생자가 멕시코만의 비교적 얕은 깊이에 있는 천연가스의 냉용수 근처에서 사는 거거에 존재한다. 비록 독립영양체는 아니지만 (CH_4는 유기화합물), 이 메탄영양체는 거거에 영양분을 제공한다; 메탄영양체는 그들의 전자공여체와 탄소원으로 CH_4를 이용하고 조개에 유기탄소를 분비한다. Mid-Atlantic Ridge의 감람암-기반 분출구 체제와 관련된 분출공 지역에서 가장 풍부한 거대동물인 홍합 *Bathymodiolus puteoserpentis*에 의해 전자공여체로 분자상 수소(H_2)가 이용된다 (20.14절). 이 체제는 극도로 높은 수준의 H_2와 CH_4를 방출하는데 측정된 H_2 농도가 19 mM 정도로 높다. 이 홍합은 아가미 조직에만 존재하는 메탄-산화 세균 및 화학무기영양성 황-산화 세균과의 이중 공생 상태로 사는 것으로 이전에 알려졌다. 특이하게 *B. puteoserpentis*의 황-산화 공생자는 또한 에너지원으로 H_2를 사용하는 능력도 가져서, 이 홍합을 분출구 거대동물상 중 가장 다재다능한 것 중의 하나로 만든다.

표 23.3 화학무기영양성 또는 메탄영양성 내부공생 세균을 가진 해양 동물

숙주(속 또는 강)	일반명	서식지	공생자 종류
해면동물 (*Demospongiae*)	해면	유출구	메탄영양체
편형동물 (*Catenulida*)	편형동물	얕은 물	황 화학무기영양체
선형동물 (*Monhysterida*)	무구강 선충	얕은 물	황 화학무기영양체
연체동물 (*Solemya*, *Lucina*)	조개	분출공, 유출구, 얕은 물	황 화학무기영양체
연체동물 (*Calyptogena*)	조개	분출공, 유출구, 고래 낙하물[a]	황 화학무기영양체
연체동물 (*Bathymodiolus*)	홍합	분출공, 유출구, 고래와 나무 낙하물[a]	황 화학무기영양체, 메탄영양체
연체동물 (*Alviniconcha*)	달팽이	분출공	황 화학무기영양체
환형동물 (*Riftia*)	관벌레	분출공, 유출구, 고래와 나무 낙하물[a]	황 화학무기영양체

[a]고래와 나무 낙하물은 각각 가라앉은 고래 사체와 나무임.

유전체학과 열수분출공 공생

유전체 서열분석은 해양 무척추동물과 그들의 세균 공생자의 대사적 상호작용과 공진화에 대한 추가적인 특성을 보여준다. 분출구 거거 *Calyptogena magnifica*의 아가미 내부공생자의 유전체 서열은 Calvin 회로를 통한 탄소 고정의 직접적인 증거를 제공한다; 유전체는 Calvin 회로의 핵심 효소인 ribulose bisphosphate carboxylase (RubisCO)와 phosphoribulokinase (14.5절) 및 핵심 황 산화 과정을 암호화하는 유전자들을 포함한다. 이 공생자의 유전체는 또한 숙주 생장에 필요한 대부분의 비타민과 보조인자 및 모든 20가지 아미노산의 생합성을 암호화한다. 그러나 소수의 기질-특이적 수송체만이 공생자 유전체에 의해 암호화되기 때문에, 홍합에서와 같이 조개가 실제로 영양을 위해 공생자 세포를 소화하는 것으로 추정된다 (표 23.3).

곤충의 절대 공생자처럼 해양 무척추동물의 대부분의 공생자들은 작은 유전체를 가지는데 (표 23.2), 이는 축소된 기능 및 숙주와의 절대 관계를 가리킨다. 거대한 관벌레 *Riftia pachyptila*의 세균 공생자는 예외인데, 일부 독립-생활 황 산화 화학무기영양체보다 큰 유전체를 갖는다 (표 23.2). 감염되지 않은 어린 동물은 환경으로부터 *R. pachyptila*의 공생자를 얻는데 (수평적 전달), 공생자의 큰 유전체는 독립-생활 세균으로의 생존에 중요한 것 같다.

미니퀴즈

- 거대한 관벌레는 그들의 영양을 어떻게 얻는가?
- 곤충과 열수구 무척추동물의 절대 공생의 유사성은 무엇인가?
- 어떤 요인이 해양 무척추동물 공생자의 유전체 크기를 결정하는가?

23.10 곤충병원성 선충

여기에서는 곤충의 절대 병원체인 선충(nematode)의 두 개 과 (*Heterorhabditiae*와 *Steinermenatidae*)를 소개한다; 이들은 곤충병원성 (곤충을 죽이는) 선충 종류를 구성하는데 전 세계적으로 분포하고 넓은 범위의 곤충 숙주를 갖는다. 그들의 곤충 치사능은 선충 종과 다양한 살곤충성 화합물을 생성하는 그것의 세균 공생자 사이의 특별한 관계에 기초한다.

곤충병원성 선충의 공생자와 곤충 숙주를 위한 특이성

곤충병원성 선충은 생물제어제로서 많이 연구되었는데, 해로운 곤충의 제어에서 광범위 화학농약의 대안으로 이용된다. 화학농약의 인간 건강에 미칠 수 있는 영향의 경감 외에, 생물학적 곤충 제어 전략은 고도로 특이적일 수 있어서, 다른 공존하는 곤충에는 피해를 입히지 않고 해충 종만 표적으로 한다. 이는 대부분 농업에서 해당되는 해충 종 관리를 요구하는 환경에서 자연의 곤충 다양성을 유지하는데 도움이 된다. 해충 관리에서 그들의 알려진 유용성과 별개로, 이 공생은 또한 숙주-미생물 상호작용의 진화, 생리 및 유전의 구체적인 이해의 발달을 위한 강력한 모델 체제를 제공한다.

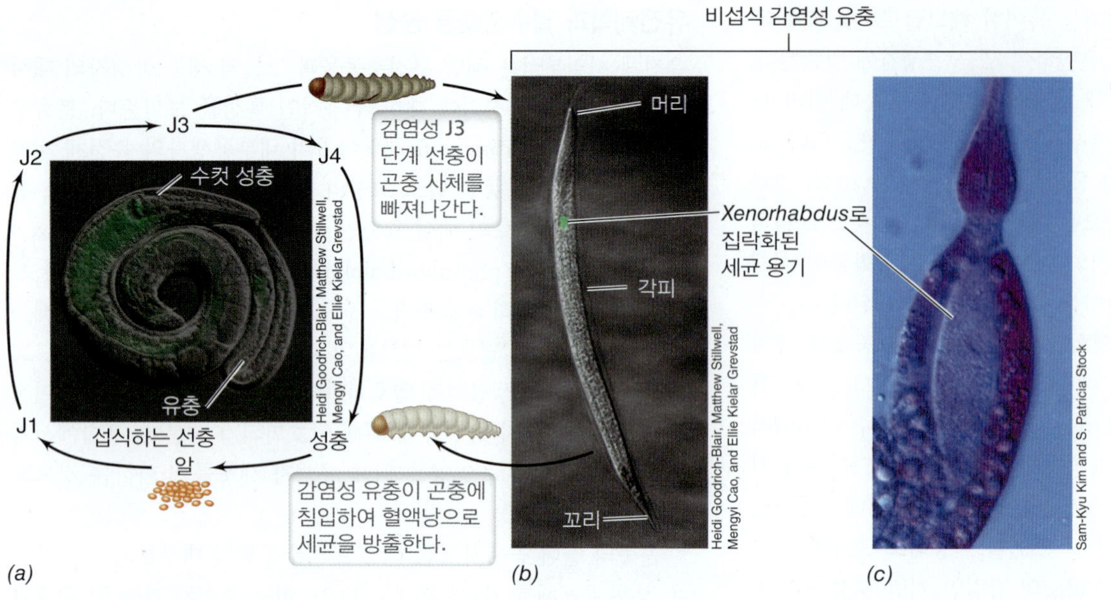

그림 23.32 선충-*Xenorhabdus* 생활사. *(a)* 감염된 곤충에서 방출된 영양분 존재 시 선충은 네 유충 단계 (J1–J4)를 거쳐 발달하는데, 각 단계 사이에서 탈피하고 결국 알을 낳는 성충이 된다. 영양분이 고갈되면 선충은 섭식을 하지 않는 J3 단계 (감염성 유충으로 알려짐)로 발달하여 그것의 창자 대부분을 닫고 세균 용기를 형성하면 공생세균이 위치한다. 감염성 J3 단계 선충은 그 후 환경으로 방출되어 다른 곤충을 감염한다. *(b)* 감염성 유충의 세균 용기에 위치한 *Xenorhabdus*. *(c)* 세균이 가득 찬 용기 (br)의 차등간섭대비현미경 (1.6절) 사진. *a*와 *b*에 보이는 선충은 형광현미경 영상을 위해 녹색 형광 단백질 (7.1절)을 발현하도록 유전자 재조합되었다. 선충의 직경은 약 50 μm이다.

그람-음성 세균 종인 *Photorhabdus*와 *Xenorhabdus*는 곤충병원성 선충의 주요 세균 공생자이다. 16S rRNA 서열 비교분석 (13.7절)은 세균과 선충 종 사이의 매우 높은 관계 특이성을 보여준다. *Photorhabdus* 종은 *Heterorhabditidae* 내의 선충 종과 특별히 관계하지만, *Xenorhabdus* 종은 *Steinernematidae* 선충과 선택적으로 관계한다. 각 *Steinernema* 종은 단 하나의 *Xenorhabdus* 종과 특별하게 관계하는 것으로 생각된다. 그러나 하나의 *Xenorhabdus* 종은 하나 이상의 선충 종과 관계할 수 있다. 다시 말하면, 이 두 과를 구성하는 선충은 그들의 곤충 숙주의 계통발생학적 관계에 따라 여러 계통학적 종류로 분리될 수 있다. 다른 곤충 숙주 특이성을 갖는 곤충병원성 선충의 발생을 가져오게 한 선충과 그들의 세균 공생자 사이의 공종분화 (공진화)의 역사를 이 자료가 함께 가리키고 있다.

선충 생활사와 치사능

곤충병원성 선충은 유사한 생활사를 갖는데 그 중에서 섭식을 하지 않는 세 번째 단계 감염성 유충의 한 단계만이 숙주 밖에서 생존한다 (**그림 23.32**). 선충과 세균 공생자 사이의 긴 관계는 또한 감염성 어린 선충의 창자 앞부분의 변형을 일으켰다. 이 지역은 어린 선충에서 세균 용기(*bacterial receptacle*, 그림 23.32*b*와 *c*)라 부르는 분리된 공간을 형성한다. 이 부위는 감염성 유충의 성숙 중 공생자의 생장에 의해 세균으로 가득 차게 되어 다음 감염회로를 위한 공생자를 보호한다.

감염성 유충이 적절한 곤충 숙주를 만나면, 그것은 입이나 항문 같은 자연적인 구멍을 통해 곤충의 혈체강(hemocoel, 곤충 순환계의 혈액과 유사한 혈액림프를 함유한 체강)으로 침투한다. 그 후 세균은 세균 용기로부터 혈액림프로 방출되어 신속하게 증식한다. 그들은 숙주 조직으로부터 영양분의 방출을 촉진하는 다양한 용혈소, 독소와 소화효소 (예, 단백질분해효소, 지질분해효소, 키티나아제)의 생성에 의해 곤충의 자연 면역체제를 부분적으로 위협할 수 있다. 세균 공생자는 또한 항생물질을 생성하여 다른 미생물에 의한 경쟁적 집락화를 억제한다. 증식하는 세균과 소화된 숙주 조직 모두 선충 증식에 이용되어 느린 곤충 사멸을 일으키는데 1 내지 22일이 걸린다. 숙주의 영양분이 고갈되면 다 자란 선충이 새로운 감염성 비섭식 유충을 만들고 그것이 적응하여 외부 환경을 견디고, 이 순환이 반복된다.

미니퀴즈

- 선충과 그들의 세균 공생자의 공진화에 대한 증거는 무엇인가?
- 무엇이 다른 세균이 죽은 곤충에 집락화하고 영양분에 대해 선충 및 *Xenorhabdus*와 경쟁하는 것을 방지하는가?

23.11 암초-형성 산호

산호초 생태계는 현미경적 크기의 조류와 간단한 해양동물 사이의 상리공생 관계의 산물이다. 이 상리공생의 전 세계적 분포와 연관된 대규모 생태계는 수만 종을 유지한다.

동물과 광영양체의 공생

이 장 초반에 지의류가 진균과 광영양성 동반자—조류 또는 남세균—사이의 상리공생인 것을 보았다. 지의류 진균처럼 일부 동물이 조류 또는 남세균과 상리공생 관계를 수립한다 (**표 23.4**). 이 관계의 대부분에서 동물들은 해면동물 [*Porifera* (해면, sponge)]과 자포동물 [*Cnidaria* (산호, 말미잘과 히드라)]과 같은 매우 간단한 신체 구조를 갖는 문에 속한다. 이 상리공생적 동물-세균 관계는 동물을 위한 영양분이 적은 투명한 열대의 물에 살며 동물 신체는 전형적으로 그 부피에 비해 큰 표면적을 가지며 따라서 빛을 포획하기에 적합하다.

단원 5

표 23.4 동물과 광영양성 공생자 사이의 공생

숙주	일반명	공생자
해면동물	해면	남세균, *Chlorella*, *Symbiodinium*
자포동물	산호, 말미잘	*Symbiodinium*, *Chlorella*
편형동물	편형동물	규조, 원시적 녹조류
연체동물	달팽이, 조개	*Symbiodinium*, *Chlorella*
우렁쉥이	멍게	남세균

[a]남세균은 세균임; 다른 것들은 진핵성 광영양체임.

편형동물 문 (편형동물), 연체동물 문 (달팽이와 조개)과 미삭동물 아문 (멍게) 같은 보다 복잡한 동물과 관계를 형성하는 조류의 불과 소수의 예만이 있다. 이 경우 동물은 적당한 표면-대-부피 비율을 가지거나 또는 특별한 광-수집 표면을 갖는다. 단세포성 광영양성 공생자는 계통발생적으로 다양하며 남세균 (15.3절), 홍조류, 녹조류, 규조류와 와편모류를 포함한다 (18장). 가장 흔한 것은 녹조류 *Chlorella* (해면과 담수 히드라와 관계), 남세균 (해양 해면과 관계)과 와편모류 속 *Symbiodinium*의 종이다. 와편모류와 기타 피하낭류는 8개 속과 약 2000개의 현존하는 종으로 구성된다 (18.4절). 비록 와편모류 상리공생이 흔하지만, 대부분은 *Symbiodinium* 종과 해양 무척추동물 또는 원생생물 사이의 관계이다. 여기에서는 와편모류 *Symbiodinium*과 석산호 사이의 상리공생 관계에 초점을 맞추고자 한다.

자포동물 석산호(stony coral, *Scleractinia* 목)와 *Symbiodinium*의 사이의 상리공생은 가장 장관이며 생태학적으로 중요한 동물-광영양체 관계이다 (**그림 23.33**). 산호와 와편모류가 함께 산호초 생태계의 영양적 및 구조적 기초를 형성한다. 자포동물은 매우 간단한 두 조직층 신체 체계 [외세포층(ectoderm)과 위층(gastroderm)]를 가지며 내부(위층) 조직층 세포 속에 막으로 둘러싸인 소낭 [심비오솜(symbiosome)] 내의 세포 안에 와편모류 공생자를 갖는다 (그림 23.33*c*). 산호 심비오솜은 콩과식물 뿌리혹의 식물세포 내에서 발달하는 박테로이드로 가득찬 소낭 (23.3절)과 유사하다. 산호 골격은 극도로 효율적인 광-수집 구조로 *Symbiodinium*에 의한 광 수집을 크게 증가시킨다. 이 조류는 숙주 대사로부터 핵심적인 영양분을 받으며 산호에 광합성으로 생성된 유기화합물을 제공한다. 이 상리공생은 영양분이 부족한 해수의 넓은 공간에서 산호초가 발달하게 한다.

Symbiodinium—산호 관계의 전파, 특이성 및 이득

암초-형성 산호는 배우자(gamete)를 해수에 방출하여 (광범위 산란) 유성생식을 한다. 암배우자와 수배우자는 융합하여 자유 유영하는 유충이 되어 나중에 표면에 정착하여 새로운 산호 집락을 시작한다. 비록 독립생활 *Symbiodinium* 세포가 어린 산호에 의해 삼켜질 수도 있지만 (수평적 전파), 조류 공생자는 부모로부터 방출되기 전에 전형적으로 알 속에 존재한다 (수직적 전파). 와편모류를 삼킨 발달하고 있는 산호는 그 상리공생의 특별한 *Symbiodinium*을 제외한 모든 것을 소화시킨다. 관계 수립 후 산호는 화학 신호를 통해 *Symbiodinium*의 생장을 제어하며, 각 세포 분열 후 각 *Symbiodinium*의 딸세포를 새로운 심비오솜에 할당한다.

자포동물-와편모류 상리공생의 두 동반자는 영양분 교환을 위한 적응을 발달시켰다. 와편모류는 그들의 광합성 고정 탄소 (당, 글리세롤과 아미노산 같은 작은 분자 형태로)의 대부분을 숙주로부터의 무기질소와 인 및 무기탄소와의 교환을 위해 자포동물에 공급한다. 자포동물은 질소 제한을 통해 *Symbiodinium*의 분열을 제어하는 것으로 생각된다. 더욱이 보호와 무기 영양분 공급 외에 산호의 탄산칼슘 골격은 자연에서 태양광의 가장 효율적인 수집체 중의 하나로 공생자를 위해 입사광을 5배까지 증폭시킨다; 이는 광-흡수 수층 아래에서 광합성을 수행하는 공생자에게 도움이 된다.

산호 탈색—변화하는 환경에서 광영양성 공생자 보유의 위험성

전 세계 해양에서 광범위한 산호초 체제 중 많은 것들이 현재 주로 인간 활동의 결과로 인한 멸종의 위험을 겪고 있다. 이 아름답고

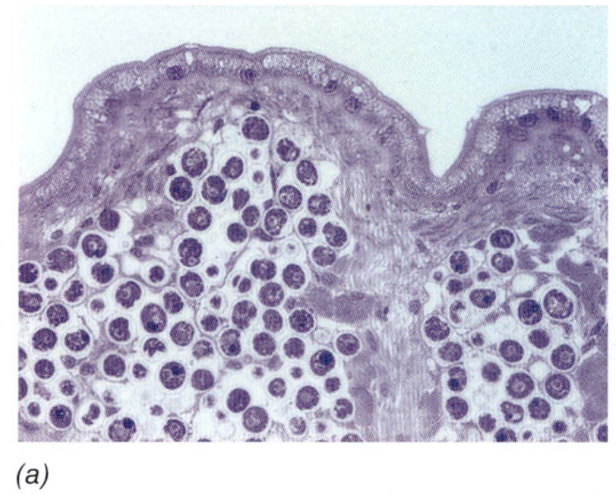
(a)

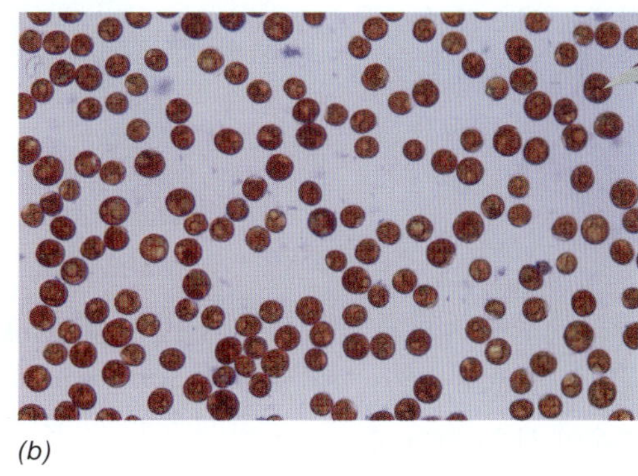
(b)

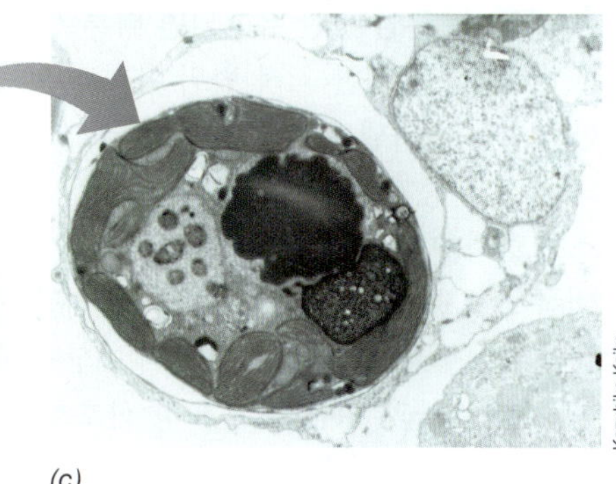

(c)

그림 23.33 해양 무척추동물의 *Symbiodinium* 공생자. *(a)* 거거의 외투막 조직 내 *Symbiodinium*의 얇은 절편의 현미경 사진. *(b)* 연산호에서 회수된 *Symbiodinium* 세포. *(c)* 돌산호 *Ctenactis echinata*의 소낭 세포 내의 *Symbiodinium* 세포의 투과전자현미경 사진. *Symbiodinium* 세포는 직경이 약 10 μm이다.

(a)

(b)

그림 23.34 산호 탈색. *(a)* 뇌산호(brain coral, *Colpophylia natans*)의 두 집락. 왼쪽 산호는 건강한 갈색인데 오른쪽은 완전히 탈색되었다. *(b)* 부분적으로 탈색된 돌산호(mountainous star coral) (*Orbicella faveolata*)의 큰 집락.

생산성 높은 생태계의 현재 진행 중인 소실은 대기 CO_2 증가로 인한 바다 표면 온도 상승, 해수면 상승과 해양 산성화의 결과로 생각된다 (21.6과 21.8절). 연안 개발도 산호 체제를 위협하는데 하수 방류, 영양물질 유입으로 인한 부영양화 및 어류남획으로부터의 오염에 기여한다. 이 환경 변화는 질병을 통한 높은 치사율, 산성화에 의해 발생하는 석회화의 감소로 인한 산호 구조의 소실 및 탈색에 기여한다. 건강한 산호는 조직의 제곱 cm당 수백만 개 세포의 *Symbiodinium*을 갖는다. 산호 탈색은 이 공생자의 용해로 인해 숙주 조직에서 색깔이 없어지며 아래의 흰 석회석 골격을 드러낸다 (**그림 23.34**).

산호초는 그들의 최적온도 근처에 살며, 대규모 탈색을 일으키는 것은 증가된 바다 표면 온도와 태양광의 상승효과이다. 온도 상승과 높은 광 조사는 와편모류의 광합성 기구를 손상시키고, 숙주와 공생자 모두에게 피해를 주는 활성 산소 종 (예, 단일항 산소와 superoxide, 5.14절)을 생성한다. 탈색은 위태로워진 공생자를 파괴하는 숙주의 보호적 면역 반응에 의해 일어나는 것으로 생각된다. 지역의 최대치에서 0.5~1.5°C만큼의 작은 바다 표면 온도상승이 만일 수 주일 동안 유지되면 빠른 산호 탈색을 일으킬 수 있다. 산호 생장을 위한 최적 범위 아래로 온도의 상당한 감소도 유사한 영향을 나타낼 수 있다. 자외선과 일부 가시광선의 전자기 방사의 계절적 증가에 의해 두드러진 고온 압박이 방대한 지역에서 산호초 탈색을 일으킨다.

비록 산호초가 분명히 위협받고 있지만 그들의 미래 예측에는 많은 불확실성이 있다. 해수 온도의 예상된 증가에 기초한 가장 불길한 예측은 불과 수년 내 인도양 산호초 체제의 붕괴와 이 세기 중반까지 전 세계 산호초의 가능한 붕괴이다. 더욱이 산호해(Coral Sea)에 있는 호주 북동쪽 연안의 세계에서 가장 큰 산호초 체제인 Great Barrier Reef에서 최근 심각한 산호 탈색이 일어나고 있는데 거의 산호초의 절반이 탈색되었다. 그러나 이런 관찰과 장래 예측은 각 산호 종의 취약성과 각 산호-공생자 상리공생의 적응능력에 대한 기초 지식이 여전히 결여되어 있다. 예를 들어, 고온 내성은 부분적으로 *Symbiodinium* 종이나 균주에 의해 부여되며, 탈색 후 심지어 상리공생이 보다 고온 내성 공생자로 바뀔 수 있다 (**그림 23.35**). 그럼에도 불구하고, 산호 탈색은 기후변화가 현재 진행 중이며 미생물에 기초한 생태계가 반응한다는 추가적인 증거가 되고 있다.

분자적 결과는 150개 이상의 다른 *Symbiodinium* 계통형이 존재하며, 각각은 아마도 다른 압박 내성을 가진 종을 대표한다. 공생자

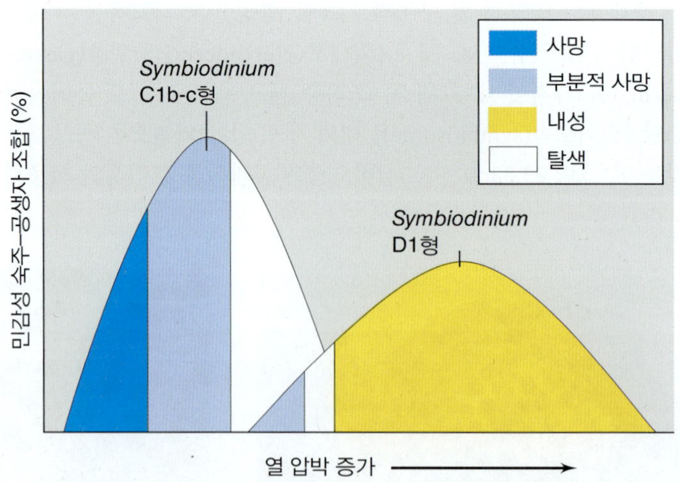

그림 23.35 다른 *Symbiodinium* 계통형과 연관된 산호 종의 차별적 압박 내성. *Symbiodinium* C1b-c형과 상리공생으로 연관된 *Pocillopora* 산호는 *Symbiodinium* D1형과 연관된 같은 산호 종보다 고온 압박에 훨씬 더 민감하다. 내성이 보다 강한 *Symbiodinium* D1형–*Pocillopora* 관계는 매우 낮은 치사율을 갖는다. 이 반응은 또한 각 *Symbiodinium* 형 내의 추가적인 유전적 변이를 암시하는데, 두 상리공생이 증가하는 열 압박에 대해 다른 민감도 범위를 나타내기 때문이다.

교환 및 공생자 교체 모두 공생자 간의 변화를 위한 근본적인 방식으로 제안되었다. 교체 시에 공생자는 수중 개체군으로부터 얻는다. 교환 시에는 산호와 이미 연관되어 있지만 매우 적은 수로 존재하던 유전적 변종의 차별 생장의 결과로 변화가 일어나는데, 탈색 후 이전에 우점했던 상리공생자와의 교환이 일어난다. 대부분의 연구가 교환이 보다 흔한 적응 방식인 것을 가리키지만, 불확실성이 존재한다. 공생자의 종류가 기후 변화와 관련된 압박에 적응하는 산호의 능력에 영향을 미치기 때문에, 가능한 공생자 교체를 포함한 적응 반응의 대체방법의 이해가 산호, 그들의 공생자와 그들이 만드는 산호초의 미래의 건강을 예측하는 데 필수적이다.

미니퀴즈

- 무엇이 산호에 그들의 놀라운 색깔을 부여하는가?
- 발달하는 산호에게 *Symbiodinium* 전달의 두 가지 방법은 무엇인가?
- 산호 탈색에 기여하는 주된 환경 요인은 무엇인가?

V • 미생물 서식지로서의 포유류 장 체제

동물의 진화는 부분적으로는 미생물과의 오랜 공생관계의 역사에 의해 일어났으며 앞에서 살펴본 무척추동물뿐만 아니라 척추동물도 포함한다. 이 장의 마지막에서 인간이 아닌 포유류와 미생물 공생에 대해 살펴보겠으며, 다음 장에서 특별히 인간의 미생물상에 초점을 맞추겠다. 미생물들은 포유류 신체상의 모든 부위에 서식하지만, 미생물의 가장 큰 다양성과 밀도는 포유류 창자에서 발견되며, 우리의 논의를 여기에 집중하겠다.

23.12 포유류 창자 체제

일부 포유류는 초식동물(*herbivore*)로 식물 물질만을 먹지만, 다른 것들은 육식동물(*carnivore*)로 주로 다른 동물의 고기를 먹으며, 잡식동물(*omnivore*)은 식물과 동물을 모두 먹는다. **그림 23.36**이 가리키듯이, 밀접하게 연관된 포유류는 다른 먹이에 대한 적응을 발달시켰다. 다른 계통의 포유류는 대부분 지구 역사에서 약 2억 년 전에 시작하여 약 6천만 년 정도의 시대인 쥬라기(Jurassic period) 동안 초식성 생활양식을 독립적으로 발전시켰다.

쥬라기 동안 포유류의 거대한 진화적 방사는 여러 섭식 전략의 진화를 유도하였다. 대부분의 포유류 종은 미생물과의 상리공생적 관계를 강화하는 창자 구조를 발달시켰다. 해부학적 차이가 발달함에 따라 포유류 소화에서 미생물 발효가 중요하게 남거나 또는 필수적이 되었다. 인간 같은 단일 위(*monogastric*) 포유류는 창자 앞에 위치한 단일 구획의 위를 가진다. 그런 동물은 그렇지 않으면 소화되지 않을 먹이의 미생물 발효로부터 그들의 에너지 요구의 상당 부분을 얻을 수도 있지만 초식동물은 그런 발효에 전적으로 의존한다.

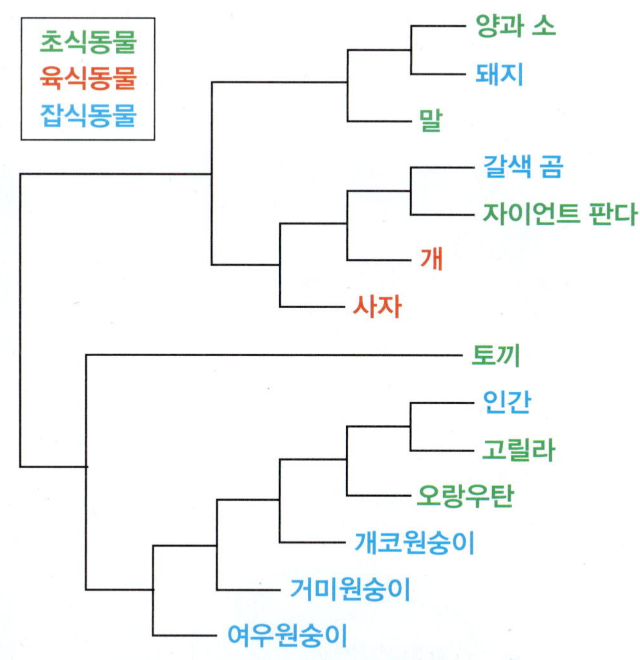

그림 23.36 포유류 사이에서 초식의 여러 기원을 나타내는 계통수. 나열된 초식동물의 일부는 전장 발효생물이며 다른 것은 후장 발효생물이다 (그림 23.37 참조). 일부 육식 포유류는 동물 고기 대신 곤충 (박쥐 같은 곤충섭식동물)이나 어류 (수달 같은 어류섭식동물)만을 먹는다.

식물 기질

다양한 포유류 종과 미생물의 관계는 식물 세포벽의 구조적 성분인 식물 섬유를 분해하는 능력을 유도하였다. 섬유는 주로 불용성 다당류로 구성되는데 셀룰로오스가 가장 풍부한 성분이다. 포유류와 실제로 거의 모든 동물에는 셀룰로오스와 특정한 다른 식물 다당류 분해에 필요한 효소가 없다. 그러나 많은 미생물들은 이 다당류 분해에 요구되는 배당체 가수분해효소(glycoside hydrolase)와 다당류 리아제(lyase)를 암호화하는 유전자를 갖는다.

지구상에서 가장 풍부한 유기화합물이며 포도당만으로 이루어진 셀룰로오스(*cellulose*)는 그것을 분해할 수 있는 동물에게 탄소와 에너지원의 풍부한 공급원을 제공한다. 초식생활을 유지하기 위해 발달된 두 가지 주요 특성은 (1) 섭취한 식물물질을 오래 유지할 수 있는 큰 혐기성 발효조와 (2) 섭취한 물질이 장에서 머무르는 시간인 긴 체류시간이다. 긴 체류시간은 섭취한 물질과 미생물의 긴 관계와 따라서 식물 중합체의 보다 완전한 분해를 허용한다.

전장과 후장 발효동물

초식성 포유류에서는 두 가지 소화 방법이 진화하였다. 전장(*foregut*) 발효를 하는 초식동물에서는 미생물 발효조가 작은 창자 앞에 있다. 이 장 구조는 반추동물(ruminant), colobine monkey(리프원숭이), 나무늘보(sloth)와 macropod marsupial (유대류 종류) (**그림 23.37**)에서 독립적으로 유래하였다. 이들은 모두 섭취한 먹이가 산성 위와 작은 창자에 도달하기 전에 장 미생물상에 의해 분해되

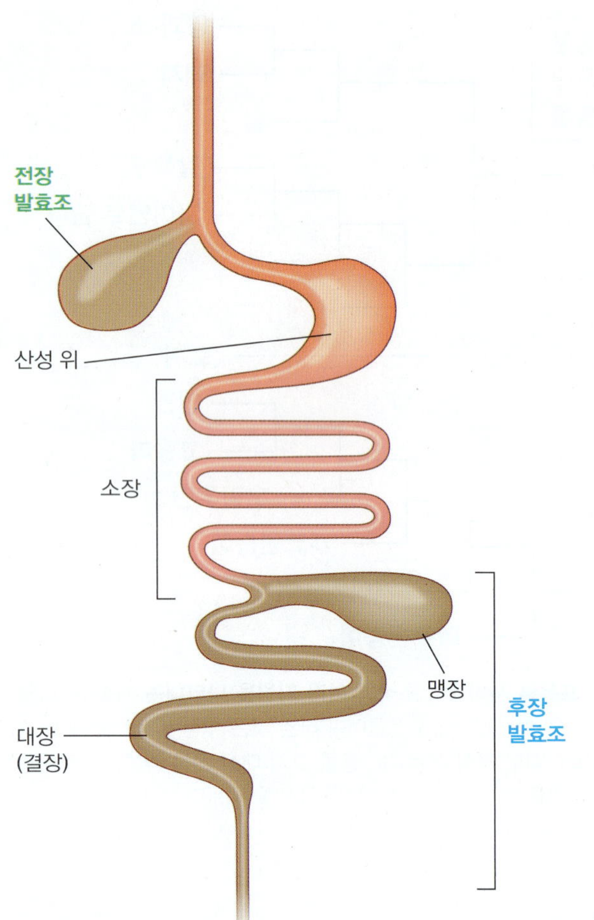

전장 발효동물 예: 반추동물 (사진 1), colobine monkey, macropod marsupial, hoatzin (사진 2)

1.

2.

후장 발효동물 예: 맹장 동물 (사진 3과 4), 영장류, 일부 설치류, 일부 파충류

3.

4.

그림 23.37 척추동물 장 구조의 변형. 모든 척추동물은 소장을 갖지만 그 구조가 다르다. 먹은 영양분의 대부분의 흡수는 소장에서 일어나지만 미생물 발효는 전위, 맹장 또는 대장 (결장)에서 일어날 수 있다. 전장 발효는 포유류의 4개 주요 분기군과 하나의 조류 종 (예, hoatzin)에서 발견된다. 맹장 또는 대장/결장에서의 후장 발효는 포유류 (인간 포함), 조류와 파충류의 많은 분기군에서 흔하다. 그림 23.36과 비교하라.

는 공통적 특징을 공유한다. 다음 절에서 전장 발효동물의 예로 반추동물의 소화과정을 살펴보겠다.

말과 토끼는 초식성 포유류지만 그들은 전장 발효동물이 아니며 후장(*hindgut*) 발효동물이다. 그들은 하나의 위만을 갖지만 그들의 발효기관으로 소장과 대장 사이에 위치한 맹장(*cecum*)이라는 소화기관을 이용한다 (그림 23.37). 맹장은 섬유—와 셀룰로오스—소화 (셀룰로오스 분해) 미생물을 함유한다. 토끼 같은 포유류는 주로 맹장에서 식물 섬유의 미생물 분해에 의존하며 맹장 발효생물(*cecal fermenter*)이라 한다. 다른 후장 발효동물에서는 맹장과 결장(colon) 모두 미생물에 의한 섬유 분해의 주요 부위이다.

단일 위 포유류, 전장 발효동물과 후장 발효동물 사이의 해부학적 차이는 그림 23.37에 요약되었다. 영양적으로 전장의 셀룰로오스 분해미생물 군집이 결국 산성 위를 통과하기 때문에 전장 발효동물은 후장 발효동물보다 유리하다. 이것이 일어나기 때문에 대부분의 미생물 세포는 산에 의해 죽고 동물에 단백질원이 된다. 반면 말과 토끼 같은 동물에서 셀룰로오스 분해군집은 산성 위의 뒤에 위치하기 때문에 동물에서 배설물로 빠져나온다.

미니퀴즈

- 전장과 후장 발효를 하는 동물은 식물로부터 영양분의 회수에서 어떻게 다른가?
- 체류시간은 창자에서 먹이의 미생물 소화에 어떻게 영향을 미치는가?

23.13 반추위와 반추동물

매우 성공적인 종류의 전장 발효동물인 반추동물(*ruminant*)은 특별한 소화기관인 **혹위** 또는 **반추위(rumen)**를 갖는 초식성 포유류인데 반추위 내에서 셀룰로오스와 기타 식물 다당류가 미생물에 의해 소화된다. 소, 양, 염소 같은 가장 중요한 일부 가축들이 반추동물이다. 낙타, 버팔로 (물소), 사슴, 순록, 카리부 (북미산 순록, caribou)와 엘크 (큰 사슴, elk)도 반추동물이다. 실제로 반추동물은 지구에서 우점하는 초식동물이다. 인간 식량경제의 상당 부분이 반추동물들에 의존하기 때문에 반추위 미생물학은 상당한 경제적 의의와 중요성을 갖는다.

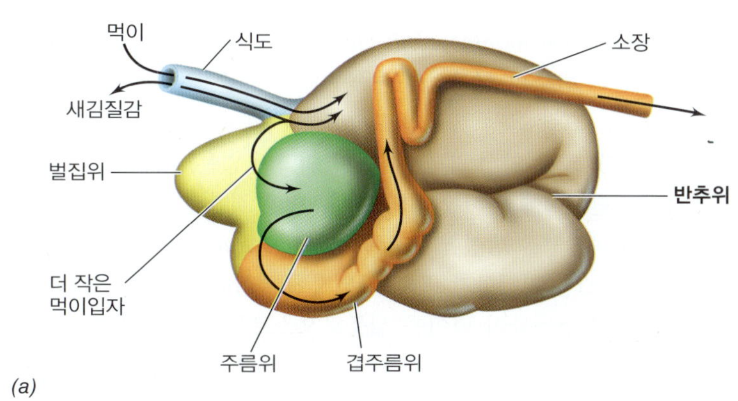

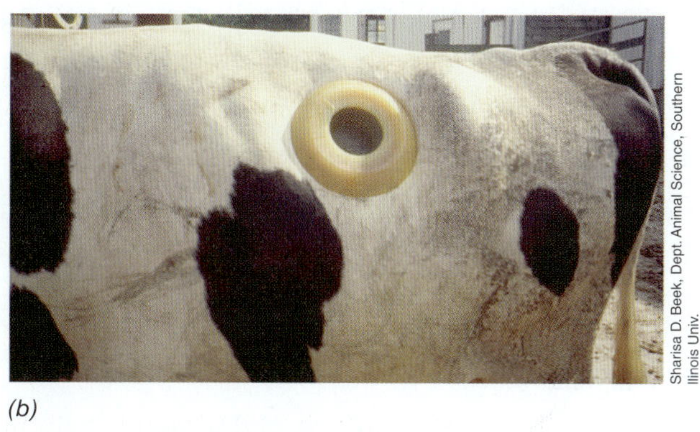

그림 23.38 반추위. *(a)* 소의 반추위와 위장 체제의 모식도. 먹이는 식도에서 벌집위와 반추위로 구성된 제일이위로 이동한다. 새김질 감은 역배출 되어 먹이 입자가 충분히 작아질 때까지 되새김질되어 벌집위로부터 주름위, 겹주름위와 소장의 순서로 이동한다. 겹주름위는 돼지와 인간 같은 단일 위 동물의 위와 유사한 산성조건이다. *(b)* 누관이 장치된 Holstein 젖소의 사진. 마개가 열려 있는 누관은 반추위로의 접근이 가능한 시료 채취부이다.

반추위 구조와 작용

셀룰로오스 소화 장소로서 반추위의 독특한 특성은 비교적 큰 크기 (소는 100~150리터, 양은 6리터)와 위장관 체제에서 산성의 위 앞에 위치한 것이다. 반추위의 따뜻하고 일정한 온도 (39°C), 좁은 pH 범위 (5.5~7, 언제 동물이 마지막으로 섭취했느냐에 따라)와 무산소 환경이 또한 전반적인 반추위의 작용에 중요한 요인들이다. **그림 23.38*a***는 반추동물 소화체제에서 반추위와 다른 부위들 간의 관계를 보여준다. 반추위의 소화과정과 미생물학은 잘 연구되었는데, 소나 양의 반추위 안으로 누관(瘻管, *fistula*)이라 하는 시료채취용 개구부 (그림 23.38*b*)를 만들고 분석용 시료를 채취할 수 있게 된 것이 그 부분적 이유이다.

소가 먹이를 삼키면 먹이는 4칸으로 된 위의 첫 번 칸인 벌집위(reticulum)로 들어간다. 부분적으로 소화된 식물물질은 반추위와 벌집위 사이를 자유롭게 흐르기 때문에 종종 통틀어 제일이위(*reticulo-rumen*)이라고도 한다. 벌집위의 주요 작용은 작은 먹이 입자를 모으고 그것을 주름위(omasum)로 보내는 것이다. 큰 먹이 입자 [새김질 감(*cud*)]는 입으로 역류시켜 다시 씹히고 중탄산염이 포함된 침과 섞이고 제일이위로 다시 돌아가서 반추위 세균에 의해 소화된다. 고형물은 소화 중 하루 이상 반추위에 머문다. 결국 작고 보다 철저히 소화된 먹이 입자는 주름위로 보내지며 거기서 다시 보다 진정한 산성 위인 겹주름위(abomasum)로 이동된다. 겹주름위에서 화학적 소화과정이 시작되어 소장과 대장까지 지속된다.

반추위 내의 미생물 발효

먹이는 섭식 간격과 기타 요인에 따라 반추위에서 약 20~50시간 머문다. 이 비교적 긴 체류시간 동안 셀룰로오스 분해미생물들은 셀룰로오스를 포도당으로 가수분해한다. 이 포도당은 세균에 의한 발효에 의해 주로 아세트산, 프로피온산과 부티르산 같은 **휘발성 지방산(volatile fatty acid, VFA)** 및 이산화탄소(CO_2)와 메탄(CH_4) 같은 기체를 형성한다 (**그림 23.39**). 이 VFAs는 반추위 벽을 통과하여 혈액으로 들어가서 동물에 의해 주된 에너지원으로서 산화된다. 기체성 발효산물인 CO_2와 CH_4은 트림에 의해 방출된다.

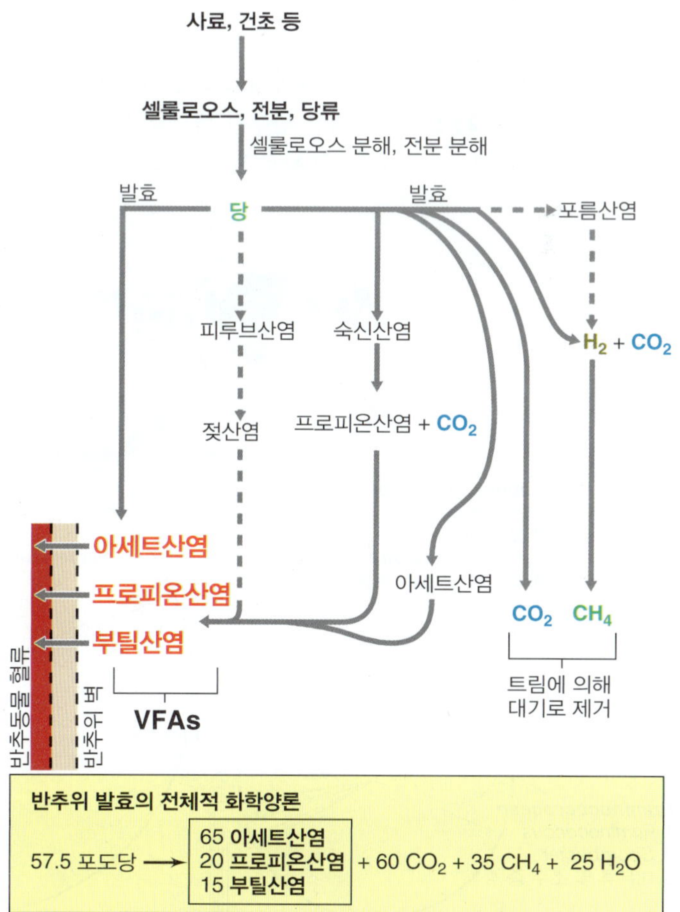

그림 23.39 반추위에서의 생화학적 반응. 주요 경로는 실선이며 점선은 부수적인 경로이다. 휘발성 지방산(VFA)의 대략적인 안정 상태의 반추위에서 수준은 아세트산염 60 mM, 프로피온산염 20 mM, 부티르산염 10 mM 이다.

반추위는 막대한 수의 세균 (10^{10}~10^{11} 세포/g 반추위 내용물)을 함유한다. 대부분의 세균들은 먹이 입자에 단단히 부착되어 있다. 이 입자들은 동물의 위장관을 통과하면서 비반추동물과 유사한 소화과정을 거친다. 반추위에서 식물 섬유를 소화하는 세균 세포들은 그 자체가 산성의 겹주름위에서 소화된다. 반추위에서 사는 세균들은 아미노산과 비타민을 합성하기 때문에 소화된 세균 세포들은 동물에게 단백질과 비타민의 주공급원이 된다.

반추위 세균

반추위는 절대 무산소 조건이므로 혐기성 세균이 우점하며, 일부 혐기성 진핵성 미생물도 존재한다. 셀룰로오스가 다단계 미생물 먹이사슬에서 지방산, CO_2와 CH_4로 전환되며, 여러 다른 혐기성생물들이 이 과정에 참여한다. 16S rRNA 유전자 서열분석으로부터 반추위 미생물 다양성에 대한 최근의 연구는 전형적인 반추위가 300~400개의 세균 "종(species)" [97% 이하의 서열 상동성을 갖고 있는 "조작분류단위(operational taxonomic unit", 13.8절] (**그림 23.40**)을 포함하고 있다는 것을 제시한다. 이는 배양에 근거한 다양성 추정치보다 10배가 많다. 분자적 조사는 *Firmicutes*와 *Bacteroidetes*가 반추위 내 세균 중에 우점하고, 메탄생성균은 고균 개체군의 거의 전체를 차지하는 것을 보여준다 (그림 23.40).

여러 반추위 혐기성 생물들이 배양되고 그들의 생리적 특성이 규명되었다 (**표 23.5**). 여러 다른 반추위 세균들이 셀룰로오스를 당류로 가수분해하고 당류를 VFAs로 발효시킨다. *Fibrobacter succinogenes*와 *Ruminococcus albus*는 두 가지 가장 풍부한 셀룰로오스-분해 반추위 혐기성세균들이다. 두 세균 모두 cellulase를 생성하지만 그람-음성 세균인 *Fibrobacter*는 외막에 위치한 효소를 생성한다. 그람-양성 세균 (따라서 외막이 없는) *Ruminococcus*는 지지대 단백질에 의해 안정되고 세포벽에 결합된 셀룰로오스-분해 단백질 복합체를 생성한다. *Fibrobacter*와 *Ruminococcus*는 따라서 셀룰로오스를 분해하기 위해 그 입자에 결합해야 한다.

만일 반추동물이 먹이를 셀룰로오스로부터 전분이 많은 종류(예, 곡물)로 서서히 바꾸면 전분-분해 세균인 *Ruminobacter amylophilus*와 *Succinomonas amylolytica*가 반추위에 많은 수로 자라난다. 전분이 적은 먹이를 먹은 경우에 이들은 전형적으로 적은 수로 존재한다. 만일 동물이 육탄당과 오탄당을 모두 포함한 복합 다당류인 펙틴이 많은 콩과식물 건초를 먹으면 펙틴-분해 세균 *Lachnospira multipara* (표 23.5)가 반추위의 마이크로바이옴의 우점 구성원이 된다. 이 반추위 세균의 일부 발효산물들은 반추위의 2차 발효 미생물의 에너지원으로 사용된다. 예를 들어, 숙신산염은 세균 *Schwartzia*에 의해 프로피온산염과 CO_2로 발효되며 (그림 23.39), 젖산염은 *Selenomonas*와 *Megasphaera*에 의해 아세트산염과 기타 지방산으로 발효된다 (표 23.5). 반추위에서 발효대사에 의해 생성된 수소(H_2)는 결코 축적되지 않는데 메탄생성균에 의해 CO_2의 CH_4로의 환원을 위해 빠르게 소모되기 때문이다. H_2 제거는 더 큰 발효 활성을 촉진시키는데 H_2 축적이 H_2를 생성하는 발효 반응의 에너지론에 부정적으로 작용하기 때문이다 (14.23절).

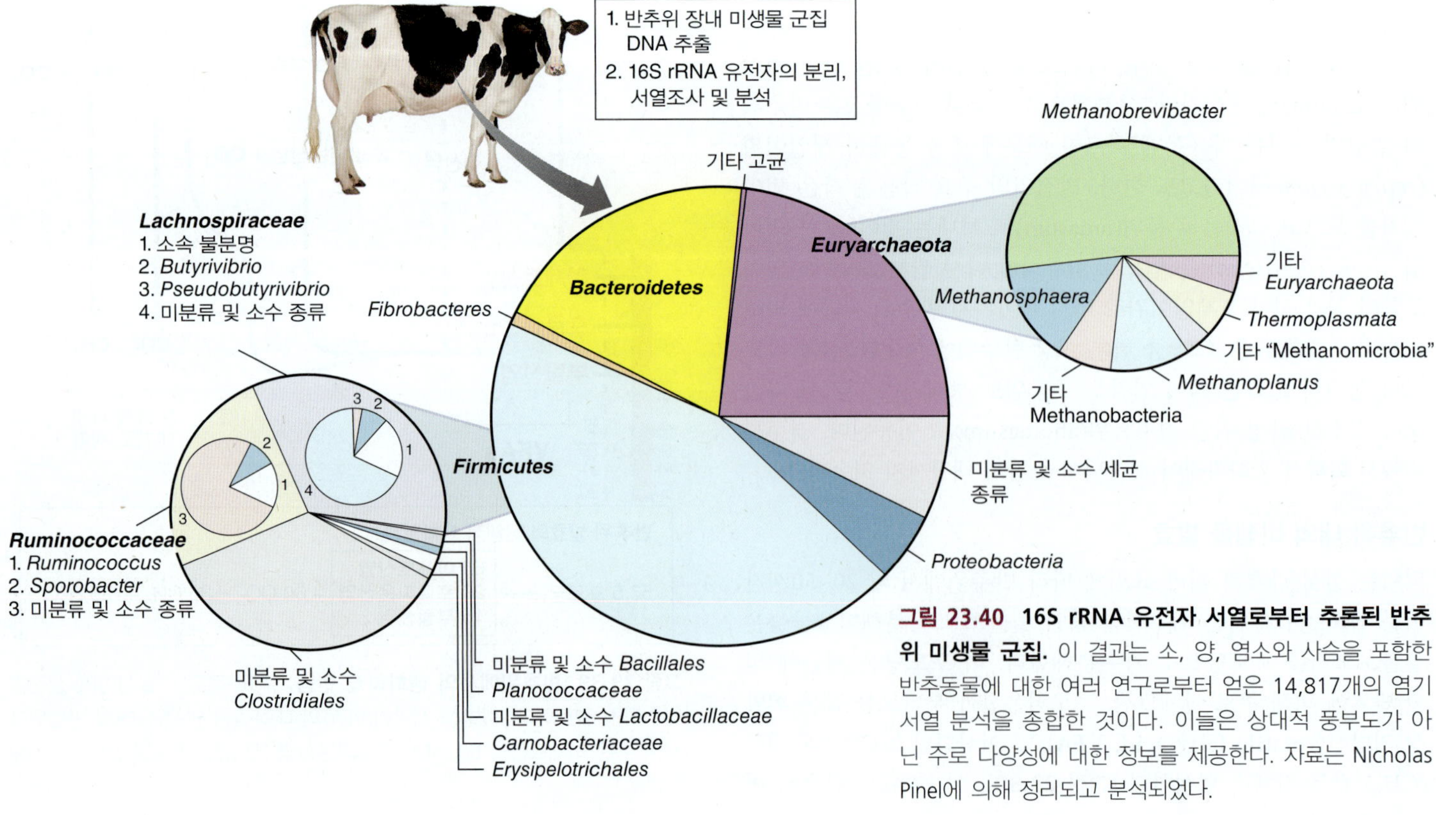

그림 23.40 16S rRNA 유전자 서열로부터 추론된 반추위 미생물 군집. 이 결과는 소, 양, 염소와 사슴을 포함한 반추동물에 대한 여러 연구로부터 얻은 14,817개의 염기서열 분석을 종합한 것이다. 이들은 상대적 풍부도가 아닌 주로 다양성에 대한 정보를 제공한다. 자료는 Nicholas Pinel에 의해 정리되고 분석되었다.

표 23.5 일부 반추위 세균과 고균의 특성

생물[a]	형태	발효산물
섬유소 분해자		
그람-음성		
Fibrobacter succinogenes[b]	간균	숙신산염, 아세트산염, 개미산염
Butyrivibrio fibrisolvens[c]	굽은 간균	아세트산염, 개미산염, 젖산염, 부티르산염, H_2, CO_2
그람-양성		
Ruminococcus albus[c]	구균	아세트산염, 개미산염, H_2, CO_2
"Clostridium lochheadii"	간균 (내생포자)	아세트산염, 개미산염, 부틸산염, H_2, CO_2
전분 분해자		
그람-음성		
Prevotella ruminicola[d]	간균	개미산염, 아세트산염, 숙신산염
Ruminobacter amylophilus	간균	개미산염, 아세트산염, 숙신산염
Selenomonas ruminantium	굽은 간균	아세트산염, 프로피온산염, 젖산염
Succinomonas amylolytica	타원형	아세트산염, 프로피온산염, 숙신산염
그람-양성		
Streptococcus bovis	구균	젖산염
젖산염 분해자		
그람-음성		
Selenomonas ruminantium subsp. *lactilytica*	굽은 간균	아세트산염, 숙신산염
Megasphaera elsdenii	구균	아세트산염, 프로피온산염, 부틸산염, 발레르산염, 카프로산염, H_2, CO_2
숙신산염 분해자		
그람-음성		
Schwartzia succinovorans	간균	프로피온산염, CO_2
펙틴 분해자		
그람-양성		
Lachnospira multipara	굽은 간균	아세트산염, 개미산염, 젖산염, H_2, CO_2
메탄생성세균		
Methanobrevibacter ruminantium	간균	CH_4 (H_2 + CO_2 또는 개미산으로부터)
Methanomicrobium mobile	간균	CH_4 (H_2 + CO_2 또는 개미산으로부터)

[a]고균인 메탄생성균을 제외하고 목록의 모든 생물은 세균 종임.
[b]이 종들은 또한 주요 식물 세포벽 다당류인 xylan을 분해함.
[c]전분도 분해함.
[d]아미노산도 발효하여 NH_3를 생성한다. *Peptostreptococcus anaerobius*와 *Clostridium sticklandii*를 포함한 여러 다른 반추위 세균이 또한 아미노산을 발효함.

반추위 마이크로바이옴의 위험한 변화

반추위의 미생물 조성의 중요한 변화는 동물에 질병이나 심지어 사망을 일으킬 수 있다. 예를 들어, 만일 소의 먹이를 목초로부터 갑자기 곡물로 바꾸면, 반추위에서 그람-양성 세균 *Streptococcus bovis*가 신속하게 자라난다. *S. bovis*의 정상적 수준인 약 10^7 세포/g는 전체 반추위 세균수 측면에서 많지 않다. 그러나 만일 많은 양의 곡물을 갑자기 섭취하면 *S. bovis*의 수는 신속하게 10^{10} 세포/g 이상으로 증가하여 반추위 미생물상을 우점하게 된다. 이것은 풀이 주로 *S. bovis*의 생장에 이용되지 않는 셀룰로오스를 함유하지만 곡물은 *S. bovis*가 빠르게 자랄 수 있는 높은 수준의 전분을 함유하고 있기 때문이다.

*S. bovis*는 젖산 세균이기 때문에 (14.20 및 16.6절) 그 개체군이 크면 그 발효산물인 젖산을 많이 생성한다. 젖산은 정상적인 반추위 작용 중 생성되는 VFAs보다 훨씬 강한 산이다. 따라서 젖산염 생성은 약 pH 5.5의 작동 하한선 아래로 반추위를 산성화시키고, 이는 정상 반추위 세균의 활성을 교란시킨다. 산독증(*acidosis*)이라 하는 반추위 산성화는 반추위 상피조직의 염증을 일으키고 심각한 산독증은 반추위의 출혈, 혈액의 산성화와 동물의 사망을 일으킨다.

*S. bovis*의 활성에도 불구하고 소 같은 반추동물은 곡물만으로 된 사료로 사육될 수 있다. 그러나 산독증을 막기 위해 동물의 먹이를 많은 날에 걸쳐 목초로부터 곡물로 서서히 바꾼다. 전분을 서서히 도입하면 *S. bovis* 대신 VFAs-생성, 전분-분해 세균 (표 23.5)이 선택되어 정상적인 반추위 기능이 지속되며 동물은 건강을 유지한다.

반추위 마이크로바이옴의 보호적 변화

*S. bovis*의 과다생장은 어떻게 단일 미생물 종이 동물 건강에 해로운 영향을 미칠 수 있는지에 대한 한 예이다. 단일 세균종이 어떻게 반추동물의 건강을 증진시킬 수 있는지에 대해 잘 연구된 적어도 하나의 예가 있다; 이 경우 동물은 열대 콩과식물인 야생 타마린드 (*Leucaena leucocephala*)를 섭취한다. 이 식물은 매우 높은 영양가를 갖지만 반추위 미생물에 의해 독성 3-hydroxy-4(1H)-pyridone과 2,3-dihydroxypyridine (DHP)로 전환되는 미모신(*mimosine*)이라는 아미노산-유사 화합물을 갖는다 (**그림 23.41**). 오스트레일리아가 아닌 하와이에서 반추동물이 독성 효과 없이 *Leucaena*를 섭취하는 것의 관찰은 연구자들로 하여금 하와이 반추동물에 존재하는 세균에 의한 DHP의 추가적인 대사가 DHP 독성을 완화시킨다는 가설을 유도하였다. 이는 나중에 *Deferribacter* 종류 (16.21절)와 연관되며 다른 어떤 반추위 세균과도 밀접하게 연관되지 않은 독특한 혐기성 세균인 *Synergistes jonesii*의 분리에 의해 확인되었다. 오스트레일리아 반추동물에 *S. jonesii* 세포의 접종은 미모신 부산물에 대한 저항성을 부여하여 해로운 영향 없이 동물에 *Leucaena*를 먹일 수 있게 하였다.

반추위 미생물 군집의 이 단일-생물 변형의 성공은 가용한 영

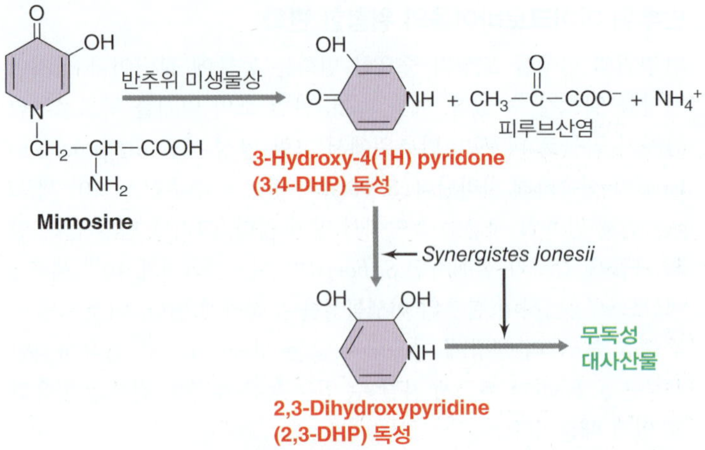

그림 23.41 반추위 미생물에 의한 미모신의 독성 피리딘과 피리돈 대사산물로의 전환. 정상적인 반추위 미생물상에 의해 미모신은 독성 3,4-DHP로 전환된다. *Synergistes jonesi*는 3,4-DHP를 2,3-DHP 중간산물을 거쳐 무독성 대사산물로 전환하여 미모신의 독성 대사산물 축적을 방지한다.

양물질을 이용하거나 독성물질을 무독화시키는 능력을 향상시키기 위한 세균의 유전자 변형을 포함하여 이런 종류에 대한 추가적 연구를 촉진시켰다. 주목할 만한 성공은 효소 fluoroacetate dehalogenase를 암호화하는 유전자를 포함한 *Butyrivibrio fibrisolvens* (표 23.5)의 유전자 변형 세포를 양의 반추위에 접종한 경우인데 이는 독성이 매우 높은 구연산 회로의 저해제를 많이 함유한 이 식물을 먹는 양에서 fluoroacetate 중독을 성공적으로 방지하였다.

반추위 원생생물과 진균

매우 큰 개체군들의 세균과 고균 이외에도, 반추위는 약 10^6 세포/ml의 밀도로 존재하는 섬모를 가진 원생생물 (18장)의 특징적인 개체군을 갖는다. 이 원생생물들 중 많은 것들은 진핵생물에서는 드문 성질인 절대 혐기성생물이다. 비록 원생생물은 반추위 발효에 필수적이지는 않지만, 전체 과정에 기여한다. 실제 일부 원생생물들은 셀룰로오스와 전분을 가수분해할 수 있으며 포도당을 발효시켜 셀룰로오스-발효 세균이 만드는 것과 동일한 VFAs (그림 23.39 및 표 23.5)를 생성한다. 반추위 원생생물은 또한 반추위 세균과 더 작은 반추위 원생생물을 먹이로 섭취하여 반추위에서 세균 밀도를 조절하는 역할을 하는 것으로 여겨진다. 산물로 VFAs와 H_2를 생성하는 반추위 원생생물과 H_2를 소모하여 CH_4를 생성하는 메탄생성균 사이에 흥미로운 편리공생(commensalism) 관계가 관찰되었다. 메탄생성균은 형광을 내므로 (14.17절) 반추위 액체에서 H_2-생성 원생생물의 표면에 결합되어 쉽게 관찰된다.

혐기성 진균 또한 반추위에 서식하며 소화과정에 참여한다. 반추위 진균은 전형적으로 편모형과 엽상체형(thallus form) 사이를 교대하는 종이며, 순수배양으로 수행된 연구에서 그들이 셀룰로오스를 VFAs로 발효할 수 있는 것이 밝혀졌다. 예를 들어, *Neocalimastix*는 절대 혐기성 진균으로 포도당을 발효하여 개미산염, 아세트산염, 젖산염, 에탄올, CO_2와 H_2를 형성한다. 이 진균은 비록 진핵생물이지만 미토콘드리아와 시토크롬이 없어서 절대 발효생물로 살아간다. 그러나 *Neocalimastix* 세포는 하이드로게노솜(*hydrogenosome*)이라는 산화환원 소기관을 갖고 있다; 이 미토콘드리아 유사체는 H_2를 생성하며 아직까지는 특정 혐기성 원생생물에서만 발견되고 있다 (2.15절).

반추위 진균은 셀룰로오스 이외에 리그닌 (목본식물의 세포벽 안의 강화제), 헤미셀룰로스 (오탄당과 기타 당을 포함한 셀룰로오스의 유도체)와 펙틴의 부분적 용해를 포함한 다당류의 분해에 중요한 역할을 한다.

이제 우리는 24장에서 인간에 존재하는 미생물들을 중심으로 이것들에 대하여 자세하게 알아보고자 한다.

미니퀴즈

- 반추위에서 어떤 물리적, 화학적 조건이 우세한가?
- VFA는 무엇이며 반추동물에 어떤 가치가 있는가?
- *Streptococcus bovis*의 대사는 반추동물 영양에 왜 특별한가?

단원 정리

I • 미생물 사이의 공생

23.1 지의류는 하나 또는 두 종 이상의 진균과 산소발생형 광영양체인 조류 또는 남세균 사이의 공생관계이다.

Q 지의류 공생에서 광영양체가 어떻게 진균과의 l관계로부터 이득을 얻는가?

23.2 컨소시엄 "*Chlorochromatium aggregatum*"은 광영양성 녹색황세균과 운동성 종속영양체 사이의 상리공생이다. 상호간의 이득은 종속영양체에 유기물을 공급하는 광영양체에게 그 대신 종속영양체가 최적 태양광과 영양분을 얻기 위해 성층화된 호수에서 신속한 위치 선정을 허용하는 운동성을 부여한다.

Q 그 대사적 특성을 고려할 때 "*Chlorochromatium aggregatum*" 컨소시엄에서 광영양체는 신속한 위치변경으로부터 어떤 이득을 얻는가?

II • 미생물 서식지로서의 식물

23.3 농업적으로 가장 중요한 식물-미생물 공생의 하나는 콩과식물과 질소고정세균의 관계이다. 세균은 그 안에서 질소고정 작용이 일어나는 뿌리혹의 형성을 유도한다. 식물은 뿌리혹세균이 요구하는 에너지원을 제공하며, 세균은 식물에 고정된 질소를 공급

한다.

Q 콩과식물에서 뿌리혹의 발달 단계를 기술하라. 식물과 세균 간의 인식의 특성은 무엇이며, 이의 제어에 Nod 인자가 어떻게 도움이 되는가? 이것이 *Agrobacterium*–식물 체제에서의 인식 (23.5절)과 어떻게 비교되는가?

23.4 균근은 식물 뿌리와 진균 사이의 상리공생 관계로 진균 균사체의 광범위한 그물망과의 밀접한 상호작용을 통해 식물이 그 뿌리체제를 확장하게 한다. 외생균근과 내생균근이 모두 알려져 있다. 균사체 망은 식물에 인 같은 필수 영양물질을 공급하고 식물은 대신 진균에 유기화합물을 공급한다.

Q 균근은 어떻게 나무의 생장을 증진시키는가? 뿌리혹과 균근 공생은 어떤 방식으로 유사한가? 그들은 어떤 방식으로 다른가?

23.5 근두암종 세균 *Agrobacterium*은 식물과 독특한 관계를 갖는다. 세균의 Ti 플라스미드의 일부는 식물 유전체 내로 전달될 수 있으며 근두암종병을 개시한다. Ti 플라스미드는 또한 농작물의 유전공학에도 활용될 수 있다.

Q *Agrobacterium tumefaciens*에 의한 식물 종양과 *Rhizobium* 종에 의한 뿌리혹의 생성을 비교하고 대비하라. 어떤 면에서 이 구조들이 유사한가? 어떤 면에서 이들이 다른가? 두 구조의 발달에 플라스미드가 어떻게 중요한가?

III • 미생물 서식지로서의 곤충

23.6 곤충의 상당수가 곤충이 섭취하는 먹이에 없는 아미노산 같은 영양분의 세균 생합성 같은 상리공생의 기초가 되는 세균과 절대 상리공생을 수립한다. 오랫동안 확립된 절대 상리공생은 공생자의 극단적인 유전체 감소에 의해 분명해지는데 상리공생을 위해 필수적인 유전자만을 갖게 된다.

Q 진딧물이 식물 내 체관의 탄수화물이 풍부하지만 영양분이 부족한 수액만을 먹는 것이 어떻게 가능한가? 유전되는 공생자에서 관찰되는 상당한 유전체 축소와 달리 수평적으로 전달되는 공생자가 왜 적은 유전체 축소를 보이는가?

23.7 흰개미는 식물 세포벽을 소화할 수 있는 세균 및 원생생물과 공생적으로 관계한다. 독특한 흰개미 장 구조와 주로 셀룰로오스 분해세균과 원생생물 및 아세트산형성 세균으로 구성된 후장 미생물 군집은 흰개미의 주된 탄소와 에너지원인 아세트산염을 많이 생산한다.

Q 고등과 하등 흰개미의 장내 미생물 군집이 그 조성과 셀룰로오스 분해에서 어떻게 다른가?

IV • 미생물 서식지로서의 다른 무척추동물

23.8 하와이 짧은꼬리 오징어의 아래쪽에 있는 발광기관은 세균 *Aliivibrio fischeri*의 생물발광 세포를 위한 서식지를 제공한다. 발광기관 내 상리공생에 의해 이 오징어는 포식자로부터 보호받으며 세균은 그 서식지에서 빨리 자라며 독립-생활 개체군에 세포를 제공한다.

Q 오징어–*Aliivibrio* 공생에서 어떻게 정확한 세균 공생자가 선택되는가?

23.9 열수가 나오는 지역 근처의 해저에 사는 대부분의 무척추동물은 화학무기영양성 세균과 절대 상리공생을 수립한다. 이 상리공생은 영양에 관여하는데, 분출 액체에 풍부한 H_2S 같은 환원된 무기물이 많은 환경에서 무척추동물이 잘 살 수 있게 한다. 유기영양분을 받고 무척추동물은 공생자에게 이상적인 영양적 환경을 제공한다.

Q 관벌레 공생자의 유전체가 곤충 공생자의 유전체보다 왜 훨씬 더 크다고 생각되는가?

23.10 곤충병원성 선충은 *Photorhabdus*와 *Xenorhabdus* 세균의 종들과 공생관계를 수립한다. 곤충에 선충 침입 후 세균 공생자가 곤충의 혈액림프로 방출되고 곤충의 면역체제 방해를 통해 신속하게 증식하며, 독소와 소화효소 방출로 곤충을 죽인다. 영양분이 고갈되면 선충은 섭식하지 않는 유충 형태로 전환하고 특별한 용기 안에 공생자를 위치시키면 이것이 다른 곤충을 감염하게 된다.

Q 해로운 곤충 종의 생물제어에 왜 곤충병원성 선충이 매력적인가?

23.11 와편모류 *Symbiodinium*과 석산호 사이의 상리공생은 해양 생명의 막대한 다양성을 유지하는 전 세계적으로 광범위한 산호초 생태계를 형성하였다. 기후 변화에 의해 생기는 산호 탈색은 이 생태계를 위협하고 있다.

Q 자포동물-와편모류 상리공생에서 두 동반자 모두가 어떻게 영양분 교환을 위해 적응을 발달시켰는가?

V • 미생물 서식지로서의 포유동물 장 체제

23.12 미생물 발효는 모든 포유류에서 소화를 위해 중요하다. 여러 미생물 상리공생이 다른 포유류에서 발달하여 다른 종류의 먹이를 소화할 수 있게 한다. 초식동물은 그들의 거의 모든 탄소와 에너지원을 식물 섬유로부터 얻는다.

Q 반추위 체제의 주요 이득과 단점은 무엇인가? 맹장을 가진 동물은 반추동물과 어떻게 비교되는가?

23.13 반추동물의 소화기관인 반추위는 미생물에 의해 수행되는 셀룰로오스 소화에 특화되어 있다. 반추위의 세균, 원생생물과 진균은 반추동물에게 에너지를 공급하는 휘발성 지방산을 생성한다. 반추위 미생물들은 비타민과 아미노산을 합성하며 또한 반추동물에 의해 모두 이용되는 단백질의 주된 공급원이 된다.

Q 초식동물의 영양에 기여하는 단일 미생물 종의 예를 들라. 초식동물 병리학에 기여할 수 있 단일 미생물 종의 예는 무엇인가?

응용 문제

1. 먹이로 풀만을 먹는 새로운 동물이 발견되었다고 가정하라. 그것이 반추동물일 것으로 추정되고 해부학적 조사를 위한 시료가 있다. 만일 이 동물이 반추동물이면 발견될 것으로 추정되는 소화기관의 위치와 기본적 구성요소 및 찾아볼 핵심 미생물과 물질에 대하여 설명하라. 어떤 대사적 종류의 미생물이나 특정 유전자가 존재할 것으로 예측되는가?
2. 정확하게 동일한 공생자가 지의류와 소의 반추위에 서식한다는 사실이 왜 그렇게 놀라운 일인가? 공생이 성공적이기 위해 서식지의 물리적 및 화학적 조건과 존재하는 특정 미생물을 위한 요구 모두를 고려하라.

용어 해설

Arbuscule (수지상체) 균근 감염된 식물의 내부 피층 세포 내에서 가지 치거나 감겨 있는 균사 구조

Bacteriocyte (균세포) 내부에 세균 공생자가 사는 특화된 곤충 세포

Bacteriome (박테리옴) 세균 공생자로 채워져 있는 곤충 균세포를 함유한 여러 곤충 종류에 있는 특화된 부위

Bacteroid (박테로이드) 콩과식물 뿌리혹 안에 있는 부푼 기형의 rhizobia 세포로 N_2를 고정할 수 있음

Coevolution (공진화) 밀접하게 연관된 한 쌍의 종이 서로에게 미치는 영향 때문에 같이 진행시키는 진화

Consortium (컨소시엄) 세균, 예를 들어 광영양성 녹색 황세균과 운동성 비광영양성 세균 사이의 상리공생

Infection thread (감염사) 뿌리혹 형성 시 셀룰로오스로 이루어진 관으로 *Rhizobium* 세포가 그 내부를 통해 이동하여 뿌리세포를 감염함

Leghemoglobin (레그헤모글로빈) 뿌리혹에 존재하는 O_2-결합 단백질

Lichen (지의류) 진균과 조류 (또는 남세균)의 공생체

Mutualism (상리공생) 두 동반자가 모두 이득을 얻는 공생

Myc factor (Myc 인자) 식물과의 공생 개시를 위해 균근균에 의해 생성되는 lipochitin oligosaccharides

Mycorrhizae (균근) 진균과 식물 뿌리 간의 공생 관계

Nod factors (Nod 인자) 뿌리혹세균에 의해 생성되는 올리고당으로 식물-세균 공생의 개시를 도움

Root nodule (뿌리혹) 식물 뿌리 상의 종양 같은 생장으로 공생적 질소고정세균을 함유함

Rumen (반추위) 반추동물의 여러 위 중 대부분의 셀룰로오스 분해가 일어나는 주된 발효 장소

Symbiosis (공생) 두 생물 사이의 밀접한 관계로 장기간의 관계와 공진화를 통해 흔히 발달됨

Ti plasmid (Ti 플라스미드) 유전자를 식물로 전달할 수 있는 *Agrobacterium tumefaciens* 세균 내에 있는 접합성 플라스미드

Volatile fatty acids (VFAs) (휘발성 지방산) 반추위 발효 중에 생성되는 주요 지방산들 (아세트산염, 프로피온산염과 부틸산염)

24

사람과 미생물의 공생

현재의 미생물학

얼어붙은 시간 속에서: 냉동인간의 마이크로바이옴

사람과 인체 마이크로바이옴(*human microbiome*)이라 불리는 사람의 몸에 있는 미생물들은 수천 년 동안 공동진화를 해왔다. 이 장에서 볼 수 있듯이, 인체미생물은 사람의 건강, 질병 및 질병소인에 영향을 미친다. 우리에게 친숙한 미생물들 중 병원성 세균인 *Helicobacter pylori*는 먼 옛날부터 사람과 밀접한 관계를 맺어 왔으며 사람들과 함께 공동진화를 해왔다. *H. pylori*는 인류 절반의 위에 집락을 형성하고 있다. 이 세균은 일반적으로 명확한 질병을 일으키지는 않지만 위궤양 및 위암을 일으킬 수 있는 주요 위험요소이다. 게다가 *H. pylori*는 주로 가족 내에서 접촉으로 주로 전염이 되기 때문에, 이 세균의 유전적 변이의 분포를 통하여 과거 사람들이 어떻게 이주를 하였는지에 대한 단서가 될 수도 있다.

H. pylori 계통에 관한 구체적인 내용을 알기 위해서는 이 세균의 여러 다른 균주들에 대한 유전정보를 조합해야 하기 때문에 복잡하다. 오랜 시간에 걸쳐서 다양한 균주의 DNA가 섞였기 때문에 현재의 *H. pylori* 균주의 유전자서열로부터 인류의 이주경로를 재구성하기에는 부족하다. 현대 유럽인들에게 가장 흔한 균주의 기원이 아시아와 아프리카에 존재하는 균주들의 혼합체로 보인다는 점은 현재 해결되지 않은 가장 큰 의문 중 하나이다. 불행히도, 유전자염기서열 정보는 10,000~50,000년 전에 일어난 것으로 추정되는 중요한 인류 이동기간에 인류 집단의 섞임이 발생한 시기와 일치되지 않는다.

이탈리아 알프스산맥에서 주목할 만한 잘 보존된 5,300년 된 유럽 청동기시대의 냉동미라를 발견한 이후 이러한 추정은 상당히 정교해졌다. 얼음이 녹으면서 산속에 묻혀 있던 몸체의 일부가 드러나면서 시체를 발견하였고, 최신 DNA 염기서열 분석기술을 적용하여, 이 냉동인간 (사진 참조)의 위에 보존된 *H. pylori*의 유전체를 복원하였다. 통칭 "냉동인간(iceman)"의 *H. pylori* 염기서열은 아시아 사람에서 발견되는 대표적인 것으로 밝혀졌는데, 이는 이 *H. pylori* 균주는 아시아와 아프리카의 균주가 혼합되어 만들어진 현대 유럽의 균주가 되기 이전부터 유럽에 존재했음을 의미한다. 따라서 역사적 생물지리학을 적용해보면 인류이동의 중요한 시기가 우리가 이전에 생각했던 것보다 훨씬 더 최근임을 알 수 있다.

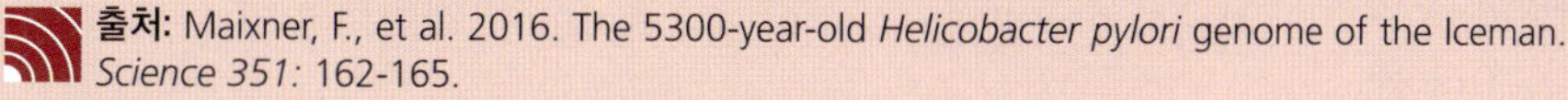

출처: Maixner, F., et al. 2016. The 5300-year-old *Helicobacter pylori* genome of the Iceman. *Science 351:* 162-165.

우리는 하나로 이루어진 것인가, 아니면 많은 것으로 이루어진 것인가? 이 다소 철학적인 질문은 우리 몸에 집락을 이루고 있는 미생물의 기능적 중요성에 관하여 물어보고 있다. 종합적으로, 이 엄청난 미생물집합체를 **인체 마이크로바이옴(human microbiome)**이라 부른다. **마이크로바이옴(microbiome)**은 특정 환경 시스템에서 다른 미생물들의 기능적 집합으로 정의할 수 있다. 대조적으로, **미생물총(microbiota)**이라는 용어는 일반적으로 어떤 환경 서식지에 있는 생물체의 유형을 지칭할 때 사용된다. 인체 마이크로바이옴은 신체의 다른 서식지에 집락을 형성하는 다양한 미생물총으로 구성된다. 예를 들어, 피부에 집락을 형성하는 미생물총은 장에 집락을 형성하는 것과는 다르나, 이들은 모두 인체 마이크로바이옴의 일부이다.

이 장에서는 미생물과 인간의 상호작용과 면역체계에 초점을 맞춘 새로운 단원을 시작한다. 인체의 표면 또는 내부에 있는 아주 많은 미생물들은 개인의 건강에 어떤 방식으로든 기여한다; 상대적으로 일부 아주 적은 수는 유해하다. 이 장에서 우리는 다양한 신체 기관의 **정상 미생물총(normal microbiota)**의 구성에 중점을 두고 이 중요한 미생물이 건강을 유지하고 때때로 질병을 유발하는 방법에 대한 인식이 커지면서 인체 마이크로바이옴을 탐구한다.

I • 건강한 성인 인체 마이크로바이옴의 구조와 기능

우리는 인체 마이크로바이옴에 대한 개관부터 시작하여 신체의 특정 부위에 존재하는 미생물총을 살펴본다.

24.1 인체 마이크로바이옴의 개관

미생물이 살고 있는 인체 부위는 입, 비강, 인후, 위, 내장, 비뇨 생식기, 피부를 포함한다 (**그림 24.1**). 인체 마이크로바이옴의 미생물 수는 10^{13}~10^{14}개의 세포로 추정되며, 이는 대략 한 사람의 총 인체 세포수의 10배에 해당한다. 총괄하여, **숙주(host)**로써의 인체와 인체에 있는 미생물들은 숙주-미생물 초개체(*host-microbiome superorganism*)를 구성하는 것으로 점차 인식되고 있다. 예를 들어, 건강한 사람의 장내 미생물 군립은 단지 공생체의 미생물로 간주되었지만 지금은 이 군집이 면역계의 발달, 삶의 전반적인 건강 및 질병의 소인에 중요하다는 것을 알고 있다.

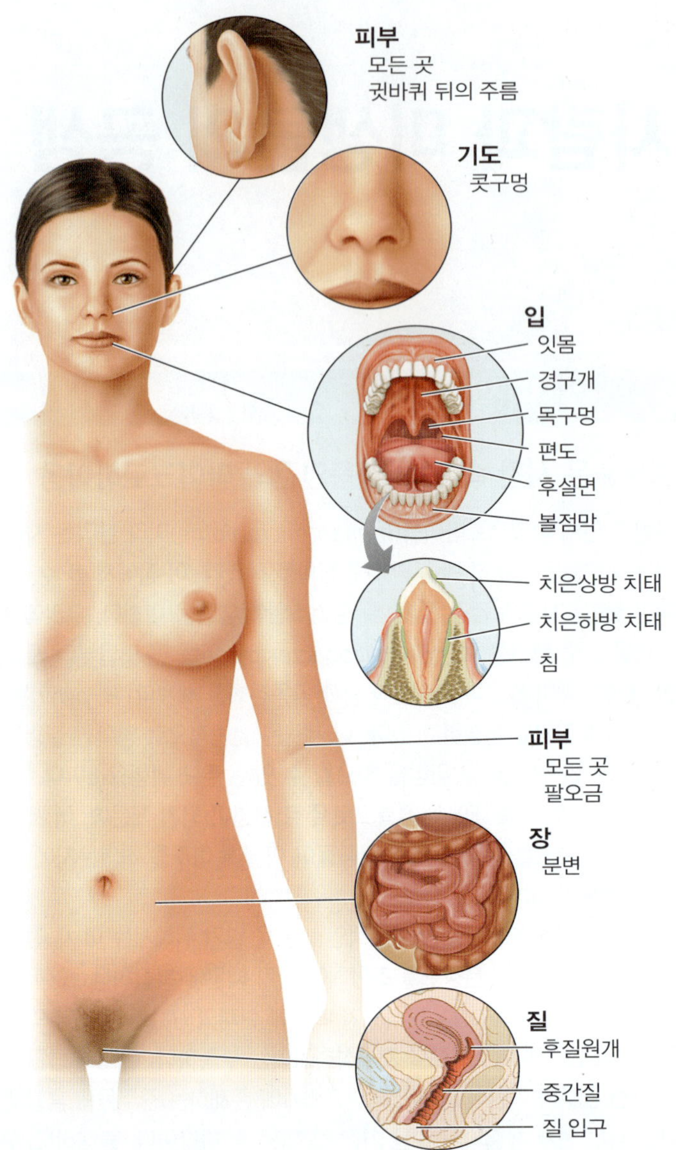

그림 24.1 인체의 미생물 서식지. 인체 마이크로바이옴에 관한 현재 진행 중인 연구들에서 분석되고 있는 1차 신체부위 (표 24.1 참조).

인체 마이크로바이옴을 알고 있음으로써 얻는 미래의 이점

인체 마이크로바이옴을 아는 것의 임상적 이점은 특정 질병에 대한 소인을 예측하기 위한 바이오마커의 개발, 특정 신체부위의 특정 미생물 종을 대상으로 한 치료법의 디자인, 개인 맞춤형 약물요법 및 맞춤형 프로바이오틱 등이 포함되며 이들의 장래는 유망한 것으로 보인다 (24.11절). 그러나 주의사항도 소개해야만 한다. 우리 몸과 우리 몸에 있는 미생물 사이의 많은 상호작용들을 풀어내고 있는 초기 단계에 있다는 것을 강조해야 한다. 인체 마이크로바이옴의 성질과 활동을 분류하는 것은 매우 복잡한 문제인데, 이는 사람이 미생물총에 의해 영향을 받을 뿐만 아니라 미생물총도 그 사람의 활동, 건강 및 식단에 영향을 받기 때문이다. 따라서 인과관계는 흔히 아주 명백하지 않으므로 때로는 분류하기가 어려울 수 있다.

현재까지의 마이크로바이옴의 연구는 인체에 있는 미생물체들의 다양성이 엄청났음을 보여 주었으며 신체부위의 미생물 조성과 건강상태 간에 여러 가지 연관성이 있다는 것을 시사해오고 있다. 그러나 이 시점에서 건강 또는 질병 상태와의 미생물 연관성은 일반적인 유일한 상관관계이며, 마이크로바이옴과 숙주의 건강상태 사이의 인과관계는 소수의 경우에서만 잘 확립되어 있다.

실험 절차와 인체 표적 부위

대다수의 미생물은 아직 생육에 근거한 접근법을 사용하여 쉽게 배양되거나 정량을 할 수 없기 때문에 사람에 있는 미생물 다양성과 정량적 패턴에 대한 광범위한 조사를 시작하는 방법으로 처음 제안된 것인 첨단 핵산 염기서열 분석방법 (9장 및 19장)이 개발되었다. 또한 대량 염기서열 결정시대는 미생물학자들이 서로 다른 사람의 마이크로바이옴을 비교하고 마이크로바이옴과 숙주의 이력, 유전학, 건강상태 및 식이 간의 역동적 관계를 풀기 시작하였다.

마이크로바이옴 연구에서 분자들의 서열결정에 초점을 두었다고 하여 인체 마이크로바이옴 연구에서 배양의 중요성을 감소시키지 않는다. 수백 종류의 미생물들이 인체로부터 분리되었다. 분리균주들의 생리학적 및 분자적 특성들은 인체의 건강과 질병에서의 기능적 중요성에 대한 근본적인 이해를 제공할 것이다. 현재 서열기반의 조사에 따르면 많은 인체에 있는 미생물들은 분리되지 않고 있음을 보여주고 있고, 또한 이러한 미생물들을 배양하기 위하여 혼신의 노력을 해오고 있다. 또한 분리를 위한 적절한 배양조건의 개발은 메타유전체 염기서열결정 (9.8절 및 19.8절)에 방향성이 결정되는데, 이는 비배양미생물들의 영양요구성에 대한 이해를 제공하기 때문이다. 따라서 분자수준의 분석과 배양기반의 분석을 종합하면 이 장 전체에 걸쳐 강조되고 있는 인체 마이크로바이옴의 기능적 중요성을 완전히 이해하는 데 중요할 것이다.

인체 마이크로바이옴의 미생물 다양성은 여러 국가 및 국제적 마이크로바이옴 연구의 주요 수단으로써 16S rRNA 유전자 염기서열 (13.7절 및 19.6절)을 사용한 조사가 대부분이었고, 메타유전체 분석 (9.8절 및 19.8절)을 선택하였다 (**표 24.1**). 초기 연구는 수백 명의 건강한 자원자들의 다양한 신체부위 (그림 24.1)에서 총 1,518개의 표본을 수집하고 미생물 종 구성을 분석하는 형태로 미생물 다양성을 조사하였다. 이러한 배양에 의존하지 않는 미생물 다양성 평가는 전형적으로 이 책의 앞부분에 주어진 미생물 종의 정의를 사용한다 (97% 이상의 16S rRNA 유전자 서열 동일성은 단일 종 클러스터로 정의한다, 13.8절). 그러나 일부 연구에서는 다른 종의 정의를 사용했기 때문에 다른 방법론 (예, 다른 DNA 분리 방법)이 사용되었다는 사실과 함께 다양한 분석들이 모두 직접 비교 가능한 것은 아니며 이러한 복잡한 미생물시스템의 유사특성으로만 간주되어야 한다. 그럼에도 불구하고 총괄적으로, 이러한 연구들은 한편으로는 개인 간의 미생물 다양성이 너무 커서 모든 사람에서 특이하게 수가 많은 미생물 종이 존재하지 않는다는 것을 보여주고 있지만, 다른 한편으로는 특정 미생물 그룹이 일반적으로 우점을 이룬다. 개개인 간의 미생물 다양성의 유사성은 더 높은 단계의 세균 분류학적 수준 (예: 문)과 특정 유전자가 특정 신체부위와 관련되어 있을 때 더욱 분명해진다.

더 높은 분류학적 수준에 의해 정의된 4가지 주요 인체부위 (피부, 구강, 비뇨 생식기 및 위장)의 일반적인 미생물 조성을 **그림 24.2**에 나타내었다. 이어지는 절(sections)에서는 인체에 서식하는 미생물들의 거대한 다양성을 보다 완전하게 설명하기 위하여 각 인체부위의 미생물을 더 높은 분류학적인 해상도로 살펴볼 것이다. 이후의 절에서는 마이크로바이옴의 기능적 중요성과 그것이 건강상의 이익을 위해 어떻게 합리적으로 변화될 수 있는지에 대해 다룬다. 질병, 인종 및 식이와의 관계를 포함한 이러한 진행 중인 연구들은 국제인간 게놈 컨소시엄(International Human Genome Consortium)에서 조율된다. 이러한 통합연구 프로젝트에 의해 제시되는 몇 가지 주요 질문은 다음과 같다: (1) 각 개인은 핵심 인체 마이크로바이옴을 공유하는가? (2) 신체부위에 집락을 형성하는 미생물총의 조성과 숙주 유전형 간에는 상관관계가 있는가? (3) 인체 마이크로바이옴의 차이는 사람의 건강 차이와 관련이 있는가? (4) 특정 세균군의 상대적 우점성의 차이가 건강이나 질병에 중요한가?

미생물들이 가장 많이 집락을 형성하고 있는 신체부위인 사람의 장에 초점을 맞추어 시작한다.

표 24.1 주요 인간의 마이크로바이옴 연구 프로그램

연구 프로그램	참가국	프로그램의 목표
MetaGenoPolis	프랑스	메타유전체 기술을 사용하여 건강과 질병에 인체 장내 미생물총의 영향을 입증
International Human Microbiome Standards	유럽연합	시험법과 절차의 표준화를 통해 인체의 건강에 미치는 장내 마이크로바이옴의 영향을 평가하는 방법의 최적화
Korean Twin Cohort Project	한국	조기 질병진단 및 예방을 위한 표적을 찾는 것을 목표로 쌍둥이 코호트 연구그룹에서 상피조직에 있는 미생물총의 특성 조사
NIH Human Microbiome Project (HMP)	미국	인체에 있는 미생물의 특성을 연구하고, 인체 마이크로바이옴의 변화와 건강과의 상관성을 입증하기 위한 능력의 평가
Canadian Human Microbiome Initiative	캐나다	인체에 집락을 형성하고 있는 미생물의 특성 연구. 그것이 건강과의 관련성을 평가하고 만성질병과 연관성이 있는 조성의 변화를 조사
NIH Jumpstart Program	미국	인체에서 분리한 200여 종의 세균 균주 유전체의 완전한 서열제공; 5군데의 신체부위에서 샘플 확보를 위한 자원자 모집 및 인체 부위 샘플의 16S rRNA 및 메타유전체 서열분석을 수행
Integrative Human Microniome Project	미국	16S rRNA 서열분석을 위한 분변샘플을 확보하기 위한 크라우드소싱 모델

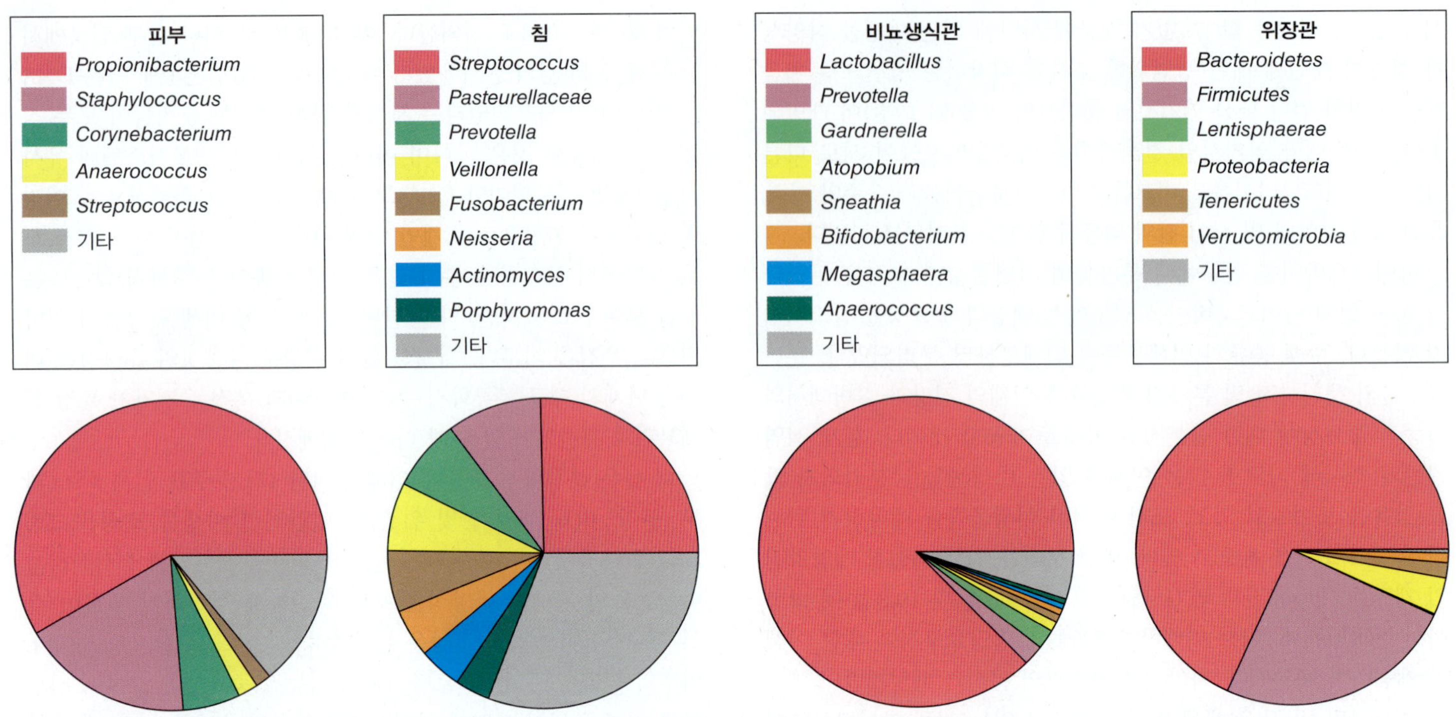

그림 24.2 인체 마이크로바이옴에 사용된 신체부위 샘플의 주요 마이크로바이옴의 개요. 신체부위 간의 다양성은 16S rRNA 유전자 서열분석에 의해 평가되었다 (13.7절). 각 신체부위는 하나의 집단 유형에 의해 우점되는 경향에 주의하라; *Propionibacterium* 종에 의한 피부; *Streptococcus* 종에 의한 구강; *Lactobacillus* 종에 의한 비뇨생식기; 및 *Bacteroides* 종에 의한 위장관.

미니퀴즈

- 미생물들이 많이 집락을 형성하고 있는 주요 신체부위는?
- 인체 마이크로바이옴을 평가하기 위해 어떤 방법이 사용되어오고 있는가?
- 왜 우리의 마이크로바이옴을 알아야 하고 이들의 기능이 유용할까?

24.2 위장관 미생물총

앞의 장에서 초식동물, 육식동물, 잡식동물 (23.12절)에서 장 구조가 어떻게 다른지 살펴보았다. 여기에서 우리는 위장관 전체의 미생물들과 그들의 기능 및 특이한 특성을 살펴본다. 초식동물의 장에는 위 이외에도 다량으로 섭취된 식물의 미생물 발효를 촉진하는 데 필요한 다른 구획이 존재한다. 대조적으로, 잡식성의 사람과 같은 단위(*monogastric*) 포유류는 위만 장 앞에 위치하고 있다. 사람의 위장관은 위, 소장 및 대장으로 구성되며 (**그림 24.3**), 음식물의 소화 및 영양소 흡수가 일어나는 장소이다; 토착미생물총에 의해 많은 중요한 영양소가 만들어진다.

위를 시작으로, 사람의 소화관은 주로 세균(*Bacteria*) 종인 미생물들과 영양분이 혼합된 하나의 접혀진 긴 관이다. 숙주와 위장관 미생물들은 쉽게 소화될 수 있는 영양분을 공유한다. 영양소는 이 관을 통해 이동하여 끊임없이 변화하는 마이크로바이옴과 아주 많은 장의 미생물들과 마주하게 된다 (그림 24.3). 위장관은 약 400 m^2의 표면적을 가지고 있으며 총 약 10^{13} 미생물 세포의 서식처이다. 사람의 십이지장에서는 위를 통과하여 온 음식물에 담즙, 중탄산염 및 소화 효소가 섞이게 된다. 섭취 후 약 1~4시간이 경과하면 음식물이 장 (거의 중성 pH인 대장)에 도달하고 총 세균의 수가 약 10^4/g (소장에서)과 10^{11}~10^{12} (대장에서)로 증가한다 (그림 24.3).

위와 소장

위(stomach)는 1983년에 세계 인구 약 50%의 위에 집락을 형성하는 *Helicobacter pylori*가 발견되기까지는 오랫동안 무균이거나 아주 최소한의 미생물이 살고 있다고 생각했었다. 이 발견은 배양과 16S rRNA 서열 분석을 통한 사람 위장 미생물학의 면밀한 관찰을 촉진시켰다. 위는 위 내강 (pH 1~2)과 벽의 점액층 (pH 6~7) 사이에 분포되어 있는 수백의 계통형인 마이크로바이옴의 활발한 서식처로 인식되고 있다. 낮은 pH는 세균의 과증식(overgrowth)을 예방하지만, 건강한 사람의 위는 섭취된 구강 미생물들의 일시적인 증식과는 다른 핵심 마이크로바이옴을 유지하고 있으며, *Bacteroidetes (Prevotella)*, *Firmicutes (Streptococcus, Veillonella, Lactobacillus)*, *Actinobacteria (Rothia, Propionibacterium)*, *Fusobacteria* 및 *Proteobacteria (Haemophilus, Methylobacterium)* 등이 우점을 이루고 있다.

Firmicutes, *Bacteroidetes* 및 *Actinobacteria*는 위액 샘플에서 우점인 반면, *Firmicutes* 및 *Proteobacteria*는 위 점막 샘플에서 더 많이 있다. *H. pylori*가 있을 경우, 이것이 미생물의 대부분을 차지한다. 이 병원성 프로테오박테리아는 전형적으로 가족 구성원 간에

단원 6

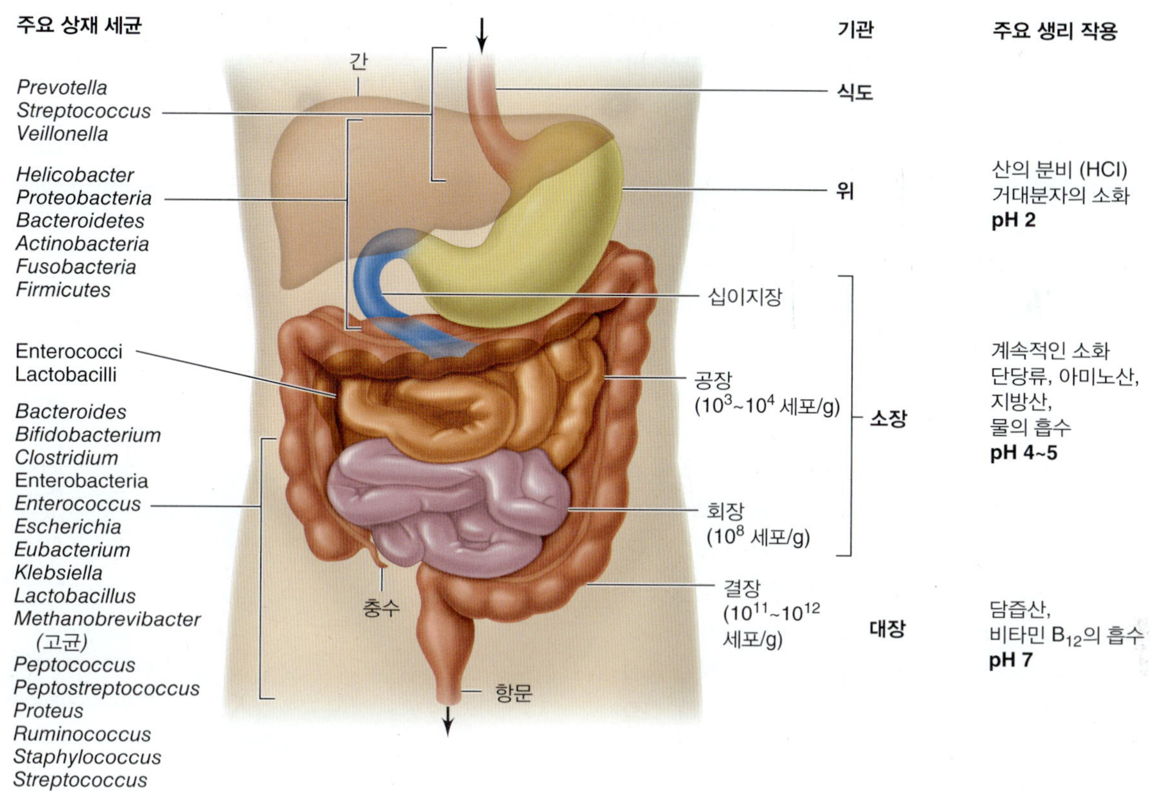

그림 24.3 사람의 위장관과 미생물총의 주요 구성원. 여기에 있는 분류군은 건강한 성인에서 발견되는 대표적인 미생물들이다. 모든 사람들이 이들 미생물 모두를 가지고 있는 것은 아니다.

구강으로 전파되며 위 점막에서 수십 년 동안 지속될 수 있다 (729쪽 참조). *H. pylori* 감염자의 약 20%는 일생 동안 상부 위장관 증상을 앓게 된다 (30.10절). 그러나 감염이 무증상일지라도 만성 염증은 궤양 및 악성 위종양의 발병 위험요소로 간주된다. 이와 같이, *H. pylori*는 1994년 세계보건기구(WHO)에서 "확실한 발암원(definite carcinogen)" (그룹 1)으로 인식되었다.

위로부터 먼 곳의 장관은 소장과 대장으로 구성되어 있으며, 이들 각각은 서로 다른 해부학적 부위로 나누어지고 이들 각 부위는 특정 미생물총을 지원한다 (그림 24.3). 소장은 십이지장(*duodenum*)과 회장(*ileum*) 그리고 이들을 연결하는 공장(*jejunum*)이라는 세 개의 구별된 환경을 가진다. 위에 인접한 십이지장은 상당히 산성이며 이곳의 정상 미생물총은 위의 것과 비슷하다. 십이지장에서 회장에 이르기까지 pH는 점차적으로 산성이 약해지고 세균의 수는 증가한다. 회장의 아래에서는 환경이 점차적으로 더 무산소가 되더라도, 장 내용물의 g당 10^5~10^7개의 세포수를 가지는 것이 일반적이다. 일반적으로 방추형 (회전 추 모양) 혐기성 세균이 존재하며 그들의 한쪽 끝을 장관에 부착하고 있다 (**그림 24.4**). 다음 절에서 논의되는 결장의 미생물총은 소화가 어려운 탄수화물복합체의 효율적인 분해에 의해 주로 좌우되는 반면에, 소장에 존재하는 미생물총은 작은 탄수화물의 전환과 발 빠른 흡수를 위해 숙주와 경쟁해야 하며, 전체 영양소 이용가능성이 빠르게 변하는 상황에 적응한 종으로 구성되어야 한다.

대장

회장은 대장의 시작으로 여겨지는 주머니인 맹장(*cecum*)으로 이어진다. 결장(*colon*)은 대장의 나머지를 구성한다. 결장에서는 엄청나게 많은 수의 세균이 존재하고 많은 수의 고균 (주로 메탄생성균)도 존재할 수 있다. 결장은 본질적으로 음식의 소화에서 유래한 영

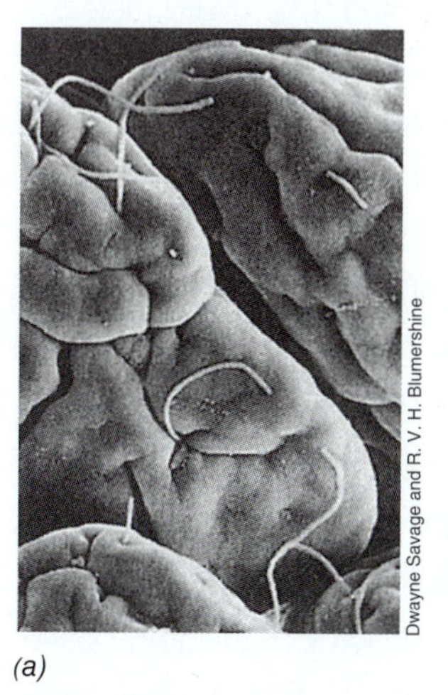

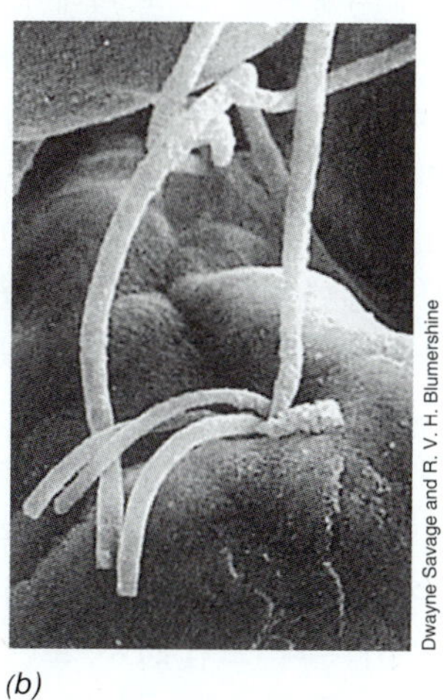

(a) (b)

그림 24.4 소장의 미생물총. 쥐의 회장 내 상피세포에 있는 마이크로바이옴의 주사전자현미경 사진. *(a)* 저배율의 개관에서 쥐의 회장 상피세포에 길고 섬유모양의 방추형 세균을 보여준다. *(b)* 고배율에서는 한 군데의 오목한 것에 여러 개의 필라멘트가 부착되어 있는 것을 보여준다. 부착은 필라멘트의 끝에서 일어난다. 개별 세포의 길이는 10~15 μm이다.

양분을 사용하는 미생물총이 있는 생체 내 발효관이다 (그림 24.3). *Escherichia coli*와 같은 통성호기성균들도 있지만 다른 세포에 비하면 그 수는 적다. 통성호기성균들은 잔존하는 산소를 모두 소비하여 대장을 절대적 무산소 환경으로 만든다. 무산소 환경은 *Clostridium*과 *Bacteroides* 종과 같은 절대혐기성균의 생육을 촉진한다.

결장에서 절대혐기성균의 총수는 엄청나게 많다. 세균이 절대 우점을 이루는데 장말단과 분변 1 g당 10^{10}~10^{11}개의 세균 세포수가 일반적이며, 모든 원핵세포의 99% 이상이 *Bacteroides*와 그람-양성 세균(*Bacteria*)이다. 고균(*Archaea*)은 장 미생물 종의 작은 부분을 차지하고 장 내용물 메타유전체의 총 유전자의 0.05~1% 정도이다 (9.8절 및 19.8절); 이러한 고균은 메탄생성균으로만 되어 있다. 수소영양성의 *Methanobrevibacter smithii*가 독점적으로 가장 많이 존재하나 메탄올을 환원하는 *Methanosphaera stadtmanae*이 때때로 존재하지만 아주 적은 수이다. 진핵생물은 사람의 장 군집에서 아주 적은 부분 (<1%)이고, 이들은 장의 정상 미생물총으로 간주되는 효모인 *Candida albicans*와 *Candida rugosa*가 주류를 이룬다. 건강한 사람의 위장관에는 원생생물은 없지만 오염된 음식물이나 물을 섭취하면 위장관 감염을 초래할 수 있다 (32장). **그림 24.5**에는 분변의 16S rRNA 유전자 서열 분석에 의해 결정된 사람 결장의 세균 다양성의 간단한 도표를 보여준다. 이 미세한 분류상의 해상도로 관찰하면, 이 신체부위에서 두 가지의 주요 *Firmicutes* 과 (*Lachnospiraceae* 및 *Ruminococcaceae*)의 우점성을 보는 것이 가능해진다 (그림 24.5). 혐기성 세균인 이들 두 과의 종들은 셀룰로오스와 펙틴과 같은 식물성 섬유질에 있는 고분자 다당류의 소화에 중요하다; 이들은 분해되고 당은 대장에서 발효된다.

음식물이 위장관을 통과하는 동안, 물은 소화된 물질로부터 흡수되며 점차적으로 농축되어 분변으로 변환된다. 세균은 분변무게의 약 1/3을 구성한다. 대장의 내강에 살고 있는 생물체는 물질의 흐름에 의해 지속적으로 아래쪽으로 옮겨지며, 유실된 세균은 연속적인 배양시스템과 유사하게 지속적으로 새로운 생육으로 대체된다 (5.4절). 물질이 사람의 위장관을 통과하는데 필요한 시간은 약 24시간이며, 장강 내에서 세균의 생육속도는 하루에 1~2번 분열한다.

사람은 매일 약 10^{13}개의 세균 세포를 분변으로 배출한다. 이들 미생물의 대부분은 대장 내에 있는 것들이다 (**그림 24.6**). 장 상피에 있는 배상세포(*goblet cells*, 상피세포의 특수 부류)에 의해 생성되는 **뮤신**(**mucin**, 수용성 단백질 및 당단백질을 함유하는 두꺼운 분비액)은 장 상피에 바로 인접하여 보호층 (내 점액층)을 형성한다. 이 내 점액층은 바깥쪽 점액층과 달리 세균이 거의 집락을 형성하지 않는다 (그림 24.6). 또한 배상세포들은 미생물이 상피와 접촉하는 것을 방지하는 다양한 항균 펩티드(antimicrobial peptides)를 생산한다.

장 미생물총의 요약: 두 가지 주요 구성 요소

사람의 장내 마이크로바이옴은 단지 몇 개의 주요 문(phyla)으로 구성되어 있으며 자유생활을 하는 마이크로바이옴과는 다른 종 구성을 보여준다. 우리가 대장균을 중요한 장내 세균으로 생각할지라도, 총 *Gammaproteobacteria* 문 (*E. coli*가 속해있는; 16.3절)은 모든 장내 세균의 <1%를 차지한다. 모든 장내 세균 계통형의 대다수 (~98%)는 세 가지 주요 세균 문(phyla) 중의 하나이다 : *Firmicutes*, *Bacteroidetes* 및 *Proteobacteria* (그림 24.5). *Bacteroidetes*와 *Firmicutes*가 우점을 이루나 개인 간에 상대적 양이 크게 다를 수 있다. 사람의 장을 조사한 결과, 장의 구성은 >90%의 *Bacteroidetes*이거나 >90%의 *Firmicutes*로 구성되는 등 다양하며, 특정 개인에서 이 두 그룹의 비율은 날씬함과 비만 등과 같은 건강측면에 영향을 줄 수 있다 (24.8절).

다소 제한적인 문 수준(*phylum-level*)의 다양성과는 달리, 포유류 장의 종(*species*) 다양성은 엄청나다. 예를 들어, 사람분변에서 다양성에 관한 한 연구 (많은 사람으로부터 얻은 수백만의 16S rRNA 염기서열 분석을 근거로)에서 3,500~35,000 세균 "종(species)"을 찾아내었다. 이러한 큰 범위에서 어느 쪽 끝이 더 정확한지는 종을 정의하는 16S rRNA 상동성의 기준 값 (13.8절)이 서열의 97%가 동일한 것으로 설정하는지 아니면 일부 미생물

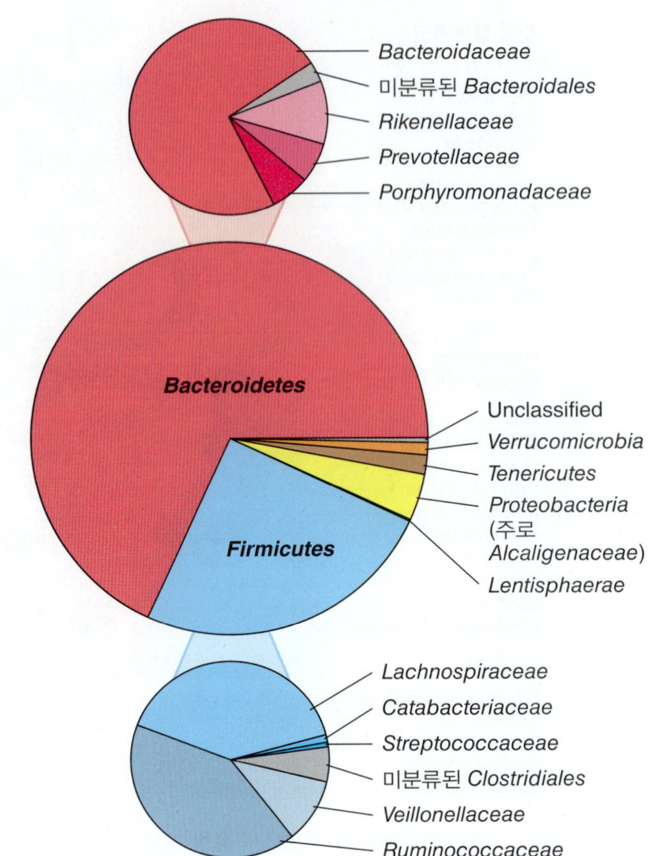

그림 24.5 분변의 세균 다양성. 결과는 16S rRNA 유전자의 V1~V3 영역 (그림 13.15)의 약 1백만 개의 서열 (184개 시료로부터)을 모아서 한 분석결과이다. *Bacteroidetes* 및 *Firmicutes*의 구성원들이 대장의 우점 정상 미생물총이다. 이들 그룹의 대부분은 15장과 16장 (세균)에서 다룬다. 데이터는 Nícolas Pinel에 의해 수집되고 분석되었다.

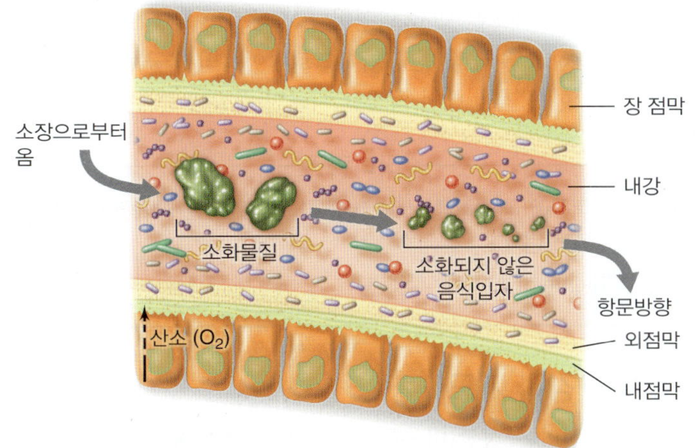

그림 24.6 대장의 다양한 미세 환경. 장의 점막과 접촉하여 생성되는 안쪽의 무신층은 부분적으로 산소가 있지만 일반적으로 세균이 없다. 드문드문 채워진 바깥층의 점액층은 많은 집락형성을 가지고 있는 무산소의 내강에 인접해 있어 소장에서 소화되지 않은 음식물 입자를 접한다.

학자들이 제안한 것처럼 더 엄격하게 (~98%~99% 동일시) 설정하는지 여부에 달려있다. 덜 엄격한 기준에 따라 어떠한 사람(*any one individual*)이라도 그들의 대장에는 총 약 160종을 가진다. 고균(*Archea*) (메탄생성세균인 *Methanobrevibacter smithii*와 밀접한 연관이 있는 계통형으로 대표되는), 효모, 균류 및 원생생물들은 없거나 사람의 장 군집의 아주 사소한 부분만을 구성한다 (이것을 반추위와 비교, 23.13절).

장 유형

놀랍지 않게도, 비교 연구에 따르면 사람은 다른 포유류 종보다 서로 더 많은 세균 속들을 공유한다는 사실도 밝혀지고 있다. 이것은 포유류의 장내 미생물총이 각 포유류 종에 대해 "미세 맞춤(fine-turned)"될 수 있음을 시사한다. 그러나 흥미롭게도, 장 군집조성이 사람마다 큰 차이가 있지만 특정 개인의 군집은 장기간에 걸쳐 상대적으로 안정적이다. 또한 진행 중인 메타유전체 서열분석 연구는 모유 수유 대 분유 수유와 같은 유아기 경험에 영향을 줄 수 있는 명확하게 제한된 수의 균형 잡힌 일반 유형의 장내 마이크로바이옴의 존재를 암시한다.

세 개의 일반적인 장 군집(gut communities) [장 유형(*gut enterotype*)이라 불림]이 알려져 있는데, 각 장 유형에 하나의 미생물그룹이 아주 많이 있는 것에 의해 구별된다. 장 유형 1은 *Bacteroides*가 풍부하고, 장 유형 2는 *Prevotella*가 풍부하고 장유형 3은 *Ruminococcus*가 풍부하다. 개인과 특정 장 유형과의 연관성은 국경, 영양 및 민족성을 초월하는 것으로 보인다. 더욱이, 대사경로 재구성 (메타유전체 유전자 서열의 주석에 기초하여, 9장)은 각 장 유형은 기능적으로 구별된다는 것을 제안한다; 예를 들어, 이들은 비타민 생산능력이 각각 다르다. 이 결과는 또한 장 유형이 식이요법과 약물요법에 대한 개인의 반응에 영향을 미치고 일반적으로 건강이나 질병상태에 기여할 수 있음을 제안한다. 주의해야 할 점은, 이러한 데이터의 다른 분석에서는 장 유형이 완전히 구별되지 않고 대신에 인구집단 내에서의 지속적인 변화의 한 부분임을 제안하고 있다. 그럼에도 불구하고, 각 장 유형의 장단점을 더 잘 이해하면 임상의학 분야에 흥미진진한 새로운 개념과 시술을 도입할 수 있다 [예, 분변 이식(fecal transplants), 24.10절].

장 미생물총 제품 및 면역 체계의 "교육"

장내 미생물 대사의 일부 산물은 초식동물의 반추위에서 발생하는 것과 같은 식물유래 물질의 미생물 발효에 의해 생성된 휘발성 지방산과 같은 상대적으로 간단한 화합물이다 (그림 23.39). 발효세균 및 메탄생성균의 활동에 의해 생성된 다른 생성물은 H_2, CO_2 및 CH_4 (반추위의 발효 생성물과 유사) 및 몇 가지 다른 물질과 영양분을 포함한다 (**표 24.2**). 장내 미생물은 또한 비타민 B_{12}와 K를 생성한다. 이러한 필수 비타민은 사람에서는 합성되지 않으며 (식물에는 비타민 B_{12}가 존재하지 않음) 장내 미생물총에 의해 만들어져서 결장에서 흡수된다. 또한 간에서 생산되어 담즙산으로 담낭에서 장으로 방출되는 스테로이드는 미생물총에 의해 장에서 변형된다; 그 후 변형된 생체활성 스테로이드 화합물은 장으로부터 흡수된다. 장 미생물은 아미노산 대사에도 작용한다 (표 24.2). 사람은 20개의 아미노산 중 9개를 만들 수 없다; 라이신과 같은 이러한 "필수(essential)" 아미노산은 우리가 먹는 음식에서 얻을 수 있지만 특정 장 미생물에 의해 생산되고 분비되기도 한다.

장에서 생성될 수 있는 많은 다른 미생물 대사산물 또는 형질전환 생성물들은 숙주의 생리에 중요한 영향을 미친다. 여기에는 lantibiotics 및 박테리오신(bacteriocins)과 같은 번역 후 변형된 펩티드 (**표 24.3**)가 해당되는데, 이러한 물질들은 이 물질을 생산하는 미생물과 아주 연관성이 높은 생물체의 생육을 억제하여 생산하는 생물체의 안전한 집락형성을 돕는 기능을 한다. 장내 세균은 또한 아미노산의 환원으로부터 유래된 높은 수준 (경우에 따라 >100 mg/일)의 대사산물을 합성할 수 있다. 이러한 물질에는 장내

표 24.2 장내 미생물들의 생화학적 및 대사적 기여

과정	생산물 또는 효소
비타민 합성	티아민, 리보플라빈, 피리독신, B_{12}, K
아미노산 합성[a]	아스파라긴, 글루타민산, 메티오닌, 트립토판, 리신 및 기타
가스 생산	CO_2, CH_4, H_2
냄새 생산	H_2S, NH_3, 아민, 인돌, 스카톨, 부틸산
유기산 생산	아세트산, 프로피온산, 부틸산
Glycosidase 반응	β-Glucuronidase, β-galactosidase, β-glucosidase, α-glucosidase, α-galactosidase
스테로이드 대사 (담즙산)	스테로이드의 에스테르화, 탈하이드록실화, 산화 또는 환원

[a]장 메타유전체 서열 (9.8절 및 19.8절)에 암호화된 생화학적 경로의 확인에서 유추된 아미노산 생합성 능력.

신경계를 신호하는 생체 신경전달물질로 작용한다고 생각되는 트립토판 대사산물인 트립타민(*tryptamine*), 쥐의 행동에 영향을 미치는 것으로 보이는 *4-ethylphenylsulfate*와 같은 것이 포함된다 (표 24.3). 이러한 예들은 장-뇌 축(*gut-brain axis*)이라 불리는 동물의 마이크로바이옴과 신경계가 연계되어 있을 가능성을 보여준다 [미생물 세계 탐구, "장-뇌 축(the gut-brain axis)" 참조].

면역체계는 미생물의 자극없이 제대로 발달하지 못하고 어릴 때 다양한 미생물에 노출시키는 것이 유익한 미생물 (우리의 정상 미생물총)에 대한 관용성을 개발하고 병원체를 외부물질로 인식하는 데 필수적이라는 것이 알려져 있다. 예를 들어, 유아의 발달에 있어 과도한 위생의 결과는 면역체계를 잘 훈련시키지 못해 유익균을 공격할 가능성이 있어 염증반응이 동반될 수 있다. 이러한 면역상태는 나중에 알레르기, 천식 및 염증성 장 질환과 같은 자가면역 상태를 촉진시키는 것으로 생각된다.

면역체계가 정상 미생물총을 받아들이도록 어떻게 훈련되었는지에 대한 우리의 많은 이해는 쥐의 연구에서 비롯된다 (24.6절). 예를 들어, 쥐의 장내 정상 미생물총의 일부인 *Bacteroides fragilis*의 성공적인 집락형성에 기여하는 핵심요소는 다당류 A (*polysaccharide A*) (표 24.3)라 불리는 "공생 인자(symbiosis factor)"의 생산이다. 다당류 A는 *B. fragilis*의 외막에서 유래하는 확산이 가능한 다당체인데, 이는 어떤 방식으로든 숙주면역계에 신호를 주어 세균의 성공적인 집락 형성에 필요한 관용성을 촉진한다. *B. fragilis*는 자기의 집락형성 촉진 외에 병원성 세균인 *Helicobacter hepaticus*에 의한 대장염으로부터 쥐를 보호하는 것으로 나타났다. 다당류 A를 생산할 수 없는 *B. fragilis*가 집락을 형성한 실험동물에서 *H. hepaticus*가 장에 집락을 형성하였고 염증성 장 질환을 유도한 반면에 정상동물의 대조그룹의 결과는 그렇지 않았다.

이들은 숙주와 유아기 장 정상 미생물총 간에 일어난 복잡한 "소통(dialogue)"의 몇 가지 예에 불과한데, 이러한 소통은 숙주의 건강에는 결정적이다. 이러한 경우의 진정한 기작의 이해를 발전시키는 것은 건강증진과 사람의 마이크로바이옴 불균형과 관련된 질병 예방에 필수적이다. 인체 미생물총에 의해 생산되는 공통 및 다양하게 분포된 생물학적 활성이 있는 화합물을 찾는 것은 아주 중요한 의미를 갖는 새로운 연구 영역이다. 실제로, 이러한 정보는 건강 결과를 예측하고 지금의 인체 마이크로바이옴의 불균형 또는 기타 이상에 기인한 병리에 대한 적절한 치료법 개발에 중요할 것이다.

미니퀴즈

- 소장과 대장에 집락을 형성하는 미생물들의 일반적인 대사가 어떻게 다르고 왜 그런가?
- 장 유형(enterotype)이란 무엇인가?

24.3 구강과 기도

몸에 있는 점막은 정상 미생물총의 생육을 가능하게 하여 병원성 미생물에 의한 감염을 예방한다. 점막은 외부환경과 접하는 세포로 꽉 채워진 상피세포로 구성되며, 비뇨생식기, 호흡기 및 위장관 등의 신체부위에서 발견된다 (그림 24.6). 점막은 뮤신(*mucin*)을 분비하여 점액층을 형성하여 수분을 유지하고 미생물 부착을 억제한다; 침입자는 대개 삼킴이나 재채기와 같은 물리적인 과정으로 쓸려 제거되지만, 일부 미생물은 상피표면에 달라붙어 집락을 형성한다. 여기에서는 두 가지 점막환경과 그곳에 상주 미생물을 다룬다. 25장에서는 정상 미생물총의 생육과 발달을 이끄는 미생물의 특이적인 점막부착 기작을 살펴보거나 미생물 질병에 대하여 살펴본다.

구강 미생물

침에는 미생물 영양소가 포함되어 있지만, 영양소가 낮은 농도로 존재하고 침에는 항균물질이 포함되어 있기 때문에 좋은 미생물 생장배지는 아니다. 침에는 세균 세포벽의 펩티도글리칸에 있는 글리코시드 결합을 자르는 효소인 리소자임(*lysozyme*)이 포함되어 있어 세포벽의 약화와 세포의 용해를 초래한다 (⇄ 2.4절). 우유와 타액에서 발견되는 또 다른 효소인 *lactoperoxidase*는 일중항산소(singlet oxygen, 산소의 독성 형태, ⇄ 5.14절)를 생성하는 반응으로 세균을 죽인다. 이러한 항균 물질의 활성에도 불구하고 식품입자 및 세포부스러기들은 치아 및 잇몸과 같은 표면 근처에 고농도의 영양분을 제공하여 국소적으로 과도한 미생물 생장, 조직 손상 및 질병이 일어날 수 있는 좋은 조건을 만든다.

표 24.3 대장에서 세균에 의해 생성되는 작은 생체활성 분자

분류	화합물	생산자의 예	활성
RiPP[a] (란티바이오틱)	Ruminococcin A	*Ruminococcus gnavus*	항생제
RiPP[a] (박테리오신)	Ruminococcin C	*Ruminococcus gnavus*	항생제
아미노산 대사산물	인돌프로피온산	*Clostridium sporogenes*	항산화제
아미노산 대사산물	4-에틸페닐설페이트	정확하지 않음	신경조절
아미노산 대사산물	트립타민	*Ruminococcus gnavus*	신경전달물질
휘발성 지방산	프로피온산	*Bacterioides* spp.	면역조절[b]
올리고당	다당류 A	*B. fragilis*	면역조절[b]

[a]리보솜에서 합성된 후 번역후 변형된 펩티드
[b]이러한 작은 분자들은 정상 미생물총에 의한 집락형성을 촉진

장–뇌 축

소화관 미생물총과 숙주 뇌 및 전반적인 신경계 간의 상호작용 [장–뇌 축(*gut–brain axis*)이라 함]은 행동장애에 기여할 가능성 때문에 주목을 끌고 있다. 우리는 세균불균형과 염증성 장 질환 및 비만과 같은 병리들 사이에 분명한 관계가 있다는 것을 알고 있다 (24.8절). 그러나 장 세균불균형은 자폐증과 관련이 있는데, 자폐증은 생후 첫 36개월에 나타날 수 있는 행동장애스펙트럼의 일반적인 용어로 [합쳐서 자폐스펙트럼장애(*autism spectrum disorder*)라 부름] 사회적 상호작용과 심각한 장애를 일으키고 반복적 행동과 소통에 비정상적인 관심으로 표지된다.

사람의 자폐증(autism)은 유전적 요소와 환경적 요소의 조합에 기인한다. 어린이에게 자폐증 및 기타 행동장애를 유발하는 한 가지 환경위험 요소는 모체면역 활성화(maternal immune activation, MIA)인데, 이는 임신 중 혈액, 태반 및 양수 내 염증 요소의 상승이 관련되며, 바이러스 감염에 의해 발생할 수 있다. 임신 중 MIA와 태아 중추신경계의 발달장애는 복잡하지만, 쥐 모델에서는 장내 마이크로바이옴에서 문제가 있는 결점을 고치면 자폐증의 일부 특징을 완화시킬 수 있다고 제안한다.

MIA가 유도된 쥐의 자손은 의사소통 결함 및 불안과 같은 자폐증과 비슷한 행동을 보인다 (**그림 1*a*, *b***). 이러한 행동변화는 자폐아에서 관찰된 변화를 연상시키는 장내 *clostridial* 및 *bacteroidal* 집단 구성의 변화로 인한 장의 온전성을 잃어버리는 것과 연관성이 있고, 화학물질인 *4-ethylphenylsulfate*가 혈청에 46배 증가하는 것과 관련이 있다 (**그림 1*d***). 이 화합물은 특정 장 미생물총에 의해 티로신 아미노산으로부터 만들어진다. 이 화합물질만 투여하면 정상 쥐에서 불안과 같은 행동을 유도한다.[1] 그러나 행동이상이 있는 쥐에게 사람의 장 공생세균인 *Bacteroides fragilis*나 *Bacteroides thetaiotaomicron*의 공급으로 인한 의사소통, 불안 4-ethylphenylsulfate 수준 등의 결함을 개선할 수 있는 능력은 대단한 발견이다 (**그림 1*c***). 이것은 이러한 생물체들이 4-ethylphenylsulfate 생산자를 대체하고 장내 화학을 정상으로 복귀시키는 것으로 생각된다.

이 연구들은 행동에서 장내 미생물총–뇌 연결의 중요성에 대한 한 가지 예를 제공하고, 표적화된 프로바이오틱 요법 (24.11절)에서 가능한 것처럼 장 군집의 합리적 변형을 사용하여 자폐증과 같은 사람의 신경발달장애의 증상을 개선할 수 있는 가능성을 강조한다. 또한 장내 미생물총 유래 대사산물인 4-ethylphenylsulfate의 혈청 수준을 정상 수준으로 낮춤에 의한 이상행동의 개선은 다른 신경발달 질환도 장내 미생물총 불균형에 의한 혈청 내 미생물 대사물질 축적과 관련될 수도 있음을 시사한다. 그러나 지금까지 알고 있는 과학적 사실은 장내 미생물총과 행동장애의 연관성에 관한 초기 단계에 있기 때문에 사람들은 이 연구를 과대해석하는 것에 신중해야 한다.

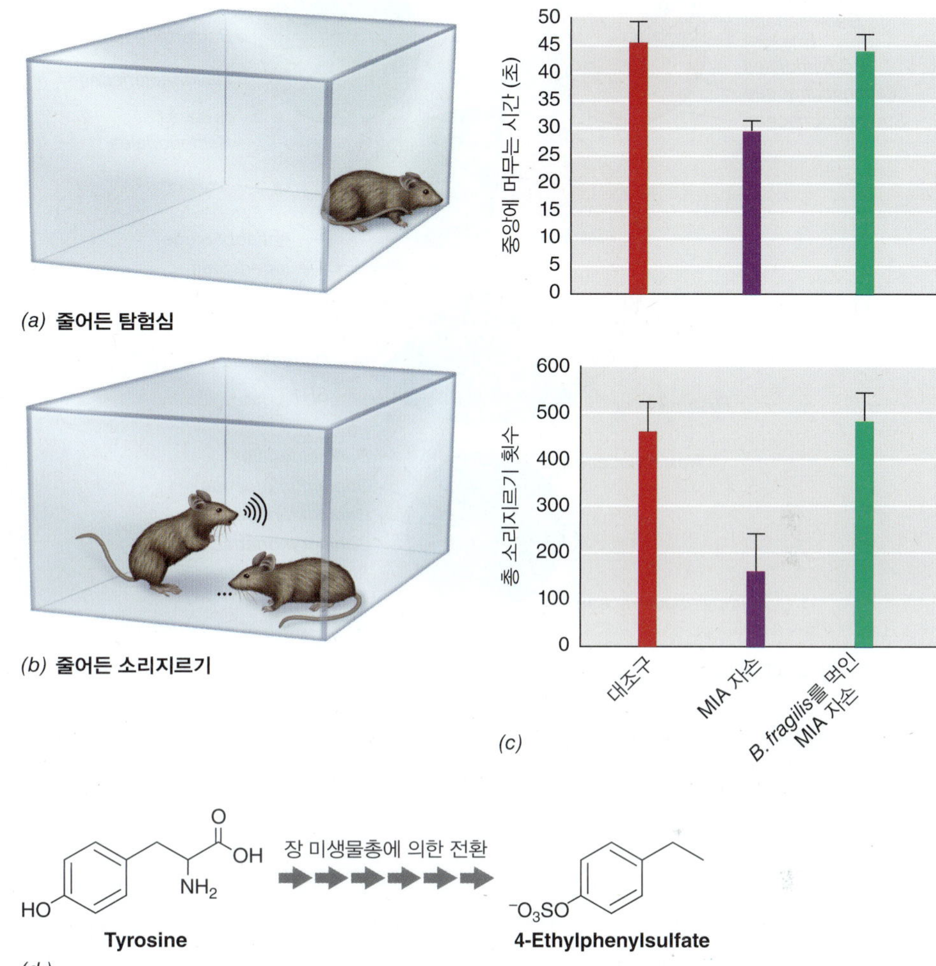

그림 1 행동에 미치는 장내 미생물총의 영향. 모체면역 활성화(MIA)된 산모의 쥐 자손들은 자폐와 유사한 행동을 보이는데, *(a)* 관찰 장소의 중심 탐험에 관한 공포심과 *(b)* 소리지르기 감소의 특징이 있다. *(c)* 행동이상이 있는 자손에게 사람의 공생균인 *Bacteroides fragilis*를 먹이면 이러한 행동이상을 완화시킨다. *(d)* 특정 장내 미생물총은 트립토판 아미노산을 4-ethylphenylsulfate로 전환시킬 수 있는데, 신경활성 화합물은 *a*와 *b*에서 보이는 쥐 자폐와 비슷한 행동을 유발한다고 생각된다. Hsiao, E.Y., et al. 2013. *Cell 155:* 1451–1463.

[1] Hsiao, E.Y., S.W. McBride, S. Hsien, et al. 2013. Microbiota modulate behavioral and physiological abnormalities associated with neurodevelopmental disorders. *Cell 155:* 1451–1463.

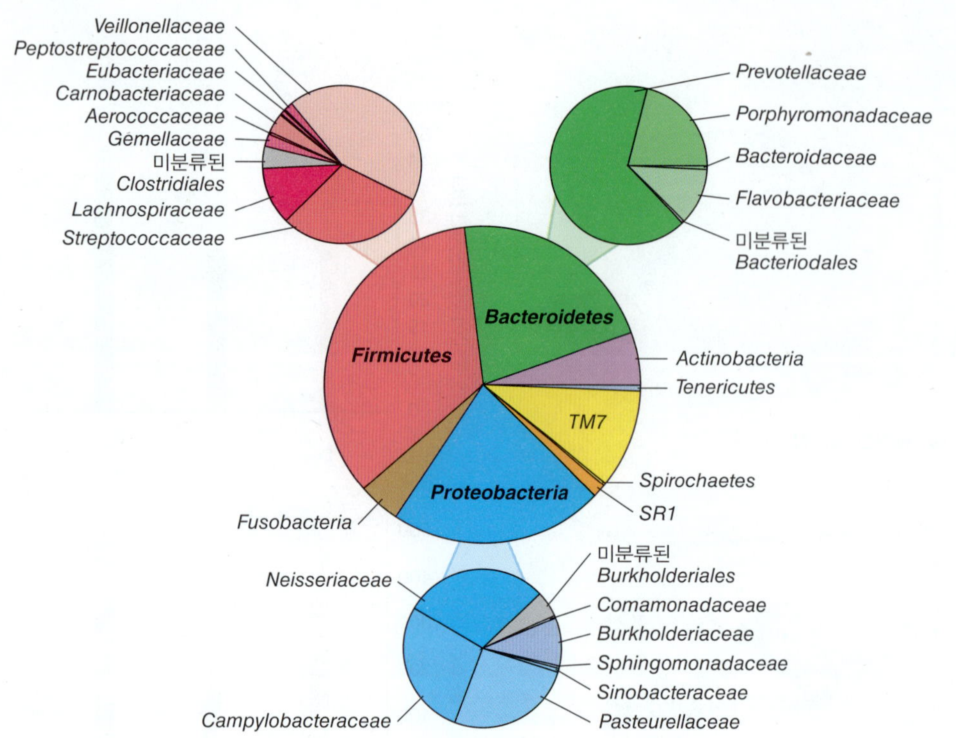

그림 24.7 침의 세균 다양성. 결과는 16S rRNA 유전자의 V1~V3 영역 (그림 13.15)의 약 750,000개 서열 (159개 시료로부터)을 모아서 분석한 결과이다. 하부 치은하방 치태(subgingival plaque)에서 관찰된 분류군의 분포에서 상대적으로 *Fusobacteria* 및 *Spirochaetes*와 관련된 혐기세균의 낮은 정도에 주목하라 (그림 24.9). 이들 그룹의 많은 것은 15장과 16장 (세균)에서 다룬다. 데이터는 Nícolas Pinel에 의해 수집되고 분석되었다.

구강(oral cavity)은 다양한 미생물 서식지를 제공하며, 주로 생물막의 형태로 생육하는 종에 의해 집락이 형성된다 (7.9절 및 20.4절). 타액에서 발견되는 미생물총은 구강 내의 여러 부위에서 빠져나온 미생물들로 구성되며 구강 내 미생물 다양성의 개요를 제공한다 (**그림 24.7**). 구강 내 미생물총은 근본적으로 장내만큼 다양하지만 사람의 입안은 장에 비해 공통 분류균의 비율이 더 크다. 구강 내에 많이 있는 세균 속들은 *Streptococcus*, *Haemophilus*, *Veillonella*, *Actinomyces* 및 *Fusobacterium*를 포함한다 (757쪽 참조).

분자적 접근법으로 모든 마이크로바이옴을 재검토했을 때, 구강의 16S rRNA 기반 서열 분석은 과거의 배양방법이 미생물 다양성의 매우 불완전한 조사를 제공했다는 것을 보여준다. 아주 일부를 대표하는 메탄생성고균과 효모를 포함하여 적어도 750종의 호기성 및 혐기성 미생물들이 치아, 조직 표면 및 타액 사이에 분포되어 구강 내에 존재하는 것으로 알려져 있다. 이러한 미생물의 대부분은 통성호기성 대사 작용을 하지만, *Bacteroidetes*와 같은 일부는 절대 혐기성이며 *Proteobacteria* 문의 *Neisseria*, *Acinetobacter* 및 *Moraxella* 속과 같은 일부는 절대호기성 대사 작용을 한다. 구강 내에서 가장 많은 속은 *Firmicutes*이다; 절대혐기성균인 *Veillonella parvula*는 가장 많은 단일 종이며 *Streptococcus*가 입안에서 가장 많은 속이며 일부 사람에서는 입안에서 발견되는 세포의 약 25%를 차지한다. 관련 *Firmicutes* 속과 유사한 *Abiotrophia* (*Aerococcaceae*의 일원), *Gemella* (*Gemellaceae*의 일원), *Granulicatella* (*Carnobacteriaceae*의 일원)들도 흔히 발견된다; 이들 속에 속하는 종들은 가장 빈번하게 검출된 10종류의 분류군 중 하나이다. 다른 속은 훨씬 적은 숫자로 존재하며 구강 마이크로바이옴의 1% 이상을 차지하는 분류균이 17개 뿐이다. 피부 미생물총 (24.5절)의 경우와 마찬가지로 모든 세균 분류군이 모든 사람에 존재하거나 유사하게 분포하지는 않는다.

구강 미세 환경 및 미생물총

생후 첫 1년 동안 (이가 없을 때) 입안에서 발견되는 세균은 주로 연쇄상구균과 유산균과 같은 산소관용성의 혐기성 세균과 소수의 호기성 세균이다. 치아가 생기기 시작하면, 새로 생성된 표면은 치아표면과 잇몸 틈에 있는 생물막에서 생육할 수 있게 특별히 적응된 혐기성 세균들이 빠르게 집락을 형성한다 (**그림 24.8**). 깨끗한 치아표면에 처음으로 집락을 형성하는 것은 *Streptococcus* 종이다; *Veillonella*와 *Fusobacterium*과 같은 절대혐기성 세균은 잇몸라인 밑의 서식지에 집락을 형성한다. 이러한 미생물들의 대부분은 병원성 세균을 확인하여 이들이 점막표면에 부착하는 것을 방지하여

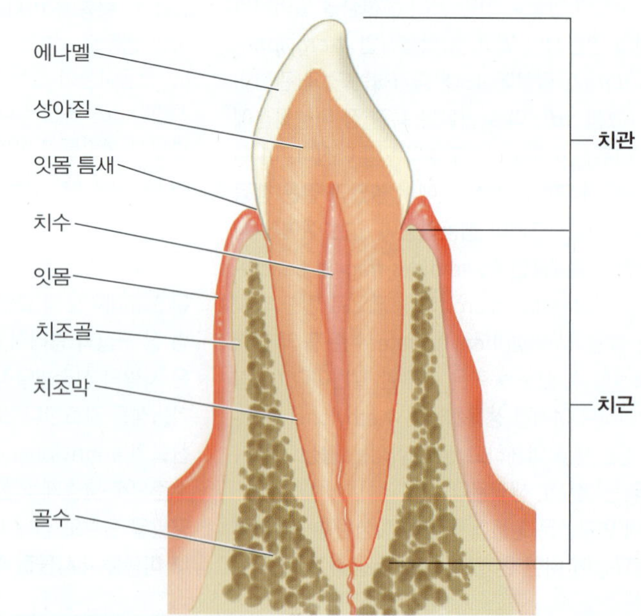

그림 24.8 치아의 단면. 도표는 치아구조와 치아를 잇몸에 고정시키는 주변조직을 보여준다.

숙주의 건강에 기여한다. 충치, 잇몸 염증 및 치주질환은 일반적으로 안정한 상리공생의 파괴가 가장 눈에 띄는 징후이다. 우리는 단단한 치아표면에 있는 미생물들과 이들이 25.2절에 있는 치태(dental plaque) 및 충치(dental caries)의 형성에 기여하는 바에 대해 논의한다 (그림 25.7 및 그림 25.8).

서로 다른 구강세균 종에 의해 형성되는 집락의 다양성과 특이성은 부위에 따라 상당히 다르다. 예를 들어, 치은하방 치태(subgingival plaque) (**그림 24.9**)에 많이 있는 미생물 분류군은 타액에서 발견된 것과 비교하여 차이가 있다 (그림 24.7). *Corynebacterium*의 다른 종들은 부위 특이성을 증명한다. 예를 들어, *Corynebacterium matruchotii*는 거의 치은상방 치태(supragingival plaque)에서만 발견되는 반면에, *Corynebacterium argentoratense*는 대부분 타액에서 발견된다. *Lautropia mirabilis*는 선택적으로 치은상방 치태에 집락을 형성하는 반면에, 스피로헤타인 *Treponema socranskii*의 대부분은 치은하방 치태에서 발견되는데 아마도 이 부위는 이 세균의 미세 호기생육에 필요한 저산소 환경을 제공하기 때문이다. *Firmicutes*, *Proteobacteria* 및 *Bacteroidetes*의 분포는 인두 (그림 24.10 참조)와 침 간에는 유사하다. 단단한 입천장은 아마도 상피세포의 빠져나옴과 씹기와 삼킴과 관련된 전단력의 결과로 치은 치태(gingival plaque) (역자 주: 잇몸 치태)보다 훨씬 더 작은 미생물 다양성을 가지고 있다.

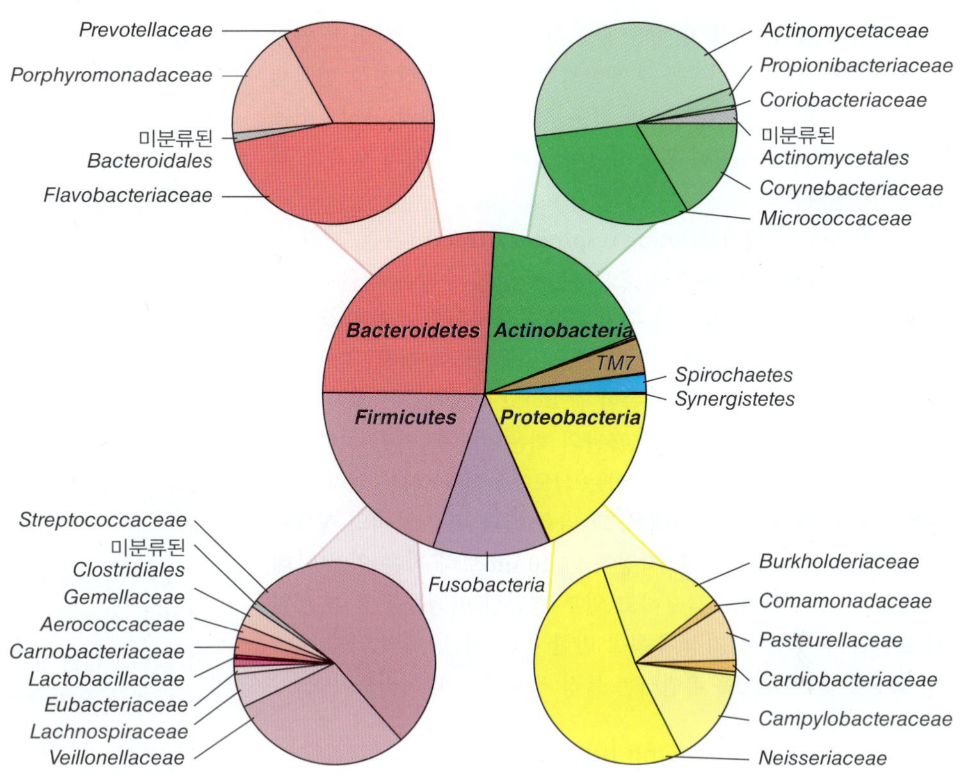

그림 24.9 치은하방 치태의 세균 다양성. 결과는 16S rRNA 유전자의 V1~V3 영역 (그림 13.15)의 약 1백만 개의 서열 (183개 시료로부터)을 모아서한 분석결과이다. 다른 세균 분류군의 영역별 분포를 타액에서 관찰된 것과 비교하라 (그림 24.7). 산소가 제한된 잇몸 틈새에서 혐기성 *Fusobacteria*와 *Spirochaete* 집단의 높은 대표성을 주목하라. 이들 그룹의 대부분은 15장과 16장 (세균)에서 다룬다. 데이터는 Nícolas Pinel에 의해 수집되고 분석되었다.

호흡기의 미세 환경

호흡기관의 해부구도는 **그림 24.10**과 그림 24.1에서 보여주고 있다. **상기도(upper respiratory tract)** (목구멍/편도, 비강, 구강, 인두, 후두)에는 점막 분비물에 젖어 있는 부위에 많은 미생물들이 살고 있다. 호흡하는 동안 공기로부터 온 세균이 상기도 내로 계속해서 들어가지만 코와 입을 통과할 때 점액에 붙게 되고 코의 분비물과 함께 내뱉어지거나 삼켜져서 위에서 죽게 된다. 그러나 몇몇 미생물은 모든 사람의 호흡기점막 표면에 집락을 형성한다; 가장 일반적으로 존재하는 종들은 포도상구균, 연쇄상구균, 디프테로이드 간균 및 그람-음성 구균이다.

간혹 *Staphylococcus aureus* 및 *Streptococcus pneumoniae*와 같은 잠재적 병원체들도 건강한 사람의 비강에 있는 정상 미생물총의 일부이다. 이러한 사람들은 병원체의 보균자(*carriers*)이지만, 일반적으로 질병을 일으키지 않는데, 이는 아마도 다른 토착 미생물

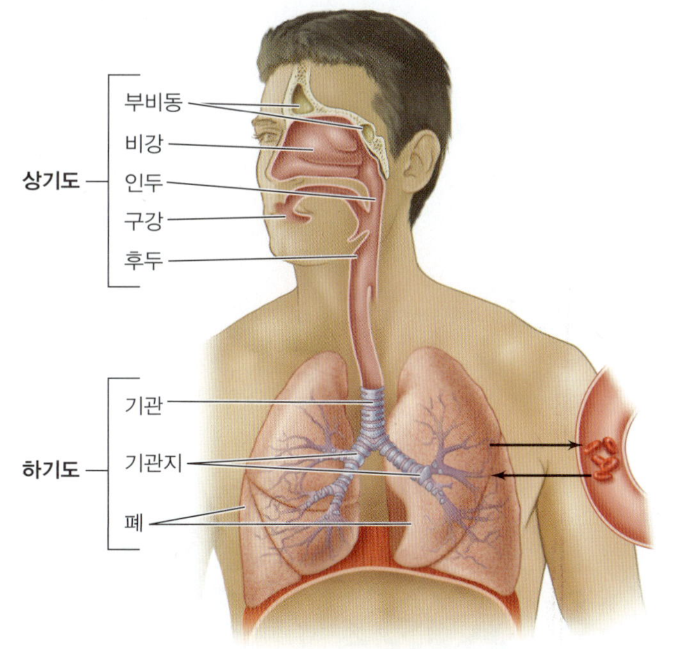

그림 24.10 호흡 기관. 건강한 사람의 상기도는 매우 다양하고 많은 미생물을 가지고 있다. 대조적으로, 건강한 사람의 하기도는 어떤 미생물도 거의 없다.

들이 영양적 및 대사적 자원에 대해 성공적으로 경쟁하고 병원체 부착, 집락형성 또는 활동들을 제한하기 때문이다. 선천성 면역체계 (26장)와 항체분비 (27장)와 같은 적응면역체계의 구성요소들은 점막 표면에서 특별히 활동적이며 잠재적 병원체의 생육과 침입을 저해한다.

건강한 성인의 **하기도(lower respiratory tract)** (기관, 기관지, 폐, 그림 24.10)는 정상적으로 호흡하는 동안에 수많은 생물체들이 잠재적으로 이 부위에 도달할 수 있음에도 불구하고 토착 미생물총을 가지지 않는다. 다소 큰 먼지 입자들은 상기도에 정착한다. 공기가 하기도로 통과함에 따라 유속이 감소하고 생물체들은 호흡기 통로의 벽에 내려앉는다. 전체 호흡관의 벽은 섬모를 가진 상피세포로 덮여 있고, 위 방향으로 움직이는 섬모는 세균과 다른 입자성 물질을 상기도 방향으로 밀어내고, 그 다음 침과 비강 분비의 형태로 배출되거나 삼켜지게 된다. 직경이 약 10 μm보다 작은 입자만 폐에 도달한다. 그럼에도 불구하고 일부 병원성 미생물들은 이 부위에 도달할 수 있는데, 가장 주목할 만한 것은 폐렴 (폐의 염증, 30.1절, 30.2절 및 30.8절)을 유발하는 특정 세균 또는 바이러스이다.

미니퀴즈

- 신생아 및 성인의 구강 내 미생물 미세 환경을 비교하라.
- 성인의 구강에 우점하고 있는 주요 미생물들을 분류군 및 대사요구성에 근거하여 찾아보라.
- 왜 하기도에는 전형적으로 미생물이 없는가?

24.4 비뇨생식관과 미생물

건강한 성인의 비뇨생식관 (**그림 24.11**)에서, 신장과 방광은 무균 상태이다; 그러나 요도를 감싸는 상피세포에는 통성호기성의 그람-음성 세균의 집락이 형성된다. 일반적으로 몸 전체 또는 국소환경에서 소수로 존재하는 *Escherichia coli*와 *Proteus mirabilis*와 같은 잠재적 병원체들은 요도에서 증식할 수 있고, pH 변화와 같은 환경변화의 조건에서는 질병을 초래하기도 한다. 이러한 생물체들은 특히 여성에게서 빈번하게 요로감염을 일으킨다. *Proteus*는 요로 병원체로서 특히 악명이 높다. 이 세균은 강한 urease를 생산한다; urease는 요소로부터 암모니아를 생성하고 암모니아를 질소원으로 사용한다. 그러나 또한 암모니아는 소변 pH를 강한 알칼리성으로 만들며, 이는 신장결석 형성과 같은 다른 요로관 상태를 유발할 수 있다.

성인 여성의 질은 약산성 (pH ~5)이며 상당한 양의 글리코겐을 가진다. 질 내의 토착 생물체인 *Lactobacillus acidophilus*는 다당류인 글리코겐을 발효하여 젖산을 생성하는데, 이 젖산은 국소적 산성 환경을 유지하게 한다 (그림 24.11*b*). *Torulopsis*과 *Candida*와 같은 효모 종, 다양한 streptococci, *E. coli*와 같은 다른 생물체들도 존재한다. 사춘기 전에는 *L. acidophilus*가 존재하지 않고, 여성의 질은 pH가 중성이고 글리코겐을 생성하지 않으며, 미생물총은 주로 staphylococci, streptococci, diphtheroids 및 *E. coli* 등이 우점으로 이루어져 있다. 폐경 이후, 글리코겐 생산이 멈추고, pH가 상승하며 미생물총은 사춘기 이전에 발견되는 것과 유사하다.

여성

난소
자궁
방광
치골
요도
질
자궁경부
직장

(a)

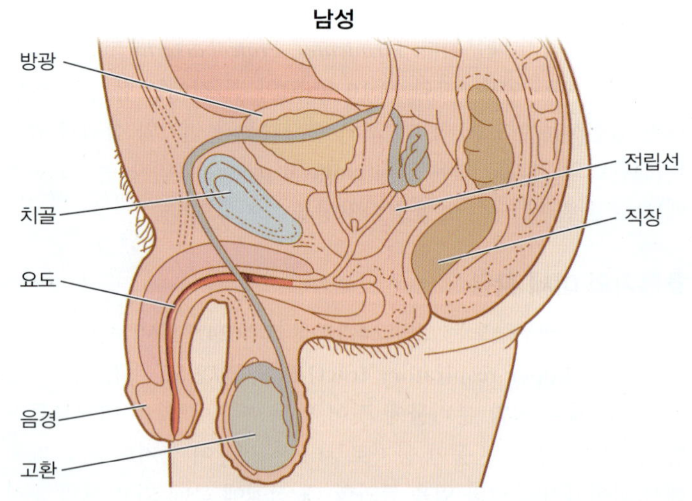

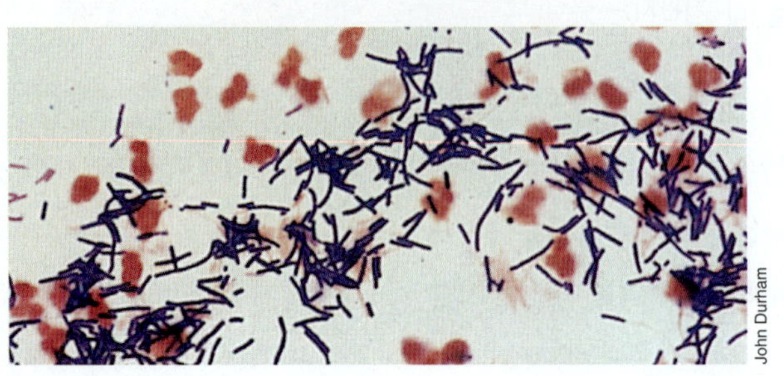

(b)

그림 24.11 비뇨생식기에서의 미생물 생장. *(a)* 사람의 여성 및 남성의 비뇨생식기 영역으로 미생물이 자주 생육하는 지역 (빨간색)을 나타낸다. 수컷과 암컷 모두의 비뇨생식기의 상부는 건강한 사람에서는 무균 상태이다. *(b)* *Lactobacillus acidophilus*의 그람염색, 사춘기의 시작과 폐경이 끝나는 시점 사이에 여성의 질에 우점하고 있는 생물체. 각 그람-양성 간균의 길이는 3~4 μm이다. *Lactobacillus*는 좋은 혐기성 세균으로 포도당과 다른 당을 발효하여 발효산물로 젖산을 생산한다 (16.6절).

이전의 배양기반의 관찰인 질내 마이크로바이옴이 구강 또는 장 군집보다 덜 복잡하다는 것과 건강한 질 미세 환경에는 lactobacilli가 우점 (그림 24.1 및 그림 24.11*b*)을 이루고 있다는 것은 배양법과 독립적인 16S rRNA 서열분석으로 확인하였고, 질염(*vaginosis*) (질 내의 미생물 균형의 주요 변화)은 세균의 다양성 증가, pH 상승, 질 분비물로 특징지어진다. 심지어 건강한 성인 여성의 질 미생물총은 배양만으로 제안된 것보다 더 다양하다 (**그림 24.12**). 예를 들어, 한 분자적 연구에서 질 속에서 112속(genera)의 세균을 찾았다. 이러한 분석은 다수의 군집형태가 하나의 정상 미생물총을 이루지만 이들 정상상태의 안정성은 다를 수 있음을 보여준다 (그림 24.22 참조). *Lactobacillus* spp.의 다른 조성을 가진 적어도 5가지 유형의 "정상적인 질 군집(normal vagina communities)"이 있는 것으로 보인다. 네 가지 유형은 *L. crispatus*, *L. iners*, *L. reuteri* 또는 *L. jensenii* (그림 24.22 참조) 중 하나에 의해 우점되어 있는 것으로 밝혀진 반면에, 다섯 번째 유형은 전반적인 다양성이 높고 lactobacili에 비해 다른 절대혐기성균들의 비율이 더 큰 이질적인 유형이다. 모든 질 군집 유형은 산성 pH와 관련이 있지만, pH는 군집유형에 따라 다르다. *L. crispatus* 유형은 가장 낮은 평균 pH (~4.0)를 보여주는 반면에, 이질적인 유형은 가장 높은 평균 pH (~5.3)를 보여준다.

따라서 우리가 다른 신체부위 또는 생산 산물에서 본 미생물 다양성의 그림 (그림 24.2, 그림 24.5, 그림 24.7 및 그림 24.9)과는 달리, 건강한 여성의 질에 있는 미생물총은 lactobacilli가 우점이다 (그림 24.12). 질과 달리, 음경 미생물총의 연구는 적지만, 일반적인 관점에서 볼 때, 음경의 세균 다양성은 질에 있는 전형적인 것과 같은데, 그 패턴은 특히 성교 파트너의 것과 유사하다. 그러나 포경수술을 한 음경과 포경수술을 하지 않은 음경의 미생물총은 매우 다를 수 있으며, 포경수술을 하지 않은 경우에 세균이 더 많이 존재한다.

미니퀴즈

- 건강한 성인 여성에서 질 *Lactobacillus*의 중요성은 무엇인가?
- 질의 어떤 다양한 특징이 *Lactobacillus* 종의 서로 다른 군집조성과 가장 밀접한 관련이 있나?

24.5 피부와 미생물

피부는 주로 습기의 손실을 막고 병원체의 진입을 제한하는 기능을 하는 하나의 복잡한 신체 기관이다. 보통 성인은 약 2평방미터 (2 m^2)의 피부표면을 가지며, 이들의 화학조성과 수분 함량이 크게 다르다. 피부는 또한 인체 마이크로바이옴의 일부를 위한 환경을 제공한다. 피부 마이크로바이옴은 숙주의 호르몬, 신경 및 면역체계와 밀접하게 관련되어 있는 많은 마이크로바이옴으로 구성된다.

피부 평당 센티미터당 약 1백만 개의 토착세균이 있고, 총 약 10^{10}개의 피부미생물들이 평균 성인을 덮고 있다. 이 수치는 경구 및 장 군집에서 보다도 훨씬 낮지만, 분자적 분석결과 서식지 다양성의 기능의 관점에서 신체의 부위에 따라 아주 다양한 세균 및 곰팡이 (주로 효모)가 피부에 존재함을 알 수 있다. 이러한 서식지는 온도, pH, 수분, 피지 함량 (피지는 피지선의 지방 분비물임) 및 표면특성의 미세 환경으로 구성된다. 한 가지의 특징적인 미세 환경은 비강, 겨드랑이, 배꼽의 내부와 같은 축축한 피부부위이다. 습기가 있는 피부는 팔뚝과 손바닥과 같은 건조한 미세 환경에서 불과 수 센티미터만 떨어져 있다. 세 번째 미세 환경은 코 옆, 두피 뒤쪽,

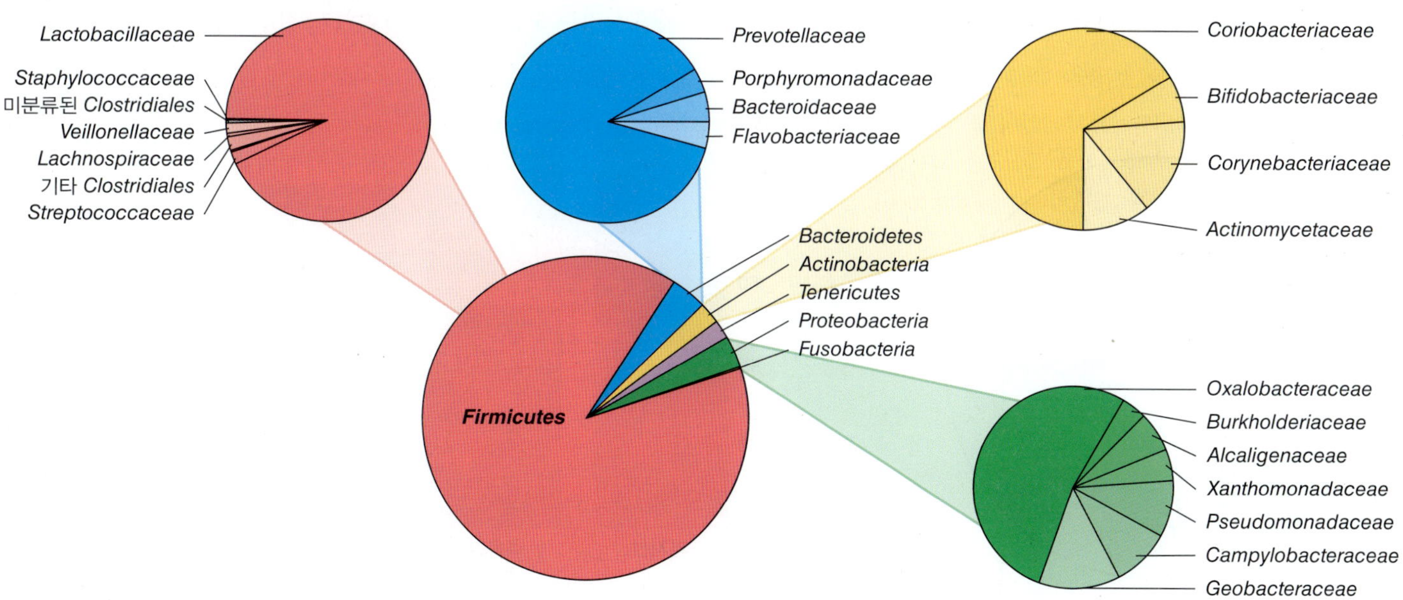

그림 24.12 질 세균의 다양성. 결과는 16S rRNA 유전자의 V1~V3 영역 (그림 13.15)의 약 600,000개 서열 (86개 시료로부터)을 모아서 분석한 결과이다. 다른 신체부위에서 발견되는 다양성과 비교하여 *Lactobacillus* 종 및 관련 *Firmicutes*에 의해 대표되는 우점정도를 주목하라. 이들 그룹의 대부분은 15장과 16장 (세균)에서 다룬다. 데이터는 Nícolas Pinel에 의해 수집되고 분석되었다.

가슴과 등의 위쪽과 같은 피지선이 고밀도로 존재하는 부위이다. 이러한 부위 별 차이 이외에도, 땀은 염분 및 유리 지방산 및 항균 펩티드와 같은 여러 항균물질이 풍부하여 다양성을 통제하는 데 중요한 역할을 한다.

피부 미세 환경의 미생물 다양성

습기, 건조 또는 지방성으로 분류된 20개의 다양한 피부부위의 16S rRNA 서열비교는 부위와 개인 사이의 엄청난 다양성을 보여 주었지만 몇 가지 공통 패턴을 보여주고 있다 (**그림 24.13*a***). 전체적으로 약 20개의 세균 문이 확인되었지만, 대부분의 계통형은 다음의 4그룹 중의 하나에 속한다; *Actinobacteria* (~52%), *Firmicutes* (~24%), *Proteobacteria* (~16%) 및 *Bacteroidetes* (~6%). 200개 이상의 다른 속이 밝혀졌지만, 3개의 속에 속하는 종인 *Corynebacterium*과 *Propionibacterium* (*Actinobacteria* 둘 다) *Staphylococcus* (*Firmicutes*)들이 관찰된 분류계통에서 전형적으로 우점을 이루고 있었다 (그림 24.13*b*).

각 피부 미세 환경은 특징적인 미생물총을 보여주었다. 습한 부위에서는 corynebacteria와 staphylococci가 주류를 이루었지만, 건조한 부위는 *Betaproteobacteria*, corynebacteria, *Flavobacteriales* 등의 혼합군집이 우점을 차지하고 있었다. 피지가 많은 지역에서는 *Propionibacterium*이 우점하고 있다 (그림 24.13*b*). 예를 들어, 피지선이 있는 낭에 *Propionibacterium acnes*가 집락을 형성하면 피지에 있는 트리글리세라이드를 가수분해하여 지방산의 방출을 초래함으로써 이 균의 부착을 촉진하고 때로는 질병 (여드름, 24.9절)을 유발한다.

한 남성과 한 여성의 400군데의 다른 신체부위에 대해 높은 해상도의 분자적 다양성의 연구에서 850개의 다른 종 (16S rRNA 서열 97%의 동일성을 종 컷오프로 사용)이 있음을 밝혔다. 단일 건성피부 부위 (팔꿈치 안쪽)의 고해상도 분석 결과는 **그림 24.14**에 나와 있다. 좀 더 일반적인 연구에서 볼 수 있듯이 (그림 24.13*a*), 가장 흔한 미생물 문(phyla)은 *Actinobacteria*, *Firmicutes*, *Proteobacteria* 및 *Bacteroidetes*였지만, 이 연구에서는 각 문의 과(family) 수준으로 쪼개어 보면 각 주요 그룹 내에서는 상당히 숨겨진 다양성이 있음을 보여준다. 비록 staphylococci, propionibacteria, *Betaproteobacteria*가 우점을 이루지만 많은 다른 그룹도 존재한다 (그림 24.14).

특정 세균 분류군의 많음 정도는 또한 "히트맵(heat map)"이라는 도표(diagram) (9.11절 및 그림 9.31)에서 시각화하여 피부에 있는 다른 분류군의 주요 위치를 보여준다. 한 가지 예는 **그림 24.15**에서 보여주고 있는데, *Propionibacterium*은 피지선 부위 (머리, 얼굴, 등 상부 및 가슴 상부)에 국한되는 경향이 있는 반면 *Staphylococcus*와 *Corynebacterium*과 같은 종은 덜 노출된 부위로서 온도가 높고 수분함량이 많은 사타구니, 팔 아래, 발가락 사이와 같은 곳에 많이 있다 (그림 24.15*a*~*c*).

피부 마이크로바이옴의 다른 양상

진핵미생물과 고균도 피부에 존재한다. 효모인 *Malassezia*는 피부에서 발견되는 가장 일반적인 곰팡이이며, 이 효모의 최소한 다섯 종이 전형적인 건강한 사람의 피부에 존재한다. 면역체계가 약한 사람의 경우, 예를 들어, HIV/AIDS를 앓고 있거나 정상적인 미생물총이 결함된 사람의 경우에는 *Candida* 및 잠재적으로 병원성인 곰팡이 또한 피부에 집락을 형성할 수 있어 심각한 (심지어 치명적인) 감염을 일으킬 수 있다. 곰팡이 병원체에 대해서는 33장에서 논의된다. 피부의 16S rRNA 유전자 조사에서 나타난 특이한 발견은 어떤 사람의 피부 미생물총의 4% 차지하는 정도가 암모니아를 산화시키는 고균(*Archaea*) (17.5절)으로 이루어져 있다는 사실

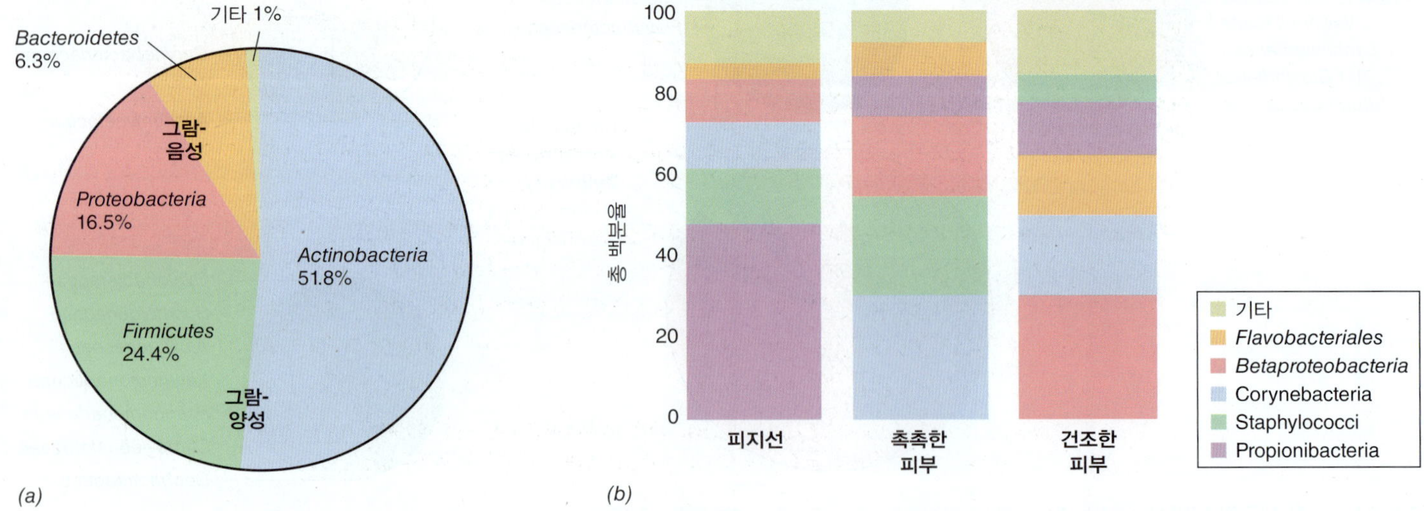

그림 24.13 정상 피부 미생물총. *(a)* 건강한 10명의 자원자의 피부 미생물총을 분석하여 19 세균 문(phyla)을 확인하였다. 4개의 문이 우점하고 있었다. *(b)* 피지, 촉촉한 및 건조한 피부의 미세환경에 따라 나누어진 같은 사람의 세균군집의 구성. 데이터는 Grice et al., 2009, *Science 324:* 1190에서 얻었다.

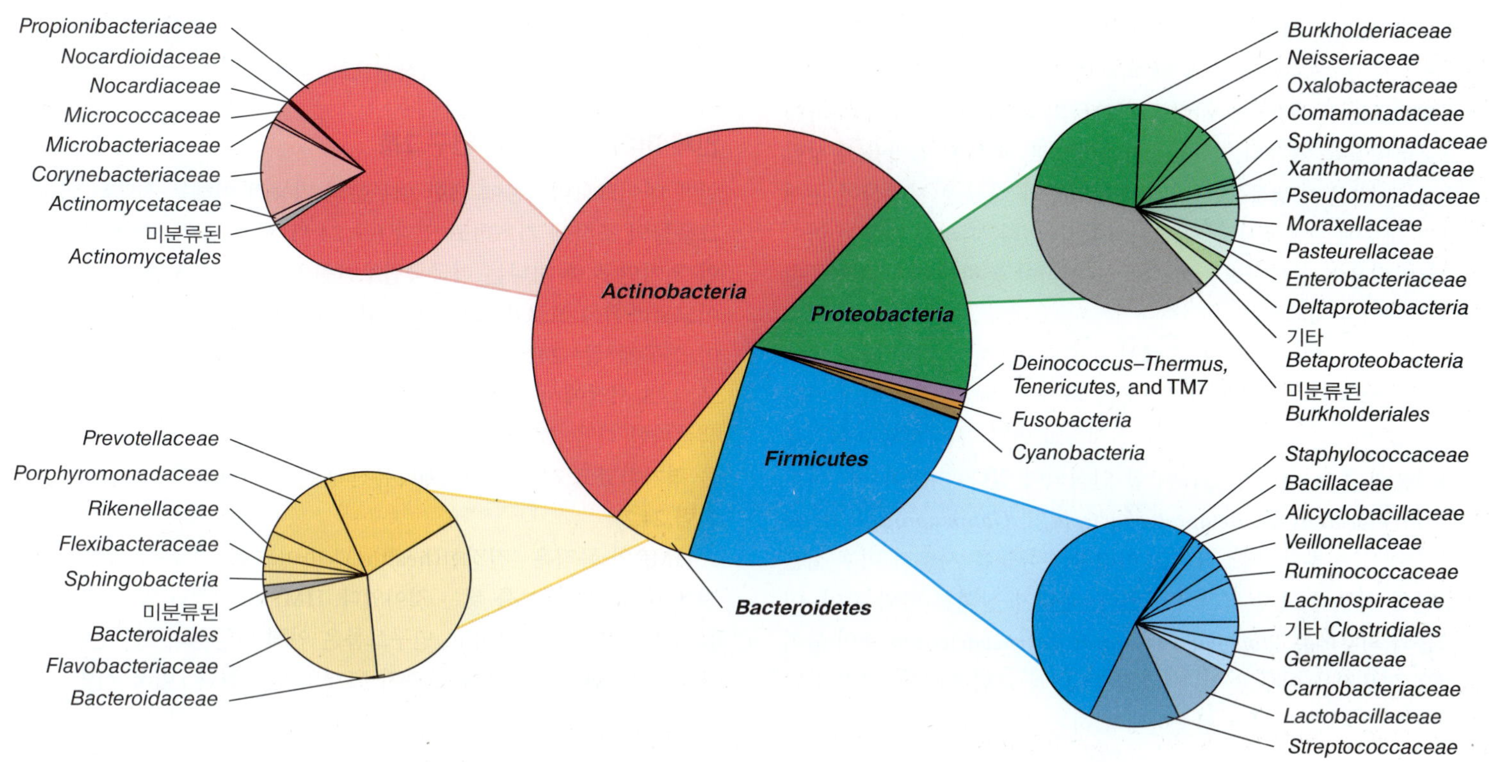

그림 24.14 팔꿈치 안쪽의 피부세균의 다양성 [전주와(antecubital fossa); 그림 24.1 참조]. *Actinobacteria*의 대부분을 차지하는 것은 *Propionibacterium* 종이고, *Staphyloccocus* 종은 피부와 관련된 Firmicutes에서 우점을 하고 있다. 결과는 16S rRNA 유전자의 V1~V3 영역 (그림 13.15)의 약 80,000개 (123개 시료로부터)를 모아서 분석한 결과이다. 이들 그룹의 대부분은 15장과 16장 (세균)에서 다룬다. 데이터는 Nícolas Pinel에 의해 수집되고 분석되었다.

인데, 아마도 육체적으로 활동적인 사람의 땀에 있는 암모니아에 의해 유리되는 것 같다.

환경 및 숙주요인들은 정상 피부 미생물총의 구성에 영향을 미친다. 예를 들어, 날씨(*weather*)는 피부온도와 습기를 상승시켜 피부미생물총의 양을 증가시킬 수 있다. 숙주의 나이(*age*)도 영향을 미친다; 어린이들은 더 다양한 피부미생물총을 가지며 어른보다 잠

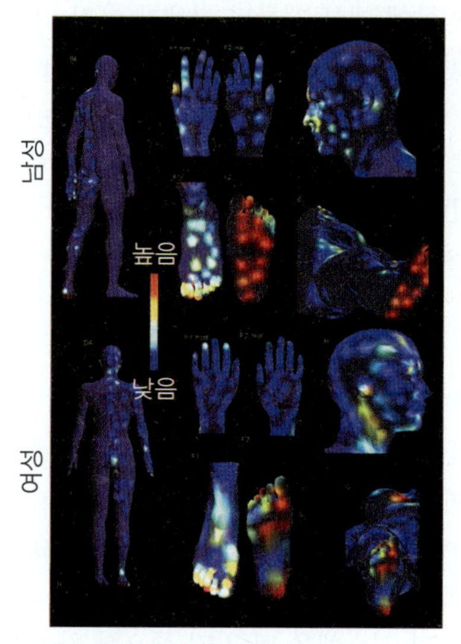

(a) **Staphylococcus**

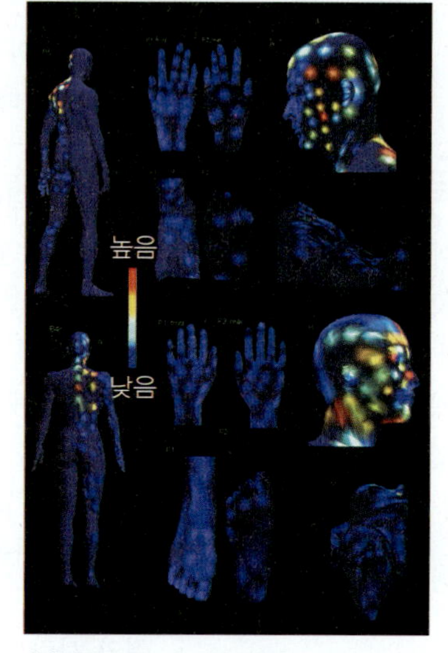

(b) **Propionibacterium**

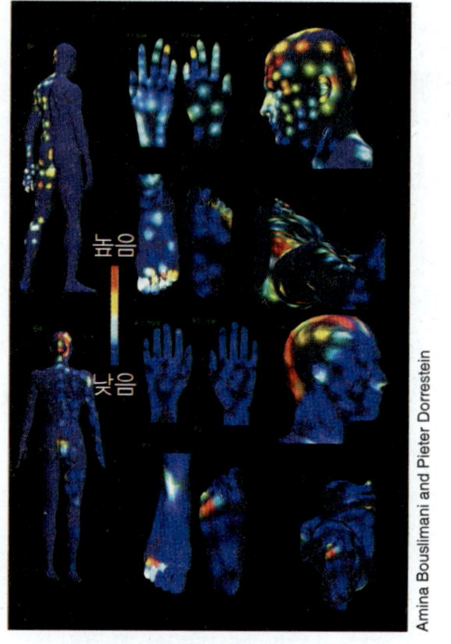

(c) **Corynebacterium**

Amina Bouslimani and Pieter Dorrestein

그림 24.15 인체 피부에 *Staphylococcus, Propionibacterium, Corynebacterium*의 분포. 남자 (위)와 여자 (아래) 피부에서 얻은 16S rRNA 유전자 서열로부터 유추된 400개의 다른 신체부위에서의 미생물 종 분포의 히트맵 (눈금 막대에서, 적색은 상대적으로 많이 있는 것이고 청색은 상대적으로 적은 것.). *Propionibacterium* 종은 피지선 부위 (머리, 얼굴, 등 뒤 및 가슴 위쪽)에 집락을 형성하는 경향이 있다. *Corynebacterium*은 머리, 사타구니, 발가락에서 가장 흔하고; *Staphylococcus*는 발에 가장 많다.

재적인 병원성 그람-음성 세균을 더 많이 가지고 있다. 개인위생(*personal hygiene*) 또한 토착 피부미생물총에 큰 영향을 미친다; 전형적으로 비위생적인 사람들은 그들의 피부에 높은 밀도의 마이크로바이옴을 가진다. 그리고 마지막으로, 피부에 집락을 형성할 수 없는 많은 미생물들은 낮은 수분함량과 항균성 지방산이 존재하기 때문에 그곳에서 쉽게 살아남을 수 없다. 따라서 피부는 마이크로바이옴의 천연장벽 (그림 26.2)이며 동시에 정상 미생물총의 다양성을 지원한다.

아직 장내 마이크로바이옴에서 수행된 (24.7절) 것과 같은 피부 마이크로바이옴의 조기 집락형성과 천이에 대하여 중요하게 변화를 다룬 연구는 없다. 그러나 성적 성숙과 연관 있는 피부 마이크로바이옴의 주요 전이가 있음이 잘 인식되어 있다. 어린이들의 피부는 *Streptococcus* 종, *Betaproteobacteria* 및 *Gammaproteobacteria*가 우점을 이룬다. 대조적으로 이러한 분류군은 사춘기 이후 젊은 청년의 피부에 크게 결여되어 있다; 우리가 살펴본 바와 같이, 이 그룹의 피부에는 *Propionibacterium*과 *Corynebacterium* 종이 특이적으로 우점을 이루고 있다 (그림 24.13과 그림 24.15). 그리고 마지막으로, 사람과 가장 친숙하게 접하는 것이 사람의 피부 미생물총에 기여할 수 있다. 연구에 의하면 큰 개 소유자는 다른 개보다 자신의 개와 공통된 피부 미생물총이 더 많음을 보여준다. 이것은 아주 다른 두 동물 종 간의 밀접하고 빈번한 접촉이 그들의 미생물총을 주요하게 공유할 수 있음을 증명한다. 피부 미생물총과 달리 개의 입과 장의 미생물은 소유자의 것과 아주 분명하게 다르다.

미니퀴즈

- 세 가지 주요 피부 미세 환경에 있는 마이크로바이옴을 비교하라.
- 피부에서 잘 생장하는 미생물의 특성을 서술하라.

II • 출생에서 사망까지: 인체 마이크로바이옴의 발달

출생 시 아기는 산모에 있는 미생물과 국부환경에 존재하는 미생물 둘 다에 노출된다. 이러한 초기 노출이 다른 신체부위에 처음으로 집락을 형성하는 미생물의 조성을 결정한다. 이번 절에서는 인체 마이크로바이옴의 가장 큰 부분을 차지하는 신체부위인 장의 집락형성에 주로 초점을 맞추고, 현재 일반적인 건강과 면역계 교육에 결정적이라고 인지된 군집의 초기 집락형성과 최종적으로 천이과정에 기여하는 요소들을 살펴본다.

24.6 인체 연구그룹 및 동물모델

인체의 마이크로바이옴의 조성과 그것이 건강과 질병에 기여하는 정도 사이의 관계를 수립하는 것은 샘플링을 둘러싼 복잡성, 숙주의 유전적 배경의 기여에 대한 불확실성, 식이요법 및 기타 기여하는 생활습관 요소의 한계로 인해 어렵다. 그럼에도 불구하고 몇 가지 인체 연구그룹과 동물모델 실험은 몇 가지 기본원칙을 제시하고 마이크로바이옴 연구의 시작점으로 삼았다.

인체 마이크로바이옴 연구그룹

인체 마이크로바이옴에 대한 대부분의 기능적 이해는 선택된 연구그룹들의 조사에 기초하고 있다 (표 24.1). 예를 들어, 가장 야심적인 초기연구 중 하나는 미국국립보건원(NIH)이 후원하는 인간 마이크로바이옴 프로젝트(Human Microbiome Project, HMP)였다. 이 연구에서는 242명 (모두 건강한 미국 의대생)의 샘플을 대상으로, 1~3 시점에서 다른 신체부위 (성별에 따라 15~18개의 부위)를 샘플링한 다음, 16S rRNA 유전자 서열을 기반으로 세균의 다양성을 평가하였고 제한적으로 메타유전체 분석을 하였다 (그림 24.1과 그림 24.2).

HMP의 목적은 "건강한(healthy)" 마이크로바이옴을 구성하는 것에 대한 기초정보를 쌓는 것이었다. HMP가 엄청난 양의 데이터를 생성했음에도 불구하고, 연구그룹은 인체 다양성의 일부만을 대표하게 되었다. 이 제한은 3가지 별개의 인구집단 (미국 시민, 말라위 인, 베네수엘라 원주민의 한 그룹)과 그 인구 집단 내의 다른 연령집단을 조사한 Global Gut Project에서 분명히 드러났다. 미국 이외의 2개의 사람집단의 장내 마이크로바이옴은 미국인의 것과는 달랐는데, 이는 HMP가 국적간의 장내 마이크로바이옴의 변이 가능성을 크게 과소평가했음을 보여준다. 이러한 연구는 적절한 메타데이터(metadata) (역자 주: 데이터 관리에 필요한 작성자, 목적, 저장장소 등에 관한 데이터)가 부족하여 어려움을 겪었다; 예를 들어, 식이습관 (채식, 엄격한 채식, 잡식) 및 섬유 또는 단백질이 매일 섭취되는 양에 대한 자세한 정보가 부족했다. 생활양식, 식이, 성별, 유전과 같은 특정 환경변수가 마이크로바이옴의 구조와 기능에 미치는 영향에 대한 제한된 이해가 아직 남아 있기 때문에, 새로운 연구와 현재 진행 중인 연구 (예, American Gut Project)에서는 샘플링 때, 이러한 중요한 메타데이터를 얻는다. 가장 중요한 목표는 마이크로바이옴, 숙주 유전학, 식이, 생활습관, 건강 및 미생물과 연결되었다고 생각되는 병리들, 특히 심장질환, 암, 뇌졸중, 당뇨병 및 비만 사이의 강력한 상관관계를 밝히는 것이다.

쥐 모델

적절한 메타데이터가 이용 가능하다 할지라도, 현재까지의 인체 마이크로바이옴 연구의 주요한 제한은 인과관계를 수립하는 것인데, 이는 고도로 통제된 동물 연구에서만 가능하다. 따라서 쥐는 장내 마이크로바이옴에서 원인과 결과를 연결하는 주요 동물모델 시스템이 되었다.

쥐와 사람의 소화 시스템은 몇 가지 중요한 차이점이 있지만 (**그림 24.16**), 마이크로바이옴 연구의 실험을 위한 주력 도구로는 쥐(mouse) [더 제한적인 경우에는 랫트(rat)]가 사용된다. 사람과 비교할 때, 쥐는 상대적으로 큰 결장과 맹장을 가지고 있는데, 이는 주로 식물재료의 발효로 인해 생성된 영양분을 추출하는 데 필요

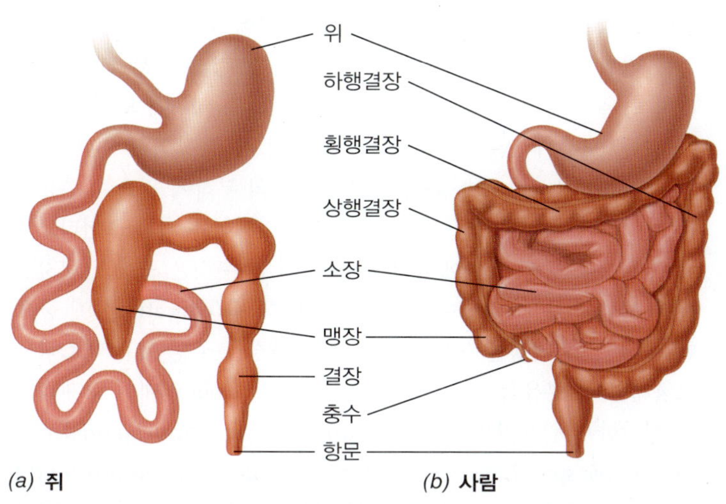

그림 24.16 쥐 및 사람 창자의 해부. 쥐 (a)와 사람 (b) 장관은 생리적인 유사성에도 불구하고 미생물총 조성의 차이와 관련한 구조적 차이는 아주 크다.

하다. 예를 들어, 쥐의 결장에 대비한 소장 길이의 평균 비는 약 2.5이며 사람의 경우 약 7이다. 쥐의 경우, 식물재료의 발효가 잘 구획화된 맹장에서 일어나는 반면에 사람에서는 이 발효가 결장에서 일어난다. 그럼에도 불구하고 쥐에는 잘 알려진 유전라인의 이용가능성, 낮은 관리비용 및 짧은 수명주기 등을 포함한 몇 가지 실험적 이점이 있다. 이러한 것들은 연구원들이 선택적 유전자 녹아웃을 통한 유전적 배경의 중요성, 무균 쥐 (모든 미생물 없이 키운 것)를 사용한 장 미생물총 조성의 조작, 엄격히 통제된 식이의 영향 시험, 항생제 처리의 결과 평가 및 분변 이식을 통한 생리학적 특성의 전달 등을 탐구하게 한다. 이러한 연구들은 우리가 24.8절에서 논의할 것인 비만 및 염증성 장 질환을 포함하는 다른 병리들에 쥐의 마이크로바이옴 조성을 명확하게 관련지었다.

안타깝게도 해부학적 차이 (그림 24.16)로 인해 쥐에서의 연구를 사람에게 직접 적용할 수 없으며 이러한 해부학적 차이는 쥐 및 인간의 장에 우점인 세균 속의 상대적 양 차이를 부분적으로 설명할 수 있다. 예를 들어, *Prevotella*, *Faecalibacterium* 및 *Ruminococcus* 속은 사람의 장에 많이 있는 반면에, *Lactobacillus*, *Alistipes* 및 *Turicibacter*는 쥐의 장에 더 많이 있다. 따라서 쥐 모델은 사람의 장내 마이크로바이옴 연구에서 얻을 수 없는 많은 실험적 관용도 제공하지만, 두 시스템에서 얻은 실제 결과는 직접 비교할 수 없다. 그러나 세균 조성의 이러한 차이에도 불구하고 실험자들은 사람의 장내 마이크로바이옴에 대한 이해를 가속화시킨 동물모델의 대한 연구에서 많은 유용한 정보를 엿볼 수 있었다 (예, 24.8절과 그림 24.20 참조).

우리는 이제 건강한 사람에게서 보이는 주요 생물체를 비교하고 대조하면서 출생부터 성년기까지의 사람 장 미생물총의 발달을 추적한다. 성숙하고 매우 안정한 장 미생물총의 개요가 그림 24.3과 그림 24.5에 제시되어 있다.

미니퀴즈

- 지나고 나서 봤을 때, HMP의 어떤 측면이 잘 제어되었고 어떤 측면이 그렇지 않았는가?
- 왜 사람의 질병이나 건강과 장내 마이크로바이옴의 변화를 연관시키는 것이 그렇게 어려웠는가?
- 쥐와 사람의 위장 시스템 간의 주요 차이점은 무엇인가?

24.7 장 미생물총의 집락형성, 천이 및 안정성

원래 무균인 장의 집락형성은 출생 직후에 시작된다. 상대적으로 안정된 성인 마이크로바이옴이 이루어질 때까지 마이크로바이옴의 천이는 교대로 교체된다. 초기 집락형성균들의 출처는 명확하지 않지만 일부 종은 산도를 통해 산모로부터 유아에게 전달되는 것이 명확하다. 유아의 장 군집은 *Actinobacteria* 세균계열의 발효성 혐기성균 (16.10절)인 bifidobacteria에 의해 우점되어 있으며, 3세가 될 때까지 성인에서와 같은 장 조성에 이르지 못한다. 노인의 장내 군집(gut community)에도 큰 변화가 일어난다. 사실, 최근 연구에서 두 가지의 주요 미생물요소가 노인의 취약성과 관련이 있다고 밝혔다: (1) 장 세균 다양성의 전반적인 감소, (2) *Firmicutes*의 풍부함이 줄어들고 *Bacteroides*가 많이 증가한다.

생후 첫 해의 미생물 활동

생후 1년 동안, 신생아의 상대적으로 단순한 군집은 보다 복잡하고 어른의 것과 비슷한 조성으로 진화한다. 초기에 집락을 형성하는 미생물들은 아미노산과 비타민의 중요한 공급원이다. 비타민 K_2 (메나퀴논), B_6 (피리독살) 및 B_7 (비오틴)의 합성을 암호화하는 미생물 유전자는 신생아의 미생물총에서 많아진다. 장내 마이크로바이옴이 성숙함에 따라 티아민 (B_1), 판토텐산염 (B_5), 코발아민 (B_{12}) 등의 비타민 합성을 암호화하는 미생물 유전자가 더 많이 많아진다. 신생아의 장에서 통성균인 *Enterococcus*와 *Escherichia*와 같은 세균 속이 존재한다는 것은 초기 장 시스템이 보다 호기상태임을 암시하고 신생아에서의 미생물 에너지생산에 구연산 사이클과 호흡이 더 큰 역할을 한다는 것을 암시한다.

출생 후 마이크로바이옴의 초기 구성을 조절하는 중요한 요소는 출산이 자연분만인지 아니면 제왕절개(C-section)인지의 여부 및 초기 영양이 모유에서 오는지 아니면 분유에서 오는지의 여부이다. 자연분만으로 태어난 신생아는 산모의 것과 유사한 장 미생물총이 집락을 이루는데, 이는 산도 통과와 산모와의 친밀한 접촉을 통해 산모에서 신생아로의 직접적으로 전달을 의미한다. 대조적으로, C-섹션으로 태어난 신생아의 미생물총은 산모의 것과 크게 다르다. 신생아 100명의 분석에서, 자연분만으로 태어난 신생아에 존재하는 187개의 분류학적으로 해석된 16S rRNA 유전자 서열 형태들 중 135개 (72%)는 그 자신의 산모에서 발견되는 것인데, 이에 속하는 종들은 *Escherichia*, *Bifidobacterium*, *Enterococcus*, *Bacteroides* 및 *Bilophila* 등이다. 대조적으로, C-섹션으로 태어난 신생아의 장에는 41%의 종만이 그들의 어머니의 것과 매치되었다. C-섹션

신생아 미생물총은 *Enterobacter hormaechei, Haemophilus parainfluenzae, Staphylococcus saprophyticus, Staphylococcus australis, Streptococcus australis, Veillonella dispar*와 같은 그룹이 많은 경향이 있는데, 이는 바깥 사람집단뿐만 아니라 피부 및 구강세균이 처음으로 집락을 형성한다는 것을 나타낸다. 제왕절개에 의해 태어난 신생아에서는 *Bacteroides* 종은 많이 없거나 전혀 없는 경우도 있다.

자연분만으로 태어난 4개월 된 유아의 장내 마이크로바이옴은 *Bifidobacterium, Lactobacillus, Collinsella, Granulicatella, Veillonella* 등이 이루고 있는 것으로 알려졌는데, 이들은 낮은 산소 이용가능성과, 주로 우유로 구성된 식이와 관련된 유당의 생산과 이용의 증가에 영향을 미친다. 이러한 개체군은 탄수화물섭취를 위한 유전자가 많고, 유당을 특이적으로 수송하는 것을 암호화하는 유전자들은 4개월 된 유아에서 가장 많다. 4개월 되었을 때, 모유를 수유한 어린이와 분유를 수유한 어린이 사이에 분명한 차이가 있다. 모유를 수유한 유아는 *Lactobacillus johnsonii, L. gasseri, L. paracasei, L. casei* 및 *Bifidobacterium longum* 등의 프로바이오틱(24.11절)으로 흔히 사용되는 분류군의 수준을 증가시킨다. *Bifidobacterium* 종, 특히 *B. longum*이 많은 것은 모유의 조성과 관련이 있다. 모유는 대부분의 장 미생물들과 사람이 소화할 수 없는 특이한 올리고당의 복합혼합물을 가지고 있다 (**그림 24.17**). 그러나 이러한 당은 유아의 장에서 생육하고 있는 *B. longum*에 의해 대사된다. 또한 모유에 있는 올리고당의 구조가 유아 장의 표면에 있는 탄수화물과 유사하기 때문에 병원체 세포의 부착에 필요한 수용체를 차단하여 병원성 세균에 의한 감염을 억제하는 기능도 한다.

모유 수유 중인 유아에서 *B. longum*이 많은 것은 또한 단쇄지방산의 생산을 유도한다; 이것은 면역체계 "교육(educating)"에 중요한 공생 정상 미생물총의 생장을 돕는 환경을 조성한다. 대조적으로 4개월 된 분유를 먹은 유아는 다수의 *B. longum* 대신 잠재적으로 심각한 병원체인 *Clostridium difficile, Granulicatella adiacens, Citrobacter* spp., *Enterobacter cloacae* 및 *Bilophila wadsworthia*의 수가 많은 경향이 있다. 12개월까지 모유 수유를 하는 어린이의 장은 *Bifidobacterium*과 *Lactobacillus*뿐만 아니라 덜 성숙한 (더 어린) 장 군집 (예, *Collinsella, Megasphaera* 및 *Veillonella*)에 전형적인 세균속들이 계속해서 우점을 이루고 있다. 따라서 신생아에게 영양을 제공하는 것 외에도, 모유는 유아의 전반적인 건강과 면역체계의 적절한 발달에 중요한 초기에 집락형성을 하는 정상 미생물총의 특정그룹을 선택한다.

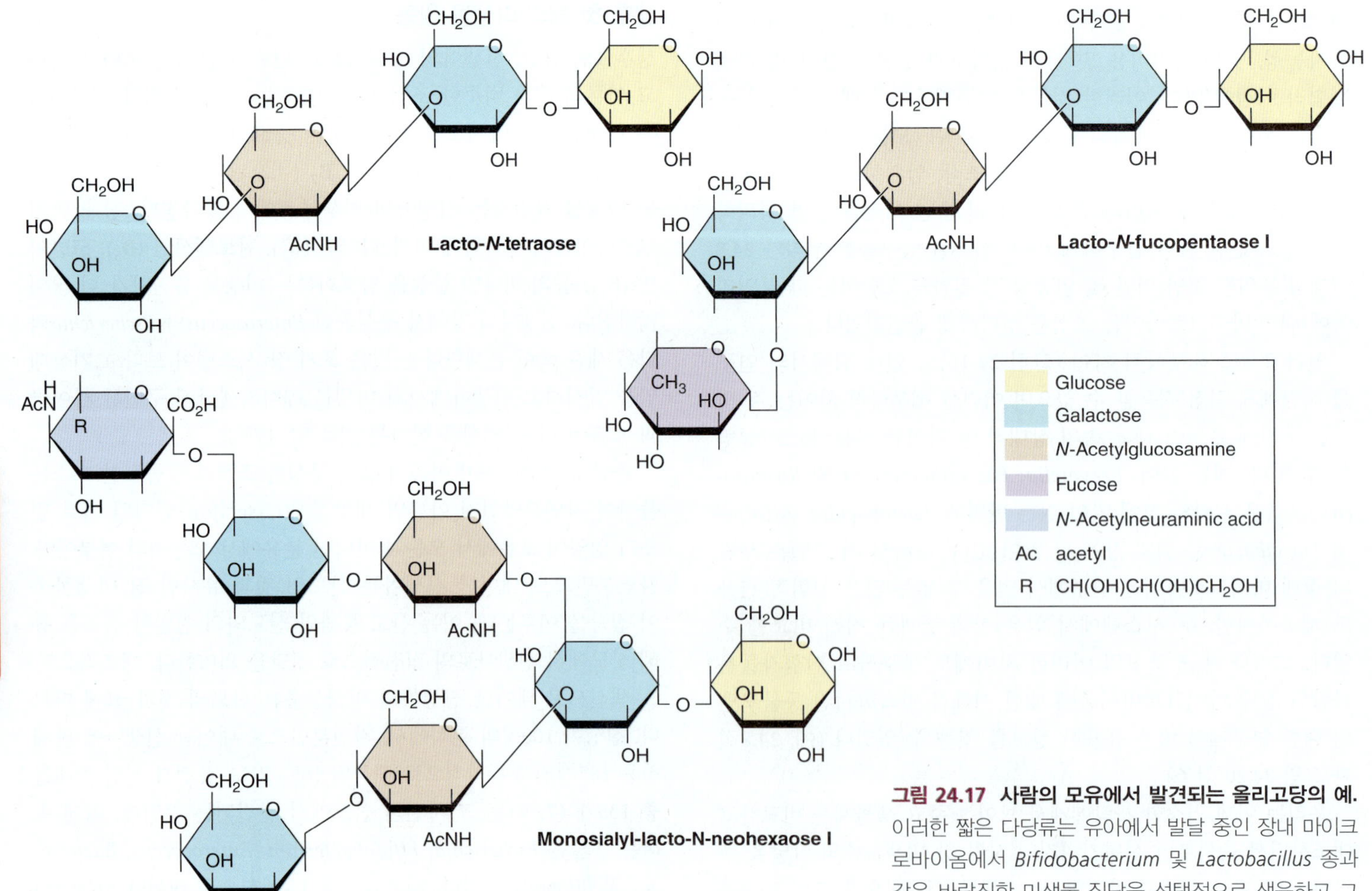

그림 24.17 사람의 모유에서 발견되는 올리고당의 예. 이러한 짧은 다당류는 유아에서 발달 중인 장내 마이크로바이옴에서 *Bifidobacterium* 및 *Lactobacillus* 종과 같은 바람직한 미생물 집단을 선택적으로 생육하고 그 수가 많게 한다.

자연분만으로 태어난 아기와 제왕절개로 태어난 아기의 장내 마이크로바이옴의 차이는 12개월까지는 아주 적지만, 제왕절개로 태어난 아기의 12개월 때 장내 마이크로바이옴은 자연분만으로 태어난 신생아보다 구성면에서 이질성이 더 강하다. 모유수유를 마치면 어른에서 보이는 조성과 유사한 방향으로 군집이 변하여 *Bacteroides, Bilophila, Roseburia, Clostridium, Anaerostipes* 및 *Eikenella* 등이 많아진다. 후에 나타난 이러한 많은 속들은 식이섬유와 복합 탄수화물을 효율적으로 분해하는데, 이는 모유 수유를 중단한 후보다 단단한 식품으로 전환하는 것과 일치한다; 그들은 또한 단쇄 지방산을 생산한다. Glycan 분해효소의 다양한 세트를 암호화하는 세균인 *Bacteroides thetaiotaomicron*이 많아지는 것은 특별히 고체 식품의 펙틴의 증가와 연관이 있다. 그러나 실제로는 어른의 장내 마이크로바이옴의 발달을 촉발시키는 단단한 음식의 도입보다는 모유 수유의 중단 그 자체이다. 완전한 어른의 장 군집으로 발달되는 시기는 연구그룹에 따라 다르지만 어린이의 장내 마이크로바이옴은 일반적으로 1~3세가 되면 성인과 같은 조성에 도달한다.

성인 마이크로바이옴의 안정성과 연령에 따른 변화

앞에서 언급했듯이, 성인의 분변물질에서의 미생물 다양성에 대한 16S rRNA 서열기반 조사는 (그림 24.5) 미생물종을 결정하는 97%를 사용하거나 더 엄격한 98~99% 동일성 기준이 사용되었는지 여부에 따라 3,500~35,000개의 미생물 종을 확인하였다 (24.2절). 특정 개인에 있는 종의 수는 200종 미만으로 훨씬 적다. 그러나 개인의 장 미생물총은 시간이 지남에 따라 상대적으로 안정적이다. 정확한 해독을 달성하기 위한 메타유전체와 16S rRNA 서열분석을 결합한 5년간의 종단연구에서 개인의 독특한 종의 70%가 1년의 샘플링 기간 동안 지속됨을 보여주었으며 4년 후에 취한 샘플에서는 단지 몇 가지 추가적인 종 조성의 변화만 보였다.

가장 안정된 종은 전형적으로 *Bacteroidetes* 및 *Actinobacteria*에 속하는 것들이었다. *Bifidobacterium* 종과 같은 *Actinobacteria*는 *Bacteroidetes*와 비교하여 성인 장 미생물총의 매우 작은 부분을 구성하지만, 특정 종은 오랜 기간 동안 사람과 연관되어 있는 경향이다. *Firmicutes*와 *Proteobacteria* 종은 장 군집에서 상당히 덜 안정적인 것으로 보인다. 장기간에 걸쳐 장 안정성을 추정하는 연구에서는 사람의 장 미생물총을 구성하는 대다수의 종들은 자신의 전체 성인생활 동안 지속되는 안정된 핵을 구성한다고 제안한다. 이 연구는 또한 개인의 핵심 장 미생물총의 종은 가족 구성원들 사이에서 공유되는 경향이 있으며, 이는 매우 일찍 획득되었을 가능성을 보여준다. 따라서 부모 또는 형제자매에게서 획득한 미생물들을 포함하는 초기 집락형성균들은 성인 마이크로바이옴의 대사 및 면역특성을 결정할 수 있다. 즉, 미생물의 집락형성을 지배하거나 영향을 미치는 어린 시절의 경험은 성인 건강 및 질병의 소인에 중요한 요소가 될 수 있다.

우리는 나이가 들어감에 따라 우리의 마이크로바이옴도 그렇게 된다. 가장 잘 확립된 변화는 *Firmicutes*와 *Bacteroidetes*의 상대적인 비율에서의 연령 관련 변화인데, 청년에서 보이는 *Firmicutes*의 높은 비율과 비교하여 노인에게서는 *Bacteroidetes*의 비율이 증가한다. 또한 나이에 따라 bifidobacteria와 특정 클로스트리디움 종의 상당한 감소가 관찰된다. 취약성의 척도인 나이와 관련된 늘 하는 일상 활동을 수행할 수 없는 노인은 장 미생물총의 다양성 감소와 상관관계가 있다는 관찰도 있다. 이 관찰과 일치하여, 집이나 지원공동체에서 사는 노인은 양로원과 같은 주거보호 시설에 살고 있는 사람들과 비교하여 더 다양한 장 군집을 가진다. 따라서 다양한 장 미생물총을 유지하는 것은 노인들의 건강에 대한 많은 연결고리 중 하나일 것이며, 아마도 장수에 긍정적인 효과를 주는 것일 것이다.

시간에 따른 인체 마이크로바이옴의 변화에 대한 개관과 함께, 이제 사람의 질병이 인체 장 미생물총의 바람직하지 않은 변화와 연결되어 있다는 깜짝 놀랄 발견을 살펴보려고 한다. 그런 다음 이러한 문제점들을 다루기 위한 몇 가지 요법을 살펴봄으로써 이 장을 끝내고자 한다.

미니퀴즈

- 장 군집의 초기 집락형성에 기여하는 요인들은 무엇인가?
- 유아 및 성인 장 군집의 미생물들은 비타민과 아미노산 요구에 어떻게 달리 기여하는가?
- 미성숙한 마이크로바이옴에서 성숙한 마이크로바이옴으로 전환하는 데 가장 중요한 요소는 무엇인가?

III • 인체 마이크로바이옴으로 인한 장애

인체 마이크로바이옴의 구조와 활성의 변화는 비만, 2형 (인슐린 비의존성) 당뇨병, 천식, 아토피성 피부염, 간 질환, 직장암, 신장결석, 건선, 충치 및 치주염을 포함한 다양한 병리들과 관련이 있다. 우리가 인체 마이크로바이옴과 건강 및 질병의 관계에 대해 더 많이 알게 되면 치료 에 개입하는 것이 가능할 수 있다. 이것은 방어성이 있는 유익한 세균의 생장촉진, 건강을 해치는 특정한 미생물 (또는 특정 마이크로바이옴)의 생장을 억제하는 것, 바람직한 장 미생물총을 도입하는 분변 이식, 그리고 식단변경과 같은 적절한 행동중재를 개발하는 것을 포함할 수 있다.

24.8 장 미생물총으로 인한 장애

장 미생물총과 임상 질환 사이에 연결된 잘 연구된 두 가지 예는 염증성 장 질환(inflammatory bowel disease)과 비만(obesity)이다. 두 가지 조건 모두 장 미생물총의 변화에 강하게 연결되어 있음을 보여준다.

염증성 장 질환

장 미생물총은 유아기 동안 면역시스템을 형성하는 데 중요한 역할을 하며, 그 동안 공생 미생물총 및 그들의 생산물은 면역세포들과 상호작용하여 숙주관용을 시작하고 유지한다. 삶의 초기에 정상 미생물총에 대한 관용성을 발달시키지 못하면 염증성 장 질환(*inflammatory bowel disease, IBD*)과 같은 장의 알레르기 및 만성 염증을 비롯한 다양한 면역매개 질환과 연관된다.

IBD는 특정 병원성 미생물에 의한 것이 아니라 면역계와 정상 장 미생물총 사이의 불균형에 의한 것이라는 것이 널리 받아들여지고 있다. 어릴 때 항생제를 사용하면 IBD의 위험성을 증가시킨다는 관찰은 정상 미생물총과 침입하는 병원체를 구별하기 위한 면역계 "교육(educating)"에 정상 장 미생물총의 발달이 중요하다는 점을 보여준다. 예를 들어, 건강한 어린이와 비교하여 IBD가 있는 아동은 *Veillonella, Prevotella, Lactobacillus*와 *Parasporobacterium* 종이 높은 수준으로 있고, *Bifidobacterium* 및 *Verrucomicrobium* 종은 낮은 수준으로 있다. 장 미생물총과 숙주 간의 항상성이 깨진 형태를 **장내세균불균형(dysbiosis)**이라 부른다.

또한 한 번 IBD가 발생했다면, IBD 전파가 가능하다는 증거들이 있다. IBD 발병 쥐와 건강한 쥐를 양육하거나 함께 생활하게 하는 것은 건강한 쥐에서 IBD 발달을 일으키기에 충분했으며, 이것은 IBD 쥐로부터의 *Klebsiella pneumoniae* 및 *Proteus mirabilis*의 장내 세균 종(species)을 건강한 쥐로의 전이와 관련되어 있다. 건강한 사람과 IBD 환자의 메타유전체 분석에서 IBD 환자의 장 미생물총은 건강한 사람들 간에 공유되는 유전자의 수에 비해 건강한 사람과 일반적으로 적은 수의 유전자를 공유함을 보여준다. IBD 환자의 마이크로바이옴은 또한 IBD가 없는 대상과 비교하여 비중복 (기능적으로 고유한) 유전자의 수가 감소함에 따라 기능적 용량이 현저하게 감소하는 경향이 있다 (**그림 24.18**).

그러나 다음에 다룰 장 미생물총과 비만과의 관계에서와 같이, IBD의 원인과 그것의 전염 가능성에 대해서는 잘 알려져 있지 않다. IBD에서 장 병원체 또는 독소 독성으로 인해 점막장벽의 완전성 [새는 장(*leaky gut*)이라 불리는 상태]의 붕괴가 따라올 수 있으며, 이로 인해 공생세균은 적응면역과 상호작용하고 활성화시킨다 (27장); 이것은 T 세포가 공생-특이의 효과세포로의 증식과 분화를 자극하고, 이 효과세포는 감염이 해결된 이후에도 오랫동안 장에서 지속할 수 있다. 예를 들어, 크론병(*Crohn's disease*)과 궤양성 대장염(*Culcerative colitis*)의 IBD 증후군은 장내 공생세균에 대한 T 세포 반응과 관련이 있는 것으로 알려져 있다.

또한 IBD와 식단 간에 상당한 상관관계가 있다. 동물성 단백질이 풍부한 전형적인 서양식단에서는 탄수화물이 가장 먼저 대장상부에서 발효된다 (그림 24.3). 소화물질이 결장을 따라 이동함에 따라, 이후 단백질과 아미노산이 발효되어 대장암에서의 역할뿐만 아니라 IBD를 촉진시키는 암모니아, 페놀, 아민 및 H_2S와 같은 잠재적으로 유해한 대사산물을 생산한다. 동물 연구에 따르면 이러한 화합물은 새는 장과 장 염증의 발달을 촉진할 수 있다. 대조적으로, 식물성 식품 (높은 섬유질)이 풍부한 식단은 이러한 병리의 발달을 억제하여, 건강한 장에서 주로 탄수화물을 기반으로 하는 발효를 유지할 수 있는 식단의 중요성을 강조한다. 마지막으로, IBD는 항상 일란성 쌍둥이에 영향을 주지는 않는다; 이 관찰은 IBD의 강한 유전적 연결에 반대하는 주장이며 환경과 식단이 이러한 장상태의 주요 결정자라는 가설을 뒷받침한다.

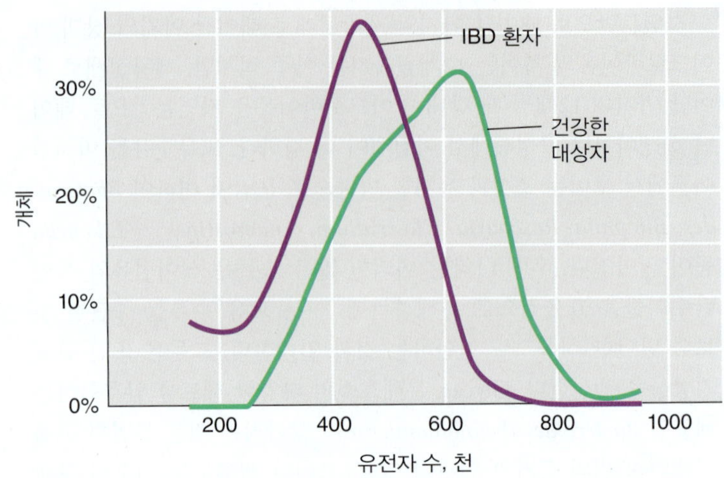

그림 24.18 염증성 장 질환 환자의 장내 마이크로바이옴의 감소된 기능적 능력. 건강한 사람과 염증성 장 질환(IBD) 환자의 장 미생물총에 대한 메타유전체 분석은 IBD 환자에서 비중복 세균 유전자들이 적어지는 경향이 있는 것으로 나타났다.

비만에서 장 미생물총의 역할: 쥐 모델

비만은 고혈압, 심혈관질환 및 당뇨와 같은 2차 건강문제에 기여하는 중요한 건강 위험이다. 장 미생물들은 기작이 불분명하지만 사람의 비만에 일부 역할을 할 가능성이 있다. 그러나 장 에너지 대사에서의 비교적 사소한 변화는 체지방의 축적에 상당히 장기간 동안 영향을 줄 수 있다. 작지만 지속적인 차이 (+12 kcal/일)는 연간 0.45 kg (1파운드) 이상의 체지방 증가를 초래한다. 이것은 25세에서 55세 사이의 미국인이 경험한 평균 체중증가량이다.

장 미생물총과 지방축적을 연결하는 초기 증거는 무균 쥐를 사용한 연구에서 나왔다. 이 실험에서 정상 쥐는 무균 상태에서 자란 것보다 40% 더 많은 체지방을 가졌지만 두 쥐 모두 동일한 양과 종류의 음식을 먹였다. 무균 쥐에 정상 쥐의 맹장 물질을 접종한 후에는 음식물 섭취량이나 에너지소비량에 변화가 없었지만 장 미생물총이 발달하였고 그들의 체지방이 증가했다. 개별 미생물 종 또는 마이크로바이옴을 무균 쥐에 실험적으로 집락화 시킨 연구에 따르면, 집락형성은 회장에서 포도당섭취 및 지질흡수와 수송에 대한 숙주(*host*) 유전자들의 발현을 촉발시킨다는 것을 증명한다. 또한 이것은 장 미생물 조성과 식단에서 에너지를 얻는 숙주의 능력 간에 연관성이 있을 수 있음을 나타내며 궁극적으로는 비만에 기여한다.

위장 미생물총의 주된 활동들 중 하나는 식이섬유를 아세트산, 프로피온산 및 부틸산이 포함된 **휘발성 지방산(volatile fatty acid, VFA)**으로 분해 발효시키는 것이다. 숙주는 이러한 산을 흡수하며, 사람은 자신의 일일 에너지 요구량의 약 10%를 그들로부터 얻는

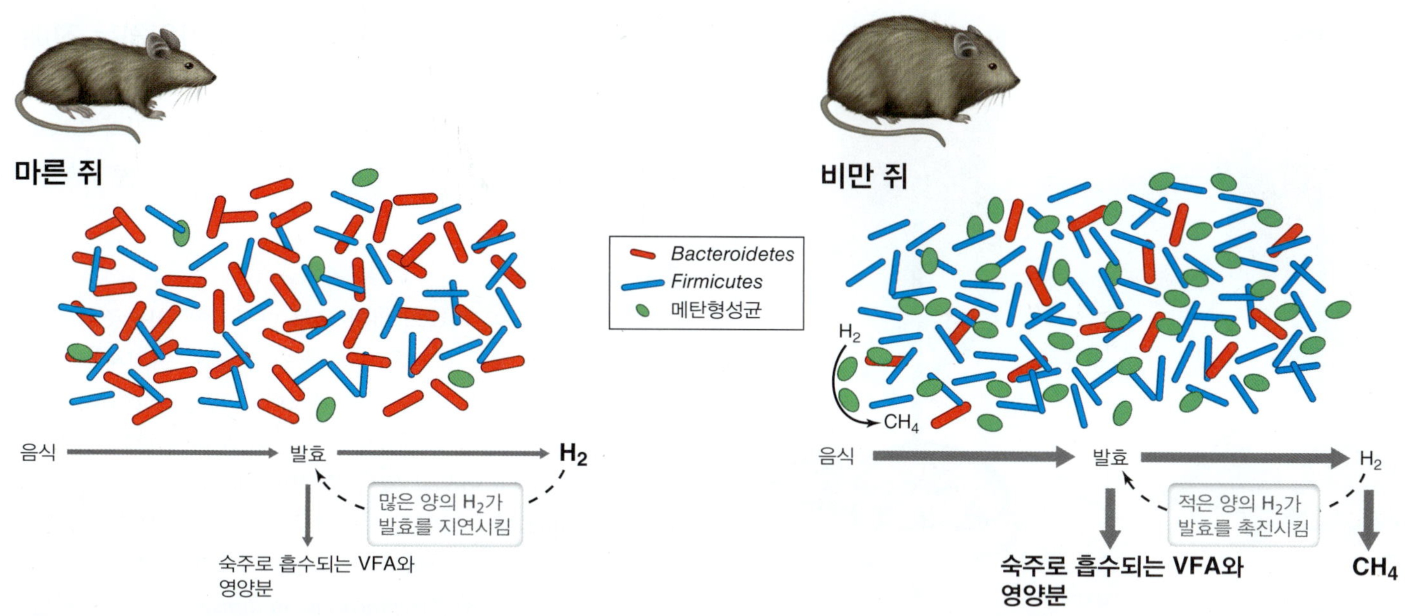

그림 24.19 마른 쥐와 비만 쥐 간의 장내 마이크로바이옴의 차이. 비만 쥐는 메탄생성균이 많고, *Bacteroidetes*가 50% 감소하고, *Firmicutes* 문의 범위가 비례적으로 증가한다. 비만 쥐에서는 발효로 인한 영양분 생산이 높은데 이는 메탄생성균에 의한 H_2의 제거 때문이다.

다. 유전적으로 비만인 쥐는 정상 쥐의 것과는 다른 미생물 장 군집을 가지고 있으며, 50% 적은 수의 *Bacteroidetes*가 있고, *Firmicutes*의 비율이 증가하고 메탄생성 고균이 더 많다 (**그림 24.19**). *Methanogens*는 반추위 (23.13절)에서 발효에 관하여 언급한 것처럼 분자상 수소(H_2)를 소비하여 발효성 기질의 미생물전환 효율을 증가시키는 것으로 생각된다. 작업가설은 H_2 제거가 발효를 자극하여 숙주에 의해 흡수되는 더 많은 발효 산물을 이용할 수 있게 함으로써 비만에 기여한다는 것이다.

쥐에서 비만의 소인에 대한 장내 군집의 중요성은 분변 이식 연구(*fecal transplant studies*)에서 보여주고 있는데, 쌍을 이루는 사람 쌍둥이 (비만인 사람과 야윈 사람)의 세트 유래의 적은 양의 장 내용물을 무균 쥐로 이식하였다 (분변 이식에 대한 자세한 내용은 24.10절 참조). 이식받은 쥐에게 동일한 고섬유 식이를 하였음에도 불구하고, 비만 쌍둥이의 분변내용물을 받은 쥐는 야윈 쌍둥이의 분변내용물을 받은 쥐보다 상당하게 더 많은 체중이 증가하였다 (**그림 24.20**). 이것은 미생물총이 다른 종에서 유래하더라도 장 미생물총의 변화에 의해 야윈 체형이나 비만체형이 바뀔 수 있다는 직접적인 실험적 증거이다. 달리 말하자면, 특정한 방식으로 광범위하게 분포된 장의 미생물이 어떤 방식으로든 동물의 신진대사를 제어하여 마른체형이나 비만체형을 만들 수 있다.

장 미생물총과 사람의 비만

식이 및 숙주 유전형의 엄격한 통제가 불가능하고 장 미생물총을 조작하기가 더 어렵기 때문에 동물모델 추론을 사람을 대상으로 증명하는 것은 더 어렵다. 그럼에도 불구하고 사람을 대상으로 한 연구에 따르면, 쥐에서 확립된 *Bacteoidetes*-*Frimicutes* 관계를 엄격히 확인하지는 않았지만, 비만인 사람은 마른 사람보다 *Prevotella* (*Bacteroidetes* 속) 및 메탄생성 고균(*Archaea*) 종을 더 많이 가지고 있을 가능성 있는데, 이는 쥐 모델 (그림 24.19와 그림 24.20)이 사람에게 적용될 가능성이 있음을 암시한다. 사람에서 메탄생성균은 *Prevotella*에 의해 생성된 H_2를 제거하여, *Prevotella*에 의한 발효를 촉진하여 숙주에게 영양분을 증가시키도록 제안되었다. 이 모델은 *Bacteroides thetiotaomicron* (*Prevotella*와 유사한 대사를 가짐) 및 메탄생성균인 *Methanobrevibacter smithii*로 집락이 형성된 무균 쥐의 연구에서도 뒷받침된다. 이들 종 중 하나만 가지는 대조군과 비교할 때, 공동으로 집락이 형성된 쥐는 총 장내 세균의 수가 더 많고, 장 내강 및 혈액의 아세트산 수준이 높으며, 체지방이 더 많아진다.

비만의 원인에 대하여 이러한 비교적 간단한 설명은 비만에 대한 미생물 기여를 완전히 설명하기에는 불충분하다. 예를 들어, 마른 쥐의 장내 미생물총은 지방산, 프로피온산과 부틸산을 많이 생산하며 실제로 비만 쥐의 미생물총보다 식물성 섬유질을 더(*more*) 많이 소화한다. 마찬가지로, 섬유질이 많은 식이가 사람 대장에서의 발효에 사용할 수 있는 물질의 양을 증가시킬지라도, 그러한 식이는 또한 비만의 위험을 감소시킨다. 이것은 부분적으로 휘발성 지방산이 장내 유리지방산 수용체에 결합하여 위가 꽉 찬 느낌 (포만감)과 관련된 호르몬 생성을 촉발한 결과일 수 있다. 사람에서 비만은 낮은 정도의 염증, 고혈압, 포도당 과민증 및 당뇨병과 같은 다양한 대사 합병증과 관련이 있으며, 이러한 요인들은 지금까지 제안된 비만의 단순 미생물총 모델에서 적절하게 다루어지지 않았다.

장 군집에 대한 숙주생리의 영향은 또한 사람의 임신기간 중 변화에 의해 제안된다. 임신 첫 3개월과 임신 후기 사이의 기간에는

단원 6

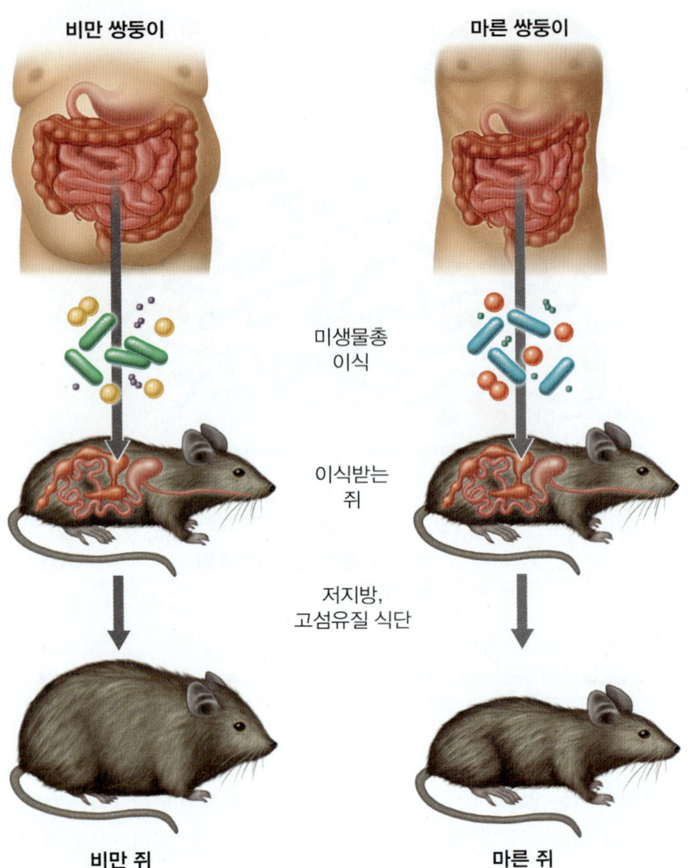

그림 24.20 분변 이식에 의한 비만 상태의 이전. 짝을 이루는 동일한 사람 쌍둥이 연구 그룹 (한 쌍둥이는 비만이고 다른 하나는 마름)의 장물질들 중 분변물질을 무균 쥐에 이식하였더니, 비만쌍둥이의 미생물총은 비만 쥐로 만드는 것을 보여주었다. 반대로 마른 쌍둥이로부터의 내장 내용물의 이식은 쥐를 비만으로 만들지 않았다. Ridaura, V.K., et al. *Science 341:* DOI:10.1126/science.1241214.에서 인용.

장 미생물 다양성이 줄어들고 *Proteobacteria* 및 *Actinobacteria* 종이 장 군집에서 많아진다. 이러한 변화는 임신 후기에 나타나는 체지방 증가 및 인슐린 무감각과 관련이 있다. 이러한 결과에 대한 간단한 해석은 임신한 여성의 신체가 저장에너지 비축에 대한 큰 요구를 위한 준비의 일부로 그녀의 장내 마이크로바이옴을 어떤 방식으로든 조절한다는 것이다. 사실이라면, 이것은 다시 사람의 비만 및 관련 대사 장애의 발병에 기여할 수 있는 (유전적, 생리적, 행동적 및 환경적인) 장의 미생물총과 여러 숙주 변수들 간의 복잡한 상호작용을 강조한다.

미니퀴즈

- 장내세균불균형이란 무엇인가? 이 상태가 어떻게 염증성 장 질환으로 이끄는가?
- 많은 수의 장 *Firmicutes*가 비만과 관련이 있다고 생각되는 기작은 무엇인가?
- 쥐에서 얻은 장 미생물총 결과들이 사람을 대상으로 하는 연구를 통해 확인하기가 더 어려운 이유는 무엇인가?

24.9 구강, 피부 및 질 미생물총에 기인하는 장애

정상 미생물총의 불균형은 장에 영향을 주는 것 외에 사람의 건강 문제와 관련이 있다. 이것에는 특히 구강, 피부 및 질의 질병들이 포함되며, 이 절에서는 이러한 중요한 질병 핵심들 중 일부를 다룬다.

충치 및 치주염

충치 및 치주질환은 사람의 가장 흔한 만성적인 질병 중의 하나이다. 우리는 25장에서 충치를 다루게 될 것인데, 여기서는 어떻게 세균이 고체표면에 부착하는지를 조사한다. 구강세균이 치아와 잇몸에 부착하는 기작은 고체표면에 세균의 부착에 관한 주요 모델 시스템으로 사용되어오고 있다. 부착된 세포는 궁극적으로 치태(dental plaque)에서 다양한 마이크로바이옴을 형성하며, 이는 발효에 의해 젖산을 생성하여 치과 질환을 일으킨다 (25.2절과 그림 25.7 및 그림 25.8). *Streptococcus mutans*가 충치와 관련된 주요 병원체 임에도 불구하고 *S. mutans* 이외의 생물체들의 치아표

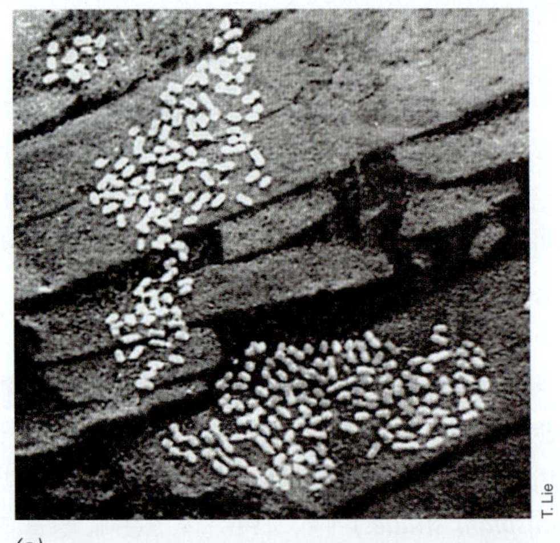
T. Lie

(a)

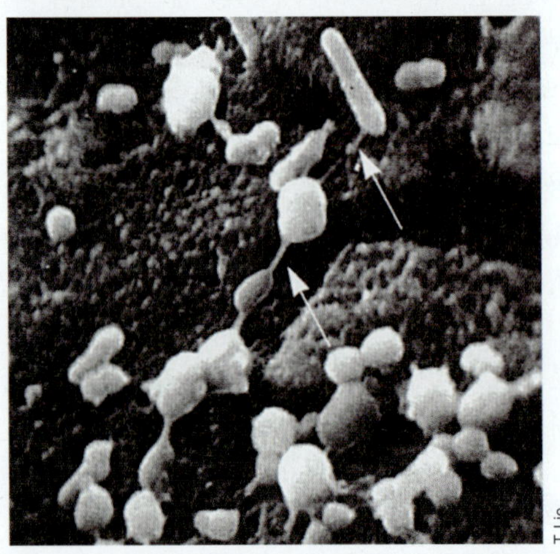
T. Lie

(b)

그림 24.21 치아 표면의 집락형성. *(a)* 입안에 6시간 동안 삽입된 모형치아 표면에서 집락들이 자라고 있다. *(b) a* 부분의 고해상도. 존재하는 생물의 다양한 형태와 생물체들이 함께 뭉친 점액형 (화살표)을 주목하라.

면에 집락을 형성하는 것도 (**그림 24.21**) 충치를 유발한다. *S. mutans*가 없으면 다른 산을 생성하는 균 및 산에 내성이 있는 종들이 우식을 시작할 수 있다.

Streptococcus, *Granulicatella* 및 *Actinomyces* 속(genus)의 종들은 심각한 초기 충치를 가진 어린이에게서 전형적으로 상승되는 반면에, 충치가 없는 어린이는 상대적으로 보다 많은 *Asetuariimicrobium*을 가진다. 어린이가 나이가 들면서 충치는 세균의 다양성 감소와 *Porphyromonas* 및 *Prevotella* 종의 증가하는 것이 관련되어 있다. 유사하게, 건강한 사람의 치태는 충치를 가진 사람들보다 더 복잡하다. 비록 이질병과 직접 연관이 있는 단 하나의 세균 문이 없더라도, 만성치주염 (염증 및 치아를 지지하는 조직과 뼈의 손실)도 미생물 다양성의 감소와 관련이 있다.

종합적으로, 이러한 관찰은 단일 병원체가 충치나 치주질환을 형성하지 않으나 오히려 군집 차원의 미생물 조성의 변화가 질병을 촉발한다는 것을 암시한다. 치주질환은 심혈관계 질환, 당뇨병, 폐렴 및 관절염을 비롯한 여러 가지의 쇠약해지는 전신 상황에 기여하는 것으로 생각되기 때문에 특히 심각하다. 이러한 전신 병리의 병인은 분명하지 않지만 염증성 장 질환 (24.8절)에서 장 미생물총의 장내세균불균형에서 관찰되는 것과 유사한 구강의 세균불균형과 적어도 부분적으로 연관되어 있는 것으로 보인다.

여드름

Propionibacterium 속에 속하는 종들과 선천성 및 적응면역 (각각 26장과 27장)과의 상호관련성은 광범위하게 조사되었는데, 그 이유는 전세계 청소년의 85% 이상에게 영향을 미치는 피부표면 염증 질병균인 에크니(*acne*)라고 주로 불리는 여드름(*acne vulgaris*)과 연관되어 있기 때문이다. 그러나 여드름 원인체인 *P. acnes*는 정상 피부미생물총의 구성요소이고 우점을 점하고 있으므로 (그림 24.2, 그림 24.13~24.15), 이들은 또한 염증 질환이 없는 사람에게도 존재한다.

Propionibacterium 종들은 염증반응을 유도할 수 있는 능력을 가지고 있지만, 이것만으로는 질병과의 인과관계를 입증하기에는 불충분하다. 여드름의 원인에 대한 더 나은 이해는 *P. acnes* 균주 간의 변이에 대한 더 나은 이해로부터 나타날 것이다. 주목할 만한 것으로, 메타유전체와 다구역 서열 형태분석 (13.9절)을 사용한 최근 실험은 *P. acnes*의 특정한 세균이 여드름 상태를 결정하는 반면에, 다른 균은 건강한 피부에 있다는 것을 제안한다. 피부미생물총이 이용 가능한 영양소의 부족 때문에, 균주간의 영양요구성의 사소한 차이조차도 하나 또는 다른 *P. acnes* 균주의 발달을 선호할 수 있다. 이것이 사실이라면 무해한 균주의 생장을 촉진하는 프로바이오틱(probiotics) 또는 프리바이오틱(prebiotics) (24.11절 참조)을 사용하는 여드름 치료법으로 이어질 수 있다. 예를 들어, 병원성 균주에 의한 집락형성으로부터 피부를 보호하는 수단으로서 비병원성 균주를 선택할 수 있는 영양소나 비병원성 균주를 함유하는 로션을 피부에 바르는 것에 적용할 수 있을 것이다.

질 조건

정상 질 미생물총 (24.4절 및 그림 24.12)의 세균불균형은 염증성 감염 [질염(*vaginitis*)] 또는 무증상이거나 악취 및 분비물과 관련된 덜 심한 임상형 질염(*vaginosis*)과 관련이 있다. 일반적인 유형의 질염은 효모인 *Candida* (칸디다증) 종의 과증식 또는 33장에서 논의된 성교에 의해 전달되는 원충인 *Trichomonas vaginalis*의 감염으로 발생한다. 임상실험실에서 덜 염증성인 질염의 진단은 일반적으로 그람 염색된 질 물질의 현미경적 관찰에 의한 점수를 근거로 한다 (*Nugent score*). 10점 점수체계로 상대적 존재량의 정상적인 범위와 비교하여 그람-양성 간균 (*Lactobacilli*로 추정, 그림 24.11*b* 참조)의 감소(*decrease*)와 2가지 모양의 그람염색 다양성이 있는 간균의 증가(*increase*)를 기준으로 질 표본이 정상 (0~3), 중간 (4~7) 또는 질염 (7~10)으로 점수를 부여한다.

신생아감염, 유산, 조기출산 및 HIV에 대한 감수성과 성병의 증가를 포함하여 건강, 질병 및 질병소인과 관련된 질 군집을 보다 정확하게 정의하기 위해 Nugent 시스템 대신 비배양의 분자적 방법 (19장)이 점점 더 많이 사용되고 있다. 여러 달 동안에 걸쳐 개별 여성에 대한 종단연구에 따르면, 일부 여성의 질내 마이크로바이옴은 상대적으로 짧은 기간 동안에는 조성의 변화가 상당히 유동적인 반면에, 다른 부위의 군집은 상대적으로 안정적이다 (**그림 24.22**).

대부분의 질내 마이크로바이옴은 복원력(*resilience*) (생리와 같

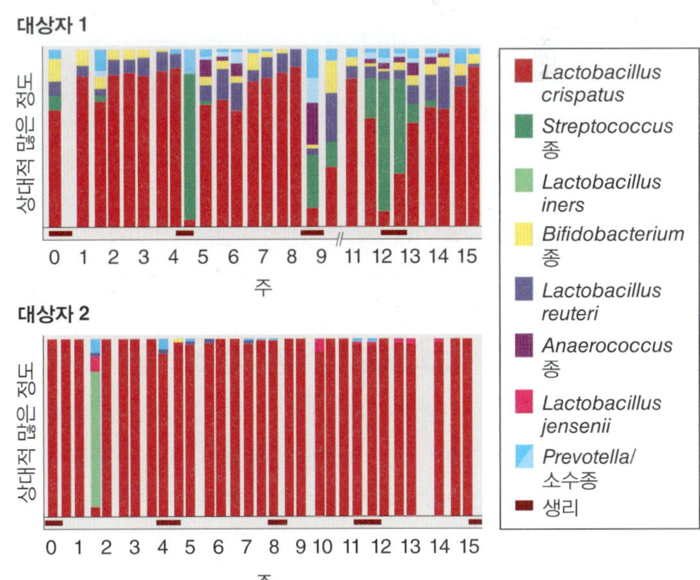

그림 24.22 2명의 대상에서 정상적인 질 미생물총의 회복력. 두 질의 군집들은 *Lactobacillus crispatus*에 의해 우점되었고, 혼동에 대한 복원력이 증명되었는데, 대상자 1에서 가장 특징있는 붕괴는 생리와 (적색의 수평 막대로 표시) 연관되어 있다. 이 그림에서 확인된 주요 집단 외에 다른 시기에 적은 수로 확인된 집단은 다음과 같았다: 대상자 1, *Alloscardovia*, *Escherichia*, *Peptostreptococcus*, *Finegoldia*, *Prevotella* 및 *Anaerococcus* 종; 대상자 2, *L. jensenii*, *Staphylococcus*, *L. gasseri*, *Corynebacterium*, *Clostridium* 및 *L. vaginalis*.

은 파괴 후 혼란 전의 군집구조로 되돌아가는 능력) 또는 저항성 (*resistance*) (혼란에 대한 반응으로 인한 군집파괴에 저항하는 능력)을 나타내는 안정된 것으로 보인다. 예를 들어, pH 관용성이 낮은 *Lactobacillus crispatus*가 지배하는 질 군집은 상대적으로 안정적이며 (그림 24.22) 복원력 (대상 1)이거나 저항성 (대상 2) 중 하나를 보여준다. 반면에 다른 질 군집은 질염 형태로 전환하는 경향이 더 크다. 예를 들어 건강한 *L. crispatus*가 지배하는 군집은 *L. crispatus*로 돌아오기 전에 건강한 *L. iners*가 지배하는 군집으로 전환될 수 있다 (그림 24.22*b*). 그러나 *L. crispatus*와 *L. iners* 군집들 모두 질 건강과 관련이 있지만, *L. iners*가 지배하는 군집은 질염으로 전환할 가능성이 있다. 질 세균 다양성은 또한 여성의 생리주기와 같은 짧은 기간에 걸쳐 증가하기도 하고 줄어들기도 한다. 높은 세균 다양성은 도입한 날들보다 생리 중에 더 심하게 나타나며, 에스트로겐 호르몬인 에스트라디올(estradiol)과 반비례 순환에 따르는 다양성을 가진다.

대부분의 진행 중인 인체 마이크로바이옴 연구에서 질의 분자 마이크로바이옴 분석은 질의 미생물 다양성, 질 건강 및 질병에 대한 감수성 간의 가능한 연관성을 밝혀냈다. 그러나 명확하고 직접적인 연관성은 아직 나타나지 않았다. 우리는 질 군집이 어떻게 형성되고 유지되는지 또는 질 세균불균형이 어떻게 발달하고 해결되는지를 완전히 이해하지 못한다. 그러나 일부 군집형태는 임상증상과 관련되거나 질 장애의 높은 위험과 관련되며, 조기 개입은 여성의 건강과 특히 산모와 아기의 건강을 유지하는 데 중요할 수 있다.

미니퀴즈

- 어떤 관찰이 충치가 *Streptococcus mutans*에만 의한 것이 아니라는 것을 나타내는가?
- 여드름을 일으키지 않고 *Propionibacterium acnes*가 많이 존재하는 것은 왜 가능한가?
- 질 건강에 대한 군집구조 기반 평가의 임상적 이점은 무엇인가?

IV • 인체 마이크로바이옴의 조절

인체 마이크로바이옴 연구의 한 가지 중요한 기초과학 목표는 미생물 조성과 인체에 있는 미생물의 활동이 건강을 증진시키거나 신체를 다양한 건강장애로 만드는지의 방법을 이해하는 것이다. 중요한 실질적 목표는 이 지식을 사용하여 사람의 건강과 체력을 개선시키는 것이다. 이 시점에서 우리는 미생물과 인체 사이의 관계에 대해 대략적으로 이해하고 있지만 최소한 몇 가지의 경우에는 인체 마이크로바이옴을 바꾸는 것이 중요한 건강상의 이점과 관련되어 있음을 강하게 암시한다.

24.10 항생제와 인체 마이크로바이옴

항생제는 자연계에서 생산되는 항균물질인데, 이들의 효능은 다른 세균에 따라 다양하다 (28장). 그러나 항생제를 구강 투여하면 표적 병원체뿐만 아니라 정상 미생물총도 적어도 어느 정도는 죽이거나 저해한다. 항생제 치료는 장의 정상 미생물총 (24.2절)의 상당한 양을 소실할 수 있다. 항생제 치료가 끝나면 성인의 정상 장 미생물총은 일반적으로 자발적으로 회복되지만 항상 그렇지는 않다.

태어난 지 처음 몇 달 동안 항생제를 사용하는 것은 정상 미생물총을 발달시키는 데 있어 특별한 문제가 있다. 이러한 붕괴는 면역체계의 정상적인 발달에 영향을 미칠 수 있으며, 아기가 후에 IBD나 알레르기 (24.8절)와 같은 자가면역 질환에 걸리기 쉽다. 최근의 연구는 또한 장 미생물총의 이른 붕괴는 숙주 에너지 대사에 영향을 미친다는 것을 보여주었다. 예를 들어, 생후 6개월 동안의 항생제 노출은 항생제를 투여받지 않은 경우에 비해 10개월에서 38개월 사이의 신생아의 체중증가와 관련이 있다. 어린 시절의 자가면역 질환의 증가와 함께 성인 비만으로 이어지는 아동기 비만의 빈도에 관한 우려가 증가함에 따라, 가능하다면 생후 초기에 인체의 장 미생물총의 정상적인 발달을 파괴하는 것을 피하는 것이 분명하게 중요하다.

Clostridium difficile 감염

정상 미생물총을 파괴하는 항생제 치료 후 종종 항생제 내성이 있는 기회성 병원체가 어린이나 노인에게 자리 잡을 수 있다. 특히 항생제 치료의 한 가지 문제가 되는 합병증은 독성이 있는 *Clostridium difficile*에 의한 감염과 항생제의 계속적인 투여로 감염을 해결할 수 없는 것이다 (**그림 24.23**). 항생제 치료와 *C. difficile* 감염의 발달 간에는 상당한 연관성이 있으며, *C. difficile*이 치료에 사용되는 항생제에 내성인 경우 감염의 위험성이 더 커진다.

*Clostridium difficile*은 건강한 신생아의 정상 장 미생물총의 일부로 1935년에 처음으로 언급되었다. 설사에 그 균의 역할은 1978년에 처음으로 기술되었으며, 2003년 이래로 병원에서 획득한 설사의 현저한 증가는 부분적으로 아주강한 병원성을 가졌고 독성이 있는 *C. difficile* 균주의 출현으로 인한 것이다. 이 균에 감염된 경우, 증상은 약한 설사에서부터 심한 복통 및 발열에 이르기까지 다

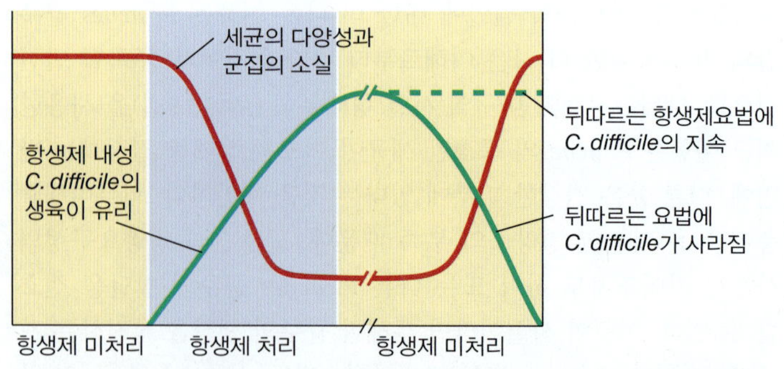

그림 24.23 항생제 치료는 *Clostridium difficile* 감염의 위험을 증가시킨다. 감수성이 있는 군집들이 자리잡아 심각한 군집 다양성 손실을 초래하여, 독성이 있는 *C. difficile*과 같은 항생제 내성 군집이 많아지게 만든다. 항생제 치료가 끝나면 *C. difficile*은 정상 장내 미생물총의 재확립에 의해 대체(초록색 선)되는데, 만일 이들이 계속 지속되면 (점선) 장 질환을 유발한다.

단원 6

양하다. 가장 심각한 합병증은 염증성 병변 및 장 천공이다; 이러한 결과로 패혈성 쇼크 (25.2절)와 사망이 일어날 수도 있다.

항생제를 복용하는 노인 입원환자가 여전히 주요 위험그룹이지만, 병원환경이나 항생제와의 이전에 접촉이 없었던 젊은 인구층에서도 *C. difficile* 감염의 유병률이 증가하고 있다. 최근까지는 항생제치료에 반응이 없는 환자를 치료할 효과적인 방법이 없었다. 정맥주사액 및 항생제를 사용한 치료가 효과적이지 않은 경우, 결장의 수술적 제거가 생명을 구하는 최후의 수단이었다. 그러나 *C. difficile* 감염의 회복에 대한 예후는 최근에 새로운 비약물 및 비수술 요법으로 현저하게 개선되었다: *C. difficile* 감염환자의 장으로 건강한 기증자의 장 내용물에 있는 분변물질을 주입하는, 일반적으로 **분변 이식(fecal transplant)**이라고 불리는 것이다. 대부분의 경우, 그러한 치료법은 *C. difficile* 감염재발을 겪고 있는 환자에서 건강한 결장을 회복시키는 것으로 나타났다. 이제 이 절차를 살펴본다.

분변 이식

염증성 장 질환 및 *C. difficile* 감염의 치료에 있어서 하나의 더 변화된 패러다임은 분변 이식의 사용이다. 분변 이식의 목표는 세균기원의 장 질환을 가진 사람의 장에 정상 미생물총을 재도입하여 이식된 마이크로바이옴이 정착하여 질병을 일으키는 원인생물체를 배제시키는 것이다. 의료계가 이 요법을 채택하기까지는 시간이 걸렸지만 건강한 기증자의 분변 이식에 의한 *C. difficile* 감염의 회복비율이 크게 개선되면서 이 절차가 널리 채택되고 있다.

우리가 보았듯이, *C. difficile*이 일단 정착하면 제거하기가 특히 어려운 병원체이다 (그림 24.23). 그러나 재발이 없는 *C. difficile* 감염이 치료된 환자의 비율은 분변 이식 요법의 경우 거의 90%이며 표준 항생제 치료의 경우 약 25%이다. 또한 분변 이식은 혈압과 포도당 수치의 상승, 과도한 복부지방 및 비정상 콜레스테롤 수치와 같은 흔한 2형 당뇨병 (인슐린 무반응) 전구체들의 특성을 가진 상태인 대사증후군(*metabolic syndrome*)의 일부 형태를 완화시킬 수 있음을 보여주었다. 마른체질의 기증자로부터 분변 이식을 받은 대사증후군 환자는 인슐린 민감성을 상당하게 증가시켰으며 분변에 부틸산의 양이 증가하였고 전체 장 미생물 다양성이 커졌고 무익한 미생물이라 생각되었던 부틸산생성미생물인 *Roseburia intestinalis*와 관련된 장 세균이 많아졌다.

분변 이식은 기증자가 건강하고 감염되지 않아야 할 필요가 있다. 그리고 분변은 체액으로 간주되기 때문에 기증자의 선별과 검사는 필수적이다. 잠재적인 기증자는 헌혈할 때 필요한 것과 유사한 선별조사표를 작성해야 하며, HIV (AIDS) 또는 간염에 걸릴 위험 요인이나 위장병, 자가면역 질환 또는 암 등의 과거병력이 있는 예비 기증자는 선발되어서는 안 된다. 예비 분변 기증자는 병원체 세트에 대한 혈액검사를 받아야 하며, 그들의 분변은 분변성 세균 병원체 및 기생충 검사를 받아야 한다. 모든 것이 확인되면, 분변샘플을 작은 유리병에 담아 냉동시킨 다음 필요시 해동하여 사용한다. 분변을 이식받는 사람은 일반적으로 대장내시경 검사 중에 식염수용액의 형태로 이식되어 이식된 분변이 실제로 결장상부에 도달하는지 확인한다.

배설물이 다소 순도가 약하고 근본적으로 통제되지 않거나 비조절적 또는 비정밀한 치료법으로 보일 수 있지만, 장내 미생물총의 적절한 조작으로 건강에 큰 이점을 줄 수 있으며 그 장내 미생물총은 이식을 무기한으로 장기간 유지할 수 있다는 연구결과가 축적되고 있다. 보다 일반적으로 분변 이식의 성공은 개선된 건강을 위한 인체 마이크로바이옴의 조작이 가능하다는 것을 보여주었고, 이러한 복잡한 군집들에 대한 더 깊은 이해를 바탕으로, 다음 절에서 다루게 되는 표적을 둔 개입이 가능할 수도 있다.

미니퀴즈

- 건강한 성인은 일반적으로 *Clostridium difficile*에 감염되지 않는 이유는 무엇인가?
- 선별되지 않은 사람의 분변을 받은 분변 이식자가 안전하지 않은 이유는 무엇인가?

24.11 프로바이오틱과 프리바이오틱

우리는 살아 있는 미생물 배양균의 섭취 [프로바이오틱(*probiotics*)] 또는 일반적으로 식물에서 유래한 특정 영양소 [프리바이오틱(*prebiotics*)]가 질병을 치료하고 장내 마이크로바이옴의 조절을 통하여 건강을 증진시키는 방법에 대해 간략히 논의하면서 이 장을 마무리한다.

프로바이오틱

유엔 식량농업기구와 세계보건기구(WHO)는 **프로바이오틱(probiotic)**을 "적절한 양으로 투여하면 숙주의 건강에 유익한 살아 있는 미생물"이라고 규정하고 있다. *Bifidobacterium*과 *Lactobacillus* 세균이 가장 일반적으로 논의되는 프로바이오틱들이다. 그들은 일반적으로 요구르트와 같은 발효유제품 (**그림 24.24**)의 섭취로 위장

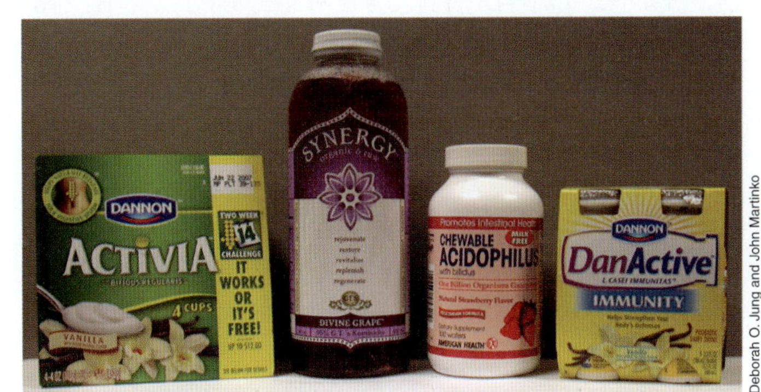

그림 24.24 세계적으로 널리 이용되는 프로바이오틱 식품 및 보충제들의 예. 일부 프로바이오틱 제품은 또한 프리바이오틱 (다양한 식물에서 얻은 특정 다당류)을 포함하고 있다.

관계에 전달되어 장이나 비뇨생식기 장애가 억제되기를 바란다.

대부분의 의사와 과학자들은 섭취한 프로바이오틱 식품은 아마도 치료적 가치가 제한적이라는 데 동의한다. 그럼에도 불구하고, 인체 미생물연구는 프로바이오틱 연구와 투자에 르네상스를 일으켰으며, 특히 효과적이고 보다 표적화된 프로바이오틱의 개발을 촉진시켰다. 분변 이식의 놀라운 성공 (24.10절)은 인체 마이크로바이옴의 합리적인 변형에 의한 치료의 잠재성을 나타낸다. 그러나 분변 이식이 매우 효과적임에도 불구하고 성공의 배경에 관한 기작에 대해서는 최소로 이해되고 있으며, 또한 일부 제한된 건수의 경우 왜 작동하지 않는지에 대한 이해도 잘 되지 않고 있다.

C. difficile 감염의 분자적 분석은 효과적인 프로바이오틱 치료(probiotic therapies)의 개발을 위한 기작 이해의 중요성을 강조하였다. 쥐와 사람 모두에서 항생제 치료 후 *C. difficile* 감염에 대한 내성은 (그림 24.23) 두 번째 *Clostridium* 종인 *C. scindens*가 존재하는 것과 관련이 있다. *C. difficile*에 감염된 쥐에게 이 종을 투여하는 것이 효과적인 프로바이오틱 치료법임을 보여주고 있다; 억제는 *C. scindens*가 콜릭산(cholic acid, 담즙에서 발견됨)을 *C. difficile*의 생장억제제인 데옥시콜릭산으로 전환시키는 능력과 관련이 있다. 유사한 연구에서 *Vibrio cholerae* (콜레라, 32.3절)에 의한 설사의 회복은 *Ruminococcus obeum* 세균의 증가와 관련이 있다. 이 세균은 *V. cholerae* 집락 형성인자의 발현을 억제하는 균체밀도 감지가 유도인자 (AI-2) (6.8절)를 생성하므로 콜레라균이 감염을 이루는 것을 효과적으로 막는다. 이 두 가지 경우 모두, 이러한 수준의 이해는 일반적이고 영양학적으로 접근할 수 있는 것보다 더 생태학적으로, 구체적으로 표적화되고, 과학적으로 입증된 프로바이오틱 치료법의 개발을 촉진할 것으로 기대된다 (그림 24.24).

프리바이오틱

프로바이오틱(*probiotics*)을 프리바이오틱(*prebiotics*)과 혼동해서는 안 된다. 건강한 정상 미생물총을 개발하기 위한 프리바이오틱 접근법을 미생물 생육 자극제로서 특정 식물영양소의 섭취를 촉진하는데, 이는 이 영양소가 건강한 결장과 연관된 것으로 알려진 장내의 특정 세균 종을 키울 것이라는 아이디어로 시작되었다. 프리바이오틱은 전형적으로 탄수화물인데, 이들은 신체에 의해 소화되지 않지만 특정 발효성 장내 세균의 우수한 탄소원 및 에너지원이다. 많은 채소에 존재하는 과당의 중합체인 올리고과당은 바람직한 장 미생물들을 자극하는 것으로 생각되었고, 복합 다당류인 이눌린(*inulin*)은 주요 프리바이오틱으로 상업적으로 널리 홍보되고 있다.

일부 프로바이오틱 제제 (특정 요구르트와 같은)에는 프리바이오틱도 포함되어 있다. 프로바이오틱에서 발생했듯이, 극적인 건강상의 이점은 일부 프리바이오틱 연구에서 주장되었다. 그러나 현재 건강한 결장 미생물총을 복원 또는 유지하기 위한 프리바이오틱의 명확한 이점들은 신중하게 조절되고 정량적인 과학연구에 의해 밝혀질 것이다.

미니퀴즈

- 프로바이오틱이란 무엇인가? 이는 프리바이오틱과 어떻게 다른가?
- 분변 이식이 프로바이오틱 및 프리바이오틱 요법의 개발에 대한 새로운 연구를 자극했다고 생각하는 이유는 무엇인가?

단원 정리

I • 건강한 성인 인체 마이크로바이옴의 구조와 기능

24.1 인체는 사람 몸의 총 세포수와 같거나 많은 수의 다양한 미생물 덩어리들에 의해 집락이 형성된다. 다른 신체부위는 각 부위에 서식하는 미생물의 유형에 영향을 미치는 독특한 서식처를 제공한다. 이러한 미생물총은 함께 사람의 건강 및 질병과 밀접하게 관련되어 있는 것으로 알려진 인체 마이크로바이옴을 구성한다.

Q 왜 인체 마이크로바이옴의 본질을 이해하는 것이 그렇게 복잡한 과정인가?

24.2 사람의 위장관은 영양 및 pH 특성이 아주 다른 많은 부분으로 구성되어 있으며, 이러한 것은 아주 다른 세균 집단을 지원한다.

Q 위장관의 길이에 따라 어떻게 미생물의 다양성과 수적 우세가 다른가?

24.3 특징적인 미생물그룹이 점막과 입의 단단한 표면에 집락을 형성하고 계속해서 침에 빠져나온다. 입의 다른 미세서식지 (단단하고 부드러운 표면, 잇몸 틈새)는 호기성 및 혐기성 집단의 높은 다양성을 유지한다.

Q 침은 왜 좋은 미생물 생장배지로 작용하지 않는가?

24.4 질과 말단요도를 제외하고, 남성과 여성의 비뇨생식기는 무균이다. 건강한 질내 마이크로바이옴은 글리코겐을 젖산으로 발효시켜 질 pH를 약 5로 낮춤으로써 다른 개체군의 생장을 억제하는 *Lactobacillus* 종에 의해 우점되고 있다.

Q 사춘기 초기에 질내 마이크로바이옴에 가장 큰 영향을 주는 요인은 무엇인가?

24.5 피부는 약 2평방미터의 몸을 덮고 있고 건강한 성인에서 약 10^{10}의 미생물을 지니고 있는 사람의 복잡한 기관이다. 마이크로바이옴 구성은 일반적으로 축축한, 건조한 또는 지방성으로 분류되는 피부부위의 다양성에 따라 다르다. 가장 흔한 피부 미생물은 *Actinobacteria*와 *Firmicutes*의 세균 문(phyla)이다.

Q ***Propionibacterium*** **종의 어떤 특성이 그들이 피지선에서의 집락형성을 설명하는가?**

II • 출생에서 사망까지: 인체 마이크로바이옴의 발달

24.6 인체 마이크로바이옴과 건강상태 간의 관계에 대한 우리의 최근 이해는 선택된 사람 연구그룹과 쥐를 사용한 동물모델의 실험적 조작에 의한 보완적 연구로부터 나온다. 인체의 연구는 미생물에 영향을 미치는 생활양식과 유전적 요소의 불완전한 통제로 인해 제한된다. 동물연구는 미생물학, 해부학 및 생리학에서 사람과 다르기 때문에 제한된다.

Q 쥐와 사람의 위장관 사이의 주요 해부학적 차이는 무엇이며, 그 차이가 미생물 구성에 어떻게 영향을 미칠 수 있는가?

24.7 신생아의 장내 마이크로바이옴은 생후 처음 2~3년에 걸쳐 보다 복잡한 성인과 유사한 군집으로 진화한다. 초기 집락형성은 자연분만 또는 제왕절개 및 모유 또는 분유수유에 의해 영향을 받는다. 사람 모유에 있는 독특한 올리고당은 병원체의 집락형성을 억제하고 *Bifidobacterium* 종과 같은 유익한 미생물을 선택한다. 연령에 따른 장내 마이크로바이옴의 변화는 노인의 허약과 관련이 있다.

Q 아이가 모유에서 고체 식품으로 전환될 때, 장내 마이크로바이옴과 연관된 변화는 무엇이며, 이러한 변화에 영향을 받는 생리학적 차이는 무엇인가?

III • 인체 마이크로바이옴으로 인한 장애

24.8 사람의 장내 마이크로바이옴의 변화와 관련된 두 가지 주요 질환은 염증성 장 질환 및 비만이다. 염증성 장 질환은 질병상태에서 미생물 유전자의 다양성 감소에 의해 영향을 받는 인체 숙주와 장내 미생물총 간의 정상적인 상호작용의 붕괴인 세균불균형과 관련되어 있다. 비만은 장의 마이크로바이옴 구성과 직접적으로 관련이 있으며, 이는 숙주 에너지 회복에 영향을 미치지만, 비만은 미생물이나 숙주가 기여하는 단일요인에 의해 결정되지 않을 가능성이 있다.

Q 메탄생성 고균(*Archaea*)은 비만과 어떤 연관이 있나?

24.9 충치와 치주염은 단일 병원체가 아닌 여러 미생물 종의 복합된 활동에 의해 유발된 입의 질병이다. *Propionibacterium* 종들의 균주 변형은 청소년의 흔한 피부염증성 질환인 여드름을 유발하는 능력과 관련이 있다. 질 군집은 젖산생산에 의해 pH를 낮추어 다른 생물체에의 집락을 제한하는 *Lactobacillus* 종이 우점하고 있다. 일반적으로 혼동에 매우 회복력을 가지지만, 질 군집은 생리 중 또는 질염 발병 동안에 보다 다양한 군집으로 전환한다.

Q 선택된 *Propionibacterium* 균주에 의한 피부의 집락형성에 기초한 치료법이 여드름 발생을 예방하는데 왜 효과적일까?

IV • 인체 마이크로바이옴의 조절

24.10 항생제 치료는 장 정상 미생물총과의 경쟁을 줄임으로써 심각한 장 질환을 유발하는 독성 세균인 *Clostridium difficile*에 의한 감염을 일으킬 수 있다. 표준 또는 반복 항생제 치료로 해결할 수 없는 감염은 건강한 기증자의 분변물질을 감염된 사람의 장으로 도입하는 분변 이식에 반응하는 것으로 나타났다.

Q *C. difficile* 감염 치료에 분변 이식의 성공이 왜 인체 마이크로바이옴과 관련된 다른 장애를 위한 생태기반 요법의 개발을 장려했는가?

24.11 프로바이오틱은 적절한 양을 투여할 때 숙주에 건강상의 이익을 주는 생균이다. *Lactobacillus* 종의 프로바이오틱 건강 이점은 일반적으로 홍보되고 있지만, 효능에 대한 임상적 증거는 거의 없다. 그럼에도 불구하고 *Clostridium scindens*와 같은 생물체가 병원체의 집락을 억제하는 기작에 대한 새로운 이해는 표적화된 프로바이오틱이 *C. difficile* 감염으로 인해 유발된 질병을 예방하거나 치료하기 위해 개발될 수 있음을 보여준다. 프리바이오틱은 유익한 장내 미생물의 생장을 촉진시키는 것으로 생각되는 영양 보충제이다.

Q *C. scindens*가 *C. difficile*에 의한 집락형성을 억제하는 기작은 무엇인가?

응용 문제

1. 당신의 심각한 감염을 치료하기 위하여 고농도의 광범위한 항생제를 사용해야만 하는 상황에 놓였다. 이 요법이 당신의 장내 미생물총을 심각하게 파괴하여 *Clostridium difficile*에 의해 유발되는 장 질환으로 이어질 가능성이 있다는 것을 당신은 고려하고 있다. 치료 전에, 항생제 치료가 길어진 후에 당신의 정상 장내 미생물총이 회복되도록 하려면 어떻게 해야 하는가? 이 복원이 달성될 수 있는 두 가지 방법, 즉 당신의 정확한 미생물을 회복하는 방법과 일부 대표적인 종을 회복할 수 있는 방법에 대해 토론하라.

용어 해설

Dysbiosis (세균불균형) 주로 소화관 또는 피부의 미생물총에서 관찰되는 건강상태의 정상에 대해 상대적인 개인의 미생물총 변화 또는 불균형

Fecal transplant (분변 이식) 한 사람의 결장에서 다른 사람의 결장으로 미생물총의 전달

Host (숙주) 병원성 또는 유익한 (미생물) 생물체를 가질 수 있는 생물체

Human microbiome (인체 마이크로바이옴) 인체 내부 및 외부에 있는 총 미생물체

Lower respiratory tract (하기도) 기관, 기관지 및 폐

Microbiome (마이크로바이옴) 인체와 같은 환경시스템에서 다른 미생물의 기능적 컬렉션

Microbiota (미생물총) 사람의 피부 또는 사람의 위장관과 같은 환경 서식지에 존재하는 생물체들의 유형

Mucin (뮤신) 수분을 유지하고 점막 표면의 미생물 침입을 방해하는 점액을 형성하는 수용성의 당단백질 및 단백질을 함유하는 분비물로 특화된 상피세포로부터 분비

Normal microbiota (정상 미생물총) 건강한 신체 조직과 연관된 곳에서 흔히 발견되는 미생물들

Probiotic (프로바이오틱) 적절한 양으로 투여될 때 숙주에 건강상의 이익을 주는 살아있는 미생물

Upper respiratory tract (상기도) 비인두, 구강 및 인후

Volatile fatty acids (VFAs) (휘발성 지방산) 위가 하나인 동물의 대장과 초식동물의 반추위 또는 맹장에서 발효 중에 생성되는 주요 지방산 (아세트산, 프로피온산, 부틸산)

미생물 감염과 병원성

25

현재의 미생물학

치아에 증식하는 미생물 군집

치태(dental plaque)가 없는 최상의 구강 위생을 가진 사람은 거의 없으며, 치아와 잇몸 사이의 미생물 생물막이 잇몸의 위아래로 형성된다. 치태는 정기적으로 제거하지 않으면, 충치 (구멍)로 이어지며 치아 에나멜과 상아질의 일부가 세균의 공격적인 활동으로 부서지는 상태를 초래한다. 치태와 충치는 *Streptococcus mutans* 와 이 세균과 가까운 종류인 *S. sobrinus*와 같은 구강 세균들의 자연적인 경향으로 치아와 잇몸에 단단히 부착하여 자당 (설탕)을 젖산으로 발효시켜 치아를 공격하여 서서히 썩게 한다.

최근까지 치태는 주로 앞서 언급된 연쇄상구균으로 구성되었다고 생각되었다. 두 종 모두 치태에서 쉽게 분리될 수 있었으며, 광학현미경과 전자현미경에서 전형적으로 *Streptococcus* 속의 특징인 연쇄상의 많은 구균을 보여 주었다. 그러나 치태의 미생물 다양성에 대한 최근의 분자 생태학적 연구에서 이 물질은 연쇄상구균 이상으로 구성되어 있으며 정확하게 구조화된 방식으로 발전된 것을 보여주었다.

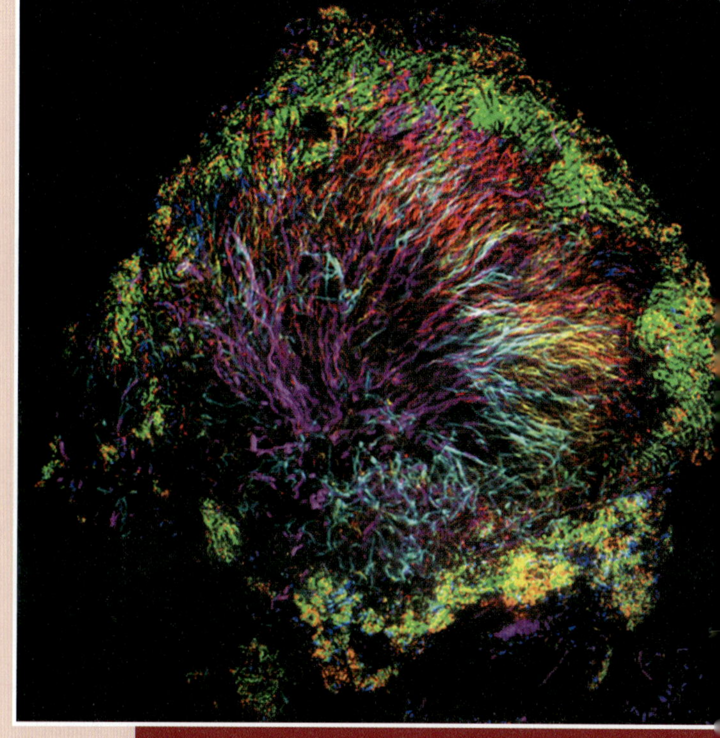

여기 이 사진은 현광현장 혼성화(FISH)에 의해 염색된 사람의 치태를 통한 단면의 광학현미경 사진이다. 세균의 다른 주요 문(phylum)에 특이하고 뚜렷한 형광 염료를 함유하는 다른 올리고뉴클레오티드들은 치태의 세포에서 rRNA로 혼성화된 후에 형광현미경으로 관찰되었다. 놀랍게도, 연구자들은 주로 연쇄상구균을 보는 대신에 다양하고 고도로 조직된 미생물 군집을 보았다. 이 전자현미경 사진은 주로 치아 표면에서 나오는 비계(scaffold)를 형성하기 위해 결합된 여러 가지 다른 세균들을 넘어 플라크의 주변부에 위치한 연쇄상구균 (얼룩진 녹색)을 보여준다. 이들 중에는 *Corynebacterium* (보라색), *Capnocytophaga* (붉은색), *Fusobacterium* (노란색), *Leptotrichia* (청녹색), *Haemophilus* (오렌지) 등이 있다. 이 연구를 통해 얻어진 주요 결론은 비계미생물들이 아마도 streptococci를 자당이 좀 더 많이 있는 구강 안으로 퍼져나가도록 하는 기능을 하는 것 같다.

오래된 문제들에 대한 새로운 견해는 종종 놀라운 결과를 보여준다. 치태의 경우에 FISH 기술은 이전에 잘 특성화된 두 종의 세균에 의해 지배된 것으로 생각되었던 서식지에서 완전히 새로운 미생물 세계를 보여주었다.

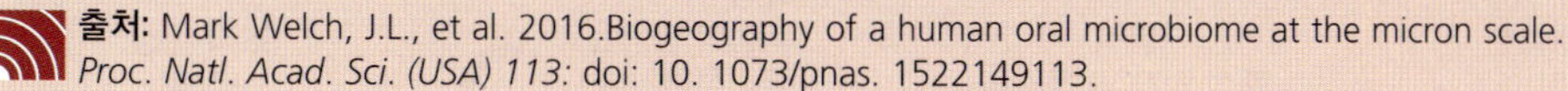

출처: Mark Welch, J.L., et al. 2016.Biogeography of a human oral microbiome at the micron scale. *Proc. Natl. Acad. Sci. (USA) 113:* doi: 10. 1073/pnas. 1522149113.

I • 사람–미생물 상호관계

인간은 환경에 있는 모든 종류의 미생물들에 노출되어 있다. 야외에서 걷거나, 실내에 앉아 있거나, 어떤 종류의 신체 활동에 참여하든, 환경 미생물과 인간은 상호 작용을 한다. 24장에서 보았듯이, 인체는 수많은 미생물이 서식하는 자연적인 곳이기도 하다. 이들 중 대부분은 무해하며 아주 적은 종류들만이 질병을 일으킨다. 그러나 이들 병원체는 정상 인체 미생물총(human microbiota)의 일부가 아닌 병원체들과 더불어 병원성 생활 방식이 내재되어 있는 독특한 특성을 가지고 있다. 이 장의 주요 초점은 이러한 구체적인 특성과 질병의 상태를 유발하는 방법에 대하여 고려하는 것이 될 것이다.

25.1 미생물 부착

전염병의 세계에서 **감염(infection)**이라는 용어는 숙주상 또는 숙주 내에서 미생물의 생장을 암시하는 데 사용되는 반면, **질병(disease)**이라는 용어는 숙주 기능을 손상시키는 실제 조직 손상 또는 상해로 귀결된다. **병원체(pathogen)**가 감염되는 특정 조직에 접근하여 감염되면, 질병은 먼저 그 조직에 부착하고 많은 세포 또는 바이러스 입자를 생성하며, 독성 물질 또는 침입 물질의 방출에 의한 조직 (또는 전체 생물체)을 손상시키는 경우에만 발생한다 (**그림 25.1**). 부착은 첫 번째 단계이며, 부착이 질병의 시작에 요구되지만, 숙주가 감염을 막을 수 있는 선천적인 방어력이 많기 때문에 질병을 시작하는 것만으로는 충분하지 않다; 우리는 이것을 26장에서 고려할 것이다.

부착 분자

병원체는 전형적으로 병원체의 분자와 숙주 조직의 분자 사이의 특정 상호 작용을 통해 상피 세포에 부착된다. 또한 병원체는 생물막 자체를 특정 조직에 부착시켜 생물막을 형성하여 (5.1절 및 20.4절), 서로 부착할 수 있다. 병원미생물학에서 **부착(adherence)**은 세포 또는 표면에 부착하는 미생물의 향상된 능력이다. 병원체는 한 종류 또는 다른 종류의 감염통로(*portal of entry*)를 통해 숙주조직에 접근할 수 있다. 이들에는 점막, 피부 표면, 점막 아래 또는 천공된 상처, 곤충 물기, 상처 또는 기타 찰과상으로부터 이들 부위에 침투 중인 피부 등이 포함된다. 포털 입구는 양립할 수 없는 조직에 접근하는 병원체가 일반적으로 비효율적이기 때문에 감염의 확립에 중요할 수 있다. 예를 들어, 세균 *Streptococcus pneumoniae*의 세포를 삼키게 되면 위의 강한 산성으로 죽게 되는 반면, 동일한 세포가 호흡기에 도달하면 치명적인 폐렴의 사례를 유발할 수 있다.

병원체와 숙주의 세포의 표면을 코팅하는 수용체 분자들은 병원체를 숙주 조직에 부착시키는데 종종 중요하다. 특정 수용체는 세균, 바이러스, 기생충을 포함한 모든 유형의 병원성 미생물의 결합에 중요할 수 있다 (**그림 25.2**). 병원체의 수용체는 숙주 세포막의 상보적인 분자에 특이적으로 결합하도록 진화되었으며, 병원체와 숙주 세포가 가지는 수용체의 상보적인 특성은 병원체가 적절한 감염 부위에 도착했다는 것을 병원체에 알리는 것이다. 병원체 표면의 수용체는 **부착소(adhesins)**라고 불리며, 세포의 외층에 공유결합된 당단백질 또는 지질단백질로 구성된다 (그림 25.2*a*). 숙주 세포의 수용체는 일반적으로 당단백질 또는 갱글리오사이드 또는 글로보사이드 (당 및 기타 분자를 함유한 스핑고지질)와 같은 복잡한 막지질이다.

부착 구조: 캡슐, 섬모, 선모, 편모

일부 부착소(adhesins)는 세포벽의 구성 요소와 공유결합될 수도 있고 그렇지 않을 수도 있는 외부 세포 표면 구조의 일부를 형성한다. 예를 들어, 몇몇 주목할 만한 병원성 세균은 **캡슐(capsule)**을 형성한다. *Bacillus anthracis* (탄저병 원인 세균)의 캡슐은 아미노산 D-glutamate를 함유한 폴리펩티드로 구성된다. *B. anthracis*의 캡슐은 광학현미경으로 세포에서 볼 수 있으며, 캡슐화된 세포는 한천 평판에서 자랄 때 매끄러운 점액성 집락을 형성한다 (**그림 25.3**). 전자현미경은 또한 세균의 캡슐을 명확하게 나타낼 수 있다 (그림 25.3*c*). 캡슐 표면에는 숙주 조직에 대한 부착을 용이하게 하는 특정 수용체가 포함되어 있지만, 캡슐 자체의 본질적으로 끈적끈적한 특성은 전반적인 부착 과정을 돕는다. 캡슐은 일부 병원체를 숙주 조직에 부착시키는 데 중요하지만, 콜레라의 원인인 *Vibrio cholerae* (그림 25.2*a*)와 같은 많은 중요한 병원체에는 캡슐이 없다.

부착 이외에, 캡슐은 숙주 방어 기작으로부터 병원성 세균을 보호하기 위해 특히 중요하다. 예를 들어, *Streptococcus pneumoniae* (세균성 폐렴)의 독성 인자라고 알려진 유일한 것이 다당류의 캡슐

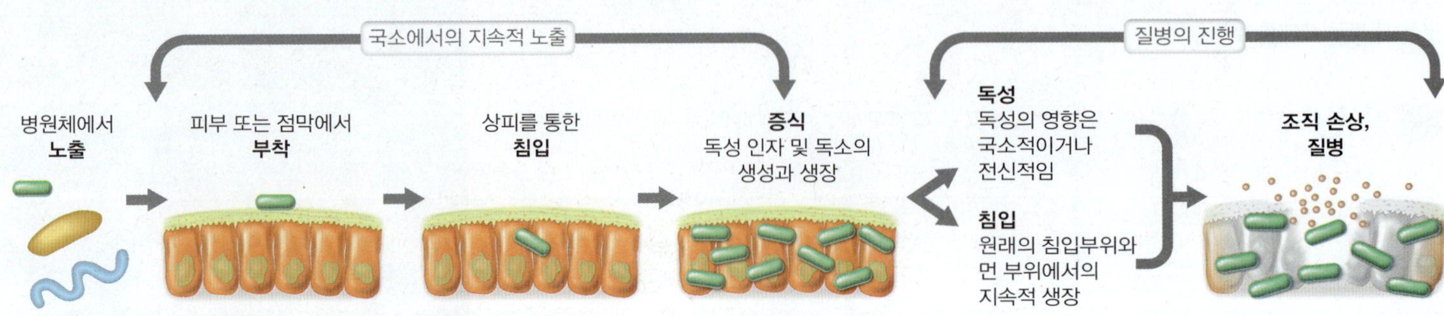

그림 25.1 미생물 병원성. 병원성 미생물에 노출된 후 일련의 사건이 감염을 일으키고 진전되어 질병이 초래된다.

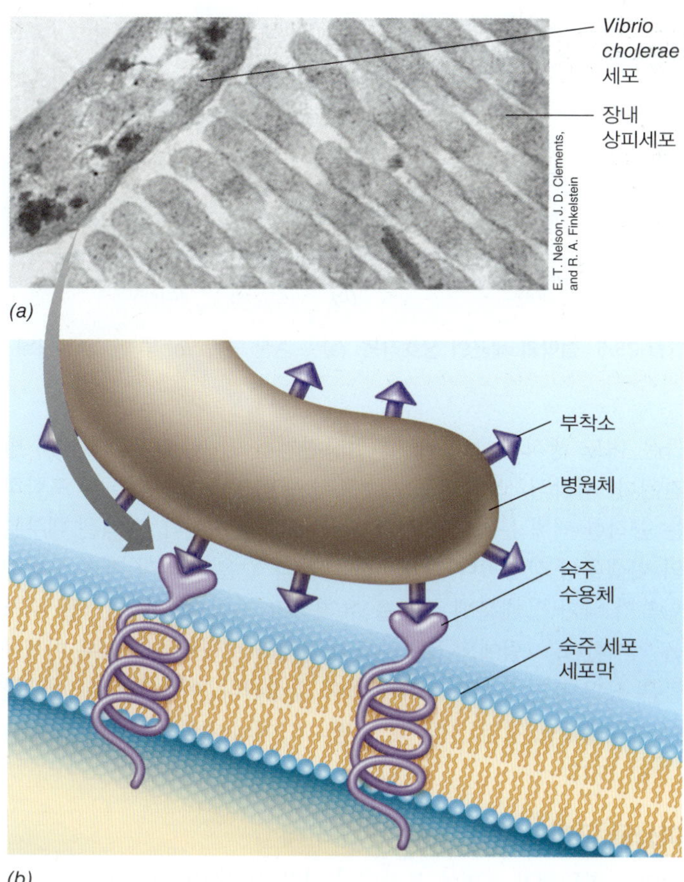

그림 25.2 세포 표면에 있는 수용체 분자를 통한 조직에 병원체의 부착. *(a)* 소장 내 미세융모의 연변부에 부착된 그람-음성 세균 *Vibrio chloerae*의 얇은 절편의 투과전자현미경 사진. *(b)* 세균성 병원체는 세균과 숙주 세포 표면의 상보적인 수용체를 통해 숙주 조직에 특별히 부착된다.

이다 (**그림 25.4**). 캡슐을 가지는 *S. pneumoniae* 균주는 폐 조직에서 엄청난 개수로 생장하고, 여기서 폐의 기능을 방해하는 숙주반응을 시작하고, 아주 심한 숙주손상을 초래하여 사망에 이르게 할 수 있다 (30.2절). 반면에, 캡슐을 가지지 않는 균주들은 식균작용(*phagocytosis*)이라 불리는 과정에 의해 세균을 소화하고 죽이는 백혈구 세포인 식세포(phagocytes)에 의해 빠르고 효율적으로 잡혀서 파괴된다 (26.5~26.7절).

많은 병원체들은 캡슐이나 점질층 외에 다른 세포 표면 구조체를 통해 특정 형태의 세포에 선택적으로 부착한다. 예를 들어, 임질이라는 성병의 원인 병원체인 *Neisseria gonorrhoeae* (30.13절)는 비뇨생식기관, 눈, 직장, 목구멍 등에 있는 점막 상피세포에 특이적으로 부착한다; 대조적으로 다른 조직에는 감염하지 않는다. *N. gonorrhoeae*는 Opa (opacity associated protein)라고 불리는 표면단백질을 가지고 있는데, 이 단백질은 숙주 세포의 표면에서만 발견되는 숙주단백질에 특이적으로 결합하여 병원체가 숙주 세포에 부착하게 한다. 같은 방법으로, 인플루엔자 바이러스는 폐 점막세포를 표적으로 하여 바이러스 표면에 있는 혈구응집소 단백질(hemagglutinin)을 통해 폐 상피세포에 특이적으로 부착한다

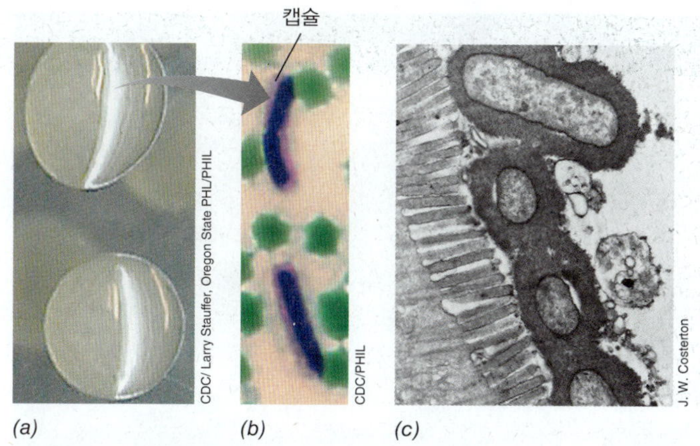

그림 25.3 병원체 부착 촉진자로서의 세균상 캡슐. *(a)* 한천평판에서 생장하고 있는 *Bacillus anthracis*. 캡슐화된 세포의 점액성 집락의 직경은 약 0.5 cm이다. *(b)* 말의 혈액에서 생장하는 캡슐 염색된 *B. anthracis* 세포의 광학현미경 사진 (보라색). 세포는 직경은 1 μm이다. *(c)* 장내병리학적 *Escherichia coli*의 세포는 뚜렷한 캡슐을 통해 장내 미세융모의 연변부에 부착되어 있다. *E. coli* 세포는 직경은 약 0.5 μm이다.

(10.9절 및 30.8절).

펌브리아(fimbriae)와 선모(pili)는 부착에서 기능을 하는 세균 세포 표면의 단백질 구조체이다 (2.7절, **그림 25.5**). 예를 들어, Opa와 함께, *Neisseria gonorrhoeae*의 선모는 비뇨생식기의 상피에 부착에 중요한 역할을 하며, 펌브리아를 가진 *Escherichia coli* 균주는 펌브리아가 없는 균주에 비해 훨씬 빈번하게 요도감염을 초래한다. 펌브리아들 중 가장 특성이 잘 알려진 것은 장내세균(*Escherichia*, *Klebsiella*, *Salmonella*, *Shigella*)의 I형 펌브리아(*type I fimbriae*)이다. 선모는 일반적으로 펌브리아보다 길고 적은 수가 존재한다. 섬모와 선모 둘 다 숙주 세포의 당단백질에 결합하는 기능을 하여 부착을 시작하며, 부착 이외에도 일부 선모는 세균의 유

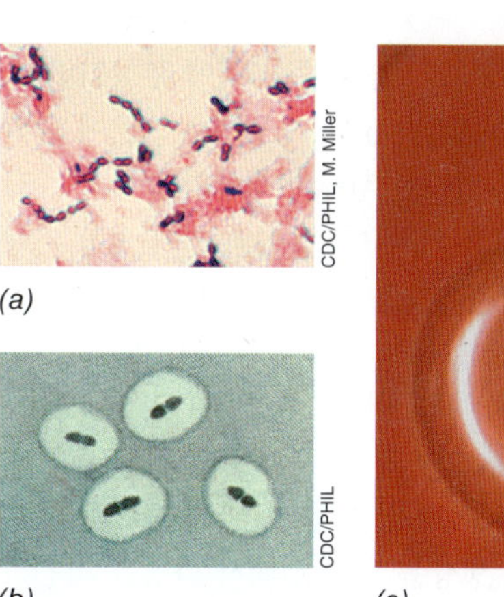

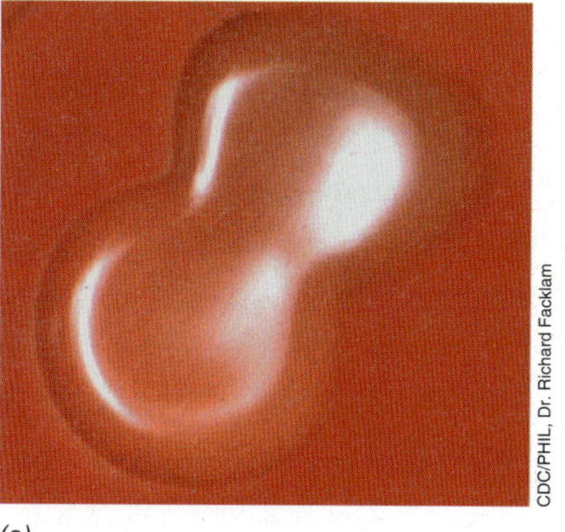

그림 25.4 *Streptococcus pneumoniae*의 캡슐과 집락. *(a) S. pneumoniae* 세포의 그람염색; 캡슐이 보이지 않는다. *(b)* 항캡슐 항체 (Quellung 반응)가 처리된 *S. pneumoniae*에서 캡슐이 보인다. *(c)* 혈액한천배지에서 자란 캡슐이 형성된 *S. pneumoniae*의 집락들은 중심부 함몰이 있는 점질성 형태를 보여준다. 집락들의 직경은 약 2~3 mm이다. *S. pneumoniae*의 단일 세포는 직경이 약 0.75 μm이다.

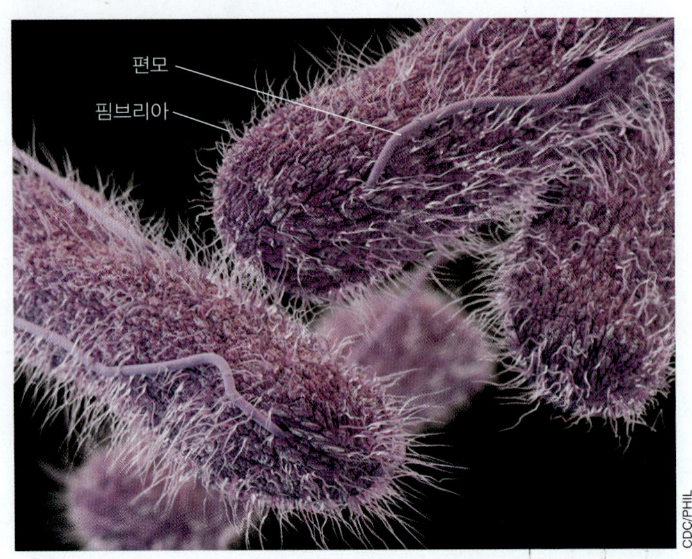

그림 25.5 핌브리아. 많은 얇은 핌브리아와 매우 두꺼운 주모성 배열을 보여주는 *Salmonella enterica* (*typhi*) 세포의 주사전자현미경 사진의 컴퓨터 생성 이미지. 하나의 세포는 지름이 약 1 μm이다.

전자 전달 과정의 접합에서 기능한다 (11.8절). 선모와 핌브리아는 숙주 세포 표면의 당단백질에 특이적으로 결합하여 부착을 개시하는 기능을 한다. 편모는 또한 그 역할은 핌브리아와 선모의 역할보다 덜 중요한 것으로 생각되지만 세균 세포가 숙주 세포에 부착하는 것을 촉진시킬 수 있다 (그림 25.5).

미니퀴즈

- 전염병을 일으키기에 충분하지 않으나 요구되는 것은 무엇인가?
- 숙주 조직에 병원체 부착을 촉진하는 분자 또는 구조를 설명하라.

25.2 집락화와 침입

단일 병원성 바이러스 또는 세포가 특정 숙주 조직에 부착되면 그 자체로는 질병을 일으키기에 충분하지 않다; 병원체는 그곳에 살면서 증식해야 한다. 숙주 조직에 접근한 후에 미생물의 생장하는 **집락화(colonization)**는 신생아가 자연적으로 유아의 초기 정상 미생물총(normal microbiota)이 될 무해 (많은 경우 필요한) 세균과 바이러스에 노출됨에 따라 태어나면서부터 시작된다 (24장).

인체는 유기 영양소가 풍부하며 미생물의 생장에 유리한 pH, 삼투압, 온도 조건 등을 제공한다. 그러나 피부, 호흡기, 위장관, 비뇨생식기와 같은 각 신체 부위는 화학적으로나 물리적으로 다른 부위와 다르므로 특정 미생물의 생장을 위한 선택적 환경을 제공하지만 다른 미생물은 그렇지 않다. 그 결과, 병원체는 다소 견고한 조직 특이성을 나타내며 (표 26.1), 이러한 사실은 종종 미생물 감염의 진단에 도움이 된다.

집락화는 일반적으로 **점막(mucous membranes)**이 존재하는 위치에서 시작된다 (**그림 25.6**). 점막은 외부 환경과 접촉하는 단단히 채워진 세포인 상피 세포(*epithelial cells*)로 구성되어 있다. 그

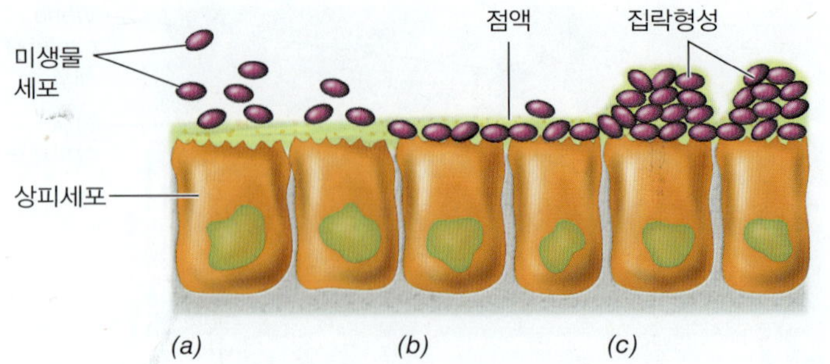

그림 25.6 점막과 세균의 상호작용. *(a)* 느슨한 연합, *(b)* 부착, *(c)* 집락화.

들은 비뇨 생식계, 호흡계 및 위장관계를 감싸는 몸 전체에서 발견된다. 점막의 상피 세포는 수용성 단백질과 당단백질을 포함하는 끈적한 액체 분비물인 **점액(mucus)**을 분비한다. 점액은 대부분의 미생물이 삼키거나 재채기하는 것과 같은 물리적 과정에 의해 휩쓸려 나가기 때문에 수분을 유지하고 자연적으로 미생물 부착을 억제한다. 그럼에도 불구하고 병원체와 비병원체의 일부 미생물들은 상피 표면에 부착되어 집락이 형성된다. 이들 부착된 미생물이 병원체라면, 감염, 침입 및 질병의 단계의 기틀을 마련하게 된다 (그림 25.1).

미생물 군집의 생장: 사람 충치의 예

감염은 병원체가 표면에 부착되어 집락이 형성된 후 (그림 25.1 및 25.6), 병원체의 생장이 필요하며 실제 질병 과정은 단일 유형의 미생물이 아니라 상호 작용하는 미생물 군집의 결과일 수 있다. 이것의 훌륭한 예는 구강미생물 질환인 **충치(dental caries)** (치아 부식)에서 발견되며, 부착과 감염은 질병 과정에서 이러한 주요 사건의 모델로 잘 연구되었다.

깨끗하게 닦은 치아 표면에서도 타액의 산성 당단백질은 몇 um 두께의 얇은 생물막을 형성한다. 이 막은 세균 세포에 대한 부착 부위를 제공하고 구강 연쇄상구균은 신속하게 집락이 형성된다. 여기에는 특히 치아 부식에 가장 자주 관여하는 *S. sobrinus*와 *S. mutans*의 두 가지 *Streptococcus* 종이 포함된다. 이들 두 생물체는 모두 캡슐을 생산한다 (25.1절). *S. sobrinus* 캡슐은 숙주의 타액 당단백질 (**그림 25.7*a*, *b***)에 특이적인 부착소 (그림 25.2*a*)를 함유하고 있는 반면에, *S. mutans*는 틈새와 작은 균열 내에 존재하며 치아와 잇몸 표면에서 세포를 보호하기 위해 생산되는 강한 부착성의 다당류인 덱스트란에 의존한다 (그림 25.7*c*, *d*). *S. sobrinus*와 *S. mutans*는 젖산세균으로 (16.6절), 포도당을 젖산으로 발효시켜 치아 에나멜을 파괴하는 요인이다. 그러나 부식 활동의 유발물질은 이 종들이 부착 및 집락화에 필요한 두꺼운 캡슐을 생산할 수 있게 해주는 자당 (설탕)이기 때문이다.

이러한 구강 연쇄상구균의 광범위한 생장은 **치태(dental plaque)**라는 두꺼운 생물막의 생성을 초래한다 (그림 25.7). 계통유전학적 탐침자(phylogenetic probe)를 사용하여 치과 플라크의 미생물 다양성을 보다 쉽게 탐색할 수 있으며, 두 *Streptococcus*

단원 6

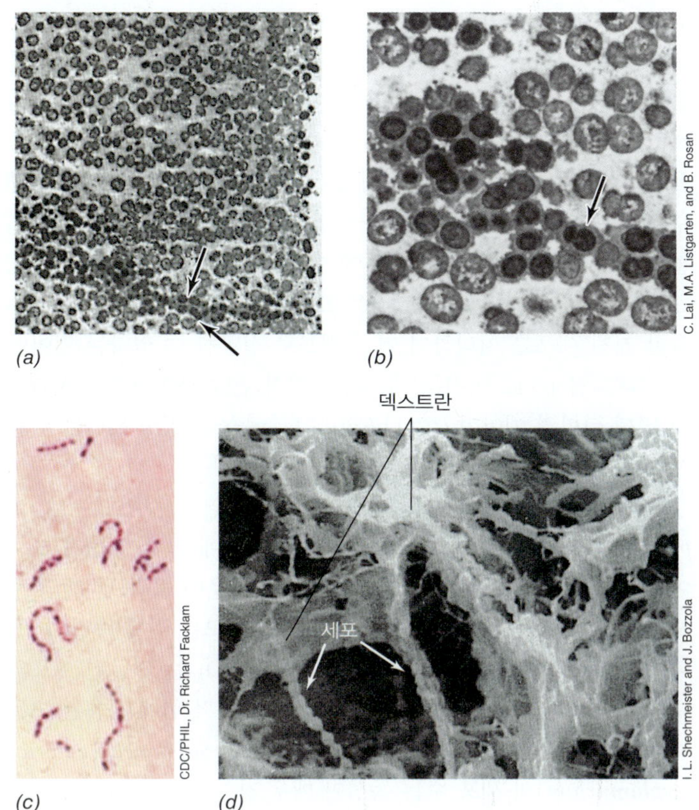

그림 25.7 충치를 일으키는 *Streptococcus* 종과 치태. *(a)* 저배율의 현미경 사진은 주로 치과 플라크에 내재된 연쇄상구균 세포 형태를 보여준다. *(b) S. sobrinus* 세포 (어두운, 화살표)가 있는 플라크의 영역을 보여주는 더 고배율의 현미경 사진. *S. sobrinus* 세포를 둘러싼 광범위한 캡슐에 주목하라. *(c)* Streptococci의 특징적인 세포사슬을 보여주는 *Streptococcus mutans* 배양의 광학현미경 사진. *(d)* 끈적한 덱스트란 물질이 세포들을 섬유상 형태로 붙잡고 있는 것을 보여주는 주사전자현미경 사진. *S. sobrinus*와 *S. mutans*의 세포 직경은 각각 약 1 μm이다.

종은 전체 이야기가 아니라는 것이 명백하다. *Corynebacterium*, *Prophyromonas*, *Leptotrichia*, *Neisseria*, 필라멘트성 혐기성 *Fusobacterium*, 기타 많은 종들을 포함하는 다른 그람-양성 및 그람-음성 세균들이 플라크에 존재한다 (**그림 25.8**). 더욱이 다른 종은 충분히 발육된 치과 플라크에서 특정 구조적 및 기능적 역할을 할 가능성이 크다. 이것은 FISH 염색된 (19.5절) 부분에서 볼 수 있는데, 치아 표면에 얇은 생물막에 부착한 *Corynebacterium* 세포의 필라멘트성의 가느다란 것들이 치아 표면에서 가까운 거리에 있는 *Streptococcus*와 다른 세균들에 부착된다 (그림 25.8). 이러한 배열은 *Streptococcus* 세포가 치아 표면에서 타액, 당, 기타 영양소가 더 풍부한 구강 영역으로 확장되도록 한다.

이같이 치과 플라크는 여러 가지 다른 종류의 세균 속(genus)과 축적된 산물로 구성된 복잡한 혼합배양의 생물막이다. 몇몇 고균(*Archaea*), 주로 *Methanobrevibacter oralis*와 같은 메탄생성 균주들도 치과 플라크에 존재한다. 치과 플라크가 축적됨에 따라, 미생물총(microbiota)은 국부적으로 고농도의 젖산을 생성하여 치아 에나멜을 탈칼슘화시키는 충치를 일으킨다. 치아 에나멜은 견고하게 석회화된 조직이며, 미생물이 이 조직을 침범하는 능력은 치주상태 (치아를 지지하는 잇몸 및 골조직의 질병)를 포함하여, 충치(dental caries)와 관련된 보다 심각한 구강 병리학의 범위에서 중요한 역할을 한다.

침입과 전신 감염

충치의 경우에 세균 감염은 주로 치아와 잇몸 표면에 존재한다. 대조적으로, 대부분의 전염병에서 병원체는 질병을 촉진하기 위해 조직 표면을 침입하여야 한다. **침입(invasion)**은 병원체가 숙주 세포나 조직으로 들어가고, 전파되고, 질병을 유발하는 능력이다. 일부 병원체들은 국소적으로 남아 *Staphylococcus* 피부 감염에 의해 생기는 종기와 같은 단일 감염 중심에서 증식하고 침입한다 (30.9절). 그러나 종종 병원체는 혈류로 유입되어 신체의 먼 곳으로 이동할 수 있다. 병원체와 개인의 전반적인 건강, 그리고 개인의 면역계에 따라서, 혈액에 세균의 존재는 경미하거나 또는 매우 심각한 결과를 가져올 수 있다.

혈액 속에 세균이 단순히 존재하는 것은 **균혈증(bacteremia)**이라고 불린다; 이 상태는 세균 세포가 혈류에서 자라지 않으므로 면역계가 신속하게 제거하기 때문에 일반적으로 자체 제한적이다. 균혈증의 증상은 경미하거나 전혀 없을 수 있다. 대조적으로, **패혈증(septicemia)**에서 세균은 혈류에서 번식하고 이들 생물체는 초

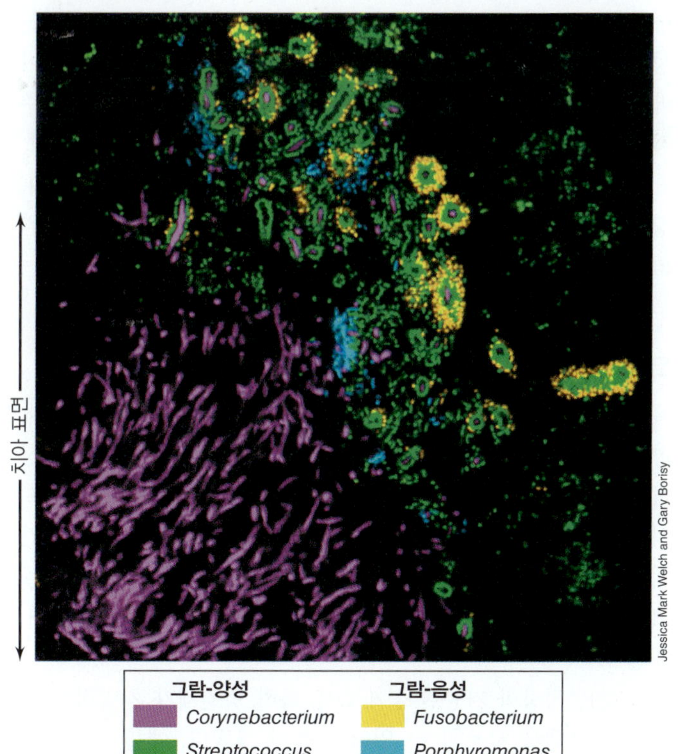

그림 25.8 치태의 세균 다양성. 다른 형광 태그가 포함된 계통발생학적 탐침자를 사용하여 사람의 치태를 통해 FISH-염색된 절편의 공초점 전자현미경 사진. 특정 그룹과 일치하는 색상은 사진의 아래에 표시되었다. 치아 표면은 그 표면의 부착부위에서 튀어나온 부착된 연쇄상구균을 포함하는 필라멘트성 *Corynebacterium* 종 (붉은색)으로서 왼쪽에 있다.

기 병소에서 전신으로 퍼지고 독소 또는 유해 물질을 생산한다. 패혈증은 보통 장, 신장 또는 폐와 같은 특정 기관에서 감염으로부터 시작하여, 거기에서 신체 전체로 빠르게 퍼져나간다. 패혈증은 일반적으로 주요 증상들과 관련이 있으며, 심한 염증을 일으켜 패혈증 쇼크 [패혈증(sepsis)]와 사망을 초래할 수 있다. 바이러스 혈증(*viremia*)은 혈류에 존재하는 바이러스를 설명하는 데 사용되는 용어이며, 백신 접종을 사람들에서 감염성이 매우 큰 질병인 홍역 (30.6절)은 전신성 바이러스 혈증의 좋은 예이다.

주어진 숙주에서 질병을 일으키는 병원체는 질병을 유도하는 고유한 능력에 따라 경증 또는 중증의 결과를 유발할 수 있다. 우리는 이제 독성(*virulence*)이라고 불리는 중요한 전염병 개념에 초점을 맞춘 이들 능력을 지배하는 원리에 대하여 고찰하고자 한다.

미니퀴즈

- 병원체는 어떤 신체 부위에 부착되어 집락화되는가?
- 감염과 질병을 구분하라.
- 균혈증 또는 패혈증 가운데 어떤 것이 더 심각한 상태인가, 왜 그런가?

25.3 병원성, 독성, 약독

각 병원체의 독특한 특성은 **병원성(pathogenicity)**, 질병을 일으키는 전반적인 능력에 기여한다. 병원성의 척도는 질병을 일으키는 병원체의 상대적 능력인 **독성(virulence)**이라고 한다. 병원성과 독성은 주어진 병원체의 동일한 특성이 아니며 같은 세균의 종이나 바이러스의 다른 균주들 간에 극적으로 차이가 있을 수 있다. 주어진 병원체의 독성이 강한 균주는 상당히 종종 나타나는 경향이 있으며, 그렇게 되면 신속하게 널리 확산되어, 특히 심각한 질병의 과정을 유발한다 (전염병 또는 범세계적 질병, 29장). 주어진 병원체의 독성은 부착, 집락화, 침입 (그림 25.1), 그리고 독성 요인들을 포함한 여러 요인들에 의존된다.

독성

독성은 병원체, 숙주, 환경의 끊임없이 변화하는 조건들에 의해 영향을 받는 두 생물체 간의 역동적인 관계인 숙주-병원체 간의 상호작용의 순 결과물이다. 전염병의 숙주 손상은 감염을 촉진하고 활성화함으로써 침습성(invasiveness)과 숙주 손상을 직접 또는 간접적으로 증진시키는 병원체에 의해 생성되는 독성 또는 파괴 물질(destructive substance)인 **독성 요인(virulence factors)**에 의해 매개된다.

독성은 정량화 가능한 실재로서, 특히 병원체가 치명적이며 실험 동물모델을 사용할 수 있다면 특히 그렇다. 예를 들어, LD_{50} [LD는 "치사량(lethal dose)"을 나타냄]는 한 실험 군에서 동물의 50%를 죽일 수 있는 병원체 (또는 바이러스성 병원체에서 비리온)의 세포 수로 정의된다. 독성이 아주 강한 병원체는 실험군 동물의 LD_{50}와 비교하여 100% 죽이는 데 필요한 세포 수에서 큰 차이를 거의 보이지 않는다. 이를 설명하기 위해, 영국의 미생물학자인 Frederick Griffith의 근본이 되는 연구를 상기하라 (1.12절). Griffith는 그람-양성 세균인 *Streptococcus pneumoniae*로 연구를 하여 캡슐을 함유한 *S. pneumoniae* [평판에 매끄러운 집락을 형성하였기 때문에 "매끈한(smooth)" 균주]가 쥐에 매우 독성이 있음을 발견하였으며, 반면에 캡슐이 없는 돌연변이체 [거친(rough) 균주]는 그렇지 않았다. *S. pneumoniae*의 캡슐은 세균이 면역 감시를 피하는 데 도움이 되기 때문에 이 세균의 주요 독성 인자이다. Griffith의 주요 발견은 매끄러운 표현형은 매끄러운 세포에서 추출한 거친 세포를 처리하여 거친 세포로 전달될 수 있다는 것이었다 (그림 1.34). 이것은 세균의 유전적 전달 과정인 형질전환의 첫 번째 실험의 예이며 (11.6절), 그 추출물의 활성 원리는 나중에 (다른 과학자들에 의해) DNA로 보여주었다.

Griffith가 실험 생물을 선택한 것은 우연한 것이었는데, *S. pneumoniae*가 쉽게 형질 전환될 수 있고 쥐에 독성이 높기 때문이다. *S. pneumoniae*의 캡슐을 가진 균주 가운데 불과 몇 개의 세포는 치명적인 감염을 일으키고 시험 집단의 모든 쥐를 죽일 수 있다. 그 결과, 쥐에서 *S. pneumoniae*에 대한 LD_{50}는 전달된 세포의 수에 비례하지 않는다 (**그림 25.9**). 대조적으로 실험에 사용된 모든 쥐를 죽이는 데 필요한 독성이 덜한 병원체인 *Salmonella enterica* (*typhimurium*)의 세포 수는 독성이 매우 강한 *S. pneumonia* 세포보다 10,000배 이상 크므로 LD_{50}는 쥐에 투입된 병원체의 수와 비례적인 관계가 있다.

특히 바이러스들 가운데는 건강한 독성을 가진 인간 병원체에

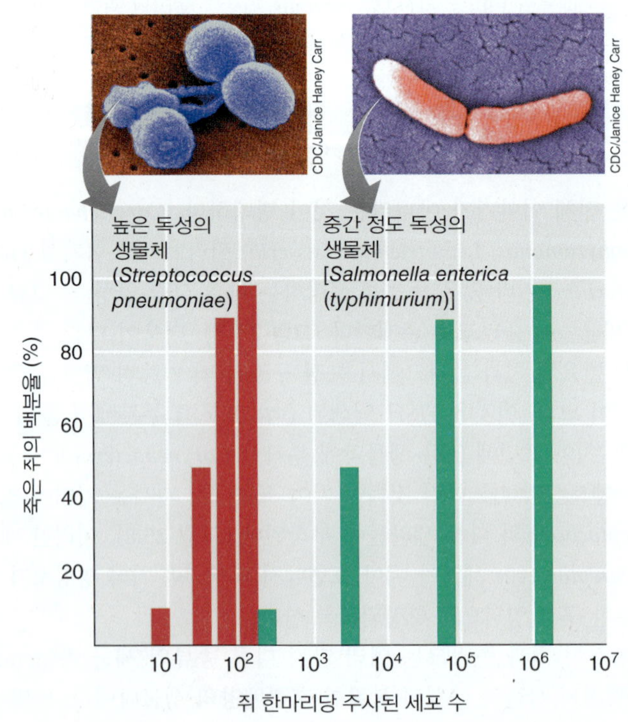

그림 25.9 미생물 독성. 쥐를 죽이는 데 필요한 *Streptococcus pneumoniae* (붉은색 막대표시)와 *Salmonella enterica* (*typhimurium*) (녹색 막대표시) 세포들의 수에 의해 증명된 미생물 독성 차이. 각 세균의 컬러 처리된 주사전자현미경 사진들이 각각의 그래프 위에 있다.

대한 많은 예가 있다. 예를 들어, 인플루엔자 바이러스의 일부 균주는 매우 독성이 높아서, 단지 몇 개의 바이러스 입자만으로 사망률(mortality rates)이 낮더라도 질병을 일으킬 수 있다. 에볼라 바이러스도 매우 독성이 있어서, 질병을 일으키는 데 필요한 작은 접종량은 종종 치명적인 감염을 초래한다. 대조적으로 (콜레라를 일으키는) 세균성 병원체인 *Vibrio cholerae*는 질병을 개시하기 위해 이 장내 병원체의 큰 접종량이 필요하기 때문에 특히 독성이 없다 (⇄ 32.3절).

약독

병원체의 독성은 변할 수 있다. **약독(attenuation)**은 병원체 독성의 감소 또는 상실이다. 병원체가 질병에 걸린 동물로부터 분리한 상태가 아닌 실험실 배양으로 유지되었을 때, 종종 그들의 독성이 감소하거나 심지어 완전히 잃어버리기도 한다. 독성이 감소했거나 더 이상 독성이 없는 균주를 약독화(*attenuated*)되었다고 한다. 약독은 독성이 선택적 유리함으로 작용하지 않는 실험실 배지에서 아마도 무독성 또는 약한 독성의 돌연변이주들이 더 빠르게 자랄 수 있기 때문에 생기는 것으로 생각된다. 새로운 배지에 연속적으로 계대하면 이러한 돌연변이주들은 선택적으로 유리해진다. 그러나 약독화 배양을 동물에 다시 접종하면, 특히 생체 내에서 계대를 계속하는 경우에, 그 생물체는 원래의 독성을 회복하기도 한다. 그러나 어떤 경우에 독성의 상실은 영구적이다. 예를 들어, 결실 돌연변이가 필요한 수용체 분자의 주요 변형을 유도 (그림 25.2*b*) 또는 독소나 침입(invasive) 효소의 생산과 같은 주요 독성 인자를 생성할 수 없다면, 그 돌연변이 균주는 영구적으로 약화될 것이다.

다양한 병원체의 약화된 균주는 백신 생산, 특히 바이러스 백신을 생산하는데 자주 사용되기 때문에 임상 의학에 높은 가치를 가진다. 예를 들어, 홍역, 이하선염, 풍진 백신과 사람이 아닌 동물용 광견병 백신은 각 바이러스의 약독화 균주를 적용한 것이다. 약독화 바이러스는 "사멸된(killed)" 균주들과는 달리 "살아 있다(live)"는 의미에서 원칙적으로 다시 활성화되고 복제될 수 있으며, 적절하게 약독화된 바이러스 백신 (무독화된 비리온이 없는 백신)은 일반적으로 더 큰 효능을 나타내고 사멸된 바이러스 백신보다 전반적으로 더욱 강력한 면역반응을 생성한다.

미니퀴즈

- 독성 요인은 무엇인가? 병원체의 독성을 정의하는데 LD_{50} 검사는 어떻게 사용될 수 있는가?
- 어떤 상황이 병원체의 약독에 기여할 수 있는가?

25.4 독성 유전학과 결함숙주

세균성 병원체의 독성과 전염병의 최종 성과는 병원체와 숙주의 유전적 및 생리학적 특징의 순 결과이다. 숙주의 경우에, 병원체는 건강하고 원기를 회복한 청소년 또는 생리적으로 면역반응이 발휘되지 못하는 상태 (노령, 입원, 면역 억제)에 있는 개인을 감염시킬 수 있다; 예를 들어, 인간면역결핍바이러스(HIV)에 의해 유발되는 면역결핍증후군(AIDS)이 진행 중인 전염병; 또는 유전 질환 (예, 낭포성 섬유증). 감염의 결과—건강 또는 질병—는 바이러스성 또는 세균성 병원체의 동일한 균주에 감염되더라도 이들 다른 개체에서 매우 다를 수 있다.

병원체의 독성은 확고하게 확립된 염색체 유전자 또는 매우 이동성이 큰 유전 요소에 의해 암호화될 수 있다. 예를 들어, 백일해의 원인인 그람-음성 세균 *Bordetella pertussis* (백일해, ⇄ 30.3절)는 강력한 AB-형 외독소인 백일해 독소를 포함한 여러 독소들을 만든다 (25.6절); 총체적으로, 이들 독소는 백일해의 증상을 유발한다. *Bordetella*의 다른 종은 백일해 독소를 만들지 않으며, 백일해 독소를 암호화하는 염색체 유전자는 *B. pertussis*에서 다른 종으로 쉽게 이동하지 않는다. 그러나 *B. pertussis*와는 달리, 일부 세균성 병원체는 다른 세균 종 또는 심지어 속(genus)의 세균들과 독성 인자를 암호화하는 유전자를 일상적으로 교환하므로, 가장 강력한 공격수단의 매우 관련성이 높은 버전이 여러 다른 병원체들에 나타난다. *Salmonella*는 독성 인자의 유전적 전달에 대한 잘 연구된 예이며, 우리는 지금 이 세균에 그 초점을 맞추고자 한다.

살모넬라 독성: 병원섬과 플라스미드

Salmonella 종은 사람에 감염하여 다양한 위장관계의 질병을 유발한다 (⇄ 32.10절). *Salmonella* 종은 질병에서 중요한 많은 독성 인자를 암호화한다. 이들에는 위장관 조직에 세포들의 부착을 용이하게 하는 I형 핌브리아(fimbriae) (25.1절)가 포함된다; 여러 종류의 외독소 (25.6절); 숙주의 식세포에 의한 세균 세포의 포식을 방해하는 항식세포 단백질; 세균이 포식되면 생존을 촉진하는 단백질; 철을 단단하게 결합하고 병원성 세균에서 그 세균이 철의 숙주 격리시스템을 앞서도록 허용하는 유기 분자인 시드로포어(siderophores); 그리고 내독소 (25.8절). 내독소를 제외하고, 이들 독성 인자들 가운데 많은 것들은 세포의 염색체보다 이동성 DNA에 존재하는 유전자에 의해 암호화된다 (**그림 25.10**).

Salmonella 및 병원성 *Escherichia coli* 균주 (⇄ 32.11절)와 같은 연관이 있는 그람-음성 병원체들에 암호화된 일부 유전자들은 병원섬(*pathogenicity islands*)의 형태로 염색체 상에서 서로 모여 무리를 이루는 형태로 발견된다 (⇄ 9.7절). 살모넬라 병원섬 1 (SPI1)은 독성과 침입을 촉진하는 10개 이상의 다른 단백질을 암호화하는 유전자들이 모여 있는 곳이다. 그들 중 하나가 *invH*인데, 이는 표면 부착단백질을 암호화하고 있다 (25.1절). 몇 가지 다른 *inv* 유전자들은 독성 단백질들의 이동에 중요한 역할을 하는 단백질을 암호화한다. 예를 들어, InvJ 조절 단백질은 주사기와 같은 구조물을 통해 독성 단백질을 숙주 세포 속으로 직접 전달이 가능하게 하는 세균 세포막에 있는 소기관인 주사체(*injectisome*)라 불리는 제 3형 분비체계를 형성하는 구조 단백질인 InvG, PrgH, PrgI, PrgJ 및 PrgK의 조립을 조절한다 (⇄ 4.13절 및 그림 4.42, 그림 4.43).

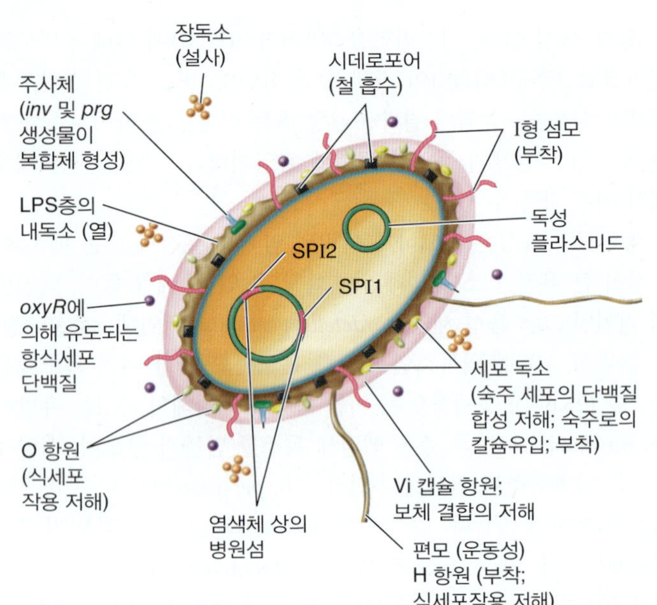

그림 25.10 *Salmonella*의 독성 인자. 그람-음성 장내 병원체의 독성과 병원성 전개에 중요한 인자들을 보여준다. 많은 요인을 암호화하는 유전자는 병원섬이나 플라스미드에 존재한다.

두 번째, *Salmonella* 병원섬인 SPI2에는 국소성 질병보다 더 강한 전신성 질병과 숙주 세포 방어 내성의 유발에 관여하는 유전자들을 포함하고 있다. 부가적으로, R 플라스미드에 암호화되어 있는 항생제 내성 유전자들과 같은 일부 플라스미드 유래의 독성 인자들은 살모넬라 종 간뿐만 아니라 다른 장내세균 속(genera)으로 퍼질 수 있다 (⇄ 4.2절). 병원섬과 R 플라스미드는 독성 인자를 쉽고 빠르게 전파가 가능하게 한다. 따라서 수평 유전자 교환에 의해 종간에 병원섬의 전부 또는 일부, 또는 플라스미드로 전달되기 때문에 다른 병원체와 동일하지 않으면 한 병원체에서 유전자를 암호화하는 요인들에서는 드문 일이 아니다 (11장).

잘 알려진 기회주의 병원체 (다음 세부사항 참조) *Pseudomonas aeruginosa*에서 병원 섬에는 항생제 내성을 암호화하는 유전자가 포함될 수 있다. *Salmonella*에서처럼, *P. aeruginosa*에서 항생제 다제 내성의 많은 경우는 플라스미드와 관련이 있다. 그러나 *P. aeruginosa*의 일부 균주에서는 전이 요소 (⇄ 9.6절)를 포함하는 유전체섬(genomic islands)이 존재한다. 전좌(transposition)에 의해, 이 섬들은 여러 항생제 내성 유전자를 "획득(captured)"하여 다른 생물체로 전파할 수 있다; 이 섬들은 내성 플라스미드 대신에 또는 그에 부가하여 *P. aeruginosa*에 존재한다. 그러나 그들이 어떻게 암호화되는지에 관계없이, 이들 균주는 전통적으로 *P. aeruginosa* 감염을 조절하는 데 사용된 임상적으로 유용한 항생제의 거의 모든 것에 내성을 가지게 된다. 이것은 결함숙주와 병원 환경에 특히 심각한 문제이며, 우리는 지금 이러한 문제에 대하여 숙고하고 있다.

결함숙주

어떤 사람들은 병원체의 독성과 거의 관련이 없는 이유로 다른 사람들보다 감염에 민감하다. 소위 결함숙주(*compromised host*)라고 하는 이들은 한 가지 이상의 방어 기작이 불활성화된 사람을 의미하며, 그러므로 그 사람은 감염의 가능성이 높아진다. 비감염성 질병들 (예, 암과 심장질환)을 가진 많은 입원 환자들은 결함숙주이기 때문에 더 쉽게 미생물에 감염된다. 이러한 의료보건기관과 관련된 감염(*healthcare-associated infections*) [병원감염(*nosocomial infection*)이라고 불림]은 미국에서 연간 200만 명 이상이 발생되며 사망률은 거의 5%이다. 카테터 요법, 피하주사, 척수주사, 생검 및 수술과 같은 침입성 의료 과정들은 의도하지 않게 환자에게 미생물들을 도입시킬 수 있다. 수술에 대한 스트레스와 통증과 부기를 줄이기 위해 처방된 항염증제 또한 숙주의 내성을 감소시킬 수 있다 (⇄ 28.2절).

병원 외에도 약물 사용, 흡연, 과음, 또는 면역계의 일부가 손상된 유전 질환과 같은 일부 요소들도 숙주저항에 관여하는 결함요소로 작용할 수 있다. 여러 가지 이유로 신체적으로 결함이 있는 사람들은 신체적으로 약화되었기 때문뿐만 아니라 생활조건과 생활양식의 선택으로 인해 감염자와의 지속적인 접촉이 이루어질 수 있기 때문에 감염에 더 취약할 수 있다. HIV 감염은 정상적인 숙주 내성이 없는 경우에만 질병을 일으키는 미생물인 **기회성 병원체(opportunistic pathogen)**의 감염되기 쉽다. HIV는 면역반응에 중요한 면역세포의 특별한 종류인 CD4 T 림프구를 파괴하여 (⇄ 그림 30.44) 후천성면역결핍증(AIDS)을 일으킨다. CD4 T 림프구의 감소는 면역성을 감소시키며, 감염되지 않은 건강한 사람에게는 질병을 유발하지 않는 미생물인 기회성 병원체가 심각한 질병을 일으키고 심지어 사망에 이르게도 한다. 근본적인 유전적 원인으로 인한 면역 결핍을 가진 사람들은 면역계의 일부가 기능하지 않거나 최적이 아니기 때문에 기회성 감염에 더 민감하다.

이같이 전염병의 결과는 숙주와 병원체와 관련된 몇 가지 요인들에 달려 있다. 같은 방식으로 동일한 병원체에 노출된 두 사람은 다른 결과를 나타낼 수 있다. 그러나 일단 감염이 실제 질병 단계로 진행되면, 나타나는 증상들은 병원체의 산물에 의한 것이며, 따라서 우리는 이제 이들에 관심을 돌리고자 한다.

미니퀴즈

- *Salmonella*에 의해 생성되는 주요 독성 요인들은 무엇인가?
- 기회성 병원체란 무엇인가? 기회성 감염을 피하기 위해 사람은 어떤 조치를 취할 수 있는가?
- 병원감염이란 무엇인가?

II • 병원성 효소와 독소

세균 병원체는 두 가지 주요 방법으로 숙주 조직 (또는 전체 숙주)을 손상시킨다: (1) 조직 파괴 효소를 분비, (2) 특정 숙주 조직 또는 전체 숙주를 표적으로 하는 독소를 분비하거나 유출. 세균 병원체와 대조적으로, 대부분의 바이러스 병원체는 세포를 직접

용해시켜서 숙주 조직을 손상시키지만, 일부 바이러스는 비용해성이며 결국 숙주 세포에 유전자를 도입하여 숙주에 해를 끼칠 수 있다 (8.8절).

우리는 이제 잘 연구된 병원성 세균의 효소와 독소에 초점을 맞추어 효능과 작용 양식을 대비하고자 한다. 이 독성 요인들 가운데 일부는 경미한 질병 증상을 유발하는 반면에, 다른 일부는 알려진 가장 유독한 물질 가운데 일부이다.

25.5 독성 인자로서 효소

병원체에 의한 부착, 집락화, 감염에 이어, 침습성(invasiveness)은 숙주 조직의 파괴와 숙주 세포에서 방출되는 영양소에 대한 접근이 필요하다. 많은 일반 세균 병원체들에서 이것은 한 유형의 조직 또는 다른 유형의 세포를 공격하고 파괴하는 효소(*enzymes*)의 활성을 통해서 이루어진다 (**표 25.1**).

조직-파괴 효소

많은 독성 인자는 효소이다. 예를 들어, streptococci, staphylococci, 일부 clostridia는 다당류 히알루론산을 분해하여 조직 내 유기체의 확산을 촉진시키는 효소인 히알루론산 분해효소(*hyaluronidase*)를 생산한다 (표 25.1). 다른 기능들 중에서도 히알루론산은 세포외 기질의 구성 요소이며, 동물 조직에서 "세포내 접착제(intercellular cement)"의 형태로 기능을 하여 개별 세포를 조직으로 구성하는 것을 돕는다. 히알루론산 분해효소의 활성은 숙주 세포를 분리시켜 초기 집락화 부위의 병원체가 숙주 세포 사이에 퍼져 표면하의 조직을 공격할 수 있게 한다 (**그림 25.11*a***). 마찬가지로, 가스 괴저를 일으키는 clostridia는 콜라겐 (근육의 결합 조직의 주요 단백질 및 기타 신체 조직)을 파괴하는 효소인 콜라게나제(*collagenase*)를 생성한다; 콜라게나제는 이들 세균이 더 깊은 숙주 조직에 접근하여 신체를 통해 퍼질 수 있게 한다. Clostridia는 혐기성으로 더 깊은 조직을 집락화하여 산화 상태가 낮아지고 파괴된 조직에서 준비된 영양소 공급원을 제공한다 (괴저 clostridia는 일반적으로 단백질 분해성 종임, 16.8절 및 31.9절). 많은 병원성 streptococci와

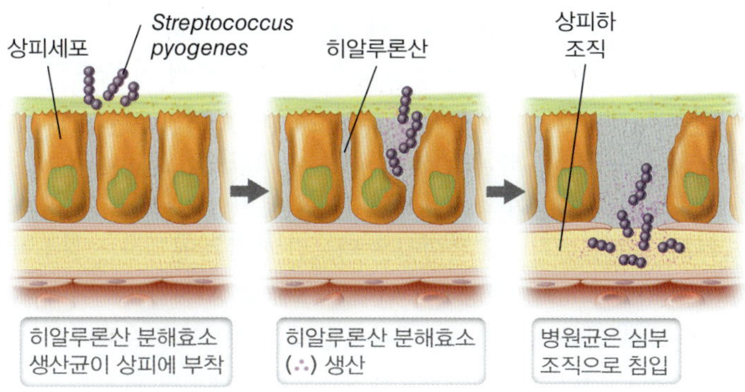

(a) **히알루론산 분해효소**

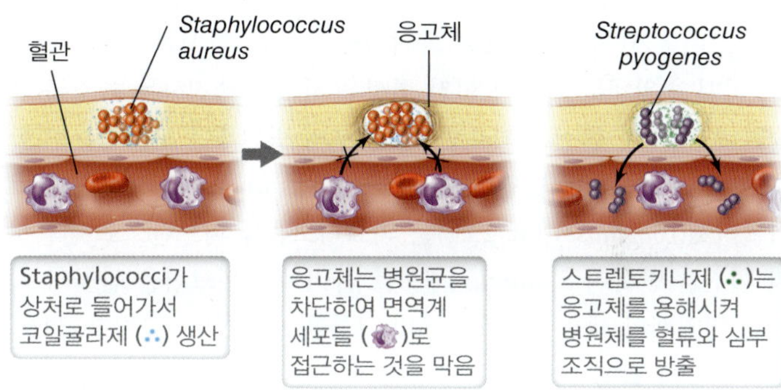

(b) **코아귤라제와 스트렙토키나제**

그림 25.11 일부 효소 독성 인자의 활성. *(a)* 히알루론산 분해효소. *(b)* 코아귤라제와 스트렙토키나제. 다른 세균성 병원체들 가운데, 히알루론산 분해효소와 스트렙토키나제는 전형적인 *Streptococcus pyogenes*의 독성 균주이며 응고 효소는 전형적인 *Staphylococcus aureus*의 독성 균주이다.

staphylococci는 또한 숙주 단백질, 핵산, 지질을 각각 분해하는 단백질분해효소, 핵산분해효소, 지질분해효소를 생산한다 (표 25.1).

두 가지 독성 인자는 혈전을 유발하는 불용성 혈액단백질인 피브린에 영향을 미치는 효소이지만, 효소의 활성은 반대 결과를 생성한다 (그림 25.11*b*). 혈액 응고는 조직 손상에 의해 유발되며 혈액 손실을 막을 뿐만 아니라 세균 감염의 경우에 병원체를 분리하여 감염을 국소적으로 제한하는 기능도 한다. 어떤 병원체들

표 25.1 사람 병원체들이 생성하는 외독소와 세포외 독성 인자

생물체	질병	효소[a]	효소활성
Staphylococcus aureus	고름 생성 감염	코아귤라제	피브린 응고유도; 세균 세포가 감염부위에 남아 있게 함 (면역반응 세포에 의한 병원체 접근 방지)
		핵산가수분해효소; 지질분해효소	핵산 또는 지질 분해
Streptococcus pyogenes	고름 생성 감염; 성홍열	히알루론산 분해효소	결합조직에서 히알루론산 분해; 세균 세포가 확산되게 함 (병원체 침입을 증가시킴)
	편도선염	스트렙토키나제	피브린 혈전 용해; 세균 세포가 확산되게 함
Clostridium perfringens	가스괴저; 식중독	콜라게나제	콜라겐 (단백질) 분해, 세균이 다른 조직으로 확산되도록 함
		단백질가수분해효소	단백질 분해

[a]코아귤라제, 히알루론산 분해효소, 스트렙토키나제의 활성은 그림 25.11에 보여주고 있음.

은 *Streptococcus pyogenes*에 의해 생성된 스트렙토키나제(streptokinase)와 같은 피브린 용해 효소를 생성함으로써 이 숙주의 보호 기작에 대응한다. 이 세균은 흔히 고름을 형성하는 상처와 관련이 있으며 피브린 응고를 용해시키고 더 많은 침입(invasion)을 가능토록 하기 위하여 스트렙토키나제를 분비한다 (표 25.1, 그림 25.11*b*). 스트렙토키나제 특이성은 피브린 혈전을 분해하는 효소인 플라스민(plasmin)을 생성하기 위해 숙주를 활성화시킨다. 이 강력한 활동으로 인하여, 스트렙토키나제는 또한 의학적으로 유익한 기능을 가지고 있다. 이 단백질은 의약품으로 판매되며 혈전이 심장마비, 심부 정맥 혈전, 또는 색전증과 같은 정상적인 혈류를 차단하는 조건에서 혈전을 용해시키기 위해 정맥 내로 투여된다.

스트렙토키나제의 피브린-파괴(*destroying*) 활성과는 대조적으로, 어떤 병원체는 피브린 혈전 형성을 사실상 촉진하는 효소를 생성한다. 이러한 혈전은 숙주반응으로부터 병원체를 보호하는 역할을 한다. 예를 들어, 병원성 *Staphylococcus aureus*가 생산하는 코아귤라제(*coagulase*) (표 25.1)는 피브리노겐을 피브린으로 전환시켜 혈전을 만들며 *S. aureus* 세포를 둘러싸는 피브린을 만들어 숙주의 면역계의 세포 공격으로부터 그들을 보호한다 (그림 25.11*b*). 코아귤라제 활성의 결과로 생성된 피브린 매질은 많은 staphylococci의 감염을 종기와 구진과 같은 형태인 아주 국소화된 상태로 이루게 한다 (30.9절). 코아귤라제 양성의 *S. aureus*는 코아귤라제 음성의 균주보다 일반적으로 더 독성이 강하며, 식균작용 (26장)과 같은 선천적 면역반응을 피하고 장기간 생장과 조직 파괴를 지속하는 능력의 반영일 가능성이 크다.

숙주의 점막 표면에서의 효소 활성

숙주 점막 표면은 세균 세포의 펩티도글리칸을 절단하고 삼투 용해를 촉진시키는 효소인 리소자임과 같은 효소를 포함한 면역 물질에 잠기게 된다 (2.4절). 그람-양성 세균인 *Enterococcus faecalis*에 의해 생성된 독성 인자—세균혈증, 외과적 상처 감염 및 요로 감염의 주요 원인—는 리소자임이 더 이상 기질을 인식할 수 없도록 세균의 펩티도글리칸의 구조를 변화시키는 리소자임의 방어 역할을 수행한다.

항생제는 점막 표면, 특히 *IgA* (27.3절)라고 불리는 항체의 종류에도 존재한다. 이러한 "분비 항체(secretory antibodies)"는 숙주 조직에 대한 병원체의 부착을 방지하는 데 도움이 된다 (25.1절). 그러나 특정 병원성 세균은 IgA (IgAses)를 특별히 절단하는 효소를 생성하여 이 방어 역할에 역행하여 이 숙주를 쓸모없게 만든다; *N. gonorrhoeae* (임질)와 *N. meningitidis* (수막염)와 같은 *Neisseria* 종은 특히 이점에서 악명이 높다.

따라서 우리는 병원체가 숙주를 파괴하는 공격 무기와 숙주의 공격 무기를 파괴하거나 비활성화하기 위한 방어 무기로서 효소를 생산할 수 있다는 것을 알 수 있다. 두 전략 모두 유사한 목표를 달성한다: 병원체의 침입성은 증가되어 궁극적으로 그 숙주로부터 더 많은 것들을 얻을 수 있다.

미니퀴즈

- 선택된 특정 부위에서 미생물 감염을 제한하거나 가속화하는 숙주 요인을 밝혀라.
- 스트렙토키나제와 응고효소는 세균 감염과 침입을 어떻게 촉진하는가?
- IgAase는 무엇이며, 세균 병원체가 왜 이 효소를 생산하는가?

25.6 AB-형 외독소

독소 독성(toxicity)은 숙주 세포 기능을 저해하거나 숙주 세포 (또는 숙주 자체)를 죽이는 이미 만들어진 독소에 의해 질병을 유발할 수 있는 생물체의 능력을 말한다. **외독소(exotoxins)**는 병원체 세포가 생육하면서 병원체로부터 방출되는 독성 단백질(*proteins*)이다. 이 독소는 감염 부위에서 이동하여 별개의 부위에서 손상을 일으킨다. 일부 외독소는 **장독소(enterotoxins)**로서, 활동 부위는 소장이며, 일반적으로 장의 내강으로 액체가 분비되어 구토와 설사를 일으킨다. 외독소는 AB 독소(*AB toxins*), 세포 용해 독소(*cytolytic toxins*) 및 초항원 독소(*superantigen toxins*)의 세 가지 범주로 구

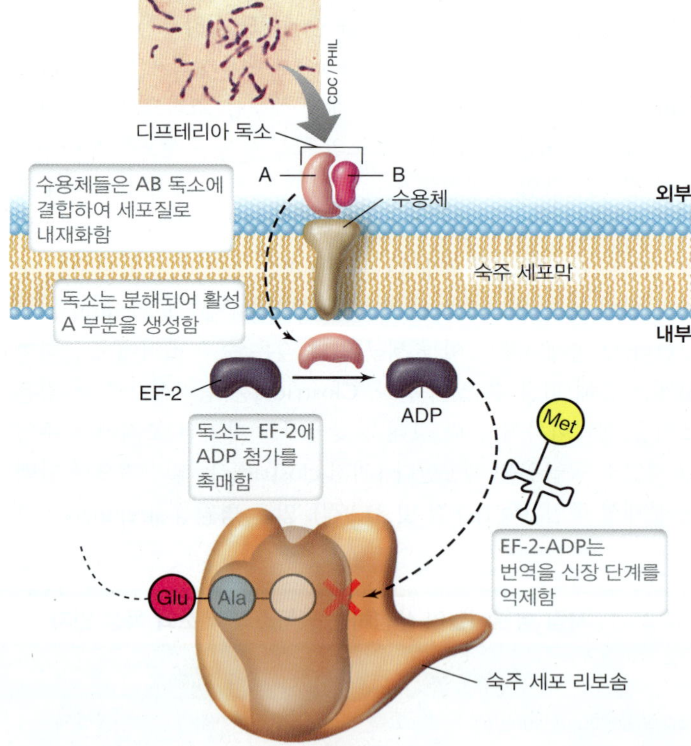

그림 25.12 디프테리아 독소의 작용. 디프테리아 독소는 *Corynebacterium diphtheriae*에 의해 생산되는 AB 독소이다. *(a)* 정상적으로 진핵세포에서, 신장인자 2 (EF-2)는 리보솜에 결합하고 아미노산을 가진 t-RNA를 리보솜에 가져와 단백질을 신장시킨다. *(b)* 디프테리아 독소는 B 단위체를 통해 세포막에 결합한다. 독소 구성체들의 절단은 A 단위체가 신장인자 2 (EF-2 → EF-2*)의 ADP-리보실화를 촉매하는 세포로 들어가도록 한다. 이 변형된 신장인자는 더 이상 리보솜에 결합하지 못할 뿐만 아니라 단백질합성의 중단과 세포사멸의 결과를 초래한다. 삽입 사진: *Corynetacteria diphtheriae*의 그람염색된 세포의 광학현미경 사진. 단일 세포는 지름이 약 0.75 μm이다.

표 25.2 사람 병원체들이 생성하는 외독소와 세포외 독성 인자

생물체	질병	독소 또는 인자[a]	작용/효소 유형[b]
Bacillus anthracis	탄저병	치사인자 부종인자 보호항원 (AB)	세포사멸을 초래하기 위하여 결합
Bordetella pertussis	백일해	백일해 독소 (AB)	G 단백질의 신호전달을 막음; 세포 치사
Clostridium botulinum	보툴리눔증	보툴리눔 독소 (AB)	이완성 마비의 원인
Clostridium tetani	파상풍	테타노스파스민 (AB)	경직성 마비의 원인
Clostridium perfringens	가스괴저 식중독	α, β, γ, δ 독소 (AB) 장독소 (CT)	용혈, 레시틴 분해 장관 투과성의 변화
Corynebacterium diphtheriae	디프테리아	디프테리아독소 (AB)	진핵생물의 단백질 합성 억제
Escherichia coli (장독성 균주만)	위장염	시가-유사독소 (*E. coli*) (AB)	단백질 합성 억제, 혈변 설사
Pseudomonas aeruginosa	화상과 특정 상처, 귀의 감염; 낭포성 섬유증 폐 감염	외독소 A (AB)	진핵생물 단백질 합성 억제
Salmonella 종	위장염	장독소 (AB) 세포독소 (CT)	세포 용해; 단백질 합성 억제 장의 체액손실 유도
Shigella dysenteriae	위장염	시가독소 (AB)	혈변 설사와 출혈성 요독증
Staphylococcus aureus	화농성 (고름형성) 감염; 식중독, 독성 충격	α, β, γ, δ 독소 (CT) 독성 충격 독소 (SA) 장독소 A–E (SA)	용혈, 백혈구 용해, 세포치사 전신성 쇼크 구토, 설사, 전신성 쇼크
Streptococcus pyogenes	화농성 감염; 편도선염; 성홍열	스트렙토라이신 O, S (CT) 홍반유발성 독소 (SA)	용혈 성홍열 발진의 원인
Vibrio cholerae	콜레라	콜레라 (AB)	장의 체액손실 유도

[a]AB, AB 독소; CT, 세포독소; SA, 초항원.
[b]이 독소들의 작용방식에 대하여 그림 25.11~16 참조.

분된다. 이 절에서는 AB 독소를 평가하고, 25.7절에서는 세포 용해 및 초항원 독소에 중점을 두게 될 것이다.

이름에서 알 수 있듯이, AB 독소는 A와 B의 두 개의 소단위로 구성된다. B 성분은 숙주 세포의 표면 분자에 결합하고, 세포막을 가로질러 A 소단위의 전달을 촉진하여 세포를 손상시킨다. 가장 잘 알려진 외독소 가운데 일부는 디프테리아, 파상풍, 보툴리눔, 콜레라에서 나타나는 독소를 포함하는 AB 독소이다 (**표 25.2**)

디프테리아 외독소: 단백질 합성의 방해

호기적 그람-양성 세균인 *Corynebacterium diphtheriae*가 생산하는 디프테리아 독소는 AB 독소이고 병원체의 중요한 독성 인자이다 (30.3절). 디프테리아 독소는 진핵생물의 단백질 합성을 저해한다. 랫트(rats)와 쥐(mice)는 디프테리아 독소에 대해 비교적 내성을 가지는 반면, 사람들은 매우 감수성이 강하여 한 분자의 독소만으로도 한 세포를 죽일 수 있다. 디프테리아는 특히 젊은 세대에 상당히 높은 사망률을 나타내며, 사망은 디프테리아 독소에 의한 단백질 합성의 방해로부터 심장과 간과 같은 중요한 기관에서 조직의 파괴를 초래한다.

C. diphtheriae 세포는 하나의 폴리펩티드로 된 디프테리아 독소를 분비한다. 이 독소의 한 가지 성분인 B 단위체는 진핵생물의 숙주 세포 단백질인 헤파린-결합 상피 성장인자에 특이적으로 결합한다 (**그림 25.12**). 결합 후, B 단위체와 나머지 단백질 부분인 A 단위체 사이에 단백질 분해에 의한 절단은 A 단위체가 숙주 세포막을 통과하여 세포질 속으로 들어가게 한다. 여기서 A 단위체는 tRNA로부터 신장하고 있는 펩티드 사슬로의 아미노산 전달을 막음으로써 단백질 합성을 방해한다. 디프테리아 독소는 NAD^+로부터 아데노이신이인산(ADP) 리보오스의 부착을 촉매함으로써 폴리펩티드 사슬의 신장에 관여하는 단백질인 신장인자-2 (EF-2)를 특이적으로 불활성화시킨다. ADP-리보실화 이후, 변형된 신장인자-2의 활성이 급격히 감소하여 단백질 합성이 멈춘다 (그림 25.12).

디프테리아 독소는 세균에 의해 암호화되어 있지 않고, 대신에 용원성의 β-파아지 유전체에 *tox*라 불리는 바이러스 유전자에 암호화되어 있다. 용원성의 파아지들은 그들이 가지는 유전체를 그들 숙주의 염색체에 끼어들어가게 한다 (8.7절). 독소를 생성하는 병원성의 *C. diphtheriae* 균주들은 β-파아지에 감염되어 있어 독소를 생산한다. 독소를 생산하지 않는 비병원성의 *C. diphtheriae* 균주들은 β-파아지 감염에 의해 병원성 균주로 전환될 수 있는데, 이 과정을 파아지 전환(*phage conversion*)이라 부른다 (11.7절).

*Pseudomonas aeruginosa*의 외독소 A (exotoxin A)는 디프테리아 독소와 유사한 기능을 하며, 이 역시 ADP-리보실화로 신장인자-2를 변형시킨다. *Shigella dysenteriae*에 의해 만들어지는 장독소인 시가독소(*Shiga toxin*)와 장병원성 *E. coli* O157:H7 (32.11절)에 의해 생성되는 유사-시가독소도 AB 독소이다 (표 25.2). 시가독소 및 유사-시가독소는 병원체가 집락을 형성한 장소와 가까운 곳의 소장세포를 표적으로 하여 단백질 합성을 멈추게 하여 세포사, 출혈성 설사를 유발하며, 특히 어린이에게 일어나는 신부전으로 인한 신장 질환인 용혈 요독증후군(hemolytic uremic syndrome)을 일으킨다.

신경 외독소: 보툴리눔 독소와 파상풍 독소

*Clostridium botulinum*과 *Clostridium tetani*는 주로 토양에서 발견되며 내생포자를 형성하는 세균으로, 각각 심각하고 잠재적으로 치명적인 보툴리눔(botulism)과 파상풍(tetanus)을 일으킨다; 이들 두 생물체는 때로는 신경독소(*neurotoxins*)로 작용하는 아주 독성이 강한 AB 외독소를 통해 질병을 일으킨다 (31.9절 및 32.9절). *C. botulinum*과 *C. tetani* 모두 침입성이 없기에 사실상의 병원성은 신경독성 때문이다. 보툴리눔 독소와 파상풍 독소 둘 다 근육 조절에 관여하는 신경전달물질의 방출을 막으나 이들 독소의 작용 기작이나 질병증상은 아주 다르다 (**그림 25.13** 및 **그림 25.14**).

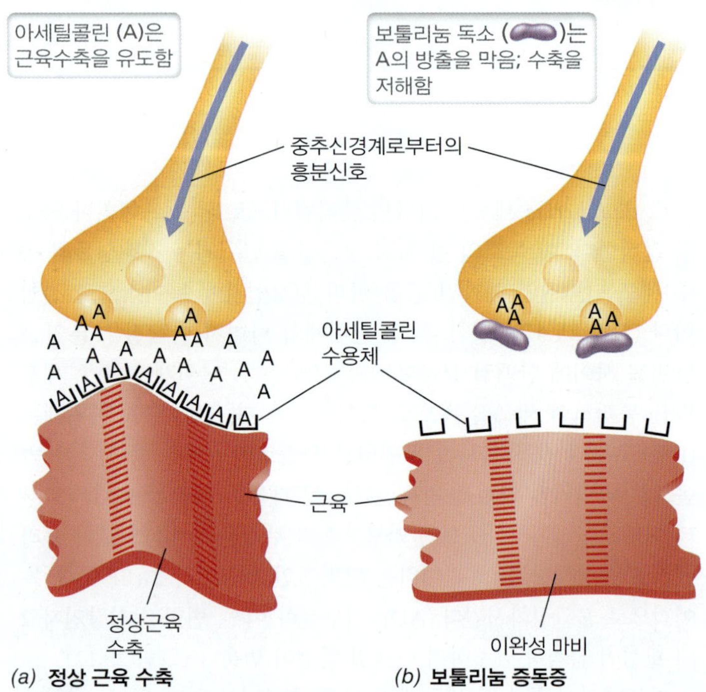

그림 25.13 보툴리눔 독소의 활성. *(a)* 말초신경과 뇌신경이 자극됨에 따라 정상적인 경우에는 아세틸콜린(A) 이 운동종판의 신경 쪽에 있는 포낭으로부터 방출된다. 그 후, 아세틸콜린은 근육에 있는 특이적인 수용체에 결합하여 근수축을 유도한다. *(b)* 보툴리눔 독소가 포낭으로부터 아세틸콜린(A)이 방출되는 것을 막기 위해 운동종판에 작용함으로 인해 근섬유에 작용하는 자극이 없어지고 비가역적인 근육이완 및 근육마비를 초래한다.

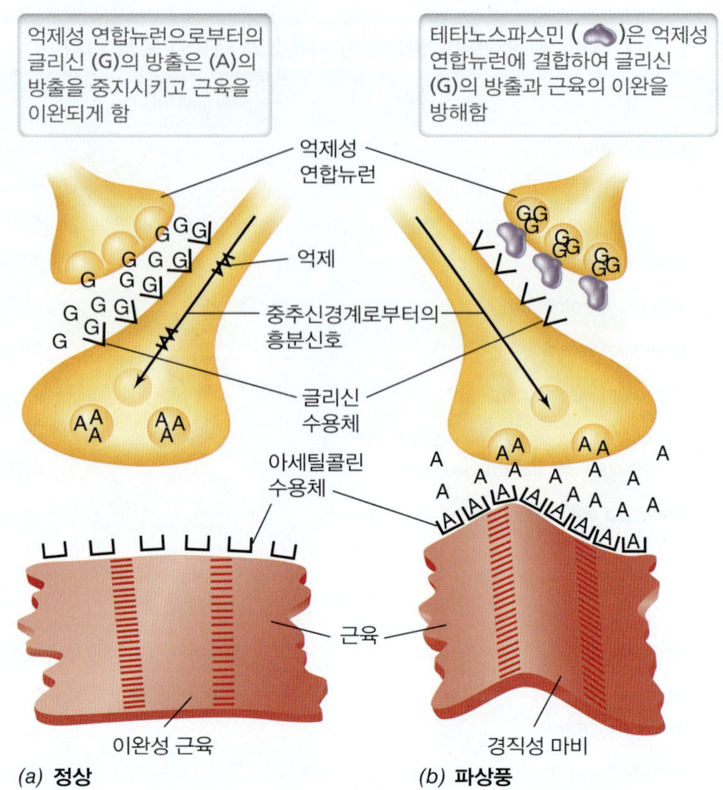

그림 25.14 파상풍 독소의 활성. *(a)* 정상적인 경우, 근육이완은 억제성 연합뉴런으로부터 방출된 글리신(G)에 의해 유도된다. 글리신은 운동뉴런에 작용하여 흥분을 막고 운동종판에서 아세틸콜린(A)의 방출을 막는다. *(b)* 파상풍 독소는 억제성 운동뉴런에 결합하여 포낭으로부터 글리신의 방출을 막아 운동뉴런의 억제신호를 없애고, 근섬유에 계속해서 아세틸콜린을 방출하여, 비가역적 근육수축과 경련성 마비를 일으키게 된다. 편리상 억제성 연합뉴런을 운동종판 가까이에 보여주고 있지만, 그것은 실제로 척수에 있다.

*C. botulinum*은 때로는 인체 내에서 직접 생장하여 유아 보툴리눔 중독증이나 상처 보툴리눔중독증을 일으킨다. 그러나 빈번하게 *C. botulinum*은 가정에서 만든 야채 통조림과 같은 부적절하게 저장된 음식물에서 생장하며 독소를 생산한다 (937쪽 참조). 이같이 체내에서의 감염과 생장은 불필요하다. 알려진 가장 강력한 생물독소인 보툴리눔 독소는 7개로 AB 독소와 관련이 있다. 1 ng (10^{-19} g)의 보툴리눔독소는 한 마리의 기니피그를 죽이기에 충분하다. 알려진 7개의 보툴리눔 독소들 중에서 적어도 2개는 *C. botulium* 특이의 용원성 박테리오파아지에 암호화되어 있다. 주독소는 단백질로서 비독성보툴리눔 단백질과 복합체를 형성하여 생리활성 단백질 복합체가 된다. 이 복합체는 신경근 접합부에 있는 자극 운동뉴런 말단의 시냅스전막에 결합하여 아세틸콜린 방출을 막는다. 근육세포로의 정상적인 신경자극 전달은 아세틸콜린과 근육 수용체와의 상호작용을 필요로 한다; 보툴리눔독소는 독소가 결합된 근육이 흥분성 아세틸콜린 신호를 받는 것을 막는다 (그림 25.13). 이는 근수축을 방해하고 보툴리누스 중독 피해자(botulism victim)

에서 이완성 마비(*flaccid paralysis*)를 초래한다. 이것은 횡경막근(diaphragm muscle)이 심각하게 영향을 받으면 질식에 의한 사망을 초래할 수 있다.

*C. botulium*과는 대조적으로, *C. tetani*는 무산소 상태가 되는 구멍과 같은 인체의 깊은 상처에서 자란다. *C. tetani* 세포들은 처음에 들어왔던 상처부위를 잘 벗어나지 않고 그 상처부위에서 상대적으로 천천히 생육한다. 독소가 중추신경계와 접촉하면, 테타노스파스민(*tetanospasmin*)이라고 하는 파상풍 독소는 운동뉴런을 통해 척추로 전달되어 억제성 중간뉴런 말단에 있는 갱글리오사이드 지질과 특이적으로 결합한다. 일반적으로 억제성 중간뉴런들은 운동뉴런에 있는 수용체에 결합하는 글리신 아미노산과 같은 억제 신경전달물질을 방출하는 작용을 한다. 억제성 중간뉴런 유래의 글리신은 운동뉴런의 아세틸콜린 방출을 멈추게 하고 근육수축을 막아 근섬유들이 이완하게 한다. 그러나 만일 파상풍독소가 글리신 방출을 막는다면, 운동뉴런은 저해될 수 없으므로 아세틸콜린의 계속적인 방출과 근섬유의 수축을 조절할 수 없게 된다. 근육 수축(*contraction*)을 막는 보툴리눔 독소와 달리 (그림 25.13), 파상풍 독소는 근육 이완(*relaxation*)을 막는다 (그림 25.14).

파상풍의 경우 발생하는 결과는 영향을 받는 근육이 계속해서 수축되기 때문에 파상풍의 특징인 경련, 경련 마비(*spastic paralysis*)가 일어나게 된다 (31.9절과 그림 31.33*b*). 만일 입 근육들이 관련된다면, 장기간의 수축은 입의 운동을 제한하여 아관경련(*lockjaw*)이라고 알려진 상황을 초래한다. 만일 횡경막이 관련된다면, 장기간 수축은 질식에 의한 사망을 초래할 수 있다.

콜레라 장독소: 장내 통증

콜레라 독소는 콜레라 원인균인 *V. cholerae*에 의해 생산되는 AB 형태의 장독소로서, 수인성 질병인 콜레라의 원인 물질이다 (32.3절). 콜레라는 장을 통해 다량의 수분을 소실하는 특성이 있는데, 그 결과로 심한 설사 증상, 생명을 위협하는 탈수증상과 전해질 고갈을 초래한다 (**그림 25.15**). 콜레라는 오염된 음식물이나 식수에 있는 *V. cholerae* 세포를 섭취하면서부터 시작한다. 이 세균은 소장으로 이동하여 이곳에서 집락을 형성하고 콜레라 독소를 분비한다. 소장에서 5개의 동일 단량체로 구성된 B 단위체는 소장 상피세포의 세포막에 있는 복합당지질인 갱글리오사이드 GM1와 특이적으로 결합한다 (그림 25.15).

B 소단위체는 독소를 소장상피세포에 특이적으로 표적하게 하나 그 자체가 독성을 가지는 것은 아니다; 독성은 A 단위체의 기능인데, A 단위체가 세포막을 통과하여 들어가 ATP를 고리형 아데노신일인산(cAMP)으로 전환하는 효소인 아데닐 사이클라아제(adenylate cyclase)를 활성화시킨다. 이 분자는 이온균형을 포함한 세포 내에서 일부 조절체계를 조정하는 고리형 뉴클레오티드이다 (그림 6.13). 콜레라 장독소의 작용으로 cAMP가 증가하면 소장의 상피세포에 의한 Na^+ 흡수를 막고 염소이온과 중탄산염이온(HCO_3^-)을 장내강으로 분비를 유도한다. 이러한 이온 농도의 변화는 다량의 수분 분비를 유도한다; 소장으로의 수분 손실률은 대장에 의한 수분의 재흡수율보다 크므로 다량의 총 체액 손실과 물 설사를 초래하게 된다. 치료하지 않으면 콜레라 희생자는 주요 발병 후 몇 시간 이내에 사망할 수 있다. 그러나 체액 손실이 경구 재수화 용액 (콜레라의 주요 치료)으로 대체되면, 콜레라 희생자는

1. 정상적인 이온 이동, 내강에서 혈액으로 Na^+ 이동, 총 Cl^-의 이동은 없음

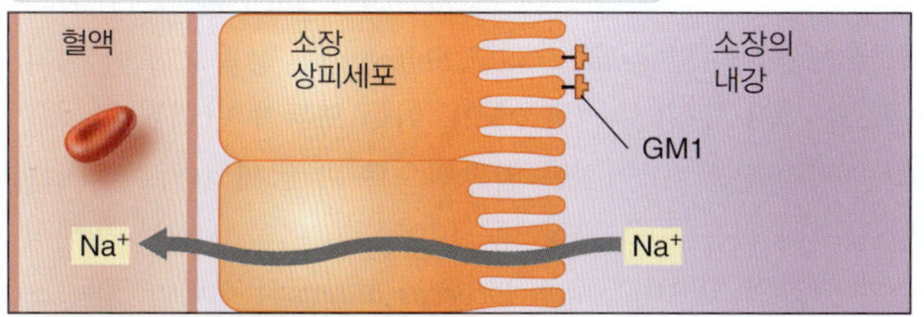

2. *V. cholerae*의 감염과 독소 생성

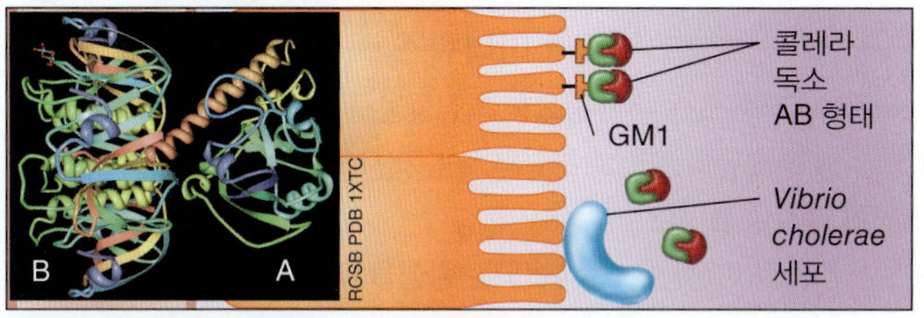

3. 콜레라 독소에 의한 상피세포의 아데닐 사이클라제의 활성화

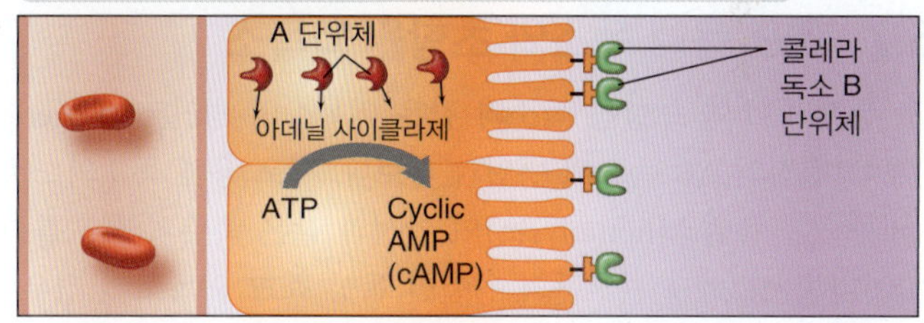

4. 높아진 cAMP는 Na^+ 차단; 내강으로 총 음이온 이동

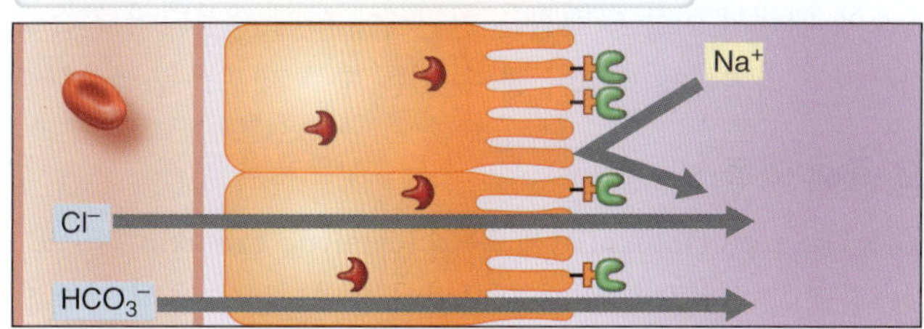

5. 대량의 물이 내강으로 이동하여 이온의 손실은 콜레라 증상을 일으킴

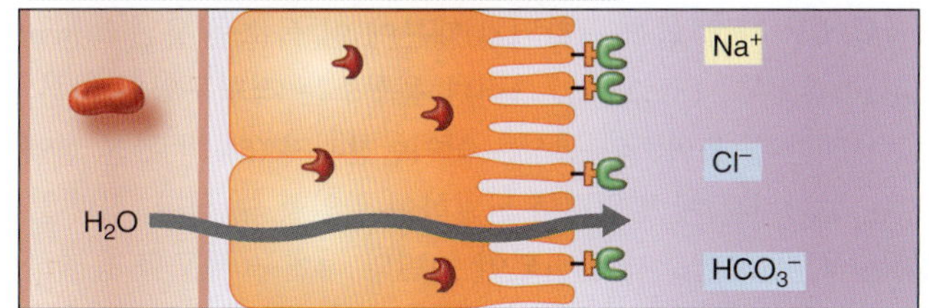

그림 25.15 콜레라 장독소의 활성. 콜레라 독소는 열에 안정한 AB 장독소로서 2차 매개 경로를 활성화하여 장에서 정상적인 이온의 흐름을 방해하여 생명을 위협할 수 있는 설사를 일으킨다. 3차원 구조를 나타낸 축소판 사진은 세포에 결합하는 B 단위체 그리고 효소 활성을 가지는 A 단위체로 분리된 독소의 측면도를 나타낸다.

불과 며칠 만에 정상으로 돌아갈 수 있다.

몇 가지 다른 장독소, 특히 *Escherichia coli* (32.11절)의 장독소생성 균주와 *Shigella*, 그리고 *Salmonella* 장독소 또한 시가-유사 독소는 AB 유형이며 (표 25.2), 이들 모두가 단백질 합성을 억제하는 기능을 한다. 이것은 일반적으로 피 냄새와 악취의 설사와 심한 탈수와 같은 주요 발작으로 이어진다. 더욱이 일부 용해성 장독소가 알려져 있으며, *Staphylococcus aureus*의 강력한 장독소 (표 25.2)의 초항원 유형이다.

미니퀴즈

- 모든 AB 외독소는 어떤 중요한 특징들을 공유하고 있는가?
- 숙주에서 세균의 생장과 감염은 독소 생산에 필요한가? 설명하고 답을 위한 예시를 들어라.
- 보툴리눔과 파상풍은 왜 상반되는 증상을 나타내는가?

25.7 세포 용해 독소와 초항원 외독소

세포 용해 독소와 초항원 독소와 같은 외독소의 병인(pathogenesis)은 고전적인 AB 독소의 병인과 다르다. 세포 용해 독소와 초항원 외독소는 용혈소(hemolysin)의 활성과 같은 숙주의 세포를 파괴하거나 독성 쇼크 증후군의 원인인 독성 쇼크 외독소의 경우에서와 같이 대규모 면역반응을 유발하는 기능을 한다. 그러나 다른 외독소에 대해서 이들 단백질은 병원체에 의해 생성되어 침습성을 증가시키고 병원체에 도움이 될 수 있는 숙주 세포들을 방출한다.

세포 용해 외독소

세포 용해 독소(cytotoxin) [세포독소(cytolytic exotoxin)라고도 불림]는 다양한 병원체에 의해 생산되어 분비되는 수용성 단백질이다 (표 25.2). 세포독소는 숙주 원형질막에 손상을 입혀 세포 용해와 사멸을 초래한다. 이러한 독소들의 용해 활성은 적혈구를 사용한 실험에서 가장 쉽게 관찰되기 때문에 이 독소를 용혈소(*hemolysins*)라 부른다 (표 25.2). 그러나 용혈소는 적혈구외의 다른 세포도 용해한다. 용혈소의 생성은 혈액한천배지 (5%의 무균 혈액을 가지는 농화배지)에 병원체를 도말하여 확인할 수 있다. 집락을 형성하는 동안, 용혈소가 분비되어 주변의 적혈구 세포를 용해하여 헤모글로빈을 방출하고 생장하고 있는 집락주위에 용혈(*hemolysis*) 구역이라고 불리는 투명한 지역을 형성한다 (**그림 25.16*a***).

어떤 용혈소는 숙주 원형질막의 인지질을 공격한다. 인지질 레시틴 (포스파티딜콜린)이 종종 기질로 사용되기 때문에, 이들 효소를 레시티나아제(*lecithinase*) 또는 포스포리파아제(*phospholipases*)라고 한다. 한 예가 *Clostridium perfrigenes*의 α-독소인데, 막에 있는 지질을 녹이는 레시티나제는 세포 용해를 초래한다 (표 25.2, 그림 23.18*b*). 모든 생물체들의 원형질막은 인지질을 가지고 있기 때문에 (2,3절) 포스포리파아제는 세균뿐만 아니라 동물세포 원형질막도 파괴할 수 있다. 가스괴저의 주요 원인체인 *C. perfringens*의 경우에, 레시티나아제의 활성은 조직을 파괴하고 에너지 대사에서 그 세균에 의해 발효되는 단백질을 방출하는 것을 돕는다. *C. perfringens*의 lecithinase는 합성 바로 직후에 분비되고 세포에 다시 들어갈 수 없기 때문에, *C. perfringens* 세포의 인지질에 영향을 미치지 않는다.

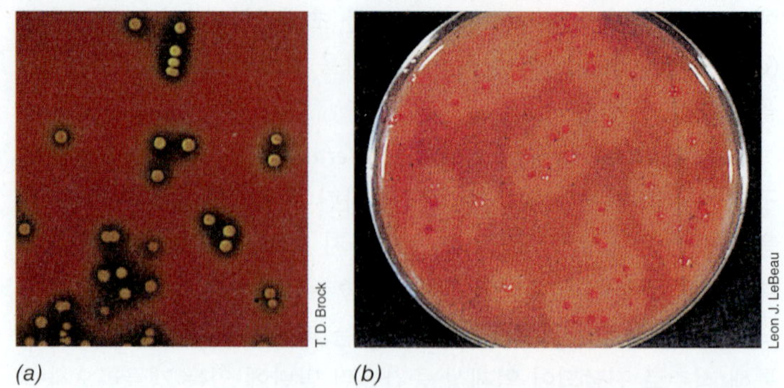

그림 25.16 용혈. *(a)* 혈액한천배지에서 생육하고 있는 *Streptococcus pyogenes* 집락 주변의 용혈대. *(b)* 레시틴의 공급원인 난황이 포함된 배지에서 자라는 *Clostridium perfringens* 집락 주변의 인지질 분해효소인 레시티나아제의 작용. 레시티나아제는 적혈구의 세포막을 분해하여 각 집락 주변에 불투명한 용혈대를 생성한다.

그러나 일부 용혈소는 포스포리파아제가 아니다. Streptococci가 생산하는 용혈소인 스트렙토라이신 O는 숙주 원형질막의 스테롤에 영향을 준다. 류코시딘(*leukocidins*)은 백혈구를 용해시켜서 숙주 면역반응을 감소시킨다. Staphylococci가 생산하는 α-독소 (**그림 25.17** 및 표 25.2)는 핵을 가진 세포를 죽이고 적혈구를 용해시킨다. 이를 위해서 7개의 α-독소 단위체들이 먼저 인지질 이중층에 결합한다. 그 후 단위체들은 비용해성 7량체의 중합체를 형성하여

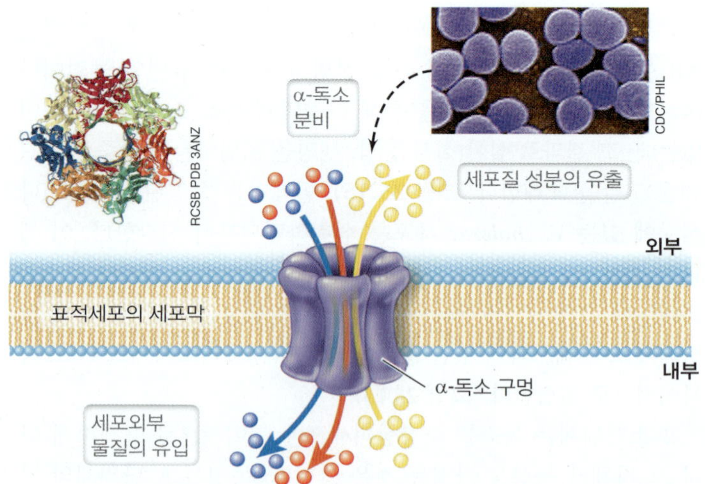

그림 25.17 *Staphylococcus*의 α-독소. *Staphylococcus*의 α-독소는 막에 구멍을 내는 세포독소이며, 생장하고 있는 *Staphylococcus* 세포가 생산한다. 단량체로 방출되고, 7개의 동일한 단백질 단위체가 목표 세포의 세포막에서 중합체를 형성한다. 이들 중합체가 구멍을 형성하고 세포내용물을 방출한다. 적혈구에서는 용혈이 일어나는데 이는 세포 용해를 시각적으로 보여준다. 상단의 축소판 사진은 아래로 내려다 본 α-독소의 구조를 보여준다. 7개의 동일한 단위체들은 각각 다른 색으로 표시되어 있다. 오른쪽 상단의 삽입 사진은 *S. aureus* 세포의 주사전자현미경 사진이다.

막에 위치하게 된다. 그 후 각 7량체는 구조적 변화를 일으켜 막에 박히는 구멍을 만들어 세포질 내용물이 방출되고, 외부 물질을 안으로 들어오게 하여 결국 세포를 죽인다 (그림 25.17).

초항원 외독소

그람-양성 세균 *Staphylococcus aureus*와 *Streptococcus pyogenes*는 외독소 초항원의 주요 생산자이다. 우리는 적응면역의 맥락에서 27.10절에서 초항원의 작용 방식을 고려하고, 일부 기본적인 질병의 증상에만 초점을 맞추고자 한다.

초항원 중독(superantigen poisoning)은 특정 유형의 식중독, 특히 *S. aureus*의 장독소 및 발열 [내부원, 일반적으로 사이토카인(cytokine)이라고 불리는 작은 면역계 단백질 또는 내독소와 같은 외부 물질로부터 유도된 열; 25.8절 참조]과 독성 쇼크 증후군에 의해 유발될 수 있다. 초항원 중독에 대한 반응은 심각하며, 일부 개인들, 특히 암, 약물 치료, HIV 감염 또는 노년으로 면역 체계와 건강이 전반적인 약화된 사람들에게는 치명적일 수 있다. 독성 쇼크 증후군(TSS)은 독성 초항원의 전신 효과의 전형적인 예이며, *S. aureus* 또는 *S. pyogenes*의 특정 균주에 의해 감염되는 동안 분비되는 일련의 외독소에 노출된 결과이다 (30.9절 및 30.2절).

S. aureus TSS는 보통 일반화된 감염보다는 국소화된 감염의 결과로 발생한다. 대조적으로, *S. pyogenes* TSS는 전형적으로 세균혈증 또는 패혈증 (25.2절)이 존재하고 광범위한 조직 괴사를 포함한 조직 손상이 발생하는 전신 감염의 결과이다 (그림 30.10); 그 결과 *S. pyogenes* TSS의 사망률은 *S, aureus* TSS보다 상당히 높다. 그러나 두 경우 모두에서 TSS의 증상은 면역계가 초항원 독소를 인식할 때 TSS의 증상이 유발되지만, 일반적으로 적응면역반응에서 발생하는 T 림프구 (적응면역반응의 주요 세포, 27장)의 작은 부분을 활성화시키는 것이 아니라 전체 T 림프구의 상당 부분을 활성화시킨다. 이 과다한 면역반응을 일으키는 것은 초항원 자체의 구조이며, 그 결과 저혈압, 장 파열, 장기 부전, 결국 전신 쇼크로 이어지는 광범위한 염증이 발생한다.

임상 진단에서, 포도상 구균 또는 연쇄상 구균의 TSS는 개인이 39°C 이상의 발열, 90 mm Hg 이하의 수축기 혈압, 3개 이상의 장기 시스템의 기능적 파괴, 흔히 위장, 신장, 간 등에서 나타날 때 의심된다. TSS의 심각한 경우에, 항생제의 정맥 내 투여로 중환자실 입원이 필요할 수 있다.

미니퀴즈

- 세포 용해성 외독소와 초항원 외독소의 예를 들고 각각을 생산하는 세균을 제시하라.
- 용혈성 외독소의 활성을 어떻게 감지할 수 있을까?

25.8 내독소

내독소(endotoxins)는 대부분의 그람-음성 세균(*Bacteria*)의 세포벽에서 발견되는 독성을 지닌 지질다당류이다. 내독소는 그람-음성 외막의 구조 화합물로 단백질이 아니다 (2.5절). 살아 있는 세포의 분비물인 외독소와 달리, 내독소는 세포가 용해될 때만 독성으로 결합되어 방출된다. 외독소와 내독소의 기본 성질은 **표 25.3**에 비교되어 있다.

내독소 구조와 생물학

그람-음성 세균의 외막의 주요 성분은 지질다당류(LPS)이다 (2.13절과 2.14절). LPS는 공유적으로 결합된 세 가지의 단위체들로 구성된다: 막에서 멀리 떨어져 있는 O-다당류, 막에 가까이 있는 중심다당류, 및 지질 A (lipid A)—인당지질(phosphoglycolipid)과 LPS의 막고정 부위 (**그림 25.18**). LPS의 지질 A부분이 독

표 25.3 외독소와 내독소의 특성

특성	외독소	내독소
화학적 특성	그람-양성 또는 그람-음성 세균에 의해 분비된 단백질; 일반적으로 열에 불안정	지질다당류-지질단백질 복합체, 그람-음성 세균 외막의 일부분으로서 세포 용해에 의해 유리; 극히 열에 안정
작용 방식; 증상	특이적; 흔히 특정 세포 수용체나 구조체에 결합; 세포나 조직에서 잘 알려진 특이작용을 가진 세포독소, 장독소, 또는 신경독소	일반적; 발열, 설사, 구토
독성	종종 picogram에서 microgram의 양으로 맹독성, 때로는 치명적임	수십에서 수백 microgram의 양에서 중간 독성, 치명적이지 않음
면역원성 반응	높은 면역원성; 중화항체 (항독소)의 생성을 자극함	상대적으로 약한 면역원성; 독소 중화에 충분하지 않은 면역반응
변성독소 잠재성[a]	열이나 화학적 처리는 독성을 파괴시키지만, 처리된 독소 (변성독소)의 면역원성은 유지됨	없음
발열 잠재성	비발열성; 숙주에서 열을 생성하지 않음	발열성, 종종 숙주에 발열 유도
유전적 기원	종종 염색체 외 요소 또는 용원성 박테리오파아지에 암호화되어 있음	염색체 유전자에 의해 암호화되어 있음

[a]변성독소는 더 이상 독성이 없지만 독소에 대한 면역반응을 유도할 수 있는 변형된 독소임 (28.9절).

단원 6

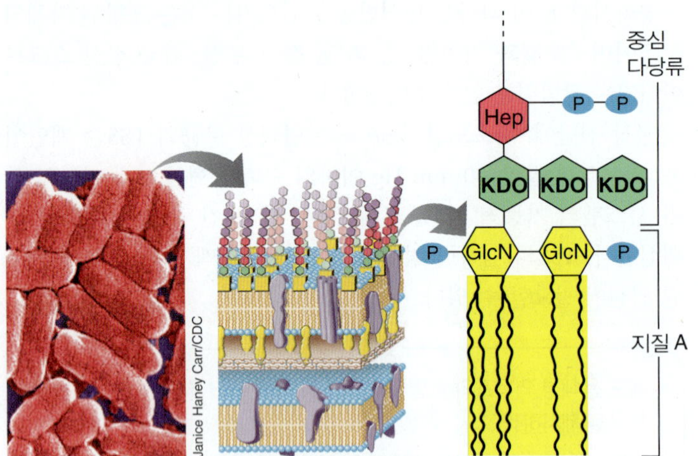

그림 25.18 내독소. 좌측에서 우측으로; 그람-음성 세균 *Escherichia coli* 세포의 주사전자현미경 사진; 지질다당류(LPS) 외막을 포함하는 그람-음성 세포벽의 구조; 지질 A의 세부 구조, LPS의 핵심 다당류의 일부와 함께 LPS의 독성 부분임.

성을 나타내는 부분에 해당하고, 다당류 부분들은 비독성이다. 다당류는 전체 LPS 복합체를 용해성과 면역원성으로 만드는 기능을 하므로 지질 및 다당류 분획은 독성이 발생하기 위한 단위로 제공되어야 한다.

내독소는 세균인 *Escherichia coli*, *Shigella*, 특히 *Salmonella*에서 잘 연구되어 왔으며, 이들은 병인(pathogenesis)에 기여하는 많은 독성 요인 중 하나이다 (그림 25.10). 내독소의 독성 성분인 지질 A의 생합성은 알려져 있으며, 그람-음성 세균에서 고도로 보존된 과정이다. 그럼에도 불구하고 모든 지질 A가 구조적으로 동일하지는 않은데, 이는 그 분자가 인산염 그룹의 존재, 부재 또는 수를 제어하는 합성 후 변형을 촉매하는 효소를 사용하여 변형될 수 있으며, 화학 및 지방산 측쇄의 수를 제어할 수 있기 때문이다 (그림 25.18). 이러한 미묘하지만 중요한 변화는 LPS 분자의 성질에 영향을 미치며, 특정 병원체가 숙주 면역계에 의한 인식을 피하거나 분자의 독성을 증가시키도록 진화한 독성 전략이다. 그러나 일부 지질 A 변화는 독성에 부정적인 영향을 미친다. 예를 들어, 인산염 기 (그림 25.18)는 지질 A를 동물 세포 수용체에 결합시키는 데 필수적이며, 인산염이 없는 지질 A가 면역 감시(immune surveillance)를 피할 수는 있지만 독성은 크게 감소된다.

내독소는 다양한 생리학적 반응을 유발한다. 발열은 내독소에 노출된 결과로 일어나는 거의 보편적인 증상인데, 이는 내독소가 숙주 세포를 자극하여 열을 발생시키는 사이토카인을 분비하기 때문이며, 이때 사이토카인은 뇌의 온도 조절중추에 영향을 주는 단백질인 내재성 발열원(*endogenous pyrogens*)으로서의 기능을 하는 수용성의 단백질로 면역계의 어떤 세포들이 분비한다. 내독소 노출로 인해 유리된 사이토카인들은 또한 설사, 심박수 증가, 림프구와 혈소판 수의 급격한 감소 및 일반적인 염증 등을 유발한다 (26.8절). 내독소 노출의 다른 생리학적 결과에는 보체 캐스케이드의 활성화가 포함되며 (보체는 일련의 면역계 단백질임, 26.9절), 또한 염증을 유발하고, 혈액 응고 캐스케이드의 활성화를 유발하여 혈전과 혈류 감소를 초래할 수 있다. 다량의 내독소는 출혈성쇼크와 신부전으로 인한 사망을 초래할 수도 있다.

내독소는 중요한 독성 인자이지만, 일반적으로 대부분의 외독소보다 독성이 적으며 위장관에 노출되면 건강한 개체에서 사망을 초래할 수 있는 증상을 거의 일으키지 않는다 (표 25.3). 예를 들어, 쥐에서 내독소의 LD_{50}는 동물 한 마리당 200~400 μg인 반면에, 보툴리눔 독소의 LD_{50}는 약 천만 배 이하인 25 pg이다. 대조적으로, 심하게 오염된 정맥 내 용액에서처럼, 내독소의 정맥 투여는 치명적인 결과를 초래할 수 있다.

내독소를 위한 *Limulus* 아메바 세포 용해액 분석법

내독소는 발열을 유도하고 다른 심각한 증상을 유발할 수 있기 때문에 항생제와 정맥주사 용액과 같은 약제에는 내독소가 없어야 한다. 고감도와 특이성의 내독소 분석법은 투구게인 *Limulus polyphemus*의 아메바 세포 용해액을 사용하여 개발되어오고 있다. 내독소는 특이적으로 아메바 세포의 용해를 일으킨다 (**그림 25.19**). *Limulus* 아메바 세포 용해액(LAL) 분석에서는 *Limulus* 아메바 세포 추출물을 검사할 용액과 섞는다. 만약 내독소가 존재한다면, 아메바 세포 추출물은 교질화되어 침전되며, 탁도에 변화가 발생한다. 이 반응은 분광광도계로서 정량적으로 측정할 수 있는데, LPS의 양이 1-ml의 샘플에 10 pg 정도인 소량까지도 측정할 수 있다.

LAL 분석법은 혈청과 뇌척수액과 같은 임상 검체에서 내독소를 검출하는 데 사용된다. 양성반응은 그람-음성 세균에 감염되었다고 추정할 수 있는 근거가 된다. 음료수, 주사약의 제조에 사용되는 물, 액체성 주사제제들은 그람-음성 세균의 내독소 오염을 확인하고 제거하기 위하여 상시로 LAL 검사를 해 오고 있다. 한 가지 상업적으로 이용 가능한 분석법은 DNA 재조합기술을 활용하여 제

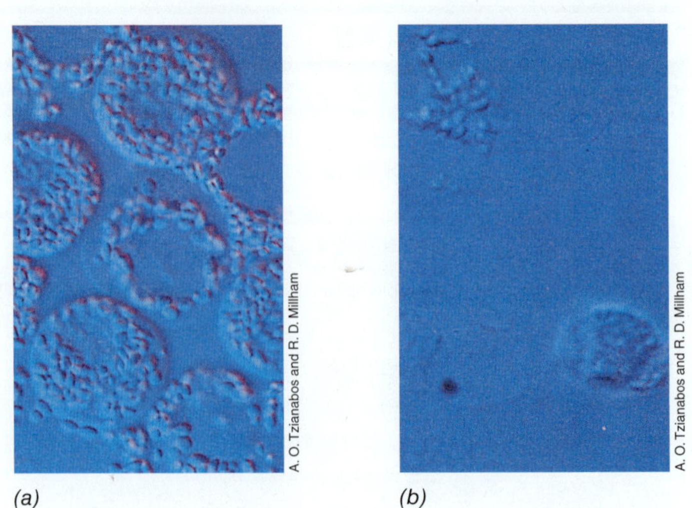

그림 25.19 내독소의 *Limulus* amoebocytes assay. *(a)* 투구게인 *Limulus polyphemus* 유래의 정상적인 변형세포. *(b)* 세균 지질다당류(LPS)에 노출된 변형세포. LPS는 세포의 탈과립화와 용해를 유도한다.

조한 투구게(horseshoe crab) 인자 C를 사용한다 (인자 C는 LAL 분석에서 내독소에 의해 활성화되는 핵심 단백질임). 수확된 투구게에서 수집한 아메바 세포에 의존하는 대신, 재조합 단백질은 민감하지만 비용이 적게 들고, 보다 더 표준화된 분석 절차가 가능하게 하고 동물 유래 물질을 완전히 배제하는 장점이 있다.

미니퀴즈

- *Escherichia coli* 세포의 어떤 부분이 내독소를 포함하고 있는가? 왜 그람-양성 세균은 내독소를 생산하지 않는가?
- 주사 가능한 약물제조에 사용되는 물에서 내독소를 검사하는 것이 왜 필요한가?

단원 정리

I • 사람–미생물 상호관계

25.1 병원체가 감염되는 특정 조직에 접근하면 질병은 먼저 해당 조직에 부착할 때만 발생한다. 부착은 질병을 개시하기 위해서 필요하지만 질병을 개시하기에 충분하지 않다: 집락화, 침입, 독소 물질의 생산도 요구된다.

Q **캡슐과 핌브리아 같은 구조에 의해 숙주 조직에 미생물이 어떻게 부착되는가?**

25.2 각 신체 부위는 화학적 또는 물리적으로 다른 부위들과는 다르므로 특정 미생물의 생장을 위해 다양한 선택적 환경을 제공하지만 다른 미생물에는 제공하지 않는다. 생물학적 효과를 유발하기에 충분한 개체군을 형성하는 생장에 따라 병원성 미생물에 의한 조직의 집락화는 질병 증상이 나타나기 전에 필요하다.

Q **체내에서 점막이 발견되는 곳은 어디이며, 점막은 무엇으로 구성되어 있는가? 어떻게 인체에서 병원체의 침입을 예방할 수 있는가?**

25.3 병원체의 병원성은 질병을 일으키는 상대적인 능력인 독성의 기능이다. 독성은 주어진 개체군의 50%를 감염시키거나 죽이는 데 필요한 세포 수 (또는 바이러스성 병원체라면 바리온)—LD_{50}으로 분석될 수 있는 정량적 측정이다. 약화된 병원체는 독성이 감소된 균주이며 백신을 준비하는데 매우 유용하다.

Q ***Streptococus pneumoniae*에 존재하지만, *Salmonella enterica*에는 없는 어떤 독성 인자가 *S. pneumoniae*을 쥐에 매우 독성이 강한 것으로 만드는가?**

25.4 병원체와 숙주의 유전학 및 생리학은 전염병의 결과에 영향을 미친다. *Salmonella* 종에서는 몇 가지 독성 인자를 암호화하는 염색체섬 또는 접합 플라스미드가 존재한다; 이들 이동성 유전요소는 다른 그람-음성 세균에 독성 인자를 신속하게 확산시킬 수 있다. 전염병에 대한 감수성은 결함숙주에서 증가된다.

Q **어떤 요인들이 전염병과 싸우는 숙주의 능력을 감소시킬 수 있는가?**

II • 병원성 효소와 독소

25.5 병원체의 독성은 그 균주가 생산하는 독성 인자의 개수와 종류에 달려 있다. 일부 병원성 세균은 숙주 조직을 파괴하거나 숙주 방어를 무장해제하는 기능을 하는 효소를 생산한다. 이들 효소의 활성은 병원체의 생장을 지원하고 더 깊은 침입을 촉진하기 위해 영양소를 방출한다.

Q **병원체가 숙주 조직의 완전성을 파괴하는 효소의 분비로부터 이익을 얻을 수 있는 두 가지 이유를 제시하라.**

25.6 외독소는 독성 단백질과 주요 독성 인자이다. 각 외독소는 특정 숙주 세포의 기능에 영향을 미친다. 장독소는 소장에 영향을 미치는 외독소이다. 클로스트리듐 보툴리늄 외독소와 파상풍 외독소는 알려진 가장 유독한 물질 중 하나이다.

Q **사람이 보툴리늄 독소나 파상풍 독소로 중독되었다고 가정하였을 때, 어떻게 그 사람의 신체 상태가 일어난 식중독의 유형을 전달할 수 있을까?**

25.7 세포 독소와 초항원은 숙주 세포를 용해시키고 각각 숙주 조직에 대한 강력한 면역반응을 일으키는 독성 단백질이다. 혈액 한천 평판상의 용혈현상은 고전적인 세포 독성 효과이지만, 잠재적으로 치명적인 상태인 독성 쇼크 증후군은 초항원 활성의 결과이다.

Q **세포 독소와 AB 독소의 기작을 구별하고 각각에 대한 예를 각각 들어라.**

25.8 내독소는 그람-음성 세균의 외막에서 유래된 리포폴리사카라이드이다. 내독소의 지질 및 다당류 성분은 독성에 필요하다. 내독소 중독의 증상에는 발열과 장내 고통이 있다.

Q **내독소의 구조적 특징, 기원, 주요 효과를 확인하라.**

응용 문제

1. 코아귤라제는 *Staphylococcus aureus*가 생장하는 곳에 혈전을 형성하기 때문에 *S. aureus*의 독성 인자이다. 스트렙토키나제는 *Streptococcus pyogenes*가 생장하는 곳에서 혈전을 분해하는 역할을 하므로 *S. pyogenes*의 독성 인자이다. 병원성을 증가시키기 위한 이들 반대 전략들을 합당하게 설명하라.

2. 외독소 생성이 불가능한 돌연변이체는 비교적 쉽게 분리되지만, 내독소 생성이 불가능한 돌연변이체는 분리가 매우 어렵다. 알고 있는 이들 독소의 구조와 기능을 바탕으로 돌연변이체 분리율의 차이를 설명하라.

용어 해설

Adherence (부착) 세포나 표면에 부착하기 위한 미생물의 강화된 능력

Adhesins (부착소) 숙주 조직에 부착하여 기능하는 병원체의 외막에 공유 결합된 당단백질 및 지질단백질

Attenuation (약독) 독성의 감소 또는 손실

Bacteremia (균혈증) 혈액 내에 미생물의 존재

Capsule (캡슐) 세포 주위를 둘러싸고 있는 밀집되고 잘 구별되는 다당류 또는 단백질 층

Colonization (집락화) 숙주조직으로 접근한 후의 미생물들의 증식

Dental caries (충치) 세균감염으로 인한 치아 부식

Dental plaque (치태) 치아에서 발견되는 것으로, 세포외부 중합체 기질과 타액 생성물에 둘러싸여 있는 세균 세포들

Disease (질병) 병원체 또는 다른 요소로 인한 숙주의 기능에 영향을 주는 숙주 생물체의 손상

Endotoxin (내독소) 일부 그람-음성 세균의 세포 외피의 지질다당류 부분으로 이것이 용해되었을 때 독소로 작용

Enterotoxin (장독소) 미생물이 생장함에 따라 세포외부로 방출되는 단백질로, 즉각적으로 숙주의 소장에 손상을 입힘

Exotoxin (외독소) 미생물이 생육함에 따라 미생물에 의해 세포외로 분비되어 숙주 세포에 급성 손상을 일으키는 단백질

Infection (감염) 숙주에 해를 끼치는지의 여부와는 상관없이, 국소 자연상이 아닌 미생물이 숙주에 들어와서 생장

Invasion (침투) 숙주 세포 또는 조직으로 들어와 퍼지고 감염을 일으키는 병원체의 능력

Mucous membrane (점막) 외부환경과 상호작용하는 점액으로 덮인 상피세포층

Mucus (점액) 수분을 함유하며 점막표면에 미생물의 침입을 저해하는 역할을 하는 수용성 당단백질 또는 단백질을 포함하는 액체 분비물

Opportunistic pathogen (기회성 병원체) 정상 숙주 저항성이 없을 때 질병을 유발하는 생물체

Pathogen (병원체) 숙주 내 또는 표면에 생장하면서 질병을 일으키는 생물체로 일반적으로 미생물들임

Pathogenicity (병원성) 병원체가 질병을 일으키는 능력

Septicemia (패혈증) 혈액유래 전신감염

Toxicity (독성) 생물체가 숙주 세포의 기능을 저해하거나 죽일 수 있는 이미 만들어진 독소를 통하여 질병을 유발시키는 능력

Virulence (독성) 병원체가 질병을 유발시키는 상대적인 능력

Virulence factors (독성 인자) 감염의 촉진 및 증진에 의한 간접적 또는 직접적 침습성 및 숙주 손상을 향상시키는 병원체의 물질 또는 전략

내재면역: 광범위 특이성 방어반응

현재의 미생물학

대단히 해로운 펩티드의 평판 회복: 아밀로이드-β

알츠하이머병(Alzheimer's disease)의 특징 중 하나는 환자의 뇌 조직에 아밀로이드 플라크가 존재한다는 것이다. 아밀로이드-β 단백질(Aβ)의 응집체로부터 불용성 섬유-유사 복합체로 발전한 플라크는 뇌의 인지 기능을 방해하며, 전통적으로 알츠하이머병과 밀접하게 관련된 것으로 알려졌다. 그러나 최근의 연구는 뇌가 감염으로부터 뇌를 보호하고 잠재적으로 병원균 침입에 대한 신체의 첫 번째 방어 시스템인 내재면역계의 중요한 부분임을 보여주는 자연적 항균제로서 기능한다는 것을 보여줌으로써 Aβ를 보다 긍정적인 것으로 밝혔다.

신체에서 Aβ의 자연적인 역할을 해석하는 데에는 지배적인 생각의 변화가 필요하였다. Aβ의 아미노산 서열이 거의 모든 척추동물에서 매우 잘 보존되어 있음에도 불구하고, 전통적으로는 기능이 없는 것으로 그리고 심지어는 퇴행성 신경질환을 촉진시킬 수 있는 해로운 펩티드로 간주되어 왔다. 그러나 이제는 Aβ가 확실한 기능이 있고 또한 이것의 정상적인 역할은 해로운 것이 아니라, 실제로 방어적으로 작용한다는 것이 분명해졌다. 이 단백질의 진정한 기능에 대한 주요 단서는 Aβ와 다양한 고대의 항균성 펩티드 사이의 유사성을 발견했을 때 밝혀졌다. 이 펩티드는 피브릴의 네트워크로 집합하여 병원균을 묶어 응집 (응집)시키는 경향을 포함한다 (위 사진). 이러한 활동은 Aβ가 이전에는 인식되지 않았지만, 타고난 특히 중추신경계에서 Aβ가 풍부하고 적응면역 (항체- 및 세포-매개) 반응의 효능이 제한된다.

살아 있는 체계에 있는 Aβ의 역할을 시험하기 위하여 과학자들은 쥐, 선충류 (*Caenorhabditis elegans*) 및 세포 배양 모델을 사용하여 병원균 (*Salmonella* 세균, 아래 사진, 녹색)의 처리 후 숙주 생존이 Aβ의 활성에 의해 증진되었음을 보여주었다. 세균은 Aβ 섬유의 성장하는 망구조 (아래 사진, 적색)에 포획되는데, 이는 숙주 세포에 대한 미생물 부착을 방지하고 면역 기작에 의해 더 효율적으로 병원균이 파괴될 수 있도록 하였다. 따라서 Aβ의 항균활성은 Aβ의 치밀한 섬유망구조의 침착 및 성장에 의존한다. 이것은 알츠하이머-관련 아밀로이드 플라크가 뇌의 만성적인 미생물 감염에 의해 침적되어, 그 결과로서 뇌 염증 및 Aβ의 과잉생성을 초래할 수 있다는 흥미로운 가능성을 제기한다.

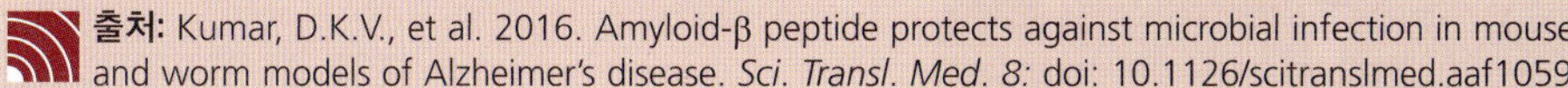

출처: Kumar, D.K.V., et al. 2016. Amyloid-β peptide protects against microbial infection in mouse and worm models of Alzheimer's disease. *Sci. Transl. Med. 8:* doi: 10.1126/scitranslmed.aaf1059.

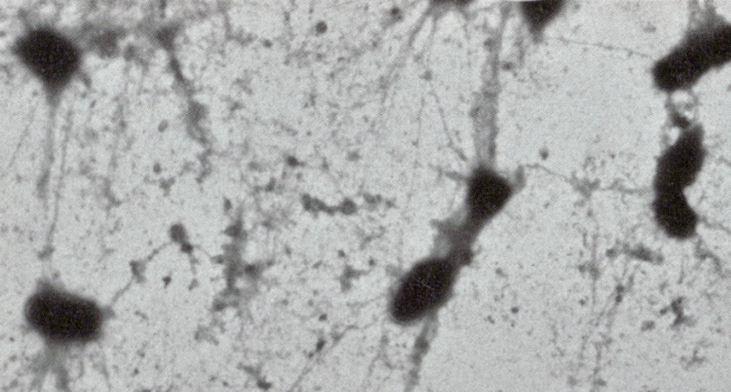

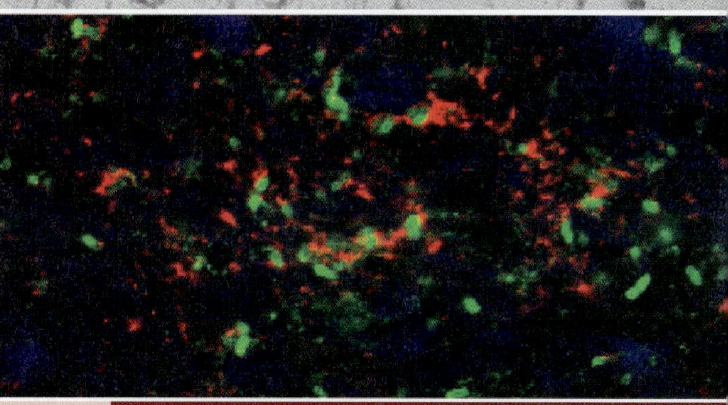

우리는 미생물과 인간과의 연관성을 고려하여 이 단원을 시작했으며, 마지막 장에서는 병원성, 병독성 및 감염의 위험요인에 대해 논의했다. 이 장과 다음 장에서는 척추동물이 병원균에 저항하기 위해 그리고 병원균에 의한 질병을 예방하기 위해 사용하는 기작, 즉 면역학의 과학에 중점을 둔다. 이 장에서는 **내재면역(innate immunity)**, 즉 광범위한 병원균들에 대한 타고난 숙주방어의 개념을 제시하고자 한다. 27장에서는 특이적인 병원균들을 표적으로 하여 그들의 해로운 영향을 최소화하는 면역체계의 필수적인 두 번째 부문인 **적응면역(adaptive immunity)**에 대해 논의한다.

I • 숙주방어의 기초

우리는 내재면역과 적응면역에 대한 개요를 살피는 것으로 시작하고 이어서 병원균의 침투에 대항하는 우리 신체의 중요한 자연 장벽(natural barriers)에 대해 살펴보고자 한다.

26.1 면역계의 기본 성질

면역(immunity)은 감염에 저항하는 생명체의 능력이다. 인간의 면역계는 침입하는 병원체에 대해 두 갈래의 방어 기작을 사용한다. 이러한 상호 연결된 방어 기작의 첫 번째인 내재면역(*innate immunity*)은 다세포 생물의 면역계에 내재된 능력으로서 그들의 정체성과는 관계없이 공통적인 병원체를 표적으로 한다. 이에 반해, 적응면역(*adaptive immunity*)은 내재된 기작만으로는 신체에서 제거할 수 없는 특정 병원체에 노출되면 작동된다. 각각의 적응면역반응은 단일 바이러스 균주와 같은 특정 유형의 침입 병원균을 특이적인 표적으로 한다. **그림 26.1**은 면역계의 이러한 필수 불가결한 각 부문의 기본 요소들을 비교하고 대조한다.

내재면역의 원리

내재면역은 다양한 병원균이나 그 생성물을 인식하고 파괴하기 위해 이미 존재하고 있는 비유도적인 신체의 능력이다. 내재면역 기작은 활성화를 위해 병원체나 그 생성물에 사전 노출될 필요가 없다. 진핵생물은 기능적으로 유사한 병원체 인식 기작을 가지고 있어서 신속하고 효과적인 숙주방어를 유도한다. 예를 들어, 곤충 *Drosophila* (초파리)의 병원체 인식은 구조적 진화 상동성을 명확하게 보여주는 면역세포를 사용하여, 인간과 거의 같은 방식으로

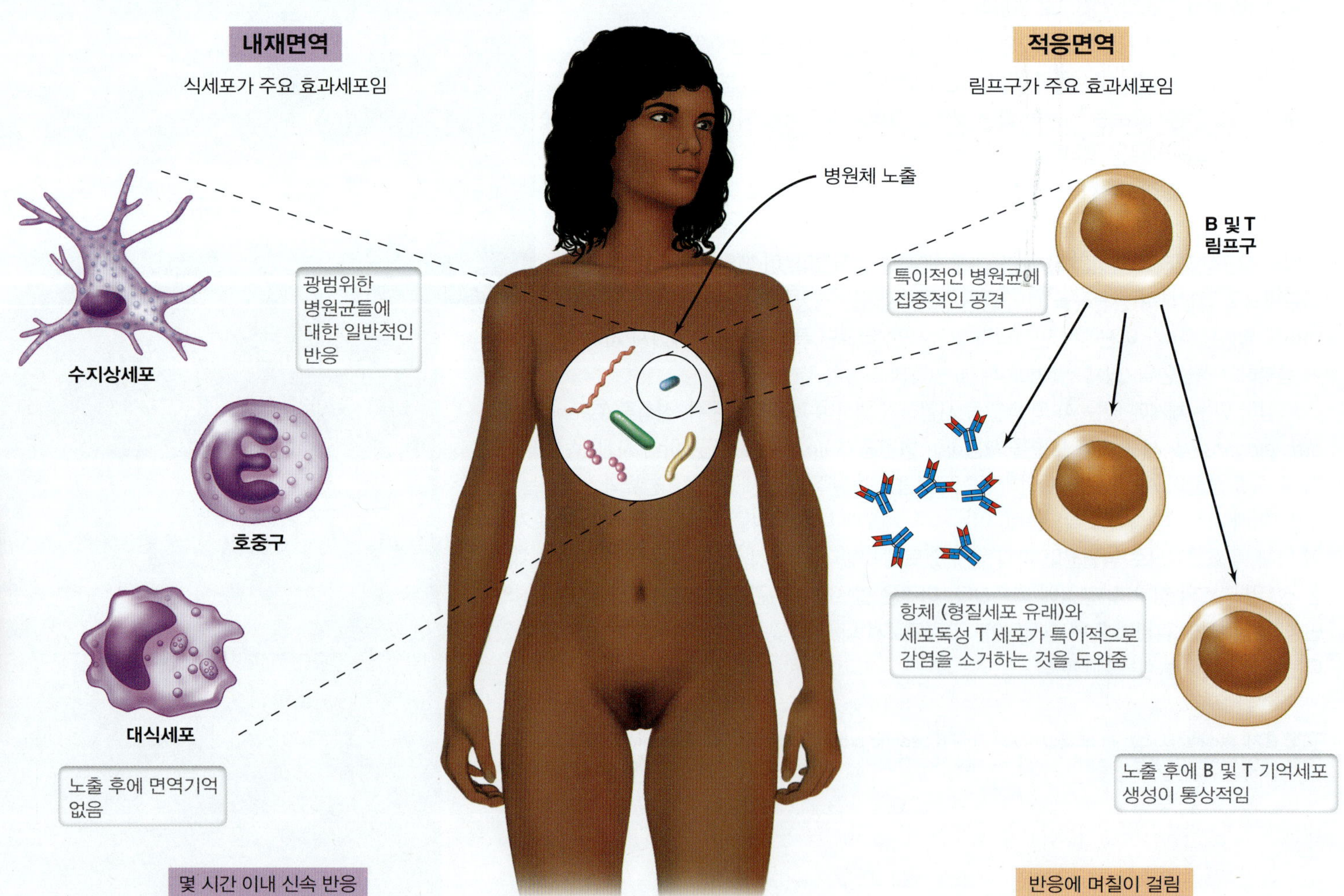

그림 26.1 두 갈래의 면역반응의 개요. 내재면역과 적응면역의 주요 특성이 묘사되어 있다. 각 갈래의 면역에 참여하는 면역세포들의 유형 및 그림 26.4에 나타난 이들의 기능에 대한 비교설명에 유의하라.

수행된다.

26.2절에서 기술할 감염에 대한 다양한 물리적 및 화학적 장벽 외에도, 내재면역은 주로 미생물 병원균을 섭취하고, 죽이고, 소화할 수 있는 여러 종류의 세포들, 즉 **식세포(phagocytes)**의 활성에 크게 의존한다. 내재면역반응은 병원균에 노출된 후 몇 시간 내에 신속하게 진행된다. 편모와 세포벽의 구성성분들과 같이 다양한 세균성 병원균에 공통적인 구조적 특성들은 식세포 표면에 보편적으로 존재하는 수용체와 상호작용한다. 이 상호작용은 유전자들을 활성화시켜서 그 생성물이 병원체 파괴를 일으키게 된다.

적응면역의 원리

일부 병원체는 병원성이 강하여 내재반응이 완전히 효과적이지 못하다. 이 경우에는 내재면역이 적응면역반응을 활성화시켜 이러한 감염을 처리한다. 적응면역은 특정 병원체 또는 그 생성물을 인식하고 파괴할 수 있는 능력이다. 적응반응은 **특이성(specificity)**을 보이는데, 그 이유는 흔히 특정 병원성 균주 또는 특정 유형의 외래성 물질로 정의되는 **항원(antigens)**이라 불리는 독특한 병원체 표면분자에 대해 일어나기 때문이다. 식세포는 항원분자를 섭취하고 처리한 다음, 이를 적응반응의 필수 구성원인 림프구(lymphocytes)로 불리는 면역세포에게 제시해 준다. 제시된 항원은 림프구 표면의 수용체에 특이적으로 결합하는데, 이를 통해 유전자들의 발현을 유발하여 림프구의 증식을 촉진하며 또한 병원균과 상호작용하고 파괴대상으로 표지해주는 **항체(antibodies)** 혹은 **면역글로불린(immunoglobulins)**이라고 불리는 항원-특이적 단백질의 생산을 촉진한다.

비교적 신속한 내재반응과는 달리, 방어적 적응반응이 일어나기 위해서는 보통 며칠이 소요되며, 항원-반응성 림프구의 수가 증가함에 따라 적응반응의 강도도 증가한다. 적응면역반응은 내재반응 기작보다 일반적으로 느리지만, 매우 특이적이며 과거에 접했던 항원에 재차 노출된 후에 특이적인 면역세포나 항체를 신속하게 생산하는 능력인 **면역기억(immune memory)**을 흔히 초래한다.

선천적 면역반응과 후천적 면역반응에 대한 전반적인 개요를 통해, 우리는 건강한 인체에 존재하는 여러 자연적 장벽을 살펴보고자 한다. 이러한 장벽들 중 하나 혹은 그 이상이 붕괴된 경우에만 병원체 침입이 발생할 수 있다.

미니퀴즈

- 내재면역반응을 매개하는 주요 종류의 면역세포는 무엇인가? 적응면반응에는 어떤 유형의 면역세포가 추가적으로 필요한가?
- 서로 다른 병원균들의 표면에서 발견되는 독특한 분자들을 설명하기 위해 어떤 용어가 사용되는가?

26.2 병원균 침입에 대한 장벽

인체에 발생하는 감염성 질환에 대한 최선의 방어책은 병원균이 감염 장소에서 집락을 형성하지 못하도록 방지하는 것이다. 사람의 몸에는 병원균의 집락화(colonization)를 저해하여 감염성 질환의 발병을 예방하는 내재성 저항인자들이 있다. 여기에는 미생물 감염에 대한 다양한 물리적, 화학적 장벽들이 포함된다. 또한 숙주의 건강상태 및 정상적으로 숙주에 거주하는 미생물들의 조성은 일반적으로 건강과 질병 사이의 전환점인 요인이 된다

자연적인 숙주 저항성

척추동물 숙주에 공통적으로 존재하는 몇몇 저항인자들은 비특이적인 방법으로 대부분의 병원균에 의한 감염을 억제한다 (**그림 26.2**). 예를 들어, 인체에 존재하는 정상적인 미생물군(microbiota)은 특히 피부와 장에서 병원균의 감염에 저항하는 데 매우 중요하다 (24장). 정상적인 미생물군이 잘 확립된 조직에서는 무해한 미생물들이 병원균의 감염 장소와 이용 가능한 영양소를 제한하기 때문에 병원균들이 쉽게 감염하지 못한다. 상주 미생물에 의한 침입 병원균의 경쟁적 배제(*competitive exclusion*)가 기술적으로 숙주의 면역계의 구성요소는 아니지만, 신체의 내부 또는 표면에 존재하는 비병원성 정상 미생물군이 이러한 원리를 통해 질병을 예방하는 데 중요한 역할을 한다. 항생제 약물치료가 비특이적으로 신체의 무해하며 유익한 미생물을 죽일 때 일어날 수 있는 것과 같이, 정상적인 미생물군의 구성에 붕괴가 발생하여 기회성 병원균에 의한 질환의 발병을 유발되는 경우는 드문 일이 아니다.

어떤 특정 병원균이 각 동물의 질병을 일으키는 능력은 매우 다양하다. 예를 들어, 너구리와 스컹크를 포함한 특정 동물 종들은 광견병에 잘 걸리지 않는 주머니쥐(opossum)와 같은 다른 종류보다 광견병 바이러스에 훨씬 더 취약하다. 탄저균은 다수의 동물 종들을 감염시켜, 소의 치명적인 혈액중독에서부터 인간의 피부 탄저병의 가벼운 농포에 이르기까지 다양한 질병 증상을 일으킨다. 그러나 동일한 병원균을 다른 경로로 주입하면, 숙주의 저항성에 도전이 될 것이다. 예를 들어, 탄저병은 피부를 통해 접촉되면 국소화된 감염을 일으키지만 폐의 점막을 통해 접촉되면 치명적인 전신성 감염을 일으킨다 (29.9절 및 31.8절). 감염에 대한 또 다른 장벽은 조류와 포유류와 같은 흡열 ["온혈(warm-blooded)"] 동물의 질병이 양서류와 파충류와 같은 발열 ["냉혈(cold-blooded)"] 동물에는 거의 전염되지 않으며 그 반대도 마찬가지라는 것이다. 아마도 한 그룹의 해부학적 및 대사적 특성이 다른 그룹을 감염시키는 병원체와 적합하지 않기 때문인 것 같다.

이러한 요인들 이외에, 숙주의 일반적인 상태는 건강과 질병 사이의 균형에 있어서 역할을 한다. 감염성 질환은 영양 또는 스트레스 관련 문제로 고통받는 사람들뿐만 아니라 아주 어리거나 아주 늙은 사람들에게도 흔하다. 예를 들어, 장내 미생물군은 시간이 지나면서 성숙하므로 1세 미만의 유아는 종종 성인의 경우에 비해 세균성 또는 바이러스성 병원균에 의한 설사가 더 자주 발생한다. 노인의 약화된 면역계 혹은 의료시술 혹은 약물요법으로 인해 약화된 면역계에 의해서는 이에 반비례하여, 감염성 질병에 대한 감수성이 더 높아지게 된다. 흡연, 식이요법, 정맥 내 약물 사용, 과도

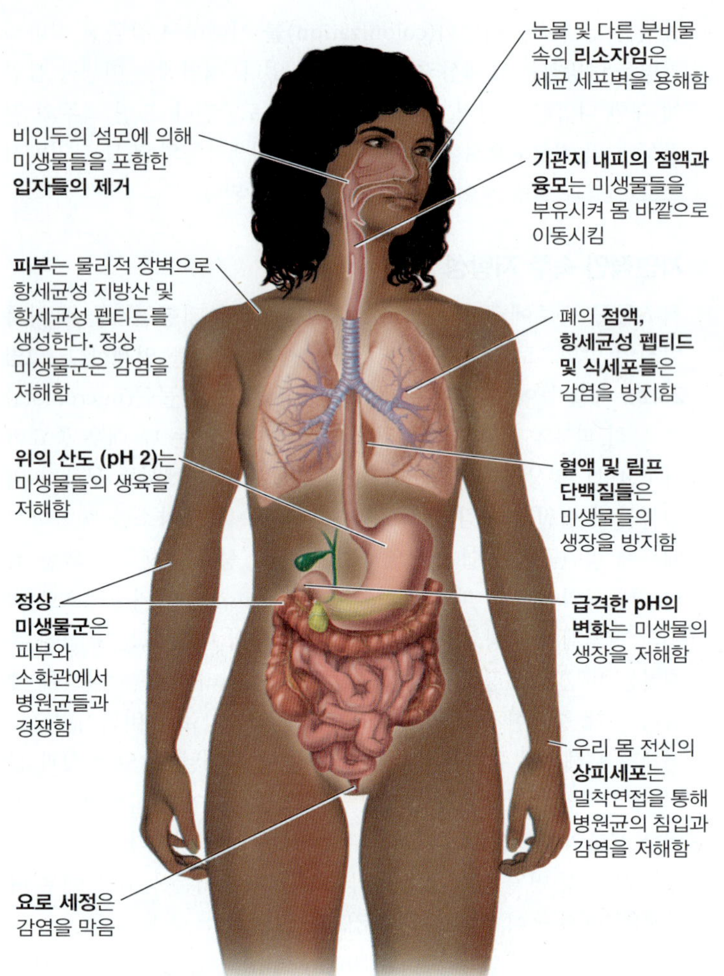

그림 26.2 감염에 대한 인체의 장벽. 이러한 장벽은 병원균들의 집락형성 및 감염에 자연적으로 저항할 수 있도록 한다.

한 음주, 만성적인 수면 부족과 같이, 젊은층과 노인층 모두에게 영향을 미치는 그 외 요인들도 병원균이 숙주를 감염하여 질병을 일으킬 수 있는 여부에 대해 영향을 줄 수 있다.

감염부위 및 조직특이성

대분분의 병원균들은 감염을 시작하기 위해 노출부위에 부착하고 그 부위를 오염시켜야 한다. 병원균이 노출부위에 부착하더라도 그 부위가 병원균의 영양 및 대사 요구에 적합하지 않다면 병원균은 숙주에서 집락을 형성할 수 없다. 예를 들어, *Clostridium tetani* (파상풍의 원인균) 세포를 섭취하였을 경우, 병원균은 위산의 산도에 의해 사멸되거나 잘 발달되어 있는 장내 정상 미생물군과 경쟁할 수 없기 때문에, 파상풍이 보통 발생하지 않는다. 한편, *C. tetani* 세포 또는 내생 포자가 깊은 상처를 통해 오염되는 경우, 그 병원균은 생육하여 국소 조직의 사멸에 의해 조성된 혐기성 구역에서 파상풍 독소를 생산하게 된다. *Salmonella* 및 *Shigella*와 같은 장내 세균은 보통 상처 감염을 일으키지 않지만, 이와 반대로, 장관을 감염시켜 위장병을 일으킬 수 있다.

어떤 경우에는 숙주들이 조직-특이적 수용체를 공유하기 때문에, 병원균은 밀접하게 관련된 몇몇 숙주 종들의 구성원들과만 독점적으로 상호작용한다 (25.2절). 예를 들어, 인간 면역 결핍 바이러스(HIV, AIDS의 원인균)는 인간과 가장 가까운 유인원을 포함한 가장 가까운 영장류의 친척들만 감염시킨다. 이것은 인간 T 림프구에 존재하는 HIV-결합 세포 표면 단백질인 CXCR4와 인간의 대식세포 (T 세포 및 대식세포는 면역계의 세포)에 존재하는 CCR5가 유인원에도 발현되기 때문이다. 다른 동물들, 심지어 다른 대부분의 영장류도 CXCR4와 CCR5가 없으므로 HIV 감염에 대한 감수성이 없다. 다수의 그 외 병원균들은 조직 특이성을 나타내기 때문에, 단일 종의 숙주에만 감염된다. 예를 들어, 인간의 비강 상피세포를 감염시켜 감기증상을 일으키는 리노바이러스(rhinovirus)는 일반적으로 비인간 숙주(nonhuman hosts)에서 감염되지 않고 유사한 증상을 일으킬 수 있다. **표 26.1**은 병원균들의 조직 특이성에 대한 일부 다른 예를 소개한다.

감염에 대한 물리적 및 화학적 장벽

조직 표면의 구조적 완전성은 미생물에 의한 침투에 장벽이 된다 (25.2절). 모든 신체 조직의 상피세포 사이의 밀착연접(tight junctions)은 침입과 감염을 저해한다 (그림 26.2). 피부와 점막조직에서 잠재적인 병원체는 먼저 조직 표면에 달라 붙어야 하며 이들 부위에서 생장한 다음 신체의 다른 곳으로 이동한다. 점막 표면은 미생물, 꽃가루 및 기타 외래 물질을 포획하는 보호성 점액층으로 덮여 있다. 점액층 아래의 상피세포는 표면에 섬모가 있어 메달

표 26.1 감염성 질병의 조직 특이성

질병	감염되는 조직	생물체
후천성 면역결핍증 (AIDS)	보조 T 림프구	인간 면역결핍 바이러스 (HIV)
보툴리늄독소증	운동말단판	*Clostridium botulinum*
콜레라	소장 상피	*Vibrio cholerae*
충치	구강 상피	*Streptococcus mutans, S. sobrinus, S. mitis*
디프테리아	인후 상피	*Corynebacterium diphtheriae*
임질	점막 상피	*Neisseria gonorrhoeae*
독감	호흡기 상피	인플루엔자 A형과 인플루엔자 B형 바이러스
말라리아	혈액 (적혈구)	*Plasmodium* 종
신우신염	신장골수	*Proteus* 종
자연 유산 (소)	태반	*Brucella abortus*
파상풍	억제성 중간뉴런	*Clostridium tetani*

린 병원균을 배출하기 위해 조화운동(coordinated movements)을 수행하고 병원균들이 조직에 부착되지 않도록 한다. 이러한 점액과 섬모운동의 조합은 흡입된 미생물들을 기도 및 기관지의 점막 표면으로부터 제거하여 폐에서의 미생물 집락형성을 방지하는 중요한 역할을 한다.

피부의 피지선은 지방산과 젖산을 분비하여 피부의 산도를 pH 5로 낮추고 많은 병원성 세균(혈액 및 대부분의 내부 기관은 pH 7.4 정도)에 의한 집락형성을 저해한다. 음식물이나 물과 함께 섭취된 잠재적인 병원균들은 위 속의 강한 산도 (pH 2)와 펩신과 같은 소화효소로부터 살아남아야 한다 (그림 26.2). pH가 장관 하류에서는 중성으로 돌아오지만, 위를 통과해서도 살아남은 병원균은 소장 및 대장에 존재하는 풍부한 상주 미생물들과 경쟁해야 한다 (그림 24.3). 다수의 잠재적 감염부위에 존재하는 확립된 정상적인 미생물군집 이외에도, 감염 및 침입에 대한 저항성은 피부, 폐 및 소화관에서 생성되는 디펜신(*defensins*)이라는 항균물질에 의해 강화된다. 끝으로, 신장의 내강, 눈, 호흡기 및 자궁 경부 점막은 세포벽을 소화시켜 세균을 사멸시킬 수 있는 효소인 리소자임(*lysozyme*)을 함유한 눈물, 점액, 또는 기타 분비물에 의해 끊임없이 세척된다.

우리는 우리 신체가 물리적 장벽, 화학 물질 및 분비물들이 어떻게 연합하여서, 병원균 감염과 침입을 자연적으로 억제하는지에 대해 살펴보았다. 그러나 이 첫 방어선을 너머에서는 면역계가 활성화되어 내재반응부터 개시하게 된다. 이제 우리는 내재면역반응의 수단이 되는, 즉 면역계의 세포와 기관들에 대해 살펴보고자 한다.

미니퀴즈

- 병원균에 대한 숙주 조직 특이성에 대해 기술하라.
- 병원균에 대한 물리적 및 화학적 장벽을 밝혀라. 어떻게 이러한 장벽이 손상될 수 있는가?
- 감염성 질환의 결과를 제어할 수 있는 또 다른 요소들은 무엇인가?

II • 면역계의 세포 및 기관

면역반응은 주로 혈액 및 혈액과 유사하지만 적혈구가 결여된 체액인 림프(*lymph*)를 통해 체내를 순환하는 다양한 전문적인 세포들의 활성에 의해 일어난다. 혈액과 림프는 직접적으로 혹은 모든 주요 기관계를 통해 간접적으로 상호작용한다.

26.3 혈액 및 림프계

인체의 순환계에는 혈액과 림프 순환을 위한 별도의 맥관구조가 있다. 이 체액의 순환을 통해 면역계의 세포와 단백질이 신체의 다양한 조직과 기관으로 옮겨진다. 혈액 및 림프에서 발견되는 모든 세포는 골수의 **줄기세포(stem cells)**로부터 파생된다. 이 세포들은 적혈구(erythrocytes)와 **백혈구(leukocytes)**를 모두 공급하기 위해 계속 분열하고 분화한다.

혈액 및 림프 순환

혈액은 심장에 의해 펌프질되어 전신의 동맥과 모세혈관으로 흐르며 정맥을 통해 되돌아온다 (**그림 26.3*a*, *b***). 모세혈관 상에서 백혈구와 용질들이 혈액으로부터 림프계로 전달된다. 림프는 혈관 밖 조직에서부터 모세림프관 (림프관)으로 흘러 들어가고 이어서 림프계 전역에 있는 **림프절(lymph nodes)**로 들어간다 (그림 26.3*c*, *d*). 림프절에는 림프계 순환을 통해 전달된 미생물 및 항원과 마주치도록 배열된 림프구와 식세포가 함유되어 있다. **점막-연관 림프조직(mucosa-associated lymphoid tissue, MALT)**도 림프계의 또 다른 일부이며, 소화관, 비뇨생식기관, 기관지 등의 점막을 통해 체내에 들어온 항원 및 미생물과 상호작용한다. MALT에는 식세포와 림프구가 포함되어 있다. 항체와 면역세포가 함유되어 있는 림프액은 흉부 림프관(thoracic lymph duct)을 통해 혈액 순환계로 합류된다 (그림 26.3*a*).

비장(*spleen*)은 중요한 면역기관이며, 적혈구가 풍부한 적색수질(*red pulp*)과 림프계 내의 림프절 및 MALT와 유사한 방식으로 혈액을 여과하도록 배열되어 있는 조직화된 림프구와 식세포로 구성된 백색수질(*white pulp*)로 이루어져 있다. 전체적으로 림프절, MALT 및 비장을 **이차 림프기관(secondary lymphoid organs)**이라 한다 (그림 26.3). 이차 림프기관은 항원이 항원제시 식세포 및 림프구와 상호작용하여 적응면역반응을 일으키는 장소이다.

조혈줄기세포, 혈액 및 림프

조혈줄기세포(hematopoietic stem cells)는 골수에서 발견되는 전구세포로서 혈액세포로 분화할 수 있다 (그림 26.4 참조). 줄기세포는 골수에서 성장하고 그곳에서 가용성 사이토카인 및 케모카인 (면역세포 분화의 여러 측면에 영향을 미치는 단백질)의 영향으로 다양한 세포 유형으로 분화된다 (26.5절). 분화된 세포들은 혈액과 림프를 통해 신체의 다른 부위로 이동한다.

혈액은 면역반응에서 활성을 발휘하는 다수의 세포들과 분자들을 포함하여, 세포들과 비세포성 성분들로 구성되어 있다 (**표 26.2**). 인체 혈액 속에 가장 많은 세포는 폐에서 조직으로 산소를 운반하는 작은 크기의 무핵성 세포인 적혈구(*erythrocytes*)다. 그러나 혈액 중 세포의 약 0.1%는 백혈구(leukocytes)로서 대단히 많은 종류가 있다 (표 26.2). 내재면역계의 모든 식세포들은 백혈구이며, 적응반응에서 활성을 발휘하는 세포인 림프구도 백혈구이다.

혈액은 현탁된 세포들과 단백질들 및 그 외 여러 용질들을 함유하고 있는 액체인 **혈장(plasma)**으로 구성되어 있다. 체외에서는 혈액이나 혈장이 신속하게 불용성 피브린 응고물을 형성하며, 구연산칼륨이나 헤파린과 같은 항응고제가 첨가된 경우에만 액체 상태를 유지한다. 혈액이 응고될 때, 불용성 단백질들은 거대한 불용성 덩어리 속에 세포들을 포획한다. 따라서 **혈청(serum)**이라 불리는 잔여 액체 속에는 세포들과 응고단백질들이 함유되어 있지 않다. 그러나 혈청은 다른 단백질, 특히 항체(antibodies)를 고농도로 함유하고 있으며, 항체는 적응면역반응의 핵심 요소이다.

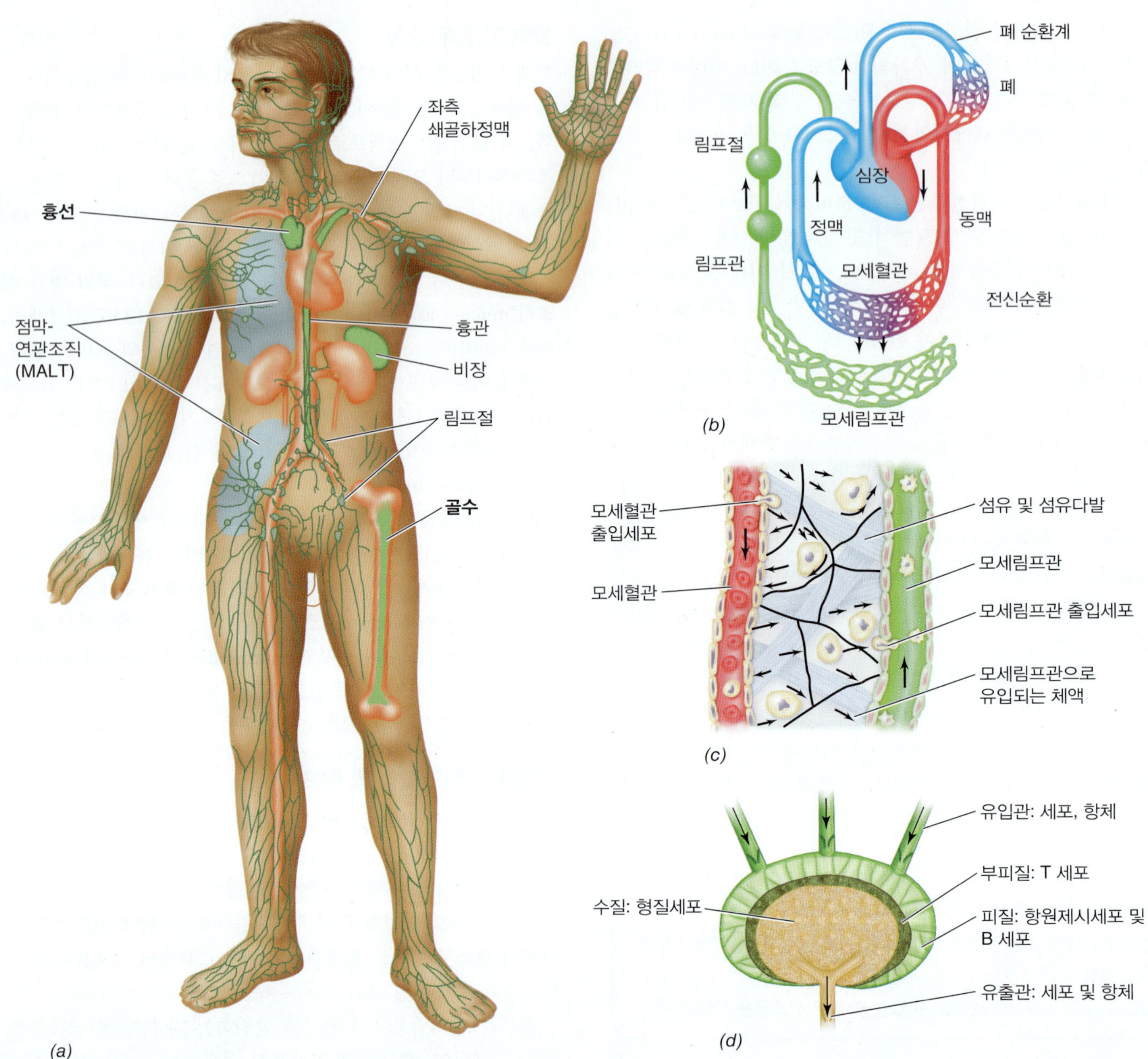

그림 26.3 혈액 및 림프계. *(a)* 인체의 혈액 및 림프 순환. 주요 혈관 및 관련 기관은 적색으로 표시된다. 주요 림프기관과 림프관은 녹색으로 표시된다. 일차 림프기관은 골수와 흉선이다. 이차 림프기관은 림프절, 비장 및 MALT이다. *(b)* 림프와 혈액계 사이의 연결. 혈액은 정맥에서 심장으로, 폐로 흐른 다음, 동맥을 통해 조직의 모세혈관으로 흐른다. 모세혈관과 모세림프관 사이에 용질과 세포의 교환이 일어난다. 림프는 흉관(thoracic duct)에서 좌측 쇄골하 정맥으로 배출되어 혈액순환계로 유입된다. *(c)* 혈액과 림프계 사이의 세포 교환이 자세히 나타나 있다. 모세혈관과 모세림프관은 모두 닫혀 있는 관이지만, 세포들은 혈관외 유출(extravasation) 과정으로 모세혈관으로부터 모세림프관으로 그리고 역방향으로 통과하여 유입된다. *(d)* 주요 해부학적 영역 및 각 영역에 집중되어 있는 면역세포들이 나타나 있는 이차 림프기관인 림프절. MALT와 비장의 해부학적 구조는 림프절의 경우와 유사하다.

미니퀴즈

- 혈액에서 림프로 그리고 혈액으로 되돌아가는 백혈구의 순환을 설명하라.
- 특정 줄기세포가 식세포, 림프구 또는 적혈구가 될지 여부를 결정하는 가용성 분자는 무엇인가?

26.4 백혈구 생성과 다양성

몇몇 독특한 백혈구가 내재면역과 적응면역에 참여한다 (표 26.2). 조혈줄기세포 전구체로부터 백혈구는 골수(*myeloid*) 계통 또는 림프계(*lymphoid*) 계통으로 분화되고 성숙할 것이다 (**그림 26.4**). 백혈구는 몸 전체로 이동하여 혈관외 유출(*extravasation*, *diapedesis* 로도 불림)이라는 과정을 통해 혈액으로부터 간질공간(interstitial

표 26.2 정상적인 혈액 속의 주요 세포들

세포유형	밀리리터당 세포 수
적혈구	$4.2\text{~}6.2 \times 10^9$
백혈구[a]	$4.5\text{~}11 \times 10^6$
림프구	$1.0\text{~}4.8 \times 10^6$
과립구 및 단핵구	7.0×10^6 가량

J. Martinko and M. T. Madigan

(*a*) **적혈구** (*b*) **림프구** (*c*) **호중구 (과립구)** (*d*) **단핵구**

[a]백혈구는 모든 유핵 혈액세포를 포함한다. 그것들은 림프구와 골수성 줄기세포 (단핵구와 중성구 같은 과립구)를 포함한다.

space)으로 이동한다. 그런 다음, 백혈구는 림프와 함께 림프관으로 회수되어 결국에는 혈액 순환계로 되돌아간다 (그림 26.3*c*).

골수계 세포—단핵구 및 과립구

내재면역에서 활성을 나타내는 골수계 세포는 골수계 전구세포로부터 유래한다. 성숙한 골수계 세포는 **단핵구(monocytes)** 또는 **과립구(granulocytes)** (그림 26.4 및 표 26.2)의 두 계통 중 하나에서 발달한다. 미성숙 단핵구 전구세포는 며칠 동안 혈액을 순환하여 다른 조직으로 이동하고 **항원제시세포(antigen-presenting cells, APCs)**라고 불리는 전문적인 식세포로 분화한다. 이 세포들은 적응면역반응을 일으키기 위해 항원을 삼키고 처리하여 림프구에 제시한다 (27장). 단핵구에서 유래하는 포식성 APCs에는 **대식세포(macrophages)** 및 **수지상세포(dendritic cells)**가 포함된다 (그림 26.4).

대식세포는 흔히 병원균과 상호작용하는 최초의 방어세포이며, 다수의 조직에, 특히 비장, 림프절 및 MALT와 같은 기관에서는 총 세포의 15%를 구성할 정도로 풍부하게 존재한다. 대식세포는 신체를 침입하는 대부분의 병원균들과 외래 분자들을 섭취하고 파괴하기 때문에, 이들은 내재반응에 필수적이다. 수지상세포는 우리 신체의 전반에 걸쳐 발견되며, 특히 피부와 점막을 포함한 상피 내층을 따라 풍부하게 존재한다. 수지상세포가 항원을 섭취하면 인근 림프절로 이동하여 T 림프구에 항원을 대단히 효율적으로 제시한다. 따라서 수지상세포는 내재면역과 적응면역 사이의 중요한 연결고리이다. 대식세포와 수지상 세포의 전문적인 항원-제시의 특성은 27.5절에서 검토할 것이다.

과립구(granulocytes)는 골수계 전구체로부터 유래하는 두 번째 계통의 세포이다. 과립구는 현미경 염색방법으로 관찰할 수 있는 세포질 봉입체(inclusions) 또는 과립(granules)을 함유하고 있다. 이 과립에는 표적세포를 파괴하기 위해 방출되는 독소나 효소가 함유되어 있다. 과립구 중의 한 부류인 **호중구(neutrophils)**는 다형핵 백혈구(*polymorphonuclear leukocyte, PMN*)라고도 하며, 내재면역의 핵심적인 활성으로서, 병원균의 등장에 신속하게 반응하는 운동성이 높으며 풍부하게 존재하는 식세포이다. 호중구는 혈류와 골수에서 주로 발견되는데, 그곳에서부터 감염이 일어나는 부위로 이동한다. **비만세포(mast cells)**로 불리는 두 번째 유형의 과립구는 탈과립(*degranulation*)이라 불리는 과정을 통해 과립 내용물을 방출하여 염증반응을 개시하는 기능을 한다. 비만세포 탈과립은 특정 유형의 알레르기 반응을 일으킨다 (27.9절).

림프구

림프구는 림프계 전구세포로부터 유래하는 전문화된 백혈구이다 (그림 26.4 및 표 26.2). 이들에는 세 가지 유형의 세포, 즉 B 세포(*B cells*) [B 림프구(B lymphocytes)], T 세포(*T cells*) [T 림프구(T lymphocytes)] 및 자연살해세포(*natural killer cells*) (그림 26.4)가 있다. 성숙한 B 세포와 T 세포는 혈액과 림프계를 통해 순환하지만 림프절과 비장에 집중적으로 모여 있으며, 이곳에서 항원과 상호작용한다.

B 세포(B cells)는 골수(*bone marrow*)에서 유래하고 성숙한다. 수지상세포 및 대식세포처럼, B 세포는 전문적 APC이지만, 이에 더하여 항체를 분비하는 **형질세포(plasma cells)**의 전구체이기도 하다. 항체 (면역글로불린)는 특이적인 항원과 상호작용하는 가용성 단백질이며, B 세포 유래의 형질세포에 의해 생성된다. APC에 의해 제시된 항원과 상호 작용하는 **T 세포(T cells)**는 골수에서의 발달을 시작하지만, 성숙하기 위해 흉선(*thymus*)으로 이동한다 (그림 26.3*a* 및 그림 27.2 참조). 포유류에서 골수 및 흉선은 림프계 줄기세포가 기능적 항원-반응성 림프구로 성숙하는 곳이기 때문에 **일차 림프기관(primary lymphoid organs)**이라 한다 (그림 26.3*a*). 우리는 적응면역반응에서의 B 및 T 림프구의 역할에 대해 27장에서 자세히 설명하고자 한다.

B 및 T 세포와 마찬가지로, 자연살해(NK)세포 (그림 26.4)는 림프계 전구체에서 유래한다. 그러나 B 및 T 림프구와 달리, NK 세포는 내재면역에서 주로 기능을 수행한다. NK 세포는 특정 표면 분자의 존재 (또는 부재)에 기초하여 건강한 세포와 손상된 세포를 구별하는 기작을 사용함으로써 신체로부터 바이러스-감염 세포 및 종양세포를 제거한다 (26.10절).

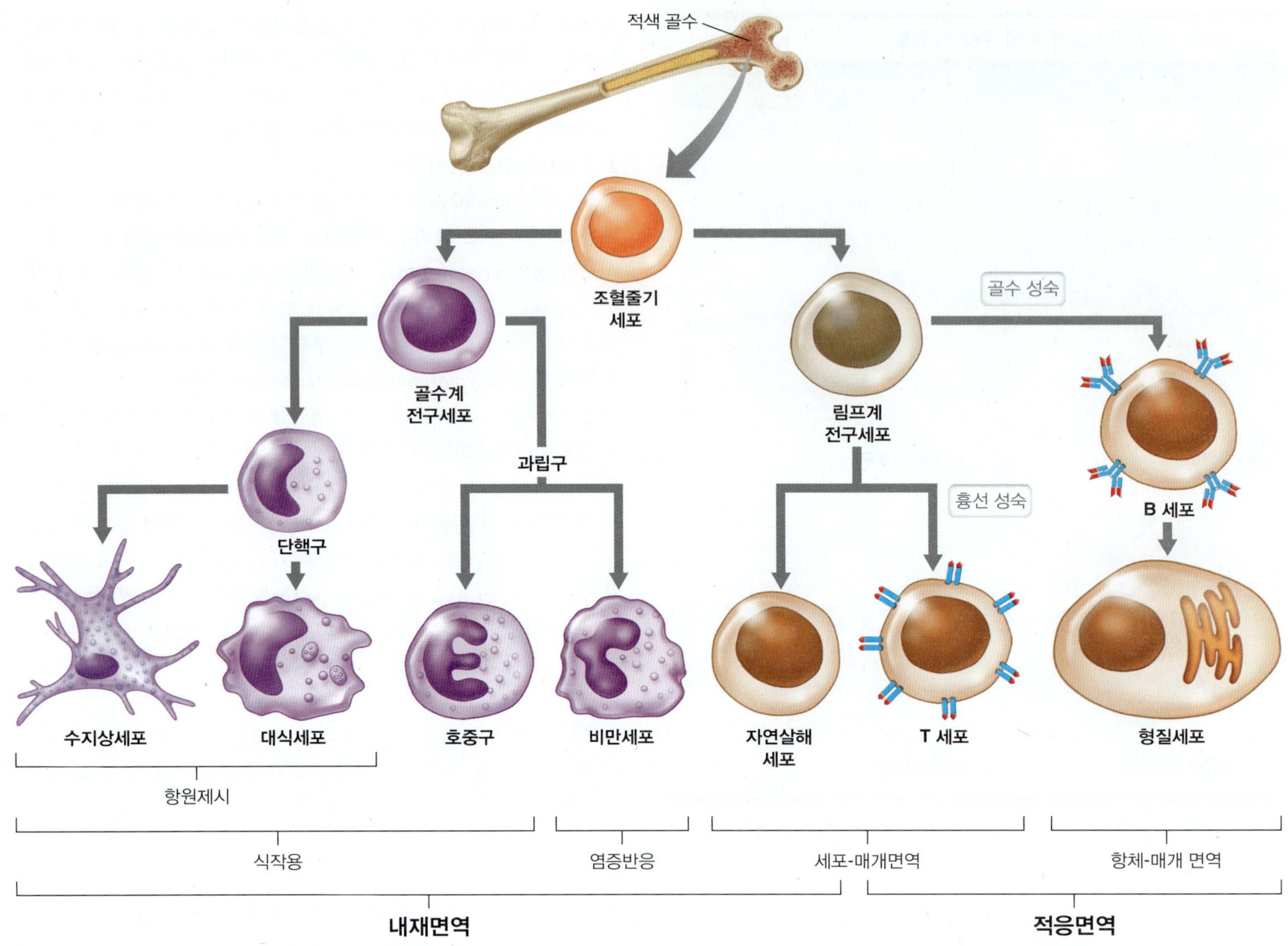

그림 26.4 면역반응 세포들의 계통과 다양성. 면역세포들은 골수의 조혈줄기세포에서 유래한 골수계 전구세포 또는 림프계 전구세포로부터 발달된다. 이러한 전구세포들은 순차적으로 다양한 면역기능을 지닌 성숙세포로 분화된다 (적혈구 또한 골수계 전구세포로부터 발달됨).

미니퀴즈

- B, T 및 NK 세포의 발달은 수지상세포 및 대식세포의 발달과 어떻게 다른가?
- 일차 림프기관과 이차 림프기관을 차이에 대해 설명하라. 이 두 기관의 구성요소들 사이의 상호관계는 무엇인가?

III • 식세포의 반응 기작

내재면역은 주로 식세포의 활동에 의해 유도된다 (26.1절). 이 세포들은 병원균의 표면과 내부에서 발견되는 공통적인 구조적 특징을 인식한다. 식세포는 병원균과의 상호작용을 통해 그 병원균을 파괴하는 단백질의 전사, 번역 및 발현을 조절하는 유전자를 활성화시킨다.

내재면역은 식세포가 병원균과 접촉할 때 즉시 발달하지만, 위험한 감염을 예방하기에 항상 충분히 효과적이지는 않다. 이런 경우에 대응하기 위해서, 특정 식세포들은 또한 항원을 처리하여 림프구 표면의 수용체에 제시하여 적응면역을 활성화시킨다 (27장). 그러나 특정 병원균에 대한 적응반응을 발전시키기 위해서는 여러 날이 소요되므로, 미생물의 침입에 신속하게 대처할 수 있는 식세포의 능력은 감염을 제어하기 위해 필수 불가결하다.

26.5 병원체 도전 및 식세포 모집

성공적인 병원체는 숙주의 물리적 및 화학적인 장벽을 침범할 수 있으며 (그림 26.2), 숙주 감염으로 진전된다. 이런 일이 생기면, 면역계가 동원되어 더 큰 손상으로부터 숙주를 보호한다. 내재면역은 첫 번째 방어선이며 감염이 시작된 후 약 4일 동안에 숙주를 보호하는 데 대단히 중요하다. 식세포는 병원균을 삼키고 파괴하여 흔히 숙주가 중재하는 염증반응을 시작한다 (26.8절).

미생물 침입

병원균의 처음 접종은 병원균이 조직에 도달하더라도, 일반적으로 숙주손상을 일으키기에는 불충분하다. 병원균이 성공적이 되려면, 조직에 부착, 증식 및 집락형성을 수행하여야 하며 (그림 25.1), 그리고 이러한 과정이 진행되기 위해서는 병원균의 생장을 위한 적절한 영양원들과 환경조건이 필요하다.

집락형성 후에, 병원균은 대개 질병을 일으키기 위해 조직을 침입해야 한다. **침입(invasion)**은 병원균이 숙주 세포나 조직 내로 들어가 증식하고 확산되어 질병을 일으키는 능력이다. 대부분의 경우, 미생물 감염은 미생물에 대한 장벽이 되는 피부 또는 호흡기관, 소화기관 또는 비뇨 생식기관의 점막에서의 손상이나 상처로부터 시작된다 (그림 26.2). 어떤 경우에는 병원균의 생장이 온전한 점막의 표면에서 시작될 수도 있는데, 특히 항생제 요법과 같이 정상 미생물군의 구성이 변경되거나 제거되는 경우가 그렇다. 침입성 병원균에 의해 야기되는 조직손상 혹은 상처에 의해 많은 수의 식세포들 및 기타 면역세포의 감염부위로의 모집이 촉발된다.

조직 손상 및 케모카인 방출

미생물 침입으로 숙주 조직에 외상을 일으킬 때, 상주하는 식세포 및 손상된 숙주 세포는 신체의 다른 세포들과의 소통을 가능하게 하는 화학 매개체(chemical mediators)로서 기능을 수행하는 가용성 단백질 패밀리(family)인 **사이토카인(cytokines)**을 방출하게 된다 (**그림 26.5*a***). 사이토카인은 표적세포 표면의 특이적인 수용체에 결합하여 대개는 전사와 단백질 합성을 제어하는 신호전달경로를 활성화시키는 특정 반응을 유도한다. **케모카인(chemokines)**은 손상부위에 면역세포를 모집하는 특별한 역할을 수행하는 사이토카인의 중요한 하위클래스이다.

인체의 모든 기관들에서 발견되는 상주 대식세포는 침입 병원균의 존재에 의해 자극을 받아서 케모카인을 분비하여 화학유인물질(*chemoattractants*)의 기울기를 형성한다 (그림 26.5*b*). 이 분자는 다른 면역세포, 특히 호중구와 T 세포의 수용체와 결합하여 감염부위로 이들을 모집한다. 이 과정이 호중구-매개 염증반응 및 나중에 특정 침입 병원균 또는 그 독성 생성물에 대항하는 림프구에 의해 촉진되는 적응면역반응을 촉발한다.

국소화된 염증은 가장 많은 순환하는 식세포인 호중구가 화학주성 기울기(chemotactic gradient)를 따라 감염부위까지 빠르게 이동하게 한다 (그림 26.5*b*). 일단 케모카인-매개 결합반응은 모세혈관의 내벽에 호중구의 부착을 촉진시키는데, 이를 변연화(*margination*)라고 한다. 정지된 호중구는 모세혈관 안쪽의 내피세포 사이를 압박하여 혈류로부터 모세혈관 주변의 감염된 조직으로의 백혈구의 이동 과정인 유출(extravasation)을 진행한다 (그림 26.5*b*). 혈액 속이나 염증부위의 호중구 수가 정상치보다 높을수록, 현재의 감염에 적극적인 반응이 일어남을 나타낸다.

손상된 지역에서 병원균들을 접하는 호중구와 다른 식세포들은 감염을 제거하고 신체 조직을 건강한 상태로 회복시키기 위해서,

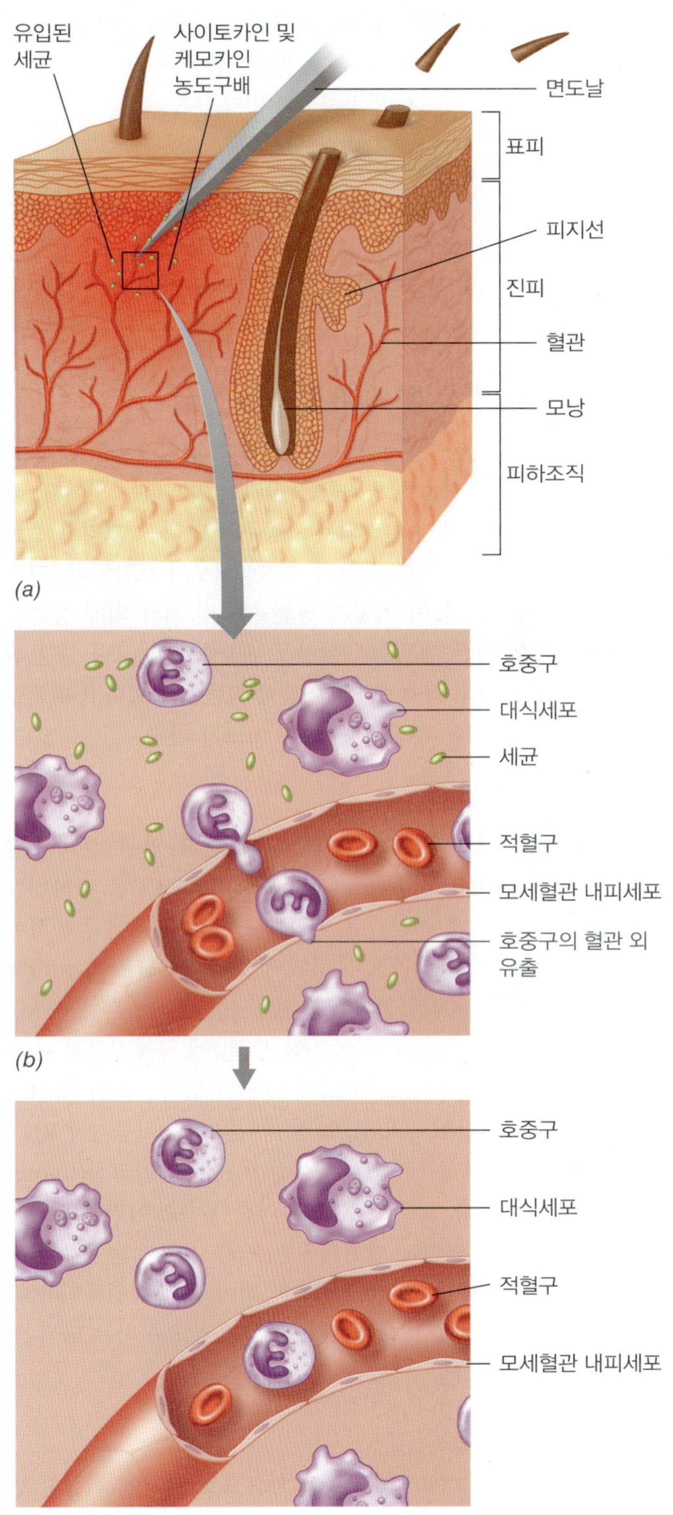

그림 26.5 미생물 침입과 내재면역반응. *(a)* 면도기에 의한 베임과 같은 조직손상은 미생물에 의한 침입과 손상된 세포에서의 사이토카인 및 케모카인의 방출을 초래할 수 있다. *(b)* 식세포들은 케모카인 농도구배를 따라 감염부위로 모집되며, 혈관외 유출(diapedesis)을 통해 팽창된 모세혈관 바깥으로 빠져나온다. *(c)* 침입한 미생물들은 식작용에 의해 제거되고, 조직은 건강을 회복한다. 여기에 나타난 일부 세포들 및 구성요소들의 기능에 대한 설명은 그림 26.4를 참조하라.

반드시 병원균을 인식하고 포획하고 그리고 파괴할 수 있어야 한다 (그림 26.5*c*). 우리는 이러한 세포 상호작용을 촉진시키는 분자적 기작에 대해 다음 절에서 탐구하고자 한다.

미니퀴즈

- 기능적으로 면역계의 일부는 아니지만, 비병원성 정상 미생물군은 질병 예방에 중요한 역할을 한다. 이 역할을 설명하라.
- 순환하는 식세포들이 감염부위에 모집되는 기작을 설명하라.

26.6 병원체 인식 및 식세포 신호전달

내재면역반응에서 활성화되는 첫 번째 유형은 면역세포는 대개 식세포들인데, 그 주요 기능은 병원균을 삼키고 파괴하는 것이다. 식세포들에는 주로 혈액에서 발견되는 호중구와 단핵구, 그리고 주로 신체 조직에서 발견되는 대식세포와 수지상세포가 포함된다 (그림 26.4). 그러나 이 세포들이 어떻게 병원균들 및 기타 외래 물질들을 체내의 무수한 다른 세포들과 어떻게 구별할까? 더구나 일단 침입자가 인식되었을 때, 식세포들은 어떻게 그들을 포획하고 파괴할까? 이제 우리는 이러한 주제들을 다루어보고자 한다.

병원체-연관 분자패턴

병원균 내부 및 표면의 거대분자들은 **병원체-연관 분자패턴(pathogen-associated molecular patterns, PAMPs)**을 나타내는데, 이들은 광범위하게 관련된 감염성 인자들의 집단에 공통적이며 반복적인 구조적 소단위로 구성되어 있다. PAMPs에는 다당류, 단백질, 핵산 또는 지질 등이 포함된다. 예를 들어, 흔한 PAMP로서 모든 그람-음성 세균의 외막 (2.5절)에 공통적으로 존재하는 지질다당류(lipopolysaccharides, LPS)가 있다. 그 외 PAMPs에는 세균의 플라젤린(flagellin), 특정 바이러스의 이중가닥 RNA (dsRNA) 및 그람-양성 세균 (2.4절)의 지질테이코산(lipoteichoic acid) 등이 있다. 모든 PAMPs와 마찬가지로, 이러한 분자들은 여러 병원균의 표면에는 발견되지만, 숙주 세포에는 존재하지 않는다. 따라서 PAMPs는 이전에 접촉한 적이 없는 병원균이라 하더라도, 식세포가 병원성 미생물을 확인할 수 있도록 하는 마커 역할을 한다.

패턴 인식 수용체

식세포는 병원균-인식 체계를 갖추고 있으므로 적시에 적절한 반응을 유발하여서, 병원균을 인식하고 봉쇄하고 파괴하게 된다. 식세포의 표면은 수 많은 **패턴 인식 수용체(pattern recognition receptors, PRRs)**를 인식하고 결합하는 수용성 또는 막-결합 단백질을 지니고 있기 때문에, 병원균과 신속하고 효과적으로 상호작용할 수 있다 (**그림 26.6*a***). PAMP와 PRR의 상호작용은 식세포를 활성화하여 식작용(phagocytosis)을 통해 표적 병원균을 섭취하고 파괴하게 된다 (그림 26.6*b* 및 26.7절).

PRRs은 초파리 *Drosophila*의 식세포에서 처음 관찰되었으며

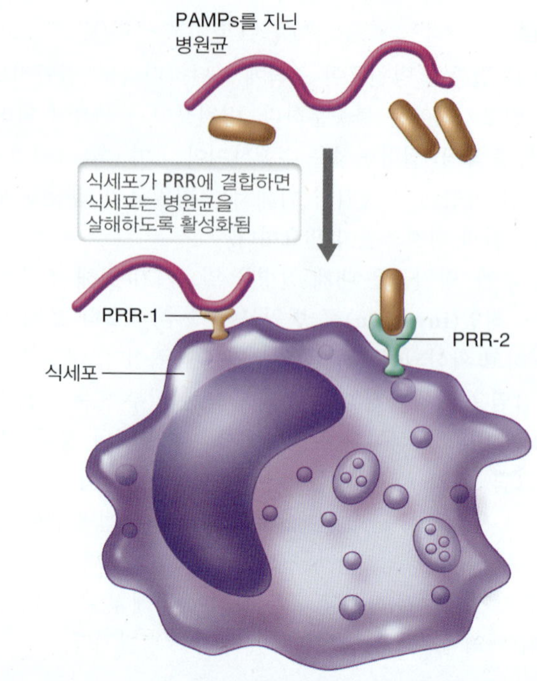

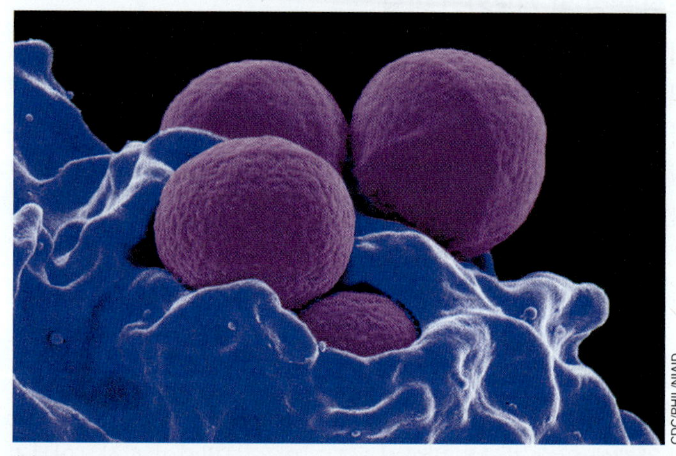

그림 26.6 식세포에 의한 병원체 인식. *(a)* 식세포는 미리 형성된 패턴 인식 수용체(PRRs)를 통해, 병원체-연관 분자패턴(PAMPs)에 결합하여서 병원체와 상호작용한다. 식세포의 PRR에 의한 PAMP의 결합은 식세포를 자극하여 병원체를 파괴하고 다른 식세포들을 활성화시킨다. *(b)* 몇몇 메티실린-내성 *Staphylococcus aureus* (MRSA; 분홍색)의 세포를 포식하는 호중구 (청색)의 채색된 주사전자현미경 사진. MRSA에 대한 더 자세한 내용은 28.12절과 30.9절을 참조하라.

Toll 수용체(*Toll receptors*)라고 불리게 되었다 (미생물 세계 탐구의 "*Drosophila*의 Toll 수용체-감염에 대한 아주 오래된 반응" 참조). Toll 수용체의 구조적, 기능적 및 진화적 동족체(homologs)로서, 포유동물의 내재성 면역세포의 표면에는 **Toll-유사 수용체(Toll-like receptors, TLRs)**가 광범위하게 발현된다. TLRs은 모든 유형의 식세포의 세포 내 소포 또는 표면의 막과 관련이 있다. 인간에서 적어도 9개의 TLR은 바이러스, 세균 및 곰팡이의 다양한 세포 표면 및 가용성 PAMP와 상호작용한다 (**표 26.3**).

*DROSOPHILA*의 Toll 수용체—감염에 대한 아주 오래된 반응

무척추동물과 식물은 적응면역이 없지만, 다양한 병원균에 대한 내재면역반응이 잘 발달되어 있다. 실제로, 모든 다세포 생물은 병원성 세포나 바이러스에서 나타난 분자를 인식함으로써 반응한다. 이 분자들은 그람-음성 세균의 지질다당류(lipopolysaccharide, LPS)와 플라젤린, 그람-양성 세균의 펩티도글리칸, 특정 바이러스에만 독특하게 존재하는 이중가닥 RNA 등을 비롯한 병원체-연관 분자패턴(pathogen-associated molecular pattern, PAMP)이라고 불리는 보존되고 반복적인 구조를 포함한다. 내재면역 기작은 많은 병원균들에서 발견되는 특징을 인식함으로써 광범위한 병원성 인자들에 대한 방어효과를 제공해 준다.

초파리인 *Drosophila melanogaster* (**그림 1**)의 병원체에 대한 반응은 많은 다른 생물군에서 일어나는 내재면역 기작에 대한 통찰력을 제공해왔다. 초파리 발달에 필요한 몇 가지 단백질들은 침입하는 세균을 인식하는 중요한 수용체이기도 하다. 이 단백질들은 병원균에 의해 생성된 거대분자 상의 PAMP와 상호작용하는 패턴 인식 수용체(PRR)로서의 면역반응 역할을 통해 기능을 수행한다. PRR의 가장 좋은 예는 배복성 축(dorsoventral axis, 背腹性 軸)을 형성뿐만 아니라 초파리의 내재면역반응에도 필수적인 막관통 단백질인 *Drosophila*의 Toll이다.

Toll 면역 신호전달은 병원균 또는 그 성분이 식세포 표면에 표시된 Toll 단백질과 상호작용함으로써 시작된다. 그러나 *Drosophila*의 Toll은 병원체와 직접 상호작용하지 않는다. 신호전달 사건은 그람-음성 세균의 LPS와 같은 PAMP와 하나 혹은 그 이상의 부속 단백질들 (그림 26.8은 인간의 유사 TLR-4 시스템을 보여줌)과 결합하는 것으로 시작된다. LPS-액세서리 단백질 복합체는 Toll과 결합한다. 막 통합 Toll 단백질은 핵 전사 인자를 활성화시키고 항균 펩티드를 암호화하는 여러 유전자의 전사를 유도하는 신호전달 연쇄반응을 시작한다. Toll-연관 전사 인자들은 진균에 대하여 활성을 나타내는 드로소마이신(drosomycin), 그람-음성 세균에 대해 활성을 나타내는 딥테리신(diptericin) 및 그람-양성 세균에 대하여 활성을 나타내는 디펜신(defensin)을 포함한 항균 펩티드의 발현을 유도한다. *Drosophila*의 간-유사 지방체(liver-like fat body)에서 생산된 이러한 펩티드들은 초파리의 순환계 내로 방출되어, 표적세포와 상호 작용하여 세포 용해를 일으킨다.

구조적으로 Toll 단백질은 무척추동물과 식물을 포함한 모든 다세포 생물에서 발견되는 단백질 그룹인 렉틴(lectins)과 관련이 있다. 렉틴은 특정 올리고당 단량체와 특이적으로 상호작용한다. 인간의 Toll-유사 수용체(Toll-like receptors, TLR)는 다양한 PAMP와 반응한다. *Drosophila*의 Toll의 경우와 마찬가지로, 인간 TLR-4는 LPS와의 간접적인 상호작용을 통해 그람-음성 세균에 대한 내재면역을 제공하고 키나아제 신호 연쇄반응을 개시하여 숙주의 내재면역반응을 결정짓는 사이토카인 및 기타 식세포 단백질의 전사를 활성화하는 핵 전사 인자 NFκB를 활성화시킨다 (그림 26.8).

그림 1 흔한 초파리 *Drosophila melanogaster*. Toll 단백질은 고등 척추동물의 Toll-유사 수용체의 동족체(homolog)로 초파리에서 최초로 발견되었다.

*Drosophila*의 Toll은 인간을 포함하여 척추동물에 존재하는 Toll-유사 수용체의 진화적, 구조적, 기능적 관계이다. Toll과 동족체는 진화적으로 고대의 동물에서 타고난 면역계의 고도로 보존된 성분이며 심지어 식물에서도 발견된다. 무척추동물에서 고도의 특이성을 갖는 적응성 면역반응이 없다는 것은 진화 과정에서 나중에 나타나는 독특한 시스템을 가리키며 타고난 반응만으로는 통제할 수 없는 질병 위협에 대처할 수 있는 기작일 수도 있다.

인간의 식세포에 있는 각 TLR은 특정 PAMP를 인식하고 상호작용한다. 예를 들어, 인간의 식세포에 있는 PRR 인 TLR-2는 거의 모든 세균의 세포벽에 존재하는 PAMP인 펩티도글리칸과 상호 작용한다 (**그림 26.7**). 이 PAMP–PRR 상호작용은 식균을 활성화시키고, 그 다음 펩티도글리칸이 노출된 그람-양성 세균을 표적으로 삼는다. 그람-음성 세균의 세포벽의 펩티도글리칸에 대한 접근은 표면의 LPS에 의해 차단된다. 그러나 식세포에서 발견된 또 다른 PRR인 TLR-4는 *Salmonella* spp., *Escherichia coli* 및 *Shigella* 종의 병원성 균주에서 비롯된 그람-음성 세균의 세포내 독소 LPS와 상호작용한다 (표 26.3 및 그림 26.8 참조).

몇몇 수용성 숙주 분자는 이러한 식세포 연관 PRR과 유사하게 기능을 한다. NOD-유사 수용체(*NOD-like receptors, NLRs*)는 뉴클레오티드-결합 도메인(nucleotide-binding domain, NOD)을 갖는 세포질에서 발견되는 용해성 PRRs 군이다. NOD1과 NOD2는 그람-음성 세균과 그람-양성 세균 세포벽의 펩티도글리칸 성분과 상호작용하여 항균 펩티드와 염증성 사이토카인의 생성을 자극한다 (표 26.3). NOD 유사 수용체 pyrin 3 (NLRP3)은 다른 단백질과 상호작용하여 인플라마솜(*inflammasome*)이라는 구조를 형성한다. 세포질 인플라마솜은 손상된 세포에서 칼륨이온(K^+)이 손실되는 것과 같은 세포내 스트레스 지표를 감지하고 염증을 유발하는 친염증 사이토카인(proinflammatory cytokines)의 생성을 유발한다. 이 장의 후반부에서 우리는 식작용과 병원균 파괴를 증가시키는 단백질을 활성화시키는 능력과 관련하여 가용성 PRRs에 대해 논의하고자 한다 (26.9절).

표 26.3 내재면역의 수용체들과 표적들

패턴 인식 수용체 (PRRs)	병원체 연관 분자패턴(PAMPs) 및 표적들	상호작용 결과
수용성 세포 외부 PRRs[a]		
만노오스-결합 렉틴 (수용성)	그람-음성 세균에서와 같은 미생물세포 표면의 만노오스-함유 구성성분들	보체 활성화
C-반응성 단백질 (수용성)	그람-양성 세균의 세포벽 구성인자	
원형질막-연관 PRRs		
TLR-1 (Toll-유사 수용체 1)	Mycobacteria의 지질단백질	신호전달, 식세포 활성화, 염증[c]
TLR-2	그람-양성 세균의 펩티도글리칸; 진균의 자이모산	
TLR-4	그람-음성 세균의 LPS	
TLR-5	세균의 플라젤린	
TLR-6	Mycobacteria의 지질단백질; 진균의 자이모산	
엔도솜막-연관 PRRs[b]		
TLR-3	바이러스의 dsRNA	신호전달, 식세포 활성화, 염증
TLR-7, TLR-8	바이러스의 ssRNA	
TLR-9	세균의 메틸화되지 않은 CpG 올리고뉴클레오티드	
세포질에 존재하는 PRRs		
NOD1	그람-음성 세균의 펩티도글리칸	항균펩티드와 친염증성 사이토카인의 생산을 자극
NOD2	그람-양성 세균의 펩티도글리칸	
NLRP3	염증성분	친염증성 사이토카인을 방출을 유도하여 염증을 증가시킴

[a]세포외부 수용성 PRRs은 염증유도 사이토카인에 대한 반응으로 간(liver) 세포에서 만들어진다.
[b]TLR-3, -7, -8, -9는 리소솜(lysosome)과 같은 세포내 소기관의 막에 존재한다. 10번째 Toll-유사 수용체인 TLR-10은 리간드 특이성과 기능을 알려져 있지 않다.
[c]Toll-유사 수용체는 신호전달 유도를 통하여 식세포의 활성화에 관여한다.

식세포에서의 신호전달

PAMP와 PRR의 상호작용은 이전에 세균(*Bacteria*)과 고균(*Archaea*)(⇄ 6.6절)에서 논의된 두 요소 조절계(two-component regulatory systems)와 유사한 방식으로 숙주-반응 단백질의 유전자 전사와 번역을 개시하는 막관통 신호전달(*signal transduction*)을 유발한다. PAMP–PRR 상호작용에 의해 개시된 신호전달은 식작용의 향상, 병원체의 살해, 염증반응 및 조직의 치유를 초래한다.

예를 들어, LPS (분해된 그람-음성 세균의 세포벽으로부터 유래하는 하나의 PAMP)와 TLR-4 (식세포의 표면에 존재하는 하나의 PRR)의 결합은 일반적으로 신호전달 경로를 활성화시킨다 (**그림 26.8**). TLR-4

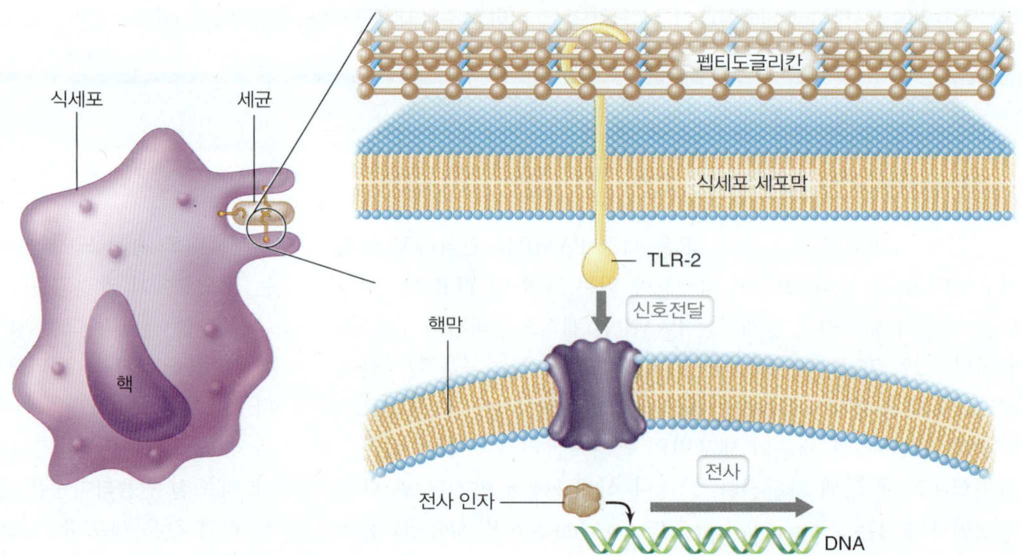

그림 26.7 Toll-유사 수용체. 막-관통 TLR-2는 그람-양성 세균의 펩티도글리칸과 상호작용한다. 이 상호작용은 신호전달을 자극하여 핵 내의 전사 인자를 활성화한다. 그 결과, 염증반응 및 다른 식세포 활동을 유도하는 단백질들을 암호화하는 유전자들의 전사가 초래된다. 모든 Toll-유사 수용체들은 내재면역을 활성화하기 위한 유사한 기작을 일으킨다.

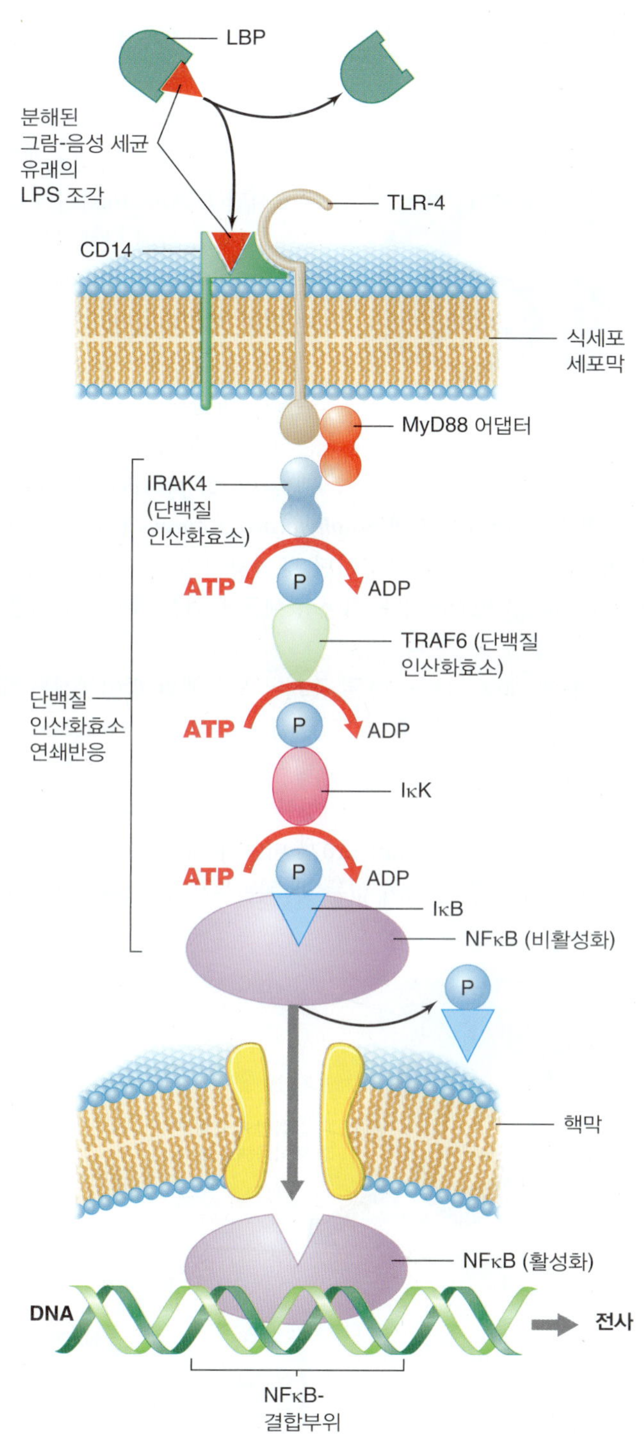

그림 26.8 내재면역의 신호전달. 신호전달은 화학적 변형의 방식을 통하여 일어나는—보통은 신호전달 연쇄반응(signaling cascade)에 참여하는 일련의 단백질들이 포함됨—세포막을 관통하는 분자신호의 전달과정인데, 그 결과로서 차별적인 유전자 발현과 같은 한 반응이 일어난다. 내재면역에 있어서, PAMP 중의 하나인 LPS가 LBP (lipopolysaccharide-binding protein)에 결합되면 이를 통해 LPS가 식세포 표면의 CD14로 전달되고, 신호전달이 개시된다. 이어서 LPS-CD14 복합체는 막-관통 TLR-4 수용체에 결합한다. 이러한 TLR-4의 결합은 어댑터 단백질들과 단백질 인산화효소들이 참여하는 일련의 반응을 개시하여, 전사인자 NFκB의 활성화를 초래한다. 그런 다음, 활성화된 NFκB는 핵막을 가로질러 핵 내로 이동하여 DNA에 결합하고 내재면역에 필수적인 단백질들을 암호화하는 유전자들의 전사를 개시한다.

는 식세포의 세포질에서 단백질과 결합하여 NFκB (nuclear factor kappa B)와 같은 전사인자를 활성화시킨다. NFκB는 DNA상의 특정 조절부위에 결합하여 하류 유전자의 전사를 개시한다. 다수의 NFκB-조절 유전자들은 세포를 활성화시키고 염증반응을 유발하는 사이토카인과 같은 숙주-반응 단백질들을 암호화하고 있다 (26.5절).

TLR-4는 세포 밖, 막관통 및 세포질 도메인을 가지는 막관통 단백질이다. TLR-4의 세포 밖 도메인은 CD14라 불리는 세포 표면 단백질과 복합체를 형성한 LPS에 결합한다 (그림 26.8). TLR-4 세포 밖 도메인에 의한 CD14-LPS 복합체의 결합은 세포질 도메인이 MyD88이라 불리는 연결단백질과 상호작용할 수 있도록 TLR-4의 구조 변화를 일으킨다. MyD88은 IRAK4라 불리는 단백질 티로신인산화효소(protein tyrosine kinase, PTK)와 결합한다. PTKs는 ATP로부터 고에너지 인산기를 떼어 표적-단백질과 결합 시 구조변화에 의해 노출된 표적-단백질의 티로신 잔기에 결합시킨다. IRAK4에 의한 MyD88의 결합은 연속적인 인산화 효소활성을 나타내어 TRAF6, IκK (inhibitor of kappa kinase) 및 IκB (inhibitor of kappa B) 단백질의 ATP 매개 인산화를 유발한다. IκB의 인산화는 IκB를 NFκB로부터 분리시켜 NFκB를 활성화시킨다. 활성화된 NFκB는 핵막을 가로질러 핵 내로 이동할 수 있으며, DNA의 NFκB-결합 모티프에 결합하여 하류 유전자의 전사를 개시한다.

그림 26.8에서 보듯이, 신호전달 경로는 식세포의 표면의 리간드-수용체 결합을 통해 전사 활성화를 유도한다. 세포 외부에서의 리간드-수용체 상호작용은 세포 내부에서의 어댑터 단백질과 단백질 인산화효소의 결합, 모집, 축적을 유도한다. 하나의 인산화효소는 많은 신호 단백질들을 인산화시킬 수 있어, 하나의 리간드-수용체 상호작용의 효과를 증폭시킨다. 공유된 전사 인자의 활성화와 단백질 합성을 이끄는 신호전달은 우리가 27장에서 논의할 적응면역에서 활성화된 림프구에 의한 기작이기도 하다.

미니퀴즈

- 미생물 집단에 의해 공유되는 하나의 PAMP를 밝혀라. 또한 병원균에 대한 내재면역을 제공하기 위해 PRRs를 사용하는 세포 유형들을 밝혀라.
- 막-연관 PRR에 의한 PAMP의 결합으로 시작되는 신호전달 경로의 일반적인 특징을 간추려 설명하라.

26.7 포식작용과 식세포 억제

식세포가 감염성 병원체 또는 그 유해물과 만났을 때, 신호전달 경로의 활성화 (그림 26.8)는 위협—**포식작용(phagocytosis)**의 봉쇄 및 제거를 지시하는 식세포에서 유전적 반응을 일으킨다 (**그림 26.9**). 이러한 기작은 대부분의 감염성 노출로부터 효과적으로 신체를 보호하지만, 절대적으로 방어하지는 못한다. 많은 병원체는 식세포에 대항하여 효과적인 방어를 전개하여 내재면역반응을 저지하려고 시도한다.

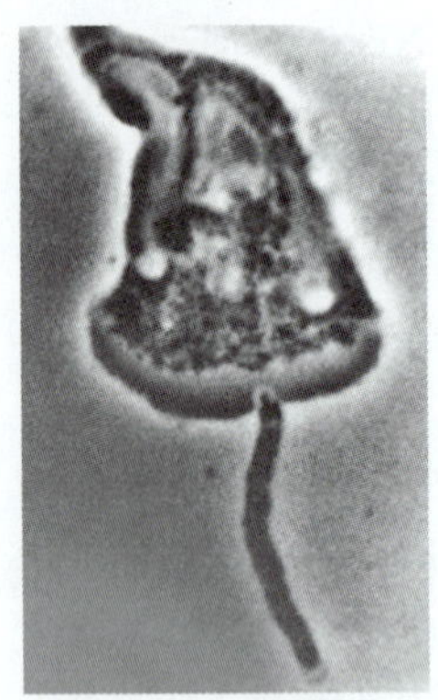

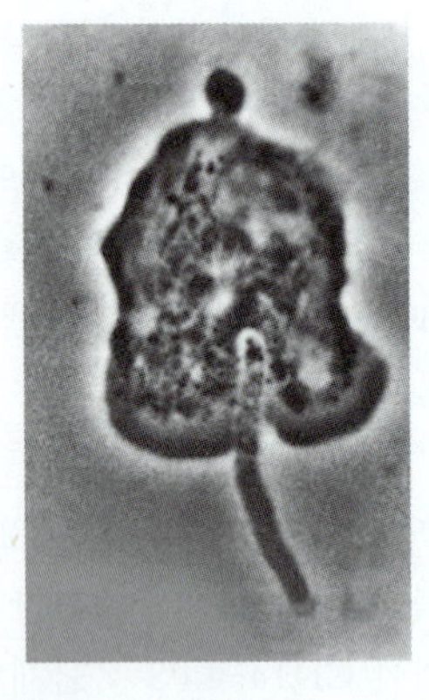

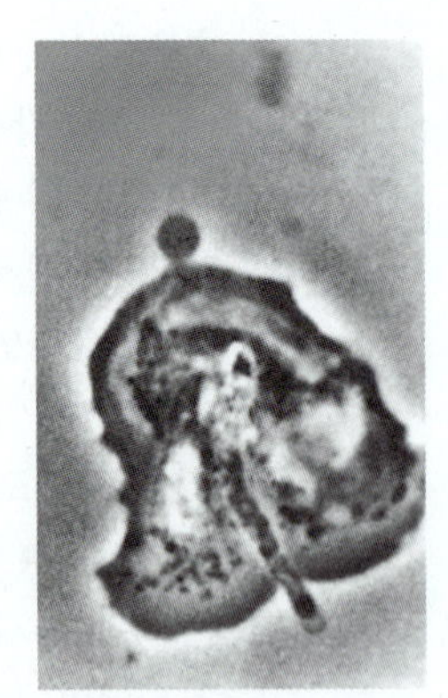

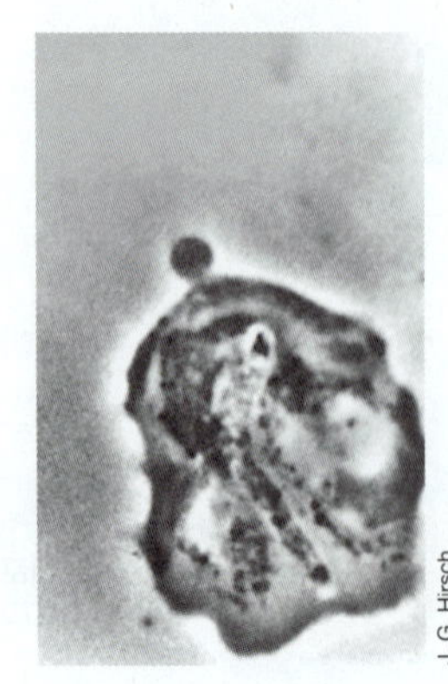

그림 26.9 식작용. 인간 대식세포에 의한 *Bacillus megaterium* 세포 사슬의 식작용과 분해에 대한 저속-촬영 위상차현미경 사진. 세균 사슬의 길이는 약 20 μm이다.

식작용과 포식리소솜

대부분의 식세포는 리소솜(*lysosomes*)이라 불리는 다중막-봉입체(inclusions)를 지니고 있는데, 이 세포질성 공포(空胞, vacuoles)는 독성 산소 화합물, 리소자임, 단백질분해효소, 탈인산화효소, 핵산분해효소 및 지질분해효소와 같은 살균성 물질들을 함유하고 있다. 우리가 방금 논의한 분자적 기작을 통하여, 식세포는 혈관벽 또는 섬유소 응괴와 같은 표면의 병원체를 확인하고 연관시킨다 (그림 26.9). 신호전달을 통한 식세포의 활성화는 식세포 막이 병원체를 애워싸고 붙잡아, 결국 세포 안쪽으로 집어넣어 포식소체를 형성하게 한다. 에워싼 병원체를 포함하고 있는 **포식소체(phagosome)**는 세포질 안으로 이동하고 리소솜과 융합하여 포식리소솜(*phagolysosome*)을 형성한다 (**그림 26.10**). 포식리소솜 내의 독성 화학물질과 효소는 둘러싸진 미생물 세포를 죽이고 소화시키기 위해 결합한다.

병원체에 독성을 가지는 산소 화합물의 생산을 조절하는 유전자는 활성화된 식세포에서 고도로 전사된다. 이러한 독성 화합물들은 과산화수소(hydroxgen peroxide, H_2O_2), 과산화 음이온(superoxide anion, O^-), 수산화 라디칼(hydroxyl radicals, OH•), 일중항 산소(singlet oxygen, $^1O_2$), 하이포아염소산(hypochlorous acid, HOCl) 및 산화질소(nitric oxide, NO)를 포함한다 (그림 26.10) (⇄ 5.14절). 식세포는 이러한 독성 산소 화합물을 사용하여 섭취된 세균 세포의 주요 구성성분들을 산화시켜 살해한다. 치명적인 산화적 반응은 포식리소솜 내에서 일어나며, 이를 통해 식세포 자신의 손상은 방지한다.

식세포에 대한 저해

일부 병원체들은 식세포의 독성 생성물을 중화하거나, 식세포를 죽이거나, 또는 포식작용(phagocytosis)을 피하기 위한 기작들을 가지고 있다. 예를 들어, 여러 종의 *Mycobacterium*은 일중항 산소($^1O_2$)를 중화시켜 병원체의 죽음을 방지하는 카로티노이드(carotenoids)라 불리는 색소화합물들을 생성한다. 또한, 결핵을 유발하는 *Mycobacterium tuberculosis*는 식세포 내에서 생육하고 살아남는다 (⇄ 30.4절). *M. tuberculosis* 세포는 식세포에 의해 생성되는 가장 치명적인 독성 산소 화합물들인 수산화 라디칼 및 과산화 음이온을 흡수 제거하기 위해 그들 세포벽의 당지질 (⇄ 16.11절)을 이용한다 (그림 26.10).

몇몇 세포 내재성 병원체들은 류코시딘(*leukocidins*)이라고 부르는 식세포-살해 단백질을 생성한다. 이러한 경우 병원체가 평소와 같이 섭취되지만, 류코시딘이 식세포를 죽이게 되고 이어서 병원체는 방출된다. 죽은 식세포들은 고름 성분의 상당부분을 이루게 되며, *Steptococcus pyogenes* (성홍열 및 류마티스열)과 *Staphylococcus aureus* (피부 감염) 같은 미생물들이 주요한 류코시딘 생성균이며, 화농성(*pyogenic*, pus-forminng) 병원체이다. 화농성 세균에 의한 국지적 감염은 종기 또는 농양을 형성한다.

식작용에 대항하는 또 다른 중요한 병원체의 방어체계는 세균의 캡슐(capsule)이다 (⇄ 2.7절). 캡슐이 식세포와 세균 표면 사이에 필요한 분자적 상호작용을 방지하기 때문에 캡슐을 지닌 세균은 종종 포식작용에 강하게 저항한다. 예를 들어, 캡슐을 지니는 *Streptococcus pneumoniae*는 10개 미만의 세포로도 며칠 내에 쥐를 죽일 수 있지만, 캡슐이 없는 균주는 무해하다 (⇄ 그림 25.9).

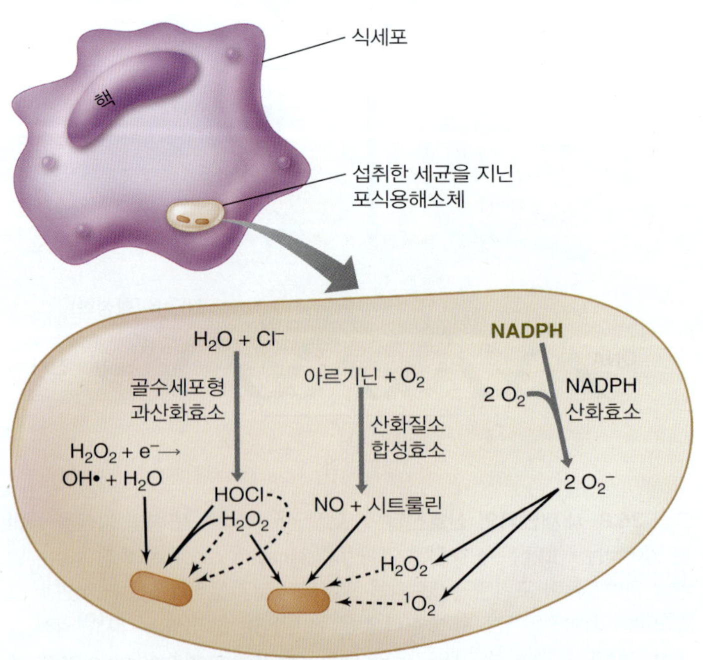

그림 26.10 독성 산소 화합물을 생성시키는 식세포 효소의 활성. 이러한 화합물에는 과산화수소(H_2O_2), 수산 라디칼(OH•), 차아염소산(HOCl), 과산화물 음이온(O_2^-), 일중항 산소($^1O_2$) 및 일산화질소(NO) 등이 포함된다. 이러한 독성 화합물의 형성에는 분자상태의 산소(O_2)의 흡수 및 이용의 상당한 증가가 요구된다. 활성화된 식세포에 의한 산소 흡수 및 소모의 이러한 증가를 호흡 돌발(*respiratory burst*)이라 한다.

캡슐 이외의 다른 세포 표면 구성성분들 역시 식작용을 억제할 수 있다. 예를 들어, 병원성 *S. pyogenes*는 병원체의 표면을 변화시켜 식작용을 억제하는 M 단백질을 생산한다.

가용성 PRRs와 항체와 같은 다른 숙주 분자들은 (27장) 캡슐과 다른 병원체 표면 분자와 상호작용 할 수 있으며, 그렇게 함으로써 세균의 방어 기작의 보호 효과를 무력화시키고 포식작용을 강화시킬 수 있다. 한 가지 예로서, 세균성 폐렴의 원인균인 *Streptococcus pneumoniae*에 대해 효과적인 백신은 캡슐 다당류를 사용하여 방어 항체의 생성을 유도한다 (28.9절). 따라서 병원체와 숙주의 내재면역계 사이의 전투는 역동적이며, 양 측은 서로의 성공을 방해하려는 시도로 다양한 무기를 효율적으로 사용한다.

미니퀴즈

- 식세포가 병원균을 살해하기 위해 사용하는 기작을 밝혀라.
- 식세포가 우리 몸으로부터 병원균을 제거하는 것이 항상 효과적이지 못한 이유를 몇 가지 설명하라.

IV • 기타 숙주의 내재 방어 기작

병원균 침입에 대한 물리적 및 화학적 장벽과 활성화된 식세포에 의한 병원체의 파괴 외에도, 포유동물의 면역체계는 병원체에 의한 감염을 막는 다른 선천적 기작을 가지고 있다. 비록 숙주에게 불쾌감을 주긴 하지만, 염증과 발열은 체내에서 미생물의 생장과 병원체의 제거를 조절하는 효과적인 숙주의 방어 전략이 될 수 있다. 이러한 기작은 보체계와 자연살해세포(*natural killer cells*)라 불리는 특정 림프구의 활성과 함께 내재면역반응의 논의를 마무리 짓는다.

26.8 염증과 발열

염증(inflammation)은 독소와 병원체 같은 유해한 자극에 대한 비특이적 반응이다. 염증은 일반적으로 감염부위에 국한되어 발적 (홍반), 팽윤 (부종), 통증 및 열 등이 나타난다 (**그림 26.11** 및 그림 27.27). 염증의 매개체는 사이토카인(cytokines) 및 케모카인 (chemokines)을 포함하는 세포활성 인자와 화학주성 인자 집단이다. 부상으로 손상된 세포를 포함하여 다양한 세포가 이러한 활성인자를 생산한다. 가장 중요한 케모카인과 사이토카인은 그들의 염증-유도 능력 때문에 친염증성(*proinflammatory*)이라 불리고, 그들은 병원체의 침투 동안 식세포와 림프구에 의해 높은 농도로 생산된다.

감염에 대한 내재면역반응과 적응면역반응 모두 염증을 유발할 수 있으며, 두 반응 모두 중성구와 같은 효과세포를 모집하고 활성화시키는 분자의 방출을 일으킬 수 있다. 염증이 일반적인 면역반응이지만, 침입한 병원체의 파괴와 손상된 세포의 제거를 시작하여 조직 손상을 격리하고 제한하는 데 중요한 역할을 수행한다. 그러나 우리가 곧 논의할 것이지만, 염증반응은 우연히 건강한 숙주 조직에 상당한 손상을 초래할 수 있다.

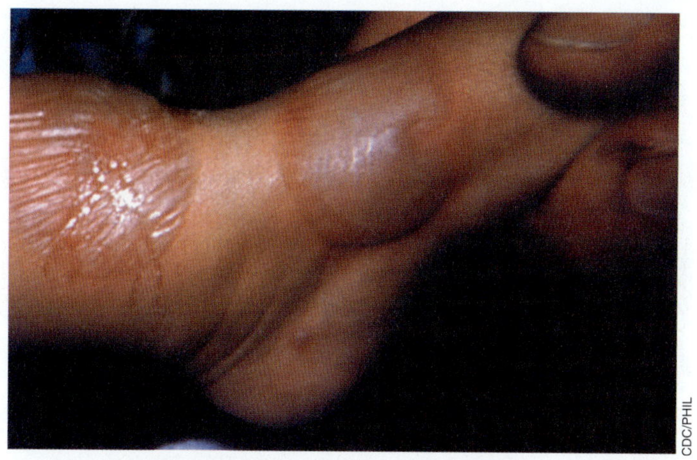

(a)

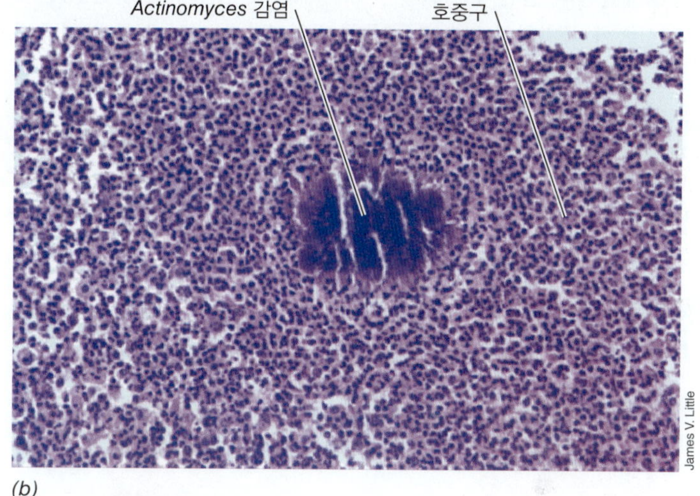

(b)

그림 26.11 염증. *(a)* 우두 바이러스 감염으로 인한 부종을 보여주는 소아의 발 사진; 체액 축적은 염증반응에 의해 야기된다. *(b)* 필라멘트형 세균인 *Actinomyces*에 의한 감염을 보여주는 현미경 사진. 중심부의 어두운 세균 덩어리를 둘러싸고 있는 염색된 세포들은 호중구들 (그림 26.4)이며, 급성 염증을 나타낸다.

염증세포 및 국지적 염증

면역-매개 염증은 신체의 병원체 침투 부위에서 시작되는 급성 질환이다. 대식세포 및 감염부위의 다른 조직세포의 PRRs는 병원체의 PAMPs와 결합한다 (그림 26.6). 이것은 국지부위의 세포를 활성화시켜 중성구와 같은 다른 세포의 수용체와 상호작용하는 사이토카인과 케모카인을 포함하는 매개체를 생성하고 방출한다 (그림 26.4). 예를 들어, PAMP-PRR 상호작용에 의해 활성화된 국지적 조직의 대식세포는 CXCL8이라 불리는 케모카인을 방출한다. 이 분자는 중성구를 활성화시켜 CXCL8의 근원 쪽으로 케모카인 기울기를 따라 이동하도록 하며, 그 곳에서 중성구는 병원체를 섭취하고 죽이기 시작한다. 중성구는 더 많은 CXCL8을 방출하여 더 많은 중성구를 끌어들이고 반응을 증폭시켜, 궁극적으로 병원체를 파괴한다 (그림 26.11*b*).

손상된 세포 및 식세포에 의해 방출된 케모카인과 사이토카인 매개체들은 염증반응에 기여한다. 예를 들어, 감염부위의 대식세포와 다른 세포들은 인터루킨-1 (IL-1), IL-6 및 종양괴사인자-α (TNF-α)를 포함하는 친염증성 사이토카인을 생산한다. 이러한 사이토카인들은 혈관 투과성을 증가시켜, 부종(edema), 홍반(erythema), 그리고 염증과 관련된 국지적 발열을 일으킨다 (**그림 26.12*a***). 부종은 국지적으로 신경을 자극하여 통증을 유발하지만 부종과 연관된 압력은 혈관으로부터 림프계 안으로 체액을 흐르게 하여 면역반응을 강화하고 혈류로 병원체가 퍼지는 것을 방지한다. 이러한 균혈증(*bacterimia*)이라 불리는 상태는 훨씬 더 심각한 패혈증(*septicemia*)을 일으킬 수 있다 (25.2절).

염증반응의 일반적인 결과는 대식세포 및 중성구에 의한 병원체의 신속한 국지화와 파괴작용이다. 병원체가 파괴됨에 따라 염증세포들은 더 이상 자극되지 않으며, 그 결과로 그들의 수가 감소하게 된다. 사이토카인 생산이 감소함에 따라 영향을 받는 조직에서 식세포의 모집이 감소되어 염증이 가라앉게 된다.

발열

염증반응 동안 방출된 특정 사이토카인은 **발열(fever)**을 일으켜 체온이 증가된 상태를 유발한다. 예를 들어, 친염증성 사이토카인 IL-1, IL-6, 그리고 TNF-α는 내인성 발열물질(*endogenous pyrogens*)이다. 이러한 물질들은 뇌의 온도 조절 센터인 시상하부(hypothalamus)를 자극하여, 체온을 올리고 발열을 일으키는 화학적 신호물질인 프로스타글란딘(*prostaglandins*)을 생산하게 한다. 국지적 감염부위에서 소량으로 방출 되는 이들과 동일한 사이토카인은 혈류를 증가시키고 치유를 촉진하는 국지적 발열을 유발한다. 내인성 발열물질의 방출은 그람-음성 세균의 LPS의 지질 A 외독소와 같이 열을 유발하는 병원체 성분인 외인성 발열물질(*exogenous pyrogens*)의 존재에 대한 생리적 반응이다 (2.5절).

비록 숙주에게는 불편하지만, 발열은 일부 감염에 대한 내재면역반응에 중요한 구성 요소이다. 정상인의 체온인 약 37°C(98.6°F)에서 발열 온도 38~40°C (100.4~104°F)로의 상승은 감염에 유리한 반응인데 이는 높은 체온이 대부분의 병원체의 생장을 저해하기 때문이다. 느려진 생장은 침입하는 병원체의 증식을 제한하여, 조직손상을 최소화하고 다른 면역세포, 특히 식세포의 작업량을 완화시킨다. 상승된 체온은 또한 혈액과 림프액에서 철과 결합하여 격리하는 분자인 트랜스페린(*transferrins*) 생산을 증가시켜, 병원체로부터 중요한 영양분을 빼앗는다 (3.1절과 25.4절).

저온에서 중간 정도의 발열은 내재면역반응의 중요한 요소이지만, 지속되고 조절되지 않는 체온의 상승 (>40°C)은 드물지만 특정 질병을 동반하고 즉각적인 의학적 처치를 필요로 하는 생명을 위협하는 상태가 될 수 있다. 이는 보통 아세트아미노펜(acetaminophen) 또는 이부프로펜(ibuprofen)과 같은 해열제 (발열을 줄이는)를 투여하여 시상하부에서 내인성 발열물질의 효과에 대응하는 것을 포함한다.

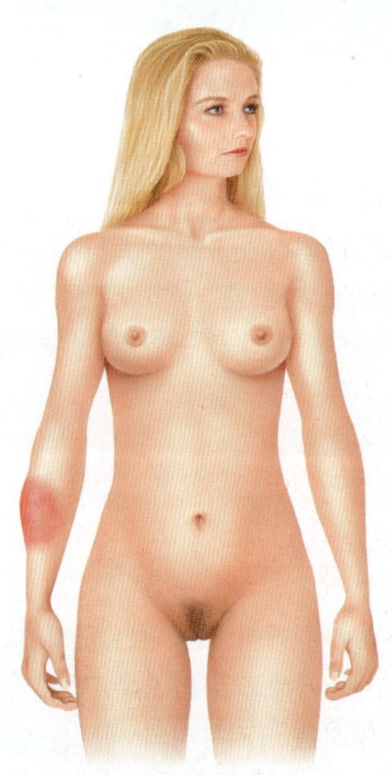

(*a*) 국소 감염은 신체의 국소 부위에서 염증을 유발하고, 뒤이어 발열을 일으킴

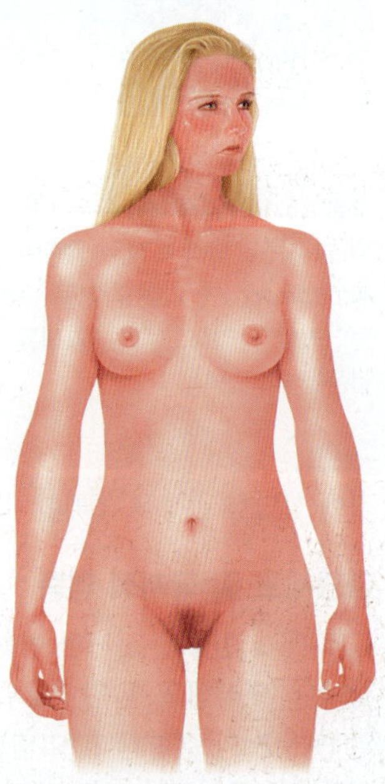

(*b*) 전신 감염은 전신에 걸친 염증 및 질환을 유발함

그림 26.12 국소 및 전신 염증. (*a*) 국소 감염은 국소적으로 작용하는 대식세포 유래의 친염증 사이토카인(proinflammatory cytokines)에 의한, 국소 염증을 초래하는데, 이는 감염이 소거되면서 가라앉는다. (*b*) 전신 감염은 친염증성 사이토카인이 전신으로 방출되게 하여서, 감염이 통제되더라도, 심각한 부종, 발열, 및 패혈증 쇼크를 포함하는 광범위한 전신성 염증 증상을 초래한다.

전신염증과 패혈증 쇼크

어떤 경우에, 염증반응은 병원체의 국지화에 실패하여 몸 전체로 그 반응이 퍼져나가게 된다. 조절되지 않는 전신염증(*systemic inflammation*)은 몸 전체의 염증반응에 기여하는 염증세포와 매개체로 인해 원래의 감염보다 더 위험할 수 있다. 순환계와 림프계 전체를 통해 염증세포와 매개체를 확산시키는 염증반응은 생명을 위협하는 질환인 패혈성 쇼크(*septic shock*)를 유발할 수 있다.

병원체-유도 패혈성 쇼크에는 많은 원인이 있지만, 그 한 가지 예로는 파열되거나 누출되는 장에 의해 복강 또는 혈류 속으로 방출되는 *Salmonella* 혹은 *Escherichia coli*와 같은 장 내의 세균에 의한 전신성 감염이 있다. 일차 감염은 종종 식세포의 활성과 항생제 치료에 의해 치료된다. 그러나 그람-음성 세균에서 유래하는 내독소성 외막 LPS은 식세포의 PRR과 상호작용하여, 순환계로 방류되는 친염증성 사이토카인의 생산을 자극한다. 이러한 사이토카인들은 국지적 염증반응과 유사한 전신성 반응들을 유도한다. 그러나 다수의 기관계에 영향을 미치는 넓은 범위의 반응은 궁극적으로 전신의 염증반응을 일으킨다 (그림 26.12*b*). 그 결과 중추 혈관조직으로부터 체액이 대량으로 유출되어 전신의 혈압이 낮아지고 혈관조직으로부터 혈관 외부공간으로 체액의 유출을 유발한다. 패혈성 쇼크는 감염된 개인의 30%에 이르는 사망의 원인이 된다.

미니퀴즈

- 염증과 발열의 분자적 매개체들을 밝히고 각각의 역할을 정의하라.
- 국소염증과 패혈증 쇼크의 주요 증상들에 대해 밝혀라.

26.9 보체계

보체계(complement system), 또는 간단히 보체(*complement*)라고 불리는 것은 순차적으로 상호작용하는 단백질이며, 병원체의 파괴를 위한 내재와 적응면역반응의 효율성을 증진시키기 위한 기능으로 작용하는 많은 효소적 활성을 가진다. 보체 단백질은 간에서 생산되며 전신에서 발견되고, 그들의 활성은 내재 또는 적응 기작에 의해 촉발된다. 보체계의 활성에 대한 주된 결과는 향상된 포식작용, 염증, 침입하는 세포의 용해이다.

보체의 개별 단백질은 C1, C2, C3 등으로 명명된다. 보체 단백질은 그들이 효소적으로 활성형을 가지기 위해 쪼개질 때까지 비활성 형태로 존재한다. C3가 쪼개져 생기는 산물인 C3a, C3b는 보체 활성에 있어서 중요하다. 최소 3가지 다른 기작이 이러한 결과를 이끌어내며, 우리는 이들 각각을 지금 알아볼 것이다.

고전적 보체 경로

보체 활성의 고전적 경로(*classical pathway*)는 병원체의 표면에 결합한 항체에 의해 이끌어진 보체 단백질이 병원체 표면에 결합할 때 개시된다. 항체는 항상 존재하는 보체 단백질을 고정(*fix*) [결합(bind)]한다고 하며, 따라서 고전적 보체 활성은 적응면역반응에 달려 있다. 보체 단백질은 정의된 순서에 따라 반응하며, 또는 이를 연쇄반응(*cascade*)이라 하고, 하나의 보체 단백질 활성이 그 다음을, 또 그것이 그 다음을 연속적으로 활성으로 이끄는 것을 말한다.

보체의 고전적 활성에 중요한 단계는 **그림 26.13*a***에도 제시되어 있지만, 항체가 항원에 결합하는 것을 시작으로 (개시), C1 구성물(C1q, C1r, 그리고 C1s)의 결합으로 인한 항체–항원 복합체의 형

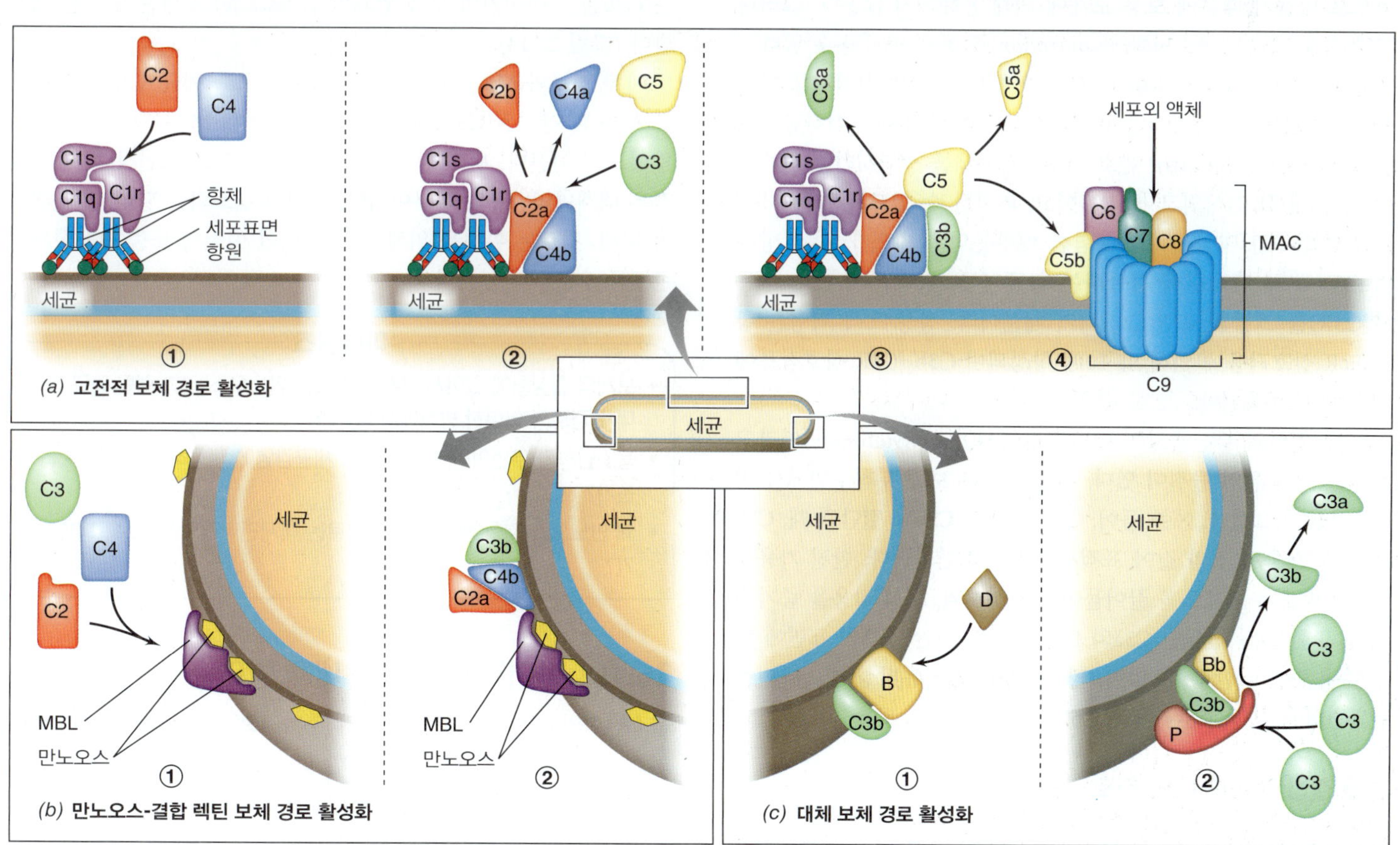

그림 26.13 면역반응에서의 보체 단백질과 보체 활성화. *(a)* 표적세포를 용해시키기 위해 고전적 보체 경로의 구성요소들이 상호작용하는 순서, 방향, 및 활성. ① 항체와 C1 단백질 복합체 (C1q, C1r, 및 C1s)의 결합. ② C2a-C4b 복합체는 C3를 절단하는 C3 전환효소이다. ③ C2a-C4b-C3b 복합체는 C5를 절단하고, 이어서 C5b는 인접한 막 부위와 결합한다. ④ 이 C5b에 C6, C7, C8 및 C9를 순차적으로 결합시킴으로써 막에는 막-공격 복합체(membrane attack complex, MAC)라는 구멍이 형성된다. *(b)* 만노오스-결합 렉틴(MBL) 경로. ① MBL은 세균막 상의 만노오스와 결합하여 C2와 C4를 모집한다. ② 이어서 MBL은 기준점이 되어 C2a-C4b-C3b 복합체가 형성되게 한다. 이 복합체는 *a* 부분의 3단계와 같이, C5를 활성화하여 MAC 형성이 시작되게 한다 (*a*에서는 단계 4). *(c)* 대체 경로. ① 세포 표면에 결합된 C3b는 단백질 D에 의해 절단되는 단백질 B에 결합한다. ② 그 결과로 형성되는 C3b-Bb 복합체는 인자 P (properdin, 프로퍼딘)에 의해 막 상에 안정화되고, 혈액 내의 C3에 작용하여서 더 많은 C3b가 막에 결합되게 한다. 막에 결합된 C3b-Bb-P는 고전적 활성화 경로의 단계 3과 같이, C5를 활성화하여, MAC의 형성을 개시한다 (*a* 과정에서는 단계 4임).

성까지 이어진다. 이 복합체는 C2를 유인하여 C2a, C2b 조각으로 분해하고, C4를 C4a, C4b로 분해한다. C2a와 C4b는 상호작용하고 인접한 막 부위에 부착된다. 그 결과로 C2a-C4b 복합체는 C3 전환효소로써 기능하며 이 효소는 C3를 C3a와 C3b로 자른다. 그리고 C3b는 전환효소에 결합하며, C5를 C5a와 C5b로 자르는 복합체를 형성한다. 자유로워진 C5b는 C6와 C7에 결합하여 타겟 세포의 막에 삽입된다. C5b-7 복합체는 C8, C9을 끌어들여, 커다란 C5b-9 단위를 형성하며 이것을 막 공격 복합체(MAC)라고 부른다. MAC는 병원성 세포의 세포막에 구멍을 형성하고, 세포외 액체가 안으로 들어와서 세포가 용해되도록 한다 (그림 26.13*a*). 수십, 수백 개의 MAC은 용해의 시점에서 하나의 세균 세포에 구멍을 형성할 수 있다.

특정 항체에 의해 활성될 때, MAC 형성은 많은 그람-음성 세균을 용해시킨다. 그러나 *Streptococcus* 종과 같은 그람-양성 세균은 두꺼운 세포벽이 세포막을 MAC 단백질(MAC proteins)에 덜 접근적으로 만들기 때문에 보통 보체에 의해 용해되지 않는다. 그러나 그람-음성 세균은 옵소닌화(*opsonization*)를 통해 파괴될 수 있다.

옵소닌화(opsonization)는 C3b나 항체와 같은 병원체를 둘러싸는 항미생물 숙주 단백질로, 타겟 세포의 향상된 포식작용으로 이어진다 (**그림 26.14*a***). 옵소닌화는 병원체를 중화시키고 식세포에 의해 더 잘 인식되고, 둘러싸이고, 파괴될 수 있도록 만든다. 이것은 중성구와 대식세포를 포함한 대부분의 식세포가, 각각 항체와 C3b 보체 단백질에 결합하는 항체 수용체(FcR)와 C3b 수용체(C3R)를 그들의 표면에 가지기 때문이다. 정상 포식 과정은 항체-FcR 상호작용에 의해 약 10배 향상되며 C3b-C3R 상호작용에 의해 10배 증폭된다.

보체 활성의 부산물로는 아나필라톡신(*anaphylatoxins*)이라고 불리는 화학 유인 물질이 있다; 이들 분자는 보체 부착부위에서 염증반응을 일으킨다. 예를 들어, C3가 C3a와 C3b로 절단될 때, C3b는 위에 서술된 것과 같이 표적세포를 옵소닌화한다; 한편 가용성 C3a의 방출은 식세포를 끌어들이고 활성시켜, 포식 작용을 증가시킨다. 또한 절단 산물인 C3a와 C5a 모두는 비만 세포의 표면에 있는 수용체에 결합할 수 있어, 많은 양의 염증 유발성 히스타민을 탈과립하여 방출시킨다 (그림 26.14*c*).

만난-결합 렉틴과 대체 경로

고전적 보체 경로에 추가적으로, 만노오스-결합 렉틴 경로(*mannose-binding lectin pathway*)와 대체 경로(*alternative pathway*)는 보체를 활성시킬 수 있다 (그림 26.13*b*와 *c*). 이러한 경로는 공유되는 병원체 구성원의 인식에 의존하고 내재면역반응의 중요한 부분이며, 특히 염증의 개시에 중요하다.

만노오스-결합 렉틴(*mannose-binding lectin, MBL pathway*) 경로는 혈청 MBL 단백질의 활성에 의존한다. MBL은 세균의 표면에서만 발견되는 만노오스 함유 다당류에 결합하는 가용성 PRR이다 (26.6절 및 그림 26.13*b*). MBL-다당류 복합체는 C2a 및 C4b를 고정시키고 C3 전환효소를 생산하고 C3b가 C2a-C4b에 결합한다는 점에서 고전적 경로의 C1 복합체와 유사하다. 이전과 마찬가지로, 이 복합체는 C5-9 MAC의 형성을 촉매하고 세균 세포의 용해 또는 옵소닌화를 유도한다.

대체 경로(*alternative pathway*)는 몇 가지 독특한 혈청 단백질처럼, 많은 고전적 보체 경로의 구성원을 사용하는 비특이적 보체 활성 경로이다. 마찬가지로 그들은 옵소닌화를 유도하고 C5-9 MAC을 활성시킨다. 대체 경로 활성의 첫 단계는 세균 세포 표면의 LPS에 C3b가 결합하는 것이다 (C3b는 C3의 자발적인 절단으로 생산되며, 혈액과 조직에서 낮은 농도로 존재한다 (그림 26.13*c*). 막 위의 C3b는 그러면 대체 경로 혈청 단백질인 인자 B에 결합할 수 있으며, 인자 B는 인자 D에 의해 가용성의 Ba와 Bb로 잘리게 된다. C3b-Bb 복합체는 인자 P (properdin)에 의해 결합되어 C3b-Bb-P를 형성하며, 이것은 또 다른 C3 전환효소이다. C3b-Bb-P는 그러면 추가적인 C3를 유도하여 자르고, 막에 더 많은 C3b를 부착시키며 보체 연쇄반응(cascade)의 남은 단계를 개시한다 (그림 26.14).

대체 경로와 MBL 경로 모두 비특이적으로 세균 침입자를 타겟으로 하고 안정된 C3 전환효소 형성을 통해 MAC과 옵소닌화의 활성으로 이끈다. MBL, 인자 B, D와 P, 그리고 고전적 보체 단백질은 내재면역반응의 일부이지만, 고전적 경로와는 달리 대체 경로와 MBL 경로는 활성을 위해 항원에 대한 이전의 노출이나 항체의 존재를 요구하지 않는다.

미니퀴즈

- 보체의 활성화에 있어서 고전적 경로는 만노오스-결합 렉틴 경로 및 대체 경로와 어떠한 방식에서 다른가?
- 옵소닌화가 무엇이며, 옵소닌화가 세균감염에 대응하는데 어떻게 돕는가?
- 왜 만노오스-결합 렉틴과 대체 경로는 내재면역계의 일부로 고려되는가?

26.10 바이러스에 대한 내재 방어

옵소닌화와 식세포의 활동에 대해 추가적으로, 면역계는 특히 바이러스 감염의 제어와 제거에 중요한 또 다른 내재 방어를 가지고 있다. 이들은 자연살해세포(*natural killer cells*) (그림 26.4)와 인터페론(*interferon*)을 포함한다. 자연살해세포는 림프구와 유사한 세포로 특히 바이러스와 같은 세포 내 병원체에 감염된 위태로운 (건강하지 못한) 세포를 인식하여 죽인다. 반면 자연살해세포는 체내에서 이미 감염된 세포와 인터페론, 사이토카인 계열의 작은 단백질을 제거하여, 건강한 세포가 바이러스 감염으로부터 안전할 수 있도록 돕는다. 우리는 이러한 내재 방어들에 대해 생각해 볼 것이다.

자연살해세포

자연살해세포(natural killer cells, NK cells)는 세포 독성 림프구

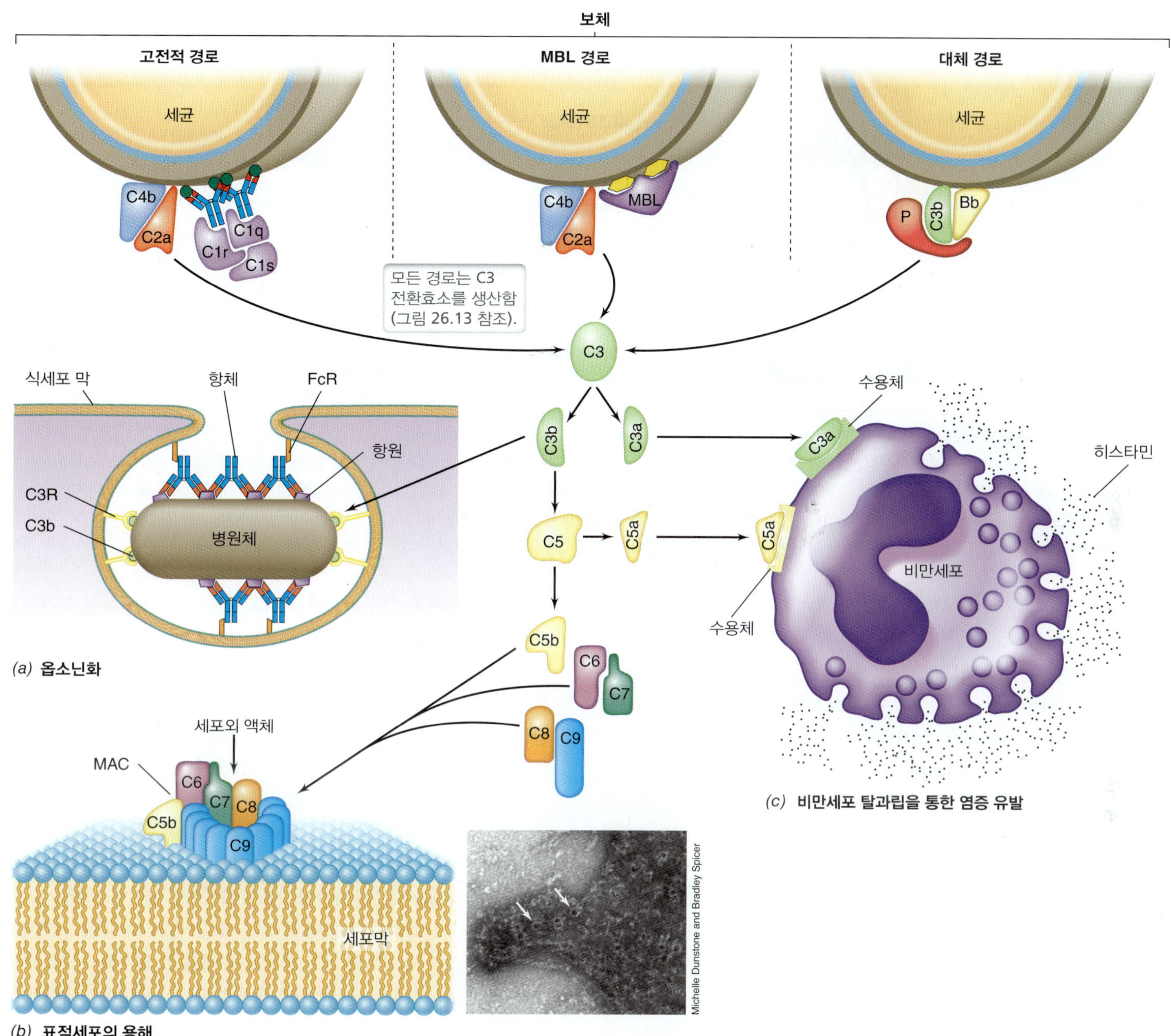

그림 26.14 보체단백질 및 보체 활성화의 결과. 각 보체 활성화 경로는 C3를 그 활성 생성물인, C3a 및 C3b로 절단시키는 C3 전환효소의 생성을 초래한다. 이들은 세 가지 가능한 결과: 즉, 옵소닌화, 막 공격 복합체(MAC) 형성에 의한 용해 및 염증 등을 일으킨다. *(a)* C3b (녹색) 또는 특이적 항체로 코팅된 병원균은 옵소닌화되며, 식세포의 C3R 및 FcR 단백질들을 통한 인식을 향상시켜 준다. *(b)* MAC 구성요소들 C5b–C9에 의해 형성된 막-관통 구멍 (화살표)은 표적세포의 용해를 일으킨다. 투과전자현미경 사진은 외래성 (토끼)적혈구를 공격하고 있는 사람의 MAC을 보여주는 음성염색 이미지이다. *(c)* 보체-활성화에 의한 염증 반응 동안, 유리된 C3a 및 C5a가 비만세포 표면의 수용체 단백질과 결합하여 비만세포의 탈과립과 친염증성 히스타민 방출을 일으킨다.

이며 T 세포와 B 세포와는 구별된다 (그림 26.4). NK 세포의 역할은 세포 내 병원체 (바이러스와 같은)에 감염된 세포 혹은 암세포와 같이 위태로운 세포를 찾아내 파괴하는 것이다. NK 세포가 감염되거나 혹은 상태에 이상이 있는 세포와 마주하게 되면 NK 세포 내의 과립이 접촉부위로 이동하여 방출된다. 이들 과립은 퍼포린(*perforins*)과 단백질분해효소인 그란자임(*granzymes*)을 포함한다. 퍼포린은 표적세포의 막에 결합하여 그란자임이 표적세포로 들어갈 수 있도록 구멍을 형성한다 (**그림 26.15**). 그란자임은 세포독성물질로 세포자살(*apoptosis*), 혹은 계획세포사(programmed cell death)를 일으키며 표적세포의 죽음과 분해가 특징이다. 죽는 과정에서, NK 세포들은 영향을 받지 않는 상태로 남아 있으며 그들의 막은 퍼포린에 의해 손상받지 않는다. 또한 이런 과정 동안, 표적세

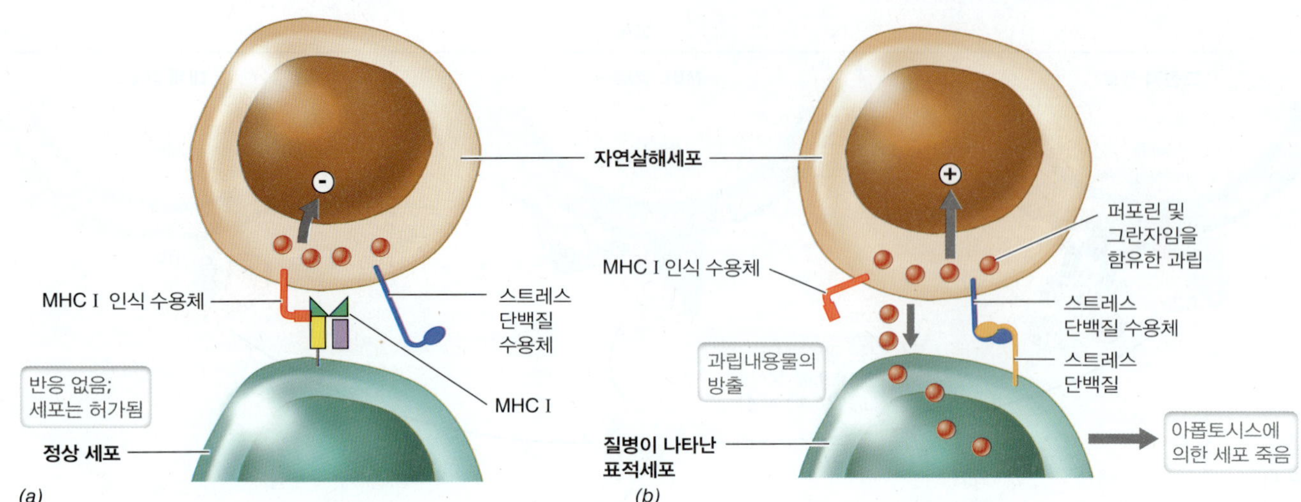

그림 26.15 자연살해세포. 자연살해(NK)세포에는 두 가지 수용체가 있다. 하나는 건강한 세포 표면의 MHC I과 상호작용하고; 두 번째 수용체는 종양세포 또는 병원균에 감염된 세포에서만 나타나는 세포 스트레스 단백질들과 상호작용한다. *(a)* MHC I 인식은 건강한 세포를 허가하여, NK 세포가 그 내용물을 방출하는 것을 방지한다. *(b)* 병원균에 감염된 세포 또는 종양세포는 스트레스 단백질을 발현하며, 흔히 MHC I 발현은 감소된다. 특히, MHC I 인식이 없는 경우에는 NK 세포가 스트레스 단백질과 상호작용하고 퍼포린 및 그란자임을 방출한다. 이를 통해 세포자살(apoptosis)을 유도하여 질병이 발생한 세포를 살해한다.

포와의 상호작용 이후 NK 세포의 수는 증가하지도 않고 면역 기억을 나타내지도 않는다. 이것을 염두에 둘 때, NK 세포들은 어떻게 파괴되어야 할 위태로운 숙주 세포들을 인식할 수 있을까?

체내의 대부분의 세포들은 **주 조직적합 복합체(major histocompatibility complex, MHC)**라고 불리는 표면 단백질의 집단을 포함한다 (27장). MHC 단백질에는 MHC I, MHC II 두 종류가 존재하며 그들의 일차적인 기능은 다양한 면역세포들이 면역반응을 촉발할 수 있도록 항원을 제시하는 것이다. MHC II 단백질은 오직 항원-제시 세포(APCs)에서만 발현되며, B 세포와 대식세포, 수지상세포를 포함한다 (그림 26.4). 대조적으로, MHC I 단백질들은 모든 핵을 가진 세포들의 표면에서 찾을 수 있다. 감염되지 않은 세포들에서는 병원체나 왜래 항원을 갖고 있지 않아, MHC I 단백질에는 자기 펩티드(*self peptides*)가 결합되어 외부 환경에 표지되며, 단백질 조각은 생장 동안 자기 단백질의 정상 분해에서 유래한다. 바이러스나 다른 세포 내 병원체에 감염된 세포들은 MHC I 단백질이 감염원에서부터 유래한 펩티드를 표지한다. 이것은 감염된 세포를 파괴하는 T-세포독성 세포(*T-cytotoxic cell*)라고 불리는 특별한 종류의 T 림프구에 대한 신호로 작용한다.

MHC I 단백질이 숙주 세포의 감염된 상태를 신호로 나타냄으로써 병원체의 증식을 막는 기능을 하기 때문에, 많은 바이러스 유전체는 숙주 세포의 MHC I의 발현을 억제하는 단백질을 암호화한다. 암세포에서 흔한 모습이기도 한, MHC I 단백질이 표면에 없다면 T 세포독성 세포는 상태 이상을 가지는 숙주 세포를 인식하고 제거하지 못한다. 그래서 이것에 NK 세포가 중요한 역할을 해야 한다; NK 세포들은 표면에 발현되는 MHC I의 양이 감소한 위태로운 숙주 세포를 인식하고 파괴한다.

NK 세포들은 병원체에 감염된 세포나 암세포들을 두 가지 수용체 체계를 사용하여 인식하고 파괴한다. NK 세포들의 분자적인 타깃은 다른 세포들의 표면에 위치한 MHC I 단백질들이다 (그림 26.15*a*). NK 세포들이 체내에서 순환하고 다른 세포들과 상호작용하기 때문에, 그들은 정상적이고, 건강한 세포들의 MHC I 단백질들을 인식하기 위해 그들 표면의 특별한 MHC I 수용체를 사용한다. NK 세포들의 MHC I 인식 수용체와 다른 세포들의 MHC I 사이의 결합은 NK 세포를 비활성화시키며, 퍼포린과 그란자임 살해 기작을 차단한다. MHC I 단백질의 결합에 더해, 병원체에 감염된 세포 혹은 종양세포들은 종종 그들의 표면에 스트레스 단백질(*stress proteins*)을 발현한다; NK 세포들은 이러한 많은 스트레스 단백질과 상보적인 수용체를 갖고 있다. 특히 MHC I 상호작용의 부재는 NK 세포들의 스트레스 수용체가 표적세포의 스트레스 단백질과 마주하게 한다. 이 상호작용은 NK 세포로부터 퍼포린과 그란자임의 방출을 촉발한다 (그림 26.15*b*). 이런 식으로, 스트레스 단백질을 발현하고 건강한 세포들이 발현하는 MHC I 단백질을 발현하지 못하는 병원체에 감염된 세포나 종양세포들은 체내에서 제거된다.

인터페론

인터페론(interferons), 특히 IFN-α, IFN-β는 감염된 세포들의 항바이러스 단백질의 생산을 자극함으로써 바이러스의 복제를 막는 사이토카인 계열의 작은 단백질들이다 (**그림 26.16**). 숙주 세포들은 특정 바이러스 감염이나 비활성화된 바이러스 또는 바이러스 핵산에 대한 노출에 대응하여 인터페론을 생산하고 분비한다. 인터페론은 낮은 독성의 바이러스에 감염된 세포에 의해 많은 양이 생산되지만, 높은 독성을 가지는 바이러스는 인터페론이 생산되어질 수 있기 전에 숙주의 단백질 생산을 방해함으로써 눈에 띄게 인터페론 생산을 감소시킨다. 또한 이중 나선 RNA (dsRNA) 의 존재는 인터페론 합성을 유도할 수 있다. 자연에서, dsRNA는 리노바이러스 (많은 평범한 감기 바이러스 중 하나)와 같은 특정 RNA 바이러스 내에서만 존재한다 (30.7절); 바이러스 dsRNA는 동물 세포로 하여금 인터페론의 합성과 방출을 자극한다.

인터페론의 활성은 바이러스에 특이적이기보다는 숙주에 특이적이다. 그 말은 한 종에 의해 생산된 인터페론은 오로지 같은 종의 세포에 존재하는 수용체만 활성시킨다. 그 결과로, 예를 들어 리노바이러스에 의해 한 동물 세포에서 생산된 인터페론은, 예를 들어 인플루엔자 바이러스에 감염된 같은 종의 세포에서 증식을 억제할 수 있다. 그러나 그 인터페론은 다른 종에서, 원래의 리노바이러스를 포함하여 바이러스의 증식에 어떠한 영향을 미치지 않는다. 우리는 화학적 치료나 예방을 위한 치료에 대한 인터페론의 잠재적인 사용에 대해 28장에서 다룰 것이다.

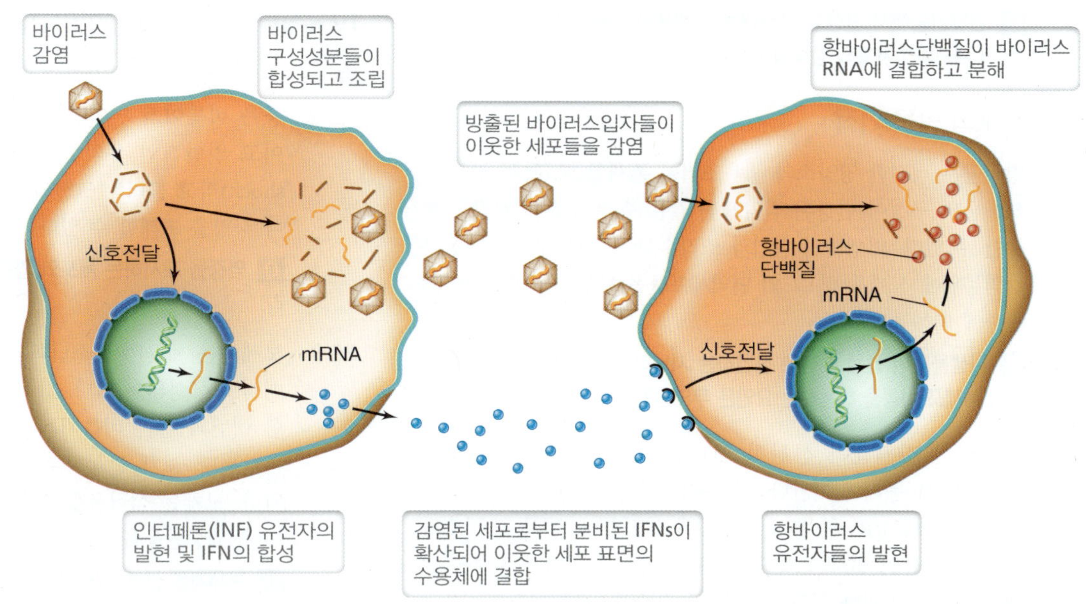

그림 26.16 인터페론의 항바이러스 활성. 숙주 세포는 바이러스 감염에 대응하여 사이토카인의 일종인 인터페론을 분비한다. 인터페론은 감염되지 않은 세포에 결합하여 바이러스 핵산을 결합하고 바이러스 복제를 방해하는 단백질의 합성으로 이어지는 신호전달 경로를 유발한다.

미니퀴즈

- T-세포독성 세포와 NK 세포들의 표적인식 기작을 밝히고 서로 비교하라.
- 어떠한 상태에서 인터페론이 생산되는가? 그리고 바이러스가 하나의 숙주 세포에서 다른 세포로 전염되는 것을 인터페론이 어떻게 제한하는가?

단원 정리

I • 숙주방어의 기초

26.1 내재면역은 주로 식세포의 활동을 통해 부분적으로는 일반 병원균의 인식과 제거로 특징지어지는 감염에 대한 선천적인 보호 반응이다. 적응면역은 면역계가 병원균들이나 그 생성물들에 존재하는 외래 항원에 결합하는 항체 생산을 포함하여, 림프구-매개 반응을 통해 신체로부터 특정 병원체를 제거하는 능력이다.

Q 두 종류의 식세포를 이름을 적어보라. T 세포와 B 세포의 기능은 어떻게 다른가? 인체에서 어디에서부터 이들 세포가 모두 유래하는가? 어느 세포가 기능을 갖추기 전에 성숙이 필요한가?

26.2 인체는 감염성 병원균에 대한 수많은 방어수단을 가지고 있다. 감염에 대한 자연적 숙주 저항성에는 피부 및 점막에 나타나는 감염에 대한 물리적 장벽뿐만 아니라 산성 분비물, 디펜신 및 리소자임 등과 같은 감염에 대한 화학적 장벽이 포함된다. 특정 조직에 대한 병원균들의 특이성은 어떤 숙주와 조직이 감염되기 쉬운가를 제한한다.

Q 인간의 정상 미생물군이 질병 예방에 있어서 어떤 역할을 하는가?

II • 면역계의 세포 및 기관

26.3 내재 및 적응 면역에 관련된 세포들은 골수에 있는 조혈 줄기세포에서 유래한다. 혈액 및 림프계는 면역반응의 중요한 구성요소인 세포들과 단백질들을 순환시킨다. 다양한 백혈구가 신체의 모든 부위에서 면역반응에 참여한다.

Q 면역계와 연관되어 있는 세포들 및 단백질들에 대한 골수, 혈액 및 림프의 중요성을 설명하라.

26.4 백혈구는 골수계 또는 림프계 전구세포로부터 유래하는 분화된 백혈세포이다. 골수 계통의 세포에는 단핵구 및 과립구가 포함된다. 단핵구에는 적응면역반응을 개시하기 위해 항원제시세포(APC)로 기능을 수행하는 전문적인 식세포인 대식세포 및 수지상세포가 포함된다. 과립구에는 식세포이지만 APC로는 작용하지 못하는 호중구와 염증반응의 중요한 유도 인자이지만 알레르기 반응도 유발할 수 있는 비만세포가 포함된다. 림프구에는 적응면역을 촉진하는 B 및 T 세포, 그리고 바이러스 감염 및 종양화된 숙주 세포를 파괴하는 데 핵심적인 역할을 하는 자연살해세포가 포함된다.

Q 면역반응에서 활성을 나타내는 식세포와 림프구의 기원은 무엇인가? B 세포와 T 세포의 성숙과정을 추적해보라.

III • 식세포의 반응 기작

26.5 병원균은 적절한 영양소와 생육조건이 존재할 때, 특히 정상 미생물군의 구성이 변경된 점막표면 같은 숙주 조직에 집락을 형성할 수 있다. 미생물의 침입과 조직손상에 대한 내재성 반응은 감염부위에 식세포 및 그 외 면역세포들을 모집하는 케모카인의 방출에 의해 시작된다.

Q 미생물들이 신체 조직에 침입하는 시나리오를 설명하라. 감염부위로의 식세포 이동을 허용하는 요인은 무엇인가?

26.6 일반적인 병원균의 선천적 인식은 병원체-연관 분자패턴(PAMPs)을 통해 일어난다. 식세포는 미리 형성되어 있는 패턴 인식 수용체(PRRs)를 통해 PAMP를 인식한다. 인식 및 상호작용 과정은 감염 인자의 식작용을 유도하는 신호전달 기작을 통해 병원균을 파괴하기 위해 식세포를 자극한다.

Q PRR에 의해 인식되는 일부 PAMPs를 밝혀라. 어떤 세포가 PRR을 발현하는가? 내재면역을 증진시키기 위해 PRRs이 PAMPs와 어떻게 연관되어 있는가?

26.7 식작용은 식세포에 의한 감염성 입자들의 섭취이다. 섭취된 병원균은 포식용해소체(phagolysosomes) 내부에서 독성 산소화합물로 처리되어 죽거나 분해된다. 그러나 일부 병원균들은 류코시딘(leukocidins)의 분비, 캡슐의 존재, 산화적 스트레스에 대항하는 카로티노이드 염료의 생합성 등을 포함하여 식작용을 피하거나 억제하기 위한 다양한 방어 기작을 개발했다.

Q 식세포가 미생물을 죽이는 방법에 대해, 특히 산소-의존 기작에 주의하여 설명하라. 이어서 식세포의 효과를 저해하는 병원균의 세 가지 특성을 밝혀라.

IV • 기타 숙주의 내재 방어 기작

26.8 통증, 팽윤(부종), 발적(홍반) 및 열을 특징으로 하는 발열과 염증은 비특이적 면역반응의 효과자들의 활성화로 인한 정상적이고 일반적인 유익한 결과이다. 그러나 패혈증 쇼크(septic shock)라고 불리는 조절되지 않은 전신성 염증은 심각한 질병이나 사망을 초래할 수 있다.

Q 염증을 개시하는 세포와 염증 신호에 의해 활성화되는 세포를 밝혀라.

26.9 보체계는 세균의 옵소닌화 및 세포 용해를 촉매하는 가용성 단백질로 구성되어 있다. 보체는 항체 상호작용 또는 만노오스-결합 렉틴과 같은 비특이적 활성화 인자들과의 상호작용에 의해 촉발된다. 보체 활성화는 내재면역 또는 적응면역의 산물일 수 있다. 보체는 식작용을 향상시키거나, 표적세포 용해를 일으키거나, 염증반응을 유도할 수 있다.

Q 보체계를 설명하라. 단백질 상호작용의 순서가 중요한가? 그 이유는 무엇인가? 그렇지 않다면 이유는 무엇인가? 보체 활성화를 위한 만노오스-결합 렉틴 경로의 구성요소들을 밝혀라. 보체 활성화를 위한 대체 경로의 구성요소들을 밝혀라. 이러한 보체 활성화 경로들은 고전경로와는 어떻게 다른가?

26.10 자연살해세포는 항원-비의존적 기작을 통해, 스트레스 단백질의 존재와 그리고 바이러스 감염된 세포 또는 종양세포의 표면에 나타나는 MHC I의 부재에 모두 반응하고 퍼포린(perforin)과 그란자임(granzymes)을 수단으로 사용하여서 표적세포를 살해한다. 인터페론은 바이러스 감염된 세포에 의해 생성되는 사이토카인이며, 감염되지 않은 세포에서 항바이러스 단백질의 발현을 자극하여 바이러스 감염의 확산을 제한한다.

Q NK 세포의 활성화 신호는 무엇인가? 이것이 T-세포독성 림프구의 활성과는 어떻게 다른가?

응용 문제

1. 적응면역과 비교하여 내재면역의 상대적인 중요성을 설명하라. 하나가 다른 것보다 더 중요한가? 일반적인 환경에서 우리는 면역능이 없어도 살아남을 수 있는가?
2. 병원균을 탐식할 수 있는 능력이 습득된 경우에 발생할 수 있는 잠재적 문제를 기술하라. 그 사람은 대학 캠퍼스와 같은 일반적인 환경에서 살아남을 수 있는가? 식세포에 어떤 결함이 있으면 식세포 작용이 결여될 수 있을까? 설명하라.
3. 염증은 활동적인 면역반응의 전형적인 특징이다. 내재면역 기작에 의해 어떻게 염증이 촉발되는지 설명하라. 감염이 제어됨에 따라 염증이 가라앉는 이유는 무엇인가?
4. 다음 진술에 동의하는가? 보체는 항체-매개 방어의 중요한 구성요소이다. 당신의 대답을 설명하라. C3 보체 성분이 부족한 사람에게는 어떤 일이 생길 수 있는가? C3가 부족하다면? C5가 부족하다면? 대체 경로의 B 인자가 부족하다면? 렉틴 경로의 만노오스-결합 렉틴(MBL)이 부족하다면?

용어 해설

Adaptive immunity (적응면역) 병원균 또는 그 생성물에 대한 이전의 노출에 의존하여 특정 병원균 또는 그 생성물을 인식하고 파괴하는 획득된 능력

Antibody (항체) B 세포 및 형질세포에 의해 생성되어 항원과 상호작용하는 가용성 단백질; 면역글로불린(Immunoglobulin)이라고도 함

Antigen (항원) 면역계의 특이적인 구성요소와 상호작용하는 분자

Antigen-presenting cell (APC) (항원제시세포) 항원을 섭취하고 처리하여 T 세포에 제

시하는 대식세포, 수지상세포, 또는 B 세포

B 세포 (B cell) 면역글로불린 표면 수용체를 가지고 있고 면역글로불린을 생성하며 T 세포에 항원을 제시할 수도 있는 림프구

Chemokine (케모카인) 손상부위에 면역세포들을 모집하는 가용성 단백질로서 사이토카인의 일종

Complement system (보체계) 항체-항원 복합체, 만노오스-결합 렉틴, 또는 대체 활성화 경로 단백질들과 연속적으로 반응하여 표적세포의 파괴를 증폭하거나 또는 강화하는 일련의 단백질들

Cytokine (사이토카인) 백혈구 또는 손상된 신체 세포들에 의해 생성된 가용성 단백질; 면역반응을 조절함

Dendritic cell (수지상세포) 각종 신체 조직에서 발견되는 식세포성 항원-제시세포; 항원을 이차 림프기관으로 수송함

Fever (발열) 몸에서 감염 또는 독소의 존재로 인한 체온의 증가

Granulocyte (과립구) 표적세포를 파괴하기 위해 방출되는 독소 또는 효소로 구성된 세포질 과립을 함유하는 골수 선구 물질로부터 유래된 백혈구

Immunity (면역) 감염에 저항하는 유기체의 능력

Immunoglobulin (면역글로불린) 항원과 상호 작용하는 B 세포 및 형질세포에 의해 생성되는 가용성 단백질; 항체라고도 함

Inflammatioon (염증) 독소 및 병원체와 같은 유해 자극에 대한 비특이적인 반응으로 발적(홍반), 팽윤(부종), 통증 및 열(발열)의 특징들을 나타내며, 보통 감염부위에 국한되어 일어남

Innate immunity (내재면역) 각각의 병원균이나 그 생성물을 인식하고 파괴할 수 있는 비유도성의 능력이며, 이는 그 병원균이나 그 생성물에 대한 사전 노출에 비의존적임

Interferons (인터페론) 바이러스에 감염된 세포에 의해 생성되는 일종의 사이토카인 단백질들로서, 인근 세포들에 신호전달을 유도하여 항바이러스 유전자의 전사와 항바이러스 단백질의 발현을 초래함

Invasion (침입) 병원체가 숙주 세포 또는 조직에 들어가고 확산되어 질병을 일으키는 능력

Leukocyte (백혈구) 혈액 속의 한 유핵세포; 백혈세포(white blood cell)라고도 함

Lymph nodes (림프절) 림프 순환을 통해 이동해 온 미생물들이나 항원들을 마주칠 수 있도록 배열된 림프구와 식세포들을 함유하고 있는 면역기관

Lymphocyte (림프구) 혈액 속에 함유된 유핵세포들의 소집단으로 적응면역반응에 관여함

Macrophage (대식세포) 조직에서 발견되는 식세포능과 항원제시능을 가진 거대 백혈구

Major histocompatibility complex (MHC) (주 조직적합 복합체) 항원 처리 및 제시에 중요한 여러 단백질을 암호화하는 유전자 영역. MHC I 단백질은 모든 세포 표면에서 발현된다. MHC II 단백질은 항원제시세포 표면에만 발현됨

Mast cell (비만세포) 신체의 혈관에 인접한 조직에 분포하며, 염증 매개체들을 가진 과립들을 함유한 세포

Memory, Immune memory (기억) 과거에 마주치게 되었던 항원에 재차 노출된 후에 특이적인 면역세포들이나 항체를 대량으로 신속하게 생산할 수 있는 능력

Monocyte (단핵구) 많은 리소솜을 지니고 있으며 대식세포 또는 수지상세포로 분화할 수 있는 순환성 식세포

Mucosa-associated lymphoid tissue (MALT) (점막-연관 림프조직) 소화관, 비뇨생식기관, 및 기관조직들의 경우와 같은 점막을 통해 몸에 들어온 항원들 및 미생물들과 상호작용하는 림프계의 한 부분

Natural killer, NK cell (자연살해세포) 감염된 숙주 세포 또는 암세포를 비특이적인 방식으로 인식하고 파괴하는데 전문적인 림프구

Neutrophil (호중구) 식세포 성질들, 즉 과립을 함유한 세포질 (과립구) 및 다엽형 핵을 지닌 백혈구; 다형핵 백혈구(polymorphonuclear leukocyte, PMN)라고도 함

Opsonization (옵소닌화) 병원균 혹은 기타 항원의 표면에 항체나 보체 단백질이 침착되는 것, 그 결과로서 식세포에 의한 포식작용이 향상됨

Pathogen-associated molecular pattern (PAMP) (병원체-연관 분자패턴) 패턴 인식 수용체 (PRR)에 의해 인식되는 미생물 또는 바이러스의 반복 구조 성분

Pattern recognition receptor (PRR) (패턴 인식 수용체) 식세포 막에 존재하는 단백질로서 병원균-연관 분자패턴(PAMP)을 인식함

Phagocyte (식세포) 외래성 입자들을 삼키고, 대부분의 병원균들을 섭취, 사멸시키고, 소화할 수 있는 세포

Phagocytosis (식작용) 외래성 입자들과 세포들을 섭취하고 사멸시키는 과정

Phagosome (포식소체) 섭취한 물질들, 특히 병원균들이나 외래성 입자들을 함유한 세포질 내 공포(vacuoles)

Plasma (혈장) 단백질 및 기타 용질들을 함유한 혈액의 액체 부분

Plasma cell (형질세포) 가용성 항체를 생성하는 분화된 B 세포

Primary lymphoid organ (일차 림프기관) 항원-반응성 림프구가 발달하고 기능적으로 되는 기관; 골수는 B 세포의 일차 림프기관이며, 흉선은 T 세포의 일차 림프기관

Secondary lymphoid organ (이차 림프기관) 항원이 항원 제시 식세포 및 림프구와 상호작용하여 적응면역반응을 일으키는 기관; 여기에는 림프절, 비장, 및 점막-연관 림프조직이 포함됨

Serum (혈청) 응고 단백질이 제거된 혈액의 액체 부분

Specificity (특이성) 특정 항원과 상호작용하는 면역반응의 능력

Stem cell (줄기세포) 다른 세포 유형으로 발달할 수 있는 전구세포

T cell (T 세포) 항원에 대해 작용하는 T 세포 수용체를 통해, 항원과 상호작용하는 림프구; T 세포는 Tc (T-세포독성) 세포 및 Th (T-보조) 세포를 포함하는 기능적 소집단(subsets)으로 나뉜다. Th 세포는 염증을 돕는 Th1 세포와 항체 형성을 위해 B 세포를 돕는 Th2 세포로 좀 더 세분화됨

Toll-like receptor (TLR) (Toll-유사 수용체) 식세포의 표면에서 발견되는 PRRs (pattern recognition receptors) 패밀리 중의 하나이며, *Drosophila*의 Toll-수용체와 구조적 및 기능적으로 관련이 있으며, 병원체-연관 분자패턴(PAMP)을 인식함

27 적응면역: 대단히 특이적인 숙주방어

현재의 미생물학

(가공되지 않은) 우유가 있는가? 알레르기와 천식에 대한 미처리 우유의 역할

최근 수십 년 동안, 어린 시절의 알레르기와 천식의 발병이 점점 일반적인 합병증의 증가는, 이 장에서 볼 수 있듯이, 적응면역반응의 과민반응에 기인한다. 그러나 거의 20년 동안 연구자들은 천식과 알레르기에 일관되게 저항성을 나타내는 젊은 인구층에 대해 통계적으로 인식하게 되었다. 이러한 현상을 설명하기 위해, 소아 시절에 있었던 가축 및 사료와의 접촉 (사진 참조) 등을 포함하여 몇몇 가설이 제시되었지만, 이것이 저항능을 발휘하는 "농장 효과(farm effect)"로 기여할 수도 있겠지만, 이러한 상황에 대한 주된 이유로 떠오르고 있는 것은 미처리된 우유의 소비이다.

최근 보고서에서는 5개 유럽 국가의 농촌 지역 출신의 1,100명이 넘는 어린이들에게 저온 살균되지 않은 생우유와 천식 발병 사이의 상관관계의 증거를 제공하였다. 연구원들은 저온살균 (최소 15초간 72°C에서 가열), 원심분리 및 균질화 과정을 거쳐 똑같은 제품으로 생산되어 슈퍼마켓에서 구매할 수 있는 상점의 우유와 비교되는 미처리된 농장 우유를 정기적으로 섭취하는 것은 천식의 발병과 반비례 관계가 있다는 것을 발견하였는데, 이 천식-방지 효과는 시간이 지남에 따라 증가하는 추세이다.

이 농장 우유 효과를 설명하기 위해 과학자들은 미처리된 농장 우유 시료들의 지방산 조성을 상점 우유 시료들의 지방산 조성과 비교하였다. 그들은 생우유가 상점에서 판매되는 우유보다 오메가-3 (ω-3) 지방산이 훨씬 더 많이 함유되어 있다는 것을 발견했는데, 이는 생우유의 전체 지방 함량이 더 높고 또한 우유 속의 열에 약한 성분들을 파괴하는 저온살균 (pateurization) 과정이 없었기 때문이다. 이 발견은 중요하였는데, ω-3 지방산들이 알레르기 및 천식의 촉발 등과 같은 과민반응을 억제하는 항염증 면역 매개체들의 전구체들이기 때문이다.

천식 예방에 관한 이러한 연구의 의미가 잠재적으로 중요하지만, 공중보건 관리들은 주로 살모넬라증, 리스테리아증, Q열, 포도상구균 식중독 및 위장염 등을 포함하여 식품-매개 질병의 위험 때문에 살균되지 않은 우유의 섭취를 강력하게 금지한다. 흥미롭게도, 이러한 입장의 변경이 필요하지 않을 수도 있는데, 이는 산업적으로 가공된 우유에 ω-3 지방산으로 보충함으로써 천식 보호 효과를 회복시키는 것이 가능할 수도 있기 때문이다. 해답은 오직 시간과 더 많은 연구에 달려 있다!

출처: Brick, T., et al. 2016. v-3 fatty acids contribute to the asthma-protective effect of unprocessed cow's milk. *J. Allergy Clin. Immunol. 137(6):* 1699–1706.e13 doi:10.1016/j.jaci.2015.10.042.

이전 장에서 우리는 내재면역의 주요 특징과 이 체계가 광범위한 병원균의 감염 및 질병으로부터 어떻게 보호하는지에 대해 논의하였다. 이 기반 위에서 여기서는 적응면역의 강력하고 매우 특이적인 면역 기작, 세포 및 분자적 구성요소 모두에 의존하는 기작 및 내재반응을 보완하는 기작에 중점을 두고 살피고자 한다.

I • 적응면역의 원리

내재면역과 적응면역은 외래 물질의 공격으로부터 숙주를 보호하기 위해 함께 작동하는 하나의 동전의 서로 다른 면이라고 볼 수 있다. 내재면역이 병원체에서 발견되는 일반적인(*common*) 구조적 특징에 의해 유발되는 광범위하게 특이적인 반응들을 특징으로 하지만, 적응면역은 병원체의 특정(*specific*) 분자적 요소 (그들의 항원)를 대상으로 한다. 적응면역에서 병원체-특이적 면역반응 수용체들은 병원체나 병원체들의 생산물에 노출된 후에만 대량으로 생성된다. 이러한 방식으로, 서로 다른 병원체들의 개별적인 항원의 성질은 적응면역반응을 조율한다.

우리는 적응면역반응의 주요 특징들을 숙고하는 것으로 이 장을 시작하고자 하며, 이어서 우리가 일상생활에서 경험하는 적응면역반응을 유발하는 물질들의 구조와 적응면역의 서로 다른 유형들에 대해 탐구한다.

27.1 특이성, 기억, 선택 과정 및 관용

적응면역(adaptive immunity)은 림프구라 불리는 특수한 클래스의 항원-반응성 백혈구의 주된 기능이다. B 림프구 (B 세포)는 세포 외부 항원에 대항하여 상호작용하고 방어하는 항체를 생산하는데 전문화되어 있고 숙주에게 항체-매개 면역(*antibody-mediated immunity*) [체액성 면역(*humoral immunity*)]을 부여한다. T 림프구 (T 세포)는 항원 특이적 수용체를 그들의 표면에 발현하여 바이러스나 특정 세균과 같은 세포 내 병원체로부터 보호하여, 숙주에 세포-매개 면역(*cellular-mediated immunity*) [세포성 면역(*cellular immunity*)]을 부여한다. 특이성(*specificity*), 기억(*memory*) 및 관용(*tolerance*)의 특징을 나타내는 적응면역은 항체-매개 방어 및 세포-매개 방어의 조합으로 구성되어 있다. 이러한 특징 중 어느 것도 내재면역반응의 특성은 아니다 (26장).

면역 특이성 및 기억

전반적으로 면역반응은 매우 특이적이지만, 내재면역반응과 적응면역반응은 특이성의 정도가 다르다. 내재면역은 모든 그람-양성 세균의 펩티도글리칸이나 모든 그람-음성 세균의 지질다당류(LPS) 같은 매우 다양한 병원체의 공통적인 특징에 대하여 작용한다. 이와 대조적으로, 적응면역 기작은 특정 병원균의 단일 균주에 관련된 특정 단백질과 같은 병원균-특이 거대분자에 대해 작용한다.

B 세포 또는 T 세포 각각은 한 가지 유형의 항원과 상호작용하는 독특한 단백질을 생산한다. 그로 인해 이러한 단백질은 항원에 대해 **특이성(specificity)**을 가진다. B 세포의 항원-결합 단백질은 **B 세포 수용체(B cell receptors, BCRs)**라 불리는 막-결합 항체이다. T 세포는 그 표면에 항원-결합 **T 세포 수용체(T cell receptors, TCRs)**를 가지고 있다. 항원-항체 또는 항원-TCR의 상호작용 특이성은 특정 항원과는 상호작용하지만 다른 항원과는 상호작용을 하지 않는 림프구 세포 수용체의 능력에 달려 있다 (**그림 27.1a**).

적응면역반응은 병원균의 독특한 항원에 의해 촉발될 때만 유도된다. 예를 들어, 특정 그람-음성 세균의 LPS에서 유래한 다당류

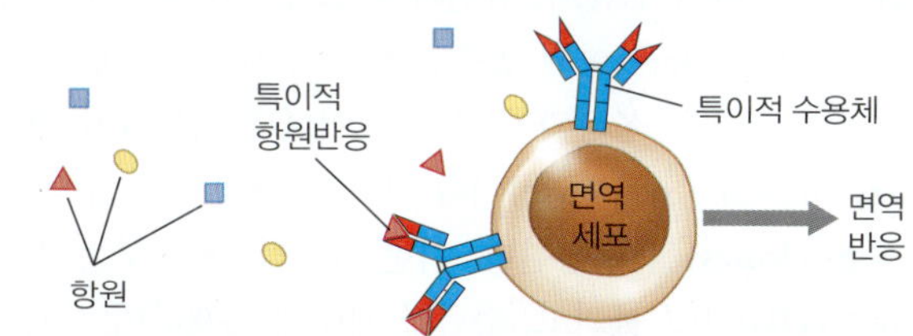

특이성: 면역세포는 개별 항원과 상호작용하는 표면수용체를 가지고 있다.
(a)

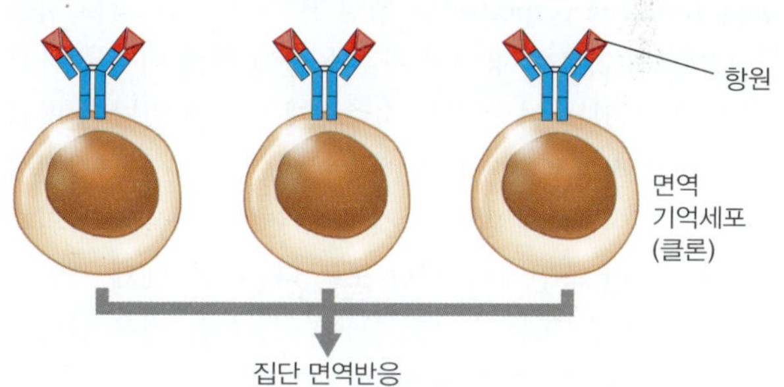

기억: 1차 항원 노출은 항원-반응성 세포의 증식을 유도하여 다중 복제물 또는 클론을 만든다. 동일한 항원에 대한 재 노출 후에는 반응 세포 수가 많기 때문에 면역반응이 더 신속하고 강력하다.
(b)

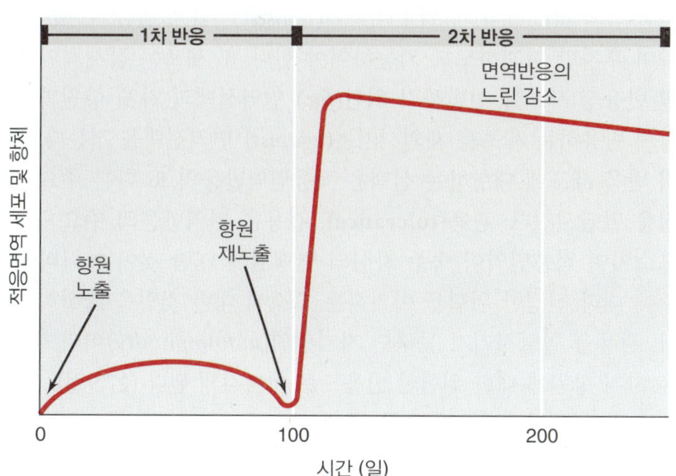

면역반응: 면역기억의 결과로 항원 재노출은 훨씬 더 강력한 2차 반응을 유발한다.
(c)

그림 27.1 적응면역반응의 특이성과 기억능. 항체-매개 및 세포-매개 면역의 주요 특징은 *(a)* 특이성 및 *(b)* 기억능이다. *(c)* 일차 반응은 면역세포와 항체를 유도한다. 2차 반응을 유도하기 위해서 0일째와 100일째에 주입하는 항원은 동일하여야 한다. 2차 반응은 10배 이상 증가된 면역세포와 항체 농도를 생산할 수 있다.

항원은 속(genus)마다 독특하고 흔히 속의 종 (species)에 있어서도 독특하다. 따라서 *Salmonella* 특유의 LPS 다당류와 상호작용하는 개별 림프구는 다른 세균의 LPS, 심지어 밀접하게 관련되어 있는 *Escherichia* 또는 *Shigella*와 같은 그람-음성의 장내 세균과도 상호작용하지 않는다.

특이성 외에도, 적응면역계는 **기억(memory)**을 나타낸다 (그림 27.1*b*). 림프구는 검출 가능하며 효과적인 항원-활성화 항체 또는 TCR의 생산을 자극하기 위해서, 항원과 반드시 마주쳐야만 한다. 항원에 대한 최초의 노출은 항원 접촉으로 인해 자극되는 항원-반응성 B 세포와 T 세포의 성장과 복제가 일어나며 이를 **1차 면역반응(primary immune response)**이라 하고, 따라서 많은 수의 항원 특이적 **클론(clones)**을 형성한다. 이런 클론들 중 일부는 **기억세포(memory cells)**라고 불리고, 수년간 체내에 존재하며 장기적이고 특유한 면역을 부여한다. 동일한 항원에 대한 차후의 노출은 그 기억세포 클론들을 활성화하며 더 신속하고 강력한 **2차 면역반응(secondary immune response)**을 생성하여 수일 내로 최고치를 나타내게 한다 (그림 27.1*c*). 항원의 차후 노출에 대해 더 신속하고 활발하게 반응할 수 있는 이 능력은 숙주에게 이전에 만났던 병원체에 대해서는 즉각적으로 저항하게 해주는데, 우리는 27.3절에서 이 주제에 대해 더 자세하게 알아볼 것이다. 면역기억은 임상의학 및 공중보건의 중요한 측면이며, 사람 또는 다른 동물에게 죽었거나 혹은 약화된 병원체 (또는 그 생산물)를 접종하는 것은 위험한 병원체에 면역을 부여하는 주요 수단이다 (27.2절 참조).

T 세포 선택과 관용

적응면역계는 무해한 숙주(*host*) 항원 ["자기(self)"]과 잠재적으로 위험한 외래(*foreign*) 항원 ["비자기(nonself)"]을 구별할 수 있어야 하며 후자만 파괴하도록 기능하여야 한다. T 세포는 잠재적인 항원-반응성 세포를 선발하기 위한(*for*) 면역선택과 자체 항원과 강하게 반응하는 세포를 제외시키는(*against*) 면역선택을 겪는다. 자기 반응 세포에 대항하는 선택은 적응면역반응의 또 다른 주요 특징을 발달시킨다: **관용(tolerance)**. 관용은 면역반응의 주요 구성 요소이며 적응면역이 숙주 자신의 단백질에 대한 것이 아니라 숙주에 대한 진정한 위협을 야기하는 요소에 대한 것임을 확실히 한다. 관용을 발달시키지 못하면 자가면역(*autoimmunity*)이라 불리는 자기 항원에 대한 위험한 반응으로 이어지게 된다 (27.9절).

T 림프구 전구체는 혈류를 통해 골수를 떠나, 1차 림프 기관인 흉선으로 들어간다 (**그림 27.2**). 흉선에서의 T 세포 성숙 과정 동안, 미성숙 T 세포는 (1) 잠재적인 항원 반응성 세포 (양선선별)를 선택하고 (2) 자기 항원과 강하게 반응하는 세포를 제거 (음성선별)하는 두 단계의 선택 과정을 거친다. **양성선택(positive selection)**은 흉선에 있는 미성숙 T 세포와 자기 유래의 펩티드 항원의 상호작용을 요구한다. TCR을 사용하여, 일부 T 세포는 흉선 상피 조직에 자기 펩티드를 나타내는 주 조직적합 복합체(*major histocompatibility complexes, MHCs*) (27.5절)에 결합한다. MHC-펩티드 복합체에 결합하지 않는 T 세포는 면역반응에 유용하지 않으므로 계획세포사(*apoptosis*, programmed cell death)를 통해 영구적으로 제거된다. 반대로, 흉선 MHC 단백질에 결합하는 T 세포는 생존 신호를 수신하고 따라서 생존 가능한 상태로 유지된다. 양성선택은 MHC-펩티드를 인식하는 T 세포를 유지하고 MHC-펩티드를 인식하지 못하는 T 세포를 제거하며, 따라서 흉선 외부의 MHC-펩티드를 인식할 수 없게 된다.

T 세포 성숙의 두 번째 단계는 **음성선택(negative selection)**이다. 이 과정에서 양성선택된 T 세포는 계속해서 흉선 MHC-펩티드와 상호작용한다. 흉선 자기 항원과 반응하는 전구체 T 세포가 만약 이러한 항원과 매우 강하게 반응한다면 잠재적으로 위험하다 (자가면역). 매우 강한 자기 반응성 T 세포는 흉선 상피 세포에 단단히 결합한다. 이 결합은 강한 자기 반응성 T 세포가 분열되는 것을 막아 결국에는 죽게 한다. **클론삭제(clonal deletion)**라고 하는 이 과정은 잠재적으로 자가면역 합병증을 일으킬 수 있는 전구체 T 세포의 증식을 방지한다. 펩티드에 결합된 자기 MHC와 덜 강하게 반응하는 TCR을 갖는 전구체 T 세포는 이 선택에서 생존하여 살아남는다 (그림 27.2).

이 두 단계의 흉선 선택 과정은 외래 항원에만 강하게 반응할 수 있는 자기-관용 T 세포의 생성을 보장한다. 쓸모없거나 (결합하지 않음) 유해한 (너무 단단히 결합) T 세포 클론의 전구체는 흉선에서 제거된다. 모든 미성숙 T 세포의 약 95%는 흉선 선택 과정에서 살아남지 못한다. 나머지 선택된 T 세포는 비자기 항원과 매우 강하게 상호작용할 것이다. 흉선 자기 항원과의 약한 결합 작용은 증식을 위한 신호를 제공하기 때문에 흉선에서는 파괴되지 않는다. 선택되고 성장하는 T 세포는 흉선을 떠나 비장, 점막-연관 림프조직(MALT) 및 림프절로 이동하여 B 세포 및 다른 항원 제시 세포(APC)가 나타내는 외래 항원과 접촉할 수 있다.

B 세포 선택과 관용

거의 무한한 다양성을 가지는 환경 유래 항원들에 반응하기 위해, 면역계는 필수적으로 무한한 다양성을 가지는 항원-특이적 림프구를 생성할 수 있는 능력을 갖추어야 한다. 이를 위해, 27.4절에서 보았지만, 신체는 엄청난 다양성을 가지는 항원-반응성 B 세포를 만들어내며, 각각의 B 세포는 표면에 단일 항원에 특이적인 BCR을 가지고 있다. B 세포 선택은 특정 B 세포 클론의 표면의 BCRs이 상응되는 항원과 상호작용할 때 일어난다. 이어서 항원에 의해 자극된 B 세포는 증식하고 분화할 수 있으며, 이 과정은 클론확장(*clonal expansion*)이라고 불린다 (**그림 27.3**). 이를 통해 같은 항원에 특이적인 수용체를 발현하는 세포의 풀(pool)을 생성한다; 항원과 상호작용하지 않은 B 세포는 증식하지 않는다. 새롭게 생성된 항원-특이적 B 세포 클론의 풀은 항체를 생산하는 다수의 형질세포(*plasma cells*)와 상대적으로 수가 적으며 수명이 긴 항원-특이적 기억세포로 구성된다. 이러한 개념에 대해 27.3절에서 더 자세히 살펴보고자 한다.

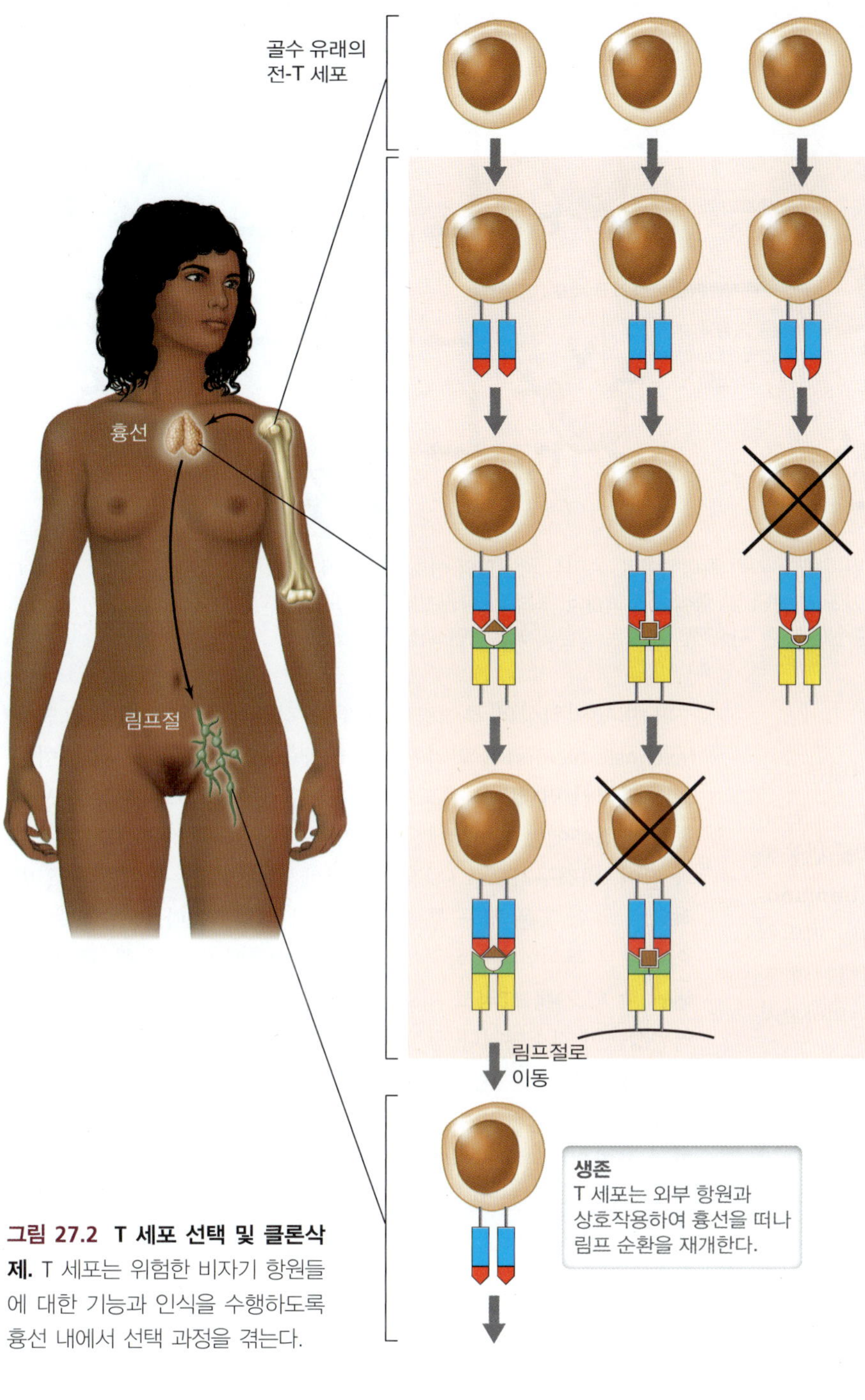

그림 27.2 T 세포 선택 및 클론삭제. T 세포는 위험한 비자기 항원들에 대한 기능과 인식을 수행하도록 흉선 내에서 선택 과정을 겪는다.

T 세포의 경우처럼, B 세포에서도 관용의 발달이 필수적인데, 이는 자기-반응성 B 세포들에 의해 생산되는 항체 (자가항체)들이 자가면역을 일으키고 숙주 조직에 손상을 줄 수 있기 때문이다(27.9절). 따라서 B 세포들은 반드시 유사한 클론 제거 과정을 거쳐야 한다. 그러나 T 세포들의 흉선 선택 과정과는 달리, 많은 자기-반응성 B 세포들은 포유류의 B 세포 성숙을 담당하는 1차 림프기관인, 골수에서의 발달 과정에서 제거된다,

클론삭제에 추가적으로, **클론 무반응**(**clonal anergy**, clonal unresponsiveness)은 또한 B 세포 풀의 최종 선택에 있어서 중요한 역할을 한다. 몇몇 미성숙 B 세포들은 자기 항원에 반응하지만 자기 항원에 의해 활성화되지는 않는다. 왜냐하면 B 세포들의 활성은 T-보조(*T-helper*, *Th*) 세포(*cells*)들이라 불리는 T 세포들의 하위 구성으로부터 두 번째 신호를 요구하기 때문이다(27.8절). 이 두 번째 신호의 본질은 B 세포들을 활성화시키는 Th 세포로부터 나오는 특히 IL-4 (*inter*l*eukin-4*)와 같은 사이토카인들의 방출을 촉발시키는 B 세포 표면의 단백질과 Th 세포들의 양성 상호작용이다. 이용할 수 있는 Th 세포가 흉선의 항원에 관용을 갖기 때문에 두 번째 신호가 생성되지 않는다면, B 세포는 반응이 없는 채로 남아 있게 된다. 이와 비슷한 기작을 이용하여, 두 번째 신호는 APC가 나타내는 항원과 상호작용하는 T 세포들의 활성에도 요구된다. 두 번째 활성 신호는 잠재적으로 위험한 자가반응성 B 림프구, T 림프구의 클론 무반응의 성립과 유지에 매우 중요하다.

그들의 특이성, 기억 및 관용의 중요한 특성과 함께, 림프구는 적응면역을 작동시키기 위해 준비되어 있다. 방금 설명된 선택 및 조절과정들 덕택에 의해, 이 적응면역반응은 오직 외래성 항원들에만 작용하게 된다. 이제 우리는 더 자세히 항원의 본질을 조사하고 적응면역의 기초 유형들에 대해 고찰하고자 한다.

미니퀴즈

- 면역 특이성, 기억 및 관용에 대해 구별하여 설명하라.
- T 세포의 양성선택 및 음성선택에 대해 구별하여 설명하라. 양성선택과 음성선택이 T 세포 관용의 발달에 어떻게 기여하는가?
- B 세포의 클론 삭제와 클론 무반응 (아너지)을 구별하라.

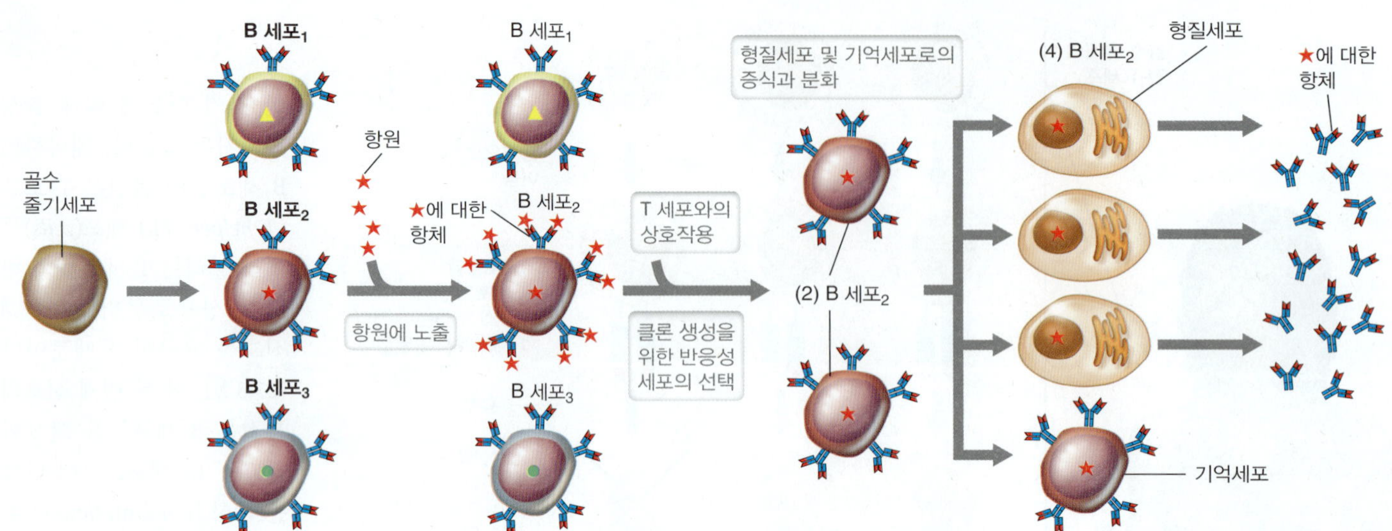

그림 27.3 B 세포의 클론 선택 및 확장. 개개의 B 세포들은 단일 항원에 각각 특이적이며, 특이적 항원과의 상호작용 후에 증식을 통해 확장하여 클론을 형성한다. 항원은 각각의 항원-특이적 B 세포의 선택 및 증식을 주도한다. 최초의 항원-반응성 세포 유래의 클론 세포들(clonal copies)은 항원-특이적 표면 항체를 갖는다. 항원에 대한 지속적인 노출은 클론의 지속적인 확장을 초래한다.

27.2 면역원과 면역의 종류

적응면역반응은 광범위한 외래 거대분자를 인식한다. 거대분자는 분해되고 숙주 세포에 의해 가공되어 T 세포에 나타내어지게 된다. 우리가 논의했던 것처럼, **항원(antigens)**은 항체나 TCR에 반응하는 물질이다. 모두는 아니지만, 대부분의 항원은 **면역원(immunogens)**이며 면역반응을 유도한다. 여기서 우리는 효과적인 면역원의 특징을 알아보고, TCR과 항체와의 상호작용을 촉진하는 항원의 특징에 대해 정의를 내리며, 면역의 유형들에 대해 논의하고자 한다.

면역원과 항원 결합

면역원은 그들이 내재면역반응을 유도할 수 있게 해주는 몇 가지 내재적인 특징을 공유한다. 첫 번째로 분자 크기(*molecular size*)는 면역원성의 중요한 속성 중 하나이다; 어떤 하나의 분자가 면역원성이 되기 위해서는 그 크기가 충분히 커야 한다. 합텐(*haptens*)이라 불리는 특정 저분자량의 화합물들은 그들 스스로는 면역반응을 유도하지 못한다. 그러나 항체와는 여전히 결합할 수 있으며, 만약 더 큰 운반체(*carrier*) 분자에 결합한다면, 합텐은 면역반응을 유도할 수도 있다. 항체가 합텐에 결합할 수 있으므로, 이당류인 유당과 같은 합텐은 항원으로 간주되지만, 그들 자체는 면역원이 아니다. 단백질과 복합 탄수화물은 효과적인 면역원인 반면, 핵산, 반복 소단위를 가진 단순 다당류 및 지질은 전형적으로 효과적인 면역원이 아니다. 따라서 충분한 분자적 복잡성(*sufficient molecular complexity*)은 면역원성의 또 다른 핵심적 특성이다. 커다란 불용성의 거대분자들은 보통 뛰어난 면역원인데, 이들은 식세포가 섭취하고 가공하기 쉽기 때문이지만 가용성의 분자들은 그렇지 못하다. 따라서 적절한 물리적 형태(*appropriate physical form*)는 면역원성의 또 다른 본질적인 특성이다.

또한 면역원성의 투여량이나 투여 경로와 같은 외인성 요인들(extrinsic factors)도 면역원성에 영향을 미친다. 면역원의 투여량은 효과적인 면역반응 유도에 중요할 수 있으며, 보통 대부분 포유동물의 경우에는 10 μg에서 1 g의 용량이 효과적이다. 흔히 주사와 같이, 비경구적으로 (위장관 외부에서) 투여되는 면역원은 일반적으로 국소 혹은 경구 투여된 것 보다 효과적이다. 경구 또는 국소 경로로 투여할 때, 항원은 식세포와 접촉하기 전에 현저하게 분해될 수 있으며, 그리고 이로 인해, 원래 항원이 지닌 핵심적인 면역원성들이 감소되거나 상실될 수 있기 때문이다.

항체와 TCR은 면역원 전체와 상호작용하지 않고 **에피토프(epitope)** [항원결정기(*antigenic determinant*)라고도 함]라고 불리는 분자의 독특한 부분에만 작용한다 (**그림 27.4**). 에피토프에는 당, 짧은 펩티드 및 그 외에도 더 커다란 면역원들의 구성요소

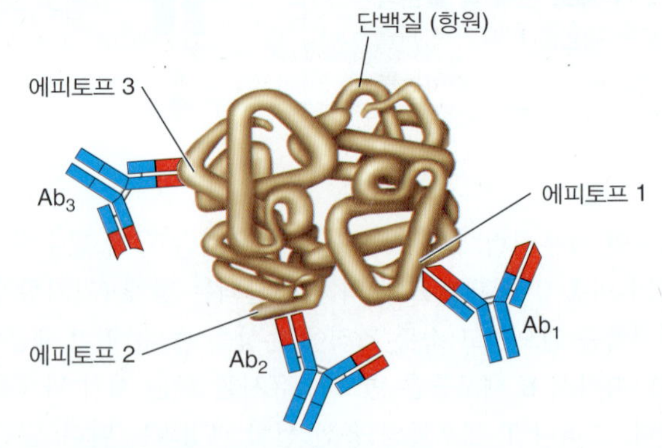

그림 27.4 항체에 대한 항원과 항원 결정기. 항원은 몇몇 서로 다른 에피토프를 지닐 수 있는데, 이들 에피토프는 각기 서로 다른 하나의 항체(Ab)와 반응할 수 있다. Ab_1에 의해 인식되는 에피토프 1은 구조적 에피토프(structural epitope)이다. 에피토프 1은 접힌 폴리펩티드의 2개의 비선형 부분으로 구성되어 있다; 접힘은 폴리펩티드의 2개의 먼 거리 영역을 함께 모아서 단일 에피토프를 형성하도록 한다.

자연면역 | 인공면역

1 면역계는 홍역과 같은 능동적 감염에 반응한다. 능동 CDC/PHIL

2 항체는 자궁 내에서 그리고 모유를 통해 모체에서 유아에게 전달된다. NURSE THE BABY YOUR PROTECTION AGAINST TROUBLE 수동 US WPA/Library of Congress

3 면역계는 백신에 함유된 항원에 반응한다. 능동 CDC/PHIL/D. Jordan, M.A.

4 이 방울뱀의 독은 방울뱀 해독제에 함유된 항체에 의해 중화될 수 있다. 수동 CDC/PHIL/Edward J. Wozniak, D.V.M., Ph.D

그림 27.5 자연 및 인공면역. 왼쪽에서 오른쪽 사진: (1) 전형적인 전신 홍역 발진을 보이는 홍역이 발생한 소아. 자연능동면역은 적응면역반응을 활성화하는 병원균의 감염에 수반되어 일어난다. (2) 모유 수유를 홍보하는 1934년 미국 정부의 포스터. 자연수동면역은 모유에 들어 있는 모체 항체들의 전달과 같은 자연적 수단들에 의해 면역력이 한 개체에서 다른 개체로 옮겨질 때 일어난다. (3) 항원의 비강흡입(nasal inhalation)에 의한 예방접종. 인공능동면역은 백신에 함유된 특정 항원에 노출됨에 의해 일어난다. (4) 방울뱀은 맹독성의 독액을 생산한다. 방울뱀 독액에 대항하는 정제된 항체들로 구성된 해독항체(antivemon)는 말에서 생산할 수 있고, 방울뱀에 물린 피해자에게 해독항체를 주사하여서 인공수동면역을 부여할 수 있다.

인 유기분자들이 포함될 수 있다. 항체는 항원결정기가 가지는 최적의 크기인 4~6개의 아미노산 서열과 상호작용하며, 그리고 단백질 또는 다당류의 본래의 구조에서 나타나는 입체구조적 항원결정기(conformational epitopes)를 인식할 수 있다. 이와 대조적으로, TCRs은 면역원이 부분적으로 분해되거나, 예를 들어 항원제시세포에 의해 처리된(*processed*) 후에만 에피토프를 인식한다. 항원처리(antigen processing)는 거대분자의 입체구조를 파괴하고, 단백질을 약 20개 아미노산 길이보다 더 짧은 펩티드로 분해한다.

항체와 TCRs은 밀접하게 관련된 항원결정기들을 구별할 수 있다. 그러나 특이성은 절대적인 것이 아니며, 그리고 개개의 항체 또는 TCR은 서로 다르나 구조적으로 유사한 에피토프와 어느 정도는 반응할 수도 있다. 항체 또는 TCR 반응을 유도하였던 항원을 동종(*homologous*) 항원이라고 하며, 항체와 반응하지만, 항체 또는 TCR 반응을 유도하지는 못하는 항원을 이종(*heterologous*) 항원이라고 한다. 항체 또는 TCR과 이종항원들 간의 상호작용을 교차반응(*cross-reaction*)이라고 한다.

자연적으로 마주친 면역원과 항원 및 TCRs의 결합은 적응면역반응을 유도하여 흔히 장기적인 면역을 유도한다. 그러나 우리가 지금 논의한 것처럼, 면역은 유도 항원을 의도적으로 주입하거나, 혹은 항원 노출의 부재 시 또는 항원 노출에 대한 반응으로, 수동적 기작들을 통해 부여될 수도 있다.

적응면역의 종류: 능동면역과 수동면역

적응면역은 감염원에 대한 자연적인 노출에 따라 발달하거나, 면역원에 대한 의도적인 노출의 결과로서 일어난다. 또한 면역반응은 항원에 실제로 노출됨에 의해 생기는 능동적(*active*)인 경우와, 면역능이 있는 개인으로부터 면역능이 없는 개인에게 항체나 면역세포를 전달하는 것에 의해 생기는 수동적(passive)인 경우가 있다. 능동면역과 수동면역은 **그림 27.5**에 나타나 있으며 **표 27.1**에 비교되어 있다.

자연능동면역(*natural active immunity*)은 감염을 통해 항원에 노출된 결과이며 전형적으로 항체와 T 세포를 통해 방어적인 면역을 생성한다. 대조적으로 자연수동면역(*natural passive immunity*)은 면역력이 없는 사람이 면역능이 있는 사람으로부터 면역세포를 획득하거나 모체에서 출산 전의 태아로 또는 산모에서 모유를 통해 신생아로 전달되는 것과 같은 경로로 항체를 획득할 때 일어난다 (그림 27.5).

인공능동면역(*artificial active immunity*)은 **예방접종(vaccination)** [**면역조치(immunization)**]에 의해 부여되며, 여러 전염병의 예방 및 치료를 위한 주요 무기이다. 숙주 내로의 항원의 주입은 1차 면역반응에 의한 항체 생산을 촉발하지만, 더 중요하게는 면역기억세포 집단을 생산한다. 흔히 "추가항원자극(booster)"이라고 부르는 동일한 항원의 두 번째 주입은 기존의 기억세포가 빠르게 활성화되어 훨씬 높은 수준의 항체와 더 많은 면역기억세포를 생성하는 2차 면역반응을 초래한다 (그림 27.1*c*). 능동면역은 면역기억의 결과를 통해 평생 유지될 수 있다.

표 27.1 능동면역과 수동면역의 비교

능동면역	수동면역
항원 노출; 의도적으로 항원을 투여하거나 감염을 통해 얻는 면역능	항원에 대한 노출 없음; 항체 또는 항원-반응성 T 세포 주입에 의해 갖는 면역
특이적 면역반응은 개인의 면역능에 의해 형성됨	공여자의 항체 또는 T 세포에 의해 형성되는 특이적 면역반응
항원에 의해 활성화된 면역; 면역기억이 유효함	면역계 활성화 없음; 면역기억 없음
기억세포의 자극을 통해 면역능이 유지될 수 있음 (즉, 추가항원자극에 의한 면역조치)	면역능은 유지될 수 없으며 신속하게 감퇴됨
면역력이 몇 주에 걸쳐 발달됨	면역능은 즉시 나타남

인공수동면역(*artificial passive immunity*)은 한 개인이 면역력을 갖춘 개인의 항혈청(*antiserum*)을 주입받음으로써 항체를 획득하게 될 때 부여된다. 이 항체는 신체로부터 점차 사라지며 면역기억이 생성되지 않으므로, 동일한 항원에 대한 차후의 노출은 2차 반응을 유도하지 않는다. 인공수동면역은 종종 파상풍이나 광견병처럼 급성 감염성 질병에 대하여 (그러한 질병으로부터 사전의 예방접종으로 인한 보호를 받지 못하는 사람들을 위해), 그리고 독을 가진 동물 (해독제, 그림 27.5)에게 물렸을 때의 치료를 위해 노출 후 치료법(postexposure therapy)으로 사용된다. 항혈청은 말과 같은 면역화된 동물 또는 항원에 대한 자연 또는 인공 능동면역반응으로부터의 높은 수준의 항체를 가진 인간으로부터 얻는다.

미니퀴즈

- 하나의 면역원의 내인성과 외인성 특징들을 밝혀라.
- 항체에 의해 인식되는 에피토프를 설명하고, TCR에 의해 인식되는 항원결정기와 비교하라.
- 각각에 대한 예를 들어라: 자연능동면역과 인공능동면역, 자연수동면역과 인공수동면역.

II • 항체

항체(antibodies)는 병원균 및 독소와 같은 위험한 가용성 단백질들로부터 보호하는 항원-특이적 면역을 제공한다. 이 단원에서는 항체의 생산, 구조적 다양성 및 항원 결합기능에 대해 살펴본다. 또한 외래성 분자들에 반응하는 적응면역반응의 거의 무한한 잠재력을 뒷받침해주는 항체 유전자들의 구조와 재조합에 대해 숙고해보고자 한다.

27.3 항체 생산과 구조적 다양성

항체 또는 면역글로불린(*immunoglobulin, Ig*)은 항원 노출에 대한 반응으로 B 림프구 또는 형질세포 (그림 26.4)에 의해 만들어진 가용성 단백질이다. 각 항체는 특이적인 항원에 결합한다. 항체-매개성 면역은 혈액 및 점액 분비물과 같은 세포 외 환경에 존재하는 병원균 및 이들의 생성물 유래의 항원을 인식하고 결합함으로써 감염의 확산을 제어하며, 이렇게 함으로써 이러한 외래 물질들의 체내에서의 제거를 촉발한다.

B 세포, 항체 및 그 활성과 기억

B 세포는 항체 생산에 특화되어 있고 그 표면에 항체 (B 세포 수용체, BCR)를 가지고 있는 림프구이다; 각각의 B 세포는 동일한 항원 특이성을 갖는 대략 100,000개의 BCR을 갖는다. 항체를 만들기 위해서는 먼저 B 세포가 그 BCR을 통해 항원과 결합해야만 한다 (**그림 27.6**). 표면에서의 항체-항원 상호작용은 B 세포가 세포내이입(endocytosis)에 의해서, 흔히 전체 병원체의 일부에 해당하는 항원을 섭취하도록 유도한다. 이어서 B 세포는 물질을 분해하여 클래스 II 주 조직적합 복합체(*the class II major histocompatibility complex, MHC II*) (27.5절)의 단백질에 부착되는 병원체-유래 항원성 펩티드 모음을 생성하고 B 세포의 표면에 전시 [제시(*presented*)]한다. B 세포는 이제 T 보조(*T helper, Th*) 세포(*cell*), 구체적으로는 Th2 세포라고 불리는 T 림프구의 항원-특이적 종류와의 상호작용을 통해 항체-매개 면역반응을 개시하는 APC로서 기능한다. 27.8절에서 MHC와 다양한 T 세포 하위 집합에 대해 논의한다.

Th 세포는 병원균들과 직접 상호작용하지 않지만, 대신에 다른 세포들이 면역반응을 수행할 수 있도록 활성화하기 위해 자극을 주거나 "돕는다(help)". 이 경우, "도움을 받는(helped)" 세포는 Th2 세포가 MHC-펩티드 항원을 인식하는 항원 제시 B 세포이다. Th2 세포는 항원 반응성 B 세포가 클론을 만들 수 있게 성장하고 분열하도록 자극하는 사이토카인을 생성하여 항원 반응성 B 세포를 자극한다. 각각의 활성화된 B 세포 클론은 증식하여 수천 개의 형질세포 클론으로 분화할 수 있으며, 각각은 동일한 항원 특이성의 항체를 대량 생산 및 분비할 수 있는 능력을 갖는다 (그림 27.6). 이 1차 항체 반응 (그림 27.1*c*)은 항원 노출 후 약 5일 이내에 검출 가능하며 항체의 혈청 농도는 몇 주 내에 최고에 도달한다.

활성화된 B 세포 클론 중 일부는 면역계의 순환에서 수명이 긴 기억 B 세포(*memory B cells*)로 남게 된다 (그림 27.6). 동일한 항원에 대한 차후의 노출, 예를 들어, 같은 병원체에 재감염되는 것은 항원 반응성 기억 B 세포를 자극하여 다량의 항체의 빠른 발달을 특징으로 하는 이차 항체 반응을 일으킨다 (그림 27.1*c* 및 27.6). 면역기억에 의해 일어나는 2차 반응은 백신 접종의 기초가 되는 것을 다시 상기하라 (27.2절).

형질세포에서 방출된 항체는 흔히 병원체의 표면에 직접 위치한 항원과 상호작용한다. 항체 결합은 병원균에 대해 여러 효과를 나타내지만, 대부분의 항체 상호작용은 병원균을 직접 죽이지 않고, 대신에 병원균 (또는 그 생성물)과 숙주 세포 간의 상호작용을 차단해 준다. 예를 들어, 점막 표면에 존재하는 항체는 숙주 세포에 결합할 수 있는 인플루엔자 바이러스 항원과 특이적으로 상호작용할 수 있으며, 그에 따라 점막 표면상의 숙주 세포에 대한 인플루엔자 바이러스의 부착을 차단한다. 또한 혈액 및 림프 내의 순환하는 항체는 독소에 결합하고 숙주 세포 수용체에 대한 부착을 방지함으로써 독소를 중화(*neutralize*)시킬 수 있다 (**그림 27.7**). 다른 경우에는 항체가 병원균의 표면 항원에 결합하여 이를 코팅하는데, 이 과정은 옵소닌화(*opsonization*)라고 하며, 이에 따라 식작용(phagocytosis)에 의한 파괴로 이어지게 한다 (26.9절). 식세포에는 항원에 부착된 모든 항체에 결합하는 Fc 수용체(*Fc receptors, FcR*)라고 하는 항체 수용체가 있어서, 항체가 코팅된 세포 또는 바이러스에 대한 식세포 작용의 향상을 초래한다 (그림 26.14*a*).

면역글로불린 G의 구조와 기능

IgG, IgM, IgA, IgD 및 *IgE*의 5가지 클래스의 면역글로불린이 존재하는데, 이들은 물리적, 화학적, 그리고 면역학적 특성들에 의해 서로 구별된다. 이러한 구분을 기반으로 하여, 각 항체 클래스는 정해

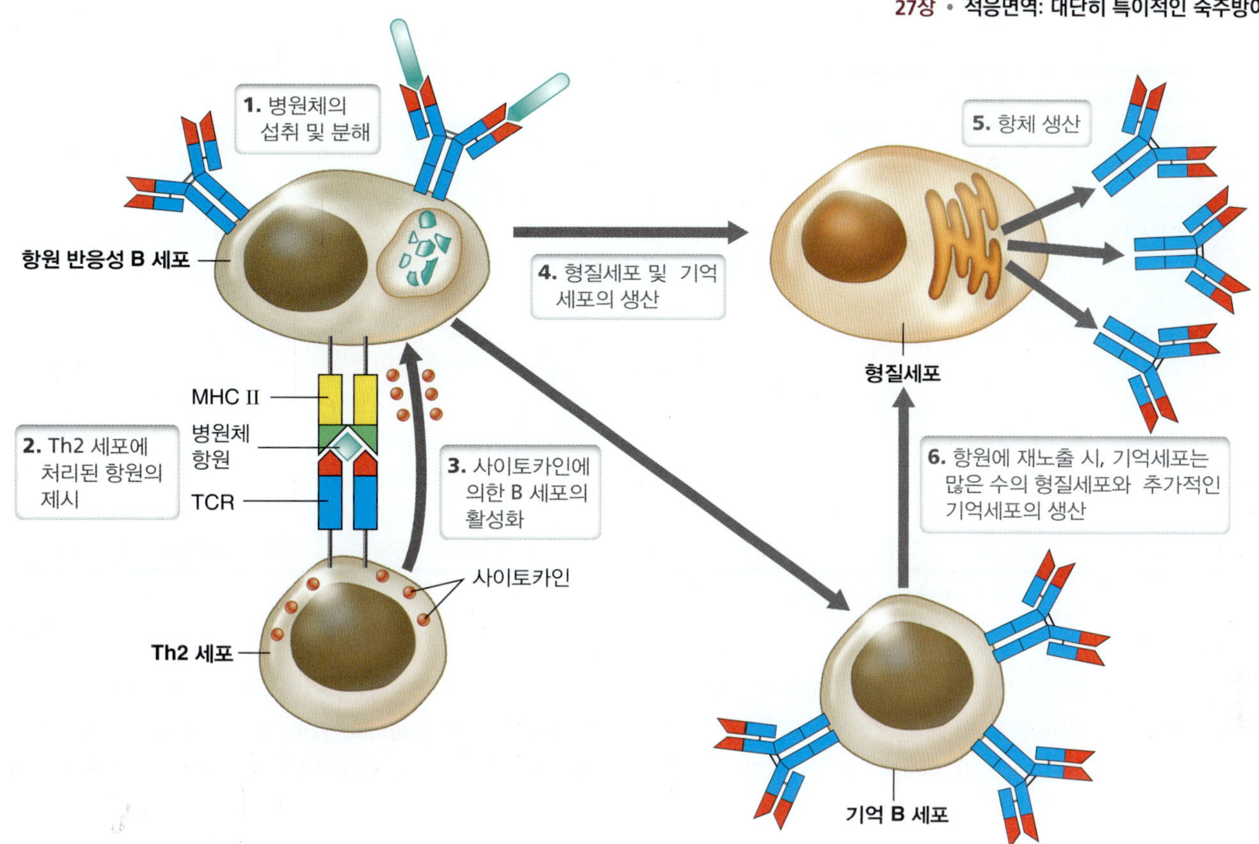

그림 27.6 B 세포−T 세포 상호작용 및 항체-매개 면역. B 세포는 항원 및 Th2 세포와 상호작용하여 항체를 생산한다. B 세포는 초기에 항원제시 세포로서 기능을 수행한다. 첫째, 항원-특이적 Ig 수용체가 항원을 포획한다. 세포내 도입(endocytosis)을 통해 세포 내로 들어온 후, 항원은 처리되어 저분자 펩티드 절편들로 분해되고 MHC II와 결합되어 B 세포 표면으로 수송된다. MHC II-펩티드 복합체는 Th2 세포 표면의 TCR에 결합하여 Th2 세포가 IL-4 및 IL-5를 분비하도록 한다. 이러한 사이토카인들은 B 세포를 활성화시켜 클론 세포들이 만들어지도록 하는데, 이들은 분화하여 다수의 항체-생산 형질세포들로 그리고 더 작은 수의 기억세포를 생산한다. 후자는 오래 생존하며, 동일한 항원에 이차 노출 시 항체-생산 형질세포로 분화될 수 있다.

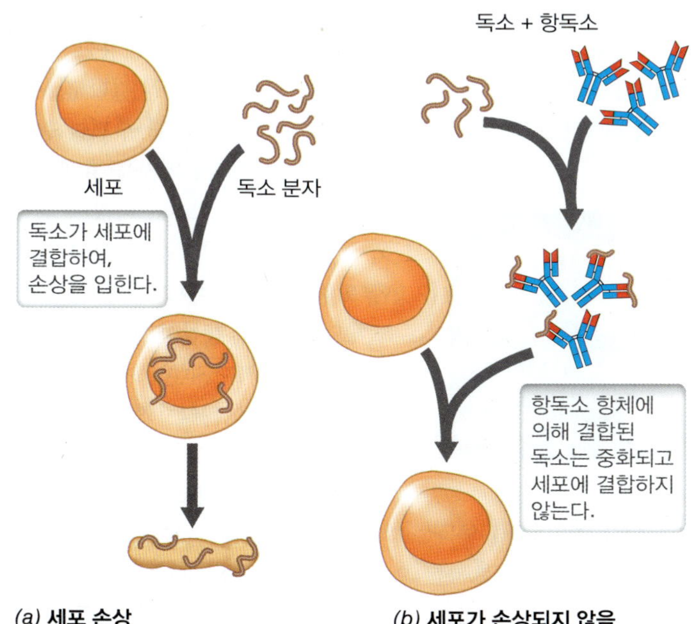

그림 27.7 항독소 항체에 의한 외독소의 중화. *(a)* 독소는 세포 파괴를 초래한다. *(b)* 항독소는 세포 파괴를 방지한다. 보툴리누스 중독 및 파상풍 독소를 포함한 외독소의 예들에 대해서는 25.6절에서 논의한다.

진 분포와 일반적 기능을 나타낸다 (**표 27.2**). IgG는 가장 흔한 순환하는 항체이며, 많게는 혈청 면역글로불린의 80% 정도까지 차지한다. IgG는 이황화 (S−S) 결합을 통해 서로 연결된 4개의 폴리펩티드 사슬로 구성되어 있다 (**그림 27.8**). 각각의 IgG 분자는 2개의 동일한 짧은 사슬 [경쇄(*light chain*)로 불림]과 두 개의 동일한 긴 사슬 [중쇄(*heavy chains*)로 불림]이 짝을 지어서, Y 모양의 대칭적인 분자를 이루고 있다. 경쇄는 약 220개의 아미노산을, 그리고 각 중쇄는 약 440개의 아미노산을 가지고 있다. 각 중쇄는 경쇄와 상호작용하여 기능적인 항원-결합 부위(*antigen-binding site*)를 형성한다. 따라서 IgG 항체 분자는 2개의 동일한 항원결정기와 결합하는 2개의 동일한 결합부위를 가지기 때문에 2가(*bivalent*)이다.

중쇄와 경쇄는 일련의 구별되는 단백질 도메인들로 이루어져 있는데, 각각은 약 110개의 아미노산으로 구성되어 있다. 중쇄의 가변 도메인(*variable domain*)은 세 개의 중쇄 일정 도메인(*constant domain*)에 연결되어 있다 (그림 27.8*a*). 가변 도메인과 첫 번째 일정 도메인 (C_H1)은 면역글로불린의 Fab (*f*ragment, *a*ntigen-*b*inding; 절편, 항원-결합성) 부분의 일부를 구성하며, 이는 항원-결합 부위를 포함하기 때문에 이같이 명명하였다. 가변 도메인으로부터 가장 먼 말단에 위치한 2개의 일정 도메인 (C_H2 및 C_H3)은 항

표 27.2 인간 면역글로불린의 성질

클래스/ H 체인[a]	구조적 형태 / 항원-결합 부위	혈청 농도 (mg/ml) / 총 순환 항체의 퍼센트	특성	분포
IgG/γ	단량체 / 2	13.5/70~80%	주요 순환 항체; 4개의 서브 클래스: IgG1, IgG2, IgG3, IgG4; IgG1 및 IgG3은 보체를 활성화시킴	세포 외액; 혈액 및 림프액; 내장; 태반을 통과함
IgM/μ	오량체 / 10 단량체 / 2	1.5/6~10% 0	세포 외 병원균 혹은 면역조치 후에 일어나는 1차 반응에서 나타나는 항체; 특히 오량체는 항원을 응집시키는데 효과적임; 강력한 보체 활성화제임	혈액과 림프액; 단량체는 B 세포 표면 수용체(BCR)
IgA/α	단량체 / 2 이량체 / 4	3.5/10~20% 0.05/0.2~0.3%	중요한 순환 항체 주요 분비 항체	혈액 및 림프액 (단량체)과 분비물 [예, 점액, 타액 및 초유 (이량체)]
IgD/δ	단량체 / 2	0.03/0.2~0.3%	경미한 순환 항체; 대부분이 성숙B 세포에 결합	B 세포 표면 수용체(BCR); 혈액 및 림프액 (미량)
IgE/ε	단량체 / 2	0.00005/0.0003%	기생충 면역을 촉진하지만 알레르기 반응도 유발함	혈액과 림프액; 비만세포와 호산구에 결합

[a]모든 면역글로불린은 λ 또는 κ 경쇄 유형을 가질 수 있지만, 둘 다는 가지지 않는다.

체의 Fc (절편, 결정성) 영역을 구성하며, 용액 내에서 결정화되는 경향이 있어서 이같이 명명하였다. 앞서 언급했듯이, 식세포 작용을 촉진하기 위해 식세포 표면의 FcR 분자에 결합하는 것은 항체의 Fc 영역이다. 항체의 경쇄는 각각 하나의 가변 도메인과 하나의 일정 도메인으로 구성되며 두 개의 Fab 부위에만 기여한다 (그림 27.8*a*).

특정 항체의 가변 도메인은 특이적인 항원 결정기와 결합하기 때문에, 그들의 아미노산 서열은 항체마다 다르다. 경쇄(V_L)의 가변 도메인은 항원을 결합하기 위해 중쇄(V_H)의 가변 도메인과 상호작용한다. 대조적으로, 각 중쇄의 일정 도메인은 주어진 클래스의 모든 Ig 분자에 대해 아미노산 서열이 동일하다. 이와 유사하게, 동일한 유형의 경쇄에서는 일정 도메인의 아미노산 서열이 동일하다.

다른 면역글로불린 클래스 및 그들의 기능

그 외 클래스의 면역글로불린들은 구조 및 기능 면에서 IgG와 다르다. 중쇄 일정 도메인의 아미노산 서열이 항체 클래스를 결정하기 때문에, 감마(*gamma*, γ)라 불리는 중쇄는 IgG 클래스를 나타낸다. 마찬가지로, 알파(*alpha*, α)는 IgA를 나타낸다; 뮤(*mu*, μ)는 IgM을 나타낸다; 델타(*delta*, δ)는 IgD를 나타내고; 엡실론(*epsilon*, ε)은 IgE를 나타낸다 (표 27.2). 일정 도메인 서열은 IgG, IgA 및 IgD의 중쇄의 3/4와 IgM 및 IgE의 중쇄의 4/5를 구성한다 (**그림 27.9*a*, *b***).

IgM의 구조는 그림 27.9*c*에 나타나 있다. 순환하는 IgM은 적어도 하나의 J [연결(joining)] 펩티드에 의해 부착된 5개의 면역글로불린 분자의 응집체를 형성한다. IgM은 세균 감염에 대한 전형적인 면역반응에서 생성되는 첫 번째 항체 클래스이지만, IgM 항체는 일반적으로 항원에 대한 낮은 친화성(*affinity*) (결합 강도)을 가지고 있다. 그러나 오량체 IgM 분자는 항원과의 상호작용할 수 있는 10개의 결합 부위를 가지기 때문에, 전체적인 항원 결합 강도가 향상된다 (표 27.2 및 그림 27.9*c*). 10개의 항원-결합 부위를 통해 IgM은 특히 감염성 입자를 효과적으로 응집시킬 수 있으며, 따라서 식세포 효율을 증가시켜 준다. IgM은 또한 고전적 경로 (26.9절)를 통한 보체의 강력한 활성화 인자이다. 혈청 항체의 10%까지는 오량체의 IgM이지만, IgM 단량체는 혈액에서 순환하지 않고 오히려 B 세포 수용체로서 기능하는 항체 클래스 중 하나이다.

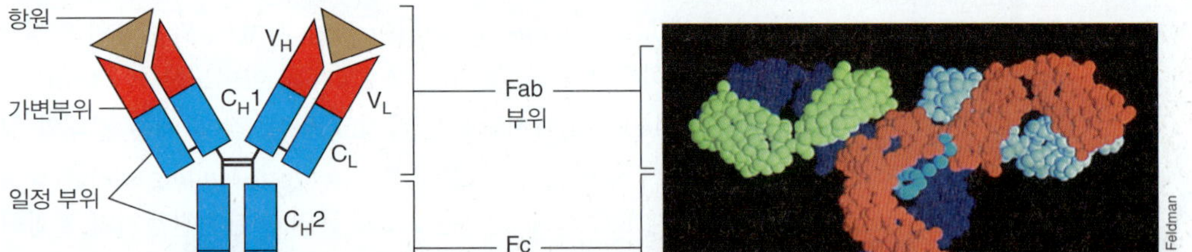

그림 27.8 면역글로불린 G 구조. *(a)* IgG는 2개의 중쇄 (50,000 분자량)와 2개의 경쇄 (25,000 분자량)로 구성되어, 총 분자량은 150,000이다. 하나의 중쇄 및 하나의 경쇄가 상호작용하여 항원-결합 단위를 형성한다. 중쇄 및 경쇄의 가변 도메인들 (V_H 및 V_L)은 항원에 결합한다. 일정 도메인들 (C_H1, C_H2, C_H3, C_L)은 모든 IgG 단백질들에서 동일하다. 중쇄와 경쇄 사슬들은 이황화결합에 의해 공유결합되어 있다. Fab(절편, 항원-결합성) 부위는 항원-결합 부위를 함유한다. 항체의 Fc (절편, 결정성) 줄기 부위는 식세포 표면의 수용체 분자에 결합하므로, 그 결과 옵소닌화된 병원균의 식작용을 촉진시킨다. *(b)* IgG 분자의 공간-충전 모델. 중쇄는 적색과 암청색이며, 경쇄는 녹색과 담청색이다.

IgA의 이량체는 침, 눈물, 모유의 초유와 같은 분비되는 체액과, 위장관, 호흡기관 및 비뇨 생식기관의 점막 분비물에 많이 존재한다. 전체 약 400 m^2인 평균적인 성인의 점막 표면 (피부는 약 6 m^2)은 MALT를 함

단원 6

유하고 있으며 대량의 (약 10 g) 분비 IgA를 매일 생산한다. 대조적으로 개인은 하루에 약 5 g의 혈청 IgG만을 생산한다. 혈청(*serum*) IgA는 전형적으로 단량체 형태 (표 27.2)로 발생하는 반면에, 분비(*secretary*) IgA는 J 사슬 펩티드에 의해 공유결합된 두 개의 IgA 분자로 구성되어 있으며 막을 가로질러 IgA를 수송하는 데 도움이 되는 분비성 구성요소(*secretary component*)라는 단백질과 복

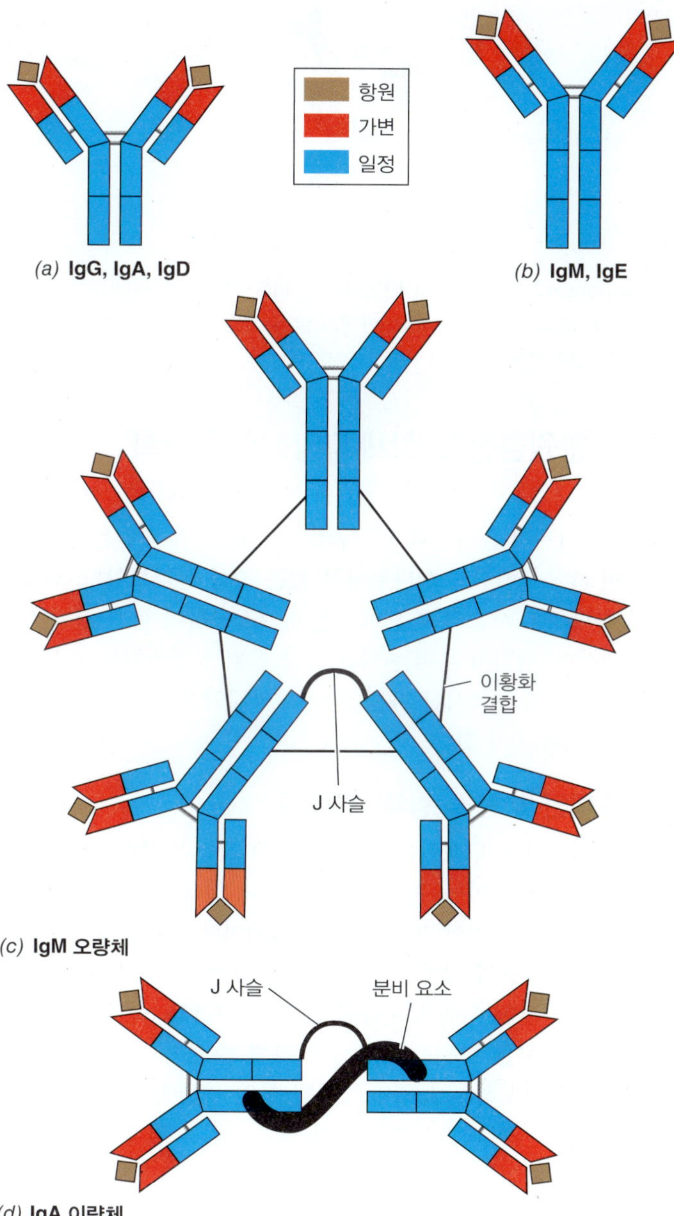

그림 27.9 면역글로불린 클래스. 모든 면역글로불린 클래스들은 항원에 결합하는 V_H 및 V_L을 갖는다. *(a)* IgG, IgA 및 IgD는 3개의 일정 도메인들을 가지고 있다. *(b)* IgM과 IgE의 중쇄는 네 번째 일정 도메인을 가지고 있다. *(c)* IgM은 혈청에서 이황화결합 및 연결(J) 사슬 단백질을 통해 서로 공유결합된 5개의 IgM 단백질로 이루어진 오량체 단백질로서 발견된다. IgM은 오량체이기 때문에, 그림에 나타난 바와 같이 최대 10개의 항원들과 결합할 수 있다. *(d)* 분비성 IgA는 종종 J 사슬 단백질에 의해 서로 공유결합된 2개의 IgA 단백질로 이루어진 이량체로 체내 분비물에서 발견된다. 분비성 성분은 점막을 가로질러 IgA를 수송하는 것을 돕는다.

합체를 형성한다 (그림 27.9*d*). 모유의 초유에서 들어 있는 높은 농도의 분비 IgA는 신생아의 위장병 예방에 중요한 역할을 한다.

IgE는 혈청에서 매우 적은 양으로 발견된다; 3000개의 혈청 Ig 분자 중 하나 꼴로 IgE가 나타난다. 대부분의 IgE는 세포에 결합한다. 예를 들어, IgE는 Fc 부위를 통해 호산구에 결합함으로써, 이들 과립구를 주흡혈충이나 다른 기생충과 같은 기생성 병원체를 표적으로 하도록 무장시킨다 (33.7절). 또한 IgE는 조직 내 비만세포에 결합하는데, 여기에서 IgE의 항원-결합 부위가 항원과 결합하면 비만세포의 탈과립을 일으킨다. 히스타민과 세로토닌과 같은 화학 매개물들의 뒤이은 방출은 즉시형 과민증 (알레르기 반응의 일종, 27.9절)을 촉발한다. IgM과 마찬가지로, IgE는 4번째 중쇄 일정 도메인을 가지고 있으며 (그림 27.9*b*), 이 도메인은 호산구와 비만세포에 IgE를 결합시키는 역할을 하는데, 이 결합은 이들 세포 유형과 각각 관련되어 있는 방어 및 알레르기 반응을 활성화시키는 핵심적인 단계이다.

IgD (그림 27.9*a*)는 혈청에 낮은 농도로 나타나며, 지금까지는 알려진 독특한 면역 보호 기능이 없다. 그러나 IgD는 IgM처럼, 성숙한 B 세포의 표면, 특히 기억 B 세포에 풍부하며 B 세포 수용체로서 작용한다.

항체 노출, 면역기억, 그리고 1차 반응과 2차 반응

우리는 면역기억이 적응면역반응의 주요 특징임을 보았다 (그림 27.1*c*). B 세포에 의해 출발하는 항체-매개 면역반응은 항원 노출로 시작되어 항원-특이 항체의 생성 및 분비로 끝나며, 항원 노출 경로는 생성될 항체의 클래스에 영향을 미친다. 비장과 MALT (26장)뿐만 아니라 혈액과 림프도 항원 주입을 위한 핵심 장소들이다. 주입 또는 자연 감염에 의해 혈류 내로 유입된 항원은 비장으로 이동하고, 거기서 IgM, IgG 및 혈청 IgA 항체들을 생성시킨다. 피하로, 피내로, 국소로, 또는 복강 내로 들어온 항원은 림프계를 통해 가장 가까운 림프절로 운반되고, 다시 IgM, IgG 및 혈청 IgA의 생성을 자극한다. 점막 표면으로 유입된 항원은 가장 가까운 MALT로 전달된다. 예를 들어, 구강으로 투여된 항원은 장관의 MALT로 이동하고, 우선적으로 소화관에서 분비성 IgA의 생산을 자극한다.

최초의 항원 접촉 후, 항원-자극된 B 세포 각각은 증식하고 분화하여, 항체-분비 형질세포 및 기억 B 세포를 생성한다 (그림 27.6). 이 1차 항체반응(*primary antibody response*)에서 형질세포는 상대적으로 수명이 짧고 (1주일 미만) 대부분 IgM 항체를 대량으로 분비한다 (**그림 27.10**). 수일 동안의 잠복기 후, 항체가 혈액에 나타나고 항체 역가(*antibody titer*) (항체량)의 점진적인 증가가 일어난다. 항원이 사라짐에 따라, 일차 항체반응은 서서히 감소한다.

항원에 대한 최초 노출에 의해 생성된 기억 B 세포는 수년간 숙주 내에서 순환할 수 있다. 동일한 항원에 대한 두 번째의 노출은 기억 B 세포를 자극하여 빠르게 형질세포로 분화되어 항체를 생산하도록 한다; 기억 B 세포에는 T 세포 도움이 필요하지 않다. 두 번째 및 그 이후의 각개 추가적인 항원 노출은 첫 번째 노

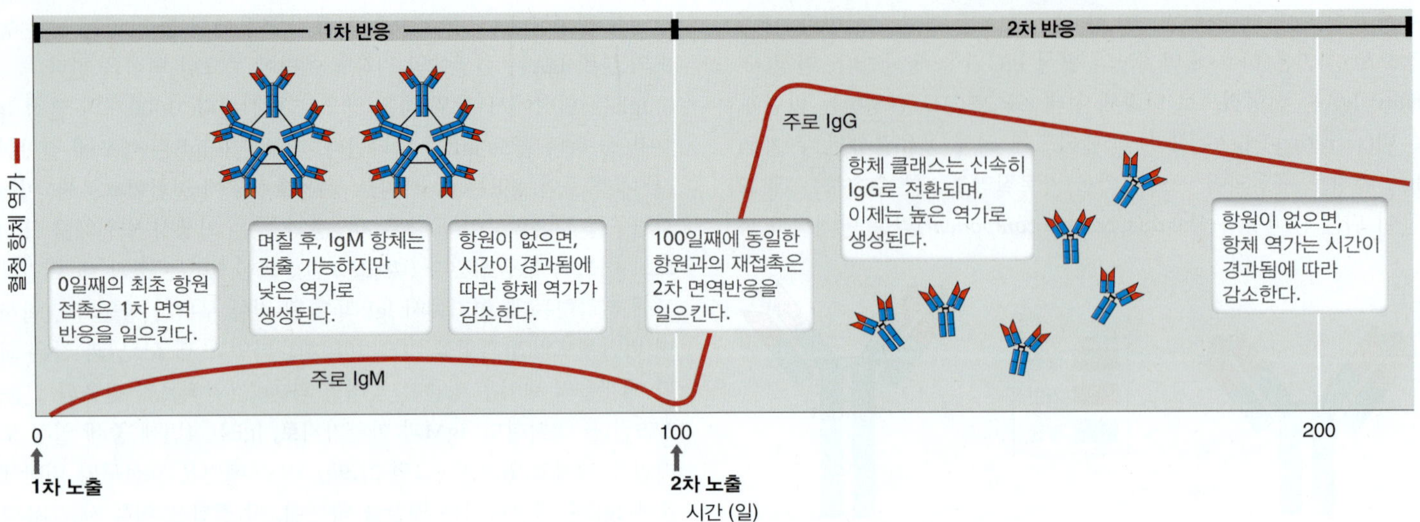

그림 27.10 혈청내의 1차 및 2차 항체반응. 2차 반응을 유도하기 위해서는 0일째와 100일째의 항원 노출은 반드시 동일한 항원으로 수행되어야 한다. 추가항원자극 반응(booster response)이라고도 하는 2차 반응은 1차 반응에 비해 10배 이상 더 강력할 수 있다. 1차 반응에서의 IgM 생성이 2차 반응에서는 IgG 생성으로 클래스전환(class switch)이 일어날 수 있음에 유의하라.

출에 따른 역가 보다 10~100배 더 높은 수준으로 항원 역가를 빠르게 상승시킨다 (그림 27.10). 이러한 항체 역가의 상승을 2차 항체반응(*secondary antibody response*)이라 한다. 이 2차 반응은 면역기억의 기능이며, 전형적으로 IgM 생산에서 다른 항체 클래스로의 전환, 즉 클래스전환(*class switch*)이라는 변화를 초래한다 (그림 27.10). 이러한 전환은 특정한 종류의 병원균 침입에 대응하여 생산되는 사이토카인 신호에 의해 유도된다. 신호는 중쇄 일정 부위를 전환하는 재조합을 촉발하여, 위협에 가장 효과적으로 대처할 수 있는 항체 클래스의 생성으로 이어진다. 예를 들어, 혈청에서의 가장 일반적인 항체 클래스전환은 IgM에서 IgG이며, 반면에 점막 조직에서는 IgA로의 전환이 우세하다. 클래스전환이 항원 특이성을 변화시키지 않는다는 것에 주목하는 것이 중요하다; 생성된 새로운 클래스의 항체는 본래의 항원에 대한 특이성을 유지하고 있다.

혈청 항체 역가는 시간이 지남에 따라 서서히 감소하지만, 동일한 항원에 재차 노출되면 2차 반응을 유발할 수 있다. 이 신속하고 강력한 기억반응은 "추가항원자극 주사(booster shot)" (예, 1~3년마다 가축에 투여되는 광견병 주사)로 알려진 면역조치 절차의 근거이다. 정기적인 재예방접종(revaccination)은 높은 수준의 기억 B 세포와 특정 항원에 특이적인 순환 항체를 유지하여 개별적인 전염성 질병에 대한 장기적인 인공능동면역을 제공한다.

미니퀴즈

- B 세포와 병원균 간의 상호작용으로 시작되는 항체 생산을 요약하라.
- 항체 클래스를 구조적 특징, 분포 양상 및 기능적 역할에 따라 구별하라.
- 어린이와 성인의 정기적인 재예방접종(revaccination)의 근거를 설명하라.

27.4 항원결합 및 항체 다양성의 유전학

우리는 항체가 두 개의 중쇄 (H)와 두 개의 경쇄 (L) (그림 27.8)로 구성된 4개의 폴리펩티드로 구성되어 있고, 각 사슬은 일정 (C) 및 가변 (V) 도메인으로 나누어져 있는 것을 살펴보았다. 하나의 H 및 하나의 L 사슬의 V 도메인은 상호작용하여 항원-결합 부위를 형성한다. 여기서 우리는 항원 결합 부위를 정의하는 V 도메인의 구조적 특징을 조사한 다음, 가능한 항체의 막대한 다양성의 유전학을 탐구하고자 한다.

가변 도메인 및 항원–항체 상호작용

H 및 L 사슬의 V 도메인은 상호작용하여 항원과 강력하게 결합하지만 공유 결합이 아닌 수용체를 형성한다; 결합의 측정 가능한 강도는 항체의 결합 친화력(*binding affinity*)이다. 척추동물의 면역계는 무수한 항원을 인식하거나 결합할 수 있으며, 각 항원은 항체의 독특한 항원-결합 부위에 결합한다 (**그림 27.11**). 숙주가 겪을 수 있는 가능한 모든 항원을 수용하기 위해, 수십억 개의 서로 다른 항체를 합성해야 하는데, 각각 고유한 항원 결합 부위가 있어야 한다. V 도메인은 이러한 독특한 항원-결합 부위를 결정한다.

아미노산 서열은 다른 항원에 결합하는 Ig의 V 도메인마다 다르다. 아미노산 다양성은 여러 **상보성 결정부위(complementarity-determining regions, CDRs)**에서 특히 분명하다. 각 V 도메인의 세 CDR은 대부분의 항원과의 분자 접촉을 제공한다 (그림 27.11). CDR1과 CDR2의 아미노산 서열은 서로 다른 Ig 사이에서 약간의 차이가 있지만, CDR3은 서열에 있어서 극적으로 다르다. 3개의 다른 유전자 단편은 H 사슬의 CDR3을 암호화한다: V 도메인의 카복시 말단 단편, 약 3개의 아미노산의 짧은 "다양성(diversity)" (D) 단편, 약 13~15개의 더 긴 "연결(joining)" (J) 단편 -15 아미노산. 경쇄 CDR3은 D 단편이 없는 것을 제외하고는 유사하다. 전체 6개

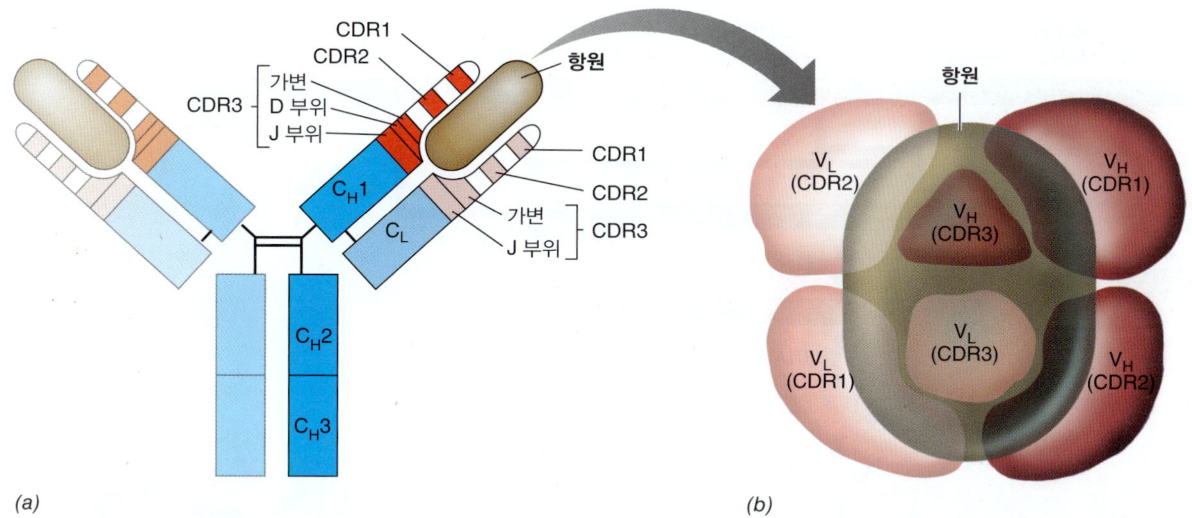

그림 27.11 면역글로불린 경쇄와 중쇄에 의한 항원 결합. *(a)* 한 Ig가 결합된 항원 (밝은 갈색)과 함께 도식되어 있다. 항원-결합 CDR1, CDR2, CDR3와 함께 H와 L 사슬의 V 도메인이 빨간색 (중쇄)과 분홍색 (경쇄)으로 나타나 있다. C_H1, C_H2, C_H3 (진한 파란색)는 H 사슬의 일정 도메인이고, C_L (옅은 파란색)은 L 사슬의 일정 도메인이다. *(b)* H (빨간색)와 L (분홍색) 사슬의 상보성 결정 부위(CDR)가 위쪽으로부터 보이는데, Ig에서 단일의 항원-결합 부위를 만든다. H와 L 사슬의 고도로 다양한 CDR들은 이 자리의 중심에서 협동한다. 항원 (밝은 갈색)은 모든 CDR과 접촉할 수 있다. 이 자리의 모양은 관련된 항체-항원 쌍에 따라서 얕은 홈 혹은 깊은 주머니일 수 있다.

의, 중쇄 및 경쇄 CDR은 항체 분자가 매우 특이적인 항원 결합을 하도록 한다 (그림 27.11).

Ig의 3차원 구조는 그림 27.8*b*에 나와 있다. 각각의 항원-항체 상호작용은 항원의 에피토프(*epitope*)와 H 및 L 사슬의 CDR 도메인의 특이적 결합을 요구한다. 항체 분자의 단일 항원-결합 부위는 약 2 × 3 nm로 측정되며 10개에서 15개의 아미노산을 가지는 항원결정기를 수용할 수 있는 충분한 공간을 생성한다. 항원 결합은 궁극적으로 H 및 L 폴리펩티드 사슬의 Ig 접힘 패턴의 기능이다. V 영역의 Ig 접힘은 여섯 개의 CDR (중쇄 및 경쇄의 CDR1, 2, 3)을 함께하게 하여, 고유하고 특이적인 항원 결합 부위를 형성한다 (그림 27.11).

각 개인은 엄청나게 다양한 항원들을 인식하고 결합할 수 있으므로, 면역계는 사실상 무제한적인 항체의 다양성을 생성할 수 있어야 한다. 상대적으로 작은 유전체의 투자로 이를 완수하기 위해서, 면역글로불린 유전자에 몇몇 색다른 유전적 기작들이 작용하고 있다. **표 27.3**은 이러한 다양성 생성 기작을 요약하였으며, 우리는 아래에서 각각에 대해 탐구하고자 한다.

면역글로불린 분자의 유전적 구성

각각의 면역글로불린 H 또는 L 사슬을 암호화하는 유전자는 여러 유전자 단편들로 구성된다. 각각의 B 세포에서 Ig 유전자 단편은 일련의 무작위적인, 체세포 재배열을 거치며, 유전적 재조합과 이에 수반되는 개재서열(intervening sequences)의 삭제를 특징으로 한다. 이러한 사건은 상대적으로 작은 풀의 Ig 유전자 단편으로부터 유래된, 단일의 기능적인 항체 유전자를 생산한다. B 세포가 성숙함에 따라 V, D 및 J 유전자 단편은 효소적으로 재조합되어 단일 Ig 중쇄 유전자를 형성한다 (**그림 27.12*a***). 단일 V 유전자 단편은 CDR1 및 CDR2를 암호화하는 반면에, CDR3은 V 부위의 3′말단 모자이크에 의해 코딩되고 D 및 J 유전자 단편이 뒤따른다.

각 B 세포에서 단 하나의 단백질을 생산하는 재배열이 중쇄 및 경쇄 유전자에서 일어난다. 대립유전자 배제(*allelic exclusion*)라고 하는 이 기작은 각 B 세포가 두 개의 유전된 부모 대립유전자 중 하나에서만 Ig 유전자를 발현하도록 하여 주어진 B 세포 클론의 모든 Ig가 동일한 항원 특이성을 갖도록 한다. 마지막으로, 분리된 C 유전자 단편은 Ig의 일정 도메인을 정의하는 클래스를 암호화한다. 따라서 V, D, J, C의 4가지 유전자 단편이 결합하여 하나의 기능적 중쇄 유전자를 형성한다 (그림 27.12*a*). D 단편이 없는 경쇄는 경쇄 V, J 및 C 단편의 재조합에 의해 유사한 방식으로 암호화된다 (그림 27.12*b*). 모든 Igs에 필요한 유전자 단편은 신체의 모든

표 27.3 B 세포 및 T 세포에서의 항원-결합 수용체 다양성의 생성

다양성 생성 기작	B 세포 Ig 수용체, 중쇄 및 경쇄	T 세포 수용체, α 및 β 사슬
직렬 배열된 유전자들의 체성 재조합	예	예
임의 재편성	예	예
부정확한 V-D-J 또는 V-J 접합	예	예
V-D-J 또는 V-J 접합부의 뉴클레오티드 첨가	예	예
3가지의 모든 틀로 판독되는 D 유전자 단편	아니오	예
체성 과변이	예	아니오

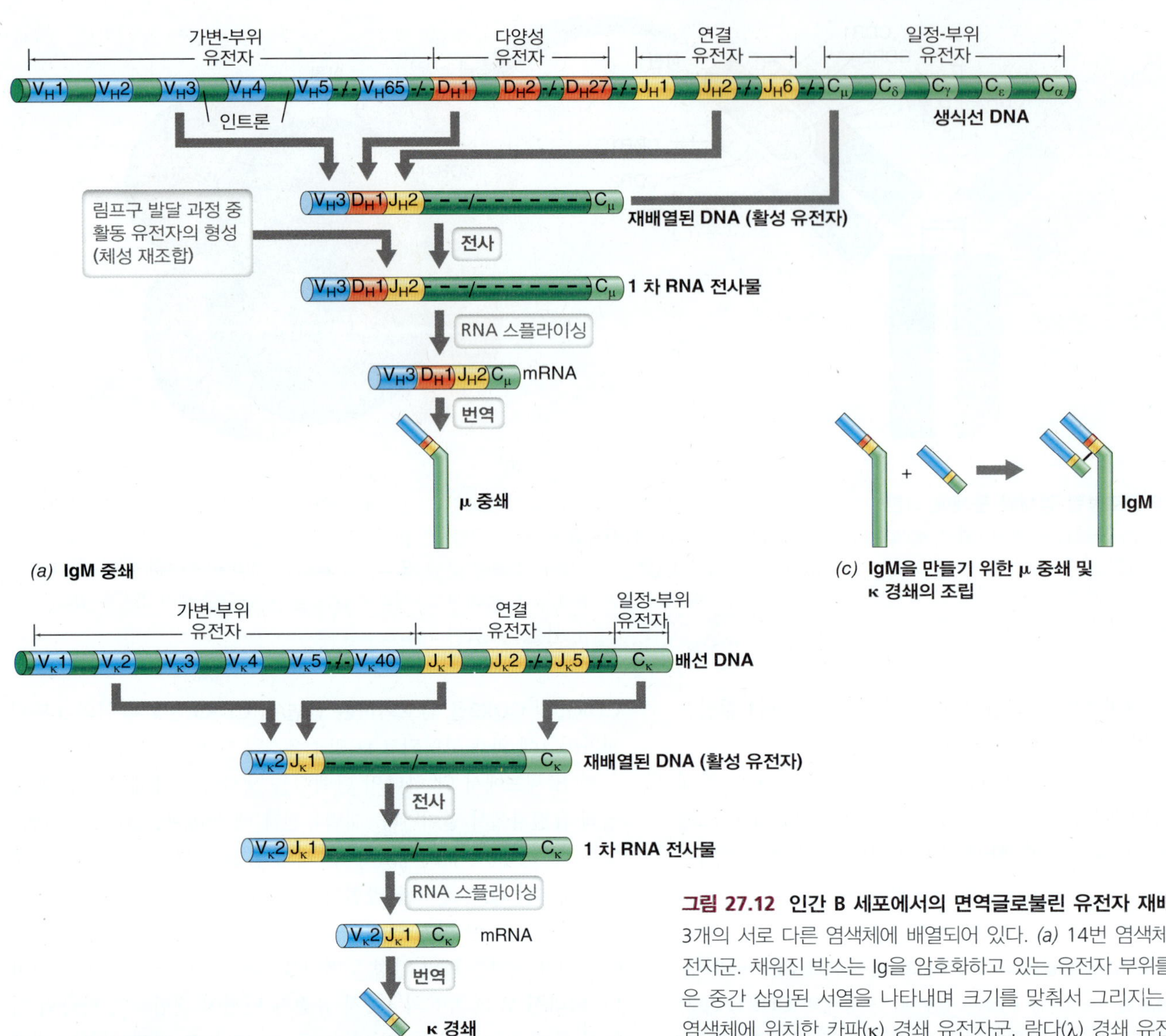

그림 27.12 인간 B 세포에서의 면역글로불린 유전자 재배열. Ig 유전자는 3개의 서로 다른 염색체에 배열되어 있다. *(a)* 14번 염색체에 있는 중쇄 유전자군. 채워진 박스는 Ig을 암호화하고 있는 유전자 부위를 나타낸다. 점선은 중간 삽입된 서열을 나타내며 크기를 맞춰서 그리지는 않았다. *(b)* 2번 염색체에 위치한 카파(κ) 경쇄 유전자군. 람다(λ) 경쇄 유전자군은 22번 염색체에 유사한 형태로 존재한다. *(c)* 항체 분자 절반의 조립.

유핵세포에 존재하지만, 발달 중인 B 림프구에서만 재조합이 일어난다.

V, D, J 및 C 유전자 단편은 진핵생물에서 유전자 배열의 전형적인 비암호화 서열 (인트론)에 의해 분리된다. 유전자 재조합은 각 B 세포가 발달하는 동안에 일어난다. V, D 및 J 단편 각각 하나 하나가 무작위로 재조합되어 기능을 가지는 중쇄 유전자를 형성하는 반면, 무작위로 재조합된 V 및 J 단편은 완전한 경쇄 유전자를 형성한다. VDJ 또는 VJ 유전자 단편과 C 유전자 단편 사이에 개재 서열이 여전히 남아 있는 상태인, 활성 유전자의 전사가 일어나며, 그 결과 생성된 1차 RNA 전사체의 스플라이싱이 일어나 최종 전령 RNA (mRNA)가 만들어진다. 이어서 mRNA가 번역되어 Ig 분자의 중쇄 및 경쇄가 생성된다.

재편성, VDJ 접합 및 과변이

면역글로불린 중쇄 및 경쇄를 암호화하는 유전자들의 임의적인 재편성을 모두 고려하고 암호될 수 있는 독특한 분자의 수를 계산한다면, 전체의 다양성은 매우 놀랍다. 인간의 경우, 예를 들어 카파 (κ) 경쇄 유전자 단편의 수에 기초하여, 약 40 V × 5 J 가능한 재배열 또는 200가지의 가능한 κ 경쇄가 있다. 모든 개체에서 일부 B 세포에 의해 κ 대신에 생성되는 유형인 람다 (λ) 경쇄의 경우에는 약 30 V × 4 J = 120가지의 가능한 재조합이 있다. 대략 65 V × 27 D × 6 J 유전자의 재배열에 의해 약 10,500가지의 가능한 중쇄가 형성될 수 있다. 각각의 중쇄와 경쇄가 동등한 확률로 발현된다고 가정하면, 10,500 × 200 = 2,100,000가지의 가능한 κ 사슬의 면역글로불린과 10,500 × 120 = 1,260,000가지의 가능한 λ 사슬의 면역글로불린이 존재한다. 따라서 무작위 재편성만으로 최소 3,360,000가지의 가능한 항체를 발현할 수 있다.

이 인상적인 다양성에 더해, 몇 가지 독특한 기작에 의해 중쇄 및 경쇄의 CDR3 영역에서 추가적인 다양성이 생성된다. 첫째, 중쇄의 V-D 또는 D-J 유전자 단편 또는 경쇄의 V-J 유전자 단편을 구성하는 DNA-연결 기작은 부정확한 과정이다. 이 부위의 최종 뉴클레오티드 서열은 때로는 원래의 유전체 서열로부터 몇 뉴클레오티드씩 변하며, 이것이 발생하면 이 부위의 아미노산 서열을 변경시킬 것이다. 무작위 (N) 또는 주형-특이적 (P) 뉴클레오티드 첨가에 의해 중쇄 유전자의 V-D 및 D-J 암호화-연결부 및 경쇄 유전자의 V-J 암호화 연결부에서 더욱 다양성이 생성된다. 이러한 암호화 부위 접합은 중쇄 및 경쇄 모두에서 CDR3을 암호화하는 서열 내에 포함되기 때문에, V-도메인 코딩 접합부에서의 N 및 P 다양성은 중쇄 및 경쇄의 CDR3에서 아미노산을 변화시키거나 첨가한다.

면역글로불린 다양성은 **체성 과변이(somatic hypermutation)** 과정에 의해 확장되는데, 이는 다른 유전자에서 관찰된 것보다 훨씬 더 빠른 속도로 B 세포 Ig 유전자의 돌연변이가 일어나는 것이다. Ig 유전자의 체성 과변이는 일반적으로 면역화된 항원에 두 번째로 노출된 후에 명확하며 재조합된 중쇄 및 경쇄 유전자의 V 영역에서만 발생하고, Ig 세포 표면 수용체가 약간 변형된 B 세포를 생성한다. 이러한 돌연변이가 일어난 B 세포는 이용 가능한 항원에 대해 경쟁하고, 수용체가 원래의 B 세포 수용체보다 항원에 대해 더 높은 친화성을 갖는 B 세포가 선택된다. 이 친화력 성숙(*afffinity maturation*) 과정은 극적으로 강력한 2차 면역반응을 책임지는 요인 중 하나이다 (그림 27.1*c* 및 그림 27.10). 친화력 성숙은 또한 적응면역반응에서 항체 특이성의 풀(pool)에 더 많은 다양성을 추가하여, 잠재적인 항체 레퍼토리를 무한하게 만든다.

미니퀴즈

- 완전한 Ig 분자를 도해하고, 항체 상의 항원-결합 부위를 밝혀라.
- 중쇄와 경쇄의 가변 도메인들의 CDR1, CDR2 및 CDR3 부위에 대한 항원의 결합을 설명하라.
- 하나의 성숙된 중쇄 유전자를 생산하는 재조합 기작 및 항체의 다양성을 더 향상시키는 체세포성 기작에 대해 설명하라.

III • 주 조직적합 복합체 (MHC)

주 조직적합 복합체(*major histocompatibility complex, MHC*)는 모든 척추동물에서 발견되는 일련의 유전자로 항원 제시에 중요한 단백질 집단을 암호화한다. 인간의 MHC 단백질은 **인간 백혈구 항원(human leukocyte antigens, HLAs)**이라고 불리며 면역-매개 조직 이식거부반응에 관여하는 주된 첫 항원으로 밝혀졌다. 이제 우리는 MHC 단백질이 병원체-유래 펩티드에 결합하고 이들 펩티드를 T 세포 수용체와의 상호작용하도록 전시하는 항원-제시 분자로서, 주로 기능한다는 것을 알고 있다.

27.5 MHC 단백질과 그들의 기능

MHC 단백질은 DNA의 약 4 메가 염기쌍 (Mbp)에 의해 암호화된 두 개의 단백질 클래스로 구성된다 (**그림 27.13*a***). **MHC 클래스 I 단백질(MHC class I)**은 모든 유핵 세포의 표면에서 발견되며 T-세포독성(*T-cytotoxic, Tc*) 세포에 펩티드 항원을 제시한다. MHC 클래스 I에 의해 제시된 펩티드 항원이 Tc 세포의 TCR에 의해 인식되면, 항원을 가지는 세포는 빠르게 파괴된다 (27.8절). **MHC 클래스 II 단백질(MHC class II proteins)**은 항원 제시 세포 (APCs)인 B 림프구, 대식세포 및 수지상 세포의 표면에서만 발견된다 (26.4절). 클래스 II 단백질을 통해, APC는 T-보조 (*T-helper, Th*) 세포(*cells*)에 항원을 제시하여 항체-매개성 면역 또는 염증 반응을 유도하는 사이토카인 생성을 자극한다 (27.8절).

Class I과 Class II MHC 단백질

클래스 I MHC 단백질은 두 개의 폴리펩티드로 구성된다 (그림 27.13*b*, *d* 및 *e*). 그 중 첫 번째는 MHC 유전자 영역에 위치한 유전자에 의해 암호화된 막-삽입 알파(*alpha*, α) 사슬이다. 두 번째는 베타-2 마이크로글로불린(*beta-2 microglobulin*, β_2m)으로, MHC 유전자 클러스터에 포함되지 않은 유전자에 의해 암호화된 더 작은 비공유 결합 단백질이다. 클래스 I α 사슬은 접혀서 8개에서 11개의 아미노산 펩티드를 수용하는 펩티드-결합 홈을 형성한다. 감염된 세포의 펩티드는, 예를 들어 세포 내에서 생산되는 바이러스 단백질처럼 내인성(*endogenous*) [세포 내(intraceullular)] 외래 항원 (그림 27.13*d*)에서 유래한다. 형성된 MHC-바이러스의 펩티드 복합체는 세포 표면으로 전달된 후에, 면역계에는 조직이식과 관련된 변이형 MHC 단백질과 매우 유사하게 보여서, Tc 세포의 TCR에 의해 외래의 것으로 인식되어 파괴된다.

클래스 II MHC 단백질은 APC에서만 발견되는 두 개의 막-삽입 폴리펩티드 α와 β로 구성된다. 하나의 α와 하나의 β 폴리펩티드가 함께 발현되어, 기능적 이종이량체를 형성한다 (그림 27.13*c*, *f*). 클래스 II 단백질의 α1 및 β1 도메인은 상호 작용하여 TCR-펩티드의 클래스 I 결합 부위와 유사한 TCR-펩티드의 결합 부위를 형성한다. 그러나 클래스 II MHC의 펩티드-결합 홈은 8개에서 11개의 아미노산보다 상당히 긴 펩티드를 결합 및 표지할 수 있다. 클래스 II MHC에 의해 제시된 펩티드는 전형적으로 10개에서 20개 길이의 아미노산이고, APC에 의해 내부로 들어와 처리된 외인성(*exogenous*) (세포 외) 병원체로부터 유래된 단백질 분해성 절편들이다. APC는 클래스 II-펩티드 복합체를 사용하여 Th 세포 표면의 TCR과 상호작용하여, Th 활성화 및 적응면역반응을 유도한다 (27.8절).

항원처리 및 T 세포에 대한 제시

MHC 단백질은 펩티드, 자가 펩티드 또는 외래 펩티드와 복합체를 형성하는 경우에만 세포 표면에 발현된다. 본질적으로, MHC-펩티드 복합체는 면역 시스템에 세포의 단백질 구성을 나타내며, 이 능력으로 세포가 외래 항원을 포함하고 있을 때 면역 시스템에 경보를 울린다. T 세포는 TCR을 통해, 세포 표면의 감시를 수행하여 외래 항원을 발현하는 모든 세포를 확인한다. 후자를 마주칠 때, TCR은 MHC 단백질 상에 제시된 외래 항원과 상호작용하고, 이 상호작용은 파괴를 위해 세포를 표적으로 한다. T 세포는 오직 자

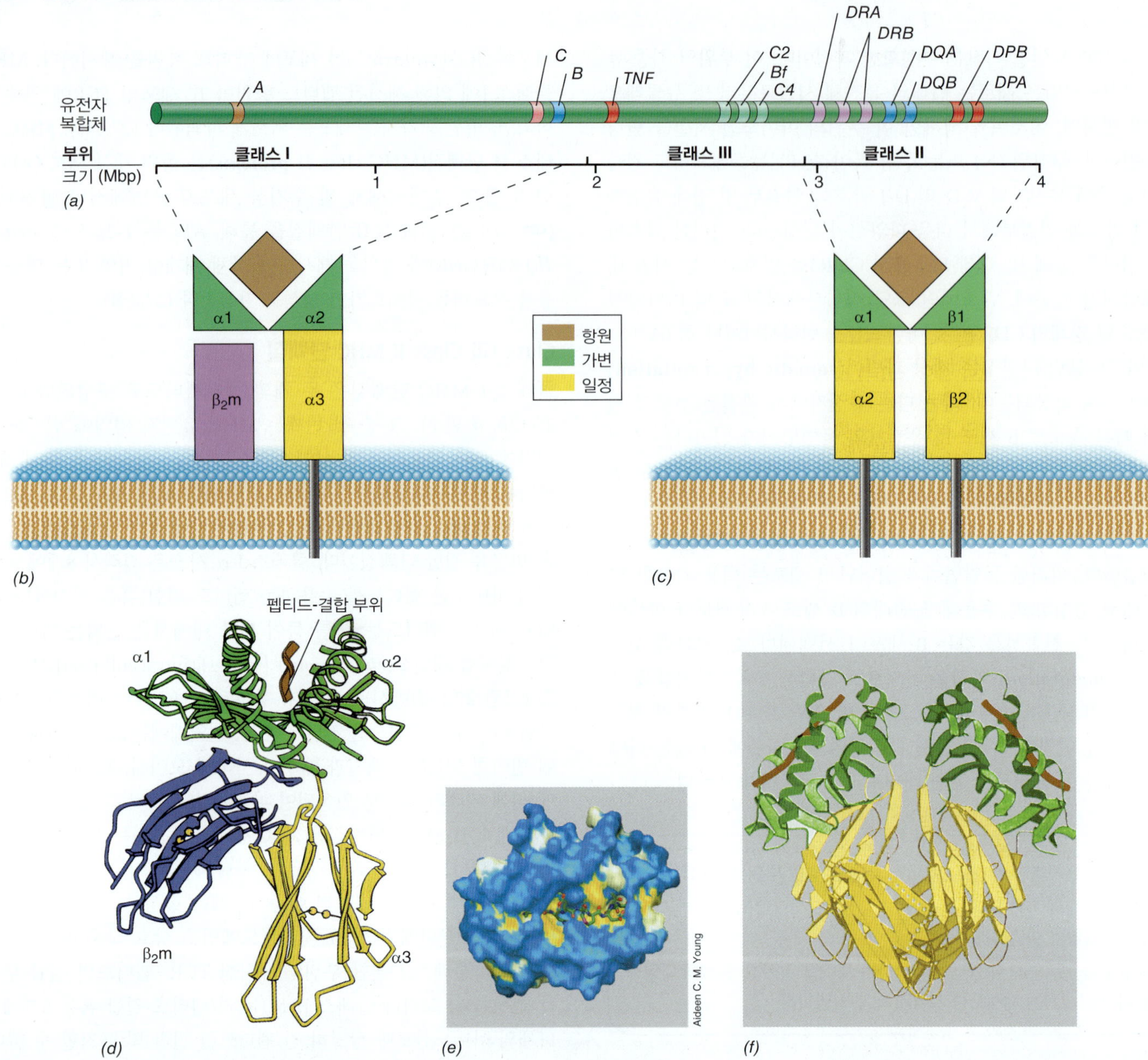

그림 27.13 인간백혈구항원(HLA) 유전자와 MHC 단백질. *(a)* HLA 복합체는 6번 염색체에 존재하며, 길이가 4백만 염기 이상으로 되어 있다. 제2형 유전자인 *DPA*와 *DPB*는 각각 제2형 단백질 DRα와 DRβ를 각각 암호화하고 있으며; *DQA*와 *DQB*는 DQα와 DQβ를; *DRA*와 *DRB*는 DRα와 DRβ를 각각 암호화하고 있다. 제1형 MHC 단백질인 HLA-A, HLA-C, HLA-B는 각각 유전자 *A, C, B*에 의해 암호화된다. 제2형과 제1형 유전자는 높은 다형성을 가지며 펩티드-결합 단백질을 암호화한다. 제3형 유전자들은 보체단백질 C4와 C2 그리고 사이토카인 TNF (tumor necrosis factor)와 같이 면역 관련된 기능을 하는 단백질들을 암호화한다. *(b)* 제1형 MHC 단백질의 요약도. α1과 α2 도메인은 상호작용하여 펩티드 항원-결합 부위를 형성한다. *(c)* 제2형 MHC 단백질의 요약도. α1과 β1 도메인은 결합하여 펩티드 항원-결합 부위를 형성한다. *(d)* 제1형 MHC 단백질의 구조. 베타-2 마이크로 글로불린(β_2m)은 α 사슬과 비공유결합으로 결합하고 있다. 항원펩티드 (갈색)은 α1/α2 도메인이 구성하고 있는 부위에 결합하고 있다. *(e)* 위에서 바라본, 펩티드가 결합된 제1형 MHC 단백질. 9개의 아미노산을 가지는 펩티드에 탄소 골격 구조가 보이고, 공간-채움 모델 (space-filling model)로 나타나 있다. *(f)* 제2형 MHC 단백질의 이합체. 펩티드 (갈색)는 제2형 MHC 단백질의 결합 부위에 위치한 것으로 보인다.

기 펩티드만을 포함하는 MHC 복합체와 반응하지 않는데 자가 반응성 T 세포가 면역 관용 발달 과정에서 숙주에서 제거되기 때문이다 (27.1절).

두 가지 별개의 항원 처리 방법이 적응면역반응을 개시하기 위해 작동한다: 하나는 MHC I 항원 제시를 위한 것이고 다른 하나는 MHC II 항원 제시를 위한 것이다. MHC I 단백질은 바이러스 또는 다른 세포 내 병원체의 펩티드를 제시한다; 이런 감염된 세포를 표적세포(*target cells*)라고 부른다 (**그림 27.14*a***). 예를 들어, 감염을 일으키는 바이러스에서 유래된 단백질은 세포질에서 프로테아솜(*proteasomes*)이라 불리는 구조에 의해 섭취되어 분해된다. 약 10개의 아미노산 길이의 펩티드는 항원제시-연관 수송체 (*transporter associated with antigen processing, TAP*)라고 불리는 구멍을 통해 소포체(endoplasmic reticulum, ER)로 운반된다. 일단 외래 펩티드가 ER에 들어가면 MHC I에 결합하고, MHC I-펩티드 복합체는 세포 표면으로 이동하여 세포막에 통합된다. Tc 세포의 표면에 있는 TCR이 표적세포의 표면에서 외래 펩티드 ["비자기(nonself)"로 인식됨] 및 MHC I 단백질 ["자기(self)"로 인식됨]과 상호작용할 때, Tc 세포는 바이러스에 감염된 표적세포를 죽이

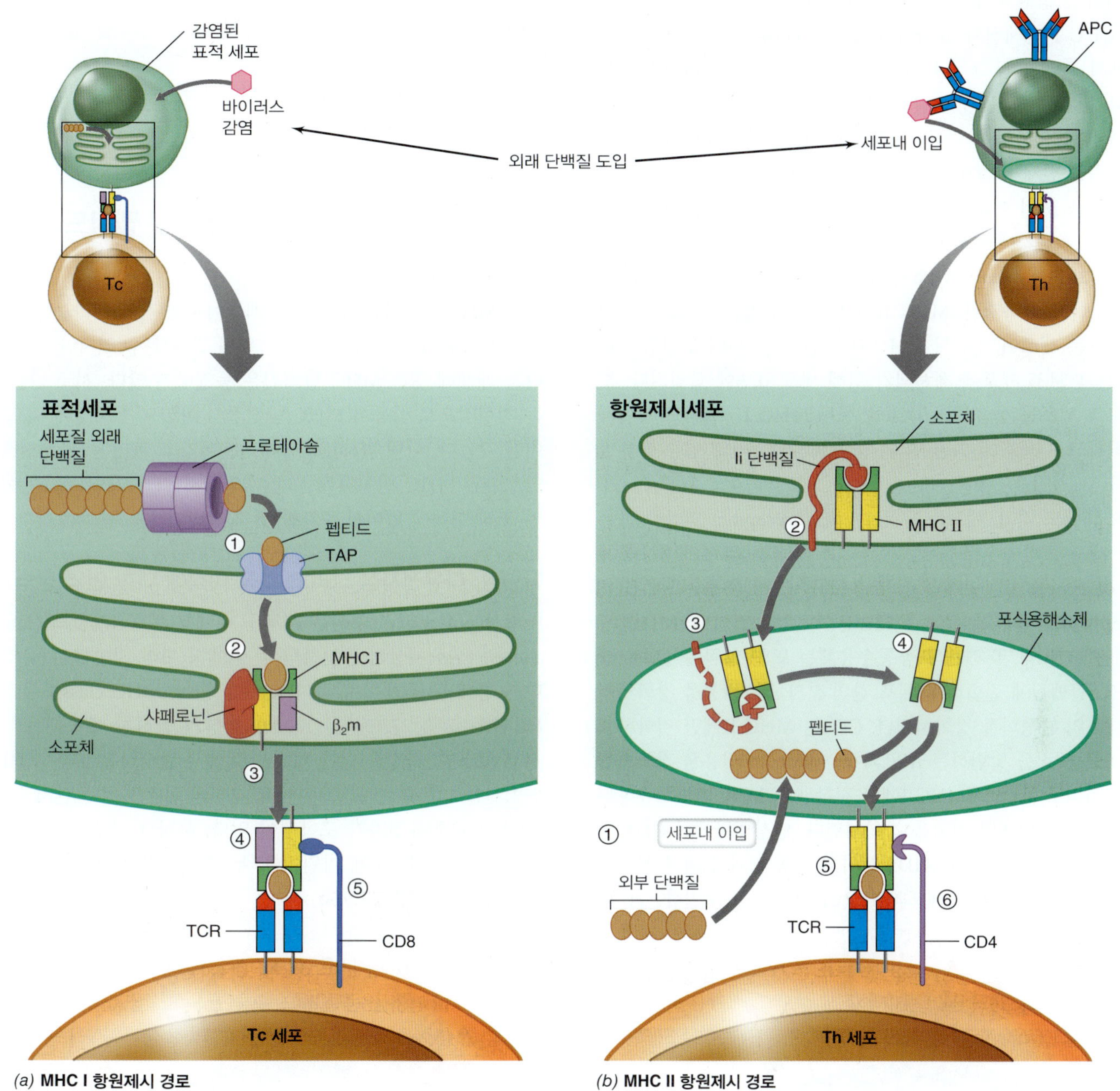

(a) **MHC I 항원제시 경로**

(b) **MHC II 항원제시 경로**

그림 27.14 MHC I과 MHC II 단백질에 의한 항원 제시. *(a)* ① 세포 사이에 만들어진 바이러스의 성분과 같은 단백질 항원은 세포질의 프로테아솜(proteasome)에서 분해된다. 펩티드 단편들은 TAP 단백질에 의해 형성된 구멍(pore)을 통해 소포체(endoplasmic reticulum, ER)로 수송된다. ② ER 내의 MHC I 단백질은 펩티드 단편이 결합되기 전까지는 샤페로닌(chaperonin)에 의해 안정화된다. ③ 펩티드 단편들이 MHC I에 의해 결합되면, 복합체는 세포 표면으로 수송된다. ④ MHC I-펩티드 복합체는 Tc 세포 표면의 T 세포 수용체(TCR)와 상호작용한다. ⑤ Tc 세포 표면의 CD8 공동 수용체는 MHC I과 결합하여 더욱 강하게 붙들린 복합체를 형성한다, 이 Tc 세포는 이 결합 사건에 의해 활성화되어, 사이토카인과 세포 용해 독소를 방출하고 표적세포를 죽이게 한다, *(b)* ① 외래 단백질이 세포에 들어오고 포식용해소체(phagolysosome)에서 펩티드 단편으로 소화된다. ② ER내의 MHC II 단백질은 MHC를 ER내의 펩티드와 결합하지 못하게 막는 저해 단백질인 Ii와 함께 조립된다. ③ MHC II-Ii 조립체는 lysosome으로 수송되고, lysosome이 포식소체(phagosome)와 연합하여 phagolysosome을 형성하여 Ii가 분해되어, ④ MHC II가 외래 단백질 단편과 결합하는 것을 허용하기 전까지 남아 있게 된다. ⑤ MHC II-펩티드 복합체는 세포 표면으로 수송되어 Th 세포 표면의 TCR 및 ⑥ CD4 공동수용체와 상호작용하게 된다. 그리하여 Th 세포는 다른 세포와 상호작용하는 사이토카인을 방출하여 면역반응을 촉진한다. 파트 (b)의 APC는 세포내 이입(endocytosis)으로 항원을 섭취하는 B 세포 또는 식균 작용(phagocytosis)을 통해 항원을 삼키는 대식세포 또는 수지상세포일 수 있음을 유의하라.

는 세포독성 단백질인 퍼포린 및 그란자임을 방출한다.

MHC II 단백질은 두 번째 경로의 항원-제시 단백질이다 (그림 27.14*b*). MHC II 단백질은 APC에만 독점적으로 발현되며, APC는 내재화된 병원체 유래의 펩티드 항원을 나타내기 위해 기능한다. MHC I 단백질과 유사하게, MHC class II 단백질은 소포체 내에서 조립된다. 그러나 MHC I 단백질 (그림 27.14*a*)의 경우와 달리, Ii라고 불리는 단백질은 MHC II와 결합하여 펩티드 부하(peptide loading)를 차단하고 ER에서 리소솜(lysosome)으로 이동하기 위한 전체 복합체를 표시한다. APC에 의한 병원균이나 병원균 산물을 섭취 이후, 그 외래 항원을 함유한 포식소체(phagosome)는 리소솜과 융합하여 포식용해소체(phagolysosome)를 형성한다 (26.7절). 포식용해소체 내에서 효소는 외래 항원과 Ii 펩티드 모두를 분해하지만, MHC II는 분해하지 않는다. 그 다음 외래 펩티드는 새로이 개방된 MHC II 항원-결합 부위에 결합하고, 복합체는 T 보조 세포에 제시되기 위해 세포 표면에 삽입된다. 후에 T 보조 세포들은 그들의 TCR을 통해 MHC II–펩티드 복합체를 인식하고 B 세포에 의한 항체 생산을 자극하거나 염증을 유발하는 사이토카인을 분비한다.

TCR 외에도 각 T 세포는 공동수용체(coreceptor) 역할을 하는 독특한 세포 표면 단백질을 발현한다. Th 세포는 **CD4 공동수용체(CD4 coreceptor)**를 발현하고, Tc 세포는 **CD8 공동수용체(CD8 coreceptor)**를 발현한다(그림 27.14). TCR이 펩티드–MHC 복합체에 결합할 때, T 세포의 공동수용체는 또한 항원제시세포 상의 MHC 단백질에 결합하여 세포 간의 분자 상호작용을 강화시키고 T 세포의 활성화를 강화시킨다. CD4는 MHC II에만 결합하여 MHC II 단백질을 발현하는 APC와 Th 세포 상호작용을 강화시킨다. 마찬가지로, CD8은 MHC I에만 결합하여, MHC I을 보유하는 표적세포에 Tc 세포의 결합을 강화시킨다. 임상의학에서 CD4 및 CD8 단백질은, 예를 들어, AIDS 환자의 질병 경과를 평가하는 진단검사와 같이, Tc (CD8) 세포와 Th (CD4) 세포를 구별하는 T 세포 표지(T cell markers)로서 사용된다 (30.15절, 그림 30.44).

미니퀴즈

- MHC I 및 MHC II 단백질들을 그 표면에 전시하는 세포들을 밝혀라.
- MHC I과 MHC II 단백질의 구조와 펩티드 결합자리를 비교하라, 그들이 어떻게 유사하고, 어떻게 다른가?
- 세포 내 및 세포 외 병원균들로부터 유래하는 항원들을 처리하고 제시하는 연속적인 과정을 밝혀라.

27.6 MHC 다형성, 다유전자성 및 펩티드 항원 결합

비록 MHC class I과 class II 단백질이 이론적으로 가능한 모든 항원 펩티드를 T 세포에 제시하기 위해 결합할 수 있지만, 같은 종의 다른 개체에 있는 MHC 단백질은 동일하지 않다. 서로 다른 개체는 전형적으로 상동성 MHC 단백질의 아미노산 서열에 미묘한 차이를 갖는다. 다형성(*polymorphisms*)이라고 불리는 이 유전적으로 암호화된 MHC 변이체들은 한 개인에서 다른 개인으로의 성공적인 조직 이식에 있어서 주요한 면역 장벽이다.

다형성, 다유전자성 그리고 조직 이식에 대한 면역 장벽

다형성(polymorphism)은 개체군 내에서 특정 유전자좌(multiple alleles) (염색체상의 유전자의 위치)에서 여러 대립형질 (유전자의 다른 형태)이 발생하는 것이다. 예를 들어, MHC class I 유전자좌 *HLA-A* (그림 27.13*a*)는 2000개 이상의 알려진 대립유전자를 가지고 있으며, 각각은 인간 개체군 내에서 발생하는 별개의 HLA-A 단백질을 암호화한다. 그러나 각 개인의 유전체에는 단지 두 개의 *HLA-A* 대립유전자가 포함되어 있다; 하나의 대립유전자는 부계 기원이고 하나는 모계 기원이다. 두 대립 단백질 생산물은 동등하게 발현된다 (**그림 27.15*a***).

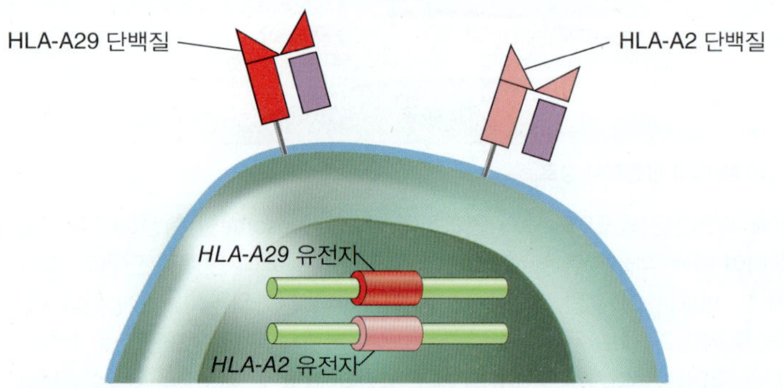

(*a*) 다형성

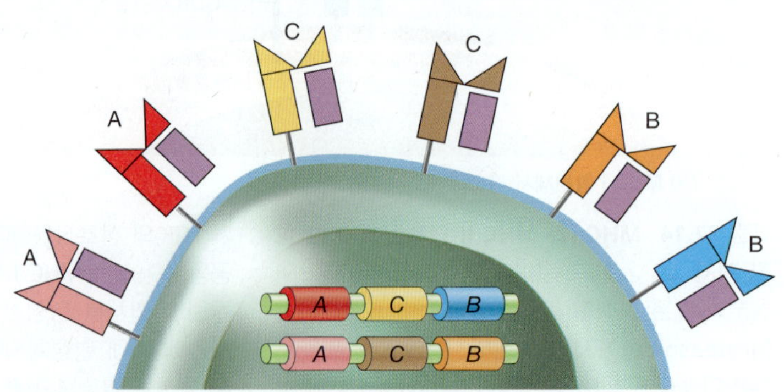

(*b*) 다유전자성

그림 27.15 MHC 유전자 및 단백질의 다형성(polymorphism)과 다유전자성(polygeny). (*a*) *HLA-A* 유전자자리의 다형성으로 2개의 대립유전자가 모두 함께 단백질을 발현한다. 인간집단에는 2,000개가 넘는 HLA-A 대립형질이 있지만, 각 개인애서는 단지 2종류 (각 유전자자리에 1개씩)의 HLA-A 단백질을 만들 수 있다. *HLA-B*와 *HLA-C*도 비슷한 수준의 다형성을 보인다. (*b*) MHC의 다유전자 특성은 중복된 다형의 *HLA-A*, *HLA-B*, *HLA-C* 유전자가 함께 있음으로써 나타난다. 이들 유전자들은 3쌍의 다른 제1형 MHC 단백질을 잠재적으로 만들 수 있게 한다. 각각의 색깔은 각 유전자의 다른 대립유전자 및 그것의 단백질을 나타낸다.

추가적인 MHC class I 단백질 다양성은 진화 유전자 중복사건으로 인해 유전적, 구조적, 기능적으로 관련이 있는 두 개의 유전자좌인 *HLA-B*와 *HLA-C*가 추가로 발생하는 **다유전자성(polygeny)**의 결과다. 이들 유전자 좌위는 또한 다형성을 가지며, 각각 2600개 및 1500개 이상의 대립유전자 변이체를 갖는다. 그러므로 한 개인은 전형적으로 세 가지 다형 유형 I 유전자좌 (모계 기원인 세 가지 산물과 부계 기원인 세 가지 산물)에서 파생된 여섯 개의 구조적으로 다른 단백질을 나타낸다 그림 27.15*b*). 마찬가지로, 매우 다형적이고 동등하게 발현되는 대립유전자들이 MHC class II 단백질을 *HLA-DR*, *HLA-DP* 그리고 *HLA-DQ* alpha와 beta 사슬 유전자 좌위에 암호화한다 (그림 27.13*a*).

다형성과 다유전자성의 결과로, 대부분의 개인은 독특한 MHC 유전자형을 가진다. 가깝게 연관된 가족 구성원들만이 같은 MHC 유전자와 단백질을 모두 가지고 있을 가능성이 있으며, 이 속성은 친자관계를 증명 (또는 반증)하거나 선조 계통을 추적하는데 사용될 수 있다 (**그림 27.16**). MHC 단백질의 이러한 높은 다형성 변형은 성공적인 조직 이식에 대한 주요 장벽으로 작용하는데, 이는 공여자의 조직 (이식편)의 MHC 단백질이 수혜자의 면역계에 의해 외래성으로 인식되기 때문이다. 이식된 MHC 단백질에 대한 면역 반응은 이식 조직의 거부와 사멸을 초래한다. 그러나 공여자와 수혜자 간에 일치하는 MHC 대립유전자는 조직 이식거부를 최소화한다. 또한 조직 거부의 조절은 면역계를 억제하는 약물을 투여함으로써 이루어질 수도 있다.

펩티드 항원 결합

MHC 단백질들의 대립유전자 변이의 대부분은 항원-결합 고랑 (그림 27.13)에 아미노산 변화가 집중됨에 따라 발생하며, MHC 단백질의 각 다형성 변이는 다른 펩티드 항원 세트에 결합한다. 단일 MHC 단백질에 의해 결합된 펩티드는 공통 구조 패턴—펩티드 **모티프(motif)**—을 공유하며, 각각의 상이한 MHC 단백질은 상이한 모티프에 결합한다. 예를 들어, 특정 클래스 I 단백질의 경우, 결합된 펩티드는 5번 위치에 페닐알라닌(F)이 있고 8번 위치에 루이신(L)이 있는 8개의 아미노산을 포함한다 (그림 4.28의 아미노산 구조). 펩티드의 다른 모든 위치는 임의의 아미노산 (X)에 의해 점유될 수 있다. 따라서 X-X-X-X-**F**-X-X-**L** 서열을 공유하는 모든 펩티드는 그 MHC 단백질에 결합할 것이다. 상이한 MHC 대립유전자에 의해 암호화되는 또 다른 MHC class I 단백질은 2번 자리에 티로신(Y), 6번 자리에 이소루이신(I)을 갖는 9개의 아미노산으로 구성되는 펩티드 모티프 (X-**Y**-X-X-X-X-X-X-**I**)에 결합한다.

각 모티프에서 변하지 않는 아미노산은 고정잔기(*anchor residues*)라고 불리며, 이들은 개별적인 MHC-펩티드 결합 홈 내에서 직접적으로 그리고 특이적으로 결합한다. 따라서 펩티드가 동일한 고정잔기를 함유하는 경우, 개별 MHC 단백질은 많은 다른 펩티드 항원을 결합하고 제시할 수 있다. 각 MHC 단백질은 서로 다른 고정 잔기가 있는 서로 다른 모티프와 결합하기 때문에 개인의 유전체에 암호화된 6개의 가능한 MHC I 단백질은 6개의 서로 다른 모티프에 결합한다. 이러한 방식으로, 각 개체는 제한된 수의 MHC I 분자를 사용하여 많은 다른 펩티드 항원을 제시할 수 있다. MHC II 단백질은 유사한 방식으로 펩티드와 결합한다.

그림 27.16 다형성의 *HLA* 유전자들과 조상 계통 추적. 다른 인구의 특정 *HLA* 대립유전자의 분포를 분석함으로써, 연구자들은 네안데르탈인을 포함하여, 고대 인류와 다른 조상들의 이주와 상호교배 패턴을 재구성하였다. 서로 다른 고대 인구 집단 사이의 *HLA* 유전자의 혼합은 현대의 면역반응을 강화하고 형성함으로써 생존율을 높이고 유전적 다양성을 증가시켰다.

인간 종 내의 다형성과 다유전자성으로 인해 거의 모든 병원체의 펩티드 항원 중, 적어도 일부는 MHC 단백질에 결합되어 제시될 수 있는 모티프를 나타낸다. 따라서 항원-결합 다양성을 생성하는 이 시스템은 각 수용체가 단 하나의 항원과 특이적으로 상호 작용하는 Igs (27.4절) 및 TCR (27.7절)을 합성하는 데 사용된 유전 기작과는 상당히 다르다.

미니퀴즈

- MHC 유전자에 적용되는 다형성(polymorphism)과 다유전자성(polygeny)을 정의하라.
- 어떻게 하나의 MHC 단백질이 여러 개의 다른 펩티드를 T-세포에 제시하는가?

IV • T 세포와 수용체

적응면역은 궁극적으로 감염된 세포의 펩티드 항원과 T 림프구가 상호작용하여 시작된다. T 세포에 의해 먼저 인식되는 감염된 세포는 내재면역반응에 참여하는 식세포와 동일한 식세포를 포함할 수 있다 (26장). 항원제시는 전구체 T 림프구를 활성화시켜 항원-특이적, 세포-매개 면역을 실행하는 T 세포로 분화시킨다. 항원에 의해 활성화된 T 세포의 부재 시에는 항원-특이적 면역이 거의 생성되지 않으며 또한 면역기억도 전혀 생성되지 않는다.

27.7 T 세포 수용체; 단백질, 유전자 그리고 다양성

항원-제시 세포는 식세포작용 (대식세포 및 수지상세포에서) 또는 BCR에 결합된 분자 항원의 내재화를 통해 세균, 바이러스 및 다른 항원 물질을 섭취한다. 섭취된 항원은 소화되어 MHC 단백질과 복합체를 이루고 T 세포에 대한 항원 제시를 위해 세포 표면으로 이동한다. T 세포의 TCR은 펩티드가 숙주 세포 표면상의 MHC 단백질과 복합체를 형성하는 경우에만 항원을 인식 (결합)할 수 있다 (27.6절). 예를 들어, 바이러스에 감염된 식세포는 바이러스 펩티드가 박혀있는 MHC I 및 MHC II 단백질을 내보일 것이다 (**그림 27.17**). 이러한 바이러스 펩티드-MHC 복합체는 T 세포의 표적이다.

각각의 T 세포는 하나의 펩티드-MHC 복합체에 특이적인 TCR을 발현한다. 항원 특이적 T 세포는 림프절 및 MALT의 APC와 밀접하게 연관되어 있다. T 세포는 끊임없이 주변 APC들을 조사하여 펩티드-MHC 복합체를 찾는다. TCR과 상호작용하는 펩티드-MHC 복합체는 T세포에 신호를 주어 성장, 분열 및 세포 매개 살해를 조절하는 항원-반응 클론의 생산, 염증 유발 그리고 항체 생산 B 세포를 활성화하게 한다. 여기에서 우리는 TCR이 APC 또는 감염된 표적세포에 제시된 항원과 어떻게 상호작용하는지 검토한다.

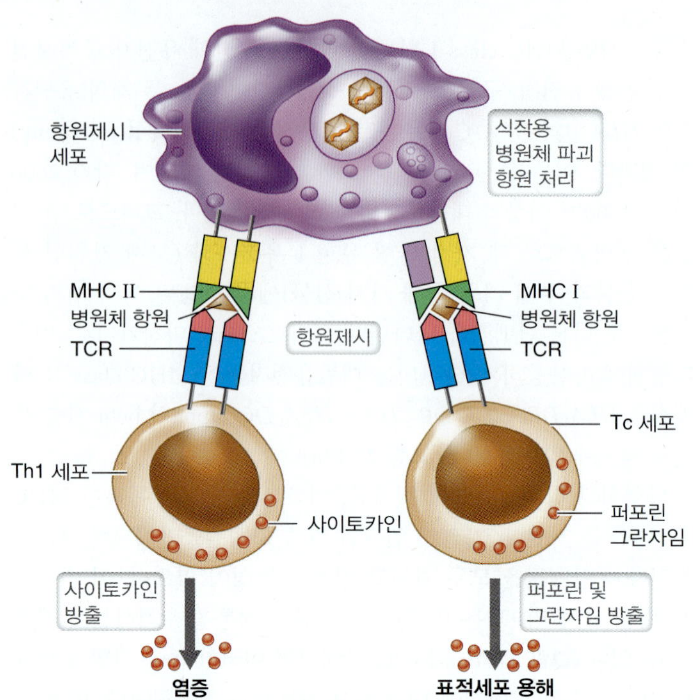

그림 27.17 T 세포 면역. 내재면역의 식세포들과 같이, 항원-제시세포들은 항원을 섭취하고 분해하며 가공한다. 그 다음 그들은 적응면역반응을 일으키는 단백질 사이토카인을 분비하는 T 세포에 항원을 제시한다. T-보조 1 (Th1)세포는 다른 세포를 활성화하고 염증을 유도하는 사이토카인을 생산한다. T-세포독성(Tc)세포는 인접한 표적세포를 파괴하는 단백질인 퍼포린과 그란자임을 생산한다.

TCR 구조, 다양성

TCR은 T 세포 표면에서 세포외부 환경으로 뻗어 있는 막 단백질이다. BCR을 갖는 B 세포와 마찬가지로 각 T 세포의 표면에는 수천 개의 특정 TCR의 사본이 있다. 기능적 TCR은 α 사슬과 β 사슬의 두 가지 폴리펩티드로 이루어져 있다. Igs와 유사하게, 각각의 TCR 사슬은 가변(V) 도메인 및 일정(C) 도메인을 갖고 (**그림 27.18**), Vα 및 Vβ 도메인은 협동적으로 상호작용하여 CDR1, CDR2 및 CDR3 부위를 함유하는 항원 결합 부위를 형성한다. 그러나 어떠한 조성의 항원과도 결합할 수 있는 Igs와는 달리, TCR은 MHC-펩티드만을 인식한다; 복합 다당류와 같은 다른 항원은 TCR에 의해 인식되지 않는다.

MHC I-펩티드에 결합된 TCR의 3차원 구조가 그림 27.18*a*에 도시되어 있다. TCR과 MHC 단백질은 모두 펩티드 항원에 직접 결합한다. MHC 단백질은 펩티드의 MHC 모티프인 한쪽 면과 결합하고 TCR은 그 펩티드의 또 다른 쪽 면인 T 세포 에피토프와 결합한다 (그림 27.18*b*). TCR의 CDR 영역은 MHC-펩티드 복합체에 직접 결합하고, 각 CDR은 특이적 결합기능을 갖는다. TCRα 사슬 및 β 사슬의 CDR3 부위는 항원 에피토프에 결합하고; TCRα 및 β 사슬의 CDR1 및 CDR2 부위는 주로 MHC 단백질에 결합한다.

적응면역반응은 거의 모든 가능한 펩티드 항원에 결합하기에 충분한 TCR 다양성을 생성할 수 있다. T 세포는 수용체 다양성을 B 세포에서의 Ig 다양성 생성과 유사한 방식으로 생성하며, 표 27.3에서는 각 세포 유형에 대한 수용체 다양성 생성 기작을 비교한다. Igs의 H 및 L 사슬과 유사하게, TCRα 및 β 사슬은 별개의 일정 도메인 및 가변 도메인 유전자 단편에 의해 암호화된다. TCR V-부위 유전자는 일련의 직렬의 단편으로 배열된다 (**그림 27.19**). α 사슬은 약 80 V 및 61 J 유전자 단편을 가지나, β 사슬은 52 V, 2 D 및 13 J 유전자 단편을 갖는다. Igs의 경우에서 보았듯이 (27.4절), TCR의 항원-결합 다양성은 체성 재조합, 부정확한 V-D-J (β-사슬) 또는 V-J (α-사슬) 연결 및 무작위 재편성(random reassortment)에 의해 생성된다. 추가적인 TCR 다양성은 β 사슬의 D 부위가 모두 세 가지의 읽기 틀(reading frame)로써 전사될 수 있기 때문에 생성되며 (4.9절 및 그림 4.35), 각각의 D 부위 유전자로부터 3개의 별개의 전사체들이 생산된다.

Ig H 및 L 사슬의 조립과 유사하게, 각 α 및 β 사슬은 무작위로 각 T 세포에 의해 생성되고 조립되어 완전한 α:β 이형이합체를 형성한다. Ig 유전자의 증가된 수용체 다양성에 필수적인 체성 과변이 기작은 T 세포에서 작용하지 않으므로, 이러한 사건으로 인한 추가적인 TCR 다양성은 불가능하다. 그러나 잠재적인 TCR 다양성은 여전히 엄청나서, 대략 10^{15}개의 서로 다른 TCR이 생성될 수 있다.

항원-결합 단백질의 구조적 유사성

앞서 살펴본 바와 같이, 적응면역반응의 항원-결합 단백질은 공통적인 구조적 특징을 가지고 있다. Ig, TCR 및 MHC 단백질 복합체

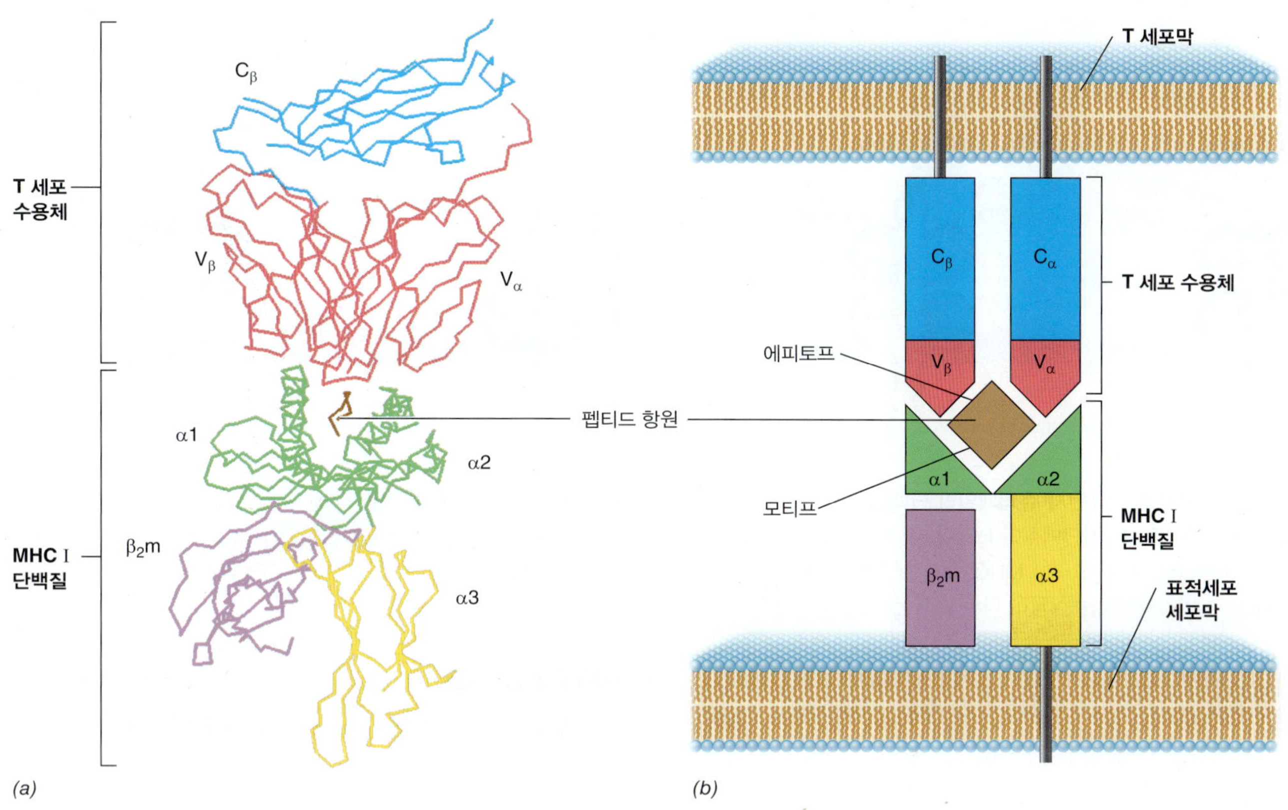

그림 27.18 TCR: MHC I–펩티드 복합체. *(a)* TCR, 펩티드 (갈색) 및 MHC의 방향을 보여주는 3-차원 입체 구조. 이 구조는 단백질 자료은행(Protein Data Base)에 저장되어 있는 자료로부터 얻었다. *(b)* 도식으로 표시한 TCR:MHC I–펩티드 구조. 펩티드는 MHC와 TCR 단백질과 동시에 결합하고 있으며, 각 단백질에 대한 결합 면이 다르다 (816쪽 참조).

는 모두 두 개의 같지 않은 폴리펩티드로 구성된다: MHC와 TCR 단백질은 α와 β 폴리펩티드 사슬로 구성되며 Ig는 별도의 중쇄 및 경쇄를 가지고 있다 (27.4절). 따라서 이들 단백질 복합체는 원시 항원 수용체를 암호화하는 유전자의 중복 및 선별에 기인한 것으로 여겨진다. 그들의 공통적인 구조적, 진화적, 그리고 기능적 특징 때문에 Ig, TCR 및 MHC 단백질을 암호화하는 유전자들은 **면역글로불린 유전자 슈퍼패밀리(immunoglobulin gene superfamily)**라고 불리는 광범위한 유전자군에 속한다. Ig 슈퍼패밀리 단백질의 비교를 **그림 27.20**에 나타내었으며, 몇 가지 별개의 동종 도메인이 강조되었다.

슈퍼패밀리의 각 단백질의 일정(C) 도메인은 50~70개의 아미노산에 걸쳐 사슬 내 이황화 결합을 갖는 약 100개의 아미노산으로 구성된 고도로 보존된 아미노산 서열을 갖는다. C 도메인은 항원-결합 분자에 대한 구조적 완전함을 제공하고, 항원-결합 V 도메인을 세포질 막에 고정시키고, 각 단백질에 그들의 특징적인 형태를 제공한다. C 도메인은 또한 액세서리 분자에 대한 인식 자리를 제공할 수 있다. 예를 들어, 대부분의 IgG 및 모든 IgM 단백질의 C 도메인은 보체의 C1q 성분에 의해 결합되며, 이는 고전적인 보체 활성화 경로의 개시에 중요한 첫 단계이다 (26.9절). 마찬가지로, MHC I C 도메인은 Tc 세포에서 부속 CD8 단백질에 결합

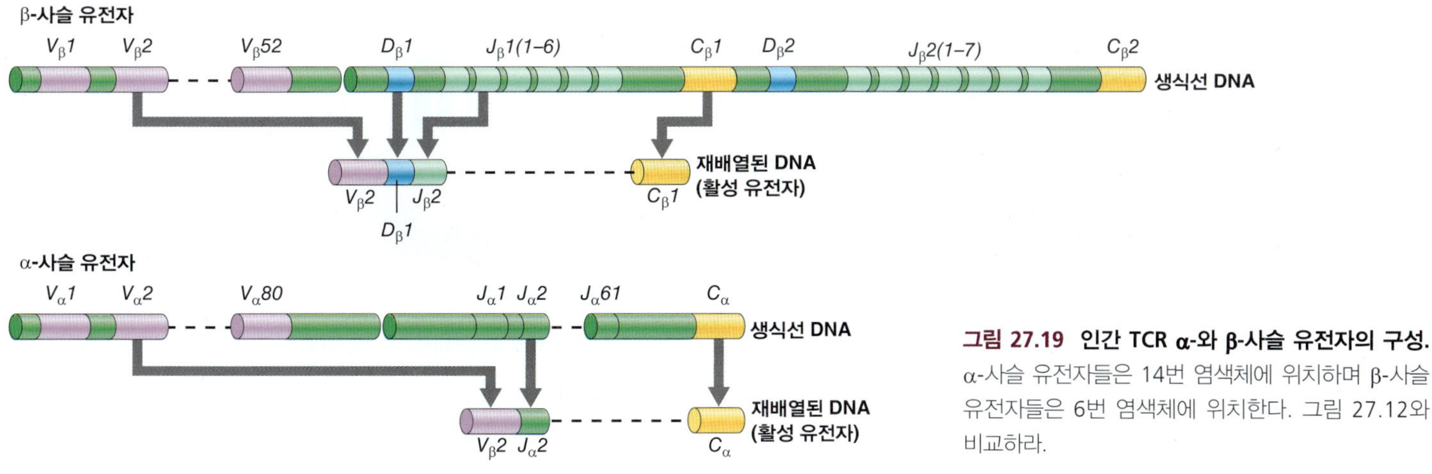

그림 27.19 인간 TCR α-와 β-사슬 유전자의 구성. α-사슬 유전자들은 14번 염색체에 위치하며 β-사슬 유전자들은 6번 염색체에 위치한다. 그림 27.12와 비교하라.

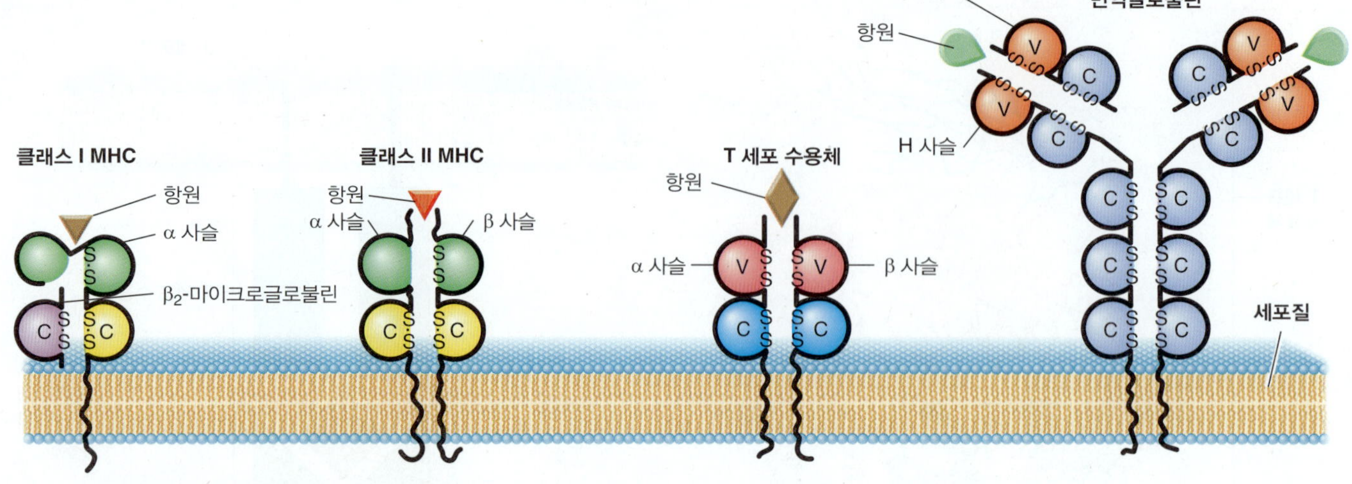

그림 27.20 면역 글로불린 유전자 슈퍼패밀리 단백질. 일정 도메인은 상동인 아미노산 서열과 고차원 구조를 가진다. 각 단백질 사슬의 Ig-유사 C 도메인은 그 단백질이 Ig 유전자 슈퍼패밀리의 구성원임을 증명하는 진화적 연관성을 나타낸다. Ig와 TCR의 V 도메인들 또한 Ig 도메인이다. 그러나 MHC class I과 MHC class II 단백질의 펩티드-결합 도메인은 그렇지 않은데, 이는 그들의 구조가 Ig 도메인의 기본 특징과는 상당히 다르기 때문이다.

하고, 상동의 MHC II C 도메인은 Th 세포의 CD4에 결합한다. 앞서 논의한 바와 같이, 이러한 상호작용은 T 세포 활성화와 적응면역의 개시에 중요한 단계이다 (27.5절).

TCR 및 Ig 분자의 가변(V) 도메인들은 C 도메인과 거의 같은 길이지만, V 도메인의 구조는 V 도메인 서로 간에 또한 C 도메인과도 상당히 다를 수 있다. Ig 및 TCR V 도메인은 거의 무한에 가까울 정도로 다양한 항원과 특이적인 상호작용을 한다. 대조적으로, MHC 단백질의 V 도메인은 Ig 및 TCR V 도메인과 독립적으로 진화하였다. MHC V 도메인은 공통적인 모티프를 공유하는 외래 펩티드와 상호작용하여 (27.6절), TCR에 의해 인식되는 MHC-펩티드 복합체를 생성한다.

미니퀴즈

- TCR의 CDR1, CDR2 및 CDR3의 기능적 차이를 설명하라.
- Igs의 다양성-생성 기작과 비교하여, TCR에 독특한 다양성-생성 기작을 설명하라.
- 면역글로불린 슈퍼패밀리의 일정 및 가변 도메인의 구조적 특징을 설명하고 비교하라.

27.8 T 세포 다양성

항원-반응성 T 세포는 서로 다른 기능적 특성을 갖는 다수의 T 세포 하위집단(subsets)으로 구성된다. **T-세포독성 세포(T-cytotoxic cells, Tc cells)**는 세포독성 T 림프구(*cytotoxic T lymphocytes, CTLs*)라고도 함, 감염된 세포의 펩티드-MHC I 복합체를 인식하는 CD8 T 세포 (27.5절)이다. 대조적으로, 몇몇 더 전문화된 Th 세포 하위집단으로 분화할 수 있는 **T-보조 세포(T-helper cells, Th cells)**는 APC 표면의 펩티드-MHC II 복합체와 상호작용하며, 대식세포를 활성화시키고 항체-매개 면역을 자극하는 CD4 T 세포이다.

T-세포독성 세포

하나의 Tc 세포가 감염된 세포 상의 외래 펩티드와 상호작용할 때, 항원-특이적 기작을 통해 펩티드-함유 표적세포를 사멸시킨다. 예를 들어, 바이러스에 감염된 세포에 표시되는 MHC I에 내장된 바이러스 펩티드는 바이러스 항원을 인지하는 TCR을 갖는 Tc 세포에 의해 상호작용 및 사멸되어야 하는 세포임을 표지한다.

감염된 세포에 대한 살해작용을 개시하기 위해서는 Tc 세포와 표적세포 사이의 접촉이 필요하다 (**그림 27.21**). 초기 접촉은 TCR과 펩티드-MHC I 복합체 사이에서 일어난다. 그러면 Tc 세포의 CD8 단백질은 MHC I 단백질에 결합하여 상호작용을 강화시킨다. 표적세포와 접촉하면, Tc 세포 내부의 과립이 접촉부위로 이동하여 과립의 내용물이 방출된다 (탈과립, degranulation). 과립은 퍼포린(perforin) 및 그란자임(granzyme)을 함유한다 (27.5절). 퍼

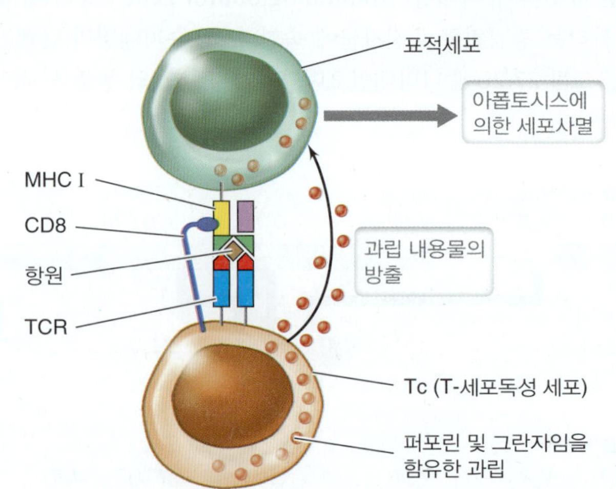

그림 27.21 T 세포독성 세포. Tc 세포에 있는 TCR이 어떤 세포에 있는 MHC I-펩티드 복합체와 결합하게 되면 Tc 세포는 퍼포린과 그란자임을 함유한 과립을 방출하고, 이로 인해 표적세포에 구멍이 뚫어지게 된 후 세포자살을 야기한다.

표 27.4 T-보조 세포 하위 집단

특징	Th1	Th2	Th17	Treg
항원-제시 세포	대식세포	B 세포	활성화된 수지상세포	비활성화 상태의 수지상세포
주요 사이토카인 생산	IL-2, IFN-γ, TNF-α	IL-4, IL-5	IL-17, IL-6	IL-10, TGF-β
세포성 효과	T 세포 (IL-2) 및 대식세포의 활성화	B 세포의 활성화	호중구의 활성화 및 모집	적응면역세포들의 억제
전신성 효과	세포-매개 면역	항체-매개 면역	내재면역의 증폭	Th 면역의 제어

포린이 표적세포의 막에 들어와서 결합하여 막을 관통하는(transmembrane) 구멍(pore)을 형성하여 그란자임(granzymes)이 표적세포로 들어간다. 그란자임은 세포사멸(*apoptosis*; programmed cell death: 계획세포사)을 유도하는 세포독소로, 내부에서 표적 세포를 조직적으로 파괴하고 분해하는 특징이 있다. Tc 세포는 Tc 세포와 펩티드-MHC I을 갖는 표적세포 사이의 접촉 표면에서만 과립이 방출되기 때문에 외래 항원을 표면에 전시하는 세포만을 죽인다. Tc 세포에 의해 인식되는 펩티드가 없는 세포는 접촉하지 못하며 살해되지 않는다.

T-보조 세포의 다른 부류들

APCs와의 상호작용은 CD4 Th 세포를 몇몇 아집단으로 분화시키는데, 이들 각각은 특이적인 사이토카인을 만들어내어 대식세포, 항체-생산 B 세포, 중성구와 같은 효과기 세포들을 모집한다 (**표 27.4**). 대식세포 (26.4절)들은 세포-매개성 면역에서 APCs로서 핵심적인 역할을 한다. **그림 27.22*a***에서 설명된 바와 같이, 대식세포들은 항원들을 섭취하고 처리하며 **Th1 세포(Th1 cells)**에 항원을 제시한다. Th1 세포들은 다른 T 세포들의 생장과 활성화를 일으키는 사이토카인인 IL-2를 생산하고, 사이토카인인 인터페론-γ (IFN-γ), 종양괴사인자(TNF-α), 과립구-단핵구 집락자극인자(GM-CSF)를 통해 대식세포를 활성화한다 (그림 27.22*a*), Th1-활성 대식세포는 비활성화된 대식세포 (그림 27.22*b*)보다 외래 세포를 보다 효율적으로 흡수하여 죽이고, 또한 대식세포는 암세포에 의해 발현된 종양 특이적 항원을 비자기로 인식하기 때문 종양세포를 살해한다.

활성화된 대식세포는 또한 각각 전 염증성 매개체 및 화학적 유

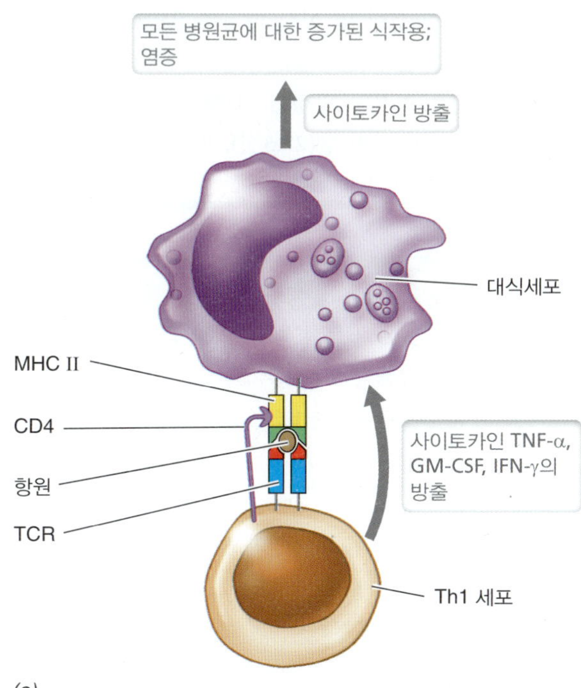

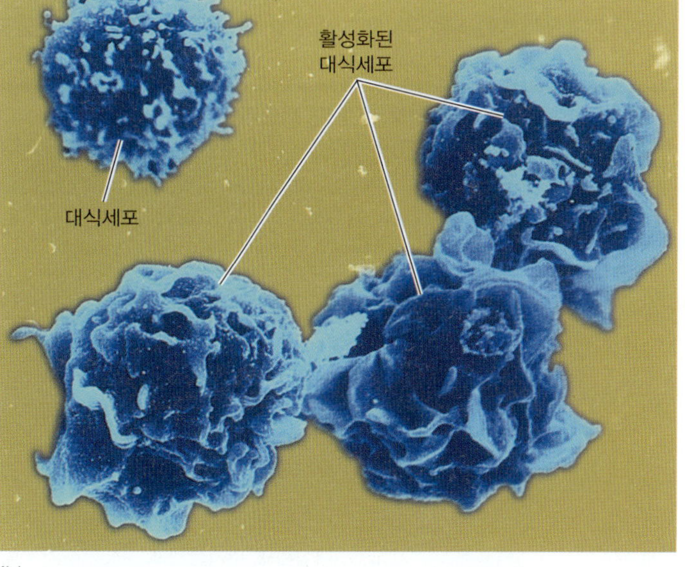

그림 27.22 Th1 세포와 대식세포 활성화. *(a)* Th1 세포 (T-염증 세포)는 대식세포 표면의 MHC II 단백질을 통해 제시된 항원에 의해 활성화된다. 활성화된 Th1 세포는 대식세포를 활성화하는 사이토카인을 생산하며, 증가된 식세포 활성과 염증을 유도한다. *(b)* 활성화된 대식세포는 휴지기의 대식세포보다 일반적으로 더 크며 주름진 표면과, 종종 병원체를 "감지하기(feel)" 위한 세포질의 확장을 가진다. 더 공격적인 식세포작용에 추가적으로, 활성화된 대식세포는 활성화된 대식세포는 리소솜에서 발견되는 단백질 가수분해효소와 같은 살균 효소와 활성산소 종을 생산하는 효소를 암호화하며 이들은 모두 포식용해소체 내부에서 미생물을 신속하게 죽이고 소화시키기 위해 설계되어 있다 (그림 26.10).

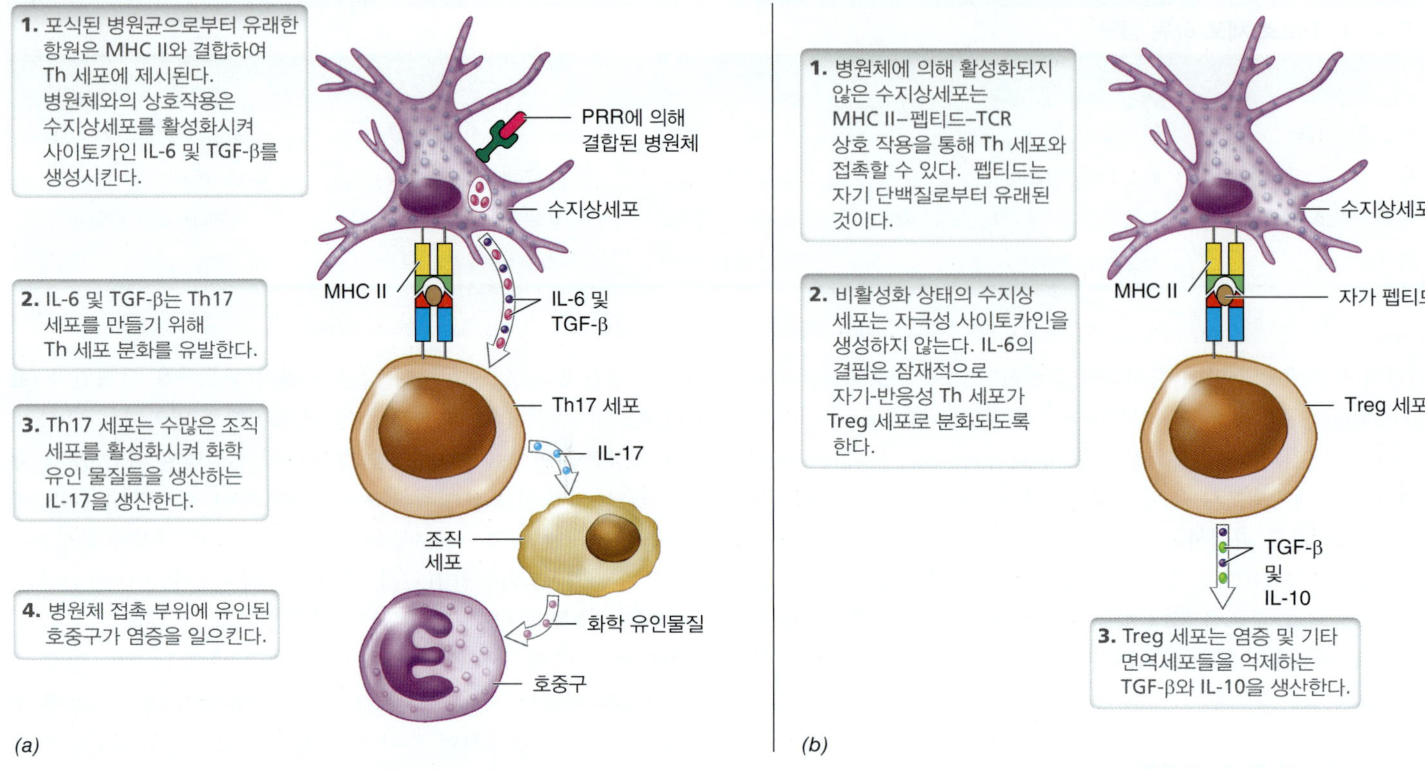

그림 27.23 Th17과 Treg 세포. *(a)* Th17 세포는 병원체에 의해 자극된 수지상세포와 상호작용하여 호중구를 병원균 침입 장소로 유인하고, 염증 및 병원체 제어가 일어나게 한다. *(b)* Treg 세포는 활성화되지 않은 수지상세포와 상호작용하고, 자기항원(self antigens)에 대한 반응을 제어하는 면역억제 사이토카인들을 만듦으로써 반응한다.

인물질로서 작용하는 여러 사이토카인 및 케모카인을 생산한다. **표 27.5**는 이들 및 다른 중요한 면역 사이토카인 및 케모카인의 공급원 및 활성을 요약한 것이다. 장기 또는 조직 이식의 경우, Th1-활성화된 대식세포는 숙주의 Th1 세포가 이식에서 자가 MHC 단백질을 인식하고 대식세포 활성화 및 이식 파괴를 유발할 경우 실제로 숙주에게 해를 끼칠 수 있다 (27.6절).

Th2 세포(Th2 cells)는 B 세포 활성화 및 항체생산에 중추적인 역할을 한다. 우리가 논의한 것처럼 (27.3절), B 세포는 항체를 만

표 27.5 주요 면역 사이토카인 및 케모카인

사이토카인 (케모카인)	주요 생산세포	주요 대상세포	주요 효과
IL-4[a]	Th2	B 세포	활성화, 증식, 분화, IgG1 및 IgE 합성
IL-5	Th2	B 세포	활성화, 증식, 분화, IgA 합성
IL-2	미경험 T 세포, Th1 및 Tc	T 세포	증식 (종종 자가 분비)
IFN-γ[b]	Th1	대식세포	활성화
GM-CSF[c]	Th1	대식세포	성장과 차별화
TNF-α[d]	Th1	대식세포	염증 유발 사이토 카인의 활성화, 생산
	대식세포	혈관 상피	활성화, 염증
IL-1β	대식세포	혈관 상피, 림프구	활성화, 염증
IL-6	대식세포, 수지상세포	림프구	활성화
IL-12	대식세포, 내피세포	NK 세포, 미경험 T 세포	Th1 IL-17에 대한 활성화, 분화 촉진
IL-17	Th17	호중구	활성화
CXCL8 (케모카인)	대식세포	호중구, 호염구, T 세포	화학주성 인자
CCL2 (MCP-1[e]) (케모카인)	대식세포	대식세포, T 세포	화학주성 인자, 활성화제

[a]IL, 인터루킨; [b]IFN, 인터페론; [c]GM-CSF, 과립구-단핵구 집락자극인자; [d]TNF, 종양괴사인자; [e]MCP, 대식세포 화학유인 단백질

들고, 분화된 B 세포는 항원 수용체인 항체(BCR)로 뒤덮인다. 항원이 BCR에 결합하면 (그림 27.6), 항체에 결합된 항원이 세포 내 이입과정(endocytosis)에 의해 B 세포로 옮겨져 분해된다. 그런 다음 분해된 항원의 펩티드를 Th2 세포에 제시하기 위해 B 세포의 MHC II 단백질에 실어준다. Th2 세포는 B 세포를 활성화시키고 증식 및 제시된 항원에 대해 특이적인 항체를 생산 및 분비하는 형질세포(plasma cell)로 분화시키는 사이토카인인 IL-4와 IL-5를 생산함으로써 반응한다 (27.3절).

수지상세포 (26.4절)에 의한 항원제시는 Th17 및 Treg 세포를 포함하는 다른 Th 세포 하위집단의 발달에 결정적인 역할을 한다. **Th17 세포(Th17 cells)**는 적응면역반응의 첫 번째 단계에서 중요하다. 미분화상태, 또는 미경험(*naive*) Th 세포는 수지상세포의 활동을 통해 Th17 세포로 분화한다. 수지상세포가 병원체를 만나면, 그들은 항원을 제시하고 미경험 Th 세포가 Th17 세포로 분화하는 것을 촉매하는 사이토카인인 IL-6와 TGF-β(transforming growth factor-β)를 분비한다 (**그림 27.23*a***). 이어서 Th17 세포는 사이토카인인 IL-17을 생산하고 IL-17을 통해 다른 조직 세포들을 활성화시켜서, 친염증성 호중구(proinflammatory neutrophils)를 감염 부위에 끌어들이는 사이토카인 및 케모카인을 생산하게 한다 (표 27.5). 따라서 Th17 세포의 기능 IL-17을 생산하여 호중구를 감염 부위로 유도하는 캐스케이드를 시작하는 것이다. 호중구를 모집함으로써, Th17 세포는 병원체과 수지상세포의 상호작용에 의해 유발되는 내재면역을 증폭시킨다.

Treg 세포(Treg cells)는 면역조절에 중요하다. 미분화된 Th 세포는 Th17 세포를 생산하는 IL-6 자극의 경우와 같이 특정 사이토카인에 의해 성숙되기 위해 자극되지 않으면 그대로 남아 있는다. 그러나 병원체가 없는 경우, Th 세포는 여전히 MHC II-peptide-TCR을 통해 수지상세포와 상호작용할 수 있다 (그림 27.23*b*). 이 경우 펩티드는 일반적으로 자신의 펩티드이며, 이들에 대한 면역반응은 자가면역질환을 일으킬 수 있다. 그러나 수지상세포는 병원체와 상호작용하지 않기 때문에 그들은 IL-6를 생산하여 Th17 분화를 촉진할 수 없다. 그 대신, IL-6의 부재는 면역과 염증을 억제하는 두 사이토카인인 IL-10과 TGF-β를 만드는 Treg 세포로의 분화를 일으킨다. 자가 항원이 존재하고 IL-6가 없는 경우에 Treg 세포는 면역반응을 차단하고 염증을 억제한다. 이것은 자가 항원에 대한 면역반응을 조절하고 자가면역을 예방하는 데 중요하다.

미니퀴즈
- Tc 세포가 감염된 숙주 세포를 인식하는 기작을 설명하라.
- Tc 세포가 사용하는 효과 체계 (세포-살해 기작)를 설명하라.
- 각기 서로 다른 Th 세포들의 역할과 기능을 비교 및 대조하라, 이들이 어떤 사이토카인들을 생산하고, 또한 이러한 사이토카인들은 어떤 효과세포에 작용하는지에 대해 설명하라?

V • 면역 장애와 결함

어떤 경우에는 적응면역반응이 숙주를 손상시킬 수 있다. 예를 들어, **과민반응(hypersensitivity)**은 숙주손상 및 경우에 따라 숙주의 사망을 초래하는 면역반응이다. 과민증은 항원과 질병을 일으키는 기작에 따라 분류된다. 마찬가지로 슈퍼항원(*superantigens*), 대량의 염증 반응을 개시하는 특정 세균과 바이러스에 의해 생성된 단백질에 대한 노출은 또한 숙주 손상을 초래하는 심한 면역반응을 일으킨다. 이 장을 결론짓기 위해 우리는 이들 모두를 면역 결핍증과 함께 고려한다. 면역 결핍증은 숙주의 면역반응이 감염에 효과적으로 대처할 수 없거나 부족한 상태이다.

27.9 알레르기, 과민반응, 그리고 자가면역

항체-매개성 **즉시형 과민반응(immediate hypersensitivity)**은 일반적으로 알레르기(*allergy*)라고 한다. 세포-매개 과민반응은 또한 알레르기-유사 질환을 유발하지만, 증상이 지연되기 때문에 세포-매개반응을 **지연형 과민반응(delayed type hypersensitivity, DTH)**이라고 한다. **자가면역(autoimmunity)**은 자가 항원에 대한 유해한 면역반응이다. 이 과민증은 면역 효과자, 항원 및 증상에 기초하여 I, II, III 또는 IV 유형으로 분류된다 (**표 27.6**).

즉시형 과민증

즉시형 (I형) 과민반응은 IgE로 코팅된 비만세포에서 혈압이나 심박 수를 증가 또는 감소시키는 물질(vasoactive product)의 방출로 야기된다 (**그림 27.24**). 즉시형 과민반응은 I형 과민증을 일으킨 항원인 알레르기 항원(*allergen*)에 노출된 후 수분 이내로 발생한다. 개인 및 알레르기 항원에 따라 즉시형 과민반응은 경미한 알레르기 반응이거나 아나필락시스(*anaphylaxis*)라는 생명에 위협적인 반응을 일으킬 수 있다.

표 27.6 과민반응

분류	설명	면역 기작	대기 시간	예시
유형 I	즉시형	비만세포의 IgE 감작	수 분	봉독 (벌침)에 대한 반응, 건초열
유형 II	세포독성[a]	IgG와 세포 표면 항원의 상호작용	수 시간	약물 반응 (페니실린)
유형 III	면역복합체	IgG와 용해성 또는 순환성 항원의 상호작용	수 시간	전신성 홍반루푸스 (SLE)
유형 IV	지연형	대식세포의 Th1 염증세포 활성화	수일 (24~48시간)	덩굴 옻나무, 투베르쿨린 검사

[a]자가면역질환은 II형, III형 또는 IV형 반응에 의해 유발될 수 있음.

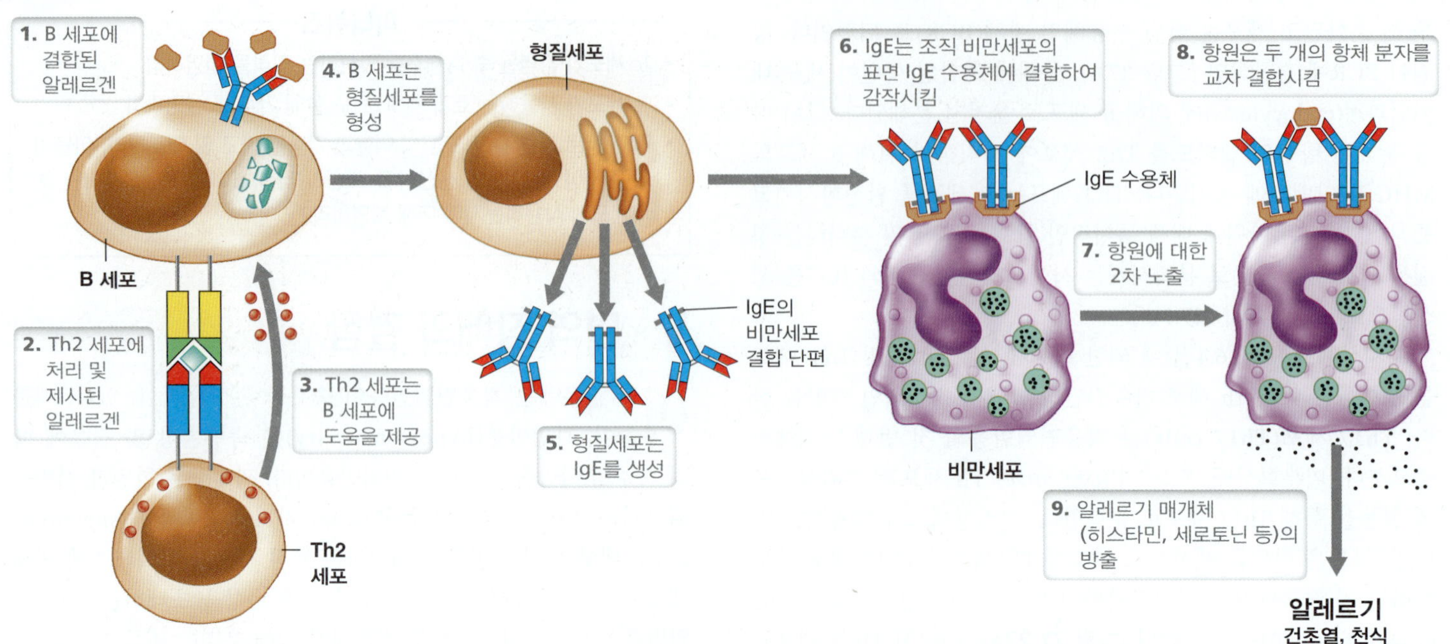

그림 27.24 즉시형 과민증. 화분과 같은 특정 항원들은 IgE 생산을 자극한다. IgE는 비만세포의 표면에 존재하는 고친화성 수용체에 결합하고, 그 결과로서 비만세포를 감작시킨다. 항원이 표면 IgE를 교차 결합시키면, 히스타민을 포함한 가용성 매개체들이 방출된다. 이러한 매개체들은 약한 알레르기 증상부터 생명을 위협하는 아나필락시스까지의 다양한 증상들을 일으킨다.

인구의 약 20%는 꽃가루, 곰팡이, 동물의 비듬, 특정 식품 (딸기, 견과류 및 조개류), 곤충 독, 먼지 진드기 및 기타 약제에 대한 즉시형 과민반응 알레르기로 고통받는다. 대부분의 알레르기 항원(allergen)은 폐나 내장과 같은 점막의 표면에서 신체로 들어간다. 알레르기 항원에 처음 노출되면, Th2 세포가 B 세포로 하여금 IgE 항체를 생성하도록 유도하는 사이토카인을 생성한다. 알레르기 항원-특이적 IgE 항체는 비만세포의 IgE 수용체에 결합한다 (그림 27.24). 비만세포는 전신의 모세혈관에 인접한 결합조직과 연관된 비운동성 과립세포이다 (⊂⊃ 26.4절). 면역 조치된 알레르기 항원에 대한 어떠한 차후의 노출에 의해, 비만세포에 결합된 IgE 분자는 항원에 결합한다. 한 항원에 의한 IgE 교차-결합은 비만세포로부터 용해성 알레르기 매개체를 방출하게 하는 탈과립화(*degranulation*)를 촉진한다. 이 매개체는 항원 노출 후 몇 분 내에 알레르기 증상을 일으킨다. 알레르기 항원에 의한 초기 감작 후, 알레르기를 가진 개인은 알레르기 항원에 대한 각각의 재노출에 대해 반응한다.

비만세포에서 방출되는 주요 화학 매개체는 혈관의 급속한 확장 및 평활근의 수축을 일으켜 경미한 국부적 불편감에서 전신성 아나필락시스 쇼크까지의 증상을 개시하는 변형된 아미노산인 히스타민 및 세로토닌이다. 국소증상은 전형적으로 점액 생성, 발진, 재채기, 가려움, 눈물 및 두드러기를 포함한다 (**그림 27.25**). 아나필락시스 쇼크의 증상으로는 혈관 확장 (혈압이 급격히 저하됨)과 폐의 평활근 수축으로 인한 천식을 포함할 수 있다. 심한 아나필락시스는 호르몬인 에피네프린으로 즉시 치료되어 평활근의 수축을 막아 혈압을 높이고 호흡을 촉진시킨다. 덜 심각한 알레르기 증상은 히스타민을 중화시키는 항히스타민제(*antihistamines*) 또는 항-염증성 스테로이드로 치료할 수 있다. 마지막으로, 알레르기 항원을 증가하는 복용량으로 면역 조치하는 것은 IgE에서 IgG 및 IgA로 항체 생산을 이동시킬 수 있다. IgG와 IgA는 알레르기 항원과 상호작용하여 감작된 비만세포의 IgE에 대한 항원 결합을 차단한다. 탈감작(*desensitization*)이라고 하는 이 과정은 IgE 생성을 억제하고 알레르기 증상을 멈춘다.

지연형 과민증

지연형 (IV형) 과민증 (DTH)은 Th1 세포에 의해 개시된 염증으로 인한 조직손상을 특징으로 하는 세포-매개성 과민증이다 (표 27.6). DTH 증상은 유발 항원에 이차 노출 후 수 시간 후에 나타나며 대개 24시간에서 48시간 사이에 최대 반응이 일어난다. 일반적인 DTH 항원은 정상적으로는 면역원이 아니지만, 피부 단백질에 공유결합하여 새로운 항원을 생성하고 DTH 반응을 이끌어내는 화학물질을 포함한다. 이러한 새로 생성된 항원들에 대한 과민반응은 접촉성 피부염(*contact dermatitis*)으로 알려져 있으며, 덩굴 옻나무 (**그림 27.26**), 보석, 화장품, 라텍스 및 기타 숙주 조직과 반응하는 화학 물질에 대해 피부반응을 초래한다. 항원에 두 번째 또는 후속 노출된 후 몇 시간이 지나면 피부는 접촉부위에서 가려움을 느낀다. 흔히 수포의 형태로서 국소적인 조직 파괴와 함께 홍반(erythema) [발적(redness)]과 부종(edema) [팽윤(swelling)]이 나타나고 수일 내에 최대에 이른다. 염증반응의 지연 발병 및 진행은 DTH 반응의 특징이다. 아래에 설명된 것처럼 특정 자가 항원은 또한 DTH 반응을 유도하여 자가면역질환을 유발할 수 있다.

지연형 과민증의 또 다른 예는 결핵을 유발하는 세균인 *Myco-*

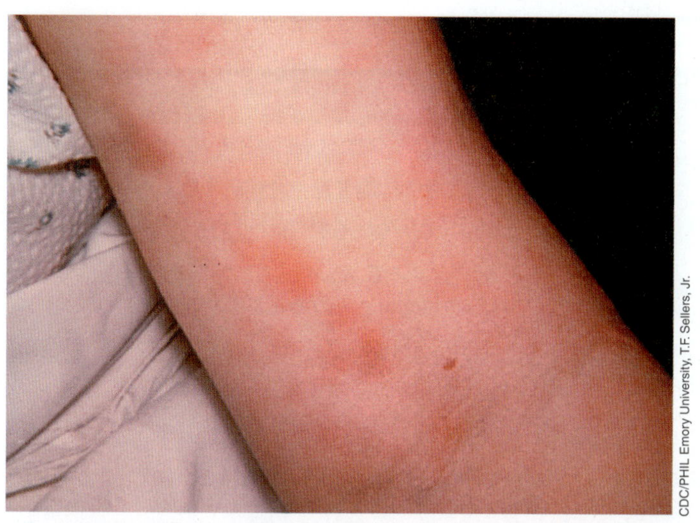

CDC/PHIL Emory University, T.F. Sellers, Jr.

그림 27.25 즉시형 과민증에 의한 두드러기. 부어오름, 붉어짐은 즉시형 과민증을 일으키는 항원에 접촉한 후 나타나는 전형적인 증상들이다.

bacterium tuberculosis (30.4절)에 대한 방어 면역의 발달이다. 미생물학자로 전환한 Robert Koch는 1세기 전에 결핵에 관한 그의 고전적 연구에서 이 세포성 면역반응을 발견했다 (1.10절). *M. tuberculosis*에서 유래한 항원을 이전에 이 세균에 감염된 사람에게 피하 주사하면 투베르쿨린 반응(tuberculin reaction)이라고 하는 피부 반응이 24~48시간 내에 발생한다 (**그림 27.27**). 도입된 *M. tuberculosis* 항원에 의해 자극된 국소 Th1 세포는 많은 수의 대식세포를 모집하고 활성화시키는 사이토카인을 방출하며, 경화(induration), 부종, 홍반, 통증 및 피부 발열을 포함하는 특유의 국소 염증을 일으킨다. 활성화된 대식세포는 침입한 항원을 섭취하고 파괴한다. DTH에 기반을 둔 투베르쿨린 피부 검사는 현재 또는 이전의 *M. tuberculosis* 감염 또는 이전의 결핵 백신 접종 (28.5절) 검사에 사용된다.

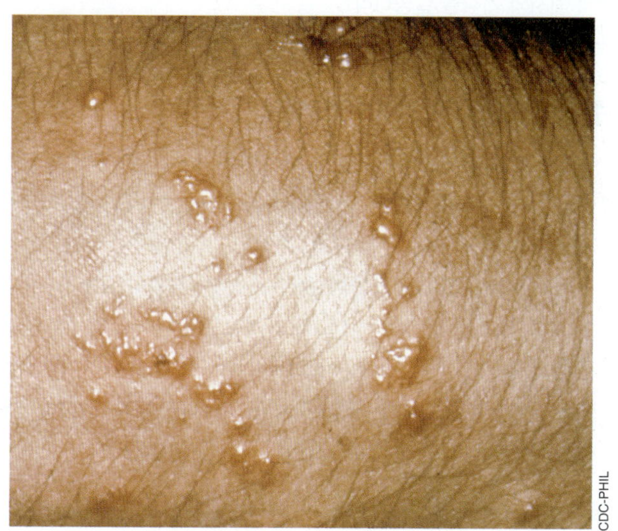

CDC-PHIL

그림 27.26 지연형 과민증. 덩굴 옻나무에 의한 팔의 물집. *Rhus* 속(genus)의 식물에 대한 노출로부터 24~48시간 이후에 *Rhus* 항원에 대해 감작된 Th1 세포에 의한 대식세포의 활성화의 결과로 발진이 나타난다.

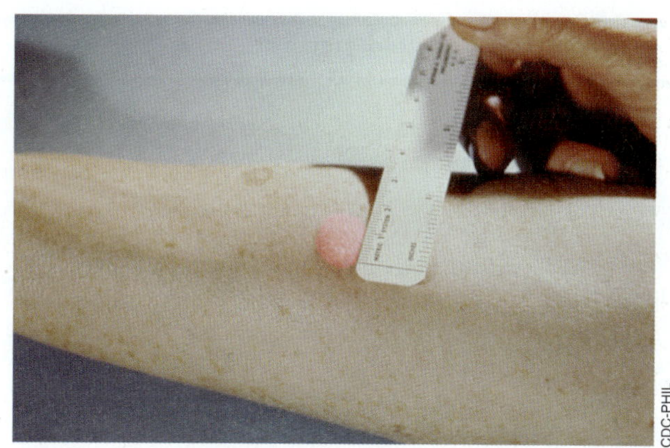

CDC-PHIL

그림 27.27 Th1 세포와 대식세포 활성화. 이 투베르쿨린 검사는 양성 반응을 보인다. 항원-특이적 Th1 세포들에 의해 활성화된 대식세포들은 주사된 부위에 투베르쿨린에 대한 국소적 반응을 일으킨다. 팔뚝에서 염증반응이 일어난 부위는 직경이 약 1.5 cm이다.

세포내 병원체에 의한 다른 여러 가지 감염성 질병이 DTH 반응을 유도한다. 이것들은 나병(leprosy), 브루셀라증(brucellosis) 및 앵무새 병(psittacosis)과 같은 세균성 질병; 유행성 이하선염(mumps)과 같은 바이러스성 질병; 및 진균성 질환, 예컨대 콕시디오이데스 진균증(coccidioidomycosis), 히스토플라즈마증(histoplasmosis) 및 분아균증(blastomycosis)을 포함한다. 투베르쿨린 반응과 유사한 가시적인 항원-특이적 피부 반응은 병원체에서 유래된 항원을 주사한 후 병원체 노출 및 Th1 매개 면역을 나타낸다.

자가면역

림프구가 발생 과정을 진행하는 동안, 자기 항원과 반응하는 T 및 B 세포는 정상적으로 제거된다 (27.1절). 자가면역질환은 이러한 B 및 T 세포가 활성화되어 자기 단백질들에 대한 면역반응을 일으킬 때 발생한다 (**표 27.7**). 예를 들어, Th1-매개 지연형 과민증은 알레르기성 뇌염에서 뇌-유래 자기 항원들에 대한 Th1-매개 반응의 경우처럼, 자기 항원들에 대해 자가면역반응을 야기할 수 있다. 제1형 (소아) 당뇨병에서 췌장세포 표면의 항원에 대한 Th1 세포는 췌장의 인슐린-생산 베타세포를 파괴하는 반응을 일으킨다.

그러나 수많은 자가면역질환이 자기 항원과 상호작용하는 항체인 **자가항체 (autoantibodies**: 기관-특이적인 것이 많음)에 의해 유발된다. 예를 들어, 하시모토병(hypothyroidism)에서 갑상선 호르몬 합성을 돕는 갑상선 단백질 생성물인 타이로글로불린(thyroglobulin)에 대한 자가항체가 만들어진다. 하시모토병에서는 타이로글로불린에 대한 항체가 보체 단백질 (26.9절)에 결합하여 국소염증과 제 II형 과민성 질환의 특징인 숙주 세포 파괴를 일으킨다 (표 27.7).

전신성 홍반루푸스(*systemic lupus erythematosis, SLE*)는 제 III형 과민증에 의한 자가면역질환이다. 이 질환과 그 외의 다른 질환들은 가용성의 순환하는 자기항원들에 대한 자가항체에 의해 유발

표 27.7 사람의 일부 자가면역질환

질병	영향을 받는 장기, 세포 또는 분자	기작 (과민성 타입)[a]
제1형 당뇨병 (인슐린 선천성 진성 당뇨병)	이자	세포 매개 내성 및 췌장섬 베타세포의 세포질 항원제 (II, IV)
중증 근무력증	골격근	골격근에 있는 아세틸콜린 수용체에 대한 자가항체 (II)
Goodpasture 증후군	신장	신장 사구체 기저부에 대한 자가항체 (II)
류마티스 관절염	연골	염증 및 연골 파괴를 유발하는 관절 조직에 침착된 복합체를 형성하는 자가 IgG 항체에 대한 자가항체 (III)
하시모토병 (갑상선 기능 저하증)	갑상선	갑상선 표면 항원에 대한 자가항체 (II)
남성 불임 (경우에 따라 다름)	정자 세포	자가항체가 숙주 정자 세포를 응집시킴 (II)
악성 빈혈	내재적 요인	자가항체가 비타민 B_{12} (III)
전신성 홍반성 루푸스(SLE)	DNA, 카디오리핀, 핵단백질, 혈액 응고 단백질	다양한 세포 성분에 대한 자가항체 반응으로 면역복합체 형성 (III)
Addison 병	부신	부신 세포 항원에 대한 자가항체 (II)
알레르기 성 뇌염	뇌	뇌 조직에 대한 세포 매개 반응 (IV)
다발성 경화증	뇌	중추신경계에 대한 세포 매개성 및 자가항체 반응 (II 및 IV)

[a]표 27.6 참조

된다. SLE에서 항원은 핵 단백질과 DNA를 포함한다. 이들에 대한 자가항체들은 가용성 단백질에 결합하여, 불용성의 면역복합체를 생성하고. 순환하고 있던 항원-항체 복합체가 신장, 폐, 그리고 비장과 같은 체내의 다른 조직에 침적하게 될 때 질병 증상이 초래된다. 조직에서 항체는 보체와 결합하여 염증과 국소적으로, 종종 심한 조직손상을 일으킨다. 제 III형 과민반응은 면역복합체 장애(*immune complex disorders*) (표 27.6)이라고도 불린다.

기관-특이적 자가면역질환은 때로 다수의 기관에 영향을 미치는 질환보다 임상적으로 더 쉽게 통제된다. 예를 들어, 자가면역 갑상선 기능 저하증의 티록신(thyroxine)이나 제I형 당뇨병의 인슐린(insulin)과 같은 장기 기능에 따른 생성물은 종종 다른 급원으로부터 순수한 형태로 공급될 수 있다. SLE, 류마티스 관절염 및 여러 장기 및 부위에 영향을 미치는 기타 자가면역질환은 종종 스테로이드 제제 사용과 같은 일반적인 면역억제요법으로만 조절할 수 있다. 불행히도 이러한 치료와 관련된 면역억제는 기회감염을 일으킬 가능성을 상당히 증가시킨다. 그러나 최근에는 단일클론항체(28.5절)를 사용하는 치료법이 자가면역질환의 유망한 대체 치료법으로 등장했다. 예를 들어, 아달리무맙(adalimumab, Humira)은 류마티스성 관절염, 크론병, 건선 등의 자가면역질환과 관련된 염증성 사이토카인인 종양괴사인자(tumor necrosis factor-α, TNF-α)를 중화시키는 단일클론항체다. 마찬가지로 단일클론항체 벨리무맙(belimumab, Benlysta)는 B 세포 성숙을 자극하지만 SLE 환자에서 과다 발현되는 사이토카인인 B 세포 활성화인자를 표적으로 하여 자가항체를 생성하는 B 세포의 지속성을 유발한다.

유전은 자가면역질환의 발생률, 유형 및 중증도에 영향을 미친다. 많은 자가면역질환은 특정 MHC 단백질의 존재와 강력하게 연관되어 있다 (27.6절). 마우스 자가면역질환 모델에서의 연구는 그러한 유전적 연결을 뒷받침하지만, 자가면역이 발달되는 데 필요한 정확한 조건은 과거의 감염, 성별, 연령 및 건강 상태 등과 같은 다른 요인들에 의해 결정될 수도 있다. 예를 들어, 여성은 남성보다 SLE 발병 가능성이 약 10배 더 높다. 따라서 정상적인 면역반응과 자가면역 사이의 균형은 유전적 소인이 중심적인 역할을 하는 가운데, 여러 요인들에 의해 통합적으로 결정될 가능성도 있는 것 같다.

미니퀴즈

- 즉시형 과민증과 지연형 과민증을 항원들 및 면역 효과자들의 관점에서 구분하라.
- 특정 기관 및 순환하는 면역복합체에 관련된 항체-매개성 자가면역질환의 예시와 기작을 설명하라.

27.10 슈퍼항원과 면역결핍

과민성이든 결핍성이든 극단적인 적응면역반응은 숙주에게 치명적인 영향을 미칠 수 있다. 슈퍼항원(*superantigens*)이라 불리는 일부 외독소들은 면역체계를 전복시켜 과장된 면역반응을 통해 T 세포와 그들의 사이토카인 생성물이 숙주조직을 파괴하도록 하여 간접적으로 숙주 세포를 손상시킨다. 대조적으로 일부 질병 (유전적 또는 감염성)은 면역결핍(*immunodeficiency*)을 유발하여 감염성 질병에 대한 숙주의 감수성을 증가시킨다. 우리는 여기서 적응면역반응의 서로 반대되는 극단적인 측면을 고려할 것이다.

슈퍼항원

슈퍼항원(superantigens)은 노출될 경우, 면역계는 정상보다 훨씬 더 많은 T 세포를 활성화하고 그로 인해 비정상적인 대단히 강력한 면역반응을 유도할 수 있다 (**그림 27.28**). 다양한 바이러스와

단원 6

세균은 슈퍼항원을 생산한다. 예를 들어, 연쇄상 구균(*Steptococci*)과 포도상 구균(*Staphylococci*), 특히 화농연쇄상구균(*Steptococcus pyogenes*)와 황색포도상구균(*Staphylococcus aureus*)의 특정 균주는 몇 가지 매우 강력한 슈퍼항원을 생산한다 (30.2절과 30.9절).

슈퍼항원과 TCRs의 상호작용은 기존의 항원-TCR 결합과는 다르다 (그림 27.18). 전형적인 외래 항원은 MHC 단백질에 의해 제시되어 TCR의 항원-결합 부위에 결합하는데 반해, 슈퍼항원은 항원-특이적 결합 부위 외부의 TCR과 MHC 단백질 상의 부위에 결합한다 (**그림 27.29**). 슈퍼항원은 공통 구조를 공유하는 모든 TCRs에 결합하고, 많은 서로 다른 TCRs들이 항원-결합 부위 외부에서 동일한 구조를 공유한다. 일반적인 면역반응에서 모든 사용가능한 T 세포의 0.01% 미만이 외래 항원과 상호작용하지만, 일부 슈퍼항원은 체내의 T 세포의 최대 25%까지 결합할 수 있다! 이러한 상호작용은 일반적인 항원 제시를 모방하고 다수의 T 세포를 자극하여 성장시키고 분열시킨다. 정상적인 반응에서처럼, 활성화된 T 세포는 식세포와 다른 면역세포를 자극하는 사이토카인을 생산한다. 그러나 슈퍼항원에 의해 활성화된 다수의 T 세포에서의 과도한 사이토카인 생산은 전신성 염증반응을 특징으로 하는 광범위한 세포-매개 반응을 유발한다. 그 결과 발열, 설사, 구토, 점액생성 그리고 전신 쇼크로 인해 심한 경우 치명적일 수 있다. 슈퍼항원 쇼크의 임상적 증상은 몸 전체로 퍼져나가는 세균성 감염의 증상인 패혈성 쇼크와 구별할 수 없다 (26.8절).

가장 흔한 슈퍼항원 질환 중 하나는 *Staphylococcus aureus* 식중독으로 발열, 구토, 설사가 특징이며 여러 슈퍼항원 포도상구균 장독소들(staphylococcal enterotoxins) 중 하나 (32.8절)에 의해 발생한다. 또한 *S. aureus*는 독성 쇼크 증후군(*toxic shock syndrome*)을 일으키는 슈퍼항원을 생산한다 (그림 27.28). *Streptococcus pyogenes*는 성홍열(scarlet fever)의 원인이 되는 슈퍼항원인 발적독소(erythrogenic toxin)를 생산한다 (30.2절).

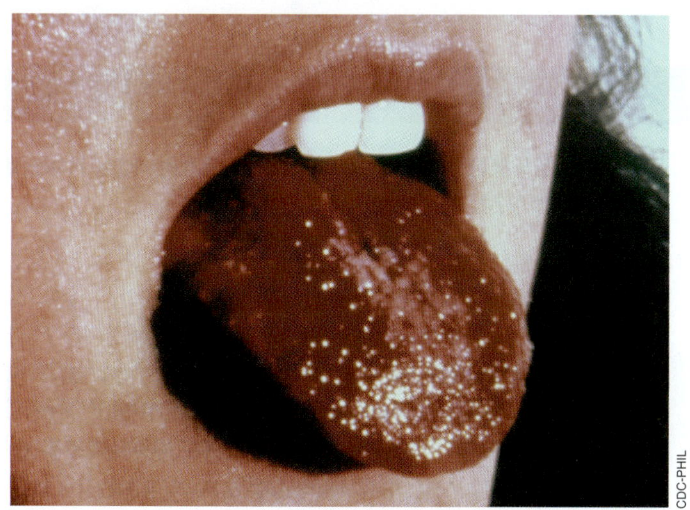

그림 27.28 독성쇼크증후군. "딸기 모양의 혀(strawberry tongue)"는 *Staphylococcus aureus* 슈퍼항원에 의한 독성쇼크증후군의 증상 중의 하나이다.

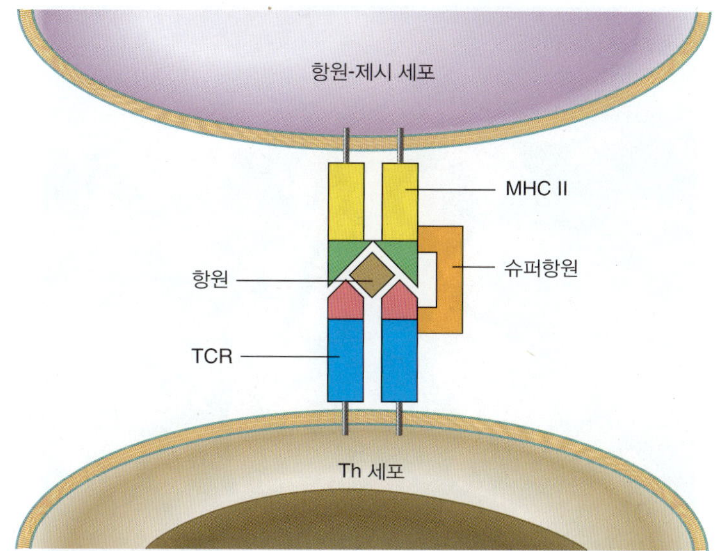

그림 27.29 슈퍼항원. 슈퍼항원은 MHC와 TCR 단백질의 정상적인 결합자리의 바깥에 위치한 보존된 부위에 결합한다. 슈퍼항원은 많은 수의 T 세포와 상호작용하여 광범위한 T 세포 활성화를 유발하고, 사이토카인 방출과 전신성 염증을 야기한다.

면역결핍

활발한 적응면역은 감염성 질환에 대한 저항에 중요하다. 우리는 유전적 결함 및 적응면역 체계에 영향을 미치는 질환에 의해 유발되는 문제 때문에 이 사실을 알고 있다. 예를 들어, B세포의 유전적 결함에 의해 항체를 생산할 수 없는 동물은 세포 외부 병원체로인한 심각한 감염을 얻게 된다. 또한 T 세포 발달을 막는 유전적 결함을 가진 동물은 바이러스와 다른 세포 내부 병원체로부터 재발되는 감염을 겪게 된다.

중증 복합면역결핍 증후군(*severe combined immune deficiency syndrome, SCID*)은 B 세포 또는 T 세포의 적절한 형성을 막는 유전적 장애이다. SCID를 가지고 있는 개인은 본질적으로 효과적인 적응면역을 가지지 못한다. 항원에 대한 B 세포의 활성화는 기능적인 Th 세포의 존재에 의존하기 때문에, T 세포 기능의 결핍은 세포-매개 면역의 직접적인 상실을 초래한다. 환자들이 골수 이식과 항생제 치료와 같은 지지요법(supportive therapy)을 받지 않는다면, SCID는 결국 복합적인 재감염으로 인해 죽음을 초래한다. 적합성의 골수 조직 이식은 고통받는 환자에게 SCID를 유발하는 유전적 결함이 없는 조혈모세포를 제공한다 (26.3절 및 26.4절).

최근에, 유전자 치료는 일부 형태의 SCID에 대하여 효과적인 치료제로서의 가능성을 보여주었다. 이 과정에서 조혈모세포의 결함이 있는 유전자는 바이러스 벡터를 사용한 형질도입 과정을 통하여 대체된다 (11.7절). 골수 이식과 함께, 성공적인 유전자 치료는 적응면역계의 기능을 회복시킨다. 그러나 환자가 암, 특히 백혈병을 일으킬 수 있는 위험이 이러한 치료의 주요한 도전과제이다. 그 이유는 기능성 유전자를 도입하기 위해 사용하는 바이러스

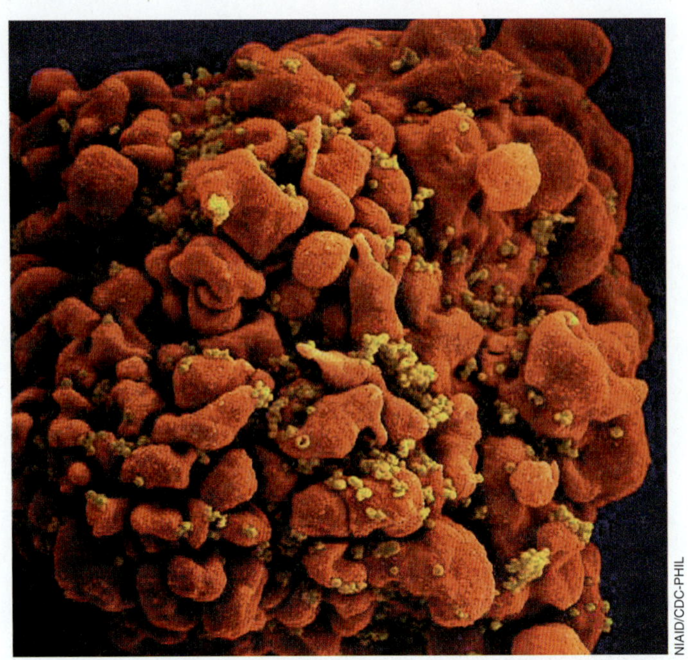

그림 27.30 Th 세포의 HIV 감염. Th 세포 (적색)을 공격하는 수많은 HIV 바이러스 (황색)의 채색된 주사전자현미경 사진.

벡터가 일반적으로 약독화된 레트로바이러스 또는 아데노바이러스이기 때문이다. 이러한 바이러스들은 빠르게 숙주 세포를 감염시켜 형질도입을 용이하게 하지만, 또한 세포분열의 조절을 방해하고 종양형성을 유발하는 활성화된 종양 유전자(*oncogenes*)를 가지고 있을 수 있다. 그러나 바이러스 벡터를 필요로 하지 않는 유망한 새로운 형태의 "유전자 편집gene editing)"이 수평선 위로 올라오고 있으며 (12.12절), 따라서 SCID에 대한 안전한 유전적 치료가 멀지 않은 미래에 개발될 것이다.

어떤 경우에는 면역결핍이 유전적 장애의 결과가 아니라 오히려 미생물 감염에 의해 유발된다. 이러한 적응면역반응의 상실의 가장 잘 연구된 사례는 후천성 면역결핍증(*AIDS*)이다. 인간 면역결핍 바이러스(HIV)는 숙주의 CD4 세포표면 단백질을 발현하는 세포를 감염시킨다. 이 바이러스는 초기에 대식세포를 감염시키지만, 나중에는 주로 Th 세포를 공격하고 복제한다 (**그림 27.30**). 일단 감염되면, Th 세포는 성장과 분열을 중단하며 결국에는 죽게 된다. 그러므로 치료하지 않는 경우에는 HIV 감염에 의해 Th 세포가 점차 고갈되며, 결국에는 효과적인 면역기능의 결핍과 AIDS의 발병이 초래된다 (30.15절과 그림 30.44).

대부분의 AIDS 사례에서 환자 사망의 실제 원인은 HIV에 직접 기인하는 것이 아니라 오히려 기회성 병원균(*opportunistic pathogens*)에 의해 야기된 다양한 2차 미생물 감염에 기인한다. 이 감염의 많은 경우는 온전히 기능하는 면역계를 가진 개체에서 심각한 질병 증상을 거의 일으키지 않는 진균, 세균 및 바이러스성 병원균에 의해 발생한다. AIDS 환자의 적응면역 결핍은 이러한 기회감염 병원균이 집락을 형성하고, 체내 조직을 침입하여 추가적인 질병을 일으키는 원인이 된다. 우리는 30장에서 HIV/AIDS의 병원성, 증상, 치료 및 기타 측면에 대해 더 상세히 논의하고자 한다.

미니퀴즈

- 슈퍼항원에 대한 T 세포와 APCs 표면의 결합 부위를 설명하라. 이것이 슈퍼항원에 노출되었을 때 정상보다 훨씬 더 많은 T 세포 집단이 활성화되는 것과 어떻게 관련되는지를 설명하라.
- SCID 환자와 AIDS 환자에서 관찰되는 면역결핍을 비교 설명하라. 각각의 면역결핍 조건에 의해 어떤 유형의 세포들이 영향을 받는가?
- 치료를 받지 않을 경우, SCID와 AIDS에 걸린 환자의 예후는 어떠한가?

단원 정리

I • 적응면역의 원리

27.1 적응면역반응은 항원에 대한 특이성, 동일한 항원에 재노출되었을 때는 보다 강력하게 반응할 수 있는 능력 [기억(*memory*)], 자기항원(self antigens)과 상호작용할 수 없는 능력 [관용(*tolerance*)]을 특징으로 한다. 림프구 관용은 선택과정을 통해 갖추어진다. 미성숙 T 세포들 중 MHC-펩티드와 상호작용하지 않거나 (양성선택) 또는 자기 항원들과 강하게 반응하는 (음성선택) 세포들은 흉선에서 클론삭제(clonal deletion)에 의해 제거된다. 양성 및 음성의 선택에서 살아남는 T 세포는 흉선을 떠나 면역반응에 참여할 수 있다. B 세포의 자가 항원에 대한 반응은 클론삭제와 아너지(anergy) 기작을 통해 조절된다.

Q **미성숙 T 림프구가 항원-반응성 세포를 먼저 선택하고, 이어서 자기항원과 강하게 반응하는 세포를 제거하는 2단계-선택 과정을 거치는 것이 필요한 이유는 무엇인가?**

27.2 면역원은 면역반응을 유도하는 외래성 거대분자이다. 면역원은 적절한 숙주에 도입되게 되면 면역반응이 시작되도록 한다. 항원은 항체 또는 TCRs에 의해 인식 (결합)되는 분자들이다. 적응면역은 감염에 대한 면역반응을 통해 자연적 및 능동적으로 발달되거나, 혹은 태반 또는 모유로부터의 항체 전달을 통해 자연적 및 수동적으로 발달된다. 인공수동면역은 항체 또는 면역세포가 면역능을 지닌 개체에서 면역능이 없는 개체로 옮겨질 때 발달된다. 면역조치(immunization)는 인공능동면역을 유도하며 전염병 예방에 널리 사용된다.

Q **면역은 자연능동면역, 자연수동면역, 인공능동면역 및 인공수동면**

역 등과 여러 유형이 될 수 있다. 이들 중 어느 면역 유형이 면역기억을 부여하는가?

II • 항체

27.3 항원이 항원-특이적 B 세포와 접촉할 때, 항체생성반응이 개시된다. 항원과의 접촉 이후, B 세포는 항원을 처리하고 그 처리된 항원을 항원-특이적 Th2 세포에게 제시한다. Th2 세포가 활성화되어, B 세포가 클론확장 및 분화를 진행하여 가용성, 항원-특이성 항체를 생성하도록 신호를 제공하는 사이토카인을 생산한다. 각 항체 (면역글로불린) 단백질은 두 개의 중쇄와 두 개의 경쇄로 구성되어 있다. 항원-결합 부위는 하나의 중쇄 및 경쇄의 가변부위들의 상호작용에 의해 형성된다. 각 항체 클래스는 구조적 특성, 발현 양상 및 기능적 역할 등이 서로 다르다. 활성화된 B 세포와 T 세포는 수년간 기억세포로 생존할 수 있으며, 동일한 항원에 재차 노출된 후에는 신속하게 그 클론 수가 확장되고 분화하여서 높은 역가의 항체를 생산할 수 있다.

Q 5가지 주요 항체 클래스 사이의 구조적 및 기능적 차이점을 설명하라. 항체들이 생산되는 과정에서 어떤 세포적 및 분자적 상호작용이 일어나는가?

27.4 Ig의 항원-결합 부위는 한 개의 중쇄의 V (가변) 도메인 및 한 개의 경쇄의 V 도메인으로 구성된다. 각각의 V 영역은 함께 접혀서 항원-결합 부위를 형성하는 3개의 상보성 결정부위(complementarity determining regions, CDRs)을 가진다. 면역글로블린 다양성은 여러 기작에 의해 생성된다. 유전자 단편들의 체성 재조합(somatic recombination)에 의해 다양한 Ig 유전자 단편들이 뒤섞이게 된다. 중쇄 및 경쇄 유전자의 무작위 재조합, VDJ 및 VJ 유전자 단편들의 부정확한 접합(joining)과 과변이 기작은 거의 무제한적인 면역글로불린 다양성을 만들어내는데 기여한다.

Q 하나의 완전한 항원 결합 부위를 형성하기 위해 어느 Ig 사슬이 사용되는가? 어느 도메인들이 사용되는가? 어느 CDRs이 사용되는가? 사용 가능한 배선-Ig 유전자로 구성할 수 있는 V_H 및 V_L 도메인들의 총수를 계산하여 보라.

III • 주 조직적합 복합체 (MHC)

27.5 T 세포는 표면에 지닌 TCR을 이용하여 MHC 단백질이 감염된 세포나 APC 표면에서 제시하는 펩티드 항원과 결합한다. 클래스 I MHC 단백질은 모든 유핵세포에서 발현되며, 내인성 항원 펩티드를 Tc 세포 상의 TCR에 제시한다. 클래스 II MHC 단백질은 APC에서만 발현된다. 그들은 Th 세포의 TCR에 외인성으로 유도된 펩티드 항원을 제시하는 기능을 수행한다. 이러한 상호작용은 항원-보유 세포를 살해하거나 염증 또는 항체생산을 촉진하기 위해 T 세포를 활성화한다.

Q 클래스 I 및 클래스 II 주 조직적합 복합체 (MHC) 단백질의 기본 구조를 설명하라. 기능적으로 이들은 무엇이 다른가?

27.6 클래스 I 및 클래스 II MHC 유전자는 고도의 다형성을 가지며, 많은 대립유전자 변이가 성공적인 조직이식을 어렵게 한다. MHC 클래스 I과 클래스 II 유전자의 각기 다른 대립유전자는 특정한 펩티드 서브세트에 결합하고 각각 특이적인 하나의 구조적 모티프로 특징지어지는 단백질을 암호화한다.

Q 다형성은 각기 다른 MHC 단백질이 각기 다른 하나의 펩티드 모티프에 결합함을 의미한다. MHC class I의 다형성을 위해, 얼마나 많은 서로 다른 MHC 단백질들이 개개인에서 발현되는가? 전체 인구수로 따지면 얼마나 많은 수의 다형성이 발현되는가?

IV • T 세포와 수용체

27.7 T 세포 수용체는 MHC 단백질에 의해 제시된 펩티드 항원에 결합한다. α 사슬 및 β 사슬의 CDR3 영역은 항원 에피토프에 결합하고; CDR1 및 CDR2 영역은 MHC 단백질에 결합한다. VDJ 유전자 단편은 TCR의 β-사슬 V 도메인을 코딩하고, VJ 유전자 단편들은 α- 사슬 V 도메인을 암호화한다. 다양한 기작에 의해 생성된 TCR 다양성은 거의 무제한이다. Ig 유전자 슈퍼패밀리는 진화적으로, 구조적으로, 기능적으로 면역글로불린과 관련된 단백질을 암호화한다. 항원-결합 Igs, TCRs 및 MHC 단백질은 이 패밀리의 구성원들이다.

Q 다양성-생성 기작이 거의 무제한의 다양한 항원-특이적 TCRs을 생산하기 위해, 어떤 다양성-생성 기작이 기능을 수행하는가? Ig 유전자 수퍼패밀리 내에서 분류되는 단백질들에 공통적인 구조적 및 기능적 특징들은 무엇인가?

27.8 T 세포독성 (Tc) 세포는 항원-특이적 TCR을 통해 바이러스에 감염된 숙주 세포와 종양세포에서 항원을 인식한다. 항원-특이적 인식은 퍼포린 및 그란자임을 통한 세포살해를 유발한다. T-헬퍼 (Th) 세포는 여러 가지 하위집단으로 분화된다. 사이토카인의 작용을 통해, Th1 염증세포가 대식세포의 효과세포를 활성화시킨다. Th2 세포는 B 세포를 활성화시킨다. Th17 세포는 병원균에 의해 활성화된 수지상세포에 의해 활성화되고 호중구를 감염부위에 모집하기 위해 IL-17을 분비한다. Treg 세포는 적응면역을 억제하는 사이토카인을 생성한다.

Q Tc 세포는 감염된 세포를 확인하고 파괴하는데 어떤 기작을 사용하는가? Th 세포는 Tc 세포와 어떻게 다른가, 또한 Th 세포의 하위집단들은 각기 서로 어떻게 다른가?

V • 면역 장애와 결함

27.9 과민증은 외래성 항원에 의해 유도되는 항체-매개 또는 세포-매개 면역반응으로 숙주 세포에 손상을 준다. 자가면역의 경우, 면역반응은 자기항원에 대하여 일어난다. 숙주조직에 대한 손상은 면역 기작에 의해 생성된 염증에 의해 유발된다.

Q 즉시형 및 지연형 과민증은 면역 효과제, 표적조직, 항원 및 임상 결과와 관련하여 어떻게 다른가?

27.10 슈퍼항원은 TCR의 항원 특이적 결합 부위 외부에 결합하여 많은 수의 T 세포를 활성화시키는 특정 세균 및 바이러스성 병원체의 구성요소이다. 슈퍼항원-활성화 T 세포 (superantigen-activated T cells)는 전신 염증 반응을 특징으로 하는 질병을 일으킬 수 있다. 면역결핍은 적절한 면역반응을 생성할 수 없는 상

태이므로, 기회감염성 병원균들에 의해 반복적으로 통제할 수 없는 감염을 일으킨다. 일부 가장 심각한 면역결핍 증후군에는 유전질환으로 인한 SCID와 HIV 감염으로 인한 AIDS가 있다.

Q 초기 T 세포 활성화 및 임상적 결과의 관점에서 슈퍼항원은 기존 항원과 어떻게 다른가? SCID로 인한 면역결핍은 HIV 감염 및 에이즈에 의한 면역결핍과 어떻게 다른가?

응용 문제

1. IgA 클래스의 항체는 아마도 IgG 클래스의 항체보다 더 널리 분포한다. 이에 대해 설명하고, 이것이 숙주에 미칠 수 있는 이점에 대해 설명하라.
2. 유전자 재조합 과정이 IGs의 항원-결합 부위의 두드러진 다양성을 생성하는 데 중요하지만, 재조합 이후의 체성 과변이 사건은 전반적인 IG 다양성을 달성하는 데 훨씬 더 중요할 수 있다. 이 서술에 동의하는가 혹은 동의하지 않는가? 이유에 대해 설명하라.
3. 다형성(polymorphism)은 각기 다른 MHC 단백질이 다른 펩티드 모티프에 결합함을 의미한다. 그러나 MHC 클래스 I 단백질의 경우, 6개의 펩티드 모티프만이 각 개인에서 인식될 수 있는 반면에, 6000개 이상의 모티프는 전체 인간 개체군에 의해 인식될 수 있다. 다수의 모티프들 인식하는 것이 각 개인에게는 어떤 이점이 있는가? 상당히 많은 수의 모티프들을 인식하는 것이 그 집단에게는 어떠한 잠재적 이점이 있는가? 모든 사람이 동일한 항원들을 처리하고 제시할 수 있는가?
4. 어떤 사람에게 Tc 세포에 항원을 제시할 수 없는 유전적 결핍이 있다면, 어떤 문제가 발생하는가? 사람이 Th1 세포에 대한 항원제시에 결함이 있는 경우, 문제는 무엇인가? Th2 세포에? 모든 T 세포에? 각 상황에서 어떤 분자가 결핍될 수 있겠는가? 이러한 결함 중 하나를 가진 사람이 정상적인 환경에서 생존할 수 있을까? 각각에 대해 설명하라.

용어 해설

Antigen (항원) 면역계의 특이적인 구성원들과 상호작용할 수 있는 분자이며, 흔히 적응면역반응을 유도하는 면역원으로서의 기능을 수행함

Autoantibody (자가항체) 자기 항원(self antigens)에 반응하는 항체

Autoimmunity (자가면역) 자기 항원에 대하여 일어나는 유해한 면역반응

B cell receptor, BCR (B 세포 수용체) B 세포 표면에서 항원 수용체 역할을 하는 하나의 세포-표면 항체 분자

CD4 coreceptor (CD4 보조 수용체) 항원제시세포 표면의 MHC II 분자와 상호작용하는 단백질 분자로서 Th 세포 표면에 존재함

CD8 coreceptor (CD8 보조 수용체) 표적세포 표면의 MHC I 분자와 상호작용하는 단백질 분자로서 Tc 세포에서만 존재함

Clonal anergy (클론 아너지) 효과세포의 무력화(neutralization)로 인하여 특정항원에 대한 면역반응을 일으키지 못하는 무반응성

Clonal deletion (클론삭제) 흉선에서의 T 세포 선택, 쓸모없는 또는 자기 반응의 클론

Clone (클론) 하나의 항원-반응성 림프구에서 복제된 세포

Complementarity determining region, CDR (상보성 결정부위) 항원과의 접촉이 이루어지는 면역글로불린 또는 T 세포 수용체의 가변부위 내의 다양성이 매우 높게 나타나는 아미노산 서열

Delayed-type hypersensitivity, DTH (지연형 과민증) Th1 림프구에 의해 매개되는 염증성 알레르기 반응

Epitope (에피토프) 특이적인 항체 또는 T 세포 수용체와 반응하는 항원의 한 부분

Human leukocyte antigen, HLA (인간 백혈구 항원) 인간의 주 조직적합 복합체 유전자에 의해 암호화되는 항원-제시 단백질

Hypersensitivity (과민증) 숙주 조직에 손상을 주는 면역반응

Immediate hypersensitivity (즉시형 과민증) IgE-감작된 비만세포로부터 방출된 혈관 작용성 생성물들에 의해 매개되는 알레르기 반응

Immune memory (면역기억) 면역반응을 유발하는 항원에 두 번째 및 후속 노출되었을 때, 신속하게 반응할 수 있는 능력

Immunogen (면역원) 적응면역반응을 유발할 수 있는 분자

Immunoglobulin superfamily (면역글로불린 유전자 슈퍼패밀리) 진화적, 구조적, 기능적으로 면역글로불린과 관련된 유전자군

Memory cell (기억세포) 특정 항원에 반응하는 수명이 긴 B 또는 T 림프구

MHC class I protein (MHC 클래스 I 단백질) 모든 핵 생성된 척추 세포에서 발견되는 항원 제시 분자

MHC 클래스 II 단백질 (MHC class II protein) 대식세포에서 발견되는 항원 제시 분자, B 세포 및 수지상세포

Motif (모티프) 항원 제시에서 주어진 하나의 MHC 단백질에 결합하는 모든 펩티드에서 발견되는 특정 아미노산 서열

Negative selection (음성선택) T 세포 선택에서 흉선에서 자기항원과 강하게 상호작용하는 T 세포의 삭제 과정 (clonal deletion 도 참조)

Polygeny (다인자 발현) 진화적 유전자 복제 사건으로 인하여, 유전적으로, 구조적으로, 그리고 기능적으로 관련이 있는 유전자좌가 두 개 혹은 그 이상으로 발생함

Polymorphism (다형성) 한 집단에서 최근 무작위 돌연변이에 의해 설명될 수 있는 것보다 높은 빈도로 유전자 유전자좌에 대한 다중 대립유전자의 발생

Positive selection (양성선택) T 세포 선택에서 흉선 내에서 자기 MHC-펩티드와 상호작용하는 T 세포의 선택적인 성장 및 발달

Primary immune response (1차 면역반응)

항원에 대한 최초 노출시 항체 또는 면역 T 세포의 생산; 항체는 대부분 IgM 클래스임

Secondary immune response (2차 면역반응) 항원에 대한 두 번째 및 후속 노출 시에 항체 또는 면역 T 세포의 생산이 향상됨; 항체는 주로 IgG 클래스임

Somatic hypermutation (체성 과변이) 면역글로불린 유전자의 돌연변이는 다른 유전자에서 관찰된 것보다 더 빠른 속도로 일어남

Specificity (특이성) 특정 항원들과 상호작용하는 면역반응의 능력

Superantigen (슈퍼항원) 정상 수보다 훨씬 더 많은 T 세포를 자극하여 부적절하게 강한 염증성 면역반응을 유도할 수 있는 병원체 유래의 생성물

T cell receptor, TCR (T 세포 수용체) T 세포 표면의 항원-특이적 수용체 단백질

T-cytotoxic, Tc (T 세포 독성) 세포 자신의 표면에 있는 T 세포 수용체를 통해 MHC I-펩티드 복합체와 상호작용하고 세포독소를 생산하여 상호작용하는 표적세포를 살해하는 림프구

T-helper, Th (T-보조) 세포 T 세포 수용체를 통해 MHC II-펩티드 복합체와 상호작용하고 다른 세포에 작용하는 사이토카인을 생산하는 림프구. Th 하위집단에는 대식세포를 활성화시키는 Th1 세포; B 세포를 활성화시키는 Th2 세포; 호중구를 활성화시키는 Th17 세포; 적응면역을 억제하는 Treg 세포 등이 있음

Tolerance (관용) 특정 항원에 대한 면역반응을 일으키지 못함

Vaccination (예방접종) 비활성 또는 자극된 병원균 또는 병원체 제품을 접종하여 방어 능동면역을 촉진

28 임상미생물학과 면역학

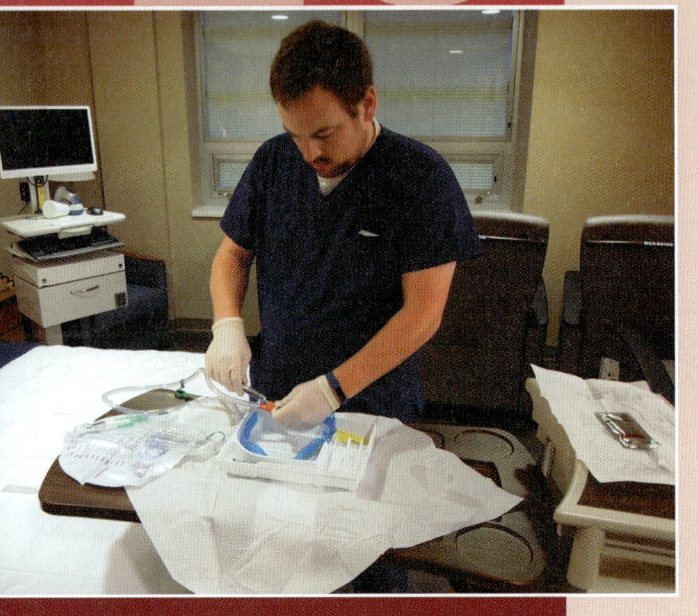

현재의 미생물학

박테리오파아지: 항생제 내성 세균에 대항하여 싸울 때의 작은 동맹자

이 장에서 언급될 내용이지만, 환자가 의료시설에 입원하여 치료를 받는 동안 원래의 질병이나 상태와 무관하게 감염이 일어나는 경우는 놀랍게도 흔한 일이다. 미국에서 입원 환자 10명 중 약 한 명이 임상환경에 노출된 결과로 인해 새로운 감염증을 얻게 되며, 이런 보건의료-관련 감염(*healthcare-associated infections*, HAIs)을 억제하는 일은 의료 종사자에게 끊임없는 도전이다.

외과 수술 또는 관을 삽입하는 시술과 같은 치료과정에서 보건의료-관련 감염이 흔하게 일어나며, 카테터-관련 요로 감염(catheter-associated urinary tract infections, CAUTIs)은 가장 통제하기 어려운 것 중 하나이다. 그람-음성 장내 세균이 대다수의 카테터-관련 요로 감염을 일으키며, 특히 *Escherichia coli*와 *Proteus mirabilis*가 주 원인균이다. 이런 세균의 많은 균주가 핌브리아(fimbriae)와 선모(pili) 같은 부착 구조물을 가지고 있어 카테터의 표면에 세균을 부착함으로써 요로 감염을 일으킬 수 있다 (사진 참조; 카테터를 준비하는 의료종사자). 매년 배뇨곤란 또는 요실금을 완화하기 위해 1억 개 이상의 요도 카테터가 사용되고 있으며, 카테터 관련 요로 감염의 예방 및 치료를 위한 효과적이며 신뢰할 수 있는 조치가 필요하다.

일반적으로 항생제를 사용하여 카테터-관련 요로 감염을 치료하고 있다. 설파메톡사졸-트리메토프림(sulfamethoxazole-trinethoprim, SMZ-TMP), 앰피실린(ampicillin), 또는 시프로플록사신(ciprofloxacin) 같은 플로로퀴놀론계(fluoroquinolone) 항생제가 전형적으로 사용되고 있으나, 이런 약제들에 대한 내성을 갖는 병원체들이 점차 늘어나고 있다. 일단 항생제 치료법에 의해 성공적으로 치료가 되었더라도 병원체가 다중약제 내성을 나타내는 경우 감염이 오랜 시간 지속된다. 그러나 카테터-관련 요로 감염을 효과적으로 예방하는 새로운 방법이 개발 중이며, 실용화될 수 있을 것이다.

최근 보고서에 따르면, 연구자들이 *Proteus* 종들을 특이적으로 파괴하는 박테리오파아지 2종을 분리하였다. 이 박테리오파아지에 의해 파괴되는 *P. mirabilis*는 미국에서 카테터-관련 요로 감염 발생의 40% 이상을 차지하는 원인균이다. 연구자들은 또한 이 바이러스가 포함된 "파아지 칵테일(phage cocktail)"을 만들어 실리콘 카테터의 표면에 바른 후, 세균 배양법, 형광현미경 및 주사전자현미경을 사용한 분석을 통해 파아지를 입힌 카테터에서 *P. mirabilis* 의 부착 및 생물막 형성이 현저하게 줄어든 것을 확인하였다. *E. coli*-특이적인 파아지를 사용한 다른 연구에서도, 병원성 *Escherichia coli*에 대해 비슷한 연구결과를 얻었다. 따라서 파아지-코팅 카테터 기술은 카테터-관련 요로 감염을 예방하고 통제하는 데 좋은 전망을 보여준다.

출처: Melo, L.D.R., et al. 2016. Development of a phage cocktail to control *Proteus mirabilis* catheter-associated urinary tract infections. *Front. Microbiol. 7:* 1024 doi:10.3389/fmicb.2016.01024. 사진은 Indiana 주 Marion 소재 Marion General Hospital 제공.

임상미생물학은 미생물학의 한 분야로 병원성 미생물을 동정하고 의료 공급자에게 치료를 위한 정보를 제공한다. 임상미생물학 실험실은 안전하면서도 효율적으로 또한 신뢰성 있게 병원체를 동정해야 한다. 임상미생물학자들은 환자의 검체를 직접 관찰, 배양, 면역학적 및 분자생물학적 방법을 사용하여 병원체를 동정한다. 병원체의 동정은 감염 병원체에 효과적인 항미생물 약제를 사용하게 함으로써 감염관리를 용이하게 한다.

I • 임상미생물학 환경

28.1 미생물 실험실에서의 안전

임상실험실은 위험한 물질을 다루기 때문에 실험실 근무자들은 감염이 전파되는 것을 막기 위해 안전규칙을 엄격하게 지켜야 한다. 실험실 감염사고를 막기 위해 임상검체를 다루기 위한 표준 실험 시행 지침이 설정되어 있다. 2014년 서아프리카에서 발생한 에볼라 출혈열의 경우에 (29.7 및 30.12절) 모든 안전규칙을 엄격하게 지키지 않고 감염 환자를 다뤘을 때 의료종사자의 생명이 위험에 빠질 수 있다는 것을 이해하게 해주었다.

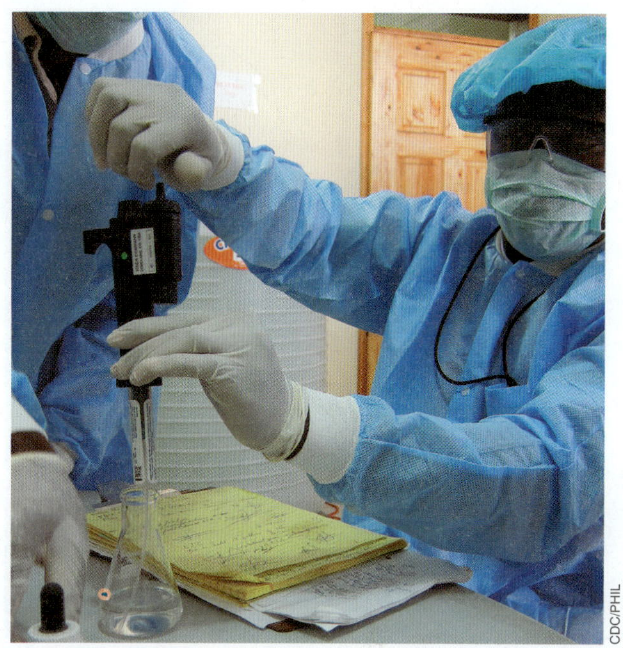

그림 28.1 임상실험실 안전을 위한 표준 실험복장. 개인 방호장구를 갖춘 임상실험실 연구원의 모습으로 장갑, 눈 보호 고글, 실험복, 마스크를 착용하고 있다.

실험실 안전

임상실험실은 사람에게 잠재적 위험을 줄 수 있는 생물유해 물질을 가지고 있으며, 특히 훈련되지 않거나 필요한 주의를 숙지하지 못한 사람에게는 위험을 줄 수 있다. 사람과 유인원 조직을 다루는 모든 실험실은 혈액으로부터 발생될 수 있는 모든 병원체에 대한 직업적 노출방지 계획을 가지고 있어야만 한다. 이 계획은 특히 근무자들을 B형 간염바이러스(HBV) (30.11절)와 인간 면역결핍 바이러스(HIV)의 (30.15절) 감염으로부터 보호하기 위해 설계되었으나, 이 감염방지 규정은 다른 모든 병원체의 감염을 제한하며, 실험복, 장갑, 눈보호 장비, 얼굴 마스크, 등과 같은 적절한 개인 보호장비(*personal protective equipment*, PPE) 사용을 포함한다 (**그림 28.1**).

적절한 교육과 설정된 안전규정에 대한 철저한 이행이 대부분의 사고를 방지할 수 있다. 대부분의 실험실 감염은 배양액을 쏟는 것과 같은 확인될 수 있는 노출이나 사고로 인하기보다는 환자 검체의 일상적 처리과정에서 발생한다. 검체 처리과정에서 발생되는 에어로졸(aerosols) 형태의 감염체가 실험실 감염의 가장 흔한 원인이다. **표 28.1**에 실험실 감염을 최소화하기 위해 임상실험실이 지켜야 하는 일반 안전규정이 요약되어 있다. 이런 안전규정은 잠재적 감염원을 다루는 모든 실험실에서 지켜져야 하며, 보건의료관련 감염통제를 위한 모든 개념의 기본이 된다. 특히 위험성이 있고 전염되는 감염원을 다루는 실험실은 안전한 근로환경 확보를 위해 다음에 언급되는 것과 같은 추가적인 규정과 절차를 갖는다.

생물학적 격리 및 실험실 생물안전단계

임상, 연구 및 교육용 실험실에서 감염 또는 환경오염 사고를 방지하기 위해 적용되는 격리 단계는 해당 실험실에서 사용되는 생물체의 생물유해 잠재성에 따라 조정되어야 한다. 실험실 격리 잠재성 또는 생물안전단계(*biosafety level, BSL*)에 따라 실험실은 *BSL-1, BSL-2, BSL-3, BSL-4*의 4단계로 나누어진다 (**그림 28.2**). 모든 생물안전단계의 실험실에 근무하는 사람은 기본적인 청결을 보장하고, 오염을 막기 위해 표시된 실험실 규정을 잘 이행해야 한다 (표 28.1). 생물안전단계가 올라갈수록 주의사항, 장비 및 운용비용이 증가한다.

모든 대학은 교육과 연구를 위하여 BSL-1 및 BSL-2 시설을 가

표 28.1 미생물 실험실 안전 표준

규정	이행사항
접근제한	실험실 근무자 및 훈련된 지원인력만이 접근가능
좋은 개인위생 실행	실험실 내에서는 음식 및 음료섭취, 화장, 콘택트렌즈 착용, 등의 행위금지. 손세척을 통해 병원균의 확산방지
개인 방호장비 착용	실험복, 장갑, 보안경 및 호흡장비의 사용을 추천하며 또한 다루는 병원균의 종류에 따라 이런 장비들의 사용이 요구됨
예방접종	접촉가능성이 있는 병원체에 대한 예방접종 실행
안전한 검체 취급	임상 검체는 감염성을 가지고 있다고 간주하며 올바르게 취급
오염방제	사용 및 노출 후, 소독, 멸균 또는 소각을 통해 검체, 표면 및 재료 등의 오염을 방제함

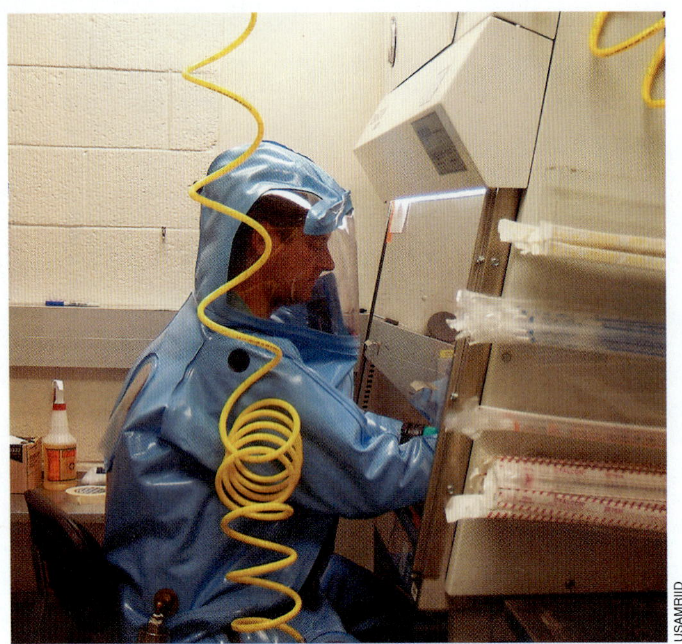

그림 28.2 **BSL-4 (생물안전단계-4) 실험실에서 일하는 연구원.** BSL-4는 생물안전규제의 가장 높은 단계로 최대한의 근무자 보호와 병원체 오염방지가 이루어져야 한다. 연구원은 외부공기가 공급되고 환기시스템을 갖춘 전신방호복을 입는다. 공기차폐를 통해 실험실 출입을 통제하고 있으며, 실험실 밖으로 나오는 모든 물질은 고열멸균 되거나 화학적으로 살균되어야 한다.

지고 있다. 표준 임상실험실은 BSL-2에서 운영한다. 특화된 물리적 요구사항들로 인하여 BSL-3 시설은 보편화되지 않고 주요 임상센터 및 연구소에 제한적으로 설치되어 있다. BSL-4 시설은 독립시설이어야 하고, 감염체로부터 물리적으로 격리하는 시설을 갖추어야 하기 때문에 전 세계적으로 50여 개 정도의 BSL-4 연구실이 운용되고 있다. 대부분의 BSL-4 실험실은 정부시설과 관련되어 있으며, 미국의 경우 질병통제예방센터(CDC; Atlanta, Georgia, USA)와 미국 육군감염병의학연구소(USAMRIID; Fort Detrick, Maryland, USA)에 있다.

미니퀴즈

- 임상실험실 연구원에게는 개인 방호장비 사용이 필요하다. 어떤 의류가 개인 방호장비 포함되는가?
- 미생물 실험실에서 적용되는 표준 안전규정에 대해서 설명하라. 대부분의 임상실험실은 어떤 등급의 생물안전단계에서 운영되는가? 대부분의 BSL-4 실험실은 어디에 위치하는가?

28.2 보건의료관련 감염

앞서 언급된 안전규정들이 감염원을 제한하고 전염을 막기 위해 실행되고 있다. 이런 노력에도 불구하고, 보건의료기관에서 개인에게 감염이 발생되는 사고는 상당히 흔하게 나타난다 (이에 대한 더 많은 정보는 830쪽 참조).

보건의료관련 감염의 전파 기작

보건의료관련 감염(healthcare-associated infection, HAI)이란 환자가 보건의료관련 시설 (병의원, 재활센터, 등)에 머무는 동안 감염을 얻는 것을 말하며, 이를 병원감염(*nosocomial infection*)이라고도 한다 [*nosocomium*은 라틴어로 "병원(hospital)"이라는 의미]. HAI는 심각한 발병률과 사망률을 일으킨다. 미국에서 보건의료기관에 들어온 환자의 약 10% 정도가 HAI를 얻는 것으로 예측되며, 매년 2백만 명 정도가 감염되고, 약 75,000명 정도가 직접 또는 간접적 이유로 사망한다. **표 28.2**에 보건의료관련 시설에서 감염발생과 관련된 일부 공통된 위험요소들을 요약하였다.

일부 HAI는 전염성 질병을 가진 환자로부터 얻으며, 다른 경우는 병원 환경에서 선별되어 늘 유지되고 있는 병원균, 환자들 간의 교차 감염, 또는 근무자들로부터의 감염에 의해 발생된다. 보건의료관련 병원체들은 환자 또는 보건의료시설 근무자들에게 정상균총(normal flora)으로 존재하는 경우가 자주 있다. 특히 보건의료시설은 감염질환자들이 모이는 장소이며, 또한 환자들의 기저질환으로 인해 감염이 쉽게 일어나는 위험 때문에 감염질환을 전파하는 고위험 환경을 가지고 있다. 이런 환경에서는 면역기능이 떨어짐으로써 병원체에 대한 감염성이 증가하게 된다. **그림 28.3**은 신체 다양한 부위에 대한 HAI 빈도를 보여준다.

보건의료관련 감염의 일반적 병원체

많은 병원체들이 HAI를 일으킬 수 있지만, 대부분의 HAI는 비교적 적은 수의 병원체에 의해 주로 일어난다 (**표 28.3**). *Staphylococcus aureus*는 가장 중요하고 넓게 퍼져 있는 HAI 병원체들 중 하나이다 (30.9절). 이 세균은 가장 일반적인 폐렴발생 원인균이며, 혈액감염 발생의 3번째 원인균이고, 보육시설에서 특히 문제를 일으키는 균종이다. *S. aureus*의 병원성 균주들은 많은 경우에 비정상적으로 독성이 강하고 일반적인 항생제에 내성을 나타내서

표 28.2 병원감염에 대한 위험 요소

위험 요소	논리적 근거
환자	환자들은 이미 아프거나 면역력이 약화된 상태
신생아 및 노약자	면역기능이 완전하지 않음
감염질환 환자	병원체 저장고
환자간 거리 근접	교차 감염의 증가
보건의료시설 근무자	환자들에 병원체를 전파; 보건의료 종사자들은 비증상 질병보균자일 수 있음
의료행위 과정 (혈액 채취 등)	피부장벽에 대한 손상으로 병원균의 침입가능
수술	내부 장기의 노출로 병원체 감염 및 스트레스로 인한 감염 저항성 하락
항소염제 치료	감염 저항성을 낮춤
항생제 치료	약제 내성 및 기회성 병원균의 선별

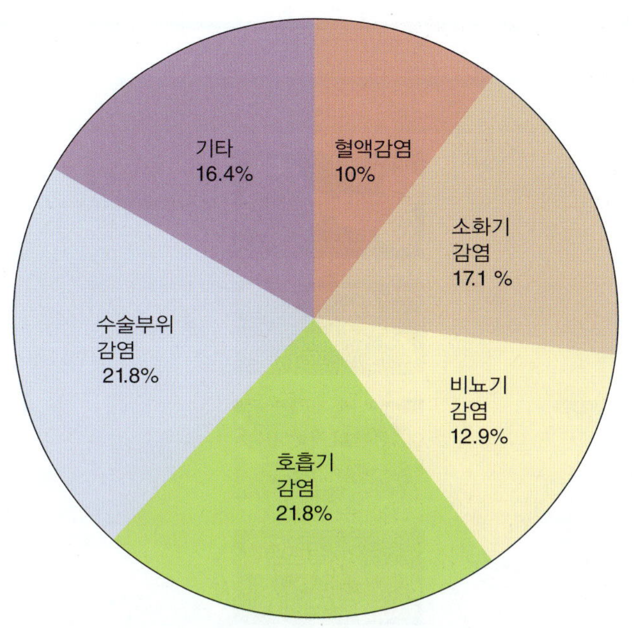

그림 28.3 다양한 신체 부위에 대한 보건의료관련 감염 발생 빈도. 미국에서 연간 약 200만 건의 보건의료관련 감염이 발생한다. 자료 출처: 미국 질병통제예방센터.

치료가 매우 어렵다 (미생물 세계 탐구: MRSA—두려운 임상 도전 참조). Staphylococci는 혈액발생 HAIs의 가장 일반적인 원인균이며, 또한 고름이 생기는 상처감염에 매우 흔하게 나타난다.

Staphylococcus, Enterococcus, Escherichia coli, Klebsiella pneumonia 및 다른 *Enterobacteriacea*는 모두 HAIs를 일으키는 잠재력을 가지고 있으나, 이들은 또한 일부 사람들에서 정상균총으로 존재하기 때문에 보건의료관련 시설에서 이들을 제거하는 것을 어렵다. 게다가 이 균들은 유전자 수평이동으로 약재내성을 나타내기도 한다 (11장). 반면에 *Acinetobacter*와 *Mycobacterium* 종처럼 정상 미생물총(normal microbiota)에 속하지 않는 병원체들은 보건의료환경으로부터 제거할 수 있다. 이런 병원체들은 감염된 환자들에 의해 보건의료시설로 들어오거나 일부 mycobacteria의 경우 환경 오염의 형태로 먼지나 공기에 섞여 들어온다.

HAIs 방지는 보건의료시설 감염통제 인력과 모든 보건의료시설 직원 (의료종사자 및 청소와 같은 지원 근무자 포함)의 협력을 필요로 한다. 감염통제는 환자가 보건의료시설에 들어오는 시점의 관리부터 시작된다; 들어오는 환자는 가능한 빨리 감염병 여부에 대해 평가하고, 다른 직원이나 환자들에게 감염을 퍼트리지 않도록 가능한 격리하여야 한다. 이 시점부터 보건의료시설 직원은 감염을 제한하기 위한 표준시행규정을 준수하며, 표 28.1에 요약된 실험실 근무자를 위한 일반적인 주의 사항을 적용해야 한다.

미니퀴즈

- 왜 보건의료시설에 있는 환자들이 병원균에 쉽게 감염될 수 있는가?
- 어떻게 HAIs가 퍼지는 것을 통제할 수 있는가?

II • 감염성 미생물의 분리 및 동정

환자의 검체로부터 병원체를 관찰하고 배양하는 것은 감염성 질환의 원인을 밝히는 데 중요한 단계이다. 병원체의 동정은 항미생물 약제에 대한 감수성 검사와 적절한 치료계획이 설정될 수 있게 한다. 여기서는 검체를 채취하고, 병원체를 배양 및 동정하는 방법에 대해 알아보고, 병원체 약제 감수성 검사에 대해 알아본다.

28.3 임상실험실에서의 작업 흐름도

감염병 환자에서 검체를 채취하고, 이어서 다양한 생장배지를 사용하여 병원균을 배양하는 것은 임상의학에서 필수적이고 일상적이다. 현미경 관찰과 함께 이러한 방법은 질병의 원인균을 직접 탐지하고 식별할 수 있게 한다.

검체 채취와 병원체의 탐지 및 배양

감염병에 대한 적절한 임상진단을 위해 다양한 미생물학적, 면역학적 및 분자 생물학적 기법 (**그림 28.4**)을 사용하여 병원균을 조직 또는 체액 검체에서 확인해야 한다. 환자 검체는 감염 부위에서 무균적으로 채취되어야 하며, 검체의 양은 증식에 충분한 접종물을 얻을 수 있을 만큼 커야 한다. 또한 검체에 존재하는 생명체의 생존을 위해 필요한 환경을, 예를 들어 무산소 또는 유산소 상태, 항상 유지해야 하며, 검체가 자연 파괴되는 것을 막기 위해 가능한 신속히 검사가 이루어져야 한다. 멸균된 면봉을 사용하여 상처, 콧구멍, 목구멍 같은 감염부위에서 검체를 채취하여 (**그림 28.5**), 적절한 생장배지에 접종한다.

많은 병원체가 하나 또는 그 이상의 직접적인 진단 검사법에 의해 감지된다. 예를 들어, 현미경을 통해 요도삼출액 검체에서 특히 중성구 내부에 응집된 형태의 그람-음성 쌍구균이 관찰될 경우, 성병인 임질을 일으키는 *Neisseria gonorrhoeae* 감염으로 (**그림 28.6*a***) 진단할 수 있다 (30.13절). 그러나 진단 검사법의 유용성은 검사법의 특이성(*specificity*)과 민감도(*sensitivity*)에 의해 결정된다. **특이성(specificity)**은 검사법이 한 종류의 병원체만을 감지하는 능력이다. 높은 특이성은 거짓-양성(*false-positive*) 결과를 방지할 수 있다. **민감도(sensitivity)**는 감지될 수 있는 가장 낮은 양의 병원균 수 또는 병원균 생산 산물로 정의된다. 높은 민감도는 거짓-음성 반응을 최소화한다. *N. gonorrhoeae* 감지의 경우, 비뇨생식기 삼출액 도말을 그람염색하였을 때, 남녀 모두 95% 이상의 특이성을 나타낸다. 따라서 임균검사의 거짓-양성 결과는 매우 드물다. 반면에 임균 감지를 위한 이 검사법의 민감도는 남성의 경우가 여성보다 80% 이상 높다. 따라서 여성의 경우는 민감도가 떨어져 거짓-음성(*false-negative*) 결과가 비교적 잘 나타날 수 있어 임질의 확진을 위해 반드시 세균배양법을 (그림 28.6*b*) 포함한 더 민감한 검사법으로 추가적인 검사를 해야 한다.

특정 병원체들은 농화 배양(*enrichment culture*) (9.1 및 19.2절)을 할 수 있는 특화된 배양배지와 배양조건을 사용하여 환자 검

표 28.3 일반적인 보건의료관련 병원체

병원체	일반 감염부위 및 질병	현미경 사진[b]
[a]*Acinetobacter*	상처/수술부위, 혈액, 폐렴, 요도	*Acinetobacter*
Burkholderia cepacia	폐렴	*B. cepacia*
Clostridium difficile, *C. sordellii*	위장관, 폐렴, 심장내막염, 관절염, 복막염, 근육괴사	*C. difficile*
[a]장내세균 속, 카바페넴 내성, 특히 *Escherichia coli* 및 *Klebsiella pneumoniae*	요도, 폐렴, 상처/수술부위, [c]혈액	*E. coli*
		Klebsiella
[a]반코마이신 내성 장내구균 (VRE)	상처/수술부위, 혈액, 요도	*Enterococcus*
간염 바이러스	만성간염	B형 간염바이러스
인간면역결핍 바이러스(HIV)	면역결핍	HIV
인플루엔자 바이러스	폐렴	인플루엔자 바이러스
[a]*Mycobacterium tuberculosis* *M. abscessus*	만성 폐 감염, 피부 및 연조직 감염	*M. tuberculosis*
노로바이러스	위장염	노로바이러스
[a]*Staphylococcus aureus* 메티실린 내성(MRSA) 반코마이신-중간 및 내성 (VISA, VRSA) 균주들	혈액, 폐렴, 심장내막염	*S. aureus*

[a]다중약제 내성을 나타내는 미생물. 다중약제 내성 플라스미드가 다른 미생물로 전파될 수 있기 때문에, 표에 나열된 병원균뿐만 아니라 정상균총의 세균들도 항생제가 일상적으로 광범위하게 사용하는 보건의료 환경의 선택적 특성으로 인해 항생제 내성을 나타내게 됨. 열거된 병원체 외에도, 에볼라 바이러스 같은 매우 위험한 병원체도 보건의료시설의 특정 위치에 존재할 수 있으며, 이로 인해 해당 시설의 일부가 특히 질병 전염에 위험할 수 있음.

[b]모든 삽입된 미생물 사진들은 전자현미경 사진에 색을 첨가한 것이며 CDC/PHIL로부터 가져왔음. 미생물 사진에 대한 추가 사사 (위에서부터): 1–5, 10, 12, Janice Haney Carr; 6, Peta Wardell; 7, Erskine Palmer; 8, A. Harrison과 P. Feorino; 9, Frederic Murphy; 11, Charles D. Humphrey.

[c]많은 병원관련 요로감염은 그람-음성 장내세균 *Proteus mirabilis*에 의해 일어남 (830쪽 참조).

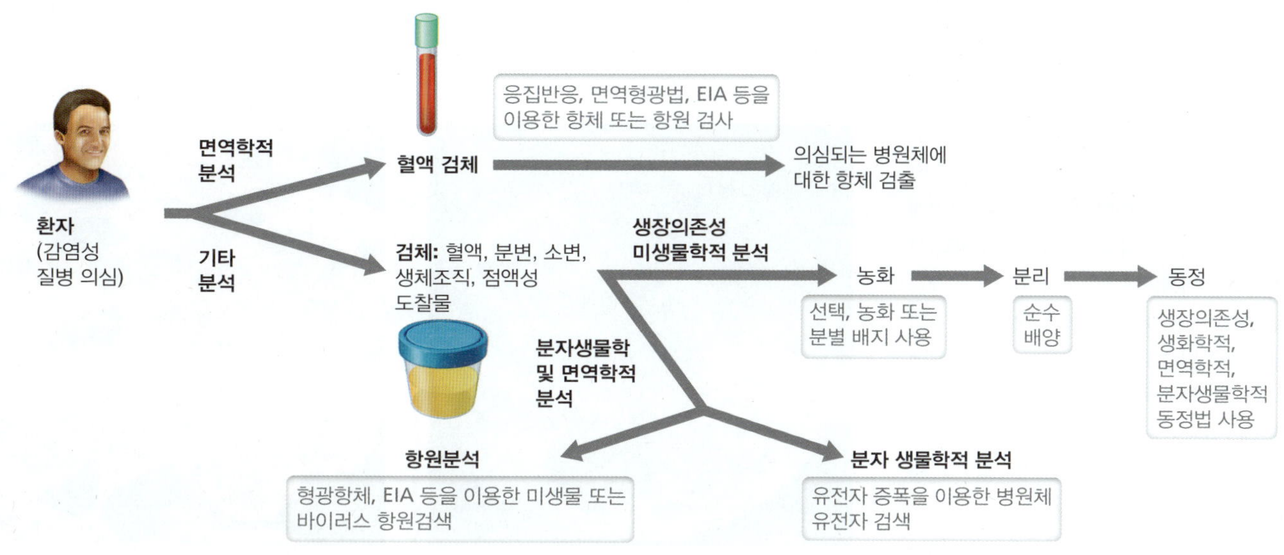

그림 28.4 미생물 병원체의 실험실 동정. 순서도는 임상 실험실에서 병원체 또는 병원체에 대한 노출을 동정하기 위한 다양한 경로들을 보여준다.

체로부터 선별적으로 배양, 분리 및 동정될 수 있다. 대부분의 임상 검체들은 혈액한천배지(*blood agar*) (**그림 28.7*a***) 또는 초콜릿 한천배지(*chocolate agar*) (열로 분해된 혈액으로 인해 갈색을 띠어 붙여진 이름; 그림 28.7*b*) 같이 다양한 미생물의 생장이 가능한 일반배양 배지(general purpose media)에서 최초로 배양된다. 또한 특정 병원균의 분리 및 동정을 쉽게 하기 위해, 다양한 선택(*selective*) 및 분별(*differential*) 배지가 사용되기도 한다. **선택배지(selective media)**는 배지에 첨가된 물질로 인해 특정 미생물은 생장하나 그 외의 다른 미생물은 자라지 못하는 배지이다. **분별배지(differential media)**는 배지 상에서의 색깔과 모양 같은 생장 형태를 근거로 미생물을 동정하게 한다. 예를 들어, 에오신-메틸렌블루(eosin-methylene blue, EMB) 한천배지는 일종의 선택배지인데, 포함된 메틸렌블루가 그람-양성 세균의 생장을 억제한다. 또한 EMB 한천배지는 분별배지로 사용될 수도 있는데, 그람-음성 세균을 젖당발효 여부를 기준으로 구별할 수 있다. 대장균과 같이 젖당을 발효하는 균은 배지를 산화시키고 광택을 띠는 황녹색의 집락을 만드는 반면에, 같은 그람-음성 세균이지만 *Pseudomonas aeruginosa*와 같이 젖당을 발효하지 못하는 세균은 불투명한 집락을 생성한다 (그림 28.7*c*).

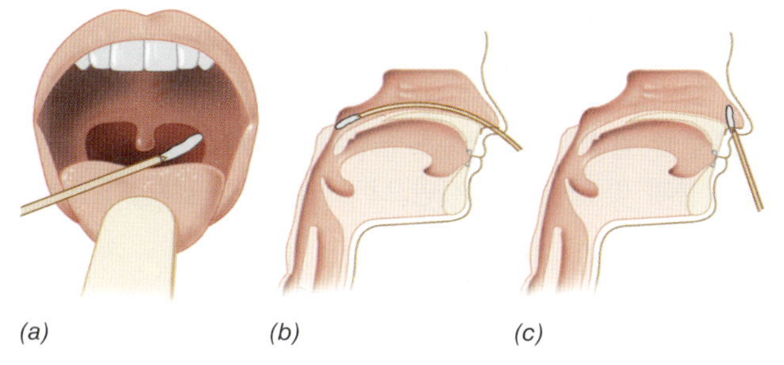

그림 28.5 상기도에서 검체 채취. *(a)* 인후 면봉채취. *(b)* 코를 통한 비강인후 면봉채취. *(c)* 코 내부의 면봉채취.

혈액 및 뇌척수액 검체

혈액 또는 뇌척수액(cerebrospinal fluid, CSF) 같이 큰 부피의 액상 검체에 있는 병원체는 자동화된 배양시스템을 이용하여 일상적으로 감지된다. 수막염이 의심될 경우, 척추뼈 사이에 바늘을 삽입하여 3~5 ml 정도의 뇌척수액을 채취하는 요추천자(*lumbar puncture*) [척수 천자(spinal tap)]라 불리는 검사를 사용한다. 건강한 사람에서는 뇌척수액이 맑고 무균상태인 반면, 뇌척수액이 혼탁하고 높은 백혈구 수를 나타낼 경우 감염을 의미한다. 다른 액상 검체 (혈액, 뇨, 가래, 상처 삼출물, 등)와 유사하게 뇌척수액 검체도 일상적으로 그람염색과 선택배지 배양을 통해 검증한다.

표준 혈액검체 채취 방법은 정맥에서 무균적으로 10~20 ml의

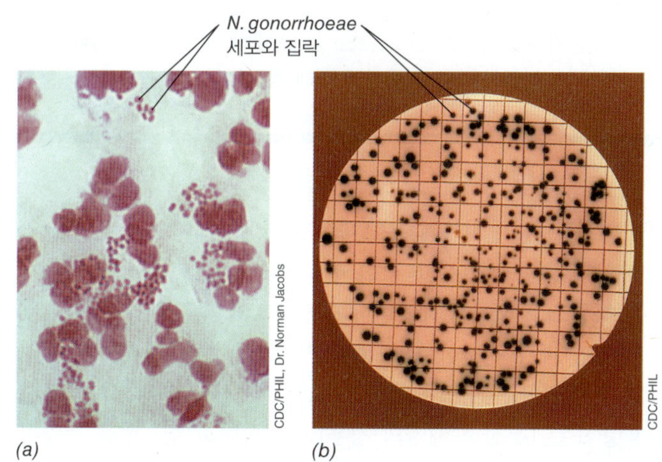

그림 28.6 임질 원인균인 *Neisseria gonorrhoeae*의 동정. *(a)* 요도 삼출액으로부터 얻은 사람의 호중구(neutrophil) 속에 있는 그람-음성 임균 세포. *(b)* Thayer-Martin 한천배지에서 증식하는 임균. 만약 세균이 사이토크롬 *c* (cytochrome *c*)를 가지고 있으면, 푸른색 집락으로 바뀌는 (산화효소) 시약을 처리하였을 때 사진의 배지 중간처럼 염색된다. 시약과 접촉한 임균 집락은 파란색을 나타내며, 산화효소 양성을 나타낸다.

MRSA—두려운 임상 도전

Staphylococcus aureus는 사람에서 기회성 감염을 일으키는 병원체로서 인구의 약 1/3에 서식하고 있다. 일반적으로 사람에서 이 그람-양성 세균은 피부와 점막, 특히 비강 상피조직에서 정상 미생물군총으로 무해하게 존재한다. Staphylococci로 인한 합병증은 대부분 국소피부감염의 형태로 발생하지만, *S. aureus*는 경우에 따라 혈액을 포함한 다른 신체 조직에 침입하여 독성인자를 생산함으로써 무해한 공생 세균에서 숙주의 생명을 위협하는 질병을 일으키는 심각한 병균으로 변할 수 있다.

*S. aureus*의 독성인자에는 응고효소(coagulase)와 응집인자(clumping factor)가 있으며, 이 두 단백질은 혈장성분을 침전시켜 세균 주변에 보호막을 형성함으로써 감염부위에서 숙주의 식균세포 활성을 억제한다. 또한 이 세균의 표면단백질인 단백질 A (protein A)는 항체와 보체의 옵소닌작용(opsonization)을 (26.9절) 방해하여 세균이 숙주의 식균작용으로부터 더 잘 보호될 수 있도록 한다. *S. aureus*는 또한 여러 가지 강력한 외독소(exotoxin)를 분비하는데, α-hemolysin (혈액세포 파괴), B형 장독소(enterotoxin B, 식중독 유발), toxic shock syndrome toxin-1 (생명을 위협하는 독성 쇼크 유발)이 포함된다.

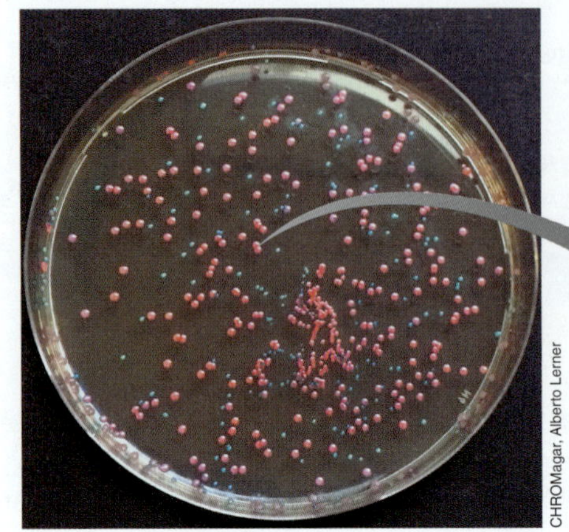

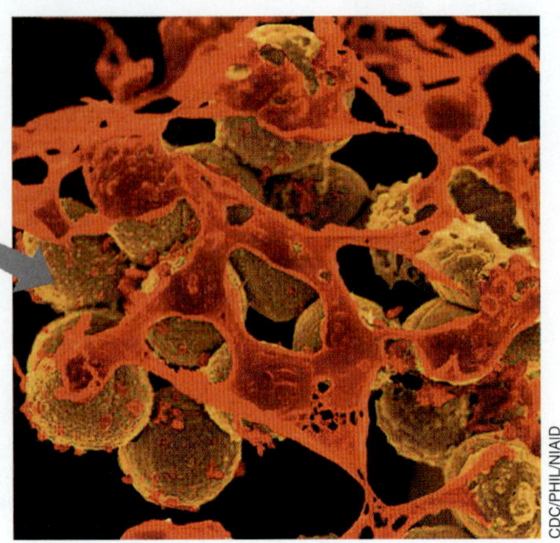

CHROMagar, Alberto Lerner / CDC/PHIL/NIAID

그림 1 메티실린-내성 *Staphylococcus aureus* (MRSA). 발색성 한천배지에서 자란 MRSA 집락은 (왼쪽) 분홍색을 띠는 반면, 다른 세균 집락은 파란색을 나타낸다. 오른쪽의 색을 입힌 주사전자현미경 사진은 세포 잔해 구조물에 (주황색) 삽입되어 있는 MRSA (노란색) 세포를 보여준다.

많은 *S. aureus* 감염이 여러 형태의 페니실린과 같은 β-락탐계 항생제에 의해 효과적으로 치유되지만, 전 세계 항생제 사용이 매우 높은 상태를 유지함에 따라 이런 약제들에 대해 내성을 보이는 균주들이 증가하고 있다 (그림 28.28*a* 참조). 황색포도상구균의 다중약제 내성 균주에 의해 감염될 경우 마지막 치료 방법 중 하나인 강력한 반합성 β-락탐계 항생제 메티실린(methicillin)을 사용하였다. 그러나 최근 몇 년간 메티실린에 내성을 보이는 *S. aureus*의 비율이 경계심을 가질 정도로 늘고 있다. 이런 메티실린-내성 *S. aureus* (MRSA)은 특히 보건의료관련 감염에 흔하다.

MRSA 감염에 대한 임상 진단은 발색성 한천배지를 사용한 세균배양방법을 이용하거나 (**그림 1**), 또는 핵산 기술을 활용한 검사법을 사용한다 (28.8절). 최선의 치료 전략을 정하기 위해 항생제 민감도 검사가 (28.4절) 필요하다. 일반적으로 치료는 환자마다 다르며, 반코마이신, 테트라사이클린 또는 설파계 항생제와 (28.10절) 같은 비-락탐계 항생제가 사용되며, 주로 정맥주사로 투여된다.[1]

MRSA 감염의 전 세계 발생률은 여전히 높다. 미국에서만 매년 거의 8만 건이 기록되고 있으며, 최근 몇 년 동안, 특히 인도에서 MRSA의 확산이 보고되고 있다.[2] 흥미롭게도, 보건의료관련 MRSA 감염은 최근 몇 년간 꾸준히 감소하고 있는 반면, 지역사회관련 MRSA 감염은 증가하고 있다. 미국 질병통제예방센터는 MRSA 보균자가 인구의 2%를 차지하는 것으로 추정하고 있다. MRSA는 확산과 광범위한 다중약제 내성을 고려할 때 통제하기 어려운 병원체로 계속 남아 있을 것이다.

[1]American Academy of Microbiology. 2015. FAQ: The threat of MRSA. AAM: Washington, D.C.

[2]Center for Disease Dynamics, Economics, and Policy. 2015. State of the world's antibiotics, 2015. CDDEP: Washington, D.C.

혈액을 채취하고, 이를 항응고제와 일반배양배지가 들어 있는 2개의 배양병에 각각 접종한다. 한 배양병은 산소를 공급하고 다른 한 병은 무산소 상태에서 배양한다 (**그림 28.8**). 혈액배양병을 35°C에서 수일간 배양 관찰한다. 자동배양 시스템은 (그림 28.8*b*) 주기적으로 혼탁도 또는 형광을 측정하고, 또한 (산소 배양의 경우) 산소 사용량 또는 (무산소 배양의 경우) 이산화탄소 생산량을 측정함으로써 세균의 생장을 측정한다. 임상적으로 중요한 대부분의 세균들은 2일 안에 확인되지만, 마이코박테리아와 곰팡이 같이 생장이 느린 세균들은 3~5일 또는 그 이상 걸리기도 한다. 생장이 이루어진 배양병은 우선 그람염색으로 검사하고, 추가적인 분리와 동정을 위해 특화된 배지에 접종하여 배양한다.

혈액에서 발견되는 가장 일반적인 병원체는 *Staphylococcus*와 *Enterococcus* 종들이지만, 많은 다른 세균이 혈액 감염을 일으킬 수 있다. 알려진 병원균의 생화학적 패턴을 담은 컴퓨터 데이터베이스를 활용하여 임상분리체가 다양한 분별배지에서 나타내는 대사반응 결과를 비교함으로써 임상분리체를 명확하게 동정한다. 분별배지를 이용한 생화학적 검사는 특정 기질을 분해하는 효소의 존재 유무를 판별한다. 수많은 종류의 생화학적 검사법이 알려져 있지만, 불과 몇 종류의 검사만으로도 일부 병원체를 동정하는 데 충분하다.

비뇨기 및 분변 배양

비뇨기 감염(urinary tract infections, UTIs)은 흔한 질병으로 특히 여성에게 많이 나타난다. 대부분의 경우 비뇨기 감염은 외부로부

그림 28.7 농화배지. *(a)* 양혈액 한천배지(SBA)에서 자란 *Burkholderia*; 붉은색은 trypticase soy agar와 같은 농화배지에 첨가된 양의 혈액으로 인한다. *(b)* 초콜릿 한천배지에서 자란 *Francisella tularensis*; 갈색은 trypticase soy agar와 같은 농화배지에 첨가된 열처리된 혈액으로 인한다. *(c)* 에오신-메틸렌블루(eosin-methylene blue, EMB) 한천배지에서 자란 젖당 발효균인 대장균과 (왼쪽) 젖당 비발효균인 *Pseudomonas aeruginosa* (오른쪽)를 나타낸다. *E. coli* 집락이 녹색이 조금 섞인 노란색의 금속성 광택을 띠는 것은 젖당 발효균임을 나타낸다.

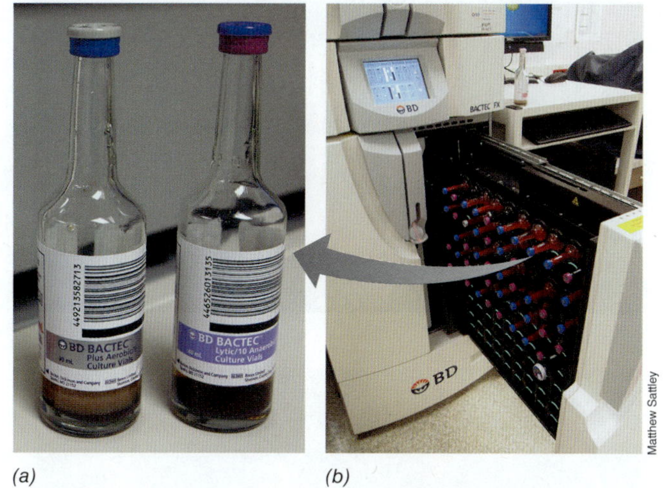

그림 28.8 혈액 감염에 대한 생장의존성 진단법. *(a)* 환자의 혈액시료를 무균조작으로 배양배지에 접종하여 유산소 (왼쪽 바이알) 또는 무산소 (오른쪽 바이알) 상태에서 배양. *(b)* *(a)*에서 접종된 바이알을 자동화 시스템에 삽입하여 배양하며 생장을 측정. 예를 들어, 혼탁도, 이산화탄소 생성 또는 형광을 측정. 사진제공; Marion General Hospital, Marion, Indiana, USA.

터 침입한 미생물이 요도를 통해 방광으로 올라감으로써 발생한다. 또한 비뇨기 감염은 병원감염의 가장 흔한 형태로 환자에게 요도카테터 삽입 시 종종 나타난다. 소변을 현미경으로 직접 관찰하는 방법은 소변 내에 미생물의 수가 비정상적으로 많은 균뇨(*bacteriuria*)를 진단하는 데 유용하다. 비뇨기 감염 병원체의 형태를 확인하기 위해 소변 검체를 직접 그람염색하기도 한다. 그람-음성 간균 (다양한 장내세균), 그람-음성 구균 (*Neisseria* 종) 및 그람-양성 구균 (특히 *Enterococcus* 종)의 확인에 이런 방법이 사용될 수 있다.

확실한 비뇨기 감염의 경우, 소변 검체 1 ml 당 10^5 이상의 세균수가 검출된다. 가장 흔한 감염체는 장내세균으로 대장균이 90%의 경우를 차지한다. 일차적으로 혈액한천배지가 병원균의 농화배양 및 분리를 위해 사용된다. EMB 또는 맥콩키(MacConkey) 한천배지 같은 선택 및 분별배지가 그람-음성 세균 중 젖당 비발효균과 발효균을 감별할 수 있고 (그림 28.7*c*), 일반적인 피부 오염균인 포도상구균과 같은 그람-양성 세균의 생장을 억제한다. 전통 배양방식 (**그림 28.9*a, b***) 또는 신속 간편 키트형식 (그림 28.9*c*)의 추가적인 분별 및 선택배지가 비뇨기 감염 병원체의 동정에 사용될 수 있다.

분변의 적절한 채취는 장내 병원균의 분리에 중요하다. 보존하는 동안 분변 검체의 산도가 증가하기 때문에 채취 후 처리까지 오랜 시간이 소요되어서는 안된다. 특히 산성 pH에 민감한 *Shigella*와 *Salmonella*를 분리할 때 주의해야 한다. 새롭게 채취된 분변검체는 멸균 밀봉된 용기에 넣어 실험실로 운반해야 한다. 혈액이나 고름이 포함된 분변과 음식물 또는 수인성 감염이 의심되는 환자의 분변은 개별적인 세균을 분리하기 위해 적합한 배지에 접종하여야 한다. 예를 들어, 많은 실험실이 다양한 종류의 선택 및 분별배지를 사용하여 오염된 음식물과 물로부터 얻어지는 전형적인 병원체인 대장균 O157:H7과 *Campylobacter*를 동정한다 (⇄ 32.11절 및 32.12절). *Giardia intestinalis* (⇄ 33.4절) 같은 장내 기생충 병원체는 배양검사법보다는 희석된 분변 검체에서 기생충 낭포를 직접 현미경으로 관찰하거나 항원-감지 분석법 (그림 28.18*c* 참조)을 통해 판정된다.

상처와 농양

동물에 의한 물림, 화상, 자상 같은 외상과 연관된 감염은 관련 병원균을 발견하기 위해 조심스럽게 검체를 채취하여야 하며, 결과 또한 감염과 오염을 구별하기 위해 주의해서 해석하여야 한다. 상처 감염과 농양의 병원균은 종종 정상균총으로 오염되어 있어 이런 상처부위에서 채취한 면봉 검체들은 빈번히 잘못된 결과를 나타낼 수 있다. 농양 및 화농부위의 가장 좋은 검체 채취방법은 피부 표면을 소독한 후 멸균된 주사기와 바늘로 화농 (고름이 있는) 부위에서 화농을 뽑아내는 방법이다. 내부 화농 검체는 생검 또는 외과적으로 제거한 조직에서 채취한다. 채취한 검체를 직접 그람염색한 후, 현미경으로 검사한다.

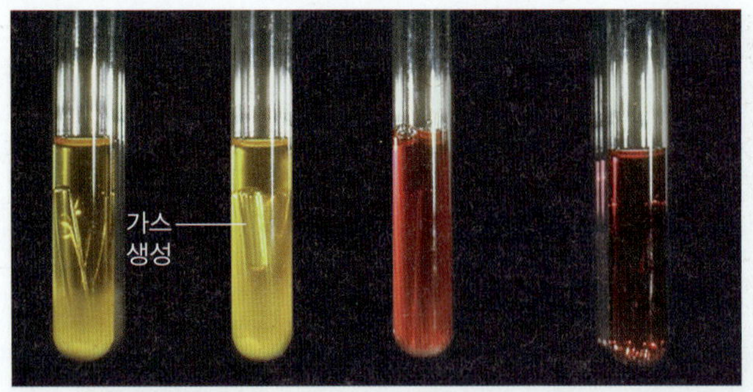

(a)

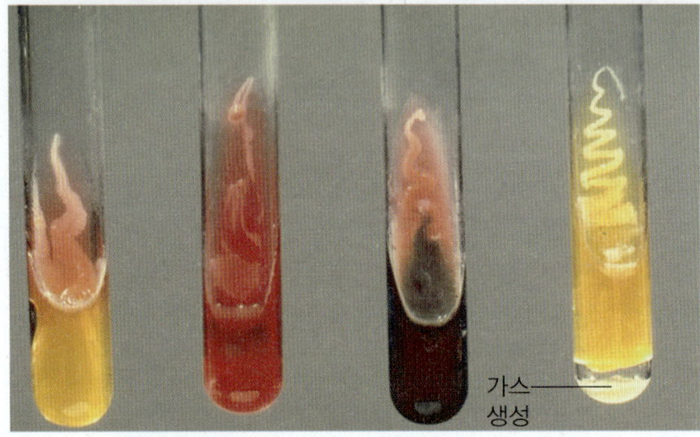

(b)

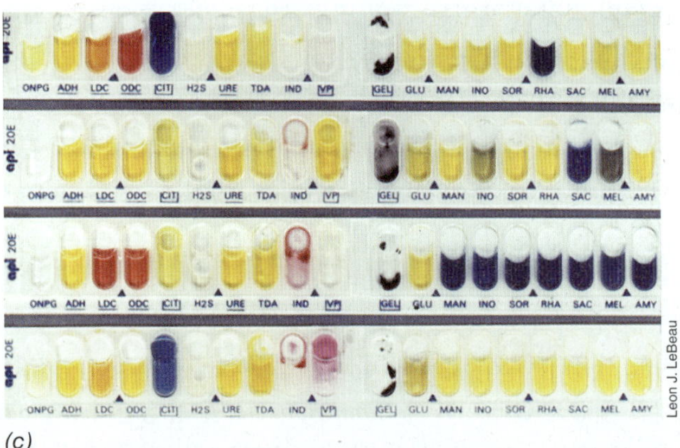

(c)

그림 28.9 임상분리 균에 대한 생장의존성 진단법. *(a)* 당 발효를 측정하기 위한 분별배지. 배지 안에 pH 지시약이 들어 있어 색깔변화 (붉은색에서 노란색)에 의해 산의 생성여부를 판단한다. 시험관에 넣은 작은 뒤집어진 관에 기포가 발생되면 발효에 의한 기체발생을 의미한다. *(b)* triple-sugar iron (TSI) 한천배지를 이용한 장내세균 진단 검사. 이 배지는 포도당, 젖당, 자당(sucrose)과 철을 함유한다. 포도당만을 발효시키는 미생물은 배지 바닥에서만 산을 생성하고, 반면 젖당과 자당 발효 미생물은 사면배지의 전체에서 산을 생성시킨다. 기체 생성은 배지 바닥 부위의 한천이 깨짐으로써 알 수 있다. 황화수소의 생성 (단백질 분해 또는 배지 내 티오황산염의 환원으로 발생됨)은 배지 내 H_2S와 철이온(ferrous iron)의 반응으로 인해 배지가 검정색으로 변화되는 것으로 알 수 있다. 균은 배지 사면의 표면과 한천배지 바닥에 찔러서 접종한다. 왼쪽에서부터; 1. 포도당만 발효 (*Shigella*의 특징); 2. 발효없이 생장 (*Pseudomonas*의 특징); 3. 황화수소의 생성 (*Salmonella*의 특징). 4. 당발효와 가스 생성 (*Escherichia coli*의 특징). *(c)* 소형화된 배양배지 키트는 여러 생화학적 검사를 표준시료와 동시에 진행함으로써 임상분리 균을 빠르게 동정할 수 있다. 4개의 분리된 띠, 각각 다른 분리 균의 결과를 보여주고 있다.

상처 감염과 관련된 일반적인 병원균에는 *Staphylococcus aureus*, 장내세균, *Pseudomonas aeruginosa* 및 혐기성 세균인 *Bacteroides*와 *Clostridium*이 포함된다. 세균에 따라 산소의 요구가 다르기 때문에 검체의 채취, 수송 및 배양이 유산소 및 무산소 상태에서 이루어져야 한다. 주로 사용되는 분리 배지로는 혈액한천배지, 장내세균을 위한 선택배지, 절대혐기성 세균 배양을 위해 환원제와 추가 영양소가 첨가된 농화배지가 있다. 피부감염의 메티실린-내성 포도상구균(MRSA)을 감별하기 위해 발색성(*chromogenic*) 한천배지가 널리 사용된다. 이 배지는 선택 및 분별배지의 일종으로 배지 내에 발색성 기질을 첨가하여 MRSA에 의해 분해가 되면 다른 색의 집락을 만들게 한다 (미생물 세계 탐구: MRSA—두려운 임상 도전 참조).

생식기 검체와 임균 배양

화농성 요도 분비물은 (특히 남성에서) 성병의 전형적인 증상이다. 이런 성병은 비임균성 요도염(non-gonococcal urethritis)과 임균성 요도염(gonococcal urethritis)으로 분류된다. 비임균성 요도염은 일반적으로 *Chlamydia trachomatis* (30.14절), *Ureaplasma urealyticum* 또는 *Trichomonas vaginalis* (33.4절)에 의해서 발생한다. 임균성 요도염은 *Neisseria gonorrhoeae*에 의해서 나타난다 (30.13절).

*N. gonorrhoeae*는 보통 그람-음성 쌍구균 형태로 관찰된다. 비뇨생식기의 정상균총(normal flora) 중 유사한 모양의 균체가 관찰되지 않기 때문에 요도, 질 또는 자궁경부의 도말 표본을 그람염색하여 직접 현미경으로 관찰했을 때, 그람-음성 쌍구균의 발견은 임질감염의 진단이 된다. 화농성 분비물 검체의 현미경 관찰에서는 호중구(neutrophil)에 식균화된 그람-음성 쌍구균이 나타난다 (그림 28.6*a*). 비선택적 농화배지(*enrichment medium*)인 초콜릿 한천배지(*chocolate agar*)가 검체의 *N. gonorrhoeae* 배양을 위해 사용된다. *N. gonorrhoeae* 분리에 사용되는 선택배지(*selective media*)는 변형된 Thayer-Martin (MTM) 한천배지이다 (그림 28.6*b*). 이 배지에는 항생제인 반코마이신(vancomycin), 니스타틴(nystatin), 트리메토프림(trimethoprim), 콜리스틴(colistin)을 첨가하는데, 이들은 정상균총(normal flora)의 생장은 억제하지만, 임균 또는 세균성 수막염의 원인균인 *Neisseria meningitidis*에는 영향을 미치지 않는다 (30.5절).

접종된 평판 배양배지는 공기 중에 3~7% CO_2를 포함한 습한 환경에서 24~48시간 배양 후, 모든 *Neisseria*가 산화효소(oxidase) 양성이므로 산화효소 시험을 실시한다 (그림 28.6*b*). MTM 또는 초콜릿 한천배지에서 생장하며, 산화효소 양성인 그람-음성 쌍구균이 비뇨생식기 검체로부터 유래되어 배양되었다면 *N. gonorrhoeae*로 추정할 수 있다. 그러나 명확한 동정을 위해서는 탄수화물 이용 양상, 면역학적 또는 핵산탐침법 검사 등이 필요하다. 많은 실험실에서 *N. gonorrhoeae* (그리고 자주 함께 나타나는 *Chlamydia trachomatis*) 동정을 위해 비뇨생식기 검체를 검사하는 방법으로 중합효소연쇄반응(PCR)에 의한 DNA 증폭법 또는 다른 분자생물학적 방법을 사용한다.

혐기성 병원체의 배양

환자 검체로부터 절대 혐기성 세균의 동정에는 특별한 분리 및 배양 방법이 요구된다 (5.14절). 일반적으로 혐기성 세균의 배양배지는 호기성 세균 배양배지와 다음 사항을 제외하고는 큰 차이가 없다: (1) 혐기성 세균의 배양배지는 유기물 함량이 일반적으로 더 높으며, (2) 산소를 제거하기 위한 환원제 (주로 cysteine 또는 thioglycolate)를 포함하고 있고, (3) 무산소 상태를 알려주는 산화-환원 표시제가 포함되어 있다. 절대 혐기성 세균에 산소는 독성을 나타냄으로 검체의 채취, 조작 및 시험 과정에서 산소에 노출되지 않도록 해야 한다. 주사기를 이용한 흡입이나 생검법에 의해 채취된 검체는 즉시 무산소 기체로 채워진 시험관 속의 염류용액에 넣어야 한다. 일반적으로 검체를 담는 염류용액에는 환원제와 산소 오염 여부를 알려주는 산화-환원 표시제가 첨가되어 있다. 이후 검체는 혐기성 배양을 위해 자동 배양 시스템의 무산소 배양배지에 접종하거나, 질소 또는 수소 같은 무산소 기체를 채운 "혐기 작업 상자(anaerobic glove box)"에서 무산소 배양 배지에 접종하여 배양한다.

인체 내에는 일반적으로 산소가 없는 몇몇 서식지 (예, 구강 일부 및 장관의 하부) 가 있으며, 이곳에는 절대 혐기성 세균이 정상균총의 일부로 존재한다. 그러나 인체의 다른 부위에서도 조직 손상이나 외상으로 인해 상처 부위에 혈액 및 산소의 공급이 감소됨으로써 국소빈혈(*ischemia*)의 조건인 무산소 상태가 될 수 있으며, 이러한 혐기적 부위에서 절대 혐기성 세균들이 집락을 형성할 수 있다. 일반적으로 잠재적 병원성을 띄는 혐기성 세균은 정상균총의 다른 종들과 경쟁하며 정상균총의 일부로 존재하나, 특정 상황에서는 비정상적 성장에 의해 기회성 병원균이 되기도 한다. 예를 들어, *Clostridium difficile*은 (표 28.3) 일반적으로 장관 하부에 서식하는 해가 없는 정상균총에 속하나, 오랜 기간의 항생제 치료로 인해 정상균총의 미생물들이 사라져 경쟁이 없어지면 보건의료관련 병원체로 변한다 (24.10절).

미니퀴즈

- 임상 검체 채취 시 주의해야 할 중요사항은 무엇이며, 검체에 대한 진단검사가 높은 특이성과 민감도를 가져야 하는 이유는 무엇인가?
- 혈액, 상처, 소변, 분변 및 생식기 검체의 세균배양을 위해 사용되는 배양법과 조건에 대해 설명하라. 병원체 감별에 선택 및 분별 생장배지가 어떤 중요성을 갖는가? 그리고 혐기성 병원균을 분리하기 위해 어떤 특별한 조건들이 유지되어야 하는가?

28.4 최적 치료법 선별

임상 검체로부터 분리된 미생물 병원체는 의학적 진단을 확정하고 항미생물 치료법을 결정하기 위해 동정된다. 많은 병원체에 대한 적절하고 효과적인 항미생물 치료법은 현재의 경험과 실습에 기초한다. 그러나 특정한 병원체 그룹에 대해서는 적절한 항미생물 치료에 관한 결정이 사례별로 신중하게 이루어져야 한다. 이러한 병원균에는 항미생물 약제 내성이 자주 나타나는 세균 (예, 그람-음성 장내세균), 생명을 위협하는 질병을 유발하는 세균 (예, *Neisseria meningitidis*에 의한 세균성 뇌수막염), 질병의 진행과 조직의 파괴를 막기 위해 세균의 생육억제제보다 살균제가 (5.17절) 더 유용한 균들이 포함된다. 후자의 경우로 세균성 심장내막염(심장판막과 같은 심장 내부조직의 감염)을 유발하는 세균의 경우가 있으며, 병원균을 빠르게 완전히 사멸시키는 것이 환자의 생존에 매우 중요하다.

최소생장억제농도

항미생물 감수성은 균의 생장을 완전히 억제하는 데 필요한 약제의 최소량을 (실험실 배양실험에서) 측정하며, 이 값을 **최소생장억제농도(minimum inhibitory concentration, MIC)**라고 한다. 전통적인 측정법은 일련의 배양관에 배지와 증가되는 농도의 항미생물 약제를 넣고 같은 수의 미생물을 접종하여 배양한다. 각 배양관의 탁도를 관찰하여 생장여부를 판별하며, MIC 값은 검사 세균의 생장을 완전히 억제하는 약제의 최소 농도이다 (5.17절, 그림 5.37, 5.38).

현대화된 실험실에서는 소량 (μl 단위)의 배지와 약제를 사용하는 자동화된 기계를 사용한다. 이 실험은 전통적 측정법의 축소판으로 각 항생제를 배지가 들어 있는 미세적정판 골에 2배씩 계단 희석하여 첨가하고, 동일한 표준량의 시험균을 각 골에 접종한 후, 각 골의 생장여부를 측정한다 (**그림 28.10*a***). 임상미생물 실험실에서 MIC 검사는 통상적으로 자동화 기계에 의해 이루어지며, 이 기계는 또한 환자 검체로부터 순수 분리된 균을 동정하는 기능도 있다 (그림 28.10*b*, *c*).

항미생물 약제 감수성 측정

항미생물 활성을 측정하는 표준시험법은 디스크확산 검사법(*disc diffusion test*)이다 (그림 28.10*d*~*g*). 한천 평판배지 표면에 일정량의 순수 배양한 시험균를 고르게 펴서 접종한다. 알고 있는 농도의 항미생물 약제를 함유하는 여과지 원판을 이 배양접시 위에 놓는다. 배양하는 동안 약제는 원판으로부터 한천배지로 확산되며 원판을 중심으로 멀리 떨어질수록 약제의 농도가 줄어드는 거리에 따른 농도차를 만든다. 원판으로부터 세균이 생장하지 못하는 환이 만들어지는데 이를 억제구역(*zone of inhibition*)이라 하며, 이를 측정하여 MIC를 효과적으로 측정할 수 있다. 억제구역의 크기는 항미생물 약제의 농도, 약제의 용해도 및 확산계수, 그리고 약제의 전체적인 효능에 비례한다.

추가적으로 그림 28.10*g*는 엡실로미터 검사(*epsilometer test*, Etest)를 이용한 항생제 감수성 측정을 보여준다. 이 분석법은 항미생물 약제를 일정한 농도변화가 나도록 고정화한 가는 플라스틱 막대를 시험균이 접종된 한천배지 표면에 올려놓고 세균의 생장을

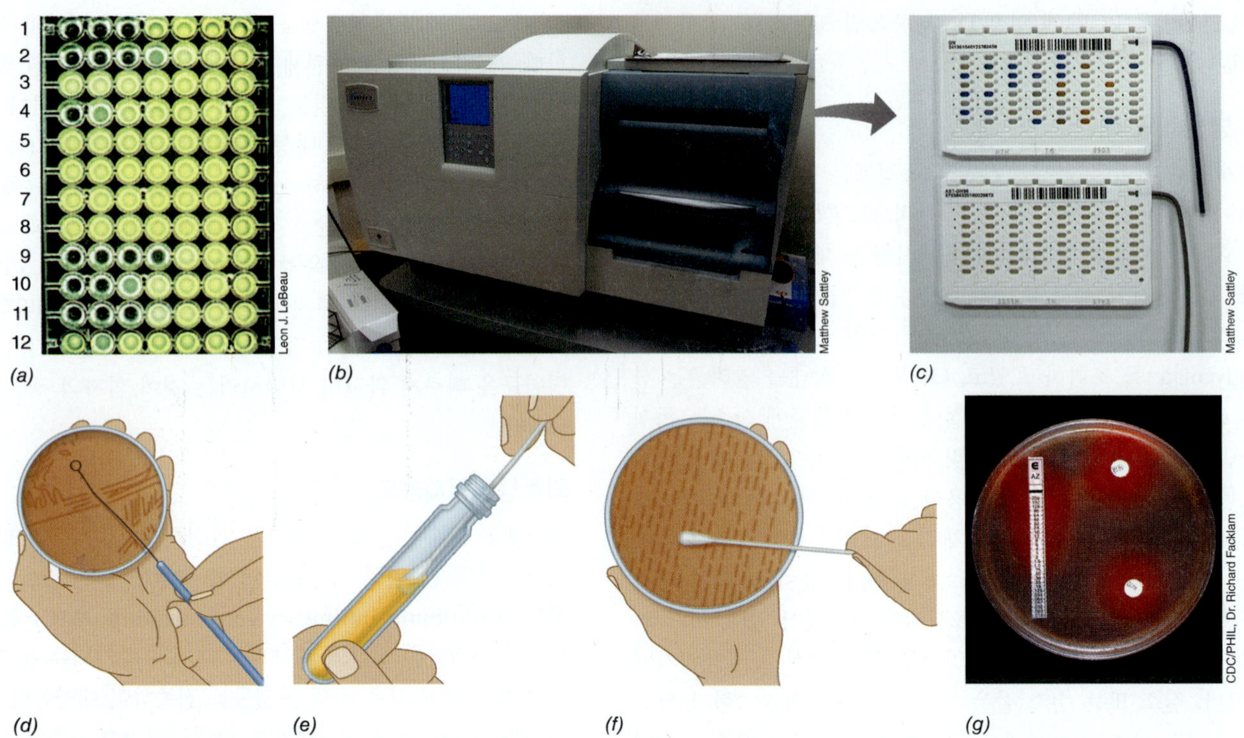

그림 28.10 항생제 감수성 검사. *(a)* 미세적정판에서 액상 희석법에 의한 항생제 감수성 검사. 미생물은 *Pseudomonas aeruginosa*이다. 가로 열에는 연속 희석된 다른 종류의 항생제가 포함되었다. 가장 높은 농도의 항생제가 가장 왼쪽 골이며, 오른쪽으로 가면서 2배씩 희석된다. 1, 2번 가로열 모두 미생물 생장이 보이지 않는 최소항생제 농도는 3번 골이다. 3번 가로열은 모든 골에서 세균이 생장하는 것으로 보아 검사한 농도에서 항생제 효과가 없다. *(b, c)* 임상분리 균을 동정하고 이들의 항생제 감수성 검사를 위한 자동화 시스템. 카드형 적정판 (판넬 *c*)에 부착된 미세관을 이용하여 균을 접종하고, 자동화기기에 삽입하여 배양한다. 자동화기기가 측정한 결과가 24시간 이내에 나온다. 사진제공; Marion General Hospital, Marion, Indiana, USA *(d)* 디스크 확산검사법을 위해, 순수 분리된 미생물 집락을 적절한 액체배지가 들어 있는 관에 접종하여 배양한다. *(e, f)* 멸균된 면봉을 배양된 액체 배지에 넣어 적시고, 면봉을 적절한 한천배지 표면에 고르게 도말한다. *(g)* 알고 있는 농도의 다양한 항생제를 담고 있는 디스크를 미생물을 도말한 한천배지 위에 올려둔다. 일정시간 배양 후, 억제구역의 크기를 측정한다. 미생물의 감수성 정도는 억제구역 크기에 대한 표준 해석도표를 참고하여 정한다. 엡실로미터(epsilometer) 검사법은 (Etest, AB BIODISK, Solna, Sweden) 하나의 항생제를 농도 기울기 (μg/ml)로 흡착시킨 플라스틱 띠를 세균이 접종된 한천배지 위에 올려놓고 일정시간 배양한다. 생장이 억제되는 타원과 띠가 만나는 지점의 농도가 최소억제농도(MIC)이다. 이 예에서, 아지트로마이신(AZ)의 최소억제농도는 1.0 μg/ml이다.

관찰하는 것이다. 플라스틱 막대의 항미생물 약제가 한천배지로 옮겨지고 다양한 미생물의 생장을 확인할 수 있는 시간 동안 안정적으로 남아 있다. 일정시간을 배양한 후, 막대의 축을 따라 타원형의 억제구역이 나타난다. MIC 값 (μg/ml)은 타원형 억제구역의 끝이 검사막대와 닫는 지점에서 막대에 적힌 수치를 읽음으로써 얻는다 (그림 28.10*g*).

배양 조건을 표준화함으로써, 분리된 병원균에 대해 어떤 항미생물 약제가 더 효과적으로 작용하는지를 비교분석할 수 있다. 미국 "임상실험 표준연구소(Clinical and Laboratory Standards Institute, CLSI)"는 항미생물 약제에 대한 표준 시험법을 개발 및 설정하는 역할을 하며, 또한 계속 최신화하는 책임을 지고 있다 (http://www.clsi.org). 병원감염을 관리하는 미생물학자들은 검사를 통해 얻은 약물 감수성 정보를 취합하여 정기적으로 항생제 감수성분석(***antibiogram***)이라고 하는 보고서를 만든다. 이 보고서는 임상적으로 분리된 미생물들이 현재 이용되고 있는 항생제들에 대해 나타내는 감수성을 보여준다. 항생제 감수성분석 보고서는 지역 단위에서 알려진 병원체의 관리 상태를 관찰하고 새로운 병원체의 출현 및 항생제 내성 병원체의 발생을 확인하는 데 매우 유용하다.

미니퀴즈

- 항미생물 약제 감수성 검사를 위한 디스크 확산법 및 이테스트(Etest)에 대하여 설명하라. 개별적 미생물과 항미생물 약제에 대하여 검사 결과가 나타내는 것은 무엇을 의미하는가?
- 항미생물 약제 감수성 시험은 임상미생물학자, 의사, 환자에게 왜 중요한가?

III • 질병 진단을 위한 면역 및 분자 기법

대부분의 바이러스 또는 일부 병원성 세균은 일상적인 배양방법이 없거나, 있다 하더라도 신뢰성이 떨어지거나, 적용하기 어렵거나, 또는 비용이 많이 들 수 있다. 이 경우 생장-비의존적

(*growth-independent*) 진단법을 이용하여 병원체 또는 병원체의 산물을 감지함으로써 병원체를 동정한다. 이런 방법은 다양한 면역학적 분석법 또는 특정 분자의 분석을 활용하여 병원체의 배양 없이 개별 병원체 또는 병원체에 대한 노출을 확인할 수 있는 비교적 빠르고 신뢰성 있는 진단법이다.

28.5 면역분석과 질병

면역분석에서는 병원체 또는 병원체의 산물에 대한 특이적인 면역항체가 시험관(*in vitro*)에서 개별적 감염원을 감지하는 데 사용된다. 또한 26장과 27장에서 언급된 특정 병원체에 대한 환자의 면역반응을 감지함으로써 병원체에 대한 노출 및 감염에 대한 증거로 활용할 수 있다.

혈청학과 항체역가

체외에서 항원-항체 반응을 연구하는 학문을 **혈청학(serology)**이라 한다. 혈청학적 검사는 환자 혈청 속에 존재하는 병원체에 의해 유도된 항체를 감지하는 것으로 많은 진단검사의 기초가 된다. 혈청학적 검사에서 특이성(*specificity*)은 항원-항체반응이 하나의 병원체에 노출된 것을 잡아내는 것을 의미한다. 따라서 환자의 혈청 속에 존재하는 항체를 감지하기 위해 사용되는 항원은 특정 병원체만 가지고 있는 유일한 것이어야 한다. 또한 혈청학적 검사에서 항원을 감지하기 위한 항체의 양을 나타내는 민감도(*sensitivity*)는 검사 방법에 따라 매우 다르다. 예를 들어, 수동 응집반응(*agglutination*)은 (28.6절 참조) 빠르고 시행하기 간편하나 6 ng/ml 이상의 항체 농도가 필요한 반면에, 더 높은 기술력이 필요하지만, 민감도가 매우 높은 효소면역분석법(*enzyme immunoassay, EIA*)은 0.1 ng/ml 정도의 낮은 항체 농도가 필요하며 또한 0.1 ng 정도의 적은 항원을 감지할 수 있다 (28.7절).

어떤 사람이 의심되는 병원균에 감염되면 그 병원균에 대한 면역반응이 증가할 것이다. 의심되는 병원체가 생산한 항원에 대한 항체역가(*antibody titer*)를 측정함으로써 감염에 대한 강한 증거를 얻을 수 있다. **역가(titer)**는 환자의 혈청을 연속 희석하여 항원-항체 반응이 일어나는 가장 높은 희석배수 (가장 낮은 혈청농도)를 측정하여 그 값의 역수로 한다 (**그림 28.11**).

항체역가가 있다는 것은 앞서 병원체에 감염 또는 노출되었음을 나타낸다. 지역 사람들에서 매우 드물게 나타나는 병원체에 대한 항체의 존재는 현재 진행 중인 감염상태를 나타내기도 한다. 예를 들어, 한타바이러스가 이런 경우이다 (31.2절). 그러나 대부분의 경우 단지 항체의 존재 유무만으로는 활성 감염인지를 알아내지 못한다. 이유는 많은 항체들이 감염이 치유된 이후에도 오랜 시간 동안 항체역가가 남아 있기 때문이다. 어떤 급성 질환이 특정 병원균 때문이라는 것을 확증하기 위해서는 급성질환 단계와 회복기 단계에서 환자로부터 채취한 혈청의 항체역가가 증가하는 것을 보여주는 것이 필수적이다. 종종 항체역가는 급성감염 단계에서는 낮고, 회복기에서는 증가한다 (그림 28.11). 이러한 항체역가의 증가는 질병의 원인이 항체역가를 나타내는 병원체 때문이라는 것을 가장 잘 나타낸다.

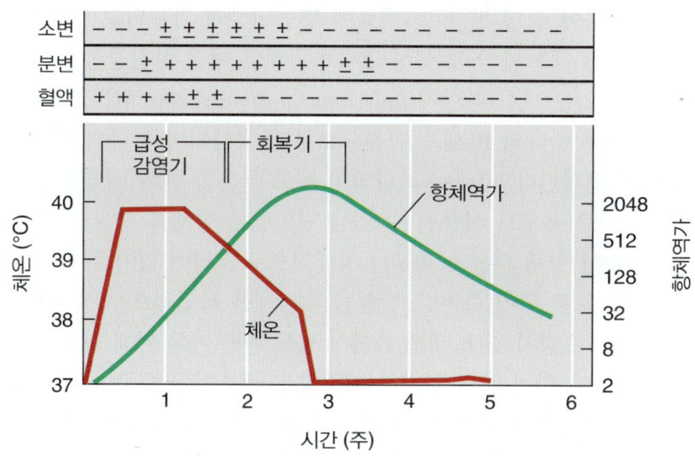

그림 28.11 치료받지 않은 장티푸스 환자의 감염과 면역 패턴. 체온은 빠른 질병진행을 알려준다. 항체역가는 *Salmonella enterica* (*typhi*) 검사균주를 (32.5절) 응집시키는 항체의 가장 높은 희석배수의 역수로 표현한다. 혈액, 분변, 소변 등에 살아 있는 세균의 존재는 배양으로 측정된다 (−, 세균 없음; ±, 적은 수의 세균; +, 많은 수의 세균). 항체역가가 증가함에 따라 혈액 속의 병원균은 소멸되며, 분변과 소변에서 소멸은 더 오랜 기간이 필요하다. 항체역가가 증가함에 따라 체온은 정상으로 떨어진다.

피부 검사

여러 병원균이 Th1 세포에 의해 유도되는 지연성 과민반응(delayed-type hypersensitivity, DTH)을 유발한다 (27.9절). 이런 병원균에 대해서는 피부검사(skin test)가 병원체 감염 여부를 판정하는 유용한 방법이다. 가장 흔하게 사용되고 있는 피부검사는 결핵검사(*tuberculin test*)로 *Mycobacterium tuberculosis*로부터 얻은 수용성 추출물을 피부층 사이에 주사하는 것이다. 주사한 자리에서 48시간 이내에 나타나는 양성 염증반응은 결핵균이 현재 감염되었거나, 앞서 결핵균 (또는 백신)에 노출된 적이 있는 것을 나타낸다. 이 검사법은 병원체-특이적 염증반응을 유도하는 Th1 세포에 의해서 일어나는 반응이다 (그림 27.27). 피부검사법은 결핵, 한센병 (나병), 일부 진균 질환 진단에 사용되는데, 이유는 세포 내 감염 또는 진균 감염에 대한 항체 반응이 매우 약하거나 거의 나타나지 않기 때문이다.

만약 병원체가 극히 국소적으로 위치한다면 면역반응은 거의 일어나지 않으며, 감염된 부위에서 병원체가 왕성하게 증식하더라도 항체역가가 증가하지 않거나 피부검사 활성도 나타나지 않는다. 그 좋은 예는 *Neisseria gonorrhoeae*이 점막표면에 감염하여 발생하는 임질이다. 임균의 감염은 전신성 또는 보호성 면역반응을 일으키지 않기 때문에 항체역가 증가 및 피부검사 활성이 나타나지 않으며, 재감염이 쉽게 일어날 수 있다 (30.13절).

단일클론 항체

단일클론 항체(monoclonal antibody, mAb)가 개발되어 연구 분

야와 더불어 질병 진단 및 치료에 광범위하게 활용되고 있다. 여러 개별 B 세포에 의해 생성되어 병원체의 여러 항원결정기에 결합할 수 있는 다클론 항체(*polyclonal antibody*)와는 달리, 단일클론 항체는 하나의 B 세포 클론으로부터 생산되며 하나의 항원결정기를 인식한다. 따라서 하나의 B 세포 클론을 체외 배양하여 진단 및 치료 용도로 사용될 수 있는 단일클론 항체를 생산할 수 있다. 그러나 항체 생산 B 세포는 상대적으로 수명이 짧아 체외 세포 배양시 수 주 내에 죽는다. 단일클론 항체를 상업적으로 생산하기 위해서는 수명이 긴 B 세포 클론이 필요하며, 이를 위해 항체 생산 B 세포를 무한히 분열 성장하는 종양 B 세포인 골수종(*myeloma*) 세포와 융합시켜 하이브리도마(*hybridoma*)라고 불리는 "불멸의(immoratal)" 융합 세포주를 만든다 (**그림 28.12**). 융합 세포주는 두 융합 파트너의 생물학적 특성을 공유하여; 체외에서 영원히 생장하며 항체를 생산한다.

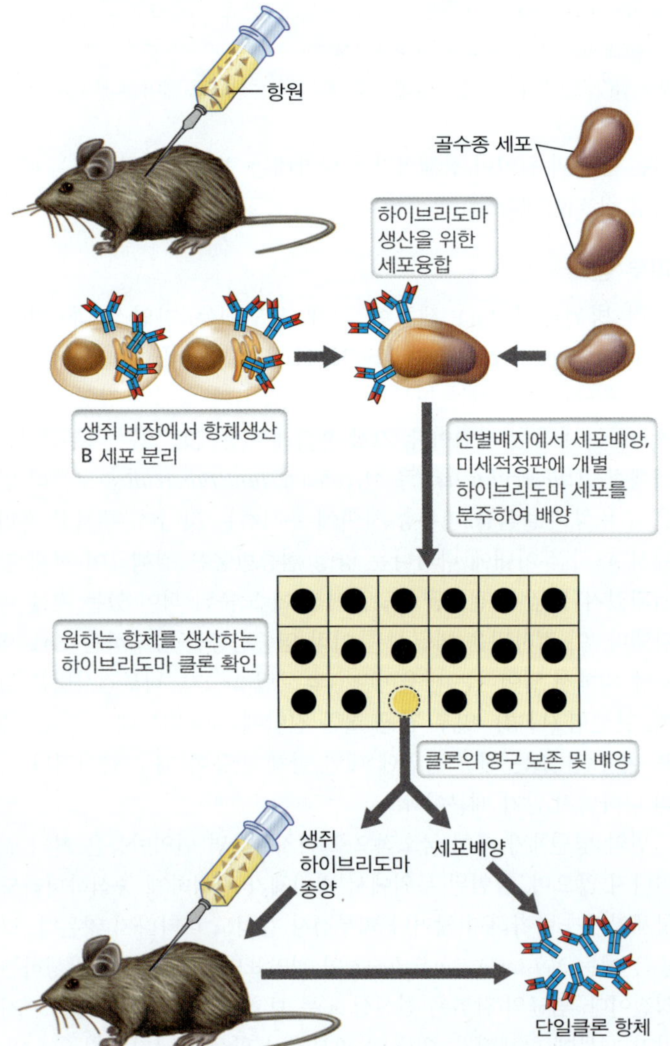

그림 28.12 단일클론 항체(mAb) 생산. 하이브리도마는 무한히 배양될 수 있고 암세포로서 동물 체내에서도 생장한다. 하이브리도마는 냉동상태로 저장가능하며, 필요시 녹여 배양배지에서 조직배양하거나 적절한 동물 체내에서 배양할 수 있다.

특정 단일클론 항체를 생산하기 위해 쥐를 표적항원으로 면역한다. 항원에 특이적인 B 세포는 몇 주에 걸쳐 증식하여 쥐의 체내에 항체를 생성하기 시작한다. 면역된 쥐에서 B 세포를 추출하여 골수종 세포와 혼합하여 세포 융합을 유도한다 (그림 28.12). 적은 수의 세포가 융합하여 항체를 생산하기 때문에 *HAT* 선택배지를 사용하여 융합이 일어나지 않은 세포를 제거하고 융합세포만을 선별한다. HAT 배지는 세포의 재활용(salvage) 핵산생산 과정의 중간대사물질인 하이포젠틴(Hypoxanthine, H)과 타이미딘(Thymidine, T), 그리고 세포의 신합성(de novo) 핵산생성과정의 억제제인 아미노프테린(Aminopterin, A)를 포함하고 있다. 융합이 되지 않은 골수종 세포는 HAT 배지에서 생장을 못하는데, 그 이유는 아미노프테린에 의해 핵산 신합성 과정이 억제된 환경에서 H와 T를 사용하여 핵산을 생산하는 효소가 결핍되어 있기 때문이다. 융합되지 않은 정상 B 세포는 이 효소가 있으나 내재적으로 배양배지에서 오래 살지 못하고 수일 내에 죽는다. 결국, 두 세포의 특성을 함께 가진 융합세포만이 필요한 효소를 생산하고 영원히 생장한다.

효소면역측정법 (28.7절)을 사용하여 원하는 단일클론 항체를 생산하는 융합세포주를 선별한다. 일반적으로, 세포 융합과정을 통해 몇 개의 다른 융합세포주을 얻게 되며, 각각 다른 단일클론 항체를 생산한다. 일단 원하는 세포주를 얻게 되면 쥐의 복강에 주입하여 항체를 생산하거나 연속 배양배지에서 배양하며 항체를 생산한 후, 이를 수확하여 단일클론 항체를 얻는다.

높은 특이성과 재현성을 가진 생물제제인 단일클론 항체의 상업적 생산은 많은 면역진단 활용에서 다클론 항체를 대체하고 있다. 단일클론 항체를 이용한 임상진단 검사에는 병원성 세균의 혈청학적 분류, 외부 표면항원을 가진 세포의 확인 (예, 바이러스 감염된 세포) 및 매우 특이적인 혈액 및 조직 구분, 등을 포함한다. 또한 매우 높은 특이성으로 인해 단일클론 항체는 사람의 암을 감지하거나 치료하는 데도 활용된다. 암세포는 표면에 종양-특이 항원을 나타내는 경우가 있으며, 이 항원을 통해 암세포를 특이적으로 인식할 수 있는 단일클론 항체를 활용해 독소를 암세포에 직접 전달할 수 있다. 항암치료를 위한 단일클론 항체는 암세포와 정상세포에 모두 피해를 줄 수 있는 비특이적 화학치료 및 방사선 치료법을 대체하는 커다란 잠재력을 가지고 있다.

미니퀴즈

- 급성 감염단계에서 회복기에 걸치는 기간 중 단일 감염체에 대한 항체 역가가 변화하는 이유에 대해 설명하라.
- 결핵피부검사에 대한 방법, 반응시간 및 원리에 대해 설명하라. 이 검사는 면역반응의 어떤 요소를 감지하는가?
- 다클론 항체와 비교하여 단일클론 항체는 어떤 장점을 가지고 있는가? 단일클론 항체를 어떻게 생산하는가?

28.6 침전, 응집 및 면역형광

침전 및 응집 반응을 포함하여 임상적으로 유용한 여러 면역학적

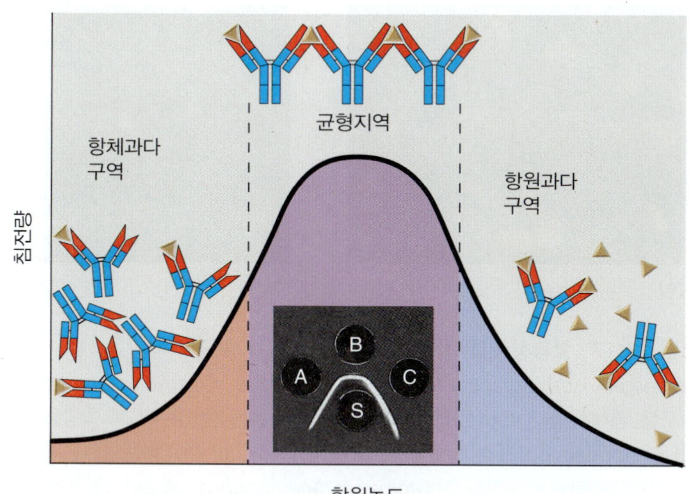

그림 28.13 수용성 항원과 항체 간의 침전반응. 침전 강도는 항원과 항체의 농도와 연관되어 있다. 내부 사진: 아가로스겔에서의 침전반응 (면역확산). 골S는 *Proteus mirabilis* 세균에 대한 항체를 담고 있다. 골 *A*, *B*, *C*는 *P. mirabilis*의 수용성 추출물을 담고 있다. 항원과 항체의 농도가 균형을 이룬 지점에 침전선이 형성된다. 면역침전 사진 제공: C. Weibull, W.D. Bickel, W.T. Hashius, K.C. Milner, and E. Ribi.

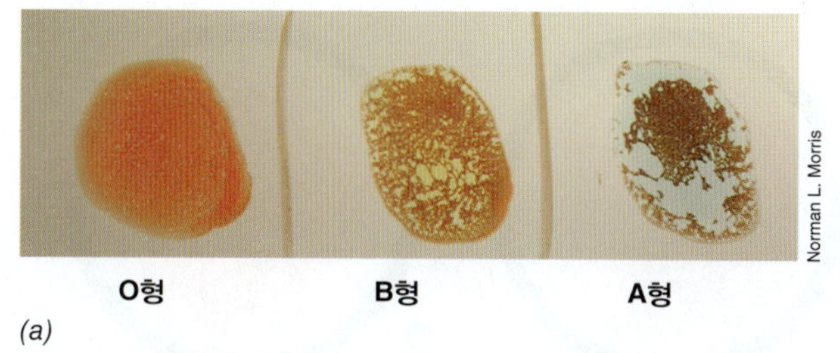

(a)

혈액형	미국 인구 퍼센트	혈장에 의한 응집반응	
		항-A	항-B
O	48	없음	없음
A	32	있음	없음
B	16	없음	있음
AB	4	있음	있음

(b)

그림 28.14 사람 적혈구의 직접 응집반응: ABO 혈액형 결정. *(a)* 각 반응은 혈액 한 방울과 항원 특이적 혈청을 섞음으로써 나타난다. 왼쪽의 반응은 응집이 일어나지 않았으며, O형의 특징이다. 중앙의 반응은 퍼진 응집형태로 B형의 양성반응을 나타낸다. 오른쪽 반응은 A형에서 나타나는 전형적인 강한 응집반응을 나타낸다. *(b)* 표는 미국인의 혈액형 비율을 나타낸다.

분석법들은 눈으로 직접 확인되는 결과물을 만든다. 또 다른 방법은 특정 항원에 특이적인 항체에 형광염료를 부착하여 형광현미경으로 관찰할 수 있다. 이런 예에 대해 언급한다.

침전반응

침전반응(precipitation)은 수용성 항원이 항체와 결합하여 복합체 침전물을 형성함으로써 나타난다. 시험은 액체 시험관 (또는 모세관)에서 또는 **그림 28.13**에서와 같이 한천 겔에서 수행할 수 있다. 하나 이상의 항체결합 항원결정기를 갖는 항원이 이를 인식하는 이가 항체들에 의해 교차 연결됨으로써 커다란 항체-항원 복합체가 생성되어 침전물을 발생시킨다. 두 반응 물질이 최적의 비율로 존재할 때 침전이 최대로 발생한다. 항원이 과량이거나 항체가 과량일 경우 침전물이 생기지 않고, 작은 크기의 수용성 면역복합체가 형성된다 (그림 28.13).

한천 겔에서 수행 되는 침전반응인 면역확산 검사(*immunodiffusion tests*) (그림 28.13 삽입)는 콕시디오이데스 진균증(coccidioidomycosis), 히스토플라스마증(histoplasmosis), 분아균증(blastomycosis) 및 파라콕시디오이데스 진균증(paracoccidioidomycosis) 같은 곰팡이 감염 진단에 특히 유용하다 (33.2절). 검사방법은 준비된 항원과 환자 항혈청을 한천 겔의 별도 웰에 각각 넣는다. 주입된 항원과 항체는 각각의 웰에서 바깥쪽으로 확산되어 최적의 비율로 항원-항원 결합이 발생하는 위치에 복합체 침전선을 형성한다 (그림 28.13). 그러나 침전반응은 별로 민감하지 않은 단점이 있다. 민감한 진단 검사법들이 나노그램 단위의 항체를 필요로 하는 반면, 눈에 보이는 침전물을 만들기 위해서는 마이크로그램 단위의 특정 항체가 필요하다. 결과적으로 곰팡이 감염에 대한 임상 진단 검사를 제외하고 일반적으로 침전반응은 연구 및 참조 실험실에서만 사용된다.

응집반응

응집반응(agglutination)은 입자형태의 항원에 특이적인 항체가 결합하여 입자 항원들이 서로 뭉쳐서 가시적인 덩어리를 형성하는 것이다. 응집검사는 시험관, 미세적정판, 또는 유리기판에서 수행될 수 있다. 응집검사는 수행하기가 쉽고, 매우 특이적이며, 비용이 적게 들고, 실험이 빠르고, 또한 적절한 민감도를 가지고 있어 특히 대규모 임상 검사에 적합하다. 많은 병원체와 병원체 산물의 동정뿐만 아니라 혈액형 항원의 동정을 (**그림 28.14*a***) 위해 표준화된 응집검사가 활용된다. 혈액형 검사는 혈액 시료에 항A 혈청 또는 항B 혈청을 넣고 섞은 후, 적혈구응집(*hemagglutination*) 여부로 판단한다 (그림 28.14).

응집반응은 작은 라텍스 입자 (직경 0.8 μm)를 사용하여 종종 신속한 진단에 활용된다. 특정 항원으로 덮인 작은 라텍스 입자를 환자 혈청과 함께 현미경 슬라이드 위에서 혼합하고 짧은 시간 동안 반응시킨다. 만약 환자의 항체가 입자 표면에 있는 항원과 결합하면, 우유같이 하얀 라텍스 현탁액이 덩어리를 형성하며 뭉쳐 양성 응집반응을 나타내며, 이는 병원균에 대한 노출을 의미한다.

또한 라텍스 응집반응은 세균의 표면항원을 감지하는 데 활용될 수 있는데, 항체가 덮인 라텍스 입자를 적은 양의 미생물 집락과 혼합하여 응집의 발생을 관찰하는 것이다. 예를 들어, 상업적으로 활용되는 방법으로 *Staphylococcus aureus* 표면에만 존재하는 분자인 단백질 A와 응집요소(clumping factor)에 대한 항체들을 결합시킨 라텍스 입자를 활용한 응집반응은 황색포도상구균의

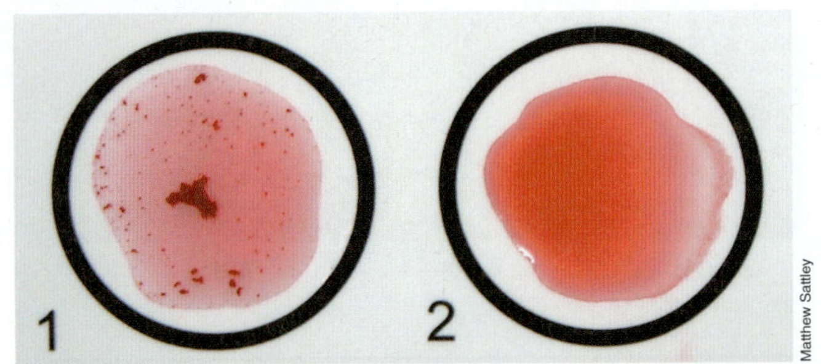

그림 28.15 ***Staphylococcus aureus*에 대한 라텍스입자 응집검사.** 1번 사진은 세균집락으로부터 조금 채취한 세균을 라텍스입자 부유액과 섞은 후 나타난 응집반응을 나타낸다. 라텍스입자에는 *Staphylococcus aureus*의 표면에 존재하는 2종류의 항원에 대한 항체가 코팅되어 있다. 밝은 붉은색 덩어리는 양성 응집반응이 나타났음을 의미하며, 검사한 세균집락이 황색포도상구균임을 알려준다. 2번 사진은 음성 대조군을 보여준다. 응집반응이 없는 라텍스입자 부유액은 잘 퍼진 형태의 붉은색을 나타낸다.

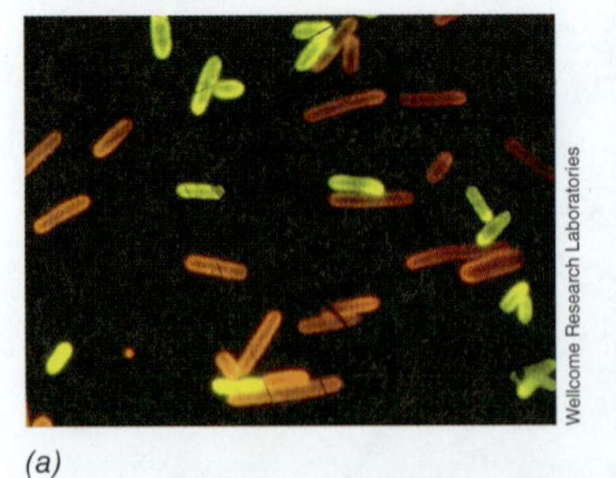

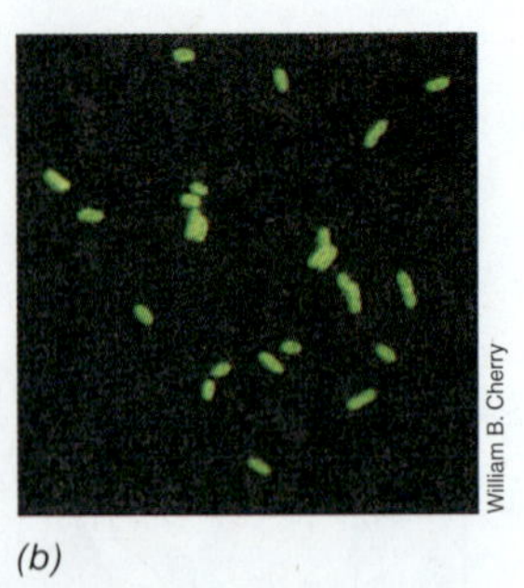

그림 28.17 형광항체를 이용한 세균 동정. *(a)* 황록색 형광을 나타내는 fluorescein isothiocyanate (FITC)가 결합된 항체로 *Clostridium septicum* 세포를 염색하였다. *Clostridium chauvoei* 세포는 붉은 오랜지색 형광을 나타내는 rhodamin B가 부착된 항체로 염색하였다. *(b)* 면역형광법으로 염색된 레지오넬라증의 원인균인 *Legionella pneumophila*. 샘플은 생검법으로 얻은 폐 조직이다. 세균의 길이는 2~5 μm이다. 세균은 FITC가 결합된 항체에 의해 녹색으로 염색되었다.

임상 분리균을 거의 정확하게 동정한다 (**그림 28.15**). 라텍스 입자에 의한 동정은 1분 이내에 가능하며, 황색포도상구균에 의한 감염이라 의심되는 화농성 감염의 임상검체를 직접 사용하여 검사할 수 있다. 라텍스입자를 활용한 응집검사가 다양한 병원체의 동정을 위하여 개발되어 있다; *Streptococcus pyogenes*, *Neisseria gonorrhoeae*, *Escherichia coli* O157:H7, 진균류인 *Candida albicans* 등을 동정하는 데 이용된다.

면역형광(Immunofluorescence)

형광염료가 결합된 항체를 이용하여 형태가 보존된 세포에서 항원을 감지할 수 있다. 이런 **형광항체(fluorescent antibodies)**가 진단 및 연구에 널리 활용된다. 형광항체를 이용한 방법은 직접 염색방법과 간접 염색방법으로 나눌 수 있다 (**그림 28.16**). 직접방법(*direct method*)의 경우, 표면 항원에 결합하는 항체에 형광염료가 직접 공유결합으로 연결되어 있는 것이다. 간접방법(*indirect method*)은 세포의 표면항원에 형광을 띠지 않는 1차 항체를 결합시키고, 결합된 항체를 인식하는 2차 형광항체를 이용하여 항원을 감지하는 것이다.

붉은 오렌지색을 내는 로다민 B (rhodamine B) 또는 황록색을 내는 fluorescein isothiocyanate (FITC) 같은 형광염료를 항체에 공유결합으로 부착함으로써 항체가 형광을 띠게 제조할 수 있다 (**그림 28.17**). 일단 형광항체가 세포 표면 항원에 결합하면 형광현미경을 통해 결합체를 관찰할 수 있다 (그림 1.20). 세포에 부착된 형광항체는 특정 파장의 빛을 받으면 특정 색깔의 형광을 방출한다. 형광항체는 임상 진단에서 폭넓게 활용되고 있다. 환자 검체에서 직접 미생물을 동정할 수 있으며, 또한 인간면역결핍바이러스/후천성 면역 결핍증(human immunodeficiency virus/acquired immunodeficiency syndrome, HIV/AIDS) 환자의 혈액 속 T 세포 수를 측정하는 데 사용될 수 있다.

형광항체를 감염된 숙주조직에 직접 적용함으로써 배양방법보다 훨씬 전에 의심되는 병원균을 진단할 수 있다 (**그림 28.18**). 예를 들어, 감염성 폐렴의 일종인 레지오넬라증을 진단할 때

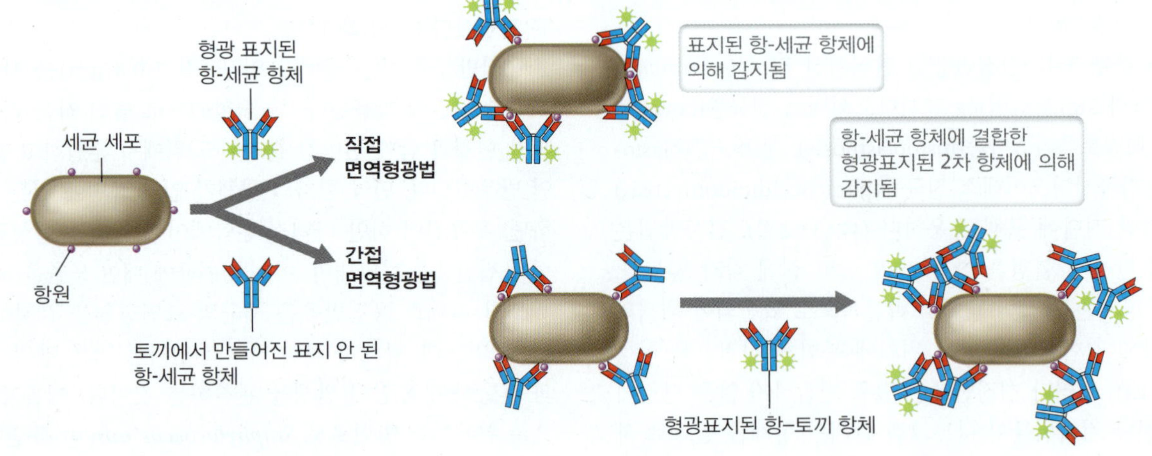

그림 28.16 미생물 표면항원의 검출을 위한 형광항체 검사법. 간접 면역형광 검사에서는 일차 항체에 결합하는 형광표지된 2차 항체가 필요하다.

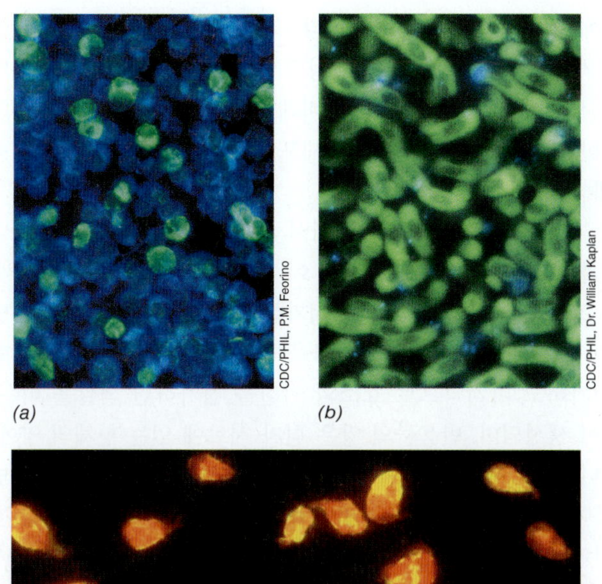

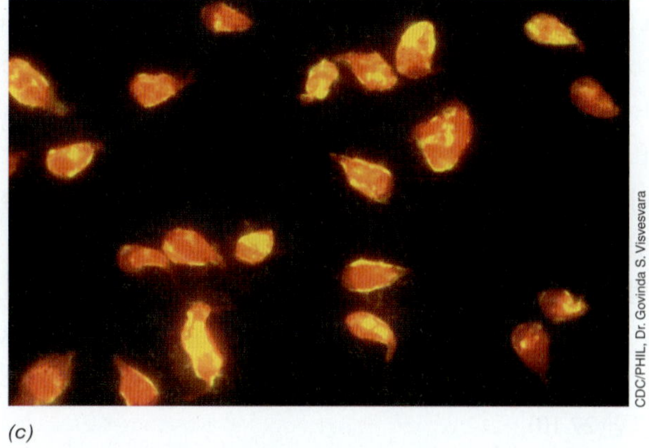

그림 28.18 형광항체를 이용한 병원체 동정. *(a)* 간접 면역형광법에 의한 Epstein-Barr virus (EBV)에 감염된 세포의 검출. 녹색으로 염색된 세포가 감염된 세포이다. EBV는 단핵구증과 림프종을 유발한다. *(b)* 형광항체를 사용하여 아스페르질러스증 원인균인 *Aspergillus*) 곰팡이의 검출 (⇌ 33.1절). *(c)* 간접 면역형광법에 의한 수인성 장 기생충 *Giardia intestinalis* 검출 (⇌ 33.4절).

(⇌ 32.4절), 원인균인 *Legionella pneumophila*의 세포벽 항원에 특이적인 형광항체를 이용하여 생검 채취된 폐조직을 염색함으로써 양성 진단을 내릴 수 있다 (그림 28.17*b*). 또한 면역형광 분석법은 엡스테인-바 바이러스(Epstein-Barr virus, EBV) 같은 바이러스 감염 (그림 28.18*a*), *Aspergillus* 같은 곰팡이 감염 (그림 28.18*b*), *Giardia intestinalis* 같은 소화기 기생충 감염 (그림 28.18c) 등 다양한 감염 진단을 보조하기 위해 사용된다 (그림 28.18*c*).

미니퀴즈

- 침전반응을 위해 2가 항원이 필요한 이유를 설명하라. 그리고 어떤 조건에서 최대의 침전반응이 일어나는가?
- 응집반응과 면역형광 분석법의 장점과 단점을 비교 설명하라. 형광항체가 혈액과 같은 복잡한 세포혼합물 내의 특정 세포를 동정하는 데 사용될 수 있는 이유는 무엇인가?

28.7 효소면역측정법, 신속진단 검사 및 면역블럿

효소면역측정법(enzyme immunoassays, EIAs 또는 *enzyme-linked immunosorbent assays, ELISAs*)은 임상 및 연구에서 널리 사용되는 면역학적 분석법이다. 이 방법은 낮은 비용과 유해폐기물이 발생되지 않을 뿐만 아니라, 높은 특이성과 민감도 (극소량인 0.01 ng의 항원 또는 항체를 감지), 등으로 인해 특히 많이 활용된다. 신속진단 검사법(*rapid tests*)은 실험결과가 수 분 이내에 나타난다는 것을 제외하면 EIA와 기본적으로 유사하다. 다양한 신속진단 검사 키트가 "현장검사(point-of-care)" 방법으로 설계되어 사용되나, 일반적으로 EIA에 비해 특이성과 민감도가 떨어진다.

면역블럿(immunoblot, Western blot)은 시간이 다소 필요한 검사법으로 병원체의 항원을 필터에 고정시키고, 환자 혈청 속의 항체가 항원에 결합하는 것을 검사하는 것으로, 이는 병원체 노출에 대한 매우 특이적인 증거를 제시한다. 면역블럿은 신속진단 검사 또는 EIA와 같은 혈청학적 검사의 결과를 추가 검증하는 데 주로 사용된다.

효소면역측정법

효소면역측정법(EIA)은 항원 또는 항체분자에 효소를 공유결합으로 붙여 높은 특이성과 민감도를 갖게 한 면역학적 분석기술이다. 항원 또는 항체에 부착시키는 효소로는 peroxidase, alkaline phosphatase, β-galactosidase가 있으며, 이들 모두는 특정 기질과 반응하여 색깔을 띠는 생산물을 만듦으로 인해 극히 소량이라도 감지할 수 있게 한다. 4종류의 EIA 방법이 감염병 검체를 분석하는 데 사용된다; [직접 효소면역측정법(*direct EIA*)] 항원을 감지하는 방법, 간접 효소면역측정법(*indirect EIA*) 항체를 감지하는 방법, 항원 샌드위치 효소면역측정법(*antigen sandwich EIA*), 샌드위치 방법을 이용해 항체를 감지하는 방법, 혼합 효소면역측정법(*combination EIA*) 항원과 항체를 함께 감지하는 방법. 각 EIA 방법의 주요 모습이 **그림 28.19**에 있다.

직접 효소면역측정법은 혈액이나 분변 검체로부터 바이러스 입자 같은 항원을 감지하는 경우 사용된다 (그림 28.19*a*). 미세적정판의 골에 감지할 항원에 특이적인 항체를 부착시킨 후, 환자 혈장 같은 검체를 첨가한다. 만약 항원이 검체 내에 존재하면, 이 항원은 고정된 항체에 결합하게 될 것이다. 결합되지 않은 물질을 세척하고, 효소가 부착된 두 번째 항체를 첨가한다. 두 번째 항체도 또한 같은 항원의 다른 항원결정부위에 결합한다. 다시 세척 후, 마지막으로 효소의 기질을 첨가하면 효소반응에 의해 색깔을 띠는 반응물이 나타나며, 반응물의 양 (색깔의 강도)은 결합된 환자 항원의 양에 비례한다. 직접 EIA 검사법은 독감, 간염, 등을 유발하는 다양한 바이러스뿐만 아니라 *Vibrio cholerae*나 *Staphylococcus aureus*가 만들어 내는 세균독소를 (⇌ 25.6절) 검출하는 데도 사용된다.

간접 EIA 검사법은 체액 속에 있는 병원체에 대한 항체를 감지하기 위해 사용된다 (그림 28.19*b*). 이 검사법은 먼저 미세적정판의 골에 병원체 항원을 고정하고 환자의 혈청을 넣는다. 만약 혈청 속에 항원에 대한 특이 항체가 있으면 고정된 항원에 결합한다. 다음으로 환자의 항체에 결합하는 항체-효소 접합체를 넣어 환자의

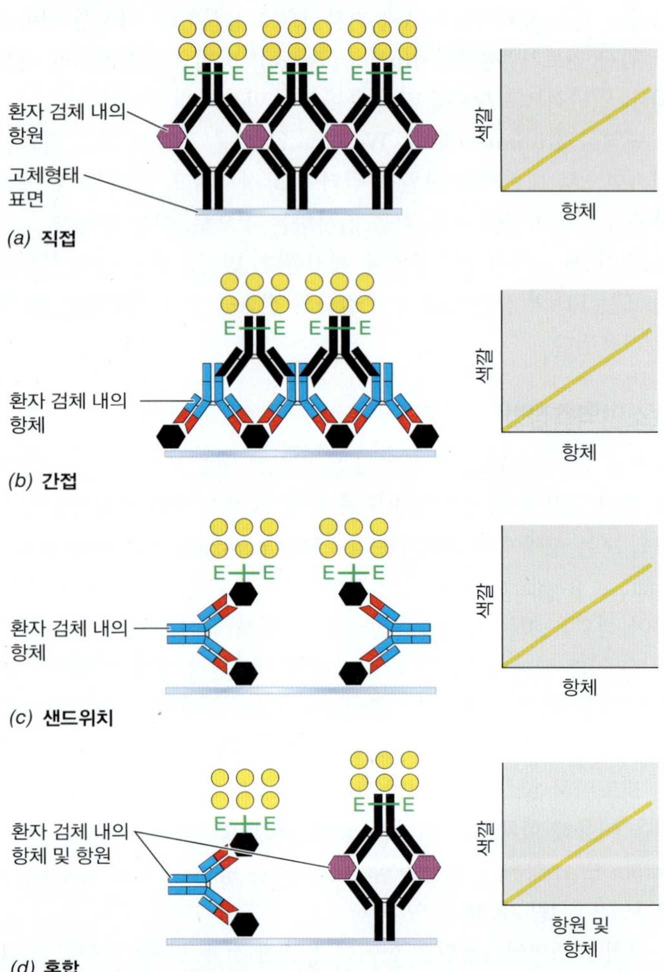

그림 28.19 효소면역 측정법(EIAs). 환자시료는 색깔을 넣었다. 분석에 사용되는 시약들은 검dms색으로 나타냈다. 모든 분석은 고체표면 (옅은 파란색)에 고정되어 수행된다. 항원 또는 항체에 결합된 효소는 기질을 색깔을 띠는 산물 (노란색으로 표시)로 전환한다. 각 검사에서 색깔을 띠는 산물의 양은 환자 검체에 있는 병원체 특이적 항원 또는 항체의 양과 비례한다. *(a)* 직접 EIA (*direct EIA*)는 혈액과 같은 환자 검체에 존재하는 병원체 항원을 검출하기 위해 표면에 고정화된 병원체 특이적 항체와 효소가 표지된 병원체 특이적 항체를 사용한다. *(b)* 간접 EIA (*indirect EIA*) 검사법은 혈액과 같은 환자 검체에 존재하는 병원체 특이적 항체를 검출하기 위해 표면에 고정된 병원체 항원과 면역글로불린에 결합하는 효소가 표지된 항체를 사용한다. *(c)* 샌드위치 EIA (*sandwich EIA*) 검사법은 혈액과 같은 환자 검체에 존재하는 병원체 특이적 항체를 검출하기 위해 표면에 고정된 병원체 항원과 효소가 표지된 병원체 항원을 사용한다. 샌드위치 EIA 검사법은 직접 또는 간접 EIA 검사법보다 더 민감도가 높다. *(d)* 혼합 EIA (*combination EIA*) 검사법은 환자 검체에 있는 항원과 항체를 검출하기 위해 하나의 분석틀에서 샌드위치와 직접 검사법을 함께 사용함으로써 민감도를 극대화한다. 위의 모든 방법에서 효소반응에 의해 무색의 기질을 색깔을 띠는 산물로 변환함으로써 광학측정계로 측정하여 특정 항원 또는 항체의 양을 측정할 수 있다.

항체에 특이적으로 결합하게 한다. 최종적으로 효소의 기질을 첨가하여 색깔을 띠는 반응물이 생성되게 한다. 생성된 반응물의 양은 환자 시료에 있는 항체의 양과 비례한다. 간접 EIA 검사법은 매우 다양한 세균, 바이러스 및 진핵세포 병원체에 대한 항체를 검출하는 데 사용된다.

항원 샌드위치 EIA 검사법 역시 체액 속에 있는 병원체에 대한 항체를 감지한다 (그림 28.19*c*). 이 검사법은 먼저 골에 병원체 항원을 고정하고 환자의 혈청을 첨가한다. 만약 특이적 항체가 있으면, 이들이 항원에 결합한다. 다음으로 효소가 결합된 같은 항원을 첨가하고 마지막으로 효소의 기질을 첨가하면 색깔을 띠는 반응물이 생성되며, 반응물의 양은 환자 시료에 있는 항체의 양에 비례한다. 항원 샌드위치 검사법은 항체의 클래스와 무관하게 병원체 특이적인 모든 항체를 감지할 수 있다는 점에서 가장 민감한 항체 감지 방법으로 간주된다. 이 방법은 HIV 진단 (3세대 HIV 검사)에 사용되고 있으며, HIV 감염 후 약 4주 동안에 나타나는 1차 면역반응의 주요 산물인 IgM을 감지할 수 있다는 점에서 과거 사용되었던 간접 EIA 검사법보다 더 선호된다. 대부분의 간접 EIA 검사법에 사용되는 효소-항체 접합체는 항-IgG 특성을 가지고 있다. IgG는 2차 항체 면역반응에서 나타나는 항체 클래스로 HIV 감염 후, 5주 이후에나 나타나기 때문에 HIV 진단이 느려질 수 있다 (그림 27.10).

혼합 EIA 검사법은 하나의 고정판에서 병원체 항원을 감지하기 위한 직접 EIA와 병원체 특이적 항체를 감지하기 위한 샌드위치 방법을 함께 사용하는 것으로 그림 28.19*d*에 있다. 이 방법은 4세대 HIV 검사에 사용되며, 3세대 샌드위치 검사법 보다 민감도가 높아 HIV 감염 후 짧게는 2.5주 이내에 항원을 감지할 수 있어 치료시작 시간을 줄인다.

신속진단 검사법

신속 면역분석법(rapid immunoassay)은 종이스트립(paper strip) 또는 플라스틱 막/침봉 같은 고정된 재질에 흡착된 시약을 사용한다. 이런 "즉석 현장(point of care)" 검사법은 매우 짧은 시간 안에 침봉의 색깔 변화를 일으키며, HIV/AIDS을 포함한 다양한 감염질환 진단에 활용된다.

대부분의 이런 검사는 일반적으로 체액 (소변, 혈액, 침, 객담)을 시약이 고정된 주형위에 적용함으로써 환자 검체에 들어있는 항원을 감지하는 것이다. 예를 들어, 패혈성 인두염의 원인균인 *Streptococcus pyogenes* 감염 [급성 인후염증(strep throat)] 확인을 위한 신속진단 검사키트는 이 균의 항원에 특이적인 수용성 항체가 주형에 들어 있다. 이 항체는 색깔을 띠는 발색제(*chromophore*) 분자가 결합되어 있다 (**그림 28.20**). 액체 시료를 첨가하면, 시료가 주형을 따라 확산되고, 환자시료 속의 특이 항원이 발색제로 표지된 항체와 결합한다. 결합된 항원-항체 복합체는 모세관 현상으로 주형을 따라 계속 이동하다가 주형에 단일선 형태로 고정되어 있던 다른 항체와 결합하여 이동이 멈춘다. 표지된 복합체의 농도가 증

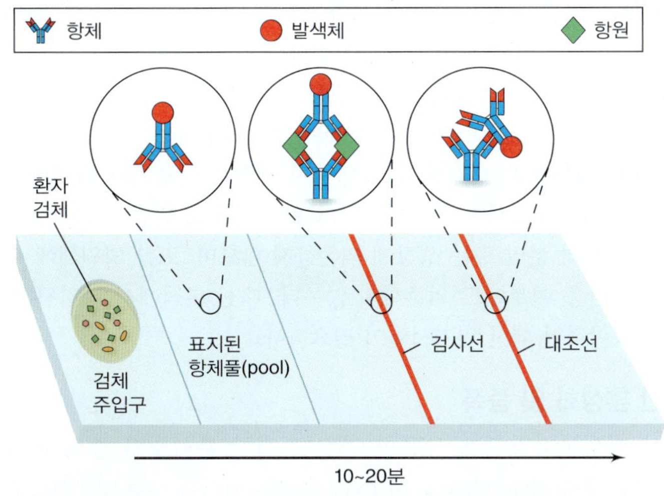

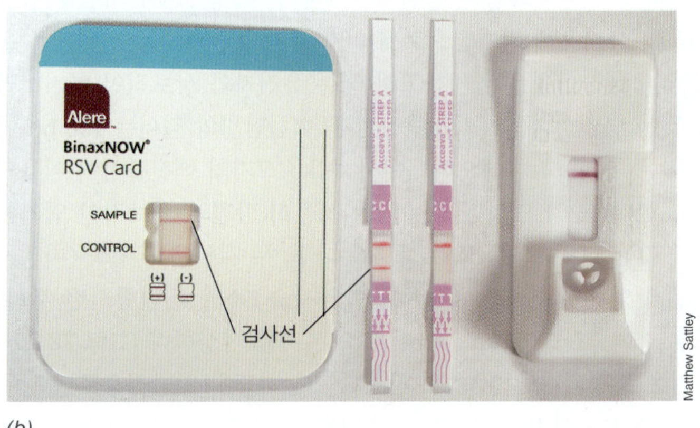

그림 28.20 신속진단 검사법. *(a)* 고형매질의 골에 혼합된 항원을 가진 환자 검체의 시료를 넣는다. 액체시료는 모세관 현상으로 매질을 따라 확산을 하고, 시료 속의 특정 항원은 (만약 있다면) 염료가 표지된 항체와 결합한다. 염료가 표지된 항체-항원 복합체는 계속 확산하여 단일선에 고정된 항체와 결합한다. 표지된 복합체가 단일선에 모여 농도가 증가하면 염료가 색깔을 띠며 단일선으로 가시화되어 항체에 대한 양성반응을 나타낸다. 항원과 결합하지 않은 표지된 항체는 2차 단일선에 고정된 항체와 결합하여 대조선을 나타낸다. *(b)* 신속진단 검사결과: 좌측부터 우측으로, 호흡기세포융합바이러스(RSV), 그룹A 연쇄구균(GAS), 인플루엔자 A/B. RSV와 왼쪽 GAS 결과는 검사선이 나타났으며, 양성반응을 나타낸다. 오른쪽 GAS와 인플루엔자 A/B 검사는 대조선만 나타났으며, 음성반응을 나타낸다. 사진제공: Marion General Hospital, Marion, Indiana (USA).

가함에 따라 항체가 고정된 단일선에 발색제가 모여 눈에 보이는 발색선을 타나내며, 이것이 양성반응이다. 항원이 결합하지 않은 발색제 표지된 항체는 2차선에 고정된 항체-인식 항체와 결합하여 2차선에 색깔을 띠게 되며, 이것이 대조군 역할을 한다.

이 검사법은 검체가 채취된 현장 (임상실험실과 원거리)에서 즉시 시행하는 분석법으로 매우 유용하며, 검사결과가 거의 즉시 나타나기 때문에 환자 처치에 있어 시간지연 및 검사결과 확인을 위한 차후 방문을 피할 수 있다. 그러나 이 검사법의 단점은 다른 정교한 검사법과 비교하여 특이성과 민감도가 많이 떨어진다는 것이다. 결과적으로 신속진단 검사는 EIA 또는 면역블롯 같은 다른 검사에 의해 종종 추가 검증이 필요하다.

면역블럿

면역블럿(immunoblots)에서는 폴리아크릴아마이드 겔(polyacrylamide gel)에서 단백질 분리(*separation*), 겔로부터 니트로셀룰로스 또는 나일론 막(membrane)으로의 단백질 전달(*transfer*), 특이 항체를 이용한 단백질 확인(*identification*)이 요구된다 (**그림 28.21*a***). HIV 면역블럿이 HIV 감염을 확인하기 위해 널리 사용된다 (그림 28.21*b*). HIV 면역블럿은 특이성이 높기는 하나 일반적으로 효소면역측정법(EIA)보다 민감도는 떨어지고, 더 많은 시간과 비용이 소요되기 때문에 HIV 감염에 대한 검색용으로는 사용되지 않는다. 그러나 HIV-EIA 검사법이 때로 거짓양성 결과를 가져오기 때문에 면역블럿 검사법이 양성 EIA 검사 결과를 확증하기 위해 추가적으로 실시된다. HIV 면역블럿 실험방법은 다른 병원체의 감염진단을 위해 사용되는 면역블럿 방법과 유사하다. 일반적으로 면역블럿은 환자 검체에서 병원체 특이적 항체를 감지하지 위해 사용된다.

HIV 면역블럿 실험방법은 HIV 단백질이 흡착된 가느다란 막을 검사하려는 환자 혈청샘플과 반응시킨다. 만약 검체가 HIV 양성이라면, HIV 단백질에 대한 환자 항체가 막 위의 HIV 단백질에

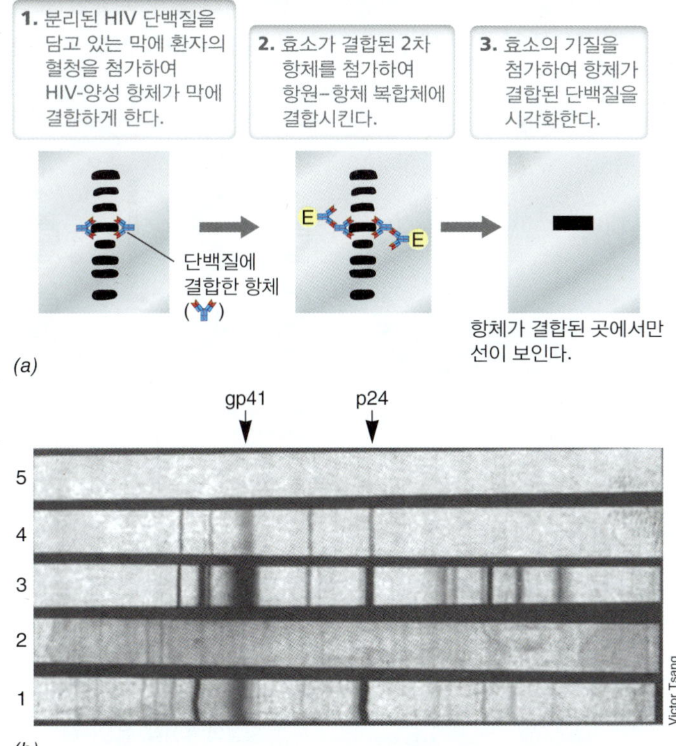

그림 28.21 면역블럿 (웨스턴블럿)과 인간면역결핍바이러스(HIV) 감염 진단에서의 활용. *(a)* 면역블럿 실험방법. *(b)* 단백질 p24 (캡시드 단백질)와 gp41 (외피단백질)이 HIV 진단의 표지분자로 사용된다. 레인 1은 양성 대조군 혈청 (AIDS 환자로부터); 레인 2는 음성 대조군 혈청 (건강한 지원자); 레인 3은 환자 검체의 강한 양성; 레인 4는 환자 검체의 약한 양성; 레인 5는 배경간섭을 확인하기 위해 검체 없이 시약만 처리된 것.

결합하게 된다. 환자 검체 속의 항체가 HIV 항원에 결합되었는지의 여부를 감지하기 위해 효소가 결합된 항-인간 IgG, 즉 검출항체(detecting antibody)를 막과 반응시킨다. 검출항체가 결합되었다면 막의 항체결합 위치에 효소반응으로 생겨난 기질의 색깔변화 반응선이 형성된다. 만약 환자 혈청으로 얻은 반응선의 위치가 양성 대조혈청에 의해 형성된 선의 위치와 일치한다면, 환자는 HIV 양성으로 확정된다. 또한 동시에 나란히 음성 대조혈청으로 같은 실험이 이루어져야 하며, 여기서는 아무런 반응선도 보이지 않아야 한다 (그림 28.21*b*). 이 검사는 양성 EIA 검사결과를 확증하거나 거짓 양성결과를 제거하기 위해 주로 사용되기 때문에 HIV 면역블럿에서 생성된 반응선의 강도 차이는 결과해석에 영향을 주지 않는다.

미니퀴즈

- 특정 병원체 감염 확진을 위해 활용되는 직접, 간접, 샌드위치 및 혼합 EIA 방법을 비교하여 이들의 특징을 설명하라.
- 검사 속도, 민감도 및 특이성의 관점에서 EIA, 신속진단 검사 및 면역블럿의 장단점을 비교하라.

28.8 핵산을 이용한 임상 분석

12.1절에서 중합효소 연쇄반응(PCR)이 핵산을 증폭하여 표적 DNA 염기서열을 다중 복제하는 원리를 설명하였다. PCR 기술은 병원체-특이적 유전자에 대한 프라이머를 이용하여 감염이 의심되는 조직으로부터 추출한 DNA를 검사함으로써 병원체의 직접 관찰이나 배양 없이도 감염여부를 검사할 수 있다. 따라서 PCR을 활용한 검사법은 많은 병원체의 동정에 널리 사용되고 있으며, 특히 바이러스 감염 또는 세포 내 감염처럼 배양이 어렵거나 불가능한 병원체의 동정에 매우 유용하다. PCR은 극도로 민감한 검사법이며, 병원체의 분리 또는 생장에 의존하지 않으며, 또한 병원체에 대한 면역반응 여부에도 의존하지 않는다. 대신 분석에서 감지될 미생물 특이적인 핵산 염기서열이 필요하다.

핵산 혼성화 및 증폭

임상 미생물학자에게 유용한 가장 강력한 분석수단 중의 하나가 핵산 혼성화(nucleic acid hybridization)이다 (12.1절). 임상의학에서 혼성화법은 병원체와 연관된 특정 DNA 서열을 탐침(*probe*)을 이용해 감지함으로써 환자 검체에 존재하는 병원체를 동정한다. 핵산탐침은 감지하고자 하는 유전자와 상보적인 염기서열을 갖는 단일사슬 DNA로 구성된다. 핵산탐침의 길이는 100 bp 이하 작은 올리고뉴클레오티드에서 수 kb 크기의 핵산조각이 이용되기도 한다. 만약 임상검체 내의 미생물이 탐침과 상보적인 염기서열을 갖는 DNA 또는 RNA를 갖는다면, 두 서열은 혼성화 (미생물로부터 얻은 이중사슬 DNA를 단일사슬 DNA로 변형시킨 후)를 이루어 이중사슬(double-stranded) 분자를 형성한다 (**그림 28.22**). 탐침은 혼성화가 일어난 뒤 감지가 가능하도록 일반적으로 형광물질 같은 보고분자로 표지되나, 방사성 동위원소 또는 효소를 사용하여 표지하기도 한다.

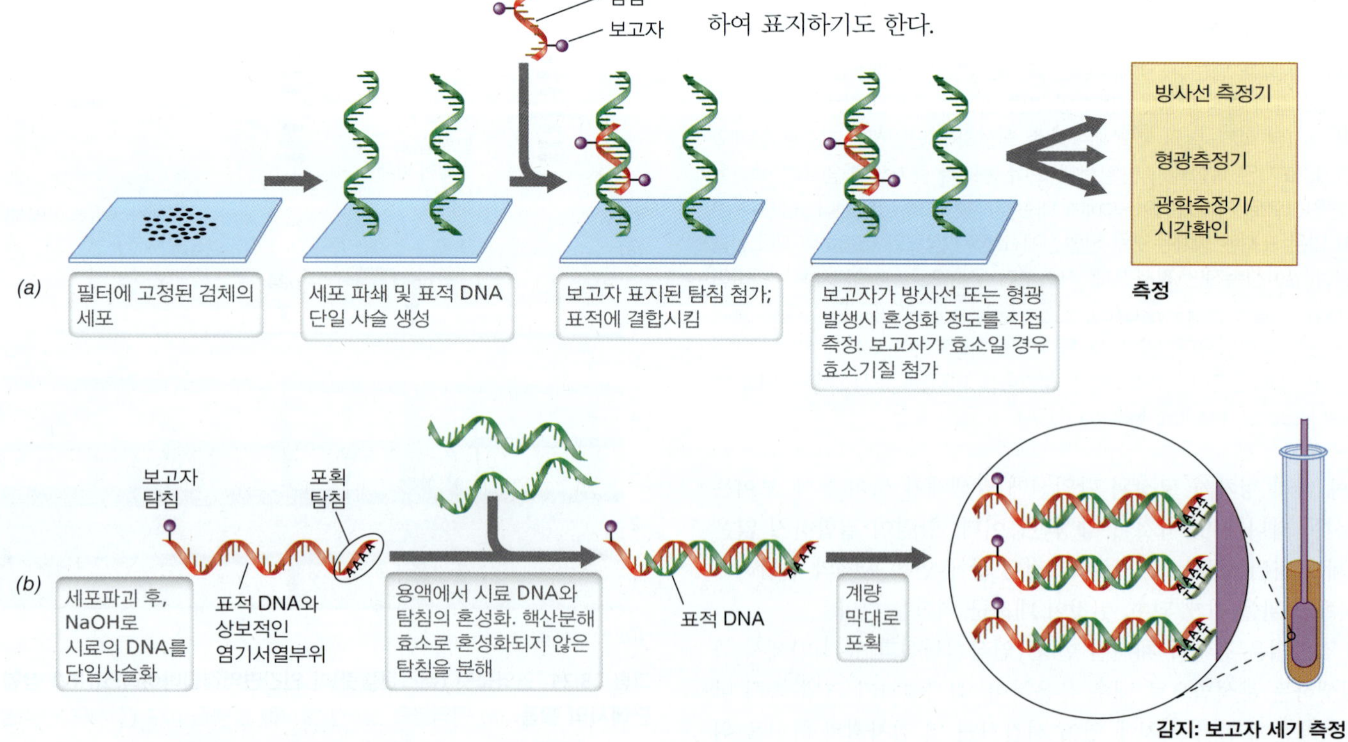

그림 28.22 임상진단에서 핵산 탐침 검사방법. *(a)* 여과막 검사. 보고자로는 방사성동위원소, 형광염료, 또는 효소가 사용된다. *(b)* 계량막대 검사. 이중 보고자와 포획탐침이 사용된다. 포획탐침은 poly(A) 꼬리를 가지고 있어 계량막대에 고정된 poly(T) 올리고뉴클레오티드와 핵산 혼성화가 일어난다. 표적 DNA-보고자 복합체의 결합은 일반적으로 색깔변화를 통해 감지된다.

탐침검사를 수행하기 위해 검체를 강염기인 수산화나트륨(NaOH)으로 처리하여 세포를 용해시키고 DNA를 부분적으로 변성시켜 단일사슬 DNA로 만든다 (그림 28.22). 표적 DNA와 탐침 DNA가 혼성화가 일어나도록 적절한 온도에서 반응시킨다. 혼성화의 정도는 탐침에 표지한 보고분자를 사용하여 측정한다. 일부 검사법에서는 보고탐침(*reporter* probe) 기능과 포획탐침(*capture* probe) 기능을 함께 가지고 있는 탐침을 사용한다. 보고탐침 부분은 표적 DNA와 혼성화를 하고 포획탐침은 측정을 위해 침봉과 같은 고형체에 혼성화된 DNA를 부착시킨다 (그림 28.22*b*).

핵산 혼성화는 또한 표적 DNA 또는 RNA를 증폭하기 위한 PCR 기술에 중요한 역할을 한다. PCR 분석을 위해 먼저 검체로부터 DNA 또는 RNA를 추출해야 하며, 표적 핵산의 염기서열과 특이적으로 상보적인 염기서열을 가진 프라이머(*primers*)를 사용한다. 짧은 길이 (일반적으로 15~27 뉴클레오티드)의 올리고뉴클레오티드인 프라이머는 탐침으로 사용되는 대신, 병원체 특이 유전자의 PCR 증폭 시 DNA 중합효소가 중합반응을 시작하게 한다. 마지막으로, 증폭된 핵산산물 [앰플리콘(*amplicon*)]을 가시화하기 위해 겔에서 전기영동하거나 임상실험실에서는 형광으로 표지한다. 적절하게 증폭된 유전자 산물의 존재는 병원체의 존재를 확인시킨다.

정량 및 역전사 PCR

많은 PCR 검사가 실시간 정량 PCR (*quantitative real-time PCR, qPCR*)을 사용한다. qPCR은 형광물질로 표지된 PCR 산물을 생산하여 추가적인 과정없이 PCR 결과를 즉시 확인할 수 있다. qPCR 과정 동안 증폭되는 표적 DNA가 축적되는 것을 관찰할 수 있는데, 이는 PCR 반응 혼합물에 형광탐침이 첨가되어 표적 DNA가 증폭됨에 따라 이에 결합하는 형광탐침의 양이 정비례로 증가하기 때문이다. 형광탐침은 표적 DNA에 대해 특이적일 수도 있지만 비특이적인 경우도 있다. 예를 들어, SYBR Green은 이중사슬 DNA에 비특이적으로 결합하며, 결합되었을 때만 형광을 나타내는 물질이다. SYBR Green을 PCR 반응 혼합물에 첨가하여 형광이 나타나면 DNA 증폭이 일어나 이중사슬 DNA가 생성되었음을 의미한다 (**그림 28.23*a***). 반면에 표적 DNA의 염기서열에 특이적인 짧은 DNA 탐침에 형광물질을 부착한 유전자-특이적(*gene-specific*) 형광탐침은 일치된 서열의 DNA가 증폭되었을 때만 형광이 나타난다.

qPCR 증폭은 반응과정 중에 형광을 계속 측정할 수 있기 때문에 DNA 증폭을 확인하기 위한 겔 전기영동 또는 다른 감지 방법이 필요 없다. 그림 28.23*b*에서 보여주는 것과 같은 현대화된 기계는 임상 검체의 병원체 진단을 약 2시간 이내에 완료할 수 있다. 또한 PCR 반응 중에 생성되는 형광의 증가속도를 관찰함으로써 시료에 존재하는 표적 DNA의 양을 정확하게 측정할 수 있다 (그림 28.23*a*). 따라서 qPCR은 특정 생명체에 특이적인 유전자를 정량화함으로써 시료 속에 존재하는 병원체의 양을 측정할 수 있다.

기본 PCR의 또 다른 변형인 역전사 PCR (*reverse transcription PCR, RT-PCR*)은 환자 검체에 있는 병원체 특이적인 RNA를 이용해 cDNA를 생산한다 (12.1절). 이 방법은 HIV 같은 RNA 레트로바이러스(retrovirus)를 감지하는 데 매우 유용하다. 역전사 PCR의 첫 단계는 역전사효소(reverse transcriptase)를 이용하여 RNA 시료로부터 cDNA를 복제하는 것이며, 다음 단계는 복제된 cDNA를 PCR을 통해서 증폭하는 것이다. 시료에서 분리된 RNA로부터 RT-PCR을 통해 DNA가 만들어지는 것을 관측함으로써 병

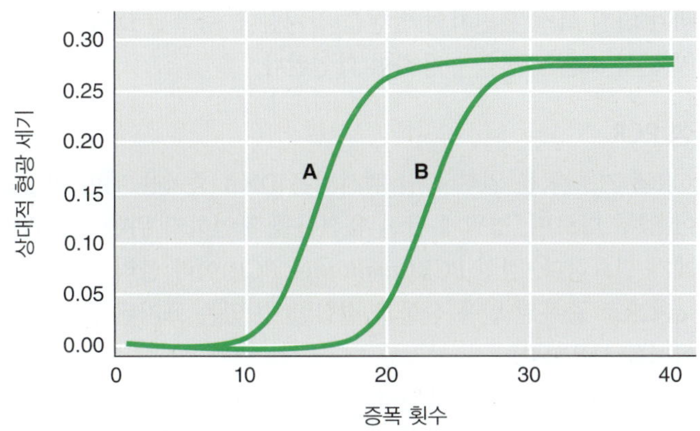

(*a*)

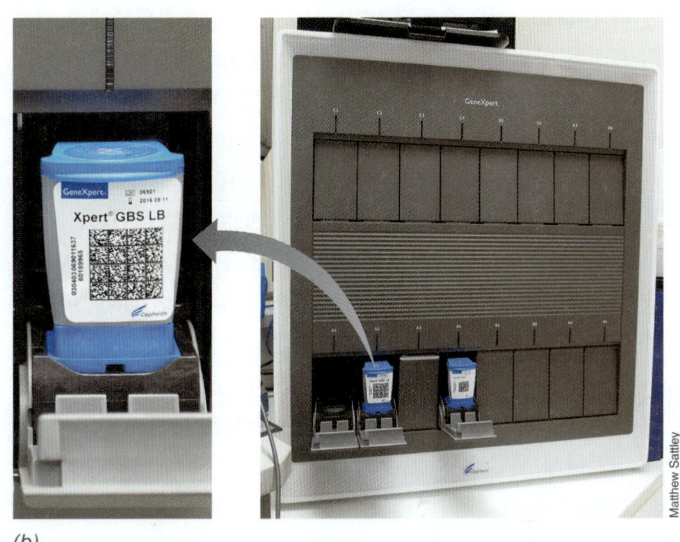

(*b*)

그림 28.23 임상진단을 위한 정량적 실시간 효소중합 연쇄반응(qPCR). *(a)* 실험실 배양된 그람-음성 세균으로부터 추출된 DNA를 대상으로 유전자-특이적 프라이머를 사용하여 16S RNA (A 커브)와 카나마이신 내성 유전자인 *npt* (B 커브)의 발현을 관찰하였다. 증폭되는 DNA를 가시화하기 위해 PCR 반응 혼합액에서 생성되는 이중사슬 DNA에 결합하여 형광을 내는 염료 SYBR Green을 첨가하였다. 왼쪽 커브 (A)는 15 사이클 후 0.15 형광유닛을 나타내는 반면에, 오른쪽 커브 (B)는 22 사이클 후 0.15 형광유닛을 보인다. 이결과는 이 균주가 *npt* 유전자보다 16S RNA를 더 많이 가지고 있음을 나타낸다. *(b)* 임상실험실에 있는 qPCR 기계. 일회용 카트리지는 유전자 특이적 프라이머 및 형광염료를 포함한 qPCR 반응을 위해 필요한 모든 요소를 담고 있으며, 2시간 이내에 병원체를 동정할 수 있다. 왼쪽의 카트리지는 그룹 B streptococci (*Streptococcus agalactiae*)를 특이적으로 감지한다. 사진제공: Marion General Hospital, Marion, Indiana (USA).

원체가 가진 특정 유전자의 발현을 감지한다. 증폭된 DNA는 염기서열 분석 또는 탐침을 이용하여 확인된다.

정성 PCR

qPCR에 기초를 둔 일부 진단 검사법은 DNA 증폭을 위한 실험방법이 일부 다르며, 병원체 관련 유전자를 확인하기 위한 추가적인 단계가 필요하다. 정성 PCR(*qualitative PCR*)이라 불리는 이 방법은 qPCR로 증폭된 반응 산물과 결합할 수 있는 표지된 혼성화 프라이머를 사용한다.

그림 28.24의 예에서 보듯이, 혼성화 탐침은 herpes simplex 1형 및 2형 바이러스 (HSV-1, HSV-2)의 DNA *pol* 유전자를 표적으로 한다 (10.7절). 증폭된 PCR 산물은 형광표지된 2개의 서로 다른 혼성화 탐침을 사용하여 감지한다. 이 탐침들은 PCR 반응 시 프라이머 결합(annealing) 단계에서 증폭된 DNA 절편의 내부 염기서열과 혼성화된다. PCR 기계의 광원에 의해 DNA 주형과 혼성화된 탐침의 형광염료는 형광을 발생하고 이를 측정한다. PCR 반응을 마친 후, 검체의 바이러스가 HSV-1 또는 HSV-2인지를 구별하기 위해 혼성화 분리곡선(melting curve)을 분석한다. HSV-1과 HSV-2의 동정을 위해 사용되는 혼성화 염기서열이 HSV 아형에 따라 다른 다형현상을 나타내는 부위의 염기서열이기 때문에 혼성화분리 곡선은 아형 특이적인 형태를 나타낸다. 이런 다형현상으로 인해 HSV-1과 HSV-2의 융점(melting point)은 다르며 HSV의 아형을 명확하게 구별할 수 있다 (그림 28.24). 결과를 내부 대조군과 비교분석함으로써, 바이러스 감염에 대한 명확한 진단을 수 시간 내에 얻을 수 있다.

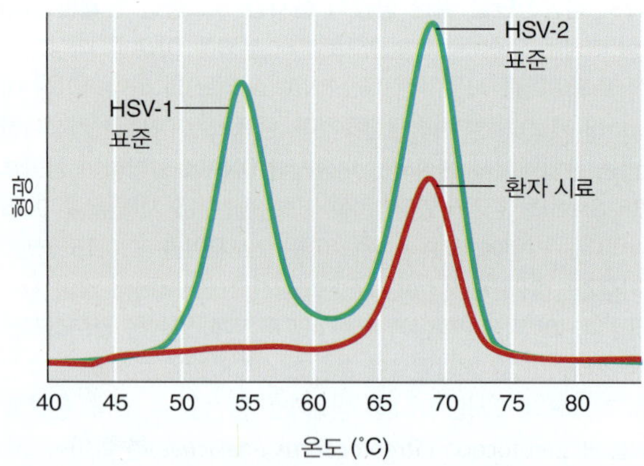

그림 28.24 HSV-1 (herpes simplex 1 virus)과 HSV-2의 *pol* 유전자에 대한 정성 PCR. 환자 시료로부터 얻은 DNA를 이용하여 정량 PCR (qPCR) 후, HSV-1 및 HSV-2의 pol 유전자에 대한 분석을 하였다. qPCR 산물에 결합할 수 있는 2종류의 혼성탐침이 분석에 사용되었다. 탐침은 형광염료로 표지되어 있으며, PCR 과정 동안 각 바이러스 유전체로부터 증폭된 PCR 산물의 내부 염기서열과 특이적 혼성화가 일어난다. 혼성화된 탐침은 광원에 의해 활성화되어 형광을 나타내며 이를 측정한다. PCR을 마친 후, PCR 산물에 열을 가해 혼성화가 분리되게 한다. 각 바이러스는 서로 다른 특유의 혼성화분리 곡선(melting curve)을 나타낸다. 환자시료의 혼성화분리 온도 (melting point) (붉은색)는 HSV-2의 표준 (녹색)과 일치하며, 이는 환자가 HSV-2에 감염되었음을 나타낸다.

단원 6

미니퀴즈

- 표준 생장의존분석법과 비교하여 미생물을 동정하는데 핵산 증폭법이 어떤 장점과 단점을 가지고 있는가?
- 정량 PCR (qPCR)과 정성 PCR이 어떻게 다른가?

VI • 감염병 예방 및 치료

앞서서 우리는 임상미생물학 실험실에서 시기적절하게 감염병을 정확하게 진단(*diagnose*)하기 위해 사용된 방법들 중 일부를 알아보았다. 이제 우리는 감염병을 예방(*prevent*)하고 치료(*treat*)하기 위해 임상 의학에서 사용되는 전략에 대한 논의하기로 한다.

28.9 백신접종

질병 예방을 위한 최상의 방법은 **백신접종(vaccination) [예방접종(immunization)]**이다. 이는 숙주에 항원을 주입하여 적응면역을 유도함으로써 미래의 병원체 공격을 방어하는 것이다. 이렇게 면역 활성화를 유도하는 면역원을 **백신(vaccine)**이라 한다. 사람에게 적용되는 다양한 질병에 대한 백신들이 **표 28.4**에 요약되어 있다.

백신의 특성

갓 태어난 영아는 여러 일반적인 감염병에 대해 첫 6개월간은 면역력을 갖는다. 이는 모체의 항체가 태반과 모유를 통해 영아로 이동되어 수동면역을 갖기 때문이다 (24.7절). 그러나 영아도 가능한 빠른 시기에 주요 감염병에 대한 백신접종을 통해 모체로부터 받은 임시적인 수동면역을 능동면역으로 대체하도록 추천하고 있다 (**그림 28.25**). 27.3절에서 언급된 바와 같이, 항원 1회 접종이 충분히 높은 항체 역가를 만들지 못한다. 일련의 "추가(booster)" 접종을 통해 2차 면역반응을 유도함으로써 높은 항체 역가를 얻을 수 있다.

효과적인 백신을 대중들에게 접종함으로써 홍역이나 유행성 이하선염 같이 과거 만연되었던 소아 감염병의 발병을 감소시켰거나 (30.6절), 두창 (천연두) 같은 것은 완전히 제거하였다 (29.5절). 그러나 백신접종을 통해 유도되었던 면역세포와 항체가 시간이 지남에 따라 서서히 사라지기 때문에 한 번 접종에 의한 평생 면역은 매우 드물다. 반면에 자연 감염에 의해 면역기억을 자극하여 면역기간이 연장될 수 있다. 항원자극이 완전히 사라질 경우, 효과를 나타내는 면역기간은 백신에 따라 많은 차이를 보인다. 예를 들어 파상풍 변형독소 백신은 10년 간 면역효과를 나타내나, 불활성화된 인플루엔자 바이러스 백신의 면역효과는 일반적으로 1~2년 사이에 사라진다.

감염 또는 다른 부작용의 위험을 줄이기 위해 백신으로 사용되는 병원체 또는 병원체 산물은 독성이 없어야 한다. 이를 위해 많은 백신이 열 또는 화학적 처리를 통해 병원체를 죽여서 만든 사백신으로 구성되어 있다. 예를 들어, 솔크 소아마비 백신은 포름알

표 28.4 사람의 감염질환에 대한 백신

세균 질병	사용되는 백신 형태
탄저(Anthrax)	변형독소
콜레라(Cholera)	죽은 세균 또는 세포 추출물 (*Vibrio cholerae*)
디프테리아(Diphtheria)	변형독소
b형 헤모필루스 인플루엔자수막염(*Haemophilus influenzae* type b meningitis)	접합백신 (단백질에 *Haemophilus influenzae* b형의 다당류를 결합)
수막염(Meningitis)	*Neisseria meningitidis*에서 분리한 다당류
파라티프스(Paratyphoid fever)	죽은 세균 (*Salmonella enterica [paratyphi]*)
백일해(Pertussis)	죽은 세균 (*Bordetella pertussis*) 또는 무세포 단백질
페스트(Plague)	죽은 세균 또는 세포 추출물 (*Yersinia pestis*)
(세균성)폐렴(Pneumonia)	폐렴구균에서 분리한 다당류 또는 다당류-변형독소 접합체
파상풍(Tetanus)	변형독소
폐결핵(Tuberculosis)	*Mycobacterium tuberculosis*의 약독화 균주 (약독화 생백신)
장티푸스(Typhoid fever)	죽은 세균 (*Salmonella enterica [typhi]*)
티푸스(Typhus)	죽은 세균 (*Rickettsia prowazekii*)
바이러스 질병	**사용되는 백신 형태**
A형 간염	재조합 DNA 백신
B형 간염	재조합 DNA 백신 또는 비활성화 바이러스
인간유두종바이러스(HPV)	재조합 DNA 백신
인플루엔자 (계절성 또는 H1N1)	비활성화 또는 약독화 바이러스
일본뇌염	비활성화 바이러스
홍역 및 이하선염 (볼거리)	약독화 바이러스
소아마비	약독화 바이러스 (Sabin) 또는 비활성화 바이러스 (Salk)
광견병	비활성화 바이러스 (사람) 또는 약독화 바이러스 (동물)
로타바이러스	약독화 바이러스
풍진	약독화 바이러스
두창(smallpox) 및 원두(monkeypox)	교차반응 바이러스 (vaccinia)
수두(Varicella, chicken pox/shingles)	약독화 바이러스
황열 (Yellow fever)	약독화 바이러스

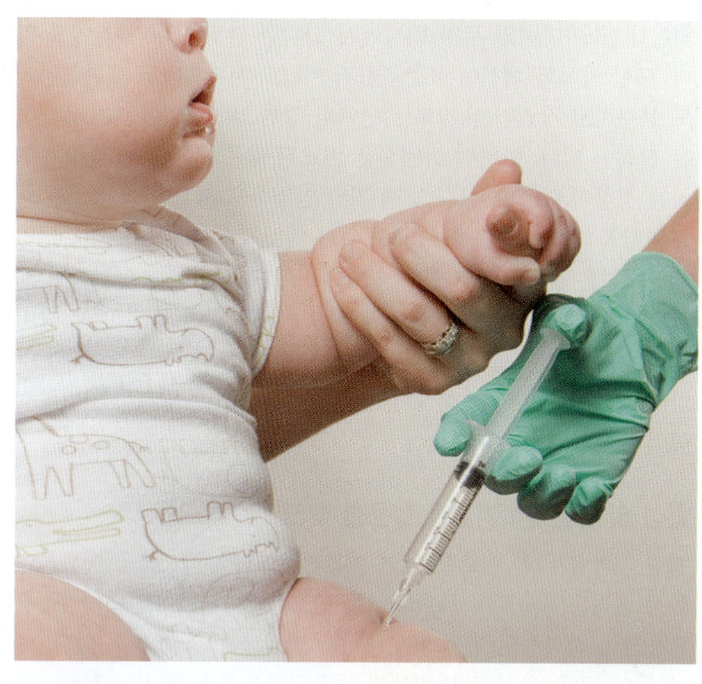

세균성 질병에 대한 예방접종	바이러스성 질병에 대한 예방접종
Haemophilus Influenzae B형 (Hib)	A형 간염
수막염균 (*Neisseria meningitidis*)	B형 간염
폐렴구균 (*Streptococcus pneumoniae*)	인간유두종바이러스(HPV)
파상풍, 디프테리아, 백일해 (DTaP, Tdap)	인플루엔자 바이러스
	불활성 소아마비바이러스(IPV)
	홍역, 이하선염 (볼거리), 풍진 (MMR)
	로타바이러스
	수두바이러스 (chicken pox)

그림 28.25 영유아 및 아동을 위한 권장 예방접종. 미국 질병통제예방센터의 웹사이트 (http://www.cdc.gov)에는 모든 연령대 및 특정 그룹을 (예, 국제여행자, 가임기 여성, 면역결핍 환자 및 만성질환자를 포함) 위한 예방접종 시기 및 용량에 대한 권장 사항이 있다.

데히드로 폴리오바이러스를 불활성화 시킨 것이다. 또한 많은 외독소는 화학적으로 변성을 시켜 항원성은 그대로 유지하나 독성이 사라진 변형독소(*toxoid*)를 백신으로 사용한다. 변형독소 백신인 *Clostridium tetani*에 대한 백신은 외독소에 대해 장기간의 방어 면역을 안전하게 유도한다. 또한, 병원체로부터 항원을 분리하여 백신으로 사용한다. 예를 들어, 폐렴구균 백신은 *Streptococcus pneumoniae*의 가장 공통적인 병원성 균주들로부터 파생된 다당류 캡술 항원 혼합물로 구성되어 있다.

온전한 병원체에 의해 유도되는 면역이 죽거나 불활성화된 병원체에 의한 면역보다 일반적으로 더 효과적이다. 병원성이 약화된 균주(*attenuated strains*)를 분리하는 것이 종종 가능하다. 이런 균주는 독성은 잃었으나 면역원성은 그대로 유지되어 약독화 생백신으로 사용될 수 있다. 그러나 독성이 약화된 균주는 살아 있는 상태이기 때문에 백신접종 후 간혹 질병증상이 나타나기도 한다. 특히 면역력이 약화된 사람에서 약독화 생백신에 의해 질병이 발생하는데, 소아마비와 두창 백신에서 심각한 경우가 나타난 예가 있다. 또한 약독화 백신이 표준화하기 어렵고 저장기간도 제한적임에도 불구하고 장기간 유지되는 면역과 강한 2차 면역반응을 유도하는 장점이 있다. 반면에 사백신은 비교적 짧은 기간의 면역을 유도하는 경향이 있으나, 보다 오랜 기간 안정하고 저장이 쉽다.

파상풍과 디프테리아 예방을 위한 변형독소 백신처럼 대부분의 세균백신은 불활성화된 형태의 항원으로 제공된다. 불활성화된 세균백신은 접종받은 사람에게 감염유발 위험 없이 항체 매개 방어면역을 유도한다. 그러나 각각의 백신이 나타내는 반응 정도의 다양성으로 인해 면역을 형성하거나 유지하기 위한 주기적인 반복접종이 필요할 수 있다.

합성 및 유전공학기술을 활용한 백신

백신 개발을 위한 새로운 방법은 유전공학기술 (12장)을 이용하여 합성 펩티드(*synthetic peptides*)를 만드는 것이다. 유전공학기술을 활용하여 감염체의 항원과 일치하는 펩티드를 생산할 수 있다. 예를 들어, 중요한 동물 병원체인 수족구바이러스(foot-and-mouth disease virus)의 독소를 백신으로 개발하기 위해 독성이 나타나지 않는 형태로 변형을 시켜야 한다. 이 독소 단백질의 중요한 항원결정기는 20개의 아미노산으로 구성된 작은 펩티드이다. 그러나 항원결정기 펩티드의 크기가 너무 작아 단독으로는 면역반응을 유도하지 못하기 때문에 효과적인 백신으로 사용할 수 없다. 유전공학기술을 활용하여 이 작은 펩티드를 운반체 역할을 하는 크고 무해한 단백질에 부착시켜 수족구바이러스를 예방하는 접합백신(*conjugate vaccine*)을 만들어 사용한다. 특히 지금은 많은 병원체에 대한 유전체 염기서열이 알려져 있고, 각 병원체의 중요한 항원부위에 대한 정보가 제공됨에 따라 접합백신 전략이 여러 병원체에 대한 백신을 만드는 방법으로 유용하다.

널리 사용되고 있는 2종류의 접합백신은 세균으로부터 추출한 다당류에 변형독소 단백질을 접합한 것으로 다당류 항원만을 접종했을 때보다 더 강한 면역반응과 더 좋은 면역기억을 유도할 수 있다. 폐렴구균 백신은 폐렴구균 다당류를 디프테리아 변형독소에 접합한 것이다 (**그림 28.26**). 이와 유사하게, *Hemophilus influenzae type b* (Hib) 백신은 Hib 다당류를 파상풍 변형독소에 접합한 것이다. 다당류 항원은 일반적으로 면역기억이 거의 없는 1차 면역반응만을 유도하는 반면, 접합백신은 결합된 변형독소 단백질이 Th2 세포를 효과적으로 활성화시켜 강한 2차 면역과 면역기억을 일으킨다.

유전체정보는 바이러스 백신을 만드는 데 특히 유용하다. 거의 모든 바이러스의 항원 유전자를 백시니아 바이러스 유전체에 삽입하여 발현할 수 있다 (12.8절). 항원을 생산하는 백시니아 바이러스를 접종함으로써 삽입된 유전자로부터 만들어진 항원에 대한 면역반응을 유도할 수 있다. 이렇게 만들어진 것을 재조합-벡터 백신(*recombinant-vector vaccine*)이라 하며, 동물에 사용되는 재조합 백시니아–광견병 백신이 한 예이다. 또 다른 면역방법은 재조합 단백질을 면역원으로 사용하는 것이다. 병원체 유전자를 클로닝하여 적절한 미생물에서 발현시킨 후, 병원체의 단백질을 분리하여 재조합항원 백신(*recombinant-antigen vaccine*)으로 사용하는 것이다. 예를 들어, 현재 B형간염 백신은 형질전환된 효모균에서 발현된 간염바이러스 표면단백질 항원(HbsAg)을 사용한다. 사람 유두

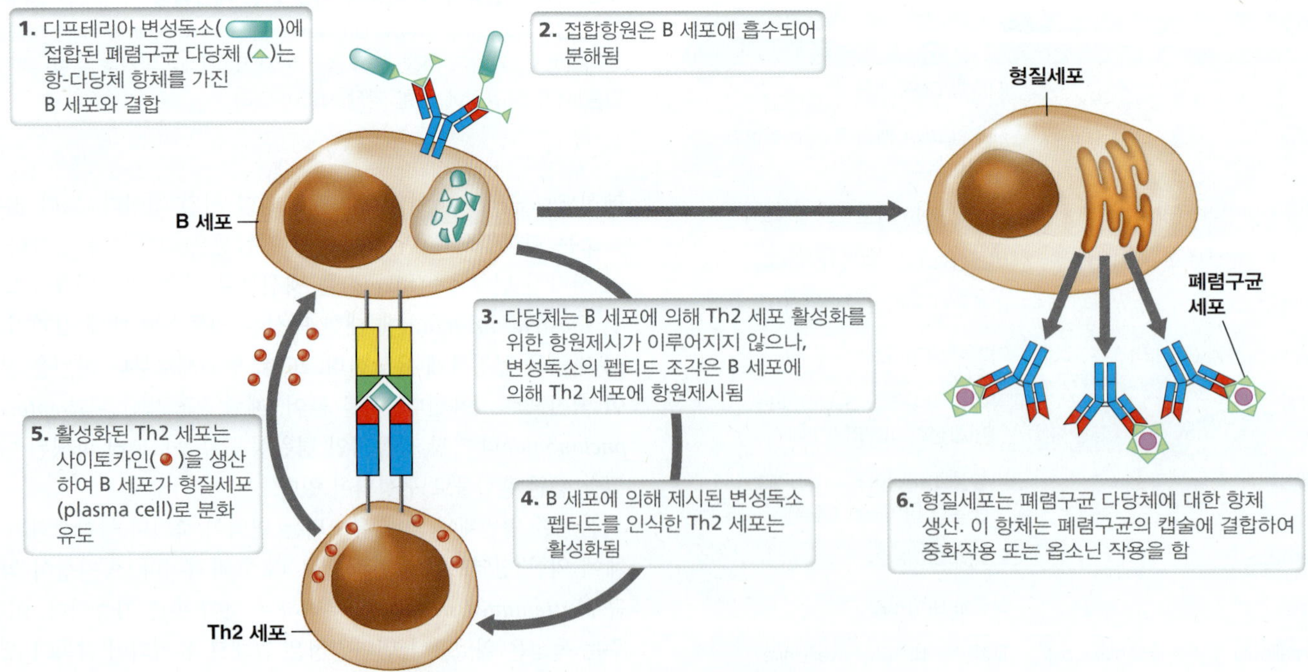

그림 28.26 접합백신. 일반적으로 운반체 단백질이 없을 경우 면역활성을 유도하지 못하는 다당류 항원을 단백질과 결합시켜 다당류 항원에 대한 면역활성을 유도한다. 예를 들어, 폐렴구균의 다당류를 디프테리아 변형독소에 결합한 접합백신 (위 그림) 또는 B형 헤모필루스 인플루엔자(Hib)의 다당류를 파상풍 변형독소에 결합한 접합백신이 있다.

종바이러스(HPV)에 대한 백신 역시 효모균에서 생산된 재조합항원 백신이다.

DNA 백신

숙주 세포에서 항원 유전자를 발현시켜 면역을 유도하는 새로운 방법이 있다. DNA 백신(*DNA vaccines*)은 원하는 항원 유전자를 클로닝한 세균 플라스미드이며, 이를 숙주 동물에 근육주사로 접종한다. 일단 숙주 세포가 플라스미드를 흡수하면, 유전자가 전사 번역되어 항원 단백질이 만들어지고, 항원단백질에 대한 T 세포 활성화와 항체 생산을 일으키는 전형적인 면역반응을 일으킨다 (27장).

DNA 백신은 전통적인 면역방법에 비해 상당한 장점이 있다. 예를 들어, 하나의 병원체 유전자만이 플라스미드에 클로닝되어 접종되기 때문에 감염을 유발할 가능성이 없다. 또한 암-특이항원과 같은 개별 항원에 대한 유전자를 클로닝하여 특정세포를 표적으로 하는 면역반응을 유도할 수 있다. 하나의 항원 유전자를 가진 플라스미드가 T 세포와 항체 면역을 모두 포함하는 완전한 면역반응을 일으킬 수 있다. 한 예로, 항원 펩티드-MHC I 복합체로 구성된 실험용 DNA 백신이 암을 유발하는 유두종바이러스 감염으로부터 쥐를 보호하였다.

미니퀴즈

- 약독화 생백신, 사백신, 변형독소를 비교 설명하라. 이중 접종자에게 실제 질병을 일으킬 가능성이 가장 높은 것은 어떤 것인가? 가장 오랜 기간 면역을 유도할 수 있는 것은 어떤 것인가?
- 전통적인 면역방법과 비교하여 새로운 백신 전략의 장점은 무엇인가?

28.10 항세균 약제

면역을 유도하기 어렵거나 면역을 통해 질병방어가 실패할 경우 항미생물 약제는 감염치료의 1차 무기이다. 항미생물 약제(*antimicrobial drugs*)는 숙주 (생체 내)에서 미생물을 죽이거나 생장을 억제하는 물질이며, 이들은 분자구조, 작용 기작 (**그림 28.27**), 항미생물 활성 범위에 기초하여 구분된다. **항생제(antibiotics)**는 세균과 진균(곰팡이) 같은 미생물이 천연적으로 만들어 내는 항미생물 제제이다. 천연 항생제와 더불어, 많은 항미생물 약제들이 그 출처와 상관없이 합성을 통해 만들어질 수 있으며, **선택적 독성(selective toxicity)**을 나타낸다; 즉 병원균만 죽이거나 억제할 뿐 숙주에는 영향을 주지 않는다. 비록 수천 종의 항생제가 알려졌지만, 대부분의 경우 숙주에 독성을 나타내거나 숙주 세포가 흡수하지 못하기 때문에 1% 미만의 약제만이 임상에서 유용하다.

개별적인 미생물들이 개별적 항미생물 제제에 대해 나타내는 감수성은 매우 다양하다. 예를 들어, 그람-양성 세균은 천연 페니실린에 감수성을 나타내는 반면에, 그람-음성 세균은 일반적으로 저항성을 나타낸다; 따라서 페니실린은 비교적 좁은 범위(*narrow spectrum*)의 항미생물 활성을 나타낸다. 그러나 테트라사이클린 같은 광범위(*broad-spectrum*) 항생제는 양 그룹에 모두 감수성을 나타낸다. 결과적으로 광범위 항생제가 작용범위가 좁은 항생제보다 더 폭 넓게 사용된다. 그러나 매우 제한된 범위에 활성을 나타내는 항생제도 다른 항생제에 반응을 나타내지 않는 병원균을 억제하기 위해 유용하게 사용될 수 있다. 좋은 예가 반코마이신(vancomycin)인데, 좁은 범위에 항생제 활성을 나타내지만, 그람-양성 세균들로 페니실린 내성을 나타내는 enterococci, staphylococci 및 clostridia를 매우 효과적으로 죽일 수 있는 항생제이다.

세균(*Bacteria*)에서 항생제의 주요 표적에는 리보솜, 세포벽, 세포막, 핵산합성 효소, 물질대사 촉진 효소, 등이 포함된다 (그림 28.27). 앞서 7.10절에서 항생제의 표적에 대해 전반적으로 언급을 했고, 여기서는 약제의 작용 기작에 대해 더 자세하게 설명한다.

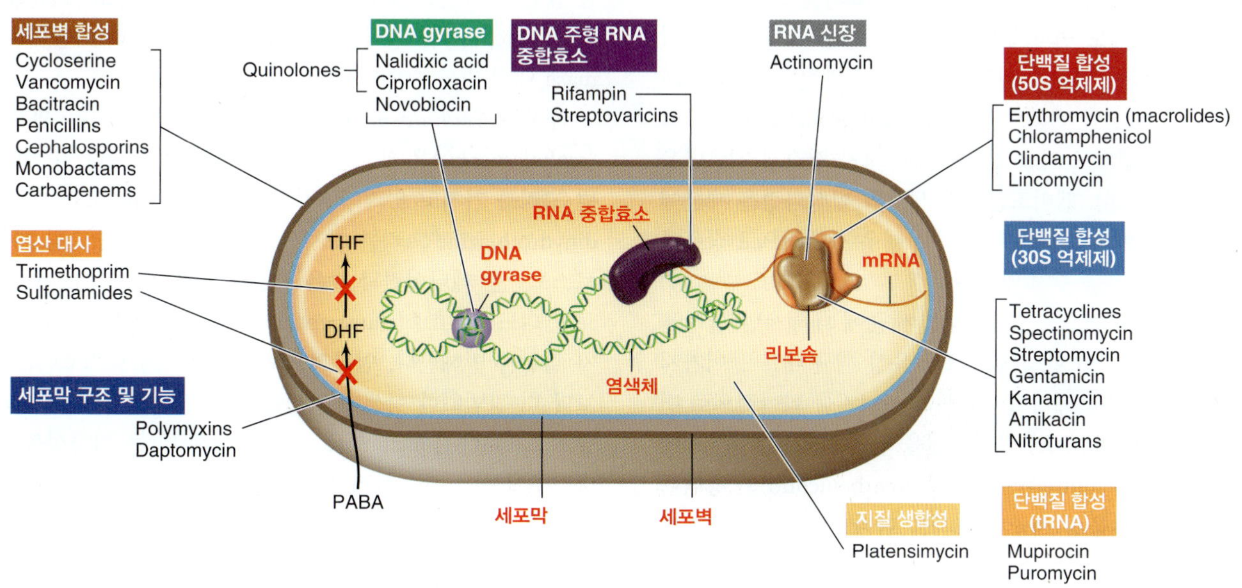

그림 28.27 주요 항미생물 약제의 작용 기작. 세균 세포의 표적에 따라 약제들을 분류하였다. THF, tetrahydrofolate; DHF, dihydrofolate; PABA, *p*-aminobenzoic acid.

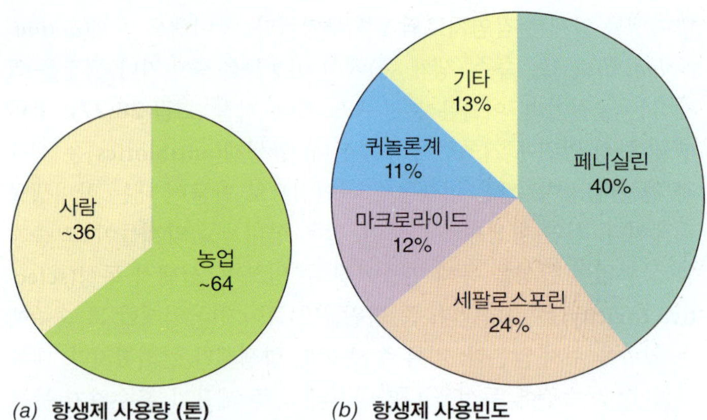

그림 28.28 전 세계 연간 항생제 생산과 사용. *(a)* 전 세계에서 연간 100,000톤 정도의 항생제가 생산되는 것으로 측정되며, 이 중 약 2/3이 농축산업에서 사용된다. *(b)* β-락탐계 항생제가 (페니실린과 세팔로스포린) 가장 중요하며 널리 사용된다. "기타(other)"에는 트리메토프림 조합, 테트라사이클린, 클로람페니콜, 아미노글리코사이드 및 다른 항미생물 약제가 포함된다. 자료 출처: Center for Disease Dynamics, Economics, and Policy, Washington D.C.

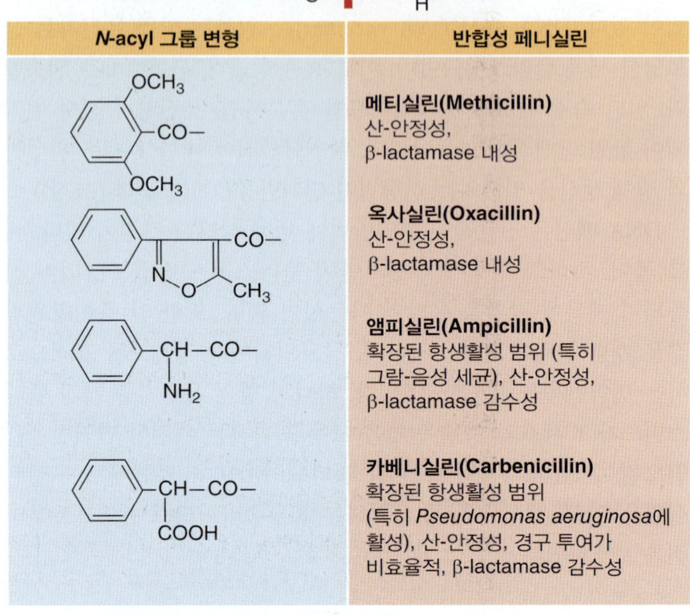

그림 28.29 선별된 페니실린 유사체 구조. 빨간색 화살표는 페니실린 및 다른 β-락탐계 항생제를 파괴하는 효소인 β-lactamase에 의해 잘리는 β-락탐 고리 부위를 표시한다. 비록 *N-acyl* 그룹 (파란색 배경)이 페니실린 유사체들 간에 차이를 보이지만, 모든 페니실린 유사체들은 β-락탐 고리와 티아졸리딘 고리로 구성된 핵심구조를 갖는다. 페니실린 G는 주사제로 맞아야 하나 대부분의 산-안정성을 가진 페니실린 유사체들은 경구용으로 사용될 수 있다 (카베니실린은 제외).

세포벽을 표적으로 하는 항생제

세계적으로 약 10만 톤의 항미생물 약제가 만들어져 사용되고 있으며 (**그림 28.28*a***), 이중 약 2/3가 페니실린과 세팔로스포린 같이 세균의 세포벽 생성을 억제하는 **β-락탐계 항생제(β-lactam antibiotics)**이다 (그림 28.28*b*). 이들 항생제는 구조적 특징으로 β-락탐 고리를 (**그림 28.29**) 가지고 있으며, 오랜 기간 동안 매우 다양한 형태의 세균 감염에 대해 가장 효과적인 방어무기로 작용하였다.

세계 최초로 밝혀진 β-락탐계 항생제는 1929년 Alexander Flemming에 의해 곰팡이인 *Penicillium chrysogenum*에서 분리한 페니실린 G (penicillin G)이다. 이 새로운 β-락탐 항생제는 포도상구균 및 폐렴구균 감염을 치료하는데 놀라운 효과를 보였으며, 연쇄구균 감염의 치료에도 설파계 약제보다 더 좋은 효과를 나타냈다. β-락탐계 항생제는 세균의 세포벽 합성을 억제한다. 세균 세포벽 합성의 중요한 과정인 펩티드전달반응(*transpeptidation*), 즉 글리칸(glycan)-연결 펩티드 사슬 2개를 서로 교차 연결시키는 반응을 억제한다 (2.4절). 펩티도글리칸 세포벽 합성과정은 세균에서만 일어나기 때문에 β-락탐계 항생제는 매우 선택적으로 작용하고 숙주 세포에는 영향을 주지 않는다.

페니실린 G는 일차적으로 그람-양성 세균에 대해서만 활성을 나타내는데, 그 이유는 이 항생제가 그람-음성 세균 내로 들어가지 못하기 때문이다. 그러나 페니실린 G의 N-acyl기를 화학적으로 변형시켜 반합성(*semisynthetic*) 페니실린을 만들었으며, 이런 예에 속하는 앰피실린(ampicillin)과 카베니실린(carbenicillin)은 광범위한 활성과 일부 그람-음성 세균에 효과를 나타낸다 (그림 28.29). 이런 반합성 페니실린의 구조변화가 그람-음성 세균의 세포막 투과를 가능하게 하여 궁극적으로 세포벽 합성을 억제한다 (2.5절). 페니실린 G는 β-lactamase에 의해 비활성화되는데, 이 효소는 많은 페니실린 내성 세균에서 만들어진다 (28.12절 참조). 옥사실린(oxacillin)과 메티실린(methicillin)은 널리 사용되는 β-lactamase 내성 반합성 페니실린이다 (그림 28.29).

곰팡이 *Cephalosporium* 종에 의해 만들어지는 세팔로스포린(*cephalosporins*)은 페니실린과 구조적으로 다르다. 이 약제는 β-락탐 고리를 가지고 있지만 5각형의 thiazolidine 고리 대신 6각형의 dihydrothiazine 고리를 가지고 있다 (**표 28.5** 및 그림 28.29). 세팔로스포린은 페니실린과 같은 작용 기작을 가지고 있다; 비가역적으로 펩티드전달효소(transpeptidase)에 결합하여 펩티도글리칸의 교차 결합을 방해한다. 임상적으로 중요한 세팔로스포린은 페니실린보다 더 광범위한 항생제 활성을 가진 반합성 항생제이다. 또한 세팔로스포린은 β-lactamase 효소에 대해 더 큰 저항성을 가지고 있다. 예를 들어, 세프트리악손(ceftriaxone) (표 28.5)은 β-lactamase에 높은 내성을 나타내며, 임질치료에 페니실린을 대체하고 있는데 그 이유는 최근 들어 많은 *Neisseria gonorrhoeae* 균주들이 페니실린에 내성을 나타내고 있기 때문이다 (28.12절 참조).

일부 항미생물 약제는 생장인자 유사체(*growth factor analog*)

이다. 생장인자는 생명체가 성장과 생존을 위해 외부에서 섭취해야 하는 필수 유기영양소이다 (3.1절). **생장인자 유사체(growth factor analog)**는 생장인자와 구조가 비슷한 합성 화합물이다. 그러나 생장인자 구조와 작은 차이를 나타내는 부분으로 인해 생장인자 유사체는 세포 내에서 생장인자가 관여하는 물질대사 과정을 방해한다. 이소니아지드(*isoniazid*) (표 28.5)는 매우 좁은 활성 범위를 나타내는 중요한 생장인자 유도체이다. 이소니아지드는 *Mycobacterium*의 세포벽 구성인자인 마이콜산(mycolic acid) 합성에 필요한 비타민 니코틴아마이드의 유사체로 이 과정을 억제하기 때문에 *Mycobacterium*에만 효과적인 항생활성을 나타낸다. 이소니아지드는 결핵 치료를 위한 가장 효과적인 약제이나 (30.4절), 이에 대한 내성을 나타내는 *Mycobacterium tuberculosis* 균주들이 늘어나는 추세이다.

단백질 합성을 표적으로 하는 항생제

일부 항생제는 리보솜과 결합하여 단백질의 합성 (번역)을 억제하는데, 주로 ribosomal RNA (rRNA)에 결합함으로써 이루어진다 (그림 28.27). 대부분의 이런 항생제들은 세균의 리보솜만을 표적으로 하며, 구조적으로 다른 진핵세포의 세포질 리보솜에는 영향을 주지 않는다. 그러나 진핵세포에 있는 미토콘드리아와 엽록체의 리보솜은 진화적으로 세균의 리보솜으로부터 유래되었기 때문에 (즉 70S 리보솜으로 구성), 세균의 단백질 합성을 억제하는 항생제는 또한 이들 세포 소기관의 단백질 합성도 억제할 수 있다 (13.4절). 그럼에도 불구하고, 이런 약제들이 임상적으로 계속 사용되는 이유는 진핵세포의 70S 미토콘드리아 리보솜은 항미생물 치료를 위해 사용되는 농도보다 높은 농도에서만 영향을 받기 때문이다.

아미노글리코사이드(aminoglycosides)는 리보솜의 30S 소단위와 결합하여 단백질 합성을 억제하는 항생제이다. 아미노글리코사이드는 아미노당(amino sugar)을 글리코시드 결합(glycosidic linkage)으로 가지고 있으며, 임상적으로 유용한 예들로는 스트렙토마이신(*Streptomyces griseus*에 의해 생산), 카나마이신 (표 28.5), 네오마이신 및 젠타마이신이 있다. 이 광범위 항생제들은 그람-음성 세균의 감염을 치료하는 데 유용하나, 신장 및 청각장애와 같은 환자에 독성을 유발한다. 반합성 페니실린과 테트라사이클린 개발로 인해 그람-음성 세균 감염의 치료를 위한 아미노글리코사이드의 사용은 점차 줄고 있다. *Pseudomonas* 감염 치료에 주로 사용되는 젠타마이신과 국소 연고제에 활용되는 네오마이신을 제외하고, 아미노글리코사이드는 다른 항생제의 치료가 실패했을 때만 사용된다.

테트라사이클린(tetracyclines)은 아미노글리코사이드 항생제처럼 세균의 30S 리보솜 소단위의 기능을 저해한다. 테트라사이클린은 *Streptomyces* 종에 의해 생산되며, 임상적으로 유의미한 거의 모든 그람-양성 및 그람-음성 세균을 억제하는 광범위 항생제이다. 테트라사이클린의 기본구조는 naphthacene 고리 시스템으로 구성되어 있으며 (표 28.5), 여기에 붙은 다양한 (자연적 또는 합성) 치환체들이 새로운 테트라사이클린 유사체를 생성한다. 의사들은 임산부와 어린 아동에 테트라사이클린을 처방하는 것에 매우 주의한다. 그 이유는 이 약제들이 뼈와 치아의 칼슘성분에 결합하여 치아와 뼈를 약화시키거나 치아에 착색을 유발할 수 있다 (**그림 28.30**). 테트라사이클린은 수의학 분야에서도 널리 사용되는데 일부 국가에서는 돼지 및 가금류 사육에 영양 첨가제로도 사용된다. 의학적으로 중요한 항생제를 비의학적 용도에 남용함으로써 병원균의 항생제 내성이 증가될 수 있기 때문에 지금은 이것의 비의학적 사용을 제한하고 있는 추세이다.

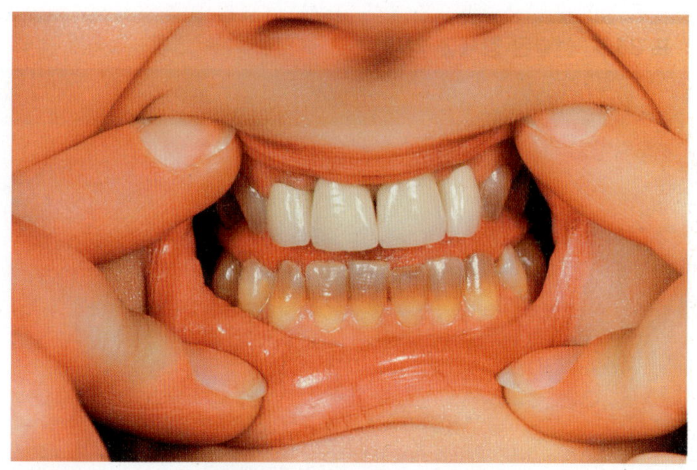

그림 28.30 테트라사이클린 사용으로 인한 구강변색. 테트라사이클린은 성장 중인 뼈와 치아에서 칼슘과 결합하여 이들을 약하게 하고, 치아 에나멜에 영구적인 변색을 일으킨다. 따라서 테트라사이클린은 임산부와 아동에게는 반드시 필요할 경우를 제외하면 사용하지 않는다.

마크로라이드(macrolides) 항생제는 세균 리보솜의 50S 소단위를 표적으로 하여 단백질의 합성을 억제한다. 기본적인 구조는 당이 결합된 락톤(lacton) 고리를 가지고 있으며 (에리트로마이신, 표 28.5), 락톤 고리와 당 부위에 다양한 변이를 주어 많은 종류의 마크로라이드 항생제를 만들 수 있다. 마크로라이드는 전 세계 항생제 생산의 약 12%를 차지하며 (그림 28.28), 에리트로마이신(erythromycin) (*Streptomyces erythreus*에 의해 생산), 클라리트로마이신(clarithromycin), 아지트로마이신(azithromycin) 등이 여기에 속한다. 특히 에리트로마이신은 단백질 합성을 부분적으로 억제하는데, 어떤 단백질은 잘 만들어지는 반면, 다른 단백질은 만들어지는 것이 제한되어 프로테옴 (전체 단백질 집단)에 불균형이 야기되어 이로 인해 모든 단계의 물질대사가 파괴될 수 있다. 페니실린 또는 다른 β-락탐 항생제에 알레르기를 나타내는 환자들에게 주로 사용되며, 특히 에리트로마이신은 레지오넬라증을 치료하는 데 유용하다 (32.4절).

핵산 합성을 표적으로 하는 항생제

퀴놀론(quinolones)은 항세균 활성을 나타내는 합성화합물로 세균의 DNA gyrase의 효소활성을 억제해 DNA 구조형성에 필요한 단계인 DNA 슈퍼코일 형성을 막는다 (4.1절). DNA gyrase가 모든 세균에 존재하기 때문에 퀴놀론은 그람-양성 및 그람-음성 세균

표 28.5 선별된 항세균 약제

작용 기작	항생제 그룹	예	대표 구조
세포벽 합성 억제	β-락탐	페니실린, 세팔로스포린	세프트리악손
	이소니아지드	이소니아지드	이소니아지드
	폴리펩티드 항생제	반코마이신 바시트라신	반코마이신 (그림 28.34 참조)
단백질 합성 억제	아미노글리코사이드	스트렙토마이신, 카나마이신, 젠타마이신	카나마이신
	테트라사이클린	테트라사이클린, 독시사이클린	테트라사이클린
	마크로라이드	에리트로마이신, 아지트로마이신	에리트로마이신
	클로람페니콜	클로람페니콜	클로람페니콜

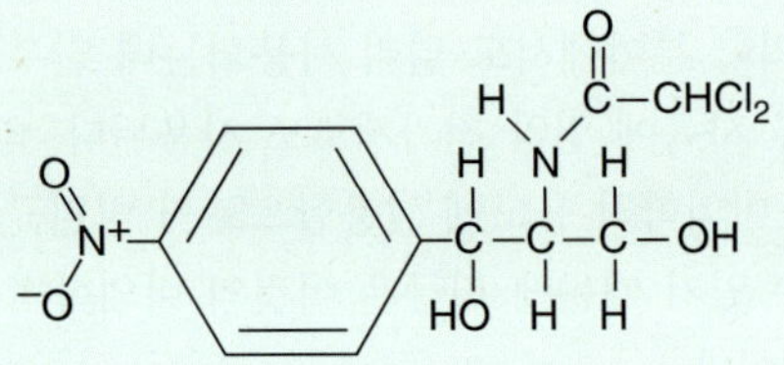

Chloramphenicol 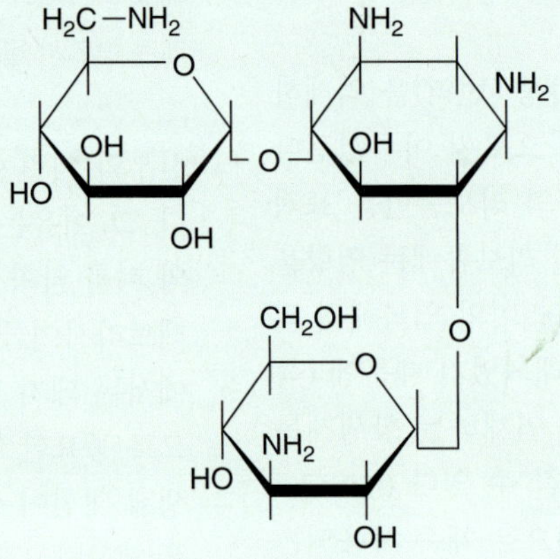 **Kanamycin** 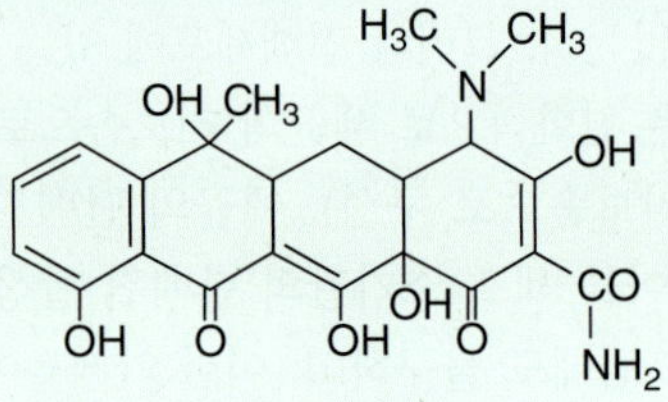 **Tetracycline**

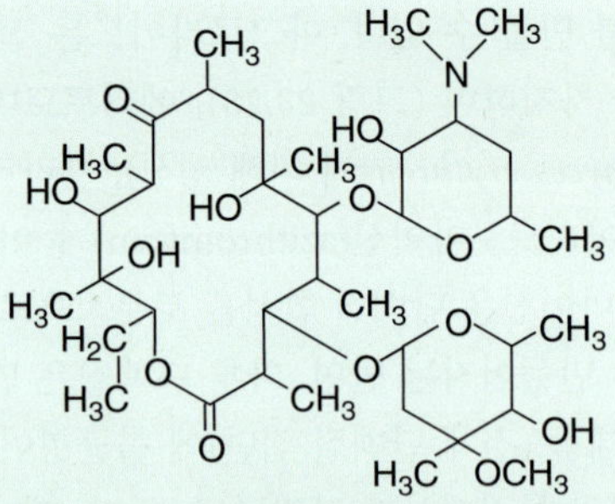

Dihydrothiazine 고리

β-lactam 고리

Erythromycin 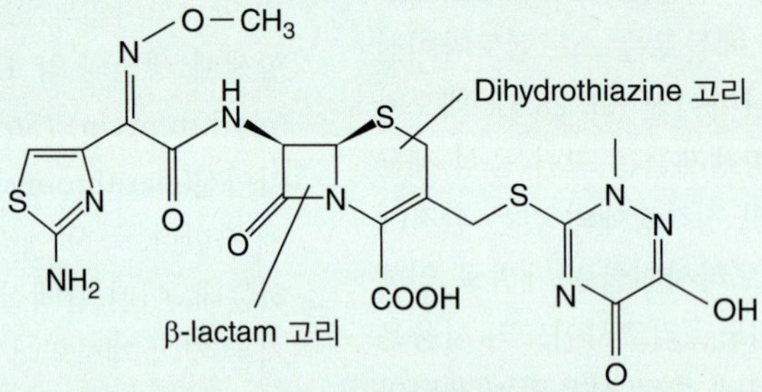 **Ceftriaxone** 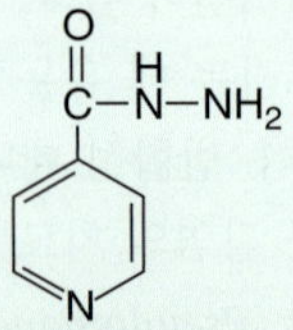 **Isoniazid**

감염 치료에 효과적이다. 시프로플록사신(ciprofloxacin) 같은 불화퀴놀론(*fluoroquinolones*)은 (표 28.5) 사람의 요로 감염을 치료하기 위해 통상적으로 널리 사용되며, 또한 소나 가금류의 축산업에서 동물의 호흡기 질환 예방 및 치료를 위해 사용되어 왔다. *Bacillus anthracis* 일부 균주들이 페니실린에 내성을 나타내기 때문에 시프로플록사신이 또한 탄저 치료를 위해 사용되는 약제이다 (31.8절). 목시플록사신(moxifloxacin)은 결핵치료에 효과가 있는 것으로 증명된 몇 안되는 약제 중 하나이다. 다른 결핵치료 약제와 병용 사용함으로써 목시플록사신은 이소니아지드(isoniazid) 치료에서 나타나는 주요 문제점인 치료시간을 상당히 줄일 수 있다.

일부 항생제는 전사를 방해함으로써 RNA 합성을 억제한다 (그림 28.27). 예를 들어, 리팜핀(*rifampin*) 같은 리파마이신은 (표 28.5)

표 28.5 (계속)

작용 기작	항생제 그룹	예	대표 구조
핵산 합성 억제	퀴놀론 및 불화퀴놀론	날리딕식산, 시프로플록사신, 목시플록사신	시프로플록사신
	리파마이신	리팜핀	리팜핀
대사물질 합성 억제	트리메토프림	트리메토프림	트리메토프림
	설파계 약제	설파닐아마이드, 설파메톡사졸	설파닐아마이드
세포막 파괴	지질 생합성 억제제	플라텐시마이신	플라텐시마이신
	세포막 구조 파괴제	댑토마이신	댑토마이신

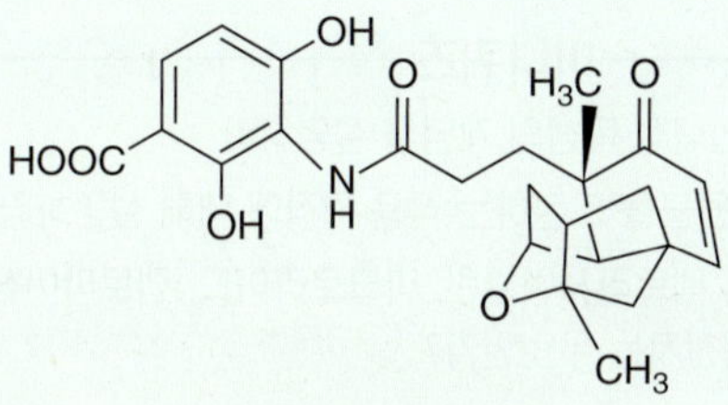

Platensimycin

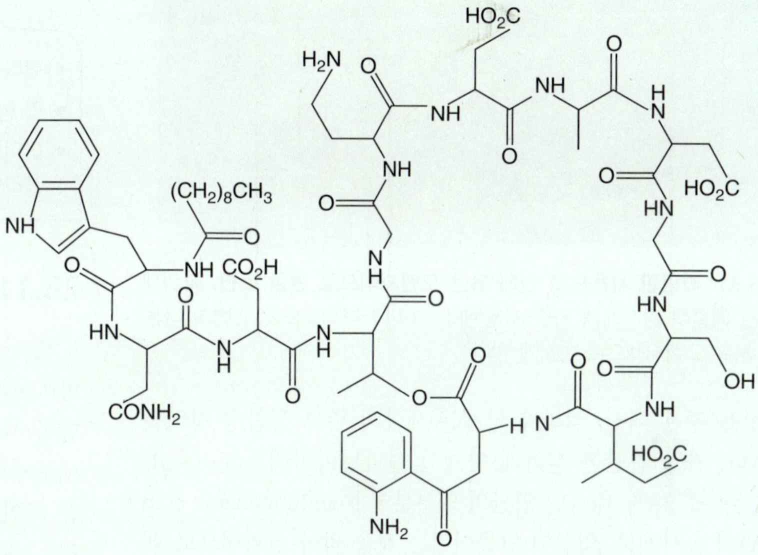

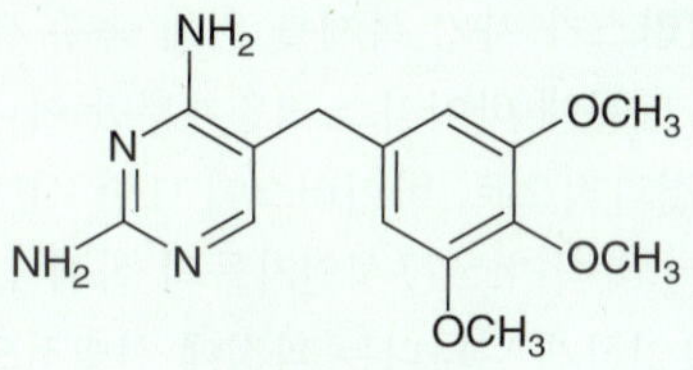

Trimethoprim

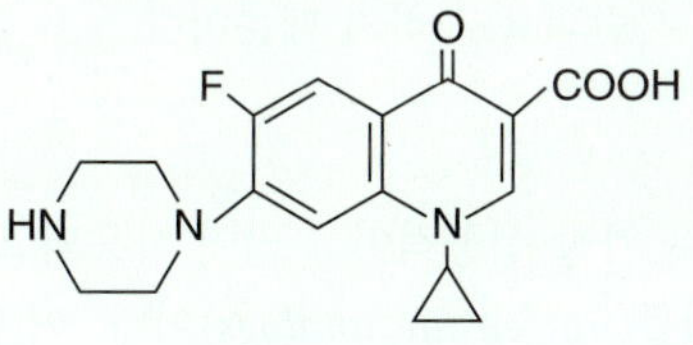

Daptomycin

Ciprofloxacin

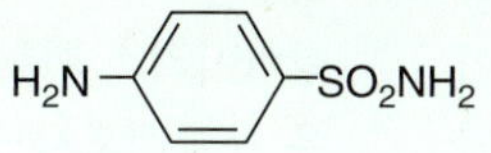

Sulfanilamide

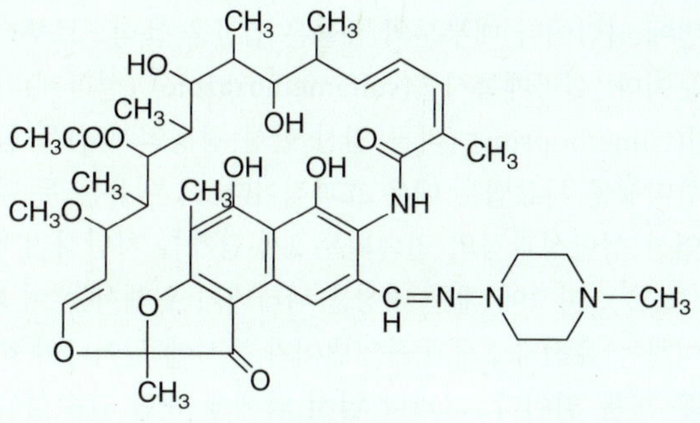

Rifampin

세균 RNA 중합효소의 β-소단위와 결합하여 RNA 합성을 억제한다. 결핵치료를 위해 이소니아지드와 자주 함께 사용되는 리팜핀은 신체분비물, 즉 눈물, 소변, 땀, 등을 붉은 오렌지색으로 변하게 하는 부작용을 일으킨다 (**그림 28.31**). 액티노마이신(*actinomycin*)은 DNA와 결합하여 RNA 신장과정(elongation)을 막음으로써 RNA 합성을 억제한다. 이 약제는 DNA의 G-C 염기쌍에 가장 강하게 결합하며, RNA 합성이 일어나는 이중나선의 큰 홈(major groove)에 자리 잡아 전사 신장을 억제한다.

기타 항세균제 표적들

이소니아지드처럼, **설파계 약제(sulfa drug)** [술폰아미드(*sulfonamides*)라고도 함]도 합성 생장인자 유사체이다. 그러나 세포벽

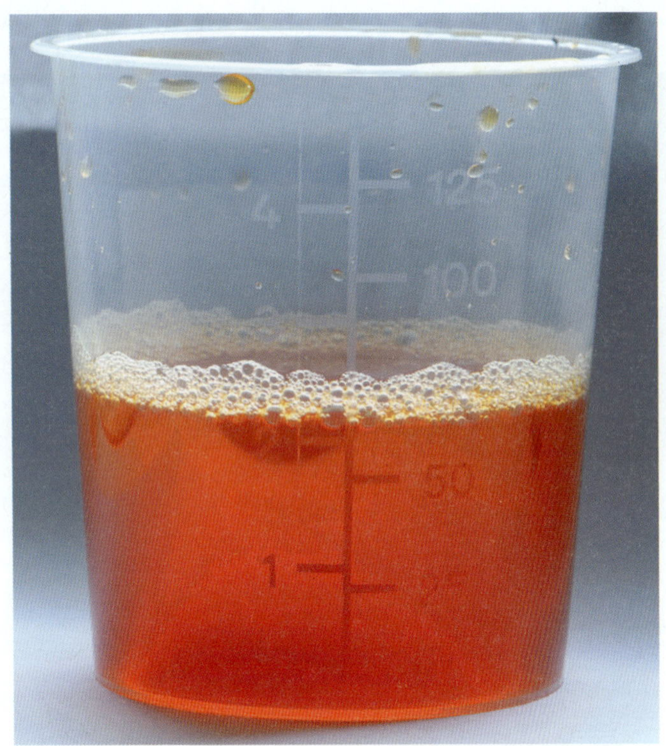

그림 28.31 리팜핀 사용으로 인해 붉은 오렌지색으로 변한 소변. 항생제 리팜핀은 폐결핵 환자에게 자주 사용된다. 그러나 부작용으로 소변과 다른 체액을 붉은 오렌지색으로 변하게 한다.

에 영향을 주는 데신, 설파계 약제는 세균의 주요 생합성 경로를 차단한다. 가장 간단한 설파계 약제인 설파닐아마이드(sulfanilamide)는 (표 28.5) 비타민 엽산의 일부분인 *p*-aminobenzoic acid (PABA)의 유사체로, 엽산이 만들어지는 것을 막아 결과적으로 핵산의 합성을 막는다. 설파닐아마이드는 세균에 대해서만 선택적으로 독성을 나타내는데, 그 이유는 세균은 자신의 엽산을 직접 만드는 반면에 사람이나 대부분의 동물은 엽산을 음식으로부터 섭취하기 때문이다. 설파메톡사졸(sulfamethoxazole) (설파계)와 트리메토프림(trimethoprim) (다른 엽산 합성 경쟁억제제)을 함께 사용하는 항미생물 치료법은 매우 효과적이다. 그 이유는 두 약제의 병용이 엽산 생합성과정의 연속되는 2개 단계를 차단하기 때문인데 (그림 28.27); 여기에 대한 내성을 나타내기 위해서는 이 대사경로에 관여하는 유전자 2개에 돌연변이가 동시에 일어나야 하는데 이는 매우 드문 일이다. 그러나 앞서 약제에 대한 감수성을 가졌던 많은 병원균들이 주변 환경으로부터 엽산을 섭취하는 기능을 갖게 됨에 따라 설폰아마이드에 대한 저항성이 커지고 있다.

일부 항생제는 새로운 구조와 표적을 가지고 있다. 예를 들어, 댑토마이신(*daptomycin*)은 *Streptomyces* 종에 의해 생산되며, 독특한 작용 기작을 가진 순환고리 형태를 한 리포펩티드(lipopeptide)이다 (표 28.5). 댑토마이신은 병원성 연쇄상구균(streptococci) 및 포도상구균(staphylococci) 같은 그람-양성 세균의 감염 치료에 주로 사용되며, 세균의 세포막에 특이적으로 결합하여 구멍을 만들어서 막의 전위차를 빠르게 없앤다. 전위차를 잃은 세포는 핵산과 단백질 같은 거대분자의 합성 능력을 빠르게 잃어 결국 세포가 죽게 된다. 그러나 세포막 구조에 변형이 일어나면 이 약제에 대한 저항성이 나타난다.

플라텐시마이신(*platensimycin*) (표 28.5)은 *Streptomyces platensis*에 의해 생산되며, 지방산 및 지질 생합성을 억제하는 새로운 기능의 항생제이다. 플라텐시마이신은 그람-양성 세균에 광범위하게 효과를 나타내며, 메티실린-내성 황색포도상구균(MRSA) 및 반코마이신-내성 장내구균에 의해 유발되는 거의 치료 불가능한 감염에 유용하다. 플라텐시마이신은 독특한 작용 기작을 가지고 있으며, 숙주 세포에 독성이 없고, 아직 약제에 대한 병원균의 내성이 알려지지 않았다. 28.12절에 플라텐시마이신의 발견에 대해 언급되어 있다.

미니퀴즈

- 항미생물 치료에서 선택적 독성의 개념을 설명하라.
- 각 항생제 그룹이 병원균을 조절하는 작용 기작에 대해 설명하라.
- 아미노글리코사이드, 테트라사이클린, 마크로라이드, 댑토마이신, 플라텐시마이신의 생산자는 무엇인가?

28.11 비세균성 병원체를 표적으로 하는 항미생물 약제

항바이러스 약제는 바이러스가 자기 복제를 위해 숙주 세포의 생합성 시스템을 사용하기 때문에 바이러스 병원체뿐만 아니라 숙주 세포에도 영향을 준다. 결과적으로, 바이러스에 대한 선택적 독성은 바이러스의 복제 또는 바이러스 구성인자들의 합체 같이 바이러스 생장과 관련되어 유일하게 나타나는 과정에 선별적으로 영향을 주는 약제에 의해 얻을 수 있다. 이런 한계에도 불구하고, 많은 약제들이 숙주 세포보다 바이러스에 더 독성을 나타내며, 이중 몇 개의 약제는 개별 바이러스에 특이적으로 작용한다. 곰팡이, 원생생물, 기생충에 대한 효과적인 약제 개발은 더 큰 어려움을 가지고 있는데, 그 이유는 이 병원체들이 모두 진핵세포이고, 따라서 이들의 세포생물학적 특성이 사람과 유사하기 때문이다.

항바이러스 약제

항바이러스 화학치료제로 가장 성공적이고 많이 사용되고 있는 것은 뉴클레오시드 유사체들(*nucleoside analogs*)이다. 이 약제들은 **뉴클레오시드 역전사효소 억제제(nucleoside reverse transcriptase inhibitors, NRTIs)**로서 핵산중합효소에 의해 바이러스 핵산 사슬이 길어지는 것을 억제한다. 첫 번째 NRTI 화합물로 널리 사용된 것은 아지도타이미딘(*azidothymidine*, *AZT*)이라 불리는 지도부딘(*zidovudine*)으로 (**표 28.6**) (⇄ 그림 30.48*a*), 역전사와 바이러스 유전자의 cDNA 생산을 차단함으로써 HIV 및 다른 레트로바이러스의 복제를 억제한다 (⇄ 30.15절). 이 화합물은 타이미딘(thymidine)과 화학적으로 유사하지만, 3′-하이드록실(hydroxyl) 그룹이 없는 다이디옥시(dideoxy) 유도체이다. 널리 사용되고 있

표 28.6 항바이러스 약제

약제 예	작용 기작	영향을 받는 바이러스
엔퓨버티드 (Enfuvirtide)	HIV와 T 림프구 세포막의 융합 차단	인간면역결핍 바이러스(HIV)
α, β, γ-인터페론	바이러스 증식을 억제하는 단백질 생산 유도	광범위 효과 (숙주 특이적)
Oseltamivir (타미플루®) 및 Zanamivir (렐렌자®)	인플루엔자 Neuraminidase 활성화 부위 차단	인플루엔자 A형 및 B형
네비라핀(Nevirapine)	역전사효소 억제	HIV
아시클로버(Acyclovir) (cp 그림 30.42)	바이러스 중합효소 억제제	헤르페스바이러스, *Varicella zoster*
지도부딘(Zidovudine, AZT) (cp 그림 30.48*a*)	역전사효소 억제제	HIV
리바비린(Ribavirin)	바이러스 RNA 캡핑(capping) 차단	호흡기세포융합바이러스, 인플루엔자 A형 및 B형, 라사열
시도포버(Cidofovir)	바이러스 중합효소 억제제	사이토메갈로바이러스, 헤르페스바이러스
테노포버(Tenofovir, TDF)	역전사효소 억제제	HIV
Indinavir, Saquinavir (그림 28.35)	바이러스 프로테아제 억제제	HIV

는 또 다른 뉴클레오시드 유사체인 어사이클로버(*acyclovir*)는 (표 28.6) 구아노신(guanosine) 유사체이며, 생식기 헤르페스 감염증상을 조절하는 데 성공적으로 사용되고 있다 (cp 30.14절).

일부 항바이러스 약제는 레트로바이러스의 중요 효소인 역전사효소를 표적으로 한다. **비뉴트레오시드 역전사효소 억제제(non-nucleoside reverse transcriptase inhibitor, NNRTI)**인 네버래핀(*nevirapine*)은 (cp 그림 30.48*b*) 역전사효소에 직접 결합하여 역전사를 억제한다 (표 28.6). 무기 피로인산염(pyrophosphate)의 유사체인 포스포노포름산(phosphonoformic acid)은 뉴클레오티드 간의 정상적인 결합을 억제함으로써 바이러스 핵산의 합성을 막는다. 작용 기작이 정상 숙주 세포의 핵산합성에 영향을 주기 때문에 NRTI와 NNRTI는 모두 일반적으로 어느 정도의 숙주 독성을 나타낸다.

다른 항바이러스 약제로는 **프로테아제 억제제(protease inhibitors)**와 **융합 억제제(fusion inhibitor)** 엔퓨버티드(*enfuvirtide*)가 있다 (표 28.6). 프로테아제 억제제는 HIV 프로테아제의 활성화 부위에 결합하여 커다란 바이러스 단백질 사슬을 개별적인 바이러스 구성인자로 자르는 효소활성을 방해함으로써 바이러스의 복제를 억제하고, 결국 바이러스가 성숙하는 것을 막는다 (cp 10.11절). 36개 아미노산으로 구성된 합성 펩티드 엔퓨버티드는 HIV의 막단백질인 gp41과 결합한다 (cp 30.15절); 이는 HIV와 T 림프구 세포막의 융합에 필요한 gp41의 입체구조 변화를 억제하여 HIV가 숙주 면역세포에 감염하는 것을 저해한다 (cp 그림 30.43).

인플루엔자 감염에 효과적인 단일그룹의 약제가 있다. 뉴라미니다제 억제제(*neuraminidase inhibitors*)인 오셀타미버(oseltamivir, 제품명 타미플루)와 자나미버(zanamivir, 제품명 렐렌자)는 인플루엔자 A 및 B 바이러스의 뉴라미니다제의 활성화부위를 막아 감염된 세포로부터 바이러스가 방출되는 것을 억제한다. 자나미버는 인플루엔자 치료에만 사용이 되나, 오셀타미버는 치료 및 예방에 모두 사용된다 (표 28.6).

26장에서 설명된 바와 같이, 바이러스 감염된 세포는 사이토카인 단백질의 일종인 인터페론(*interferons*)을 분비하여 주변 숙주 세포에 방어반응을 유도하는 신호를 전달한다 (cp 26.10절). 인터페론이 적절하게 생성되게 하거나 또는 주입해 줌으로써, 이를 항미생물 약제로 사용할 수 있다. 인터페론의 임상적 사용은 감염되지 않은 숙주 세포를 자극하여 항바이러스 단백질을 생산하도록 하기 위해 인터페론을 주사 또는 에어로졸 행태로 환자의 국소부위에 전달하는 능력에 달려 있다. 다른 방법으로, 바이러스 뉴클레오티드, 비독성 바이러스, 또는 합성 뉴클레오티드 같은 적절한 인테페론 생산 유도물질을 감염이 일어나기 전에 숙주 세포에 줌으로써 인터페론의 자연적 생산을 자극할 수 있을 것이다.

진핵세포 병원체를 표적으로 하는 약제

곰팡이 (진균)는 여러 심각한 질병을 유발하며 (cp 33.1 및 33.2절), 많은 항진균 약제들이 곰팡이와 숙주가 공통적으로 가지고 있는 물질대사 과정에 작용하여 독성을 나타냄으로 인해 치료가 어렵다. 그래서 많은 항진균 약제들이 단지 국소적인 (표면) 부위에 대해서만 사용될 수 있다 (**표 28.7**).

항진균 화합물의 주요 그룹은 에르고스테롤 억제제(*ergosterol inhibitors*)로 2가지 형태의 항진균 제제가 포함되는데, 하나는 에르고스테롤과 직접 결합하는 것이고 다른 하나는 에르고스테롤의 합성을 억제하는 것이다 (표 28.7). 동물세포의 세포막에 콜레스테롤이 존재하는 것처럼 진균 세포막에는 에르고스테롤이 존재한다. 폴리엔(*polyenes*)은 에르고스테롤 억제제의 일종으로 *Streptomyces* 종에서 생산되는 항진균제이다. 폴리엔은 에르고스테롤과 특이적으로 결합하여 세포막 투과성을 변형시켜 결국 진균세포가 죽는다 (**그림 28.32**). 반면에 아졸(*azoles*)과 알릴아민(*allylamines*)은 에르고스테롤의 합성을 선별적으로 억제하는 광범위 항진균제이다. 이 약제들의 처치는 진균 세포막의 손상과 막의 물질투과 활성에 심각한 변화를 일으킨다.

에치노칸딘(*echinocandins*)은 세포벽 억제제로 진균의 세포벽 성분인 β-글루칸 중합체를 만드는 효소 1,3-β-D-글루칸 합성효소의 활성을 저해한다 (그림 28.32 및 표 28.7). 포유동물 세포는 이

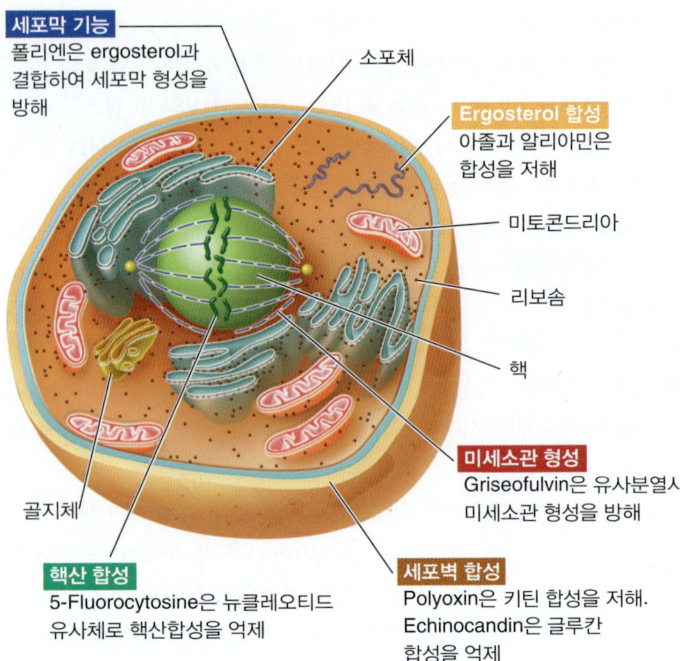

그림 28.32 일부 항진균제의 표적. 진균은 진핵생물이기 때문에 전통적인 항생제는 일반적으로 효과가 없다. 여기서 보이는 세포막과 세포벽의 에르고스테롤(ergosterol) 표적이 척추동물 숙주 세포에서는 존재하지 않는 유일한 구조이다.

효소를 가지고 있지 않고, 또 세포벽에 β-글루칸 중합체가 없기 때문에 이 약제는 진균에 대해 특이성을 가지고 선택적으로 진균 세포를 죽인다. 에치노칸딘은 *Candida*와 다른 약제에 내성을 보이는 다른 진균의 감염치료에 사용된다 (33.1절).

표 28.7 항진균 약제

범주	표적	예	사용법
알릴아민 (Allylamines)	Ergosterol 합성	Terbinafine	경구용, 국소사용
방향족 항생제	유사분열 억제제	Griseofulvin	경구용
아졸(Azoles)	Ergosterol 합성	Clotrimazole Fluconazole Miconazole	국소사용 경구용 국소사용
키틴 합성 억제제	키틴 합성	Nikkomycin Z	실험용
에치노칸딘 (Echinocandins)	세포벽 합성	Caspofungin	혈관주사
핵산 유사체	DNA 합성	5-Fluorocytosine	경구용
폴리엔(Polyenes)	Ergosterol 합성	Amphotericin B Nystatin	경구용 및 혈관주사 경구용 및 국소사용
폴리옥신 (Polyoxins)	키틴 합성	Polyoxin A 및 B	농업용

진균 세포벽에는 진균과 곤충에서만 존재하는 *N*-아세틸글루코사민 중합체인 키틴(chitin)이 존재한다. 몇 종의 폴리옥신(*polyoxins*)이 키틴의 생합성을 저해함으로써 세포벽의 합성을 억제한다 (그림 28.32). 폴리옥신은 임상에서는 사용되지 않으나, 농업에서 진균 살균제로 널리 사용된다. 다른 항진균 약제에는 엽산(folate) 생합성 억제제, DNA 복제시 DNA 형태를 저해하는 것, 또는 그리세오풀빈(griseofulvin) 같은 약제는 세포분열 시 미소세관 형성을 저해하는 것 등이 있다 (그림 28.32). 추가적으로, 핵산 유사체인 5-fluorocytosin (flucytosine)은 진균의 핵산 생합성을 효과적으로 억제한다.

원생동물에 의한 질병, 특히 말라리아는 역사적으로 퀴니네(*quinine*)로 처치하였으며, 최근에는 클로로퀸(chloroquine)과 메플로퀸(mefloquine) 같은 퀴니네 유도체를 사용한다. 그러나 이런 약제들에 대해 말라리아를 일으키는 *Plasmodium* 종들이 강한 내성을 나타냄에 따라 아르테미시닌(artemisinin)을 기본으로 변이체들을 개발하게 되었다. 개사철쑥 식물에서 소량 만들어지는 아르테미시닌은 말라리아에서 나타나는 반복되는 고열증상을 조절하는 데 전통적으로 사용되어왔다. 최근 아르테미시닌은 또한 주혈흡충증과 같은 기생충 질병의 치료에도 효과가 있다는 것이 알려졌다 (33.7절). 합성생물학 기술을 활용하여 아르테미시닌을 유전자 변형된 효모균에서 생산함으로써 이 약제의 활용도를 더욱 넓히고 있다 (12.11절, 그림 12.33).

많은 기생 원생동물 치료제로 선택되는 것이 메트로니다졸(*metronidazole*), 또는 관련 약제 티니다졸(*tinidazole*)이다. 이 약제는 혐기성 병원체를 표적으로 하며, 따라서 혐기성 세균인 Clostrida 감염에도 사용될 수 있다. 편모충증을 일으키는 *Giardia intestinalis* 감염, *Trichomonas vaginalis* 감염 (트리코모나스증), 특히 *Entamoeba histolytica* 감염 (아메바성 이질)이 모두 이 약제에 의해 성공적으로 치료된다 (33.3 및 33.4절). 관련 원생생물인 *Cryptosporidium parvum* (와포자충증 유발)은 또 다른 기생충 치료제인 니타족사니드(*nitazoxanide*)에 의해 치료된다. 그러나 가장 보편적으로 사용되는 기생충 치료제는 주혈흡충증과 조충 감염 치료제로 사용되는 프라지콴텔(*praziquantel*)과 다양한 기생충 (조충, 인요충, 구충, 선모충, 회충 등) 감염 치료에 사용되는 메벤다졸(*mebendazole*)이다 (33.7절).

미니퀴즈

- 뉴클레오시드 유사체, 프로테아제 억제제 그리고 인터페론이 각각 바이러스 생장과정 중 어떤 단계에서 작용하는지 설명하라.
- 임상적으로 효과적인 항진균제와 항기생충제가 항세균제 보다 적은 이유는 무엇인가?

28.12 항미생물 약제 내성과 새로운 치료 전략

항미생물 약제내성(antimicrobial drug resistance)은 과거 감수성을 보였던 항미생물 약제에 대해 미생물이 저항 능력을 얻게 된 것

표 28.8 세균의 항생제 내성

내성 기작	항생제 예	내성유전자 위치	기작 존재 세균 종류
투과성 감소	페니실린	염색체	그람-음성 세균
항생제 불활성화 예: β-lactamase; methylase, acetylases, phosphorylase 등과 같이 항생제의 구조를 파괴시키는 효소들	페니실린 클로람페니콜 아미노글리코사이드	플라스미드 및 염색체 플라스미드 및 염색체 플라스미드	*Staphylococcus aureus* 장내세균 *Neisseria gonorrhoeae*, *Staphylococcus aureus* 장내세균
표적 변화 예: RNA 중합효소, rifamycin; 리보솜, 에리트로마이신 및 스트렙토마이신; DNA gyrase, 퀴놀론계 항생제	에리스로마이신 리파마이신 스트렙토마이신 노플록사신	염색체	*Staphylococcus aureus* 장내세균 장내세균 장내세균 *Staphylococcus aureus*
약제내성을 갖게 하는 생화학적 대사과정을 생성	설폰아마이드	염색체	장내세균 *Staphylococcus aureus*
배출 (세포 밖으로)	테트라사이클린 클로람페니콜 에리스로마이신	플라스미드 염색체 염색체	장내세균 *Staphylococcus aureus* *Bacillus subtilis* *Staphylococcus*

이다. 앞서 언급하였듯이 미생물에 의해 항생제가 생산되기 때문에 실제로 항생제를 만드는 미생물은 항생제 내성 유전자를 가지고 있다. 항미생물 약제내성이 넓게 퍼지는 것은 이런 내성유전자가 미생물들 사이에 수평으로 전파되기 때문이다.

항미생물 약제 내성

세균의 항생제 내성에 대한 공통 기작은 7.10절에서 미생물 생장과 연관지어 설명하였으며, 그림 7.21*b*에 묘사되어 있고, 일부 예들이 **표 28.8**에 언급되었다. 항생제 내성을 유발하는 유전자가 세균의 염색체에 있기도 하지만, 많은 경우 환자로부터 분리된 약제내성 세균은 약제내성 유전자를 수평 전파가 이루어지는 *R* (*resistance*) 플라스미드(*plasmids*)에 가지고 있다 (4.2절). R 플라스미드 유전자로부터 만들어지는 효소는 다음 3가지 기작을 통해 항생제 내성을 나타낸다: 1) 약제를 변형 또는 불활성화하거나, 2) 약제의 흡수를 차단하거나, 3) 약제를 세포 밖으로 능동 배출(*efflux*) 한다 (표 28.8).

항생제가 폭넓게 사용됨에 따라 (그림 28.28*a*) 약제내성 유전자를 가진 R 플라스미드가 선별되어 확산되기 좋은 환경이 만들어졌다. 내성유전자가 주변에 산재함으로 인해 한 종류의 항생제를 장기간 사용하며 효과적인 항생활성을 얻는 것이 어렵게 되었다. 이에 대한 전형적인 예가 성병인 임질을 유발하는 임균이 다중약제 내성을 갖게 되는 것이다. 임질 치료를 위해 1980년대까지 폭넓게 사용되던 페니실린은 내성이 나타나며, 시프로플록사신으로 치환되었으나 이도 고작 10년 정도 사용 후 효과를 잃게 되었다 (**그림 28.33**). 이후 치료제가 β-락탐분해효소에 저항성이 있는 세프트리악손(ceftriaxone)으로 바뀌었으며, 최근에는 세프트리악손과 아지트로마이신 병용요법이 권장되고 있다. 이와 같이 서로 다른 구조의 항생제를 함께 사용함으로써 내성을 줄일 수 있는데, 그 이유는 하나의 항생제에 내성을 나타내는 병원균이 다른 구조의 항생제에도 내성을 나타내는 경우는 드물기 때문이다. 그러나 일부 R 플라스미드가 다중 약제에 대한 내성을 나타냄에 따라 항생제 병용요법이 위협받고 있다.

항생제의 남용은 내성의 확산을 촉진시킨다. 감염병 치료를 위한 전통적인 사용에서 벗어나 항생제를 성장 촉진제 및 감염발생

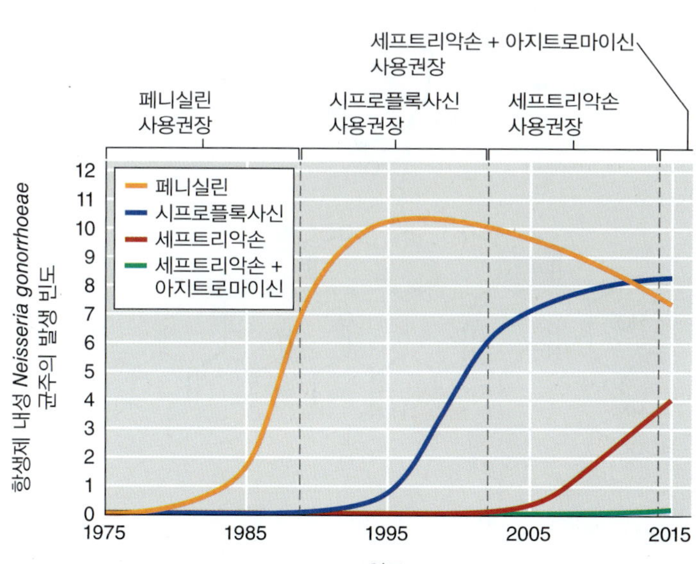

그림 28.33 *Neisseria gonorrhoeae*의 다중약제 내성 발생. 1980년대 페니실린 내성이 발생됨에 따라 이후 임질 치료에 페니실린 사용이 권장되지 않았다. 대신 퀴놀론계 항생제인 시프로플록사신이 사용되었으나, 2000년대 초반 다시 이에 대한 내성이 나타남에 따라 세프트리악손으로 변경되었다. 현재 추천되는 치료법은 세프트리악손과 아지트로마이신 병용요법이다.

을 막기 위한 예방적 첨가제로 가축사료에 첨가하여 축산업에서 사용하고 있다. 예를 들어, 광범위 항생제로 임상에서도 널리 사용되고 있는 불화퀴놀론계 항생제 시프로플록사신(ciprofloxacin)은 특히 가금류 산업에서 사료 첨가제로 활발하게 사용되고 있다. 또한 비록 상황이 나아지고는 있으나, 필요 이상의 많은 항생제가 임상 치료에서 사용되고 있다. 또한 환자들이 투약지시를 잘 따르지 않음으로써 상황은 더 복잡하게 되는데, 많은 환자들이 상태가 좋아짐을 느끼면 바로 투약을 중지한다. 감염된 병원균에 대해 효과를 나타내는 적절한 항생제를 적절한 용량과 기간 동안 사용함으로써 항생제 내성이 발생되는 것을 최소화할 수 있다.

다중약제 내성 병원균이 추가적으로 발생되는 것을 막기 위해 미국 질병통제예방센터(CDC)는 백신접종의 중요성을 강조하고, 감염병의 신속하고 정확한 진단 및 치료, 신중한 항미생물 약제의 사용, 병원체의 전염방지를 강조하는 지침서를 출간한다.

새로운 약제 및 치료 전략

약제내성은 모든 항미생물 약제에 대해 점진적으로 발생될 것이다. 보수적이고 적절한 항생제 사용은 활용기간을 늘리거나 과거 사용했던 약제들의 임상효과를 일시적으로 부활시킬 수는 있으나, 항미생물 약제내성을 궁극적으로 해결하는 방법은 물질 탐색 또는 약제 설계를 통해 새로운 항미생물 약제를 계속 개발하는 것이다. 기존에 존재하는 항미생물 제제의 신규 유사체를 개발하는 것이 새로운 것을 찾는 것보다 일반적으로 더 경제적이다. 유사체가 원래 약제보다 더 좋은 항미생물 효과를 나타낼 수 있다. 예를 들어, 천연 페니실린을 출발 물질로 하여 *N*-아실 그룹의 체계적인 화학적 치환을 통해 수백 개의 페니실린 유사체를 만들었으며, 그중 상당수가 광범위 항생활성을 나타냈다 (그림 28.29). 이런 기본적인 전략을 활용하여, β-락탐계 항생제의 반합성 유사체, 테트라사이클린, 반코마이신 (**그림 28.34**)이 만들어졌다.

신규 항미생물 제제는 이미 존재하던 항생제의 유사체보다 훨씬 더 찾기가 어려운데, 그 이유는 새로운 항미생물 제제가 물질대사 과정의 특정 위치에서만 작용을 하거나 기존에 알려진 내성 기작을 피하기 위해 기존에 존재하는 약제와는 구조적으로 다른 형태를 해야만 하기 때문이다. 컴퓨터를 활용한 가상 구조분석 기술

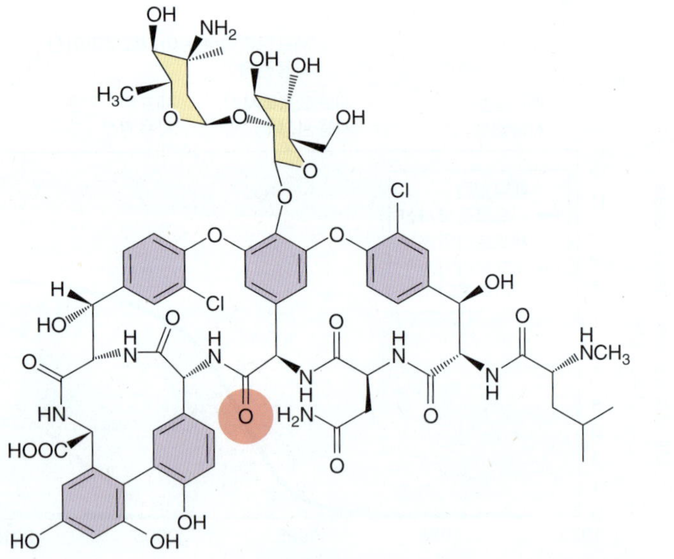

반코마이신

그림 28.34 반코마이신. 반코마이신 원래의 구조에 중간 정도의 약제내성이 최근 발생되었다. 그러나 붉은색으로 표시된 부위의 산소를 메틸렌($5CH_2$) 그룹으로 치환함으로써 잃었던 대부분의 항생활성을 회복하였다. 페니실린처럼, 반코마이신도 펩티도글리칸 사슬의 교차연결을 막으며, 그람-양성 병원균에 가장 효과적이다.

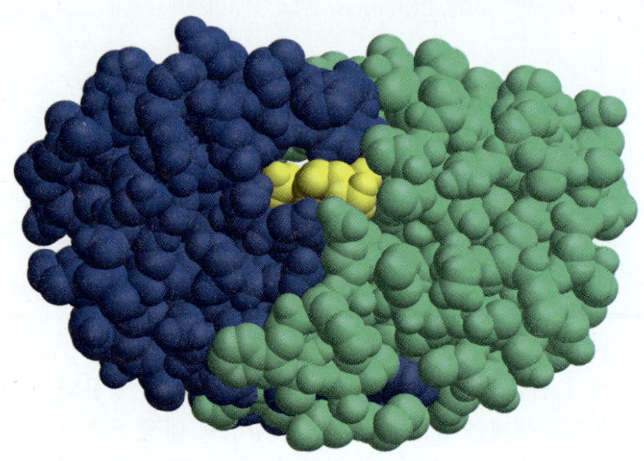

(a) HIV 단백질분해효소

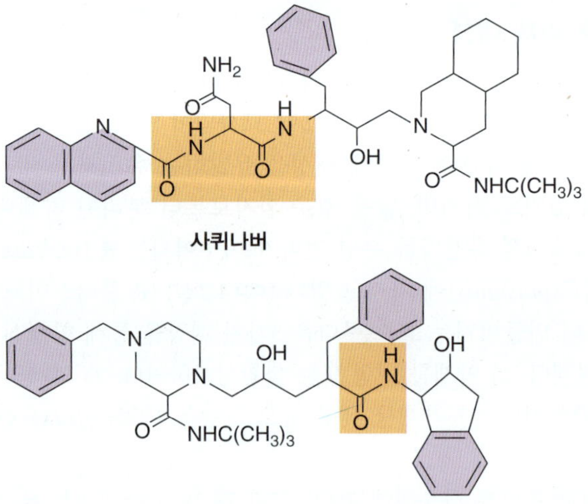

사퀴나버

인디나버

(b)

그림 28.35 컴퓨터에 의해 설계된 항-HIV 약제. *(a)* HIV 프로테아제 동일이성체. 개별적인 폴리펩티드 사슬이 녹색과 파란색으로 표시되었다. 펩티드(노란색)가 활성화 부위에 결합되어 있다. HIV 프로테아제는 HIV 다중 단백질 전구체를 자르는데, 이는 HIV 성숙 과정의 필수 과정이다. 펩티드에 의한 프로테아제 활성화 부위의 차단은 이 과정을 억제함으로써 HIV의 성숙을 막는다. 이 펩티드 구조는 단백질 자료은행(Protein Data Bank)에 저장된 정보로부터 얻은 것이다. *(b)* 이 항-HIV 약제들은 프로테아제 억제제라 불리는 펩티드들이며, HIV 프로테아제의 활성화 부위를 차단하는 물질로 컴퓨터를 이용해 설계한 것이다. 오렌지색으로 표시된 부위는 단백질의 펩티드 결합과 일치하는 부위이다.

은 분자 결합을 최대화한 새로운 약제를 설계하는 데 많은 도움을 주고 있다. 컴퓨터를 활용한 약제 설계에서 가장 성공적인 예가 사퀴나버(*saquinavir*)의 개발이다. 사퀴나버는 인간면역결핍바이러스(HIV) 프로테아제의 활성화 부위에 결합하여 환자에서 HIV의 성장을 느리게 하는 프로테아제 억제제이다 (**그림 28.35**). HIV 전구단백질의 유사체인 사퀴나버는 진짜 기질 대신 효소에 결합하여 효소활성을 억제하여 바이러스의 성숙을 저해한다. 컴퓨터를 활용해 설계된 다른 여러 종류의 프로테아제 억제제가, 인디나버(*indinavir*)를 포함 (그림 28.35*b*), HIV/AIDS 치료를 위해 현재 사용되고 있다 (30.15절).

항미생물 약재내성을 해결하는 또 다른 전략은 새로운 물질을 표적으로 하는 항생제를 선별하는 것이다. 플라텐시마이신(platensimycin)은 세균의 지질 생합성을 막는 것을 표적으로 하는 첫 번째 항미생물 약제이다 (표 28.5 및 그림 28.27). 이 약제는 특히 약제내성 staphylococci 및 enterococci를 포함한 그람-양성 병원균에 좋은 활성을 보인다. 정해진 표적에 대한 물질을 선별하기 위해, 세균의 지질 합성 경로에 관여하는 효소의 경우에 과학자들은 안티센스 RNA (6.11절)를 사용하여 *Staphylococcus aureus*에서 주요 지질 생합성 효소를 생산하는데 요구되는 mRNA의 양을 제한하였다. 이는 *S. aureus*의 지방산 생산을 감소시켜, 결국 변형된 *S. aureus* 균주가 지방산 합성을 억제하는 물질에 대해 높은 민감도를 갖게 하였다. 이 균주를 활용하여 잠재적으로 항생물질 생산능력을 가진 균주로부터 생산되는 수 천 개의 천연 물질들을 탐색하여 과학자들은 토양미생물인 *Streptomyces platensis*로부터 생산되는 플라텐시마이신을 분리 동정하였다. 이 방법은 낮은 농도로 존재하는 표적 특이적 항생제를 동정하는 데 유용하며, 사실상 유전자 염기서열이 알려진 모든 표적에 (안티센스 RNA 서열을 알기 위해) 대해 적용 가능하다.

약제내성을 억제하는 화합물과 함께 병용하여 항생제를 사용함으로써 약효를 유지할 수 있다. 예를 들어, 몇 가지 β-락탐계 항생제(*antibiotics*)는 β-lactamase 억제제(*inhibitors*)와 병용하여 사용함으로써 β-락탐 항생제 내성 미생물에게 항생활성을 나타낼 수 있다. 예를 들어, 앰피실린 (그림 28.29)은 β-lactamase 억제제 클라불라닉산(clavulanic acid)과 혼합하여 복합약제인 오그맨틴(Augmentin)을 생산한다. 클라불라닉산은 약제내성 병원균이 생산한 β-lactamase에 비가역적으로 결합하여 앰피실린의 파괴를 막음으로써 항생제 활성을 유지하게 한다.

약제 병용 치료법은 HIV 감염 치료에 혁신을 가져왔다. 현재 뉴클레오시드 유사체와 프로테아제 억제제로 구성된 병용 치료법이 활용되고 있다. 이 병용 치료법을 HAART (*h*ighly *a*ctive *a*nti-*r*etroviral *t*herapy)라고 부른다. 항미생물 약제 병용요법처럼 HAART는 2개의 독립된 바이러스 기능을 표적으로 한다; 뉴클레오시드 유사체는 바이러스 유전자 복제를 프로테아제 억제제는 바이러스의 성숙을 각각 표적으로 한다. 하나의 바이러스가 하나의 약제에 대해 내성을 나타낼 수는 있지만 다중 약제 내성을 나타낼 가능성은 매우 낮기 때문에 HAART 치료법은 HIV 감염을 조절하는 데 매우 성공적인 방법이다 (30.15절).

미니퀴즈

- 세균의 항생제 내성의 기본적인 기작에 대해 설명하고, 어떤 조치들이 약제내성의 확산을 방지하는지 설명하라.
- 반코마이신과 페니실린의 공통점은 무엇인가? 어떻게 천연 반코마이신이 향상되었는가?
- 기존에 존재하던 약제를 기초로 새로운 약제를 개발하는 것의 장점과 단점을 설명하라. 새로운 항생제 개발을 위한 다른 방법들에 대해 설명하라.

단원 정리

I • 임상미생물학 환경

28.1 임상실험실 안전은 오염방지 및 근무자의 감염을 막기 위한 훈련과 계획을 요한다. 생물안전단계(BSL)로 표시되는 감염의 위험도에 비례하여 특별한 주의와 절차가 오염물질 및 환자 검체를 다룰 때 준수되어야 한다.

Q 어떤 실험실이 혈액유래 병원체를 다루기 위해 근무자 노출방지 계획을 가지고 있는가? 왜 이런 계획이 필요한가?

28.2 보건의료시설에 있는 환자는 손상된 건강상태와 시설 내의 다양한 병원체에 대한 잠재적 노출 때문에 감염성 질환에 쉽게 걸릴 수 있다. 많은 병원관련 감염이 약제 내성을 나타낸다.

Q 보건의료관련 감염이란 무엇인가? 어떻게 이런 것이 발생되는가? 이것은 어떤 문제점을 유발하는가?

II • 감염성 미생물의 분리 및 동정

28.3 적절한 검체 채취, 관찰 및 배양 기술은 잠재적 병원균의 분리 및 동정을 위해 필수적이다. 병원체 동정을 위한 올바른 기술의 선택을 위해 의심되는 병원균의 환경학적, 생리학적, 영양학적 지식이 필요하다. 대부분의 병원균은 특화된 선택 및 분별 배지에서 생장할 때 특이한 물질대사 패턴을 나타낸다. 생장-의존적 패턴은 병원균을 정확하게 동정하는 데 필요한 정보를 준다.

Q 정확한 진단을 확보하기 위해 검체의 채취, 병원체 감지 및 배양과정에 어떤 측정들이 수행되어야 하는가?

28.4 임상 검체로부터 분리된 병원균은 적절한 항생제 치료를 위해 항생제 감수성 검사가 이루어진다. 검사는 병원균의 생장을 완전히 억제하는 데 필요한 최소억제농도를 확인한다.

Q 최소억제농도 측정을 위한 전통적인 방법과 현재 사용되는 방법의

차이점은 무엇인가?

III • 질병 진단을 위한 면역 및 분자 기법

28.5 면역반응은 감염에 의해 자연적으로 발생하는 결과이다. 항체역가의 증가, T 세포-매개성 피부검사의 양성과 같은 특이적 면역반응은 과거 및 현재의 감염 상태 그리고 회복기에 대한 증거를 제시하는 데 사용될 수 있다. 단일클론항체는 진단 및 치료를 위한 특이성을 광범위하게 제공한다.

Q 왜 감염 후 항체역가가 올라가는가? 높은 항체역가는 감염이 진행되고 있음을 나타내는가? 감염상태를 추적하기 위해 왜 급성기 및 회복기 혈액검체를 확보하는 것이 필요한가?

28.6 침전 및 응집반응은 항원-항체 결합을 눈으로 확인하는 결과를 제공한다. 직접 응집검사는 혈액형을 결정하는 데 사용된다. 형광항체는 조직 및 혈액 시료 또는 다른 복잡한 혼합물에서 병원균 및 다른 항원 물질을 빠르고 정확하게 동정하는 데 사용된다. 형광항체를 활용한 방법들은 다양한 미생물 세포형태를 동정하는데 사용될 수 있다.

Q 왜 응집반응 검사가 임상진단에서 널리 사용되고 있는가? 어떻게 형광항체가 질병진단을 위해 사용되는가? 전통 배양법과 비교하여 면역형광법이 어떤 장점을 가지고 있는가?

28.7 효소면역 측정법, 신속진단 검사 및 면역블럿은 민감하고 특이적인 면역학적 검사법이다. 이 검사법들은 여러 종류의 병원체에 의한 감염들을 진단하기 위해 항체 또는 항원을 감지하도록 설계되어 있다.

Q 효소면역측정법은 매우 민감도가 높은 진단방법이다. 그런데 1차검사에서 HIV 양성반응이 나타날 경우 이를 확진하기 위해 면역블럿 방법을 사용하는 이유는 무엇인가?

28.8 핵산증폭(PCR) 방법은 다양한 병원체에 대해 적용될 수 있는 매우 특이적인 진단방법이다. qPCR 및 정성 PCR 기술은 시료 내의 병원체를 정량하고 동정하며, RT-PCR은 RNA 바이러스를 감지하는 데 매우 유용하다.

Q 정량 및 정성 PCR을 구별하여 설명하라. 어떻게 정성 PCR이 정량 PCR을 확장시킬 수 있는가?

IV • 감염병 예방 및 치료

28.9 백신접종은 인위적으로 면역활성을 유도하여 감염병을 예방하는데 널리 사용되고 있다. 약독화 또는 불활성화된 병원체, 병원체 산물, 또는 유전적으로 변형시킨 항원, 등이 백신으로 사용된다. 후자는 백신접종 시 병원체에 직접 노출되지 않고 개별 병원체 항원을 표적으로 함으로써 보다 안전한 예방접종을 제공한다.

Q 미국에서 아동들에게 권장되고 있는 예방접종을 나열하라. 당신은 이중 어떤 것을 접종받았는가? 당신이 자연적으로 면역을 얻게 된 질병을 나열하라.

28.10 항생제는 미생물로부터 생산되는 화학적으로 다양한 항미생물 제제이다. 각 항생제는 표적 미생물의 특이적 대사과정을 억제함으로써 작용을 한다. 페니실린, 세팔로스포린을 포함한 β-락탐계 항생제는 세균의 세포벽 합성을 표적으로 하며, 임상에서 사용되는 항생제 중 가장 중요한 그룹이다. 아미노글리코사이드, 마크로라이드, 테트라사이클린 항생제는 세균의 단백질 합성을 선택적으로 방해한다. 퀴놀론계 항생제는 세균의 DNA 합성을 억제하는 중요한 합성 항생제이다. 댑토마이신과 플라텐시마이신은 구조적으로 새로운 항생제이며, 세포막 기능과 지질 합성을 각각 억제한다.

Q 천연 항생제의 공통적인 생산자는 무엇인가? 이런 항미생물 약제가 설파계 항생제와 같은 생장인자 유사체와 어떻게 다른가? 왜 β-락탐계 항생제가 그람-음성 세균보다 그람-양성 세균에 일반적으로 더 효과적인가?

28.11 항바이러스 제제는 바이러스 특이적 효소 및 대사과정을 선택적으로 저해한다. 유용한 약제들은 핵산 중합효소와 바이러스 유전체의 복제를 억제하는 뉴클레오시드 유사체와 다른 물질들을 포함한다. 프로테아제 억제제는 바이러스 성숙 과정을 저해한다. 곰팡이는 진핵생물이기 때문에 선택적 독성을 나타내는 항진균 약제를 찾는 것을 어렵다. 그러나 일부 효과적인 약제들이 존재하며, 이들은 우선적으로 곰팡이의 특이적인 구조 또는 생합성 과정을 표적으로 한다.

Q 항바이러스제와 항진균제가 공통적으로 숙주 독성을 나타내는 이유는 무엇인가? 항진균제가 선택적 독성을 나타낼 수 있는 표적에는 어떤 것이 있는가?

28.12 항미생물 약제의 사용은 반드시 표적 미생물 내에서 약제내성을 유발한다. 무분별한 항생제 남용으로 인해 약제내성의 출현이 가속화될 수 있다. 많은 병원균들이 흔히 사용되는 항미생물 약제에 대한 내성을 가지고 있다. 약제내성 병원균을 치료하고 감염질환에 대처하는 능력을 향상시키기 위해 새로운 항미생물 약제들을 계속 개발하여야 한다. 컴퓨터 모델링을 활용한 신약설계 및 다른 새로운 전략이 이런 도전에 많은 도움을 준다.

Q 어떤 행위들이 항생제 내성 확산을 유발하는가? 새로운 항생제 발견을 위해 천연물은 선별하는 과정에서 어떻게 안티센스 RNA를 활용한 전략이 전통적인 선별과정을 보다 효율적으로 만드는지 설명하라.

응용 문제

1. 새로운 병원체의 분리 및 동정을 위해 당신이 사용하고자 하는 방법을 설명하라. 코흐(Koch)의 가설을 (그림1.29) 염두에 두고 답을 작성하라. 생장의존적 분석법, 면역분석법, 분자생물학적 분석법, 등을 포함하라. 당신의 분석법 중 어떤 것이 신속한 임상진단을 위해 일상적인 초고속 검사법으로 채택될 수 있는가?
2. 바이러스와 곰팡이 감염의 약물치료에 특별한 어려움이 있다. 약물치료에서 이 2 그룹이 가지고 있는 고유의 특성들을 설명하라, 그리고 당신은 앞의 언급된 내용에 대한 동의 여부를 설명하라. 위의

2 그룹의 감염에 대해 모두 효과를 나타낼 수 있는 약제 한 종류를 예를 들어라.

3. 반합성 페니실린이 처음 개발된 중요한 이유 3가지를 설명하라. 어떤 임상적 어려움이 이런 각각의 이유들과 연관되는가? 반합성 페니실린이 항생 활성을 나타내기 위해 페니실린 분자의 어떤 구조가 그대로 유지되어야 하는가?

4. 당신이 이 장에서 언급된 모든 진단기술을 사용할 수 있는 임상 미생물실험실의 연구원이라고 가정하자. 다음과 같은 환자에서 어떤 검사법을 사용하겠는가? (1) 환자가 배양이 어려운 병원체에 감염되어 생명이 위급한 상태에 있으며, 질병 처치를 위해 매우 급박한 병원체 동정이 필요한 상태이다. (2) 환자가 경미한 세균 감염을 가지고 있으며, 병원체는 쉽게 배양되고 치료될 수 있다.

용어 해설

Agglutination (응집) 항체와 입자에 결합된 항원의 반응으로 눈으로 관찰 가능한 입자 뭉침이 형성되는 현상

Aminoglycoside (아미노글리코사이드) 스트렙토마이신 같은 항생제로 아미노당이 글리코시드 결합으로 연결된 구조

Antibiotics (항생제) 미생물에 의해 생산되는 화학물질로 다른 미생물을 죽이거나 생장을 억제함

Antimicrobial drug resistance (항생제 내성) 정상적으로 감수성을 보이는 항미생물 약제에 대해 미생물이 저항성을 나타내는 것

β-lactam antibiotic (β-락탐 항생제) 페니실린, 세팔로스포린, 또는 이와 관련된 항생제로 4각형의 이형 고리인 β-락탐 고리를 가지고 있음

Differential media (분별배지) 미생물의 생리생화학적 특성에 기초하여 미생물을 동정하는데 활용되는 생장배지

Enzyme immunoassay (EIA) (효소면역측정법) 효소가 결합된 항체 또는 항원을 활용하여 체액 내의 항원이나 항체를 검출하는 검사법

Fluorescent antibody (형광항체) 항체 분자에 공유결합으로 형광염료를 결합한 항체; 항체는 형광염료의 발광으로 시각화됨

Fusion inhibitor (융합 억제제) 일종의 펩티드로 바이러스와 표적세포의 세포막이 융합되는 것을 막음

Growth factor analogs (생장인자 유사체) 생장인자와 유사한 구조의 화합물로 생장인자의 흡수를 막거나 사용을 방해하는 물질

Healthcare-associated infection (HAI) (보건의료관련 감염) 보건의료 시설 내에서 발생된 국부 또는 전신 감염, 특히 병원시설 내의 환자에서 흔하며 병원감염(*nosocomial infection*)이라고도 함

Immunoblot (Western blot) (면역블럿) 전기영동한 단백질을 막에 전이시킨 다음 특이적 항체를 첨가하여 특정 단백질을 탐지하는 방법

Macrolide (마크로라이드) 에리트로마이신 또는 그와 연관된 항생제로 당이 결합된 락톤 고리를 가지고 있음

Minimum inhibitory concentration (MIC) (최소억제농도) 미생물의 생장을 완전히 억제하는 데 필요한 어떤 물질의 최소량

Monoclonal antibody (mAb) (단일클론항체) 하나의 B 세포 하이브리도마 클론으로부터 생산된 한 종류의 항체

Nonnucleoside reverse transcriptase inhibitor (NNRTI) (비뉴클레오시드 역전사효소 억제제) 바이러스 역전사를 억제하는 비뉴클레오시드계열의 화합물

Nucleoside reverse transcriptase inhibitor (NRTI) (뉴클레오시드 역전사효소 억제제) 바이러스 역전사를 억제하는 뉴클레오시드 유사체

Precipitation (침전) 항체와 수용성 항원이 결합하여 눈에 보이는 비수용성 복합체가 만들어지는 것

Protease inhibitor (프로테아제 억제제) 바이러스의 단백질분해효소 억제제

Quinolone (퀴놀론) 합성 항미생물 제제로 DNA gyrase와 결합하여 세균 DNA의 슈퍼코일링을 막음

Selective media (선택배지) 특정 생물체의 생장을 증진시키는 생장배지로서 배지에 첨가된 성분으로 인하여 다른 생물체들의 생장은 억제됨

Selective toxicity (선택적 독성) 숙주에는 영향을 주지 않고 병원성 미생물을 죽이거나 생장을 억제하는 물질의 특성

Sensitivity (민감도) 진단검사에서 검출될 수 있는 항원의 최저량

Serology (혈청학) 시험관 내에서의 항원-항체 반응을 연구하는 학문

Specificity (특이성) 항체 또는 림프구가 하나의 항원을 인식하는 능력, 또는 진단검사가 하나의 특정 항원을 검출하는 능력

Sulfa drugs (설파계 약제) 세균에서 엽산 생합성을 억제하는 생장인자 합성유사체

Tetracycline (테트라사이클린) 4개의 고리로 구성된 나프타센(naphthacene) 구조를 특징으로 하는 항생제

Titer (역가) 용액에 존재하는 항체 같은 물질의 양

Vaccination (immunization) (백신접종, 예방접종) 비활성화 또는 약독화된 병원체, 또는 병원체 산물을 숙주에 주사하여 이에 대한 방어 면역을 유도하는 것

Vaccine (백신) 인위적으로 면역활성을 유도하기 위해 숙주에 주사되는 물질로 비활성화 또는 약독화 병원체, 또는 해가 없는 병원체 산물이 포함됨

29 역학

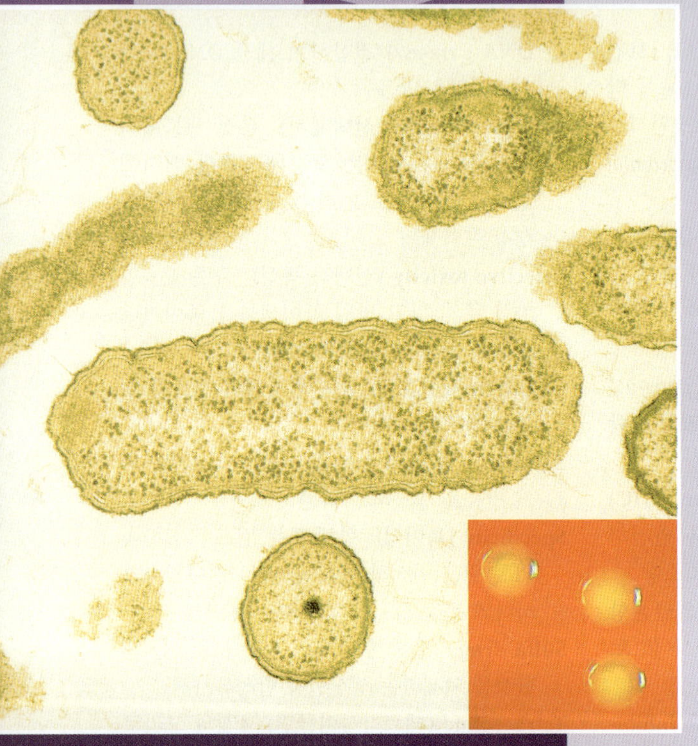

현재의 미생물학

의심스러운 새로운 질병의 창궐

역학자들은 콜레라와 같은 대규모 질병의 창궐에 특히 주의를 기울이지만, 질병을 추적하는 사람들의 업무는 종종 매우 제한된 창궐의 조사를 수반한다. 최근의 미국 Wisconsin 주 남부에서 발생한 엘리자베스킨기아(*Elizabethkingia*) 창궐 사례가 그 예이다.

*Elizabethkingia anophelis*는 *Bacteroidetes* 문의 그람-음성 세균 (큰 사진)으로 혈액한천배지에서 투명한 집락을 (상자 사진) 형성한다. 속명인 *Elizabethkingia*는 미국의 의학 세균학자인 *Elizabethkingia*를 기리는 것이고, *anophelis*라는 종명은 말라리아 기생충을 운반하는 모기인 *Anopheles gambiae*의 장에 우점을 이루는 세균이라는 사실을 반영한다. *Elizabethkingia*는 토양과 물에 서식하며 거의 질병과 관련이 없다. 그러나 2016년 봄, Wisconsin 주의 공중보건국은 *E. anophelis* 감염이 확인된 63건의 사례를 보고받았고, Illinois 주와 Michigan 주에 각각 1건씩 2건의 추가 사례도 보고되었다. 이 65건 중 20명이 사망하였는데 (~30% 사망률), 이는 *E. anophelis* 감염이 정말로 심각한 위협이 된다는 것을 보여주었다.

*E. anophelis*는 기회성 병원체로 수막염이나 혈액 감염을 일으킬 수 있고 호흡기관에도 집락을 형성할 수 있다. 2016년의 창궐에서 대부분의 감염과 사망은 암, 당뇨병, 최근의 수술 등과 같은 심각한 건강문제가 있는 65세 이상의 환자에게 발생했다. 이러한 역학적 관찰은 공통전염원 감염의 가능성을 제시하였다. 그러나 *E. anophelis*가 환경에 널리 퍼져 있기 때문에 많은 잠재적 출처를 확인해야 했다. 오염된 음식이나 물과 같은 공통 질병운반체는 사람 대 사람 전파와 마찬가지로 거의 완전히 배제되었다. 오염된 의료장비 및 기타 몇 가지 출처가 감염에 대한 가능성 있는 설명으로 제시되었다. 그러나 Wisconsin 주에서 *E. anophelis* 창궐의 아주 정확한 원천적 출처를 찾아내는 것은 아직까지는 어렵다.

그럼에도 불구하고 역학자들은 잘 연마된 분석기법을 사용하여 향후 분석을 위한 가장 적절한 가능성이 있는 것들을 모으고, Wisconsin 주에서 *E. anophelis*의 창궐에 대한 일부 설명을 체계적으로 제거하느라 바쁘다. 역학기법을 사용하면 이러한 병원체의 출처와 전파방식이 드러날 것이며, 이는 *Elizabethkingia* 감염이 매년 미국 전체에서 전형적으로 보고되는 일상적인 횟수 (5~10)로 감소시킬 것이다.

출처: Multistate outbreak of infections caused by *Elizabethkingia anophelis*. 2016. Centers for Disease Control and Prevention, Atalanta, Georgia (USA). June 16, 2016.

우리는 감염성 질병에 중점을 두고 새로운 단원을 시작한다. 우리가 지금까지 배웠던 모든 것—세포구조, 대사, 생육, 유전학, 유전체학, 미생물진화, 다양성 및 생태, 숙주-미생물 관계와 면역반응—은 감염성 미생물제의 질병전략과 약점활용을 더 잘 이해하는 데 도움이 될 것이다.

다음 네 장(chapters)에서 감염성 질병의 임상적 측면을 다루기 위한 전제로써 우리는 감염성 질병이 어떻게 사람들 집단 내에서 이동하는지에 대한 "큰 그림(big picture)"을 살펴본다. **역학(epidemiology)**은 집단의 건강과 질병의 발생, 분포 및 결정요인에 대한 연구이며, 또한 전체 집단의 건강인 **공중보건(public health)**을 다룬다. 선진국에서는 감염성 질병이 사망의 주요원인이 아니지만 개발도상국에서는 감염성 질병이 전체 사망자의 거의 절반을 차지한다. 그러므로 감염성 질병의 전파와 연관된 문제를 찾아내고 해결하는 것이 역학자들의 중요한 하나의 목표이다.

I • 역학의 기본개념

여기서 역학의 기본개념을 살펴보고 역학자들의 어휘집에 있는 주요 용어들을 정의한다.

29.1 역학 용어

역학자들은 집단 내에서 질병의 기원과 전파양식을 찾아내기 위하여 질병의 확산을 추적한다. 집단은 특정 도시, 국가 또는 지역의 모든 사람들일 수도 있고 전체 인간집단일 수도 있다. 또는 연구대상 집단은 남성만 또는 특정 인종 또는 연령 그룹과 같은 큰 집단 내의 비슷한 특성을 가진 특정 집단일 수 있다. 최초 데이터는 시, 카운티, 주 및 국립 공중보건국과 같은 질병보고 네크워크, 임상기록 및 환자 인터뷰에서 수집된다.

역학자의 주요 임무는 질병이 발생하면 이를 관찰, 인지, 보고하는 **질병감시(disease surveillance)**를 수행한 다음 지역 및 국가 보건 당국이 제공한 데이터를 분석하여 질병 창궐의 신호와 추세를 밝혀내는 것이다. 따라서 역학자는 실제로 감염된 환자를 치료하는 임상보건 종사자와는 대조를 이룬다. 그러나 질병을 추적하고 집단 내에서 질병의 확산을 예측하기 위해서는 역학자가 질병통제를 위한 효과적인 공중보건 정책을 만들기 위해서는 임상 및 감시 결과를 통합해야만 한다.

질병의 발생빈도와 만연도

역학자들은 감염성 질병을 이야기할 때 발생빈도(*incidence*)와 유병률(*prevalence*)이라는 용어를 자주 사용한다. 특정 질병의 **발생빈도(incidence)**는 주어진 기간 동안 한 집단 내의 새로운 발생건수(*number of new cases*)이다 (**그림 29.1**). 예를 들어, 2013년 미국에서 47,352건의 새로운 HIV 감염 사례가 발생하였다면 연간 100,000명당 15건의 새로운 사례의 발생빈도이다. 주어진 질병의 **유병률(prevalence)**은 주어진 기간 동안 한 집단 내의 신규 및 기존 질병 사례의 총 건수이다(*total number of new and existing disease cases*) (그림 29.1). 예를 들어, 미국 내에서 2013년 말에 1,194,039명의 HIV/AIDS 환자가 살고 있었다. 다른 방법으로 표현하면, 2013년 미국의 HIV/AIDS 유병률은 10만 명당 약 375건이었다.

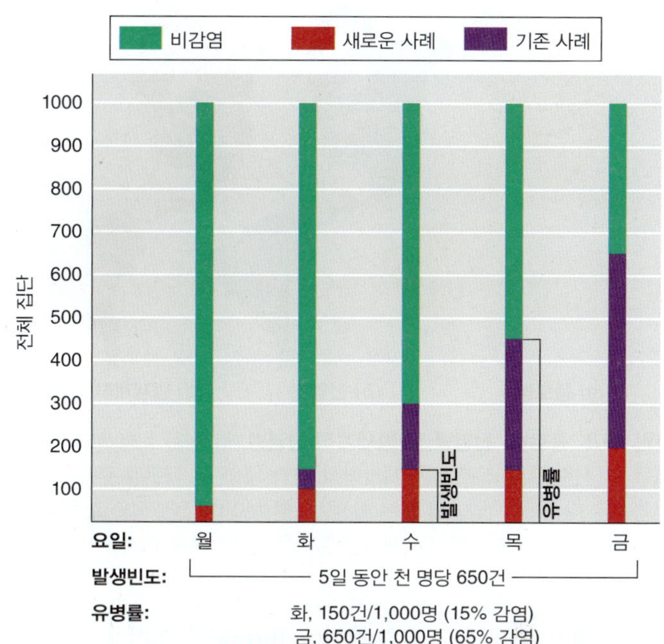

그림 29.1 질병 발생빈도 및 질병 유병률의 개념. 질병 발생빈도는 비율 함수이며 주어진 기간 (일, 주, 달 등)에 대한 새로운 사례의 수로 정의된다; 발생빈도는 감염 위험의 지표이다. 질병 유병률은 특정 시점에서 병에 걸린 사람의 총수이며 특정 시점의 인구 중 질병의 정도를 보여주는 순간적 표현이다.

근본적으로 비율 측정법인 질병 발생빈도를 사용하여 특정 기간 내에 특정 인구 집단 내에서 한 개인의 질병위험성을 예측할 수 있다. 대조적으로 유병률은 한 인구 집단의 질병부담을 측정하며 특정한 순간에 질병의 "순간 표현(snapshot)"으로 간주될 수 있다 (그림 29.1). 질병의 발생빈도와 유병률은 집단의 공중보건에 대한 주요 지표이기도 하다.

질병의 범위

다른 일반적인 역학용어는 질병의 범위에 대해 말한다. 어떤 질병이 집단 내에서 비정상적으로 많은 수의 사람에게 동시에 감염시킬 때 이 질병은 **전염병(epidemic)**이다; **범세계적 전염병(pandemic)**은 전 세계적으로 널리 확산되는 전염병이다. 반면에 **풍토병(endemic disease)**은 집단 내에서 적은 수로 항상 존재하는 질병이다 (**그림 29.2**). 풍토병은 병원체가 강한 독성을 가지지 않거나 집단 내의 대다수 개체들이 면역을 가져 적은 수이지만 지속적인 건수가 있음을 의미한다. 풍토병을 일으키는 병원체에 감염된 사람은 감염의 **보균체(reservoir)**로서 감염체원이며, 이로부터 감수성이 있는 사람들이 감염될 수 있다.

어떤 질병의 산발적(*sporadic*) 건수는 지리적으로 떨어져 있는 지역에서 한 번에 하나씩 발생하므로 발생 건수 간에 연관성이 없

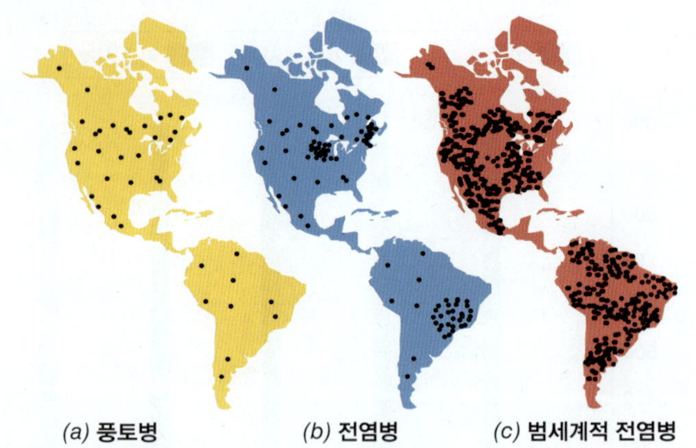

그림 29.2 풍토병, 전염병 및 범세계적 전염병. 각 점은 질병 사례 또는 창궐을 나타낸다. *(a)* 풍토병은 지리학적 영역 내의 한 집단에 존재한다. *(b)* 전염병은 더 넓은 지역에서 높은 발생빈도를 보이며, 일반적으로 풍토병 중심으로부터 발달한다. *(c)* 범세계적인 질병은 세계적으로 퍼져 있다.

음을 의미한다. 한편, 질병의 **창궐(outbreak)**은 이전에 산발적 또는 풍토병만 경험했던 지역에서 짧은 기간에 많은 건수를 나타내는 것을 말한다. 증상이 없거나 경미한 증상만을 보이는 질병을 가진 사람은 무증상감염(*subclinical infection*)을 가졌다고 말한다. 무증상적으로 감염된 사람은 흔히 특정 병원체의 **보균자(carriers)**인데 보균자 내에서 병원체는 증식하고 다른 사람을 감염시킬 수 있는 환경으로 병원체가 유출된다. 마지막으로, 역학용어로 자주 사용되는 **병원성(virulence)**이라는 용어는 질병을 일으키는 병원체의 상대적 능력(*relative ability*)의 척도이다. 일부 병원체는 병원성이 강하고 다른 것들은 약하게만 존재한다 (25.3절).

질병의 단계

잘 적응된 병원체는 살아가는 데 필요한 것을 취하고 최소한의 손상만을 일으키면서 자신의 숙주와 균형을 이루면서 살아간다. 이러한 병원체는 숙주에서 **만성감염(chronic infection, 장기 감염)**을 일으킬 수 있다. 숙주와 병원체가 균형을 이루면 숙주와 병원균 모두 살아남는다. 결핵 (30.4절)은 만성 감염의 좋은 예이다. 반면에 부족한 음식섭취, 연령 및 기타 스트레스 요인과 같은 요인으로 인해 저항력이 결핍된 숙주는 손상되거나 죽을 수 있다; 예를 들어, 만성 결핵감염은 결국 숙주를 죽일 수 있다.

특정 집단이나 어떤 한 종 전체에 대해 저항성을 발달시키지 못하면 때때로 새로운 병원체가 출현한다. 이러한 출현성 병원체는 종종 빠르고 극적인 발병 및 상대적으로 빠른 건강회복으로 특징지어지는 **급성감염(acute infection)**을 일으킨다. 새로운 인플루엔자 바이러스 (30.8절)에 의한 독감은 다양한 식품감염 및 식중독 (32장) 또는 심지어 일반감기 (30장)와 같은 급속한 발병 및 회복을 보이는 많은 다른 감염성 질병과 같이 급성감염의 한 예이다. 급성감염성 질병의 임상증상 진행은 몇 단계로 나눌 수 있으며 이 단계를 설명하는 데 사용되는 용어는 역학 전문용어의 일부이다:

1. 감염(*infection*): 생물체가 숙주에 침입하고, 집락을 형성하고, 생육한다.
2. 잠복기(*incubation period*): 감염과 질병의 신호 및 증상이 나타나기까지 항상 일정한 시간이 소요된다. 독감과 같은 일부 질병은 며칠 정도의 매우 짧은 잠복기를 가지며; AIDS와 같은 다른 것들은 몇 년에 걸친 잠복기를 가지고 있다. 어떤 질병의 잠복기는 접종량, 병원체의 독성 및 생활사, 숙주 저항성에 의해 결정된다. 잠복기가 끝날 무렵, 감기를 예로 들면, 미약한 기침과 일상적 피로감과 같은 초기 징후와 증상이 나타난다.
3. 급성기(*acute period*): 열과 오한과 같은 확실한 증상과 징후와 함께 병이 최고조에 달한다.
4. 쇠퇴기(*decline period*): 질병 징후 및 증상이 가라앉는다. 열이 가라앉고, 일반적으로 땀을 많이 흘리는 시간과 나아졌다는 기분이 드는 시기가 따라온다. 쇠퇴가 빠른 속도로 이루어진 경우 (하루 이내)를 고비(crisis)에 의한 경우라고 하고, 늦어져서 며칠간 지연될 때 소산(lysis)에 의한 경우라고 한다.
5. 회복기(*convalescent period*): 환자가 기력을 되찾고 정상적인 건강상태로 돌아가는 시기이다.

급성기가 지나면 숙주의 면역 기작 (26장과 27장)이 질병으로부터의 완전한 회복에 점점 중요해진다.

사망률, 이환율 및 장애보정수명

이환율과 사망률이라는 용어는 역학에서 흔히 사용된다. **사망률(mortality)**은 집단 내의 사망(*death*) 발생빈도이다. 1900년대에는 세계적으로 감염성 질병이 사망의 주된 원인이었지만 요즘은 선진국에서는 그것이 덜 만연하다. 선진국에서는 심장병이나 암과 같은 비감염성 "생활양식(lifestyle)" 질병이 더 만연하고 있으며 감염 질병보다 더 높은 사망률을 초래한다 (그림 1.8). 그러나 공중보건 정책이 와해될 경우 이것은 급변할 수 있다. 전 세계적으로, 특히 개발도상국에서는 감염성 질병은 여전이 사망률의 주요 원인이다 (**표 29.1** 및 그림 29.9 참조).

이환율(morbidity)은 집단 내 질병(*disease*)의 발생빈도인데 이는 치명적이거나 비치명적 질환 모두를 포함한다. 이환율 통계는 사망률 통계보다 집단의 공중보건을 더 정확하게 나타내는데, 이것은 많은 질병들이 상대적으로 낮은 사망률을 가지기 때문이다. 다시 말하면, 질병(*illness*)의 주요 원인은 사망의 주요 원인과 상당한 차이가 있다. 예를 들어, 높은 이환율을 가지는 감염성 질환에는 일반감기와 같은 급성호흡기질환이나 급성 소화장애 등이 있다. 이러한 질병들이 선진국에 사는 집단에서 사망을 초래하는 경우는 거의 없다. 따라서 이 두 질환 모두 높은 이환율을 보이지만 사망률은 낮다. 반면에 에볼라 바이러스는 해마다 전 세계적으로 비교적 적은 수의 사람들을 감염시키지만, 2013~2015년 서아프리카 에볼라 창궐에서 일부 창궐의 경우 사망률이 70%에 달했으며 평균 40%에 이른다. 따라서 에볼라는 낮은 이환율을 가지나 높은 사망률을 나타낸다.

역학자들은 병원체의 심각성을 평가하고 질병동향을 추적하는

표 29.1 감염성 질병에 의한 세계적인 사망자 수[a]

질병	사망자 수 (모든 감염성 질병으로 인한 사망자의 %)	감염원
호흡기감염[b]	31	세균, 바이러스, 진균
설사질환	15	세균, 바이러스
후천성면역결핍증 (AIDS)	13	바이러스
결핵[c]	15	세균
말라리아	6	원생동물
홍역[c]	3	바이러스
세균성 뇌막염[c]	2	세균
백일해 (백일해 기침)[c]	2	세균
파상풍[c]	1	세균
간염 (모든형)[d]	1	바이러스
다른 전염성 질병	11	다양한 병원체

[a]자료는 최근년도에 대표적인 감염성 질병에 의한 사망의 10대 원인을 보여줌. 전 세계적으로 2012년도에 총 5,600만 명이 사망하고 이들 중 32%가 감염성 질병으로 사망하였고, 거의 대부분은 개발도상국에서 발생하였음. 2012년 미국에서 총사망의 4%가 감염성 질병으로 인한 사망이었음 (독감, 폐렴, 패혈증이 주요 원인). 자료는 스위스 제네바에 있는 세계보건기구(WHO)와 미국 Georgia 주 Atlanta 시의 CDC로부터 얻었음.

[b]인플루엔자와 *Streptococcus pneumoniae*와 같은 급성 호흡기 질병 원인체에 대해서는 효과적인 백신이 있는 반면에 감기와 같은 것에는 백신이 없음.

[c]이용 가능한 효과적인 백신이 있는 질병.

[d]A형 간염바이러스와 B형 간염바이러스에 대한 백신은 있다. 다른 간염 원인체들에 대한 백신은 없음.

수단으로 이환율 및 사망률 통계에 초점을 맞추는 경향이 있다. 그러나 질병과 사망이 감염성 질병의 유일한 결과는 아니다. 이러한 통계에서 빠진 것은 질병으로 인한 삶의 질과 생산성의 감소이다. **장애보정수명(disability-adjusted life year, DALY)**은 질병 부담의 정량적 척도로, 질병 자체, 질병으로 인한 장애 (전염병이든 아니든) 또는 조기사망으로 인해 누적된 연수로 정의된다.

사망의 주요 원인은 장애의 주요 원인이 아니다; 잃어버린 모든 장애 연수의 약 1/3은 정신 및 신경상태 때문이다. 그러나 많은 감염성 질병은 만성적인 장애를 일으키므로 이러한 데이터는 질병의 전반적인 부담에 대한 중요한 척도이다. 특히 죽이는 것이 아니고 장애를 주로 일으키는 열대지방에서 발견되는 감염성 질병의 한 그룹인 일련의 방치된 열대성질병 (*neglected tropical disease*)에 특히 그렇다. 이것들은 특히 구충, 사상충 및 주혈흡충증과 같은 기생충 감염을 포함한다 (33.7절). 전 세계적으로 수억 명의 사람들이 이러한 감염에 시달리고 있으며 일부는 사망하지만 대부분은 그렇지 않다. 그러나 생존자 삶의 질과 수명은 주로 상당히 줄어들고 있으며 DALY 수치는 역학통계에서 중요한 측면이 있기 때문에 이러한 간과된 부분들을 정량화하려는 시도를 한다.

전염병 학자의 일반적인 용어 중 일부를 염두에 두고서 감수성이 있는 집단에서 감염성 질병이 어떻게 전파되는지 (또는 전파되지 않는지)를 다루고자 한다.

미니퀴즈

- 역학자들이 감염성 질병에 관하여 집단에 기초한 데이터를 수집하는 이유는 무엇인가?
- 풍토병, 전염병 및 범세계적 전염병을 구별하라.
- 사망률이 높은 질병과 이환율이 높은 질병 중 어느 것이 보다 더 심각한가. DALY란 무엇인가?

29.2 숙주 군집

감수성이 있는 숙주집단에 병원체가 집락을 형성하면 폭발적인 감염, 비감염된 숙주로의 전파 및 전염을 유도할 것이다. 그러나 그 숙주집단에 저항성이 발달함에 따라 병원체의 확산이 저지되어 결국 숙주와 병원체가 평형상태에 이르는 균형을 이루게 된다. 극단적인 경우에 평형상태에 이르지 못하게 되면 죽음을 초래하며 결국 숙주 종들의 멸종을 초래한다. 만약 그 병원체가 다른 숙주를 가지지 못한다면 숙주의 멸종으로 인해 병원체의 멸종도 초래한다. 그러므로 병원체 진화의 성공은 숙주를 파괴하는 병원체의 능력보다도 숙주와 균형된 평형상태를 이루는 병원체의 능력에 달려 있다. 대부분의 경우, 숙주와 병원체는 서로의 진화에 영향을 준다; 즉, 숙주와 병원체는 공동진화(*coevolve*)한다.

숙주와 병원체의 공동진화

숙주와 병원체의 공동진화에 관한 전형적인 예는 호주에서 엄청난 야생토끼의 수를 조절할 목적으로 인위적으로 믹소마 바이러스(myxoma virus)를 주입한 경우이다. 모기가 무는 것에 의하거나 동물간의 직접접촉으로 확산되는 이 바이러스는 토끼에 강한 병원성을 가지며 감수성이 있는 숙주에서 치명적인 감염을 일으킨다. 수개월 내에 감염은 넓은 지역으로 퍼져나갔으며, 모기 매개체가 존재하는 여름에 최고의 발생빈도에 이르다가 모기가 사라짐에 따라 겨울에 감소되었다. 이 실험에서 감염된 토끼의 95% 이상이 첫 해에 죽었으나 6년 이내에 야생토끼 사망률이 약 30%로 감소하였는데, 이는 야생토끼 집단의 저항력이 급격히 증가한 것을 의미한다 (**그림 29.3**). 이 야생 토끼로부터 분리된 바이러스를 사용하여 이전에 바이러스에 노출되지 않은 실험실 토끼에 감염시켰을 때, 이 바이러스는 6년의 기간 동안 병원성을 잃은 것으로 보였다. 이것은 바이러스에 노출된 신생 야생토끼에서 관찰된 저항성에 의해 재확인되었다. 3년 이내에 야생토끼의 사망률이 80%까지 감소했으며 이 저항성을 일정 수준으로 유지하였다 (그림 29.3). 따라서 불과 몇 년 만에 토끼 집단은 병원체와 평형을 이루기 위해 진화했다.

숙주 대 숙주 전파(host-to-host transmission)를 나타내지 않는 병원체의 경우 토끼 믹소마 바이러스(rabbit myxoma virus) 실험에서 볼 수 있던 것과 같은 상호공존에 필요한 병원성 감소를 위한 선택력이 없다. 그 예로 상처에 침투하여 우연히 피부로 유입되었을 때 파상풍을 일으키는 일반적인 토양세균인 *Clostridium tetani*가 있다 (25.6절과 31.9절). 홍반열 리케차증(Rocky Mountain spotted fever, 31.3절)과 같이 진드기나 절지동물의 물림에 의

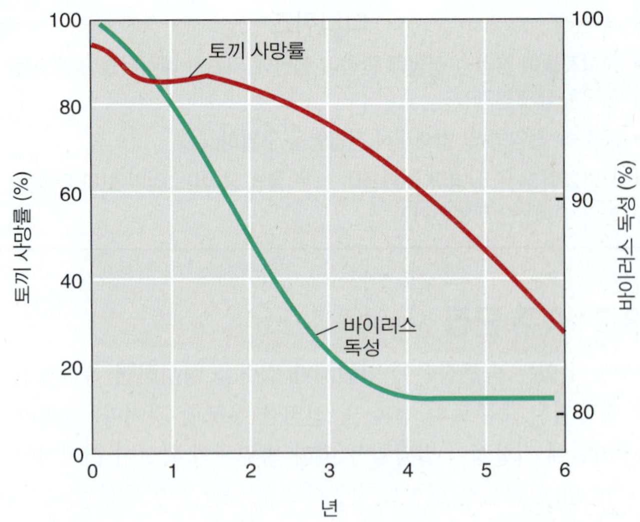

그림 29.3 믹소마 바이러스와 숙주의 공동진화. 믹소마 바이러스는 호주에서 야생토끼 개체수를 통제하기 위해 도입되었다. 바이러스 독성은 매년 야외에서 회수된 믹소마 바이러스감염에 대한 실험용 토끼의 평균사망률로 측정되었다. 토끼의 사망률은 어린 야생 토끼를 굴에서 확보하여 실험용 토끼의 90~95%를 죽일 수 있는 바이러스균주를 감염시켜서 결정하였다.

해서만 전파되는 매개체유래 병원체 또한 사람 숙주를 살리기 위한 진화적 선택압력이 없다. 매개체는 병원체의 보균자(*carrier*)일 뿐이며 질병 자체를 줄이지 않으므로 병원체가 약해지기 위한 선택력이 없으므로 그 병원체는 높은 병원성을 유지할 수 있다.

집단면역

매우 감염되기 쉬운 집단을 통해 감염성 질병이 확산되는 것은 이전에 동일한 병원체에 자연감염되었거나 백신접종을 통한 인위적인 방법으로 많은 또는 일부의 잠재적 숙주가 면역성을 가진 집단을 통해 확산되는 것보다는 전형적으로 많은 차이를 보인다. 한 집단 내에서 충분히 많은 사람들이 그 병원체에 면역성을 가진다면 **집단면역(herd immunity)**이라는 감염에 대한 집단적 저항성을 갖게 되어 그 집단 전체는 보호될 수 있다 (**그림 29.4**).

집단면역의 개념은 이해하기 쉽다. 본질적으로 집단면역이 어느 정도인가는 집단 내의 대부분의 숙주가 면역성을 가지기 때문에 병원체가 감수성이 있는 숙주에서 다른 감수성이 있는 숙주로 전파되는 사슬을 막아버린다 (그림 29.4). 집단면역은 고정된 숫자가 아니며, 집단면역의 평가는 전염병의 전개를 이해하는 데 중요하다. 병원체의 감염성이 높을수록 또는 그것의 감염 기간이 길수록 전염병 확산을 막는 데 필요한 면역된 사람의 비율이 더욱 커진다. 홍역과 같이 감염성이 높은 질병의 경우, 집단의 90~95%가 면역되어야 집단면역을 제공한다 (표 29.3 참조). 반면에 면역된 사람의 비율이 낮으면 감염성이 적은 전염병이나 짧은 감염기간을 가지는 병원체를 막을 수 있다. 홍역 바이러스보다 감염성이 약한 유행성 이하선염 바이러스가 이러한 양상을 나타낸다. 면역성이 없는 경우, 약한 감염성 인자일지라도 감수성이 있는 숙주들이 감염된 개체와 반복적 또는 지속적으로 접촉하였을 때, 사람 대 사람 전파

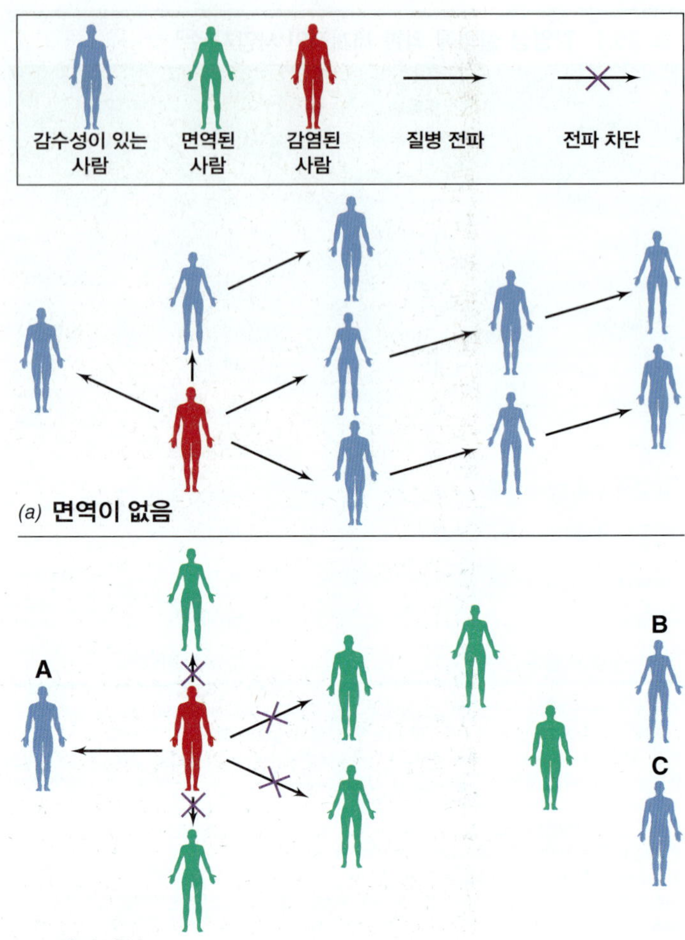

그림 29.4 집단면역과 감염의 전파. 몇몇 면역된 사람들은 면역되지 않은 사람들을 감염으로부터 보호한다. *(a)* 면역이 없는 집단에서, 한 감염된 사람으로부터의 병원체 전파는 결국 모든 사람에게 감염 (화살표)할 수 있어 이들이 새롭게 감염된 사람이 되게 하고 차례로 다른 개체에게 병원체를 전파한다. *(b)* 보통 정도의 밀도를 가진 집단에서 인플루엔자와 같이 보통 정도의 전염성을 가지는 병원체의 경우, 이미 병원균에 노출되어 면역성을 가지거나 면역접종에 의해 저항성을 가진 사람이 있기 때문에 감염된 사람은 모든 감수성이 있는 사람에게 병원체를 전달할 수 없게 되므로 결국 병원체 전파의 순환을 차단한다: 감수성이 있는 A 개체는 감염되나 감수성이 있는 B와 C는 보호된다. 집단면역이 효과적이기 위하여 면역이 되어야만 하는 사람의 비율은 질병에 따라 다르다; 높은 감염성을 가진 질병들은 집단면역에 의한 전염예방을 위해서는 높은 비율의 면역된 사람들이 필요하다 (표 29.3 참조).

가 가능하다. 이러한 것은 H5N1 조류독감이 사람에 전파되는 경우에서 볼 수 있다 (29.8절).

미니퀴즈

- 숙주와 병원체의 공동진화에 대하여 설명하라, 구체적인 예를 한 가지 들어라.
- 어떻게 집단면역은 면역이 되지 않은 사람이 질병에 걸리는 것을 방지하는가? 한 가지 예를 들어라.

표 29.2 사람의 감염성 질병 전파의 주요 방법

전파 방법	예
사람에서 사람으로	
직접 접촉: 성교; 악수	임질; 포도상구균 감염
간접 접촉: 물잔과 다른 매개물	인플루엔자; 일반감기
공기유래 비말: 재채기, 기침	인플루엔자; 홍역; 결핵
운반체	
수인성: 폐수에 오염된 물	콜레라; 지아디아증
식품유래: 오염된 식품	포도상구균에 의한 식중독; 살모넬라증
공기유래: 곰팡이 포자	히드토플라즈마증; 콕시디오이데스진균증
토양유래: 흙에 오염된 상처	파상풍
흙 에어로졸, 감염된 동물	탄저병
매개체	
절지동물/곤충: 좀진드기, 진드기, 모기	티푸스열; 라임병; 말라리아

29.3 감염성 질병의 전파와 보균자

역학자들은 지리적, 기후적, 사회적 및 인구통계학적 자료들을 질병의 발생빈도와 연관지어 질병의 전파를 추적한다. 이러한 상관관계는 가능성이 있는 질병의 전파양식과 질병의 양상을 확인하는데 이용된다. 역학자들은 전파방식(*mode of transmission*)으로 감염성 질병을 분류한다. 이 접근법은 생물체의 생태계에 영향을 받으며 30~33장에서 다루게 될 패턴이다.

질병 전파의 형태

감염성 질병 전파의 세 가지 주요한 형태가 알려져 있으며 **표 29.2**에 요약되어있다. 이 세가지에는 사람 대 사람(*person to person*)으로 전파되는 질병; 운반체(*vehicle*)라 불리는 무생물이나 물질에 의해 전파되는 질병; 매개체(*vector*), 즉 다른 생물체, 특히 진드기와 무는 곤충과 같이 혈액에 접근할 수 있는 생물체에 의해 전파되는 질병들을 포함한다. 각 기작들은 공통적으로 세 단계를 가진다: (1) 숙주나 보균자로부터의 탈출, (2) 이동 및 (3) 새 숙주로의 침투.

사람에서 사람으로의 질병 전파는 감염된 숙주가 질병을 직접적으로 감수성이 있는 숙주에게 중간 매개 숙주나 무생물체의 도움 없이 전달할 때 발생한다. 일반 감기나 독감과 같은 상기도 감염은 대부분 재채기나 기침에 의해 발생되는 비말에 의해 사람에서 사람으로 전파된다. 그러나 이러한 비말들 중 상당수는 공기 중에서 오래 남지 않으므로 전파는 비록 밀착 접촉은 아니더라도 사람과 사람의 가까운 접촉이 필요하다. 어떤 병원체는 건조나 열과 같은 환경 요소에 매우 민감하여 숙주로부터 떨어져 나와 오랜 기간 동안 살아남을 수 없다. 성교 시의 체액 교환과 같은 밀접한 사람 대 사람 접촉에 의해서만 전파되는 이러한 병원체는 매독 (*Treponema pallidum*), 임질 (*Neisseria gonorrhoeae*) 및 HIV/AIDS (HIV, 인간면역결핍바이러스; AIDS, 후천성면역결핍증)과 같이 성적 접촉으로 전파되는 질병의 원인체들을 포함한다. 또한 사람과 사람의 직접 접촉은 staphylococci (종기와 여드름)이나 곰팡이 (백선)와 같은 병원체들이 전파되는 방식이다. 이러한 병원체들의 일부 (*Staphylococcus aureus*는 좋은 예임)는 운반체 전파에 의해서도 확산될 수 있는데, 이들이 음식물과 같은 운반체에 접종되면 빠르게 생육하고 강력한 독소를 생산하기 때문이다.

질병의 뚜렷한 계절성과 주기성은 종종 특정한 전파 양식을 암시한다. 예를 들어, 독감은 일 년 주기의 양상으로 발생하는데, 어린 학생과 다른 감수성이 있는 사람들의 집단 사이에 확산되는 전염병을 유발한다. 인플루엔자 바이러스는 호흡기 경로를 통해 사람에서 사람으로 전파되기 때문에 학교 또는 북적이는 사무실에서 인플루엔자의 감염성은 매우 높다. 학교 수업이 진행되는 학기 중이고 사람들이 하루 중 대부분을 실내에 머무는 시기인 한겨울과 초봄에 최대 발생빈도가 일어난다. 뿐만 아니라 병원체 또는 병원체 매개체의 생존에 영향을 미치는 기상상황과 같은 환경적 요소로 인해 계절성을 가질 수도 있다. 예를 들어, 모기에 의해 전파되는 바이러스성 질병인 캘리포니아뇌염(California encephalitis)은 인플루엔자와 반대되는 패턴을 보여준다; 이 질병은 여름과 가을에 최고조에 달하지만 모기 매개체의 활동과 일치하게 겨울에 사라진다 (**그림 29.5**).

질병이 때로는 생물체나 무생물체에 의해 사람에게 전파된다.

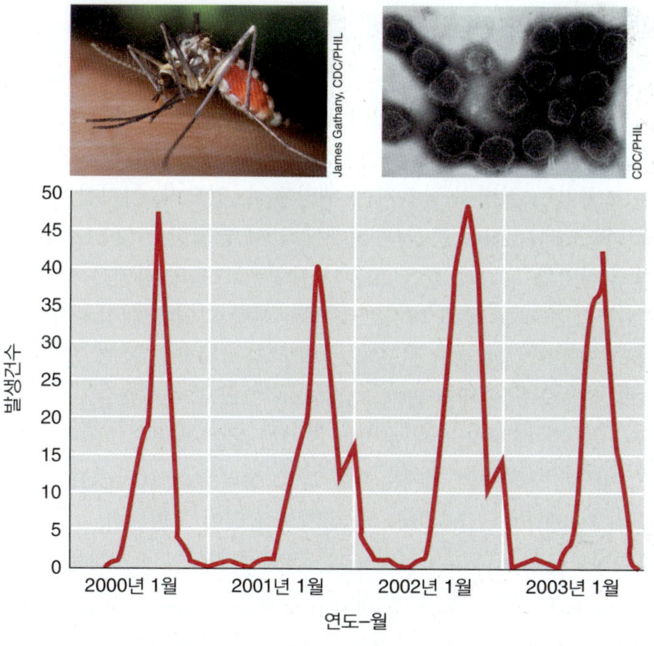

그림 29.5 미국 캘리포니아뇌염의 주기 특성. 캘리포니아뇌염은 *Ochlerotatus triseriatus* (왼쪽 사진) 모기에 의해 전파되며 음성 가닥의 외피성 RNA 바이러스인 La Cross 뇌염바이러스 (오른쪽 사진)에 의해 발생한다. 그것은 계절적으로 이용 가능한 매개체에 의존하므로 늦여름에 질병 발생빈도가 급격히 증가하고, 이후 겨울에는 완전히 감소한다. 데이터는 미국 Georgia 주 Atlanta 시의 CDC로부터 얻은 것이다.

질병을 전파하는 생물체를 **매개체(vector)**라 부르는데, 살아 있는 질병매개체는 절지동물 (곤충, 진드기, 벼룩) 및 척추동물 (개, 고양이, 설치류)은 일반적인 질병매개체이다. 때로는 매개체가 병원체의 확실한 숙주는 아니고 한 숙주에서 다른 숙주로 병원체를 단순히 옮기기만 한다. 예를 들어, 많은 절지동물은 물고 피를 빨아서 영양분을 얻는데, 만약 혈액 내에 병원체가 존재하면 절지동물은 병원체를 섭취하여 다른 개체를 물때 그 병원체를 전파한다. 어떤 경우에는 바이러스 병원체가 절지동물 매개체 내에서 복제하는데, 이때는 대체숙주(*alternate host*)로 간주한다. 웨스트나일 바이러스 (*Culex* 모기 내에서)와 페스트의 원인세균인 *Yersinia pestis* (벼룩 내에서)가 그러한 예이다 (31.6과 31.7절). 이러한 복제는 매개체 내에서 병원체의 수를 크게 증가시키고, 이로 인해, 후에 물면 감염을 유발할 확률이 높아진다.

침구류, 장난감, 책 및 수술도구와 같은 무생물체도 질병을 전파시킬 수 있다. 살아 있는 병원체로 오염되어 병원체를 숙주에게로 옮길 수 있는 무생물체를 **매개물(formites)**이라고 한다. **운반체(vehicle)**라는 용어는 몸에 들어갔을 때 많은 수의 개체에게 질병을 전파하는 병원체의 무생물 전염원을 설명하는 데 사용한다; 일반적인 질병 운반체는 오염된 음식이나 물이다 (표 29.2). 여기에서 중요한 차이점은 매개물은 제한된 수의 사람들이 만지거나 다루는 무생물인 반면, 전형적으로 오염원 음식이나 물로 추측되는 전염원인 운반체는 구역 또는 지역 집단에 의해 다량으로 소비되는 공유물이다.

질병 보균자와 질병 보균체 및 통제

앞에서 설명한 것처럼 질병 보균자(*carrier*)는 비임상감염을 가지고 증상을 보이지 않거나 경미한 증상만을 보이는 병원체에 감염된 사람이다. 따라서 보균자는 다른 사람들에게는 잠재적 감염원이다. 보균자는 질병의 잠복기에 해당될 수 있으며, 이러한 경우 보균자의 상태는 실제 증상의 전개에 앞서 발생한다 (29.1절). 예를 들어, 감기와 독감과 같은 호흡기 감염은 그들의 감염을 인식하지 못하는 보균자를 통해 퍼지므로 다른 사람 감염에 대한 어떤 예방조치도 취하지 않는다. 보균자 상태는 급성질환을 앓고 있는 보균자의 보균상태는 아주 짧게 지속된다. 그러나 만성보균자(*chronic infection*)는 대개 건강해 보이며 장기간 동안 질병을 퍼뜨릴 수 있다. 이러한 보균자의 예에는 B형 간염, 장티푸스, HIV/AIDS, 결핵 및 위 *Staphylococcus aureus*의 상기도 감염이 포함된다.

질병보균체(*disease reservoir*)는 감염체가 살아 존재하는 장소를 말하는데, 이곳으로부터 각 개인이 감염될 수 있다. 보균체는 생물체이거나 무생물체일 수 있다. 보균체가 동물이 아닌 어떤 병원체는 아주 우연히 사람에 감염하여 질병을 일으킨다. 예를 들어, 흔한 토양세균인 *Clostridium* 속은 가끔 사람에 감염하여 파상풍, 보툴리누스증 및 괴저 같은 생명을 위협하는 질병을 일으킨다. 이 경우 병원체는 자신의 생존을 숙주에 의존하지 않으므로 숙주-병원체 간의 균형이 필요하지 않다. 그러나 많은 병원체 (많은 사람 병원체 포함)의 경우 살아 있는 생물체가 유일한 보균체이다. 이 경우 숙주는 감염체의 생활사에 필수적이다; 이런 종류의 사람 병원체의 유지에는 숙주에서 숙주에로의 전파를 필요로 한다. 많은 바이러스성 및 세균성 호흡기 병원체와 성관계에 의해 전파되는 병원체는 이 범주에 속한다. 사람이 주요 또는 유일한 질병 보균체인 경우 감염 통제가 쉬울 수도 있고 쉽지 않을 수도 있다. 예를 들어, 디프테리아로 확정된 경우 격리되고 검역되어야만 한다 (29.5절). 그러나 일반적으로 여성에서 명확한 증상을 보이지 않는 임질과 같은 질병의 경우, 보균자의 질병 추적과 치료가 불가능하지는 않더라고 어려울 수 있다.

일부 감염성 질병은 사람과 동물 모두에게서 증식하는 병원체에 의해 발생한다. 원래 동물에게 감염하지만 아주 가끔 사람에게 전파되는 질병은 **인수공통전염병(zoonosis)**이라 한다; 광견병이 좋은 예이다. 광견병 보균체는 야생 포유동물, 스컹크, 너구리, 여우 및 특정 박쥐 등이다. 인수공통전염병의 사람에서 사람으로의 전파는 잘 일어나지 않지만 사람이 야생동물과 접촉하는 빈도가 높고 동물 보균체는 결코 효과적으로 통제될 수 없기 때문에 사람에서 인수공통전염병의 통제는 거의 불가능하다. 어떤 다른 감염성 질병은 비인간 숙주에서 사람숙주로, 다시 비인간 숙주로의 절대적 전파를 포함하고 복잡한 생활사를 가진 원생동물 및 기생충과 같은 생물체에 의해 유발된다: 말라리아 및 주혈흡충증 질병 (33장)이 좋은 예이다. 말라리아의 경우 인간 이외의 주요 보균체는 *Anopheles*

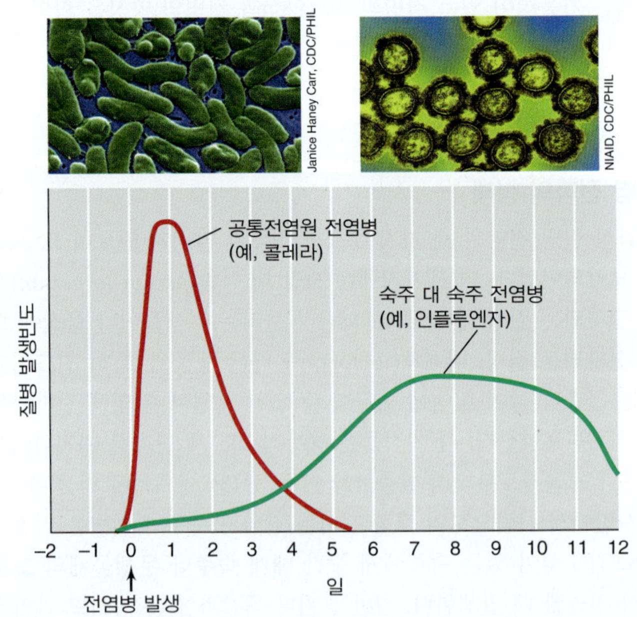

그림 29.6 전염병의 형태. 시간대비 전염병 발생빈도를 표시한 곡선의 모양으로 전염병의 형태를 알 수 있다. 많은 사람들이 공유하는 오염된 물로부터 유래하는 콜레라와 같은 공통전염원 전염병인 경우, 곡선은 최고점까지 급격한 상승을 보이고 이후 빠르게 감소한다. 숙주 대 전염성 질병의 발생빈도는 새로운 사례의 누적과 함께 상대적으로 천천히 증가한다. 삽입 사진: 왼쪽, 콜레라의 원인균인 *Vibrio cholerae*와 상당히 유사한 *Vibrio* 종의 주사전자현미경 사진; 오른쪽, H1N1 인플루엔자 바이러스 비리온의 투과전자현미경 사진.

역학 교과서: SARS 전염

금세기 초 중증급성호흡기증후군(SARS) 전염병의 대처는 역학개념의 성공적인 적용의 훌륭한 예이다. 급속히 출현하는 다른 많은 질병들과 마찬가지로 SARS는 바이러스성이고 동물유래이다. 이러한 특징들은 감염원이 숙주종 장벽 간을 교차할 때 사람에게 폭발적인 질병을 일으킬 가능성을 가진다.

SARS 전염병은 2002년 말 중국에서 시작되었으며, 2003년 초까지 이 바이러스는 주로 해외여행자를 통해 28개국으로 퍼졌다. SARS의 원인은 박쥐에서 유래되었을 가능성이 가장 큰 코로나바이러스 SARS-CoV (**그림 1**)로 빠르게 추적되었다. 박쥐에서 유래의 바이러스는 사향고양이 (작고, 야행성 동물이고, 중국에서 식용으로 사용되는 고양이 비슷한 동물)를 감염시키고, 이로부터 사람으로 옮겨왔다.

일반적인 감기 바이러스와 유사하게 SARS-CoV는 다소 내구성이 강하고 통제하기 어려운 감염성이 강한 RNA 바이러스이다 (R_0 3.6). 일단 사람에게 들어오면, 이 SARS-CoV는 재채기와 기침에 의해 사람에서 사람으로 전파되거나 오염된 매개체 또는 배설물과의 접촉으로 빠르게 확산된다. 보통 새로운 감기유사 바이러스는 크게 심각하게 생각하지 않지만, SARS-CoV는 심각한 사망률을 가지는 감염을 초래한다. 약 8,500건의 SARS-CoV 감염의 결과로 800명 이상이 사망을 하였으므로 전체 사망률은 거의 10%에 이른다. 65세 이상의 사람에서는 사망률이 50%에 달하는데, 이는 사람 병원체로서 SARS-CoV의 병원성을 증명한다.

모든 SARS 건수의 약 20%는 의료보건 종사자였으며, 이것은 바이러스의 감염성이 높음을 증명한다. 의료보건 종사자들에 의해 시행되었던 표준 억제와 감염 통제법이 질병의 확산을 통제하는 데에는 효과적이지 못하였다. 그 결과, SARS 환자들은 음압 병실에 철저히 격리되었고, 감염을 억제하기 위해 SARS 환자를 돌보던 보건의료 종사자들은 환자와 매개물 (침대시트, 식용도구 등)들을 다룰 때 인공호흡장치를 착용하였다.

SARS 유행의 인식과 통제는 임상의사, 과학자 및 공무원들이 관여하는 국제적 대응의 시작이었다. 거의 즉각적으로, 전염병 지역으로의 또는 지역으로부터의 여행이 제한되었기에 더 이상의 창궐을 막았다. SARS-CoV가 빠르게 분리되어 배양되었고, 그 바이러스 유전체의 염기서열이 빠르게 결정되었다; 이로 인해 샘플에 있는 바이러스를 검출하기 위한 간편한 PCR법이 개발되었다. 실험실 업무가 진행됨에 따라 역학자들은 중국에서의 사향고양이 식품소재까지 바이러스를 추적하였으며 사향고양이와 야생 근원의 다른 음식물의 판매를 중지시킴으로써 더 이상 사람으로의 전파를 차단하였다. 이러한 종합적인 활동들이 창궐을 막았다.

해외여행과 무역이 확대됨에 따라 새로운 특이한 질병의 만연과 신속한 확산의 기회가 증가할 것이다. SARS는 하나의 특정 감염원로부터 아주 빠르게 출현하는 심각한 감염의 한 예이다. 그러나 SARS 병원체의 신속한 동정 및 특성분석, 거의 즉각적인 전 세계로의 발병신고과정 및 진단시험, 이와 같은 새로운 병원체의 생물학 및 유전학을 이해하기 위한 공동의 노력 등이 질병을 통제하였다; 2004년 초 이후로 새로운 SARS 건수는 없었다. SARS의 급속한 출현과 창궐을 확인하고 통제하기 위한 신속하고 성공적인 세계적인 노력은 출현성 병원체의 폭발적 특성에 관한 교과서적인 예시를 제공하고, 엄격한 질병감시와 감염통제가 실시된다면 출현성 전염의 통제는 가능해진다.

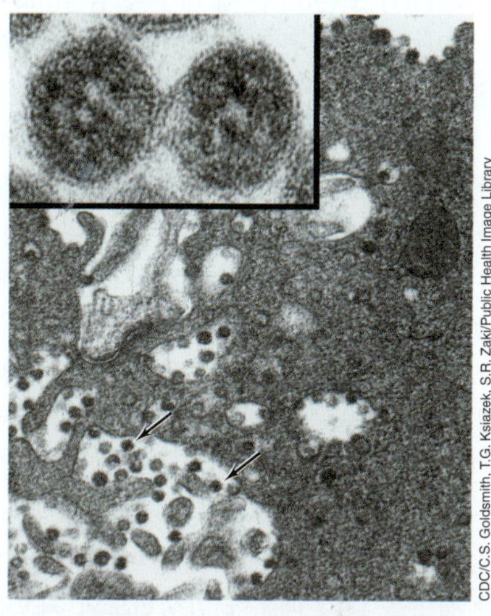
CDC/C.S. Goldsmith, T.G. Ksiazek, S.R. Zaki/Public Health Image Library

그림 1 중증급성호흡기증후군 코로나바이러스(SARS-CoV). 왼쪽 상단 패널에서는 분리된 SARS-CoV 비리온을 보여준다. 각 비리온의 직경은 128 nm이다. 큰 패널은 숙주 세포의 세포막에 부착하고 있는 액포와 조면소포체 내에 존재하는 코로나바이러스 (화살표)를 보여준다. 바이러스는 세포질 내에서 복제하며 세포질 액포를 통해 세포를 빠져나간다.

gambiae 모기이며, 이 질병의 통제는 화학적 또는 물리적 방법에 의한 곤충 보균체의 통제에 의해서 이루어질 수 있다. 반면 주혈흡충증의 보균체는 수생 달팽이이므로 질병치료가 가능할지라도 보균체를 제거하는 것은 불가능하다.

미니퀴즈

- 인수공통전염병이란 무엇인가? 질병 보균체는 무엇인가?
- 질병 운반체와 질병 매개체 간에는 어떤 차이가 있는가?
- 사람 광견병 같은 질병을 결코 없앨 수 없는 이유는 무엇인가?

29.4 전염성 질병의 특성

풍토성 감염질병은 오랜 기간 동안 일정하고 나타나고 있지만 일반적으로 집단 내에서는 매우 낮은 발생빈도가 일어난다. 예를 들어, 열대 아프리카에서는 말라리아가 풍토병이다; 말라리아로 인한 이환율과 사망률은 장기간에 걸쳐 상대적으로 일정하게 유지되어 온다. 반면에 서아프리카에서의 에볼라 출혈열 창궐은 시에라리온, 라이베리아 및 기니의 주요 지역에서 전염병으로 이어졌다.

전염성 질병은 특이적 특징을 보여주며 (**그림 29.6**), 만일 전염병이 포함될 경우 신속한 역학적 결론에 도달하고 임상적 치료가 요구된다. 전염병의 특징에는 질병주기의 독특한 양상 및 병원성과 집단면역에 영향을 주는 병원체의 고유한 특성을 포함한다. 좋은 예는 아시아에서 시작된 2003년 SARS 전염병이다 (미생물 세계 탐구, "역학 교과서: SARS 전염" 참조). 사스 전염병은 잠재적으로 SARS 범세계적 전염병에까지 이르렀지만 신속하고 효과적인 역학 및 임상적 조치의 결합으로 빠르게 억제되었다.

전염병

주요 전염병은 일반적으로 공통전염원 전염병(*common-source epidemics*) 또는 숙주 대 숙주 전염병(*host-to-host epidemics*)으로 분류한다. 이 두 종류의 전염병에서 관찰된 발생빈도의 양상은 그림 29.6에 대조하였다.

공통전염원 전염병(common-source epidemic)은 감염된 모든 사람이 섭취한 식품이나 물과 같은 한 오염된 출처로부터 다수의 사람들이 감염 (또는 중독)된 결과로 발생한다. 보통 이러한 전염병은 식품이나 물의 중앙 분배시스템의 위생 실태로 인해 발생하지만, 특정 레스토랑의 오염된 음식과 같이 보다 국소적일 수도 있다. 식품유래 및 물 유래의 공통전염원 전염병은 주로 장 질환이다; 병원체는 분변을 통해 물 밖으로 나와서, 부적절한 위생으로 인해 식품이나 물 공급을 오염시키고, 그 후 음식물 또는 물을 섭취하는 동안 섭취자의 장관으로 들어간다 (32장).

공통전염원 질병의 창궐은 다수의 사람이 비교적 짧은 기간 동안 질병을 앓기 때문에 발생빈도의 최고점까지 급격히 상승하는 특성이 있다 (그림 29.6). 또한 역학적 감시가 질병 운반체를 신속하게 확인한다고 가정할 때, 공통전염원 질병의 경우도 상당히 빠르게 감소한다. 콜레라 질병은 거의 예외 없이 수인성이기 때문에 공통전염원 전염의 전형적인 사례이다; 만일 위생붕괴가 발생하면 (개발도상국에서 종종 그렇듯이 위생시설 자체가 없는 경우), 콜레라 세균은 운반체나 활동성 감염자로부터 다른 많은 사람들이 사용하는 수원지로 흘러들어 빠르게 전염병을 유발할 수 있다 (그림 29.6).

공통전염원 질병 양상과는 달리, **숙주 대 숙주 전염병(host-to-host epidemic)**에서 질병 발생빈도는 상대적으로 천천히 점진적으로 증가하다가 (그림 29.6) 점차 감소함을 보여준다. 발병건수는 그 질병의 수차례의 잠복기간에 해당하는 기간 이상 동안 계속해서 보고된다. 숙주 대 숙주 전염병은 감염된 한 사람이 감수성이 있는 집단에 유입됨으로써 시작되는데, 이 감염된 사람이 집단 내의 한 명 또는 많은 사람을 감염시킬지는 집단의 집단면역 (그림 29.4) 정도에 따라 다르다. 숙주 대 숙주 전염병에서, 이 병원체는 감수성이 있는 사람에서 증식하여 전염성이 있는 단계에 이르러 다른 감수성이 있는 사람에게로 옮겨져서 다시 증식하여 전염력을 갖게 된다; 이러한 전염병은 이전의 감염이나 백신접종으로 인한 효과적인 집단면역으로 통제한다. 독감 및 수두 (30장)는 숙주 대 숙주 전염병으로 확산되는 질병의 예이다.

기초 재생수(R_0)

병원체의 감염성은 병원체가 유발할 수 있는 **기초 재생수 (R_0)**를 산정하는 수학적 모델을 사용하여 예측할 수 있다. R_0는 완전히 감수성이 있는 집단에서 모집단에서 질병의 각 한건으로부터 2차 전파될 것으로 예측되는 수로 정의되고, **표 29.3**에 일부 감염성 질병의 R_0를 나열하였다. R_0 감염의 확산을 막는 데 필요한 집단면역과 직접적으로 연관이 있다; R_0 값이 높을수록 감염을 막는 데 요구되는 집단면역성이 더 커지게 된다 (표 29.3). 불행히도 조건이 항상 이상적이지 않으며 R_0를 예측하는 수학적 모델은 회복된 개인의 수, 인구밀도 (근접 접촉), 접촉 시간의 길이, 고위험자 수 및 질병확산에 영향을 줄 수 있는 다른 변수들을 고려하지 않을 수도 있다. 결과적으로 R_0는 이론적 감염력만을 예측할 수 있다. 그럼에도 불구하고 R_0는 여전히 병원체의 상대적 감염성을 나타내는 척도로서 유용하며 특정 전염성 질병의 확산을 예방하기 위한 면역 범위의 목표를 수립하는데 도움이 된다.

표 29.3 선택된 감염성 질병으로부터 지역사회 보호를 위해 필요한 기초 재생수 (R_0)와 집단면역

질병	[a]R_0	집단면역[a]
디프테리아	7	85%
에볼라	1.8	—
인플루엔자[b]	1.6	29%
홍역	18	94%
유행성 이하선염	7	86%
백일해	17	94%
소아마비	7	86%
풍진	7	85%
중증급성호흡기증후군(SARS-CoV)	3.6	—
천연두	7	85%

[a]R_0와 집단면역의 값은 각 질병의 최대 추정값. 집단면역 값은 이 질병들에 대한 이용 가능한 백신이 있는 경우에만 보여줌.

[b]전 세계적 유행성 2009년 인플루엔자 (H1N1)에 대한 값. 각 인플루엔자 전염병은 서로 다른 R_0와 집단면역 값을 가진다. 집단면역 값은 백신의 효과가 100%임을 가정한 것임. 인플루엔자에 대한 백신효율은 약 60%이며, 관찰된 집단면역 값은 40%이거나 민감한 숙주 집단에 따라 보다 클 수도 있음.

실제 질병 확산에 대한 연구로부터 계산된 관측 재생수 (*observed reproduction number*, *R*)는 감염된 개체에서 감수성이 있는 개체로의 관찰된 전파를 고려하기 때문에 좀 더 유용한 용어이다. 정확한 R을 계산하는 데 필요한 역학 정보를 모으는 것은 때로는 어렵지만, 일부 질병의 경우 유용한 재생수가 얻어진다. 예를 들어, 2003년 SARS 전염병 (미생물 세계 탐구, "역학 교과서: SARS 전염")의 관찰 R은 3.6이었으며 R_0 값과 일치했다 (표 29.3). 심각한 전염병으로서의 잠재성을 인식한 공중보건관계자들은 감염된 개인의 격리 및 의료 인력을 보호하기 위한 엄격한 장벽과 같은 주요 감염 통제를 도입하였다. 이러한 조처는 SARS R값을 0.7로 줄였으며 더 이상의 질병 확산의 위협을 종결시켰다.

미니퀴즈

- 질병의 직접 및 간접 전파를 구별하라. 각각에 대해 적어도 하나의 예를 들어보아라.
- 역학적 감시 데이터를 이용하여 어떻게 공통전염원 전염병을 인지할 수 있는가?
- 병원체의 기초 재생수를 정의하라.

II • 역학과 공중보건

1부에서는 집단 내에서의 감염성 질병의 식별, 추적, 억제 및 박멸에 사용되는 방법 및 도구를 포함하는 공중보건 문제에 중점을 둔다. 또한 선진국과 개발도상국 간 사망률 원인의 뚜렷한 대조를 다룬다. 선진국에서는 비감염성 질병이 주요 사망 초래자이지만 다른 국가에서는 감염성 질병이 주요 사망원인으로 남는다.

29.5 공중보건과 감염성 질병

공중보건(public health)은 일반적인 집단의 건강 및 질병을 통제하는 공중보건종사자들의 활동을 말한다. 많은 감염성 질환의 발생빈도 및 유병률은 특히 선진국에서 기초생활 조건들의 전반적인 향상 때문에 20세기 동안 급격히 감소하였다. 안전한 식수와 음식물로의 접근, 공중 하수 처리의 향상, 덜 혼잡한 주거환경 및 줄어든 작업량 등은 질병을 통제하는데 엄청난 기여를 하였다. 천연두, 장티푸스, 디프테리아, 브루셀라병, 소아마비와 같은 역사적으로 중요한 몇몇 질병들은 활발한 질병 특이적 공중보건정책에 의해 통제 (천연두의 경우, 거의 박멸)되어오고 있고, 여기서는 이러한 것들을 다룬다.

공통매개물 및 주요 보균체에 대한 통제

병원체를 확산시키는 공통매개물로는 음식, 물 및 공기가 있다. 식품유래 및 수인성 병원체 (32장)의 통제는 식품과 물의 미생물오염을 방지하는 개선된 방법을 통해 가장 큰 성공을 보았다. 예를 들어, 정수방법은 장티푸스의 발생빈도를 급감시켰으며 (**그림 29.7**), 식품 및 물 분배 네트워크의 엄격한 모니터링과 함께 식품의 순도, 준비 및 저장을 통제하는 법률로 공통전염병 질병의 발생빈도를 상당하게 감소시켰다. 그러나 음식과 물과는 달리 호흡기 (공기 유래) 병원체의 전파를 통제하는 것은 훨씬 더 어렵다. 안면마스크와 같은 개인보호구의 착용과 알고 지내는 사람을 피하는 것 외에 화학약품과 물리적 요소가 순환하는 공기의 약간을 처리할 수 있는 병원 수술실과 같은 특수한 환경을 제외하고는 공기유래 감염의 통제에 대한 효과적인 조치는 거의 없다.

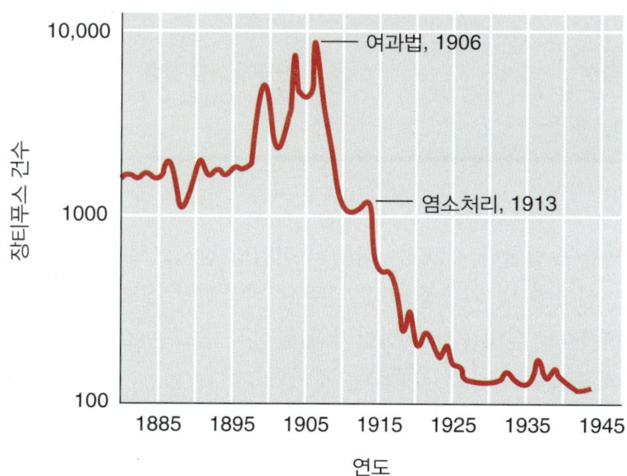

그림 29.7 Philadelphia 시에서 장티푸스의 역사적 진행. 잘 통제된 상수도를 가진 philadelphia 시와 다른 도시들에서 여과과정 및 염소처리법의 도입으로 장티푸스를 제거하였다. 오늘날 미국에서 장티푸스의 위험은 매우 낮지만 간헐적인 사례가 보고된다.

질병의 보균체가 주로 가축인 경우, 동물 집단에 백신을 접종하고 병든 동물개체를 제거하여 감염된 동물 집단으로부터 질병이 없어지면 사람의 감염을 예방할 수 있다. 그러나 우리가 보았듯이 (29.3절), 질병 보균체가 야생동물일 때, 박멸은 훨씬 더 어렵다. 예를 들어, 광견병 퇴치는 사실상 불가능한 일인 야생동물 보균체의 예방접종이나 제거를 필요로 한다. 곤충매개물이 관련되면 효과적인 제어는 종종 살충제 사용으로 이루질 수 있다. 그러나 어떤 경우에는 하나의 공중보건 문제 (질병 매개물)를 없애면 단순히 또 다른 (유독한 화학물질에 노출) 문제를 창출하므로 화학물질의 사용은 건강 및 환경문제와 균형을 이루어야만 한다.

예를 들어, HIV/AIDS에서와 같이 사람이 질병 보균체인 경우, 특히 앞에서 언급한 무증상 보균자가 가진 임질과 관련된 경우에는 통제 및 박멸이 어려울 수 있다. 반면에 사람에게 국한되고 무증상 상태가 없는 특정 질병은 예방접종 또는 항균제나 다른 약물의 처리를 통해 예방할 수 있다. 그러나 질병에 걸린 사람들과 가능한 모든 접촉자들이 예방접종, 치료, 필요하다면 격리된 경우에만 질병을 박멸시킬 수 있다. 이러한 전략은 전 세계 천연두를 박멸하기 위해 세계보건기구에 의해 성공적으로 채택되었으며, 현재 소아마비 박멸에 사용되고 있다.

예방접종

천연두, 디프테리아, 파상풍, 백일해 (백일해 기침), 홍역, 유행성 이하선염, 풍진 및 소아마비는 주로 예방접종으로 관리되어오고 있다. 예를 들어, 디프테리아는 더 이상 미국에서 풍토병으로 간주되지 않는다. 많은 감염성 질병을 대상으로 한 예방접종은 통상적으로 소아기에 시행된다 (⇄ 그림 28.25). 29.4절에서 논의했듯이, 질병통제를 확실히 하는 데 필요한 면역된 사람의 비율이 병원체의 감염성과 병원성에 따라 다르지만 집단면역 때문에 집단에서 효과적인 질병통제를 하는데 100% 예방접종이 필요하지 않는다 (표 29.3).

홍역 전염병은 집단면역의 위대함을 보여주는 사례이다. 높은 전염성을 가진 홍역 바이러스 (R_0 = 18, 표 29.3)의 잦은 재발은 주어진 병원체에 대한 적절한 면역수준 유지의 중요성을 강조한다. 효과적인 홍역 백신접종이 허가된 1963년까지 미국의 거의 모든 어린이들이 자연감염을 통해 홍역을 획득하여 연간 300,000건 이상이 발생했다. 그러나 백신 도입 이후, 해마다 홍역 감염 수가 급격히 감소하였다 (**그림 29.8**). 1983년에는 발생건수가 1,497건으로 낮아졌다. 1990년에는 홍역 예방접종을 받은 어린이의 비율이 70%로 떨어졌고 새로운 발생건수가 27,786건으로 올랐다. 홍역 예방접종률을 90% (효과적인 집단면역에 필요, 표 29.3) 이상으로 높이려는 협동적 노력으로 미국에서 홍역은 사실상 박멸되었다.

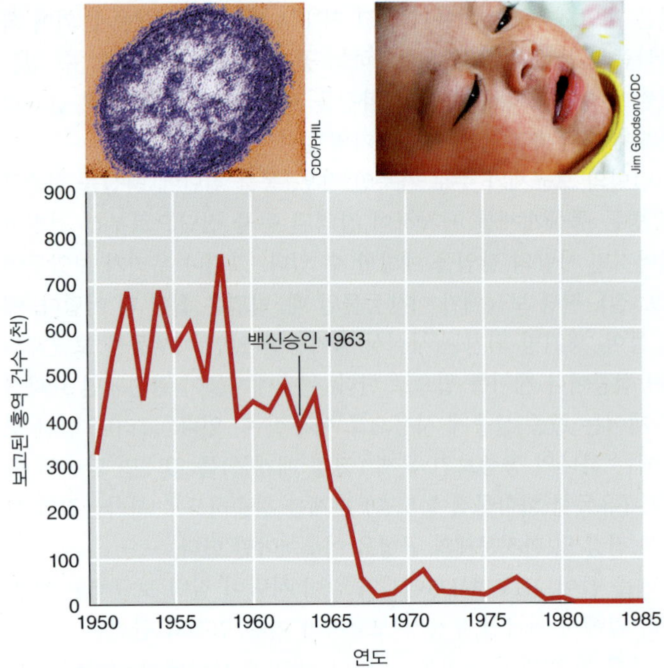

그림 29.8 미국에서의 홍역 예방접종. 홍역백신의 도입으로 일반적인 유아기 감염질병인 홍역은 20년 이내에 제거되었다. 삽입 사진: 왼쪽, 홍역 virion (음성가닥의 외피성 RNA 바이러스)의 투과전자현미경 사진; 오른쪽, 홍역의 발진성 반점 특징을 보여주는 유아의 사진. 극도로 높은 R_0 (표 29.3)이기에 홍역 창궐은 백신접종을 받지 않은 사람들에서 급격하게 증가할 수 있다.

고립, 격리 및 감시

고립과 격리는 효과적인 공중보건 조치이다. **고립(isolation)**은 감염성 질병을 가진 사람을 건강한 사람으로부터 분리하는 것이다. **격리(quarantine)**는 감염성 질병에 노출되었을지도 모르는 건강한 사람이 질병에 걸리는지를 보기 위해 분리하고 제한하는 것이다. 주어진 질병에 대한 고립 또는 격리의 기간은 다양하며 일반적으로 그 질병의 전염 가능한 최장기간 동안으로 한다. 이러한 조치들이 효과적이기 위해 서로 감염되었거나 잠재적으로 감염되었을 가능성이 있는 사람들이 감염되지 않은 감수성이 있는 사람과 접촉하는 것을 막아야 한다. 국제협약에 따라 6가지 감염성 질병은 고립과 격리가 필요로 한다: 천연두(*smallpox*), 콜레라(*cholera*), 페스트(*plague*), 황열(*yellow fever*), 장티푸스(*typhoid fever*) 및 재귀열(*relapsing fever*). 이들 각각은 아주 위험하고 특히 전염성이 높은 질병이다. 에볼라 출혈열, SARS, H5N1 인플루엔자 및 수막염과 같은 전염성이 높은 질병의 확산 역시 특정지역에서 창궐이 발생하였을 때 격리나 고립이 적용될 것이다.

앞서 언급한 바와 같이 (29.1절), 질병감시는 역학자들의 주요 업무이다. **표 29.4**는 미국에서 현재 감시 중인 감염성 질병 (보고해야 하는 질병이라고 함)을 나열하고 있다. **질병통제예방센터(centers for disease control and prevention, CDC)**는 미국 공중보건서비스 기관으로서 의사 및 기타 보건 전문가가 보고한 질병 동향을 추적하고 최신 질병정보를 제공하며 질병예방과 관련한 공정책을 수립한다. CDC는 다수의 전염병 감시프로그램을 운영하며 암, 심장병 및 뇌졸중과 같은 주요 비감염성 질병에 대한 감시도 수행한다. 질병감시의 전반적인 실질적 목표는 감염의 진단 및 치료 계획을 수립하고 시행하는 것이다.

표 29.4 2016년 미국에서 보고해야 하는 감염 원인체 및 질병

세균에 의한 질병	
탄저병	Q 열
보툴리눔중독증	살모넬라증
브루셀라증	Shiga 독소 생성 대장균(STEC)
연성하감	세균성이질
클라미디아증	홍반열
콜레라	연쇄상구균 독성쇼크 증후군
디프테리아	*Streptococcus pneumoniae*, 침입성 질병
에르리히증/아나플라스마증	매독, 모든 단계
임질	파상풍
Haemophilus influenzae, 침입성 질병	독성쇼크증후군 (포도상구균성의)
한센병 (나병)	결핵
용혈성 요독 증후군	야토병
레지오넬라증	장티푸스열
리스테리아증	*Staphylococcus aureus* 반코마이신-중간 내성(VISA)
라임병	*Staphylococcus aureus* 반코마이신-내성(VRSA)
수막염(*Neisseria meningitidis*)	비브리오증(콜레라 외 비브리오 감염)
백일해	
페스트	
앵무병	
바이러스에 의한 질병	
아보바이러스 (뇌염, 비신경침입 질병, 지카)	광견병
뎅기열	풍진
한타바이러스 호흡기 증후군	중증급성호흡기증후군(SARS-CoV)
간염 A, B, C형	천연두
HIV 감염/AIDS	수두
신종 인플루엔자 A	바이러스성 출혈열
홍역	웨스트 나일 바이러스
이하선염	황열병
소아마비	
원생동물에 의한 질병	**기생충에 의한 질병**
바베시아증	선모충증
크립토스포리디움증	
사이클로스포라증	**진균에 의한 질병**
말라리아	콕시디오이데스 진균증
지아르디아증	

병원체 박멸

협동적 박멸프로그램은 때로 감염성 질병을 완전히 박멸하기도 하는데, 1980년 전 세계적으로 박멸된 자연발생 천연두가 그 경우이다. 천연두는 급성천연두 감염자만을 보균자로 하는 바이러스성 질병이었고, 직접접촉을 통해 사람에서 사람으로만 전파되었다. 천연두는 일단 획득되면 치료가 불가능하였지만 예방접종의 실시는 매우 효과적이었다. 세계보건기구(WHO)는 1967년에 천연두 박멸계획을 수행하였다. 이전의 백신접종 프로그램의 성공으로 인해 천연두는 이미 아프리카, 중동 및 인도대륙 지역의 풍토병형태로 한정되어 있었다. WHO 현장 종사자는 직접 또는 집단면역 (29.2절)을 전 집단에 제공한다는 목표로 이 지역에 있는 모든 사람들에게 예방접종을 하였다. 각 후속되는 창궐이나 의심스러운 창궐은 창궐지역으로 신속히 파견되는 WHO 팀의 표적이 되었고, 활동성 질병이 있는 사람들을 격리하고, 모든 접촉자에게 백신을 접종하였다. 가능성 있는 감염의 고리를 끊기 위해, 그들은 접촉자와 접촉한 모든 사람들에게 면역을 시켰으며, 이러한 공격적인 예방접종 정책으로 결국 천연두는 제거되었다.

다른 몇몇 전염성 질병도 전 세계적인 박멸의 후보이다. 사람을 유일한 보균체로 하는 바이러스질병인 천연두와 마찬가지로 소아마비도 천연두에 사용된 동일한 백신접종 전략을 사용하여 제거하는 중이다; 2014년에 전 세계적으로 불과 359건의 소아마비 건수가 보고되었다. 샤가스 질병 (활동성 사례의 치료와 곤충매개체 제거에 의해)과 메디나충증 (기니아 기생충인 *Dracunculus medinensis*의 전파를 막기 위한 식수의 처리에 의해)을 포함한 기생충에 의한 질병도 표적으로 삼았다. 특정 세균성 질병의 박멸도 또한 병행한다. 예를 들어, 매독은 사람에게서만 발견되고 항생제로 쉽게 치료할 수 있기 때문에 매독도 후보이다. *Corynebacterium diphtheriae*에 의해 발생하는 디프테리아 또한 북미에서 디프테리아를 사실상으로 제거하게 한 엄격한 면역 프로토콜을 적용하여 전 세계적으로 박멸이 가능할 수 있다.

미니퀴즈

- 곤충매개체에 의한 감염성 질병과 사람보균자에 의한 감염성 질병을 통제하는 공중보건정책을 비교하라.
- 천연두를 박멸하는데 적용한 각 단계의 개요를 서술하라.
- 미국 질병통제예방센터의 공중보건 활동들을 설명하라.

29.6 세계 건강 비교

세계보건기구(WHO)는 이환율과 사망률의 원인과 같은 보건 정보의 보고와 수집을 목적으로 전 세계를 6개 지리적 지역으로 나누었다. 이러한 지리적인 지역은 아프리카, 미주 (북미, 카리브해, 중미, 남미), 동지중해, 유럽, 동남아시아, 그리고 서태평양이다. 여기에서 우리는 상대적으로 개발된 지역인 아메리카의 사망률 데이터를 개발도상국 지역인 아프리카의 사망률 데이터와 비교하여 전 세계 많은 지역에서 감염성 질병이 여전히 이환율과 사망률의 주요 원인이라는 사실을 강조한다.

아메리카와 아프리카의 감염성 질병

전 세계 인구가 거의 68억 명이었던 2008년 아메리카와 아프리카의 자료 비교를 통해 그림으로 보인 바와 같이 선진국과 개발도상국에서의 사망률 통계는 현저한 차이가 있다. 전 세계적으로, 6,080만 명이 사망하였고 매년 1,000명당 8.8명의 사망률을 나타내었고, 이 사망자 중 약 1,580만 명 (26%)은 감염성 질병이 원인이었다. 2008년 아메리카에는 9억 2,400만 명이 살고 있었고, 매년 560만 명의 사망자 또는 1,000명의 주민 당 약 6.1명의 사망자가 발생했다. 2008년 아프리카에는 8억 3,700만 명이 살고 있었으며, 매년 약 1,410만 명의 사망자 또는 주민 1,000명당 약 16.8의 사망자가 있었다. 이러한 통계자료는 선진국과 개발도상국에서의 전반적인 사망률의 뚜렷한 차이를 보여주지만, 사망률 원인(*cause*)의 비교조사가 더욱 많은 것을 암시한다.

그림 29.9는 아메리카에서는 암과 심혈관 질환과 같은 비감염성 질환이 사망률의 주요 원인인 반면, 아프리카에서 대부분의 사망은 감염성 질환에 의한 것임을 나타낸다. 아프리카에서 대략 660만 명이 감염성 질환으로 인해 사망하고 기대수명은 54세이다. 감염성 질환에 의한 아프리카인의 사망자 수는 전 세계 총 사망자의 10%이다. 그 반면, 아메리카에서는 단지 672,000명이 감염성 질환에 의해 사망하였으며 기대수명은 76세였다. 선진국에서 기대수명

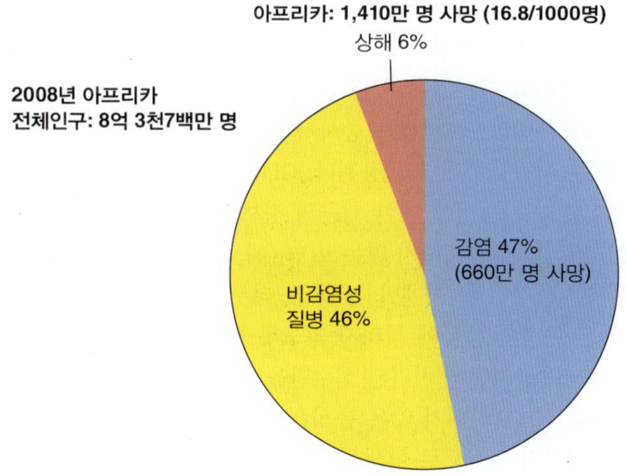

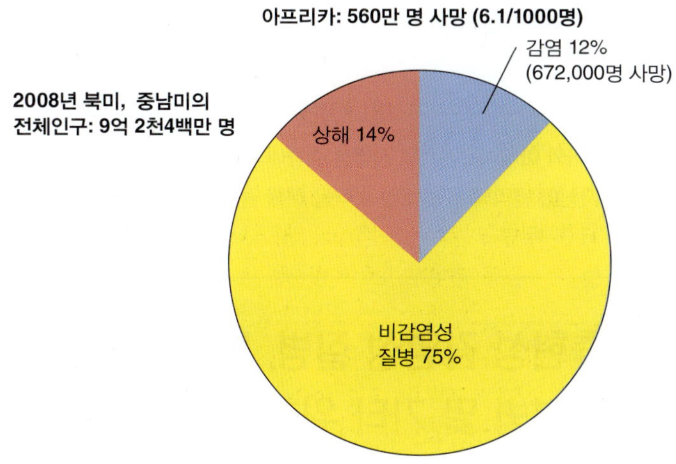

그림 29.9 아프리카와 아메리카의 사망 원인, 2008년. 비감염 질병에는 암, 심혈관 질환 및 당뇨병을 포함한다. 상해는 사고, 살인, 자살, 전쟁 등을 포함한다. 자료는 세계보건기구 (Geneva)로부터 얻었다.

이 증가한 것은 지난 세기에 걸쳐 감염으로부터의 사망률 저하에 의한 직접적인 결과이며, 이는 전적으로 공중보건의 발전에 의한 것이다. 반면 개발도상국에서는 자원이 부족하여 적절한 위생, 안전한 음식물 및 식수, 면역, 건강관리 및 의료 등에의 접근에 제한이 있고, 그 결과로 기대수명이 크게 짧아진다.

2012년 (WHO가 완전한 이환율 및 사망률 통계를 작성한 가장 최근 연도) 데이터는 이러한 경향에 거의 변화가 없음을 보여준다. 즉, 사하라 사막 아프리카 지역의 사망자 대부분은 감염성 질병이나 출산전후, 산모 및 영양 등의 원인으로 인해 계속 발생하는 반면, 선진국에서는 제 2형 당뇨와 빠르게 주목받고 있는 운동부족과 같은 비만 관련 건강 문제와 함께 생활양식 질병이 계속해서 이끈다.

풍토병 지역으로의 여행

질병 발생빈도가 높은 세계의 많은 지역은 그 지역을 여행하고자 하는 사람들을 걱정스럽게 한다. 그러나 여행자들은 외국의 풍토병인 많은 질병에 대해 면역될 수 있다. 해외로 여행하는 사람들의 면역을 위한 특정 권장사항은 반 년마다 갱신되고 있으며 미국 질병통제예방센터(CDC)에 의해 공개된다 (http://www.cdc.gov/).

많은 나라에서 풍토 황열병이 있는 여행지역으로부터 입국 시에 황열병에 대한 면역 증명서를 요구한다. 적도 부근의 남미와 아프리카의 많은 지역이 여기에 속한다. 광견병과 페스트 같은 대부분의 다른 비표준면역은 수의의료종사자와 같은 위험도가 높은 것으로 예상되는 사람들에게만 권장된다. CDC는 전 세계적으로 감염성 질환의 전파 가능성에 대한 최근의 정보를 요약하며, 여기에는 효과적인 면역법이 존재하지 않는 질병 (예, HIV/AIDS, 말라리아, 에볼라출혈열, 뎅기열, 아메바증, 뇌염, 티푸스)도 포함되어 있다. 여행자들은 곤충과 동물에 물리지 않도록 하여야 하며, 모든 미생물이 제거되도록 적절히 처리된 식수만을 마시고, 적절하게 저장되고 준비된 음식 (요리되지 않은 음식은 피함)을 먹으며, 노출이 의심되거나 예방의 목적으로 항생제와 화학요법을 실시하는 등의 주의를 하여야 한다. 비록 이러한 예방법들이 질병에 걸리지 않는다는 것을 보장하지는 못하지만, 준수하는 것이 감염의 위험을 크게 낮추어 준다.

미니퀴즈

- 아프리카와 아메리카에서의 감염성 질병에 따른 사망률을 비교하라.
- 각자 자신이 면역되어 있지 않아 다음 해에 걸릴 수 있는 감염성 질환들을 열거해보라.

III • 출현성 감염성 질병, 범세계적 전염병 및 기타 위협

최근 몇 년 사이 새로운 감염성 질병들이 출현하고, 안정화된 질병들도 경고할만한 빈도로 재출현한다. 이 장의 III부에서는 이러한 질병들 중 일부의 갑작스러운 출현 또는 재출현의 원인에 대해 논의한다. 또한 감염성 미생물을 전쟁이나 민간테러 제제로의 의도적인 사용가능성에 대해 살펴본다.

29.7 출현성 및 재출현성 질병

감염성 질환은 세계적으로 역동성을 가진 보건 문제이다. 이 절에서는 감염성 질환의 최근 양상과 양상이 변화되는 원인들 및 공중보건에 대한 새로운 위협을 찾아내고 대처하기 위해 역학자들이 사용하는 방법 등을 다룬다.

출현성 및 재출현성 질병

질병의 세계적인 분포는 빠르고 급격하게 변할 수 있다. 병원체, 환경 또는 숙주 집단의 변화는 높은 이환율과 사망률의 잠재성을 가진 새로운 질병의 확산에 기여한다. 갑자기 만연하는 질병을 **출현성 질병(emerging disease)**이라고 하며, 이는 "새로운(new)" 질병에만 국한되는 것이 아니다; 출현성 질병은 이전에 통제되었다고 여겼던 질병이 새로운 전염병으로 갑자기 나타난 **재출현성 질병(reemerging disease)**도 포함한다. 세계적인 출현성 및 재출현성 질병들의 예를 **그림 29.10**에 나타내었으며, 출현성 또는 재출현성으로서의 높은 잠재성이 있는 일부 질병들이 **표 29.5**에 설명되어 있다. 때로는 새로운 질병이 예기치 않게 그리고 완전히 알려지지 않은 이유로 나타난다. 예를 들어, 2016년에 Wisconsin 주 (미국)에서 특이한 세균인 엘리자베스킨기아(*Elizabethkingia*)로 인한 출현성 감염이 의학적 수수께끼를 일으켰다 (866쪽 참조).

출현성 전염 질환은 새로운 현상이 아니다. 과거에 빠르게 때론 비극적으로 출현한 질병들 중에는 흑사병 (*Yersinia pestis* 세균에 의해 야기됨)과 독감이 있다. 예를 들어, 중세기에 유럽, 아시아, 아프리카를 쓸어버린 주기적 흑사병 전염에 의해 전체 인구의 3분의 1 정도가 사망하였다. 1918~1919년에 인플루엔자가 엄청난 전 세계적 전염병을 일으켜 1억 명 이상의 사람들이 목숨을 잃었으며, 2009년에 출현한 전 세계적 전염병 H1N1 인플루엔자 바이러스는 첫 1년에 50만 명 이상이 사망하였다. 1980년대에 HIV/AIDS와 라임병이 새로운 질병으로 출현하였고, 전 세계 보건당국은 H5N1 조류 인플루엔자로부터 진전되는 범세계적인 인플루엔자의 급속한 출현가능성에 특히 주의를 기울이고 있다. 최근에 서아프리카 에볼라 출혈열 전염병 (30.12절 및 그림 30.34*b*) 기간 동안에 이 극도로 위험한 바이러스성 질병의 확산을 막기 위해 환자의 격리와 보호자를 위한 추가 보호조치가 시행되었다.

출현 요인

새로운 병원체의 출현에는 인구통계 및 행동, 경제개발, 교통, 공중보건의 붕괴 및 기타 요인을 포함하는 많은 요인들이 역할을 한다. 사람들이 농촌지역이 아닌 도시지역에 살고자하는 추세는 질병 전파를 촉진한다. 예를 들어, 도시에서 숙주인 사람의 밀도가 높으면 모기에 의해 퍼지는 심각한 바이러스성 질병인 뎅기열의 전파가 촉진된다. 뎅기열은 주로 미국의 최남단 지역을 포함한 열대 및 아열대 지방의 도시지역에서 매년 약 40만 명의 사람들을 감염시

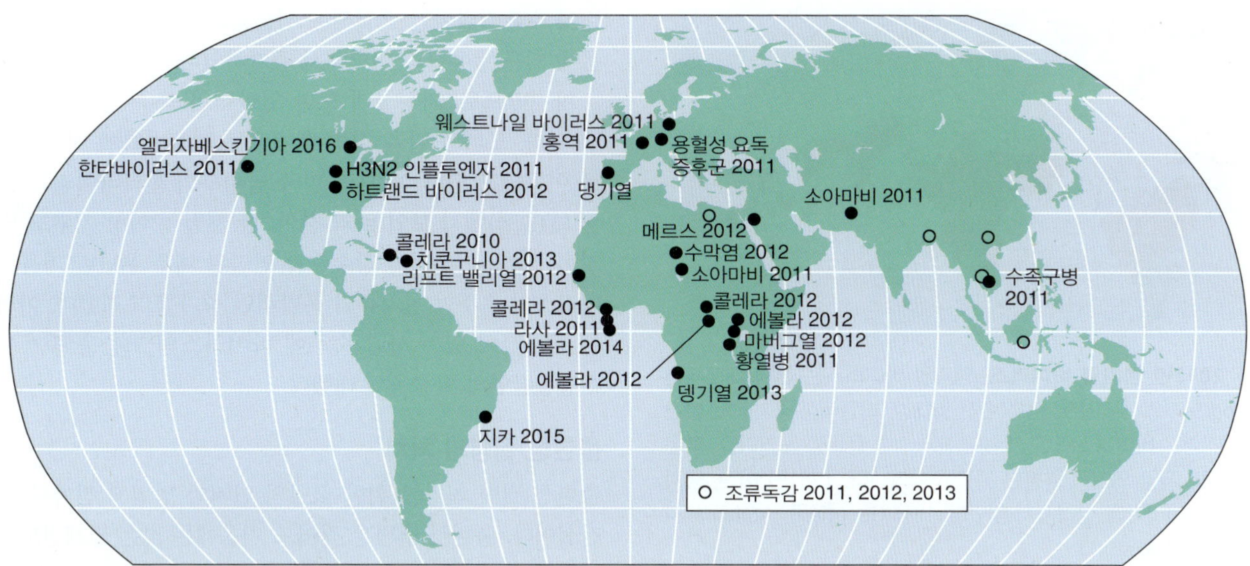

그림 29.10 출현성 및 재출현성 감염성 질병의 최근 창궐. 이 질병들은 광범위한 전염병 및 범세계적 전염병을 일으킬 수 있는 지역적 전염병들이다. HIV/AIDS 및 콜레라와 같은 확립된 범세계적 전염병과 계절적 전염성이 있는 사람의 인플루엔자와 같이 예측이 가능하게 매년 발생하는 전염병은 나타내지 않았다. MERS, 중동호흡기증후군. 조류 인플루엔자는 인플루엔자 A H5N1 (29.8절)에 의해 발생한다. *Elizabethkingia* 창궐에 대한 자세한 내용은 866쪽 참조.

킨다 (**그림 29.11**). 대규모 인구밀집지역에서의 인간의 행동 또한 질병의 확산에 기여한다. 예를 들어, 인구밀집지역에서 문란한 성관계는 간염과 HIV/AIDS의 확산에 기여한다. 경제개발과 토지이용의 변화 또한 질병의 확산을 촉진한다. 예를 들어, 미국에서 가장 흔한 매개체유래 질환인 라임병은 주로 주거용 재조림과 토지이용 패턴과 관련된 변화로 인해 증가하고 있다. 이러한 활동은 사슴 서식지를 증가시켜 라임에 감염된 사슴 진드기와 사람 사이의 접촉을 일으켜 결과적으로 질병 발생빈도를 증가시킨다.

식품산업에서 품질보증 및 경제성을 위해서는 운송, 대량처리 및 중앙 분배법이 점차 중요해지고 있다. 그러나 위생조치가 실패

표 29.5 출현성 및 재출현성 감염성 질병

병원체	질병과 증상	전파 방법	출현 원인
세균			
Borrrelia burgdorferi	라임병: 발진, 발열, 신경 및 심장 이상, 관절염	전염성 진드기 *Ixodes*에 물림	삼림지역 내 사슴과 인구 증가
Mycobacterium tuberculosis	결핵: 기침, 체중 감소, 폐손상	활동성 질병을 가진 환자의 객담 비말들 (기침이나 재채기로 방출된)	다중 약제 내성으로써의 항미생물 제제 내성과 광범위 약제내성 결핵
Vibrio cholerae	콜레라: 심한 설사, 빠른 탈수	감염자 분뇨로 오염된 물; 오염된 물에 노출된 음식물	소독 및 위생 불량; 감염된 여행자와 무역에 의한 비전염지역으로 전파
바이러스			
뎅기	출혈열	감염된 모기에 물림 (주로 *Aedes aegypti*)	부적절한 모기 방제; 증가된 열대지방의 도시화; 여행과 운송 증가
필로바이러스 (마르부르크, 에볼라)	극발성, 높은 사망률, 출혈열	감염된 혈액, 장기, 분비물, 정액과의 직접 접촉	척추동물 보균체와의 접촉
인플루엔자 H5N1 (조류독감)	발열, 두통, 기침, 폐렴, 높은 사망률	감염된 동물 혹은 사람과 직접 접촉, 호흡기의 에어로졸 통해서는 쉽게 전파되지 않음	동물-사람바이러스 재배열의 위험; 항원대변이
지카	무증상, 또는 열, 발진, 근육과 관절 통증, 두통	감염된 모기 (주로 *Aedes aegypti*)에 물림, 산모에서 태아로, 성적 접촉, 수혈	부적절한 모기 방제; 증가된 열대지방의 도시화
진균			
Candida	칸디다증: 위장관, 질, 구강의 균류 감염	내재하는 미생물상이 기회성 병원체가 됨; 감염자의 분비물이나 배설물에 접촉	면역억제; 의료도구 (카테터); 항생제 사용

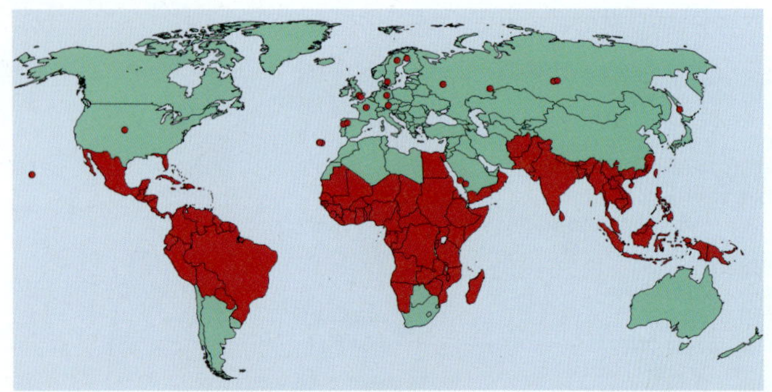

그림 29.11 2013년 뎅기열 바이러스. 뎅기열 바이러스는 현재 매개체인 *Aedes aegypti* 모기의 확산으로 인하여 전 열대성, 아열대성 국가에서 발견된다. 붉은색 지역은 바이러스와 모기 매개체에 의한 풍토병 지역이다. 붉은색 점들은 풍토병 지역 외에서 발병한 곳들을 나타낸다. 1981년 이전, 뎅기열 바이러스는 아메리카에 알려지지 않았다. 미국 Georgia 주 Atalanta 시의 CDC로부터 얻은 자료이다.

할 경우, 이러한 동일한 요인들은 식품유래 공통전염원 전염병의 가능성을 증가시킨다. 예를 들어, 2009년 미국의 한 육류 가공공장이 8개 주에 있는 사람들에게 *Escherichia coli* O157:H7을 전파하였다. 오염된 식재료인 잘게 간 쇠고기가 회수되었고 최종적으로 그 전염병은 멈추었으나, 그 전에 몇몇이 사망하였다. 해외여행과 무역 또한 병원체의 확산에 영향을 미친다. 예를 들어, 국제선 비행기 안에 에볼라 감염의 증상을 보이는 한 명은 에볼라바이러스가 퍼지기 쉽기 때문에 다른 많은 승객을 감염시킬 수 있다 (30.12절). 이러한 상황이 즉시 인지되지 않으면 현재 바이러스를 가지고 있어 질병이 있는 승객과 접촉한 건강한 승객이 비행기에서 내려 여행을 계속하게 되면 그 질병은 인구밀집지역으로 급속히 퍼진다.

병원체의 적응과 변화는 질병의 출현에 기여할 수 있다. 예를 들어, 인플루엔자, HIV 및 출혈성 발열 바이러스를 포함한 대부분의 RNA 바이러스들은 돌연변이가 빠르게 일어난다. 이러한 돌연변이 RNA 바이러스는 변형된 유전체가 항원에 영향을 미치므로 이전의 바이러스 항원에 대한 면역이 돌연변이 바이러스의 중화에 효과적이지 않기 때문에 주요한 역학적 문제를 일으킨다. 세균의 유전기작 또한 병원성을 강화시키고 새로운 전염병의 출현을 촉진시킬 수 있다. 병원성 강화요소들은 이동성 유전자에 (11장) 의해 운반되는데, 이들 이동성 유전자들은 동종 간 또는 다른 종과 속 간에 전달될 수 있다. 이러한 전달로 빠르게 출현성 병원체를 생성시킬 수 있으며, *Staphylococcus aureus* 및 *Pseudomonas aeruginosa*의 다제약제 내성 균주들이 이에 대한 좋은 예이다.

공중보건 정책의 붕괴는 때때로 질병의 출현 또는 재출현을 초래하는 원인이 된다. 예를 들어 콜레라 (*Vibrio cholerae*에 의해 유발)는 적절한 지역에서 적합한 하수처리 및 수처리를 제공함으로써 적절하게 통제될 수 있다. 2010년 대규모 지진으로 오염된 물 공급이 100년 만에 처음으로 아이티에서 콜레라 창궐을 유발했다 (29.8절). 부적절한 공중예방접종 프로그램은 이전에 통제된 질병의 재발을 가져올 수 있다. 예를 들어, 백신으로 예방이 가능한 어린이 호흡기질환인 백일해는 어른들과 어린이의 부적절한 면역 때문에 최근 동유럽과 미국에서 증가하였다.

마지막으로, 기상상태 또한 일반적인 숙주-병원체의 균형을 깰 수 있다. 모기와 같은 질병 매개체는 기후변화에 대응하여 북쪽으로 이동하고 있다. 1993년 미국 남서부의 한타바이러스 출혈열 창궐 (31.2절)에서 보인 바와 같이, 한 계절의 이상 기후도 영향을 미칠 수 있다. 기록적인 강수량과 연결된 매우 온난한 겨울은 한타바이러스의 숙주인 설치류의 폭발적인 증가를 초래했다. 이러한 증가는 감수성이 있는 사람 숙주에 바이러스의 노출을 증가시켰고 인수공통감염의 확산을 초래했다.

출현성 질병의 처치

출현성 질병 처치를 위한 질병의 인지와 병원체 전파를 막기 위한 간섭이다. 출현성 질병은 적어도 처음에는 낮은 발생빈도를 보이며 질병통제예방센터에서 공식적으로 통지해야하는 질병목록에는 일반적으로 없다 (표 29.4). 출현성 질병은 고유한 전염병 발생빈도, 기타 역학적 패턴의 집단화 및 알려진 병원체와 관련이 없는 임상증상으로 인해 최초로 인지된다 (866쪽 참조). 이러한 질병 패턴은 집중적인 공중보건 감시를 불러일으키고, 이후의 창궐을 통제하기 위하여 고안된 특정 간섭이 뒤따른다. 고립, 격리, 예방접종 및 약물치료와 같은 방법이 창궐을 억제하는 데 적용될 수 있다. 매개체 유래 및 인수공통전염 질병의 경우, 병원체의 생활주기를 깨고 사람의 감염을 막기 위해 사람이 아닌 숙주 또는 매개체를 찾아내어야만 한다.

국제 공중보건감시 및 간섭 프로그램은 인수공통전염원으로부터 예기치 않게, 빠르고 폭발적으로 출현한 질병인 급성호흡기증후군 (SARS)의 출현을 통제하는 수단이었다 (29.4절). 다른 한편, 신속하고 집중적인 대응조차도 다음 절에서 보게 될 범세계적 전염병 (H1N1) 2009 인플루엔자의 확산을 방지하는 데 성공적이지 못했다.

미니퀴즈

- 출현성과 재출현성 감염병 간의 차이점은 무엇인가?
- 어떠한 요소들이 잠재적 병원체의 출현 또는 재출현에 중요한가?
- 출현성 감염성 질병을 확인하는 데 유용했던 일반적이거나 특별한 방법들을 제시하라.

29.8 범세계적 전염병의 사례: HIV/AIDS, 콜레라 및 인플루엔자

몇 세기 동안 몇몇 질병이 범세계적 범위에까지 이르렀다. 여기서는 역학조사 연구가 광범위하게 이루어진 HIV/AIDS, 콜레라 및 인플루엔자의 3가지를 다룬다.

HIV/AIDS

HIV/AIDS는 인간면역결핍바이러스(HIV)에 감염되는 것을 시작으로 연속성을 가진 질병이다. 궁극적으로 감염은 후천성면역결핍

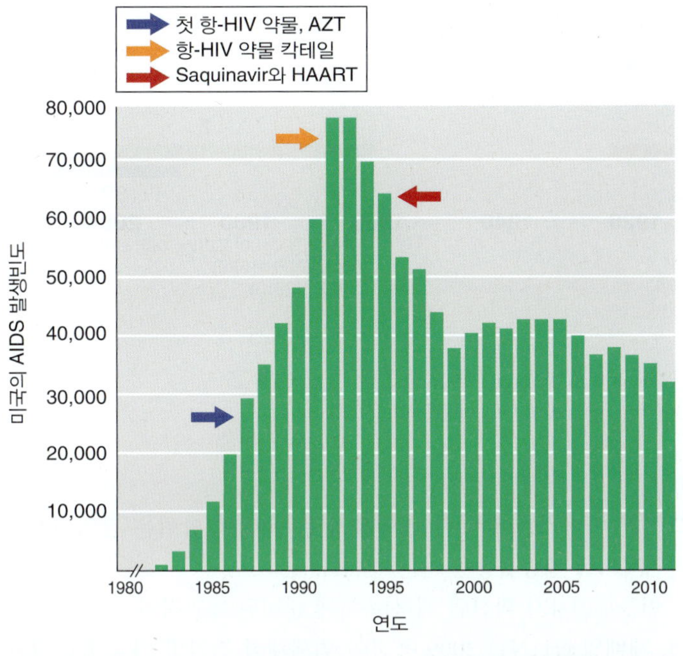

그림 29.12 미국에서 인간면역결핍바이러스/후천성면역결핍증후군 (HIV/AIDS)의 연간 신규 사례. 누적으로, 2011년까지 약 110만 건의 HIV/AIDS 사례가 있었다. 2009년에 HIV/AIDS 발생건의 정의에 모든 새로운 HIV 감염과 AIDS 진단을 포함하도록 변경되었다 (30.15절). 색깔의 화살표는 서로 다른 항 HIV 약물의 도입을 표시한다. 항 HIV 치료법에 대한 논의는 28.11절과 30.15절을 참조. 자료는 미국 Georgia 주 Atlanta 시의 CDC의 HIV/AIDS 감시보고서 및 HIV/AIDS 예방—감시 및 역학 부서로부터 얻었다.

증후군(AIDS)을 초래하며, 치료하지 않으면 면역체계가 손상되어 치명적일 수 있는 기회감염을 일으킨다 (30.15절). 처음으로 보고된 에이즈 사례는 1981년 미국에서 진단되었다. 그 이후로 미국에서 120건 이상이 보고되었고 635,000명 이상이 사망하였다 (**그림 29.12**); 전 세계적으로 2,500만 명이 넘는 에이즈 사망자가 발생했다.

1980년대 미국에서의 역학연구는 남성과 성관계를 가진 남성과 정맥 약물남용자들에서 높은 에이즈 유병률을 가진다는 것을 제시하였다. 혈액이나 혈액 제제를 받는 사람들 또한 높은 위험성을 가졌다. 종합적으로, 이러한 역학적 데이터는 아마도 성행위 동안 또는 오염된 혈액에 의해 전달되어지는 어떤 매개물질이 있음을 암시하였다. HIV가 발견 된 직후인 1983년에, 혈액에서 바이러스에 대한 항체를 검출하기 위한 시험법들이 개발되었다. 이러한 방법을 사용하여 HIV 발생빈도와 만연도 조사로 HIV 확산을 파악하였는데, 결론적으로 혈액과 정액과 같은 체액이 바이러스 전파의 매개체임을 보여주었다 (**그림 29.13**).

HIV/AIDS 데이터에 따르면 미국의 경우 에이즈 감염자의 수가 남성 동성애자에서 불균형적으로 높았지만 여성에서는 이성애자가 가장 큰 위험 집단이었음을 보여준다 (그림 29.13). 역학 자료의 추가분석에 따르면 흑인 남성의 새로운 감염률은 백인 남성의 7배에 달했으며, 이는 사회경제적 요소도 감염위험에 영향을 줄 수 있음을 암시한다. 그러나 성별이나 인종에 관계없이 AIDS 역학은 HIV 전염에 대한 명확한 그림을 제공하였다: 실제로 HIV를 획득한 모든 사람들은 정액이나 혈액과 같은 체액이 전달되는 성교나 정맥주사 약물사용과 같은 행위를 하였고, 이들은 일반적으로 여러 명의 파트너와 주사바늘을 교환하거나 성관계를 가졌다. HIV/AIDS의 병리학 및 치료법은 30.15절에서 다룬다.

콜레라

콜레라는 주로 수인성 감염 (32.3절)이며, 이는 보통 수처리를 위한 적절한 공중보건 조치에 의해 점검된다 (22장). 콜레라는 심한 설사를 유발하는 강력한 장독소를 생산하는 *Proteobacteria*의 그람-음성 세균의 군은 간균형태의 종인 *Vibrio cholerae* 균을 함유한 오염된 물의 섭취로 발생한다 (25.6절). 콜레라는 아프리카, 동남아시아, 인도대륙 및 중남미에서 풍토병이다. 전염병 콜레라는 하수처리가 부적절하거나 아예 없거나, 홍수나 지진과 같은 큰 붕괴로 하수처리에 고통을 겪는 지역에서 자주 발생한다. 세계보건기구(WHO)는 2014년에 190,000건 이상의 콜레라가 발생하여 2,231명이 사망한 것으로 보고했다. 그러나 WHO는 다양한 병원체에 의한 설사질환이 매우 흔하기 때문에 콜레라 사례의 5~10%만 실제로 보고된 것으로 추정한다 (표 29.1); 따라서 전 세계적으로 콜레라 발생빈도는 매년 1백만 건을 초과한다.

여행지들이 풍토병 지역으로부터 감수성이 있는 집단과 위생시설이 빈약한 새로운 장소로 병원체를 옮기면 전염성 콜레라가 범세계적 전염으로 발전될 수 있다. 1817년 이후 콜레라는 거의 연속적으로 7차례의 주요 범세계적 전염병으로 세계를 휩쓸었다 (**그림 29.14**). 이들 중 하나를 제외한 모든 것은 콜레라 풍토병이 있는 인도대륙으로부터 기인하였다. 두 가지의 구별되는 *V. cholerae* 균주가 있는데, *classic*과 *El Tor* 생물형으로 알려져 있다. *V. cholerae* O1 El Tor 생물형은 1961년 인도네시아에서 일곱 번째 범세계적

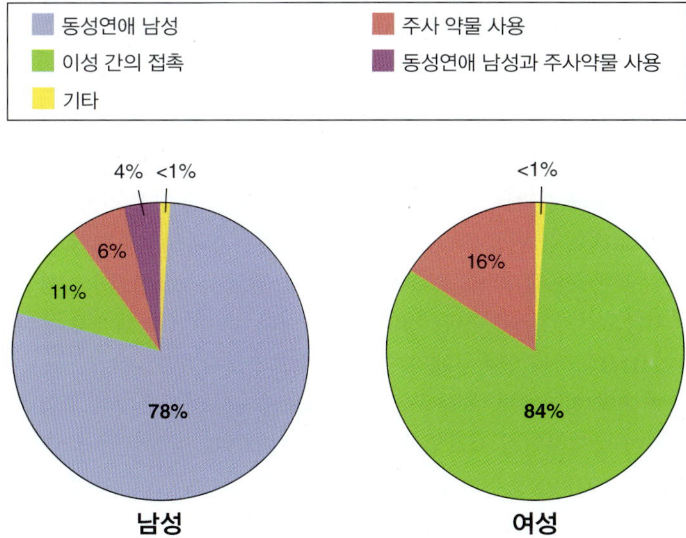

그림 29.13 미국의 위험집단과 성별에 따른 AIDS 발생건의 분포, 2010년. 미국 Georgia 주 Atlanta 시의 CDC의 데이터는 2010년에 HIV/AIDS로 진단된 남성 38,000명과 여성 9,500명으로부터 수집하였다.

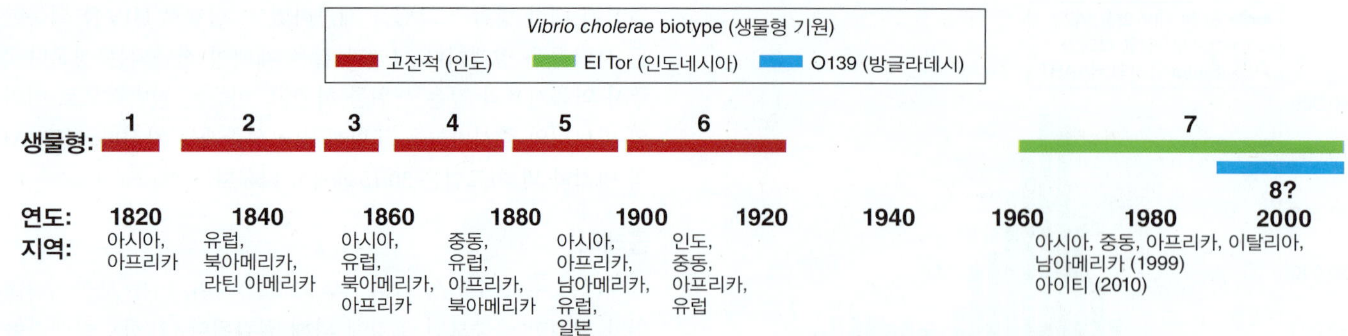

그림 29.14 범세계적으로 유행한 콜레라의 연대표. 일곱 번의 범세계적 콜레라 유행이 200년 넘게 이어져 오고 있다. 일곱 번째 범세계적 전염병은 1961년에 시작되어 현재 진행 중이다. 1991년에 등장한 O139균주는 방글라데시와 벵골만의 풍토병 균주이며, 여덟 번째 범세계적 전염병의 서막이 될지도 모르는 전염병을 일으키고 있다.

전염병을 시작하였는데, 이는 현재까지 확산이 계속되고 있다. 이 세계적 전염병은 5백만 건 이상의 콜레라가 발생하여 최소한 25만 명의 사망을 초래했으며 특히 개발도상국에서 여전히 이환율과 사망률의 주요 원인이 계속되고 있다 (그림 29.14).

2010년 10월 아이티는 100년 만에 처음으로 콜레라를 경험하였으며 불과 2년 만에 거의 600,000건의 사례와 8,000명의 사망을 경험하였다. 2010년 발생한 대지진의 여파로 창궐이 시작되었다. 이 콜레라 창궐은 두 가지의 원인이 있었을 가능성이 있는데, 첫 번째는 재난 발생 후 허술한 위생상태의 전형적인 시나리오이고, 두 번째는 외부 출처로부터의 우연한 유입이다. *Vibrio cholerae*는 해수에 존재하는데 연안의 담수로 흘러들어 그곳에서 식수원을 오염시켰을 수 있다. 그러나 최근에 콜레라 창궐이 발생한 네팔에서 온 유엔 구호자들은 아이티 식수원으로 유입되는 하수시설로 *V. cholerae* 균을 흘려보낸 것으로 생각되었다; 그것이 사실이라면 아이티 전염병에 기여했을 것이다. 이후 콜레라는 아이티에서 도미니카 공화국과 카리브해 및 멕시코의 다른 지역으로 퍼졌다.

범세계적 전염병 (H1N1) 2009 및 향후 세계적 독감

인플루엔자 전염병은 바이러스에 대한 면역상태 [항원소변이(*antigenic drift*) 및 항원대변이(*antigenic shift*), ⇄ 30.8절 및 그림 30.26]에 영향을 미치는 인플루엔자 A 바이러스 유전체의 주요 유전적 변화의 결과로 인해 10년에서 40년마다 발생한다. 가장 큰 재앙을 초래했던 인플루엔자 범세계적 전염은 1918년에 발생했다; 이 독감은 전 세계적으로 5억 명 이상을 감염시켰으며, 이 진행을 빠져나오기까지 약 5천만 명이 사망하였다. 1918년 범세계적 독감은 H1N1이라는 인플루엔자 균주에 의해 초래되었다.

최근의 범세계적 유행성 독감은 2009년 3월 멕시코에서 전염병 창궐이 발생하면서 시작되었다. (H1N1) 2009로 명명된 주범 바이러스는 1918년 균주와 1957년에 전염병을 유발한 균주의 혼성체였다: (H1N1) 2009 균주에는 조류, 돼지 및 사람 인플루엔자 바이러스의 유전자가 포함되어 있다. 그러한 재배열 바이러스 (⇄ 30.8절)라 불리는 바이러스는 이전에 사람에 노출된 적이 없어 면역이 없는 항원을 생성하는 경향이 있기 때문에 병원성이 클 수 있다; 그러한 바이러스에 대한 면역을 얻는 유일한 방법은 감염되거나 인위적으로 예방접종을 받는 것이다.

인플루엔자가 확산될 때 신속하게 준비된 효과적인 백신이 없어서, 재배열 (H1N1) 2009 독감이 범세계적 전염병 비율에 도달할 단계가 되었다. 출현 후 6개월 이내에 (H1N1) 2009는 세계의 거의 모든 국가에 전파되어 진정한 범세계적 전염병으로 간주되었다 (**그림 29.15**). 비록 공식 수치가 다양하지만 범세계적 전염병 동안에 전 세계인구의 4분의 1 이상이 감염된 것으로 추정된다. 미국에서는 약 6천만 명이 감염되어 사망한 것으로 밝혀졌으며, (H1N1) 2009의 사망률은 3,400명으로 확인되었다. 2010년 말까지 (H1N1) 2009 범세계적 전염병은 퇴색하고 있으며, 근래에는 이 바이러스 균주의 항원이 계절성 인플루엔자 백신에 전형적으로 포함되어 있기 때문에 소수의 사례가 관찰된다 (⇄ 표 28.4).

새로운 인플루엔자 범세계적 전염이 세계를 휩쓸 수 있을까? 세계적인 안전에 가장 큰 위협은 아마도 1918년 범세계적 전염병의 병원성과 감염력을 가진 또 다른 인플루엔자 범세계적 전염병일

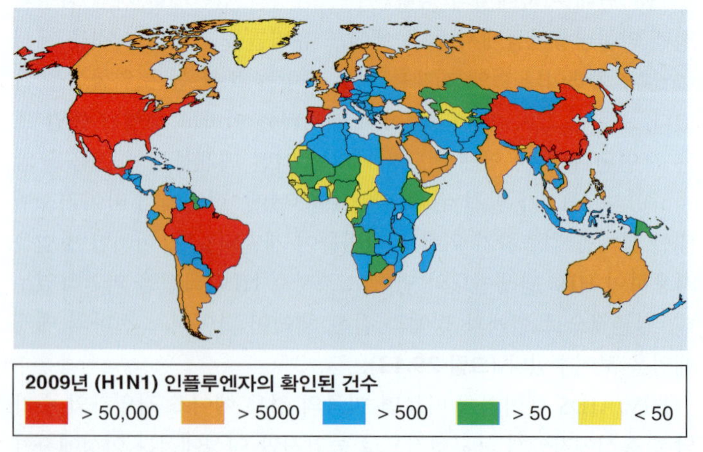

그림 29.15 범세계적 (H1N1) 2009 인플루엔자 발생빈도. 데이터는 국가별 전 세계 사례의 최소 추정치를 보여준다. (H1N1) 2009 전 세계적 독감에 의해 약 17억 명의 사람들이 감염되었으며 (전체 인구의 24%), 사망자가 150,000~575,000명에 달했던 것으로 추산된다 [사망률 추정치의 범위가 큰 것은 많은 사망이 (H1N1) 2009 때문이라는 것이 확인되지 않았기 때문].

것이다. 최근 역학적 감시가 아주 광범위하기 때문에 이 가능성은 희박하지만 위험은 결코 없을 수는 없다. 최근 몇 년 동안 전 세계의 공중보건 종사자들은 조류에서 발견된 인플루엔자 A H5N1으로 알려진 잠재적으로 파괴력이 있는 인플루엔자 바이러스 균주의 출현과 재출현을 추적해 왔다. 이 바이러스는 1997년 홍콩에서 처음 나타났으며 닭과 오리에서 인간으로 직접 점프해왔다. 그 이후로 H5N1은 작은 창궐에서 몇 차례 재출현하였으며, 가장 최근의 창궐은 이집트, 인도네시아, 캄보디아, 방글라데시, 중국에서 발생하였다 (그림 29.10). 2014년까지 638건의 사람 H5N1 감염사례가 확인되어 379명의 사망을 초래하였으며 사망률은 거의 60%에 달하였다. 이 높은 사망률은 이 바이러스의 위험성 측면을 강조한다.

가금류와 사람 외에 H5N1은 돼지도 감염시킨다. 사람에서 사람으로 확산되는 능력을 가진 돼지유래의 어떤 재배열균주가 출현하였다면, 그 바이러스는 전례가 없는 사망률로 일플루엔자 범세계적 전염을 유발할 수 있다. 이러한 이유로 적절한 백신을 제공하고 이 균주와 다른 출현성 인플루엔자 균주에 의해 시작된 잠재적 범세계적 전염병 지원을 국내외에서 계획하고 있다. 30.8절에서 인플루엔자 질병에 대해 자세히 논의한다.

미니퀴즈

- 미국에서 HIV 감염을 획득하기 위한 주요 위험요소들을 기술하라. 남성과 여성은 어떻게 다른가?
- 콜레라를 획득할 수 있는 가장 일반적인 방법을 찾아보라. 콜레라 전염병이 계속해서 발생하는 이유는 무엇인가?
- 재배열 인플루엔자 바이러스란 무엇이며, 왜 그런 바이러스가 그렇게 위험할 수 있나?

29.9 미생물 무기의 공중보건 위협

우리를 자연적으로 감염시킬 수 있는 병원성 미생물의 분노를 피하는 것만으로는 충분하지 않은 듯하여, 사람들은 특정 병원체를 다른 사람들에게 의도적으로 전개하는 무기로 사용하는 방법을 연구했다. **생물 (미생물)전[biological (microbial) warfare]**은 전쟁이나 테러에서 군인이나 민간인을 무력하게하거나 죽이기 위해 미생물제제를 사용하는 것이다. 미생물 무기의 사용과 개발은 국제법에 의해 금지되어 있지만, 미생물 무기는 이미 사용된 것으로 보이며, 생산을 위한 시설은 나쁜 국가나 자인한 테러리스트 집단에 존재할 가능성이 높다. 이 때문에 미생물 무기 연구는 많은 평화적 국가에서 계속되고 있어 가장 심각한 위협을 가장 잘 이해하고 그에 대응하는 방법을 알게 된다.

미생물 무기의 특성

효과적인 미생물 무기는 (1) 비교적 생산과 운반이 용이하고 (2) 공격하는 사람들이 사용하기에 안전하고 (3) 체계적이고 일관된 방식으로 사람을 무력화하거나 죽일 수 있는 병원체 또는 일부의 경우 독소이다. 미생물 무기는 일반적인 군사력 보유에 잠재적으로 유용할지라도, 미생물 무기 사용의 가장 큰 가능성은 이용가능성 및 생물체의 번식과 생산에 필요한 낮은 비용 때문에 테러리스트에 의한 것이다.

사실상 모든 병원성 세균이나 바이러스는 생물전에 잠재적으로 유용성이 있으며, 미생물 무기로서의 사용가능성이 아주 높은 선택된 제제(*selected agents*)가 **표 29.6**에 나열되어 있다. 가장 자주 언급되는 후보는 천연두 바이러스와 탄저병을 일으키는 *Bacillus anthracis*이다. 이 두 미생물은 모두 쉽게 퍼뜨려질 수 있고, 사람에서 사람으로 전파되며 일반적으로 높은 사망률을 초래한다. 다른 제제들은 미생물 무기로서의 장단점이 있으며, 이들의 잠재적 위험성에 따라 표 29.6에서와 같이 범주 A에서 C로 분류된다.

표 29.6 생물무기 위협 범주에 따른 선택된 원인체와 질병[a]

A 범주
국가안전에 위험을 줄 수 있는 가장 우선순위의 병원체. 이러한 병원체들은 쉽게 퍼지거나 전파되며, 높은 사망률을 가진다. 공중보건을 준비하기 위한 특별한 활동이 필요하다.
질병/병원체
탄저병 (*Bacillus anthracis*)
보툴리누스 중독 (*Clostridium botulinum* 독소)
페스트 (*Yersinia pestis*)
천연두 (*Variola major*)
야토병 (*Francisella tularensis*)
바이러스성 출혈열 [필로바이러스 (예, 에볼라, 마르부르그)와 아레나바이러스 (예, 라사, 마추포)]
B 범주
두 번째 우선순위 병원체. 이러한 병원체들은 보통 정도로 쉽게 퍼지고, 중간 정도의 이환율과 낮은 사망률을 가지며, 공중보건진단능력과 감시체계의 특별한 강화가 요구된다.
질병/병원체
브루셀라증 (*Brucella* 종)
*Clostridium perfringens*의 엡실론 독소
식품 안전성 위협 (*Salmonella* 종., *Escherichia coli* O157:H7, *Shigella*)
비저 (*Burkholderia mallei*)
유비저 (*Burkhoderia pseudomallei*)
앵무새병 (*Chlamydophila psittaci*)
Q열 (*Coxiella burnetii*)
*Ricinus communis*의 리신 독소 (피마자 열매)
포도상구균 장독소 B (*Staphylococcus aureus*)
티푸스열 (*Rickettsia prowazekii*)
바이러스성 뇌염 (Venezelan equine 뇌염, Eastern equine 뇌염, Western equine 뇌염과 같은 알파바이러스)
물 안전성 위협 (*Vibrio cholerae*, *Cryptosporidium parvum*, 기타)
C 범주
세 번째 우선순위 제제는 이용가능하고, 쉽게 생산되고 퍼뜨려지며, 높은 이환율과 사망률의 잠재성을 가진 출현성 병원체이다.
병원체
한타바이러스와 같은 출현성 전염병

[a]출처: 질병통제예방센터, 미국 Georgia 주 Atlanta 시.

미국 정부는 CDC를 통해 잠재적 생물테러 요원의 제제의 소유 및 사용을 모니터링하기 위해 선택된 제제 프로그램(Select Agent Program)이란 감시시스템을 개발해왔다. 또한 CDC 연구소 응답 네트워크(CDC Laboratory Response Network) 및 건강경보네트워크(Health Alert Network)는 진단 능력을 강화시키고 출현성 질병뿐만 아니라 생물테러 건수를 신속히 파악할 수 있도록 지역보건센터의 보고 능력을 향상시키기 위해 업그레이드되어 오고 있다.

천연두와 탄저

천연두 바이러스 (**그림 29.16*a***)는 직접 접촉이나 에어로졸 분무로 쉽게 퍼뜨려질 수 있고, 매우 쇠약해지고, 고열, 심한 피로, 고름이 가득 찬 피부 물집의 형성 (그림 29.16*b*) 등으로 매우 쇄약하게 만들기 때문에 미생물 무기로써의 겁을 주는 잠재성을 가지며, 사망률은 30% 이상이다. 매우 효과적인 천연두 백신이 있지만 1980년 천연두가 전 세계적으로 박멸된 이후 사람들은 사용을 해 오지 않고 있다. 또한 군인들은 일상적으로 백신접종을 하므로 군사무기로 배치되는 천연두 바이러스의 잠재성은 낮다고 생각된다. 그럼에도 불구하고 미국에서 민간인에 대한 잠재적 천연두 공격을 위한 준비가 있었으며 천연두 환자를 판단하고, 보살피거나 운반하는 사람들; 천연두 환자의 임상표본을 다루는 실험실 직원; 천연두 환자로부터 감염성 물질에 접촉할 수 있는 데 필요로 하는 사람과 같은 핵심인물의 예방접종을 포함하는 것들을 하고 있다.

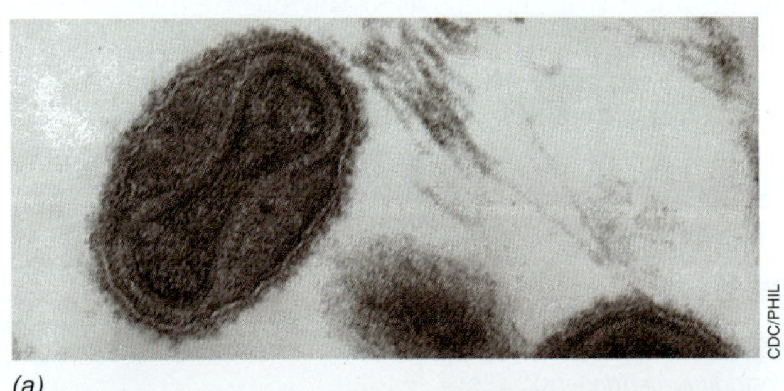

(a)

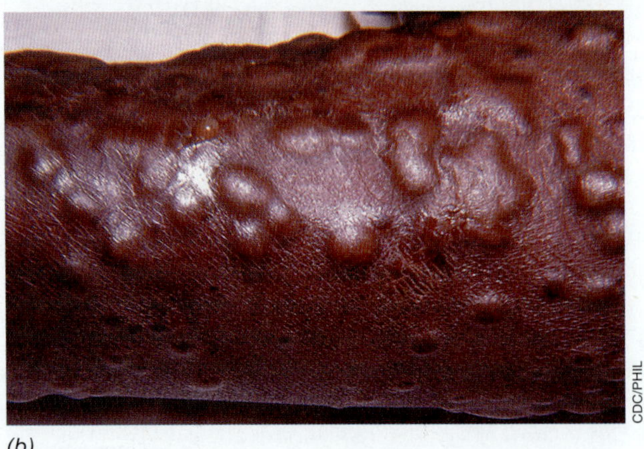

(b)

그림 29.16 천연두와 미생물 무기로서의 천연두의 사용. *(a)* 천연두 바이러스, 이중가닥 DNA 바이러스 (10.6절). *(b)* 특징적인 팔에 보이는 특징인 구진성 천연두 발진과 물집 생김. 천연두는 1980년 전 세계적으로 박멸된 것으로 공식 선언되었다.

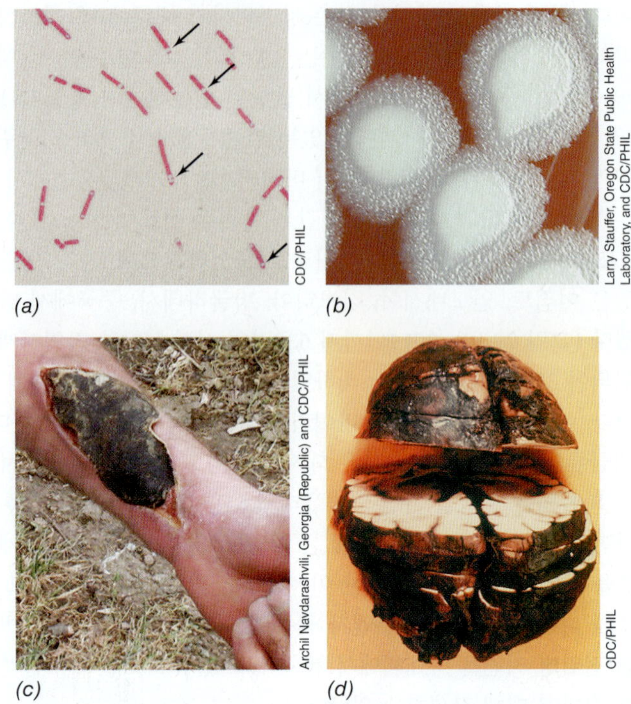

그림 29.17 *Bacillus anthracis*와 탄저병. *(a) Bacillus anthracis*는 그람 양성의 내생포자를 형성하는 간균으로 직경이 약 1 μm이고 길이가 3~4 μm이다. 내생포자 형성 (화살표)에 주목하라. *(b)* 혈액한천배지에서 *B. anthracis* 집락의 특징적 모습인 "젖빛 유리(ground glass)". *(c)* 피부탄저병. 팔뚝에서 볼 수 있는 검은색 병변은 괴사딱지(eschar)라 불리며 조직괴사가 원인이다. *(d)* 흡입된 탄저균은 부검에서 얻은 고정되고 절개된 사람 두뇌에 있는 어두운 착색으로 보여지는 뇌출혈을 야기할 수 있다.

*Bacillus anthracis*는 탄저병의 원인균이며, 그것의 독특한 특성은 생물무기로서 특별한 장점이 있다. 이 중 가장 중요한 것은 호기적으로 쉽게 자라며 농화배지에서 특색있는 집락을 생성하며, 내성이 강한 내생포자로 분화된다 (**그림 29.17*a*, *b***; 2.10절). 일단 만들어지면, 내생포자는 건조되고 무기한 보관될 수 있으며, 에어로졸 또는 분말상 현탁액형태의 무기로 되어 퍼뜨릴 수가 있다. 3가지 임상형태의 탄저병이 있다 (31.8절). 피부탄저병(*cutaneous anthrax*)은 찰과상이 있는 피부가 *B. anthracis* 내생포자에 의해 오염되었을 때 발생하고; 세균이 생육하며 피부를 죽여 탈피(*eschar*)라 불리는 괴사조직 병변을 형성한다 (그림 29.17*c*). 가장 희귀한 형태의 위장탄저병(*gastrointestinal anthrax*)은 포자가 오염된 식물이나 탄저균에 감염된 동물유래의 육류의 섭취로 인해 발생한다. 호흡기탄저병(*inhalation anthrax*) [폐 탄저(*pulmonary anthrax*)]은 치명적인 형태이며 *B. anthracis* 내생포자가 흡입되면 발생한다. 호흡기탄저의 증상은 폐출혈과 뇌출혈을 포함하며 (그림 29.17*d*), 이 형태의 탄저병은 매우 위험하다. 탄저병의 모든 형태는 전신 감염이 될 가능성이 있다; 그러나 피부탄저병은 항생제로 쉽게 치료할 수 있으며 치료되지 않은 경우에는 약 20%만 치명적이다. 위장탄저병의 경우 치료를 받지 않으면 감염된 사람의 절반 정도가 치명적이며, 호흡기탄저병의 사망률은 100%에 가깝다.

호흡기탄저는 이미 미국에서 발생한 것처럼 미생물 무기 제조업체가 목표로 삼는 질병의 형태이다. 고밀도의 *B. anthracis* 내생포자 제제가 방송국 및 정부 관료에게 봉투로 우송된 2001년 생물테러 공격에서 적어도 22건의 탄저병 사례가 발생하고 5명의 사망자가 발생하였다. 탄저병 22건 중 11건은 호흡기탄저였고 11건은 피부탄저였다. 이 무기화된(*weaponized*) 탄저병균주는 내생포자가 공기흐름에 의해 퍼지게 하는 미립자물질 내에 혼합되어 있는 내생포자 제제였다. 따라서 내생포자를 함유하는 봉투를 개봉하거나 내생포자가 섞여 있는 가루를 환기시스템이나 다른 공기교환기로 방출하면 주변지역 및 근무자들을 오염시킬 수 있다.

탄저병에 대한 예방접종이 가능하며 위험에 처한 사람에게만 제한하여 접종한다. 여기에는 가축동물 종사자 (가축 경매사 및 육류 취급자), 탄저병을 연구하는 실험실 직원, 수의사 및 군인 등이 포함된다. 천연두에 관해 논의된 바와 같이 탄저균은 군사무기는 아니지만 대다수의 사람들이 백신 접종을 받지 않기 때문에 시민들의 테러위협에는 매우 효과적인 수단이 될 수 있다.

미니퀴즈

- 병원체나 병원체들이 생산한 산물들 중 어떤 특성들이 생물학무기로서 특별히 유용하게 하는가?
- 바이오테러 공격에서 천연두 바이러스나 탄저균의 감염을 확인하고 치료하는 데 사용하는 단계들을 찾아보아라.

단원 정리

I • 역학의 기본개념

29.1 역학은 집단 내의 건강과 질병의 발생, 분포, 결정적 요소 등을 연구하는 학문이다. 역학자들은 감염성 질병의 발생빈도 및 유병률을 기록하기 위하여 감시정책을 시행하고 범세계적 전염병 또는 전염병으로 이어질 수 있는 질병의 창궐을 추적한다. 주어진 질병의 이환율 및 사망률은 병원체의 전파능력 및 질병 증상의 중증도와의 관계이다. 질병 보균자는 증상이 없거나 결코 치료되지 않는 만성감염을 가지고 있을 수 있다.

Q 역학자의 직업은 임상의료 종사자의 직업과 어떻게 다른가?

29.2 감염 질병을 이해하기 위해서는 개인뿐만 아니라 집단에 미치는 영향을 연구해야 한다. 병원체와 숙주의 상호작용은 역동적일 수 있으며, 관련된 모든 종의 장기적인 진화와 생존에 영향을 미친다. 집단면역은 감염되지 않은 또는 면역되지 않은 숙주의 질병보호에 기여한다.

Q 병원체의 감염성은 다양한 집단의 전염성 질병 확산과 어떻게 관련되어 있는지 설명하라.

29.3 감염성 질병은 직접적으로 사람에서 사람으로, 살아 있는 매개체 또는 매개물(fomites)로부터 간접적으로, 또는 식품과 물과 같은 공통전염원 운반체로부터 전파될 수 있다. 질병 보균체는 토양, 곤충, 겉보기에 건강한 사람, 만성보균자 및 기타 여러 출처를 포함할 수 있다. 질병 보균체, 보균자 및 병원체의 생활주기에 대한 이해는 전염성 질병을 통제하는 데 중요하다.

Q 오염된 컵과 같은 매개물과 비교하여, 왜 음식과 같은 질병 운반체가 훨씬 강력한 질병 전파 물질인가?

29.4 전염병은 숙주 대 숙주기원 또는 공통전염원으로부터 비롯된다. 어떤 병원체의 기초 재생수 (R_0)는 그 심각성에 대한 상대적인 묘사와 그것이 퍼지지 못하게 하는데 집단면역이 얼마나 효과적인지에 대한 지표를 제공한다.

Q 어떤 출현성 병원체의 R_0가 30인 것으로 밝혀지면, R_0가 3인 출현성 병원체보다 집단면역이 높아야 하나? 아니면 낮아야 하나?

II • 역학과 공중보건

29.5 식품과 물의 순도 규제, 매개체 통제, 예방접종, 격리, 고립 및 질병감시는 모두 전염성 질병의 발생빈도를 낮추는 공중보건 조치이다. 천연두와 같은 일부 질병의 경우 전 세계적으로 완전히 박멸되는 것이 가능해졌다.

Q 황열병 창궐이 발생한 경우 누가 고립되고 누가 격리되어야 하는가?

29.6 감염성 질병은 전 세계 사망률의 약 30%를 차지한다. 대부분의 감염성 질병은 개발도상국에서 발생한다. 많은 감염성 질병의 통제는 적절한 위생시설, 식량 및 수자원 보호와 광범위한 예방접종 프로그램을 포함한 공중보건 조치로 성공적일 수 있었다. 감염성 질병의 부담이 높으면 한 국가인구의 기대수명을 현저히 감소시킬 수 있다.

Q 아프리카와 미국에서 주요 사망원인을 비교하라.

III • 출현성 감염성 질병, 범세계적 전염병 및 기타 위협

29.7 자연적이든 인공적이든 간에 숙주, 매개체 또는 병원체 조건의 변화는 감염성 질병의 폭발적 출현이나 재출현을 초래할 수 있다. 세계보건기구와 미국 질병통제예방센터와 같은 기관의 전 세계적 감시 및 중재 프로그램은 특히 전염병이 확산되는 것을 막기 위해 출현성 및 재출현성 병원체에 맞추어져 있다.

Q 세균의 유전자교환이 어떻게 새로운 병원균의 출현을 촉진할 수 있을까?

29.8 사망률이 높은 몇몇 감염성 질병들은 범세계적 전염병 특성을 보인다. HIV/AIDS는 체액을 교환하는 사람들에게 영향을 미치는데, 대부분의 경우 보호장비를 착용하지 않은 난잡한 성교나 정맥주사 약물을 사용하는 사람들이다. 콜레라는 주로 수인성 감염이며, 적절한 깨끗한 물과 폐수의 위생조치를 유지함으로써 통제할 수가 있다. 조류-돼지-사람 인플루엔자의 재배열로부터 얻어진 새로운 범세계적 전염성 인플루엔자 균주는 전 세계적으로 가장 큰 감염성 질병의 위협요소이다.

Q H5N1 조류 인플루엔자가 공중보건의 주요 위협요인으로 여겨지는 이유는 무엇인가?

29.9 천연두 또는 탄저병으로 인한 생물테러는 급속한 국제여행과 쉽게 접근할 수 있는 기술 정보의 세계에서 하나의 위협이다. 에어로졸이나 질병 매개체는 미생물 무기 운반의 가장 가능성이 있는 방식이다. 예방 및 봉쇄조치는 잘 갖추어진 공중보건 인프라에 의존한다.

Q 천연두와 탄저가 군사요원보다 민간인에 대한 생물테러 위협이 될 가능성이 더 큰 이유는 무엇인가?

응용 문제

1. 사람에 국한된 질병인 천연두는 박멸된 반면, 쥐와 관련 설치류를 보균체로 인수공통질병인 페스트는 전 세계에서 결코 박멸되지 않을 것이다. 이 내용을 설명하라. 마을이나 도시와 같은 제한된 지역에서 페스트를 박멸할 수 있는 계획을 세워라. 보균체, 병원체 및 숙주를 포함하는 방법들을 고려해야 한다.
2. 천연두와 마찬가지로 HIV/AIDS는 알려진 방법으로 전파되고, 동물 보균체가 없기 때문에 전 세계적으로 제거될 수 있는 질병으로 간주할 수 있다. HIV 감염을 제거하는 것이 가능하지만, 천연두를 제거하는 것보다 왜 어려울 수 있나? 어떤 것들이 HIV 감염퇴치 프로그램에 있어야 하는가?
3. H5N1 조류 인플루엔자는 특정 상황에서 범세계적 전염병을 일으킬 가능성이 높다. 높은 전파성을 가진 인간-조류 균주가 아시아에서 진화했다면 국가보건 종사자의 관점에서 신종 인플루엔자가 미국에 전파되는 것을 막기 위해 어떤 조치를 취할 것인가? 새로운 바이러스의 억제가 실패했을 경우, 대도시지역 또는 중서부 농촌 지역 중 범세계적 인플루엔자의 첫 사례를 어디서 볼 것으로 기대하는가?

용어 해설

Acute infection (급성감염) 일반적으로 갑작스런 발병의 특성을 가진 단기 감염

Basic reproduction number (R_0) (기초 재생수) 완전한 감수성을 가진 집단에서 질병의 각 단일 건수로부터 예측되는 2차 전파자의 수

Biological (microbial) warfare [생물 (미생물)전] 전쟁이나 테러활동에서 시민이나 군인을 정상적인 활동을 못하게 하거나 죽이기 위한 생물제제 사용

Carrier (보균자) 증상을 나타내지 않을 정도로 감염되어 질병을 퍼뜨릴 수 있는 사람

Centers for Disease Control and Prevention (CDC) (질병통제예방센터) 질병의 경향을 찾아내고, 질병에 대한 정보를 대중이나 보건관리 전문가에게 제공하며, 질병예방과 중재에 관한 공중정책을 수립하는 미국 공중보건국의 한 기관

Chronic infection (만성감염) 장기간에 걸친 감염

Common-source epidemic (공통전염원 전염병) 식품이나 용수와 같은 공통오염원으로부터 다수의 사람이 감염 (또는 독소섭취)

Disability-adjusted life year (DALY) (장애적응수명) 질병부담의 정량적 측정으로 질병 자체, 질병으로 인한 장애 또는 조기 사망 등으로 인해 잃어버린 연수의 총합으로 정의

Disease surveillance (질병 감시) 질병의 관찰, 인지 및 질병발생시 보고하는 것

Emerging disease (출현성 질병) 최근 발생빈도가 증가되었거나 가까운 장래에 그 빈도가 증가할 것으로 우려되는 감염성 질병

Endemic disease (풍토병) 집단 내에서 일반적으로 적은 수로, 항상 상재하는 질병

Epidemic (전염병) 특정 국소 집단에 갑자기 많은 수의 사람에게 발병

Epidemiology (역학) 한 집단 내의 건강과 질병의 출현, 분포 및 결정요소를 연구하는 학문

Fomite (매개물) 살아 있는 병원체에 오염되어 숙주에 병원체를 전파할 수 있는 무생물체

Herd immunity (집단면역) 집단 내 다수의 면역결과로 인해서 생긴 특정 병원체에 대한 특정 집단의 저항력

Host-to-host epidemic (숙주 대 숙주 전염병) 사람과 사람 간 접촉의 결과로 초래되는 전염병으로 새로운 발병건수의 점진적인 증가와 감소가 특징적

Incidence (발생빈도) 주어진 기간 동안에 보고된 집단 내에서의 새로운 질병의 발병건수

Isolation (고립) 감염성 질병의 상황에서 감염성 질병에 걸린 사람들을 건강한 사람으로부터 분리

Morbidity (이환율) 집단 내에서의 아픈 사람의 발생빈도

Mortality (사망률) 집단 내에서의 사망에 이르는 발생빈도

Outbreak (창궐) 짧은 시간에 어떤 질병의 발생건수가 많이 발생하는 상황

Pandemic (범세계적 전염병) 전 세계적인 전염병

Prevalence (만연도) 주어진 기간 동안에 보고된 집단 내에서 새롭게 발병하거나 존재하는 질병건수의 전체 수

Public health (공중보건) 전체적인 집단의 건강

Quarantine (격리) 감염성 질병에 노출된 사람이 질병이 전개되는지를 관찰하기 위하여 그 사람의 고립과 활동 제한

Reemerging infection (재출현성 감염) 통제되고 있다고 생각되었던 것이 다시 새로운 전염병을 일으킴

Reservoir (보균체) 감염되었다고 생각되는 감수성이 있는 사람으로부터 유래된 감염체의 공급원

Vector (매개체) 병원체를 전파하는 살아 있는 운반체 (12장에서 다룬 유전적 벡터와는 다름)

Vehicle (운반체) 다수의 사람들에게 병원체를 전파하는 무생물적인 병원체 공급원; 식품이나 물이 일반적인 운반체임

Virulence (독성) 병원체가 질병을 유발하는 상대적인 능력

Zoonosis (인수공통전염병) 원래 동물에 일어나는 질병이지만 사람에게도 전파될 수 있는 질병

사람에서 사람으로 전파되는 세균 및 바이러스성 질병

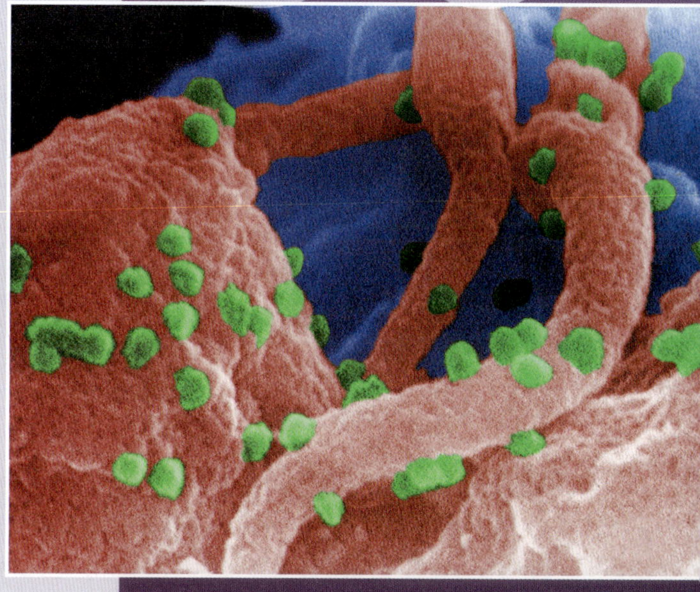

현재의 미생물학

AIDS에 대항하는 새로운 무기?

1981년에 처음으로 전염될 수 있는 질병임이 밝혀진 지 수십 년이 지났음에도 후천성면역결핍증후군(acquired immunodeficiency syndrome, AIDS)은 여전히 주요 인간질병으로 남아 있다. 전 세계적으로 거의 8천만 명의 사람들이 AIDS 원인균인 인간면역결핍바이러스(human immunodeficiency virus, HIV)로 감염되었고, AIDS와 연관된 질환으로 매년 110만 명 이상이 사망하고 있다.

효과적인 백신들이 개발된 바이러스성 질병들의 목록이 긴데, 독감, 천연두, 홍역, 황열, 그리고 광견병 등이 포함되어 있다. 그러나 지금까지 효과적인 인간 HIV 백신은 개발된 적이 없다. 그 이유 중 하나는 HIV가 CD4 T림프구라는 주요 면역세포를 공격하여 그 세포를 바이러스 생산 공장으로 변형시키면서 (옆의 색을 입힌 주사전자현미경 사진에서 녹색의 HIV 바이러스 입자들이 분홍색 CD4 림프구 밖으로 뚫고 나오려고 함), 동시에 CD4 T 세포 분열을 멈추게 한다. 이렇게 점차적으로 CD4 T 세포 수가 줄어들면서 HIV에 감염된 사람들이 기회성 병원균의 공격에 대항할 수 없게 해 결국 죽음에 이르게 한다.

일부 HIV에 감염된 사람들은 오랫동안—수십 년까지도—건강하게 생존한다. 이런 사람들은 계속 HIV 양성임에도 CD4 T 세포 수준이 적정하게 유지된다. 최근 이런 사람들에 대한 연구 결과 이들이 보통 사람들과는 다른 면역 프로필을 갖고 있음을 밝혀졌는데, 그들은 특별한 종류의 항체로 광범위 중화항체(bnAbs)라고 불리는 항 HIV 항체를 만든다. 이러한 항체들은 HIV 수를 낮게 유지하는 방법으로 AIDS의 진행을 억제한다. 그러나 bnAbs를 만드는 사람들 중 상당수가 자가 항체(autoantibody; 자신이 갖고 있는 항원을 공격하는 항체)를 만들고, 조절 T 세포(Treg; 면역반응을 조정하고 자기 항원에 대한 내성을 유지시켜 주는 T 세포) 숫자가 줄어드는 것으로 나타났다. 이러한 발견은 AIDS와 싸울 수 있는 새로운 전략을 가능하게 한다.

B 림프구들은 항체를 생산하는 면역세포들인데, B 세포 활성은 Treg 세포에 의해 조절된다. Treg 세포 수준이 낮기 때문에 bnAb를 만드는 HIV 감염자들은 B 세포 공급원이 덜 조절되고 있다고 사료된다. 여기에는 항 HIV bnAb 같은 도움이 되는 것도 있지만, 자가 항체들 같이 바람직하지 않은 항체들도 포함된다. 그러나 만약에 항 HIV bnAbs가 없는 HIV 감염자의 Treg 세포 활성을 강화시킬 수 있는 백신을 개발할 수 있다면, 감염자들이 도움이 되는 항체들을 만들 수 있도록 촉진시킬 수 있어 AIDS에 대항할 수 있는 새로운 무기가 될 것이다.

출처: Moody, M.A. et al. 2016. Immune perturbations in HIV-1-infected individuals who make broadly neutralizing antibodies. *Science Immunology 1*, aag0851.

수백만 종의 미생물들이 자연계에 존재하고 있지만 그 중 몇백 종만이 질병을 일으킨다. 이 장과 다음 세 개 장에서는 매우 중요한 미생물 세계의 일부 그룹에 초점을 맞추고자 한다. 우리는 병원균 생물학뿐만 아니라 진단, 치료, 그리고 예방을 포함하여 그들이 야기하는 질병들을 연구한다.

감염성 질환 부분은 각 병원균들이 전파 방식(*mode of transmission*)을 중심으로 설명되어 있다. 다른 원인체들의 생물학에서 분명히 강조되겠지만, 감염성 질병의 범위에 대한 생태학적 접근은 다른 미생물에 의해 야기되는 질병을 연관시키는 가장 중요한 특징을 강조한다. 따라서 결핵과 인플루엔자는 각각 세균과 바이러스에 의해 발생하지만, 두 질병은 공기 중으로 방출되어 사람에서 사람으로 전파된다.

이 장에서 우리는 질병들이 공기나 직접적인 접촉을 통하여 사람에게서 사람에게 어떻게 전파되는지를 다룬다. 31장과 32장에서는 동물, 절지동물 매개동물을 통해 전파되는 질병들과 물이나 식품과 같은 흔한 병소를 통해 야기되는 질병들을 각각 다룬다. 33장에서는 균류와 기생성 감염 등 진핵미생물에 의해 야기되는 질병들을 검토하고자 한다.

I • 공기매개 세균성 질병

전세계적으로 급성 호흡기 감염증으로 매년 4백만 명 이상의 사람들이 주로 저개발 국가에서 사망한다. 대부분의 희생자들은 어린이와 노인들이지만, 대체로 호흡기 감염증들은 모든 인체 질병들 중 가장 흔한 질병이다. 주로 재채기로 분출되지만, 기침이나 대화 혹은 호흡 등으로도 분출되는 분무는 사람에서 사람으로 전파되는 많은 전염성 감염에 중요한 역할을 한다 (**그림 30.1**). 직접적으로 다른 숙주를 감염시키는 것 외에도 분무 중의 감염성 점액들은 문의 손잡이 같은 물체들도 오염시킬 수 있어서 분무가 사라진 다음에도 감염될 수 있다. 공기매개 병원균들은 단순하지만 매우 효율적인 숙주 감염 방법을 개발하기 때문에 이러 방식으로 호흡기 질병들은 빠르게 퍼지게 되며 특히 복잡한 곳에서 더욱 빠르게 퍼지게 된다.

30.1 공기매개 병원균

공기 중의 미생물들은 토양, 물, 식물, 동물, 사람 또는 다른 곳으로부터 유래한다. 실외 공기에는 흙에서 유래한 미생물들이 많다. 대부분의 미생물들은 공기 중에서 잘 생존하지 못한다. 그 결과, 공기매개 병원균들은 짧은 거리에 있는 사람들 사이에만 효과적으로 전달된다. 그러나 어떤 병원균들은 건조한 상태에서도 매우 잘 생존하여 오랜 기간 먼지 속에서 살 수 있다. 일반적으로 그람-양성 세균 (*Staphylococcus, Streptococcus*)이 그람-음성 세균보다 세포벽이 두껍고 단단하기 때문에 건조한 상태에서 더 오래 견딘다. 이와 비슷하게 왁스 층을 갖고 있는 *Mycobacterium*의 세포벽도 마찬가지로 건조한 상태를 잘 견디면서 생장하며 대표적으로 *Mycobacterium tuberculosis*를 들 수 있다.

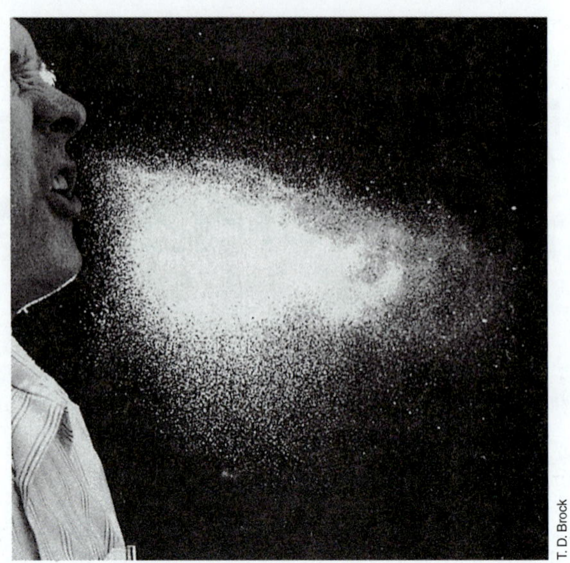

그림 30.1 재채기의 고속촬영 사진. 유출물이 324 km/s (200 마일/초) 이상으로 튀어나옴.

재채기하는 동안 많은 수의 작은 침방울 (비말)들이 분출된다 (그림 30.1). 전염성 비말은 지름이 10 μm 가량이며 각각 1~2개의 세균이나 바이러스 입자를 갖고 있다. 재채기하는 동안 비말의 초기 이동속도는 약 100 m/초 (325 km/시간 이상)이며, 기침을 하거나 크게 이야기할 때에는 15~50 m/초 정도가 된다. 한 번 재채기할 때 방출되는 세균 수는 10^4~10^6 정도로 다양하다. 비말들은 크기가 작기 때문에 수분은 공기 중에서 빨리 증발되고 세균 세포가 들어있는 건조한 점액질만 남게 된다.

인체 호흡기는 상기도와 하기도로 나뉘고, 특정 공기매개 병원균들은 둘 중 한 부위 혹은 가끔은 두 부위 모두에 침투한다 (**그림 30.2**). 공기가 기도관을 이동하는 속도는 다양한데, 하기도 관에서는 매우 느리게 이동한다. 유속이 떨어지면 공기 내 입자는 이동을 멈추고 가라앉게 되는데 큰 입자가 먼저, 그리고 작은 입자는 나중에 정착한다. 폐의 세기관지에는 3 μm 이하의 입자만이 존재한다 (그림 30.2).

감기와 같은 상기도 감염은 대체로 급성이고 생명을 위협하지는 않는다. 대조적으로, 세균성 혹은 바이러스성 폐렴과 같은 하기도 감염은 종종 만성적이고 특별히 노인들이나 면역력이 손상된 사람들에게 상당히 위험할 수 있다. 또한 대부분의 흔한 호흡기 감염증들은 평소 건강한 사람들에게는 큰 문제가 되지 않기는 하지만, 생명을 위협할 수 있는 2차 감염(*secondary infections*)이 가능한 상태를 만들 수도 있다. 예를 들어, 심한 인플루엔자를 앓는 노인이 폐렴을 일으켜 사망에 이르게 되는 경우가 드물지 않다.

대부분의 인체 호흡기 병원균들은 사람들이 그러한 병원균의 유일한 보유자들이기 때문에 사람과 사람 간에 전파된다. 그러나 연쇄상구균, 감기 바이러스, 인플루엔자와 같은 호흡기성 병원균들은 직접적인 접촉 (예, 악수)이나 매개물을 통해서 전파될 수 있다. 호흡기 감염증들을 정확하고 신속하게 진단하고 치료하는 방법이 임

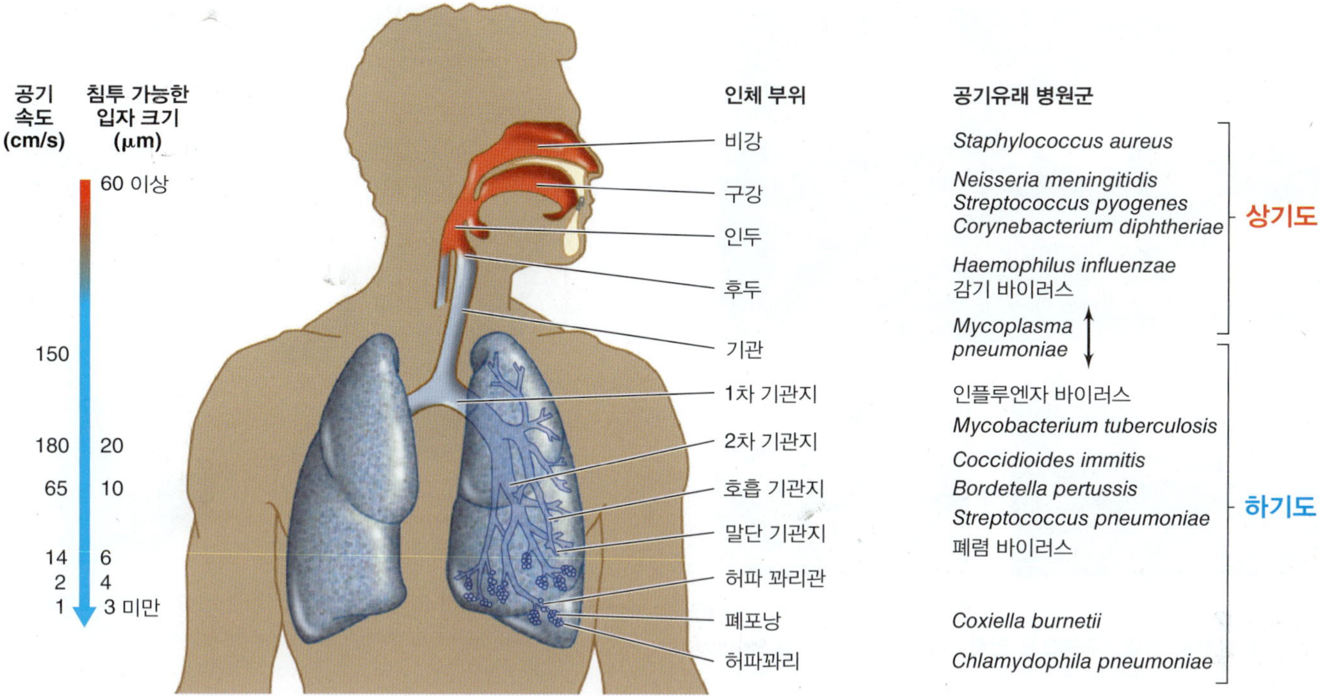

그림 30.2 사람의 호흡계. 열거된 미생물들은 일반적으로 표시된 부위에서 감염을 시작한다. 호흡계 그림과 연관된 왼편의 눈금은 대략적으로 입자들이 유입되어 머물게 되는 곳을 나타내는 것으로 그들의 크기와 공기 속도로 결정되었다.

상적으로 잘 갖춰져 있어서 만약 제대로 처치한다면 감염자의 피해를 최소화할 수 있다. 공기를 통해서 전염되는 많은 세균 및 바이러스 병원균들은 예방주사로 제어될 수 있고, 대부분의 세균성 호흡기 병원균은 항생제로 잘 치료될 수 있다. 그러나 항바이러스 치료제는 많지 않아서 바이러스 감염증은 거의 면역 반응에 의해 회복된다.

미니퀴즈

- 호흡기 병원균들은 왜 효과적인 전파 수단을 개발했다고 말할 수 있는가?
- 상기도에서 더 많이 발견되는 병원균을 밝혀라. 또한 하기도에서 더 많이 발견되는 병원균들을 밝혀라.

30.2 연쇄상구균성 증후군

연쇄상구균들인 *Streptococcus pyogenes* (**그림 30.3**)와 *S. pneumoniae*는 중요한 인체 호흡기 병원균으로 둘 다 호흡경로를 통해서 전파된다. 연쇄상구균(streptococci)은 내생포자를 형성하지 않고, 동형젖산발효를 수행하며 내산소성의 혐기성 그람-양성 구균이다 (16.6절). *S. pyogenes* 세포들은 (그림 30.3) 같은 속의 다른 종들처럼 특징적인 기다란 사슬형태로 생장하고, 병원성 균주들은 상당량의 다당류 캡슐을 형성한다 (그림 30.11). 병원성 연쇄상구균 균주들은 인체나 온열 동물들에게 악성의 화농성 상처를 유발시킨다 (**그림 30.4**, 그림 30.10 참조). 그러나 이외에도, 이보다는 덜 심각한 다른 많은 증상들이 연쇄상구균 감염에 의해 나타난다.

Streptococcus pyogenes

S. pyogenes (그림 30.3)는 A 그룹 *Streptococcus* (GAS)라고도 불리는데 흔히 건강한 어른의 상기도관에서 분리된다. 숙주의 방어 기작이 약화되거나 독성이 강한 새로운 균주가 도입되면 세포 수가 작더라도, 심각한 감염증이 유발될 수 있다.

*S. pyogenes*는 소위 패혈성 인두염(strep throat)이라고 하는 연쇄상구균성 인두염을 일으킨다 (**그림 30.5**). 대부분의 *S. pyogenes* 임상 분리주들은 외독소를 생산하며 (25.6절과 25.7절), 이들이 적혈구를 용해시켜 β-용혈(*β-hemolysis*) (그림 30.4*b* 및 그림 30.8 참조)을 일으킨다. 연쇄상구균성 인두염은 편도선이 붓고, 연

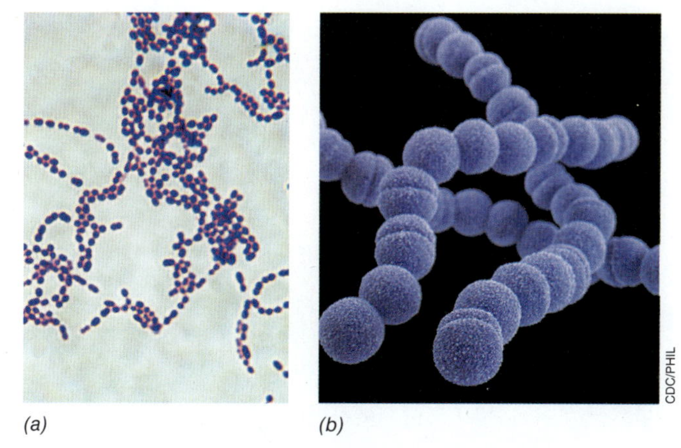

그림 30.3 *Streptococcus pyogenes*. *(a)* 그람염색된 *Streptococcus pyogenes* 세포들. 세포들은 사슬형태로 자라고 그 크기는 지름이 0.6~1 μm이다. *(b)* 컴퓨터로 재생된 *S. pyogenes* 세포의 주사전자현미경 사진.

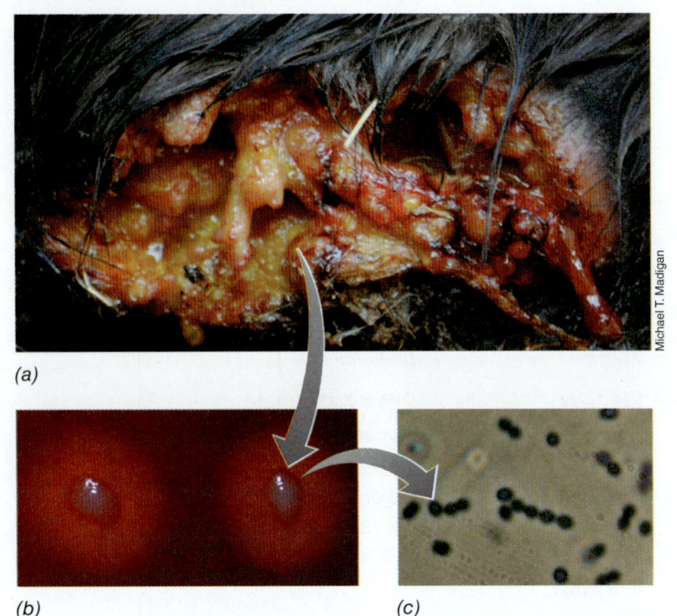

그림 30.4 β-용혈성 연쇄상구균으로 인한 고름-형성 상처. (a) *Streptococcus equi*로 감염된 말의 침샘의 고름과 응고된 혈액 (침샘이 감염으로 터졌음). (b) 혈액배지 상에서 β-용혈현상을 보이는 *S. equi* 세포들 (그림 30.8과 비교하라.) (c) *S. equi* 세포들의 위상차현미경 사진. 세포들은 지름이 1 μm이다.

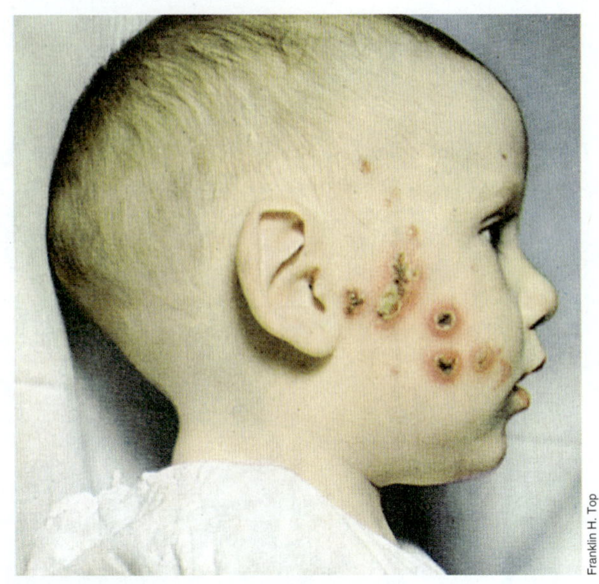

그림 30.6 전형전인 농가진 병변. 농가진은 흔히 *Streptococcus pyogenes* 혹은 *Staphylococcus aureus*에 의해 발생된다.

구개에 붉은 반점이 나타나며 (그림 30.5), 기도 림프절이 물러지고, 미열과 전신 피로감 등을 수반한다. *S. pyogenes*는 중이염(*otitis media*)과 유방염(*mastitis*), 그리고 농가진(*impetigo*)이라는 피부 감염증 (**그림 30.6**), 급성 연쇄상구균성 피부 감염증인 단독(*erysipelas*) (**그림 30.7**) 등을 일으키며, 연쇄상구균성 감염증의 후유증에 연관된 다른 증상들이 나타나게 된다.

증상이 심각한 인두염 환자들 중 약 절반은 *S. pyogenes*에 의해 감염된 환자였고 나머지는 바이러스가 원인인 것으로 밝혀졌다. 이 때문에 정확하고 신속한 진단이 중요하다. 만약 인두염이 *S. pyogenes* 감염이라며, 치료하지 않고 방치할 때 성홍열, 류마티스열, 급성 사구체신염, 연쇄상구균성 독소충격 증후군 등 심각한 연쇄상구균성 증후군으로 발전할 수 있기 때문에 즉시 치료받는 것이 중요하다. 반면에 바이러스성 인두염인 경우에는 항생제 치료가 소용없을 것이고, 오히려 정상균총을 이루는 미생물들에게 항생제 저항성만 갖게 할 것이다.

인두염을 신속하게 진단할 수 있는 방법들이 많고, 1차 의료기관에서 통상적으로 사용되고 있다. 이러한 방법들 중에 특별히 *S. pyogenes* 세포 표면 단백질에 대한 항체들을 사용하는 신속한 항원 검색법이 있다 (28.7절). 더 민감하고 정확한 확진은 인두나 기타 다른 의심되는 병소에서 시료를 취하여 혈액 고체배지에 *S. pyogenes*를 실제로 배양하는 하는 것이다 (**그림 30.8**). 그러나 신속한

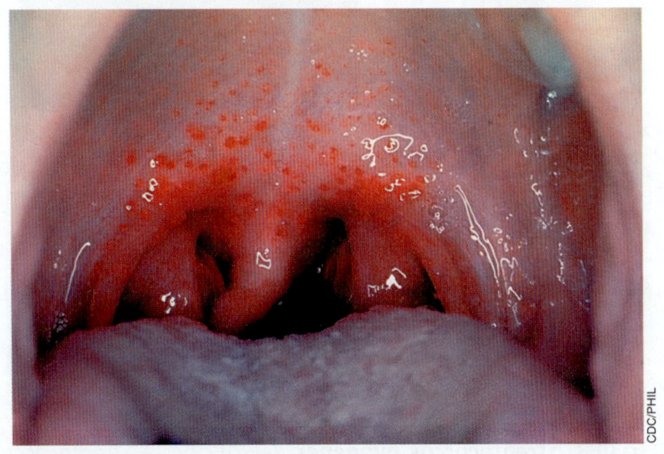

그림 30.5 *Streptococcus pyogenes*에 의한 인두염 사례. 전형적인 연쇄상구균성 인두염으로 목 뒷부분에 염증이 발생되어 작은 빨간 점들이 보인다.

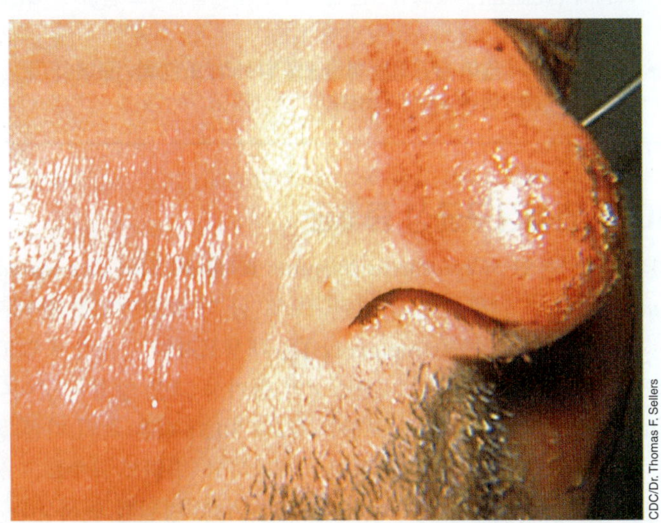

그림 30.7 단독. 단독은 피부에 *Streprococcus pyogenes*이 감염된 것이다. 이 사진에서 보여주는 것은 코와 뺨에 감염된 것으로 발진과 감염의 뚜렷한 경계로 특징지어진다. 다른 흔하게 감염되는 인체 부위는 귀와 다리이다.

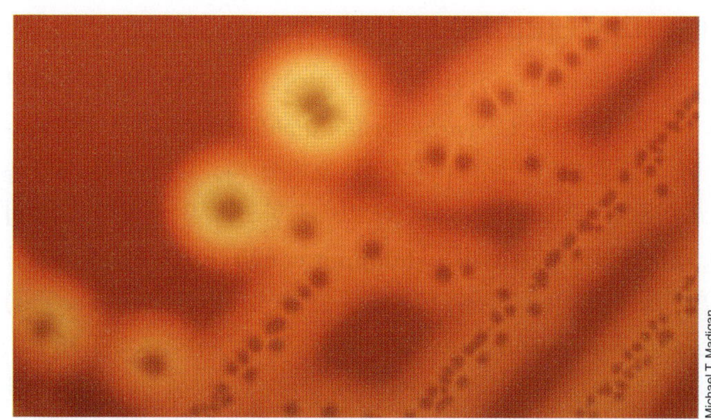

그림 30.8 β-용혈현상. 세균이 혈액배지 상에서 적혈구를 터뜨려 집락 주위에 투명환을 형성하는 것은 β-용혈독소 단백질을 분비한다는 것을 뜻한다. 그림 25.16*a*와 30.4*b* 참조.

시험법과는 달리 인두 시료의 배양 결과를 얻는데 48시간이 걸리고 치료가 지체되면 우리가 염려하는 대로 부작용이 생길 수 있다.

성홍열, 류마티스열 및 기타 GAS 증상들

어떤 GAS 균주들은 용원성 박테리오파아지를 갖고 있는데, 이것은 연쇄상구균성 외독소 A (SpeA), SpeB, SpeC 및 SpeF를 만든다. 이러한 외독소들은 연쇄상구균성 독소충격증후군(*streptococcal toxic shock syndrome*)과 **성홍열(scarlet fever)** 증상을 일으킨다 (**그림 30.9**). 연쇄상구균의 Spe 외독소들은 슈퍼항원(superantigen)으로 상당수의 T 세포를 감염된 조직으로 모이게 한다 (25.6절 및 27.10절). 독소충격은 활성화된 T 세포들이 사이토카인들을 분비함으로써 많은 수의 대식세포와 호중구들을 활성화시키고, 이로 인해 심각한 감염과 조직파괴가 일어나는 것이다.

성홍열은 심각한 인후통, 열 및 특징적인 발진 등을 수반하는데 (그림 30.9), 항생제로 쉽게 치료되거나 자기 한정형일 수 있다. 그러나 성홍열의 경우 몇 가지 바람직하지 않은 증상이 나타날 수 있기 때문에 항상 치료가 권장된다. 때때로 GAS는 피하층 감염인 봉와직염(cellululitis) 및 피하조직, 근육, 지방의 파괴를 빠르게 진행시키는 괴사성 근막염(*necrotizing fasciitis*)과 같은 전격성 전신감염을 유발하기도 한다 (**그림 30.10**). 이러한 괴사성 근막염은 "살을 먹는 세균(flesh-eating bacteria)"에 의해 나타나는 증상의 임상적 용어이다. 이 경우에 연쇄상구균 표면 M 단백질뿐만 아니라 SpeA와 SpeB, SpeC, 그리고 SpeF가 슈퍼항원으로 작용한다. 이러한 질병들은 염증과 광범위한 조직괴사를 일으키고 치명적일 수 있다 (그림 30.10).

S. pyogenes 감염을 방치하거나 충분히 치료하지 않으면 감염된 후 약 1~4주 정도에 발생하는 다른 심각한 증상으로 이어지는 경우도 있다. 예를 들어, 침투한 병원균에 대한 면역반응으로 심장, 관절, 신장에 있는 숙주 조직 항원과 결합하는 항체들이 생산되어 이러한 조직들이 손상된다. 이러한 증후군 중 가장 심각한 것이 류마티스성(*rheumatogenic*) *S. pyogenes* 균주에 의해서 발생되는 **류마티스열(rheumatic fever)**이다. 이 균주들은 심판막 및 관절 단백질과 유사한 표면항원을 갖고 있다. 따라서 류마티스열은 연쇄상구균의 항원에 대한 항체로 심판막과 관절 항원을 반응시키는 자기면역질환(*autoimmune disease*)의 일종이다 (27.9절). 이러한 손상은 영구적이며 재차 감염될 경우 류마티스열 증상이 악화되기도 한다. 또 다른 비화농성 연쇄상구균 감염 후 질병으로 신장에 심한 통증을 일으키는 급성 사구체신염(*acute poststreptococcal glomerulonephritis*)을 들 수 있다. 이 "면역복합(immune complex)" 질병은 연쇄상구균성 항원-항체 복합체가 혈류 속에 생성되어 일시적으로 발생된다. 이들 면역복합체는 사구체 (신장 여과막)에 쌓여 심한 통증을 동반하는 신장염(*nephritis*)을 일으킨다.

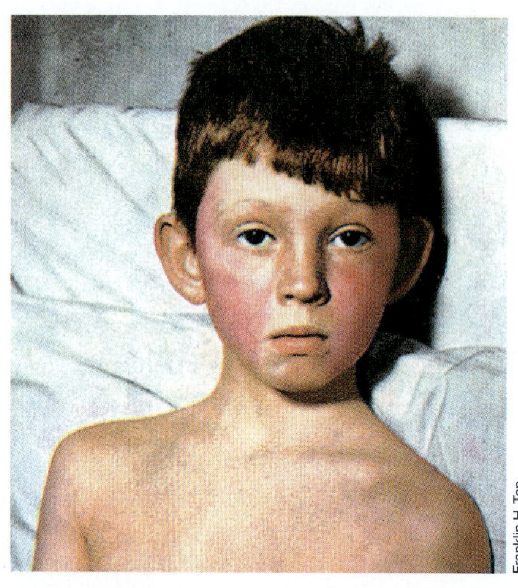

그림 30.9 성홍열. 성홍열의 전형적인 발진은 *Streptococcus pyogenes*가 생산하는 발적독소의 작용으로 발생한다.

Streptococcus pneumoniae

두 번째 주요 병원성 연쇄상구균 종인 *Streptococcus pneumoniae* (**그림 30.11**)는 폐에 침투하여 질병을 일으키는데, 이는 주로 다른 호흡기 질병으로 인해 이차적으로 발생한다. 캡슐에 싸여 있는 *S.*

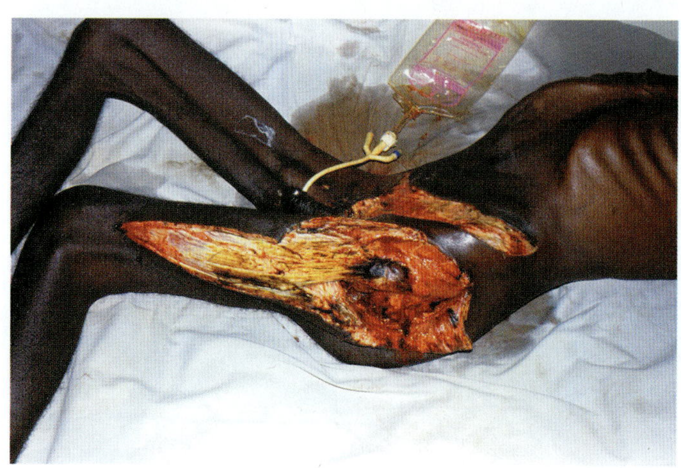

그림 30.10 괴사성 근막염 (육식 세균). *Streptococcus pyogenes* 그룹 A에 의한 엉덩이와 허벅지의 연조직 감염. 감염으로 팔의 살이 분리되어 근막과 감염된 내부조직이 드러났다.

단원 7

pneumoniae (그림 30.11; 그림 25.4)는 매우 침투력이 강해서 특히 병원성이 크다. 이 세균은 캡슐 때문에 식균 작용을 피할 수 있어서 폐의 폐포 조직 (하부기도)에 침입하여 숙주의 강력한 염증 반응을 유발시킨다. 식세포와 액체가 축적되어 폐렴(*pneumonia*)이라고 하는 폐 기능 감소를 초래할 수 있으며, *S. pneunomiae*은 감염 부위로부터 균혈증으로 확산될 수 있고 뼈와 내이 감염 또는 심내막염(endocarditis)을 초래하기도 한다. 이 균으로 인한 감염은 종종 노령자들이 "호흡 곤란(respiratory failure)"으로 사망하게 되는 원인이 된다.

*S. pyogenes*와는 달리 보통 *S. pneunomiae* 균주들에 의한 감염을 예방할 수 있는 효과적인 백신들이 개발되어 있다. 한 성인용 백신은 흔히 문제를 일으키는 병원성 균주들로부터 분리한 23종의 캡슐 다당류를 혼합하여 만들었다 (그림 30.11). 이 백신은 60세 이상의 노약자, 의료 종사자, 면역질환자, 그리고 호흡기 감염이 잘 발생되는 사람들에게 추천되고 있다. 새로운 백신인 PREVNAR 13®은 전통백신을 업데이트한 것으로 오늘날 가장 흔하게 볼 수 있는 13가지의 *S. pneumoniae* 균주에 대하여 효과적이며 50세 이상의 성인에게 권장된다.

S. pneunomiae 감염증은 일반적으로 페니실린 치료로 쉽게 제어되지만 30% 정도의 병원성 분리균주들이 이 항생제에 저항성을 보이고 있다. 지금까지 분리된 균주들 중 일부만 에리스로마이신(erythromycin)과 세포탁심(cefotaxime)에 저항성을 보이며 모든 균주들은 항생제 내성이 만연한 폐렴 및 몇 가지 세균성 질병 치료에 사용되고 있는 반코마이신(vancomycin)에 민감하다 (28.12절).

미니퀴즈

- *Streptococcus pyogenes* 감염이 어떻게 류마티스열을 유발하는가?
- *Streptococcus pneumoniae*의 1차적 병원성 인자는 무엇인가?

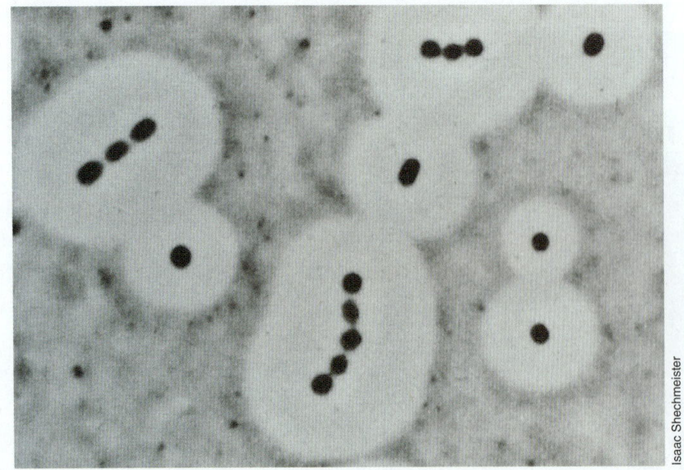

Isaac Shechmeister

그림 30.11 ***Streptococcus pneumoniae*.** 인디아 잉크로 음성 염색된 *Streptococcus pneumoniae* 세포들. 세포를 둘러싸고 있는 커다란 협막은 지름이 약 1.0~1.2 μm이다.

30.3 디프테리아와 백일해

디프테리아는 대체로 어린이들에게 일어나는 심각한 호흡기 질병이다. 디프테리아는 *Corynebacterium diphtheriae*에 의해 발병되는데 이 세균은 그람 양성, 비운동성, 호기성 세균으로 곤봉 모양을 갖고 있으며 혈액배지 상에서 작고 매끈한 집락을 형성한다 (**그림 30.12**). **백일해(pertussis, whooping cough**라고도 함)는 심각한 호흡기성 질병인데, 작은 그람-음성 호기성 구간균(coccobacillus)인 *Bordeterlla pertussis*로 인한 감염으로 발병된다 (그림 30.14). 백일해는 대부분 어린이에게서 발병되지만 누구에게라도 심각한 호흡기성 질병을 유발시킬 수 있다. 이 질병은 백신 예방과 항생제 치료가 가능하다.

디프테리아

C. diphtheriae 세포 (그림 30.12*a*)는 공기매개 비말로 숙주에 침입하여 인두나 편도선에 감염된다. *C. diphtheriae* 감염에 대해 인두 조직은 가성막(*pseudomembrane*)이라고 하는 특징적인 병소를 형성하여 반응하는데 (**그림 30.13*a***), 이것은 손상된 숙주 세포와 *C. diphtheriae* 세포로 구성되어 있다 (그림 30.13*b*). 모든 *C. diphtheriae* 균주들이 디프테리아를 일으키지는 않는다. *C. diphtheriae*의 일부 병원성 균주들은 용원성 박테리오파아지를 갖고 있는데 그것의 유전체에 강력한 외독소인 디프테리아 독소(*diththeria toxin*) 유전자를 갖고 있다. 이 독소는 진핵세포의 단백질 합성을 억제하여 그 세포를 죽인다 (그림 25.12). 독소가 흡수되어 죽은 조직 때문에 환자의 인후에 가성막이 생기게 된다. 가성막은 공기흐름을 방해하기도 하며, 디프테리아에 의한 사망은 부분적인 질식과 외독소에 의한 조직파괴의 복합적인 결과로 일어난다. 인두에서 *C. diphtheriae*가 분리되면 디프테리아로 진단된다. 후두 혹은 인두에서 취한 샘플을 텔루라이트(tellurite)를 포함하는 혈액 고체배지 (그림 30.12*b*) 혹은 선택배지로 대부분의 호흡기성 병원균의 생장을 억제하는 로플러 배지(Loeffler's medium)에 접종하여 진단한다.

디프테리아는 매우 효과적인 변성독소(toxoid) 백신으로 예방될 수 있다. 디프테리아 변성독소는 디프테리아, 파상풍, 비세포성 백

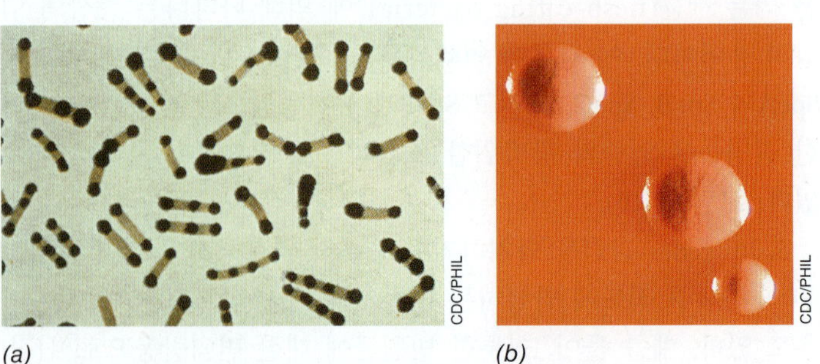

그림 30.12 ***Corynebacterium*과 디프테리아.** *(a)* 전형적인 곤봉 모양의 *Corynebacterium diphtheriae* 세포들. 그람-양성 세포들은 지름이 0.5~1.0 μm이고 길이는 수 μm이다. *(b)* 선택배지인 텔루라이트가 포함된 혈액고체배지 상에서 생장한 *C. diphtheriae* 집락들.

단원 7

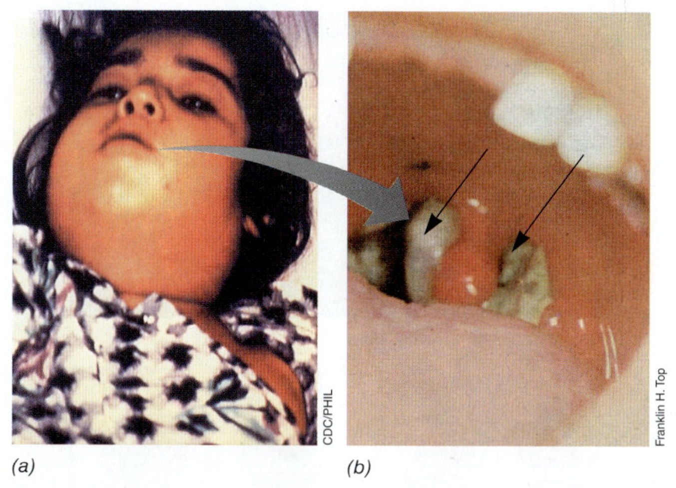

그림 30.13 디프테리아. *(a)* 목이 붓는 것이 디프테리아의 흔한 증상이다. *(b)* 디프테리아 사례에서 형성된 위막 (화살표)은 공기흐름과 팽윤을 제한하고 심각한 인두통과 관련이 있다.

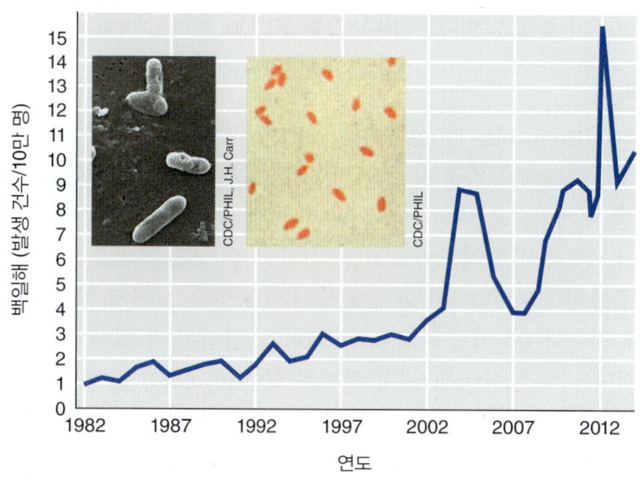

그림 30.14 *Bordetella*와 백일해. 간구균 모양의 *B. pertussis* 세포들은 지름이 0.2~0.5 μm이고 길이는 약 1.0 μm이다. 백일해 발생 건수가 2007년 이래로 상승세를 보이고 있다. 자료는 질병관리예방센터에 따른 것이다. 삽화: 왼편, *Bordetella* 세포들의 주사전자현미경 사진; 오른편, 그람 염색된 *B. pertussis* 세포들.

일해의 백신인 *DTaP* (*d*iphtheria, *t*etanus, *a*cellular *p*ertussis) 백신의 일부이다 (28.9절). 디프테리아는 이 백신이 널리 사용되고 있는 선진국에서는 거의 발생하지 않는다. 일반적으로 페니실린, 에리스로마이신 또는 젠타마이신이 디프테리아균의 생장 및 독소 생산을 효과적으로 억제할 수 있으나, 생명이 위험한 경우에는 디프테리아 항독소 (말에서 생산된 항혈청)와 항생제 치료를 병행하기도 한다.

백일해

백일해는 매우 전염성이 높은 호흡기 질병이다. 생후 6개월 미만의 유아들은 너무 어려서 백신 접종을 효과적으로 받기 어렵기 때문에 이 질병에 가장 잘 걸리고 또 그 증상도 심각한 경우가 많다. *B. pertussis* (**그림 30.14**)는 상기도의 세포들에 흡착되어 백일해 외독소(*pertussis exotoxin*)를 분비한다. 이 단백질 독소는 cyclic adenosine monophosphate (cyclic AMP; 그림 6.13) 합성을 유도하는데, 이 물질은 숙주 조직을 손상시키는데 부분적으로 기여하게 된다. *B. pertussis*는 또한 일부 백일해의 증상을 유발할 수 있는 내독소 (25.8절)를 생성한다. 임상적으로 백일해는 대개 6주 정도까지 지속되는 반복적이고 돌발적인 기침이 특징이다. 이 경련성 기침 때문에 질병의 이름이 생겼으며 쌕쌕하는 소리는 충분한 공기를 들이키기 위해 깊이 숨을 들이쉴 때 난다.

세계적으로 매년 5,000만 건 정도의 백일해 사례와 250,000명의 사망자가 대부분 개발도상국에서 보고되고 있다. *B. pertussis*는 세계 전반에 걸쳐 지역적으로 발생하는 유행병으로 부적절한 백신 접종 때문에 선진국에서도 문제가 되고 있다. 미국에서 1980년대부터 *B. pertussis* 감염이 꾸준히 증가하는 경향이 있던 중 2005년, 2010년, 2012년에 급증하였는데 (그림 30.14), 상당수가 20세 미만의 청소년들이었다. 2014년에는 미국에서 거의 33,000건의 백일해가 발생하여 13명이 사망하였으며, 4세 미만의 어린이는 2명이 사망하였다. 백일해는 전형적인 지역적 유행병으로 인구집단의 면역력이 떨어지고 백일해균에 노출되면 주기적으로 발생이 증가된다. 느슨한 예방접종 정책과 백일해가 디프테리아보다 훨씬 더 흔한 질병이라는 사실들이 최근 백일해 발생 건수가 전반적으로 증가하게 된 원인으로 작용한 것 같다.

백일해는 앰피실린, 테트라사이클린, 그리고 에리스로마이신으로 치료할 수 있지만, 이러한 항생제 투여만으로 완치되는 것 같지는 않다. 백일해를 앓고 있는 환자는 항생제 치료를 시작한 후 2주 정도까지도 감염성이 있는 것으로 보아, *B. pertussis*를 인체에서 제거하는데 항생제보다 면역방어 기작이 더 중요한 것으로 여겨진다.

미니퀴즈

- 디프테리아와 백일해의 증상을 비교 설명하라.
- 어떤 인구집단 내의 최근 백일해 발생 건수를 감소시킬 수 있는 방법은 무엇인가?

30.4 결핵과 나병

결핵은 그람-양성이면서 항산성 간균인 *Mycobacterium tuberculosis*에 의해서 발병된다. 유명한 병원 미생물학의 창시자이며 미생물학계의 선구자인 Robert Koch가 1882년에 결핵의 원인체인 *M. tuberculosis*를 분리하고 기술하였다 (1.10절). 유사한 *Mycobacterium* 종인 *Mycobacterium leprae*는 나병 (한센병)을 일으킨다. 모든 mycobacteria가 나타내는 항산성은 세포벽의 왁스와 같은 마이콜산(mycolic acid) 때문에 생기는 것이다 (16.11절). 모든 mycobacteria는 마이콜산으로 인해 3% 염산을 포함하는 알코올로 수세한 뒤에도 빨간색 염료인 카르볼훅신(carbol-fuchsin)을 함유하게 된다. *M. tuberculosis* 집락은 평판배지 상에서 느리게 생장하고 고유의 주름진 형태를 띤다 (**그림 30.15**).

결핵

결핵(tuberculosis, TB)은 호흡기 경로를 통해서 전파되는데 한때, 결핵이 사람에게 가장 중요한 감염성 질환인 시기가 있었다. 지금도 전 세계적으로 매년 150만 명 이상이 결핵으로 사망한다. 대부분 세포매개성 면역 (27.9절)이 감염 후 질병 유발을 방지하는데 중요한 역할을 하기 때문에 별다른 증상은 보이지 않지만, 전 세계 인구의 1/3 가량이 *M. tuerculosis*로 감염된 바 있다.

결핵은 여러 형태가 있다. 결핵은 일차(*primary*) 감염 (초기 감염)과 일차후(*postprimary*) 감염 (또는 재감염)으로 구분할 수 있다. 일차성 감염은 주로 활동성 호흡기 결핵을 앓고 있는 사람으로부터 살아 있는 세균을 포함하는 비말을 흡입함으로써 발생하고, 그 후 흡입된 세균은 폐에 정착하여 생장한다. 숙주는 *M. tuberculosis*에 대해 면역반응을 보여 활성화된 식세포의 응집체인 결절을 형성한다. 결핵을 앓고 있는 사람들의 가래에서 세균들이 관찰되고, 파괴된 조직들은 흉부 X-선 촬영으로 관찰될 수 있다 (**그림 30.16**). Mycobacteria는 종종 면역반응이 지속되고 있음에도 불구하고 식세포 속에서 생존하여 증식하고, 만약에 이 질병이 잘 제어되지 않으면 광범위한 폐조직 파괴가 일어날 수 있다. 결핵이 이러한 상태에 이르게 되면 치명적인 폐 감염증이 된다.

그러나 *M. tuberculosis*에 감염된 대부분의 사람들에게서 뚜렷한 급성감염은 발생되지 않고 아무런 증상이 관찰되지 않는다. 그렇더라도 그러한 감염으로 환자들은 세균이나 그 산물들에 대해 과민반응을 일으키게 되고, 대체로 다음번 결핵감염에 대해 환자들을 보호한다. **투베르클린 반응 검사(tuberculin test)**라고 하는 피부 진단방법으로 이러한 과민반응을 검색할 수 있는데 (그림 27.27), 많은 건강한 성인들은 과거나 현재의 불현성 감염으로 인해 투베르클린-양성반응(*tuberculin-positive*)을 보인다. 대부분의 경우, 세포매개성 면역은 방어적이고 나머지 생애 기간 동안 지속된다. 그러나 일부 양성반응을 보인 환자들은 외부로부터의 재감염이나 폐 대식세포에 수년간 살아 있었지만 휴면상태로 있던 세균이 다시 활성화되어서 일차후성 결핵 증상을 보이게 된다. 결핵 감염의 잠복성 때문에, 투베르클린 양성인 사람들은 일반적으로 모든 결핵균이 사멸되었다는 것을 확실하게 하기 위해서 항-결핵약품으로 장기간 치료한다.

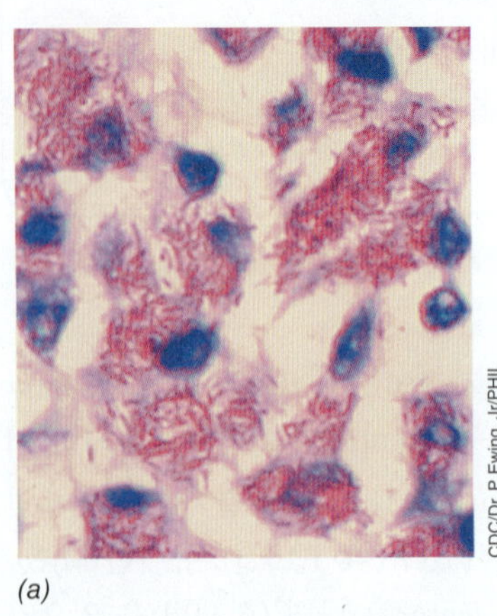

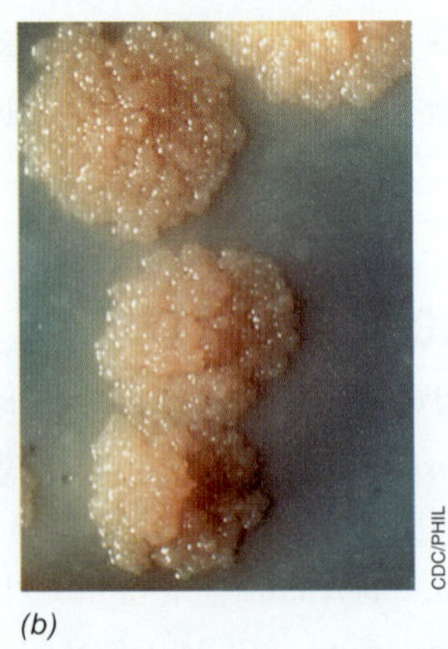

그림 30.15 Mycobacteria. *(a)* HIV/AIDS 환자의 항산성 염색이 된 생체부검 림프절에서 *Mycobacterium tuberculosis*와 유사한 *M. avium*이 관찰된다. 카르볼훅신에 의해서 붉은색으로 염색되고 3% 염산으로 처리된 여러 간균이 각 사람 세포 내에 분명히 존재한다. 각 간균은 지름이 0.4 μm, 길이는 4 μm에 이른다. *(b) M. tuberculosis* 균집락들. 거칠고 주름진 표면은 mycobacteria 집락의 특징이다.

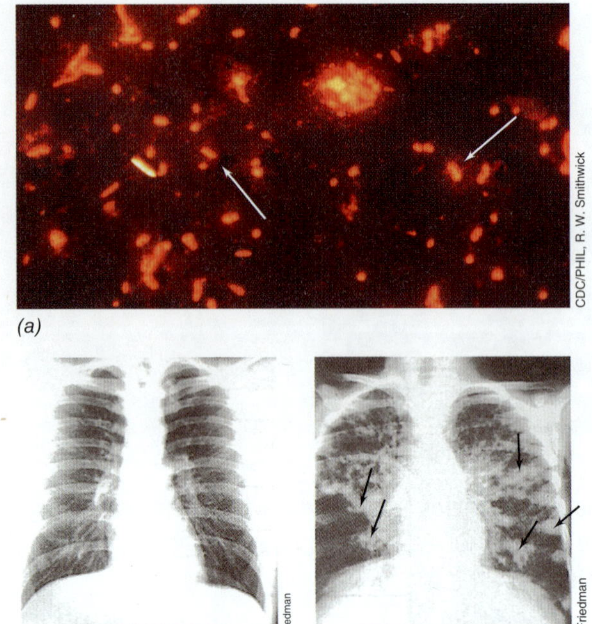

그림 30.16 결핵 증상들. *(a)* Smithwick 아크리딘 오렌지 방법으로 염색된 결핵환자의 가래 시료. *M. tuberculosis* 세포들은 노란 오렌지색 간균 모양이다 (화살표). *(b)* 정상 흉부 X-선 사진. 희미한 흰색 선들은 동맥과 혈관들이다. *(c)* 진전된 폐결핵 X-선 사진; 하얀 부분 (화살표)들은 병소를 나타낸다. 이 부위에 살아 있는 결핵균이 존재한다.

항미생물 요법은 결핵 발생을 억제시키는 데 주요한 방법이 되어 왔다. 항미생물 요법이 처음으로 성공한 것은 스트렙토마이신이 소개되면서 시작되었지만, 결핵치료의 진정한 혁명은 결핵균에 매우 특이적인 이소니아지드(*isoniazid*, INH)라고도 하는 이소니코틴산 히드라지드 개발과 때를 같이 한다. 이 약제는 효과가 높고 독성이 없을 뿐만 아니라, 값이 싸며 경구 투여 시에도 쉽게 흡수된다. INH는 구조적으로 비슷한 분자인 니코틴아미드 생장인자의 유사체이다 (28.10절과 도표 28.5). INH는 결핵균의 마이콜산 합성을 억제하여 세포벽 형태를 망가뜨린다. INH로 처리하면 결핵균은 항산성을 잃게 되는데, 이는 항산성 염색에서 마이콜산의 기능을 잘 나타낸다.

투베르클린 양성으로 판정된 사람들은 일반적으로 결핵균을 뿌리뽑고 항생제 내성균의 출현을 막기 위하여 INH와 리팜피신을 2개월간 매일 투여하게 되고, 그 다음에는 총 9개월간 격주로 투여한다. 여러 약물들의 치료는 하나 이상의 약물에 대한 내성을 갖는 균주들이 나타날 가능성을 줄인다. 그러나 INH나 그 밖의 다른 약제에 대한 결핵균의 내성이 증가하고 있는데, 특히 결핵에 잘 감염되는 후천성면역결핍 환자에서 놀라울 정도로 증가하고 있다(그림 30.45g 참조). 다중 약제내성 결핵균주(*multidrug-resistant tuberculosis strains*)라고 불리는 이러한 균주들은 리팜핀과 이소니아지드보다 일반적으로 독성이 더 강하고, 덜 효과적이며, 더 비싼 다른 2차 결핵치료제로 제어해야 한다.

나병

*Mycobacterium leprae*는 *M. tuberculosis* 유사 균주이며 이전에 한센병(*Hansen's disease*)이라고 알려졌던 나병을 유발시킨다. 한센병의 가장 심각한 형태인 나종(*lepromatous*) 나병은 특징적인 주름 잡힌 구형의 병변이 신체, 특히 안면과 사지에 발생된다 (**그림 30.17a**). 병소는 *M. leprae*가 피부에서 생장하고 있기 때문이며 많은 수의 세균을 포함하고 있다. 다른 mycobacteria 세포처럼 (그림 30.15*a*), 병소에서 관찰된 *M. leprae*도 항산성 염색 결과 카르볼훅신에 의해 진한 붉은색으로 염색되어 활발한 감염의 결정적 증거가 된다.

치료되지 않은 심각한 나병의 경우에는 보기 흉하게 된 병소들이 말초신경들과 근육 위축, 그리고 운동성을 상실하게 한다. 말단 감각의 상실로 화상이나 창상 등 불현성 상처들을 입게 된다. 뼈 칼슘이 없어지면서 손가락들이 천천히 오그라들어 나병 말기에는 며느리발톱과 유사하게 변하게 된다(그림 30.17*b*). 나병의 병원성은 심각한 지연성 과민반응 (27.9절)과 대식세포 내에서 생장하면서 특징적 병소를 일으키는 나병균의 높은 침투활성의 조합 때문이다 (그림 30.17*a*). 나병은 직접적인 신체접촉과 공기를 매개로 전파되나, 결핵만큼 전염성이 높지는 않다. 역사적으로 나병은 빈곤, 영양결핍, 그리고 보건위생 불량 등과 연관되어 왔다. 무엇보다도 이러한 인자들이 나병에 저항할 수 있는 능력에 확실히 영향을 미친다.

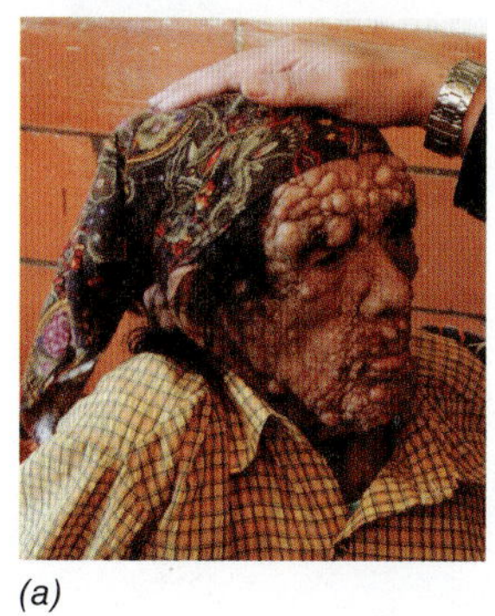

(a)

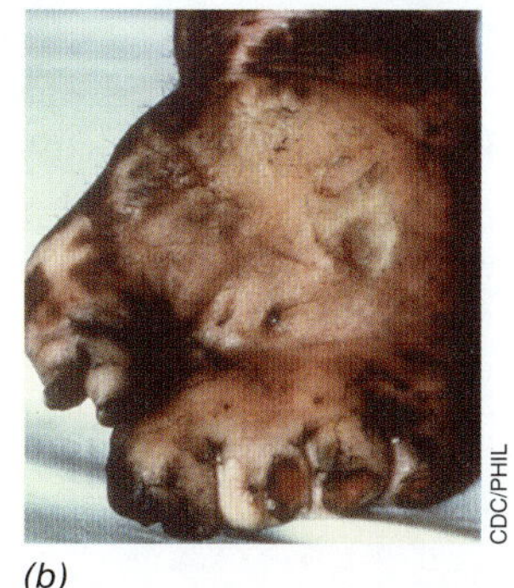

(b)

그림 30.17 피부에 나타난 나병종 나병 병변. *(a)* 나병종 나병은 *Mycobacterium leprae* 감염으로 생긴다. 병변은 조직 1그램당 10^9에 이르는 세균 세포를 포함하고 있어 활발히 진행되어 제어가 안 되는 예후가 나쁜 감염임을 나타낸다. *(b)* 나병 후기에 특징적으로 나타나는 발톱 같은 나병환자의 오른손 바닥과 손가락 변형.

많은 한센병 환자들은 세균이 분리되지 않는 덜 진행된 병소들을 나타내기도 한다. 이러한 사람들은 결핵성(*tuberculoid*) 나병을 갖고 있다. 결핵성 나병은 왕성한 면역반응과 저절로 회복되는 좋은 예후로 규정된다. 두 형태의 한센병 모두, 그리고 진행 중인 한센병도 답손(*dapsone*, 4,4′-sulfonylbisbenzeneamine; 엽산 합성 억제제), 세균 RNA 중합효소 억제제인 리팜핀(*rifampin*), 그리고 세균의 호흡과 이온전달을 표적으로 하는 약제인 클로파아지민(*clofazimine*) 등을 조합하는 다중 약제 요법으로 1년 정도 장기적으로 치료한다.

2014년에는 거의 214,000건의 신규 나병 발병이 보고되었는데, 대부분 아프리카, 인도 아대륙, 그리고 브라질에서 일어났다. 미국에서는 매년 약 200건 정도만 보고되며 주로 이민자들 사이에서 발생된다. 최근까지, 나병 진단은 병소에서 *M. leprae* 세포들을 확인하는 방법에 의존하였다. 그러나 신속하고 저렴하고 특이적인 혈액 시험법이 개발되어 가장 치료 가능한 초기 단계의 나병을 판정하는데 크게 도움이 되고 있다.

*M. tuberculosis*와 *M. leprae* 외에도, 여러 다른 mycobacteria 인체 병원균들이 있다. 특히 *M. tuberculosis*와 매우 유사한 *M. bovis*는 젖소에 흔한 병원균이다. *M. bovis*는 인체에서는 전형적인 결핵 증상을 일으키나, 우유의 저온살균법 도입과 병든 소를 제거함으로써 결핵에 걸린 소로부터 사람에게 이 병원균으로 인한 결핵이 전파되는 경우는 거의 사라졌다.

미니퀴즈

- *Mycobacterium tuberculosis*가 호흡기성 병원균으로 만연하게 된 이유는 무엇인가?
- 병원성 mycobacteria의 3가지 공통적 특성을 설명하라.

30.5 수막염 및 수막구균혈증

수막염(megingitis)은 수막이나 중추신경계 특히 척추나 뇌를 싸고 있는 막에 염증이 생기는 것이다. 수막염은 바이러스, 세균, 균류, 혹은 원생동물에 의해서 유발된다. 여기서는 *Neisseria meningitidis*에 의한 전염성 수막염(*infectious meningitis*)이라는 심각한 세균성 질병에 대해 초점을 맞춘다.

병원균과 질병 증상

*Neisseria meningitidis*는 수막구균(*meningococcus*)이라고도 불리는데, 그람-음성, 편성호기성 구균으로 지름이 0.6~1.0 μm이며 (**그림 30.18a**), 임질 원인균인 *Neissria gonorrhoeae*와 유사하다. 이 세균은 호흡경로를 통해서 감염된 숙주에서 새 숙주에게 전파된다. 세포가 비인강두에 흡착되고 빠르게 혈류로 들어가서 균혈증과 단순 상기도 증상을 나타내게 된다. 수막염은 갑작스러운 두통, 구토, 목의 경직 및 혼수상태와 수 시간 이내의 사망하는 등의 특징을 보인다. 수막염 대신 혹은 수막염에 더해서 *N. meningitidis* 균혈증은 종종 전격성 **수막구균혈증(meningococcemia)**으로 발전하는데,

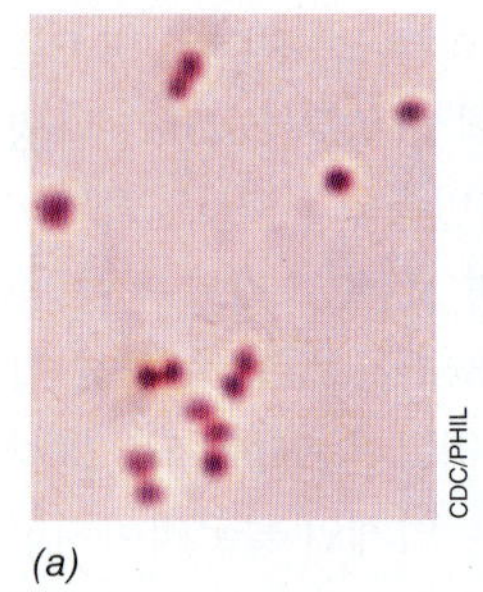
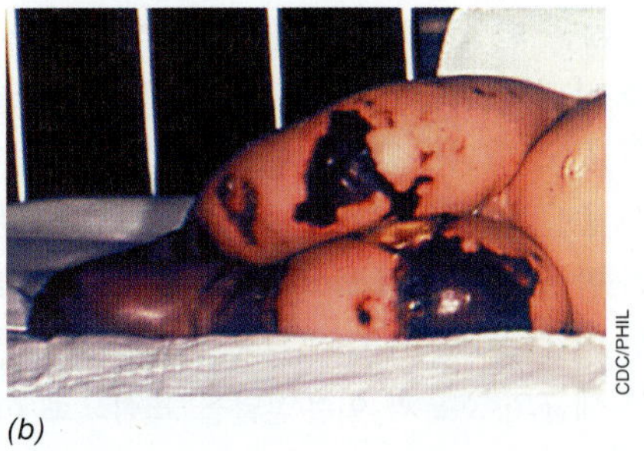

그림 30.18 ***Neisseria meningitidis.*** 이 세균은 수막염과 수막구균혈증을 일으킨다. *(a)* 그람 염색된 *N. meningitidis* 세포들; 각 구균은 지름이 약 0.6~1.0 μm 정도이다. *(b)* 수막염구균증 회저가 발생한 4개월 된 신생아.

이때 패혈증, 혈관 내 응고, 조직 괴저 (그림 30.18*b*), 쇼크, 그리고 10% 이상의 사망률이 수반된다.

수막구균성 수막염(meningococcal meningitis)은 군대 막사나 대학교 기숙사 등 모여서 생활하는 집단에서 흔히 발생하는 전염병이다. 누구나 이 전염병에 걸릴 수 있지만, 보통 신생아들, 학령기 어린이, 청소년들에게 더 많이 발생된다. 30% 정도의 사람들이 별다른 위해성 없이 *N. meningitidis*을 비강인두에 보유하고 있다. 무증상 보균자에서 병원성 급성 감염으로 전환시키는 인자는 아직 파악되지 않고 있다.

진단, 치료, 그리고 백신

수막구균성 수막염은 비인강두, 혈액, 혹은 뇌척수액에서 분리된 시료들에서 *N. meningitidis*을 분리함으로써 확진된다. Thayer-Martin 배지는 *N. meningitidis*와 *N. gonorrhoeae*를 포함하는 *Neisseria* 병원균의 생장을 가능하게 하는 선택배지로 *N. meningitidis*를 분리하는 데 사용되고, 그람-음성 쌍구균을 갖고 있는 세균 집락들은 (그림 30.18*a*) 더 자세히 검사된다. 그러나 빠른 속도로 생명을 위협하게 되는 특성 때문에 예비 진단은 종종 임상적인 증상을 토대로 내려지고 배양 결과에 의해 *N. meningitidis*라고 확인되기 전이라도 치료가 시작된다. 치료는 페니실린으로 하는데, 종종 정맥주사로 항생제를 빠르게 투여할 필요가 있다.

N. meningitidis 무증상 감염에 의해 획득되는 자연 발생 항체들은 대부분 성인의 감염을 예방하는 데 효과가 크다. 가장 유행하는 병원균들로부터 다당류 혹은 정제된 다당류로 만든 백신이 개발되어 군대 신병들이나 기숙사에 기거하는 학생들과 같이 민감한 집단, 특히 이미 발병된 적이 있는 집단을 예방 접종하는데 사용되고 있다. 이외에도 보균 상태를 근절시키고, 환자와 가까이 접촉하는 사람들의 수막염 예방을 위해 항생제인 리팜핀이 종종 사용된다.

미니퀴즈

- 뇌막염의 증상과 원인을 밝혀라.
- *Neisseria meningitidis*에 의한 감염과 이에 따른 수막구균혈증 발병을 설명하라.

II • 공기매개 바이러스성 질병

30.6 MMR과 바리셀라-조스터 감염증

가장 널리 유행하고 치료하기 어려운 인체 감염병은 바이러스에 의해 발생되는 것들이다. 이는 바이러스들이 건조해진 점액 안이나 (그림 30.1) 매개물 상에서도 장기간 남아 있기 때문이고, 바이러스들은 복제를 위해 숙주가 필요하기 때문이기도 하다.

대부분의 바이러스성 질병들은 급성질병이고 저절로 낫는 감염증이나 일부는 건강한 성인에서도 문제를 일으킬 수 있다. 여기서는 감염성 비말이 공기를 통해 전파되어 발생되는 바이러스성 질병인 홍역, 볼거리, 그리고 수두에 관한 설명으로 시작하고자 한다.

홍역과 루벨라

홍역(*measle, rubeola, 7-day measles*)은 약한 어린이에게 급성이면서 전염성이 강한 질병으로 종종 유행병이 되기도 한다. 홍역바이러스 (**그림 30.19*a***)는 파라믹소바이러스(*paramyxovirus*)에 속하며 단일 음성가닥의 RNA 바이러스이며 (10.9절), 공기에 의해 전파되어 목과 코를 통해서 체내로 들어간 후 신속하게 전신성 바이러스혈증을 일으킨다. 그 증세는 콧물과 눈의 충혈로 시작해서 병세가 진전됨에 따라 발열과 기침이 심해지며 특징적인 발진이 나타난다 (그림 30.19*b*, *c*).

일반적으로 경우 홍역 증상은 7~10일 정도 지속되는데, 증상을 없앨 수 있는 약이 아직 없다. 그러나 홍역 바이러스는 강한 면역반응을 유발한다. 바이러스로 감염된 후 약 5일이 지나면 순환되는

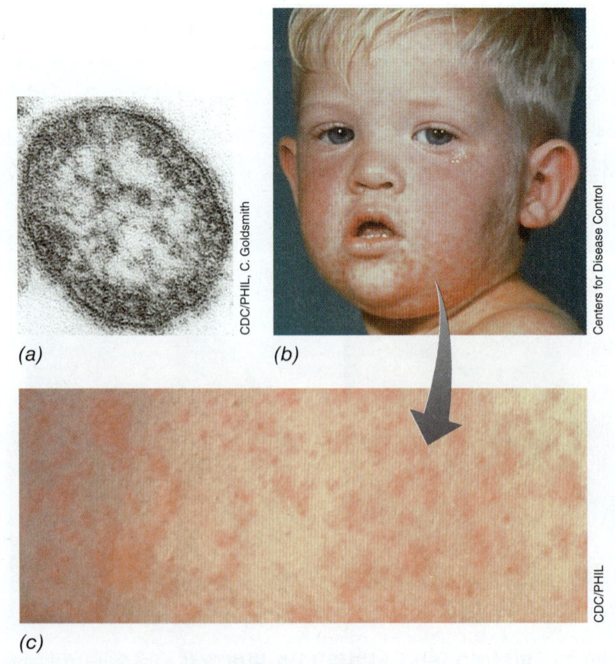

그림 30.19 어린이에게 발생한 홍역. *(a)* 홍역 바이러스 입자의 투과전자 현미경 사진. 입자는 지름이 150 nm 크기이다. *(b, c)* 홍역 발진. 연분홍색의 발진은 머리와 목에서 시작하여, 가슴, 복부, 그리고 팔, 다리로 퍼진다. 발진이 수일 동안 진행되면서 별개의 구진들은 융합하여 얼룩을 생성한다.

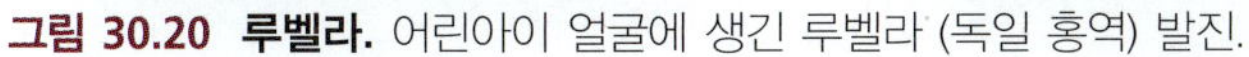

그림 30.20 루벨라. 어린아이 얼굴에 생긴 루벨라 (독일 홍역) 발진.

항체를 측정할 수 있으며, 혈청 항체와 세포독성 T-림프구가 함께 작용하여 전신에 있는 바이러스를 제거한다. 홍역을 앓으면서 여러 합병증이 발생될 수도 있는데 합병증에는 내이감염, 폐렴, 드물게 홍역 뇌척수염 등이 있다.

한때는 홍역이 흔한 유년기 질병이었으나, 1960년대 중반부터 시작된 예방접종이 널리 보급되면서 미국에서 홍역 발생은 거의 없거나 드물게 되었다. 홍역은 대체로 예방접종이 시행된 적이 없거나 제대로 시행되지 않은 인구집단에서 발병한다. 2015년 미국에서는 200건 미만으로 보고되었다. 전 세계적으로 홍역은 풍토병으로 남아 있고, 매년 100,000명 이상이 이 질병으로 사망하는데 대부분 어린이들이다. 홍역에 대한 능동면역은 약독화된 바이러스에 대해 제조된 MMR (홍역, 유행성이하선염, 루벨라) 백신에 의해 가능하다 (28.9절). 이 질병은 전염성이 매우 높기 때문에, 미국의 경우 모든 공립학교에 어린이가 입학하려면 홍역 예방접종을 받았다는 증명서를 제시하여야 한다. 어렸을 때 홍역에 걸려 면역을 한 번 획득하면 평생 면역을 유지할 수 있다.

루벨라 [간혹 독일 홍역(*Germaqn measles*) 혹은 3일 홍역(*3-day measles*)이라고도 함]는 단일 양성가닥 RNA 바이러스에 의해 유발된다 (10.8절). 루벨라 증상은 홍역 증상과 비슷하나 (**그림 30.20**), 종종 상체에만 증상이 국한된다. 루벨라는 홍역보다는 전염성이 약하여 많은 인구가 감염된 적이 없다. 그러나 임신 첫 3개월 내에 루벨라 바이러스가 태반 전이를 통해서 태아에 감염되면 사산, 청각장애, 심장과 눈 결함, 뇌 손상 등의 선천성 루벨라 증후군(*congenital rubella syndrome*)이라고 하는 심각한 장애를 야기시킬 수 있다. 따라서 임신기에는 루벨라 예방주사를 접종하거나 루벨라 환자와 접촉하면 안 된다. 또 같은 이유에서 통상적인 유년기 루벨라 예방접종이 실행되어야 한다. 약독화 된 루벨라 바이러스가 MMR 백신에 포함되어 있다. 2001년 이래 예방접종 강화와 루벨라 바이러스의 상대적으로 약한 전염성 때문에 루벨라 발생이 매우 낮아졌고, 특히 미국에서는 거의 발생되지 않고 있다. 전 세계적으로 활발한 루벨라 예방접종 프로그램으로 발생 건수가 현저히 감소되고 있으며, 전체 보고된 감염 건수는 2009년에는 125,000건 미만이었고, 선천성 루벨라 증후군은 165건이었다.

유행성이하선염

유행성이하선염(mumps)은 홍역처럼 파라믹소바이러스(paramyxovirus)에 의해 발생되고 공기를 통한 전염성도 매우 높다. 유행성이하선염은 공기매개성 비말감염으로 타액선, 특히 이하선에 염증이 생겨 결국 턱과 목이 붓게 되는 것이 특징이다 (**그림 30.21**). 체내에 들어온 바이러스는 혈류를 통하여 확산되어 뇌, 고환, 췌장 등과 같은 다른 기관을 감염시킬 수도 있다. 뇌염 혹은 아주 드물게 불임 등의 심각한 합병증을 유발시키기도 한다. 홍역처럼 유행성이하선염도 약으로 치료하기보다 면역반응으로 치유된다. 숙주 세포의 면역반응에 의해서 유행성이하선염 바이러스 표면 단백질에 대한 항체가 생성되며, 대체로 이 항체에 의해서 빨리 회복된다.

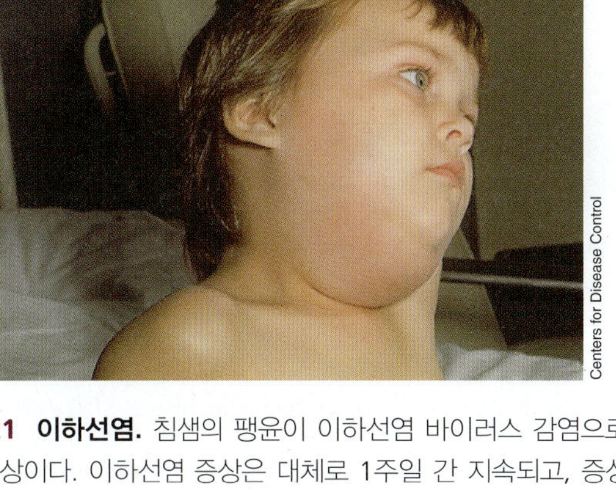

그림 30.21 이하선염. 침샘의 팽윤이 이하선염 바이러스 감염으로 생기는 특징적 증상이다. 이하선염 증상은 대체로 1주일 간 지속되고, 증상이 나타나기 이전과 증상 중인 환자 모두 전염시킬 수 있다.

이 질병을 예방하는 데는 약독화된 유행성이하선염 백신 (MMR의 일부)이 매우 효과적이다. 그러므로 선진국에서 이하선염의 발생빈도는 매우 낮고 대체로 예방 접종을 받지 않은 사람들에게만 국한되어 발생한다. 그러나 2006년에는 미국 중서부에서 발병되어 5,000명의 환자가 발생되었다. 이때 발생된 환자들은 대부분 젊은 성인들 (18~34세)이었다. 결과적으로 학령기 어린이들, 의료 종사자들 및 고위험군 성인을 대상으로 접종 권장사항이 개정되었다. 2013년 이래로, 미국에서 유행성이하선염 사례는 매년 500~1,200명 사이를 오가고 있다.

수두와 대상포진

수두(*chicken pox, varicella*)는 이중가닥 DNA 헤르페스 바이러스(herpes virus)의 일종인 바리셀라-조스터 바이러스(varicella-zoster virus, VZV)에 의해서 생기는 흔한 유년기 질병이다 (10.7절). VZV는 감염성 비말로 전파되는 약하지만 전염성이 매우 높은 바이러스이며, 특히 면역성이 약한 사람들이 가까이 접촉하고 있을 때 더욱 그렇다. 예를 들어, 겨울에 여러 달 동안 학생들이 교실 내 좁은 공간에서 제한된 생활을 할 때, VZV로 감염된 학생의 비말이 공기를 통해 전달되거나 오염된 매개물의 접촉을 통해 수두가 확산되기 쉽다. 이 바이러스는 호흡기관을 통해 체내로 들어가서 증식한 후 혈관을 통해 확산되어 전신에 발진을 유발시키는데 (**그림 30.22**), 상처를 남기지 않고 빨리 회복된다. 미국에서는 약독화된 수두 바이러스 백신(Varivax)이 사용되고 있으나, 홍역, 루벨라, 유

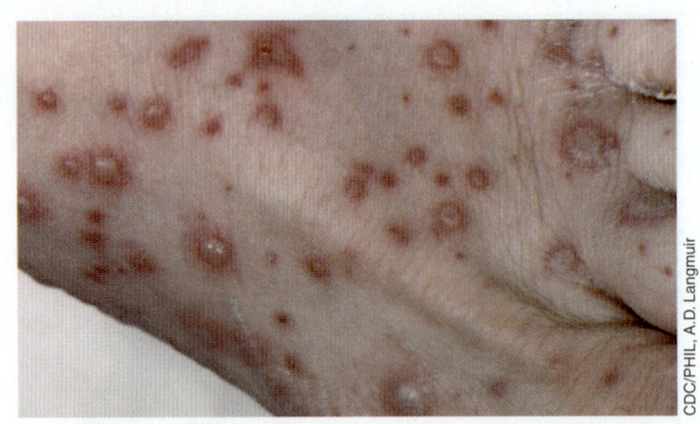

그림 30.22 수두. 성인 발에 나타난 구진성 발진. 구진성 발진은 수두를 발생시키는 헤르페스바이러스인 Varicella-zoster 바이러스(VZV)에 의한 감염 때문이다.

행성이하선염에 대한 MMR 백신처럼 널리 사용되고 있지는 않다. 그 결과, 2011년에 보고된 수두 사례는 15,000건이었는데, 이는 백신이 처음으로 허가받은 1995년에 보고된 숫자의 약 10%이다. 수두로 사망하는 사람은 매우 적으며, 2011년에는 6명이 사망한 것으로 보고되었다.

VZV 바이러스는 감염 후 증상없이 평생 신경세포에서 휴지상태로 존재할 수 있다. 간혹 이 바이러스는 신경세포로부터 피부표면으로 이동하여 대상포진(*shingles, zoster*)이라는 통증이 심한 피부감염을 일으킨다. 대상포진은 보통 면역반응이 억제되고 있는 사람이나 노인에게 주로 발생되고 머리, 목 혹은 상체에 심각한 수포와 발진을 발생시킨다. 대상포진에 상당히 효과가 좋은 약독화된 바이러스 농축 백신이 50세 이상의 연령층에 접종되고 있다. 이 백신은 VZV에 대한 항체형성과 세포매개성 면역을 증진시켜서 VZV가 신경절에서 빠져나와 피부세포로 이동하는 것을 막는다.

미니퀴즈

- 홍역 바이러스와 풍진 바이러스 유전체들은 서로 어떻게 다른가?
- 홍역, 이하선염, 풍진 및 VZV 바이러스로 인한 감염증의 심각성을 설명하라.
- 홍역, 이하선염, 풍진, 그리고 수두의 예방접종 효과를 밝혀라.

30.7 감기

감기(colds)는 가장 흔한 전염성 질병이다. 감기는 기침, 재채기, 그리고 호흡기성 분비물의 비말에 의해 사람에서 사람으로 전파되는 상도기 바이러스성 질병이다. 감기는 보통 발병 기간이 더 짧아 1주 정도 지속되고 대체로 인플루엔자에 비해 증상도 가볍다. **표 30.1**은 감기와 인플루엔자의 증상들을 비교하고 있다.

감기증상과 감기의 전파

감기증상은 비염 (코 주위 특히 점막의 염증), 코 막힘, 콧물, 그리고 발열이 수반되지 않는 전반적인 불쾌감 등이다. 피코르나바이러스(picornavirus) 군의 단일 양성가닥 RNA 바이러스인 리노바이러스(*rhinovirus*)가 감기의 가장 큰 원인이다 (**그림 30.23*a***) (10.8절). 적어도 100종 이상의 다른 리노바이러스가 알려져 있다. 감기의 25%는 또 다른 바이러스들에 의한 감염에 의해서 발생한다. 여기에는 특히 코로나바이러스(*coronavirus;* 그림 30.23*b*)도 포함된다. 아데노바이러스(adenovirus), 콕사키바이러스(coxsackie virus), 호흡 합포체 바이러스(respiratory syncytial virus, RSV) 및 오르토믹소바이러스(orthomyxovirus) 등은 감기 발생 원인의 일부만 차지한다.

표 30.1 감기와 인플루엔자

증상	감기	인플루엔자
발열	희귀	흔함 (39~40°C), 급발성
두통	희귀	흔함
일반적 권태감	경미	흔함, 종종 심각함, 수주간 계속됨
콧물	흔하거나 빈번	덜 흔함; 보통 많지 않음
인후통	흔함	덜 흔함
구토/설사	희귀	아이들에게 흔함
발생 건수[a]	340	50

[a] 미국에서 매년 100명당 발생 건수. 다른 모든 전염병 발생 건수 총합은 매년 100명당 30건임.

감기 바이러스의 공기 매개성(aerosol) 전파가 아마도 이 감염증을 확산시키는 데 있어 가장 중요한 경로라고 여겨지지만, 자원자들에게 시행한 전파실험 결과 직접적인 접촉과 매개물과의 접촉도 중요한 전파수단이 되며, 아마 공기매개보다 더 중요할 수도 있는 것으로 나타났다. 연중 어느 때에도 감기에 걸릴 수 있지만, 사람들이 겨울철 동안 실내에 머무를 때 감기 사례가 증가된다. 대부분의 항바이러스 약제들이 감기에는 비효과적이지만, 일부는 리노바이러스에 노출된 후에 나타나는 증상들을 예방하는데 가능성을 보인 바 있다. 이외에도 감기 바이러스의 3차원적 구조에 대한 지식을 바탕으로 새로운 항바이러스제가 실험적으로 고안되고 있다. 그 실

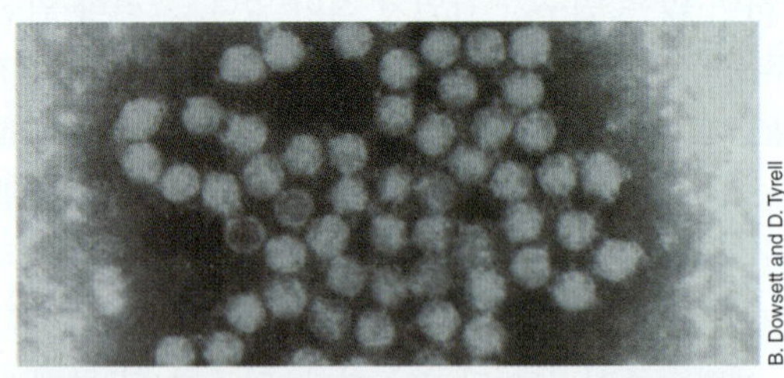

(a)

Heather Davies and D. Tyrell

(b)

그림 30.23 감기 바이러스의 투과전자현미경 사진. *(a)* 인체 리노바이러스. 바이러스 입자의 지름은 30 nm이다. *(b)* 인체 코로나바이러스. 바이러스 입자는 지름이 약 60 nm이다.

례로 리노바이러스에 부착하여 표면의 특성을 변형시켜 숙주 세포와 결합하는 것을 방해하는 항리노바이러스제가 개발되었다. 아직까지 시중의 "감기약(cold drugs)"은 단순히 기침, 콧물, 두통과 같은 증상의 심각성을 감소시키는 데 도움을 주는 정도이다.

치료

감기는 대체로 짧은 기간에 저절로 회복되고 별로 심각하지 않은 질병이기 때문에 보통 여러 항히스타민제 및 충혈제를 사용하여 감기증상들, 특히 콧물 같은 증상을 완화시키는 방향으로 치료하게 된다. 상당히 많은 그러한 약들의 우수한 점들을 선전하고 있으며, 처방전 없이 구매할 수 있다. 상당수들은 잘 작용하지만, 어떤 것들은 어지러움, 두통 등과 같은 원하지 않는 부작용을 일으키기도 한다. 감기에 걸렸을 때 증상의 심각성 정도는 감기 바이러스의 병원성, 감염되었을 때 그 사람의 전반적인 건강과 평안한 상태, 감염된 기간 동안 지원인자들의 상태와 함수관계에 있다고 판단된다. 결국 감기 바이러스를 이겨내는 데는 어떤 약들이 할 수 있는 것보다는 면역이 더 중요하다. 이 감기 바이러스들은 항체매개 면역반응을 유발시킨다. 그러나 각 감기 바이러스 균주들의 독특한 면역 특성들이 다양해서 이전에 경험한 바 있는 감기로 면역성을 갖기 어렵다.

평균적으로 미국 사람은 일 년에 약 3번 정도 감기에 걸리는데 이는 매년 한 사람당 인플루엔자에 걸리는 건수보다 적다 (표 30.1). 이러한 사실은 감기가 얼마나 쉽게 전파되는지, 그리고 같은 일반적인 증상을 일으키는 많은 종류의 바이러스들이 있다는 것을 의미한다. 그러므로 감기는 사람들이 그저 같이 살아가야 하는 재발되는 질병이다. 흔한 매개물 (문고리와 다른 사람들의 손이 닿은 표면들) 접촉을 피하거나 손을 자주 씻는 등의 예방법이 감기를 피할 수 있는 가장 좋은 습관이다.

미니퀴즈
- 감기의 원인과 증상을 정의하라.
- 효과적인 감기 치료와 예방 가능성에 대해 설명하라.

30.8 인플루엔자

인플루엔자(influenza)는 매우 전염성이 큰 바이러스성 공기매개 질병이다. 인플루엔자 바이러스는 단백질과 지질이중층, 그리고 외부 당단백질로 구성된 피막에 둘러싸인 바이러스로, 단일 음성가닥의 분절된 RNA 유전체를 갖고 있다 (**그림 30.24**) (10.9절). 3가지 종류의 인플루엔자 바이러스들이 존재하는데 인플루엔자 A, 인플루엔자 B, 그리고 인플루엔자 C 등이다. 여기서는 가장 중요한 인체 병원균인 인플루엔자 A만 다루기로 한다.

항원미소변이와 항원이동

각 인플루엔자 A 바이러스(influenza A virus) 주는 독특한 표면 당단백질 조합으로 동정될 수 있다. 이 당단백질들은 혈구응집소

외막 스파이크 단백질 RNA 유전체를 둘러싸고 있는 뉴클레오캡시드 (8조각)

CDC/PHIL, E.L. Palmer, M.L. Martin, and F. Murphy

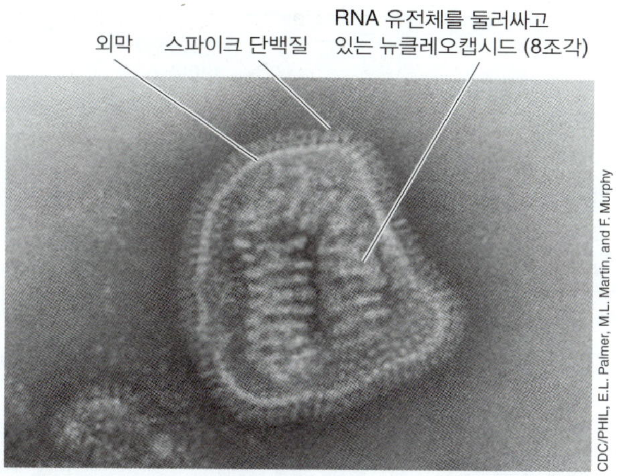

그림 30.24 인플루엔자 A 바이러스. 이 바이러스는 8개의 분절된 음성 외가닥 RNA 유전체를 갖고 있다. 바이러스 입자의 지름은 약 100 nm이다. 인플루엔자 바이러스가 병원균으로 성공하게 하는 요소들은 항원이동과 항원미소변이이다 (그림 30.26 참조).

(*hemagglutinin*; HA 혹은 "H 항원")와 뉴라미니다제(*neuraminidase*; NA 혹은 "N 항원")이다. 각 바이러스는 바이러스의 캡시드에서 한 가지 유형의 HA와 한 가지 유형의 NA를 가지고 있으며, 포함된 항원의 이름을 따 왔다: 예, "H1N1". HA 항원은 숙주 세포에 바이러스가 흡착(*attaching*)하는데 중요하고, NA 항원은 숙주 세포에서 바이러스가 방출되는(*releasing*) 수단이 되며, 각 항원은 여러 개의 개별적 단백질들로 구성되어 있다 (**그림 30.25**).

인플루엔자 바이러스로 감염되거나 면역접종하면 HA나 NA 당단백질과 반응할 수 있는 항체가 생산된다. 이 항체들이 HA나 NA와 결합하면 바이러스는 숙주 세포에 흡착하지 못하거나 방출되지 못하게 되고 중화되어 감염 과정을 멈추게 된다. 그러나 시간이 경과됨에 따라 HA와 NA 당단백질 항원들의 바이러스 유전자들이 돌연변이 되어 아미노산 서열에 미세한 변화와 그에 따른 항원구조 변이가 나타나게 된다. 당단백질 아미노산을 한 개 정도 변화시키는 돌연변이들은 항체와 항원 간의 결합에도 영향을 미칠 수 있다. 이렇게 돌연변이에 의해 바이러스 표면항원의 구조가 조금 바뀌게 되는 것을 인플루엔자 생물학의 핵심 현상인 **항원미소변이**

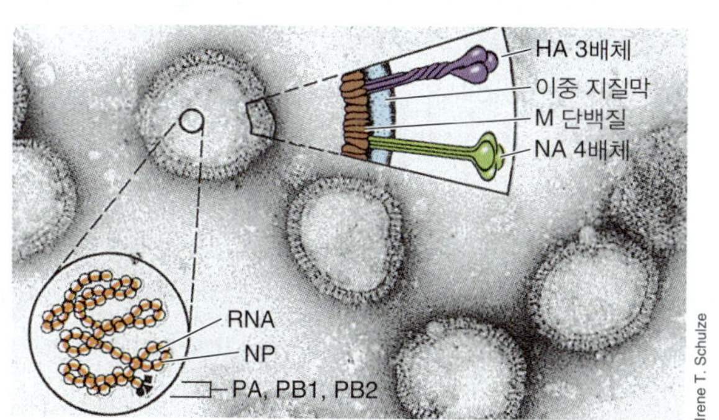

그림 30.25 인플루엔자 바이러스의 구조. 주요 외막단백질은 HA, 혈구응집소 (3개가 HA 외막돌기를 구성함); NA, neuraminidase (4개가 NA 외막돌기를 구성함); M, 외막단백질; NP, 핵단백질; PA, PB1, PB2 및 그 외의 내부 단백질들은 효소의 기능을 가질 수도 있다.

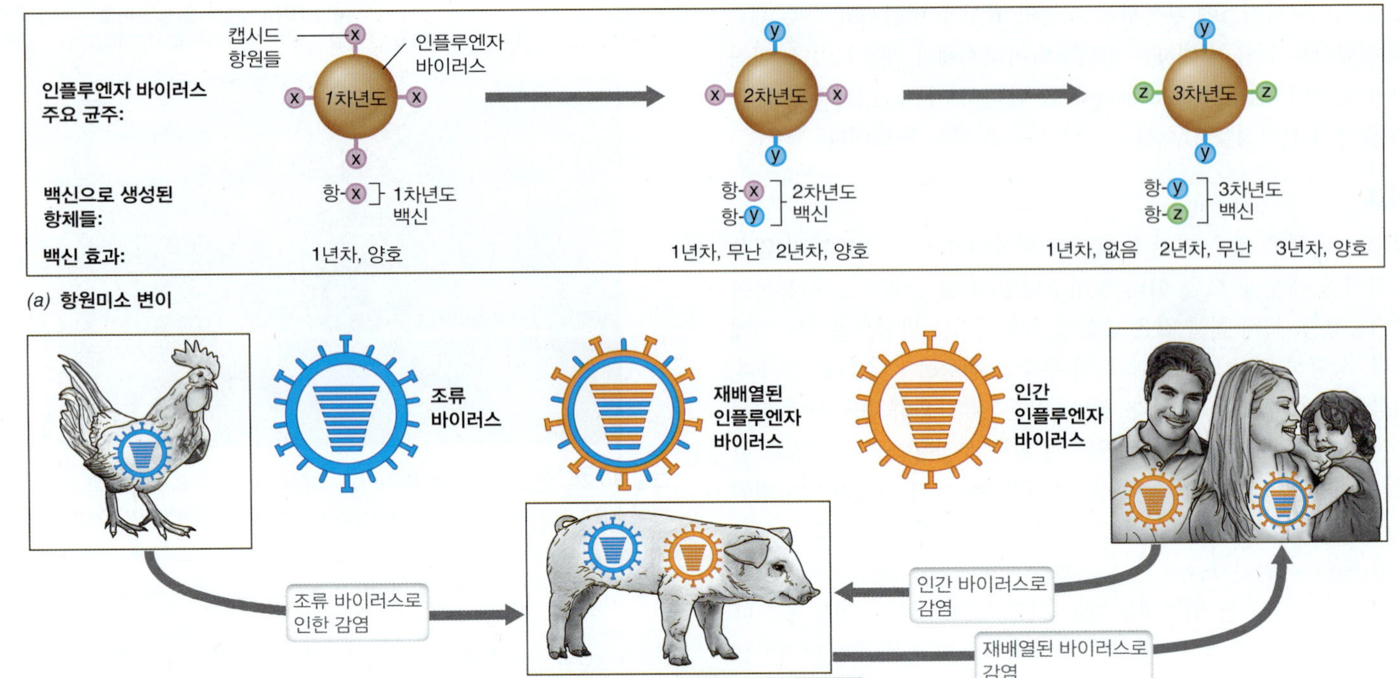

그림 30.26 인플루엔자 바이러스 생물학의 항원미소변이와 항원이동. *(a)* 항원미소변이. 인구집단 간에 순환하는 주요 인플루엔자 균주들에 대해 매년 새로운 백신이 준비된다. 그러나 바이러스 표면 단백질 유전자에 돌연변이가 생겨 면역학적으로 새로운 표면 항원이 생겨남에 따라 백신 효과는 시간이 지남에 따라 감소된다. *(b)* 항원이동. 조류와 사람 유래 인플루엔자 균주들은 돼지도 감염시킬 수 있다. 만약에 돼지가 조류 바이러스와 인체 바이러스에 의해 동시에 감염되면, 그 두 바이러스가 섞여서 재배열된 바이러스를 만들 수 있다. 재배열된 바이러스는 이제 여러 독특한 항원들을 갖고 있고, 사람에게 감염될 수 있어 인플루엔자 대유행을 일으킬 수 있다 (29.8절).

(antigen drift)라고 한다. 이러한 미세하지만 중요한 변화의 결과, 특정 바이러스 균주에 대한 숙주 면역력이 감소하게 되고, 돌연변이주로 인한 재감염이 발생될 수 있다. 이러한 현상이 올해의 인플루엔자 바이러스에 대해 작년에 개발된 인플루엔자 백신이 효과적으로 작용하지 못하는 이유이다 (**그림 30.26*a***).

항원미소변이 외에 병원성을 보조하는 인플루엔자 생물학의 두 번째 특성이 있다. 인플루엔자 바이러스의 단일가닥 RNA 유전체는 분절되어 있고, 8개의 분절상에(*segmented*) 유전자들이 있다 (그림 10.21*b*). 숙주 세포 내에서 바이러스들이 성숙됨에 따라, 바이러스 RNA 분절들은 무작위적으로 포장된다. 전염성을 갖기 위해서 바이러스는 8개의 유전자 분절을 각각 하나씩 포장해야 한다. 그러나 때때로 여러 인플루엔자 바이러스가 동시에 한 동물에 감염된다. 이러한 경우, 두 종의 바이러스가 한 숙주 세포에 감염되었을 때 두 바이러스 유전체들이 복제되고 유전체들이 포장될 때 두 바이러스 주에서 유래된 단편들이 서로 섞이게 될 것이다. 그 결과 이제 새로운 바이러스 주(*new virus strain*)가 되는 유전적으로 독특한 바이러스가 생기게 된다. 서로 다른 인플루엔자 바이러스 사이에 유전자 단편들이 이렇게 혼합되는 것을 재배열(*reassortment*)이라고 한다.

독특한 재배열 바이러스들(*reassortant viruses*)은 **항원이동 (antigen shift)**이라는 현상을 일으키는데 (그림 30.26*b*), 이는 암호화된 RNA 전체가 대체되어 바이러스 표면항원이 바뀌는 것이다. 항원이동으로 주요 HA나 NA 당단백질 (혹은 둘 다)들이 즉각적으로 완전하게 변화된다. 그 결과, 재배열된 바이러스들은 본질적으로 이전의 인플루엔자 감염에 대한 면역에 의해 감지되지 않는다. 재배열된 바이러스들은 흔히 특별히 강한 임상증상들을 유발시킬 수 있는 한 가지 혹은 그 이상의 독특한 병원성 특성을 나타내어 보통 조금 후에 설명할 인플루엔자 대유행(*pandemics*)의 촉매가 된다.

인플루엔자 증상과 치료

인체 인플루엔자 바이러스는 공기 특히 주로 기침과 재채기할 때 튀는 비말을 통해 사람 사이에 전파된다 (그림 30.1). 이 바이러스는 상기도의 점막을 감염시키며 때때로 폐에 침투한다. 증상은 1주일 정도의 미열과 오한, 피로, 두통 그리고 전신통, 기침과 혹은 인후통, 그리고 일반적인 불쾌감 등이다 (표 30.1). 계절적인 인플루엔자로 인한 심각한 결과들은 대부분 그 질병 자체로 인한 것이 아니라 인플루엔자 바이러스 감염으로 저항력이 감소된 사람들에게 세균에 의한 2차 감염이 일어나 발생한다. 예를 들어, 유아나 노인에게서 인플루엔자에 이어 세균성 폐렴 (30.2절)이 일어나며 때로는 치명적일 수도 있다.

대부분의 사람들은 감염된 바이러스에 대해 방어면역성을 갖게 되고, 그 바이러스나 그와 유사한 항원형의 바이러스는 병에 걸릴 수 있는 새로운 숙주 집단을 만나기 전까지는 광범위한 유행병을 일으킬 수 없게 된다. 면역성은 HA와 NA 당단백질들에 대한 항원 및 세포매개 면역반응에 의해 생성된다. 그러나 효과적인 백신을 개발하는 것은 항원이동과 항원미소변이에 의해 생성된 많은 바이러스 주들 때문에 매우 복잡하다 (그림 30.26). 주의 깊은 전 세계적 감시를 통해 계절적인 유행병이 발생하기 전에 주요 출현 인플루엔자 바이러스 시료들이 확보되고 그 해의 백신을 제조하는 데 사용된다. 대부분의 경우, 이러한 방법으로 적절한 방어면역성을 부여한다.

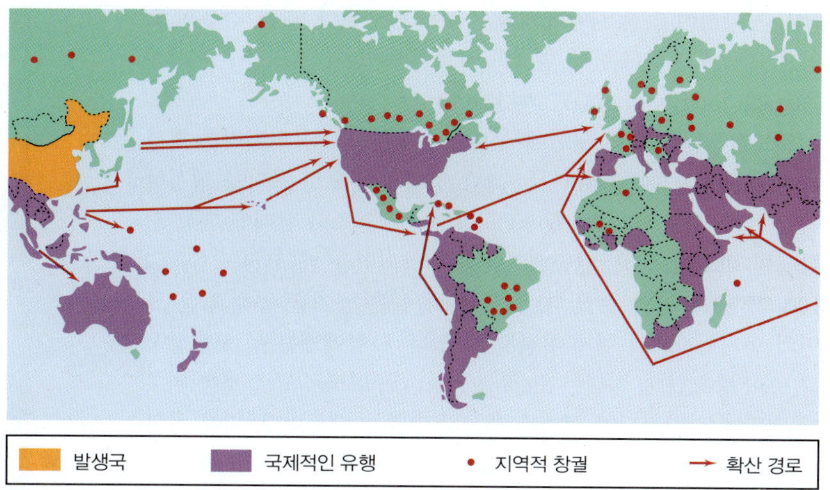

그림 30.27 인플루엔자 대유행. 1957년에 일어난 아시안 인플루엔자 대유행 확산경로 지도. Lax 농업 실행법에 따라 가금류, 돼지, 그리고 이 동물들과 접촉한 사람들 등의 세 숙주 종들로부터 유래한 바이러스 유전체들이 재배열되어, 사람의 면역기억이 전혀 없는 새로운 균주들이 발생되었다. 인플루엔자 대유행에 대한 자세한 내용은 29.8절 참조.

대부분의 인체 인플루엔자는 항바이러스 약제들에 반응한다. 합성아민류인 아다만탄스(adamantanes) [아만타딘(*amantadine*)과 라만타딘(*rimantadine*)]는 바이러스 복제를 억제하고, 뉴라미니다아제 억제제(neuramidase inhibitors)인 오셀타미비르(*oseltamivir*) [타미플루(Tamiflu)]와 제내비르(*zanamivir*) [레렌자(Relenza)] (표 28.6)는 새로 복제된 인플루엔자 바이러스의 방출을 차단시킨다. 이 약들은 발병 초기에 사용되어 감염기간을 다소 단축시키고 증상을 완화시키는 데 효과가 크며 특히 면역력이 손상되거나 고령의 환자들에게 사용된다.

인플루엔자 대유행병

인플루엔자 대유행병—범세계적 유행(pandemics)—은 전염병이나 지역 유행병보다는 훨씬 덜 자주 일어나는데 10~40년 간격으로 일어난다 (29.8절). 대유행성 인플루엔자는 항원이동 때문에 발생되는데, 거의 대부분 돼지들이 조류 및 인체 인플루엔자 바이러스를 전파시킬 수 있기 때문에 돼지에 감염된 조류 인플루엔자 바이러스들과 인체 인플루엔자 바이러스들 간의 재배열 때문에 발생되었다 (그림 30.26*b*). 그 결과 사람들이 면역성을 갖추지 못한 강한 병원성을 보이는 인플루엔자 균주들이 발생하게 된다.

1918년에 대유행한 "스페인 플루(Spanish flu)"는 기록된 역사상 가장 큰 재앙이었는데, 1918 H1N1 바이러스의 극심한 병원성은 숙주가 비정상적으로 많은 양의 염증유발 물질을 생산하고 방출하게 해서 전신염증과 매년 발생하는 일반적인 플루 유행병보다 더 심각한 증상들을 초래한 것으로 생각된다. 1957년에 아시안 플루(Asian flu)라고 하는 잊지 못할 대유행병이 중국에서 시작하여 미국으로 퍼지고 곧 유럽과 남미로 확산되었다 (**그림 30.27**). 이 경우, 그 유행병을 일으킨 균주는 상당한 병원성을 갖는 H2N2 바이러스로 과거의 균주와는 다른 항원특성을 갖고 있었다. 대유행성 인플루엔자 A (H1N1) 2009 바이러스는 "돼지 플루(swine flu)"라는 별명이 붙여졌고, 멕시코에서 감염이 처음 집중적으로 발생되었다가 미국, 유럽, 그리고 중남미로 1957년 아시안 플루보다 훨씬 더 빨리 확산되었다. H1N1은 돼지에서 전형적인 인플루엔자 바이러스 유전체 재배열로 발생된 경우였고 (그림 30.26*b*), 돼지 보균체에서 방출되어 사람들에게 감염되었다. 1997년 홍콩에서 발생한 인플루엔자 A H5N1 균주는 "조류 플루(bird flu)"라고도 하는데, 요즘도 보건 공무원들이 면밀하게 감시하고 있은 주요 바이러스이다. H5N1는 지금도 많은 나라의 조류에서 검출되고 있고, H5N1 바이러스가 돼지에 감염되면 사람에게 옮겨갈 수 있는 재배열 바이러스가 발생될 수 있고 (그림 30.26*b*), 그러한 바이러스는 매우 사망률이 높은 인플루엔자 대유행을 일으킬 수 있다.

미니퀴즈

- 인플루엔자의 항원이동과 항원미소변이를 비교 설명하라.
- 인플루엔자를 효과적으로 예방할 수 있는 접종 방법들을 설명하고, 또 감기 예방접종법과 비교하라.

III • 직접적인 접촉으로 전파되는 질병

어떤 병원균들은 주로 감염된 사람이나 혈액이나 분비물의 직접적인 접촉을 통해 전파된다. 위에서 언급한 많은 호흡기 질병들도 직접적인 접촉을 통해서도 전파될 수 있다. 그러나 여기서는 공기매개 질병들보다는 주로 환자와의 직접적인 접촉을 통해서 전파되는 질병들에 대해서 설명하고자 한다. 그러한 질병에는 포도상구균 감염증, 위궤양, 특정 형의 간염 등이 포함된다.

30.9 *Staphylococcus aureus* 감염증

Staphylococcus 속(genus)은 사람과 동물에게 흔히 나타나는 병원균들을 포함한다. 포도상구균(Staphylococci)은 흔히 피부와 상처에 감염되고 폐렴을 유발시킬 수도 있다. 대부분의 포도상구균 감염은 감염되었지만 증상이 없는 사람의 정상균총에 있는 포도상구

균이 저항성이 약한 사람에게 옮겨져서 발생된다. 다른 경우는 오염된 음식을 섭취했을 때 발생하는 독혈증이다 ["포도상구균 식중독(staph food poisoning)", 32.8절].

포도상구균은 여러 평면에서 분열하여 불규칙한 덩어리를 형성하며 지름이 0.5~1.5 μm되는 그람-양성 구균으로 포자를 형성하지 않는다 (**그림 30.28*a*, *b***). 포도상구균은 건조한 상태에 대한 저항성이 비교적 높고, 인공배지에서 배양되었을 때 고염도 (NaCl 10% 까지)도 견딜 수 있다. 포도상구균들은 공기를 통해 혹은 표면의 먼지입자로서 쉽게 확산될 수 있다. 사람에게는 두 포도상구균 종이 중요한데, 하나는 *Staphylococcus epidermidis*로 보통 피부나 점막에서 발견되며 색소를 생산하지 않는 세균이다. 다른 하나는 *Staphylococcus aureus* (황색포도상구균)로 노란색 색소를 만드는 종이다. 이 두 종 모두 잠재적 병원균이나 *S. aureus*가 사람에게 질병을 더 많이 일으킨다. 모두 상기도 혹은 피부의 정상균총에서 발견 되어 (그림 30.2와 30.01*b*) 많은 사람들이 잠재적 보균자가 된다 (29.1절과 29.3절).

역학과 질병발생

포도상구균은 여드름, 종기, 농가진, 폐렴, 골수염, 심장염, 수막염, 그리고 관절염 등 다양한 질병을 일으킨다. 이 중 많은 질병들은 고름(*pyogenic*)을 생성한다 (그림 30.28*c*와 **그림 30.29**). 사람에게

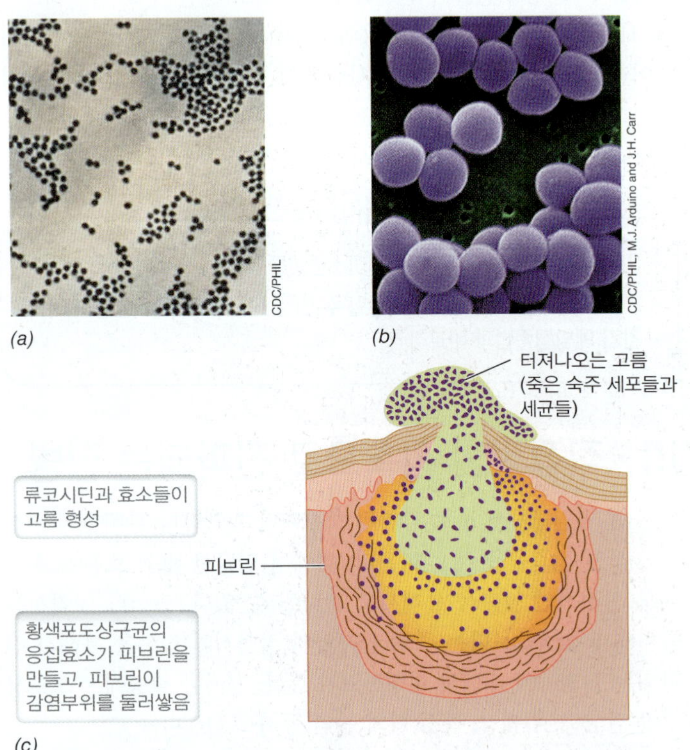

그림 30.28 *Staphylococcus aureus*와 *S. aureus* 감염증. 세포들은 여러 평면으로 분열하여, 포도송이 같은 형태를 이룬다. *(a)* 그람염색; 각 구균은 지름이 약 1 μm이다. *(b)* 세포들의 주사전자현미경 사진. *(c)* 종기의 구조. 포도상구균이 피부의 국소감염을 개시하고 응고효소의 작용으로 응고된 혈액과 섬유소에 의해 둘러싸인다. 종기의 파열로 고름과 죽은 세포, 세균이 유출된다. 그림 30.29도 참조.

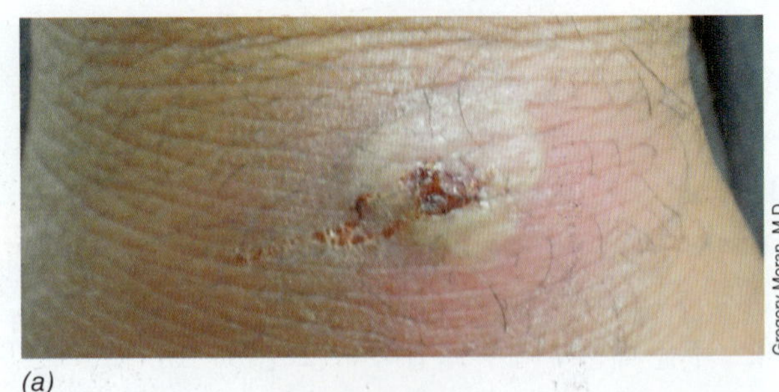

(a)

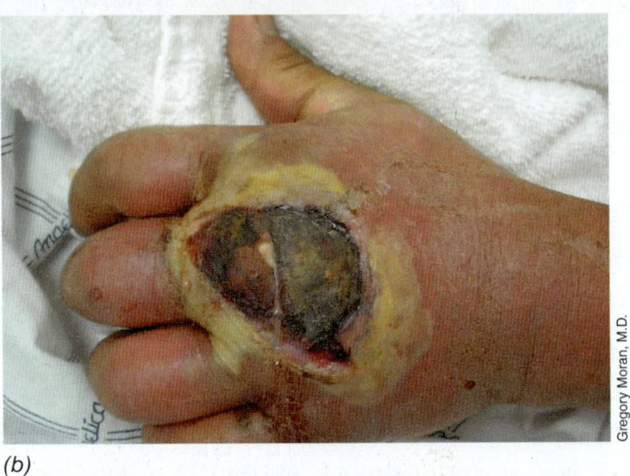

(b)

그림 30.29 포도상구균 상처의 고름 형성. *(a)* 손 상처에 형성된 전형적인 고름. 고름은 상피층 바로 아래에 생긴다. *(b)* 메티실린 내성 *Staphylococcus aureus* (MRSA) 균주로 인해 발생한 손의 농양. 치료하지 않거나 페니실린이 먼저 처방되면, MRSA 감염증은 여기서 보인 것처럼 대규모의 조직 파괴가 일어날 수 있다.

질병을 일으키는 *S. aureus* 균주들은 다양한 병원성 인자들을 생산한다 (25.3절). 적어도 4종류의 다른 용혈소(*hemolysins*; 적혈구를 용균시키는 단백질들)가 알려져 있는데, 단일 균주가 여러 가지 용혈소를 생산할 수 있다. *S. aureus*가 생산하는 가장 핵심적인 병원성 인자는 피브린을 피브리노겐으로 전환시켜 응괴를 만드는 응고효소(*coagulase*)이다 (그림 25.11*b*). 응고효소에 의해 만들어진 혈괴는 세균 세포 주위에 피브린 축적을 일으켜 숙주 면역세포들이 세균과 접촉하여 식균 작용을 시작하지 못하게 한다. 대부분의 *S. aureus* 균주들은 백혈구를 파괴시킬 수 있는 류코시딘(*leukocidin*)도 생산한다. 종기나 여드름 같은 피부 손상부위에서 백혈구독이 생산되면 많은 숙주 세포가 파괴되고 고름을 형성시키는 인자들 중 하나로 작용한다 (그림 30.28과 30.29). 일부 *S. aureus* 균주는 히알루론산 분해효소(*hyaluronidase*), 섬유소 용해소(*fibrinolysin*), 리파아제(*lipase*), 리보뉴클레아제(*ribonuclease*) 및 데옥시리보뉴클레아제(*deoxyribonuclease*) 등 다른 병원성 단백질들을 생산한다.

일부 *S. aureus* 균주는 고열, 구토, 설사를 유발시키고 경우에 따라 치사에 이르게 하는 특성을 갖는 심각한 감염증인 소위 **독소쇼크증후군(toxic shock syndrome, TSS)**을 일으키는 균으로 지목되고 있다. TSS는 흡습성이 높은 탐폰(tampons)을 사용하는 생리 중의 여성에게서 최초로 관찰되었다. 최근에는 수술 후 포도상구균

감염으로 인한 TSS 사례가 남성과 여성에게서 똑같이 보고되고 있다. 그러나 TSS 증상들은 독소쇼크 독소-1(*toxic shock syndrome toxin-1*)이라는 외독소에 기인한다. 이 강력한 독소는 세포가 생장되는 동안 방출되어 수많은 T세포를 감염부위로 모으는 슈퍼항원이다 (25.7절과 27.10절). 그리고 나면 그들은 발생 사례의 70% 정도가 사망에 이르는 주요 염증반응을 일으킨다. TSS와 비슷한 질병이 *Streptococcus pyogenes*를 비롯한 다른 세균들이 분비하는 슈퍼항원에 의해 일어날 수도 있다 (30.2절).

진단과 치료, MRSA 전염병

S. aureus 감염증을 실험실 배양으로 진단하기 위해서, 의심되는 가검물 특히 고름이 생긴 상처 시료는 (그림 30.29*a*) 선택 및 분별배지인 7.5% NaCl, 단당류인 만니톨, pH 지시약인 페놀레드를 포함하는 만니톨염 평판배지 [만니톨염 한천배지(mannitol-salt agar), **그림 30.30**]에서 배양된다. 염분은 포도상구균을 생장하게 하는 반면, 비호염성 세균들의 생장을 억제한다. 또한 *S. aureus*는 만니톨을 발효하기 때문에 산이 생성되고 배지를 노란색으로 변화시키는 반면, *S. epidermis*와 같은 다른 포도상구균들은 그렇게 하지 못 한다 (그림 30.30).

주요 임상 실험실에서 중합효소연쇄반응(PCR)은 임상시료에서 추출된 DNA에서 *S. aureus*에 특이적인 유전자들을 증폭하는 데 사용되고, 이를 통하여 빨리 진단할 수 있게 된다 (실험실 배양 결과는 24시간이 걸림). 메티실린에 저항성을 보이는 *S. aureus* (MRSA)을 특이적으로 동정하기 위하여 특별한 선택 및 분별배지와 MRSA 균주들에서 메티실린 저항성을 지정하는 유전자인 *mecA*를 동정할 수 있는 PCR 프로토콜이 사용된다 (그림 28.15).

역사적으로 *S. aureus* 감염증은 다양한 페니실린과 세팔로스포린 항생제들로 치료되어 왔다. 그러나 오랫동안 광범위한 항생제의 사용으로 말미암아 내성 균주들이 선택되어 우세하게 되는 결과가 초래되었고 특히 임상 환경에서 더 심각하게 되었다. 예를 들어, 수술 환자들이 약제내성 균주들 보유자이지만 무증상의 의료 종사자들로부터 포도상구균을 옮겨 받을 수 있다. 그 결과, *S. aureus* 감염증에 대한 적절한 항미생물 약제치료법이 의료 환경에서 주요 문제가 되고 있다. 항생제인 클린다마이신과 다양한 테트라싸이클린 등이 현재 MRSA 감염증 치료에 사용되고 있다.

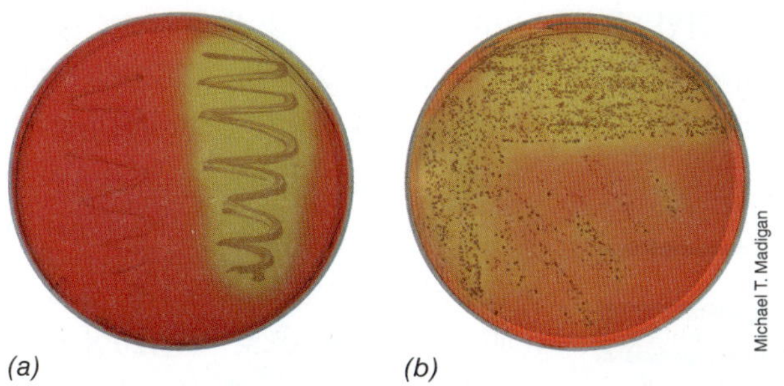

그림 30.30 만니톨–염 한천배지를 이용한 포도상구균의 분리. *(a)* 만니톨–염 한천배지 (MSA)는 포도상구균(staphylococci)을 위한 선택적 분별배지이다. 7.5% NaCl이 포함되어 MSA는 선택적이고 페놀레드(phenol red)가 포함되어 있어 분별배지가 된다. 왼쪽 *Staphylococcus epidermis*; 오른쪽 *Staphylococcus aureus*. *(b)* 이 책의 저자의 코에서 채취한 시료가 *S. aureus*는 모든 사람에게 서식하고 있다는 것을 보여준다.

MRSA 감염증 (그림 30.29*b*)이 더 흔해지고 있다 (28장의 미생물 세계 탐구 "MRSA—두려운 임상 도전" 참조). 매년 8만 건 이상의 MRSA 감염 사례가 미국에서 보고되고 있으나, 실제 감염증은 이보다 10배 정도 더 많을 것이다. 대부분의 경우 원내감염 MRSA (28.2절)이나 그렇지 않는 경우도 있다. MRSA 감염증의 잠재적 심각성 때문에 가능한 빨리 효과적인 치료가 시작되도록 임상 시료에서 이 병원균을 신속하게 동정하는 것이 매우 중요하다. 치료 받기를 주저했거나 효과가 없는 항생제로 치료를 받아서 MRSA 감염 치료가 늦어지면 광범위한 조직 손상을 입을 수 있다 (그림 30.29*b*).

포도상구균 감염 예방은 대부분의 사람들이 피부나 상기도에 *S. aureus*를 갖고 있는 무증상 보유자이기 때문에 사실상 불가능하다. 그러나 수술실이나 유아동에서 근무하는 MRSA 보균 의료종사자를 밝혀내고 치료하거나 격리함으로써, 이 매우 왕성한 균주가 전파되는 것을 제한할 수 있었다. 많은 직접적인 접촉을 통해 전파되는 질병들과 마찬가지로, MRSA 전파는 다른 사람들의 물품들 (옷과 수건 포함)을 조심하고 상처를 감싸는 등 기초 위생을 제대로 실천함으로써 크게 감소시킬 수 있다.

미니퀴즈

- *S. aureus*의 정상적인 서식지는 무엇인가? *S. aureus*는 사람 간에 어떻게 전파되는가?
- MRSA는 무엇이고 건강에 왜 문제가 되는가?

30.10 *Helicobacter pylori*와 위궤양

*Helicobacter pylori*는 그람-음성이며 활발한 운동성을 갖는 나선균으로 (**그림 30.31**), 위염, 위궤양 및 위암과 관련이 있다. 이 세균은 위장 내 위산이 분비되지 않는 점액 혹은 십이지장을 포함하여 장관의 상부에 집락을 형성한다. 80% 정도의 위궤양 환자들이 *H.*

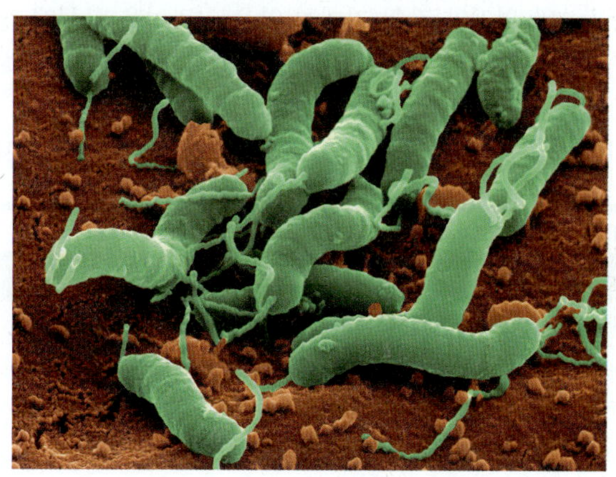

그림 30.31 *Helicobacter*. 위점막에 부착된 세포들의 채색된 주사전자현미경 사진. 세포들은 길이가 3~5 μm, 지름이 0.5 μm이다. 편모를 주목하라.

pylori 감염을 동시에 갖고 있고 개발도상국에서는 약 50%의 무증상 성인이 만성적으로 감염되어 있다. 사람 외에 다른 *H. pylori* 보균동물은 없으나 특별히 가족 내에서 높은 감염도를 보이는데, 이는 사람과 사람 사이에서 전파되는 것을 의미한다. 그러나 *H. pylori*가 간혹 집단 전염병으로도 나타나기도 하는데, 이는 식품 또는 음용수 등이 공동감염원인 것으로 추측된다.

Helicobacter 감염경로

*H. pyroly*는 아주 약한 침투성을 보이고 위 점막 표면에 집락을 형성하는데, 위 점막층 때문에 위산 효과를 피하게 된다. *H. pyroly* 세포들은 위장 상피조직에서 생산되는 요산 농도 기울기를 따라 편모 회전을 농도가 높은 곳으로 향하게 하는 주향성 (2.13절과 6.7절)을 통해 상대적으로 보호될 수 있는 부위에 도달한다. 이 세균은 요소를 잘 분해하여 암모니아와 중탄산염으로 전환시키며, 이들이 이 세균의 집락 부위의 완충제 역할을 한다.

*H. pylori*가 점막에 집락을 형성한 뒤, 여러 병원성 인자들과 숙주의 반응이 염증, 조직괴사, 그리고 위궤양을 유발시킨다. 병원균의 산물인 세포독소인 VacA (외독소), 요소분해효소와 이 균의 당지질에 의해 야기된 자동면역반응 등 모두가 국소 조직파괴 및 궤양을 유발시킨다. *H. pylori*를 보유하고 있는 사람은 항생제로 치료하지 않으면 만성적인 장기간의 감염 상태에 있게 된다. 치료는 간단한데, 치료되지 않은 *H. pylori*로 인한 만성적 위염은 위암으로 진전될 수 있기 때문에 치료받는 것이 매우 중요하다.

*H. pylori*와 임상적 질병

H. pylori 감염으로 인한 임상적 증상은 트림과 위 혹은 상복부의 통증이다. 확진은 위궤양 생체부검에서 *H. pylori*를 분리배양하거나 관찰을 통해 이루어진다. 비침범성 진단에는 *H. pylori* 요소분해효소 검사가 사용된다. 이 검사에서 환자는 소량의 ^{13}C 혹은 ^{14}C으로 표지된 요소 ($H_2N-CO-NH_2$)를 마시게 된다. *H. pylori*가 존재하면 요소가 분해되어 암모니아와 표지동위원소로 표지된 이산화탄소가 생성된다. 그러므로 환자의 내쉬는 호흡에서 동위원소로 표지된 이산화탄소가 감지되면 이것은 *H. pylori*에 의한 감염을 의미한다.

*H. pylori*와 위궤양 간의 기대치 않은 연관성은 항생제 질병치료에서 명확한 증거를 찾을 수 있다. 장기간의 제산제 치료는 위궤양 증상을 일시적으로 완화시키지만, 대부분의 환자들이 1년 내에 다시 악화된다. 그러나 궤양으로 인한 결과보다 원인을 치료하면 종종 완전히 치료되는 수도 있다. *H. pylori* 감염은 일반적으로 항세균 화합물인 메트라니다졸(metranidazole), 테트라사이클린(tetracycline)이나 아목시칠린(amoxicillin) 같은 항생제, 비스무스(bismuth)를 포함하는 제산제 등의 약제를 조합하여 투여함으로써 치료할 수 있다. 14일간의 이러한 복합치료로 *H. pylori* 감염을 없애고 장기간 치유가 가능하다.

위궤양과의 연관성 같이 *H. pylori* 감염과 특정한 형태의 위암, 특히 가장 흔한 위선암과의 연관성도 뚜렷하다. 위암은 전 세계적으로 암으로 인한 사망 중 2번째로 많이 사망을 유발한다. *H. pylori* 감염이 실제로 어떻게 선암을 일으키는지 불분명하지만 이 세균으로 인한 장기 감염과 환경 인자들의 결합이 위 악성종양에 쉽게 걸리게 하는 것으로 믿고 있다.

*H. pylori*와 소화성 및 십이지장 궤양 간의 연관성을 밝혀낸 공로로 호주 과학자들인 Robin Warren과 Barry Marshall이 2005년에 노벨 생리 및 의학상을 수상하였다. *H. pylori*에 관한 고전적인 흥미로운 이야기를 729쪽에서 읽을 수 있다.

미니퀴즈

- *H. pylori* 감염과 이에 따른 위궤양 발생과정을 설명하라.
- 위궤양은 어떻게 진단되고 치유될 수 있는가?

30.11 간염 바이러스

간염(hepatitis)은 흔히 전염성 인자에 의해서 야기되는 간의 염증이다. 간염은 종종 기능에 필요한 간의 해부적 구조와 세포를 파괴하는 **간경화(cirrhosis)**라는 급성질환을 일으키기도 한다. 감염성 간염은 만성 혹은 급성질환을 일으키며 어떤 종류는 간암으로 진행된다.

많은 바이러스와 몇몇 세균이 간염을 일으킬 수 있지만 제한된 바이러스 그룹이 종종 간 질환과 연관되어 있다. 간염 바이러스 A, B, C, D는 계통유전학적으로 다양한 바이러스들이나, 간에 감염될 수 있는 공통점을 공유하고 있다 (**표 30.2**). A형과 E형 간염 바이러스들은 경우에 따라 사람에서 사람으로 전파되기도 하지만, 주로 음식 (A형 간염 바이러스)이나 물 (E형 간염 바이러스)을 통해 더 쉽게 전파된다. A형 간염 바이러스는 32장에서 다루기로 한다. 여기서 우리는 "혈액감염(bloodborne hepatitis)"의 원인인 B형 간염 바이러스에 주로 초점을 맞춘, 직접적인 접촉을 통해 전파되는 간염 바이러스들에 대하여 초점을 맞추고자 한다.

간염 중 가장 흔한 A와 B형 간염 사례는 효과적인 예방접종으로 지난 20여 년간 현저하게 감소되어 왔고, 감시는 더 증가되어 왔다. A와 B형 간염에 비해 C형 간염 전염 사례는 매우 낮다 (**그림 30.32**).

표 30.2 간염 바이러스들

질병	바이러스와 유전체[a]	백신	질환	감염경로
A형 간염	*Hepatovirus* (HAV), ssRNA	있음	급성	장관 (음식)
B형 간염	*Orthohepadnavirus* (HBV), dsDNA	있음	급성, 만성, 발암성	부모, 성매개
C형 간염	*Hepacivirus* (HCV), ssRNA	없음	만성, 발암성	부모
D형 간염	*Deltavirus* (HDV), ssRNA	없음	전격성, HBV와 공감염	부모
E형 간염	*Caliciviridae* 과(family) (HEV), ssRNA	없음	임신부에서 전격성 질병	장관 (물)

[a]이 유전체들의 예시와 논의는 10장에서 찾아볼 수 있다 (그림 10.2와 10.3).

역학

B형 간염 바이러스(*hepatitis B virus*, HBV)

단원 7

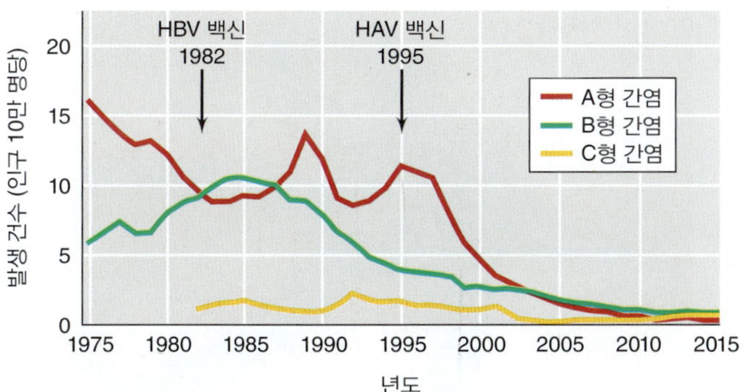

그림 30.32 미국에서 발생되는 A, B, C형 간염. 2014년에 A형 간염이 1,239건, B형 간염이 2,952건, C형에 의한 간염이 2,194건 발생하였다. 실제로 발생되는 A, B, C형 간염 건수는 보고된 것 보다 훨씬 더 많을 것이다. 미국 질병관리예방센터 자료 인용.

에 의한 간염은 혈액과 접촉하여 혈액이나 체액에 전파되기 때문에 보통 혈청간염(bloodborne hepatitis) (또는 serum hepatitis)이라고 한다. HBV는 헤파드나바이러스(hepadnavirus)로서 부분적으로 이중가닥인 DNA 바이러스이다 (10.11절). 이 바이러스 유전체를 갖고 있는 성숙한 바이러스 입자를 대인 입자(*Dane particle*)라고 한다 (**그림 30.33**). HBV는 급성 질병이며 간 기능이 손상되어, 종종 사망하게 되는 심각한 질병이다. 만성적 HBV 감염은 간경화와 간암으로 이어질 수 있다.

HBV는 "장관 외(outside the gut)"라는 의미에서 비경구적인 경로(*parenteral route*)를 통해 전파된다. HBV의 주된 전파 수단은 수혈 혹은 감염된 혈액으로 오염된 피하주사 바늘에 의한 것이다. HBV는 또한 성교 시 체액 교환을 통해 전파될 수도 있다. 신규 HBV 감염 건수도 역시 효과적인 백신 때문에 2000년 이래 낮게 그리고 거의 일정하게 유지되고 있다 (그림 30.32). 그럼에도 불구하고, 만성 HBV 감염에 따른 간 손상 혹은 간암으로 매년 전 세계적으로 100,000명 이상 그리고 미국에서만 거의 5,000명이 사망하고 있다.

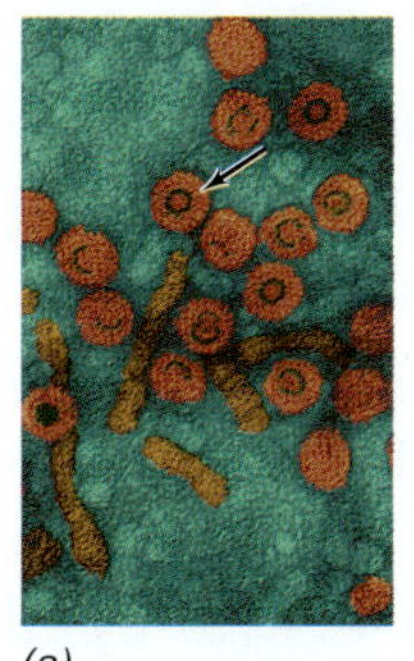

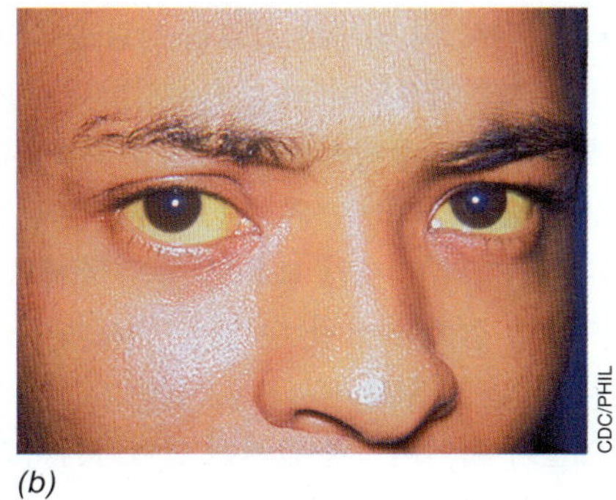

(a) (b)

그림 30.33 간염. *(a)* B형 간염 바이러스. 화살표가 가리키고 있는 완전한 HBV 입자는 DANE 입자라고 부르는데, 그 지름은 40 nm 정도이다. *(b)* 황달은 얼굴 피부와 눈의 결막이 노랗게 되는 간염 감염의 흔한 증상인데 간의 기능이 저하되어 (분해된 적혈구 세포의 부산물인) 빌리루빈의 축적으로 발생된다.

D형 간염 바이러스(*hepatitis D virus*, HDV)는 자신의 캡시드(capsid)를 만드는 유전자가 없는 불완전한 바이러스(*defective virus*)이다 (11.7절). HDV도 비경구적 경로로 전파되나, 불완전한 바이러스이기 때문에 숙주 세포가 HBV로 동시에 감염되지 않으면 복제가 되지 않아 완전한 바이러스가 될 수 없다. HDV 유전체는 독자적으로 복제되지만 발현을 위해서 HBV의 캡시드 단백질을 사용한다. 따라서 HDV 감염은 항상 HBV와의 공감염(coinfections)으로 관찰된다.

C형 간염 바이러스(*hepatitis C virus*, HCV)도 비경구적으로 전파된다. HCV는 보통 초기에는 가볍거나 무증상의 질병이지만 85%에 이르는 사람들이 만성 간염을 일으키고, 그 중 20%가 만성 간 질환 혹은 간경화로 진행된다. 만성 간염 환자 중 매년 3~5%가 간암으로 진행된다. 암으로 진행되는 잠복기는 최초 감염 후 수십년에 이를 수 있다. 미국에서 매년 신규로 발생될 것으로 추정되는 25,000 HCV 감염 건 중 일부만 인지되어 보고되고 있다 (그림 30.32). 간암으로 발전되는 만성 HCV 감염 때문에 많은 수의 HCV 관련 사망이 매년 발생한다. HCV로 인한 간 질환은 현재 미국 내 병원에서 관찰되는 간 질환 중 가장 흔한 질병이고 간암, 만성 간질환, 및 간경화 때문에 매년 사망하는 25,000명 중 10,000명이 HCV 때문에 사망한다.

간염 증후군의 다른 면들

간염은 해독과 다른 많은 기능뿐만 아니라 탄수화물, 지질, 단백질 합성 등 여러 핵심 물질대사 과정에 관여하는 주요 기관인 간에 발생하는 급성 질환이다. 간염 증상은 열, 황달 (간세포의 파괴 때문에 간에서 과다한 담즙이 생산과 분비되어 피부가 노랗게 되는 현상, 그림 30.33*b*), 간 확대, 그리고 간경화증 등이다. 모든 간염 바이러스들은 비슷한 급성 임상 질환을 일으키고 임상적인 현상만으로는 쉽게 구분되지 않는다. 주로 HBV나 HCV에 의해 발생되는 만성 간염은 증상이 없거나 아주 경미한 증상을 보이나, 간암이 아니더라도 심각한 간 질환을 야기시킬 수 있다.

간염 진단은 주로 임상적 증상과 간 기능을 평가하는 실험실 검사 특히 주요 간 효소들 검사를 종합하여 실시된다. 간경화는 생체부검으로 간 조직을 육안으로 관찰하여 진단한다. 많은 바이러스 특이적 분자 분석은 진단을 확인하고, 감염 인자를 확실하게 동정하고, 치료 과정을 결정하기 위하여 사용한다. 간염 바이러스 분리 배양은 별로 시도되지 않는다.

28장에서 설명된 면역적 및 분자적 진단법은 간염 진단을 위해서도 사용된다. 여기에는 혈액 시료 내의 바이러스 특이적 단백질 혹은 항바이러스 항체를 겨냥하는 효소면역측정법(EIA), 면역블럿법 (웨스턴블럿), 그리고 면역형광 (현미경)법이 포함된다. PCR 분석과 DNA 혼성화법도 혈액이나 생체부검으로 확보한 간 조직에서 바이러스 유전체를 검색하는 데 사용된다.

HAV나 HBV로 인한 감염은 효과적인 백신으로 예방할 수 있다. HBV 예방접종이 권장되고 있으며 미국의 학령기 어린이들에게 대부분 필수사항이다. 다른 간염 바이러스에 대한 효과적인 백신은 아직 없다. 예방접종을 받지 않은 사람들을 위해 제정된 보편적인 예방조치를 실행함으로써 감염을 예방할 수 있다. 이 예방법은 높은 수준의 경계와 무균적 취급, 그리고 환자, 체액, 그리고 감염된 폐기물 등의 처치 시 봉쇄과정을 규정하고 있다 (28.1절). 대부분의 간염은 간 손상이 회복되고 치유되도록 휴식하면서 기다리게 하는 보조적인 방법들로 치료된다. 일부 경우, 특히 HBV 감염증 경우에 항바이러스 약물이 치료에 효과가 있다.

미니퀴즈

- 간염 바이러스는 인체 어떤 기관을 공격하는가? A, B, C형 간염 바이러스들은 어떻게 전파되는가?
- A, B, C형 간염 바이러스를 예방하고 치료할 수 있는 잠재적 방법들을 설명하라.

30.12 에볼라: 치명적인 위협

최근 직접전인 접촉에 의해 확산되며 매우 전염성이 높고 사망에 이르게 하는 심각한 병원균으로 떠오르고 있는 것이 에볼라 바이러스(Ebola virus)인데, 2014년과 2015년 초에 서아프리카를 강타하였다. 에볼라는 29,000명에 감염되어 그 중 11,000명이 사망하였다.

에볼라는 1976년 자이레에서 출현하여 그 이래 서아프리카의 여러 나라에서 몇 번 소규모로 돌발한 적이 있다. 그러나 2014년에 기니, 라이베리아, 나이지리아, 세네갈, 그리고 시에라리온에서 돌발하기 전까지는 그렇게 많은 사람을 사망하게 한 적은 없었다. 그러나 에볼라가 빨리 재출현한 속도만큼 빠르게 이 전염병이 이곳에만 제한되도록 하는 많은 노력들과 이 질병의 발생 주기를 조절하는 아직 이해되지 않은 자연적인 요인들로 인해 에볼라 발생이 감소되고 있다. 2015년 말에는 몇몇 사례만이 보고되었다. 오늘날 이 바이러스가 쉽게 퍼질 수 있고, 한 번의 감염으로 질병이 촉발되고 빠르게 전파되기 때문에 에볼라에 대한 상당한 역학조사가 지속되고 있다.

에볼라: 바이러스와 그것의 전파

에볼라 출혈열(Ebola hemorrhagic fever)은 여러 형태를 띨 수 있는 필라멘트형 바이러스인 필로바이러스(*filovirus*)에 의해 발생된다 (**그림 30.34*a***). 에볼라 바이러스 유전체는 인플루엔자와 광견병 바이러스 유전체와 같이 외가닥의 선형, 음성 RNA로 되어 있다. 에볼라 유전체는 19,000개의 염기밖에 안되는 RNA인데, 7개 단백질을 지정하기에 충분하며 유전체의 1/3은 음성 RNA 바이러스의 유전체를 복제하는 RNA를 주형으로 사용하는 RNA 중합효소(RNA replicase)를 지정한다 (10.9절).

에볼라 바이러스는 체액 (정액 포함)과 매개물 (침구, 옷, 식기)에 의해서 뿐만 아니라 피부와 점막의 열창을 통한 직접적인 접촉에 의해 사람에게서 사람으로 전파된다. 에볼라가 쉽게 전파되는 정도는 직접 접촉에 의해 전파되는 다른 병원균에 비해 매우 현저하다. 예를 들어, 에볼라가 의료 종사자에게 전파된 사례 기록에서, 이러한 전파를 막기 위해 전신 개인 보호 장비(personal protection equipment, PPE, 28.1절)를 반드시 사용하도록 철저히 주의하였다. 따라서 이 질병은 감염된 사람들에게 치명적일 뿐 아니라, 의료 종사자들에게도 극히 무시무시한 위험이 될 수 있다. 만약 개인 보호 장비를 착용하지 않는다면, 환자를 치료하거나 사망한 에볼라 희생자들을 처리하는 의료 종사자들은 감염되는 위험한 모험을 하게 된다. 따라서 개인 보호 장비는 국제의료단체들에 의해 에볼라 환자들과 접촉하게 될 수 있는 의료 종사자들에게 널리 보급되고 있다 (그림 30.34*b*).

에볼라 바이러스와 관련된 한타바이러스 (31.2절) 같은 필로바이러스들이 절지류와 설치류를 통해 확산된다고 알려져 있지만, 서아프리카 돌발을 일으켰던 에볼라 바이러스의 자연 저장고가 무엇인지는 알려져 있지 않다. 에볼라 저장고로 의심되는 것 중에는 열대림에 서식하는 많은 동물들과 그리고 곤충들도 가능성이 있다. 사람에게서 사람으로 전파되는 것 외에 최근 서아프리카에서 발생

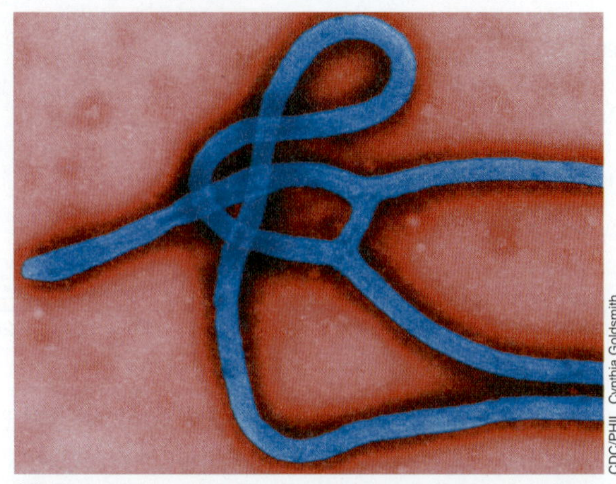
CDC/PHIL, Cynthia Goldsmith

(a)

CDC/PHIL

(b)

그림 30.34 에볼라. *(a)* 색을 입힌 에볼라 바이러스 입자들의 음성 염색 투과전자현미경 사진. 바이러스 입자의 지금은 약 80 nm이다. *(b)* 우간다 적십자 요원들이 에볼라 희생자의 사체를 거두기 전에 개인 보호 장비를 입고 있다.

한 전염병의 거의 대부분은 동물에게 물린 것도 주요 원인이 될 수 있다. 이와 관련해서 박쥐, 특별히 에볼라 바이러스가 검출된 적이 있는 과일 박쥐가 주요 질병의 저장고일 수 있다.

에볼라: 질병과 치료

에볼라 바이러스는 최초 감염부위에서 림프절로 이동하여 거기서부터 간과 이자를 감염시키도록 계통적으로 움직인다. 일단 바이러스가 체내로 들어가면, 여러 다른 종류의 세포들이 감염된다. 감염 1~2주 후, 에볼라 환자는 갑작스러운 열과 전신 피로감을 경험하게 되는데, 이 때문에 에볼라를 말라리아와 같은 다른 열대성 질병과 구별하기가 어렵다. 그러나 그 후 더 심한 증상들이 나타난다. 여기에는 전형적으로 고열, 심한 피로감, 설사, 메스꺼움, 구토 그리고 복통, 식욕감퇴 등이 포함된다. 피부를 통한 출혈이 일어나거나, 피를 토하거나 혈변을 보게 될 수 있으나, 이러한 출혈은 흔한 증상은 아니다.

에볼라 바이러스는 간세포를 죽이고 정상적인 혈액응고 현상을 무너뜨리는 등, 간에서 큰 문제를 일으킨다. 이 바이러스가 숙주 세포들이 광범위한 염증과 내출혈을 유발하는 사이토카인 (26.8절)을 방출하도록 촉발시키는 것으로 여겨진다. 이로 인해 여러 기관이 파손되고, 쇼크와 실명도 일어난다. 서아프리카 에볼라 유행에서 치료를 받을 수 있었는가, 감염자의 초기 건강상태, 바이러스 감염량 (혈액 내 바이러스의 양), 그리고 나이에 따라 사망률이 35~70%에 달했는데, 45세 이상의 감염자 중 85%가 사망하였다.

현재 에볼라를 치료할 수 있는 약은 없지만, 증상이 경감되도록 돌봄을 받은 사람들의 생존율은 그렇지 않는 사람들에 비해 훨씬 높다. 치료요법에는 수분과 전해질 유지, 산소 공급, 내출혈로 잃은 혈액을 대체하기 위한 수혈 등이 포함된다. 에볼라 생존자들은 이 바이러스에 대한 항체 매개 면역반응을 갖게 되며, 감염자들에게 생존자들의 혈액이나 혈청을 수혈하여 성공적인 치료 효과를 얻을 수 있었다. 에볼라 백신이 개발되고 있는데 몇몇 유력한 후보물이 나타났다. 사람의 면역체계가 에볼라에 대행할 수 있게 하는 것이 이 질병에 대해 가장 잘 예방하는 방법일 것 같다. 그러나 질병이 진행되는 속도가 빠른 것과 바이러스 감염으로 촉발되는 주요 기관 손상을 감안할 때 이미 감염된 사람들에게 에볼라 백신이 도움이 될 것 같지는 않다.

2014년 에볼라 유행은 이제 잘 제어되고 있고 이렇게 치명적인 질병이 큰 규모로 돌발되었을 때 이를 다루는 전략에 대해 많은 것을 배울 수 있었다. 에볼라가 쉽게 전파될 수 있기 때문에 돌발적인 질병 발병률과 사망률에 대처하는 것만큼 에볼라의 위험성을 알리는 대중교육 운동도 중요하게 여기게 되었다. 역학자들이 에볼라 바이러스 자연 저장고에 대해 더 잘 알게 되면, 서아프리카에서 일어난 것과 같은 에볼라 유행—동물에서 사람에게 전파되어 시작된 것 같은—을 주요 저장고를 감소시키거나 줄임으로써, 그리고 대중들에게 알려진 저장고와 부딪혔을 때의 위험성에 대해 교육함으로써 잘 예방할 수 있을 것이다. 또한 에볼라 환자를 돌보거나 에볼라 희생자의 사체를 처리하는 사람들에게 개인 보호 장비를 반드시 착용하도록 엄격하게 교육하는 운동도 한 사례 혹은 일련의 사례가 발생했을 때 에볼라 확산을 줄이는 데 도움이 될 것이다.

미니퀴즈

- 인플루엔자 바이러스와 에볼라 바이러스의 공통점은 무엇인가? 그들의 전파 양식은 어떤 점에서 다른가?
- 인플루엔자와 에볼라 출혈열의 사망률을 비교하라. 어느 것이 더 심각한 질병인가?

IV • 성매개 전염병

성매개 전염병(sexually transmitted infections, STIs)은 성매개 질병(*sexually transmitted diseases, STDs*)이라고도 불리며, 매우 다양한 세균, 바이러스, 원생동물, 그리고 균류 등에 의해서 발생된다 (**표 30.3**). 감염자들로 인해서 계속 많은 수로 흘러 나가는 호흡기 병원균들과는 달리 성매개 감염균들은 성교 시 교환되는 비뇨생식기의 체액 (HIV의 경우는 혈액)에서만 발견된다. 이 병원균들은 사람의 비뇨생식기처럼 보호되고 습기가 있는 곳을 필요로 하여, 비뇨생식기에 집락을 형성하는 것을 선호하거나 때로는 그 곳에만 서식하기도 한다.

STI 전파는 성 활동에 국한되기 때문에, 성병 확산은 금욕으로 제어하거나 성교 시 콘돔과 같은 체액 교환을 막아주는 도구의 사용으로 최소화 될 수 있다. HIV/AIDS를 제외한 대부분의 STI는 치료 가능하고 증상도 대체로 가볍다. 이러한 사실들과 더불어 감염자들이 때로는 치료받는 것을 기피하기 때문에 STI 치료가 공중보건에 지속적으로 도전적 과제가 되고 있다. 그러나 치료를 미루거나 받지 않으면 지속적으로 전파 경로가 되거나 불임, 암, 심장병, 퇴행성 신경질환, 장애아 출산, 사산 혹은 면역체계의 파괴 등 장기적인 문제로 발전할 수 있으며, 결국 사망을 초래할 수 있다.

30.13 임질과 매독

임질(*gonorrhea*)과 매독(*syphilis*)은 고대 STI이지만, 증상의 차이 때문에 발병 양상은 서로 상당이 다르다. 미국에서 임질은 1960년대 중반 피임약이 도입된 시점에 최고점에 달했었고, 지금도 상당히 널리 퍼져 있다. 반면에 매독은 현재 발병률이 낮은 편이다 (**그림 30.35**). 그 이유는 매독은 발병 초기 단계에 매우 뚜렷한 증상이 나타나 감염자가 대체로 즉시 치료를 받기 때문이다.

임질

Neisseria gonorrhoeae 혹은 임질구균(gonococcus)이라고 하는 세균이 임질을 일으킨다. *N. gonorrhoeae*는 그람-음성, 비포자 형성, 편성 호기성, 산화효소 양성의 쌍구균으로 생화학 및 계통분류학적으로 *N. meningitidis* (30.5절)와 연관성이 높다. 임질균은 건조, 햇빛, 그리고 자외선에 의해 쉽게 사멸되고, 인두, 결막, 직장, 혹은 비뇨생식기 점막을 떠나면 오래 살아남지 못한다 (**그림 30.36**). 이

단원 7

표 30.3 성매개 질병과 치료 지침

질병	원인균(들)[a]	추천되는 치료법[b]
임질	*Neisseria gonorrhoeae* (B)	세프리악손 혹은 세프트리악손, 아지트로마이신, 독시사이클린
매독	*Treponema pallidum* (B)	벤자틴 페니실린 G
클라미디아 트라코마티스 감염증	*Clamydia trachomatis* (B)	독시사이클린, 아지트로마이신
비임균성 요도염	*Clamydia trachomatis* (B) *Ureaplasma urealyticum* (B) *Mycoplasma genitalium* (B) *Trichomonous vaginalis* (P)	아지트로마이신, 독시사이클린
성병성 림프육아종	*Clamydia trachomatis* (B)	독시사이클린
연성하감	*Haemophilus ducreyi* (B)	아지트로마이신
생식기 헤르페스	단순포진 2형 (V)	알려진 치료법 없음; 증상은 국소적인 아시클로비어 적용으로 줄일 수 있음
생식기 사마귀	인체 유두종바이러스 (HPV; 일부 종)	알려진 치료법 없음; 사마귀를 외과적, 화학적, 또는 냉동요법으로 제거할 수도 있음
트리코모나스증	*Trichomonas vaginalis* (P)	메트로니다졸
후천성면역결핍증(AIDS)	인체 면역결핍 바이러스 (HIV)	현재 가능한 치료법 없음; 일부 약제들이 바이러스 복제를 멈추고 병세 진행을 늦출 수 있음
골반염증	*neisseria gonorrhoeae* (B) *Clamydia trachomatis* (B)	세포테탄, 독시사이클린
외음질 칸디다증	*Candida albicans* (F)	부토코나졸

[a]B, 세균; V, 바이러스; P, 원생동물.
[b]2016년 미국 보건후생성 공중보건국 추천.

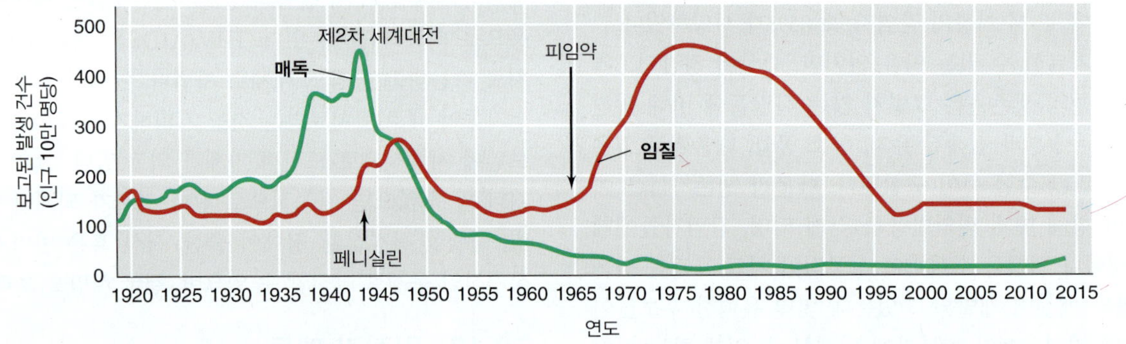

그림 30.35 미국에서 보고된 임질과 매독 건수. 임질 발생 건수가 항생제 도입 이래로 감소하고 피임약 도입 이래로 증가하는 경향이 뚜렷한 것을 주목하라. 미국에서 2014년에 임질은 350,062건이 새로 보고된 반면, 새로 보고된 1기 및 2기 매독은 19,999건이었다.

때문에, 임질균은 사람과 사람 사이의 친밀한 직접적 접촉에 의해서만 전파된다. 28.3절에서 임상 미생물학과 임질균 진단에 대해서 설명하였다.

임질 증상은 남성과 여성에서 서로 상당히 다르다. 여성들에서 임질은 증상이 없거나 가벼운 질염 같은 특성을 보이는데 다른 균으로 인한 질염과 구분하기 어려우므로 인지되지 못한 채 지나칠 수 있다. 그러나 치료받지 않은 여성은 임질 합병증으로 골반염증(*pelvic inflammatory disease, PID*)이 나타날 수도 있는데, 이 골반염증은 만성염증으로 불임과 같은 장기 합병증으로 진행될 수 있다. 남성의 경우, *N. gonorrhoeae*는 고통스러운 요도관 감염을 일으켜 전형적인 고름과 같은 것을 생성한다, 임질을 치료하지 않았을 때 남성과 여성 모두에게 영향을 미칠 수 있는 합병증으로 복합적 면역 감퇴로 인한 심장 판막과 관절 연골의 손상을 들 수 있다. *N. gonorrhoeae*는 성인에서 임질을 유발할 뿐만 아니라, 신생아 눈에도 감염을 일으킬 수 있다. 병에 걸린 어머니가 출산할 때 신생아의 눈에 감염이 일어날 수 있다. 그러므로 신생아 감염을 억제하기 위하여 에리스로마이신을 포함하는 연고를 신생아 눈에 바르는 프로필락틱 요법(prophylactic treatment)이 일반적으로 시행되고 있다.

1980년대에 페니실린에 대한 저항성을 보이는 *N. gonorrhoeae* 균주가 발생될 때까지 페니실린이 임질균 치료법이었다. 퀴놀론계(quinolone)인 시프로플록사친(ciproflozacin), 오플락친(oflaxacin),

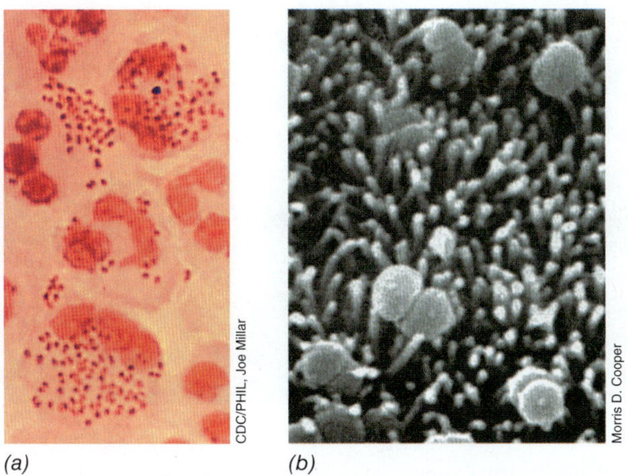

그림 30.36 임질 원인균인 *Neisseria gonorrhoeae*. *(a)* 요도분비물의 그람염색. *(b)* 사람의 나팔관 미세 융모의 상피세포 표면에 붙어 있는 *N. gonorrhoeae*의 주사전자현미경 사진. *N. gonorrhoeae* 세포들은 지름이 약 0.8 μm이다. *Neisseria* 종들은 베타프로테오박테리아에 속한다 (🔗 16.2절).

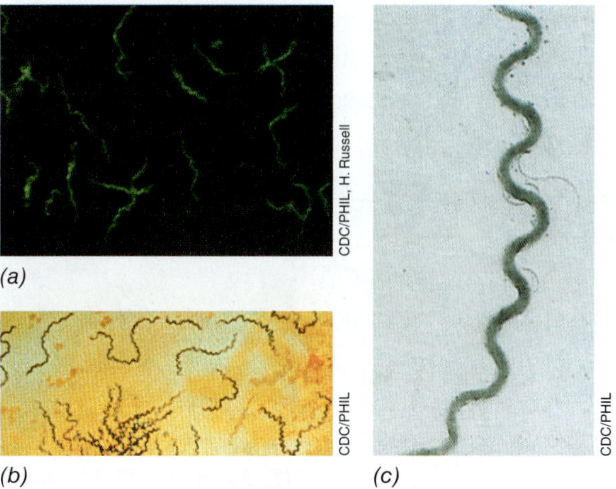

그림 30.37 매독을 일으키는 *Treponema pallidum* 나선균. *(a)* 형광항체로 염색된 세포들은 폭이 0.15 μm이고 길이가 10~15 μm이다. *(b)* 은으로 염색된 (폰타나법) 매독 하감으로부터 분리된 시료. *(c) T. pallidum*의 음영전자현미경 사진. 나선균의 특징인 내측편모가 관찰된다 (🔗 15.19절).

혹은 레보플록사친(levofloxacin)도 사용되었으나, 2006년 미국 전역에서 분리된 상당수의 *N. gonorrhoeae* 균주들이 퀴놀론에 대해서도 내성을 갖게 되었다. 페니실린과 퀴놀론에 모두 내성을 보이는 균주들은 베타 락탐 항생제인 세픽심(cefixime)이나 세프트리악손(ceftriaxone)을 한 번 투여하는 대체 항생제 요법에 반응을 보였다.

임질을 치료하는 약들이 효과적임에도 불구하고, 임질 감염은 적어도 3가지 이유에서 여전히 잦은 빈도로 발생되고 있다 (그림 30.35). 첫째, 감염에 의해 항임질균 항체들이 만들어지더라도, 균주 특이성 때문에 다른 *N. gonorrhoeae* 균주들로 인한 감염에 대해 교차면역을 일으키지 않는다. 그 결과 임질 재감염이 가능하며 특히 위험도가 높은 집단 내 (주로 매춘부, 여러 파트너와 관계를 맺는 사람)에서 상당히 빈번하게 일어난다. 또한 *N. gonorrhoeae*의 한 균주 내에서 항원전환이 일어나 효과적인 면역을 방해한다. 예를 들어, *N. gonorrhoeae*의 돌연변이로 선모 단백질들의 구조가 변경되어 새로운 항원형이 발생되며 그 결과, 면역반응이 방해받게 된다. 둘째, 경구 피임약의 사용으로 질 내부의 산도가 높아지고, 성인의 질에서 정상적으로 발견되는 젖산균이 생장할 수 없게 되며, 이로 인해 *N. gonorrhoeae*가 집락을 형성할 때 경쟁이 훨씬 낮아진다. 마지막으로, 매우 중요한 점은 앞에서 언급한 것처럼 임질균에 감염된 여성의 증상이 경미한 경우가 대부분이므로 병을 인식하지 못하고 지나치기가 쉽고, 난잡한 성 생활을 하는 감염된 여성으로 인해 많은 남성들이 감염될 수 있다.

매독

매독(syphilis)은 길고 매우 얇으며 코일 모양 세포의 나선균인 *Treponema pallidum*에 의해서 유발된다 (**그림 30.37**). 매독균도 임질균처럼 환경 스트레스 및 건조에 극도로 민감하여 매독은 보통 사람과 사람 사이의 밀접한 성적 접촉으로 혹은 임신 중 어머니에서 태아에게로만 전파된다. 나선균과 *Treponema* 속의 생물학적 특성은 15.19절에서 설명하였다.

성병인 매독은 종종 임질균과 같이 공감염(coinfection)으로 전파된다. 그러나 어쩌면 임질보다도 훨씬 더 심각한 질병일 수 있다. 예를 들어, 전 세계적으로 매년 1,000명 정도가 임질로 인해 사망하는 반면, 매년 100,000명 이상이 매독으로 인해 사망한다. 그럼에도 불구하고, 주로 이 질병들의 증상과 병리학적 차이 때문에 미국의 매독 환자 수는 임질 환자에 비해 훨씬 작은 편이다. 그러나 미국에서 최근 매년 신규 매독 환자가 16,000명 이상 발생하는 등 1997년에 약 6,000명 정도로 낮았던 것에 비해 꾸준히 증가하고 있는 추세이다.

매독 나선균 (그림 30.37)은 상처가 없는 피부를 통과하지 못하므로 대부분의 초기감염은 표피층에 있는 작은 상처를 통해 일어난다. 남성의 경우, 초기감염이 주로 음경에서 일어나는 반면 여성에서는 초기감염이 주로 질, 자궁경관 또는 회음부 등에서 일어난다. 전체 감염 중 약 10% 정도가 생식기 외의 감염이며 주로 구강부위이다 (**그림 30.38*a***). 임신 중에 감염된 산모의 병균이 태아로 전염될 수 있으며, 이렇게 해서 생긴 태아의 질병을 **선천성 매독(congenital syphillis)**이라고 한다.

매독은 매우 복잡한 질병으로 점점 더 심각한 단계로 발전될 수 있다. 매독은 항상 1기 매독(*primary syphilis*)이라고 하는 국소감염으로 시작된다. 1기 매독에서 *T. pallidum*은 처음 감염된 부위에서 증식하여 2주~2달 사이에 하감(chancre)으로 알려진 특유의 일차성 병변을 일으킨다 (그림 30.38*a*, *b*). 매독성 하감에서 나오는 삼출액을 암시야 검경법으로 관찰하면 활발하게 움직이고 있는 나선균을 볼 수 있다 (그림 30.37*a*, *b*). 대부분의 경우, 하감은 자연적으로 아물며, *T. pallidum*은 감염 부위에서 사라지게 된다. 그러나 치료를 받지 않으면, 소수의 병균이 초기 감염부위로부터 점막, 눈, 관절, 뼈, 중추신경계 등으로 확산되어 광범위한 증식이 일어나기도 한다. 종종 매독균에 대한 과민성 반응이 일어나면 전신 피부발진을 보이는데, 이 발진이 바로 2기 매독(*secondary syphilis*)의 주요 증상이다 (그림 30.38*c*).

치료를 하지 않으면, 이후 단계에서의 증상은 사례에 따라 매우 다양하게 나타난다. 약 25% 가량의 환자들은 자연적으로 치유되며, 더 이상 어떤 병증도 나타나지 않는다. 다른 25% 정도는 더 이상의 증상을 보이지 않으나, 만성적인 매독 감염상태가 지속된다. 대략적으로 나머지 50% 정도의 환자는 3기 매독(*tertiary syphilis*)으로 진행되는데, 이때의 증상은 피부와 뼈 부위의 비교적 가벼운 감염으로부터 심혈관계나 중추신경계 부위의 심한 또는 치명적인 감염에 이르기까지 매우 다양하다. 이러한 증상은 초기 감염 후 수년 만에 일어날 수 있다. 신경계 관련 증상은 전신마비 또는 다른 심각한 신경성 손상을 초래한다. 상대적으로 적은 수의 *T. pallidum*은 3차 매독에 걸린 사람들에서 볼 수 있으며, 대부분의 증상은 나선균에 대한 과민성 반응 때문에 생기는 것들이다 (27.9절). 3기 매독은 보통 장기간에 걸친 정맥 내 항생제 투여로 치료될 수 있으나 매독감염으로부터 신경손상은 일반적으로 회복될 수 없다.

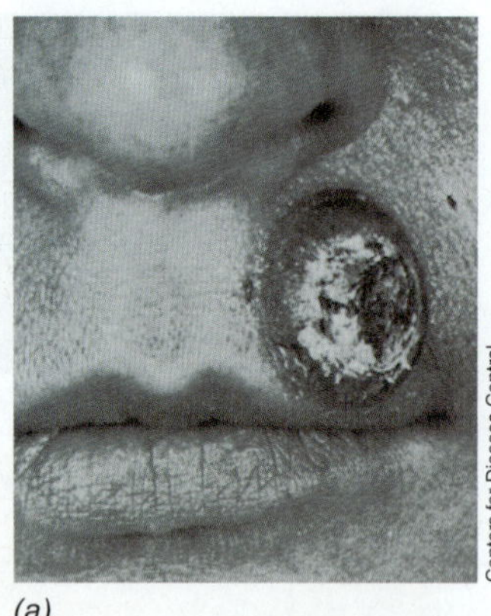

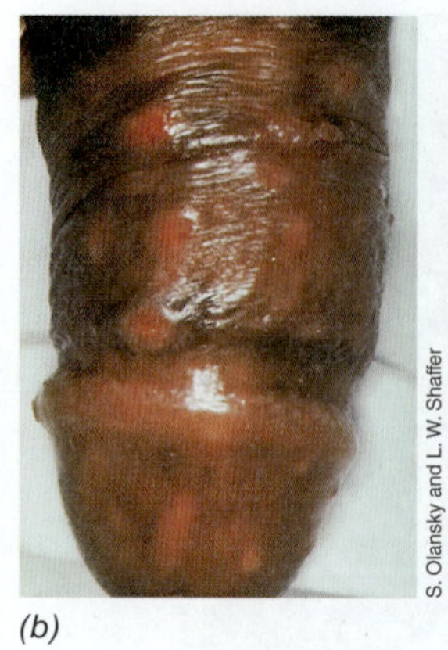

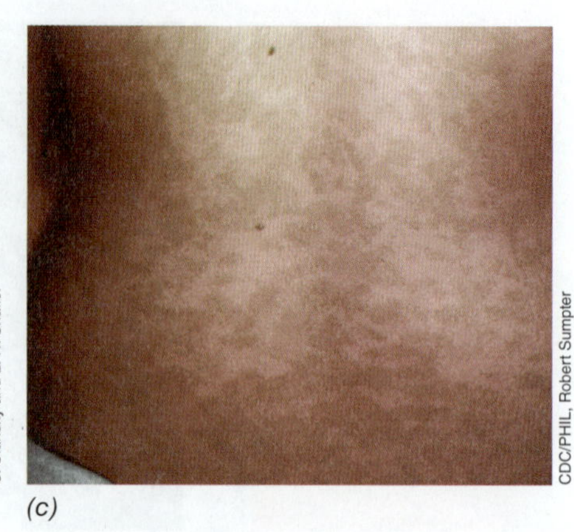

(*a*) (*b*) (*c*)

그림 30.38 1기 및 2기 매독 병변. (*a*) 입술의 하감 (*b*) 음경의 1기 매독 하감. 하감은 *Treponema pallidum* 감염부위에서 나타나는 1기 매독의 특징적인 병변이다. (*c*) 2기 매독 환자의 등 하부에 생긴 매독성 발진.

매독 진단에 사용되는 여러 시험법들은 28장에서 소개하였다. 그러나 한 가지 가장 중요한 초기 감염의 물리적 신호는 하감이고 (그림 30.38*a*, *b*), 이 질병의 뚜렷한 진단 근거가 된다. 감염된 사람들은 일반적으로 매우 뚜렷하게 관찰되는 하감 때문에 매독 치료를 받게 된다. 페니실린은 매독치료에 매우 효과적이며 1기와 2기에서는 보통 벤자틴 페니실린 G (benzathine penicillin G)를 한 번 주사함으로써 치료된다. 임질과는 달리, 항생제에 대한 저항성이 매독 치료에 심각한 영향을 미치지는 않는다. 마크로라이드 계열 항생인 아지트로마이신에 저항성을 보이는 *T. pallidum*이 출현했으나, 많은 주요 항생제들이 여전히 매독 치료에 매우 효과적이다.

미니퀴즈

- 매독에 비해 임질이 더 많이 발생하는데, 그 가능한 이유를 적어도 하나 설명하라.
- 임질과 매독을 치료하지 않으면 어떤 증상으로 발전될 수 있는 설명하라. 각 질병은 완치될 수 있는지 답하라.

30.14 클라미디아, 헤르페스 및 인체 유두종 바이러스

클라미디아(*Chlamydia*, 세균), 헤르페스 바이러스 그리고 인간 유두종바이러스(human papillomavirus) 감염으로 유발되는 STI는 성적으로 활발한 성인들에게 흔한 질병이고 임질이나 매독보다도 진단하고 치료하기가 더 어렵다.

클라미디아

성매개 질병 중 상당수가 편성 세포 내 기생세균인 *Chlamydia trachomatis*에 의한 감염이라고 할 수 있다 (**그림 30.39**). 이 생물체는 그들 고유의 문(phylum) (*Chlamydiae*)을 이루는 작은 기생세균 그룹에 속한다 (16.15절). *C. trachomatis*는 숙주 세포 (조직 배양)에서만 생장하기 때문에 신속한 분리와 동정이 *Neisseria gonorhoeae*처럼 간단하지가 않다.

성적으로 전파된 *C. trachomatis* 감염증이라고 보고된 건수는 임질 사례보다 훨씬 더 많다. 현재 미국에서 매년 100만 건 이상의 *C. trachomatis* 감염증이 보고되고 있지만 이 병균의 명백하지 않은 특성 때문에 실제로는 매년 400만 건 이상의 신규 감염이 발생되는 것으로 추정된다. 이 때문에 미국에서 클라미디아증이 제일 흔한 STI로 가장 많이 보고되고 전염되는 질병이다. *C. trachomatis*

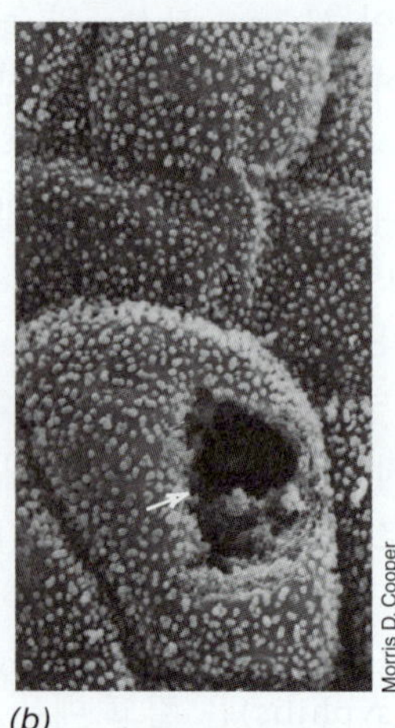

(*a*) (*b*)

그림 30.39 사람의 나팔관 조직에 붙어 있는 *Clamydia trachomatis* 세포들 (화살표). (*a*) 나팔관의 미세 융모에 붙어 있는 세포. (*b*) 감염부위에 *C. trachomatis* (화살표)가 붙어 있는 손상된 나팔관.

는 또한 트라코마라는 심각한 눈병을 일으키기도 하지만 성병을 일으키는 균주와 트라코마를 일으키는 균주는 서로 다른 균주로 알려져 있다. 클라미디아 감염은 산도가 감염되어 있을 경우 신생아에게 전염될 수 있으며 이 경우 신생아에게 결막염과 폐렴을 일으킨다.

*C. trachomatis*에 의한 비임균성 요도염(*nongonococcal urethritis, NGU*)은 오늘날 남녀 모두에게 가장 흔한 성병 중 하나이지만 감염이 명백하지 않다. 비록 작은 비율이지만 클라미디아 NGU는 심각한 급성 합병증을 초래하여 남성에게는 고환 팽윤과 전립선 염증, 여성에게는 골반염증과 난관손상 등을 초래할 수도 있으며, 이 경우에 *C. trachomatis*가 난관 세포의 융모에 부착, 침입, 증식하여 결국 세포를 파괴시킨다 (그림 30.39*b*). 치료받지 않는 여성의 경우 불임이 될 수 있다. 원생동물인 *Trichomonas vaginalis* 감염도 클라미디아 NGU와 비슷한 증상을 일으키므로, 트리코모나스증은 다른 기생 감염들과 함께 33장에서 설명한다.

클라미디아 NGU는 흔히 임질균 감염에 수반되는 이차감염으로 발생된다. *N. gonorrhoeae*와 *C. trachomatis*는 동시에 새로운 숙주로 전염된다. 그러나 임질 치료로 클라미디아가 제거되지는 않는다. 임질이 치료되었어도, 환자들이 클라미디아 감염증은 여전히 갖고 있고 결국에는 클라미디아 NGU 대신에 임질이 재발하게 된다. 따라서 세픽심(cefixime)이나 세프트리악손(ceftriaxone)으로 임질 치료를 받는 환자들은 아지트로마이신(azithromycin) 또는 독시사이클린(doxycycline)을 투여하여 공감염 가능성이 있는 *C. trachomatis*도 치료하게 된다. 핵산 분석과 면역학적 분석 등 다양한 임상적 기법들은 *C. trachomatis* 감염의 양성 진단을 하는데 유용하지만, 양성 진단이 되지 않은 상태에서 종종 약물치료가 처방된다.

림프육아종(*lymphogranuloma venereum, LGV*)도 다른 *C. trachomatis* 균주들 (LGV1, 2와 3)에 의해 유발되는 성매개 질병이다. 이 질병은 남성들에게 더 많이 발생하며 서혜부 내부와 그 주위에 있는 림프절의 팽창을 유발시킨다. 클라미디아 세포는 감염된 림프절로부터 직장으로 이동하여 직장조직에 직장염(*proctitis*)이라는 염증을 유발시킨다. LGV는 국부 림프절 손상과 직장염 같은 합병증을 유발시킬 수 있다. 이것이 상피세포층 이상으로 침투할 수 있는 유일한 클라미디아 감염이다.

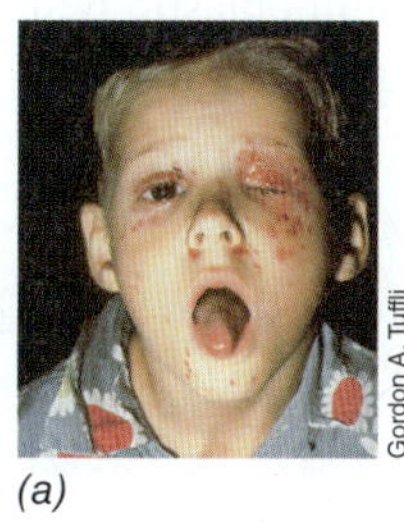

(a)

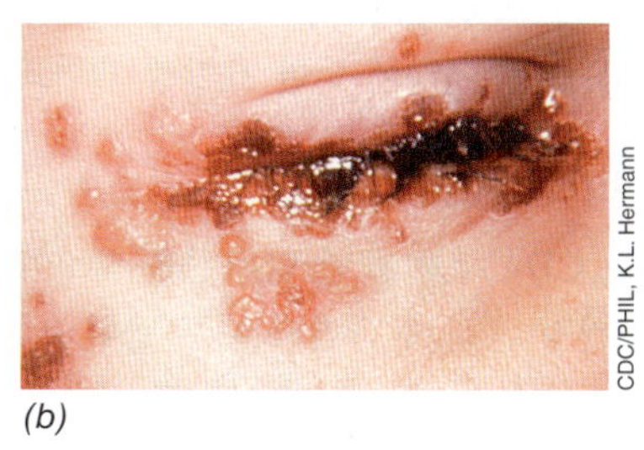

(b)

그림 30.40 헤르페스 단순포진 1형 바이러스. *(a)* 헤르페스 단순포진 1형 바이러스 감염 때문에 얼굴에 생긴 심한 포진. *(b)* 눈에 생긴 헤르페스 포진의 근접 사진.

헤르페스

헤르페스 바이러스(herpesvirus)는 복합 이중가닥 DNA 바이러스라는 큰 그룹을 이루며 (10.7절), 그 중 많은 수가 인체 병원균이다. 헤르페스바이러스의 한 작은 그룹인 단순포진 바이러스(herpes simplex viruses, HSV)는 입가의 발진과 생식기 감염을 일으킨다.

단순포진 1형 바이러스(*herpes simples 1 virus, HSV-1*)는 입과 입술 주위의 상피세포에 감염되어 입가의 발진을 일으킨다 (**그림 30.40**). HSV-1은 직접적인 접촉이나 타액을 통해 전파된다. HSV-1 감염 잠복기는 3~5일 정도로 짧으며, 병변부도 2~3주 정도 지나면 치료하지 않아도 아물게 된다. 그러나 대체로 이 바이러스는 신경조직에 적은 수로 남아 있기 때문에 잠복성 헤르페스 감염이 흔하다. 재발성 급성 헤르페스 감염은 공감염과 스트레스와 같은 알려지지 않거나 확인할 수 없는 원인에 의해 바이러스 활성이 주기적으로 촉발되어 일어나는 것으로 생각되고 있다. HSV-1로 인한 구강 헤르페스는 상당히 흔하며, 구강 내 물집이 생기는 것 외에 숙주에게 아무런 장기적 위해 효과를 미치지 않는다.

단순포진 2형 바이러스(*herpes simples 2 virus, HSV-2*) 감염은 주로 항문과 생식기 부위와 관련되며, 남성의 경우 음경에 여성의 경우는 자궁경관, 외음순, 질 등에 동통을 수반하는 수포를 유발시킨다 (**그림 30.41**). HSV-2 감염은 직접적인 성적 접촉에 의해 전파되며 활동상 물집이 존재할 때 더 쉽게 전파되지만, 불현성 감염 기간이나 잠복기간 중에도 전파될 수 있다. HSV-2는 때때로 입안의 점막과 같은 다른 신체부위에도 감염될 수 있고, 산모의 산도에 있는 포진성 병변부와의 접촉에 의해서 신생아에게 전파될 수 있다. 이 병은 신생아에게 외관상 손상이 없는 잠재성 감염으로부터 뇌 손상이나 죽음을 초래할 수 있는 전신성 질병에 이르기까지 다양한 증상을 나타낸다. 신생아에게 감염이 되는 것을 막기 위해서는 제왕절개 수술에 의한 분만이 바람직하다.

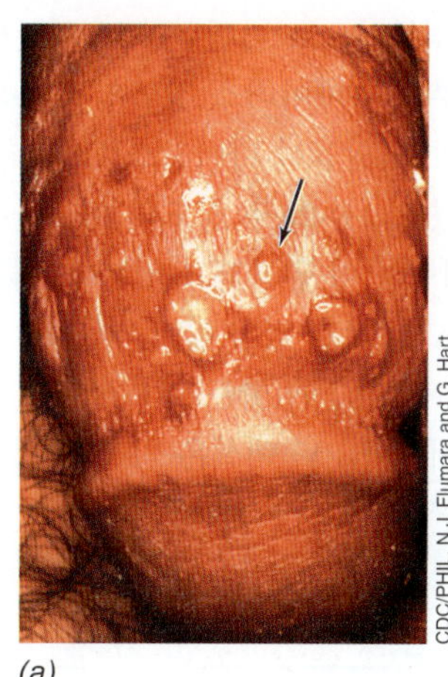

(a)

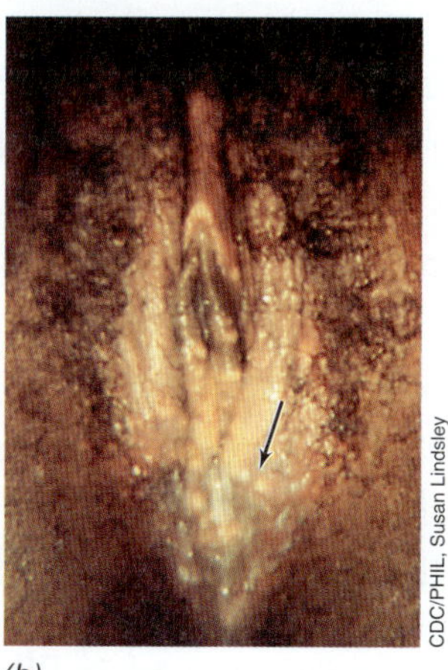

(b)

그림 30.41 헤르페스 단순포진 2형 바이러스. *(a)* 음경과 *(b)* 음문에 형성된 헤르페스 단순포진 2형 바이러스 포진들. 1형과 마찬가지로 2형 헤르페스 감염도 지속되는 바이러스 감염으로 치료된 것 같아도 나중에 재발된다 (그림 8.20).

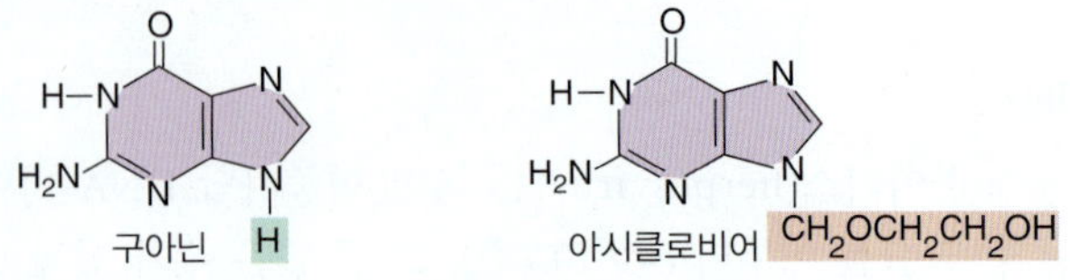

구아닌 H
아시클로비어 $CH_2OCH_2CH_2OH$

그림 30.42 구아닌 및 구아닌 유사체인 아시클로비어. 아시클로비어는 생식기 포진 (HSV-2)을 억제하는 화학치료제로 사용되고 있다 (그림 30.41).

생식기 헤르페스 감염이 장기적으로 미치는 영향은 아직 완전히 이해되지 않고 있다. 그러나 연구 결과 여성의 생식기 헤르페스 감염과 자궁경부암 사이에 현저한 상관관계가 있는 것으로 나타났다. 생식기 헤르페스 감염은 몇 가지 약제가 전염성 포진 단계를 제어하는데 효과가 있다고 알려졌으나, 아직까지는 치료가 불가능하다. 구아닌 유사물질인 아시클로비어 (**그림 30.42**)는 경구 투여나 피부에 도포할 때 수포성 병변부에서 바이러스가 방출되는 것을 막고, 물집 병소를 회복시키는데 특히 효과가 있다 (그림 30.41). 아시클로비어(acyclovir), 발라시클로비르(valacyclovir) 및 비다라빈(vidarabine) 등은 헤르페스 DNA 중합효소의 작용을 특이적으로 방해하여 바이러스 DNA 복제를 차단한다 (28.11절).

인체 유두종바이러스

헤르페스바이러스처럼 **인체 유두종바이러스(human papillomaviruses, HPV)**는 이중가닥 DNA 바이러스 과(family)를 이룬다. 100가지 이상의 다른 균주들 중에서 약 30 균주들이 성적으로 전파되고 이 들 중 몇 개는 생식기 사마귀나 자궁경부암을 일으킨다. 미국에서 약 2,000만 명 이상이 감염되어 있고 50세 이상의 여성 중 80% 정도가 적어도 한 가지 HPV로 감염되어 있다. 매년 6백만 명 이상이 HPV에 새로 감염되고, 거의 10,000명에 가까운 여성들이 자궁경부암을 앓게 되어 약 3,700명 정도가 이로 인해 사망하고 있다.

대부분의 HPV 감염은 증상이 없으며 일부는 생식기에 사마귀가 나타난다. 다른 경우에는 자궁경부종양 (비정상적인 자궁경부 세포)을 일으키고, 일부는 자궁경부암으로 발전된다. 대부분의 HPV 감염은 즉시 나타나지만 대부분의 바이러스 감염의 경우와 같이 적절한 치료나 완치 방법이 없다. 발암성 바이러스로서의 잠재성 때문에 HPV 백신이 개발되었고, 11~26세 정도의 여성들에게 권장되고 있다. 남성들에게도 이 백신이 권장되고 있는데, 이는 예방 접종된 남성들은 더 이상 HPV를 갖고 있지 않고, 따라서 여성들에게 전파되지 않으며, 또한 HPV 감염이 항문이나 성기암 발생 가능성도 있기 때문이다. 이외에도 HPV 백신은 남성과 여성 모두에서 성 매개 감염과 관련된 동일한 HPV에 의해 유발되는 경부암과 인후암 발생을 감소시킬 수 있다.

미니퀴즈

- 클라미디아, 헤르페스, 그리고 인체 유두종바이러스의 임상적 특징과 치료법을 설명하라.
- 왜 이러한 질병들이 임질과 매독보다 진단하기 어려운지 설명하라.

30.15 HIV/AIDS

후천성면역결핍증(acquired immunodeficiency syndrome, AIDS)은 HIV (human immunodeficiency virus)에 의해서 발생된다. 전 세계적으로 8천만 명 이상이 이미 HIV로 감염되었고 약 3,400만 명이 사망하였다. 미국에서는 1981년에 총 5건이 보고된 것으로 시작하여 현재 110만 명 이상이 HIV로 감염된 상태이다. HIV/AIDS에 대한 역학적 측면은 29.8절에서 다루었고 여기서는 그 주제에 대해 배우게 될 것이다.

HIV와 AIDS의 정의

HIV는 *HIV-1*과 *HIV-2*의 두 유형으로 나뉘는데, 지구상의 AIDS는 99%가 HIV-1 때문에 발생되므로 여기서는 HIV-1에 초점을 맞추고자 한다. HIV-1은 인체의 면역시스템인 대식세포와 T세포 (26장과 27장) 안에서 복제하는 레트로바이러스 (8.8절, 10.11절)이다. HIV 감염으로 핵심 면역체계 세포들이 파괴되어, 숙주의 면역반응이 크게 상실된다. AIDS로 인한 사망은 대체로 건강한 사람들에서는 면역체계에 의해 제어될 수 있는 한 가지 혹은 그 이상의 잠재적 병원균인 **기회성 병원균(opportunistic pathogen)**으로 인한 2차 감염 결과이다.

HIV/AIDS 발생에 대한 현행 정의는 면역학적 그리고/혹은 핵산 기반 시험 결과, HIV 양성이거나 다음 두 기준 중 하나를 충족시키는 환자이다:

1. 혈액 속의 CD4 T세포 숫자가 200개/mm^3 이하이거나 (정상숫자는 600~1000개/μl) 혹은 CD4 T세포/전체 임파구의 백분율이 14% 이하.
2. CD4 T세포 숫자가 200개/μl 이상이면서 다음 조건 중 하나를 갖고 있는 경우: 칸디다증을 포함한 진균성 질병: 크립토코코스증, 히스토플라스마증, 이소스포라증, *Pneumocystis jiroveci*에 의한 폐렴, 크립토스포리디아증 혹은 뇌의 톡소프라즈마증 (모두 진균 또는 원생동물성 질병들) (33장); 폐결핵을 비롯한 mycobacteria 감염증, 혹은 재발성 *Salmonella* 패혈증 (세균성 질병들), 사이토메갈로바이러스 감염, HIV 관련 뇌병증, HIV 체중감소 증후군, 만성 궤양, 혹은 단순 헤르페스바이러스로 인한 기관지염 (바이러스성 질병들); 혹은 침투성 자궁암, 카포시육종(Kaposi's sarcoma), 버키트림프종(Burkitt's lymphoma), 일차 뇌림프종, 혹은 면역모세포림프종(immunoblastic lymphoma); 어떤 인자에 의한 재발성 폐렴과 같은 악성 질병.

HIV/AIDS 병인론

HIV는 CD4 세포 표면 단백질을 갖고 있는 세포들을 감염시킬 수 있다. 가장 흔하게 감염되는 두 종류의 세포는 대식세포와 림프구의 일종인 T-보조세포(Th)로 둘 다 면역체계에서 중요한 성분들이다. 먼저 대식세포가 감염된다. 바이러스가 대식세포 수용체인 CCR5와 결합할 때, 대식세포 표면의 CD4 분자는 HIV의 캡시드 단백질인 gp120/gp41과 결합한다 (**그림 30.43**). CCR5는 CD4와

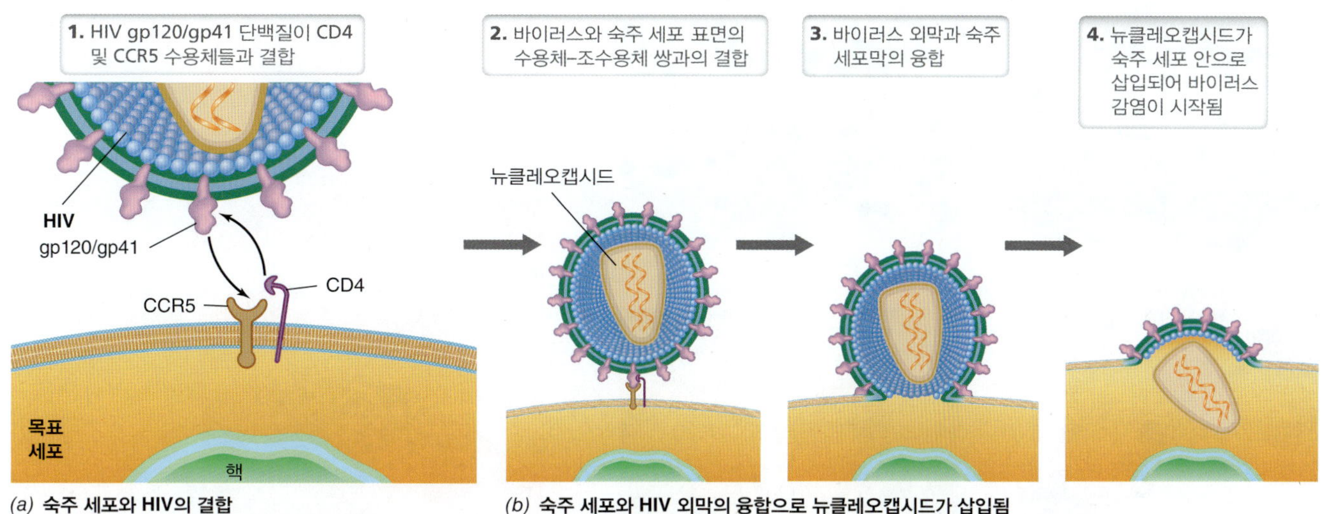

그림 30.43 HIV로 인한 CD4 표적세포의 감염. *(a)* CCR5와 CD4 수용체들의 인지와 결합. *(b)* 바이러스 뉴클레오캡시드가 숙주 세포 안으로 침투한다. 상세한 HIV 유전체 복제가 그림 10.23에 설명되어 있다.

함께 HIV 공수용체이며, HIV 외투막이 숙주 세포의 세포막과 합쳐지는 결합부위를 형성한다. 이로써 바이러스의 뉴클레오캡시드가 세포 안으로 삽입된다 (그림 30.43*b*). 대식세포 안에서 HIV가 복제되고, 변형된 gp120이 만들어져서 Th 세포 표면의 다른 공수용체인 CXCR4를 인지하게 된다. 대식세포에서 많은 수의 HIV 입자들이 방출되어 Th 림프구들을 감염시키고 그 안에서 복제된다. HIV를 생산하는 Th 세포들은 더 이상 세포분열하지 않고 결국 소멸된다.

HIV/AIDS 환자들에서는 HIV 감염은 즉시 진행되어서 숙주 면역세포들을 죽이지는 않는다. HIV는 감염성 비리온이 아니고 프로바이러스인 휴면상태로 존재할 수 있다. 이러한 상태에서는 역전사된 HIV 유전체, 이제 DNA의 형태가 숙주 염색체 DNA로 삽입된다 (그림 10.23). 이 시점에서 세포는 겉으로 드러나는 증상을 전혀 보이지 않은 채 숙주 세포의 염색체가 복제함에 따라 같이 복제된다. 그러나 언젠가 HIV가 복제되기 시작하고, 새로운 HIV 입자가 생산되어 세포로부터 방출된다.

HIV/AIDS 증상

진행 중인 HIV 감염은 점진적으로 CD4 세포 수를 감소시킨다. 정상적인 사람에게서 CD4 세포들은 전체 T 세포 집단의 70% 정도를 차지한다. HIV/AIDS 환자들의 경우에는 CD4 세포수가 꾸준히 감소하여 기회성 감염이 나타나는 시기에는 거의 없게 된다 (**그림 30.44**). 치료받지 않은 HIV 감염은 AIDS로 진행되는 동안 전형적인 패턴을 보인다. 먼저, HIV에 대한 강력한 면역반응이 일어나고 HIV 수가 떨어진다. 그러나 결국 면역체계가 장악되고 천천히 HIV 수가 증가되며 CD4 T 세포는 천천히 감소하게 된다. 혈액 내 T 세포 수가 약 200개/mm^3 이하로 떨어지면, 기회성 감염 병원균들에게 문이 열리게 된다 (그림 30.44).

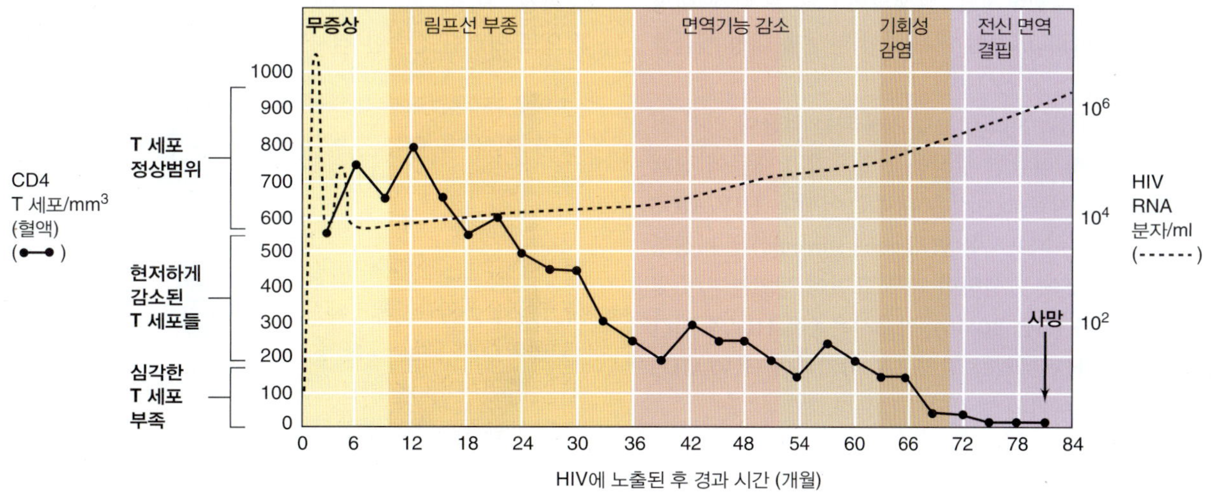

그림 30.44 CD4 T-림프구의 감소와 HIV 감염의 진행. 치료되지 않은 상태에서 전형적으로 AIDS가 진행되는 동안 혈액 1밀리리터당 HIV 특이적 RNA 수를 측정하여 결정되는 바이러스 감염량은 초기 감소를 거쳐 점진적으로 증가하는 반면, CD4 T세포가 숫자나 기능면에서 점진적으로 감소한다.

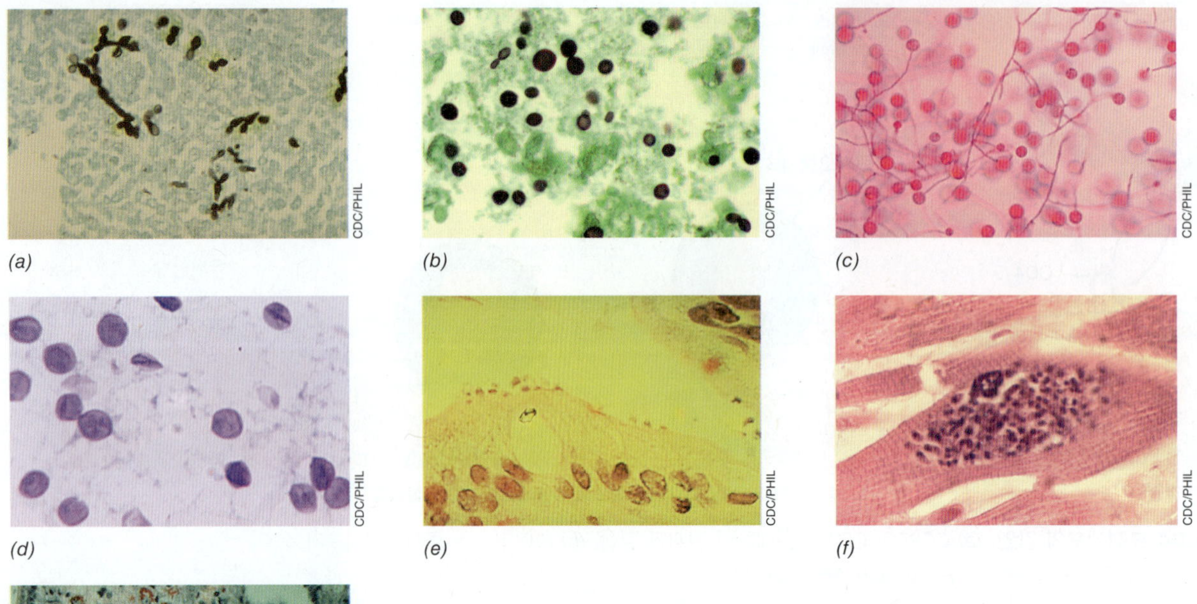

그림 30.45 HIV/AIDS와 관련 있는 기회성 병원균들. *(a) Candida* 전신 감염환자의 심장조직으로부터의 *Candida albicans*. *(b)* AIDS 환자의 폐 조직으로부터의 *Cryptococcus neoformans*. *(c)* 거대분생포자(macroconidia)라 불리는 생식 구조를 보여주는 *Histoplasma capsulatum*. *(d)* 면역-결함 환자의 폐로부터의 *Pneumocystis jirovecii*. *(e)* 크립토스포리디아증 환자의 소장에서 검출된 *Cryptosporidium* 종. *(f)* 톡소플라스마증 환자의 심장조직에서 검출된 *Toxoplasma gondii*. *(g)* 소장의 *Mycobacterium* 종 감염 (항산성 염색). *Candida*, *Cryptococcus*, *Histoplasma*, *Pneumocystis*는 진균; *Cryptosporidium*과 *Toxoplasma*는 원생생물; *Mycobacterium*은 세균임. 이러한 진균 및 기생성 질병들의 소개는 33장에서 더 찾아볼 수 있다.

보통 통제 가능한 원생동물, 진균, 세균, 바이러스에 의한 기회성 감염은 HIV/AIDS와 함께 감염되는 경우에 매우 높은 유병률을 나타내며 보통 실제적인 사망의 원인이 된다 (**그림 30.45**). HIV/AIDS 환자에게 발생되는 기회성 감염 중 가장 흔한 것은 *Pneumocystis jiroveci*라는 균류에 의해 유발되는 폐렴이지만 (그림 30.45*d*), 다양한 곰팡이, 효모, 원생동물, 그리고 세균에 의한 감염도 관찰된다 (그림 30.45). 세균성 감염들은 진핵세포 병원균들로 인한 감염보다 적게 발생하지만, 발생되면 그들은 다제 내성의 *Mycobacterium tuberculosis*처럼 매우 강한 항생제 내성 세균들이다.

균류와 원생동물 감염증을 치료하는데 사용되는 약들이 역시 진핵세포생물인 숙주들에게 심각한 부작용을 일으키기 때문에 진핵세포 기회성 병원균들을 치료하는 것은 대체로 어렵다. HIV/AIDS 환자에게서 많이 관찰되는 카포시육종(*Kaposi's sarcoma*)은 비정형 암으로 혈관 벽 내층 세포에 발생하며 피부 표면에 생기는 자줏빛 반점으로 진단할 수 있다 (**그림 30.46**). 카포시육종은 HIV와 인간 헤르페스바이러스 8 (HHV-8)의 공감염으로 야기되며 HIV/AIDS 환자들 외 정상집단에서는 거의 발견되지 않는다.

HIV/AIDS의 진단

일반적으로 HIV 감염은 환자 혈액 시료에 있는 병원균에 대한 항체들을 밝히는 방법으로 진단할 수 있다. HIV 효소면역 측정법(EIA; 그림 28.19)은 대량 검색 목적으로 사용되며, 예를 들어 헌혈된 혈액 검사에 사용된다. 양성 HIV EIA 결과는 거짓-양성 검색 시험의 가능성을 배제시키기 위해서 면역블럿 (웨스턴블럿, 그림 28.21) 혹은 면역형광법 (28.6절)에 의해 확인해야 한다. 많은 신속하고 저렴한 HIV 검사법들이 개발되어 임상에서 혈액 예비 검색법으로 사용되고 있다. 그 중 한 시험법은 환자의 혈액 한 방울을 사용하여 육안으로 관찰되는 응집반응으로 HIV 표면 항원인 gp41을 검색한다 (그림 30.43). 다른 검사에서는 항HIV 항체원으로 타액을 사용하여 색을 띤 산물을 만든다. 그러나 일반적으로 이러한 신속한 검사법들은 표준 HIV-효소면역 측정법이나

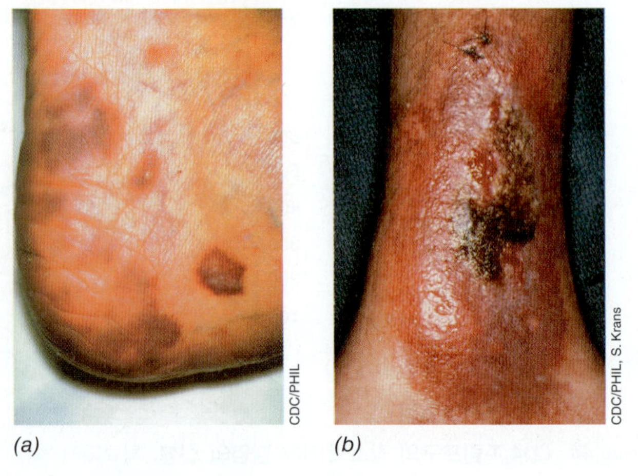

그림 30.46 카포시육종. 병변이 부위는 *(a)* 뒤꿈치와 발의 옆면, 그리고 *(b)* 다리 말단과 발목.

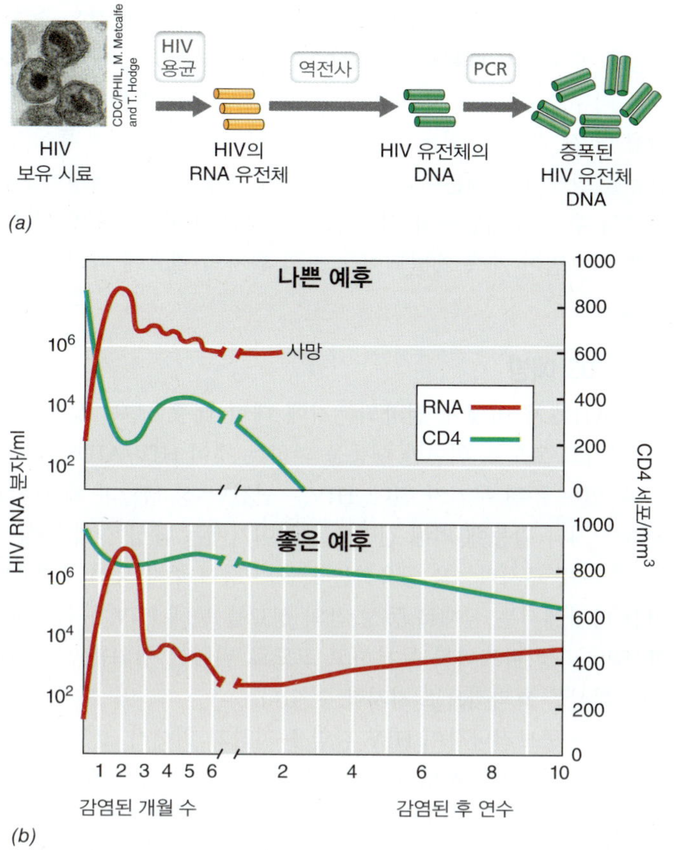

그림 30.47 HIV 감염량 추적. *(a)* 역전사-중합효소연쇄반응(RT-PCR) 기법에 의한 HIV 검색 과정. *(b)* HIV RT-PCR 기법으로 시간에 따라 추적한 HIV 감염. 위쪽 그래프에서는 10^4개/ml 이상의 감염량과 정상적인 CD4 세포 숫자 (정상 = 600~1,500/mm^3) 이하인 상관관계를 보여, 환자의 예후가 나빠 사망에 이르게 되는 것을 나타낸다. 아래쪽 그래프에서는 바이러스 감염량이 10^4개/ml 이하인 것이 정상적인 CD4 세포 수와 상관관계를 보여 환자의 예후가 좋아 생명이 연장된다는 것을 의미한다. 미국 질병통제예방센터 자료 인용.

HIV-면역블럿과 같이 민감하거나 정확하지 않다. 따라서 양성 검사결과들은 더 민감하고 특이적인 시험법으로 확인되어야 한다. 불행하게도 매우 민감하고 특이적이더라도 이러한 시험법들은 바이러스에 감염된 지 얼마 안 되었거나 아직 검색될 만큼 항체를 만들지 않은 HIV 양성 개체를 검색하지는 못한다. 이러한 항체 반응은 HIV에 노출된 후 6주 혹은 그 이상의 기간을 필요로 한다.

몇몇 진단법들은 혈액 시료에 있는 HIV 입자들의 숫자를 직접적으로 측정할 수 있다. 이러한 검사법들은 바이러스 특이적인 역전사효소-중합효소 연쇄반응(RT-PCR, 12.1절)을 사용한다. RT-PCR은 혈액에 있는 바이러스의 숫자, 즉 **바이러스 감염량(viral load, 그림 30.47)**을 예측한다. HIV 감염량 측정을 위해, RT-PCR 검사법은 가격이 비싸고 기술을 요하기 때문에 통상적으로 사용되는 방법은 아니다. 그러나 감염이 최초로 진단된 후, HIV/AIDS의 진행정도와 화학요법의 효율적인 모니터링에 RT-PCR 검사법이 사용된다 (그림 30.47).

HIV/AIDS 치료

치료를 받지 않는 HIV 감염자의 예후는 나쁜데, 결국 기회성 병원균 또는 악성종양 (그림 30.45와 30.46)이 대부분의 AIDS 환자를 사망하도록 하기 때문이다. AIDS 환자에 대한 최초의 장기간에 걸친 연구 결과는 HIV에 감염된 사람의 CD4 세포 수가 혈액 1 mm^3 당 평균 600~1,000개로부터 5~7년 사이에 거의 0으로 떨어짐과 함께 면역기능이 몇 단계에 걸쳐 저하되는 것으로 나타났다 (그림 30.44). 면역 기능이 저하되는 속도는 개인에 따라 다르지만, HIV 양성인 사람이 화학요법을 받지 않고 10년 이상 생존하는 것은 드문 일이다 (예외 사례는 887쪽 참조).

HIV/AIDS 진행을 지연시키며 HIV로 감염된 사람의 수명을 현저하게 연장시키는 약제가 몇 가지 개발되었다. 치료 요법은 HIV 감염자의 바이러스 감염량을 검색 가능한 수준 이하로 감소시키는 것을 목표로 한다. 이러한 목적을 달성하는 데 사용되는 전략은 고도활성 항레트로바이러스 요법(*highly active antiretroviral therapy*, HAART)이라고 하는데 HIV 복제를 억제하고 약제 내성 발생을 막기 위하여 적어도 3가지 항레트로바이러스 약제를 한꺼번에 투여하는 것이다. 그러나 HIV 감염은 다제 약제 요법으로 완치되지 않는다. 약제 투여 후, 검색될 만큼 바이러스 감염량이 없는 사람에서 HAART 요법이 방해받게 되거나 중지되거나 혹은 다중 약제 내성이 발생되면 상당한 바이러스 감염량이 다시 재발된다.

효과적인 항HIV 약제는 4가지 영역에 속하는데, 두 종류의 역전사효소 억제제(*reverse transcriptase inhibitors*), 다양한 단백질분해효소 억제제(*protease inhibitors*), 융합 억제제(*fusion inhibitors*), 그리고 삽입효소 억제제(*integrase inhibitors*)이다. 역전사효소는 HIV의 단일가닥 RNA 유전정보를 상보적인 DNA (cDNA)로 전환시키는 효소이고 그 이중가닥 DNA는 바이러스 복제에 필수적이다 (8.8과 10.11절). 세포들은 역전사효소를 갖고 있지 않아서 역전사효소 억제제들은 바이러스 특이적이다. 아지도티미딘(*azidothymidine*, AZT)은 티미딘과 아주 유사하지만, 사슬 내에서 다음 염기를 정확히 부착시키지 못하여 DNA 사슬 종결제로 작용한다. 따라서 AZT는 **뉴클레오시드 역전사효소 억제제(nucleoside reverse transcriptase inhibitor)**이다 (**그림 30.48*a***). 네비라핀(*nevirapine*) 같은 (그림 30.48*b*) **비뉴클레오시드 역전사효소 억제제(nonnucleoside reverse transcriptase inhibitor)**는 역전사효소와 직접 결합하여 활성부위의 구조를 변형시키는 다른 방식으로 그 활성을 억제한다.

또 다른 항HIV 약제 종류는 사퀴나비아(*saquinavir*)와 같은 (그림 28.35*b*) **단백질분해효소 억제제(protease inhibitor)**이다. 이들은 펩티드 유사체로 HIV 단백질분해효소(*HIV protease*) 활성부위에 결합하여 레트로바이러스 폴리펩티드의 프로세싱 (그림 10.24)을 억제함으로써 바이러스의 성숙을 방해한다. **융합 억제제(fusion inhibitor)**는 엔퓨비아티드(*enfuvirtide*)라는 합성 펩티드를 포함하는데, 이것은 HIV 캡시드의 gp41 단백질에 결합하여 작용한다 (그림 30.43). 이로 인해 바이러스 피막과 CD4 세포

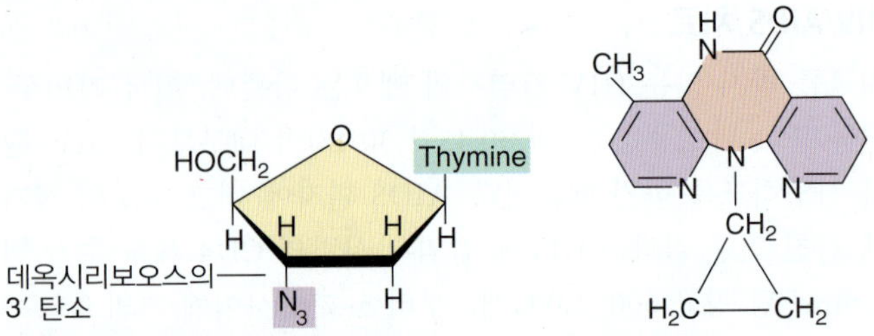

(a) 아지도티미딘 (지도뷰딘) (b) 네비라핀

그림 30.48 HIV/AIDS 화학요법에 사용되는 약제들의 예. *(a)* 아지도티미딘(AZT)는 지도뷰딘(zidovudine)으로도 불리는데 뉴클레오시드 역전사효소 억제제이다. 이 뉴클레오시드 유도체는 3′ 탄소에서 빠진 수산기로 인해 이 유도체가 삽입되었을 때 뉴클레오티드 사슬의 신장이 종료되어 바이러스 복제를 억제하게 된다. *(b)* 네비라핀(nevirapine)은 비뉴클레오시드 역전사효소 억제제로 HIV 역전사효소의 활성부위에 직접 결합하여 역시 뉴클레오티드 사슬신장을 방해한다.

의 세포막이 융합되는 것을 멈추게 한다. 마지막으로 엘비테그라비아(*elvitegravir*)와 랄테그라비아(*raltegravir*) 같은 **삽입효소 억제제(integrase inhibitor)**가 있다. 이 약품들은 HIV 유전체가 숙주 세포 DNA에 삽입되는 것을 촉매하는 삽입효소를 목표로 한다. 바이러스 DNA가 숙주 세포 유전체로 삽입되는 것을 막음으로써 HIV 복제 주기를 방해한다.

모든 항HIV 약제들은 HIV 감염자들에게 투여했을 때 빠르게 바이러스 감염량을 감소시키지만, 한 가지 약제만 사용하면 HIV 균주들의 약제 내성이 빠르게 발생된다. 이미 시작된 HIV 감염 치료를 위한 전형적인 HAART 요법은 적어도 한 가지 단백질분해효소 혹은 비뉴클레오시드 역전사효소 억제제와 2가지 뉴클레오시드 역전사효소 억제제 조합을 더하는 것을 포함한다. 따라서 저항성 바이러스는 동시에 3가지 약제에 대해 저항성을 발현시켜야 하고 그런 일이 생길 가능성은 매우 낮다. 이러한 조합요법을 받는 환자는 바이러스 감염량의 변화를 추적하기 위해 모니터링한다 (그림 30.44와 30.47). 효과적인 HAART 요법으로 바이러스 감염량이 수일 내 검색되지 않는 수준으로 감소될 수 있다. 그런 다음, 약제 요법을 계속하면서 바이러스 감염량을 무한정 추적한다. 만약 바이러스 감염량이 다시 감지될 수 있는 수준에 달하면 바이러스 감염량이 약제 내성 HIV 균주의 출연을 의미하기 때문에 약제 칵테일을 바꾸어야 한다.

약제 내성 외에도 일부 항바이러스 약제는 숙주에게 독성이 강하다. 많은 경우 뉴클레오시드 유도체들은 세포분열과 같은 숙주의 기능을 방해하기 때문에 환자들이 견뎌내지 못한다. 대체로 환자들은 비뉴클레오시드 역전사효소 억제제들과 단백질분해효소 억제제에 더 잘 견딜 수 있는데, 이러한 약제들은 바이러스에 특이적인 기능을 방해하기 때문이다. 그러나 약제 내성과 숙주 독성이 HIV 요법의 주요 문제점들이 되고 있어 새로운 화학치료요법 재제와 약제 처방법이 계속 개발되어 각각의 환자의 필요에 따라 사용되고 있다.

HIV/AIDS 예방

HIV/AIDS가 어떻게 전파되는지에 대한 대중 교육, 성적인 절제, 그리고 고도로 위험한 행동을 피하는 것이 HIV/AIDS를 예방할 수 있는 주된 무기가 된다. HIV는 난잡한 성 생활과 체액을 교환하는 기타 활동에 의해 전파되는데 여기에는 남성 간의 동성 성교, 매춘 및 주사바늘을 공용하는 약물의 정맥 주사 등이 포함된다. 어떤 나라에서는 실제로 동성 간의 성교를 통해 HIV가 급속하게 확산된다. 성 파트너를 무론하고 고도로 위험한 행위를 삼가하여 HIV 확산을 효과적으로 저지할 수 있다.

미국 공중보건국장이 HIV 감염을 피하기 위해서 몇 가지 특별한 추천사항을 발표하였다. 그 내용은 정맥 약물 투여에 주사바늘을 공유하지 않는 것 외에 다음과 같은 내용을 포함한다:

1. 남성성기, 질 및 직장과 입과의 접촉을 피한다.
2. 직장, 질 및 남성 성기에 상처를 유발할 수 있는 모든 성행위를 피한다.
3. 고위험군 사람과의 성행위를 피한다. 매춘부 (남녀 모두), 동성 또는 양성 연애자, 정맥 내 약물 사용자 등이 고위험 군에 속한다.
4. 고위험군에 속하는 사람과 성관계를 가졌을 경우에는 혈액검사를 통해서 HIV 감염여부를 조사해야 한다. 시험결과가 양성이라면 면역반응의 잠복기를 고려해서 1년 혹은 그 이상 동안 주기적으로 혈액검사를 반드시 반복해야 한다. 양성인 사람은 성행위 시 콘돔을 반드시 사용해서 파트너를 보호해야 한다.

미니퀴즈

- HIV/AIDS의 정의를 복습하라. 모든 HIV/AIDS 환자들의 공통적인 특징은 무엇인가?
- 역전사효소는 무슨 일을 하고 왜 항HIV 약제의 목표로 좋은가?
- HIV/AIDS 감염 현행 예방지침은 무엇인가? 그들의 효과는 어떤지?

단원 정리

I • 공기매개 세균성 질병

30.1 세균 및 바이러스 호흡기 병원균들은 공기를 통해서 전파된다. 대부분의 호흡기 병원균들은 기침이나 재채기, 대화 그리고 숨쉬기 등에 의해 방출된 호흡기 비말을 통해 사람들 사이에 전파된다. 호흡기 병원균들은 상기도 혹은 하기도에 감염되는데 가끔 둘 다 감염시키기도 한다.

Q ***Staphylococcus*와 *Mycobacterium*이 건조한 상태에서 생존하고 먼지 안에서 오랜 기간 견딜 수 있게 하는 것은 무엇인가?**

30.2 연쇄상구균에 의해 발생되는 주요 질병으로 연쇄상구균성 인두염과 폐렴구균으로 인한 폐렴을 들 수 있다. *Streptococcus pyo-*

*genes*로 인한 감염은 인두염으로 시작하여 성홍열이나 류마티스열과 같은 심각한 질병으로 진전될 수 있다. 폐렴구균성 폐렴은 사망률이 높다. 이 병원균들은 배양될 수 있고, 둘 다 페니실린 같은 항미생물 제제로 치료할 수 있다.

Q 인두염과 류마티스열, 그리고 폐렴구균으로 인한 폐렴을 진단할 수 있는 방법을 설명하라. 목에서 시료를 취해 배양하는 것보다 이 방법이 더 나은 이유는 무엇인가?

30.3 디프테리아는 *Corynebacterium diphtheriae*로 인해서 발생되는 급성 호흡기 질병이다. 이른 유년기에 예방접종을 하면 이 매우 심각한 호흡기성 질병을 효과적으로 예방할 수 있다. 백일해는 *Bordetella pertussis*로 인해 생기는 유행병이다. 어린이, 청소년 및 성인들에게 예방접종을 시행하여 전염이 확산되는 것을 제어할 수 있다.

Q 무엇이 *C. diphtheriae*가 병원균이 되게 하는가? 그런 균주가 어떻게 감염된 환자를 사망에 이르게 하는가?

30.4 결핵은 세계적으로 가장 많이 확산되고 위험한 전염성 질병 중의 하나이다. 선진국에서 부분적인 원인이기는 하나 약제 내성 *Mycobacterium tuberculosis* 균주의 출현으로 이 질병의 발생이 증가하고 있다. 결핵과 한센병 (나병) 같은 mycobacteria로 인한 질병들의 병리학은 세포면역반응에 의해 영향을 받는다.

Q *Mycobacterium tuberculosis* 감염 과정을 설명하라. 감염되면 언제나 활성화된 결핵이 유발되는가? 왜 그렇거나 그렇지 않은가? 사람들이 *M. tuberculosis*에 접한 적이 있는지를 어떻게 검사할 수 있는가?

30.5 *Neisseria meningitidis*는 젊은 성인들이나 때때로 밀집된 집단에서 유행되는 수막염 균혈증과 뇌막염의 공동 원인균이다. 세균성 뇌막염과 수막염 균혈증은 사망률이 높고, 치료와 백신을 포함한 예방 전략이 설정되어 있다.

Q *Neisseria meningitidis*는 전형적으로 어떻게 전파되고 이 세균에 의해 발생되는 수막염이 왕성할 때의 증상은 무엇인가?

II • 공기매개 바이러스성 질병

30.6 바이러스성 호흡기 질병은 대부분 제어 가능하고 생명을 위협하지는 않지만, 매우 전염성이 높고 심각한 건강문제를 일으킬 수 있다. 홍역, 이하선염, 루벨라(MMR) 백신은 이러한 질병 제어에 매우 효과적이다.

Q 홍역, 이하선염, 루벨라를 대조하고 비교하라. 이 질병들의 병원균, 주요 증상, 그리고 잠재적인 결과에 대한 설명을 포함시켜라. 여성들이 사춘기 전에 루벨라 백신접종을 받는 것이 왜 중요한가?

30.7 감기는 가장 흔한 감염성 바이러스 질병이다. 보통 리노바이러스에 의해 발생되는데 감기는 일반적으로 증상이 경미하고 저절로 치유되는 질병이다. 감기약들이 증상을 경감시킬 수 있으나 치료하는 것은 아니다. 감염될 때마다 특이적인 방어 면역체계가 생기게 되나 감기 바이러스의 종류가 많기 때문에 완전한 방어 면역체계나 백신개발이 어렵다.

Q 감기는 왜 그렇게 흔한 호흡기 질병이고, 감기예방을 위해 왜 백신들을 사용하지 않는가?

30.8 인플루엔자는 분절된 유전체를 갖고 있는 RNA 바이러스에 의해 발생되고 공기를 매개로 쉽게 전파된다. 인플루엔자 바이러스 유전체의 변성 때문에 매년 돌발적으로 일어난다. 항원미소변이는 인플루엔자 바이러스들의 피막 특성을 미세하게 변형시켜 계절적인 인플루엔자 유행병을 일으키고, 항원이동은 바이러스를 크게 변형시켜 주기적인 인플루엔자 대유행을 촉발시킨다. 인플루엔자를 예방하기 위해서 경계감시와 예방접종이 사용된다.

Q 인플루엔자는 왜 그렇게 흔한 호흡기 질병인가? 인플루엔자 백신은 어떻게 선택되는가?

III • 직접적인 접촉으로 전파되는 질병

30.9 포도상구균은 대체로 상기도와 피부에 서식하고 있는 무해한 세균들이나 화농성균으로 인한 감염이나 포도상구균의 슈퍼항원인 외독소로 인해 여러 심각한 질병이 생길 수 있다. 지역사회 획득감염에서도 항생제 내성균이 흔하다. *Staphylococcus aureus*의 MRSA 균주들은 치료하기 매우 어렵고 심각한 조직 손상을 일으킨다.

Q 병원성 포도상구균과 정상균총의 일부인 포도상구균을 구별하라.

30.10 *Helicobacter pylori* 감염은 흔한 위궤양 원인이다. 위궤양은 현재 전염성 질병으로 취급되고 있고 항생제를 이용하여 완치를 위해 노력하고 있다.

Q *Helicobacter pylori*를 위궤양과 연관시키는 증거를 설명하라. 이러한 궤양은 어떻게 치유될 수 있는가?

30.11 간염 바이러스는 간경화 및 만성 간염으로 발전하게 되는 급성 간염을 일으킬 수 있다. 간염 B와 C 바이러스는 특히 직접전인 접촉을 통해 전파되고 간암으로 발전하는 만성 간염을 일으킬 수 있다. 간염 바이러스 A와 B에 대한 백신이 개발되어 있다. 간염 바이러스는 높은 전염성과 효과적인 치료방법이 없기 때문에 아직도 주요 공중위생 문제가 되고 있다.

Q 주요 간염 바이러스들을 설명하라. 그들은 서로 어떻게 연관되어 있는가? 각각 어떻게 확산되는가?

30.12 에볼라 출혈열은 피부를 통해 혹은 오염된 체액의 직접적인 접촉에 의해 확산되는 치명적인 바이러스 질병이다. 에볼라의 사망률은 모든 질병 중에서 거의 가장 높다. 치료는 주로 증상이 완화되도록 돕는 것이나 백신 시험으로 효과적인 백신법이 가능할 것으로 판단되었다.

Q 에볼라 바이러스는 이것의 유전체를 합성하는데 숙주에게 의존할 수 없다. 그 이유는 무엇인가?

IV • 성매개 전염병

30.13 각각 *Neisseria gonorrhoeae*와 *Treponema pallidum*에 의해서 발생되는 임질과 매독은 치료를 받지 않으면 심각한 결과를 초래할 잠재성이 높은 성병들이다. 미국에서 임질 발생 건수는 지난 수년 간 감소되어 왔으나 매독의 발생 건수는 증가하고 있다.

Q 같은 시기에 매독 발생은 실제로 감소된 반면, 1960년대 중반에 임질 발생이 왜 급격하게 증가되었는가?

30.14 가장 널리 확산되어 있는 성병인 클라미디아는 치료하지 않으면 여성이나 남성이나 심각한 합병증을 앓게 될 수 있다. 단순 헤르

페스바이러스에 의한 감염은 구강이나 성기 접촉으로 각각 단순 포진 1형 및 2형 바이러스에 의해 발생되고 완치될 수 없다. 인체 유두종바이러스는 암으로 발전될 수 있고 널리 확산되는 STI를 발생시키나, 효과적인 HPV 백신이 있다.

Q 성적으로 전파되는 클라미디아, 헤르페스, 인간 유두종바이러스 감염에 대해 각각원인 생물체를 서술하라. 각 경우에 대해 치료가 가능한지와 가능하다면 그것이 효과적인 치료법인지 설명하라.

30.15 HIV는 면역체계를 파괴시키고 AIDS를 발생시켜, 기회성 병원균들이 숙주를 사망에 이르게 하는 레트로바이러스이다. 항바이러스제들이 AIDS 진행 속도를 늦추거나 멈추게 할 수 있으나, HIV 감염을 효과적으로 치유하거나 예방할 수 있는 백신은 없다. HIV 감염이 확산되는 것을 막으려면 교육과 체액 교환을 포함하는 고위험 행동을 피하는 것이 필요하다.

Q 인간 면역결핍 바이러스(HIV)가 항체 매개 그리고 세포 매개 면역력을 어떻게 효과적으로 없애는지 설명하라. HAART 요법은 무엇인가?

응용 문제

1. 감기는 매년 한두 번씩 걸리게 되는데 홍역은 왜 평생 한 번만 걸리는가?
2. 당신의 대학 기숙사 방친구가 주말에 집에 가서 매우 아프게 되어 동네 병원에서 진단받은 결과 세균성 수막염이라고 밝혀졌다. 그가 먼 곳에 있기 때문에 대학 관계자는 그가 아프다는 사실을 모른다. 당신이 수막염으로부터 스스로를 보호하기 위하여 어떤 조치를 취해야 하는가? 당신이 대학 보건 담당자에게 알려야 한다고 생각하는가?
3. HIV 감염을 전파 방식에 상관없이 이 장에서 설명된 다른 바이러스 질병과 비교하라. 수두, 인플루엔자, 혹은 간염까지도 치료하지 않아도 사망하지는 않는데, HIV 감염을 치료하지 않으면 왜 돌이킬 수 없이 사망에 이르게 되는가?
4. 인플루엔자 바이러스의 항원이동을 분자생물학적 측면에서 설명하고 숙주의 면역에 미치는 결과를 언급하라. 왜 항원이동 때문에 보편적인 효능을 보이는 인플루엔자 백신 생산이 어렵게 되는가? 그 다음, 항원이동과 항원미소변이를 비교하라. 어떤 것이 가장 큰 항원 변화를 일으키는가? 어떤 것이 백신 개발에 더 큰 문제를 일으키는가? 어떤 것이 대유행성 인플루엔자를 일으킬 수 있고, 그 이유는 무엇인가?

용어 해설

Antigenic drift (항원미소변이) 유전자 돌연변이로 인한 인플루엔자 바이러스 항원의 미세한 변화

Antigenic shift (항원이동) 유전자 재배열에 의한 인플루엔자 바이러스 항원의 큰 변화

Cirrhosis (간경화) 정상적인 간의 구조적 퇴행으로 섬유증(fibrosis)에 이르게 되는 것

Congenital syphilis (선천성 매독) 분만 과정에서 산모에서부터 신생아로 전염되는 매독

Fusion inhibitor (융합 억제제) 바이러스의 당단백질에 결합하는 합성 폴리펩티드로 바이러스와 숙주 세포 세포막의 융합을 억제함

Hepatitis (간염) 일반적으로 감염에 의한 간의 염증

Human papillomavirus (HPV) (인체 유두종 바이러스) 생식기 사마귀, 자궁 경부 종양 및 암을 유발시키는 성매개 감염 바이러스

Integrase inhibitor (통합효소 억제제) 바이러스의 dsDNA가 숙주 세포 DNA로 삽입되는 과정을 촉매하는 효소인 삽입효소를 방해하여 HIV 복제주기를 억제하는 약제

Meningitis (수막염) *Neisseria meningitidis*에 의해 종종 발생하는 뇌수막 (뇌조직) 염증으로 갑작스러운 두통, 구토, 목의 뻣뻣함과 수 시간 내 혼수상태를 일으킴

Meningococcemia (수막염균혈증) 수막 (뇌조직)의 염증으로 *Neisseria meningitidis* 균에 의하여 발병되며 패혈증, 내혈관 응집, 및 쇼크를 유발하는 전격성 질병

Non-nucleoside reverse transcriptase inhibitor (NNRTI) (비뉴클레오시드 역전사효소 억제제) 레트로바이러스의 역전사효소 촉매부위에 직접 결합하여 역전사효소의 기능을 억제하는 비뉴클레오시드 물질

Nucleoside reverse transcriptase inhibitor (NRTI) (뉴클레오시드 역전사효소 억제제) 뉴클레오시드와 경쟁하여 바이러스의 역전사를 방해하는 뉴클레오시드 유사체

Opportunistic pathogen (기회성 병원균) 정상적인 숙주 저항이 결핍되었을 때 질병을 유발하는 생물체

Pertussis (whooping cough; 백일해) *Bordetella pertussis*가 상기도에 감염되어 발생되는 질병으로 심한 기침이 지속되는 특징을 보임

Protease inhibitor (단백질분해효소 억제제) 바이러스성 단백질분해효소의 촉매작용부위에 직접 결합하여 바이러스 단백질 절단 가공을 막는 화합물

Rheumatic fever (류마티스열) *Streptococcus pyogenes* 감염에 대한 면역반응에 의하여 유발되는 염증성 자가면역질환

Scarlet fever (성홍열) *Streptococcus pyogenes*가 분비하는 외독소에 의해 고열과 붉은색의 피부 발진을 나타내는 질병

Sexually transmitted infection (STI) (성 매개 감염) 일반적으로 성 접촉에 의해 전파되는 감염

Toxic shock syndrome (TSS) (독소쇼크증후군) *Staphylococcus aureus*가 생산하는 외독소에 대한 숙주의 반응으로 발생하는 급성 전신성 쇼크

Tuberculin test (투베르쿨린 검사) *Mycobacterium tuberculosis*로 감염된 경험이 있는지를 확인하는 피부 검사

Viral load (바이러스 감염량) 숙주 생물체, 대부분 혈액 안에 존재하는 바이러스 양의 정량적 평가

31

동물 매개체와 토양유래 세균 및 바이러스성 질병

현재의 미생물학

광견병 백신에 대한 새로운 조명

애견가들은 자신의 개를 무척이나 사랑하는데 (사진은 저자인 Michael Madigan의 부인인 Nancy가 그녀의 개 Kato와 함께 찍은 것), 그럴만한 이유가 있다: '인간의 최고의 친구(man's best friend)'로부터 얻을 수 있는 충성스런 동반자 관계이기 때문일 뿐만 아니라, 조사에 따르면, 애견가들은 다른 사람들에 비해 더 건강하고 더 행복한 삶을 영위할 수 있기 때문이기도 하다. 개의 건강과 행복을 위해서 예방접종을 하는 것 역시 매우 중요하며, 가장 중요한 접종은 주기적인 광견병 접종이다.

광견병(rabies)은 어느 포유동물에나 감염될 수 있으며 여전히 인간 건강에 문제를 일으킨다. 대부분 가축들에게 광견병 예방주사를 많이 접종하지 않는 아시아나 아프리카 개도국에서 매년 거의 60,000명의 인간들이 광견병으로 죽는다. 잠복기가 한 달에서 두 달의 특징을 가진 인간을 위한 감염 전 및 감염 후에 매우 효과적인 광견병 예방주사가 있다. 그러나 가축들의 경우 광견병 증상이 훨씬 빠르게 (개의 경우 10일 이내) 나타나는데, 일단 증상이 시작되면 죽음을 피할 수 없다. 따라서 병의 증상이 이미 시작된 동물이나 인간에 효과적인 광견병 백신이 이 질병을 예방할 수 있는 좋은 수단이 될 것이다.

광견병 백신의 공격력의 허점을 채우기 위한 지속적인 연구가 효과를 보고 있다. 과학자들은 파라인플루엔자 바이러스 (개와 인간에 경미한 감염만 일으키는 바이러스)를 주요 광견병 바이러스 단백질의 매개체로서 사용한 재조합 광견병 백신을 개발하였다. 이 재조합 바이러스는 광견병 바이러스의 당단백질을 코딩하는 유전자를 발현하도록 유전학적으로 설계되었는데, 이 단백질은 강력한 면역 반응을 일으킨다. 실험에서 이 백신은 감염 6일 후에 광견병에 감염된 쥐에 접종할 경우 반 정도는 예방하는 것으로 확인되었는데, 6일이면 일반적으로 광견병의 증상이 이미 나타나는 기간이다.

재조합 백신은 우발적인 감염의 위험성이 없고, 높은 용략으로 접종할 수 있다는 점에서 매력적이다. 이 실험적인 광견병 백신은 쥐에만 사용되었지만, 그와 유사한 백신 전략은 다른 동물들이나 인간에 적용될 수도 있다. 만약 그렇다면 이런 백신은 세계적으로 대부분 접종되지 않은 개나 다른 가축들에게 경미하게 물리거나 할퀴으로써 일어나는 인간의 광견병으로 인한 사망을 줄이는 데도 도움이 될 수 있다.

출처: Huang, Y., et al., 2015. Parainfluenza virus 5 expressing the G protein of rabies virus protects mice after virus infection. *J. Virol. 89:* 3427–3429. Photo courtesy of Christina Davis, Logan, Ohio.

이 장에서는 동물이나 절지동물, 또는 토양에 의하여 인간에 전염되는 병원성 세균과 바이러스에 초점을 맞추고자 한다. 동물 매개 병원균들은 인간이 아닌 척추동물에서 유래하였으며, 이들 감염 동물군들은 인간에 질병을 전파한다. 일부 절지동물들은 질병매개체로서 교상을 통하여 새로운 숙주에 병원체들을 전파한다. 토양유래 병원균들은 직접적인 토양과의 접촉, 또는 감염된 동물들의 털이나 가죽과의 접촉을 통하여 인간에 전파된다. 이 장에서 알아볼 몇 가지 질병들은 그리 심하지 않은 증상을 보이며 일반적으로 전염되지 않는다. 그러나 대부분의 다른 질병들은 생명을 위협할 정도의 증상을 보이며 높은 사망률을 보인다. 이들의 예로서는 광견병, 한타바이러스 증후군, 황열병, 흑사병 등이 있다.

I • 동물 매개 바이러스성 질병

인수공통전염병(zoonosis)은 인간에게 전염되는 동물 질병으로서 일반적으로 직접적인 접촉이나 에어로졸, 또는 교상에 의해 전파된다. 가축의 경우 면역이나 수의적 치료를 통하여 대부분의 감염성 질병을 막을 수 있고 그리하여 인간에게 전파되는 인수공통전염병을 방지할 수 있다. 그러나 야생동물들은 면역접종을 시킬 수 없고 수의 치료도 할 수 없다. 동물들에 발생하는 질병은 특정 집단에만 내부적으로 발생하는 **동물풍토성(enzooic)**일 수도 있고 넓게 퍼져서 일어나는 **동물유행성(epizooic)**일 수도 있다. 우리는 여기서 감염된 척추동물로부터 인간에 전염되는 인수공통전염병인 광견병과 한타바이러스 폐증후군에 관하여 논하고자 한다.

31.1 광견병 바이러스와 광견병

광견병(rabies)은 주로 동물에 발생하며 미국의 경우 광견병의 주된 보균체는 야생동물로서 주로 너구리, 스컹크, 코요테, 여우, 그리고 박쥐들이다. 그러나 가축에게도 적기는 하지만 매년 발생한다 (**그림 31.1**).

광견병의 증상과 병리학

광견병은 RNA 음성가닥(negative-stranded RNA) 바이러스인 라브도바이러스(Rhabdovirus) (10.9절)에 의하여 유발되는데 대부분의 항온동물의 중추신경 세포에 감염하여 일단 증상이 나타나면 거의 죽음에 이르게 된다. 물릴 경우 광견병 걸린 동물의 침에 존재하는 바이러스 (**그림 31.2*a***)는 상처를 통하여, 또는 오염된 침의 점액 막 오염을 통하여 체내로 유입된다. 광견병 바이러스는 감염부위에서 증식하여 중추신경계로 이동한다. 증상이 시작되기까지의 잠복기는 상당히 유동적인데, 동물의 종류, 크기, 위치, 상처 깊이, 그리고 물린 부위에 감염된 바이러스 입자 수에 따라 달라진다. 대개의 경우 잠복기는 2주 이내이다. 반면에 인간의 경우 증상이 명확히 들어나기까지 9달 혹은 그 이상 걸릴 수도 있다.

바이러스는 뇌, 특히 시상부나 시상하부에서 증식한다. 감염은 고열과 흥분, 동공 이완, 침의 과다 분비, 초조함 등을 일으킨다. 물을 마시는 것에 대한 두려움 (광견병의 초기 명칭인 공수병이 여기서 유래)은 인후부 근육의 통제되지 않는 경련에서 비롯되고, 호흡계 마비로 인하여 결국 사망에 이르게 된다. 인간의 경우 광견병을 치료하지 않을 경우에는 결국 사망으로 이어지게 된다 (919쪽 참조). 다행이도 가축들이나 인간의 경우에는 매우 효과적인 백신이 있으며 그 덕분에 광견병이 가축에 일어나는 발병률은 매우 낮고 (그림 31.1*a*) 인간에는 거의 발생하지 않고 있다.

광견병의 진단, 치료 및 예방

광견병은 실험실에서 조직 시료 검사에 대한 바이러스 조사로 진단된다. 사체 검사에서는 뇌 조직의 광견병 바이러스에 결합하는 형광 항체를 이용하여 광견병을 확진한다. 감염된 신경세포를 염색하여 광학현미경으로 세포질에 있는 특징적인 니그리체(*Negri bodies*)라 부르는 봉입체(inclusion body)를 관찰함으로써 광견병을 확인하기도 한다 (그림 31.2*b*).

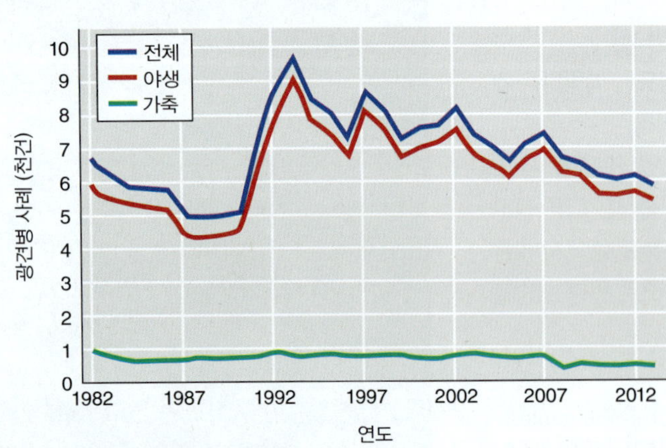

(*a*) 미국에서의 광견병 발생 건수

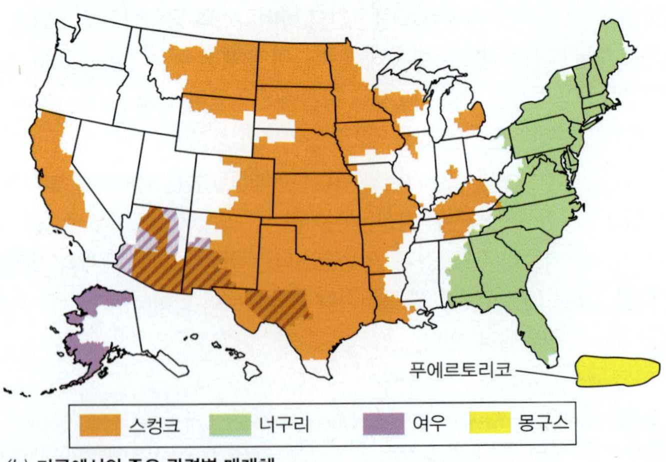

(*b*) 미국에서의 주요 광견병 매개체

그림 31.1 미국에서의 야생 동물 및 가축들에 있어서의 광견병 사례. (*a*) 연별 광견병 발생추이. 인간 광견병은 매년 5건 이하이다. (*b*) 광견병 바이러스의 주요 보균체. 일부 지역, 예를 들어, Texas 주 남서부에서는 주요 보균체는 스컹크와 여우이다. 보고되는 광견병의 90% 이상이 야생동물에서 발병한다. 그러나 진단이 안 된 경우와 발견되지 않은 동물사체까지 포함하면 실제 개체수는 그 훨씬 이상일 수 있다. 이 자료의 출처는 미국 Georgia 주 Atlanta 시에 있는 질병통제예방센터(Center for Disease Control and Prevention)이다.

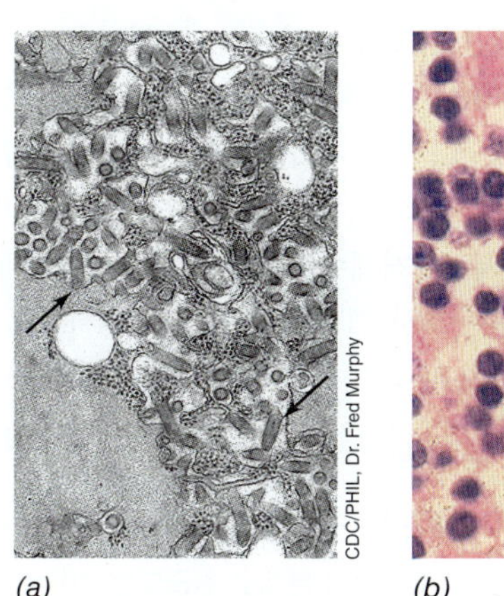

(a)

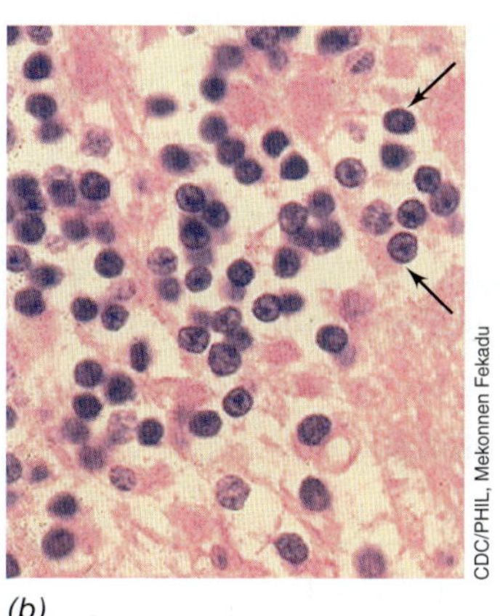

(b)

그림 31.2 광견병 바이러스. *(a)* 광견병 동물로부터 얻은 조직 단편을 투과 전자현미경으로 찍은 75 nm × 180 nm 크기의 총알모양 광견병 바이러스 (화살표). *(b)* 인간 광견병의 병변. 뇌조직에서 광견병 바이러스는 니그리체 (화살표) 라고 불리는 독특한 세포질 내 구조를 형성시키는데, 이것은 광견병 바이러스 항원을 가지고 있다. 니그리체는 직경이 약 2~10 μm이다.

광견병은 대단히 위험한 병이기 때문에 인간의 광견병에 대한 노출 잠재성을 막기 위한 철저한 규정이 정해져있으며, 세계보건기구 웹사이트(http://www.WHO.int)의 광견병 편에 이에 대한 자세한 내용이 실려 있다. 요약하면 광견병일 것으로 의심되는 야생 또는 떠돌이 동물이 발견되면 광견병 바이러스에 대한 검사를 즉시 실시해야 한다. 특히 개, 고양이, 또는 족제비와 같은 애완동물이 인간을 물었을 경우, 특히 특별한 이유가 없이 물린 경우, 그 동물은 보통 광견병의 임상적인 증상을 관찰하기 위하여 10일 정도 잡아둔다. 만약 그 동물이 광견병 증세를 보이거나, 또는 10일 이후에 병증상이 확실하게 보이지 않으면, 물린 사람은 물린 부위와 근육에 광견병 면역글로불린 (광견병 바이러스에 대한 정제된 인간항체)을 주사함으로써 수동 면역을 시키게 된다. 그 환자는 또한 비활성 광견병 바이러스로 면역 접종시킨다. 인간의 경우 광견병은 대단히 천천히 진행되므로 이러한 복합적인 면역 요법 (27.2절)은 거의 100% 효과적이며 발병을 막을 수 있다.

광견병은 면역을 통하여 상당 부분 막을 수 있다. 미국에서는 인간과 가축 모두에게 비활성 광견병 백신을 사용한다. 수의사 또는 동물 관리자들, 광견병 연구나 광견병 백신 생산 실험실에서 종사하는 사람들, 그리고 감염가능성이 높은 사람들에게는 광견병 예방접종이 시행되고 있다. 광견병의 문제는 주로 야생동물에서 일어나는데 (그림 31.1), 이 경우에는 면역접종이 불가능하다. 그러나 실험적으로 시도하고 있는 먹이 미끼를 이용한 경구 광견병 백신 투여가 일부지역에서 광견병의 전파를 낮추기도 하였다. 만약 주요 광견병 보균체에 대하여 집단 면역접종 (29.2절)이 가능하다면 이 질병의 발생을 획기적으로 줄일 수 있을 것이다. 하와이나 영국과 같은 일부 지역에서는 광견병이 발생하지 않는데 이들 지역에서는 유입되는 모든 동물을 검역소로 보낸다.

광견병이 백신으로 예방이 가능하긴 하지만, 면역접종의 부족으로 인하여 가축들 사이에 광견병이 펴져있는 주로 아시아나 아프리카의 저개발 국가에서 매년 60,000명의 사람이 광견병으로 죽고 있다. 전 세계적으로 1,400만 명의 사람들이 동물에 노출된 후 광견병 예방접종을 받고 있고 미국의 경우 2만 명 이상의 사람들이 치료를 받고 있는데 거의 대부분 야생동물 주로 박쥐에 물린 경우이다. 가축들이 종종 야생동물들에 노출되기 때문에 개나 고양이들은 생후 3개월에 광견병 예방접종을 받는다. 특히 말과 같은 커다란 가축들 역시 광견병 예방접종을 받기도 한다. 드물기는 하지만 또 다른 광견병 전파의 가능한 형태는 장기 이식을 통해서이다. 2013년 미국에서 발생한 광견병 사망은 급성 장염으로 오진된 광견병으로 사망한 공여자로부터 신장을 이식 받은 경우이다. 과거에 임상적으로 광견병 증상을 아직 보이지 않은 공여자로부터 각막이나 기타 장기를 이식받아서 광견병이 전파된 경우도 보고된 바 있다.

미니퀴즈

- 만약 인간이 어떤 동물에 물렸고 그 동물을 찾을 수 없을 경우에 그 사람을 처치하는 순서는 무엇인가?
- 야생동물에 대한 광견병 예방에 있어서 주사를 통한 예방접종에 비하여 구강접종의 주된 장점은 무엇인가?

31.2 한타바이러스와 한타바이러스 증후군

한타바이러스는 급성호흡기 및 심장 질병인 **한타바이러스 폐 증후군(hantavirus pulmonary syndrome, HPS)**과 급성 쇼크와 신부전을 보이는 **신장출혈열 증후군(hemorrhagic fever with renal syndrome, HFRS)**이라는 두 가지 치명적인 질병을 일으킨다. 이들 두 질병은 모두 감염된 설치류로부터 전파된 한타바이러스에 의해 발생한다. 한타바이러스 이름은 이 바이러스가 인간에 출혈열을 일으킴으로써 처음으로 인간 감염 병원균으로 판명되었던 한국의 한탄강으로부터 유래하였다.

한타바이러스 증후군의 증상과 병리학

한타바이러스(hantaviruses)는 피막(envelope)에 쌓여 있는 분절된 단일 음성나선 RNA 바이러스이다 (**그림 31.3*a***; 10.9절); 한타바이러스는 라사(Lassa)열 바이러스와 에볼라(Ebola) 바이러스와 (30.12절) 같은 출혈열 바이러스와 유사하다. 한타바이러스는 쥐와 쥐, 그리고 나그네쥐나 들쥐와 같은 설치류에서 질병을 일으키지 않으면서 감염한다. 한타바이러스는 이들 바이러스에 오염된 설치류 배설물을 흡입함으로써 이들 동물 보균체로부터 인간으로 전파된다. 인간은 우연의 숙주이며 오직 설치류나 그것들의 배설물이나 침과의 접촉을 통해서만 감염된다.

HPS는 백혈구 증가, 출혈을 동반한 급작스런 열과 근육통, 혈소판 감소 등의 특징을 가진다. (사망할 경우) 며칠이 걸리면 사망에 이르게 되며, 항상 전신 쇼크와 폐에서의 누혈로 인한 심장 합병증으로 인한 질식과 심장마비가 원인이 된다. 이러한 것들이 한타바이러스의 특징적인 증상들인데 감염 바이러스의 종류에 따라 심부전과 같은 다른 증상들도 흔히 일어난다. HFRS는 극심한 두통, 요

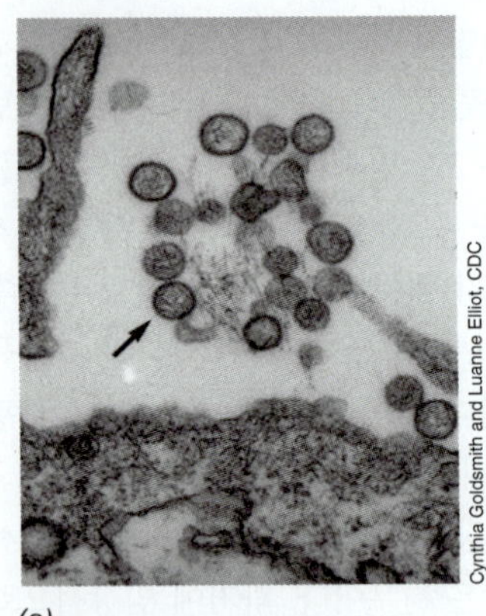

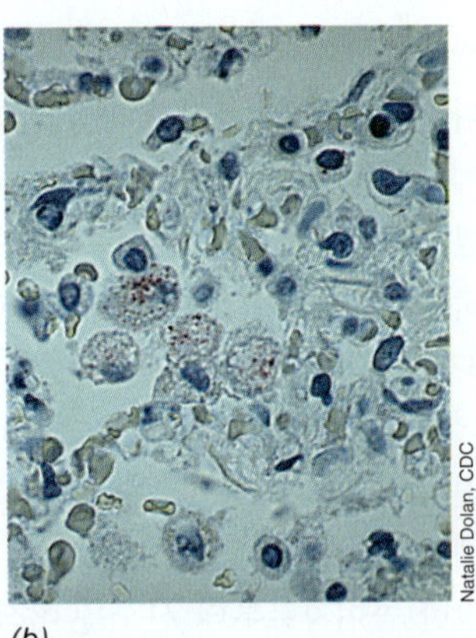

(a) (b)

그림 31.3 한타바이러스. *(a)* 신 놈브레(Sin Nombre) 한타바이러스의 전자현미경 사진. 화살표는 직경 약 100 nm의 비리온을 보여준다. *(b)* 대식세포 안에 있는 안데스(Andes) 한타바이러스 항원의 면역염색 사진. 각각의 짙은 청색 염색 부분은 각 포식세포의 감염을 나타낸다 (각 세포의 직경은 약 15 μm임).

통, 복통, 그리고 신부전과 여러 출혈 합병증이 특징이다. 미국의 경우에는 HPS 균주가 더 많고 유라시아 지역에서는 HFRS 균주가 더 많다. HPS 균주가 HFRS 보다 월등히 더 높은 치사율을 보이며 미국 이외 세계 다른 지역의 설치류에서 발견된다.

한타바이러스는 실험실 배양이 가능하나 생물안전수준-4 (BSL-4; 28.1절)로 관리되어야 한다. 감염질병들 가운데 한타바이러스와 여타의 BSL-4 바이러스는 그야말로 "최악 중의 최악(the worst of the worst)"의 병원균으로 취급되기 때문에, 미국에서는 Atlanta 시 소재 (미국 Georgia 주) 질병통제예방센터의 특별 병원균 분과에서 취급한다.

한타바이러스 증후군의 역학, 진단 및 예방

1993년에 미국에서 Arizona 주, Colorado 주, New Mexico 주, 그리고 Utah 주가 교차하는 지역 (Four Corners)에서 한타바이러스에 의한 심각한 HPS가 발생하였다. 그 원인은 1993년 봄에 그 지역에서 순록쥐 (*Peromyscus maniculatis*)의 개체수가 증가하였기 때문이다. 그 전의 겨울에 춥지 않았고 봄에 많은 비가 와서 주위에 먹이가 급증하였다. HPS 발생으로 48명의 감염자들 중 27명이 사망함으로써 (사망률 56%) 동물 보균체로부터 직접적으로 전파될 수 있는 병원체로 인한 질병의 잠재적 위험성을 보여주었다. 미국에서 1993년부터 2015년까지 모두 659건의 HPS가 발생하였고 그 중 대부분 서부 주에서 235명이 사망 (36%)하였다. 전 세계적으로는 주로 중국, 한국, 러시아에서 20만 건 정도가 발생하는 것으로 추정되는데 치사율은 매우 낮다.

한타바이러스 증후군은 혈액샘플에 있는 한타바이러스에 대한 항체를 식별하는 면역학적 기술을 이용하여 진단한다. 이 방법에는 그 바이러스에 대한 노출과 면역반응의 강도를 측정할 수 있는 면역분석법들 (그림 31.3*b*; 28.6절)이 포함된다. 순환계의 바이러스 입자로부터 나온 RNA 유전체 역시 환자 조직이나 혈액샘플에 대한 RT-PCR (12.1, 28.8절)을 통하여 탐지할 수 있다.

한타바이러스에 대한 바이러스 특이적 치료나 백신은 없다. 치료는 결국 격리, 휴식, 수분 보충, 그리고 여타 증상의 완화가 전부이다. 한타바이러스 감염은 설치류나 설치류 서식지와의 접촉을 피함으로써 예방할 수 있다. 보균 쥐의 개체수가 많은 곳에서 한타바이러스에 의한 감염이 발생한다는 조사 결과를 볼 때, 쥐의 서식처 파괴나 먹이공급의 제한 (예, 음식을 용기에 봉하여 보관), 그리고 적극적인 설치류 박멸 등이 이 질병을 막을 수 있는 유일한 예방이다.

미니퀴즈

- 한타바이러스가 미국에서 주요 공중위생의 문제로 취급되는 이유는 무엇인가?
- 한타바이러스가 인간에 어떻게 전파되는지 설명하라. 한타바이러스에 의한 감염을 막을 수 있는 효과적인 방법은 무엇인가?

II • 절지동물 매개 세균 및 바이러스성 질병

병원균은 병원균에 감염된 절지류 매개체에 물림으로써 숙주에 전파될 수 있다. 여기서 논할 질병인 황열 및 뎅기열, 라임병, 치쿤구니야열, 지카 바이러스 질병; 그리고 흑사병의 경우, 인간은 단지 이들 병원체의 우연한 숙주일 뿐이다. 이들 병원체의 보균체는 절지동물들이다. 그럼에도 불구하고 이들 질병은 매우 위험하며 종종 치명적이기까지 하다.

31.3 리케차 질병들

리케차(rickettsias)는 주로 포유류와 같은 척추동물의 세포 내에 사는 작은 세균이며, 벼룩이나 이나 진드기와 같은 흡혈 절지류와 관련이 있다. 앞서 16.1절에서 리케차의 생물학에 관해서 논하였다. 인간이나 여타 척추동물에 리케차가 일으키는 질병들 중 가장 중요한 것들은 발진티푸스, 반점열 리케차증 (로키산 반점열), 그리고 에를리히병이다. 리케차는 인공 배양배지에서는 배양되지 않지만 벼룩과 같은 실험동물들이나 포유동물 조직배양세포들, 그리고 닭 배아의 난황낭에서는 배양이 가능하다 (그림 31.6*b* 참조). 동물에서는 주로 대식세포와 같은 포식세포에서 생장한다.

리케차는 유발하는 질병을 기준으로 대충 3그룹으로 나뉜다. 그 그룹들은 (1) *Rickettsia prowazekii*와 같은 발진티푸스 그룹과 (2) *Rickettsia rickettsii*와 같은 반점열 그룹, 그리고 (3) *Ehrlichia chaffeensis*와 같은 에를리히 그룹이다.

발진티푸스 그룹: *Rickettsia prowazekii*

발진티푸스(typhus)는 일반적으로 몸이나 머리에 사는 이에 의해서 인간에서 인간으로 전염되며 (**그림 31.4a**), 인간이 유일한 포유동물 숙주이다. 제1차 세계대전 중 유행성 발진티푸스가 동유럽을 휩쓸어서 거의 300만 명의 사망자를 내었다. 발진티푸스는 역사적

(a)

(b)

그림 31.4 리케차병의 절지동물 매개체. *(a)* 약 3 mm 크기의 암컷 몸이는 발진티푸스를 유발하는 *Rickettsia prowazekii*를 보균할 수 있다. 또한 몸이는 회귀열을 일으키는 세균인 *Borrelia recurrentix*와 참호열을 일으키는 *Bartonella quintana*를 보균하기도 한다. *(b) Rickettsia rickettsii*를 보균하는 미국의 개 진드기는 록키산 반점열을 일으키며 길이가 약 5 μm 정도이지만, 피를 빨아들이면 그 길이는 3배 정도까지 팽창할 수 있다.

으로 전시의 군인들에서 큰 문제였다. 전장의 비위생적이고 열악한 조건들 때문에 병사들 간에 이가 쉽게 퍼지고 발진티푸스가 유행처럼 퍼져나간다. 제2차 세계대전까지 발진티푸스로 인한 사망자 수가 전투로 인한 사망자 수를 웃돌았다.

R. prowazekii 세포는 이가 물 때 생긴 구멍을 통하여 리케차 세포가 포함된 이의 배설물이 오염됨으로서 피부를 통하여 들어온다. 1~3주간의 잠복기 동안 작은 혈관 벽 세포 내에서 증식한다. 그리고는 발진티푸스의 증상들 (열, 두통, 무력감)이 나타나기 시작한다. 수일 후 특징적인 발진(*rash*)이 겨드랑이에서 관찰되고 일반적으로 얼굴과 손바닥, 그리고 발바닥을 제외한 온몸으로 퍼진다. 치료하지 않을 경우에 발진티푸스로 인한 합병증은 중추신경계와 폐, 신장, 심장에 손상을 일으킨다. 유행성 발진티푸스는 30%에 이르는 사망률을 보인다. *R. prowazekii*를 치료하기 위하여 가장 일반적으로 테트라사이클린과 클로람페니콜이 사용된다. 쥐에 발진티푸스를 일으키는 *Rickettsia typhi*는 발진티푸스 그룹 가운데 또 다른 중요한 병원균으로서 인간도 감염한다. 발진티푸스 백신이 있으나 일반적으로 발진티푸스 발생 지역의 여행자들에게만 접종된다.

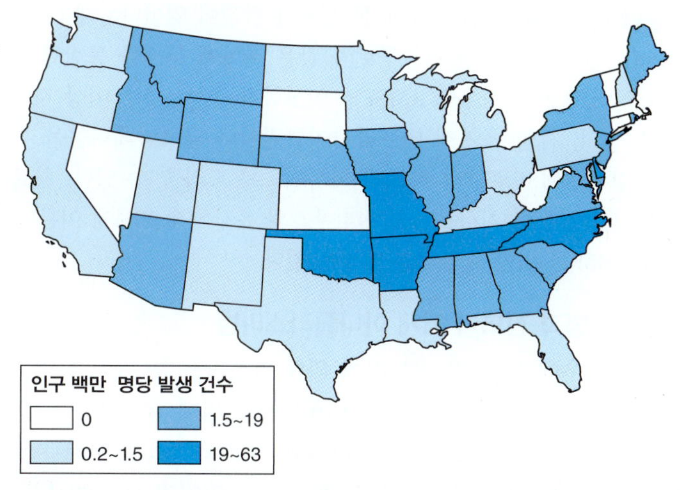

그림 31.5 2010년 미국에서의 반점열 리케차증 (록키산 반점열) 발병 추이. 이 질병의 이름과 달리 발병은 현재 동부와 Oklahoma 주 서쪽의 중남부 지역에서 집중적으로 일어난다.

반점열 그룹: *Rickettsia rickettsii*

일반적으로 록키산 반점열(*Rocky Mountain spotted fever, RMSF*)이라 불리는 반점열 리케차증(spotted fever rickettsiosis)은 1900년경 미 서부에서 처음 확인되었지만 오늘날에는 미 남동부에 더 많이 발생한다 (**그림 31.5**). 록키산 반점열은 *Rickettsia rickettsii*가 일으키며 가장 흔하게 개 진드기 (그림 31.4*b*) 혹은 나무 진드기 등 다양한 진드기에 의해 인간에게 전염된다. 미국에서는 매년 2천명 이상의 사람들이 RMSF에 걸리며, 진드기가 많은 지역에서의 인간의 활동이 증가함으로써 2002년 이후에는 더 증가하고 있는 것으로 보인다. 치료받은 환자들의 치사율은 감염된 환자들 중 1% 이하이다. 인간은 이에 물릴 때 감염되는데, 리케차 세포들은 진드기의 침샘이나 진드기 암컷의 난소에 존재한다.

다른 리케차와 달리 *R. rickettsii* 세포는 숙주 세포 세포질뿐 아니라, 숙주 세포의 핵 안에서도 자란다 (**그림 31.6*a*, *c***). 3~12일의 잠복기 후 갑작스럽게 증상이 나타나기 시작하는데, 발열과 심한

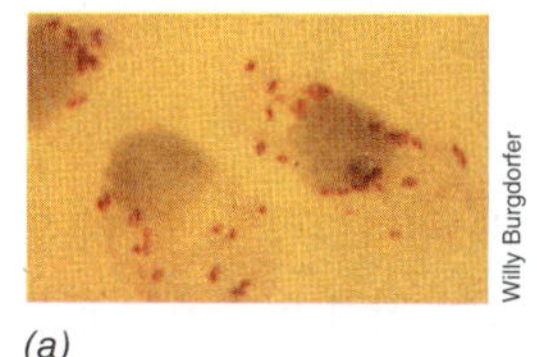

(a)

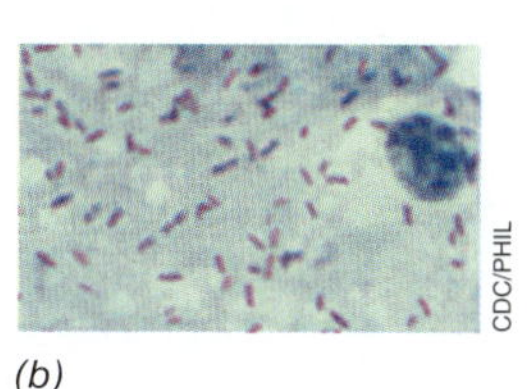

(b)

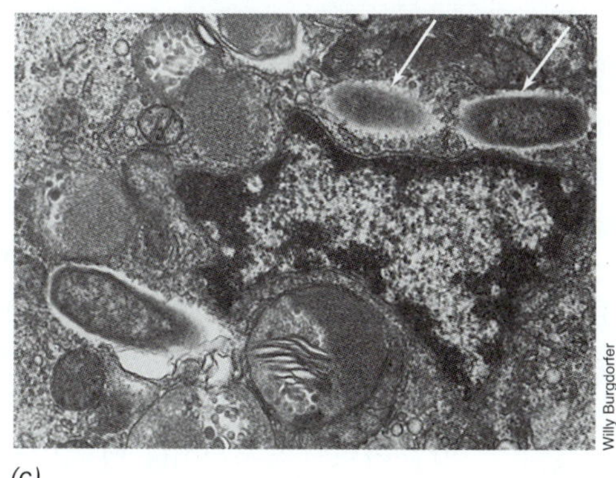

(c)

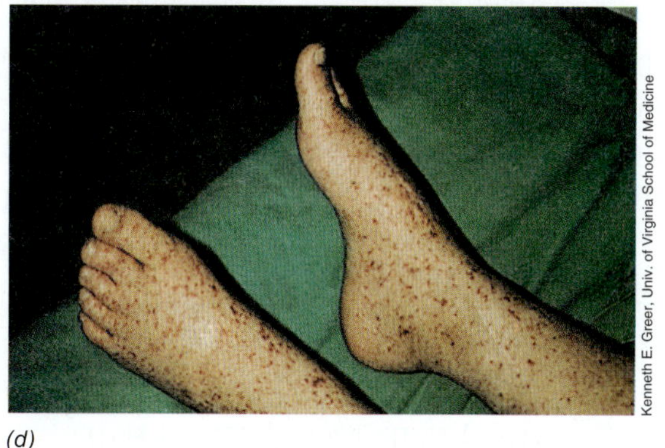

(d)

그림 31.6 *Rickettsia rickettsii*와 반점열 리케차증. *(a)* 진드기 혈구세포의 세포질과 핵과 *(b)* 달걀 난황에서 생장하는 *R. reckettsii*의 세포들. 세포 크기는 직경 약 0.4 μm이다. *(c)* 감염된 나무 진드기의 혈구세포에 있는 *R. reckettsii* (화살표)의 투과전자현미경 사진. *(d)* 발에 발생한 반점열 리케차증 반점. 전신을 덮는 발진이 나타나는 반점은 반점열 리케차증의 증상이며 반점이 몸 전체에 걸쳐 나타나지 않는 발진티푸스와 구별되는 것이 특징이다.

두통이 나타난다. 며칠 이내에 몸 전체에 발진이 일어나는데 (그림 31.6*d*), 일반적으로 설사나 구토와 같은 소화계 문제를 동반한다. 치료를 하지 않을 경우에 RMSF의 임상학적 증상은 2주 이상 지속될 수 있다. 감염 초기에 테트라사이클린이나 클로람페니콜을 투여할 경우 RMSF로부터 빠르게 회복되도록 도와줄 수 있다. 치료하지 않을 경우의 치사율은 발진티푸스와 유사하게 30%에 이른다. 현재 RMSF를 위한 효과적인 백신은 없다.

에를리히병과 진드기 매개 아나플라스마병

미국의 경우에 두 가지 진드기에 의해 발생하는 두 가지 질병이 *Ehrlichia*와 그와 유사한 속 (16.1절)에 의해 발생하는데, 인간 단핵구 에를리히병(*human monocytic ehrlichiosis, HME*)과 인간 과립구 에를리히병(*human granulocytic ehrlichiosis, HGE*)이 그것이다. HME를 일으키는 리케차는 각각 *Ehrlichi chaffeensis*와 *Rickettsia sennetsu*이고, HGA를 일으키는 것은 *Ehrlichia ewingii*와 *Anaplasma phagocytophilum*이다.

이들 리케차에 의한 질병들은 임상적으로 구분이 안 되는데, 열, 두통, 무기력증, 간기능 변화, 그리고 백혈구감소와 같은 독감과 유사한 증상을 보이며 시작된다. 또한 순환 백혈구가 *Ehrlichia* 세포들을 포함하고 있는 봉입체(inclusion)가 관찰되는데, 이것이 이들 질병의 진단 기준이다 (**그림 31.7*a***). 그러한 봉입체를 제외하고는 증상은 다른 리케차에 의한 질병과 유사하며, 증상은 미미한 경우에서 치명적인 경우까지 다양하다. 치료하지 않고 진행될 경우 장기적인 합병 증세는 호흡과 신장 질환과 심각한 신경학적 증상을 일으킬 수도 있다.

HGA와 HME는 다양한 종류의 진드기에 의해 전파되며 순록, 일부 설치류, 그리고 인간이 이들 병원체의 포유동물 보유체이다. 미국의 경우, HGA는 주로 중서부 북부와 뉴잉글랜드주 해변 지역에서 발생하며, HME는 중서부의 남부와 동부 연안지역에 집중되어 일어나는데, 이들 두 질병은 매년 2,000건이 보고되고 있고 HGA가 주를 이룬다. 리케차 증후군의 진단은 간단치 않은데, 이는 그 반점이 성홍렬이나 심지어, 천연두 또는 매독과 같은 다른 질병으로 오인되기 쉽기 때문이다. 리케차 질병의 확인을 위해서는 형광 항체나 면역분석과 같은 면역학적 시험 방법이나 리케차의 DNA 탐지를 위한 PCR 기반 분석이 필요하다.

HGA와 HME 예방을 위한 최선의 방법은 진드기 서식지를 피하거나 진드기 방호복을 입고 diethyl-*m*-toluamide (DEET)를 함유한 방충제를 바르는 것이다. 또한 진드기 서식지 지역을 등산한 후 진드기가 붙었는지 자세히 관찰하고, 있다면 즉시 제거하고, 진드기가 붙어 있는 상태라면 진드기의 주둥이 부분을 조심스레 제거하는 것도 좋은 방법이다. 테트라사이클린 계열의 항생제인 독시사이클린이 HGA와 HME에 쓰인다. HGA와 HME의 예방을 위한 백신은 현재 존재하지 않는다.

Q 열병

Q 열병(*Q fever*, Q는 "query" 약자)은 리케차와 관련있는 (16.1절) 절대 세포내 기생생물인 *Coxiella burnetii* (그림 31.7*b*)가 일으키는 폐렴과 같은 질병이다. 곤충에 의하여 직접 인간에 전파되는 것은 아니지만, *C. burnetii*는 곤충에 물림으로써 양, 소, 염소 등과 같은 동물에 전파되고 이들 보균체로부터 인간에 전염된다. 가축들은 일반적으로 감염이 명확히 되지 않지만 그들의 오줌이나 대변, 또는 젖이나 다른 체액을 통하여 상당량의 *C. burnetii*를 퍼뜨릴 수 있다. 감염된 동물들이나 털, 고기, 우유와 같은 오염된 산물들은 인간의 잠재 감염원이다. 그 결과로 인한 독감과 같은 증상은 지속적인 열과 두통, 오한, 가슴통, 폐렴, 심내막염(endocarditis) (심장 내벽의 염증) 등의 증상으로 진전될 수 있다. 미국의 경우에 Q 열병은 대단위 농장이나 목장에서 사육되는 동물이 많이 있는 농촌

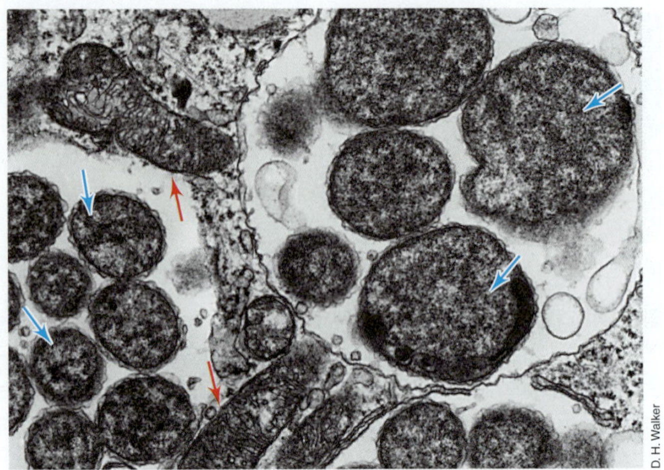

(*a*)

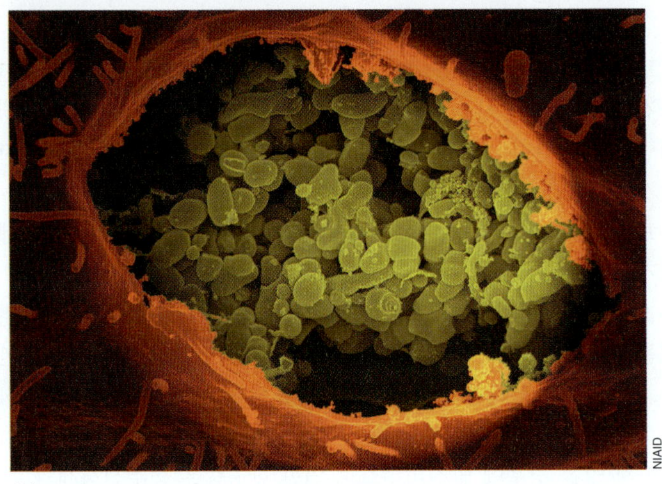

(*b*)

그림 31.7 *Ehrlichia*와 *Coxiella*. (*a*) 인간 단구세포 에를리히병(hman mococytic ehrlichiosis, HME)을 일으키는 *Ehrlichia chaffeensis*. 전자현미경사진으로 관찰하면 많은 수의 *E. chaffeensis*를 포함하고 있는 과립체를 볼 수 있다. 파란색 화살표는 과립 내에 존재하는 세균 세포이다. *E. chaffeensis* 크기는 지름이 약 0.3~0.9 μm 정도이다. 붉은색 화살표는 미토콘드리아이다. (*b*) Q 열병을 일으키는 *Coxiella burnetii*의 전자현미경사진을 색조화한 그림. *Coxiella* 세포를 동물 세포배양에서 키운 후 동물세포를 깨고 보여주는 사진이다. 단일 *C. burnetii* 세포 크기는 지금이 약 0.4 μm 정도이다.

지역에서 가장 많이 발생하고 있으나 최근 몇 년 동안은 매년 100에서 150건 정도 보고되고 있다.

리케차 감염의 경우와 마찬가지로, 병원균에 대한 숙주 항체를 측정하기 위한 다양한 면역학적 시험으로 *C. burnetti* 감염을 진단한다. Q 열병은 테트라사이클린에 잘 반응하며 심내막염이나 심막 손상을 막기 위하여 감염이 의심되면 즉각적으로 치료를 시작해야 한다. Q 열병은 또한 잠재적인 생물학전 세균이기도 하다 (⟲ 29.9절).

*Rickettsia*의 다른 그룹들과는 달리 Q 열병 병원균인 *C. burnetii*는 숙주 밖에서 순수배양이 가능하다. 이는 숙주 세포 내 환경의 요소들과 조건들 모두를 고려하고 *C. burnetii*의 유전체 분석을 통하여 이 병원균의 대사능력과 한계를 고려함으로써 가능해졌다. 이 미생물은 저호기성(microaerophilic)일 것이라는 것은 *C. burnetii*의 cytochrome들의 유전체 분석을 통해 알려진 매우 중요한 사실 중 하나이다 (⟲ 5.14절). 그리고 실제 호기성 배양에 있어서의 매우 중요한 비결은 낮은 농도의 산소에서 배양한다는 점인데, 이는 숙주 세포가 매우 산소가 충분할 것이라는 점을 고려한다면 사뭇 놀라운 점이다.

미니퀴즈

- 발진티푸스, 반점열 리케차 질병, 에를리히병 아나플라스마병의 절지동물 매개체와 동물숙주는 무엇인가?
- 리케차 감염을 방지하기 위해서는 어떤 주위를 기울여야 하는가?

31.4 라임병과 *Borrelia*

라임병(Lyme disease)은 인간과 다른 동물에 영향을 주는 진드기 관련 질병이다. 라임병은 이 질병이 처음 확인된 지역인 Connecticut 주의 Old Lyme 지역에서 이름을 따왔으며, 현재 미국에서 가장 흔한 진드기 관련 질병이다. 라임병은 진드기에 의해 전파하는 나선균(Spirochete)인 *Borrelia burgdorferi* (**그림 31.8**; ⟲ 15.19절)가 유발한다. 이 진드기는 조류와 가축, 다양한 야생동물, 그리고 종종 인간의 피에서 빨아들인 *B. burgdorferi*를 보유한다. *B. burgdorferi*는 (원형과 대별되는) 선형 염색체를 가지는 몇 안 되는 세균 중 하나라는 측면에서 질병과 상관없이 흥미로운 세균이다 (⟲ 4.2절).

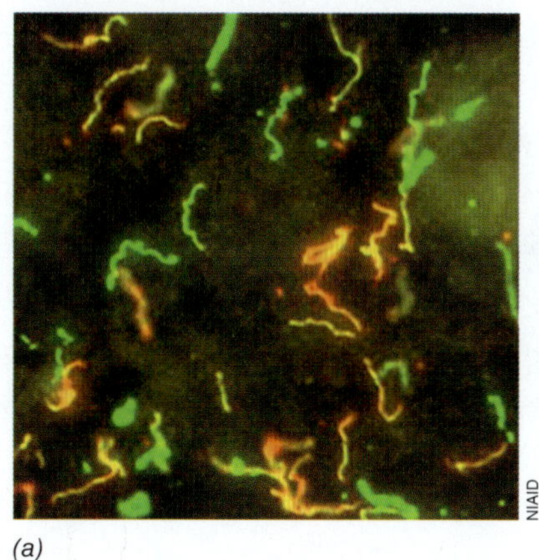

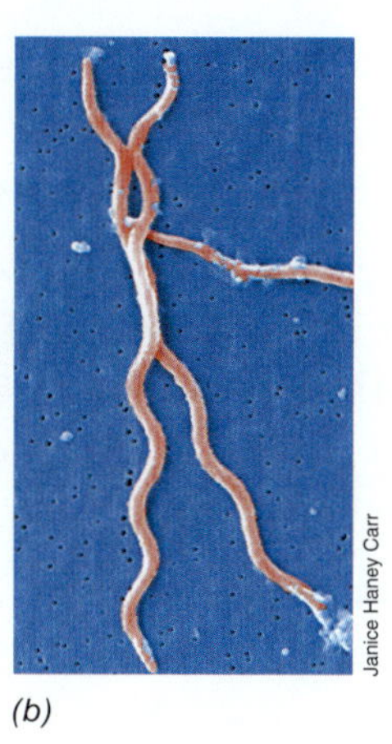

(a) (b)

그림 31.8 라임 나선균인 *Borrelia burgdorferi*. *(a)* 라임반점에서 분리한 *B. burgdorferi* 세포를 형광 항체염색 (⟲ 28.6절)한 사진. 각각 *B. burgdorferi*의 다른 항원에 특이적인 오렌지색 형광물질을 붙인 항체와 녹색 형광물질을 붙인 항체를 사용하였다. 두 항체가 모두 붙으면 노란색으로 나타난다. *(b)* 색조화한 *B. burgdorferi*의 주사전자현미경 사진. 각 세포의 크기는 지름이 약 0.4 μm이고 길이가 약 5~20 μm이다.

라임병의 병리학, 진단, 그리고 치료

B. burgdorferi 세포들은 진드기가 피를 빠는 동안에 인간에게로 전파된다 (**그림 31.9*a***). 전신감염이 진행되면 두통, 허리통증, 오한, 피로감과 같은 라임병의 급성 증상이 나타난다. 라임병의 75%에서 일주일 안에 진드기에 물린 부위에 과녁 모양의 동심원 형태의 반점이 나타난다 (그림 31.9*b*, *c*). 이 단계에서 라임병은 테트라사이클린이나 페니실린으로 쉽게 치료할 수 있다.

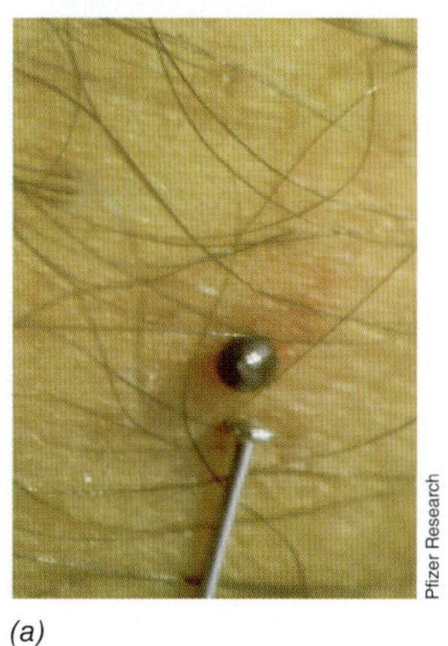

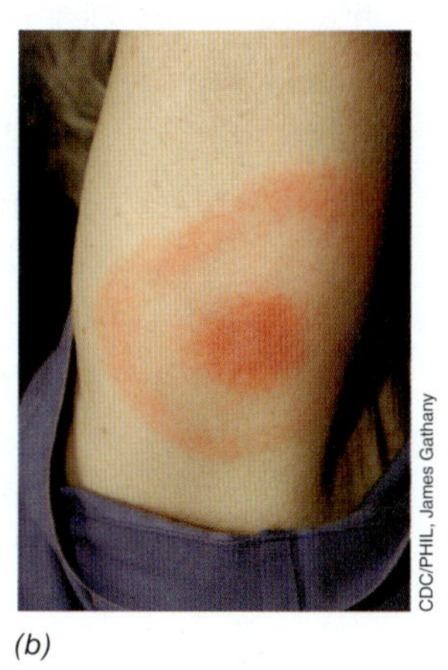

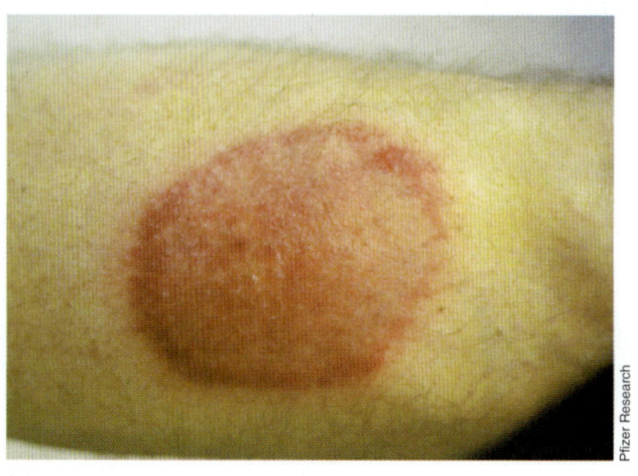

(a) (b) (c)

그림 31.9 라임병 감염. *(a)* 인간의 피를 빨아먹은 순록 진드기가 감염경로 (순록진드기는 그림 31.10 참조). *(b, c)* 전형적인 라임병 반점. 반점은 진드기에 물린 부분에서부터 시작되어 수일간에 걸쳐 동심원 형태로 커진다. 전형적인 반점의 크기는 직경이 약 5 cm이다.

라임병을 치료하지 않을 경우에, 처음 진드기에 물린 후 몇 주 내지 몇 달 안에 만성단계로 진행되는데 약 절반의 경우 관절염으로 진행된다. 마비와 사지 약화, 또는 심장손상과 같은 신경학적 문제가 일어날 수도 있다. 치료하지 않을 경우, 중추신경을 감염한 *B. burgdorferi* 세포들이 오랜 기간 동안 잠복한 후 눈이나 안면 근육의 움직임에 지장을 주거나 마비를 일으키는 등의 추가적인 만성 증상을 일으킬 수도 있다. 흥미로운 사실은 만성 라임병의 증상들, 특히 신경학적 증상들은 다른 나선균인 *Treponema pallidum* (15.19절, 30.13절)이 일으키는 매독의 만성증상과 유사하다는 것이다. 그러나 라임병은 매독과 달리 인간끼리 전염되지는 않는다.

라임병의 병리학에 있어서 독소나 여타의 주요 병원성 인자가 발견되지는 않았으나, 이들 병원체는 강력한 면역반응을 일으킨다. *B. burgdorferi*에 대한 항체가 감염 후 4~6주 후에 나타나며 이는 다양한 면역학적 시험을 통해 탐지될 수 있다. 그러나 *B. burgdorferi*에 대한 항체는 감염 후 몇 년 동안 지속되기 때문에 이들 항체가 반드시 최근에 감염되었다는 증거는 아니다. 체액이나 조직에 있는 *B. burgdorferi*의 DNA를 탐지하기 위한 PCR (12.1절, 28.8절) 방법이 사용되기도 한다. 그러나 라임병은 임상학적 증상으로 진단하고 추후에 이들 실험을 통해 확인한다. 만약 어떤 환자가 라임병 증상을 보이고 안면 틱이나 관절염을 보이거나 최근에 진드기에 물렸거나, 또는 전형적인 라임 반점 (그림 31.9)을 보인다면 라임병에 대한 잠재적인 진단을 내리고 항생제를 처방한다.

라임병의 초기에는 20~30일간의 독시사이클린이나 아목실린 처방을 내린다. 신경 또는 심장에 증상이 있는 환자들에게는 항생제 세프트리악존(ceftriaxone)을 정맥주사 하는데, 이는 이 약이 혈관-뇌 장벽(blood-brain barrier)을 투과하여 중추신경에 있는 나선균을 죽일 수 있기 때문이다.

라임병의 역학과 예방

라임병 감염이 많이 일어나는 미 북동부 지역에서 순록과 흰발들쥐는 *B. burgdorferi*의 주된 보균체이다 (그림 31.11 참조). 이들 동물들은 순록 진드기인 *Ixodes scapularis* (**그림 31.10**)에 물려서 감염되는데, 이들 진드기 중 일부는 라임 나선상세균을 전파하기도 한다. 순록 자체는 *B. burgdorferi*의 보균체는 아니지만 진드기가 번식하는 주요 숙주이다. 라임병은 유럽과 아시아에서 발견되기도 한다. 이들 나라의 경우 진드기 매개체와 *Borrelia* 종이 미국과 다른데, 이는 라임병이 지리적으로 광범위하게 퍼져 있음을 보여준다. 그러나 모든 경우 라임병은 진드기 매개체로부터 인간에 전파되는 유사한 병원성 *Borrelia* 종들에 의하여 전파된다.

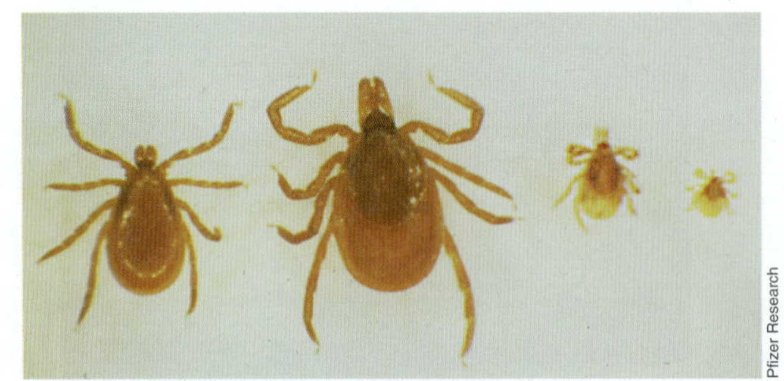

그림 31.10 라임병의 주된 매개체인 순록 진드기. 왼쪽에서부터 오른쪽으로, 수컷, 암컷 성체 진드기, 유충, 애벌레 형태. 성체 암컷의 길이는 약 3 mm 정도이다. 이들 모든 형태가 인간을 물지만 주로 암컷 유충과 암컷 성체 진드기가 *Borrelia burgdorferi*를 전파한다.

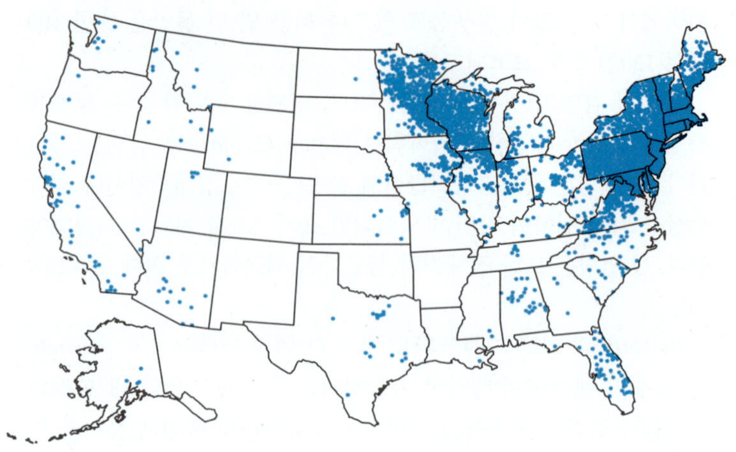

그림 31.11 2014년도 미국에서의 라임병 발생 분포. 각 점은 확인된 사례를 나타낸다. 2014년에 확인된 사례는 총 33,000건 이상되며 이 중 96%가 중서부와 동부 연안 북부 13개주에 밀집되어 있다. 라임병은 Georgia 주 Atlanta 시 소재 질병통제예방센터의 국립 주요 질병 감시 시스템을 통해서 보고된다.

순록 진드기는 여타의 다른 진드기에 비해서 크기가 작기 때문에 간과하기 쉽다. 더우기 다른 질병을 보균하고 있는 진드기들 (그림 31.4*b*)과 달리 순록 진드기들은 꽤 높은 비율로 *B. burgdorferi*를 보균하고 있다. 매개체의 작은 크기와 이들 병원균들의 높은 빈도의 출현이라는 두 가지 요인들 모두 때문에 라임병이 미국에서 가장 흔하게 보고되는 질병이 되고 있다. 미국에서의 대부분의 라임병들은 순록 개체수가 많은 북동부와 중서부의 북부에서 보고되고 있지만, 이 질병은 거의 모든 주에서 발생한다 (**그림 31.11**). 미국에서의 라임병 발생은 심각한데 2014년 한 해에 33,000건이 보고되었다.

다른 진드기 감염 질병과 마찬가지로 라임병을 예방하기 위해서는 이 벌레와의 접촉을 피해야 된다. DEET가 함유된 방충제를 사용하거나 꼭 맞는 옷을 입고 진드기가 많은 환경을 거닌 후에는 몸을 잘 조사하는 것이 도움이 된다. 가축을 위한 라임병 백신은 존재하지만, 인간 라임병 백신은 현재 사용되고 있지 않다.

미니퀴즈

- 라임병의 주된 증상은 무엇인가?
- 미국에서 라임병이 가장 많이 발생하는 지역은 어디인가?
- *Borrelia burgdorferi*의 감염을 예방하는 방법을 요약하라.

31.5 황열병, 뎅기열, 치쿤구니야병, 그리고 지카병

플라비바이러스(fliviviruses)에 의해 여러 절지동물 매개 질병이 일어난다. 이들 바이러스는 단일 양성 가닥 RNA 바이러스 (10.8절)로서 감염된 절지동물에 물리면 전염된다. 이러한 감염의 특징들로 인하여 이들 바이러스는 아보바이러스(*ar*thropod-*bo*rne viruses)라 불리기도 한다.

아보바이러스는 다양한 종류의 뇌막염과 출혈열과 같은 인간의 많은 심각한 질병의 원인이다. 여기서는 아직도 개발도상국가에서 흔히 발생하는 생명을 위협하는 두 가지 플라비바이러스 질병인 황열병과 뎅기열에 관하여 논하고자 한다. 두 바이러스 모두 *Aedes* (**그림 31.12**) 종의 감염된 모기에 의해 전파되며 이들 질병의 증상도 유사하다. 또한 모기에 의해 전염되는 최근 심각하게 발생하고 있는 바이러스성 질병인 지카와 치쿤구니야병에 대해서도 논하고자 한다.

황열병

황열병(yellow fever)은 남미나 아프리카 같은 열대와 아열대 기후의 풍토병이다. 사하라 사막 남쪽 중앙아프리카 대부분의 국가와 함께 브라질, 콜롬비아, 베네수엘라, 그리고 볼리비아와 페루의 일부지역에서 가장 많이 발생한다. 미국의 경우에는 예방접종없이 이들 지역을 여행한 사람들 이외에는 황열병이 발생하지 않는다. 황열병 바이러스는 뎅기열 바이러스 (나중에 설명), 웨스트 나일 바이러스 (31.6절), 그리고 일부 뇌염 바이러스들과 유사하다. 황열병은 실제로 환자들을 소개하고 격리시키는 몇 안 되는 바이러스 감염병이다 (29.5절). 황열병의 경우에 사람 간에는 전염되지 않지만 환자를 격리시킴으로써 그 환자로부터 모기가 피를 빠는 것을 막을 수 있어서 다른 사람에게 전염되는 것을 막을 수 있다.

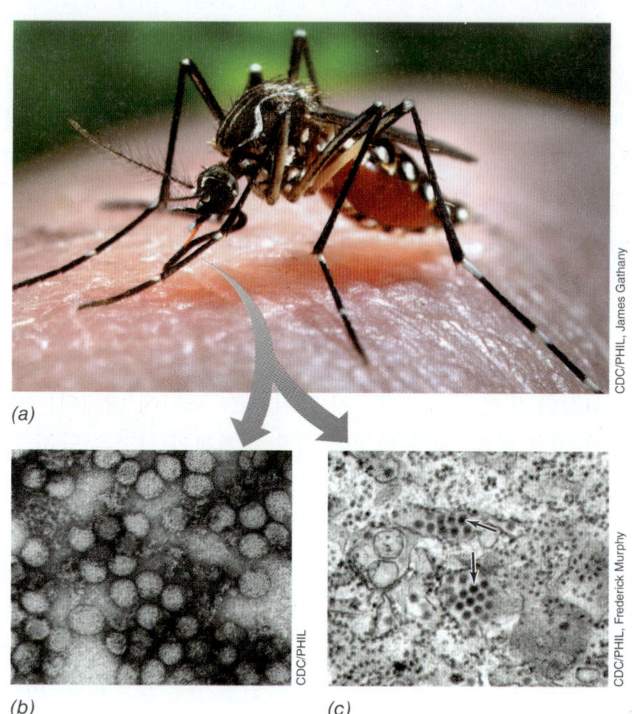

그림 31.12 황열병과 뎅기열. *(a)* 황열병과 뎅기열 바이러스 모두 감염된 *Aedes aegypti* 모기에 물림으로써 전염된다. (b) 황열병 바이러스와 (c) 뎅기열 바이러스의 투과전자현미경 사진 (조직 검체에 있는 것들로 화살표로 표시). 두 바이러스 모두 직경이 약 50 nm이며 양성 RNA 바이러스로서 폴리오바이러스와 같이 다단백질 형성 방법으로 복제한다 (그림 10.18).

감염된 모기에 물리면 황열병 바이러스는 림프절과 일부 면역세포 안에서 복제하고 결국 간으로 이동한다. 일단 감염되면 증상이 없기도 하고 주요 장기가 기능을 상실하거나 사망하기도 하는 등 다양한 증상을 보인다. 대부분의 감염된 사람들은 오한과 두통과 요통과 메스꺼움이나 기타 진단에 도움이 안 되는 여러 증상을 동반하며 미열을 보인다. 이러한 증상들은 면역체계가 바이러스를 통제하고 있을 경우이기 쉽다. 그러나 황열병의 다섯 중 하나 정도의 경우에는 유독한 단계에 이르게 되어 황달 (이것이 황열병이라는 이름이 붙은 이유)이나 입, 눈, 소화기 계통에서의 출혈을 보이게 된다. 그 결과로 각혈을 하고 출혈이 지속되면 독성 쇼크와 여러 기관의 부전에 이르게 된다. 이런 단계에 이르면 20% 정도는 사망에 이른다. 인간과 기타 영장류가 황열병 바이러스의 보균체이다.

황열병은 효과적인 백신 때문에 충분히 예방이 가능하다. 황열병 백신은 1930년대에 개발되었으며, 열대지방의 전장의 군인과 지원 인력들에게 널리 쓰이고 있다. 역사적으로 백신의 사용과 화학제에 의한 매개체 (모기)의 박멸과 발병지역의 늪지와 습지에서 물을 제거하는 등의 복합적인 조치를 통하여 이 질병을 억제하여 왔다.

황열병 발생지역을 여행하는 사람들에게는 백신을 강력히 추천하는데, 많은 국가에서는 황열병이 풍토병인 국가로부터 온 사람들에게는 예방접종 증명서를 요구하기도 한다. 또한 세계보건기구(WHO)는 아프리카에 대규모 예방접종 프로그램을 시작하였다. 백신이 있기는 하지만, 매년 거의 20만 건의 황열병이 발생하며 대부분은 보고되지 않고 그 중 15% 정도는 사망하는 것으로 WHO는 추산하고 있다. 황열병의 치료법은 알려져 있지 않다. 그러나 일단 혈액샘플에서 항 황열병 바이러스 항체를 검출함으로써 그 질병의 진단이 내려지면 환자를 격리시키고 증상 완화를 위하여 휴식시키고 약을 처방한다. 면역 체계에 의하여 중독증 단계에 들어가지 않고 회복하게 된다.

뎅기열

황열병과 마찬가지로 뎅기열은 *Aedes* 종의 모기 (그림 31.12)에 의하여 전파되며 열대와 아열대 지역의 질병이다. 매년 전 세계적으로 1억 건이 발생하는 것으로 추산되는데, 주로 멕시코, 남미, 인도, 인도네시아, 그리고 아프리카에서 집중적으로 발생한다 (29.11절).

뎅기열 초기에는 고열과 두통과 관절염을, 그리고 일부 환자들에 있어서는 눈 통증과 전신 발진을 나타낸다. 대부분의 환자들은 일주일 내에 증상이 완화되고 더 이상 증상이 없어지는데, 이는 아마도 뎅기열 바이러스에 대한 면역반응 때문일 것이다. 그러나 황열병의 경우와 마찬가지로 심할 경우 출혈성 뎅기열(*dengue hem-*

orrhagic fever)에 이르게 된다. 이 단계에 이르면 코와 잇몸에서 출혈이 일어나고 피를 토하거나 혈변을 배설하기도 하며 극심한 복통과 호흡곤란, 그리고 전반적인 불편함과 같은 심각한 증상을 일으킬 수 있다. 출혈열 단계에 이르면 혈압이 극심하게 떨어지게 되고 일부는 사망에 이르게 된다. 뎅기열 치료는 주로 증상을 완화시키고, 특히 피와 체액의 상실로 인한 탈수증상을 완화시키는 것이다. 황열병과는 달리 뎅기열을 위한 백신은 없으며, 따라서 출혈성 뎅기열의 경우에 있어서조차도 휴식과 증상완화가 유일한 치료법이다.

매개체를 없애거나 매개체와의 접촉을 막음으로써 뎅기열을 막을 수 있다. 미국 중부의 도심 지역에서는 모기 박멸을 위해 지속적으로 살균제를 살포하여 20세기에는 뎅기열 발생을 막았다. 그러나 현재는 그런 조치가 덜 이루어지고 있으며 지구온난화로 인하여 열대 기후가 북상하고 있다. 그에 따라 *Aedes* 모기가 미국 남부와 중부 지역에 창궐하고 있다. *Aedes aetypti* (그림 31.12) 외에도 미국에서 빠르게 퍼지고 있는 아시아 범모기(*Aedes albopictus*) 또한 뎅기열 바이러스를 가지고 있다. 폐타이어와 같이 소량의 물이 고이는 곳에서 물을 제거하여 모기서식처를 제거함으로써 뎅기열 발생의 기회를 줄일 수 있다. 모기에 물리는 것을 막기 위하여 방충제를 사용하고 옷을 입는 개인적인 보호 방법도 감염을 막을 수 있는 방법이다.

WHO가 추산하건데 매년 50만 건의 출혈성 뎅기열이 발생하고 이 중 22,000명이 사망한다. 미국에서 뎅기열 발생은 거의 없으며 다른 발생지역에서 감염되어 온 경우가 전부이다. 뎅기열은 20세기 중반까지는 지정학적으로 제한적인 지역에 발생하였으나, 범세계적 무역을 통하여 *Aedes* 모기가 전 세계로 퍼져 나감으로써 이 질병은 출현성 질병(*emerging disease*)의 주요 예가 되었다 (29.7절).

지카와 치쿤구니야병

지카병과 치쿤구니야병은 둘 다 같은 모기매개체가 전염시키는 경미한 바이러스성 질병이다. 지카 바이러스 질병은 두통, 고열, 관절통 그리고 일반적인 불편함을 일으키고 간혹 반점을 나타나기도 한다. 이 질병은 지카 바이러스 (**그림 31.13*a***)가 일으키는데, 뎅기 바이러스와 가깝고 모기가 전염시킨다. 이 질병은 65년 전에 지카숲 (우간다)에서 처음 발생하였고, 서중 아프리카와 인도네시아에서 주기적으로 소규모로 발생하곤 하였다. 그러나 2015년, 지카(zika)는 브라질에서 발생하였고, 그리고 2016년에 미국에서 지카 바이러스의 발견이 보고되었는데 그 환자들은 주로 그 풍토병이 발생한 지역을 여행하였던 사람들이었다. 그러나 미국령 푸에르토리코에서의 주요 발생은 그 지역의 모기 유래 전염과 관련이 있었고, 그 질병이 아데스 모기의 서식 범위에 드는 북쪽으로도 퍼질 것이란 우려를 자아냈다. 지카 감염은 2016년 말에 Florida 주에서 보고되었으며, 미국 남부의 다른 지역에서 발생할 가능성이 있다.

모기 매개에 의한 전염 외에도, 지카는 성 접촉과 오염된 피, 그리고 가장 우려되는 것은 산모에서 태아로도 전염이 될 수 있다는 것이다. 건강한 산모에 비해서 지카에 감염된 산모에서 태어난 태아가 훨씬 높은 비율로 비정산적인 뇌와 기타 결함을 가지고 있었으며 따라서 지카는 태아 발달에 어떠한 영향을 줄 것이라 생각되고 있다. 지카 바이러스는 지적 능력을 담당하는 뇌의 주요 부위인 뇌피를 형성하는 신경세포에 쉽게 감염되는 것으로 알려져 있으며, 따라서 지카에 감염된 영아에서 관찰되는 뇌 손상을 일으킬 것으로 추측된다. 이러한 위험성으로 인하여 산모들은 임신 전 기간에 걸쳐 모기와의 접촉을 극히 조심할 것을 권고받고 있다. 임산부외에 있어서는 지카 바이러스는 심각한 문제를 일으키지는 않는 것으로 보인다. 그러나 드문 경우이지만 지카 감염은 자가면역질환인 길랑-바레 증후군(Guillain-Barré syndrome)을 일으킬 수도 있는데 (27.9절), 이 질병은 여러 종류의 바이러스와 세균이 일으켜서 면역체계가 말초신경 부위를 공격하게 된다. 지카 바이러스에 관해서는 274쪽을 더 참조하기 바란다.

지카 바이러스에 관해서, 그리고 이 바이러스가 공중 보건에 어떻게 심각한 위협을 일으키는지 확실한 그 조건에 대해서는 알려진 바가 별로 없다. 지카 감염에 의한 직접적인 사망은 극히 드물며 따라서 이 바이러스는 매우 어린 혹은 매우 늙은 층과 같은 높은 위험군에서조차도 심각하지 않게 지나치는 것 같다. 그러나 출산의 문제와 연관해서는 극히 심각하다. 임산부들이 (지카는 성교를 통해서도 전염되므로 임신을 계획하고 있는 사람들도) 지카 감염의 유일한 주요 위험군이다.

지카와 마찬가지로 치쿤구니야병은 단일가닥 양성 RNA 바이러스 (그림 31.13*b*)가 일으키지만 이 바이러스는 지카나 댕기나 혹은 황열 바이러스는 연관성이 낮다. 치쿤구니야 바이러스는 아데스 모기 종이 전염하며 현재 미남부와 중부, 서남아시아, 중부아프리카와 인도네시아의 풍토병이다. 그렇기 때문에 미국에서의 치쿤구니야병의 발생은 이들 지역을 여행하고 돌아온 사람들에게서 발생

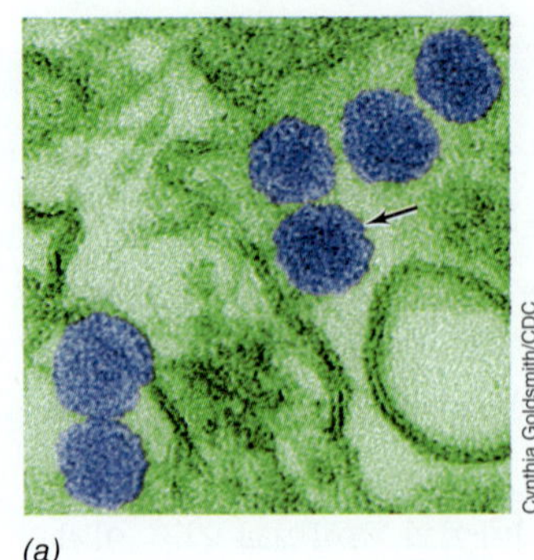

(a)

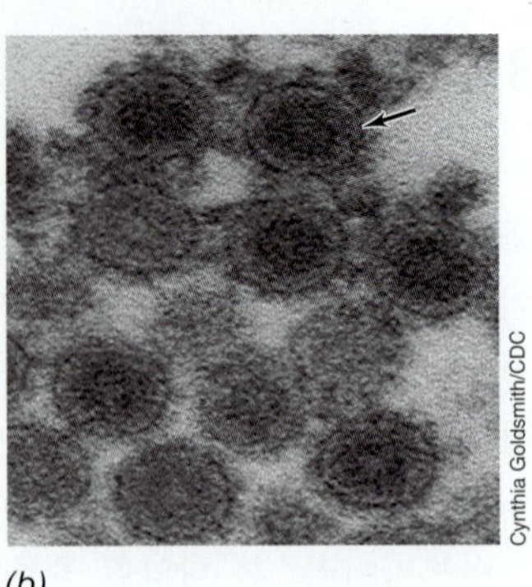

(b)

그림 31.13 지카와 치쿤구니야 바이러스. 두 바이러스 모두 막에 둘러싸인 양성 단일 RNA를 가지고 있다 (8.1, 8.2, 10.8절). *(a)* 조직 검체 안에 있는 지카 바이러스의 비리온의 투과전자현미경 사진을 색조화한 그림. 단일 비리온 (화살표한 파란색)의 크기는 지름이 약 40 nm 정도이다. *(b)* 치쿤구니야 바이러스의 비리온 (화살표)의 투과전자현미경 사진을 색조화한 그림. 비리온의 크기는 지금이 약 50 nm 정도이다.

CDC/PHIL, W. Brogdon, J. Gathany

(a)

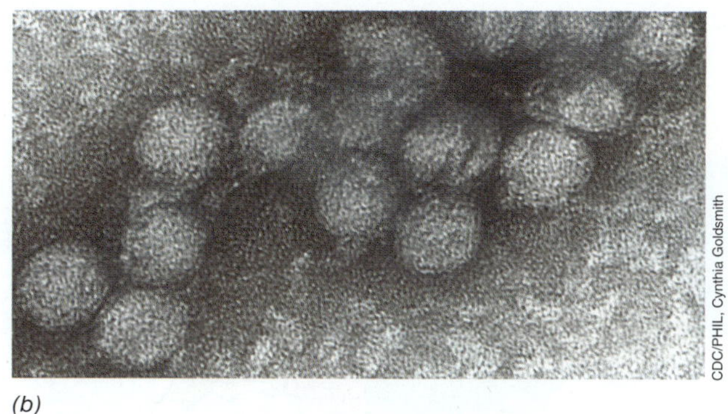

(b)

그림 31.14 웨스트 나일 바이러스. *(a)* 이 사진에 보이는 인간의 혈액을 포식한 모기인 *Culex quinquefasciatus*는 웨스트 나일 바이러스의 매개체이다. *(b)* 웨스트 나일 바이러스의 전자현미경 사진. 20면체의 비리온의 지름은 약 40~60 nm이고, 양성 단일나선의 RNA를 가지고 있다.

하며 2015년에 총 679건의 확진이 보고되었다. 지카와 마찬가지로 치쿤구니야병의 사망률은 어느 경우에서나 약 0.1% 정도로 낮다. 치쿤구니야병의 증상은 심각하지 않으며 전염되지 않고 이 바이러스에 대응하는 면역 반응은 강하고 재감염에 대해서 강한 면역성을 보인다. 지카와는 달리 치쿤구니야 바이러스는 산모에서 태아로 전염되지 않기 때문에 이 바이러스질병과 출산기형과의 연관성은 보고된 바 없다.

미니퀴즈

- 황열병과 뎅기열 바이러스의 매개체와 보균체는 무엇인가?
- 황열병과 뎅기열의 예방법을 비교하라.
- 낮은 사망률에도 불구하고 지카 바이러스가 위험한 이유는 무엇인가?

31.6 웨스트 나일열

웨스트 나일 바이러스(West Nile virus, WNV)는 모기에 물림으로써 전파되고, 따라서 계절성 질병인 인간 바이러스 질병 **웨스트 나일열(West Nile fever)**을 일으킨다. WNV는 황열병이나 뎅기열 그리고 지카 바이러스 (31.5절)와 마찬가지로 플라비바이러스(flavivirus) 그룹에 속하며 양성의 단일가닥 RNA 유전체 (10.8절)를 가지고 있는 외피(envelope)에 쌓여 있는 캡시드(capsid) 바이러스 (**그림 31.14*b***)이다. 이 바이러스는 일부 조류와 포유류와 같은 항온숙주의 신경계를 침범할 수 있다.

WNV의 전파와 병리학

WNV는 100종 이상의 조류에 감염하며 모기에 물림으로써 전파되는 질병이다. 미국의 중부 및 동부 주들과 도시 중심부에 많은 *Culex* 종 (그림 31.14*a*)을 포함한 40종 이상의 모기가 바이러스를 보균할 수 있다. 감염된 새들은 전신성 바이러스 감염 (바이러스혈증)을 보이며 심하면 죽게 된다. 이러한 새들을 문 모기가 다른 새들을 감염시키면서 전파된다. 새들과는 대조적으로 인간이나 다른 동물들은 이 바이러스에 있어서는 최종 숙주가 되는데, 이는 모기를 감염시키는 데 필요한 바이러스혈증을 보이지 않기 때문이다.

WNV 감염의 치사율은 종에 따라 다르다. 예를 들어, 인간의 WNV에 의한 치사율은 4%이고, 동물의 경우에는 훨씬 높아서 거의 40%에 이른다. 대부분 인간의 경우에는 증상이 없거나 경미하여 보고가 되지 않는다. 3~14일 정도의 잠복기를 거쳐 20% 정도의 환자가 웨스트 나일열로 발전되고 3~6일 정도 가벼운 증상이 지속된다. 증상은 두통, 메스꺼움, 근육통, 반점, 림프절증 (림프절의 부풀어 오름), 그리고 불쾌감 등을 동반한 발열이다. 감염 환자 중 1% 이하가 신경조직에서의 바이러스의 증식으로 인한 웨스트 나일 뇌염이나 웨스트 나일 수막염과 같은 심각한 신경학적 질병으로 발전한다 (**그림 31.15**). 50세 이상의 환자에게 있어서 이런 증상이 더 일반적인데 이러한 신경학적 장애는 평생 지속된다. 이러한 환자들의 약 5%가 사망에 이른다. WNV 진단을 위해서는 임상적 증상을 진단한 후, 혈액 내의 WNV 항체를 탐지하기 위한 면역학적 시험으로 확진한다.

WNV 방역과 역학

인간 WNV 질병은 1937년에 아프리카의 서부 나일강 지역에서 처음으로 확인되었고 거기서 이집트와 이스라엘로 전파되었다. 1990

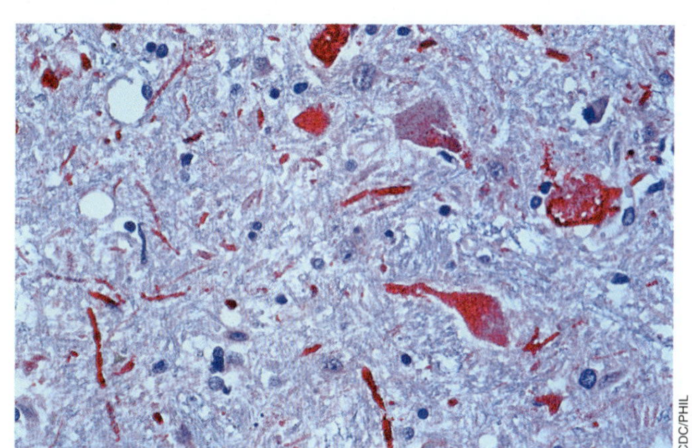

그림 31.15 웨스트 나일 뇌염. 웨스트나일 뇌염 사망자의 뇌 절편사진. 조직의 붉은 부분은 면역염색 기술 (28.6절)을 통해서 감지한 웨스트 나일 바이러스를 포함하고 있는 신경세포들이다.

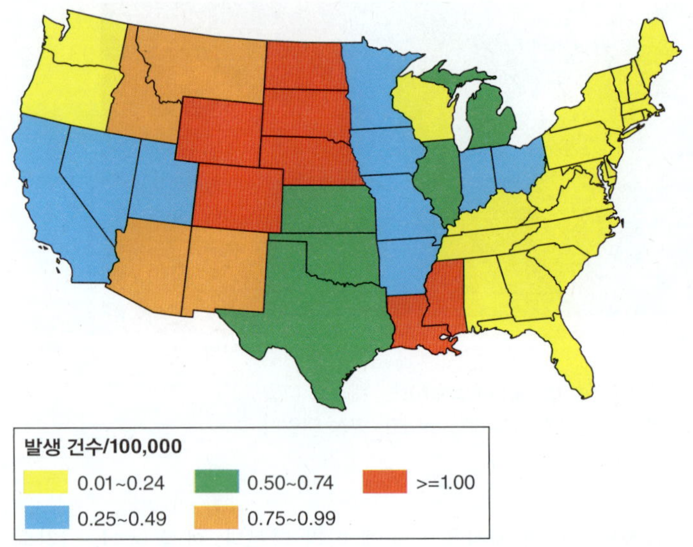

그림 31.16 1999~2014년 미국에서의 웨스트 나일병의 연평균 발생. 이 바이러스는 2015년에 2,060건의 질병을 일으켜 119명이 죽었다 (치사율 5~6%). 웨스트 나일 바이러스는 현재 미국 전체에서 발생하는 모기와 조류의 풍토병이다. 이 자료의 출처는 미국 Georgia 주 Atlanta 시에 있는 질병 통제예방센터이다.

년대 아프리카와 유럽 국가들에서 말과 새와 인간에게 WNV이 발병하였다. 1999년 미국에서 북동부와 뉴욕 부근에서 첫 사례가 보고되었고, 그 후로 모든 주로 전파되었다 (**그림 31.16**). 1999년과 2014년 기간 동안 WNV 발생은 매년 등락하여 적게는 20건에서 많게는 9800건까지 보고되고 있다. 미국에서 주로 발생하는 지역은 남중부주들이고 텍사스 해변에서 캐나다 접경에 이르는 대평원에 걸쳐 발생한다 (31.16절). 웨스트 나일병은 이제는 미국의 조류들 간의 풍토병이며 그 우연적 숙주인 인간에 있어서는 낮은 빈도로 발생한다.

WNV 질병의 방제는 여타의 다른 매개체 관련 질병들과 상당히 유사하다. 방충제를 사용하여 모기에 노출을 줄이고 꽉 끼는 옷을 입는다. 모기 방충제 살포는 효과가 적으며, 특히 고인 물과 같은 산란 지역을 제거하는 것이 모기 개체수를 줄이는 데 도움이 된다. 치사율이 높은 말에 동물용 WNV 백신이 널리 사용되고 있으나 현재 인간을 위한 WNV 백신은 없다.

미니퀴즈

- 웨스트 나일 바이러스의 매개체와 보균체는 무엇인가?
- 1999년 이래 미국에서의 웨스트 나일 바이러스의 진행을 추적하라.

31.7 흑사병

흑사병(plague)은 말라리아와 폐결핵을 제외하고 다른 그 어떤 감염보다도 더 많은 인간 사망의 직접적인 원인이 되어왔다. 흑사병은 주로 야생 설치류들의 질병이지만 설치류 개체수가 죽어나가면서 인간이 우연적인 숙주가 될 수도 있다. 흑사병은 실험실에서 쉽게 배양할 수 있는 그람-양성 호기성 막대모양의 캡슐을 가진 장내 세균인 *Yersinia pestis* (*Gammaproteobacteria*, 16.3절)가 일으킨다 (**그림 31.17**).

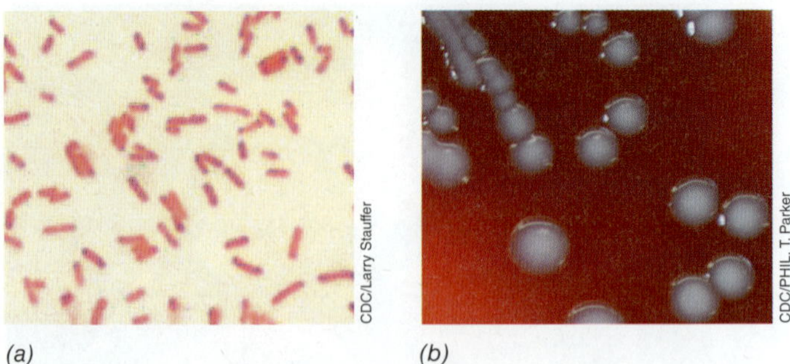

그림 31.17 *Yersinia pestis*. *(a) Y. pestis* (붉은색)와 일부 백혈구 세포를 포함하고 있는 혈액. 세균의 크기는 직경이 약 0.8 μm이다. *(b)* 혈액 고체 배지에서 생장하는 *Y. pestis* 집락들.

흑사병의 병리학과 치료

흑사병의 병리학은 확실히 알려지지 않고 있지만, *Y. pestis* 세포는 발병 과정에 관여하는 여러 병원성 인자를 생산하는 것은 밝혀졌다. *Y. pestis* 세포벽에 있는 V와 W 항원은 면역세포의 포식 과정을 저해하는 단백질-지질단백질 복합체이다. 쥐에 치명적인 외독소(exotoxin) (25.6절)인 쥐의 독소(murine toxin)는 호흡 저해제로서 쥐에 전신 쇼크와 간 손상, 호흡장애 등을 일으킨다. 이 독소는 인간 흑사병에서도 역시 병리적 작용을 할 것으로 보이는데, 그 이유는 이러한 증상이 흑사병 환자에게서 흔히 나타나기 때문이다. *Y. pestis*는 또한 병리과정에 관여할 것으로 보이는 상당한 면역 반응을 일으키는 내독소(endotoxin) (25.8절)도 만든다.

흑사병은 여러 형태로 나타난다 (그림 31.19와 31.20 참조). 실바틱 흑사병(*sylvatic plaque*)은 야생 설치류에 발생하는 동물풍토병이다. 흑사병은 여러 종의 벼룩에 의해 전파되는데, 그 중 하나가 쥐벼룩인 *Xenopsylla cheopis* (**그림 31.18*a***)이다. 벼룩은 혈액에 있는 *Y. pestis* 세포를 섭취하면 그 세균은 벼룩의 장에서 증식한다.

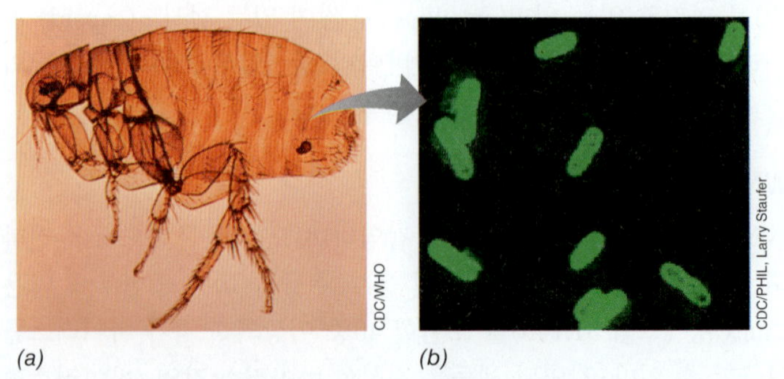

그림 31.18 흑사병의 주요 매개체인 쥐벼룩. *(a)* 쥐벼룩 *Xenopsylla cheopis*는 *Yersinia pestis*를 보균한다. 이 세균들은 벼룩의 장에서 분열하고 *(b) Y. pestis* 세포들은 숙주로 전파된다. 쥐벼룩은 14세기 중세 유럽을 휩쓴 흑사병 대유행의 매개체였다. *b* 부분의 세포는 *Y. pestis* 표면 항원에 대한 형광표지 항체로 염색한 것이다.

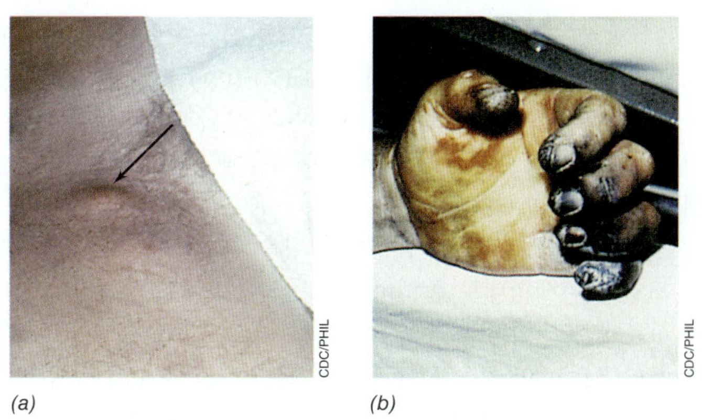

그림 31.19 인간에 발생한 흑사병. *(a)* 사타구니에 발생한 가래톳. *(b)* 흑사병 사망자의 손에 발생한 괴저와 피부딱지. 인간 흑사병은 다음의 3가지 형태 중 하나이다. 즉, 림프절종창형, 폐렴형, 그리고 패혈성형 (그림 31.20 참조).

그로부터 벼룩은 다른 설치류나 사람을 물어 세균을 전파시킨다. 인간에게 흔하게 일어나는 흑사병은 림프절종창 흑사병(*bubonic plague*)이다. 이 경우 *Y. pestis* 세포는 림프절로 이동하고 거기서 증식하게 되고 부풀어 오른다. 이러한 국지적이고 눈에 띄게 부풀어 오른 림프를 림프절종창(*bubo*)이라고 부르는데, 여기서 이 질병의 이름이 유래하였다 (**그림 31.19*a***). 림프절종창은 *Y. pestis* 세포로 꽉 차게 되는데 이 세균들은 캡슐을 가지고 있어서 면역세포에 의하여 포식되거나 파괴되지 않는다. 말단 림프절에 이차 림프절종창이 형성되고 병원성 세포들은 결국 혈액에 들어와서 일반적인 패혈증을 야기한다. 지속적인 용혈은 피부에 검은 얼룩을 형성하게 되는데, 이러한 이유로 이 병은 역사적인 "흑사병(black death)" (그림 31.19*b*)이라는 이름을 가지게 되었다. 패혈증 단계 이전에 치료하지 않으면 흑사병의 여러 가지 증상 (림프절 종창, 통증, 쇼크, 피로감, 정신착란)이 진행되고 항상 3~5일 이내에 사망에 이르게 된다.

*Yersinia pestis*를 직접 흡입하거나 혈액이나 림프 순환을 통하여 세균이 폐에 이르게 되면 폐렴성 흑사병(*pneumonic plague*)이 일어난다. 대량의 피가 섞인 가래가 나오는 1~2일 전까지는 항상 특이할만한 증상이 나타나지 않는다. 폐렴성 흑사병은 치료하지 않을 경우 약 90%가 48시간 이내에 죽는다. 또한 폐렴성 흑사병은 매우 전염성이 높아서 감염된 환자를 즉각적으로 격리시키지 않으면 사람 대 사람의 호흡 경로를 통하여 빠르게 전파될 수 있다. 패혈성 흑사병(*septicemic plaque*)은 림프절종창 형성 없이 혈액을 통하여 전신에 *Y. pestis*가 빠르게 전파되어 일어나며, 통상적으로 진단이 내려지기 전에 사망에 이를 정도로 심각하다.

림프절종창 흑사병은 스트렙토마이신이나 겐타마이신 주사로 잘 치료된다. 또는 독시사이클린이나 사이프로프록사신, 클로람페니콜 등을 정맥주사할 수도 있다. 즉각적으로 치료할 경우, 림프절종창 흑사병은 사망률을 5% 이하까지 끌어내릴 수 있다. 폐렴성 흑사병이나 패혈성 흑사병도 역시 치료 가능하긴 하지만, 발병이 급속히 진전되기 때문에 증상이 일어난 후 즉각적으로 항생제를 투여하여도 이미 늦는 경우가 많다.

흑사병의 역학과 예방

실바틱 흑사병은 다람쥐, 프레리독, 얼룩다람쥐, 쥐와 같은 다양한 설치류에서 동물풍토병을 일으키는데, 쥐는 도심의 주된 숙주로서 중세에 인간의 대규모로 발생하였던 실바틱 흑사병을 일으키기도 하였다. 벼룩은 중간 숙주로서 설치류와 인간 사이에 이 질병을 전파시키는 매개체이다 (**그림 31.20**). 대부분의 쥐나 기타 설치류들은 발병한 후 바로 죽기는 하나 일부가 살아남아서 만성 감염을 일으키고, *Y. pestis* 세포의 지속적인 보균체 역할을 하여 이 병을 발생시킨다.

흑사병은 아프리카와 아시아와 미대륙, 그리고 남부-중앙 유라시아 국가들의 풍토병인데, 대부분의 경우 아프리카 사하라 사막 남쪽에서 주로 일어난다. 역사적으로 흑사병의 대규모 발병은 쥐의 개체수가 대규모로 늘어나는 비위생적인 환경에서 일어났다. 쥐가 많이 살지 않는 농촌지역에서는 이 질병이 진행함에 따라 쥐의

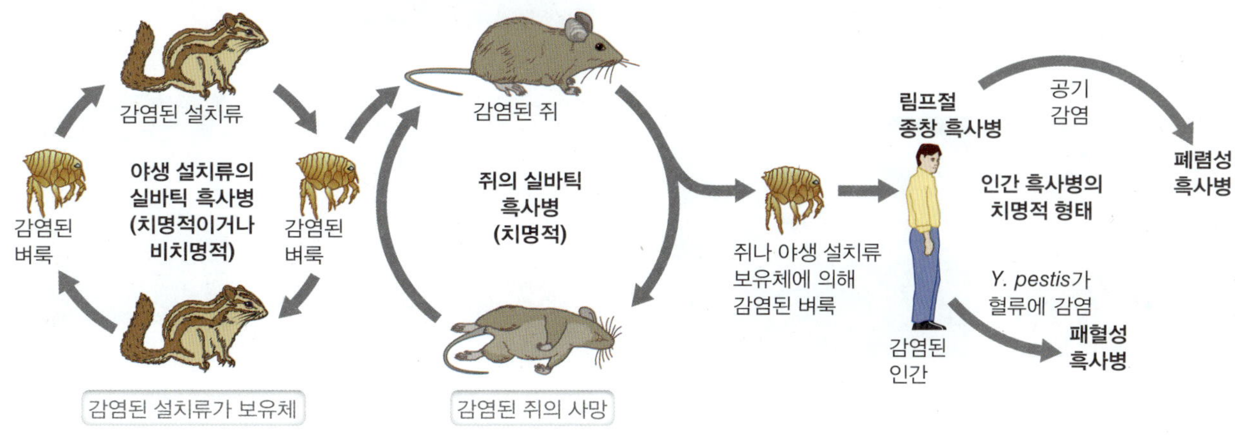

그림 31.20 흑사병의 역학. 일부 야생 설치류에 있어서 실바틱 흑사병은 경미한 증상만을 보이며 *Yesinia pestis*의 보균체로 있게 된다. 예를 들어, 숙주에 감염시키는 쥐와 같은 설치류와 사람들에서 흑사병은 종종 치명적이다. 집에 서식하는 설치류 보균체가 죽게 되면 감염된 벼룩이 인간과 같은 다른 숙주를 찾게 된다.

개체수가 죽어가기 때문에 숙주의 개체수가 줄어들면서 문제가 심각하지 않다. 그러나 도시 중심부에는 또 다른 숙주 (인간)의 수가 많기 때문에 실바틱 흑사병은 인간 사이에 유행병으로 번져 갈 수 있다. 미국에서는 매년 극소수의 발병만 보고되고 있는데 실바틱 흑사병이 설치류 간에 퍼지는 남서부의 주 (특히, New Mexico 주, Colorado 주, Arizona 주)에서 대부분 일어난다 (그림 31.20). 2014년 인간 흑사병이 14건 보고되었는데, 사망자는 없었다. 2006년부터 2015년 중반까지 68건이 보고되었고, 그 중 11건의 사망이 있었다.

위생 상태를 개선하고 설치류와 매개체 (벼룩)를 감시하고 통제하며 질병이 발생할 경우 환자와 접촉하였던 사람들을 격리함으로써 흑사병을 막을 수 있다. 선진국에서는 이 질병의 발생이 극히 드문데, 그 이유는 공중보건이 좋고 설치류의 개체수 증가를 잘 막기 때문이다.

미니퀴즈

- 실바틱, 림프절종창, 폐렴성, 그리고 패혈성 흑사병의 차이를 설명하라.
- 흑사병의 곤충 매개체와 자연의 숙주가 무엇이며 이 질병의 치료법은 무엇인가?

III • 토양유래 세균성 질병

31.8 탄저

일부 인간 질병들은 토양서식 미생물에 의해 발병하는데 탄저병(anthrax)이 가장 좋은 예이다. 29.9절에서 탄저에 대해서 생물테러와 생화학적과 관련하여 일부 논의한 바 있다. 여기서는 이 미생물의 생물학과 질병의 진행에 관하여 논하고자 한다.

탄저의 발견과 특징

탄저병을 일으키는 내생포자 생성세균인 *Bacillus anthracis* (**그림 31.21**)는 유명한 병원미생물학의 선구자인 Robert Koch (⇄ 1.10절)가 처음으로 분리하였다. 코흐는 야생에서 포획한 쥐를 실험동물로 이용하여 탄저를 연구함으로써, 그의 전염병의 인과관계에 관한 이론인 코흐의 가설(Koch's postulates) (⇄ 1.29절)을 발전시켰다. 탄저는 쥐를 빠르게 죽이지만 인간의 경우에는 경미한 증상에서부터 심각한 피부감염, 호흡정지와 죽음에 이르는 등 다양한 형태의 증상을 일으킨다.

탄저는 전 세계적으로 동물에 질병을 일으킨다. *B. anthracis*는 토양에 부생형태로 존재하며 호기성 화학유기영양체의 형태로 사는데, 조건이 맞으면 내생포자 (그림 31.21)를 형성하며 생장한다. *B. anthracis*의 세포나 내생포자는 토양으로부터 동물의 털이나 가죽, 또는 그 이외 동물의 다른 곳에 묻거나 섭취되어서 *B. anthracis* 내생포자가 인간에 전파되면서 질병을 일으킨다. 탄저는 주로 농장 가축에서 발견되는데, 특히 소, 양, 염소 등에서 발견되며 그것들로부터 인간에 전파된다.

인간 탄저병 형태들

탄저병은 피부, 장내, 호흡(흡입)성 탄저 세 가지 중 한 형태를 나타낸다. 이들 모두 두 가지 주요 독소인 치사독소(*lethal toxin*)와 부종독소(*edema toxin*)에 의하여 일어난다. 이들 탄저병 증상의 심각성은 그 세균들이 체내 어디서 독소를 분비하느냐에 달렸다. 탄저균이 림프절과 림프조직에서 생장하고 독소를 분비할 경우, 증상이 지속적으로 악화되는데, 목이 아프기 시작하여 근육통, 열로 이어지고 호흡곤란과 전신쇼크로 이어진다. 탄저독소와 함께, *B. anthracis* 세포를 둘러싸고 있는 독특한 단백질 캡슐 (**그림 31.22*a***)은 대식세포에 잡아먹혀도 파괴되지 않도록 막아주는 중요한 병원

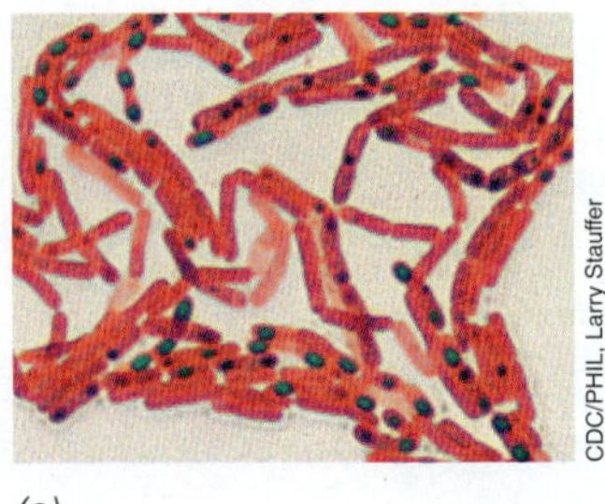

(a)

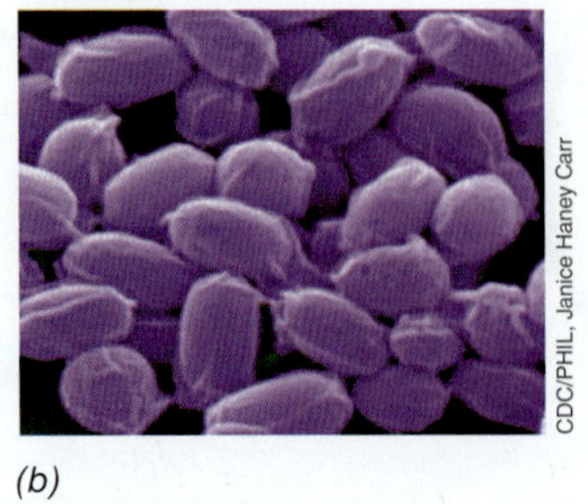

(b)

그림 31.21 ***Bacillus anthracis*.** 탄저 병원균은 내생포자를 생산한다. *(a)* 푸른색으로 염색된 내생포자를 가지고 있는 말라카이트 그린(malachite green)으로 염색한 *B. anthracis*의 사진. *(b) B. anthracis*의 내생포자의 색조화한 주사전자현미경 사진. *B. anthracis*의 크기는 직경이 약 1.2 μm이다.

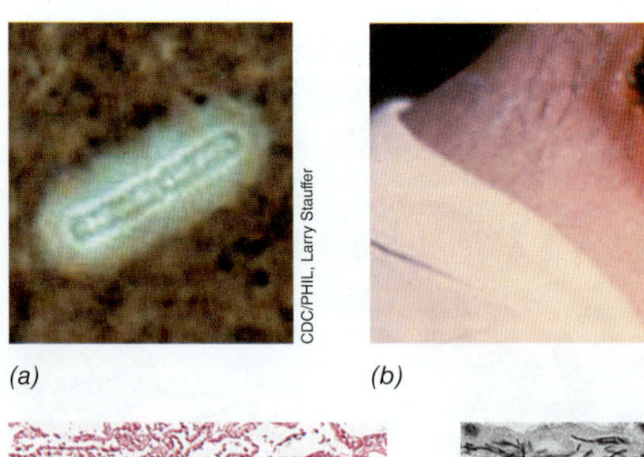

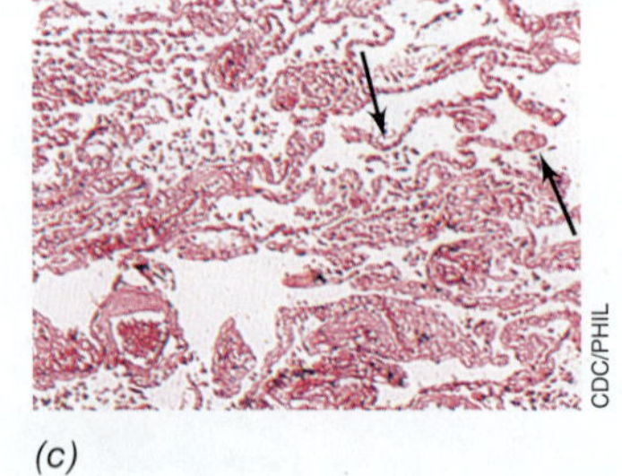

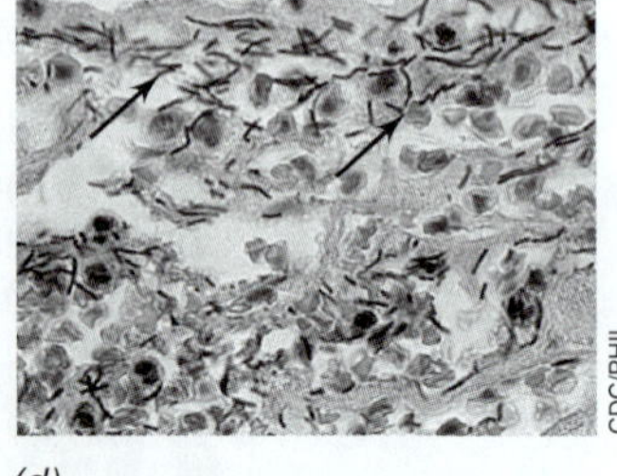

그림 31.22 탄저 병리학. *(a) B. anthracis*의 단백질 캡슐은 주요 병원성 인자로서, 대식세포로부터의 공격을 막아준다. *(b)* 환자의 목 부위에 형성된 피부 탄저의 전형적인 검은 딱지. *(c)* 세균 (화살표)과 체액 (투명한 부분)으로 가득 찬 허파. *(d)* 전신성 감염의 경우 *B. anthracis*는 중추신경계 (화살표)를 포함한 거의 몸 전체에서 발견된다.

성 인자이다. 오히려 *B. anthracis*는 대식세포에서 생장하여 결국 그 세포를 죽이고 혈액 안으로 들어간다.

실질적으로 모든 인간 탄저는 피부성 탄저(*cutaneous anthrax*)이며, *B. anthracis*의 포자는 피부 상처를 통하여 침투해서 발아하여 통증이 없는 검은색의 부풀어 오른 농포를 형성하는데 (그림 31.22*b*), 이것이 탄저병의 큰 특징이며 이러한 탄저가 임상에서 흔히 보이지는 않지만 이 특징을 통하여 확진할 수 있다. 피부성 탄저의 경우는 항상 국지적으로 발생하며 쉽게 치료할 수 있다. 피부성 탄저는 치료하지 않으면 20% 가량의 사망률을 보이긴 하지만, 증상이 확실하기 때문에 대부분은 치료되고 사망에 이르는 경우는 드물다. 장내 탄저(*intestinal anthrax*)는 극히 드물며 요리가 덜 된 탄저병 걸린 동물의 고기에 존재하는 *B. anthracis*의 포자를 섭취함으로써 발생한다 (그림 31.21*b*). 장내 탄저는 복통, 피 섞인 설사, 장내 여러 곳에 나타나는 궤양 같은 상처의 형성 등의 증상을 나타낸다. 이 단계까지는 치료가 가능하나 문제는 이러한 경우가 드물기 때문에 진단을 놓치기 쉽다는 것이다. 그렇게 되면 장내 탄저는 반 이상이 치명적인 상태가 된다.

흡입 탄저(*inhalational anthrax*)가 가장 심각한 형태이고 거의 대부분 사망에 이르게 된다 (그림 30.22*c*, *d*). 흡입 탄저는 *B. anthracis*의 포자를 흡입함으로써 발생하며, 피부성 탄저와 함께 양모나 가죽을 다루는 농장 노동자들의 직업병이다 [호흡 탄저는 "폐비탈저(肺脾脫疽, woolsorter's disease)"라고도 알려져 있음]. 호흡 탄저의 경우 흡입한 먼지나 동물의 피질로부터 세균이 혈액에 들어가고 이어서 증식하게 됨으로써 전신 감염이 된다. *B. anthracis*가 지속적인 생장에 따른 독혈증의 심화로 인하여 폐에 패혈증 쇼크와 체액의 축적 (그림 31.22*c*)이 일어나고 이로 인하여 환자는 하루 안에 사망한다.

예방과 백신

이 질병의 보균체가 토양이기 때문에 탄저를 완벽히 예방하는 것은 불가능하다. 그러나 농장동물들의 직접적인 접촉을 자제하면 탄저는 피할 수 있으며 이 병은 항생제로 쉽게 치료할 수 있다. 피부성 탄저의 경우에는 이렇게 쉽게 처치가 되나 장내 탄저의 경우에는 항생제 처치가 덜 효과적이며 흡입 탄저는 특히 그러하다. 흡입 탄저는 진단이 내려질 즈음에는 이미 그 환자의 생명을 구하기에는 너무 늦은 단계에 이른 것이다. 탄저 백신이 있으나 탄저병은 워낙 드물게 발생하기 때문에 이 세균을 다루는 과학자, 도살장이나 목축 노동자, (생화학전과 관련 있는) 군사 요원 등과 같은 높은 위험군의 사람들에게만 권장하고 있다. 목축 접종에 쓰이는 싸고 효과적인 탄저 백신이 있어서, 소, 양, 염소, 말 등에 널리 사용되고 있다.

미니퀴즈

- *Bacillus anthracis*의 주요 병원성 인자는 무엇인가?
- 탄저병의 세 가지 형태는 무엇이고, 이 중 가장 위험한 것은 어느 것인가?

31.9 파상풍과 가스 괴저

파상풍(*tetanus*)은 심각하고 생명을 위협하는 질병이다. 파상풍은 면역을 통하여 완전히 예방될 수 있으나 거의 주로 아프리카와 남동 아시아 국가들에서는 매년 150,000명 이상이 사망한다. 가스 괴저(*gas gangrene*)는 파상풍균과 유사한 세균의 죽은 덩어리가 일으키며, 이로 인하여 가스를 내뿜는 부패가 일어나서 감염된 사지를 절단하게 되거나 전신 쇼크로 인한 사망의 원인이 된다. 두 가지 질병 모두 클로스트리듐균이 원인균이다.

파상풍의 생물학과 역학

파상풍(tetanus)은 혐기성이며 내생포자를 생산하는 막대형 세균인 *Clostridium tetani*가 생산하는 외독소에 의해서 유발된다 (**그림 31.23*a***; 16.8절). 다른 *Clostridium* 종의 경우처럼 종종 건강한 동물의 장에서 발견되기도 하지만, *C. tetani*의 자연적 보균체는 토양이고, 그곳에 널리 분포되어 살고 있다.

C. tetani 세포는 정상적으로 토양에 오염된 상처, 전형적으로 깊은 창상을 통하여 체내에 들어온다. 그 상처에서의 산소가 없는 조건 때문에 내생포자의 발아가 일어나서 영양세포로 생장하게 된다. *C. tetani*는 잠재적인 외독소인 파상풍독소(*tetanus toxin*)를 생산한다. 이 세균은 세포에 침범하지는 않고, 따라서 질병을 일으키는 유일한 방법은 혈독증인데, 따라서 파상풍은 치료하지 않은 깊은 조직 상처의 결과로만 일어난다. 파상풍의 증상이 시작되는 시점은 부상 시점에 얼마나 많은 내생포자에 감염되었느냐에 따라 4일에서 수 주가 될 수도 있다.

파상풍의 병리학

앞서 이미 파상풍독(tetanus toxoid)의 활성에 관하여 세포 및 분자적 수준에서 논의하였다 (25.6절). 독소는 신경계에서 신호 저해물질 방출에 직접적으로 영향을 준다. 이들 저해물질들은 근육 수축기의 이완을 조절한다. 저해물질이 없을 경우에 수의근의 경직된 마비를 일으키는데, 턱과 안면 근육에서 먼저 관찰되므로 종종 아관경련(*lockjaw*) (역자 주: 턱뼈가 굳어졌다는 뜻으로 파상풍

(a)

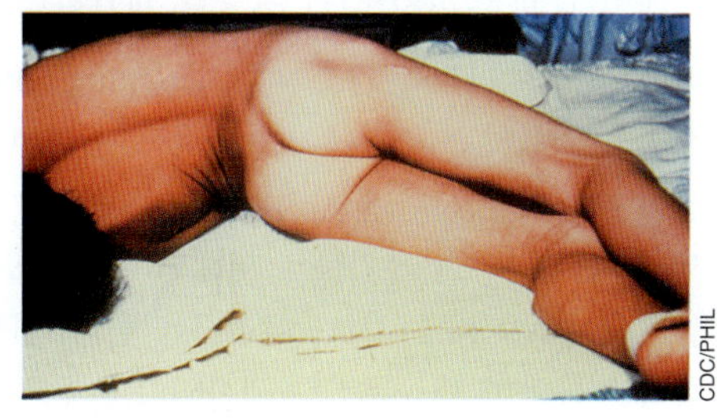

(b)

그림 31.23 파상풍. *(a)* 말단 내생포자로부터 발아하는 '북채(drumstick)' 모양의 *C. tetani*. *Clostridium tetani* 세포는. 이 세포들은 직경이 약 0.8 μm 정도 된다. *(b)* 뻣뻣하게 마비되는 파상풍의 특징을 보이는 파상풍 환자. 파상풍 마비는 전형적으로 안면 근육에서 시작하여 하체부위로 내려간다.

의 다른 이름)이라고 불린다. 아관경련이 진행되며 안면근육과 목과 등 윗부분 근육의 가벼운 경련의 증상을 보인다. 나중에 마비는 몸통과 하체로 퍼진다 (그림 31.23*b*). 호흡장애가 일어나게 되면 항상 치명적이다. 사망률은 매우 높은데, 보고된 사례를 보면 거의 10%에 이르며 전신성 파상풍에 이르기까지 적절히 치료를 하지 않으면 50%까지 육박하게 된다.

파상풍의 진단, 제어, 예방 및 치료

파상풍의 진단은 임상적 증상과 드물게는 환자의 혈액이나 조직에 있는 독소를 확인함으로써 이루어진다 (그림 31.23*b*). *Clostridium tetani*의 자연 보균체는 토양이며, 따라서 이 질병을 제어하기 위해서는 병원균의 제거보다는 예방에 주안점을 두어야 한다. 파상풍 변성독소 백신(toxoid vaccine)은 질병 예방에 매우 효과적이어서, 실질적으로 모든 파상풍의 경우는 충분치 않게 면역된 사람에게 일어난다.

파상풍 예방을 위한 제2 방어선은 심각한 자상, 창상, 관통상에 대한 적절한 치료이다. 파상풍 백신이 널리 쓰이고 있지만 심각한 부상은 잘 씻어주고 손상된 조직은 잘 제거해야 한다. 만약 백신접종의 기록이 명확치 않거나 마지막 접종이 10년을 넘었을 경우에는 재접종을 권장한다. 상처가 깊어 심각하거나 흙으로 많이 오염되었다면, 특히 환자의 접종 기록이 불명확하거나 유효기간을 넘겼다면, 파상풍 항독소 처치를 할 수도 있다.

급성증상의 파상풍 (그림 31.23*b*)의 경우에는 주로 페니실린과 같은 항생제를 투여하여 *C. tetani*의 생장과 독소 생산을 막는데, 새로 분비되는 독소가 세포에 붙는 것을 막기 위하여 항독소를 근육주사 (또는 필요할 경우 척추 주위의 근막에 주사)한다. 마비 증상을 완화하기 위한 진정제나 근육 이완제의 투여, 그리고 인공호흡과 같은 보조 치료가 필요할 수도 있다. 기존에 조직에 붙은 독소들이 중화되지 않을 수도 있으므로 이러한 치료들이 즉각적으로 증상을 회복시키지는 못할 수도 있다. 심지어는 항독소나 항생제 투여와 보조 치료를 하여도 파상풍 환자는 심각한 치사율을 보인다. 파상풍이 완전히 회복되는데 몇 달이 걸리기도 한다.

가스 괴저

단백질 분해 능력이 있고 가스를 생산하는 *Clostridium*의 생장에 의한 조직의 파괴를 **가스 괴저(gas gangrene)**라고 부른다. 이러한 생명을 위협하는 조건에서는 근육 단백질의 분해로 얻어진 아미노산이 수소와 이산화탄소 가스, 그리고 짧은 지방산과 같은 썩는 냄새가 나는 다양한 유기물로 분해되며, 아미노산 분해과정에 나오는 암모니아 (14.21절)가 악취를 더한다. 더불어 조직 파괴를 가속화하는 다양한 세균독소도 생산된다.

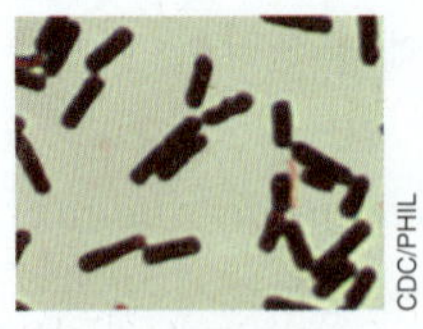

(a)

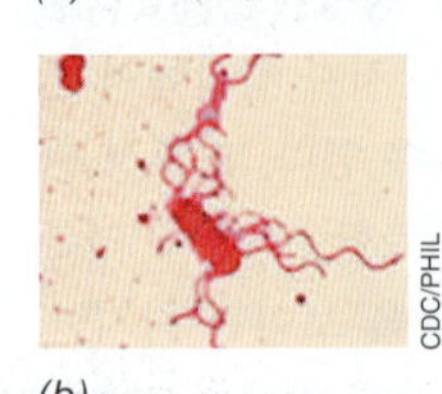

(b)

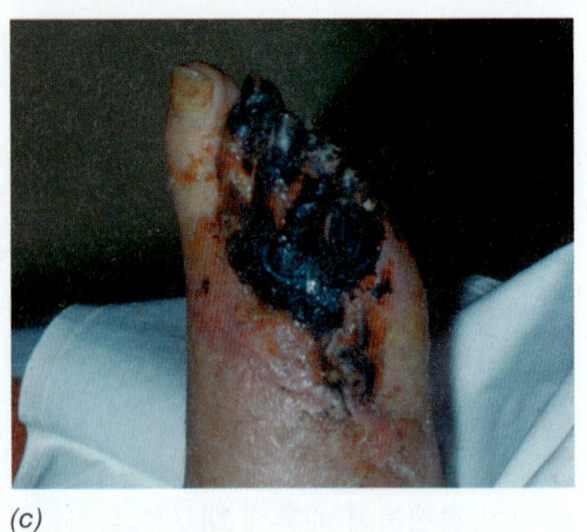
(c)

그림 31.24 가스 괴저. *(a)* 괴저의 가장 흔한 원인균인 *Clostridium perfringens* 세포의 그람염색. *(b)* 괴저의 또 다른 원인균인 *Clostridium nobyi*의 편모염색. *(c)* 가스 괴저 모습. *C. perfringens*와 *C. nobyi*는 둘 다 직경이 약 1.2 μm이다.

*C tetani*는 단백질 분해 *Clostridium* 속에 속하지만, 괴저를 일으키지는 않으나 깊은 조직의 상처에 의해 유발되는 괴저와는 연관이 있을 수도 있다. 가장 흔한 원인균은 *Clostridium perfringens, C. novyi, C. septicum* 등인데, *Clostridium perfringens* (**그림 31.24*a***)는 괴저와 상관없는 음식물에 의한 질병의 흔한 원인균이기도 하다. 이들 세균은 토양에 서식하기도 하고 인간의 정상적인 장내세균이기도 하다. 이 속의 세균들이 전형적으로 전쟁 중의 부상이나 창상, 또는 종종 소화기관의 외과 수술 등과 같은 경유로 조직 깊숙히 도달하게 되면 이들 단백질 분해 *Clostridium*의 세포와 포자가 죽은 조직으로 끼어들게 된다. 이들 세균이 생장하면 콜라겐과 조직 단백질들을 파괴하는 효소들을 분비한다. 또한 식중독 (32.9절)의 경우에 분비하는 독소와는 다른 *C. perfringens* (그림 31.24*a*)의 알파독소(*alpha toxin*)가 괴저의 주요 병원성 인자인데, 이들 병원균이 침범한 상처에 형성되어 있는 따뜻하고 습한 환경에서 빠르게 생장하는 능력 역시 중요하다. 알파독소는 인지질 분해효소로서 숙주 세포의 막 인지질을 분해하여 세포를 터뜨리고 가스 괴저와 함께 전형적으로 나타나는 가스와 체액의 축적을 일으킨다 (그림 31.24*c*).

여러 가스 괴저의 경우에 있어서 독소증은 전신에 걸쳐 일어날 수 있으며 사망에 이를 수도 있다. 가스 괴저의 치료방법은 전형적으로 감염된 사지부위의 절단과 같은 극단적인 방법과 함께 항생제 처방이다. 괴저가 일어난 조직은 죽고 재생이 되지 않으므로 절단을 통하여 건강한 조직으로 감염이 전이되는 것을 막는다.

일부 경우에 사지를 구하기 위해서 절대 혐기성 *Clostridium*의 생장을 막기 위하여 감염된 사지부위에 고압 산소 치료를 시도하기도 한다. 고압치료에서 대기압의 두 배 정도의 100% 산소로 채운 폐쇄된 챔버(chamber)에 환자를 넣는다. 이를 통하여 혈액에 산소 분압을 높임으로써 살아 있는 혈관으로부터 새 조직을 형성하도록 돕는다. 여러 차례에 걸쳐서 고압 처치를 하고 동시에 죽은 조직을 외과적으로 제거하기도 한다. 손상된 조직에 충분한 혈액을 공급할 수 있다면 손상된 조직들의 재생을 돕기 위해서 피부이식을 시도할 수도 있다.

미니퀴즈

- *Clostridium tetani*에 의한 감염과 파상풍독소를 설명하라. 파상풍독소는 *C. perfringens*가 분비하는 알파독소와 어떻게 다른가?
- 창상을 입은 환자에 있어서 파상풍을 방지하기 위한 과정들을 기술하라.
- *Clostridium perfringes*가 어떠한 생리적 특징들 덕분에 창상 부위에서 살 수 있는가?

단원 정리

I • 동물 매개 바이러스성 질병

31.1 공수병은 주로 야생동물들한테 발생하지만, 인간이나 가축들에도 전염될 수 있다. 미국의 경우 공수병은 주로 야생동물로부터 가축들로, 그리고 드물게는 인간에게로 전염된다. 가축을 위한 예방접종이 공수병 예방을 위하여 가장 중요하다. 공수병으로 인한 인명피해는 대부분 저개발국가에서 일어난다.

Q 공수병 유발 병원균은 무엇인가? 그 균은 어떻게 체내로 유입되는가? 공수병 증상이 나타나기 전의 잠복기를 결정하는 요소들은 무엇인가?

31.2 한타바이러스는 전 세계에 걸쳐서 설치류 집단에서 나타나며 동물들에 한타바이러스 폐증후군을 일으키고 인간에게 신장 증후군과 함께 출혈열과 같은 질병을 일으킨다. 한타바이러스는 에볼라와 유사한 대단히 위험한 출혈열 바이러스이다. 미대륙 국가에서 한타바이러스 감염은 30% 이상의 치사율을 나타낸다.

Q 한타바이러스 폐증후군을 일으키는 조건들을 설명하라. 이 질병은 어떻게 막을 수 있는가?

II • 절지동물 매개 세균 및 바이러스성 질병

31.3 리케차는 절지동물 매개체를 통하여 숙주에 전파되는 세포내 기생성 세균이다. 점열 리케차증과 다른 리케차 증후군은 여러 요인에 의하여 증가되고 있다. 대부분의 리케차 감염은 항생제 처치를 통하여 막을 수 있으나, 이들 질명의 빠른 확인과 진단은 아직 어렵다.

Q 리케차질병을 일으키는 세 가지 주요 유형의 생명체는 무엇인가? 발진티푸스, 반점열리케차 질병, 그리고 에를리히병 각각의 가장 일반적인 보유체와 매개체는 무엇인가? 수병 유발 병원균은 무엇인가?

31.4 라임병은 나선균인 *Borrelia burgdorferi*에 의해 일어나며 오늘날 미국에서 가장 많이 일어나는 절지동물-매개 질병이다. 라임병은 진드기에 의하여 여러 포유동물 숙주 매개체들로부터 인간에게 전염될 수 있다. 라임병의 예방과 처치는 단순한데, 정확하고 시기적절한 진단이 필수적이다.

Q 라임병의 가장 보편적인 보유체와 매개체는 무엇인가? 라임병 전파는 어떻게 막을 수 있는가? 라임병의 치료법은?

31.5 유사한 플리비바이러스에 의해 발병되는 황열병과 뎅기열 그리고 지카열병은 모기에 의해 인간에 전파된다; 치쿤구니야병도 유사한 병 증세와 감염경로를 보이지만 다른 종류의 바이러스가 일으킨다. 이들 병들은 주로 열대와 아열대 국가들에서 많이 일어나며, 경미한 증상에서부터 출혈열과 같이 매우 심각한 증상까지 일으킬 수 있다. 황열병을 위한 효과적인 백신은 사용되고 있으나 뎅기열, 지카, 그리고 치쿤구니야 감염을 막을 수 있는 백신은 없다.

Q 황열병 질병이 진행 중인 환자를 격리해야 하는 이유는 무엇인가?

31.6 웨스트 나일열은 모기에 의한 바이러스 감염질병이다. 이 병원체의 자연 순환 구조에서 조류들은 감염된 모기에 물림으로써 감염된다. 인간과 여타 척추동물들은 우연한 최종 숙주이다. 대부분 인간의 감염은 증상이 없어서 진단되지 않으나, 일부 감염의 경우에는 복합적인 증상이 나타나면서 약 5%의 사망률을 나타낸다.

Q 미국에서의 웨스트 나일 바이러스 전파를 설명하라. 어떤 동물이 주된 숙주인가? 인간은 활발한 대체 숙주인가?

31.7 흑사병은 설치류와 접촉한 사람들에게 전파되는데, 이들 설치류의 기생체인 벼룩이 이들 병원균인 *Yersinia pestis*의 보균체이다. 전신성 감염 또는 호흡계 감염을 통하여 빠른 사망에 이르게 되는데 림프절종창 흑사병은 항생제로 치료가 가능하다.

Q 림프절종창과 같이 잠재적으로 위험한 질병에 대해서는 일반인들에게는 백신을 통상적으로 권하지 않는다. 그 이유는? 이 질병을 예방하기 위한 공중보건법을 성명하라.

III • 토양유래 세균성 질병

31.8 탄저는 내생포자 형성 세균인 *Bacillus anthracis*에 의해 일어나며 세 가지 다른 형태, 즉 피부성 탄저, 장내 탄저, 흡입 탄저를 일으킨다. 피부성 탄저가 가장 흔하며 흡입탄저는 가축을 다루는 노동자들에게 매우 위험한데, 이 경우 *B. anthracis* 내생포자가 동물 피혁에서 인간에게로 전파될 수 있다.

Q *Bacillus anthracis*의 어떠한 주요 특징들이 성장이 일어나지 않을 것 같은 동물의 피혁이나 기타 다른 환경과 같은 곳에서 오랫동안 버틸 수 있게 하는가?

31.9 *Clostridium tetani*는 독소증과 마비증상을 일으키는 치명적인 파상풍을 일으키는 토양 세균이다. 급성 파상풍을 치료하기 위

해서는 항생제와 능동 및 수동 접종을 하며, 독소 면역을 통하여 예방이 가능하다. 가스 괴저는 외상 부위에서 다양한 단백질분해 *Clostridium*이 생장하여 가스와 독소를 분비함으로써 일어난다.

Q 파상풍의 주요 병원성 기작을 설명하고 예방과 치료법을 설명하라. 왜 심각한 창상이 파상풍과 가스 괴저 모두를 일으킬 수 있는 가능성을 제공하는가?

응용 문제

1. 만약 당신의 아이가 개목걸이도 없고 광견병 면역 기록이 없는 길거리 개에게 (개를 자극하였던 아니었던 간에) 물렸을 때 어떠한 순서로 대처해야 할지를 설명하라. 그 개를 어디서 잡아서 어디에 잡아놓을지 그리고 도망간 개에 대해서는 어떻게 해야 할지 시나리오를 제시하라. 만약 개목걸이도 있고 최근 광견병 면역접종을 받은 기록이 있는 개에 물렸다면 이러한 과정이 어떻게 다를 것인가?
2. 다음 질병들의 전파과정을 비교하라; 공수병, 라임병, 황열병, 웨스트나일병, 탄저병, 흑사병. 이들 병들 중 질병 매개체에 대한 방제를 통하여 인간에 일으키는 발병을 막을 수 있는 질병은 어떤 것이고, 그렇지 못한 질병은 어떤 것인지 고르고 이유를 설명하라.
3. 당신의 지역사회에서 웨스트 나일 바이러스가 인간에게 전파되는 것을 제한할 수 있는 계획을 수립하라. 그러한 계획에 드는 비용을 개인 차원과 지역사회 차원에서 설정하라. 당신의 지역사회에서 모기 억제 프로그램이 활발한지 알아보라. 모기 집단의 감소를 위해서 어떠한 방법들이 사용되고 있는가? 당신의 거주 지역 부근에서 모기의 개체수를 줄일 수 있는 가장 간단한 방법은 무엇인가?

용어 해설

Enzootic (동물풍토성) 동물개체들에 일어나는 풍토병

Epizootic (동물유행성) 동물개체들에 일어나는 유행병

Gas gangrene (가스 괴저) 단백질분해능이 있고 가스를 생산하는 *Clostridium* 균에 의한 조직 파괴

Hantavirus pulmonary syndrome (HPS) (한타바이러스 폐 증후군) 한타바이러스 폐 증후군 설치류에 의한 한타바이러스 전파를 통해 얻어지는 기관지 폐렴을 특징으로 하는 부상하고 있는 급성 바이러스성 질병

Hemorrhagic fever with renal syndrome (HFRS) (신부전성 출혈열 증후군) 설치류 한타바이러스가 일으키며 쇼크와 신부전의 특징을 보이는 급성 질병

Lyme disease (라임병) 나선균인 *Borrelia burgdorferi*에 의해 유발되는 진드기 매개 질병

Plague (흑사병) 벼룩을 통하여 인간에게 전파되기도 하는 *Yersinia pestis*에 의한 설치류 풍토병

Rabies (광견병) 감염된 동물에게 물리거나, 또는 그 침에 의하여 전파되는 광견병 바이러스에 의하여 유발되는 치명적인 신경계 질병

Rickettsias (리케차) 발진티푸스, 록키산 반점 열병, 에를리히병 등의 병을 유발하는 세포 내 기생성 미생물

Spotted fever rickettsiosis (반점열 리케차증) 열, 두통, 반점, 소화계 증상을 나타내는 *Rickettsia rickettsii*에 의해 유발되는 진드기 매개 질병으로서 록키산 반점열이라고도 부름

Tetanus (파상풍) *Clostridium tetani*가 생산하는 외독소에 의해 유발되고 수의근 마비 증세를 수반하는 질병

Typhus (발진티푸스) 이를 통해 매개되는 질병으로서 *Rickettsia prowazekii*가 유발하는 질병. 고열과 두통, 피로, 발진, 중추신경계와 장기에 손상 등을 유발

West Nile fever (웨스트 나일열) 웨스트 나일 바이러스가 유발하고 모기에 의해 조류에서 인간으로 전염되는 신경계 질병

Zoonosis (인수공통전염병) 인간에 전파되는 동물 질병

수인성 및 식품유래 세균과 바이러스 질병

현재의 미생물학

전형적인 보툴리누스 중독 시나리오

보툴리누스 중독(botulism)은 심각한 증상과 가끔 사망을 유발하는 식중독이다. 보툴리누스 중독은 내생포자 생성 혐기성 세균인 *Clostridium botulinum*에 의해 생성된 독성이 강한 외독성 물질에 의해 발생한다. 이 토양 미생물은 가정의 텃밭에서 뽑아 낸 신선한 채소의 표면에 흔히 존재한다. 채소를 철저히 씻고 적절하게 통조림을 해주지 않으면 (나중에 사용하기 위해) 보툴리누스 중독 가능성이 있다. 불행히도 이러한 상황은 2015년 4월 Ohio 주 Fairfield (미국)의 교회 포트럭 저녁식사(church potluck supper) (역자주: 한 접시씩 가져와서 먹는 저녁 회식)에서 일어났다. 오염된 감자가 보툴리누스 중독을 유발하여 병원으로 29명으로 이송되었으며 한 명이 사망하였다—40년 만에 미국에서 발생한 가장 커다란 보툴리누스 중독증이었다.

대부분의 보툴리누스 중독 사례는 음식점과 관련 없이 집에서 만든 통조림에서 볼 수 있다. 오하이오 발병(Ohio outbreak)에서는 여기에서 보여준 감자 샐러드가 질병 매개체였다. 감자 샐러드는 압력솥이 아닌 끓는 물에서 열처리된 집에서 만든 통조림 감자로 만들어진 것이었다. 통조림을 끓이는 용기의 끓는 물 온도는 100°C를 초과할 수 없어 모든 생물학적 구조 중 가장 내열성인 세균의 내생포자를 죽이기에는 충분하지 않다. 감자가 나중에 감자 샐러드를 준비하는데 사용될 때, 보툴리누스 중독이 발생하는 상황을 초래하였다.

신속한 역학적 연구 및 지역 의사에 의한 보툴리누스 중독 증상의 조기 발견은 오하이오 보툴리누스 중독 발생이 단지 한 사람의 사망으로 끝날 수 있도록 하였다. 무슨 일이 일어났는지 확인하고, Fairfield의 보건 당국은 질병통제예방센터(Centers for Disease Control, CDC)가 보유하고 있는 생명을 살리는 약품의 전략적 비축분에서 즉시 50회 치료 분량의 보툴리누스 항독소를 전달받았다; 항독소 치료가 오하이오 보툴리누스 중독 위기를 신속하게 종식시켰다.

오하이오 발병을 둘러싼 상황은 보툴리누스 중독 창궐에 있어서 "최악의 상황(perfect storm)"이 형성되었다. 신선한 감자로 만들어져서 소비될 때까지 냉장고에 보관된 감자 샐러드는 보툴리누스 중독의 위협은 없다. 반면에 압력솥에서 처리되지 않은 집에서 만들어진 통조림된 감자는 밀폐된 (따라서 무산소의) 용기가 열처리 후에 남아 있는 생존 가능한 *C. botulinum* 내생포자의 생장에 이상적인 조건을 제공하기 때문에 보툴리누스 중독의 위협이 된다. 사람의 보툴리누스 중독은 드문 일이지만 집에서 만든 통조림과 관련되었다는 것은 집에서 야채 통조림을 만들 때, 적절한 열처리 절차를 엄격하게 준수해야 한다는 중요성을 상기시킨다.

출처: McCarty, C.L., et al. 2015. Large outbreak of botulism associated with a church potluck meal—Ohio, 2015. *Morbidity and Mortality Weekly Report 64:* 802–803.

이 장에서는 물 혹은 식품에 의해 전염된 병원성 미생물을 다룬다. 이러한 병원균이 일으키는 질병은 같은 오염된 물 혹은 오염된 식품을 섭취하였을 때 발생하여 "공통-원인(common-source)" 질병이라고 한다. 세계적으로 물과 식품유래 질병은 일반적인 질병이다. 식품유래 질병은 세균성 또는 바이러스 성 기원이 가장 많지만 수인성 질병은 세균, 바이러스 또는 기생충에 의해 발생한다.

I • 질병 매개체로서의 물

엄청나게 많은 물이 사용되며, 미생물 안전성은 폐수 및 음용수 관련 기술자와 미생물학자의 손에 달려 있다. 실제로 수질은 공중 보건을 보장하는 가장 중요한 단일요소이다. 22장에서 우리는 폐수의 미생물학을 조사하고 오염도가 높은 물을 미생물 활동으로 어떻게 정화할 수 있는지, 마시는 물을 포함하여 많은 목적으로 재사용할 수 있는지를 공부했다. 여기서 우리는 음용수로 이용하는 물이 질병의 매개체가 될 때 어떤 일이 일어날 수 있는지 알아본다.

수인성 질병은 감염 (때로는 독소증)으로 시작하며, 오염된 물은 작은 수의 특정 병원체가 존재하더라도 감염을 일으킬 수 있다. 노출이 질병을 일으키는지 여부는 병원체의 병독성과 숙주가 감염에 저항할 수 있는 능력에 달렸다.

32.1 수인성 질병의 원인균 및 근원

많은 다른 미생물이 수인성 전염병을 유발할 수 있으며, 주요한 것들 중 일부는 **표 32.1**에 요약되어 있다. 많은 다른 미생물이 수인성 병원체가 될 수 있지만 여기에서는 유행성이 큰 질병인 콜레라에 중점을 둔 세균성 병원균을 다룰 것이다 (29.8절). 33장에서는 기생충 질병과 이 장의 후반부에 식품에 의해 옮겨지는 또는 수인성이 될 수 있는 몇 가지 바이러스성 병원균을 다룰 것이다.

질병 매개체—물부터 설명하고자 한다. 수인성 질병은 음주 또는 음식 준비에 사용된 정수되지 않거나 부적절하게 처리된 물 또는 수영 및 목욕에 사용된 물 (여가용 물)을 통해 전달될 수 있다. 식수와 여가용 물에서 흔히 볼 수 있는 주요 수인성 질병은 일반적으로 매우 다르며 이러한 다양한 질병 패턴은 **표 32.2**에 나와 있다.

표 32.1 주요 수인성 병원균

병원체	질병
세균[a]	
Vibrio cholerae	콜레라
Legionella pneumophila	레지오넬라증
Salmonella enterica (typhi)	장티푸스
Escherichia coli	위장 질환
Pseudomonas aeruginosa	병원내 폐렴, 패혈증과 피부 감염
Campylobacter jejuni	위장 질환
바이러스	
노로 바이러스	위장 질환
A형 간염바이러스	바이러스성 간염
기생충[b]	
Cryptosporidium parvum	크립토스포리디아증
Giardia intestinalis	지아르디아증
Schistosoma	주혈흡충증

[a] *S. enterica (typhi)*를 제외하고, 세균성 *Shigella sonnei*와 *Leptospira* sp. 같은 세균이 최근 몇 년 동안 미국에서 수인성 질병의 주요 발병과 관련되었음.
[b] 33장 참조. *C. parvum*과 *G. intestinalis*는 단세포 미생물 기생충임. *Schistosoma*는 10~20 mm의 미세한 벌레임.

음용수

선진국의 급수는 일반적으로 수인성 질병의 확산을 크게 막을 만큼 엄격한 기준에 적합하다. 특히 음용수는 여과와 연소처리를 포함한 많은 처리과정을 거친다. 여과는 혼탁물질과 미생물을 제거할 수 있으나, 물을 안전하게 만드는 것은 염소 소독(*chlorination*)이다. 염소 가스(Cl_2)는 강한 산화제이며 물에 녹아 있는 유기물질과 미생물을 산화시킨다. 음용수 염소처리시설에서는 소비자에게 전달될 때까지도 남아 있도록 충분한 염소를 첨가한다. 사람이 음용하는 물을 **음용수(potable water)**라고 한다 (22.6~22.9절).

여과와 염소 소독을 하더라도 음용수로 인한 수인성 질병은 간혹 발생한다. 미국에서 매년 평균 25건의 음용수와 관련된 질병 발생이 보고된다 (수인성 질병은 특별히 같은 시간대에 같은 물을 마시고 두 사람 이상이 질환을 보이는 것이라고 정의함). 대략 80%의 음용수 질병 발생은 세균성 병원균 때문이며, 대부분이 레지오넬라증을 일으키는 원인균인 *Legionella*에 의해서 일어난다 (표 32.2 및 32.4절).

여가용 물

여가용 물(recreational waters)은 연못, 하천, 호수와 같은 담수

표 32.2 음용수 및 여가용 물에 의한 급성 위장병 발생의 원인, 2009~2010[a]

	음용수 (n = 33) (%)	여가용 물 (n = 81) (%)
세균	76	19
Legionella pneumophila	58	5
기타	18	14
기생충	9	35
바이러스	6	1
화학물질/독소	3	4
다중 원인[b]	6	1
알려지지 않음[c]	0	40

[a] 수치는 가장 가까운 백분율로 반올림되었으며 질병통제예방센터의 수인성 질병 및 질병 감시 시스템 센터에서 얻은 것.
[b] 여러 원인이 질병발생과 관련되어 있음.
[c] 하나 이상의 미생물이나 화학 물질로 인한 것으로 의심되나 확인되지 않았음.

(freshwater) 유원지뿐만 아니라 공용 및 작은 수영장을 포함한다. 여가용 물은 수인성 질병이 근원이 될 수 있으며, 평균적으로 식수로 인한 질병 발생보다 더 많은 질병 발생을 유발한다. 더 나아가 세균에 의한 병원균이 많은 음용수와 달리, 여가용 물의 질병 발생은 흔히 기생충과 연관되어 있다. 또한 여가용 물은 확인되지 않은 미생물이나 화학물질 또는 독성 물질에 의한 장질환을 전염한다 (표 32.2).

미국에서 공용 수영장 운영은 주와 지역 위생국에 의해 관리된다. 미국 환경보호국(EPA)은 음용수와 여가용 물의 수원에 있는 세균의 기준 한계를 결정하나, 지역 및 주 정부에서 음용수 수원이 아닌 경우 이 지침보다 높거나 낮게 기준을 정할 수 있다. 반면에 수영장, 스파, 목욕물과 같은 개인 여가용 물의 수질은 규제되지 않아, 수인성 질병의 발생에 일차적인 매개체가 된다.

미니퀴즈

- 음용수란?
- 음용수와 여가용 물에 의해 발생하는 질병을 일으키는 병원균을 비교하라.

32.2 공중위생과 수질

물이 투명하고 깨끗하게 보여도 많은 숫자의 병원성 미생물에 의해 오염되었을 수도 있어, 질병의 위험을 야기할 수 있다. 물에 있을 수 있는 모든 병원성 미생물을 검색하는 것은 비현실적이여 (표 32.1), 음용수 혹은 여가용 물은 수인성 질병을 야기할 수 있는 가능성을 알려줄 수 있는 특정 지표미생물(*indicator microorganism*)을 주기적으로 검사한다.

대장균군과 수질

가장 널리 사용되는 물의 미생물 오염 지표는 **대장균군(coliform)**의 미생물이다. 대장균군은 사람과 동물의 장내에 많이 살고 있어 물 오염의 유용한 지표이다. 그러므로 이 세균이 물에 있다는 것은 배설물에 오염되었다는 것을 의미한다. 대장균군은 35°C에서 48시간 내에 젖당을 발효하여 기체를 생성하는 통성 호기성, 그람-음성, 막대 모양 비포자 형성세균이다. 그러나 이러한 정의는 반드시 장에 있는 미생물에만 적용되지 않는다; 이러한 이유로 물의 안전성을 평가하는데 분변성 대장균군(*fecal coliforms*)이 중요하다. 장내에서 서식하고 장 밖에서는 상대적으로 짧은 시간만 생존하는 대장균군의 한 가지인 *Escherichia coli*는 관심이 되는 중요한 분변성 대장균군이다. 물 시료에 *E. coli*의 세포가 있다는 것은 배설물에 의해 오염되었다는 것을 의미하며 사람이 음용하기에는 안전하지 않다. 그러나 반대로 다른 병원균이나 병원성 바이러스 또는 원생생물이 있을 수 있어, *E. coli*가 없다고 해서 음용수를 마실 수 있다고 확신할 수 없다.

분변성 대장균군의 검출과 *Escherichia coli*의 중요성

잘 개발되어 표준화된 방법들이 주기적으로 물 시료에 있는 대장균군과 분변 대장균군을 검사하는 데 사용된다. 가장 공통적인 방법은 새롭게 채취한 최소 100 ml의 물을 멸균된 여과막를 통과시켜 모든 미생물을 여과막 표면에 잡아두는 막여과(*membrane filter, MF*) 방법이다. 이 여과막을 그람-음성, 젖당을 사용할 수 세균을 선택적으로 키울 수 있는 에오신-메틸렌블루(eosin-methylene blue, EMB) 평판 배양 배지 위에 올려놓는다. EMB 배지는 또한 *E. coli*와 같이 강력한 발효균을 *Proteus*와 같이 약한 발효균과 구별할 수 있는 분별배지이다 (**그림 32.1*a***, 그림 32.14*c* 참조)

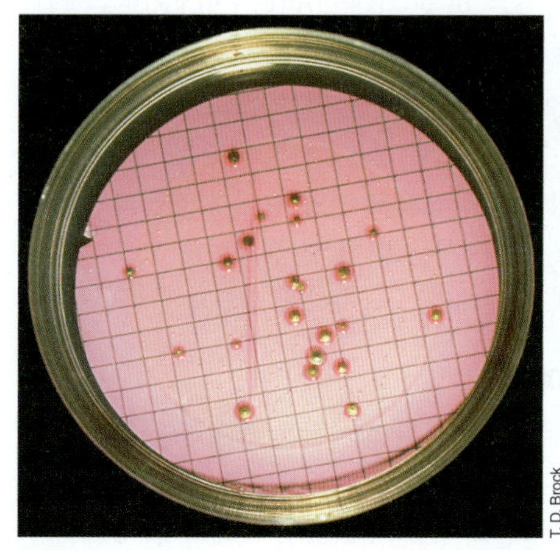

(a)

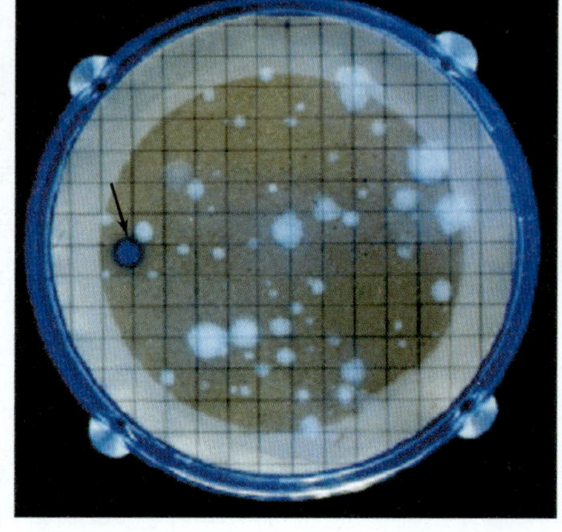

(b)

(c)

그림 32.1 물 시료에서 오염된 분변성 대장균군과 검출. *(a)* 여과막 위에서 자란 집락. 물 시료를 여과막에 통과시키고 여과막을 에오신-메틸렌 블루 한천배지에 올려놓았다 (EMB는 대장균군의 선택배지일 뿐 아니라 분별배지임; 강력하게 발효할수록 가운데가 어두운 집락). *(b)* 총 대장균군과 *Escherichia coli*. 음용수 시료를 통과시킨 여과지를 대사를 할 경우 형광을 띨 수 있는 형광물질을 함유한 배지에서 35°C에서 24시간 배양하였다. 시료의 개별 *E. coli* 집락은 어두운 청색의 형광을 띠고 있다 (화살표). 집락에서 형광물질을 대사할 수 없는 대장균군은 밝은 청색의 형광을 띤다. *(c)* IDEXX Colitert 수질 검사 시스템. 특정한 시약을 물 시료에 첨가하고 24시간 배양하면, 대장균군이 있으면 노란색으로 발색한다 (오른쪽). *Escherichia coli*가 시료에 있는 경우 노란색과 청색으로 발광한다 (왼쪽). 대장균군이 없는 경우 변화가 없다 (중앙).

선택배지는 동시에 총 대장균군뿐만 아니라 특별하게 *E. coli*를 동시 확인할 수 있다. 이러한 특정 기질 검사(*defined substrate test*)는 EMB 기반의 검사보다 일반적으로 빠르고 좀 더 정확하다. 가장 잘 알려진 평판 배지 검사는 다른 장내 세균은 못하지만 *E. coli*만이 두 개의 특별한 화학물질을 대사하여 청색 형광을 띠도록 하는 능력을 기반으로 하고 있다 (그림 32.1*b*). 흔히 사용하는 액상 방법으로 물 시료에 대장균군, 특히 *E. coli*가 있는지를 보여준다 (그림 32.1*c*). 이러한 표색 시험 이외에도 물 샘플에서 ATP를 검출하는 딥스틱(dipstick)이 개발되었다. 샘플의 총 세균의 수와 ATP 함량 간에 높은 상관관계가 있어 ATP가 가수분해될 때 빛의 플래시가 방출되는 luciferase 효소 시스템을 사용하여 측정할 수 있다 (☍ 그림 9.4*b*). 이 시스템을 사용하면 물 샘플의 총 미생물의 양을 신속하게 평가할 수 있으며, 수질 정화 시설뿐만 아니라 멀리 떨어진 현장에서도 이용할 수 휴대용 키트가 상업적으로 판매되고 있다.

물 순도 정보의 보고

적절하게 관리되고 있는 식수 공급 시스템에서는 총 대장균군과 *E. coli* 대장균군 검사가 음성이어야 한다. 양성 결과는 정화 또는 공급 시스템 (또는 둘 모두)에서 문제가 발생했음을 나타낸다. 미국에서는 식수에 대한 미생물 기준이 안전한 식수법(*Safe Drinking Water Act*)에 명시되어 있으며 환경보호청(EPA)에 의하여 관리된다. 수돗물 공급처는 대장균군 시험 결과를 EPA에 매월 보고해야 하며 규정된 기준을 충족시키지 못하면 소비자들에게 통보하고 문제를 해결하기 위한 조치를 취해야 한다.

20세기 초반부터 시작된 미국 공중 보건의 주요 개선은 대규모 폐수 및 음용수 처리 시설 (☍ 22.7 및 22.8절)에서의 물 여과 및 염소 처리 절차를 적용한데 주로 기인한다. 음용수 기준이 기준에 이르지 못했을 때, 특히 개발도상국에서는 수인성 질병이 흔하다. 콜레라를 시작하여 가장 광범위하고 치명적인 모든 수인성 질병을 설명한다.

미니퀴즈

- *Escherichia coli*가 물의 미생물 분석의 지표 생물로 사용되는 이유는?
- 음용수 공급처의 안전성을 확보하기 위하여 어떠한 과정을 거쳐야 하는가?

II • 수인성 질병

32.3 *Vibrio cholerae*와 콜레라

콜레라는 현재 개발도상국의 일부에서만 발생하는 심각한 설사성 질병이다. 콜레라는 전형적으로 그람-음성 굽은 간균으로 *Proteobacteria*인 *Vibrio cholerae*가 있는 오염된 물을 마심으로써 발병된다 (**그림 32.2**). 콜레라도 역시 오염된 식품, 특별이 충분히 조리되지 않은 조개를 섭취함으로써 발병될 수 있다.

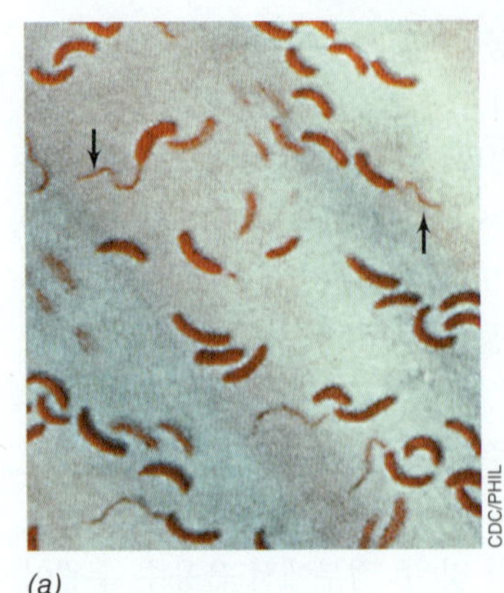

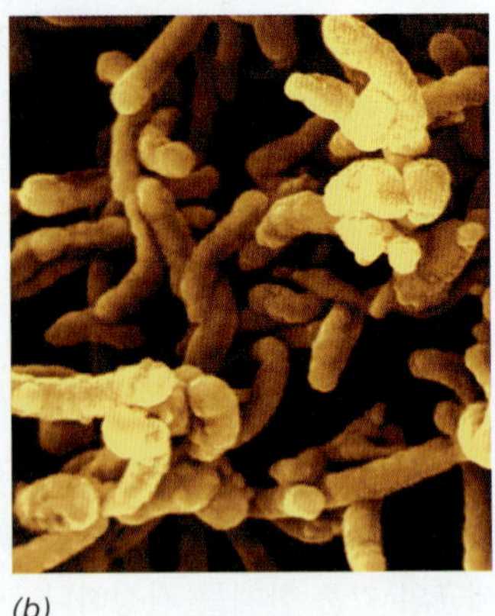

(*a*) (*b*)

그림 32.2 콜레라를 유발하는 *Vibrio cholerae*. *(a)* 이 세균 세포의 전형적으로 굽은 모양 (비브리오 모양)과 극성편모 (화살표)를 보여주는 그람 염색. *(b)* 컬러화된 *V. cholerae* 세포의 전자현미경 사진. 개별 세포의 크기는 약 0.5 × 2 μm이다.

많은 숫자 (>10^8)의 *V. cholerae*를 섭취하여야 질병이 발생한다. 섭취된 세균은 소장의 상피 조직 세포에 부착하여 자라면서 단백질 장독소(enterotixin)인 콜레라 독소(*cholera toxin*)를 생성한다 (☍ 그림 25.15). 임상 자원자를 이용한 연구는 정상적인 위의 산도 (약 pH 2) 때문에 많은 숫자의 *V. cholerae*가 질병을 유발하기에 왜 필요한지를 보여주고 있다. 위의 산도를 중화시키기 위해 중탄산염을 먹은 임상 자원자를 이용한 연구는 10^4보다 적은 숫자의 균으로도 콜레라가 발생하는 것을 보여준다. 아마도 음식이 위의 산도에 의해 *V. cholerae*가 파괴되는 것을 막아주기 때문에 음식과 함께 적은 수의 세균을 섭취하여도 감염을 유발할 수 있다.

콜레라 장독소는 심한 설사를 유발하여 수분과 전해질의 충분한 공급치료가 되지 않는 한 탈수 현상을 일으키며 심한 경우 사망을 초래할 수 있다. 장독소는 하루 최대 20리터 (20 kg 또는 44파운드)의 수분 손실을 초래하여 심각한 탈수현상을 유발한다. 치료받지 않을 경우, 콜레라에 의한 사망률은 전형적으로 25~50%에 달할 수 있고, 보통 난민 수용소 또는 홍수, 지진과 같은 자연재해가 발생하여 과도하게 사람들이 밀집되고 영양 상태가 결핍되면 더욱 증가할 수 있다. 이러한 상황에서는 대개 위생 시설은 고장이 나서 식수에 배설물이 오염되고 콜레라가 급속하게 전염되기 때문이다.

콜레라 진단, 치료와 예방

콜레라가 창궐한 지역의 병원에서는 환자들을 전형적인 간이 침상에 분변이 묻지 않도록 구멍을 낸 "콜레라 간이침상(cholera cot)"이라고 하는 것에 눕혀 놓는다 (**그림 32.3*a***). 콜레라 환자의 분변은 고형이기보다는 좀 더 액상이며, 질병의 확진은 병원균이 선택배지로 쉽게 배양되기 때문에 쉽다 (그림 32.3*b~d*). 콜레라 치료는 간단하며 효과적이다. 구강 (심한 경우 혈관 내로)을 통해 수분과 전해질 보충요법이 콜레라를 치료할 수 있는 가장 효과적인 방법이다. 특별한 기구나 살균 처리가 필요하지 않기 때문에 구강 투여가 선호된다. 수분공급 용액은 포도당, 소금(NaCl), 탄산나트륨

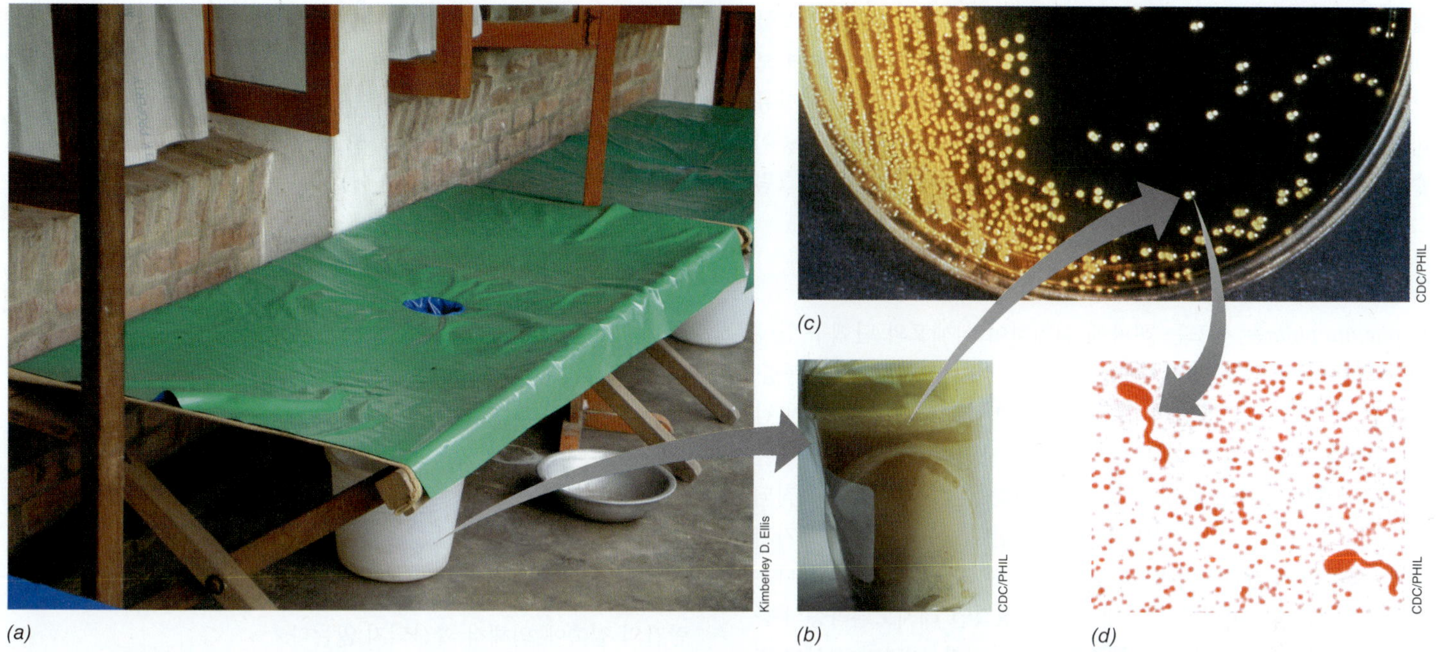

그림 32.3 콜레라와 진단. *(a)* 콜레라 간이침대. 간이침대는 사람이 엎드려 분변을 바로 변기에 넣을 수 있도록 해준다. 콜레라 간이침대는 콜레라가 발생한 동안 수분 보충과 함께 활성이 높은 상태의 질병을 치료하는 데 사용된다. *(b)* 콜레라 환자의 분변. "쌀뜨물(rice water)" 배변은 대부분 액상 (바닥의 고형물질은 점액)이다. *(c) Vibrio choleare*는 선택배지이며 분별배지인 TCBS로 쉽게 배양된다. TCBS는 많은 양의 장내 미생물과 그람-양성 세균의 생장을 억제하는 담즙산염과 구연산을 가지고 있으며, *V. cholerae*을 위해 각각 *(d)* 황과 탄소/에너지원으로 되는 황산염과 설탕을 가지고 있다.

($NaHCO_3$)과 염화칼륨(KCl)의 혼합물이다. 창궐 도중에 이 용액을 공급하면 수분 공급을 통해 환자들에게 면역반응이 작동하는 데 필요한 시간을 제공하기 때문에 콜레라 사망률을 급격하게 줄일 수 있다.

항생제는 콜레라의 감염기간과 살아 있는 세균을 줄여줄 수 있으나, 수분과 전해질 보충요법 없는 항생제 치료는 회복에 도움이 안된다. 충분한 하수 처리와 믿을 수 있는 안전한 음용수원과 같은 공중위생이 콜레라를 예방하는 데 중요하다. *V. cholerae*는 적절한 하수 처리와 정화과정으로 제거된다 (22장). 콜레라가 창궐하는 지역을 여행하는 사람들은 처리되지 않은 물 또는 얼음, 날음식과 *V. cholerae*가 오염된 플랑크톤 (**그림 32.4**)을 먹고 살 수 있는 생 또는 익지 않은 물고기나 조개를 피해야 콜레라를 예방할 수 있다.

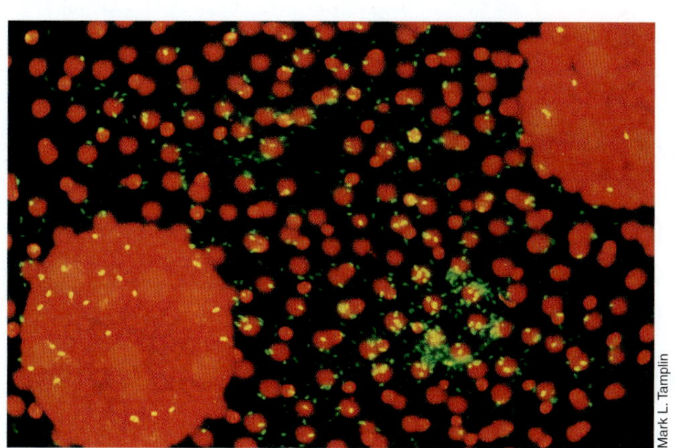

그림 32.4 민물 조류 *Volvox* 표면에 부착된 *Vibrio cholerae*. 이 시료는 방글라데시의 콜레라 풍토병 지역에서 분리되었다. *V. cholerae*는 세균표면 단백질의 항체로 인해 초록색으로 염색되었다. 붉은색은 조류에 있는 엽록소 *a*의 형광성에 기인한다.

1817년 이후, 7차례에 걸쳐 범세계적 전염병으로 창궐하였으며 콜레라는 8번째 창궐이 이미 시작되고 있는 것 같다 (29.8절과 그림 29.14). 세계보건기구(WHO)는 5~10%의 콜레라 사례가 보고되었으며, 연간 백만 이상의 사례가 넘는 것으로 추정하고 있다. 미국에서는 날로 먹거나 최소한의 조리를 한 수입된 조개로 인한 아주 적은 사례만이 보고되었다.

미니퀴즈

- 콜레라를 유발하는 미생물은 무엇이며 질병의 증상은?
- 왜 콜레라 전염은 대개 큰 접종을 필요로 하는가? 어떤 조건에서 콜레라가 더 적은 숫자의 세포에 의해 전파될 수 있는가?
- 콜레라를 예방하고 치료할 수 있는 방법을 설명하라.

32.4 레지오넬라증

증발하는 냉동기에서 발생된 에어로솔에 의해 전파되는 것으로 알려진 레지오넬라증(*legionellosis*)을 일으키는 세균 *Legionella pneumophila*는 중요한 수인성 병원균이다. 그러나 *L. pneumophila* (**그**

림 32.5)는 가정 수계에서도 분포되어 있는 주요한 병원균으로 물 배수관 표면과 특정한 기생충 세포 안에서 생물막을 형성하여 보호받고 있는 미생물이다. 이곳에서 *L. pneumophila*는 염소를 함유하고 있는 물로부터 보호되므로, 이는 생물막과 감염된 기생충이 수인성 레지오넬라증을 확산시키는 근원이다 (22.9절과 그림 22.22).

발생 기작, 진단과 치료

*L. pneumophila*는 세포는 허파에 침입하여 식세포와 단핵구 안에서 생장한다. 감염은 흔히 증상이 없거나 경미한 기침, 목의 통증, 경미한 두통과 열을 동반하기도 한다; 경미하고 자체 제한적인 감염은 대개 2~5일 후면 회복된다. 그러나 자연적으로 저항성이 줄어들거나 면역체계가 손상된 노인들에게는 흔히 폐렴으로 진척되는 좀 더 심한 *Legionella* 감염이 되기도 한다. 폐렴 증상이 생기기 전에, 장질환이 일반적이며 그 후 고열, 오한과 근육통이 나타나는 것이 일반적이다. 이러한 증상에 이어 전형적인 레지오넬라증의 증상인 마른기침, 가슴 및 복부 통증으로 이어진다. 기관지 손상에 기인하여 최대 10%의 감염이 사망을 초래한다.

L. pneumophila 감염의 임상적인 확인은 보통 기관지 세척, 흉막액 또는 다른 몸에서 나오는 체액이나 조직에서 나오는 미생물을 배양으로 한다 (그림 32.5*a*). 이러한 시료와 환자의 오줌에 있는 항-*Legionolla* 항체 또는 *Legionella* 세포를 확인하는 혈청 검사가 사용될 수 있으며, 감염을 확진하는 데 사용한다 (그림 32.5*b*, *d*). 레지오넬라증은 항생제인 리팜핀(rifampin)과 에리스로마이신(erythromycin)으로 치료될 수 있으며, 혈관에 에리스로마이신을 투여하는 방법은 생명을 위협하는 경우에 선택되는 치료법이다.

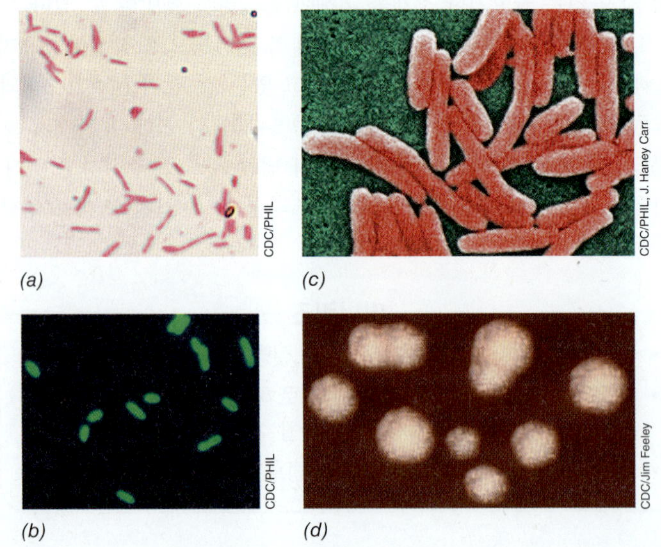

그림 32.5 ***Legionella pneumophila.*** *(a)* 레지오넬라증 환자의 폐 조직에서 나온 그람 염색된 *L. pneumophila* 세포. *(b)* 형광 항-*L. pneumophila* 항체를 이용해 확인된 *L. pneumophila* 세포. *(c) L. pneumophila* 세포의 전자현미경 사진. 세포의 크기는 약 0.5 × 2 μm이다. *(d)* 복합 농화배지에서 생장한 *L. pneumophila*의 집락들은 전형적인 질감 표면을 보여준다.

역학

*L. pneumophila*는 그람-음성, 절대적인 호기성 막대 모양의 *Gammaproteobacteria* (그림 32.5)이며, 매우 많은 철분을 요구함을 포함하여 더불어 복합적인 영양분을 요구한다. 이 세균은 레지오넬라 환자뿐만 아니라, 지상 및 수상 환경 생태계에서도 분리될 수 있다. *Legionella pneumophila*는 1976년 Philadelphia 시 (미국)에서 폐렴을 야기한 병원균으로는 처음 발견되었다. 레지오넬라증과 더불어, 같은 세균은 폰티악열(*Pontiac fever*)이라고 불리는 경미한 증세를 야기할 수 있다.

*L. pneumophila*는 민물이나 땅에 살고 있다. 이 세균은 상대적으로 열과 염소소독에 저항성을 보여, 수도 공급 체계를 통해 전파될 수 있다 (22.9절). 많은 숫자의 이 병원균은 흔히 충분히 소독되지 않은 냉각탑과 대형 에어컨 시스템의 기화 응축기에서 발견된다. 병원균은 물에서 자라고 수분이 많은 에어로솔 형태로 살포된다. 사람 감염은 공기 중 물방울에 의하지만, 감염은 사람과 사람간의 접촉에 의해서 확산되지 않는다.

기화 냉각기와 지역 물 공급 체계와 더불어, *L. pneumophila*은 고온의 물탱크와 온천에서도 발견된다; 만약 충분한 양의 염소 (혹은 다른 소독제)가 없는 경우, 따뜻하고 고여 있는 물 (36~45°C)에서 세포는 최대로 자랄 수 있다. 많은 레지오넬라증 발병은 수영장과 연관되어 있다. *L. pneumophila*는 극염소 처리(hyperchlorination) 혹은 63°C보다 높은 온도에서 열을 가함으로써 물 공급체계에서 제거될 수 있다. 여름 동안 발생 경우가 가장 많지만, 역학적인 연구는 *L. pneumophila* 감염은 연중 발생하며, 기본적으로 열과 냉각 시스템과 샤워나 목욕에 사용되고 있던 오염된 물에서 만들어진 에어로솔에 의한 결과라는 것을 보여주고 있다 (22.9절). 미국에서는 일반적으로 매년 몇천 건 정도의 레지오넬라증 사례가 보고된다.

미니퀴즈

- 레지오넬라증은 어떻게 전파되나?
- *Legionella pneumophila*를 억제할 수 있는 구체적인 방법은?

32.5 장티푸스와 노로바이러스 질병

콜레라가 가장 많이 확산되고 잠재적인 위협성을 가진 수인성 질병이지만, 다른 수인성 병원균 또한 심각한 질병을 야기한다. 여기서 두 주요 원인체인 장티푸스의 원인균 (세균)과 노로바이러스에 의한 복통을 다루고자 한다 (RNA 바이러스).

장티푸스

세계적으로 가장 중요한 수인성 병원성 세균은 *Vibrio cholerae* (32.3절)와 장티푸스(typhoid fever)를 일으키는 *Salmonella enterica* (*typhi*)이다. *S. enterica* (*typhi*)는 *Escherichia coil*와 다른 장내 세균과 연관된 그람-음성 주모성 편모를 가지고 있는 세균이다 (**그림 32.6*a***). 이 미생물은 분변 오염이 된 물에 의해 전파되며, 장티

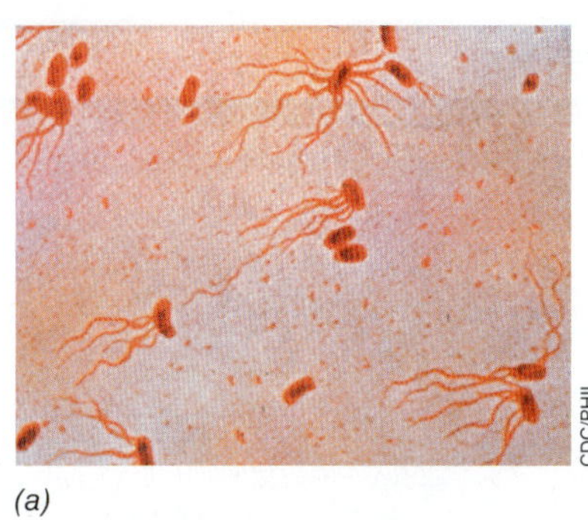

(a)

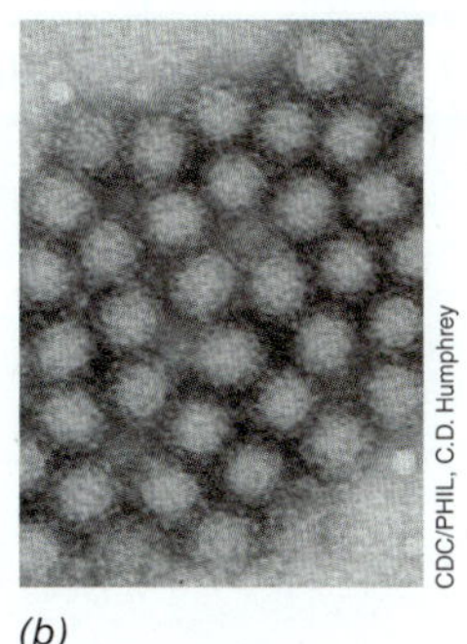

(b)

그림 32.6 위중한 위장관을 유발하는 수인성 세균과 바이러스 원인체. *(a)* 주모성 편모 (2.11절)를 염색한 *Salmonella enterica (thyphi)*의 세포. 개별 세포의 크기는 약 1 × 2 μm이다. *(b)* 노로바이러스의 비리온의 전자현미경 사진. 개별 비리온은 약 30 nm의 직경을 가진다.

푸스는 콜레라와 비슷하게 기본적으로 하수 처리 및 공중 위생시설이 없거나 충분하지 않은 지역으로 제한된다. 장티푸스는 오늘날 사하라 인근 아프리카, 인도 대륙과 인도네시아의 지역 풍토병으로 확고하게 자리를 잡았으나, 북미, 유럽, 북아시아와 호주에서는 간헐적으로 발생한다.

장티푸스 진행은 여러 단계를 거친다 (그림 32.6*a*). 오염된 물 (간혹 식품)을 마셔 들어온 병원균 세포는 소장에서 생장하고 림프계와 혈액 속으로 들어간다; 거기서부터, 미생물은 다른 기관으로 이동한다. 1~2주일 후, 장티푸스의 첫 번째 증상이 나타난다; 경미한 열, 두통과 일반적인 몸살 증세가 포함된다. 이 기간 동안, 장티푸스 환자의 간과 비장이 심하게 감염된다. 약 일주일 후, 열이 심해지고 (최대 40°C) 환자는 혼수상태에 빠지게 된다; 이 단계에서 설사를 할 수도 있으며 심한 복통을 가질 수 있다. 장출혈과 소장천공을 포함한 합병증이 따라올 수 있다. 나중에는 많은 숫자의 세균을 복강 안으로 방출하여, 패혈증(*sepsis*) (전신성 감염과 염증)이라고 불리는 상태와 또한 패혈성 쇼크를 일으킬 수 있다; 둘 다 잠재적으로 사망을 초래하며 최대 40%의 폐혈증은 치명적이다. 이러한 위험한 상태에서 약 일주일 후, 장티푸스의 증세는 사라지고 회복된다.

장티푸스 치료법은 항생제 치료와 탈수 방지를 위한 수액 교환으로 구성된다. 일부 천공이 생긴 창자를 복구하는 데 수술이 필요할 수 있다. 다양한 항생제가 *S. enterica* (*typhi*)를 죽일 수 있지만, 이들 중 다수가 내성이 생겨났다. 항생제가 감염을 치료할 수 있도록 원인균의 분리와 항생제 감수성 평가 (28.4절)가 필요하다.

미국에서는 매년 400건의 장티푸스가 일어나지만, 장티푸스는 음용수를 항상 여과하고 염소소독을 하기 전까지는 공공의 건강에 대한 주요 위협이었다 (그림 29.7). 그러나 선진국에서도 수처리 시설의 기능 정지, 홍수, 지진과 다른 천재지변에 의한 물의 오염 또는 파열된 하수관에 의한 상수도의 교차오염은 장티푸스 전염병을 다시 확산시킬 수 있다.

일부 장티푸스 환자 중에는 쓸개가 병원균에 감염된다. 이러한 환자가 담석증을 가지고 있다면, 담석에는 *S. enterica* (*thyphi*)의 집락이 만들어질 수 있으며, 장기간 병원균의 근원이 되어, 지속적으로 분변과 오줌으로 배출하게 된다. 이러한 환자는 건강하더라도 장티푸스 "보균자(carrier)"가 되고 오랜 기간 동안 질병을 전파할 수 있다. 20세기 초반부터 15년 동안 New York시 전역에서 장티푸스를 퍼뜨린 악명 높은 조리사 "장티푸스 메리(Typhoid Mary)"는 장티푸스 보균자의 전형적인 예이다.

노로바이러스 질병

바이러스는 물에 의해 전파될 수 있고 사람에게 질병을 일으킨다. 노로바이러스(norovirus) (그림 32.6*b*)는 이중의 하나이며, 오염된 물 (혹은 식품, 32.14절)로 인한 장질환의 흔한 원인체이다. 노로바이러스는 단일가닥의 양성-센스(positive-sense) RNA 바이러스이며 (10.8절) 전 세계적으로 장질환을 일으키는 첫 번째 원인이다 (표 32.5 참조).

노로바이러스 감염은 상대적으로 단기간 동안 구토, 설사와 혼수상태의 증세를 나타낸다. 감염에 약한 사람 (아주 어린아이, 노인 혹은 면역 결핍자)에게 노로바이러스가 유발하는 구토와 설사의 반복과 함께 심각한 탈수현상은 생명을 위협할 수 있다고 하더라도, 이 질병은 치명적이지는 않다. 노로바이러스 장질환의 임상 진단은 증상을 관찰하고 RT-PCR (12.1절 및 28.8절)을 이용하여 바이러스 RNA의 직접 검출하거나 효소 면역 검정법으로 (28.7절) 분변 또는 구토물 샘플에서 바이러스 항원을 검출하는 방법을 함께 사용한다.

노로바이러스 질병은 쉽게 사람이 사람에게 또는 분변-구강 경로에 의해 식품에 전파된다. 감염을 일으킬 수 있는 양은 적어, 최소 10~20개의 노로바이러스 비리온 (그림 32.6*b*)도 질병을 일으키기에 충분하다. 수인성 노로바이러스 발생의 근원은 분변에 의해 오염된 대부분 우물 또는 여가용 물이다. 흔히 유람선 또는 요양원이거나 다른 상황에서 대규모 공통 원인 장질환이 발생할 때도 노로바이러스가 원인이 된다. 이러한 경우, 오염된 식품 또는 물 (보통 식품) 혹은 두 가지 모두를 통해 바이러스가 사람들에게 전파될 수 있다.

미니퀴즈

- 장티푸스와 노로 장질환의 원인체를 비교하라.
- 어떠한 공중위생 상태가 장티푸스의 발생을 유발하는가?

III • 질병 매개체로서의 식품

신선하거나, 가공되었거나 또는 보존되었거나, 우리가 먹고 있는 식품들은 대부분 멸균 상태가 아니며, 실제로 모든 식품은 대부분 항상 다양한 종류의 부패 미생물과 종종 병원균으로 오염되어 있다. 미생물 활성은 발효식품과 같이 일부 식품을 만들어내는 데 중요한 역할을 하지만, 식품 안에 있거나 밖에 있는 대부분의 미생물은 환영받지 못하고 식품의 질 또는 안전 (혹은 모두)을 저하시킨다. 이 단원에서는 상대적 과정인 식품부패와 식품보존, 어떻게 식품안전을 평가하고 식품에 의한 병원균의 전파에 대하여 설명하고자 한다. 다음 두 단원에서는 주요 식품유래 질병에 대해 집중한다.

32.6 식품의 부패와 식품 저장

많은 식품은 세균이나 곰팡이의 생장을 위한 좋은 배지가 된다. 잘 보관한 식품도 계속해서 식품부패가 일어나지만, 병원균이 처음부터 없었다고 가정한다면 보통 질병의 매개체는 아니다. 드물게 예외가 있는데, 식품을 손상시키는 미생물이 식중독 질환을 유발하는 미생물과 동일하지 않기 때문이다.

식품의 부패

미생물의 생장과 관계없이 **식품부패(food spoilage)**란 소비자가 받아들일 수 없는 식품의 외관, 냄새, 맛 등의 변화를 일컫는다. 식품은 유기물질이 많고 식품의 물리적 및 화학적 특성이 미생물의 활성에 영향을 미친다. 부패라는 측면에서, 식품 혹은 가공식품 3 그룹으로 분류된다: (1) 고기와 많은 과일류와 채소류와 같은 신선 식품을 포함한 **부패되기 쉬운 식품(perishable food)**; (2) 감자, 일부 사과와 견과류를 포함한 **중간 정도 부패되기 쉬운 식품(semiperishable food)**; 그리고 (3) 밀가루와 설탕과 같은 **부패되기 어려운 식품(nonperishable food)**. 이들 식품의 범주는 주로 수분 활성도(water activity) (a_w, ⇄ 5.13절)로 측정되는 수분 함량(*moisture content*)에 의해 구분된다. 잘 부패되지 않는 식품은 낮은 수분 활성도를 가지고 있으며 부패되지 않은 채로 오랜 기간 보존할 수 있다. 반대로 부패되기 쉬운 식품이나 중간 정도 부패되기 쉬운 식품은 전형적으로 높은 수분 활성도를 가지고 있어 이러한 식품은 미생물의 생장을 억제할 수 있는 조건에 보관하여야 한다.

신선 식품은 다양한 세균과 진균류 (**표 32.3**)에 의해 전형적으로 부패된다. 식품의 화학적 특징이 매우 다양하며, 각 식품은 산성 또는 알칼리성과 같은 다른 요소와 함유하고 있는 수분 함량과 영양분에 따라 구별된다. 그 결과, 각각의 상하기 쉬운 식품은 전형적으로 특정 미생물군에 의해 부패한다. 특정된 식품에서 미생물의 숫자가 높은 상태로 자라는 시간은 최초의 미생물의 접종량의 크기와 대수 생장기에서의 생장 속도에 의해 결정된다. 몇 차례의 세포분열로 부패를 확인할 수 있지만, 초기에 식품에 있는 미생물의 숫자는 적어 측정할 수 있을 만큼의 영향은 관찰할 수 없다. 그러므로 하루에 먹다 남은 식품은 다음날 심하게 부패될 수도 있다.

식품 부패의 형태와 부패된 상태에서 미생물의 조성 (표 32.3)은 식품과 저장온도 모두에 의해 영향을 받는다. 식품 부패 미생물은 흔히 내저온성(*psycotolerant*)으로 20°C 이상의 온도에서 가장 잘 자라지만, 냉장온도 (3~5°C) (⇄ 5.10절)에서도 자랄 수 있다. 그러나 특정한 저장 온도에서 일부 종은 다른 종보다 빠르게 자라, 같은 식품을 다른 온도에서 저장한 미생물 부패 생태계의 조성은 매우 다를 수 있다.

표 32.3 신선 식품의 미생물 부패[a]

식품	미생물의 종류	일반적인 부패 생물, 속(genus)
과일과 채소	세균	*Erwinia*, *Pseudomonas*, *Corynebacterium* (주로 채소 병원균; 과일 부패는 흔하지 않음)
	곰팡이	*Aspergillus*, *Botrytis*, *Geotrichum*, *Rhizopus*, *Penicillium*, *Cladosporium*, *Alternaria*, *Phytophthora*, 다양한 효모
신선한 고기, 닭고기, 계란, 해산물	세균	*Acinetobacter*, *Aeromonas*, *Pseudomonas*, *Micrococcus*, *Achromobacter*, *Flavobacterium*, *Proteus*, *Salmonella*, *Escherichia*, *Campylobacter*, *Listeria*
	곰팡이	*Cladosporium*, *Mucor*, *Rhizopus*, *Penicillium*, *Geotrichum*, *Sporrotrichum*, *Candida*, *Torula*, *Rhodotorula*
우유	세균	*Streptococcus*, *Leuconostoc*, *Lactococcus*, *Lactobacillus*, *Pseudomonas*, *Proteus*
고당 식품	세균	*Clostridium*, *Bacillus*, *Flavobacterium*
	곰팡이	*Saccharomyces*, *Torula*, *Penicillium*

[a]나열한 생물은 신선 및 상하기 쉬운 식품에서 확인된 흔한 부패 생물이 부류에 속하는 많은 종들은 병원균임 (30~33절).

식품 저장과 발효

식품 저장과 보존 방법은 미생물의 생장을 늦추거나 멈추도록 하여 식품이 부패하거나 식품유래 질병을 일으킬 수 없도록 하는데 기반을 둔다. 가장 주요한 식품 보존의 방법은 온도, 산도 혹은 식품의 수분 함량 또는 미생물의 생장을 억제할 수 있는 방사선 혹은 화학물질처리 등을 포함하고 있다.

냉장은 미생물의 생장을 저해하나 특히 많은 세균은 냉동 온도에서 자랄 수 있다. 집에 있는 냉동고에 저장하는 것은 미생물의 생장을 눈에 띌 만큼 저해할 수 있으나 냉동고에 보관된 식품에 수분이 모여 있는 곳에서는 미생물이 천천히 생장한다. 일반적으로 낮은 보관 온도에서는 미생물이 덜 생장하게 되고 부패가 줄어드는 결과를 보여주지만, −20°C 이하에서 지속적으로 보관하는 것은 비용이 많이 들고 식품의 외형, 질감, 맛에 부정적인 영향을 미친다.

가열은 미생물의 숫자를 줄이며 식품을 멸균하고 액상 또는 수분함량이 높은 식품의 보관에 매우 효과적이다. **저온살균법(pasteurization)**의 제한적인 열처리 (⇄ 5.15절)는 액상 식품을 멸균시키지는 않지만 미생물의 숫자를 줄일 수 있고 병원균을 제

(a) (b) (c)

T. D. Brock

그림 32.7 미생물 부패에 따른 밀봉된 통조림의 변형. *(a)* 정상적인 통조림. 정상적으로 약간의 내부진공으로 인해 통조림의 윗부분은 약간 안쪽으로 들어가 있다. *(b)* 가스 생성에 따른 부풀림. *(c)* b에서 보여준 통조림을 떨어뜨리면, 가스 압력으로 심한 폭발과 함께 뚜껑이 떨어져 나가는 결과를 초래한다.

거할 수 있다. 반대로 통조림(*canning*)은 전형적으로 식품을 멸균시키지만, 밀봉된 용기를 정확한 온도에서 정확한 시간 동안 조심스럽게 가공하여야 한다. 만약 캔 또는 유리 용기에 미생물이 남아 있으면, 가스를 발생할 수 있어 부풀고 심할 경우 파손되는 결과를 초래한다 (**그림 32.7**). 캔과 밀봉된 용기 안의 환경은 무산소 상태이며 통조림 안에서 생장할 수 있는 중요한 혐기성 세균은 내생포자 형성세균인 *Clostridium*이며, 한 종은 보툴리즘(botulism)을 일으킨다 (25.6절 및 32.9절).

식품은 물리적으로 수분을 제거하거나 소금 또는 설탕과 같은 물질을 첨가하여 좀 더 건조하게 만들 수 있다. 극도의 건조나 물질 첨가는 미생물의 생장을 막는데 도움을 주지만, 부패가 일어날 수 있으며, 이런 경우 일반적으로 곰팡이에 의해서다. 많은 식품은 적은 양의 항미생물제를 첨가하여 보관한다. 아질산염(nitrate), 아황산염(sulfite), 프로피온산염(propionate), 벤조산염(benzoate)과 화학물질과 다른 화학물질은 식품의 질감, 색상, 신선도 혹은 향을 강화하고 보관하기 위해 식품산업에서 널리 사용되고 있다. 많은 나라에서 널리 사용되지는 않지만, 이온화 방사선을 이용한 식품의 방사선 조사(*irradiation*)는 미생물의 오염을 줄여주는 효과적인 방법이다.

John M. Martinko and Cheryl Broadie

그림 32.8 발효식품의 예. 빵, 소시지 고기, 치즈, 많은 유제품과 발효되고 조림된 채소류는 미생물에 의한 발효 반응으로 생산되거나 향상된 식품이다 (표 32.4 참조).

표 32.4 발효식품과 발효미생물[a]

식품분류/보존물질	1차 발효 미생물[a]
유제품/젖산, 프로피온산	
치즈	*Lactococcus*, *Lactobacillus*, *Streptococcus thermophillus*, *Propionibacterium* (스위스 치즈)
발효 우유 제품	
버터밀크와 사워크림	*Lactococcus*
요구르트	*Lactobacillus*, *Streptococcus thermophilus*
알코올 음료	*Zymomonas*, *Saccharomyces*[b]
효모 빵/빵 굽기	*Saccharomyces cerevisiae*[b]
고기제품/젖산과 다른 유기산	
건조된 소시지 (페페로니, 살라미)와 반건조 소시지 (여름 소시지, 볼로냐)	*Pediococcus*, *Lactobacillus*, *Micrococcus*, *Staphylococcus*
채소류/젖산	
양배추 (사우어크라우트)	*Leuconostoc*, *Lactobacillus*
오이 (피클)[c]	젖산균
식초/초산	*Acetobacter*
간장/젖산과 많은 다른 물질	*Aspergillus*,[d] *Tetragenococcus halophilus*, 효모

[a]표시하지 않은 경우, 이 미생물들은 *Actinobacteria*에 속하는 *Micrococcus*를 제외한 *Firmicute* 종이며, *Zymomonas*와 *Acetobacters*는 *Alphaproteobacteria*에 속함.
[b]효모. 다양한 종류의 *Saccharomyces* 종이 알코올 발효에 사용. *S. cerevisiae*는 보통 빵효모임. Sourdough (역자 주: 효모로 발효시킨 밀가루 반죽)를 만들기 위하여 *Lactobacillus*가 사용됨.
[c]발효되지 않은 피클은 오이를 식초에 절인 것 (5~8% 초산).
[d]곰팡이.

많은 일반적인 식품과 음료가 미생물의 대사 활동에 의해 보존된다; 이러한 식품은 발효 식품(*fermented foods*)이다 (**그림 32.8**과 **표 32.4**). 발효 과정 (3장과 14장)에서 많은 양의 보존물질이 생성된다. 발효 식품산업에 중요한 주요 세균은 젖산균 (발효 우유), 아세트산균 (초절임)과 프로피오산균 (특정 치즈)과 같은 유기산을 생성하는 세균이다 (표 32.4). 효모 *Saccharomyces cerevisiae*는 발효 중 알코올을 생성하여 알코올 음료의 보존제로 사용된다. 이러한 발효로 만들어진 높은 농도의 유기산과 알코올이 발효식품에 있는 부패균과 병원균의 생장을 저해한다.

미니퀴즈

- 부패할 수 있는 정도에 따라 특정된 식품의 주요 분류를 나열하라.
- 식품 보존에 이용되는 물리적 및 화학적 방법을 찾아라. 각 방법은 미생물의 생장을 어떻게 제한하는가?
- 미생물 발효에 의해 생산된 유제품, 고기, 음료와 채소 식품을 나열하라. 각각의 경우 무엇이 보존물질로 사용되었는가?

32.7 식품유래 질병과 식품 역학

식품유래 질환은 공통 유발(*common-source*) 질병으로 수인성 질환과 비슷하다. 대부분의 식품유래 질병은 집에서 소비자에 의한 부적절한 식품의 취급과 조리에 기인한다; 이럴 경우, 제한적으로 몇몇 사람에게만 영향을 미쳐 보고되지 않는다. 그러나 간혹 식당 또는 집약적 식품 가공 및 유통업체에서 안전하게 식품 취급 및 처리를 하지 못해서 생긴 질병의 발생은 지역적으로 광범위하게 많은 사람들에게 영향을 미칠 수 있다.

식품유래 질병과 미생물 시료 채취

미국에서 가장 일반적인 식품유래 질병은 식품 감염(*food infection*)과 식중독(*food poisoning*)이다; 일부 질병은 두 가지 범주 모두에 해당한다. **식품 중독(food intoxication)**이라고도 불리는 **식중독(food poisoning)**은 식품에 있는 미생물 독소를 섭취로 발생한다. 독소를 생성하는 미생물은 숙주 내에서는 자라지 않을뿐더러 오염된 식품을 섭취할 때도 생존하지 않을 수도 있다; 독소의 섭취 및 활성이 질환을 유발한다. 앞에서 *Clostridium botulinum*의 외독소와 *Staphylococcus*와 *Streptococcus*의 슈퍼항원독소에 대하여 설명하였다 (25.6절과 27.10절). 식중독과 달리 **식품 감염(food infection)**은 숙주 내에서 집락을 형성하고 생장하여 결과적으로 질병을 일으킬 수 충분한 양의 살아 있는 병원균을 가지고 있는 식품을 섭취할 때 일어난다.

미국에서 식품 감염은 가장 일반적인 식품유래 질환이며 5번의 가장 빈번한 식품유래 질환 중 4번째 경우에 해당한다. **표 32.5**에 미국에서 식품 감염과 식중독을 일으키는 주요 미생물을 정리하였다.

8종류의 미생물이 미국에서 식중독, 입원과 사망을 일으키는 대부분의 식품유래 질환에 관여한다; *Salomonella* 종, *Clostridium perfringens*, *Campylobacter jejuni*, *Staphylococcus aureus*, *Listeria monocytogenes*와 *Escherichia coli* (모두 세균); 노로바이러스; *Toxoplasma* (원생생물) (표 32.5). 4종류—노로바이러스, *Salmonella*, *C. perfringens*와 *Campylobacter*—가 미국 전체 90%의 식품유래 질환에 연관되어 있으며, 노로바이러스 (32.5절과 32.14절)가 가장 문제가 된다 (60%).

세포 배양이 필요하지 않은 빠른 진단 방법이 중요한 식품 병원균을 검사하기 위하여 개발되었으며, 많은 방법들이 28장에 설명되어 있다. 식품에서 병원균의 분리는 보통 박혀 있거나 숨겨진 미생물을 분산시키기 위해 식품의 전처리가 필요하다. 이러한 목적으로 가장 기본인 방법은 멸균된 비닐봉투에 밀봉된 식품시료를 처리하는 스토마커(*stomacher*) (**그림 32.9**)라고 불리는 혼합기를 사용한다. 오염은 방지할 수 있는 조건에서 스토마커에 있는 페달이 위의 연동 작용과 같은 방법으로 시료를 부수고 섞어 균질화한다. 균질화된 시료를 특정한 병원균 또는 대사산물에 대해 분석한다.

식품에 있는 병원균을 확인하는 것과 더불어 질병 연구자는 병원균과 질환의 인과관계를 규명을 위하여 식품유래 질병 환자로부터 식품유래 미생물을 분리해 내야 한다. 사실 환자와 오염된 식품에서 특정한 병원균의 동일한 종(*same strain*)을 확인하는 것이 식품유래 질병의 발생과 연관된 인과관계의 "골든 스탠더드(gold standard)"이며, 이러한 목적으로 다양한 미생물학적, 면역학적, 분자생물학적 기술을 사용할 수 있다 (28장).

표 32.5 주요 식품유래 병원균[a]

미생물	질병[b]	식품
세균		
Bacillus cereus	FP와 FI	쌀과 전분식품, 고당질 식품, 고기, 그레이비, 푸딩, 분유
Campylobacter jejuni	FI (4)[c]	가금류, 유제품
Clostridium botulinum	FP	부적절한 열처리된 비산성 식품; 집에서 만든 통조림 야채 (콩, 감자, 옥수수, 아스파라거스)[e]
Clostridium perfringens	FP와 FI (3)[d]	부절한 온도에서 보관한 고기와 채소류
Escherichia coli O157:H7	FI	고기, 특별히 간 고기, 신선 채소류
다른 장병원성 *Escherichia coli*	F1	고기, 특별히 간 고기, 신선 채소류
Listeria monocytogenes	F1	냉장된 "즉석섭취" 식품
Salmonella 종	FI (2)[c]	가금류, 고기, 유제품, 계란
Staphylococcus aureus	FP (5)[c]	고기, 디저트
Streptococcus 종	FI	유제품, 고기
Yersinia enterocolitica	FI	돼지고기, 우유
모든 다른 미생물	FP와 FI	
원생생물[d]		
Cryptosporidium parvum	FI	생 또는 조리되지 않은 고기
Cyclospora cayetanensis	FI	신선 채소류
Giardia intestinalis	FI	오염되거나 감염된 고기
Toxoplasma gondii	FI	생고기 또는 조리되지 않은 고기
바이러스		
Norovirus	FI (1)[c]	어패류, 많은 다른 식품
Hepatitis A	FI	어패류와 일부 생으로 먹는 식품

[a]미국 Georgia 주 Atlanta 시에 있는 질병통제예방센터 자료.
[b]FP, 식중독; FI, 식품 감염.
[c]괄호 안에 있는 숫자는 미국에서 가장 많은 5개의 식품유래 미생물의 순서임.
[d]모든 원생생물은 33장에서 설명되었음.
[e]937쪽 참조.

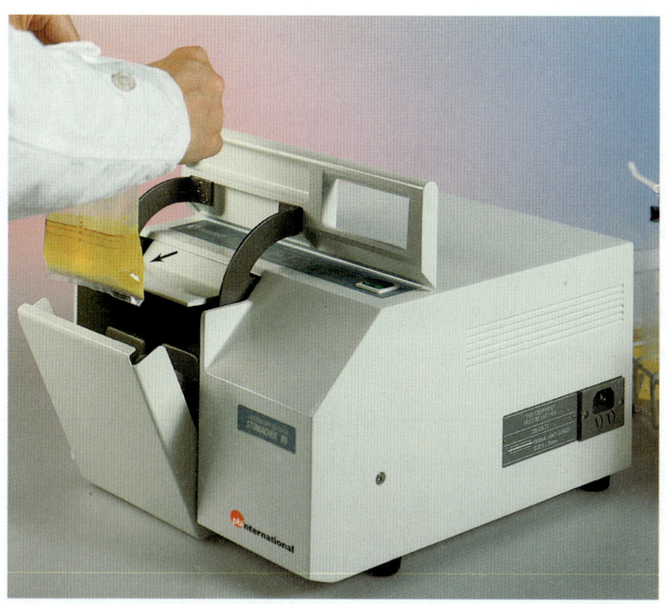

그림 32.9 스토마커. 특화된 혼합기의 페달이 밀봉되고 멸균된 플라스틱 백 안에 있는 식품 시료 (화살표)를 균질화한다. 시료를 균질화하기 위하여 우선적으로 멸균 용액과 혼합한다.

식품유래 질병의 역학

가정, 학교식당, 대학식당, 식당, 군 집단 급식소를 포함한 어떤 곳에서든지 많은 사람들이 오염된 식품을 섭취하는 곳에서 식품유래 질병이 발병한다. 더불어 중앙 식품가공 공장과 유통센터가 오염된 식품이 원래 가공된 장소로부터 멀리 떨어진 곳에서 식품유래 질병을 발생시킬 가능성이 있다. 질병 발생을 추적하고 식품이 오염된 정확한 장소까지 원인을 규명하는 것이 식품 역학자의 임무이다.

효과적인 식품유래 질병을 추적한 좋은 예는 2006년 미국에서 발생했던 *Escherichia coli* O157:H7 (32.11절과 그림 32.14*b* 참조)에 의한 발병이다. 미생물 배양과 분자학적인 연구를 통해, 발병을 오염되어 포장된 시금치에 연계시키고, 빠르게 California 주의 식품가공 공장을 추적하였다. 오염된 시금치는 California 주의 공장에서 전국적으로 유통되었으나, 모든 질병 사례는 중서부에서 일어났다. 2013년 여름, 중서부에서 또 다른 "포장된(*packed*) 식품"에 의한 발병이 일어났지만, 이 경우에는 시금치 대신 상추와 세균 *E. coli*가 아니라 기생충 *Cyclospora cayetanensis* (33.4절)와 연계되었다.

효과적이기 위해서, 식품유래 질병을 추적하는 사람은 빠르게 움직여야 한다. 예를 들어, 지난 8월 *E. coli* 시금치 발병의 첫 번째 경우가 일어났을 때, 한 달 내에 특정 시금치 제품과 연계시킨 것이다. *E. coli* O157:H7는 잘 연구되었기 때문에, 공중위생 공무원들이 포장된 시금치에서 빠르게 오염된 미생물을 확인할 수 있었다. 그 후, 관계 당국은 이 미생물을 식품가공 공장까지 추적하여 최종적으로 가공공장과 가까운 특정된 농장이 미생물의 근원이라는 것을 확인하였다. 어떻게 시금치가 오염되었는지는 확실하지 않지만, 가축의 분변이 근원으로 추정된다. 질병 발생 동안에는 *FoodNet* (질병통제예방센터)와 *PulseNet* (식품유래 질병 국제 분자 아형태 네트워크)의 두 개의 식품유래 질병 관리 네트워크가 질병을 공개하고 끝내는데 중요한 역할을 하였다.

일부에게는 심각하고 간혹 사망을 초래하는 시금치 *E. coli* 전파는 매우 빠르게 확인되고, 관리되어 종료되었다. 그러나 이러한 사고는 집중된 식품가공 공장이 멀리 있는 사람들에게 쉽게 전파된다는 것을 보여준다. 이러한 이유로 식당과 집중된 식품가공과 유통시설에 있어 식품위생 기준과 관리체계는 가능한 한 최상의 상태로 유지되어야 한다.

미니퀴즈
- 식품 감염과 식중독을 구분하라.
- 고기와 같은 고형 식품의 미생물 시료 추출과정을 설명하라.
- 식품유래 질병의 발병을 어떻게 추적되는지를 설명하라.

IV • 식중독

식중독은 다양한 세균과 일부 곰팡이에 의해서 발생한다. 여기에서 가장 흔하게 세균성 식중독을 유발하는 그람-양성 세균 *Staphylococcus aureus*, *Clostridium botulinum*과 *Clostridium perfringens*을 설명한다. 이 중에서 두 미생물—*S. aureus*와 *C. perfringens*—은 "5대(top five)" 식품유래 질병을 일으키는 세균이다 (표 32.5).

32.8 황색 포도상구균성 식중독

식중독의 강력한 형태는 그람-양성 세균인 *Staphylococcus aureus*가 생성하는 장독소 (25,6절)에 의해 발생된다 (**그림 32.10**; 16.7절). 이 세균은 피부와 상부 호흡기에 존재하며 흔히 고름이 생기는 상처를 만든다 (30.9절과 그림 30.29). *S. aureus*는 많은 일반적인 식품에서 호기 및 혐기적으로 자랄 수 있으며 열-안정성을 가지고 있는 장독소류를 생성한다. 이 독소를 섭취하게 되면 구역질, 구토, 설사와 탈수 등과 같은 한 가지 또는 여러 가지 장

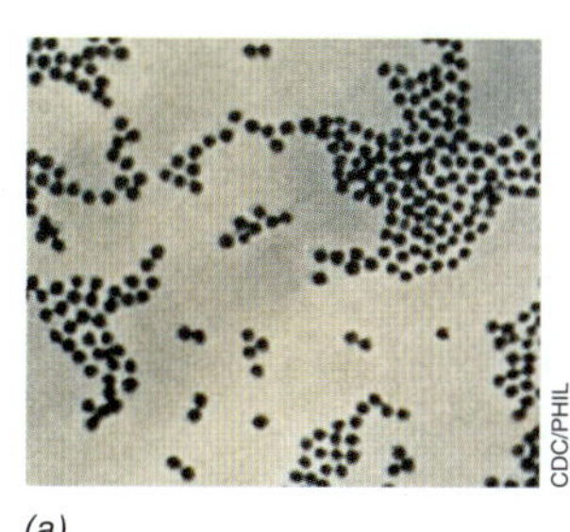

(a)

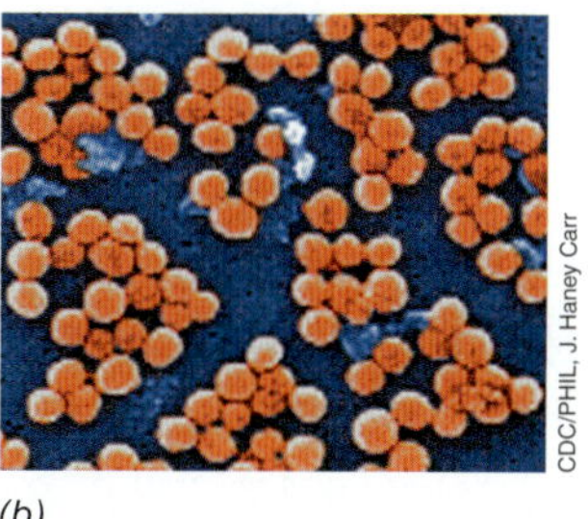

(b)

그림 32.10 *Staphylococcus aureus*. *(a)* 전형적인 "포도송이(cluster of grapes)"의 포도상구균을 보여주는 그람염색된 광학현미경 사진. *(b)* 집락을 형성한 *S. aureus* 세포의 전자현미경 사진. 세포의 크기는 지름이 약 0.8 μm이다.

질환 증세의 특성을 나타난다. 증상은 섭취 후 장독소의 양에 따라 1~6시간 안에 빠르게 나타나지만 증상은 48시간 내에 사라진다.

포도상구균 장독소

많은 장독소는 열안정성을 가지고 있고, 모두 위장의 산도에 안정하다. 대부분의 *S. aureus* 종은 하나 혹은 두 개의 독소를 생성하지만, 일부 종은 생성하지 않는다. 그러나 모든 포도상구균의 장독소가 식중독을 발생시킬 수 있다. 독소는 위장을 통과하여 소장으로 들어가서 질병 증세를 유발한다. 정상적인 장내 활성과 더불어, 포도상구균 장독소는 슈퍼항원(*superantigen*)이며 잠재적으로 치명적인 독소 혼수 증상을 유발할 수 있다 (25.7절과 27.10절).

*S. aureus*의 장독소는 접두어 "SE" ["포도상구균 장독소(staphylococcus enterotoxin)"]로 시작한다: 유전자 *sea, seb, sec*와 *seb*에 의해 만들어지는 SEA, SEB, SEC와 SED이다. 이 모든 유전자들이 *S. aureus* 염색체에 있는 것은 아니고, 유전자 서열은 상호 많이 유사한 것으로 보인다. 유전자 *seb*와 *sec*는 세균의 염색체이 있으며, *sea*는 용원성 박테리오파아지에 있고 (8.7절), *sed*는 플라스미드에 있다. 수평적 유전자 전이 (11장)를 통해 박테리오파아지와 플라스미드에 있는 유전자는 비독성 *Staphylococcus*가 독소를 만들 수 있도록 한다. 세계적으로 SEA는 가장 흔하게 포도상구균성 식중독을 유발한다.

질병의 특성, 치료와 예방

식품에 *S. aureus* 세포가 있는 여러 이유가 있을 수 있다. 예를 들어, 고기 제품가 같이 미생물이 식품 자체에 있을 수도 있다. 그러나 좀 더 일반적으로 *S. aureus* 세포들이 식품 가공 종사자로부터 오염에 되거나, 가공되지 않은 고기나 오염된 소시지와 드레싱에 의해 들어간다. 가장 보편적인 포도상구균의 식중독 사고는 식품 가공 중 식품 가공 종사자의 콧물, 보호받지 않은 피부 상처, 또는 반창고에서 새어 나온 *S. aureus*가 식품에 들어간 경우이다. 오염된 식품이 상온 또는 그보다 높은 온도에서 보관하면, *S. aureus*가 빠르게 생장과 포도상구균 장독소를 생성할 조건을 만들어 준다.

황색 포도상구균성 식중독은 매년 거의 25만 건 정도로 추정된다. 가장 흔하게 연관된 식품은 커스터드와 크림으로 채워진 구운 제품, 가금류, 계란, 생고기와 가공된 고기, 푸딩과 크림 샐러드 드레싱이다. 마요네즈 기반의 드레싱과 혹은 어패류, 닭, 파스타, 참치, 감자, 계란, 또는 고기가 함유된 샐러드가 흔한 매개체가 될 수 있다. *S. aureus*가 소금이 많은 환경에서 빠르게 자랄 수 있는 능력 때문에 햄과 같은 염장 식품도 매개체가 될 수 있다 (30.9절). 이러한 식품들이 *S. aureus*에 오염되었다 하더라도 제조 후에 바로 냉장하면 미생물이 낮은 온도에서는 잘 자라지 못하기 때문에 한동안 안전하다. 그러나 장독소가 이미 만들어졌다면, 포도상구균 장독소는 60°C까지 안정하기 때문에 약한 열처리로 식품을 안전하게 만들 수 없다.

섭취된 *S. aureus*는 위의 산도에 의하여 모두 죽고, 항생제는 장독소에 영향을 미칠 수 없기 때문에 항생제 치료는 황색 포도상구균성 식중독에 유용하지 않다. 충분한 휴식을 취하고 수분섭취를 충분히 하고 구토 억제약을 사용하는 것이 빠른 회복을 위한 최선의 처방이다. 다른 식품유래 질병과 같이, 황색 포도상구균성 식중독은 식품 생산, 식품 가공과 보관 장소의 적절한 소독과 위생으로 예방될 수 있다. 이러한 면에서 식품 가공 종사자는 철저하게 그리고 손을 자주 닦는 것을 습관화하여 코와 콧물이 식품에 접촉하지 않도록 하고, 식품을 가공할 때 특히 손 상처에 반창고를 붙였다면 항상 일회용 장갑을 바꾸어 사용해야 한다.

미니퀴즈

- 황색 포도상구균성 식중독의 증상과 기작을 설명하라.
- 항생제 치료가 황색 포도상구균 식중독 발생 또는 질병의 심한 증세에 영향을 못 미치는 이유는?

32.9 클로스트리디움 식중독

내생포자 형성 혐기성 세균인 *Clostridium perfringens*와 *Clostridium botulinum* (16.8절)은 심각한 식중독을 일으킨다. 통조림 제조와 조리과정은 영양세포를 죽일 수 있지만 내생포자는 죽이지 못할 수도 있다. 이러한 일이 일어나면 식품 안에 있는 살아 있는 내생포자는 발아해서 독소를 만들어 내는 결과를 초래한다.

퍼프린젠스 식중독과 보툴리즘(botulism)의 질병과정은 확실히 다르다. 보툴리즘의 경우에 독소는 신경독소로 독소만이 이 질병에 필요하다. 사람 몸 안에서 *C. botulinum*의 생장이 필요하지 않지만 그럼에도 불구하고 생장이 일어날 수 있는데 특별히 유아 보툴리즘의 사례에서 볼 수 있다. 반면에 퍼프린젠스 식중독은 독소—이 경우는 장독소—를 생성하기 위해 많은 숫자의 세포를 섭취하여야 한다.

Clostridium perfringens 식중독

Clostridium perfringens (**그림 32.11a**)는 주로 토양에서 발견되며, 기본적으로 사람과 다른 동물의 장에서 작은 숫자로 살아 있기 때문에 하수에서도 발견된다. 미국에서 노로바이러스 질병 (32.5절

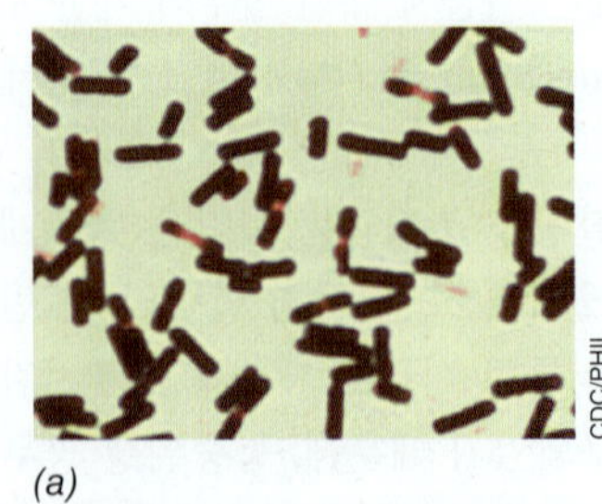

(a)

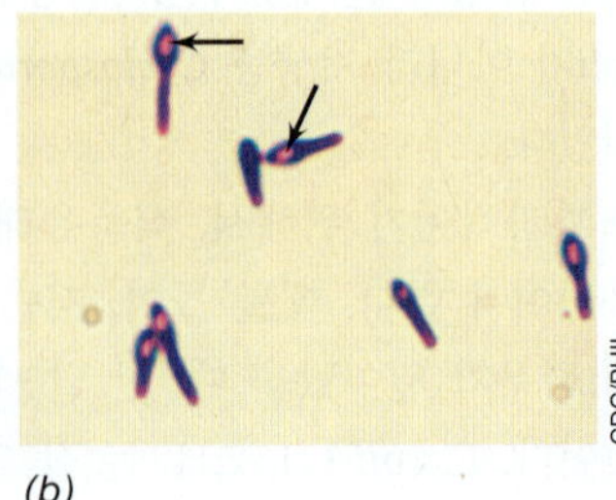

(b)

그림 32.11 식중독 유발 클로스트리디움. *(a)* 생장하고 있는 퍼프린젠스 식중독 유발 *C. perfringens*의 그람염색. 세포의 크기는 약 1 × 3 μm이다. *(b)* 포자화하고 있는 보툴리즘 유발 *Clostridium botulinum* 그람염색. 세포는 약 1 × 5 μm이다.

단원 7

과 32.14절)과 *Salmonella* 감염 (32.10절과 표 32.5) 다음으로 *C. perfrigens*는 세 번째로 식중독을 많이 일으키는 것으로 보고된다. 2015년에 미국에서 거의 100만 건 가까이 퍼프린젠스 식중독이 발생하는 것으로 추정된다.

*C. perfringens*는 단백질 분해세균이다; 단백질은 발효에 의해 분해된다 (14.21절). 퍼프린젠스 식중독은 일반적으로 고기류, 가금류와 어류와 같이 단백질이 많은 오염된 조리 혹은 조리되지 않은 식품에 있는 많은 양 (>10^8)의 *C. perfingens*를 섭취하여야 한다. *C. perfringens*는 열전달이 충분하지 않은 많은 양의 고기를 조리한 고기 음식에서 자랄 수 있다. *C. perfringens*는 식품에서, 특히 식히기 위해 상온에 방치할 경우에 빠르게 자란다. 포자형성이 진행될 때, 퍼프린젠스 장독소가 생성된다. 독소는 장 표피의 투과성을 변화시켜, 구역질, 설사와 장 경련을 유발한다. 퍼프린젠스 식중독은 오염된 식품을 섭취한 후, 7~15시간 후에 시작되며 24시간 내에 완화된다; 이런 이유로 이 질병은 때때로 "위장염(stomach flu)" 또는 "24시간 독감(24-hour flu)"으로 기록된다. 퍼프린젠스 식중독으로 인한 사망자는 드물며 설사나 구토 (분비물이 있는 경우)로 인한 체액을 대체하는 것 이외에는 특별한 치료가 필요하지 않다.

퍼프린젠스 식중독의 진단은 분변에서 *C. perfringens*를 분리하거나, 좀 더 확실하게 분변에서 *C. perfringens*의 장독소를 검출할 수 있는 면역측정법을 사용한다. 퍼프린젠스 식중독의 예방은 조리된 식품이 조리되지 않은 식품에 오염되지 않게 하고, 모든 식품은 조리할 때와 가정에서 통조림을 만들 때 적절히 열을 가해야 한다. 퍼프린젠스 장독소는 열에 약해서 식품에서 생성된 독소는 적절한 열처리 (75°C)로 파괴할 수 있다. 조리된 식품은 가능한 한 빠르게 낮은 온도 냉동 보관하여 있을 수도 있는 *C. perfringens*의 생장을 억제하여야 한다.

보툴리즘

보툴리즘(botulism)은 *C. botulinum*이 생성한 외독소를 함유하고 있는 식품을 섭취하여 일어나는 심각하고 잠재적으로 치명적인 식중독이다 (그림 32.11*b*). 이 세균은 토양이나 물에 서식하지만, 세포와 내생포자가 가공되지 않은 식품이나 가공된 식품을 오염시킬 수 있다. 살아 있는 *C. botulinum*의 내생포자가 식품에 있으면, 발아하여 보툴리눔 독소를 생성할 수 있다; 높은 독성의 이 물질을 아주 적은 양 섭취하여도 심각한 질환과 사망을 초래할 수 있다.

보툴리눔 독소는 호흡과 심장 박동과 같은 주요한 생체 기능을 조절하는 자율신경계에 영향을 미치는 신경독소이다; 전형적인 이완성 마비를 초래한다 (25.6절 및 그림 25.13). 최소 7종류의 보툴리눔 독소가 알려져 있다. 독소는 열 (80°C에서 10분)에 의해 파괴되기 때문에 특히 보툴리눔 독소에 오염된 식품을 잘 조리하면 위험하지 않다. 대부분의 식품유래 보툴리즘은 적절하게 가공되지 않은 가정에서 만든 통조림, 특히 옥수수와 콩처럼 비산도 식품에 원인이 있다. 밀봉된 (무산소 상태) 용기에 살아 있는 *C. botulinum* 내생포자는 보관 중 발아하고 독소를 생성한다. 이러한 많은 식품은 차가운 샐러드를 만들 때 조리하지 않고 사용되어 들어 있는 보툴리눔 독소는 파괴되지 않는다 (937쪽 참조). 식품 유래 보툴리즘의 예방은 통조림과 관련 식품 저장 공정을 할 때 주의 관심을 가지는 것이다.

유아는 독소를 함유하고 있는 식품에 중독될 수 있지만, 대부분의 유아 보툴리즘 사례는 유아가 *C. botulinum*에 실질적으로 감염(*infection*)되어 생성하는 독소에 의해 발생한다. *C. botulinum*에 대항할 수 있는 잘 발달된 장내 세균총이 없기 때문에 2개월까지의 신생아에게 흔히 발생한다. 섭취된 *C. botulinum* 내생포자는 유아의 장에서 발아하고, 생장을 시작하며 독소를 생성한다. 감염에 의해 상처 보툴리즘(wound botulism)도 발생할 수 있는데 아마도 오염된 물질에 있는 내생포자가 비구강 경로를 통해 들어간 것으로 추정된다. 상처 보툴리즘은 불법 주사용 마약 사용과 가장 많이 연관되어 있다.

모든 형태의 보툴리즘은 흔하지 않다. 미국에서 매년 45% 유아, 30% 상처와 25% 식품유래로 약 110건이 확인된다. 그러나 보툴리즘은 치료하지 않으면 높은 사망률을 보여 매우 심각하다. 대부분의 경우 진단과 함께 치료되기 때문에, 전체 보툴리즘 사례의 5% 보다 적은 사망률을 가지고 있다. 보틀리즘은 오염된 식품을 섭취한 후, 18~24시간 안에 시작되는 부분적인 마비 (시력과 언어 능력의 마비)의 임상적인 관찰과 함께 보툴리눔 독소 혹은 *C. botulinum* 세포를 환자한테서 (혹은 오염된 식품에서) 확인하여 진단한다. 만약에 진단이 빨랐다면 보툴리즘의 치료는 보툴리즘 항독소를 투여하고, 호흡기 마비의 증상이 이미 나타났다면, 인공호흡기를 사용한다. 독소의 양이 많지 않은 유아 보툴리즘은 자가 제한적으로 모든 유아는 단지 인공호흡기와 같은 보조적인 방법으로 회복된다.

미니퀴즈

- 보툴리즘과 퍼프린젠스 식중독의 독소 생성 및 중독 증세를 비교하라.
- 어른과 유아의 보툴리즘 전파 경로의 차이를 설명하라.

V • 식품 감염

식품 감염은 식중독과 같은 것은 아니라는 것을 상기하라 (32.7절). 식품 감염은 병원균이 자라고 숙주에게 질병을 일으킬 만큼의 충분한 개수의 병원균을 가지고 있는 음식을 섭취할 경우에 발생한다. 식품 감염은 매우 흔하며, 미국에서는 식품 감염이 식중독의 10배 이상 많이 발생한다. 25.1절과 25.2절에서 미생물—친구와 적과 같이—이 부착하여 숙주의 조직에 정착하는 과정을 요약한 감염 과정을 설명하였다.

32.10 살모넬라증

살모넬라증(salmonellosis)은 전형적으로 *Salmonella*에 오염된 식품을 섭취하거나 *Salmonella*에 오염된 동물이나 동물 생산물을 만

그림 32.12 ***Salmonella*의 일부 근원.** *(a)* 장과 배설물에 *Salmonella*를 가지고 있는 가금류. *(b)* 거북이와 *(c)* 개구리로부터 사람에게 *Salmonella*가 전파될 수 있다. *(d)* 신선 닭과 계란.

짐으로서 발생하는 장질환이다 (**그림 32.12**). 살모넬라증은 미국에서 가장 흔한 식품 감염으로 전체 사례로 노로바이러스 다음으로 많다. 살모넬라증 증상은 병원균이—*Escherichia coli*와 연관된 그람 음성, 통성 호기성 간균 (16.3절과 그림 32.13 참조)—장 표피에 집락을 형성한 후 시작된다. *Salmonella*는 일반적으로 온혈동물과 냉혈동물 (그림 32.12)의 장에 서식하고, 하수에서 흔히 발견된다. 그러므로 살모넬라증의 일부는 식품유래보다는 수인성 감염으로 특별히 장티푸스의 경우에 해당한다 (32.5절).

현재 병원성 *Salmonella* 종(species)으로 지목되는 것은 *enterica*이며, *S. enterica*의 7개 아종(subspecies)이 있다. 대부분의 사람 살모넬라증은 *S. enterica* 아종 *enterica* 그룹에 속한다. 개별 아종은 또한 항원형(*serovar*) (혈청학적 변이체)으로 구분된다. 그러므로 *Salmonella enterica* serovar Typhi, 혹은 줄여서 *Salmonella enterica* (*typhi*)와 *Salmonella enterica* serovar Typhimurium 등이 있다. *S. enterica* serovar Typhimurium과 Enteritidis가 가장 흔한 식품유래 살모넬라증과 연관되어 있다.

감염 기작 및 역학

가장 흔한 살모넬라증의 형태는 장염(*enterocolitis*)이다. 살아 있는 *Salmonella* 세포를 함유하고 있는 식품을 섭취하면 소장과 대장에 군락을 형성한다. 여기서부터 *Salmonella* 세포는 식세포로 침입하여 세포 내에서 자라고, 숙주 세포가 죽어가면서 다른 세포로 확산된다. 침입 후, 병원성 *Salmonella*은 숙주 세포를 손상하고 죽이는 내독소, 장독소와 세포 독소와 같은 독성 요인을 내보낸다 (25장). 장염 증상은 전형적으로 섭취한 후 8~48시간 내에 나타나며, 두통, 오한, 구토와 설사를 동반하고 이후 여러 날 동안 지속할 수 있는 고열이 발생한다. 이 질병은 보통 치료 없이 2~5일 후에 회복된다. 그러나 회복 후, 환자들은 *Salmonella*를 몇 주 동안 분변으로 배출하고 건강한 보균자가 될 수 있다. 일부 *S. enterica* 아종은 몇 주간 전신성 감염과 고열을 특징적으로 나타내는 잠재적으로 치명적인 특징을 가지는 패혈증 (혈액 감염)과 장티푸스를 유발할 수 있다 (32.5절).

미국 내에서 살모넬라증의 발병은 매년 약 백만 건으로 지난 10년 동안 꾸준하였다. *Salmonella*가 식품공급체계로 들어갈 수 있는 여러 경로가 있다. 세균이 식품업계 종사자의 분변 오염을 통해 식품에 들어갈 수 있다. 닭, 돼지와 소와 같이 식품에 사용되는 동물은 사람에게 병원성인 *Salmonella* serovar를 가지고 있으며, 계란, 고기와 유제품과 같은 신선 식품에 들어갈 수 있다 (그림 32.12*d*). *Salmonella* 식품 감염은 흔히 조리되지 않는 계란으로 만들어진 커스타드, 크림 케이크, 머랭과 에그녹(eggnog)과 같은 식품에서 유래된다. 일반적으로 살모네라증 발생에 원인이 되는 다른 식품은 고기, 고기 제품, 특히 가금류, 보존처리 되었지만 조리되지 않은 소시지와 다른 고기류, 우유와 유제품 등이다. *Salmonella*에 오염된 동물 (그림 32.12*b*)은 단순히 만지는 것만으로도 살모넬라증을 유발할 수 있다.

진단, 치료 및 예방

식품유래 살모넬라증은 임상적 증상, 최근 고위험성 음식의 섭취 기록과 분변으로부터 세균의 배양 등을 통해서 진단한다. *Salmonella*를 분리하기 위해 선택 및 분별 배지가 사용되며, 다른 그람-양성 장내 세균과 구별할 수 있다 (**그림 32.13**). *Salmonella*의 존재를 확인하는 검사는 흔히 생고기나 가금류, 계란과 분유와 같은 동

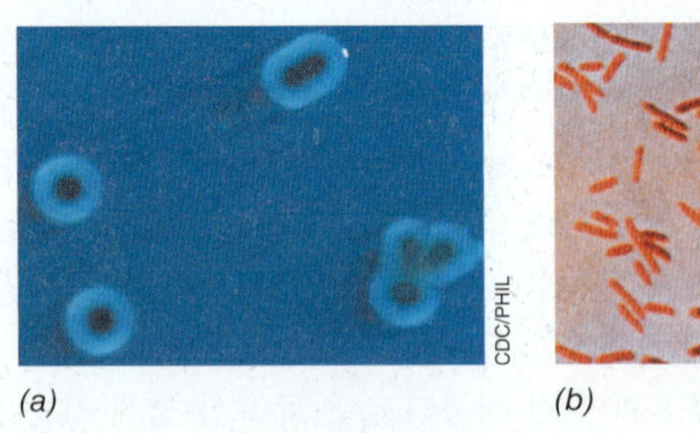

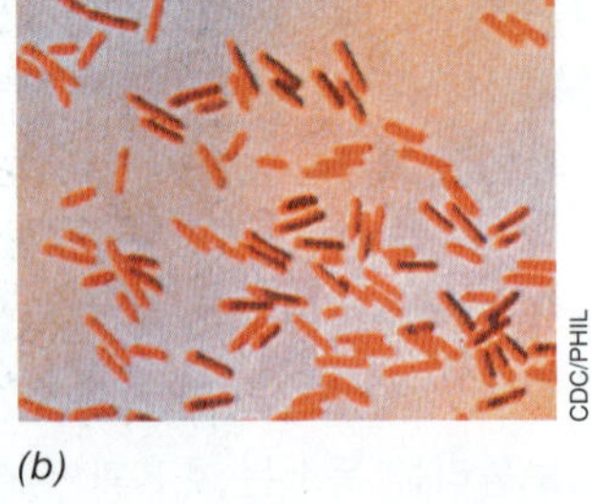

그림 32.13 ***Salmonella*의 분리.** *(a)* 그람-양성 세균의 억제제와 탄소원으로 젖당과 펩톤을 가지고 있는 Hektoen 한천 배지 위의 *S. enterica* (*typhimurium*) 집락. 장내세균 중에서 독특하게 이 배지에서 아황산은 *Salmonella*에 의하여 H_2S로 환원되어 검은색의 FeS를 형성하기 위해 Fe와 결합한다. 따라서 *Salmonella*는 검은색 FeS 센터가 있는 흰색 집락을 형성하는데, 이는 장내 세균 중에서 독특한 패턴이다. *Salmonella* 종은 유당을 발효시키지 않고 대신 펩톤에서 아미노산을 소비하므로 알칼리성으로 변하여 청색으로 관찰된다. *(b) Salmonella*의 그람염색된 세포; 세포의 평균 크기는 약 1 × 3 μm이다.

물성 식품에 대해 실행한다. 검사는 여러 가지의 빠른 검사방법이 (28장) 있으나, 빠른 검사도 검사할 수 있는 수준으로 *Salmonella*의 숫자를 증가시키기 위한 농후 과정에 의존하고 있다.

장염의 치료는 일반적으로 불필요하며, 항생제 치료도 질병의 경과를 단축시키거나 보균 상태를 억제하지 못한다. *Salmonella*가 함유하고 있으나 최소 70°C에서 열처리한 식품은 바로 섭취하거나, 50°C 이상으로 유지하거나 바로 냉장하면 일반적으로 안전하다. 식품을 오랫동안 방치하거나, 특히 뜨겁거나 냉장하지 않은 경우에 감염된 식품 종사자에 의해 오염된 식품은 *Salmonella*의 생장을 촉진한다.

미니퀴즈

- 살모넬라증 식품 감염을 설명하라. 식품 감염은 식중독과 어떻게 다른가?
- 식용 동물의 *Salmonella* 오염은 어떻게 방지할 수 있는가?

32.11 감염성 *Escherichia coli*

대부분의 *Escherichia coli*은 사람의 대장에 있는 일반적인 공생체이며 병원성이 아니다. 그러나 일부 균주들은 잠재적인 식품유래 (간혹 수인성) 병원성으로 (**그림 32.14**) 위험한 장독소를 생성한다 (25.6절). 이러한 병원성 균주는 만들어 내는 독소 형태와 질병 증상을 기반으로 분류된다. 여기에서는 시가독소(shiga toxin)를 생성하는 *E. coli*와 간단하게 다른 독소 *E. coli* 균주를 설명한다.

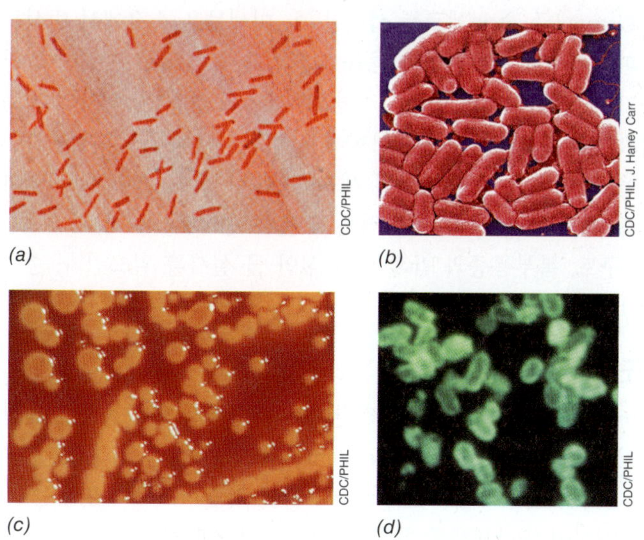

그림 32.14 감염성 *Escherichia coli*. *(a)* 그람 염색된 세포는 *E. coli*의 전형적인 그람-음성, 막대 모양의 형태를 나타낸다. *(b) E. coli* O157:H7의 세포의 컬러 스캐닝 전자 현미경 사진. 세포의 크기는 약 1 × 3 μm. *(c) E. coli*는 Hektoen agar와 같은 다양한 선택 및 구별 배양 배지에서 쉽게 분리될 수 있다. 이 균주는 유즙을 발효시키고 배지를 산성화하기 때문에 대장균의 집락이 황색으로 변한다 (Hektoen 한천배지 상의 *Salmonella*의 집락과 이것을 비교하라. 그림 32.13*a*). *(d)* 분변 도말 속에 있는 *E. coli*의 장병원성(enteropathogenic) 균주들은 특정 형광 항체를 사용하여 검출할 수 있다.

식품유래 감염 병원균으로서 "5대(top five)"에 속하지는 않지만 (표 32.5), 병원성 *E. coli* 균은 심각해서 보통 병원에 입원할 필요가 있는 질병 증상을 일으킨다. 실제로, 병원성 *E. coli* 감염은 치명적인 설사 질병과 요도 장애 문제를 일으킬 수 있다.

시가독소-생성 *Escherichia coli* (STEC)

시가독소-생성 *Escherichia coli* (shiga toxin-producing *Escherichia coli*, STEC) 균주는 *E. coli*와 가까운 *Shigella dysenteriae*가 생성하는 시가 독소와 유사한 장독소인 베로톡신(*verotoxin*)을 생성한다. 이 독소는 단백질 합성을 억제하고 혈성 설사와 신부전을 유발한다. STEC 균주 *E. coli*는 장출혈성 대장균(*enterohemorrhagic E. coli*, EHEC)이라고도 불린다. 가장 광범위하게 분포되어 있는 STEC는 *E. coli* O157:H7이다 (그림 32.14*b*). STEC가 들어 있는 식품 또는 물을 섭취한 후, 세균은 소장을 감염시켜 생장하면서 베로톡신을 생성하여 혈변 설사와 신장 기능 손상 증세를 나타내기 시작한다.

거의 절반의 STEC 감염은 오염된 조리되지 않거나 완전히 조리되지 않은 고기, 특히 대량 생산된 간 고기를 섭취하여 발생한다. *E. coli* O157:H7은 일반적으로 건강한 소의 내장에 있으며, 도살과 가공 중인 고기가 동물의 장내 내용물에 오염되어 식품 공급체계로 들어간다. STEC 균주는 유제품 (특히 생우유 제품), 신선 과일과 채소에 의해 발생된 식품 감염 발병의 원인균으로 여겨졌다. 일반적으로 STEC를 가지고 있는 소의 분변에 오염된 신선 식품이 이러한 경우에 해당한다 (32.7절).

기타 병원성 *Escherichia coli*

개발도상국에서는 종종 아이들에게 *E. coli*에 의한 설사가 발병하며, *E. coli*는 또한 개발도상국을 여행하는 여행자들에게 흔한 감염인 "여행자 설사(traveler's diarrhea)"라고 하는 물 설사 (STEC 균주의 혈변 설사와 반대로)를 일으킬 수 있다. 가장 주된 원인은 장독성 대장균(*enterotoxigenic Escherichia coli*, ETEC, 그림 32.14*d*)이다. 장독성 대장균 균주는 소장을 감염시키고 열에 약한 설사 유발 장독소를 만든다.

멕시코를 여행한 미국시민을 대상으로 한 연구에서 ETEC에 의한 감염률은 50% 이상이다. 일차적인 매개체는 신선 채소 (예, 샐러드의 상추)와 같이 부패하기 쉬운 식품과 공중 급수였다. 원주민들은 미생물에 오랫동안 노출되어 ETEC 균주에 일반적으로 저항성을 가지고 있다. 또 다른 병원성 *E. coli* 균주에는 유아와 어린 아이에게 설사를 유발하지만 침습성 질병 혹은 독소를 만들지 않는 장병원성 대장균(*enteropathogenic E. coli*, EPEC)과 대장에 침입하여 물 또는 간혹 혈변 설사를 일으키는 장침투성 대장균(*enteroinvasive E. coli*, EIEC)이 있다.

진단, 치료 및 예방

STEC 감염에 대한 진단, 치료와 예방을 위해 확립된 일반적인 경향은 모든 병원성 *E. coli* 균주에서 사용되는 최근 방법을 반영하고 있다. 실험실 진단은 분변에서 배양 (그림 32.14*c*)하고 O (지질다당류)와 H (편모) 항원과 독소를 면역학적 방법 (그림 32.14*d*)으로 확인한다. 다양한 분자학적 분석을 이용하여 확인과 분류를 할 수 있다.

STEC 감염의 치료는 탈수 방지를 위한 보조적인 치료와 신장 작동, 혈중 헤모글로빈과 혈소판을 모니터링하는 것이다. 항생제는 완전한 형태로 분변으로 배출될 죽어가는 *E. coli* 세포로부터 베로독소(verotoxin)를 다량 방출하도록 할 수 있기 때문에 실제로 해로울 수 있다. 다른 병원성 *E. coli*의 감염은 보조적인 요법으로 치료하며, 심한 경우에 감염을 단축하고 제거하기 위해 항생제를 투여한다.

모든 병원성 *E. coli*의 감염을 예방하는 가장 효율적인 방법은 날 식품은 깨끗이 씻고, 고기, 특히 간 고기는 투명한 육즙과 함께 회색 혹은 갈색으로 보이고 온도가 70°C에 도달할 때까지 완전히 익히는 것이다. 일반적으로 적절한 식품 가공, 수질 정화와 적당한 공중위생도 병원성 *E. coli*의 확산을 예방한다. 여행하는 동안에는 병원성 *E. coli*에 의한 설사는 적절하게 밀봉된 생수를 마시고 조리되지 않은 식품을 피함으로써 예방될 수 있다.

미니퀴즈

- 살모넬라증의 식품 감염을 설명하라. 식중독과 식중독은 어떻게 다른가?
- 고기가 병원성 *E. coli*의 일차적인 매개체가 되는 이유는? 어떻게 오염된 고기를 먹기에 안전하게 할 수 있나?

32.12 *Campylobacter*

살모넬라증 (32.10절)과 퍼프린젠스 식중독 (32.9절)과 더불어 *Campylobacter* 감염은 미국에서 가장 만연된 세균성 식품 감염 중 3위이다 (표 32.5). *Campylobacter* 세포는 산소 농도가 낮은(microaerophilic) 상태에서 가장 잘 자라는 그람-음성의 운동성이며 나선형인 엡실론프로테오박테리아(*Epsilonproteobacteria*) (16.5절)이다. 호기성 미생물들처럼 산소가 적은(microaerophilic) 곳에서도 생장할 수 있다. 여러 *Campylobacter*가 알려졌지만, *C. jejuni*와 *C. fetus* (**그림 32.15**)가 사람의 식품유래 질환과 가장 일반적으로 연관되었다.

역학 및 병리학

*Campylobacter*는 가금류, 돼지, 날조개 같은 식품이나 간혹 지표에서 분변에 오염된 물에 의해 사람에게 전파된다. *C. jejuni*는 가금류의 장관에서 정상적으로 생장하는 미생물이며, 미국 농업부에 따르면 칠면조와 닭고기의 90% 이상이 *Campylobacter*에 오염되었다, 돼지고기 역시 *Campylobacter*를 가지고 있으며, 소고기는 흔한 매개체가 아니다. 또한 *Campylobacter* 종은 개와 같은 동물을 감염시켜 사람보다는 증상이 덜하지만, 경미한 설사를 일으킨다. 유아의 *Campylobacter* 감염은 실질적으로 흔히 감염된 가정의 동물, 특히 개에 원인이 있다.

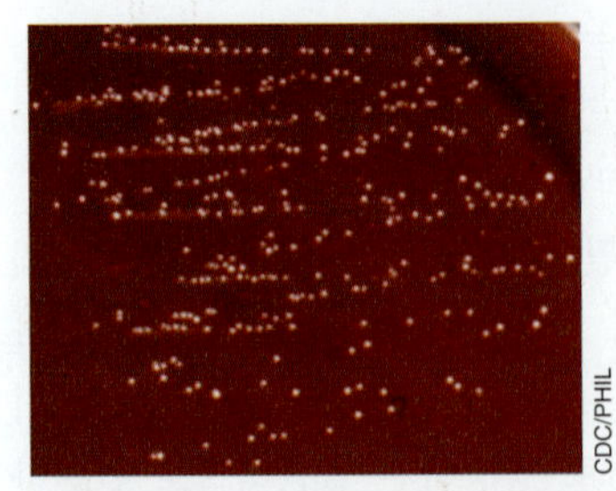

(a)

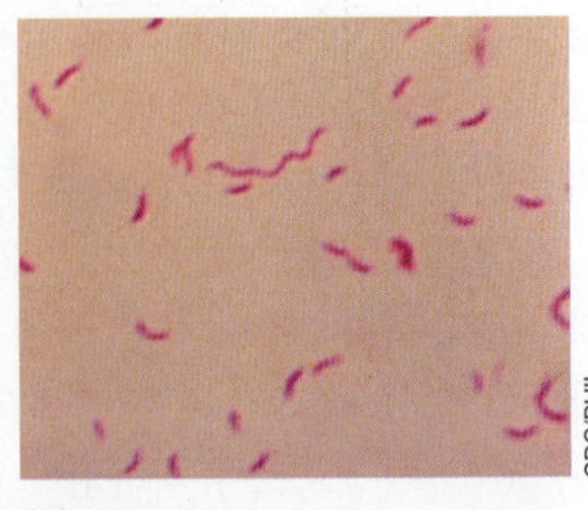

(b)

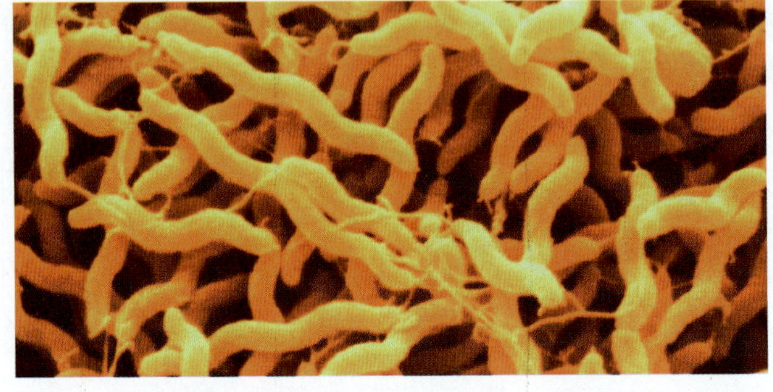

(c)

그림 32.15 ***Campylobacter*.** *(a)* 선택적 *Campylobactor* 한천 배지에서 생장한 *C. jejuni* 집락. 배지는 *Campylobactor*가 자연적으로 저항성을 가지는 여러 항생제를 함유하고 있다. *(b)* 그람염색과 *(c) Campylobactor* 종의 세포의 주사전자현미경 사진. 개별 세포의 평균 크기는 0.4 × 2 μm이다.

Campylobacter 세포를 섭취한 후, 미생물은 소장에서 번식하며 표피조직으로 침투하여 염증을 일으킨다. *C. jejuni*는 위산에 민감하기 때문에 감염을 일으키려면 10^4개 정도의 많은 숫자의 세포가 필요하다. 그러나 음식물과 함께 섭취되거나 위산 분비를 줄이는 약을 먹고 있는 사람이라면 세포 숫자는 적게는 500개로 떨어질 수 있다. *Campylobacter* 감염은 고열 (보통 40°C 이상)과 두통, 오한, 구토, 복부통증과 간혹 피가 섞인 물 설사를 일으킨다; 증상은 약 1주일 내에 완화된다.

진단, 치료 및 예방

Campylobacter 식품 감염 진단에는 분변에서 균주들을 분리하여 생장 의존 검사(growth dependent test), 면역학적 분석, 또는 유전자 분석이 필요하다. *Campyloabcter*가 자연적으로 저항성을 가지고 있는 여러 항생제를 함유하고 있는 배양 배지는 이 세균을 선택적으로 분리하기 위해 개발되었다 (그림 32.15*a*). 다양한 면역학적 방법이 campylobacter 감염을 진단하는 데 사용된다.

세포배양 또는 배양하지 않고 명확하게 확진되었다면 항생제인 아지스로마이신(azithromycin) 치료가 광범위하게 사용된다. 이와 더불어, *Campylobacter* 감염에 의한 심한 탈수가 일어난 경우, 혈관을 통해 수분 공급과 입원이 필요할 수 있다. 특히 식품 가공 공장에 있는 사람들의 적극적인 개인위생, 조리하지 않은 가금류의 적절한 세척 (그리고 조리하지 않은 가금류와 접촉한 모든 부엌 도구), 고기를 완전히 익히는 것들이 *Campylobactor* 감염을 예방하는 수단이다.

미니퀴즈

- *Campylobactor* 식품 감염의 역학을 설명하라. 이 병원균의 주요 매개체는 무엇인가?
- 식품으로 사용되는 동물의 *Campylobactor* 오염을 어떻게 관리할 수 있는가?

32.13 리스테리아증

*Listeria monocytogenes*는 균혈증(bacterimia) (혈액 속에 세균)과 뇌막염(meningitis)을 유발하는 **리스테리아증(listeriosis)**이라는 장관 식품 감염을 일으킨다. *L. monocytogenes*는 그람-양성이며 비포자성인 구형간균 [*Firmicutes* 문(phylum)]으로 내산성, 내염성, 내한성이며 통성 호기성이다 (**그림 32.16**) (16.7절). 매년 확인되는 발병 건수 면에서 주요하지 않은 식품유래 병원균이지만, *Listeria* 감염은 매우 심각할 수 있고 미국에서 식품유래 질환에 의한 모든 사망의 20%에 이르는 것으로 추정되고 있다. 리스테리아증은 주로 노인, 임산부, 신생아 및 약화 된 면역계를 가진 성인에게서 나타난다. 2014년에 미국에서 660건의 침습성 리스테리아증 (위장관을 넘어선 감염)이 보고되었으며 치명적인 경우가 107건 (16%)이다.

역학

*L. monocytogenes*는 주로 흙이나 물에 있으며, 식품에는 흔하지 않지만 어떤 식품 원료도 잠재적인 *L monocytogenes* 오염으로부터 안전하지 않다. 식품은 생산 또는 가공 공정 중 모든 단계에서 오염될 수 있다. 적절하게 냉장 온도 (4°C)에서 저장하였을 때도, 즉석 고기 식품, 신선한 부드러운 치즈, 살균되지 않은 낙농제품, 충분히 살균되지 않은 우유들이 *Listeria*의 주요 식품 매개체이다. 보통 다른 식품 유래 병원균의 생장을 방지하는 냉동에 의한 식품 보관도 미생물이 저온성(psychrotolerant)이기 때문에 *Listeria* 경우에는 비효율적이다. *L. monocytogenes*은 낮은 온도에서도 세포막 기능을 유지하는 일련의 가지 사슬의 지방산을 생성한다 (5.10절).

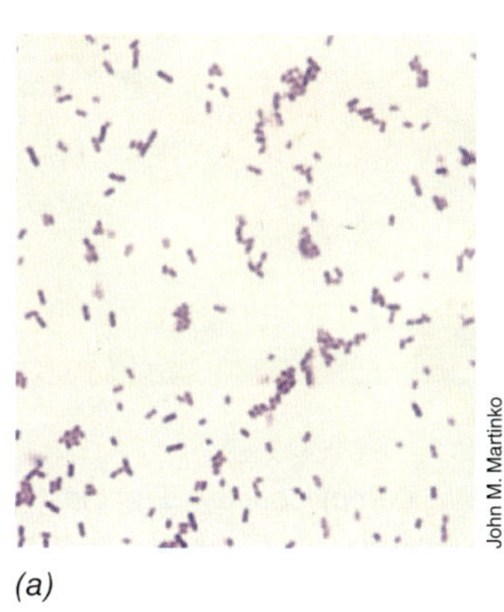

(a)

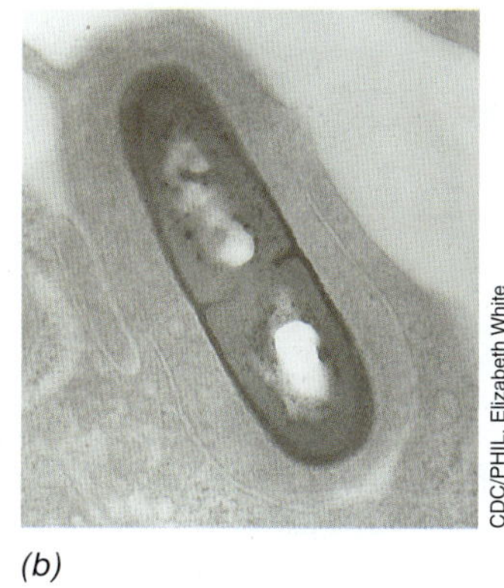

(b)

그림 32.16 *Listeria monocytognes.* *(a)* 그람염색과 *(b)* 리스테리아증을 유발하는 *L. monocytogens* 세포의 투과전자현미경 사진. *b*에 있는 *Listeria* 세포는 숙주 조직 안에 있다 (그림 32.17 참조).

병리학

*L. monocytogens*에 대한 면역은 일반적으로 세포에 의한 Th1 염증 세포에 의해 생긴다 (27.8절). 그러나 면역체계가 망가진 세포 안에 들어갈 수 있듯이 *Listeria* 세포가 면역 세포에 침입하면, 미생물은 장의 식세포에 의해 안으로 들어가게 된다. 숙주의 방어기작 측면에서 좋은 것으로 생각하겠지만, 식세포에 의한 침입은 *Listeria* 감염 주기의 시작이므로 그렇지 않다.

Listeria 세포는 숙주 식세포에 의해 파고솜(*phagosome*)이라고 불리는 액포(vacuole)로 흡수된다. 이것이 주요 *Listeria*의 독성 인자인 독소 리스테리오리신 O (*listeriolysin O*)의 생성을 자극하며, 이 단백질은 파고솜을 용해하고 *L. monocytgens*을 세포질로 방출한다 (**그림 32.17**). 여기서 미생물은 자라며 두 번째 독성 인자인 *ActA*를 생산하며, 이 단백질은 숙주 세포의 액틴 중합(actin polymerization)을 유도한다; 액틴 코트는 세포를 감싸고 병원균이 숙주 세포막으로 이동하는 것을 도와준다. 거기에서 복합체는 튀

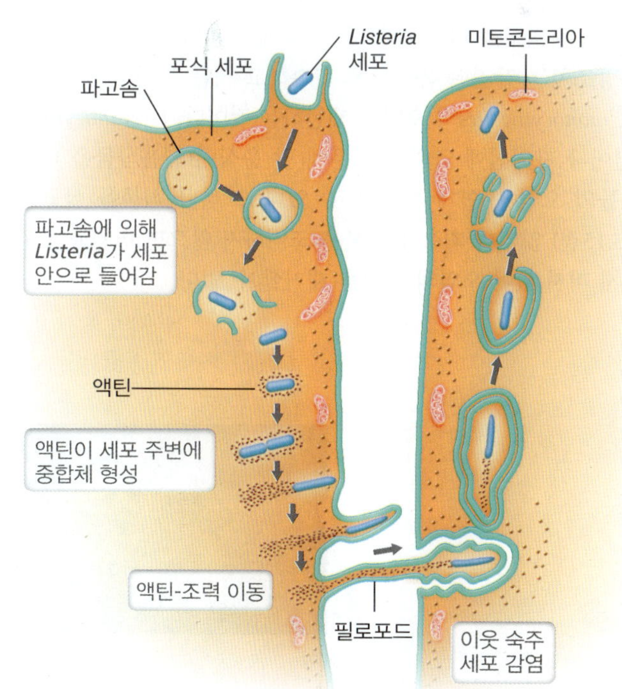

그림 32.17 리스테리아증 발병 중 *Listeria*의 이동. 파고솜 안에 식세포에 의해 안으로 들어간 *Listeria* 세포. 파고솜은 최종적으로 독성인자 리스테리오리신 O에 의해 용해되어 *Listeria* 세포를 내보낸다. 미생물 세포는 세포의 한 쪽으로 이동하도록 도움을 주는 액틴으로 둘러싸인다. 필로포드는 *Listeria* 세포를 옆에 있는 숙주 세포로 이동을 촉진하여, 다시 주기를 시작한다.

어나와 필로포드(*filopod*)라고 불리는 돌기를 만들고 주변의 다른 식세포에 의해 안으로 들어간다 (그림 32.17). 필로포드 형성은 *L. monocytogens* 세포가 면역 체계의 주요한 무기에 노출되지 않고 숙주 조직에 따라 이동하도록 한다: 항체, 보체(complement)와 호중구(neutrophil) (26장과 27장).

장에 있는 *Listeria* 세포는 장벽을 통과하여 림프와 혈액에 의해 다른 기관, 특히 간으로 옮겨져서 장 식세포에서와 같이 자라게 된다 (그림 32.17). 여기서부터 *L. monocytogens* 세포는 중추신경계를 감염시키고, 뉴런 안에서 자라 수막 (뇌와 척추를 감싸고 있는 조직)염증을 일으켜 뇌막염을 유발한다. *Listeria*가 숙주 조직에서 만성 감염을 일으킬 수 있도록 하는 리스테리오리신 O에 추가하여, 다른 주요한 독성 인자는 숙주의 세포막을 분해하는 인지방분해효소(phospholipase), 식세포의 세포 산화제를 무력화하는 항산화제와 많은 미생물에 일반적인 일련의 "스트레스 단백질(stress proteins)"을 포함한다 (6.9절 및 6.10절).

진단, 치료 및 예방

리스테리아증은 혈액이나 척수에서 *L. monocytogenes* (그림 32.16)를 배양하여 진단한다. 식품 안에 있는 *L. monocytogenes*는 직접 배양하여 확인하거나 여러 분자학적 방법을 통해 확인한다. 분자학적 방법은 감염원을 추적하기 위해 임상에서 분리된 미생물의 아종을 확인하는 데 사용된다. 페니실린, 앰피실린, 또는 트리메토프린(trimethoprin)과 설파메톡사졸(sulfamethoxazole) 등의 항생제 정맥주사는 침투성 리스테리오증 치료에 사용된다.

예방조치는 감염된 음식물을 회수하고 식품 조리 과정 중 단계별 *L. monocytogenes*의 오염을 제한하는 것이다. *L. monocytogenes*는 열이나 자외선에 약하기 때문에 날 음식이나 음식물을 다루는 기구들의 오염을 쉽게 제거할 수 있다. 그러나 식품을 살균하지 (5.15절) 않거나 최종 음식물을 조리하지 않으면 병원균이 광범위하게 퍼져 있어 오염의 위험을 제거할 수 없다.

미니퀴즈

- 건강한 사람에게 *Listeria monocytogens*가 노출될 경우 어떤 결과가 나오는가?
- 어떤 사람들이 *L. monocytogens* 감염으로부터 심각한 질병에 가장 쉽게 감염될 수 있는가?

32.14 기타 식품유래 감염성 질병

바이러스와 기타 감염체 등의 200가지 이상의 미생물이 식품유래 질병을 일으키며, 여기서는 중요한 것들에 대하여 요약한다. 여기에서 "5대(top five)" 병원균 (표 32.5)과 비교하여 흔하지는 않지만 몇 개의 세균성 병원균을 설명하고, 식품유래 병원체로 자주 언급되며 미국에서 전체적으로 첫 번째 장질환을 일으키고 있는 측면에서 노로바이러스 (앞에 수인성 병원체로 설명하였음, 32.5절)에 대하여 한 번 더 설명하고자 한다.

세균

이미 설명한 주요한 세균성 식품유래 병원균과 더불어, 여러 다른 미생물도 사람에게 장질환을 유발한다. *Yersinia enterocolitica*는 장내 세균으로 공통적으로 가축의 장에서 발견되고 오염된 고기와 유제품으로 식품유래 감염을 일으킨다. 가장 심각한 *Y. enterocolitica* 감염의 결과는 심하고 생명을 위협하는 장 발열이다. *Y. enterocolitica*는 *Salmonella* (**그림 32.18*a*, *b***)를 분리하는 데 사용된 것과 같은 선택/분별 배지로 분리할 수 있으나, 배지 위에 있는 세균을 쉽게 구별할 수 있다 (그림 32.13*a* 및 32.18*b* 비교).

*Bacillus cereus*는 상대적으로 적은 숫자의 식중독 사례와 관련이 있다. 내생포자를 형성하는 세균 (2.10절과 16.8절)은 다른 증상을 보여주는 두 종류의 장독소를 만든다. 구토성(*emetic form*) 증상은 일차적으로 구역질과 구토이다. 설사형(*diarrheal form*) 증상으로 설사와 장복통이 관찰된다. *Bacillus cereus*는 조리되어 천천히 식히기 위해 실온에 방치한 쌀, 파스타, 고기와 소시지와 같은

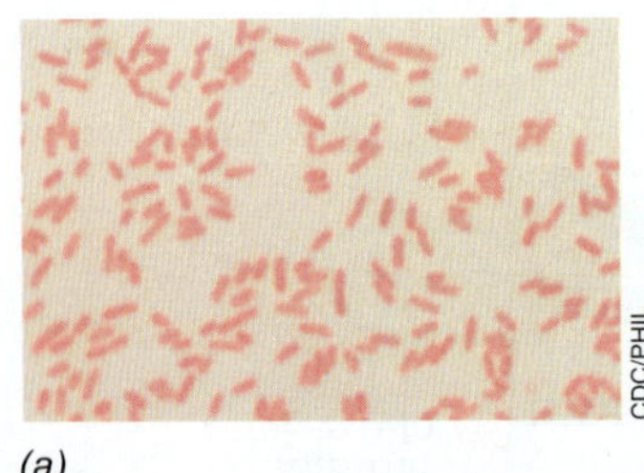
CDC/PHIL
(a)

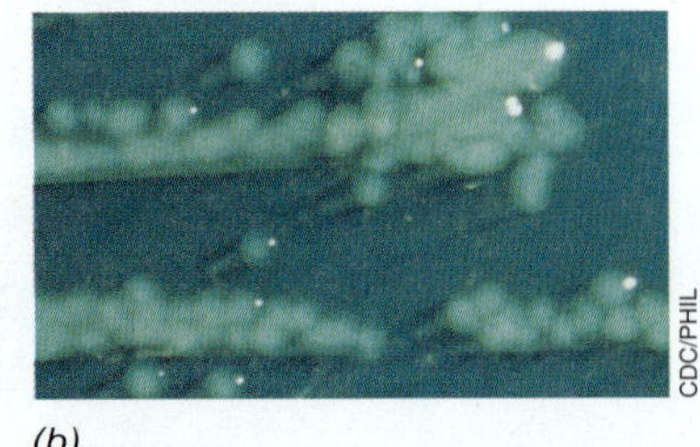
CDC/PHIL
(b)

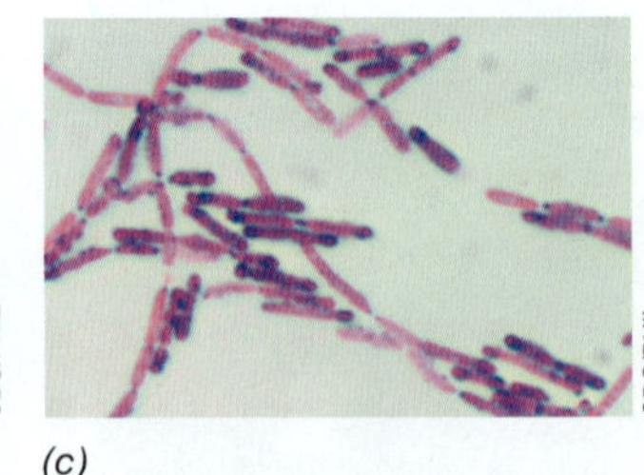
CDC/PHIL
(c)

CDC/PHIL
(d)

그림 32.18 간혹 발생하는 식품유래 세균성 병원균: *Yesinia enterocolitica*와 *Bacillus cereus*. *(a)* 그람염색된 *Y. enterocolitica* 세포. *(b)* 선택 및 분별배지인 Haktoen 한천배지 상의 *Y. enterocolitica* 집락. 이 세균은 젖당을 발효하지 못하고 황화물(sulfide)을 생성하지 못하기 때문에 *Y. enterocolitica*는 하얀색 집락을 형성한다 (그림 32.13*a*에 있는 Haktoen 한천배지 상의 *Salmonella* 집락과 그림 32.14*c*에 있는 Haktoen 한천배지 상의 *Escherichia coli* 집락과 비교). *(c)* 포자화하고 있는 *B. cereus* 세포의 그람염색. *(d)* 혈액 배지 상의 커다란 결정체 모양의 *B. cereus* 집락. *Salmonella*, *Campylobacter* 또는 *Clostridium perfringens*에 비하여 *Y. enterocolitica* 또는 *Bacillus cereus*에 의한 식품유래 질환은 흔하지 않다.

식품에서 자란다. 내생포자가 발아하기 시작할 때, 독소가 생성된다. 재가열을 하여 *B. cereus*를 죽일 수는 있으나 독소는 열 저항성을 가지고 있어 활성을 유지할 수도 있다. *B. cereus*는 쉽게 배양될 수 있으며 현미경과 전형적으로 크고, 납알 모양의 퍼진 집락을 보고 한시적으로 확인한다 (그림 32.18*c*, *d*).

장내 세균인 *Shigella*는 식품 감염 시겔라증(*shigellosis*)을 유발하고, 일차적으로 오염된 어패류를 섭취함으로 *Vibrio* 종도 식중독을 야기한다. 대부분의 *Shigella* 감염은 분변의 구강 오염의 결과이나 식품과 물도 간혹 매개체이다. 32.11절에서 일부 병원성 *Escherichia coli*가 생성하는 유사한 시가독소에 대해 알아보았다.

바이러스

미국에서 연간 식품유래 감염의 약 70%는 노로바이러스에 의해 발생한다 (**그림 32.19*a***; 32.5절). 노와 바이러스(*Nowark virus*)라고도 알려져 있으며, 폴리오바이러스와 연관된 단일가닥의 양성-센스 RNA 바이러스이다 (10.8절). 일반적으로 노로바이러스 식품유래 질환은 간혹 구역질과 구토와 함께 설사를 하는 특징을 가지고 있다. 노로바이러스 감염의 회복은 보통 24~48시간 이내에 저절로 신속하게 회복된다 [이 질병은 흔히 "24시간 병원체(24-hour bug)"라고 불림].

로타바이러스(rotavirus), 아스트로바이러스(astrovirus)과 A형 간염바이러스(hepatitis A)가 대부분의 식품유래 바이러스성 감염을 유발한다. 이 바이러스들은 장내 서식하며, 흔히 분변으로 오염된 식품과 물에 의해 전파된다. A형 간염 바이러스(HAV, 그림 32.19*b*)는 노로바이러스와 같이 폴리오바이러스와 연관된 RNA 바이러스이지만 간세포에서 자란다. 30.11절에서 일차적으로 혈액에 의해 전파되는 간염 바이러스는 설명되었지만, HAV는 주로 식품유래 바이러스이다. HAV는 보통 병원에 가지 않을 정도의 경미한 증상을 보이지만, 간혹 심각한 간 질환이 HAV에 의해 유발된다. 가장 중요한 HAV를 위한 식품 매개체는 사람의 분변으로 오염된 물에서 채취되어 날로 섭취한 어패류, 일반적으로 굴과 조개이다. 최근 몇 년간은 HAV는 조리되지 않은 신선 채소에서도 발견됐다.

식품유래와 혈액에 의한 감염바이러스 발병의 일반적인 경향은 서서히 줄어들고 있으며, 효과적인 HAV와 HBV에 대한 예방주사로 지금은 기록적으로 최저 수준이다 (그림 30.32). 또한 생 조개류를 먹는 잠재적 위험에 대한 인식이 높아졌기 때문이기도 하다. 그럼에도 불구하고 30%가 넘는 미국인이 과거에 병원에 가지 않을 정도의 감염이 있었다는 것을 알려주는 HAV에 대한 항체를 가지고 있다는 조사된 결과가 있어, 광범위하고 가벼운 HAV 감염이 계속해서 발생하고 있다. 2014 년에는 미국에서 1239건의 A형 간염 사례가 보고되었다.

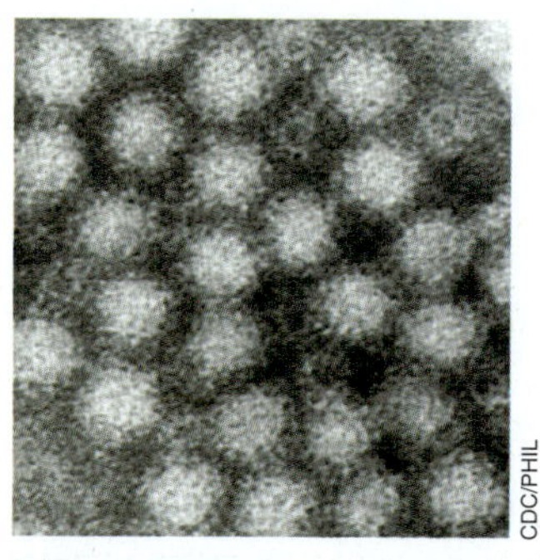

(a)

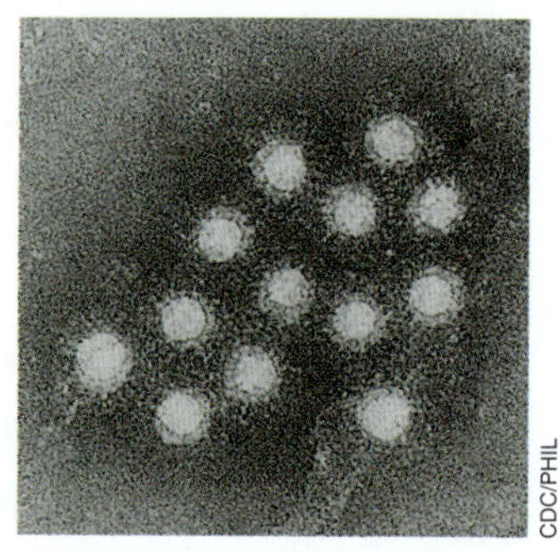

(b)

그림 32.19 오염된 식품에 의해 전파되는 바이러스. *(a)* 노로바이러스의 투과전자현미경 사진; 개별 비리온의 직경은 30 nm이다. *(b)* A형 간염 바이러스의 투과전자현미경 사진; 개별 비리온의 직경은 27 nm이다.

원생생물과 기타 원인체

중요한 식품유래 감염을 일으키는 원생생물을 표 32.5에 나열하였다. 주요 병원체는 *Giardia intestinals*, *Cryptospordium parvum*, *Cyclospora cayetanensis*와 *Toxoplasma gondii*이다. *G. intestinalis*와 *C. parvum*이 오염된 물을 이용하여 세척, 관수 또는 곡물에 살포할 때 식품에 전파된다. 과일과 같은 날 식품들이 이런 원생생물들의 매개체가 되는 것으로 알려져 있다. *Toxoplasma gondii*는 기본적으로 고양이 분변에 의해 전파되는 원생생물이지만, 생 또는 조리가 덜 된 고기, 특히 돼지고기에서 발견된다. *Cyclospora cayetanensis*의 식품유래 전염의 발병률은 최근 몇 년 동안 낮게 유지되어 왔으며 (매년 20건 이하로) 신선한 고수(cilantro) 농산물이 대다수의 발병에서의 병원체의 주요 매개체가 되어왔다. 자아르디아증(giardiasis), 크립토스포리디아증(cryptosporidiosis), 톡소플라스마증(toxoplamosis) 등의 질병은 33.4절에 설명되어 있다.

최소한 하나의 식품유래 병원체는 세포도 아니고 바이러스도 아니다; 이들은 프리온이다. 프리온(*prions*)은 독특한 구조를 가지고 있고, 정상적인 단백질의 기능을 저해하고 숙주의 신경세포를 파괴하는 단백질이다 (10.16절). 사람의 프리온 질병은 우울증, 운동 기능의 상실과 최종적으로 치매와 같은 신경 증상으로 특징지어진다. 식품유래 인간 프리온 질병을 변종 크로이츠펠트 야콥병(*variant Creutzfeldt–Jakob disease*, vCJD)이라고 불리며, 프리온에 발생하는 질병인 소의 우해면상 뇌병증(*bovine spongiform encephalopathy, BSE*)에 감염된 소에서 나온 고기를 섭취하는 것과 연관되어 있다. 영국에서 1990년 중반에 수천 건의 vCJD가 확인되었지만, 소 일부와 갈아 만든 뼈를 이용한 소 사료의 사용을 금지하여 유럽 내 BSE 발병을 크게 줄였으며 미국에서 매우 낮은 발병 상태를 유지시키고 있다.

미니퀴즈

- *Bacillus cerus*에 의한 식중독은 어떤 2가지 형태를 가지고 있나?
- 모든 식품유래 혹은 수인성 병원균과 비교하여 프리온의 특이성은 어떠한가?

단원 7

단원 정리

I • 질병 매개체로서의 물

32.1 오염된 음용수와 여가용 물은 모두 수인성 병원균의 근원이다. 미국에서는 이러한 물에 노출되어 있는 많은 사람들에 비하면 이에 의해 질병이 발생하는 빈도는 상대적으로 낮은 편이다. 세계적으로, 적절한 수 처리 시설의 미비와 깨끗한 물의 공급 제한은 감염 질병의 확산에 원인이 된다.

Q 어떤 요인이 수원에 존재하는 병원체를 사람에게 수인성 질병을 감염시키거나 그렇지 않도록 결정하는가?

32.2 음용수의 질은 표준화된 방법으로 급수체계 내 공급되는 물의 분변 오염의 실질적인 지표인 대장균군 및 분변 대장균군의 숫자를 세서 결정한다. 물의 여과와 염소소독은 현저하게 미생물의 숫자를 줄여준다. 선진국의 수질 정화 방법은 공중 보건을 개선하는 주요 요인이었으며, 개발도상국에서 수인성 질병은 여전히 감염병의 원천이다.

Q 주어진 물 샘플에서 총 세균 수를 추정하기 위한 도구로 ATP를 사용하는 방법을 설명하라.

II • 수인성 질병

32.3 *Vibrio cholerae*는 심한 탈수를 유발하는 급성 설사병인 콜레라를 유발한다. 콜레라는 기본적으로 하수 처리와 소독이 충분하지 않은 개발도상국에서 발생한다. 구강으로 수분과 전해질을 공급함으로써 효과적으로 콜레라가 치료되고 질병 사망률을 줄여줄 수 있다.

Q 체내의 소장에 대한 *V. cholerae*의 감염 형태를 설명하라.

32.4 *Legionella pneumophila*는 호흡기 병원균으로 심각한 감염인 폰티악열과 레지오넬라증을 일으키며 심할 경우 폐렴을 유발한다. *L. pneumophila*는 따뜻한 물에서 잘 자라며 냉각탑 에어로졸을 통해 전파되며, 물 공급시스템에서 미생물은 생물막을 형성한다.

Q *L. pneumophila*는 일반적으로 어떻게 감지되며, 감염된 환자에서 레지오넬라증을 치료하는 다양한 수단은 무엇인가?

32.5 *Salmonella* 종에 의해 유발되는 장티푸스와 노로바이스 질환은 중요한 수인성 질병이다. 노로바이러스 질환은 세계적으로 나타나며 장티푸스는 일반적으로 개발도상국에서 자주 발생한다. 좋은 소독과 효과적인 수 처리로 두 질병은 억제될 수 있다.

Q 장티푸스의 원인균인 *S. enterica*는 어떻게 전염되는가? 장티푸스의 각 단계들은 무엇인가?

III • 질병 매개체로서의 식품

32.6 잠재적인 미생물의 부패는 식품에 있는 영양분과 수분 함량에 달려 있다. 상하기 쉬운 식품에서 미생물의 생장은 냉장, 냉동, 통조림, 조림, 탈수, 화학물질과 방사선 조사로 제어될 수 있다. 미생물의 발효는 유제품, 육류, 과일과 채소와 알코올음료와 같은 많은 식품을 자연적으로 보존하는 데 이용될 수 있다.

Q 식품 부패의 세 가지 주요 범주를 확인하고 정의하라. 두 가지 모두 유기물이 풍부하지만 설탕보다 우유가 부패하기 쉬운 이유는 무엇인가? 음식을 보존하는 데 사용되는 주요 방법과 발효 식품의 주요 범주를 기술하라.

32.7 식중독은 미생물 독소의 작용에 의한 결과이고 식품 감염은 몸속에서 병원균의 생장 때문이다. 제한적인 식품유래 발병으로부터 식품 유래 미생물의 공통적인 특징을 확인하는 것은 정확하게 식품유래 오염의 기원을 알아내고 질병의 확산을 추적할 수 있다. 출현 순서가 감소하는 미국의 상위 5개의 식품유래 병원균은 다음과 같다: 노로바이러스, *Salmonella* 종, *Clostridium perfringens*, *Campylobacter jejuni*와 *Staphylococcus aureus*.

Q 식중독과 식품감염을 구별하고 두 가지 사례를 제시하라.

IV • 식중독

32.8 황색 포도상구균성 식중독은 포도상구균인 *Staphylococcus aureus*가 식품에서 생장하면서 생성된 슈퍼항원, 장독소를 섭취함으로 발병한다, 적절한 식품가공, 취급과 보관이 포도상구균성 식중독을 예방할 수 있다.

Q 포도상구균 식중독의 증상을 일으키는 원인은 무엇인가? 왜 포도상구균(staph) 식중독의 사례가 음식을 준비하는 사람과 관련이 있는가?

32.9 *Clostridium* 식중독은 식품에서 미생물의 생장에 의해 생성된 독소를 섭취하거나 몸속에서 독소를 생성하는 미생물 생장에 의해 발생한다. 퍼프린젠스 식중독은 꽤 흔하며, 보통 자가 제한적인 장 질병이다. 보툴리슴은 흔하지 않지만 높은 사망률의 심각한 질병이다.

Q Clostridial 식중독의 두 가지 주요 유형을 구별하라. 어느 것이 가장 보편적인가? 어느 것이 가장 위험하며 이유는 무엇인가?

V • 식품 감염

32.10 미국에서 매년 백만 건이 넘는 살모넬라증이 발생한다. 감염은 일차적으로 동물성 식품 혹은 식품을 다루는 사람들로부터 *Salmonella*가 오염된 식품을 섭취함으로써 발생한다.

Q 식품 감염을 일으킬 수 있는 *Salmonella* 종들에는 무엇이 있는가?

32.11 독성의 *Escherichia coli*는 많은 식품 감염을 일으키며, 이들 중 STEC 균주는 가장 심각하다. 동물 분변에 오염된 식품이 병원성 *E. coli*를 옮기지만, 좋은 위생 준수와 주요 매개체인 간 고기의 방사선 조사 또는 완전한 조리를 포함한 특정한 항미생물 수단으로 질병의 발병을 제어할 수 있다.

Q 어떻게 *Escherichia coli* O157:H7가 간 고기(ground beef)에 들어가는가? 병원성 *E. coli*는 어떤 그룹에 속하는가? 다른 그룹과 비교하여 이 그룹은 어떻게 다른가?

32.12 *Campylobacter* 감염은 미국에서 세 번째로 자주 일어나는 식품유래 세균성 감염이다. 소고기와 돼지고기가 아닌 가금류가 *Campylobacter* 질병의 주요 매개체이다. 적절한 가금류의 가공

과 조리가 *Campylobacter* 질병을 예방할 수 있다.

Q ***Salmonella*와 *Campylobacter* 모두를 동시에 옮길 수 있는 식품 제품을 지목하라. 이 제품을 어떻게 안전하게 먹을 수 있도록 할 수 있는가?**

32.13 *Listeria monocytogens*는 편재하는 미생물로 건강한 사람에게 간혹 *Listeria* 감염을 유발한다. 그러나 면역력이 약해진 사람에게 *Listeria*는 세포 내 병원균으로 자라면서 중추신경계에 침입하여 심각한 질병을 유발한다. 리스테리아증은 흔하지 않지만 매우 높은 사망률을 가지고 있다.

Q ***Listeria monocytogenes* 감염의 식품감염원을 설명하라. *Listeria*가 어떻게 면역체계로 침투하는가?**

32.14 *Bacillus cereus*와 *Yesinia enterocolitica*는 간혹 식품유래 질병에 연관이 있지만 바이러스, 특히 노로바이러스는 가장 많은 식품유래 질병을 유발한다. A형 간염 바이러스 또한 심각한 식품유래 병원체이다. 또한 일부 원생생물과 프리온 식품유래 질병을 유발하지만, 세균과 바이러스보다 상당히 드문 식품유래 병원체이다.

Q **어느 병원체가 가장 흔하게 장질병을 일으키는가? vCJD의 병원체는? 이 병원체의 구조는 노로 식품유래 질병을 발생시키는 병원체와 어떻게 다른가?**

응용 문제

1. 콜레라가 지역 풍토병인 지역을 여행객으로서 콜레라에 노출될 위험을 줄이기 위하여 어떠한 특별한 조치를 취하겠는가? 이러한 예방은 다른 수인성 질병으로 자신을 보호할 수 있는가? 그렇다면 어떤 질병을? 선 예방(precausions)이 감염을 방지할 수 없는 수인성 질병을 알아보라.

2. 퍼프린젠스 식품유래 질환은 왜 동시에 식중독과 식품 감염이 될 수 있는지에 논리적으로 설명하라.

3. 부적절한 조리된 감자 샐러드는 포도상구균성 식중독과 살모넬라증 모두의 감염원이 된다. 왜 그런지 그 이유를 나열하여라. 937쪽에 묘사된 감자 샐러드와 관련된 식품유래 질병 사고와 어떻게 다른가?

용어 해설

Botulism (보툴리즘) *Clostridium botulinum*에 의해 생성되는 보툴리늄 독소를 함유한 식품을 섭취하여 생기는 식중독

Coliforms (대장균군) 그람-음성, 내생포자를 형성하지 않는 통성 호기성 간균으로 젖당을 발효하여 35°C에서 48시간 내 가스를 생성

Food infection (식품 감염) 병원체에 오염된 식품의 섭취로 인한 미생물 감염으로 숙주에서 병원체의 생장이 따라옴

Food poisoning (Food intoxication) [식중독(식품 독성)] 사전에 생성된 독소를 함유하고 있는 오염된 식품을 섭취하여 일어나는 질병

Food spoilage (식품의 부패) 소비자가 받아들이기 어려운 식품의 형상, 냄새 혹은 맛의 변화

Listeriosis (리스테리아증) 균혈증 또는 뇌막염을 유발할 수 있는 *Listeria monocytogens*에 의한 식품 감염

Nonperishable foods (부패되기 어려운 식품) 긴 보관 기간과 미생물에 의한 부패가 어려운 수분활성도가 낮은 식품

Pasteurization (살균) 열에 민감한 액상에서 병원균과 부패균 미생물의 양을 줄이기 위해 제한된 열처리를 이용함

Perishable foods (부패되기 쉬운 식품) 미생물의 생장으로 부패하여 짧은 보관 기간을 가지고 일반적으로 수분활성도가 높은 신선 식품

Potable (음용 가능) 물 정수에서 마실 수 있는, 사람이 소비하기에 안전한

Salmonellosis (살모넬라증) 세균 *Salmonella*의 여러 아종(subspecies)에 의해 유발되는 장염 혹은 다른 장질환

Semiperishable foods (중간 정도 부패되기 쉬운 식품) 미생물의 생장에 의해 잠재적으로 부패하여 제한적인 보관기간을 가지고 중간 정도의 수분활성도를 가진 식품

33

진핵 병원체: 진균, 원생동물, 기생충

현재의 미생물학

아마존에서 환경 변화와 기생성 질병

환경변화는 생태계에 심각한 영향을 미칠 수 있다. 토지이용에서 중대한 변화와 연관된 명백한 변화와 더불어, 더욱 미묘한 변화가 일어날 수 있으며 그들이 전염병을 포함한다면 치명적일 수 있다.

Amazon은 지구상에서 가장 커다란 배수 분지이며, 모든 담수의 1/5, 그리고 지구상에 남아 있는 열대우림의 1/3을 포함한다. 아마존은 9개국에 걸쳐 있으며 브라질이 가장 크게 위치한다. 이들 지역은 세계의 무덥고 습한 지역으로 주요 건강 위협이 존재하는 곳으로 전염병으로 시달리게 하는 기생성 미생물들이 많이 존재하는 곳이기도 하다. 삼림벌채는 아마존에서 농업, 광업, 목장, 도로 건설, 벌목 및 석유 탐사 등이 생태학적으로 민감한 지역에서 더욱 흔해지고 있는 주요 활동이다 (그림 참조). 그러나 아마존 열대우림의 축소 [CO_2를 고정하고 O_2를 배출하는 능력을 가진 "세계의 허파(the lungs of the world)"라는 별명이 붙어 있음]에 대한 환경적 우려 가운데, 간과하고 있는 것은 삼림파괴가 인간의 기생충에 대한 부담에 미치는 영향이다.

최근에 아마존에서 삼림벌채가 지속됨에 따라 말라리아, 리슈만편모충증(leishmaniasis), 작은 토양-매개 벌레의 감염, 사가병, 주혈흡충증(schistosomiasis) 등의 발생률이 크게 증가할 것이라고 예상하고 있다. 거기에는 이와 관련하여 적어도 세 가지 이유가 있다. 첫째로, 삼림벌채는 모기나 파리 같은 주요 기생충 질병 벡터가 번식할 수 있는 새로운 서식지를 제공하는 물 집수지가 있어 후류에 방해가 되는 땅이 남게 된다. 둘째로, 삼림파괴는 토양과 수질을 크게 감소시킨다. 이것은 더 많이 (토양 관련 기생충 질병의 전염 가능성을 일으키고 드러난 토양과 주혈흡충증과 다른 수인성 전염병의 기회를 증가시키는) 오염된 물을 생성한다. 셋째로, 토지개간은 필연적으로 인구통계학에 영향을 미친다; 이전에 크게 우거져 있었던 숲의 나무들이 사라지면서, 인구밀도가 낮은 토지는 조밀하게 정착된 군집으로 빠르게 전환된다. 총체적으로, 사람과 질병 매개체의 수가 증가하면 질병의 발생률은 자연스럽게 증가한다.

최근에 벌목된 땅에 기반을 둔 광부, 목장주, 석유탐사자들은 삼림벌채를 통해서 단기간 동안 이익을 얻는다. 그러나 결국 이러한 주요 토지 이용의 변화는 생태학적 재앙만이 아니다; 그들은 알려진 가장 파괴적이고 만성적인 전염병의 전파를 증가시키는 단계를 마련하였다.

출처: Conalonieri, U.E.C., C. Margonari, and A.F. Quintão. 2014. Environmental change and the dynamics of parasitic diseases in the Amazon. *Acta Tropica 129:* 33–41.

이 장에서는 진핵성(*eukaryotic*)인 병원미생물에 대하여 초점을 맞추도록 한다. 여기에는 몇 가지 진균—곰팡이와 효모—과 여러 가지 기생성 원생생물이 포함되어 있다. 일부 작은 벌레들도 감염성 질병을 일으키며, 마지막 절에서 이들의 중요성에 대하여 생각해 본다.

진핵성 병원체에 의해 생긴 질병을 치료하는 데 있어서 일반적인 문제는 그들의 숙주도 진핵성이라는 사실이다. 이것은 많은 치료 전략을 방해하며 종종 이들 질병을 매우 어렵게 하고 장기간 만성 감염을 일으킨다. 이것은 특히 전신성 진균 병원체에서도 마찬가지이다.

I • 진균성 감염

진균(fungi)은 다양한 질병을 일으킨다. 일부 진균은 경미하고 자기 제한적(self-limiting)인 반면에, 다른 진균들은 견고하게 구축된 전신성 질병을 일으킬 수 있다. 일부 중요한 진균 질병인 진균증에 대한 설명에 뒤이어 일부 중요한 진균 병원체에 대한 고찰을 시작해 보도록 한다.

33.1 병원성 진균과 감염의 종류

진균은 보통 단세포로 자라는 효모(*yeast*)와 격막(septa) [격벽(cross wall)]을 가지거나; 가지고 있지 않은 균사(*hyphae*)라고 하는 가지상의 필라멘트를 생성하는 곰팡이(*mold*)를 포함한다; 균사는 균사체(*mycelia*)라고 하는 가시적인 덩어리를 형성하기 위해 결국 꼬인다. 곰팡이와 효모의 다양성은 18장에 설명되었다.

일반적인 진균 병원체

다행히도 대부분의 진균은 사람에게 해롭지 않다. 대부분의 진균은 자연에서 죽은 유기물의 부생체(saprophyte)로서 생장한다; 그렇게 해서, 진균은 탄소 순환, 특히 유산소 토양 환경에서 중요한 촉매이다. 진균은 질병의 요인과 화학요법 (항생제 생산) 제제로서 의학에서도 중요하다. 진균의 불과 약 50종 정도가 사람에 질병을 일으키며, 비록 어떤 표재성 진균 감염 (예, 무좀)은 매우 일반적이지만 건강한 사람들에서 심각한 진균 감염의 발생률(incidence)은 낮다. 그러나 손상된 면역계를 가지는 사람들에서 진균감염은 내부 조직의 가장 깊은 곳까지 영향을 미치는 전신성일 수 있다. 그 같은 감염은 심각한 건강 문제의 원인이 될 수 있으며 생명을 위협할 수 있다.

일반적인 진균 병원체에는 효모와 곰팡이가 포함된다 (**그림 33.1**). 그러나 많은 병원성 진균은 효모 또는 필라멘트 형태로 존재할 수 있다는 의미의 이형성(*dimorphic*)이다. 예를 들어, *Histoplasma*에서 실험실 배양 세포는 균사(hyphae)와 균사체(mycelia)를 생성하며 곰팡이 형태로 존재한다 (그림 33.1*e*). 반면에 *Histoplasma*가 주혈흡충증을 일으킬 때 세포들은 숙주에서 효모 형태로

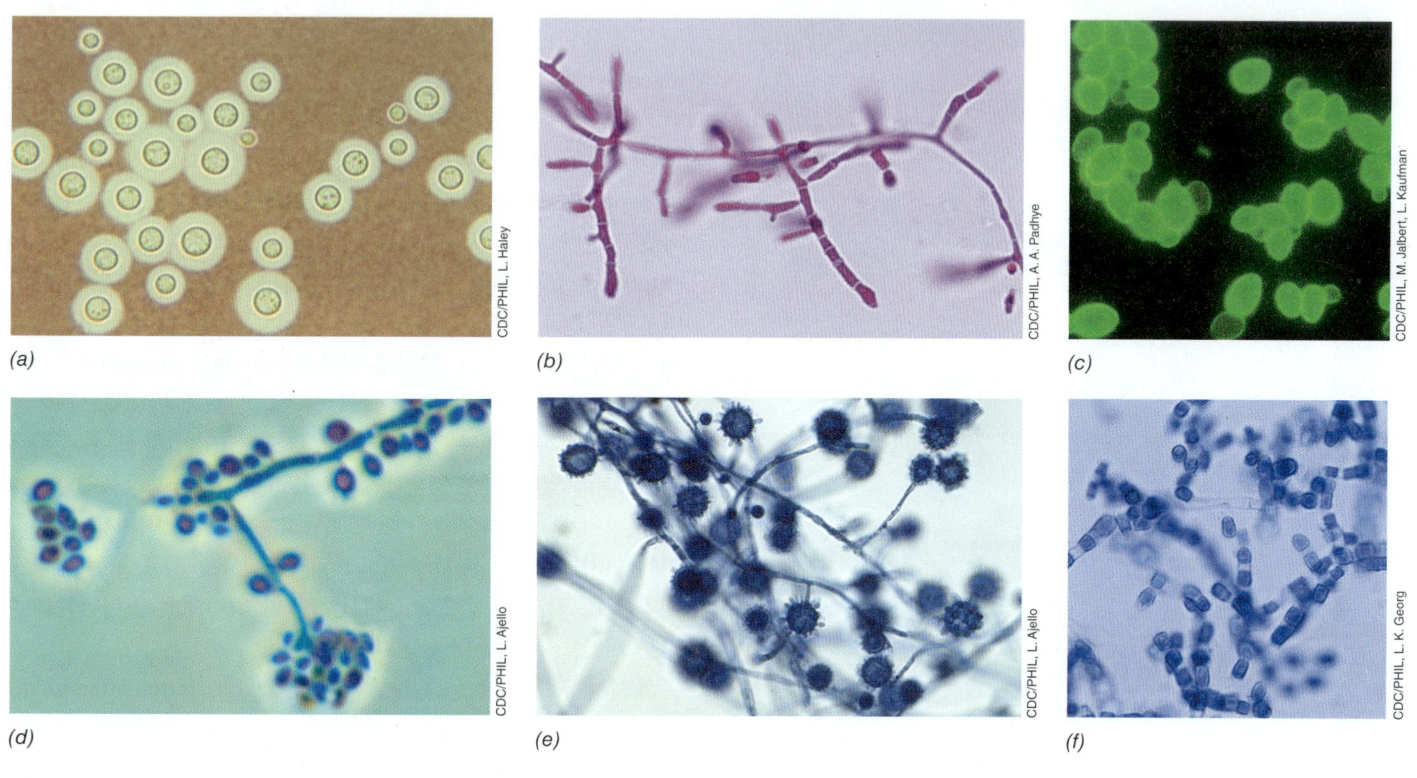

그림 33.1 병원성 진균류. 이들 생물체는 지름이 약 4~20 μm의 범위에 있다. *(a) Cryptococcus neoformans* 효모 세포는 캡슐이 보이도록 염색하였다. *(b) Trichophyton* 종의 균사체와 분생자. *(c) Candida albicans* 효모는 형광 항체로 염색하였다. *(d) Sporothrix schenckii*의 균사체와 분생자. *(e) Histoplasma capsulatum*의 균사체와 대분생자. *(f) Coccidioides immitis*의 분생자. 그림 33.5의 진균성 질병 증상 참조.

자란다 (그림 33.5*a* 참조). 곰팡이 형태에서 포자는 무성포자—분생자(*conidia*)—또는 유성포자로 형성된다 (18.9절). 필라멘트성 진균이 감염으로부터 배양될 때 이들 포자가 들어 있는 구조의 형태가 관찰되며 종종 진단을 하는 데 중요한 단서가 된다. 현미경 관찰과 더불어, 다양한 임상적으로 유용한 분자적 및 면역학적 수단 (그림 33.1*c*)도 진균성 감염을 진단하는 데 이용될 수 있다. **표 33.1**은 일부 주요 진균 병원체와 그들이 일으키는 감염의 형태를 열거한 것이다.

진균 질환의 종류와 치료

진균은 세 가지의 주요 기작을 통해서 질병을 일으킨다: 면역반응 이상; 독소 생산; 그리고 진균증. 일부 진균들은 특이한 진균 항원에 노출됨에 따라 알레르기 (과민반응) 반응을 초래하는 면역 반응을 유발한다. 숙주에서 자라든지 또는 환경에 존재하던지 간에, 동일한 진균에 재노출되면, 알레르기 증상(symptom)을 일으킬 수 있다. 예를 들어, 부엽토(leaf mold)로서 자연에서 종종 발견되는 일반 부생체(saprophyte)인 *Aspergillus* 종 (**그림 33.2*a***)은 강력한 알레르겐(allergen)을 생성하여, 민감한 개인들에서 천식발작 또는 다른 과민반응을 유발시킨다.

진균 질환은 크고 다양한 진균의 외독소 군인 진균독소(*mycotoxin*) 생산으로부터 발생할 수 있다 (25.6절). 진균독소의 가장 잘 알려진 예는 곡물과 같은 부적절하게 저장된 건조식품에서 일반적으로 생장하는 종인 *Aspergillus flavus*에 의해 생성되는 아플라톡신(*aflatoxin*)이다 (그림 33.2*b*). 아플라톡신은 매우 독성이 크며 일부 동물, 특히 오염된 곡물을 먹은 조류에서 종양을 일으키는 발암성이기도 하다. 아플라톡신은 간경화와 심지어 간암을 포함하여 사람의 간을 손상시키는 것으로 알려져 있지만 성인에서는 적은 양의 아플라톡신의 노출에 심각하게 영향을 받지 않는다. 그러나 어린이가 만성적으로 노출되면 간장 질환과 다른 건강에 심각한 영향을 일으킬 수 있다.

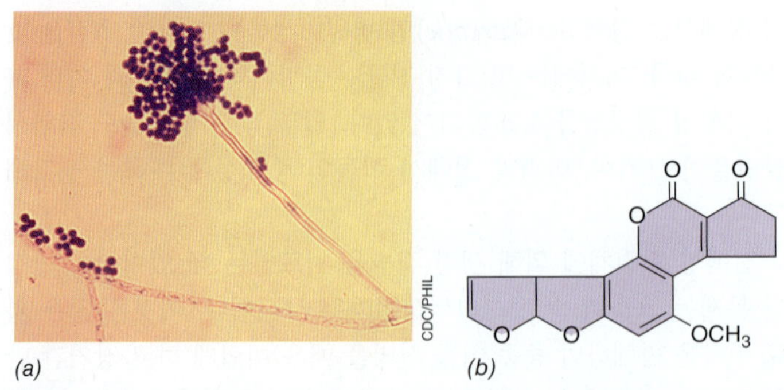

그림 33.2 *Aspergillus*와 아플라톡신. *(a) Aspergillus* 종의 균사체와 분생자. *(b)* 아플라톡신 B1의 구조. 이 독소는 *Aspergillus flavus*에 의해 생산되는 관련 화합물의 한가지이다.

표 33.1 주요 병원성 진균 질환[a]

부류 및 질환	원인 생물체	부위
표재성 진균증		
무좀	*Epidermophyton, Trichophyton*	발가락 사이, 피부
완선	*Trichophyton, Epidermophyton*	생식기 부위
백선	*Microsporum, Trichophyton*	두피, 얼굴
피하 진균증		
스포로트리쿰증	*Sporothrix schenckii*	팔, 손
크로모블라스토진균증	*Phialophora verrucosa*, 기타 진균류	다리, 발, 손
전신성 진균증		
아스페르길루스증	*Aspergillus* 종[b]	폐
분아균증	*Blastomyces dermatitidis*	폐, 피부
칸디다증	*Candida albicans*[c]	구강, 장관, 질
콕시디오진균증	*Coccidioides immitis*[c]	폐
파라콕시디오진균증	*Paracoccidioides brasiliensis*	피부
크립토코커스증	*Cryptococcus neoformans*[c]	폐, 뇌척수막
히스토플라스마증	*Histoplasma capsulatum*[c]	폐
뉴모시스티스 폐렴	*Pneumocystis jirobeci*[c]	폐

[a]이들 질병의 증세는 그림 33.3~33.5에 보여줌.
[b]*Aspergillus*는 알레르기, 톡세미아, 제한된 감염을 일으킬 수 있음.
[c]기회성 병원체는 HIV/AIDS 발병과 자주 연루됨.

결정적인 진균 질환을 생성하는 기작은 실제 숙주 감염을 통해서 진행된다. 신체에서 진균의 생장은 **진균증(mycosis)** (복수, mycoses)이라고 불린다. 진균증은 심각성에서 따라 표재성으로부터 생명을 위협하는 것에 이르기까지 다양한 범위의 진균 감염을 말한다. 진균증은 세 가지 종류로 구분한다 (표 33.1). **표재성 진균증(superficial mycoses)**은 피부, 털, 또는 손톱의 표층에서만 감염하는 진균에 의해서 일어난다 (그림 33.3 참조). **피하 진균증(subcutaneous mycoses)**은 피부의 보다 깊은 층에서 일어나는 감염이며 (그림 33.4 참조), 전형적으로 표재성 감염과는 다른 진균에 의해 일어난다(표 33.1). **전신성 진균증(systemic mycoses)**은 진균 감염의 가장 심각한 부류이다. 이 진균증은 신체의 내부 장기에서 진균 생장하는 것이 특징이며(그림 33.5 참조), 일차 또는 이차 감염이 될 수 있다. 일차 감염(*primary* infection)은 정상적인 개인이 진균 병원체에 감염되었을 때 일어난다; 이들은 오히려 드물다. 반면에 이차 감염(*secondary* infection)은 항생제 치료 또는 면역 억제와 같은 잠재적 선행 조건에서 잠복한 숙주에서 일어나는데 이것은 개인을 감염에 더욱 민감하게 한다.

표재성 및 피하 진균증은 대체로 톨나프테이트(tolnaftate) (국소적으로 이용), 아졸(azole) 제제 (국소적 또는 경구로 적용), 그리고 경구로 투여되지만 진균 생장을 억제하는 피부에서 혈류를 통해 전달되는 상대적으로 비독성인 약물인 그리세오풀빈(griseofulvin)을 포함한 국소 약물로 쉽게 치료할 수 있다. 전신성 진균 감염에 대한 화학요법은 숙주 독성 문제 때문에 더욱 어렵다 (28.11절).

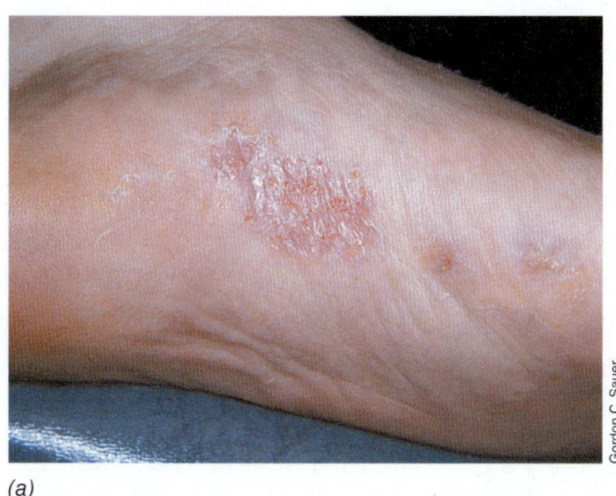

(a)

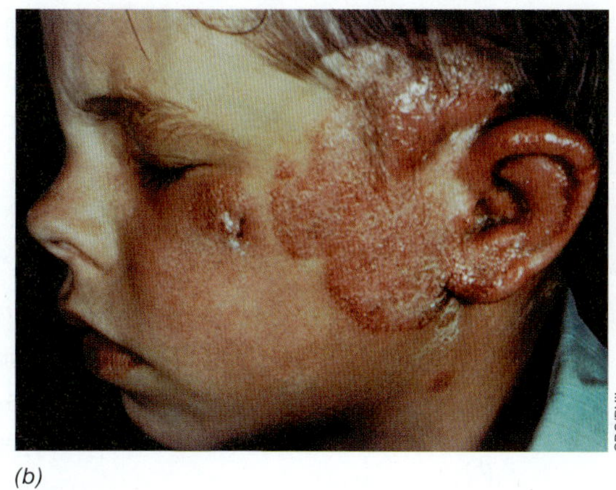

(b)

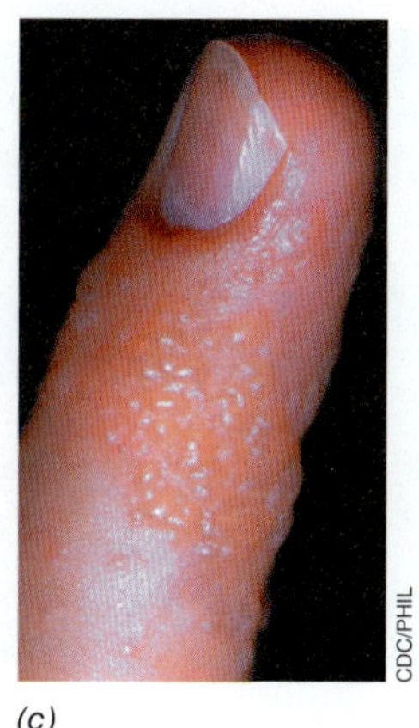

(c)

그림 33.3 *Trichophyton* 종에 의해 생긴 표재성 진균증. *(a)* 무좀. *(b)* 어린이 얼굴에서 백선. *(c)* 성인의 손가락에서 백선. "완선(jock itch)" (사타구니의 백선)은 또 다른 흔한 *Trichophyton* 감염이며 여성뿐만 아니라 남성에서도 나타날 수 있다. *Trichophyton*은 필라멘트성 진균이다 (그림 33.1*b* 참조).

예를 들어, 가장 효과적인 항진균성 제제의 한가지인 암포테리신 B (amphotericin B)는 전신성 진균 감염을 치료하는 데 널리 사용되지만, 신장의 기능에 영향을 줄 수 있으며 다른 원치 않는 부작용이 생길 수 있다. 따라서 대부분의 심각한 진균증의 효과적인 치료는 종종 매우 어렵다.

미니퀴즈

- 표재성, 피하, 전신성 진균증 간의 차이점을 설명하라.
- 이형성 진균은 무엇인가?
- 일차 및 이차 진균 질환을 구별하라. HIV/AIDS를 앓는 사람들에서 주요 내부 기관의 이차 진균 감염이 종종 일어나는 이유는?

33.2 진균 질환: 진균증

극단의 두 가지 진균 감염은 표재성 진균증과 전신성 진균증이다. 표재성 진균증(*superficial mycoses*)은 상당히 흔하며 대부분의 사람들이 일생을 살아가면서 적어도 한 번은 경험하게 된다. 반면에 전신성 진균증(*systemic mycoses*)은 훨씬 덜 일반적이며 주로 노인 또는 그 이외에 면역손상된 사람에게 영향을 미친다. 사람들이 나이가 들어감에 따라 세포-매개성 면역은 수술, 이식, 류마티즘, 자가면역질환의 면역억제 약물치료, 폐결핵, 당뇨병, 암과 같은 다른 증상의 시작으로 서서히 감소된다. 전신성 진균증은 HIV/AIDS에 의해 면역 체계가 손상되었거나 파괴된 어떤 연령의 사람들에서도 발생한다 (그림 30.45). 이같이 전신성 진균증은 면역 방어로 더 이상 물리칠 수 없는 사람들에서만 질병을 일으키는 미생물인 기회성 병원체(*opportunistic pathogen*)에 의한 질병이다 (25.4절과 30.15절).

표재성 진균증

표 33.1에는 표재성 진균증을 일으키는 몇 가지 진균이 열거되어 있다; 전체적으로 이들 병원균을 피부사상균(*dermatophytes*)이라고 한다. 일반적으로 표재성 진균증은 귀찮고 종종 재발하는 감염이지만 심각하게 건강에 관한 염려를 가져오는 것은 아니다. *Trichophyton* (그림 33.1*b*)과 같은 진균은 발 (무좀)과 습기찬 피부 표면에 감염을 일으키며 아주 일반적이다 (**그림 33.3*a***). 이 감염은 피부가 벗겨지고 가렵게 되며 오염된 샤워장, 체육관, 탈의실 바닥, 수건 또는 침대보 등과 같이 공동으로 사용하는 오염된 물건들에 존재하는 병원균의 세포나 포자에 의해서 또는 친근한 사람 대 사람의 접촉을 통해서 쉽게 전파된다. 표재성 진균증은 병원균에 지속적인 노출 (예, 탈의실에서 *Trichophyton*에 의해)이 피할 수 없게 된다면 장기간 사용하는 예방약이 필요하지만, 국소 항진균 크림 또는 액상 에어로졸로 치료될 수 있다.

관련된 피부 진균증에는 사타구니, 피부 주름, 또는 항문, 그리고 백선(*ringworm*)의 가려운 감염인 "완선(jock itch)"이 포함된다 (표 33.1). 그 이름에도 불구하고, 백선은 두피 또는 팔다리에 일반적으로 국소화된 진균 감염이다; 이 감염은 탈모와 염증-유사 반응을 일으킨다 (그림 33.3*b*, *c*). 더욱 심각한 표재성 진균증은 보통 미코나졸 질산염(miconazole nitrate) 또는 griseofulvin으로 국소적으로 치료될 수 있다.

피하 진균증

피하 진균증은 표재성 진균증과 비교하여 더 깊은 피부 심층부에서의 진균 감염이다 (표 33.1). 이 종류의 한 가지 질병으로는 농부, 광부, 정원사, 그리고 토양을 지속적으로 다루는 사람들에서 직업상의 원인인 스포로트리쿰증(*sporotrichosis*) (**그림 33.4*a***)이다. 원인 생물체인 *Sporothrix schenckii* (그림 33.1*d*)는 도처에 존재하는 토양 부생체(saprophyte)로서, 베인 상처나 찰과상을 통해서 그 포자가 침입하여 표재성 조직을 감염할 수 있다 (그림 33.4*a*). 색소모세포진균증(*Chromoblastomycosis*)은 손 (그림 33.4*b*) 또는 발에 외각질의 사마귀같은 병변을 형성하는 피부와 피하층에서 병원성 진균 생장 때문에 일어난다. 이 질병은 주로 열대 및 아열대 국가에

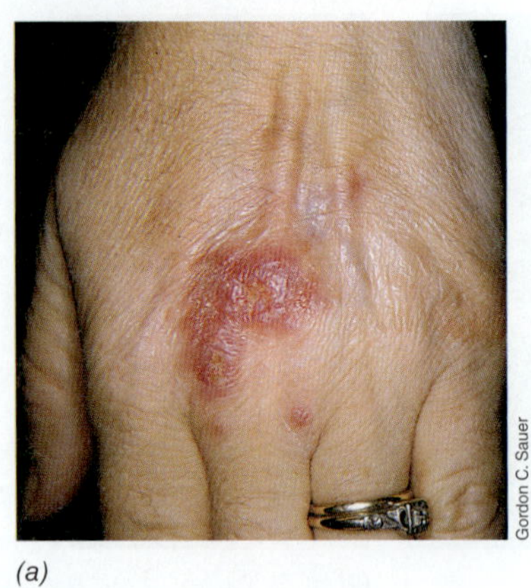

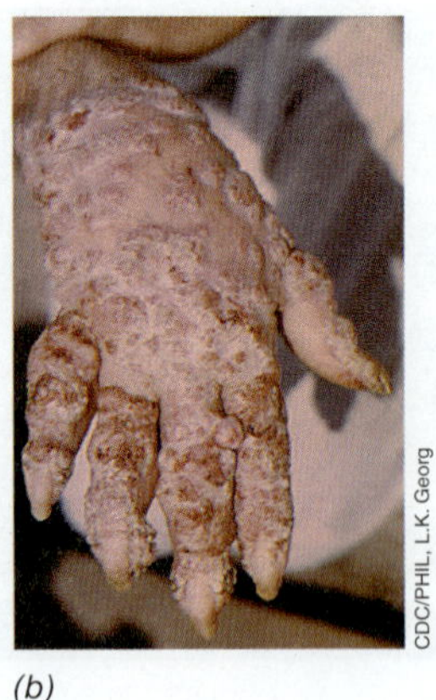

(a) (b)

그림 33.4 피하 진균증. *(a) Sporpthrix schenckii*에 의한 피하감염인 스포로트리쿰증. *(b)* 손에서 *Phialophora verrucosa* 진균에 의해 일어나는 색소모세포진균증. 색소모세포진균증은 *Fonsecaea*와 *Cladosporium* 속의 진균종에 의해서도 일어날 수 있다.

서 발생하며, 찔린 상처를 통해 피하로 침입되었을 때 일어난다. 스포로트리쿰증(sporotrichosis)과 색소모세포진균증(chromoblastomycosis)은 아졸(azole)의 경구 투여로 치료될 수 있다.

전신성 진균증

전신성 진균 병원체는 보통 토양에 존재하고, 사람들은 대기 중에 존재하는 포자의 흡입을 통해서 감염되며 그 후 폐에서 발아되어 생장한다. 이 생물체는 몸 전체를 이동하다가 폐와 다른 기관, 그리고 피부에서 고질적인 감염을 일으킨다. 미국에서는 세 가지 주요 전신성 진균증이 다음과 같은 발생률 감소 순서를 나타낸다: 히스토플라스마증(histoplasmosis), 콕시디오이데스진균증(coccidioidomycosis), 분아균증(blastomycosis). 이들 질병의 치사율은 10% 정도로 높다.

히스토플라스마증(*histoplasmosis*) (**그림 33.5*a***)은 *Histoplasma capsilatum* (그림 33.1*e*)에 의해 일어나며, 콕시디오이데스진균증(*coccidioidomycosis*) [산조아퀸 계곡열(San Joaquin Valley fever), 그림 33.5*d*]는 *Coccidioides immitis* (그림 33.1*f*)에 의해 일어난다. 히스토플라스마증은 주로 미국의 중서부, 특히 Ohio 주와 미시시피강 유역의 시골 지역에서 발생하는 질병인 반면에, 콕시디오이데스진균증은 일반적으로 미국의 남서부 사막지역에 한정된다. 더 많은 열대 기후에서 *Blastomyces dermatitidis*에 의해 일어나는 분아균증(*blastomycosis*)이 만연되어 있다 (그림 33.5*b*). 진균 *Paracoccidioides brasiliens*에 의해 일어나는 파라콕시디오이데스진균증(*Paracoccidioidomycosis*)는 주로 얼굴 (그림 33.5*e*) 또는 다른 팔다리에 형성되는 병변의 원인이 되는 아열대 질병(subtropical disease)이다.

이형성 효모인 *Cryptococcus neoformans* (그림 33.1*a*)에 의해 일어나는 크립토코쿠스증(*Cryptococcosis*) (그림 33.5*c*)은 사실상 신체의 모든 기관에서 일어날 수 있으며 HIV/AIDS 환자에서 볼 수 있는 주요 진균증이다. 이형성 효모인 *Candida albicans* (그림 33.1*c*)는 종종 인간 정상균총에서 소수의 구성 요소로서 존재한다.

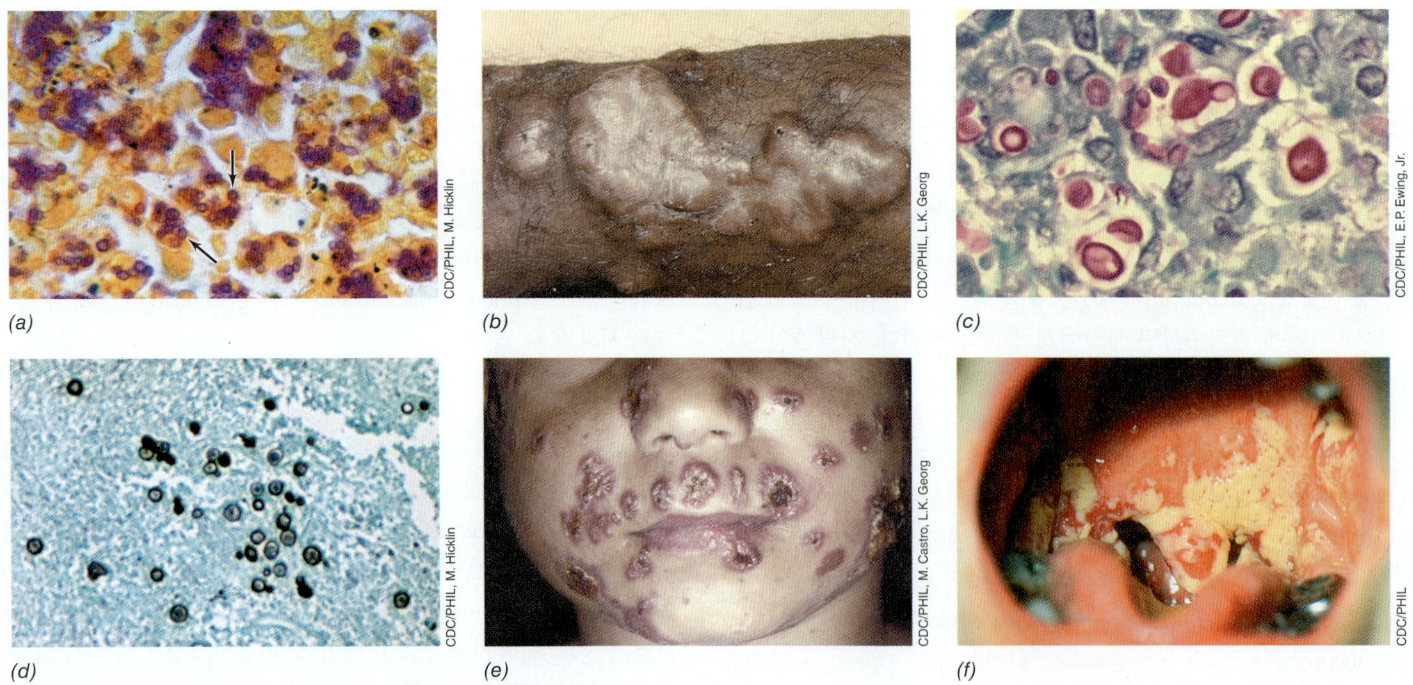

그림 33.5 전신성 진균증. *(a)* 히스토플라스마증; 비장 조직에서 *Histoplasma* 효모형태의 세포 (화살표). *(b)* 팔에서 피부분아균증. *(c)* 크립토코쿠스증; 폐 조직에서 효모 형태 (붉게 염색됨). *(d)* 콕시디오이데스진균증; 폐 조직에서 효모 형태 (짙은 남색으로 염색됨). *(e)* 얼굴에서 파라콕시디오이데스진균증 병변. *(f)* 아구창. *Candida albicans* 세포 (노란색) 덩어리가 목 뒤쪽으로 배열되어 있다. 그림 33.1의 대부분의 이들 진균증을 일으키는 병원체의 배양의 전자현미경사진 참조.

그러나 이 진균은 경미한 질 감염, 아구창 (그림 33.5*f*)과 같은 더욱 심각한 구강 감염, HIV/AIDS를 가진 사실상 모든 기관의 전신성 진균증 등을 포함하는 다양한 질병을 일으킬 수 있다. 히스토플라스마증, 콕시디오이데스진균증과 같이, *Candida*와 *Cryptococcus*는 일차적으로 기회성 병원체이며, 면역 손상의 범위 밖에서 생명을 위협하는 감염을 거의 일으키지 않는다.

우리의 토론은 이제 진균에서 병원성 기생체로 전환한다. 진균과 마찬가지로 기생체는 진핵미생물이지만, 병원성 기생체는 전형적으로 병원성 진균보다 상당히 다른 신체 조직과 기관을 공격한다.

미니퀴즈

- 표재성, 피하, 전신성 진균증의 예를 들라.
- 전신성 진균 병원체를 기회성(opportunistic)이라고 하는 이유는?

II • 장내 기생체 감염

기생은 기생체와 숙주의 두 가지 생물체 간의 공생적 상호 관계이다 (23장 및 24장). 이 기생체는 숙주로부터 필수 영양소를 얻으며 숙주에 대하여 해로운 영향을 거의 주지 않는다. 그러나 많은 경우에 기생체는 숙주에서 질병을 일으킨다. 원생생물의 많은 다른 계통발생군(18장)은 사람에서 기생성 질병을 일으키는데, 여기서 우리는 몇 가지 중요한 것들에 대하여 알아보고자 한다.

기생성 감염은 구토, 설사, 다른 장내 증상을 일으키는 내장 또는 혈액과 내부 조직의 감염이 될 수 있다. 인류 역사에서 중요한 몇 가지 질병 가운데, 예를 들어, 말라리아는 기생성 질병이다. 여기서 장내 기생체와 함께 혈액과 조직 기생체(tissue parasite)에 대하여 알아보자. **표 33.2**에는 몇 가지 주요한 기생성인 인간 질병이 요약되어 있다.

표 33.2 주요 기생성 인간 질환

부위에 따른 기생성 질환	병원체[a]
위장관	
아메바증	*Entamoeba histolytica*
지아르디아증	*Giardia intestinalis*
크립토스포리디아증	*Cryptosporidium parvum*
톡소플라스마증	*Toxoplasma gondii*
혈액과 조직	
말라리아	*Plasmodium* 종
리슈마니아증	*Leishmania* 종
트리파노소마증 (아프리카 수면병)	*Trypanosoma brucei*
샤가병	*Trypanosoma cruzi*
주혈흡충증	*Schistosoma mansoni*

[a]기생충 *Schistosoma*를 제외하고는 모두가 원생생물 (18장)임.

33.3 아메바와 섬모충류: *Entamoeba, Naegleria, Balantidium*

Entamoeba 속과 *Naegleria* 속은 확장된 엽상의 위족에 의해 이동하는 원생생물의 거대 군인 아메보조아류(*Amoebozoa*)에 속한다 (18.7절). 비록 *Naegleria* 감염은 매우 희귀하지만, 두 가지 기생체는 심각하고, 심지어 치명적인 감염을 일으킬 수 있다. *Balantidium*은 피하낭류(alveolate)의 섬모성 종이며 (18.4절), 주로 열대 국가에서 발생하는 질병이다.

아메바성 이질

Entameoba histolytica (**그림 33.6*a***)는 오염된 물 또는 종종 오염된 식품을 통해서 전파된다. *E. histolytica*는 혐기성이며 영양체(*trophozoite*) (이 기생체의 활동적이며 운동성의 섭취 단계)는 미토콘드리아가 없다. 다른 흔한 수인성 병원체인 *Giardia*와 마찬가지로 (33.4절), *E. histolytica*의 영양체는 전파 수단인 포낭을 생성한다. 섭취된 포낭은 내부 점막에서 생장하는 아메바를 형성하기 위하여 발아한다. 이것은 조직 침입과 궤양을 초래하여 설사와 심한 장경련을 일으킨다.

이 아메바는 계속 생장하고 장벽을 공격하여 장염, 열, 장의 혈액와 점액 배변이 특징인 이질(*dysentery*)이라는 증상을 일으킨다. *E. histolytica*는 치료하지 않으면 간, 폐, 심지어 뇌로 침입할 수 있다. 이들 조직에서 생장은 치명적일 수 있는 농양을 일으킨다. 주로 미처리된 폐수가 지표수로 유입이 가능한 개발도상국가에서 매년 약 100,000명이 침습성 아메바성 이질로 죽는다. *E. histolytica* 아메바증은 다양한 약물에 의해 치료될 수 있으나 숙주 면역계는 회복에서도 중요한 역할을 한다. 그러나 방어면역(protective immunity)은 일차 감염으로부터 주어지지 않으며 재감염은 흔하다.

*Naegleria*와 *Balantidium* 감염

*Naegleria fowleri*는 아메바증을 일으킬 수 있으나, 형태는 *E. histolytica*와 크게 다르다. *N. fowleri*는 토양과 유출수에 존재하면서 자유생활을 하는 아메바이다. *N. fowleri* 감염은 온천 또는 서머 타

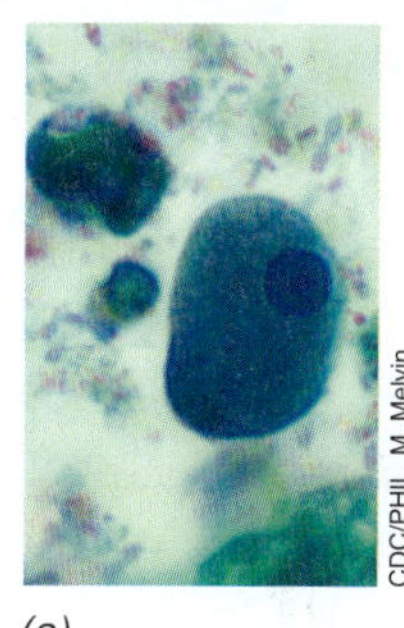

(a)

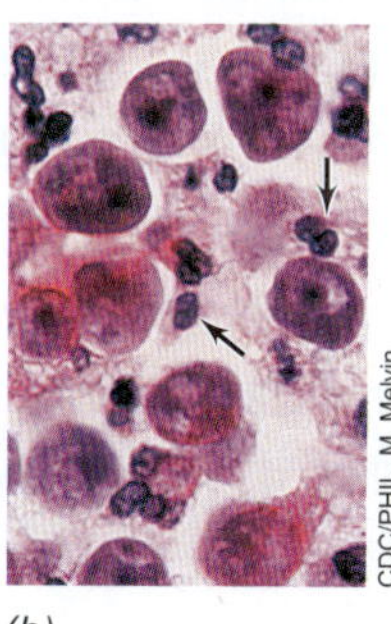

(b)

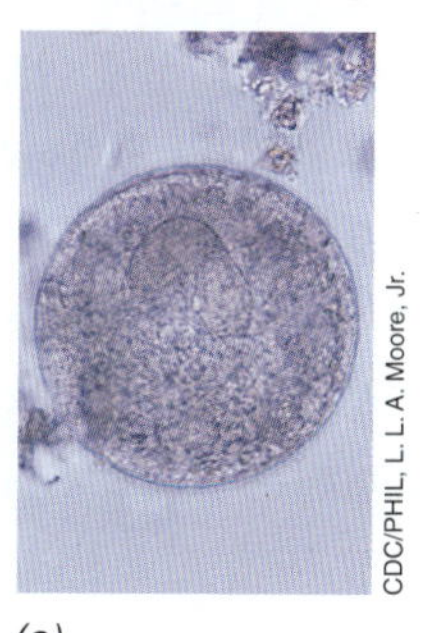

(c)

그림 33.6 기생성 아메바와 섬모충류. *(a) Entameoba histolytica*의 생장 단계 (영양체); 이들은 길이가 60 μm까지 될 수 있다. *(b)* 절단하여 염색된 뇌 조직에서 *Naegleria fowleri*의 영양체; 이 기생체의 길이는 10~25 μm이다. *(c) Balantidium coli* (폭은 약 50 μm)는 분변시료에 존재한다.

임에 호수와 강과 같은 따뜻한 토양-오염수에서 수영이나 목욕을 함으로써 일어난다. *N. fowleri*는 코를 통해서 신체로 침입하며 직접 뇌로 유입된다. 여기서 그 생물체는 증식하여 많은 양의 출혈과 뇌손상을 초래하는 **수막뇌염(meningoencephalitis)**이라는 질병을 일으킨다 (그림 33.6*b*). *N. fowleri* 감염의 진단은 뇌척수액에서 아메바를 관찰해야 한다. 확진이 신속히 이루어지면 그것은 *Naegleria* 뇌수막염의 발생률이 너무 낮고 수막염(meningitis)의 증세와 유사하기 때문에 종종 일어나는 사례가 아니어서 약물 암포테리신 B (amphotericin B)으로 환자를 구할 수 있다; 감염을 치료하지 않으면 거의 치명적이다. 이같이 *Naegleria* 뇌수막염의 발생률이 매우 낮지만, 미치료 환자들의 치사율(mortality)은 매우 높아서 이 기생충 감염이 대단히 위험하게 한다. 미국에서 불과 37명의 *Naegleria* 뇌수막염 환자만이 2006년에서 2015년의 10년 동안 보고되었으며 사실상 모두가 휴양용수로부터 발생하였다.

*Balantidium coli*는 영양체와 포낭 (그림 33.6*c*) 단계가 교대로 일어나는 섬모성 장내 인간 및 돼지의 기생체이다; 포낭에서만 감염성이다. *B. coli*는 인간에 유일하게 알려진 섬모성 기생체이다. 일반적으로 분변에 오염된 물에서 전파된 포낭은 대장에서 발아하여 점액 조직을 감염시키고 아메바증과 유사한 증상을 나타내기 때문에 종종 잘못 이해되기도 한다. 감염된 환자는 보통 자발적으로 회복되거나 분변에서 지속적으로 *B. coli* 포낭을 방출하여 무증상적인 매개체가 될 수 있다. 아메바증과 비교하여 *B. coli* 감염은 흔하지 않으며 환자는 별로 치명적이지 않다.

미니퀴즈

- 감염된 조직과 증상의 관점에서 *Entamoeba*와 *Naegleria* 감염을 비교하라.
- *Naegleria* 감염이 발생하는 시나리오를 설명하라.

33.4 기타 장내 기생체: *Giardia, Trichomonas, Cryptosporidium, Toxoplasma, Cyclospora*

원생생물인 *Giardia intestinalis*와 *Trichomonas vaginalis*는 미토콘드리아 대신에 미토솜(mitosome) 또는 하이드로게노솜(hydrogenosome)을 포함하는 편모성 혐기적 기생체이다 (⇔ 2.15, 18.1, 18.3절); 이 기생체는 각각 장내 및 성접촉에 의한 감염을 일으킨다. 원생생물 *Cryptosporidium*은 *Toxoplasma*와 관련이 있으나, 병원성 원생생물인 *Cyclospora*에서와 같이 감염된 식품에 의해 주로 전파되는 *Toxaplasma*와는 달리 *Cryptosporidium*은 주로 오염된 물에 의해 전파된다. 여기에서는 이들 5가지 주요 인간 기생체 모두에 대하여 살펴본다.

지아르디아증

Giardia intestinalis (*Giardia lamblia*라고도 함)는 보편적으로 분변에 오염된 물로부터 사람으로 전파되며 급성 위장염인 지아르디아증(*giardiasis*)을 일으킨다. *Giardia*의 영양체 (**그림 33.7*a, c***)는 전파의 기능을 하는 매우 저항성이 있는 포낭 (그림 33.7*b*)을 형성한다. 섭취된 포낭은 작은창자에서 발아하여 영양체를 형성하며 이들은 큰창자로 이동하여 창자벽에 부착하여 지아르디아증의 증상을 일으킨다; 폭발적이며 악취가 나는 물설사, 장경련, 고장(鼓腸) (역자 주: 위장 내에 가스가 많이 차는 것), 구역질, 체중감소, 불쾌감. 악취가 나는 설사와 혈액 배설물(fecal blood)의 여부는 지아르디아증과 세균성 또는 바이러스성 장내 병원체에 의한 설사를 구별하는데 중요하다.

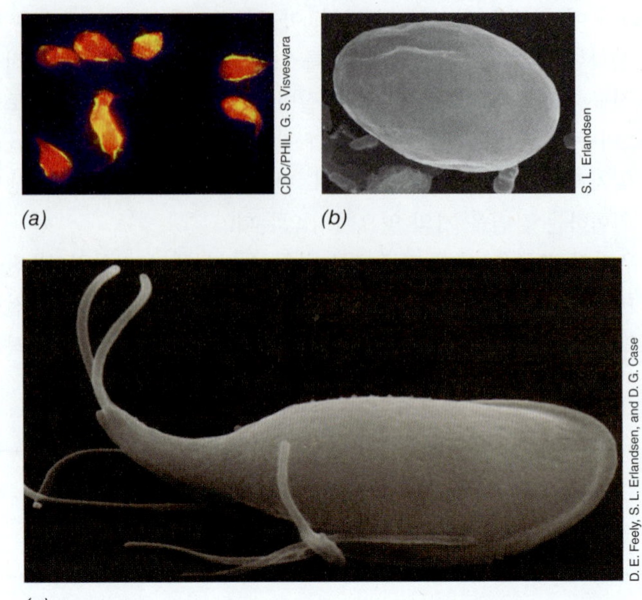

그림 33.7 *Giardia*. *(a) Giardia intestinalis*의 형광염색 세포. *(b, c) (b)* 지아르디아의 포낭(cyst)과 *(c)* 운동성인 *Giardia intestinalis*에서 영양체의 주사전자현미경 사진. 영양체의 길이는 15 μm이며, 포낭의 폭은 약 11 μm이다.

*G. intestinalis*는 미국에서 상당히 많은 음용수의 감염성 질병을 일으켰다 (⇔ 32.1절). 두꺼운 벽을 가진 포낭은 염소에 내성을 가지며 대부분의 발병은 물정수의 수단으로서 염소만을 사용하는 상수도와 연관되었다. 적절한 정화와 여과를 한 후에 염소화 또는 다른 소독 (⇔ 22.8절)을 거침으로서 물에서 *Giardia* 포낭이 제거되어야 한다. 대부분의 지표수 수원 (호수, 연못, 강)에는 비버와 사향뒤쥐가 이 병원체의 매개체이기 때문에 *Giardia* 포낭이 포함되어있다. 바로 이 때문에 미처리된 지표수는 마셔서는 안 되며, 여과하고, 요오드 또는 염소로 소독해야 하고, 여과시켜 끓여야 하는 것이다. 퀴나크라인(quinacrine), 푸라졸리돈(furazolidone), 메트로니다졸(metronidazole)과 같은 약물은 급성 지아르디아증을 치료하는데 사용된다.

트리코모나스증

Trichomonas vaginalis (**그림 33.8**)는 성접촉에 의한 감염인 트리코모나스증(*trichomoniasis*)을 일으킨다. *T. vaginalis*는 전형적으

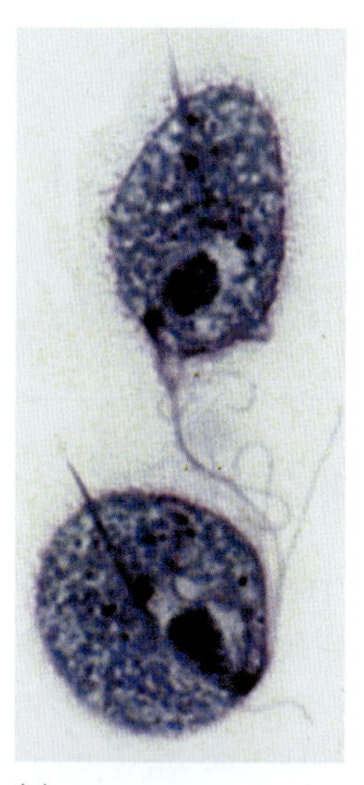

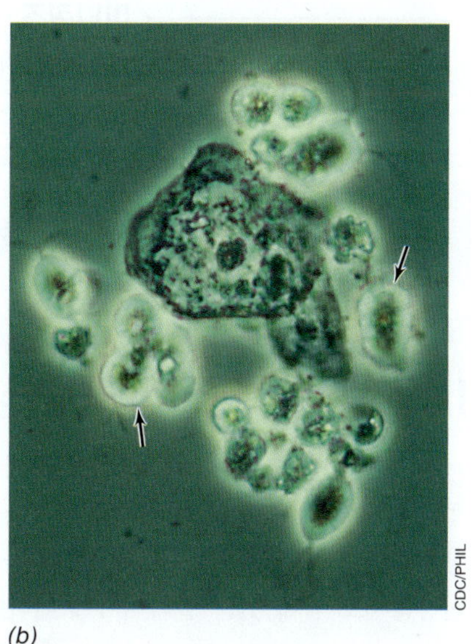

(a) (b)

그림 33.8 ***Trichomonas vaginalis.*** *(a)* 염색된 세포의 광학현미경 사진; 세포는 직경이 10~20 μm로 다양하다. *(b)* 트리코모나스증을 가진 여성의 질 분비물. *T. vaginalis* 세포 (화살표)는 질분비물과 상피세포와 함께 존재한다.

로 휴면세포(resting cell) 또는 포낭을 생성하지 않으며, 따라서 *Trichomonas*는 일반적으로 성교에 의해 사람에서 사람으로 전파된다. 그러나 대부분의 성 접촉에 의한 감염인 세균성 병원체와는 달리 *T. vaginalis*는 습한 피부에서에서 몇 시간 동안, 오줌이나 정액에서는 하루 정도 생존할 수 있다. 따라서 트리코모나스증은 성적 접촉에 의한 질병의 전파 이외에도 오염된 변기시트, 사우나 의자, 수건 등에 의해서도 전파될 수 있다.

*T. vaginalis*는 여성의 질, 남성의 전립선과 정낭, 남녀의 요도를 감염시킨다. 트리코모나스증은 종종 남성에서 무증상이다. 반면에 여성에서 트리코모나스증은 누런 빛깔을 띠는 질 분비물이 특징이며 질에서 계속적인 가려움증과 화끈거림을 일으킨다. 감염은 여성에서 더 일반적이다; 조사에 의하면 성생활이 왕성한 여성의 25% 정도가 *T. vaginalis*에 감염되어 있는 데 반하여, 남성은 불과 5%만이 감염되었다. 트리코모나스증은 환자에서 분비된 체액의 습식 검경(wet mount)에서 운동성 원생생물의 관찰을 통해서 진단된다(그림 33.8*b*). 항원생동물 제제인 메트로니다졸(metronidazole)은 트리코모나스증을 치료하는 데 효과적이다.

크립토스포리디아증, 톡소플라스마증, 사이클로스포라증

Cryptosporidium, *Toxoplasma*, *Cyclospora*는 기생성 *Coccidia*의 속이다 [피하낭류(alveolates)에 속하는 그룹, 18.4절]. 이들 기생체는 분변으로 오염된 식품이나 물에 의해 사람들에게 전파되어 심각한 설사를 일으키거나 또는 *Toxoplasma*의 경우에서 심각한 내부 기관의 손상을 일으킨다.

*Cryptosporidium parvum*은 많은 온혈동물 중에서, 특히 소를 감염시킨다. 이 생물체는 위와 창자의 점막상피세포 내에 침입하여 생장하는 작은 구형의 세균으로 (**그림 33.9*a***), 위장 질병인 크립토스포리듐증(*cryptosporidiosis*)을 일으킨다. *C. parvum*은 난포체(*oocyst*)라고 하는 두꺼운 벽을 가지는 매우 저항성 있는 포낭을 생산하며 (그림 33.9*b*), 감염된 동물의 분변에 의해 물로 유입된다. 그 후 분변에 오염된 물을 마실 때 다른 동물과 인간에게 전파되어 감염을 일으킨다.

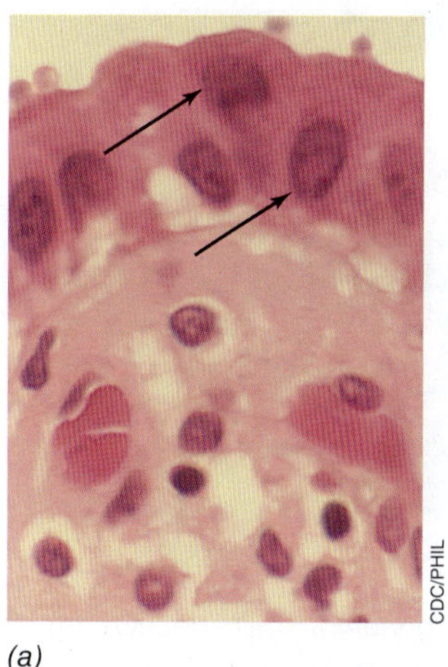

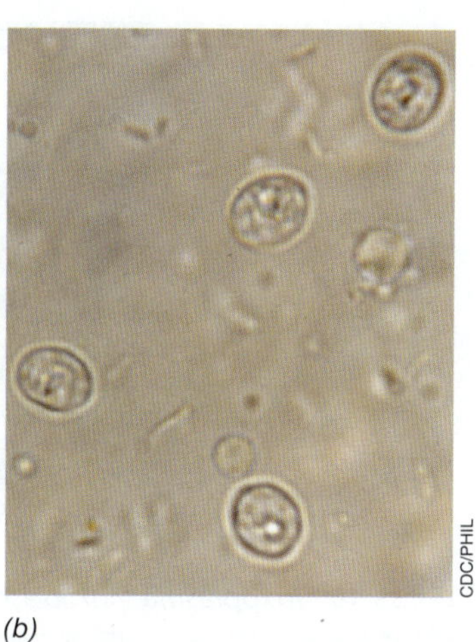

(a) (b)

그림 33.9 ***Cryptosporidium parvum.*** *(a)* 화살표는 사람의 위장관 상피세포에 묻혀 있는 *C. parvum*의 세포내 영양체를 가리킨다. *(b)* 두꺼운 벽을 가진 *C. parvum*의 난포체는 이 분변 시료에서 지름이 약 3 μm이다.

*Cryptosporidium*의 난포체는 염소에 매우 저항성이 있으며, 이 때문에 침전과 여과는 급수로부터 이들 제거하기 위해 유일하게 믿을 수 있는 방법이다. 평년에 *Cryptosporidium*은 미국에서 대부분의 오락을 통한 수인성 질병 발생의 원인이 있지만 (32장), 음용수에 의한 발병과는 가끔씩만 관련이 된다. 그럼에도 불구하고, *C. parvum*은 미국에서 지금까지 기록되었던 음용수와 관련된 가장 규모가 큰 단일 발병의 원인이었다. 1993년 봄에, Wisconsin 주의 Milwaukee 시에서 인구의 1/4이 도시 급수된 물을 마심으로부터 크립토스포리듐증이 발생되었다. 봄비와 농장에서 가축 배설물의 배수가 미시간 호수로 유입되었으며 (그 도시의 용수임) 수질 정화 시스템의 과부하로 인하여 *C. parvum*에 오염되었다.

크립토스포리듐증은 전형적으로 경미한 자기 제한적인(self-limiting) 설사만을 일으켜서 치료가 필요하지 않다. 그러나 HIV/AIDS에 의해 야기된 손상된 면역(impaired immunity)을 가진 사람들, 어린이 또는 노인들은 *C. parvum* 감염으로 심각한 합병증을 일으킬 수 있다. 크립토스포리듐증의 일차 실험실 진단법은 대변에서 난포체를 보여주는 것이다 (그림 33.9*b*). 그러한 추적이 필요할 때 병원체 균주의 보다 정확한 동정을 위해 면역학적 및 분자적 도구가 이용될 수 있다.

*C. parvum*에서처럼, 기생체인 *Cyclospora cayetanensis*도 난포체를 생성하며 사이클로스포라증(*cyclosporiasis*)이라고 하는 경미하거나 종종 심한 위장염을 일으킨다. 그러나 *C. parvum*과 다르게 *C. cayetanensis*는 오염된 물보다는 주로 분변에 오염된 식품, 일반

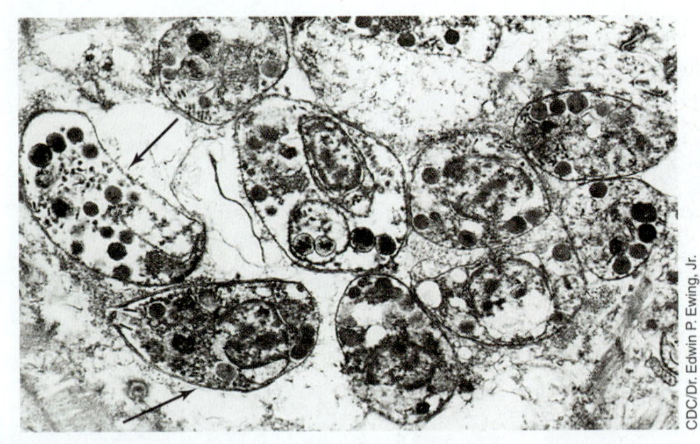

그림 33.10 ***Toxoplasma.*** *Toxoplasma gondii*의 영양체(trachyzoite) (빠르게 증식하는 세포)로서 세포내 기생체. 이 투과전자현미경 사진에서 영양체는 숙주의 심장세포에서 포낭 유사 구조를 보여준다. *Toxoplasma trachyzoite*는 길이가 4~7 μm이다. *T. gondii*의 포자소체(sporozoite)의 사진은 그림 18.11*b*를 참조하라.

적으로 신선한 식품에 의해 전파된다. 대부분의 사이클로스포라증 환자는 오염된 과일 또는 야채와 연관이 있어왔으며 2013년 여름에 미국에서 일어난 주요 발병은 포장된 양상추와 연관이 있었다 (32.7절). 다른 중요한 *C. cayetanensis*의 출현이 2015년에 있었으며 31개주에서 사람들이 감염되었다. 적어도 이들 질병의 일부 (아마도 대부분)는 멕시코에서 수입된 오염된 고수(cilantro)의 잎으로부터 초래되었다.

톡소플라스마증(*toxoplasmosis*)은 *Toxoplasma gondii*에 의해 일어난다 (**그림 33.10**). 이 기생체는 많은 온혈 동물을 감염시키며 미국에서 성인의 절반가량이 감염되었으나 그들의 면역계가 그 생물체를 억제하기 때문에 무증상이다. *T. gondii*는 전형적으로 덜 익힌 소고기, 돼지고기, 또는 양고기에 존재하는 포낭의 형태, *T. gondii*의 주요 매개체인 고양이로부터 직접 감염, 그리고 종종 오염된 물 등으로 사람에게 전파된다. *T. gondii* 생활사의 중요 단계는 고양이에서 완성되며, 고양이는 절대 숙주이다; 인간과 다른 동물들은 단지 임시 숙주이다. 이같이 인간에게 전파되는 대부분은 아마도 고양이에 의한 것이다.

톡소플라스마증은 경미한 증상에서 심한 증상으로 연관될 수 있다. *T. gondii*의 포낭이 섭취되면 작은창자의 벽으로 침투한다. 이 초기 감염의 증상은 불분명 또는 명백할 수 있으나 경미한 인플루엔자 사례에서 나타나는 증상과 구별하기 어렵다 (두통, 근육통, 전반적인 불안). 그러나 일부 감염된 사람에서 *T. gondii*의 포낭은 작은창자로 부터 이동하여 몸 전체로 순환한다. 그 후에 기생체는 신경세포로 침투하여 뇌와 눈의 조직을 감염시킨다. 건강한 성인에서 질병 증상은 흔치 않지만, 톡소플라스마증은 면역이 약화된 사람들의 눈, 뇌, 또는 다른 내부 기관계를 손상시킬 수 있다. 이밖에도 임산부에서 *T. gondii*에 의한 최초 감염은 신생아에서 선천적 장애를 초래할 수 있다; 이같이 고양이와 접촉하지 않았던 임신 여성은 출산할 때까지 고양이를 피해야 한다.

미니퀴즈

- 당신의 위장관염이 세균성 병원체 때문이 아니라는 것을 제시하는 지아르디아증의 증상은 무엇인가?
- 어떤 사람이 어떻게 트리코모나스증에 걸리게 되는가? 톡소플라스마증은?
- 수질 경로(water route)에 의한 전파를 용이하게 하는 *Cryptosporidium*의 난포체에 대한 독특한 것은?

III • 혈액 및 조직의 기생체 감염

몇 가지 인간 기생체는 위장관보다 다른 기관과 조직을 감염시키며 보편적으로 곤충 매개체(vector)에 의해 전파된다. 이제 가장 파괴적이고 광범위한 기생성 질병들과 오늘날 주요한 세계적인 건강문제로 남아 있는 말라리아에 대하여 알아보도록 하자.

33.5 *Plasmodium*과 말라리아

말라리아(malaria)는 피하낭류(alveolate)의 원생생물에 의해 일어난다 (18.4절). *Plasmodium* 원생동물 속의 몇 가지 종은 온혈 숙주에서 말라리아와 유사한 질병을 일으킨다; 세계적으로 매년 5억 명 정도가 말라리아에 감염되며, 약 100만 명 정도는 이 병으로 사망한다. 이같이 말라리아는 세계적으로 감염성 질병에 의해 발생하는 가장 흔한 사망의 원인 가운데 한 가지이며, 기생체 질병 가운데 가장 보편적인 것이 분명하다.

말라리아에서 복잡한 기생체의 생활사는 모기 매개체를 필요로 한다. 4가지 종의 *Plasmodium*—*P. vivax*, *P. falciparum*, *P. ovale*, *P. malariae*—은 대부분의 인간 말라리아를 일으킨다. 가장 널리 알려진 이 질병은 *P. vivax*에 의해 일어나지만, 가장 심각한 질병은 *P. falciparum*에 의해서 일어난다. 인간은 이들 4가지 종의 유일한 보균체(reservoir)이다. 이 원생생물은 사람에서 그들 생활사의 일부를, 그리고 암컷 아노펠레스 모기에서 일부를 운반하며, *Plasmodium* 종을 연결하는 유일한 매개체이다. 매개체는 그 원생생물을 사람에서 사람으로 전파한다.

말라리아의 생활사

*Plasmodium*의 생활사는 복잡하며 여러 단계가 포함된다 (**그림 33.11**). 먼저 인간 숙주는 변형체의 포자소체(plasmodial sporozoite)에 의해 감염된다, 모기 (그림 33.11 삽입그림)는 혈분(blood meal)을 얻을 때 인간에게 포자소체가 포함된 침을 주입한다. 포자소체는 간으로 이동하여 간세포를 감염한다. 여기서 그들은 무기한 동안 정지상태로 남을 수 있으나 결국 복제하여 분열체(*schizont*)라 불리는 단계에서 비대해진다(그림 32.12*b* 참조). 분열체는 그 후 낭충(*merozoite*)이라고 하는 많은 소세포로 분할되어 간에서 혈류로 들어간다. 그 후 일부 낭충은 적혈구를 감염한다.

적혈구에서 변형체의 생활사는 낭충(merozoite)의 분열, 생장, 방출을 반복하면서 진행된다 (**그림 33.12**); 이것은 숙주 적혈구의 파괴를 초래한다. 적혈구에서 변형체의 생장은 전형적으로 48시간

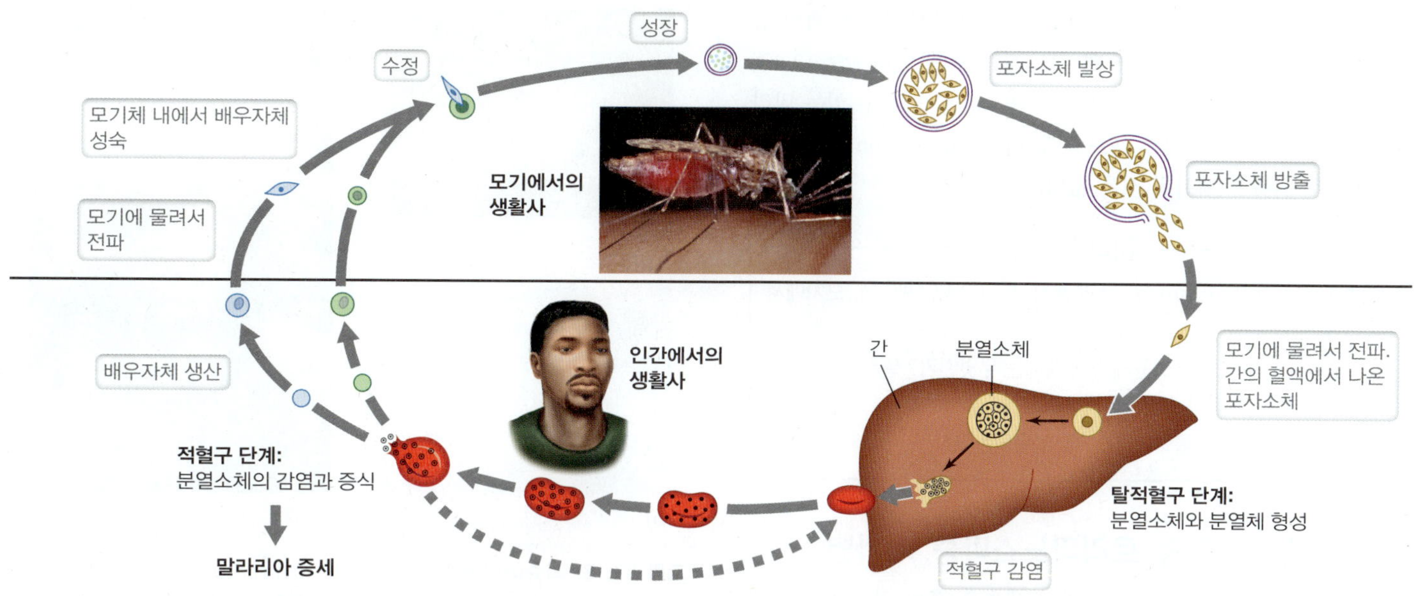

그림 33.11 Plasmodium의 생활사. *Plasmodium*의 생활사는 온혈숙주와 모기 매개체를 요구한다. 원생생물과 온혈숙주 간의 전파는 *Anopheles gambiae* 모기 (삽입된 그림)에 물림으로써 이루어진다. 모기 사진은 CDC/PHIL, J. Gathany에 의해 제공됨.

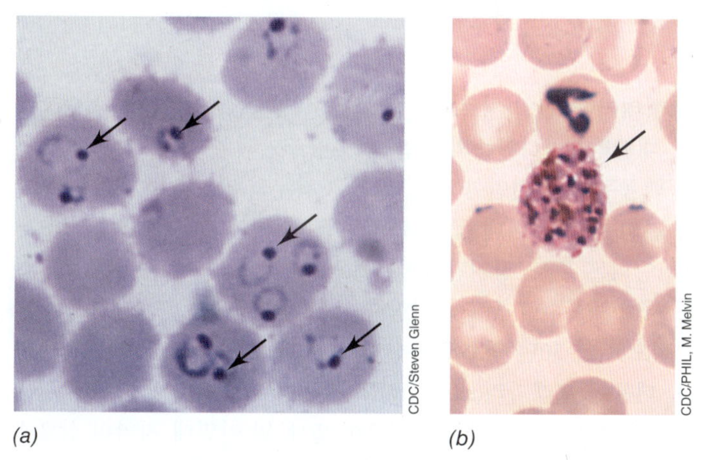

그림 33.12 Plasmodium과 말라리아. *(a)* 사람의 적혈구 세포 내에서 자라는 *Plasmodium falciparum*의 낭충 (화살표). *(b)* 적혈구와 함께 존재하는 *P. vivax*의 공생체 (화살표) (그림 33.11). 적혈구는 직경이 약 6 μm이다.

의 동기화 간격(synchronized interval)으로 반복된다. 이 48시간 동안 숙주는 말라리아의 제한적인 임상 증상을 경험하게 된다: 오한에 이어 40°C (104°F)까지 고열이 일어난다. 오한-고열 패턴은 동기화 복제주기(synchronized reproduction cycle) 동안 적혈구에서 낭충(merozoite)이 동시에 방출되는 것이다. 구토와 심한 두통은 오한-고열 주기에 동반되며 장기적으로 특징적인 증상의 말라리아는 무증상 시기와 번갈아 나타날 수 있다. 적혈구의 파괴로 말라리아는 전형적으로 빈혈과 비장 비대(splemomegaly)를 일으킨다.

변형체의 낭충은 결국 모기만을 감염시키는 세포인 생식모세포(*gametocytes*)로 발달된다. 생식모세포는 아노펠레스 모기에 감염된 사람으로부터 혈분을 얻을 때 섭취되며, 그들은 모기에서 배우자(*gamete*)로 성숙하게 된다. 두 개의 배우자는 접합자(zygote)를 형성하기 위하여 융합되고 접합체는 곤충 내장의 외벽으로 아메바 운동에 의해 이동하여 비대해지고 몇 개의 포자소체를 형성한다. 이들은 방출되고 모기의 침샘에 도달되어 다른 사람들에게 주입될 수 있으며 주기는 새롭게 시작된다 (그림 33.11).

역학, 진단, 치료, 조절

아노펠레스 모기 (그림 33.11 삽입그림)는 열대 및 아열대 지역에 주로 살며 말라리아의 매개체이다. 말라리아의 진단은 혈액도말에서 *Plasmodium*에 감염된 적혈구의 동정을 필요로 한다 (그림 33.12). 형광 핵산염색, 핵산탐침, PCR 분석, 그리고 여러 가지 항원-탐색법은 또한 *Plasmodium* 감염을 확인하고, 여러 가지 종류의 감염을 식별하는 데 사용된다.

말라리아의 치료는 일반적으로 클로로퀸(*chloroquine*)으로 달성된다. 클로로퀸은 적혈구안의 낭충을 죽이지만 포자소체를 죽이지는 못한다. 관련 약물인 프리마퀸(*primaquine*)은 간세포에 남아 있을 수 있는 *P. vivax*와 *P. avale*의 포자소체를 제거한다. 이같이 클로로퀸과 프리마퀸은 효과적으로 대부분의 말라리아를 치료한다. 그러나 일부 사람에서 말라리아는 간에서 제거되지 않은 몇 개의 포자소체에서 새로운 세대의 낭충이 방출될 때 일차 감염 후 재발생한다. *Plasmodium*의 퀴닌(quinine)-내성 균주는 현재 세계적으로 분포되어 있으며 말라리아 환자를 몇 가지 항말라리아 약물로 즉각 치료하는 병행 치료(*combination therapy*)가 현재 일반적인 치료의 형태이다.

말라리아는 습지와 다른 번식지의 배수에서 또는 살충제로 모기를 박멸시킴으로써 방제될 수 있다. 이들 대책으로 말라리아는 미국에서 거의 제거되었지만 대부분의 환자들이 외부로부터 유입되어 들어온다. 합성 펩티드 백신, 재조합 입자 백신, DNA 백신 등을 포함하는 몇 가지 말라리아 백신도 개발 중에 있다 (12.8절과 28.9절). 그러나 지금까지 매우 효과적이고 신뢰할 수 있는 말라리아 백신이 대량 백신 접종 프로그램(mass vaccination program)에 사용하기 위하여 제시된 것은 없다.

미니퀴즈

- 사람에서 나타나는 *Plasmodium*의 생활사는 어떤 단계이며, 모기에서의 단계는?
- *Plasmodium* 종의 자연 보균체과 매개체는 무엇인가? 말라리아는 어떻게 예방 또는 박멸될 수 있는가?
- 어떤 약물이 말라리아를 치료하는 데 사용되는가?

33.6 리슈마니아증, 트리파노소마증, 샤가병

*Leishmania*와 *Tryppanosama* 속의 기생충은 흡혈 곤충 매개체에 의해 전파된다. 이들 기생충은 간과 비장과 같은 혈액이나 관련 조직에 거주하는 생물체인 주혈편모충류(*hemoflagellates*)이며 주로 열대 및 아열대 국가에서 인간에 중요한 질병을 일으킨다.

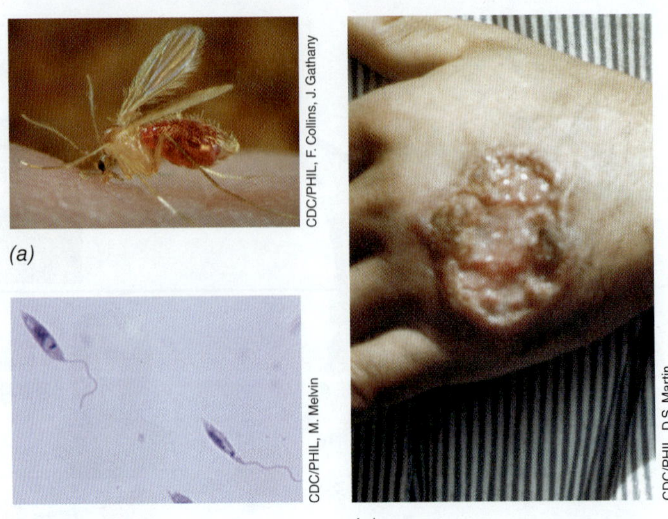

그림 33.13 리슈마니아증. *(a)* 나방파리 (*Phlebotomus* 속)는 혈분에서 리슈마니아증을 전파한다. *(b) Leishmania* 종은 편모성 원생동물로서 리슈마니아증의 원인체이다. *(c)* 손의 열린 궤양을 보여주는 피부리슈마니아증. 이들 궤양의 이차 세균성 감염은 흔하다. 리슈마니아증은 88개 이상의 열대 및 아열대 국가에 존재한다. 피부리슈마니아증의 우발적 발생 사례는 미국, 주로 Texas 주에서 보고된다.

리슈마니아증

리슈마니아증(leishmaniasis)은 *Trypanosoma*와 관련된 편모성 원생동물인 *Leishmania* 속의 종에 의해 일어나는 다양한 형태의 기생성 질병이다. 이 질병은 나방파리(sandfly)에 물림으로써 사람에 전파된다. *L. tropica* 또는 *L. mexicana*에 의해 발병하는 피부리슈마니아증(*cutaneous leishmaniasis*)은 리슈마니아증의 가장 흔한 형태이다. 혈분에서 기생체의 전파에 뒤이어 (**그림 33.13*a*, *b***), 이 기생체는 인간대식세포 (26.4절) 내에서 감염 및 생장하여, 결국 (몇 주 또는 몇 달 후) 피부에 작은 결절을 형성한다. 결절은 궤양을 일으키고 활동적인 기생체가 포함된 주요 피부 병변을 형성하기 위해 비대해질 수 있다 (그림 33.13*c*). 이차 세균성 감염의 없을 경우에 궤양을 일으킨 조직이 개방되어 있게 되면 병변은 몇 달 경과 후에 자연적으로 치유되지만 상처는 영구적으로 남을 수 있다.

리슈마니아증은 역사적으로 5가의 안티몬(Sb^{5+}) 화합물의 주사로 치료되어 왔다. 이들 화합물의 활성 기작은 알려져 있지 않지만, 여러 가지 점에서 Sb^{5+}는 면역반응을 자극하거나 활성화시켜 *Leishmania* 기생체를 잘 공격하도록 하는 것으로 생각되었다. 그러나 현재 많은 *Leishmania* 종은 안티몬 화합물에 저항성이 있으나, 여러 가지 다른 약물은 저항성의 피부 형태의 이 질병을 치료하는 데 이용할 수 있다. 피부리슈마니아증의 만연도는 세계적으로 약 1백만 명으로 추산된다.

내장리슈마니아증(*visceral leishmaniasis*)은 *Leishmania donovani*에 의해 일어나며 이 질병의 가장 심한 형태이다. 내장리슈마니아증에서 이 기생체는 감염 부위로부터 내부 기관, 특히 간, 비장, 골수로 이동하는데, 치료하지 않으면 이 내장 질병은 가장 심각한 형태이다. 만일 치료하지 않으면 이 질병은 거의 항상 치명적이다. 내장리슈마니아증의 일반 증상은 주기적인 열과 오한, 적혈구와 백혈구 수의 완만한 감소, 그리고 복부의 팽창을 초래하는 비장과 간의 심각한 비대 등이 포함된다. 치료는 (피부 질병에서와 같이) 안티몬 주사, 장기간 요양, 혈구 수가 위험하게 줄어든다면 급성 사례로서 수혈 등을 포함한다. 내장리슈마니아증의 만연도는 세계적으로 약 30만 명으로 추산되며, 매년 약 2만 명 가량이 사망한다. 더욱이 모래파리(sand fly)의 분포범위가 이미 광범위에 걸쳐 있고 기후변화로 증가하고 있으며 열대 및 아열대 지역의 삼림벌채가 진행되고 있기 때문에 (958쪽 참조) 세계적으로 거의 4억 명(세계인구의 5%가 넘는 사람들)이 어떤 형태의 리슈마니아증의 위험에 처해 있을 수 있다고 예상된다.

트리파노소마증과 샤가병

Trypanosoma 속의 편모성 원생동물 (18.3절)은 두 가지 관련 형태의 **트리파노소마증(tripanosomiasis)**을 일으킨다. 아프리카가 원산인 *Trypanosoma brucei*의 두 가지 아종인 *T. brucei gambiense* (**그림 33.14*a***)와 *T. brucei rhodesience*는 아프리카 트리파노소마증(*African trypanosomiasis*)을 일으키며, 아프리카 수면병(*African sleeping sickness*)으로 더 잘 알려져 있다. *T. cruzi* 종은 사가병(*Chagas' disease*)을 일으키며, 아메리카 트리파노소마증(*American trypanosomiasis*)으로도 알려져 있다. 이들 질병은 파리 또는 벌레에 물림으로써 전파된다.

수면병은 집파리 크기와 유사한 곤충이며 아프리카의 열대지역이 원산인 체체파리(*Glosina* 속)에 의해 전파된다. 따라서 수면병

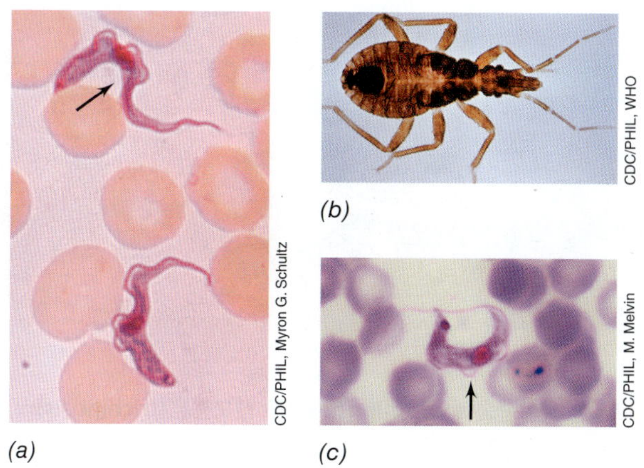

그림 33.14 아프리카 트리파노소마증과 샤가병. *(a)* 혈액 도말된 아프리카 수면병 (아프리카 트리파노소마증)의 원인체인 두 개의 *Trypanosoma brucei* 세포 (화살표). *(b)* 샤가병 (아메리카 트리파노소마증)의 매개체인 "침노린재(kissing bug)" (*Triatoma infestans*), *(c)* 혈액 도말된 샤가병의 원인체인 *Trypanosoma cruzi* 세포 (화살표).

은 사하라 이남의 아프리카 국가들에서만 풍토병이다. 이 질병은 간헐열, 두통, 몸이 불편한 상태로부터 시작한다. 이 기생체는 혈액에서 증식하며 그 후 중추신경계에 침입하여 척수에서 자란다. 신경학적 증상은 하루 밤낮이 되지 않는 수면 패턴을 포함하여 곧 시작된다. 그 기생체는 아미노산인 트립토판의 유도체인 방향족 알코올 트립토폴(*tryptophol*)을 생성하여 수면 반응을 일으킨다. 치료하지 않으면 감염은 점차적으로 혼수상태, 다발성 기관 장애, 결국 사례에 따라 몇 달 또는 몇 년 후에 사망에 이른다. 여러 가지 항-트리파노소마 약물이 수면병을 치료하는 데 이용될 수 있다; 일부는 혈액 감염을 치료하는데 주로 사용되는 데 반하여, 다른 것들은 그 질병이 신경학적 단계로 진행되었다면 사용된다. 약 10,000명의 새로운 수면병 환자가 매년 보고되고 있으나 대부분의 환자들은 보고되지 않는다고 여겨진다.

발견자의 이름을 딴 샤가병은 *T. brucei*와 밀접한 관련이 있는 *T. cruzi*에 의해 일어나는 질병으로 "침노린재(kissing bug)"에 물림으로써 전파된다 (그림 33.14*b*, *c*). 샤가병은 주로 남미 국가들에서 발생한다. 그 기생체는 심장, 위장관, 중추신경계를 포함하는 몇 가지 기관에 영향을 주어 염증 반응과 조직 파괴를 일으킨다. 급성 질환은 보통 자기 제한적이지만 만성 질환이 발달하면 심장병이 시작되어, 결국 조기 사망의 원인이 된다. 샤가병 때문에 매년 약 20,000명의 사망자가 풍토병인 남미국가에서 발생한다.

현재 아프리카 또는 아메리카 트리파노소마증을 예방하는 백신은 없다.

미니퀴즈

- 트리파노솜 질병은 말라리아와 얼마나 유사하며 어떻게 다른가?
- 피부리슈마니아증와 내장리슈마니아증의 증세는 어떤 차이가 있는가?
- 아프리카 트리파노소마증의 사례에서 변형된 수면 패턴은 어떠한가?

33.7 기생충: 주혈흡충증과 사상충증

몇 가지 기생성 질병은 인간 숙주에 잠복하여 쇠약하게 하는 질병과 사망을 일으키는 작은 벌레인 기생충에 의해 일어난다. 여기서는 덜 일반적인 두 가지 다른 기생충 감염의 간단한 설명과 함께 이들 가운데 가장 세계적으로 널리 퍼진 주혈흡충증에 대하여 알아본다,

주혈흡충증

달팽이 열병(snail fever)이라고도 불리는 **주혈흡충증(schistosomiasis)**은 *Schistosoma*의 흡충류 (편형동물) 종에 의해 일어나는 만성의 기생성 질병이다; 주요 종은 *S. mansoni*이며 성체는 길이가 1 cm 정도에 이른다 (**그림 33.15*a***). 그 기생체의 생활사는 숙주로서 달팽이와 인간 (또는 기타 포유류)을 요구한다. 민물 수서 환경으로 방출된 주혈흡충(schistosome)의 알 (그림 33.15*b*)은 달팽이를 감염하는 벌레의 형태인 유자충(*miracidia*)을 생산하기 위하여 부화한다. 달팽이에서 방출되어 인간을 감염시키는 기생체의 이동 단계인 유자충은 유미충류(*cercaria*)로 변형된다 (그림 33.15*c*).

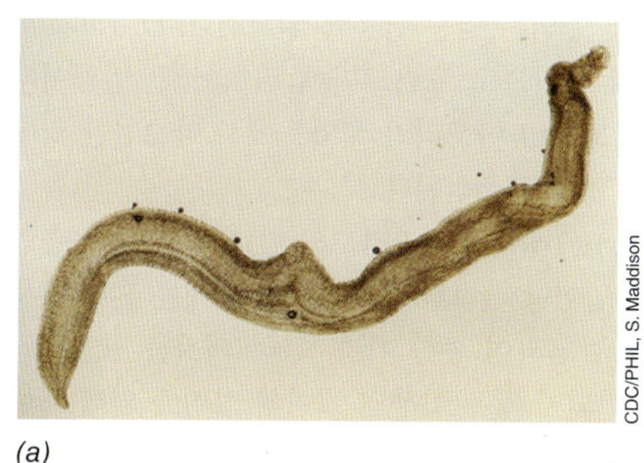

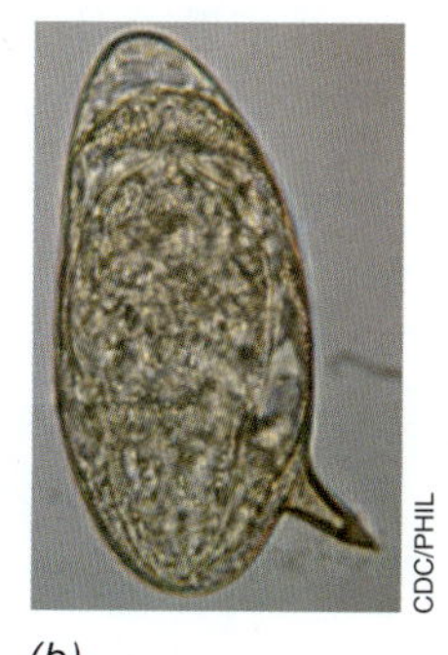

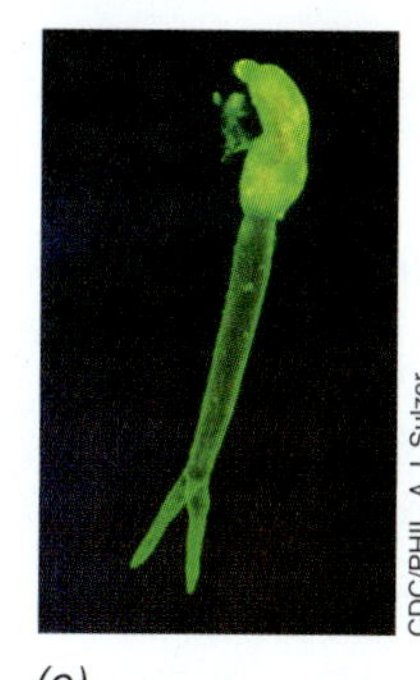

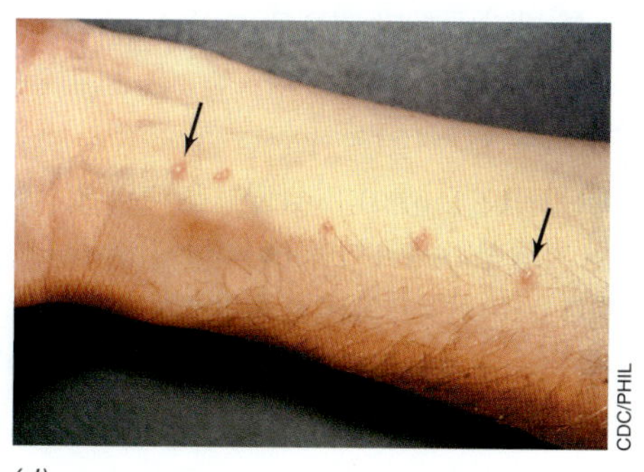

그림 33.15 주혈흡충증. *(a) Schistosoma mansoni*의 성체; 이 벌레는 길기가 약 1 cm이다. *(b) S. mansoni* 알은 길이가 약 0.15 mm이다. 측면 척추는 이 종의 알에서 특징이다. *(c)* 형광 염색된 유미유충인 *S. mansoni*의 감염 형태. 머리 (상부)에서 두 갈래로 분지한 꼬리까지의 길이는 약 1 mm이다. *(d)* 팔뚝에서 유미유충 감염. 5군데 감염부위 (화살표)가 명백히 나타나 있다.

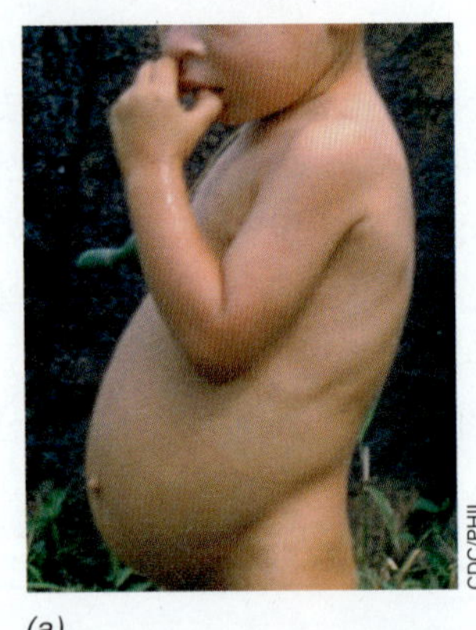

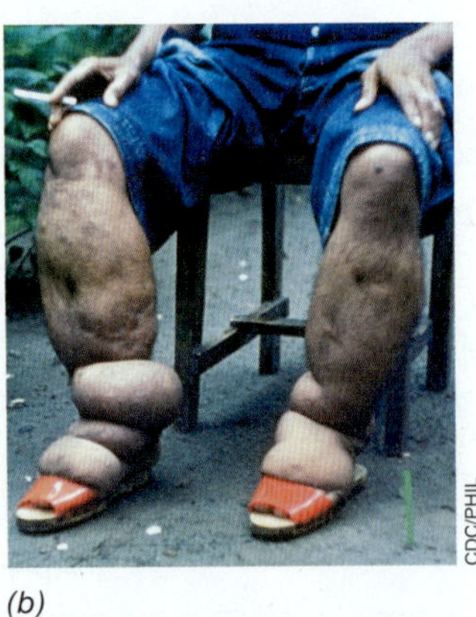

(a) (b)

그림 33.16 기생충 감염의 증상. *(a)* 어린이에서 주혈흡충증. 체액과 벌레 알의 축적에 의한 복부 팽만은 감염의 특징을 나타낸다. *(b)* 반크롭트 사상충증. 부은 다리는 회충인 *Wuchereria bancroft*에 의한 림프조직의 감염으로 생긴 부종의 결과이다.

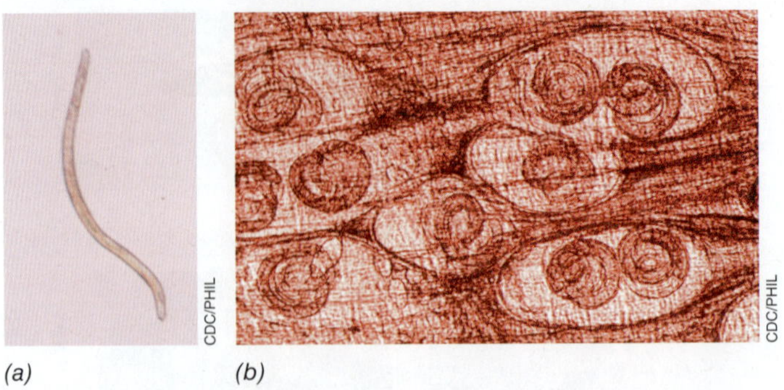

(a) (b)

그림 33.17 사상충증(river blindness)과 선모충병(trichinosis)의 선충. *(a) Onchocerca*의 애벌레인 사상충증의 원인체(causative agent). 사상충 애벌레(microfilarial worm)는 길이가 약 0.3 μm지만, 성충(adult worm)은 길이가 수 cm가 되기도 한다. *(b)* 근육조직에 존재하는 애벌레를 포함하는 *Trichinella spiralis*의 소낭. *O. volvulus*와는 달리 성충은 현미경적 크기로서 길이는 불과 몇 mm 정도이다.

유미충류는 피부에 잠복하여 작은 피부 병변을 남기며 (그림 33.15*d*), 그 후 폐와 간으로 이동한다; 그 과정에서 그 벌레는 혈관에서 장기간 감염하게 된다. 간으로부터 그 기생체는 방광, 신장, 요도를 감염하고 암컷은 많은 알을 낳는다. 이 알들은 오줌으로 방출되며 장벽을 통과하여 분변으로 방출되기도 한다. 커다란 알 덩어리는 방광, 간, 다른 기관의 체액과 뭉쳐지기도 하며 감염된 어린이에서 흔히 나타나는 증상인 염증 반응과 복부 팽만을 일으킨다 (**그림 33.16*a***). 다른 증상에는 혈뇨, 설사, 복통을 포함한다. 알뿐만 아니라 벌레의 성체는 수년간 몸에서 살 수 있으며 발육기에서 성체기까지 지속될 수 있는 만성 증상을 일으킨다.

주혈흡충증은 주로 아프리카와 같은 열대 국가에서 발생하는 질병이지만 일부는 남미와 카리브 지역의 아열대국가에서도 발생한다 (958쪽 참조). 주혈흡충증은 프라지콴텔(praziquantel)에 의해 효과적으로 치료될 수 있으며, 증상의 결정과 대소변에서 기생성 알의 관찰을 통하여 비교적 쉽게 진단된다. 주혈흡충증의 사망률은 0.1% 정도로 낮지만, 이 질병은 세계적인 전체 기생성 감염의 규모면에서 말라리아에 이어 두 번째에 해당한다. 2014년에 2억5천8백만 명 이상이 이 질병으로 치료를 받았으며 많은 사람들은 아마도 치료를 받지 못했던 것으로 보인다.

사상충증

몇 가지 다른 기생성 기생충이 알려져 있으며, 이들 가운데 중요한 것은 기생성 선충 (회충)에 의한 감염인 사상충증(*filariases*)이다. 주혈흡충증 기생체와는 달리, 이들 벌레는 성체 단계에서 명백하게 거시적이다 (사상충증에 따라 길이는 몇 cm이기도 함).

반크로프트 사상충증(*Bancroft's filariasis*) ["상피병(elephantiasis)"이라고도 함]는 *Wuchereria bancroft*에 의한 림프계의 만성 감염이다. 그 벌레는 모기에 물림으로 해서 작은 사상충 애벌레(*microfilariae*)에 의해 사람으로 전파된다. 일단 숙주에서 사상충 애벌레는 성체로 발달되며 이들은 림프의 흐름을 방해하여 주요 체액의 축적 [부종(edema)]을 일으킨다. 신체 하부의 체액 축적은 다리에 거대한 비대를 일으킬 수 있다 (그림 33.16*b*). 열대 지방에서 약 1억2천만 명 이상이 *W. bancrofu* 감염으로 고통을 받지만, 이 질병의 사상충 애벌레 단계는 항기생충 약품이나 약품 diethylcarbamazine으로 쉽게 치료될 수 있는데 이들 약품은 벌레의 애벌레와 성체 모두 죽인다. 훨씬 더 간단한 치료는 항세균 항생제를 투여를 통해 가능할 수 있다. 벌레 자체는 이들 약제에 민감하지 않지만, 이 벌레는 내부공생세균인 *Wolbachia* (*Alphaproteobacteria*, 16.1절)의 거처가 된다. *Wolbachia*가 항생제 치료에 의해 박멸되면 애벌레는 죽게 되며, doxycycline (28.10절)과 같은 항생제를 포함한 항기생충 치료는 종종 환자로부터 벌레를 빨리 제거하는 데 도움이 된다.

회선사상충증(*Onchocerciasis*) [사상충증(river blindness)이라고도 함]은 거대 기생성 회충인 *Onchocerca volvulus*에 의한 만성 감염 때문이다 (**그림 33.17*a***). 인간은 이 기생체에서 알려진 유일한 숙주이지만, 파리는 혈분에서 사상충 애벌레에 감염되었을 때 매개체이며 물림으로써 감염되지 않은 사람에게 전파된다. 사상충 애벌레는 각막을 침입하여 홍채와 망막으로부터 흉터 형성과 부분적인 전체 시력 손실의 원인이 되는 염증 반응을 일으킨다. *O. volvulus* 감염은 감염성 실명의 원인으로 트라코마에 뒤이어 두 번째이다 (30.14절). 주로 적도상의 아프리카 국가들에서 약 2천만 명이 이 기생충에 감염되는 것으로 추산된다.

선모충증(*trichinosis*) (*Trichinellosis*라고도 함)은 기생성 회충인 *Trichinella* 종에 의해 일어난다(그림 33.17*b*). 이 벌레는 흔히 야생 포유류의 근육조직에 감염하여 종종 가축, 특히 돼지를 감염시킨다; 인간에서 보통 조리되지 않은 야생의 고기의 섭취에 의해 매년 약 20여 건이 미국에서 보고된다. *Trichinella*의 인간 감염은 벌레 유충이 장내 점막 세포로 침입되었을 때 시작되어 무증상 또는 경미한 위장관염을 일으킨다. 유충이 성숙되어 증식되면 새로운 유충이 몸 전체로 순환하고 불쾌감, 얼굴 부종, 열과 같은 전신성 염증

반응을 일으킨다. 선모충증이 치료되지 않는 사례는 더욱 심한 기관-특이 증상으로 진행될 수 있으며 심장 손상, 뇌염, 심지어 사망에 이르게 된다. 그러나 보통 면역학적 분석과 같은 방법으로 적절하게 진단되면 선모충증은 여러 가지 항기생충 제제로 치료될 수 있다.

미니퀴즈

- 주혈흡충증을 일으키는 병원체는 이 장에서 다룬 다른 모든 병원체와 어떻게 다른가?
- 대부분의 인간 선모충병 사례는 어떤 것들과 접촉하여 발생하는가?

단원 정리

I • 진균성 감염

33.1 진균은 곰팡이와 효모를 포함하며 몇 가지 진균은 균사체와 효모 상태를 나타낼 수 있는 의미의 이형성이다. 표재성, 피하, 전신성 진균증은 각각 피부 표면, 피하, 내부 기관의 진균 감염을 말한다. 진균 감염은 감염자의 건강과 면역상태에 따라 경미하거나 위험할 수 있다.

Q 표재성 또는 전신성 진균증에서 더 일반적인 것은 무엇인가? 당신은 이들 가운데 한 가지로 고통을 겪은 적이 있는가?

33.2 무좀 또는 완선과 같은 표재성 진균증은 경미하거나 쉽게 치료될 수 있는 데 비하여, 스포로트리쿰증과 같은 표재성 진균증, 특히 히스토플라스마증과 같은 전신성 진균증은 효과적으로 치료하기가 더욱 어렵다. 내부 기관을 감염시켜 전신성 진균증을 일으키는 진균의 능력은 이들 병원체가 노인들이나 면역 손상된 사람들을 특별히 위험하게 한다.

Q 미국에서 가장 흔한 전신성 진균증은 무엇이며, 어떤 개체군이 그 같은 감염에 가장 민감한가?

II • 장내 기생체 감염

33.3 *Entamoeba*와 *Naegleria* 속은 각각 위장관과 뇌 감염을 일으키는 아메바성 인간 기생체이다. *Entamoeba*는 분변으로 오염된 물에 의해 전파되지만, *Naegleria*는 따뜻한 토양에 오염된 물에 존재한다. *Balantidium*은 분변으로 오염된 물에 의해 전파되는 섬모성 장내 기생체이다.

Q 만일 당신이 두 가지 가운데 한 가지를 가진다면, *Entamoeba* 감염 또는 *Naegleria* 감염 중에 어떤 것이 나을 것 같은가?

33.4 원생동물인 *Giardia intestinalis*와 *Cryptosporidium parvum*은 주요 수인성 병원성 기생체이지만, *Toxoplasma gondii*는 주로 식품매개 또는 고양이-매개 기생체이며, *Trichomonas vaginalis*는 성 접촉으로 전파되는 기생체이다. 병원성 기생체인 *Cyclospora*는 주로 동물의 분변에 오염된 양상추와 시금치와 같은 신선한 채소에 의해 전파된다. 반면에 건강한 사람들에서 생명을 위협하는 질병을 일으키는 기생체는 없다.

Q *Trichomonas*에 의해 일어나는 질병과 비교하여 지아르디아증과 크립토스포리디아증에서 공통적인 것은 무엇인가?

III • 혈액 및 조직의 기생체 감염

33.5 *Plasmodium* 종에 의한 감염은 일반적인 혈액의 모기-전파 질병인 말라리아를 일으키는데 세계의 열대 및 아열대 지역에서 현저한 이환율과 사망률을 나타낸다. 말라리아는 키니네와 다른 약물로 치료가 가능하지만 아직 예방접종에 의해서 막을 수 없다.

Q 말라리아 증상은 오한에 뒤이은 열을 포함한다. 이들 증상은 병원체의 활성과 관련이 있다. 사람 숙주에서 *Plasmodium* 종의 생장단계와 열-오한 패턴과의 연관성을 기술하라.

33.6 리슈마니아증은 *Leishmania* 종에 의해 일어나는 기생성 질환이다; 그 질병의 피부 형태는 가장 흔하다. *Trypanosoma brucei*는 아프리카 트리파노소마증 (아프리카 수면병)의 원인체이며, 관련 종인 *Trypanosoma cruzi*는 샤가병을 일으킨다. 이들 질병은 파리 또는 벌레와 같은 곤충 매개체에 물림으로써 전파된다.

Q 병원체, 증상, 전파 매개체의 관점에서 2가지 트리파노소마증 형태와 리슈마니아증을 비교하라.

33.7 주혈흡충증은 미세한 벌레인 *Schistosoma mansoni*에 의해 일어나는 주요 기생성 질병이다. 기생체의 생활사에는 달팽이와 포유동물이 필요하다. 이 벌레는 간과 신장을 감염시켜 커다란 알 덩어리를 몸에 축적시켜서 전신성 염증과 복부 팽만을 일으킨다. 상피병과 회선사상충증과 같은 다른 기생성 벌레는 감염에 따른 눈에 띄는 징후를 남긴다.

Q 주혈흡충증을 이 장에서 다룬 다른 모든 기생성 감염과 비교하라. 어떤 점에서 차이가 있는가?

응용 문제

1. 말라리아 박멸은 적어도 100년 동안 공중보건 프로그램의 목표였다. 말라리아를 박멸하기 위한 우리의 능력을 방해하는 요인은 무엇인가? 효과적인 백신이 개발되었다면 말라리아는 박멸될 수 있었는가?
2. 공중보건 측면에서 이 장에서 다룬 많은 장내 기생성 감염을 통합하는 가장 흔한 문제는 무엇인가? 이 문제를 어떻게 착수할 수 있는가? 선진국에서 이들 질병이 드문 이유는 무엇인가?
3. 말라리아, 리슈마니아증, 트리파노소마증이 열대 지역의 주된 질병인 이유를 설명하라. 사람들은 이들 질병의 미래의 지리적 범위에 어

떻게 영향을 받을 수 있는가?

4. 많은 사람들이 병원체와 접촉을 하였다 할지라도 전신성 진균 감염이 어떤 개인에서만 전형적으로 볼 수 있는 반면, 지아르디아증의 창궐이 병원체와 접촉을 하였던 사실상 모든 사람들에게 영향을 주는지에 대하여 설명하라.

용어 해설

Leischmaniasis (리슈마니아증) 기생성이며 편모성 원생동물인 *Leishmania* 종의 감염으로 일어나는 피부 또는 내장의 질병

Malaria (말라리아) 열과 빈혈의 재발성 단계의 특징을 나타내는 질병으로 보통 아노펠레스(*Anopheles*) 모기에 물림을 통해서 포유동물들 간에 전파됨

Meningoencephalitis (수막뇌염) 아메바 *Naegleria fowleri* 또는 다른 여러 가지 병원체에 의한 뇌조직의 침입, 염증, 그리고 파괴

Mycosis (plural, mycoses) (진균증) 진균류에 의한 감염

Schistomiasis (주혈흡충증) 기생성 벌레에 의해 장기 손상과 체액 및 벌레알 덩어리의 축적이 초래되어 일어나는 만성 질병

Subcutaneous mycoses (표재성 진균증) 피부의 심층부에서 진균의 감염

Superficial mycoses (피하 진균증) 피부의 표층, 털, 또는 손톱에서 진균의 감염

Systemic mycoses (전신성 진균증) 신체의 내부 기관에서 진균의 생장

Trypanosomiasis (트리파노소마증) 편모성 원생동물인 *Trypanosoma* 종에 의해 일어나는 혈액 및 내장 조직에서의 기생성 질병; 아프리카 수면병과 샤가병은 두 가지 중요한 트리파노소마증임

영문찾아보기

찾아보기

D

E

F

G

N

O

P

Q

R

S

한글찾아보기

찾아보기

찾아보기

ㅇ

ㅈ

기타

세균(*Bacteria*)의 계통

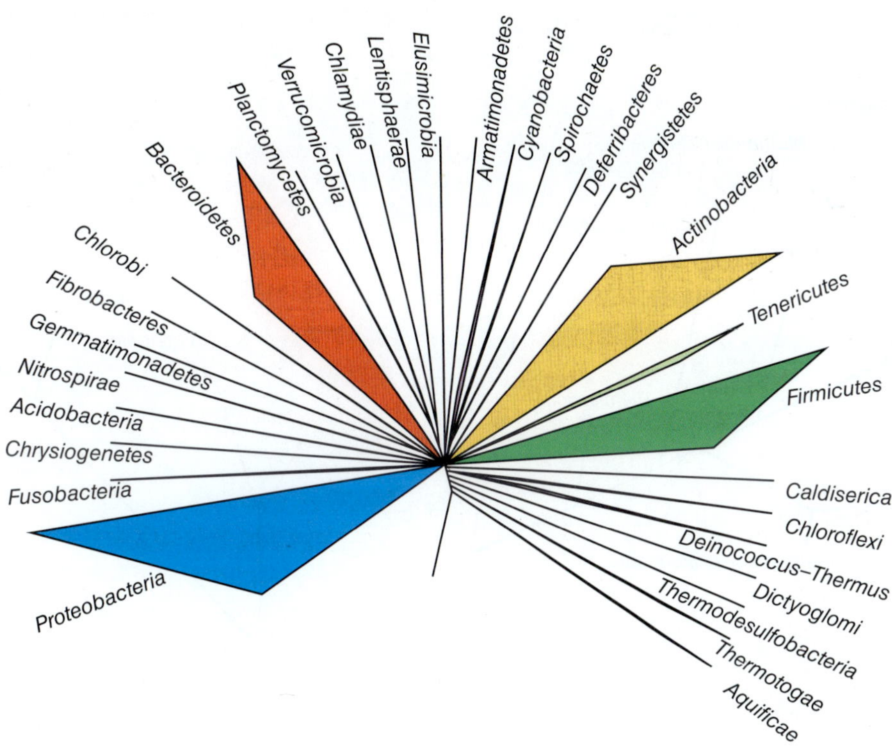

고균(*Archaea*)의 계통

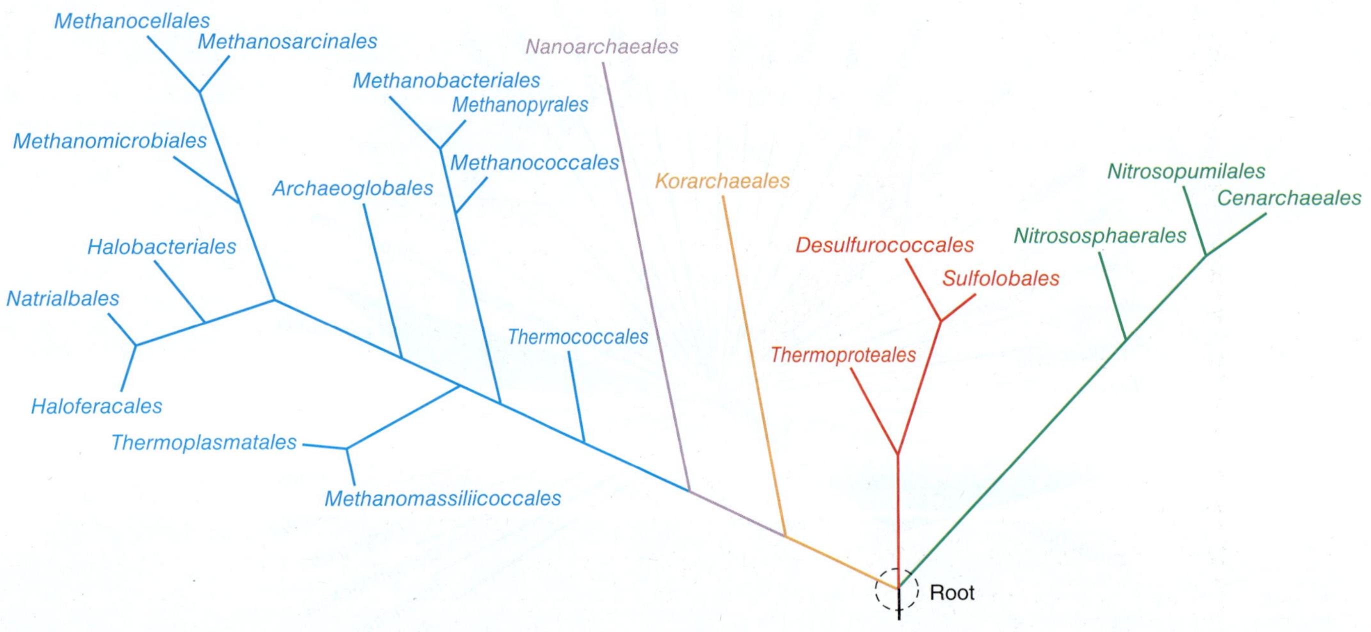

표지에 대하여

미생물학은 놀랄만한 속도로 발전해 나가고 있다. 미생물학 연구를 통해 환경, 농업, 의학에서 많은 문제들을 해결해왔다. 지금은 더 빠른 속도로 발전하고 있는 미생물학은 이 책의 표지 면에 제시된 합성생물학과 마이크로바이옴(microbiome) 분야와 같이 미지의 바다로 항해 중에 있다.

표지의 커다란 녹색의 구균은 뉴클레오티드와 뉴클레오티드를 일련의 도구를 이용하여 단계적으로 조립해 만든 유전체를 가진 *Mycoplasma* 종의 세포이다. 이후 유전체는 다른 *Mycoplasma* 종의 세포 내로 들어가서 새로운 유전체 정보에 따라 복제가 진행된다. 이 "합성 세포(synthetic cells)"는 전적으로 인간이 만든 것은 아니지만, 이러한 성취는 완전한 합성 생물형태를 만들기 위한 중요한 진전으로서 이제 쉽게 접할 수 있는 위업이 되어가고 있다.

인간 마이크로바이옴을 분석할 수 있게 되어, 미생물에 대한 보완이 우리의 건강을 조절하는 데 크게 기여한다는 것을 확인할 수 있었다. 표지 상의 노란색과 붉은색 세포들은 장에서 각 종들이 어떻게 어디에서 집락화 되는지를 연구하기 위해서 무균의 쥐에 이식된 잘 알려진 인간 장내세균들이다. 이런 연구들이 발전되면 이로운 점을 최대화하고 유해한 활동을 최소화하도록 인간 마이크로바이옴을 조작하게 될지도 모른다.

값 46,000원

ISBN 978-89-6824-098-0

BIOSCIENCE
(주)바이오사이언스출판
http://www.biobooks.co.kr